# PRINCÍPIOS *de* BIOQUÍMICA *de* Lehninger

**Tradução:**

**Carla Dalmaz**  (Páginas iniciais, Capítulos 7, 10, 14 a 21, Glossário)
**Carlos Termignoni**  (Capítulos 1 a 6, 11 a 13)
**Maria Luiza Saraiva-Pereira**  (Capítulos 8, 9, 22 a 28)
**Tiele Patricia Machado**  (Índice)

N425p   Nelson, David L.
              Princípios de bioquímica de Lehninger / David L. Nelson,
          Michael M. Cox, Aaron A. Hoskins ; tradução: Carla
          Dalmaz... [et al.] ; revisão técnica: Carla Dalmaz, Carlos
          Termignoni, Maria Luiza Saraiva-Pereira. – 8. ed. – Porto
          Alegre : Artmed, 2022.
              xxviii, 1220 p. : il. color. ; 28 cm.

              ISBN 978-65-5882-069-7

              1. Bioquímica. I. Cox, Michael M. II. Hoskins, Aaron A.
          III.Título.
                                                              CDU 577

Catalogação na publicação: Karin Lorien Menoncin – CRB 10/2147

**David L. Nelson**
Professor Emeritus of Biochemistry
University of Wisconsin-Madison

**Michael M. Cox**
Professor of Biochemistry
University of Wisconsin-Madison

**Aaron A. Hoskins**
Associate Professor of Biochemistry
University of Wisconsin-Madison

# PRINCÍPIOS *de* BIOQUÍMICA *de* Lehninger

### 8ª Edição

**Revisão técnica:**

**Carla Dalmaz**
Professora titular do Departamento de Bioquímica,
Instituto de Ciências Básicas da Saúde (ICBS) da Universidade Federal do Rio Grande do Sul (UFRGS).
Doutora em Bioquímica pela Universidade Federal do Paraná (UFPR).

**Carlos Termignoni**
Professor titular do Centro de Biotecnologia do Departamento de Bioquímica da UFRGS.
Doutor em Biologia Molecular pela Escola Paulista de Medicina da Universidade Federal de São Paulo (EPM-Unifesp).

**Maria Luiza Saraiva-Pereira**
Professora titular do Departamento de Bioquímica da UFRGS.
Doutora em Biologia Molecular pela United Medical and Dental Schools of Guy's and
St Thomas's Hospitals, University of London, Reino Unido.

Porto Alegre
2022

Obra originalmente publicada sob o título *Lehninger principles of biochemistry*, 8th edition
ISBN 9781319228002 / 1319228003

First published in the United States by W.H.Freeman and Company.
Copyright © 2021, 2017, 2013, 2008 by W.H.Freeman and Company.
All Rights Reserved.

Gerente editorial: *Letícia Bispo de Lima*

**Colaboraram nesta edição:**

Coordenador editorial: *Alberto Schwanke*

Preparação de originais: *Taína Rana Winter de Lima* e *Tiele Patricia Machado*

Leitura final: *Marquieli de Oliveira*

Editoração: *Clic Editoração Eletrônica Ltda.*

Arte sobre capa original: *Kaéle Finalizando Ideias*

Imagem da capa: *Janet Iwasa, University of Utah*

Capa: Nesta interpretação artística, uma protocélula composta por uma bicamada de ácidos graxos envolve um compartimento aquoso contendo uma ribozima de RNA e ácidos nucleicos. Protocélulas são usadas por bioquímicos para explorar reações que poderiam mimetizar aquelas que levaram à origem da vida na Terra. Bilhões de anos atrás, moléculas hidrofóbicas podem ter formado agrupamentos semelhantes a células, como as protocélulas, em que moléculas capazes de se autorreplicar podiam se concentrar e se proteger do ambiente externo. Elas provavelmente forneceram as origens das membranas, ácidos nucleicos e catalisadores encontrados nas células de hoje.

---

**NOTA**

Assim como a medicina, a bioquímica é uma ciência em constante evolução. À medida que novas pesquisas e a própria experiência clínica ampliam o nosso conhecimento, são necessárias modificações na terapêutica, onde também se insere o uso de medicamentos. Os autores desta obra consultaram as fontes consideradas confiáveis, num esforço para oferecer informações completas e, geralmente, de acordo com os padrões aceitos à época da publicação. Entretanto, tendo em vista a possibilidade de falha humana ou de alterações nas ciências médicas, os leitores devem confirmar estas informações com outras fontes. Por exemplo, e em particular, os leitores são aconselhados a conferir a bula completa de qualquer medicamento que pretendam administrar, para se certificar de que a informação contida neste livro está correta e de que não houve alteração na dose recomendada nem nas precauções e contraindicações para o seu uso. Essa recomendação é particularmente importante em relação a medicamentos introduzidos recentemente no mercado farmacêutico ou raramente utilizados.

---

Reservados todos os direitos de publicação ao GRUPO A EDUCAÇÃO S.A.
(Artmed é um selo editorial do GRUPO A EDUCAÇÃO S.A.)
Rua Ernesto Alves, 150 – Bairro Floresta
90220-190 – Porto Alegre – RS
Fone: (51) 3027-7000

SAC 0800 703 3444 – www.grupoa.com.br

É proibida a duplicação ou reprodução deste volume, no todo ou em parte, sob quaisquer formas ou por quaisquer meios (eletrônico, mecânico, gravação, fotocópia, distribuição na Web e outros), sem permissão expressa da Editora.

IMPRESSO NO BRASIL
*PRINTED IN BRAZIL*

### Para nossos professores

Albert Finholt

Andy LiWang

Arthur Kornberg

David E. Sheppard

Douglas A. Nelson

Eugene P. Kennedy

Harold B. White

Homer Knoss

I. Robert Lehman

Jeff Gelles

JoAnne Stubbe

Melissa J. Moore

Patti LiWang

Paul R. Burton

Wesley A. Pearson

William P. Jencks

# Sobre os autores

A partir da esquerda, no alto: David L. Nelson, Michael M. Cox e Aaron A. Hoskins (fotos de David L. Nelson, Michael M. Cox e Aaron A. Hoskins)

**David L. Nelson** nasceu em Fairmont, Minnesota, formou-se em Química e Biologia no St. Olaf College, em 1964, e obteve o PhD em Bioquímica pela Stanford Medical School sob a orientação de Arthur Kornberg. Realizou Pós-doutorado na Harvard Medical School sob a supervisão de Eugene P. Kennedy, um dos primeiros estudantes formados por Albert Lehninger. Em 1971, Nelson ingressou na University of Wisconsin-Madison, tornando-se professor titular de bioquímica em 1982. Por 8 anos, foi diretor do Center for Biology Education, na University of Wisconsin-Madison. Tornou-se professor emérito em 2013.

O trabalho de pesquisa de Nelson está centrado nas transduções de sinal que regulam o movimento ciliar e a exocitose no protozoário *Paramecium*. Por 43 anos, lecionou (com Mike Cox) em um curso intensivo de bioquímica avançada para estudantes de graduação em ciências da vida. Também lecionou disciplinas de pós-graduação em estrutura e função de membranas e em neurobiologia molecular. Recebeu prêmios por sua excelência como professor, incluindo o prêmio por ensino acadêmico Dreyfus Teacher-Scholar e o prêmio Atwood por distinção como professor. Entre 1991 e 1992, foi professor visitante de química e biologia no Spelman College. O segundo amor de Nelson é a história, razão pela qual agora ensina história da bioquímica e coleciona instrumentos científicos antigos.

**Michael M. Cox** nasceu em Wilmington, Delaware. Em sua primeira disciplina de bioquímica, a primeira edição do livro *Bioquímica de Lehninger* foi uma importante influência, direcionando sua fascinação com a biologia e o inspirando a uma carreira em bioquímica. Após concluir sua pós-graduação na Brandeis University, sob orientação de William P. Jencks, e seu pós-doutorado na Stanford com I. Robert Lehman, ele ingressou na University of Wisconsin-Madison em 1983. Tornou-se professor titular de Bioquímica em 1992.

Mike Cox coordenou um grupo ativo de pesquisa em Wisconsin, investigando a função e o mecanismo de enzimas que atuam na interface da replicação, do reparo e da recombinação do DNA. Esse trabalho resultou na publicação de mais de 200 artigos até o momento.

Por mais de três décadas, Cox lecionou introdução à bioquímica para estudantes de graduação, além de várias disciplinas de cursos de pós-graduação. Ele organizou um curso sobre responsabilidade profissional para estudantes de graduação do primeiro ano, e estabeleceu um programa sistemático para recrutar estudantes de graduação talentosos para o trabalho em laboratório de pesquisa, desde estágios iniciais de suas carreiras na universidade. Cox recebeu muitos prêmios, tanto por suas atividades de ensino quanto de pesquisa, incluindo o prêmio Eli Lilly em química biológica, sua eleição para a American Association for the Advancement of Science (AAAS) e o prêmio UW Regents por excelência no ensino. Entre seus passatempos, está a transformação de 7 hectares de uma fazenda em Wisconsin em um arboreto, além de ser um colecionador de vinhos e auxiliar na elaboração de projetos para prédios de laboratórios.

**Aaron A. Hoskins** nasceu em Lafayette, Indiana, e concluiu seu bacharelado em química na Purdue University em 2000, tendo concluído seu PhD em química biológica no Massachusetts Institute of Technology sob a orientação de JoAnne Stubbe. Em 2006, seguiu para a Brandeis University e para a Universiy of Massachusetts Medical School, onde realizou seu pós-doutorado sob a supervisão de Melissa Moore e Jeff Gelles. Hoskins ingressou como professor de bioquímica na University of Wisconsin-Madison em 2011.

Sua tese de doutorado enfocou a biossíntese *de novo* de nucleotídeos púricos. Na Brandeis University e na University of Massachusetts, ele iniciou seus estudos do processo de *splicing* do pré-mRNA eucariótico. Durante esse período, desenvolveu novas ferramentas para o estudo microscópico de moléculas únicas no spliceossoma.

Seu laboratório dedica-se à compreensão de como os componentes dos spliceossomas são agregados, como ocorre sua regulação e como reconhecem íntrons. Hoskins recebeu prêmios por suas pesquisas científicas, tendo inclusive sido nomeado Jovem Investigador Beckman e Cientista Shaw. Ele leciona introdução à bioquímica para estudantes de graduação desde 2012. Hoskins também gosta de brincar com sua gata (Louise) e com sua cachorra (Agatha) e fazer ioga/exercício físico, além de tentar ler um novo livro por semana.

# Sobre a natureza da ciência

No século XXI, a educação científica típica com frequência deixa de lado o suporte filosófico da ciência ou usa definições simplificadas demais. Se você pretende seguir uma carreira em ciências, pode ser útil considerar uma vez mais os termos **ciência**, **cientista** e **método científico**.

**Ciência** é tanto um modo de pensar sobre o mundo natural como a soma das teorias e das informações que derivam desse pensamento. O poder e o sucesso da ciência derivam diretamente do fato de utilizar ideias que podem ser testadas: informações sobre fenômenos naturais que podem ser observadas, medidas e reproduzidas, além de teorias que têm valor prognóstico. O progresso da ciência se baseia em um pressuposto fundamental muitas vezes não explícito, mas crucial para a empreitada: de que as leis que governam as forças e os fenômenos existentes no universo não estão sujeitas a mudanças. O ganhador do Prêmio Nobel Jacques Monod referiu-se a essa suposição como o "postulado da objetividade". O mundo natural, portanto, pode ser compreendido aplicando-se um processo de investigação – o método científico. A ciência não poderia ter sucesso em um universo que nos pregasse peças. A não ser pelo postulado da objetividade, a ciência não tem outros pressupostos invioláveis do mundo natural. Uma ideia científica útil é aquela (1) que tenha sido ou possa ser mensurada de maneira reproduzível (2), que possa ser utilizada para prever novos fenômenos de maneira precisa e (3) que focalize o mundo ou o universo natural.

As ideias científicas podem assumir diversas formas. Os termos que os cientistas utilizam para descrevê-las têm significados bem diferentes daqueles usados por não cientistas. Uma *hipótese* é uma ideia ou pressuposto que fornece uma explicação razoável e testável para uma ou mais observações, mas talvez não tenha ampla comprovação experimental. Uma *teoria científica* é muito mais do que um palpite. É uma ideia comprovada até certo ponto e que fornece uma explicação para um corpo de observações experimentais. Uma teoria pode ser testada e desenvolvida, constituindo, assim, uma base para avanços e inovações. Quando uma teoria científica é repetidamente testada e validada em várias frentes, ela pode ser aceita como um fato.

É importante ressaltar que o que constitui ciência ou uma ideia científica se define pelo fato de ser ou não publicado na literatura após ter sido revisado por outros cientistas. Até o final de 2014, cerca de 34.500 periódicos científicos revisados por pares publicaram, no mundo todo, aproximadamente 2,5 milhões de artigos a cada ano, uma rica e contínua safra de informações que é patrimônio de todo ser humano.

Os **cientistas** são indivíduos que aplicam rigorosamente o método científico para compreender o mundo natural. O fato de ser graduado em determinada disciplina não torna uma pessoa cientista, nem a falta de tal graduação impede que alguém faça importantes contribuições científicas. Um cientista precisa ter o ímpeto de desafiar uma ideia quando novos achados o exigem. As ideias que um cientista aceita devem ser fundamentadas em observações reproduzíveis e mensuráveis, e ele deve relatar essas observações com total honestidade.

O **método científico** é uma coleção de caminhos, em que todos podem levar a uma descoberta científica. No caminho da *hipótese e experimentação*, o cientista levanta uma hipótese e a submete a um teste experimental. Muitos processos com os quais os bioquímicos trabalham todos os dias foram descobertos dessa maneira. A estrutura do DNA, elucidada por James Watson e Francis Crick, levou à hipótese de que os pares de bases constituíam a base para a transferência de informações na síntese de polinucleotídeos. Essa hipótese ajudou a inspirar a descoberta da DNA-polimerase e da RNA-polimerase.

Watson e Crick produziram sua estrutura do DNA por meio de um processo de *construção de modelo e cálculo*. Não houve experimento real envolvido, embora a construção do modelo e os cálculos realizados tenham utilizado dados coletados por outros cientistas. Muitos cientistas aventuraram-se usando o processo de *exploração e observação* como um caminho para a descoberta. Viagens históricas de descoberta (entre elas a de Charles Darwin, no H.M.S. *Beagle*, em 1831) ajudaram no mapeamento do planeta e na catalogação dos seres vivos, e modificaram a forma como vemos o mundo. Os cientistas modernos seguem um caminho semelhante quando exploram as profundezas do oceano ou lançam sondas para outros planetas. Um processo análogo ao da hipótese e experimentação é o da *hipótese e dedução*. Crick pensou que deveria existir uma molécula adaptadora que facilitasse a tradução da informação do RNA mensageiro em proteína. Essa hipótese do adaptador levou à descoberta do RNA transportador por Mahlon Hoagland e Paul Zamecnik.

Nem todos os caminhos para a descoberta envolvem planejamento – com frequência, a *casualidade* também tem um papel. A descoberta da penicilina por Alexander Fleming, em 1928, e dos RNA catalisadores por Thomas Cech, no início dos anos 1980, foram duas descobertas feitas por acaso, embora alcançadas por cientistas bem preparados para investigá-las. A *inspiração* também pode levar a importantes avanços. A reação em cadeia da polimerase (PCR), que atualmente constitui parte central da biotecnologia, foi desenvolvida por Kary Mullis, em 1983, após um momento de inspiração durante uma viagem pelo norte da Califórnia.

Esses diversos caminhos que levam à descoberta científica podem parecer um tanto diferentes, mas têm importantes aspectos em comum. Eles se concentram no mundo natural e têm base na *observação* e/ou *experimentação reproduzíveis*. Todas as ideias, palpites e fatos experimentais que se originam dessas empreitadas podem ser testados e reproduzidos por cientistas em qualquer lugar do mundo. Todos podem ser utilizados por outros cientistas para construir novas hipóteses e fazer novas descobertas. Todos levam à informação, que é incluída no mundo da ciência. A compreensão do universo requer um trabalho árduo. Ao mesmo tempo, nenhuma jornada humana é mais empolgante e potencialmente recompensadora do que a tentativa, às vezes bem-sucedida, de compreender parte do mundo natural.

# Agradecimentos

Há 50 anos, Al Lehninger publicou a 1ª edição de *Bioquímica*, definindo o formato básico das disciplinas de bioquímica durante gerações em todo o mundo. Estamos honrados por termos conseguido manter a tradição de Lehninger desde o seu falecimento em 1986, agora apresentando a 8ª edição de *Princípios de bioquímica de Lehninger*.

Este livro é resultado de um esforço conjunto, e sua produção seria impossível sem a equipe da W. H. Freeman, que nos apoiou em todas as etapas. Elizabeth Simmons, Gerente de Programa, Bioquímica, nos guiou destemidamente pelo novo mundo da publicação de livros-texto nessa era de mídias. Catherine Murphy, Editora de Desenvolvimento, ajudou a desenvolver o plano de revisão desta edição, nos manteve focados no plano, avaliou cuidadosamente os comentários dos revisores e editou o texto para que tivesse clareza. Vivien Weiss, Gerente de Projeto de Conteúdo Sênior, juntou as partes de texto de modo que ficasse perfeitamente integrado. Diana Blume, Natasha Wolfe, Maureen McCutcheon e John Callahan são responsáveis pelo lindo *design* do texto e da capa do livro. Adam Steinberg e Emiko Paul criaram o novo *layout* desta edição. A Pesquisadora de Fotografia Jennifer Atkins e a Gerente de Permissões de Mídia Christine Buese localizaram imagens e obtiveram permissões para utilizá-las. Cate Dapron editou o texto, e Paula Pyburn o revisou. Karen Misler, Gerente de Projeto Editorial, e Paul W. Rohloff, Gerente Sênior de Fluxo de Projeto, trabalharam diligentemente para nos manter no cronograma, e Nathan Livingston ajudou a orquestrar revisões e forneceu apoio administrativo. Cassandra Korsvik e Kelsey Hughes, Editores de Mídia, e Jim Zubricky, Especialista em Soluções de Aprendizado, supervisionaram a enorme tarefa de criar e aprimorar as mídias do conteúdo. Agradecemos também a Maureen Rachford, Gerente de Marketing Sênior, por coordenar as vendas e os esforços de marketing que divulgam o *Princípios de bioquímica de Lehninger* a professores e estudantes.

Em Madison, Brook Soltvedt é (e tem sido em todas as edições nas quais trabalhamos) nossa editora e crítica de primeira linha. Ela é a primeira a ver os originais dos capítulos, e ajuda na escrita e no desenvolvimento das ilustrações, garantindo consistência interna ao conteúdo e à nomenclatura, nos incentivando a manter nosso ritmo de trabalho. Muito da arte e dos gráficos moleculares foi criado por Adam Steinberg, da Art for Science, que nos ofereceu valiosas sugestões, que levaram a ilustrações melhores e mais

Aqui estão alguns dos muitos indivíduos que ajudaram a criar esta edição do *Princípios de bioquímica*: Diana Blume, Diretora de Design e Gerência de Conteúdo; Christine Buese, Gerente de Permissões de Mídia; John Callahan, Designer da Capa; Bob Cherry, Supervisor de Produção; Keri deManigold, Diretor Sênior de Produção Digital; Janice Donnola, Coordenadora de Arte; Daryl Fox, Vice-Presidente Sênior, STEM; Jen Driscoll Hollis, Diretor de Conteúdo, Ciências da Vida e da Terra; Kelsey Hughes, Editora de Mídia; Lisa Kinne, Gerência Sênior de Edição; Cassandra Korsvik, Editora Sênior de Mídia; Nathan Livingston, Assistente Editorial; Matthew McAdams, Gerente de Arte; Michael McCarty, Editor de Permissões para o Texto; Karen Misler, Gerência do Projeto Editorial; Catherine Murphy, Editora de Desenvolvimento; Paul W. Rohloff, Gerência Sênior de Fluxo de Trabalho; Liz Simmons, Gerência do Programa de Bioquímica; Brook Soltvedt, Editora; H. Adam Steinberg, Cientista Artista; e Vivien Weiss, Gerência Sênior de Conteúdo do Projeto.

# AGRADECIMENTOS

claras. A habilidade de Linda Strange, que revisou seis edições deste livro (incluindo a primeira), ainda está evidente na clareza do texto. Sentimo-nos afortunados por termos parceiros talentosos como Brook, Adam e Linda em nossa equipe. Somos gratos também a Brian White, da University of Massachusetts Boston, que escreveu a maior parte das questões de análise de dados no final dos capítulos.

Muitos outros nos auxiliaram nesta 8ª edição com seus comentários, sugestões e críticas. Somos profundamente gratos a todos eles:

Aaron Sholders, *Colorado State University Fort Collins*
Abdel Omri, *Laurentian University*
Aleksandra Stamenov, *University of California–Merced*
Alexander G. Zestos, *American University*
Alfred Ponticelli, *University at Buffalo, Jacobs School of Medicine and Biomedical Sciences*
Allen Nicholson, *Temple University–Philadelphia*
Allison Lamanna, *University of Michigan–Ann Arbor*
Allyn Ontko, *Arkansas State University*
Amanda Parker, *William Cary University*
Amber Howerton, *Nevada State College*
Amy Babbes, *Scripps College*
Amy Greene, *Albright College*
Andy Koppisch, *Northern Arizona University*
Andy LiWang, *University of California–Merced*
Angela K. Stoeckman, *Bethel University*
Anthony Clementz, *Concordia University Chicago*
Artem Domashevskiy, *John Jay College of Criminal Justice, CUNY*
Balasubrahmanyam Addepalli, *University of Cincinnati*
Benjamin Lasseter, *Christopher Newport University*
Bhuvana Katkere, *Pennsylvania State University–Main Campus*
Blythe Janowiak, *St. Louis University*
Bobby Burkes, *Grambling State University*
Bonnie Hall, *Grand View University*
Brannon McCullough, *Northern Arizona University*
Brenda Royals, *Park University*
Brian Callahan, *Binghamton University*
Brian Trewyn, *Colorado School of Mines*
Bruce Jacobson, *St. Cloud State University*
Bryan Knuckley, *University of North Florida*
Burt Goldberg, *New York University*
Candace Timpte, *Georgia Gwinnett College*
Cassidy Dobson, *Truman State University*
Chandrakanth Emani, *Western Kentucky University–Bowling Green*
Chandrika Kulatilleke, *City University of New York–Baruch College*
Charles Hoogstraten, *Michigan State University*
Cheryl Ingram-Smith, *Clemson University*
Chris Wang, *Ambrose University*
Christopher Cottingham, *University of North Alabama*
Christopher Hamilton, *Hillsdale College*
Christopher Jurgenson, *Delta State University*
Christopher Reid, *Bryant University*
Christopher Rohlman, *Albion College*
Christopher T. Calderone, *Carleton College*
Chuan Xiao, *University of Texas–El Paso*
Chu-Young Kim, *University of Texas–El Paso*
Corin Slown, *California State University Monterey Bay*
Craig Peebles, *University of Pittsburgh*
D. Andrew Burden, *Middle Tennessee State University*
Dana Baum, *St. Louis University–Main Campus*
Daniel Edwards, *California State University–Chico*
Daniel Golemboski, *Bellarmine College–Louisville*
Danny Ho, *Columbia University–New York*
Darryl Aucoin, *Caldwell College*
David Bartley, *Adrian College*
David H. Eagerton, *Campbell University*
David Snyder, *William Paterson University*
Deborah Polayes, *George Mason University*
Didem Vardar-Ulu, *Boston University*
Dipak K. Ghosh, *North Carolina A & T State University*
Donald Beitz, *Iowa State University*
Donald Doyle, *Georgia Institute of Technology*
Donna Pattison, *University of Houston*
Elizabeth Middleton, *Purchase College, SUNY*
Evelyn Swain, *Presbyterian College*
Fares Najar, *University of Oklahoma–Norman*
Garland Crawford, *Mercer University–Macon*
George Nora, *Northern State University*
Gerald F. Audette, *York University, North York*
Gerwald Jogl, *Brown University*
Gillian Rudd, *Georgia Gwinnett College*
Glover Martin, *University of Massachusetts–Boston*
Graham Moran, *Loyola University Chicago*
Grazyna Nowak, *University of Arkansas for Medical Sciences*
Heather Coan, *Western Carolina University*
Heather Larson, *Indiana University Southeast*
Henrike Besche, *Harvard Medical School*
Ike Shibley, *Pennsylvania State University–Berks Campus*
Isaac Forquer, *Portland State University*
James D. West, *The College of Wooster*
James Lee, *Old Dominion University*
James Nolan, *Georgia Gwinnett College*
Jamie Towle-Weicksel, *Rhode Island College*
Jane Hobson, *Kwantlen Polytechnic University*
Jason Fowler, *Lincoln Memorial University*
Jason Kahn, *University of Maryland*
Jean Gaffney, *Baruch College*
Jennifer Cecile, *Appalachian State University*

# AGRADECIMENTOS

Jennifer E. Grant, *University of Wisconsin Stout*
Jennifer Fishovitz, *Saint Mary's College*
Jennifer Sniegowski, *Arizona State University–Downtown*
Jeremy T. Mitchell-Koch, *Bethel College–North Newton*
Jeremy Thorner, *University of California–Berkeley*
Jim Roesser, *Virginia Commonwealth University*
Joanna Krueger, *University of North Carolina–Charlotte*
Joanne Souza, *Stony Brook University*
Joel Gray, *Texas State University*
John Chik, *Mount Royal University*
John Conrad, *University of Nebraska–Omaha*
John Means, *University of Rio Grande*
John Richardson, *Austin College*
Jonathan Parrish, *University of Alberta*
Joseph Jez, *Washington University in St. Louis*
Joseph Schulz, *Occidental College*
Joshua M. Blose, *College at Brockport–State University of New York*
Joshua Sakon, *University of Arkansas–Fayetteville*
Joshua Sokoloski, *Salisbury University*
Judy Moore, *Lenoir-Rhyne University–Hickory*
Justin DiAngelo, *Pennsylvania State University–Berks Campus*
Kalju Kahn, *University of California–Santa Barbara*
Katarzyna Roberts, *Rogers State University*
Katherine Launer-Felty, *Connecticut College*
Kathleen Foley Geiger, *Michigan State University*
Katie Garber, *St. Norbert College*
Kavita Shah, *Purdue University–Main Campus*
Kelli Slunt, *University of Mary Washington*
Kenneth Balazovich, *University of Michigan*
Kerry Smith, *Clemson University*
Kersten Schroeder, *University of Central Florida*
Kevin Brown, *University of Florida–Gainesville*
Kevin Francis, *Texas A&M–Kingsville*
Kevin Kearney, *MCPHS University*
Kevin Redding, *Arizona State University*
Kevin Siebenlist, *Marquette University*
Kimberly Lane, *Radford University*
Kimberly Lyle-Ippolito, *Anderson University*
Kirsten Fertuck, *Northeastern University–Boston*
Koni Stone, *California State University Stanislaus*
Kristin Dittenhafer-Reed, *Hope College*
Lawrence Gracz, *Massachusetts College of Pharmacy & Health Sciences*
Leah Cohen, *College of Staten Island, CUNY*
Lilian Chooback, *University of Central Oklahoma*
Lori Isom, *University of Central Arkansas*
Lori Wallrath, *University of Iowa–Iowa City*
Marcello Forconi, *College of Charleston*
Margaret Daugherty, *Colorado College*
Maria Kuhn, *Madonna University*
Marilena Hall, *Stonehill College*
Marina Gimpelev, *Dominican College*
Mario Pennella, *University of Wisconsin–Madison*
Marjorie A. Jones, *Illinois State University*
Mark Snider, *The College of Wooster*
Mary Elizabeth Peek, *Georgia Institute of Technology Main Campus*
Mary Hatcher-Skeers, *Scripps College*
Matthew Hartman, *Virginia Commonwealth University*
Matthew R. Jensen, *Concordia University, St. Paul*
Meagan Mann, *Austin Peay State University*
Megan E. Rudock, *Wake Forest University*
Michael Borenstein, *Temple University School of Pharmacy*
Michael Cascio, *Duquesne University*
Michael Koelle, *Yale University*
Michael Massiah, *George Washington University*
Michael Mendenhall, *University of Kentucky*
Michael Pikaart, *Hope College*
Michael Sehorn, *Clemson University*
Michael Trakselis, *Baylor University*
Michelle Pozzi, *Texas A&M University*
Mrinal Bhattacharjee, *Long Island University–Brooklyn*
Narasimha Sreerama, *Colorado State University*
Natasha DeVore, *Missouri State University Springfield*
Neena Grover, *Colorado College*
Newton Hilliard, *Arkansas Technical University*
Nianli Sang, *Drexel University*
Nicholas Burgis, *Eastern Washington University*
Nicholas Grossoehme, *Winthrop University*
Nitin Jain, *University of Tennessee*
Nuran Ercal, *Missouri University of Science & Technology*
P. Matthew Joyner, *Pepperdine University*
Patrick Larkin, *Texas A&M University–Corpus Christi*
Patrick Schacht, *California Baptist University*
Paul Adams, *University of Arkansas*
Paul Bond, *Shorter University*
Paul DeLaLuz, *Lee University*
Paul Hager, *East Carolina University*
Paul Larsen, *University of California–Riverside*
Peter Kahn, *Rutgers University*
Pingwei Li, *Texas A&M University*
Pradip Sarkar, *Parker University*
Ramin Radfar, *Wofford College*
Ravinder Abrol, *California State University–Northridge*
Rebecca Corbin, *Ashland University*
Rekha Srinivasan, *Case Western Reserve University*
Reza Karimi, *Pacific University*
Richard Amasino, *University of Wisconsin–Madison*
Richard Singiser, *Clayton State University*
Rishab K. Gupta, *University of California–Los Angeles*
Robert B. Congdon, *Broome Community College, SUNY*
Robert Brown, *Memorial University of Newfoundland*
Robert J. Warburton, *Shepherd University*
Robin Haynes, *Harvard University*
Ronald Gary, *University Nevada–Las Vegas*
Russ Feirer, *St. Norbert College & Medical College of Wisconsin*
Ryan Steed, *University of North Carolina–Asheville*
Sabeeha Merchant, *University of California–Berkeley*

Samuel Butcher, *University of Wisconsin–Madison*
Sandra Barnes, *Alcorn State University*
Sarah J. Smith, *Bucknell University*
Sarah Lee, *Abilene Christian University*
Scott Lefler, *Arizona State University–Tempe*
Scott Napper, *University of Saskatchewan*
Silvana Constantinescu, *Marymount College–Rancho Palos Verdes*
Siva Panda, *Augusta State University*
Somdeb Mitra, *New York University*
Steven Cok, *Framingham State College*
Steven Ellis, *University of Louisville*
Stylianos Fakas, *Alabama A & M University*
Susan Colette Daubner, *St. Mary's University*
Susan Mitroka, *Worcester State University*
Tamar B. Caceres, *Union University*
Tamara Hendrickson, *Wayne State University*
Tamiko Porter, *Indiana University–Purdue University Indianapolis*
Tanea Reed, *Eastern Kentucky University*
Tanya Dahms, *University of Regina*
Taylor J. Mach, *Concordia University, St. Paul*
Terry Kubiseski, *York University–Keele Campus*
Thomas Vida, *University of Houston*
Todd Johnson, *Weber State University–Ogden*
Todd M. Weaver, *University of Wisconsin La Crosse*
Tom Huxford, *San Diego State University*
Tomas T. Ding, *North Carolina Central University*
Tuhin Das, *John Jay College of Criminal Justice, CUNY*
Vishwa D. Trivedi, *Bethune Cookman University*
Wallace Sharif, *Morehouse College*
Xiangshu Jin, *Michigan State University–East Lansing*
Xuemin Wang, *University of Missouri–St. Louis*
Yingchun Li, *Texas A&M University–Prairie View*
Yongli Chen, *Hawaii Pacific University–Hilo*
Yu Wang, *The University of Alabama*
Yulia Gerasimova, *University of Central Florida*
Yun Li, *Delaware Valley University*
Zeenat Bashir, *Canisius College*

Não temos espaço aqui para citar todas as pessoas que contribuíram para o desenvolvimento deste livro, mas expressamos aqui nosso sincero agradecimento – e o livro pronto que eles ajudaram a completar. Assumimos, é claro, total responsabilidade por eventuais incorreções.

Queremos agradecer, de modo especial, aos nossos alunos da University of Wisconsin-Madison por inúmeras sugestões e comentários. Se alguma coisa no livro não estiver bem, eles não deixarão de nos informar. Somos muito gratos aos estudantes e à equipe de nossos grupos de pesquisa, atuais e do passado, que nos ajudaram a equilibrar as demandas com o nosso tempo; aos nossos colegas do Departamento de Bioquímica da University of Wisconsin-Madison, que nos ajudaram com conselhos e críticas, e a muitos estudantes e professores que nos escreveram para sugerir formas de melhorar o livro. Esperamos que nossos leitores continuem nos estimulando para futuras edições.

Finalmente, expressamos nossa profunda gratidão aos nossos companheiros (Brook, Beth e Tim) e às nossas famílias, que mostraram extraordinária paciência neste projeto, bem como apoio à escrita de nosso livro.

David L. Nelson
Michael M. Cox
Aaron A. Hoskins
*Madison, Wisconsin*

# Sumário

**1** Fundamentos de bioquímica ... 1

## I ESTRUTURA E CATÁLISE ... 41

- **2** Água, o solvente da vida ... 43
- **3** Aminoácidos, peptídeos e proteínas ... 70
- **4** Estrutura tridimensional das proteínas ... 106
- **5** Função das proteínas ... 147
- **6** Enzimas ... 177
- **7** Carboidratos e glicobiologia ... 229
- **8** Nucleotídeos e ácidos nucleicos ... 263
- **9** Tecnologias da informação baseadas no DNA ... 301
- **10** Lipídeos ... 341
- **11** Membranas biológicas e transporte ... 367
- **12** Sinalização bioquímica ... 408

## II BIOENERGÉTICA E METABOLISMO ... 461

- **13** Introdução ao metabolismo ... 465
- **14** Glicólise, gliconeogênese e a via das pentoses-fosfato ... 510
- **15** Metabolismo do glicogênio nos animais ... 556
- **16** Ciclo do ácido cítrico ... 574
- **17** Catabolismo dos ácidos graxos ... 601
- **18** Oxidação de aminoácidos e produção de ureia ... 625
- **19** Fosforilação oxidativa ... 659
- **20** Fotossíntese e síntese de carboidratos em vegetais ... 700
- **21** Biossíntese de lipídeos ... 744
- **22** Biossíntese de aminoácidos, nucleotídeos e moléculas relacionadas ... 794
- **23** Regulação hormonal e integração do metabolismo em mamíferos ... 841

## III VIAS DA INFORMAÇÃO ... 883

- **24** Genes e cromossomos ... 885
- **25** Metabolismo do DNA ... 914
- **26** Metabolismo do RNA ... 960
- **27** Metabolismo das proteínas ... 1005
- **28** Regulação da expressão gênica ... 1054

Respostas das questões ... 1097
Glossário ... 1133
Índice ... 1155

# Sumário detalhado

## 1  Fundamentos de bioquímica — 1

### 1.1  Fundamentos celulares — 2
As células são as unidades estruturais e funcionais de todos os organismos vivos — 2
A difusão limita o tamanho das células — 3
Os organismos são classificados em três domínios de vida distintos — 3
Os organismos diferem amplamente quanto às suas fontes de energia e aos precursores biossintéticos — 3
Células de bactérias e de arqueias possuem propriedades comuns, mas diferem em aspectos importantes — 5
As células eucarióticas têm vários tipos de organelas membranosas que podem ser isoladas para estudo — 6
O citoplasma é organizado pelo citoesqueleto e é altamente dinâmico — 6
As células constroem estruturas supramoleculares — 8
Estudos *in vitro* podem subestimar interações importantes entre moléculas — 9

### 1.2  Fundamentos químicos — 10
Biomoléculas são compostos de carbono que possuem uma variedade de grupos funcionais — 10
As células contêm um conjunto universal de pequenas moléculas — 11
As macromoléculas são os principais constituintes das células — 12
**QUADRO 1-1**  Peso molecular, massa molecular e suas unidades corretas — 13
A estrutura tridimensional é descrita pela configuração e pela conformação — 14
**QUADRO 1-2**  Louis Pasteur e atividade óptica: *in vino, veritas* — 17
As interações entre biomoléculas são estereoespecíficas — 18

### 1.3  Fundamentos físicos — 19
Os organismos vivos existem em um estado estacionário dinâmico e nunca em equilíbrio com o meio em que se encontram — 19
Os organismos transformam energia e matéria a partir do meio circundante — 20
Criar e manter ordem requer trabalho e energia — 21
**QUADRO 1-3**  Entropia: tudo se desintegra — 22
Reações de acoplamento de energia na biologia — 22
$K_{eq}$ e $\Delta G°$ são medidas da tendência de uma reação ocorrer espontaneamente — 23
Enzimas promovem sequências de reações químicas — 25
O metabolismo é regulado para ser balanceado e econômico — 27

### 1.4  Fundamentos genéticos — 27
A continuidade genética está incorporada em uma única molécula de DNA — 28
A estrutura do DNA permite sua replicação e seu reparo com uma fidelidade quase perfeita — 28
A sequência linear no DNA codifica proteínas com estruturas tridimensionais — 29

### 1.5  Fundamentos evolutivos — 30
Mudanças nas instruções hereditárias possibilitam a evolução — 30
As biomoléculas inicialmente surgiram por evolução química — 30
O RNA ou precursores relacionados podem ter sido os primeiros genes e catalisadores — 31
A evolução biológica começou há mais de 3,5 bilhões de anos — 33
A primeira célula provavelmente usou combustíveis inorgânicos — 33
As células eucarióticas evoluíram em vários estágios a partir de precursores mais simples — 34
A anatomia molecular revela relações evolutivas — 35
A genômica funcional mostra a alocação de genes para processos celulares específicos — 36
A comparação entre genomas é cada vez mais importante na biologia e na medicina — 36

## I  ESTRUTURA E CATÁLISE — 41

## 2  Água, o solvente da vida — 43

### 2.1  Interações fracas em sistemas aquosos — 43
Ligações de hidrogênio são responsáveis pelas propriedades incomuns da água — 44
A água forma ligações de hidrogênio com solutos polares — 45
A água interage eletrostaticamente com solutos carregados — 46
Gases apolares são fracamente solúveis em água — 47
Compostos apolares forçam mudanças energeticamente desfavoráveis na estrutura da água — 47
Interações de van der Waals são atrações interatômicas fracas — 49
Interações fracas são cruciais para a estrutura e a função das macromoléculas — 49
Solutos concentrados produzem pressão osmótica — 51

### 2.2  Ionização da água e de ácidos e bases fracas — 53
A água pura é levemente ionizada — 54
A ionização da água é expressa pela constante de equilíbrio — 54
A escala de pH indica as concentrações de $H^+$ e $OH^-$ — 55
**QUADRO 2-1**  Sendo sua própria cobaia (não tente fazer isso em casa!) — 56

Ácidos fracos e bases fracas têm constantes de dissociação ácida características ... 57
A determinação do p$K_a$ de ácidos fracos é feita por curvas de titulação ... 58

## 2.3 Tamponamento *versus* mudanças no pH em sistemas biológicos ... 59

Tampões são misturas de ácidos fracos e suas bases conjugadas ... 59
A equação de Henderson-Hasselbalch relaciona o pH, o p$K_a$ e a concentração do tampão ... 60
Ácidos ou bases fracas tamponam células e tecidos contra mudanças no pH ... 61
O diabetes não controlado produz uma acidose que traz risco de vida ... 63

## 3 Aminoácidos, peptídeos e proteínas ... 70

### 3.1 Aminoácidos ... 70

Os aminoácidos têm algumas caraterísticas estruturais em comum ... 71
Todos os resíduos de aminoácidos nas proteínas são estereoisômeros L ... 72
Os aminoácidos podem ser classificados de acordo com o grupo R ... 73
**QUADRO 3-1** Absorção de luz pelas moléculas: a lei de Lambert-Beer ... 75
Aminoácidos incomuns também têm funções importantes ... 76
Aminoácidos podem agir como ácidos e bases ... 76
Os aminoácidos diferem entre si quanto às propriedades acidobásicas ... 79

### 3.2 Peptídeos e proteínas ... 80

Peptídeos são cadeias de aminoácidos ... 80
Pode-se diferenciar peptídeos pelo comportamento de ionização ... 81
Peptídeos e polipeptídeos biologicamente ativos ocorrem em uma ampla variedade de tamanhos e composições ... 82
Algumas proteínas contêm outros grupos químicos além dos aminoácidos ... 83

### 3.3 Trabalhando com proteínas ... 83

Proteínas podem ser separadas e purificadas ... 84
Proteínas podem ser separadas e caracterizadas por eletroforese ... 87
As proteínas não separadas são detectadas e quantificadas com base nas suas funções ... 89

### 3.4 A estrutura das proteínas: estrutura primária ... 90

A função de uma proteína depende da sua sequência de aminoácidos ... 91
A estrutura das proteínas é estudada com o uso de métodos que exploram a química das proteínas ... 92

A espectrometria de massas fornece informações sobre massa molecular, sequência de aminoácidos e proteomas inteiros ... 93
Pequenos peptídeos e proteínas podem ser sintetizados quimicamente ... 95
As sequências de aminoácidos fornecem informações bioquímicas importantes ... 96
Sequências de proteínas ajudam a elucidar a história da vida na Terra ... 96
**QUADRO 3-2** Sequências-consenso e representações de sequências ... 98

## 4 Estrutura tridimensional das proteínas ... 106

### 4.1 Visão geral da estrutura das proteínas ... 107

A conformação de uma proteína é estabilizada por interações fracas ... 107
A agregação de aminoácidos hidrofóbicos longe do contato com a água favorece o enovelamento das proteínas ... 108
Os grupos polares contribuem com ligações de hidrogênio e pares iônicos para o enovelamento das proteínas ... 108
As interações de van der Waals são individualmente fracas, mas seu somatório impulsiona o enovelamento ... 109
A ligação peptídica é rígida e planar ... 109

### 4.2 Estrutura secundária das proteínas ... 111

A $\alpha$-hélice é uma estrutura secundária comum das proteínas ... 111
A sequência de aminoácidos afeta a estabilidade da $\alpha$-hélice ... 112
A conformação $\beta$ organiza as cadeias polipeptídicas em forma de folhas ... 113
**QUADRO 4-1** Distinção entre o giro no sentido da mão direita e o da mão esquerda ... 113
As voltas $\beta$ são comuns nas proteínas ... 114
Estruturas secundárias comuns têm ângulos diedros característicos ... 114
As estruturas secundárias comuns podem ser identificadas por dicroísmo circular ... 116

### 4.3 Estruturas terciária e quaternária das proteínas ... 116

As proteínas fibrosas são adaptadas para desempenhar funções estruturais ... 117
**QUADRO 4-2** Por que marinheiros, exploradores e universitários devem comer frutas e vegetais frescos ... 118
A diversidade estrutural reflete a diversidade funcional das proteínas globulares ... 120
A mioglobina forneceu as primeiras noções sobre a complexidade da estrutura proteica globular ... 121
**QUADRO 4-3** Protein Data Bank ... 122

As proteínas globulares têm grande
diversidade de estruturas terciárias ... 123
Algumas proteínas ou segmentos proteicos
são intrinsecamente desordenados ... 125
Os motivos das proteínas são a base para
a sua classificação ... 125
A estrutura quaternária varia de simples
dímeros a grandes complexos ... 126

### 4.4 Desnaturação e enovelamento das proteínas ... 128
A perda da estrutura da proteína determina
a perda da função ... 129
A sequência de aminoácidos determina a
estrutura terciária ... 130
Os polipeptídeos enovelam-se rapidamente
em um processo gradativo ... 131
Algumas proteínas precisam de ajuda para
se enovelar ... 132
Defeitos no enovelamento proteico
constituem a base molecular de muitas
doenças genéticas humanas ... 133
**QUADRO 4-4** Morte por enovelamento errôneo:
doenças de príons ... 134

### 4.5 Determinação das estruturas de proteínas e biomoléculas ... 136
Difração de raios X fornecem mapas
da densidade eletrônica de cristais
de proteínas ... 136
As distâncias entre os átomos de uma
proteína podem ser medidas por
ressonância magnética nuclear ... 137
**QUADRO 4-5** *Videogames* e projeção de proteínas ... 138
Milhares de moléculas são utilizadas
para determinar a estrutura por
criomicroscopia eletrônica ... 139

## 5 Função das proteínas ... 147

### 5.1 Ligação reversível de uma proteína com um ligante: proteínas que ligam oxigênio ... 148
O oxigênio pode ligar-se ao grupo prostético
heme ... 148
As globinas são uma família de proteínas que
ligam oxigênio ... 149
A mioglobina tem um único sítio de ligação
ao oxigênio ... 149
As interações proteína-ligante podem ser
descritas quantitativamente ... 150
A estrutura da proteína afeta como o ligante
é ligado ... 152
A hemoglobina transporta oxigênio no sangue ... 153
As subunidades da hemoglobina têm
estruturas semelhantes às da mioglobina ... 153
A hemoglobina sofre mudanças estruturais
quando liga oxigênio ... 155
A hemoglobina liga o oxigênio em um
processo cooperativo ... 156
A interação cooperativa do ligante pode ser
descrita em termos quantitativos ... 157
**QUADRO 5-1** Monóxido de carbono:
um assassino invisível ... 158
Dois modelos que propõem mecanismos
para a ligação cooperativa ... 158
A hemoglobina também transporta $H^+$ e $CO_2$ ... 160
A ligação do oxigênio com a hemoglobina
é regulada por 2,3-bisfosfoglicerato ... 161
A anemia falciforme é uma doença molecular
da hemoglobina ... 162

### 5.2 Complementariedade das ligações entre proteínas e ligantes: o sistema imune e as imunoglobulinas ... 164
A resposta imune inclui um arsenal
de células e proteínas especializadas ... 164
Os anticorpos têm dois sítios idênticos
de ligação ao antígeno ... 165
Os anticorpos ligam-se ao antígeno
de maneira firme e específica ... 167
A interação antígeno-anticorpo é a base para
uma grande variedade de procedimentos
analíticos importantes ... 167

### 5.3 As interações entre proteínas são moduladas por energia química: actina, miosina e motores moleculares ... 169
A actina e a miosina são as principais
proteínas do músculo ... 169
Proteínas suplementares organizam
os filamentos finos e grossos em
estruturas ordenadas ... 170
Os filamentos grossos de miosina deslizam
sobre os filamentos finos de actina ... 170

## 6 Enzimas ... 177

### 6.1 Introdução às enzimas ... 178
A maioria das enzimas são proteínas ... 178
As enzimas são classificadas segundo
as reações que catalisam ... 179

### 6.2 Como as enzimas funcionam ... 179
As enzimas alteram a velocidade da reação,
mas não o equilíbrio ... 180
Velocidade e equilíbrio da reação têm
definições termodinâmicas precisas ... 182
Alguns princípios são suficientes
para explicar o poder catalítico
e a especificidade das enzimas ... 182
As interações não covalentes entre enzima
e substrato são otimizadas no estado
de transição ... 183
A contribuição de interações covalentes
e íons metálicos para a catálise ... 186

## 6.3 A cinética enzimática como abordagem para compreender os mecanismos — 188

A concentração do substrato afeta a velocidade das reações catalisadas por enzimas — 188
A relação entre a concentração do substrato e a velocidade da reação pode ser expressa com a equação de Michaelis-Menten — 190
A cinética de Michaelis-Menten pode ser analisada quantitativamente — 191
Os parâmetros cinéticos são utilizados para comparar a atividade das enzimas — 192
Muitas enzimas catalisam reações com dois ou mais substratos — 194
A atividade enzimática depende do pH — 195
A cinética do estado pré-estacionário pode fornecer evidências de etapas específicas das reações — 196
As enzimas estão sujeitas à inibição reversível ou irreversível — 197

**QUADRO 6-1** Curando a doença do sono com um cavalo de Troia bioquímico — 201

## 6.4 Exemplos de reações enzimáticas — 203

O mecanismo de ação da quimotripsina envolve a acilação e a desacilação de um resíduo de serina — 204
O conhecimento dos mecanismos das proteases levou a novos tratamentos para a infecção por HIV — 208
A hexocinase sofre um encaixe induzido quando o substrato se liga — 209
O mecanismo de reação da enolase requer a presença de íons metálicos — 210
O conhecimento dos mecanismos enzimáticos leva à criação de antibióticos úteis — 210

## 6.5 Enzimas regulatórias — 213

Enzimas alostéricas sofrem mudanças conformacionais em resposta à ligação de moduladores — 214
As propriedades cinéticas das enzimas alostéricas não seguem o comportamento de Michaelis-Menten — 215
Algumas enzimas são reguladas por modificações covalentes reversíveis — 215
Os grupos fosforila afetam a estrutura e a atividade catalítica das enzimas — 217
Fosforilações múltiplas possibilitam um controle requintado da regulação — 218
Algumas enzimas e outras proteínas são reguladas pela clivagem proteolítica de precursores de enzimas — 220
A coagulação do sangue é mediada por uma cascata de zimogênios ativados de forma proteolítica — 220

Algumas enzimas utilizam vários mecanismos regulatórios — 223

# 7 Carboidratos e glicobiologia — 229

## 7.1 Monossacarídeos e dissacarídeos — 230

Aldoses e cetoses são as duas famílias de monossacarídeos — 230

**QUADRO 7-1** O que faz o açúcar ser doce? — 231

Os monossacarídeos têm centros assimétricos — 232
Os monossacarídeos comuns têm estruturas cíclicas — 233
Os organismos contêm diversos derivados de hexoses — 236
Açúcares que são aldeídos ou que podem formar aldeídos são açúcares redutores — 237

**QUADRO 7-2** Medidas da glicose sanguínea no diagnóstico e tratamento do diabetes — 238

## 7.2 Polissacarídeos — 241

Alguns homopolissacarídeos são formas de armazenamento de combustível — 241
Alguns homopolissacarídeos têm funções estruturais — 243
Fatores estéricos e ligações de hidrogênio influenciam o enovelamento dos homopolissacarídeos — 243
Peptideoglicanos reforçam a parede celular bacteriana — 244
Os glicosaminoglicanos são heteropolissacarídeos da matriz extracelular — 244

## 7.3 Glicoconjugados: proteoglicanos, glicoproteínas e glicolipídeos — 247

Os proteoglicanos são macromoléculas da superfície celular e da matriz extracelular que contêm glicosaminoglicanos — 248
As glicoproteínas têm oligossacarídeos ligados covalentemente — 251

**QUADRO 7-3** Defeitos na síntese ou na degradação de glicosaminoglicanos sulfatados podem levar a doenças graves em seres humanos — 251

Glicolipídeos e lipopolissacarídeos são componentes de membranas — 253

## 7.4 Carboidratos como moléculas informacionais: o código do açúcar — 254

As estruturas de oligossacarídeos são densas em informação — 254
Lectinas são proteínas que leem o código dos açúcares e mediam muitos processos biológicos — 254
As interações lectina-carboidrato são altamente específicas e, com frequência, multivalentes — 256

## 7.5 Trabalhando com carboidratos — 258

# 8 Nucleotídeos e ácidos nucleicos 263

## 8.1 Algumas definições básicas e convenções 263
Nucleotídeos e ácidos nucleicos têm pentoses e bases características 264
As ligações fosfodiéster ligam nucleotídeos consecutivos nos ácidos nucleicos 267
As propriedades das bases nucleotídicas afetam a estrutura tridimensional dos ácidos nucleicos 268

## 8.2 Estrutura dos ácidos nucleicos 269
O DNA é uma dupla-hélice que armazena informação genética 270
O DNA pode ocorrer em formas tridimensionais diferentes 272
Certas sequências de DNA adotam estruturas incomuns 273
RNA mensageiros codificam cadeias polipeptídicas 274
Muitos RNA têm estruturas tridimensionais mais complexas 276

## 8.3 Química dos ácidos nucleicos 277
DNA e RNA duplas-hélices podem ser desnaturados 278
Nucleotídeos e ácidos nucleicos sofrem transformações não enzimáticas 280
Algumas bases do DNA são metiladas 283
A síntese química de DNA foi automatizada 283
As sequências gênicas podem ser amplificadas com a reação em cadeia da polimerase 283
As sequências de longas hélices de DNA podem ser determinadas 286
**QUADRO 8-1** Uma arma potente em medicina forense 288
Tecnologias de sequenciamento de DNA estão avançando rapidamente 290

## 8.4 Outras funções de nucleotídeos 294
Os nucleotídeos carregam energia química nas células 294
Nucleotídeos da adenina são componentes de muitos cofatores enzimáticos 294
Alguns nucleotídeos são moléculas regulatórias 295
Os nucleotídeos de adenina também servem como sinais 296

# 9 Tecnologias da informação baseadas no DNA 301

## 9.1 Estudo dos genes e de seus produtos 302
Genes podem ser isolados por clonagem do DNA 302
Endonucleases de restrição e DNA-ligases produzem DNA recombinante 302
Os vetores de clonagem permitem a amplificação dos segmentos de DNA inseridos 304
Genes clonados podem ser expressos para amplificar a produção de proteínas 309
Muitos sistemas diferentes são utilizados para expressar proteínas recombinantes 309
A alteração de genes clonados produz proteínas alteradas 312
Marcadores terminais fornecem instrumentos para a purificação por afinidade 313
A reação em cadeia da polimerase oferece muitas opções para experimentos de clonagem 314
Bibliotecas de DNA são catálogos especializados de informação genética 315

## 9.2 Explorando a função da proteína na escala das células ou de organismos inteiros 317
Sequências ou relações estruturais podem sugerir a função da proteína 317
Quando e onde uma proteína está presente em uma célula pode sugerir a função proteica 318
Saber com o que uma proteína interage pode sugerir sua função 320
O efeito da deleção ou da alteração de uma proteína pode sugerir sua função 322
Muitas proteínas ainda não foram descobertas 324
**QUADRO 9-1** Livrando-se de pragas com *gene drives* 325

## 9.3 Genômica e história da humanidade 326
O genoma humano contém vários tipos de sequências 327
O sequenciamento do genoma fornece informações sobre a humanidade 329
Comparações do genoma ajudam a localizar genes envolvidos em doenças 331
Sequências no genoma informam o passado do ser humano e fornecem oportunidades para o futuro 333
**QUADRO 9-2** Conhecendo o parente mais próximo da humanidade 334

# 10 Lipídeos 341

## 10.1 Lipídeos de armazenamento 341
Os ácidos graxos são derivados de hidrocarbonetos 341
Os triacilgliceróis são ésteres de ácidos graxos e glicerol 344
Os triacilgliceróis armazenam energia e proporcionam isolamento térmico 344
A hidrogenação parcial de óleos de cozinha melhora sua estabilidade, mas cria ácidos graxos com efeitos danosos para a saúde 345
As ceras servem como reservas de energia e como impermeabilizantes à água 345

### 10.2 Lipídeos estruturais em membranas — 346
Os glicerofosfolipídeos são derivados do ácido fosfatídico — 346
Alguns glicerofosfolipídeos têm ácidos graxos em ligação éter — 348
Galactolipídeos de vegetais e lipídeos éter de arqueias resultam de adaptações ao ambiente — 349
Os esfingolipídeos são derivados da esfingosina — 350
Os esfingolipídeos nas superfícies celulares são sítios de reconhecimento biológico — 351
Os fosfolipídeos e os esfingolipídeos são degradados nos lisossomos — 352
Os esteróis têm quatro anéis de carbono fusionados — 352
**QUADRO 10-1** Acúmulo anormal de lipídeos de membrana: algumas doenças humanas hereditárias — 353

### 10.3 Lipídeos como sinalizadores, cofatores e pigmentos — 354
Fosfatidilinositóis e derivados da esfingosina atuam como sinalizadores intracelulares — 354
Os eicosanoides carregam mensagens para células próximas — 355
Os hormônios esteroides carregam mensagens entre os tecidos — 356
As plantas vasculares produzem milhares de sinais voláteis — 356
As vitaminas A e D são precursoras de hormônios — 356
As vitaminas E e K e as quinonas lipídicas são cofatores de oxirredução — 359
Os dolicóis ativam açúcares precursores para vias de biossíntese — 360
Muitos pigmentos naturais são dienos conjugados lipídicos — 360
Os policetídeos são produtos naturais com poderosas atividades biológicas — 360

### 10.4 Trabalhando com lipídeos — 361
A extração de lipídeos requer solventes orgânicos — 361
A cromatografia de adsorção separa lipídeos de polaridades diferentes — 361
A cromatografia gasosa separa misturas de derivados voláteis de lipídeos — 362
A hidrólise específica auxilia a determinação das estruturas dos lipídeos — 362
A espectrometria de massas revela a estrutura lipídica completa — 363
A lipidômica busca catalogar todos os lipídeos e suas funções — 363

## 11 Membranas biológicas e transporte — 367

### 11.1 Composição e arquitetura das membranas — 367
A bicamada lipídica é estável em água — 367
A arquitetura da bicamada define a estrutura e as funções das membranas biológicas — 368
O sistema de endomembranas é dinâmico e apresenta funções diversas — 369
Proteínas de membrana são receptores, transportadores e enzimas — 371
Proteínas de membrana diferem quanto à natureza da sua associação com a bicamada — 372
A topologia de uma proteína integral de membrana geralmente pode ser prevista a partir da sua sequência — 374
Lipídeos ligados covalentemente ancoram ou direcionam algumas proteínas de membrana — 375

### 11.2 Dinâmica das membranas — 377
Os grupos acila no interior da bicamada são ordenados em graus variados — 377
A movimentação de lipídeos através da bicamada necessita de catálise — 378
Lipídeos e proteínas difundem-se lateralmente na bicamada — 379
Esfingolipídeos e colesterol agrupam-se em balsas da membrana — 380
Curvaturas na membrana e fusão entre membranas são centrais para muitos processos biológicos — 382
As proteínas integrais da membrana plasmática estão envolvidas em adesão a superfícies, sinalização e outros processos celulares — 383

### 11.3 Transporte de solutos através de membranas — 385
O transporte pode ser passivo ou ativo — 385
Transportadores e canais iônicos possuem algumas propriedades estruturais em comum, mas têm mecanismos de ação diferentes — 386
O transportador de glicose dos eritrócitos é o mediador do transporte passivo — 387
O trocador cloreto-bicarbonato catalisa o cotransporte eletroneutro de ânions através da membrana plasmática — 389
**QUADRO 11-1** Defeitos no transportador de glicose e o diabetes — 390
O transporte ativo leva ao movimento do soluto contra o gradiente de concentração ou o gradiente eletroquímico — 391
ATPases do tipo P sofrem fosforilação durante seus ciclos catalíticos — 392
ATPases do tipo V e do tipo F são bombas de prótons impulsionadas por ATP — 394
Transportadores ABC usam ATP para impulsionar o transporte ativo de uma grande variedade de substratos — 395
**QUADRO 11-2** Defeito de canal iônico na fibrose cística — 397
Gradientes iônicos fornecem energia para o transporte ativo secundário — 398

As aquaporinas formam canais hidrofílicos transmembrana para a passagem de água ... 400
Canais iônicos seletivos permitem a passagem rápida de íons através das membranas ... 401
A estrutura de um canal de $K^+$ revela os fundamentos da sua especificidade ... 402

## 12 Sinalização bioquímica ... 408

### 12.1 Características gerais da transdução de sinais ... 409
Os sistemas de transdução de sinal possuem características em comum ... 409
O processo geral da transdução de sinais nos animais é universal ... 410

### 12.2 Receptores acoplados à proteína G e segundos mensageiros ... 412
O sistema do receptor β-adrenérgico age por meio do segundo mensageiro AMPc ... 412
O AMPc ativa a proteína-cinase A ... 413
Vários mecanismos provocam o término da resposta β-adrenérgica ... 416
**QUADRO 12-1** FRET: bioquímica em células vivas ... 416
O receptor β-adrenérgico é dessensibilizado por fosforilação e associação com a arrestina ... 418
O AMPc age como segundo mensageiro para muitas moléculas reguladoras ... 420
As proteínas G agem como comutadores autolimitantes em muitos processos ... 420
**QUADRO 12-2** Receptores guanilato-ciclase, GMPc e proteína-cinase G ... 422
Diacilglicerol, inositol-trisfosfato e $Ca^{2+}$ têm funções relacionadas com segundos mensageiros ... 425
O cálcio é um segundo mensageiro limitado no espaço e no tempo ... 425

### 12.3 Os GPCR na visão, no olfato e no paladar ... 429
O olho dos vertebrados utiliza mecanismos clássicos dos GPCR ... 429
**QUADRO 12-3** Daltonismo: o experimento de John Dalton após a sua morte ... 430
O olfato e o paladar dos vertebrados utilizam mecanismos similares aos do sistema visual ... 431
Todos os sistemas de GPCR compartilham características universais ... 431

### 12.4 Receptores tirosinas-cinases ... 433
A estimulação do receptor de insulina desencadeia uma cascata de reações de fosforilação de proteínas ... 434
O fosfolipídeo de membrana $PIP_3$ age em uma ramificação na sinalização por insulina ... 435
Comunicações cruzadas entre sistemas de sinalização são comuns e complexas ... 438

### 12.5 Proteínas adaptadoras multivalentes e balsas da membrana ... 439
Módulos proteicos se ligam a resíduos fosforilados de Tyr, Ser ou Thr nas proteínas associadas ... 439
Balsas e cavéolas da membrana segregam proteínas sinalizadoras ... 442

### 12.6 Canais iônicos regulados (portões) ... 442
Canais iônicos são a base da sinalização elétrica rápida nas células excitáveis ... 442
Canais iônicos dependentes de voltagem produzem os potenciais de ação dos neurônios ... 443
Os neurônios têm canais receptores que respondem a diferentes neurotransmissores ... 444
Algumas toxinas têm canais iônicos como alvos ... 444

### 12.7 Regulação da transcrição por receptores nucleares de hormônios ... 445

### 12.8 Regulação do ciclo celular por proteínas-cinases ... 446
O ciclo celular tem quatro estágios ... 446
Os níveis de proteínas-cinases dependentes de ciclina oscilam ... 447
As CDK são reguladas por fosforilação, degradação de ciclinas, fatores de crescimento e inibidores específicos ... 447
As CDK regulam a divisão celular pela fosforilação de proteínas cruciais ... 449

### 12.9 Oncogenes, genes supressores de tumores e morte celular programada ... 451
Oncogenes são formas mutantes dos genes de proteínas que regulam o ciclo celular ... 451
Defeitos em determinados genes eliminam os controles normais da divisão celular ... 451
**QUADRO 12-4** Desenvolvimento de inibidores da proteína-cinase para o tratamento de câncer ... 452
A apoptose é o suicídio celular programado ... 455

## II BIOENERGÉTICA E METABOLISMO ... 461

## 13 Introdução ao metabolismo ... 465

### 13.1 Bioenergética e termodinâmica ... 466
As transformações biológicas de energia obedecem às leis da termodinâmica ... 466
A variação de energia livre padrão está diretamente relacionada com a constante de equilíbrio ... 468

A variação de energia livre real depende das concentrações dos reagentes e dos produtos — 470
As variações de energia livre padrão são somadas — 471

## 13.2 Lógica química e as reações bioquímicas comuns — 472
As reações bioquímicas ocorrem em padrões que se repetem — 472
**QUADRO 13-1** Introdução aos nomes das enzimas — 477
As equações bioquímicas e químicas não são idênticas — 478

## 13.3 Transferências de grupos fosforila e ATP — 479
A variação de energia livre para a hidrólise do ATP é grande e negativa — 479
Outros compostos fosforilados e tioésteres também possuem energias livres de hidrólise negativas elevadas — 481
O ATP fornece energia por transferências de grupo, e não por hidrólise simples — 482
O ATP doa grupos fosforila, pirofosforila e adenilila — 484
A montagem de macromoléculas informacionais requer energia — 485
**QUADRO 13-2** O lampejar do vaga-lume: informações luminosas do ATP — 486
Transfosforilações entre nucleotídeos ocorrem em todos os tipos de células — 487

## 13.4 Reações biológicas de oxidação-redução — 488
O fluxo de elétrons pode realizar trabalho biológico — 488
As reações de oxidação-redução podem ser descritas como semirreações — 489
As oxidações biológicas geralmente envolvem desidrogenação — 489
Os potenciais de redução medem a afinidade por elétrons — 490
Os potenciais de redução padrão podem ser usados para calcular a variação de energia livre — 492
Alguns tipos de coenzimas e proteínas servem como carreadores universais de elétrons — 492
O NAD tem outras funções importantes além de transferir elétrons — 494
Os nucleotídeos de flavina são fortemente ligados às flavoproteínas — 495

## 13.5 Regulação das vias metabólicas — 496
As células e os organismos mantêm um estado estacionário dinâmico — 497
A quantidade de uma enzima e a sua atividade catalítica podem ser reguladas — 498
As reações fora do equilíbrio nas células são pontos de regulação comuns — 501

Os nucleotídeos da adenina têm papéis especiais na regulação metabólica — 502

## 14 Glicólise, gliconeogênese e a via das pentoses-fosfato — 510

### 14.1 Glicólise — 511
Uma visão geral: a glicólise tem duas fases — 511
A fase preparatória da glicólise requer ATP — 514
A fase de pagamento da glicólise produz ATP e NADH — 518
O balanço geral mostra um ganho líquido de dois ATP e dois NADH por glicose — 521

### 14.2 Vias alimentadoras da glicólise — 521
O glicogênio e o amido endógenos são degradados por fosforólise — 522
Os polissacarídeos e os dissacarídeos da dieta sofrem hidrólise a monossacarídeos — 523

### 14.3 Destinos do piruvato — 525
Os efeitos de Pasteur e Warburg devem-se à dependência unicamente da glicose para a produção de ATP — 525
O piruvato é o aceptor final de elétrons na fermentação láctica — 526
**QUADRO 14-1** A alta velocidade da glicólise em tumores sugere alvos para a quimioterapia e facilita o diagnóstico — 527
**QUADRO 14-2** Catabolismo da glicose em condições limitantes de oxigênio — 529
O etanol é o produto reduzido na fermentação alcoólica — 530
As fermentações são usadas para produzir alguns alimentos comuns e reagentes químicos industriais — 530

### 14.4 Gliconeogênese — 533
O primeiro contorno: a conversão de piruvato em fosfoenolpiruvato requer duas reações exergônicas — 534
O segundo e o terceiro contornos são desfosforilações simples por fosfatases — 537
A gliconeogênese é essencial, mas energeticamente dispendiosa — 537
Os mamíferos, diferentemente de plantas e microrganismos, não podem converter ácidos graxos em glicose — 538

### 14.5 Regulação coordenada da glicólise e da gliconeogênese — 539
As isoenzimas da hexocinase são afetadas diferentemente por seu produto, a glicose-6-fosfato — 539
**QUADRO 14-3** Isoenzimas: proteínas diferentes que catalisam a mesma reação — 540
A regulação da fosfofrutocinase 1 e da frutose-1,6-bisfosfatase é recíproca — 541
A frutose-2,6-bisfosfato é um regulador alostérico potente da PFK-1 e da FBPase-1 — 542

A xilulose-5-fosfato é um importante regulador do metabolismo dos carboidratos e das gorduras ... 542
A enzima glicolítica piruvato-cinase é inibida alostericamente por ATP ... 544
A conversão de piruvato em fosfoenolpiruvato é estimulada quando ácidos graxos estão disponíveis ... 544
A regulação transcricional altera o número de moléculas das enzimas ... 545

### 14.6 Oxidação da glicose pela via das pentoses-fosfato ... 546
A fase oxidativa produz NADPH e pentoses-fosfato ... 547
**QUADRO 14-4** Por que Pitágoras não comeria falafel: deficiência de glicose-6-fosfato-desidrogenase ... 548
A fase não oxidativa recicla as pentoses-fosfato a glicose-6-fosfato ... 549
A glicose-6-fosfato é repartida entre a glicólise e a via das pentoses-fosfato ... 551
A deficiência de tiamina causa a beri béri e a síndrome de Wernicke-Korsakoff ... 551

## 15 Metabolismo do glicogênio nos animais ... 556

### 15.1 Estrutura e função do glicogênio ... 557
Animais vertebrados necessitam de uma fonte rápida de combustível para o encéfalo e os músculos ... 557
Grânulos de glicogênio apresentam muitas camadas de cadeias ramificadas de D-glicose ... 557

### 15.2 Degradação e síntese do glicogênio ... 558
A degradação do glicogênio é catalisada pela glicogênio-fosforilase ... 558
A glicose-1-fosfato pode entrar na glicólise ou ser usada, no fígado, para repor a glicose sanguínea ... 559
A UDP-glicose, um nucleotídeo-açúcar, doa glicose para a síntese do glicogênio ... 560
**QUADRO 15-1** Carl e Gerty Cori: pioneiros no estudo do metabolismo do glicogênio e doenças relacionadas ... 561
A glicogenina fornece um fragmento iniciador para a síntese do glicogênio ... 563

### 15.3 Regulação coordenada da degradação e da síntese do glicogênio ... 565
A glicogênio-fosforilase é regulada por fosforilação estimulada por hormônios e por efetores alostéricos ... 565
A glicogênio-sintase também está sujeita a múltiplos níveis de regulação ... 567

Sinais alostéricos e hormonais coordenam globalmente o metabolismo dos carboidratos ... 568
Os metabolismos de carboidratos e de lipídeos são integrados por mecanismos hormonais e alostéricos ... 570

## 16 Ciclo do ácido cítrico ... 574

### 16.1 Produção de acetil-CoA (acetato ativado) ... 575
O piruvato é oxidado a acetil-CoA e $CO_2$ ... 575
O complexo da PDH utiliza três enzimas e cinco coenzimas para oxidar o piruvato ... 576
O complexo da PDH canaliza seus intermediários por meio de cinco reações ... 577

### 16.2 Reações do ciclo do ácido cítrico ... 578
A sequência das reações do ciclo do ácido cítrico é quimicamente lógica ... 580
O ciclo do ácido cítrico tem oito etapas ... 580
**QUADRO 16-1** Enzimas plurifuncionais: proteínas com mais de uma função ... 584
A energia das oxidações do ciclo é conservada de maneira eficiente ... 587
**QUADRO 16-2** Citrato: uma molécula simétrica que reage assimetricamente ... 588

### 16.3 O nodo central do metabolismo intermediário ... 590
O ciclo do ácido cítrico funciona em processos anabólicos e catabólicos ... 590
Reações anapleróticas repõem os intermediários do ciclo do ácido cítrico ... 590
A biotina da piruvato-carboxilase transporta grupos de um carbono ($CO_2$) ... 590

### 16.4 Regulação do ciclo do ácido cítrico ... 593
A produção de acetil-CoA pelo complexo da PDH é regulada por mecanismos alostéricos e covalentes ... 593
O ciclo do ácido cítrico também é regulado em três etapas exergônicas ... 594
A atividade do ciclo do ácido cítrico muda em tumores ... 594
Certos intermediários são canalizados por meio de metabolons ... 595

## 17 Catabolismo dos ácidos graxos ... 601

### 17.1 Digestão, mobilização e transporte de gorduras ... 602
As gorduras da dieta são absorvidas no intestino delgado ... 602
Hormônios ativam a mobilização dos triacilgliceróis armazenados ... 603
Os ácidos graxos são ativados e transportados para dentro das mitocôndrias ... 603

### 17.2 Oxidação de ácidos graxos — 606

A β-oxidação de ácidos graxos saturados tem quatro etapas básicas — 607
As quatro etapas da β-oxidação são repetidas para produzir acetil-CoA e ATP — 608
A acetil-CoA pode ser oxidada posteriormente no ciclo do ácido cítrico — 609

**QUADRO 17-1** Uma longa soneca no inverno: oxidando gorduras durante a hibernação — 610

A oxidação de ácidos graxos insaturados requer duas reações adicionais — 611
A oxidação completa de ácidos graxos de número ímpar requer três reações extras — 612
A oxidação dos ácidos graxos é estritamente regulada — 613

**QUADRO 17-2** Coenzima $B_{12}$: uma solução radical para um problema desconcertante — 614

Fatores de transcrição ativam a síntese de proteínas para o catabolismo de lipídeos — 616
Defeitos genéticos nas acil-CoA-desidrogenases causam doenças graves — 616
Os peroxissomos também realizam β-oxidação — 617
O ácido fitânico sofre α-oxidação nos peroxissomos — 618

### 17.3 Corpos cetônicos — 619

Os corpos cetônicos formados no fígado são exportados para outros órgãos como combustível — 619
Os corpos cetônicos são produzidos em excesso no diabetes e durante o jejum — 620

## 18 Oxidação de aminoácidos e produção de ureia — 625

### 18.1 Destinos metabólicos dos grupos amino — 626

As proteínas da dieta são enzimaticamente degradadas a aminoácidos — 627
O piridoxal-fosfato participa da transferência de grupos α-amino para o α-cetoglutarato — 628
O glutamato libera seu grupo amino na forma de amônia no fígado — 630
A glutamina transporta a amônia na corrente sanguínea — 631
A alanina transporta a amônia dos músculos esqueléticos para o fígado — 632
A amônia é tóxica para os animais — 633

### 18.2 Excreção de nitrogênio e ciclo da ureia — 633

A ureia é produzida a partir da amônia por meio de cinco etapas enzimáticas — 633
Os ciclos do ácido cítrico e da ureia podem estar ligados — 636
A atividade do ciclo da ureia é regulada em dois níveis — 637

**QUADRO 18-1** Ensaios para avaliar lesão tecidual — 637

A interconexão de vias reduz o custo energético da síntese da ureia — 638
Defeitos genéticos do ciclo da ureia podem ser fatais — 638

### 18.3 Vias de degradação dos aminoácidos — 639

Alguns aminoácidos podem contribuir para a gliconeogênese, outros, para a síntese de corpos cetônicos — 640
Diversos cofatores enzimáticos desempenham papéis importantes no catabolismo dos aminoácidos — 641
Seis aminoácidos são degradados a piruvato — 644
Sete aminoácidos são degradados, produzindo acetil-CoA — 647
O catabolismo da fenilalanina é geneticamente defeituoso em algumas pessoas — 649
Cinco aminoácidos são convertidos em α-cetoglutarato — 650
Quatro aminoácidos são convertidos em succinil-CoA — 650
Os aminoácidos de cadeia ramificada não são degradados no fígado — 651
A asparagina e o aspartato são degradados a oxalacetato — 653

**QUADRO 18-2** MMA: às vezes mais do que uma doença genética — 653

## 19 Fosforilação oxidativa — 659

### 19.1 A cadeia respiratória mitocondrial — 660

Os elétrons são canalizados para aceptores universais de elétrons — 661
Os elétrons passam por uma série de transportadores ligados à membrana — 662
Os transportadores de elétrons atuam em complexos multienzimáticos — 665
Complexos mitocondriais associam-se e formam respirassomos — 671
Outras vias doam elétrons para a cadeia respiratória via ubiquinona — 671
A energia da transferência de elétrons é conservada de maneira eficaz em um gradiente de prótons — 672
Espécies reativas de oxigênio são geradas durante a fosforilação oxidativa — 673

### 19.2 Síntese de ATP — 674

No modelo quimiosmótico, oxidação e fosforilação estão obrigatoriamente acopladas — 675
A ATP-sintase tem dois domínios funcionais, $F_o$ e $F_1$ — 677
O ATP é estabilizado em relação ao ADP na superfície de $F_1$ — 677

O gradiente de prótons impulsiona a liberação de ATP a partir da superfície da enzima  678
Cada subunidade β da ATP-sintase pode assumir três diferentes conformações  678
A catálise rotacional é a chave para o mecanismo de alteração na ligação durante a síntese de ATP  680
O acoplamento quimiosmótico permite estequiometrias não integrais de consumo de $O_2$ e síntese de ATP  682
A força próton-motriz fornece energia ao transporte ativo  683
Sistemas de lançadeiras conduzem indiretamente NADH citosólico para as mitocôndrias para oxidação  683

**QUADRO 19-1** Plantas quentes e fedidas e vias respiratórias alternativas  685

### 19.3 Regulação da fosforilação oxidativa  686
A fosforilação oxidativa é regulada pelas necessidades de energia das células  687
Uma proteína inibitória impede a hidrólise de ATP durante a hipóxia  687
A hipóxia leva à produção de ERO e a várias respostas adaptativas  687
As vias produtoras de ATP são reguladas de modo coordenado  688

### 19.4 Mitocôndrias na termogênese, na síntese de esteroides e na apoptose  689
O desacoplamento em mitocôndrias do tecido adiposo marrom produz calor  689
Monoxigenases P-450 mitocondriais catalisam hidroxilações de esteroides  690
As mitocôndrias são de importância central para o início da apoptose  691

### 19.5 Genes mitocondriais: suas origens e efeitos de mutações  692
As mitocôndrias evoluíram a partir de bactérias endossimbióticas  692
Mutações no DNA mitocondrial acumulam-se ao longo de toda a vida do organismo  693
Algumas mutações nos genomas mitocondriais causam doenças  694
Uma forma rara de diabetes resulta de defeitos nas mitocôndrias das células β pancreáticas  695

## 20 Fotossíntese e síntese de carboidratos em vegetais  700

### 20.1 Absorção de luz  701
O fluxo de elétrons impulsionado pela luz e a fotossíntese ocorrem nos cloroplastos das plantas  701
As clorofilas absorvem energia luminosa para a fotossíntese  704
A clorofila canaliza a energia absorvida para os centros de reação pela transferência de éxcitons  705

### 20.2 Centros de reação fotoquímica  707
Bactérias fotossintetizantes têm dois tipos de centros de reação  707
Nas plantas vasculares, dois centros de reação agem em sequência  708
O complexo de citocromos $b_6f$ une os fotossistemas II e I, conservando a energia da transferência de elétrons  712
A transferência cíclica de elétrons permite variações na razão de ATP/NADPH sintetizados  713
Transições de estado mudam a distribuição do LHCII entre os dois fotossistemas  713
A água é quebrada no centro de liberação de oxigênio  714

### 20.3 Evolução de um mecanismo universal para a síntese de ATP  716
Um gradiente de prótons acopla o fluxo de elétrons e a fosforilação  716
A estequiometria aproximada da fotofosforilação foi estabelecida  716
A estrutura e o mecanismo da ATP-sintase são quase universais  717

### 20.4 Reações de assimilação de $CO_2$  719
A assimilação de dióxido de carbono ocorre em três estágios  719
A síntese de cada triose-fosfato a partir do $CO_2$ requer seis NADPH e nove ATP  722
Um sistema de transporte exporta trioses-fosfato do cloroplasto e importa fosfato  724
Quatro enzimas do ciclo de Calvin são indiretamente ativadas pela luz  725

### 20.5 Fotorrespiração e as vias $C_4$ e CAM  727
A fotorrespiração resulta da atividade de oxigenase da rubisco  727
O fosfoglicolato é reciclado em um conjunto de reações de alto custo em plantas $C_3$  727
Em plantas $C_4$, a fixação do $CO_2$ e a atividade da rubisco são separadas no espaço  729

**QUADRO 20-1** A engenharia genética de organismos fotossintetizantes pode aumentar a sua eficiência?  730

Em plantas CAM, a captura de $CO_2$ e a ação da rubisco são separadas no tempo  732

### 20.6 Biossíntese de amido, sacarose e celulose  733
A ADP-glicose é o substrato para a síntese de amido em plastídios vegetais e para a síntese de glicogênio em bactérias  733
A UDP-glicose é o substrato para a síntese de sacarose no citosol de células das folhas  733

A conversão de trioses-fosfato em sacarose
e amido é cuidadosamente regulada 734
O ciclo do glioxilato e a gliconeogênese
produzem glicose em sementes em
germinação 735
A celulose é sintetizada por estruturas
supramoleculares na membrana plasmática 736
Reservatórios de intermediários comuns
conectam vias em diferentes organelas 738

## 21 Biossíntese de lipídeos 744

### 21.1 Biossíntese de ácidos graxos e eicosanoides 744

A malonil-CoA é formada a partir de
acetil-CoA e bicarbonato 744
A síntese dos ácidos graxos ocorre em uma
sequência de reações que se repetem 745
A ácido graxo-sintase de mamíferos tem
múltiplos sítios ativos 747
A ácido graxo-sintase recebe grupos acetila
e malonila 747
As reações da ácido graxo-sintase são
repetidas para formar palmitato 748
A síntese de ácidos graxos é um processo
citosólico na maioria dos eucariotos, mas,
nas plantas, ocorre nos cloroplastos 750
O acetato é transportado para fora da
mitocôndria como citrato 751
A biossíntese de ácidos graxos é regulada
rigorosamente 752
Os ácidos graxos saturados de cadeia longa
são sintetizados a partir do palmitato 753
A dessaturação dos ácidos graxos requer
uma oxidase de função mista 754
Os eicosanoides são formados a partir de
ácidos graxos poli-insaturados de 20 ou
22 carbonos 755
**QUADRO 21-1** Oxidases, oxigenases, enzimas
citocromo P-450 e *overdoses* de fármacos 756

### 21.2 Biossíntese de triacilgliceróis 760

Os triacilgliceróis e os glicerofosfolipídeos
são sintetizados a partir dos mesmos
precursores 760
A biossíntese de triacilgliceróis nos animais
é regulada por hormônios 760
O tecido adiposo gera glicerol-3-fosfato por
meio da gliceroneogênese 762
As tiazolidinedionas atuam no tratamento
do diabetes tipo 2 aumentando a
gliceroneogênese 763

### 21.3 Biossíntese de fosfolipídeos de membrana 764

As células dispõem de duas estratégias para
ligar as cabeças polares dos fosfolipídeos 764
As vias para a biossíntese de lipídeos
mostram inter-relação 765

Em eucariotos, fosfolipídeos de membrana
estão sujeitos a remodelamento 767
A síntese de plasmalogênio requer a
formação de um álcool graxo unido por
ligação éter 768
As vias de síntese de esfingolipídeos e
glicerofosfolipídeos compartilham
precursores e alguns mecanismos 768
Os lipídeos polares são direcionados a
membranas celulares específicas 770

### 21.4 Colesterol, esteroides e isoprenoides: biossíntese, regulação e transporte 771

O colesterol é formado a partir da acetil-CoA
em quatro estágios 772
O colesterol tem destinos diversos 775
O colesterol e outros lipídeos são
transportados em lipoproteínas
plasmáticas 777
A HDL realiza o transporte reverso
de colesterol 780
Os ésteres de colesterila entram nas células
por endocitose mediada por receptor 781
A síntese e o transporte do colesterol são
regulados em vários níveis 782
A desregulação do metabolismo do
colesterol pode levar a doenças
cardiovasculares 784
O transporte reverso do colesterol por
HDL se opõe à formação de placas e à
aterosclerose 785
Os hormônios esteroides são formados por
clivagem da cadeia lateral e oxidação do
colesterol 785
**QUADRO 21-2** A hipótese lipídica
e o desenvolvimento das estatinas 786
Os intermediários na biossíntese de
colesterol têm muitos destinos alternativos 787

## 22 Biossíntese de aminoácidos, nucleotídeos emoléculas relacionadas 794

### 22.1 Visão geral do metabolismo do nitrogênio 795

Uma rede global de ciclagem de nitrogênio
mantém uma reserva de nitrogênio
biologicamente disponível 795
A fixação do nitrogênio é realizada por
enzimas do complexo da nitrogenase 797
**QUADRO 22-1** Estilos de vida incomuns de seres
obscuros, porém abundantes 798
A amônia é incorporada em biomoléculas via
glutamato e glutamina 802
A reação da glutamina-sintetase é um ponto
importante de regulação no metabolismo
do nitrogênio 803

Diversas classes de reações desempenham papéis especiais na biossíntese de aminoácidos e nucleotídeos ... 804

## 22.2 Biossíntese de aminoácidos ... 805

Os organismos variam muito em sua capacidade de sintetizar os 20 aminoácidos comuns ... 805

O α-cetoglutarato origina glutamato, glutamina, prolina e arginina ... 806

Serina, glicina e cisteína são derivadas do 3-fosfoglicerato ... 806

Três aminoácidos não essenciais e seis aminoácidos essenciais são sintetizados a partir de oxalacetato e piruvato ... 809

O corismato é um intermediário-chave na síntese de triptofano, fenilalanina e tirosina ... 811

A biossíntese de histidina utiliza precursores da biossíntese de purinas ... 812

A biossíntese de aminoácidos está sob regulação alostérica ... 814

## 22.3 Moléculas derivadas de aminoácidos ... 817

A glicina é precursora das porfirinas ... 817

A degradação do heme tem múltiplas funções ... 817

Os aminoácidos são precursores da creatina e da glutationa ... 819

**QUADRO 22-2** Sobre reis e vampiros ... 819

D-Aminoácidos são encontrados principalmente em bactérias ... 820

Aminoácidos aromáticos são precursores de muitas substâncias de origem vegetal ... 820

Aminas biológicas são produtos da descarboxilação dos aminoácidos ... 821

A arginina é precursora na síntese biológica de óxido nítrico ... 822

## 22.4 Biossíntese e degradação de nucleotídeos ... 823

A síntese *de novo* de nucleotídeos púricos inicia-se com o PRPP ... 825

A biossíntese de nucleotídeos púricos é regulada por meio de inibição por retroalimentação ... 825

Os nucleotídeos pirimídicos são sintetizados a partir de aspartato, PRPP e carbamoil-fosfato ... 827

A biossíntese de nucleotídeos pirimídicos é regulada por inibição por retroalimentação ... 829

Nucleosídeos monofosfatados são convertidos em nucleosídeos trifosfatados ... 829

Os ribonucleotídeos são precursores dos desoxirribonucleotídeos ... 829

O timidilato é derivado do dCDP e do dUMP ... 833

A degradação de purinas e pirimidinas produz ácido úrico e ureia, respectivamente ... 833

Bases púricas e pirimídicas são recicladas por vias de recuperação ... 835

O excesso de ácido úrico causa gota ... 835

Muitos agentes quimioterápicos têm como alvo enzimas da via biossintética de nucleotídeos ... 836

# 23 Regulação hormonal e integração do metabolismo em mamíferos ... 841

## 23.1 Estrutura e ação hormonal ... 842

Os hormônios atuam por meio de receptores celulares específicos de alta afinidade ... 842

Os hormônios são quimicamente diferentes ... 843

Alguns hormônios são liberados por uma hierarquia "de cima para baixo" de sinais neuronais e hormonais ... 845

Os sistemas hormonais "de baixo para cima" enviam sinais de volta para o encéfalo e para outros tecidos ... 846

## 23.2 Metabolismo tecido-específico ... 848

O fígado processa e distribui nutrientes ... 848

Os tecidos adiposos armazenam e fornecem ácidos graxos ... 851

Os tecidos adiposos marrom e bege são termogênicos ... 852

Os músculos usam ATP para trabalho mecânico ... 852

O encéfalo usa energia para a transmissão de impulsos elétricos ... 855

**QUADRO 23-1** Creatina e creatina-cinase: auxiliares de diagnóstico inestimáveis e amigos dos fisiculturistas ... 856

O sangue transporta oxigênio, metabólitos e hormônios ... 857

## 23.3 Regulação hormonal do metabolismo energético ... 859

A insulina neutraliza a glicose alta no sangue no estado bem alimentado ... 859

As células β pancreáticas secretam insulina em resposta a alterações na glicose sanguínea ... 860

O glucagon combate níveis baixos de glicose sanguínea ... 862

O metabolismo é alterado durante o jejum e a inanição para prover combustível para o encéfalo ... 863

A adrenalina sinaliza atividade iminente ... 864

O cortisol sinaliza estresse, incluindo baixa glicose sanguínea ... 865

## 23.4 Obesidade e regulação da massa corporal ... 867

O tecido adiposo tem funções endócrinas importantes ... 867

A leptina estimula a produção de hormônios peptídicos anorexigênicos ... 868

A leptina dispara uma cascata de sinalização que regula a expressão gênica ... 869
A adiponectina age por meio da AMPK para aumentar a sensibilidade à insulina ... 869
A AMPK coordena o catabolismo e o anabolismo em resposta ao estresse metabólico ... 869
A via mTORC1 coordena o crescimento celular com o suprimento de nutrientes e energia ... 871
A dieta regula a expressão de genes essenciais para a manutenção da massa corporal ... 871
O comportamento alimentar de curto prazo é influenciado pela grelina, pelo $PYY_{3-36}$ e pelos canabinoides ... 872
Os simbiontes microbianos do intestino influenciam o metabolismo energético e a adipogênese ... 874

### 23.5 Diabetes *mellitus* ... 875
O diabetes *mellitus* resulta de defeitos na produção ou na ação da insulina ... 875
**QUADRO 23-2** O árduo caminho até a insulina purificada ... 876
Ácidos carboxílicos (corpos cetônicos) se acumulam no sangue de pessoas com diabetes não tratado ... 877
No diabetes tipo 2, os tecidos se tornam insensíveis à insulina ... 877
O diabetes tipo 2 é controlado com dieta, exercícios, medicamentos e cirurgia ... 878

## III VIAS DA INFORMAÇÃO ... 883

## 24 Genes e cromossomos ... 885

### 24.1 Elementos cromossômicos ... 885
Os genes são segmentos de DNA que codificam cadeias polipeptídicas e RNA ... 886
As moléculas de DNA são muito mais longas do que o invólucro celular ou viral que as contém ... 886
Os genes eucarióticos e os cromossomos são muito complexos ... 889

### 24.2 Supertorção do DNA ... 891
A maior parte do DNA celular se encontra subenrolada ... 892
O subenrolamento do DNA é definido pelo número de ligação topológico ... 893
As topoisomerases catalisam mudanças no número de ligação do DNA ... 895
A compactação do DNA necessita de uma forma especial de supertorção ... 896

### 24.3 Estrutura dos cromossomos ... 898
A cromatina é formada por DNA, proteínas e RNA ... 898
As histonas são proteínas básicas pequenas ... 899
Os nucleossomos são as unidades organizacionais fundamentais da cromatina ... 900
Os nucleossomos são empacotados em estruturas cromossômicas altamente condensadas ... 902
**QUADRO 24-1** Epigenética, estrutura dos nucleossomos e variantes de histonas ... 904
**QUADRO 24-2** Cura de doenças pela inibição de topoisomerases ... 906
**QUADRO 24-3** Inativação do cromossomo X por um lncRNA: prevenindo o excesso de uma coisa boa (ou ruim) ... 907
As estruturas condensadas dos cromossomos são mantidas pelas proteínas SMC ... 908
O DNA das bactérias também é altamente organizado ... 909

## 25 Metabolismo do DNA ... 914

### 25.1 Replicação do DNA ... 915
A replicação do DNA segue um conjunto de regras fundamentais ... 915
O DNA é degradado por nucleases ... 916
O DNA é sintetizado por DNA-polimerases ... 916
A replicação tem alto grau de precisão ... 917
A *E. coli* tem pelo menos cinco DNA-polimerases ... 919
A replicação do DNA requer muitas enzimas e fatores proteicos ... 921
A replicação do cromossomo de *E. coli* prossegue em estágios ... 922
A replicação em células eucarióticas é semelhante, porém mais complexa ... 927
DNA-polimerases virais fornecem alvos para a terapia antiviral ... 929

### 25.2 Reparo do DNA ... 930
As mutações estão ligadas ao câncer ... 930
Todas as células têm múltiplos sistemas de reparo de DNA ... 930
**QUADRO 25-1** Reparo do DNA e câncer ... 932
A interação das forquilhas de replicação com o dano ao DNA pode levar à síntese de DNA translesão propensa a erro ... 938

### 25.3 Recombinação do DNA ... 940
A recombinação homóloga bacteriana é uma função de reparo do DNA ... 941
A recombinação homóloga eucariótica é necessária para a segregação adequada de cromossomos durante a meiose ... 944
**QUADRO 25-2** Por que a segregação adequada de cromossomos é importante ... 946
Algumas quebras de fita dupla são reparadas por união de extremidades não homólogas ... 948
**QUADRO 25-3** Como uma quebra de fita de DNA chama a atenção ... 948

A recombinação sítio-específica resulta em rearranjos de DNA precisos ........ 950
Elementos genéticos de transposição movem-se de um local para outro ........ 951
Os genes de imunoglobulinas se reúnem por recombinação ........ 953

## 26 Metabolismo do RNA ........ 960

### 26.1 Síntese de RNA dependente de DNA ........ 961
O RNA é sintetizado pelas RNA-polimerases ........ 961
A síntese de RNA começa nos promotores ........ 963

**QUADRO 26-1** A RNA-polimerase deixa sua marca em um promotor ........ 965

A transcrição é regulada em vários níveis ........ 966
Sequências específicas sinalizam a terminação da síntese de RNA ........ 967
As células eucarióticas têm três tipos de RNA-polimerases nucleares ........ 967
A RNA-polimerase II precisa de muitos outros fatores proteicos para a sua atividade ........ 968
RNA-polimerases são alvos de fármacos ........ 971

### 26.2 Processamento do RNA ........ 972
Os mRNA de eucariotos recebem um cap na extremidade 5′ ........ 974
Tanto íntrons como éxons são transcritos de DNA para RNA ........ 975
O RNA catalisa o *splicing* de íntrons ........ 975
Em eucariotos, o spliceossoma realiza o *splicing* de pré-mRNA nuclear ........ 977
Proteínas catalisam o *splicing* de tRNA ........ 980
Os mRNA de eucariotos têm uma estrutura característica da extremidade 3′ ........ 980
Um gene pode dar origem a vários produtos por meio do processamento diferencial do RNA ........ 981

**QUADRO 26-2** *Splicing* alternativo e atrofia muscular espinal ........ 981

Os rRNA e os tRNA também sofrem processamento ........ 983
Os RNA com função especial sofrem vários tipos de processamento ........ 985
Os mRNA celulares são degradados em velocidades diferentes ........ 986

### 26.3 Síntese de RNA e DNA dependente de RNA ........ 988
A transcriptase reversa produz DNA a partir de RNA viral ........ 988
Alguns retrovírus causam câncer e Aids ........ 990
Muitos transposons, retrovírus e íntrons podem ter uma origem evolutiva comum ........ 991

**QUADRO 26-3** Combatendo a Aids com inibidores da transcriptase reversa do HIV ........ 991

A telomerase é uma transcriptase reversa especializada ........ 993
Alguns RNA são replicados por RNA-polimerases dependentes de RNA ........ 993
As RNA-polimerases dependentes de RNA compartilham uma dobra estrutural comum ........ 995

### 26.4 RNA catalíticos e a hipótese de um mundo de RNA ........ 995
As ribozimas compartilham características com enzimas proteicas ........ 996
As ribozimas participam de uma variedade de processos biológicos ........ 997
As ribozimas fornecem pistas da origem da vida em um mundo de RNA ........ 998

**QUADRO 26-4** O método SELEX para gerar polímeros de RNA com novas funções ........ 1000

## 27 Metabolismo das proteínas ........ 1005

### 27.1 O código genético ........ 1006
O código genético foi decifrado utilizando-se moldes artificiais de mRNA ........ 1007

**QUADRO 27-1** Exceções que comprovam a regra: variações naturais no código genético ........ 1010

A oscilação possibilita que alguns tRNA reconheçam mais de um códon ........ 1010
O código genético é resistente a mutações ........ 1012
Mudanças na fase de leitura da tradução afetam a forma como o código é lido ........ 1013
Alguns mRNA são editados antes da tradução ........ 1013

### 27.2 Síntese proteica ........ 1015
O ribossomo é uma máquina supramolecular complexa ........ 1015
RNA transportadores têm características estruturais próprias ........ 1018
Estágio 1: As aminoacil-tRNA-sintetases ligam os aminoácidos corretos aos seus respectivos tRNA ........ 1020
Estágio 2: Um aminoácido específico inicia a síntese proteica ........ 1023

**QUADRO 27-2** Expansão natural e artificial do código genético ........ 1025

Estágio 3: As ligações peptídicas são formadas no estágio de alongamento ........ 1030

**QUADRO 27-3** Pausa, terminação e resgate de ribossomos ........ 1033

Estágio 4: A terminação da síntese de polipeptídeos necessita de um sinal especial ........ 1035
Estágio 5: As cadeias polipeptídicas recém-sintetizadas passam por enovelamento e processamento ........ 1036
A síntese proteica é inibida por muitos antibióticos e toxinas ........ 1039

### 27.3 Endereçamento e degradação das proteínas ........ 1041
As modificações pós-traducionais de muitas proteínas eucarióticas começam no retículo endoplasmático ........ 1041

| | |
|---|---:|
| A glicosilação tem um papel-chave no endereçamento de proteínas | 1042 |
| As sequências-sinal para o transporte nuclear não são clivadas | 1045 |
| As bactérias também usam sequências-sinal para o endereçamento de proteínas | 1046 |
| As células importam proteínas por meio de endocitose mediada por receptor | 1046 |
| A degradação de proteínas é mediada por sistemas especializados em todas as células | 1048 |

## 28 Regulação da expressão gênica  1054

### 28.1 As proteínas e os RNA da regulação gênica  1055

| | |
|---|---:|
| A RNA-polimerase se liga ao DNA nos promotores | 1055 |
| A iniciação da transcrição é regulada por proteínas e por RNA | 1056 |
| Muitos genes bacterianos são agrupados e regulados em operons | 1058 |
| O operon *lac* está sujeito à regulação negativa | 1058 |
| As proteínas regulatórias têm domínios de ligação de DNA separados | 1060 |
| Proteínas regulatórias também têm domínios de interação proteína-proteína | 1063 |

### 28.2 Regulação da expressão gênica em bactérias  1065

| | |
|---|---:|
| O operon *lac* sofre regulação positiva | 1066 |
| Muitos genes que codificam as enzimas da biossíntese de aminoácidos são regulados por atenuação da transcrição | 1067 |
| A indução da resposta SOS requer a destruição das proteínas repressoras | 1068 |
| A síntese de proteínas ribossômicas é coordenada com a síntese de rRNA | 1070 |
| O funcionamento de alguns mRNA é regulado por RNA pequenos em *cis* ou em *trans* | 1071 |
| Alguns genes são regulados por recombinação genética | 1073 |

### 28.3 Regulação da expressão gênica em eucariotos  1075

| | |
|---|---:|
| A cromatina ativa na transcrição é estruturalmente distinta da cromatina inativa | 1075 |
| A maioria dos promotores eucarióticos é regulada positivamente | 1077 |
| Ativadores e coativadores de ligação ao DNA facilitam a montagem dos fatores de transcrição basais | 1077 |
| Os genes do metabolismo da galactose em leveduras estão sujeitos a regulação positiva e regulação negativa | 1081 |
| Os ativadores da transcrição têm uma estrutura modular | 1081 |
| A expressão gênica eucariótica pode ser regulada por sinais intercelulares e intracelulares | 1083 |
| A regulação pode resultar da fosforilação de fatores de transcrição nuclear | 1084 |
| Muitos mRNA de eucariotos estão sujeitos à repressão da tradução | 1084 |
| O silenciamento gênico pós-transcricional é mediado por RNA de interferência | 1085 |
| A regulação da expressão gênica mediada por RNA se dá por várias formas nos eucariotos | 1086 |
| O desenvolvimento é controlado por cascatas de proteínas regulatórias | 1086 |
| Células-tronco têm um potencial de desenvolvimento que pode ser controlado | 1089 |

**QUADRO 28-1** Sobre barbatanas, asas, bicos e outras coisas  1092

| | |
|---|---:|
| **Respostas das questões** | **1097** |
| **Glossário** | **1133** |
| **Índice** | **1155** |

# Capítulo 1

# FUNDAMENTOS DE BIOQUÍMICA

- **1.1** Fundamentos celulares  2
- **1.2** Fundamentos químicos  10
- **1.3** Fundamentos físicos  19
- **1.4** Fundamentos genéticos  27
- **1.5** Fundamentos evolutivos  30

Há cerca de 14 bilhões de anos, o universo surgiu como uma explosão cataclísmica de partículas subatômicas quentes e ricas em energia. Logo nos primeiros segundos, formaram-se os elementos mais simples (hidrogênio e hélio). À medida que o universo se expandia e esfriava, o material ia se condensando sob a influência da gravidade, formando estrelas. Algumas estrelas atingiram proporções enormes e, então, explodiram como supernovas, liberando a energia necessária para a fusão de núcleos atômicos mais simples, formando, assim, os elementos mais complexos. Átomos e moléculas formaram nuvens de partículas de poeira, e a sua agregação levou, por fim, à formação de rochas, planetoides e planetas. Dessa maneira, ao decorrer de bilhões de anos, formou-se a Terra, além dos elementos químicos que hoje existem nela. A vida surgiu na Terra há cerca de 4 bilhões de anos na forma de microrganismos simples com a capacidade de extrair energia de compostos químicos e, mais tarde, da luz solar. Eles passaram a usar essa energia para produzir um vasto conjunto de **biomoléculas** mais complexas a partir de compostos e elementos simples presentes na superfície terrestre. Os seres humanos e todos os outros organismos vivos são formados a partir da poeira estelar.

A bioquímica procura responder como as extraordinárias propriedades dos organismos vivos se originam de milhares de biomoléculas diferentes. Quando essas moléculas são isoladas e examinadas individualmente, vê-se que elas seguem todas as leis da física e da química que descrevem o comportamento da matéria inanimada – assim como todos os processos que ocorrem nos organismos vivos. O estudo da bioquímica revela como os conjuntos de moléculas inanimadas que constituem os organismos vivos interagem para manter e perpetuar a vida obedecendo unicamente às mesmas leis da física e da química que regem o universo não vivo.

Os capítulos deste livro estão organizados na forma de discussão dos princípios ou questões centrais da bioquímica. Neste primeiro capítulo, são abordadas as características que definem os seres vivos, e são discutidos os seguintes princípios:

**P1** **A célula é a unidade fundamental da vida.** As células variam em complexidade e podem ser altamente especializadas para o ambiente em que vivem ou a função que realizam nos organismos multicelulares, porém, ainda assim, compartilham semelhanças impressionantes.

**P2** **As células utilizam um conjunto relativamente pequeno de metabólitos baseados no carbono para criar máquinas poliméricas, estruturas supramoleculares e repositórios de informações.** A estrutura química desses componentes determina suas funções nas células. O conjunto de moléculas executa um programa cujo resultado é a reprodução desse programa e a autoperpetuação desse conjunto de moléculas – em resumo, a vida.

**P3** **Os organismos vivos existem em um estado de equilíbrio dinâmico e nunca em equilíbrio fixo com o meio em que se encontram.** Os seres vivos obtêm energia dos arredores, e a utilizam para manter a homeostase e realizar trabalho útil, obedecendo às leis da termodinâmica. Essencialmente, toda a energia obtida por uma célula provém de um fluxo de elétrons, impulsionado pela luz do sol ou por reações de oxidorredução (redox) metabólicas.

**P4** **As células têm a capacidade de se autorreplicar e auto-organizar de forma precisa, usando as informações químicas armazenadas no genoma.** Uma célula bacteriana isolada e colocada em um meio nutritivo estéril pode dar origem, em 24 horas, a 1 bilhão de "filhas" idênticas. Cada célula é uma cópia fiel da célula original, e sua formação é totalmente dirigida pela informação contida no material genético da célula original. Em uma escala maior, a prole de um animal vertebrado apresenta uma semelhança marcante com os pais, também resultante da herança dos genes parentais.

**P5** **Os seres vivos se modificam ao longo do tempo por meio de uma evolução gradativa.** O resultado de eras de evolução é a formação de uma enorme diversidade de formas de vida, fundamentalmente relacionadas entre si por meio de ancestrais comuns. Isso pode ser visto em nível molecular observando-se as semelhanças entre as sequências de genes e as estruturas de proteínas.

Apesar dessas propriedades comuns e da unidade fundamental da vida que compartilham, é difícil fazer generalizações sobre os organismos vivos. A Terra possui uma diversidade enorme de seres vivos em uma ampla gama de hábitats, desde fontes térmicas até a tundra do Ártico e de intestinos de animais até dormitórios universitários. Esses hábitats têm correspondência com diversas adaptações bioquímicas obtidas por meio de um arcabouço químico comum. Para maior clareza, em alguns pontos este livro se arrisca a certas generalizações que, embora imperfeitas, são úteis. Com frequência, as exceções a essas generalizações são ressaltadas.

A **bioquímica** descreve, em termos moleculares, as estruturas, os mecanismos e os processos químicos compartilhados por todos os organismos e estabelece os princípios de organização que são a base de todas as formas de vida. Embora a bioquímica contribua com esclarecimentos importantes e aplicações práticas na medicina, na agricultura, na nutrição e na indústria, ela se preocupa principalmente com a maravilha que é a própria vida.

Neste capítulo introdutório, é feita uma revisão dos fundamentos celulares, químicos, físicos e genéticos da bioquímica e do importantíssimo princípio da evolução – como a vida surgiu e evoluiu até a diversidade de organismos que existe hoje. À medida que se avança na leitura do livro, pode ser útil voltar a este capítulo de tempos em tempos para refrescar a memória sobre essas questões básicas.

## 1.1 Fundamentos celulares

A unidade e a diversidade dos organismos são evidentes mesmo no nível celular. Os menores organismos são formados por uma única célula e são microscópicos. Os organismos multicelulares são maiores e têm muitos tipos diferentes de células que variam em tamanho, forma e função especializada. **P1** Apesar dessas diferenças óbvias, todas as células dos organismos, desde os mais simples até os mais complexos, têm em comum certas propriedades fundamentais, que podem ser vistas no nível bioquímico.

### As células são as unidades estruturais e funcionais de todos os organismos vivos

Células de todos os tipos têm determinadas características estruturais em comum (**Fig. 1-1**). A **membrana plasmática** define o contorno da célula, separando o conteúdo celular do ambiente externo. Ela é composta de moléculas de lipídeos e proteínas que formam uma barreira fina, resistente, flexível e hidrofóbica ao redor da célula. A membrana é uma barreira para a passagem livre de íons inorgânicos e da maioria das outras moléculas carregadas ou polares. Proteínas de transporte presentes na membrana plasmática possibilitam a passagem de determinados íons

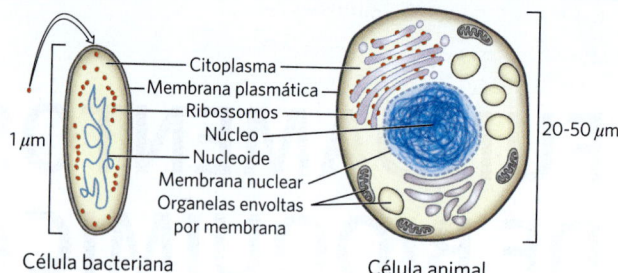

**FIGURA 1-1 Características universais das células vivas.** Todas as células têm núcleo ou nucleoide contendo seu DNA, membrana plasmática e citoplasma. As células eucarióticas contêm várias organelas ligadas a membranas (incluindo mitocôndria e cloroplastos) e partículas grandes (como os ribossomos).

e moléculas, proteínas receptoras transmitem sinais para o interior da célula e enzimas de membrana participam em algumas vias de reações. Uma vez que, individualmente, os lipídeos e as proteínas da membrana plasmática não estão ligados covalentemente, toda a estrutura é extraordinariamente flexível, o que permite mudanças tanto na forma como no tamanho da célula. À medida que a célula cresce, novas moléculas de proteínas e de lipídeos são inseridas na membrana plasmática; a divisão celular produz duas novas células, cada qual com a sua própria membrana. Esse crescimento e a divisão celular (fissão) ocorrem sem perda da integridade da membrana.

O volume interno envolto pela membrana plasmática, o **citoplasma** (Fig. 1-1), é composto de uma solução aquosa, o citosol, e uma grande variedade de partículas em suspensão que desempenham funções específicas. Esses componentes particulados (organelas envoltas por membrana, como mitocôndrias e cloroplastos; estruturas supramoleculares, como **ribossomos** e **proteassomos**, os locais de síntese e degradação das proteínas, respectivamente) sedimentam quando o citoplasma é centrifugado a 150.000 $g$ ($g$ é a força gravitacional da Terra). O que sobra como sobrenadante líquido é o **citosol**, uma solução altamente concentrada contendo enzimas e as moléculas de RNA (ácido ribonucleico) que as codificam; os componentes (aminoácidos e nucleotídeos) usados para formar essas macromoléculas; centenas de moléculas orgânicas pequenas, denominadas **metabólitos**, intermediárias das vias de biossíntese e de degradação; **coenzimas**, compostos essenciais para muitas das reações catalisadas por enzimas; e íons inorgânicos (p. ex., $K^+$, $Na^+$, $Mg^{2+}$ e $Ca^{2+}$).

Todas as células têm, pelo menos em algum momento de sua vida, um **nucleoide** ou um **núcleo**, no qual o **genoma** – o conjunto completo de genes, composto de DNA (ácido desoxirribonucleico) – é replicado e armazenado, com suas proteínas associadas. Nas bactérias e nas arqueias, o nucleoide não é separado do citoplasma por uma membrana, ao passo que, nos **eucariotos**, o núcleo fica confinado dentro de uma dupla membrana, o envelope nuclear. As células com envelope nuclear compõem o grande grupo Eukarya (do grego *eu*, "verdade", e *karyon*, "núcleo"). Os microrganismos sem membrana nuclear, antes classificados como **procariotos** (do grego *pro*, "antes"), são agora considerados como pertencentes a dois grupos muito distintos: os domínios Bacteria e Archaea, descritos a seguir.

## A difusão limita o tamanho das células

A maioria das células é microscópica, invisível a olho nu. As células dos animais e das plantas têm um diâmetro geralmente entre 5 e 100 $\mu$m, e muitos microrganismos unicelulares têm comprimento de apenas 1 a 2 $\mu$m (informações sobre as unidades e suas abreviaturas estão apresentadas no final do livro). O que limita o tamanho de uma célula? O limite inferior provavelmente é determinado pelo número mínimo de cada um dos tipos de biomoléculas necessárias para a célula. As menores células, certas bactérias conhecidas como micoplasmas, têm 300 nm de diâmetro e um volume de cerca de $10^{-14}$ mL. Um único ribossomo bacteriano tem 20 nm na sua maior dimensão, de forma que alguns poucos ribossomos já ocupam uma porção substancial do volume total de uma célula de micoplasma.

O limite superior para o tamanho das células provavelmente é determinado pela velocidade do transporte de nutrientes para dentro da célula e de dejetos para fora. À medida que o tamanho da célula aumenta, a relação superfície/volume diminui. No caso de uma célula esférica, a área de superfície é uma função do quadrado do raio ($r^2$), enquanto que o volume é uma função do $r^3$. Uma célula bacteriana do tamanho da *Escherichia coli* é muito pequena, e a relação entre a área da superfície e o volume é tão grande que todas as partes do citoplasma são facilmente alcançadas pelos nutrientes que atravessam a membrana e se movem dentro da célula. Com o aumento do tamanho, no entanto, a relação superfície/volume diminui, até o ponto em que o metabolismo necessita consumir nutrientes mais rapidamente do que as quantidades que podem ser supridas pelos carreadores transmembrana. Muitos tipos de células animais têm a superfície altamente dobrada ou com convoluções que fazem a relação entre a superfície e o volume ser aumentada, o que permite altos índices de incorporação de materiais dos arredores (**Fig. 1-2**).

## Os organismos são classificados em três domínios de vida distintos

A disponibilidade de técnicas para determinar sequências de DNA de forma rápida e acessível aumentou em muito a nossa capacidade de deduzir as relações evolutivas entre os organismos. As semelhanças entre sequências de genes de diversos organismos propiciam uma visão aprofundada do processo evolutivo. Uma das maneiras de interpretar as semelhanças entre sequências permite enquadrar todos os organismos vivos em um dos três grandes ramos da árvore da evolução da vida, originada a partir de um progenitor comum (**Fig. 1-3**). Pode-se diferenciar dois grandes grupos de microrganismos unicelulares de acordo com fundamentos genéticos e bioquímicos: **Bacteria** e **Archaea**. As bactérias habitam o solo, as águas superficiais e os tecidos de organismos vivos ou em decomposição. Muitas das arqueias, reconhecidas na década de 1980 por Carl Woese como um grupo distinto, habitam ambientes extremos – lagos de sais, fontes hidrotermais, pântanos altamente ácidos e as profundezas dos oceanos. As evidências disponíveis sugerem que Bacteria e Archaea divergiram cedo na evolução. Todos os organismos eucariotos, que formam o terceiro domínio, **Eukarya**, evoluíram a partir do mesmo ramo que deu origem a Archaea; por isso, os eucariotos estão mais próximos das arqueias do que das bactérias.

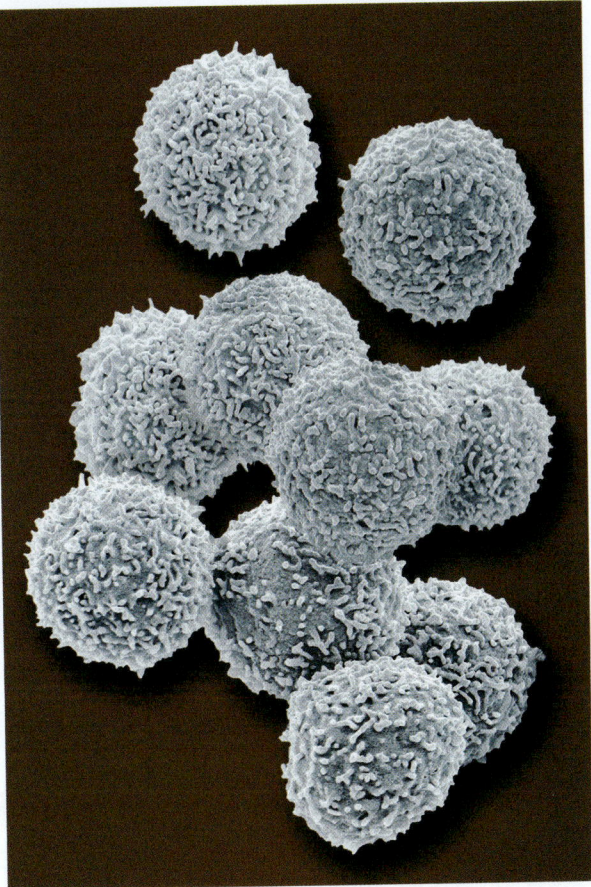

**FIGURA 1-2 A maioria das células animais tem superfícies enoveladas de forma intricada.** Os linfócitos humanos mostrados nesta micrografia eletrônica colorida artificialmente têm um diâmetro de cerca de 10 a 12 $\mu$m. A superfície toda cheia de dobras faz a área da superfície ser muito maior do que a superfície de uma esfera com o mesmo diâmetro. [Steve Gschmeissner/Science Source.]

Dentro dos domínios Archaea e Bacteria existem subgrupos que se diferenciam de acordo com os seus respectivos hábitats. Alguns dos organismos que vivem em hábitats **aeróbicos** com suprimento abundante de oxigênio obtêm energia transferindo elétrons das moléculas de combustíveis para o oxigênio no interior da célula. Outros ambientes são **anaeróbicos**, desprovidos de oxigênio, e os microrganismos adaptados a esses ambientes obtêm energia pela transferência de elétrons para nitrato (formando $N_2$), sulfato (formando $H_2S$) ou $CO_2$ (formando $CH_4$). Muitos dos organismos que evoluíram em ambientes anaeróbicos são anaeróbios *obrigatórios*, e morrem quando expostos ao oxigênio. Outros são anaeróbios *facultativos*, capazes de viver em presença ou ausência de oxigênio.

## Os organismos diferem amplamente quanto às suas fontes de energia e aos precursores biossintéticos

▶**P3** É possível classificar os organismos pela maneira como eles obtêm a energia e o carbono de que necessitam para sintetizarem o material celular (como resumido na **Fig. 1-4**). Eles são classificados em duas grandes categorias

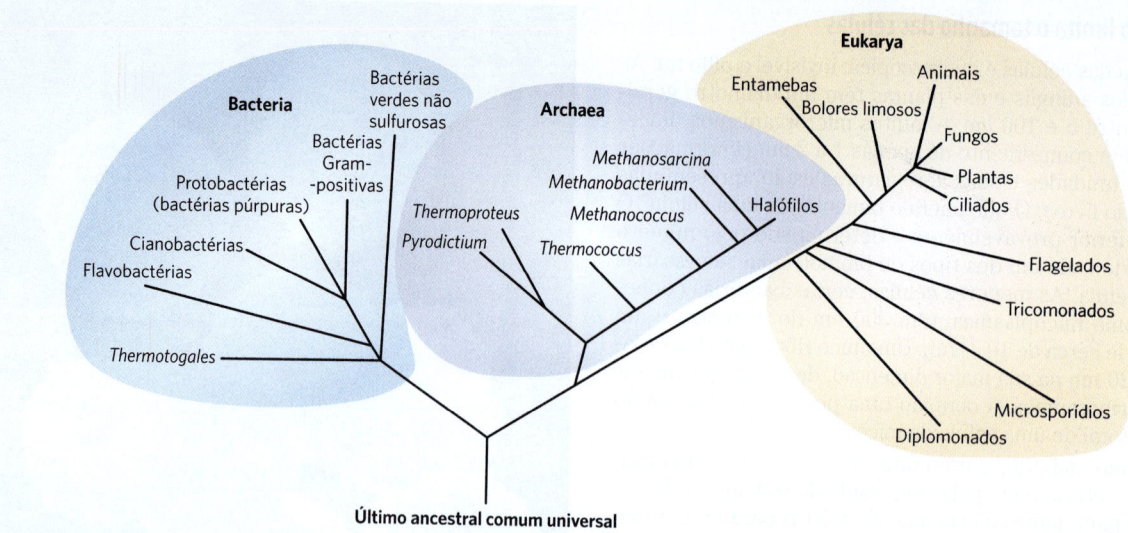

**FIGURA 1-3  Filogenia dos três domínios da vida.** As relações filogenéticas são geralmente ilustradas por uma "árvore genealógica" desse tipo. A base para essa árvore é a similaridade nas sequências de nucleotídeos dos RNA ribossomais de cada grupo. [Informações de C. R. Woese, *Microbiol. Rev.* 51:221, 1987, Fig. 4.]

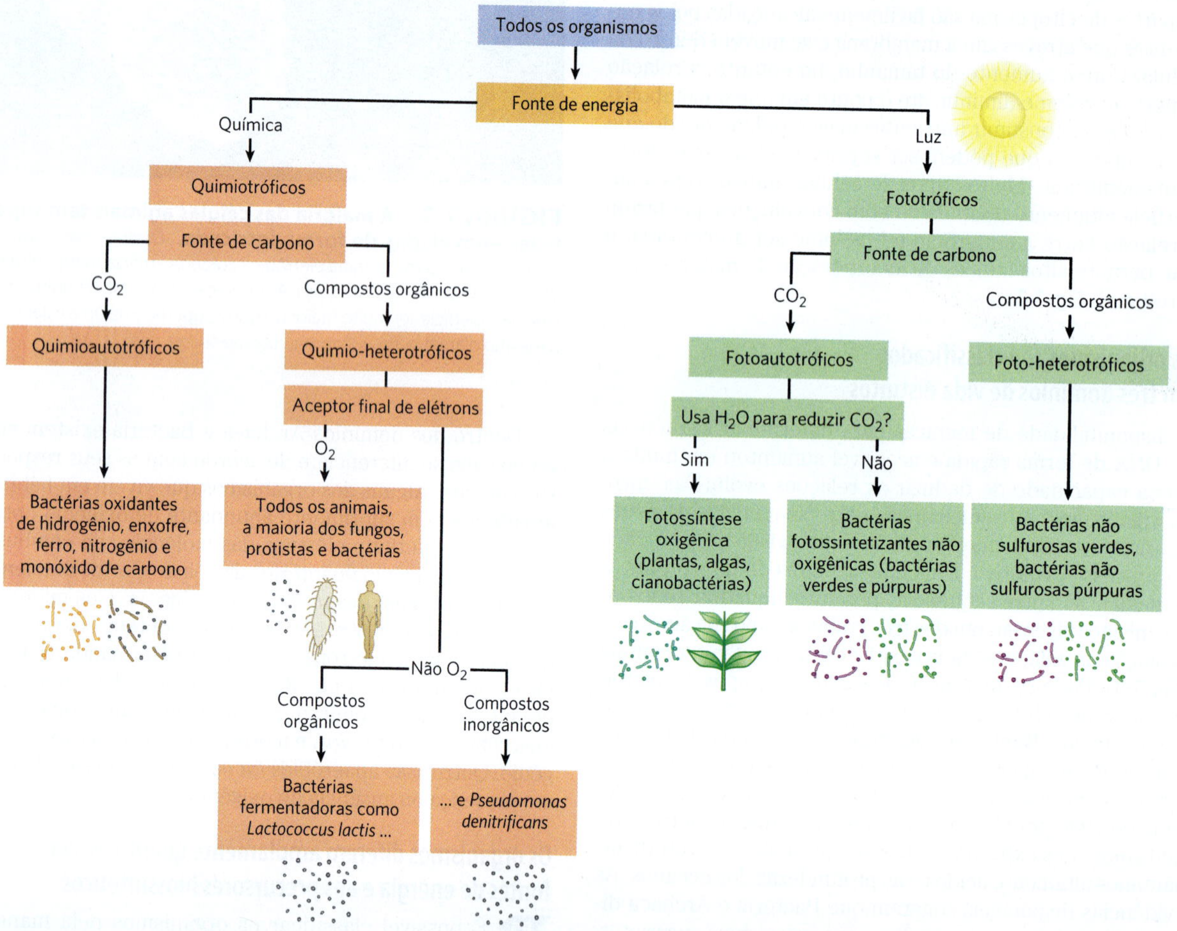

**FIGURA 1-4**  Todos os organismos podem ser classificados de acordo com a sua fonte de energia (luz solar ou compostos químicos oxidáveis) e sua fonte de carbono usada para a síntese do material celular.

de acordo com as fontes de energia: **fototróficos** (do grego *trophē*, "nutrição"), que captam e utilizam a luz solar, e **quimiotróficos**, que obtêm energia pela oxidação de um combustível químico. Alguns organismos quimiotróficos oxidam combustíveis inorgânicos —$HS^-$ a $S^0$ (enxofre elementar), $S^0$ a $SO_4^-$, $NO_2^-$ a $NO_3^-$ ou $Fe^{2+}$ a $Fe^{3+}$, por exemplo. Os organismos fototróficos e os quimiotróficos podem ser classificados com base na capacidade de sintetizarem todas as suas biomoléculas diretamente do $CO_2$ (**autotróficos**) ou se necessitam de nutrientes orgânicos previamente formados por outros organismos (**heterotróficos**). É possível descrever o modo de nutrição de um organismo pela combinação desses termos. Por exemplo, cianobactérias são fotoautotróficas; seres humanos são quimio-heterotróficos. Distinções ainda mais sutis podem ser feitas, pois muitos organismos podem obter energia e carbono de mais de uma fonte sob diferentes condições ambientais ou de desenvolvimento.

## Células de bactérias e de arqueias possuem propriedades comuns, mas diferem em aspectos importantes

*Escherichia coli*, a bactéria mais estudada, é geralmente um habitante inofensivo do intestino humano. A célula de *E. coli* (**Fig. 1-5a**) é um ovoide de cerca de 2 $\mu$m de comprimento e menos de 1 $\mu$m de diâmetro. Outras bactérias podem ser esféricas ou ter forma de bastão, e algumas são bem maiores. *E. coli* tem uma membrana externa protetora e uma membrana plasmática interna que envolve o citoplasma e o nucleoide. Entre as membranas interna e externa há uma camada fina, mas resistente, de um polímero de alto peso molecular (peptideoglicano), que confere à célula sua forma e rigidez. A membrana plasmática e as camadas externas a ela constituem o **envelope celular**. As membranas plasmáticas das bactérias consistem em uma bicamada fina de moléculas lipídicas impregnada com proteínas. As membranas plasmáticas das arqueias têm uma arquitetura similar, porém

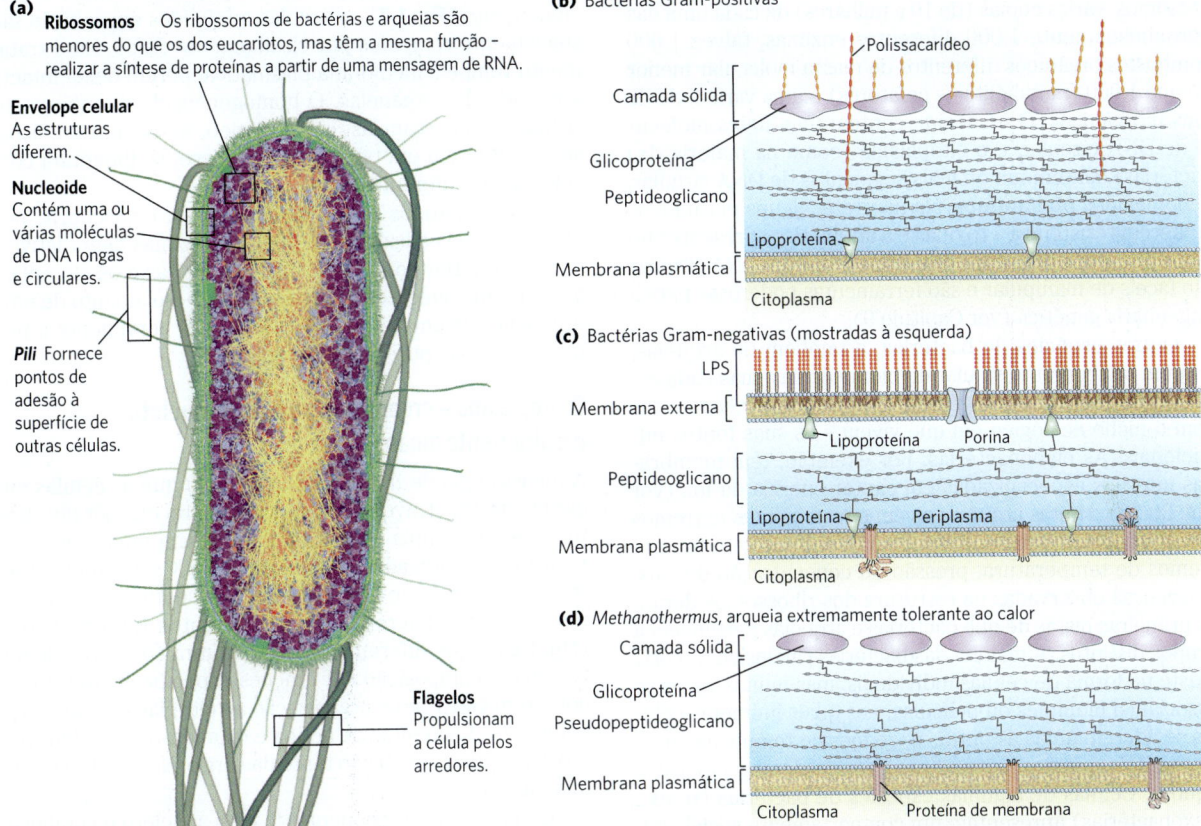

**FIGURA 1-5 Algumas características estruturais comuns das células de bactérias e arqueias.** (a) Este desenho em escala correta da bactéria *E. coli* serve para ilustrar algumas características comuns. (b) O envelope celular das bactérias Gram-positivas é uma única membrana com uma camada grossa e rígida de peptideoglicanos em sua superfície externa. Vários tipos de polissacarídeos e outros polímeros complexos estão entrelaçados com os peptideoglicanos, e, envolvendo o todo, há uma "camada sólida" e porosa de glicoproteínas. (c) *E. coli* é Gram-negativa e tem uma membrana dupla. A sua membrana externa tem um lipopolissacarídeo (LPS) na superfície externa e fosfolipídeos na superfície interna. Essa membrana externa está impregnada de canais proteicos (porinas), que permitem a difusão de pequenas moléculas, mas não de proteínas, através deles. A membrana interna (plasmática), feita de fosfolipídeos e proteínas, é impermeável tanto a moléculas pequenas quanto a moléculas grandes. Entre as membranas interna e externa, no periplasma, há uma camada delgada de peptideoglicanos, que confere à célula forma e rigidez, mas não retém o corante de Gram. (d) As membranas de arqueias variam em estrutura e composição, mas todas têm uma membrana única envolta por uma camada externa que inclui uma estrutura tipo peptideoglicano ou uma concha (camada sólida) de proteínas porosas, ou ambas. [(a) David S. Goodsell. (b, c, d) Informações de S.-V. Albers e B. H. Meyer, *Nature Rev. Microbiol.* 9:414, 2011, Fig. 2.]

os lipídeos podem ser surpreendentemente diferentes dos lipídeos de bactérias (ver Fig. 10-6).

Bactérias e arqueias têm seus envelopes celulares com especializações grupo-específicas (Fig. 1-5b-d). Algumas bactérias, denominadas Gram-positivas porque se coram com o corante de Gram (desenvolvido por Hans Peter Gram, em 1884), têm uma camada espessa de peptideoglicanos na parte externa de sua membrana plasmática, mas não apresentam membrana externa. As bactérias Gram-negativas têm uma membrana externa formada por uma bicamada lipídica, na qual estão inseridos lipopolissacarídeos complexos e proteínas denominadas porinas, que formam canais transmembrana para a difusão de compostos de baixo peso molecular e íons que atravessam essa membrana externa. As estruturas na parte externa da membrana plasmática das arqueias diferem de organismo para organismo, mas elas também têm uma camada de peptideoglicanos ou proteínas que conferem rigidez aos envelopes celulares.

**P2** O citoplasma de *E. coli* contém cerca de 15 mil ribossomos, várias cópias (de 10 a milhares) de cada uma das aproximadamente 1.000 diferentes enzimas, talvez 1.000 compostos orgânicos diferentes de massa molecular menor do que 1.000 (metabólitos e cofatores) e uma variedade de íons inorgânicos. O nucleoide contém uma única molécula de DNA circular, e o citoplasma (como na maioria das bactérias) contém um ou mais segmentos de DNA circular, denominados **plasmídeos**. Na natureza, alguns plasmídeos conferem resistência a toxinas e a antibióticos presentes no ambiente. Em laboratório, esses segmentos de DNA circular são fáceis de manipular e são ferramentas poderosas para a engenharia genética (ver Capítulo 9).

Outras espécies de bactérias, e também de arqueias, contêm um conjunto similar de biomoléculas, mas cada espécie tem especializações físicas e metabólicas relacionadas com o nicho ecológico em que vivem e as suas fontes nutricionais. As cianobactérias, por exemplo, têm membranas internas especializadas em captar energia da luz (ver Fig. 20-23). Muitas arqueias vivem em ambientes extremos e têm adaptações bioquímicas para sobreviverem em extremos de temperatura, pressão ou concentração de sais. Diferenças observadas na estrutura dos ribossomos deram as primeiras pistas de que bactérias e arqueias pertencem a grupos distintos. A maioria das bactérias (inclusive *E. coli*) existe na forma de células individuais, mas muitas vezes se associam a biofilmes ou películas, nos quais inúmeras células se aderem umas às outras e, ao mesmo tempo, ao substrato sólido que fica junto ou próximo de alguma superfície aquosa. Células de algumas espécies de bactérias (p. ex., mixobactérias) apresentam um comportamento social simples, formando agregados multicelulares em resposta a sinais de células vizinhas.

### As células eucarióticas têm vários tipos de organelas membranosas que podem ser isoladas para estudo

As células eucarióticas típicas (**Fig. 1-6**) são muito maiores do que as bactérias – em geral, com diâmetro entre 5 e 100 μm e um volume de mil a um milhão de vezes maior do que o das bactérias. As características que distinguem os eucariotos são o núcleo e uma grande variedade de organelas envoltas por membranas com funções específicas. Entre essas organelas estão a **mitocôndria**, local da maior parte das reações extratoras de energia da célula; o **retículo endoplasmático** e o **complexo de Golgi**, que desempenham papéis centrais na síntese e no processamento de lipídeos e de proteínas de membrana; os **peroxissomos**, onde ácidos graxos de cadeia muito longa são oxidados e espécies reativas de oxigênio são desintoxicadas; e os **lisossomos**, contendo enzimas digestivas que degradam restos celulares já desnecessários. Além dessas organelas, as células vegetais também têm **vacúolos** (que acumulam grandes quantidades de ácidos orgânicos) e **cloroplastos** (nos quais a luz solar impulsiona a síntese de ATP [adenosina trifosfato] no processo da fotossíntese). No citoplasma de muitas células, também estão presentes grânulos ou gotículas que armazenam nutrientes, como amido e gordura.

Um avanço importante na bioquímica foi o desenvolvimento, por Albert Claude, Christian de Duve e George Palade, de métodos para separar as organelas do citosol e entre si – etapa essencial na investigação de suas respectivas estruturas e funções. Em um processo comum de fracionamento (**Fig. 1-7**), as células ou tecidos em solução são suavemente rompidos por cisalhamento físico. Esse tratamento rompe a membrana plasmática, porém deixa intacta a maioria das organelas. O homogeneizado é, então, centrifugado; as organelas, como núcleo, mitocôndria e lisossomos, diferem em tamanho e, por isso, sedimentam com velocidades diferentes.

Esses métodos foram utilizados para descobrir, por exemplo, que os lisossomos contêm enzimas degradativas, as mitocôndrias contêm enzimas oxidativas e os cloroplastos contêm pigmentos fotossintéticos. O isolamento de uma organela rica em determinada enzima é geralmente a primeira etapa da purificação dessa enzima.

### O citoplasma é organizado pelo citoesqueleto e é altamente dinâmico

A microscopia de fluorescência revelou que as células eucarióticas são atravessadas em várias direções por diversos tipos de filamentos proteicos que formam uma rede tridimensional interligada, o **citoesqueleto**. Os eucariotos têm três tipos gerais de filamentos citoplasmáticos – filamentos de actina, microtúbulos e filamentos intermediários (**Fig. 1-8**) – que diferem quanto à largura (de cerca de 6 a 22 nm), à composição e a funções específicas. Todos eles conferem estrutura e organização ao citoplasma e forma às células. Os filamentos de actina e os microtúbulos também auxiliam a movimentação tanto das organelas quanto da célula inteira.

Cada tipo de componente do citoesqueleto é composto de subunidades proteicas simples que se associam de forma não covalente para formar filamentos com espessura uniforme. Esses filamentos não são estruturas permanentes, eles são constantemente desmontados pela dissociação de suas subunidades e remontados em novos filamentos. As suas localizações na célula não são rigidamente fixas, podem mudar drasticamente com a mitose, a citocinese, o movimento ameboide ou outras mudanças na forma da célula. A montagem, a desmontagem e a localização de todos os tipos de filamentos são reguladas por outras proteínas, que servem para ligar ou reunir os filamentos ou para mover as organelas citoplasmáticas ao longo dos filamentos. (As bactérias

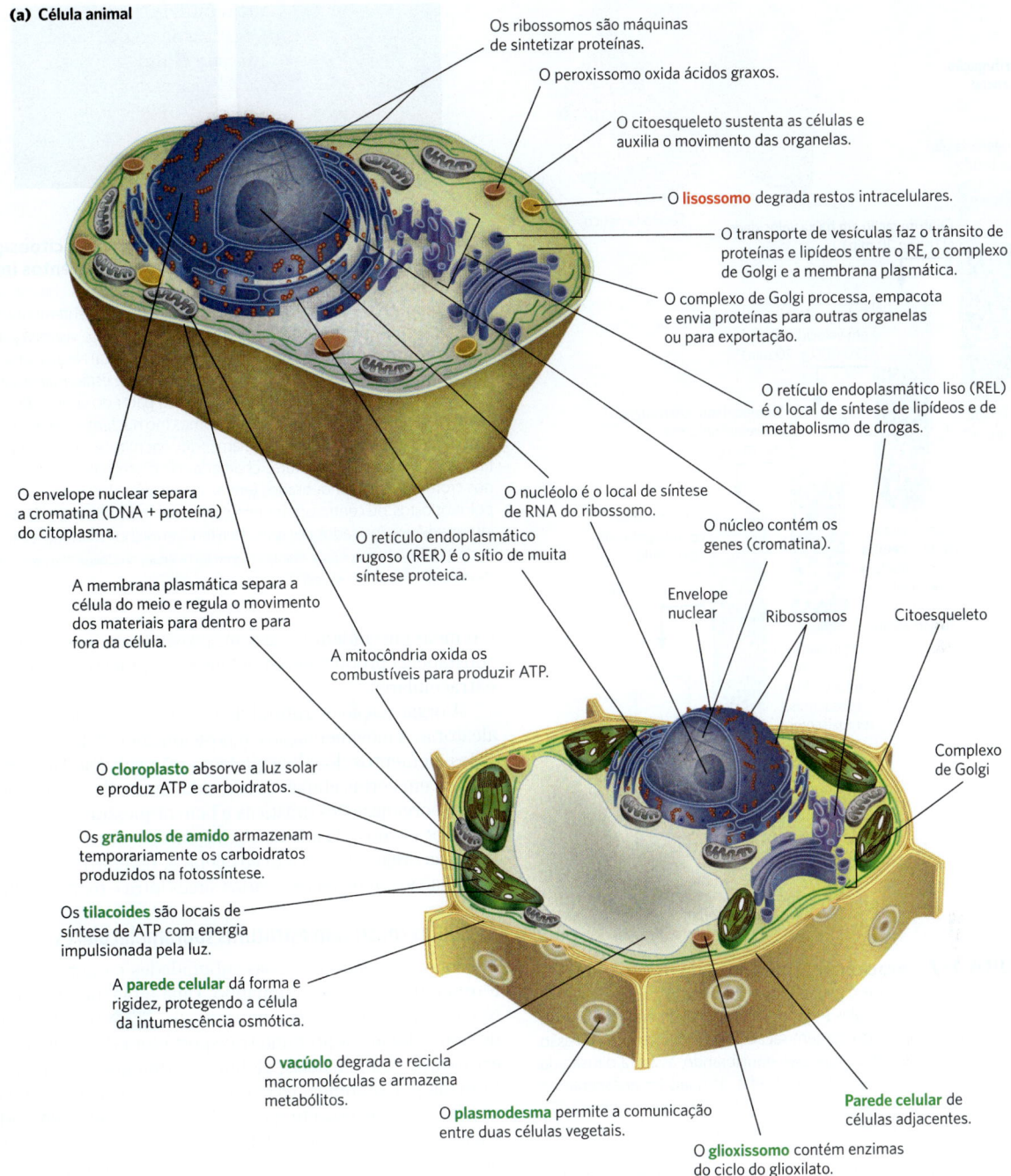

**FIGURA 1-6 Estrutura da célula eucariótica.** Ilustrações esquemáticas dos dois principais tipos de célula eucariótica: (a) representação de célula animal e (b) representação de célula vegetal. Células vegetais geralmente têm de 10 a 100 µm de diâmetro – maiores do que as células animais, que geralmente têm de 5 a 30 µm. As estruturas marcadas em vermelho são exclusivas de células animais, e as marcadas em verde, de células vegetais. Os microrganismos eucarióticos (como protistas e fungos) têm estruturas semelhantes às das células animais e vegetais, mas muitos também têm organelas especializadas não ilustradas aqui.

contêm proteínas semelhantes à actina que desempenham funções similares nas células.)

Os filamentos se desmontam e se remontam em outro lugar. Vesículas providas de membrana brotam de uma organela e se fundem com outra organela. As organelas movem-se pelo citoplasma ao longo de filamentos proteicos, e esse movimento é realizado por proteínas motoras dependentes de energia. O **sistema de endomembranas**

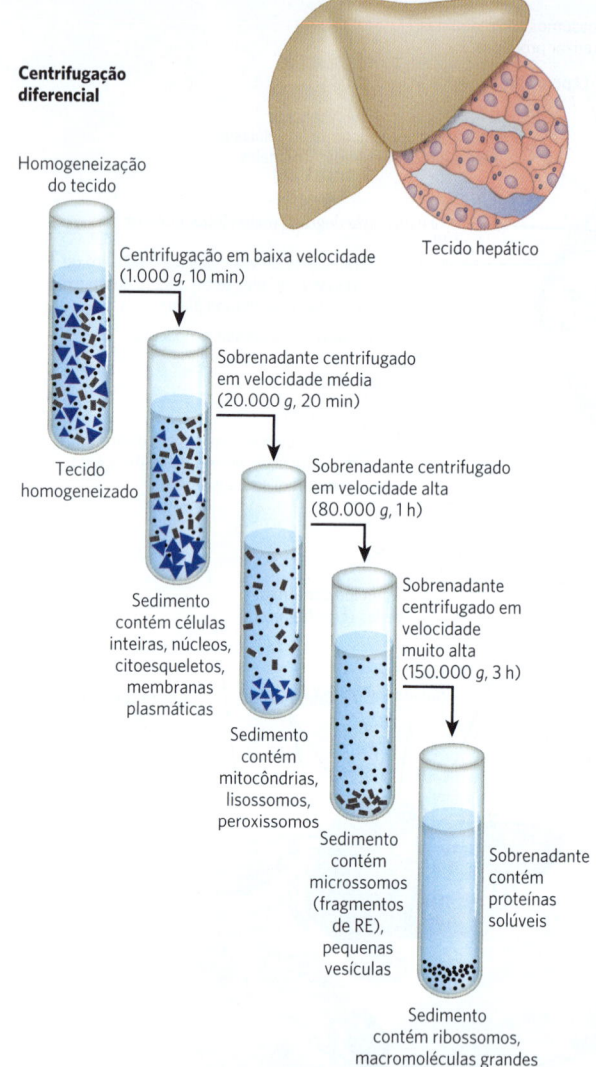

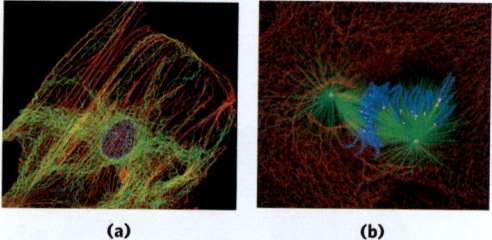

**FIGURA 1-7 Fracionamento subcelular de tecidos.** Inicialmente, um tecido como o hepático é homogeneizado mecanicamente para romper as células e dispersar o conteúdo em um tampão aquoso. O meio tamponado contém sacarose para manter uma pressão osmótica semelhante à das organelas, equilibrando, assim, a difusão da água para dentro e para fora das organelas, as quais intumesceriam e explodiriam em uma solução de osmolaridade mais baixa (ver Fig. 2-12). As partículas grandes e pequenas em suspensão podem ser separadas por centrifugação em diferentes velocidades. As partículas maiores sedimentam com mais rapidez do que as partículas pequenas, e o material solúvel não sedimenta. Pela escolha cuidadosa das condições de centrifugação, as frações subcelulares podem ser separadas para determinar suas respectivas características bioquímicas. [Informações de B. Alberts et al., *Molecular Biology of the Cell*, 2nd ed, p. 165, Garland Publishing, 1989.]

(ver Fig. 11-4) separa processos metabólicos específicos e fornece superfícies sobre as quais ocorrem determinadas reações catalisadas por enzimas. A **exocitose** e a **endocitose**, mecanismos de transporte para fora e para dentro da célula, respectivamente, envolvem fusão e fissão de membranas, proporcionam conexão entre o citoplasma

**FIGURA 1-8 Os três tipos de filamentos do citoesqueleto: filamentos de actina, microtúbulos e filamentos intermediários.** As estruturas celulares podem ser marcadas com um anticorpo (que reconhece determinada proteína) ligado covalentemente a um composto fluorescente. As estruturas marcadas tornam-se visíveis quando a célula é observada sob microscópio de fluorescência. (a) Nesta cultura celular de fibroblastos, os feixes de filamentos de actina estão marcados em vermelho; os microtúbulos, em sentido radial a partir do centro da célula, estão marcados em verde; e os cromossomos (no núcleo), estão marcados em azul. (b) Célula de pulmão de salamandra em mitose. Os microtúbulos (em verde), ligados a estruturas chamadas de cinetócoros (em amarelo) nos cromossomos condensados (em azul), puxam os cromossomos para polos opostos, ou centrossomos (em cor-de-rosa), da célula. Os filamentos intermediários, formados por queratina (em vermelho), mantêm a estrutura da célula. [(a) James J. Faust e David G. Capco. (b) Dr. Alexey Khodjakov, Wadsworth Center, New York State Department of Health.]

e o meio circundante e, assim, possibilitam a secreção de substâncias produzidas na célula e a captação de materiais extracelulares.

A organização estrutural do citoplasma está longe de ser aleatória. A movimentação e o posicionamento das organelas e dos elementos do citoesqueleto estão sob regulação rigorosa, e, em certas etapas de sua vida, uma célula eucariótica sofre reorganizações drásticas e bem orquestradas, como no caso dos eventos da mitose. As interações entre o citoesqueleto e as organelas são não covalentes, reversíveis e sujeitas à regulação em resposta a vários sinais intra e extracelulares.

## As células constroem estruturas supramoleculares

As macromoléculas e as suas subunidades monoméricas diferem muito quanto ao tamanho. Uma molécula de alanina tem menos de 0,5 nm de comprimento. **P2** Uma molécula de hemoglobina, a proteína transportadora de oxigênio dos eritrócitos (ou hemácias, glóbulos vermelhos do sangue) é formada por subunidades contendo cerca de 600 subunidades de aminoácidos em quatro longas cadeias, enoveladas em forma globular e associadas em uma estrutura de 5,5 nm de diâmetro. As proteínas, por sua vez, são muito menores do que os ribossomos (cerca de 20 nm de diâmetro), os quais são menores do que organelas como as mitocôndrias, que têm geralmente 1 $\mu$m de diâmetro. Tem-se uma variação enorme entre biomoléculas simples e estruturas celulares que podem ser vistas ao microscópio óptico. A **Figura 1-9** ilustra a hierarquia estrutural na organização celular.

As subunidades monoméricas das proteínas, dos ácidos nucleicos e dos polissacarídeos são unidas por ligações covalentes. Nos complexos supramoleculares, contudo, as macromoléculas são unidas por interações não covalentes – individualmente muito mais fracas do que as covalentes. Entre essas interações não covalentes, estão as ligações de

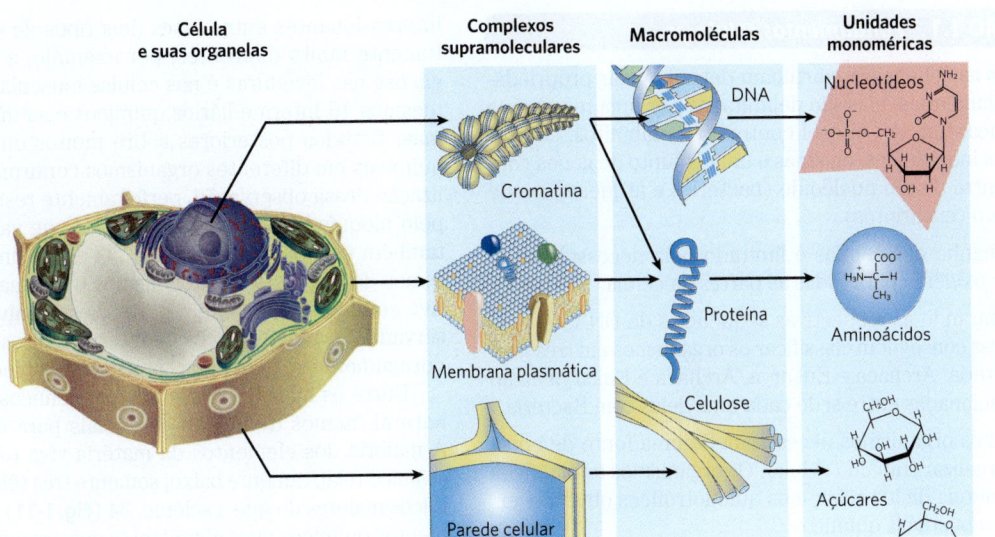

**FIGURA 1-9 Hierarquia estrutural na organização molecular das células.** As organelas e as demais estruturas relativamente grandes das células são feitas de complexos supramoleculares, que, por sua vez, são feitos de macromoléculas e de subunidades moleculares menores. Por exemplo, o núcleo desta célula vegetal contém cromatina, complexo supramolecular que consiste em DNA e proteínas básicas (histonas). O DNA é feito de subunidades monoméricas simples (nucleotídeos), assim como as proteínas (aminoácidos). [Informações de W. M. Becker e D. W. Deamer, *The World of the Cell*, 2nd ed, Fig. 2-15, Benjamin/Cummings Publishing Company, 1991.]

hidrogênio, as interações iônicas (entre grupos carregados); e agrupamentos de grupos apolares em solução aquosa, criados por interações de van der Waals (também chamadas forças de London) e pelo efeito hidrofóbico. Todas essas interações têm energia muito menor do que a energia das ligações covalentes. (As interações não covalentes estão descritas no Capítulo 2.) O grande número de interações fracas entre as macromoléculas nos complexos supramoleculares estabiliza essas agregações, gerando as estruturas características desses complexos.

### Estudos *in vitro* podem subestimar interações importantes entre moléculas

Uma abordagem para se entender um processo biológico é o estudo *in vitro* de moléculas purificadas (do latim, que significa "no vidro" – no tubo de ensaio), evitando, assim, a interferência de outras moléculas presentes na célula intacta – isto é, *in vivo* ("no vivo"). Embora essa abordagem tenha trazido muitos esclarecimentos, deve-se considerar que o interior de uma célula é totalmente diferente do interior de um tubo de ensaio. Componentes "interferentes" eliminados na purificação podem ser cruciais para a função biológica ou para a regulação da molécula que está sendo purificada. Por exemplo, estudos *in vitro* de enzimas puras são comumente realizados com concentrações muito baixas da enzima em soluções aquosas sob agitação. Na célula, uma enzima está dissolvida ou suspensa no citosol, que tem consistência gelatinosa, junto a milhares de outras proteínas, algumas das quais podem se ligar a essa enzima e influenciar a atividade enzimática. Algumas enzimas são componentes de complexos multienzimáticos, nos quais os reagentes são transferidos de uma enzima para a outra sem nunca passarem para o solvente. Quando todas as macromoléculas conhecidas de uma célula são representadas segundo seus tamanhos e concentrações conhecidos (**Fig. 1-10**), fica claro que o citosol é bem congestionado e que a difusão de macromoléculas dentro do citosol deve ser mais lenta, devido a colisões com outras estruturas grandes. Em resumo, uma molécula pode ter um comportamento muito diferente quando está em uma célula e quando está *in vitro*. Um desafio central na bioquímica é entender as influências da organização celular e das associações macromoleculares sobre a função de enzimas individuais e outras biomoléculas – para entender a função tanto *in vivo* como *in vitro*.

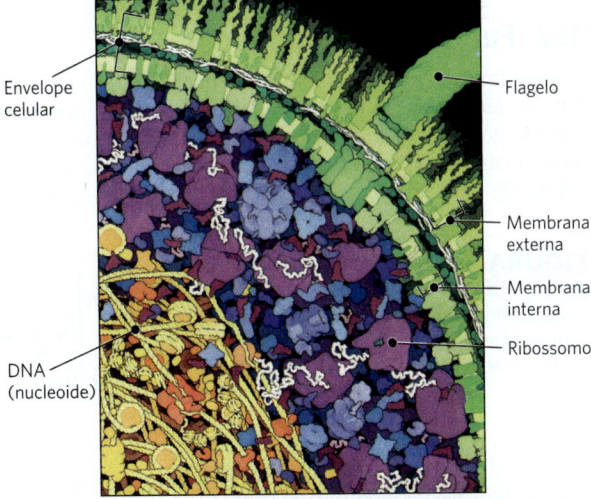

**FIGURA 1-10 Célula congestionada.** Este desenho é uma representação precisa dos tamanhos relativos e do número de macromoléculas em uma pequena região da célula de *E. coli*. [© David S. Goodsell, 1999.]

### RESUMO 1.1 Fundamentos celulares

- Todas as células compartilham determinadas propriedades fundamentais: elas são delimitadas por uma membrana plasmática, têm um citosol contendo metabólitos, coenzimas, íons inorgânicos, enzimas e um conjunto de genes contidos dentro de um nucleoide (bactérias e arqueias) ou de um núcleo (eucariotos).

- O tamanho das células é limitado pela necessidade de fornecer oxigênio para todas as partes da célula.

- Comparando as respectivas sequências de DNA, os pesquisadores conseguem classificar os organismos em três grupos: Bacteria, Archaea e Eukarya. Archaea e Eukarya estão mais relacionadas entre si do cada uma delas com Bacteria.

- Todos os organismos necessitam de uma fonte de energia para realizar trabalho celular. Os organismos fototróficos obtêm energia da luz solar, e os quimiotróficos obtêm energia de combustíveis químicos.

- As células de bactérias e de arqueias têm citosol, nucleoide e plasmídeos contidos dentro do envelope celular.

- Os organismos eucariotos possuem uma gama de organelas envolvidas por membranas com funções especializadas, que podem ser estudadas em organelas isoladas.

- As proteínas do citoesqueleto organizam-se em longos filamentos que dão forma e rigidez às células e servem como trilhos ao longo dos quais as organelas se deslocam por toda a célula. Compartimentos ligados por membranas formam um sistema de endomembranas dinâmico e interconectado.

- Complexos supramoleculares mantidos coesos por interações não covalentes fazem parte de uma hierarquia de estruturas, algumas delas visíveis ao microscópio óptico.

- O estudo *in vitro* de componentes celulares isolados simplifica os sistemas experimentais, mas estudos desse tipo podem subestimar interações importantes que ocorrem na célula viva.

## 1.2 Fundamentos químicos

A bioquímica tem como objetivo explicar as formas e as funções biológicas em termos químicos. Durante a primeira metade do século XX, investigações bioquímicas conduzidas em paralelo sobre a oxidação da glicose em leveduras e células de músculo animal revelaram semelhanças químicas impressionantes entre esses dois tipos de células aparentemente muito diferentes; por exemplo, a degradação da glicose nas leveduras e nas células musculares envolvia os mesmos 10 intermediários químicos e as mesmas 10 enzimas. Estudos posteriores sobre muitos outros processos químicos em diferentes organismos confirmaram a generalização dessa observação, perfeitamente resumida em 1954 pelo bioquímico Jacques Monod: "O que vale para *E. coli* também vale para um elefante". O entendimento que hoje temos de que todos os organismos têm uma origem evolutiva comum baseia-se, em parte, nessa universalidade observada de transformações e intermediários químicos, que normalmente se denomina "unicidade da bioquímica".

Entre os mais de 90 elementos químicos de ocorrência natural, menos de 30 são essenciais para os organismos. A maioria dos elementos da matéria viva tem um número atômico relativamente baixo; somente três têm números atômicos maiores do que o selênio, 34 (**Fig. 1-11**). Os quatro elementos químicos mais abundantes nos organismos vivos, em termos de porcentagem do número total de átomos, são hidrogênio, oxigênio, nitrogênio e carbono, que, juntos, constituem mais de 99% da massa da maioria das células. Eles são os elementos mais leves capazes de formar, de maneira efetiva, uma, duas, três e quatro ligações, respectivamente; em geral, os elementos mais leves formam as ligações mais fortes. Os microelementos constituem uma fração ínfima do peso do corpo humano, mas todos eles são essenciais à vida, geralmente por serem essenciais para a função de proteínas específicas, incluindo muitas enzimas. A capacidade da molécula de hemoglobina de transportar oxigênio, por exemplo, é totalmente dependente de quatro íons ferro, que representam somente 0,3% da massa total da molécula.

### Biomoléculas são compostos de carbono que possuem uma variedade de grupos funcionais

A química dos organismos vivos está organizada em torno do carbono, que contribui com mais da metade do peso seco das células. O carbono pode formar ligações simples com átomos de hidrogênio, assim como ligações simples e duplas com átomos de oxigênio e nitrogênio (**Fig. 1-12**). A capacidade dos átomos de carbono de formar ligações simples muito estáveis com até quatro outros átomos de carbono tem uma importância biológica muito grande. Dois átomos de carbono também podem compartilhar dois (ou três) pares de elétrons, formando, assim, ligações duplas (ou triplas).

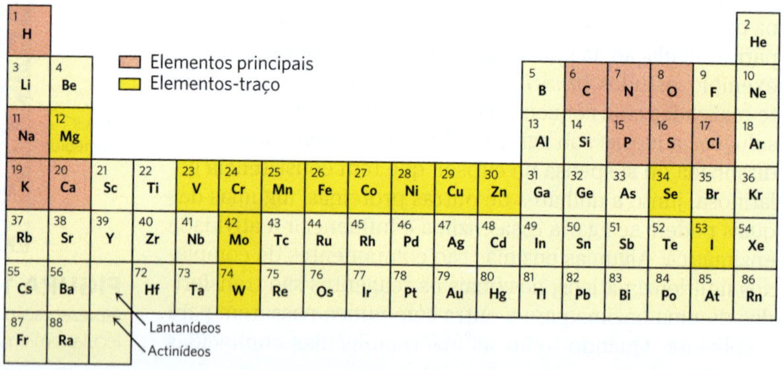

**FIGURA 1-11 Elementos essenciais para a vida e a saúde dos animais.** Os macroelementos (sombreados em vermelho-claro) são componentes estruturais das células e dos tecidos e são necessários na dieta em quantidades de gramas por dia. Para os microelementos (sombreados em amarelo), as quantidades necessárias são muito menores: para o ser humano, são suficientes alguns miligramas por dia de Fe, Cu e Zn, e quantidades ainda menores dos demais elementos. As necessidades mínimas para plantas e microrganismos são semelhantes às mostradas aqui; o que varia são as maneiras pelas quais eles conseguem esses elementos.

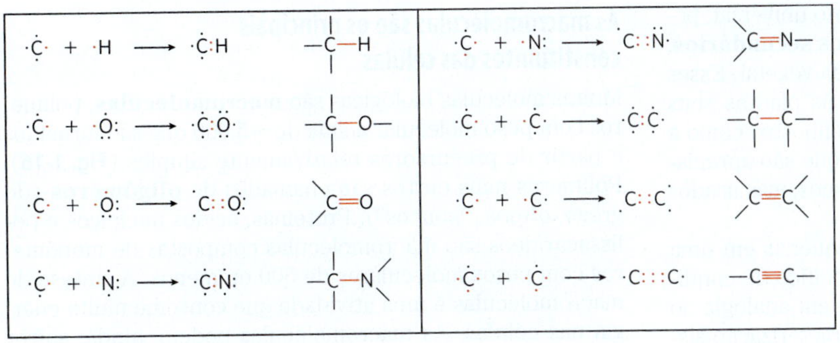

**FIGURA 1-12 A versatilidade do carbono em formar ligações.** O átomo de carbono pode formar ligações covalentes simples, duplas e triplas (todas indicadas em vermelho), particularmente com outros átomos de carbono. Ligações triplas são raras em biomoléculas.

As quatro ligações simples que podem ser formadas pelo átomo de carbono se projetam a partir do núcleo, na direção dos quatro vértices de um tetraedro (**Fig. 1-13**), com um ângulo aproximado de 109,5° entre duas ligações quaisquer e com comprimento médio de ligação de 0,154 nm. A rotação em torno de cada ligação simples é livre, a menos que grupos muito grandes ou altamente carregados estejam ligados aos átomos de carbono, quando, então, a rotação pode ficar reduzida. A ligação dupla é mais curta (cerca de 0,134 nm) e rígida, permitindo somente uma rotação limitada em torno do seu eixo.

Nas biomoléculas, átomos de carbono ligados covalentemente podem formar cadeias lineares, cadeias ramificadas e estruturas cíclicas. Provavelmente, a versatilidade do carbono em se ligar com outro carbono e com outros elementos foi o principal fator na seleção dos compostos de carbono para a maquinaria molecular das células durante a origem e a evolução dos seres vivos. Nenhum outro elemento químico consegue formar moléculas com tanta diversidade de tamanhos, formas e composição.

A maioria das biomoléculas pode ser considerada como derivados de hidrocarbonetos, tendo átomos de hidrogênio substituídos por uma grande gama de grupos funcionais que conferem propriedades químicas específicas às moléculas, formando as diversas famílias de compostos orgânicos. Exemplos comuns dessas biomoléculas são os álcoois, que têm um ou mais grupos hidroxila; as aminas, com grupos amino; os aldeídos e as cetonas, com grupos carbonila; e os ácidos carboxílicos, com grupos carboxila (**Fig. 1-14**). Muitas biomoléculas são polifuncionais, contendo dois ou mais tipos de grupos funcionais (**Fig. 1-15**), cada qual com suas próprias características químicas e de reatividade. A "personalidade" química de um composto é determinada pela química de seu grupos funcionais e por como eles se posicionam no espaço tridimensional.

## As células contêm um conjunto universal de pequenas moléculas

Há um conjunto de talvez milhares de diferentes moléculas orgânicas pequenas ($M_r$ ~100 a ~500) dissolvidas na fase aquosa (citosol) das células, com concentração intracelular na faixa de nanomolar a > 10 mM (ver Fig. 13-31). (Ver no **Quadro 1-1** uma explicação sobre as várias maneiras de se referir ao peso molecular.) Elas são os metabólitos centrais das principais vias que ocorrem em quase todas as células, isto é, os metabólitos e as vias metabólicas que foram conservados ao longo do curso da evolução. Esse conjunto de moléculas inclui os aminoácidos comuns, os nucleotídeos, os açúcares e seus derivados fosforilados e os ácidos mono, di e tricarboxílicos. As moléculas podem ser polares ou carregadas, e a maioria dessas moléculas é hidrossolúvel. Essas moléculas ficam aprisionadas no interior das células porque a membrana plasmática é impermeável a elas. Entretanto, transportadores de membrana específicos podem catalisar o deslocamento de algumas moléculas para dentro e para fora da célula ou entre compartimentos nas células eucarióticas. A ocorrência universal do mesmo conjunto de compostos nas células vivas reflete a conservação evolutiva das vias metabólicas que se desenvolveram nas células primitivas.

Existem outras biomoléculas pequenas que são específicas a certos tipos de células ou organismos. Por exemplo,

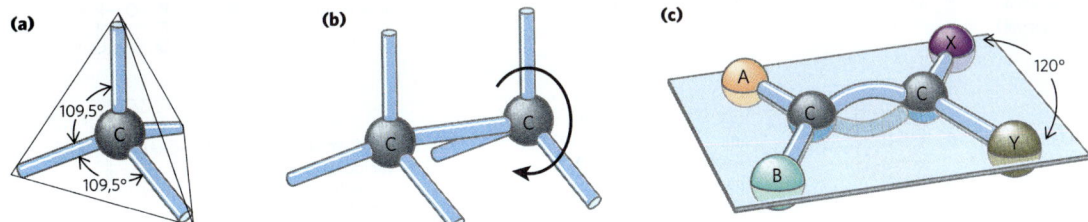

**FIGURA 1-13 Geometria da ligação do carbono.** (a) Os átomos de carbono têm um arranjo tetraédrico bem característico para as quatro ligações simples. (b) A ligação simples carbono-carbono tem liberdade de rotação, como mostrado para o composto etano ($CH_3$—$CH_3$). (c) Ligações duplas são mais curtas e não permitem rotação livre. Os dois carbonos ligados por ligação dupla e os átomos designados por A, B, X e Y estão todos em um mesmo plano rígido.

plantas vasculares contêm, além do conjunto universal, pequenas moléculas chamadas de **metabólitos secundários**, que exercem funções específicas para a vida vegetal. Esses metabólitos incluem compostos que dão às plantas seus aromas e cores característicos, além de compostos como a morfina, o quinino, a nicotina e a cafeína, que são apreciados pelos seus efeitos fisiológicos nos humanos, mas usados para outros propósitos nas plantas.

O conjunto completo de moléculas pequenas em uma dada célula submetida a um conjunto específico de condições tem sido chamado de **metaboloma**, em analogia ao termo "genoma". A **metabolômica** é a caracterização sistemática do metaboloma sob condições bem específicas (como após a administração de um fármaco ou após um sinal biológico, como a insulina).

## As macromoléculas são os principais constituintes das células

Muitas moléculas biológicas são **macromoléculas**, polímeros com peso molecular acima de ~5.000 que são formados a partir de precursores relativamente simples (**Fig. 1-16**). Polímeros mais curtos são chamados de **oligômeros** (do grego, *oligos*, "poucos"). Proteínas, ácidos nucleicos e polissacarídeos são macromoléculas compostas de monômeros com pesos moleculares de 500 ou menos. A síntese de macromoléculas é uma atividade que consome muita energia nas células. As macromoléculas podem, ainda, sofrer processamentos adicionais que resultam em complexos supramoleculares, formando unidades funcionais, como os ribossomos. A **Tabela 1-1** mostra as principais classes de biomoléculas em uma célula de *E. coli*.

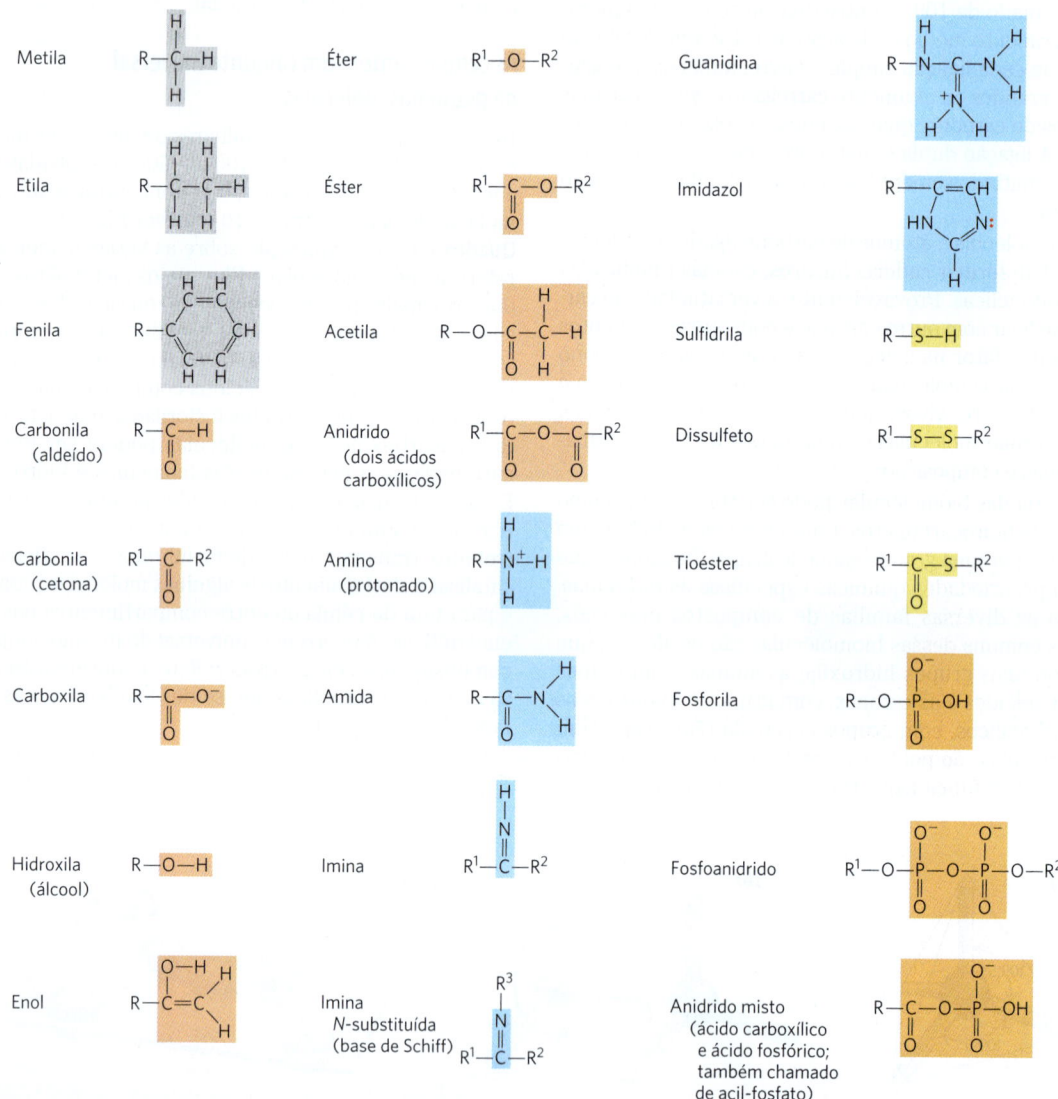

**FIGURA 1-14 Alguns grupos funcionais comuns em biomoléculas.** Os grupos funcionais estão identificados com a cor normalmente usada para representar o elemento que caracteriza aquele grupo: cinza para C, vermelho para O, azul para N, amarelo para S e cor de laranja para P. Nesta figura, e em todo o livro, será usado R para representar "qualquer substituinte". Um grupo funcional pode ser simples, como um átomo de hidrogênio, mas geralmente é um grupo que contém carbono. Quando dois ou mais substituintes são representados em uma molécula, eles são designados como $R^1$, $R^2$, e assim por diante.

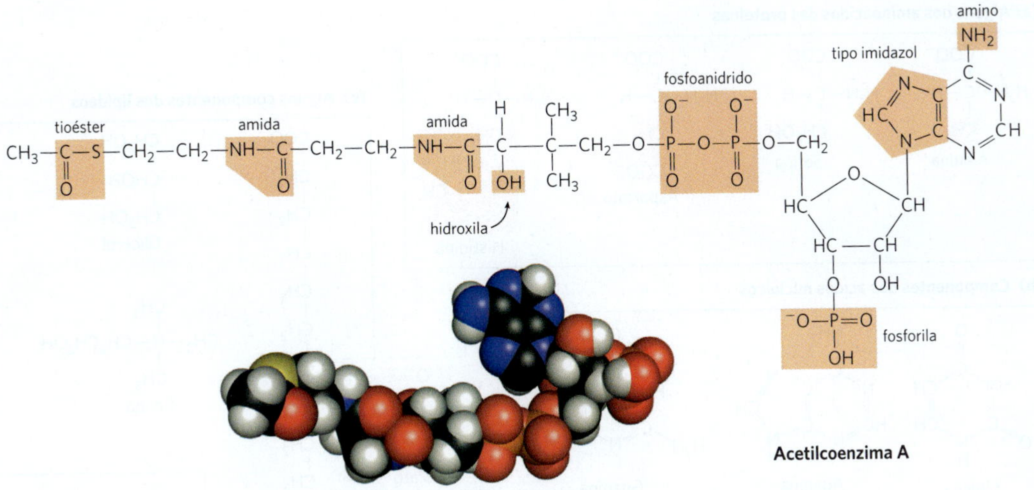

**FIGURA 1-15 Vários grupos funcionais comuns em uma única biomolécula.** A acetilcoenzima A (acetil-CoA) é um carreador de grupos acetila em algumas reações enzimáticas. Os grupos funcionais estão mostrados na fórmula estrutural. No modelo de volume atômico, N é mostrado em azul, C em preto, P em laranja, O em vermelho e H em branco. Os átomos em amarelo, à esquerda, são os átomos de enxofre cruciais para a formação da ligação tioéster entre a porção acetila e a coenzima A. [Dados da estrutura da acetil-CoA de PDB ID 1DM3, Y. Modis and R. K. Wierenga, *J. Mol. Biol.* 297:1171, 2000.]

As **proteínas**, polímeros longos de aminoácidos, constituem a maior fração de massa das células (além da água). Algumas proteínas têm atividade catalítica e funcionam como enzimas; outras atuam como elementos estruturais, receptores de sinal ou transportadores que carregam substâncias específicas para dentro ou para fora das células. As proteínas são, talvez, as mais versáteis de todas as biomoléculas; uma lista com todas as suas funções seria muito longa. O conjunto de todas as proteínas em funcionamento em determinada célula é chamado de **proteoma** da célula, e a **proteômica** é a caracterização sistemática de todas as proteínas presentes em um conjunto específico de condições. Os **ácidos nucleicos**, DNA e RNA, são polímeros de nucleotídeos. Eles armazenam e transmitem a informação genética, e algumas moléculas de RNA também têm funções estruturais e catalíticas em complexos supramoleculares. O **genoma** é a sequência completa do DNA da célula (ou, no caso de vírus de RNA, do seu RNA), e a **genômica** é a caracterização de estrutura, função, evolução e mapeamento dos genomas.

Os **polissacarídeos**, polímeros de açúcares simples, como a glicose, apresentam três funções principais: depósito de combustível de alto conteúdo energético, componentes estruturais rígidos da parede celular (em plantas e bactérias) e elementos de reconhecimento extracelular que se ligam a proteínas de outras células. Polímeros mais curtos de açúcares (oligossacarídeos) ligados a proteínas ou lipídeos na superfície da célula servem como sinais celulares específicos. O **glicoma** da célula é o conjunto de todas as moléculas contendo carboidratos. Os **lipídeos**, derivados

## QUADRO 1-1

### Peso molecular, massa molecular e suas unidades corretas

Há duas maneiras comuns (e equivalentes) de descrever massa molecular, e ambas são usadas neste livro. A primeira é o *peso molecular*, ou *massa molecular relativa*, denominado $M_r$. O peso molecular de uma substância é definido como a relação entre a massa da molécula da substância e um duodécimo da massa do átomo de carbono-12 ($^{12}C$). Visto que $M_r$ é uma razão, ele é adimensional – não tem unidade associada. A segunda é a *massa molecular*, denominada $m$, que é simplesmente a massa de uma molécula, ou a massa molar dividida pelo número de Avogadro. A massa molecular, $m$, é expressa em dáltons (abreviado Da). Um dálton é equivalente a um duodécimo da massa do carbono-12; um quilodálton (kDa) é 1.000 dáltons; um megadálton (MDa) é um milhão de dáltons.

Vamos considerar, por exemplo, uma molécula com massa mil vezes maior do que a massa da água. Pode-se dizer que essa molécula tem $M_r = 18.000$ ou $m = 18.000$ dáltons. Além disso, pode-se descrevê-la como uma "molécula com 18 kDa". Portanto, a expressão $M_r = 18.000$ dáltons está incorreta.

Outra unidade conveniente para descrever a massa de um único átomo ou molécula é a unidade de massa atômica (antes denominada "u.m.a.", agora geralmente referida como u). Uma unidade de massa atômica (1 u) é definida como um duodécimo da massa do átomo do carbono-12. Uma vez que a medição experimental da massa de um átomo de carbono-12 é $1,9926 \times 10^{-23}$ g, então u = $1,6606 \times 10^{-24}$ g. A unidade de massa atômica é conveniente para descrever a massa de um pico observado na espectrometria de massas (ver Capítulo 3, p. 93).

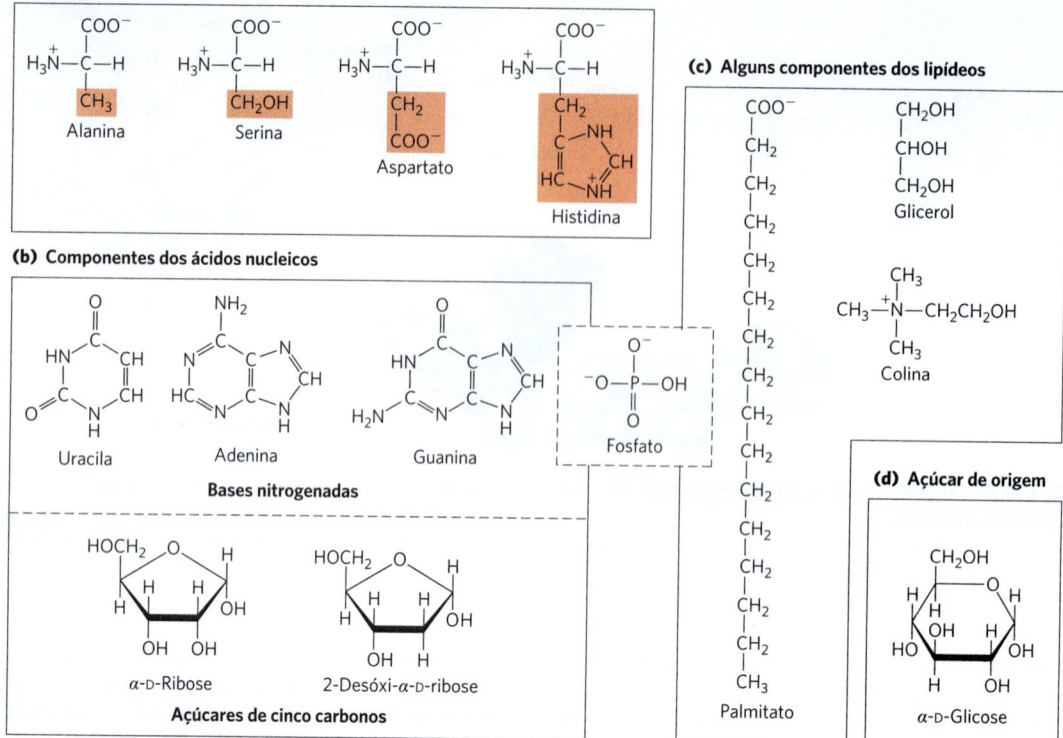

**FIGURA 1-16 Os compostos orgânicos a partir dos quais é formada a maior parte dos materiais celulares: as bases da bioquímica.** Estão mostrados (a) 4 dos 20 aminoácidos que formam todas as proteínas (as cadeias laterais estão sombreadas em vermelho); (b) as 5 bases nitrogenadas, os 2 açúcares de 5 carbonos e os íons fosfato que formam os ácidos nucleicos; (c) 4 componentes dos lipídeos de membrana (incluindo o fosfato); e (d) D-glicose, o açúcar simples que forma a maioria dos carboidratos.

| TABELA 1-1 | Componentes moleculares de uma célula de *E. coli* | |
|---|---|---|
| | Porcentagem do peso total da célula | Número aproximado de espécies moleculares diferentes |
| Água | 70 | 1 |
| Proteínas | 15 | 3.000 |
| Ácidos nucleicos | | |
|   DNA | 1 | 1-4 |
|   RNA | 6 | > 3.000 |
| Polissacarídeos | 3 | 20 |
| Lipídeos | 2 | 50[a] |
| Subunidades monoméricas e intermediários | 2 | 2.600 |
| Íons inorgânicos | 1 | 20 |

Fonte: A. C. Guo et al., *Nucleic Acids Res.* 41:D625, 2013.
[a]Caso se considere todas as permutações e combinações de ácidos graxos substituintes, esse número fica ainda maior.

de hidrocarbonetos não hidrossolúveis, servem como componentes estruturais das membranas, depósitos de combustível de alto conteúdo energético, pigmentos e sinais intracelulares. O conjunto de todas as moléculas contendo lipídeos constitui o **lipidoma** da célula.

Proteínas, polinucleotídeos e polissacarídeos apresentam um grande número de subunidades monoméricas e, consequentemente, alto peso molecular – na faixa de 5.000 até mais de 1 milhão para proteínas, até vários *bilhões* no caso do DNA e milhões para polissacarídeos, como o amido. Individualmente, as moléculas de lipídeos são muito menores ($M_r$ entre 750 e 1.500) e não são classificadas como macromoléculas, embora elas possam se associar de forma não covalente em estruturas muito grandes. As membranas celulares são formadas por grandes agregados não covalentes de moléculas de lipídeos e proteínas.

Dadas as suas características sequências de subunidades ricas em informações, as proteínas e os ácidos nucleicos são muitas vezes classificados como **macromoléculas informacionais**. Alguns oligossacarídeos, como observado anteriormente, também atuam como moléculas informacionais.

## A estrutura tridimensional é descrita pela configuração e pela conformação

As ligações covalentes e os grupos funcionais das biomoléculas são, obviamente, essenciais para o seu funcionamento, assim como a disposição dos constituintes atômicos das moléculas no espaço tridimensional – isto é, sua estereoquímica. Compostos contendo carbono normalmente existem como **estereoisômeros**, moléculas com as mesmas ligações químicas e mesma fórmula molecular, mas com diferente **configuração**, a disposição espacial fixa dos átomos. As interações entre biomoléculas são geralmente **estereoespecíficas**, e isso exige configurações específicas das moléculas para interagirem ente si.

A **Figura 1-17** mostra três maneiras de ilustrar a estereoquímica, ou configuração, de moléculas simples. O diagrama em perspectiva especifica a estereoquímica de forma inequívoca, mas o ângulo das ligações e os comprimentos das ligações centro a centro são mais bem representados pelo modelo de esfera e bastão. No modelo de volume atômico, o raio de cada "átomo" é proporcional ao seu raio de van der Waals, e os contornos do modelo definem o espaço ocupado pela molécula (a região do espaço no qual os átomos das outras moléculas não podem penetrar).

A configuração é conferida pela presença de (1) ligações duplas, em torno das quais existe pouca ou nenhuma liberdade de rotação, ou (2) centros quirais, em torno dos quais grupos substituintes são arranjados em uma orientação específica. A característica que permite identificar estereoisômeros é o fato de que um não pode ser convertido no outro sem romper temporariamente uma ou mais ligações covalentes. A **Figura 1-18a** mostra a configuração do ácido maleico e seu isômero, o ácido fumárico. Esses compostos são **isômeros geométricos**, ou **isômeros *cis-trans***, que diferem no arranjo de seus grupos substituintes com respeito à ligação dupla rígida (que não gira) (do latim *cis*, "deste lado" – grupos do mesmo lado da ligação dupla; *trans*, "para além de" – grupos em lados opostos). O ácido maleico (maleato no pH neutro do citoplasma) é o isômero *cis*, e o ácido fumárico (fumarato), o isômero *trans*; ambos os compostos

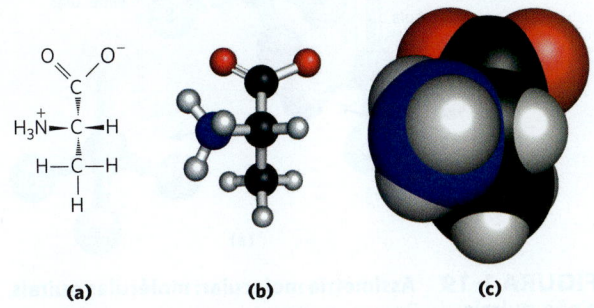

**FIGURA 1-17  Representações das moléculas.** Três maneiras de representar a estrutura do aminoácido alanina (mostrado aqui na forma iônica encontrada em pH neutro). (a) Fórmula estrutural em perspectiva: uma cunha sólida (━) representa uma ligação na qual o átomo se projeta para fora do plano do papel, na direção do leitor; a cunha tracejada (┉) representa a ligação estendida para trás do plano do papel. (b) Modelo de esfera e bastão, mostrando os comprimentos relativos das ligações e os ângulos das ligações. (c) Modelo de volume atômico, no qual cada átomo é mostrado com seus raios de van der Waals nas proporções corretas.

**FIGURA 1-18  Configuração de isômeros geométricos.** (a) Isômeros como o ácido maleico (maleato em pH 7) e o ácido fumárico (fumarato) não podem ser convertidos um no outro sem quebrar ligações covalentes, o que requer o gasto de muito mais energia do que a energia cinética média que as moléculas têm em temperaturas fisiológicas. (b) Na retina dos vertebrados, o evento inicial na detecção de luz é a absorção da luz visível por 11-*cis*-retinal. A energia da luz absorvida (em torno de 250 kJ/mol) converte 11-*cis*-retinal em todo-*trans*-retinal, provocando mudanças na célula da retina que desencadeiam um impulso nervoso. (Observe que os átomos de hidrogênio não estão representados nos modelos esfera e bastão dos retinais.)

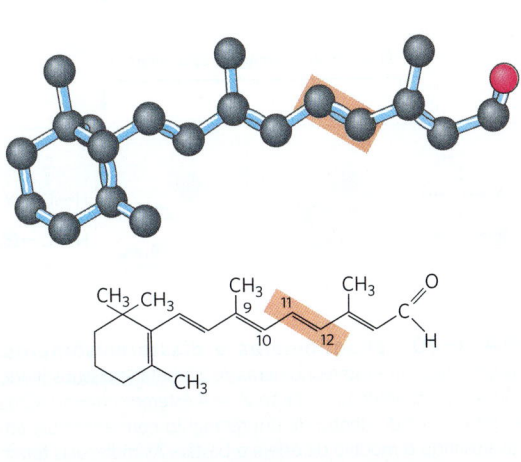

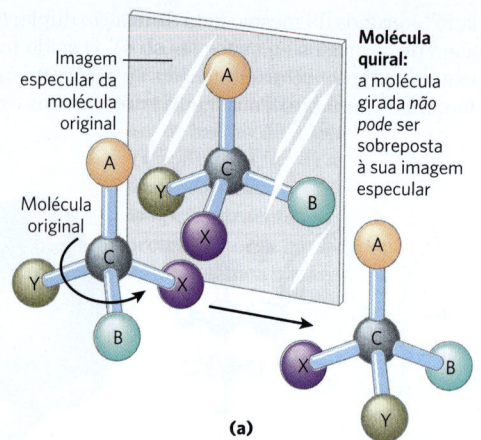

**FIGURA 1-19 Assimetria molecular: moléculas quirais e não quirais.** (a) Quando um átomo de carbono tem quatro grupos substituintes diferentes (A, B, X, Y), eles podem estar arranjados de duas maneiras, que são imagens especulares não sobreponíveis uma à outra (enantiômeros). O átomo de carbono assimétrico é chamado de átomo quiral ou centro quiral. (b) Quando um carbono tetraédrico tem apenas três grupos diferentes (i.e., um mesmo grupo ocorre duas vezes), somente uma configuração é possível, e a molécula é simétrica ou não quiral. Nesse caso, a imagem da molécula se sobrepõe à sua imagem no espelho: a molécula do lado esquerdo pode girar no sentido anti-horário (quando a ligação vertical de A para C é vista de cima para baixo) para formar a molécula vista no espelho.

são bem definidos, eles podem ser separados um do outro e cada um tem propriedades químicas únicas. Um sítio de ligação (p. ex., em uma enzima) que é complementar a uma dessas moléculas não será complementar à outra, o que explica por que esses dois compostos têm papéis biológicos distintos apesar da constituição química similar. O pigmento da visão nos olhos dos animais vertebrados, a rodopsina, contém retinal, um lipídeo derivado da vitamina A (Fig. 1-18b). No evento primário da visão, a luz converte um isômero do retinal em outro, disparando um sinal neuronal para o encéfalo (ver Fig. 12-19).

No segundo tipo de estereoisômeros, os quatro diferentes substituintes ligados a um átomo de carbono tetraédrico podem ser arranjados em duas diferentes formas no espaço – isto é, têm duas configurações –, produzindo dois estereoisômeros com propriedades químicas semelhantes ou idênticas, porém com determinadas propriedades físicas e biológicas diferentes. Um átomo de carbono com quatro substituintes diferentes é considerado assimétrico, e carbonos assimétricos são denominados **centros quirais** (do grego *chiros*, "mão"; alguns estereoisômeros estão relacionados estruturalmente da mesma forma que a mão direita está relacionada com a esquerda). Uma molécula com somente um carbono quiral pode ter dois estereoisômeros; quando possuir dois ou mais ($n$) carbonos quirais, pode haver $2^n$ estereoisômeros. Os estereoisômeros que são imagens especulares um do outro são chamados de **enantiômeros** (**Fig. 1-19**). Pares de estereoisômeros que não são imagens especulares um do outro são chamados de **diastereoisômeros** (**Fig. 1-20**).

Como o biólogo, microbiologista e químico Louis Pasteur observou pela primeira vez em 1843 (**Quadro 1-2**), os enantiômeros têm reatividades químicas quase idênticas, mas diferem em uma propriedade física bem característica: a **atividade óptica**. Em soluções separadas, dois enantiômeros giram o plano da luz polarizada em direções opostas, mas uma solução contendo concentrações equimolares de cada enantiômero (**mistura racêmica**) apresenta atividade óptica rotatória nula. Compostos sem centros quirais não causam rotação no plano da luz polarizada.

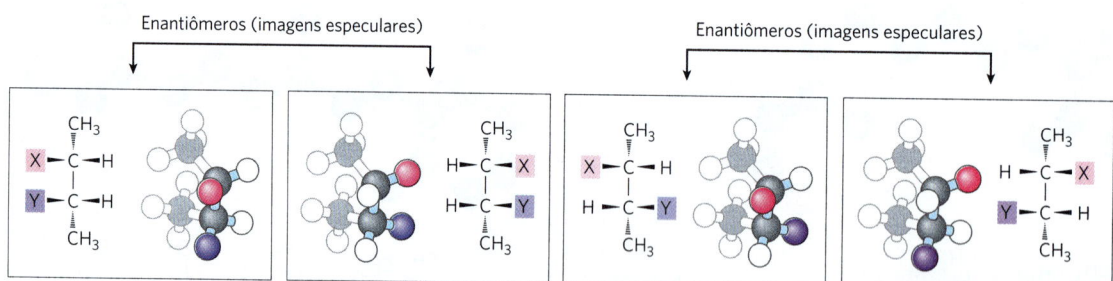

**FIGURA 1-20 Enantiômeros e diastereoisômeros.** Existem quatro diferentes estereoisômeros do 2,3-butano bissubstituído ($n = 2$ carbonos assimétricos, portanto $2^n = 4$ estereoisômeros). Cada um deles está mostrado dentro de um retângulo com a fórmula em perspectiva usando o modelo de esfera e bastão. As moléculas foram giradas para permitir a visualização de todos os grupos. Dois pares de estereoisômeros são imagens especulares um do outro, isto é, enantiômeros. Os outros pares possíveis não são imagens especulares, sendo diastereoisômeros. [Informações de F. Carroll, *Perspectives on Structure and Mechanism in Organic Chemistry*, p. 63, Brooks/Cole Publishing Co., 1998.]

## QUADRO 1-2

### Louis Pasteur e atividade óptica: *in vino, veritas*

Louis Pasteur descobriu o fenômeno da atividade óptica em 1843, quando investigava os sedimentos cristalinos que se acumulavam nos barris de vinho (forma do ácido tartárico chamada de ácido paratartárico – também chamado de ácido racêmico, do latim *racemus*, "cacho de uvas"). Ele usou pinças muito finas para separar dois tipos de cristais idênticos na forma, mas com imagem especular um do outro. Os dois tipos de cristal têm todas as propriedades químicas do ácido tartárico, mas, em solução, um tipo gira a luz plano-polarizada para a esquerda (levorrotatório) e o outro, para a direita (dextrorrotatório). Posteriormente, Pasteur descreveu o experimento e sua interpretação:

Louis Pasteur 1822-1895
[Granger, NYC – Todos os direitos reservados.]

Em corpos isoméricos, os elementos e as proporções nas quais eles estão combinados são os mesmos, somente o arranjo dos átomos é diferente [...]. Sabe-se, por um lado, que os arranjos moleculares dos dois ácidos tartáricos são assimétricos, e, por outro lado, que esses arranjos são absolutamente idênticos, exceto que exibem assimetria em direções opostas. Os átomos do ácido destro estão agrupados na forma de uma espiral voltada para a direita, ou posicionados no ápice de um tetraedro irregular ou dispostos de acordo com esse ou aquele arranjo assimétrico? Não sabemos.*

Agora sabemos. Estudos de cristalografia por raios X realizados em 1951 confirmaram que as formas levorrotatória e dextrorrotatória do ácido tartárico são imagens especulares uma da outra no nível molecular e determinaram a configuração absoluta de cada uma (Fig. 1). A mesma abordagem foi usada para demonstrar que, embora o aminoácido alanina tenha duas formas estereoisoméricas (designadas D e L), nas proteínas, a alanina existe exclusivamente em uma das formas (o isômero L; ver Capítulo 3).

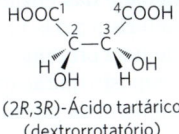

(2R,3R)-Ácido tartárico
(dextrorrotatório)

(2S,3S)-Ácido tartárico
(levorrotatório)

**FIGURA 1** Pasteur separou cristais de dois estereoisômeros do ácido tartárico e mostrou que soluções contendo cada uma das formas separadas fazem a luz polarizada girar na mesma magnitude, porém em direções opostas. Foi demonstrado posteriormente que as formas dextrorrotatória e levorrotatória são os isômeros (R,R) e (S,S), representados aqui.

*Da palestra de Pasteur para a Société Chimique de Paris, em 1883, citado em R. DuBos, *Louis Pasteur: Free Lance of Science*, p. 95. New York: Charles Scribner's Sons, 1976.

---

**CONVENÇÃO** Dada a importância da estereoquímica nas reações entre biomoléculas (ver adiante), os bioquímicos são obrigados a dar nome e a representar a estrutura de cada biomolécula de forma a não deixar qualquer dúvida sobre a estereoquímica. Para compostos com mais de um centro quiral, a nomenclatura mais usada é a do sistema RS. Nesse sistema, para cada grupo funcional ligado a um carbono quiral é dada uma escala de *prioridade*. As prioridades de alguns substituintes comuns são:

—$OCH_3$ > —OH > —$NH_2$ > —COOH > —CHO > —$CH_2OH$ > —$CH_3$ > —H

No sistema de nomenclatura RS, o átomo quiral é visto com o grupo de mais baixa prioridade (grupo 4 no diagrama a seguir) apontando para a direção oposta à do observador. Se a prioridade dos outros três grupos (1 a 3) decresce no sentido horário, então a configuração é (R) (do latim *rectus*, "direita"); se decresce no sentido anti-horário, então a configuração é (S) (do latim *sinister*, "esquerda"). Dessa maneira, cada carbono quiral é designado como (R) ou (S), e a inclusão dessas designações no nome do composto fornece uma descrição que não deixa dúvida sobre a estereoquímica de cada centro quiral.

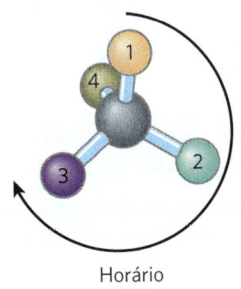
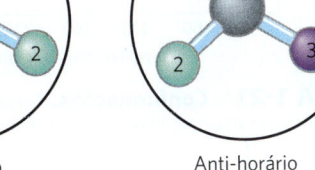

Horário
(R)

Anti-horário
(S)

Outro sistema de nomenclatura para estereoisômeros, o sistema D e L, é descrito no Capítulo 3. Qualquer um desses dois sistemas permite identificar moléculas com apenas um centro quiral sem deixar margem a dúvidas. Os dois sistemas de nomenclatura se baseiam em critérios diferentes, portanto não é possível fazer uma correlação entre, por exemplo, o isômero L e o isômero (S) vistos no exemplo.

L-Gliceraldeído ≡ (S)-Gliceraldeído

Diferentemente da configuração, tem-se a **conformação** molecular, que é a disposição espacial dos grupos substituintes que, sem quebrar qualquer ligação, são livres para assumir posições diferentes no espaço em virtude da liberdade de rotação em torno das ligações simples. Por exemplo, no etano, um hidrocarboneto simples, a liberdade de rotação ao redor da ligação C—C é quase total. Dependendo do grau de rotação, muitas conformações diferentes e intercambiáveis do etano são possíveis (**Fig. 1-21**). Duas conformações são de especial interesse: a escalonada, que é mais estável do que qualquer uma das outras e, portanto, a predominante, e a eclipsada, que é a menos estável. Essas duas formas conformacionais não podem ser isoladas uma da outra, pois estão livremente se convertendo uma na outra. Entretanto, a substituição de um ou mais átomos de hidrogênio em cada carbono por um grupo funcional que seja muito grande ou carregado eletricamente restringe a liberdade de rotação da ligação C—C. Isso limita o número de conformações estáveis dos derivados do etano.

### As interações entre biomoléculas são estereoespecíficas

**P2** Quando biomoléculas interagem, o "encaixe" entre elas tem de ser estereoquimicamente correto; elas são complementares. A estrutura tridimensional das biomoléculas grandes e pequenas (a combinação de configuração e conformação) é de extrema importância para as suas interações biológicas: um reagente com a respectiva enzima, um hormônio com seu receptor e um antígeno com seu anticorpo específico, por exemplo (**Fig. 1-22**). O estudo da estereoquímica das biomoléculas, com métodos físicos precisos, é uma parte importante da pesquisa moderna sobre a estrutura celular e as funções bioquímicas.

Nos seres vivos, as moléculas quirais normalmente estão presentes apenas em uma das suas formas quirais. Por exemplo, nas proteínas, os aminoácidos ocorrem somente como isômeros L, e a glicose ocorre somente como isômero D. (As convenções para a denominação de estereoisômeros de aminoácidos estão descritas no Capítulo 3, e para os açúcares, no Capítulo 7. O sistema RS, descrito na p. 17, é mais útil no caso de determinadas biomoléculas.) Em contrapartida, quando um composto com um átomo de carbono assimétrico é sintetizado quimicamente em laboratório, a reação em geral produz ambas as formas quirais possíveis: uma mistura das formas D e L, por exemplo. Células vivas produzem somente uma das formas quirais de uma determinada biomolécula, uma vez que as enzimas que as sintetizam também são quirais.

A estereoespecificidade, a capacidade de distinguir entre estereoisômeros, é uma propriedade das enzimas e de outras proteínas e uma marca característica das interações bioquímicas. Se o sítio de ligação de uma proteína for complementar a um dos isômeros do composto quiral, então ele não será complementar ao outro isômero, da mesma forma que uma luva para a mão esquerda não se ajusta à mão direita. Alguns exemplos descritivos da capacidade dos sistemas biológicos em distinguir estereoisômeros estão mostrados na **Figura 1-23**.

As classes mais comuns de reações químicas encontradas na bioquímica estão descritas no Capítulo 13, a título de introdução às reações do metabolismo.

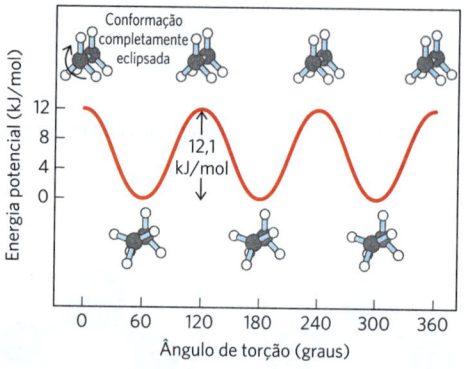

**FIGURA 1-21 Conformações.** O etano tem muitas conformações possíveis devido à liberdade de rotação em torno da ligação C–C. No modelo de esfera e bastão, quando o átomo de carbono frontal (visto da posição do leitor) é girado (junto a seus três hidrogênios) em relação ao átomo de carbono de trás, a energia potencial da molécula aumenta até um máximo na forma completamente eclipsada (nos ângulos de 0°, 120°, etc.) e depois diminui a um mínimo na forma totalmente escalonada (ângulos de torção de 60°, 180°, etc.). As formas eclipsada e escalonada não podem ser isoladas separadamente porque as diferenças de energia, mesmo pequenas, são suficientes para haver continuamente uma interconversão muito rápida entre as duas formas (milhões de vezes por segundo).

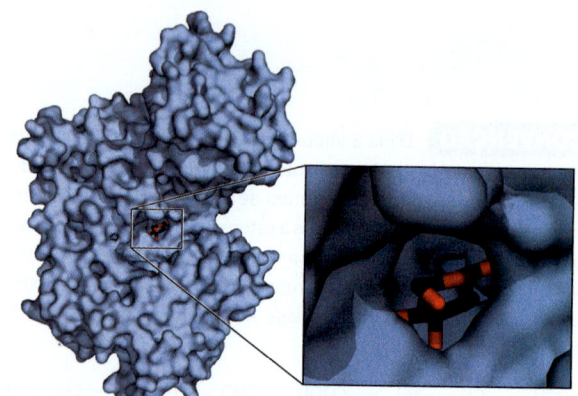

**FIGURA 1-22 Encaixe complementar entre uma macromolécula e uma molécula pequena.** A molécula de glicose encaixa-se em uma cavidade na superfície da enzima hexocinase e é mantida nessa orientação por várias interações não covalentes entre a proteína e o açúcar. Essa representação da molécula de hexocinase foi produzida com o auxílio de um *software* que calcula a forma da superfície externa de uma macromolécula, definida pelo raio de van der Waals de todos os átomos da molécula ou pelo método do "volume de exclusão do solvente", que é o volume no qual uma molécula de água não consegue penetrar. [Dados de PDB ID 3B8A, P. Kuser et al., *Proteins* 72:731, 2008.]

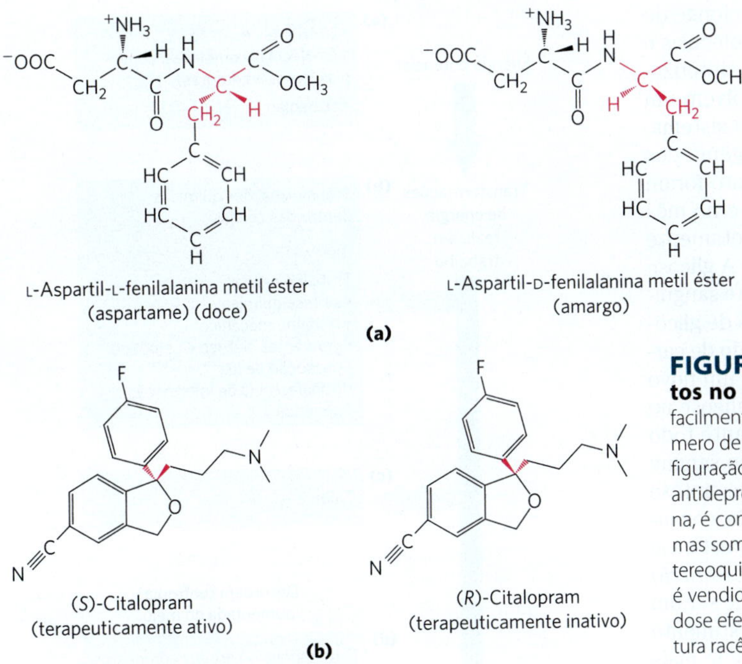

L-Aspartil-L-fenilalanina metil éster
(aspartame) (doce)

L-Aspartil-D-fenilalanina metil éster
(amargo)

(a)

(S)-Citalopram
(terapeuticamente ativo)

(R)-Citalopram
(terapeuticamente inativo)

(b)

**FIGURA 1-23 Estereoisômeros têm diferentes efeitos no ser humano.** (a) O aspartame, um adoçante artificial, é facilmente distinguível pelos receptores gustativos do seu estereoisômero de gosto amargo, apesar de os dois diferirem apenas pela configuração em um dos seus dois carbonos quirais. (b) O medicamento antidepressivo citalopram, inibidor seletivo da recaptação da serotonina, é composto por uma mistura racêmica dos dois estereoisômeros, mas somente (S)-citalopram tem efeito terapêutico. A preparação estereoquimicamente pura de (S)-citalopram (oxalato de escitalopram) é vendida sob um nome comercial distinto. Como se pode prever, a dose efetiva da forma pura equivale à metade da dose efetiva da mistura racêmica.

### RESUMO 1.2 Fundamentos químicos

■ Devido à versatilidade das ligações que pode fazer, o carbono pode produzir um conjunto enorme de esqueletos carbono-carbono com uma grande variedade de grupos funcionais; esses grupos conferem as personalidades química e biológica das biomoléculas.

■ Um conjunto praticamente universal de vários milhares de moléculas pequenas é encontrado nas células vivas; a interconversão dessas moléculas nas vias metabólicas centrais foi conservada ao longo da evolução.

■ Proteínas e ácidos nucleicos são macromoléculas – polímeros lineares longos feitos de subunidades monoméricas simples; as suas sequências contêm as informações que dão a cada molécula sua estrutura tridimensional e suas funções biológicas.

■ A configuração das moléculas pode ser alterada somente mediante quebra e reformação de ligações covalentes. Em um átomo de carbono com quatro substituintes diferentes (um carbono quiral), os grupos substituintes podem estar arranjados em duas formas diferentes, gerando estereoisômeros com propriedades distintas. Somente um dos estereoisômeros é biologicamente ativo. A conformação de uma molécula é a disposição dos átomos no espaço que pode ser mudada por rotação em torno de ligações simples, sem haver quebra de qualquer ligação covalente.

■ As interações entre moléculas biológicas são geralmente estereoespecíficas: elas necessitam de um encaixe (ou ajuste) preciso entre as estruturas complementares das duas moléculas que interagem entre si.

## 1.3 Fundamentos físicos

As células e os seres vivos precisam realizar trabalho para se manterem vivos e se reproduzirem. As reações de síntese que ocorrem dentro das células, da mesma maneira que os processos de síntese em uma fábrica qualquer, exigem consumo de energia. Também é necessário fornecer energia para o movimento de uma bactéria, de um velocista olímpico, para a luz de um vaga-lume ou para a descarga de um peixe elétrico. O armazenamento e a expressão de informações também necessitam de energia, sem a qual estruturas ricas em informação inevitavelmente se tornam desordenadas e sem sentido.

Ao longo da evolução, as células desenvolveram mecanismos altamente eficazes para o acoplamento da energia obtida da luz solar ou de combustíveis químicos aos processos dependentes de energia que devem ser realizados. Um dos objetivos da bioquímica é compreender, em termos químicos e quantitativos, os meios pelos quais a energia é extraída, armazenada e canalizada para o trabalho útil nas células. As conversões de energia nas células, como todas as demais conversões de energia, podem ser entendidas dentro do contexto das leis da termodinâmica. O Capítulo 13 apresenta uma discussão mais aprofundada da termodinâmica celular.

### Os organismos vivos existem em um estado estacionário dinâmico e nunca em equilíbrio com o meio em que se encontram

As moléculas e os íons presentes nos seres vivos diferem quanto ao tipo e à concentração em relação aos que existem no meio circundante. Um paramécio em uma lagoa, um tubarão no oceano, uma bactéria no solo e uma macieira em um pomar têm composições diferentes das do meio em que se encontram e, uma vez atingida a maturidade, todos mantêm uma composição aproximadamente constante, apesar das contínuas alterações no meio.

Embora a composição característica de um organismo mude relativamente pouco ao longo do tempo, a população de moléculas dentro de um organismo está muito longe de um estado estático. Moléculas pequenas, macromoléculas e complexos supramoleculares são continuamente sintetizados e degradados em reações químicas que envolvem um fluxo constante de massa e de energia através do sistema. As moléculas de hemoglobina que carregam oxigênio dos seus pulmões para o encéfalo neste exato momento foram sintetizadas em algum momento no último mês, e no mês seguinte todas elas serão degradadas e completamente substituídas por novas moléculas de hemoglobina. A glicose ingerida na última refeição agora circula na corrente sanguínea, e, antes do final do dia, todas essas moléculas de glicose terão sido convertidas em algo diferente – dióxido de carbono ou gordura, talvez – sendo substituídas por um novo suprimento de glicose; assim, a concentração de glicose no sangue permanece mais ou menos constante durante todo o dia. As quantidades de hemoglobina e glicose no sangue permanecem quase constantes porque as taxas de síntese ou ingestão contrabalançam as taxas de degradação, consumo ou conversão em algum outro produto. Essa constância na concentração é o resultado de um *estado estacionário dinâmico*, um estado estacionário que está longe de ser um equilíbrio. A manutenção desse estado requer investimento constante de energia; quando a célula não consegue mais obter energia, ela morre e começa a decair para um estado de equilíbrio com o meio em que se encontra. A seguir, serão discutidos os significados exatos de "estado estacionário" e "equilíbrio".

### Os organismos transformam energia e matéria a partir do meio circundante

Para reações químicas que ocorrem em solução, pode-se definir um **sistema** com todos os reagentes e produtos, o solvente que os contêm e a atmosfera imediata – em suma, tudo o que estiver dentro de uma região definida do espaço. Juntos, o sistema e seus arredores constituem o **universo**. Se o sistema não trocar nem matéria nem energia com o meio, ele é chamado de **isolado**. Se o sistema trocar energia, mas não trocar matéria com o meio, tem-se um **sistema fechado**, e se trocar energia e matéria com o meio, é um **sistema aberto**.

Um organismo vivo é um sistema aberto, pois ele troca tanto matéria quanto energia com o meio. Os seres vivos obtêm energia do meio de duas formas: (1) absorvendo combustíveis químicos (como glicose) do meio e extraindo energia pela oxidação desses combustíveis (ver Quadro 1-3, Caso 2) ou (2) absorvendo energia da luz solar.

A primeira lei da termodinâmica descreve o princípio da conservação de energia: *em qualquer mudança física ou química, a quantidade total de energia no universo permanece constante, embora a forma da energia possa mudar.* Ou seja, quando a energia é "usada" pelo sistema, ela não é "gasta", mas sim convertida de uma forma em outra, por exemplo, da energia potencial das ligações químicas para a energia cinética de calor e movimento. As células são transdutores de energia sofisticados, capazes de converter energia química, eletromagnética, mecânica e osmótica entre si com alta eficiência (**Fig. 1-24**).

▶ P3 Praticamente todos os organismos vivos obtêm a energia de que precisam, direta ou indiretamente, a partir

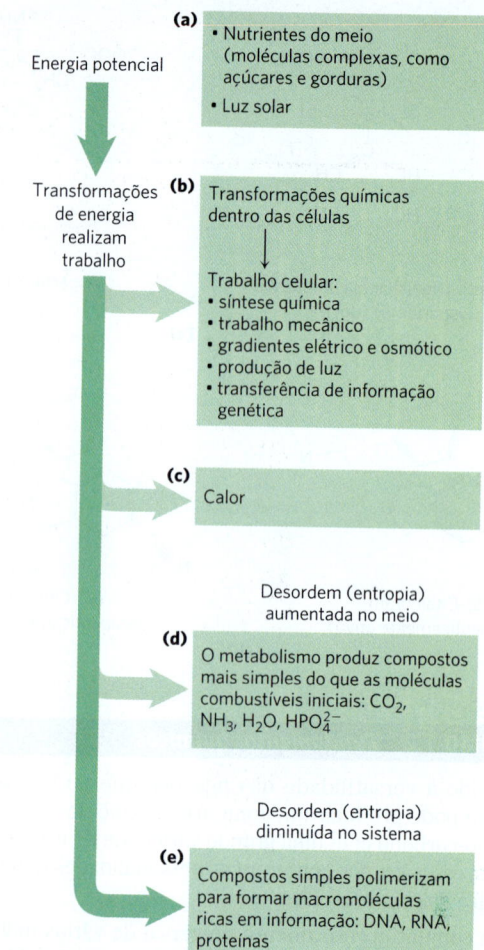

**FIGURA 1-24 Algumas transformações de energia em organismos vivos.** À medida que a energia metabólica é gasta para realizar trabalho celular, o grau de desordem do sistema mais o grau de desordem do meio externo (expresso quantitativamente como entropia) aumenta conforme a energia potencial das moléculas nutrientes complexas diminui. (a) Os seres vivos extraem energia dos arredores; (b) convertem parte dela em formas úteis de energia para produzir trabalho; (c) devolvem parte dela aos arredores na forma de calor; e (d) liberam moléculas como produto final que são menos organizadas que os combustíveis iniciais, aumentando a entropia do universo. Um dos efeitos dessas transformações é (e) o aumento da ordem (diminuição da aleatoriedade) do sistema na forma de macromoléculas complexas.

da energia radiante da luz solar. Nos organismos fotoautotróficos, a ruptura da molécula da água promovida pela luz durante a fotossíntese libera elétrons para a redução de $CO_2$ e a liberação de $O_2$ na atmosfera:

$$6CO_2 + 6H_2O \xrightarrow{\text{luz}} C_6H_{12}O_6 + 6O_2$$
(redução de $CO_2$ impulsionada pela luz)

Organismos não fotossintetizantes (i.e., organismos quimiotróficos) obtêm energia pela oxidação de produtos ricos em energia armazenados em plantas e resultantes da fotossíntese, passando, então, os elétrons adquiridos do O₂ atmosférico através de intermediários até formar água, CO₂ e outros produtos finais, que são reciclados no meio ambiente:

$$C_6H_{12}O_6 + 6O_2 \longrightarrow 6CO_2 + 6H_2O + \text{energia}$$
(oxidação da glicose gerando energia)

Portanto, organismos autotróficos e heterotróficos participam do ciclo global de O₂ e CO₂, acionado, em última instância, pela luz solar, fazendo os organismos desses dois grandes grupos serem interdependentes. Praticamente toda a transdução de energia nas células pode ser relacionada com esse fluxo de elétrons de uma molécula para outra, em um fluxo que vai de um potencial eletroquímico mais alto para um mais baixo; assim, essa é forma análoga ao fluxo de elétrons em um circuito elétrico acionado por bateria.

**P3** Todas essas reações envolvidas no fluxo de elétrons são **reações de oxirredução**: um reagente é oxidado (perde elétrons) enquanto outro é reduzido (ganha elétrons).

### Criar e manter ordem requer trabalho e energia

Como observado anteriormente, DNA, RNA e proteínas são moléculas informacionais. A sequência precisa dos monômeros contém informações, assim como a sequência de letras nesta frase. As células, além de usarem energia química para formar as ligações covalentes entre as subunidades monoméricas, investem energia para ordenar as subunidades na sequência correta. É extremamente improvável que aminoácidos em uma mistura venham a se condensar espontaneamente em um único tipo de proteína, com uma sequência única. Isso representaria o aumento da ordem em uma população de moléculas; entretanto, de acordo com a segunda lei da termodinâmica, a tendência na natureza é ir no sentido oposto, sempre de maior desordem no universo: *a aleatoriedade do universo aumenta continuamente*. Para sintetizar macromoléculas a partir das respectivas unidades monoméricas, é preciso fornecer energia livre ao sistema (nesse caso, a célula). O Capítulo 13 apresenta uma discussão da energética das reações de oxirredução em termos quantitativos.

A aleatoriedade ou a desordem dos componentes de um sistema químico é expressa como **entropia**, $S$ (**Quadro 1-3**). Qualquer alteração na aleatoriedade do sistema é expressa como variação da entropia, $\Delta S$, que, por convenção, tem um valor positivo quando a aleatoriedade aumenta. J. Willard Gibbs, o cientista que desenvolveu a teoria da variação de energia durante as reações químicas, demonstrou que a **energia livre**, $G$, de qualquer sistema fechado pode ser definida em termos de três grandezas: **entalpia**, $H$, ou conteúdo de calor, que, de forma geral, expressa o número e os tipos de ligações; entropia, $S$; e temperatura absoluta, $T$ (em Kelvin). A definição de energia livre é $G = H - TS$. Quando uma reação química ocorre em temperatura constante, a **variação de energia livre**, $\Delta G$, é determinada pela variação da entalpia, $\Delta H$, refletindo os tipos e o número de ligações químicas e interações não covalentes quebradas e formadas, e a variação da entropia, $\Delta S$, que descreve a variação na aleatoriedade do sistema:

$$\Delta G = \Delta H - T\Delta S$$

em que, por definição, $\Delta H$ é negativo para uma reação que libera calor (reação exotérmica), e $\Delta S$ é positivo para uma reação que aumenta a aleatoriedade do sistema (diminui a ordem).

Um processo tende a ocorrer espontaneamente somente se $\Delta G$ for negativo (se energia livre é *liberada* no processo). Ainda assim, o funcionamento das células depende basicamente de moléculas, como proteínas e ácidos nucleicos, para as quais a energia livre de formação é positiva: as moléculas são menos estáveis e mais altamente ordenadas do que a mistura de seus componentes monoméricos. Para que essas reações consumidoras de energia (**endergônicas**) e, portanto, termodinamicamente desfavoráveis, ocorram, as células acoplam-nas a reações que liberam energia (**exergônicas**), de forma que o processo como um todo é exergônico: a *soma* da variação da energia livre é negativa. As reações exergônicas mais usadas dessa maneira envolvem o trifosfato de adenosina (ATP; **Fig. 1-25**), em que as duas ligações anidrido fosfórico são capazes de suprir a energia livre necessária para tornar possível a reação endergônica acoplada. A Seção 13.3 discute o papel do ATP em mais detalhes.

J. Willard Gibbs, 1839-1903
[Science Source.]

**FIGURA 1-25 O trifosfato de adenosina (ATP) fornece energia.** Aqui, cada Ⓟ representa um grupo fosforila. A remoção do grupo fosforila terminal (marcado em vermelho-claro) do ATP, pela quebra da ligação fosfoanidrido, formando difosfato de adenosina (ADP) e o íon fosfato inorgânico ($HPO_4^{2-}$), é altamente exergônica; essa reação costuma ser acoplada a várias reações endergônicas nas células (como no Exemplo 1-2). O ATP também fornece energia para vários processos celulares pela clivagem que libera os dois fosfatos terminais, resultando em pirofosfato inorgânico ($H_2P_2O_7^{2-}$), frequentemente abreviado como $PP_i$.

## QUADRO 1-3

### Entropia: tudo se desintegra

O termo "entropia", que literalmente significa "mudança em seu interior", foi usado pela primeira vez em 1851 por Rudolf Clausius, um dos formuladores da segunda lei da termodinâmica. Esse termo se refere à aleatoriedade ou desordem dos componentes de um sistema químico. Entropia é um conceito central na bioquímica; a vida depende de continuamente manter a ordem contra a tendência da natureza de aumentar a desordem. Uma definição quantitativa rigorosa de entropia envolve considerações probabilísticas e estatísticas. Entretanto, ela pode ser ilustrada qualitativamente por três exemplos simples, cada um demonstrando um aspecto da entropia. Os descritores-chave da entropia são *aleatoriedade* e *desordem*, manifestadas em diferentes maneiras.

### Caso 1: A chaleira e a aleatorização do calor

Sabe-se que o vapor gerado pela água em ebulição pode realizar trabalho útil. Contudo, suponha-se que apaguemos a chama sob a chaleira cheia de água a 100 °C (o "sistema") na cozinha (o "meio"). À medida que a água da chaleira esfria, nenhum trabalho é feito, mas o calor passa da chaleira para o meio, aumentando a temperatura do meio (cozinha) por uma quantidade infinitesimal até atingir o equilíbrio completo. Nesse momento, todas as partes da chaleira e da cozinha estão precisamente na mesma temperatura. A energia livre que antes estava concentrada na chaleira a 100 °C, que tinha *potencial* para realizar um trabalho, desapareceu. O mesmo equivalente de energia calorífica continua presente na chaleira + cozinha (i.e., o "universo"), mas se tornou completamente aleatório. Essa energia não está mais disponível para realizar trabalho porque não existem mais diferenças de temperatura dentro da cozinha. Além disso, o aumento da entropia da cozinha (o meio) é irreversível. Sabe-se, pela experiência da vida cotidiana, que o calor nunca passa espontaneamente da cozinha de volta para a chaleira para aumentar novamente a temperatura da água a 100 °C.

### Caso 2: A oxidação da glicose

A entropia é um estado não somente da energia, mas também da matéria. Organismos aeróbios (heterotróficos) extraem energia livre da glicose obtida do meio através da oxidação da glicose com $O_2$, que também é obtido do meio. Os produtos desse metabolismo oxidativo, $CO_2$ e $H_2O$, retornam ao meio. Nesse processo, o meio sofre um aumento de entropia, ao passo que o organismo permanece em estado estacionário e não sofre mudanças na sua ordem interna. Apesar de alguma entropia surgir da dissipação do calor, ela resulta também de outro tipo de desordem, ilustrado pela equação da oxidação da glicose:

$$C_6H_{12}O_6 + 6O_2 \longrightarrow 6CO_2 + 6H_2O$$

Isso pode ser representado esquematicamente como

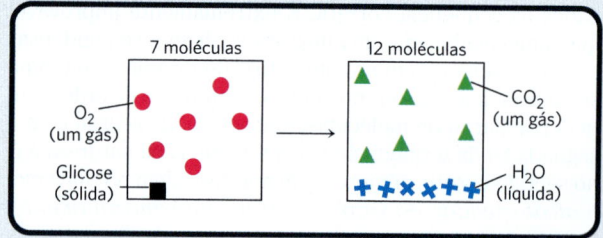

### Reações de acoplamento de energia na biologia

A questão central da *bioenergética* (estudo da transformação de energia em sistemas vivos) é a maneira pela qual a energia do metabolismo dos combustíveis ou da captura de luz é acoplada a reações que necessitam de energia. Com relação ao acoplamento energético, é útil considerar um exemplo mecânico simples, como o mostrado na **Figura 1-26a**. Um objeto no topo de um plano inclinado tem certa quantidade de energia potencial em decorrência da sua posição elevada. Ele tende a deslizar para baixo ao longo do plano, perdendo sua energia potencial de posição à medida que se aproxima do chão. Quando um mecanismo apropriado puxado por uma corda acopla o objeto em queda a outro menor, o movimento de deslizamento espontâneo do maior pode levantar o menor, realizando certa quantidade de trabalho. A quantidade de energia disponível para realizar trabalho é a **variação de energia livre**, $\Delta G$, sendo sempre um pouco menor do que a quantidade teórica de energia liberada, uma vez que uma parte da energia é dissipada como calor decorrente do atrito. Quanto maior for a elevação e maior for o objeto, maior será a energia liberada ($\Delta G$) com o deslizamento e maior será a quantidade de trabalho que poderá ser realizado. O objeto maior pode levantar o objeto menor apenas porque, no início, o objeto maior estava *longe da sua posição de equilíbrio*; ele havia sido levantado previamente acima do chão por um processo que, por sua vez, necessitou de um suprimento de energia.

Como isso se aplica às reações químicas? Em sistemas fechados, as reações químicas ocorrem espontaneamente até chegar ao **equilíbrio**. Quando um sistema está em equilíbrio, a velocidade de formação de produtos fica exatamente igual à velocidade com que os produtos são convertidos em reagentes. Portanto, não existe variação líquida na concentração de reagentes e produtos. Quando um sistema muda do estado inicial ao estado de equilíbrio, a variação de energia é dada pela variação de energia livre, $\Delta G$, desde que não ocorra variação de temperatura ou de pressão. A magnitude de $\Delta G$ depende da reação química em questão *e do quão longe do equilíbrio o sistema estava inicialmente*. Cada composto envolvido em uma reação química contém certa quantidade

Os átomos contidos em 1 molécula de glicose mais 6 moléculas de oxigênio, um total de 7 moléculas, passam a ficar dispersos de forma mais aleatória após a reação de oxidação, passando para um total de 12 moléculas ($6CO_2 + 6H_2O$).

Sempre que uma reação química resultar em aumento no número de moléculas – ou quando uma substância sólida é convertida em produtos líquidos ou gasosos, que permitem maior liberdade de movimentação molecular que os sólidos – a desordem molecular aumenta e, em consequência, a entropia também aumenta.

### Caso 3: Informação e entropia

A seguinte fala da obra de Shakespeare *Júlio Cesar*, ato IV, Cena 3, é enunciada por Brutus, quando ele percebe que precisa enfrentar o exército de Marco Antônio. Essa frase é um arranjo não aleatório e rico em informações feito com 125 letras do alfabeto (em inglês):

> There is a tide in the affairs of men,
> Which, taken at the flood, leads on to fortune;
> Omitted, all the voyage of their life
> Is bound in shallows and in miseries.

> Em português:
> *Os negócios humanos apresentam altas como as do mar:*
> *Aproveitadas, levam-nos as correntes à fortuna;*
> *Mas, uma vez perdidas, corre a viagem da vida*
> *entre baixios e perigos*

Além do que esse trecho afirma explicitamente, ele carrega muitos significados ocultos. O trecho não só reflete uma sequência complexa de eventos na peça, mas também ecoa ideias sobre conflito, ambição e os encargos da liderança. Impregnado pelo conhecimento de Shakespeare sobre a natureza humana, ele é muito rico em informação.

Contudo, se as 125 letras desse trecho estivessem distribuídas em um padrão completamente ao acaso e caótico, como mostrado no quadro acima, elas não teriam significado algum.

Dessa forma, as 125 letras contêm pouca ou nenhuma informação, mas são muito ricas em entropia. Essas considerações levaram à constatação de que informação é uma forma de energia, que foi denominada "entropia negativa". Não é à toa que o ramo da matemática denominado teoria da informação, que é básico para a programação lógica de computadores, está intimamente relacionado com a teoria da termodinâmica. Os seres vivos são estruturas altamente organizadas, não aleatórias, imensamente ricas em informação e, portanto, pobres em entropia.

---

de energia potencial, relacionada com o tipo e o número das ligações. Nas reações que ocorrem espontaneamente, os produtos têm menos energia livre que os reagentes, portanto a reação libera energia livre, que, por sua vez, fica disponível para realizar trabalho. Essas reações são exergônicas; a diminuição na energia livre dos reagentes em relação aos produtos é expressa como um valor negativo. Reações endergônicas precisam de um fornecimento de energia, e os valores de $\Delta G$ são positivos. A Figura 1-26b ilustra o acoplamento entre uma reação endergônica e uma reação exergônica. Assim como no processo mecânico, somente parte da energia liberada na reação química exergônica pode ser utilizada para realizar trabalho. Em sistemas vivos, parte da energia é dissipada como calor ou perdida com o aumento da entropia.

### $K_{eq}$ e $\Delta G°$ são medidas da tendência de uma reação ocorrer espontaneamente

A tendência de uma reação química em se completar pode ser expressa como uma constante de equilíbrio. Para uma reação na qual $a$ mols de A reagem com $b$ mols de B para gerar $c$ mols de C e $d$ mols de D,

$$aA + bB \longrightarrow cC + dD$$

a constante de equilíbrio, $K_{eq}$, é dada por

$$K_{eq} = \frac{[C]^c_{eq}[D]^d_{eq}}{[A]^a_{eq}[B]^b_{eq}}$$

em que $[A]_{eq}$ é a concentração de A, $[B]_{eq}$ é a concentração de B, e assim por diante, *quando o sistema atingiu o equilíbrio*. $K_{eq}$ não tem dimensão (i.e., não tem unidade de medida), mas, como está explicado na p. 54, a unidade molar é introduzida no cálculo para ressaltar que concentrações molares (representadas pelos colchetes) devem ser usadas no cálculo de constantes de equilíbrio. Um valor alto de $K_{eq}$ indica que a reação tende a prosseguir até que os reagentes estejam quase completamente convertidos nos produtos.

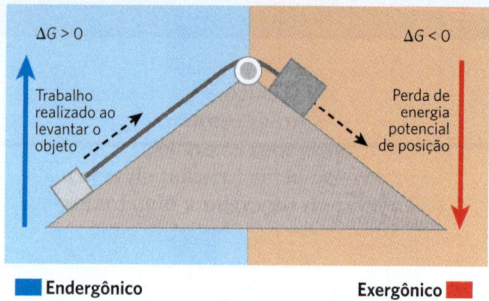

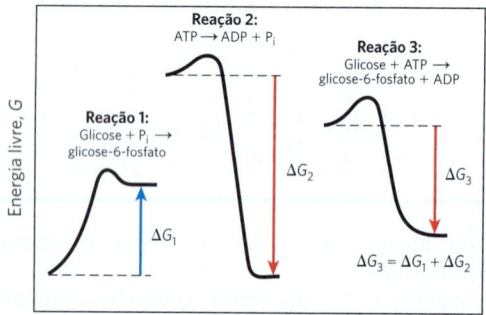

**FIGURA 1-26 Acoplamento energético em processos mecânicos e químicos.** (a) O movimento da queda de um objeto libera energia potencial que pode realizar trabalho mecânico. A energia potencial disponibilizada pelo movimento de queda espontânea, no processo exergônico (em vermelho), pode ser acoplada ao processo endergônico, representado pelo movimento ascendente de um segundo objeto (em azul). (b) Na reação 1, a formação de glicose-6-fosfato a partir da glicose e do fosfato inorgânico ($P_i$) gera um produto com conteúdo energético maior que o dos reagentes. Para essa reação endergônica, $\Delta G$ é positivo. Na reação 2, a quebra exergônica do trifosfato de adenosina (ATP) tem uma grande variação negativa de energia livre ($\Delta G_2$). A terceira reação é a soma das reações 1 e 2, e a variação de energia livre, $\Delta G_3$, é a soma aritmética de $\Delta G_1$ e $\Delta G_2$. Pelo fato de $\Delta G_3$ ser negativo, o processo como um todo é exergônico e ocorre espontaneamente.

### EXEMPLO 1-1 *ATP e ADP estão em equilíbrio nas células?*

A quebra do ATP produz difosfato de adenosina (ADP) e fosfato inorgânico ($P_i$). A constante de equilíbrio, $K_{eq}$, para a reação é $2 \times 10^5$ M:

$$ATP \longrightarrow ADP + HPO_4^{2-}$$

Se as concentrações medidas dentro das células forem: [ATP] = 5 mM, [ADP] = 0,5 mM e [$P_i$] = 5 mM, essa reação estará em equilíbrio na célula viva?

**SOLUÇÃO:** A definição da constante de equilíbrio para essa reação é:

$$K_{eq} = [ADP][P_i]/[ATP]$$

Das concentrações celulares medidas fornecidas acima, pode-se calcular a **razão massa-ação, $Q$**:

$$Q = [ADP][P_i]/[ATP] = (0,5 \text{ mM})(5 \text{ mM})/ 5 \text{ mM}$$
$$= 0,5 \text{ mM} = 5 \times 10^{-4} \text{ M}$$

Esse valor está *longe* da constante de equilíbrio para a reação ($2 \times 10^5$ M), portanto essa reação está *muito longe* do equilíbrio nas células. [ATP] está muito acima, e [ADP], muito abaixo do esperado para a condição de equilíbrio. Como uma célula pode manter uma relação [ATP]/[ADP] tão distante do equilíbrio? A célula faz isso extraindo continuamente energia (de nutrientes como glicose) e utilizando-a para fazer ATP a partir de ADP e $P_i$.

---

Gibbs mostrou que $\Delta G$ (a variação real da energia livre) para qualquer reação química é uma função da **variação de energia livre padrão**, $\Delta G^\circ$ (constante característica de cada reação específica), e um termo que expressa a concentração inicial de reagentes e produtos:

$$\Delta G = \Delta G^\circ + RT \ln \frac{[C]_i^c [D]_i^d}{[A]_i^a [B]_i^b} \quad (1\text{-}1)$$

em que $[A]_i$ é a concentração inicial de A, e assim por diante; $R$ é a constante dos gases; e $T$ é a temperatura absoluta.

$\Delta G$ é uma medida da distância que um sistema está em relação à sua posição de equilíbrio. Quando uma reação já alcançou o equilíbrio, não há mais nenhuma força para impulsionar a reação, e já não é mais possível realizar trabalho: $\Delta G = 0$. Para esse caso especial, $[A]_i = [A]_{eq}$, e assim por diante, para todos os reagentes e produtos, e

$$\frac{[C]_i^c [D]_i^d}{[A]_i^a [B]_i^b} = \frac{[C]_{eq}^c [D]_{eq}^d}{[A]_{eq}^a [B]_{eq}^d}$$

Substituindo, na Equação 1-1, 0 por por $\Delta G$ e $K_{eq}$ por $[C]_i^c [D]_i^d / [A]_i^a [B]_i^b$, obtém-se a relação

$$\Delta G^\circ = -RT \ln K_{eq}$$

da qual pode-se ver que $\Delta G^\circ$ é simplesmente uma outra maneira (além de $K_{eq}$) de expressar a força que impulsiona uma reação. Uma vez que é possível medir $K_{eq}$ experimentalmente, tem-se uma maneira de determinar $\Delta G^\circ$, que é uma constante termodinâmica característica de cada reação.

As unidades de $\Delta G^\circ$ e $\Delta G$ são joules por mol (ou calorias por mol). Quando $K_{eq} \gg 1$, $\Delta G^\circ$ é grande e negativo, e quando $K_{eq} \ll 1$, $\Delta G^\circ$ é grande e positivo. A partir de uma tabela de valores de $K_{eq}$ e de $\Delta G^\circ$ determinados experimentalmente, pode-se ver logo à primeira vista quais reações tendem a se completar e quais não.

Um cuidado deve ser tomado a respeito da interpretação de $\Delta G^\circ$: constantes *termodinâmicas* como essas indicam onde o equilíbrio final de uma reação se encontra, mas não com que rapidez esse equilíbrio é alcançado. As velocidades das reações são governadas por parâmetros *cinéticos*, tópico que será considerado em detalhes no Capítulo 6.

**P3** Nos seres vivos, como no exemplo mecânico da Figura 1-26a, uma reação exergônica pode ser acoplada a uma reação endergônica para impulsionar uma reação que, não fosse esse acoplamento, seria desfavorável. A Figura 1-26b – um tipo de gráfico denominado **diagrama de coordenada da reação** – ilustra esse princípio para a conversão de glicose em glicose-6-fosfato, a primeira etapa da via de oxidação da glicose. A forma mais simples de produzir glicose-6-fosfato seria:

Reação 1:    Glicose + $P_i \longrightarrow$ glicose-6-fosfato
             (endergônica; $\Delta G_1$ é positivo)

Essa reação não ocorre espontaneamente; $\Delta G_1$ é positivo. Uma segunda reação, extremamente exergônica, pode ocorrer em todas as células:

Reação 2:    ATP $\longrightarrow$ ADP + $P_i$    (exergônica; $\Delta G_2$ é negativo)

Essas duas reações químicas compartilham um intermediário comum, $P_i$, o qual é consumido na reação 1 e produzido na reação 2. Portanto, as duas reações podem ser acopladas na forma de uma terceira reação, que pode ser escrita como a soma das reações 1 e 2, com o intermediário comum, $P_i$, omitido de ambos os lados da equação:

Reação 3:    Glicose + ATP $\longrightarrow$ glicose-6-fosfato + ADP

Pelo fato de mais energia ser liberada na reação 2 do que consumida na reação 1, a energia livre para a reação 3, $\Delta G_3$, é negativa, e a síntese de glicose-6-fosfato pode consequentemente ocorrer na reação 3.

### EXEMPLO 1-2  As variações de energia livre padrão são aditivas

Dado que a variação de energia livre padrão para a reação glicose + $P_i \longrightarrow$ glicose-6-fosfato é 13,8 kJ/mol, e a variação da energia livre para a reação ATP $\longrightarrow$ ADP + $P_i$ é −30,5 kJ/mol, qual é a variação de energia livre da reação glicose + ATP $\longrightarrow$ glicose-6-fosfato + ADP?

**SOLUÇÃO:** É possível escrever a equação para essa reação como a soma de duas outras reações:

(1) Glicose + $P_i \longrightarrow$ glicose-6-fosfato    $\Delta G_1^\circ = 13,8$ kJ/mol
(2) ATP $\longrightarrow$ ADP + $P_i$    $\Delta G_2^\circ = -30,5$ kJ/mol

*Soma:* Glicose + ATP $\longrightarrow$ glicose-6-fosfato + ADP
    $\Delta G_{Soma}^\circ = -16,7$ kJ/mol

A variação da energia livre padrão de duas reações que se somam resultando em uma terceira é simplesmente a soma da variação da energia de cada uma das reações individuais. O valor negativo de $\Delta G^\circ$ (−16,7 kJ/mol) indica que essa reação ocorre espontaneamente.

O acoplamento de reações exergônicas com endergônicas por meio de um intermediário comum é central às trocas de energia nos sistemas vivos. Como será visto mais adiante, reações que quebram ATP (como a reação 2 da Fig. 1-26b) liberam energia para impulsionar muitos processos endergônicos nas células. A quebra de ATP nas células é exergônica porque *todas as células vivas mantêm uma concentração de ATP bem acima da sua concentração de equilíbrio*. É esse desequilíbrio que permite que o ATP atue como o principal carreador de energia química nas células. ▶P3 Como será visto em mais detalhes no Capítulo 13, não é a mera quebra de ATP que fornece energia para realizar as reações endergônicas; em vez disso, é a *transferência de um grupo fosforila* do ATP para outra molécula pequena (glicose, no caso citado) que conserva parte da energia potencial originalmente no ATP.

### EXEMPLO 1-3  O custo energético da síntese de ATP

Se a constante de equilíbrio, $K_{eq}$, para a reação

ATP $\longrightarrow$ ADP + $P_i$

for $2,22 \times 10^5$ M, deve-se calcular a variação da energia livre padrão, $\Delta G^\circ$, para a *síntese* de ATP a partir de ADP e $P_i$ a 25 °C.

**SOLUÇÃO:** Primeiro, deve-se calcular $\Delta G^\circ$ para a reação acima:

$\Delta G^\circ = -RT \ln K_{eq}$
$= -(8,315 \text{ J/mol} \cdot \text{K})(298 \text{ K})(\ln 2,22 \times 10^5)$
$= -30,5$ kJ/mol

Essa é a variação da energia livre padrão para a *quebra* de ATP em ADP e $P_i$. A variação da energia livre padrão para a reação *inversa* tem o mesmo valor absoluto, mas sinal contrário. A variação da energia livre padrão para a reação inversa da reação apresentada é, portanto, 30,5 kJ/mol. Então, para sintetizar 1 mol de ATP sob condições normais (25 °C, concentração 1 M de ATP, ADP e $P_i$), deve ser fornecido um mínimo de 30,5 kJ de energia. A variação de energia livre real nas células – aproximadamente 50 kJ/mol – é maior do que isso, pois as concentrações de ATP, ADP e $P_i$ nas células não são o padrão 1 M (ver Exemplo 13-2).

### Enzimas promovem sequências de reações químicas

Todas as macromoléculas biológicas são muito menos estáveis termodinamicamente quando comparadas com as subunidades monoméricas que as compõem, mas ainda assim são *cineticamente estáveis*: sua quebra *não catalisada* ocorre tão lentamente (ao longo de anos, em vez de segundos) que, na escala de tempo razoável para seres vivos, essas moléculas podem ser consideradas estáveis. Praticamente todas as reações químicas das células só ocorrem a velocidades significativas devido à presença de **enzimas** – biocatalisadores que, como todos os outros catalisadores, aumentam bastante a velocidade de reações químicas específicas sem, contudo, serem consumidos no processo.

O caminho de reagente(s) a produto(s) quase sempre envolve uma barreira energética, chamada de barreira de ativação (**Fig. 1-27**), que precisa ser superada para que a reação possa ocorrer. A quebra de ligações existentes e a formação de novas ligações geralmente requer, em primeiro lugar, a modificação das ligações existentes para criar um **estado de transição** que tenha energia livre maior que a dos reagentes e dos produtos (ver Seção 6.2). O ponto mais alto no diagrama de coordenada da reação representa o estado de transição, e a diferença de energia entre o reagente no estado basal e no estado de transição consiste na **energia de ativação, $\Delta G^{\ddagger}$**. Uma enzima catalisa a reação ao propiciar um ajuste mais confortável ao estado de transição: uma superfície que complementa o estado de transição em

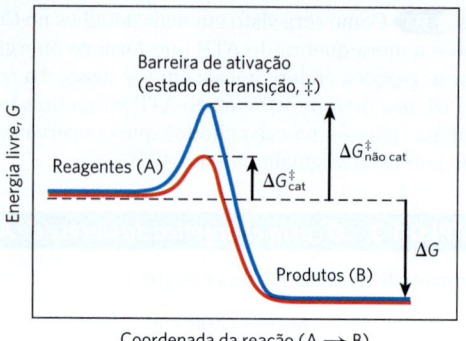

**FIGURA 1-27 Mudanças de energia durante uma reação química.** Uma barreira de ativação, representando o estado de transição, precisa ser superada na conversão dos reagentes (A) em produtos (B), mesmo que os produtos sejam mais estáveis do que os reagentes, como indicado por uma variação grande e negativa da energia livre (ΔG). A energia necessária para transpor a barreira de potencial é chamada de energia de ativação (ΔG‡). As enzimas catalisam as reações diminuindo a barreira de ativação. Elas ligam-se fortemente aos intermediários dos estados de transição, e a energia de ligação dessa interação efetivamente reduz a energia de ativação de ΔG‡$_{não\,cat}$ (curva azul) para ΔG‡$_{cat}$ (curva vermelha). (Observe que a energia de ativação *não* está relacionada com a variação da energia livre, ΔG.)

sua estereoquímica, polaridade e carga. A ligação da enzima ao estado de transição é exergônica, e a energia liberada por essa ligação reduz a energia de ativação para a reação, aumentando em muito a velocidade da reação.

Uma contribuição adicional para a catálise ocorre quando dois ou mais reagentes se ligam na superfície da enzima próximos um do outro e em uma orientação estereoespecífica que favorece a reação. Isso aumenta em várias ordens de grandeza a probabilidade de haver colisões produtivas entre os reagentes. Como resultado desses fatores e de vários outros (discutidos no Capítulo 6), muitas reações catalisadas por enzimas normalmente ocorrem a velocidades $10^6$ vezes maiores do que as reações não catalisadas.

Os catalisadores das células são, com raras exceções, proteínas. (Algumas moléculas de RNA têm atividade enzimática, como discutido nos Capítulos 26 e 27.) Novamente, com algumas exceções, cada enzima catalisa uma reação específica, e cada reação em uma célula é catalisada por uma enzima diferente. Portanto, cada célula necessita de milhares de enzimas diferentes. A multiplicidade de enzimas, suas especificidades (capacidade de diferenciar os reagentes uns dos outros) e suas possibilidades de regulação dão às células a capacidade de diminuir seletivamente as barreiras de ativação. Essa seletividade é crucial para a regulação efetiva dos processos celulares. Ao permitir que reações específicas ocorram a velocidades significativas em determinados momentos, as enzimas determinam como a matéria e a energia são canalizadas nas atividades celulares.

As milhares de reações químicas catalisadas por enzimas que ocorrem nas células são organizadas funcionalmente em muitas sequências de reações consecutivas, chamadas de **vias**, nas quais o produto de uma reação é o reagente da reação seguinte. Algumas vias degradam nutrientes orgânicos em produtos finais simples e, assim, podem extrair energia química e convertê-la em formas úteis à célula. O conjunto dessas reações degradativas e fornecedoras de energia livre é denominado **catabolismo**. A energia liberada pelas reações catabólicas impulsiona a síntese de ATP. Como resultado, a concentração celular de ATP é mantida bem acima da concentração de equilíbrio, de modo que o ΔG para a quebra de ATP é grande e negativo. De maneira similar, o catabolismo leva à produção de carreadores de elétrons reduzidos, NADH (nicotinamida adenina dinucleotídeo) e NADPH (nicotinamida adenina dinucleotídeo fosfato), sendo que ambos podem doar elétrons em processos que geram ATP ou realizar etapas redutoras em vias biossintéticas. Em geral, eles são coletivamente chamados de NAD(P)H.

Outras vias iniciam com moléculas precursoras pequenas e as convertem progressivamente em moléculas maiores e mais complexas, incluindo proteínas e ácidos nucleicos. Essas vias sintéticas, que invariavelmente necessitam de um suprimento de energia, são coletivamente chamadas de

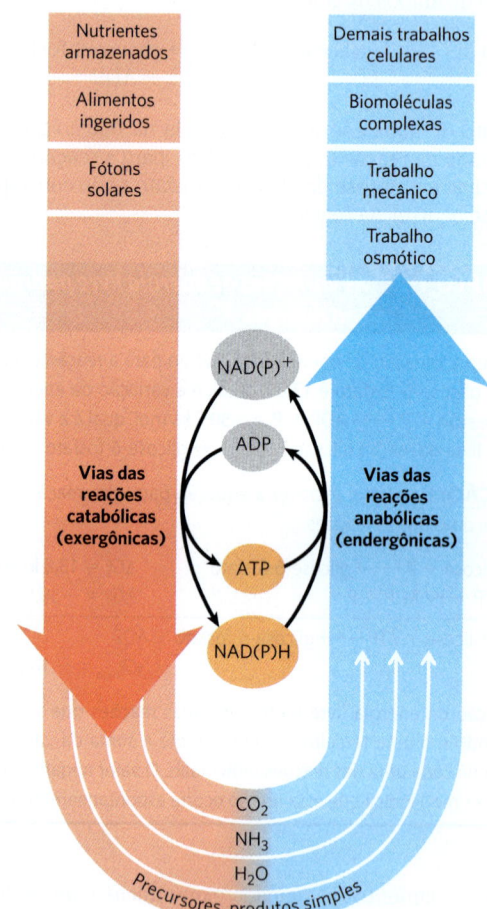

**FIGURA 1-28 O papel central do ATP e do NAD(P)H no metabolismo.** O ATP é o intermediário químico compartilhado que conecta os processos celulares que liberam energia com os que consomem energia. O seu papel na célula é análogo ao do dinheiro na economia: ele é "produzido/adquirido" nas reações exergônicas e "gasto/consumido" nas endergônicas. O NADH é um cofator carreador de elétrons que coleta elétrons de reações oxidativas. O NADPH, uma molécula semelhante, carreia elétrons em uma ampla gama de reações na biossíntese. Esses cofatores essenciais às reações anabólicas, presentes em concentrações relativamente baixas, precisam ser constantemente regenerados por reações catabólicas.

**anabolismo**. A rede global de vias catalisadas por enzimas, tanto as catabólicas quanto as anabólicas, constitui o **metabolismo** celular. O ATP (assim como outros nucleosídeos trifosfato que se equivalem energeticamente) é o elo que conecta os componentes catabólicos e anabólicos dessa rede (mostrada esquematicamente na **Fig. 1-28**). ▶P2 As vias de reações catalisadas por enzimas que atuam sobre os principais constituintes das células – proteínas, gorduras, açúcares e ácidos nucleicos – são praticamente idênticas em todos os seres vivos. Essa impressionante **unidade da vida** é uma das evidências da existência e um precursor comum na evolução de todos os seres vivos.

### O metabolismo é regulado para ser balanceado e econômico

As células não só sintetizam simultaneamente milhares de diferentes tipos de carboidratos, gorduras, proteínas e moléculas de ácidos nucleicos e suas subunidades mais simples, mas os produzem nas quantidades e proporções exatas que a célula necessita em cada circunstância determinada. Por exemplo, os precursores de proteínas e ácidos nucleicos devem ser produzidos em grandes quantidades quando a célula estiver crescendo rapidamente. Em contrapartida, a demanda por esses precursores é muito menor em células que não estão em crescimento. As enzimas-chave em cada via metabólica são reguladas de modo que cada tipo de molécula precursora seja produzida na quantidade apropriada às demandas momentâneas das células.

Considere, por exemplo, a via em *E. coli* leva à síntese do aminoácido isoleucina, um dos constituintes das proteínas. A via tem cinco etapas catalisadas por cinco enzimas diferentes (A até F representam os intermediários na via):

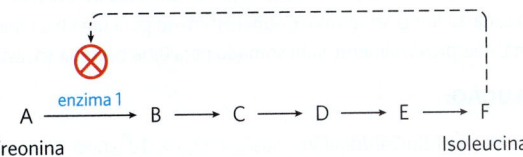

Se a célula começa a produzir mais isoleucina do que o necessário para a síntese de proteínas, a isoleucina não usada começa a se acumular, e esse aumento na concentração inibe a atividade catalítica da primeira enzima da via, reduzindo imediatamente a produção de isoleucina. Essa **inibição por retroalimentação** (ou *feedback*) mantém a produção e a utilização de cada intermediário metabólico balanceada. (Ao longo deste livro, o símbolo ⊗ é usado para indicar a inibição de uma reação enzimática.)

Embora seja uma ferramenta importante para organizar o conhecimento do metabolismo, o conceito de vias metabólicas independentes é muito simplificado. Existem milhares de metabólitos intermediários na célula, muitos dos quais fazem parte de mais de uma via metabólica. ▶P3 O metabolismo seria melhor representado por uma rede de vias interconectadas e interdependentes. Qualquer mudança na concentração de qualquer metabólito dá início a um efeito de rearranjo, que afeta o fluxo de materiais nas outras vias. A tarefa de entender essas interações complexas entre intermediários e vias em termos quantitativos é desencorajadora, mas a abordagem propiciada pela **biologia de sistemas**, discutida no Capítulo 9, começou a dar informações importantes que ajudam a compreender melhor a regulação global do metabolismo.

As células regulam também a síntese de seus próprios catalisadores, as enzimas, em resposta ao aumento ou à diminuição da necessidade de qualquer produto metabólico; esse é o assunto do Capítulo 28. A regulação da expressão de genes (a tradução da informação contida no DNA em proteínas ativas na célula) e a síntese de enzimas são outros níveis de controle metabólico na célula. Todos esses níveis devem ser levados em consideração para descrever o controle global do metabolismo celular.

### RESUMO 1.3 Fundamentos físicos

- As células vivas extraem e canalizam energia para se manterem em um estado estacionário dinâmico que está longe de um equilíbrio.

- As células vivas são sistemas abertos, trocando matéria e energia com os arredores. A energia é obtida da luz solar ou de combustíveis químicos quando a energia do fluxo de elétrons é convertida em ligações químicas na molécula de ATP.

- A tendência das reações químicas a seguir na direção do equilíbrio pode ser expressa como variação de energia livre, $\Delta G$. Quando o $\Delta G$ de uma reação for negativo, a reação é exergônica e tende a seguir para sua conclusão; quando o $\Delta G$ for positivo, a reação é endergônica e tende a ir na direção oposta. Quando duas reações podem ser somadas para produzir uma terceira, o $\Delta G$ da reação global é a soma dos valores de $\Delta G$ das duas reações separadas.

- As reações que convertem ATP em $P_i$ e ADP são altamente exergônicas ($\Delta G$ negativo grande). Muitas reações celulares endergônicas são impulsionadas pelo seu acoplamento, mediante um intermediário comum, com reações altamente exergônicas.

- A variação da energia livre padrão, $\Delta G^{\circ}$, é uma constante física relacionada com a constante de equilíbrio pela equação $\Delta G^{\circ} = -RT \ln K_{eq}$.

- A maioria das reações das células ocorre com velocidades apropriadas apenas devido à presença de enzimas capazes de as catalisarem. As enzimas atuam em parte pela estabilização do estado de transição, reduzindo a energia de ativação, $\Delta G^{\ddagger}$, e aumentando a velocidade de reação em várias ordens de grandeza. A atividade catalítica das enzimas nas células é regulada.

- O metabolismo é o somatório das muitas sequências de reações interconectadas, nas quais as células convertem metabólitos uns nos outros. Cada sequência é regulada para suprir aquilo que a célula precisa em um dado momento e para gastar energia somente quando necessário.

## 1.4 Fundamentos genéticos

▶P4 Talvez a propriedade mais extraordinária dos organismos e das células seja a capacidade de se reproduzirem por incontáveis gerações mantendo uma fidelidade quase perfeita. Essa continuidade dos traços hereditários sugere uma constância, ao longo de milhões de anos, na estrutura das

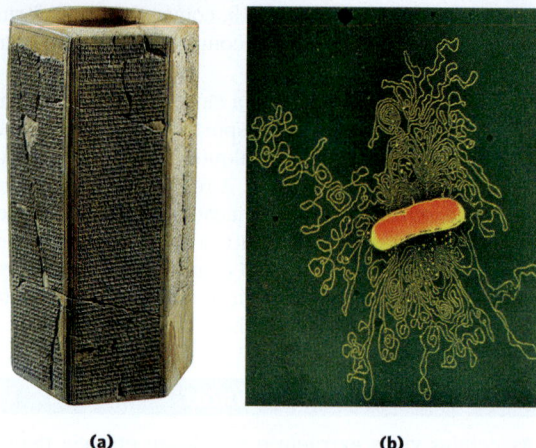

**(a)** **(b)**

**FIGURA 1-29 Duas inscrições antigas.** (a) O Obelisco de Sennaquerib, escrito em torno de 700 a.C., descreve com caracteres da linguagem assíria alguns eventos históricos durante o reinado do Rei Senaqueribe. O Obelisco contém cerca de 20 mil caracteres, pesa cerca de 50 kg e sobreviveu de forma quase intacta por 2.700 anos. (b) Uma única molécula de DNA da bactéria *E. coli*, extravasada de uma célula rompida, é centenas de vezes mais comprida do que a própria célula e contém codificada toda a informação necessária para especificar a estrutura e as funções da célula. O DNA dessa bactéria contém cerca de 4,6 milhões de caracteres (nucleotídeos), pesa menos que $10^{-10}$ g e sofreu alterações pequenas ao longo dos últimos milhões de anos. (Os pontos amarelos e os pontos e as manchas escuras nessa micrografia eletrônica colorizada são artefatos da preparação.) [(a) Erich Lessing/Art Resource, New York. (b) Dr. Gopal Murti/Science Source.]

moléculas que contêm a informação genética. Poucos registros históricos de civilizações sobreviveram por mil anos, mesmo quando riscados em placas de cobre ou talhados em pedra (**Fig. 1-29**). Entretanto, existem evidências fortes de que as instruções genéticas dos seres vivos permaneceram praticamente sem modificações por períodos de tempo muito maiores; muitas bactérias têm praticamente o mesmo tamanho, forma e estrutura interna que bactérias que viveram há cerca de 4 bilhões de anos. Essa continuidade de estrutura e de composição é o resultado da continuidade da estrutura do material genético.

A natureza química e a estrutura tridimensional do material genético, o **ácido desoxirribonucleico (DNA)**, estão entre as descobertas mais notáveis da biologia no século XX. **P2** A sequência de subunidades monoméricas, os nucleotídeos (estritamente, desoxirribonucleotídeos, como discutido a seguir), nesse polímero linear codifica as instruções para formar todos os outros componentes celulares, e serve de molde para a produção de moléculas de DNA idênticas que são passadas para os descendentes por ocasião da divisão celular.

### A continuidade genética está incorporada em uma única molécula de DNA

O DNA é um polímero orgânico longo e fino, uma molécula rara em que uma dimensão (a largura) tem uma escala atômica, e outra (comprimento), uma escala humana (uma molécula de DNA pode ter muitos centímetros de comprimento). Um espermatozoide ou um óvulo humano, que carregam a informação hereditária acumulada de bilhões de anos de evolução, transmitem essa herança na forma de moléculas de DNA, nas quais a sequência linear de subunidades de nucleotídeos ligados covalentemente codifica a mensagem genética.

Em geral, quando são descritas as propriedades de espécies químicas, descreve-se o comportamento global de um número muito grande de moléculas idênticas. Embora seja difícil prever o comportamento de uma única molécula em uma população, digamos, de um picomol (cerca de $6 \times 10^{11}$ moléculas) de um composto, o comportamento *médio* das moléculas é previsível, uma vez que o cálculo da média inclui um grande número de moléculas. O DNA celular é uma exceção notável. **P4** O DNA que forma todo o material genético de uma *célula de E. coli* é *uma única molécula* contendo 4,64 milhões de pares de nucleotídeos. Essa única molécula tem de ser replicada com perfeição nos mínimos detalhes para que uma célula de *E. coli* possa gerar descendentes idênticos por divisão celular; não existe a possibilidade de considerar médias nesse processo. O mesmo vale para todas as células. O espermatozoide humano traz para o óvulo que ele fertiliza somente uma molécula de DNA em cada um dos seus 23 cromossomos, que se combinam com somente uma molécula de DNA de cada cromossomo correspondente no óvulo. O resultado dessa união é altamente previsível: um embrião com todos os seus cerca de 20 mil genes, construído com 3 bilhões de pares de nucleotídeos, intacto. Um feito químico impressionante!

> **EXEMPLO 1-4** *A fidelidade da replicação do DNA*
>
> Vamos calcular o número de vezes que o DNA de uma célula moderna de *E. coli* foi copiado desde que a primeira célula bacteriana precursora surgiu, há cerca de 3,5 bilhões de anos. Para simplificar, vamos pressupor que, nesse período, *E. coli* passou por uma média de 1 divisão celular a cada 12 horas (esse valor é superestimado para uma bactéria moderna, mas provavelmente subestimado para uma bactéria ancestral).
>
> **SOLUÇÃO:**
>
> (1 geração/12h)(24h/dia)(365 dias/ano)(3,5 × $10^9$ anos)
> $$= 2,6 \times 10^{12} \text{ gerações}$$

Uma única página deste livro contém cerca de 5 mil caracteres, de forma que o livro inteiro contém 5 milhões de caracteres. O cromossomo da *E. coli* também contém cerca de 5 milhões de caracteres (pares de nucleotídeos). Imagine fazer uma cópia manuscrita deste livro, passá-la para um colega que faz uma nova cópia, que a passa para um terceiro colega que faz uma nova cópia, e assim por diante. O quanto cada uma das cópias sucessivas do livro estaria parecida com a original? Agora, tente imaginar o texto que resultaria ao se fazer cópias de cópias a mão trilhões de vezes!

### A estrutura do DNA permite sua replicação e seu reparo com uma fidelidade quase perfeita

**P4** A capacidade das células vivas de preservar seu material genético e duplicá-lo para a próxima geração é resultado da complementariedade estrutural entre as duas fitas da molécula de DNA (**Fig. 1-30**). A unidade básica do DNA

## 1.4 FUNDAMENTOS GENÉTICOS

## A sequência linear no DNA codifica proteínas com estruturas tridimensionais

**P4** A informação no DNA é codificada na sua sequência linear (unidimensional) de subunidades de desoxirribonucleotídeos, mas a expressão dessa informação resulta em uma célula tridimensional. Essa transformação da informação de uma dimensão para três dimensões ocorre em duas fases. Uma sequência linear de desoxirribonucleotídeos no DNA codifica (por meio de um intermediário, o RNA) a produção de uma proteína com uma sequência linear de aminoácidos correspondente à sequência do DNA (**Fig. 1-31**). A proteína é enovelada em uma forma tridimensional específica, determinada pela sequência de aminoácidos e estabilizada principalmente por interações não covalentes. Embora a forma final da proteína enovelada seja ditada pela sua sequência de aminoácidos, o processo de enovelamento de muitas proteínas é auxiliado por "chaperonas moleculares" (ver Fig. 4-28). A estrutura tridimensional precisa, ou **conformação nativa**, de uma proteína é crucial para sua função.

Uma vez em sua conformação nativa, a proteína pode associar-se não covalentemente com outras macromoléculas (outras proteínas, ácidos nucleicos ou lipídeos) para

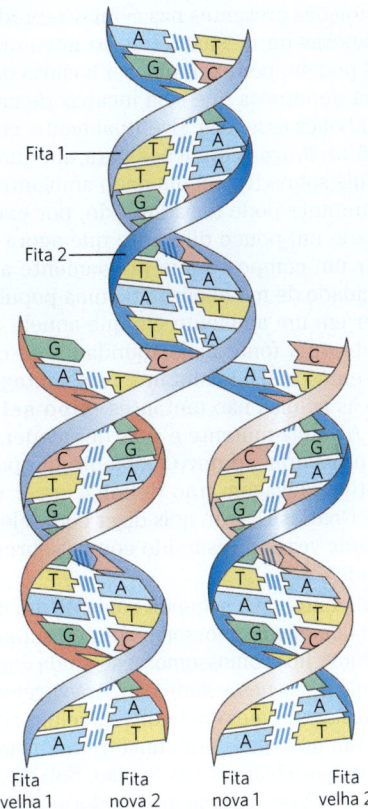

**FIGURA 1-30 Complementaridade entre as duas fitas de DNA.** O DNA é um polímero linear de quatro tipos de desoxirribonucleotídeos ligados covalentemente: desoxiadenilato (A), desoxiguanilato (G), desoxicitidilato (C), desoxitimidilato (T). Cada nucleotídeo, por meio de sua estrutura tridimensional única, pode se associar especificamente, mas não covalentemente, a um nucleotídeo da cadeia complementar: A sempre se associa com T, e G sempre se associa com C. Desse modo, na molécula de DNA de fita dupla, toda a sequência de nucleotídeos em uma das fitas é *complementar* à sequência da outra. As duas fitas, mantidas unidas por ligações de hidrogênio (representadas por traços verticais em azul-claro) entre cada par de nucleotídeos complementar, enrolam-se uma na outra, formando a dupla-hélice de DNA. Na replicação do DNA, as duas fitas (em azul) separam-se e são sintetizadas duas fitas novas (em cor-de-rosa), cada qual com uma sequência complementar às fitas originais. O resultado são duas moléculas tipo dupla-hélice, cada uma idêntica ao DNA original.

é um polímero linear de quatro subunidades monoméricas diferentes, os **desoxirribonucleotídeos**, arranjados em uma sequência linear precisa. Essa sequência linear codifica a informação genética. Duas dessas fitas poliméricas estão torcidas uma em torno da outra, formando a dupla-hélice de DNA, na qual cada desoxirribonucleotídeo em uma fita pareia especificamente com um desoxirribonucleotídeo complementar na fita oposta. **P4** Antes de uma célula se dividir, as duas fitas de DNA se separam uma da outra e cada uma serve de molde para a síntese de uma nova fita complementar, gerando duas moléculas em forma de dupla-hélice idênticas, uma para cada célula-filha. Se qualquer uma das fitas é danificada em qualquer momento, a continuidade da informação é garantida pela informação presente na fita oposta, que pode atuar como molde para reparar o dano.

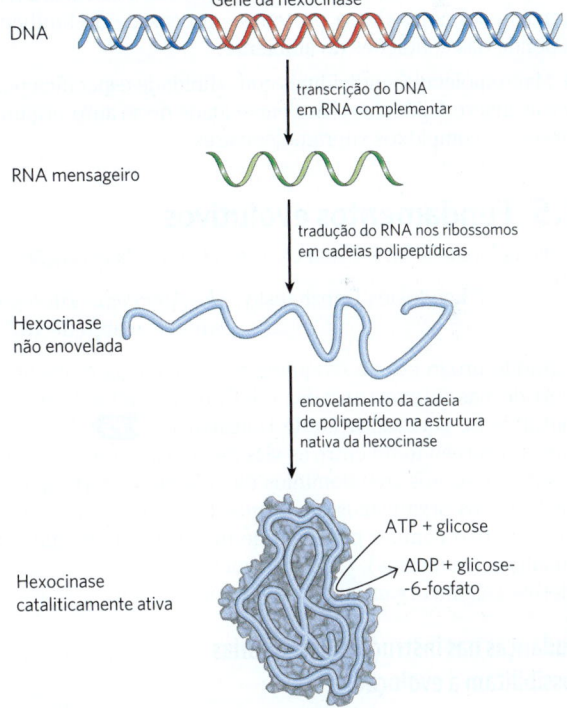

**FIGURA 1-31 Do DNA ao RNA, à proteína e à enzima (hexocinase).** A sequência linear de desoxirribonucleotídeos no DNA (o gene) que codifica a proteína hexocinase é primeiro transcrita formando uma molécula de ácido ribonucleico (RNA) com uma sequência complementar de ribonucleotídeos. A sequência do RNA (RNA mensageiro) é, então, traduzida na cadeia linear da proteína hexocinase, que se enovela em sua forma nativa tridimensional com o auxílio das chaperonas moleculares. Atingida a forma nativa, a hexocinase passa a ter atividade catalítica: ela catalisa a fosforilação da glicose, usando ATP como doador do grupo fosforila.

formar complexos supramoleculares, como cromossomos, ribossomos e membranas. As moléculas individuais desses complexos têm sítios de ligação específicos com alta afinidade para outras moléculas e se agrupam espontaneamente dentro das células, formando complexos funcionais.

Embora as sequências de aminoácidos das proteínas carreguem todas as informações necessárias para se chegar até a conformação nativa da proteína, o enovelamento e a automontagem precisos também necessitam do ambiente celular adequado – pH, força iônica, concentrações de íons metálicos, e assim por diante. Portanto, a sequência de DNA sozinha não é suficiente para formar e manter uma célula completamente funcional.

### RESUMO 1.4  *Fundamentos genéticos*

■ A informação genética é codificada na sequência linear de quatro tipos de desoxirribonucleotídeos no DNA.

■ A despeito do tamanho enorme do DNA, a sequência dos seus nucleotídeos é muito precisa, e a manutenção dessa precisão ao longo de períodos extensos é a base da continuidade genética dos organismos.

■ A dupla-hélice da molécula de DNA contém um molde interno para sua própria replicação e reparo.

■ A sequência linear de aminoácidos em uma proteína, que está codificada no DNA do seu gene, produz a estrutura tridimensional única dessa proteína – processo que também depende das condições do ambiente.

■ Macromoléculas individuais com afinidade específica por outras macromoléculas têm a capacidade de se auto-organizarem em complexos supramoleculares.

## 1.5 Fundamentos evolutivos

Nada na biologia faz sentido exceto sob a luz da evolução.

— Theodosius Dobzhansky, *The American Biology Teacher*, março de 1973

O grande progresso na bioquímica e na biologia molecular ocorrido nas últimas décadas confirmou a validade dessa contundente generalização de Dobzhansky. ▶P5 A semelhança surpreendente entre as vias metabólicas e as sequências de genes nos três domínios da vida indica fortemente que todos os organismos modernos derivam de um ancestral evolutivo comum por meio de uma série de pequenas mudanças (mutações), cada uma conferindo uma vantagem seletiva a algum organismo em determinado nicho ecológico.

### Mudanças nas instruções hereditárias possibilitam a evolução

Apesar da fidelidade quase perfeita na replicação genética, erros pouco frequentes não corrigidos (não reparados) no processo de replicação do DNA levam a mudanças na sequência de nucleotídeos do DNA, produzindo uma **mutação** genética e, assim, alterando as instruções para um determinado componente celular. Danos reparados incorretamente em uma das fitas do DNA provocam o mesmo efeito. As mutações no DNA passadas aos descendentes – isto é, mutações presentes nas células reprodutivas – podem ser danosas ou mesmo letais ao novo organismo ou célula; eles podem, por exemplo, ser a causa da síntese de uma enzima defeituosa que seja incapaz de catalisar uma reação metabólica essencial. Eventualmente, contudo, uma mutação dá *melhores* condições para que um organismo ou uma célula sobreviva em um dado ambiente (**Fig. 1-32**). A enzima mutante pode ter adquirido, por exemplo, uma especificidade um pouco diferente que agora a torna capaz de usar um composto que previamente a célula não tinha capacidade de metabolizar. Se uma população de células estiver em um ambiente em que aquele composto é a única fonte ou a fonte mais abundante de combustível disponível, então a célula mutante terá vantagem seletiva em relação às células não mutantes (**tipo selvagem**) da população. A célula mutante e suas descendentes irão sobreviver e prosperar no novo ambiente, ao passo que as células do tipo selvagem irão definhar e ser eliminadas. Isso é o que Charles Darwin quis dizer com seleção natural – o que muitas vezes é resumido como "sobrevivência do mais adaptado".

Eventualmente, uma segunda cópia de um gene inteiro é introduzida em um cromossomo como resultado da replicação defeituosa do cromossomo. A segunda cópia é desnecessária, e mutações nesse gene não serão prejudiciais, mas podem se tornar um meio pelo qual a célula pode evoluir, produzindo um novo gene com uma nova função enquanto mantém o gene original e a sua função. Sob essa óptica, as moléculas de DNA dos organismos modernos são documentos históricos, registros de uma longa jornada desde as primeiras células até os organismos modernos. Todavia, esse relato histórico contido no DNA não é completo, pois muitas mutações devem ter sido apagadas ou reescritas ao longo da evolução. Ainda assim, as moléculas de DNA são a melhor fonte da história biológica que nós temos. ▶P5 A frequência de erros na replicação do DNA representa um balanço entre erros demais, que gerariam células-filhas inviáveis, e relativamente poucos erros, o que impediria a variação genética que permite a sobrevivência das células mutantes em novos nichos ecológicos.

Vários bilhões de anos de seleção natural acabaram refinando os sistemas celulares para tirar o máximo de proveito das propriedades físicas e químicas das matérias-primas disponíveis. As mutações genéticas ocasionais que ocorreram em indivíduos de uma população, combinadas com a seleção natural, resultaram na evolução da enorme variedade de espécies de seres vivos existentes atualmente, cada uma delas adaptada a um nicho ecológico particular.

### As biomoléculas inicialmente surgiram por evolução química

Em nossa discussão até aqui, não cobrimos o primeiro capítulo da história da evolução: o surgimento da primeira célula viva. Os compostos orgânicos, incluindo as biomoléculas básicas, como aminoácidos e carboidratos, desconsiderando sua ocorrência nos organismos vivos, são encontrados na crosta terrestre, no mar e na atmosfera apenas em quantidades ínfimas. Então, como o primeiro organismo vivo conseguiu adquirir seus blocos de construção orgânicos

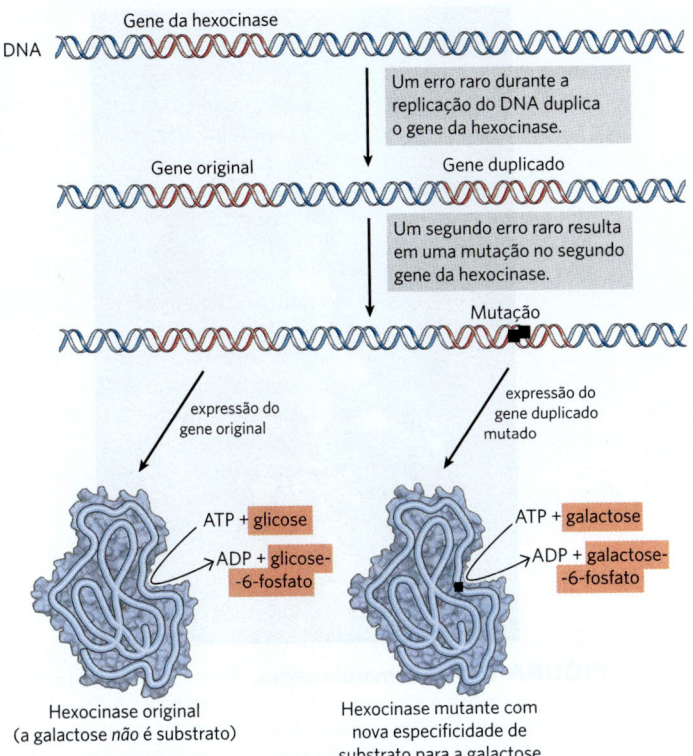

**FIGURA 1-32 Duplicação e mutação de genes: um caminho para gerar novas atividades enzimáticas.** Nesse exemplo, o único gene da hexocinase em um organismo hipotético pode acabar acidentalmente copiado duas vezes durante a replicação do DNA, de modo que o organismo passa a ter duas cópias inteiras desse gene, uma delas desnecessária. Ao longo de gerações, à medida que o DNA com os dois genes para a hexocinase é repetidamente replicado, alguns erros raros podem ocorrer, levando a mudanças na sequência de nucleotídeos do gene excedente e, portanto, da proteína que ele codifica. Em alguns casos raríssimos, a proteína produzida a partir desse gene mutado é alterada de tal maneira que ela passa a se ligar a um novo substrato – galactose, nesse caso hipotético. A célula contendo o gene mutante adquire uma nova capacidade (metabolizar galactose) e isso permite que ela sobreviva em um nicho ecológico com disponibilidade de galactose, e não de glicose. Se a mutação ocorrer sem a duplicação do gene, a função original do produto do gene é perdida.

característicos? De acordo com uma hipótese, esses compostos foram criados pelo efeito de poderosas forças ambientais – radiação ultravioleta, raios ou erupções vulcânicas – sobre os gases na atmosfera terrestre prebiótica e sobre os solutos inorgânicos em fontes hidrotermais superaquecidas nas profundezas do oceano.

Essa hipótese foi testada em um experimento clássico sobre a origem abiótica (não biológica) de biomoléculas orgânicas conduzido, em 1953, pelo bioquímico Stanley Miller no laboratório do físico e químico Harold Urey. Miller submeteu uma mistura de gases supostamente existentes na terra prebiótica, incluindo $NH_3$, $CH_4$, $H_2O$ e $H_2$, a faíscas elétricas produzidas por um par de eletrodos (para simular raios) por um período de uma semana ou mais e, então, analisou o conteúdo do frasco que foi mantido hermeticamente fechado durante a reação (**Fig. 1-33**). A fase gasosa da mistura continha $CO$ e $CO_2$, além dos gases presentes no material de partida. A fase líquida continha uma grande variedade de compostos orgânicos, incluindo alguns aminoácidos, ácidos orgânicos, aldeídos e cianeto de hidrogênio (HCN). Esse experimento demonstrou que a produção abiótica de biomoléculas é possível em um tempo relativamente curto e em condições relativamente brandas. Quando as amostras de Miller cuidadosamente armazenadas foram encontradas em 2010 e examinadas com técnicas altamente sensíveis e com alto poder de resolução (cromatografia líquida de alto desempenho e espectrometria de massas), suas observações originais foram confirmadas e ampliadas significativamente. Resultados previamente não publicados por Miller que incluíam $H_2S$ na mistura gasosa (imitando as condições das atividades vulcânicas no fundo do mar; **Fig. 1-34**) mostraram a formação de 23 aminoácidos e 7 compostos organossulfurados, bem como um grande número de outros compostos simples que podem ter servido como blocos de construção na evolução prebiótica.

Experimentos de laboratório mais refinados forneceram boas evidências de que muitos dos componentes químicos das células podem se formar sob essas condições. Polímeros do ácido nucleico **RNA** (**ácido ribonucleico**) podem agir como catalisadores em reações biológicas importantes (ver Capítulos 26 e 27), de modo que o RNA provavelmente desempenhou um papel crucial na evolução prebiótica, tanto como catalisador quanto como repositório de informação.

### O RNA ou precursores relacionados podem ter sido os primeiros genes e catalisadores

Nos organismos modernos, ácidos nucleicos codificam a informação genética que especifica a estrutura das enzimas, que, por sua vez, catalisam a replicação e o reparo dos ácidos nucleicos. A dependência mútua dessas duas classes de biomoléculas traz uma pergunta instigante: quem veio primeiro, DNA ou proteína?

A resposta pode ser que ambos surgiram aproximadamente ao mesmo tempo, e que o RNA veio antes de ambos. A descoberta de que moléculas de RNA podem atuar como catalisadoras da sua própria formação sugere que o RNA, ou uma molécula similar, pode ter sido o primeiro gene *e* o

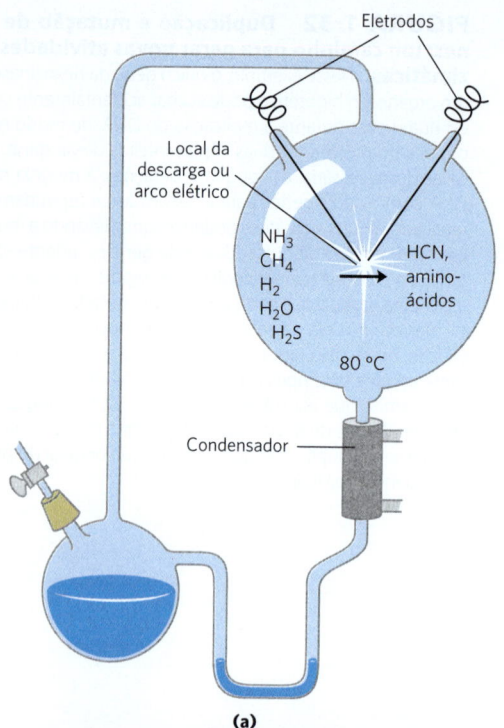

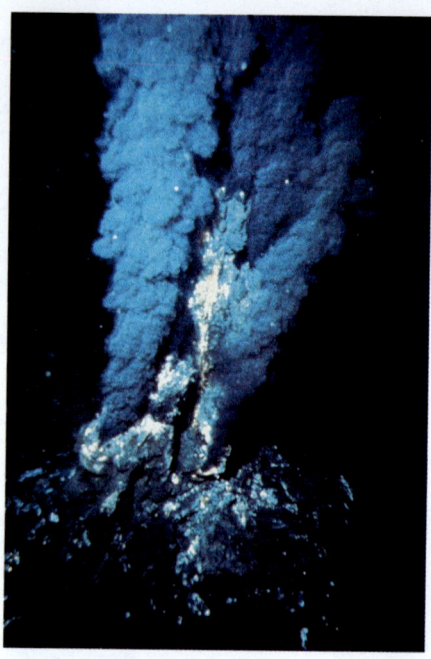

**FIGURA 1-33 Produção abiótica de biomoléculas.**
(a) Aparelho de descargas elétricas usado por Miller e Urey em experimentos demonstrando a formação abiótica de compostos orgânicos em condições atmosféricas primitivas. Após submeter a mistura gasosa do sistema a descargas elétricas, os produtos formados foram coletados por condensação. Entre esses produtos, havia biomoléculas como aminoácidos. (b) Stanley L. Miller (1930-2007) usando seu aparelho de descargas elétricas. [(b) Bettmann/Getty Images.]

**FIGURA 1-34 Fumarola negra.** Fontes hidrotermais no leito do oceano emitem água superaquecida e rica em minerais dissolvidos. Uma fumarola negra é formada quando o líquido superaquecido que jorra da fonte encontra a água fria do oceano, causando a precipitação dos sulfitos dissolvidos. Diversas formas de vida, incluindo arqueias e alguns animais multicelulares surpreendentemente complexos, são encontradas nas vizinhanças dessas fumarolas, que podem ter sido os locais da biogênese inicial. [NOAA/Science Source]

primeiro catalisador. De acordo com esse cenário (**Fig. 1-35**), um dos primeiros estágios da evolução biológica foi a formação ao acaso de uma molécula de RNA que poderia catalisar a formação de outra molécula de RNA com a mesma sequência – um RNA autorreplicante e autoperpetuante. A concentração de uma molécula de RNA autorreplicante cresceria exponencialmente, visto que uma molécula formou várias, várias formaram muitas mais, e assim por diante. A fidelidade da autorreplicação supostamente não era perfeita, de modo que o processo gerou variantes do RNA, muitas das quais podiam até ser melhores na autorreplicação.

Na competição por nucleotídeos, a mais eficiente entre as sequências autorreplicantes ganharia, e os replicadores menos eficientes se extinguiriam da população.

A divisão de funções entre DNA (armazenamento da informação genética) e proteínas (catálise) foi, segundo a hipótese do "mundo de RNA", um desenvolvimento posterior. Novas variantes de moléculas autorreplicantes de RNA se desenvolveram com a capacidade adicional de catalisar a condensação de aminoácidos, formando peptídeos. Eventualmente, o(s) peptídeo(s) formado(s) reforçou(aram) a capacidade autorreplicante do RNA, e o par – molécula de RNA e peptídeo auxiliar – poderia sofrer novas modificações na sequência, gerando sistemas autorreplicantes cada vez mais eficientes. A impressionante descoberta de que, na maquinaria de síntese de proteínas das células modernas (ribossomos), são moléculas de RNA e não de proteínas que catalisam a formação de ligações peptídicas é consistente com a hipótese do mundo de RNA.

Tempos depois da evolução desse sistema primitivo de síntese de proteínas, ocorreu um novo incremento: moléculas de DNA com sequências complementares às moléculas de RNA autorreplicantes assumiram a função de conservar a informação "genética", e as moléculas de RNA evoluíram para exercer funções na síntese proteica. (Explicamos no Capítulo 8 por que o DNA é uma molécula mais estável que o RNA e, portanto, um depósito mais adequado para manter a informação hereditária.) As proteínas se revelaram catalisadores versáteis e, com o passar do

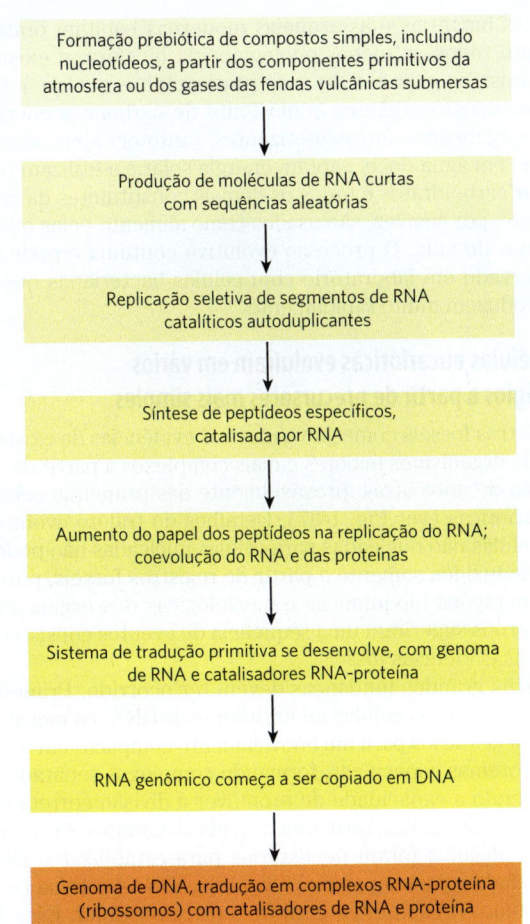

**FIGURA 1-35** Possível roteiro para o "mundo de RNA".

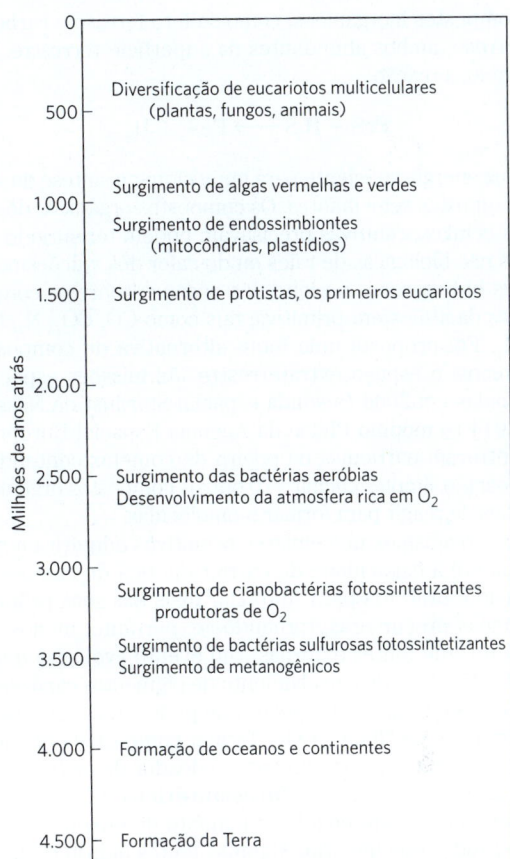

**FIGURA 1-36** Marcos da evolução da vida na Terra.

tempo, assumiram a maior parte dessa função. Compostos semelhantes a lipídeos presentes na mistura primordial formaram camadas relativamente impermeáveis ao redor de conjuntos de moléculas autorreplicantes. A concentração de proteínas e ácidos nucleicos dentro desses invólucros lipídicos favoreceu as interações moleculares necessárias para a autorreplicação.

O cenário do mundo de RNA é intelectualmente satisfatório, mas deixa uma questão sem resposta: de onde vieram os nucleotídeos necessários para fazer as primeiras moléculas de RNA? Uma alternativa a esse cenário supõe que vias metabólicas simples evoluíram primeiro, talvez nas fontes hidrotermais do leito dos oceanos. Um conjunto de reações químicas inter-relacionadas nesses locais pode ter produzido os precursores necessários, incluindo nucleotídeos, antes do advento das membranas lipídicas ou do RNA. Sem maiores evidências experimentais, nenhuma dessas hipóteses pode ser descartada.

## A evolução biológica começou há mais de 3,5 bilhões de anos

A Terra se formou há cerca de 4,6 bilhões de anos, e a primeira evidência de vida data de mais de 3,5 bilhões de anos atrás (ver a linha do tempo na **Fig. 1-36**). Em 1996, cientistas trabalhando na Groenlândia encontraram evidências químicas de vida ("moléculas fósseis") que datavam de 3,85 bilhões de anos atrás, formas de carbono incrustadas em rochas que parecem ter uma origem nitidamente biológica. Em algum lugar da Terra, durante o primeiro bilhão de anos, surgiram os primeiros organismos capazes de replicar sua própria estrutura a partir de um molde (RNA?), que foi o primeiro material genético. Esses compostos eram relativamente estáveis, pois, no alvorecer da vida, a atmosfera terrestre estava praticamente desprovida de oxigênio e existiam poucos microrganismos para decompor os compostos orgânicos formados por processos naturais. Dada essa estabilidade e a enormidade de tempo transcorrido, o improvável se tornou inevitável: vesículas lipídicas contendo compostos orgânicos e RNA autorreplicante deram origem às primeiras células (protocélulas), e essas protocélulas com maior capacidade de autorreplicação se tornaram mais numerosas. Foi o início do processo da evolução biológica.

## A primeira célula provavelmente usou combustíveis inorgânicos

As células primitivas surgiram em uma atmosfera redutora (não existia oxigênio) e provavelmente obtiveram energia de compostos inorgânicos, como sulfeto ferroso e carbonato ferroso, ambos abundantes na superfície terrestre. Por exemplo, a reação

$$FeS + H_2S \longrightarrow FeS_2 + H_2$$

produz energia suficiente para impulsionar a síntese de ATP ou compostos semelhantes. Os compostos orgânicos de que essas células primitivas precisavam podem ter surgido das ações não biológicas de raios ou do calor dos vulcões ou de fontes hidrotermais no leito dos oceanos sobre os componentes da atmosfera primitiva, tais como $CO$, $CO_2$, $N_2$, $NH_3$ e $CH_4$. Foi proposta uma fonte alternativa de compostos orgânicos: o espaço extraterrestre. As missões espaciais realizadas em 2006 (a sonda espacial Stardust da Nasa) e em 2014 (o módulo Philae da Agência Espacial Europeia) encontraram partículas na poeira de cometas contendo o aminoácido simples glicina e 20 outros compostos orgânicos capazes de reagir para formar biomoléculas.

Os organismos unicelulares primitivos adquiriram gradualmente a capacidade de extrair energia de compostos do meio e utilizá-la para sintetizar mais das suas próprias moléculas precursoras, tornando-se, portanto, menos dependentes de fontes externas. Um evento evolutivo muito significativo foi o desenvolvimento de pigmentos capazes de capturar a energia da luz solar, que pode, então, ser usada para reduzir, ou "fixar", $CO_2$ e formar compostos orgânicos mais complexos. Provavelmente, o doador de elétrons original para esses processos **fotossintéticos** foi o $H_2S$, produzindo o elemento enxofre ou sulfato de enxofre ($SO_4^{2-}$) como produto secundário. Algumas fontes hidrotermais do fundo do mar (fumarolas negras; Fig. 1-36) emitem quantidades significativas de $H_2$, que é outro possível doador de elétrons no metabolismo dos primeiros organismos. Células posteriores desenvolveram a capacidade enzimática de usar $H_2O$ como doador de elétrons em reações fotossintéticas, produzindo $O_2$ como resíduo. As cianobactérias são os descendentes modernos desses primeiros produtores de oxigênio fotossintético.

Uma vez que a atmosfera da Terra nos estágios iniciais da evolução biológica estava praticamente desprovida de oxigênio, as primeiras células eram anaeróbicas. Sob essas condições, organismos quimiotróficos podiam oxidar compostos orgânicos até $CO_2$, passando elétrons não para o $O_2$, mas para aceptores como o $SO_4^{2-}$, que produz $H_2S$ como produto. Com o surgimento das bactérias fotossintéticas produtoras de $O_2$, a atmosfera tornou-se progressivamente rica em oxigênio – um oxidante poderoso e mortalmente tóxico para os organismos anaeróbios. Respondendo à pressão evolutiva que o bioquímico e teórico da evolução Lynn Margulis e o escritor científico Dorion Sagan chamaram de "holocausto do oxigênio", algumas linhagens de microrganismos originaram os organismos aeróbios, que obtinham energia passando elétrons das moléculas de combustível ao oxigênio. Como a transferência de elétrons de moléculas orgânicas para o $O_2$ libera uma grande quantidade de energia, os organismos aeróbios tiveram uma vantagem energética sobre os organismos anaeróbios quando ambos competiam nesse ambiente contendo oxigênio. Essa vantagem se traduziu na predominância de organismos aeróbios em ambientes ricos em $O_2$.

As bactérias e as arqueias modernas habitam praticamente todos os nichos ecológicos da biosfera, e existem organismos capazes de usar praticamente qualquer tipo de composto orgânico como fonte de carbono e energia. Microrganismos fotossintetizantes, tanto em água salgada como em água doce, captam energia solar e a utilizam para gerar carboidratos e todos os demais constituintes da célula, que, por sua vez, são usados como alimento pelas outras formas de vida. O processo evolutivo continua e pode ser observado em laboratório com células bacterianas que se reproduzem muito rapidamente.

## As células eucarióticas evoluíram em vários estágios a partir de precursores mais simples

Registros fósseis começam a mostrar evidências da existência de organismos maiores e mais complexos a partir de 1,5 bilhão de anos atrás, provavelmente das primeiras células eucarióticas (ver Fig. 1-37). Detalhes do trajeto evolutivo de células não nucleadas para células nucleadas não podem ser deduzidos somente a partir de registros fósseis, porém comparações bioquímicas e morfológicas dos organismos modernos sugeriram uma sequência de eventos consistente com as evidências fósseis.

Três grandes mudanças devem ter ocorrido. Primeiro, à medida que as células adquiriram mais DNA, os mecanismos necessários para um enovelamento compacto em torno de proteínas específicas, formando complexos separados e mantendo a capacidade de promover a divisão correta entre as células-filhas, tornaram-se mais elaborados. Proteínas especializadas foram necessárias para estabilizar o DNA enovelado e para separar os complexos DNA-proteína (cromossomos) resultantes durante a divisão celular. Essa foi a evolução dos cromossomos. Segundo, à medida que as células se tornaram maiores, um sistema intracelular de membranas se desenvolveu, incluindo uma dupla membrana envolvendo o DNA. Essa membrana segregou o processo nuclear de síntese de RNA a partir do molde de DNA do processo citoplasmático de síntese de proteínas nos ribossomos. Essa foi a evolução do núcleo, característica definidora dos eucariotos. Terceiro, as células eucarióticas primitivas, que eram incapazes de fotossíntese ou metabolismo aeróbico, englobaram bactérias aeróbias ou bactérias fotossintéticas, formando uma associação de **endossimbiose** que posteriormente se tornou permanente (**Fig. 1-37**). Algumas bactérias aeróbias evoluíram para formar as mitocôndrias dos eucariotos modernos, e algumas cianobactérias fotossintetizantes se tornaram os plastídios, como os cloroplastos das algas verdes, as prováveis ancestrais das células das plantas modernas.

Em um estágio posterior da evolução, organismos unicelulares obtiveram vantagem ao se agregarem e, assim, adquiriram maior motilidade, eficiência e sucesso reprodutivo em relação aos organismos unicelulares de vida livre competidores. A continuação da evolução desses agregados de organismos levou a associações permanentes entre células individuais e, por fim, a uma especialização dentro da colônia que levou à diferenciação celular.

As vantagens da especialização celular levaram à evolução de organismos cada vez mais complexos e altamente

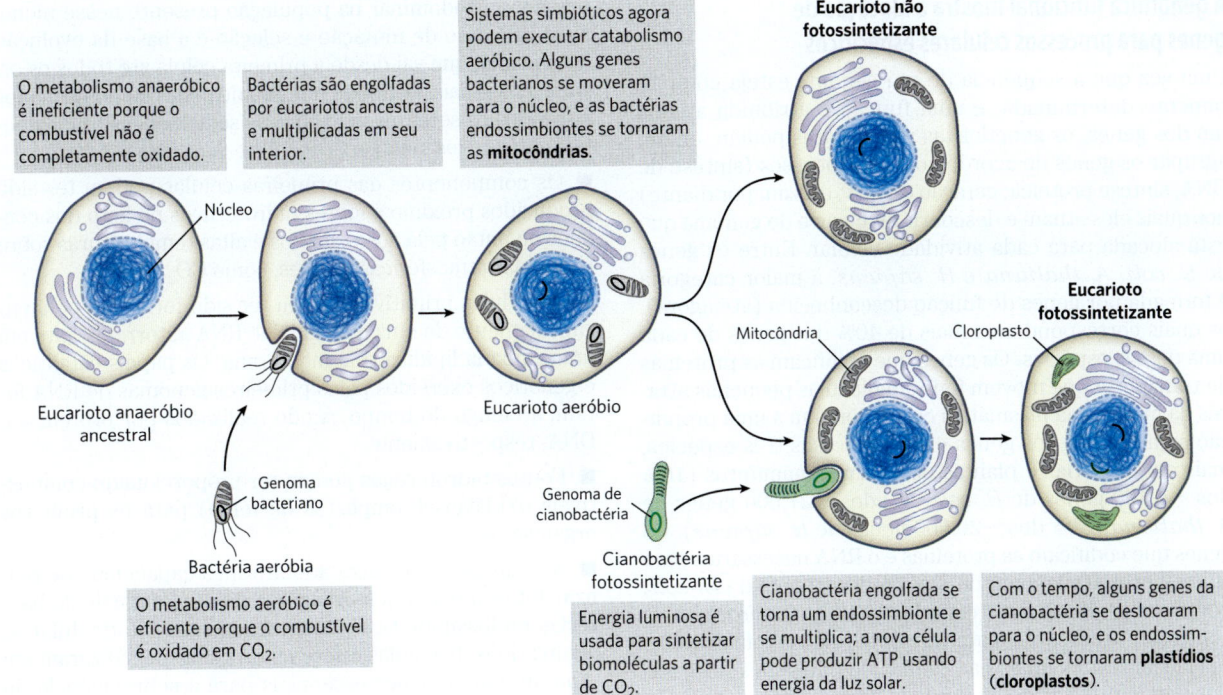

**FIGURA 1-37 Evolução dos eucariotos por endossimbiose.** O primeiro eucarioto, um organismo anaeróbio, adquiriu uma bactéria púrpura como endossimbionte, que carregou consigo a capacidade de fazer catabolismo aeróbico e se tornou, com o tempo, a mitocôndria. Quando a cianobactéria fotossintetizante se tornou endossimbionte de alguns eucariotos aeróbios, essas células se tornaram os precursores fotossintéticos das plantas e algas verdes modernas.

diferenciados, nos quais algumas células realizavam as funções sensoriais, outras, as funções digestivas, outras, as fotossintéticas ou reprodutivas, e assim por diante. Muitos organismos multicelulares modernos contêm centenas de tipos de células diferentes, cada qual especializada em uma função que mantém o organismo como um todo. Mecanismos fundamentais que evoluíram precocemente tiveram aprimoramentos e refinamentos posteriores com a evolução. Os mesmos mecanismos e estruturas básicas que sustentam o movimento dos cílios em *Paramecium* e dos flagelos em *Chlamydomonas* são utilizados, por exemplo, pelos espermatozoides altamente diferenciados dos vertebrados.

### A anatomia molecular revela relações evolutivas

Agora que genomas podem ser sequenciados com relativa rapidez e baixo custo, os bioquímicos têm um tesouro de informações cada vez maior sobre a anatomia molecular das células, que pode ser usado para analisar relações evolutivas e refinar a teoria da evolução. Até o momento, a filogenia molecular derivada da sequência de genes é consistente e, em alguns casos, é até mais precisa que a filogenia clássica baseada em estruturas macroscópicas. ▶P5◀ Embora os seres vivos tenham divergido continuamente em sua anatomia geral, no nível molecular, a unidade da vida logo fica evidente; estruturas e mecanismos moleculares são muito semelhantes, desde os organismos mais simples até os mais complexos. Essas semelhanças são mais facilmente percebidas no nível das sequências, tanto nas sequências de DNA que codificam proteínas como nas próprias sequências das proteínas.

Quando dois genes têm sequências com semelhanças facilmente detectáveis (sequência de nucleotídeos no DNA ou sequência de aminoácidos nas proteínas que eles codificam), suas sequências são consideradas homólogas, e as proteínas que eles codificam são **homólogos**. No curso da evolução, novos processos, estruturas ou mecanismos regulatórios são adquiridos, o que se reflete em alterações nos genomas dos organismos em evolução. O genoma de um eucarioto simples, como a levedura, deve ter genes relacionados com a formação da membrana nuclear, genes estes não presentes nas bactérias ou nas arqueias. O genoma de um inseto deve conter genes que codificam proteínas envolvidas na segmentação característica do corpo, os quais não estão presentes na levedura. Os genomas de todos os vertebrados devem compartilhar genes que especificam o desenvolvimento da coluna vertebral, e o dos mamíferos deve ter os genes característicos necessários para o desenvolvimento da placenta – uma característica dos mamíferos –, e assim por diante. A comparação entre genomas completos das espécies de cada filo está levando à identificação de genes cruciais relacionados com mudanças evolutivas fundamentais para determinar a organização corporal e o desenvolvimento dos organismos.

### A genômica funcional mostra a alocação de genes para processos celulares específicos

Uma vez que a sequência de um genoma esteja completamente determinada, e uma função é atribuída a cada um dos genes, os geneticistas moleculares podem, então, agrupar os genes de acordo com os processos (síntese de DNA, síntese proteica, geração de ATP, e assim por diante) nos quais eles atuam e descobrir qual parte do genoma que está alocada para cada atividade celular. Entre os genes de *E. coli*, *A. thaliana* e *H. sapiens*, a maior categoria é formada por genes de função desconhecida (até agora), os quais correspondem a mais de 40% dos genes de cada uma dessas espécies. Os genes que codificam as proteínas de transporte que movem íons e moléculas pequenas através da membrana plasmática correspondem a uma proporção significativa dos genes em todas essas três espécies, mais em bactérias e plantas do que nos mamíferos (10% dos ~4.400 genes de *E. coli*, 8% dos ~27.000 genes de *A. thaliana* e 4% dos ~20.000 genes de *H. sapiens*). Os genes que codificam as proteínas e o RNA necessários para síntese proteica somam de 3 a 4% do genoma de *E. coli*, porém, nas células mais complexas de *A. thaliana*, mais genes são necessários para direcionar as proteínas até as suas localizações finais nas células do que genes necessários para sintetizar essas mesmas proteínas (cerca de 6 e 2% do genoma, respectivamente). Em geral, quanto mais complexo for o organismo, maior será a porção do genoma que codifica genes envolvidos na *regulação* de processos celulares e menor será a porção dedicada aos processos básicos ou funções "*housekeeping*" (de manutenção), como geração de ATP e síntese proteica. Tipicamente, os **genes constitutivos** (*housekeeping*) são expressos em todas as condições e não são muito regulados.

### A comparação entre genomas é cada vez mais importante na biologia e na medicina

Estudos de larga escala nos quais a sequência genômica completa foi determinada em centenas ou milhares de pessoas com câncer, diabetes tipo 2, esquizofrenia ou outras doenças ou condições permitiram identificar muitos genes com mutações que se correlacionam com a condição médica. Normalmente, diferenças de sequências são encontradas em vários genes diferentes, cada uma contribuindo parcialmente para a predisposição a determinada condição ou doença. Cada um desses genes codifica uma proteína que, em princípio, pode vir a ser alvo de medicamentos para o tratamento de doenças. Espera-se que, no caso de algumas doenças genéticas, os tratamentos paliativos até agora utilizados sejam substituídos por curas e que possam ser tomadas medidas preventivas melhores em relação à susceptibilidade a doenças associadas a marcadores genéticos específicos. O atual "histórico médico" poderá ser substituído pelo "prognóstico médico". ■

### RESUMO 1.5  Fundamentos evolutivos

■ Eventualmente, mutações herdadas geram organismos mais adaptados para sobreviverem e se reproduzirem em um dado nicho ecológico e, assim, os seus descendentes passam a predominar na população presente nesse nicho. Esse processo de mutação e seleção é a base da evolução darwiniana, que vai desde a primeira célula até todos os organismos atuais. O grande número de genes compartilhados por todos os seres vivos explica as semelhanças fundamentais entre todos eles.

■ Os componentes das primeiras células podem ter sido produzidos próximo a fontes hidrotermais no leito dos oceanos ou então pela ação de raios e altas temperaturas sobre moléculas atmosféricas simples, como $CO_2$ e $NH_3$.

■ As células primitivas podem ter sido formadas pelo encapsulamento de uma molécula de RNA autorreplicante em uma camada lipídica tipo membrana. Os papéis catalíticos e genéticos exercidos pelos primeiros genomas de RNA foram, ao longo do tempo, sendo realizados por proteínas e DNA, respectivamente.

■ Fontes hidrotermais podem ter proporcionado combustíveis oxidáveis (compostos de ferro) para os primeiros organismos.

■ As células eucarióticas adquiriram a capacidade de realizar fotossíntese e fosforilação oxidativa a partir de bactérias endossimbióticas. Nos organismos multicelulares, alguns tipos de células diferenciadas se especializaram em uma ou mais funções essenciais para a sobrevivência do organismo.

■ Relações filogenéticas detalhadas podem ser determinadas a partir da similaridade de sequências de proteínas entre vários organismos.

■ A partir do conhecimento dos papéis das proteínas codificadas no genoma, os cientistas podem ter uma ideia aproximada da proporção do genoma dedicado a processos específicos, como o transporte através de membranas ou a síntese de proteínas.

■ O conhecimento da sequência completa de genomas de organismos de diferentes ramos da árvore filogenética fornece pistas sobre a evolução e dá grandes oportunidades para a medicina.

### TERMOS-CHAVE

*Todos os termos estão definidos no glossário.*

bioquímica  2
metabólito  2
núcleo  2
genoma  2
eucariotos  2
Bacteria  2
Archaea  3
citoesqueleto  6
estereoisômeros  14
configuração  15
centro quiral  16
conformação  18
entropia, $S$  21
entalpia, $H$  21
variação de energia livre, $\Delta G$  21
reação endergônica  21
reação exergônica  21
equilíbrio  22
variação de energia livre padrão, $\Delta G°$  24
energia de ativação, $\Delta G^{\ddagger}$  25
catabolismo  26
anabolismo  27
metabolismo  27
biologia de sistemas  27
mutação  30
genes constitutivos  36

## QUESTÕES

As respostas dos problemas numéricos devem ser dadas com o número correto de algarismos significativos. (Para solucionar as questões apresentadas no final dos capítulos, pode ser necessário consultar as tabelas no verso da capa.) Ver seção de "Respostas das questões" no final do livro.

1. **O tamanho das células e seus componentes** Em geral, as células de organismos eucariotos têm um diâmetro celular de 50 μm.

(a) Qual é o tamanho em que se veria uma célula dessas usando um microscópio eletrônico com aumento de 10 mil vezes?

(b) Se essa fosse uma célula do fígado (hepatócito) com as mesmas dimensões, quantas mitocôndrias ela poderia conter? Considere que a célula seja esférica e que não possua nenhum outro componente celular e que as mitocôndrias sejam esféricas com um diâmetro de 1,5 μm. (O volume da esfera é de $\frac{4}{3}\pi r^3$.)

(c) A glicose é o principal nutriente produtor de energia para a maioria das células. Supondo uma concentração celular de 1 mM de glicose (i.e., 1 milimol/L), calcule quantas moléculas de glicose poderiam estar presentes em uma célula eucariótica esférica. (O número de Avogadro, o número de moléculas em 1 mol de substância não ionizada, é $6,02 \times 10^{23}$.)

2. **Componentes de E. coli** As células de *E. coli* têm forma de bastão e cerca de 2 μm de comprimento e 0,8 μm de diâmetro. A *E. coli* tem um envelope de proteção celular de 10 nm de espessura. O volume do cilindro é $\pi r^2 a$, em que $a$ é a altura do cilindro.

(a) Qual é a porcentagem do volume total da bactéria ocupada pelo envelope?

(b) A *E. coli* é capaz de crescer e se multiplicar rapidamente porque contém cerca de 15 mil ribossomos esféricos (diâmetros de 18 nm), que realizam a síntese proteica. Qual porcentagem do volume celular é ocupada pelos ribossomos?

(c) O peso molecular de uma molécula de DNA de *E. coli* é de cerca de $3,1 \times 10^9$ g/mol. O peso molecular médio do par de nucleotídeos é de 660 g/mol, e cada par de nucleotídeos contribui com 0,34 nm para o comprimento do DNA. Calcule o comprimento de uma molécula de DNA de *E. coli*. Compare o comprimento da molécula de DNA com as dimensões da célula. Agora, considere a fotomicrografia mostrando uma única molécula de DNA da bactéria *E. coli* liberada de uma célula quebrada (Fig. 1-31b). Como a molécula de DNA pode caber dentro da célula?

3. **Isolamento de ribossomos por meio de centrifugação diferencial** Considere uma amostra bruta de lisado celular obtida pela homogeneização mecânica de células de *E. coli*. O sobrenadante do lisado celular foi centrifugado a uma velocidade intermediária (20.000 g) por 20 min, e o sobrenadante dessa centrifugação foi, então, centrifugado a alta velocidade (80.000 g) por 1 h. Qual procedimento deve ser seguido para isolar os ribossomos dessa amostra?

4. **Alta velocidade do metabolismo bacteriano** A velocidade do metabolismo das células bacterianas é muito maior do que a das células animais. Sob condições ideais, algumas bactérias duplicam o tamanho e se dividem a cada 20 min, enquanto o crescimento rápido da maioria das células animais necessita de 24 horas. A alta velocidade do metabolismo bacteriano requer uma relação superfície-volume celular alta.

(a) Por que a relação superfície-volume afeta a velocidade máxima do metabolismo?

(b) Calcule a relação superfície-volume para a bactéria *Neisseria gonorrhoeae* esférica (0,5 μm de diâmetro), responsável pela doença gonorreia. A área da superfície de uma esfera é dada por $4\pi r^2$.

(c) Quantas vezes a relação superfície-volume de *Neisseria gonorrhoeae* é maior do que a relação superfície-volume de uma ameba globular, uma célula eucariótica grande (150 μm de diâmetro)?

5. **Transporte rápido nos axônios** Os neurônios têm uma extensão fina e longa chamada de axônio, uma estrutura especializada em conduzir sinais através do sistema nervoso do organismo. Os axônios que se originam na medula espinal de uma pessoa e terminam nos músculos dos dedos dos pés podem ter um comprimento de 2 m. Pequenas vesículas fechadas contendo materiais essenciais para a função dos neurônios movem-se ao longo de microtúbulos do citoesqueleto desde o corpo celular até as pontas dos axônios. Se a velocidade média de uma vesícula é de 1 μm/s, quanto tempo levará para a vesícula se mover do corpo celular que está localizado na medula espinal até a ponta dos axônios nos dedos dos pés?

6. **Comparando vitamina C natural vs. sintética** Alguns fornecedores de alimentos naturais alegam que as vitaminas obtidas de fontes naturais são mais saudáveis do que as obtidas por síntese química. Por exemplo, o ácido L-ascórbico (vitamina C) puro extraído dos frutos da rosa mosqueta seria melhor do que o ácido L-ascórbico puro produzido pela indústria química. Existe alguma diferença entre a vitamina obtida por esses dois métodos? O organismo é capaz de distinguir a fonte de origem das vitaminas? Explique a resposta.

7. **Projeções de Fischer da L e da D-treonina**

(a) Identifique os grupos funcionais nas projeções de Fischer da L-treonina.

```
         COO⁻
          |
   H₃N⁺—C—H
          |
       H—C—OH
          |
         CH₃
      L-Treonina
```

(b) Desenhe a projeção de Fischer da D-treonina.
(c) Quantos centros quirais a D-treonina tem?

8. **Estereoquímica e atividade de substâncias** Algumas vezes, as diferenças quantitativas na atividade biológica entre dois enantiômeros de um composto são enormes. Por exemplo, o isômero D do fármaco isoproterenol, usado no tratamento de asma leve, é de 50 a 80 vezes mais efetivo como broncodilatador do que o isômero L. Identifique o centro quiral no isoproterenol. Por que os dois enantiômeros têm bioatividades tão radicalmente diferentes?

```
              OH    H   H
              |     |   |
      HO—⌬—C—CH₂—N—C—CH₃
              |     |   |
        HO    H         CH₃
              Isoproterenol
```

9. **Separação de biomoléculas** No estudo de uma determinada biomolécula (proteína, ácido nucleico, carboidrato ou lipídeo) em laboratório, o bioquímico primeiro precisa separá-la das outras moléculas da amostra – isto é, precisa *purificá-la*.

Técnicas de purificação específicas estão descritas mais adiante no texto. Entretanto, analisando as subunidades monoméricas de uma biomolécula, tem-se alguma ideia sobre as características que permitem separá-la das outras moléculas. Por exemplo, como se poderia separar **(a)** aminoácidos de ácidos graxos e **(b)** nucleotídeos de glicose?

**10. Possibilidades de vida baseada no silício** Na tabela periódica, o carbono e o silício estão no mesmo grupo e podem formar até quatro ligações químicas. Assim, muitas histórias de ficção científica se fundamentam na premissa da vida baseada no silício. Considere o que foi visto sobre a versatilidade das ligações do carbono (consulte um livro-texto introdutório de química inorgânica sobre as propriedades de ligação do silício, se necessário). Qual é a propriedade do carbono que o faz tão adaptado para a química dos seres vivos? Quais características do silício o tornam *menos* adaptado que o carbono como elemento central de organização da vida?

**11. Estereoquímica e atividade do fármaco ibuprofeno** O ibuprofeno é um medicamento vendido sem receita médica que bloqueia a formação de uma classe de prostaglandinas que causa inflamação e dor.

O ibuprofeno está disponível como mistura racêmica de (R)--ibuprofeno e (S)-ibuprofeno. Os seres vivos têm uma isomerase que catalisa a inversão quiral do enantiômero (R) para o enantiômero (S). A velocidade da reação inversa é desprezível. A figura representa o posicionamento dos dois enantiômeros em relação aos sítios de ligação a, b e c na enzima isomerase que converte o enantiômero (R) em (S). Cada um dos três sítios reconhece um determinado grupo funcional do enantiômero (R) do ibuprofeno. Contudo, os sítios a e c não reconhecem os grupos funcionais correspondentes no enantiômero (S).

**(a)** Quais substituintes representam A, B e C no enantiômero (R) e no enantiômero (S)?

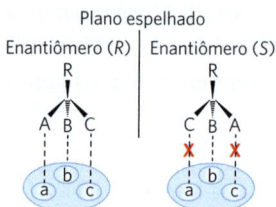

Dado que o enantiômero (S) do ibuprofeno é 100 vezes mais eficaz para alívio da dor que o enantiômero (R), os laboratórios farmacêuticos produzem versões enantiomericamente puras dos fármacos que antigamente eram comercializados como mistura racêmica, como o esomeprazol e o escitalopram.

**(b)** Uma vez que (S)-ibuprofeno é mais eficaz, por que os laboratórios não vendem (S)-ibuprofeno enantiomericamente puro?

**12. Componentes de biomoléculas complexas** Três biomoléculas importantes são mostradas nas suas formas ionizadas em pH fisiológico. Identifique os constituintes químicos que fazem parte de cada uma das moléculas.

**(a)** Trifosfato de guanosina (GTP), nucleotídeo rico em energia que serve como precursor do RNA:

**(b)** Metioninaencefalina, um opioide endógeno:

**(c)** Fosfatidilcolina, componente de muitas membranas:

**13. Determinação experimental da estrutura de uma biomolécula** Pesquisadores isolaram uma substância X desconhecida do músculo de um coelho. A estrutura dessa molécula foi determinada a partir das seguintes observações e experimentos. A análise qualitativa mostrou que X é inteiramente composta de C, H e O. Uma amostra de X foi pesada e oxidada completamente, e as quantidades de $H_2O$ e $CO_2$ produzidos foram medidas; essa análise quantitativa revelou que X contém 40,00% de C, 6,71% de H e 53,29% de O em peso. A massa molecular de X, determinada por espectrometria de massas, foi de 90,00 u (unidades de massa atômica; ver Quadro 1-1). A espectroscopia infravermelha mostrou que X contém uma dupla ligação. X dissolve-se prontamente em água, produzindo uma solução ácida, que apresentou atividade óptica quando testada no polarímetro.

**(a)** Determine a fórmula empírica e molecular de X.
**(b)** Desenhe as possíveis estruturas de X que se ajustam à fórmula molecular e contêm uma ligação dupla. Considere *apenas* estruturas lineares ou ramificadas, e despreze estruturas cíclicas. Observe que o oxigênio faz ligações muito fracas consigo mesmo.
**(c)** Qual é a significância estrutural da atividade óptica observada? Quais estruturas em (b) são consistentes com as observações?
**(d)** Qual é a significância estrutural da observação de que a solução de X era ácida? Quais estruturas em (b) são consistentes com as observações?
**(e)** Qual é a estrutura de X? Mais de uma estrutura é consistente com todos os dados?

**14. Nomenclatura de estereoisômeros com um carbono quiral usando o sistema RS** Propranolol é um composto quiral. (*R*)-Propranolol é usado como contraceptivo; (*S*)-propranolol é usado no tratamento da hipertensão. Observe a estrutura de um dos isômeros do propranolol.

(**a**) Identifique o carbono quiral no propranolol.
(**b**) A estrutura mostrada é do isômero (*R*) ou do isômero (*S*)?
(**c**) Desenhe o outro isômero do propranolol.

**15. Nomenclatura de estereoisômeros com dois carbonos quirais usando o sistema RS** O isômero (*R,R*) do metilfenidato é usado para tratar o transtorno de déficit de atenção/hiperatividade (TDAH). O isômero (*S,S*) é um antidepressivo.

(**a**) Identifique os dois carbonos quirais na estrutura a seguir.

(**b**) A estrutura mostra o isômero (*R,R*) ou o isômero (*S,S*)?
(**c**) Desenhe o outro isômero do metilfenidato.

**16. Estado dos esporos bacterianos** O esporo de bactérias é metabolicamente inerte e pode permanecer assim por anos. Os esporos não contêm quantidade mensurável de ATP, não consomem oxigênio e são isentos de água. Entretanto, quando um esporo é transferido para um meio líquido apropriado, ele germina, faz ATP e a divisão celular começa em cerca de 1 hora. Esporos estão vivos ou mortos? Explique a resposta.

**17. Energia de ativação de uma reação de combustão** A lenha é quimicamente instável em comparação com os seus produtos de oxidação, $CO_2$ e $H_2O$.

$$\text{Lenha} + O_2 \rightarrow CO_2 + H_2O$$

(**a**) O que se pode dizer sobre a variação de energia livre padrão dessa reação?
(**b**) Por que a lenha empilhada perto da lareira não entra em combustão espontânea, transformando-se nos produtos mais estáveis?
(**c**) Como se pode fornecer energia de ativação para essa reação?
(**d**) Suponha que se tenha uma enzima (lenhase) que catalise a conversão rápida de lenha em $CO_2$ e $H_2O$ em temperatura ambiente. Em termos termodinâmicos, como essa enzima faria isso?

**18. Consequências da substituição de nucleotídeos** Suponha que uma desoxicitidina (C) em uma das fitas de DNA seja erroneamente substituída por desoxitimidina (T) durante a divisão celular. Qual seria a consequência para a célula se essa mudança de desoxinucleotídeo não fosse reparada?

**19. Mutações e funções de proteínas** Suponha que o gene de uma proteína de 500 aminoácidos de comprimento sofra uma mutação. Se a mutação levar à síntese de uma proteína mutante na qual apenas um dos 500 aminoácidos esteja incorreto, a proteína pode perder *toda* a sua atividade biológica. Como uma mudança tão *pequena* na sequência de uma proteína pode inativá-la?

**20. Duplicação de genes e evolução** Suponha que um erro raro na replicação do DNA leve à duplicação de um único gene, fazendo a célula-filha ter duas cópias do mesmo gene.

(**a**) Como essa mudança favorece a aquisição de uma nova função pela célula-filha?
(**b**) Na planta vascular *Arabidosis thaliana*, 50 a 60% do genoma consiste em conteúdo duplicado. Como isso pode conferir uma vantagem seletiva?

**21. O tardígrado criptobiótico e a vida** Tardígrados, também chamado de urso d´água, são pequenos animais que podem atingir até 0,5 mm de comprimento. Em geral, os tardígrados terrestres (figura) vivem no ambiente úmido de musgos e líquens. Algumas dessas espécies são capazes de sobreviver em condições extremas. Alguns tardígrados podem entrar em um estado reversível, denominado **criptobiose**, no qual o metabolismo cessa completamente até que surjam condições favoráveis. Nesse estado, várias espécies de tardígrados resistem a desidratação, temperaturas extremas e pressões desde 6.000 atm até o vácuo, condições anóxicas e irradiação vinda do espaço. Tardígrados em criptobiose se enquadram na definição de vida? Explique sua resposta.

**22. Efeitos da radiação ionizante sobre as bactérias** O tratamento de uma cultura de bactérias (*E. coli*) com radiação ionizante faz com que apenas uma pequena fração das células sobreviva. As sobreviventes mostram-se mais resistentes à radiação do que as células iniciais. Quando expostas a níveis de radiação ainda maiores, uma pequena fração dessas células resistentes sobrevive e é ainda mais resistente à radiação. A repetição desse procedimento com níveis cada vez mais altos de radiação produz uma cepa de *E. coli* muito mais resistente à radiação do que a cepa original. Quais mudanças podem ter ocorrido a cada ciclo sucessivo de radiação e seleção?

**23. Problema de análise de dados** Em 1956, E. P. Kennedy e S. B. Weiss publicaram seus estudos sobre a síntese do lipídeo de membrana fosfatidilcolina (lecitina) no fígado de ratos. A hipótese deles era de que a fosfatidilcolina se ligaria a algum componente celular para produzir lecitina. Nos experimentos iniciais, a incubação de fosfocolina marcada com [$^{32}$P] em temperatura fisiológica (37° C) com células hepáticas de rato rompidas rendeu lecitina. Esse passou a ser o método para analisar as enzimas envolvidas na síntese de lecitina.

$$^-O-\overset{O}{\underset{O^-}{\overset{32}{P}}}-O-CH_2-CH_2-\overset{+}{N}(CH_3)_3 \quad + \text{Fração celular} + ? \longrightarrow$$

[$^{32}$P]Fosfocolina

$$\begin{array}{c} H_2C-O-\overset{O}{C}-R^1 \\ HC-O-\overset{O}{C}-R^2 \\ H_2C-O-\overset{32}{\underset{O^-}{P}}-O-CH_2-CH_2-\overset{+}{N}(CH_3)_3 \end{array}$$

[$^{32}$P]Fosfatidilcolina (lecitina)

Os pesquisadores centrifugaram a preparação de células rompidas para separar as membranas das proteínas solúveis e testaram três preparações: extrato total, membranas e proteínas solúveis. A Tabela 1 resume esses resultados.

**TABELA 1** Frações celulares necessárias para a incorporação de [$^{32}$P]-fosfocolina em lecitina

| Número do tubo | Preparação | [$^{32}$P]-fosfocolina incorporada à lecitina |
|---|---|---|
| 1 | Extrato total | 6,3 μmol |
| 2 | Membranas | 18,5 μmol |
| 3 | Proteínas solúveis | 2,6 μmol |

**(a)** A enzima responsável por essa reação é uma proteína solúvel do citoplasma ou uma enzima ligada a membranas? Por quê?

Uma vez estabelecida a localização da enzima, os pesquisadores passaram a investigar o efeito do pH sobre a atividade da enzima. Eles fizeram o teste padrão em soluções tampão com diferentes valores de pH, entre 6 e 9. O gráfico mostra os resultados obtidos. A atividade enzimática corresponde à quantidade, em nanomols por litro, de [$^{32}$P]-fosfocolina incorporada na lecitina.

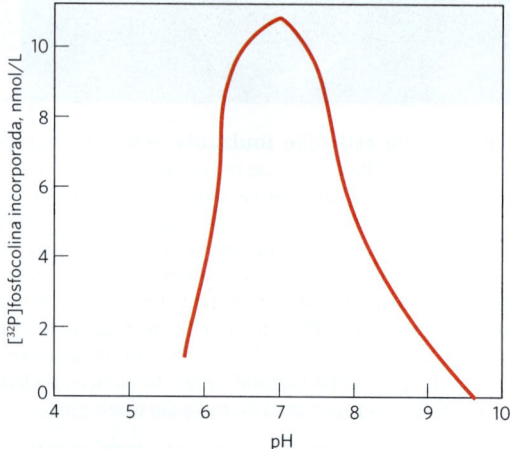

**(b)** Qual é o pH ideal para essa enzima?
**(c)** O quanto a enzima é mais ativa em pH 8 do em pH 6?

Rações com intermediários fosforilados geralmente necessitam de um íon metálico divalente. Os pesquisadores testaram $Ca^{2+}$, $Mn^{2+}$ e $Mg^{2+}$ para determinar se um íon metálico divalente era importante nessa reação. O gráfico mostra os resultados obtidos.

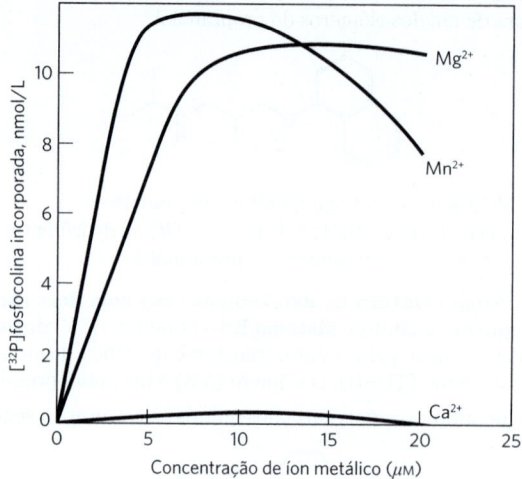

**(d)** A enzima depende de qual íon metálico?

Os pesquisadores chegaram à conclusão de que a reação poderia necessitar de energia. Para testar essa hipótese, eles incubaram membranas de fígado de rato e [$^{32}$P]-fosfocolina com diferentes nucleotídeos. Como o ATP que era vendido em 1956 não era altamente purificado como as preparações comerciais de hoje, eles usaram duas fontes de ATP, o lote 116 e o lote 122. A Tabela 2 mostra os resultados.

**TABELA 2** Nucleotídeos necessários para a síntese de lecitina a partir de fosfocolina

| Número do tubo | Nucleotídeo adicionado | [$^{32}$P]-fosfocolina incorporada à lecitina |
|---|---|---|
| 1 | 5 μmol de ATP do lote 116 | 5,1 μmol |
| 2 | 5 μmol de ATP do lote 122 | 0,2 μmol |
| 3 | 5 μmol de ATP do lote 122 + 0,5 μmol de GDP | 0,4 μmol |
| 4 | 5 μmol de ATP do lote 122 + 0,5 μmol de CTP | 15,0 μmol |
| 5 | 5 μmol de ATP do lote 122 + 0,1 μmol de CTP | 10,0 μmol |
| 6 | 5 μmol de ATP do lote 122 + 0,5 μmol de UTP | 0,4 μmol |
| 7 | 0,5 μmol de CTP sem ATP | 8,0 μmol |

**(e)** Qual é a sua interpretação da Tabela 2?
**(f)** Escreva a equação para a reação que os pesquisadores estudaram, incluindo todos os componentes necessários, inclusive fração celular, íon metálico e cofator nucleotídeo.

### Referência
**Kennedy, E. P. e S. B. Weiss.** 1956. The function of cytidine coenzymes in the biosynthesis of phospholipids. *J. Biol. Chem.* 193–214.

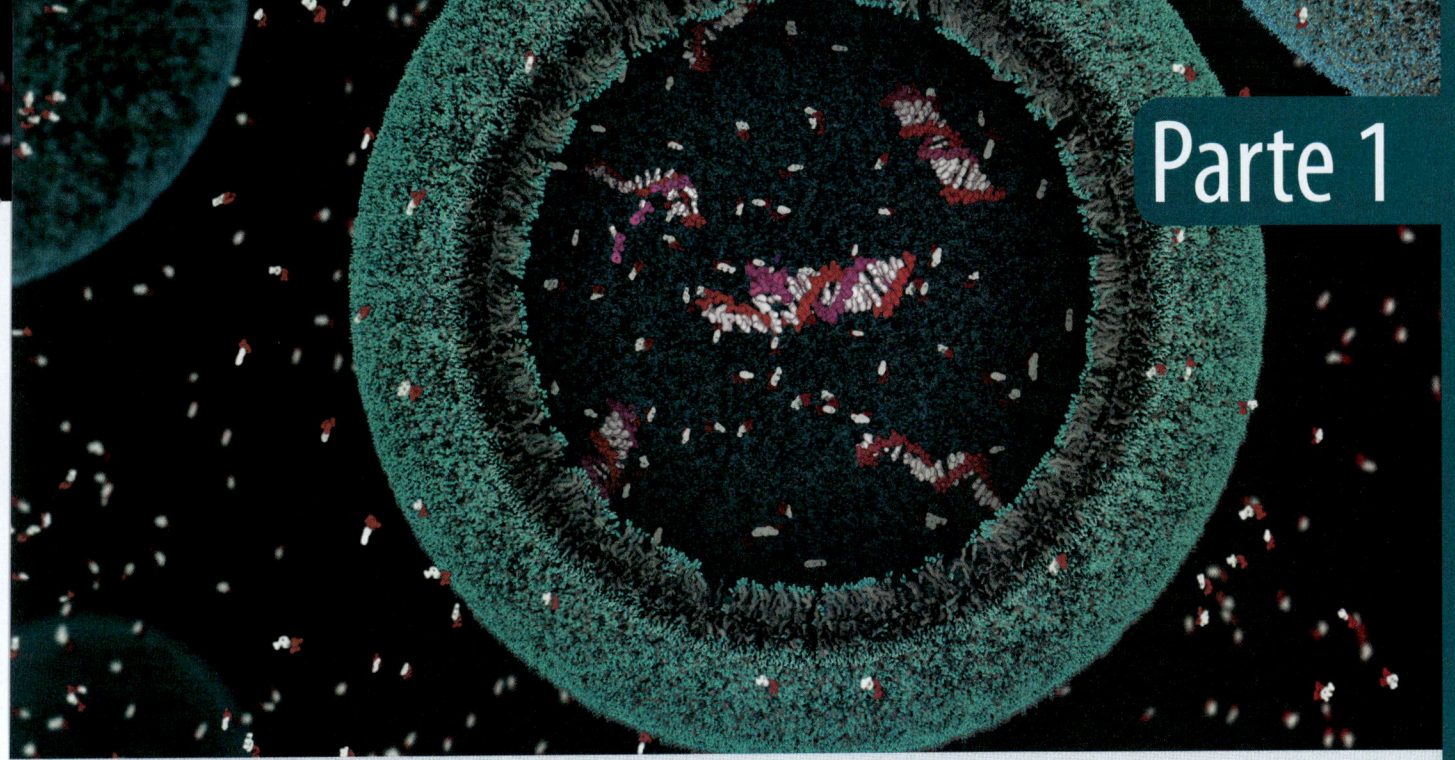

# Parte 1

# ESTRUTURA E CATÁLISE

**ESQUEMA DA PARTE**

- 2  Água, o solvente da vida  43
- 3  Aminoácidos, peptídeos e proteínas  70
- 4  Estrutura tridimensional das proteínas  106
- 5  Função das proteínas  147
- 6  Enzimas  177
- 7  Carboidratos e glicobiologia  229
- 8  Nucleotídeos e ácidos nucleicos  263
- 9  Tecnologias da informação baseadas no DNA  301
- 10  Lipídeos  341
- 11  Membranas biológicas e transporte  367
- 12  Sinalização bioquímica  408

A bioquímica usa as técnicas e os conhecimentos da química para entender as maravilhosas propriedades e atividades dos seres vivos. Para isso, o estudante inicialmente precisa adquirir o vocabulário e a linguagem da bioquímica, que são apresentados na Parte I deste livro.

Os capítulos da Parte I são dedicados à estrutura e à função das principais classes dos constituintes das células: água (Capítulo 2), aminoácidos e proteínas (Capítulos 3 a 6), açúcares e polissacarídeos (Capítulo 7), nucleotídeos e ácidos nucleicos (Capítulo 8), ácidos graxos e lipídeos (Capítulo 10) e, por fim, membranas e proteínas de sinalização das membranas (Capítulos 11 e 12). No contexto de estrutura e função, também são discutidas as tecnologias utilizadas no estudo de cada classe de biomolécula. Um capítulo inteiro (Capítulo 9) é dedicado às biotecnologias relacionadas com a clonagem e a genômica.

Iniciamos, no Capítulo 2, abordando a água, pois as suas propriedades afetam a estrutura e a função de todos os demais constituintes das células. Para cada classe de molécula orgânica, primeiro consideramos a química das unidades monoméricas que se associam por ligações covalentes (aminoácidos, monossacarídeos, nucleotídeos e ácidos graxos) e, depois, a descrição das estruturas das macromoléculas e dos complexos supramoleculares derivados dela. Um tema relevante é que, nos sistemas vivos, as macromoléculas, apesar do seu grande tamanho, são entidades químicas altamente ordenadas com as subunidades monoméricas em sequências específicas, que lhes conferem as suas estruturas e funções características. Esse tema fundamental pode ser subdividido em três princípios básicos que se inter-relacionam: (1) a estrutura específica de cada macromolécula significativo as estruturas tridimensionais de proteínas, ácidos nucleicos, polissacarídeos e lipídeos de membranas.

### Ligações de hidrogênio são responsáveis pelas propriedades incomuns da água

A água tem ponto de fusão, ponto de ebulição e calor de vaporização mais altos que a maioria dos outros solventes. Essas propriedades incomuns são decorrentes da atração recíproca entre moléculas de água vizinhas, que confere à água líquida uma grande coesão interna. Ao observar a estrutura de elétrons da molécula de $H_2O$, percebe-se a origem dessas atrações intermoleculares.

Cada átomo de hidrogênio de uma molécula de água compartilha um par de elétrons com o átomo central do oxigênio. A geometria da molécula de água é ditada pelas formas dos orbitais dos elétrons mais externos do átomo de oxigênio, que são similares aos orbitais $sp^3$ da ligação ao carbono (ver Fig. 1-13). Esses orbitais podem ser descritos como tendo um formato aproximado de tetraedro, com um átomo de hidrogênio em cada um de dois dos vértices e pares de elétrons não compartilhados nos outros dois vértices (**Fig. 2-1a**). O ângulo da ligação H—O—H é de 104,5°, levemente menor que o ângulo 109,5° de um tetraedro perfeito, em consequência do agrupamento dos orbitais do átomo de oxigênio que não participam de ligações.

O núcleo do átomo de oxigênio atrai elétrons mais fortemente que o núcleo de hidrogênio (um próton); ou seja, o oxigênio é mais eletronegativo. Assim, os elétrons compartilhados geralmente estão mais nas vizinhanças do átomo de oxigênio do que nas vizinhanças do átomo de hidrogênio. O resultado desse compartilhamento desigual de elétrons é a formação, na molécula de água, de dois dipolos elétricos, um ao longo de cada ligação O—H; cada hidrogênio carrega uma carga parcial positiva ($\delta+$), e o oxigênio carrega uma carga parcial negativa igual em magnitude à soma das duas cargas parciais positivas ($2\delta^-$). Como resultado, há uma atração eletrostática entre o átomo de oxigênio de uma molécula de água e o hidrogênio de outra (Fig. 2-1b), chamada de **ligação de hidrogênio**. Ao longo deste livro, as ligações de hidrogênio estão representadas com três linhas paralelas azuis, como na Figura 2-1b.

Ligações de hidrogênio são relativamente fracas. A ligação de hidrogênio na água líquida tem uma **energia de dissociação da ligação** (a energia necessária para quebrar uma ligação) de cerca de 23 kJ/mol, sendo que a da ligação O—H covalente na água é de 470 kJ/mol, e, da ligação C—C covalente, de 350 kJ/mol. A ligação de hidrogênio é cerca de 10% covalente, devido à sobreposição dos orbitais da ligação, e cerca de 90% eletrostática. Em temperatura ambiente, a energia térmica de uma solução aquosa (a energia cinética do movimento dos átomos e moléculas individuais) é da mesma ordem de magnitude que a necessária para quebrar ligações de hidrogênio. Quando a água é aquecida, o aumento da temperatura causa o aumento da velocidade de moléculas de água individuais. Em qualquer dado momento, a maioria das moléculas na água líquida é ligada por ligações de hidrogênio, mas cada ligação de hidrogênio dura somente de 1 a 20 picossegundos (1 ps = $10^{-12}$ s); quando uma ligação de hidrogênio quebra, uma outra ligação de hidrogênio se forma em 0,1 ps, com a mesma molécula ou com outra molécula de água. A expressão "agrupamentos oscilantes" é aplicada aos grupos de vida curta de moléculas de água interligados por ligações de hidrogênio na água líquida. O somatório de todas as ligações de hidrogênio entre as moléculas de água confere à água líquida uma grande coesão interna. Redes extensas de moléculas de água unidas por ligações de hidrogênio também formam pontes entre solutos (como proteínas e ácidos nucleicos), que permitem que essas moléculas maiores interajam umas com as outras por distâncias de vários nanômetros sem se tocarem fisicamente.

O arranjo aproximadamente tetraédrico dos orbitais ao redor do átomo de oxigênio (Fig. 2-1a) permite que cada molécula de água forme ligações de hidrogênio com até quatro moléculas de água vizinhas. Na água líquida em temperatura ambiente e pressão atmosférica, entretanto, as moléculas de água estão desorganizadas e em movimento contínuo, de modo que cada molécula de água forma ligações de hidrogênio com somente 3,4 outras moléculas, em média. No gelo, por outro lado, cada molécula de água está fixa no espaço e forma ligações de hidrogênio com quatro outras moléculas de água, formando uma estrutura de rede regular (**Fig. 2-2**). As ligações de hidrogênio são responsáveis pelo ponto de fusão relativamente alto da água, pois é necessária muita energia térmica para quebrar uma proporção suficiente de ligações de hidrogênio para desestabilizar a rede de cristais do gelo. Quando o gelo se funde ou a água evapora, calor é retirado do meio pelo sistema:

$H_2O(\text{sólida}) \longrightarrow H_2O(\text{líquida}) \quad \Delta H = +5,9 \text{kJ/mol}$

$H_2O(\text{líquida}) \longrightarrow H_2O(\text{gasosa}) \quad \Delta H = +44,0 \text{ kJ/mol}$

Durante a fusão ou a evaporação, a entropia do sistema aquoso aumenta à medida que as disposições mais ordenadas das moléculas de água em forma de gelo passam a assumir disposições menos ordenadas no estado líquido ou

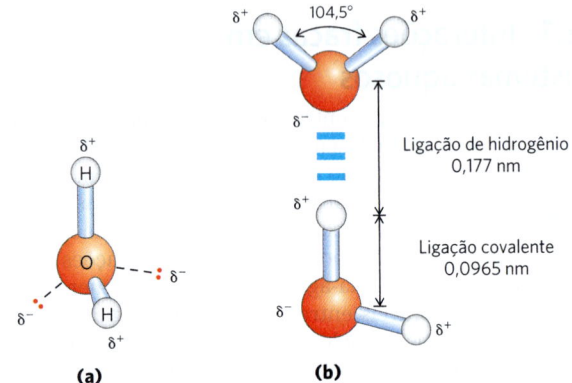

**FIGURA 2-1 Estrutura da molécula de água.** (a) A natureza dipolar da molécula de água está ilustrada no modelo de esfera e bastão; as linhas tracejadas representam orbitais não ligantes. Há um arranjo quase tetraédrico do par de elétrons da camada mais externa ao redor do átomo de oxigênio. Os dois átomos de hidrogênio têm cargas parciais positivas ($\delta+$), e o átomo de oxigênio tem carga parcial negativa ($\delta-$). (b) Duas moléculas de $H_2O$ unidas por ligação de hidrogênio (representada aqui e ao longo de todo o livro por três linhas azuis) entre o átomo de oxigênio da molécula superior e um átomo de hidrogênio da molécula inferior. As ligações de hidrogênio são mais longas e mais fracas que as ligações covalentes O—H.

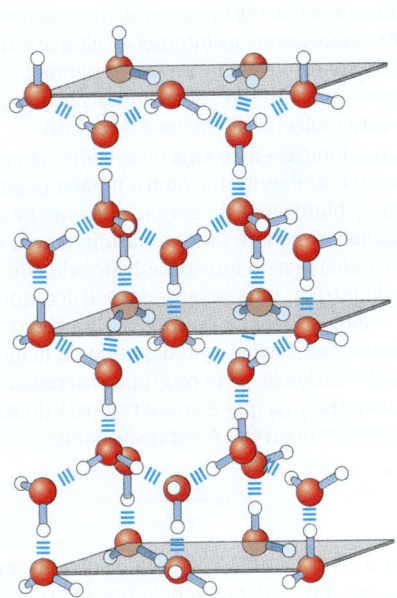

**FIGURA 2-2 Ligações de hidrogênio no gelo.** No gelo, cada molécula de água forma quatro ligações de hidrogênio, o máximo possível para uma molécula de água, criando uma estrutura de rede cristalina regular. Em contrapartida, na água líquida em temperatura ambiente e pressão atmosférica, cada molécula de água faz uma média de 3,4 ligações de hidrogênio com outras moléculas de água. Essa estrutura em rede cristalina regular faz o gelo ser menos denso que a água líquida, e, consequentemente, o gelo flutua na água líquida.

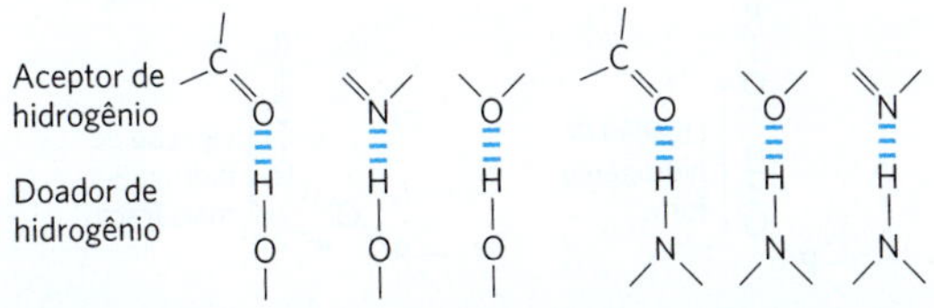

**FIGURA 2-3 Ligações de hidrogênio comuns em sistemas biológicos.** O aceptor de hidrogênio geralmente é oxigênio ou nitrogênio; o doador de hidrogênio é outro átomo eletronegativo.

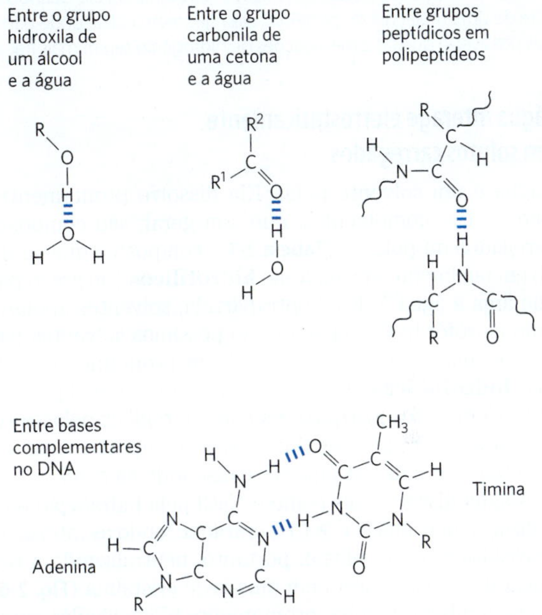

**FIGURA 2-4 Algumas ligações de hidrogênio com relevância biológica.**

completamente desordenadas no estado gasoso. Em temperatura ambiente, tanto a fusão do gelo quanto a evaporação da água ocorrem espontaneamente; a tendência das moléculas de água de se associarem por meio de ligações de hidrogênio é compensada pela tendência energética para a desordem. Lembre-se que, para um processo ocorrer espontaneamente, a variação de energia livre ($\Delta G$) deve ter um valor negativo: $\Delta G = \Delta H - T\Delta S$, em que $\Delta G$ representa a força motriz, $\Delta H$ a mudança de entalpia para formar e romper ligações e $\Delta S$ a mudança no nível de desordem. Como $\Delta H$ é positivo para a fusão e a evaporação, fica evidente que é o aumento na entropia ($\Delta S$) que torna $\Delta G$ negativo, impulsionando, assim, a mudança de estado.

### A água forma ligações de hidrogênio com solutos polares

Formar ligações de hidrogênio não é uma exclusividade da molécula de água. Elas se formam prontamente entre um átomo eletronegativo (aceptor de hidrogênio, geralmente oxigênio ou nitrogênio) e um átomo de hidrogênio ligado covalentemente a outro átomo eletronegativo (doador de hidrogênio) na mesma ou em outra molécula (**Fig. 2-3**). Átomos de hidrogênio covalentemente ligados a átomos de carbono não participam de ligações de hidrogênio, uma vez que o átomo de carbono é apenas levemente mais eletronegativo que o hidrogênio e, portanto, a ligação C—H é muito pouco polar. Essa diferença explica por que o butano ($CH_3(CH_2)_2CH_3$) tem ponto de ebulição de apenas −0,5 °C enquanto que o butanol ($CH_3(CH_2)_2CH_2OH$) tem um ponto de ebulição de 117 °C. O butanol tem um grupo hidroxila que é polar, então pode formar ligações de hidrogênio intermoleculares. Biomoléculas polares não carregadas, como os açúcares, dissolvem-se rapidamente em água, devido ao efeito estabilizador das ligações de hidrogênio entre os grupos hidroxila ou entre o oxigênio da carbonila do açúcar e as moléculas polares da água. ▶**P1** Álcoois, aldeídos, cetonas e compostos contendo ligações N—H formam ligações de hidrogênio com moléculas de água (**Fig. 2-4**) e tendem a ser solúveis em água.

As ligações de hidrogênio são mais fortes quando as moléculas ligadas estão orientadas de forma a maximizar as interações eletrostáticas. Isso ocorre quando o átomo de hidrogênio e os dois átomos que o compartilham estão em linha reta — isto é, quando o átomo aceptor está alinhado com a ligação covalente entre o átomo doador e o hidrogênio (**Fig. 2-5**). Esse arranjo coloca as cargas positivas do íon hidrogênio diretamente entre as duas cargas parciais negativas. A ligação de hidrogênio é, portanto, altamente direcional e capaz de manter duas moléculas ou grupos unidos por ligação de hidrogênio em um arranjo com geometria específica. Como será visto posteriormente, essa propriedade das ligações de hidrogênio confere estruturas tridimensionais muito precisas a moléculas de proteínas e de ácidos nucleicos, as quais possuem muitas ligações de hidrogênio intramoleculares.

**FIGURA 2-5 Orientação das ligações de hidrogênio.** A atração entre as cargas elétricas parciais é máxima quando os três átomos envolvidos na ligação (nesse caso, O, H e O) estão dispostos em linha reta. Quando as partes da molécula que fazem ligações de hidrogênio estão submetidas a restrições estruturais (p. ex., quando são parte de uma molécula de proteína), essa geometria ideal pode não ser mais possível, o que faz essas ligações de hidrogênio serem mais fracas.

## A água interage eletrostaticamente com solutos carregados

A água é um solvente polar. Ela dissolve prontamente a maioria das biomoléculas, que, em geral, são compostos carregados ou polares (**Tabela 2-1**); compostos que se dissolvem facilmente em água são **hidrofílicos** (do grego para "que ama a água"). Em contrapartida, solventes apolares, como clorofórmio e benzeno, são péssimos solventes para biomoléculas polares, mas dissolvem prontamente moléculas **hidrofóbicas** – moléculas apolares, como lipídeos e ceras. Compostos **anfipáticos** contêm regiões polares (ou carregadas) e regiões apolares. Esse comportamento das moléculas em soluções aquosas é discutido na p. 48.

A água dissolve sais como o NaCl pela hidratação e estabilização dos íons $Na^+$ e $Cl^-$, enfraquecendo as interações eletrostáticas entre eles e, portanto, neutralizando a tendência de se associarem em uma rede cristalina (**Fig. 2-6**). A água também dissolve prontamente biomoléculas carregadas, incluindo compostos com grupos funcionais, como ácidos carboxílicos ionizados ($-COO^-$), aminas protonadas ($-NH_3^+$) e ésteres de fosfato ou anidridos. A água substitui as ligações de hidrogênio soluto-soluto, conectando essas biomoléculas umas às outras através de ligações de hidrogênio soluto-água; assim, as interações eletrostáticas que as moléculas de soluto fazem entre si são blindadas por moléculas de água, ou seja, são substituídas por ligações de hidrogênio entre moléculas de água e de soluto.

Interações iônicas entre íons dissolvidos são muito mais fortes quando o ambiente for muito menos polar, uma vez que há menos blindagem de cargas entre as moléculas do solvente apolar. A água é efetiva na blindagem de interações eletrostáticas entre íons dissolvidos devido à sua alta constante dielétrica, uma propriedade física que reflete o número de dipolos de um solvente. A intensidade, ou força ($F$), das interações iônicas, que depende da magnitude das cargas ($Q$), da distância entre os grupos carregados ($r$) e da constante dielétrica ($\varepsilon$, que é adimensional) do solvente no qual as interações ocorrem, é expressa como:

$$F = \frac{Q_1 Q_2}{\varepsilon r^2}$$

Para a água a 25 °C, $\varepsilon$ é 78,5, e para o solvente muito apolar benzeno, $\varepsilon$ é 4,6. A dependência por $r^2$ faz a atração ou repulsão iônica operar somente a pequenas distâncias – na faixa de 10 a 40 nm (dependendo da concentração do eletrólito) quando o solvente é água. O que determina a interação de duas regiões polares de biomoléculas não é a constante dielétrica do solvente, mas sim constantes dielétricas altamente localizadas, como no caso dos bolsões hidrofóbicos das proteínas.

Logo que um sal como o NaCl se dissolve, os íons $Na^+$ e $Cl^-$ abandonam a rede cristalina e adquirem uma liberdade muito maior de movimento (Fig. 2-6). O aumento resultante na entropia (grau de desordem) do sistema é, em grande parte, responsável pela facilidade da dissolução de sais como NaCl em água. Em termos termodinâmicos, a solubilização ocorre com uma variação favorável de energia livre:

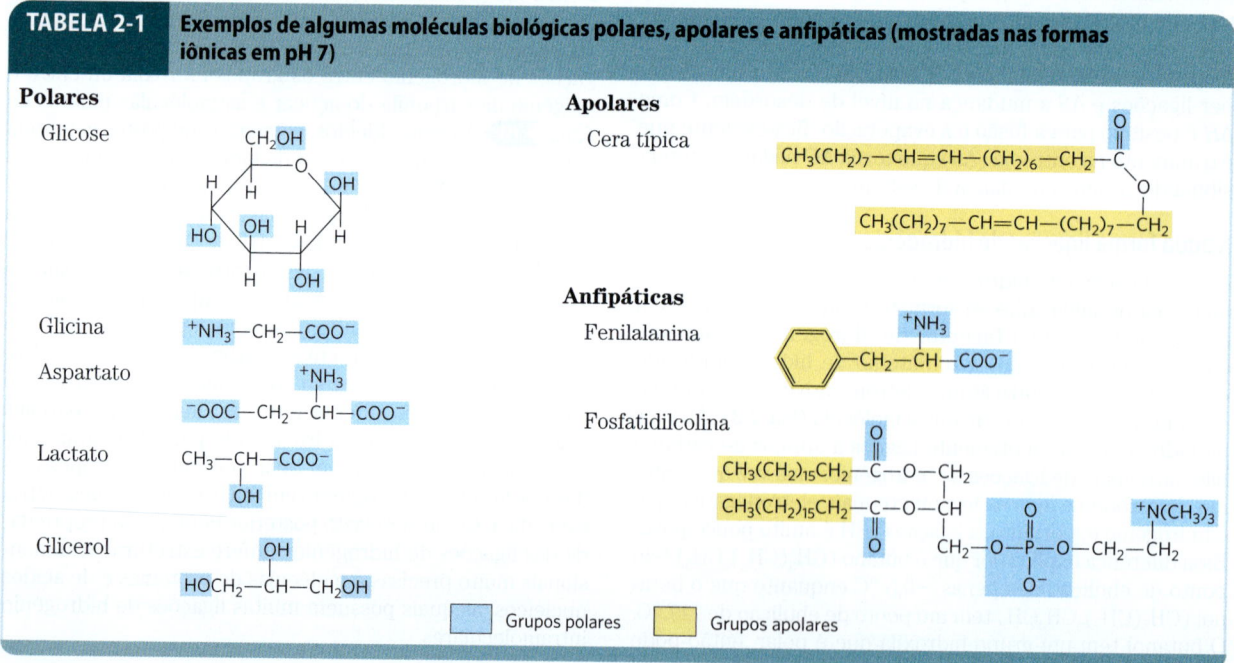

**TABELA 2-1** Exemplos de algumas moléculas biológicas polares, apolares e anfipáticas (mostradas nas formas iônicas em pH 7)

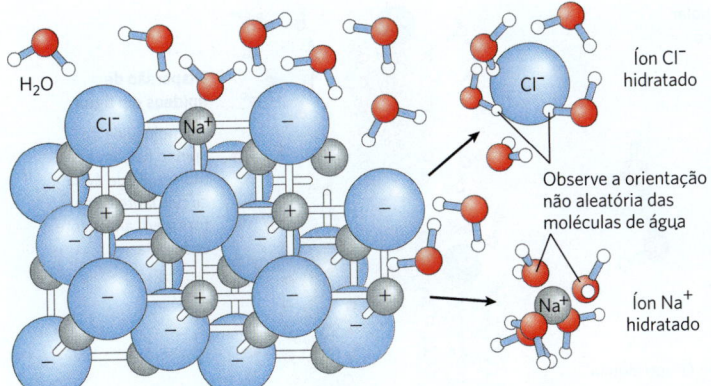

**FIGURA 2-6  Água como solvente.** A água dissolve muitos sais cristalinos pela hidratação de seus íons. A rede cristalina do NaCl se desfaz quando moléculas de água se aglomeram ao redor dos íons Cl⁻ e Na⁺. As cargas iônicas são parcialmente neutralizadas, e as atrações eletrostáticas necessárias para a formação da rede são enfraquecidas.

$\Delta G = \Delta H - T\Delta S$, em que $\Delta H$ tem um valor positivo pequeno e $T\Delta S$, um valor positivo grande; então, $\Delta G$ é negativo.

### Gases apolares são fracamente solúveis em água

Os gases de importância biológica $CO_2$, $O_2$ e $N_2$ são moléculas apolares. No caso do $O_2$ e do $N_2$, os elétrons são compartilhados igualmente por ambos os átomos que participam da ligação. No $CO_2$, cada ligação C=O é polar, mas os dois dipolos estão em direções exatamente opostas e anulam um ao outro (**Tabela 2-2**). O movimento de moléculas da fase gasosa desordenada de uma solução aquosa restringe tanto o movimento das moléculas do gás como o movimento das moléculas de água e, portanto, leva a um decréscimo de entropia. Essa combinação entre a natureza apolar desses gases e o decréscimo de entropia quando eles entram na solução faz eles serem pouco solúveis em água. Alguns organismos têm "proteínas transportadoras" solúveis em água (p. ex., hemoglobina e mioglobina) que facilitam o transporte de $O_2$. O dióxido de carbono forma o ácido carbônico ($H_2CO_3$) em solução aquosa e é transportado como íon $HCO_3^-$ (bicarbonato) livre — bicarbonato é muito solúvel em água (~ 100 g/L a 25 °C) — ou ligado à hemoglobina. Três outros gases, $NH_3$, NO e $H_2S$, também têm papéis biológicos em alguns organismos; esses gases são polares e dissolvem-se facilmente em água.

### Compostos apolares forçam mudanças energeticamente desfavoráveis na estrutura da água

Quando a água é misturada com benzeno ou hexano, formam-se duas fases; nenhum desses líquidos é solúvel no outro. Compostos apolares como benzeno e hexano são hidrofóbicos — eles são incapazes de fazer interações energeticamente favoráveis com moléculas de água e interferem nas ligações de hidrogênio entre as moléculas de água. Todas as moléculas ou íons em solução aquosa interferem com as ligações de hidrogênio de algumas das moléculas de água das suas vizinhanças, mas solutos polares ou carregados (como NaCl) compensam as ligações de hidrogênio água-água perdidas pela formação de novas interações água-soluto. A variação líquida na entalpia ($\Delta H$) da dissolução desses solutos geralmente é pequena. Solutos hidrofóbicos, entretanto, não oferecem essa compensação e, quando adicionados à água, levam a um pequeno ganho de entalpia; a quebra das ligações de hidrogênio entre as moléculas de água retira energia do sistema, o que requer obter energia das vizinhanças. Além da entrada da energia necessária, a dissolução dos compostos hidrofóbicos em água produz um decréscimo mensurável na entropia. As moléculas de água na vizinhança imediata de um soluto apolar são restringidas no que se refere às orientações

**TABELA 2-2  Solubilidade de alguns gases na água**

| Gás | Estrutura[a] | Polaridade | Solubilidade em água (g/L)[b] |
|---|---|---|---|
| Nitrogênio | N≡N | Apolar | 0,018 (40 °C) |
| Oxigênio | O=O | Apolar | 0,035 (50 °C) |
| Dióxido de carbono | $\overset{\delta^-}{O}=C=\overset{\delta^-}{O}$ | Apolar | 0,97 (45 °C) |
| Amônia | H–N(H)(H) ↓ $\delta^-$ | Polar | 900 (10 °C) |
| Sulfeto de hidrogênio | H–S–H ↓ $\delta^-$ | Polar | 1.860 (40 °C) |

[a]As setas representam dipolos elétricos; há uma carga negativa parcial ($\delta^-$) na ponta da seta e uma carga positiva parcial ($\delta^+$; não mostrada) na cauda da seta.
[b]Observe que moléculas polares se dissolvem muito melhor, mesmo em temperaturas baixas, do que moléculas apolares em temperaturas relativamente altas.

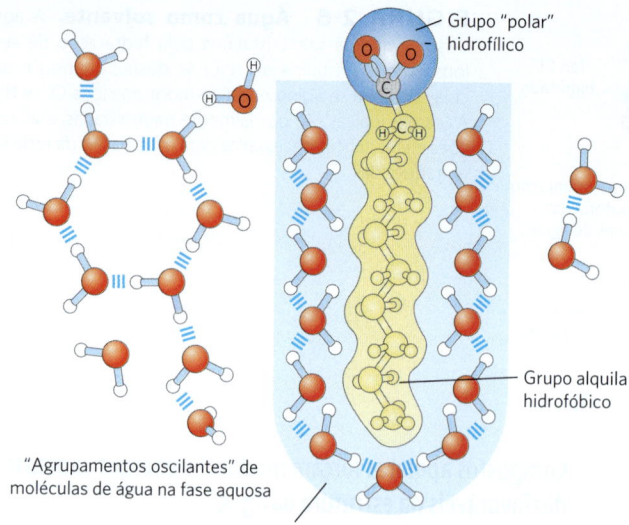
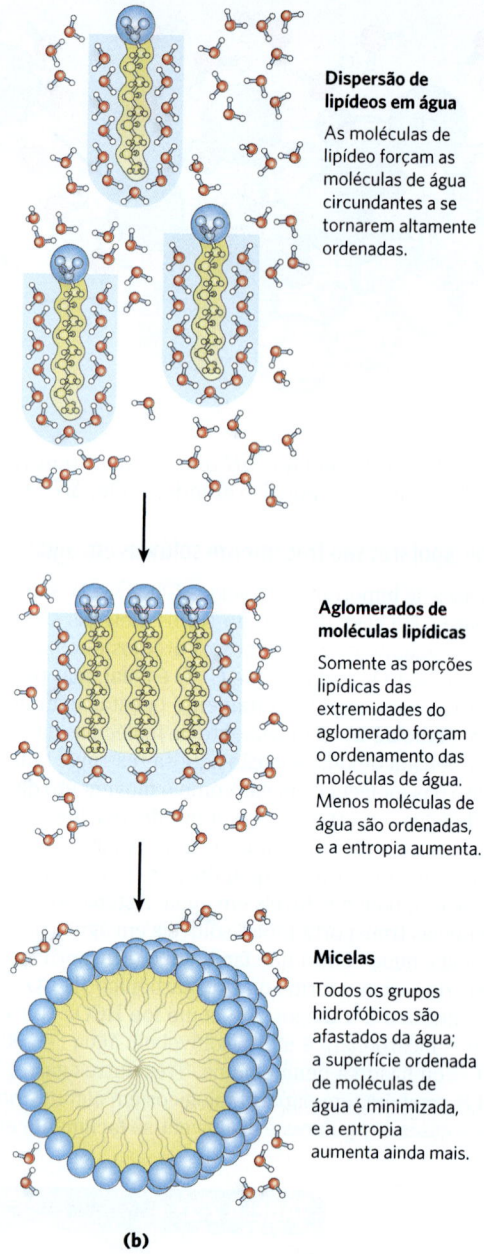

**FIGURA 2-7 Compostos anfipáticos quando em soluções aquosas formam estruturas que aumentam a entropia.** (a) Ácidos graxos de cadeia longa têm cadeias de grupos alquila muito hidrofóbicas, e cada cadeia é envolta por uma camada de moléculas de água altamente ordenadas. (b) Ao se aglomerarem em micelas, as moléculas de ácidos graxos expõem para a água uma superfície com a menor área possível, de modo que menos moléculas de água são necessárias para formar a camada de água ordenada. A entropia obtida pela liberação das moléculas de água até então imobilizadas estabiliza a micela.

possíveis que podem tomar, já que formam um envoltório altamente ordenado ao redor de cada molécula do soluto para maximizar as ligações de hidrogênio solvente-solvente. Essas moléculas de água não estão altamente orientadas como aquelas presentes em **clatratos**, compostos cristalinos de solutos apolares e água, mas o efeito é o mesmo em ambos os casos: o ordenamento das moléculas de água reduz a entropia. O número de moléculas de água ordenadas e, portanto, a magnitude da redução da entropia são proporcionais à área da superfície do soluto hidrofóbico retido dentro da camada de moléculas de água que o envolve. A variação de energia livre para a dissolução de um soluto apolar em água é, portanto, desfavorável: $\Delta G = \Delta H - T\Delta S$, em que $\Delta H$ tem um valor positivo, $\Delta S$, um valor negativo, e $\Delta G$ é positivo.

Quando um composto anfipático (Tabela 2-1) é misturado com água, a região polar hidrofílica interage favoravelmente com a água e tende a se dissolver, mas a região apolar hidrofóbica tende a evitar contato com a água (**Fig. 2-7a**). As regiões apolares das moléculas aglomeram-se para expor a menor área hidrofóbica possível ao solvente aquoso, e as regiões polares são arranjadas de forma a maximizar as interações umas com as outras e com o solvente (Fig. 2-7b), um fenômeno chamado de **efeito hidrofóbico**. Essas estruturas estáveis de compostos anfipáticos em água, chamadas de **micelas**, podem conter centenas ou milhares de moléculas. Ao se agruparem, as regiões apolares das moléculas atingem um máximo de estabilidade termodinâmica por minimizarem o número de moléculas de água ordenadas necessárias para envolver as porções hidrofóbicas dos solutos, aumentando a entropia do sistema. Um caso especial desse efeito hidrofóbico é a formação da bicamada lipídica nas membranas biológicas (ver Fig. 11-1).

Muitas biomoléculas são anfipáticas; proteínas, pigmentos, certas vitaminas e os esteróis e fosfolipídeos de membranas. Todas elas apresentam regiões de superfície polares e apolares. As estruturas formadas por essas moléculas são estabilizadas pelo efeito hidrofóbico, que favorece a agregação das regiões apolares. ▶P1 O efeito hidrofóbico nas interações entre lipídeos, e entre lipídeos e proteínas, é o mais importante determinante da estrutura de membranas biológicas. A agregação de aminoácidos apolares no interior

## 2.1 INTERAÇÕES FRACAS EM SISTEMAS AQUOSOS

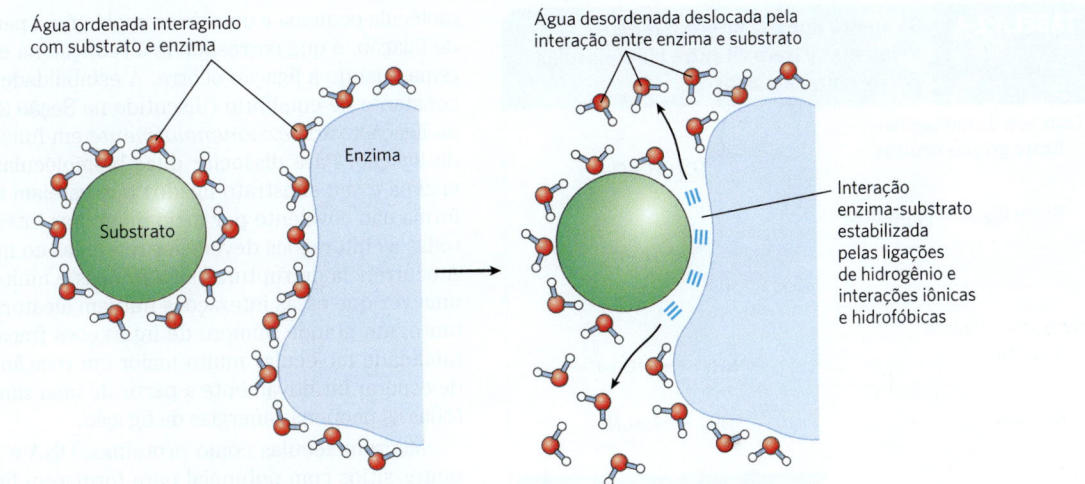

**FIGURA 2-8 A liberação de moléculas de água ordenadas favorece a formação de complexos enzima-substrato.** A enzima e o substrato, quando separados, forçam moléculas de água das vizinhanças a formarem uma camada ordenada. A ligação do substrato com a enzima libera algumas dessas águas ordenadas, e o aumento na entropia que resulta disso favorece termodinamicamente a formação do complexo enzima-substrato.

de proteínas, impulsionada pelo efeito hidrofóbico, também participa na estabilização da estrutura tridimensional das proteínas.

As ligações de hidrogênio entre a água e solutos polares também provocam um ordenamento das moléculas de água, mas o efeito energético é menos significativo que com solutos apolares. A ruptura do ordenamento das moléculas de água faz parte da força motriz da ligação de um substrato polar (reagente) a uma superfície polar complementar de uma enzima: a entropia aumenta quando a enzima desloca moléculas de água ordenadas do substrato, e o substrato desloca moléculas de água ordenadas para fora da superfície da enzima (**Fig. 2-8**). Esse assunto é discutido com mais detalhes no Capítulo 6 (p. 185).

### Interações de van der Waals são atrações interatômicas fracas

Quando dois átomos não carregados são colocados bem próximos um do outro, as suas nuvens de elétrons influenciam uma à outra. Variações aleatórias nas posições dos elétrons ao redor do núcleo podem criar um dipolo elétrico transitório, que induz a formação de um dipolo transitório de carga oposta no átomo que está mais próximo. Os dois dipolos atraem-se fracamente, aproximando os dois núcleos. Essas atrações fracas são chamadas de **interações de van der Waals** (também conhecidas como forças de dispersão de London). À medida que os dois núcleos se aproximam, as nuvens de elétrons começam a se repelir mutuamente. Nesse ponto, no qual a atração líquida é máxima, diz-se que os núcleos estão em contato de van der Waals. Cada átomo tem um **raio de van der Waals** característico, uma medida do quão próximo um átomo permite que outro se aproxime (**Tabela 2-3**). No caso dos modelos moleculares de volume atômico mostrados neste livro, os átomos estão representados em tamanhos proporcionais aos respectivos raios de van der Waals.

### Interações fracas são cruciais para a estrutura e a função das macromoléculas

> Penso que, à medida que os métodos da química estrutural forem aplicados a problemas fisiológicos, será descoberto que a importância das ligações de hidrogênio para a fisiologia é maior do que qualquer outra característica estrutural.
> —Linus Pauling,
> *The Nature of the Chemical Bond*, 1939

As interações não covalentes que descrevemos – ligações de hidrogênio e interações iônicas, hidrofóbicas e de van der Waals (**Tabela 2-4**) – são muito mais fracas do que as ligações covalentes. É necessário o fornecimento de

| TABELA 2-3 | Raios de van der Waals e raios covalentes (ligação simples) de alguns elementos |
|---|---|
| **Elementos** | **Raio de van der Waals (nm)** / **Raio covalente para ligações simples (nm)** |
| H | 0,11 / 0,030 |
| O | 0,15 / 0,066 |
| N | 0,15 / 0,070 |
| C | 0,17 / 0,077 |
| S | 0,18 / 0,104 |
| P | 0,19 / 0,110 |
| I | 0,21 / 0,133 |

Fontes: Para os raios de van der Waal, R. Chauvin, *J. Phys. Chem.* 96:9194, 1992. Para os raios covalentes, L. Pauling, *Nature of the Chemical* Bond, 3rd edn, Cornell University Press, 1960.
Nota: os raios de van der Waals descrevem as dimensões dos átomos no espaço. Quando dois átomos estão ligados covalentemente, os raios atômicos no ponto da ligação são menores que os raios de van der Waals, uma vez que os átomos ficam unidos porque o par de elétrons compartilhado os aproxima. A distância entre os núcleos em uma interação de van der Waals ou em uma ligação covalente é aproximadamente igual à soma dos raios de van der Waals ou dos raios covalentes dos dois átomos, respectivamente. Portanto, o comprimento de uma ligação carbono-carbono simples é de cerca de 0,077 nm + 0,077 nm = 0,154 nm.

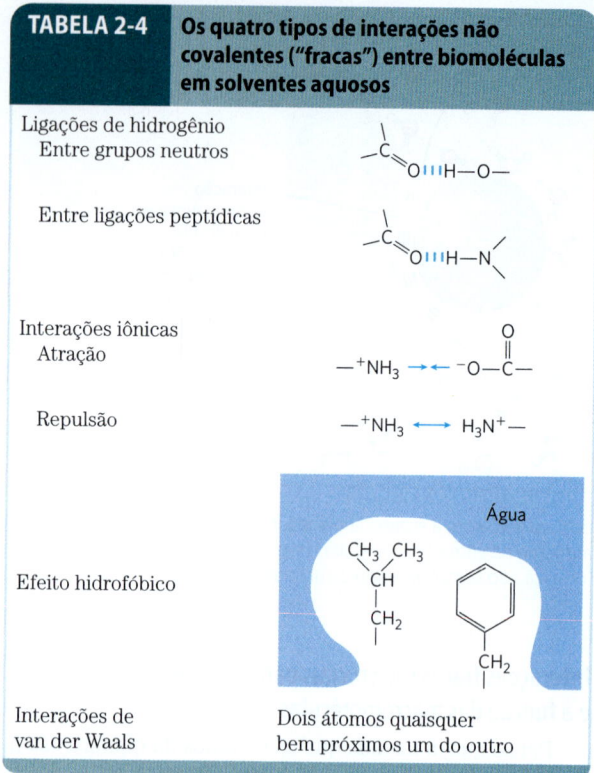

**TABELA 2-4** Os quatro tipos de interações não covalentes ("fracas") entre biomoléculas em solventes aquosos

350 kJ de energia para quebrar um mol ($6 \times 10^{23}$) de ligações simples do tipo C—C, e cerca de 410 kJ de energia para quebrar um mol de ligações C—H, porém uma quantidade tão pequena como 4 kJ já é suficiente para romper um mol de interações típicas de van der Waals. As interações orientadas pelo efeito hidrofóbico são também muito mais fracas que as ligações covalentes, embora elas sejam substancialmente fortalecidas por um solvente altamente polar (p. ex., solução salina concentrada). Interações iônicas e ligações de hidrogênio variam em intensidade, dependendo da polaridade do solvente e do alinhamento dos átomos ligados ao hidrogênio, mas são sempre muito mais fracas que as ligações covalentes. Em um solvente aquoso a 25 °C, a energia térmica disponível pode ser da mesma ordem de grandeza que a força dessas interações fracas, e as interações entre as moléculas do soluto e do solvente (água) são quase tão favoráveis quanto aquelas das interações soluto-soluto. Consequentemente, ligações de hidrogênio e interações iônicas, hidrofóbicas e interações de van der Waals estão continuamente se formando e se desfazendo.

**P1** Apesar de as interações desses quatro tipos serem individualmente fracas, em comparação com as ligações covalentes, o efeito cumulativo de um grande número de interações desse tipo pode ser muito significativo. Por exemplo, a ligação não covalente de uma enzima ao seu substrato pode envolver muitas ligações de hidrogênio e uma ou mais interações iônicas, assim como efeito hidrofóbico e interações de van der Waals. A formação de cada uma dessas associações contribui para um decréscimo na energia livre do sistema. Pode-se calcular a estabilidade de uma interação não covalente, como a da ligação de hidrogênio entre uma molécula pequena e uma macromolécula, a partir da energia de ligação, o que corresponde à redução na energia do sistema quando a ligação ocorre. A estabilidade, medida pela constante de equilíbrio (discutido na Seção 2.2) da reação da ligação, varia *exponencialmente* em função da energia de ligação. Para dissociar duas biomoléculas (como uma enzima e seu substrato ligado) que estejam associadas de forma não covalente por meio de muitas interações fracas, todas as interações devem ser rompidas ao mesmo tempo. A ocorrência de rupturas simultâneas é muito improvável, uma vez que essas interações flutuam aleatoriamente. Portanto, um grande número de interações fracas dá uma estabilidade molecular muito maior em relação ao que seria de esperar intuitivamente a partir de uma simples soma de todas as pequenas energias de ligação.

Macromoléculas como proteínas, DNA e RNA contêm tantos sítios com potencial para formarem ligações de hidrogênio, interações iônicas, interações de van der Waals ou agregação hidrofóbica que os efeitos cumulativos dessas pequenas forças de ligação podem ser enormes. **P1** No caso das macromoléculas, a estrutura mais estável (i.e., a estrutura nativa) em geral é aquela na qual as interações fracas estão maximizadas. O enovelamento de um único polipeptídeo ou de uma cadeia polinucleotídica em sua forma tridimensional é determinado por esse princípio. A ligação de um antígeno a um anticorpo específico depende dos efeitos cumulativos de muitas interações fracas. A energia liberada quando uma enzima se liga não covalentemente ao seu substrato é a principal fonte do poder catalítico da enzima. A ligação de um hormônio ou um neurotransmissor ao seu receptor proteico celular é o resultado de múltiplas interações fracas. Uma consequência do grande tamanho das enzimas e dos receptores (em relação aos substratos e ligantes) é que suas superfícies grandes geram muitas possibilidades para a formação de interações fracas. No nível molecular, a complementaridade entre as biomoléculas em interação é um reflexo da complementaridade e das interações fracas entre grupos polares e carregados e da proximidade a porções hidrofóbicas presentes na superfície das moléculas.

Quando a estrutura de uma proteína como a hemoglobina é determinada por cristalografia de raios X (ver Fig. 4-30), frequentemente são encontradas moléculas de água ligadas tão fortemente que fazem parte da estrutura do cristal (**Fig. 2-9**); o mesmo ocorre para a água presente em cristais de RNA ou DNA. Essas moléculas de água ligadas, que também podem ser detectadas em soluções aquosas por ressonância magnética nuclear (ver Fig. 4-31), têm propriedades bem diferentes das propriedades das moléculas de água presentes no seio do solvente. Por exemplo, as moléculas de água ligadas não têm atividade osmótica (ver abaixo). Para muitas proteínas, a presença de moléculas de água fortemente ligadas é essencial para a função. Em uma reação crítica da fotossíntese, por exemplo, há um fluxo de prótons através de uma membrana biológica à medida que a luz impulsiona um fluxo de elétrons por uma série de proteínas transportadoras de elétrons (ver Fig. 20-17). Uma dessas proteínas, o citocromo *f*, tem uma cadeia com cinco moléculas de água ligadas (**Fig. 2-10**) que pode fornecer um caminho para os prótons se moverem através da membrana

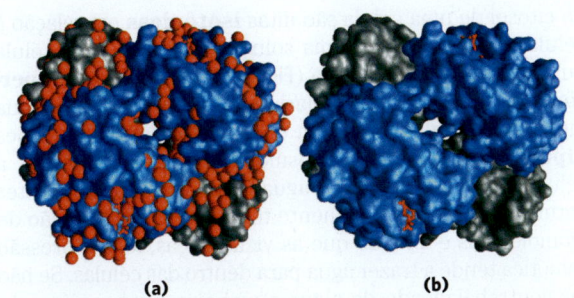

**FIGURA 2-9 Água ligada à hemoglobina.** Estrutura cristalina da hemoglobina, mostrada (a) com moléculas de água ligadas (esferas vermelhas) e (b) sem moléculas de água. As moléculas de água estão ligadas tão firmemente que afetam o padrão de difração de raios X como se fossem partes fixas da proteína. As duas subunidades α da hemoglobina estão mostradas em cinza, e as duas subunidades β, em azul. Cada subunidade tem ligado um grupo heme (estrutura em bastão vermelho), visível somente nas subunidades β nesta figura. A estrutura e a função da hemoglobina estão discutidas em detalhes no Capítulo 5. [Dados de PDB ID 1A3N, J. R. H. Tame e B. Vallone, *Acta Crystallogr. D* 56:805, 2000.]

em um processo chamado de "salto de prótons" (descrito mais adiante neste capítulo).

### Solutos concentrados produzem pressão osmótica

Solutos de todos os tipos modificam algumas propriedades físicas do solvente, a água: a pressão de vapor, o ponto de ebulição e de fusão (ponto de congelamento) e a pressão osmótica. Essas propriedades são chamadas de **propriedades coligativas** (*coligativo* significa "manter junto"), pois o efeito de solutos sobre essas quatro propriedades tem como base o mesmo princípio: a concentração de água é mais baixa nas soluções do que na água pura. O efeito da concentração do soluto nas propriedades coligativas da água é independente das propriedades químicas do soluto; ele depende somente do *número* de partículas de soluto (moléculas ou íons) para uma dada quantidade de água. Por exemplo, um composto como o NaCl, que se dissocia em solução, tem efeito na pressão osmótica duas vezes maior que um número igual de mols de um soluto que não se dissocia, como a glicose.

As moléculas de água tendem a se mover da região de maior concentração de água para a de menor concentração, seguindo a tendência natural de um sistema de se tornar cada vez mais desordenado. Quando duas soluções aquosas diferentes são separadas por uma membrana semipermeável (que permite a passagem de água, mas não das moléculas do soluto), a difusão das moléculas de água da região de maior concentração para a região de menor concentração de água produz pressão osmótica (**Fig. 2-11**). A pressão osmótica, Π, medida como a força necessária

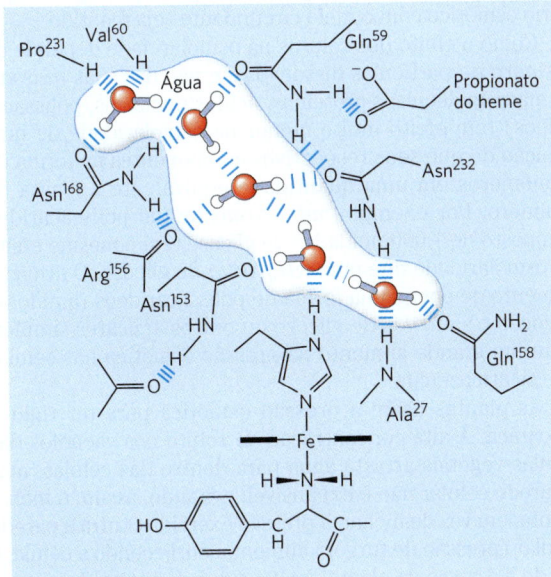

**FIGURA 2-10 Cadeia de água no citocromo f.** Moléculas de água estão ligadas ao canal de prótons do citocromo f, uma proteína de membrana que faz parte da maquinaria de fixação de energia da fotossíntese nos cloroplastos. Cinco moléculas de água estão unidas por ligações de hidrogênio umas às outras e a grupos funcionais da proteína: átomos da cadeia peptídica pertencentes a resíduos de valina, prolina, arginina e alanina e cadeias laterais de três resíduos de asparagina e de dois resíduos de glutamina. A proteína tem ligado um grupo heme, sendo que o íon ferro desse grupo facilita o fluxo de elétrons durante a fotossíntese. O fluxo de elétrons é acoplado ao movimento de prótons através da membrana, o que provavelmente envolve um "salto de prótons" através dessa cadeia de moléculas de água ligada à proteína. [Informações de P. Nicholls, *Cell. Mol. Life Sci.* 57:987, 2000, Fig. 6a (redesenhada a partir de PDB ID 1HCZ, S. E. Martinez et al., *Prot. Sci.* 5:1081, 1996).]

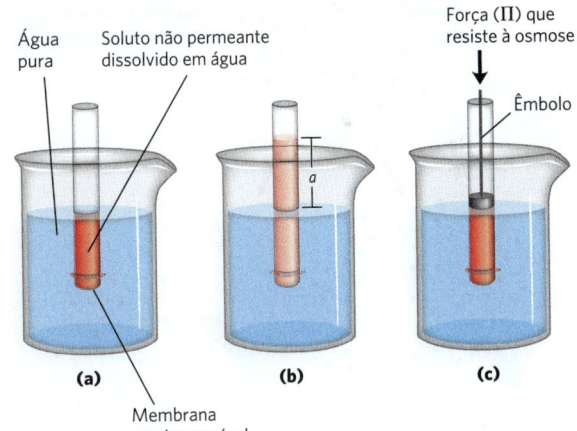

**FIGURA 2-11 Osmose e determinação da pressão osmótica.** (a) Estado inicial. O tubo contém uma solução aquosa, o béquer contém água pura, e a membrana semipermeável permite a passagem de água, mas não de soluto. A água flui a partir do béquer para dentro do tubo para que a sua concentração dos dois lados da membrana fique igualada. (b) Estado final. Houve movimento de água para a solução do composto que não permeia através da membrana, diluindo-o e aumentando o nível de água na coluna dentro do tubo. No equilíbrio, a força da gravidade que atua sobre a solução do tubo equilibra a tendência da água de se mover para dentro do tubo, onde sua concentração é menor. (c) A pressão osmótica (Π) é medida como a força que deve ser aplicada para que a solução no tubo volte a ficar no mesmo nível que estava no béquer. Essa força é proporcional à altura, *a*, da coluna em (b).

para resistir ao movimento da água, é estimada pela equação de van't Hoff:

$$\Pi = icRT$$

em que $R$ é a constante dos gases e $T$ é a temperatura absoluta. O símbolo $i$ é o fator de van't Hoff, uma medida de quanto de soluto se dissocia em duas ou mais espécies iônicas. O termo $c$ é a concentração molar do soluto, e $ic$ é a **osmolaridade** da solução, que é o produto do fator de van't Hoff $i$ e $c$. Em soluções diluídas de NaCl, o soluto se dissocia completamente em $Na^+$ e $Cl^-$, dobrando o número de partículas de soluto, portanto $i = 2$. Para todos solutos não ionizáveis, $i = 1$. Para soluções com vários ($n$) solutos, $\Pi$ é a soma da contribuição de cada uma das espécies presentes:

$$\Pi = RT\,(i_1c_1 + i_2c_2 + i_3c_3 + ... + i_nc_n)$$

A **osmose**, o movimento da água através de uma membrana semipermeável dirigido por diferenças na pressão osmótica, é um fator importante na vida da maioria das células. As membranas plasmáticas são mais permeáveis à água do que à maioria das outras moléculas pequenas, íons e macromoléculas, uma vez que canais proteicos (aquaporinas; ver Tabela 11-3) na membrana permitem seletivamente a passagem de água. Soluções com osmolaridade igual à do citosol de uma célula são ditas **isotônicas** em relação à célula. Circundada por uma solução isotônica, uma célula nunca ganha ou perde água (**Fig. 2-12**). Em soluções **hipertônicas** (com maior osmolaridade que o citosol), a água movimenta-se para fora, e a célula encolhe. Em soluções **hipotônicas** (com menor osmolaridade que o citosol), a célula incha à medida que a água entra. Nos seus ambientes naturais, as células geralmente têm maior concentração de biomoléculas e íons do que as vizinhanças, logo a pressão osmótica tende a trazer água para dentro das células. Se não for contrabalançado de alguma maneira, esse movimento de água para dentro das células pode distender a membrana plasmática e, por fim, causar o rompimento da célula (osmólise).

Muitos mecanismos evoluíram para evitar essa catástrofe. Em bactérias e plantas, a membrana plasmática está envolvida por uma parede celular não expansível com rigidez e força suficientes para resistir à pressão osmótica e impedir a osmólise. Alguns protistas de água doce que vivem em meio altamente hipotônico têm uma organela (vacúolo contrátil) que bombeia água para fora da célula. Nos animais multicelulares, o plasma sanguíneo e o líquido intersticial (o líquido extracelular dos tecidos) são mantidos em osmolaridade semelhante à do citosol. A alta concentração de albumina e outras proteínas no plasma sanguíneo contribui para a sua osmolaridade. As células também bombeiam ativamente $Na^+$ e outros íons para o líquido intersticial para que o equilíbrio osmótico com o meio circundante seja mantido.

Como o efeito dos solutos na osmolaridade depende do *número* de partículas dissolvidas, e não das suas *massas*, as macromoléculas (proteínas, ácidos nucleicos, polissacarídeos) têm efeito muito menor na osmolaridade de uma solução do que seus respectivos componentes na forma de monômeros em uma quantidade equivalente à massa do polímero. Por exemplo, um *grama* de um polissacarídeo composto de 1.000 unidades de glicose tem o mesmo efeito na osmolaridade que um *miligrama* de glicose. O armazenamento de energia na forma de polissacarídeos (amido ou glicogênio), em vez de glicose ou outros açúcares simples, evita um grande aumento na pressão osmótica nas células que os armazenam.

As plantas usam a pressão osmótica para ter rigidez mecânica. A alta concentração de soluto nos vacúolos das células vegetais arrasta água para dentro das células, mas a parede celular não é expansível, evitando, assim, o inchamento; em vez de inchar, a pressão exercida contra a parede celular (pressão de turgor) aumenta, enrijecendo a célula, o tecido e o corpo da planta. A alface da salada murcha devido à perda de água que reduziu a pressão de turgor. A osmose também traz consequências para os protocolos de laboratórios. Mitocôndrias, cloroplastos e lisossomos, por exemplo, são revestidos por membranas semipermeáveis. Ao isolar essas organelas a partir de células rompidas, os bioquímicos devem fazer os fracionamentos em soluções isotônicas (ver Fig. 1-7) para evitar a entrada excessiva de água para dentro das organelas, o que levaria ao inchaço e, por conseguinte, ao rompimento. Os tampões usados para fracionamento celular geralmente contêm concentrações suficientes de sacarose ou algum outro soluto inerte para proteger as organelas da osmólise.

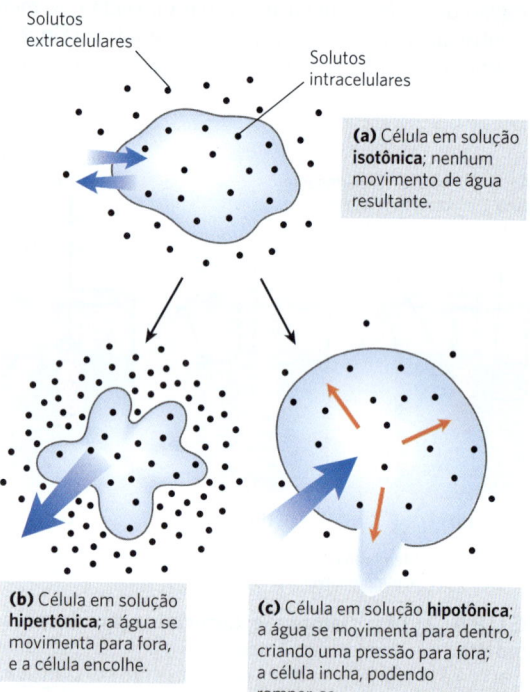

**FIGURA 2-12 Efeito da osmolaridade extracelular no movimento da água através da membrana plasmática.** Quando uma célula que esteja em equilíbrio osmótico com o meio circundante — isto é, uma célula em (a) um meio isotônico — é transferida para (b) uma solução hipertônica ou (c) uma solução hipotônica, a água tende a se mover através da membrana na direção que tende a igualar a osmolaridade nos lados externo e interno da célula.

### EXEMPLO 2-1 — Força osmótica de uma organela

Pressuponha que os principais solutos presentes nos lisossomos sejam KCl (~ 0,1 M) e NaCl (~ 0,03 M). Ao isolar lisossomos, qual concentração de sacarose deve estar presente na solução de preparo do extrato, em temperatura ambiente (25 °C), para evitar o inchamento e a lise das organelas?

**SOLUÇÃO:** É preciso achar a concentração de sacarose que produz uma força osmótica igual à produzida pelos sais KCl e NaCl presentes dentro dos lisossomos. A equação para calcular a força osmótica (a equação de van't Hoff) é

$$\Pi = RT(i_1 c_1 + i_2 c_2 + i_3 c_3 + \ldots + i_n c_n)$$

em que $R$ é a constante dos gases 8,315 J/mol · K; $T$ é a temperatura absoluta (em Kelvin); $c_1$, $c_2$ e $c_3$ são as concentrações molares de cada soluto; e $i_1$, $i_2$ e $i_3$ são o número de partículas de cada soluto presente na solução ($i = 2$ para KCl e NaCl).

A pressão osmótica do conteúdo do lisossomo é

$$\Pi_{lisossomo} = RT(i_{KCl} c_{KCl} + i_{NaCl} c_{NaCl})$$
$$= RT[(2)(0{,}1 \text{ mol/L}) + (2)(0{,}03 \text{ mol/L})]$$
$$= RT(0{,}26 \text{ mol/L})$$

A pressão osmótica de uma solução de sacarose é dada por

$$\Pi_{sacarose} = RT(i_{sacarose} c_{sacarose})$$

Nesse caso, $i_{sacarose} = 1$, porque a sacarose não se ioniza. Portanto,

$$\Pi_{sacarose} = RT(c_{sacarose})$$

A força osmótica do conteúdo do lisossomo é igual à força osmótica da solução de sacarose quando

$$\Pi_{sacarose} = \Pi_{lisossomo}$$
$$RT(c_{sacarose}) = RT(0{,}26 \text{ mol/L})$$
$$c_{sacarose} = 0{,}26 \text{ mol/L}$$

A sacarose tem uma massa molecular de $M_r$ 342, de modo que a concentração de sacarose necessária é (0,26 mol/L)(342 g/mol) = 88,92 g/L. Uma vez que concentrações de solutos têm uma precisão de apenas um número significativo, $c_{sacarose} = 0{,}09$ kg/L.

Como será visto mais adiante (p. 242), células do fígado e do músculo armazenam carboidratos não na forma de açúcares de baixa massa molecular, como glicose ou sacarose, mas na forma de glicogênio, polímero de alta massa molecular. Isso permite que a célula tenha uma grande quantidade de glicogênio com um efeito mínimo na osmolaridade do citosol.

### RESUMO 2.1 — Interações fracas em sistemas aquosos

- As eletronegatividades muito diferentes do H e do O tornam a água uma molécula muito polar, capaz de formar ligações de hidrogênio entre moléculas de água e entre moléculas de água e solutos. As ligações de hidrogênio são fugazes, basicamente eletrostáticas e mais fracas que as ligações covalentes.
- Álcoois, aldeídos, cetonas e compostos contendo ligações N—H formam ligações de hidrogênio com moléculas de água e, portanto, são solúveis em água.
- Em virtude de blindar as cargas elétricas negativas dos íons e aumentar a entropia do sistema, a água dissolve cristais de solutos ionizáveis.
- $N_2$, $O_2$ e $CO_2$ são apolares e fracamente solúveis em água. $NH_3$ e $H_2S$ são ionizáveis e, portanto, muito solúveis em água.
- Compostos apolares (hidrofóbicos) dissolvem-se fracamente em água; eles não são capazes de formar ligações de hidrogênio com o solvente, e a sua presença força um ordenamento energeticamente desfavorável de moléculas de água em torno das suas superfícies hidrofóbicas. Para minimizar a superfície exposta à água, os compostos apolares como os lipídeos formam agregados (micelas e vesículas formadas por bicamadas), nos quais as porções hidrofóbicas são sequestradas no interior (uma associação impulsionada pelo efeito hidrofóbico) e apenas as partes mais polares da molécula interagem com a água.
- Há formação de interações de van der Waals quando dois núcleos próximos induzem a formação de dipolo um no outro. A menor distância que dois átomos podem se aproximar define os respectivos raios de van der Waals.
- Interações fracas e não covalentes em grande número influenciam decisivamente o enovelamento das macromoléculas, como as proteínas e os ácidos nucleicos. As conformações mais estáveis são aquelas nas quais as ligações de hidrogênio são maximizadas dentro da molécula e entre a molécula e o solvente, e nas quais as partes hidrofóbicas se agregam no interior das moléculas, ficando afastadas do solvente aquoso.
- Quando dois compartimentos aquosos são separados por uma membrana semipermeável (como a membrana plasmática que separa uma célula do meio circundante), a água move-se através da membrana para igualar a osmolaridade nos dois compartimentos. Essa tendência da água em se mover através de uma membrana semipermeável produz pressão osmótica.

## 2.2 Ionização da água e de ácidos e bases fracas

Embora muitas das propriedades da água como solvente possam ser explicadas pelo fato de a molécula de $H_2O$ não ser carregada, o pequeno grau de ionização da água em íons hidrogênio ($H^+$) e hidróxido ($OH^-$) também deve ser levado em consideração. Como todas as reações reversíveis, a ionização da água pode ser descrita por uma constante de equilíbrio. Quando os ácidos fracos são dissolvidos na água, eles contribuem com um $H^+$ por ionizarem-se; bases fracas consomem um $H^+$, tornando-se protonadas. Esses processos também são governados por constantes de equilíbrio. A concentração total dos íons hidrogênio a partir de todas as fontes é mensurável experimentalmente, sendo expressa como o pH da solução. Para predizer o estado de ionização de solutos na água, deve-se considerar as constantes de equilíbrio relevantes para cada reação de ionização. Por isso, será feita uma breve discussão sobre a ionização da água e de ácidos e bases fracas dissolvidos em água.

## A água pura é levemente ionizada

As moléculas de água têm uma leve tendência a sofrer uma ionização reversível, produzindo um íon hidrogênio (um próton) e um íon hidróxido, gerando o equilíbrio

$$H_2O \rightleftharpoons H^+ + OH^- \quad (2\text{-}1)$$

Embora geralmente seja indicado o produto de dissociação da água como $H^+$, não existem prótons livres na solução; os íons hidrogênio formados em água são imediatamente hidratados e formam **íons hidrônio** ($H_3O^+$). As ligações de hidrogênio entre as moléculas de água fazem a hidratação dos prótons dissociados ser praticamente instantânea:

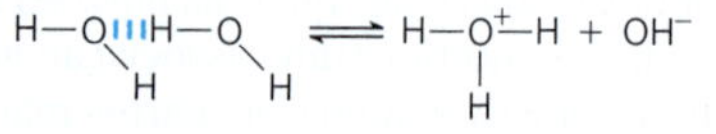

$$H-O\cdots H-O \rightleftharpoons H-O^{\pm}-H + OH^-$$
$$\phantom{H-O\cdots H-}H\phantom{O \rightleftharpoons H-O^{\pm}-H}H$$

A ionização da água pode ser medida pela sua condutividade elétrica; a água pura conduz corrente elétrica à medida que $H_3O^+$ migra para o cátodo e $OH^-$, para o ânodo. O movimento dos íons hidrônio e hidróxido no campo elétrico é extremamente rápido quando comparado com o movimento de outros íons, como $Na^+$, $K^+$ e $Cl^-$. Essa alta mobilidade iônica resulta do chamado "salto de prótons", mostrado na **Figura 2-13**. Os prótons individuais não se movem para muito longe na solução, mas uma série de prótons salta entre as moléculas de água ligadas por ligações de hidrogênio, gerando um movimento líquido de prótons por uma longa distância em um tempo extremamente curto. ($OH^-$ também se move rapidamente por saltos, mas na direção oposta.)

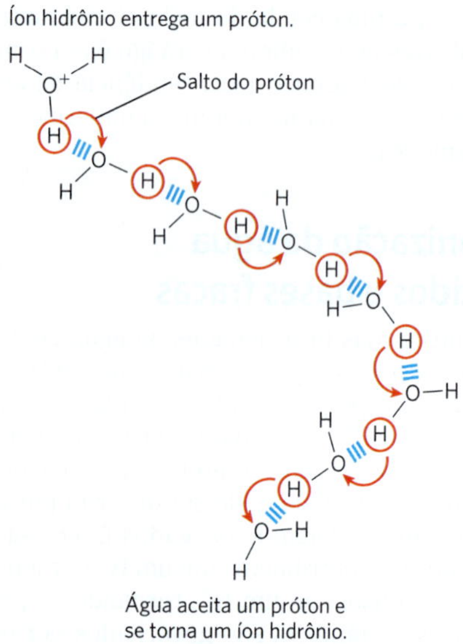

**FIGURA 2-13  Salto de prótons.** Pequenos "saltos" de prótons entre uma série de moléculas de água ligadas por ligações de hidrogênio resultam em um movimento líquido extremamente rápido de um próton por uma distância grande. Como o íon hidrônio (parte superior, à esquerda) doa um próton, uma molécula de água a certa distância (parte inferior, à direita) adquire um próton, tornando-se um íon hidrônio. O salto de prótons é muito mais rápido que a difusão verdadeira e explica a mobilidade iônica incrivelmente alta dos íons $H^+$ comparados com outros cátions monovalentes, como $Na^+$ e $K^+$.

Como resultado da alta mobilidade iônica do $H^+$, reações acidobásicas em soluções aquosas são excepcionalmente rápidas. Como observado anteriormente, o salto de prótons muito provavelmente exerce uma função nas reações biológicas de transferência de prótons (Fig. 2-10).

Uma vez que a ionização reversível é crucial para o papel da água nas funções da célula, deve haver meios de expressar o grau de ionização da água em termos quantitativos. Uma breve revisão de algumas propriedades das reações químicas reversíveis mostra como isso pode ser feito.

A posição de equilíbrio de qualquer reação química é dada por sua **constante de equilíbrio**, $K_{eq}$ (algumas vezes expressa simplesmente por $K$). Para a reação geral

$$A + B \rightleftharpoons C + D \quad (2\text{-}2)$$

a constante de equilíbrio $K_{eq}$ pode ser definida em termos da concentração dos reagentes (A e B) e dos produtos (C e D) em equilíbrio:

$$K_{eq} = \frac{[C]_{eq}[D]_{eq}}{[A]_{eq}[B]_{eq}}$$

Estritamente falando, os termos de concentração devem ser expressos como *atividades*, ou concentrações efetivas em soluções não ideais, de cada espécie. Exceto em trabalhos muito precisos, a constante de equilíbrio pode ser medida aproximadamente pelas *concentrações* no equilíbrio. Em virtude de envolver razões que vão além do escopo dessa discussão, não será discutido por que as constantes de equilíbrio são adimensionais. Apesar disso, o texto continuará a utilizar as unidades de concentração (M) nas expressões de equilíbrio ao longo deste livro para lembrar que molaridade é a unidade de concentração usada para o cálculo de $K_{eq}$.

A constante de equilíbrio é constante e característica de cada reação química em uma temperatura específica. Ela define a composição final da mistura no equilíbrio, independentemente das concentrações iniciais dos reagentes e dos produtos. Inversamente, é possível calcular a constante de equilíbrio para uma dada reação em uma dada temperatura, se forem conhecidas as concentrações de todos os reagentes e produtos quando a reação estiver no equilíbrio. Como mostrado no Capítulo 1 (p. 24), a variação de energia livre padrão ($\Delta G°$) é diretamente relacionada com $\ln K_{eq}$.

## A ionização da água é expressa pela constante de equilíbrio

O grau de ionização da água no equilíbrio (Equação 2-1) é baixo; a 25 °C, somente duas entre $10^9$ moléculas na água pura são ionizadas a cada momento. A constante de equilíbrio para a ionização reversível da água é:

$$K_{eq} = \frac{[H^+][OH^-]}{[H_2O]} \quad (2\text{-}3)$$

Na água pura a 25 °C, a concentração de água é 55,5 M – gramas de $H_2O$ em 1 L divididos pelo seu peso molecular em grama: (1.000 g/L)/(18,015 g/mol) –, praticamente constante em relação à concentração muito baixa de $H^+$ e $OH^-$, especificamente $1 \times 10^{-7}$ M. Assim, substituindo 55,5 M na equação da constante de equilíbrio (Equação 2-3), tem-se

## 2.2 IONIZAÇÃO DA ÁGUA E DE ÁCIDOS E BASES FRACAS

$$K_{eq} = \frac{[H^+][OH^-]}{[55,5 \text{ M}]}$$

Rearranjando, isso se torna

$$(55,5 \text{ M})(K_{eq}) = [H^+][OH^-] = K_w \quad (2\text{-}4)$$

em que $K_w$ designa o produto de $(55,5 \text{ M})(K_{eq})$, que é o **produto iônico da água** a 25 °C.

O valor para $K_{eq}$, determinado por medições da condutividade elétrica da água pura, é $1,8 \times 10^{-16}$ M a 25 °C. Substituindo esse valor na Equação 2-4, obtém-se o valor do produto iônico da água:

$$K_w = [H^+][OH^-] = (55,5 \text{ M})(1,8 \times 10^{-16} \text{ M})$$
$$= 1,0 \times 10^{-14} \text{ M}^2$$

Assim, o produto $[H^+][OH^-]$ em solução aquosa a 25 °C é sempre igual a $1 \times 10^{-14}$ M$^2$. Quando existem concentrações exatamente iguais de $H^+$ e de $OH^-$, como na água pura, diz-se que a solução está em **pH neutro**. Nesse pH, a concentração de $H^+$ e de $OH^-$ pode ser calculada a partir do produto iônico da água como segue:

$$K_w = [H^+][OH^-] = [H^+]^2 = [OH^-]^2$$

Resolvendo para $[H^+]$, tem-se:

$$[H^+] = \sqrt{K_w} = \sqrt{1 \times 10^{-14} \text{ M}^2}$$
$$[H^+] = [OH^-] = 10^{-7} \text{ M}$$

▶ **P3** Como o produto iônico da água é constante, quando $[H^+]$ é maior que $1 \times 10^{-7}$ M, a concentração de $[OH^-]$ deve ser menor que $1 \times 10^{-7}$ M, e vice-versa. Quando a concentração de $[H^+]$ é muito alta, como na solução de ácido clorídrico, a concentração de $[OH^-]$ deve ser bem baixa. A partir do produto iônico da água, pode-se calcular $[H^+]$ se a concentração de $[OH^-]$ for conhecida, e vice-versa.

### EXEMPLO 2-2  Cálculo de [H⁺]

Qual é a concentração de $H^+$ em uma solução de 0,1 M de NaOH? Como NaOH é uma base forte, ele se dissocia completamente em $Na^+$ e $OH^-$.

**SOLUÇÃO:** Iniciamos com a equação do produto iônico da água:

$$K_w = [H^+][OH^-]$$

Para $[OH^-] = 0,1$ M, resolvendo para $[H^+]$, tem-se

$$[H^+] = \frac{K_w}{[OH^-]} = \frac{1 \times 10^{-14} \text{ M}^2}{0,1 \text{ M}} = \frac{10^{-14} \text{ M}^2}{10^{-1} \text{ M}}$$
$$= 10^{-13} \text{ M}$$

### EXEMPLO 2-3  Cálculo de [OH⁻]

Qual é a concentração de $OH^-$ em uma solução contendo $H^+$ na concentração de $1,3 \times 10^{-4}$ M?

**SOLUÇÃO:** Iniciamos com a equação do produto iônico da água:

$$K_w = [H^+][OH^-]$$

Para $[H^+] = 1,3 \times 10^{-4}$ M, resolvendo para $[OH^-]$, tem-se

$$[OH^-] = \frac{K_w}{[H^+]} = \frac{1 \times 10^{-14} \text{ M}^2}{1,3 \times 10^{-4} \text{ M}} = 7,7 \times 10^{-11} \text{ M}$$

Em todos os cálculos, deve-se ter o cuidado de arredondar a resposta para o número correto de algarismos significativos, como acima.

### A escala de pH indica as concentrações de H⁺ e OH⁻

O produto iônico da água, $K_w$, é base da **escala de pH** (**Tabela 2-5**). É um meio conveniente de designar a concentração de $H^+$ (e, portanto, de $OH^-$) em qualquer solução aquosa no intervalo entre 1,0 M $H^+$ e 1,0 M $OH^-$. O símbolo p denota "logaritmo negativo de". O termo **pH** é definido pela expressão

$$\text{pH} = \log\frac{1}{[H^+]} = -\log[H^+]$$

Para uma solução neutra a 25 °C, na qual a concentração de íons hidrogênio é de $1,0 \times 10^{-7}$ M, o pH pode ser calculado como segue:

$$\text{pH} = \log\frac{1}{1,0 \times 10^{-7}} = 7,0$$

Observe que a concentração de $H^+$ deve ser expressa em termos molares (M).

O valor de 7 para o pH de uma solução neutra não é um número escolhido arbitrariamente; é derivado do valor absoluto do produto iônico da água a 25 °C, que, por uma coincidência conveniente, é um valor inteiro. Soluções com pH maior que 7 são alcalinas ou básicas; a concentração de

| TABELA 2-5 | Escala de pH | | |
|---|---|---|---|
| [H⁺] (M) | pH | [OH⁻] (M) | pOH[a] |
| $10^0$ (1) | 0 | $10^{-14}$ | 14 |
| $10^{-1}$ | 1 | $10^{-13}$ | 13 |
| $10^{-2}$ | 2 | $10^{-12}$ | 12 |
| $10^{-3}$ | 3 | $10^{-11}$ | 11 |
| $10^{-4}$ | 4 | $10^{-10}$ | 10 |
| $10^{-5}$ | 5 | $10^{-9}$ | 9 |
| $10^{-6}$ | 6 | $10^{-8}$ | 8 |
| $10^{-7}$ | 7 | $10^{-7}$ | 7 |
| $10^{-8}$ | 8 | $10^{-6}$ | 6 |
| $10^{-9}$ | 9 | $10^{-5}$ | 5 |
| $10^{-10}$ | 10 | $10^{-4}$ | 4 |
| $10^{-11}$ | 11 | $10^{-3}$ | 3 |
| $10^{-12}$ | 12 | $10^{-2}$ | 2 |
| $10^{-13}$ | 13 | $10^{-1}$ | 1 |
| $10^{-14}$ | 14 | $10^0$ (1) | 0 |

[a] A expressão pOH às vezes é utilizada para descrever a alcalinidade, ou concentração, de $OH^-$ de uma solução; o pOH é definido pela expressão pOH = $-\log[OH^-]$, que é análoga à expressão para o pH. Observe que, em todos os casos, pH + pOH = 14.

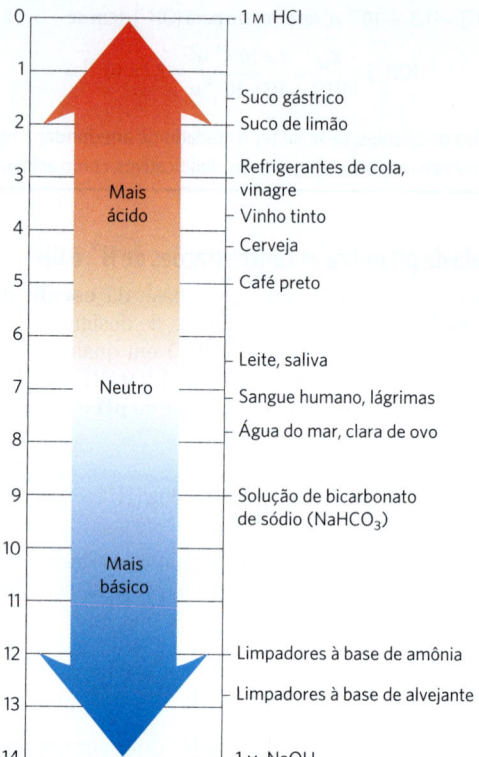

**FIGURA 2-14** O pH de alguns fluidos aquosos.

$OH^-$ é maior que a de $H^+$. Inversamente, soluções com pH menor que 7 são ácidas.

Deve-se sempre ter em mente que a escala de pH é logarítmica, e não aritmética. Então, dizer que duas soluções diferem em 1 unidade de pH significa que a concentração de $H^+$ em uma das soluções é dez vezes maior do que na outra, mas não indica a magnitude absoluta da diferença. A **Figura 2-14** mostra os valores de pH de alguns fluidos aquosos comuns. Um refrigerante de sabor cola (pH 3,0) ou um vinho tinto (pH 3,7) têm uma concentração de íons $H^+$ de aproximadamente 10 mil vezes a do sangue (pH 7,4).

Determinações precisas do pH em laboratórios de química ou de análises clínicas são feitas com eletrodos de vidro que são sensíveis a concentrações de $H^+$, mas insensíveis a $Na^+$, $K^+$ e outros cátions. Nos medidores de pH, o sinal do eletrodo de vidro vindo da solução-teste é amplificado e comparado com o sinal gerado por uma solução cujo pH seja conhecido com exatidão.

A medição do pH é um dos mais importantes e frequentes procedimentos realizados na bioquímica. O pH afeta a estrutura e a atividade das macromoléculas biológicas, de modo que uma pequena mudança no pH pode causar uma grande mudança na estrutura e na função de uma proteína. Medir o pH no sangue e na urina é muito comum para o diagnóstico clínico. O pH do plasma sanguíneo de pessoas com diabetes grave não controlado, por exemplo, está geralmente abaixo do valor normal de 7,4; essa condição é denominada **acidose** (detalhadamente discutida a seguir). Em outras doenças, o pH do sangue pode ser mais elevado do que o normal, uma condição conhecida como **alcalose**. Acidose ou alcalose extremas colocam a pessoa em risco de vida (ver **Quadro 2-1**).

## QUADRO 2-1 MEDICINA

### Sendo sua própria cobaia (não tente fazer isso em casa!)

> Eu queria descobrir o que aconteceria com um homem se ele fosse mais ácido ou mais alcalino [...] Pode-se, é claro, fazer experimentos com uma cobaia inicialmente, e algum trabalho já foi feito nesse sentido, mas é difícil ter certeza de como uma cobaia se sente em um dado momento. Na verdade, algumas cobaias não fazem questão nenhuma de cooperar.
> —J. B. S. Haldane, *Possible Worlds*, 1928

Um século atrás, o fisiologista e geneticista J. B. S. Haldane e seu colega H. W. Davies decidiram fazer um experimento neles mesmos para estudar como o organismo controla o pH sanguíneo. Eles se alcalinizaram por meio de hiperventilação e ingestão de bicarbonato de sódio, o que os deixou com dificuldade respiratória e uma cefaleia muito forte. Eles tentaram se acidificar ingerindo ácido clorídrico, mas calcularam que teriam de tomar quatro litros de ácido clorídrico diluído para chegar ao efeito desejado, e meio litro já seria suficiente para dissolver os dentes e queimar a garganta. Por fim, Haldane se deu conta de que, se comesse cloreto de amônio, ele seria degradado no organismo, liberando ácido clorídrico e amônia. A amônia seria convertida em ureia, menos prejudicial, no fígado (esse processo está descrito detalhadamente na Fig. 18-10). O ácido clorídrico se combinaria com o bicarbonato de sódio, que existe em todos os tecidos, produzindo cloreto de sódio e dióxido de carbono. Esse experimento levaria a uma respiração ofegante, que simularia a acidose diabética e a doença renal em estágio final.

Simultaneamente, Ernst Freudenberg e Paul György, pediatras em Heidelberg, estavam estudando a tetania — contrações musculares que ocorrem nas mãos, nos braços, nos pés e na laringe — em crianças. Eles sabiam que algumas vezes ocorria tetania em pacientes que perderam grandes quantidades de ácido clorídrico por vômito constante, e chegaram à conclusão de que, se a alcalinização dos tecidos produz tetania, a acidificação poderia curá-la. Quando leram a publicação de Haldane sobre os efeitos do cloreto de amônio, eles tentaram administrá-lo a bebês com tetania e ficaram maravilhados ao ver que a tetania passava em poucas horas. Esse tratamento não removeu a causa primária da tetania, mas forneceu tempo para crianças e para o médico investigar e tratar as causas.

## Ácidos fracos e bases fracas têm constantes de dissociação ácida características

Os ácidos clorídrico, sulfúrico e nítrico normalmente são considerados ácidos fortes, pois são completamente ionizados em soluções aquosas diluídas. As bases fortes NaOH e KOH também se ionizam completamente. O que mais interessa aos bioquímicos é o comportamento de ácidos e bases fracos — aqueles não são completamente ionizados quando dissolvidos em água. Eles estão sempre presentes nos sistemas biológicos e desempenham papéis importantes no metabolismo e na sua regulação. O comportamento de soluções aquosas de ácidos e bases fracas é melhor entendido definindo-se primeiramente alguns termos.

Ácidos (na definição de Brønsted-Lowry) são doadores de prótons, e bases são aceptores de prótons. Quando um doador de prótons como o ácido acético ($CH_3COOH$) perde um próton, ele se torna o aceptor de prótons correspondente, nesse caso, o ânion acetato ($CH_3COO^-$). Um doador de prótons e seu aceptor de prótons correspondente constituem um **par conjugado ácido-base** (**Fig. 2-15**), relacionado com a reação reversível

$$CH_3COOH \rightleftharpoons CH_3COO^- + H^+$$

Cada ácido tem uma tendência característica de perder o seu próton em soluções aquosas. Quanto mais forte for o ácido, maior será a tendência de perder seu próton. **P2** A tendência de qualquer ácido (HA) a perder um próton e formar sua base conjugada ($A^-$) é definida pela constante de equilíbrio ($K_{eq}$) para a reação reversível

$$HA \rightleftharpoons H^+ + A^-$$

para a qual

$$K_{eq} = \frac{[H^+][A^-]}{[HA]} = K_a$$

As constantes de equilíbrio para as reações de ionização são comumente chamadas de **constantes de ionização** ou **constantes de dissociação ácida**, com frequência designadas por $K_a$. As constantes de dissociação de alguns ácidos estão apresentadas na Figura 2-15. Ácidos mais fortes, como os ácidos fosfórico e carbônico, têm constantes de ionização maiores; ácidos mais fracos, como o fosfato mono-hidrogenado ($HPO_4^{2-}$), têm constantes de ionização menores.

A Figura 2-15 também inclui os valores de **p$K_a$**, que é análogo ao pH e definido pela equação

$$pK_a = \log \frac{1}{K_a} = -\log K_a$$

Quanto mais forte for a tendência de dissociar um próton, mais forte será o ácido e mais baixo será o seu p$K_a$. Como veremos agora, o p$K_a$ de qualquer ácido fraco pode ser determinado experimentalmente.

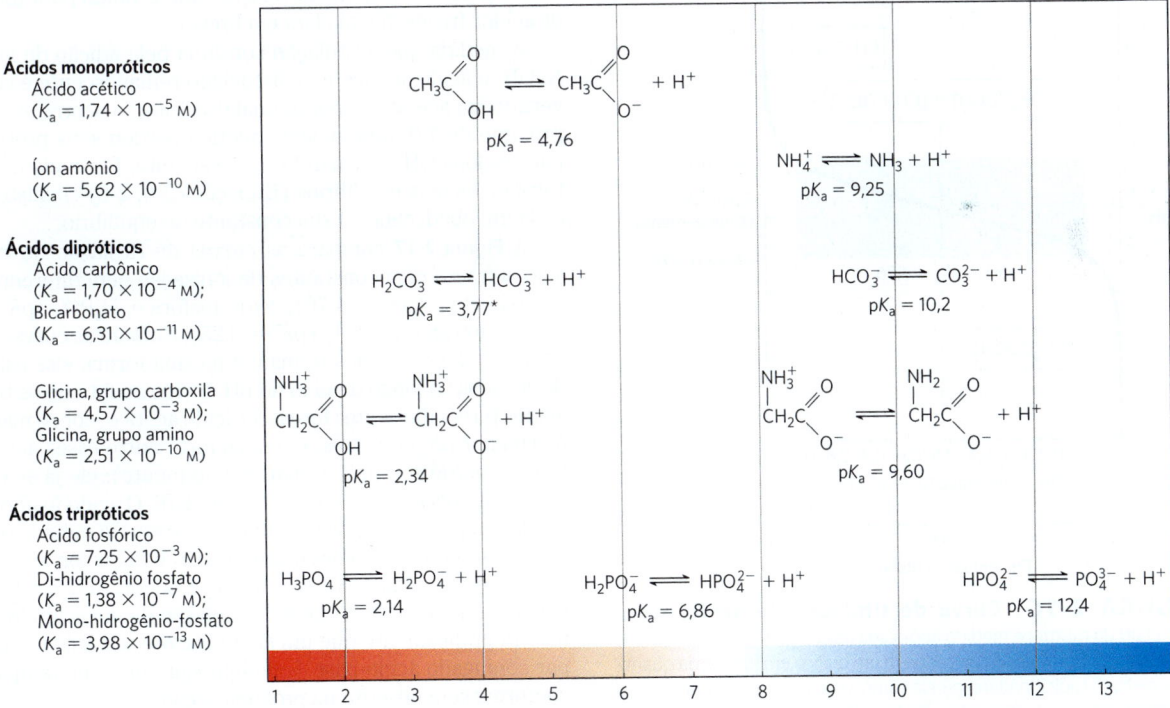

**FIGURA 2-15** **Pares conjugados ácido-base são constituídos por um doador de prótons e um aceptor de prótons.** Alguns compostos, como o ácido acético e o íon amônio, são monopróticos, isto é, eles só podem doar um próton. Outros são dipróticos (ácido carbônico e glicina) ou tripróticos (ácido fosfórico). As reações de dissociação de cada par estão mostradas nos pontos onde elas ocorrem ao longo de um gradiente de pH. A constante de equilíbrio ou dissociação (K) e o seu logaritmo negativo, o p$K_a$, de cada reação estão indicadas. *Consulte a página 63 para uma explicação sobre as aparentes discrepâncias dos valores de p$K_a$ do ácido carbônico ($H_2CO_3$); para o di--hidrogênio fosfato ($H_2PO_4^-$), consulte a página 58.

## A determinação do p$K_a$ de ácidos fracos é feita por curvas de titulação

A titulação é usada para determinar a quantidade de um ácido em determinada solução. Um dado volume do ácido é titulado com uma solução de base forte, geralmente hidróxido de sódio (NaOH), de concentração conhecida. A adição de NaOH é feita aos poucos até o ácido ser consumido (neutralizado), o que é determinado com um indicador que desenvolve cor ou um medidor de pH. A concentração do ácido na solução original pode ser calculada a partir do volume e da concentração de NaOH que foi adicionado. A quantidade de ácido e base na titulação é comumente expressa em termos de equivalentes, em que um equivalente é a quantidade de substância que reage com, ou fornece, 1 mol de íons de hidrogênio em uma reação ácido-base. Lembre-se de que para os ácidos monopróticos, como o HCl, 1 mol = 1 equivalente, e para os ácidos dipróticos, como o $H_2SO_4$, 1 mol = 2 equivalentes.

Um gráfico de pH contra a quantidade de NaOH adicionada (uma **curva de titulação**) revela o p$K_a$ do ácido fraco. Considere a titulação de 0,1 M de solução de ácido acético com 0,1 M de NaOH em 25 °C (**Fig. 2-16**). Duas reações reversíveis de equilíbrio estão envolvidas no processo (aqui, por simplicidade, o ácido acético será designado por HAc):

$$H_2O \rightleftharpoons H^+ + OH^- \quad (2\text{-}5)$$

$$HAc \rightleftharpoons H^+ + Ac^- \quad (2\text{-}6)$$

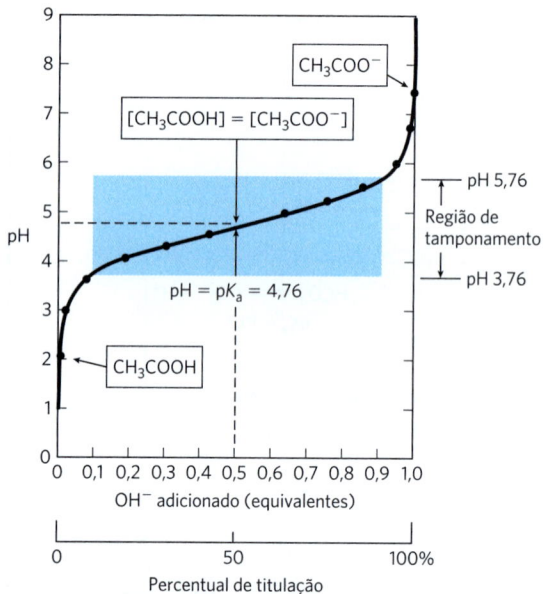

**FIGURA 2-16 Curva de titulação do ácido acético.** O pH da mistura é medido após cada adição de NaOH à solução de ácido acético. Esse valor é colocado em um gráfico em função da quantidade de NaOH adicionada, expressa como a fração da concentração total necessária para converter todo o ácido acético ($CH_3COOH$) na sua forma desprotonada, acetato ($CH_3COO^-$). Os pontos obtidos geram a curva de titulação. Nos retângulos, estão mostradas as formas iônicas predominantes nos pontos indicados. No ponto central da titulação, as concentrações de doadores de prótons e aceptores de prótons são iguais, e o pH é numericamente igual ao p$K_a$. A zona sombreada é a região útil com poder tamponante, geralmente entre 10 e 90% da titulação de um ácido fraco.

Os equilíbrios devem ocorrer simultaneamente, de acordo com as suas constantes de equilíbrio características, que são, respectivamente,

$$K_w = [H^+][OH^-] = 1 \times 10^{-14} \, M^2 \quad (2\text{-}7)$$

$$K_a = \frac{[H^+][Ac^-]}{[HAc]} = 1{,}74 \times 10^{-5} \, M \quad (2\text{-}8)$$

No início da titulação, antes da adição de NaOH, o ácido acético já se encontra parcialmente ionizado, em um valor que pode ser calculado a partir da sua constante de ionização (Equação 2-8).

À medida que NaOH for gradualmente adicionado, o $OH^-$ adicionado combina-se com os íons livres $H^+$ na solução para formar $H_2O$, em uma quantidade que satisfaz a relação de equilíbrio da Equação 2-7. À medida que íons $H^+$ são removidos, o HAc dissocia-se um pouco mais para satisfazer à sua própria constante de equilíbrio (Equação 2-8). O resultado líquido da titulação prossegue, de forma que mais HAc se ioniza, formando $Ac^-$, à medida que o NaOH é adicionado. No ponto central da titulação, no qual exato 0,5 equivalente de NaOH foi adicionado por equivalente do ácido, metade do ácido acético original se dissociou, de forma que a concentração do doador de prótons, [HAc], agora é igual à do aceptor de prótons, [$Ac^-$]. **P2** Nesse ponto central, uma relação muito importante é estabelecida: o pH no qual a solução equimolar de ácido acético e de acetato é exatamente igual ao p$K_a$ do ácido acético (p$K_a$ = 4,76; Figs. 2-15 e 2-16). A base dessa relação, que é válida para todos os ácidos fracos, ficará clara em breve.

À medida que a titulação continua pela adição de mais NaOH, o ácido acético não dissociado remanescente é convertido em acetato. O ponto final da titulação ocorre em pH próximo de 7,0: todo o ácido acético perdeu seus prótons para os íons $OH^-$, formando $H_2O$ e acetato. Por meio da titulação, os dois equilíbrios (Equações 2-5, 2-6) coexistem, cada um obedecendo à sua constante de equilíbrio.

A **Figura 2-17** compara as curvas de titulação de três ácidos fracos com constantes de ionização bem diferentes: ácido acético (p$K_a$ = 4,76); ácido fosfórico, $H_2PO_4^-$ (p$K_a$ = 6,86); e íon amônio, $NH_4^+$ (p$K_a$ = 9,25). Embora as curvas de titulação desses ácidos tenham a mesma forma, elas estão deslocadas ao longo do eixo do pH devido ao fato de os três ácidos terem diferentes forças. O ácido acético, com o maior $K_a$ (menor p$K_a$) dos três, é o mais forte entre esses ácidos fracos (perde seu próton mais prontamente); ele já se encontra dissociado pela metade no pH 4,76. O ácido fosfórico perde um próton menos prontamente, estando metade dissociado e metade não dissociado no pH 6,86. O íon amônio é o ácido mais fraco dos três, e só se encontra dissociado em 50% em pH 9,25. A curva de titulação de um ácido fraco mostra graficamente que um ácido fraco e seu ânion — um par conjugado ácido-base — podem agir como um tampão, conforme será descrito na próxima seção.

Assim como todas as demais constantes de equilíbrio, $K_a$ e p$K_a$ são definidas para condições específicas de concentração (componentes em 1 M) e temperatura (25 °C). Soluções concentradas de tampões não apresentam o comportamento ideal. Por exemplo, o p$K_a$ do ácido fosfórico algumas vezes é dado como 7,2, e outras vezes, como 6,86. O valor maior (p$K_a$ aparente) não está corrigido para os efeitos da concentração

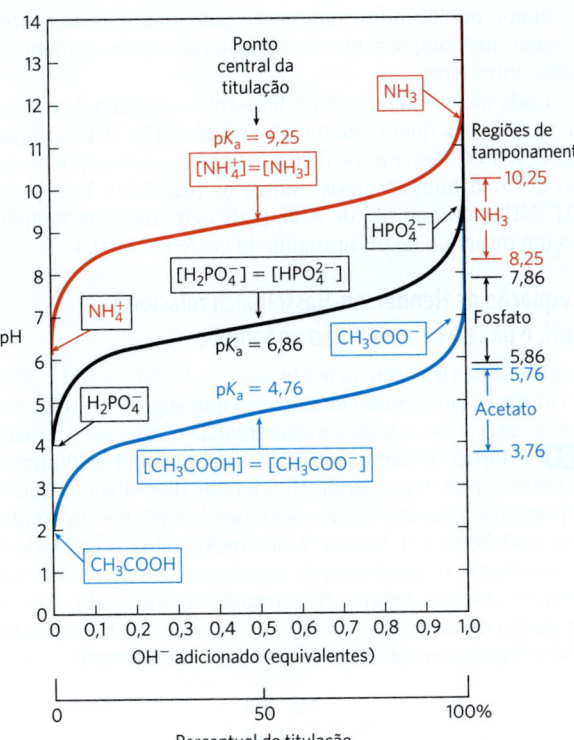

**FIGURA 2-17 Comparação das curvas de titulação de três ácidos fracos.** Aqui estão mostradas as curvas de titulação de $CH_3COOH$, $H_2PO_4^-$ e $NH_4^+$. As formas iônicas predominantes nos pontos indicados da titulação estão destacadas nos retângulos. As regiões com capacidade tamponante estão indicadas à direita. Os pares conjugados ácido-base são tampões efetivos entre aproximadamente 10 e 90% da neutralização das espécies doadoras de prótons.

do tampão, e foi definido como a temperatura de 25 °C. O valor de 6,86 foi corrigido para a concentração do tampão e medido em temperatura fisiológica (37 °C), e provavelmente é uma aproximação do valor mais relevante para os animais de sangue quente. Ao longo deste livro, será utilizado o valor de $pK_a = 6,8$ para o ácido fosfórico.

### RESUMO 2.2  Ionização da água e de ácidos e bases fracas

- A água pura se ioniza levemente, formando um número igual de íons hidrogênio (íons hidrônio, $H_3O^+$) e íons hidróxido.

- A extensão da ionização é descrita pela constante de equilíbrio, $K_{eq} = K_{eq} = \dfrac{[H^+][OH^-]}{[H_2O]}$, da qual resulta o produto iônico da água, $K_w$. A 25 °C,

$$K_w = [H^+][OH^-] = (55,5 \text{ M})(K_{eq}) = 10^{-14} \text{ M}^2$$

- O pH de uma solução aquosa reflete, em escala logarítmica, a concentração de íons hidrogênio:

$$pH = \log \dfrac{1}{[H^+]} = -\log [H^+]$$

- Ácidos fracos se ionizam parcialmente, liberando um íon hidrogênio, baixando, assim, o pH de uma solução aquosa. Bases fracas aceitam um íon hidrogênio, aumentando o pH. A extensão desses processos é característica de cada ácido ou base fraca e é expressa como a constante de dissociação ácida:

$$K_{eq} = \dfrac{[H^+][A^-]}{[HA]} = K_a$$

- $pK_a$ expressa, em uma escala logarítmica, a força relativa de um ácido fraco ou base fraca:

$$pK_a = \log \dfrac{1}{K_a} = -\log K_a$$

- Quanto mais forte for o ácido, menor será o valor do seu $pK_a$, e quanto mais forte for a base, maior será o valor do $pK_a$. O $pK_a$ pode ser determinado experimentalmente; é o pH no ponto central da curva de titulação.

## 2.3 Tamponamento versus mudanças no pH em sistemas biológicos

Quase todos os processos biológicos dependem do pH; uma pequena mudança no pH leva a uma grande mudança na velocidade do processo. Isso é válido não somente para as muitas reações nas quais os íons $H^+$ participam diretamente, mas também para aquelas reações nas quais aparentemente não há participação de íons $H^+$. **P4** As enzimas que catalisam reações celulares e muitas das moléculas sobre as quais elas agem contêm grupos ionizáveis que têm valores de $pK_a$ característicos. Os grupos amino e carboxila protonados dos aminoácidos e os grupos fosfato dos nucleotídeos, por exemplo, agem como ácidos fracos; seus estados iônicos são determinados pelo pH do meio onde se encontram. (Quando um grupo ionizável é sequestrado no meio de uma proteína, longe do solvente aquoso, o seu $pK_a$, ou o $pK_a$ aparente, pode ser significativamente diferente do seu $pK_a$ quando em água.) Como observado anteriormente, as interações iônicas estão entre as forças que estabilizam as moléculas de proteína e permitem que uma enzima reconheça e se ligue ao seu respectivo substrato.

Células e organismos mantêm um pH citosólico específico e constante, em geral nas proximidades de pH 7, mantendo as biomoléculas em seu estado iônico ideal. Em organismos multicelulares, o pH dos líquidos extracelulares também é rigorosamente regulado. A manutenção do pH é feita principalmente por tampões biológicos: misturas de ácidos fracos e suas bases conjugadas.

### Tampões são misturas de ácidos fracos e suas bases conjugadas

Os **tampões** são sistemas aquosos que tendem a resistir a mudanças de pH quando são adicionadas pequenas quantidades de ácido ($H^+$) ou base ($OH^-$). Um sistema tampão consiste em um ácido fraco (o doador de prótons) e a sua base conjugada (o aceptor de prótons). Por exemplo, uma mistura de concentrações iguais de ácido acético e íons acetato, situada no ponto central da curva de titulação na Figura 2-16, é um sistema tampão. Observe que a curva de titulação do ácido acético tem uma zona relativamente plana que se estende por cerca de 1 unidade de pH em ambos os lados do pH de ponto central de 4,76. Nessa zona, uma dada quantidade de $H^+$ ou $OH^-$ adicionada ao sistema tem muito menos efeito sobre o pH do que a mesma quantidade adicionada fora dessa zona. Essa zona relativamente plana é a **região de tamponamento** do par tampão ácido acético/acetato. No ponto central da região de tamponamento, no qual a concentração do doador de prótons (ácido acético) é exatamente igual à do aceptor de prótons (acetato), a força de tamponamento do sistema é máxima; isto é, o pH muda menos pela adição de $H^+$ ou $OH^-$. O pH nesse ponto na curva de titulação do ácido acético é igual ao seu $pK_a$ aparente. O pH do sistema tampão do acetato muda levemente quando uma pequena quantidade de $H^+$ ou $OH^-$ é adicionada, mas essa mudança é muito pequena quando comparada com a mudança de pH que resultaria se a mesma quantidade de $H^+$ ou $OH^-$ fosse adicionada à água pura ou a uma solução de um sal de um ácido forte e de uma base forte, como o NaCl, que não tem poder tamponante.

O tamponamento resulta do equilíbrio entre duas reações reversíveis ocorrendo em uma solução na qual as concentrações de doador de prótons e de seu aceptor de prótons conjugado são quase iguais. A **Figura 2-18** explica como um sistema tampão funciona. Sempre que $H^+$ ou $OH^-$ é adicionado a um tampão, o resultado é uma pequena mudança na relação entre as concentrações relativas dos ácidos fracos e seus ânions e, portanto, uma pequena mudança no pH. Um decréscimo na concentração de um componente do sistema é equilibrado exatamente pelo aumento do outro. A soma dos componentes do tampão não muda, somente a razão entre eles.

Cada par conjugado ácido-base tem uma zona de pH característica na qual é um tampão efetivo (Fig. 2-17). O par $H_2PO_4^-/HPO_4^{2-}$ tem $pK_a$ de 6,86 e, portanto, pode servir como um sistema tampão efetivo entre os pHs 5,9 e 7,9; o par $NH_4^+/NH_3$, com um $pK_a$ de 9,25, pode agir como um tampão em um intervalo de pH aproximado entre 8,3 e 10,3.

### A equação de Henderson-Hasselbalch relaciona o pH, o $pK_a$ e a concentração do tampão

As curvas de titulação do ácido acético, $H_2PO_4^{2-}$ e $NH_4^+$ (Fig. 2-17) têm formas quase idênticas, o que sugere que elas refletem uma lei ou relação fundamental. De fato, esse é o caso.

A forma da curva de titulação de qualquer ácido fraco é descrita pela equação de Henderson-Hasselbalch, que é importante para entender a ação dos tampões e do equilíbrio acidobásico no sangue e nos tecidos dos vertebrados. Essa equação é simplesmente uma forma útil de reescrever a expressão da constante de ionização de um ácido. Para a ionização de um ácido fraco HA, a equação de Henderson-Hasselbalch pode ser derivada da seguinte maneira:

$$K_a = \frac{[H^+][A^-]}{[HA]}$$

Primeiro, resolve-se para $[H^+]$:

$$[H^+] = K_a \frac{[HA]}{[A^-]}$$

Então, usa-se o logaritmo negativo em ambos os lados da equação:

$$-\log[H^+] = -\log K_a - \log \frac{[HA]}{[A^-]}$$

Substituindo pH por $-\log[H^+]$ e $pK_a$ por $-\log K_a$, tem-se:

$$pH = pK_a - \log \frac{[HA]}{[A^-]}$$

Agora, invertendo $-\log[HA]/[A^-]$, o que envolve a mudança do sinal, chega-se à **equação de Henderson-Hasselbalch**:

$$pH = pK_a + \log \frac{[A^-]}{[HA]} \qquad (2\text{-}9)$$

Essa equação é válida para as curvas de titulação de todos os ácidos fracos e permite deduzir algumas relações quantitativas importantes. Por exemplo, ela mostra por que o $pK_a$ de um ácido fraco é igual ao pH de uma solução no ponto central da titulação. Nesse ponto, $[HA] = [A^-]$, e

$$pH = pK_a + \log 1 = pK_a + 0 = pK_a$$

A equação de Henderson-Hasselbalch também permite: (1) calcular o $pK_a$, dado o pH e a razão molar do doador e do aceptor de prótons; (2) calcular o pH, dado o $pK_a$ e a razão molar entre o doador e o aceptor de prótons; e (3) calcular a razão molar entre doador e aceptor de prótons, dados o pH e o $pK_a$.

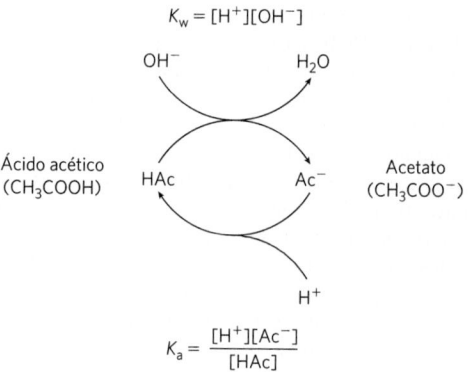

**FIGURA 2-18 O par ácido acético/acetato constitui um sistema tampão.** O sistema é capaz de absorver tanto $H^+$ quanto $OH^-$ por meio da reversibilidade da reação de dissociação do ácido acético. O doador de prótons, ácido acético (HAc), contém uma reserva de $H^+$ que pode ser liberada para neutralizar uma adição de $OH^-$ ao sistema, formando $H_2O$. Isso acontece porque o produto $[H^+][OH^-]$ transitoriamente ultrapassa o $K_w$ ($1 \times 10^{-14} M^2$). O equilíbrio rapidamente se ajusta para restaurar o produto em $1 \times 10^{-14} M^2$ (a 25 °C), reduzindo temporariamente a concentração de $H^+$. Agora, o quociente $[H^+][Ac^-]/[HAc]$ é menor que $K_a$, então HAc se dissocia ainda mais para restaurar o equilíbrio. De maneira similar, a base conjugada $Ac^-$ pode reagir com íons $H^+$ adicionados ao sistema; novamente, as duas reações de ionização simultaneamente chegam ao equilíbrio. Portanto, um par conjugado ácido-base, como o ácido acético e o íon acetato, tende a resistir a mudanças no pH quando pequenas quantidades de ácido ou base são adicionadas. A ação tamponante é simplesmente a consequência de duas reações reversíveis acontecendo simultaneamente e atingindo os seus pontos de equilíbrio determinados pelas constantes de equilíbrio, $K_w$ e $K_a$.

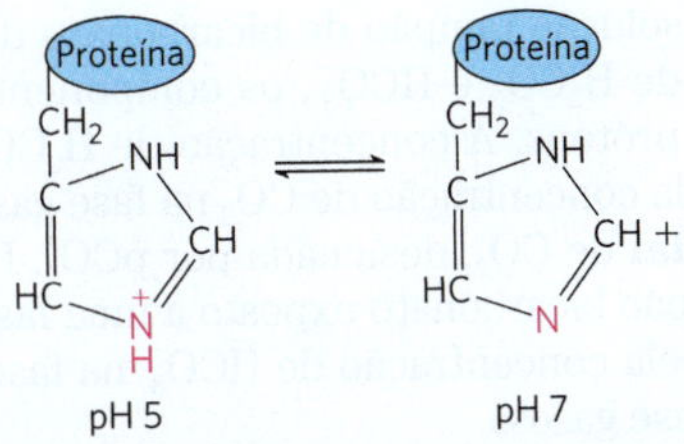

**FIGURA 2-19 Ionização da histidina.** O aminoácido histidina, um componente das proteínas, é um ácido fraco. O p$K_a$ do nitrogênio protonado da cadeia lateral é 6,0.

## Ácidos ou bases fracas tamponam células e tecidos contra mudanças no pH

**P3** Os líquidos intracelular e extracelular dos organismos multicelulares têm como característica um pH praticamente constante. A primeira linha de defesa dos organismos contra mudanças internas no pH é feita por sistemas tampão. O citoplasma da grande maioria das células contém altas concentrações de proteínas, que, por sua vez, contêm muitos aminoácidos com grupos funcionais que são ácidos fracos ou bases fracas. Por exemplo, a cadeia lateral da histidina (**Fig. 2-19**) tem p$K_a$ de 6,0 e, por isso, pode existir tanto nas formas protonadas quanto nas formas desprotonadas próximo ao pH neutro. Proteínas contendo resíduos de histidina, portanto, são tampões efetivos próximos ao pH neutro.

### EXEMPLO 2-4 Ionização da histidina

Calcule a proporção de histidina da cadeia lateral imidazólica protonada em pH 7,3. Os valores p$K_a$ da histidina são p$K_1$ = 1,8, p$K_2$ (imidazol) = 6,0 e p$K_3$ = 9,2 (ver Fig. 3-12b).

**SOLUÇÃO:** Os três grupos ionizáveis na histidina têm valores de p$K_a$ suficientemente diferentes (diferentes em pelo menos 2 unidades de pH), de forma que o primeiro ácido (—COOH) fica completamente ionizado antes de o segundo (imidazol protonado) começar a dissociar um próton, e o segundo se ioniza quase completamente antes que o próton do terceiro (—NH$_3^+$) comece a dissociar seu próton. (Com a equação de Henderson-Hasselbalch, é possível mostrar facilmente que um ácido fraco passa de 1% ionizado em 2 unidades de pH abaixo do seu p$K_a$ para 99% ionizado em 2 unidades de pH acima de seu p$K_a$; ver também Fig. 3-12b.) Em pH 7,3, o grupo carboxila da histidina está inteiramente desprotonado (—COO$^-$) e o grupo α-amino está completamente protonado (—NH$_3^+$). Assim, pode-se pressupor que, em pH 7,3, o único grupo que está parcialmente dissociado é o grupo imidazólico, que pode estar protonado (abreviado como HisH$^+$) ou não protonado (His).

Aplicando-se a equação de Henderson-Hasselbalch:

$$pH = pK_a + \log \frac{[A^-]}{[HA]}$$

Substituindo p$K_2$ por 6,0 e pH por 7,3, tem-se:

$$7,3 = 6,0 + \log \frac{[His]}{[HisH^+]}$$

$$1,3 = + \log \frac{[His]}{[HisH^+]}$$

$$\text{antilog } 1,3 = \frac{[His]}{[HisH^+]} = 2,0 \times 10^1$$

Obtém-se a *razão* de [His] para [HisH$^+$] (nesse caso, de 20 para 1). É necessário converter essa razão para a *fração* da histidina total que está na forma desprotonada His em pH 7,3. Essa fração é 20/21 (20 partes de His para cada 1 parte de HisH$^+$ *em um total de 21 partes de histidina* na soma das duas formas), ou cerca de 95,2%; o restante (100% menos 95,2%) está protonado — aproximadamente 5%.

Nucleotídeos como ATP, assim como muitos metabólitos de baixa massa molecular, contêm grupos ionizáveis que podem contribuir para o poder tamponante do citoplasma. Algumas organelas altamente especializadas e compartimentos extracelulares apresentam altas concentrações de compostos que colaboram com a capacidade de tamponamento: ácidos orgânicos tamponam os vacúolos das células das plantas; amônia tampona a urina.

Dois tampões biológicos especialmente importantes são o sistema fosfato e o sistema bicarbonato. O sistema tampão fosfato, que atua no citoplasma de todas as células, consiste em H$_2$PO$_4^-$ como doador de prótons e HPO$_4^{2-}$ como aceptor de prótons:

$$H_2PO_4^- \rightleftharpoons H^+ + HPO_4^{2-}$$

O sistema tampão fosfato é mais efetivo em pH próximo ao seu p$K_a$ de 6,86 (Figs. 2-15, 2-17) e, portanto, tende a resistir a mudanças de pH em um intervalo entre 5,9 e 7,9. Ele é, então, um tampão efetivo em fluidos biológicos; nos mamíferos, por exemplo, os líquidos extracelulares e a maioria dos compartimentos citoplasmáticos têm pH no intervalo de 6,9 a 7,4.

### EXEMPLO 2-5 Tampões fosfato

**(a)** Qual é o pH de uma mistura de 0,042 M de NaH$_2$PO$_4$ e 0,058 M de Na$_2$HPO$_4$?

**SOLUÇÃO:** Usamos a equação de Handerson-Hasselbalch, expressa como

$$pH = pK_a + \log \frac{[\text{base conjugada}]}{[\text{ácido}]}$$

Nesse caso, o ácido (a espécie que doa um próton) é H$_2$PO$_4^-$, e a base conjugada (a espécie que ganha um próton) é HPO$_4^{2-}$. Substituindo a concentração dada de ácido e base conjugados e o valor de p$K_a$ (6,86), obtém-se

$$pH = 6,86 + \log \frac{[0,058]}{[0,042]} = 6,86 + 0,14 = 7,0$$

É possível conferir aproximadamente esse resultado. Quando houver mais base conjugada do que ácido, o ácido está mais que 50% titulado, e, portanto, o pH está acima do p$K_a$ (6,86), quando o ácido está exatamente 50% titulado.

**(b)** De quanto será a alteração no pH provocada pela adição de 1,0 mL de solução de NaOH 10,0 M a 1 litro de tampão preparado como em (a)?

**SOLUÇÃO:** Um litro do tampão contém 0,042 mol de NaH$_2$PO$_4$. A adição de 1,0 mL de solução NaOH 10 M (0,010 mol) poderia titular uma quantidade equivalente (0,010 mol) de NaH$_2$PO$_4$ para Na$_2$HPO$_4$, resultando em 0,032 mol de NaH$_2$PO$_4$ e 0,068 mol de Na$_2$HPO$_4$. O novo pH será:

$$pH = pK_a + \log \frac{[HPO_4^{2-}]}{[H_2PO_4^-]}$$

$$= 6,86 + \log \frac{0,068}{0,032} = 6,86 + 0,33 = 7,2$$

**(c)** Qual será o pH final caso 1,0 mL de solução de NaOH 10 M for adicionado a 1 litro de água pura em pH 7,0? Compare esse resultado com a resposta encontrada em (b).

**SOLUÇÃO:** NaOH se dissocia completamente em Na$^+$ e OH$^-$, dando [OH$^-$] = 0,010 mol/L = 1,0 × 10$^{-2}$ M. Pode-se definir o termo pOH como sendo análogo a pH para expressar a [OH$^-$] de uma solução. O pOH é o logaritmo negativo da [OH$^-$], então, no nosso exemplo, pOH = 2,0. Dado que em todas as soluções pH + pOH = 14 (ver Tabela 2-5), o pH da solução é 12. Assim, uma quantidade de NaOH que aumente o pH da água de 7 para 12 aumentará o pH de uma solução tamponada, como em (b), de 7,0 para apenas 7,2. O poder do tamponamento é enorme.

Por que pH + pOH = 14?

$$K_w = 10^{-14} = [H^+][OH^-]$$

Tomando os logaritmos negativos de ambos os lados da reação, tem-se

$$-\log(10^{-14}) = -\log[H^+] + -\log[OH^-]$$
$$14 = -\log[H^+] + -\log[OH^-]$$
$$14 = pH + pOH$$

**▶ P3** O plasma sanguíneo é tamponado em parte pelo sistema tampão do bicarbonato, consistindo em ácido carbônico (H$_2$CO$_3$) como doador de prótons e bicarbonato (HCO$_3^-$) como aceptor de prótons ($K_1$ é a primeira das várias constantes de equilíbrio no sistema tampão do bicarbonato):

$$H_2CO_3 \rightleftharpoons H^+ + HCO_3^-$$

$$K_1 = \frac{[H^+][HCO_3^-]}{[H_2CO_3]}$$

Esse sistema tampão é mais complexo que outros pares ácido-base conjugados, uma vez que um de seus componentes, o ácido carbônico (H$_2$CO$_3$), é formado a partir de dióxido de carbono dissolvido (aq) e água, em uma reação reversível:

$$CO_2(aq) + H_2O \rightleftharpoons H_2CO_3$$

$$K_2 = \frac{[H_2CO_3]}{[CO_2(aq)][H_2O]}$$

O dióxido de carbono é um gás sob condições normais, e o CO$_2$ dissolvido em uma solução aquosa está em equilíbrio com o CO$_2$ na fase gasosa (g):

$$CO_2(g) \rightleftharpoons CO_2(aq)$$

$$K_a = \frac{[CO_2(aq)]}{[CO_2(g)]}$$

O pH de uma solução tampão de bicarbonato depende da concentração de H$_2$CO$_3$ e HCO$_3^-$, os componentes doador e receptor de prótons. A concentração de H$_2$CO$_3$, por sua vez, depende da concentração de CO$_2$ na fase gasosa, ou da **pressão parcial** de CO$_2$, designada por pCO$_2$. Portanto, o pH de um tampão bicarbonato exposto a uma fase gasosa é determinado pela concentração de HCO$_3^-$ na fase aquosa e pela pCO$_2$ na fase gasosa.

A solução tampão de bicarbonato é um tampão fisiológico efetivo em pH próximo de 7,4, uma vez que o H$_2$CO$_3$ do plasma sanguíneo está em equilíbrio com a grande capacidade de reserva de CO$_2$ (g) existente no ar contido nos pulmões. Como discutido anteriormente, esse sistema tampão envolve três equilíbrios reversíveis, nesse caso, entre o CO$_2$ gasoso nos pulmões e o bicarbonato (HCO$_3^-$) no plasma sanguíneo (**Fig. 2-20**).

O sangue pode captar H$^+$, como, por exemplo, do ácido láctico produzido no tecido muscular durante um exercício vigoroso. De outra forma, ele pode perder H$^+$, como pela protonação da NH$_3$ produzida durante o catabolismo das proteínas. Quando H$^+$ é adicionado ao sangue à medida que ele passa pelos tecidos, a reação 1 da Figura 2-20 se desloca para um novo equilíbrio, no qual a [H$_2$CO$_3$] aumenta. Isso, por sua vez, aumenta a [CO$_2$(aq)] no sangue (reação 2), aumentando, assim, a pressão parcial de CO$_2$(g) no espaço aéreo dos pulmões (reação 3); o CO$_2$ excedente é exalado. Inversamente, quando H$^+$ é perdido do sangue, a situação se inverte e mais H$_2$CO$_3$ é dissociado em H$^+$ e HCO$_3^-$ e, portanto, mais CO$_2$(g) dos pulmões se dissolve dentro do plasma sanguíneo. A frequência respiratória — que é a taxa de inalação e exalação — pode ajustar rapidamente esses equilíbrios para manter o pH sanguíneo relativamente constante. A frequência respiratória é controlada pelo tronco encefálico, onde a detecção de um aumento de pCO$_2$ no sangue ou uma diminuição do pH sanguíneo desencadeia uma respiração mais profunda e com maior frequência.

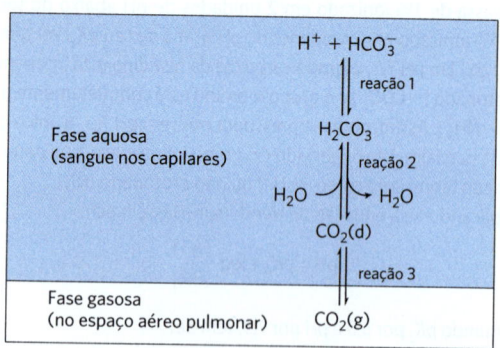

**FIGURA 2-20 Sistema tampão do bicarbonato.** No espaço aéreo pulmonar, o CO$_2$ está em equilíbrio com o tampão bicarbonato no plasma sanguíneo que circula pelos capilares pulmonares. Como a concentração de CO$_2$ dissolvido pode ser ajustada rapidamente por mudanças na frequência respiratória, o sistema tampão bicarbonato do sangue está próximo do equilíbrio com um grande reservatório potencial de CO$_2$.

A hiperventilação, respiração acelerada às vezes provocada por estresse ou ansiedade, inverte o balanço normal entre o $O_2$ inspirado e o $CO_2$ expirado, favorecendo que mais $CO_2$ seja expirado, elevando, assim, o pH do sangue para 7,45 ou mais e causando alcalose. Essa alcalose pode levar a tontura, dor de cabeça, fraqueza e perda de consciência. Um remédio caseiro para a alcalose leve é respirar brevemente em um saco de papel. O ar dentro do saco fica enriquecido em $CO_2$, e a inalação desse ar aumenta a concentração de $CO_2$ no sangue e no organismo, levando à diminuição do pH sanguíneo.

No pH normal do plasma sanguíneo (7,4), muito pouco $H_2CO_3$ está presente em comparação com $HCO_3^-$, e a adição de uma pequena quantidade de base ($NH_3$ ou $OH^-$) poderia titular esse $H_2CO_3$, exaurindo a capacidade tamponante. A importância do papel do $H_2CO_3$ ($pK_a = 3{,}57$ a 37 °C) no tamponamento do plasma sanguíneo (pH ~ 7,4) parece contradizer a afirmação anterior de que um tampão é mais efetivo na escala de 1 unidade de pH acima e abaixo do valor de $pK_a$. A explicação para esse paradoxo aparente é a grande reserva de $CO_2$ dissolvida no sangue, referida como $CO_2(aq)$. O rápido equilíbrio com $H_2CO_3$ leva à formação de mais $H_2CO_3$:

$$CO_2(aq) + H_2O \rightleftharpoons H_2CO_3$$

Na clínica médica, é útil ter uma maneira simples de expressar o pH do sangue em termos de $CO_2(aq)$, o qual geralmente é monitorado com outros gases sanguíneos. Pode-se definir uma constante, $K_h$, que é a constante de equilíbrio para a hidratação de $CO_2$, formando $H_2CO_3$:

$$K_h = \frac{[H_2CO_3]}{[CO_2(aq)]}$$

(A concentração de água é tão grande (55,5 M) que a dissolução de $CO_2$ não muda a $[H_2O]$ significativamente de modo que a $[H_2O]$ se torna parte da constante $K_h$.) Então, considerando-se o estoque de $CO_2(aq)$, é possível expressar $[H_2CO_3]$ como $K_h[CO_2(aq)]$, e substituir $[H_2CO_3]$ na equação da dissociação ácida do $H_2CO_3$:

$$K_a = \frac{[H^+][HCO_3^-]}{[H_2CO_3]} = \frac{[H^+][HCO_3^-]}{K_h[CO_2(aq)]}$$

Agora, o equilíbrio total para a dissociação do $H_2CO_3$ pode ser expresso como:

$$K_h K_a = K_{combinada} = \frac{[H^+][HCO_3^-]}{[CO_2(aq)]}$$

É possível calcular o valor da nova constante, $K_{combinada}$, e o correspondente p$K$ aparente, ou p$K_{combinada}$, a partir dos valores determinados experimentalmente de $K_h$ ($3{,}0 \times 10^{-3}$ M) e $K_a$ ($2{,}7 \times 10^{-4}$ M) a 37 °C:

$$K_{combinada} = 3{,}0 \times 10^{-3} \text{ M})(2{,}7 \times 10^{-4} \text{ M})$$
$$= 8{,}1 \times 10^{-7} \text{ M}^2$$
$$pK_{combinada} = 6{,}1$$

Na clínica médica, é comum se referir ao $CO_2(aq)$ como o ácido conjugado e usar o valor de 6,1 do $pK_a$ aparente, ou combinado, para simplificar os cálculos de pH a partir da $[CO_2(aq)]$. A concentração de $CO_2$ dissolvido é função de $pCO_2$, que, nos pulmões, é cerca de 4,8 kilopascais (kPa), correspondendo a $[H_2CO_3] \approx 1{,}2$ mM. No plasma, $[HCO_3^-]$ é cerca de 24 mM, de modo que $[HCO_3^-]/[H_2CO_3]$ é cerca de 20, e o pH do sangue é $6{,}1 + \log 20 \approx 7{,}4$.

## O diabetes não controlado produz uma acidose que traz risco de vida

**P4** A evolução de muitas das enzimas que agem no sangue foi no sentido de ter atividade máxima entre pH 7,35 e 7,45, a faixa de pH normal do plasma sanguíneo humano. As enzimas geralmente apresentam atividade catalítica máxima em um pH característico, chamado de **pH ótimo** (**Fig. 2-21**). Em geral, a atividade catalítica diminui rapidamente quando o pH muda para qualquer um dos lados desse pH ótimo. Portanto, uma pequena mudança no pH pode fazer uma grande diferença na velocidade de algumas reações cruciais catalisadas por enzimas. O controle biológico do pH das células e dos fluidos biológicos é de importância central em todos os aspectos do metabolismo e das atividades celulares. Mudanças no pH sanguíneo têm consequências fisiológicas marcantes, como pode ser visto nos experimentos perigosos descritos no Quadro 2-1.

Em pessoas com diabetes *mellitus* não controlado, a falta de insulina, ou a insensibilidade à insulina, perturba a captação de glicose do sangue para dentro dos tecidos e os força a utilizar como principal combustível a reserva de ácidos graxos. Devido a razões que serão descritas em detalhes posteriormente (ver Capítulo 23), essa dependência de ácidos graxos leva ao acúmulo de altas concentrações de dois ácidos carboxílicos, o ácido β-hidroxibutírico e o

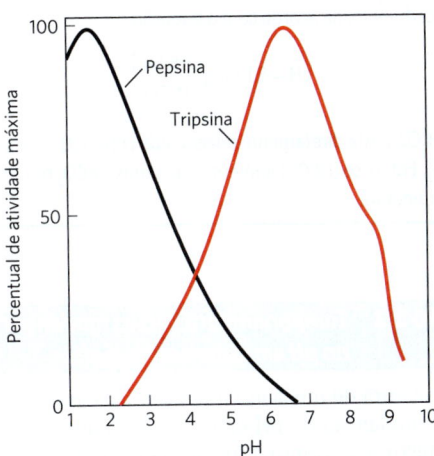

**FIGURA 2-21 O pH ótimo de algumas enzimas.** A pepsina é uma enzima digestiva secretada no suco gástrico cujo pH próximo de 1,5 possibilita que ela funcione de forma ótima. A tripsina, uma enzima digestiva que age no intestino delgado, tem um pH ótimo que se assemelha ao pH neutro do lúmen do intestino delgado.

ácido acetoacético (um nível combinado de 90 mg/100 mL no plasma sanguíneo, comparado com < 3 mg/100 mL nos indivíduos saudáveis; excreção urinária de 5 g/24 h, comparada com < 125 mg/24 h nos indivíduos saudáveis). A dissociação desses ácidos diminui o pH do plasma sanguíneo para valores inferiores a 7,35. **P3** A acidose grave (caracterizada por baixo pH sanguíneo) leva a sintomas como cefaleia, tontura, vômitos e diarreia, seguidos de estupor, convulsões e coma, provavelmente porque, em pH mais baixos, algumas enzimas já não funcionam otimamente. Quando um paciente apresenta glicose alta no sangue, baixo pH plasmático e altos níveis de ácido $\beta$-hidroxibutírico e ácido acetoacético na urina e no sangue, o diagnóstico mais provável é diabetes *mellitus*.

Outras condições também podem produzir acidose. Jejum e inanição, por exemplo, forçam o uso dos estoques de ácidos graxos como combustível, com as mesmas consequências geradas pelo diabetes. Esforço físico intenso, como corrida de atletismo ou ciclistas, leva a um acúmulo temporário de ácido láctico no sangue. A insuficiência renal leva a uma diminuição da capacidade de regular os níveis de bicarbonato. Doenças pulmonares (como enfisema, pneumonia e asma) reduzem a capacidade de eliminar o $CO_2$ produzido por oxidação dos combustíveis nos tecidos, com o resultante acúmulo de $H_2CO_3$.

O tratamento da acidose é feito de acordo com a condição apresentada — administração de insulina para pessoas com diabetes e esteroides ou antibióticos para pessoas com doenças pulmonares. A acidose grave pode ser revertida pela administração intravenosa de solução de bicarbonato.

### EXEMPLO 2-6 Tratamento da acidose com bicarbonato

Por que a administração intravenosa de uma solução de bicarbonato aumenta o pH do plasma sanguíneo?

**SOLUÇÃO:** A relação entre $[HCO_3^-]$ e $[CO_2(aq)]$ determina o pH do tampão de bicarbonato, de acordo com a equação

$$pH = 6{,}1 + \log \frac{[HCO_3^-]}{H_2CO_3}$$

em que $[H_2CO_3]$ está diretamente relacionada com $pCO_2$, a pressão parcial de $CO_2$. Então, se $[HCO_3^-]$ aumentar sem que o $pCO_2$ mude, o pH do sangue aumentará.

### RESUMO 2.3 Tamponamento versus mudanças no pH em sistemas biológicos

■ Uma mistura de um ácido fraco (ou base fraca) e seu sal resiste a mudanças de pH causadas pela adição de $H^+$ ou $OH^-$. A mistura, portanto, funciona como um tampão.

■ O pH de uma solução de um ácido ou base fraca e seus sais é dado pela equação de Henderson-Hasselbalch:

$$pH = pK_a + \log \frac{[A^-]}{[HA]}.$$

■ Em células e tecidos, tampões de fosfato e bicarbonato mantêm os líquidos intracelular e extracelular em pH próximo de 7,4. As enzimas geralmente têm atividade ótima próximo desse pH fisiológico.

■ Condições de saúde (p. ex., diabetes não controlado), que diminuem o pH sanguíneo, causando acidose, ou aumentam o pH, causando alcalose, podem levar à morte.

### TERMOS-CHAVE

*Os termos em negrito estão definidos no glossário.*

**ligação de hidrogênio** 44
**energia da ligação** 44
**hidrofílico** 46
**hidrofóbico** 46
**anfipático** 46
**efeito hidrofóbico** 48
**micelas** 48
**interações de van der Waals** 49
osmolaridade 52
**osmose** 52
isotônico 52
hipertônico 52
hipotônico 52
**constante de equilíbrio $(K_{eq})$** 54

**produto iônico da água $(K_w)$** 55
**pH** 55
**acidose** 56
**alcalose** 56
**par conjugado ácido-base** 57
**constante de dissociação ácida $(K_a)$** 57
**$pK_a$** 57
**curva de titulação** 58
**tampão** 59
região de tamponamento 60
**equação de Henderson-Hasselbalch** 60
**pH ótimo** 63

### QUESTÕES

**1. Efeito do ambiente local na intensidade das ligações iônicas** O sítio de ligação ao ATP de uma enzima está localizado no interior da enzima, em um ambiente hidrofóbico. Suponha que a interação iônica entre uma enzima e o ATP ocorra na superfície da enzima, exposta à água. A interação dessa enzima com o substrato passa a ser mais forte ou mais fraca? Por quê?

**2. Vantagens biológicas das interações fracas** As associações entre moléculas biológicas geralmente são estabilizadas por ligações de hidrogênio, interações eletrostáticas, efeito hidrofóbico e interações de van der Waals. Como interações fracas como essas trazem vantagens para os organismos?

**3. Solubilidade do etanol em água** O etano ($CH_3CH_3$) e o etanol ($CH_3CH_2OH$) diferem nas suas estruturas moleculares por apenas um átomo; ainda assim, o etanol é muito mais solúvel em água que o etano. Descreva as características do etanol que o fazem ser mais solúvel em água do que o etano.

**4. Cálculo do pH a partir da concentração de íons hidrogênio** Qual é o pH de uma solução na qual a concentração de $H^+$ é **(a)** $1{,}75 \times 10^{-5}$ mol/L; **(b)** $6{,}50 \times 10^{-10}$ mol/L; **(c)** $1{,}0 \times 10^{-4}$ mol/L; **(d)** $1{,}50 - 10^{-5}$ mol/L?

**5. Cálculo da concentração de íons hidrogênio a partir do pH** Qual é a concentração de $H^+$ em uma solução com pH **(a)** 3,82; **(b)** 6,52; **(c)** 11,11?

**6. Acidez do HCl do suco gástrico** O técnico de um laboratório hospitalar obteve uma amostra de 10,0 mL do suco gástrico de um paciente várias horas depois de uma refeição e titulou a amostra com NaOH 0,1 M até a neutralidade. A neutralização do HCl necessitou de 7,2 mL de NaOH. O estômago do paciente não continha nenhuma comida ou bebida no momento da coleta. Portanto, se supõe que não havia nenhum tampão no material coletado. Qual era o pH do suco gástrico?

**7. Cálculo do pH de um ácido forte ou base forte**
**(a)** Escreva a reação de dissociação ácida para o ácido clorídrico.
**(b)** Calcule o pH de uma solução de $5{,}0 \times 10^{-4}$ M de ácido clorídrico.
**(c)** Escreva a reação de dissociação ácida para o hidróxido de sódio.
**(d)** Calcule o pH de uma solução de $7 \times 10^{-5}$ M de hidróxido de sódio a 25 °C.

**8. Cálculo do pH da concentração de um ácido forte** Calcule o pH de uma solução preparada pela diluição de 3,0 mL de HCl 2,5 M em um volume final de 100 mL com $H_2O$.

**9. Determinação dos níveis de acetilcolina por mudança de pH** Tem-se uma amostra de 15 mL de acetilcolina (um neurotransmissor) de concentração desconhecida com pH 7,65. Essa amostra foi incubada com a enzima acetilcolinesterase para converter toda a acetilcolina em colina e ácido acético. O ácido acético se dissocia, produzindo acetato e íons hidrogênio.

A determinação do pH após a incubação mostrou que ele baixou para 6,87. Supondo que não há tampão na mistura de reação, determine o número de nanomols de acetilcolina na amostra original de 15 mL.

**10. Relação entre $pK_a$ e pH** Qual das soluções tem pH mais baixo: ácido fluorídrico 0,1 M ($pK_a = 3{,}20$); ácido acético 0,1 M ($pkK_a = 4{,}86$); ácido fórmico 0,1 M ($pK_a = 3{,}75$); ácido láctico 0,1 M ($pK_a = 7{,}86$)?

**11. Propriedades dos ácidos fortes e fracos** Classifique cada ácido ou propriedade que represente um ácido forte ou um ácido fraco: **(a)** ácido clorídrico; **(b)** ácido acético; **(c)** forte tendência a dissociar prótons; **(d)** $K_a$ maior; **(e)** dissocia-se parcialmente em íons; **(f)** $pK_a$ maior.

**12. Vinagre artificial** Uma maneira de fabricar vinagre é preparar uma solução de ácido acético, o único componente ácido do vinagre, no pH adequado (ver Fig. 2-14) e adicionar agentes aromatizantes. O ácido acético é líquido a 25 °C, tem massa molecular ($M_r$) de 60, densidade de 1,049 g/mL e constante de dissociação ácida ($K_a$) de $1{,}7 \times 10^{-5}$ M. Calcule o volume de ácido acético necessário para produzir 1 L de vinagre artificial usando água destilada (ver Fig. 2-15).

**13. Identificação de bases conjugadas** Escreva a base conjugada dos seguintes ácidos: **(a)** $H_3PO_4$; **(b)** $H_2CO_3$; **(c)** $CH_3COOH$; **(d)** $CH_3NH_3^+$.

**14. Cálculo do pH de uma mistura de um ácido fraco e sua base conjugada** Calcule o pH de uma solução diluída que contém acetato de potássio e ácido acético ($pK_a = 4{,}76$) nas seguintes relações molares: **(a)** 2:1; **(b)** (1:3); **(c)** 5:1; **(d)** 1:1; **(e)** 1:10.

**15. Efeito do pH na solubilidade** As propriedades altamente polares das ligações de hidrogênio da água a tornam um excelente solvente para espécies iônicas (carregadas). Em contrapartida, moléculas orgânicas não ionizadas e apolares, como o benzeno, são relativamente insolúveis em água. Em princípio, a solubilidade em água de qualquer ácido ou base orgânica pode ser aumentada pela conversão das moléculas em suas respectivas espécies iônicas. Por exemplo, a solubilidade do ácido benzoico em água é baixa. A adição de bicarbonato de sódio a uma mistura de água e ácido benzoico aumenta o pH e desprotona o ácido benzoico, formando um íon benzoato, que é bastante solúvel em água.

Categorize os compostos a seguir com base em quais são os mais solúveis em solução aquosa de NaOH 0,1 M ou solução aquosa de HCl 0,1 M. (Os prótons dissociados estão mostrados em vermelho.)

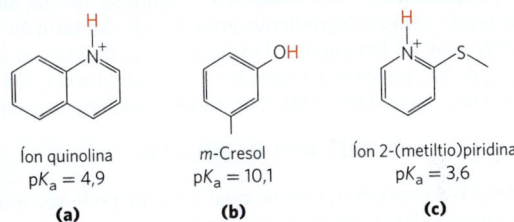

Íon quinolina  m-Cresol  Íon 2-(metiltio)piridina
$pK_a = 4{,}9$   $pK_a = 10{,}1$   $pK_a = 3{,}6$
**(a)**        **(b)**        **(c)**

**16. Tratamento da erupção cutânea por hera venenosa** O urushiol, componente de uma planta que causa ardência na pele característica, é uma mistura de catecóis substituídos com várias cadeias longas de grupos alquila.

Qual dos seguintes tratamentos seria mais eficaz para remover os catecóis da superfície da pele depois do contato com a planta? Justifique sua resposta.
**(a)** Lavar a área com água fria.
**(b)** Lavar a área com vinagre diluído ou suco de limão.
**(c)** Lavar a área com sabão e água.
**(d)** Lavar a área com sabão, água e bicarbonato de sódio.

**17. pH e absorção de medicamentos** O ácido acetilsalicílico é um ácido fraco com $pK_a$ de 3,5 (o H ionizável está mostrado em vermelho):

O ácido acetilsalicílico é absorvido para o sangue pelas células que revestem o estômago e o intestino delgado. A absorção necessita que ele atravesse a membrana plasmática. A polaridade da molécula determina a velocidade de absorção; moléculas carregadas e altamente polares atravessam lentamente enquanto que moléculas hidrofóbicas neutras atravessam rapidamente. O pH do conteúdo estomacal é de cerca de 1,5, e o pH do conteúdo do intestino delgado é de aproximadamente 6. Com base nessas informações, o ácido acetilsalicílico é absorvido em maior quantidade para a corrente sanguínea a partir do estômago ou do intestino delgado? Justifique claramente a sua resposta.

**18. Cálculo do pH a partir das concentrações molares** O $pK_a$ de $NH_4^+/NH_3$ é 9,25. Calcule o pH de uma solução contendo 0,12 M de $NH_4Cl$ e 0,03 M de NaOH.

**19. Cálculo do pH após a titulação com um ácido fraco** Determinado composto tem um $pK_a$ de 7,4. São acrescentados 100 mL de uma solução 1,0 M desse composto em pH 8,0 a 30 mL de uma solução de HCl 1,0 M. Qual é o pH da solução resultante?

**20. Propriedades dos tampões** O aminoácido glicina é muito usado como o ingrediente principal de um tampão em experimentos de bioquímica. O grupo amino da glicina, que tem $pK_a$ de 9,6, pode existir tanto na forma protonada ($-NH_3^+$) quanto como base livre ($-NH_2$), devido ao equilíbrio reversível

$$R-NH_3^+ \rightleftharpoons R-NH_2 + H^+$$

**(a)** Qual é o intervalo de pH no qual a glicina pode ser usada como tampão efetivo devido ao seu grupo amino?
**(b)** Em uma solução de 0,1 M de glicina em pH 9, qual é a proporção de glicina que tem os seus grupos amino na forma $-NH_3^+$?
**(c)** Quanto KOH 5 M deve ser adicionado a 1 L de uma solução de glicina 0,1 M a pH 9,0 para mudar o pH para exatamente 10,0?
**(d)** Qual é a relação numérica entre o pH da solução e o $pK_a$ do grupo amino quando 99% da glicina estiver na sua forma $-NH_3^+$?

**21. Determinação do $pK_a$ de um grupo ionizável por titulação** Supondo que uma bioquímica tem 10 mL de solução 1,0 M de um composto que tem dois grupos ionizáveis em pH 8,0. Ela adiciona 10,0 mL de HCl 1,00 M, o que muda o pH para 3,20. O valor do $pK_a$ de um dos grupos ($pK_1$) é 3,8, e sabe-se que o $pK_2$ fica entre 7 e 10. Qual é o valor exato do $pK_2$?

**22. Cálculo do pH de uma solução de ácido poliprótico** O aminoácido histidina tem grupos com $pK_a$ 1,8, 6,0 e 9,2, como mostrado a seguir (His = grupo imidazol). Uma bioquímica prepara 100 mL de uma solução 0,10 M de histidina com pH 5,40. Então, ela adiciona 40 mL de HCl 0,1 M. Qual é o pH da solução resultante?

**23. Cálculo do pH original a partir do pH final após titulação** Um bioquímico tem 100 mL de uma solução a 0,100 M de um ácido fraco com $pK_a$ de 6,3. Ele adiciona 6,0 mL de HCl 1,0 M, o que muda o pH para 5,7. Qual era o pH da solução original?

**24. Preparo de um tampão fosfato** O ácido fosfórico ($H_3PO_4$), um ácido triprótico, tem três $pK_a$ (2,14, 6,86 e 12,4). Qual é a relação molar de $HPO_4^{2-}$ para $H_2PO_4^-$ quando em solução que produza pH 7,0? Dica: somente um dos valores de $pK_a$ é relevante nesse caso.

**25. Preparação de um tampão padrão para calibração de um pH-metro** O eletrodo de vidro usado em pH-metros comerciais responde proporcionalmente à concentração dos íons de hidrogênio presentes. Para converter essas respostas para uma leitura do valor de pH, é necessário calibrar o eletrodo com soluções padrão cujas concentrações de $H^+$ sejam conhecidas. O preparo de um tampão padrão com pH 7,0 usa di-hidrogênio fosfato ($NaH_2PO_4 \cdot H_2O$, FW 138) e mono-hidrogênio fosfato dissódico ($Na_2HPO_4$; FW 142). O ácido fosfórico ($H_3PO_4$), um ácido triprótico, tem três valores de $pK_a$: 2,14, 6,86 e 12,4. Calcule o peso, em gramas, de di-hidrogênio fosfato sódico e hidrogênio fosfato dissódico para preparar 1,0 L de um tampão padrão com concentração total de fosfato de 0,10 M (ver Figura 2-15).

**26. Cálculo das relações molares de conjugados base e ácido fraco a partir do pH** Calcule a relação entre a base conjugada e o ácido existente em pH 5,0 para um ácido com $pK_a = 6,0$.

**27. Preparo de um tampão com pH e força conhecidos** Têm-se à disposição soluções de ácido acético ($pK_a = 4,76$) e acetato de sódio, ambas a 0,10 M. Quantos mililitros da solução de ácido acético e da solução de acetato de sódio precisam ser misturados para preparar 1,0 L de tampão acetato 0,10 M a pH 4,0?

**28. Escolha do ácido fraco para preparar um tampão** Determine qual dos seguintes ácidos fracos é o mais indicado para preparar tampões com pH 3,0, pH 5,0 ou pH 9,0:
**(a)** ácido fórmico ($pK_a = 3,8$); **(b)** ácido acético ($pK_a = 4,76$); **(c)** amônio ($pK_a = 9,25$); **(d)** ácido bórico ($pK_a = 9,24$); **(e)** ácido cloracético ($pK_a = 2,87$); **(f)** ácido hidrazoico ($pK_a = 4,6$). Justifique brevemente sua resposta.

**29. Trabalhando com tampões** Um tampão contém 0,010 mol de ácido láctico ($pK_a = 3,86$) e 0,050 mol de lactato de sódio por litro.
**(a)** Calcule o pH do tampão.
**(b)** Calcule a mudança no pH causada pela adição de 5,0 mL de HCl 0,5 M a 1 L de tampão.

**(c)** Que mudança de pH se espera caso essa mesma quantidade de HCl fosse adicionada a 1 L de água pura?

**30. Uso das concentrações molares no cálculo do pH** Qual é o pH de uma solução que contém 0,20 M de acetato de sódio e 0,60 M de ácido acético ($pK_a = 4,76$)?

**31. Preparação de tampão acetato** Calcule as concentrações de ácido acético ($pK_a = 4,76$) e acetato de sódio necessárias para preparar tampão acetato 0,2 M com pH 5,0.

**32. pH da secreção de defesa de insetos** Você está observando um inseto que se defende dos inimigos secretando um líquido cáustico. Uma análise do líquido revelou uma concentração total de formato mais ácido fórmico ($K_a = 1,8 \times 10^{-4}$) de 1,45 M. Análises complementares mostraram concentração do íon formato de 0,015 M. Qual é o pH da secreção?

**33. Cálculo do $pK_a$** Um composto desconhecido, X, tem um grupo carboxila com $pK_a$ de 2,0 e outro grupo ionizável com $pK_a$ entre 5 e 8. Quando 75 mL de NaOH 0,1 M são adicionados a 100 mL de uma solução de 0,1 M de X em pH 2,0, o pH aumenta para 6,72. Calcule o $pK_a$ do segundo grupo ionizável de X.

**34. Formas ionizadas dos aminoácidos em diferentes níveis de pH** A glicina é um ácido diprótico que sofre duas reações de dissociação, uma para o grupo α-amino ($-NH_3^+$) e outra para o grupo carboxila ($-COOH$); portanto, tem dois valores de $pK_a$. O grupo carboxila tem um $pK_1$ de 2,34 e o grupo α-amino tem um $pK_2$ de 9,60. A glicina pode existir totalmente desprotonada ($NH_2-CH_2-COOH^-$), totalmente protonada ($^+NH_3-CH_2-COOH$) ou na forma zwitteriônica ($^+NH_3-CH_2-COO^-$). Determine qual forma da glicina está presente em maior concentração em soluções com: **(a)** pH 1,0; **(b)** pH 6,0; **(c)** pH 7,0; **(d)** pH 8,0; e **(e)** pH 11,9. Explique sua resposta relacionando o pH com os dois valores de $pK_a$.

**35 Controle do pH sanguíneo pela respiração**
**(a)** A pressão parcial de $CO_2$ ($pCO_2$) nos pulmões pode variar rapidamente conforme a frequência e a profundidade da respiração. Por exemplo, uma providência comum para aliviar soluços é aumentar a concentração de $CO_2$ nos pulmões. Isso pode ser atingido prendendo-se a respiração, respirando lenta e superficialmente (hipoventilação) ou respirando dentro de um saco de papel. Sob essas condições, a $pCO_2$ no espaço aéreo dos pulmões sobe acima do normal. **(a)** Como o aumento da $pCO_2$ nos pulmões pode afetar o pH do sangue?
**(b)** Uma prática comum entre atletas de corridas de curta distância é a respiração rápida e profunda (hiperventilação) por cerca de meio minuto para remover o excesso de $CO_2$ de seus pulmões um pouco antes da corrida começar. Nessas condições, o pH do sangue sobe para 7,6. Explique como a hiperventilação leva ao aumento do pH do sangue.
**(c)** Durante uma corrida de curta distância, os músculos produzem uma grande quantidade de ácido láctico ($CH_3CH(OH)COOH$; $K_a = 1,38 \times 10^{-4}$ M) a partir da glicose armazenada. Tendo-se em vista esse fato, por que a hiperventilação antes de uma corrida pode ser vantajosa?

**36. Cálculo do pH do sangue a partir dos níveis de $CO_2$ e bicarbonato** Calcule o pH de uma amostra de plasma com uma concentração total de $CO_2$ de 26,9 mM e uma concentração de bicarbonato de 25,6 mM. Lembre-se, na p. 63 da importância do $pK_a$ do ácido carbônico ser 6,1.

**37. Efeito de prender a respiração sobre o pH do sangue** O pH do líquido extracelular é tamponado pelo sistema bicarbonato/ácido carbônico. Prender a respiração pode aumentar os níveis de $CO_2$ no sangue. Que efeito isso pode ter no pH do líquido extracelular? Explique mostrando as equações de equilíbrio relevantes para esse sistema tampão.

**38. Ponto de ebulição de álcoois e dióis**
**(a)** Ordene os compostos conforme os pontos de ebulição esperados.

$$CH_3-CH_2-OH$$
$$HO-CH_2CH_2CH_2-OH$$
$$CH_3-OH$$
$$HO-CH_2CH_2-OH$$

**(b)** Quais são os fatores importante para predizer os pontos de ebulição desses compostos?

**39. Duração das ligações de hidrogênio** A PCR é uma técnica de laboratório na qual sequências específicas de DNA são copiadas e amplificadas várias vezes. As duas fitas de DNA, que são mantidas unidas em parte devido às ligações de hidrogênio entre elas, são aquecidas em uma solução tampão para separar uma fita da outra e, então, são resfriadas para permitir que voltem a se associar. O que se pode predizer sobre a duração média das ligações de hidrogênio em uma temperatura mais alta em relação a uma temperatura mais baixa?

**40. Eletronegatividade e ligação de hidrogênio** A eletronegatividade de Pauling mede a afinidade de um átomo pelo elétron em uma ligação covalente. Quanto maior for o valor da eletronegatividade, maior será a afinidade do átomo pelo elétron que ele compartilha com o outro átomo.

| Átomo | Eletronegatividade |
|---|---|
| H | 2,1 |
| C | 2,55 |
| S | 2,58 |
| N | 3,04 |
| O | 3,44 |

Observe que, na tabela periódica, o S vem logo abaixo do O.
**(a)** Você espera que $H_2S$ forme ligações de hidrogênio entre si mesmo? E com $H_2O$?
**(b)** A água entra em ebulição a 100 °C. O ponto de ebulição do $H_2S$ é maior ou menor do que o ponto de ebulição da $H_2O$?
**(c)** O $H_2S$ é um solvente mais polar do que a $H_2O$?

**41. Solubilidade de compostos de baixo peso molecular** Muitos dos compostos de baixo peso molecular encontrados nas células estão na forma iônica que eles têm quando em água em pH 7,0.

Liste os cinco compostos na ordem do mais para o menos solúvel em água.

**42. Solubilidade relativa dos álcoois** Liste os álcoois na ordem do mais solúvel para o menos solúvel em água.

$$CH_3-(CH_2)_5-OH \quad CH_3-(CH_2)_{10}-OH$$
$$CH_3-(CHOH)-CH_2-CHOH-CH_2-OH$$

**43. Determinação da carga e da solubilidade de ácidos orgânicos** Suponha que o $pK_a$ de compostos contendo carboxila seja de aproximadamente 3. Suponha que $HOOC-(CH_2)_4-COOH$, $CH_3-(CH_2)_4-COOH$ e $HOOC-(CH_2)_2-COOH$ sejam adicionados à água em pH 7,0.
(a) Qual é a carga líquida de cada um dos compostos quando em solução?
(b) Liste os compostos em ordem do mais solúvel para o menos solúvel.

**44. Efeitos ecológicos do pH** O réu de um processo sobre poluição industrial foi acusado de liberar efluentes com pH 10 em um riacho onde vivem trutas. O autor da ação solicitou que o réu reduzisse o pH do efluente para um valor que não fosse superior a 7. O advogado do réu, querendo agradar ao juiz, prometeu que o seu cliente faria ainda mais: diminuiria o pH para 1!
(a) O advogado do autor da ação poderia aceitar a sugestão do advogado do réu? Por quê?
(b) Quais fatos sobre pH esse advogado deveria conhecer?

**45. pH e osmolaridade do tampão fosfato-salina** O tampão fosfato-salina (PBS) é uma solução normalmente usada em estudos envolvendo tecidos e células animais. Ele é formado por NaCl 137 mM, KCl 2,7 mM, $Na_2HPO_4$ ($pK_a = 2,14$) 10 mM e $KH_2PO_4$ ($pK_a = 6,86$) 1,8 mM. Calcule o pH e a osmolaridade do PBS. Forneça a osmolaridade na unidade de osmol por litro (osm/L).

**46. Ligações de hidrogênio nos pares de base de Watson e Crick** Em 1953, James Watson e Francis Crick descobriram que a base de purina da adenina forma um par com a base de pirimidina timina (ou a base uracila). De maneira semelhante, a base de purina guanina forma um par com a base de pirimidina citosina. Essas bases pareiam devido à formação de ligações de hidrogênio entre purinas e pirimidinas. Mostre as ligações de hidrogênio que se formam (a) quando adenina pareia com timina e (b) quando guanina pareia com citosina.

(a) Adenina   Timina
(b) Guanina   Citosina

### QUESTÃO DE ANÁLISE DE DADOS

**47. Surfactantes "reversíveis"** Moléculas hidrofóbicas não se dissolvem bem em água. Isso torna determinados processos muito difíceis: retirar o resíduo oleoso de alimentos dos pratos, limpar óleo derramado, manter as fases oleosa e aquosa dos molhos de salada bem misturadas e fazer reações químicas que envolvem componentes hidrofílicos e hidrofóbicos.

Surfactantes são uma classe de compostos anfipáticos que incluem sabões, detergentes e emulsificantes. O uso de surfactantes permite que compostos hidrofóbicos sejam suspensos em soluções aquosas pela formação de micelas (ver Fig. 2-7). Uma micela tem um núcleo hidrofóbico, que consiste em compostos hidrofóbicos e "caudas" hidrofóbicas do surfactante, sendo que a superfície das micelas fica recoberta pelas "cabeças" hidrofílicas do surfactante. Uma suspensão de micelas é chamada de emulsão. Quanto mais hidrofílico for o grupo que compõe a cabeça do surfactante, mais potente ele será e maior será a sua capacidade de emulsificar material hidrofóbico.

Quando se utiliza sabão para remover a gordura da louça suja, o sabão forma uma emulsão com a gordura, facilmente removida pela água por meio das interações das moléculas de água com a cabeça hidrofílica das moléculas de sabão. Da mesma maneira, pode-se usar um detergente para emulsificar óleo derramado para a remoção com água. E emulsificantes em molhos industrializados de saladas mantêm o azeite suspenso na mistura à base de água.

Existem algumas situações, como na remoção de derramamentos de óleo, nas quais seria muito útil ter um surfactante "reversível": uma molécula que poderia ser reversivelmente convertida nas formas surfactante e não surfactante.

(a) Imagine que esse surfactante reversível exista. Como esse produto poderia ser usado para limpar um derramamento de óleo e depois recuperar o óleo?

Liu e colaboradores descreveram um protótipo de surfactante reversível no artigo de 2006 "*Surfactantes reversíveis*". A reversibilidade é baseada na seguinte reação:

Forma amidina     Forma amidínio

(b) Dado que o $pK_a$ de um íon amidínio típico é 12,4, em qual direção (para a esquerda ou para a direita) se espera que o equilíbrio da reação acima se desloque? (Ver na Fig. 2-15 os valores de $pK_a$ relevantes.) Justifique sua resposta. Dica: lembre-se da reação $H_2O + C_2O \rightleftharpoons H_2CO_3$.

Liu e colaboradores produziram um surfactante reversível no qual $R = C_{16}H_{33}$. Essa molécula será denominada s-surf.

(c) A forma amidínio do s-surf é um surfactante poderoso; a forma amidina, não. Explique esse fato.

Liu e colaboradores descobriram que poderiam fazer um revezamento entre as duas formas do s-surf por mudanças no gás que eles borbulharam através da solução do surfactante. Eles demonstraram essa mudança pela medida da condutividade elétrica da solução de s-surf com base no fato de que soluções aquosas de compostos iônicos apresentam maior condutividade que soluções de compostos não iônicos. Eles começaram com uma solução contendo a forma amidina do s-surf em água.

Os resultados que obtiveram estão demonstrados a seguir; as linhas tracejadas indicam mudanças no gás usado.

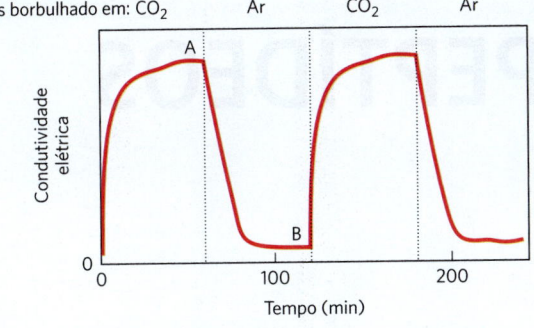

**(d)** Em qual forma a maior parte do s-surf se encontra no ponto A? E no ponto B?
**(e)** Por que a condutividade elétrica aumenta do tempo 0 ao ponto A?
**(f)** Por que a condutividade elétrica decresceu do ponto A para o ponto B?
**(g)** Explique como o s-surf poderia ser usado para limpar e recuperar óleo de um derramamento de óleo.

### Referência

**Liu, Y., P.G. Jessop, M. Cunningham, C.A. Eckert e C.L. Liotta. 2006.** Switchable surfactants. *Science* 313(5789):958-960. https://doi.org/10.1126/science.11288142.

# Capítulo 3

# AMINOÁCIDOS, PEPTÍDEOS E PROTEÍNAS

- 3.1 Aminoácidos  70
- 3.2 Peptídeos e proteínas  80
- 3.3 Trabalhando com proteínas  83
- 3.4 A estrutura das proteínas: estrutura primária  90

As proteínas controlam praticamente todos os processos que ocorrem em uma célula e apresentam uma variedade quase infinita de funções. Para explorar os mecanismos moleculares dos processos biológicos, os bioquímicos estudam quase que inevitavelmente uma ou mais proteínas. As proteínas são as macromoléculas biológicas mais abundantes, uma vez que estão presentes em todas as células e em todas as partes das células. Além disso, há uma grande diversidade de proteínas; milhares de tipos diferentes podem ser encontrados em uma única célula. As proteínas são os instrumentos moleculares pelos quais a informação genética é expressa – os produtos finais mais importantes das vias de informação são discutidos na Parte III deste livro.

As células, ao juntarem os 20 aminoácidos comuns em diferentes combinações e sequências, produzem proteínas com propriedades e atividades surpreendentemente distintas. A partir desses módulos de construção, os diferentes organismos podem gerar uma ampla diversidade de produtos, como enzimas, hormônios, anticorpos, transportadores, componentes que captam luz nas plantas, flagelos de bactérias, fibras musculares, penas, teias de aranha, chifres de rinoceronte, antibióticos e uma infinidade de outras substâncias com funções biológicas variadas (Fig. 3-1). Entre as proteínas, as enzimas são as que têm maior variedade e especializações. Como catalisadoras de quase todas as reações celulares, as enzimas são uma das chaves para compreender a química da vida, tornando-se, assim, um dos pontos centrais em todo curso de bioquímica.

A estrutura e a função das proteínas são os assuntos deste e dos próximos três capítulos. Inicialmente, será apresentada uma descrição das propriedades químicas fundamentais dos aminoácidos, dos peptídeos e das proteínas. Também será abordado como os bioquímicos trabalham com proteínas. O assunto está dividido em quatro princípios:

**P1** **Em todos os seres vivos, as proteínas são formadas a partir de um conjunto comum de 20 aminoácidos.** Cada aminoácido tem uma cadeia lateral com propriedades químicas próprias. Os aminoácidos podem ser vistos como o alfabeto no qual a linguagem da estrutura das proteínas é escrita.

**P2** **Nas proteínas, os aminoácidos estão ligados em uma sequência linear característica por meio de uma ligação amida, a ligação peptídica.** A sequência de aminoácidos de uma proteína constitui a sua estrutura primária, o primeiro nível discutido dentro da alta complexidade da estrutura das proteínas.

**P3** **Para serem estudadas, cada proteína deve ser separada das outras milhares de proteínas presentes nas células. Esse isolamento se baseia nas diferenças de suas propriedades químicas e funcionais, decorrentes de suas distintas sequências de aminoácidos.** As proteínas são um ponto central na bioquímica, e a purificação de proteínas individuais para estudo é a essência do esforço bioquímico.

**P4** **Moldadas pela evolução, as sequências de aminoácidos são a ferramenta-chave para entender a função de determinada proteína e estabelecer relações funcionais e evolutivas.**

## 3.1 Aminoácidos

Proteínas são polímeros de aminoácidos, com cada **resíduo de aminoácido** unido ao seu vizinho por um tipo específico de ligação covalente (o termo "resíduo" indica a perda de elementos de água quando um aminoácido é unido a outro). As proteínas podem ser degradadas (hidrolisadas) em seus aminoácidos constituintes por vários métodos. Os primeiros estudos das proteínas naturalmente se concentraram nos aminoácidos livres que fazem parte das proteínas. Vinte aminoácidos diferentes são comumente encontrados nas proteínas. O primeiro a ser descoberto foi a asparagina, em 1806. O último dos 20 a ser descoberto (treonina) só foi identificado em 1938. Todos os aminoácidos têm nomes comuns ou triviais, em alguns casos derivados da fonte da qual foram isolados pela primeira vez. A asparagina foi descoberta pela primeira vez no aspargo, e o glutamato, no glúten do trigo; a tirosina foi isolada pela primeira vez a partir do queijo (seu nome é derivado do grego *tyros*, "queijo"); e a glicina (do grego *glykos*, "doce") recebeu esse nome devido ao seu sabor adocicado.

## 3.1 AMINOÁCIDOS

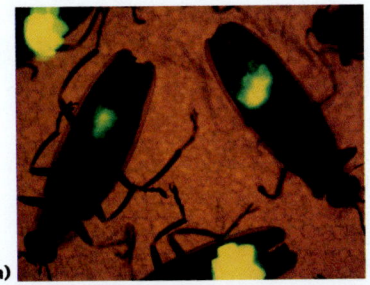
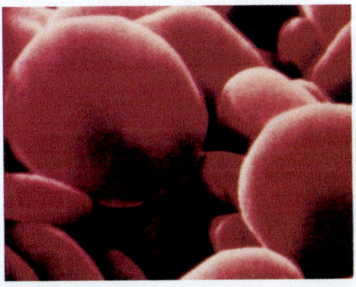

**FIGURA 3-1  Algumas funções das proteínas.** (a) A luz produzida por vaga-lumes é o resultado de uma reação envolvendo a proteína luciferina e o ATP, catalisada pela enzima luciferase (ver Quadro 13-1). (b) Os eritrócitos contêm grandes quantidades da proteína transportadora de oxigênio, a hemoglobina. (c) A proteína queratina, produzida por todos os vertebrados, é o principal componente estrutural de pelos, escamas, chifres, lã, unhas e penas. O rinoceronte-negro está muito próximo de ser extinto no seu ambiente natural devido à crença que há em algumas partes do mundo de que o pó do seu chifre tem propriedades afrodisíacas. Na verdade, as propriedades químicas do pó de chifre de rinoceronte não são diferentes daquelas do pó dos cascos de bovinos ou das unhas das pessoas. [(a) Jeff J. Daly/Alamy. (b) Bill Longcore/Science Source. (c) Mary Cooke/Animals Animals.]

Aprender os nomes, as estruturas e as propriedades químicas dos 20 aminoácidos comuns encontrados nas proteínas é um dos pontos-chave para qualquer estudante que se inicia na bioquímica. Essa necessidade logo fica evidente no suceder dos capítulos. É impossível discutir estrutura, função, sítios de ligação a ligantes, sítios ativos de enzimas e quase todos os outros pontos da bioquímica sem ter essa base. Os aminoácidos são parte do vocabulário da bioquímica.

### Os aminoácidos têm algumas caraterísticas estruturais em comum

▶**P1** Todos os 20 aminoácidos comuns são α-aminoácidos. Eles têm um grupo carboxila e um grupo amino ligados ao mesmo átomo de carbono (o carbono α) (**Fig. 3-2**). Eles diferem-se uns dos outros em suas cadeias laterais, ou **grupos R**, que variam em estrutura, tamanho e carga elétrica e afetam a solubilidade dos aminoácidos em água. Além desses 20 aminoácidos, há muitos outros menos comuns. Alguns têm a cadeia lateral modificada após a proteína ser sintetizada; outros estão presentes nos seres vivos, mas não como constituintes de proteínas; e dois são casos especiais encontrados apenas em algumas proteínas. Aos aminoácidos comuns das proteínas foram atribuídos abreviações de três letras e símbolos de uma letra (ver Tabela 3-1), que são usados para indicar a composição e a sequência de aminoácidos polimerizados nas proteínas.

▶**CONVENÇÃO**  O código de três letras é bastante evidente. Em geral, as abreviações consistem nas três primeiras letras do nome do aminoácido. O código de uma letra foi concebido por Margaret Oakley Dayhoff, considerada por muitos a fundadora do campo da bioinformática. O código de uma letra é o resultado de uma tentativa de reduzir o tamanho dos arquivos de dados (na época da computação com cartões perfurados) utilizados para descrever as sequências de aminoácidos. Esse código foi desenvolvido para ser facilmente memorizado, e saber como foi originado ajuda os estudantes a se lembrarem dele. No caso de seis aminoácidos (CHIMSV), a primeira letra do nome do aminoácido é única e, portanto, utilizada como o símbolo. Para cinco outros (AGLPT), a primeira letra não é única, mas é dada ao aminoácido mais comum nas proteínas (p. ex., leucina é mais comum do que lisina). Para outros quatro, a letra utilizada é foneticamente sugestiva (RFYW: aRginina, Fenilalanina, tirosina [do inglês *tYrosine*], triptofano [do inglês *tWiptophan*]). Os outros foram mais difíceis de abreviar. Para quatro aminoácidos (DNEQ), foram atribuídas letras encontradas em seus nomes ou sugeridas pelos nomes (aspartato [do inglês *asparDic*], asparagiNa, glutamato [do inglês *glutamEke*], glutamina [do inglês *Q-tamine*]). A única restante é a lisina. Sobravam poucas letras no alfabeto, e a letra K foi escolhida porque era a mais próxima de L. ■

Margaret Oakley Dayhoff, 1925-1983 [Fotografia por Dr. Ruth Dayhoff, cortesia de Vincent Brannigan.]

Em todos os aminoácidos comuns, exceto na glicina, o carbono α está ligado a quatro grupos diferentes: um grupo carboxila, um grupo amino, um grupo R e um átomo de hidrogênio (Fig. 3-2; na glicina, o grupo R é outro átomo de hidrogênio). O átomo de carbono α é, portanto, um **centro quiral** (p. 61). Em decorrência do arranjo tetraédrico dos orbitais de ligação em volta do átomo de carbono α, os quatro grupos diferentes podem ocupar dois arranjos espaciais únicos, de modo que os aminoácidos têm dois estereoisômeros possíveis. Uma vez que elas são imagens especulares não sobreponíveis uma na outra (**Fig. 3-3**), as duas formas representam uma classe de estereoisômeros denominada **enantiômeros** (ver Fig. 1-21). Todas as moléculas com um centro quiral também são **opticamente ativas** – isto é, elas giram o plano da luz polarizada (ver Quadro 1-2).

**FIGURA 3-2  Estrutura geral de um aminoácido.** Essa é a estrutura comum de todos os α-aminoácidos, com exceção de um (a prolina, um aminoácido cíclico). Cada aminoácido tem um grupo R, ou cadeia lateral (em roxo), diferente ligado ao carbono α (em cinza).

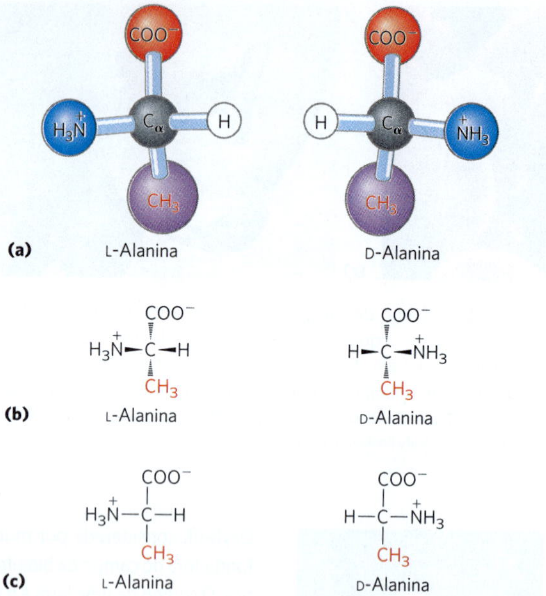

**FIGURA 3-3 Estereoisomeria em α-aminoácidos.** (a) Os dois estereoisômeros da alanina, L e D-alanina, são imagens especulares não sobreponíveis uma à outra (enantiômeros). (b, c) Duas convenções diferentes para representar as configurações espaciais dos estereoisômeros. Em fórmulas de perspectiva (b), as ligações sólidas em forma de cunha projetam-se para fora do plano do papel, e as ligações tracejadas, para trás do plano. Em fórmulas de projeção (c), supõe-se que as ligações horizontais se projetam para a frente do plano do papel, e as ligações verticais, para trás. Entretanto, fórmulas de projeção muitas vezes são usadas casualmente e nem sempre pretendem representar uma configuração estereoquímica específica. Ver a Figura 3-4 para uma explicação sobre o sistema D, L de especificação da configuração absoluta.

**CONVENÇÃO** Duas convenções são utilizadas para identificar os carbonos de um aminoácido – prática que pode causar confusão. Os carbonos adicionais em um grupo R são comumente denominados β, γ, δ, ε, e assim por diante, a partir do carbono α. Para a maioria das outras moléculas orgânicas, os átomos de carbono são simplesmente numerados a partir de uma das extremidades, dando preferência (C-1) ao carbono com o substituinte que contém o átomo de maior número atômico. Nesta última convenção, o carbono carboxílico de um aminoácido seria o C-1, e o carbono α seria o C-2.

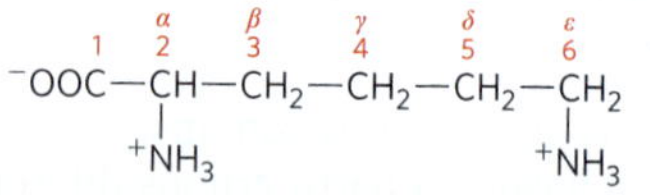

No caso dos aminoácidos com um grupo R heterocíclico (p. ex., histidina), o sistema de letras gregas é ambíguo, motivo pelo qual se utiliza o sistema de números. Para os aminoácidos de cadeia ramificada, os carbonos correspondentes são numerados depois da letra grega. A leucina, portanto, tem carbonos δ1 e δ2 (ver estrutura na Fig. 3-5). ■

Foi desenvolvida uma nomenclatura especial para a **configuração absoluta** dos quatro substituintes dos átomos de carbono assimétricos. As configurações absolutas de açúcares simples e aminoácidos são indicadas usando-se o **sistema D-L** (**Fig. 3-4**), com base na configuração absoluta do açúcar de três carbonos, o gliceraldeído. Essa convenção

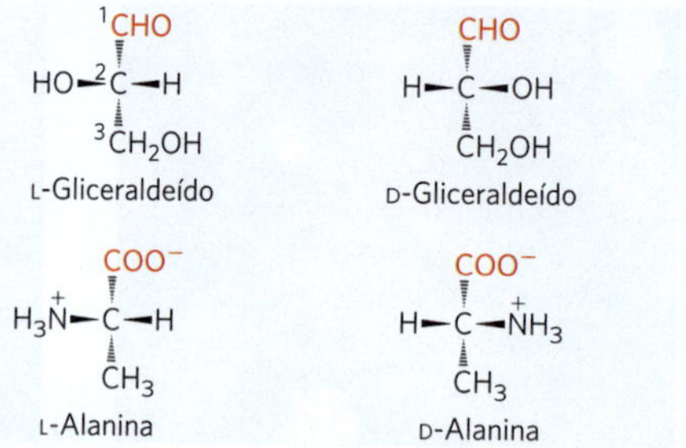

**FIGURA 3-4 Relação espacial entre os estereoisômeros da alanina e a configuração absoluta do L-gliceraldeído e do D-gliceraldeído.** Nestas fórmulas em perspectiva, os carbonos estão alinhados verticalmente, com o átomo quiral no centro. Os carbonos nessas moléculas são numerados de 1 a 3, de cima para baixo, começando com o carbono do aldeído ou carboxiterminal (em vermelho), como mostrado. Quando representado dessa maneira, o grupo R do aminoácido (nesse caso, o grupo metila da alanina) está sempre abaixo do carbono α. L-Aminoácidos são aqueles que têm o grupo α-amino no lado esquerdo, ao passo que os D-aminoácidos têm o grupo α-amino no lado direito.

foi proposta por Emil Fischer em 1891. (Fischer sabia quais grupos circundavam o carbono assimétrico do gliceraldeído, mas teve de supor a configuração absoluta; e ele supôs corretamente, como foi confirmado posteriormente por análises de difração de raios X.) Em todos os compostos quirais, os estereoisômeros que têm uma configuração relacionada com a configuração do L-gliceraldeído são denominados L, e os estereoisômeros relacionados com o D-gliceraldeído são denominados D. Os grupos funcionais da L-alanina correspondem aos do L-gliceraldeído, uma vez que, para alinhá-los, eles devem ser interconvertidos por meio de uma reação simples de apenas uma etapa. Portanto, o grupo carboxila da L-alanina ocupa a mesma posição ao redor do carbono quiral que o grupo aldeído do L-gliceraldeído, visto que um aldeído é prontamente convertido em um grupo carboxila por meio de uma oxidação de etapa única. Historicamente, as designações *l* e *d* semelhantes eram utilizadas para levorrotatória (rotação da luz polarizada à esquerda) e dextrorrotatória (rotação da luz polarizada à direita). Entretanto, nem todos os L-aminoácidos são levorrotatórios, e a convenção mostrada na Figura 3-4 é necessária para evitar possíveis ambiguidades sobre a configuração absoluta. Pela convenção de Fischer, L e D referem-se *apenas* à configuração absoluta dos quatro substituintes em torno do carbono quiral, e não às propriedades ópticas da molécula.

Outro sistema para especificar a configuração ao redor de um centro quiral é o **sistema RS**, utilizado na nomenclatura sistemática da química orgânica para descrever com mais exatidão a configuração das moléculas com mais de um centro quiral (p. 17).

## Todos os resíduos de aminoácidos nas proteínas são estereoisômeros L

Quase todos os compostos biológicos com centro quiral ocorrem naturalmente em apenas uma forma estereoisomérica: D ou L. Os resíduos de aminoácidos presentes nas moléculas de proteínas são quase exclusivamente isômeros L, com menos de 1% sendo encontrado na configuração D. Os raros resíduos de D-aminoácidos têm um propósito estrutural bem preciso e são introduzidos nas proteínas por reações catalisadas por enzimas que ocorrem após a proteína ser sintetizada no ribossomo.

É impressionante que praticamente todos os resíduos de aminoácidos nas proteínas sejam isômeros L. Quando compostos quirais são formados em reações químicas comuns, o resultado é uma mistura racêmica de isômeros D e L, que, para os químicos, são difíceis de distinguir e separar. No entanto, para os sistemas vivos, os isômeros D e L são tão diferentes entre si quanto a mão direita é diferente da esquerda. A formação de subestruturas repetidas estáveis nas proteínas (Capítulo 4) exige que os aminoácidos constituintes sejam de uma mesma série estereoquímica. As células são capazes de sintetizar especificamente os isômeros L dos aminoácidos, pois os sítios ativos das enzimas são assimétricos, tornando estereoespecíficas as reações por elas catalisadas.

## Os aminoácidos podem ser classificados de acordo com o grupo R

O conhecimento das propriedades químicas dos aminoácidos comuns é fundamental para compreender a bioquímica. Isso pode ser simplificado agrupando-se os aminoácidos em cinco classes principais com base nas propriedades dos grupos R (Tabela 3-1), particularmente a sua **polaridade**, ou

### TABELA 3-1 Propriedades e convenções associadas aos aminoácidos comumente presentes nas proteínas

| Aminoácido | Abreviação/símbolo | $M_r$ [a] | Valores de p$K_a$ | | | pI | Índice de hidropatia[b] | Ocorrência nas proteínas (%)[c] | | |
|---|---|---|---|---|---|---|---|---|---|---|
| | | | p$K_1$ (–COOH) | p$K_2$ (–$NH_3^+$) | p$K_R$ (grupo R) | | | | | |
| **Grupos R alifáticos apolares** | | | | | | | | | | |
| Glicina | Gly G | 75 | 2,34 | 9,60 | | 5,97 | –0,4 | 7,2 | 7,3 | 7,3 |
| Alanina | Ala A | 89 | 2,34 | 9,69 | | 6,01 | 1,8 | 7,8 | 9,4 | 7,2 |
| Prolina | Pro P | 115 | 1,99 | 10,96 | | 6,48 | –1,6[d] | 5,2 | 4,4 | 4,2 |
| Valina | Val V | 117 | 2,32 | 9,62 | | 5,97 | 4,2 | 6,6 | 7,1 | 8,2 |
| Leucina | Leu L | 131 | 2,36 | 9,60 | | 5,98 | 3,8 | 9,1 | 10,6 | 9,9 |
| Isoleucina | Ile I | 131 | 2,36 | 9,68 | | 6,02 | 4,5 | 5,3 | 6,0 | 7,6 |
| Metionina | Met M | 149 | 2,28 | 9,21 | | 5,74 | 1,9 | 2,3 | 2,2 | 2,2 |
| **Grupos R aromáticos** | | | | | | | | | | |
| Fenilalanina | Phe F | 165 | 1,83 | 9,13 | | 5,48 | 2,8 | 3,9 | 4,0 | 4,5 |
| Tirosina | Tyr Y | 181 | 2,20 | 9,11 | 10,07 | 5,66 | –1,3 | 3,2 | 3,0 | 3,9 |
| Triptofano | Trp W | 204 | 2,38 | 9,39 | | 5,89 | –0,9 | 1,4 | 1,3 | 1,1 |
| **Grupos R não carregados polares** | | | | | | | | | | |
| Serina | Ser S | 105 | 2,21 | 9,15 | | 5,68 | –0,8 | 6,8 | 6,1 | 5,7 |
| Treonina | Thr T | 119 | 2,11 | 9,62 | | 5,87 | –0,7 | 5,9 | 5,4 | 4,5 |
| Cisteína[e] | Cys C | 121 | 1,96 | 10,28 | 8,18 | 5,07 | 2,5 | 1,9 | 1,2 | 0,8 |
| Asparagina | Asn N | 132 | 2,02 | 8,80 | | 5,41 | –3,5 | 4,3 | 3,7 | 3,4 |
| Glutamina | Gln Q | 146 | 2,17 | 9,13 | | 5,65 | –3,5 | 4,2 | 4,5 | 2,0 |
| **Grupos R carregados positivamente** | | | | | | | | | | |
| Lisina | Lys K | 146 | 2,18 | 8,95 | 10,53 | 9,74 | –3,9 | 5,9 | 4,7 | 6,8 |
| Histidina | His H | 155 | 1,82 | 9,17 | 6,00 | 7,59 | –3,2 | 2,3 | 2,4 | 1,6 |
| Arginina | Arg R | 174 | 2,17 | 9,04 | 12,48 | 10,76 | –4,5 | 5,1 | 5,6 | 5,9 |
| **Grupos R carregados negativamente** | | | | | | | | | | |
| Aspartato | Asp D | 133 | 1,88 | 9,60 | 3,65 | 2,77 | –3,5 | 5,3 | 5,1 | 5,0 |
| Glutamato | Glu E | 147 | 2,19 | 9,67 | 4,25 | 3,22 | –3,5 | 6,3 | 6,0 | 8,2 |

[a]Os valores de $M_r$ refletem as estruturas como mostradas na Figura 3-5. Os elementos da água ($M_r$ 18) são removidos quando o aminoácido é incorporado a um polipeptídeo.
[b]Escala combinando hidrofobicidade e hidrofilicidade de grupos R. Os valores refletem a energia livre ($\Delta G$) da transferência da cadeia lateral do aminoácido de um solvente hidrofóbico para a água. Essa transferência é favorável ($\Delta G$ < 0; índice com valor negativo) para aminoácidos de cadeia carregada ou polar, e desfavorável ($\Delta G$ > 0; índice com valor positivo) para aminoácidos com cadeias laterais apolares ou mais hidrofóbicas. Ver Capítulo 11. Fonte: dados de J. Kyte e R. F. Doolittle, *J. Mol. Biol.* 157:105, 1982.
[c]O primeiro valor em cada linha é a ocorrência média em mais de 1.150 proteínas. Fonte: dados de R. F. Doolittle, in *Prediction of Protein Structure and the Principles of Protein Conformation* (G. D. Fasman, ed.), p. 599, Plenum Press, 1989. O segundo e o terceiro valores são, respectivamente, dos proteomas completos de nove espécies de bactérias mesofílicas e de sete espécies de bactérias termofílicas. Os mesófilos crescem nas temperaturas normalmente encontradas, enquanto que os termófilos crescem em temperaturas elevadas (aproximadas ou superiores à temperatura de ebulição da água). A menor ocorrência de glutamina nos termófilos pode ser reflexo da tendência desse aminoácido em desaminar nas altas temperaturas. Fonte: dados de A. C. Singer e D. A. Hickey, *Gene* 317:39, 2003.
[d]Originalmente o índice de hidropatia foi proposto levando-se em consideração a frequência na qual cada resíduo de aminoácido aparece na superfície das proteínas. Como a prolina geralmente aparece na superfície em voltas $\beta$, ela tem uma pontuação menor do que os seus grupos metileno da cadeia lateral sugerem.
[e]A cisteína é geralmente classificada como polar, embora tenha um índice de hidropatia positivo. Isso reflete a capacidade que o grupo sulfidrila tem de atuar como um ácido fraco e formar uma ligação de hidrogênio fraca com o oxigênio ou com o nitrogênio.

tendência para interagir com a água em pH biológico (próximo do pH 7,0). A polaridade dos grupos R varia amplamente, de apolar e hidrofóbico (não hidrossolúvel) a altamente polar e hidrofílico (hidrossolúvel). É um pouco difícil caracterizar alguns aminoácidos, especialmente a glicina, a histidina e a cisteína, porque eles não se encaixam perfeitamente em qualquer dos grupos. Eles são colocados em determinado grupo com base em alguns critérios minoritários, em vez de um absoluto.

**P1** As estruturas dos 20 aminoácidos comuns estão mostradas na **Figura 3-5**, e algumas das suas propriedades estão listadas na Tabela 3-1. Em cada classe, há graduações de polaridade, tamanho e forma dos grupos R.

**Grupos R alifáticos apolares** Os grupos R nesta classe de aminoácidos são apolares e hidrofóbicos. As cadeias laterais de **alanina**, **valina**, **leucina** e **isoleucina** tendem a se agrupar no interior das proteínas, estabilizando a estrutura proteica por meio de interações hidrofóbicas. A **glicina** tem a estrutura mais simples. Embora seja mais facilmente agrupada com os aminoácidos apolares, a sua cadeia lateral muito pequena não contribui efetivamente para interações hidrofóbicas. A **metionina**, um dos dois aminoácidos que contêm enxofre, tem um grupo tioéter ligeiramente apolar em sua cadeia lateral. A **prolina** tem cadeia lateral alifática, com uma estrutura cíclica característica. O grupo amino secundário (imino) do resíduo de prolina é mantido em uma configuração rígida que reduz a flexibilidade estrutural das regiões polipeptídicas que contêm prolina.

**Grupos R aromáticos** A **fenilalanina**, a **tirosina** e o **triptofano**, com suas cadeias laterais aromáticas, são relativamente

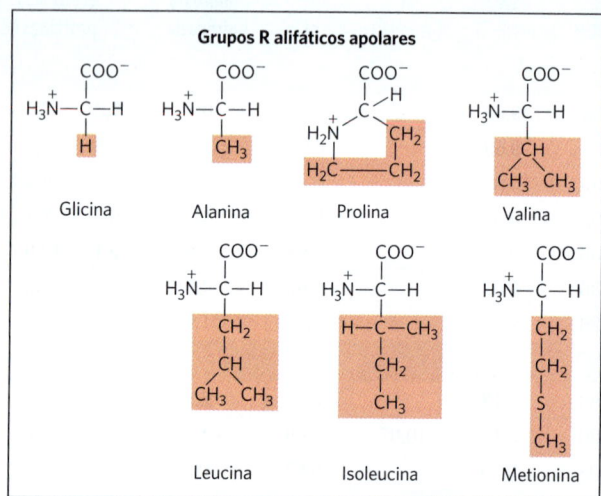
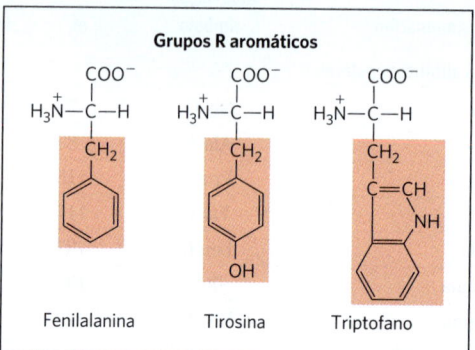
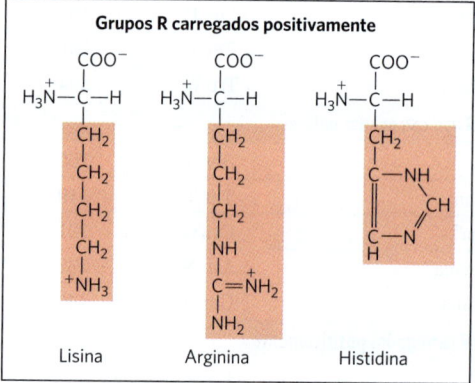
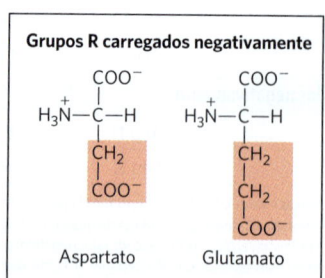

**FIGURA 3-5 Os 20 aminoácidos comuns das proteínas.** As fórmulas estruturais mostram o estado de ionização que predomina em pH 7,0. A parte não sombreada é a parte comum a todos os aminoácidos, e a parte sombreada corresponde aos grupos R. Embora o grupo R da histidina seja mostrado sem carga, o seu p$K_a$ (ver Tabela 3-1) é tal que uma proporção pequena, mas importante, desses grupos está carregada com uma carga positiva em pH 7,0. A forma protonada da histidina é mostrada na parte superior do gráfico da Figura 3-12b.

## QUADRO 3-1 MÉTODOS

### Absorção de luz pelas moléculas: a lei de Lambert-Beer

Muitas biomoléculas absorvem luz em comprimentos de onda característicos, como é o caso do triptofano, que absorve a luz em 280 nm (ver Fig. 3-6). Medir a absorção da luz usando um espectrofotômetro é útil para detectar e identificar as moléculas, além de determinar as suas respectivas concentrações em soluções. A fração da luz incidente absorvida por uma solução em um determinado comprimento de onda está relacionada com a espessura da camada de absorção (comprimento do caminho óptico) e a concentração da substância que ela absorve (Fig. 1). Essas duas relações foram combinadas na lei de Lambert-Beer,

$$\log \frac{I_0}{I} = \varepsilon c l$$

em que $I_0$ é a intensidade da luz incidente, $I$ é a intensidade da luz transmitida, a relação $I/I_0$ (o inverso da razão na equação) é a transmitância, $\varepsilon$ é o coeficiente de extinção molar (em unidades de litros por mol-centímetro), $c$ é a concentração do espécime que absorve (em mol por litro) e $l$ é o comprimento do caminho que a luz percorre na amostra (em centímetros). A lei de Lambert-Beer pressupõe que a luz incidente é paralela e monocromática (de um único comprimento de onda) e que as orientações das moléculas de solvente e soluto são aleatórias. A expressão log ($I_0/I$) é denominada **absorbância** e representada por A.

É importante observar que cada milímetro sucessivo do comprimento do caminho da luz na solução absorvente em uma célula de 1,0 cm não absorve uma quantidade constante, mas sim uma fração constante da luz que incide sobre ela. Entretanto, mantendo-se fixo o comprimento do caminho óptico, *a absorbância, A, é diretamente proporcional à concentração do soluto absorvente.*

O coeficiente de extinção molar varia de acordo com a natureza do composto absorvente, do solvente e do comprimento de onda, bem como com o pH, caso a substância que absorve a luz esteja em equilíbrio com um estado de ionização que tenha propriedades de absorção diferentes.

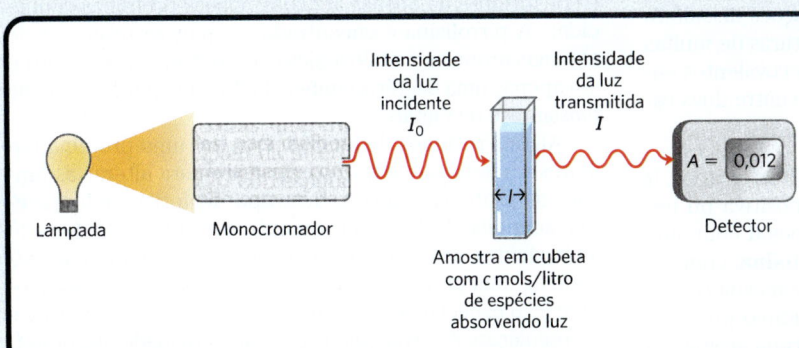

**FIGURA 1** Os principais componentes de um espectrofotômetro. Uma fonte de luz emite luz em um amplo espectro e o monocromador seleciona e transmite apenas luz de um comprimento de onda específico. A luz monocromática passa através da amostra em uma cubeta com um comprimento $l$. A absorbância da amostra, log ($I_0/I$), é proporcional à concentração da espécie que absorve luz. A luz transmitida é medida em um detector.

---

apolares (hidrofóbicos). Todos eles podem contribuir para o efeito hidrofóbico. O grupo hidroxila da tirosina pode formar ligações de hidrogênio e é um grupo funcional importante em algumas enzimas. A tirosina e o triptofano são significativamente mais polares do que a fenilalanina, devido ao grupo hidroxila da tirosina e ao nitrogênio do anel indol do triptofano.

O triptofano, a tirosina e, em um grau muito menor, a fenilalanina absorvem luz ultravioleta (**Fig. 3-6**; ver

**FIGURA 3-6 Absorção de luz ultravioleta por aminoácidos aromáticos.** Comparação dos espectros de absorção de luz dos aminoácidos aromáticos triptofano, tirosina e fenilalanina em pH 6,0. Os aminoácidos estão presentes em quantidades equimolares ($10^{-3}$ M) e sob condições idênticas. A absorbância medida do triptofano é mais de quatro vezes maior do que a da tirosina no comprimento de onda 280 nm. Observe que, para o triptofano e a tirosina, a absorção máxima de luz ocorre próxima de 280 nm. A absorção de luz pela fenilalanina geralmente contribui pouco para as propriedades espectroscópicas das proteínas.

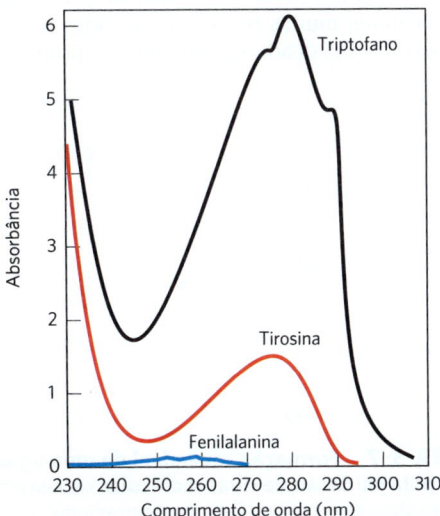

Quadro 3-1). Isso é responsável pela forte absorção de luz de algumas proteínas no comprimento de onda de 280 nm, uma propriedade que tem sido aproveitada por pesquisadores na caracterização de proteínas.

**Grupos R não carregados polares** Os grupos R desses aminoácidos são mais solúveis em água, ou mais hidrofílicos, do que os grupos R dos aminoácidos apolares, uma vez que contêm grupos funcionais que formam ligações de hidrogênio com a água. Essa classe de aminoácidos inclui **serina**, **treonina**, **cisteína**, **asparagina** e **glutamina**. Os grupos hidroxila da serina e da treonina e os grupos amida da asparagina e da glutamina contribuem para a polaridade. A cisteína é um caso isolado, uma vez que a sua polaridade, devido ao grupo sulfidrila, é relativamente pequena. A cisteína é um ácido fraco e pode fazer ligações de hidrogênio fracas com oxigênio ou nitrogênio.

A asparagina e a glutamina são as amidas de outros dois aminoácidos também encontrados em proteínas, aspartato e glutamato, respectivamente, e elas são facilmente hidrolisadas por ácido ou base. A cisteína é facilmente oxidada para formar um aminoácido dimérico ligado de modo covalente, chamado de **cistina**. A cistina é formada por duas moléculas ou resíduos de cisteína ligados por uma ligação dissulfeto (**Fig. 3-7**). Resíduos ligados por ligação dissulfeto são fortemente hidrofóbicos (apolares). As ligações dissulfeto desempenham um papel especial nas estruturas de muitas proteínas por meio da formação de ligações covalentes entre partes de uma molécula polipeptídica ou entre duas cadeias polipeptídicas diferentes.

**Grupos R carregados positivamente (básicos)** Os grupos R mais hidrofílicos são aqueles carregados positiva ou negativamente. Os aminoácidos que têm grupos R com uma carga positiva significativa em pH 7,0 são a **lisina**, com um segundo grupo amino primário na posição $\varepsilon$ na sua cadeia alifática; a **arginina**, com um grupo guanidínio positivamente carregado; e a **histidina**, com um grupo aromático imidazol. Como o único aminoácido comum que tem uma cadeia lateral ionizável com p$K_a$ próximo da neutralidade, o resíduo de histidina pode estar positivamente carregado (forma protonada) ou não carregado em pH 7,0. Resíduos de His facilitam muitas reações catalisadas por enzimas, funcionando como doadores/aceptores de prótons.

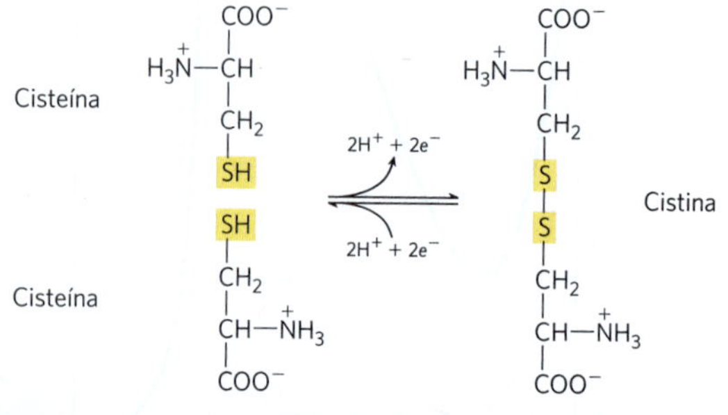

**Grupos R carregados negativamente (ácidos)** Os dois aminoácidos que apresentam grupos R com carga negativa líquida em pH 7,0 são o **aspartato** e o **glutamato**, cada um dos quais tem um segundo grupo carboxila.

### Aminoácidos incomuns também têm funções importantes

Além dos 20 aminoácidos comuns, as proteínas podem conter resíduos criados por modificações de resíduos de aminoácidos após já terem sido incorporados a um polipeptídeo (**Fig. 3-8a**). Entre esses aminoácidos incomuns, estão a **4-hidroxiprolina**, um derivado da prolina encontrado no colágeno (uma proteína fibrosa), e o $\gamma$-**carboxiglutamato**, encontrado na protrombina (proteína da coagulação sanguínea) e em determinadas proteínas que ligam $Ca^{2+}$ como parte da sua função biológica. Mais complexa é a **desmosina**, derivada de quatro resíduos Lys, encontrada na elastina (uma proteína fibrosa).

A **selenocisteína** e a **pirrolisina** são casos especiais. Esses aminoácidos raros não são formados por um processo de modificação após a síntese peptídica. Em vez disso, eles são introduzidos durante a síntese proteica por meio de uma adaptação incomum do código genético, descrita no Capítulo 27. A selenocisteína contém selênio, em vez do enxofre da cisteína. Um derivado da serina, a selenocisteína é constituinte de apenas algumas poucas proteínas conhecidas. A pirrolisina é encontrada em poucas proteínas de algumas arqueias metalogênicas (produtoras de metano) e em apenas uma bactéria conhecida. Ela tem participação na biossíntese de metano.

Alguns resíduos de aminoácidos em uma proteína podem ser modificados transitoriamente para alterar as funções da proteína. A adição de grupos fosforila, metila, acetila, adenilila, ADP-ribosila ou outros grupos a resíduos de aminoácidos específicos pode aumentar ou diminuir a atividade de uma proteína (Fig. 3-8b). A fosforilação é uma modificação especialmente comum envolvida em mecanismos de regulação. A estratégia de regular a atividade das proteínas por meio de modificações covalentes será discutida com mais detalhes no Capítulo 6.

Outros 300 aminoácidos, aproximadamente, foram encontrados em células. Eles têm várias funções, mas nem todos fazem parte de proteínas. A **ornitina** e a **citrulina** (Fig. 3-8c) merecem atenção especial, visto que são intermediários-chave (metabólitos) na biossíntese de arginina (Capítulo 22) e no ciclo da ureia (Capítulo 18).

### Aminoácidos podem agir como ácidos e bases

Os grupos amino e carboxila dos aminoácidos, junto aos grupos R ionizáveis de alguns aminoácidos, funcionam como ácidos e bases fracos. Quando um aminoácido sem um grupo R ionizável é dissolvido em água em pH neutro, os grupos $\alpha$-amino e carboxila criam um íon dipolar, ou **zwitterion** (do alemão para "íon híbrido"), que pode agir como ácido ou base (**Fig. 3-9**). Substâncias com essa natureza dupla (ácido-base) são **anfóteros** e são frequentemente chamadas de **anfólitos** (derivado de "eletrólitos anfóteros"). Um $\alpha$-aminoácido monoamino e monocarboxílico, como a alanina, é um ácido diprótico quando completamente protonado; ele tem dois grupos (o grupo –COOH e o grupo –$NH_3^+$) e pode produzir prótons:

**FIGURA 3-7 Formação reversível de uma ligação dissulfeto pela oxidação de duas moléculas de cisteína.** As ligações dissulfeto entre resíduos Cys estabilizam as estruturas de muitas proteínas.

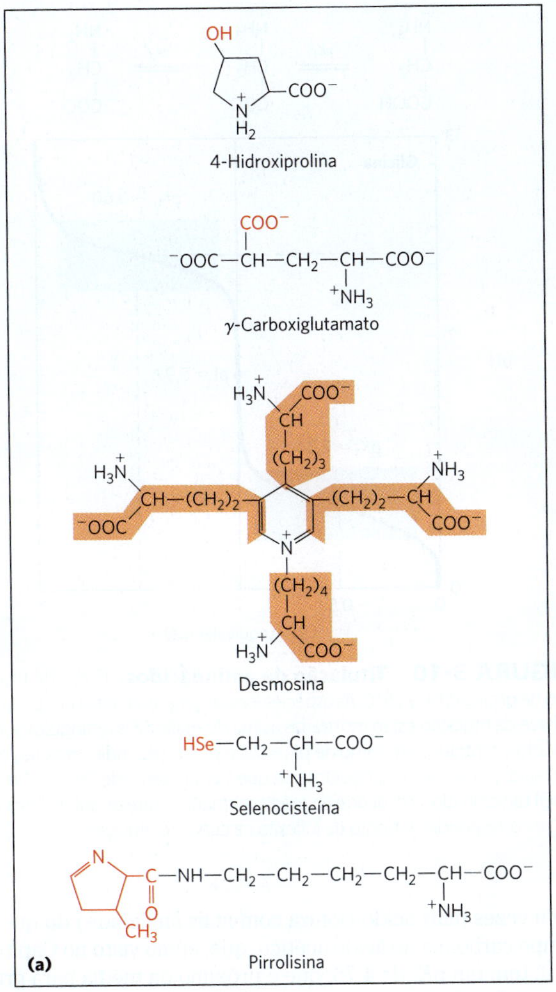

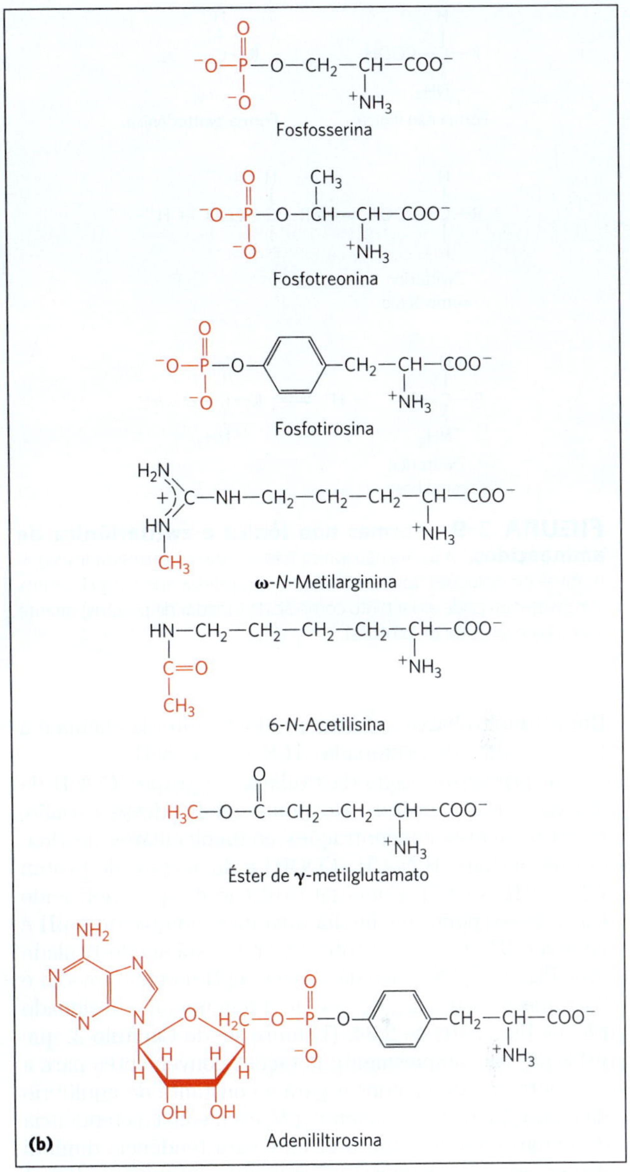

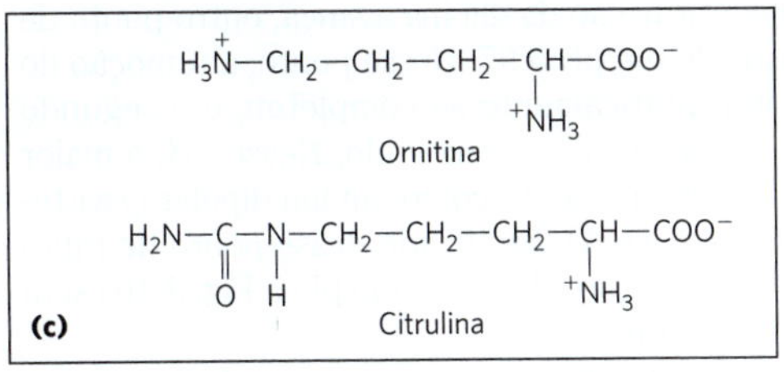

**FIGURA 3-8 Aminoácidos raros.** (a) Alguns aminoácidos raros encontrados em proteínas. A maioria é constituída por derivados de aminoácidos comuns. (Observe o uso de números ou de letras gregas nos nomes das estruturas para identificar os átomos de carbono alterados.) Grupos funcionais extras adicionados por reações de modificação estão mostrados em vermelho. A desmosina é formada a partir de quatro resíduos Lys (os esqueletos de carbono estão sombreados). A selenocisteína e a pirrolisina são exceções. Esses aminoácidos são adicionados durante a síntese proteica normal por meio de uma expansão especializada do código genético padrão. Eles são encontrados em um número muito pequeno de proteínas. (b) Modificações reversíveis de aminoácidos envolvidas na regulação da atividade proteica. A fosforilação é o tipo mais comum de modificação regulatória. (c) A ornitina e a citrulina, não encontradas em proteínas, são intermediárias na biossíntese de arginina e no ciclo da ureia.

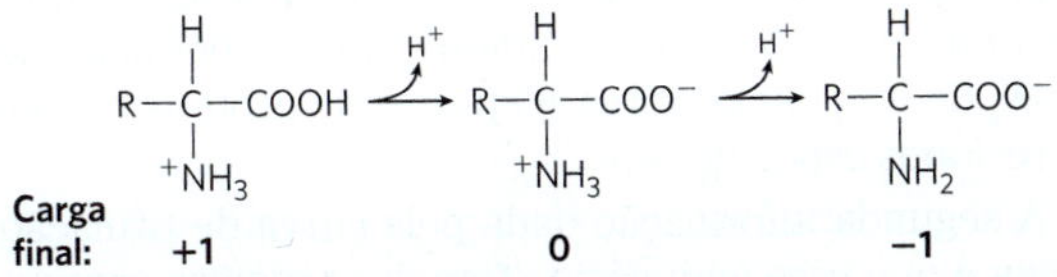

A titulação ácido-base envolve a adição ou remoção gradual de prótons (Capítulo 2). A **Figura 3-10** mostra a curva de titulação da forma diprótica da glicina. Os dois grupos ionizáveis da glicina, o grupo carboxila e o grupo amino, são titulados com uma base forte, NaOH, por exemplo. O gráfico tem duas fases distintas, correspondendo à desprotonação de dois grupos diferentes da glicina. Cada uma das duas fases se assemelha ao formato da curva de titulação de um ácido monoprótico, como o ácido acético (ver Fig. 2-16), e pode ser analisada da mesma maneira.

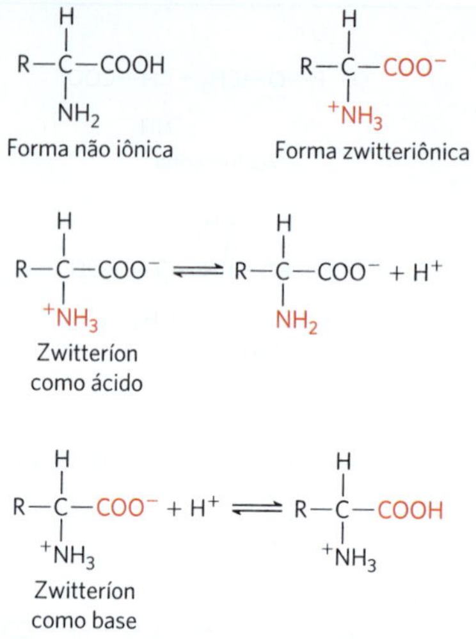

$$R-\underset{NH_2}{\underset{|}{\overset{H}{\underset{|}{C}}}}-COOH \qquad R-\underset{^+NH_3}{\underset{|}{\overset{H}{\underset{|}{C}}}}-COO^-$$

Forma não iônica       Forma zwitteriônica

$$R-\underset{^+NH_3}{\underset{|}{\overset{H}{\underset{|}{C}}}}-COO^- \rightleftharpoons R-\underset{NH_2}{\underset{|}{\overset{H}{\underset{|}{C}}}}-COO^- + H^+$$

Zwitteríon
como ácido

$$R-\underset{^+NH_3}{\underset{|}{\overset{H}{\underset{|}{C}}}}-COO^- + H^+ \rightleftharpoons R-\underset{^+NH_3}{\underset{|}{\overset{H}{\underset{|}{C}}}}-COOH$$

Zwitteríon
como base

**FIGURA 3-9** **Formas não iônica e zwitteriônica de aminoácidos.** A forma não iônica não ocorre em quantidades significativas em soluções aquosas. O zwitteríon predomina em pH neutro. Um zwitteríon pode atuar tanto como ácido (doador de prótons) quanto como base (aceptor de prótons).

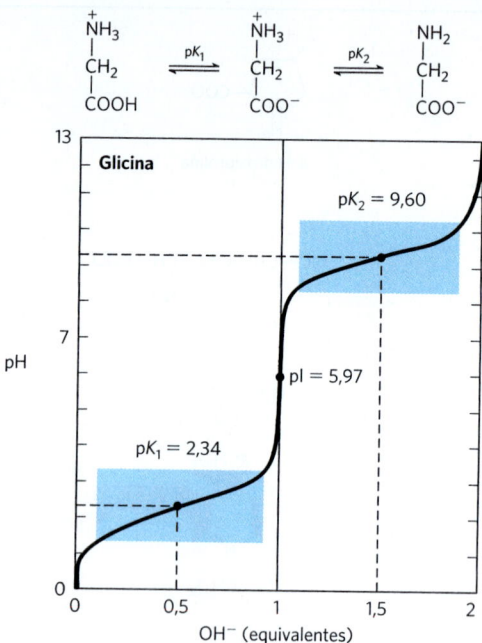

**FIGURA 3-10** **Titulação de aminoácidos.** Curva de titulação de glicina 0,1 M a 25 °C. As espécies iônicas predominantes em pontos-chave da titulação estão mostradas acima do gráfico. Os retângulos sombreados, centrados em torno de $pK_1 = 2,3$ e $pK_2 = 9,60$, indicam as regiões de maior poder tamponante. Observe que 1 equivalente de $OH^-$ = 0,1 M de NaOH adicionado. O pI ocorre na média aritmética entre os dois valores de $pK_a$ e corresponde ao ponto de inflexão na curva de titulação.

Em pH muito baixo, a forma predominante da glicina é a forma totalmente protonada, $^+H_3N–CH_2–COOH$.

No primeiro estágio da titulação, o grupo –COOH da glicina perde o próton. No ponto médio desse estágio, estão presentes concentrações equimoleculares do doador de próton ($^+H_3N–CH_2–COOH$) e do aceptor de próton ($^+H_3N–CH_2–COO^-$). Como na titulação de qualquer ácido fraco, nesse ponto médio, há uma inflexão quando o pH é igual ao $pK_a$ do grupo protonado que está sendo titulado (ver Fig. 2-17). No caso da glicina, o pH no ponto médio é 2,34, portanto o seu grupo –COOH tem um $pK_a$ (designado $pK_1$ na Fig. 3-10) de 2,34. (Lembre-se, do Capítulo 2, que pH e $pK_a$ são simplesmente notações convenientes para a concentração de prótons e para a constante de equilíbrio da ionização, respectivamente. $pK_a$ é a medida da tendência de um grupo a doar um próton, e essa tendência diminui dez vezes cada vez que o $pK_a$ aumenta em uma unidade.) À medida que a titulação da glicina avança, outro ponto de inflexão é atingido em pH 5,97. Nesse ponto, a remoção do primeiro próton praticamente se completou, e o segundo próton apenas começa a ser removido. Nesse pH, a maior parte da glicina está presente como um íon dipolar (zwitteríon) $^+H_3N–CH_2–COO^-$. O significado desse ponto de inflexão na curva de titulação (denominado pI na Fig. 3-10) será analisado mais adiante.

O segundo estágio da titulação corresponde à remoção de um próton do grupo $–NH_3^+$ da glicina. O pH no ponto médio dessa fase é 9,60, igual ao $pK_a$ (denominado $pK_2$ na Fig. 3-10) para o grupo $–NH_3^+$. A titulação fica completa em um pH de cerca de 12, ponto em que a forma predominante da glicina é $H_2N–CH_2–COO^-$.

A partir da curva de titulação da glicina, é possível obter várias informações importantes. Em primeiro lugar, ela fornece uma maneira de quantificar o $pK_a$ dos dois grupos ionizáveis: 2,34 para o grupo –COOH e 9,60 para o grupo $–NH_3^+$. Observe que o grupo carboxila da glicina é mais de cem vezes mais ácido (ioniza com mais facilidade) do que o grupo carboxila do ácido acético, que, como visto no Capítulo 2, tem um $pK_a$ de 4,76, que é próximo da média para grupos carboxila ligados a hidrocarbonetos alifáticos não substituídos. Essa perturbação que ocorre na glicina é causada principalmente pela proximidade da carga positiva do grupo amino do carbono $\alpha$, um grupo eletronegativo que tende a atrair elétrons em sua direção (processo denominado retirada de elétrons), descrito na **Figura 3-11**. As cargas opostas no zwitteríon resultante também contribuem para a estabilização. De modo similar, o $pK_a$ do grupo amino da glicina diminui em relação ao $pK_a$ médio de um grupo amino. Esse efeito se deve, em grande parte, à retirada de elétrons exercida pelos átomos de oxigênio altamente eletronegativos do grupo carboxila, o que aumenta a tendência do grupo amino em doar um próton. Assim, o grupo $\alpha$-amino tem um $pK_a$ menor do que o de uma amina alifática, como a metilamina (Fig. 3-11). Em resumo, o $pK_a$ de qualquer grupo funcional é muito afetado pelo ambiente químico em que se encontra. Esse fenômeno é explorado nos sítios ativos de algumas enzimas para proporcionar mecanismos de reação requintados. Esses mecanismos dependem de alterações nos valores de $pK_a$ de grupos doadores/aceptores de prótons presentes em resíduos específicos.

A segunda informação dada pela curva de titulação da glicina é que esse aminoácido tem duas regiões com poder de tamponamento. Uma delas está na parte relativamente achatada da curva, estendendo-se por aproximadamente 1 unidade de pH de cada lado do primeiro $pK_a$ de 2,34,

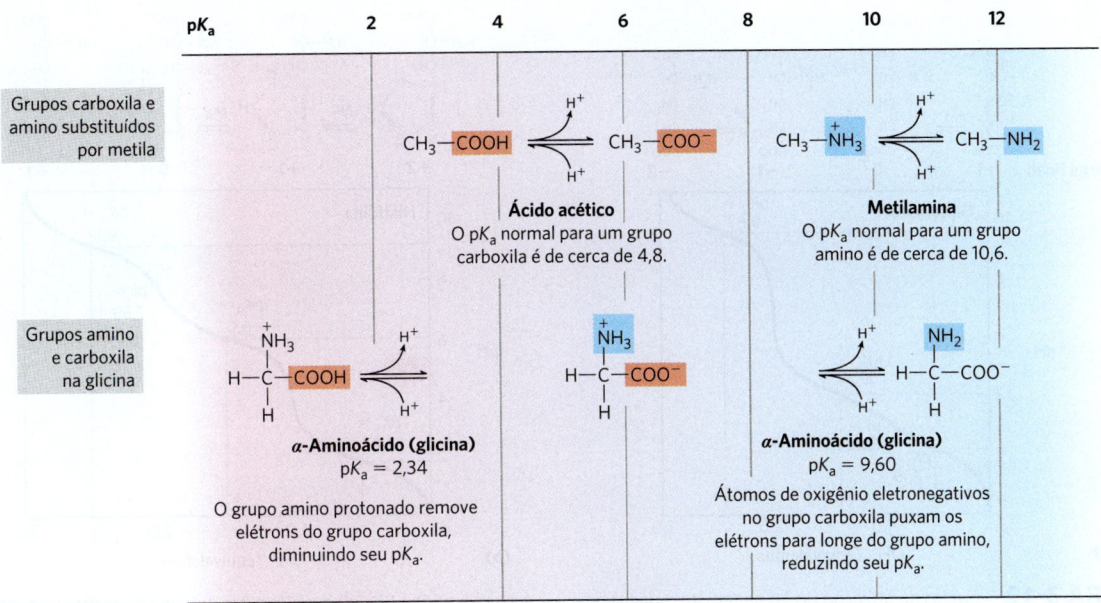

**FIGURA 3-11 Efeito do ambiente químico sobre o $pK_a$.** Os valores de $pK_a$ para os grupos ionizáveis da glicina são mais baixos do que aqueles dos grupos presentes em uma molécula derivada pela simples substituição de uma metila em um grupo carboxila ou amino. Essas alterações no valor de $pK_a$ se devem a interações intramoleculares. Efeitos semelhantes podem ser causados por grupos químicos que estejam posicionados próximos (p. ex., no sítio ativo de uma enzima).

indicando que a glicina é um bom tampão próximo desse pH. A outra zona de tamponamento está centrada próximo do pH 9,60. (Observe que a glicina não é um bom tampão no pH do líquido intracelular ou do sangue, em torno de 7,4.) Dentro das faixas de tamponamento da glicina, a equação de Henderson-Hasselbalch (p. 60) pode ser utilizada para calcular as proporções entre as espécies de glicina doadora e receptora de prótons, necessárias para preparar um tampão em um determinado pH.

Outra informação importante que se obtém da curva de titulação de um aminoácido é a relação entre a respectiva carga líquida e o pH da solução. Em 5,97, o ponto de inflexão entre os dois estágios da curva de titulação, a glicina está presente predominantemente na forma dipolar, totalmente ionizada, mas sem carga elétrica *líquida* (Fig. 3-10). O pH característico em que a carga elétrica *líquida* é zero é denominado **ponto isoelétrico** ou **pH isoelétrico**, representado por **pI**. Para a glicina, que não tem grupo ionizável na cadeia lateral, o ponto isoelétrico é simplesmente a média aritmética dos dois valores de $pK_a$:

$$pI = \frac{1}{2}(pK_1 + pK_2) = \frac{1}{2}(2{,}34 + 9{,}60) = 5{,}97$$

A Figura 3-10 deixa evidente que a glicina tem uma carga líquida negativa em qualquer pH acima do seu pI, portanto, quando colocada em um campo elétrico, ela irá se deslocar em direção ao eletrodo positivo (o ânodo). Em qualquer pH abaixo do pI, a glicina tem uma carga final positiva e irá se deslocar em direção ao eletrodo negativo (o cátodo). Quanto mais distante o pH de uma solução de glicina estiver do ponto isoelétrico, maior será a carga elétrica líquida da população de moléculas de glicina. Em pH 1,0, por exemplo, a glicina está quase que exclusivamente na forma $^+H_3N-CH_2-COOH$, uma carga líquida positiva de 1,0. Em pH 2,34, em que há uma mistura de partes iguais de $^+H_3N-CH_2-COOH$ e $^+H_3N-CH_2-COO^-$, a carga líquida positiva média é de 0,5. O sinal e a magnitude da carga líquida de qualquer um dos aminoácidos em qualquer pH podem ser previstos de maneira semelhante.

### Os aminoácidos diferem entre si quanto às propriedades acidobásicas

As propriedades em comum de muitos aminoácidos permitem fazer algumas generalizações simplificadas dos seus comportamentos acidobásicos. Em primeiro lugar, todos os aminoácidos com apenas um grupo α-amino, apenas um grupo α-carboxila e um grupo R não ionizável têm curvas de titulação semelhantes à da glicina (Fig. 3-10). Esses aminoácidos têm valores de $pK_a$ muito semelhantes, mas não idênticos: o $pK_a$ do grupo $-COOH$ situa-se na faixa de 1,8 a 2,4, e o $pK_a$ do grupo $-NH_3^+$, na faixa de 8,8 a 11,0 (Tabela 3-1). Essas diferenças refletem o ambiente químico imposto pelos grupos R.

Em segundo lugar, os aminoácidos com um grupo R ionizável têm curvas de titulação mais complexas, com *três* estágios que correspondem às três etapas possíveis de ionização; assim, eles têm três valores de $pK_a$. O estágio adicional da titulação do grupo R ionizável se sobrepõe, em algum grau, ao da titulação do grupo α-carboxila, ao da titulação do grupo α-amino, ou a ambos. As curvas de titulação para dois aminoácidos desse grupo, glutamato e histidina, são mostradas na **Figura 3-12**. Os pontos isoelétricos refletem a natureza dos grupos R ionizáveis presentes. Por exemplo, o glutamato tem um pI de 3,22, consideravelmente mais baixo do que o da glicina. Isso se deve à presença de dois grupos carboxila, que, na média dos valores de $pK_a$ (3,22),

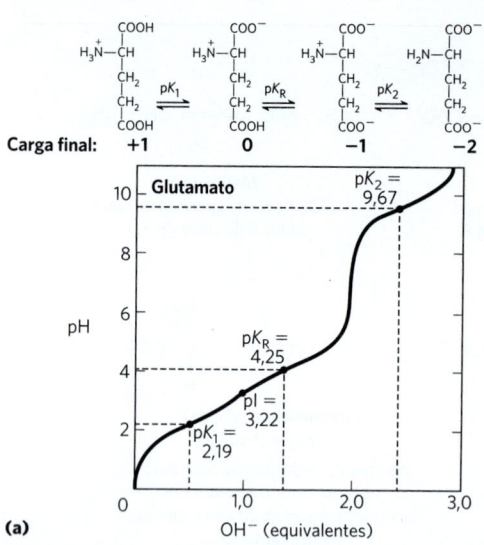
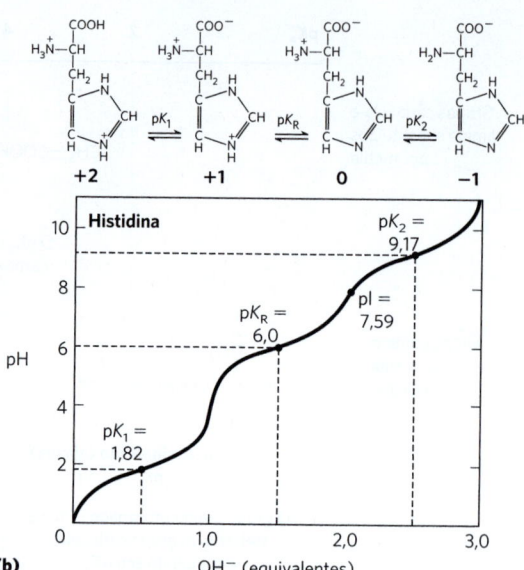

**FIGURA 3-12** Curvas de titulação do (a) glutamato e da (b) histidina. O $pK_a$ do grupo R é designado aqui como $pK_R$. Nesses dois casos, a presença de três grupos ionizáveis torna a curva de titulação mais complexa. Observe que, no glutamato, o pI é aproximadamente a média aritmética do $pK_a$ dos dois grupos que estão carregados negativamente.

A carga líquida é 0 (o pI) quando esses dois grupos contribuem com uma carga −1 (um protonado, e o outro não) para contrabalançar perfeitamente a carga +1 do grupo α-amino. De maneira semelhante, o pI da histidina é aproximadamente a média aritmética dos $pK_a$ dos dois grupos que estão carregados positivamente quando protonados.

contribuem para uma carga líquida de −1, que equilibra a carga +1 proveniente do grupo amino. Do mesmo modo, o pI da histidina, com dois grupos positivamente carregados quando protonados, é de 7,59 (a média dos valores de $pK_a$ dos grupos amino e imidazol), muito mais alto do que o da glicina.

Finalmente, em ambiente aquoso, apenas a histidina tem um grupo R ($pK_a = 6{,}0$) que fornece um poder tamponante significativo próximo do pH neutro geralmente encontrado nos líquidos intra e extracelulares da maioria dos animais e bactérias (Tabela 3-1).

### RESUMO 3.1  Aminoácidos

■ Os 20 diferentes aminoácidos encontrados na forma de resíduos nas proteínas contêm um grupo α-carboxila, um grupo α-amino e um grupo substituinte R característico no átomo do carbono α. O átomo de carbono α de todos os aminoácidos, exceto o da glicina, é assimétrico, e, portanto, os aminoácidos podem existir em pelo menos duas formas estereoisoméricas.

■ Apenas os estereoisômeros L (com uma configuração relacionada com a configuração absoluta da molécula de referência L-gliceraldeído) participam de proteínas.

■ Os aminoácidos podem ser classificados em cinco tipos, com base na polaridade e na carga (em pH 7) dos seus grupos R.

■ Também ocorrem outros aminoácidos menos comuns, tanto como constituintes de proteínas (pela modificação de resíduos de aminoácidos comuns após a síntese proteica), quanto como metabólitos livres.

■ Os aminoácidos variam quanto às propriedades ácido-básicas e têm curvas de titulação características. Aminoácidos monoamino monocarboxílicos (com grupos R não ionizáveis) são ácidos dipróticos ($^+H_3NCH(R)COOH$) em pH baixo e existem em várias formas iônicas diferentes à medida que o pH aumenta.

■ Aminoácidos com grupos R ionizáveis têm espécies iônicas adicionais, dependendo do pH do meio e do $pK_a$ do grupo R.

## 3.2 Peptídeos e proteínas

Agora, o foco da discussão passa para os polímeros de aminoácidos, os **peptídeos** e as **proteínas**. Os polipeptídeos de importância biológica têm um tamanho que varia dos pequenos, com dois ou três aminoácidos ligados, até os muito grandes, formados por milhares de resíduos.

### Peptídeos são cadeias de aminoácidos

**P2** Duas moléculas de aminoácidos podem ser ligadas por ligação covalente por meio de uma ligação amida substituída, denominada **ligação peptídica**, produzindo, assim, um dipeptídeo. Essa ligação é formada pela remoção de elementos de água (desidratação): uma porção hidroxila do grupo α-carboxila de um aminoácido e um átomo de hidrogênio do grupo α-amino do outro aminoácido (**Fig. 3-13**). Os aminoácidos agora ligados são denominados resíduos, a parte que sobrou como resultado da eliminação da água. A formação da ligação peptídica é um exemplo de uma reação de **condensação**, uma classe comum de reações nas células vivas. A reação inversa (quebra da ligação envolvendo água) é um exemplo de clivagem hidrolítica, ou **hidrólise**. Em condições bioquímicas padrão, o equilíbrio da reação mostrada na Figura 3-13 favorece a hidrólise do dipeptídeo em aminoácidos. Para tornar a reação mais favorável termodinamicamente, o grupo carboxila deve ser modificado ou ativado quimicamente, de modo que o grupo hidroxila possa ser eliminado de forma mais fácil. Uma abordagem química para esse problema será discutida posteriormente neste capítulo. A abordagem biológica para a formação das ligações peptídicas é o tópico principal do Capítulo 27.

Três aminoácidos podem ser unidos por duas ligações peptídicas para formar um tripeptídeo; do mesmo modo, quatro aminoácidos podem ser unidos para formar um tetrapeptídeo, cinco para formar um pentapeptídeo, e assim por diante. Quando o número de aminoácidos que se ligam dessa maneira é pequeno, a estrutura é chamada de **oligopeptídeo**. Quando o número de aminoácidos que se ligam é maior, o produto é chamado de **polipeptídeo**. As proteínas podem ter milhares de resíduos de aminoácidos. Embora algumas vezes os termos "proteína" e "polipeptídeo" sejam usados de maneira intercambiável, as moléculas chamadas de polipeptídeos têm massas moleculares abaixo de 10.000, ao passo que as chamadas de proteínas têm massas moleculares mais elevadas.

A **Figura 3-14** mostra a estrutura de um pentapeptídeo. Em um peptídeo, o resíduo de aminoácido na extremidade com o grupo α-amino livre é chamado de **resíduo aminoterminal** (ou *N*-terminal) e o resíduo na outra extremidade, que tem um grupo carboxila livre, é o **resíduo carboxiterminal** (*C*-terminal).

**CONVENÇÃO** Quando se representa uma sequência de aminoácidos de um peptídeo, polipeptídeo ou proteína, a extremidade aminoterminal é colocada à esquerda, e a extremidade carboxiterminal, à direita. A sequência é lida da esquerda para a direita, portanto iniciando com a extremidade aminoterminal. ■

Embora a hidrólise de uma ligação peptídica seja uma reação exergônica, ela só ocorre lentamente, visto que tem uma elevada energia de ativação (p. 25). Como resultado, as ligações peptídicas nas proteínas são muito estáveis, com meia-vida média ($t_{1/2}$) de cerca de 7 anos na maioria das condições intracelulares.

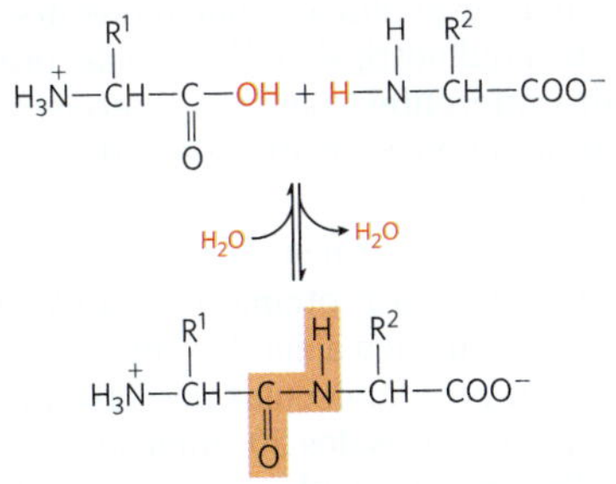

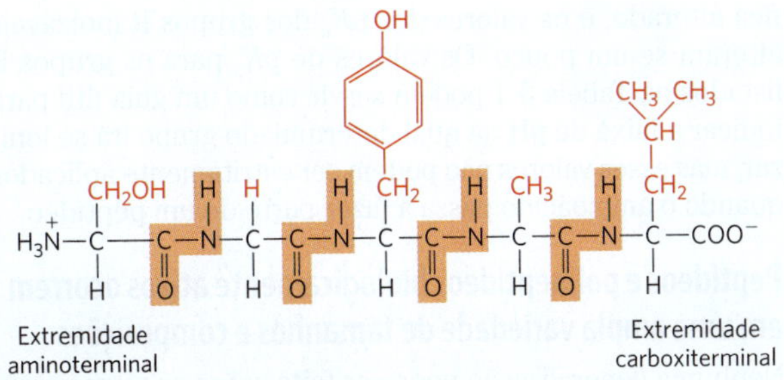

**FIGURA 3-14** O pentapeptídeo serilgliciltirosilalanileucina, Ser–Gly–Tyr–Ala–Leu ou SGYAL. Os peptídeos são denominados a partir do resíduo aminoterminal, que, por convenção, é colocado à esquerda. As ligações peptídicas estão sombreadas; os grupos R estão em vermelho.

### Pode-se diferenciar peptídeos pelo comportamento de ionização

**P2** Os peptídeos contêm apenas um grupo α-amino e um grupo α-carboxila livres, localizados nas extremidades opostas da cadeia (**Fig. 3-15**). Esses grupos se ionizam do mesmo modo que nos aminoácidos livres. Os grupos α-amino e α-carboxila de todos os aminoácidos que não estão em uma das extremidades são ligados covalentemente em ligações peptídicas. Então, eles já não podem mais se ionizar e, portanto, não contribuem para o comportamento ácido-base total do peptídeo. Os grupos R ionizáveis dos peptídeos (Tabela 3-1) também contribuem para as propriedades ácido-base da molécula (Fig. 3-15).

Assim como os aminoácidos livres, os peptídeos têm curvas de titulação e pH isoelétrico (pI) característicos, pH no qual a carga elétrica é zero, de modo que eles não podem se mover quando submetidos a um campo elétrico. Essas propriedades são exploradas em algumas das técnicas utilizadas para separar peptídeos de proteínas, como será visto mais adiante neste capítulo. Quando um aminoácido passa a ser um resíduo em um peptídeo, o seu ambiente químico

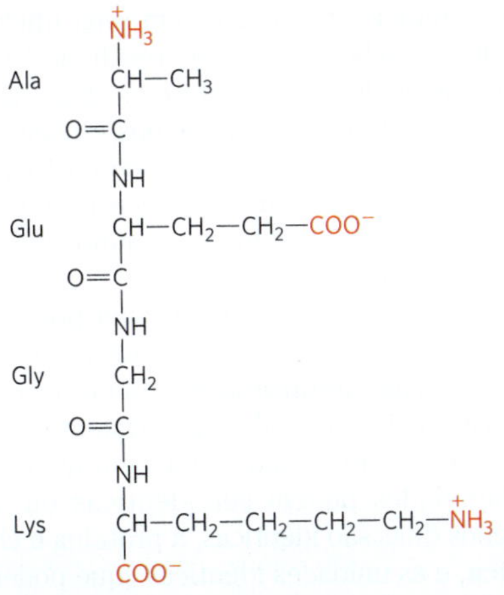

**FIGURA 3-13** **Formação da ligação peptídica por condensação.** O grupo α-amino de um aminoácido (com o grupo $R^2$) atua como nucleófilo para deslocar o grupo hidroxila do outro aminoácido (com o grupo $R^1$), formando uma ligação peptídica (sombreada). Os grupos amino são bons nucleófilos, mas o grupo hidroxila é um grupo de saída fraco e não é deslocado com facilidade. No pH fisiológico, a reação mostrada não ocorre em grau apreciável.

**FIGURA 3-15** **Alanilglutamilglicilisina.** Este tetrapeptídeo tem um grupo α-amino livre, um grupo α-carboxila livre e dois grupos R ionizáveis. Os grupos ionizados em pH 7,0 estão em vermelho.

fica alterado, e os valores dos p$K_a$ dos grupos R ionizáveis alteram-se um pouco. Os valores de p$K_a$ para os grupos R listados na Tabela 3-1 podem servir como um guia útil para indicar a faixa de pH na qual determinado grupo irá se ionizar, mas esses valores não podem ser estritamente aplicados quando o aminoácido passa a fazer parte de um peptídeo.

## Peptídeos e polipeptídeos biologicamente ativos ocorrem em uma ampla variedade de tamanhos e composições

Nenhuma generalização pode ser feita sobre as massas moleculares de peptídeos e proteínas biologicamente ativos tomando por base as suas respectivas funções. Peptídeos que ocorrem naturalmente variam em comprimento de dois a muitos milhares de resíduos de aminoácidos. Mesmo os menores peptídeos podem ter efeitos biologicamente importantes. Considere o dipeptídeo sintetizado comercialmente éster metílico de L-aspartil-L-fenilalanina, o adoçante artificial conhecido como aspartame.

Éster metílico de L-aspartil-L-fenilalanina
(aspartame)

Muitos peptídeos pequenos exercem seus efeitos em concentrações muito baixas. Por exemplo, vários hormônios de vertebrados (Capítulo 23) são peptídeos pequenos. Entre eles, incluem-se a ocitocina (nove resíduos de aminoácidos), que é secretada pela glândula neuro-hipófise e estimula as contrações uterinas; e o fator de liberação de tireotrofina (três resíduos), que é formado no hipotálamo e estimula a liberação de outro hormônio, tireotrofina, pela glândula adeno-hipófise. Alguns venenos extremamente tóxicos de cogumelos, como a amanitina, também são peptídeos pequenos, assim como muitos antibióticos.

Qual é o comprimento das cadeias polipeptídicas nas proteínas? Como a **Tabela 3-2** mostra, os comprimentos variam consideravelmente. O citocromo $c$ humano tem 104 resíduos de aminoácidos ligados em uma única cadeia; o quimotripsinogênio bovino tem 245 resíduos. A titina, constituinte dos músculos de vertebrados, com aproximadamente 27 mil resíduos de aminoácidos e massa molecular de cerca de 3 milhões, está no extremo oposto de tamanho. A grande maioria das proteínas que ocorrem naturalmente contém menos de 2 mil resíduos de aminoácidos e é muito menor do que a titina.

Algumas proteínas são constituídas por apenas uma única cadeia polipeptídica, porém outras, chamadas de proteínas de **várias subunidades**, têm dois ou mais polipeptídeos associados de modo não covalente (Tabela 3-2). As cadeias polipeptídicas individuais em uma proteína de várias subunidades podem ser idênticas ou diferentes. Se pelo menos duas são idênticas, a proteína é chamada de **oligomérica**, e as unidades idênticas (que podem ser uma ou mais cadeias polipeptídicas) são chamadas de **protômeros**. A hemoglobina, por exemplo, tem quatro subunidades polipeptídicas: duas cadeias $\alpha$ idênticas e duas cadeias $\beta$ idênticas; as quatro são mantidas unidas por interações não

| TABELA 3-2 | Dados moleculares de algumas proteínas | | |
|---|---|---|---|
| Proteínas | Peso molecular | Número de resíduos | Número de cadeias polipeptídicas |
| Citocromo $c$ (humano) | 12.400 | 104 | 1 |
| Mioglobina (coração equino) | 16.700 | 153 | 1 |
| Quimotripsina (pâncreas bovino) | 25.200 | 241 | 3 |
| Hemoglobina (humana) | 64.500 | 574 | 4 |
| Hexocinase (levedura) | 107.900 | 972 | 2 |
| RNA-polimerase (E. coli) | 450.000 | 4.158 | 5 |
| Glutamina-sintase (E. coli) | 619.000 | 5.628 | 12 |
| Titina (humana) | 2.993.000 | 26.926 | 1 |

covalentes. Cada subunidade $\alpha$ é pareada de modo idêntico com uma subunidade $\beta$ dentro da estrutura dessa proteína de várias subunidades; portanto, a hemoglobina pode ser considerada tanto um tetrâmero de quatro subunidades de polipeptídeos quanto um dímero de protômeros $\alpha\beta$.

Algumas proteínas contêm duas ou mais cadeias polipeptídicas ligadas covalentemente. Por exemplo, as duas cadeias polipeptídicas da insulina são unidas por ligações dissulfeto. Nesses casos, os polipeptídeos individuais não são considerados subunidades, mas são comumente chamados simplesmente de cadeias.

A composição dos aminoácidos das proteínas também é altamente variável. Os 20 aminoácidos comuns quase nunca ocorrem em quantidades iguais em uma proteína. Alguns aminoácidos podem ocorrer apenas uma vez ou mesmo estar ausentes em determinados tipos de proteína; outros podem ocorrer em grande número. A **Tabela 3-3** mostra a composição de aminoácidos do citocromo $c$ e do quimotripsinogênio bovinos, este último sendo o precursor inativo da enzima digestiva quimotripsina. Essas duas proteínas, com funções muito diferentes, também diferem significativamente quanto ao número relativo de cada tipo de resíduo de aminoácido.

Pode-se fazer uma estimativa do número de resíduos de aminoácidos de uma proteína que não tenha nenhum outro constituinte químico além dos aminoácidos por meio da divisão do seu peso molecular por 110. Embora a média dos pesos moleculares dos 20 aminoácidos comuns seja de cerca de 138, os aminoácidos menores predominam nas proteínas. Levando-se em consideração as proporções nas quais os vários aminoácidos ocorrem em uma proteína típica, a média da massa molecular dos aminoácidos de uma proteína fica próximo de 128 (Tabela 3-1; as médias são determinadas pesquisando-se a composição dos aminoácidos de mais de 1.000 proteínas diferentes). Como uma molécula de água ($M_r$ 18) é removida para criar cada ligação

| TABELA 3-3 | Composição de aminoácidos de duas proteínas | | | |
|---|---|---|---|---|
| | Citocromo c bovino | | Quimotripsinogênio bovino | |
| Aminoácido | Número de resíduos por molécula | Porcentagem do total[a] | Número de resíduos por molécula | Porcentagem do total[a] |
| Ala | 6 | 6 | 22 | 9 |
| Arg | 2 | 2 | 4 | 1,6 |
| Asn | 5 | 5 | 14 | 5,7 |
| Asp | 3 | 3 | 9 | 3,7 |
| Cys | 2 | 2 | 10 | 4 |
| Gln | 3 | 3 | 10 | 4 |
| Glu | 9 | 9 | 5 | 2 |
| Gly | 14 | 13 | 23 | 9,4 |
| His | 3 | 3 | 2 | 0,8 |
| Ile | 6 | 6 | 10 | 4 |
| Leu | 6 | 6 | 19 | 7,8 |
| Lys | 18 | 17 | 14 | 5,7 |
| Met | 2 | 2 | 2 | 0,8 |
| Phe | 4 | 4 | 6 | 2,4 |
| Pro | 4 | 4 | 9 | 3,7 |
| Ser | 1 | 1 | 28 | 11,4 |
| Thr | 8 | 8 | 23 | 9,4 |
| Trp | 1 | 1 | 8 | 3,3 |
| Tyr | 4 | 4 | 4 | 1,6 |
| Val | 3 | 3 | 23 | 9,4 |
| Total | 104 | 102[a] | 245 | 99,7[a] |

Nota: algumas análises usuais, como a hidrólise ácida, não discriminam Asp de Asn, que são designados em conjunto como Asx (ou B). De forma semelhante, quando Glu e Gln não podem ser discriminados, eles são indicados juntos como Glx (ou Z). Além disso, Trp é destruído na hidrólise ácida. Para se obter uma avaliação precisa do conteúdo completo de aminoácidos, é necessário usar outros métodos.

[a]As porcentagens não somam 100% devido aos arredondamentos.

| TABELA 3-4 | Proteínas conjugadas | |
|---|---|---|
| Classe | Grupo prostético | Exemplo |
| Lipoproteínas | Lipídeos | $\beta_1$-Lipoproteína do sangue (Fig. 17-2) |
| Glicoproteínas | Carboidratos | Imunoglobulina G (Fig. 5-20) |
| Fosfoproteínas | Grupos fosfato | Glicogênio-fosforilase (Fig. 6-39) |
| Hemoproteínas | Heme (ferro-porfirina) | Hemoglobina (Figs. 5-8 a 5-11) |
| Flavoproteínas | Nucleotídeos da flavina | Succinato-desidrogenase (Fig. 19-9) |
| Metaloproteínas | Ferro Zinco | Ferritina (Quadro 16-1) Álcool-desidrogenase (Fig. 14-12) |
| | Cálcio | Calmodulina (Fig. 12-17) |
| | Molibdênio | Dinitrogenase (Fig. 22-3) |
| | Cobre | Complexo IV (Fig. 19-12) |

peptídica, a massa molecular média de um resíduo de aminoácido em uma proteína é de cerca de 128 – 18 = 110.

### Algumas proteínas contêm outros grupos químicos além dos aminoácidos

Muitas proteínas, como, por exemplo, as enzimas ribonuclease A e a quimotripsina, contêm apenas resíduos de aminoácidos e nenhum outro constituinte químico; elas são consideradas proteínas simples. Entretanto, algumas proteínas contêm, além dos aminoácidos, componentes químicos permanentemente associados; elas são chamadas de **proteínas conjugadas**. A parte de uma proteína conjugada que não é aminoácido normalmente é chamada de **grupo prostético**. As proteínas conjugadas são classificadas com base na natureza química de seus grupos prostéticos (Tabela 3-4); por exemplo, **lipoproteínas** contêm lipídeos, **glicoproteínas** contêm açúcares e **metaloproteínas** contêm um metal específico. Algumas proteínas contêm mais de um grupo prostético. Normalmente, o grupo prostético desempenha um papel importante na função biológica da proteína.

### RESUMO 3.2 Peptídeos e proteínas

- Os aminoácidos podem ser unidos de modo covalente por meio de ligações peptídicas, formando peptídeos e proteínas. As células geralmente contêm milhares de proteínas diferentes, cada uma com uma atividade biológica diferente.

- O comportamento de ionização dos peptídeos é um reflexo das suas cadeias laterais ionizáveis e dos grupos $\alpha$-amino e $\alpha$-carboxílico.

- As proteínas podem ter cadeias peptídicas muito longas, de cem a muitos milhares de resíduos de aminoácidos. No entanto, alguns dos peptídeos que ocorrem naturalmente têm apenas poucos resíduos de aminoácidos. Algumas proteínas são compostas de várias cadeias polipeptídicas associadas de modo não covalente, chamadas de subunidades.

- A hidrólise de proteínas simples produz apenas aminoácidos, e as proteínas conjugadas contêm, além dos aminoácidos, outros componentes, como um metal ou um grupo prostético.

## 3.3 Trabalhando com proteínas

O conhecimento da estrutura e da função das proteínas que os bioquímicos acumularam veio de estudos realizados com muitas proteínas, uma a uma. Para estudar detalhadamente uma proteína, o pesquisador deve ser capaz de separá-la de outras proteínas para obtê-la na forma pura; para isso, ele deve dispor de técnicas adequadas para determinar as propriedades da proteína. Os métodos necessários vêm da química de proteínas, disciplina tão antiga quanto a própria bioquímica e que mantém uma posição central na pesquisa bioquímica.

## Proteínas podem ser separadas e purificadas

Para a determinação das propriedades e ações de uma proteína, é essencial ter uma preparação pura. As células contêm milhares de diferentes tipos de proteínas; então, como é que se pode purificar uma proteína? ▶P3 Os métodos para separação de proteínas tiram proveito das diferenças nas propriedades entre uma proteína e outra, incluindo o tamanho, a carga e as propriedades de ligação a outras moléculas e elementos. O aparecimento de métodos e técnicas da engenharia genética forneceu novas, e mais simples, maneiras para purificar proteínas. Os métodos mais recentes, apresentados no Capítulo 9, geralmente modificam artificialmente a proteína que está sendo purificada, adicionando poucos ou muitos resíduos de aminoácidos a uma ou a ambas as extremidades. Em muitos casos, essas modificações alteram a função da proteína. O isolamento de uma proteína sem que ela sofra qualquer modificação necessita que essas modificações sejam removidas ou depende dos métodos descritos a seguir.

A fonte de determinada proteína é geralmente um tecido ou células de algum microrganismo. A primeira etapa de qualquer procedimento de purificação de proteínas é romper essas células, liberando as proteínas em uma solução chamada de **extrato bruto**. Se necessário, pode-se utilizar centrifugação diferencial para preparar frações subcelulares ou isolar organelas específicas (ver Fig. 1-7).

Uma vez pronto o extrato ou a preparação de organelas, há vários métodos disponíveis para purificar uma ou mais proteínas contidas no extrato. ▶P3 Em geral, o extrato é submetido a tratamentos para separar as proteínas em diferentes **frações** com base em uma propriedade, como tamanho ou carga; esse processo é chamado de **fracionamento**. As etapas iniciais de fracionamento no processo de purificação utilizam diferenças na solubilidade das proteínas, que são uma função complexa de pH, temperatura, concentração de sais e outros fatores. A solubilidade das proteínas é reduzida na presença de alguns sais, um efeito chamado de "*salting out*". O sulfato de amônio ($(NH_4)_2SO_4$) é muito eficaz para precipitar seletivamente algumas proteínas e deixar outras na solução. Então, usa-se centrifugação a baixa velocidade para remover as proteínas que precipitaram das que permaneceram na solução.

A solução contendo a proteína de interesse geralmente precisa ser modificada antes que seja possível passar para as etapas de purificação seguintes. Por exemplo, a **diálise** é um processo que aproveita o tamanho maior das proteínas para separá-las de solutos pequenos. O extrato parcialmente purificado é colocado dentro de um saco ou tubo feito de uma membrana semipermeável, que é suspenso em um volume muito maior de uma solução tampão com força iônica apropriada. A membrana possibilita a troca de sais e tampões, mas não de proteínas. Desse modo, a diálise retém as proteínas grandes no interior do saco ou tubo e permite que as concentrações dos outros solutos presentes na preparação de proteínas se alterem até ficarem em equilíbrio com a solução de fora da membrana. A diálise pode ser utilizada, por exemplo, para remover o sulfato de amônio da preparação proteica.

Os métodos mais eficientes para fracionar proteínas utilizam **cromatografia em coluna**, que se aproveita de diferenças na carga, no tamanho, na afinidade de ligação e

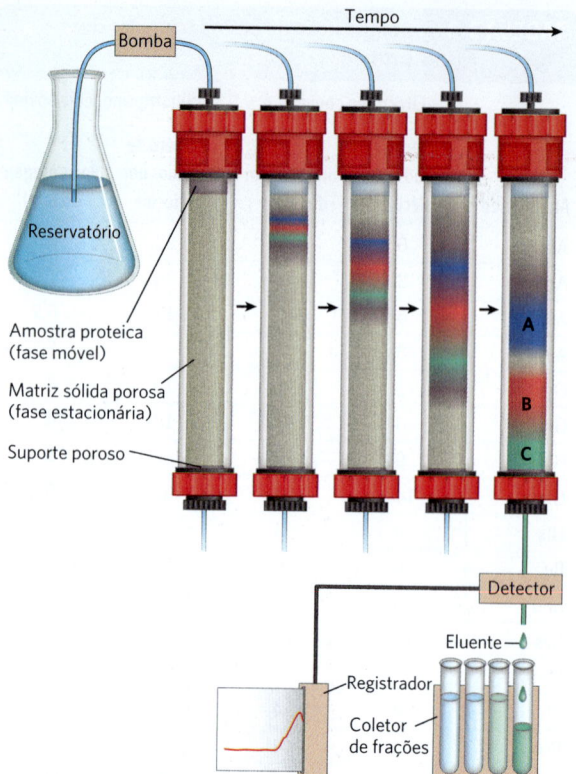

**FIGURA 3-16 Cromatografia em coluna.** Entre os elementos básicos de uma coluna cromatográfica, está um material poroso sólido (matriz) apoiado no interior de uma coluna, geralmente feita de plástico ou vidro. Uma solução, a fase móvel, flui através da matriz, a fase estacionária. A solução que sai da coluna (o eluente) é constantemente substituída pela solução fornecida por um reservatório ao topo. A solução de proteína a ser separada é colocada no topo da coluna e deixada percolar pela matriz sólida. Mais solução é adicionada no topo. A solução proteica forma uma banda no interior da fase móvel que, inicialmente, tem a altura da solução de proteína aplicada à coluna. À medida que as proteínas migram através da coluna (mostrada aqui em cinco momentos diferentes), elas são retardadas em diferentes graus, devido às diferenças com que interagem com o material da matriz. A banda total de proteína, portanto, amplia-se à medida que se move através da coluna. Tipos individuais de proteínas (como A, B e C, mostradas em azul, vermelho e verde) se separam gradativamente umas das outras, formando bandas no interior da banda proteica mais larga. A separação melhora (i.e., aumenta a resolução) à medida que o comprimento da coluna aumenta. Entretanto, cada banda proteica individual também se alarga com o tempo, devido à dispersão por difusão, processo que diminui a resolução. Nesse exemplo, a proteína A está bem separada de B e C, porém, nas condições usadas, a dispersão por difusão impede a separação completa de B e C. A figura corresponde ao momento em que a proteína C está sendo detectada e a sua presença registrada à medida que ela elui da coluna.

em outras propriedades das proteínas (**Fig. 3-16**). Um material sólido poroso com propriedades químicas adequadas (fase estacionária) é colocado em uma coluna, e uma solução tamponada (fase móvel) migra através da coluna. A proteína, dissolvida na mesma solução tampão que foi utilizada para estabelecer a fase móvel, é colocada no topo da coluna. A proteína, então, atravessa a matriz sólida como uma banda que avança cada vez mais através da fase móvel maior. Cada proteína migra com mais rapidez ou mais lentidão através da coluna, dependendo de suas propriedades.

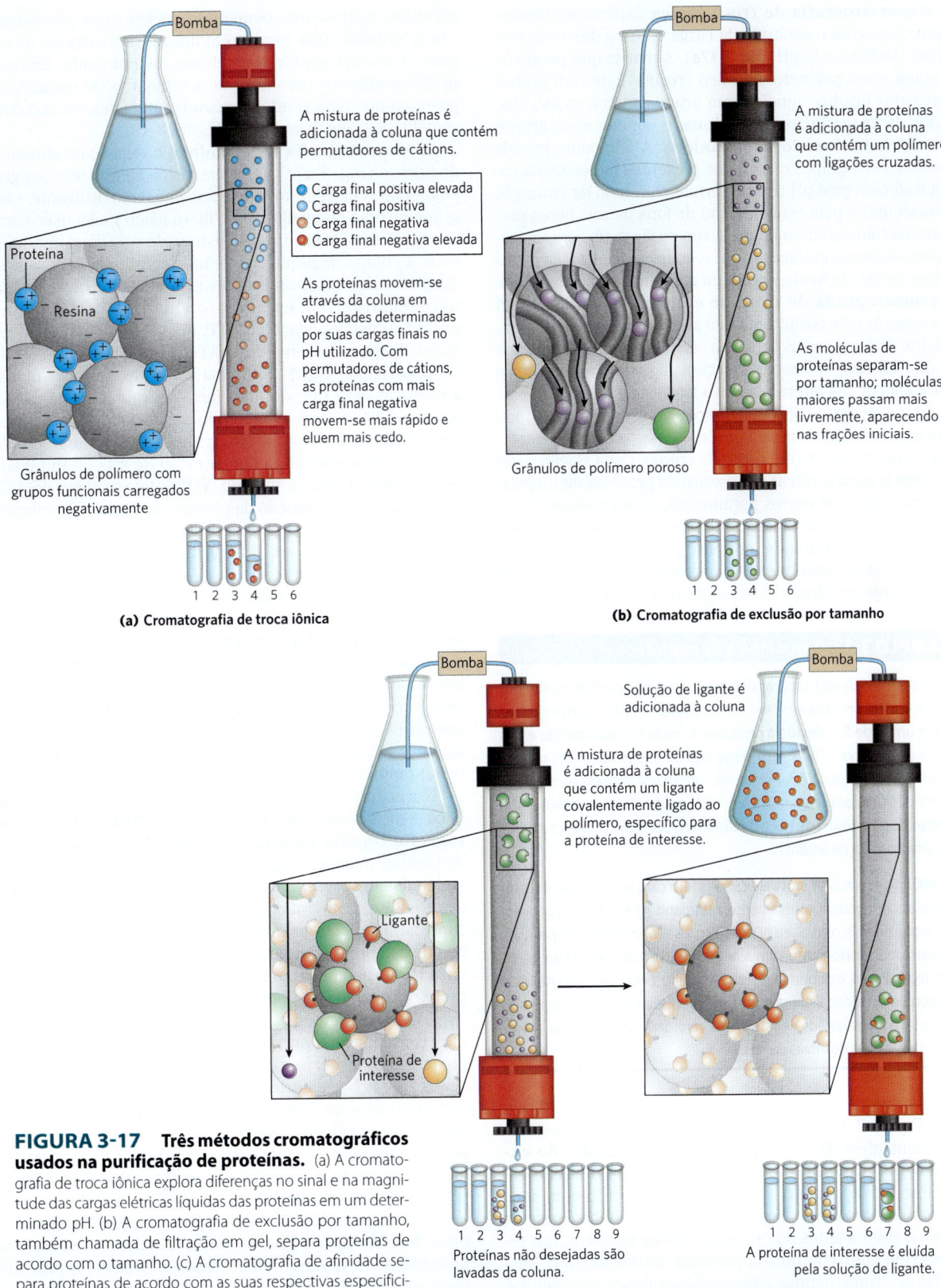

**FIGURA 3-17 Três métodos cromatográficos usados na purificação de proteínas.** (a) A cromatografia de troca iônica explora diferenças no sinal e na magnitude das cargas elétricas líquidas das proteínas em um determinado pH. (b) A cromatografia de exclusão por tamanho, também chamada de filtração em gel, separa proteínas de acordo com o tamanho. (c) A cromatografia de afinidade separa proteínas de acordo com as suas respectivas especificidades de ligação. Mais detalhes estão apresentados no texto.

A **cromatografia de troca iônica** explora as diferenças no sinal e na magnitude da carga elétrica das proteínas em um determinado pH (**Fig. 3-17a**). A matriz que preenche a coluna é um polímero sintético (resina) que tem grupos carregados ligados; aqueles com grupos aniônicos são chamados de **trocadores de cátions**, e aqueles com grupos catiônicos, de **trocadores de ânions**. A afinidade de cada proteína pelos grupos carregados presentes na resina da coluna é afetada pelo pH (que determina o estado de ionização da molécula) e pela concentração de íons de sais livres presentes na solução circundante. A separação pode ser otimizada por mudanças graduais no pH e/ou na concentração de sal da fase móvel, de modo a criar um gradiente de pH ou de sal. Na **cromatografia de troca de cátions**, as proteínas com uma carga líquida positiva migram através da matriz mais lentamente do que aquelas com uma carga líquida negativa, uma vez que a migração das que têm carga líquida positiva é mais retardada por sua interação com a fase estacionária.

À medida que o conteúdo da solução proteica sai de uma coluna, porções sucessivas (frações) desse eluente são coletadas separadamente em tubos de ensaio. Cada fração pode ser testada para verificar a presença da proteína de interesse e para verificar outros parâmetros, como a força iônica ou a concentração total de proteínas. Todas as frações positivas para a proteína de interesse podem ser misturadas, formando uma única fração, que constitui o produto dessa etapa cromatográfica de purificação da proteína.

### EXEMPLO 3-1 *Troca iônica de peptídeos*

Um bioquímico deseja separar dois peptídeos por cromatografia por troca iônica. No pH da fase móvel a ser utilizada na coluna, um peptídeo (A) tem um pI de 5,1, devido à presença de mais resíduos de Glu e Asp do que de Arg, Lys e His, e tem carga líquida negativa em pH neutro. O peptídeo B tem pI de 7,8, mostrando um maior número de resíduos de aminoácidos com carga positiva em pH neutro. Qual peptídeo eluirá primeiro de uma resina de troca de cátions? Qual eluirá primeiro a partir da resina de troca de ânions?

**SOLUÇÃO:** Resinas de troca de cátions têm cargas negativas e ligam moléculas carregadas positivamente, retardando o seu avanço pela coluna. O peptídeo B, com o seu pI mais alto e a sua carga líquida positiva, interagirá mais fortemente com a resina de troca de cátions do que o peptídeo A. Então, o peptídeo A eluirá primeiro. Em uma resina de troca de ânions, o peptídeo B eluirá primeiro. O peptídeo A, tendo um pI mais baixo e uma carga líquida negativa, será retardado, devido à sua interação com as cargas positivas da resina.

A Figura 3-17 mostra duas variações da cromatografia em coluna além da troca iônica. A **cromatografia de exclusão por tamanho**, também denominada filtração em gel (Fig. 3-17b), separa as proteínas de acordo com seus respectivos tamanhos. Nesse método, as proteínas grandes saem da coluna antes do que as proteínas menores, um resultado um tanto contrário ao esperado intuitivamente. Nesse tipo de cromatografia, a fase sólida consiste em grânulos de polímeros reticulados com poros ou cavidades fabricados com um tamanho específico. As proteínas grandes não podem entrar nas cavidades e, assim, percorrem um caminho mais curto (e mais rápido) através da coluna, rodeando os grânulos. As proteínas pequenas penetram nas cavidades e são retardadas, pois percorrem um labirinto através da coluna. A cromatografia de exclusão pelo tamanho também pode ser utilizada para fazer uma estimativa do tamanho da proteína que está sendo purificada, utilizando-se métodos semelhantes aos descritos na Figura 3-19.

A **cromatografia de afinidade** baseia-se na afinidade de ligação (Fig. 3-17c). Os grânulos da coluna têm um grupo químico covalentemente ligado chamado de ligante – um grupo ou uma molécula que se liga a macromoléculas, como as proteínas. Quando uma mistura de proteínas é adicionada à coluna, qualquer proteína com afinidade para esse ligante se liga aos grânulos, e sua migração através da matriz é retardada. Por exemplo, se a função biológica de uma proteína envolve ligação a ATP, então, prendendo-se uma molécula que se assemelhe ao ATP a esses grânulos da coluna, cria-se uma matriz com uma afinidade que pode ajudar a purificar esse tipo de proteína. As proteínas que não se ligam a ATP escoam mais rápido pela coluna. As proteínas que se ligaram são, então, eluídas utilizando-se uma solução que contenha uma alta concentração de sais ou um ligante livre; nesse caso, o próprio ATP ou um análogo de ATP. O sal enfraquece a ligação da proteína ao ligante imobilizado por interferir nas interações iônicas. O ligante livre compete com o ligante preso aos grânulos, liberando a proteína da matriz. Em geral, a proteína de interesse elui da coluna ligada ao ligante utilizado para elui-la.

Em geral, os protocolos de purificação de proteínas usam engenharia genética para adicionar outros aminoácidos ou peptídeos (marcadores ou *tags*) à proteína de interesse. A cromatografia de afinidade pode aproveitar a ligação com esses *tags* e, assim, aumentar enormemente a pureza da proteína em apenas uma etapa (ver Fig. 9-11). Em muitos casos, o *tag* pode ser removido posteriormente, restaurando totalmente a função da proteína nativa.

Normalmente, a purificação por métodos cromatográficos é melhorada com a utilização de **HPLC**, ou **cromatografia líquida de alto desempenho**. A HPLC faz uso de bombas de alta pressão, que aceleram o movimento das moléculas de proteína através da coluna; além disso, usa materiais cromatográficos de melhor qualidade, que podem suportar a força de esmagamento produzida pelo fluxo do líquido sob pressão. Reduzindo o tempo de trânsito na coluna, a HPLC pode limitar a dispersão por difusão das bandas proteicas e, assim, melhorar enormemente a resolução.

A escolha da abordagem de purificação de uma proteína que não tenha sido previamente isolada é guiada pelo estudo de como outras proteínas foram purificadas e pelo bom senso. **P3** Na maioria dos casos, deve-se utilizar vários métodos em sequência para conseguir obter uma proteína totalmente purificada, com cada método separando a proteína com base em uma propriedade diferente. A escolha dos métodos é um tanto empírica, e muitas estratégias devem ser tentadas até se encontrar a mais eficaz. Em geral, pode-se minimizar o processo de tentativa e erro baseando o novo procedimento em técnicas de purificação desenvolvidas para proteínas semelhantes. O bom senso determina que procedimentos mais baratos, como, por exemplo, o *salting out*, sejam utilizados primeiro quando o volume total e o número de contaminantes é maior. Ao final de cada etapa de purificação, o tamanho da amostra geralmente diminui (**Tabela 3-5**), permitindo, assim, que procedimentos cromatográficos mais

## 3.3 TRABALHANDO COM PROTEÍNAS

| TABELA 3-5 | Tabela hipotética de purificação de uma enzima | | | | |
|---|---|---|---|---|---|
| | Procedimento ou etapa | Volume da fração (mL) | Proteína total (mg) | Atividade (unidades) | Atividade específica (unidades/mg) |
| 1. Extrato celular bruto | | 1.400 | 10.000 | 100.000 | 10 |
| 2. Precipitação com sulfato de amônio | | 280 | 3.000 | 96.000 | 32 |
| 3. Cromatografia de troca iônica | | 90 | 400 | 80.000 | 200 |
| 4. Cromatografia de exclusão por tamanho | | 80 | 100 | 60.000 | 600 |
| 5. Cromatografia de afinidade | | 6 | 3 | 45.000 | 15.000 |

Nota: Todos os dados representam o estado da amostra *após* a realização do procedimento indicado. "Atividade" e "atividade específica" são definidas na página 90.

sofisticados (e caros) sejam usados nas fases posteriores. Uma tabela de purificação registra o sucesso de cada uma das etapas do protocolo de purificação. No caso hipotético da purificação mostrada na Tabela 3-5, a relação entre a atividade específica final (15.000 unidades/mg) e o material inicial (10 unidades/mg) dá um fator de purificação de 1.500 vezes. A porcentagem do total de atividade presente na etapa final (45.000 unidades) em relação ao total de atividade do material inicial (100.000 unidades) dá o rendimento do processo (45%).

### Proteínas podem ser separadas e caracterizadas por eletroforese

A purificação de proteínas geralmente termina com uma **eletroforese**, um procedimento analítico que possibilita aos pesquisadores visualizarem e caracterizarem as proteínas que acabaram de purificar. Esse método não contribui, por si só, para a purificação, uma vez que a eletroforese com frequência tem efeitos adversos sobre a estrutura e, portanto, a função das proteínas. Entretanto, ela permite que o bioquímico estime rapidamente o número de proteínas

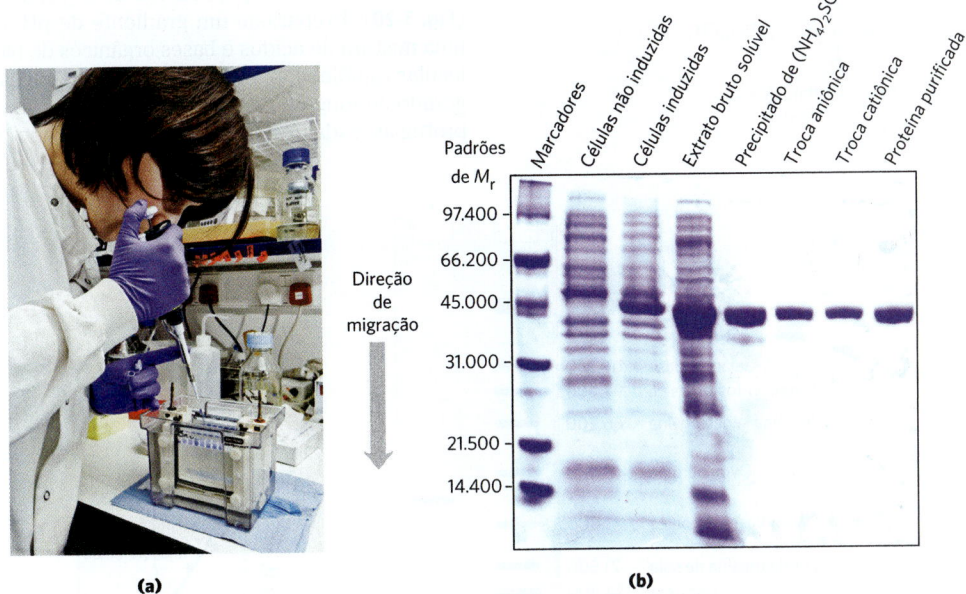

**FIGURA 3-18 Eletroforese.** (a) As amostras são colocadas em poços ou cavidades no topo do gel de SDS-poliacrilamida. As proteínas se movem através do gel quando é aplicado um campo elétrico. O gel minimiza as correntes de convecção causadas pelos pequenos gradientes de temperatura, bem como os movimentos proteicos que não aqueles induzidos pelo campo elétrico. (b) As proteínas podem ser visualizadas após a eletroforese ao se tratar o gel com um corante, como o azul de Coomassie, que se liga às proteínas, mas não ao gel em si. Cada banda no gel representa uma proteína diferente (ou subunidade de proteína). As proteínas menores movem-se mais rapidamente através do gel do que as maiores e, portanto, acabam ficando mais próximas da base do gel. Esse gel ilustra a purificação da proteína RecA de *Escherichia coli*. O gene para a proteína RecA foi clonado para que ela pudesse ser expressa (síntese proteica) de maneira controlada. A primeira canaleta mostra um conjunto de proteínas padrão (proteínas com $M_r$ conhecidas), que servem de marcadores de massa molecular. As duas canaletas seguintes mostram proteínas de células de *Escherichia coli* antes e depois de a síntese da proteína RecA ser induzida. A quarta canaleta mostra as proteínas presentes no extrato celular bruto. As canaletas seguintes (da esquerda para a direita) mostram as proteínas presentes após cada uma das sucessivas etapas de purificação. Embora a proteína pareça pura na canaleta 6, ainda foram necessárias mais duas etapas para remover pequenas contaminações que não foram evidenciadas no gel. A proteína purificada é uma cadeia polipeptídica única ($M_r$ de aproximadamente 38.000), como mostrado na canaleta mais à direita. [(a) Gustoimages/Science Source; (b) Dra. Julia Cox.]

diferentes que existe na mistura e o grau de pureza de determinada proteína presente na preparação. A eletroforese também pode ser utilizada para determinar propriedades cruciais de uma proteína, como o ponto isoelétrico, e estimar a massa molecular aproximada.

Em geral, a eletroforese de proteínas é realizada em géis compostos de polímeros reticulados de poliacrilamida (**Fig. 3-18**). O gel de poliacrilamida age como uma peneira molecular, retardando a migração de proteínas aproximadamente em função da relação massa-carga. A migração também pode ser afetada pela forma da proteína. Na eletroforese, a força que move as macromoléculas é o potencial elétrico, $E$. A mobilidade eletroforética, $\mu$, de uma molécula é a razão entre a velocidade de migração $V$ e o potencial elétrico. A mobilidade eletroforética também é igual à carga líquida, $Z$, da molécula dividida por seu coeficiente de fricção, $f$, que reflete, em parte, a forma de uma proteína. Portanto,

$$\mu = \frac{V}{E} = \frac{Z}{f}$$

A migração de uma proteína em um gel durante a eletroforese é, portanto, uma função do tamanho e da forma da proteína.

O método eletroforético comumente empregado para estimar a pureza e a massa molecular utiliza o detergente **dodecil sulfato de sódio** (**SDS**) ("dodecil" significa uma cadeia de 12 carbonos).

A quantidade de SDS que uma proteína liga é cerca de 1,4 vezes a sua massa, aproximadamente uma molécula de SDS para cada resíduo de aminoácido. A parte sulfato do SDS ligado dá uma grande carga final negativa. Isso faz a carga intrínseca da proteína passar a ser insignificante e confere a todas as proteínas uma relação carga-massa semelhante. Além disso, a ligação com SDS desenovela parcialmente as proteínas, de modo que a maior parte das proteínas ligadas ao SDS passa a ter uma forma semelhante a bastonetes. Portanto, a eletroforese na presença de SDS separa proteínas quase que exclusivamente com base nas massas (massa molecular), com os peptídeos menores migrando mais rapidamente. Após a eletroforese, as proteínas são visualizadas pela adição de um corante, como o azul de Coomassie, que se liga às proteínas, mas não ao gel em si (Fig. 3-18b). Assim, um pesquisador pode monitorar o progresso de um procedimento de purificação de proteínas verificando em quanto o número de bandas de proteínas visíveis no gel diminui após cada nova etapa de fracionamento. O peso molecular de uma proteína desconhecida pode ser inferido com boa aproximação comparando-se a posição da sua migração com a migração de proteínas cujos pesos moleculares sejam previamente conhecidos (**Fig. 3-19**). Caso a proteína tenha duas ou mais subunidades diferentes, estas são geralmente separadas pelo tratamento com SDS, e uma nova banda aparece para cada uma das subunidades.

A **focalização isoelétrica** é um procedimento utilizado para determinar o ponto isoelétrico (pI) de uma proteína (**Fig. 3-20**). Prepara-se um gradiente de pH, de modo que uma mistura de ácidos e bases orgânicos de baixo peso molecular (anfólitos; p. 77) se distribua em um campo elétrico gerado ao longo do gel. Quando se aplica uma mistura de proteínas, cada proteína migra até alcançar o ponto em que

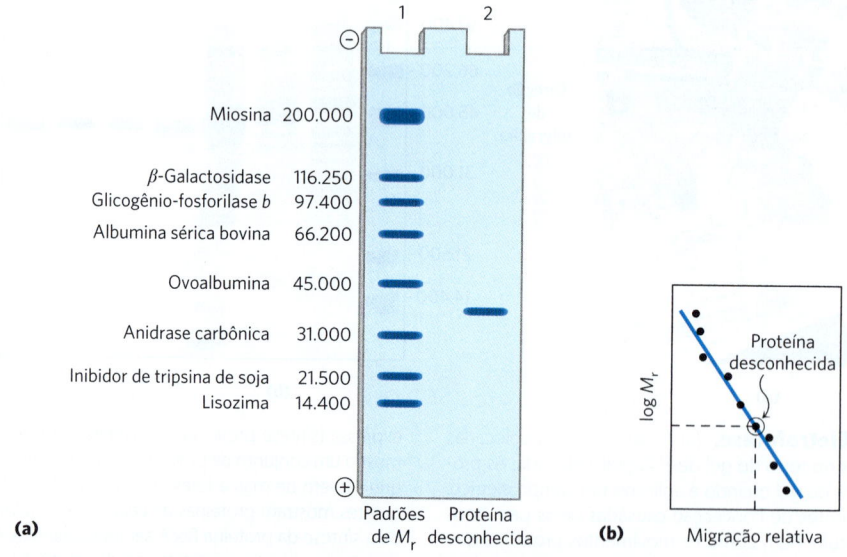

**FIGURA 3-19 Estimando a massa molecular de uma proteína.** A mobilidade eletroforética de uma proteína em gel de SDS-poliacrilamida está relacionada com a sua massa molecular, $M_r$. (a) Proteínas-padrão com massas moleculares já conhecidas são submetidas à eletroforese (canaleta 1). Essas proteínas marcadoras podem ser usadas para estimar a massa molecular de uma proteína desconhecida (canaleta 2). (b) Um gráfico log $M_r$ das proteínas marcadoras *versus* a migração relativa durante a eletroforese é linear, e a massa molecular da proteína desconhecida pode ser inferida a partir desse gráfico. (De maneira semelhante, um conjunto de proteínas-padrão com tempos de retenção reprodutíveis em uma coluna de exclusão por tamanho pode ser usado para criar uma curva padrão de tempo de retenção *versus* log $M_r$. O tempo de retenção de uma substância desconhecida na coluna pode ser comparado com a curva padrão para obter a $M_r$ aproximada.)

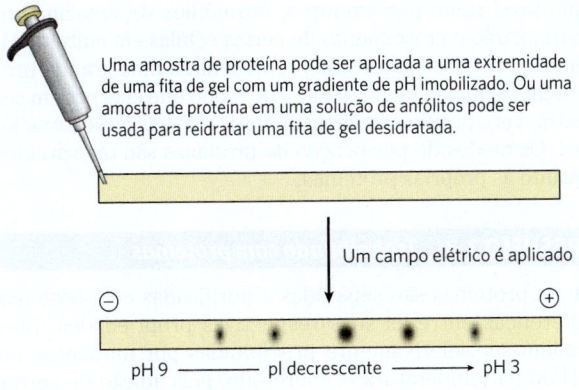

**FIGURA 3-20 Focalização isoelétrica.** Essa técnica separa as proteínas de acordo com os seus respectivos pontos isoelétricos. Uma mistura de proteínas é colocada em uma fita de gel contendo um gradiente de pH imobilizado. Com a aplicação de um campo elétrico, as proteínas entram no gel e migram até que cada uma atinja a zona com pH equivalente ao seu pI. Lembre-se de que, quando pH = pI, a carga líquida de uma proteína é zero.

o pH correspondente ao pI. Com isso, proteínas com pontos isoelétricos diferentes distribuem-se de modo distinto ao longo do gel.

A combinação da focalização isoelétrica com a eletroforese em SDS em sequência é um processo chamado de **eletroforese bidimensional**, que permite a resolução de misturas complexas de proteínas (**Fig. 3-21**). Esse é um método analítico mais sensível do que qualquer método eletroforético isoladamente. A eletroforese bidimensional separa as proteínas de massa molecular idêntica que diferem quanto ao pI, bem como as proteínas com valores de pI semelhantes, mas com massas moleculares diferentes.

## As proteínas não separadas são detectadas e quantificadas com base nas suas funções

▶**P3** Para purificar uma proteína, é essencial ter um meio para detectar e quantificar a proteína de interesse na presença de muitas outras proteínas em cada estágio do procedimento. É muito comum querer purificar uma ou outra proteína da classe de proteínas denominadas enzimas (Capítulo 6). Cada enzima catalisa uma reação em particular que converte uma biomolécula (o substrato) em outra (o produto). A quantidade de proteína presente em uma determinada solução ou extrato de tecido pode ser medida, ou ensaiada, em termos do efeito catalítico que a enzima produz, isto é, o *aumento* na velocidade com a qual os substratos são convertidos em produtos da reação quando a enzima está presente. Para isso, o pesquisador deve conhecer: (1) a equação geral da reação catalisada, (2) um procedimento analítico para determinar o desaparecimento de um dos substratos ou o aparecimento de um dos produtos da reação, (3) se a enzima necessita de cofatores, como íons metálicos ou coenzimas, (4) a dependência de atividade enzimática da concentração do substrato, (5) o pH ótimo e (6) uma faixa de temperatura na qual a enzima seja estável e tenha alta atividade. A atividade das enzimas é geralmente

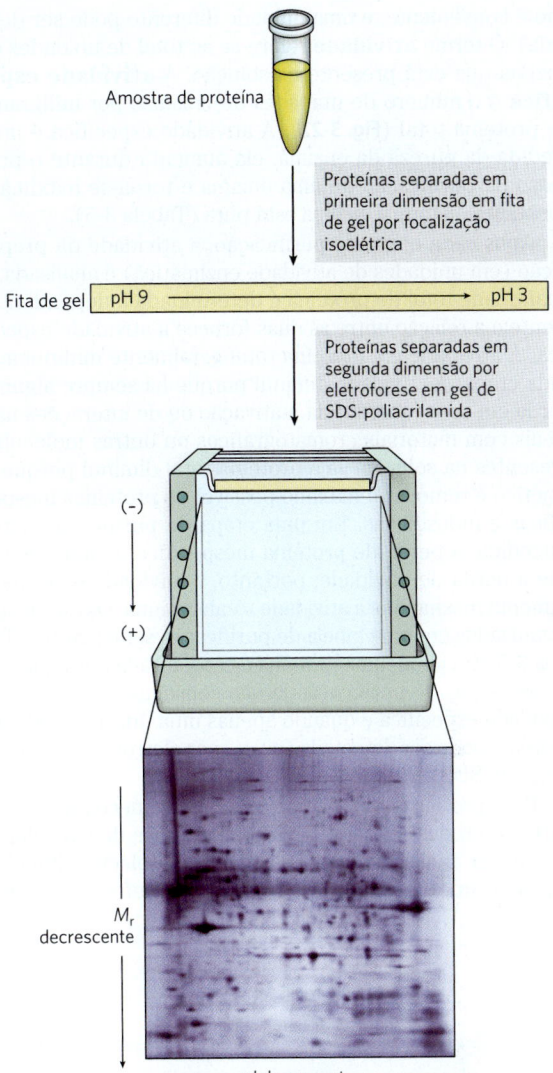

**FIGURA 3-21 Eletroforese bidimensional.** As proteínas são primeiro separadas por focalização isoelétrica em uma fita de gel fina. O gel é colocado, então, horizontalmente em um segundo gel em forma de placa, e as proteínas são separadas por eletroforese em gel de SDS-poliacrilamida. A separação horizontal reflete as diferenças nos valores de pI, e a separação vertical reflete diferenças nas massas moleculares. As proteínas da amostra original ficam, então, espalhadas em duas dimensões. Milhares de proteínas celulares podem ser resolvidas usando essa técnica. Manchas de proteínas individuais podem ser cortadas do gel e identificadas por espectrometria de massas (ver Figs. 3-28 e 3-29). [Wellcome Collection. CC BY.]

ensaiada no seu pH ótimo e a uma temperatura conveniente, na faixa de 25 a 38 °C. Além disso, uma concentração muito alta do substrato é geralmente usada, de modo que a velocidade inicial da reação, medida experimentalmente, seja proporcional à concentração de enzima (Capítulo 6).

Por convenção internacional, a unidade 1,0 de atividade enzimática para a maioria das enzimas é definida como a quantidade de enzima que leva à transformação de 1,0 $\mu$mol de substrato em produto por minuto a 25 °C, sob condições ótimas de medição (para algumas enzimas, essa definição não é conveniente, e uma unidade diferente pode ser definida). O termo **atividade** refere-se ao total de unidades da enzima que está presente na solução. A **atividade específica** é o número de unidades de enzimas por miligrama de proteína total (**Fig. 3-22**). A atividade específica é uma medida da pureza da enzima: ela aumenta durante o processo de purificação de uma enzima e torna-se máxima e constante quando a enzima está pura (Tabela 3-5).

Após cada etapa de purificação, a atividade da preparação (em unidades de atividade enzimática) é analisada, a quantidade total de proteína é determinada independentemente e a relação entre as duas fornece a atividade específica. A atividade e a proteína total geralmente diminuem a cada etapa. A atividade diminui porque há sempre alguma perda em consequência da inativação ou de interações não ideais com materiais cromatográficos ou outras moléculas presentes na solução. Já a proteína total diminui porque o objetivo é remover o máximo possível de proteínas inespecíficas e indesejadas. Em uma etapa de purificação bem-sucedida, a perda de proteína inespecífica é muito maior que a perda de atividade; portanto, a atividade específica aumenta mesmo que a atividade total diminua. Os dados são organizados em uma tabela de purificação semelhante à Tabela 3-5. Em geral, uma proteína é considerada pura quando novas etapas de purificação já não conseguem aumentar a atividade específica e quando apenas uma única espécie de proteína pode ser detectada (p. ex., por eletroforese na presença de SDS).

Para proteínas que não são enzimas, é necessário usar outros métodos de quantificação. Proteínas de transporte podem ser analisadas pela sua ligação à molécula que elas transportam, e hormônios e toxinas, pelo efeito biológico que produzem; por exemplo, hormônios de crescimento estimularão o crescimento de certas células em cultura. Algumas proteínas estruturais representam uma grande proporção da massa de um tecido, de modo que elas podem ser extraídas e purificadas rapidamente sem usar ensaio funcional. Os modos de purificação de proteínas são tão variados quanto as próprias proteínas.

### RESUMO 3.3 *Trabalhando com proteínas*

■ As proteínas são separadas e purificadas com base nas diferenças entre as suas respectivas propriedades. Elas podem ser seletivamente precipitadas por mudanças no pH ou na temperatura e, sobretudo, pela adição de certos sais. Uma ampla gama de procedimentos cromatográficos faz uso de diferenças no tamanho, nas afinidades de ligação, na carga e em outras propriedades. Isso inclui troca iônica, exclusão por tamanho, afinidade e cromatografia líquida de alto desempenho.

■ A eletroforese separa proteínas com base na massa ou na carga para finalidades analíticas. A eletroforese em gel SDS e a focalização isoelétrica podem ser utilizadas separadamente ou em combinação para se obter uma resolução melhor.

■ Todos os procedimentos de purificação exigem um método que permita analisar ou quantificar a proteína de interesse na presença de outras proteínas. A purificação pode ser monitorada determinando-se a atividade específica.

## 3.4 A estrutura das proteínas: estrutura primária

A purificação de uma proteína é geralmente apenas uma etapa preliminar para a dissecção bioquímica detalhada da estrutura e da função. O que torna uma proteína uma enzima; outra, um hormônio; outra, uma proteína estrutural; e, ainda outra, um anticorpo? Como elas diferem quimicamente? As diferenças mais óbvias estão na estrutura, e é a estrutura das proteínas que será discutida a seguir.

Pode-se descrever a estrutura de moléculas grandes, como as proteínas, em vários níveis de complexidade, organizados em um tipo de hierarquia conceitual. Normalmente, define-se quatro níveis de estrutura para as proteínas (**Fig. 3-23**). ▶P2 A descrição de todas as ligações covalentes (principalmente ligações peptídicas e ligações dissulfeto) ligando os resíduos de aminoácidos em uma cadeia polipeptídica é a **estrutura primária**. O elemento mais importante da estrutura primária é a *sequência* dos resíduos de aminoácidos. A **estrutura secundária** refere-se a arranjos particularmente estáveis de resíduos de aminoácidos, dando origem a padrões estruturais recorrentes. A **estrutura terciária** descreve todos os aspectos do enovelamento tridimensional de um polipeptídeo. Quando uma proteína tem duas ou mais subunidades polipeptídicas, seus arranjos no espaço são chamados de **estrutura quaternária**. Por fim, a discussão sobre as proteínas incluirá máquinas proteicas complexas constituídas por dezenas de milhares de subunidades. A estrutura primária é o foco do restante deste capítulo, e os níveis mais elevados de estrutura serão discutidos no Capítulo 4.

**FIGURA 3-22 Atividade *versus* atividade específica.** A diferença entre esses termos pode ser ilustrada considerando-se dois frascos contendo esferas. Os dois frascos contêm o mesmo número de esferas vermelhas, mas números diferentes de esferas de outras cores. Se as esferas representam proteínas, ambos os frascos contêm a mesma *atividade* da proteína representada pelas esferas vermelhas. O segundo frasco, no entanto, apresenta *atividade específica* maior, uma vez que as esferas vermelhas representam uma proporção maior do total de esferas.

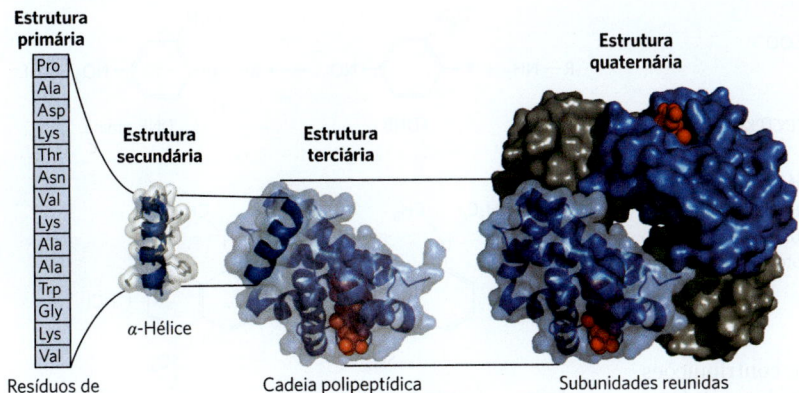

**FIGURA 3-23 Níveis de estrutura nas proteínas.** A *estrutura primária* consiste em uma sequência de aminoácidos unidos por ligações peptídicas e inclui as ligações dissulfeto. O polipeptídeo resultante pode se organizar em unidades de *estrutura secundária*, como uma α-hélice. A hélice é uma parte da *estrutura terciária* do polipeptídeo enovelado, que, por sua vez é uma das subunidades que compõem a *estrutura quaternária* da proteína com várias subunidades; nesse caso, a hemoglobina. [Dados de PDB ID 1HGA, R. Liddington et al., *J. Mol. Biol.* 228:551, 1992.]

Agora, o foco é a estrutura primária. Primeiro, serão considerados os indícios empíricos de que a sequência de aminoácidos e a função da proteína estão intimamente ligadas; em seguida, será descrito como se determina a sequência de aminoácidos; e, finalmente, serão destacados os vários usos dessas informações.

## A função de uma proteína depende da sua sequência de aminoácidos

A bactéria *Escherichia coli* produz mais de 3 mil proteínas diferentes; um ser humano tem cerca de 20 mil genes que codificam mais de 1 milhão de proteínas diferentes (por meio de processos genéticos discutidos na Parte III deste livro). Em ambos os casos, cada tipo de proteína tem uma sequência de aminoácidos única que resulta em uma estrutura tridimensional específica. Essa estrutura, por sua vez, confere uma função específica.

As sequências de aminoácidos são elementos importantes em uma ampla faixa de domínios da informação biológica. Elas são a principal expressão funcional da informação armazenada no DNA sob a forma de genes. As sequências não são aleatórias. Cada proteína tem tanto um número específico de resíduos de aminoácidos como uma sequência específica de resíduos. **P4** Como será visto no Capítulo 4, a estrutura primária de uma proteína determina como ela se enovela em sua estrutura tridimensional própria e única, e isso, por sua vez, determina a função da proteína.

Algumas observações simples ilustram a importância da estrutura primária, ou a sequência de aminoácidos de uma proteína. Em primeiro lugar, como foi observado, as proteínas com funções diferentes sempre têm sequências de aminoácidos distintas. Em segundo lugar, milhares de doenças genéticas humanas foram rastreadas quanto à produção de proteínas defeituosas. O defeito pode variar de uma simples mudança na sequência dos aminoácidos (como na anemia falciforme, descrita no Capítulo 5) até a deleção de uma porção maior da cadeia polipeptídica (como na maioria dos casos da distrofia muscular de Duchenne: uma grande deleção no gene que codifica a proteína distrofina leva à produção de uma proteína encurtada e inativa). Por fim, comparando-se proteínas com funções semelhantes presentes em diferentes espécies, descobriu-se que essas proteínas geralmente têm sequências de aminoácidos similares. Portanto, uma ligação estreita entre a estrutura primária da proteína e a sua função é evidente.

A sequência de aminoácidos de determinada proteína não é absolutamente fixa ou invariável. Quase todas as proteínas humanas são **polimórficas**, ou seja, têm variações nas sequências de aminoácidos dentro das populações humanas. Muitas proteínas humanas são polimórficas mesmo dentro do mesmo indivíduo, apresentando variações de aminoácidos devido a um processo que será descrito na Parte III deste livro. Algumas dessas variações têm pouco ou nenhum efeito na função da proteína, enquanto que outras podem afetar drasticamente a função. Além disso, proteínas que desempenham funções semelhantes em espécies filogeneticamente distantes podem ser muito diferentes no tamanho geral e na sequência de aminoácidos.

Embora a sequência de aminoácidos em algumas regiões da estrutura primária possa variar consideravelmente sem afetar a função biológica, a maior parte das proteínas contém regiões cruciais que são essenciais para a sua função e, portanto, têm sequências que devem ser conservadas. A parte da sequência que é crucial varia de proteína para proteína, o que complica a tarefa de relacionar a sequência com a estrutura tridimensional e relacionar a estrutura com a função. Antes de considerar esse problema com mais detalhes, é preciso examinar como se obtém informações sobre as sequências.

Em 1953, Frederick Sanger descobriu a sequência de resíduos de aminoácidos nas cadeias polipeptídicas do hormônio insulina (**Fig. 3-24**), surpreendendo muitos pesquisadores que pensavam há muito tempo que a determinação da sequência de aminoácidos de um polipeptídeo seria uma tarefa que, de tão difícil, estava fadada ao fracasso. A elucidação da estrutura do DNA no mesmo ano por Watson e Crick instantaneamente apontou para uma possível relação entre as sequências de DNA e as de proteínas. Quase uma década após essas descobertas, o código genético relacionando a sequência de nucleotídeos do DNA com a sequência de aminoácidos nas moléculas de proteínas foi elucidado (Capítulo 27).

Atualmente, as sequências de aminoácidos das proteínas são geralmente inferidas indiretamente a partir das sequências de DNA em bancos de dados genômicos. Entretanto, uma série de técnicas derivadas de métodos tradicionais

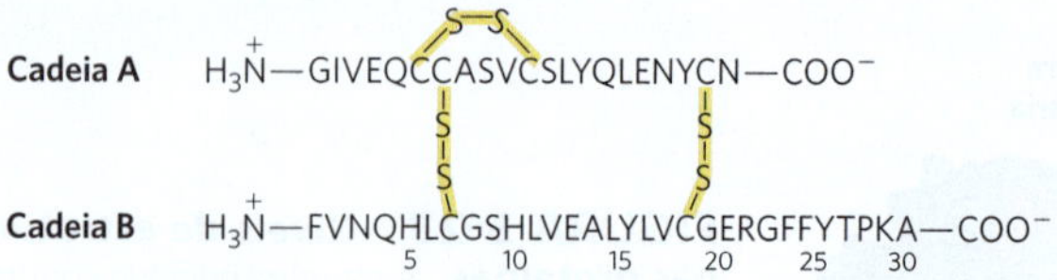

```
Cadeia A    H₃N⁺—GIVEQCCASVCSLYQLENYCN—COO⁻
                       S-S  S    S
                            S----S
Cadeia B    H₃N⁺—FVNQHLCGSHLVEALYLVCGERGFFYTPKA—COO⁻
                   5   10    15    20    25   30
```

**FIGURA 3-24 Sequência de aminoácidos da insulina bovina.** As duas cadeias de polipeptídeos estão unidas por ligações cruzadas dissulfeto (em amarelo). A cadeia A da insulina é idêntica no ser humano, no porco, no cão, no coelho e no cachalote. As cadeias B de vaca, porco, cão, bode e cavalo são idênticas.

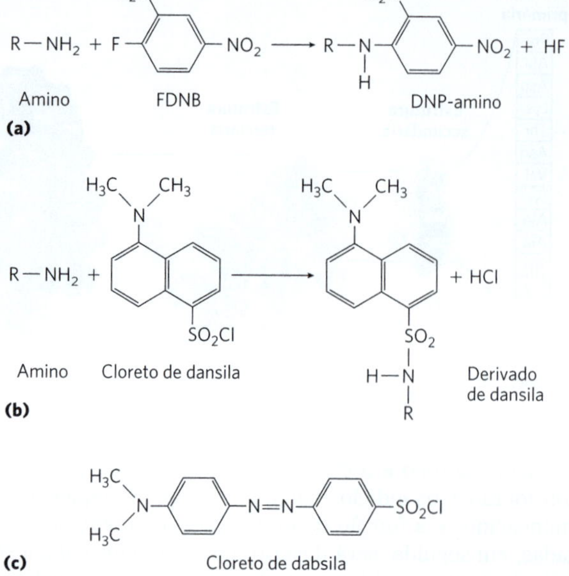

de sequenciamento de polipeptídeos trouxe contribuições importantes para a ampla área da química de proteínas. O método usado por Sanger para sequenciar a insulina tem como base o método clássico de sequenciamento químico da proteína a partir do aminoterminal: a **degradação de Edman** de duas etapas, desenvolvida por Pehr Edman.

### A estrutura das proteínas é estudada com o uso de métodos que exploram a química das proteínas

A sequência de uma proteína pode ser prevista a partir do conhecimento da sequência do gene que a codifica. Essa informação agora está disponível em bancos de dados genômicos. O sequenciamento direto também pode ser feito por espectrometria de massas. Muitos dos métodos que usam protocolos tradicionais de sequenciamento de proteínas continuam valiosos para a marcação de proteínas ou para segmentá-las em partes para análises estruturais e funcionais.

Por exemplo, o grupo α-amino pode ser marcado com 1-flúor-2,4-dinitrobenzeno (FDNB), cloreto de dansila ou cloreto de dabsila (**Fig. 3-25**). Esses reagentes também marcam os grupos ε-amino dos resíduos de lisina. Ligações dissulfeto dentro de um mesmo polipeptídeo ou entre subunidades podem ser rompidas irreversivelmente (**Fig. 3-26**).

Enzimas denominadas **proteases** catalisam a clivagem hidrolítica de ligações peptídicas e são o método mais usado para fragmentar uma proteína em partes. Algumas proteases clivam apenas a ligação peptídica adjacente a determinados resíduos de aminoácidos (**Tabela 3-6**) e, portanto,

**FIGURA 3-25 Modificações do grupo α-amino do aminoácido aminoterminal.** Reação de deslocamento nucleofílico do íon haleto para (a) FDNB e (b) cloreto de dansila. O grupo ε-amino da lisina também é marcado. O cloreto de dansila e o (c) cloreto de dabsila, outro reagente usado para marcação, têm propriedades úteis de absorbância e/ou fluorescência em comprimentos de onda de luz visível.

Frederick Sanger, 1918-2013 [Bettmann/Getty Images.]

| TABELA 3-6 | Especificidade de alguns métodos comuns para fragmentação de cadeias polipeptídicas |
|---|---|
| **Reagente (fonte biológica)[a]** | **Pontos de clivagem[b]** |
| Tripsina (pâncreas bovino) | Lys, Arg (C) |
| Quimotripsina (pâncreas bovino) | Phe, Trp, Tyr (C) |
| Protease V8 de *Staphylococcus aureus* (bactéria *S. aureus*) | Asp, Glu (C) |
| Asp-N-protease (bactéria *Pseudomonas fragi*) | Asp, Glu (N) |
| Pepsina (estômago porcino) | Leu, Phe, Trp, Tyr (N) |
| Endopeptidase Lys C (bactéria *Lysobacter enzymogenes*) | Lys (C) |
| Brometo de cianogênio | Met (C) |

[a]Todos os reagentes, com exceção do brometo de cianogênio, são proteases.
[b]Resíduos que fornecem o ponto principal de reconhecimento para a protease ou para o reagente; a quebra da ligação peptídica ocorre ou no lado carbonílico (C) ou no lado amino (N) dos resíduos de aminoácidos indicados.

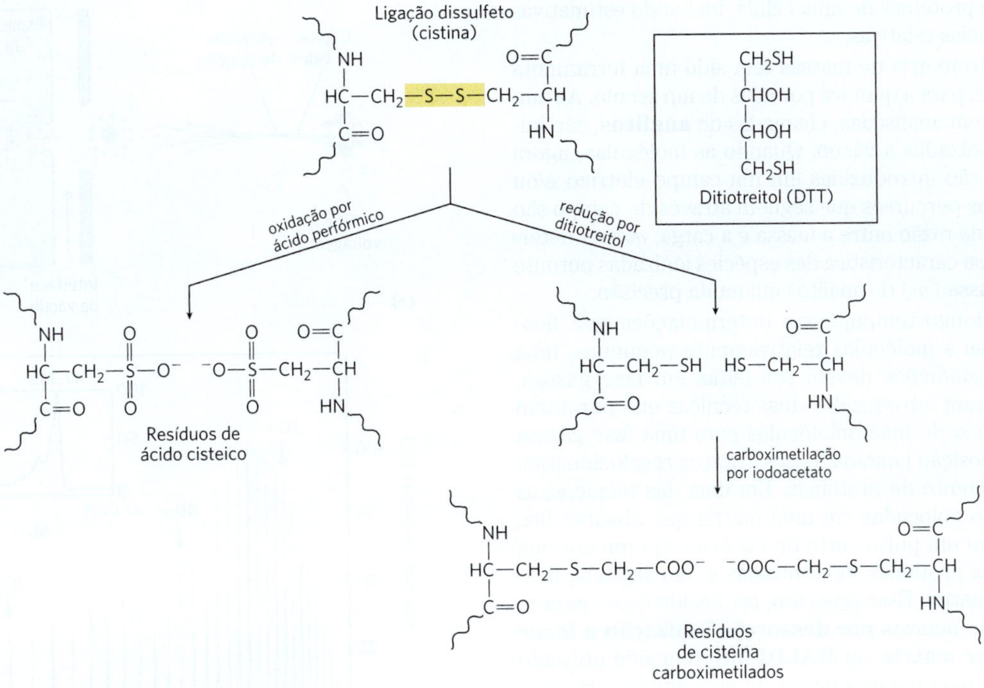

## 3.4 A ESTRUTURA DAS PROTEÍNAS: ESTRUTURA PRIMÁRIA

**FIGURA 3-26 Quebra das ligações dissulfeto das proteínas.** Ilustração de dois métodos comuns. A oxidação de um resíduo de cisteína com ácido perfórmico produz dois resíduos do ácido cisteico. A redução por ditiotreitol (ou β-mercaptoetanol) para formar resíduos Cys deve ser seguida por modificação adicional dos grupos reativos −SH para impedir que a ligação dissulfeto se forme novamente. A carboximetilação por iodoacetato serve para isso.

fragmentam uma cadeia polipeptídica de uma maneira previsível e reproduzível. Alguns reagentes químicos também clivam a ligação peptídica adjacente a resíduos específicos. Entre as proteases, a enzima digestiva tripsina catalisa a hidrólise apenas daquelas ligações peptídicas em que o grupo carbonila é fornecido por um resíduo de Lys ou por um resíduo de Arg, independentemente do comprimento da cadeia ou da sequência de aminoácidos. Um polipeptídeo com três resíduos Lys e/ou Arg normalmente gerará quatro peptídeos menores quando clivados com tripsina. Além disso, todos os peptídeos gerados, exceto um, terão Lys ou Arg como terminal carboxila.

A capacidade de modificar proteínas de maneira específica tem muitas aplicações no laboratório. Os métodos utilizados para romper as ligações dissulfeto também podem ser utilizados para desnaturar proteínas, quando necessário. O desenvolvimento de reagentes para marcar o resíduo de aminoácido aminoterminal levaram, por fim, ao desenvolvimento de uma série de reagentes que podem reagir com grupos específicos em muitos locais da proteína. Por exemplo, o grupo sulfidrila nos resíduos Cys pode ser modificado com iodoacetamidas, maleimidas, haletos de benzila e brometil-cetonas (**Fig. 3-27**). Outros resíduos de aminoácidos podem ser modificados por reagentes ligados a corantes ou a outras moléculas, auxiliando a detecção da proteína ou estudos funcionais. A clivagem de proteínas em partes menores com o uso de proteases tem inúmeras aplicações, que serão exploradas nos próximos capítulos deste livro.

### A espectrometria de massas fornece informações sobre massa molecular, sequência de aminoácidos e proteomas inteiros

A **espectrometria de massas** pode determinar a massa molecular de uma proteína com extrema precisão, distinguindo facilmente diferenças de apenas um próton. Contudo, essa tecnologia pode fazer ainda mais. As sequências de muitos segmentos polipeptídicos curtos (20 a 30 resíduos de aminoácidos cada um) de uma amostra de proteína podem ser obtidas em segundos. Proteínas purificadas ainda desconhecidas podem ser identificadas, e as suas massas, determinadas com toda a precisão. A espectrometria de massas, quando acoplada a protocolos poderosos de separação, pode documentar um **proteoma** celular completo em apenas uma hora. Proteoma é definido como o conjunto

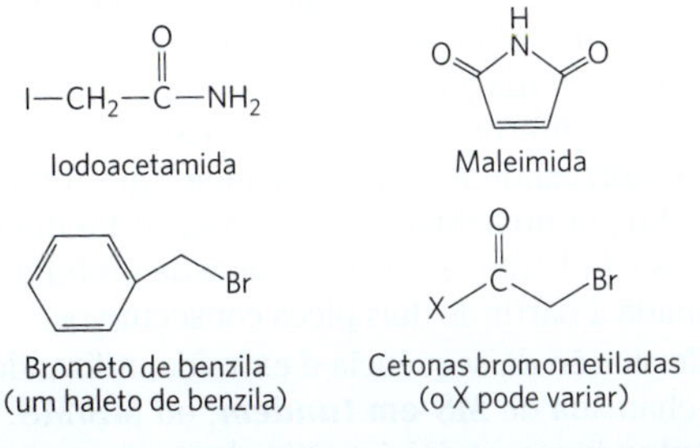

**FIGURA 3-27 Reagentes usados para modificar os grupos sulfidrila dos resíduos Cys.** (Ver também Fig. 3-26.)

completo de proteínas de uma célula, incluindo estimativas das abundâncias relativas.

A espectrometria de massas tem sido uma ferramenta indispensável para a química por mais de um século. As moléculas a serem analisadas, chamadas de **analitos**, são inicialmente ionizadas a vácuo. Quando as moléculas, agora carregadas, são introduzidas em um campo elétrico e/ou magnético, os percursos que seguem através do campo são uma função da razão entre a massa e a carga, $m/z$. A determinação dessa característica das espécies ionizadas permite deduzir a massa ($m$) do analito com muita precisão.

Por um longo tempo, essas determinações $m/z$ ficaram limitadas a moléculas relativamente pequenas, uma vez que as medições devem ser feitas em fase gasosa. Em 1988, foram introduzidas duas técnicas que permitem a transferência de macromoléculas para uma fase gasosa com decomposição limitada. Esses avanços revolucionaram o sequenciamento de proteínas. Em uma das técnicas, as proteínas são colocadas em uma matriz que absorve luz. Ao receberem um pulso curto de luz *laser* em um sistema sob vácuo, as proteínas são ionizadas e, em seguida, dessorvidas da matriz. Esse processo, conhecido como **espectrometria de massas por dessorção/ionização a *laser* assistida por matriz**, ou **MALDI MS**, tem sido utilizado com sucesso para medir a massa de uma ampla variedade de macromoléculas. No segundo método, as macromoléculas em solução são forçadas diretamente da fase líquida para a gasosa. Uma solução de analitos é passada por meio de uma agulha carregada que é mantida sob um alto potencial elétrico, dispersando a solução em uma névoa fina de microgotas carregadas. Os solventes que circundam as macromoléculas evaporam rapidamente, deixando íons de macromoléculas multicarregadas na fase gasosa. Essa técnica é chamada de **espectrometria de massas por ionização por eletroaspersão**, ou **ESI MS**. Os prótons adicionados durante a passagem pela agulha fornecem carga adicional à macromolécula. A $m/z$ da molécula pode ser analisada na câmara de vácuo. No método de análise denominado **tempo de voo** (**TOF**, do inglês *time-of flight*), os íons são acelerados em um campo elétrico e essa aceleração depende da $m/z$. Um método mais novo e mais eficiente é o **Orbitrap**, em que os íons são retidos em uma órbita entre um eletrodo externo na forma de barra e um eletrodo interno em agulha. A trajetória dos elétrons, que depende de suas massas e cargas, é detectada e convertida em $m/z$ por meio de uma transformada de Fourier.

O processo para determinar a massa molecular de uma proteína com ESI MS está ilustrado na **Figura 3-28**. À medida que é injetada na fase gasosa, a proteína adquire do solvente um número variável de prótons e, portanto, de cargas positivas. A adição variável dessas cargas cria um espectro de espécies com diferentes relações massa/carga. Cada pico sucessivo corresponde a um espécime que difere do seu pico vizinho por uma diferença de carga de 1 e uma diferença de massa de 1 (um próton). A massa da proteína pode ser determinada a partir de dois picos consecutivos.

A informação da sequência é extraída utilizando-se uma técnica chamada de **MS em *tandem***, ou **MS/MS**. Uma solução contendo a proteína investigada, ou as muitas proteínas investigadas, é inicialmente tratada com uma protease

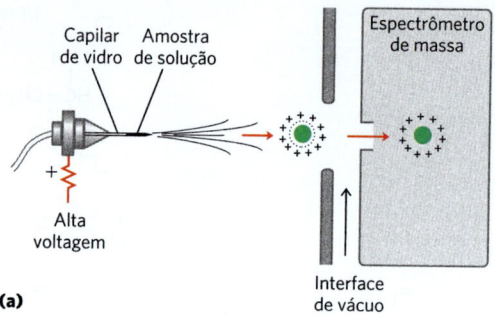

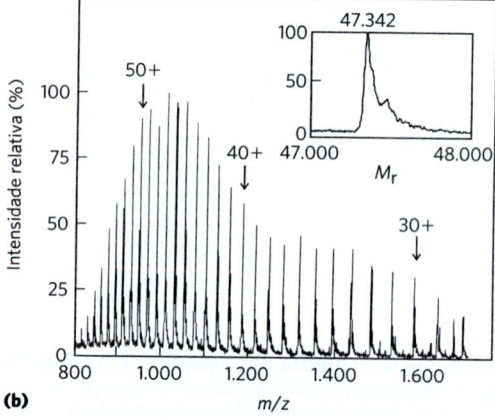

**FIGURA 3-28 Espectrometria de massas com ionização por eletroaspersão de uma proteína.** (a) Uma solução de proteína é dispersa em gotículas altamente carregadas pela passagem por uma agulha sob a influência de um campo elétrico de alta voltagem. As gotículas evaporam, e os íons (com prótons adicionados, nesse caso) entram no espectrômetro para medição da relação $m/z$. (b) O espectro gerado é uma família de picos, com cada pico sucessivo (da direita para a esquerda) correspondendo a uma espécie carregada com massa e carga aumentadas em 1. A inserção mostra uma transformação desse espectro gerada por computador. [Informações de M. Mann e M. Wilm, *Trends Biochem. Sci.* 20:219, 1995.]

(geralmente a tripsina, devido à sua alta especificidade) para hidrolisá-la a uma mistura de peptídeos menores. A mistura, em seguida, é injetada em um equipamento que é essencialmente formado por dois espectrômetros de massas colocados em *tandem* (**Fig. 3-29a**, parte superior). No primeiro, a mistura de peptídeos é disposta pelo equipamento de modo que apenas um dos vários tipos de peptídeos produzidos pela clivagem surge na outra extremidade. A amostra do peptídeo selecionado, na qual cada molécula tem uma carga em algum ponto ao longo de seu comprimento, desloca-se, então, através de uma câmara de vácuo entre os dois espectrômetros de massas. Nesse compartimento de colisão, o peptídeo sofre fragmentação pelo impacto de alta energia com um "gás de colisão", como o hélio ou o argônio, que é colocado na câmara de vácuo. Cada peptídeo individual é quebrado em apenas um local, em média. Embora as quebras não sejam hidrolíticas, a maior parte ocorre nas ligações peptídicas.

O segundo espectrômetro de massas mede, em seguida, as relações $m/z$ de todos os fragmentos carregados. Esse processo gera um ou mais conjuntos de picos.

## 3.4 A ESTRUTURA DAS PROTEÍNAS: ESTRUTURA PRIMÁRIA

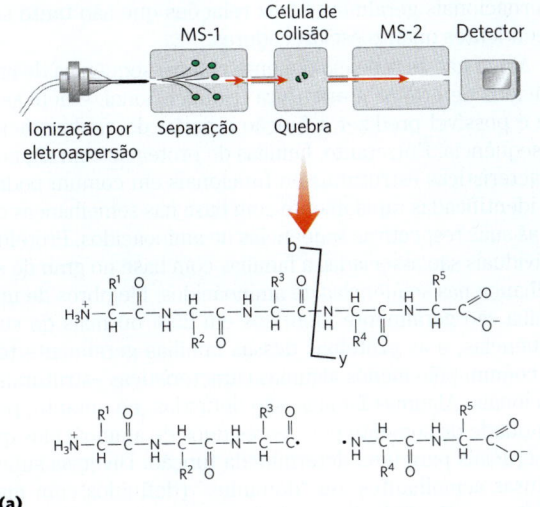

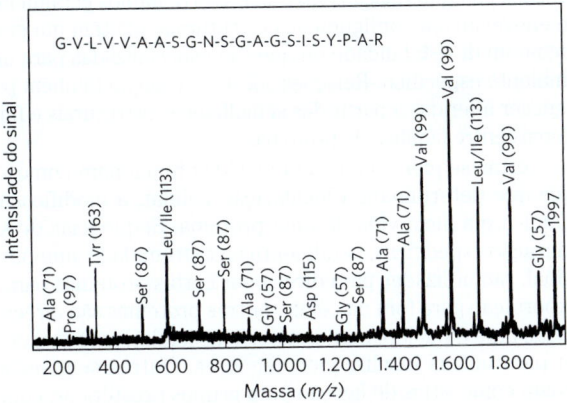

**FIGURA 3-29 Obtenção da informação da sequência de uma proteína por MS em *tandem*.** (a) Após a hidrólise proteolítica, uma solução proteica é injetada em um espectrômetro de massas (MS-1). Os diferentes peptídeos são dispostos de modo que apenas um tipo de peptídeo é selecionado para a análise seguinte. O peptídeo selecionado é fragmentado em uma câmara entre os dois espectrômetros de massas, e a m/z para cada fragmento é medida no segundo espectrômetro de massas (MS-2). Muitos dos íons gerados nessa segunda fragmentação resultam da quebra da ligação peptídica, como mostrado. Eles são chamados de íons tipo b ou íons tipo y, dependendo de se a carga é retida no lado aminoterminal ou carboxiterminal, respectivamente. (b) Espectro típico, com picos representando os fragmentos peptídicos gerados a partir de uma amostra de um peptídeo pequeno (21 resíduos). Os picos marcados são íons do tipo y derivados de resíduos de aminoácidos. O número entre parênteses acima de cada pico é a massa molecular do íon do aminoácido. Os picos sucessivos diferem um do outro pela massa de um aminoácido específico no peptídeo original. A sequência deduzida é mostrada no topo. [Informações de T. Keough et al., *Proc. Natl. Acad. Sci. USA* 96:7131, 1999, Fig. 3.]

Um determinado conjunto de picos (Fig. 3-29b) consiste em todos os fragmentos carregados que foram gerados pela quebra do mesmo tipo de ligação (mas em diferentes pontos no peptídeo). Um conjunto de picos inclui apenas os fragmentos nos quais a carga foi retida no lado aminoterminal das ligações quebradas; o outro inclui apenas os fragmentos nos quais a carga foi retida no lado carboxiterminal das ligações quebradas. Cada pico sucessivo em um determinado conjunto tem um aminoácido a menos que o pico anterior. A diferença entre as massas de dois picos identifica o aminoácido que foi perdido em cada caso, revelando, portanto, a sequência do peptídeo. As únicas ambiguidades envolvem a leucina e a isoleucina, que têm a mesma massa. Embora normalmente muitos conjuntos de picos sejam gerados, os dois conjuntos mais proeminentes com frequência consistem em fragmentos carregados derivados da quebra de ligações peptídicas. A sequência de aminoácidos obtida de um conjunto de picos pode ser confirmada pelo outro conjunto de picos, melhorando o grau de confiança na informação da sequência obtida.

A análise de misturas complexas de proteínas, inclusive proteomas celulares completos, foi facilitada pela integração de cromatografia líquida (**LC-MS/MS**) aos equipamentos. Em geral, o organismo de interesse já tem a sequência do genoma conhecida. Primeiro, todas as proteínas da célula são isoladas em um extrato, que é, então, digerido por proteases como a tripsina, de modo que há a formação de peptídeos relativamente curtos. A mistura muito complexa desses peptídeos é submetida à cromatografia, que separa individualmente os peptídeos para que eles sejam aplicados no espectrômetro de massas. A transferência da fase líquida para a fase gasosa é facilitada pelo MALDI ou pelo ESI. Cada peptídeo é analisado quanto à sequência de aminoácidos, e a sequência obtida é comparada com as sequências já conhecidas depositadas em bancos de dados para identificação das proteínas. Uma vez que as proteínas mais comuns na mistura geram muitos peptídeos, também se tem uma avaliação da abundância de cada proteína. Dezenas de peptídeos diferentes por MS/MS podem ser gerados em menos de um segundo. O proteoma inteiro de uma célula de levedura pode ser analisado em menos de uma hora.

A espectrometria de massas fornece uma abundância de informações valiosas para a pesquisa proteômica, para a enzimologia e para a química de proteínas em geral. A medição precisa da massa molecular de uma proteína é fundamental para identificar a proteína. Alterações nos proteomas de células podem ser acompanhadas em função do estado metabólico ou das condições ambientais. Alterações nos peptídeos examinados durante a análise proteômica podem revelar vários tipos de modificação nas proteínas. O sequenciamento por qualquer um dos métodos pode revelar mudanças na sequência de proteínas resultantes da edição do RNA mensageiro que ocorre nos eucariotos (Capítulo 26). Esses métodos, aliados às técnicas modernas de sequenciamento de DNA (Capítulo 8), fazem parte da robusta caixa de ferramentas usada para obter informações biológicas em todos os níveis.

### Pequenos peptídeos e proteínas podem ser sintetizados quimicamente

Muitos peptídeos têm potencial de serem utilizados como agentes farmacológicos, e a sua produção tem uma importância comercial considerável. Além das aplicações comerciais, a síntese de segmentos peptídicos específicos de proteínas maiores tem aumentado de importância como ferramenta para o estudo da estrutura e da função das proteínas. Há três modos de se obter um peptídeo: (1) purificação a partir de tecidos, tarefa geralmente difícil, devido às concentrações extremamente baixas de alguns peptídeos; (2) engenharia genética (Capítulo 9); e (3) síntese química direta. Atualmente, técnicas muito poderosas fazem da síntese química direta uma opção atraente em muitos casos.

A complexidade das proteínas torna as abordagens sintéticas tradicionais da química orgânica inviáveis para peptídeos com mais de quatro ou cinco resíduos de aminoácidos. Um dos problemas é a dificuldade de purificar os produtos ao final de cada uma das etapas do processo.

O maior avanço nessa tecnologia foi dado por R. Bruce Merrifield, em 1962. A novidade foi sintetizar o peptídeo mantendo-o ligado por uma das extremidades a um suporte sólido. O suporte é um polímero insolúvel (uma resina) contido no interior de uma coluna, semelhante ao utilizado em procedimentos cromatográficos. O peptídeo é construído sobre esse suporte, um aminoácido de cada vez, por meio de um conjunto padrão de reações em um ciclo que é repetido (**Fig. 3-30**). Grupos químicos de proteção bloqueiam as reações indesejadas durante cada etapa do processo cíclico.

Atualmente, essa tecnologia de síntese de peptídeos químicos está automatizada. Uma limitação importante dessa metodologia é a ineficiência de cada ciclo de reações químicas. A reação incompleta em uma etapa pode levar à produção de uma impureza (na forma de um peptídeo mais curto) na etapa seguinte. A química foi otimizada para permitir a síntese de proteínas com 100 resíduos de aminoácidos em poucos dias com um rendimento razoável. Uma abordagem muito parecida é utilizada para a síntese de ácidos nucleicos (ver Fig. 8-33). É digno de nota observar que essa tecnologia, por mais impressionante que seja, está muitíssimo longe de se equiparar aos processos biológicos. Uma célula bacteriana poderia sintetizar a mesma proteína de 100 resíduos com uma fidelidade extraordinária em cerca de 5 segundos.

Métodos eficientes para a ligação (união) de peptídeos tornaram possível ligar peptídeos sintéticos a proteínas e polipeptídeos maiores. Novas formas de proteínas podem ser criadas posicionando-se grupos químicos com precisão e até mesmo incluindo grupos que normalmente não são encontrados nas proteínas celulares. Isso permite testar teorias sobre a catálise enzimática, criar proteínas com novas propriedades químicas e planejar sequências de proteínas que irão se enovelar em determinadas estruturas. Esta última aplicação é o teste definitivo da nossa capacidade de relacionar a estrutura primária de um peptídeo com a estrutura tridimensional que ele assume quando em solução.

## As sequências de aminoácidos fornecem informações bioquímicas importantes

▶P4▶ O conhecimento da sequência de aminoácidos em uma proteína pode dar ideias sobre a estrutura tridimensional, a função, a localização celular e a evolução da proteína. Grande parte desse conhecimento vem das semelhanças entre uma proteína de interesse e proteínas estudadas anteriormente. A comparação de uma sequência obtida recentemente com as sequências armazenadas em bancos internacionais geralmente traz relações que são tanto surpreendentes quanto esclarecedoras.

Ainda não se sabe exatamente como a sequência de aminoácidos determina a estrutura tridimensional, e nem sempre é possível predizer a função a partir do conhecimento da sequência. Entretanto, famílias de proteínas com algumas características estruturais ou funcionais em comum podem ser identificadas rapidamente com base nas semelhanças entre as suas respectivas sequências de aminoácidos. Proteínas individuais são associadas a famílias com base no grau de semelhança nas sequências de aminoácidos. Membros de uma família são geralmente idênticos em 25% ou mais de suas sequências, e as proteínas dessas famílias geralmente têm em comum pelo menos algumas características estruturais e funcionais. Algumas famílias são definidas, no entanto, pela identidade de somente poucos resíduos de aminoácidos que são cruciais para uma determinada função. Diversas subestruturas semelhantes, ou "domínios" (definidos com mais detalhes no Capítulo 4), ocorrem em muitas proteínas cujas funções não têm relação entre si. Esses domínios geralmente se envelam em configurações estruturais que têm um grau incomum de estabilidade ou que são especializadas para um ambiente específico. Relações sobre a evolução também podem ser inferidas a partir das semelhanças estruturais e funcionais entre famílias de proteínas.

Certas sequências de aminoácidos funcionam como sinais que determinam a localização celular, a modificação química e a meia-vida de uma proteína. Sequências de sinalização específicas, geralmente na extremidade aminoterminal, são utilizadas para direcionar certas proteínas para a exportação para fora da célula; outras proteínas são direcionadas para o núcleo, para a superfície celular, para o citosol ou para outras localizações celulares. Outras sequências atuam como sítios de ligação para grupos prostéticos, como os grupos de açúcares em glicoproteínas e os lipídeos em lipoproteínas. Alguns desses sinais estão bem caracterizados e são facilmente reconhecíveis nas sequências de proteínas recém-caracterizadas (Capítulo 27).

**CONVENÇÃO** Muito da informação funcional embutida nas sequências de proteínas está na forma de **sequências-consenso**. Esse termo é aplicado a sequências de DNA, RNA ou proteínas. Quando se compara uma série de sequências relacionadas de ácidos nucleicos ou de proteínas, a sequência-consenso é aquela que reflete a base ou o aminoácido mais frequente em cada posição. Partes da sequência que apresentam uma concordância especialmente boa geralmente indicam domínios funcionais conservados evolutivamente. Ferramentas matemáticas estão disponíveis *online* e podem ser utilizadas para gerar sequências-consenso ou identificá-las nos bancos de dados de sequências. O **Quadro 3-2** ilustra padronizações comuns para a apresentação de sequências-consenso. ■

## Sequências de proteínas ajudam a elucidar a história da vida na Terra

Um simples enfileiramento de letras denotando a sequência de aminoácidos de uma proteína contém informações valiosas, que podem ser desvendadas com a aplicação de ferramentas de **bioinformática** a dados de sequências genômicas e de proteínas.

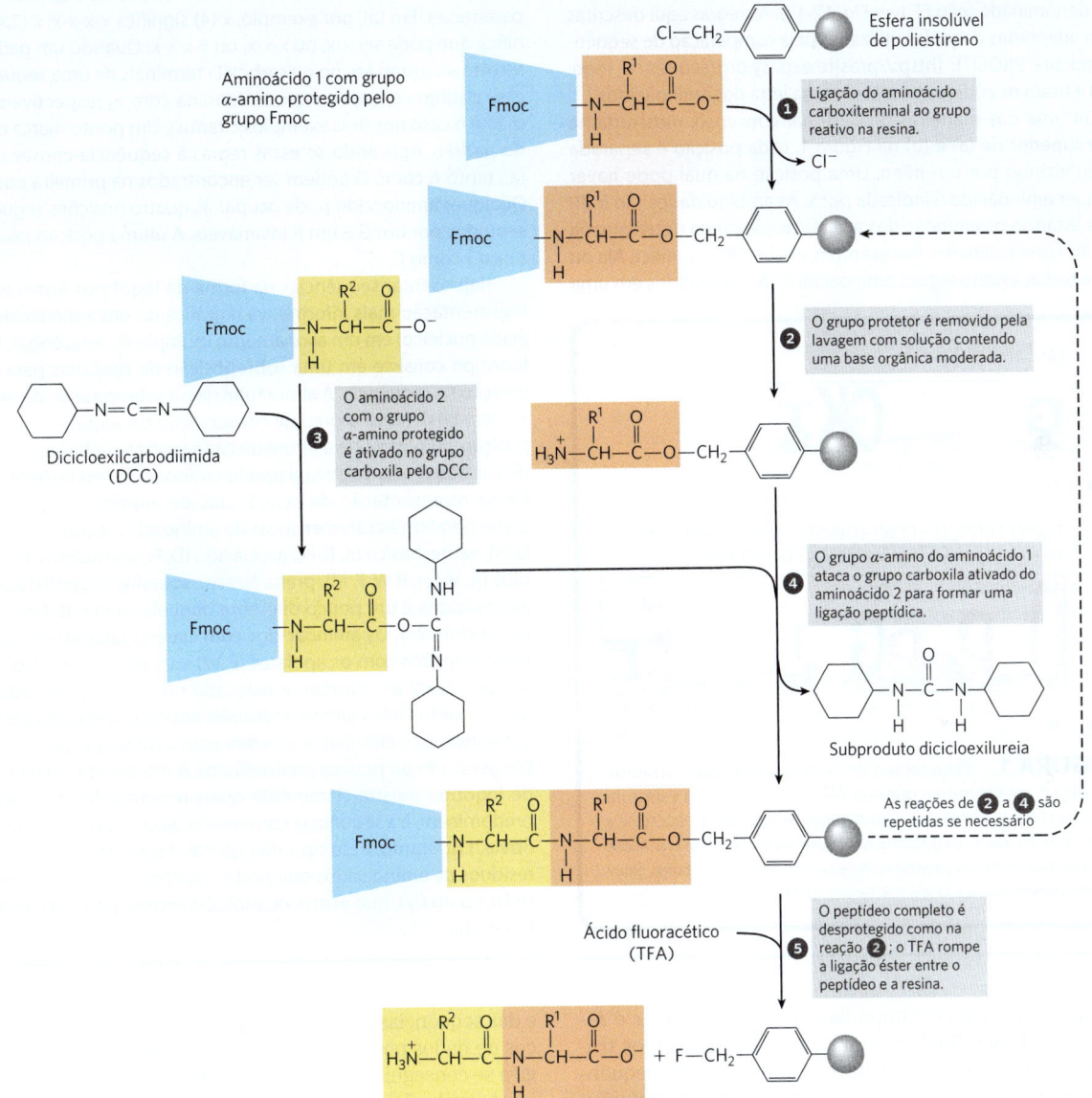

**FIGURA 3-30 Síntese química de um peptídeo em um suporte de polímero insolúvel.** As reações de ❶ a ❹ são necessárias para a formação de cada ligação peptídica. O grupo 9-fluorenilmetoxicarbonila (Fmoc) (sombreado em azul) impede reações indesejadas no grupo α-amino do resíduo (sombreado em vermelho). A síntese química prossegue da extremidade carboxila para a extremidade amino, no sentido inverso da síntese proteica *in vivo*.

**P4** A função de cada proteína depende da sua estrutura tridimensional, que, por sua vez, é determinada em grande parte pela sua estrutura primária. Portanto, a informação transmitida pela sequência de uma proteína é limitada apenas pelo nosso conhecimento dos princípios que regem a estrutura e a função. As ferramentas de bioinformática, em constante aperfeiçoamento, tornam possível identificar quais são os segmentos funcionais em novas proteínas e ajudam a estabelecer tanto as suas sequências quanto as relações estruturais com proteínas que têm informações disponíveis nos bancos de dados. Em um nível diferente de investigação, as sequências de proteínas estão começando a explicar como as proteínas evoluíram e, em última instância, como a vida evoluiu na Terra.

## QUADRO 3-2

### Sequências-consenso e representações de sequências

As sequências-consenso podem ser representadas de várias maneiras. Para ilustrar dois tipos de convenção, serão usados dois exemplos de sequências-consenso (Fig. 1): a estrutura de ligação a ATP, denominada alça P (ver Fig. 12-2); e a estrutura de ligação a $Ca^{2+}$, denominada mão EF (ver Fig. 12-17). As regras aqui descritas foram adaptadas daquelas utilizadas pela comparação de sequências do *site* PROSITE (http://prosite.expasy.org/sequence_logo.html) e usam os códigos padrão de uma letra dos aminoácidos.

Em uma das maneiras de designar consenso, mostrada na parte superior de (a) e (b) na Figura 1, cada posição é separada de seu vizinho por um hífen. Uma posição na qual pode haver qualquer aminoácido é indicada por x. As ambiguidades são indicadas listando os aminoácidos aceitáveis para uma determinada posição entre colchetes. Por exemplo, em (a), [AG] significa Ala ou Gly. Se todos, exceto alguns aminoácidos, são permitidos em uma posição, os aminoácidos *não* permitidos são listados entre chaves. Por exemplo, em (b), {W} significa qualquer aminoácido exceto Trp. A repetição de um elemento no padrão é indicada seguindo esse elemento com um número ou uma série de números entre parênteses. Em (a), por exemplo, x (4) significa x-x-x-x; x (2,4) significa que pode ser x-x, ou x-x-x, ou x-x-x-x. Quando um padrão é restrito ao grupo amino ou carboxila terminais de uma sequência, esse padrão começa com < ou termina com >, respectivamente (não é o caso nos dois exemplos citados). Um ponto marca o final do padrão. Aplicando-se essas regras à sequência-consenso em (a), tanto A como G podem ser encontrados na primeira posição. Qualquer aminoácido pode ocupar as quatro posições seguintes, seguidos por um G e um K invariáveis. A última posição pode ter tanto S como T.

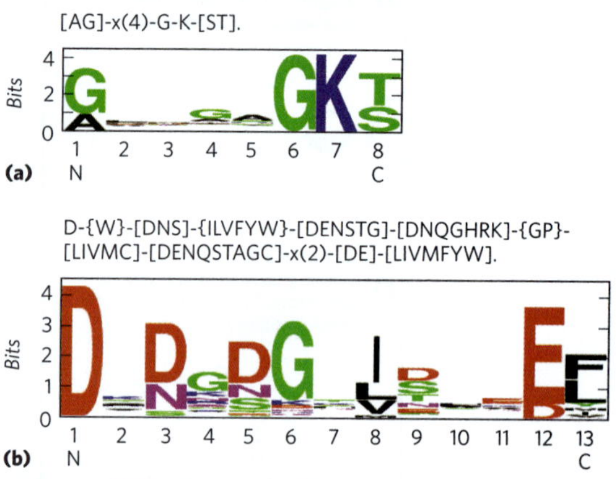

Representar sequências na forma de logotipos fornece uma representação mais informativa e gráfica de um aminoácido (ou ácido nucleico) em um alinhamento múltiplo de sequências. Cada logotipo consiste em uma sobreposição de símbolos para cada posição na sequência. A altura total dessa sobreposição de símbolos (em *bits*) indica o grau de conservação da sequência naquela posição, ao passo que a altura de cada símbolo (letra) na pilha indica a frequência relativa daquele aminoácido (ou nucleotídeo). Nessa representação de sequências de aminoácidos, as cores correspondem às características do aminoácido: polar (G, S, T, Y, C, Q, N), verde; básico (K, R, H), azul; ácido (D, E), vermelho; e hidrofóbico (A, V, L, I, P, W, F, M), preto. Nesse esquema, a classificação de aminoácidos é um pouco diferente daquela usada na Tabela 3-1 e na Figura 3-5. Os aminoácidos com cadeias laterais aromáticas são agrupados com os apolares (F, W) e os polares (Y). A glicina, sempre difícil de agrupar, é colocada no grupo polar. Observe que, quando vários aminoácidos são aceitáveis em uma posição específica, eles raramente ocorrem com a mesma probabilidade. Em geral, um ou poucos predominam. A representação na forma de logotipo mostra claramente quais resíduos de aminoácidos predominam, e a sequência conservada de uma proteína torna-se óbvia. Entretanto, esse tipo de representação obscurece alguns resíduos de aminoácidos que podem ser permitidos em uma posição, como Cys, que ocorre ocasionalmente na posição 8 da mão EF em (b).

**FIGURA 1** Representações de duas sequências-consenso. (a) Alça P, uma estrutura que liga ATP; (b) mão EF, uma estrutura que liga $Ca^{2+}$. [Dados das sequências de (a) estão no documento ID PDOC00017, e os de (b), no documento ID PDOC00018, www.expasy.org/prosite, N. Hulo et al., *Nucleic Acids Res.* 34:D227, 2006. Representações de sequências criadas com WebLogo, http://weblogo.berkeley.edu, G. E. Crooks et al., *Genome Res.* 14:1188, 2004.]

---

Com frequência, o campo da evolução molecular é relacionado a Emile Zuckerkandl e Linus Pauling, cujos trabalhos, em meados de 1960, introduziram o uso de sequências de nucleotídeos e proteínas para estudar a evolução. A premissa é enganosamente simples. Se dois organismos têm uma relação próxima, as sequências de seus genes e proteínas devem ser semelhantes. As sequências divergem cada vez mais à medida que a distância evolutiva entre dois organismos aumenta. As promessas dessa abordagem começaram a se confirmar na década de 1970, quando Carl Woese utilizou sequências de RNA ribossomal para definir as arqueias como um grupo de organismos vivos distintos das bactérias e dos eucariotos. As informações dos genomas e das sequências de proteínas que estão disponíveis em bancos de dados podem ser usadas para traçar a história biológica se conseguirmos aprender a ler os hieróglifos genéticos.

A evolução não percorreu um caminho linear direto. ▶P4 Os resíduos de aminoácidos essenciais para a atividade da proteína são conservados ao longo do tempo de evolução para cada proteína. Os resíduos menos importantes para a função podem variar ao longo do tempo, isto é, um aminoácido pode ser substituído por outro, e esses resíduos que variam podem fornecer informação para traçar o caminho percorrido pela evolução. Algumas proteínas têm resíduos de aminoácidos que variam mais do que outras. Por essas e outras razões, proteínas diferentes evoluem em velocidades distintas.

Outro fator complicador para traçar a história evolutiva é a transferência de um gene ou grupo de genes de um organismo para outro, um processo raro denominado **transferência horizontal de genes**. Os genes transferidos podem ser muito semelhantes aos genes dos quais eles derivaram no organismo original, enquanto a maioria dos demais genes desses mesmos dois organismos podem ter relações muito distantes. Um exemplo de transferência horizontal de genes é a rápida dispersão de genes de resistência a antibióticos em populações bacterianas que ocorreu recentemente. As proteínas derivadas desses genes transferidos não seriam boas candidatas para o estudo da evolução das bactérias, uma vez que compartilham com seus organismos "hospedeiros" apenas uma história evolutiva muito limitada.

O estudo da evolução molecular geralmente se concentra em famílias de proteínas muito relacionadas. Na maior parte dos casos, as famílias escolhidas para análise têm funções essenciais no metabolismo celular e devem ter estado presentes desde as primeiras células viáveis, o que reduz enormemente a chance de que tenham sido introduzidas há relativamente pouco tempo por transferência horizontal de genes. Por exemplo, uma proteína chamada de EF-1α (fator de alongamento 1α) está envolvida na síntese proteica em todos os eucariotos. Uma proteína semelhante, EF-Tu, com a mesma função, é encontrada em bactérias. As semelhanças nas sequências e nas funções indicam que a EF-1α e a EF-Tu são membros de uma família de proteínas que compartilham um ancestral comum. Os membros das famílias de proteínas são denominados **proteínas homólogas**, ou **homólogos**. O conceito de homólogo pode ser ainda mais refinado. Se duas proteínas em uma família (i.e., dois homólogos) estão presentes na mesma espécie, elas são chamadas de **parálogos**. Homólogos de espécies diferentes são denominados **ortólogos**. O processo de rastrear o caminho percorrido pela evolução envolve, primeiramente, a identificação de famílias de proteínas homólogas adequadas e, depois, a sua utilização para reconstruir o curso da evolução.

Homólogos são identificados por meio do uso de programas de computador que podem fazer comparações de sequências específicas de proteínas ou que procuram nos bancos de dados e identificam qualquer proteína ou sequência de aminoácidos que corresponda aos parâmetros definidos. O processo de busca eletrônica pode ser entendido como o deslizamento de uma sequência sobre outra até que seja encontrada uma seção com boa correspondência. Dentro desse alinhamento de sequências, é dada uma pontuação positiva para cada posição em que as duas sequências são idênticas e uma pontuação negativa quando é necessário estabelecer lacunas em uma das sequências para que haja a maior correspondência possível. A pontuação final é uma medida da qualidade do alinhamento (**Fig. 3-31**). O programa seleciona o alinhamento com a pontuação ideal que maximiza os resíduos de aminoácidos idênticos enquanto minimiza a introdução de lacunas.

Muitas vezes, encontrar aminoácidos idênticos não é adequado para identificar proteínas relacionadas ou, principalmente, para determinar o quanto as proteínas estão relacionadas na escala de tempo da evolução. Uma análise mais útil também leva em consideração as propriedades químicas dos aminoácidos trocados. Muitas das diferenças de aminoácidos dentro de uma família de proteínas podem ser conservativas, isto é, um resíduo de aminoácido foi substituído por um resíduo com propriedades químicas semelhantes. Por exemplo, em uma das proteínas de uma família, um resíduo Glu pode substituir um resíduo Asp encontrado em outra; esses dois aminoácidos são carregados negativamente. Uma substituição conservada como essa deve, logicamente, receber uma pontuação maior em um alinhamento de sequências do que uma substituição não conservada, como, por exemplo, a substituição de um resíduo Asp por um resíduo Phe, que é hidrofóbico.

▶ P4 Para a maioria dos esforços de encontrar homologias e explorar as relações evolutivas, é melhor usar sequências de proteínas do que sequências de ácidos nucleicos que não codificam para proteínas ou para algum RNA funcional. Para um ácido nucleico, com seus quatro tipos diferentes de resíduos, um alinhamento aleatório de sequências não homólogas geralmente produzirá correspondências para, no mínimo, 25% das posições. Muitas vezes, a introdução de poucas lacunas pode aumentar a proporção de resíduos correspondentes para 40% ou mais, e a probabilidade de alinhamentos aleatórios entre sequências não relacionadas torna-se bastante alta. Os 20 diferentes resíduos de aminoácidos nas proteínas reduzem muito a probabilidade de alinhamentos aleatórios desse tipo, que não dão informação alguma.

Os programas utilizados para gerar um alinhamento de sequências são complementados por métodos que testam a confiabilidade dos alinhamentos. Um teste computadorizado comum consiste em embaralhar a sequência de aminoácidos de uma das proteínas que estiver sendo comparada para produzir uma sequência aleatória e, então, instruir o programa a alinhar a sequência embaralhada com a outra, não embaralhada. Dá-se pontuações para o novo alinhamento, e o processo de embaralhar e alinhar é repetido muitas vezes. O alinhamento original, antes de embaralhado, deve ter uma pontuação significativamente maior do que qualquer uma

*Escherichia coli* TGNR TI AV YDLGGGTFD I S I I E IDE VDGE KT F E VLA TNGDT H LGGE DFDS R LI NY L
*Bacillus subtilis* DE DQ TI LL YDLGGGTFD VS I L E LGDG          VF E VRS TA GDNR LGGD DFDQVI I DHL
                                                    └──┘
                                                  Intervalo

**FIGURA 3-31 Alinhamento das sequências de proteínas com a introdução de lacunas.** A figura mostra o alinhamento das sequências de uma curta seção das proteínas Hsp70 (classe muito difundida de chaperonas responsáveis pelo desenovelamento de proteínas) de duas espécies de bactérias muito bem estudadas, *E. coli* e *Bacillus subtilis*. A introdução de uma lacuna na sequência de *B. subtilis* possibilita o melhor alinhamento dos resíduos de aminoácidos de cada um dos lados da lacuna. Os resíduos de aminoácidos idênticos estão sombreados.
[Informações de R. S. Gupta, *Microbiol. Mol. Biol. Rev.* 62:1435, 1998, Fig. 2.]

|  |  | Sequência-assinatura |  |
|---|---|---|---|
| Arqueobactérias { | *Halobacterium halobium* | IGHVDHGKST MVGR LLYETGSVPEHV | IEQH |
|  | *Sulfolobus solfataricus* | IGHVDHGKST LVGR LLMDRG FIDEKT | VKEA |
| Eucariotos { | *Saccharomyces cerevisiae* | IGHVDSGKST TTGH LIYKCGGIDKRT | IEKF |
|  | *Homo sapiens* | IGHVDSGKST TTGH LIYKCGGIDKRT | IEKF |
| Bactérias Gram-positivas | *Bacillus subtilis* | IGHVDHGKTT LTAA | ITTV |
| Bactérias Gram-negativas | *Escherichia coli* | IGHVDHGKTT LTAA | ITTV |

**FIGURA 3-32** **Uma sequência-assinatura na família de proteínas EF-1α/EF-Tu.** Essa sequência-assinatura (no retângulo) é uma inserção de 12 resíduos próxima do aminoterminal da sequência. Os resíduos que se alinham em todas as espécies estão sombreados. Essa sequência-assinatura está presente tanto nas arqueias como nos eucariotos, embora as sequências de inserções sejam bem distintas para os dois grupos. A variação na sequência-assinatura reflete uma divergência evolutiva importante que ocorreu nesse sítio desde que essa sequência-assinatura apareceu pela primeira vez em um ancestral comum a ambos os grupos. [Informações de R. S. Gupta, *Microbiol. Mol. Biol. Rev.* 62:1435, 1998, Fig. 7.]

das pontuações geradas pelos alinhamentos aleatórios; isso aumenta a confiança de que o alinhamento de sequências identificou um par de homólogos. Observe que a ausência de uma pontuação de alinhamento significativa não significa necessariamente que não exista relação evolutiva entre as duas proteínas. Como será visto no Capítulo 4, as semelhanças entre estruturas tridimensionais revelam, às vezes, relações evolutivas nas quais a homologia de sequências foi apagada pelo tempo.

Para utilizar uma família de proteínas para investigar a evolução, os pesquisadores identificam membros da família com funções moleculares semelhantes na maior gama de organismos possível. A divergência nas sequências das famílias de proteínas permite separar os organismos em classes com base em suas relações evolutivas. Certos segmentos de uma sequência de proteína podem ser encontrados em organismos de um grupo taxonômico, mas não em outros grupos. Esses segmentos podem ser utilizados como **sequências-assinatura** para o grupo no qual eles foram encontrados. Um exemplo de sequência-assinatura é a inserção de 12 aminoácidos próximos ao aminoterminal nas proteínas EF-1α/EF-Tu em todas as arqueias e eucariotos, mas não nas bactérias (**Fig. 3-32**). Essa assinatura específica é um dos muitos indícios bioquímicos que podem ajudar a estabelecer as relações entre a evolução dos eucariotos e a das arqueias.

▶P4 Os pesquisadores constroem árvores evolutivas muito elaboradas com base nas sequências de muitas proteínas. A **Figura 3-33** mostra uma dessas árvores para 10.462 espécies de bactérias com base em 120 proteínas que estão presentes em todas elas. Na Figura 3-33, as extremidades livres das linhas são chamadas de "nós externos"; cada uma representa uma espécie atual identificada. Os pontos em que duas linhas se unem, os "nós internos", representam espécies ancestrais extintas. Na maior parte das representações (incluindo a Fig. 3-33), os comprimentos das linhas que conectam os nós são proporcionais ao número de substituições de aminoácidos que separam uma espécie da outra. O uso de 120 proteínas diferentes permite calibrar e determinar com mais precisão o tempo necessário para a divergência entre as várias espécies.

À medida que mais informações de sequências são disponibilizadas nos bancos de dados, mais se caminha para atingir um dos objetivos da ciência biológica: criar uma árvore detalhada que descreva a evolução e o parentesco de todos os organismos que existem na Terra. Essa é uma

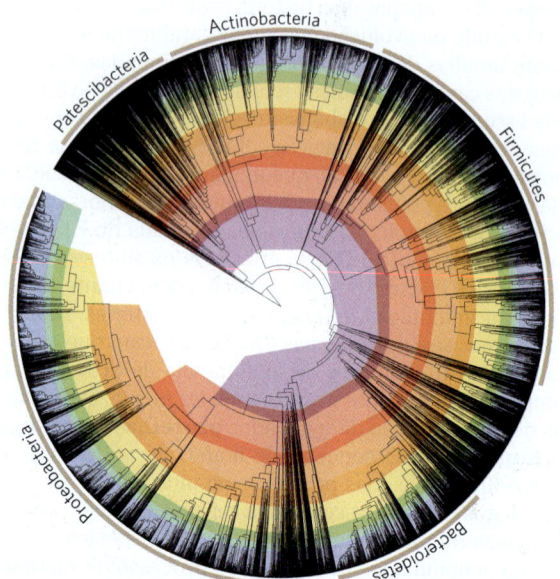

**FIGURA 3-33** **Árvore evolutiva obtida por comparações entre sequências de aminoácidos.** Essa árvore inclui dados de 10.462 espécies de bactérias. Os nós terminais (pontos de interseção com o círculo externo) representam espécies existentes. Os nós internos (pontos em que as linhas provenientes de um nó terminal se juntam) representam espécies ancestrais extintas. O comprimento das linhas corresponde ao tempo que essa evolução levou. Nesse caso, o tempo foi calculado com base nas divergências entre 120 proteínas presentes em todas as bactérias. Os principais filos bacterianos estão representados por linhas externas indicando partes do círculo externo [Informações de D. H. Parks, *Nat. Biotechnol.* 36:996, 2018, Fig. 1c.]

história que ainda está acontecendo. Levantar e responder essas questões é fundamental para definir como a humanidade vê a si mesma e o mundo ao seu redor.

### RESUMO 3.4 A estrutura das proteínas: estrutura primária

■ Diferenças nas funções das proteínas são resultados de diferenças na composição e na sequência de aminoácidos. As propriedades químicas de cada resíduo de aminoácido geralmente são fundamentais para a função de uma proteína.

- A maioria das sequências de aminoácidos é deduzida a partir de sequências genômicas e por espectrometria de massas. Os métodos baseados nas abordagens clássicas para o sequenciamento de proteínas ainda são importantes para a química de proteínas.

- Proteínas e peptídeos pequenos (até cerca de 100 resíduos) podem ser sintetizados por via química. O peptídeo é montado pela adição de um aminoácido de cada vez enquanto permanece fixado a um suporte sólido.

- Sequências proteicas são uma fonte rica de informação sobre a estrutura e a função da proteína. Ferramentas de bioinformática permitem analisar alterações que ocorreram nas sequências de aminoácidos de proteínas homólogas ao longo do tempo e rastrear como a vida evoluiu na Terra.

## TERMOS-CHAVE

*Os termos em negrito estão definidos no glossário.*

**aminoácido** 70
**resíduo** 70
**grupos R** 71
**centro quiral** 71
**enantiômeros** 71
**configuração absoluta** 72
sistema D-L 72
**polaridade** 73
absorbância, $A$ 75
**zwitteríon** 76
**anfótero** 76
**anfólito** 76
**pH isoelétrico (ponto isoelétrico, pI)** 79
**peptídeo** 80
**proteína** 80
**ligação peptídica** 80
**condensação** 80
**hidrólise** 80
**oligopeptídeo** 81
**polipeptídeo** 81
**resíduo aminoterminal** 81
**resíduo carboxiterminal** 81
**proteína oligomérica** 82
**protômero** 82
**proteína conjugada** 83
**grupo prostético** 83
extrato bruto 84
**fração** 84
**fracionamento** 84
**diálise** 84
cromatografia em coluna 84
**cromatografia de troca iônica** 86
**trocadores de cátion e de ânion** 86
**cromatografia de exclusão por tamanho** 86
cromatografia de afinidade 86
**cromatografia líquida de alto desempenho (HPLC)** 86
**eletroforese** 87
dodecil sulfato de sódio (SDS) 88
**focalização isoelétrica** 88
**atividade específica** 90
**estrutura primária** 90
**estrutura secundária** 90
**estrutura terciária** 90
**estrutura quaternária** 90
**proteases** 92
**espectrometria de massas** 93
**proteoma** 93
**analito** 94
espectrometria de massas por dessorção/ionização a *laser* assistida por matriz (MALDI MS) 94
espectrometria de massas por ionização por eletroaspersão (ESI MS) 94
espectrometria de massas em *tandem* (MS/MS) 94
**sequência-consenso** 96
**bioinformática** 96
transferência horizontal de genes 99
**proteínas homólogas** 99
**homólogos** 99
**parálogos** 99
**ortólogos** 99
sequência-assinatura 100

## QUESTÕES

**1. Aminoácidos constituintes da glutationa** A glutationa é um importante peptídeo antioxidante encontrado desde as bactérias até o ser humano.

$$^-OOC-CH(\overset{+}{NH_3})-CH_2-CH_2-\overset{O}{C}-N(H)-CH(CH_2SH)-\overset{O}{C}-N(H)-CH_2-COO^-$$

Glutationa

Identifique os três aminoácidos que formam a glutationa. O que há de incomum na estrutura da glutationa?

**2. Configuração absoluta da ornitina** A ornitina é um aminoácido que não faz parte dos módulos que formam as proteínas. Em vez disso, ela é um intermediário importante no ciclo da ureia, o processo do metabolismo que facilita a excreção de amônia nos animais.

$$H_3\overset{+}{N}-CH_2-CH_2-CH_2-\overset{\overset{+}{NH_3}}{\underset{H}{C}}-COO^-$$

Ornitina

Qual é a configuração absoluta da molécula de ornitina?

**3. Relação entre a curva de titulação e as propriedades acidobásicas da glicina** Uma pesquisadora titulou 100 mL de solução de glicina 0,1 M em pH 1,72 com solução de NaOH 2 M. Então, ela monitorou o pH e colocou os resultados no gráfico mostrado a seguir. Os pontos-chave na titulação estão marcados de I a V. Para cada uma das afirmações seguintes, *identifique* o ponto adequado na titulação. Observe que o item (k) se aplica a mais de um ponto na titulação.

(a) O pH é igual ao $pK_a$ do grupo carboxila.
(b) O pH é igual ao $pK_a$ do grupo amino protonado.
(c) A espécie de glicina predominante é $^+H_3N-CH_2-COOH$.
(d) A espécie de glicina predominante é $^+H_3N-CH_2-COO^-$.
(e) A glicina existe como uma mistura 50:50 de $^+H_3N-CH_2-COOH$ e $^+H_3N-CH_2-COO^-$.
(f) A carga líquida *média* da glicina é + 1/2.
(g) Metade dos grupos amino está ionizada.
(h) A carga líquida *média* da glicina é 0.
(i) A carga líquida *média* da glicina é – 1.
(j) Esse é o ponto isoelétrico da glicina.
(k) A capacidade tamponante máxima da glicina está nestas regiões.

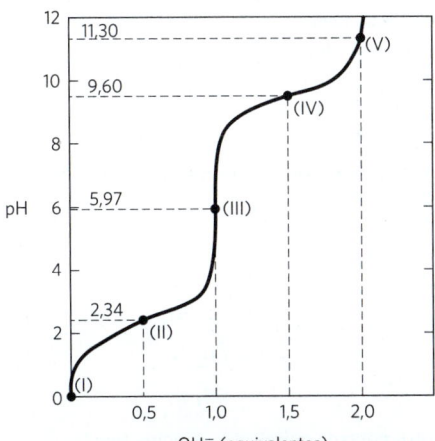

**4. Estados carregados da alanina no pI** Em um pH igual ao ponto isoelétrico (pI) da alanina, a carga *líquida* é zero. Pode-se desenhar duas estruturas apresentando carga líquida igual a zero, mas a forma predominante da alanina em seu pI é zwitteriônica.

$$H_3N^+-\underset{H}{\underset{|}{\overset{CH_3}{\overset{|}{C}}}}-\overset{O}{\underset{O^-}{\overset{\parallel}{C}}} \quad H_2N-\underset{H}{\underset{|}{\overset{CH_3}{\overset{|}{C}}}}-\overset{O}{\underset{OH}{\overset{\parallel}{C}}}$$

Zwitteriônica   Não carregada

**(a)** Por que a alanina predomina na forma zwitteriônica no pI?
**(b)** Qual é a proporção de alanina que está na forma completamente não carregada no pI?

**5. Estado de ionização da histidina** Cada grupo ionizável de um aminoácido pode existir em um de dois estados: carregado ou neutro. A carga elétrica no grupo funcional é determinada pela relação entre o $pK_a$ do grupo e o pH da solução. Essa relação é descrita pela equação de Henderson-Hasselbalch.

**(a)** A histidina tem três grupos funcionais ionizáveis. Escreva as equações de equilíbrio para as três ionizações e assinale o $pK_a$ adequado para cada ionização. Desenhe a estrutura da histidina em cada estado de ionização. Qual é a carga líquida da molécula de histidina em cada estado de ionização?
**(b)** Desenhe as estruturas do estado de ionização predominante da histidina em pH 1, 4, 8 e 12. Observe que o estado de ionização pode ser aproximado ao se tratar cada grupo ionizável de modo independente.
**(c)** Qual é a carga final da histidina em pH 1, 4, 8 e 12? Em cada pH, a histidina migrará em direção ao ânodo (+) ou em direção ao cátodo (–) quando colocada em um campo elétrico?

**6. Separação de aminoácidos por cromatografia de troca iônica** Para analisar misturas de aminoácidos, inicialmente, separa-se a mistura nos componentes presentes por meio de cromatografia de troca iônica. Os aminoácidos colocados em uma resina trocadora de cátions (ver Fig. 3-17a) contendo grupos sulfonato ($-SO_3^-$) fluem pela resina em velocidades diferentes em consequência de dois fatores que influenciam seus movimentos: (1) atração iônica entre os resíduos sulfonato da coluna e os grupos funcionais carregados positivamente nos aminoácidos; e (2) interações hidrofóbicas entre as cadeias laterais de aminoácidos e o esqueleto fortemente hidrofóbico da resina de poliestireno. Observe que, para esse tipo de resina, a atração iônica é muito mais importante do que a hidrofobicidade. Para cada par de aminoácidos listados, determine qual será eluído primeiro em uma coluna permutadora de cátions processada com tampão de pH 7,0.

**(a)** Glutamato e lisina
**(b)** Arginina e metionina
**(c)** Aspartato e valina
**(d)** Glicina e leucina
**(e)** Serina e alanina

**7. Nomenclatura dos estereoisômeros da isoleucina**
A estrutura do aminoácido isoleucina é:

$$H_3N^+-\underset{|}{\overset{COO^-}{\overset{|}{C}}}-H$$
$$H-\underset{|}{\overset{|}{C}}-CH_3$$
$$\underset{|}{CH_2}$$
$$CH_3$$

**(a)** Quantos centros quirais a isoleucina tem?

**(b)** Quantos isômeros ópticos a isoleucina tem?
**(c)** Desenhe as fórmulas em perspectiva de todos os isômeros ópticos da isoleucina.

**8. Comparação entre valores de $pK_a$ da alanina e da polialanina** A curva de titulação da alanina mostra a ionização de dois grupos funcionais com valores de $pK_a$ de 2,34 e 9,69, correspondendo à ionização do grupo carboxila e do grupo amino protonados, respectivamente. A titulação de di, tri e oligopeptídeos maiores de alanina também mostra a ionização de somente dois grupos funcionais, embora os valores experimentais de $pK_a$ sejam diferentes. A tabela resume a tendência dos valores de $pK_a$.

| Aminoácido ou peptídeo | $pK_1$ | $pK_2$ |
|---|---|---|
| Ala | 2,34 | 9,69 |
| Ala–Ala | 3,12 | 8,30 |
| Ala–Ala–Ala | 3,39 | 8,03 |
| Ala–$(Ala)_n$–Ala, $n \geq 4$ | 3,42 | 7,94 |

**(a)** Desenhe a estrutura de Ala–Ala–Ala. Identifique os grupos funcionais associados a $pK_1$ e $pK_2$.
**(b)** Por que o valor de $pK_1$ *aumenta* com cada resíduo Ala que é adicionado ao oligopeptídeo?
**(c)** Por que o valor de $pK_2$ *diminui* com cada resíduo Ala que é adicionado ao oligopeptídeo?

**9. Formação de ligações por condensação** A ligação peptídica é uma ligação amida formada pela eliminação dos elementos de água quando dois aminoácidos se juntam. De quais grupos são eliminados os três átomos da água?

**10. Tamanho das proteínas** Qual é a massa molecular aproximada de uma proteína com 682 resíduos de aminoácidos em uma única cadeia polipeptídica?

**11. Relação entre o número de resíduos de aminoácidos e a massa da proteína** Resultados experimentais descrevendo a composição de aminoácidos da proteína ajudam a estimar o peso molecular da proteína inteira. A análise quantitativa dos aminoácidos mostrou que o citocromo *c* bovino contém 2% de cisteína ($M_r$ 121) em peso.

**(a)** Calcule o peso molecular *aproximado* em dáltons do citocromo *c* bovino caso ele tenha dois resíduos de cisteína.

O quimotripsinogênio bovino tem uma massa molecular de 25,6 kDa. A análise de aminoácidos mostrou que essa enzima tem 4,7% de Gly ($M_r$ 75,1).

**(b)** Calcule quantos resíduos de glicina estão presentes em uma molécula de quimotripsinogênio bovino.

**12. Subunidades que compõem uma proteína** Uma proteína tem massa molecular de 400 kDa quando medida por cromatografia de exclusão por tamanho. Quando submetida à eletroforese em gel na presença de dodecil sulfato de sódio (SDS), a proteína mostra três bandas com massas moleculares de 180, 160 e 60 kDa. Quando a eletroforese é realizada na presença de SDS e ditiotreitol, três bandas são novamente formadas, dessa vez com massas moleculares de 160, 90 e 60 kDa. Quantas subunidades essa proteína tem? Qual é a massa molecular de cada uma?

**13. Carga elétrica líquida dos peptídeos** A sequência de um peptídeo é Glu–His–Trp–Ser–Gly–Leu–Arg–Pro–Gly.

**(a)** Qual é a carga final da molécula em pH 3, 8 e 11? (A incorporação a um peptídeo pode alterar um pouco os valores de $pK_a$;

para este exercício, use os valores de p$K_a$ para os grupos carboxila e amino das cadeias laterais e terminas da Tabela 3-1.)
**(b)** Estime o pI desse peptídeo.

**14. Ponto isoelétrico das histonas** As histonas são proteínas encontradas no núcleo de células eucariotas e estão ligadas firmemente ao DNA, que tem muitos grupos fosfato. O pI das histonas é muito alto, cerca de 10,8. Quais são os resíduos de aminoácidos que devem estar presentes em quantidades relativamente elevadas nas histonas? De que maneira esses resíduos contribuem para a forte ligação das histonas ao DNA?

**15. Solubilidade de polipeptídeos** Um dos métodos de separação de polipeptídeos faz uso das diferenças de solubilidade. A solubilidade de polipeptídeos grandes em água depende da polaridade relativa dos grupos R, principalmente do número de grupos ionizáveis: quanto mais grupos ionizáveis existirem, mais solúvel em água será o polipeptídeo. Qual, de cada par de polipeptídeos a seguir, é mais solúvel no pH indicado?
**(a)** $(Gly)_{20}$ ou $(Glu)_{20}$ em pH 7,0
**(b)** $(Lys–Val)_3$ ou $(Phe–Cys)_3$ em pH 7,0
**(c)** $(Ala–Ser–Gly)_5$ ou $(Asn–Ser–His)_5$ em pH 6,0
**(d)** $(Ala–Asp–Phe)_5$ ou $(Asn–Ser–His)_5$ em pH 3,0

**16. Purificação de enzimas** Um bioquímico descobre e purifica uma nova enzima, gerando a tabela de purificação a seguir.

| Procedimento | Proteína total (mg) | Atividade (unidades) |
| --- | --- | --- |
| 1. Extrato bruto | 10.000 | 68.000 |
| 2. Precipitação (sal) | 5.000 | 65.000 |
| 3. Precipitação (pH) | 4.000 | 56.000 |
| 4. Cromatografia de troca iônica | 70 | 49.000 |
| 5. Cromatografia de afinidade | 12 | 42.000 |
| 6. Cromatografia de exclusão por tamanho | 8 | 40.000 |

**(a)** A partir das informações fornecidas na tabela, calcule a atividade específica da enzima após cada procedimento de purificação.
**(b)** Qual dos procedimentos de purificação utilizados é mais eficaz (i.e., fornece o maior aumento relativo na pureza)?
**(c)** Qual das etapas de purificação é menos eficaz?
**(d)** Há alguma indicação, com base nos resultados apresentados na tabela, de que a enzima está pura após a etapa 6? O que mais poderia ser feito para estimar a pureza da preparação da enzima?

**17. Remoção do sal de proteínas por diálise** Uma preparação de proteína purificada está em tampão Hepes (*N*-(2-hidroxietil) piperazina-*N'*-(ácido 2-etanosulfônico)) em pH 7 com NaCl 500 mM. Um saco de membrana de diálise tem capacidade para 1 mL de amostra da solução de proteína. O saco de diálise contendo a amostra flutua em um béquer contendo 1 L de tampão Hepes, mas com NaCl 0 mM. Moléculas pequenas e íons (como Na$^+$, Cl$^-$ e Hepes) podem se difundir através da membrana de diálise, mas a proteína, não.
**(a)** Calcule a concentração de NaCl na amostra de proteína depois que a diálise atingiu o equilíbrio. Suponha que não houve qualquer mudança de volume na amostra durante a diálise.
**(b)** Calcule a concentração final de NaCl na amostra da proteína após duas diálises consecutivas, cada uma com 250 mL do mesmo Hepes com NaCl 0 mM.

**18. Predição da ordem de eluição em trocadores de cátions** Suponha que uma coluna enchida com uma resina trocadora de cátions esteja em pH 7,0. Em qual ordem os peptídeos com as composições indicadas eluiriam da coluna se todos tivessem o mesmo número de resíduos de aminoácidos?

Peptídeo A: Ala 30%; Asp 10%; Lys 10%; Ser 15%; Pro 25%; Cys 10%

Peptídeo B: Ile 25%; Asp 20%; Arg 5%; Tyr 15%; His 5%; Thr 30%

Peptídeo C: Ala 40%; Glu 5%; Arg 20%; Ser 5%; His 5%; Trp 25%

**19. Análise de proteínas por eletroforese em gel** A quimotripsina é uma protease com massa molecular de 25,6 kDa. A figura a seguir mostra um gel de SDS-poliacrilamida com uma única banda na canaleta 1 e três bandas de menor peso molecular na canaleta 2. A canaleta 1 contém uma preparação de quimotripsina, e a canaleta 2 contém quimotripsina que foi tratada com ácido perfórmico. Por que o tratamento da quimotripsina com ácido perfórmico leva à produção de três bandas?

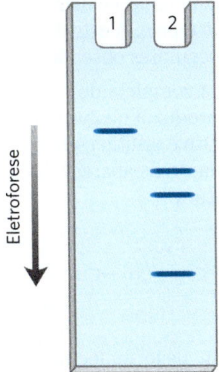

**20. Determinação da sequência da leucina-encefalina** Suponha que uma pesquisadora isolou um peptídeo do tecido encefálico que se liga ao mesmo receptor ao qual as drogas opioides se ligam. O peptídeo é o opioide leucina-encefalina, uma classe de peptídeos endógenos que agem no encéfalo diminuindo a sensação de dor. A pesquisadora executou uma série de procedimentos para determinar a sequência do peptídeo. Primeiro, ela hidrolisou completamente o peptídeo, fervendo-o em uma solução de HCl 18%. A análise dos produtos de hidrólise indicou a presença de Gly, Leu, Phe e Tyr em uma relação molar 2:1:1:1. Depois, ela tratou o peptídeo com 1-dimetilaminonaftaleno-5-sulfonil-cloreto (cloreto de dansila) antes de fazer uma hidrólise completa. A cromatografia indicou a presença de um dansilaminoácido derivado da tirosina. Não foi detectada tirosina livre.

**(a)** Considerando a composição empírica dos resultados da reação com cloreto de dansila, onde a Tyr se localiza no peptídeo?

Finalmente, a pesquisadora incubou o peptídeo com quimotripsina por duas horas a 10 °C e analisou os produtos da reação usando cromatografia. A digestão completa do peptídeo com quimotripsina seguida por cromatografia forneceu tirosina e leucina livres mais um tripeptídeo contendo Phe e Gly em uma proporção de 1:2.

**(b)** Forneça a sequência do peptídeo com base nos resultados da hidrólise ácida, da reação com cloreto de dansila e da digestão com quimotripsina.

**21. Análise de proteínas por espectrometria de massas** Pesquisadores purificaram uma proteína produzida por uma levedura que cresceu em condições padrões de cultivo. Eles incubaram a proteína com tripsina e sequenciaram os peptídeos produzidos usando espectrometria de massas. Um dos peptídeos detectados, denominado peptídeo X, tinha a sequência Ala–Ser–Ala–Gly–Lys–Glu–Leu–Ile–Phe–Gln. Então, os pesquisadores isolaram a mesma proteína, dessa vez a partir de uma levedura que foi cultivada sob o estresse de radiação ultravioleta. Quando a amostra foi analisada, não foi encontrado nenhum peptídeo com a massa do peptídeo X. Em vez de encontrar um peptídeo com essa massa, os pesquisadores encontraram um novo peptídeo com a mesma sequência, exceto por um aminoácido com massa de 167 Da que substituía a serina. Os pesquisadores concluíram que a proteína sofreu alterações devido ao estresse e que o resíduo de serina no peptídeo analisado foi modificado. O resíduo de serina não modificado tem massa molecular de 87 Da. Qual modificação pode ter ocorrido para mudar a massa do peptídeo dessa maneira?

**22. Estrutura de um peptídeo antibiótico de *Bacillus brevis*** Extratos da bactéria *Bacillus brevis* contêm um peptídeo com propriedades antibióticas. Esse peptídeo forma complexos com íons metálicos e parece interromper o transporte iônico através das membranas celulares de outras espécies bacterianas, levando-as à morte. A estrutura do peptídeo foi determinada a partir das seguintes observações.

**(a)** A hidrólise ácida completa do peptídeo, seguida de análise de aminoácidos, produziu quantidades equimolares de Leu, Orn, Phe, Pro e Val. Orn é ornitina, um aminoácido que não está presente nas proteínas, mas aparece em alguns peptídeos. Ela tem a seguinte estrutura:

$$H_3\overset{+}{N}-CH_2-CH_2-CH_2-\underset{\overset{|}{\overset{+}{N}H_3}}{\overset{\overset{H}{|}}{C}}-COO^-$$

**(b)** O peptídeo tem peso molecular de aproximadamente 1.200 Da.
**(c)** O peptídeo não sofreu hidrólise quando tratado com a enzima carboxipeptidase. Essa enzima catalisa a hidrólise do resíduo carboxiterminal de um polipeptídeo, a menos que esse resíduo seja Pro ou, por alguma razão, não contenha um grupo carboxila livre.
**(d)** O tratamento do peptídeo intacto com 1-flúor-2,4-dinitrobenzeno, seguido por hidrólise completa e cromatografia, produziu apenas aminoácidos livres e o seguinte derivado:

$$O_2N-\underset{NO_2}{\underset{|}{C_6H_3}}-NH-CH_2-CH_2-CH_2-\underset{\overset{|}{\overset{+}{N}H_3}}{\overset{\overset{H}{|}}{C}}-COO^-$$

(Dica: nos derivados de 2,4-dinitrofenila, a ligação é em um grupo amino de uma cadeia lateral, em vez de em um grupo α-amino.)
**(e)** A hidrólise parcial do peptídeo, seguida por separação cromatográfica e análise de sequência, produziu os di e tripeptídeos listados (o aminoácido aminoterminal é sempre o primeiro aminoácido):

Leu–Phe   Phe–Pro   Orn–Leu   Val–Orn
Val–Orn–Leu   Phe–Pro–Val   Pro–Val–Orn

A partir das informações fornecidas acima, deduza a sequência de aminoácidos do peptídeo antibiótico. Mostre o raciocínio feito. Após chegar à estrutura, demonstre que ela é consistente com *cada uma* das observações experimentais.

**23. Eficiência no sequenciamento de peptídeos** Um peptídeo com a estrutura primária Lys–Arg–Pro–Leu–Ile–Asp–Gly–Ala pode ser sintetizado pelos métodos desenvolvidos por Merrifield. Calcule a porcentagem de peptídeo sintetizado com o comprimento completo e que tenha a sequência correta caso a adição de cada resíduo de aminoácido tenha uma eficiência de 96%. Faça o cálculo uma segunda vez, mas supondo uma eficiência de 99% para cada ciclo.

**24. Comparação de sequências** Proteínas denominadas chaperonas moleculares (descritas no Capítulo 4) auxiliam o processo de enovelamento das proteínas. Uma classe de chaperonas encontrada nos organismos, desde as bactérias até os mamíferos, é a proteína de choque térmico 90 (Hsp90). Todas as chaperonas Hsp90 contêm uma "sequência-assinatura" de 10 aminoácidos, que permite uma identificação rápida dessas proteínas em bancos de dados de sequências. Duas representações dessa sequência-assinatura são apresentadas a seguir.

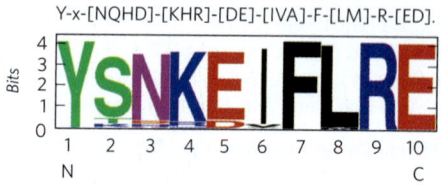

**(a)** Nessa sequência, quais são os resíduos de aminoácidos que não variam (i.e., são conservados ao longo de todas as espécies)?
**(b)** Quais posições estão limitadas apenas a aminoácidos com cadeias laterais carregadas positivamente? Para cada posição, qual aminoácido é o mais encontrado?
**(c)** Quais posições estão restritas a substituições com aminoácidos com cadeias laterais carregadas negativamente? Qual aminoácido predomina em cada posição?
**(d)** Há uma posição na qual pode ser encontrado qualquer aminoácido, embora um aminoácido apareça com muito mais frequência do que qualquer outro. Que posição é essa? Qual aminoácido aparece com mais frequência?

**25. Métodos cromatográficos** Três polipeptídeos, cujas sequências estão apresentadas a seguir (utilizando o código de uma letra para os aminoácidos), estão presentes em uma mistura:

1. ATKNRASCLVPKHGALMFWRHKQLVSDPILQKRQHIL-VCRNAAG
2. GPYFGDEPLDVHDEPEEG
3. PHLLSAWKGMEGVGKSQSFAALIVILA

**(a)** Qual deles migraria mais lentamente durante os seguintes métodos:

Cromatografia de troca de ânions?
Cromatografia de troca de cátions?
Cromatografia de exclusão pelo tamanho (filtração em gel)?

**(b)** Qual peptídeo contém o motivo de ligação ao ATP mostrado na representação de sequências a seguir?

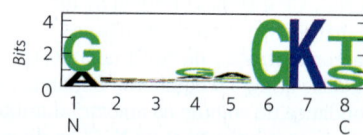

## QUESTÃO DE ANÁLISE DE DADOS

**26. Determinação da sequência de aminoácidos da insulina** A Figura 3-24 mostra a sequência de aminoácidos da insulina bovina, determinada por Frederick Sanger e colaboradores. A maior parte desse trabalho está descrita em uma série de artigos publicados no *Biochemical Journal* entre 1945 e 1955.

Quando Sanger e colaboradores iniciaram esse trabalho em 1945, sabia-se que a insulina era uma proteína pequena constituída de duas ou quatro cadeias polipeptídicas ligadas por ligações dissulfeto. Sanger e colaboradores desenvolveram alguns métodos simples para o estudo de sequências de proteínas.

*Tratamento com FDNB.* O FDNB (1-flúor-2,4-dinitrobenzeno) reage com grupos amino livres (exceto amida ou guanidina) em proteínas para produzir derivados dinitrofenil (DNP) de aminoácidos (ver Fig. 3-25).

*Hidrólise ácida.* Ferver uma proteína com HCl a 10% por várias horas hidrolisa todas as suas ligações peptídicas e amídicas. Tratamentos com menor duração produzem polipeptídeos curtos; e, quanto mais longo for o tratamento, mais completa será a quebra da proteína em seus aminoácidos.

*Oxidação de cisteínas.* O tratamento de uma proteína com ácido perfórmico clivou todas as ligações dissulfeto e converteu todos os resíduos Cys em resíduos de ácido cisteico (ver Fig. 3-26).

*Cromatografia em papel.* Essa versão mais antiga da cromatografia em camada delgada (ver Fig. 10-25) separa compostos com base em suas propriedades químicas, permitindo a identificação de aminoácidos isolados e, em alguns casos, de dipeptídeos. A cromatografia em camada delgada também separa peptídeos maiores.

Como relatado em seu primeiro artigo (1945), Sanger fez a insulina reagir com o FDNB e hidrolisou a proteína resultante. Ele encontrou muitos aminoácidos livres, mas apenas três DNP-aminoácidos: α-DNP-glicina (o grupo DNP está ligado ao grupo α-amino), α-DNP-fenilalanina e ε-DNP-lisina (DNP está ligado ao grupo ε-amino). Sanger interpretou esses resultados como indicativos de que a insulina tinha duas cadeias proteicas: uma com Gly na extremidade aminoterminal e outra com Phe na extremidade aminoterminal. Uma das duas cadeias também continha um resíduo Lys, mas não na extremidade aminoterminal. Ele chamou a cadeia iniciando com o resíduo Gly de "A", e a cadeia iniciando com Phe, de "B".

**(a)** Explique como os resultados que Sanger obteve apoiam as suas conclusões.

**(b)** Esses resultados são consistentes com a estrutura conhecida da insulina bovina (ver Fig. 3-24)?

Em um artigo posterior (1949), Sanger descreveu como ele utilizou essas técnicas para determinar os primeiros aminoácidos (extremidade aminoterminal) de cada cadeia de insulina. Para analisar a cadeia B, por exemplo, ele seguiu as seguintes etapas:

1. Oxidou a insulina para separar as cadeias A e B.
2. Preparou uma amostra de cadeia B pura por cromatografia em papel.
3. Reagiu a cadeia B com FDNB.
4. Submeteu a proteína à hidrólise ácida branda de modo a produzir peptídeos pequenos.
5. Separou os peptídeos-DNP dos peptídeos que não continham grupos DNP.
6. Isolou quatro dos peptídeos-DNP, os quais foram nomeados B1 a B4.
7. Submeteu cada peptídeo-DNP à hidrólise forte para obter os aminoácidos livres.
8. Identificou os aminoácidos em cada peptídeo por cromatografia em papel.

Os resultados foram os seguintes:

B1: apenas α-DNP-fenilalanina
B2: α-DNP-fenilalanina; valina
B3: ácido aspártico; α-DNP-fenilalanina; valina
B4: ácido aspártico; ácido glutâmico; α-DNP-fenilalanina; valina

**(c)** Com base nesses dados, quais são os primeiros quatro aminoácidos (aminoterminais) da cadeia B? Explique seu raciocínio.

**(d)** Esse resultado está de acordo com a sequência conhecida da insulina bovina (ver Fig. 3-24)? Explique qualquer discrepância.

Sanger e colaboradores utilizaram esses e outros métodos parecidos para determinar a sequência completa das cadeias A e B. A sequência para a cadeia A foi a seguinte:

```
   1                5                   10
   Gly–Ile–Val–Glx–Glx–Cys–Cys–Ala–Ser–Val–
                     15                  20
   Cys–Ser–Leu–Tyr–Glx–Leu–Glx–Asx–Tyr–Cys–Asx
```

Como a hidrólise ácida converteu todo Asn em Asp e todo Gln em Glu, esses resíduos tiveram de ser denominados Asx e Glx, respectivamente (pois ainda não se sabia qual era o aminoácido exato). Sanger resolveu esse problema utilizando enzimas proteolíticas que clivam ligações peptídicas, mas não as ligações amídicas nos resíduos Asn e Gln, para preparar peptídeos curtos. Então, ele determinou o número de grupos amida presentes em cada peptídeo medindo a liberação de $NH_4^+$ quando o peptídeo era hidrolisado com ácido. Alguns dos resultados obtidos para a cadeia A estão apresentados a seguir. Os peptídeos talvez não estivessem completamente puros, de modo que os números foram aproximados, mas estavam bons o bastante para os propósitos de Sanger.

| Nome do peptídeo | Sequência peptídica | Número de grupos amida no peptídeo |
|---|---|---|
| Ac1 | Cys–Asx | 0,7 |
| Ap15 | Tyr–Glx–Leu | 0,98 |
| Ap14 | Tyr–Glx–Leu–Glx | 1,06 |
| Ap3 | Asx–Tyr–Cys–Asx | 2,10 |
| Ap1 | Glx–Asx–Tyr–Cys–Asx | 1,94 |
| Ap5pa1 | Gly–Ile–Val–Glx | 0,15 |
| Ap5 | Gly–Ile–Val–Glx–Glx–Cys–Cys–Ala–Ser–Val–Cys–Ser–Leu | 1,16 |

**(e)** Com base nesses dados, determine a sequência de aminoácidos da cadeia A. Explique como você chegou a essa resposta. Compare a resposta obtida com a Figura 3-24.

### Referências

**Sanger, F. 1945.** The free amino groups of insulin. *Biochem J.* 39:507-515.

**Sanger, F. 1949.** The terminal peptides of insulin. *Biochem J.* 45:563-574.

# Capítulo 4

# ESTRUTURA TRIDIMENSIONAL DAS PROTEÍNAS

- 4.1 Visão geral da estrutura das proteínas  107
- 4.2 Estrutura secundária das proteínas  111
- 4.3 Estruturas terciária e quaternária das proteínas  116
- 4.4 Desnaturação e enovelamento das proteínas  128
- 4.5 Determinação das estruturas de proteínas e biomoléculas  136

As proteínas são moléculas grandes. O esqueleto covalente das proteínas possui centenas de ligações químicas. Devido à livre rotação entre muitas dessas ligações, a proteína consegue, em princípio, assumir um número praticamente ilimitado de arranjos espaciais, ou **conformações**. Entretanto, o fato de cada proteína ter uma função química e uma estrutura específica sugere que cada proteína tem uma estrutura tridimensional única (**Fig. 4-1**). Quão estável é essa estrutura? Quais são os fatores que guiam a formação dessas estruturas? O que mantém a estrutura coesa? No final da década de 1920, várias proteínas foram cristalizadas, inclusive a hemoglobina ($M_r$ 64.500) e a enzima urease ($M_r$ 483.000). Uma vez que o arranjo de moléculas no formato de um cristal ordenado só se forma caso as unidades moleculares forem todas idênticas, a cristalização foi tomada como uma evidência de que mesmo proteínas muito grandes eram formadas por entidades químicas únicas com estruturas também únicas. Agora se sabe que a estrutura das proteínas é flexível, muitas vezes, de maneiras surpreendentes. Mudanças na estrutura podem ser tão importantes para a função da proteína quanto a própria estrutura.

Este capítulo trata da estrutura das proteínas. Serão enfatizados cinco princípios:

**P1** **A estrutura das proteínas é estabilizada por interações e forças não covalentes.** A formação de estruturas termodinamicamente favoráveis depende de influências do efeito hidrofóbico, das ligações de hidrogênio, das interações iônicas e das forças de van der Waals. As estruturas naturais das proteínas são restringidas pelas ligações peptídicas, cujas configurações podem ser descritas pelos ângulos diedros $\phi$ e $\psi$.

**P2** **Segmentos das proteínas podem adotar estruturas secundárias regulares, como α-hélice e conformação β.** Essas estruturas podem ser definidas por determinados valores dos ângulos $\phi$ e $\psi$ e sofrem influência da composição de aminoácidos dos segmentos. Todos os valores de $\phi$ e $\psi$ para a estrutura de uma dada proteína podem ser vistos por meio de um gráfico de Ramachandran.

**P3** **A estrutura terciária descreve um enovelamento tridimensional bem definido da proteína.** As estruturas das proteínas podem ser feitas utilizando-se uma combinação de enovelamentos ou motivos proteicos comuns. A estrutura quaternária descreve as interações entre os componentes de um arranjo de subunidades.

**P4** **A estrutura terciária é determinada pela sequência de aminoácidos.** Embora o enovelamento das proteínas seja complexo, algumas proteínas desnaturadas podem se reenovelar espontaneamente nas conformações ativas com base apenas nas propriedades químicas dos aminoácidos que as constituem. A proteostase celular envolve um grande número de vias que regulam o enovelamento, o desenovelamento e a degradação das proteínas. Muitas doenças humanas são decorrentes de um enovelamento errôneo ou de defeitos na proteostase.

**P5** **As estruturas tridimensionais das proteínas podem ser definidas.** Os biólogos estruturais usam um grande número de instrumentos e métodos computacionais para resolver a estrutura das biomoléculas. A escolha do método pode depender de fatores como o tamanho da proteína a ser estudada, as suas propriedades ou a resolução desejada para a estrutura final.

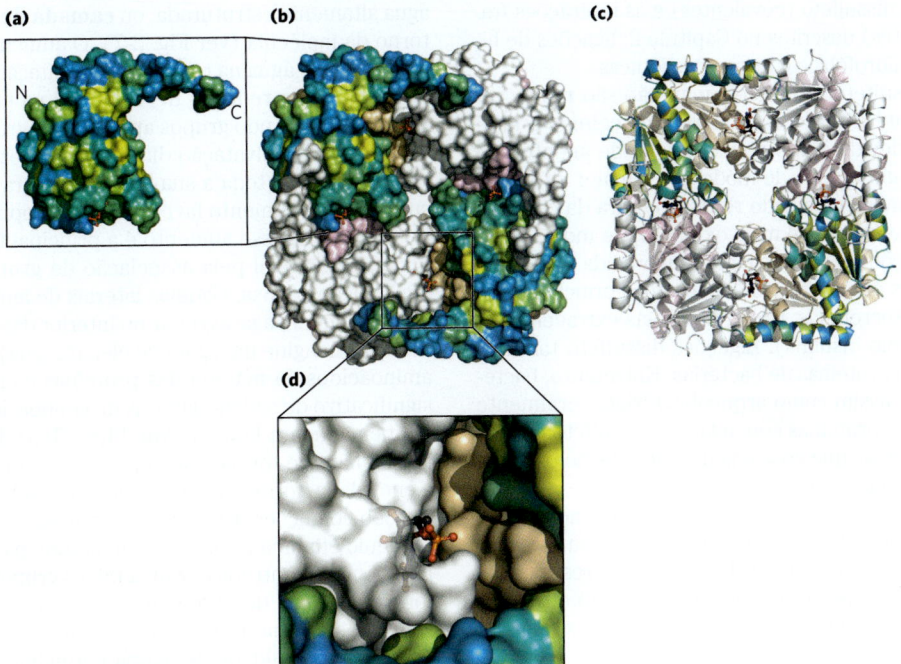

**FIGURA 4-1 Relação entre a estrutura e a função das proteínas.** (a) A enzima PurE de *Escherichia coli* catalisa a reação que forma ligações carbono-carbono na via *de novo* da biossíntese de purinas. PurE é uma proteína pequena (17 kDa) com um único domínio. Nesta representação, a superfície da PurE foi modelada e colorida segundo a hidrofobicidade: amarelo para as superfícies hidrofóbicas, azul para as superfícies hidrofílicas e tons de verde para as superfícies intermediárias. Fica evidente que a proteína se enovela de maneira que muitos dos grupos polares fiquem acessíveis para o solvente. (b, c) A forma enzimaticamente ativa da PurE é um octâmero; oito protômeros de PurE combinam-se para formar uma estrutura quaternária na forma de um quadrado com os oito sítios ativos. A estrutura em (b) representa a superfície; (c) é um diagrama em fita que mostra o esqueleto da cadeia peptídica. Dois dos protômeros estão coloridos segundo a hidrofobicidade da superfície. Os demais estão mostrados em cores únicas (dois em cinza, dois em rosa-claro e dois em bege). (d) Cada sítio ativo é formado usando segmentos de três protômeros diferentes. A molécula produto da reação, carboxiaminoimidazol-ribonucleotídeo, está ligada no sítio ativo e é mostrada como uma estrutura em bastão. [Dados de PDB ID 2NSL, A. A. Hoskins et al., *Biochemistry* 46:2842, 2007.]

## 4.1 Visão geral da estrutura das proteínas

As conformações possíveis de uma proteína ou de qualquer segmento proteico incluem qualquer estado que a estrutura pode assumir sem que uma ligação covalente seja rompida. Uma mudança na conformação pode ocorrer, por exemplo, pela rotação ao redor de ligações simples. Entretanto, das muitas conformações teoricamente possíveis de uma proteína com centenas de ligações simples, apenas uma ou poucas predominam nas condições biológicas. A necessidade de haver múltiplas conformações estáveis reflete as mudanças que devem ocorrer na proteína quando ela se liga a outras moléculas ou catalisa reações. As conformações que existem em determinadas condições geralmente são aquelas termodinamicamente mais estáveis, isto é, aquelas que têm a menor energia livre ($G$). Proteínas enoveladas, em qualquer uma das suas conformações funcionais, são chamadas de proteínas **nativas**.

Para a grande maioria das proteínas, uma estrutura em particular ou um pequeno grupo de estruturas é crucial para a função. No entanto, em muitos casos, partes das proteínas não têm estruturas fixas. Esses segmentos proteicos são intrinsecamente desordenados. Em alguns casos, proteínas inteiras são intrinsecamente desordenadas, mas, ainda assim, funcionais.

O que determina as conformações mais estáveis de uma proteína? Pode-se chegar a um entendimento da conformação das proteínas, passo a passo, a partir da discussão sobre estrutura primária apresentada no Capítulo 3 e considerando as estruturas secundárias, terciárias e quaternárias. Nessa abordagem, é preciso enfatizar os enovelamentos e a classificação dos padrões de enovelamento comuns, chamados de estruturas supersecundárias, enovelamentos ou motivos, que dão um contexto importante para que esse esforço complexo possa ser organizado.

### A conformação de uma proteína é estabilizada por interações fracas

**Estabilidade** é a tendência que uma proteína tem de manter a conformação nativa. Proteínas nativas estão próximo ao limite da estabilidade: o $\Delta G$ que separa os estados enovelado e não enovelado em uma proteína típica, sob condições fisiológicas, está na faixa de apenas 5 a 65 kJ/mol. Uma dada cadeia polipeptídica pode, teoricamente, assumir inúmeras conformações; como resultado, o estado não enovelado de uma proteína é caracterizado por um alto grau de entropia conformacional. Essa entropia, junto às interações decorrentes das ligações de hidrogênio entre os diversos grupos da cadeia polipeptídica com o solvente (água), tende a manter o estado não enovelado. ▶P1 As interações químicas que contrabalançam esses efeitos e estabilizam a conformação nativa incluem ligações dissulfeto (covalentes) e as interações fracas (não covalentes) descritas no Capítulo 2: ligações de hidrogênio, efeito hidrofóbico e interações iônicas.

Ligações dissulfeto são fortes, mas não são muito comuns. O ambiente interno da maioria das células é altamente redutor, devido à alta concentração de agentes redutores, como a glutationa, de modo que a maior parte das sulfidrilas permanece no estado reduzido. Fora da célula, o ambiente é frequentemente mais oxidante, de modo que a formação de ligações dissulfeto é mais favorecida. Em eucariotos, as ligações dissulfeto são encontradas principalmente em proteínas secretadas, isto é, proteínas extracelulares (p. ex., o hormônio insulina). Ligações dissulfeto também são incomuns em proteínas de bactérias. Entretanto, bactérias termofílicas, assim como arqueobactérias, geralmente apresentam várias proteínas com ligações dissulfeto, que as estabilizam. Supõe-se que essa seja uma adaptação para um modo de vida em altas temperaturas.

Para todas as proteínas de todos os organismos, as interações fracas são extremamente importantes para o enovelamento das cadeias polipeptídicas em suas respectivas estruturas secundárias e terciárias. A associação de vários polipeptídeos para formar estruturas quaternárias também tem como base essas interações fracas.

Aproximadamente 200 a 460 kJ/mol são necessários para quebrar uma ligação covalente simples, ao passo que interações fracas podem ser rompidas por apenas 0,4 a 30 kJ/mol. Individualmente, uma ligação covalente, como as ligações dissulfeto que conectam regiões distintas de uma única cadeia polipeptídica, é claramente muito mais forte que uma interação fraca. Entretanto, em virtude de serem muito numerosas, são as interações fracas que predominam como forças estabilizadoras da estrutura proteica. ▶P1 Em geral, a conformação proteica que tem a menor energia livre (i.e., a conformação mais estável) é aquela que apresenta o número máximo de interações fracas.

A estabilidade de uma proteína não é simplesmente o somatório das energias livres de formação das diversas interações fracas internas. Para cada ligação de hidrogênio formada durante o enovelamento de uma proteína, uma ligação de hidrogênio (de força equivalente) entre o mesmo grupo e a água é quebrada. A estabilidade resultante da contribuição de uma dada ligação de hidrogênio, ou a *diferença* de energia livre entre os estados enovelado e não enovelado, pode ser próxima de zero. Interações iônicas podem ser tanto estabilizadoras quanto desestabilizadoras. Portanto, é preciso olhar outros aspectos para entender por que uma determinada conformação nativa é favorecida em detrimento de outras.

### A agregação de aminoácidos hidrofóbicos longe do contato com a água favorece o enovelamento das proteínas

▶P1 O exame cuidadoso da contribuição das interações fracas na estabilidade das proteínas deixa evidente que geralmente é o **efeito hidrofóbico** que predomina. A água pura contém uma rede de moléculas de $H_2O$ ligadas por ligações de hidrogênio. Nenhuma outra molécula tem o potencial de ligação de hidrogênio da água, e a presença de outras moléculas na solução aquosa rompe essas ligações. Quando a água envolve uma molécula hidrofóbica, o arranjo ótimo de ligação de hidrogênio leva à formação de uma camada de água altamente estruturada, ou **camada de solvatação**, em torno da molécula (ver Fig. 2-7). O aumento da ordem das moléculas de água na camada de solvatação está correlacionado com uma redução desfavorável na entropia da água. Entretanto, quando grupos apolares se agrupam, o tamanho da camada de solvatação diminui, uma vez que cada grupo não expõe mais toda a sua superfície para a solução. O resultado é um aumento favorável de entropia. Como descrito no Capítulo 2, esse aumento é a principal força termodinâmica responsável pela associação de grupos hidrofóbicos em solução aquosa. Cadeias laterais de aminoácidos hidrofóbicos tendem a se agrupar no interior das proteínas, longe da água (imagine uma gota de óleo na água). A sequência de aminoácidos da maioria das proteínas inclui um conteúdo significativo de cadeias laterais de aminoácidos hidrofóbicos (principalmente Leu, Ile, Val, Phe e Trp). Essas cadeias se posicionam de forma a se aglomerarem quando a proteína é enovelada, formando um núcleo hidrofóbico na proteína.

Sob condições fisiológicas, a formação de ligações de hidrogênio em uma proteína é, em grande parte, dirigida pelo mesmo efeito entrópico. Em geral, os grupos polares podem formar ligações de hidrogênio com a água e, por isso, são solúveis em água. Entretanto, o número de ligações de hidrogênio por unidade de massa normalmente é maior para a água pura do que para qualquer outro líquido ou solução, e há limites de solubilidade até para as moléculas mais polares, pois sua presença causa a diminuição do número total de ligações de hidrogênio por unidade de massa. Portanto, uma camada de solvatação, até certo ponto, também se forma em torno de moléculas polares. Embora a energia de formação de uma ligação de hidrogênio intramolecular entre dois grupos polares de uma macromolécula seja, em grande parte, anulada pela eliminação de tais interações entre esses grupos polares e a água, a liberação de moléculas de água da forma estruturada que ocorre assim que as interações intramoleculares se formam fornece a força entrópica que leva ao enovelamento. A maior parte da variação de energia livre proporcionada por interações fracas entre cadeias laterais de aminoácidos apolares que se agregam dentro da proteína se origina do aumento de entropia na solução aquosa circundante, resultante do confinamento das superfícies hidrofóbicas o mais afastado possível da água. Isso contrabalança a grande perda de entropia conformacional, pois o polipeptídeo é forçado a assumir sua conformação enovelada.

### Os grupos polares contribuem com ligações de hidrogênio e pares iônicos para o enovelamento das proteínas

As interações hidrofóbicas são importantes para a estabilização da conformação. O interior de uma proteína geralmente é um núcleo altamente compacto de cadeias laterais de aminoácidos hidrofóbicos. Também é importante que cada grupo polar ou carregado que esteja no interior da proteína tenha um par adequado para fazer ligação de hidrogênio ou interação iônica. Pode parecer que uma ligação de hidrogênio contribua pouco para a estabilidade de uma estrutura nativa, mas a presença de grupos que fazem ligações de hidrogênio sem um parceiro no núcleo hidrofóbico de uma proteína pode ser tão *desestabilizadora* que conformações contendo esse grupo são termodinamicamente insustentáveis. A variação favorável de energia livre resultante da combinação de vários desses grupos com parceiros na solução que os circunda pode ser maior do que a diferença de energia livre entre os estados enovelados e não enovelados. Além disso, as ligações de hidrogênio entre grupos de uma proteína formam-se cooperativamente (a formação de uma torna mais provável a formação da próxima) e levam a estruturas secundárias repetidas, o que faz as ligações de hidrogênio serem otimizadas, como descrito a seguir. Dessa forma, as ligações de hidrogênio normalmente têm um papel importante na condução do processo de enovelamento das proteínas.

▶P1 A interação entre os grupos carregados com cargas opostas que formam um par iônico ou uma ponte salina pode exercer tanto um efeito estabilizante quanto desestabilizante na estrutura da proteína. Como no caso das ligações de hidrogênio, cadeias laterais de aminoácidos carregados interagem com a água e com sais quando a proteína não está enovelada, e a perda dessas interações deve ser considerada quando pesquisadores avaliam o efeito das pontes salinas na estabilidade geral de uma proteína enovelada. No entanto, a intensidade de uma ponte salina aumenta à medida que se passa para um ambiente com constante dielétrica, $\varepsilon$, mais baixa (p. 46): do solvente aquoso polar ($\varepsilon$ próximo a 80) para o interior apolar da proteína ($\varepsilon$ próximo a 4). As pontes salinas, principalmente aquelas parcial ou totalmente enterradas no seio da proteína, podem, assim, proporcionar uma estabilização significativa na estrutura de uma proteína. Essa tendência explica a grande ocorrência de pontes salinas internas nas proteínas de organismos termofílicos. As interações iônicas também limitam a flexibilidade estrutural e conferem uma singularidade a uma determinada estrutura proteica que a agregação de grupos apolares não consegue proporcionar devido ao efeito hidrofóbico.

## As interações de van der Waals são individualmente fracas, mas seu somatório impulsiona o enovelamento

No ambiente atômico altamente compacto de uma proteína, outro tipo de interação fraca também pode ter um efeito significativo: as interações de van der Waals (p. 49). As interações de van der Waals são interações dipolo-dipolo envolvendo os dipolos elétricos permanentes de grupos como o das carbonilas, os dipolos transitórios derivados das flutuações das nuvens de elétrons em torno de qualquer átomo e os dipolos induzidos pela interação entre um átomo com outro que contenha um dipolo permanente ou transitório. À medida que os átomos se aproximam um do outro, as interações dipolo-dipolo fornecem uma força intermolecular de atração que opera apenas a uma distância intermolecular muito limitada (0,3 a 0,6 nm). ▶P1 Individualmente, cada interação de van der Waals é fraca e contribui pouco para a estabilidade geral da proteína. No entanto, em uma proteína bem enovelada, ou na interação de uma proteína com outra proteína ou com outra molécula que tenha uma superfície complementar, o número dessas interações pode ser substancial.

A maioria dos padrões estruturais reapresentados neste capítulo é o reflexo de duas regras simples: (1) os resíduos hidrofóbicos estão basicamente escondidos no interior da proteína, afastados da água; e (2) o número de ligações de hidrogênio e interações iônicas internas na proteína é maximizado, o que reduz o número de grupos capazes de fazer ligações de hidrogênio e de grupos iônicos não adequadamente pareados. As proteínas de membrana (examinadas no Capítulo 11) e as proteínas que são intrinsecamente desordenadas, ou que têm segmentos intrinsecamente desordenados, seguem regras diferentes. Isso é um reflexo das funções específicas ou do ambiente no qual a proteína está, mas, ainda assim, interações fracas continuam sendo elementos críticos para definir a estrutura. Por exemplo, proteínas solúveis, mas com segmentos intrinsecamente desordenados, são ricas em cadeias laterais de aminoácidos carregados (principalmente Arg, Lys e Glu) ou pequenos (Gly e Ala), propiciando pouca ou nenhuma oportunidade para que se forme um núcleo hidrofóbico estável.

## A ligação peptídica é rígida e planar

As ligações covalentes também impõem restrições importantes à conformação de um polipeptídeo. No fim da década de 1930, Linus Pauling e Robert Corey iniciaram uma série de estudos que lançaram os fundamentos do conhecimento atual da estrutura das proteínas. Eles começaram com uma cuidadosa análise da ligação peptídica.

Os carbonos $\alpha$ dos resíduos de aminoácidos adjacentes são separados por três ligações covalentes, organizadas da seguinte maneira: $C_\alpha$–C–N–$C_\alpha$. Estudos de difração de raios X de cristais de aminoácidos e de dipeptídeos e tripeptídeos simples mostraram que a ligação peptídica C–N é um pouco mais curta que a ligação C–N de uma amina simples e que os átomos associados à ligação peptídica são coplanares. Isso indica que há ressonância ou compartilhamento parcial de dois pares de elétrons entre o oxigênio da carbonila e o nitrogênio da amida (**Fig. 4-2a**). O oxigênio tem uma carga parcial negativa e o hidrogênio ligado ao nitrogênio tem uma carga líquida parcial positiva, formando um pequeno dipolo elétrico. Os seis átomos do **grupo peptídico** estão em um único plano, com o átomo de oxigênio do grupo carbonila em posição *trans* em relação ao átomo de hidrogênio do nitrogênio da amida. A partir dessas observações, Pauling e Corey concluíram que as ligações peptídicas C–N não podem girar livremente devido ao seu caráter de ligação dupla parcial. Por outro lado, é possível haver rotação entre a ligação N–$C_\alpha$ e a ligação $C_\alpha$–C. ▶P1 O esqueleto de uma cadeia polipeptídica pode, então, ser descrito como uma série de planos rígidos, com planos consecutivos compartilhando um ponto comum de rotação no $C_\alpha$ (Fig. 4-2b). As ligações peptídicas rígidas limitam o número de conformações possíveis que uma cadeia polipeptídica pode ter.

A conformação peptídica é defina por três ângulos diedros (também conhecidos como ângulos de torção),

Linus Pauling, 1901-1994
[Nancy R. Schiff/Getty Images.]

Robert Corey, 1897-1971
[Cortesia de California Institute of Technology Archives.]

# 110 CAPÍTULO 4 • ESTRUTURA TRIDIMENSIONAL DAS PROTEÍNAS

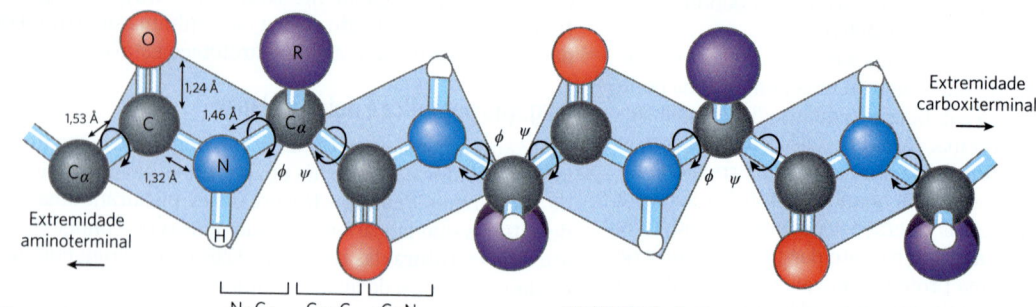

**FIGURA 4-2 O grupo peptídico planar.** (a) Cada ligação peptídica tem caráter parcial de ligação dupla devido à ressonância e não pode girar. Embora o átomo de N em uma ligação peptídica seja sempre representado com uma carga positiva parcial, considerações cuidadosas dos orbitais de ligação e dos mecanismos quânticos indicam que o N tem uma carga líquida neutra ou levemente negativa. (b) Três ligações separam os carbonos α consecutivos em uma cadeia polipeptídica. As ligações N–$C_α$ e $C_α$–C podem girar e são descritas pelos ângulos diedros ϕ e ψ, respectivamente. A ligação peptídica C–N não está livre para rotação. Outras ligações simples do esqueleto também podem ter suas rotações dificultadas, dependendo do tamanho e da carga dos grupos R. (c) Átomos e planos definidos por ψ. (d) Por convenção, ϕ e ψ são 180° (ou –180°) quando o primeiro e o quarto átomos estão mais afastados e o peptídeo está totalmente estendido. Ao longo da ligação que sofre rotação (para qualquer um dos lados), os ângulos ϕ e ψ aumentam à medida que o quarto átomo gira no sentido horário em relação ao primeiro átomo. Algumas das conformações mostradas aqui (p. ex., 0°) são proibidas em uma proteína, devido à sobreposição espacial de átomos. De (b) até (d), as esferas que representam os átomos são menores do que os raios de van der Waals para essa escala.

denominados ângulos ϕ (fi), ψ (psi) e ω (ômega), que refletem a rotação ao redor de cada uma das três ligações que se repetem no esqueleto do peptídeo. Ângulo diedro é o ângulo formado pela intersecção de dois planos. No caso dos peptídeos, os planos são definidos pelos vetores das ligações do esqueleto peptídico. Dois vetores de ligações sucessivas descrevem um plano. Três vetores de ligações sucessivas descrevem dois planos (o vetor da ligação central é comum a ambos; Fig. 4-2c), e o ângulo entre esses dois planos é aquele que se mede para descrever a conformação da proteína.

**CONVENÇÃO** Os ângulos diedros importantes para um peptídeo são definidos pelos três vetores das ligações que conectam quatro átomos consecutivos da cadeia principal (esqueleto peptídico) (Fig. 4-2c): ϕ envolve as ligações C–N–$C_α$–C (com a rotação ocorrendo na ligação N–$C_α$), e ψ envolve as ligações N–$C_α$–C–N. Tanto ϕ como ψ são definidos como ±180° quando o polipeptídeo está totalmente estendido e todos os grupos peptídicos estão no mesmo plano (Fig. 4-2d). Observando-se o vetor da ligação central na direção da flecha do vetor (como mostrado na Fig. 4-2c para ψ), os ângulos diedros aumentam à medida que o átomo distal (quarto átomo) gira no sentido horário (Fig. 4-2d). A partir da posição ±180°, o ângulo diedro aumenta de –180° para 0°, ponto no qual o primeiro e o quarto átomos estão eclipsados. A rotação pode continuar de 0° até +180° (mesma posição que –180°) e trazer a estrutura de volta para o ponto de partida. O terceiro ângulo diedro, ω, geralmente não é considerado. Ele envolve as ligações $C_α$–C–N–$C_α$. A ligação central nesse caso é a ligação peptídica, cuja rotação é restrita. A ligação peptídica quase sempre (99,6% do tempo) está em configuração *trans*, limitando ω a um valor de ± 180°. No caso raro de uma ligação peptídica *cis*, ω = 0°. ■

Em princípio, ϕ e ψ podem ter qualquer valor entre –180° e +180°. Entretanto, muitos valores são proibidos devido à interferência estérica entre átomos do esqueleto da cadeia polipeptídica e átomos das cadeias laterais dos resíduos de aminoácidos. A conformação na qual tanto ϕ quanto ψ são 0° (Fig. 4-2d) é proibida por esse motivo. Essa conformação é meramente uma referência para descrever os ângulos diedros. As preferências dos ângulos do esqueleto do polipeptídeo adicionam ainda uma outra restrição à estrutura enovelada de uma proteína.

## RESUMO 4.1 Visão geral da estrutura das proteínas

■ Uma proteína típica geralmente tem uma ou mais conformações tridimensionais que retratam a sua função. Algumas proteínas têm segmentos que são intrinsecamente desordenados e, ainda assim, essenciais para a função da proteína.

■ Mesmo ligações covalentes não peptídicas, especialmente ligações dissulfeto, podem ter um papel na estabilização de algumas estruturas. As proteínas são estabilizadas, em grande parte, por um grande número de interações não covalentes e forças fracas.

■ O efeito hidrofóbico, derivado do aumento da entropia da água circundante quando moléculas ou grupos apolares estão agrupados, constitui a principal contribuição para a estabilização da forma globular da maioria das proteínas solúveis.

■ Nas estruturas termodinamicamente mais estáveis, as ligações de hidrogênio e as interações iônicas estão otimizadas.

■ As interações de van der Waals envolvem forças de atração fracas entre dipolos moleculares que ocorrem a distâncias curtas. Individualmente, essas interações são fracas, mas elas se juntam em uma estrutura proteica bem compacta para propiciar efeitos de estabilização significativos.

■ A natureza das ligações covalentes no esqueleto polipeptídico impõe restrições quanto às possibilidades de estruturas. A ligação peptídica tem um caráter parcial de ligação dupla que mantém todo o grupo peptídico de seis átomos em uma configuração planar rígida. As ligações N–C$_\alpha$ e C$_\alpha$–C podem girar e definem os ângulos diedros $\phi$ e $\psi$, respectivamente, e os valores permitidos para os ângulos $\phi$ e $\psi$ são limitados por impedimentos estéricos, entre outros.

## 4.2 Estrutura secundária das proteínas

O termo **estrutura secundária** refere-se a qualquer segmento de uma cadeia polipeptídica e descreve o arranjo espacial dos átomos na cadeia principal, sem considerar a posição das cadeias laterais ou a relação com outros segmentos. Ocorre uma estrutura secundária *regular* quando cada ângulo diedro, $\phi$ e $\psi$, permanece o mesmo, ou quase o mesmo, por todo o segmento. ▶P2 Alguns tipos de estruturas secundárias são particularmente estáveis e ocorrem extensamente em proteínas. As mais conhecidas são as $\alpha$-hélices e as conformações $\beta$; outro tipo comum é a volta $\beta$. Algumas vezes, estruturas secundárias sem um padrão regular são chamadas de indefinidas ou espiral aleatória. Entretanto, espiral aleatória não descreve adequadamente a estrutura desses segmentos. O curso da maioria dos esqueletos polipeptídicos em uma proteína típica não é aleatório; ele é invariável e altamente específico para a estrutura e para a função de uma determinada proteína. O foco da discussão agora passa para as estruturas regulares mais comuns.

### A $\alpha$-hélice é uma estrutura secundária comum das proteínas

Pauling e Corey estavam cientes da importância que as ligações de hidrogênio têm para a orientação de grupos polares, como os grupos C=O e N–H, da ligação peptídica. Eles também tinham os resultados dos experimentos de William Astbury, que, na década de 1930, fez estudos pioneiros de proteínas usando raios X. Astbury demonstrou que a proteína do cabelo e dos espinhos do porco-espinho (a proteína fibrosa $\alpha$-queratina) tem uma estrutura regular que se repete a cada 5,15 a 5,2 Å. (Um angstrom, Å, nomeado em homenagem ao físico Anders J. Ångström, é igual a 0,1 nm. Embora não seja uma unidade do SI, ela é universalmente utilizada pelos biólogos estruturais para descrever as distâncias atômicas – corresponde aproximadamente ao tamanho de uma ligação C–H típica.) Com essa informação e os dados que obtiveram sobre a ligação peptídica, além da ajuda de modelos construídos de forma precisa, Pauling e Corey iniciaram a determinação das conformações prováveis das moléculas de proteína.

A primeira descoberta importante ocorreu em 1948. Pauling foi professor visitante na Universidade de Oxford, ficou doente e se recolheu a seu apartamento por alguns dias para descansar. Entediado com o que tinha disponível para ler, Pauling pegou papel e lápis e começou a pensar em uma estrutura estável plausível que poderia ser adotada por uma cadeia polipeptídica. O modelo que ele desenvolveu, confirmado posteriormente no trabalho com Corey e o colaborador Herman Branson, foi o arranjo mais simples que a cadeia polipeptídica poderia assumir maximizando o uso de ligações de hidrogênio internas. Essa é uma estrutura em hélice, e Pauling e Corey a chamaram de **$\alpha$-hélice** (**Fig. 4-3**). Nessa estrutura, o esqueleto polipeptídico é firmemente enrolado em torno de um eixo imaginado longitudinalmente no centro da hélice, e os grupos R dos resíduos de aminoácidos projetam-se para fora do esqueleto helicoidal (Figs. 4-3b, c). A unidade que se repete forma uma volta de hélice, que se estende por cerca de 5,4 Å ao longo do eixo, levemente maior do que a periodicidade observada por Astbury na análise por raios X da queratina do cabelo. Os átomos do esqueleto dos resíduos de aminoácidos em um protótipo de $\alpha$-hélice têm um conjunto característico de ângulos diedros que definem a conformação da $\alpha$-hélice (**Tabela 4-1**), e cada volta de hélice é formada por 3,6 resíduos de aminoácidos. Normalmente, os segmentos de $\alpha$-hélice nas proteínas desviam-se um pouco desses ângulos diedros, podendo até variar dentro de um mesmo segmento, gerando curvaturas ou torções sutis no eixo da hélice.

Pauling e Corey consideraram as variantes de $\alpha$-hélice voltadas tanto no sentido da mão direita quanto no da esquerda. A posterior elucidação da estrutura tridimensional da mioglobina e de outras proteínas mostrou que a hélice no sentido da mão direita é a forma mais comum (**Quadro 4-1**). As $\alpha$-hélices no sentido da mão esquerda são teoricamente menos estáveis e não foram observadas em proteínas. A $\alpha$-hélice é a estrutura predominante nas $\alpha$-queratinas. De forma geral, cerca de um quarto de todos os resíduos de aminoácidos das proteínas é encontrado em $\alpha$-hélices, porém a proporção exata varia de proteína para proteína.

Por que as $\alpha$-hélices se formam mais facilmente do que qualquer outra das possíveis conformações? A resposta encontra-se, em parte, no uso otimizado das ligações de hidrogênio intra-hélice. A estrutura é estabilizada por uma ligação de hidrogênio entre o átomo de hidrogênio ligado ao átomo de nitrogênio eletronegativo de uma ligação peptídica e o átomo de oxigênio eletronegativo da carbonila do quarto aminoácido no lado aminoterminal da ligação peptídica (Fig. 4-3a). Na $\alpha$-hélice, cada uma das ligações peptídicas (exceto aquelas próximas das extremidades da $\alpha$-hélice) participa de ligações de hidrogênio. Cada volta sucessiva da $\alpha$-hélice está ligada às voltas adjacentes por três ou quatro ligações de hidrogênio, conferindo uma estabilidade significativa para toda a estrutura. Nas extremidades de um segmento $\alpha$-helicoidal, sempre há três ou quatro grupos carbonila ou amino que não podem participar desse

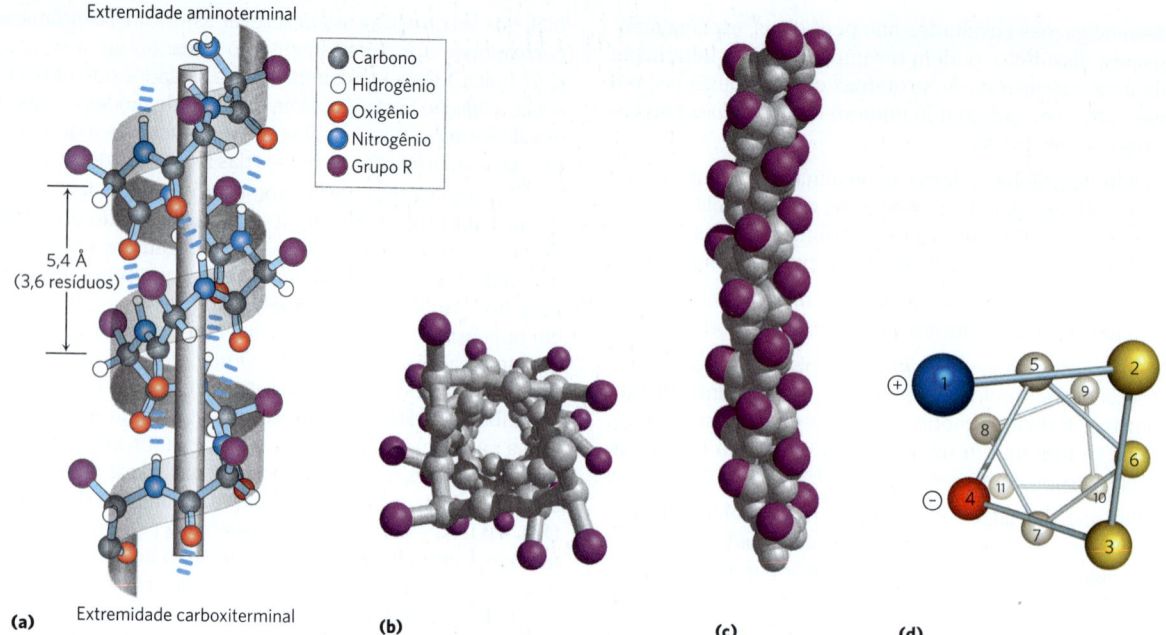

**FIGURA 4-3 Modelos de α-hélice mostrando os diferentes aspectos da sua estrutura.** (a) Modelo de esfera e bastão mostrando as ligações de hidrogênio internas da cadeia. A unidade que se repete é uma volta de hélice: 3,6 resíduos. (b) α-Hélice vista de uma de suas extremidades, ao longo do eixo longitudinal. Observe as posições dos grupos R, representados pelas esferas roxas. Esse modelo de esfera e bastão, que ressalta o arranjo helicoidal, dá uma falsa impressão de que a hélice é oca, pois as esferas não mostram individualmente os raios de van der Waals dos átomos. (c) Como este modelo de volume atômico mostra, os átomos no centro da α-hélice estão em contato estreito. (d) Projeção da rotação helicoidal de uma α-hélice. Essa representação foi colorida para relacionar melhor as superfícies com determinadas propriedades. Os resíduos em amarelo, por exemplo, podem ser hidrofóbicos e fazer parte de uma interface entre a hélice mostrada aqui e outra parte do mesmo ou de outro polipeptídeo. Os resíduos vermelho (negativo) e azul (positivo) ilustram o potencial de interação de cadeias laterais com cargas opostas, separadas por dois resíduos na hélice. [(b, c) Dados de PDB ID 4TNC, K. A. Satyshur et al., *J. Biol. Chem.* 263:1628, 1988.]

**TABELA 4-1** Ângulos φ e ψ idealizados para as estruturas secundárias comuns em proteínas

| Estrutura | φ | ψ |
|---|---|---|
| α-Hélice | −57° | −47° |
| Conformação β | | |
| Antiparalela | −139° | +135° |
| Paralela | −119° | +113° |
| Tripla hélice de colágeno | −51° | +153° |
| Volta β tipo I | | |
| i + 1[a] | −60° | −30° |
| i + 2[a] | −90° | 0° |
| Volta β tipo II | | |
| i + 1 | −60° | +120° |
| i + 2 | +80° | 0° |

Nota: Nas proteínas reais, os ângulos diedros frequentemente são um pouco diferentes desses valores ideais.

[a]Os ângulos i + 1 e i + 2 são aqueles para o segundo e o terceiro resíduos de aminoácido na volta β, respectivamente.

### EXEMPLO 4-1 Estrutura secundária e dimensões das proteínas

Qual é o comprimento, tanto em Å como em nm, de um polipeptídeo de 80 resíduos de aminoácidos em uma única α-hélice sem interrupção?

**SOLUÇÃO:** Uma α-hélice ideal tem 3,6 resíduos por volta, e o avanço ao longo do eixo helicoidal é de 5,4 Å. Portanto, o avanço sobre o eixo para cada resíduo de aminoácido é de 1,5 Å. Em consequência, o comprimento do polipeptídeo é 80 resíduos × 1,5 Å/resíduo = $1,2 \times 10^2$ Å ou 12 nm.

### A sequência de aminoácidos afeta a estabilidade da α-hélice

Nem todos os polipeptídeos podem formar uma α-hélice estável. Cada resíduo de aminoácido em um polipeptídeo tem uma propensão intrínseca para formar uma α-hélice, consequência das propriedades dos grupos R e de como as propriedades desses grupos interferem na capacidade dos átomos que formam a cadeia principal de assumirem os ângulos φ e ψ característicos. A alanina apresenta a melhor tendência a formar α-hélices na maioria dos sistemas de modelos experimentais.

A posição de um resíduo de aminoácido em relação a seus vizinhos também é importante. Interações entre as cadeias laterais dos aminoácidos podem estabilizar ou desestabilizar a estrutura α-helicoidal. Por exemplo, se uma cadeia polipeptídica tem uma sequência longa de resíduos Glu, esse segmento da cadeia não formará uma α-hélice em pH 7,0. Os grupos

padrão helicoidal de ligações de hidrogênio. Eles podem estar expostos ao solvente circundante, onde fazem ligações de hidrogênio com a água, ou outras partes da proteína podem proteger a hélice e proporcionar os parceiros necessários para formar ligações de hidrogênio.

## QUADRO 4-1 MÉTODOS

### Distinção entre o giro no sentido da mão direita e o da mão esquerda

Existe um método simples para determinar se uma estrutura helicoidal gira no sentido da mão direita ou no da mão esquerda. Basta fazer uma associação com as duas mãos fechadas e os polegares esticados apontando na direção oposta ao corpo. Olhando para a mão direita, imagine uma hélice enrolando-se no polegar direito, na mesma direção que os outros dedos curvados, conforme mostrado na Figura (sentido horário). A hélice resultante gira no sentido da mão direita. A mão esquerda representará uma hélice que gira para a esquerda, no sentido anti-horário, à medida que se enrola ao redor do polegar.

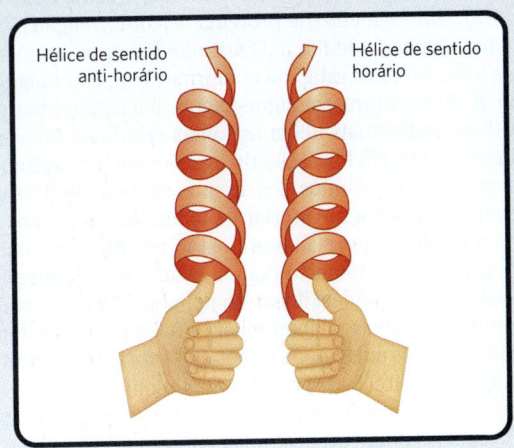

Hélice de sentido anti-horário | Hélice de sentido horário

---

carboxílicos, carregados negativamente, dos resíduos Glu adjacentes repelem-se mutuamente de forma tão forte que impedem a formação da α-hélice. Pela mesma razão, se existem muitos resíduos Lys ou Arg repetidos, com grupos R carregados positivamente em pH 7,0 (eles também se repelem), a formação da α-hélice fica impedida. O volume e a forma dos resíduos Asn, Ser, Thr e Cys também podem desestabilizar uma α-hélice se estiverem muito próximos na cadeia.

A torção de uma α-hélice permite que ocorram interações cruciais entre a cadeia lateral de um aminoácido e a cadeia lateral do terceiro (às vezes do quarto) resíduo adiante, nas duas direções da hélice. Isso fica claro quando a α-hélice é representada como espiral (Fig. 4-3d). Aminoácidos carregados positivamente costumam ser encontrados a três resíduos de distância dos aminoácidos carregados negativamente, possibilitando a formação de pares iônicos. Dois aminoácidos aromáticos geralmente são espaçados de forma semelhante, resultando em uma justaposição estabilizada pelo efeito hidrofóbico.

Uma restrição à formação da α-hélice é a presença de resíduos de Pro e Gly, que apresentam as menores propensões a formar α-hélices. Na prolina, o átomo de nitrogênio faz parte de um anel rígido (ver Fig. 4-7), e, assim, é impossível que a ligação N–C$_α$ gire. Dessa forma, um resíduo Pro gera uma torção que desestabiliza a α-hélice. Além disso, o átomo de nitrogênio do resíduo Pro que participa de uma ligação peptídica não tem hidrogênio para participar em ligações de hidrogênio com os outros resíduos. Por essas razões, a prolina raramente é encontrada em uma α-hélice. A glicina geralmente não ocorre em α-hélices por outro motivo: ela tem maior flexibilidade conformacional do que os demais aminoácidos. Os polímeros de glicina tendem a formar estruturas espiraladas bem diferentes de uma α-hélice.

Um último fator que afeta a estabilidade de uma α-hélice está relacionado com quais resíduos de aminoácido se encontram próximos às extremidades do segmento α-helicoidal do polipeptídeo. Existe um pequeno dipolo elétrico em cada ligação peptídica (Fig. 4-2a). Esses dipolos estão alinhados por meio das ligações de hidrogênio da hélice, resultando em um dipolo líquido ao longo do eixo helicoidal que aumenta com o comprimento da hélice (**Fig. 4-4**). As cargas parcialmente positivas e negativas do dipolo da hélice ocorrem nos grupos amino e carbonila próximo às extremidades amino e carboxiterminal, respectivamente. Por isso, aminoácidos carregados negativamente costumam ser encontrados próximo à extremidade aminoterminal do segmento helicoidal, onde apresentam interações estabilizadoras com a carga positiva do dipolo da hélice; um aminoácido positivamente carregado na extremidade aminoterminal desestabilizaria o sistema. O oposto é verdadeiro para a extremidade carboxiterminal do segmento helicoidal.

Em suma, cinco tipos de restrições influenciam a estabilidade de uma α-hélice: (1) a tendência intrínseca de um resíduo de aminoácido de formar α-hélice; (2) as interações entre os grupos R, principalmente aqueles espaçados por três (ou quatro) aminoácidos; (3) os volumes de grupos R adjacentes; (4) a ocorrência de resíduos Pro e Gly; e (5) as interações entre os resíduos de aminoácidos das extremidades do segmento helicoidal e o dipolo elétrico inerente à α-hélice. **P2** A tendência de um determinado segmento de uma cadeia polipeptídica a formar uma α-hélice depende, portanto, da identidade e da sequência de resíduos de aminoácidos do segmento.

### A conformação β organiza as cadeias polipeptídicas em forma de folhas

Em 1951, Pauling e Corey reconheceram um segundo tipo de estrutura recorrente, a **conformação β**. Essa é uma conformação mais estendida das cadeias polipeptídicas, e sua estrutura é novamente definida pelos esqueletos dos

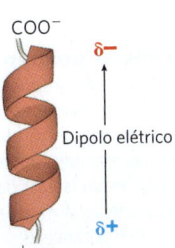

**FIGURA 4-4 Dipolo da hélice.** O dipolo elétrico da ligação peptídica (ver Fig. 4-2a) é transmitido ao longo do segmento α-helicoidal pelas ligações de hidrogênio intracadeia, resultando em um dipolo da hélice.

átomos arranjados de acordo com um conjunto característico de ângulos diedros (Tabela 4-1). **P2** Na conformação β, o esqueleto da cadeia polipeptídica está estendido em forma de zigue-zague, em vez de estrutura helicoidal (**Fig. 4-5**). Um segmento de proteína na conformação β é geralmente chamado de fita β. O arranjo de vários segmentos lado a lado, os quais estão na conformação β, é chamado de **folha β**. A estrutura em zigue-zague dos segmentos polipeptídicos individuais deixa as folhas com uma aparência final preguada. Há formação de ligações de hidrogênio entre segmentos adjacentes dos átomos da espinha dorsal da cadeia polipeptídica no interior da folha. Os segmentos que formam a folha β normalmente estão próximos na cadeia polipeptídica, mas também podem estar bem distantes uns dos outros na sequência linear do polipeptídeo; eles podem até estar em cadeias polipeptídicas diferentes. Os grupos R dos aminoácidos adjacentes projetam-se da estrutura em zigue-zague em direções opostas, criando um padrão alternado que, na Figura 4-5, pode ser observado em visão lateral.

As cadeias polipeptídicas adjacentes em uma folha β podem ser tanto paralelas quanto antiparalelas (apresentando uma orientação amino para carboxiterminal igual ou oposta, respectivamente). As estruturas são um tanto semelhantes, apesar de o período de repetição ser menor na conformação paralela (6,5 Å, contra 7,0 Å para a antiparalela) e o padrão das ligações de hidrogênio ser diferente. As ligações de hidrogênio intersegmentos estão alinhadas (ver Fig. 2-5) na folha β antiparalela, ao passo que elas estão distorcidas ou não alinhadas na variante paralela. Nas proteínas naturais, as folhas β antiparalelas ocorrem com uma frequência duas vezes maior do que as folhas β paralelas. As estruturas ideais exibem os ângulos de ligação indicados na Tabela 4-1; esses valores variam um pouco nas proteínas verdadeiras, resultando em uma variação estrutural, conforme visto anteriormente para as α-hélices.

### As voltas β são comuns nas proteínas

Nas proteínas globulares, que apresentam uma estrutura enovelada compacta, alguns resíduos de aminoácidos estão em voltas ou alças em que a cadeia polipeptídica inverte a direção (**Fig. 4-6**). **P2** Eles são elementos conectores que ligam estruturas sucessivas de α-hélices ou conformações β. As **voltas β** são particularmente comuns e conectam as extremidades de dois segmentos adjacentes de folhas β antiparalelas. A estrutura é uma volta de 180° que envolve quatro resíduos de aminoácidos, com o oxigênio da carbonila do primeiro resíduo formando uma ligação de hidrogênio com o hidrogênio do grupo amino do quarto resíduo. Os grupos peptídicos dos dois resíduos centrais não participam de nenhuma ligação de hidrogênio inter-resíduos. Vários tipos de voltas β têm sido descritos, cada um definido pelos ângulos ϕ e ψ das ligações que ligam os quatro resíduos de aminoácidos que formam cada uma dessas voltas em particular (Tabela 4-1). Os resíduos Gly e Pro ocorrem com frequência em voltas β; o primeiro porque é pequeno e flexível, e o último porque as ligações peptídicas envolvendo o nitrogênio imino da prolina facilmente assumem uma configuração *cis* (**Fig. 4-7**), forma particularmente acessível em uma volta fechada. Os dois tipos mais comuns de voltas β estão mostrados na Figura 4-6. As voltas β normalmente são encontradas próximo à superfície das proteínas, onde os grupos peptídicos dos dois resíduos de aminoácidos centrais da volta podem fazer ligação de hidrogênio com a água. Muito menos comum é a volta γ, uma volta com três resíduos e ligação de hidrogênio entre o primeiro e o terceiro resíduos.

### Estruturas secundárias comuns têm ângulos diedros característicos

As α-hélices e as conformações β são as principais estruturas secundárias que se repetem em um grande número de proteínas, apesar de existirem outras estruturas que se repetem em algumas proteínas especializadas (um exemplo é o colágeno; ver Fig. 4-12). Cada tipo de estrutura secundária pode ser descrito completamente pelos ângulos diedros ϕ e ψ associados a cada um dos resíduos de aminoácido. **P2** Os **gráficos de Ramachandran**, introduzidos por G. N. Ramachandran, são ferramentas muito úteis para visualizar todos os ângulos ϕ e ψ observados na estrutura de uma dada proteína e geralmente são usados para testar a qualidade das estruturas tridimensionais de uma proteína. Em um gráfico de Ramachandran, os ângulos diedros que definem a α-hélice e a conformação β se encontram em

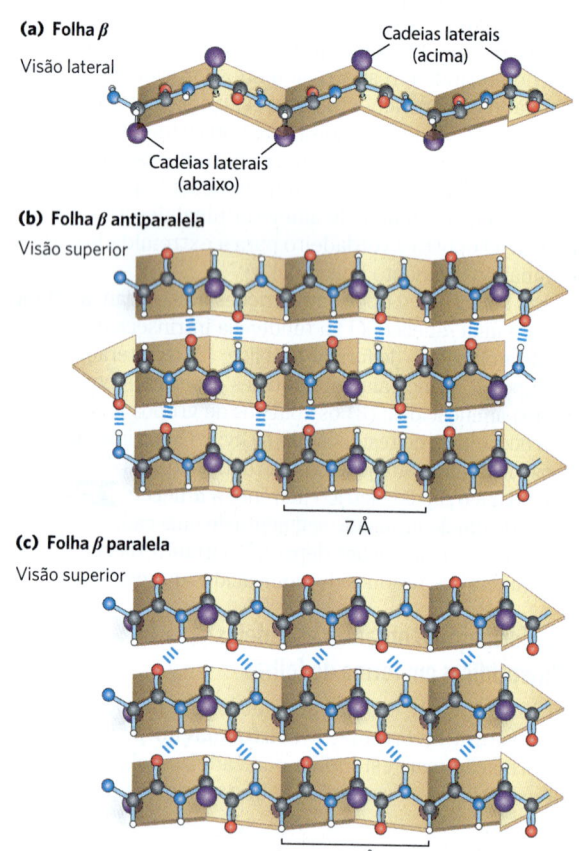

**FIGURA 4-5 A conformação β das cadeias polipeptídicas.** As visões (a) lateral e (b, c) superiores mostram os grupos R saindo do plano da folha β e enfatizam a forma preguada formada pelos planos das ligações peptídicas. (Um nome alternativo para essa estrutura é folha preguada β.) As ligações de hidrogênio entre cadeias adjacentes também estão mostradas. A orientação das cadeias adjacentes (setas), da extremidade aminoterminal para a carboxiterminal, pode ser a mesma ou oposta, formando (b) folhas β antiparalelas ou (c) folhas β paralelas.

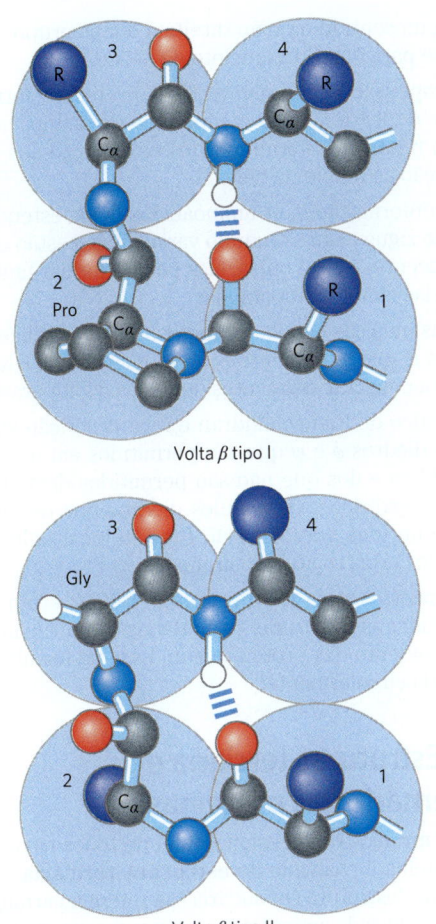

**FIGURA 4-6 Estruturas de voltas β.** Voltas β dos tipos I e II são as mais comuns. Elas distinguem-se pelos ângulos φ e ψ adotados pelo esqueleto peptídico na curva (ver Tabela 4-1). As voltas do tipo I ocorrem com frequência mais de duas vezes maior que as do tipo II. Observe a ligação de hidrogênio entre os grupos peptídicos do primeiro e do quarto resíduo das curvas. (Cada um dos resíduos de aminoácidos está identificado por grandes círculos azuis. Nem todos os átomos de H estão mostrados.)

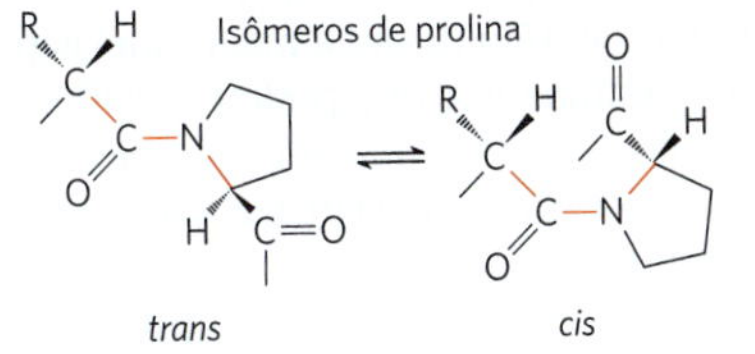

**FIGURA 4-7 Isômeros *trans* e *cis* de uma ligação peptídica envolvendo o nitrogênio imino da prolina.** Considerando as ligações peptídicas entre resíduos de aminoácidos, com exceção de Pro, mais de 99,95% estão na configuração *trans*. Para as ligações peptídicas envolvendo o nitrogênio imino da prolina, no entanto, cerca de 6% estão na configuração *cis*; muitas delas ocorrem em voltas β.

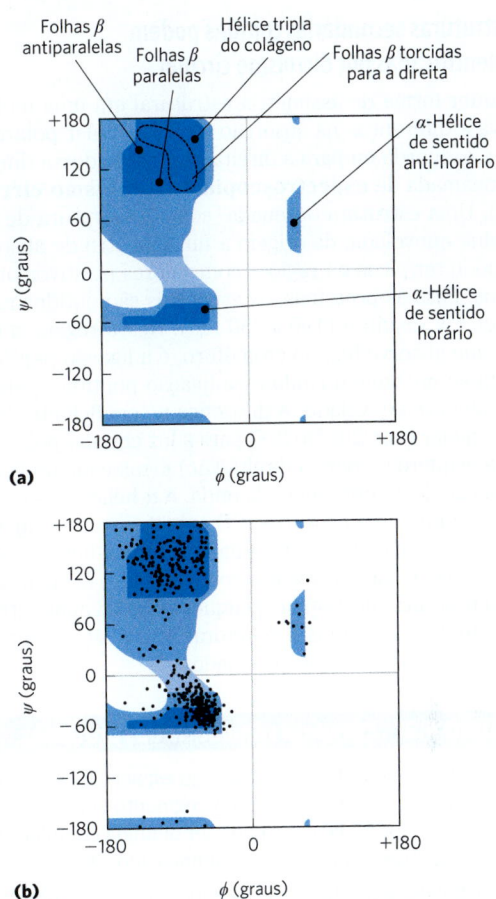

**FIGURA 4-8 Diagramas de Ramachandran, mostrando várias estruturas.** (a) Estão mostrados os valores de φ e ψ de várias conformações e estruturas secundárias permitidas. Conformações consideradas possíveis são aquelas que envolvem pouco ou nenhum impedimento estérico, com base em cálculos usando os valores conhecidos dos raios de van der Waals e dos ângulos diedros modelados como esferas. Outros tipos de gráfico de Ramachandran consideram outras premissas. As áreas sombreadas em azul-escuro representam as conformações que não envolvem sobreposição estérica e são totalmente permitidas. As áreas em azul-intermediário indicam conformações permitidas caso os átomos possam se aproximar um do outro a uma distância adicional de 0,1 nm, um pequeno choque entre os átomos. O azul-claro indica conformações que são permitidas apenas se for aceita uma flexibilidade muito modesta (poucos graus) no ângulo diedro ω, que descreve a própria ligação peptídica (em geral, restrito a 180°). As regiões em branco são conformações não permitidas. Apesar de α-hélices no sentido da mão esquerda que se prolongam por vários resíduos de aminoácidos serem teoricamente permitidas, elas não foram observadas nas proteínas. A assimetria do diagrama é resultante da estereoquímica L dos resíduos de aminoácidos. (b) Os valores de φ e ψ para todos os aminoácidos, exceto Gly, da enzima piruvato-cinase (isolada de coelho) estão sobrepostos no diagrama das conformações teoricamente permitidas. Os pequenos e flexíveis resíduos de Gly foram excluídos, pois, em geral, caem fora da região esperada (em azul). [(a) Informações de T. E. Creighton, *Proteins*, p. 166. © 1984 por W. H. Freeman and Company. (b) Dados de Hazel Holden, University of Wisconsin-Madison, Department of Biochemistry.]

uma região restrita de estruturas estericamente permitidas (**Fig. 4-8a**). A maioria dos valores de φ e ψ obtidos de estruturas de proteínas conhecidas cai nas regiões esperadas, com alta concentração próximo aos valores preditos para α-hélices e conformações β (Fig. 4-8b). O único resíduo de aminoácido normalmente encontrado fora dessas regiões é a glicina. Como a sua cadeia lateral é pequena, o resíduo Gly pode assumir diversas conformações estericamente proibidas para os demais aminoácidos.

## As estruturas secundárias comuns podem ser identificadas por dicroísmo circular

Qualquer forma de assimetria estrutural em uma molécula leva a diferenças na absorção da luz circular polarizada para a esquerda ou para a direita. A medida dessa diferença é chamada de **espectroscopia de dicroísmo circular (CD)**. Uma estrutura ordenada, como a estrutura de uma proteína enovelada, dá origem a um espectro de absorção que pode ter picos ou regiões com valores positivos ou negativos. Para as proteínas, os espectros são obtidos na região do UV distante (190 a 250 nm). Nessa região, a entidade que absorve luz, ou cromóforo, é a ligação peptídica. Obtém-se um sinal quando essa ligação peptídica está em um ambiente enovelado. A diferença no coeficiente de extinção molar (ver Quadro 3-1) para a luz circular polarizada para a esquerda e para a direita ($\Delta\varepsilon$) é colocada no gráfico em função do comprimento de onda. A $\alpha$-hélice e as conformações $\beta$ possuem espectros CD característicos (**Fig. 4-9**). Com o espectro de CD, os bioquímicos podem determinar se as proteínas estão enoveladas corretamente, estimar a fração da proteína que assume qualquer uma das duas estruturas secundárias comuns e monitorar as transições entre os estados enovelados e não enovelados.

### RESUMO 4.2 Estrutura secundária das proteínas

■ A estrutura secundária é um arranjo espacial localizado dos átomos da cadeia principal em um segmento selecionado de uma cadeia polipeptídica. Ela pode ser definida completamente pelos ângulos $\phi$ e $\psi$ de todos os aminoácidos do segmento.

■ Na $\alpha$-hélice, a unidade que se repete é apenas uma volta de hélice de aproximadamente 5,4 Å ou 3,6 aminoácidos. A forma comum encontrada nas proteínas é uma hélice voltada no sentido da mão direita, com os grupos R projetando-se para fora do esqueleto da hélice.

■ A propensão de um segmento de proteína a formar uma $\alpha$-hélice depende da sua composição de aminoácidos e da posição relativa dos aminoácidos em relação aos outros e em relação ao dipolo da hélice.

■ Na conformação $\beta$, os aminoácidos ficam estendidos em modo de zigue-zague. Quando várias fitas $\beta$ estão organizadas adjacentes uma à outra, elas podem formar tanto folhas $\beta$ paralelas quanto antiparalelas.

■ Voltas ou alças conectam segmentos de $\alpha$-hélice ou fitas $\beta$. Voltas $\beta$, que geralmente contêm resíduos de Gly ou Pro, tendem a conectar segmentos de folhas $\beta$ antiparalelas.

■ O gráfico de Ramachandran é uma descrição visual dos ângulos diedros $\phi$ e $\psi$ que são permitidos em um esqueleto peptídico e dos que não são permitidos devido a impedimentos estéricos. Os ângulos diedros que definem uma $\alpha$-hélice ou uma conformação $\beta$ estão localizados apenas dentro de certas regiões do gráfico.

■ A espectroscopia de dicroísmo circular é um método para estudar as estruturas secundárias comuns e monitorar o enovelamento das proteínas com base na luz ultravioleta polarizada circularmente.

## 4.3 Estruturas terciária e quaternária das proteínas

▶P3 O arranjo tridimensional total de todos os átomos de uma proteína é chamado de **estrutura terciária**. Enquanto o termo "estrutura secundária" se refere ao arranjo espacial de resíduos de aminoácidos adjacentes em um segmento polipeptídico, a estrutura terciária inclui aspectos de *longo alcance* na sequência de aminoácidos. Aminoácidos que estão bem distantes na sequência polipeptídica e em diferentes tipos de estruturas secundárias podem interagir quando a estrutura da proteína estiver completamente enovelada. Segmentos da cadeia polipeptídica que interagem entre si são mantidos em suas posições terciárias características por diferentes tipos de interações fracas (e, às vezes, por ligações covalentes, como ligações dissulfeto) entre os segmentos. Algumas proteínas contêm duas ou mais cadeias polipeptídicas distintas, ou subunidades, que podem ser idênticas ou diferentes. O arranjo dessas subunidades proteicas em complexos tridimensionais constitui a **estrutura quaternária**.

Considerando-se esses níveis mais altos de estrutura, é conveniente separar os grandes grupos nos quais muitas proteínas podem ser classificadas: **proteínas fibrosas**, com cadeias polipeptídicas arranjadas em longos filamentos ou folhas; **proteínas globulares**, com cadeias polipeptídicas enoveladas em forma esférica ou globular; **proteínas de membrana**, com cadeias polipeptídicas embutidas em membranas lipídicas hidrofóbicas; e **proteínas intrinsecamente desordenadas**, com as cadeias polipeptídicas sem qualquer estrutura terciária estável. Agora, o foco passa para as proteínas fibrosas, globulares e intrinsecamente desordenadas. As proteínas de membrana serão discutidas no Capítulo 11. As estruturas dos três grupos são distintas. As proteínas fibrosas geralmente são formadas por um único tipo de estrutura secundária, e a sua estrutura terciária é relativamente simples. As proteínas globulares normalmente

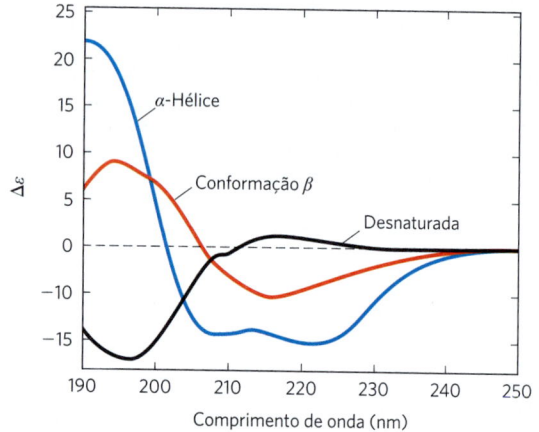

**FIGURA 4-9 Espectroscopia de dicroísmo circular (CD).** Estes espectros mostram a polilisina inteiramente como $\alpha$-hélice, como conformação $\beta$ ou em um estado não estruturado e desnaturado. A unidade do eixo y é uma simplificação das unidades comumente utilizadas em experimentos de CD. Uma vez que as curvas são diferentes para a $\alpha$-hélice, para a conformação $\beta$ e para a conformação desnaturada, o espectro de CD fornece uma estimativa aproximada da proporção da proteína que está nas duas estruturas secundárias mais comuns. O espectro de CD da proteína nativa pode servir como referência para o estado enovelado e é útil no monitoramento tanto da desnaturação como das mudanças conformacionais resultantes de alterações nas condições da solução.

contêm vários tipos de estruturas secundárias. As proteínas intrinsecamente desordenadas são totalmente destituídas de estruturas secundárias. Esses grupos também se diferenciam funcionalmente: as estruturas que garantem suporte, forma e proteção externa aos vertebrados são feitas de proteínas fibrosas. A maioria das enzimas é composta de proteínas globulares, enquanto que as proteínas regulatórias podem ser globulares, desordenadas ou ter tanto segmentos globulares como desordenados.

## As proteínas fibrosas são adaptadas para desempenhar funções estruturais

A α-queratina, o colágeno e a fibroína da seda ilustram bem a relação entre a estrutura da proteína e a função biológica (**Tabela 4-2**). ▶P2 As proteínas fibrosas têm em comum propriedades que dão força e/ou flexibilidade às estruturas das quais elas fazem parte. Em cada caso, a unidade estrutural fundamental é um elemento simples de estrutura secundária que se repete. Todas as proteínas fibrosas são insolúveis em água, propriedade conferida pela alta concentração de resíduos de aminoácidos hidrofóbicos, tanto no interior quanto na superfície da proteína. As superfícies hidrofóbicas estão em grande parte escondidas, visto que muitas cadeias polipeptídicas similares são reunidas para formar complexos supramoleculares. A simplicidade estrutural das proteínas fibrosas torna-as muito interessantes para ilustrar alguns dos princípios fundamentais da estrutura proteica discutidos anteriormente.

**α-Queratina** As α-queratinas evoluíram para serem resistentes. Encontradas somente em mamíferos, essas proteínas constituem praticamente todo o peso seco de cabelos, pelos, unhas, garras, penas, chifres, cascos e grande parte da camada mais externa da pele. As α-queratinas fazem parte de uma família mais ampla de proteínas, chamadas de proteínas de filamento intermediário (FI). Outras proteínas de FI são encontradas no citoesqueleto das células animais. Todas as proteínas de FI têm função estrutural; além disso, todas elas têm características estruturais em comum com as α-queratinas.

A hélice da α-queratina é uma α-hélice voltada para a direita, a mesma hélice encontrada em várias outras proteínas. No início da década de 1950, Francis Crick e Linus Pauling sugeriram, independentemente, que as α-hélices da queratina estavam arranjadas na forma de espiral enrolada. Duas fibras de α-queratina, orientadas em paralelo (com os respectivos aminoterminais na mesma extremidade), enrolam-se uma sobre a outra, formando uma espiral enrolada supertorcida. A supertorção amplifica a resistência da estrutura como um todo, do mesmo modo que fibras são trançadas para formar uma corda bem forte (**Fig. 4-10**). A torção do eixo de uma

| TABELA 4-2 | Estruturas secundárias e propriedades de algumas proteínas fibrosas | |
|---|---|---|
| **Estrutura** | **Características** | **Exemplos de ocorrência** |
| α-Hélice, unida por ligações dissulfeto | Estruturas de proteção insolúveis e resistentes, com dureza e flexibilidade variáveis | α-Queratina do cabelo, das penas e das unhas |
| Conformação β | Filamentos macios e flexíveis | Fibroína da seda |
| Tripla hélice de colágeno | Grande resistência à tração, sem elasticidade | Colágeno dos tendões e da matriz óssea |

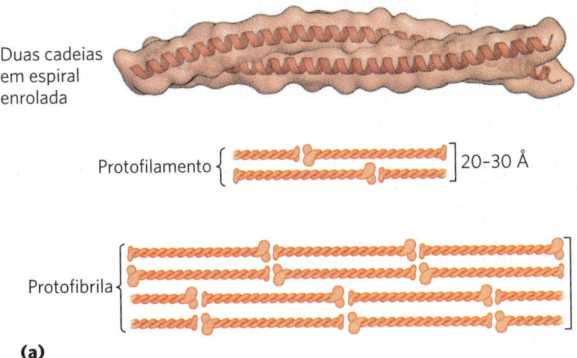

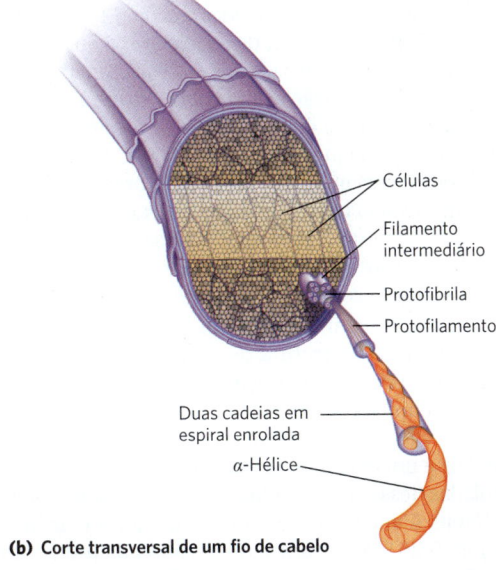

**FIGURA 4-10 Estrutura do cabelo.** (a) A α-queratina do cabelo é uma α-hélice alongada que tem elementos mais densos próximo às extremidades amino e carboxiterminal. Pares dessas hélices estão enrolados no sentido da mão esquerda, formando duas cadeias em espiral enrolada. Elas, então, combinam-se em ordens superiores de estruturas, denominadas protofilamentos e protofibrilas. Cerca de quatro protofibrilas (32 fitas de α-queratina ao todo) combinam-se para formar um filamento intermediário. As duas cadeias em espiral enrolada das várias subestruturas também parecem estar entrelaçadas, mas a orientação dessas torções e outros detalhes estruturais não são conhecidos. (b) O cabelo é um conjunto de filamentos de α-queratina formado pelas subestruturas mostradas em (a). [(a) Informações de PDB ID 3TNU, C. H. Lee et al., *Nature Struct. Mol. Biol.* 19:707, 2012.]

## QUADRO 4-2 MEDICINA

### Por que marinheiros, exploradores e universitários devem comer frutas e vegetais frescos

(...) por infelicidade, aliada à insalubridade do país, onde nunca caí uma gota de chuva, fomos acometidos pela "doença do acampamento", e toda a carne de nossos braços murchou, a pele de nossas pernas ficou com manchas escuras, com pedaços bolorentos, como uma bota velha, e uma carne esponjosa aparecia nas gengivas daqueles que pegaram a doença, e ninguém escapou dela, indo direto para as garras da morte. O sinal era: quando o nariz começava a sangrar, então a morte estava próxima.

*The Memoirs of the Lord of Joinville*, cerca de 1300\*

Esse relato descreve a situação calamitosa do exército de Luís IX, enfraquecido pelo escorbuto antes de ser destruído pelos egípcios ao final da Sétima Cruzada (1248-1254). Qual é a natureza do mal que acometeu esses soldados no século XIII?

O escorbuto é causado pela falta de vitamina C, ou ácido ascórbico (ascorbato). A vitamina C é necessária para, entre outras coisas, a hidroxilação da prolina e da lisina a colágeno. O escorbuto é uma doença que se caracteriza por degeneração do tecido conectivo. As manifestações de escorbuto em estágio avançado incluem inúmeras pequenas hemorragias, causadas por vasos sanguíneos frágeis, perda dos dentes, difícil cicatrização de feridas e reabertura de feridas antigas, dor e degeneração dos ossos e, no final, insuficiência cardíaca. Casos mais brandos de deficiência de vitamina C são acompanhados de fadiga, irritabilidade e aumento da gravidade das infecções do trato respiratório. A maioria dos animais sintetiza grandes quantidades de vitamina C pela conversão da glicose em ascorbato em quatro etapas enzimáticas. Contudo, no processo de evolução, o ser humano e alguns outros animais – como gorilas, porquinhos-da-índia e morcegos frugívoros – perderam a última enzima dessa rota e passaram a precisar obter o ascorbato da dieta. A vitamina C é encontrada em uma grande variedade de frutas e vegetais. Até 1800, entretanto, os alimentos desidratados e outros suprimentos alimentares estocados para o inverno ou para longas viagens não continham vitamina C.

O escorbuto ficou amplamente conhecido pelo público em geral durante as viagens de descobrimento europeias, de 1500 a 1800. De fato, durante a primeira circum-navegação do globo (1519-1522) por Fernando de Magalhães, mais de 80% da tripulação foi perdida devido ao escorbuto. As epidemias de escorbuto nos invernos europeus foram gradativamente sendo eliminadas no século XIX, à medida que a cultura de batata, originária da América do Sul, foi disseminada.

Em 1747, James Lind, médico escocês da Marinha Real Britânica, realizou o primeiro estudo clínico controlado registrado na história. Durante uma longa viagem no navio de guerra *HMS Salisbury*, Lind selecionou 12 marinheiros com escorbuto e os dividiu em grupos de dois. Todos os 12 receberam a mesma dieta, exceto que cada um dos grupos recebeu um remédio diferente, entre os recomendados na época para o escorbuto. Os marinheiros que receberam limões e laranjas se recuperaram e voltaram ao trabalho. O *Tratado sobre o Escorbuto* de Lind foi publicado em 1753, mas a inércia permaneceu na Marinha Real por mais 40 anos. Em 1795, o Almirantado Britânico finalmente ordenou que fosse

\*De Ethel Wedgwood, *The Memoirs of the Lord of Joinville: A New English Version*, E. P. Dutton and Company, 1906.

---

α-hélice para formar uma espiral enrolada explica a discrepância entre os 5,4 Å por volta de α-hélice preditos por Pauling e Corey e as estruturas repetidas a cada 5,15 a 5,2 Å observadas na difração de raios X do cabelo (ver a questão 2 no final do capítulo). O sentido da hélice das estruturas supertorcidas está na direção da mão esquerda, oposto ao da α-hélice. As superfícies em que as duas α-hélices se tocam são formadas por resíduos de aminoácidos hidrofóbicos, com os grupos R entrelaçando-se em um padrão regular interconectado. Isso possibilita um arranjo muito próximo das cadeias polipeptídicas dentro da estrutura supertorcida no sentido da mão esquerda. Não é surpresa, portanto, que a α-queratina seja rica nos resíduos hidrofóbicos Ala, Val, Leu, Ile, Met e Phe.

Um polipeptídeo individual na espiral enrolada da α-queratina tem uma estrutura terciária relativamente simples, dominada por uma estrutura secundária α-helicoidal com seu eixo enrolado em uma super-hélice voltada no sentido da mão esquerda. O entrelaçamento de dois peptídeos α-helicoidais é um exemplo de estrutura quaternária. Espirais enroladas desse tipo são elementos estruturais comuns nas proteínas filamentosas e na proteína muscular miosina (ver Fig. 5-26). A estrutura quaternária da α-queratina pode ser bem complexa. Várias espirais enroladas podem ser associadas em grandes complexos supramoleculares, semelhantes ao arranjo da α-queratina para formar o filamento intermediário do cabelo (Fig. 4-10b).

A resistência das proteínas fibrosas é aumentada por ligações covalentes entre as cadeias polipeptídicas nas "cordas" multi-helicoidais e entre as cadeias adjacentes em um arranjo supramolecular. Nas α-queratinas, as ligações cruzadas que estabilizam a estrutura quaternária são ligações dissulfeto. Nas α-queratinas mais duras e resistentes, como as dos chifres dos rinocerontes, até 18% dos resíduos são cisteínas envolvidas em ligações dissulfeto.

**Colágeno** Assim como as α-queratinas, o **colágeno** evoluiu para garantir resistência. Ele é encontrado no tecido conectivo, como nos tendões, nas cartilagens, na matriz orgânica dos ossos e na córnea dos olhos. De fato, o colágeno é a proteína mais abundante nos mamíferos, geralmente cerca de 25 a 35% do total de proteínas. A hélice de colágeno é uma estrutura secundária única, bem diferente da α-hélice. Ela gira no sentido da mão esquerda e tem três resíduos de aminoácidos por volta (**Fig. 4-11** e Tabela 4-1). O colágeno também é uma espiral enrolada, mas com estruturas terciária e quaternária distintas: três polipeptídeos separados, chamados de cadeias α (não confundir com α-hélices), são supertorcidos uns sobre os outros. No colágeno, a torção

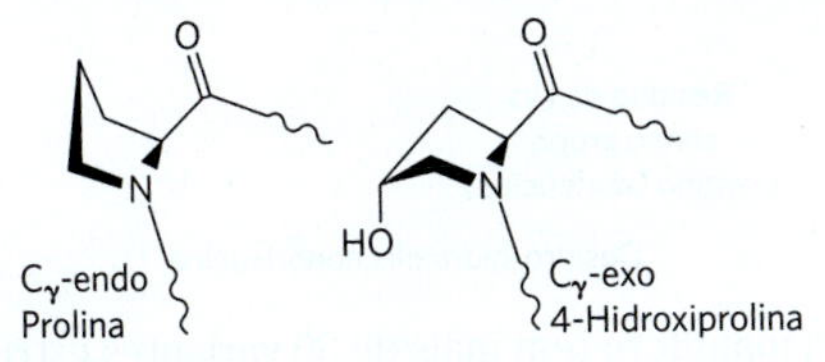

**FIGURA 1** Conformação $C_\gamma$-endo da prolina e conformação $C_\gamma$-exo da 4-hidroxiprolina.

dada uma ração de suco concentrado de limão para todos os marinheiros britânicos (que, por isso, foram apelidados de limeiros; do inglês *limeys*). O escorbuto continuou a ser um problema em algumas partes do mundo até 1932, quando o cientista húngaro Albert Szent-Györgyi juntamente a W. A. Waugh e C. G. King, da University of Pittsburgh, isolaram e sintetizaram o ácido ascórbico.

Por que o ascorbato é tão necessário para uma boa saúde? O seu papel na formação de colágeno é o ponto que interessa no momento. Como mencionado no texto, o colágeno é formado por unidades repetidas de tripeptídeos Gly–X–Y, dos quais X e Y em geral são Pro e 4-Hyp – o derivado de prolina L-hidroxiprolina, que tem um papel importante no entrelaçamento das fibras do colágeno e na manutenção de sua estrutura. O anel da prolina normalmente é encontrado em duas conformações, chamadas de $C_\gamma$-endo e $C_\gamma$-exo (Fig. 1). A estrutura da hélice de colágeno necessita de resíduos de Pro/4-Hyp na posição Y para estar na conformação $C_\gamma$-exo, que é favorecida pela substituição de uma hidroxila em C-4 que ocorre na 4-Hyp. Na ausência de vitamina C, as células não conseguem hidroxilar a Pro da posição Y. Isso leva à instabilidade do colágeno e aos problemas no tecido conectivo observados no escorbuto.

A hidroxilação de resíduos específicos de Pro em pró-colágeno, o precursor do colágeno, requer a ação da enzima prolil-4-hidroxilase, que depende de $\alpha$-cetoglutarato. Na reação normal da prolil-4-hidroxilase, uma molécula de $\alpha$-cetoglutarato e uma molécula de $O_2$ ligam-se na enzima. O $\alpha$-cetoglutarato é descarboxilado oxidativamente, formando $CO_2$ e succinato. O átomo de oxigênio remanescente é, então, usado para hidroxilar um resíduo de Pro específico em pró-colágeno. Essa reação não necessita de ascorbato. Entretanto, a prolil-4-hidroxilase também catalisa a descarboxilação oxidativa do $\alpha$-cetoglutarato que não está acoplado à hidroxilação da prolina. Durante essa reação, $Fe^{2+}$ é oxidado, inativando a enzima e impedindo a hidroxilação da prolina. É preciso ascorbato para reduzir o ferro e restaurar a atividade da enzima para que a hidroxilação da prolina do pró-colágeno possa continuar.

O escorbuto permanece um problema ainda hoje, não apenas em regiões remotas, onde alimentos nutritivos são escassos, mas, surpreendentemente, também nas grandes cidades entre jovens adultos com maus hábitos alimentares. Um estudo de 2009 com mais de 1.100 homens e mulheres de Toronto (Canadá) com idades entre 20 e 29 anos verificou que 1 em cada 7 adultos jovens tem deficiência de vitamina C devido à dieta insuficiente. Além disso, níveis baixos de vitamina C estão associados a mais casos de obesidade e pressão alta e menos refeições por dia com alimentos saudáveis. Assim como os marinheiros do século XVIII, os jovens do século XXI precisam se alimentar de frutas e verduras!

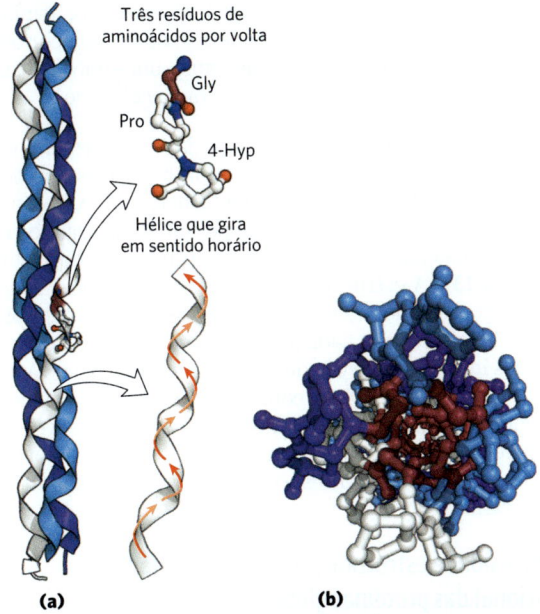

**FIGURA 4-11 Estrutura do colágeno.** (a) A cadeia $\alpha$ do colágeno tem uma estrutura secundária repetida que é única desta proteína. A sequência tripeptídica que se repete Gly–X–Y, em que X normalmente é uma Pro e Y geralmente é uma 4-Hyp, adota uma estrutura helicoidal no sentido da mão esquerda com três resíduos por volta. Três dessas hélices (mostradas aqui em branco, azul e roxo) se enrolam umas sobre as outras no sentido da mão direita. (b) Super-hélice de colágeno formada por três cadeias, mostrada a partir de uma das extremidades e representada em um modelo de esfera e bastão. Os resíduos de Gly estão em vermelho. Em virtude de ser pequena, a glicina é necessária para uma junção firme na região em que as três cadeias entram em contato. As esferas nesta ilustração não representam os raios de van der Waals dos átomos. O centro da super-hélice de três cadeias não é oco, como aparece aqui, mas firmemente compacto. [Dados de PDB ID 1CGD, J. Bella et al., *Structure* 3:893, 1995.]

super-helicoidal tem o sentido da mão direita, oposto ao da hélice das cadeias $\alpha$, que tem o sentido da mão esquerda.

Existem vários tipos de colágenos nos vertebrados. Em geral, eles contêm em torno de 35% de Gly, 11% de Ala e 21% de Pro e 4-Hyp (4-hidroxiprolina, um aminoácido incomum; ver Fig. 3-8a). A gelatina comestível é derivada do colágeno. Ela tem baixo valor nutricional como proteína, pois o colágeno tem uma quantidade muito baixa de aminoácidos essenciais para a dieta humana. O conteúdo de aminoácidos incomuns do colágeno está relacionado com as restrições estruturais únicas da sua hélice. A sequência de

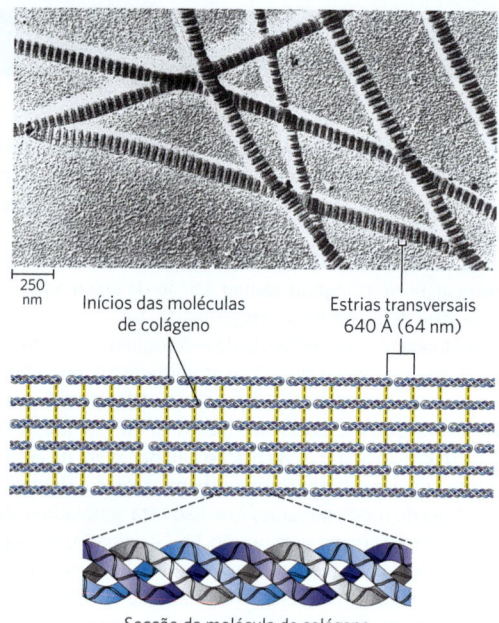

**FIGURA 4-12 Estrutura das fibrilas de colágeno.** O colágeno ($M_r$ 300.000) é uma molécula em forma de bastão, com cerca de 3.000 Å de comprimento e apenas 15 Å de largura. As suas três cadeias α-helicoidais entrelaçadas podem ter sequências diferentes; cada cadeia tem aproximadamente 1.000 resíduos de aminoácidos. As fibrilas são feitas de moléculas de colágeno alinhadas de forma escalonada e com ligações cruzadas que garantem resistência. O alinhamento específico e o grau de ligações transversais variam com o tecido e formam estrias transversais características, vistas por microscopia eletrônica. No exemplo mostrado, o alinhamento dos grupos iniciais de cada quatro moléculas produz estrias afastadas umas das outras por 640 Å (64 nm). [J. Gross/Biozentrum, University of Basel/Science Source.]

aminoácidos no colágeno geralmente é a repetição de uma unidade tripeptídica, Gly–X–Y, em que X normalmente é uma Pro, e Y, uma 4-Hyp. Somente os resíduos Gly podem ser acomodados nas junções muito apertadas entre as cadeias α (Fig. 4-11b). Os resíduos Pro e 4-Hyp permitem a torção acentuada encontrada na hélice do colágeno. A sequência de aminoácidos e a estrutura quaternária supertorcida do colágeno permitem uma compactação muito justa de seus três polipeptídeos. A 4-hidroxiprolina tem um papel importante na estrutura do colágeno – e na história da humanidade (**Quadro 4-2**).

A forte compactação entre as cadeias α da tripla hélice do colágeno proporciona uma força de tração maior do que a de um fio de aço com o mesmo diâmetro. As fibrilas de colágeno (**Fig. 4-12**) são conjuntos de estruturas supramoleculares formados por triplas hélices de moléculas de colágeno (às vezes chamadas de moléculas de tropocolágeno) associadas em uma grande variedade de formas para garantir diferentes graus de resistência à tração. As cadeias α das moléculas de colágeno e as moléculas de colágeno das fibrilas são interligadas por tipos incomuns de ligações covalentes envolvendo Lys, HyLys (5-hidroxilisina) ou resíduos His presentes em algumas posições X e Y. Essas ligações criam resíduos de aminoácidos incomuns, como a desidro-hidroxilisinonorleucina. A característica do tecido conectivo do idoso de se tornar cada vez mais rígido e quebradiço resulta do acúmulo de ligações covalentes transversais nas fibrilas de colágeno.

| Cadeia polipeptídica | Resíduo de Lys sem o grupo ε-amino (norleucina) | Resíduo HyLys | Cadeia polipeptídica |

Desidro-hidroxilisinonorleucina

Um mamífero tem mais de 30 variantes estruturais de colágeno, específicas para cada tecido, que diferem quanto a sequências e funções. Alguns defeitos genéticos na estrutura do colágeno humano ilustram a estreita relação entre a sequência de aminoácidos e a estrutura tridimensional dessa proteína. A osteogênese imperfeita é caracterizada pela formação anormal dos ossos em bebês; pelo menos oito variações dessa condição, em diferentes graus de gravidade, ocorrem na população humana. A síndrome de Ehlers-Danlos é caracterizada por articulações soltas e pelo menos seis variantes ocorrem nos seres humanos. O compositor Niccolò Paganini (1782-1840) era famoso por sua destreza aparentemente impossível de tocar violino. Ele sofria de uma variante da síndrome Ehlers-Danlos que lhe rendeu efetivamente articulações duplas. Nas duas condições, algumas variantes podem ser letais, enquanto outras causam problemas por toda a vida.

Todas as variantes de ambas as condições se devem à substituição de um resíduo de aminoácido com um grupo R volumoso (como Cys ou Ser) por um único resíduo de Gly em uma cadeia α em uma ou outra proteína do colágeno (um resíduo Gly diferente em cada uma das doenças). Essas substituições de um único resíduo têm um efeito catastrófico na função do colágeno, pois interrompem a repetição de Gly–X–Y, que é o que garante ao colágeno sua estrutura helicoidal única. Dada sua importância na hélice tripla do colágeno (Fig. 4-11), Gly não pode ser substituída por outro resíduo de aminoácido sem que cause um efeito substancialmente prejudicial para a estrutura do colágeno.

**Fibroína** A fibroína, a proteína da seda, é produzida por insetos e aranhas. As cadeias polipeptídicas dessa proteína estão predominantemente na conformação β. A fibroína é rica em resíduos Ala e Gly, o que permite uma grande compactação das folhas β e um arranjo entrelaçado dos grupos R (**Fig. 4-13**). A estrutura global é estabilizada por extensivas ligações de hidrogênio entre todas as ligações peptídicas dos polipeptídeos de cada folha β, assim como pela otimização das interações de van der Waals entre as cadeias. A seda não é elástica, pois a sua conformação β já está altamente estendida (Fig. 4-5). Entretanto, a estrutura é flexível, pois as cadeias estão unidas por inúmeras interações fracas, em vez de ligações covalentes, como as ligações dissulfeto nas α-queratinas.

## A diversidade estrutural reflete a diversidade funcional das proteínas globulares

Em uma proteína globular, segmentos diferentes das cadeias polipeptídicas (ou de múltiplas cadeias polipeptídicas) dobram-se uns sobre os outros, gerando uma forma

## 4.3 ESTRUTURAS TERCIÁRIA E QUATERNÁRIA DAS PROTEÍNAS

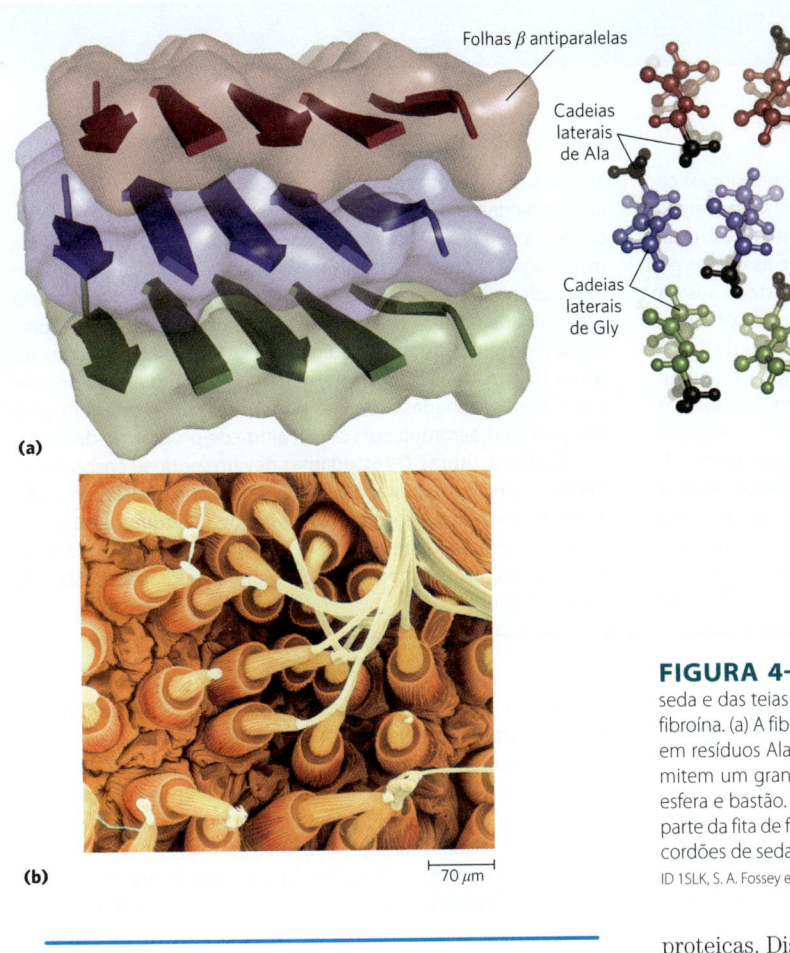

**FIGURA 4-13 Estrutura da seda.** As fibras do tecido da seda e das teias de aranhas são formadas principalmente pela proteína fibroína. (a) A fibroína consiste em camadas de folhas $\beta$ antiparalelas ricas em resíduos Ala e Gly. As pequenas cadeias laterais encaixam-se e permitem um grande empacotamento das fitas, mostrado no modelo de esfera e bastão. Os segmentos mostrados seriam apenas uma pequena parte da fita de fibroína. (b) Microscopia eletrônica colorizada, mostrando cordões de seda emergindo das fiandeiras de uma aranha. [(a) Dados de PDB ID 1SLK, S. A. Fossey et al., *Biopolymers* 31:1529, 1991. (b) Tina Weatherby Carvalho/MicroAngela.]

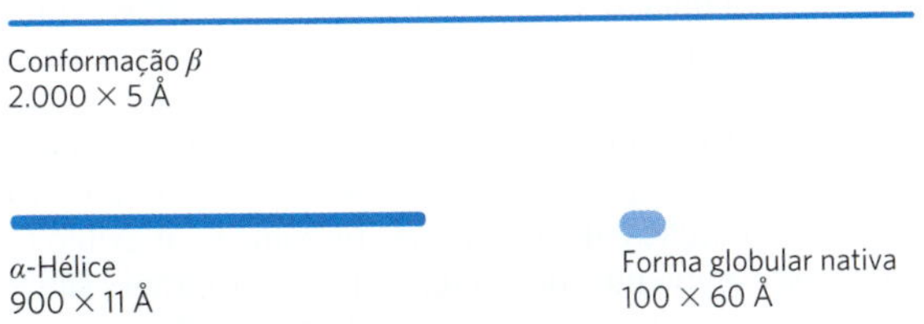

Conformação $\beta$
2.000 × 5 Å

$\alpha$-Hélice
900 × 11 Å

Forma globular nativa
100 × 60 Å

**FIGURA 4-14 Estruturas proteicas globulares são compactas e variadas.** A albumina sérica humana ($M_r$ 64.500) tem 585 resíduos de aminoácidos em uma única cadeia. As dimensões apresentadas são aproximadas e correspondem a uma única cadeia polipeptídica caso ela ocorresse em uma conformação $\beta$ totalmente estendida ou em uma $\alpha$-hélice. Também é mostrado o tamanho da proteína em sua forma globular nativa, determinado por cristalografia de raios X; a cadeia polipeptídica deve estar com um enovelamento muito compacto para ter essas dimensões.

mais compacta do que a observada nas proteínas fibrosas (**Fig. 4-14**). O enovelamento também garante a diversidade estrutural necessária para que as proteínas possam realizar um grande leque de funções biológicas. Proteínas globulares incluem enzimas, proteínas transportadoras, proteínas motoras, proteínas reguladoras, imunoglobulinas e proteínas com muitas outras funções.

A discussão sobre proteínas globulares começa com os princípios que foram aprendidos com a elucidação das primeiras estruturas proteicas. Segue-se, então, uma detalhada descrição e classificação comparativa de subestruturas proteicas. Discussões como essas só são possíveis devido à enorme quantidade de informações disponíveis na internet em bancos de dados públicos, principalmente no Protein Data Bank, ou PDB (**Quadro 4-3**).

### A mioglobina forneceu as primeiras noções sobre a complexidade da estrutura proteica globular

O primeiro avanço no entendimento da estrutura tridimensional de uma proteína globular veio com os estudos de difração de raios X da mioglobina, feitos por John Kendrew e colaboradores na década de 1950. A mioglobina é uma proteína relativamente pequena ($M_r$ 16.700) que liga oxigênio e está presente em células musculares. Ela funciona tanto para armazenar oxigênio quanto para facilitar a sua difusão nos tecidos musculares em contração. A mioglobina contém uma única cadeia polipeptídica de 153 resíduos de aminoácidos de sequência conhecida e um único grupo ferro-protoporfirina, ou heme. O mesmo grupo heme encontrado na mioglobina é encontrado na hemoglobina, a proteína ligadora de oxigênio dos eritrócitos. O grupo heme é responsável pela coloração vermelha-amarronzada tanto da mioglobina quanto da hemoglobina. A mioglobina é especialmente abundante nos músculos de mamíferos mergulhadores, como baleias, focas e botos. Ela é tão abundante que os músculos desses animais são marrons. A estocagem e distribuição do oxigênio pela mioglobina do músculo permite que animais mergulhadores permaneçam submersos

## QUADRO 4-3

### Protein Data Bank

Atualmente, o número de estruturas proteicas tridimensionais conhecidas já ultrapassa 100 mil e dobra a cada 2 anos. Essa fartura de informações está revolucionando o entendimento da estrutura das proteínas, a relação entre estrutura e função e as etapas pelas quais as proteínas evoluíram até chegarem ao estado atual, o que pode ser visto pelas semelhanças entre famílias de proteínas que são descobertas ao vasculhar e classificar os bancos de dados. Um dos recursos mais importantes disponíveis para os bioquímicos é o **Protein Data Bank** (**PDB**, ou Banco de Dados de Proteínas; www.rcsb.org).

O PDB é um arquivo com estruturas tridimensionais de macromoléculas biológicas que foram determinadas experimentalmente e contém quase todas as estruturas macromoleculares (como proteínas, RNA, DNA, etc.) elucidadas até o momento. A cada estrutura, é atribuído um código de identificação (um código de quatro caracteres, chamado de PDB ID).

Tais identificadores estão indicados nas legendas das figuras para cada uma das estruturas derivadas do PDB ilustradas neste livro, de forma que estudantes e professores possam explorar essas estruturas por si mesmos. Os arquivos de dados no PDB descrevem as coordenadas espaciais de cada átomo cuja posição tenha sido determinada (muitas das estruturas catalogadas não estão completas). Arquivos de dados adicionais fornecem informações de como as estruturas foram determinadas e com que grau de precisão. As coordenadas atômicas podem ser convertidas em uma imagem da macromolécula com a ajuda de programas de visualização de estruturas. Os estudantes devem sentir-se encorajados a acessar o PDB e explorar as estruturas usando os programas de visualização indicados no banco de dados. Os arquivos de estruturas macromoleculares também podem ser baixados e explorados no seu próprio computador, usando programas gratuitos, como o JSmol.

---

por longos períodos. As atividades da mioglobina e de outras moléculas de globina são investigadas com mais profundidade no Capítulo 5.

A **Figura 4-15** mostra diversas representações estruturais da mioglobina, ilustrando como a cadeia polipeptídica é enovelada nas três dimensões – a estrutura terciária. O grupo vermelho rodeado por proteína é o heme. O esqueleto da molécula de mioglobina consiste em oito segmentos de α-hélices relativamente retas, interrompidas por dobras, algumas delas sendo voltas β. A α-hélice mais longa tem 23 resíduos de aminoácidos, e a mais curta, apenas 7. Todas as hélices são voltadas no sentido da mão direita. Mais de 70% dos resíduos de mioglobina estão nessas regiões de α-hélices. Análises por raios X revelaram a posição precisa de cada um dos grupos R, que preenchem quase todo o espaço dentro da cadeia enovelada não ocupado por átomos do esqueleto.

Várias conclusões importantes podem ser tiradas a partir da estrutura da mioglobina. As posições das cadeias laterais de aminoácidos refletem uma estrutura cuja estabilidade resulta do efeito hidrofóbico. A maioria dos grupos R hidrofóbicos está no interior da molécula, protegidos da exposição à água. Exceto dois resíduos, todos os grupos R polares estão na superfície externa da molécula e estão hidratados. A molécula de mioglobina é tão compacta que, em seu interior, só há lugar para quatro moléculas de água. Esse denso núcleo hidrofóbico é típico das proteínas globulares. Em um solvente orgânico, a proporção de espaço ocupado pelos átomos é de 0,4 a 0,6. Em uma proteína globular, essa proporção é de cerca de 0,75, comparável com a dos cristais (em um cristal típico, a proporção é de 0,70 a 0,78, próximo do máximo teórico). Nesse ambiente compacto, as interações fracas são fortalecidas e reforçam umas às outras. Por exemplo, as cadeias

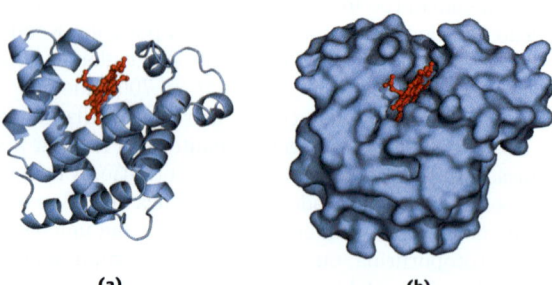
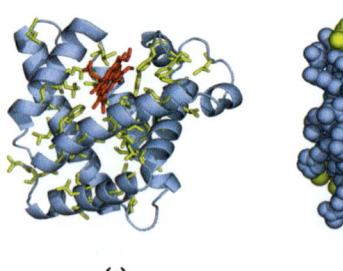
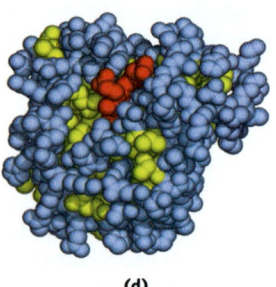

(a)     (b)     (c)     (d)

**FIGURA 4-15 Estrutura terciária da mioglobina de cachalote.** A orientação da proteína é igual de (a) a (d); o grupo heme está mostrado em vermelho. Além de ilustrar a estrutura da mioglobina, esta figura mostra exemplos das diversas formas de representar a estrutura de uma proteína. (a) Esqueleto polipeptídico na representação em fita, introduzido por Jane Richardson, destacando regiões de estrutura secundária. As regiões de α-hélice ficam evidentes. (b) Imagem da superfície da proteína; ela é útil na visualização de fendas ou bolsões em que outras moléculas podem se ligar à proteína. (c) Representação da estrutura em fita, incluindo as cadeias laterais (em amarelo) dos resíduos hidrofóbicos Leu, Ile, Val e Phe. (d) Modelo de volume atômico com todas as cadeias laterais de aminoácidos. Cada átomo está representado por uma esfera que corresponde ao seu raio de van der Waals. Os resíduos hidrofóbicos estão novamente mostrados em amarelo; a maioria está no interior da proteína e, por isso, não está visível. [Dados de PDB ID 1MBO, S. E. Phillips, *J. Mol. Biol.* 142:531, 1980.]

apolares no núcleo estão tão próximas que as interações de curto alcance do tipo van der Waals têm uma contribuição significativa na estabilização das interações.

A dedução da estrutura da mioglobina confirmou algumas expectativas e introduziu alguns elementos novos para o entendimento das estruturas secundárias. Como foi predito por Pauling e Corey, todas as ligações peptídicas estão em configuração planar *trans*. As α-hélices da mioglobina forneceram a primeira evidência experimental direta da existência desse tipo de estrutura secundária. Três dos quatro resíduos Pro são encontrados em curvaturas. O quarto resíduo Pro ocorre em uma α-hélice, em que ele cria uma torção necessária para que haja um empacotamento bem apertado da hélice.

O grupo heme planar fica sobre uma fenda na molécula de mioglobina. Dentro dessa fenda, a acessibilidade do grupo heme ao solvente é muito restrita. Isso é importante para a função, pois, quando em uma solução oxigenada, o grupo heme é rapidamente oxidado da forma ferrosa ($Fe^{2+}$), que tem atividade em ligar $O_2$ reversivelmente, para a forma férrica ($Fe^{3+}$), que não liga $O_2$. Conforme as estruturas das mioglobinas de muitas espécies foram elucidadas, os pesquisadores puderam observar as mudanças na estrutura que acompanham a ligação do oxigênio e de outras moléculas e, assim, pela primeira vez, entender a correlação entre a estrutura e a função nas proteínas. Até o momento, várias centenas de proteínas foram alvo de análises como essas.

### As proteínas globulares têm grande diversidade de estruturas terciárias

A mioglobina é apenas um exemplo das muitas maneiras pelas quais uma cadeia polipeptídica pode se enovelar. A **Tabela 4-3** mostra as proporções de α-hélices e conformações β (expressas em porcentagem de resíduos presentes em cada tipo de estrutura) de diversas proteínas globulares pequenas com uma só cadeia. Cada uma dessas proteínas tem uma estrutura diferente, adaptada à sua função biológica específica, mas todas compartilham com a mioglobina muitas propriedades importantes. ▶P1 Cada uma delas está enovelada de forma compacta, e, em cada caso, as cadeias laterais hidrofóbicas dos aminoácidos estão orientadas para o centro da proteína (longe da água), ao passo que as cadeias laterais hidrofílicas ficam na superfície da proteína. As estruturas também são estabilizadas por muitas ligações de hidrogênio e algumas interações iônicas.

Para entender uma estrutura tridimensional completa, é preciso analisar os seus padrões de enovelamento. Primeiro, é importante definir dois termos relevantes que descrevem os padrões estruturais das proteínas ou elementos de uma cadeia polipeptídica e, depois, observar as regras de enovelamento. O primeiro termo é **motivo**, também chamado de **enovelamento**. ▶P3 Um motivo ou enovelamento é um padrão de enovelamento identificável que envolve dois ou mais elementos da estrutura secundária e a conexão (ou conexões) entre eles. Um motivo pode ser muito simples, como dois elementos de estrutura secundária arranjados um sobre o outro, e representar apenas uma pequena parte de uma proteína. Um exemplo é a **alça β-α-β** (**Fig. 4-16a**). Um motivo também pode ter uma estrutura bem-elaborada, envolvendo um grande número de segmentos proteicos entrelaçados uns com os outros, como o **barril β** (Fig. 4-16b). Em alguns casos, um único e grande motivo pode abranger toda a proteína. Os termos "motivo" e "enovelamento" são com frequência usados como sinônimos, embora "enovelamento" seja mais comumente aplicado aos padrões de enovelamento um pouco mais complexos. O segmento definido como um motivo pode, ou não, ser estável por si mesmo. Já foi mencionado um motivo bem-estudado, a espiral enrolada da estrutura da α-queratina, que também é encontrada em outras proteínas. O arranjo característico de oito α-hélices na mioglobina está presente em todas as globinas e é chamado de enovelamento da globina. É importante ter em mente que um motivo não é um elemento estrutural hierárquico que fica entre as estruturas secundária e terciária. Ele é simplesmente um padrão de enovelamento.

O segundo termo que descreve padrões estruturais é **domínio**. Um domínio, definido por Jane Richardson em 1981, é uma parte da cadeia polipeptídica que é estável por si só ou pode sofrer movimentos como uma entidade isolada em relação ao restante da proteína. Os polipeptídeos com

| TABELA 4-3 | Proporção aproximada de α-hélices e conformações β em algumas proteínas de cadeia única | |
|---|---|---|
| | **Resíduos (%)**[a] | |
| **Proteína (número total de resíduos)** | **α-Hélice** | **Conformação β** |
| Quimotripsina (247) | 14 | 45 |
| Ribonuclease (124) | 26 | 35 |
| Carboxipeptidase (307) | 38 | 17 |
| Citocromo *c* (104) | 39 | 0 |
| Lisozima (129) | 40 | 12 |
| Mioglobina (153) | 78 | 0 |

Fonte: Dados de C. R. Cantor e P. R. Schimmel, *Biophysical Chemistry, Part I: The Conformation of Biological Macromolecules*, p. 100, W. H. Freeman and Company, 1980.

[a] As proporções das cadeias polipeptídicas que não fazem parte de α-hélices e conformações β consistem em curvaturas e espirais irregulares ou regiões estendidas. Algumas vezes, os segmentos de α-hélice e conformação β diferem um pouco das suas respectivas dimensões e geometrias normais.

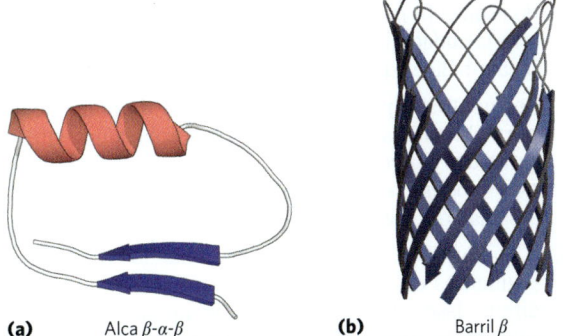

(a) Alça β-α-β    (b) Barril β

**FIGURA 4-16 Motivos.** (a) Um motivo simples, a alça β-α-β. (b) Um motivo mais elaborado, o barril β. O barril β é o único domínio da α-hemolisina (uma toxina que mata células ao criar um orifício na membrana celular) da bactéria *Staphylococcus aureus*. [Dados de (a) PDB ID 4TIM, M. E. Noble et al., *J. Med. Chem.*, 34:2709, 1991; (b) PDB ID 7AHL, L. Song et al., *Science* 274:1859, 1996.]

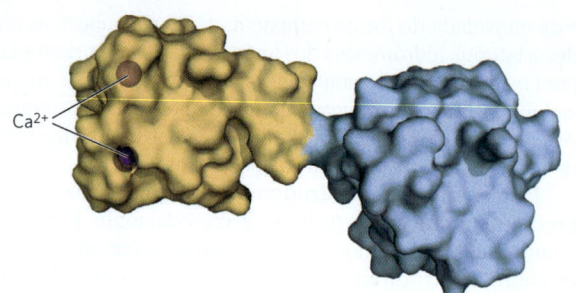

**FIGURA 4-17 Domínios estruturais do polipeptídeo troponina C.** Esta proteína ligadora de cálcio, encontrada no músculo, tem dois domínios ligadores de cálcio, mostrados em marrom e em azul. [Dados de PDB ID 4TNC, K. A. Satyshur et al., *J. Biol. Chem.* 263:1628, 1988.]

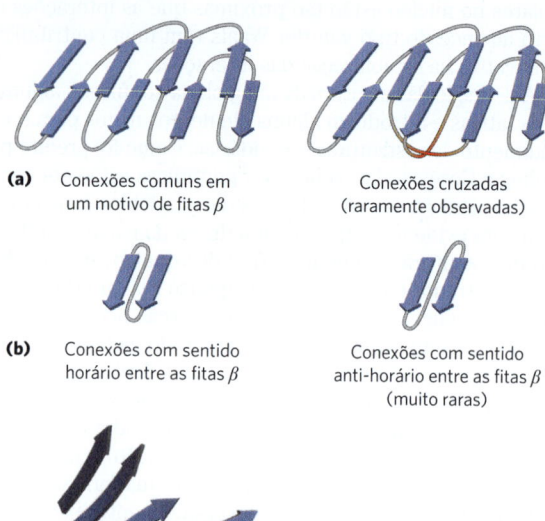

(a) Conexões comuns em um motivo de fitas β  
Conexões cruzadas (raramente observadas)

(b) Conexões com sentido horário entre as fitas β  
Conexões com sentido anti-horário entre as fitas β (muito raras)

(c) Folha β torcida

**FIGURA 4-18 Padrões de enovelamento estáveis de proteínas.** (a) Conexões entre fitas β em camadas de folhas β. As fitas estão mostradas a partir de uma extremidade sem torção. As conexões em uma das extremidades (p. ex., aquelas próximo ao observador) raramente cruzam umas com as outras. Um exemplo de um desses cruzamentos raros está ilustrado pelas linhas vermelhas na estrutura à direita. (b) Devido à torção no sentido da mão direita nas fitas β, as conexões entre as fitas geralmente estão no sentido da mão direita. As conexões no sentido da mão esquerda devem assumir ângulos mais agudos e são mais difíceis de serem formadas. (c) Esta folha β torcida pertence a um domínio da fotoliase (proteína que repara certos tipos de danos ao DNA) de *E. coli*. As alças de conexão foram removidas para que o foco seja o enovelamento da folha β. [Dados de PDB ID 1DNP, H. W. Park et al., *Science* 268:1866, 1995.]

mais de algumas centenas de resíduos de aminoácidos normalmente se enovelam, formando dois ou mais domínios, às vezes com funções diferentes. Muitas vezes, um domínio de uma proteína grande conserva a estrutura tridimensional nativa mesmo quando separado (p. ex., por uma clivagem proteolítica) do resto da cadeia polipeptídica. Em uma proteína com vários domínios, cada um deles pode aparecer como uma porção globular destacada (**Fig. 4-17**), e é muito comum que contatos extensos entre os domínios dificultem o discernimento entre eles. Domínios diferentes geralmente têm funções distintas, como a ligação de pequenas moléculas ou a interação com outras proteínas. Proteínas pequenas normalmente têm somente um domínio (o domínio *é* a proteína).

O enovelamento dos polipeptídeos está sujeito a uma série de limitações físicas e químicas, e foram propostas várias regras com base em estudos de padrões comuns de enovelamento proteico.

1. O efeito hidrofóbico contribui muito para a estabilidade da estrutura das proteínas. O ocultamento dos grupos R dos aminoácidos hidrofóbicos, de modo a excluir água, necessita de pelo menos duas camadas de estrutura secundária. Motivos simples, como a alça β-α-β (Fig. 4-16a), criam essas duas camadas.

2. Quando ocorrem juntas em uma proteína, as α-hélices e as folhas β geralmente se encontram em camadas estruturais diferentes. Isso ocorre porque um segmento do esqueleto polipeptídico em conformação β (Fig. 4-5) tem facilidade para formar ligações de hidrogênio com uma α-hélice adjacente a ele.

3. Segmentos adjacentes na sequência de aminoácidos normalmente se posicionam de forma adjacente na estrutura enovelada. Segmentos distantes do polipeptídeo podem se aproximar na estrutura terciária, mas essa não é a regra.

4. A conformação β é mais estável quando cada um dos segmentos está levemente torcido no sentido da mão direita. Isso influencia tanto o arranjo das folhas β dos segmentos supertorcidos quanto a forma pela qual os polipeptídeos estão conectados entre si. Duas fitas β paralelas, por exemplo, devem estar conectadas por uma fita cruzada (**Fig. 4-18a**). Em princípio, essa fita pode ter uma conformação no sentido da mão direita ou no da mão esquerda, mas o sentido para a direita é o mais comum de ocorrer nas proteínas. As conexões voltadas para a direita tendem a ser mais curtas do que as conexões voltadas para a esquerda e tendem a se dobrar com um ângulo menor, o que faz com que sejam mais fáceis de serem formadas. A torção de folhas β também determina uma torção característica nas estruturas formadas por vários desses segmentos, como pode ser observado no barril β (Fig. 4-16b) e na folha β torcida (Fig. 4-18c), que formam o núcleo de várias estruturas maiores.

Seguindo essas regras, motivos complexos podem ser construídos a partir de motivos mais simples. Por exemplo, uma série de alças β-α-β arranjadas de forma que as fitas β formem um barril cria um motivo estável muito comum, o **barril α/β** (**Fig. 4-19**). Nessa estrutura, cada segmento β paralelo é conectado ao seu vizinho por um segmento α-helicoidal. Todas as conexões são voltadas no sentido da mão direita. O barril α/β é encontrado em diversas enzimas, geralmente com um sítio de ligação (para um cofator ou substrato) na forma de fenda próximo a uma das extremidades do barril. Considera-se que os domínios com padrões semelhantes de enovelamento tenham o mesmo motivo, mesmo que as α-hélices e as folhas β que os constituem tenham tamanhos diferentes.

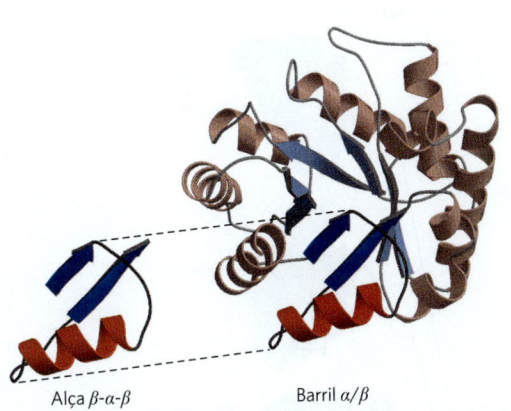

**FIGURA 4-19 Construção de domínios maiores a partir de menores.** O barril α/β é um motivo que ocorre frequentemente e é formado por repetições do motivo de alças β-α-β. Esse barril α/β é um dos domínios da piruvato-cinase (enzima glicolítica) de coelho. [Dados de PDB ID 1PKN, T. M. Larsen et al., *Biochemistry* 33:6301, 1994.]

## Algumas proteínas ou segmentos proteicos são intrinsecamente desordenados

Embora muitas proteínas tenham estruturas bem enoveladas e estáveis, isso não é necessário para a função biológica de todas as proteínas. Muitas proteínas ou segmentos de proteínas perdem a estrutura ordenada quando em solução. O conceito de que algumas proteínas funcionam sem terem uma estrutura tridimensional definida resultou da reavaliação dos dados de muitas proteínas diferentes. Um terço das proteínas do ser humano podem ser de proteínas desestruturadas ou que tenham segmentos desestruturados significativos. Todos os organismos têm algumas proteínas que se encaixam nessa categoria. As propriedades das proteínas intrinsecamente desordenadas são diferentes das propriedades das proteínas estruturadas clássicas. Elas não têm um núcleo hidrofóbico; em vez disso, são caracterizadas por uma alta densidade de aminoácidos carregados, como Lys, Arg e Glu. Resíduos de Pro também são frequentes, devido à tendência que eles têm de romper estruturas ordenadas.

A desordem estrutural e a alta densidade de cargas podem facilitar a atividade de algumas proteínas, como espaçadores, isoladores ou elementos de ligação em estruturas maiores. Outras proteínas desordenadas são sequestradoras, ligando íons e moléculas pequenas em solução e servindo de reservatórios ou depósitos de restos de que a célula já não precisa mais. No entanto, muitas proteínas intrinsecamente desordenadas estão no centro de redes de interações proteicas importantes. A falta de uma estrutura ordenada pode facilitar um tipo de promiscuidade funcional, permitindo que a proteína interaja com muitas moléculas diferentes. A desordem na estrutura permite que algumas proteínas que atuam como inibidores, como a proteína p27 envolvida na divisão celular de mamíferos, interajam de maneiras diferentes com muitos alvos. Em solução, a proteína p27 não tem uma estrutura definida. Entretanto, ela enrola-se em torno de várias enzimas e, assim, inibe a atividade destas, denominadas proteínas-cinases (ver Capítulo 6), as quais participam nos mecanismos da divisão celular. A estrutura flexível da p27 permite que ela se acomode a proteínas-alvo diferentes. Células de tumor humano, que são células que perderam a capacidade de controlar a divisão celular normal, geralmente têm níveis reduzidos de p27; quanto menor for o nível de p27, pior será o prognóstico para o paciente de câncer.

Da mesma forma, as proteínas intrinsecamente desordenadas geralmente estão presentes no centro das redes proteicas que constituem vias de sinalização (ver Fig. 12-30). Essas proteínas, ou partes delas, podem interagir com muitas moléculas diferentes. Ao interagirem com outras proteínas, elas geralmente passam a ter uma estrutura ordenada, mas as estruturas que elas assumem podem variar de acordo com as moléculas às quais se ligam. A proteína p53 de mamíferos também é fundamental no controle da divisão celular. Ela tem segmentos estruturados e não estruturados, e os diferentes segmentos interagem com dezenas de outras proteínas. Uma região não estruturada da p53 na extremidade carboxiterminal interage com pelo menos quatro parceiros diferentes e assume uma estrutura distinta em cada complexo (**Fig. 4-20**).

## Os motivos das proteínas são a base para a sua classificação

Atualmente, mais de 150 mil estruturas podem ser encontradas no Protein Data Bank (PDB; explicações mais detalhadas estão apresentadas no Quadro 4-3). Esses dados contêm uma enorme quantidade de informações sobre os princípios que regem a estrutura, a função e a evolução das proteínas. Essas informações estão organizadas de forma mais acessível em outros bancos de dados. No banco de dados Structural Classification of Proteins, ou SCOP2 (http://scop2.mrc-lmb.cam.ac.uk), todas as informações sobre proteínas do PDB podem ser pesquisadas de acordo com quatro critérios diferentes: (1) relações entre proteínas, (2) classes de proteínas, (3) tipos de proteínas e (4) eventos evolutivos. A **Figura 4-21** mostra exemplos de motivos de proteínas obtidos do SCOP2, que ilustram o potencial de procura segundo cada critério. A figura também mostra uma maneira diferente de representar os elementos de estrutura secundária e as relações entre os segmentos de estrutura secundária de uma proteína – o **diagrama de topologia**.

Entretanto, o número de padrões de enovelamento não é infinito. Entre as dezenas de milhares de estruturas de proteínas arquivadas no PDB, apenas cerca de 1.400 enovelamentos ou motivos diferentes são classificados no banco de dados SCOP2. Devido aos vários anos de desenvolvimento da biologia estrutural, já é raro descobrir um motivo estrutural novo. Vários exemplos de domínios recorrentes ou motivos estruturais são conhecidos. Esses exemplos revelam que a estrutura terciária das proteínas é mais conservada do que as sequências de aminoácidos. A comparação entre as estruturas de proteínas pode, então, fornecer muitas informações sobre a evolução das proteínas. Proteínas com semelhanças significativas na estrutura primária e/ou com estrutura terciária e funções semelhantes fazem parte de uma mesma **família de proteínas**. As estruturas de proteínas do PDB estão distribuídas em cerca de 4 mil famílias de proteínas. Em geral, as relações evolutivas ficam evidentes dentro de uma família de proteínas. Por

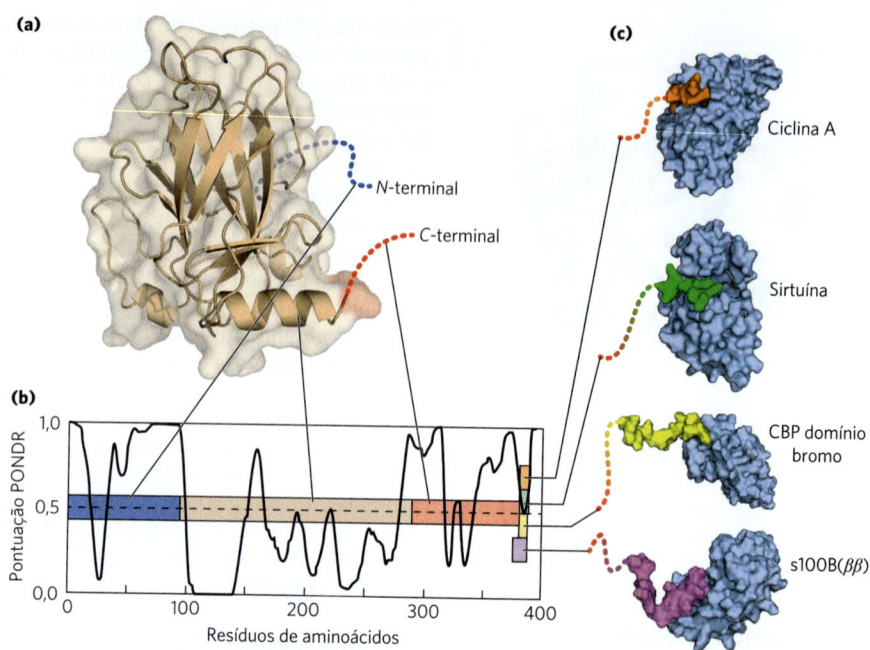

**FIGURA 4-20 Ligação da região carboxiterminal intrinsecamente desordenada da proteína p53 com seus ligantes.** (a) A proteína p53 é composta de vários segmentos diferentes. Apenas o domínio central é bem organizado. (b) A sequência linear da proteína p53 está representada na forma de barra colorida. O gráfico sobreposto apresenta um diagrama da pontuação PONDR (Predictor of Natural Disordered Regions, ou Previsor de Regiões Naturalmente Desordenadas) versus a sequência da proteína. PONDR é um dos melhores algoritmos disponíveis para prever a probabilidade de um determinado resíduo de aminoácido estar em uma região de desordem intrínseca, com base na sequência de aminoácidos adjacente e na composição de aminoácidos. Uma pontuação de 1,0 indica uma probabilidade de 100% de a proteína estar desordenada. Na estrutura proteica, o domínio central em bege está organizado. As regiões aminoterminal (em azul) e carboxiterminal (em vermelho) estão desordenadas. (c) A extremidade da região carboxiterminal pode se ligar a muitas moléculas e se contorce quando se liga a cada uma delas. No entanto, a estrutura tridimensional resultante da ligação é diferente para cada uma das interações mostradas, motivo pelo qual o segmento carboxiterminal (resíduos de 11 a 20) está mostrado em cor diferente em cada complexo. [Informações de V. N. Uversky, *Intl. J. Biochem. Cell Biol.* 43:1090, 2011, Fig. 5. (a) Dados de PDB ID 1TUP, Y. Cho et al., *Science* 265:346, 1994. (c) Dados para ciclina A: PDB ID 1H26, E. D. Lowe et al., *Biochemistry* 41:15,625, 2002; para sirtuína: PDB ID 1MA3, J. L. Avalos et al., *Mol. Cell* 10:523, 2002; para CBP domínio de bromo: PDB ID 1JSP, S. Mujtaba et al., *Mol. Cell* 13:251, 2004; para s100B(ββ): PDB ID 1DT7, R. R. Rustandi et al., *Nature Struct. Biol.* 7:570, 2000.]

exemplo, a família globina tem muitas proteínas diferentes com similaridades tanto estruturais como de sequência com a mioglobina (como visto nas proteínas usadas como exemplos nas Figuras 4-30 e 4-31, bem como no Capítulo 5). Algumas vezes, duas ou mais famílias com pouca similaridade na sequência de aminoácidos utilizam o mesmo motivo estrutural geral e apresentam semelhanças funcionais; essas famílias são agrupadas em **superfamílias**. Uma relação evolutiva entre as famílias de uma superfamília é considerada provável, ainda que as diferenças tanto através do tempo como nas funções, que resultam de pressões adaptativas diferentes, possam ter apagado muitas das relações entre as sequências que poderiam ajudar a rastrear a história evolutiva.

Uma família de proteínas pode estar distribuída em todos os três domínios da vida celular: Bacteria, Archaea e Eukarya, o que sugere uma origem remota. Muitas proteínas envolvidas no metabolismo intermediário e no metabolismo dos ácidos nucleicos e das proteínas se encaixam nessa categoria. Outras famílias podem estar presentes somente em um pequeno grupo de organismos, indicando que a estrutura surgiu mais recentemente. Rastrear a história natural dos motivos estruturais usando as classificações estruturais de bancos de dados como o SCOP2 complementa enormemente as análises de sequência na investigação das relações evolutivas. O banco de dados SCOP2 é gerenciado manualmente, com o objetivo de garantir que as proteínas sejam colocadas na sua rede evolutiva correta, com base em características estruturais conservadas.

Motivos estruturais tornaram-se especialmente importantes na definição de famílias e superfamílias de proteínas. Sistemas aperfeiçoados de classificação e elucidação de proteínas inevitavelmente levaram à descoberta de novas relações funcionais. Dada a importância das proteínas nos sistemas vivos, essas comparações entre estruturas podem ajudar no esclarecimento de todos os aspectos da bioquímica, desde a evolução de proteínas individualmente até a história evolutiva de vias metabólicas completas.

### A estrutura quaternária varia de simples dímeros a grandes complexos

**P3** Muitas proteínas têm várias subunidades polipeptídicas (de duas a centenas). A associação entre cadeias polipeptídicas pode servir para uma grande diversidade de funções. Muitas dessas proteínas formadas por várias subunidades podem ter funções reguladoras. A ligação de pequenas moléculas pode afetar a interação entre as subunidades, causando grandes mudanças na atividade da proteína em resposta a pequenas mudanças na concentração

## 4.3 ESTRUTURAS TERCIÁRIA E QUATERNÁRIA DAS PROTEÍNAS

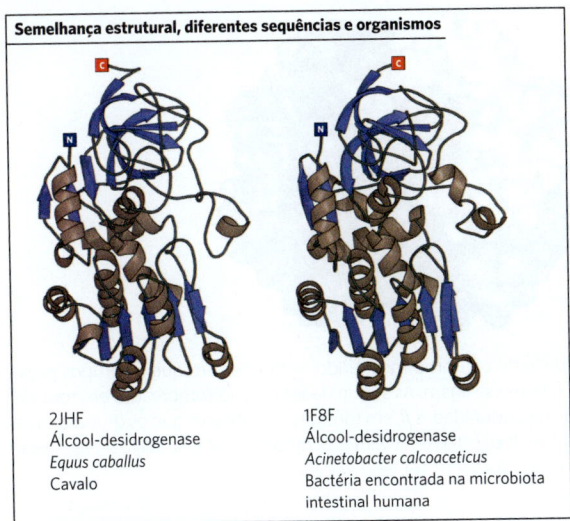

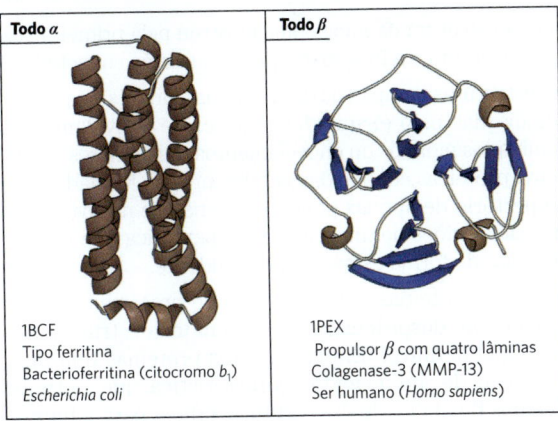

**FIGURA 4-21 Organização das proteínas com base nos motivos.** Alguns das centenas de domínios estáveis conhecidos. (a) Diagramas estruturais da enzima álcool-desidrogenase em dois organismos diferentes. Comparações desse tipo ilustram as relações evolutivas que levaram a estrutura e a função a se manterem conservadas ao longo da evolução. (b) Diagrama de topologia da álcool-desidrogenase de *Acinetobacter calcoaceticus*. Os diagramas de topologia fornecem uma maneira de visualizar elementos da estrutura secundária e suas interconexões em duas dimensões e podem ser muito úteis para comparar enovelamentos e motivos estruturais. (c) O banco de dados Structural Classification of Proteins (SCOP2) (http://scop2.mrc-lmb.cam.ac.uk) classifica o enovelamento das proteínas em quatro classes: toda α, toda β, α/β e α + β. Exemplos de toda α e de toda β estão mostrados com os seus dados de classificação estrutural (PDB ID, nome do enovelamento, nome da proteína e organismo ao qual pertence) conforme o banco de dados SCOP2. O identificador no PDB corresponde ao código único de acesso de cada estrutura depositada no Protein Data Bank (www.rcsb.org). [Dados de (a) PDB ID 2JHF, R. Meijers et al., *Biochemistry* 46:5446, 2007; (a, b) PDB ID 1F8F, J. C. Beauchamp et al. (c) PDB ID 1BCF, F. Frolow et al., *Nature Struct. Biol.* 1:453, 1994; PDB ID 1PEX, F. X. Gomis-Ruth et al., *J. Mol. Biol.* 264:556, 1996.]

de substratos ou de moléculas reguladoras (Capítulo 6). Em outros casos, subunidades distintas assumem funções diferentes, mas interconectadas, como catálise e regulação. Algumas associações têm funções estruturais, como é o caso das proteínas fibrosas, consideradas anteriormente neste capítulo, e das proteínas dos capsídeos dos vírus. Algumas dessas estruturas muito grandes formam sítios de reações complexas envolvendo muitas etapas. Por exemplo, cada ribossomo, o local em que ocorre a síntese das proteínas, incorpora dezenas de subunidades de proteínas com moléculas de RNA.

Uma proteína com várias subunidades também é chamada de **oligômero** ou **multímero**. Se um oligômero tem subunidades que não sejam idênticas, a estrutura total da proteína pode ser assimétrica e bem complicada. Entretanto, muitos oligômeros têm grupos de subunidades não idênticas que se repetem ou subunidades idênticas, geralmente em arranjos simétricos. Como foi discutido no Capítulo 3, as unidades estruturais de repetição em uma proteína multimérica, tanto com um único tipo de subunidade quanto com várias subunidades, são chamadas de **protômeros**.

A primeira proteína oligomérica que teve sua estrutura tridimensional determinada foi a hemoglobina ($M_r$ 64.500).

Ela tem quatro cadeias polipeptídicas e quatro grupos prostéticos heme, nos quais os átomos de ferro estão no estado ferroso ($Fe^{2+}$) (como será discutido no Capítulo 5). A porção proteica da globina consiste em duas cadeias α (141 resíduos de aminoácidos cada uma) e duas cadeias β (146 resíduos cada uma). Observe que, nesse caso, α e β não se referem a estruturas secundárias. Na prática, para quem está começando a estudar proteínas, isso pode ser confuso. As letras gregas α e β (e γ, δ e outras) geralmente são usadas para diferenciar dois tipos diferentes de subunidades em proteínas com várias subunidades, independentemente de qual tipo de estrutura secundária predomina nas subunidades. Como a hemoglobina é quatro vezes maior do que a mioglobina, foi necessário muito mais tempo e esforço para determinar a sua estrutura tridimensional por análise de raios X, o que foi finalmente obtido por Max Perutz, John Kendrew e colaboradores, em 1959. As subunidades da hemoglobina estão organizadas em pares simétricos (**Fig. 4-22**), de modo que cada par tem uma subunidade α e uma subunidade β. A hemoglobina pode, portanto, ser descrita tanto como tetrâmero quanto como dímero de protômeros αβ. O papel dessas subunidades distintas na função da hemoglobina é discutido amplamente no Capítulo 5.

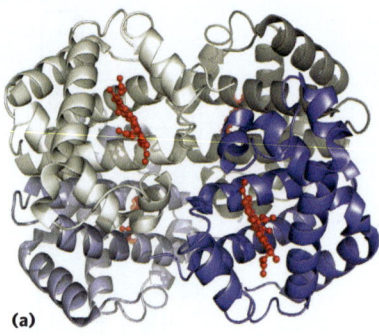
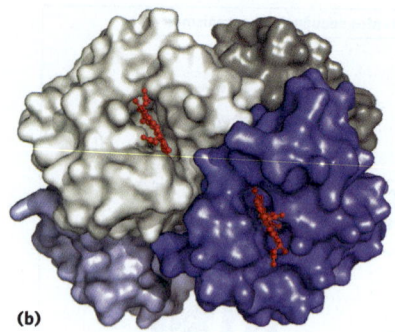

**FIGURA 4-22 Estrutura quaternária da desoxi-hemoglobina.** Análise da desoxi-hemoglobina (hemoglobina sem as moléculas de oxigênio ligadas aos grupos heme) por difração de raios X, mostrando como as quatro subunidades peptídicas se associam. (a) Representação em fita mostrando os elementos de estrutura secundária e o posicionamento de todos os grupos prostéticos heme. (b) Modelo de superfície de contorno mostrando os bolsões em que os grupos prostéticos heme se ligam. As subunidades $\alpha$ estão sombreadas em tons de cinza, e as subunidades $\beta$, em tons de azul. Observe que os grupos heme (em vermelho) estão relativamente distantes entre si. [Dados de PDB ID 2HHB, G. Fermi et al., *J. Mol. Biol.* 175:159, 1984.]

Max Perutz, 1914-2002 (à esquerda), e John Kendrew, 1917-1997
[Hulton Deutsch/Getty Images.]

### RESUMO 4.3 Estruturas terciária e quaternária das proteínas

■ A estrutura terciária é a estrutura tridimensional da cadeia polipeptídica. Muitas proteínas se enquadram em uma das quatro classes gerais baseadas na estrutura terciária: fibrosas, globulares, de membrana ou desordenadas.

■ As proteínas fibrosas, como as que compõem a queratina, o colágeno e a seda, são insolúveis e têm elementos simples de estrutura secundária que se repetem. Em algumas proteínas fibrosas, as cadeias polipeptídicas interagem, formando estruturas quaternárias complexas, como a espiral enrolada, para terem resistência e flexibilidade.

■ As proteínas globulares têm estruturas terciárias mais complicadas, geralmente contendo vários tipos de estruturas secundárias na mesma cadeia polipeptídica, e cumprem várias funções diferentes nas células.

■ A primeira estrutura de proteína globular determinada por métodos de difração de raios X foi a mioglobina, proteína que liga $O_2$. A estrutura da mioglobina mostrou pela primeira vez como a estrutura e a função das proteínas estão conectadas.

■ As estruturas complexas das proteínas globulares podem ser analisadas pelo exame dos padrões de enovelamento, denominados motivos ou enovelamentos. As milhares de estruturas proteicas conhecidas geralmente são formadas por um repertório de apenas poucas centenas de motivos. Domínios são regiões de uma cadeia polipeptídica que podem se enovelar de forma estável e independente.

■ Algumas proteínas, ou segmentos de proteínas, são intrinsecamente desordenadas e não têm uma estrutura tridimensional definível. Em geral, essas proteínas têm uma composição de aminoácidos característica que permite uma maior flexibilidade da estrutura, crítica para a função biológica.

■ Com base nas semelhanças estruturais, as proteínas podem ser agrupadas em famílias e superfamílias. Isso fornece informações sobre as funções e a evolução das proteínas.

■ A estrutura quaternária é o resultado de interações entre as subunidades de proteínas com várias subunidades (multiméricas) ou grandes arranjos supramoleculares. Algumas proteínas multiméricas são formadas pela repetição de subunidades, denominadas protômeros.

## 4.4 Desnaturação e enovelamento das proteínas

As proteínas têm uma existência surpreendentemente precária. Como visto anteriormente, a conformação de uma proteína nativa é apenas ligeiramente estável. Além disso, a maioria das proteínas deve manter certa flexibilidade conformacional para funcionar. ▶P4 A manutenção permanente de um conjunto de proteínas necessárias para a célula em um determinado conjunto de condições é chamada de **proteostase**. A proteostase celular necessita do funcionamento coordenado das vias de síntese e de enovelamento de proteínas; do enovelamento de proteínas parcialmente desenoveladas; e do sequestro e da degradação de proteínas que ficaram desenoveladas irreversivelmente e já não são mais necessárias. Em todas as células, essas redes envolvem centenas de enzimas e proteínas especializadas.

Como visto na **Figura 4-23**, a vida de uma proteína envolve muito mais do que a síntese e a degradação. A precariedade da estabilidade da maioria das proteínas pode levar a um balanço tênue entre os estados enovelado e desenovelado. À medida que as proteínas são sintetizadas nos ribossomos (Capítulo 27), elas devem se enovelar para atingirem suas respectivas conformações nativas. Às vezes, isso ocorre de modo espontâneo, mas geralmente há necessidade da ajuda de enzimas e complexos especializados denominados chaperonas, discutidos ainda neste capítulo. Muitos desses mesmos ajudantes do enovelamento atuam para enovelar novamente proteínas que se tornaram transitoriamente desenoveladas. As proteínas mal enoveladas geralmente expõem superfícies hidrofóbicas que as tornam "pegajosas", conduzindo à formação de agregados inativos. Esses agregados podem levar à perda das funções normais, mas não são inertes; o seu acúmulo nas células é o cerne de doenças que vão do diabetes à doença de Parkinson e à doença de Alzheimer. Não é de surpreender que todas as células têm vias sofisticadas para reciclar e/ou degradar proteínas irreversivelmente mal enoveladas.

A seguir, serão abordadas as transições entre os estados enovelado e desenovelado e a rede de vias que controlam essas transições.

### A perda da estrutura da proteína determina a perda da função

As estruturas proteicas evoluíram para atuarem em determinados ambientes celulares ou extracelulares. Condições diferentes daquelas presentes nesses ambientes podem levar a mudanças estruturais, grandes ou pequenas, na proteína. Uma perda na estrutura tridimensional que seja suficiente para causar a perda de função é chamada de **desnaturação**. O estado desnaturado não necessariamente corresponde ao desenovelamento completo da proteína e à randomização da conformação. Na maioria das condições, as proteínas desnaturadas existem como um conjunto de estados parcialmente enovelados.

A maioria das proteínas pode ser desnaturada pelo calor, que tem efeitos complexos em muitas interações fracas da proteína (principalmente sobre as ligações de hidrogênio). Se a temperatura é aumentada lentamente, a conformação da proteína geralmente permanece intacta até que, em uma estreita faixa de temperatura, ocorre uma perda abrupta da estrutura (e da função) (**Fig. 4-24**). A mudança repentina é um indício de que o desenovelamento é um processo cooperativo: a perda de estrutura em uma parte da proteína desestabiliza as outras partes. Os efeitos do calor sobre as proteínas podem ser abrandados pela estrutura. As proteínas altamente estáveis ao calor presentes em arqueias e bactérias termófilas foram evoluindo em função da temperatura das fontes térmicas (cerca de 100 °C). As estruturas enoveladas dessas proteínas geralmente são semelhantes às estruturas de proteínas de outros organismos, mas levam ao extremo alguns dos princípios aqui ressaltados. Elas geralmente se caracterizam por alta densidade de resíduos carregados na superfície, interior hidrofóbico altamente compacto e enovelamentos menos flexíveis devido à formação de uma rede de pares iônicos. Isso faz essas proteínas serem menos suscetíveis ao desenovelamento em temperaturas mais altas.

As proteínas também podem ser desnaturadas por: pH extremo; certos solventes orgânicos miscíveis, como álcool ou acetona; certos solutos, como ureia e hidrocloreto de guanidina; ou detergentes. Cada um desses agentes desnaturantes corresponde a um tratamento relativamente brando, já que nenhuma ligação covalente da cadeia polipeptídica é rompida. Solventes orgânicos, ureia e detergentes agem principalmente perturbando a agregação hidrofóbica das cadeias laterais de aminoácidos apolares que estabiliza o núcleo globular das proteínas. A ureia também desfaz ligações de hidrogênio, e os extremos de pH alteram a carga líquida das proteínas, provocando repulsão eletrostática e desfazendo ligações de hidrogênio. As estruturas desnaturadas resultantes desses vários tratamentos não são necessariamente as mesmas.

A desnaturação geralmente leva à precipitação da proteína, uma consequência da formação de agregados proteicos devido à exposição de superfícies hidrofóbicas que, então, se associam. Em geral, os agregados são altamente desordenados. Um exemplo de precipitação de proteína

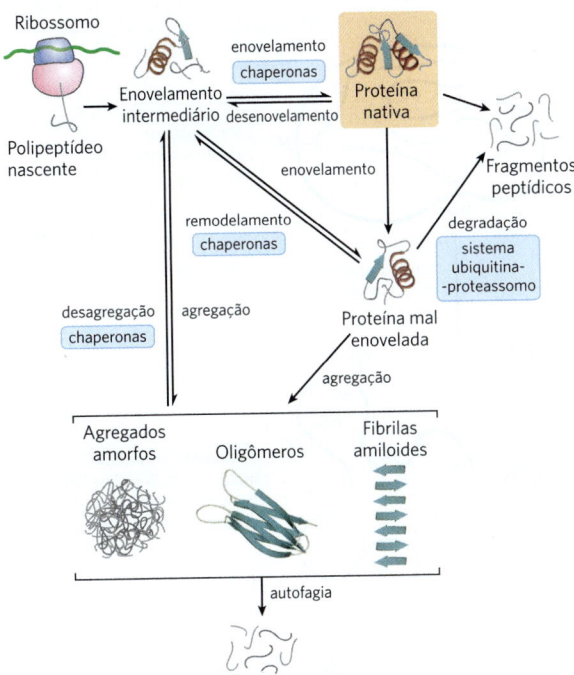

**FIGURA 4-23 Vias que contribuem para a proteostase.** Três tipos de processos contribuem para a proteostase. Primeiro, as proteínas são sintetizadas no ribossomo. Segundo, várias vias contribuem para o enovelamento proteico, muitas delas envolvendo a atividade de complexos chamados de chaperonas. As chaperonas (incluindo as chaperoninas) também contribuem para o reenovelamento de proteínas parcial ou transitoriamente desenoveladas. Por fim, proteínas irreversivelmente desenoveladas estão sujeitas ao sequestro e à degradação por várias vias adicionais. As proteínas desenoveladas e os intermediários proteicos enovelados que escapam do controle de qualidade das chaperonas e das vias de degradação podem se agregar, formando tanto agregados desordenados quanto agregados organizados do tipo amiloide, que contribuem para algumas doenças e para os processos de envelhecimento. [Informações de F. U. Hartl et al., *Nature* 475:324, 2011, Fig. 6.]

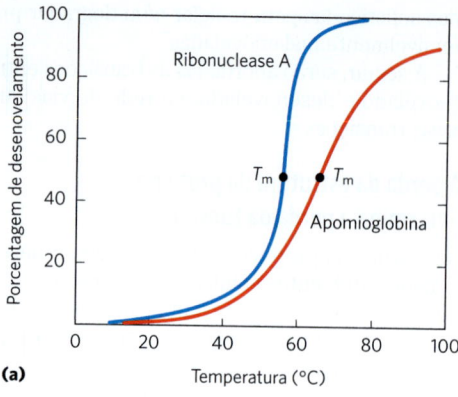
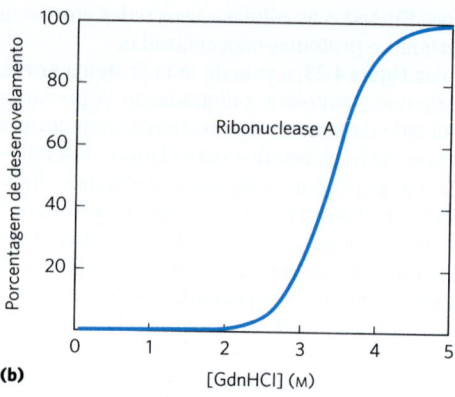

**FIGURA 4-24 Desnaturação de proteínas.** Os resultados correspondem a proteínas desnaturadas por duas modificações diferentes no ambiente. Em cada caso, a transição entre o estado enovelado e o estado desenovelado é abrupta, sugerindo que o processo de desenovelamento seja cooperativo. (a) Desnaturação térmica da apomioglobina (mioglobina sem o grupo prostético heme) de cavalo e da ribonuclease A (com as ligações dissulfeto intactas; ver Fig. 4-26). O ponto médio da faixa de temperatura em que a desnaturação ocorre é denominado temperatura de fusão, ou $T_m$. A desnaturação da apomioglobina foi monitorada por dicroísmo circular (ver Fig. 4-9), que mede a quantidade de estruturas em hélice de uma proteína. A desnaturação da ribonuclease A foi monitorada acompanhando as mudanças na fluorescência intrínseca da proteína, que é afetada pelas mudanças no ambiente ao redor do resíduo de Trp introduzido por mutação. (b) Desnaturação da ribonuclease A (com as ligações dissulfeto intactas) por hidrocloreto de guanidina (GdnHCl), monitorada por dicroísmo circular. [Dados de (a) R. A. Sendak et al., *Biochemistry* 35:12,978, 1996; I. Nishii et al., *J. Mol. Biol.* 250:223, 1995; (b) W. A. Houry et al., *Biochemistry* 35:10,125, 1996.]

pode ser observado após a clara do ovo ser fervida. Agregados mais ordenados também ocorrem em algumas proteínas, como será discutido a seguir.

### A sequência de aminoácidos determina a estrutura terciária

**P4** A estrutura terciária de uma proteína globular é determinada pela sequência de aminoácidos da proteína. A prova mais importante disso vem de experimentos que mostram que a desnaturação de algumas proteínas é reversível. Certas proteínas globulares desnaturadas por temperatura, extremos de pH ou agentes desnaturantes reassumem suas estruturas nativas e suas atividades biológicas se forem colocadas novamente nas condições em que a conformação nativa é estável. Esse processo é chamado de **renaturação**.

Um exemplo clássico é a desnaturação e a renaturação da ribonuclease A, demonstradas por Christian Anfinsen na década de 1950. A ribonuclease A pura desnatura completamente em uma solução concentrada de ureia, na presença de um agente redutor. O agente redutor rompe as quatro ligações dissulfeto, resultando em oito resíduos Cys, e a ureia rompe as interações hidrofóbicas de estabilização, de modo que todo o polipeptídeo perde a sua conformação enovelada. A desnaturação da ribonuclease é acompanhada pela perda total da atividade catalítica. Quando a ureia e o agente redutor são removidos, a ribonuclease desnaturada enovela-se espontaneamente, formando a estrutura terciária correta, com restauração total da atividade catalítica (**Fig. 4-25**). O reenovelamento da ribonuclease é tão preciso que as quatro ligações dissulfeto intramoleculares são restabelecidas na molécula renaturada nas mesmas posições da ribonuclease nativa. Posteriormente, resultados semelhantes foram obtidos utilizando uma ribonuclease A cataliticamente ativa que havia sido sintetizada quimicamente. Isso eliminou a possibilidade de que a presença de algum contaminante residual na preparação da ribonuclease purificada por Anfinsen tenha contribuído para a renaturação da

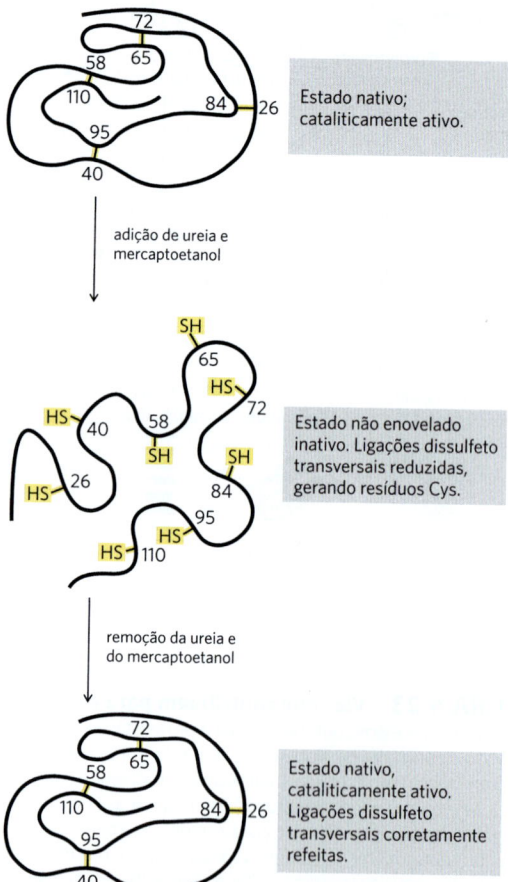

**FIGURA 4-25 Renaturação da ribonuclease desnaturada e desenovelada.** A ureia desnatura a ribonuclease, e o mercaptoetanol ($HOCH_2CH_2SH$) a reduz, rompendo as ligações dissulfeto e produzindo oito resíduos Cys. A renaturação envolve o restabelecimento correto das ligações dissulfeto entrecruzadas.

enzima, afastando, assim, qualquer dúvida que ainda pudesse restar de que essa enzima se enovela espontaneamente.

O experimento de Anfinsen forneceu a primeira evidência de que a sequência de aminoácidos de uma cadeia polipeptídica contém todas as informações necessárias para o enovelamento da cadeia na sua estrutura tridimensional nativa. Trabalhos posteriores demonstraram que somente uma minoria de proteínas, muitas delas pequenas e estáveis por natureza, se enovela espontaneamente na forma nativa. Apesar de todas as proteínas terem o potencial de se enovelarem, formando a estrutura nativa, muitas delas necessitam de algum tipo de ajuda.

## Os polipeptídeos enovelam-se rapidamente em um processo gradativo

Nas células vivas, as proteínas são formadas a partir dos aminoácidos em uma velocidade muito alta. Por exemplo, células de *E. coli* podem fazer uma molécula de proteína completa e biologicamente ativa, contendo 100 resíduos de aminoácidos, em cerca de 5 segundos a 37 °C. Contudo, a síntese de ligações peptídicas nos ribossomos não é suficiente; a proteína deve ser enovelada corretamente.

Como a cadeia polipeptídica chega à sua conformação nativa? Suponha que, de forma conservadora, cada um dos resíduos de aminoácidos pode assumir, em média, 10 conformações diferentes, o que dá $10^{100}$ conformações diferentes do polipeptídeo. Suponha, também, que a proteína se enovela espontaneamente por um processo aleatório, no qual ela testa todas as conformações possíveis em torno de cada uma das ligações de seu esqueleto até encontrar a forma nativa, biologicamente ativa. Se cada conformação fosse testada no menor tempo possível (cerca de $10^{-13}$ segundos, isto é, o tempo necessário para uma única vibração molecular), seria preciso aproximadamente $10^{77}$ anos para testar todas as conformações possíveis! Obviamente, o enovelamento de proteínas não pode ser um processo completamente aleatório de tentativa e erro. Deve haver atalhos. Esse problema foi apontado pela primeira vez por Cyrus Levinthal, em 1968, sendo às vezes chamado de paradoxo de Levinthal.

Não há dúvida de que a via de enovelamento de uma cadeia polipeptídica grande é complicada. Entretanto, algoritmos robustos podem, muitas vezes, predizer a estrutura de proteínas pequenas com base nas sequências de aminoácidos. As principais vias de enovelamento são hierárquicas. As estruturas secundárias locais formam-se primeiro. As sequências de aminoácidos enovelam-se rapidamente em α-hélices ou folhas β devido a restrições como aquelas que foram examinadas na discussão sobre estrutura secundária. As interações iônicas, que envolvem grupos carregados que normalmente estão próximos na sequência linear da cadeia polipeptídica, podem ter um papel importante no direcionamento dos primeiros passos do enovelamento. O arranjo de estruturas locais é seguido por interações de longo alcance entre, por exemplo, elementos da estrutura secundária que se aproximam para formar estruturas enoveladas estáveis. As interações hidrofóbicas exercem um papel significativo ao longo do processo, já que a agregação das cadeias laterais de aminoácidos apolares fornece uma estabilização entrópica a intermediários e, por fim, à estrutura enovelada final. O processo continua até que os domínios estejam completamente formados e todo o polipeptídeo esteja enovelado (**Fig. 4-26**).

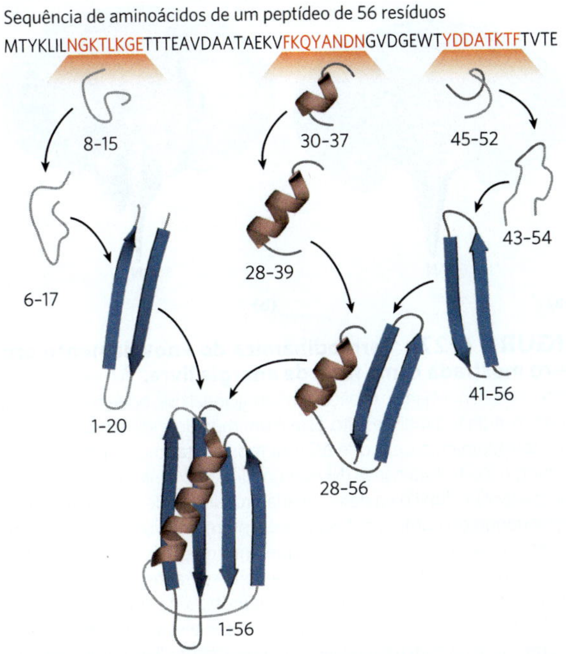

Sequência de aminoácidos de um peptídeo de 56 resíduos
MTYKLILNGKTLKGETTTEAVDAATAEKVFKQYANDNGVDGEWTYDDATKTFTVTE

**FIGURA 4-26 Uma via de enovelamento proteico para uma proteína pequena.** Via hierárquica obtida por modelagem computacional. Primeiro, pequenas regiões de estrutura secundária são agrupadas; em seguida, elas são gradualmente incorporadas em estruturas maiores. O programa usado para esse modelo tem tido muito sucesso na predição da estrutura tridimensional de proteínas pequenas a partir da sequência de aminoácidos. Os números indicam a quantidade de resíduos de aminoácido nesse peptídeo de 56 resíduos que atingiram a estrutura final em cada uma das etapas indicadas. [Informações de K. A. Dill et al., *Annu. Rev. Biophys.* 37:289, 2008, Fig. 5.]

Proteínas nas quais predominam interações de curto alcance (entre pares de resíduos geralmente localizados próximos uns dos outros na sequência polipeptídica) tendem a se enovelar mais rapidamente do que proteínas com padrões de enovelamento mais complexos e com mais interações de longo alcance entre os diferentes segmentos. À medida que as proteínas com vários domínios são sintetizadas, os domínios próximos à extremidade aminoterminal (sintetizados primeiro) podem se enovelar antes que o polipeptídeo esteja inteiramente pronto.

Do ponto de vista termodinâmico, o processo de enovelamento pode ser visto como um tipo de funil de energia livre (**Fig. 4-27**). Os estados não enovelados são caracterizados por alto grau de entropia conformacional e energia livre relativamente alta. À medida que o enovelamento progride até a proteína se aproximar do estado nativo, o estreitamento do funil reflete a diminuição do espaço conformacional que deve ser procurado. As pequenas depressões ao longo das paredes do funil de energia livre representam intermediários semiestáveis, que podem tornar o processo de enovelamento um pouco mais lento. No fundo do funil, o conjunto de intermediários enovelados é reduzido a uma única conformação nativa (ou a um pequeno conjunto de conformações nativas). Os funis podem ter muitas formas diferentes, dependendo da complexidade da via de enovelamento, da existência de intermediários semiestáveis e do potencial de determinados intermediários de se reunirem em agregados de proteínas enoveladas erroneamente.

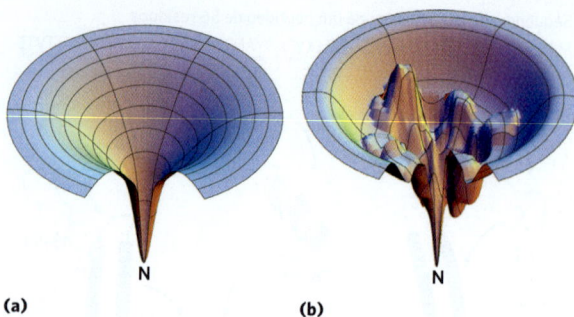

**FIGURA 4-27 Termodinâmica do enovelamento proteico mostrada como funil de energia livre.** À medida que as proteínas se enovelam, o espaço conformacional que pode ser explorado pela estrutura fica mais restrito. Este é um modelo tridimensional de um funil termodinâmico, em que ΔG está representado pela profundidade do funil, e a estrutura nativa (N) está no fundo do funil (ponto de menor energia livre). O funil para determinada proteína pode ter muitas formas, dependendo do número e dos tipos de intermediários de enovelamento nas vias de enovelamento. Qualquer intermediário com estabilidade significativa e um tempo de vida finita pode ser representado como um mínimo de energia-livre local – uma depressão na superfície do funil. (a) Um funil simples, mas relativamente amplo e suave, é representativo de uma proteína com muitas vias de enovelamento (i.e., a ordem em que as distintas partes da proteína se enovelam é relativamente aleatória), mas alcança suas estruturas tridimensionais sem intermediários de enovelamento que tenham estabilidade significativa. (b) Este funil representa uma proteína mais comum que tem muitos intermediários de enovelamento possíveis, com estabilidade significativa nas várias vias que levam à estrutura nativa. [Informações de K. A. Dill et al., *Annu. Rev. Biophys.* 37:289, 2008, Fig. 9.]

A estabilidade termodinâmica não está distribuída igualmente ao longo da estrutura da proteína, pois a molécula tem regiões de relativamente alta estabilidade e outras de estabilidade baixa ou desprezível. Por exemplo, uma proteína pode ter dois domínios estáveis ligados por um segmento inteiramente desordenado. Regiões de menor estabilidade podem permitir que a proteína altere sua conformação entre dois ou mais estados. Como será visto nos próximos dois capítulos, variações na estabilidade de determinadas regiões de uma proteína muitas vezes são essenciais para a função da proteína. Proteínas ou segmentos proteicos intrinsecamente desordenados não se enovelam de forma alguma.

## Algumas proteínas precisam de ajuda para se enovelar

Nem todas as proteínas se enovelam espontaneamente à medida que são sintetizadas dentro da célula. O enovelamento de muitas proteínas necessita de **chaperonas**, proteínas que interagem com polipeptídeos parcialmente enovelados ou enovelados de forma incorreta e facilitam os mecanismos de enovelamento correto ou possibilitam um microambiente adequado para ocorrer o enovelamento. Vários tipos de chaperonas moleculares foram encontrados em organismos, desde as bactérias até a espécie humana. As duas principais famílias de chaperonas, ambas bem estudadas, são a família da Hsp70 e as chaperoninas.

A família de proteínas **Hsp70** geralmente tem massa molecular próxima de 70.000 e é mais abundante em células submetidas a altas temperaturas (por isso a denominação "proteínas de choque térmico", do inglês *heat shock proteins of $M_r$ 70.000*, ou Hsp70). As proteínas Hsp70 ligam-se a regiões não enoveladas de peptídeos ricos em resíduos hidrofóbicos. Dessa forma, essas chaperonas "protegem" da desnaturação pela temperatura tanto as moléculas de proteína desnaturadas pelo calor quanto as novas moléculas de peptídeo que estão sendo sintetizadas (e ainda não estão enoveladas). As proteínas Hsp70 também bloqueiam o enovelamento de certas proteínas que devem permanecer não enoveladas até que sejam translocadas através da membrana (como descrito no Capítulo 27). Algumas chaperonas facilitam o arranjo quaternário de proteínas oligoméricas. As proteínas Hsp70 ligam-se a polipeptídeos e os liberam em um ciclo que utiliza a energia da hidrólise do ATP e envolve diversas outras proteínas (incluindo uma classe chamada de Hsp40). A **Figura 4-28** ilustra um enovelamento ajudado por chaperonas, como o elucidado para as chaperonas Hsp70 e Hsp40 eucarióticas. A ligação de um peptídeo não enovelado à chaperona Hsp70 pode levar à quebra de um agregado proteico ou impedir a formação de um novo agregado. Quando o peptídeo ligado é liberado, ele tem a chance de retomar o enovelamento característico da estrutura

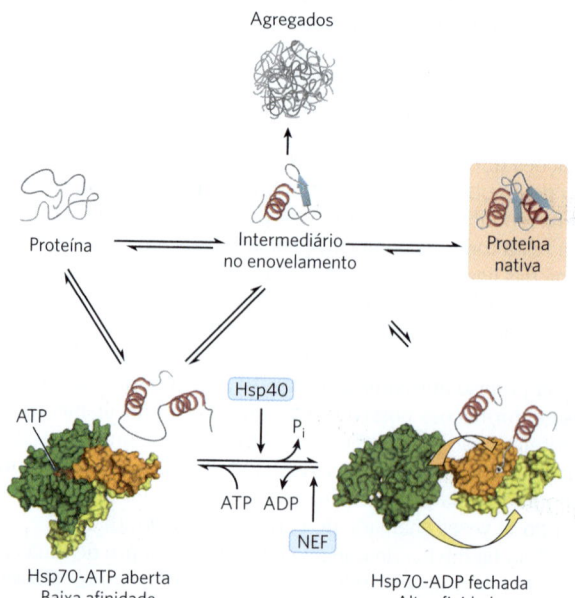

**FIGURA 4-28 Chaperonas no enovelamento proteico.** A via pela qual as chaperonas da classe Hsp70 se associam e liberam os peptídeos está ilustrada pelas chaperonas Hsp70 e Hsp40 dos eucariotos. As chaperonas não são responsáveis diretamente pelo enovelamento da proteína, mas evitam a formação de agregados de peptídeos não enovelados. Uma proteína desenovelada ou parcialmente enovelada inicialmente se liga à forma aberta de Hsp70 (que tem ATP ligado). Então, a Hsp40 interage com esse complexo, ativando a hidrólise de ATP e induzindo o complexo a passar à forma fechada, em que os domínios marcados em cor de laranja e em amarelo se aproximam um do outro como as duas partes de uma mandíbula, aprisionando no seu interior partes da proteína desenovelada. A dissociação do ADP e a reciclagem da Hsp70 necessitam da interação com outro tipo de proteína, denominada fator de troca de nucleotídeo (NEF). Em uma população de moléculas de polipeptídeos, uma parte das moléculas liberadas após a ligação transitória das proteínas enoveladas parcialmente com a Hsp70 assume a conformação nativa. As moléculas remanescentes rapidamente se religam à Hsp70 ou são desviadas para o sistema da chaperonina. [Informações de F. U. Hartl et al., *Nature* 475:324, 2011, Fig. 2. Hsp70-ATP aberta: PDB ID 2QXL, Q. Liu e W. A. Hendrickson, *Cell* 131:106, 2007. Hsp70-ADP fechada: dados de PDB ID 2KHO, E. B. Bertelson et al., *Proc. Natl. Acad. Sci. USA* 106:8471, 2009, e PDB ID 1DKZ, X. Zhu et al., *Science* 272:1606, 1996.]

nativa. Se o enovelamento não ocorrer rápido o suficiente, o polipeptídeo pode ser ligado de novo, e o processo se repete. De modo alternativo, o polipeptídeo ligado a Hsp70 pode ser entregue a uma chaperonina.

As **chaperoninas** são complexos sofisticados de proteínas necessários para o enovelamento de proteínas que não se enovelam espontaneamente. Em *E. coli*, estima-se que 10 a 15% das proteínas necessitam do sistema de chaperoninas, chamado de GroEL/GroES, para o enovelamento em condições normais (até 30% precisam de ajuda quando as células são submetidas a estresse por calor). Em eucariotos, o sistema de chaperoninas análogo é denominado Hsp60. As chaperoninas passaram a ser conhecidas quando se percebeu que elas são necessárias para o crescimento de certos vírus bacterianos (por isso, a designação "Gro", do inglês *growth*). As proteínas chaperonas são organizadas como anéis de subunidades e formam duas câmaras, orientadas uma de costas para a outra. As proteínas levam cerca de 10 segundos para se enovelarem dentro das câmaras. O confinamento de uma proteína dentro da câmara evita uma agregação proteica inapropriada e limita o espaço conformacional que a cadeia polipeptídica pode explorar à medida que se enovela. O Capítulo 27 discute a via de enovelamento GroEL/GroES.

Por fim, as vias de enovelamento de algumas proteínas precisam, ainda, de duas enzimas que catalisam reações de isomerização. A **proteína dissulfeto-isomerase** (**PDI**) é uma enzima amplamente distribuída que catalisa a interconversão, ou embaralhamento, de ligações dissulfeto até que as ligações da conformação nativa sejam formadas. Entre as suas funções, a PDI catalisa a eliminação de intermediários enovelados com ligações dissulfeto cruzadas inadequadas. O **peptídeo prolil-*cis-trans*-isomerase** (**PPI**) catalisa a interconversão entre os isômeros *cis* e *trans* de ligações peptídicas formadas envolvendo resíduos de Pro (Fig. 4-7), e isso pode ser uma etapa que retarda o enovelamento de proteínas que contenham algumas ligações peptídicas envolvendo Pro na configuração *cis*.

### Defeitos no enovelamento proteico constituem a base molecular de muitas doenças genéticas humanas

Proteínas mal enoveladas são um problema substancial para todas as células. Apesar dos muitos processos que ajudam no enovelamento das proteínas, cerca de um quarto ou mais de todos os polipeptídeos sintetizados é destruído por não se enovelar corretamente. Em alguns casos, os erros de enovelamento causam ou contribuem para o desenvolvimento de doenças graves.

Muitas condições, incluindo diabetes tipo 2, doença de Alzheimer, doença de Huntington e doença de Parkinson, estão associadas a um mecanismo de enovelamento errôneo: uma proteína solúvel normalmente secretada pela célula passa a ser secretada em um estado de enovelamento errado, sendo convertida em uma fibra **amiloide** extracelular insolúvel. Essas doenças são denominadas **amiloidoses**. As fibras são altamente ordenadas e não ramificadas, com diâmetro de 7 a 10 nm e alto conteúdo de estruturas do tipo folha β. Os segmentos β têm uma orientação perpendicular ao eixo da fibra. Em algumas fibras amiloides, a estrutura geral inclui duas camadas de folhas β, como a mostrada para o peptídeo β-amiloide na **Figura 4-29**.

Muitas proteínas podem assumir a estrutura de fibrila amiloide como alternativa para as conformações enoveladas normais, e a maioria dessas proteínas tem grande concentração de resíduos de aminoácidos aromáticos em uma região central de folhas β ou α-hélices. As proteínas são secretadas em uma conformação não totalmente enovelada.

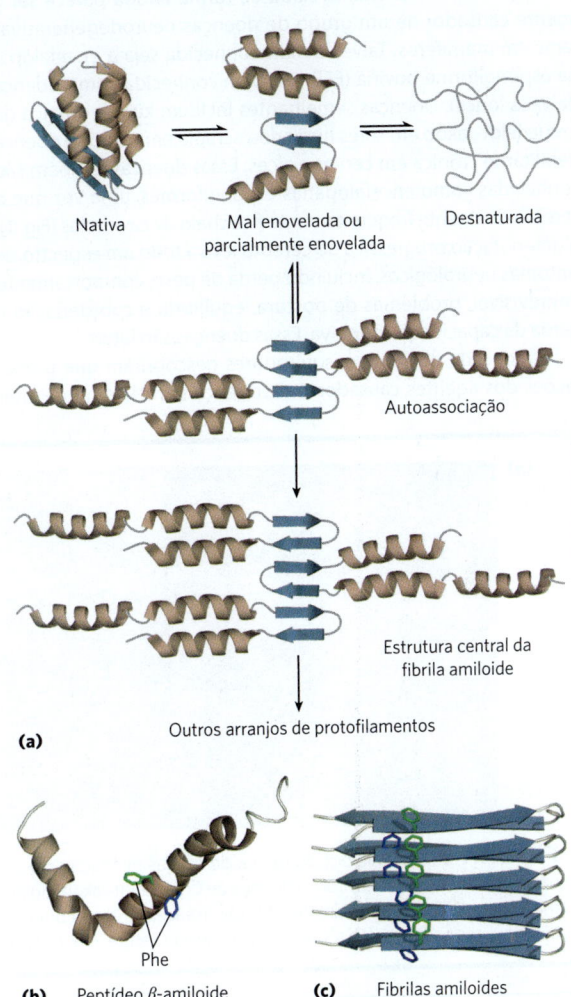

**FIGURA 4-29 Formação de fibrilas amiloides que causam doenças.** (a) Moléculas de proteínas cujas estruturas normais incluem regiões de folha em β sofrendo enovelamento parcial. Em um pequeno número de moléculas, antes do enovelamento completo, as regiões de folhas β de um polipeptídeo associam-se à mesma região de outro polipeptídeo, formando o núcleo de um amiloide. Outras moléculas de proteína lentamente se associam ao amiloide e o estendem, formando uma fibrila. (b) O peptídeo β-amiloide inicia com dois segmentos α-hélice de uma proteína maior. A clivagem proteolítica dessa proteína grande deixa o peptídeo β-amiloide relativamente instável, o que leva à perda da estrutura em α-hélice. O peptídeo pode, então, lentamente se organizar em fibrilas amiloides (c), que contribuem para as placas características localizadas no espaço extracelular do tecido nervoso de pessoas com doença de Alzheimer. As cadeias laterais aromáticas mostradas exercem um papel significativo na estabilização da estrutura amiloide. O amiloide é rico em estruturas de folhas β, e os segmentos em β organizam-se perpendicularmente ao eixo da fibrila amiloide. O peptídeo β-amiloide toma a forma de duas camadas de folhas β estendidas em paralelo. [(a) Informações de D. J. Selkoe, *Nature* 426:900, 2003, Fig. 1. (b) Dados de PDB ID 1IYT, O. Crescenzi et al., *Eur. J. Biochem.* 269:5642, 2002. (c) Dados de PDB ID 2BEG, T. Lührs et al., *Proc. Natl. Acad. Sci. USA* 102:17.342, 2005.]

## QUADRO 4-4 MEDICINA

### Morte por enovelamento errôneo: doenças de príons

Uma proteína cerebral enovelada de forma errada parece ser o agente causador de um grupo de doenças neurodegenerativas raras em mamíferos. Talvez a mais conhecida seja a encefalopatia espongiforme bovina (EEB, também conhecida como doença da vaca louca). Doenças semelhantes incluem kuru e doença de Creutzfeldt-Jakob em seres humanos, scrapie em ovinos e doença debilitante crônica em cervos e alces. Essas doenças também são conhecidas como encefalopatias espongiformes, uma vez que o cérebro do doente frequentemente fica cheio de cavidades (Fig. 1). A deterioração progressiva do cérebro leva a todo um espectro de sintomas neurológicos, incluindo perda de peso, comportamento imprevisível, problemas de postura, equilíbrio e coordenação e perda da capacidade cognitiva. Essas doenças são fatais.

Na década de 1960, pesquisadores descobriram que preparações dos agentes causadores de doença pareciam não conter ácidos nucleicos. Na época, Tikvah Alper sugeriu que o agente fosse uma proteína. Inicialmente, a ideia pareceu uma heresia. Todos os agentes causadores de doenças conhecidos até aquele momento – vírus, bactérias, fungos, e assim por diante – continham ácidos nucleicos, e as virulências relacionavam-se com a reprodução genética e a propagação. Entretanto, quatro décadas de investigações realizadas de maneira notável por Stanley Prusiner forneceram evidências de que as encefalopatias espongiformes são diferentes.

O agente infeccioso foi identificado como uma só proteína ($M_r$ 28.000), que Prusiner apelidou de proteína **príon** (PrP). O nome foi derivado de **pro**teinaceous **in**fectious (proteína infecciosa), mas Prusiner achou que "príon" soava melhor do que "proin". A proteína príon é um constituinte normal do tecido cerebral em todos os mamíferos. Seu papel não é conhecido em detalhes, mas pode ter uma função de sinalização molecular. Linhagens de

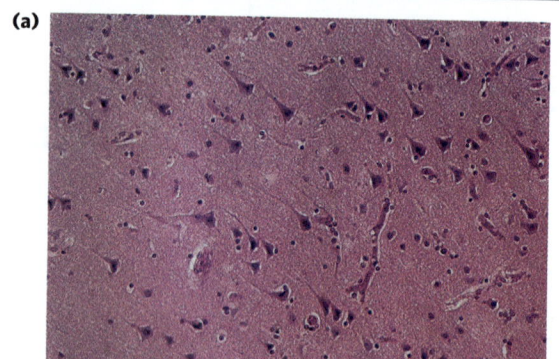 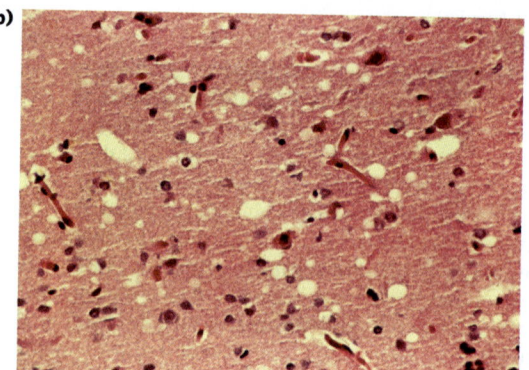

**FIGURA 1** (a) Micrografia óptica de células piramidais do córtex cerebral humano. (b) Uma secção comparável de córtex cerebral da necrópsia de um paciente com a doença de Creutzfeldt-Jakob mostra a degeneração espongiforme (vacuolar), a característica neuro-histológica mais comum. Os vacúolos amarelados são intracelulares e ocorrem, majoritariamente, em processos pré e pós-sinápticos dos neurônios. Os vacúolos vistos nessa secção têm diâmetro que varia entre 20 e 100 μm. [(a) Science Stock Photography/Science Source. (b) Ralph C. Eagle, Jr./Science Source.]

O núcleo central (ou parte dele) dobra-se em folha β antes que o restante da proteína se enovele corretamente, e as folhas β de duas ou mais moléculas de proteínas com enovelamento incompleto associam-se e iniciam a formação de uma fibrila amiloide. A fibrila cresce no espaço extracelular. Outras partes da proteína, então, se enovelam de forma diferente, ficando fora do núcleo de folhas β da fibrila em formação. O efeito dos aminoácidos aromáticos na estabilização da estrutura está mostrado na Figura 4-29c. Uma vez que a maior parte das moléculas de proteína se enovela normalmente, os sintomas das amiloidoses geralmente começam muito lentamente. Caso uma pessoa herde uma mutação, como a substituição de um resíduo aromático em uma posição que favoreça a formação de fibrilas amiloides, os sintomas da doença podem começar mais cedo.

As doenças de depósito amiloide que induzem neurodegeneração, sobretudo em pessoas idosas, formam uma classe especial de amiloidoses localizadas. A doença de Alzheimer está associada à deposição extracelular de amiloide pelos neurônios, envolvendo o peptídeo β-amiloide (Fig. 4-29b), derivado de uma grande proteína transmembrana (proteína precursora do peptídeo β-amiloide) encontrada na maioria dos tecidos humanos. Quando faz parte da proteína maior, o peptídeo é composto de dois segmentos α-helicoidais que atravessam a membrana. Quando os domínios externos e internos são clivados por proteases específicas, o peptídeo β amiloide, que é relativamente instável, deixa a membrana e perde a estrutura em α-hélice. Ele, então, toma a forma de duas folhas β paralelas estendidas, que se associam lentamente, formando as fibrilas amiloides (Fig. 4-29c). O depósito das fibras amiloides parece ser a causa primária da doença de Alzheimer, mas um segundo tipo de agregado do tipo amiloide, envolvendo uma proteína chamada tau, também se forma no interior de células (nos neurônios) de pessoas com doença de Alzheimer. Mutações hereditárias na proteína tau não resultam em Alzheimer, mas causam camundongos sem o gene para PrP (e, por isso, sem a proteína) não sofrem efeitos prejudiciais óbvios. A doença ocorre somente quando a PrP celular normal, ou PrP$^C$, apresenta uma conformação alterada, chamada de PrP$^{Sc}$ (Sc indica scrapie). A estrutura da PrP$^C$ tem duas $\alpha$-hélices. A estrutura da PrP$^{Sc}$ é muito diferente, pois a maior parte da estrutura foi convertida em folha $\beta$ do tipo amiloide (Fig. 2). A interação da PrP$^{Sc}$ com a PrP$^C$ converte esta última em PrP$^{Sc}$, iniciando um efeito dominó no qual cada vez mais proteínas do cérebro passam para a forma que causa a doença. O mecanismo pelo qual a presença de PrP$^{Sc}$ leva à encefalopatia espongiforme não é conhecido.

A forma hereditária das doenças priônicas, uma mutação no gene que codifica a PrP, produz mudança em um resíduo de aminoácido que, supõe-se, torna a conversão de PrP$^C$ em PrP$^{Sc}$ mais favorável. Para se chegar a ter um entendimento completo das doenças priônicas, ainda é preciso aguardar por novas informações sobre como a proteína príon afeta as funções cerebrais. Informações estruturais sobre PrP estão começando a fornecer indicativos dos processos moleculares que permitem às proteínas priônicas interagirem de modo a alterarem suas conformações (Fig. 2). A importância dos príons pode ir muito além das encefalopatias espongiformes. Há muitas evidências indicando que proteínas do tipo príon podem ser responsáveis por outras doenças neurodegenerativas, como a atrofia de múltiplos sistemas (AMS), uma doença que se assemelha à doença de Parkinson.

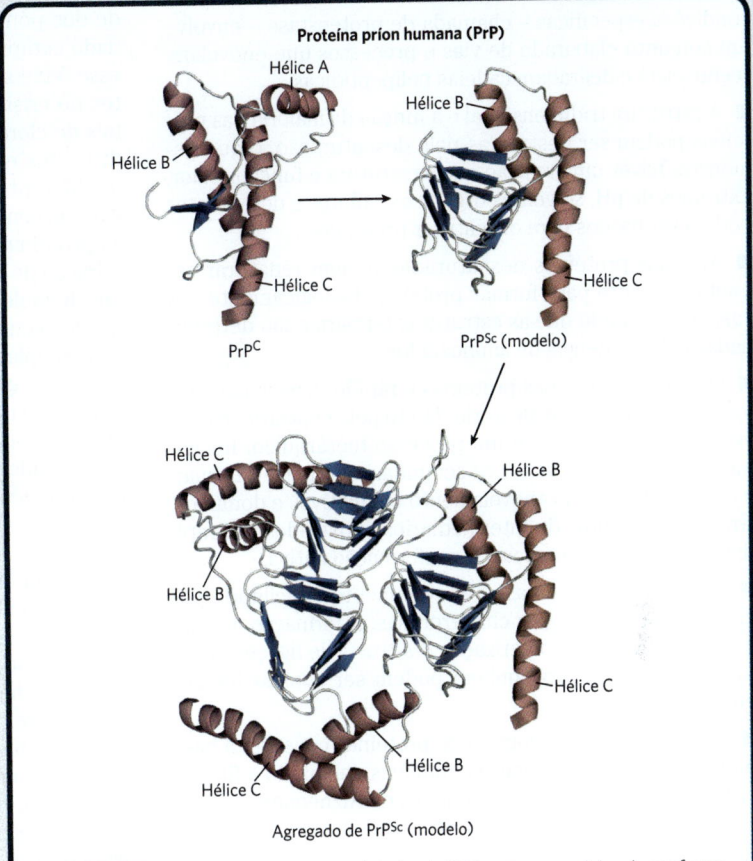

**FIGURA 2** Estrutura do domínio globular da PrP humana, modelos da conformação mal enovelada (PrP$^{Sc}$) que causa doença e um agregado de PrP$^{Sc}$. As $\alpha$-hélices estão identificadas para ajudar a ilustrar a modelagem da mudança de conformação à medida que a proteína globular se agrega. A hélice A está incorporada na estrutura da folha $\beta$ da conformação mal enovelada. [Dados da PrP humana de PDB ID 1QLX, R. Zahn et al., *Proc. Natl. Acad. Sci. USA* 97:145, 2000. Informações para os modelos obtidas de C. Govaerts et al., *Proc. Natl. Acad. Sci. USA* 101:8342, 2004.]

demência frontotemporal e parkinsonismo (condição com sintomas que lembram a doença de Parkinson), o que pode ser igualmente devastador.

Várias outras condições neurodegenerativas envolvem a agregação intracelular de proteínas com enovelamento errado. Na doença de Parkinson, a forma da proteína $\alpha$-sinucleína incorretamente enovelada se agrega a massas esféricas filamentosas, chamadas de corpos de Lewy. A doença de Huntington envolve a proteína huntingtina, que tem uma longa repetição de poliglutaminas. Em alguns indivíduos, essa repetição é maior do que o normal e leva a um tipo de agregação intracelular mais sutil. Notavelmente, quando proteínas mutantes humanas envolvidas nas doenças de Parkinson e Huntington são expressas em *Drosophila melanogaster*, as moscas apresentam degenerações que se manifestam como deterioração dos olhos, tremores e morte precoce. Todos esses sintomas são rapidamente eliminados se a expressão da chaperona Hsp70 também estiver aumentada.

O enovelamento incorreto da proteína não precisa levar à formação de amiloide para causar doenças graves. Por exemplo, a fibrose cística é causada por defeitos em uma proteína de membrana chamada de regulador da condutância transmembrana da fibrose cística (CFTR, do inglês *cystic fibrosis transmembrane conductance regulator*), que atua como canal para o íon cloreto. A mutação mais comum que causa a fibrose cística é uma deleção de um resíduo Phe na posição 508 da CFTR, que causa o enovelamento inapropriado da proteína. A maior parte dessa proteína é, então, degradada, e a função normal é perdida (ver Quadro 11-2). Estão sendo desenvolvidos fármacos que podem corrigir certos enovelamentos incorretos de CFTR. Esses fármacos são denominadas "corretores" ou "chaperonas farmacológicas". Muitas das doenças relacionadas com mutações no colágeno (p. 118) também causam enovelamento defeituoso. Um tipo particular e famoso de enovelamento errado de proteína pode ser visto nas doenças priônicas (**Quadro 4-4**).

> **RESUMO 4.4** *Desnaturação e enovelamento das proteínas*

- A manutenção do estado estacionário do repertório de proteínas celulares ativas necessárias em determinadas condições específicas – chamada de proteostase – envolve um conjunto elaborado de vias e processos que enovelam, reenovelam e degradam cadeias polipeptídicas.

- A estrutura tridimensional e a função da maioria das proteínas podem ser destruídas pela desnaturação, o que demonstra haver uma relação entre estrutura e função. Calor, extremos de pH, solventes orgânicos, solutos e detergentes podem ser usados para desnaturar proteínas.

- Algumas proteínas desnaturadas podem renaturar espontaneamente para formar proteínas biologicamente ativas, demostrando que as estruturas terciárias são determinadas pela sequência de aminoácidos.

- O enovelamento das proteínas é rápido demais para ser feito em um processo aleatório. Muito pelo contrário, o enovelamento geralmente é um processo hierárquico. Inicialmente, regiões de estrutura secundária podem se formar, e isso é seguido pelo enovelamento em motivos e domínios. Grandes conjuntos de intermediários enovelados são rapidamente levados a uma única conformação nativa.

- Para muitas proteínas, o enovelamento é facilitado por chaperonas Hsp70 e por chaperoninas. A formação de ligações dissulfeto e a isomerização *cis-trans* de ligações peptídicas contendo Pro também podem ser catalisadas por enzimas específicas.

- O enovelamento incorreto de proteínas constitui a base molecular de muitas doenças humanas, incluindo a fibrose cística e amiloidoses, como a doença de Alzheimer.

## 4.5 Determinação das estruturas de proteínas e biomoléculas

Este capítulo apresenta muitos tipos de estruturas de proteínas. Como essas estruturas são determinadas? A biologia estrutural, o estudo das estruturas tridimensionais das moléculas biológicas, inclui proteínas, ácidos nucleicos, lipídeos de membrana e oligossacarídeos. Os biólogos estruturais associam abordagens bioquímicas com ferramentas da física e métodos da computação para chegar a essas estruturas. A biologia estrutural é muito poderosa para elucidar as relações entre estrutura e função das proteínas, as bases moleculares da catálise enzimática e das ligações com ligantes, além das relações evolutivas entre proteínas. Aqui, o foco será centrado em três métodos comumente usados em biologia estrutural: cristalografia de raios X, ressonância magnética nuclear (RMN) e criomicroscopia eletrônica (crio-ME). A escolha do método a ser usado pelo biólogo estrutural depende do sistema a ser estudado e da informação desejada. Em geral, os biólogos estruturais combinam vários métodos para obter uma visão mais completa das funções.

Cada vez mais, métodos computacionais, como simulação de dinâmica molecular e enovelamento *in silico* de proteínas, tornam-se essenciais para os biólogos estruturais. Esses métodos estão apresentados no **Quadro 4-5**.

### Difração de raios X fornecem mapas da densidade eletrônica de cristais de proteínas

O espaçamento dos átomos em um retículo cristalino pode ser determinado pela medida da localização e da intensidade dos pontos produzidos por um feixe de raios X de um dado comprimento de onda em um filme fotográfico, após esse feixe ser difratado pelos elétrons dos átomos presentes no cristal. Por exemplo, a análise por raios X de cristais de cloreto de sódio mostra que os íons $Na^+$ e $Cl^-$ estão dispostos em um arranjo cúbico simples. O espaçamento de diferentes tipos de átomos presentes em moléculas orgânicas complexas, mesmo moléculas muito grandes, como as proteínas, também pode ser analisado por métodos de difração de raios X. Contudo, as técnicas para analisar cristais de moléculas complexas são muito mais trabalhosas do que as técnicas para analisar cristais de sais, que são muito mais simples. No caso do padrão de repetição de cristais de moléculas grandes como as proteínas, o enorme número de átomos da molécula produz milhares de pontos de difração, que precisam ser analisados por computador.

Considere como as imagens são geradas em um microscópio óptico. A luz de uma fonte pontual é focalizada em um objeto. O objeto espalha as ondas de luz, e essas ondas espalhadas são reagrupadas por uma série de lentes para gerar uma imagem aumentada do objeto. O tamanho mínimo do objeto cuja estrutura pode ser determinada dessa forma, isto é, o poder de resolução do microscópio, é determinado pelo comprimento de onda de luz: nesse caso, a luz visível (comprimento de onda entre 400 e 700 nm). Objetos menores que a metade do comprimento de onda da luz incidente não podem ser resolvidos. Para resolver objetos tão pequenos quanto as proteínas, é necessário usar raios X, com comprimentos de onda na faixa de 0,7 a 1,5 Å (0,07 a 0,15 nm). Entretanto, não há lentes que possam reagrupar os raios X para formar uma imagem. Em vez disso, o padrão de difração de raios X é coletado diretamente, e a imagem é reconstruída por técnicas matemáticas.

A quantidade de informação obtida por **cristalografia de raios X** depende do grau de organização estrutural da amostra. Alguns parâmetros importantes foram obtidos nos primeiros estudos acerca dos padrões de difração de proteínas fibrosas organizadas de forma regular no cabelo e na lã. Entretanto, os feixes ordenados formados pelas proteínas fibrosas não são cristais, pois as moléculas estão alinhadas lado a lado e nem todas estão orientadas na mesma direção. Informações estruturais tridimensionais mais detalhadas sobre as proteínas necessitam de um cristal de proteína altamente ordenado. As estruturas de muitas proteínas ainda permanecem desconhecidas, simplesmente porque elas são difíceis de cristalizar. Os profissionais que trabalham nessa área comparam a preparação de cristais com manter unida uma pilha de bolas de boliche com uma fita adesiva.

Do ponto de vista operacional, existem vários passos para fazer uma análise de estrutura por raios X (**Fig. 4-30**). Um cristal é colocado entre uma fonte de feixes de raios X e o detector, e é gerado um conjunto regular de pontos, chamados de reflexões. Os pontos são gerados pela difração do feixe de raios X, e cada átomo da molécula dá uma contribuição para cada ponto. Um mapa de densidade eletrônica da proteína é reconstruído a partir do padrão total de difração usando uma técnica matemática denominada transformada

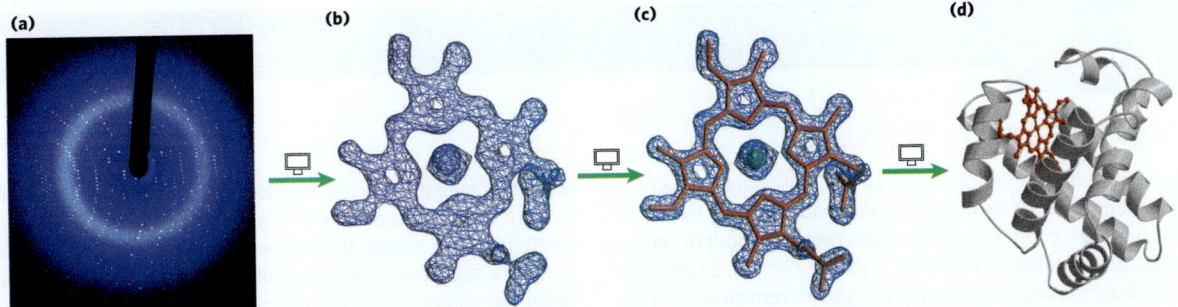

**FIGURA 4-30 Etapas da determinação da estrutura da mioglobina de cachalote por cristalografia de raios X.** (a) A partir de cristais da proteína, são gerados padrões de difração de raios X. (b) Os dados obtidos pelo padrão de difração são utilizados para calcular um mapa de densidade eletrônica tridimensional. Somente a densidade eletrônica do heme, uma pequena parte da estrutura, está mostrada. (c) As regiões de maior densidade eletrônica revelam a localização do núcleo atômico, e essa informação é utilizada para construir a estrutura final. Aqui, a estrutura do heme está modelada dentro do mapa de densidade eletrônica. (d) Estrutura completa da mioglobina de cachalote, incluindo o heme. [(a, b, c) Foto e dados de George N. Phillips, Jr, University of Wisconsin-Madison, Department of Biochemistry. (d) Dados de PDB ID 2MBW, E. A. Brucker et al., *J. Biol. Chem.* 271:25.419, 1996.]

de Fourier. O computador age, na verdade, como uma "lente computacional". Um modelo da estrutura é, então, construído de acordo com o mapa de densidade eletrônica.

John Kendrew verificou que o padrão de difração de raios X da mioglobina cristalina (isolada de músculos do cachalote) é muito complexo, com cerca de 25 mil reflexões. Os cálculos dessas reflexões, feitos por computador, ocorrem em etapas. A resolução foi aumentando a cada etapa, até que, em 1959, as posições de quase todos os átomos, com exceção dos átomos de hidrogênio, foram determinadas. A sequência de aminoácidos da proteína, obtida por análise química, foi consistente com o modelo molecular. Desde então, as estruturas de mais de 100 mil proteínas, a maioria delas mais complexa que a mioglobina, foram determinadas por meio de cristalografia de raios X com um nível de resolução semelhante.

É claro que o ambiente físico em um cristal não é idêntico ao ambiente em solução ou em uma célula viva. O cristal impõe uma média temporal e espacial à estrutura deduzida a partir da análise, e os estudos de difração de raios X fornecem poucas informações sobre os movimentos moleculares no interior da proteína. A conformação das proteínas em um cristal também pode ser afetada por fatores não fisiológicos, como contatos proteína-proteína, dentro do cristal. No entanto, quando estruturas obtidas pela análise de cristais são comparadas com informações estruturais obtidas por outras formas (como RMN, descrita a seguir), as estruturas obtidas do cristal quase sempre são representativas da conformação funcional da proteína.

### As distâncias entre os átomos de uma proteína podem ser medidas por ressonância magnética nuclear

Uma vantagem dos estudos usando **ressonância magnética nuclear (RMN)** é que eles são realizados com as macromoléculas em solução, ao passo que a cristalografia é limitada a moléculas que podem ser cristalizadas. A RMN também pode esclarecer o aspecto dinâmico da estrutura da proteína, incluindo mudanças conformacionais, enovelamento proteico e interação com outras moléculas.

A RMN é a manifestação do momento angular do *spin* nuclear, uma propriedade quântico-mecânica dos núcleos atômicos. Somente alguns átomos, incluindo $^1$H, $^{13}$C, $^{15}$N, $^{19}$F e $^{31}$P, apresentam o tipo de *spin* nuclear que gera sinal na RMN. O *spin* nuclear gera um dipolo magnético. Quando um campo magnético estático e forte é aplicado a uma solução contendo um único tipo de macromolécula, os dipolos magnéticos são alinhados no campo em uma de duas orientações: paralela (baixa energia) ou antiparalela (alta energia). Um curto (cerca de 10 $\mu$s) pulso de energia eletromagnética de frequência adequada (a frequência de ressonância, que está dentro da faixa de radiofrequência) é aplicado, em certos ângulos, aos núcleos alinhados no campo magnético. Uma certa quantidade de energia é absorvida à medida que o núcleo muda para um estado de maior energia, e o espectro de absorção resultante contém informações sobre a identidade do núcleo e o ambiente químico das imediações. Os dados de muitos experimentos como esse com uma mesma amostra são reunidos, o que aumenta a relação sinal-ruído, e é gerado um espectro de RMN, como o mostrado na **Figura 4-31**.

O $^1$H é especialmente importante nos experimentos de RMN, pois é altamente sensível e muito abundante na natureza. Para macromoléculas, os espectros de RMN de $^1$H podem ser bem complicados. Até mesmo uma proteína pequena pode ter centenas de átomos de $^1$H e, em geral, gera um espectro de RMN unidimensional muito complexo para ser analisado. A análise estrutural de proteínas tornou-se possível com o advento da técnica de RMN bidimensional (Fig. 4-31b, c, d). Esses métodos permitem medir o acoplamento, dependente da distância, dos *spins* dos núcleos de átomos próximos no espaço (o efeito Overhauser nuclear [NOE], em um método chamado de NOESY) ou o acoplamento dos *spins* nucleares de átomos conectados por ligações covalentes (espectroscopia de correlação total, ou TOCSY).

A tradução de um espectro de RMN bidimensional em uma estrutura tridimensional completa é um processo muito trabalhoso. Os sinais de NOE fornecem algumas informações sobre as distâncias entre cada um dos átomos, porém, para esses valores de distâncias serem úteis, os átomos que originam cada sinal devem ser identificados. Experimentos complementares de TOCSY podem ajudar na identificação de quais são os sinais de NOE que refletem átomos ligados por ligações covalentes. Certos padrões de sinais de NOE

## QUADRO 4-5

### *Videogames* e projeção de proteínas

Ferramentas de computação tornaram-se indispensáveis na bioquímica. Enquanto os avanços nos computadores e nos *softwares* revolucionaram como as estruturas das proteínas podem ser resolvidas por cristalografia de raios X, RMN e crio-ME, os avanços na química computacional permitem agora desenvolver diversos estudos das estruturas das proteínas totalmente *in silico* usando programas poderosos de modelagem e dinâmica moleculares. Contribuições decisivas para esse campo do conhecimento foram dadas por Martin Kaplus, Michael Levitt e Arieh Warshel, que receberam o Prêmio Nobel de Química de 2013 pelo trabalho que fizeram sobre ferramentas teóricas e computacionais para fazer simulações em computadores de moléculas tão grandes como as proteínas.

O enovelamento proteico é um problema particularmente adequado aos bioquímicos da computação. O panorama do enovelamento proteico pode ser complexo. Teoricamente, o número de possibilidades de conformações que um peptídeo pode experimentar à medida que se enovela é quase infinito. Entretanto, para entender como o enovelamento ocorre de maneira eficiente testando apenas um pequeno número das conformações possíveis, são necessários computadores com capacidade para testar rapidamente dezenas de milhares de possíveis trajetórias de enovelamento em um tempo curto. Algumas vezes, esses cálculos são feitos em supercomputadores poderosos, e, em outras, os grupos de pesquisa abordam esses problemas por meio da colaboração coletiva de milhares de outros cientistas.

David Baker foi pioneiro no uso de colaboração coletiva para resolver problemas de enovelamento de proteínas, engajando milhões de usuários de computadores na bioquímica. O projeto Rosetta@home distribui problemas complexos de enovelamento proteico para a comunidade científica, que roda o programa em segundo plano nos seus computadores pessoais. Cada computador pessoal tem capacidade para fazer uma parte do experimento de enovelamento, e esses resultados podem ser combinados com os resultados de outros usuários para predizer as estruturas proteicas.

Foldit é um *videogame* no qual os usuários competem para resolver quebra-cabeças de enovelamento de proteínas (Fig. 1). Os usuários são recompensados ao fazerem contatos que estabilizam a estrutura, como ligações de hidrogênio ou interações de van der Waals favoráveis. Projetos de proteínas virtuais (por vezes denominados teozimas) obtidos no *videogame* podem, então, ser testados no mundo real. Em laboratório, é possível criar DNA de genes que codifiquem para essas proteínas virtuais e usá-los para produzir proteínas por via recombinante em bactérias por meio das técnicas descritas no Capítulo 9. Após purificadas, as proteínas podem, então, ser caracterizadas por cristalografia de raios X ou RMN para verificar o quanto as estruturas projetadas em computador estão próximas das do mundo real.

Uma aplicação empolgante da bioquímica computacional é a criação de "projetos de proteínas". Essas proteínas podem ter enovelamentos e funções completamente novos e que nunca foram observados na natureza. Projetar proteínas tem potencial para ser aplicado em bioengenharia, medicina, ciência dos materiais e química. Em um exemplo recente, o Baker Lab preparou uma série de quebra-cabeças no Foldit (como "Cover the Ligant", no qual o usuário tem de redesenhar o sítio de ligação, reconstruindo a espinha dorsal da proteína e trocando as cadeias

David Baker
[Fotografia por Ian C. Haydon, cortesia de Institute for Protein Design, University of Washington]

foram associados a estruturas secundárias, como, por exemplo, α-hélices. Pode-se usar engenharia genética (Capítulo 9) para preparar proteínas que contenham os isótopos raros $^{13}$C ou $^{15}$N. Os novos sinais de RMN produzidos por esses átomos acoplados com os sinais de $^{1}$H resultantes dessas substituições ajudam a identificar sinais individuais de NOE. O processo também é facilitado pelo conhecimento da sequência do polipeptídeo.

Para gerar a representação de uma estrutura tridimensional, os pesquisadores colocam em um computador as restrições de distância junto às restrições geométricas conhecidas, como quiralidade, raios de van der Waals e distância e ângulo de ligação. O computador gera, então, uma família de estruturas altamente aparentadas que representam um conjunto de conformações consistentes com os valores observados no NOE (Fig. 4-31d). A incerteza das estruturas geradas por RMN é, em parte, reflexo das vibrações moleculares que ocorrem dentro de uma proteína em solução, discutidas em mais detalhes no Capítulo 5. A incerteza experimental normal também influi.

## 4.5 DETERMINAÇÃO DAS ESTRUTURAS DE PROTEÍNAS E BIOMOLÉCULAS

**FIGURA 1** O *videogame* Foldit usa uma interface de colaboração coletiva para resolver problemas de enovelamento de proteínas. As proteínas projetadas no *videogame* podem ser recriadas em laboratório e estudadas por meio do uso de métodos bioquímicos e estruturais.

laterais de aminoácidos) para melhorar a eficiência catalítica de uma Diels-Alderase previamente construída (Fig. 2). A reação da Diels-Alder é um método comum da química orgânica para criar ligações carbono-carbono, mas quase nunca é feita por enzimas de ocorrência natural. As enzimas Diels-Alderase têm potencial para serem usadas em reações de formação de ligações carbono-carbono em água, e não em solventes orgânicos tóxicos, o que é mais amigável ao meio ambiente. Os competidores do Foldit usaram o *videogame* para projetar milhares de enzimas virtuais. Os jogadores tiveram tanto sucesso que as melhores enzimas virtuais foram produzidas e testadas no mundo real e apresentaram uma atividade 18 vezes maior que a Diels-Alderase original. Incrivelmente, a estrutura da proteína criada pelos jogadores de Foldit foi confirmada por cristalografia de raios X. Esse é, definitivamente, um caso em que se pode encorajar os estudantes de bioquímica a passarem mais tempo jogando *videogames*!

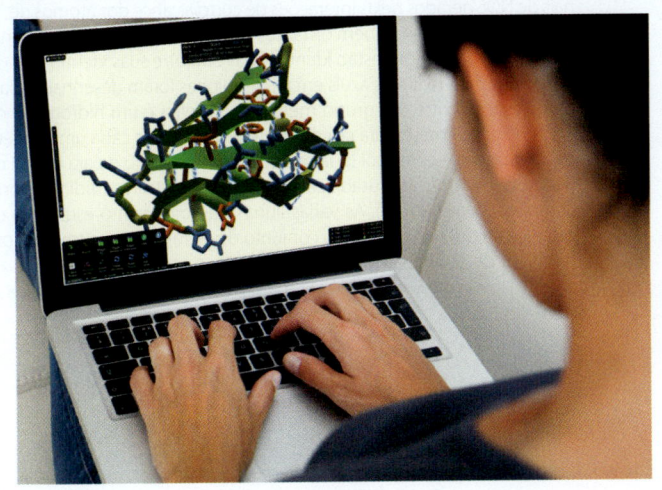

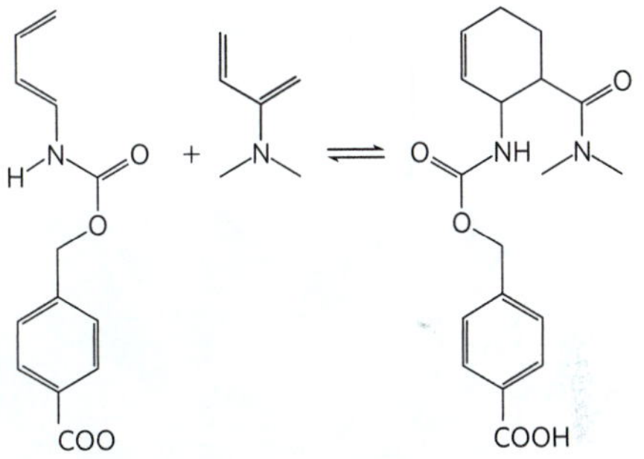

**FIGURA 2** Reação de Diels-Alder catalisada por enzimas projetadas por jogadores de Foldit. Reações de Diels-Alder são geralmente usadas pelos químicos orgânicos para formar ligações C–C, mas existem poucos exemplos de enzimas que catalisam esse tipo de química na natureza. [Informações de C. B. Eiben et al., *Nature Biotechnol.* 30:190, 2019.]

### Milhares de moléculas são utilizadas para determinar a estrutura por criomicroscopia eletrônica

Nossa compreensão de processos altamente complexos, como a expressão gênica, a fosforilação oxidativa mitocondrial e a infecção viral, é auxiliada imensamente pelo conhecimento das estruturas moleculares detalhadas das proteínas que participam desses processos. Todavia, geralmente é difícil determinar a estrutura molecular de complexos de macromoléculas grandes e dinâmicas que contêm dezenas de subunidades proteicas. Além disso, proteínas integrais de membranas geralmente são refratárias à cristalização quando removidas do ambiente lipídico, o que torna difícil resolver as estruturas por difração de raios X, e muitas são grandes demais para RMN. Em princípio, objetos discretos com diâmetro na faixa entre 100 e 300 Å podem ser visualizados por microscopia eletrônica (ME). Na prática, a alta intensidade do feixe na ME com frequência danifica a amostra antes que uma imagem de alta resolução possa ser obtida. Na **criomicroscopia eletrônica** (**crio-ME**), uma amostra

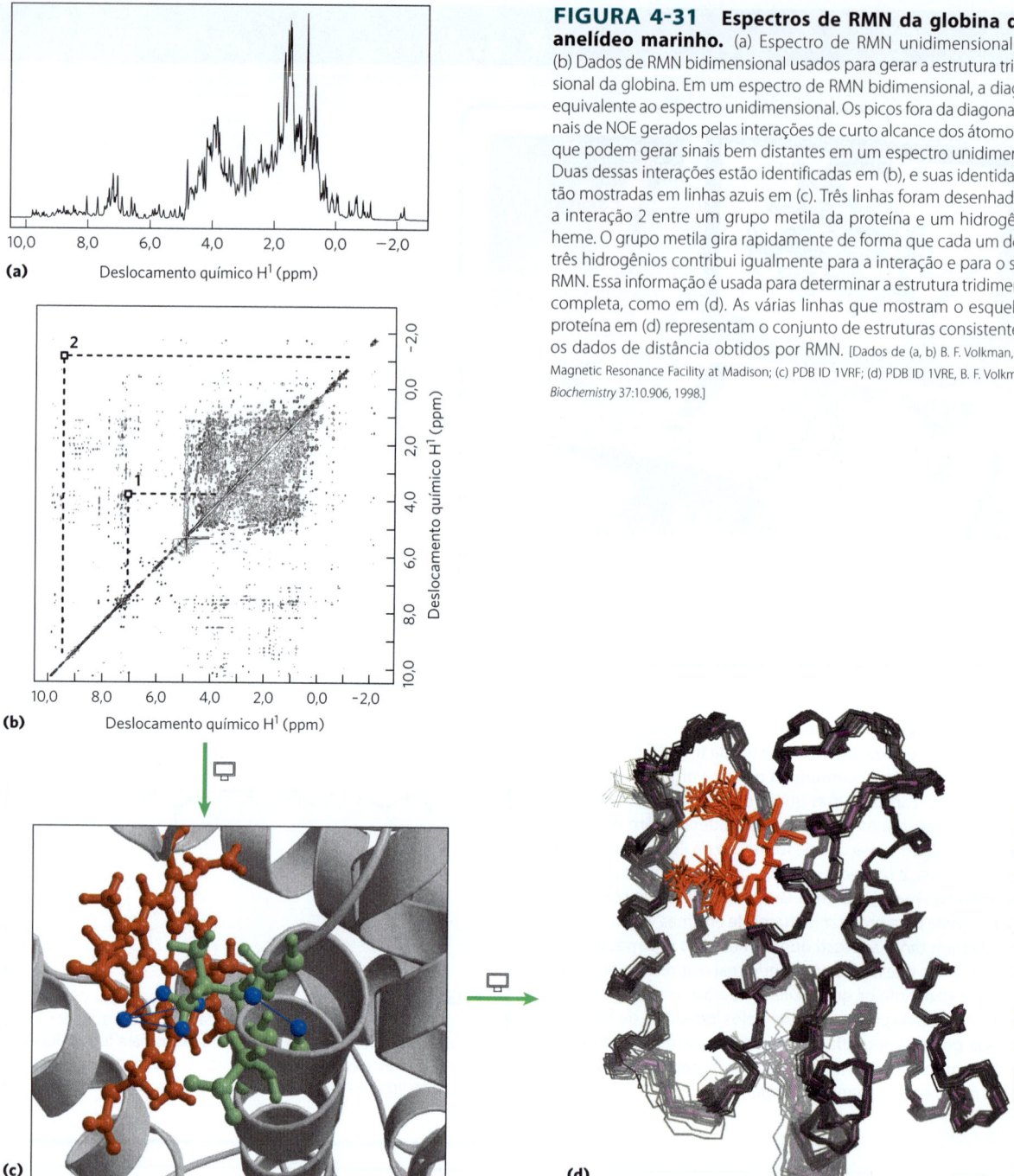

**FIGURA 4-31 Espectros de RMN da globina de um anelídeo marinho.** (a) Espectro de RMN unidimensional de $^1$H. (b) Dados de RMN bidimensional usados para gerar a estrutura tridimensional da globina. Em um espectro de RMN bidimensional, a diagonal é equivalente ao espectro unidimensional. Os picos fora da diagonal são sinais de NOE gerados pelas interações de curto alcance dos átomos de $^1$H, que podem gerar sinais bem distantes em um espectro unidimensional. Duas dessas interações estão identificadas em (b), e suas identidades estão mostradas em linhas azuis em (c). Três linhas foram desenhadas para a interação 2 entre um grupo metila da proteína e um hidrogênio do heme. O grupo metila gira rapidamente de forma que cada um dos seus três hidrogênios contribui igualmente para a interação e para o sinal de RMN. Essa informação é usada para determinar a estrutura tridimensional completa, como em (d). As várias linhas que mostram o esqueleto da proteína em (d) representam o conjunto de estruturas consistentes com os dados de distância obtidos por RMN. [Dados de (a, b) B. F. Volkman, National Magnetic Resonance Facility at Madison; (c) PDB ID 1VRF; (d) PDB ID 1VRE, B. F. Volkman et al., *Biochemistry* 37:10.906, 1998.]

contendo muitas cópias individuais da estrutura de interesse é congelada rapidamente e mantida congelada enquanto é observada em duas dimensões com o microscópio eletrônico, reduzindo enormemente o dano infligido à amostra pelo feixe eletrônico.

Partículas como os complexos mitocondriais purificados, organizados ao acaso na grade do microscópio, são visualizadas com o microscópio crioeletrônico. Quando a crio-ME é combinada com algoritmos poderosos para transformar estruturas bidimensionais de dezenas de milhares de complexos individuais, orientados ao acaso em uma composição tridimensional, às vezes é possível determinar estruturas moleculares em um nível comparável ao obtido por cristalografia de raios X (**Fig. 4-32**). Nos casos favoráveis, os aspectos repetitivos podem ser automatizados, como a escolha de objetos a serem incluídos na análise, o imageamento de cada objeto individualmente e os cálculos para produzir uma estrutura tridimensional a partir do

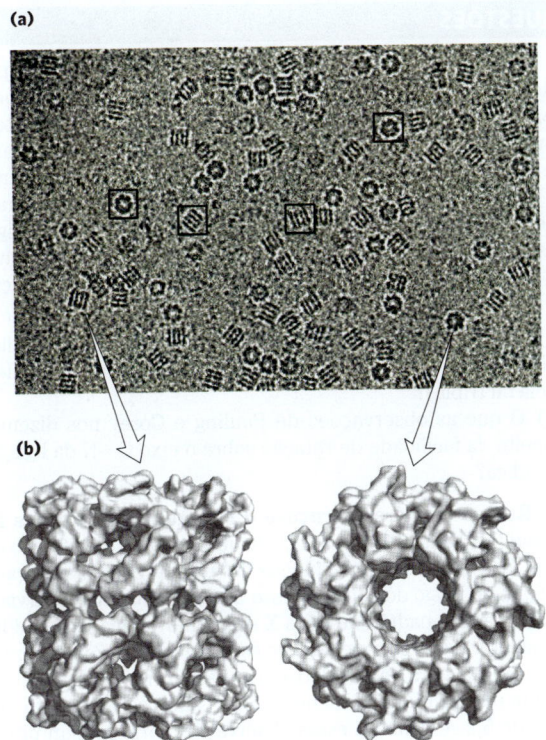

**FIGURA 4-32 Estrutura da proteína chaperona GroEL determinada por crio-ME de partícula única.** (a) Imagens por crio-ME de muitas partículas individuais de GroEL. (b) Vistas lateral e superior da estrutura tridimensional obtida da análise de imagens de ME.
[(a) Alberto Bartesaghi e Sriram Subramaniam, National Cancer Institute, National Institutes of Health. (b) Dados de PDB ID 3E76, P. D. Kaiser et al., *Acta Crystallogr.* 65:967, 2009.]

enorme número de imagens bidimensionais. O banco de dados EMDataResource (www.emdataresource.org) é um recurso unificado para estudar mapas de estruturas obtidas por ME depositados em bancos de dados aos quais são atribuídos códigos de acesso EMDataBank (EMDB).

Muitas estruturas novas foram obtidas por crio-ME sem o uso de modelos baseados em estruturas anteriormente obtidas por difração de raios X ou RMN. Uma vez que a crio-ME se baseia na obtenção da imagem de uma única molécula dentro de um complexo, essa técnica também pode ser usada para selecionar a imagem das partículas e, simultaneamente, determinar as estruturas de muitos estados conformacionais. A crio-ME vem sendo utilizada para resolver as estruturas de alguns dos maiores e mais dinâmicos complexos presentes nas células, como a enzima humana telomerase (**Fig. 4-33**). A telomerase é uma enzima essencial para manter a integridade dos cromossomos na espécie humana (ver Capítulo 26) e é alvo de importantes pesquisas médicas, devido à sua participação no envelhecimento e no câncer. A crio-ME foi uma ferramenta crucial para que os laboratórios de Eva Nogales e Kathleen Collins conseguissem determinar a arquitetura da telomerase, devido à heterogeneidade do complexo e à pequena quantidade que podia ser purificada a partir de células humanas – muito menor do que a necessária para as técnicas de cristalização, mas suficiente para observar uma só molécula por crio-ME.

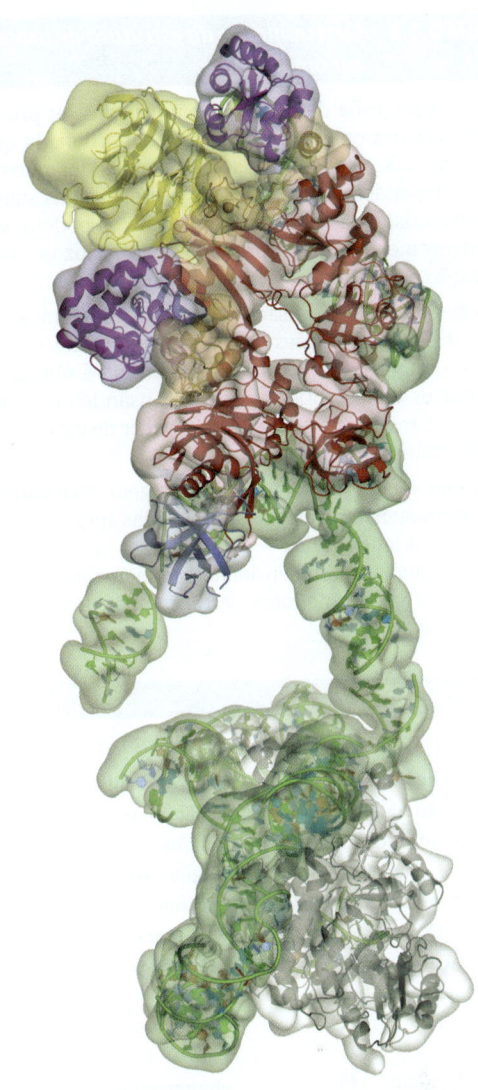

**FIGURA 4-33 Estrutura da telomerase humana por crio-ME.** As estruturas de componentes do RNA (em verde) e da proteína (representações em fita) telomerase humana estão mostradas embutidas no mapa de densidade da microscopia eletrônica calculado para 10,2 Å. [Dados de EMDB ID EMD-7521, T. Nguyen et al., *Nature* 557:190, 2018.]

Eva Nogales
[Cortesia de Eva Nogales.]

Kathleen Collins
[Cortesia de Kathleen Collins.]

## RESUMO 4.5 Determinação da estrutura de proteínas e biomoléculas

- Na cristalografia de raios X, as moléculas de proteínas são cristalizadas em uma orientação bem ordenada que difrata os raios X. O padrão e as intensidades dos raios X difratados dependem da estrutura da proteína e das suas propriedades cristalinas. Métodos matemáticos podem, então, reconstruir a estrutura da proteína que produz um padrão de difração específico.

- Em geral, a RMN é usada para moléculas em solução, e são obtidas informações sobre o núcleo atômico e o seu ambiente químico. A estrutura da proteína é obtida ao se computar os dados obtidos por RMN, usando centenas de distâncias e restrições geométricas a partir de experimentos de RMN multidimensionais.

- As biomoléculas são congeladas em gelo vitrificado para se obter imagens por crio-ME. Moléculas individualizadas são, então, identificadas e selecionadas computacionalmente. As imagens bidimensionais selecionadas são combinadas usando computadores para produzir uma estrutura tridimensional.

## TERMOS-CHAVE

*Os termos em negrito estão definidos no glossário.*

**conformação** 106
**conformação nativa** 107
**efeito hidrofóbico** 108
camada de solvatação 108
**estrutura secundária** 111
**α-hélice** 111
**conformação β** 114
**folha β** 114
**volta β** 114
gráfico de Ramachandran 114
**espectroscopia de dicroísmo circular (CD)** 116
**estrutura terciária** 116
**estrutura quaternária** 116
**proteínas fibrosas** 116
**proteínas globulares** 116
**proteínas intrinsecamente desordenadas** 116
α-queratina 117
colágeno 118
fibroína 120
**Protein Data Bank (PDB)** 122
**motivo** 123
**enovelamento** 123
**domínio** 123
**diagrama de topologia** 125
família de proteínas 125
multímero 127
**oligômero** 127
**protômero** 127
**proteostase** 128
**desnaturação** 129
**renaturação** 130
**chaperona** 132
Hsp70 132
**chaperonina** 133
proteína dissulfeto-isomerase (PDI) 133
peptídeo prolil-*cis-trans*-isomerase (PPI) 133
amiloide 133
**amiloidoses** 133
príon 134
**cristalografia de raios X** 136
**espectroscopia por ressonância magnética nuclear (RMN)** 137
**criomicroscopia eletrônica (crio-ME)** 139

## QUESTÕES

1. **Propriedades da ligação peptídica** Em estudos por raios X de peptídeos cristalizados, Linus Pauling e Robert Corey constataram que a ligação C—N da ligação peptídica tem um comprimento intermediário (1,32 Å), entre o comprimento de uma ligação simples C—N típica (1,49 Å) e o comprimento de uma ligação dupla C=N (1,27 Å). Eles também observaram que a ligação peptídica é planar (todos os quatro átomos ligados ao grupo C—N estão no mesmo plano) e que os dois átomos de carbono α ligados ao C—N são sempre *trans* um em relação ao outro (em lados opostos da ligação peptídica).

    **(a)** O que o comprimento da ligação C—N da ligação peptídica indica sobre a força e a ordem de ligação (i.e., se ela é simples, dupla ou tripla)?

    **(b)** O que as observações de Pauling e Corey nos dizem a respeito da facilidade de rotação sobre o eixo C—N da ligação peptídica?

2. **Relações entre estrutura e função nas proteínas fibrosas** William Astbury descobriu que o padrão de difração de raios X da lã mostra uma unidade estrutural repetida espaçada de 5,2 Å ao longo do comprimento da fibra. Quando ele fervia e esticava a lã, o padrão de raios X apresentava uma nova unidade estrutural que se repetia, com espaçamento de 7,0 Å. Ferver e esticar a lã para depois deixá-la se retrair novamente resulta em um padrão de raios X consistente com o espaçamento original de 5,2 Å. Embora essas observações fornecessem pistas importantes sobre a estrutura molecular da lã, Astbury não foi capaz de interpretá-las naquela época.

    **(a)** Levando em consideração o atual conhecimento sobre a estrutura da lã, interprete as observações de Astbury.

    **(b)** Blusões e meias de lã encolhem quando são lavados em água quente ou aquecidos em uma máquina de secar roupas. Em contrapartida, nas mesmas condições, a seda não encolhe. Como isso pode ser explicado?

3. **Velocidade da síntese da α-queratina do cabelo** O cabelo cresce com uma velocidade de 15 a 20 cm/ano. Todo esse crescimento está concentrado na base da fibra de cabelo, em que os filamentos de α-queratina são sintetizados dentro das células vivas da epiderme, arranjados em estruturas com formato de cordas (ver Fig. 4-10). O elemento estrutural principal da α-queratina é a α-hélice, que tem 3,6 resíduos de aminoácidos por volta e avança 5,4 Å por volta (ver Fig. 4-3a). Supondo que a biossíntese das cadeias de queratina α-helicoidal seja o fator limitante da velocidade de crescimento do cabelo, calcule a velocidade na qual as ligações peptídicas das cadeias de α-queratina devem ser sintetizadas (ligações peptídicas por segundo) para chegar ao crescimento anual observado para o cabelo.

4. **Efeito do pH na conformação α-helicoidal das estruturas secundárias** A rotação específica é uma medida da capacidade da solução em girar a luz polarizada circularmente. O desenovelamento da α-hélice de um polipeptídeo para formar uma estrutura enovelada aleatoriamente é acompanhado por um grande decréscimo em uma propriedade chamada de rotação específica. Em pH 3, o poliglutamato, um polipeptídeo formado unicamente por resíduos de L-Glu, tem conformação em α-hélice. Quando o pH sobe para 7, há uma grande perda da rotação específica da solução. Da mesma forma, a polilisina (resíduos L-Lys) forma uma α-hélice em pH 10, mas, quando o pH é diminuído para 7, a rotação específica também diminui, como mostrado no gráfico.

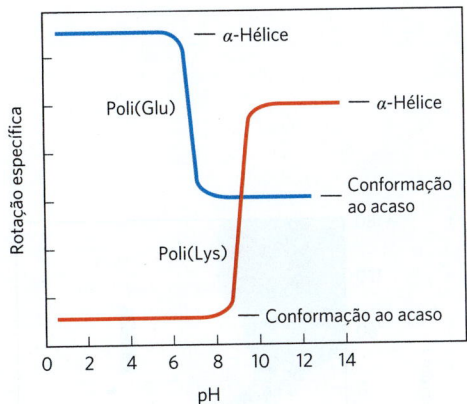

Qual é a explicação para o efeito da mudança de pH nas conformações de poli(Glu) e de poli(Lys)? Por que a transição ocorre em uma faixa tão estreita de pH?

**5. Ligações dissulfeto determinam as propriedades de muitas proteínas** Algumas proteínas naturais são ricas em ligações dissulfeto, e suas propriedades mecânicas (tensão elástica, viscosidade, dureza, etc.) estão correlacionadas com o grau de ligações dissulfeto.

**(a)** A glutenina, proteína do trigo rica em ligações dissulfeto, é responsável pelo caráter aderente e elástico da massa feita com farinha de trigo. De modo similar, a natureza dura e resistente do casco da tartaruga deve-se às inúmeras ligações dissulfeto da sua α-queratina. Qual é a base molecular para a correlação entre o conteúdo de ligações dissulfeto e as propriedades mecânicas da proteína?

**(b)** A maioria das proteínas globulares desnatura e perde a atividade quando são aquecidas rapidamente a 65 °C. Entretanto, as proteínas globulares que têm muitas ligações dissulfeto geralmente devem ser expostas ao calor por mais tempo e a uma temperatura mais alta para serem desnaturadas. Uma dessas proteínas é o inibidor de tripsina pancreática bovina (BPTI, do inglês *bovine pancreatic trypsin inhibitor*), que tem 58 resíduos de aminoácidos em uma única cadeia e contém três ligações dissulfeto. Após resfriar uma solução de BPTI desnaturada, a proteína recupera a atividade. Qual é a base molecular para essa propriedade?

**6. Ângulos diedros** Considere várias séries de ângulos de torção, $\phi$ e $\psi$, que podem ser assumidos pelo esqueleto peptídico. Qual dessas séries corresponde mais proximamente aos ângulos $\phi$ e $\psi$ de uma tripla hélice de colágeno ideal? Tome a Figura 4-8 como guia.

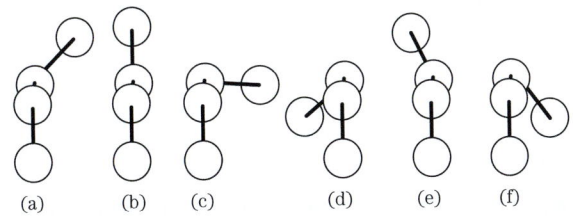

**7. Sequência de aminoácidos e estrutura das proteínas** O crescente entendimento de como as proteínas se enovelam permite que os pesquisadores façam predições sobre a estrutura de uma proteína com base em dados da sequência primária de aminoácidos. Considere a seguinte sequência de aminoácidos:

| 1 | 2 | 3 | 4 | 5 | 6 | 7 | 8 | 9 | 10 |
|---|---|---|---|---|---|---|---|---|---|
| Ile | –Ala | –His | –Thr | –Tyr | –Gly | –Pro | –Phe | –Glu | –Ala – |

| 11 | 12 | 13 | 14 | 15 | 16 | 17 | 18 | 19 | 20 |
|---|---|---|---|---|---|---|---|---|---|
| Ala | –Met | –Cys | –Lys | –Trp | –Glu | –Ala | –Gln | –Pro | –Asp – |

| 21 | 22 | 23 | 24 | 25 | 26 | 27 | 28 |
|---|---|---|---|---|---|---|---|
| Gly | –Met | –Glu | –Cys | –Ala | –Phe | –His | –Arg |

**(a)** Onde podem ocorrer curvas ou voltas $\beta$?
**(b)** Onde ligações dissulfeto intracadeias podem ser formadas?
**(c)** Suponha que essa sequência faça parte de uma proteína globular grande. Indique a localização provável (superfície externa ou interior da proteína) de cada resíduo dos aminoácidos: Asp, Ile, Thr, Ala, Gln, Lys. Explique seu raciocínio. (Dica: veja o índice de hidropatia na Tabela 3-1.)

**8. Contribuição dos aminoácidos para o enovelamento das proteínas** Assim como a ribonuclease A, a lisozima do fago T4 serve de modelo para entender a energética e as vias do enovelamento das proteínas. Diferentemente da ribonuclease A, entretanto, a lisozima de T4 não tem qualquer ligação dissulfeto. Diversos estudos quantificaram a contribuição individual de cada resíduo de aminoácido e as interações que levam ao enovelamento da lisozima de T4.

**(a)** Um par iônico entre um resíduo de Asp e um de His na lisozima do T4 contribui com 13 a 21 kJ/mol de energia favorável para o enovelamento em pH 6,0. Entretanto, esse par iônico contribui muito menos para o enovelamento da lisozima tanto em pH 2,0 como em pH 10,0. Como essa observação pode ser explicada?
**(b)** Suponha que, no enovelamento, o resíduo de Met esteja soterrado no núcleo hidrofóbico da lisozima de T4 e seja substituído, por uma mutação, por um resíduo de Lys. Como essa mutação poderia afetar o gráfico da desnaturação térmica da lisozima de T4 em pH 3,0? (Ver Fig. 4-24a para ter um exemplo de gráfico de desnaturação térmica.)
**(c)** Agora, suponha que o experimento de desnaturação térmica com a lisozima com a mutação de Met para Lys seja feito em pH 10,0. Preveja se o impacto dessa mutação aumentaria ou diminuiria a estabilidade da proteína em pH 10,0 em relação a pH 3,0. Explique sua previsão.

**9. Bacteriorrodopsina em proteínas púrpuras de membrana** Sob condições ambientais adequadas, a arqueobactéria *Halobacterium halobium* sintetiza uma proteína de membrana ($M_r$ 26.000) conhecida como bacteriorrodopsina, que tem cor púrpura devido ao seu conteúdo em retinal (ver Fig. 10-20). As moléculas dessa proteína se agregam em "manchas púrpuras" na membrana celular. A bacteriorrodopsina atua como uma bomba de prótons ativada pela luz e fornece energia para as funções da célula. A análise por raios X dessa proteína revela que ela consiste em sete segmentos α-helicoidais paralelos, cada um deles atravessando a membrana celular da bactéria (espessura de 45 Å). Calcule o número mínimo de resíduos de aminoácidos necessário para um segmento de α-hélice atravessar completamente a membrana. Estime a proporção da bacteriorrodopsina que está envolvida em hélices transmembrana. (Use uma massa média de 110 para os resíduos de aminoácido.)

**10. Conservação da estrutura das proteínas** Margaret Oakley Dayhoff teve a ideia inicial sobre superfamílias ao perceber que proteínas com sequências de aminoácidos diferentes podem ter estruturas terciárias similares. Por que a estrutura de uma proteína pode ser mais conservada do que as sequências dos aminoácidos?

**11. Interpretação dos diagramas de Ramachandran**
Examine as duas proteínas a seguir, marcadas como (a) e (b). Qual dos dois diagramas de Ramachandran, marcados (c) e (d), tem a maior probabilidade de ser obtido para cada uma das proteínas? Por quê? [Dados de (a) PDB ID 1GWY, J. M. Mancheno et al., *Structure* 11:1319, 2003; (b) PDB ID 1A6M, J. Vojtechovsky et al., *Biophys. J.* 77:2153, 1999.]

(a)
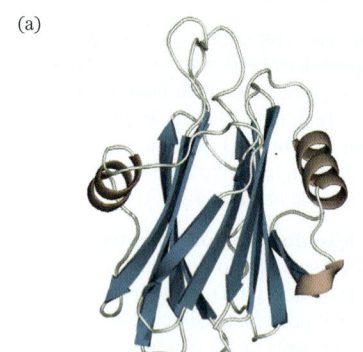

(b)
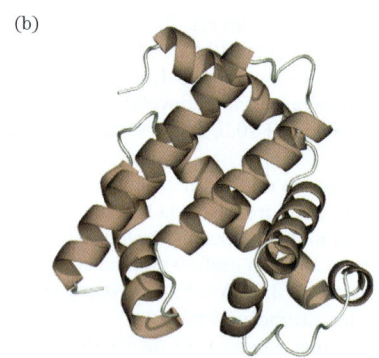

(c)
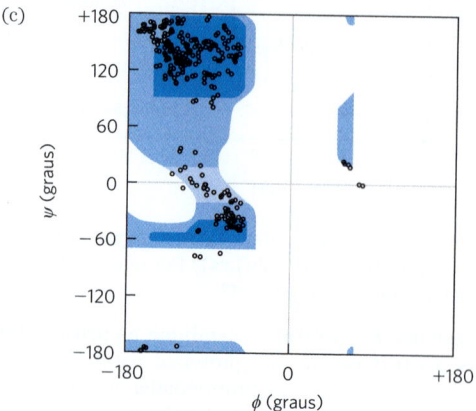

(d)
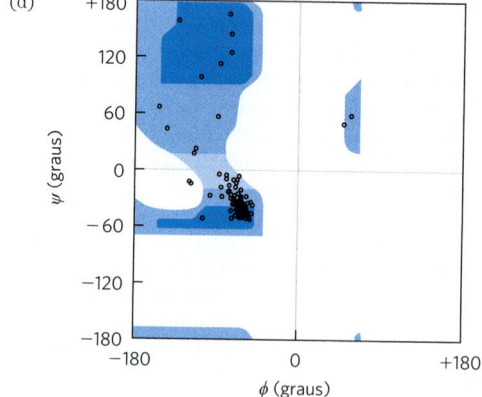

**12. Número de cadeias polipeptídicas em uma proteína com várias subunidades** Um pesquisador tratou uma amostra (660 mg) de uma proteína oligomérica ($M_r$ 132.000) com um excesso de 1-flúor-2,4-dinitrobenzeno (reagente de Sanger) sob condições levemente alcalinas até que a reação química se completasse. Ele, então, hidrolisou completamente as ligações peptídicas da proteína, aquecendo-a com HCl concentrado. O hidrolisado continha 5,5 mg do seguinte composto:

Não foram encontrados derivados 2,4-dinitrofenil dos grupos α-amino de outros aminoácidos.

**(a)** Explique como essa informação pode ser usada para determinar o número de cadeias polipeptídicas na proteína oligomérica.
**(b)** Calcule o número de cadeias polipeptídicas nessa proteína.
**(c)** Que outra técnica analítica poderia ser empregada para determinar se as cadeias polipeptídicas são iguais ou diferentes?

**13. Fibras amiloides e doenças** Diversas moléculas aromáticas pequenas, como o vermelho de fenol (utilizado como modelo de fármaco atóxico), são conhecidas por inibir a formação de amiloides em sistemas-modelo em laboratório. Um objetivo da pesquisa sobre esses compostos aromáticos pequenos é encontrar um fármaco que iniba de modo eficiente a formação de amiloides no cérebro de pessoas com início de doença de Alzheimer.

**(a)** Sugira por que moléculas com substituintes aromáticos evitariam a formação de amiloides.
**(b)** Alguns pesquisadores sugeriram que um fármaco usado no tratamento da doença de Alzheimer pode também ter efeito no tratamento do diabetes *mellitus* tipo 2 (não dependente de insulina). Por que um único fármaco poderia ser eficaz para o tratamento dessas duas doenças diferentes?

**14. Terapias de enovelamento de proteínas** Recentemente, a Food and Drug Administration aprovou o fármaco lumacaftor para o tratamento de fibrose cística em pacientes portadores da mutação F508ΔCFTR. Essa mutação é codificada pela deleção do aminoácido F508 na proteína. Cerca de dois terços dos pacientes com fibrose cística têm essa mutação, e o lumacaftor é um dos primeiros fármacos que funcionam como chaperonas farmacológicas para corrigir um defeito no processo de enovelamento de proteínas. Entretanto, o lumacaftor nem sempre tem efeito no tratamento de pacientes que têm outras mutações na proteína CFTR que também levam ao enovelamento incorreto. Por que o lumacaftor é capaz de corrigir o enovelamento incorreto de alguns mutantes da proteína CFTR e não de outros?

**15. Métodos de biologia estrutural** Qual dos métodos de biologia estrutural (CD, cristalografia de raios X, RMN ou Crio-ME) é mais adequado para cada um dos seguintes objetivos?
**(a)** Obter uma estrutura de alta resolução (< 1,5 Å) de um fármaco ligado à sua proteína-alvo.
**(b)** Obter uma reconstrução de resolução baixa a intermediária (5 a 10 Å) de um motor de flagelo de 11 MDa (11.000.000 Da) de uma bactéria.
**(c)** Identificar o estado de protonação e o $pK_a$ da cadeia lateral de uma His no sítio ativo de uma enzima.
**(d)** Determinar se uma proteína é intrinsecamente desordenada ou contém elementos de estrutura secundária.

### BIOQUÍMICA ONLINE

**16. Uso do PDB** O Protein Data Bank (PDB) contém mais de 150 mil estruturas tridimensionais de biomoléculas diferentes obtidas por cristalografia de raios X, RMN e crio-ME. Cada estrutura de proteína depositada no banco de dados recebe um PDB ID (número de identificação). Vários PDB ID representam proteínas cujas estruturas lembram letras do alfabeto latino. Encontre cada uma das estruturas das proteínas listadas a seguir e examine as estruturas tridimensionais usando JSmol, PYMOL ou uma ferramenta de visualização similar.

PDB ID: 2QYC, 2BNH, 2Q5R, 1XU9, 3H7X, 1OU5, 2WCD

**(a)** Identifique a estrutura quaternária de cada proteína e descreva a estrutura dos protâmeros como toda $\alpha$, toda $\beta$, $\alpha/\beta$ ou $\alpha + \beta$.
**(b)** Cada estrutura de proteína lembra qual letra?
**(c)** Quais palavras podem ser soletradas usando essas estruturas de proteína?

**17. Modelagem de proteínas online** Um grupo de pacientes com a doença de Crohn (doença inflamatória do intestino) foi submetido à biópsia da mucosa intestinal para identificar o agente causador da doença. Os pesquisadores identificaram uma proteína que estava presente em níveis mais altos nos pacientes com a doença de Crohn do que em pacientes com outras doenças inflamatórias do intestino e do que no grupo-controle. A proteína foi isolada, e a seguinte sequência *parcial* de aminoácidos foi obtida (ler da esquerda para a direita):

| | | |
|---|---|---|
| EAELCPDRCI | HSFQNLGIQC | VKKRDLEQAI |
| SQRIQTNNNP | FQVPIEEQRG | DYDLNAVRLC |
| FQVTVRDPSG | RPLRLPPVLP | HPIFDNRAPN |
| TAELKICRVN | RNSGSCLGGD | EIFLLCDKVQ |
| KEDIEVYFTG | PGWEARGSFS | QADVHRQVAI |
| VFRTPPYADP | SLQAPVRVSM | QLRRPSDREL |
| SEPMEFQYLP | DTDDRHRIEE | KRKRTYETFK |
| SIMKKSPFSG | PTDPRPPPRR | IAVPSRSSAS |
| VPKPAPQPYP | | |

**(a)** Essa proteína pode ser identificada usando bancos de dados como o UniProt (www.uniprot.org). Na página inicial do *site*, clique para pesquisar "BLAST". Uma vez na página do BLAST, coloque cerca de 30 resíduos da sequência da proteína no campo apropriado e envie para análise. O que essa análise revela sobre a identidade da proteína?
**(b)** Tente utilizar diferentes porções da sequência de aminoácidos. O resultado obtido é sempre o mesmo?
**(c)** Vários *sites* da internet fornecem informações sobre a estrutura tridimensional das proteínas. Encontre informações sobre as estruturas secundárias, terciárias e quaternárias usando *sites* de bancos de dados como o Protein Data Bank (PDB; www.rcsb.org) ou o Structural Classification of Proteins (SCOP2; http://scop2.mrc-lmb.cam.ac.uk).
**(d)** Durante essa busca na internet, o que você aprendeu sobre a função celular da proteína?

### QUESTÃO DE ANÁLISE DE DADOS

**18. Imagem especular das proteínas** Como foi discutido no Capítulo 3, "Quase todos os resíduos de aminoácidos das proteínas são estereoisômeros L". Não está claro se essa seletividade é necessária para o funcionamento adequado das proteínas ou se é um acidente da evolução. Para explorar essa questão, Milton e colaboradores (1992) publicaram um estudo de uma enzima inteiramente formada por estereoisômeros D. A enzima que eles escolheram foi a protease do HIV, uma enzima proteolítica sintetizada pelo HIV que converte as pré-proteínas virais inativas nas respectivas formas ativas.

Anteriormente, Wlodawer e colaboradores (1989) relataram a síntese completa da protease do HIV a partir de aminoácidos L (a enzima L) usando o processo apresentado na Figura 3-30. A protease normal do HIV contém dois resíduos Cys nas posições 67 e 95. Como a síntese química de proteínas contendo Cys é tecnicamente difícil, Wlodawer e colaboradores substituíram os dois resíduos Cys da proteína pelo aminoácido sintético ácido L-$\alpha$-amino-$n$-butírico (Aba). Segundo os autores, isso foi feito para "reduzir as dificuldades sintéticas associadas à desproteção da Cys e facilitar o manuseio do produto".

**(a)** A estrutura do Aba é mostrada a seguir. Por que essa é uma substituição adequada para um resíduo Cys? Sob que circunstâncias ela não seria adequada?

Ácido L-$\alpha$-amino-$n$-butírico

Wlodawer e colaboradores desnaturaram a proteína recém-sintetizada dissolvendo-a em guanidina HCl 6 M e, então, permitiram que ela se enovelasse lentamente, removendo a guanidina por diálise contra um tampão neutro (glicerol 10%, $NaH_2PO_4/Na_2HPO_4$ 25 mM, pH 7).
**(b)** Existem várias razões para prever que uma proteína sintetizada, desnaturada e enovelada dessa maneira não seja ativa. Dê três razões para isso.
**(c)** Curiosamente, a L-protease resultante foi ativa. O que essa descoberta informa sobre o papel das ligações dissulfeto na molécula de protease nativa do HIV?

Em estudos mais recentes, Milton e colaboradores sintetizaram a protease do HIV a partir de D-aminoácidos, utilizando o mesmo protocolo do estudo anterior (Wlodawer et al.). Formalmente, existem três possibilidades para o enovelamento da D-protease: resultar em uma molécula com (1) o mesmo formato da L-protease; (2) a imagem especular da L-protease; ou (3) alguma outra coisa, possivelmente inativa.

**(d)** Para cada uma das possibilidades, decida se elas são prováveis ou não e defenda a sua decisão.

Na verdade, a D-protease foi ativa: ela hidrolisou um substrato sintético específico e foi inibida por inibidores específicos. Para examinar a estrutura das enzimas D e L, Milton e colaboradores testaram a atividade das duas formas com as formas D e L de substratos peptídicos quirais e a capacidade de inibição pelas formas D e L de peptídeos quirais análogos ao substrato. As duas formas também foram testadas quanto à inibição pelo inibidor aquiral azul de Evans. Os resultados estão apresentados na tabela a seguir.

| Protease do HIV | Hidrólise do substrato | | Inibição | | Azul de Evans (aquiral) |
|---|---|---|---|---|---|
| | | | Peptídeo inibidor | | |
| | Substrato D | Substrato L | Inibidor D | Inibidor L | |
| Protease L | − | + | − | + | + |
| Protease D | + | − | + | − | + |

**(e)** Quais dos três modelos propostos anteriormente são compatíveis com os dados apresentados? Explique seu raciocínio.

**(f)** Por que o azul de Evans inibe as duas formas da protease?

**(g)** Seria de esperar que a quimotripsina digerisse a D-protease? Explique seu raciocínio.

**(h)** Seria de esperar que a síntese de alguma enzima totalmente com aminoácidos D seguida de renaturação produzisse uma enzima ativa? Explique seu raciocínio.

## Referências

**Milton, R. C., S. C. Milton e S. B. Kent. 1992.** Total chemical synthesis of a D-enzyme: the enantiomers of HIV-1 protease show demonstration of reciprocal chiral substrate specificity. *Science* 256:1445-1448.

**Wlodawer, A., M. Miller, M. Jaskólski, B. K. Shathyanarayana, E. Baldwin, I. T. Weber, L. M. Selk, L. Clawson, J. Schneider e S. B. Kent. 1989.** Conserved folding in retroviral protease: crystal structure of a synthetic HIV-1 protease. *Science* 245:616-621.

# FUNÇÃO DAS PROTEÍNAS

**Capítulo 5**

**5.1** Ligação reversível de uma proteína com um ligante: proteínas que ligam oxigênio  *148*

**5.2** Complementariedade das ligações entre proteínas e ligantes: o sistema imune e as imunoglobulinas  *164*

**5.3** As interações entre proteínas são moduladas por energia química: actina, miosina e motores moleculares  *169*

Conhecer a estrutura tridimensional das proteínas é uma etapa importante para poder entender como as proteínas funcionam. A biologia estrutural moderna geralmente contribui com conhecimentos sobre interações moleculares. Contudo, as proteínas cujas estruturas foram examinadas até agora são enganosamente estáticas. As proteínas agem por meio de interações com outras moléculas. Essas interações são classificadas em dois tipos. Algumas dessas interações levam a uma reação que altera a configuração química ou a composição das moléculas ligadas, com as proteínas atuando como catalisadores, ou **enzimas**. As enzimas e as suas propriedades são discutidas no Capítulo 6. Em outras interações, nem a configuração química nem a composição da molécula que se liga à proteína são alteradas. Este capítulo trata de interações desse tipo.

O fato de que a interação de uma proteína com outra molécula pode ser importante mesmo que essa interação não leve a uma alteração da molécula envolvida pode parecer um contrassenso. Ainda assim, interações transitórias desse tipo estão no cerne de processos fisiológicos complexos, tais como o transporte de oxigênio, a transmissão do impulso nervoso e a função imune. Definir quais moléculas interagem e quantificar tais interações são tarefas comuns que trazem revelações em todas as subdisciplinas da bioquímica.

O estudo das proteínas que funcionam por meio de interações reversíveis pode ser organizado em seis princípios-chave que norteiam a função das proteínas, alguns dos quais já se tornaram familiares no Capítulo 4:

**P1** **As funções de muitas proteínas envolvem uma ligação reversível com outras moléculas.** Uma molécula que interage de modo reversível com uma proteína é chamada de **ligante**. Um ligante pode ser qualquer tipo de molécula, inclusive outra proteína. A natureza transitória das interações proteína-ligante é fundamental para a vida, pois permite que um organismo responda de maneira rápida e reversível a mudanças no ambiente e nas condições metabólicas.

**P2** **Um ligante interage com uma região da proteína chamada de sítio de ligação, que é complementar ao ligante em tamanho, forma, carga e caráter hidrofílico ou hidrofóbico.** Além disso, a interação é específica: a proteína pode diferenciar entre as milhares de moléculas diferentes presentes no ambiente e interagir seletivamente somente com uma ou com poucas delas. Determinada proteína pode ter **sítios de ligação** distintos para os vários ligantes existentes. Essas interações moleculares específicas são cruciais para a manutenção do alto grau de ordem de um sistema vivo.

**P3** **As proteínas são flexíveis.** Mudanças na conformação podem ser sutis, refletindo vibrações moleculares e pequenos movimentos dos resíduos de aminoácidos ao longo de toda a proteína. Mudanças na conformação também podem ser mais dramáticas, com segmentos importantes da estrutura proteica movendo-se por distâncias de até vários nanômetros. Na maioria das vezes, mudanças conformacionais específicas são essenciais para a função da proteína.

**P4** **A interação de uma proteína com o seu ligante é geralmente acoplada a uma mudança na conformação da proteína que torna o sítio de ligação mais complementar ao ligante, permitindo uma interação mais firme.** A adaptação estrutural que ocorre entre a proteína e o ligante é chamada de **encaixe induzido**.

**P5** **Em geral, em uma proteína com várias subunidades, mudanças conformacionais em uma delas afetam a conformação das outras subunidades.**

**P6** **As interações entre ligantes e proteínas podem ser reguladas.**

Os aspectos abordados neste capítulo sobre funções não catalíticas das proteínas – ligação, especificidade e mudanças de conformação – continuarão a ser abordados no Capítulo 6, com o acréscimo de aspectos sobre a participação das proteínas em transformações químicas. Essa discussão exclui a ligação com a água, que pode interagir de maneira fraca e inespecífica com muitas partes de uma proteína.

## 5.1 Ligação reversível de uma proteína com um ligante: proteínas que ligam oxigênio

A mioglobina e a **hemoglobina** talvez sejam as proteínas mais estudadas e mais bem compreendidas. Elas foram as primeiras proteínas a terem suas estruturas tridimensionais conhecidas e ilustram praticamente todos os aspectos de um processo bioquímico fundamental: a ligação reversível de uma proteína com um ligante. Esse modelo clássico é muito útil para compreender como as proteínas funcionam.

### O oxigênio pode ligar-se ao grupo prostético heme

O oxigênio é pouco solúvel em soluções aquosas (ver Tabela 2-2) e não pode ser transportado para os tecidos em quantidade suficiente se estiver simplesmente dissolvido no plasma sanguíneo. A difusão do oxigênio pelos tecidos também não é eficiente em distâncias maiores do que alguns milímetros. A evolução dos animais grandes e multicelulares dependeu do desenvolvimento de proteínas capazes de transportar e armazenar oxigênio. Contudo, nenhuma cadeia lateral de aminoácidos das proteínas é adaptada para fazer uma ligação reversível com moléculas de oxigênio. Essa função é exercida por determinados metais de transição, entre eles o cobre e o ferro, que apresentam forte tendência para ligar oxigênio. Os organismos multicelulares tiram proveito das propriedades dos metais, sobretudo do ferro, para o transporte do oxigênio. Contudo, o ferro livre promove a formação de espécies de oxigênio altamente reativas, como os radicais hidroxilas, que podem danificar o DNA e outras macromoléculas. Por isso, o ferro usado nas células está ligado a formas que o sequestram ou o tornam menos reativo. Nos organismos multicelulares, o ferro é geralmente incorporado a um grupo prostético ligado à proteína, denominado **heme**. (Lembre-se, do Capítulo 3, de que um grupo prostético é um composto associado permanentemente a uma proteína e contribui para a função da proteína.) O heme é encontrado em muitas proteínas transportadoras de oxigênio, assim como em algumas proteínas que participam de reações de oxirredução (transferência de elétrons), como os citocromos (Capítulo 19).

O heme consiste em uma complexa estrutura orgânica em anel, a **protoporfirina**, que tem ligado um único átomo de ferro no estado ferroso ($Fe^{2+}$) (**Fig. 5-1**). Esse átomo tem seis ligações de coordenação: quatro delas com os átomos de nitrogênio que fazem parte do sistema plano do **anel porfirínico** e duas perpendiculares à porfirina.

▶P1 No estado $Fe^{2+}$, o ferro liga oxigênio de forma reversível; e, no estado $Fe^{3+}$, ele não liga oxigênio. A estrutura do heme e das globinas às quais ele está ligado representa uma adaptação evolutiva para evitar a oxidação do $Fe^{2+}$. As moléculas de heme livres (não ligadas a uma proteína) deixam o $Fe^{2+}$ com duas ligações de coordenação "abertas". A reação simultânea de uma molécula de $O_2$ com duas moléculas de heme livres (ou dois $Fe^{2+}$ livres) pode resultar em uma conversão irreversível de $Fe^{2+}$ em $Fe^{3+}$. Os átomos de nitrogênio coordenados (que têm caráter doador de elétrons) ajudam a evitar a conversão do ferro do heme para o estado férrico ($Fe^{3+}$). Nas proteínas que contêm heme, essa reação é impedida pelo sequestro do heme no interior da estrutura da proteína. Assim, o acesso às duas ligações de coordenação fica restrito. Nas globinas, que brevemente serão o foco de discussão, uma dessas duas ligações de coordenação é ocupada por um nitrogênio da cadeia lateral de um resíduo de His conservado, denominado **His proximal**.

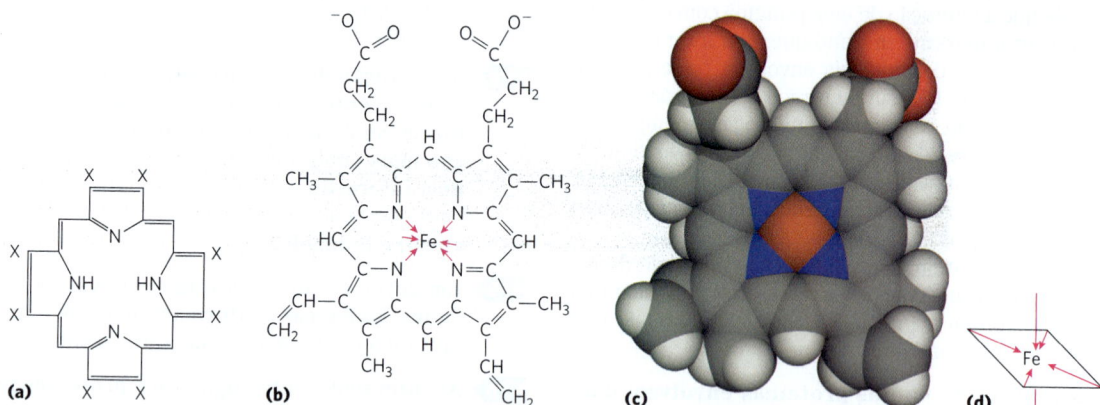

**FIGURA 5-1 Heme.** O grupo heme está presente na mioglobina, na hemoglobina e em muitas outras proteínas, denominadas hemeproteínas. O heme consiste em uma estrutura orgânica complexa em anel, a protoporfirina IX, com um átomo de ferro ligado no estado ferroso ($Fe^{2+}$). (a) As porfirinas, das quais a protoporfirina IX é apenas um exemplo, são constituídas de quatro grupos pirrólicos ligados por pontes de meteno com substituições em uma ou mais das posições marcadas com X. (b, c) Duas representações do heme. O átomo de ferro tem seis ligações de coordenação: quatro no plano do anel e ligadas ao sistema de anel planar porfirínico e (d) duas perpendiculares a ele. [(c) Dados de PDB ID 1CCR, H. Ochi et al., *J. Mol. Biol.* 166:407, 1983.]

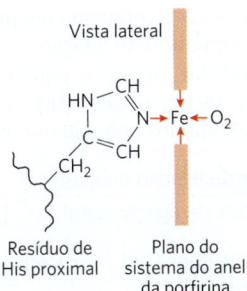

**FIGURA 5-2 Vista lateral do grupo heme.** Essa vista mostra as duas ligações de coordenação com o $Fe^{2+}$ perpendiculares ao sistema de anéis da porfirina. Uma é ocupada por um resíduo de His, denominado His proximal, $His^{93}$ na mioglobina, também designado His F8 (o 8º resíduo na $\alpha$-hélice F; ver Fig. 5-3); e a outra ligação de coordenação é o sítio de ligação do oxigênio. As quatro ligações de coordenação remanescentes estão no plano do anel, ligadas ao sistema de anel planar da porfirina.

▶P2 A outra é o sítio de ligação para o oxigênio molecular ($O_2$) (**Fig. 5-2**). Quando o oxigênio se liga, as propriedades eletrônicas do ferro são alteradas. Isso leva à mudança da cor do sangue venoso, pobre em oxigênio, de marrom-avermelhado para o vermelho-brilhante característico do sangue arterial, rico em oxigênio. Algumas moléculas pequenas, como o monóxido de carbono (CO) e o óxido nítrico (NO), coordenam com o ferro do heme com maior afinidade do que o $O_2$. Quando uma molécula de CO está ligada ao heme, o $O_2$ é excluído, e, por isso, o CO é altamente tóxico para os organismos aeróbios (tópico explorado no Quadro 5-1). Ao envolverem e sequestrarem o heme, as proteínas que ligam oxigênio regulam o acesso de moléculas pequenas ao ferro do heme.

### As globinas são uma família de proteínas que ligam oxigênio

As **globinas** são uma família de proteínas que está largamente distribuída. As globinas são comumente encontradas em todas as classes de eucariotos, assim como em arqueias e bactérias. Todas elas evoluíram de uma proteína ancestral comum. A estrutura terciária é altamente conservada e tem oito segmentos de $\alpha$-hélice conectados por voltas. O padrão de enovelamento, ilustrado pela mioglobina (**Fig. 5-3**), consiste em um motivo estrutural conhecido como **enovelamento da globina**. A sequência primária de aminoácidos das globinas é menos conservada, o que reflete bem tanto a origem muito antiga dessa família de proteínas como o parentesco entre as espécies cujas globinas são passíveis de comparação.

A maioria das globinas atua no armazenamento ou no transporte de oxigênio, embora algumas tenham papel de sensores de oxigênio, óxido nítrico ou monóxido de carbono. O *Caenorhabditis elegans*, um nematódeo muito simples, tem genes para codificar 33 globinas diferentes. Nos seres humanos e em outros mamíferos, existem pelo menos quatro tipos diferentes de globinas. A mioglobina monomérica facilita a difusão do oxigênio no tecido muscular. A mioglobina é especialmente abundante nos músculos de mamíferos marinhos, como as focas e as baleias, pois também exerce função de armazenamento de oxigênio em mergulhos prolongados. A hemoglobina na forma de tetrâmero é responsável pelo transporte de oxigênio na corrente sanguínea. A neuroglobina é uma proteína monomérica expressa em neurônios e ajuda a proteger o cérebro da hipóxia (baixo nível de oxigênio) e da isquemia (restrição do suprimento de sangue). A citoglobina, outra globina monomérica, é encontrada em alta concentração na parede dos vasos sanguíneos, e a sua função é regular os níveis de óxido nítrico, um sinal local para o relaxamento muscular (ver Quadro 12-2).

### A mioglobina tem um único sítio de ligação ao oxigênio

Qualquer discussão detalhada sobre a função de uma proteína inevitavelmente inclui abordar a sua estrutura. A mioglobina ($M_r$ 16.700; abreviada Mb) consiste em um único polipeptídeo de 153 resíduos de aminoácidos com uma molécula de heme (Fig. 5-3). Cerca de 78% dos resíduos de aminoácidos dessa proteína são encontrados nas oito $\alpha$-hélices típicas do enovelamento da globina, nomeadas de A a H.

Os resíduos de aminoácidos são nomeados de acordo com a sua posição na sequência de aminoácidos ou a sua localização na sequência de um segmento de $\alpha$-hélice específico. Por exemplo, o resíduo de His coordenado ao heme da mioglobina, a His proximal, isto é, a $His^{93}$ (o 93º resíduo a partir da extremidade aminoterminal da cadeia polipeptídica da mioglobina), também é denominado His F8 (o 8º resíduo na $\alpha$-hélice F). As inflexões (voltas) na estrutura são designadas AB, CD, EF, FG e GH para indicar os segmentos em $\alpha$-hélice conectados.

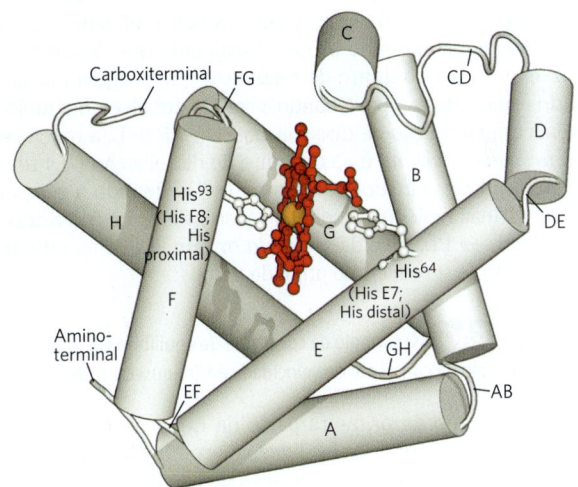

**FIGURA 5-3 Mioglobina.** Os oito segmentos de $\alpha$-hélice (mostrados como cilindros) são nomeados de A a H. Os resíduos das curvas que os conectam são denominados AB, CD, EF, e assim por diante, indicando os segmentos que conectam. Algumas curvas, incluindo BC e DE, são abruptas e não contêm qualquer resíduo; essas curvas às vezes não recebem denominação. O heme está ligado em um bolsão formado em sua maior parte pelas hélices E e F, embora resíduos de aminoácidos de outros segmentos da proteína também participem. [Dados de PDB ID 1MBO, S. E. Phillips, *J. Mol. Biol.* 142:531, 1980.]

## As interações proteína-ligante podem ser descritas quantitativamente

A função da mioglobina depende da capacidade da proteína de não somente ligar o oxigênio, mas também de liberá-lo quando e onde ele for necessário. As funções na bioquímica geralmente envolvem uma interação proteína-ligante reversível desse tipo. Descrever quantitativamente essas interações constitui a parte central de muitas investigações bioquímicas.

Em geral, a ligação reversível de uma proteína (P) a um ligante (L) pode ser descrita por uma **expressão de equilíbrio** simples:

$$P + L \rightleftharpoons PL \quad (5\text{-}1)$$

A reação é caracterizada por uma constante de equilíbrio, $K_a$, tal que

$$K_a = \frac{[PL]}{[P][L]} = \frac{k_a}{k_d} \quad (5\text{-}2)$$

em que $k_a$ e $k_d$ são constantes de velocidade (mais detalhes serão discutidos adiante). O termo $K_a$ é a **constante de associação** (não confundir com $K_a$ que significa a constante de dissociação de um ácido; p. 57) que descreve o equilíbrio entre o complexo e os componentes não ligados do complexo. A constante de associação fornece uma medida da afinidade do ligante L pela proteína. A unidade de $K_a$ é $M^{-1}$; um alto valor de $K_a$ corresponde a uma alta afinidade do ligante pela proteína.

O termo de equilíbrio $K_a$ equivale também à razão entre as velocidades das reações direta (associação) e reversa (dissociação) que formam o complexo PL. A velocidade de associação é descrita pela constante de velocidade $k_a$, e a de dissociação, pela constante de velocidade $k_d$. Conforme será discutido no próximo capítulo, as constantes de velocidade são constantes de proporcionalidade que descrevem a fração de um conjunto de reagentes que reagem em um dado espaço de tempo. Quando a reação envolve uma molécula, como a reação de dissociação PL → P + L, a reação é de *primeira ordem*, e a constante de dissociação ($k_d$) tem como unidade o inverso do tempo ($s^{-1}$). Quando a reação envolve duas moléculas, como no caso da reação de associação P + L → PL, ela é de *segunda ordem*, e a constante de associação ($k_a$) tem como unidade $M^{-1} s^{-1}$.

**CONVENÇÃO** O símbolo da constante de equilíbrio é *K* (maiúsculo), e o símbolo da constante de velocidade é *k* (minúsculo). ∎

O rearranjo da primeira parte da Equação 5-2 mostra que a relação entre proteína ligada e proteína livre é diretamente proporcional à concentração de ligante livre:

$$K_a[L] = \frac{[PL]}{[P]} \quad (5\text{-}3)$$

Quando a concentração do ligante for muito maior do que a concentração dos sítios de interação com o ligante, a interação com a proteína não alterará de modo significativo a concentração do ligante livre (não ligado), isto é, [L] permanecerá constante. Essa condição se aplica amplamente à maioria dos ligantes que interagem com proteínas e simplifica a descrição do equilíbrio de ligação.

Pode-se considerar, agora, o equilíbrio de ligação do ponto de vista da fração, *Y*, dos sítios de interação com o ligante que estão ocupados pelo ligante na proteína:

$$Y = \frac{\text{sítios de ligação ocupados}}{\text{sítios de ligação total}} = \frac{[PL]}{[PL]+[P]} \quad (5\text{-}4)$$

Substituindo $K_a[L][P]$ por [PL] (ver Equação 5-3) e rearranjando os termos, tem-se

$$Y = \frac{K_a[L][P]}{K_a[L][P]+[P]} = \frac{K_a[L]}{K_a[L]+1} = \frac{[L]}{[L]+\frac{1}{K_a}} \quad (5\text{-}5)$$

O valor de $K_a$ pode ser determinado a partir de uma curva de *Y versus* a concentração do ligante livre, [L] (**Fig. 5-4a**). Equações que têm o formato de $x = y/(y + z)$ descrevem hipérboles, de modo que *Y* é uma função hiperbólica de [L]. A fração dos sítios de interação que é ocupada pelo ligante se aproxima assintoticamente da saturação à medida que [L] aumenta. A [L] na qual a metade dos sítios disponíveis está ocupada (i.e., $Y = 0,5$) corresponde a $1/K_a$.

É mais comum (e intuitivamente mais simples) considerar a **constante de dissociação**, $K_d$, que é o inverso de

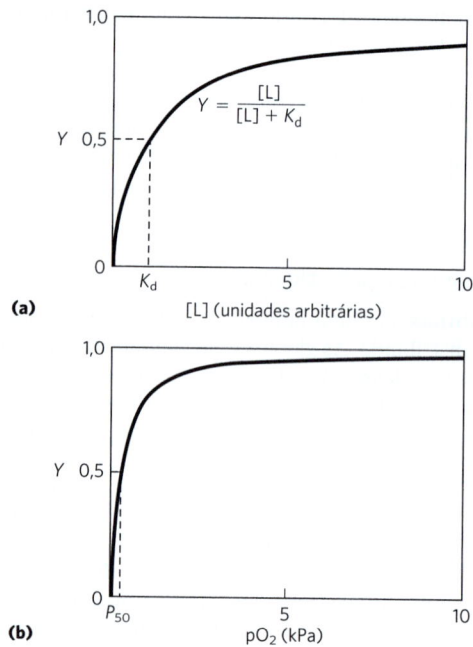

**FIGURA 5-4 Representação gráfica da interação com o ligante.** A fração ocupada dos sítios de interação com o ligante, *Y*, está representada graficamente em função da concentração do ligante livre. Ambas as curvas são hipérboles retangulares. (a) Curva hipotética para o ligante L. A [L] na qual metade dos sítios de ligação está ocupada equivale a $1/K_a$, ou $K_d$. A curva tem uma assíntota horizontal em $Y = 1$ e uma assíntota vertical (não mostrada) em [L] = $-1/K_a$. (b) Curva que descreve a ligação do oxigênio à mioglobina. A pressão parcial do $O_2$ no ar que está acima da solução está expressa em quilopascais (kPa). O oxigênio liga-se firmemente à mioglobina, com $P_{50}$ de apenas 0,26 kPa.

## TABELA 5-1 Constantes de dissociação de proteínas: alguns exemplos e faixas

| Proteína | Ligante | $K_d$ (M)[a] |
|---|---|---|
| Avidina (clara de ovo) | Biotina | $1 \times 10^{-15}$ |
| Receptor de insulina (humano) | Insulina | $1 \times 10^{-10}$ |
| Imunoglobulina anti-HIV (humano)[b] | gp41 (proteína de superfície do HIV-1) | $4 \times 10^{-10}$ |
| Proteína que liga níquel (*E. coli*) | $Ni^{2+}$ | $1 \times 10^{-7}$ |
| Calmodulina (rato)[c] | $Ca^{2+}$ | $3 \times 10^{-6}$ |
|  |  | $2 \times 10^{-5}$ |

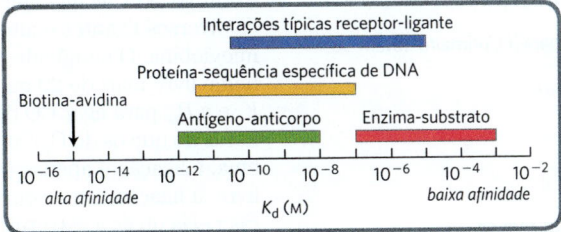

As barras coloridas indicam as variações das constantes de dissociação típicas de várias classes de interações presentes nos sistemas biológicos. Algumas interações, como as que ocorrem entre a proteína avidina e a biotina, um cofator de enzimas, estão fora da faixa de variação normal. A interação biotina-avidina é tão forte que pode ser considerada irreversível. Interações entre proteínas e sequências-específicas de DNA refletem proteínas que se ligam a uma determinada sequência de nucleotídeos no DNA, diferentemente das ligações gerais, não específicas a qualquer sítio no DNA.

[a]Qualquer valor de constante de dissociação só é válido para as condições específicas da solução nas quais a medida foi feita. Os valores de $K_d$ das interações entre proteína e ligante podem ser alterados, às vezes por várias ordens de magnitude, por meio de alterações na concentração de sal da solução, no pH ou por outras variáveis.
[b]Esta imunoglobulina foi isolada dentro dos esforços para desenvolver uma vacina contra HIV. As imunoglobulinas (descritas adiante, neste capítulo) são altamente variáveis, e os valores de $K_d$ indicados aqui não devem ser considerados uma característica comum a todas as imunoglobulinas.
[c]A calmodulina tem quatro sítios de ligação para o cálcio. Os valores mostrados refletem os sítios de ligação com a menor e a maior afinidade, observados em um conjunto de medições.

$K_a$ ($K_d = 1/K_a$) e tem concentração molar (M) como unidade. $K_d$ é a constante de equilíbrio para a liberação do ligante. Com isso, as expressões relevantes mudam para

$$K_d = \frac{[P][L]}{[PL]} = \frac{k_d}{k_a} \quad (5-6)$$

$$[PL] = \frac{[P][L]}{K_d} \quad (5-7)$$

$$Y = \frac{[L]}{[L] + K_d} \quad (5-8)$$

Quando [L] for igual a $K_d$, metade dos sítios de ligação estarão ocupados. À medida que [L] cai abaixo de $K_d$, cada vez menos moléculas de proteínas terão ligantes associados. A [L] deve ser nove vezes maior do que $K_d$ para que 90% dos sítios disponíveis estejam ocupados.

**P1** Na prática, $K_d$ é usado muito mais frequentemente do que $K_a$ para expressar a afinidade de uma proteína por um ligante. Observe que um valor mais baixo de $K_d$ corresponde a uma afinidade maior do ligante pela proteína. $K_d$ equivale à concentração molar do ligante na qual a metade dos sítios de ligação está ocupada. Nesse ponto, diz-se que a proteína alcançou a metade da saturação no que diz respeito à interação com o ligante. Quanto maior for a força da interação proteica com o ligante, mais baixa será a concentração de ligante necessária para que metade dos sítios esteja ocupada e, então, mais baixo será o valor de $K_d$. A **Tabela 5-1** mostra algumas constantes de dissociação representativas; a escala mostra variações típicas das constantes de dissociação encontradas nos sistemas biológicos.

### EXEMPLO 5-1 Constantes de dissociação receptor-ligante

Duas proteínas, A e B, ligam um mesmo ligante, L, com as curvas de ligação mostradas a seguir. Qual é a constante de dissociação, $K_d$, de cada proteína? Qual das duas proteínas (A ou B) tem maior afinidade pelo ligante L?

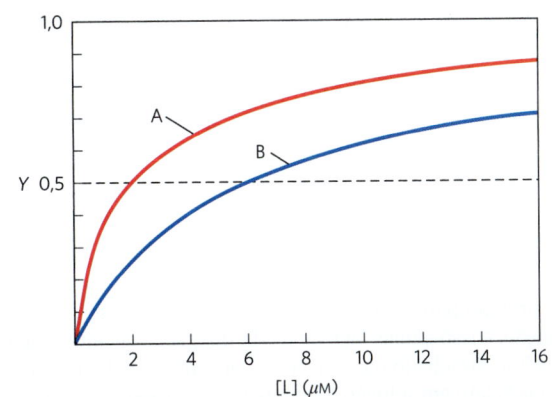

**SOLUÇÃO:** É possível determinar as constantes de dissociação pela análise do gráfico. Uma vez que $Y$ representa a fração dos sítios de ligação ocupados pelo ligante, a concentração do ligante na qual a metade dos sítios está ocupada, ou seja, o ponto em que a curva de ligação cruza a linha em que $Y = 0,5$, é a constante de dissociação. Para A, $K_d = 2\ \mu M$, e para B, $K_d = 6\ \mu M$. Como metade de A está saturada a uma [L] menor, A tem maior afinidade pelo ligante.

---

### EXEMPLO 5-2  Ligação proteína-ligante

Uma proteína tem $K_d$ de 2,0 $\mu M$. Qual é a [L] quando $Y = 0,6$?

**SOLUÇÃO:** Resolvendo a Equação 5-8 para [L], primeiro obtém-se

$$[L] = Y([L] + K_d)$$

Rearranjando $Y$ no lado direito, tem-se

$$[L] = Y[L] + YK_d$$

Subtraindo $Y[L]$ nos dois lados da equação, tem-se

$$[L] - Y[L] = YK_d$$

e, então, fatorando [L]

$$[L](1 - Y) = YK_d$$

e dividindo os dois lados da equação por $1 - Y$, tem-se a expressão final

$$[L] = \frac{YK_d}{(1-Y)}$$

Substituindo os valores de $Y$ e $K_d$ do enunciado do problema, tem-se

$$[L] = 0,6(2,0\ \mu M)/(1-0,6)$$
$$= 3,0\ \mu M$$

---

A ligação do oxigênio à mioglobina segue os padrões discutidos anteriormente. No entanto, como o oxigênio é um gás, é necessário fazer alguns pequenos ajustes nas equações para que os experimentos de laboratório possam ser feitos de maneira mais conveniente. Em primeiro lugar, substitui-se a concentração do oxigênio dissolvido por [L] na Equação 5-8 e obtém-se

$$Y = \frac{[O_2]}{[O_2] + K_d} \qquad (5-9)$$

Como para qualquer ligante, $K_d$ é igual a $[O_2]$ na qual a metade dos sítios de interação com o ligante está ocupada, ou $[O_2]_{0,5}$. A Equação 5-9, então, torna-se

$$Y = \frac{[O_2]}{[O_2] + [O_2]_{0,5}} \qquad (5-10)$$

Em experimentos usando oxigênio como ligante, o que varia é a pressão parcial do oxigênio ($pO_2$) na fase gasosa sobre a solução, e isso é mais fácil de medir do que a concentração do oxigênio dissolvido na solução. A concentração de uma substância volátil em solução é sempre proporcional à pressão parcial local do gás. Assim, definindo-se a pressão parcial do oxigênio em $[O_2]_{0,5}$ como $P_{50}$, a substituição na Equação 5-10 dá

$$Y = \frac{pO_2}{pO_2 + P_{50}} \qquad (5-11)$$

A curva de ligação da mioglobina que relaciona $Y$ com $pO_2$ está mostrada na Figura 5-4b.

### A estrutura da proteína afeta como o ligante é ligado

▶ **P3** A interação entre ligante e proteína quase nunca é tão simples como as equações apresentadas sugerem. A interação é muito afetada pela estrutura da proteína e geralmente é acompanhada por mudanças conformacionais. Por exemplo, a especificidade com a qual o heme interage com os diversos ligantes é alterada quando o heme faz parte da mioglobina. O monóxido de carbono liga-se a moléculas de heme livre mais de 20 mil vezes melhor do que o $O_2$ (i.e., o $K_d$ e a $P_{50}$ para ligar CO do heme livre são 20 mil vezes menores do que os do $O_2$), porém, quando faz parte da mioglobina, a ligação é apenas 40 vezes melhor. No caso do heme livre, a ligação firme com CO reflete diferenças nas maneiras pelas quais a estrutura dos orbitais do CO e do $O_2$ interagem com $Fe^{2+}$. Essas mesmas estruturas dos orbitais leva a geometrias de ligação diferentes para CO e $O_2$ quando eles estão ligados ao heme (**Fig. 5-5a, b**). Essa mudança na afinidade relativa do heme para CO e $O_2$ quando ele está ligado à mioglobina é mediada pela estrutura da globina.

Quando o heme está ligado à mioglobina, a sua afinidade por $O_2$ aumenta seletivamente devido à presença da **His distal** (His[64], ou His E7 da mioglobina). O complexo Fe-$O_2$ é muito mais polar do que o complexo Fe-CO. Há uma carga negativa parcial que se distribui pelos átomos de oxigênio do $O_2$ ligado, devido à oxidação parcial do átomo de ferro. Uma ligação de hidrogênio entre o imidazol da cadeia lateral da His E7 e o $O_2$ ligado estabiliza eletrostaticamente esse complexo polar (Fig. 5-5c). Isso faz a afinidade da mioglobina por $O_2$ aumentar em um fator de 500 vezes; esse efeito não existe para a ligação Fe-CO na mioglobina. Em consequência, a afinidade 20 mil vezes maior da ligação do heme por CO em relação a $O_2$ diminui cerca de 40 vezes quando o heme está incrustado na mioglobina. Esse efeito eletrostático favorável para a ligação do $O_2$ é ainda mais dramático em algumas hemoglobinas de invertebrados, nas quais dois grupos do bolsão de ligação podem formar ligações de hidrogênio mais fortes com o $O_2$, causando uma ligação do grupo heme ao $O_2$ com afinidade ainda maior do que com o CO. Esse aumento seletivo da afinidade ao $O_2$ nas globinas é fisiologicamente importante: ele ajuda a evitar a intoxicação pelo CO que é gerado em pequenas quantidades no metabolismo e, às vezes, pelo CO que é produzido em grandes quantidades no ambiente da era industrial.

▶ **P3** A ligação do $O_2$ ao heme da mioglobina também depende dos movimentos moleculares, ou "respirações", na estrutura da proteína. A molécula de heme está profundamente enterrada no polipeptídeo enovelado, sem um caminho direto para o trânsito do oxigênio da solução circundante para o sítio de interação com o ligante. Se a proteína fosse rígida, o $O_2$ não poderia entrar ou sair com facilidade do bolsão do heme. Entretanto, a flexibilidade molecular rápida das cadeias laterais dos aminoácidos gera cavidades transitórias na estrutura da proteína, e o $O_2$ entra e sai, movendo-se através dessas cavidades. Simulações em computador de flutuações estruturais rápidas na mioglobina sugerem que existem muitas dessas

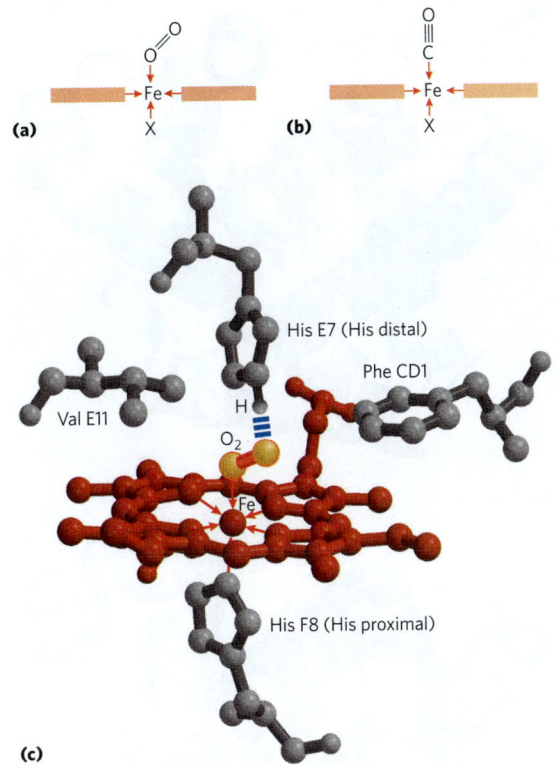

**FIGURA 5-5 Efeitos estéricos causados pela interação do ligante ao heme da mioglobina.** (a) O oxigênio liga-se ao heme com o eixo do $O_2$, formando um ângulo, uma conformação de ligação facilmente ajustada pela mioglobina. (b) O monóxido de carbono liga-se ao heme livre com seu eixo perpendicular ao plano do anel porfirínico. (c) Outra vista do heme da hemoglobina, mostrando o arranjo de aminoácidos-chave ao redor do heme. O $O_2$ fica ligado por ligações de hidrogênio com a His distal, His E7 (His$^{64}$), e isso facilita a ligação do $O_2$ em comparação com a ligação do oxigênio ao heme livre. [(c) Dados de PDB ID 1MBO, S. E. Phillips, *J. Mol. Biol.* 142:531, 1980.]

vias. A His distal age como uma porta que controla o acesso ao principal bolsão, que fica próximo do ferro do heme. A rotação desse resíduo de His, abrindo e fechando o bolsão, ocorre em uma escala de tempo de nanossegundos ($10^{-9}$ s).

Portanto, mesmo mudanças conformacionais sutis podem ser fundamentais para a atividade da proteína. A seguir, serão discutidas mudanças estruturais ainda mais complexas que ocorrem na hemoglobina, que tem várias subunidades.

## A hemoglobina transporta oxigênio no sangue

Quase todo o oxigênio transportado pelo sangue em animais está ligado à hemoglobina presente nos eritrócitos (glóbulos vermelhos). Os eritrócitos humanos normais são discos bicôncavos pequenos (6 a 9 $\mu$m de diâmetro). Eles são formados a partir de células-tronco denominadas **hemocitoblastos**. No processo de maturação, a célula-tronco produz células-filhas, que produzem grandes quantidades de hemoglobina e, em seguida, perdem as suas organelas intracelulares – núcleo, mitocôndrias e retículo endoplasmático. Os eritrócitos são, portanto, células incompletas, vestígios de células. Eles são incapazes de se reproduzir e, no ser humano, têm vida de somente 120 dias. A principal função dos eritrócitos é carregar hemoglobina, que se dissolve no citosol em concentração muito alta (cerca de 34% do peso total de um eritrócito é hemoglobina).

A hemoglobina está aproximadamente 96% saturada com oxigênio no sangue arterial que passa dos pulmões para o coração e, então, até os tecidos periféricos. No sangue venoso que retorna ao coração, ela está somente cerca de 64% saturada. Assim, cada 100 mL de sangue que banha um tecido libera um terço do oxigênio que transporta, ou 6,5 mL de $O_2$ gasoso na pressão atmosférica e na temperatura corporal.

A mioglobina, com sua curva hiperbólica de ligação ao oxigênio (Fig. 5-4b), é relativamente insensível a pequenas alterações na concentração do oxigênio dissolvido e, por isso, funciona bem como proteína de armazenamento de oxigênio. A hemoglobina, com suas várias subunidades e sítios de ligação para o $O_2$, é mais adequada para o transporte do oxigênio. Conforme será visto adiante, as interações entre as subunidades de uma proteína multimérica permitem uma resposta altamente sensível a pequenas alterações na concentração do ligante. **▶P5** Interações entre as subunidades da hemoglobina causam mudanças conformacionais que alteram a afinidade da proteína pelo oxigênio. A modulação da ligação do oxigênio permite que essa proteína de transporte de $O_2$ responda a alterações na demanda de oxigênio pelos tecidos.

## As subunidades da hemoglobina têm estruturas semelhantes às da mioglobina

A hemoglobina ($M_r$ 64.500; abreviada Hb) é aproximadamente esférica, com diâmetro de cerca de 5,5 nm. Ela é uma proteína tetramérica que contém quatro grupos prostéticos heme, cada um ligado a uma cadeia polipeptídica. A hemoglobina do adulto contém dois tipos de globina: duas cadeias $\alpha$ (141 resíduos de aminoácidos cada uma) e duas cadeias $\beta$ (146 resíduos cada uma). As estruturas tridimensionais dos dois tipos de subunidades são muito similares entre si e similares à mioglobina (**Fig. 5-6**), indicando que evoluíram dentro da grande superfamília das globinas. Entretanto, menos da metade dos resíduos de aminoácidos são idênticos na sequência das subunidades $\alpha$ e $\beta$, e apenas 27 são idênticos nos três polipeptídeos (**Fig. 5-7**). A maneira de nomear

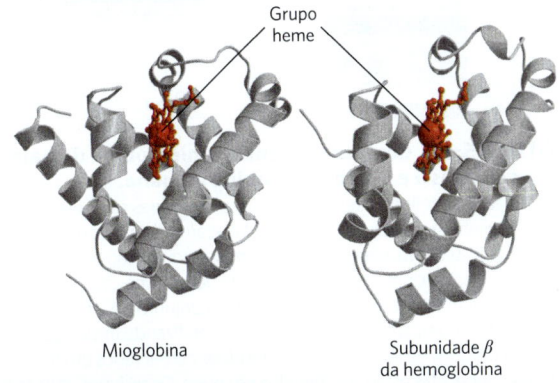

**FIGURA 5-6** Comparação entre a estrutura da mioglobina e a estrutura da subunidade $\beta$ da hemoglobina. [Dados de (à esquerda) PDB ID 1MBO, S. E. Phillips, *J. Mol. Biol.* 142:531, 1980; e (à direita) PDB ID 1HGA, R. Liddington et al., *J. Mol. Biol.* 228:551, 1992.]

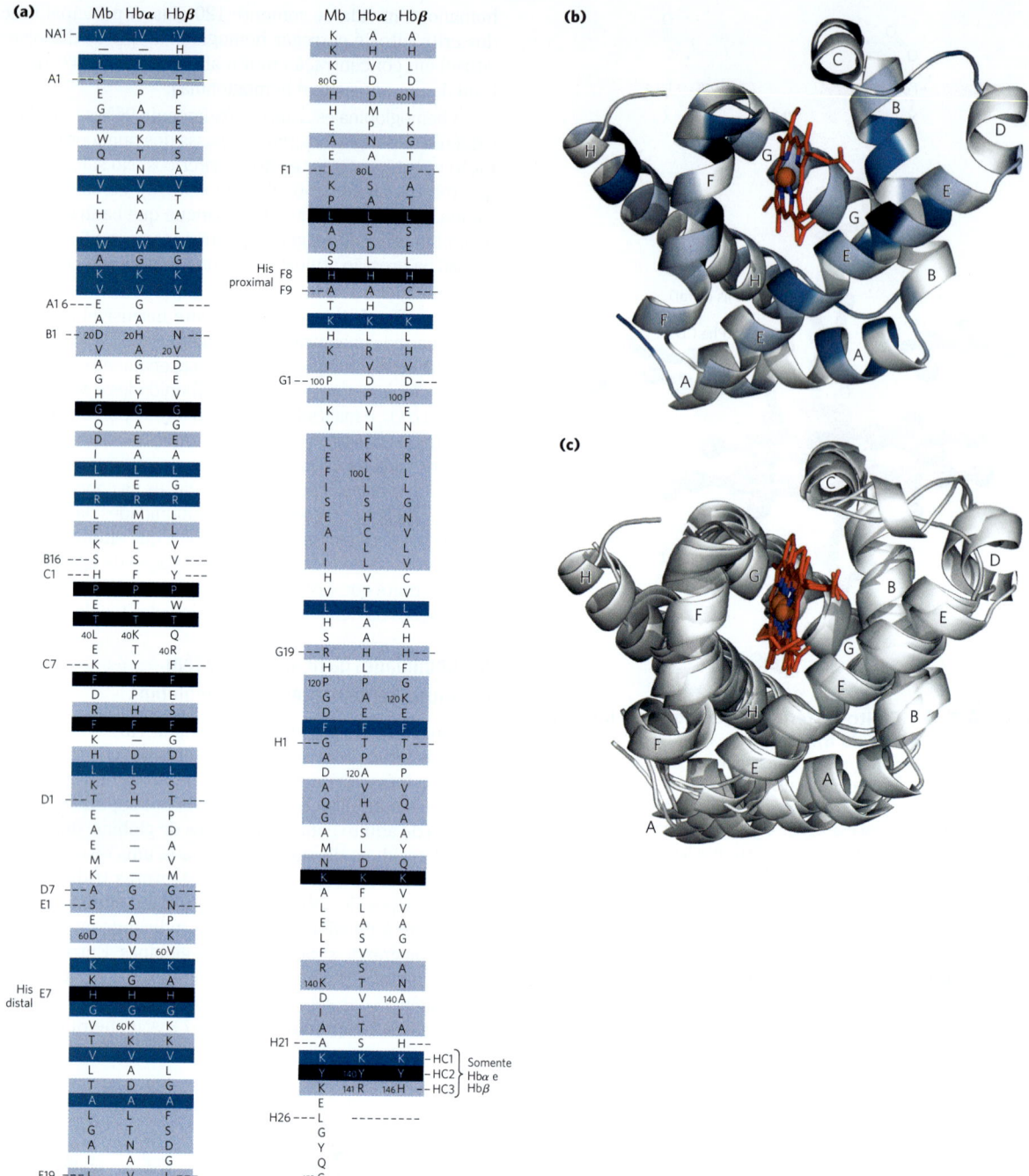

**FIGURA 5-7 Comparação entre a mioglobina de baleia com as cadeias α e β da hemoglobina humana.** (a) As sequências alinhadas com linhas tracejadas indicam os limites das hélices. Para otimizar o alinhamento, pequenas lacunas tiveram de ser introduzidas nas duas sequências da Hb, nas quais alguns aminoácidos estão presentes em outras sequências. Com exceção da falta da hélice D na cadeia α da Hb (Hbα), esse alinhamento permite usar todo o conjunto de letras da convenção que denomina as hélices com letras, enfatizando as posições comuns dos resíduos de aminoácidos. Os resíduos conservados em todas as globinas conhecidas estão sombreados em preto. Os resíduos conservados nas três globinas mostradas aqui estão sombreados em azul-escuro. As posições em que a classe do aminoácido (hidrofóbico, carregado, etc.) é conservada estão sombreadas em azul-claro. A indicação de hélice, letra e número para os aminoácidos não corresponde necessariamente à posição na sequência linear de aminoácidos. Por exemplo, o resíduo His distal é o resíduo His E7 nas três estruturas, mas corresponde aos resíduos His[64], His[58] e His[63] nas sequências lineares da Mb, da α Hb e da β Hb, respectivamente. Resíduos que não formam hélices nas extremidades aminoterminal e carboxiterminal estão marcados com NA e HC, respectivamente. (b) Localização dos resíduos sombreados mostrada em uma representação da estrutura da mioglobina em forma de fita. (c) As representações em fita das estruturas das três globinas estão sobrepostas para ressaltar como a estrutura é conservada. [Dados de PDB ID 1MBO, S. E. Phillips, *J. Mol. Biol.* 142:531, 1980; PDB ID 1HGA, R. Liddington et al., *J. Mol. Biol.* 228:551, 1992.]

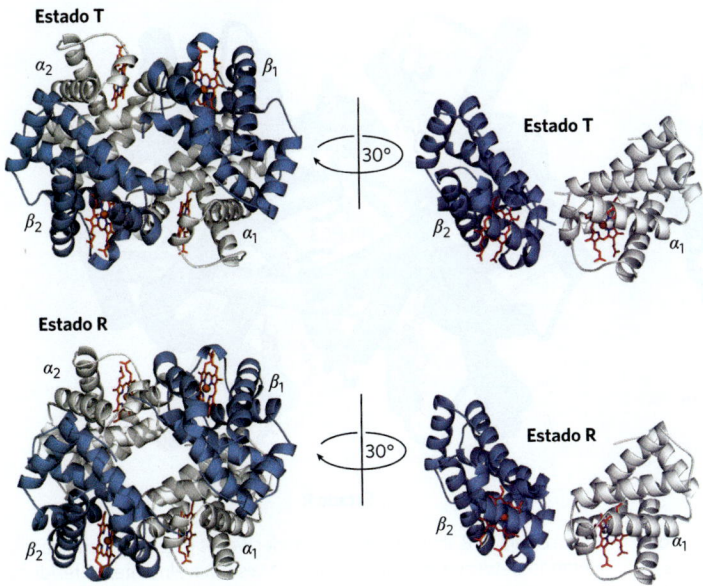

**FIGURA 5-8 Interações preponderantes entre as subunidades da hemoglobina.** Nesta representação, as subunidades α estão em cor mais clara, e as subunidades β, em cor mais escura. As interações mais fortes (destacadas) ocorrem entre subunidades diferentes. Quando o oxigênio se liga, a modificação nos contatos $α_1β_1$ é pequena, mas os contatos $α_1β_2$ modificam-se bastante, incluindo a quebra de vários pares iônicos. [Dados de PDB ID 1HGA, R. Liddington et al., *J. Mol. Biol.* 228:551, 1992.]

as hélices utilizada para a mioglobina também se aplica aos polipeptídeos da hemoglobina, exceto que as subunidades α não têm a curta hélice D. O bolsão em que o heme se liga é, em grande parte, formado pelas hélices E e F de cada subunidade.

A estrutura quaternária da hemoglobina apresenta fortes interações entre as diferentes subunidades. Mais de 30 resíduos participam da interface $α_1β_1$ (o mesmo ocorre com a interface $α_2β_2$ correspondente). A interação entre esses resíduos é forte o suficiente para que os dímeros se mantenham juntos mesmo após o tratamento brando com ureia, que tende a dissociar o tetrâmero em dois dímeros αβ. A interface $α_1β_2$ (e a interface $α_2β_1$) envolve 19 resíduos (**Fig. 5-8**). O efeito hidrofóbico desempenha um papel central na estabilização dessas interfaces, mas também há participação de muitas ligações de hidrogênio e alguns pares iônicos (ou pontes salinas), cujas importâncias serão discutidas a seguir.

### A hemoglobina sofre mudanças estruturais quando liga oxigênio

▶**P4** Análises por raios X revelaram que a hemoglobina tem duas conformações principais: o **estado R** e o **estado T**. Embora o oxigênio se ligue à hemoglobina nos dois estados, ele tem maior afinidade pela hemoglobina no estado R. A ligação do oxigênio estabiliza o estado R. Em ausência experimental de oxigênio, o estado T é mais estável, de modo que a conformação predominante é a da **desoxi-hemoglobina**. Os estados T e R foram denominados originalmente para "tenso" e "relaxado", respectivamente, uma vez que o estado T é estabilizado por um grande número de pares iônicos, muitos deles situados na interface $α_1β_2$ (e na interface $α_2β_1$) (**Fig. 5-9**). A ligação de $O_2$ a uma unidade da hemoglobina no estado T provoca uma mudança na conformação para o estado R. Quando toda a proteína sofre essa transição, as estruturas das subunidades individuais alteram-se um pouco, o pares de

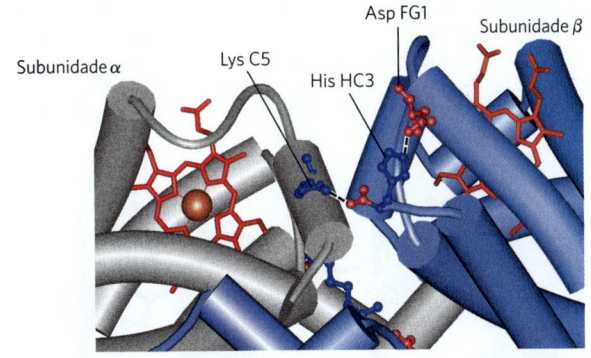

**FIGURA 5-9 Certos pares iônicos estabilizam o estado T da desoxi-hemoglobina.** Muitos dos pares iônicos que estabilizam o estado T estão na interface $α_1β_2$ (e $α_2β_1$). Vista amplificada de parte da desoxi-hemoglobina no estado T. Interações entre os pares iônicos His HC3 e Asp FG1 da subunidade β (em azul) e entre Lys C5 da subunidade α (em cinza) e His HC3 (o grupo α-carboxílico) da subunidade β estão mostradas com linhas tracejadas. (Lembre-se de que HC3 é o resíduo carboxiterminal da subunidade β.) Esses exemplos não representam toda a rede de pares iônicos que estabilizam a estrutura. [Dados de PDB ID 1HGA, R. Liddington et al., *J. Mol. Biol.* 228:551, 1992.]

subunidade αβ deslisam um em relação ao outro e giram, estreitando o bolsão entre as subunidades β (**Fig. 5-10**). Nesse processo, alguns dos pares iônicos que estabilizam o estado T são rompidos, e novos pares iônicos são formados.

Max Perutz propôs que a transição T → R é desencadeada por mudanças na posição das cadeias laterais de aminoácidos-chave que circundam o heme. No estado T, a porfirina é levemente preguada, de modo que o ferro do heme se projeta um pouco para o lado da His proximal (His F8). A ligação com $O_2$ faz o heme assumir uma posição mais planar, deslocando a posição da His proximal e a posição da hélice F (**Fig. 5-11**). Essas mudanças levam a um ajuste nos pares iônicos da interface $α_1β_2$.

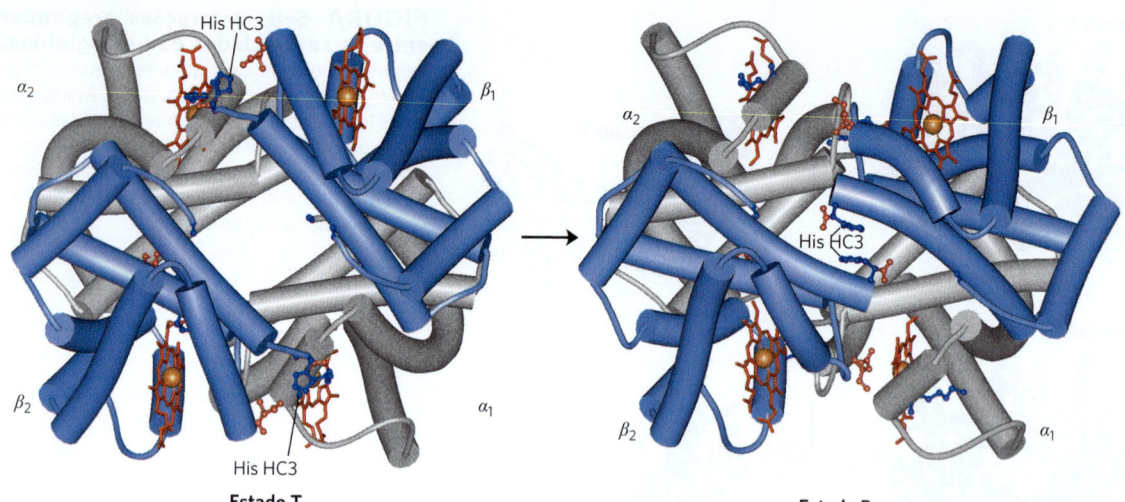

**FIGURA 5-10 Transição T → R.** Nestes esquemas da desoxi-hemoglobina, assim como no da Figura 5-9, as subunidades β estão mostradas em azul, e as subunidades α, em cinza. As cadeias laterais carregadas positivamente e o terminal de cadeia envolvido em pares iônicos estão mostrados em azul, e os correspondentes parceiros com carga negativas, em vermelho. A Lys C5 de cada subunidade α e o Asp FG1 de cada subunidade β estão visíveis, mas não estão marcados (compare com a Fig. 5-9). Observe que a molécula está com orientação ligeiramente diferente da mostrada na Figura 5-9. A transição do estado T para o estado R altera de modo considerável os pares de subunidades, afetando determinados pares iônicos. Mais notavelmente, os resíduos de His HC3 na extremidade carboxiterminal das subunidades β, que, no estado T, estão envolvidos em pares iônicos, no estado R sofrem rotação em direção ao centro da molécula, onde já não formam pares iônicos. Outro resultado significativo da transição T → R é um estreitamento do bolsão entre as subunidades β. [Estado T: dados de PDB ID 1HGA, R. Liddington et al., *J. Mol. Biol.* 228:551, 1992. Estado R: dados de PDB ID 1BBB, M. M. Silva et al., *J. Biol. Chem.* 267:17.248, 1992.]

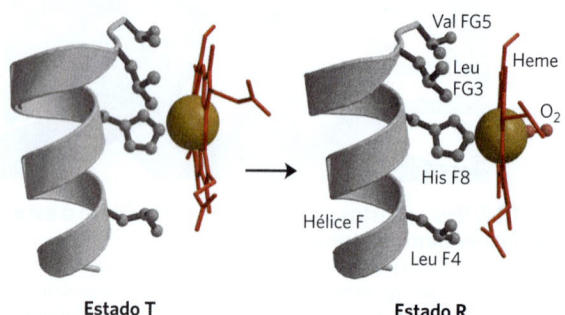

**FIGURA 5-11 Mudanças na conformação nas proximidades do heme quando o $O_2$ se liga à desoxi-hemoglobina.** A alteração na posição da hélice F quando o heme liga $O_2$ ocorre por meio de um ajuste que provoca a transição T → R. [Estado T: dados de PDB ID 1HGA, R. Liddington et al., *J. Mol. Biol.* 228:551, 1992. Estado R: dados de PDB ID 1BBB, M. M. Silva et al., *J. Biol. Chem.* 267:17.248, 1992; estado R modificado para representar $O_2$ no lugar de CO.]

## A hemoglobina liga o oxigênio em um processo cooperativo

A hemoglobina deve se ligar com eficiência ao oxigênio nos pulmões, onde a $pO_2$ é de cerca de 13,3 kPa, e liberá-lo nos tecidos, onde a $pO_2$ é de 4 kPa. A mioglobina, ou qualquer proteína que ligue oxigênio com uma curva de ligação hiperbólica, é mal adaptada para essa função, pelo motivo ilustrado na **Figura 5-12**. Uma proteína que ligue $O_2$ com alta afinidade capta oxigênio de maneira eficiente nos pulmões, mas não o libera muito nos tecidos. Por sua vez, se a proteína se liga ao oxigênio com afinidade suficientemente baixa para liberá-lo nos tecidos, ela não o capta muito nos pulmões.

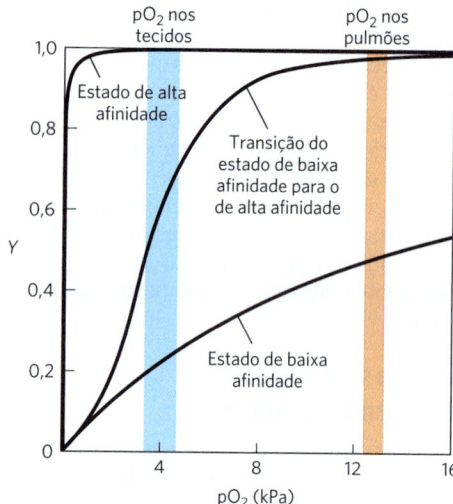

**FIGURA 5-12 Curva sigmoide de ligação (cooperativa).** A curva sigmoide de ligação pode ser vista como uma curva híbrida que reflete a transição de um estado de baixa afinidade para um de alta afinidade. Devido a essa ligação cooperativa, evidenciada por uma curva sigmoide, a hemoglobina é mais sensível às pequenas diferenças na concentração de $O_2$ entre os tecidos e os pulmões, o que lhe permite ligar oxigênio nos pulmões (onde a $pO_2$ é alta) e liberá-lo nos tecidos (onde a $pO_2$ é baixa).

A hemoglobina resolve esse problema passando por uma transição de um estado de baixa afinidade (o estado T) para um de alta afinidade (o estado R) à medida que mais moléculas de $O_2$ são ligadas. Como resultado, a hemoglobina tem uma curva de ligação ao oxigênio híbrida em forma de S, ou sigmoide (Fig. 5-12). Proteínas com uma única cadeia polipeptídica e um único sítio de ligação não geram uma curva de ligação sigmoide, mesmo que a ligação produza uma mudança de conformação, uma vez que cada molécula do ligante interage de modo independente e não afeta a ligação com outra molécula. ▶P5 Por outro lado, a ligação do $O_2$ às subunidades individuais da hemoglobina pode alterar a afinidade nas subunidades adjacentes. A primeira molécula de $O_2$ que interage com a desoxi-hemoglobina se liga fracamente, pois ela se liga a uma subunidade que está no estado T. A sua ligação leva a mudanças conformacionais, que são comunicadas às subunidades adjacentes, facilitando a ligação de moléculas de $O_2$ adicionais. De modo efetivo, depois da ligação do $O_2$ à primeira subunidade, a transição T → R ocorre mais facilmente na segunda subunidade. A última (quarta) molécula de $O_2$ liga-se ao heme de uma subunidade que já está no estado R, motivo pelo qual se liga com afinidade muito mais alta do que a primeira molécula de $O_2$.

▶P5 **Proteína alostérica** é aquela em que a interação com um ligante em um sítio afeta as propriedades de ligação de outro sítio na mesma proteína. O termo "alostérico" é originado do grego *allos*, "outro", e *stereos*, "sólido" ou "forma". ▶P6 Proteínas alostéricas são as que têm "outras formas", ou conformações, induzidas pela interação com os ligantes denominados **moduladores**. As mudanças conformacionais induzidas pelos moduladores convertem formas mais ativas em menos ativas da proteína, e vice-versa. Os moduladores das proteínas alostéricas podem ser inibidores ou ativadores. Quando o ligante normal e o modulador são idênticos, a interação é chamada de **homotrópica**. Quando o modulador é uma molécula diferente do ligante normal, a interação é chamada de **heterotrópica**. Algumas proteínas têm dois ou mais moduladores e, em função disso, podem participar de interações homotrópicas e heterotrópicas.

A interação cooperativa de um ligante com uma proteína multimérica, como observado com a ligação do $O_2$ à hemoglobina, é uma forma de ligação alostérica. A interação de um ligante afeta a afinidade de qualquer sítio de ligação ainda não ocupado, e o $O_2$ pode ser considerado como ligante e como modulador homotrópico ativador. Existe apenas um sítio de ligação para o $O_2$ em cada subunidade, de forma que os efeitos alostéricos que dão origem à cooperatividade são mediados por mudanças conformacionais transmitidas de uma subunidade à outra por interações subunidade-subunidade. Uma curva sigmoide é sinal de ligação cooperativa. Isso permite uma resposta muito mais sensível à concentração do ligante e é importante para a função de muitas proteínas multiméricas. O princípio da alosteria também se aplica às enzimas reguladoras, como será visto no Capítulo 6.

Como no caso da mioglobina, outros ligantes, além do oxigênio, podem interagir com a hemoglobina. O monóxido de carbono é um exemplo importante. Ele liga-se à hemoglobina 250 vezes melhor do que o oxigênio (a ligação de hidrogênio crítica entre o $O_2$ e a His distal não é suficientemente forte na hemoglobina humana como é na maioria das mioglobinas dos mamíferos, de modo que a ligação com o $O_2$ não é tão aumentada em relação ao CO). A exposição humana ao CO pode ter consequências trágicas (**Quadro 5-1**).

## A interação cooperativa do ligante pode ser descrita em termos quantitativos

A ligação cooperativa do oxigênio com a hemoglobina foi analisada pela primeira vez por Archibald Hill, em 1910. Desse trabalho, surgiu a abordagem geral para o estudo da interação cooperativa de ligantes com proteínas multiméricas.

Para uma proteína com $n$ sítios de ligação, o equilíbrio da Equação 5-1 torna-se

$$P + nL \rightleftharpoons PL_n \quad (5\text{-}12)$$

e a expressão para a constante de associação torna-se

$$K_a = \frac{[PL_n]}{[P][L]^n} \quad (5\text{-}13)$$

A expressão de $Y$ (ver Equação 5-8) é

$$Y = \frac{[L]^n}{[L]^n + K_d} \quad (5\text{-}14)$$

Rearranjando e tomando o log de ambos os lados, tem-se

$$\frac{Y}{1-Y} = \frac{[L]^n}{K_d} \quad (5\text{-}15)$$

$$\log\left(\frac{Y}{1-Y}\right) = n\log[L] - \log K_d \quad (5\text{-}16)$$

em que $K_d = [L]_{0,5}^n$.

A Equação 5-16 é a **equação de Hill**, e o gráfico de log $[Y/(1-Y)]$ *versus* log $[L]$ é denominado **gráfico de Hill**. Com base na equação, a curva de Hill deveria ter uma inclinação de $n$. Entretanto, a inclinação determinada experimentalmente na verdade não reflete o número de sítios de ligação, mas sim o grau de interação entre eles. A inclinação de uma curva de Hill é, por isso, denominada $n_H$, **coeficiente de Hill**, que é uma medida do grau de cooperatividade. Se $n_H$ for igual a 1, a interação com o ligante não é cooperativa, situação que pode surgir mesmo em uma proteína multimérica se as subunidades não se comunicarem. Um $n_H$ maior que 1 indica cooperatividade positiva. Essa é a situação observada na hemoglobina, na qual a interação com uma molécula do ligante facilita a interação de outras. O limite superior teórico para $n_H$ é atingido quando $n_H = n$. Nesse caso, a ligação é completamente cooperativa: todos os sítios de ligação na proteína estão ocupados com os ligantes simultaneamente, e, nessas condições, nenhuma proteína estará parcialmente saturada. Esse limite nunca é alcançado na prática, e o valor de $n_H$ é sempre menor do que o número real de sítios de ligação na proteína.

Um $n_H$ menor que 1 indica cooperatividade negativa, na qual a interação de uma molécula de ligante *impede* a

## QUADRO 5-1 MEDICINA

### Monóxido de carbono: um assassino invisível

Verão de 2017. Um homem na Flórida coloca seu SUV de último modelo na garagem, remove do painel o dispositivo de chave por controle remoto, entra em casa e vai para a cama dormir. Dias depois, ele é encontrado morto por intoxicação por monóxido de carbono. O homem imaginava que apenas remover a chave seria suficiente para o carro desligar. Pelo contrário, o carro permaneceu ligado na garagem até a gasolina acabar e encheu a casa, geminada com a garagem, com CO. Desde 2006, ocorreram várias dezenas de mortes por acidentes semelhantes. Medidas para resolver esse tipo de problema de segurança de ignição sem chave foram introduzidas e agora são padrão na maioria dos carros atuais. Essas mortes são um claro aviso de que a vida depende da reversibilidade das interações entre proteínas e ligantes.

O monóxido de carbono (CO), um gás incolor e inodoro, é uma das principais causas conhecidas de mortes por intoxicação (nos países em que esse tipo de acidente é registrado). O CO tem afinidade pela hemoglobina 250 vezes maior do que o oxigênio. Em consequência, níveis relativamente baixos de CO podem ter efeitos substanciais e trágicos. O complexo formado pela ligação do CO à hemoglobina é chamado de carboxi-hemoglobina, ou COHb.

Um pouco do CO é produzido por processos naturais, mas altos níveis localizados geralmente resultam da atividade humana. Motores e estufas são fontes importantes, já que o CO é um subproduto da combustão incompleta de combustíveis fósseis. Somente nos Estados Unidos, cerca de 4 mil pessoas morrem devido à intoxicação por CO todos os anos, de modo acidental ou intencional. Muitas das mortes acidentais envolvem o acúmulo de CO que não é detectado em ambientes fechados. Isso pode ocorrer quando uma estufa doméstica a gás não funciona direito ou quando um gerador é ligado em um ambiente fechado quando há falta de luz, enchendo a casa de CO. No entanto, a intoxicação também pode ocorrer em espaços abertos, quando pessoas desavisadas inalam o CO do escapamento de geradores, motores de popa, motores de tratores, veículos de recreação ou cortadores de grama.

Os níveis de CO na atmosfera raramente são perigosos, variando de menos de 0,05 parte por milhão (ppm) em áreas não habitadas e remotas até 3 a 4 ppm em algumas cidades do hemisfério norte. Nos Estados Unidos, o limite de CO determinado pelo governo (Occupational Safety and Health Administration [OSHA]) em ambientes de trabalho é de 35 ppm para pessoas que trabalham turnos de 8 horas. A forte ligação do CO à hemoglobina leva ao acúmulo de COHb ao longo do tempo quando as pessoas ficam expostas constantemente a uma fonte de baixo nível de CO.

Em uma pessoa saudável normal, até 1% da hemoglobina total está complexada como COHb. Uma vez que o CO é um dos produtos presentes na fumaça do cigarro, muitos fumantes têm níveis de COHb na faixa de 3 a 8% do total da hemoglobina, podendo aumentar para 15% nos fumantes inveterados. Os níveis de COHb equilibram-se em 50% nas pessoas que respiram ar contendo 570 ppm de CO por várias horas. Métodos confiáveis foram desenvolvidos para relacionar o conteúdo de CO na atmosfera com os níveis de COHb no sangue (Fig. 1). Os níveis de CO na casa da vítima da Flórida ultrapassavam os limites determinados pela OSHA em mais de 30 vezes.

Como uma pessoa é afetada pela COHb? Raramente, aparecem sintomas quando os níveis são menores do que 10% do total de hemoglobina. Em 15%, o indivíduo sente dor de cabeça leve. Entre 20 e 30%, a dor de cabeça é forte e geralmente é acompanhada

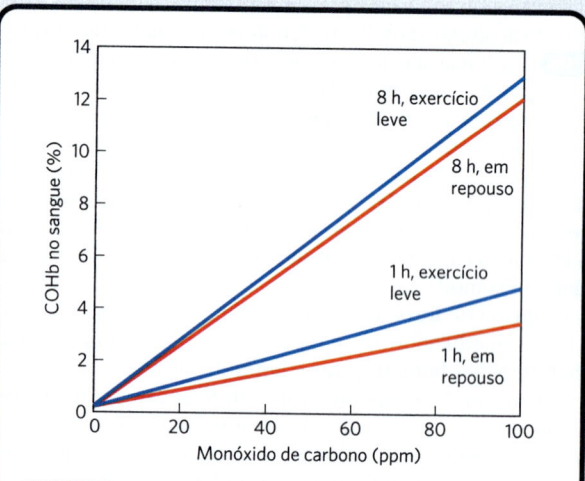

**FIGURA 1** Relação entre os níveis de COHb no sangue e a concentração de CO no ar ambiente. Quatro condições diferentes estão mostradas para comparar os efeitos da exposição breve com a exposição prolongada e da exposição em repouso com a exposição durante exercício leve. [Dados de R. F. Coburn et al., *J. Clin. Invest.* 44:1899, 1965.]

---

interação de outras moléculas ligantes. São raros os casos bem documentados de cooperatividade negativa.

Para adaptar a equação de Hill à ligação do oxigênio com a hemoglobina, é preciso substituir novamente [L] por $pO_2$ e $K_d$ por $P_{50}^n$:

$$\log\left(\frac{Y}{1-Y}\right) = n \log pO_2 - n \log P_{50} \quad (5\text{-}17)$$

As curvas de Hill para a mioglobina e para a hemoglobina estão apresentadas na **Figura 5-13**.

### Dois modelos que propõem mecanismos para a ligação cooperativa

Como a transição T → R ocorre em proteínas com várias subunidades que ligam ligantes como a hemoglobina? Dois modelos para a ligação cooperativa de ligantes em proteínas com muitos sítios de ligação influenciaram significativamente o pensamento sobre esse problema, sugerindo duas probabilidades principais.

O primeiro modelo foi proposto por Jacques Monod, Jeffries Wyman e Jean-Pierre Changeux em 1965, por náuseas, tontura, confusão, desorientação e alguns distúrbios visuais. Esses sintomas costumam ser revertidos pelo tratamento com oxigênio. Em níveis de COHb de 30 a 50%, os sintomas neurológicos tornam-se mais graves, e em níveis próximos de 50%, o indivíduo perde a consciência e pode entrar em coma. A seguir, pode ocorrer insuficiência respiratória. Com a exposição prolongada, alguns danos se tornam permanentes. Normalmente, ocorre morte quando os níveis de COHb ultrapassam 60%.

A ligação do CO à hemoglobina é afetada por muitos fatores, incluindo exercício (Fig. 1) e mudanças na pressão atmosférica relacionadas com a altitude. Devido aos seus níveis basais de COHb mais altos, os sintomas geralmente aparecem mais rapidamente nos fumantes expostos a uma fonte de CO do que nos não fumantes. Os indivíduos com doenças cardíacas, pulmonares ou sanguíneas que reduzem a disponibilidade do oxigênio para os tecidos também podem apresentar sintomas em níveis mais baixos de exposição ao CO. Os fetos, em especial, têm um risco mais alto de intoxicação por CO. A hemoglobina fetal, com subunidades $\gamma$ no lugar de subunidades $\beta$, tem uma afinidade por CO um tanto maior do que a hemoglobina do adulto (ver p. 148). Há relatos de casos de exposição ao CO nos quais o feto morre e a mãe sobrevive.

Parece surpreendente que a conversão em COHb da metade da hemoglobina de uma pessoa possa ser fatal, pois sabe-se que as pessoas com qualquer uma das várias condições de anemia grave conseguem viver razoavelmente bem com metade do total de hemoglobina ativa. No entanto, a ligação do CO faz mais do que remover a proteína do reservatório disponível para se ligar ao oxigênio. Ela também afeta a afinidade pelo oxigênio das subunidades remanescentes da hemoglobina. Quando o CO se liga a uma ou duas subunidades do tetrâmero da hemoglobina, a afinidade pelo $O_2$ é substancialmente aumentada nas subunidades restantes (Fig. 2). Assim, o tetrâmero com duas moléculas de CO pode ligar $O_2$ de modo eficiente nos pulmões, mas liberar muito pouco nos tecidos. A privação do oxigênio nos tecidos rapidamente passa a ser grave. Para aumentar o problema, os efeitos do CO não estão limitados à interferência com a função da hemoglobina. O CO liga-se a outras hemeproteínas e a uma gama de metaloproteínas. As consequências dessas interações ainda não estão bem explicadas, mas podem ser responsáveis por alguns dos efeitos em longo prazo da intoxicação aguda, mas não fatal, por CO.

Na suspeita de intoxicação por CO, é essencial que a pessoa seja levada para longe da fonte do gás, porém isso nem sempre leva

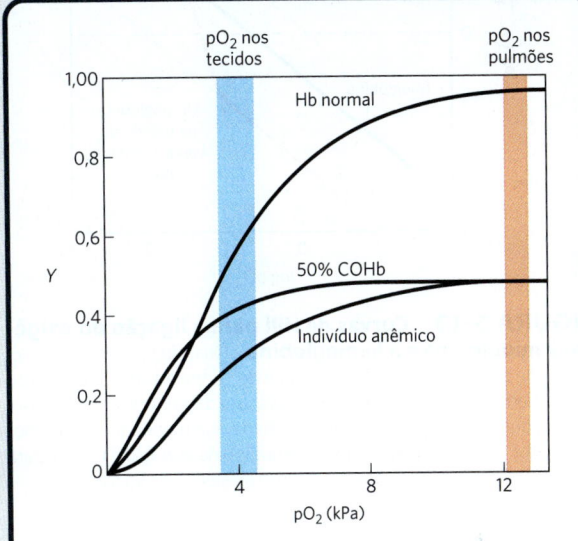

**FIGURA 2** Várias curvas de ligação do oxigênio: para hemoglobina normal, para hemoglobina de um indivíduo anêmico com somente 50% de sua hemoglobina funcional e para hemoglobina de um indivíduo com 50% das subunidades ocupadas com CO. Os valores de $pO_2$ nos pulmões e nos tecidos humanos estão indicados. [Dados de F. J. W. Roughton e R. C. Darling, *Am. J. Physiol.* 141:17, 1944.]

a uma recuperação rápida. Quando um indivíduo é removido do local poluído com CO para uma atmosfera normal, o $O_2$ começa a substituir o CO na hemoglobina, mas os níveis de COHb diminuem muito lentamente, pois a meia-vida é de 2 a 6,5 horas, dependendo de fatores ambientais. Se 100% de oxigênio forem administrados por meio de uma máscara, a velocidade da troca pode aumentar em cerca de quatro vezes; a meia-vida da troca de $O_2$—CO pode ser reduzida a dez minutos se forem administrados 100% de oxigênio a uma pressão de 3 atm (303 kPa). Assim, o tratamento rápido por uma equipe médica adequadamente equipada é fundamental.

A instalação de detectores de monóxido de carbono é uma medida simples e de baixo custo para evitar possíveis tragédias. Após terminarem a pesquisa deste quadro, os autores imediatamente providenciaram a compra de novos detectores de CO para suas próprias casas.

---

sendo chamado de **modelo MWC** ou **modelo concertado** (**Fig. 5-14a**). Esse modelo supõe que as subunidades de uma proteína de ligação cooperativa são funcionalmente idênticas, que cada subunidade pode existir em (pelo menos) duas conformações e que todas as subunidades sofrem transição de uma conformação para a outra simultaneamente. Nesse modelo, nenhuma das subunidades da proteína está em conformação diferente. As duas conformações estão em equilíbrio. O ligante pode se ligar a qualquer uma das conformações, mas se liga muito mais fortemente ao estado R.

▶ **P5** A ligação sucessiva das moléculas do ligante à conformação de T de baixa afinidade (mais estável na ausência do ligante) torna mais provável a transição para a conformação R de alta afinidade.

No segundo modelo, o **modelo sequencial** (Fig. 5-14b), proposto em 1966 por Daniel Koshland e colaboradores,

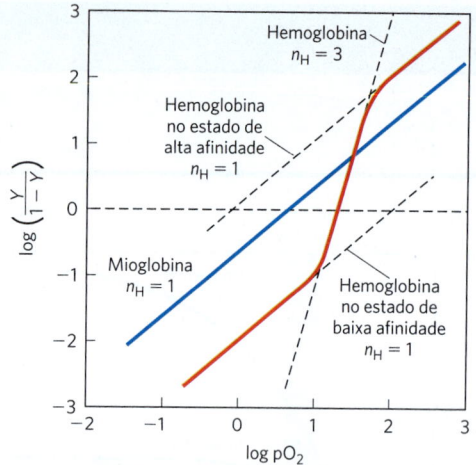

**FIGURA 5-13 Curvas de Hill para a ligação do oxigênio à mioglobina e à hemoglobina.** Quando $n_H = 1$, não há evidência de cooperatividade. O maior grau de cooperatividade observado para a hemoglobina corresponde a aproximadamente $n_H = 3$. Embora isso indique um alto grau de cooperatividade, $n_H$ é menor que $n$, o número de sítios de ligação para $O_2$ que a hemoglobina tem. Isso é normal para as proteínas que exibem comportamento alostérico de ligação.

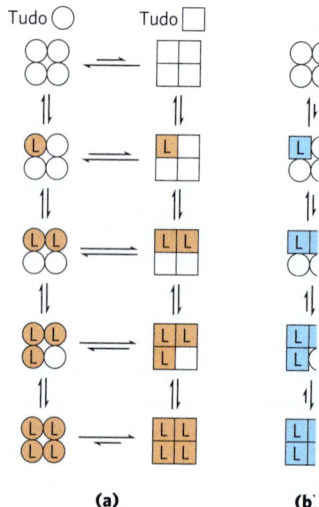

**FIGURA 5-14 Dois modelos gerais para a interconversão de formas inativas e ativas de uma proteína durante a interação cooperativa com o ligante.** Embora os modelos possam ser aplicados para qualquer proteína, inclusive qualquer enzima (Capítulo 6), que exiba ligação cooperativa, aqui estão mostradas quatro subunidades, pois o modelo foi originalmente proposto para a hemoglobina. (a) No modelo concertado, ou "tudo ou nada" (modelo MWC), postula-se que todas as subunidades estão na mesma conformação, todas na forma ○ (baixa afinidade ou inativa) ou na forma □ (alta afinidade ou ativa). Dependendo do equilíbrio, $K_{eq}$, entre as formas ○ e □, a ligação de uma ou mais moléculas do ligante (L) desloca o equilíbrio na direção da forma □. As subunidades que ligam L estão sombreadas. (b) No modelo sequencial, cada subunidade pode individualmente estar tanto na forma ○ quanto na forma □. O equilíbrio é alterado à medida que mais ligantes se ligam, favorecendo progressivamente o estado R.

a interação com o ligante pode induzir uma mudança de conformação em uma subunidade individual. Essa mudança conformacional provoca uma alteração similar em uma subunidade adjacente, tornando a ligação de uma segunda molécula do ligante mais provável. Existem mais estados intermediários possíveis nesse modelo do que no modelo concertado. Os dois modelos não são mutuamente exclusivos; o modelo concertado pode ser visto como o caso limite "tudo ou nada" do modelo sequencial. Infelizmente, é muito difícil distinguir experimentalmente entre os dois modelos. No Capítulo 6, esses modelos serão utilizados para investigar as enzimas alostéricas.

## A hemoglobina também transporta $H^+$ e $CO_2$

Além de carregar praticamente todo o oxigênio de que as células necessitam dos pulmões para os tecidos, a hemoglobina transporta dois produtos finais da respiração celular – $H^+$ e $CO_2$ – dos tecidos para os pulmões e para os rins, onde são excretados. O $CO_2$, produzido pela oxidação dos combustíveis orgânicos na mitocôndria, é hidratado e forma bicarbonato:

$$CO_2 + H_2O \rightleftharpoons H^+ + HCO_3^-$$

Essa reação é catalisada pela **anidrase carbônica**, uma enzima particularmente abundante nos eritrócitos. O dióxido de carbono não é muito solúvel em soluções aquosas, e pode haver a formação de bolhas de $CO_2$ nos tecidos e no sangue se o $CO_2$ não for convertido em bicarbonato. Como se pode observar pela reação catalisada pela anidrase carbônica, a hidratação do $CO_2$ resulta em aumento na concentração de $H^+$ (diminuindo o pH) nos tecidos. A ligação do $O_2$ pela hemoglobina é profundamente influenciada pelo pH e pela concentração de $CO_2$, de forma que a interconversão entre $CO_2$ e bicarbonato é fundamental na regulação da ligação do oxigênio e da sua liberação no sangue.

A hemoglobina transporta para os pulmões e para os rins cerca de 40% do total de $H^+$ e de 15 a 20% do $CO_2$ formado nos tecidos. (O restante do $H^+$ é absorvido pelo tampão bicarbonato do plasma, e o restante do $CO_2$ é transportado como $HCO_3^-$ e $CO_2$ dissolvidos.) Os efeitos da ligação de $H^+$ e $CO_2$ na estrutura da hemoglobina favorecem o estado T. Assim, as ligações do $H^+$ e do $CO_2$ estão inversamente relacionadas com a ligação do oxigênio. No pH relativamente baixo e na alta concentração de $CO_2$ dos tecidos periféricos, a afinidade da hemoglobina pelo oxigênio diminui quando o $H^+$ e o $CO_2$ se ligam e o $O_2$ é liberado para os tecidos. Nos capilares do pulmão, em contrapartida, há excreção de $CO_2$, e o pH do sangue consequentemente aumenta, a afinidade da hemoglobina pelo oxigênio aumenta e a proteína liga mais $O_2$ para transportar para os tecidos periféricos. Esse efeito do pH e da concentração de $CO_2$ sobre a ligação e a liberação do oxigênio pela hemoglobina é chamado de **efeito Bohr**, em homenagem ao fisiologista dinamarquês que o descobriu em 1904, Christian Bohr (pai do físico Niels Bohr).

O equilíbrio da ligação da hemoglobina a uma molécula de oxigênio pode ser expresso pela reação

$$HHb^+ + O_2 \rightleftharpoons HbO_2 + H^+$$

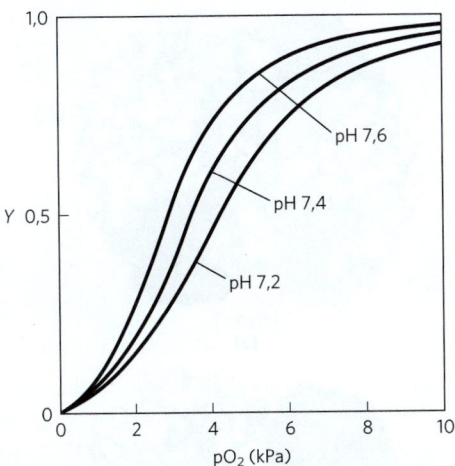

**FIGURA 5-15 Efeito do pH sobre a ligação do oxigênio à hemoglobina.** O pH do sangue é 7,6 nos pulmões e 7,2 nos tecidos. As medidas experimentais das ligações à hemoglobina frequentemente são realizadas em pH 7,4.

em que $HHb^+$ indica a forma protonada da hemoglobina. Essa equação nos diz que a curva de saturação da hemoglobina pelo $O_2$ é influenciada pela concentração de $H^+$ (**Fig. 5-15**). A hemoglobina liga tanto $O_2$ quanto $H^+$, mas com afinidade inversa. Quando a concentração do oxigênio é alta, como nos pulmões, a hemoglobina liga $O_2$ e libera prótons. Quando a concentração é baixa, como nos tecidos periféricos, ela liga $H^+$, e o $O_2$ é liberado.

O $O_2$ e o $H^+$ não se ligam ao mesmo sítio na hemoglobina. O $O_2$ liga-se ao átomo de ferro do heme, ao passo que o $H^+$ se liga a vários dos resíduos de aminoácidos na proteína. A principal contribuição para o efeito Bohr é dada pela $His^{146}$ (His HC3) das subunidades $\beta$. Esse resíduo, quando protonado, forma um dos pares iônicos, com o $Asp^{94}$ (Asp FG1), que auxiliam na estabilização da desoxihemoglobina no estado T (Fig. 5-9). A protonação do resíduo aminoterminal das subunidades $\alpha$, de outros resíduos de His e, talvez, de outros grupos tem efeito semelhante.

A hemoglobina também liga $CO_2$ de maneira inversa em relação à ligação com o oxigênio. O dióxido de carbono liga-se como grupo carbamato ao grupo $\alpha$-amino da extremidade aminoterminal de cada cadeia de globina, formando carbamino-hemoglobina:

[esquema da reação: Resíduo aminoterminal → Resíduo carbaminoterminal]

Essa reação produz $H^+$, contribuindo para o efeito Bohr. Os carbamatos ligados formam também outras pontes salinas (não mostradas na Fig. 5-9), que auxiliam na estabilização do estado T e facilitam a liberação do oxigênio.

Quando a concentração do dióxido de carbono é alta, como nos tecidos periféricos, algum $CO_2$ se liga à hemoglobina e reduz a sua afinidade pelo $O_2$, provocando a liberação do $O_2$. Em contrapartida, quando a hemoglobina chega aos pulmões, ocorre o contrário, a alta concentração de oxigênio promove a ligação do $O_2$ e a liberação do $CO_2$. A capacidade de transmitir informação de uma subunidade polipeptídica para as outras a respeito da interação com o ligante faz a molécula de hemoglobina ser maravilhosamente bem adaptada na integração do transporte de $O_2$, $CO_2$ e $H^+$ pelos eritrócitos.

### A ligação do oxigênio com a hemoglobina é regulada por 2,3-bisfosfoglicerato

**P6** A interação do **2,3-bisfosfoglicerato** (**BPG**) com as moléculas de hemoglobina aprimora a função da hemoglobina e serve de exemplo de modulação alostérica heterotrópica.

[estrutura química do 2,3-Bisfosfoglicerato]

O BPG liga-se a um sítio distante do sítio de ligação do oxigênio e regula a afinidade do $O_2$ pela hemoglobina conforme a $pO_2$ nos pulmões. O BPG está presente em concentração relativamente alta nos eritrócitos. Quando a hemoglobina é isolada, observa-se que ela contém uma grande quantidade de BPG, que é difícil de ser removido completamente. Na verdade, as curvas de ligação entre hemoglobina e $O_2$ examinadas até agora foram obtidas na presença de BPG. Sabe-se que o BPG reduz muito a afinidade da hemoglobina pelo oxigênio. Existe uma relação inversa entre a ligação do $O_2$ e do BPG. Por isso, é possível descrever outro processo de ligação na hemoglobina:

$$HbBPG + O_2 \rightleftharpoons HbO_2 + BPG$$

O BPG é importante na adaptação fisiológica à $pO_2$ mais baixa nas grandes altitudes. Em um ser humano saudável ao nível do mar, a ligação do $O_2$ à hemoglobina é regulada de modo que a quantidade de $O_2$ liberada nos tecidos se aproxime de 40% da quantidade máxima que o sangue é capaz de transportar (**Fig. 5-16**). Imagine que essa pessoa seja levada rapidamente do nível do mar para uma altitude de 4.500 metros, em que a $pO_2$ é muito mais baixa. O suprimento de $O_2$ para os tecidos agora está reduzido. No entanto, após poucas horas em alta altitude, a concentração de BPG no sangue começa a aumentar, levando à redução da afinidade da hemoglobina pelo $O_2$. Esse ajuste no nível circulante de BPG tem somente um pequeno efeito na ligação do $O_2$ nos pulmões, mas o efeito é considerável na liberação do $O_2$ nos tecidos. Como resultado, a liberação do oxigênio para os tecidos é restaurada para cerca de 40% do $O_2$ que pode ser

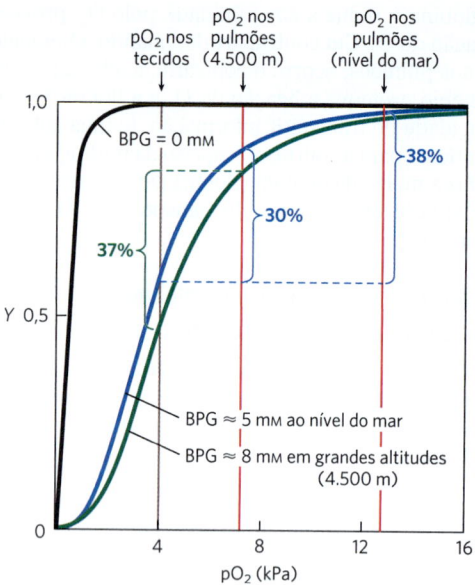

**FIGURA 5-16 Efeito do 2,3-bisfosfoglicerato na ligação do oxigênio à hemoglobina.** A concentração normal de BPG no sangue humano é de 5 mM ao nível do mar e de 8 mM em altitudes elevadas. Lembre que a hemoglobina se liga muito fortemente ao oxigênio na ausência de BPG, e a curva de ligação parece ser hiperbólica. Na verdade, o coeficiente de Hill medido para a cooperatividade da ligação do $O_2$ reduz muito pouco (de 3 para cerca de 2,5) quando o BPG é removido da hemoglobina, mas a parte ascendente da curva sigmoide está confinada a uma região muito pequena próxima à origem. Ao nível do mar, a hemoglobina presente nos pulmões está quase totalmente saturada com $O_2$, mas somente um pouco acima de 60% nos tecidos, de forma que a quantidade de $O_2$ liberada nos tecidos alcança cerca de 38% do máximo que pode ser transportado no sangue. Em altitudes elevadas, a liberação de $O_2$ diminui para 30% do máximo. Um aumento na concentração de BPG, contudo, reduz a afinidade da hemoglobina por $O_2$, de forma que aproximadamente 37% do que pode ser transportado é liberado novamente para os tecidos.

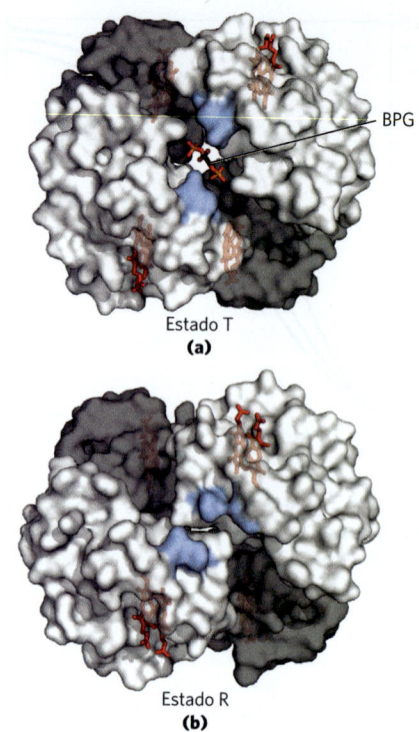

**FIGURA 5-17 Ligação de 2,3-bisfosfoglicerato à desoxi-hemoglobina.** (a) A ligação com BPG estabiliza o estado T da desoxi-hemoglobina. As cargas negativas do BPG interagem com vários grupos positivamente carregados (mostrados em azul nesta imagem do contorno da superfície) que circundam o bolsão entre as subunidades $\beta$ no estado T. (b) O bolsão de ligação com BPG desaparece com a oxigenação, acompanhando a transição para o estado R. (Comparar com a Fig. 5-10.) [Dados de (a) PDB ID 1B86, V. Richard et al., *J. Mol. Biol.* 233:270, 1993; (b) PDB ID 1BBB, M. M. Silva et al., *J. Biol. Chem.* 267:17.248, 1992.]

transportado pelo sangue. Essa situação é revertida quando a pessoa retorna ao nível do mar. A concentração de BPG nos eritrócitos aumenta também em pessoas que sofrem de **hipóxia**, isto é, redução da oxigenação dos tecidos periféricos devido ao funcionamento inadequado dos pulmões ou do sistema circulatório.

O sítio de ligação do BPG na hemoglobina é uma cavidade entre as subunidades $\beta$ no estado T (**Fig. 5-17**). Essa cavidade é revestida por resíduos de aminoácidos com cargas positivas, que interagem com os grupos do BPG carregados negativamente. Ao contrário do $O_2$, somente uma molécula de BPG liga-se a cada tetrâmero da hemoglobina. O BPG diminui a afinidade da hemoglobina pelo oxigênio por meio da estabilização do estado T. Na ausência de BPG, a hemoglobina está principalmente no estado R, que liga $O_2$ eficientemente nos pulmões, mas falha em liberá-lo nos tecidos.

**P6** A regulação da ligação do oxigênio à hemoglobina pelo BPG desempenha uma função importante no desenvolvimento fetal. Como o feto precisa captar oxigênio do sangue da mãe, a hemoglobina fetal precisa ter maior afinidade pelo $O_2$ do que a hemoglobina materna. O feto sintetiza subunidades $\gamma$, em vez de subunidades $\beta$, formando uma hemoglobina $\alpha_2\gamma_2$. Esse tetrâmero tem uma afinidade muito mais baixa pelo BPG do que a hemoglobina normal do adulto e, portanto, uma afinidade mais alta por $O_2$.

## A anemia falciforme é uma doença molecular da hemoglobina

A anemia falciforme, uma doença hereditária humana, demonstra de forma impressionante a importância da sequência de aminoácidos na determinação das estruturas secundária, terciária e quaternária das proteínas globulares e, portanto, das suas funções biológicas. Sabe-se que existem quase 500 variantes genéticas da hemoglobina na população humana, das quais a grande maioria é muito rara. A maior parte das variações consiste em diferenças em apenas um resíduo de aminoácido. Os efeitos sobre a estrutura e a função da hemoglobina geralmente são pequenos, mas às vezes podem ser extraordinários. Cada variação é produto de um gene alterado. As variantes de um gene são denominadas alelos. Como os seres humanos geralmente

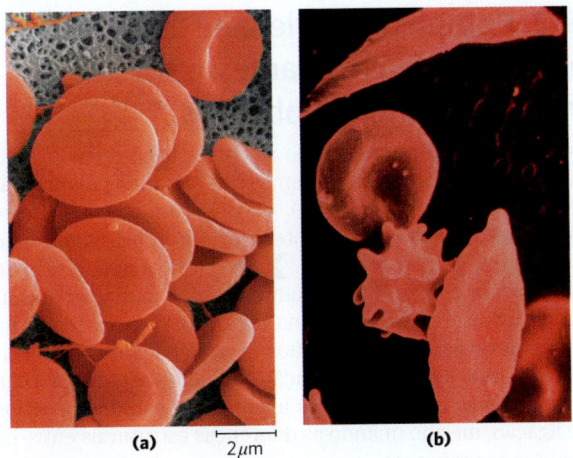

**FIGURA 5-18** Comparação entre (a) eritrócitos normais, uniformes e em forma de taça e (b) eritrócitos com formas variadas vistos na anemia falciforme, que variam desde normais até pontudos ou em forma de foice. [(a) A. Syred/Science; (b) Jackie Lewin, Royal Free Hospital/Science Source.]

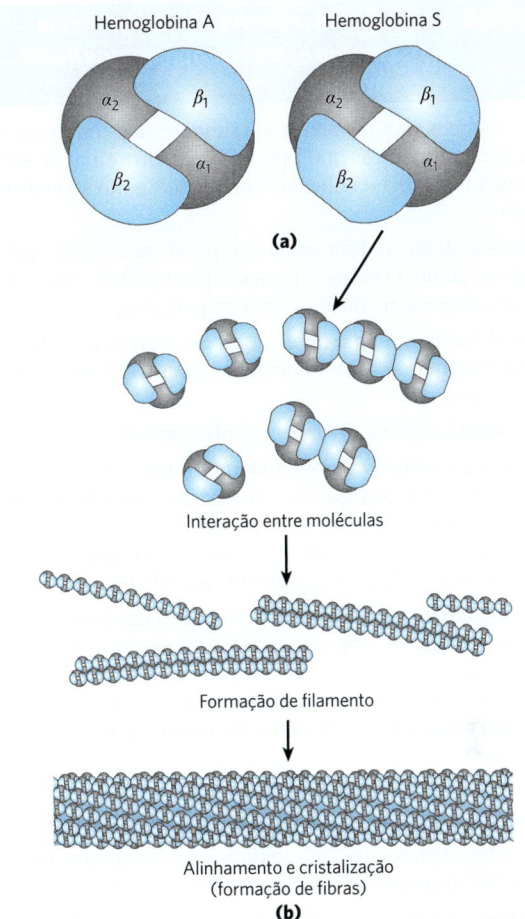

**FIGURA 5-19 Hemoglobinas normal e falciforme.**
(a) Diferenças sutis entre as conformações da HbA e da HbS resultantes da mudança de apenas um aminoácido nas cadeias $\beta$. (b) Como resultado dessa mudança, a desoxi-hemoglobina S tem uma porção hidrofóbica na sua superfície, o que causa a agregação das moléculas em filamentos que se associam, formando fibras insolúveis.

têm duas cópias de cada gene, um indivíduo pode ter duas cópias de um alelo (sendo, portanto, homozigoto para esse gene) ou uma cópia de cada um de dois alelos diferentes (portanto, heterozigoto).

A anemia falciforme ocorre em indivíduos que herdaram o alelo para a hemoglobina falciforme de ambos os pais. Os eritrócitos desses indivíduos são anormais e em menor número. O sangue dessas pessoas contém muitas formas imaturas e muitos eritrócitos longos, finos e em forma de foice (**Fig. 5-18**). Quando a hemoglobina das células falciformes (chamada de hemoglobina S, ou HbS) é desoxigenada, ela torna-se insolúvel e forma polímeros que se agregam em fibras tubulares (**Fig. 5-19**). A hemoglobina normal (hemoglobina A, ou HbA) permanece solúvel quando desoxigenada. As fibras insolúveis provocam deformação nos eritrócitos, e a proporção das células falciformes aumenta muito à medida que o sangue é desoxigenado.

As propriedades alteradas da HbS são o resultado da substituição de um único aminoácido, um resíduo de Val no lugar de um resíduo de Glu na posição 6 das duas cadeias $\beta$. A substituição do resíduo de Glu pelo de Val cria um ponto de contato hidrofóbico "adesivo" na posição 6 da cadeia $\beta$, que está na superfície externa da molécula. Esses pontos adesivos fazem as moléculas de HbS desoxigenadas se associarem anormalmente entre si, formando um longo agregado fibroso que é característico da doença.

A anemia falciforme é dolorosa e fatal. As pessoas com essa doença sofrem crises repetidas provocadas por esforço físico. Elas tornam-se fracas, com vertigens e respiração ofegante, apresentam sopros cardíacos e aumento da pulsação. O conteúdo de hemoglobina do sangue dessas pessoas é somente a metade do valor normal de 15 a 16 g/100 mL, uma vez que as células falciformes são muito frágeis e se rompem com facilidade. Isso causa anemia ("falta de sangue"). Uma consequência ainda mais grave é que os capilares ficam bloqueados pelas células longas e com morfologia anormal, causando muita dor e interferindo na função normal dos capilares. Esse é o principal fator que leva à morte prematura de muitos pacientes.

Sem tratamento médico, as pessoas com anemia falciforme geralmente morrem na infância. Curiosamente, a frequência do alelo falciforme na população é muito alta em determinadas partes da África. A investigação desse assunto levou à constatação de que, nos indivíduos heterozigotos, o alelo confere uma resistência pequena, mas significativa, a formas letais da malária. Os indivíduos heterozigotos sofrem de uma doença mais leve, denominada traço falciforme; apenas 1% dos eritrócitos tornam-se falciformes quando desoxigenados. Esses indivíduos podem ter uma vida totalmente normal se evitarem exercícios vigorosos e outros estresses do sistema circulatório. Como resultado da seleção natural, atualmente, há uma população de alelos que equilibra os efeitos deletérios da condição homozigota com a resistência à malária propiciada pela condição heterozigota. ■

> **RESUMO 5.1** *Ligação reversível de uma proteína com um ligante: proteínas que ligam oxigênio*

- As funções das proteínas geralmente dependem de interações com outras moléculas. Uma proteína interage com uma molécula, conhecida como ligante, no seu sítio de ligação.

- A mioglobina contém um grupo prostético heme, que se liga ao oxigênio. O heme é formado por um único átomo de $Fe^{2+}$ coordenado no interior de uma porfirina.

- As globinas são uma família de proteínas especializadas em transporte que contêm heme; a maioria das globinas armazena oxigênio.

- O oxigênio liga-se reversivelmente à mioglobina.

- A ligação reversível de um ligante a uma proteína pode ser descrita quantitativamente por uma constante de dissociação, $K_d$. Em uma proteína monomérica, como a mioglobina, a fração dos sítios de ligação ocupados pelo ligante é uma função hiperbólica da concentração do ligante.

- As proteínas podem sofrer alterações conformacionais quando interagem com um ligante, processo chamado de encaixe induzido. Nas proteínas multiméricas, a interação do ligante com uma subunidade pode afetar a interação com as outras subunidades. A interação com o ligante pode ser regulada.

- A hemoglobina transporta oxigênio no sangue.

- A hemoglobina adulta normal possui quatro subunidades que contêm heme, duas subunidades $\alpha$ e duas subunidades $\beta$, com estruturas semelhantes entre si e à mioglobina.

- A hemoglobina existe em dois estados estruturais alternados, T e R. O estado T é mais estável quando o oxigênio não está ligado. A ligação do oxigênio induz a transição para o estado R.

- A ligação do oxigênio à hemoglobina é alostérica e cooperativa. Quando o $O_2$ ocupa um sítio de ligação, a hemoglobina sofre mudanças conformacionais que afetam os outros sítios de ligação – exemplo de comportamento alostérico.

- As mudanças de conformação entre os estados T e R, mediadas pelas interações subunidade-subunidade, resultam em ligação cooperativa; isso é representado por uma curva de ligação sigmoide que pode ser analisada por um gráfico de Hill.

- Dois modelos preponderantes foram propostos para explicar a interação cooperativa de ligantes com proteínas multiméricas: o modelo concertado e o modelo sequencial.

- A hemoglobina também liga $H^+$ e $CO_2$, resultando na formação de pares iônicos que estabilizam o estado T e reduzem a afinidade da proteína por $O_2$ (o efeito Bohr).

- A ligação de $O_2$ à hemoglobina é modulada também por 2,3-bisfosfoglicerato, que se liga ao estado T e o estabiliza.

- A anemia falciforme é uma doença genética causada pela substituição de um único aminoácido ($Glu^6$ por $Val^6$) nas cadeias $\beta$ da hemoglobina. A mudança gera uma região hidrofóbica na superfície da hemoglobina, que causa a agregação das moléculas em feixes de fibras. Essa condição homozigota resulta em graves complicações de saúde.

## 5.2 Complementariedade das ligações entre proteínas e ligantes: o sistema imune e as imunoglobulinas

Foi visto anteriormente como as conformações das proteínas que ligam oxigênio afetam e são afetadas pela interação de ligantes pequenos ($O_2$ ou CO) com o grupo heme. No entanto, a maioria das interações proteína-ligante não envolve um grupo prostético. **P2** Em vez disso, o sítio de ligação com o ligante mais comumente se parece com o sítio de ligação da hemoglobina com o BPG: uma fenda na proteína revestida por resíduos de aminoácidos, organizados de forma a tornar a interação altamente específica. Uma diferenciação eficaz entre os ligantes é o padrão nos sítios de ligação, mesmo quando as diferenças estruturais entre os ligantes são mínimas.

Quase todos os organismos têm algum tipo de sistema imune que lhes permite responder aos desafios que os patógenos presentes no ambiente apresentam. O aparecimento dos vertebrados há cerca de 500 milhões de anos foi acompanhado pela evolução de um sistema imune adaptativo baseado na geração de um grande número de diferentes clones celulares, cada um expressando uma variante de proteína que pode reconhecer e se ligar a um tipo específico de estrutura química. Todos os vertebrados têm um sistema imune capaz de diferenciar moléculas entre "próprio" e "não próprio" e destruir o que for identificado como não próprio. Dessa forma, o sistema imune elimina vírus, bactérias e outros patógenos, bem como moléculas que possam constituir ameaça ao organismo. No nível fisiológico, a **resposta imune** é formada por um conjunto complexo e coordenado de interações entre muitas classes de proteínas, moléculas e tipos celulares. Considerando-se as proteínas individualmente, a resposta imune demonstra como um sistema bioquímico altamente sensível pode ser desenvolvido a partir de interações reversíveis entre ligantes e proteínas.

### A resposta imune inclui um arsenal de células e proteínas especializadas

A imunidade é realizada por meio de uma grande variedade de **leucócitos** (células brancas do sangue), incluindo os **macrófagos** e os **linfócitos**, todos originados na medula óssea a partir de células-tronco não diferenciadas. Os linfócitos deixam a corrente sanguínea e patrulham os tecidos; cada célula produz uma ou mais proteínas capazes de reconhecer e se ligar a moléculas que podem sinalizar a presença de uma infecção.

A resposta imune consiste em dois sistemas complementares, os sistemas imunes humoral e celular. O **sistema imune humoral** (do latim *humor*, "fluido") tem como alvo infecções bacterianas e vírus extracelulares (encontrados nos fluidos do corpo), mas também pode responder a proteínas estranhas. O **sistema imune celular** destrói células do próprio hospedeiro infectadas por vírus, além de destruir alguns parasitas e tecidos estranhos.

No centro da resposta imune humoral, estão as proteínas solúveis chamadas **anticorpos** ou **imunoglobulinas**, com frequência abreviadas como **Ig**. As imunoglobulinas ligam-se a bactérias, vírus ou moléculas grandes identificadas como estranhas e os levam para a destruição. Constituindo 20% do total das proteínas sanguíneas, as imunoglobulinas são produzidas pelos **linfócitos B**, ou **células B**, que completam seu desenvolvimento na medula óssea (B vem do inglês ***b****one marrow*).

Os efetores no centro da resposta imune celular são uma classe de **linfócitos T**, ou **células T** (assim chamadas porque os últimos estágios de desenvolvimento ocorrem no *timo*), conhecidas como **células T citotóxicas** (**células $T_C$**, também chamadas de células T *killer*). O reconhecimento de células infectadas ou de parasitas envolve proteínas chamadas de **receptores de células T**, presentes na superfície das células T citotóxicas. Os receptores são proteínas normalmente encontradas na superfície externa das células e que se estendem ao longo da membrana plasmática, que reconhecem e se ligam a ligantes extracelulares, provocando mudanças no interior da célula.

Além das células T citotóxicas, há as **células T auxiliares** (**células $T_H$**; do inglês *T helper*), cuja função é produzir proteínas sinalizadoras solúveis, denominadas citocinas, que incluem as interleucinas. As células $T_H$ interagem com macrófagos e participam indiretamente na destruição de células infectadas e de patógenos ao estimularem a proliferação seletiva de células $T_C$ e células B que podem ligar antígenos específicos. Esse processo, chamado de **seleção clonal**, aumenta o número de células do sistema imune que podem responder a um patógeno específico. Um organismo hospedeiro necessita de tempo, em geral alguns dias, para montar uma resposta imune contra um antígeno novo, mas as **células de memória** permitem uma resposta rápida contra patógenos previamente encontrados. Uma vacina para proteger contra uma determinada infecção viral geralmente consiste no vírus atenuado ou morto ou em proteínas isoladas da capa proteica de um vírus ou bactéria. Quando injetada em uma pessoa, a vacina geralmente não causa infecção ou doença, mas "ensina" o sistema imune a reconhecer a partícula viral como um patógeno, estimulando a produção de células de memória. Em uma nova infecção, essas células podem se ligar ao vírus e desencadear uma resposta imune rápida.

A importância das células $T_H$ é ilustrada dramaticamente pela epidemia produzida por HIV (vírus da imunodeficiência humana), o vírus que causa Aids (síndrome da imunodeficiência adquirida). As células $T_H$ são o alvo primário na infecção por HIV, e a eliminação dessas células incapacita progressivamente todo o sistema imune.

▶ **P1** Cada proteína de reconhecimento do sistema imune, seja um receptor de célula T, seja um anticorpo produzido por células B, liga-se especificamente a uma determinada estrutura química, diferenciando-a de todas as outras. Os seres humanos têm a capacidade de produzir mais de $10^8$ anticorpos diferentes com especificidades de ligação distintas. Em decorrência dessa extraordinária diversidade, qualquer estrutura química na superfície de um vírus ou de uma célula invasora tem a possibilidade de ser reconhecida por um ou mais anticorpos e de interagir com eles. A diversidade de anticorpos decorre do rearranjo aleatório de um conjunto de segmentos de gene das imunoglobulinas por meio dos mecanismos de recombinação gênica apresentados no Capítulo 25 (ver Fig. 25-42).

Usa-se um vocabulário especializado para descrever as interações exclusivas entre os anticorpos ou receptores de células T e as moléculas que eles ligam. Qualquer molécula ou patógeno capaz de induzir resposta imune é denominado **antígeno**. Um antígeno pode ser um vírus, uma parede bacteriana, uma proteína isolada ou outra macromolécula. Um antígeno complexo pode interagir com vários anticorpos diferentes. Um determinado anticorpo ou receptor de célula T liga-se somente a uma estrutura molecular específica do antígeno, chamada de **determinante antigênico** ou **epítopo**.

Seria improdutivo para o sistema imune responder a pequenas moléculas que sejam produtos do metabolismo celular ou intermediários comuns. Moléculas com massa molecular menor que 5.000 geralmente não são reconhecidas como antígeno. No entanto, quando as moléculas pequenas são unidas covalentemente a uma proteína grande no laboratório, elas podem ser usadas para induzir uma resposta imune. Essas moléculas pequenas são chamadas de **haptenos**. Os anticorpos produzidos em resposta a haptenos ligados a proteínas se ligam a essas mesmas moléculas pequenas quando elas estão livres. Esses anticorpos são utilizados para desenvolver testes analíticos, descritos mais adiante neste capítulo, ou também como ligantes específicos em cromatografia de afinidade (ver Fig. 3-17c). A seguir, será feita uma descrição mais detalhada dos anticorpos e das suas propriedades de ligação.

### Os anticorpos têm dois sítios idênticos de ligação ao antígeno

A **imunoglobulina G** (**IgG**) é a principal classe de moléculas de anticorpos e é uma das proteínas mais abundantes no soro sanguíneo. As IgG são formadas por quatro cadeias polipeptídicas: duas cadeias pesadas (grandes) e duas cadeias leves (menores), unidas por ligações não covalentes e ligações dissulfeto, formando um complexo com massa molecular de 150.000. As cadeias pesadas interagem em uma das extremidades e ramificam-se para interagir separadamente com as cadeias leves, formando uma molécula com forma de Y (**Fig. 5-20**). As imunoglobulinas podem ser hidrolisadas por proteases nas "dobradiças" que separam a base da molécula dos seus braços. Hidrólise por papaína libera o fragmento basal, chamado de **Fc** porque geralmente *c*ristaliza com facilidade, e os dois braços, chamados de **Fab** (do inglês ***a****ntigen-**b**inding*), que são os fragmentos de ligação ao antígeno. Cada braço tem um único sítio de ligação ao antígeno.

A estrutura básica das imunoglobulinas foi estabelecida por Gerald Edelman e Rodney Porter na década de 1960. Cada cadeia é composta de domínios bem discerníveis. Alguns têm sequência e estrutura constantes entre uma IgG e outra, e outros são variáveis. Os domínios constantes têm uma estrutura característica conhecida como padrão de **enovelamento das imunoglobulinas**, um motivo estrutural bem conservado em todas as proteínas da classe $\beta$ (Capítulo 4). Existem três domínios constantes em cada cadeia pesada e um em cada cadeia leve. As cadeias leves e pesadas também têm, cada uma delas, um domínio variável, no qual se encontra a maior parte da variabilidade na sequência

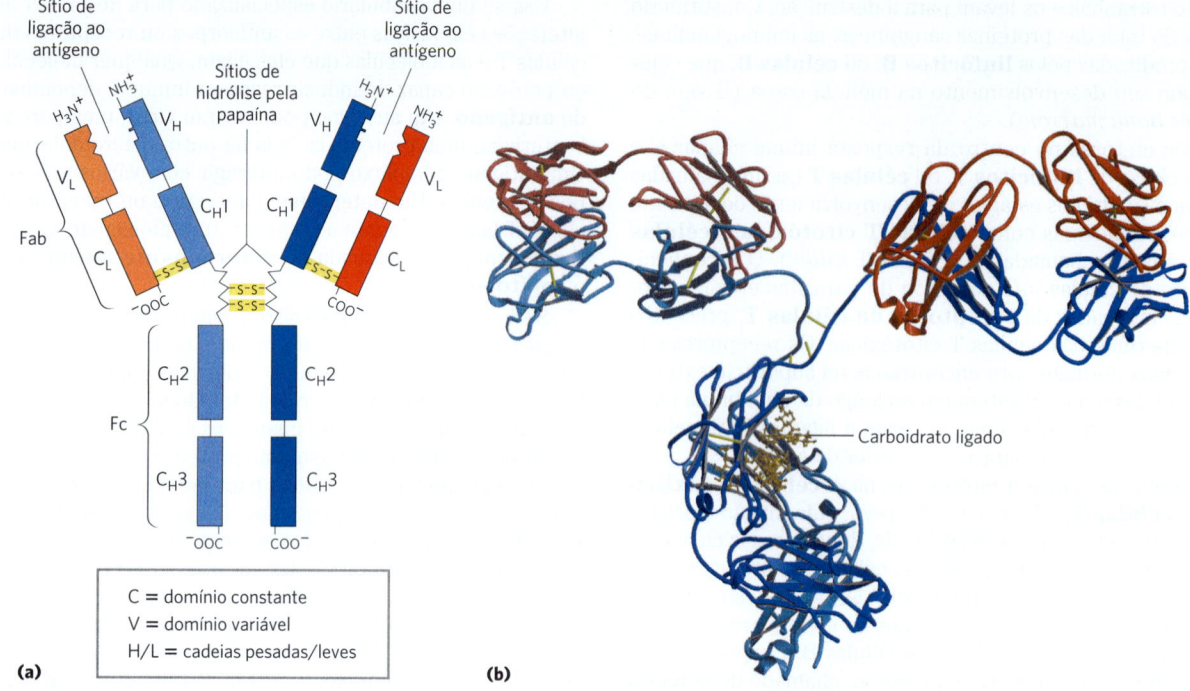

**FIGURA 5-20 Imunoglobulina G.** (a) Pares de cadeias leves e pesadas unem-se e formam uma molécula com formato de Y. Dois sítios de ligação ao antígeno formam-se pela combinação dos domínios variáveis de uma cadeia leve ($V_L$) e de uma cadeia pesada ($V_H$). A hidrólise com papaína separa as porções Fab e Fc da proteína na região da dobradiça. A porção Fc também tem carboidratos ligados (mostrado em b).

(b) Modelo em fita de uma molécula de IgG. Embora a molécula tenha duas cadeias pesadas idênticas (sombreadas em tons de azul) e duas cadeias leves idênticas (sombreadas em tons de vermelho), ela cristaliza na conformação assimétrica mostrada aqui. A flexibilidade conformacional é importante para a função das imunoglobulinas. [(b) Dados de PDB ID 1IGT, L. J. Harris et al., *Biochemistry* 36:1581, 1997.]

de aminoácidos. Os domínios variáveis associam-se para formar o sítio de ligação ao antígeno (Fig. 5-20), permitindo a formação de um complexo antígeno-anticorpo (**Fig. 5-21**).

Em muitos vertebrados, a IgG é uma das cinco classes de imunoglobulinas. Cada classe tem um tipo característico de cadeia pesada, denominadas α, δ, ε, γ e μ para IgA, IgD, IgE, IgG e IgM, respectivamente. Dois tipos de cadeias leves, κ e λ, ocorrem em todas as classes de imunoglobulinas. A estrutura global da **IgD** e da **IgE** é semelhante à da IgG. A **IgM** ocorre tanto como monômero, a forma de ligação à membrana, quanto como forma secretada, que consiste em um pentâmero da sua estrutura básica (**Fig. 5-22**). A **IgA**, encontrada principalmente em secreções como saliva, lágrima e leite, pode ser monômero, dímero ou trímero. A IgM é o primeiro anticorpo sintetizado por linfócitos B e o principal anticorpo nos estágios iniciais de uma resposta imune primária. Algumas células B logo começam a produzir IgD (com o mesmo sítio de ligação ao antígeno da IgM, produzida pela mesma célula), mas sua função específica é menos clara.

A IgG descrita anteriormente é o principal anticorpo secundário na resposta imune, que é iniciada por uma classe de células B denominada células B de memória. A IgG é a imunoglobulina mais abundante no sangue e faz parte da imunidade continuada do organismo aos antígenos já

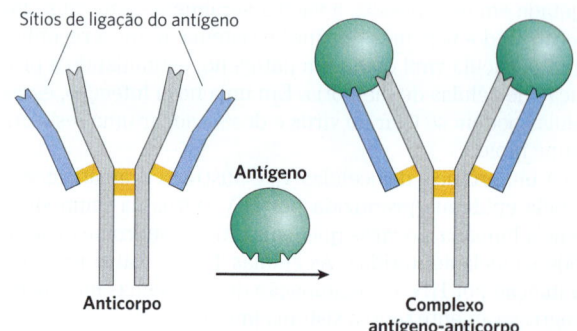

**FIGURA 5-21 Ligação de IgG a um antígeno.** Os sítios de ligação na IgG normalmente sofrem pequenas mudanças conformacionais para gerar um encaixe ótimo para o antígeno. Esse encaixe induzido é comum em muitas interações de proteínas com ligantes.

encontrados e combatidos. Quando a IgG se liga a bactérias ou vírus invasores, ela ativa determinados leucócitos, como os macrófagos, para englobar e destruir o invasor, além de ativar alguns outros elementos da resposta imune. Os receptores na superfície dos macrófagos reconhecem e ligam-se à região Fc da IgG. Quando esses receptores se ligam a

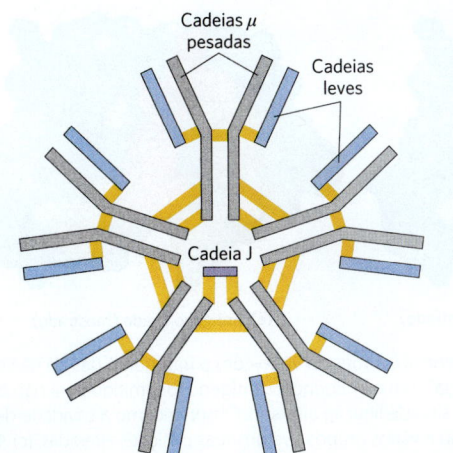

**FIGURA 5-22 Pentâmero IgM em imunoglobulina de várias subunidades.** O pentâmero é unido por ligações dissulfeto (em amarelo). A cadeia J é um polipeptídeo de $M_r$ 20.000 encontrado tanto em IgA como em IgM.

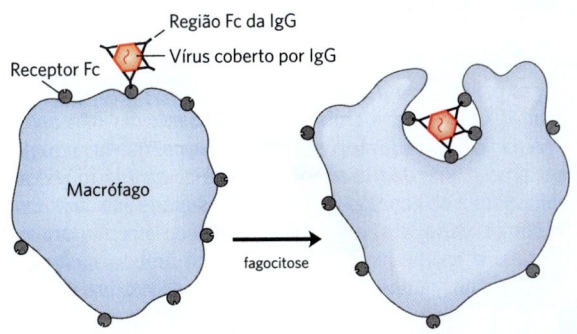

**FIGURA 5-23 Macrófago fagocitando um vírus ligado a um anticorpo.** A região Fc dos anticorpos ligados ao vírus liga-se aos receptores Fc na superfície de um macrófago, desencadeando o englobamento e a destruição do vírus.

um complexo patógeno-anticorpo, o macrófago engloba o complexo por fagocitose (**Fig. 5-23**).

A IgE tem um papel importante na resposta alérgica, interagindo com basófilos (leucócitos fagocíticos) no sangue e com células secretoras de histamina, chamadas de mastócitos, largamente distribuídas nos tecidos. Essa imunoglobulina se liga, por meio da região Fc, a receptores especiais nos basófilos ou nos mastócitos. Assim, a IgE serve como receptor para o antígeno. Se houver um antígeno ligado, as células são induzidas a secretar histamina e outras aminas com atividade biológica que causam dilatação e aumento da permeabilidade dos vasos sanguíneos. Pensa-se que esses efeitos sobre os vasos facilitam o movimento de células e proteínas do sistema imune para o local da inflamação. Esses efeitos também produzem os sintomas normalmente associados a alergias. O pólen e outros alérgenos são reconhecidos como estranhos e desencadeiam uma resposta imune normalmente reservada contra patógenos. ■

## Os anticorpos ligam-se ao antígeno de maneira firme e específica

**P2** A especificidade de ligação de um anticorpo é determinada pelos resíduos de aminoácidos presentes nos domínios variáveis das cadeias leves e pesadas. Alguns desses resíduos, chamados de hipervariáveis, são bem mais suscetíveis à variação, em especial os que formam as franjas do sítio de ligação ao antígeno. A especificidade é conferida pela complementaridade química entre o antígeno e o seu sítio de ligação específico. Por exemplo, um sítio de ligação com um grupo de carga negativa pode se ligar a um antígeno com carga positiva na posição complementar. Em muitos casos, a complementaridade é obtida de modo interativo, uma vez que as estruturas do antígeno e do sítio de ligação sofrem influência uma da outra à medida que se aproximam. Essas mudanças conformacionais no anticorpo e/ou no antígeno levam os grupos complementares a interagirem totalmente. Esse é um exemplo de encaixe induzido. O complexo formado por um peptídeo derivado do HIV (modelo de antígeno) e uma molécula Fab, mostrado na **Figura 5-24**, ilustra algumas dessas propriedades. As mudanças na estrutura observadas após a ligação do antígeno são particularmente notáveis nesse exemplo.

Uma interação antígeno-anticorpo típica é muito forte, caracterizada por valores de $K_d$ tão baixos quanto $10^{-10}$ M (lembre-se de que um $K_d$ baixo corresponde a uma interação mais forte; ver Tabela 5-1). O $K_d$ reflete a energia derivada do efeito hidrofóbico, das várias ligações iônicas, das ligações de hidrogênio e das interações de van der Waals que estabilizam a ligação. A energia de ligação necessária para produzir uma $K_d$ de $10^{-10}$ M é de cerca de 65 kJ/mol.

## A interação antígeno-anticorpo é a base para uma grande variedade de procedimentos analíticos importantes

A extraordinária afinidade de ligação e a especificidade dos anticorpos os tornam reagentes analíticos valiosos. Dois tipos de preparação de anticorpos são utilizados: policlonal e monoclonal. Os **anticorpos policlonais** são aqueles produzidos por muitos linfócitos B diferentes em resposta a um antígeno, como uma proteína injetada em um animal. As células na população de linfócitos B produzem anticorpos que se ligam a epítopos específicos diferentes no antígeno. Assim, as preparações policlonais contêm uma mistura de anticorpos que reconhecem diferentes partes da proteína. Os **anticorpos monoclonais**, por outro lado, são sintetizados por uma população de células B idênticas (um **clone**) em cultivo celular. Esses anticorpos são homogêneos e todos reconhecem o mesmo epítopo.

A especificidade dos anticorpos tem utilidade prática. Em uma técnica analítica versátil, um anticorpo é ligado a um reagente que o torna fácil de ser identificado (**Fig. 5-25**). Quando o anticorpo se liga à proteína-alvo, o marcador revela a presença da proteína em uma solução ou a sua localização em um gel, ou mesmo em uma célula viva (Fig. 5-25a). Em uma das aplicações dessa técnica, o ensaio de *imunoblot* ou *Western blot* (Fig. 5-26b), as proteínas

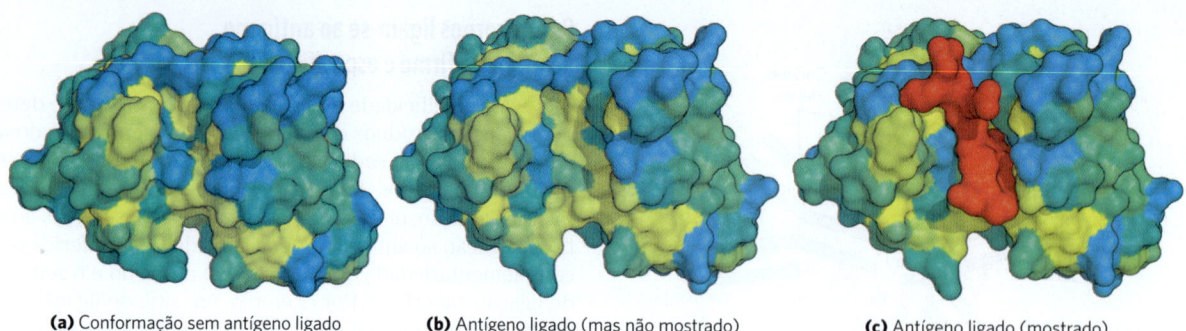

**(a)** Conformação sem antígeno ligado  **(b)** Antígeno ligado (mas não mostrado)  **(c)** Antígeno ligado (mostrado)

**FIGURA 5-24 Encaixe induzido na ligação de um antígeno à IgG.** O fragmento Fab de uma molécula de IgG está mostrado com a superfície de contorno colorida de modo a representar a hidrofobicidade. As superfícies hidrofóbicas estão em amarelo, as superfícies hidrofílicas, em azul, e as superfícies intermediárias, em tons de azul, verde e amarelo. (a) Vista do fragmento de Fab na ausência de antígeno (um peptídeo pequeno derivado do HIV), visto na direção do sítio de ligação do antígeno. (b) A mesma visão com o fragmento de Fab na conformação "ligada" com o antígeno. O antígeno foi omitido para não obstruir a visão do sítio de ligação alterado. Observe como a cavidade de ligação se alargou e vários grupos tiveram suas posições alteradas. (c) A mesma vista de (b) com o antígeno (em vermelho) no sítio de ligação. [Dados de (a) PDB ID 1GGC, R. L. Stanfield et al., *Structure* 1:83, 1993; (b, c) PDB ID 1GGI, J. M. Rini et al., *Proc. Natl. Acad. Sci. USA* 90:6325, 1993.]

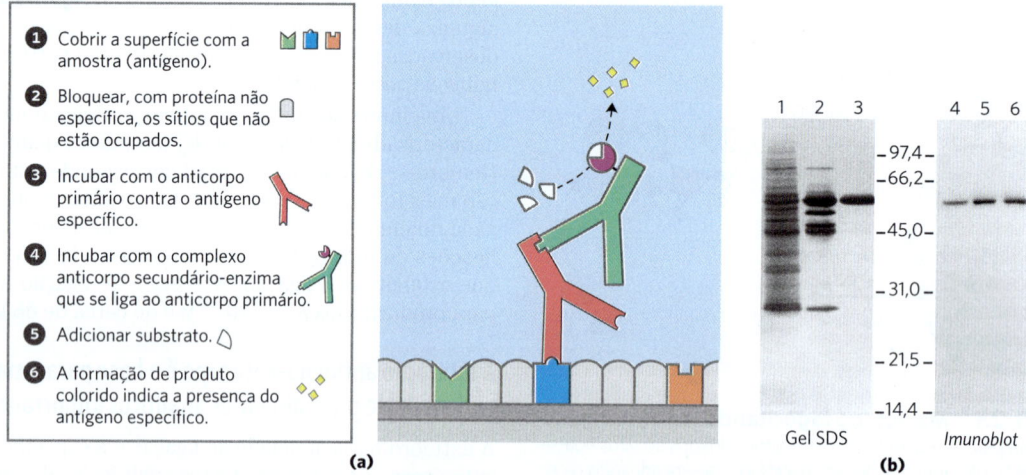

**FIGURA 5-25 Anticorpos como reagentes para análises.** (a) Representação esquemática do uso da reação específica de um anticorpo com o seu antígeno para identificar e quantificar uma proteína específica presente em uma mistura complexa. (b) Uma das aplicações comuns é o *imunoblot*. As canaletas 1 a 3 são de um gel SDS. Amostras de estágios sucessivos de um processo de purificação de uma proteína-cinase foram separadas por eletroforese e coradas com azul de Coomassie. As canaletas 4 a 6 mostram as mesmas amostras, mas que foram transferidas eletroforeticamente para uma membrana de nitrocelulose após a separação no gel SDS. Foi feita uma "sondagem" na membrana utilizando um anticorpo contra a proteína-cinase. Os números entre o gel SDS e o *imunoblot* indicam a massa molecular, $M_r$, em milhares. [(b, c) State of Wisconsin Lab of Hygiene, Madison, WI.]

separadas por eletroforese em gel são transferidas eletroforeticamente para uma membrana de nitrocelulose. Depois de lavada, a membrana é tratada sucessivamente com um anticorpo primário, com um anticorpo secundário que tem uma enzima ligada e com o substrato dessa enzima. Um precipitado colorido forma-se somente na banda que contém a proteína de interesse. O *imunoblot* permite a detecção de um componente minoritário de uma amostra e fornece uma estimativa de sua massa molecular.

Outras facetas dos anticorpos serão abordadas em capítulos posteriores. Extremamente importantes em medicina, os anticorpos podem esclarecer muito sobre a estrutura das proteínas e a ação dos genes.

> **RESUMO 5.2** *Complementariedade das ligações entre proteínas e ligantes: o sistema imune e as imunoglobulinas*

■ A resposta imune é mediada por interações entre um grupo de leucócitos especializados e suas proteínas. Os linfócitos T produzem receptores de células T. Já os linfócitos B produzem imunoglobulinas.

■ Os seres humanos têm cinco classes de imunoglobulinas, cada uma com funções biológicas distintas. A IgG é a classe mais abundante, sendo uma proteína em formato de Y com duas cadeias pesadas e duas cadeias leves. Os domínios próximos da extremidade superior do Y são hipervariáveis no conjunto da vasta população das IgG e formam dois sítios de ligação ao antígeno.

■ Determinada imunoglobulina geralmente interage apenas com uma parte, chamada de epítopo, de um antígeno grande. A interação com frequência envolve mudanças na conformação da IgG, um encaixe induzido ao antígeno.

■ A especificidade requintada das imunoglobulinas é explorada em muitas técnicas analíticas, como o *imunoblot*.

## 5.3 As interações entre proteínas são moduladas por energia química: actina, miosina e motores moleculares

Os organismos movem-se. As células movem-se. As organelas e as macromoléculas movem-se dentro das células. A maioria desses movimentos deve-se à atividade de uma classe fascinante de motores moleculares proteicos. Supridos com energia química, geralmente derivada do ATP, grandes agregados de proteínas motoras são submetidos a mudanças conformacionais cíclicas que se acumulam em uma força unificada e direcional: a força ínfima que separa os cromossomos em uma célula em divisão e a força imensa que impulsiona no ar um felino selvagem de um quarto de tonelada.

As interações entre proteínas motoras, como se pode prever, deve-se à complementariedade de arranjos iônicos, ligações de hidrogênio e grupos hidrofóbicos nos sítios de ligação da proteína. Nas proteínas motoras, entretanto, o resultado dessas interações atinge um nível excepcionalmente alto de organização espacial e temporal.

As proteínas motoras são a base da migração das organelas ao longo dos microtúbulos, do movimento dos eucariotos, do movimento dos flagelos das bactérias e do movimento de algumas proteínas ao longo do DNA. A seguir, o exemplo das bem-estudadas proteínas contráteis do músculo esquelético dos vertebrados será analisado como modelo de como as proteínas transformam energia química em movimento.

### A actina e a miosina são as principais proteínas do músculo

A força contrátil do músculo é gerada pela interação de duas proteínas, miosina e actina. Essas proteínas são organizadas em filamentos, que sofrem interações transitórias e deslizam uns sobre os outros para realizar a contração. Juntas, a actina e a miosina compõem mais de 80% da massa proteica do músculo.

A **miosina** ($M_r$ 520.000) tem seis subunidades: duas cadeias pesadas (cada qual com $M_r$ 220.000) e quatro cadeias leves (cada qual com $M_r$ 20.000). As cadeias pesadas respondem pela maior parte da estrutura total. Em suas extremidades carboxiterminais, elas estão organizadas como α-hélices estendidas, enroladas umas ao redor das outras em uma espiral fibrosa enrolada para a esquerda, como ocorre na α-queratina (**Fig. 5-26**). Nas extremidades aminoterminais, cada cadeia pesada tem um domínio globular

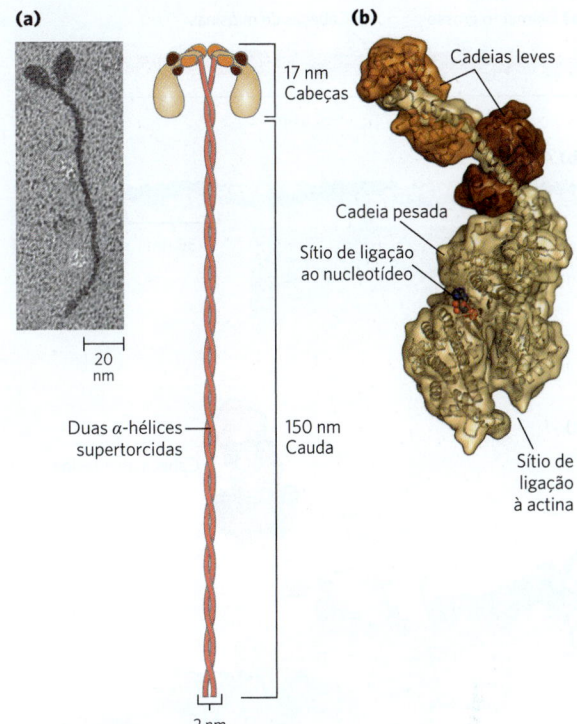

**FIGURA 5-26 Miosina.** (a) A miosina tem duas cadeias pesadas: o terminal carboxílico com uma cauda em espiral enrolada estendida, e o aminoterminal, com domínios globulares. Duas cadeias leves da miosina associam-se a cada cabeça da miosina. (b) Representação tridimensional da cabeça da miosina, mostrando os sítios de ligação para nucleotídeo (ATP) e para actina. [(a) Pesquisa de Takeshi Katayama, et al. "Stimulatory effects of arachidonic acid on myosin ATPase activity and contraction of smooth muscle via myosin motor domain," *Am. J. Physiol. Heart Circ. Physiol.* Vol 298, Fascículo 2, pp. H505—H514, fevereiro de 2010, Fig. 6b. (b) Dados de PDB ID 2MYS, I. Rayment et al., *Science* 261:50, 1993.]

grande contendo o sítio em que o ATP é hidrolisado. As cadeias leves estão associadas ao domínio globular.

Nas células musculares, as moléculas de miosina agregam-se e formam estruturas chamadas de **filamentos grossos** (**Fig. 5-27a**). Essas estruturas em forma de bastão são o centro da unidade contrátil. Dentro do filamento grosso, várias centenas de moléculas de miosina estão organizadas com suas "caudas" fibrosas associadas de modo a formar uma estrutura bipolar longa. O domínio globular projeta-se de cada uma das extremidades dessa estrutura em arranjos regulares empilhados.

A segunda proteína importante do músculo, a **actina**, é abundante em quase todas as células eucarióticas. No músculo, moléculas de actina monomérica, chamadas de actina G (actina *g*lobular, $M_r$ 42.000), associam-se para formar um polímero longo, chamado de actina F (actina *f*ilamentosa). O **filamento fino** consiste em actina F (Fig. 5-27b), juntamente às proteínas troponina e tropomiosina (apresentadas a seguir). A parte filamentosa dos filamentos finos é montada pela adição sucessiva de monômeros de actina a uma das extremidades. Nesse processo, cada monômero se liga

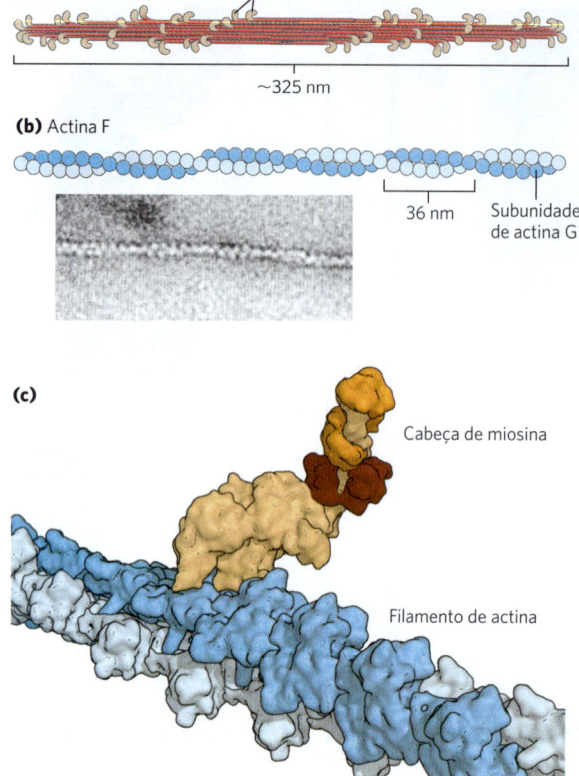

**FIGURA 5-27  Componentes principais do músculo.**
(a) A miosina agrega-se e forma uma estrutura bipolar chamada de filamento grosso. (b) A actina F é um conjunto filamentoso de monômeros de actina G que polimerizam dois a dois, dando o aspecto de dois filamentos enrolados um sobre o outro em uma orientação à direita. (c) Modelo de preenchimento espacial de um filamento de actina com uma cabeça de miosina ligada a um monômero no filamento. [(b) Pesquisa de Dr. Roger W. Craig PhD, University of Massachusetts Medical School. (c) Dados de PDB ID 2MYS, I. Rayment et al., *Science* 261:50, 1993; PDB ID 6BNQ, P. S. Gurel et al., *eLife* 6, 2017, doi 10.7554/eLife.31125]

ao ATP e o hidrolisa a ADP, de forma que cada molécula de actina no filamento está complexada com ADP. A hidrólise do ATP pela actina funciona somente na montagem dos filamentos; ela não contribui de maneira direta para a energia gasta na contração muscular. Cada monômero de actina no filamento fino pode se ligar firme e especificamente a uma cabeça de miosina (Fig. 5-27c).

### Proteínas suplementares organizam os filamentos finos e grossos em estruturas ordenadas

O músculo esquelético consiste em feixes paralelos de **fibras musculares**. Cada fibra é constituída por uma única célula multinucleada muito grande, com 20 a 100 μm de diâmetro, e é formada pela fusão de várias células; geralmente, uma única fibra abrange o comprimento do músculo. Cada fibra contém cerca de 1.000 **miofibrilas**, com 2 μm de diâmetro, cada uma consistindo em um grande número de filamentos finos e grossos regularmente organizados e complexados com outras proteínas (**Fig. 5-28**). Um sistema de vesículas membranosas achatadas, denominado **retículo sarcoplasmático**, rodeia cada miofibrila. Examinadas ao microscópio eletrônico, as fibras musculares mostram regiões alternadas de alta e baixa densidades eletrônicas, chamadas de **bandas A** e **bandas I** (Fig. 5-28b, c). Essas bandas resultam da disposição dos filamentos grossos e finos, que estão alinhados e parcialmente sobrepostos. A banda I é a região do feixe que, em secção transversal, contém somente filamentos finos. A banda A, mais escura, estende-se pelo comprimento do filamento grosso e inclui a região de sobreposição dos filamentos grossos e finos. A banda I é dividida ao meio por uma estrutura chamada de **disco Z**, perpendicular aos filamentos finos, que serve de âncora para a fixação desses filamentos. A banda A também é dividida por uma linha fina, a **linha M** ou disco M, uma região de alta densidade eletrônica no centro dos filamentos grossos. A unidade contrátil completa, que consiste em feixes de filamentos grossos intercalados nas duas extremidades com feixes de filamentos finos, é chamada de **sarcômero**. A organização dos feixes intercalados permite o deslizamento dos filamentos entre si (pelo mecanismo descrito a seguir) e isso causa o encurtamento progressivo dos sarcômeros (Fig. 5-28d).

### Os filamentos grossos de miosina deslizam sobre os filamentos finos de actina

▶P1 A interação entre a actina e a miosina, assim como a que existe entre todas as proteínas e seus ligantes, envolve ligações fracas. Quando não há ATP ligado à miosina, uma face da cabeça da miosina liga-se firmemente à actina (**Fig. 5-29**). Quando o ATP se liga, ocorre uma série de mudanças conformacionais coordenadas e cíclicas, nas quais a miosina libera a subunidade de actina F e se liga à outra subunidade mais distante ao longo do filamento fino.

O ciclo tem quatro etapas principais (Fig. 5-29). Na etapa ❶, o ATP liga-se à miosina, e uma fenda se abre na molécula, rompendo a interação actina-miosina e liberando a actina. Na etapa ❷, o ATP é hidrolisado, o que provoca uma mudança conformacional na proteína para um estado de "alta energia", que move a cabeça da miosina e muda a sua orientação em relação ao filamento fino. A miosina, então, liga-se fracamente à subunidade de actina F mais próxima do disco Z em relação à que foi liberada imediatamente antes. Assim que o fosfato produzido na hidrólise do ATP é liberado da miosina na etapa ❸, ocorre outra mudança de conformação, de maneira que a fenda na miosina se fecha, fortalecendo a ligação actina-miosina. Isso é seguido rapidamente pela etapa ❹, um "movimento de força" durante o qual a conformação da cabeça de miosina retorna ao estado de repouso original, mudando a sua orientação em relação à actina de forma a puxar a sua cauda na direção do disco Z. O ADP é, então, liberado, e o

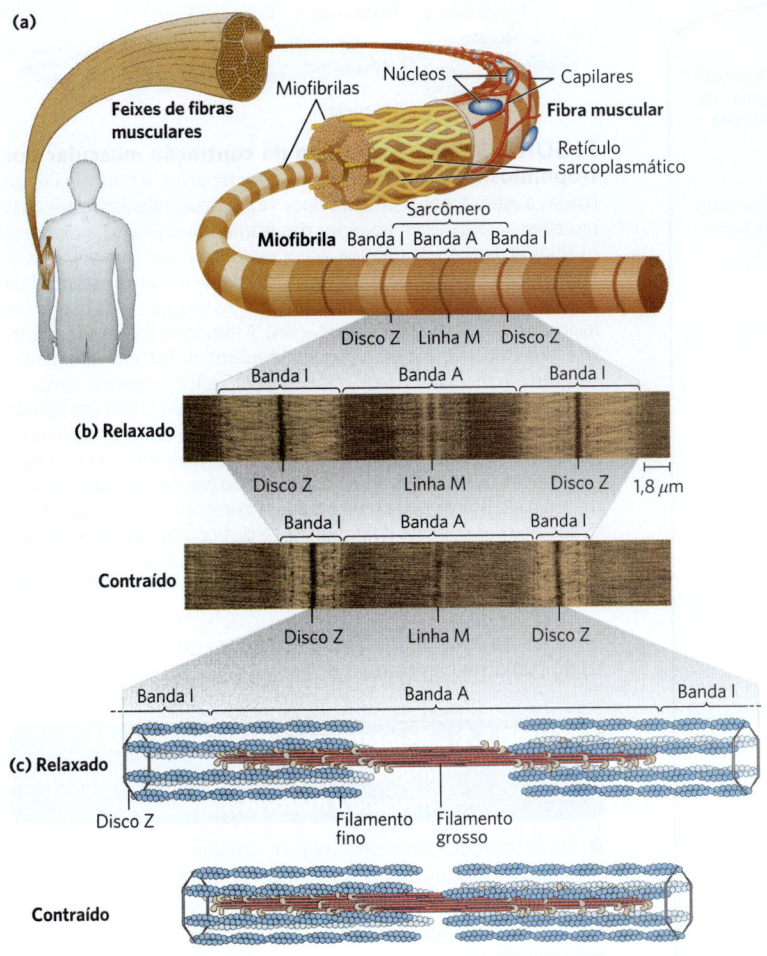

**FIGURA 5-28 Músculo esquelético.** (a) As fibras musculares são constituídas por células isoladas, alongadas e multinucleadas que se formam pela fusão de muitas células precursoras. Elas são compostas de muitas miofibrilas (para simplificar, somente seis estão mostradas) envoltas pelo retículo sarcoplasmático membranoso. A organização dos filamentos finos e grossos confere à miofibrila uma aparência estriada. Quando o músculo se contrai, as bandas I estreitam-se, e os discos Z aproximam-se, conforme pode ser visto nas micrografias eletrônicas do (b) músculo relaxado e do (c) músculo contraído. (d) Os filamentos grossos são estruturas bipolares criadas pela associação de muitas moléculas de miosina. A contração muscular ocorre pelo deslizamento dos filamentos grossos sobre os finos, de forma que os discos Z em bandas I vizinhas se aproximam. Os filamentos grossos e finos estão intercalados, de modo que cada filamento grosso é circundado por seis filamentos finos. [(b) Medical Images/ James E. Dennis.]

ciclo se completa. Cada ciclo gera cerca de 3 a 4 pN (piconewtons) de força e move o filamento grosso de 5 a 10 nm sobre o filamento fino.

Uma vez que existem muitas cabeças de miosina em um filamento grosso, em qualquer momento, algumas (provavelmente 1 a 3%) estão ligadas aos filamentos finos. Isso impede que os filamentos grossos escorreguem para trás quando uma cabeça de miosina individual libera a subunidade de actina à qual estava ligada. Assim, o filamento grosso desliza ativamente para a frente, passando pelo filamento fino adjacente. Esse processo, coordenado entre os muitos sarcômeros de uma fibra muscular, produz a contração muscular.

A interação entre a actina e a miosina deve ser regulada de forma que a contração ocorra somente em resposta a sinais apropriados do sistema nervoso. A regulação é mediada por um complexo de duas proteínas, **tropomiosina** e **troponina** (Fig. 5-30). A tropomiosina liga-se ao filamento fino, bloqueando os sítios de acoplamento à cabeça de miosina. A troponina é uma proteína que liga $Ca^{2+}$. O impulso nervoso provoca a liberação de íons $Ca^{2+}$ do retículo sarcoplasmático. O íon liberado liga-se à troponina (mais uma interação proteína-ligante) e provoca uma mudança conformacional nos complexos tropomiosina-troponina, expondo os sítios de ligação à miosina nos filamentos finos. Em seguida, ocorre a contração.

O músculo esquelético em atividade requer dois tipos de funções moleculares que são comuns nas proteínas: ligação e catálise. A interação actina-miosina, que é uma interação proteína-ligante semelhante à das imunoglobulinas com o antígeno, é reversível e deixa os participantes sem qualquer modificação. Essa interação ilustra por que a reversibilidade é importante. Uma interação actina-miosina permanente define o estado de *rigor mortis*, um estado que todos evitam tanto quanto podem. Quando o ATP se liga à miosina, no entanto, ele é hidrolisado a ADP e $P_i$ (fosfato inorgânico). A miosina não é somente uma proteína de ligação à actina, ela é também uma ATPase – uma enzima. A função das

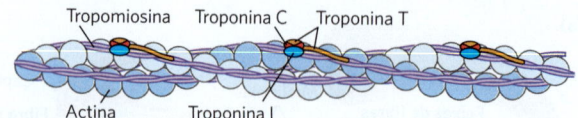

**FIGURA 5-30 Regulação da contração muscular por tropomiosina e troponina.** A tropomiosina e a troponina estão ligadas à actina F nos filamentos finos. No músculo relaxado, essas duas proteínas se organizam ao redor dos filamentos de forma a bloquear os sítios de ligação da miosina. A tropomiosina é formada por duas fitas de α-hélices, enroladas da mesma forma que o motivo estrutural da α-queratina (ver Fig. 4-11). Ela forma polímeros cabeça-cauda que se enrolam ao redor de duas cadeias de actina. A troponina liga-se ao complexo actina-tropomiosina em intervalos regulares de 38,5 nm. A troponina consiste em três subunidades diferentes: I, C e T. A troponina I impede a ligação da cabeça de miosina à actina, a troponina C tem um sítio de ligação para $Ca^{2+}$ e a troponina T liga todo o complexo à tropomiosina. Quando o músculo recebe um sinal neural para iniciar a contração, o $Ca^{2+}$ é liberado do retículo sarcoplasmático (ver Fig. 5-28a) e liga-se à troponina C. Isso provoca uma mudança conformacional na troponina C, que altera as posições da troponina I e da tropomiosina para liberar a inibição pela troponina I e permitir a contração muscular.

enzimas na catálise das transformações químicas é o assunto do próximo capítulo.

### RESUMO 5.3 As interações entre proteínas são moduladas por energia química: actina, miosina e motores moleculares

■ As interações proteína-ligante chegam a um grau muito especial de organização temporal e espacial com as proteínas motoras. A contração muscular é resultante de interações entre miosina e actina, acopladas à hidrólise do ATP pela miosina.

■ A miosina consiste em duas cadeias pesadas e quatro cadeias leves, formando um domínio espiralado enrolado fibroso (cauda) e um domínio globular (cabeça). As moléculas de miosina são organizadas em filamentos grossos que deslizam sobre os filamentos finos, compostos principalmente de actina. A hidrólise do ATP na miosina é acoplada a uma série de mudanças conformacionais na cabeça da miosina, causando a dissociação entre a miosina e uma subunidade da actina F e a sua associação com outra, mais distante ao longo do filamento fino. Assim, a miosina desliza ao longo dos filamentos de actina.

■ A contração muscular é estimulada pela liberação de $Ca^{2+}$ do retículo sarcoplasmático. O $Ca^{2+}$ liga-se à proteína troponina, provocando uma mudança na conformação do complexo troponina-tropomiosina, que desencadeia o ciclo de interações actina-miosina.

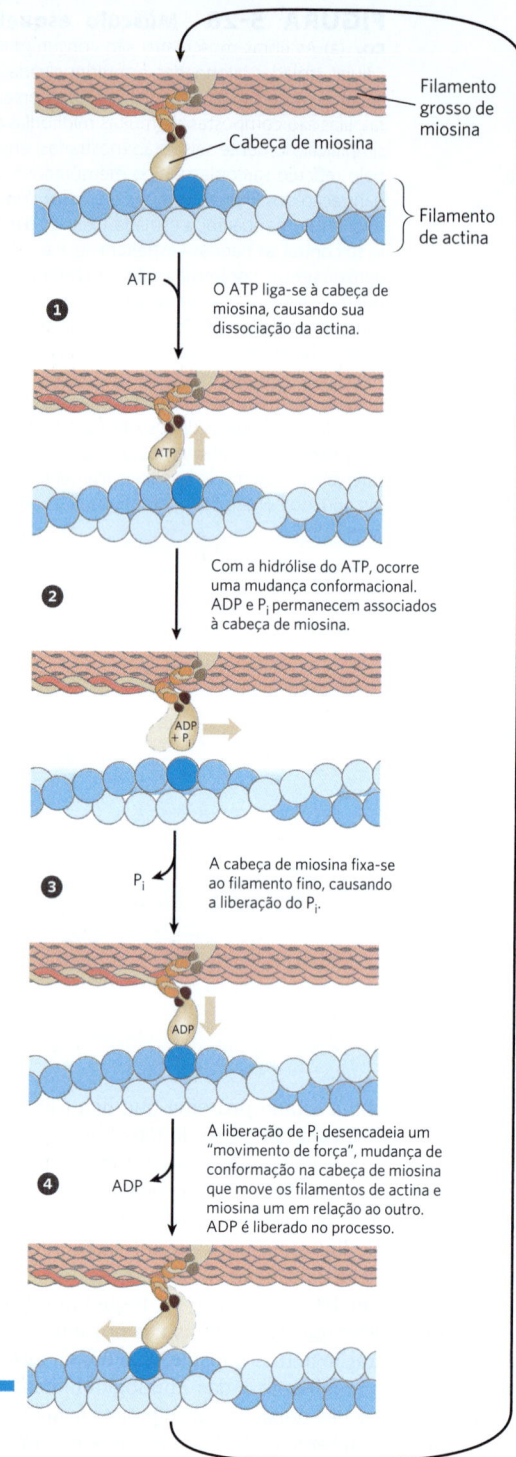

**FIGURA 5-29 Mecanismo molecular da contração muscular.** Mudanças de conformação na cabeça de miosina, acopladas a estágios do ciclo de hidrólise do ATP, fazem a miosina se dissociar sucessivamente de uma unidade de actina e se associar a outra unidade mais distante ao longo do filamento. Dessa forma, as cabeças de miosina deslizam ao longo dos filamentos de actina, movendo o conjunto de filamentos grossos para dentro do conjunto de filamentos finos (ver Fig. 5-28).

### TERMOS-CHAVE

*Os termos em negrito estão definidos no glossário.*

**ligante**  147
**sítio de ligação**  147
**encaixe induzido**  147
**hemoglobina**  148

**heme**  148
**porfirina**  148
globinas  149
enovelamento da globina  149

expressão do equilíbrio 150
constante de associação ($K_a$) 150
**constante de dissociação ($K_d$)** 150
**proteína alostérica** 157
**modulador** 157
**homotrópico** 157
**heterotrópico** 157
equação de Hill 157
**coeficiente de Hill** 157
efeito Bohr 160
**resposta imune** 164
**linfócito** 164
**anticorpo** 164
**imunoglobulina (Ig)** 164
**linfócito B (célula B)** 165
**linfócito T (célula T)** 165
**antígeno** 165
**epítopo** 165
**hapteno** 165
enovelamento das imunoglobulinas 165
**anticorpos policlonais** 167
**anticorpos monoclonais** 167
*imunoblot* 167
*Western blot* 167
**miosina** 169
**actina** 169
**miofibrila** 170
**sarcômero** 170

## QUESTÕES

**1. Relações entre afinidade e constante de dissociação** A proteína A tem um sítio de ligação para o ligante X com $K_d$ de $3,0 \times 10^{-7}$ M. A proteína B tem um sítio de ligação para o ligante X com $K_d$ de $4,0 \times 10^{-8}$ M. Calcule a $K_a$ de cada proteína. Qual das duas (A ou B) tem maior afinidade pelo ligante X? Explique seu raciocínio.

**2. Modelagem de uma cooperatividade aparentemente negativa** Qual das seguintes situações poderá produzir um gráfico de Hill com $n_H < 1,0$? Explique seu raciocínio para cada um dos casos a seguir.

**(a)** A proteína tem várias subunidades, cada uma com um único sítio de interação com o ligante. A ligação a um sítio reduz a afinidade dos outros sítios pelo ligante.
**(b)** A proteína é uma cadeia polipeptídica única com dois sítios de ligação, cada um com uma afinidade diferente pelo ligante.
**(c)** A proteína é uma cadeia polipeptídica única com um único sítio de ligação. Quando purificada, a preparação proteica é heterogênea, contendo algumas moléculas parcialmente desnaturadas e, portanto, com afinidade mais baixa pelo ligante.
**(d)** A proteína tem várias subunidades, cada uma com um único sítio de interação com o ligante. O ligante tem uma mesma afinidade para cada sítio, liga-se independentemente a cada sítio e não afeta a afinidade de ligação dos outros sítios.

**3. Ligante liga-se reversivelmente I** A proteína calcineurina liga-se à proteína calmodulina com uma velocidade de associação de $8,9 \times 10^3$ $M^{-1}s^{-1}$ e uma constante geral de dissociação, $K_d$, de 10 nM. Calcule a taxa de dissociação, $k_d$, incluindo as respectivas unidades.

**4. Ligante liga-se reversivelmente II** A proteína de ligação a níquel de *E. coli* liga-se a seu ligante, $Ni^{2+}$, com $K_d$ de 100 nM. Calcule a concentração de $Ni^{2+}$ quando a fração de sítios ocupados com o ligante ($Y$) for **(a)** 0,25, **(b)** 0,6 e **(c)** 0,95.

**5. Ligante liga-se reversivelmente III** Você é um técnico de laboratório de bioquímica que está fazendo experimentos de ligação a receptores. O receptor de membrana-alvo dos estudos foi parcialmente purificado de linhagens de células de camundongo, de rato e humanas. Usando várias concentrações do mesmo ligante radioativo para cada um dos receptores em ensaios de saturação da ligação, foram gerados os dados mostrados na tabela a seguir. A variável dependente, $Y$, é a fração de sítios de ligação ocupados pelo ligante.

| Concentração do ligante (nM) | Y | | |
| --- | --- | --- | --- |
| | Receptor de camundongo | Receptor de rato | Receptor humano |
| 0,2 | 0,048 | 0,29 | 0,17 |
| 0,5 | 0,11 | 0,50 | 0,33 |
| 1,0 | 0,20 | 0,67 | 0,50 |
| 4,0 | 0,50 | 0,89 | 0,80 |
| 10 | 0,71 | 0,95 | 0,91 |
| 20 | 0,83 | 0,97 | 0,95 |
| 50 | 0,93 | 0,99 | 0,98 |

**(a)** Determine o $K_d$ do receptor de camundongo nesse experimento.
**(b)** Qual dos receptores liga o ligante mais firmemente?

**6. Ligante liga-se reversivelmente IV** A exposição ao monóxido de carbono pode levar a um estado de inconsciência e, por fim, à morte. Ocorre asfixia quando a saturação da hemoglobina com CO estiver na metade, isto é, quando apenas dois dos quatro sítios de ligação ao oxigênio estiverem ocupados por CO. Explique por que essa situação pode levar à morte, mesmo que metade dos sítios de ligação ao oxigênio ainda estejam disponíveis pra o transporte. (Dica: ver Quadro 5-1.)

**7. Cooperatividade na hemoglobina** Sob condições adequadas, a hemoglobina dissocia-se nas suas quatro subunidades. A subunidade $\alpha$ isolada liga $O_2$, mas a curva de saturação para o $O_2$ é hiperbólica, e não sigmoide. Além disso, a ligação do oxigênio à subunidade $\alpha$ não é afetada pela presença de $H^+$, $CO_2$ ou BPG. Qual dessas observações traz revelações sobre a origem da cooperatividade na hemoglobina?

**8. Ligação do oxigênio à hemoglobina** A curva contínua no gráfico mostra a curva de ligação de $O_2$ à hemoglobina humana. Para cada uma das condições, indique se as mudanças fisiológicas deslocam a curva para a esquerda (curva tracejada); se não produzem mudanças (curva contínua); ou se deslocam a curva para a direita (curva tracejada).

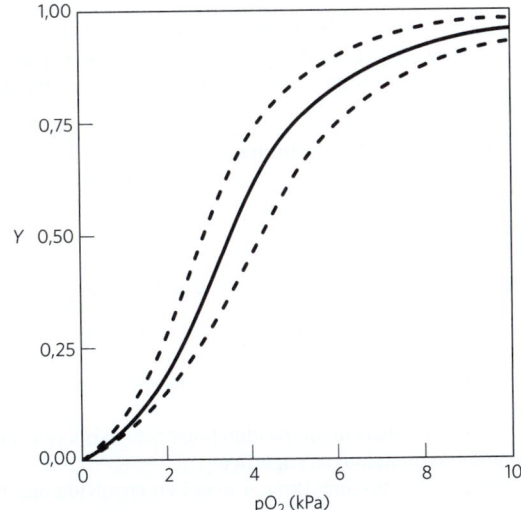

(a) A concentração de $CO_2$ aumenta.
(b) A concentração de prótons aumenta (e o pH diminui).
(c) A concentração de 2,3-bisfosfoglicerato (BPG) aumenta.

**9. Comparação entre a hemoglobina fetal e a hemoglobina materna** Estudos do transporte de oxigênio em fêmeas de mamíferos prenhes mostram que as curvas de saturação do $O_2$ do sangue fetal e do sangue materno são muito diferentes quando medidas sob as mesmas condições. Os eritrócitos do feto contêm uma variante estrutural da hemoglobina, HbF, formada por duas subunidades $\alpha$ e duas subunidades $\gamma$ ($\alpha_2\gamma_2$), enquanto que os eritrócitos da mãe contêm HbA ($\alpha_2\beta_2$).

(a) Qual das hemoglobinas tem uma afinidade maior por $O_2$ em condições fisiológicas, HbA ou HbF?
(b) Qual é o significado fisiológico dessas afinidades diferentes pelo $O_2$?

Quando todo o BPG é cuidadosamente removido das amostras de HbA e HbF, as curvas de saturação medidas (e, consequentemente, a afinidade pelo $O_2$) são deslocadas para a esquerda. Contudo, a HbA tem, agora, uma afinidade maior pelo oxigênio do que a HbF. Quando o BPG é reintroduzido, as curvas de saturação retornam ao normal, conforme mostrado no gráfico.

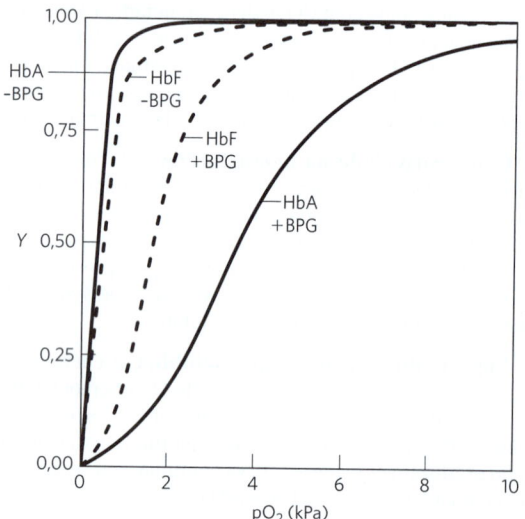

(c) Qual é o efeito do BPG sobre a afinidade da hemoglobina pelo $O_2$? Como essas informações podem ser usadas para explicar as diferentes afinidades pelo $O_2$ das hemoglobinas fetal e materna?

**10. Variantes da hemoglobina** Existem quase 500 variantes naturais da hemoglobina. A maioria delas resultou da substituição de um único aminoácido em uma das cadeias polipeptídicas da globina. Algumas variantes causam doenças, embora nem todas tenham efeitos prejudiciais. Uma amostra resumida dessas variantes da hemoglobina está listada a seguir.

HbS (Hb falciforme): substitui uma Val por um Glu na superfície
Hb Cowtown: elimina um par iônico envolvido na estabilização do estado T
Hb Memphis: substitui um resíduo polar sem carga por outro de tamanho semelhante na superfície
Hb Bibba: substitui uma Pro por uma Leu envolvida em uma $\alpha$-hélice
Hb Milwaukee: substitui um Glu por uma Val
Hb Providence: substitui uma Asn por uma Lys que normalmente se projeta para a cavidade central do tetrâmero
Hb Philly: substitui uma Phe por uma Tyr, rompendo uma ligação de hidrogênio na interface $\alpha_1\beta_1$

Selecione qual das variantes de hemoglobina corresponde a cada uma das afirmações.

(a) A Hb variante com *menor* probabilidade de causar sintomas patológicos.
(b) A(s) variante(s) com maior probabilidade de mostrar valores de pI diferentes dos da HbA em um gel de focalização isoelétrica.
(c) A(s) variante(s) com maior probabilidade de mostrar uma redução na ligação ao BPG e aumento na afinidade total pelo oxigênio.

**11. Ligação com oxigênio e estrutura da hemoglobina** Um grupo de bioquímicos usou técnicas de engenharia genética para modificar a região da interface entre as subunidades da hemoglobina. A hemoglobina variante que resultou existe em solução majoritariamente como dímeros $\alpha\beta$ e poucas, se é que existem, como formas tetraméricas $\alpha_2\beta_2$. Essas variantes são capazes de ligar oxigênio de forma mais fraca ou mais forte? Explique sua resposta.

**12. Ligação reversível (e firme) dos anticorpos** Um anticorpo com alta afinidade para o seu antígeno tem um $K_d$ na faixa de poucos nanomolares. Suponha que o anticorpo ligue o antígeno com $K_d$ de $5 \times 10^{-8}$ M. Calcule a concentração do antígeno quando $Y$, a fração dos sítios de ligação ocupados pelo ligante, for (a) 0,4, (b) 0,5, (c) 0,8 e (d) 0,9.

**13. Uso de anticorpos para explorar a relação entre estrutura e função das proteínas** Um anticorpo monoclonal liga actina G, mas não actina F. O que isso diz sobre o epítopo que é reconhecido pelo anticorpo?

**14. Sistema imune e vacinas** Alguns patógenos desenvolveram mecanismos para escapar da resposta imune, tornando difícil ou impossível o desenvolvimento de vacinas efetivas contra eles.

(a) A doença do sono africana é causada por um protozoário denominado *Trypanosoma brucei*, que é transmitido pela mosca tsé-tsé. A superfície do tripanosoma é toda recoberta por uma capa de proteína, a glicoproteína variável de superfície (VSG; do inglês *variable surface glycoprotein*). O genoma do tripanossoma codifica para mais de 1.000 versões diferentes da VSG. No início de uma infecção, todas as células têm as superfícies revestidas por uma mesma VSG, e o sistema imune reconhece prontamente essa proteína como estranha. Contudo, um tripanosoma dessa população altera-se aleatoriamente e passa a expressar uma variante diferente da VSG de revestimento. Todos os descendentes dessa célula têm essa nova e diferente proteína nas suas superfícies. À medida que a população com essa segunda VSG de revestimento aumenta, uma das células muda para uma terceira VSG, e assim por diante.
(b) O vírus da imunodeficiência humana (HIV) tem um sistema de replicação do genoma que é propenso a erros, e isso faz mutações serem introduzidas com alta frequência. Muitas dessas mutações afetam a proteína que reveste o vírus. Descreva como cada um desses patógenos pode sobreviver à resposta imune dos seus hospedeiros.

**15. Como nós nos tornamos "rígidos"** Quando um organismo vertebrado morre, seus músculos enrijecem, estado chamado de *rigor mortis*, pois não há mais suprimento de ATP. Explique, com os seus conhecimentos do ciclo catalítico da miosina na contração muscular, as bases do estado de rigor.

**16. Sarcômeros sob outro ponto de vista** A simetria dos filamentos finos e grossos em um sarcômero é tal que geralmente seis filamentos finos circundam um filamento grosso em um arranjo hexagonal. Faça a correspondência de cada imagem de secção transversal de um sarcômero com o ponto de vista correto.

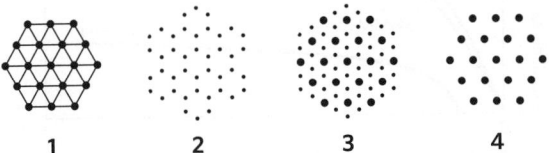

(a) na linha M
(b) através da banda I
(c) através da região densa da banda A
(d) através da região menos densa da banda A, adjacente à linha M (ver Fig. 5-28b, c)

## BIOQUÍMICA ONLINE

**17. Estrutura cristalina da IgG e da lisozima** Para entender completamente como as proteínas funcionam em uma célula, é importante ter uma visão tridimensional de como as proteínas interagem com outros componentes celulares. Felizmente, isso é possível utilizando os bancos de dados de proteínas disponíveis na internet e as ferramentas de visualização tridimensional de moléculas que o visualizador JSmol possibilita, um visualizador grátis, fácil de usar e compatível com a maioria dos sistemas operacionais e navegadores.

Neste exercício, as interações entre a enzima lisozima e a porção Fab do anticorpo antilisozima serão examinadas. Use o identificador PDB 1FDL para explorar a estrutura do complexo lisozima-fragmento Fab da IgG1 (complexo antígeno-anticorpo). Para responder as questões, consulte a informação da página Structure Summary no Protein Data Bank (www.rcsb.org) e examine a estrutura usando JSmol ou um visualizador similar.

(a) No modelo tridimensional, qual das cadeias corresponde ao fragmento do anticorpo e qual corresponde ao antígeno, lisozima?
(b) Que tipo de estrutura secundária predomina nesse fragmento Fab?
(c) Quantos resíduos de aminoácidos existem nas cadeias leves e nas cadeias pesadas do fragmento Fab? E na lisozima? Estime a porcentagem da lisozima que interage com o sítio de ligação ao antígeno do fragmento do anticorpo.
(d) Identifique os resíduos específicos de aminoácidos na lisozima e nas regiões variáveis das cadeias leves e pesadas do Fab que estão na interface antígeno-anticorpo. Esses resíduos estão contíguos na sequência primária das cadeias polipeptídicas?

**18. Explorando anticorpos no Protein Data Bank** A molécula PDB-101 do artigo do mês sobre "anticorpos" (http://pdb101.rcsb.org/motm/21) resume o que foi explicado neste capítulo a respeito da estrutura e da função dos anticorpos. Parafraseando o artigo, uma grande variedade de anticorpos, na ordem de centenas de milhões de tipos diferentes, está sempre circulando na nossa corrente sanguínea à procura de invasores para atacar. Assim que um invasor é descoberto, o anticorpo liga-se ao invasor com seus braços flexíveis presentes na região Fab. Cadeias finas e flexíveis conectam esses braços flexíveis à base do anticorpo, denominada região Fc. Essa base determina à qual classe o anticorpo pertence, uma vez que alguns anticorpos têm de quatro a dez sítios de ligação devido a como suas estruturas foram formadas.

(a) Quantos sítios de ligação específicos existem na primeira imagem de imunoglobulina do artigo (derivada de PDB ID 1IGT)?
(b) Após um vírus invadir o pulmão, quanto tempo leva para que uma pessoa produza um ou mais anticorpos contra o vírus?
(c) Aproximadamente quantos tipos de anticorpos diferentes estão presentes no sangue de uma pessoa?
(d) Explore a estrutura da molécula de imunoglobulina (PDB ID 1IGT) clicando no *link* do artigo ou usando uma ferramenta de busca para achar o resumo da estrutura de PDB ID 1IGT. Use um dos visualizadores 3D do PDB para ver a estrutura em fita dessa imunoglobulina. Identifique as duas cadeias leves e as duas cadeias pesadas (use os controles do visualizador para diferenciá-las por cores).

## QUESTÃO DE ANÁLISE DE DADOS

**19. Função das proteínas** Na década de 1980, as estruturas da actina e da miosina eram conhecidas apenas pela resolução mostrada na Figura 5-26a. Embora os cientistas soubessem que a cabeça globular da miosina se ligava à actina e hidrolisava ATP, havia um grande debate sobre onde a força contrátil era gerada na molécula de miosina. Nessa época, foram propostos dois modelos diferentes para o mecanismo de geração de força.

No modelo de "dobradiça", a cabeça ligava-se à actina, mas a força de tração era gerada pela contração da "região de dobradiça" na cauda de miosina. A região da dobradiça localiza-se na cadeia pesada da porção meromiosina da molécula de miosina, grosseiramente correspondendo ao ponto marcado na Figura 5-26 como "Duas α-hélices supertorcidas". No modelo "S1" (S1 é o nome dado para a cabeça), a força de tração é gerada na própria "cabeça" de S1, e a cauda serve somente para suporte estrutural.

Foram feitos muitos experimentos sem que se conseguisse uma evidência conclusiva. Então, em 1987, na Stanford University, James Spudich e colaboradores publicaram um estudo que, embora inconclusivo, contribuiu para a resolução dessa controvérsia.

As técnicas de DNA recombinante não estavam suficientemente desenvolvidas para tratar esse problema *in vivo*, de modo que Spudich e colaboradores usaram um ensaio interessante de motilidade *in vitro*. A alga *Nitella* tem células extremamente longas, geralmente vários centímetros de comprimento e cerca de 1 mm de diâmetro. Essas células têm fibras de actina ao longo do eixo maior e podem ser cortadas ao longo do comprimento para expor as fibras. Spudich e seu grupo de pesquisa observaram que esferas de plástico revestidas com miosina "caminhavam" ao longo dessas fibras na presença de ATP, exatamente como a miosina faz no músculo em contração.

Para realizar esses experimentos, os cientistas usaram um método bem definido para ligar miosina nas esferas. As "esferas" eram agrupamentos de células de bactérias mortas

(*Staphylococcus aureus*). Essas células têm na sua superfície uma proteína que se liga à região Fc das moléculas de anticorpo (Fig. 5-20a). Os anticorpos, por sua vez, ligam-se a vários locais (não conhecidos) ao longo da cauda da molécula de miosina. Os complexos esfera-anticorpo-miosina, preparados com moléculas intactas de miosina, moveram-se ao longo das fibras de actina de *Nitella* na presença de ATP.

**(a)** Faça um desenho esquemático mostrando a aparência do complexo esfera-anticorpo-miosina no nível molecular.
**(b)** Por que é necessário ATP para as esferas se moverem ao longo das fibras de actina?
**(c)** Spudich e colaboradores usaram anticorpos que se ligam à cauda de miosina. Por que esse experimento não teria sucesso caso fosse usado um anticorpo que interagisse com a porção de S1 que normalmente se liga à actina? Por que esse experimento teria falhado se eles tivessem usado um anticorpo que ligasse actina?

Para ajudar a focar na parte da miosina responsável pela produção da força de tração, Spudich e colaboradores usaram tripsina para clivar uma ligação peptídica específica na cauda da miosina e, assim, obter a miosina em duas partes: meromiosina pesada (HMM, do inglês *heavy meromyosin*) e meromiosina leve (LMM, do inglês *light meromyosin*). Uma incubação maior com tripsina aumenta a clivagem, elimina mais da região da cauda e da região da dobradiça e gera uma meromiosina pesada mais curta (SHMM, do inglês *short heavy meromyosin*).

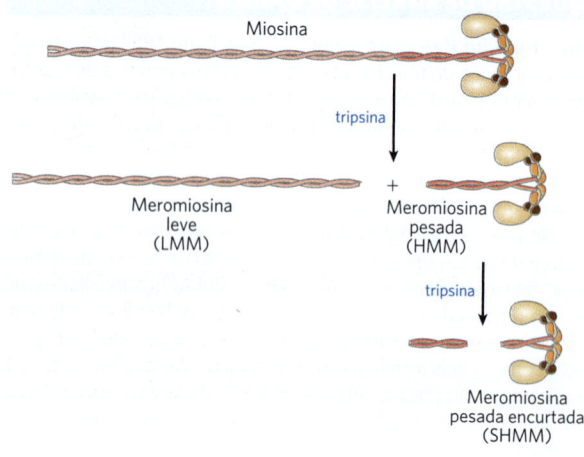

**(d)** Por que a tripsina ataca essa ligação peptídica antes de qualquer outra na miosina?

Spudich e colaboradores prepararam complexos de esfera-anticorpo-miosina com quantidades variáveis de miosina, HMM e SHMM e mediram as velocidades com que se deslocavam ao longo das fibras de actina da *Nitella* na presença de ATP. O gráfico a seguir mostra esses resultados.

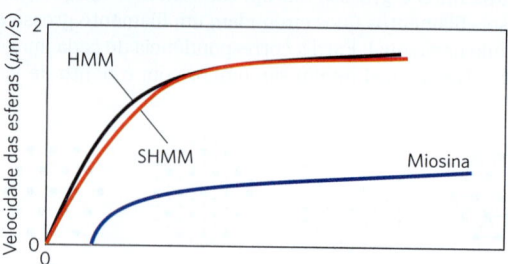

**(e)** Qual dos modelos ("S1" ou "dobradiça") é consistente com esses resultados? Explique seu raciocínio.
**(f)** Proponha uma explicação plausível para o aumento da velocidade das esferas que ocorre quando a densidade de miosina aumenta.
**(g)** Proponha uma explicação plausível para o platô que ocorre na curva da velocidade das esferas quando a densidade de miosina é alta.

### Referência

**Hynes, T. R., S. M. Block, B. T. White e J. A. Spudich. 1987.** Movement of myosin fragments in vitro: domains involved in force production. *Cell* 48:953-963.

# Capítulo 6

# ENZIMAS

- 6.1 Introdução às enzimas  178
- 6.2 Como as enzimas funcionam  179
- 6.3 A cinética enzimática como abordagem para compreender os mecanismos  188
- 6.4 Exemplos de reações enzimáticas  203
- 6.5 Enzimas regulatórias  213

Só há vida se duas condições básicas forem preenchidas. Primeiro, o organismo deve ser capaz de se autorreplicar (tópico abordado na Parte III); segundo, ele deve ser capaz de catalisar reações químicas com eficiência e seletividade. A importância central da catálise pode não parecer evidente, mas é fácil de ser demonstrada. Como foi descrito no Capítulo 1, os sistemas vivos fazem uso da energia do ambiente. Grande parte da população humana, por exemplo, consome quantidades substanciais de sacarose (o açúcar comum) como combustível, geralmente na forma de comidas e bebidas doces. A conversão de sacarose em $CO_2$ e $H_2O$, em presença de oxigênio, é um processo altamente exergônico que libera energia livre, a qual pode ser usada para pensar, se mover, sentir gostos e enxergar. Entretanto, um saco de açúcar pode permanecer na prateleira por anos a fio sem ser convertido em $CO_2$ e $H_2O$. Embora esse processo químico seja termodinamicamente favorável, ele é muito lento. Ainda assim, quando a sacarose é consumida por seres humanos (ou por qualquer outro organismo), ela libera a sua energia química em segundos. A diferença é a catálise. Sem catálise, as reações químicas, como a oxidação da sacarose, não poderiam ocorrer na escala de tempo adequada e, então, não poderiam sustentar a vida. Essencialmente, todas as reações que ocorrem nas células são, e devem ser, catalisadas por enzimas, as proteínas mais extraordinárias e altamente especializadas.

Essa discussão sobre enzimas está organizada em torno de cinco princípios:

**P1** **Enzimas são catalisadores biológicos poderosos.** A capacidade que as enzimas têm de aumentar a velocidade das reações é imensamente maior do que a dos catalisadores sintéticos ou inorgânicos. Assim como qualquer outro tipo de catalisador, as enzimas aceleram as velocidades das reações, diminuindo as barreiras de ativação. As enzimas não afetam o equilíbrio das reações.

**P2** **As enzimas apresentam um grau de especificidade muito alto.** Cada enzima catalisa apenas uma reação química ou, em alguns casos, um pequeno número de reações parecidas. Então, as barreiras de ativação das reações são diminuídas seletivamente.

**P3** **As reações enzimáticas ocorrem em bolsões especializados, denominados sítios ativos.** Esses bolsões são similares aos sítios de ligação a ligantes, exceto que ali ocorre uma reação: a conversão de um substrato, a molécula sobre a qual a enzima age, em produto.

**P4** **Duas ideias explicam o poder catalítico das enzimas.** Primeiro, as enzimas ligam muito firmemente o estado de transição da reação catalisada, usando a energia de ligação para diminuir a barreira de ativação. Segundo, os sítios ativos das enzimas foram estruturados pelo processo de evolução para facilitar simultaneamente vários mecanismos químicos de catálise.

**P5** **Muitas enzimas são reguladas.** Os mecanismos de regulação incluem modificações covalentes reversíveis, ligação de moduladores alostéricos, ativação por proteólise, ligações não covalentes com proteínas regulatórias e cascatas regulatórias muito elaboradas. Muitas vezes, as enzimas estão sujeitas a muitos métodos de regulação, que possibilitam a existência de um controle muito sofisticado de cada um dos processos químicos que ocorrem nas células.

O estudo das enzimas tem imensa importância prática. Em algumas doenças, sobretudo nas doenças genéticas hereditárias, pode haver uma deficiência ou mesmo ausência total de uma ou mais enzimas. Outras doenças podem ser causadas pela atividade excessiva de determinada enzima. A determinação das atividades de enzimas no plasma sanguíneo, nos eritrócitos ou em amostras de tecidos é importante para o diagnóstico de certas enfermidades. Muitos medicamentos agem por meio de interações com enzimas. As enzimas também são ferramentas importantes na engenharia química, na tecnologia de alimentos e na agricultura. Praticamente todos os processos estudados nos laboratórios de bioquímica envolvem uma ou, geralmente, várias enzimas. A seguir, será feita uma ampla descrição desses catalisadores excepcionais.

## 6.1 Introdução às enzimas

Boa parte da história da bioquímica é a história da pesquisa de enzimas. A catálise biológica foi reconhecida e descrita no final do século XVIII, em estudos sobre a digestão de carne por secreções do estômago. A história da ciência bioquímica pode ser acompanhada desde o experimento feito por Eduard Buchner, em 1897, que demonstrou que extratos livres de células de leveduras podem fermentar açúcar em álcool. Efetivamente, Buchner provou que a fermentação é feita por moléculas que permaneciam ativas mesmo após serem removidas das células. Esse trabalho marcou o final das concepções do vitalismo desenvolvidas por Louis Pasteur, que consideravam a catálise como um processo indissociável dos sistemas vivos. Posteriormente, Frederick W. Kühne deu o nome de **enzimas** (do grego *enzymos*, "levedado") para as moléculas detectadas por Buchner.

Eduard Buchner, 1860-1917
[Science Museum/Science & Society Picture Library.]

Até o final da década de 1920, não estava claro que as enzimas eram proteínas. Em 1926, James Summer quebrou um paradigma ao isolar e cristalizar a enzima urease. Os trabalhos posteriores de Northrop, Kunitz e outros levaram o conceito da associação entre enzimas e proteínas a ser amplamente aceito já no início da década de 1930. Desde o final do século XX, milhares de enzimas foram purificadas, suas estruturas, elucidadas, e seus mecanismos, explicados.

O poder catalítico das enzimas é impressionante. A enzima orotidina-fosfato-descarboxilase, uma enzima envolvida na via de síntese dos nucleotídeos de pirimidina, é um exemplo extraordinário ao acelerar a velocidade da reação em $10^{17}$ vezes. ▶P1 A reação não catalisada tem uma meia-vida de 78 milhões de anos. A escala de tempo que a reação ocorre na enzima é de milissegundos.

### A maioria das enzimas são proteínas

Com exceção de poucas classes de moléculas de RNA catalíticas (Capítulo 26), todas as enzimas são proteínas. A atividade catalítica depende da integridade da conformação proteica nativa. Se uma enzima for desnaturada ou dissociada separando suas subunidades, geralmente a atividade catalítica é perdida. A atividade catalítica de uma enzima está intimamente ligada às suas estruturas primária, secundária, terciária e quaternária.

As enzimas, assim como as demais proteínas, têm pesos moleculares que variam de cerca de 12.000 a mais de 1 milhão. Algumas enzimas não necessitam de outros grupos químicos além dos próprios resíduos de aminoácidos. Outras necessitam de um componente químico adicional, denominado **cofator**, que pode ser um ou mais íons inorgânicos, como, por exemplo, $Fe^{2+}$, $Mg^{2+}$, $Mn^{2+}$ ou $Zn^{2+}$ (**Tabela 6-1**), ou uma molécula orgânica ou metalorgânica complexa, denominada **coenzima**. As coenzimas agem como carreadores transitórios de grupos funcionais específicos (**Tabela 6-2**). A maioria delas é derivada das vitaminas, nutrientes orgânicos que precisam estar presentes em

| TABELA 6-1 | Alguns íons inorgânicos que servem de cofatores para enzimas |
|---|---|
| Íons | Enzimas |
| $Cu^{2+}$ | Citocromo-oxidase |
| $Fe^{2+}$ ou $Fe^{3+}$ | Citocromo-oxidase, catalase, peroxidase |
| $K^+$ | Piruvato-cinase |
| $Mg^{2+}$ | Hexocinase, glicose-6-fosfatase, piruvato-cinase |
| $Mn^{2+}$ | Arginase, ribonucleotídeo-redutase |
| Mo | Dinitrogenase |
| $Ni^{2+}$ | Urease |
| $Zn^{2+}$ | Anidrase carbônica, álcool-desidrogenase, carboxipeptidases A e B |

| TABELA 6-2 | Algumas coenzimas que atuam como carreadores transitórios de átomos ou grupos funcionais específicos | |
|---|---|---|
| Coenzima | Exemplos de grupos químicos transferidos | Precursores presentes na dieta de mamíferos |
| Biocitina | $CO_2$ | Biotina (vitamina $B_7$) |
| Coenzima A | Grupos acila | Ácido pantotênico (vitamina $B_5$) e outros compostos |
| 5′-Desoxiadenosilcobalamina (coenzima $B_{12}$) | Átomos de H e grupos alquila | Vitamina $B_{12}$ |
| Flavina-adenina-dinucleotídeo | Elétrons | Riboflavina (vitamina $B_2$) |
| Lipoato | Elétrons e grupos acila | Não é necessário na dieta |
| Nicotinamida-adenina-dinucleotídeo | Íon hidreto (:H⁻) | Ácido nicotínico (niacina, vitamina $B_3$) |
| Piridoxal-fosfato | Grupos amino | Piridoxina (vitamina $B_6$) |
| Tetra-hidrofolato | Grupos de um carbono | Folato (vitamina $B_9$) |
| Tiamina-pirofosfato | Aldeídos | Tiamina (vitamina $B_1$) |

Nota: as estruturas e os modos de ação dessas coenzimas estão descritos na Parte II.

| TABELA 6-3 | Classificação Internacional das Enzimas | |
|---|---|---|
| Número da classe | Nome da classe | Tipo de reação catalisada |
| 1 | Oxidorredutases | Transferência de elétrons (íons hidreto ou átomos de H) |
| 2 | Transferases | Transferência de grupos |
| 3 | Hidrolases | Reações de hidrólise (transferência de grupos funcionais para a água) |
| 4 | Liases | Clivagem de C—C, C—O, C—N ou outras ligações por eliminação, rompimento de ligações duplas ou anéis, ou adição de grupos a ligações duplas |
| 5 | Isomerases | Transferência de grupos dentro de uma mesma molécula, produzindo formas isoméricas |
| 6 | Ligases | Formação de ligações C—C, C—S, C—O e C—N por reações de condensação bem como hidrólise de ATP ou cofatores similares |
| 7 | Translocases | Movimentos de moléculas ou íons através de membranas ou suas separações por membranas |

pequenas quantidades na dieta. As coenzimas serão estudadas com mais detalhes à medida que aparecem nas vias metabólicas discutidas na Parte II. Para terem atividade, algumas enzimas necessitam de *ambos*: uma coenzima e um ou mais íons metálicos. Uma coenzima ou um íon metálico que se ligue muito firmemente, ou mesmo covalentemente, a uma enzima é denominado **grupo prostético**. Uma enzima completa, cataliticamente ativa, com a sua coenzima e/ou íons metálicos, é denominada **holoenzima**. A parte proteica de uma dessas enzimas é denominada **apoenzima** ou **apoproteína**. Por fim, algumas enzimas são modificadas covalentemente por fosforilação, glicosilação ou outros processos. Muitas dessas modificações estão envolvidas na regulação da atividade enzimática.

### As enzimas são classificadas segundo as reações que catalisam

Muitas enzimas receberam seus nomes pela adição do sufixo "ase" ao nome dos respectivos substratos ou a uma palavra que descreve a atividade. Assim, a urease catalisa a hidrólise da ureia, e a DNA-polimerase catalisa a polimerização de nucleotídeos para formar DNA. Outras enzimas foram batizadas pelos seus descobridores para uma função ampla, antes que se conhecesse a reação específica catalisada por elas. Por exemplo, uma enzima conhecida por atuar na digestão de alimentos foi denominada pepsina, do grego *pepsis* (digestão); e a lisozima tem essa denominação devido à sua habilidade de fazer a lise (quebra) de paredes celulares bacterianas. Algumas outras foram denominadas com base na fonte de onde foram obtidas: a tripsina, denominada em parte do grego *tryein* (desgastar), foi obtida esfregando-se tecido pancreático com glicerina. Às vezes, a mesma enzima tem dois ou mais nomes, ou duas enzimas têm o mesmo nome. Para evitar confusão, a comunidade mundial de bioquímicos adotou um sistema de nomenclatura e classificação para as enzimas. Esse sistema divide as enzimas em sete classes, cada uma com subclasses, com base no tipo de reações que catalisam (**Tabela 6-3**). Cada enzima recebe um número de classificação com quatro partes e um nome sistemático que identifica a reação catalisada. Como exemplo, o nome sistemático da enzima que catalisa a reação

ATP + D-glicose ⟶ ADP + D-glicose-6-fosfato

é ATP:D-hexose-6-fosfotransferase, indicando que ela catalisa a transferência de um grupo fosforila do ATP para a glicose. O número dessa enzima na Comissão de Enzimas (número E. C., do inglês Enzyme Commission) é 2.7.1.1. O primeiro número (2) indica o nome da classe (transferase); o segundo número (7), a subclasse (fosfotransferase); o terceiro número (1), uma fosfotransferase que tem um grupo hidroxila como aceptor; e o quarto número (1), D-glicose como o aceptor do grupo fosforila. No caso de muitas enzimas, é mais habitual usar um nome comum; nesse caso específico, hexocinase. Uma lista completa com a descrição das milhares de enzimas conhecidas é mantida pelo Comitê de Nomenclatura da União Internacional de Bioquímica e Biologia Molecular (www.qmul.ac.uk/sbcs/iubmb).

### RESUMO 6.1 Introdução às enzimas

- A vida depende de catalisadores poderosos e específicos: as enzimas. Praticamente todas as reações bioquímicas são catalisadas por enzimas.

- Com a exceção de poucos RNA catalíticos, todas as enzimas conhecidas são proteínas. Muitas enzimas necessitam de coenzimas ou cofatores não proteicos para terem atividade catalítica.

- As enzimas são classificadas segundo o tipo de reação que catalisam. Todas as enzimas têm números e nomes E. C., e a maioria tem nomes comuns.

## 6.2 Como as enzimas funcionam

A catálise das reações por enzimas é essencial para os sistemas vivos. Nas condições biológicas relevantes, as reações não catalisadas tendem a ser lentas, pois a maioria das moléculas biológicas é muito estável nas condições internas das células: pH neutro, temperaturas amenas e ambiente aquoso. Sem catálise, as reações necessárias para digerir os alimentos, enviar sinais nervosos ou contrair os músculos simplesmente não ocorreriam em velocidades adequadas.

**P3** A propriedade que diferencia as reações catalisadas por enzimas é que a reação acontece confinada em um bolsão da enzima, denominado **sítio ativo** (**Fig. 6-1**). O sítio ativo fornece um ambiente preciso, feito sob medida pela

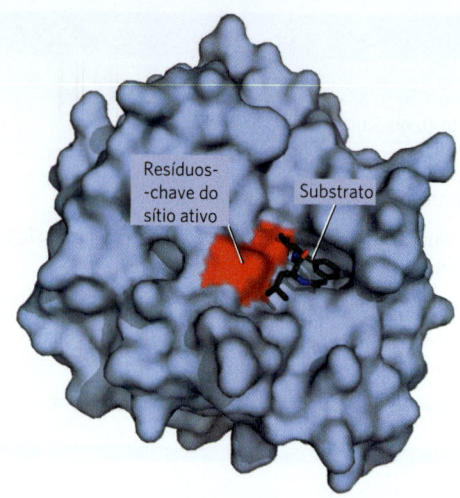

**FIGURA 6-1 Ligação de um substrato no sítio ativo de uma enzima.** A enzima quimotripsina ligada ao substrato. Alguns dos resíduos-chave do sítio ativo estão mostrados como uma mancha vermelha na superfície da enzima. [Dados de PDB ID 7GCH, K. Brady et al., *Biochemistry* 29:7600, 1990.]

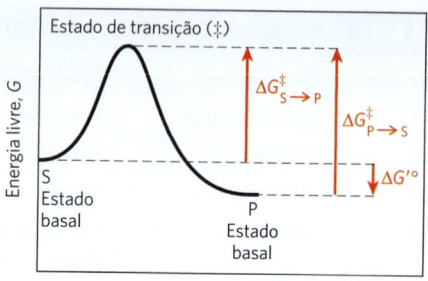

**FIGURA 6-2 Diagrama da coordenada da reação.** A energia livre do sistema foi colocada no gráfico em função do progresso da reação S → P. Um diagrama desses descreve as variações de energia que ocorrem durante a reação. O eixo horizontal (a coordenada da reação) reflete o progresso das mudanças químicas (i.e., quebra ou formação de ligações) à medida que S é convertido em P. As energias de ativação ($\Delta G^\ddagger$) para S → P e para P → S estão indicadas. $\Delta G'^\circ$ é a variação de energia livre total na direção S → P.

evolução, para que a reação ocorra mais rápido. A molécula que se liga no sítio ativo e sobre a qual a enzima age é denominada **substrato**. O contorno da superfície do sítio ativo é delimitado por resíduos de aminoácidos com grupos nas cadeias laterais que ligam o substrato e que catalisam a sua transformação química. Normalmente, o sítio ativo engloba o substrato, sequestrando-o completamente da solução. A formação de um complexo enzima-substrato é o ponto central da ação das enzimas. Também é o ponto de partida para o tratamento matemático que define o comportamento cinético das reações catalisadas por enzimas e para a descrição teórica dos mecanismos das enzimas.

### As enzimas alteram a velocidade da reação, mas não o equilíbrio

Uma reação enzimática simples pode ser escrita como

$$E + S \rightleftharpoons ES \rightleftharpoons EP \rightleftharpoons E + P \qquad (6\text{-}1)$$

em que E, S e P representam enzima, substrato e produto; ES e EP são complexos transitórios da enzima com o substrato e com o produto.

Para entender a catálise, deve-se primeiro avaliar a importância da diferença entre equilíbrio da reação e velocidade da reação. **P1** A função do catalisador é aumentar a *velocidade* da reação. A catálise não afeta o *equilíbrio* da reação. (Lembre-se de que uma reação está em equilíbrio quando as concentrações dos produtos e dos reagentes não variam.) Qualquer reação, como S ⇌ P, pode ser descrita por um diagrama da coordenada da reação (**Fig. 6-2**), que é uma representação da variação de energia que ocorre durante a reação. Como discutido no Capítulo 1, energia é descrita nos sistemas biológicos em termos de energia livre, *G*. No diagrama de coordenadas da reação, a energia livre do sistema é colocada no gráfico em função do andamento da reação (a coordenada da reação). O ponto de partida tanto da reação direta quanto da reação reversa é denominado **estado basal**, isto é, a contribuição que uma molécula média (S ou P) dá para a energia livre do sistema sob quaisquer condições.

**CONVENÇÃO** Para descrever a variação da energia livre das reações, os químicos definiram um conjunto padrão de condições (temperatura de 298 K; pressão parcial de cada gás de 1 atm, ou 101,3 kPa; concentração de cada reagente de 1 M) e expressam a variação de energia livre de um sistema reagindo nessas condições como $\Delta G^\circ$, a **variação de energia livre padrão**. Devido ao fato de que os sistemas biológicos geralmente envolvem concentrações de $H^+$ muito abaixo de 1 M, os bioquímicos definiram uma **variação de energia livre padrão bioquímica**, $\Delta G'^\circ$. Ao longo deste livro, usa-se a variação de energia livre padrão *em pH 7,0*. O Capítulo 13 apresenta uma definição mais completa de $\Delta G'^\circ$. ■

O equilíbrio entre S e P reflete a diferença entre as energias livres dos seus estados fundamentais. No exemplo mostrado na Figura 6-2, a energia livre do estado basal de P é menor do que a de S, e, então, $\Delta G'^\circ$ para a reação é negativa (reação exergônica) e o equilíbrio favorece mais P que S.

Um equilíbrio favorável não significa que a conversão S → P ocorre rapidamente ou mesmo que ocorra a uma velocidade detectável. Em vez disso, a *velocidade* da reação depende de um parâmetro totalmente diferente, a barreira energética entre S e P. Essa barreira consiste na energia necessária para o alinhamento dos grupos reagentes, para a formação de cargas instáveis transitórias, para os rearranjos de ligações e ainda para outros rearranjos necessários para que a reação ocorra em qualquer um dos sentidos. Isso é ilustrado pelo "morro" de energia mostrado nas Figuras 6-2 e 6-3. Para que uma reação ocorra, as moléculas devem suplantar essa barreira e, portanto, atingir um nível de energia mais alto. O topo da curva de energia é um ponto a partir do qual o decaimento para o estado S e o decaimento para o estado P têm a mesma probabilidade de ocorrer (nos dois casos, a curva é morro abaixo). Esse ponto é denominado **estado de transição**, geralmente simbolizado por ‡. O estado de transição não é uma forma química com qualquer estabilidade significativa e não deve ser confundido com os intermediários da reação (como ES ou EP). Ele é apenas um momento molecular fugaz no qual eventos como a quebra de uma ligação, a formação de uma ligação e a formação de uma carga acontecem exatamente no ponto em que o desaparecimento do substrato e o desaparecimento do produto têm a mesma probabilidade de acontecer.

A diferença entre os níveis de energia livre dos estados fundamental e de transição é a **energia de ativação, $\Delta G^{\ddagger}$**. A velocidade da reação reflete essa energia de ativação: uma energia de ativação maior corresponde a uma reação mais lenta. Diminuindo a energia de ativação, a velocidade da reação aumenta. A velocidade da reação pode aumentar pela elevação da temperatura e/ou da pressão, uma vez que isso aumenta o número de moléculas com energia suficiente para suplantar a barreira energética. De modo alternativo, a energia de ativação pode ser diminuída, e a velocidade da reação aumentada, pela adição de um catalisador (**Fig. 6-3**).

A catálise não afeta o equilíbrio da reação. As flechas nos dois sentidos da Equação 6-1 marcam esse ponto importante: qualquer enzima que catalise a reação S → P também catalisa a reação P → S. O papel da enzima é *acelerar* a interconversão entre S e P. A enzima não é consumida no processo, e o ponto de equilíbrio não é afetado. Entretanto, a reação atinge o equilíbrio muito mais rápido quando uma enzima apropriada está presente, pois a velocidade da reação é aumentada.

Essa relação entre velocidade de reação e energia de ativação é exemplificada no processo mostrado no início do capítulo, a conversão de sacarose e oxigênio em dióxido de carbono e água:

$$C_{12}H_{22}O_{11} + 12 O_2 \rightleftharpoons 12 CO_2 + 11 H_2O$$

Essa conversão, que ocorre por meio de uma série de reações separadas, tem um $\Delta G'^{\circ}$ muito grande e negativo, sendo que, no ponto de equilíbrio, a quantidade de sacarose presente é desprezível. Ainda assim, a sacarose é um composto estável, visto que a barreira da energia de ativação que deve ser suplantada antes de reagir com oxigênio é bastante alta. A sacarose pode ser armazenada em um recipiente com oxigênio quase que indefinidamente sem reagir com ele. Nas células, entretanto, a sacarose é rapidamente degradada em $CO_2$ e $H_2O$ em uma série de reações catalisadas por enzimas. Essas enzimas não apenas aceleram as reações, mas também as organizam e as controlam, de modo que boa parte da energia liberada é recuperada em outras formas químicas e disponibilizada para as células realizarem outras funções. A via de reações na qual a sacarose (e outros açúcares) é degradada constituiu a via primária que produz energia nas células. As enzimas dessa via permitem que a sequência de reações ocorra em uma escala de tempo biologicamente compatível (milissegundos).

As reações podem ter várias etapas, incluindo a formação e o consumo de espécies químicas transitórias, denominadas **intermediários da reação**.* Um intermediário da reação é qualquer espécie molecular das etapas da reação que tenha uma vida química finita (maior do que a vibração molecular, cerca de $10^{-13}$ segundos). Quando a reação S ⇌ P é catalisada por uma enzima, os complexos ES e EP podem ser considerados intermediários, mesmo que S e P sejam espécies químicas estáveis (Equação 6-1). Os complexos ES e EP ocupam vales no diagrama das coordenadas da reação (Fig. 6-3). Além disso, no curso de uma reação catalisada por uma enzima, geralmente existem intermediários químicos menos estáveis. A interconversão entre dois intermediários da reação que ocorrem em sequência constitui uma etapa da reação. Quando uma reação tem várias etapas, a velocidade final é determinada pela etapa (ou etapas) com a maior energia de ativação. Essa etapa é denominada **etapa limitante da velocidade**. Em um caso simples, a etapa limitante da velocidade é o ponto de maior energia no diagrama da interconversão entre S e P. Na prática, a etapa limitante da reação pode variar segundo as condições de reação, sendo que, para muitas enzimas, várias etapas podem ter energia de ativação similares. Isso significa que todas essas etapas são parcialmente limitantes da velocidade.

As energias de ativação são uma barreira de energia para as reações químicas. Essas barreiras são cruciais para a própria vida. Sem essas barreiras energéticas, as macromoléculas complexas poderiam reverter espontaneamente para formas moleculares mais simples, e, portanto, as estruturas complexas e altamente ordenadas, e os processos metabólicos das células não poderiam existir. **P2** Durante o curso da evolução, as enzimas se desenvolveram para diminuir *seletivamente* as energias de ativação e, assim, aumentar as velocidades das reações necessárias para a sobrevivência celular.

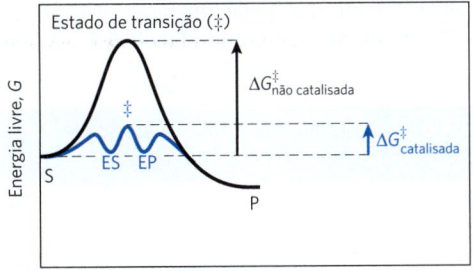

**FIGURA 6-3 Diagrama da coordenada da reação comparando uma reação catalisada por enzima com uma não catalisada.** Na reação S → P, os intermediários ES e EP ocupam o nível mínimo na curva de progressão da energia de uma reação catalisada por uma enzima. Os termos $\Delta G^{\ddagger}_{\text{não catalisada}}$ e $\Delta G^{\ddagger}_{\text{catalisada}}$ correspondem às energias de ativação de uma reação não catalisada e de uma reação catalisada por uma enzima, respectivamente. A energia de ativação é menor quando a reação é catalisada por uma enzima.

*Neste capítulo, *etapa* e *intermediário* referem-se à reação química e à espécie química na via de uma única reação catalisada por uma enzima. No contexto das vias metabólicas que envolvem várias enzimas (discutidas na Parte II), esses termos são usados de maneira um tanto diferente. Uma reação enzimática inteira geralmente é considerada como uma "etapa" da via, e o produto de uma reação enzimática (que é o substrato da reação seguinte da via) é considerado como "intermediário" da via.

## Velocidade e equilíbrio da reação têm definições termodinâmicas precisas

▶P1 O *equilíbrio* da reação está ligado inextricavelmente à variação da energia livre padrão da reação, $\Delta G'^\circ$, ao passo que a *velocidade* da reação está ligada à energia de ativação, $\Delta G^\ddagger$. Uma introdução básica dessas relações termodinâmicas é o próximo passo para compreender como as enzimas atuam.

Um equilíbrio como $S \rightleftharpoons P$ é descrito por uma **constante de equilíbrio**, $K_{eq}$, ou simplesmente $K$ (p. 23). Nas condições-padrão usadas para comparar os processos bioquímicos, a constante de equilíbrio é designada $K'_{eq}$ (ou $K'$):

$$K'_{eq} = \frac{[P]}{[S]} \quad (6\text{-}2)$$

Na termodinâmica, $K'_{eq}$ e $\Delta G'^\circ$ podem ser descritos pela expressão

$$\Delta G'^\circ = -RT \ln K'_{eq} \quad (6\text{-}3)$$

em que $R$ é a constante dos gases, 8,315 J/mol·K, e $T$ é a temperatura absoluta, 298 K (25 °C). A Equação 6-3 está deduzida e discutida em mais detalhes no Capítulo 13. No momento, o ponto importante é que a constante de equilíbrio está diretamente relacionada com o total da energia livre padrão da reação (**Tabela 6-4**). Um grande valor negativo de $\Delta G'^\circ$ reflete um equilíbrio de reação favorável (aquele em que há muito mais produto do que substrato em equilíbrio), porém, como observado, isso não significa que a reação ocorrerá com velocidade alta.

A velocidade de uma reação é determinada pela concentração do reagente (ou reagentes) e por uma **constante de velocidade**, normalmente representada por $k$. Para uma reação unimolecular $S \rightarrow P$, a velocidade da reação, $V$ (representando a quantidade de S que reage por unidade de tempo), é expressa por uma **equação de velocidade**:

$$V = k[S] \quad (6\text{-}4)$$

Nessa reação, a velocidade depende apenas da concentração de S. Isso é denominado reação de primeira ordem. O fator $k$ é uma constante de proporcionalidade que reflete a probabilidade de que a reação ocorra em determinado conjunto de condições (pH, temperatura, etc.). Nesse caso, $k$ é uma constante de velocidade de primeira ordem e tem como unidade a recíproca do tempo, como $s^{-1}$. Se a constante de velocidade $k$ de uma reação de primeira ordem for 0,03 $s^{-1}$, isso pode ser interpretado (qualitativamente) como significando que, em 1 segundo, 3% do substrato disponível é convertido em produto. Uma reação com uma constante de velocidade de 2.000 $s^{-1}$ acontecerá em uma pequena fração de segundo. Se a velocidade da reação depende das concentrações de dois compostos diferentes, ou se a reação ocorre entre duas moléculas do mesmo composto, a reação é de segunda ordem, e $k$ é a constante de velocidade de segunda ordem, com unidade $M^{-1}s^{-1}$. A equação da velocidade passa a ser

$$V = k[S_1][S_2] \quad (6\text{-}5)$$

A partir da teoria do estado de transição, pode-se derivar uma expressão que relaciona a magnitude da constante de velocidade à energia de ativação:

$$k = \frac{\mathbf{k}T}{h} e^{-\Delta G^\ddagger/RT} \quad (6\text{-}6)$$

em que **k** é a constante de Boltzmann e $h$ é a constante de Planck. No momento, o ponto importante é que a relação entre a constante de velocidade $k$ e a energia de ativação $\Delta G^\ddagger$ é inversa e exponencial. Em termos simplificados, isso constitui a base para afirmar que ▶P1 uma energia de ativação mais baixa significa uma velocidade de reação mais rápida – e diminuir a energia de ativação é o papel das enzimas.

Depois de analisar *o que* as enzimas fazem, o foco passa a ser *como* elas fazem.

## Alguns princípios são suficientes para explicar o poder catalítico e a especificidade das enzimas

As enzimas são catalisadores extraordinários. O aumento de velocidade conferido pelas enzimas situa-se na faixa de 5 a 17 ordens de magnitude (**Tabela 6-5**). As enzimas

| TABELA 6-4 | Relações entre $K'_{eq}$ e $\Delta G'^\circ$ |
|---|---|
| $K'_{eq}$ | $\Delta G'^\circ$ (kJ/mol) |
| $10^{-6}$ | 34,2 |
| $10^{-5}$ | 28,5 |
| $10^{-4}$ | 22,8 |
| $10^{-3}$ | 17,1 |
| $10^{-2}$ | 11,4 |
| $10^{-1}$ | 5,7 |
| 1 | 0,0 |
| $10^1$ | −5,7 |
| $10^2$ | −11,4 |
| $10^3$ | −17,1 |

Nota: a relação é calculada a partir de $\Delta G'^\circ = -RT \ln K'_{eq}$ (Equação 6-3).

| TABELA 6-5 | Alguns aumentos de velocidade proporcionados por enzimas |
|---|---|
| Ciclofilina | $10^5$ |
| Anidrase carbônica | $10^7$ |
| Triose-fosfato-isomerase | $10^9$ |
| Carboxipeptidase A | $10^{11}$ |
| Fosfoglicomutase | $10^{12}$ |
| Succinil-CoA-transferase | $10^{13}$ |
| Urease | $10^{14}$ |
| Orotidina-monofosfato-descarboxilase | $10^{17}$ |

também são enormemente específicas e são capazes de distinguir substratos com estruturas muito semelhantes. Como esse enorme e altamente seletivo aumento de velocidade pode ser explicado? Qual é a fonte de energia para essa grande diminuição nas energias de ativação de reações específicas?

A resposta para essas questões tem duas partes distintas, mas interligadas. A primeira parte da resposta fundamenta-se em interações *não covalentes* entre a enzima e o substrato. O que realmente diferencia as enzimas de outros catalisadores é a formação de um complexo ES específico. As interações entre substrato e enzima que ocorrem nesses complexos são mediadas pelas mesmas forças que estabilizam a estrutura das proteínas, incluindo ligações de hidrogênio, interações iônicas e efeito hidrofóbico (Capítulo 4). A formação de cada interação fraca no complexo ES é acompanhada pela liberação de uma pequena quantidade de energia livre, que estabiliza a interação. A energia derivada das interações não covalentes entre as enzimas e os substratos é denominada **energia de ligação**, $\Delta G_B$. A sua importância vai muito além da simples estabilização das interações entre enzima e substrato. Será visto que ▶P4▶ *a energia de ligação é a principal fonte de energia livre utilizada pelas enzimas para a diminuição da energia de ativação das reações.*

A segunda parte da explicação tem como base as interações não covalentes entre enzima e substrato somadas a alguns mecanismos de catálise química. Muitos tipos de reações químicas ocorrem entre os substratos e os grupos funcionais das enzimas (cadeias específicas de aminoácidos, íons metálicos e coenzimas). Grupos funcionais catalíticos na enzima podem formar ligações covalentes transitórias com um substrato e ativá-lo para a reação, ou um grupo pode ser transitoriamente transferido do substrato para a enzima. Em geral, essas reações ocorrem apenas no sítio ativo da enzima. Interações covalentes entre enzimas e substratos diminuem a energia de ativação (e aceleram a reação), uma vez que propiciam condições para que a reação ocorra por uma via alternativa de baixa energia. Íons metálicos facilitam alguns mecanismos adicionais de catálise que não envolvem interações covalentes.

No momento, serão consideradas as contribuições não covalentes para a catálise e os seus mecanismos químicos.

### As interações não covalentes entre enzima e substrato são otimizadas no estado de transição

Como as enzimas conseguem utilizar a energia de ligação para diminuir a energia de ativação de uma reação? A formação do complexo ES não é, por si só, uma explicação, embora algumas das primeiras considerações sobre os mecanismos de ação das enzimas tenham partido dessa ideia. Estudos da especificidade das enzimas realizados por Emil Fischer levaram-no a propor, em 1894, que as enzimas seriam estruturalmente complementares aos seus respectivos substratos, de modo a se encaixarem como uma chave se encaixa em uma fechadura (**Fig. 6-4**). Essa ideia elegante de que uma interação específica e exclusiva entre duas moléculas biológicas seria mediada por superfícies moleculares com formas complementares teve grande influência sobre o

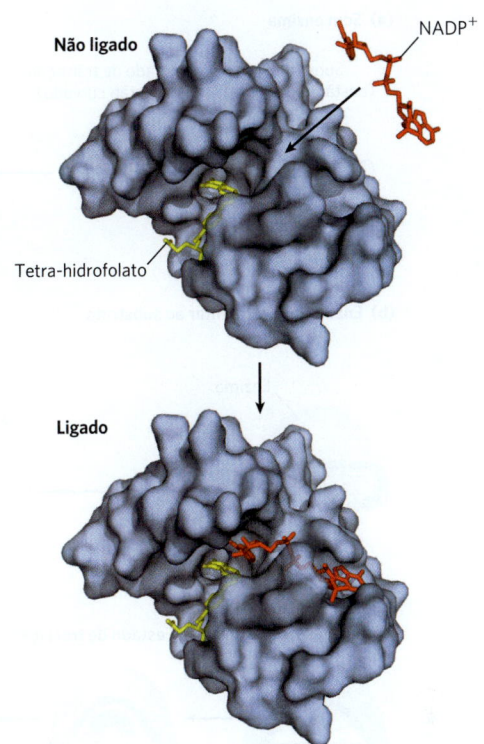

**FIGURA 6-4 Complementariedade de formas entre o substrato e o seu sítio de ligação na enzima.** A enzima di-hidrofolato-redutase com o substrato $NADP^+$, não ligado e ligado; também está visível o outro substrato, tetra-hidrofolato. Nesse modelo, $NADP^+$ liga-se a um bolsão complementar à sua forma e às suas propriedades iônicas, ilustrando a hipótese "chave e fechadura" proposta por Emil Fischer para a ação enzimática. Na realidade, a complementaridade entre proteína e ligante (nesse caso, o substrato) raramente é perfeita, como discutido no Capítulo 5. [Dados de PDB ID 1RA2, M. R. Sawaya e J. Kraut, *Biochemistry* 36:586, 1997.]

desenvolvimento da bioquímica. Entretanto, a hipótese da "chave e fechadura" pode ser enganadora quando aplicada à catálise enzimática. Uma enzima totalmente complementar ao substrato seria uma enzima muito pobre, como se pode demonstrar.

Considere uma reação imaginária como a quebra de um bastão de metal magnético. A reação não catalisada está mostrada na **Figura 6-5a**. Imagine duas enzimas, duas "bastonases" que poderiam catalisar essa reação, ambas usando forças magnéticas como modelo para a energia de ligação usada pelas enzimas verdadeiras. Para começar, pode-se fazer um projeto de enzima perfeitamente complementar ao substrato (Fig. 6-5b). O sítio ativo da bastonase é um bolsão revestido de ímãs. Para reagir (quebrar), o bastão deve atingir o estado de transição envergado da reação. Entretanto, um encaixe perfeito do bastão nesse sítio ativo significa que os ímãs impedem o envergamento necessário. Uma enzima assim *impede* a reação e, ao contrário do que é necessário, estabiliza o substrato. Em um diagrama de coordenadas da reação (Fig. 6-5b), esse tipo de complexo ES corresponderia a um vale de energia da qual o substrato dificilmente poderia escapar. Essa enzima seria inútil.

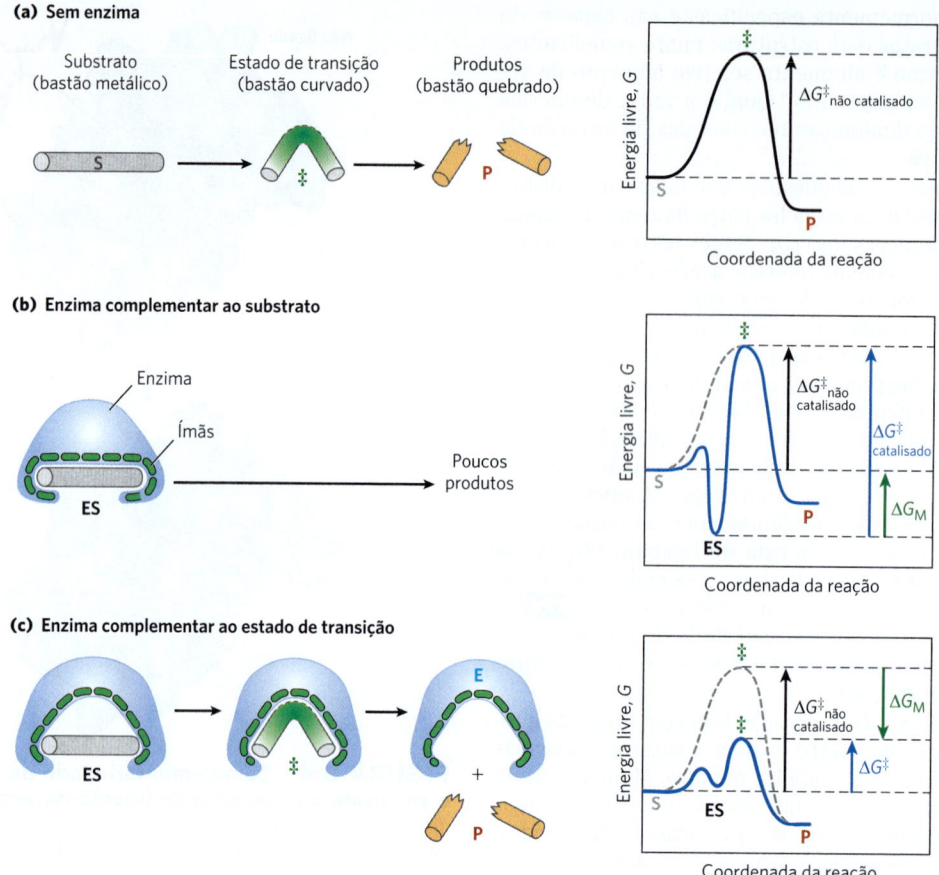

**FIGURA 6-5 Proposta de uma enzima imaginária (bastonase) que catalisa a quebra de um bastão metálico.** (a) Antes da quebra, o bastão primeiro deve ser curvado (o estado de transição). Nos dois exemplos de bastonase, interações magnéticas representam ligações fracas entre a enzima e o substrato. (b) A bastonase com um bolsão magnético de estrutura complementar à do bastão (o substrato) estabiliza o substrato. O curvamento é impedido pelas atrações magnéticas entre o bastão e a bastonase. (c) Uma enzima com bolsão complementar ao estado de transição da reação ajuda a desestabilizar o bastão, contribuindo para a catálise da reação. A energia de ligação das interações magnéticas compensa o aumento da energia livre necessário para curvar o bastão. Os diagramas das coordenadas das reações (à direita) mostram as consequências energéticas da complementariedade com o substrato em comparação com a complementariedade ao estado de transição (os complexos EP estão omitidos). As interações magnéticas entre o bastão e a bastonase contribuem para a diferença entre as energias ($\Delta G_M$) dos estados de transição da reação catalisada e da não catalisada. Quando a enzima for complementar ao substrato (b), o complexo ES é mais estável e tem menos energia livre no estado basal do que o substrato separadamente. O resultado é o *aumento* da energia de ativação.

A noção moderna da catálise enzimática, primeiramente proposta por Michael Polanyi (1921) e J. B. S. Haldane (1930), foi refinada por Linus Pauling em 1946 e por William P. Jencks na década de 1970: para que catalisem reações, as enzimas devem ser complementares ao *estado de transição da reação*. Isso significa que interações ótimas entre substratos e enzimas só ocorrem no estado de transição. A Figura 6-5c mostra como uma enzima dessas pode funcionar. O bastão de metal se liga à bastonase, mas apenas um subconjunto das interações magnéticas possíveis é usado para formar o complexo ES. O substrato ligado ainda deve ter um aumento na energia livre para atingir o estado de transição. Agora, entretanto, o aumento na energia livre necessário para fazer o bastão atingir a sua conformação curvada e parcialmente quebrada é compensado, ou "pago", pelas interações magnéticas formadas entre essa enzima imaginária e o estado de transição do substrato (em analogia à energia de ligação de uma enzima real). Muitas dessas interações envolvem partes do bastão distantes do ponto de quebra. Assim, as interações entre a bastonase e as regiões não reagentes do bastão fornecem parte da energia necessária para catalisar a quebra do bastão. Esse "pagamento de energia" se traduz em diminuição efetiva da energia de ativação e aumento da velocidade da reação.

As enzimas reais agem segundo um princípio análogo. **P4** No complexo ES, há a formação de interações fracas, mas uma complementaridade total entre o substrato e a enzima ocorre apenas quando o substrato estiver no estado de transição. A energia livre (energia de ligação) liberada durante a formação dessas interações compensa parcialmente a energia necessária para atingir o topo da curva de energia. A soma de uma energia de ativação desfavorável

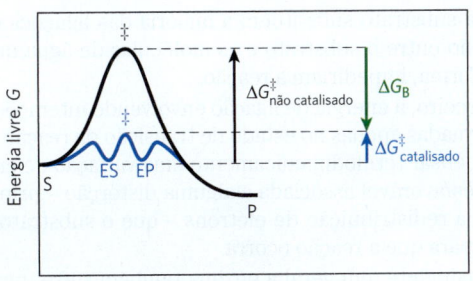

**FIGURA 6-6 Papel da energia de ligação na catálise.** Para diminuir a energia de ativação da reação, o sistema deve adquirir uma quantidade de energia equivalente ao valor da diminuição de $\Delta G^{\ddagger}$. Boa parte dessa energia vem da energia de ligação, $\Delta G_B$, proporcionada pela formação de interações fracas não covalentes entre substrato e enzima que ocorrem no estado de transição. O papel de $\Delta G_B$ é análogo ao de $\Delta G_M$ na Figura 6-5.

$\Delta G^{\ddagger}$ (positiva) e de uma energia de ligação favorável $\Delta G_B$ (negativa) resulta em uma energia de ativação *líquida* menor (**Fig. 6-6**). Mesmo quando ligado à enzima, o estado de transição não é uma forma estável, mas sim a breve situação em que o substrato permanece no topo da curva de energia. Todavia, reações catalisadas por enzimas são muito mais rápidas que os processos não catalisados, pois a barreira energética a ser vencida é muito menor. O princípio importante é que *interações fracas entre a enzima e o substrato fornecem uma força propulsora substancial para a catálise enzimática*. Os grupos presentes no substrato e envolvidos nessas ligações fracas podem atuar a alguma distância das ligações rompidas ou modificadas. Interações fracas formadas apenas no estado de transição são as que fornecem a principal contribuição para a catálise.

A necessidade de muitas interações fracas de impelir a catálise ajuda a explicar por que as enzimas (e algumas coenzimas) são tão grandes. A enzima deve fornecer grupos funcionais para interações iônicas, ligações de hidrogênio e outras interações importantes, além de posicionar precisamente esses grupos de modo que a energia de ligação seja otimizada no estado de transição. A formação de uma ligação adequada é atingida mais facilmente pelo posicionamento do substrato em uma cavidade (o sítio ativo) de onde a água é removida com eficácia. O tamanho das proteínas reflete a necessidade que uma superestrutura tem de manter os grupos interativos posicionados adequadamente e de evitar o colapso da cavidade.

É possível demonstrar quantitativamente que a energia de ligação é responsável pela enorme aceleração na velocidade proporcionada pelas enzimas? A resposta é sim. Como ponto de referência, a Equação 6-6 permite calcular que, nas condições normais das células, $\Delta G^{\ddagger}$ deve ser diminuído em cerca de 5,7 kJ/mol para acelerar uma reação de primeira ordem em um fator de 10. Estima-se que a energia disponibilizada pela formação de uma única interação fraca geralmente é de 4 a 30 kJ/mol. A energia total disponibilizada por várias dessas interações é, portanto, suficiente para diminuir a energia de ativação entre os 60 e 100 kJ/mol

necessários para explicar o grande aumento na velocidade das reações observado em muitas enzimas.

A mesma energia de ligação que fornece energia para a catálise também dá à enzima a sua **especificidade**, isto é, a capacidade de distinguir entre substratos e moléculas competidoras. De modo conceitual, especificidade é fácil de distinguir de catálise, porém, essa diferenciação é muito mais difícil de demonstrar experimentalmente, pois a catálise e a especificidade provêm do mesmo fenômeno. Se o sítio ativo de uma enzima tiver grupos funcionais organizados otimamente, de modo que se forme um grande número de interações fracas com determinado substrato no correspondente estado de transição, a enzima não será capaz de interagir com a mesma intensidade com qualquer outra molécula. Por exemplo, se o substrato tiver um grupo hidroxila que forme uma ligação de hidrogênio com um resíduo específico de Glu de uma enzima, qualquer molécula que não tiver um grupo hidroxila naquela determinada posição será um mau substrato para a enzima. De maneira geral, a *especificidade* provém da formação de muitas interações fracas entre a enzima e a molécula do substrato.

A importância da energia de ligação para a catálise pode ser demonstrada facilmente. Por exemplo, a enzima glicolítica triose-fosfato-isomerase catalisa a interconversão entre gliceraldeído-3-fosfato e di-hidroxiacetona-fosfato:

$$\overset{1}{H}C=O \quad \overset{1}{H_2C}-OH$$
$$\overset{2}{H}C-OH \underset{\text{-isomerase}}{\overset{\text{triose-fosfato-}}{\rightleftharpoons}} \overset{2}{C}=O$$
$$\overset{3}{C}H_2OPO_3^{2-} \quad \overset{3}{C}H_2OPO_3^{2-}$$

Gliceraldeído-3-fosfato     Di-hidroxiacetona-fosfato

Essa reação rearranja os grupos carbonila e hidroxila dos carbonos 1 e 2. Entretanto, mais de 80% da aceleração da velocidade da reação catalisada por essa enzima foram relacionados com as interações enzima-substrato envolvendo o grupo fosfato do carbono 3 do substrato. Isso foi determinado comparando-se as reações catalisadas pela enzima usando como substratos o gliceraldeído-3-fosfato e o gliceraldeído (sem grupo fosfato na posição 3).

O princípio geral apresentado anteriormente pode ser ilustrado por vários mecanismos catalíticos bem conhecidos. Esses mecanismos não se excluem mutuamente, de modo que uma mesma enzima pode ter vários tipos de mecanismos participando do mecanismo total de ação.

É importante analisar os fatores necessários para que uma reação possa ocorrer. Os principais fatores físicos e termodinâmicos que contribuem para $\Delta G^{\ddagger}$, a barreira da reação, podem incluir: (1) a entropia (liberdade de movimento) das moléculas em solução, que reduz a possibilidade de que elas reajam entre si; (2) a camada de solvatação das moléculas de água ligadas por ligações de hidrogênio, que rodeia e ajuda a estabilizar a maioria das moléculas biológicas em solução aquosa; (3) a distorção dos substratos que ocorre em muitas reações; e (4) a necessidade de um alinhamento apropriado dos grupos funcionais catalíticos da enzima. A energia de ligação pode ser usada para superar todas essas barreiras.

Primeiro, uma grande restrição à mobilidade relativa de dois substratos prestes a reagir, ou **redução da entropia**, é uma contribuição óbvia proporcionada pela ligação deles à enzima. A energia de ligação mantém o substrato na orientação apropriada para reagir, uma contribuição substancial para a catálise, uma vez que colisões produtivas entre as moléculas da solução podem ser muito raras. Os substratos podem ser alinhados precisamente com a enzima por meio de muitas interações fracas entre cada substrato, bem como de grupos estrategicamente posicionados na enzima que fixam as moléculas de substrato na posição apropriada. Estudos mostraram que uma simples restrição à mobilidade de dois reagentes pode levar ao aumento de várias ordens de grandeza na velocidade da reação (**Fig. 6-7**).

Segundo, quando em água, muitas moléculas orgânicas são rodeadas pela camada de solvatação formada por água estruturada, e isso pode impedir algumas reações (ver Fig. 2-8). A formação de ligações fracas entre substrato e enzima resulta na **dessolvatação** do substrato. Interações enzima-substrato substituem a maioria das ligações de hidrogênio entre o substrato e as moléculas de água que, de outra forma, impediriam a reação.

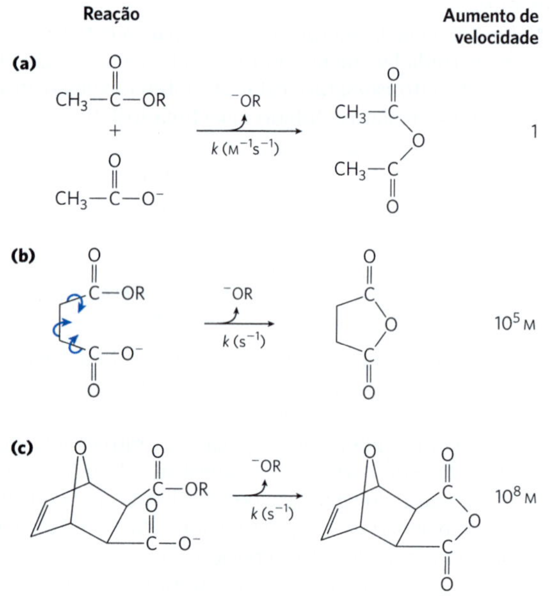

Terceiro, a energia de ligação envolvendo interações fracas formadas apenas no estado de transição da reação ajuda a compensar termodinamicamente uma variação de energia livre desfavorável associada a alguma distorção – principalmente a redistribuição de elétrons – que o substrato deve sofrer para que a reação ocorra.

Finalmente, em geral a enzima também sofre uma mudança de conformação quando o substrato se liga a ela, induzindo várias interações fracas com o substrato. Isso é chamado de **encaixe induzido**, mecanismo postulado por Daniel Koshland em 1958. Esses movimentos podem afetar apenas uma pequena parte da enzima nas proximidades do sítio ativo ou envolver mudanças no posicionamento de domínios inteiros da enzima. Normalmente, uma rede de movimentos acoplados ocorre por toda a enzima, o que, por fim, leva às mudanças necessárias no sítio ativo. O encaixe induzido serve para levar grupos funcionais específicos da enzima para uma posição apropriada para catalisar a reação. As mudanças conformacionais também permitem a formação de ligações fracas adicionais no estado de transição. Em ambos os casos, as propriedades catalíticas da enzima ficam aumentadas na nova conformação. Como visto, o encaixe induzido é uma característica comum da interação reversível de ligantes com proteínas (Capítulo 5). O encaixe induzido também é importante para a interação de praticamente todas as enzimas com os seus substratos.

## A contribuição de interações covalentes e íons metálicos para a catálise

No caso das enzimas, a energia de ligação utilizada para formar o complexo ES é apenas um dos vários fatores que contribuem para o mecanismo total de catálise. **P4** Uma vez que o substrato esteja ligado à enzima, grupos funcionais catalíticos posicionados de modo apropriado ajudam no rompimento e na formação de ligações por vários mecanismos, incluindo catálise geral ácido-base, catálise covalente e catálise por íons metálicos. Os dois primeiros mecanismos são diferentes daqueles baseados na energia de ligação porque eles geralmente envolvem uma interação *covalente* transitória com o substrato ou com o grupo transferido de um substrato ou para um substrato.

**Catálise geral ácido-base** A transferência de um próton de uma molécula para outra é a reação mais comum na bioquímica. No curso da maioria das reações que ocorrem nas células, há transferência de um ou, geralmente, mais prótons. Muitas reações bioquímicas ocorrem por meio da formação de intermediários carregados instáveis que tendem a se degradar rapidamente, formando as suas espécies reagentes e impedindo, assim, a reação reversa (**Fig. 6-8**). Os intermediários carregados geralmente podem ser estabilizados pela transferência de prótons e formar espécies que prontamente levam aos produtos. Esses prótons são transferidos entre a enzima e um substrato ou intermediário.

Os efeitos da catálise por ácidos e bases geralmente são estudados usando modelos de reação não enzimáticos, nos quais os doadores ou aceptores de prótons são ou constituintes da água ou de outros ácidos e bases fortes.

**FIGURA 6-7 Aumento da velocidade por redução da entropia.** A figura mostra reações de ésteres com grupos carboxilatos, formando anidridos. Em todos os casos, o grupo R é o mesmo. (a) No caso desta reação bimolecular, a constante de velocidade $k$ é de segunda ordem e tem $M^{-1}s^{-1}$ como unidade. (b) Quando os dois grupos reagentes estão em uma mesma molécula e, consequentemente, têm menor liberdade de movimento, a reação é muito mais rápida. No caso desta reação unimolecular, $k$ tem $s^{-1}$ como unidade. Dividindo a constante de velocidade da reação em (b) pela constante de velocidade da reação em (a), obtém-se um incremento na velocidade de cerca de $10^5$ M. (Esse incremento tem molar como unidade porque está sendo comparada uma reação unimolecular com uma reação bimolecular.) Colocando de outra forma, se o reagente em (b) estivesse presente em uma concentração de 1 M, os grupos reagentes se *comportariam* como se eles estivessem presentes na concentração de $10^5$ M. Observe que os reagentes em (b) têm liberdade de rotação em cerca de três ligações (mostradas pelas setas curvas), mas isso ainda representa uma redução substancial na entropia em relação a (a). Se as rotações das ligações que giram em (b) forem tolhidas como em (c), a entropia é reduzida ainda mais, e a reação apresenta um aumento de velocidade de $10^8$ M em relação a (a).

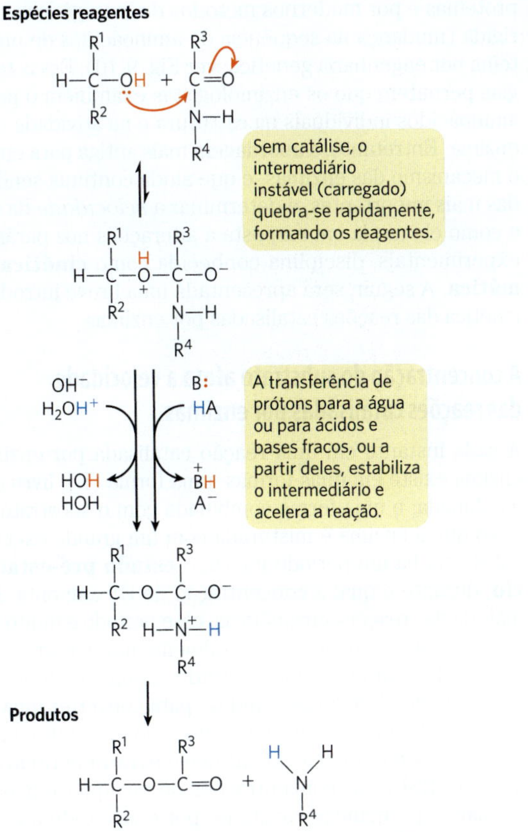

**FIGURA 6-8 Como o catalisador contorna o incremento de cargas desfavoráveis durante a hidrólise de uma amida.** A hidrólise da ligação amida mostrada aqui é a mesma reação que a quimotripsina e outras proteases catalisam. A formação de cargas é desfavorável e pode ser contornada pela doação de um próton por parte de $H_3O^+$ (catálise ácida específica) ou HA (catálise ácida geral), em que HA representa qualquer ácido. De maneira semelhante, uma carga pode ser neutralizada pela captação de um próton por $OH^-$ (catálise básica específica) ou por B: (catálise básica geral), em que B: representa uma base qualquer.

A catálise do tipo que usa apenas íons $H^+$ ($H_3O^+$) ou $OH^-$ presentes na água é denominada **catálise ácido-base específica**. Contudo, um aumento ainda maior na velocidade pode ser conseguido adicionando-se ácidos e bases fracas à reação. Muitos ácidos orgânicos fracos podem substituir a água como doadores de prótons, e bases orgânicas fracas podem substituir a água como aceptores de prótons. O termo **catálise geral ácido-base** refere-se à transferência de prótons mediada por alguma outra molécula que não a água.

A catálise ácido-base é crucial para o sítio ativo de enzimas onde não há água disponível para servir como doadora ou aceptora de prótons. As cadeias laterais de vários aminoácidos podem ter papel de doadoras ou aceptoras de prótons (**Fig. 6-9**). Esses grupos podem estar posicionados precisamente no sítio ativo da enzima, de modo a possibilitar a transferência de prótons, proporcionando um aumento de velocidade na ordem de $10^2$ a $10^5$. Esse tipo de catálise ocorre na grande maioria das enzimas.

**Catálise covalente** Na **catálise covalente**, há a formação de uma ligação covalente transitória entre a enzima e o substrato. Considere a hidrólise de uma ligação entre os grupos A e B:

$$A\text{—}B \xrightarrow{H_2O} A + B$$

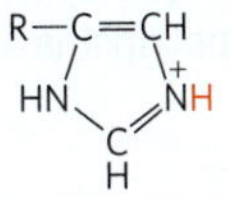

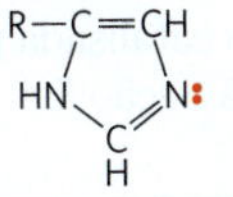

Na presença de um catalisador covalente (enzima com grupo nucleofílico X:), a reação torna-se

$$A\text{—}B + X: \longrightarrow A\text{—}X + B \xrightarrow{H_2O} A + X: + B$$

A formação e a quebra de um intermediário covalente cria um caminho para a reação, mas ocorre catálise *somente* quando o novo caminho tiver uma energia de ativação menor do que a energia de ativação da reação não catalisada. As duas novas etapas, formação e quebra do intermediário, devem ser mais rápidas do que a reação não catalisada. As cadeias laterais de muitos aminoácidos, incluindo as mostradas na Figura 6-9, e os grupos funcionais de alguns cofatores de enzimas servem como agentes nucleofílicos na formação de ligações covalentes com substratos. Esses complexos covalentes sempre passam por uma reação adicional para regenerar a enzima livre. A ligação covalente entre enzima e substrato pode ativar o substrato para continuar a reação de uma maneira que geralmente é específica para um determinado grupo ou coenzima.

**Catálise por íons metálicos** Metais, tanto ligados firmemente a enzimas quanto tomados da solução juntamente ao substrato, podem participar na catálise de várias maneiras. Interações iônicas entre metais ligados a enzimas e substratos podem ajudar a orientar o substrato para a reação ou estabilizar estados de transição carregados. Esse tipo de uso de interações fracas entre metais e substratos é semelhante a alguns dos usos da energia de ligação enzima-substrato descritos anteriormente e pode contribuir para a complementariedade entre o estado de transição e a enzima. Os metais

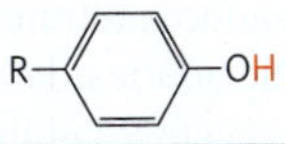

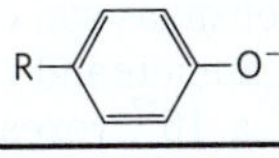

**FIGURA 6-9 Aminoácidos na catálise geral ácido-base.** Muitas reações orgânicas que são usadas como modelos dos processos bioquímicos são favorecidas por doadores (ácidos gerais) ou aceptores (bases gerais) de prótons. Os sítios ativos de algumas enzimas têm grupos funcionais de aminoácidos (como os mostrados aqui) que podem participar de processos catalíticos como doadores ou aceptores de prótons.

também podem ser mediadores de reações de oxirredução por mudanças reversíveis no estado de oxidação do íon metálico. Aproximadamente um terço de todas as enzimas conhecidas necessita de um ou mais íons metálicos para a atividade catalítica.

A maioria das enzimas combina várias estratégias de catálise para proporcionar o aumento da velocidade das reações. Um bom exemplo é o uso de catálise covalente, catálise geral ácido-base e estabilização do estado de transição na reação catalisada pela quimotripsina, apresentada em detalhes na Seção 6.4.

### RESUMO 6.2 Como as enzimas funcionam

- As enzimas são catalisadores altamente eficazes, geralmente aumentando as velocidades de reação em um fator de $10^5$ a $10^{17}$ vezes. As reações catalisadas por enzimas são caracterizadas pela formação de um complexo entre o substrato e a enzima (complexo ES). A ligação ao substrato ocorre em um bolsão da enzima denominado sítio ativo.

- A função das enzimas e dos outros catalisadores é diminuir a energia de ativação, $\Delta G^{\ddagger}$, da reação e, assim, aumentar a velocidade da reação. O equilíbrio da reação não é afetado pela enzima.

- O equilíbrio da reação é descrito por constantes de equilíbrio, $K_{eq}$, que estão associadas à variação da energia livre padrão bioquímica, $\Delta G'^{\circ}$. As velocidades de reação são descritas pelas constantes de velocidade, $k$, que estão relacionadas com a energia de ativação, $\Delta G^{\ddagger}$.

- As extraordinárias acelerações nas velocidades de reação proporcionadas pelas enzimas devem-se à energia das ligações não covalentes, suplementada por interações covalentes ou pela catálise por metais.

- A energia de ligações não covalentes, $\Delta G_B$, é maximizada pelo estado de transição da reação catalisada. A complementariedade entre a enzima e o estado de transição constitui o princípio fundamental da catálise enzimática. Interações não covalentes podem facilitar o caminho para o estado de transição, compensando a energia necessária para a ativação, $\Delta G^{\ddagger}$, ao diminuir a entropia do substrato ou causar uma mudança na conformação da enzima (encaixe induzido). A energia de ligação também é responsável pela extraordinária especificidade das enzimas por seus substratos.

- Os mecanismos de catálise geral ácido-base e catálise covalente contribuem para o poder catalítico das enzimas. As interações covalentes entre substratos e enzimas, a transferência de grupos de enzimas e para enzimas e as interações com íons metálicos podem propiciar um caminho novo e de menor energia para a reação.

## 6.3 A cinética enzimática como abordagem para compreender os mecanismos

Normalmente, os bioquímicos utilizam várias abordagens para estudar o mecanismo de ação de enzimas purificadas. A estrutura tridimensional das proteínas fornece informações importantes, que são incrementadas pela química de proteínas e por modernos métodos de mutagênese sítio-dirigida (mudança na sequência de aminoácidos de uma proteína por engenharia genética; ver Fig. 9-10). Essas tecnologias permitem que os enzimologistas examinem o papel de aminoácidos individuais na estrutura e na atividade de uma enzima. Entretanto, a abordagem mais antiga para entender o mecanismo das enzimas, e que ainda continua sendo uma das mais importantes, é determinar a *velocidade* da reação e como ela muda em resposta a alterações nos parâmetros experimentais, disciplina conhecida como **cinética enzimática**. A seguir, será apresentada uma breve introdução à cinética das reações catalisadas por enzimas.

### A concentração do substrato afeta a velocidade das reações catalisadas por enzimas

A cada instante em uma reação catalisada por enzimas, a enzima existe em duas formas: uma forma (E), livre ou não combinada; e uma forma combinada com o substrato (ES). Logo que a enzima é misturada com um grande excesso de substrato, há um período inicial, o **estado pré-estacionário**, durante o qual a concentração de ES aumenta. Para a maioria das reações enzimáticas, esse período é muito breve. O estado pré-estacionário é geralmente muito curto para ser observado com facilidade, durando apenas o tempo necessário (em geral, microssegundos) para converter uma molécula do substrato em produto (um ciclo de catálise enzimática). A reação rapidamente atinge o **estado estacionário**, no qual [ES] (e as concentrações de qualquer outro intermediário) permanece constante por quase todo o restante da reação (**Fig. 6-10**). Como a maior parte da reação reflete o estado estacionário, a análise tradicional das velocidades de reação é chamada de **cinética do estado estacionário**.

Um fator-chave que afeta a velocidade das reações catalisadas por enzimas é a concentração do substrato, [S]. Entretanto, o estudo dos efeitos da concentração do substrato

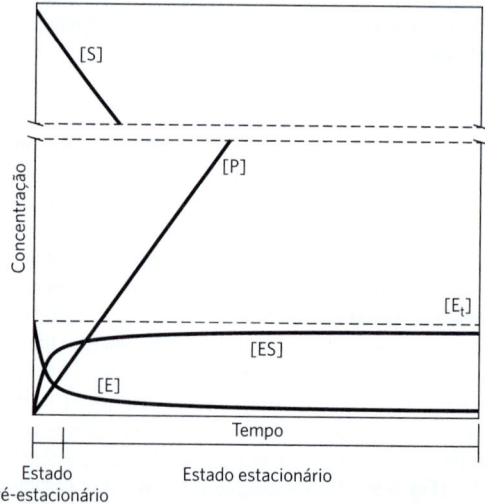

**FIGURA 6-10 Curso de uma reação catalisada por enzima.** Em uma reação típica, os produtos aumentam e os substratos diminuem. A concentração de enzima livre, E, diminui rapidamente à medida que o complexo ES aumenta e atinge o estado estacionário. A concentração de ES permanece praticamente constante na maior parte do restante da reação.

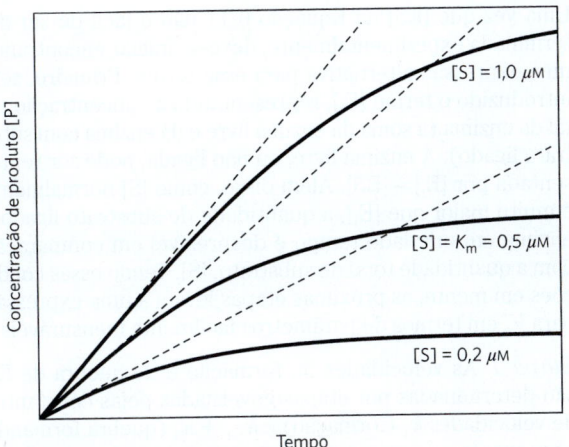

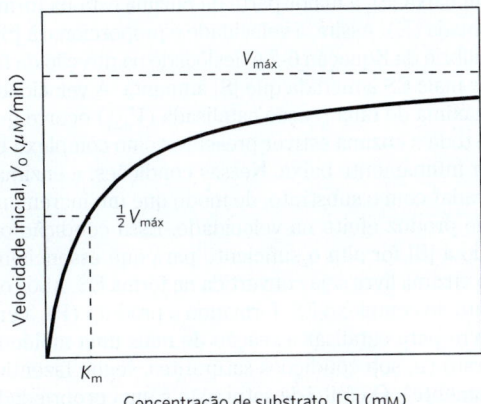

**FIGURA 6-11 Velocidades iniciais de reações catalisadas por enzimas.** Uma enzima teórica que catalise a reação S ⇌ P está presente em uma concentração de S suficiente para catalisar a reação à velocidade máxima, $V_{máx}$, de 1 μM/min. A velocidade observada em dada concentração de S depende da constante de Michaelis, $K_m$, explicada em mais detalhes na próxima seção. Aqui, $K_m = 0,5$ μM. Estão mostradas as curvas de progressão da reação para concentrações abaixo da $K_m$, exatamente na $K_m$ e acima dela. A velocidade de uma reação catalisada por uma enzima diminui à medida que o substrato é convertido em produto. A tangente de cada curva no tempo = 0 (linhas tracejadas) define a velocidade inicial, $V_0$, de cada uma das reações.

**FIGURA 6-12 Efeito da concentração do substrato sobre a velocidade inicial de uma reação catalisada por enzima.** A velocidade máxima, $V_{máx}$, pode ser extrapolada do gráfico porque $V_0$ se aproxima, mas nunca atinge a $V_{máx}$. A concentração do substrato na qual $V_0$ é metade da velocidade máxima é $K_m$, a constante de Michaelis. A concentração da enzima em experimentos como esse geralmente é tão baixa que [S] ≫ [E] mesmo quando [S] é descrita como baixa ou relativamente baixa. As unidades usadas nesse gráfico são as unidades típicas para reações não catalisadas e apenas ajudam a ilustrar o significado de $V_0$ e [S]. (Observe que a curva descreve *parte* de uma hipérbole retangular, com assíntota em $V_{máx}$. Se a curva continuasse até abaixo de [S] = 0, ela se aproximaria de uma assíntota vertical em [S] = $-K_m$.)

é complicado devido ao fato de que a [S] se modifica durante o curso de uma reação *in vitro* à medida que o substrato é convertido em produto. Uma abordagem que simplifica os experimentos de cinética enzimática é medir a **velocidade inicial** da reação, indicada como $V_0$ (**Fig. 6-11**). Em uma reação típica, a enzima pode estar presente em quantidades nanomolares, ao passo que [S] pode estar em uma ordem de magnitude cinco ou seis vezes maior. Se apenas o início da reação for monitorado, durante um período no qual apenas uma pequena porcentagem do substrato disponível (menos de 2 a 3%) é convertida em produto, [S] pode ser considerada como permanecendo constante, com um grau razoável de aproximação. $V_0$ pode ser examinada em função da [S], que é ajustada pelo pesquisador. Não se deve esquecer que mesmo a velocidade inicial reflete o equilíbrio estacionário.

O efeito da variação de [S] sobre $V_0$ quando a concentração da enzima é mantida constante está mostrado na **Figura 6-12**. Em concentrações relativamente baixas de substrato, $V_0$ aumenta quase linearmente com o aumento de [S]. Em altas concentrações de substrato, $V_0$ aumenta muito pouco em resposta ao aumento na [S]. Por fim, é atingido um ponto além do qual um aumento de [S] leva ao aumento insignificante na $V_0$. Essa região tipo platô está próxima da **velocidade máxima**, $V_{máx}$.

O complexo ES é a chave para entender esse comportamento catalítico, motivo pelo qual foi o ponto inicial desta discussão sobre catálise. Os parâmetros cinéticos da Figura 6-12 levaram Victor Henri, seguindo uma proposição de Adolphe Wurtz algumas décadas antes, a propor, em 1903, que a combinação da enzima com a molécula do substrato para formar um complexo ES é uma etapa necessária da catálise enzimática. Essa ideia foi ampliada em uma teoria geral sobre a ação das enzimas, principalmente por Leonor Michaelis e Maud Menten, em 1913. Os dois postularam que a enzima primeiro se combina de modo reversível com o substrato, formando um complexo enzima-substrato em uma etapa reversível e relativamente rápida:

$$E + S \underset{k_{-1}}{\overset{k_1}{\rightleftharpoons}} ES \qquad (6\text{-}7)$$

Então, o complexo ES é rompido em uma segunda etapa mais lenta, fornecendo a enzima livre e o produto P:

$$ES \underset{k_{-2}}{\overset{k_2}{\rightleftharpoons}} E + P \qquad (6\text{-}8)$$

Uma vez que a segunda reação é mais lenta (Equação 6-8), ela limita a velocidade da reação total. A velocidade final deve ser proporcional à concentração da espécie que reage na segunda etapa, isto é, ES.

Leonor Michaelis, 1875-1949
[Rockefeller Archive Center.]

Maud Menten, 1879-1960
[Archives & Special Collections, University of Pittsburgh Library System.]

Em baixa [S], a maior parte da enzima está na forma não combinada (E). Assim, a velocidade é proporcional à [S], pois o equilíbrio da Equação 6-7 é deslocado na direção da formação de mais ES à medida que [S] aumenta. A velocidade inicial máxima de uma reação catalisada ($V_{máx}$) ocorre quando quase toda a enzima estiver presente como complexo ES e a [E] for infimamente baixa. Nessas condições, a enzima está "saturada" com o substrato, de modo que um incremento na [S] não produz efeito na velocidade. Essa condição ocorre quando a [S] for alta o suficiente para que essencialmente toda a enzima livre seja convertida na forma ES. Após o rompimento do complexo ES, formando o produto (P), a enzima fica livre para catalisar a reação de mais uma molécula do substrato (e, sob condições saturantes, segue fazendo isso rapidamente). O efeito de saturação é uma propriedade característica da catálise enzimática e é responsável pelo platô observado na Figura 6-12. Muitas vezes, o padrão observado na figura é denominado cinética de saturação.

## A relação entre a concentração do substrato e a velocidade da reação pode ser expressa com a equação de Michaelis-Menten

A curva que expressa a relação entre [S] e $V_0$ (Fig. 6-12) tem a mesma forma geral para a maioria das enzimas (aproximadamente uma hipérbole retangular) e pode ser expressa algebricamente pela equação de Michaelis-Menten. Michaelis e Menten deduziram essa equação a partir da hipótese, formulada por eles, de que a etapa limitante da velocidade em uma reação enzimática é a quebra do complexo ES em produto e enzima livre. A equação é

$$V_0 = \frac{V_{máx}[S]}{K_m + [S]} \quad (6\text{-}9)$$

Essa é a **equação de Michaelis-Menten**, a **equação da velocidade** para reações com um único substrato catalisadas por enzima. Ela define a relação quantitativa entre a velocidade inicial, $V_0$, a velocidade máxima, $V_{máx}$, e a concentração inicial de substrato, [S], que estão relacionadas entre si pela constante de Michaelis, $K_m$. Todos esses termos – [S], $V_0$, $V_{máx}$ e $K_m$ – são facilmente determinados experimentalmente.

Agora, serão examinadas as bases lógicas das etapas algébricas de uma dedução moderna da equação de Michaelis-Menten, que inclui a hipótese do estado estacionário introduzida por G. E. Briggs e J. B. S. Haldane em 1925. A dedução começa com as duas etapas básicas de formação e quebra de ES (Equações 6-7 e 6-8). No início da reação, a concentração do produto, [P], é desprezível, e podemos fazer a suposição simplificada de que a reação inversa, P → S (descrita como $k_{-2}$), pode ser ignorada. Essa suposição não é fundamental, mas simplifica a dedução. A reação total, então, reduz-se a

$$E + S \underset{k_{-1}}{\overset{k_1}{\rightleftharpoons}} ES \xrightarrow{k_2} E + P \quad (6\text{-}10)$$

$V_0$ é determinada pela quebra de ES, formando o produto, que é determinado pela [ES]:

$$V_0 = k_2[ES] \quad (6\text{-}11)$$

Uma vez que [ES] na Equação 6-11 não é fácil de ser determinada experimentalmente, deve-se iniciar encontrando uma expressão alternativa para esse termo. Primeiro, será introduzido o termo [$E_t$], representando a concentração total da enzima (a soma da enzima livre e da enzima com substrato ligado). A enzima livre, ou não ligada, pode ser representada por [$E_t$] – [ES]. Além disso, como [S] normalmente é muito maior que [$E_t$], a quantidade de substrato ligado à enzima em um dado tempo é desprezível em comparação com a quantidade total de substrato, [S]. Tendo essas condições em mente, as próximas etapas levam a uma expressão para $V_0$ em termos de parâmetros facilmente mensuráveis.

*Etapa 1* As velocidades de formação e de quebra de ES são determinadas por etapas governadas pelas constantes de velocidades $k_1$ (formação) e $k_{-1} + k_2$ (quebra formando os reagentes e os produtos, respectivamente), segundo as expressões

$$\text{Velocidade da formação de ES} = k_1([E_t] - [ES])[S] \quad (6\text{-}12)$$

$$\text{Velocidade da quebra de ES} = k_{-1}[ES] + k_2[ES] \quad (6\text{-}13)$$

*Etapa 2* Deve-se, agora, fazer uma premissa importante: a velocidade inicial da reação reflete o estado estacionário, no qual [ES] é constante. Isto é, a velocidade da formação de ES é igual à velocidade da quebra de ES. Isso é chamado de **premissa do estado estacionário**. As expressões das Equações 6-12 e 6-13 são igualadas no estado estacionário, resultando em

$$k_1([E_t] - [ES])[S] = k_{-1}[ES] + k_2[ES] \quad (6\text{-}14)$$

*Etapa 3* Em uma série de etapas algébricas, pode-se resolver a Equação 6-14 para [ES]. Primeiro, o lado esquerdo da equação é multiplicado, e o lado direito, simplificado:

$$k_1[E_t][S] - k_1[ES][S] = (k_{-1} + k_2)[ES] \quad (6\text{-}15)$$

Adicionando o termo $k_1[ES][S]$ aos dois lados da equação e simplificando, tem-se:

$$k_1[E_t][S] = (k_1[S] + k_{-1} + k_2)[ES] \quad (6\text{-}16)$$

Então, a solução dessa equação para [ES] é:

$$[ES] = \frac{k_1[E_t][S]}{k_1[S] + k_{-1} + k_2} \quad (6\text{-}17)$$

Agora, isso pode ser ainda mais simplificado, combinando-se as constantes de velocidade em uma única expressão:

$$[ES] = \frac{[E_t][S]}{[S] + (k_{-1} + k_2)/k_1} \quad (6\text{-}18)$$

O termo $(k_{-1} + k_2)/k_1$ é definido como **constante de Michaelis, $K_m$**. Substituindo-se esse termo na Equação 6-18, a expressão é simplificada para:

$$[ES] = \frac{[E_t][S]}{K_m + [S]} \quad (6\text{-}19)$$

*Etapa 4* Agora, é possível expressar $V_0$ em termos de [ES]. Substituindo o lado direito da Equação 6-19 para [ES] na Equação 6-11, obtém-se:

$$V_0 = \frac{k_2[E_t][S]}{K_m + [S]} \quad (6\text{-}20)$$

Esta equação pode ser simplificada ainda mais. Uma vez que a velocidade máxima ocorre quando a enzima está saturada (i.e., quando [ES] = [E$_t$]), $V_{máx}$ pode ser definida como $k_2[E_t]$. A substituição dessa equação na Equação 6-20 dá a Equação 6-9:

$$V_0 = \frac{V_{máx}[S]}{K_m + [S]}$$

Observe que $K_m$ tem concentração molar como unidade. Será que a equação é condizente com as observações experimentais? Sim. Isso pode ser confirmado considerando-se as situações limites, nas quais [S] é muito alta ou muito baixa, como mostrado na **Figura 6-13**.

Uma relação numérica importante emerge da equação de Michaelis-Menten no caso especial quando $V_0$ é exatamente metade da $V_{máx}$ (Fig. 6-13). Então

$$\frac{V_{máx}}{2} = \frac{V_{máx}[S]}{K_m + [S]} \quad (6\text{-}21)$$

Dividindo por $V_{máx}$, obtém-se

$$\frac{1}{2} = \frac{[S]}{K_m + [S]} \quad (6\text{-}22)$$

Resolvendo para $K_m$, obtém-se $K_m + [S] = 2[S]$, ou

$$K_m = [S], \text{ quando } V_0 = \tfrac{1}{2}V_{máx} \quad (6\text{-}23)$$

Essa é uma definição muito útil e prática de $K_m$: $K_m$ equivale à concentração de substrato na qual a $V_0$ é metade da $V_{máx}$.

## A cinética de Michaelis-Menten pode ser analisada quantitativamente

Existem várias maneiras de determinar $V_{máx}$ e $K_m$ a partir de um gráfico de $V_0$ contra [S]. A abordagem tradicional consiste em fazer transformações algébricas da equação de Michaelis-Menten em equações que convertem a curva hiperbólica do gráfico de $V_0$ contra [S] em uma forma linear, na qual os valores de $V_{máx}$ e $K_m$ podem ser obtidos por extrapolação. A maneira mais comum é tomar as recíprocas dos dois lados da equação de Michaelis-Menten (Equação 6-9):

$$V_0 = \frac{V_{máx}[S]}{K_m + [S]}$$
$$\frac{1}{V_0} = \frac{K_m + [S]}{V_{máx}[S]} \quad (6\text{-}24)$$

Separando os componentes do numerador no lado direito da equação, obtém-se

$$\frac{1}{V_0} = \frac{K_m}{V_{máx}[S]} + \frac{[S]}{V_{máx}[S]} \quad (6\text{-}25)$$

que é simplificado para

$$\frac{1}{V_0} = \frac{K_m}{V_{máx}[S]} + \frac{1}{V_{máx}} \quad (6\text{-}26)$$

Essa forma da equação de Michaelis-Menten é denominada **equação de Lineweaver-Burk**. No caso das enzimas que obedecem à relação de Michaelis-Menten, um gráfico de $1/V_0$ *versus* $1/[S]$ (o "duplo-recíproco" do gráfico $V_0$ *versus* [S] que foi usado até agora) produz uma linha reta (**Fig. 6-14**). Essa reta tem uma inclinação de $K_m/V_{máx}$, uma interseção de $1/V_{máx}$ no eixo $1/V_0$ e uma interseção de $-1/K_m$ no eixo $1/[S]$. O gráfico de Lineweaver-Burk é uma maneira

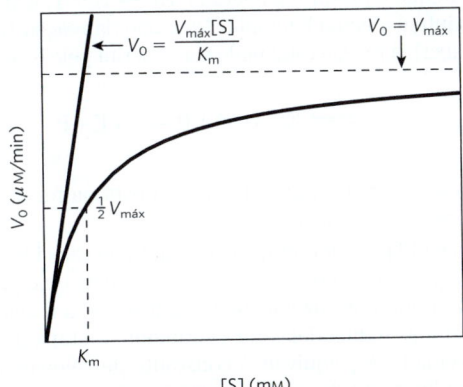

**FIGURA 6-13 A velocidade inicial depende da concentração de substrato.** O gráfico mostra os parâmetros cinéticos que definem os limites da curva em baixa [S] e em alta [S]. Em baixa [S], $K_m \gg$ [S], e o termo [S] no denominador da equação de Michaelis-Menten (Equação 6-9) torna-se desprezível. A equação é simplificada para $V_0 = V_{máx}[S]/K_m$, e $V_0$ apresenta uma dependência linear por [S], como observado aqui. Em [S] alta, em que [S] $\gg K_m$, o termo $K_m$ no denominador da equação de Michaelis-Menten passa a ser insignificante, e a equação fica simplificada para $V_0 = V_{máx}$. Isso é consistente com o platô observado em alta [S]. A equação de Michaelis-Menten é, portanto, consistente com a dependência observada de $V_0$ por [S], e a forma da curva é definida pelos termos $V_{máx}/K_m$ em [S] baixa e $V_{máx}$ em [S] alta.

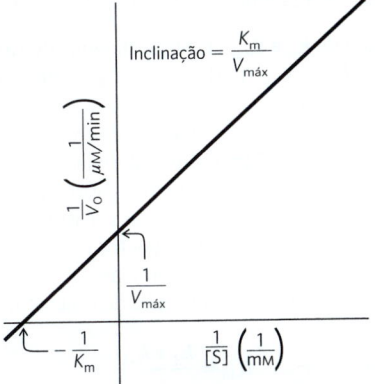

**FIGURA 6-14 Gráfico duplo-recíproco ou gráfico de Lineweaver-Burk.** Fazendo um gráfico $1/V_0$ contra $1/[S]$, obtém-se uma reta. As interseções nos eixos $1/V_0$ e $1/[S]$ correspondem, respectivamente, a $1/V_{máx}$ e $-1/K_m$.

muito útil de apresentar os dados e pode dar informações sobre o mecanismo, como será visto a seguir. No entanto, a transformação duplo-recíproca tende a superestimar o peso dos dados obtidos em baixas concentrações de substrato, o que pode distorcer os valores da extrapolação de $V_{máx}$ e $K_m$.

É mais comum derivar os parâmetros $V_{máx}$ e $K_m$ diretamente de um gráfico $V_0$ *versus* [S] por meio de regressão não linear, usando algum dos inúmeros programas de ajustamento de curvas disponíveis *online*. Esses programas normalmente são fáceis de usar e têm acuidade superior em relação à extrapolação de Lineweaver-Burk e abordagens relacionadas.

### Os parâmetros cinéticos são utilizados para comparar a atividade das enzimas

É importante diferenciar entre a equação de Michaelis-Menten e o mecanismo cinético específico no qual a equação foi baseada originalmente. Contudo, a equação de Michaelis-Menten não depende do mecanismo de reação relativamente simples em duas etapas proposto por Michaelis e Menten (Equação 6-10). Todas as enzimas nas quais a dependência de $V_0$ em relação à [S] é hiperbólica são consideradas como seguindo a **cinética de Michaelis-Menten**. Muitas das enzimas que seguem a cinética de Michaelis-Menten têm mecanismos de reação muito diferentes, e mesmo as enzimas que catalisam reações com seis ou oito etapas identificáveis geralmente apresentam o mesmo comportamento cinético do estado estacionário. A regra prática de que $K_m$ = [S] quando $V_0$ = ½$V_{máx}$ (Equação 6-23) é válida para todas as enzimas que seguem a cinética de Michaelis-Menten. (As enzimas regulatórias são as exceções mais importantes à cinética de Michaelis-Menten, assunto discutido na Seção 6.5.)

Os parâmetros $K_m$ e $V_{máx}$ podem ser obtidos experimentalmente para uma determinada enzima, e essas medidas geralmente constituem a primeira etapa na caracterização de uma enzima. Entretanto, as informações sobre o mecanismo são limitadas. Para obter informações sobre o número, as velocidades e a natureza química das distintas etapas da reação, geralmente é necessário acrescentar outras abordagens. Apesar disso, a cinética do estado estacionário é a linguagem-padrão pela qual os bioquímicos comparam e caracterizam as eficiências catalíticas das enzimas.

**Interpretação de $K_m$ e $V_{máx}$** Tanto a magnitude quando o significado de $K_m$ e $V_{máx}$ podem variar grandemente de uma enzima para outra.

$K_m$ pode variar inclusive para os diferentes substratos de uma mesma enzima (**Tabela 6-6**). Algumas vezes, o termo $K_m$ é usado (geralmente de forma inapropriada) como indicador da afinidade da enzima pelo seu substrato. O significado verdadeiro da $K_m$ depende de aspectos específicos do mecanismo da reação, como o número e as velocidades relativas das várias etapas. Para uma reação de duas etapas,

$$K_m = \frac{k_2 + k_{-1}}{k_1} \quad (6-27)$$

Quando $k_2$ é a etapa limitante da reação, $k_2 \ll k_{-1}$ e $K_m$ é reduzido a $k_{-1}/k_1$, que é definido como a **constante de dissociação**, $K_d$, do complexo ES. Nessas condições, $K_m$

### TABELA 6-6 $K_m$ de algumas enzimas e seus substratos

| Enzima | Substrato | $K_m$ (mM) |
|---|---|---|
| Hexocinase (encéfalo) | ATP | 0,4 |
| | D-Glicose | 0,05 |
| | D-Frutose | 1,5 |
| Anidrase carbônica | $HCO_3^-$ | 26 |
| Quimotripsina | Gliciltirosinilglicina | 108 |
| | N-Benzoiltirosinamida | 2,5 |
| β-Galactosidase | D-Lactose | 4,0 |
| Treonina-desidratase | L-Treonina | 5,0 |

representa uma medida da afinidade da enzima pelo substrato no complexo ES. Entretanto, isso não se aplica para a maioria das enzimas. Algumas vezes, $k_2 \gg k_1$ e, então, $K_m = k_2/k_1$. Em outros casos, $k_2$ e $k_{-1}$ são próximos, e $K_m$ torna-se uma função mais complexa de todas as três constantes de velocidade (Equação 6-27). A equação de Michaelis-Menten e o comportamento característico de saturação continuam válidos, mas $K_m$ não pode ser considerado uma simples medida da afinidade da enzima pelo substrato. Ainda mais comuns são os casos nos quais a reação ocorre em várias etapas após a formação de ES; nesses casos, $K_m$ pode se tornar uma função muito complexa de muitas constantes de velocidade.

A grandeza de $V_{máx}$ depende das etapas limitantes da velocidade das reações catalisadas pela enzima. Se uma enzima reage pelo mecanismo de duas etapas de Michaelis-Menten, então $V_{máx} = k_2[E_t]$, em que $k_2$ é a etapa limitante da velocidade da reação. Entretanto, o número de etapas da reação e a identidade das etapas limitantes da velocidade podem variar de acordo com a enzima. Por exemplo, na situação muito comum em que o produto é liberado, EP → E + P, a liberação do produto é a etapa limitante. No início da reação (quando [P] é baixa), a reação total pode ser descrita pelo esquema

$$E + S \underset{k_{-1}}{\overset{k_1}{\rightleftharpoons}} ES \underset{k_{-2}}{\overset{k_2}{\rightleftharpoons}} EP \xrightarrow{k_3} E + P \quad (6-28)$$

Nesse caso, a maior parte da enzima está na forma EP na saturação, e $V_{máx} = k_3[E_t]$.

Isso é útil para definir uma constante de velocidade mais geral, $k_{cat}$, para descrever a etapa limitante de qualquer reação catalisada por enzimas na saturação. Se a reação tiver várias etapas e uma delas for claramente a etapa limitante da velocidade, $k_{cat}$ equivale à constante de velocidade dessa etapa limitante. No caso de uma reação simples, como a Equação 6-10, $k_{cat} = k_2$. Para a reação da Equação 6-28, em que a liberação do produto é nitidamente a etapa limitante da velocidade, $k_{cat} = k_3$. Quando várias etapas são parcialmente limitantes, $k_{cat}$ pode se tornar uma função complexa, com várias das constantes de velocidade que definem individualmente cada uma das etapas da reação. Na equação de Michaelis-Menten, $k_{cat} = V_{máx}/[E_t]$. Rearranjando, $V_{máx} = k_{cat}[E_t]$, e a Equação 6-9 torna-se

$$V_0 = \frac{k_{cat}[E_t][S]}{K_m + [S]} \quad (6-29)$$

## 6.3 A CINÉTICA ENZIMÁTICA COMO ABORDAGEM PARA COMPREENDER OS MECANISMOS

**TABELA 6-7** Número de renovação (*turnover*), $k_{cat}$, de algumas enzimas

| Enzima | Substrato | $k_{cat}$ (s$^{-1}$) |
|---|---|---|
| Catalase | $H_2O_2$ | 40.000.000 |
| Anidrase carbônica | $HCO_3^-$ | 400.000 |
| Acetilcolinesterase | Acetilcolina | 14.000 |
| β-Lactamase | Benzilpenicilina | 2.000 |
| Fumarase | Fumarato | 800 |
| Proteína RecA (uma ATPase) | ATP | 0,5 |

A constante $k_{cat}$ é a constante de primeira ordem da velocidade, tendo como unidade a recíproca do tempo. Ela também é chamada de **número de renovação** (*turnover*). Quando a enzima estiver saturada com o substrato, ela é equivalente ao número de moléculas de substrato convertidas em produto por unidade de tempo por uma única molécula de enzima. Os números de renovação de algumas enzimas estão apresentados na **Tabela 6-7**.

**Comparação entre mecanismos e eficiências de catálise** Os parâmetros cinéticos $k_{cat}$ e $K_m$ são úteis para estudar e comparar enzimas diferentes, independentemente de os mecanismos de reação serem simples ou complexos. Cada enzima tem valores de $k_{cat}$ e $K_m$ que refletem o ambiente celular, a concentração de substrato normalmente encontrada *in vivo* pela enzima e a química da reação catalisada.

Os parâmetros $k_{cat}$ e $K_m$ também possibilitam que se avalie a eficiência cinética das enzimas, embora, individualmente, cada um desses parâmetros seja insuficiente para isso. Duas enzimas que catalisem reações diferentes podem ter uma mesma $k_{cat}$ (número de renovação), porém, as velocidades dessas reações quando não catalisadas podem ser diferentes entre si e, portanto, o aumento de velocidade que cada enzima proporciona pode ser muito diferente. Do ponto de vista experimental, a $K_m$ de uma enzima tende a ser similar à concentração do substrato presente na célula. A $K_m$ de uma enzima que atua sobre um substrato presente em concentrações muito baixas na célula geralmente é menor do que a $K_m$ de uma enzima que age sobre um substrato mais abundante.

A melhor maneira de comparar as eficiências catalíticas de enzimas diferentes, ou o número de vezes que diferentes substratos são catalisados por uma mesma enzima, é comparar a relação $k_{cat}/K_m$ das duas reações. Esse parâmetro, algumas vezes denominado **constante de especificidade**, é a relação entre a conversão de E + S em E + P. Quando [S] ≪ $K_m$, a Equação 6-29 reduz-se a

$$V_0 = \frac{k_{cat}}{K_m}[E_t][S] \quad (6\text{-}30)$$

Nesse caso, $V_0$ depende da concentração de dois reagentes, [$E_t$] e [S], portanto, isso é uma equação de segunda ordem para a velocidade, e a constante $k_{cat}/K_m$ é uma constante de velocidade de segunda ordem, com unidades M$^{-1}$s$^{-1}$. Existe um limite superior para $k_{cat}/K_m$, imposto pela velocidade com que E e S podem se difundir em soluções aquosas. Esse limite imposto pela difusão se situa entre $10^8$ e $10^9$ M$^{-1}$s$^{-1}$, e muitas enzimas têm $k_{cat}/K_m$ nas proximidades dessa faixa (**Tabela 6-8**). Diz-se que essas enzimas atingiram a perfeição catalítica. Observe que diferentes valores de $k_{cat}$ e $K_m$ podem levar a essa relação máxima.

### EXEMPLO 6-1 Determinação de $K_m$

Foi descoberta uma enzima que catalisa a reação química

TRISTEZA ⇌ FELICIDADE

Uma equipe de pesquisadores motivados dedicou-se a estudar essa enzima, que denominaram felicidase. Eles verificaram que a $k_{cat}$ da felicidase é 600 s$^{-1}$ e fizeram ainda outros experimentos.

Quando [$E_t$] = 20 nM e [TRISTEZA] = 40 μM, a velocidade da reação, $V_0$, é 9,6 μM s$^{-1}$. Calcule a $K_m$ para o substrato TRISTEZA.

**SOLUÇÃO:** Os valores de $k_{cat}$, [$E_t$], [S] e $V_0$ são conhecidos. Deseja-se resolver para $K_m$. Primeiro, deduz-se uma expressão para $K_m$ a partir da equação de Michaelis-Menten (Equação 6-9). Calcula-se $V_{máx}$ igualando-a a $k_{cat}$[$E_t$]. Então, pode-se substituir os valores conhecidos para calcular $K_m$.

$$V_0 = \frac{V_{máx}[S]}{(K_m + [S])}$$

**TABELA 6-8** Enzimas com $k_{cat}/K_m$ próximos do limite controlado pela difusão ($10^8$ a $10^9$ M$^{-1}$s$^{-1}$)

| Enzima | Substrato | $k_{cat}$ (s$^{-1}$) | $K_m$ (M) | $k_{cat}/K_m$ (M$^{-1}$s$^{-1}$) |
|---|---|---|---|---|
| Acetilcolinesterase | Acetilcolina | $1,4 \times 10^4$ | $9 \times 10^{-5}$ | $1,6 \times 10^8$ |
| Anidrase carbônica | $CO_2$ | $1 \times 10^6$ | $1,2 \times 10^{-2}$ | $8,3 \times 10^7$ |
| | $HCO_3^-$ | $4 \times 10^5$ | $2,6 \times 10^{-2}$ | $1,5 \times 10^7$ |
| Catalase | $H_2O_2$ | $4 \times 10^7$ | $1,1 \times 10^0$ | $4 \times 10^7$ |
| Crotonase | Crotonil-CoA | $5,7 \times 10^3$ | $2 \times 10^{-5}$ | $2,8 \times 10^8$ |
| Fumarase | Fumarato | $8 \times 10^2$ | $5 \times 10^{-6}$ | $1,6 \times 10^8$ |
| | Malato | $9 \times 10^2$ | $2,5 \times 10^{-5}$ | $3,6 \times 10^7$ |
| β-Lactamase | Benzilpenicilina | $2,0 \times 10^3$ | $2 \times 10^{-5}$ | $1 \times 10^8$ |

Informações de A. Fersht, *Structure and Mechanism in Protein Science*, p. 166, W. H. Freeman and Company, 1999.

Primeiro, multiplica-se os dois lados por $K_m + [S]$:

$$V_0(K_m + [S]) = V_{máx}[S]$$

$$V_0 K_m + V_0[S] = V_{máx}[S]$$

Subtraindo $V_0[S]$ nos dois lados da equação, obtém-se

$$V_0 K_m = V_{máx}[S] - V_0[S]$$

Fatorando para [S] e dividindo os dois lados por $V_0$, tem-se:

$$K_m = \frac{(V_{máx} - V_0)[S]}{V_0}$$

Agora, igualando $V_{máx}$ com $k_{cat}[E_t]$ e substituindo pelos valores dados, obtém-se $K_m$.

$$V_{máx} = k_{cat}[E_t] = (600\ s^{-1})0{,}02\ \mu M = 12\ \mu M\,s^{-1}$$

$$K_m = (12\ \mu M\,s^{-1} - 9{,}6\ \mu M\,s^{-1})40\ \mu M/9{,}6\ \mu M\,s^{-1}$$

$$= 96\ \mu M^2\,s^{-1}/9{,}6\ \mu M\,s^{-1} = 10\ \mu M$$

Após obter experiência trabalhando com essa equação, é possível identificar atalhos para resolver problemas como este. Por exemplo, um rearranjo simples da Equação 6-9 pela divisão de ambos os lados por $V_{máx}$ dá

$$\frac{V_0}{V_{máx}} = \frac{[S]}{K_m + [S]}$$

Assim, a relação $V_0/V_{máx} = 9{,}6\ \mu M\,s^{-1}/12\ \mu M\,s^{-1} = [S]/(K_m + [S])$. Isso simplifica o processo para o cálculo de $K_m$, neste caso, dando $0{,}25[S]$, ou $10\ \mu M$.

### EXEMPLO 6-2  Determinação de [S]

Em um conjunto separado de experimentos com a felicidase usando-se $[E_t] = 10$ mM, a velocidade da reação, $V_0$, foi medida e resultou em $3\ \mu M\,s^{-1}$. Qual é a [S] usada nesse experimento?

**SOLUÇÃO:** Usando a mesma lógica do Exemplo 6-1, resolvendo $V_{máx}$ para $k_{cat}/[E_t]$, verifica-se que $V_{máx}$ para essa concentração de enzima é $6\ \mu M\,s^{-1}$. Observe que $V_0$ é exatamente metade da $V_{máx}$. Lembre-se de que $K_m$, por definição, é igual a [S] quando $V_0 = \frac{1}{2}V_{máx}$. Assim, nesse exemplo, a [S] deve ter o mesmo valor que $K_m$, ou $10\ \mu M$. Caso $V_0$ tenha outro valor que não $\frac{1}{2}V_{máx}$, o mais simples para calcular [S] seria usar a expressão $V_0/V_{máx} = [S]/(K_m + [S])$.

## Muitas enzimas catalisam reações com dois ou mais substratos

Foi visto como a [S] afeta a velocidade de uma reação enzimática simples com apenas uma molécula de substrato (S → P). Na maioria das reações enzimáticas, entretanto, duas (e às vezes mais) moléculas de substratos diferentes ligam-se à enzima e participam da reação. Quase dois terços das reações enzimáticas têm dois substratos e dois produtos. Em geral, são reações nas quais um grupo é transferido de um substrato para outro ou um substrato é oxidado enquanto o outro é reduzido. Por exemplo, na reação catalisada pela hexocinase, os substratos são moléculas de ATP e glicose e os produtos são ADP e glicose-6-fosfato:

ATP + glicose ⟶ ADP + glicose-6-fosfato

Há transferência de um grupo fosforila do ATP para a glicose. As velocidades dessas reações de bissubstrato também podem ser analisadas pela abordagem de Michaelis-Menten. A hexocinase tem $K_m$ características para cada um dos seus substratos (Tabela 6-6).

As reações enzimáticas com dois substratos ocorrem seguindo um mecanismo entre os vários possíveis. Em alguns casos, ambos os substratos se ligam à enzima simultaneamente em algum ponto do curso da reação, formando um complexo não covalente ternário (**Fig. 6-15a**). Os substratos

**(a) Reação enzimática envolvendo um grupo ternário**

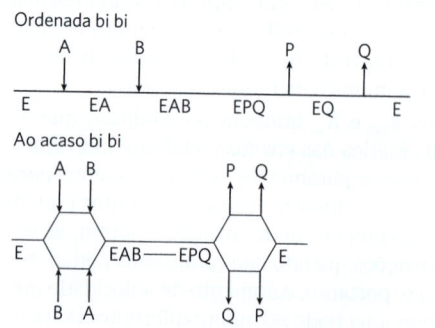

**(b) Reação enzimática na qual não há formação de um complexo ternário**

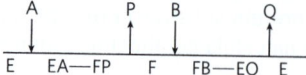

**(c) Nomenclatura de Cleland**

Ordenada bi bi

```
      A        B              P         Q
      ↓        ↓              ↑         ↑
   E      EA       EAB      EPQ       EQ      E
```

Ao acaso bi bi

```
      A   B                      P   Q
       ↘ ↙                        ↑ ↑
   E ←     → EAB ——— EPQ ←     → E
       ↗ ↘                        ↓ ↓
      B   A                      Q   P
```

**(d) Pingue-pongue na nomenclatura de Cleland**

```
      A           P       B          Q
      ↓           ↑       ↓          ↑
   E      EA—FP       F      FB—EQ      E
```

**FIGURA 6-15 Mecanismos comuns das reações bissubstrato catalisadas por enzimas.** (a) A enzima e ambos os substratos se juntam, formando um complexo ternário. No caso de ligação ordenada, o substrato 1 deve se ligar antes que o substrato 2 se ligue de modo produtivo. No caso de ligação ao acaso, os substratos podem se ligar em qualquer ordem. A dissociação dos produtos também pode ser ao acaso. (b) Há a formação de um complexo enzima-substrato, o produto deixa o complexo, a enzima modificada forma um segundo complexo com a molécula do outro substrato, o segundo produto é liberado e a enzima é regenerada. O substrato 1 pode transferir um grupo funcional para a enzima (formando uma enzima modificada covalentemente, E'), que, depois, é transferido para o substrato 2. Esse mecanismo é denominado mecanismo de pingue-pongue ou mecanismo de deslocamento duplo. (c) Formação de um complexo ternário usando a nomenclatura de Cleland. Nas reações ordenadas bi bi e nas reações aleatórias bi bi, mostradas aqui, a liberação do produto segue o mesmo padrão da ligação dos substratos, ambos ordenados ou ambos aleatórios. (d) Reação pingue-pongue ou reação de deslocamento duplo descrita segundo a nomenclatura de Cleland.

ligam-se em uma sequência aleatória ou em uma sequência com ordem específica. Há ordenamento quando a ligação do primeiro substrato cria uma condição, geralmente uma mudança de conformação, que é necessária para que o segundo substrato se ligue. Em outros casos, o primeiro substrato é convertido em um produto que se dissocia antes que o segundo substrato se ligue, de modo que não há formação de um complexo ternário. Um exemplo deste último caso é o mecanismo de pingue-pongue, ou de deslocamento duplo (Fig. 6-15b).

A notação proposta por W. W. Cleland pode ajudar a descrever reações com vários substratos e produtos. Nesse sistema, conhecido como **nomenclatura de Cleland**, os substratos são representados por A, B, C e D, segundo a ordem na qual eles se ligam à enzima, e os produtos por P, Q, S e T, segundo a ordem na qual eles se dissociam da enzima. As reações enzimáticas com um, dois, três e quatro substratos são denominadas uni, bi, ter e tetra, respectivamente. A enzima, como é comum, é denominada E, mas se ela sofrer modificações no curso da reação, as formas sucessivas são representadas por F, G, e assim por diante. O progresso da reação é indicado por uma linha horizontal, e as espécies químicas que se sucedem são indicadas abaixo da linha. Caso exista uma alternativa para o caminho da reação, a linha horizontal é bifurcada. As etapas envolvendo ligação e dissociação de substratos e produtos são indicadas por linhas verticais.

Reações com dois substratos e dois produtos (bi bi) são descritas conforme as notações ilustradas na Figura 6-15c para uma reação bi bi ordenada e uma reação bi bi aleatória. No último exemplo, a liberação do produto também é aleatória e está indicada pelas duas setas nas bifurcações. Raramente, a ligação dos substratos é ordenada, e a liberação dos produtos é aleatória, ou vice-versa, eliminando a bifurcação de uma das extremidades da linha. Em reações pingue-pongue, não há complexo ternário, o caminho da reação tem uma segunda forma da enzima, F, que é transiente (Fig. 6-15d). Essa é a forma pela qual um grupo é transferido de um primeiro substrato A para formar uma uma associação covalente transiente com a enzima. Como visto anteriormente, essas reações geralmente são denominadas reações de deslocamento duplo, pois um grupo é transferido primeiro do substrato A para a enzima e, então, da enzima para o substrato B. Os substratos A e B nunca se encontram juntos na enzima.

A cinética de estado estacionário de Michaelis-Menten dá apenas informações limitadas sobre o número de etapas e intermediários da reação enzimática, mas pode ser usada para diferenciar entre mecanismos que têm intermediários ternários e mecanismos, incluindo de pingue-pongue, que não têm intermediário ternário (**Fig. 6-16**). Será visto na discussão sobre inibição enzimática que a cinética do estado estacionário também serve para diferenciar as ligações ordenada e aleatória de substratos e produtos nas reações que têm intermediários ternários.

### A atividade enzimática depende do pH

Em geral, a cinética do estado estacionário fornece as informações necessárias para caracterizar uma enzima e determinar a sua eficiência catalítica. Mais informações podem ser obtidas examinando-se como os parâmetros experimentais chave $k_{cat}$ e $k_{cat}/K_m$ se modificam quando as condições

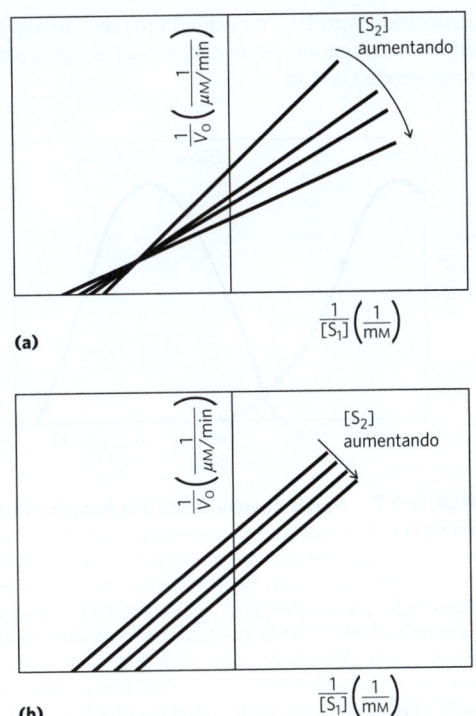

**FIGURA 6-16 Análise da cinética de estado estacionário das reações bissubstrato.** Nestes gráficos duplo-recíprocos, a concentração do substrato 1 varia, ao passo que a concentração do substrato 2 é mantida constante. Isso se repete para vários valores de [$S_2$], resultando em várias curvas separadas. (a) Retas que se interceptam indicam que um complexo ternário foi formado na reação; (b) retas paralelas indicam uma via pingue-pongue (deslocamento duplo).

da reação, sobretudo o pH, se alteram. As enzimas têm um pH (ou uma faixa de pH) ótimo no qual a atividade catalítica é máxima (**Fig. 6-17**); em pH maior ou menor, a atividade diminui. Isso não é inesperado. As cadeias laterais dos aminoácidos do sítio ativo podem agir como ácidos fracos ou bases fracas somente se mantiverem determinado grau de ionização. Em outras regiões da proteína, a remoção de um próton de um resíduo de His, por exemplo, pode levar à eliminação de uma interação iônica essencial para a conformação ativa da enzima. Uma causa menos comum para a sensibilidade de uma enzima ao pH é a titulação de um grupo no substrato.

A faixa de pH na qual uma enzima sofre mudança na atividade pode fornecer uma pista do tipo de resíduo de aminoácido envolvido (ver Tabela 3-1). Uma mudança de atividade próxima a pH 7,0, por exemplo, geralmente reflete a titulação de um resíduo de His. Contudo, os efeitos do pH devem ser interpretados com cautela. No ambiente altamente compacto e confinado das proteínas, os valores de $pK_a$ das cadeias laterais dos aminoácidos podem estar alterados de modo significativo. Por exemplo, a proximidade com uma carga positiva pode diminuir o $pK_a$ de um resíduo de Lys, e a proximidade com uma carga negativa pode aumentá-lo. Algumas vezes, esses efeitos resultam em um valor de $pK_a$ desviado em várias ordens de grandeza do valor de quando o aminoácido está livre. Por exemplo, na enzima acetoacetato-descarboxilase, um resíduo de Lys tem $pK_a$ de

6,6 (comparado com 10,5 na lisina livre) devido aos efeitos eletrostáticos das cargas positivas presentes nas proximidades desse resíduo de Lys.

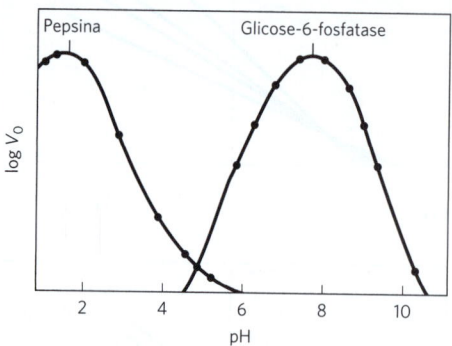

**FIGURA 6-17 Perfil de atividade em função do pH de duas enzimas.** As curvas foram construídas a partir de medidas das velocidades iniciais, e as reações foram feitas em tampões com pH diferentes. Como o pH é uma escala logarítmica que reflete uma mudança de 10 vezes na [H⁺], as mudanças na $V_0$ também estão colocadas em escala logarítmica. O pH ótimo da atividade de uma enzima geralmente é próximo ao pH do ambiente no qual a enzima costuma ser encontrada. A pepsina, uma peptidase encontrada no estômago, tem pH ótimo de cerca de 1,6. O pH do suco gástrico situa-se entre 1 e 2. A glicose-6--fosfatase dos hepatócitos (células do fígado), com pH ótimo de cerca de 7,8, é responsável pela liberação de glicose na corrente sanguínea. O pH normal do citosol dos hepatócitos é de cerca de 7,2.

## A cinética do estado pré-estacionário pode fornecer evidências de etapas específicas das reações

As informações que a cinética de estado estacionário fornece podem se multiplicar, às vezes drasticamente, examinando-se o estado pré-estacionário. Considere, por exemplo, uma enzima com um mecanismo de reação em conformidade com o esquema da Equação 6-28, com três etapas:

$$E + S \underset{k_{-1}}{\overset{k_1}{\rightleftharpoons}} ES \underset{k_{-2}}{\overset{k_2}{\rightleftharpoons}} EP \xrightarrow{k_3} E + P$$

A eficiência catalítica final dessa reação pode ser obtida pela cinética do estado estacionário, mas a velocidade de cada uma das etapas intermediárias não pode ser determinada analisando-se essa cinética, e a etapa de menor velocidade (a etapa que limita a velocidade da reação) raramente pode ser identificada. Para medir as constantes de velocidade de cada uma das etapas, deve-se estudar o estado pré-estacionário. O primeiro ciclo de catálise enzimática geralmente ocorre em segundos ou milissegundos, de modo que os pesquisadores precisam de um equipamento especial que permita misturar e tirar amostras nessa escala de tempo (**Fig. 6-18a**). A reação é interrompida, e os produtos ligados às proteínas são quantificados pela adição e mistura rápida de um ácido que desnatura a proteína e libera todas as moléculas a elas ligadas. Embora uma descrição detalhada da cinética do estado pré-estacionário esteja além do âmbito deste livro, pode-se ilustrar o poder desse tipo de experimento com um exemplo

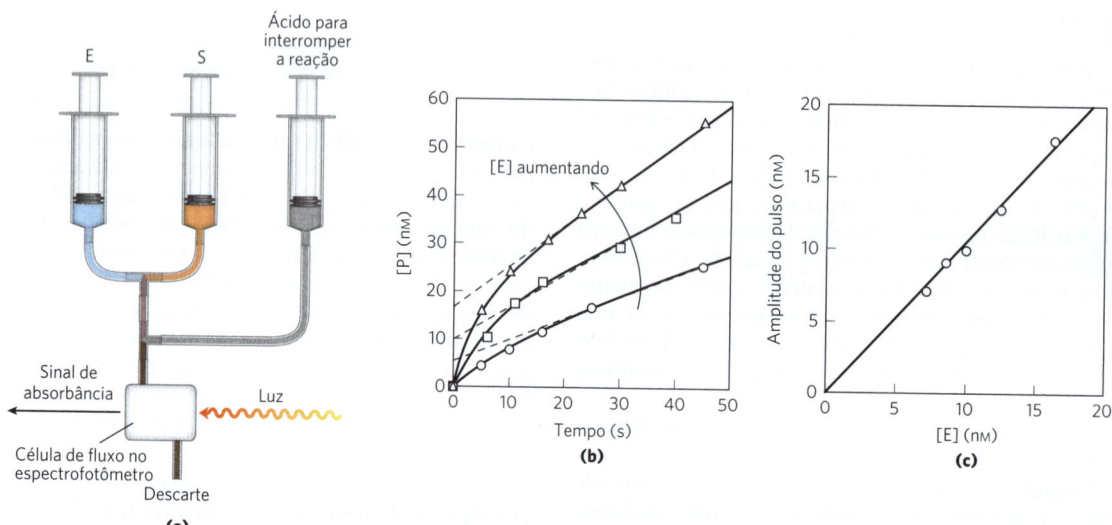

**FIGURA 6-18 Cinética do estado pré-estacionário.** A fase transiente que constitui o estado pré-estacionário geralmente existe por apenas poucos segundos ou milissegundos, sendo necessário utilizar equipamentos especializados para monitorá-la. (a) Esquema simples de aparelho para mistura rápida, denominado "*stopped-flow*". A enzima (E) e o substrato (S) são misturados com a ajuda de seringas operadas mecanicamente. A reação é interrompida em um momento programado pela adição de ácido usando outra seringa, e a quantidade de produto formado é medida, nesse caso, com um espectrofotômetro. (b) Dados experimentais de uma reação enzimática, mostrando que o estado pré--estacionário ocorre nos primeiros 5 a 10 segundos. Essa é uma reação relativamente lenta e é usada como exemplo de como o estado estacionário pode ser monitorado com facilidade. A inclinação da curva depois de 15 segundos reflete o estado estacionário. Extrapolando essa inclinação para o tempo zero (linhas tracejadas), obtém-se a amplitude da fase de pulso. O prosseguimento da reação durante o estado pré-estacionário reflete primariamente as etapas químicas na reação (cujos detalhes não estão mostrados). A existência do pulso implica que, a seguir, vem uma etapa química que produz P e que essa é a etapa limitante da velocidade, nesse caso, a etapa de liberação do produto. Observe que a extrapolação para o tempo = 0 aumenta à medida que [E] aumenta. (c) O gráfico da amplitude do pulso ([interseção de (b)] contra [E] mostra que uma molécula de P é formada em cada sítio ativo durante a fase de pulso (estado pré-estacionário). Isso evidencia que a etapa 3, liberação do produto, é a etapa limitante da velocidade, uma vez que, nessa reação enzimática simples, essa é a única etapa após a formação do produto. A enzima utilizada nesse experimento foi a RNase P, um dos RNA catalíticos descritos no Capítulo 26. [(b, c) Dados de J. Hsieh et al., *RNA* 15:224, 2009.]

simples, uma enzima que usa o caminho de reação descrito pela Equação 6-28. Esse exemplo também se aplica a uma enzima que catalisa uma reação relativamente lenta, de modo que é mais fácil observar o estado pré-estacionário.

No caso de muitas enzimas, a dissociação do produto é a etapa limitante da velocidade. Nesse exemplo (Fig. 6-18b, c), a velocidade de dissociação do produto ($k_3$) é menor do que a velocidade com que ele é formado ($k_2$). Portanto, a dissociação do produto é que determina o estado estacionário observado. Como é possível saber que $k_3$ é a etapa limitante da velocidade? Uma $k_3$ baixa dá origem a um pulso de formação de produto no estado pré-estacionário porque as etapas anteriores são relativamente rápidas. Esse pulso reflete a rapidez da conversão de uma molécula de substrato em uma molécula de produto no sítio ativo de cada molécula de enzima presente. A velocidade observada de formação do produto diminui para a velocidade do estado estacionário à medida que o produto ligado é lentamente liberado. Cada ciclo de catálise (*turnover*) que vier depois deve ocorrer por meio dessa etapa lenta de liberação do produto. Contudo, a rápida geração de produto no primeiro ciclo de catálise fornece muita informação. A amplitude do pulso – quando uma molécula do produto é gerada por uma molécula de enzima presente (Fig. 6-18c), medida pela extrapolação da curva do estado estacionário para o tempo zero – é a maior possível. Isso é uma evidência de que a liberação do produto é realmente a etapa limitante da velocidade. A constante de velocidade para uma etapa química da reação, $k_2$, pode ser obtida medindo-se a velocidade do pulso.

Evidentemente, nem sempre as enzimas seguem esquemas simples de reação como o da Equação 6-28. Formalmente, a observação de um pulso indica que a etapa limitante da velocidade (em geral, liberação do produto, mudança de conformação na enzima ou alguma outra etapa química) ocorre depois que a formação do produto foi monitorada. Todavia, alguns experimentos e análises geralmente podem definir a velocidade de cada uma das etapas das reações enzimáticas com várias etapas. Alguns exemplos da aplicação da cinética do estado pré-estacionário estão incluídos na descrição de enzimas específicas apresentadas na Seção 6.4.

## As enzimas estão sujeitas à inibição reversível ou irreversível

Inibidores de enzimas são moléculas que interferem na catálise, diminuindo ou interrompendo as reações enzimáticas. As enzimas catalisam quase todos os processos celulares, então não deve surpreender que os inibidores de enzimas estejam entre os medicamentos mais importantes. Por exemplo, o ácido acetilsalicílico inibe a enzima que catalisa a primeira etapa da síntese das prostaglandinas, compostos envolvidos em vários processos, inclusive alguns que causam dor. O estudo dos inibidores enzimáticos também fornece rica informação sobre os mecanismos enzimáticos e tem ajudado a desvendar algumas vias metabólicas. Existem duas classes amplas de inibidores de enzimas: reversíveis e irreversíveis.

**Inibição reversível** Um tipo muito comum de **inibição reversível** é denominado inibição competitiva (**Fig. 6-19a**). Um **inibidor competitivo** compete com o substrato pelo sítio ativo da enzima. Quando o inibidor (I) ocupa o sítio ativo, ele expulsa o substrato do sítio ativo, e vice-versa. Muitos inibidores competitivos têm estrutura similar à estrutura do substrato e

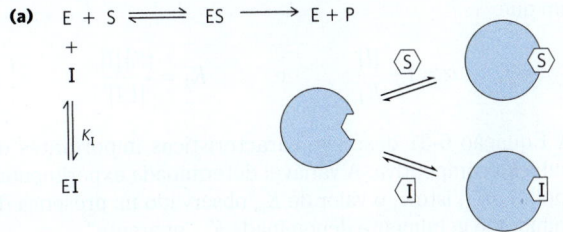

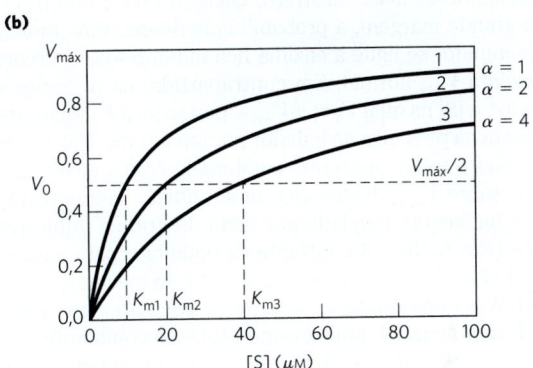

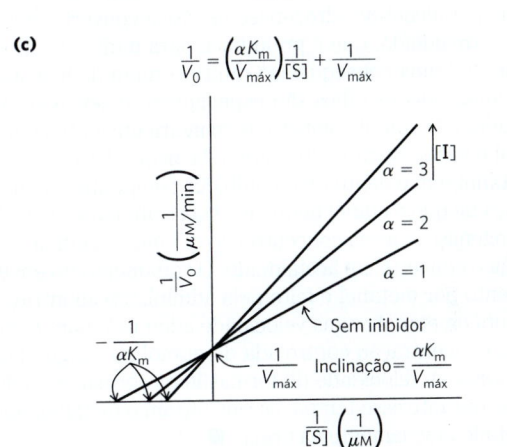

**FIGURA 6-19 Inibição competitiva.** (a) Os inibidores competitivos ligam-se ao sítio ativo da enzima; $K_I$ é a constante de dissociação para o inibidor ligado à E. (b) Os inibidores competitivos afetam a $K_m$ observada, mas não a $V_{máx}$. Isso fica evidente em um gráfico $V_0$ contra [S]. (c) Na presença de um inibidor, as retas geradas no gráfico de Lineweaver-Burk interceptam o eixo $y$, refletindo $1/V_{máx}$. À medida que a $K_m$ observada aumenta na presença do inibidor, a interseção no eixo $x$ ($-1/K_m$) desloca-se para a direita.

se combinam com a enzima, formando um complexo EI que não leva à catálise. Mesmo ligações transitórias desse tipo reduzem a eficiência da enzima. A inibição competitiva pode ser analisada quantitativamente usando cinética do estado estacionário. Na presença de um inibidor competitivo, a equação de Michaelis-Menten (Equação 6-9) torna-se:

$$V_0 = \frac{V_{máx}[S]}{\alpha K_m + [S]} \qquad (6\text{-}31)$$

em que

$$\alpha = 1 + \frac{[I]}{K_I} \quad e \quad K_I = \frac{[E][I]}{[EI]}$$

A Equação 6-31 descreve características importantes da inibição competitiva. A variável determinada experimentalmente $\alpha K_m$, isto é, o valor de $K_m$ observado na presença de inibidor, é geralmente denominada $K_m$ "aparente".

A ligação do inibidor não inativa a enzima. Quando o inibidor se dissocia, o substrato pode ligar-se e reagir. Uma vez que o inibidor se liga reversivelmente à enzima, a competição pode ser deslocada em favor do substrato simplesmente adicionando-se mais substrato. Quando [S] excede [I] com uma grande margem, a probabilidade de que uma molécula de inibidor se ligue à enzima fica minimizada, e a reação apresenta $V_{máx}$ normal. Em contrapartida, na presença do inibidor, a [S] na qual $V_0 = ½V_{máx}$ – portanto, a $K_m$ aparente – aumenta na presença do inibidor por um fator $\alpha$ (Fig. 6-19b). Esse efeito na $K_m$ aparente, combinado com a ausência de efeito sobre $V_{máx}$, diagnostica uma inibição competitiva, e isso é facilmente revelado por meio do gráfico duplo-recíproco (Fig. 6-19c). A constante de equilíbrio para a ligação do inibidor ($K_I$) pode ser obtida a partir do mesmo gráfico.

A terapia utilizada para tratar pacientes que ingeriram metanol, um solvente utilizado como anticongelante em dutos de gás, tem como base a competição pelo sítio ativo. A álcool-desidrogenase hepática converte metanol em formaldeído, que é prejudicial para muitos tecidos. A cegueira é uma consequência muito comum da ingestão de metanol, pois os olhos são especialmente sensíveis ao formaldeído. O etanol compete de maneira eficiente com o metanol como substrato alternativo da álcool-desidrogenase. O etanol tem o efeito de um inibidor competitivo, com a diferença de que o etanol também é substrato para a álcool-desidrogenase, e a sua concentração diminui à medida que a enzima o converte em acetaldeído. O tratamento do envenenamento por metanol é feito pela administração intravenosa lenta de etanol a uma velocidade adequada para manter uma concentração controlada de etanol no sangue por várias horas. A velocidade de formação de formaldeído diminui, e, durante esse tempo, os rins filtram o metanol, que é excretado inocuamente na urina. ■

Dois outros tipos de inibidores reversíveis, incompetitivo e misto, podem ser definidos para o caso de enzimas de um único substrato, porém, na prática, são observados apenas no caso de enzimas com dois ou mais substratos. Um **inibidor incompetitivo** (**Fig. 6-20b**) liga-se em um sítio distinto do sítio ativo do substrato e, ao contrário do inibidor competitivo, liga-se apenas ao complexo ES. Na presença de um inibidor incompetitivo, a equação de Michaelis-Menten altera-se para:

$$V_0 = \frac{V_{máx}[S]}{K_m + \alpha'[S]} \quad (6\text{-}32)$$

em que

$$\alpha' = 1 + \frac{[I]}{K_I'} \quad e \quad K_I' = \frac{[ES][I]}{[ESI]}$$

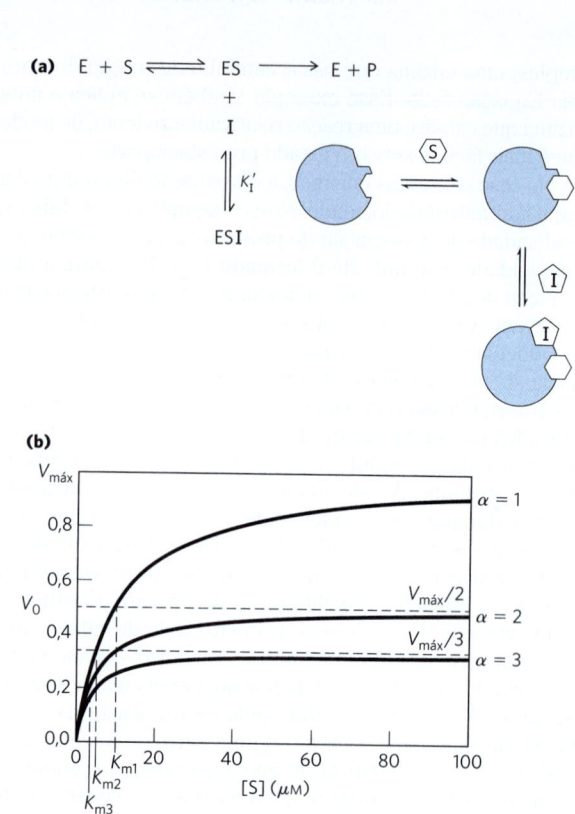

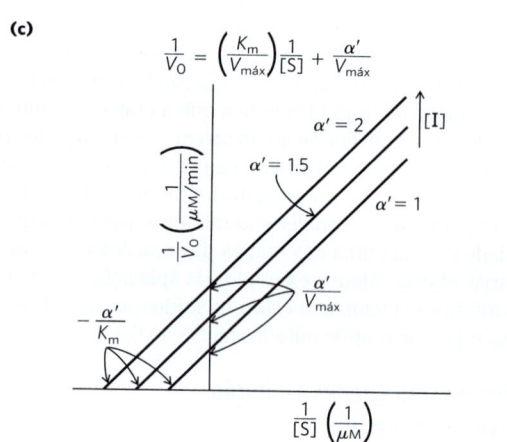

**FIGURA 6-20 Inibição incompetitiva.** (a) Inibidores incompetitivos ligam-se a sítios separados, mas apenas no complexo ES; $K_I'$ é a constante de equilíbrio para um inibidor ligado a ES. (b) Na presença de um inibidor incompetitivo, tanto $K_m$ quanto $V_{máx}$ diminuem por fatores equivalentes. No gráfico de $V_0$ contra [S], a diminuição na $V_{máx}$ é mais fácil de discernir do que a diminuição na $K_m$. (c) O gráfico de Lineweaver-Burk de um inibidor incompetitivo já dá o diagnóstico, pois as retas geradas na presença e na ausência do inibidor são paralelas. Observe que as retas na presença de inibidor sempre estão acima da reta gerada na ausência do inibidor, refletindo as diminuições tanto na $K_m$ como na $V_{máx}$ provocadas pelo inibidor (i.e., as interseções sobem no eixo y e se deslocam para a esquerda no eixo x).

A Equação 6-32 descreve que, em altas concentrações de substrato, a $V_0$ aproxima-se de $V_{máx}/\alpha'$. Então, um inibidor incompetitivo diminui a $V_{máx}$ que é medida. A $K_m$ aparente também diminui, pois a [S] necessária para atingir metade da $V_{máx}$ diminui por um fator $\alpha'$ (Fig. 6-20b, c). Esse comportamento pode ser explicado da seguinte maneira. Como a enzima fica inativa quando um inibidor incompetitivo se liga, mas o inibidor não compete com o substrato pela ligação, o inibidor retira da reação uma parte das moléculas de enzima. Dado que $V_{máx}$ depende da [E], a $V_{máx}$ observada diminui. Dado que o inibidor se liga apenas ao complexo ES, apenas ES (e não a enzima livre) é retirado da reação, assim, a [S] necessária para atingir ½$V_{máx}$, isto é, a $K_m$, diminui igualmente.

Um **inibidor misto** (**Fig. 6-21a**) também se liga a um sítio distinto do sítio ativo, mas liga-se tanto à enzima quanto ao complexo ES. A equação de velocidade que descreve a inibição mista é:

$$V_0 = \frac{V_{máx}[S]}{\alpha K_m + \alpha'[S]} \quad (6\text{-}33)$$

em que $\alpha$ e $\alpha'$ foram definidos anteriormente. Um inibidor misto normalmente afeta tanto $K_m$ quanto $V_{máx}$ (Fig. 6-21b, c). A $V_{máx}$ é afetada porque o inibidor deixa uma parte das moléculas de enzima disponíveis sem atividade, diminuindo a [E] efetiva da qual a $V_{máx}$ depende. A $K_m$ pode aumentar ou diminuir, dependendo de qual das formas da enzima, E ou ES, se liga mais fortemente ao inibidor. O caso especial $\alpha = \alpha'$, raramente encontrado experimentalmente, é classicamente definido como **inibição não competitiva**. O exame da Equação 6-33 mostra por que um inibidor não competitivo afeta $V_{máx}$, mas não $K_m$.

A Equação 6-33 é a expressão geral dos efeitos de inibidores reversíveis, simplificando para as expressões das inibições competitiva e incompetitiva quando $\alpha' = 1,0$ ou $\alpha = 1,0$, respectivamente. A partir dessa expressão, pode-se resumir os efeitos dos inibidores sobre cada um dos parâmetros cinéticos. No caso de todos os inibidores reversíveis, $V_{máx}$ aparente $= V_{máx}/\alpha'$, porque o lado direito da Equação 6-33 pode ser simplificado para $V_{máx}/\alpha'$ quando as concentrações de substrato forem suficientemente altas. Para inibidores competitivos, $\alpha' = 1,0$, de modo que pode ser desprezada. Tomando essa expressão para a $V_{máx}$ aparente, pode-se deduzir uma expressão geral para $K_m$ aparente, que mostra como esse parâmetro se modifica pela presença de inibidores reversíveis. A $K_m$ aparente sempre é igual à [S] na qual a $V_0$ é metade da $V_{máx}$ aparente, ou, de modo mais geral, quando $V_0 = V_{máx}/2\alpha'$. Essa condição é satisfeita quando [S] $= \alpha K_m/\alpha'$. Portanto, $K_m$ aparente $= \alpha K_m/\alpha'$. Os termos $\alpha$ e $\alpha'$ refletem a ligação de um inibidor a E e ao complexo ES, respectivamente. Então, o termo $\alpha K_m/\alpha'$ é a expressão matemática da afinidade relativa do inibidor para as duas formas da enzima. A expressão fica simples quando $\alpha$ ou $\alpha'$ for 1,0 (no caso de inibidores incompetitivos ou competitivos), o que está resumido na **Tabela 6-9**.

Na prática, as inibições incompetitiva e mista são observadas apenas em enzimas com dois ou mais substratos, $S_1$ e $S_2$, e são muito importantes na análise experimental dessas enzimas. Se um inibidor se ligar ao sítio normalmente ocupado por $S_1$, ele poderá atuar como um inibidor competitivo em experimentos nos quais [$S_1$] varia. Se um inibidor se ligar ao sítio normalmente ocupado por $S_2$, ele poderá agir como um inibidor misto ou incompetitivo de $S_1$. O padrão real de inibição observado dependerá de se os eventos de ligação de $S_1$ e $S_2$ forem ordenados ou aleatórios. Assim, a ordem de ligação dos substratos e a ordem com que os produtos

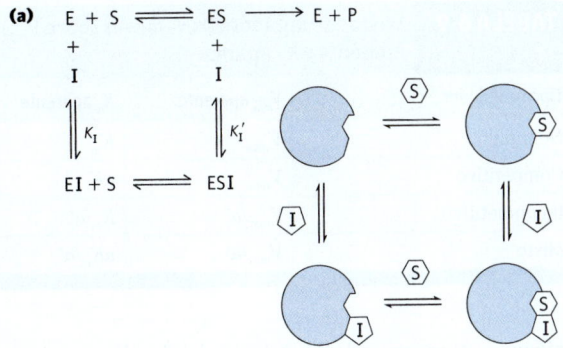

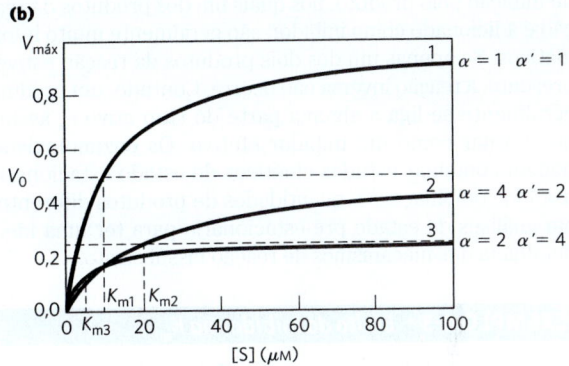

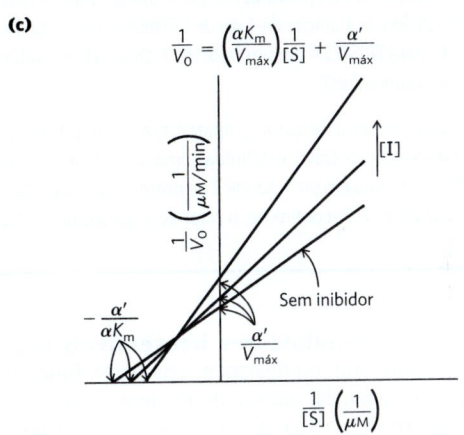

**FIGURA 6-21 Inibição mista.** (a) Inibidores mistos ligam-se em sítios distintos, mas podem se ligar tanto a E quanto a ES. (b) Os parâmetros cinéticos relacionados com os inibidores mistos são complexos. A $V_{máx}$ sempre diminui. A $K_m$ pode aumentar ou diminuir, dependendo dos valores relativos de $\alpha$ e $\alpha'$. (c) No gráfico de Lineweaver-Burk, as retas geradas na presença de maior ou menor quantidade de inibidor sempre se cruzam, mas nunca no eixo. A interseção no eixo y sempre é deslocada para cima, à medida que a $V_{máx}$ diminui. As retas podem se cruzar acima ou abaixo do eixo x. Quando elas se cruzam acima, como mostrado na figura, $\alpha > \alpha'$, e a $K_m$ observada aumenta. Quando as retas se cruzam abaixo do eixo x (não mostrado), $\alpha < \alpha'$, e a $K_m$ observada diminui.

| TABELA 6-9 | Efeitos de inibidores reversíveis sobre $V_{máx}$ aparente e $K_m$ aparente | |
|---|---|---|
| Tipo de inibidor | $V_{máx}$ aparente | $K_m$ aparente |
| Nenhum | $V_{máx}$ | $K_m$ |
| Competitivo | $V_{máx}$ | $\alpha K_m$ |
| Incompetitivo | $V_{máx}/\alpha'$ | $K_m/\alpha'$ |
| Misto | $V_{máx}/\alpha'$ | $\alpha K_m/\alpha'$ |

deixam o sítio ativo podem ser determinadas. Experimentos de inibição pelo produto, nos quais um dos produtos da reação é adicionado como inibidor, são geralmente muito informativos. Se apenas um dos dois produtos da reação estiver presente, a reação inversa não ocorre. Contudo, um produto geralmente se liga a alguma parte do sítio ativo e, assim, pode atuar como um inibidor efetivo. Os enzimologistas podem combinar estudos cinéticos de estado estacionário usando combinações e quantidades de produtos diferentes em análises de estado pré-estacionário para ter uma ideia detalhada dos mecanismos de reação bissubstrato.

### EXEMPLO 6-3  Efeito do inibidor na $K_m$

Pesquisadores trabalhando com a enzima "felicidase" (ver Exemplos 6-1 e 6-2) descobriram que o composto ESTRESSE é um potente inibidor competitivo da felicidase. A adição de 1 nM de ESTRESSE aumenta o valor da $K_m$ medido para TRISTEZA em um fator de 2. Quais são os valores de $\alpha$ e de $\alpha'$ nessas condições?

**SOLUÇÃO:** Não se esqueça de que a $K_m$ aparente, a $K_m$ medida na presença de um inibidor competitivo, é definida como $\alpha K_m$. Uma vez que a $K_m$ para TRISTEZA aumenta em um fator de 2 na presença de ESTRESSE 1 nM, o valor de $\alpha$ deve ser 2. Por definição, o valor de $\alpha'$ para uma inibição competitiva é 1.

**Inibição irreversível** Os **inibidores irreversíveis** ligam-se covalentemente com ou destroem um grupo funcional da enzima que é essencial para a atividade enzimática ou formam uma associação não covalente estável. A formação de uma ligação covalente entre um inibidor irreversível e uma enzima é uma maneira especialmente efetiva de inativar uma enzima. Os inibidores irreversíveis são outra ferramenta útil para estudar os mecanismos de reação. Algumas vezes, é possível identificar aminoácidos com funções-chave no sítio ativo pela determinação de quais resíduos de aminoácidos se ligam covalentemente ao inibidor depois que a enzima é inativada. Um exemplo está mostrado na **Figura 6-22**.

Uma classe especial de inibidores irreversíveis é formada pelos **inativadores suicidas**. Esses compostos são relativamente não reativos até que se liguem ao sítio ativo de uma enzima específica. Um inativador suicida passa pelas primeiras etapas químicas de uma reação enzimática, porém, em vez de ser transformado no produto normal, é convertido em um composto muito reativo que se combina irreversivelmente com a enzima. Esses compostos também são denominados **inativadores baseados no mecanismo**, pois sequestram o mecanismo normal da reação para inativar a enzima. Os inativadores suicidas têm um papel relevante para o *planejamento racional de fármacos*, uma abordagem moderna com base no conhecimento dos substratos e dos mecanismos de reação que é usada pelos químicos para sintetizar novos agentes farmacêuticos. Um inativador suicida bem planejado é específico para uma determinada enzima e permanece sem reatividade até se ligar no sítio ativo da enzima, de forma que os medicamentos desenvolvidos por meio dessa abordagem podem trazer a vantagem significativa de ter poucos efeitos colaterais (**Quadro 6-1**).

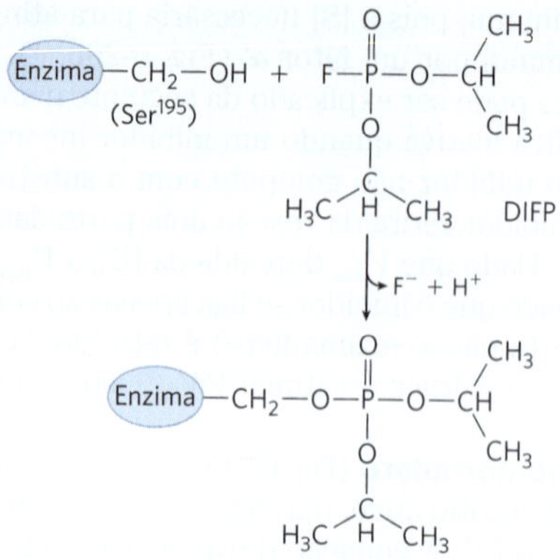

**FIGURA 6-22 Inibição irreversível.** A reação da quimotripsina com di-hisopropilfluorfosfato (DIFP), que modifica a Ser[195], inibe a enzima irreversivelmente. Isso levou à conclusão de que a Ser[195] é o resíduo de serina decisivo no sítio ativo da quimotripsina.

Um inibidor irreversível não necessariamente deve se ligar covalentemente à enzima. Uma ligação não covalente é suficiente caso essa ligação seja tão forte que o inibidor só se dissociará muito raramente. Como os químicos desenvolvem inibidores que se ligam fortemente ("*tight-binding*")?

▶ **P4** Inicialmente, é importante lembrar de que as enzimas evoluíram de modo a se ligarem mais firmemente ao estado de transição das reações que catalisam. Em princípio, se alguém puder planejar uma molécula que se pareça com o estado de transição da reação, essa molécula se ligará fortemente à enzima. Mesmo que os estados de transição não possam ser observados diretamente, os químicos geralmente podem predizer a estrutura aproximada do estado de transição com base no conhecimento acumulado dos mecanismos da reação. Embora o estado de transição seja, por definição, transiente e, portanto, instável, em alguns casos, pode-se planejar moléculas estáveis que se assemelhem aos estados de transição. Essas moléculas são denominadas **análogos do estado de transição**. Elas ligam-se à enzima mais fortemente do que o substrato no complexo ES, uma vez que elas se encaixam melhor no sítio ativo (i.e., formam um número maior de interações fracas) do que o próprio substrato.

## QUADRO 6-1 MEDICINA

### Curando a doença do sono com um cavalo de Troia bioquímico

A doença do sono, ou tripanossomose africana, é causada por protistas (eucariotos unicelulares) denominados tripanossomas (Fig. 1). Essa doença (e outras doenças causadas por tripanossomas) tem importância médica e econômica em muitos países em desenvolvimento. A doença era praticamente incurável até o final do século XX. Vacinas eram ineficazes, devido ao inusitado mecanismo de evasão ao sistema imune do hospedeiro que o parasita tem.

A camada que reveste as células dos tripanossomas é coberta por apenas uma proteína, que constitui o antígeno ao qual o sistema imune responde. Entretanto, por meio de um processo de recombinação genética (ver Tabela 28-1), ocasionalmente algumas células da população de tripanossomas que estão infectando o hospedeiro mudam para uma nova proteína de revestimento, a qual não é reconhecida pelo sistema imune. Esse processo de mudança de revestimento pode ocorrer centenas de vezes. O resultado é uma infecção crônica cíclica: a pessoa acometida tem febre que persiste enquanto o sistema imune ataca a primeira infecção; os tripanossomas com o revestimento alterado tornam-se a semente de uma segunda infecção, e a febre volta. Esse ciclo pode se repetir por semanas e a pessoa enfraquece, chegando, então, ao óbito.

Uma abordagem para tratar a doença do sono africana usa agentes farmacêuticos planejados com base no mecanismo de inativação de enzimas (inativadores suicidas). Um ponto vulnerável do metabolismo dos tripanossomas é a via de biossíntese de poliaminas. As poliaminas espermina e espermidina, que têm papel na compactação do DNA, são necessárias em grandes quantidades por células que estejam crescendo rapidamente. A primeira etapa da síntese é catalisada pela ornitina-descarboxilase, uma enzima que, para funcionar, precisa de uma coenzima denominada piridoxal-fosfato. O piridoxal-fosfato (PLP), que é um derivado da vitamina $B_6$, forma uma ligação covalente com o aminoácido substrato da reação, agindo como um aceptor de elétrons, o que facilita um grande número de reações (ver Fig. 22-32). Nas células de mamífero, a ornitina-descarboxilase tem um alto *turnover*, isto é, ciclos muito rápidos de degradação e síntese da enzima. Em alguns tripanossomas, porém, a enzima, por razões não bem conhecidas, é estável e não é substituída por novas enzimas recém-sintetizadas. Um inibidor da ornitina descarboxilase que se ligue permanentemente à enzima, então, prejudicaria o parasita e teria pouco efeito sobre as células humanas, que podem substituir rapidamente a enzima inativada.

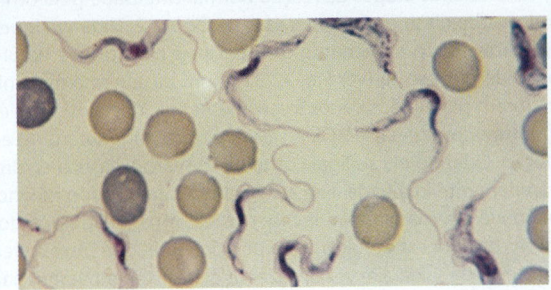

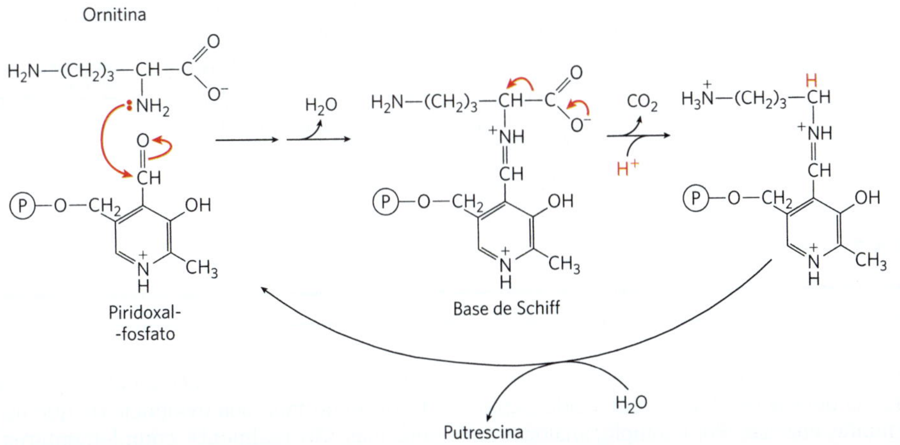

**FIGURA 1** *Trypanosoma brucei rhodesiense*, um dos vários tripanossomas que causam a doença do sono africana. [John Mansfield, University of Wisconsin-Madison, Department of Bacteriology.]

**FIGURA 2** Mecanismo da reação da ornitina-descarboxilase.

(*Continua na próxima página*)

## QUADRO 6-1 MEDICINA

### Curando a doença do sono com um cavalo de Troia bioquímico (*continuação*)

As primeiras etapas da reação normal catalisada pela ornitina-descarboxilase estão mostradas na Figura 2. Uma vez que o $CO_2$ é liberado, o movimento de elétrons é revertido, e há produção de putrescina (ver Fig. 22-32). Com base nesse mecanismo, foram planejados vários inativadores suicidas, um deles é a difluormetilornitina (DFMO). A DFMO é relativamente inerte em solução. Quando ela se liga à ornitina-descarboxilase, a enzima é rapidamente inativada (Fig. 3). O inibidor age proporcionando uma nova alternativa para receber os elétrons devido aos dois átomos de flúor estrategicamente posicionados, que são excelentes grupos de saída. Em vez de fazer os elétrons se moverem para o anel da estrutura do PLP, a reação leva à liberação de um átomo de flúor. O S– do resíduo de cisteína do sítio ativo forma, então, um complexo covalente com o aduto inibidor da PLP altamente reativo, uma reação essencialmente irreversível. Dessa maneira, o inibidor faz uso do próprio mecanismo de ação enzimática para matar a enzima.

A DFMO mostrou-se altamente eficaz no tratamento da doença do sono causada pelo *Trypanosoma brucei gambiense*. Esse tipo de abordagem é muito promissor para o tratamento de um grande número de doenças. O planejamento de fármacos com base no mecanismo e na estrutura das enzimas pode complementar o método mais tradicional de tentativa e erro para desenvolver novos produtos farmacêuticos.

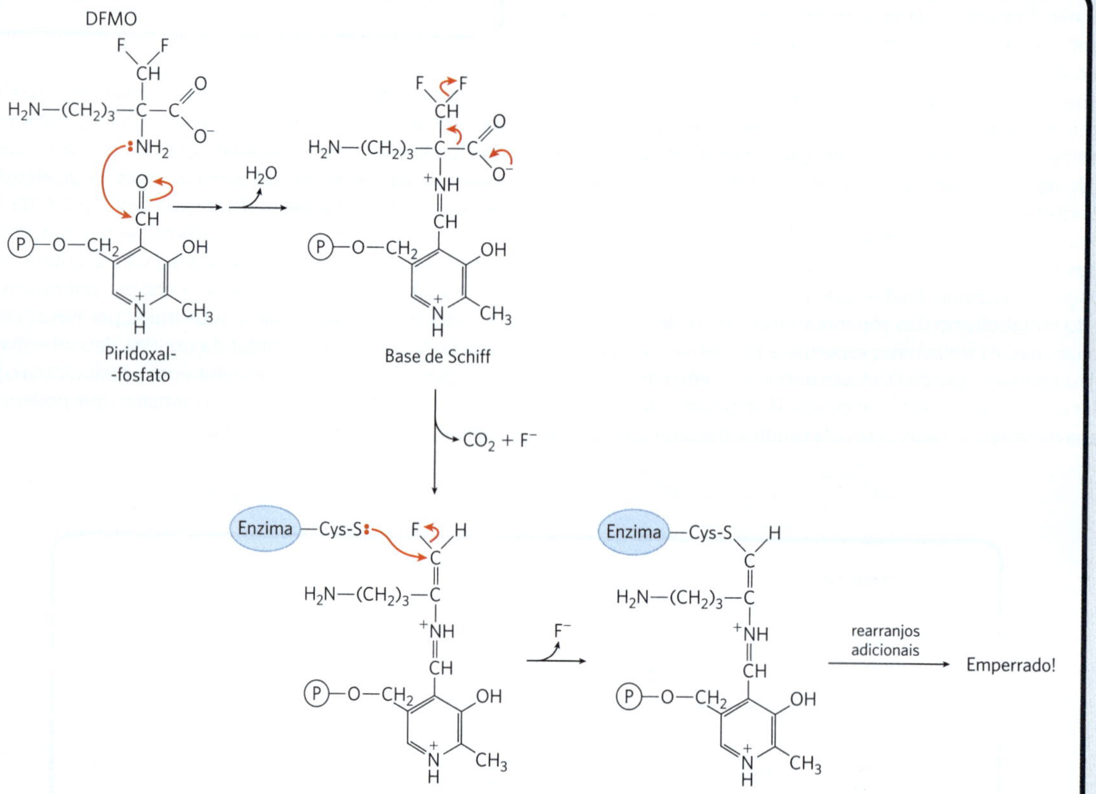

**FIGURA 3** Inibição da ornitina-descarboxilase por DFMO.

A ideia de análogos ao estado de transição foi proposta por Linus Pauling na década de 1940 e vem sendo explorada no caso de muitas enzimas. Por exemplo, análogos ao estado de transição planejados para inibir a aldolase, enzima da via glicolítica, ligam-se à enzima mais firmemente do que os substratos em um fator de mais de quatro ordens de magnitude (**Fig. 6-23**). Um análogo do estado de transição pode não mimetizar perfeitamente o estado de transição. Alguns análogos, entretanto, ligam-se à enzima-alvo $10^2$ a $10^8$ vezes mais fortemente que o substrato normal, fornecendo uma boa evidência de que os sítios ativos das enzimas são realmente complementares aos estados de transição. O conceito de análogos ao estado de transição é importante para planejar novos agentes terapêuticos. Na Seção 6.4, será visto que fármacos anti-HIV poderosos, denominados inibidores de proteases, foram, em parte, planejados como análogos do estado de transição que se ligam fortemente.

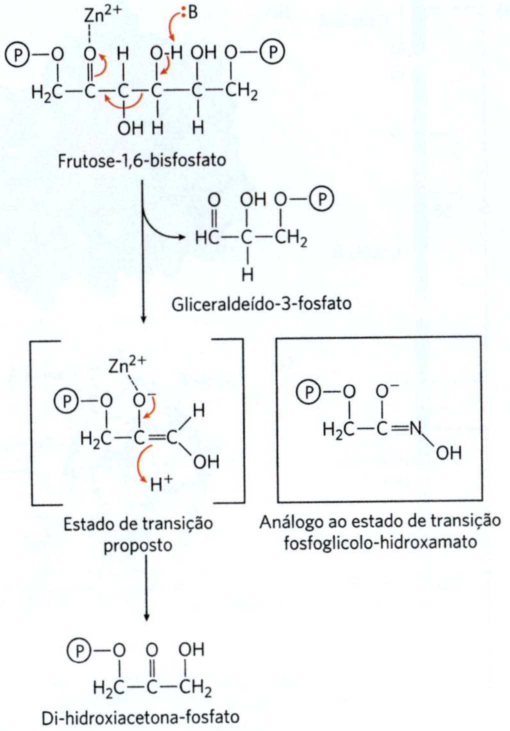

**FIGURA 6-23 Um análogo do estado de transição.** Na glicólise, uma aldolase da classe II (encontrada em bactérias e fungos) catalisa a clivagem da frutose-1,6-bisfosfato, formando gliceraldeído-3-fosfato e di-hidroxiacetona-fosfato. A reação ocorre via um mecanismo do tipo condensação aldólica reversível. O composto fosfoglicolo-hidroxamato, que é semelhante ao enediolato proposto para o estado de transição, liga-se à enzima cerca de 10 mil vezes melhor do que o produto (di-hidroxiacetona-fosfato).

---

**RESUMO 6.3** *A cinética enzimática como abordagem para compreender os mecanismos*

■ A maioria das enzimas tem algumas propriedades cinéticas em comum. Quando o substrato é adicionado a uma enzima, a reação rapidamente atinge um estado estacionário em que a velocidade pela qual o complexo ES se forma é compensada pela velocidade pela qual ES se desfaz. À medida que a [S] aumenta, a atividade do estado estacionário de uma concentração fixa de enzima aumenta de maneira hiperbólica até se aproximar de uma velocidade máxima característica, $V_{máx}$, na qual, essencialmente, toda a enzima está na forma de um complexo com o substrato.

■ A equação de Michaelis-Menten

$$V_0 = \frac{V_{máx}[S]}{K_m + [S]}$$

relaciona a velocidade inicial com [S] e $V_{máx}$ por meio da constante, $K_m$. A cinética de Michaelis-Menten é também denominada cinética do estado de equilíbrio. $K_m$ e $V_{máx}$ têm significados diferentes para enzimas distintas. Entretanto, $K_m$ é sempre igual à concentração do substrato na qual a velocidade da reação é metade da velocidade máxima.

■ Os valores de $V_{máx}$ e de $K_m$ podem ser determinados por meio do uso de transformações da equação de Michaelis-Menten que permitem construir um gráfico linear e extrapolar (p. ex., Lineweaver-Burk), ou (mais acuradamente) empregando regressão não linear.

■ A velocidade limitante de uma reação catalisada por uma enzima, quando saturada, é descrita pela constante $k_{cat}$, o número de renovação. A relação $k_{cat}/K_m$ fornece uma boa estimativa da eficiência catalítica.

■ A maior parte das enzimas catalisa reações que envolvem vários substratos, com a maioria tendo dois substratos e dois produtos. A equação de Michaelis-Menten também é aplicável a reações de bissubstrato, nas quais ocorrem etapas com um complexo ternário, ou pingue-pongue (deslocamento duplo).

■ Cada enzima tem um pH ótimo (ou um intervalo de pH ótimo) no qual a atividade é máxima. O perfil de atividade em função do pH fornece informações sobre o mecanismo da reação.

■ A cinética do estado pré-estacionário pode fornecer mais informações sobre os mecanismos das reações enzimáticas.

■ A inibição reversível de uma enzima pode ser competitiva, incompetitiva ou mista. Inibidores competitivos competem com o substrato para se ligarem reversivelmente ao sítio ativo, mas não são transformados pela enzima. Inibidores incompetitivos ligam-se apenas ao complexo ES, em um sítio diferente do sítio ativo. Inibidores mistos ligam-se tanto a E quanto a ES, novamente em um sítio distinto do sítio ativo. Na inibição irreversível, o inibidor liga-se permanentemente ao sítio ativo pela formação de uma ligação covalente ou por uma interação não covalente muito estável. Os perfis de inibição podem elucidar os mecanismos.

## 6.4 Exemplos de reações enzimáticas

Até agora, o foco da discussão foi concentrado nos princípios gerais da catálise e na introdução de alguns dos parâmetros cinéticos usados para descrever a ação das enzimas. Agora, a discussão será centrada em alguns exemplos de mecanismos específicos de reações enzimáticas.

Para entender o mecanismo completo de ação de uma enzima pura, deve-se identificar todos os substratos, cofatores, produtos e reguladores. Deve-se também conhecer (1) a sequência temporal das reações que levam às formas intermediárias, (2) a estrutura de cada intermediário e do estado de transição, (3) as velocidades da interconversão entre intermediários, (4) as relações estruturais da enzima com cada intermediário e (5) a contribuição energética dada por cada grupo que reage ou interage com as enzimas para os complexos intermediários e para os estados de transição. São poucas as enzimas para as quais o conhecimento que se tem atualmente preenche todos esses requisitos.

A seguir, serão mostrados os mecanismos de três enzima: quimotripsina, hexocinase e enolase. Esses exemplos não pretendem cobrir todas as classes possíveis da química enzimática. Eles foram escolhidos, em parte, porque estão entre as enzimas sobre as quais mais se conhece e, em parte, porque ilustram com clareza alguns dos princípios gerais expostos neste capítulo. O exemplo da quimotripsina servirá para revisar a convenção usada para descrever os mecanismos enzimáticos. Obviamente, muitos detalhes dos mecanismos e das evidências experimentais estão omitidos. Nenhum livro poderia documentar por completo a rica história dos experimentos realizados com essas enzimas. Além disso, a contribuição especial que as coenzimas dão para a atividade catalítica será abordada apenas brevemente. As funções químicas das coenzimas são variadas, e cada coenzima está descrita em detalhes na discussão do metabolismo na Parte II deste livro.

## O mecanismo de ação da quimotripsina envolve a acilação e a desacilação de um resíduo de serina

A quimotripsina pancreática bovina ($M_r$ 25.191) é uma **protease**, enzima que catalisa a hidrólise de ligações peptídicas. Essa protease é específica para ligações peptídicas adjacentes a resíduos de aminoácidos aromáticos (Trp, Phe, Tyr). A estrutura tridimensional da quimotripsina está mostrada na **Figura 6-24**, enfatizando os grupos funcionais do sítio ativo. A reação catalisada por essa enzima ilustra bem o princípio da estabilização do estado de transição e é um exemplo clássico de catálise ácido-base e de catálise covalente.

A quimotripsina aumenta a velocidade da hidrólise da ligação peptídica em um fator de no mínimo $10^9$ vezes. Ela não catalisa um ataque direto da água à ligação peptídica; em vez disso, há a formação de um intermediário acil-enzima covalente e transitório. Portanto, a reação tem duas fases distintas. Na fase de acilação, a ligação peptídica é rompida, e há a formação de uma ligação éster entre o átomo de carbono da carbonila da ligação peptídica e a enzima. Na fase de desacilação, a ligação éster é hidrolisada, e a enzima não acilada é regenerada.

A primeira evidência da existência de um intermediário acil-enzima covalente veio da aplicação clássica da cinética de estado pré-estacionário. Além de agir sobre peptídeos, a quimotripsina também catalisa a hidrólise de pequenos ésteres e amidas. Essas reações são muito mais lentas do que a hidrólise de peptídeos, porque há menos disponibilidade de energia com substratos pequenos (e o estado pré-estacionário também é proporcionalmente mais demorado), e isso simplifica a análise das reações. Investigações realizadas por B. S. Hartley e B. A. Kilby, em 1954, revelaram que a hidrólise do éster $p$-nitrofenilacetato pela tripsina, medida pela liberação de $p$-nitrofenol, ocorre com uma fase de pulso rápido inicial antes de nivelar a uma velocidade menor (**Fig. 6-25**). Extrapolando para o tempo zero, eles concluíram que a fase de pulso corresponde à liberação de exatamente uma molécula de $p$-nitrofenol por cada molécula de enzima presente (uma pequena porcentagem das moléculas de enzima está inativa). Lembre-se, Figura 6-18, de que a existência de um pulso implica que a etapa limitante da catálise ocorre depois da liberação do produto que está sendo monitorado. Hartley e Kilby interpretaram o pulso como refletindo uma liberação rápida de $p$-nitrofenol durante a rápida acilação de todas as moléculas de enzima. Eles sugeriram que o número de renovação da enzima estava restringido pela etapa subsequente, a desacilação. Trabalhos posteriores corroboraram essa hipótese. A observação da fase de pulso é outro exemplo do uso da cinética para separar uma reação em suas etapas constituintes.

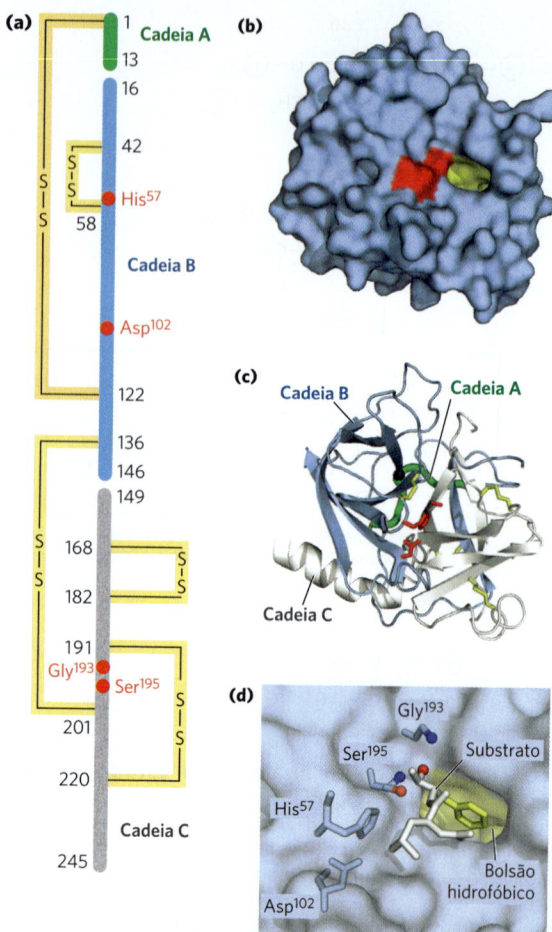

**FIGURA 6-24 Estrutura da quimotripsina.** (a) Representação da estrutura primária, mostrando as ligações dissulfeto e os resíduos de aminoácidos cruciais para a catálise. A proteína consiste em três cadeias polipeptídicas ligadas por ligações dissulfeto. (A numeração dos resíduos na quimotripsina, com a "ausência" dos resíduos 14, 15, 147 e 148, está explicada na Fig. 6-42.) Na estrutura tridimensional, os resíduos de aminoácidos do sítio ativo ficam agrupados. (b) Esquema da enzima enfatizando a sua superfície. O bolsão hidrofóbico ao qual as cadeias laterais dos aminoácidos aromáticos do substrato se ligam está mostrado em amarelo. Os resíduos-chave do sítio ativo, incluindo Ser[195], His[57] e Asp[102], estão em vermelho. Os papéis desses resíduos na catálise estão ilustrados na Figura 6-27. (c) O esqueleto polipeptídico da estrutura está representado na forma de fita. As ligações dissulfeto estão em amarelo; as três cadeias estão coloridas como em (a). (d) Visão ampliada do sítio ativo da enzima com o substrato (branco e amarelo) ligado. A hidroxila da Ser[195] ataca o grupo carbonila do substrato (os oxigênios estão em vermelho); e a carga negativa que se forma no oxigênio é estabilizada pelo bolsão do oxiânion (os nitrogênios das amidas da Ser[195] e da Gly[193] estão em azul), como está explicado na Figura 6-27. As cadeias laterais dos aminoácidos aromáticos do substrato (em amarelo) encaixam-se no bolsão hidrofóbico. O nitrogênio da amida da ligação peptídica a ser clivada (protuberante em direção ao observador e projetando o caminho do restante da cadeia do substrato polipeptídico) está em branco. [(b, c, d) Dados de PDB ID 7GCH, K. Brady et al., *Biochemistry* 29:7600, 1990.]

Os pesquisadores descobriram outras características do mecanismo da quimotripsina ao analisarem a dependência da reação ao pH. A relação entre a velocidade da reação catalisada pela quimotripsina e a variação do pH apresenta-se como um perfil em forma de sino (**Fig. 6-26**). As velocidades

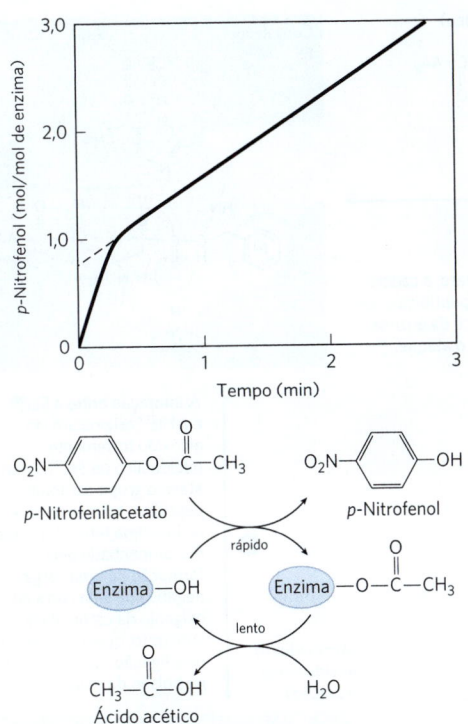

**FIGURA 6-25 Evidência de um intermediário acil-enzima fornecida pela cinética do estado pré-estacionário.** A hidrólise de *p*-nitrofenilacetato pela quimotripsina é medida pela liberação de *p*-nitrofenol (um produto colorido). Inicialmente, a reação libera *p*-nitrofenol de maneira muito rápida e próxima da estequiometria com a quantidade de enzima presente. Isso reflete a rápida fase de acilação da enzima. A velocidade subsequente é menor, pois a renovação da enzima é limitada pela baixa velocidade da fase de desacilação.

mostradas no gráfico da Figura 6-26a foram obtidas em baixas (subsaturantes) concentrações de substrato e, portanto, representam $k_{cat}/K_m$ (ver Equação 6-30, p. 193). Uma análise mais completa das velocidades em diferentes concentrações de substrato em cada pH permite que o pesquisador determine a contribuição individual dos termos $k_{cat}$ e $K_m$. Depois de obter o valor da velocidade máxima em cada pH, pode-se fazer um gráfico de apenas $k_{cat}$ *versus* pH (Fig. 6-26b). Depois de obter o valor de $K_m$ em cada pH, os pesquisadores podem fazer um gráfico $1/K_m$ *versus* pH (Fig. 6-26c). Análises cinéticas e estruturais revelaram que as mudanças na $k_{cat}$ refletem o estado de ionização da His$^{57}$. A diminuição na $k_{cat}$ que ocorre em pH baixo é resultado da protonação da His$^{57}$ (assim, ela não pode tirar um próton da Ser$^{195}$ na primeira etapa da reação). Essa redução na velocidade ilustra a importância da catálise geral ácido-base para o mecanismo da quimotripsina. As mudanças no termo $1/K_m$ refletem a ionização do grupo α-amino da Ile$^{16}$ (situado na extremidade aminoterminal de uma das três cadeias polipeptídicas da enzima). Esse grupo forma uma ponte salina com o Asp$^{194}$, o que estabiliza a conformação ativa da enzima. Quando esse grupo perde o próton em pH alto, a ponte salina é eliminada, e uma mudança conformacional fecha o bolsão hidrofóbico onde a cadeia lateral do aminoácido aromático do substrato se encaixa (Fig. 6-24). Os substratos já não podem mais se ligar de modo apropriado, o que é medido cineticamente pelo aumento na $K_m$.

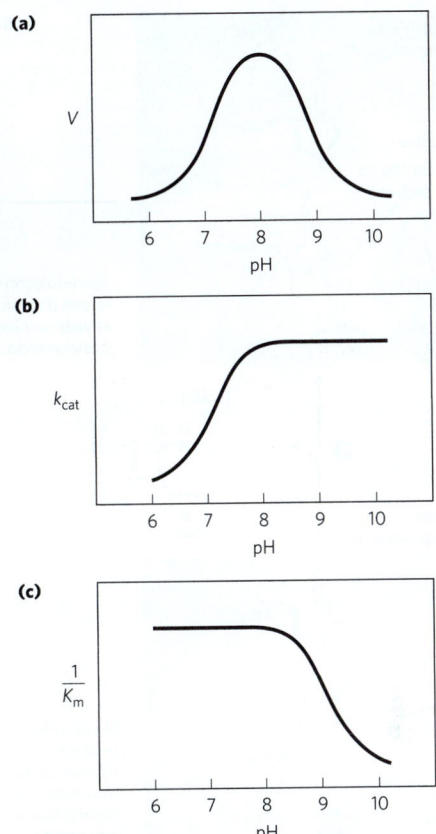

**FIGURA 6-26 Dependência de pH da reação catalisada pela quimotripsina.** (a) A variação da velocidade da clivagem catalisada pela quimotripsina em função do pH produz uma curva de velocidade com um perfil na forma de sino e com um pH ótimo em 8,0. A velocidade (*V*) colocada no gráfico corresponde a uma baixa concentração de substrato e, portanto, reflete o termo $k_{cat}/K_m$. O gráfico pode ser desmembrado nos seus componentes por meio do uso de métodos cinéticos para definir os termos $k_{cat}$ e $K_m$ separadamente em cada pH. Quando isso é feito (b, c), fica claro que a transição logo acima de pH 7,0 deve-se a mudanças no $k_{cat}$, ao passo que a transição acima de pH 8,5 deve-se a mudanças em $1/K_m$. Estudos cinéticos e estruturais mostram que as transições ilustradas em (b) e (c) refletem os estados de ionização da cadeia lateral da His$^{57}$ (quando o substrato não está ligado) e do grupo α-amino da Ile$^{16}$ (o grupo aminoterminal da cadeia B), respectivamente. Para uma atividade ótima, a His$^{57}$ deve estar desprotonada, e a Ile$^{16}$, protonada.

A reação da quimotripsina está mostrada na **Figura 6-27**. O nucleófilo na fase de acetilação é o oxigênio da Ser$^{195}$. (Proteases com um resíduo de serina desempenhando esse papel no mecanismo de reação são denominadas **serina-proteases**.) O p$K_a$ do grupo hidroxila da Ser geralmente é alto demais para que a forma não protonada esteja presente em concentrações significativas em pH fisiológico. Entretanto, na quimotripsina, a Ser$^{195}$ está associada à His$^{57}$ e ao Asp$^{102}$ por meio de uma rede de ligações de hidrogênio, conhecida como **tríade catalítica**. Quando um substrato peptídico se liga à quimotripsina, uma mudança sutil na conformação compacta a ligação de hidrogênio entre His$^{57}$ e Asp$^{102}$, o que resulta em uma interação mais forte, denominada ligação de hidrogênio de baixa barreira. Essa interação mais forte aumenta o p$K_a$ da His$^{57}$ de cerca de 7 (no caso da

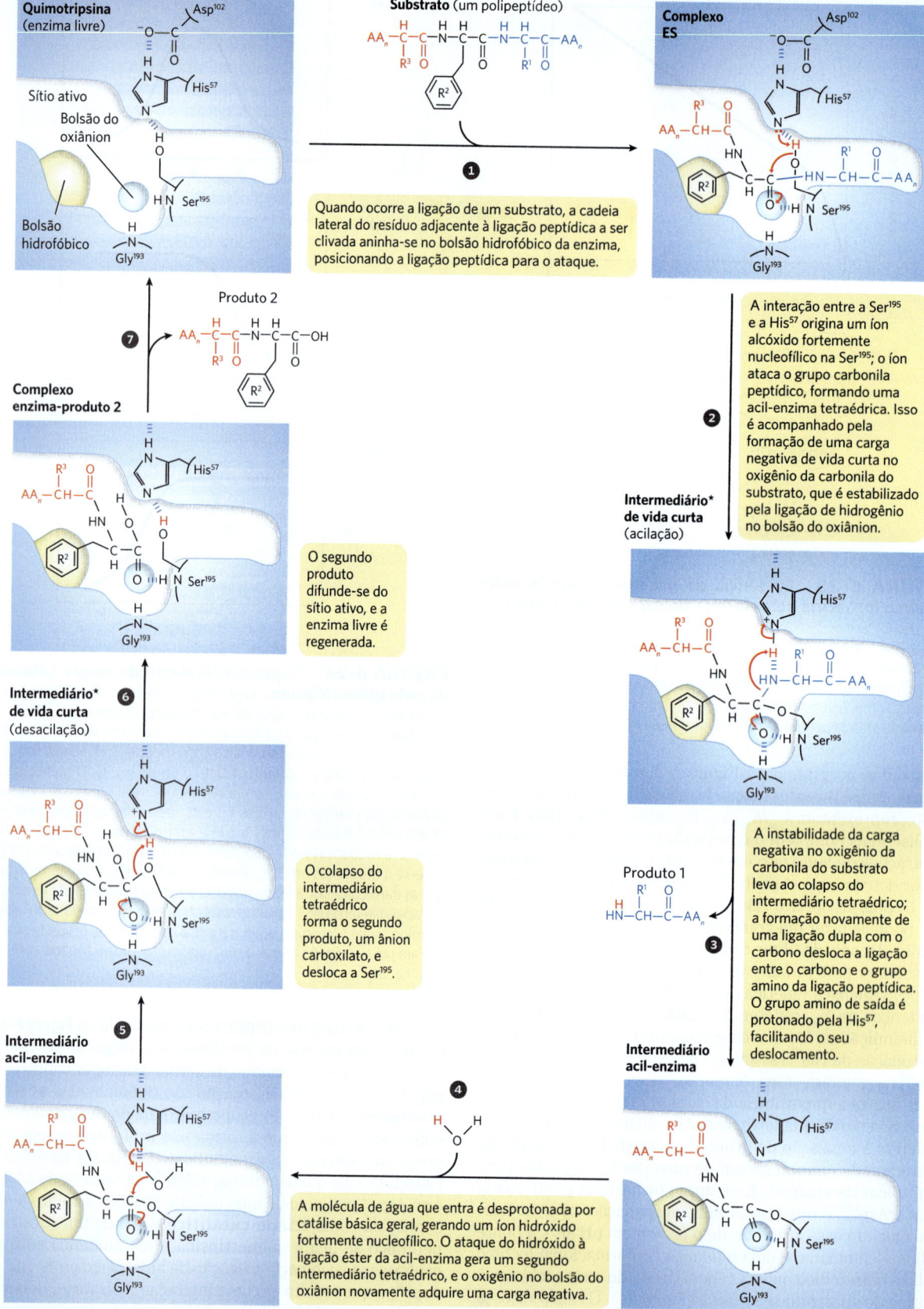

## 6.4 EXEMPLOS DE REAÇÕES ENZIMÁTICAS

**MECANISMO – FIGURA 6-27   Hidrólise de uma ligação peptídica pela quimotripsina.** A reação tem duas fases. Na fase de acilação (etapas ❶ a ❹), a formação de um intermediário covalente acil-enzima é acoplada à clivagem da ligação peptídica. Na fase de desacilação (etapas ❺ a ❼), a desacilação regenera a enzima livre. Isso é essencialmente o inverso da fase de acilação, com a água espelhando o papel do componente amina do substrato.

\*O intermediário tetraédrico de vida curta após a etapa ❷ e o segundo intermediário tetraédrico que se forma mais tarde após a etapa ❺ algumas vezes são chamados de estados de transição, mas essa terminologia pode causar confusão. Um *intermediário* é qualquer espécime químico com tempo de vida finito, sendo que "finito" é definido como qualquer tempo maior do que o necessário para a vibração molecular (cerca de $10^{-13}$ segundos). *Estado de transição* é simplesmente os espécimes com o máximo de energia formados na coordenada da reação, e ele não tem um tempo de vida finito. Os intermediários tetraédricos formados na reação catalisada pela quimotripsina são muito semelhantes tanto energética como estruturalmente, e os estados de transição fazem eles serem formados e rompidos. Entretanto, o intermediário representa uma etapa comprometida com a formação da ligação, enquanto que o estado de transição é parte do processo da reação. No caso da quimotripsina, devido à estreita semelhança entre o intermediário e o verdadeiro estado de transição, essa distinção é mascarada. Além disso, nesse caso, a interação do oxigênio com carga negativa com os nitrogênios da amida do bolsão do oxiânion, geralmente tomada como estabilização do estado de transição, também serve para estabilizar o intermediário. Observe que nem todos os intermediários têm uma vida tão curta a ponto de se parecerem com os estados de transição. O intermediário quimotripsina acil-enzima é muito mais estável e pode ser detectado e estudado com mais facilidade, mas nunca deve ser confundido com o estado de transição.

| Nucleófilos | Eletrófilos |
|---|---|
| —O⁻ Oxigênio carregado negativamente (como no grupo hidroxila desprotonado ou em um ácido carboxílico ionizado) | —C(=O)—R Átomo de carbono de um grupo carbonila (o oxigênio mais eletronegativo do grupo carbonila puxa os elétrons para longe do carbono) |
| —S⁻ Sulfidrila carregada negativamente | C=N⁺H —R O grupo imina protonado (ativado por um ataque nucleofílico ao carbono pela protonação de uma imina) |
| —C⁻ Carbânion | |
| —N⁻ Grupo amino não carregado | O=P(O)(O)—R Fósforo de um grupo fosfato |
| Imidazol HN⌐N: | |
| Íon hidróxido H—O⁻ | Próton H⁺ |

### Lembrando: como ler os mecanismos de reação

Os mecanismos das reações químicas, que determinam a formação e a quebra de ligações covalentes, são mostrados por meio de ponto e flechas curvas, convenção conhecida informalmente como "deslocamento de elétrons". Elétrons que não participam de ligações e que são importantes para o mecanismo de reação são representados por pontos (⁻ÖH). Flechas curvas (⌒) representam o movimento de um par de elétrons. Para representar o movimento de um único elétron, usa-se uma flecha com uma única cabeça (tipo anzol) (⇀). A maioria das etapas das reações envolve um par de elétrons não compartilhado (como no mecanismo da quimotripsina).

Alguns átomos são mais eletronegativos do que outros, isto é, eles atraem elétrons com mais intensidade. As eletronegatividades dos átomos encontrados neste livro são F > O > N > C ≈ S > P ≈ H. Por exemplo, os dois pares de elétrons que formam a ligação C═O (carbonila) não são compartilhados equitativamente. O carbono é relativamente deficiente em elétrons, e o oxigênio atrai os elétrons. Muitas reações envolvem a reação entre um átomo rico em elétrons (um átomo nucleofílico) e um átomo deficiente em elétrons (um átomo eletrofílico). Alguns dos nucleófilos e eletrófilos mais comuns em bioquímica estão mostrados à direita.

Em geral, um mecanismo de reação inicia em um par de elétrons não pareados de um nucleófilo. Nos diagramas de mecanismos, a flecha inicia próximo dos pontos que representam um par de elétrons, e a ponta da flecha mostra o centro eletrofílico que é atacado. Enquanto o par de elétrons não compartilhado confere uma carga negativa formal no nucleófilo, o símbolo de carga negativa pode representar o par de elétrons não pareados e é a base da flecha. No mecanismo da quimotripsina, o par de elétrons nucleofílicos no complexo ES entre as etapas ❶ e ❷ é fornecido pelo oxigênio do grupo hidroxila da Ser[195]. O início da flecha é esse par de elétrons (2 dos 8 elétrons da valência do oxigênio hidroxílico). O centro eletrofílico sob ataque é o carbono carbonílico da ligação peptídica a ser clivada. Os átomos de C, O e N têm uma valência máxima de 8 elétrons, e o H tem um máximo de 2. Ocasionalmente, esses elétrons são encontrados em estados instáveis com menos do que o máximo possível de elétrons, mas C, O e N nunca podem ter mais do que 8. Desse modo, quando o par de elétrons da Ser[195] da quimotripsina ataca o carbono carbonílico do substrato, um par de elétrons é deslocado da camada de valência do carbono (não é possível haver um carbono com cinco ligações!). Esses elétrons se movem na direção do oxigênio da carbonila, que é mais eletronegativo. O oxigênio tem 8 elétrons de valência tanto antes como depois desse processo químico, mas o número de elétrons compartilhado com o carbono é reduzido de 4 para 2, e o oxigênio da carbonila adquire uma carga negativa. Na etapa ❸, o par de elétrons que confere a carga negativa do oxigênio retorna para formar novamente uma ligação com o carbono e restabelece a ligação carbonílica. Novamente, um par de elétrons deve ser deslocado do carbono; e desta vez, é o par de elétrons compartilhado como o grupo amino da ligação peptídica. Isso quebra a ligação peptídica. As etapas restantes seguem um padrão semelhante.

histidina livre) para > 12, possibilitando que o resíduo de His atue como uma base geral mais forte que, então, pode remover o próton do grupo hidroxila da Ser$^{195}$. A desprotonação evita o aparecimento de uma carga positiva muito instável na hidroxila da Ser$^{195}$ e torna a cadeia lateral da Ser um nucleófilo forte. Nos estágios finais da reação, a His$^{57}$ também age como um doador de próton, protonando o grupo amino que é liberado (o grupo de saída) do substrato.

À medida que o oxigênio da Ser$^{195}$ ataca o grupo carbonila do substrato (Fig. 6-27, etapa ❷), há a formação de um intermediário tetraédrico de vida muito curta, no qual o oxigênio da carbonila adquire uma carga negativa. Essa carga, formada no interior de um bolsão da enzima, denominado bolsão do oxiânion, é estabilizada pelas ligações de hidrogênio formadas pelos grupos amida de duas ligações peptídicas do esqueleto de carbono da quimotripsina. Uma dessas ligações de hidrogênio (formada pela Gly$^{193}$) está presente apenas nesse intermediário e no estado de transição que leva à sua formação e quebra; ela reduz a energia necessária para atingir esses estados. ▶P4 Esse é um exemplo do uso da energia de ligação na catálise por meio da complementariedade a um estado de transição. O intermediário colapsa na etapa ❸, quebrando a ligação peptídica. O grupo amino do primeiro produto é protonado pela His$^{57}$, agora agindo como um catalisador ácido geral. A água é o segundo substrato, entrando no sítio ativo na etapa ❹. À medida que a água ataca o carbono da ligação éster na etapa ❺ e o intermediário resultante colapsa, quebrando a ligação éster e gerando o segundo produto na etapa ❻, novamente há participação da His$^{57}$, primeiramente agindo como uma base geral que desprotona a água e, então, como um ácido geral que protona o oxigênio da Ser à medida que ele sai. A dissociação do segundo produto (etapa ❼) completa o ciclo da reação.

### O conhecimento dos mecanismos das proteases levou a novos tratamentos para a infecção por HIV

Novos agentes farmacêuticos são quase sempre desenvolvidos para inibir alguma enzima. O grande sucesso de terapias desenvolvidas para tratar infecções por HIV é uma evidência disso. O vírus da imunodeficiência humana (HIV) é o agente que causa a síndrome da imunodeficiência adquirida (Aids). Estima-se que, em 2018, o número de pessoas infectadas com HIV no mundo todo era de cerca de 38 milhões, com cerca de 1,7 milhão de novos casos naquele ano e aproximadamente 770 mil de mortes. A Aids apareceu como uma epidemia mundial na década de 1980, e o HIV foi descoberto logo em seguida e identificado como um **retrovírus**. Os retrovírus têm (1) um genoma de RNA e (2) uma enzima, a transcriptase reversa, que utiliza diretamente RNA para fazer a síntese de um DNA complementar. Os esforços para entender o HIV e desenvolver terapias para a infecção por esse vírus se beneficiaram de décadas de pesquisa básica, tanto dos mecanismos de enzimas quanto das propriedades de outros retrovírus.

Um retrovírus como o HIV tem um ciclo de vida relativamente simples (ver Fig. 26-29). O seu genoma de RNA é convertido em dupla-fita de DNA em várias etapas catalisadas pela transcriptase reversa (descrita no Capítulo 26). A dupla-fita de DNA é inserida em um dos cromossomos do núcleo da célula hospedeira por uma enzima, a integrase (descrita no Capítulo 25). A cópia do genoma viral integrada ao cromossomo pode ficar indefinidamente silenciosa. De modo alternativo, ela pode ser transcrita novamente em RNA, que pode, então, ser traduzido em proteínas para formar novas partículas virais. A maior parte dos genes de vírus é traduzida em grandes poliproteínas, que são quebradas pela protease do vírus nas várias proteínas individuais necessárias para formar o vírus (ver Fig. 26-30). São apenas três as enzimas-chave que operam esse ciclo, a transcriptase reversa, a integrase e a protease. Portanto, essas enzimas viram os alvos dos fármacos mais promissores.

Existem quatro subclasses principais de proteases. As serina-proteases (como a quimotripsina e a tripsina) e as cisteína-proteases (que têm no sítio ativo um resíduo de Cys que tem um papel catalítico semelhante ao da Ser) formam complexos enzima-substrato covalentes, ao passo que as aspartato-proteases e as metaloproteases não formam esses complexos. A protease do HIV é uma aspartato-protease. Dois resíduos de Asp do sítio ativo facilitam o ataque direto de uma molécula de água ao grupo carbonila da ligação peptídica a ser clivada (**Fig. 6-28**). O produto inicial desse ataque é um intermediário

**MECANISMO – FIGURA 6-28** **Mecanismo de ação da protease do HIV.** Dois resíduos de Asp do sítio ativo (de diferentes subunidades) agem como catalisadores gerais ácido-base, facilitando o ataque da água sobre a ligação peptídica. O intermediário tetraédrico instável formado no curso da reação está sombreado em vermelho.

tetraédrico parecido com aquele da reação da quimotripsina. **P4** Esse intermediário se assemelha em estrutura e energia ao estado de transição da reação. Os fármacos que foram desenvolvidos inibidores da protease do HIV formam complexos não covalentes com a enzima, mas se ligam à enzima tão fortemente que podem ser considerados como inibidores irreversíveis. Essa ligação tão forte deriva, em parte, da estrutura que foi planejada para ser análoga ao estado de transição. O sucesso desses fármacos levanta um ponto que deve ser enfatizado: os princípios da catálise estudados neste capítulo não são simplesmente ideias vagas que devem ser decoradas; a aplicação desses princípios salva vidas.

A protease do HIV é mais eficiente para clivar ligações peptídicas entre resíduos de Phe e Pro. O sítio ativo tem um bolsão que liga um grupo aromático próximo à ligação que será clivada. Alguns dos inibidores da protease do HIV estão mostrados na **Figura 6-29**. Embora pareça que há uma grande variação entre as estruturas, todas elas têm uma estrutura central comum; uma cadeia com um grupo hidroxila posicionado próximo a uma ramificação contendo um grupo benzila. Essa organização direciona o grupo benzila ao bolsão de ligação aromático (hidrofóbico). O grupo hidroxila adjacente mimetiza o oxigênio negativamente carregado do intermediário tetraédrico da reação normal, fornecendo um análogo ao estado de transição que facilita ligações muito fortes. O restante da estrutura de cada inibidor foi planejado para se ligar a várias cavidades ao longo da enzima, reforçando a ligação total. A disponibilidade desses fármacos eficazes aumentou enormemente a expectativa de vida e a qualidade de vida de milhões de pessoas com HIV e Aids. Em 2018, cerca de 23,3 milhões dos aproximadamente 38 milhões de pessoas infectadas com HIV estavam recebendo terapia antirretroviral. ∎

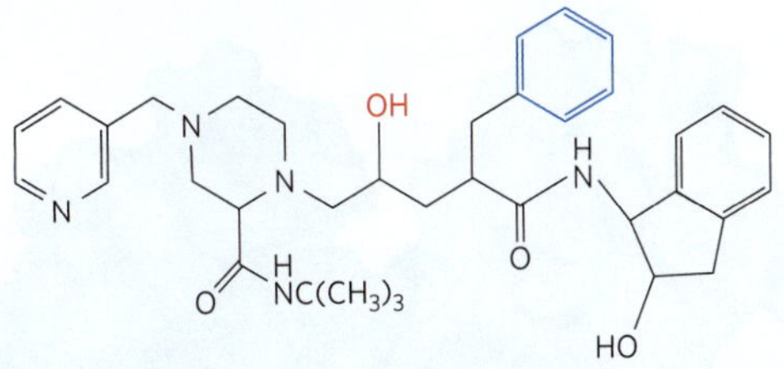

### A hexocinase sofre um encaixe induzido quando o substrato se liga

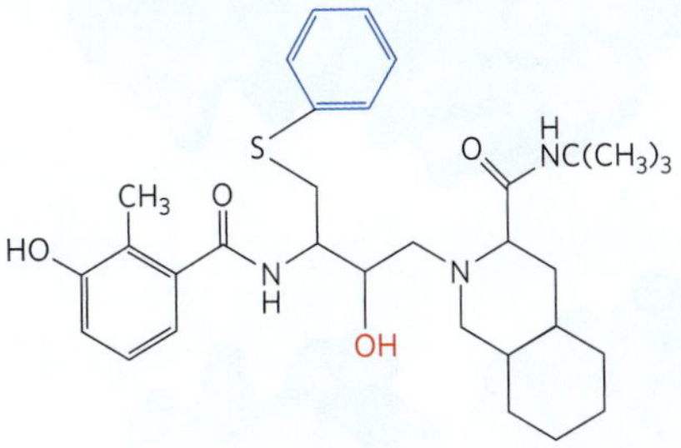

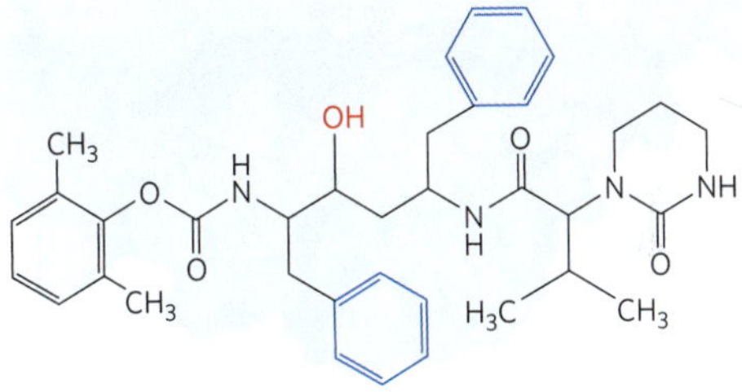

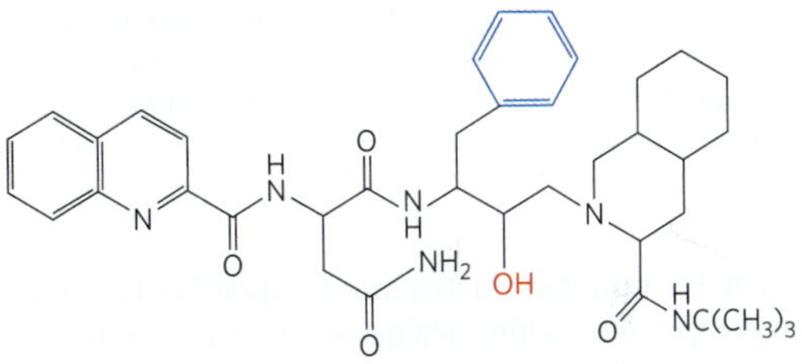

A hexocinase de levedura ($M_r$ 107.862) é uma enzima bissubstrato que catalisa esta reação reversível:

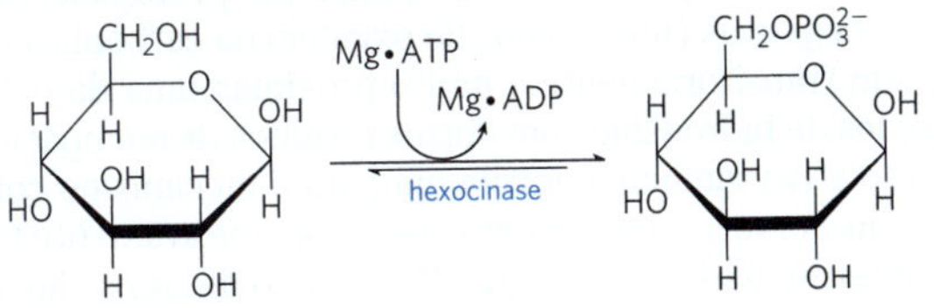

β-D-Glicose + Mg·ATP ⇌ (hexocinase) Glicose-6-fosfato + Mg·ADP

ATP e ADP sempre se ligam às enzimas em complexo com o íon metálico $Mg^{2+}$.

Na reação da hexocinase, o grupo γ-fosforila do ATP é transferido para a hidroxila do C-6 da glicose. Essa hidroxila tem uma reatividade semelhante à da água, e a água pode entrar livremente no sítio ativo da enzima. Ainda assim, a hexocinase favorece a reação com a glicose por um fator de $10^6$. A enzima consegue diferenciar as moléculas de glicose das moléculas de água devido a uma mudança conformacional na enzima que ocorre quando o substrato correto se liga ao sítio ativo (**Fig. 6-30**). Portanto, a hexocinase é um bom exemplo de encaixe induzido. Na ausência de glicose, a

**FIGURA 6-29 Inibidores da protease do HIV.** O grupo hidroxila (em vermelho) age como análogo do estado de transição, mimetizando o intermediário tetraédrico. O grupo benzila adjacente (em azul) ajuda a posicionar o fármaco apropriadamente no sítio ativo.

enzima fica na conformação inativa, com as cadeias laterais dos aminoácidos do sítio ativo fora de posição para a reação. Quando glicose (mas não água) e Mg·ATP se ligam, a energia de ligação decorrente dessa interação induz mudanças na conformação da hexocinase para a forma cataliticamente ativa.

Esse modelo foi corroborado por estudos cinéticos. A xilose, um açúcar de cinco carbonos estereoquimicamente similar à glicose, mas com um carbono a menos, liga-se à hexocinase, porém em uma posição que não permite que seja fosforilada. Apesar disso, a adição de xilose à mistura de reação aumenta a velocidade da hidrólise de ATP. Evidentemente, a ligação da xilose é suficiente para induzir uma mudança na hexocinase para a conformação ativa, e a enzima é "enganada" para que fosforile água. A reação da

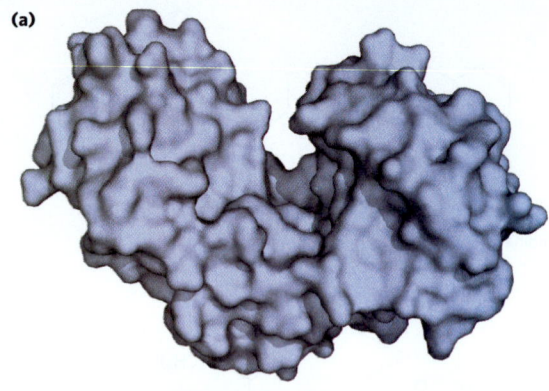

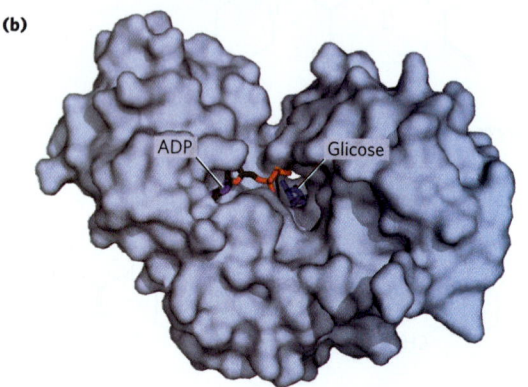

**FIGURA 6-30 Encaixe induzido na hexocinase.** (a) A hexocinase tem uma estrutura em forma de U. (b) As extremidades movem-se uma em direção à outra em uma mudança de conformação induzida pela ligação com D-glicose. [Dados de (a) PDB ID 2YHX, C. M. Anderson et al., *J. Mol. Biol.* 123:15, 1978. (b) PDB ID 2E2O, modelado com ADP ligado, obtido a partir de PDB ID 2E2Q, H. Nishimasu et al., *J. Biol. Chem.* 282:9923, 2007.]

hexocinase também ilustra que a especificidade da enzima nem sempre é uma simples questão de ligar um composto e não outro. No caso da hexocinase, a especificidade que se observa não é na formação do complexo ES, mas nas velocidades relativas das etapas seguintes da catálise. As velocidades da reação aumentam enormemente na presença do substrato, glicose, que é capaz de aceitar um grupo fosforila.

Xilose          Glicose

**P4** O encaixe induzido é apenas um aspecto do mecanismo da hexocinase. Assim como a quimotripsina, a hexocinase utiliza várias estratégias catalíticas. Por exemplo, os resíduos de aminoácidos do sítio ativo (aqueles colocados na posição correta pela mudança conformacional decorrente da ligação com o substrato) participam da catálise geral ácido-base e da estabilização do estado de transição.

## O mecanismo de reação da enolase requer a presença de íons metálicos

Outra enzima glicolítica, a enolase, catalisa a desidratação reversível de 2-fosfoglicerato a fosfoenolpiruvato:

2-Fosfoglicerato ⇌ (enolase) Fosfoenolpiruvato + $H_2O$

Essa reação serve como exemplo do uso de um cofator enzimático, nesse caso, um íon metálico (outro exemplo da função das coenzimas foi dado no Quadro 6-1). A enolase de levedura ($M_r$ 93.316) é um dímero com 436 resíduos de aminoácidos em cada subunidade. A reação da enolase ilustra um tipo de catálise por íon metálico e serve como exemplo de catálise geral ácido-base e de estabilização do estado de transição. A reação ocorre em duas etapas (**Fig. 6-31a**). Primeiro, a $Lys^{345}$ age como catalisador geral básico, tirando um próton do C-2 do 2-fosfoglicerato. Então, o $Glu^{211}$ age como um catalisador geral ácido, doando um próton para o grupo de saída, —OH. O próton do C-2 do 2-fosfoglicerato não é ácido e, portanto, não pode ser removido facilmente pela $Lys^{345}$. Contudo, os átomos de oxigênio (eletronegativos) do grupo carbonila adjacente puxam elétrons do C-2, fazendo os prótons ligados serem um pouco mais lábeis. No sítio ativo, o grupo carboxílico do 2-fosfoglicerato sofre uma forte interação iônica com os dois íons $Mg^{2+}$ ligados (Fig. 6-31b), aumentando significativamente a retirada de elétrons pela carboxila. O conjunto desses efeitos faz os prótons do C-2 ficarem suficientemente ácidos (diminuindo o $pK_a$), de modo que um próton pode ser abstraído para iniciar a reação. À medida que o intermediário enolato instável se forma, os íons metálicos agem como um escudo que protege as duas cargas negativas (nos átomos de oxigênio da carbonila) que existem transitoriamente e muito próximas uma da outra. Ligações de hidrogênio com outros resíduos de aminoácidos do sítio ativo também contribuem para o mecanismo como um todo. As várias interações estabilizam efetivamente tanto o intermediário enolato quanto o estado de transição que antecede a sua formação.

## O conhecimento dos mecanismos enzimáticos leva à criação de antibióticos úteis

A penicilina foi descoberta em 1928 por Alexander Fleming, mas foram necessários mais 15 anos para que esse composto relativamente instável fosse conhecido o suficiente para ser utilizado como agente terapêutico no tratamento de infecções bacterianas. A penicilina interfere na síntese do peptideoglicano, que é o principal

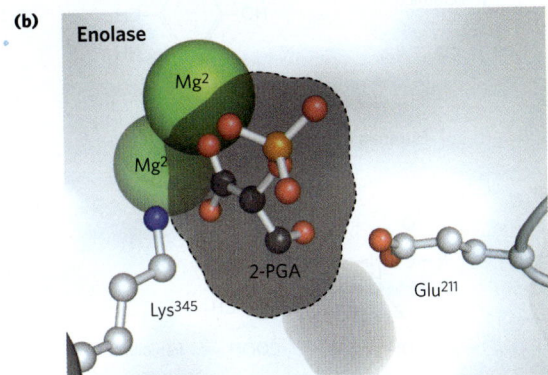

**MECANISMO – FIGURA 6-31  Reação de duas etapas catalisada pela enolase.** (a) Mecanismo pelo qual a enolase converte 2-fosfoglicerato (2-PGA) em fosfoenolpiruvato. O grupo carboxila do 2-PGA é coordenado no sítio ativo por dois íons $Mg^{2+}$. (b) Posição do substrato, 2-PGA, em relação a $Mg^{2+}$, $Lys^{345}$ e $Glu^{211}$ no centro ativo da enolase (destacado em cinza). O nitrogênio está mostrado em azul, o fósforo, em cor de laranja, e os átomos de hidrogênio não são mostrados.

[(b) Dados de PDB ID 1ONE, T. M. Larsen et al., *Biochemistry* 35:4349, 1996.]

componente da parede celular rígida que protege as bactérias contra a lise osmótica. O peptideoglicano é formado por polissacarídeos e peptídeos ligados por ligações cruzadas formadas em várias etapas, incluindo uma reação de transpeptidase (**Fig. 6-32**). Essa é a reação inibida pela penicilina e por compostos relacionados (**Fig. 6-33a**), todos eles inibidores irreversíveis da transpeptidase. Esses inibidores se ligam ao sítio ativo da transpeptidase por um segmento que mimetiza uma conformação do segmento D-Ala–D-Ala do peptideoglicano precursor. A ligação peptídica do precursor é substituída pelo anel β-lactâmico altamente reativo da molécula do antibiótico. Quando a penicilina se liga à transpeptidase, a Ser do sítio ativo ataca a carbonila do anel β-lactâmico e gera um aduto covalente entre a penicilina e a enzima. Entretanto, o grupo de saída permanece ligado, uma vez que ele continua ligado ao remanescente do anel β-lactâmico (Fig. 6-33b). O complexo covalente inibe irreversivelmente a enzima. Isso, por sua vez, bloqueia a síntese da parede bacteriana, e muitas bactérias morrem, pois a membrana interna é frágil e rompe-se devido à pressão osmótica.

O uso da penicilina e de seus derivados levou à evolução de linhagens de bactérias patogênicas que expressam **β-lactamases** (**Fig. 6-34a**), enzimas que clivam os antibióticos β-lactâmicos, inativando-os. Desse modo, as bactérias ficam resistentes a esses antibióticos. Os genes dessas enzimas se disseminaram rapidamente entre as populações de bactérias submetidas à pressão seletiva imposta pelo uso (muitas vezes, excessivo) dos antibióticos β-lactâmicos. A medicina respondeu com o desenvolvimento de compostos como o ácido clavulânico, um inativador suicida, que inativa irreversivelmente essas β-lactamases (Fig. 6-34b). O ácido clavulânico mimetiza a estrutura dos antibióticos β-lactâmicos, formando um aduto covalente com a Ser do sítio ativo da β-lactamase. Isso leva ao rearranjo, que cria um derivado muito mais reativo, que, depois, é atacado por outro nucleófilo no sítio ativo, de modo a acilar e inativar a enzima irreversivelmente. A amoxicilina e o ácido clavulânico são combinados em uma formulação farmacêutica amplamente usada e comercializada sob o nome de Clavulin. O ciclo da guerra química entre humanidade e bactérias continua sem tréguas. Foram descobertas algumas cepas de bactérias que causam doenças e são resistentes tanto à amoxicilina quanto ao ácido clavulânico. Algumas mutações na β-lactamase dessas cepas fazem com que elas já não respondam mais ao ácido clavulânico. Prevê-se que o desenvolvimento de novos antibióticos venha a ser uma indústria que cresça no futuro próximo. ■

### RESUMO 6.4  *Exemplos de reações enzimáticas*

■ A quimotripsina é uma serina-protease com mecanismo bem conhecido, caracterizado por catálise geral ácido-base, catálise covalente e estabilização do estado de transição.

■ A hexocinase é um exemplo excelente de encaixe induzido como meio de usar a energia de ligação com o substrato.

■ A reação da enolase ocorre via catálise por íon metálico.

■ O conhecimento do mecanismo de ação das enzimas permite desenvolver medicamentos que inibem a atividade de enzimas.

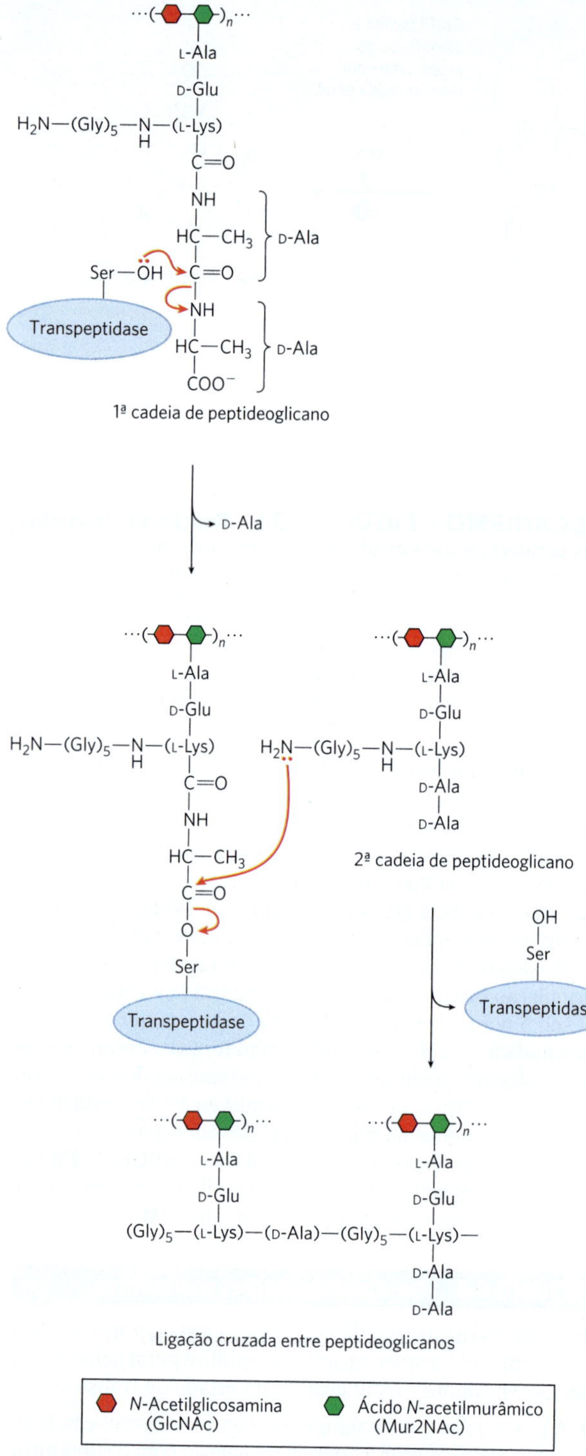

**FIGURA 6-32 Reação da transpeptidase.** Essa reação, que liga dois peptideoglicanos precursores, formando um polímero maior, é facilitada pela Ser do sítio ativo por meio de um mecanismo catalítico covalente similar ao da quimotripsina. É importante ressaltar que esse peptideoglicano é um dos poucos casos na natureza em que aparecem resíduos de D-aminoácidos. A Ser do sítio ativo ataca a carbonila da ligação peptídica entre dois resíduos de D-Ala, criando uma ligação éster (ligação covalente) entre o substrato e a enzima e liberando o resíduo terminal D-Ala. Um grupo amino do segundo precursor peptideoglicano, então, ataca a ligação éster, deslocando a enzima e deixando os dois precursores ligados entre si por ligações cruzadas.

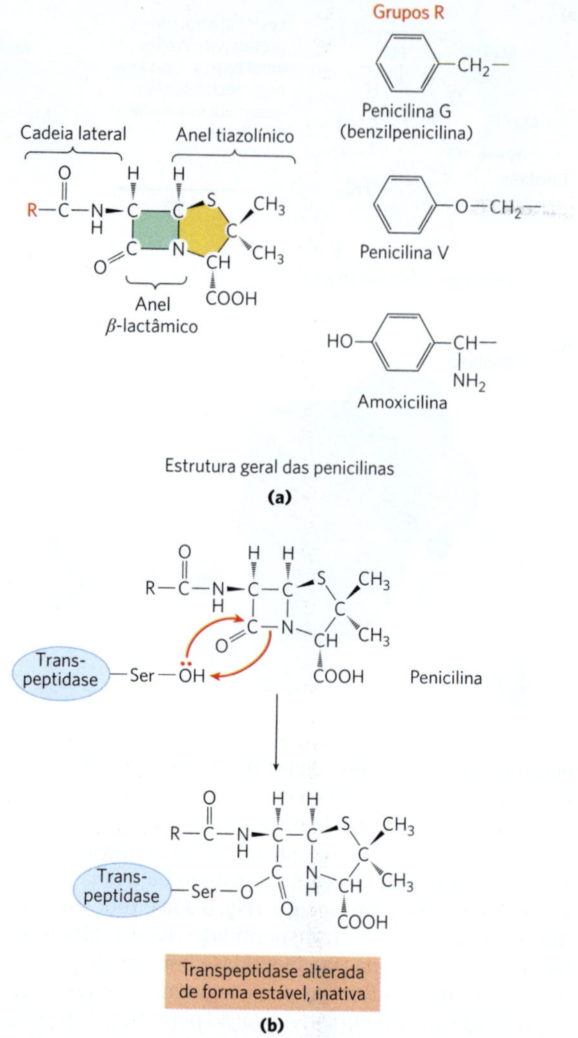

**FIGURA 6-33 Inibição da transpeptidase por antibióticos β-lactâmicos.** (a) Antibióticos β-lactâmicos têm um anel tiazolidina de cinco átomos fundido com um anel β-lactâmico. Este último é tensionado e inclui uma porção amida que tem um papel crucial na inativação da síntese do peptideoglicano. O grupo R é diferente de um tipo de penicilina para outro. A penicilina G foi a primeira a ser isolada e, ainda hoje, é uma das mais eficazes. Todavia, devido à sua degradação no ambiente ácido do estômago, ela deve ser administrada por via injetável. Quase tão eficaz quanto a penicilina G, a penicilina V é estável em meio ácido e, por isso, pode ser administrada por via oral. A amoxicilina tem ampla faixa de ação, apresenta absorção rápida quando administrada por via oral e, portanto, é o antibiótico β-lactâmico mais amplamente prescrito. (b) O ataque da porção amida do anel β-lactâmico pela Ser do sítio ativo da transpeptidase leva à formação de uma acil-enzima covalente como produto. A acil-enzima é hidrolisada tão lentamente que a formação do aduto é quase irreversível, e, consequentemente, a transpeptidase é inativada.

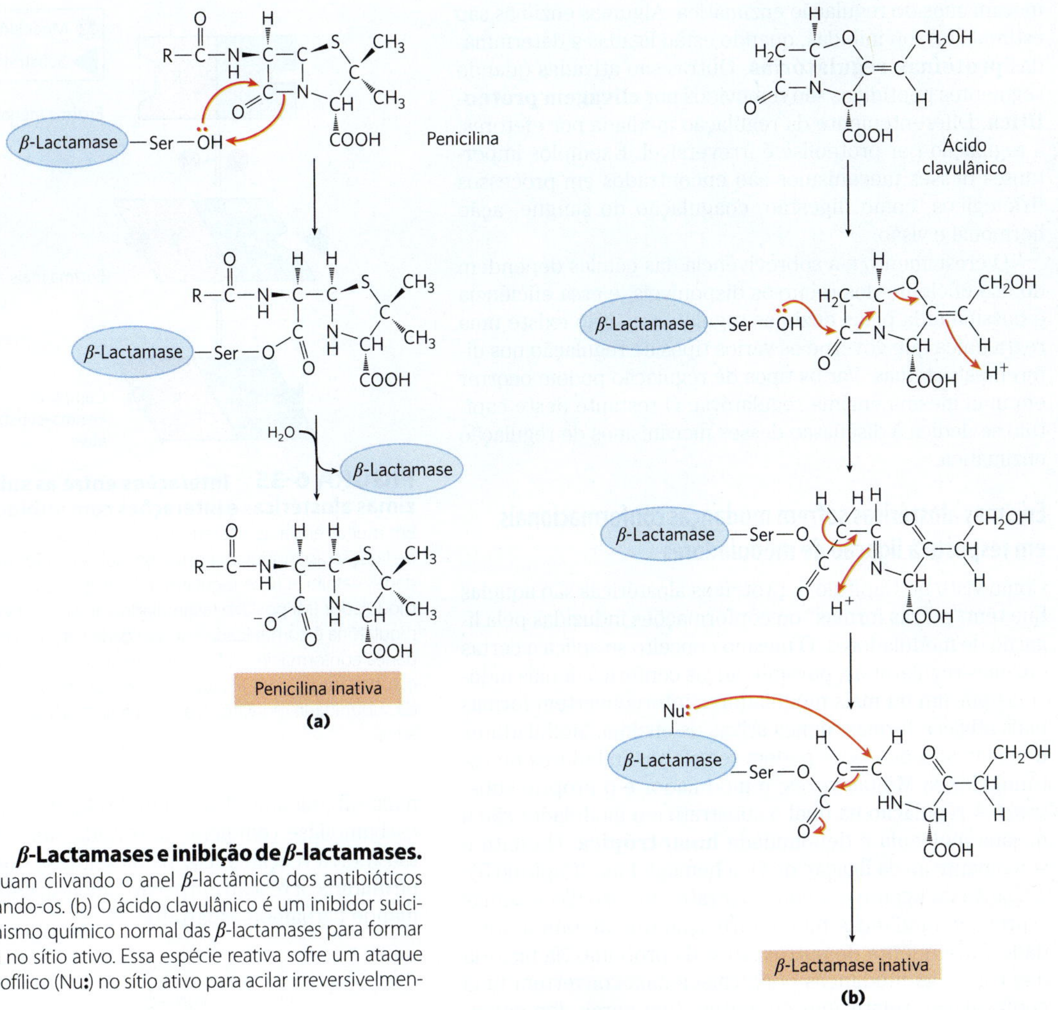

**FIGURA 6-34 β-Lactamases e inibição de β-lactamases.**
(a) β-Lactamases atuam clivando o anel β-lactâmico dos antibióticos β-lactâmicos, inativando-os. (b) O ácido clavulânico é um inibidor suicida que usa o mecanismo químico normal das β-lactamases para formar uma espécie reativa no sítio ativo. Essa espécie reativa sofre um ataque por um grupo nucleofílico (Nu:) no sítio ativo para acilar irreversivelmente a enzima.

## 6.5 Enzimas regulatórias

No metabolismo celular, grupos de enzimas trabalham conjuntamente em vias sequenciais para realizar um determinado processo metabólico, como, por exemplo, a degradação da glicose a lactato por uma série de reações ou as muitas reações da síntese de aminoácidos a partir de precursores simples. Cada reação individual é catalisada por uma enzima diferente. Nesses sistemas enzimáticos, o produto da reação de uma enzima é o substrato da enzima seguinte. Essa compartimentalização funcional da química celular faz mais do que acelerar individualmente as reações, ela fornece oportunidades para a precisa e requintada regulação de todos os processos celulares.

A maioria das enzimas das vias metabólicas segue os padrões cinéticos que foram descritos anteriormente. Cada via, entretanto, inclui uma ou mais enzimas que exercem um grande efeito na velocidade de toda a sequência de reações. A atividade catalítica dessas **enzimas regulatórias** aumenta ou diminui em resposta a determinados sinais. **P5** Ajustes na velocidade das reações catalisadas por enzimas regulatórias e, portanto, ajustes na velocidade de sequências metabólicas inteiras permitem que as células atendam às necessidades de energia e das biomoléculas de que precisam para crescerem e se manterem.

As atividades das enzimas regulatórias são moduladas de várias maneiras. **Enzimas alostéricas** agem por meio de ligações reversíveis e não covalentes com compostos regulatórios, denominados **moduladores alostéricos** ou **efetores alostéricos**, que geralmente são metabólitos pequenos ou cofatores. Outras enzimas são reguladas por **modificações covalentes** reversíveis. As enzimas regulatórias dessas classes tendem a ser proteínas constituídas por várias subunidades, e, em alguns casos, os sítios regulatórios e o sítio ativo se encontram em subunidades separadas. Os sistemas metabólicos têm ao menos dois outros mecanismos de regulação enzimática. Algumas enzimas são estimuladas, ou inibidas, quando estão ligadas a determinadas **proteínas regulatórias**. Outras são ativadas quando segmentos peptídicos são removidos por **clivagem proteolítica**. Diferentemente da regulação mediada por efetores, a regulação por proteólise é irreversível. Exemplos importantes desses mecanismos são encontrados em processos fisiológicos, como digestão, coagulação do sangue, ação hormonal e visão.

O crescimento e a sobrevivência das células dependem do uso eficiente dos recursos disponíveis, e essa eficiência é possibilitada pelas enzimas regulatórias. Não existe uma regra única que governe os vários tipos de regulação nos diferentes sistemas. Vários tipos de regulação podem ocorrer em uma mesma enzima regulatória. O restante deste capítulo se dedica à discussão desses mecanismos de regulação enzimática.

## Enzimas alostéricas sofrem mudanças conformacionais em resposta à ligação de moduladores

Como visto no Capítulo 5, proteínas alostéricas são aquelas que têm "outras formas" ou conformações induzidas pela ligação de moduladores. O mesmo conceito se aplica a certas enzimas regulatórias, pois mudanças conformacionais induzidas por um ou mais moduladores interconvertem formas mais ativas e formas menos ativas da enzima. Moduladores de enzimas alostéricas podem ter efeitos inibidores ou estimuladores. Muitas vezes, o modulador é o próprio substrato. A regulação na qual o substrato e o modulador são a mesma molécula é denominada **homotrópica**. O efeito é semelhante ao da ligação de $O_2$ à hemoglobina (Capítulo 5): a ligação do ligante – ou do substrato, no caso das enzimas – provoca mudanças na conformação que afetam a atividade subsequente de outros sítios da proteína. Na maioria dos casos, as mudanças conformacionais convertem uma conformação relativamente inativa (em geral, denominada estado T) em uma conformação mais ativa (estado R). Quando o modulador é uma molécula diferente do substrato, diz-se que a enzima é **heterotrópica**. É importante ressaltar que os moduladores alostéricos não se confundem com os inibidores incompetitivos ou mistos. Embora os últimos se liguem a um segundo sítio da enzima, eles não são necessariamente mediadores de mudanças conformacionais entre formas ativas e inativas, de modo que os efeitos cinéticos não são os mesmos.

As propriedades das enzimas alostéricas são significativamente diferentes das propriedades das enzimas não regulatórias. Algumas das diferenças são estruturais. Além do sítio ativo, as enzimas alostéricas geralmente têm um ou mais sítios regulatórios, ou alostéricos, para ligar cada modulador heterotrópico (**Fig. 6-35**). Da mesma maneira que o sítio ativo das enzimas é específico para o seu substrato, cada sítio regulatório é específico para o seu modulador. Enzimas com vários moduladores em geral têm sítios de ligação específicos para cada um deles. Nas enzimas homotrópicas, o sítio ativo e o sítio regulatório são iguais.

As enzimas alostéricas geralmente são maiores e mais complexas que as enzimas não alostéricas, com duas ou

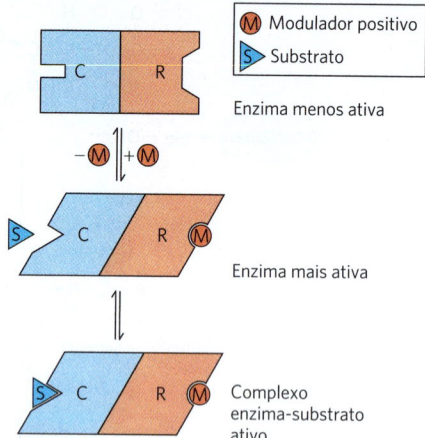

**FIGURA 6-35** **Interações entre as subunidades de enzimas alostéricas e interações com inibidores e ativadores.** Em muitas enzimas alostéricas, o sítio de ligação ao substrato e os sítios de ligação ao modulador estão em subunidades diferentes, nas subunidades catalítica (C) e regulatória (R), respectivamente. A ligação de um modulador (M) positivo (estimulador) ao sítio específico na subunidade regulatória é comunicada à subunidade catalítica por meio de uma mudança conformacional. Essa mudança faz o sítio ativo ser capaz de ligar o substrato (S) com afinidade maior. Quando o modulador se dissocia da subunidade regulatória, a enzima volta à sua forma inativa ou menos ativa.

mais subunidades. Um exemplo clássico é a aspartato-transcarbamoilase (em geral, abreviada como ATCase), que catalisa uma reação inicial na biossíntese dos nucleotídeos de pirimidina, a reação entre carbamoil-fosfato e aspartato, formando carbamoil-aspartato:

Carbamoil-fosfato + Aspartato $\xrightarrow[\text{ATCase}]{P_i}$ N-Carbamoil-aspartato

A ATCase tem 12 cadeias polipeptídicas organizadas em 6 subunidades catalíticas (organizadas como 2 complexos triméricos) e 6 subunidades regulatórias (organizadas como 3 complexos diméricos). A **Figura 6-36** mostra a estrutura quaternária dessa enzima, deduzida por análise de raios X. A enzima apresenta um comportamento alostérico, detalhado a seguir, à medida que as subunidades catalíticas funcionam cooperativamente. As subunidades regulatórias têm sítios de ligação para ATP e CTP, que funcionam como reguladores positivo e negativo, respectivamente. CTP é um dos produtos finais da via, e a regulação negativa por CTP serve para limitar a ação da ATCase em condições nas quais CTP está em abundância. Por outro lado, altas concentrações de ATP indicam que o metabolismo celular está robusto, a célula está crescendo e uma quantidade adicional de nucleotídeos de pirimidina é necessária para dar suporte para a transcrição do RNA e para a replicação do DNA.

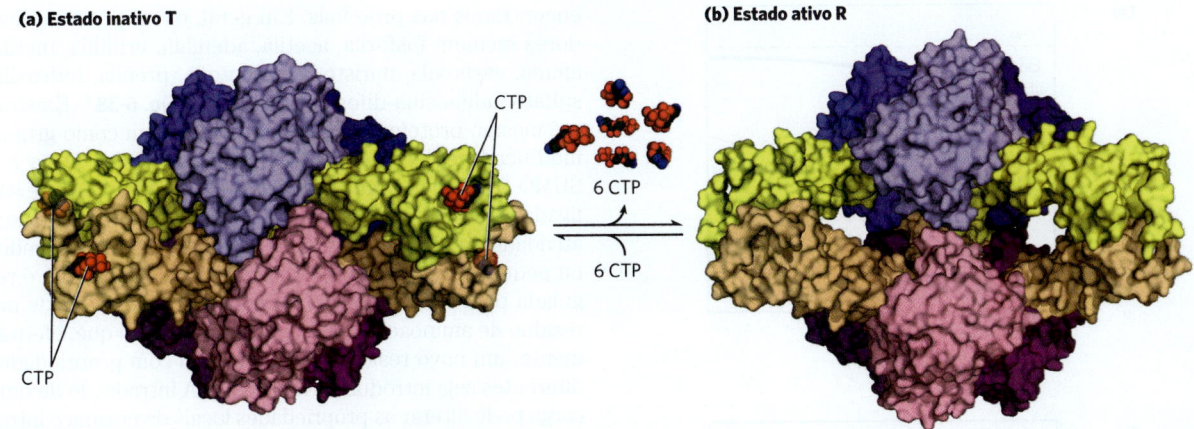

**FIGURA 6-36 Enzima regulatória aspartato-transcarbamoilase.** (a) Estado T inativo e (b) estado R ativo. Essa enzima com regulação alostérica tem dois agrupamentos catalíticos volumosos, cada um com três cadeias polipeptídicas catalíticas (sombreadas em tons de azul e roxo), e três agrupamentos regulatórios, cada um com duas cadeias polipeptídicas regulatórias (em bege e amarelo). Os agrupamentos regulatórios formam as pontas de um triângulo (não evidente nesta imagem), rodeando as subunidades catalíticas. Os sítios de ligação para os moduladores alostéricos (incluindo CTP) estão nas subunidades regulatórias. A ligação com o modulador provoca grandes mudanças na conformação e na atividade da enzima. O papel dessa enzima na síntese de nucleotídeos e os detalhes da sua regulação estão discutidos no Capítulo 22. [Dados de (a) PDB ID 1RAB, R. P. Kosman et al., *Proteins* 15:147, 1993; (b) PDB ID 1F1B, L. Jin et al., *Biochemistry* 39:8058, 2000.]

## As propriedades cinéticas das enzimas alostéricas não seguem o comportamento de Michaelis-Menten

As enzimas alostéricas apresentam relações entre $V_0$ e [S] diferentes daquelas da cinética de Michaelis-Menten. Elas apresentam saturação pelo substrato quando [S] é suficientemente alta, mas algumas das enzimas alostéricas apresentam um gráfico de $V_0$ *versus* [S] (**Fig. 6-37**), que mostra uma curva de saturação sigmoide, em vez da curva de saturação hiperbólica típica das enzimas não regulatórias. Na curva de saturação sigmoide, verifica-se um valor de [S] no qual $V_0$ é metade da $V_{máx}$, mas que não é considerado como $K_m$, pois a enzima não segue uma relação de Michaelis-Menten hiperbólica. Em vez disso, os símbolos $[S]_{0,5}$ ou $K_{0,5}$ geralmente são usados para representar a concentração de substrato que dá uma velocidade que é metade da máxima das enzimas alostéricas (Fig. 6-37).

O comportamento da cinética sigmoide em geral reflete interações cooperativas entre as subunidades proteicas. Em outras palavras, mudanças na estrutura de uma subunidade são convertidas em mudanças estruturais nas subunidades adjacentes, efeito mediado por interações não covalentes na interface entre as subunidades. O comportamento de cinética sigmoide é explicado por modelos de interações sequenciais concatenadas entre as subunidades, anteriormente encontrados na consideração sobre a ligação de $O_2$ à hemoglobina (ver Fig. 5-14).

A ATCase ilustra perfeitamente bem tanto o comportamento da cinética homotrópica quanto da cinética heterotrópica. A ligação dos substratos, aspartato e carbamoil-fosfato, à enzima leva gradualmente à transição do estado T relativamente inativo ao estado R mais ativo. Isso é responsável pela mudança sigmoidal e não hiperbólica na $V_0$, devido ao aumento de [S]. Uma característica da cinética sigmoide é a de que pequenas mudanças na concentração do modulador podem levar a grandes mudanças na atividade da enzima. A Figura 6-37a mostra como um aumento relativamente pequeno em [S] na fase ascendente da curva provoca um aumento comparativamente grande na $V_0$.

A regulação heterotrópica da ATCase deve-se à interação com ATP e CTP. No caso de enzimas alostéricas heterotrópicas, um ativador pode fazer a curva se tornar mais próxima de uma hipérbole, com diminuição no $K_{0,5}$, mas sem mudança na $V_{máx}$, resultando em aumento na velocidade de reação em uma concentração de substrato fixa. No caso da ATCase, a interação com ATP leva a isso, e a enzima mostra uma curva $V_0$ *versus* [S] característica do estado R ativo em concentrações suficientemente altas de ATP ($V_0$ é maior para qualquer valor de [S]; Fig. 6-37b). Um modulador negativo (inibidor) produz uma curva de saturação pelo substrato *mais* sigmoidal, com um aumento de $K_{0,5}$, como é ilustrado pelos efeitos do CTP sobre a cinética da ATCase (ver curvas do modulador negativo na Fig. 6-37b). Outras enzimas alostéricas heterotrópicas respondem a um ativador aumentando a $V_{máx}$ com pequena mudança em $K_{0,5}$ (Fig. 6-37c). Portanto, enzimas alostéricas heterotrópicas mostram diferentes tipos de respostas nas curvas atividade-substrato, pois algumas têm moduladores inibidores, enquanto outras têm moduladores ativadores, e outras (como a ATCase), ainda, têm os dois tipos de moduladores.

## Algumas enzimas são reguladas por modificações covalentes reversíveis

Em outra classe de enzimas regulatórias, a atividade é modulada por modificações covalentes em um ou mais dos resíduos de aminoácidos da molécula da enzima. Mais de 500 tipos diferentes de modificações covalentes foram

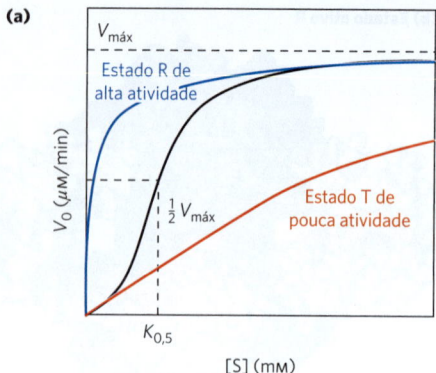
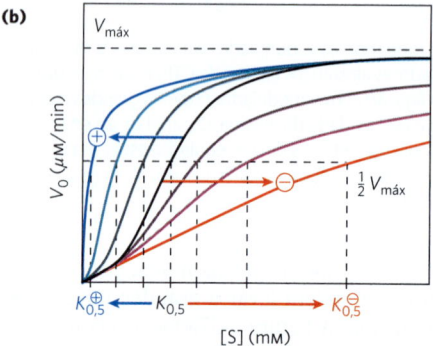
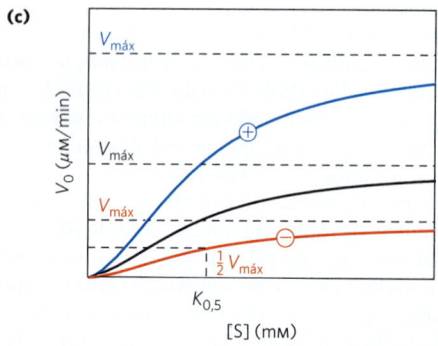

**FIGURA 6-37 Curvas de substrato-atividade de enzimas alostéricas representativas.** Três exemplos das respostas complexas das enzimas alostéricas aos seus moduladores. (a) Curva sigmoide de uma enzima homotrópica, na qual o substrato também atua como modulador positivo (estimulador), ou ativador. Observe a semelhança com a curva de saturação com oxigênio da hemoglobina (ver Fig. 5-12). A curva sigmoide é uma curva híbrida, na qual a enzima está presente principalmente no estado T relativamente inativo em baixa concentração de substrato e no estado R mais ativo em alta concentração de substrato. As curvas dos estados puros T e R estão em cores diferentes. A ATCase apresenta um padrão cinético similar a esse. (b) Efeitos de várias concentrações diferentes de um modulador positivo (+) ou modulador negativo (−) sobre uma enzima alostérica na qual há alteração em $K_{0,5}$ sem haver alteração na $V_{máx}$. A curva central mostra a relação entre substrato e atividade na ausência de modulador. No caso da ATCase, CTP é um modulador negativo, e ATP, um modulador positivo. (c) Um tipo de modulação menos comum, na qual a $V_{máx}$ é alterada e $K_{0,5}$ permanece praticamente constante.

encontrados nas proteínas. Em geral, os grupos modificadores incluem fosforila, acetila, adenilila, uridilila, metila, amida, carboxila, miristoíla, palmitoíla, prenila, hidroxila, sulfato, adenosina-difosfato e ribosila (**Fig. 6-38**). Existem até mesmo proteínas inteiras que funcionam como grupos modificadores especializados, incluindo a ubiquitina e a SUMO (do inglês *small ubiquitin-like modifier*), que são ligadas e desligadas de outras proteínas para regular a sua atividade de alguma maneira. Todos esses grupos, grandes ou pequenos, são ligados e removidos da enzima que é regulada pela ação de outras enzimas. A modificação de um resíduo de aminoácido de uma enzima faz com que, efetivamente, um novo resíduo de aminoácido com propriedades diferentes seja introduzido na enzima. A introdução de uma carga pode alterar as propriedades locais da enzima e introduzir uma mudança na conformação. A introdução de um grupo hidrofóbico pode desencadear uma associação com uma membrana. Normalmente, essas mudanças são substanciais e podem ser fundamentais para a função da enzima alterada.

Embora existam inúmeros exemplos de modificações covalentes de proteínas que podem ser detalhados, alguns poucos já são instrutivos. A proteína de quimiotaxia que liga metila, presente em bactérias, é uma das enzimas que são reguladas por metilação. Essa proteína é parte de um sistema que permite às bactérias nadarem na direção de um atrator (como um açúcar) ou se afastarem de um repelente químico. O agente metilante é a *S*-adenosilmetionina (adoMet) (ver Fig. 18-18). A acetilação é outra modificação comum, com aproximadamente 80% das proteínas solúveis dos eucariotos, incluindo muitas enzimas, sofrendo acetilação no aminoterminal. A ubiquitina é adicionada a proteínas como uma marca que as destina para serem degradadas por proteólise (ver Fig. 27-47). A ubiquitinação também pode ter função regulatória. A SUMO é encontrada ligada a muitas proteínas do núcleo de eucariotos e atua na regulação da transcrição, na estrutura da cromatina e no reparo de DNA.

A ADP-ribosilação é uma reação muito interessante. A ADP-ribose é derivada da nicotinamida-adenina-dinucleotídeo (NAD) (ver Fig. 8-41). Esse tipo de modificação ocorre na enzima bacteriana dinitrogenase-redutase e regula a fixação biológica de nitrogênio, um processo muito importante. A toxina diftérica e a toxina da cólera são enzimas que catalisam a ADP-ribosilação (e a inativação) de enzimas ou proteínas celulares importantes.

A fosforilação é o tipo mais comum de modificação regulatória. Estima-se que um terço de todas as proteínas de uma célula eucariótica seja fosforilado, de modo que um ou, mais frequentemente, vários eventos de fosforilação fazem parte de quase todos os processos regulatórios. Algumas proteínas têm apenas um resíduo fosforilado, outras têm vários, e algumas poucas têm dezenas de sítios de fosforilação. Esse tipo de modificação covalente é central para um grande número de vias regulatórias. Isso será discutido em detalhes a seguir e novamente no Capítulo 12.

Todos esses tipos de modificações de enzimas serão encontrados no decorrer dos próximos capítulos.

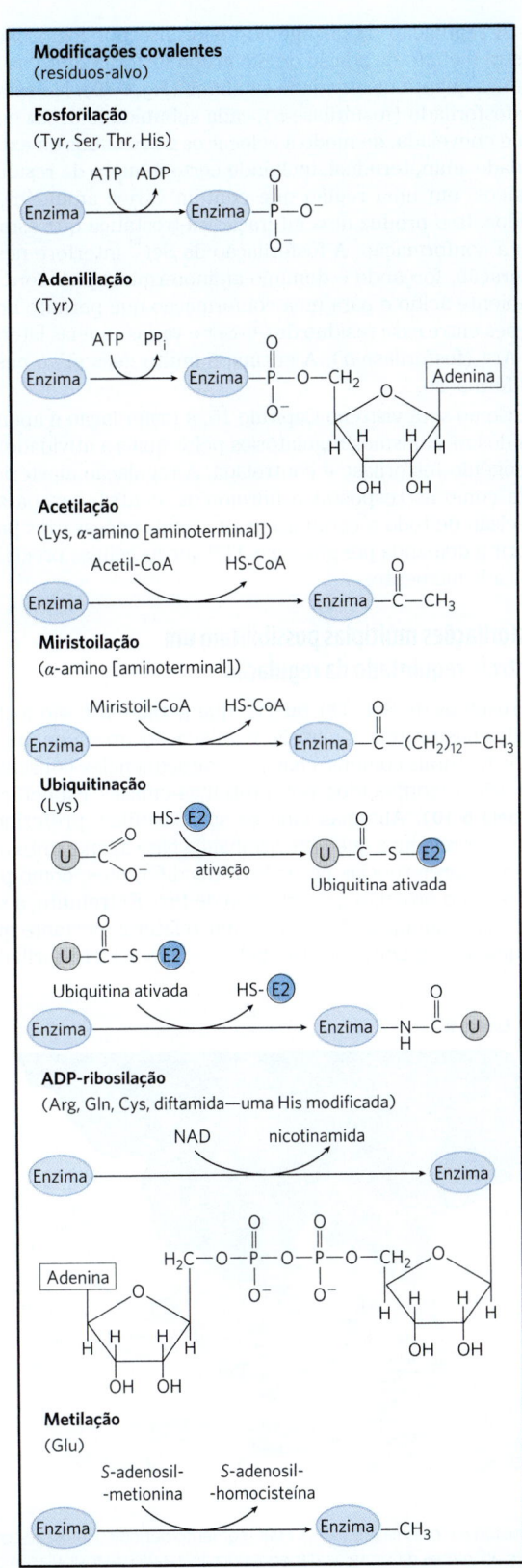

**FIGURA 6-38** Algumas reações de modificação de enzimas.

## Os grupos fosforila afetam a estrutura e a atividade catalítica das enzimas

A ligação de grupos fosforila a resíduos de aminoácidos específicos de proteínas é catalisada por **proteínas-cinases**. No genoma humano, são encontrados mais de 500 genes que codificam essas enzimas de importância fundamental. Nas reações que eles catalisam, o grupo $\gamma$-fosforila derivado de um nucleosídeo trifosfato (geralmente ATP) é transferido para um determinado resíduo de Ser, Thr ou Tyr (e, às vezes, de His) da proteína-alvo. Isso introduz um grupo carregado volumoso em uma região da proteína que, antes da modificação, era apenas moderadamente polar. Os átomos de oxigênio do grupo fosforila podem formar ligações de hidrogênio com um ou mais grupos da proteína, normalmente com os grupos amida do esqueleto peptídico no começo de uma $\alpha$-hélice ou com o grupo guanidino carregado dos resíduos de Arg. As duas cargas negativas de uma cadeia lateral fosforilada também podem repelir resíduos carregados negativamente (Asp ou Glu) presentes nas redondezas. Quando a modificação da cadeia lateral se localiza em uma região da enzima que seja crucial para a estrutura tridimensional da enzima, a fosforilação pode ter efeitos drásticos sobre a conformação e, portanto, sobre a ligação com o substrato e a catálise. A remoção de grupos fosforila das proteínas-alvo é catalisada por **fosfoproteínas-fosfatases**, também chamadas de **proteínas-fosfatases**.

Um exemplo importante de enzima regulada por fosforilação é o caso da glicogênio-fosforilase ($M_r$ 94.500) muscular e hepática (Capítulo 15), que catalisa a reação

$$(\text{Glicose})_n + P_i \longrightarrow (\text{glicose})_{n-1} + \text{glicose-1-fosfato}$$
$$\underset{\text{Glicogênio}}{} \quad \underset{\substack{\text{Cadeia de}\\\text{glicogênio}\\\text{encurtada}}}{}$$

A glicose-1-fosfato assim formada pode ser usada para a síntese de ATP no músculo ou ser convertida em glicose livre no fígado. Observe que a glicogênio-fosforilase, embora adicione um fosfato ao substrato, não é uma cinase, pois não utiliza ATP ou qualquer outro nucleotídeo trifosfato como doador de fosfato na reação que catalisa. Entretanto, ela é o substrato de uma proteína-cinase que a fosforila. Os grupos fosforila, foco da discussão a seguir, são aqueles envolvidos na regulação da enzima, e não na função catalítica.

A glicogênio-fosforilase ocorre em duas formas: a fosforilase $a$ (mais ativa) e a fosforilase $b$ (menos ativa) (**Fig. 6-39**). A fosforilase $a$ tem duas subunidades, cada uma com um resíduo específico de Ser (Ser[14]) que é fosforilado no grupo hidroxila. Por sua vez, a fosforilase $b$ é transformada covalentemente em fosforilase $a$ ativa por outra enzima, a fosforilase-cinase, que catalisa a transferência de grupos fosforila do ATP para grupos hidroxila de dois resíduos de Ser específicos na fosforilase $b$:

$$2\,\text{ATP} + \underset{\text{(menos ativa)}}{\text{fosforilase } b} \longrightarrow 2\,\text{ADP} + \underset{\text{(mais ativa)}}{\text{fosforilase } a}$$

Esses resíduos de serina-fosfato são necessários para a atividade máxima da enzima.

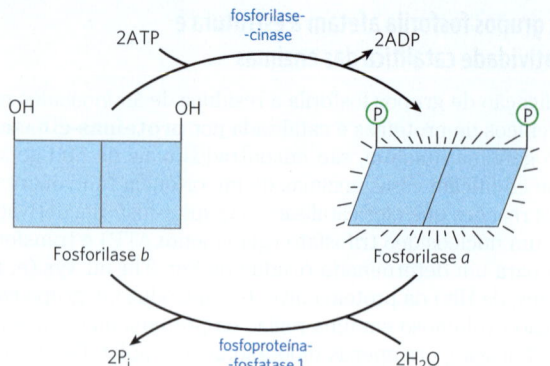

**FIGURA 6-39 Regulação da atividade da glicogênio-fosforilase muscular por fosforilação.** Na forma mais ativa da enzima (fosforilase *a*), resíduos específicos de Ser, um em cada subunidade, estão fosforilados. A fosforilase *a* é convertida na fosforilase *b* (forma menos ativa) pela perda enzimática desses grupos fosforila, efetuada pela fosfoproteína-fosfatase 1 (PP1). A fosforilase *b* pode ser reconvertida (reativada) em fosforilase *a* pela ação da fosforilase-cinase.

Para servir como mecanismo regulatório efetivo, a fosforilação deve ser reversível. Em geral, grupos fosforila são adicionados e removidos por enzimas diferentes e, desse modo, o processo pode ser regulado separadamente. Os grupos fosforila da fosforilase *a* podem ser removidos hidroliticamente por uma outra enzima, chamada de fosfoproteína-fosfatase 1 (PP1):

$$\text{Fosforilase } a + 2\text{H}_2\text{O} \longrightarrow \text{Fosforilase } b + 2\text{P}_i$$
(mais ativa) (menos ativa)

Nessa reação, a fosforilase *a* é convertida em fosforilase *b* pela remoção de dois fosfatos covalentemente ligados a serinas, um em cada subunidade da glicogênio-fosforilase.

A regulação da glicogênio-fosforilase por fosforilação ilustra o efeito da adição de um grupo fosforila tanto na estrutura quanto na atividade catalítica (**Fig. 6-40**). No estado desfosforilado (fosforilase *b*), cada subunidade dessa enzima é enovelada, de modo a colocar os 20 resíduos da extremidade aminoterminal, incluindo certo número de resíduos básicos, em uma região que contém vários aminoácidos ácidos. Isso produz uma interação eletrostática que estabiliza a conformação. A fosforilação da $Ser^{14}$ interfere nessa interação, forçando o domínio aminoterminal para fora do ambiente ácido e para uma conformação que permite interações entre esse resíduo de Ⓟ–Ser e várias cadeias laterais de Arg (fosforilase *a*). A enzima é muito mais ativa nessa conformação.

Como será visto no Capítulo 15, a fosforilação é apenas um dos mecanismos regulatórios pelos quais a atividade da glicogênio-fosforilase é controlada. A regulação alostérica, bem como as respostas a hormônios, contribuem para a precisão de todo o conjunto de controles necessários para suprir a demanda por glicose e ATP que as células precisam em cada momento.

## Fosforilações múltiplas possibilitam um controle requintado da regulação

Os resíduos de Ser, Thr ou Tyr, que geralmente são fosforilados nas proteínas que são reguladas, ocorrem em motivos estruturais comuns, chamados de sequências-consenso, que são reconhecidos por proteínas-cinases específicas (**Tabela 6-10**). Algumas cinases são basófilas, preferindo fosforilar resíduos que têm vizinhança básica, enquanto outras têm preferências por substratos diferentes, como por um resíduo próximo a um resíduo de Pro. Entretanto, a sequência de aminoácidos não é o único fator importante que influencia o quanto determinado resíduo será fosforilado.

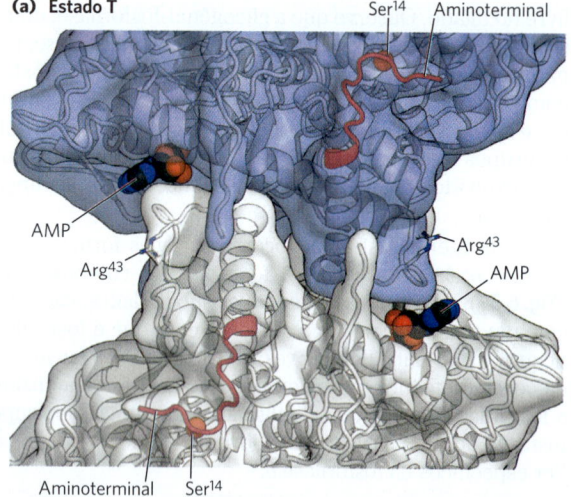
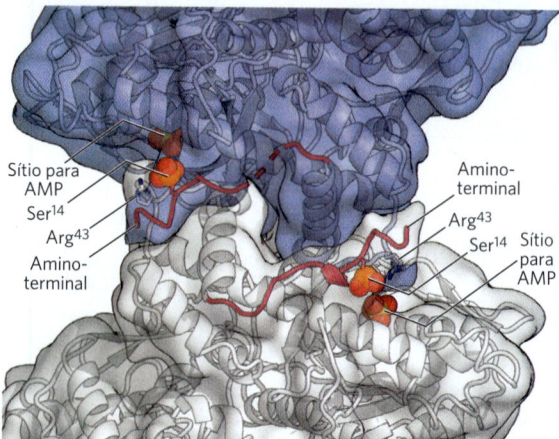

**FIGURA 6-40 Mudança de conformação provocada pela fosforilação da glicogênio-fosforilase do músculo de coelho.** Vinte resíduos de aminoácidos da extremidade aminoterminal de cada subunidade estão em vermelho, incluindo o resíduo que é fosforilado na fosforilase *a* ($Ser^{14}$). Esse segmento peptídico interage com partes diferentes da proteína dependendo do estado de fosforilação da $Ser^{14}$ e estabiliza as conformações diferentes que caracterizam as fosforilases *a* e *b*. [Dados de (a) PDB ID 8GPB, (b) PDB ID 1GPA, D. Barford et al., *J. Mol. Biol.* 218:233, 1991.]

## TABELA 6-10 Sequências-consenso de reconhecimento de algumas proteínas-cinases

| Proteína-cinase | Sequência-consenso e resíduos fosforilados |
|---|---|
| Proteína-cinase A | -x-R-[RK]-x-[**ST**]-B- |
| Proteína-cinase G | -x-R-[RK]-x-[**ST**]-X- |
| Proteína-cinase C | -[RK](2)-x-[**ST**]-B-[RK](2)- |
| Proteína-cinase B | R-x-x-R-x-[**ST**]-x-ψ[a] |
| Ca$^{2+}$/calmodulina-cinase I | -B-x-R-x(2)-[**ST**]-x(3)-B- |
| Ca$^{2+}$/calmodulina-cinase II | -B-x-[RK]-x(2)-[**ST**]-x(2)- |
| Cinase da cadeia leve da miosina (músculo liso) | -K(2)-R-x(2)-**S**-x-B(2)- |
| Fosforilase b-cinase | -*K-R-K-Q-I-S-V-R*- |
| Cinase extracelular regulada por sinal (ERK) | -P-x-[**ST**]-P(2)- |
| Proteína-cinase dependente de ciclina (cdc2) | -x-[**ST**]-P-x-[KR]- |
| Caseína-cinase I | -[SpTp]-x(2)-[**ST**]-B[b] |
| Caseína-cinase II | -x-[**ST**]-x(2)-[ED]-x- |
| Cinase do receptor β-adrenérgico | -[DE]($n$)-[**ST**]-x(3) |
| Rodopsina-cinase | -x(2)-[**ST**]-E($n$)-vABL-[YLV]-**Y**-X$_{1-3}$-[PF]- |
| Cinase do receptor do fator de crescimento epidérmico (EGF) | -*E(4)-Y-F-E-L-V*- |

Informações de L. A. Pinna e M. H. Ruzzene, *Biochim. Biophys. Acta* 1314:191, 1996; B. E. Kemp e R. B. Pearson, *Trends Biochem. Sci.* 15:342, 1990; P. J. Kennelly e E. G. Krebs, *J. Biol. Chem.* 266:15.555, 1991; T. P. Cujec, P. F. Madeiros, P. Hammond, C. Rise e B. L. Kreider, *Chem. Biol.* 9:253, 2002.

Nota: estão mostradas as sequências-consenso deduzidas (em caracteres romanos) e as sequências reais a partir de substratos conhecidos (em itálico). Os resíduos Ser (S), Thr (T) e Tyr (Y) que sofrem fosforilação estão em vermelho. Todos os resíduos de aminoácidos estão indicados pelas abreviações de uma letra (ver Tabela 3-1). X representa qualquer aminoácido; B, qualquer aminoácido hidrofóbico; Sp e Tp são resíduos de Ser e Thr que devem estar previamente fosforilados para que a cinase reconheça o sítio.

[a]ψ indica qualquer aminoácido com uma cadeia lateral hidrofóbica volumosa.
[b]O melhor sítio-alvo tem dois resíduos de aminoácidos separando os resíduos Ser/Thr fosforilados e alvos; o nível de ação de sítios-alvo com um ou três resíduos de separação é reduzido.

O enovelamento da proteína aproxima resíduos distantes na sequência primária, e a estrutura tridimensional resultante pode determinar se uma proteína-cinase terá acesso a determinado resíduo e se poderá reconhecê-lo como substrato.

Em geral, a regulação por fosforilação é complexa. Algumas proteínas têm sequências-consenso reconhecidas por proteínas-cinases diferentes, cada uma delas fosforilando a proteína e alterando a atividade enzimática. Em alguns casos, a fosforilação é hierárquica: certos resíduos podem ser fosforilados apenas se um resíduo vizinho já estiver fosforilado. Por exemplo, a glicogênio-sintase, a enzima que catalisa a condensação de monômeros de glicose para formar glicogênio (Capítulo 15), é inativada pela fosforilação de resíduos de Ser específicos e é modulada por pelo menos quatro outras proteínas-cinases que fosforilam quatro outros sítios na enzima (**Fig. 6-41**). Entretanto, a enzima não é reconhecida como substrato da glicogênio-sintase-cinase 3, a menos que um sítio tenha sido fosforilado pela caseína-cinase II. Algumas fosforilações inibem a glicogênio-sintase mais do que outras, e o efeito de algumas combinações de fosforilações é cumulativo. Essas múltiplas fosforilações regulatórias dão o potencial para que a modulação da atividade enzimática seja extremamente sutil.

Como no caso das cinases, existem muitas enzimas diferentes que removem grupos fosforila das proteínas. As células contêm uma família de fosfoproteínas-fosfatases que hidrolisam ésteres de Ⓟ–Ser, Ⓟ–Thr e Ⓟ–Tyr específicos,

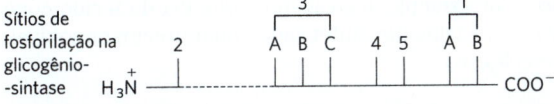

| Cinase | Sítios de fosforilação | Grau de inativação da sintase |
|---|---|---|
| Proteína-cinase A | 1A, 1B, 2, 4 | + |
| Proteína-cinase G | 1A, 1B, 2 | + |
| Proteína-cinase C | 1A | + |
| Ca$^{2+}$/calmodulina--cinase | 1B, 2 | + |
| Fosforilase b-cinase | 2 | + |
| Caseína-cinase I | Pelo menos nove | + + + + |
| Caseína-cinase II | 5 | 0 |
| Glicogênio-sintase--cinase 3 | 3A, 3B, 3C | + + + |
| Glicogênio-sintase--cinase 4 | 2 | + |

**FIGURA 6-41 Múltiplas fosforilações regulatórias.** A enzima glicogênio-sintase tem pelo menos nove sítios separados, localizados em cinco regiões que são suscetíveis à fosforilação por uma das proteínas-cinases celulares. Portanto, a regulação dessa enzima não é binária (liga/desliga), mas modulada finamente com uma grande amplitude em resposta a uma gama de sinais.

liberando $P_i$. As fosfoproteínas-fosfatases conhecidas até agora agem apenas sobre um subconjunto de proteínas fosforiladas, mas têm uma especificidade pelo substrato menor do que as proteínas-cinases.

### Algumas enzimas e outras proteínas são reguladas pela clivagem proteolítica de precursores de enzimas

No caso de algumas enzimas, um precursor inativo, denominado **zimogênio**, é hidrolisado, formando a enzima ativa. Muitas das enzimas proteolíticas (proteases) do estômago e do pâncreas são reguladas dessa maneira. A quimotripsina e a tripsina são inicialmente sintetizadas como quimotripsinogênio e tripsinogênio (**Fig. 6-42**). Clivagens específicas provocam mudanças conformacionais que expõem o sítio ativo da enzima. Esse tipo de ativação é irreversível, e regulações subsequentes necessitam de mecanismos diferentes. As proteases são inibidas por proteínas inibidoras que se ligam firmemente nos sítios ativos. Por exemplo, o inibidor pancreático de tripsina ($M_r$ 6.000) liga-se à tripsina e a inibe. A $\alpha_1$-antiproteinase ($M_r$ 53.000) inibe principalmente a elastase de neutrófilos (neutrófilos são um tipo de leucócito, ou glóbulo branco do sangue; a elastase é uma protease que age sobre a elastina, um componente de alguns tecidos conectivos). A insuficiência de $\alpha_1$-antiproteinase, que pode ser uma das consequências da exposição à fumaça do cigarro, tem sido associada a dano pulmonar, incluindo enfisema.

Proteases não são as únicas proteínas ativadas por proteólise. Em outros casos, entretanto, os precursores não são chamados de zimogênios, mas, de maneira geral, são denominados **pró-proteínas** ou **proenzimas**, conforme o caso. Por exemplo, o colágeno (proteína do tecido conectivo) é inicialmente sintetizado como precursor solúvel, o pró-colágeno.

### A coagulação do sangue é mediada por uma cascata de zimogênios ativados de forma proteolítica

A formação do coágulo sanguíneo é um exemplo bem-estudado de **cascata de regulação**, mecanismo que proporciona respostas muito sensíveis a um sinal molecular, amplificando-o. As vias de coagulação do sangue também incluem vários outros tipos de regulação, incluindo ativação proteolítica e proteínas regulatórias. Este último tipo de regulação ainda não foi discutido. Ele usa proteínas que têm como única função regular a atividade de outras proteínas ao interagirem com elas de maneira não covalente.

Nas cascatas regulatórias, um sinal leva à ativação de uma proteína X. A proteína X catalisa a ativação da proteína Y; a proteína Y catalisa a ativação da proteína Z; e assim por diante. Uma vez que as proteínas X, Y e Z são catalisadores e ativam muitas cópias da proteína seguinte na cascata, o sinal é amplificado em cada etapa. Em alguns casos, as etapas de ativação envolvem clivagem proteolítica e, portanto, são efetivamente irreversíveis. Em outros casos, a ativação envolve modificações facilmente reversíveis de proteínas, como a fosforilação. As cascatas regulatórias governam uma grande variedade de processos biológicos, incluindo, além da coagulação do sangue, alguns aspectos do destino das células durante o desenvolvimento, a detecção de luz pelos bastonetes da retina e a morte celular programada (apoptose). As cascatas regulatórias também fazem parte das estratégias que governam a atividade geral da glicogênio-fosforilase (ver Fig. 15-13).

O coágulo sanguíneo é um agregado de fragmentos de células especializadas que não têm núcleo, chamadas de **plaquetas**. Elas são ligadas entre si e estabilizadas por fibras proteináceas constituídas principalmente pela proteína **fibrina** (**Fig. 6-43a**). A fibrina é derivada de um zimogênio denominado **fibrinogênio**. Depois das albuminas e das

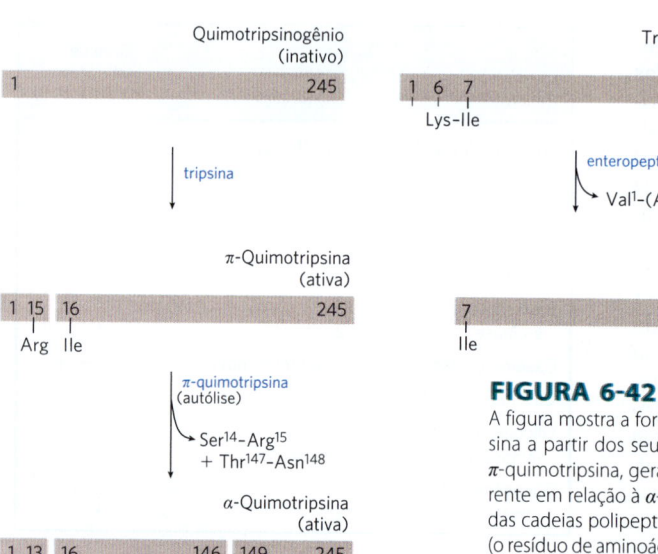

**FIGURA 6-42 Ativação de zimogênios por clivagem proteolítica.** A figura mostra a formação de quimotripsina ativa (formalmente, $\alpha$-quimotripsina) e tripsina a partir dos seus zimogênios, quimotripsinogênio e tripsinogênio. O intermediário $\pi$-quimotripsina, gerado pela clivagem por tripsina, tem a especificidade um pouco diferente em relação à $\alpha$-quimotripsina. As barras representam as sequências de aminoácidos das cadeias polipeptídicas, com os números indicando as posições relativas dos resíduos (o resíduo de aminoácido aminoterminal recebe o número 1). Os resíduos nas extremidades dos fragmentos polipeptídicos gerados pela proteólise estão indicados abaixo das barras. Observe que, na forma ativa final, alguns resíduos estão faltando. Lembre que as três cadeias polipeptídicas (A, B e C) da quimotripsina estão unidas por ligações dissulfeto (ver Fig. 6-24).

globulinas, o fibrinogênio geralmente é o terceiro tipo de proteína mais abundante no plasma sanguíneo. A coagulação do sangue inicia com a ativação das plaquetas que estão circulando no local da lesão. Devido ao dano tecidual, as moléculas de colágeno presentes abaixo da camada de células epiteliais que revestem cada vaso sanguíneo ficam expostas ao sangue. A ativação das plaquetas é principalmente desencadeada por interação com esse colágeno. A ativação leva à apresentação de fosfolipídeos aniônicos na superfície das plaquetas e à liberação de moléculas sinalizadoras, como os **tromboxanos** (p. 355), que ajudam a estimular a ativação de mais plaquetas. As plaquetas ativadas agregam-se no local da lesão, formando um coágulo frouxo. A estabilização do coágulo necessita de fibrina, que é gerada pela clivagem do fibrinogênio, que é o ponto final das cascatas regulatórias.

O fibrinogênio é um dímero de heterotrímeros $(A\alpha_2B\beta_2\gamma_2)$, com três tipos de subunidades diferentes, mas relacionadas evolutivamente (Fig. 6-43b). O fibrinogênio é convertido em fibrina $(\alpha_2\beta_2\gamma_2)$ e, assim, é ativado para coagular o sangue. Isso se dá pela remoção proteolítica de 16 resíduos de aminoácidos da extremidade aminoterminal (o peptídeo A) de cada subunidade $\alpha$ e de 14 resíduos de aminoácidos da extremidade aminoterminal (o peptídeo B) de cada subunidade $\beta$. A remoção dos peptídeos é catalisada pela **trombina**. As novas extremidades aminoterminais das subunidades $\alpha$ e $\beta$ encaixam-se perfeitamente em sítios de ligação da extremidade carboxiterminal das subunidades $\gamma$ e $\beta$, respectivamente, de uma outra molécula de fibrina. Assim, a fibrina polimeriza e forma uma matriz gelatinosa, gerando o coágulo mole. Ligações covalentes cruzadas entre moléculas de fibrina associadas são formadas pela condensação de determinados resíduos de Lys de um heterotrímero de fibrina com resíduos de Gln de outro heterodímero, catalisadas por uma transglutaminase chamada de **fator XIIIa**. A formação de ligações cruzadas converte o coágulo mole em coágulo duro.

A ativação do fibrinogênio, produzindo fibrina, é o ponto final de não apenas uma, mas de duas cascatas regulatórias interligadas (**Fig. 6-44**). Uma delas é chamada via de ativação por contato ("contato" refere-se à interação de componentes-chave desse sistema com fosfolipídeos aniônicos presentes na superfície das plaquetas no local da ferida). Uma vez que todos os componentes dessa via estão presentes no plasma sanguíneo, ela é também chamada de

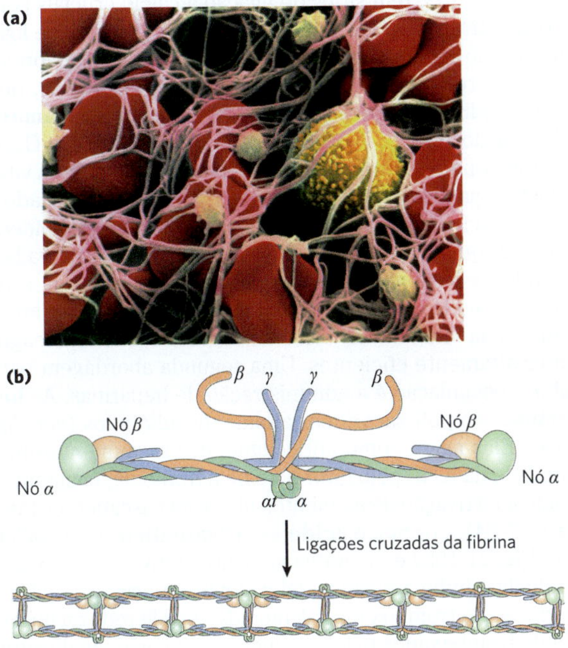

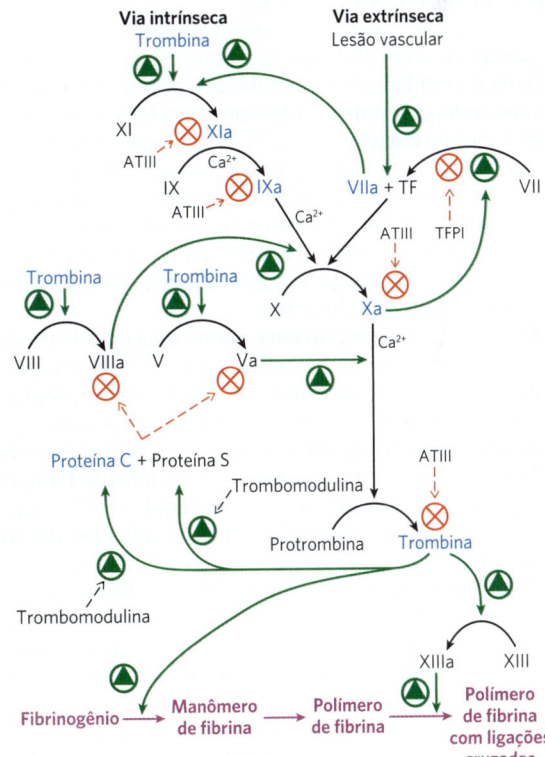

**FIGURA 6-43 Papel da fibrina na coagulação sanguínea.** (a) O coágulo de sangue consiste em um agregado de plaquetas (células pequenas e com coloração mais clara) mantidas coesas por moléculas de fibrina ligadas entre si por ligações cruzadas. Os eritrócitos (em vermelho nesta micrografia eletrônica de varredura colorizada) também ficam presos no emaranhado da matriz. (b) O fibrinogênio, uma proteína solúvel do plasma, é formado por dois complexos de subunidades $\alpha$, $\beta$ e $\gamma$ $(\alpha_2\beta_2\gamma_2)$. A remoção do peptídeo aminoterminal das subunidades $\alpha$ e $\beta$ (não mostrado) leva à formação de um complexo altamente organizado com ligações cruzadas covalentes, o que resulta na formação de fibras de fibrina. Os "nós" são domínios globulares nas extremidades resultantes da proteólise das subunidades. [(a) CNRI/Science Source.]

**FIGURA 6-44 Cascatas da coagulação.** As interligações entre as vias intrínseca e extrínseca levam à clivagem do fibrinogênio, o que leva à formação de trombina ativa, como mostrado. As serina-proteases ativas estão mostradas em azul. As setas verdes indicam etapas de ativação, e as setas vermelhas, processos inibitórios.

**via intrínseca**. A segunda via é a via tecidual ou a **via extrínseca**. Um dos componentes principais dessa via, a proteína **fator tecidual** (**TF**), não está presente na corrente sanguínea. A maioria dos fatores proteicos de ambas as vias é designada por números romanos. Muitos desses fatores são serina-proteases semelhantes à quimotripsina ou proteínas regulatórias, a maioria com zimogênios precursores que são sintetizados no fígado e exportados para o sangue. No caso dos fatores que possuem tanto uma forma ativa como uma forma inativa, o número romano denomina o zimogênio inativo (p. ex., VII, X). Um "a" é adicionado para indicar que a forma ativa foi originada por clivagem (VIIa, Xa). Outros fatores são proteínas regulatórias que se ligam às serina-proteases e ajudam a ativá-las.

A via extrínseca atua primeiro. A lesão do tecido expõe o plasma sanguíneo ao TF embebido em grande quantidade nas membranas de fibroblastos e células do músculo liso que estão logo abaixo da camada endotelial. Há a formação de um complexo inicial entre TF e fator VII, presente no plasma sanguíneo. O **fator VII** é um zimogênio de serina-protease, ao passo que o TF é uma proteína regulatória que é necessária para a atividade do fator VII. O fator VII é convertido na sua forma ativa, **fator VIIa**, por clivagem proteolítica catalisada pelo **fator Xa** (outra serina-protease). Então, o complexo TF-VIIa cliva o **fator X**, criando a sua respectiva forma ativa, o fator Xa.

Então, se TF-VIIa é necessário para clivar X, e Xa é necessário para clivar TF-VII, como o processo se inicia? Uma pequena quantidade de fator VIIa está presente no sangue o tempo todo, quantidade suficiente para formar pequenas quantidades do complexo ativo TF-VIIa imediatamente após a lesão do tecido. Isso possibilita a formação de fator Xa e estabelece a alça de retroalimentação inicial. Uma vez que os níveis de fator Xa começam a se elevar, o fator Xa (na forma de complexo com outra proteína regulatória, o fator Va) cliva a protrombina, produzindo a forma ativa trombina, e a trombina cliva o fibrinogênio.

A via extrínseca proporciona, assim, uma grande produção de trombina. Entretanto, o complexo TF-VIIa é rapidamente inativado pela **inibidor da via do fator tecidual** (**TFPI**). A formação do coágulo é sustentada pela ativação de componentes da segunda cascata, a via intrínseca. O **fator IX** é convertido na serina-protease ativa **fator IXa** pela protease TF-VIIa durante o início da sequência da coagulação. O fator IXa, complexado com a proteína regulatória **VIIIa**, é relativamente estável e proporciona uma enzima alternativa para a conversão proteolítica do fator X em fator Xa. O fator IXa ativado pode também ser produzido pela serina-protease fator XIa. A maior parte de XIa formado é gerada pela clivagem do zimogênio **fator XI** pela trombina em uma alça de retroalimentação.

Deixada sem controle, a coagulação sanguínea pode acabar bloqueando os vasos sanguíneos e levar a um infarto agudo do miocárdio. É necessário que haja uma regulação ainda maior. À medida que o coágulo firme (ou coágulo duro) se forma, vias regulatórias agem para limitar o tempo durante o qual a cascata da coagulação permanece ativa. Além de clivar o fibrinogênio, a trombina também forma um complexo com uma proteína ancorada na superfície do lado vascular das células endoteliais, a **trombomodulina**.

O complexo trombina-trombomodulina cliva um zimogênio de serina-protease, a **proteína C**. A proteína C ativada, na forma de complexo com uma proteína regulatória (**proteína S**), cliva e inativa os fatores Va e VIIIa, levando à supressão da cascata toda. Outra proteína, a **antitrombina III** (**ATIII**), é um inibidor de serina-protease. ATIII forma um complexo covalente 1:1 entre um resíduo de Arg da ATIII e o resíduo de Ser do sítio ativo de serina-proteases, sobretudo da trombina e do fator Xa. Esses dois sistemas regulatórios, de forma concatenada com TFPI, ajudam a estabelecer um limite ou nível de exposição ao TF necessário para ativar a cascata da coagulação. Indivíduos com defeitos genéticos que eliminam ou diminuem os níveis sanguíneos de proteína C ou de ATIII apresentam alto risco de trombose (formação inapropriada de coágulos sanguíneos).

O controle da coagulação sanguínea tem um papel importante na prática médica, principalmente para evitar que o sangue coagule durante cirurgias e em pacientes com risco de infarto do miocárdio ou trombose. Do ponto de vista clínico, várias abordagens estão disponíveis. A primeira aproveita outra característica de várias das proteínas da cascata da coagulação que não foram ainda consideradas. Os fatores VII, IX, X e a protrombina, bem como as proteínas C e S, têm sítios de ligação a cálcio cruciais para as respectivas funções. Em cada um deles, os sítios de ligação a cálcio são formados por vários resíduos de Glu, próximos à extremidade aminoterminal dessas proteínas, que foram modificados para resíduos de $\gamma$-**carboxiglutamato** (abreviação **Gla**; p. 76). A modificação de Glu para Gla é catalisada por enzimas que dependem da atividade da vitamina K, uma vitamina lipossolúvel (p. 359). O cálcio ligado a essas proteínas promove a aderência destas a fosfolipídeos aniônicos que aparecem na superfície de plaquetas ativadas, fazendo os fatores da coagulação se localizarem na área onde o coágulo deve se formar. Está comprovado que antagonistas da vitamina K, como a **varfarina**, são anticoagulantes altamente eficientes. Uma segunda abordagem para inibir a coagulação é a administração de heparinas. As **heparinas** são polissacarídeos altamente sulfatados (ver Fig. 7-19). Elas agem como anticoagulantes ao aumentarem a afinidade da ATIII pelo fator Xa e pela trombina, facilitando, assim, a inativação de elementos-chave da cascata (ver Figs. 7-23 e 7-24). Por fim, o **ácido acetilsalicílico** (acetilsalicilato; Fig. 21-15b) é um anticoagulante efetivo. O ácido acetilsalicílico inibe a enzima cicloxigenase, necessária para a produção de tromboxanos. À medida que ele reduz a liberação de tromboxanos pelas plaquetas, a capacidade de agregação das plaquetas diminui.

Pessoas que nasceram com deficiência em algum dos vários componentes da cascata da coagulação têm grande tendência ao sangramento, desde leve até praticamente incontrolável, uma condição mortal. Defeitos genéticos nos genes que codificam as proteínas necessárias para a coagulação sanguínea são a causa de doenças conhecidas como hemofilias. A hemofilia B é uma doença ligada ao sexo que é causada pela deficiência de fator IX. Esse tipo de hemofilia afeta um em cada 25 mil homens no mundo todo. O exemplo mais famoso de herança da hemofilia B ocorreu entre a nobreza europeia. A rainha Vitória (1819-1901), sem dúvida, foi uma portadora. O príncipe Leopoldo, seu oitavo filho, sofria de

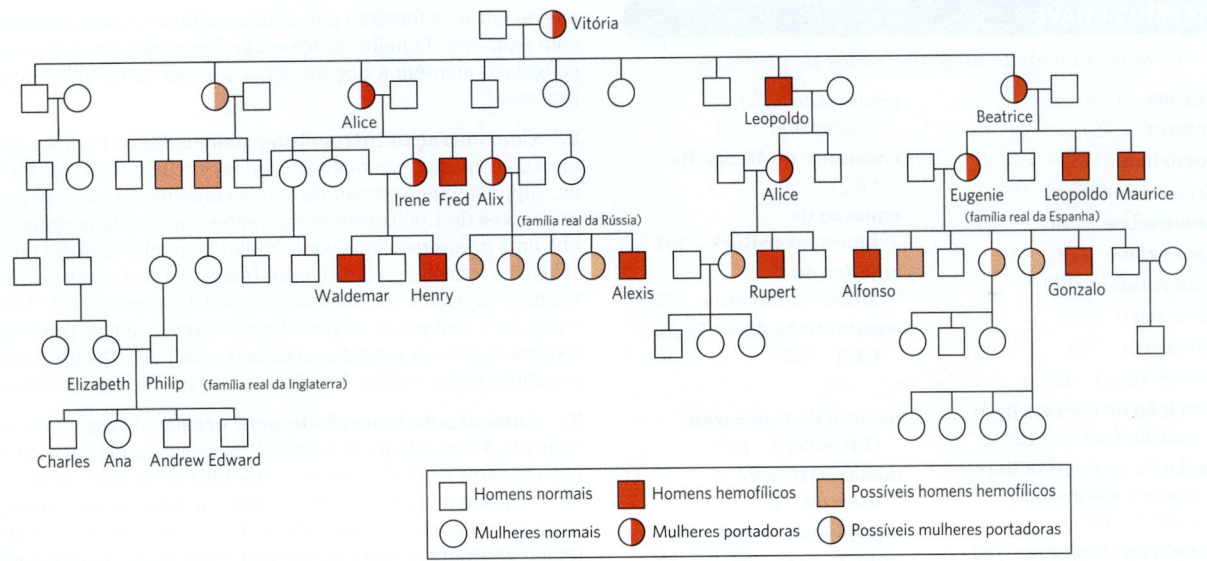

**FIGURA 6-45 Famílias da realeza europeia e a herança da hemofilia B.** Indivíduos do sexo masculino estão representados por quadrados, e indivíduos do sexo feminino, por círculos. Homens acometidos por hemofilia estão representados por quadrados vermelhos, e mulheres supostamente portadoras, por círculos em bege.

hemofilia B e morreu aos 31 anos após sofrer uma pequena queda. Pelo menos duas de suas filhas eram portadoras e passaram o gene defeituoso para outras famílias reais europeias (**Fig. 6-45**). ■

### Algumas enzimas utilizam vários mecanismos regulatórios

A glicogênio-fosforilase e a cascata da coagulação sanguínea são apenas dois exemplos da complexidade dos padrões de regulação. Outras enzimas com regulação complexa são encontradas em entroncamentos importantes de vias metabólicas. A glutamina-sintetase de bactérias, que catalisa a reação que introduz nitrogênio reduzido no metabolismo celular (Capítulo 22), está entre as enzimas com as regulações mais complexas conhecidas. Ela é regulada alostericamente (por pelo menos oito moduladores diferentes), por modificações covalentes reversíveis e pela associação com outras proteínas regulatórias, mecanismo que será examinado em detalhes quando for estudada a regulação de vias metabólicas específicas na Parte II deste livro.

Qual é a vantagem de tamanha complexidade na regulação da atividade enzimática? Este capítulo iniciou enfatizando a importância fundamental da catálise para a existência da vida. ▶**P5** O *controle* da catálise também é crucial para a vida. Se todas as possíveis reações de uma célula fossem catalisadas simultaneamente, as macromoléculas e os metabólitos seriam rapidamente degradados em formas químicas muito mais simples. Em vez disso, as células catalisam apenas as reações de que necessitam em um determinado momento. Quando há abundância de recursos químicos, as células sintetizam e armazenam glicose e outros metabólitos. Quando os recursos químicos são escassos, as células usam essas reservas como combustível para o metabolismo celular. A energia química é usada de forma econômica e parcelada nas várias vias metabólicas de acordo com as necessidades da célula. A disponibilidade de catalisadores poderosos e específicos para cada reação torna possível a regulação dessas reações. Isso, por sua vez, origina a complexa e altamente regulada sinfonia chamada vida.

### RESUMO 6.5 Enzimas regulatórias

■ A atividade das vias metabólicas nas células é regulada pelo controle da atividade de determinadas enzimas.

■ A atividade das enzimas alostéricas é ajustada pela ligação reversível de um modulador em um sítio regulatório. O modulador pode ser o próprio substrato ou algum outro metabólito, e os efeitos do modulador podem ser inibidores ou estimuladores.

■ O comportamento cinético das enzimas alostéricas reflete interações cooperativas entre as subunidades da enzima.

■ Outras enzimas regulatórias são moduladas por modificações covalentes de grupos funcionais específicos que são necessários para a atividade.

■ A fosforilação de resíduos de determinados aminoácidos é uma maneira muito comum de regular a atividade de enzimas.

■ Muitas enzimas proteolíticas são sintetizadas como precursores inativos, denominados zimogênios, que são ativados por hidrólise, que remove pequenos fragmentos peptídicos.

■ A coagulação sanguínea é mediada por duas cascatas regulatórias interligadas de zimogênios ativados proteoliticamente.

■ As enzimas em pontos de cruzamento importantes de vias metabólicas podem ser reguladas por combinações complexas de efetores, permitindo a coordenação das atividades de vias interconectadas.

## TERMOS-CHAVE

*Os termos em negrito estão definidos no glossário.*

**enzima** 178
**cofator** 178
**coenzima** 178
**grupo prostético** 179
**holoenzima** 179
**apoenzima** 179
**apoproteína** 179
**sítio ativo** 179
**substrato** 180
**estado basal** 180
**variação de energia livre padrão ($\Delta G°$)** 180
**variação de energia livre padrão bioquímica ($\Delta G'°$)** 180
**estado de transição** 180
**energia de ativação ($\Delta G^{\ddagger}$)** 181
**intermediário da reação** 181
**etapa limitante da velocidade** 181
**constante de equilíbrio ($K_{eq}$)** 182
**constante de velocidade** 182
**energia de ligação ($\Delta G_B$)** 183
**especificidade** 185
**dessolvatação** 186
**encaixe induzido** 186
**catálise ácido-base específica** 187
**catálise geral ácido-base** 187
catálise covalente 187
cinética enzimática 188
**estado pré-estacionário** 188
**estado estacionário** 188
cinética do estado estacionário 188
$V_0$ 189
$V_{máx}$ 189
**equação de Michaelis-Menten** 190
premissa do estado estacionário 190
**constante de Michaelis ($K_m$)** 190
**equação de Lineweaver-Burk** 191
**cinética de Michaelis-Menten** 192
**constante de dissociação ($K_d$)** 192
$k_{cat}$ 192
**número de renovação (*turnover*)** 193
**nomenclatura de Cleland** 195
**inibição reversível** 197
**inibição competitiva** 197
**inibição incompetitiva** 198
**inibição mista** 199
inibição não competitiva 199
inibidores irreversíveis 200
**inativadores suicidas** 200
**análogo do estado de transição** 200
**serina-proteases** 205
**retrovírus** 208
**enzima regulatória** 213
**enzima alostérica** 213
modulador alostérico (efetor alostérico) 213
**proteína regulatória** 214
**homotrópico** 214
**heterotrópico** 214
**proteínas-cinases** 217
**proteínas-fosfatases** 217
**zimogênio** 220
pró-proteínas (proenzimas) 220
**cascata de regulação** 220
**plaquetas** 220
fibrina 220
**fibrinogênio** 220
**tromboxano** 221
trombina 221
via intrínseca 222
via extrínseca 222

## QUESTÕES

1. **Manutenção do doce sabor do milho** O sabor doce do milho recém-colhido deve-se ao alto conteúdo de açúcar no grão. O milho comprado em mercados (vários dias depois de colhido) não é tão doce, visto que 50% do açúcar livre é convertido em amido no primeiro dia após a colheita. Para manter a doçura do milho fresco, depois de debulhado, ele pode ser imerso em água fervente por alguns minutos e, então, resfriado com água fria. O milho processado dessa maneira e mantido congelado mantém a doçura. Qual é a base bioquímica desse processo?

2. **Concentração intracelular das enzimas** Para ter uma ideia da concentração real das enzimas em uma célula bacteriana, suponha que o citosol da célula contenha as mesmas concentrações de 1.000 enzimas diferentes e que cada proteína tenha uma massa molecular de 100.000. Suponha também que a célula bacteriana seja um cilindro (diâmetro de 1,0 $\mu$m, comprimento de 2,0 $\mu$m), que o citosol (gravidade específica de 1,20) tenha 20% (em peso) de proteínas solúveis e que as proteínas solúveis sejam constituídas apenas de enzimas. Calcule a concentração molar *média* de cada enzima nessa célula hipotética.

3. **Aumento da velocidade pela urease** A enzima urease aumenta a velocidade da hidrólise da ureia em pH 8,0 e 20 °C por um fator de $10^{14}$. Suponha que uma dada quantidade de urease possa hidrolisar completamente determinada quantidade de ureia em 5,0 minutos a 20 °C e em pH 8,0. Quanto tempo levaria para que essa mesma quantidade de ureia fosse hidrolisada na ausência de urease sob as mesmas condições? Considere que ambas as reações ocorram em sistemas estéreis, de modo que a ureia não pode ser atacada por bactérias.

4. **Proteção das enzimas contra a desnaturação pelo calor** Quando uma solução de enzima é aquecida, há perda progressiva da atividade catalítica com o tempo, devido à desnaturação da enzima. Uma solução da enzima hexocinase incubada a 45 °C perde 50% da atividade em 12 minutos, mas, quando incubada a 45 °C na presença de uma grande quantidade de um dos seus substratos, ela perde apenas 3% da atividade em 12 minutos. Proponha uma explicação para o fato de que a desnaturação da hexocinase pelo calor é retardada na presença do substrato.

5. **Ensaio quantitativo da lactato-desidrogenase** A enzima muscular lactato-desidrogenase catalisa a reação

$$CH_3-\underset{\text{Piruvato}}{\overset{O}{\underset{\|}{C}}}-COO^- + NADH + H^+ \longrightarrow CH_3-\underset{\text{Lactato}}{\overset{OH}{\underset{H}{C}}}-COO^- + NAD^+$$

NADH e NAD$^+$ são, respectivamente, a forma reduzida e a forma oxidada da coenzima NAD. Soluções de NADH, mas *não* de NAD$^+$, absorvem luz em 340 nm. Essa propriedade é usada para determinar a concentração de NADH em solução, medindo-se em espectrofotômetro a quantidade de luz absorvida pela solução em 340 nm ($A_{340}$). Explique como essas propriedades da NADH podem ser usadas para planejar um ensaio quantitativo da lactato-desidrogenase.

6. **Efeito das enzimas sobre as reações** Considere a reação:

$$S \underset{k_2}{\overset{k_1}{\rightleftharpoons}} P \quad \text{em que} \quad K'_{eq} = \frac{[P]}{[S]}$$

Quais dos seguintes efeitos ocorreriam se uma enzima catalisasse a reação? **(a)** aumento de $k_1$, **(b)** aumento de $K'_{eq}$ **(c)** diminuição de $\Delta G^{\ddagger}$ **(d)** $\Delta G'°$ mais negativa **(e)** aumento de $k_2$

7. **Relação entre a velocidade da reação e a concentração do substrato: equação de Michaelis-Menten** A $K_m$ de uma enzima é 5,0 mM.

(a) Calcule a concentração de substrato na qual essa enzima age com um quarto da velocidade máxima.
(b) Determine a porcentagem da $V_{máx}$ que pode ser obtida com concentrações de substrato, [S], equivalendo a 0,5 $K_m$, 2 $K_m$ e 10 $K_m$.
(c) Uma enzima que catalisa a reação X ⇌ Y foi isolada de duas espécies de bactéria. Essas enzimas têm a mesma $V_{máx}$, mas $K_m$ diferentes para o substrato X. A enzima do organismo A tem $K_m$ de 2,0 μM, e a enzima do organismo B, $K_m$ de 0,5 μM. Foram feitos experimentos de cinética com a mesma concentração de cada uma dessas enzimas e 1 μM de substrato X. O gráfico mostra a concentração do produto Y formado ao longo do tempo de reação. Qual curva corresponde a cada enzima?

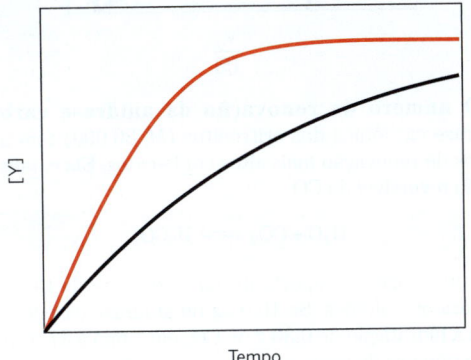

**8. Aplicação da equação de Michaelis-Menten I** Uma enzima tem $V_{máx}$ de 1,2 μM s$^{-1}$. A $K_m$ para o substrato é 10 μM. Calcule a $V_0$ da reação quando a concentração do substrato for
(a) 2 μM, (b) 10 μM e (c) 30 μM.

**9. Aplicação da equação de Michaelis-Menten II** Uma enzima está presente na concentração de 1 nM e tem $V_{máx}$ de 2 μM s$^{-1}$. A $K_m$ para o seu substrato é 4 μM.
(a) Calcule o valor de $k_{cat}$.
(b) Quais valores de $V_{máx}$ aparente e $K_m$ aparente seriam determinados se a reação ocorresse na presença de quantidade suficiente de um inibidor incompetitivo que gerasse uma α′ de 2? Considere que a concentração da enzima permanece em 1 nM.

**10. Aplicação da equação de Michaelis-Menten III** Um grupo de pesquisadores descobriu uma nova versão da felicidase, que eles denominaram felicidase*, que catalisa a reação química FELICIDADE ⇌ TRISTEZA. Os pesquisadores iniciaram a caracterização da enzima.
(a) No primeiro experimento, com [$E_t$] de 4 nM, eles verificaram que a $V_{máx}$ é de 1,6 μM s$^{-1}$. Com base nesse experimento, qual é o $k_{cat}$ da felicidase*? (Inclua as unidades apropriadas.)
(b) No segundo experimento, com [$E_t$] de 1 nM e [FELICIDADE] de 30 μM, eles verificaram que $V_0$ = 300 nM s$^{-1}$. Qual é a $K_m$ medida para a felicidase* para o substrato FELICIDADE? (Inclua as unidades apropriadas.)
(c) Pesquisas posteriores mostraram que a felicidase* purificada que foi usada nos primeiros dois experimentos estava contaminada com um inibidor reversível denominado RAIVA. Quando RAIVA foi totalmente removido da preparação e os dois experimentos foram repetidos, o valor de $V_{máx}$ medido em (a) aumentou para 4,8 μM s$^{-1}$, e o valor de $K_m$ medido em (b) passou a ser 15 μM. Calcule os valores de α e α′ de RAIVA.
(d) Com base nas informações dadas, que tipo de inibidor é RAIVA?

**11. Aplicação da equação de Michaelis Menten IV** Pesquisadores descobriram uma enzima que catalisa a reação X ⇌ Y. Os pesquisadores verificaram que o valor de $K_m$ para o substrato X é 4 μM, e o $k_{cat}$, 20 min$^{-1}$.
(a) Em um experimento, [X] = 6 mM, $V_0$ = 480 nM min$^{-1}$. Qual foi a [$E_t$] usada nesse experimento?
(b) Em outro experimento, [$E_t$] = 0,5 μM e $V_0$ medida = 5 μM min$^{-1}$. Qual foi a [X] usada nesse experimento?
(c) Os pesquisadores descobriram que o composto Z é um forte inibidor competitivo da enzima. Em um experimento com a mesma [$E_t$] que foi usada em (a), mas com [X] diferente, foi adicionada uma quantidade de Z que produz um α de 10 e reduz a $V_0$ para 240 nM min$^{-1}$. Qual é a [X] usada nesse experimento?
(d) Com base nos parâmetros cinéticos dados, pode-se concluir que essa enzima evoluiu, atingindo a perfeição catalítica? Explique brevemente sua resposta usando os parâmetros cinéticos que definem a perfeição catalítica.

**12. Estimativa de $V_{máx}$ e $K_m$** Existem métodos gráficos para determinar a $V_{máx}$ e a $K_m$ das reações enzimáticas. Algumas vezes, entretanto, essas grandezas podem ser estimadas analisando-se os valores de $V_0$ em função de [S]. Estime os valores de $V_{máx}$ e de $K_m$ da reação catalisada por uma enzima da qual foram obtidos os seguintes dados:

| [S] (M) | $V_0$ (μM/min) |
|---|---|
| $2,5 \times 10^{-6}$ | 28 |
| $4,0 \times 10^{-6}$ | 40 |
| $1 \times 10^{-5}$ | 70 |
| $2 \times 10^{-5}$ | 95 |
| $4 \times 10^{-5}$ | 112 |
| $1 \times 10^{-4}$ | 128 |
| $2 \times 10^{-3}$ | 139 |
| $1 \times 10^{-2}$ | 140 |

**13. Propriedades de uma enzima envolvida na síntese de prostaglandinas** As prostaglandinas formam uma classe de derivados de ácidos graxos denominados eicosanoides. Prostaglandinas produzem febre e inflamação, bem como a dor associada à inflamação. A enzima prostaglandina-endoperoxidase-sintase, uma cicloxigenase, utiliza oxigênio para converter ácido araquidônico em $PGG_2$, o precursor direto de muitas prostaglandinas diferentes (a síntese das prostaglandinas está descrita no Capítulo 21).

O ibuprofeno inibe a prostaglandina-endoperoxidase-sintase e, assim, reduz a inflamação e a febre. Os dados cinéticos apresentados na tabela a seguir foram de uma reação catalisada pela prostaglandina-endoperoxidase-sintase na ausência e na presença de ibuprofeno.

(a) Com base nesses dados, determine a $V_{máx}$ e a $K_m$ da enzima.

| [Ácido araquidônico] (mM) | Velocidade de formação de PGG$_2$ (mM min$^{-1}$) | Velocidade de formação de PGG$_2$ na presença de ibuprofeno 10 mg/mL (mM min$^{-1}$) |
|---|---|---|
| 0,5 | 23,5 | 16,67 |
| 1,0 | 32,2 | 25,25 |
| 1,5 | 36,9 | 30,49 |
| 2,5 | 41,8 | 37,04 |
| 3,5 | 44,0 | 38,91 |

(b) Com base nos dados, determine o tipo de inibição do ibuprofeno sobre a prostaglandina-endoperoxidase-sintase.

14. **Análise gráfica da $V_{máx}$ e da $K_m$** Os dados da tabela foram obtidos de um estudo cinético sobre uma peptidase intestinal usando glicilglicina como substrato. A peptidase catalisa a reação:

$$\text{Glicilglicina} + H_2O \longrightarrow 2 \text{ glicina}$$

| [S] (mM) | Produto formado ($\mu$mol/min) |
|---|---|
| 1,5 | 0,21 |
| 2,0 | 0,24 |
| 3,0 | 0,28 |
| 4,0 | 0,33 |
| 8,0 | 0,40 |
| 16,0 | 0,45 |

Use a equação de Lineweaver-Burk para determinar $V_{máx}$ e $K_m$ dessa preparação sobre esse substrato.

15. **Equação de Eadie-Hofstee** Existem várias maneiras de transformar a equação de Michaelis-Menten para fazer gráficos com os dados e calcular os parâmetros cinéticos, cada uma delas com diferentes vantagens, dependendo do conjunto de dados a ser analisado. Uma das transformações da equação de Michaelis-Menten é a equação de Lineweaver-Burk, ou de duplo-recíproco. Multiplicando ambos os lados da equação de Lineweaver-Burk por $V_{máx}$ e rearranjando, obtém-se a equação de Eadie-Hofstee:

$$V_0 = (-K_m)\frac{V_0}{[S]} + V_{máx}$$

Considere o gráfico de $V_0$ contra $V_0/[S]$ para a reação enzimática. A inclinação da reta é $-K_m$. A interseção no eixo $x$ é $V_{máx}/K_m$. As reações controle (linha azul no gráfico) não contêm inibidor.

(a) Qual das outras retas (A, B ou C) descreve a atividade dessa enzima na presença de um inibidor competitivo? Dica: ver Equação 6-33.
(b) Qual reta (A, B ou C) descreve a atividade dessa enzima na presença de um inibidor incompetitivo?

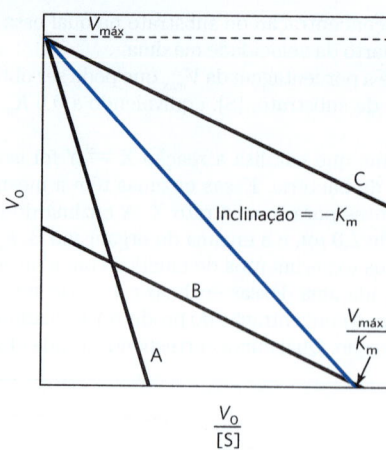

16. **O número de renovação da anidrase carbônica**
A anidrase carbônica dos eritrócitos ($M_r$ 30.000) tem um dos números de renovação mais altos conhecidos. Ela catalisa a hidratação reversível do $CO_2$:

$$H_2O + CO_2 \rightleftharpoons H_2CO_3$$

Esse é um processo importante no transporte de $CO_2$ dos tecidos para os pulmões. Se 10,0 $\mu$g de anidrase carbônica pura catalisa a hidratação de 0,30 g de $CO_2$ em 1 min a 37 °C na $V_{máx}$, qual é o número de renovação ($k_{cat}$) da anidrase carbônica (em unidades de min$^{-1}$)?

17. **Descrição das reações com a nomenclatura de Cleland**
A quimotripsina catalisa a reação mostrada no diagrama usando a nomenclatura de Cleland. Faça a correspondência entre as letras do diagrama com as descrições a seguir:

(a) Produto que inclui o grupo amino da ligação peptídica clivada
(b) Produto que inclui o grupo carbonila da ligação peptídica clivada
(c) Quimotripsina livre (sem nada ligado)
(d) Água
(e) Substrato peptídico
(f) Intermediário acil-enzima

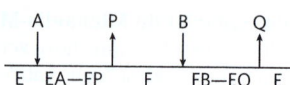

18. **Padrões de cinética de inibição** Indique como a $K_m$ observada de uma enzima pode mudar na presença de inibidores devido aos efeitos de $\alpha$ e $\alpha'$.

(a) $\alpha > \alpha'$; $\alpha' = 1,0$
(b) $\alpha' > \alpha$
(c) $\alpha = \alpha'$; $\alpha' > 1,0$
(d) $\alpha = \alpha'$; $\alpha' = 1,0$

**19. Dedução da equação de velocidade da inibição competitiva** A equação de velocidade de Michaelis-Menten de uma enzima sujeita à inibição competitiva é

$$V_0 = \frac{V_{máx}[S]}{\alpha K_m + [S]}$$

Iniciando com uma nova definição de enzima total como

$$[E_t] = [E] + [ES] + [EI]$$

e as definições de $\alpha$ e $K_I$ fornecidas no texto, deduza a equação de velocidade anterior. Use a dedução da equação de Michaelis-Menten como um guia.

**20. Inibição irreversível das enzimas** Muitas enzimas são inibidas irreversivelmente por íons de metais pesados, como $Hg^{2+}$, $Cu^{2+}$ ou $Ag^+$, que podem reagir com grupos sulfidrila para formar mercaptanas:

$$Enz\text{-}SH + Ag^+ \longrightarrow Enz\text{-}S\text{-}Ag + H^+$$

A afinidade de $Ag^+$ por grupos sulfidrila é tão grande que $Ag^+$ pode ser utilizado para titular quantitativamente grupos —SH. Um pesquisador adicionou uma quantidade de $AgNO_3$ para inativar exatamente 10,0 mL de uma solução contendo 1,0 mg/mL de uma enzima. Foram necessários 0,342 μmol de $AgNO_3$. Calcule a massa molecular mínima da enzima. Por que o valor obtido dessa maneira pode dar apenas a massa molecular *mínima*?

**21. Aplicações clínicas da inibição seletiva das enzimas** O soro humano contém uma classe de enzimas conhecidas como fosfatases, que hidrolisam ésteres de fosfato biológicos sob condições levemente ácidas (pH 5,0):

R—O—P(O⁻)(=O)—O⁻ + H₂O ⟶ R—OH + HO—P(O⁻)(=O)—O⁻

Fosfatases ácidas são produzidas pelos eritrócitos, pelo fígado, pelos rins, pelo baço e pela próstata. A enzima da próstata tem importância clínica, uma vez que o aumento da sua atividade no sangue pode ser um indício de câncer de próstata. A fosfatase da próstata é inibida fortemente pelo íon tartarato, ao passo que as fosfatases dos outros tecidos, não. Como essa informação pode ser usada para desenvolver uma metodologia para medir a atividade da fosfatase ácida prostática no sangue?

**22. Inibição da anidrase carbônica por acetazolamida** A anidrase carbônica é fortemente inibida pelo fármaco acetazolamida, utilizado como diurético (i.e., para aumentar a produção de urina) e para diminuir a pressão excessivamente alta no olho (devido ao acúmulo de fluido intraocular) de pacientes com glaucoma. A anidrase carbônica tem um papel importante nesse e em outros processos de secreção, pois participa da regulação do pH e do conteúdo de bicarbonato de vários fluidos corporais. A atividade da anidrase carbônica pode ser analisada por meio do uso da velocidade inicial da reação (como porcentagem da $V_{máx}$) em função de [S]. A curva em preto no gráfico mostra a atividade da enzima não inibida, ao passo que a curva em azul mostra a atividade na presença de acetazolamida. Determine, com base nesses dados, a natureza da inibição por acetazolamida. Explique seu raciocínio.

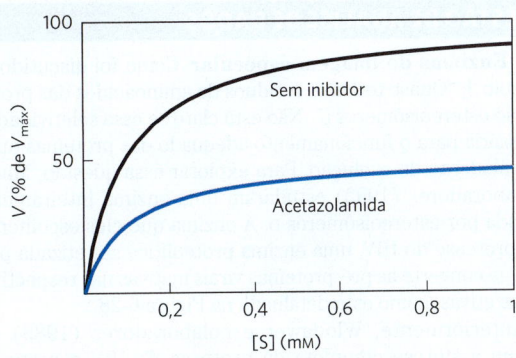

**23. Efeitos dos inibidores reversíveis** A equação de velocidade de Michaelis-Menten para inibidores reversíveis mistos é escrita como

$$V_0 = \frac{V_{máx}[S]}{\alpha K_m + \alpha'[S]}$$

A $K_m$ aparente, ou $K_m$ observada, é equivalente à [S], na qual

$$V_0 = \frac{V_{máx}}{2\alpha'}$$

Deduza uma expressão para os efeitos de um inibidor reversível sobre a $K_m$ aparente a partir da equação anterior.

**24. Alterações nos valores de $pK_a$ nos sítios ativos de enzimas** A alanina-racemase é uma enzima bacteriana que converte L-alanina em D-alanina e é necessária em pequenas quantidades para a síntese da parede de bactérias. O sítio ativo da alanina racemase inclui um resíduo de Tyr cujo $pK_a$ é 7,2. O $pK_a$ da tirosina livre é 10. Essa alteração no valor de $pK_a$ desse resíduo deve-se, em grande parte, à presença de um resíduo de aminoácido com carga negativa nas proximidades. Qual ou quais aminoácidos poderiam diminuir o $pK_a$ de um resíduo de Tyr próximo? Explique seu raciocínio.

**25. pH ótimo da lisozima** A enzima lisozima hidrolisa ligações glicosídicas do peptideoglicano, um oligossacarídeo presente na parede de bactérias. O sítio ativo da lisozima contém dois resíduos de aminoácidos essenciais para a catálise: $Glu^{35}$ e $Asp^{52}$. Os valores de $pK_a$ das carboxilas das cadeias laterais desses resíduos são 5,9 e 4,5, respectivamente. Qual é o estado de ionização (protonado ou desprotonado) de cada resíduo em pH 5,2 (o pH ótimo da lisozima)? Como os estados de ionização desses resíduos podem explicar o perfil da relação entre pH e atividade da lisozima mostrado a seguir?

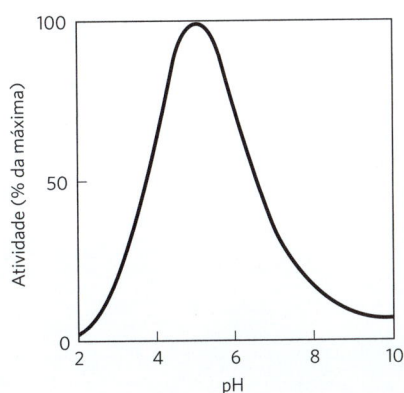

## QUESTÃO DE ANÁLISE DE DADOS

**26. Enzimas de imagem especular** Como foi discutido no Capítulo 3, "Quase todos os resíduos de aminoácidos das proteínas são estereoisômeros L". Não está claro se essa seletividade é necessária para o funcionamento adequado das proteínas ou se é um acidente da evolução. Para explorar essa questão, Milton e colaboradores (1992) estudaram uma enzima inteiramente formada por estereoisômeros D. A enzima que eles escolheram foi a protease do HIV, uma enzima proteolítica sintetizada pelo HIV que converte as pré-proteínas virais inativas nas respectivas formas ativas, como está detalhado na Figura 6-28.

Anteriormente, Wlodawer e colaboradores (1989) relataram a síntese completa da protease do HIV a partir de aminoácidos L (a enzima L), usando o processo mostrado na Figura 3-30. As proteases do HIV normais contêm dois resíduos Cys nas posições 67 e 95. Como a síntese química de proteínas contendo Cys é tecnicamente difícil, Wlodawer e colaboradores substituíram os dois resíduos Cys da proteína pelo aminoácido sintético ácido L-$\alpha$-amino-$n$-butírico (Aba). Isso foi feito para "reduzir as dificuldades sintéticas associadas à desproteção da Cys e para facilitar o manuseio do produto".

**(a)** A estrutura do Aba é mostrada a seguir.

$$H_3N^+-CH(-CH_2-CH_3)-COO^-$$

Por que essa é uma substituição adequada para um resíduo Cys?

Em seus estudos, Milton e colaboradores sintetizaram a protease do HIV a partir de D-aminoácidos, utilizando o mesmo protocolo do estudo anterior (Wlodawer et al.). Teoricamente, existem três possibilidades para o enovelamento dessa D-protease: (1) manter a mesma forma da L-protease; (2) ter uma forma que é a imagem especular da L-protease; ou (3) alguma outra forma, possivelmente inativa.

**(b)** Para cada uma das possibilidades, decida se elas são prováveis ou não e defenda sua decisão.

Efetivamente, a D-protease foi ativa: ela hidrolisou um substrato sintético específico e foi inibida por inibidores específicos. Para examinar a estrutura de enzimas D e L, Milton e colaboradores testaram a atividade das duas formas com as formas D e L de substratos peptídicos quirais, bem como a capacidade de inibição pelas formas D e L de peptídeos quirais análogos ao substrato. As duas formas também foram testadas quanto à inibição pelo inibidor aquiral azul de Evans. Os resultados estão apresentados na tabela a seguir.

| Protease do HIV | Substrato hidrolisado | | Inibição | |
|---|---|---|---|---|
| | | | Peptídeo inibidor | |
| | Forma D | Forma L | Forma D | Forma L |
| Forma L | – | + | – | + |
| Forma D | + | – | + | – |

**(c)** Qual dos três modelos propostos acima é compatível com os dados apresentados? Explique seu raciocínio.
**(d)** Seria de esperar que a quimotripsina digerisse a D-protease? Explique seu raciocínio.
**(e)** Seria de esperar que a síntese de alguma enzima totalmente com aminoácidos D seguida de renaturação produzisse uma enzima ativa? Explique seu raciocínio.

### Referências

**Milton, R. C., Milton, S. C., e Kent, S. B., 1992.** Total chemical synthesis of a D-enzyme: the enantiomers of HIV-1 protease show demonstration of reciprocal chiral substrate specificity. *Science* 256, 1445-1448.

**Wlodawer, A., Miller, M., Jaskólski, M., Shathyanarayana, B. K., Baldwin, E., Weber, I. T., Selk, L. M., Clawson, L., Schneider, J., e Kent, S. B., 1989.** Conserved folding in retroviral proteases: crystal structure of a synthetic HIV-1 protease. *Science* 245, 616-621.

# CARBOIDRATOS E GLICOBIOLOGIA

**7.1** Monossacarídeos e dissacarídeos  *230*
**7.2** Polissacarídeos  *241*
**7.3** Glicoconjugados: proteoglicanos, glicoproteínas e glicolipídeos  *247*
**7.4** Carboidratos como moléculas informacionais: o código do açúcar  *254*
**7.5** Trabalhando com carboidratos  *258*

Os carboidratos são as biomoléculas mais abundantes na Terra. A cada ano, a fotossíntese converte mais de 100 bilhões de toneladas métricas de $CO_2$ e $H_2O$ em celulose e outros produtos vegetais. Os carboidratos presentes nesses produtos vegetais são os principais elementos da dieta em muitas partes do mundo, e a oxidação de carboidratos é a via central de produção de energia na maioria das células não fotossintéticas. Polímeros de carboidratos (também chamados de glicanos) agem como elementos estruturais e protetores nas paredes celulares de bactérias, fungos e plantas e nos tecidos conectivos dos animais. Outros polímeros de carboidratos lubrificam as articulações do esqueleto e participam do reconhecimento e da adesão intercelular. Além disso, alguns polímeros de carboidratos complexos ligados covalentemente a proteínas ou lipídeos atuam como sinais que determinam a localização intracelular ou o destino metabólico dessas moléculas híbridas, chamadas glicoconjugados.

**Carboidratos** são aldeídos ou cetonas contendo pelo menos dois grupos hidroxila, ou substâncias que geram esses compostos quando hidrolisadas. Muitos carboidratos têm a fórmula empírica $(CH_2O)_n$; alguns também contêm nitrogênio, fósforo ou enxofre. Há três classes principais de carboidratos: monossacarídeos, oligossacarídeos e polissacarídeos (a palavra "sacarídeo" é derivada do grego *sakcharon*, que significa "açúcar"). Os **monossacarídeos**, ou açúcares simples, são constituídos por uma única unidade poli-hidroxicetona ou poli-hidroxialdeído. O monossacarídeo mais abundante na natureza é o açúcar de seis carbonos D-glicose, algumas vezes chamado de dextrose.

Os **oligossacarídeos** consistem em cadeias curtas de unidades de monossacarídeos, ou resíduos, unidas por ligações características, chamadas de ligações glicosídicas. Os mais abundantes são os **dissacarídeos**, com duas unidades de monossacarídeos. A sacarose (açúcar normalmente utilizado para adoçar alimentos), por exemplo, é um dissacarídeo constituído pelos açúcares de seis carbonos D-glicose e D-frutose. Todos os monossacarídeos e dissacarídeos comuns têm nomes terminados com o sufixo "-ose". Nas células, a maioria dos oligossacarídeos constituídos por três ou mais unidades não ocorre como moléculas livres, mas é ligada a moléculas que não são açúcares (lipídeos ou proteínas), formando glicoconjugados.

Os **polissacarídeos** são polímeros de açúcar que contêm mais de 10 unidades de monossacarídeos; alguns têm centenas ou milhares de unidades. Alguns polissacarídeos, como a celulose, são cadeias lineares; outros, como o glicogênio, são ramificados. Tanto a celulose como o glicogênio são formados por unidades repetidas de D-glicose, mas diferem no tipo de ligação glicosídica e, em consequência, têm propriedades e funções biológicas notavelmente diferentes.

Este capítulo apresenta as principais classes de carboidratos e glicoconjugados e traz alguns exemplos de seus muitos papéis estruturais e funcionais. Conhecer as estruturas e as propriedades químicas das biomoléculas é essencial, pois elas são o vocabulário e a gramática da bioquímica. À medida que avança na leitura acerca dos carboidratos, observe como casos específicos ilustram esses princípios gerais que estão na base da bioquímica.

**P1** **Carboidratos podem ter múltiplos carbonos quirais; a configuração dos grupos ao redor de cada átomo de carbono determina como o composto interage com outras biomoléculas.** Como vimos no caso dos L-aminoácidos nas proteínas, com raras exceções, a evolução biológica selecionou uma série estereoquímica (a série D) para os açúcares.

**P2** **Subunidades monoméricas, os monossacarídeos, são os blocos constitutivos de grandes polímeros de carboidratos.** Os açúcares específicos, o modo como as unidades estão ligadas e o fato de a estrutura ser ou não ramificada são características que determinam as propriedades do polissacarídeo e, portanto, sua função.

**P3** **O armazenamento de metabólitos de baixo peso molecular em forma de polímeros evita a enorme osmolaridade que resultaria de armazená-los como monômeros individuais.** Se a glicose contida no glicogênio hepático fosse armazenada na forma de monômeros, sua concentração no fígado seria tão alta que as células hepáticas inchariam e sofreriam lise em função da entrada de água por osmose.

▶**P4** **As sequências das unidades nos polissacarídeos complexos são determinadas pelas propriedades intrínsecas das enzimas biossintéticas que adicionam cada unidade monomérica ao polímero crescente**. Isso contrasta com a produção de DNA, RNA e proteínas, cuja síntese ocorre com a utilização de moldes que orientam sua sequência.

▶**P5** **Polissacarídeos assumem estruturas tridimensionais com as conformações de menor energia, determinadas por ligações covalentes, ligações de hidrogênio, interações elétricas e fatores estéricos**. A molécula do amido dobra-se em uma estrutura helicoidal, estabilizada por ligações de hidrogênio internas; a celulose assume uma estrutura estendida, na qual pontes de hidrogênio intermoleculares são mais importantes.

▶**P6** **A complementaridade molecular é central para a função**. O reconhecimento de oligossacarídeos por proteínas que ligam açúcares (lectinas) resulta de um encaixe perfeito entre lectina e ligante.

▶**P7** **Uma variedade quase infinita de estruturas diferentes pode ser construída a partir de um pequeno número de subunidades monoméricas**. Mesmo polímeros pequenos, quando arranjados em sequências diferentes, unidos por meio de distintos tipos de ligação e ramificados em diferentes graus, apresentam superfícies únicas, reconhecidas por seus parceiros moleculares.

## 7.1 Monossacarídeos e dissacarídeos

Os monossacarídeos, os carboidratos mais simples, são aldeídos ou cetonas com dois ou mais grupos hidroxila; a glicose e a frutose, monossacarídeos de seis carbonos, têm cinco grupos hidroxila. Muitos dos átomos de carbono aos quais os grupos hidroxila estão ligados são centros quirais, os quais originam os muitos estereoisômeros de açúcares encontrados na natureza. Essa estereoisomeria é biologicamente importante porque as enzimas que agem sobre os açúcares são estritamente estereoespecíficas, normalmente preferindo um estereoisômero a outro por três ou mais ordens de magnitude, como demonstrado pelos seus valores de $K_m$ ou constantes de ligação. Encaixar o estereoisômero errado de um açúcar dentro do sítio de ligação de uma enzima é tão difícil quanto colocar a sua luva esquerda na sua mão direita.

Inicialmente, serão descritas as famílias de monossacarídeos com esqueletos de 3 a 7 carbonos – suas estruturas, as formas estereoisoméricas e os meios para representar as estruturas tridimensionais no papel. Depois, serão discutidas algumas reações químicas dos grupos carbonila dos monossacarídeos. Uma dessas reações, a adição de um grupo hidroxila por rearranjo de átomos da mesma molécula, gera formas cíclicas com esqueletos de quatro ou mais carbonos (as formas que predominam em solução aquosa). ▶**P1** O fechamento desse anel cria um novo centro quiral, adicionando ainda mais complexidade estereoquímica a essa classe de compostos. A nomenclatura para especificar sem ambiguidades a configuração de cada átomo de carbono em uma forma cíclica e os meios para representar essas estruturas no papel serão descritos com alguns detalhes; essas informações serão úteis quando for discutido o metabolismo dos monossacarídeos, na Parte II deste livro. Além disso, serão apresentados alguns importantes derivados de monossacarídeos, examinados com mais detalhes em capítulos posteriores.

### Aldoses e cetoses são as duas famílias de monossacarídeos

Os monossacarídeos são sólidos cristalinos e incolores plenamente solúveis em água, mas insolúveis em solventes apolares. A maioria tem sabor adocicado (**Quadro 7-1**). Os esqueletos dos monossacarídeos comuns são compostos por cadeias de carbonos não ramificadas, nas quais todos os átomos de carbono estão unidos por ligações simples. Nessa forma de cadeia aberta, um dos átomos de carbono está ligado duplamente a um átomo de oxigênio, formando um grupo carbonila; os outros átomos de carbono estão ligados, cada um, a um grupo hidroxila. Quando o grupo carbonila está na extremidade da cadeia de carbonos (i.e., em um grupo aldeído), o monossacarídeo é uma **aldose**; quando o grupo carbonila está em qualquer outra posição (em um grupo cetona), o monossacarídeo é uma **cetose**. Os monossacarídeos mais simples são as duas trioses de três carbonos: o gliceraldeído, uma aldotriose, e a di-hidroxiacetona, uma cetotriose (**Fig. 7-1a**).

Monossacarídeos com quatro, cinco, seis e sete átomos de carbono no esqueleto são chamados, respectivamente, de tetroses, pentoses, hexoses e heptoses. Existem aldoses e cetoses para cada um desses comprimentos de cadeia:

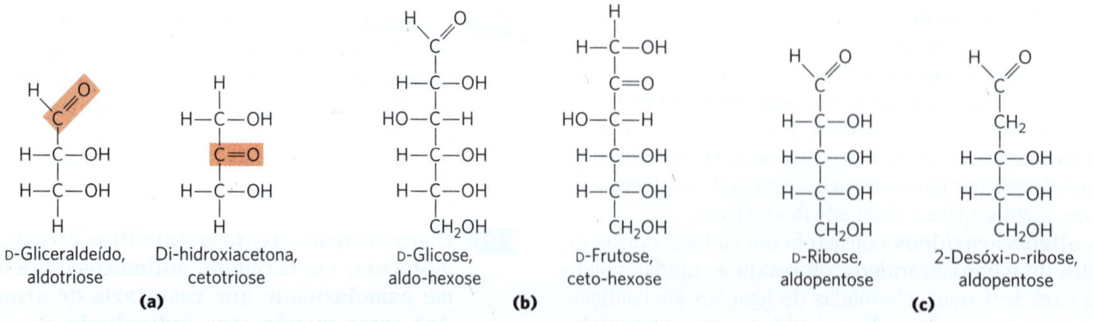

**FIGURA 7-1 Monossacarídeos representativos.** (a) Duas trioses, uma aldose e uma cetose. O grupo carbonila em cada molécula está sombreado. (b) Duas hexoses comuns. (c) As pentoses componentes das estruturas dos ácidos nucleicos. A D-ribose é um componente do ácido ribonucleico (RNA) e a 2-desóxi-D-ribose é um componente do ácido desoxirribonucleico (DNA).

## QUADRO 7-1 MEDICINA

### O que faz o açúcar ser doce?

O doce é um dos cinco sabores básicos que os seres humanos podem sentir; os outros são azedo, amargo, salgado e umami. O sabor doce é detectado por receptores proteicos presentes na membrana plasmática de células nas papilas gustativas da superfície da língua. Em seres humanos, dois genes bastante relacionados (*TAS1R2* e *TAS1R3*) codificam os receptores para o sabor doce (Fig. 1). Quando uma molécula com uma estrutura compatível se liga ao domínio extracelular de um receptor gustativo, essa ligação desencadeia uma série de eventos dentro da célula (incluindo a ativação de uma proteína ligante de GTP; ver Fig. 12-20) que levam à emissão de um sinal elétrico para o encéfalo, que é interpretado como "doce".

Durante a evolução, houve, provavelmente, a seleção para a capacidade de perceber o sabor de compostos presentes nos alimentos contendo nutrientes importantes, como os carboidratos, que são o principal combustível para a maioria dos organismos. A maioria dos açúcares, incluindo sacarose, glicose, lactose e frutose, tem sabor doce, mas há outras classes de compostos que também são capazes de se ligar a receptores de sabor doce. Os aminoácidos glicina, alanina e serina são levemente doces e não causam danos; nitrobenzeno e etilenoglicol têm forte sabor doce, mas são tóxicos. (Ver Quadro 18-2 para um notável mistério da medicina envolvendo a intoxicação por etilenoglicol.) Diversos produtos naturais são extraordinariamente doces. O esteviosídeo, um derivado de açúcar isolado das folhas da estévia (*Stevia rebaudiana* Bertoni), é centenas de vezes mais doce que uma quantidade equivalente de sacarose (o açúcar de mesa). A pequena proteína brazeína (54 aminoácidos), isolada dos frutos do arbusto Oubli (*Pentadiplandra brazzeana* Baillon), que ocorre no Gabão e nos Camarões, é 17 mil vezes mais doce que a sacarose em uma comparação molar. Presume-se que o sabor doce desses frutos estimule seu consumo pelos animais, que, então, dispersam as sementes, de modo que novas plantas podem se estabelecer.

Em sociedades em que a obesidade é um problema importante de saúde pública, compostos que conferem sabor doce aos alimentos sem a adição das calorias encontradas nos açúcares são aditivos alimentícios comuns. O adoçante artificial aspartame demonstra a importância da estereoquímica na biologia (Fig. 2). Um modelo simples de ligação a um receptor de sabor doce envolve três sítios: $AH^+$, $B^-$ e X. O sítio $AH^+$ apresenta um grupo (um álcool ou uma amina) que liga o oxigênio parcialmente negativo do ácido carboxílico do (*S,S*)-aspartame. O sítio $B^-$ apresenta um oxigênio parcialmente negativo disponível para o estabelecimento das ligações de hidrogênio com o nitrogênio da amina do (*S,S*)-aspartame. O sítio X está orientado perpendicularmente aos outros dois grupos e pode acomodar o anel benzênico hidrofóbico do (*S,S*)-aspartame.

Quando o pareamento espacial estiver correto, como para o (*S,S*)-aspartame, na Figura 2, à esquerda, o receptor do sabor doce será estimulado, e o sinal "doce" será conduzido ao encéfalo. Quando o ajuste não estiver correto, como para o (*R,S*)-aspartame, o receptor para o sabor doce não será estimulado; de fato, o (*R,S*)-aspartame estimula um outro receptor, específico para o sabor amargo. O estereoisomerismo realmente importa!

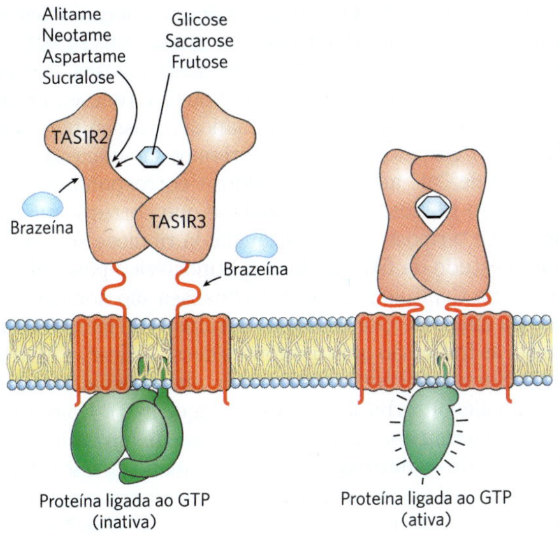

**FIGURA 1** O receptor para substâncias com sabor doce, mostrando suas regiões de interação (setas curtas) com vários compostos com sabor doce. Cada subunidade do receptor tem sete hélices transmembrana, uma característica comum de receptores de sinalização. Os adoçantes artificiais ligam-se a apenas uma das duas subunidades do receptor; os açúcares naturais ligam-se às duas. TAS1R2 e TAS1R3 são as proteínas codificadas pelos genes *TAS1R2* e *TAS1R3*. [Informações de F. M. Assadi-Porter et al., *J. Mol. Biol.* 398:584, 2010, Fig. 1.]

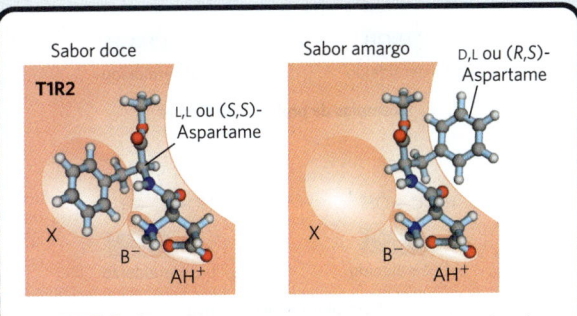

**FIGURA 2** A base estereoquímica para o sabor dos dois isômeros do aspartame. [Informações de http://chemistry.elmhurst.edu/vchembook/549receptor.html, © Charles E. Ophardt, Elmhurst College.]

aldotetroses e cetotetroses, aldopentoses e cetopentoses, e assim por diante. As hexoses, que incluem a aldo-hexose D-glicose e a ceto-hexose D-frutose (Fig. 7-1b), são os monossacarídeos mais comuns na natureza – os produtos da fotossíntese e os intermediários-chave das sequências centrais de reações produtoras de energia da maioria dos organismos. As aldopentoses D-ribose e 2-desóxi-D-ribose (Fig. 7-1c) são componentes dos nucleotídeos e dos ácidos nucleicos (Capítulo 8).

## Os monossacarídeos têm centros assimétricos

**P1** Todos os monossacarídeos, com exceção da di-hidroxiacetona, contêm um ou mais átomos de carbono assimétricos (quirais) e, portanto, ocorrem em formas isoméricas opticamente ativas (p. 16-17). A aldose mais simples, o gliceraldeído, contém um centro quiral (o átomo de carbono central) e, assim, tem dois isômeros ópticos diferentes, ou **enantiômeros** (Fig. 7-2).

**CONVENÇÃO** Um dos dois enantiômeros do gliceraldeído é, por convenção, designado D-isômero; o outro é designado L-isômero. Assim como em outras biomoléculas com centros quirais, as configurações absolutas dos açúcares são conhecidas a partir de cristalografia de raios X. Para representar as estruturas tridimensionais dos açúcares no papel, frequentemente são utilizadas **fórmulas de projeção de Fischer** (Fig. 7-2). Nessas projeções, as ligações horizontais projetam-se para fora do plano do papel, em direção ao leitor; as ligações verticais projetam-se para trás do plano do papel, distanciando-se do leitor. ■

Em geral, uma molécula com $n$ centros quirais pode ter $2^n$ estereoisômeros. O gliceraldeído tem $2^1 = 2$; as aldo-hexoses, com quatro centros quirais, têm $2^4 = 16$. Para cada um dos comprimentos de cadeia carbônica, os estereoisômeros dos monossacarídeos podem ser divididos em dois grupos, os quais diferem quanto à configuração do centro quiral *mais distante* do carbono da carbonila. Aqueles nos quais a configuração nesse carbono de referência é a mesma que aquela do D-gliceraldeído são designados D-isômeros, e aqueles com a mesma configuração do L-gliceraldeído são L-isômeros. Em outras palavras, quando o grupo hidroxila no carbono de referência está para a direita (*dextro*) em uma fórmula de projeção que tem o carbono da carbonila na parte superior, o açúcar é o isômero D; quando o grupo hidroxila está para a esquerda (*levo*), é o isômero L. Das 16 possíveis aldo-hexoses, oito são formas D e oito são L. **P1**
A maioria das hexoses nos organismos vivos são isômeros D. Por que isômeros D? Essa é uma pergunta interessante, mas sem resposta. Lembre-se de que todos os aminoácidos encontrados nas proteínas são exclusivamente um de dois estereoisômeros possíveis, no caso, L (p. 73). Desconhece-se a base para essa preferência inicial por um isômero durante a evolução; contudo, uma vez que um isômero tenha se tornado prevalente, a evolução de enzimas capazes de utilizá-lo eficientemente seria uma vantagem seletiva.

A **Figura 7-3** apresenta as estruturas dos estereoisômeros D de todas as aldoses e cetoses que têm de 3 a 6 átomos de carbono. Os carbonos de um açúcar começam a ser numerados a partir da extremidade da cadeia mais próxima ao grupo carbonila. Cada uma das oito D-aldo-hexoses, que diferem em estereoquímica em C-2, C-3 ou C-4, tem seu próprio nome: D-glicose, D-galactose, D-manose, e assim por diante (Fig. 7-3a). As cetoses de 4 e 5 carbonos são nomeadas pela inserção de "ul" ao nome da aldose correspondente; por exemplo, D-ribulose é a cetopentose que corresponde à aldopentose D-ribose. (A importância da ribulose será discutida no estudo da fixação do $CO_2$ atmosférico pelas plantas verdes, no Capítulo 20.) As ceto-hexoses são nomeadas de maneira diferente: por exemplo, a frutose (do latim *fructus*, "fruto"; as frutas são uma das fontes desse açúcar) e a sorbose (de *Sorbus*, o gênero da sorveira, planta cujos frutos são ricos no álcool sorbitol derivado de açúcares). Dois açúcares que diferem apenas na configuração de um carbono são chamados de **epímeros**; D-glicose e D-manose, que diferem apenas na estequiometria do C-2, são epímeros, assim como D-glicose e D-galactose (que diferem em C-4) (**Fig. 7-4**).

Alguns açúcares ocorrem naturalmente na forma L; são exemplos a L-arabinose e os isômeros L de alguns derivados de açúcar que comumente compõem glicoconjugados (Seção 7.3).

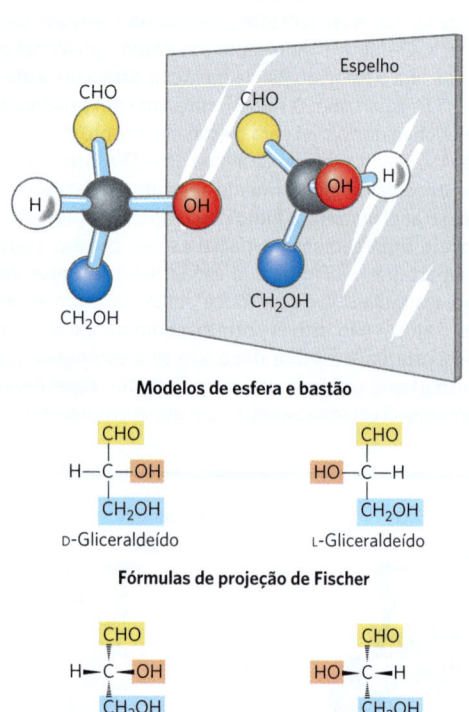

**FIGURA 7-2** Três maneiras de representar os dois enantiômeros do gliceraldeído. Os enantiômeros são imagens especulares um do outro. Modelos de esfera e bastão mostram a verdadeira configuração das moléculas. Nas projeções de Fischer, linhas verticais apontam para trás do plano da página, e linhas horizontais projetam-se para a frente da página. Lembre-se que, nas fórmulas em perspectiva, a extremidade larga da cunha sólida projeta-se para fora do plano do papel, em direção ao leitor; na cunha descontínua, ela se estende para trás (ver Fig. 1-17).

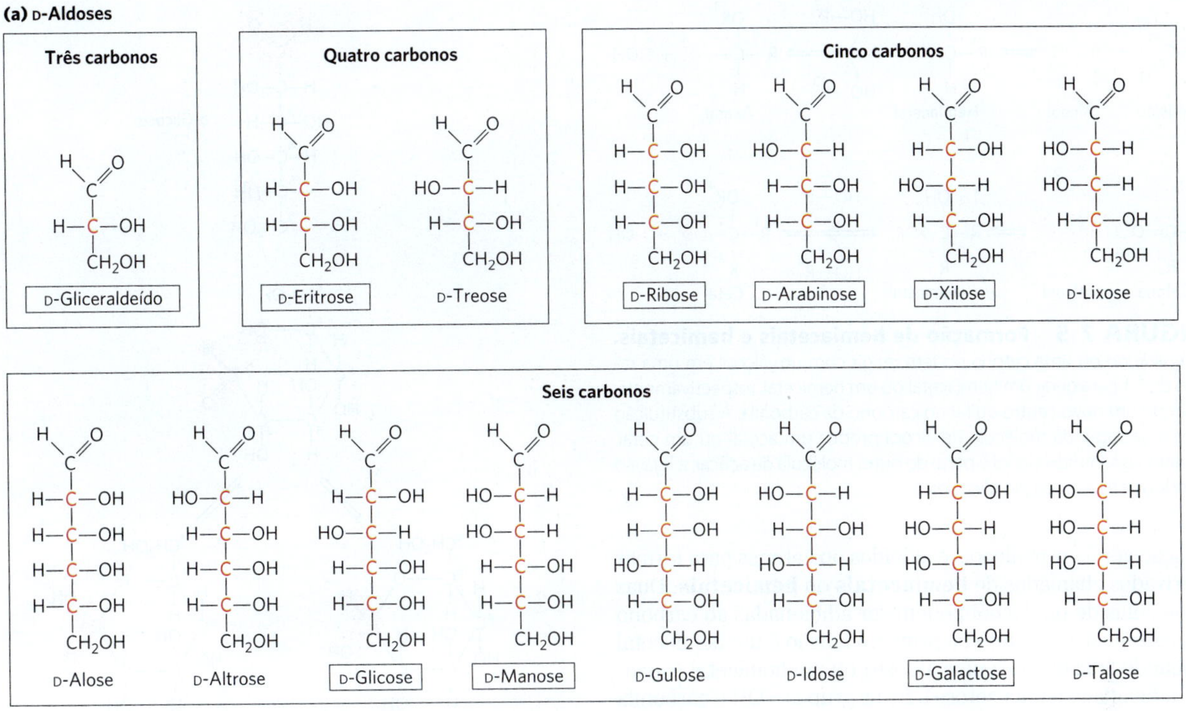

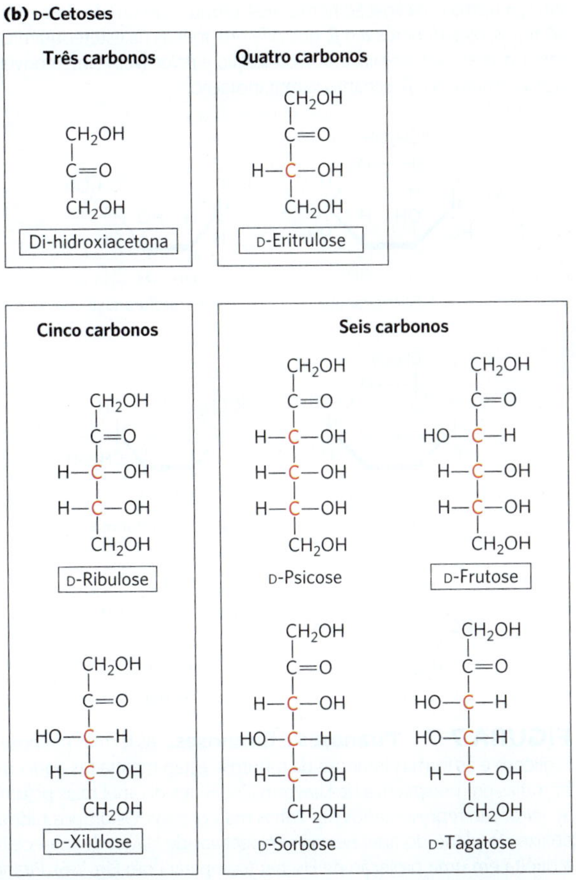

# 7.1 MONOSSACARÍDEOS E DISSACARÍDEOS

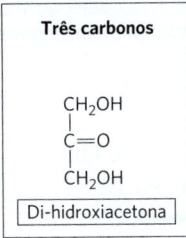

**(a) D-Aldoses**, **(b) D-Cetoses**

**FIGURA 7-3 Aldoses e cetoses.** Séries de (a) D-aldoses e (b) D-cetoses, contendo de 3 a 6 átomos de carbono, mostradas como fórmulas de projeção. Os átomos de carbono em vermelho são centros quirais. Em todos esses isômeros D, o carbono quiral *mais distante do carbono da carbonila* apresenta a mesma configuração do carbono quiral do D-gliceraldeído. Os açúcares mais comuns na natureza estão mostrados; você os encontrará novamente neste capítulo e em capítulos posteriores.

## Os monossacarídeos comuns têm estruturas cíclicas

Por simplicidade, até agora as estruturas de aldoses e cetoses foram representadas como moléculas com cadeia linear (Figs. 7-3 e 7-4). Na verdade, em solução aquosa, as aldotetroses e todos os monossacarídeos com cinco ou mais átomos de carbono no esqueleto ocorrem predominantemente como estruturas cíclicas (em anel), nas quais o grupo carbonila está formando uma ligação covalente com o oxigênio de um grupo hidroxila presente na mesma molécula. A formação dessas estruturas em anel é o resultado de uma

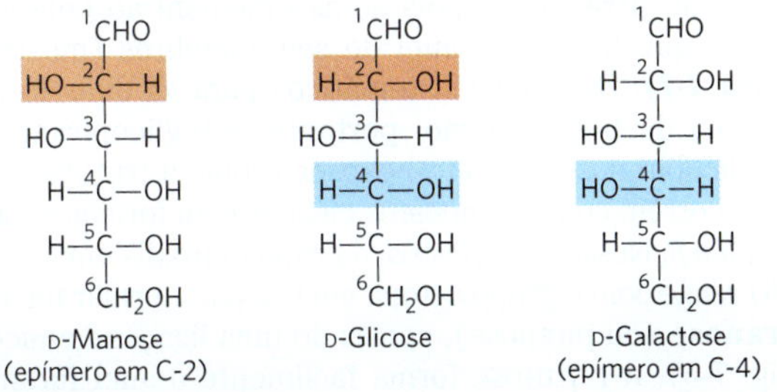

**FIGURA 7-4 Epímeros.** D-Glicose e dois de seus epímeros são mostrados como fórmulas de projeção. Cada epímero difere da D-glicose na configuração de um centro quiral (sombreado em vermelho ou azul).

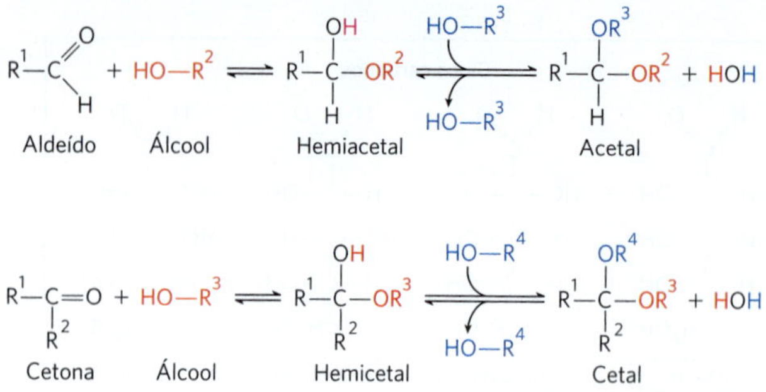

**234** CAPÍTULO 7 • CARBOIDRATOS E GLICOBIOLOGIA

**FIGURA 7-5 Formação de hemiacetais e hemicetais.** Um aldeído ou uma cetona podem reagir com um álcool em uma razão de 1:1 para gerar um hemiacetal ou um hemicetal, respectivamente, criando um novo centro quiral no carbono da carbonila. A substituição por uma segunda molécula de álcool produz um acetal ou um cetal. Quando o segundo álcool é parte de outra molécula de açúcar, a ligação produzida é uma ligação glicosídica.

reação geral entre álcoois e aldeídos ou cetonas para formar derivados chamados de **hemiacetais** ou **hemicetais**. Duas moléculas de um álcool podem ser adicionadas ao carbono da carbonila; o produto da primeira adição é um hemiacetal (quando adicionado a uma aldose) ou um hemicetal (quando adicionado a uma cetose). Se os grupos —OH e carbonila vierem da mesma molécula, o resultado será um anel com 5 ou 6 membros. A adição de uma segunda molécula de álcool produz o **acetal** ou **cetal** completo (**Fig. 7-5**), e a ligação formada é uma ligação glicosídica. Quando as duas moléculas que reagem entre si forem monossacarídeos, o acetal ou cetal formado será um dissacarídeo.

A reação com a primeira molécula de álcool cria um centro quiral adicional (o carbono da carbonila). Como o álcool pode ser adicionado de duas maneiras diferentes, atacando a "frente" ou as "costas" do carbono da carbonila, a reação pode produzir qualquer uma de duas configurações estereoisoméricas, denominadas α e β. Por exemplo, a D-glicose ocorre em solução na forma de hemiacetal intramolecular, no qual o grupo hidroxila livre em C-5 reagiu com o aldeído do C-1, tornando o C-1 assimétrico e produzindo dois possíveis estereoisômeros, designados α e β (**Fig. 7-6**). As formas isoméricas de monossacarídeos que diferem apenas na configuração do átomo de carbono hemiacetal ou hemicetal são chamadas de **anômeros**, e o átomo de carbono da carbonila é chamado de **carbono anomérico**.

Os compostos com anéis de seis membros são chamados de **piranoses**, pois se assemelham ao composto pirano, que forma um anel de seis membros (mostrado na **Fig. 7-7**). Os nomes sistemáticos para as duas formas em anel da D-glicose são, portanto, α-D-glicopiranose e β-D-glicopiranose. As ceto-hexoses (como a frutose) também ocorrem como compostos cíclicos com formas anoméricas α e β. Nesses compostos, o grupo hidroxila em C-5 (ou C-6) reage com o grupo cetona em C-2 para formar um anel **furanose** (ou piranose), contendo uma ligação hemicetal (Fig. 7-5). A D-frutose forma facilmente o anel furanose (Fig. 7-7); o anômero mais comum desse açúcar, seja em formas combinadas ou em derivados, é a β-D-frutofuranose.

As estruturas cíclicas dos açúcares são representadas mais corretamente pelas **fórmulas em perspectiva de Haworth** do que pelas projeções de Fisher, comumente

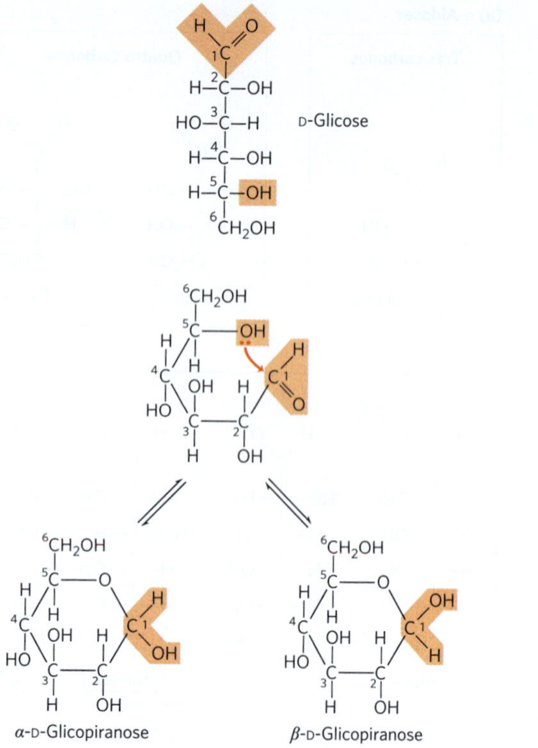

**FIGURA 7-6 Formação das duas formas cíclicas da D-glicose.** A reação entre o grupo aldeído em C-1 e o grupo hidroxila em C-5 forma uma ligação hemiacetal, produzindo um de dois estereoisômeros, os anômeros α e β, que diferem apenas na estereoquímica ao redor do carbono hemiacetal. Essa reação é reversível. A interconversão dos anômeros α e β é chamada mutarrotação.

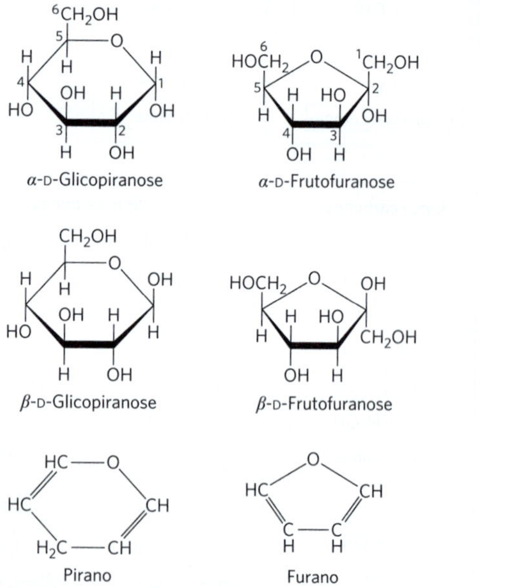

**FIGURA 7-7 Piranoses e furanoses.** As formas piranose da D-glicose e as formas furanose da D-frutose estão mostradas aqui como fórmulas em perspectiva de Haworth. Os limites do anel mais próximos ao leitor são representados por linhas mais grossas. Os grupos hidroxila abaixo do plano do anel nessas perspectivas de Haworth apareceriam à direita em uma projeção de Fischer (comparar com Fig. 7-6). Pirano e furano estão mostrados para comparação.

utilizadas para as estruturas de açúcares lineares. Nas perspectivas de Haworth, o anel de seis membros é inclinado para deixar seu plano quase perpendicular ao plano do papel, com as ligações mais próximas do leitor representadas por linhas mais grossas do que aquelas representando as ligações mais distantes, como na Figura 7-7.

**CONVENÇÃO** Para converter uma fórmula de projeção de Fisher de qualquer D-hexose linear em uma fórmula em perspectiva de Haworth mostrando a estrutura cíclica da molécula, deve-se desenhar o anel de seis membros (cinco carbonos e um oxigênio na parte superior à direita), numerar os carbonos no sentido horário, começando com o carbono anomérico, e, então, colocar os grupos hidroxila. Se um grupo hidroxila estiver à direita na projeção de Fisher, ele é colocado apontando para baixo (i.e., abaixo do plano do anel) na perspectiva de Haworth; se ele estiver à esquerda na projeção de Fisher, é colocado apontando para cima (i.e., acima do plano) na perspectiva de Haworth. O grupo —CH$_2$OH terminal projeta-se para cima no enantiômero D e para baixo no enantiômero L. A hidroxila no carbono anomérico pode apontar para cima ou para baixo. Quando a hidroxila do carbono anomérico de uma D-hexose estiver no mesmo lado do anel que o C-6, a estrutura é, por definição, $\beta$; quando estiver do lado oposto do C-6, a estrutura é $\alpha$.

D-Glicose
Projeção de Fisher

$\alpha$-D-Glicopiranose
Perspectiva de Haworth

**EXEMPLO 7-1** *Conversão de projeções de Fischer para fórmulas em perspectiva de Haworth*

Desenhe as fórmulas em perspectiva de Haworth para D-manose e D-galactose.

D-Manose

D-Galactose

**SOLUÇÃO:** As piranoses são anéis de seis membros, então comece com estruturas de Haworth de seis membros, com o átomo de oxigênio no topo, à direita. Numere os átomos de carbono no sentido horário, começando com o carbono do grupo aldeído. Para a manose, coloque os grupos hidroxila em C-2, C-3 e C-4 para cima, para cima e para baixo do anel, respectivamente (pois, na projeção de Fischer, elas estão nos lados esquerdo, esquerdo e direito da estrutura da manose). Para a D-galactose, os grupos hidroxila estão orientados para baixo, para cima e para cima do anel em C-2, C-3 e C-4, respectivamente. A hidroxila em C-1 pode estar para cima ou para baixo; existem duas configurações possíveis, $\alpha$ e $\beta$, para esse carbono.

**EXEMPLO 7-2** *Desenhando fórmulas em perspectiva de Haworth para isômeros de açúcares*

Desenhe as fórmulas em perspectiva de Haworth para $\alpha$-D-manose e $\beta$-L-galactose.

**SOLUÇÃO:** A fórmula em perspectiva de Haworth para a D-manose do Exemplo 7-1 pode ter o grupo hidroxila em C-1 apontando para cima ou para baixo. De acordo com a Convenção, para a forma $\alpha$, a hidroxila em C-1 aponta para baixo quando C-6 está para cima, como é o caso na D-manose.

Para a $\beta$-L-galactose, use a representação de Fischer para a D-galactose (ver Exemplo 7-1) para desenhar a representação de Fischer correta da L-galactose, que é sua imagem especular: as hidroxilas em C-2, C-3, C-4 e C-5 estão à esquerda, à direita, à direita e à esquerda, respectivamente. Agora, desenhe a fórmula em perspectiva de Haworth, um anel de seis membros no qual os grupos —OH nos carbonos C-2, C-3 e C-4 estão orientados para cima, para baixo e para baixo, respectivamente, pois na representação de Fischer eles estão à esquerda, à direita e à direita. Como essa é a forma $\beta$, a —OH no carbono anomérico aponta para baixo (mesmo lado que C-5).

Os anômeros $\alpha$ e $\beta$ da D-glicose se interconvertem em solução aquosa por um processo chamado de **mutarrotação**, no qual uma forma em anel (p. ex., o anômero $\alpha$) se abre brevemente na forma linear e, então, se fecha novamente, produzindo o anômero $\beta$ (Fig. 7-6). Portanto, uma solução de $\alpha$-D-glicose e uma solução de $\beta$-D-glicose formarão, ao final, misturas em equilíbrio idênticas, que também têm propriedades ópticas idênticas. Essa mistura consiste em aproximadamente um terço de $\alpha$-D-glicose, dois terços de $\beta$-D-glicose e quantidades muito pequenas das formas linear e em anel de cinco membros (glicofuranose).

Fórmulas em perspectiva de Haworth, como aquelas da Figura 7-7, são comumente utilizadas para mostrar a estereoquímica das formas em anel de monossacarídeos. Contudo, o anel de seis membros piranose não é planar como a perspectiva de Haworth sugere, mas tende a assumir uma de duas conformações em "cadeira" (**Fig. 7-8**). Como discutido no Capítulo 1, **P5** duas *conformações* de uma molécula são interconversíveis sem quebra de ligações covalentes, ao passo que duas *configurações* podem ser interconvertidas somente com a quebra de uma ligação covalente. Para interconverter as configurações $\alpha$ e $\beta$, a ligação envolvendo o átomo de oxigênio do anel precisa ser rompida, mas a interconversão de duas formas em cadeira (que são *confôrmeros*) não requer a quebra de ligações e não altera as configurações de nenhum dos carbonos do anel. As estruturas tridimensionais específicas de unidades de monossacarídeos são importantes para a determinação das propriedades biológicas e das funções de alguns polissacarídeos, como será visto.

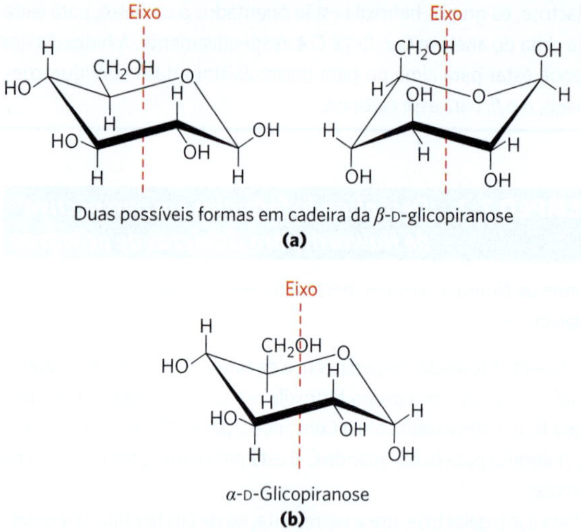

**FIGURA 7-8 Fórmulas conformacionais de piranoses.**
(a) Duas formas em cadeira do anel piranose de β-D-glicopiranose. Dois *confôrmeros* como esses não são prontamente interconversíveis; um aporte de cerca de 46 kJ de energia por mol de açúcar é necessário para forçar a interconversão das formas em cadeira. Outra conformação, o "barco" (não mostrada), é vista apenas em derivados com substituintes muito grandes. (b) A conformação em cadeira preferencial da α-D-glicopiranose.

## Os organismos contêm diversos derivados de hexoses

Além das hexoses simples, como glicose, galactose e manose, há uma variedade de derivados de açúcar, nos quais um grupo hidroxila do composto parental é substituído por outro grupamento ou um átomo de carbono é oxidado a um grupo carboxila (**Fig. 7-9**). Na glicosamina, na galactosamina e na manosamina, a hidroxila no C-2 do composto parental é substituída por um grupo amino.

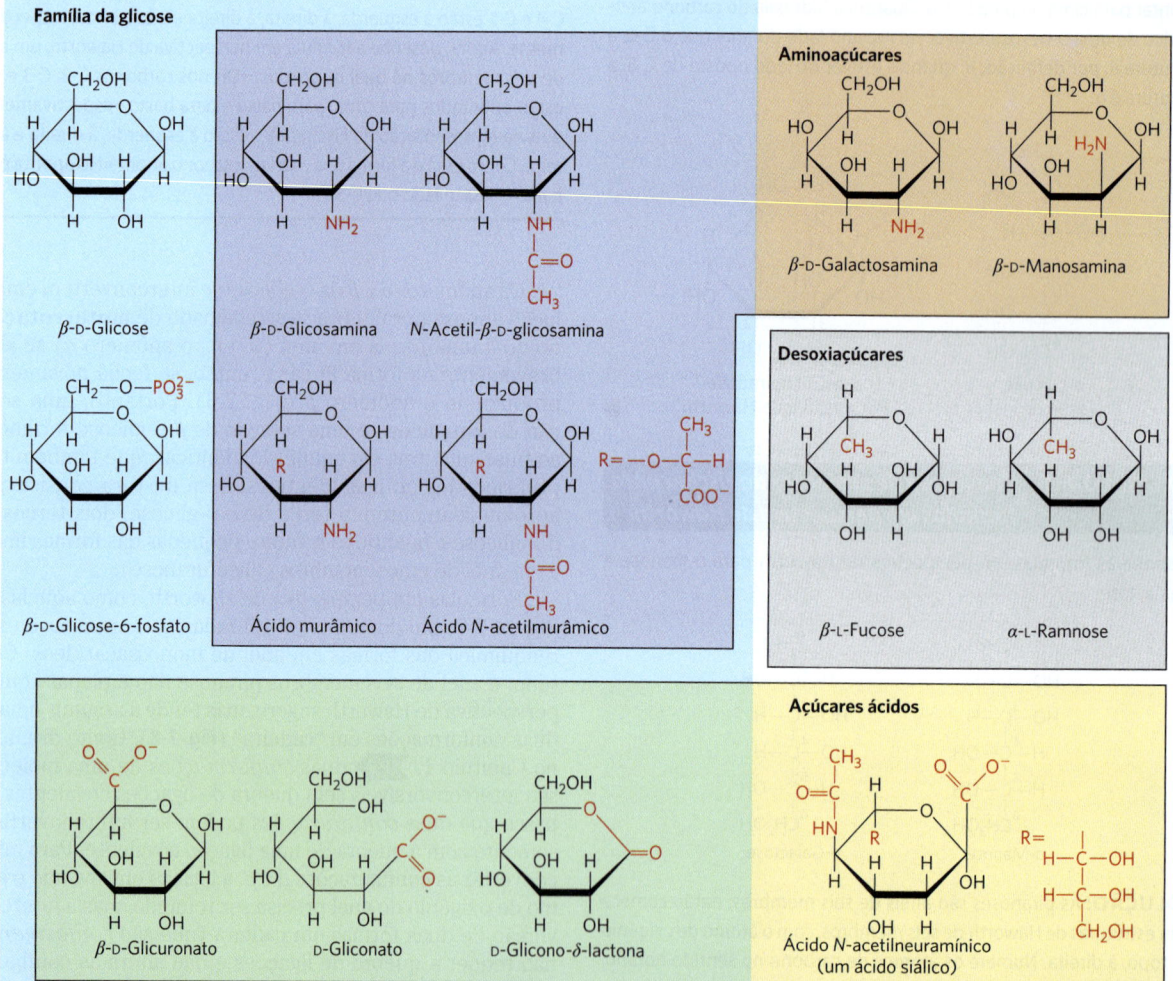

**FIGURA 7-9 Alguns derivados de hexoses importantes na biologia.** Nos aminoaçúcares, um grupo —NH$_2$ substitui um dos grupos —OH na hexose parental. A substituição de —OH por —H origina um desoxiaçúcar; observe que os desoxiaçúcares mostrados aqui ocorrem como isômeros L na natureza. Os açúcares ácidos contêm um grupo carboxilato, que confere ao composto uma carga negativa em pH neutro. A D-glicono-δ-lactona é o resultado da formação de uma ligação éster entre o grupo carboxilato em C-1 e o grupo hidroxila do D-gliconato em C-5 (também conhecido como o carbono δ).

Normalmente, o grupo amino está condensado ao ácido acético, como na *N*-acetilglicosamina. Esse derivado da glicosamina compõe muitos polímeros estruturais, incluindo aqueles da parede celular de bactérias. A substituição da hidroxila em C-6 na L-galactose ou na L-manose por um hidrogênio produz L-fucose ou L-ramnose, respectivamente. A L-fucose é encontrada em oligossacarídeos complexos componentes de glicoproteínas e glicolipídeos; a L-ramnose é encontrada em polissacarídeos vegetais.

A oxidação do carbono da carbonila (aldeído) na glicose produz uma carboxila e gera o ácido glicônico, utilizado na medicina como um contraíon inócuo para a administração de fármacos carregados positivamente (como quininos) ou de íons (como o $Ca^{2+}$). Outras aldoses originam outros **ácidos aldônicos**. A oxidação do carbono na outra extremidade da cadeia carbônica – C-6 da glicose, galactose ou manose – forma o **ácido urônico** correspondente: os ácidos glicurônico, galacturônico ou manurônico. Tanto os ácidos aldônicos como os urônicos formam ésteres intramoleculares estáveis, chamados de lactonas (Fig. 7-9, parte inferior, à esquerda). Os ácidos siálicos constituem uma família de açúcares com o mesmo esqueleto de nove carbonos. Um deles, o ácido *N*-acetilneuramínico (frequentemente chamado simplesmente de "ácido siálico"), é um derivado da *N*-acetilmanosamina que ocorre em muitas glicoproteínas e glicolipídeos de superfície celular em animais, fornecendo sítios de reconhecimento para outras células ou para proteínas extracelulares que ligam carboidratos. Os grupos carboxílicos dos derivados ácidos de açúcares estão ionizados em pH 7, sendo os compostos corretamente nomeados como carboxilatos – glicuronato, galacturonato, e assim por diante.

Muito frequentemente durante a síntese e o metabolismo de carboidratos, os intermediários não são os próprios açúcares, mas os seus derivados fosforilados. A condensação do ácido fosfórico com um dos grupos hidroxila de um açúcar forma um éster de fosfato, como na glicose-6-fosfato (Fig. 7-9), o primeiro metabólito da via por meio da qual a maioria dos organismos oxida a glicose para produzir energia. Os açúcares fosforilados são relativamente estáveis em pH neutro e têm carga negativa. Um dos efeitos da fosforilação intracelular de açúcares é o confinamento do açúcar dentro da célula; a maioria das células não tem transportadores para açúcares fosforilados na membrana plasmática. A fosforilação também ativa açúcares para subsequente transformação química. Alguns importantes derivados fosforilados de açúcares são componentes dos nucleotídeos (discutidos no próximo capítulo).

### Açúcares que são aldeídos ou que podem formar aldeídos são açúcares redutores

Os grupos aldeído livres nos açúcares sofrem uma reação redox característica com o $Cu^{2+}$ sob condições alcalinas. À medida que o açúcar é oxidado de aldeído a ácido carboxílico, o $Cu^{2+}$ é reduzido a $Cu^{+}$, que forma um precipitado vermelho-tijolo. Essa reação define os **açúcares redutores**, os quais incluem, por exemplo, glicose, galactose, manose, ribose e gliceraldeído. A reação ocorre apenas com uma aldose *livre*; contudo, como aldoses cíclicas estão em equilíbrio com suas formas lineares, as quais têm, de fato, grupos aldeído livres (Fig. 7-6), todas as aldoses que se apresentam como monossacarídeos são açúcares redutores. As cetoses que podem sofrer rearranjos (tautomerização) para formar aldeídos também são açúcares redutores; frutose e ribulose, por exemplo, são açúcares redutores.

O metabolismo da glicose em diabéticos pode ser monitorado medindo-se a glicose na urina com um ensaio qualitativo simples para detectar açúcares redutores ou pela avaliação quantitativa da reação não enzimática entre glicose e hemoglobina no sangue (**Quadro 7-2**).

Dissacarídeos (como maltose, lactose e sacarose) consistem de dois monossacarídeos unidos covalentemente por uma **ligação *O*-glicosídica**, que é formada quando o grupo hidroxila de uma molécula de açúcar, geralmente em sua forma cíclica, reage com o carbono anomérico da outra (**Fig. 7-10**). Essa reação representa a formação de um acetal a partir de um hemiacetal (como a glicopiranose) e um álcool (um grupo hidroxila da segunda molécula de açúcar) (Fig. 7-5), e o composto resultante é chamado de glicosídeo. Ligações glicosídicas são prontamente hidrolisadas por ácido, mas resistem à clivagem por base. Assim, os dissacarídeos podem ser hidrolisados para originar seus componentes monossacarídicos livres por fervura em ácido diluído.

Quando o carbono anomérico está envolvido em uma ligação glicosídica, a fácil interconversão entre as formas lineares e cíclicas mostrada na Figura 7-6 é impedida. A formação de uma ligação glicosídica torna o açúcar não redutor. Na descrição de dissacarídeos ou polissacarídeos, a extremidade de uma cadeia com um carbono anomérico livre (não envolvido em ligação glicosídica) é chamada de **extremidade redutora**.

O dissacarídeo maltose (Fig. 7-10) contém dois resíduos de D-glicose unidos por uma ligação glicosídica entre o C-1 (o carbono anomérico) de um resíduo de glicose e o C-4 do

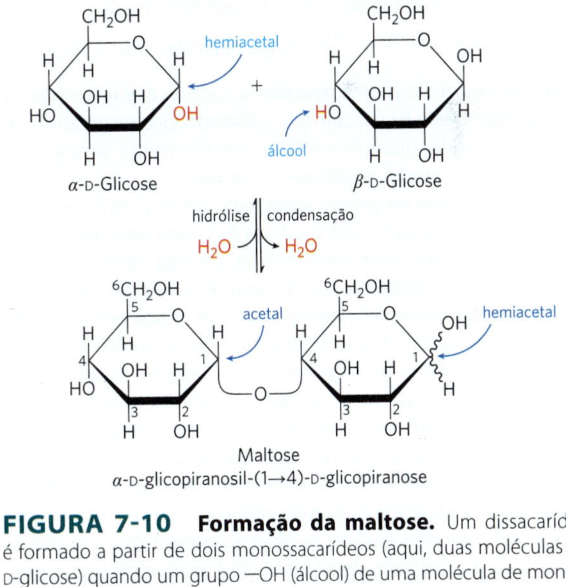

**FIGURA 7-10 Formação da maltose.** Um dissacarídeo é formado a partir de dois monossacarídeos (aqui, duas moléculas de D-glicose) quando um grupo —OH (álcool) de uma molécula de monossacarídeo (à direita) se condensa com o hemiacetal intramolecular da outra molécula (à esquerda), com a eliminação de $H_2O$ e a formação de uma ligação glicosídica. O inverso dessa reação é uma hidrólise – o ataque da ligação glicosídica pela água. A molécula de maltose, mostrada aqui, conserva um hemiacetal redutor no C-1 não envolvido na ligação glicosídica. Como a mutarrotação interconverte as formas α e β do hemiacetal, as ligações nessa posição algumas vezes são representadas por linhas onduladas para indicar que a estrutura pode ser tanto α quanto β.

## QUADRO 7-2 MEDICINA

### Medidas da glicose sanguínea no diagnóstico e tratamento do diabetes

A glicose é o principal combustível para o encéfalo. Quando a quantidade de glicose que chega até o encéfalo é muito baixa, as consequências podem ser desastrosas: letargia, coma, dano cerebral permanente e morte. Com a evolução, os animais desenvolveram mecanismos hormonais complexos para garantir que a concentração de glicose no sangue permaneça alta o suficiente (aproximadamente 5 mM) para satisfazer às necessidades do encéfalo, mas não alta demais, já que níveis elevados de glicose no sangue também podem ter consequências fisiológicas graves.

Indivíduos com diabetes *mellitus* insulinodependente não produzem quantidade suficiente de insulina, que, normalmente, atua no sentido de reduzir a concentração de glicose no sangue. Se o diabetes não for tratado, as concentrações de glicose no sangue podem aumentar em diversas vezes acima do nível normal. Acredita-se que esses altos níveis de glicose sejam pelo menos uma das causas das graves consequências de longo prazo no diabetes não tratado – insuficiência renal, doenças cardiovasculares, cegueira e cicatrização prejudicada –, de modo que um dos objetivos da terapia é administrar exatamente a quantidade de insulina suficiente (por injeção) para manter os níveis de glicose próximos do normal. Para manter o equilíbrio correto entre exercício, dieta e insulina para cada indivíduo, a concentração de glicose sanguínea deve ser medida algumas vezes ao dia, e a quantidade de insulina injetada deve ser ajustada de modo apropriado.

A concentração de glicose sanguínea pode ser determinada por um método simples de detecção de açúcar redutor. Uma única gota de sangue é colocada sobre uma fita de teste contendo a enzima glicose-oxidase, que catalisa a seguinte reação:

$$\text{D-Glicose} + O_2 \xrightarrow{\text{glicose-oxidase}} \text{D-glicono-}\delta\text{-lactona} + H_2O_2$$

Uma segunda enzima, uma peroxidase, catalisa a reação do peróxido de hidrogênio ($H_2O_2$) com um composto incolor, gerando um produto colorido, quantificado com um fotômetro simples que mostra a concentração de glicose no sangue.

Como os níveis de glicose sanguínea variam com os períodos de refeição e exercício, essas medidas em momentos específicos não refletem a glicose sanguínea *média* ao longo de horas ou dias, de modo que elevações perigosas podem passar despercebidas. A concentração média de glicose pode ser estimada pelo seu efeito na hemoglobina, a proteína carreadora de oxigênio dos eritrócitos (p. 153). Transportadores na membrana dos eritrócitos equilibram a concentração de glicose intracelular e plasmática, de modo que a hemoglobina está constantemente exposta à concentração de glicose presente no sangue, qualquer que seja essa concentração. Uma série de reações *não enzimáticas* relativamente lentas (Fig. 1) ocorre entre a glicose e os grupos amino primários da hemoglobina (a Val aminoterminal ou os grupos $\varepsilon$-amino dos resíduos de Lys) (Fig. 2). A velocidade desse processo é proporcional à concentração de glicose; por isso, essa reação pode ser usada como base para a estimativa do nível médio de glicose sanguínea ao longo de

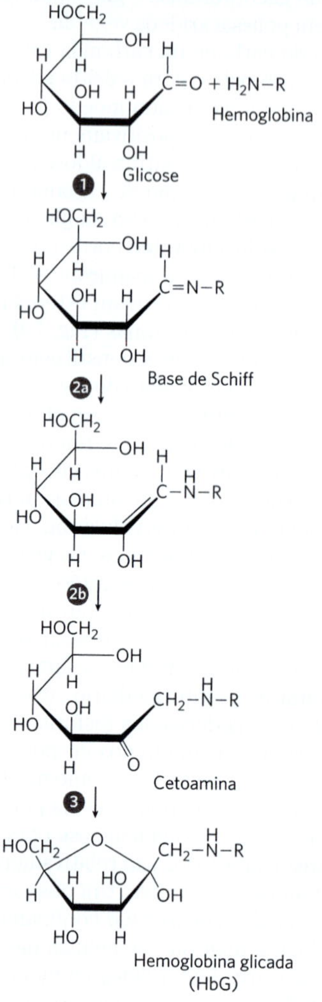

**FIGURA 1** A reação não enzimática da glicose com um grupo amino primário na hemoglobina começa com ❶ a formação de uma base de Schiff, a qual ❷ sofre um rearranjo para gerar um produto estável; ❸ essa cetoamina depois se converte em sua forma cíclica, originando HbG.

semanas. A quantidade de hemoglobina glicada (HbG) circulante em qualquer momento reflete a concentração de glicose sanguínea média durante o "período de vida" do eritrócito (cerca de 120 dias), embora a concentração das 2 semanas anteriores ao teste seja a mais importante na determinação do nível de HbG.

---

outro. Como o dissacarídeo conserva um carbono anomérico livre (o C-1 do resíduo de glicose à direita na Fig. 7-10), a maltose é um açúcar redutor. A configuração do átomo de carbono anomérico na ligação glicosídica é $\alpha$. O resíduo de glicose com o carbono anomérico livre pode existir nas formas $\alpha$-piranose ou $\beta$-piranose.

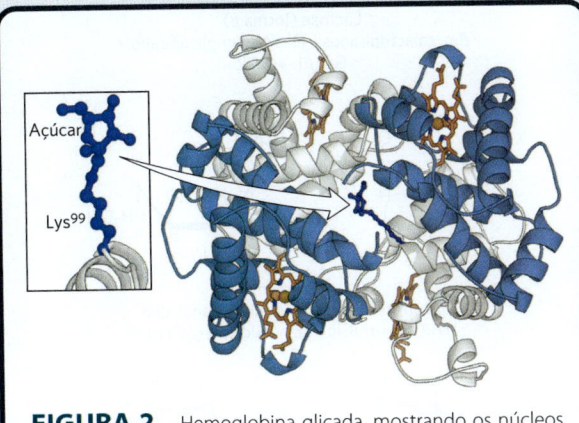

**FIGURA 2** Hemoglobina glicada, mostrando os núcleos heme (em vermelho) e o resíduo de Lys$^{99}$ glicado (em azul). [Dados de PDB ID 3B75, N. T. Saraswathi et al., 2008.]

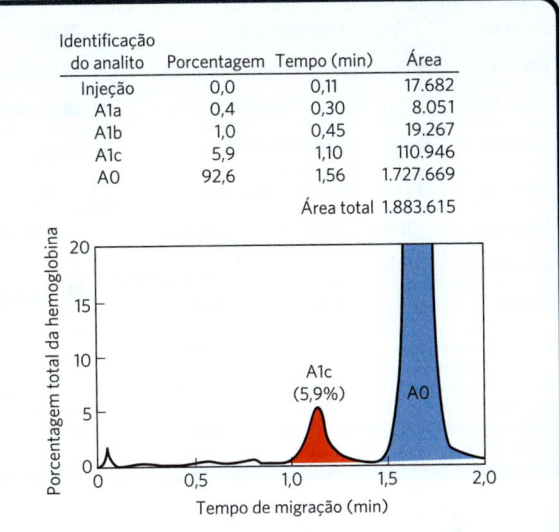

**FIGURA 3** Padrão de hemoglobina (detectada por sua absorção em 415 nm) após a separação eletroforética das formas não glicada (A0) e monoglicada (A1c) em um fino capilar de vidro. A integração da área sob os picos permite o cálculo da quantidade de HbG (HbA1c) como porcentagem da hemoglobina total. Aqui, é mostrado o perfil de um indivíduo com nível normal de HbA1c (5,9%).

A extensão de **glicação da hemoglobina** (assim denominada para distingui-la da glicosilação, a transferência *enzimática* de glicose a uma proteína) é medida clinicamente pela extração da hemoglobina de uma pequena amostra de sangue seguida pela separação eletroforética de HbG e hemoglobina não modificada (Fig. 3), aproveitando a diferença de carga resultante da modificação do(s) grupo(s) amino. Valores normais de hemoglobina monoglicada, denominada HbA1c, representam cerca de 5% do total da hemoglobina (correspondendo a uma concentração média de glicose no sangue de 120 mg/100 mL). Em pessoas com diabetes não tratado, entretanto, esse valor pode ser tão alto quanto 13%, indicando um nível de glicose sanguínea médio de cerca de 300 mg/100 mL – perigosamente alto. Um dos critérios para o sucesso em um programa individual de terapia com insulina (em que são considerados o momento da administração, a frequência e a quantidade de insulina injetada) é a manutenção dos valores de HbA1c em cerca de 7%.

A hemoglobina glicada sofre uma série de rearranjos, oxidações e desidratações de sua porção carboidrato, produzindo uma mistura heterogênea de produtos finais de glicação avançada (AGE, do inglês *advanced glycation end products*), tais como a ε-N-carboximetil-lisina e o metilglioxal. Acredita-se que os AGEs sejam responsáveis por pelo menos parte da patologia do diabetes. Esses produtos podem deixar o eritrócito e formar ligações cruzadas covalentes entre as proteínas, interferindo na função normal delas (Fig. 4). O acúmulo de concentrações relativamente altas de AGEs em pessoas com diabetes pode, pela ligação cruzada de proteínas críticas, causar danos aos rins, à retina e ao sistema circulatório, que caracterizam a doença. Alguns desses compostos também podem atuar ligando-se a receptores de membrana para AGEs (RAGEs), disparando respostas intracelulares, que incluem a ativação de um fator de transcrição (NF-κB) e as consequentes mudanças na expressão gênica. Esse processo patogênico é um potencial alvo para a ação de fármacos.

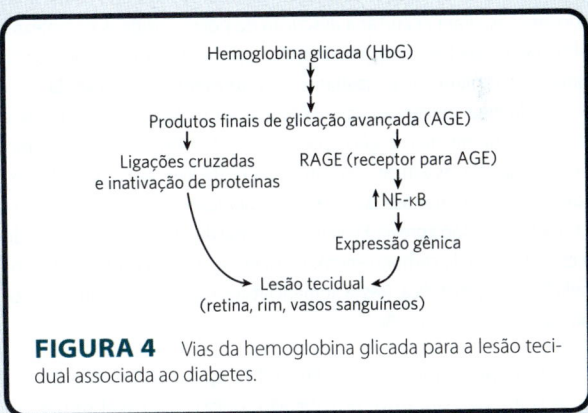

**FIGURA 4** Vias da hemoglobina glicada para a lesão tecidual associada ao diabetes.

**CONVENÇÃO** Para nomear dissacarídeos redutores como a maltose de forma não ambígua e, sobretudo, para nomear oligossacarídeos mais complexos, algumas regras devem ser seguidas. Por convenção, o nome descreve o composto escrito com a extremidade não redutora à esquerda, e é possível "construir" o nome na ordem a seguir. (1) Fornecer a configuração (α ou β) do carbono anomérico que une a primeira

**TABELA 7-1 Símbolos e abreviações para monossacarídeos comuns e alguns de seus derivados**

| | | | |
|---|---|---|---|
| Abequose | Abe | Ácido glicurônico | ◆ GlcA |
| Arabinose | Ara | Galactosamina | ◪ GalN |
| Frutose | Fru | Glicosamina | ◪ GlcN |
| Fucose | ▲ Fuc | *N*-Acetilgalactosamina | ■ GalNAc |
| Galactose | ● Gal | *N*-Acetilglicosamina | ■ GlcNAc |
| Glicose | ● Glc | Ácido idurônico | ◆ IdoA |
| Manose | ● Man | Ácido murâmico | Mur |
| Ramnose | Ram | Ácido *N*-acetilmurâmico | Mur2Ac |
| Ribose | Rib | Ácido *N*-acetilneuramínico (um ácido siálico) | ◆ Neu5Ac |
| Xilose | ★ Xyl | | |

Nota: em uma convenção comumente utilizada, as hexoses são representadas como círculos, *N*-acetil-hexosaminas são quadrados e hexosaminas são quadrados divididos na diagonal. Todos os açúcares com a configuração "glico" são azuis, aqueles com a configuração "galacto" são amarelos e os açúcares "mano" são verdes. Outros substituintes podem ser adicionados conforme a necessidade: sulfato (S), fosfato (P), *O*-acetil (OAc) ou *O*-metil (OMe).

unidade de monossacarídeo (à esquerda) com a segunda. (2) Identificar o resíduo não redutor; para distinguir entre estruturas em anel de 5 e 6 membros, inserir "furano" ou "pirano" no nome. (3) Indicar entre parênteses os dois átomos de carbono unidos pela ligação glicosídica, usando uma seta para conectar os dois números; por exemplo, (1⟶4) mostra que o C-1 do resíduo de açúcar nomeado primeiramente está unido ao C-4 do segundo. (4) Designar o segundo resíduo. Se houver um terceiro resíduo, descrever a segunda ligação glicosídica seguindo as mesmas convenções. (Para encurtar a descrição de polissacarídeos complexos, abreviações de três letras ou símbolos coloridos para os monossacarídeos costumam ser utilizadas, como apresentado na **Tabela 7-1**.) Seguindo essa convenção para a nomenclatura de oligossacarídeos, a maltose é nomeada $\alpha$-D-glicopiranosil-(1⟶4)-D-glicopiranose. Como, em sua maioria, os açúcares encontrados neste livro são os enantiômeros D e a forma piranose das hexoses é predominante, geralmente se utiliza uma versão abreviada do nome formal desses compostos, dando a configuração do carbono anomérico e nomeando os carbonos unidos pela ligação glicosídica. Nessa nomenclatura abreviada, a maltose é nomeada Glc($\alpha$1⟶4)Glc. ■

O dissacarídeo lactose (**Fig. 7-11**), que produz D-galactose e D-glicose quando hidrolisado, ocorre naturalmente no leite e confere a ele sua doçura. O carbono anomérico do resíduo de glicose está disponível para oxidação, portanto a lactose é um dissacarídeo redutor. A extremidade redutora desse dissacarídeo, que, por convenção, é desenhada à direita, é a glicose, e o dissacarídeo é designado como um derivado da glicose. Seu nome abreviado é Gal($\beta$1⟶4)Glc, com a ligação mostrada entre parênteses; o carbono anomérico da galactose é $\beta$, e o C-1 da Gal está ligado ao C-4 da Glc.

A enzima lactase – ausente em indivíduos com intolerância à lactose – inicia o processo digestivo no intestino delgado pela hidrólise da ligação ($\beta$1⟶4) da lactose, resultando

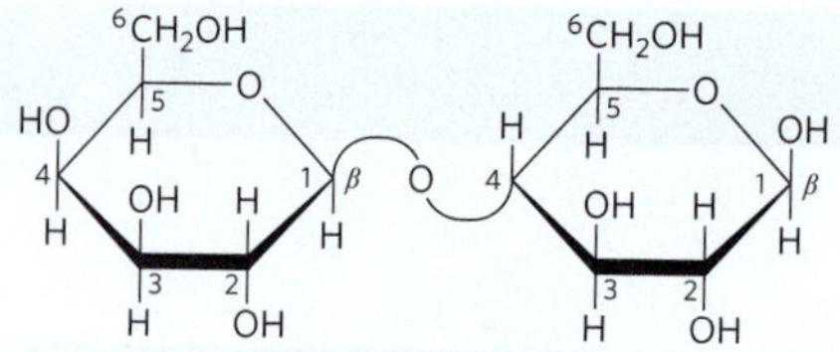

Lactose (forma $\beta$)
$\beta$-D-galactopiranosil-(1⟶4)-$\beta$-D-glicopiranose
Gal($\beta$1⟶4)Glc

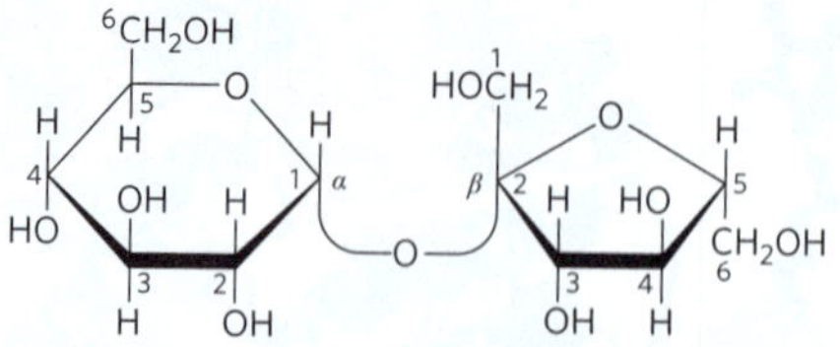

Sacarose
$\beta$-D-frutofuranosil-$\alpha$-D-glicopiranosídeo
Fru(2$\beta$↔$\alpha$1)Glc ≡ Glc($\alpha$1↔2$\beta$)Fru

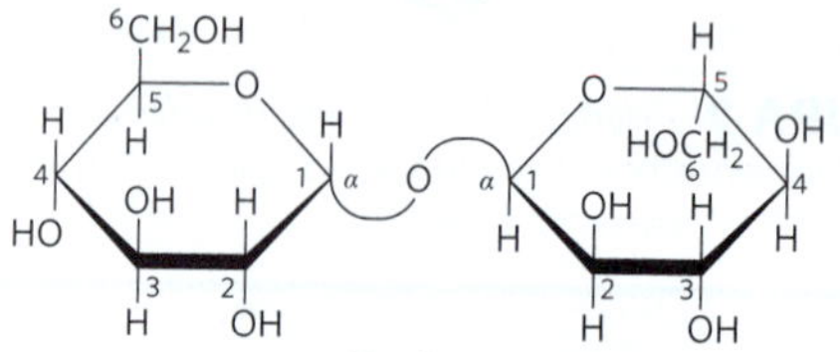

Trealose
$\alpha$-D-glicopiranosil-$\alpha$-D-glicopiranosídeo
Glc($\alpha$1↔1$\alpha$)Glc

**FIGURA 7-11 Três dissacarídeos comuns.** Como a maltose da Figura 7-10, esses dissacarídeos estão representados como perspectivas de Haworth. O nome comum, o nome sistemático completo e a abreviação são mostrados. A nomenclatura formal da sacarose nomeia a glicose como o glicosídeo parental, embora a sacarose seja normalmente representada como mostrado, com a glicose à esquerda. Os dois símbolos abreviados mostrados para a sacarose são equivalentes (≡).

em monossacarídeos que podem ser absorvidos a partir do intestino delgado. A lactose, como outros dissacarídeos, não é absorvida a partir do intestino delgado, e, em indivíduos intolerantes à lactose, a lactose não digerida passa para o intestino grosso. Ali, o aumento na osmolaridade devido à lactose dissolvida se contrapõe à absorção de água a partir do intestino para a corrente sanguínea, levando a fezes soltas e aquosas. Além disso, a fermentação da lactose por bactérias intestinais produz grandes volumes de $CO_2$, levando a inchaço, cólicas e gases, sintomas associados à intolerância à lactose.

A sacarose (açúcar de mesa) é um dissacarídeo constituído de glicose e frutose. Ela é produzida por plantas, mas não por animais. Ao contrário da maltose e da lactose, a sacarose não contém um átomo de carbono anomérico livre; os carbonos anoméricos de ambas as unidades monossacarídicas estão envolvidos na ligação glicosídica (Fig. 7-11). Portanto, a sacarose é um açúcar não redutor, e sua estabilidade – sua resistência à oxidação – a torna uma molécula adequada para o armazenamento e o transporte de energia em plantas. Na nomenclatura abreviada, uma seta com duas pontas conecta os símbolos que especificam os carbonos anoméricos e suas configurações. Assim, o nome abreviado da sacarose é Glc($\alpha$1⟷2$\beta$)Fru ou Fru($\beta$2⟷1$\alpha$)

Glc. A sacarose é o principal produto intermediário da fotossíntese; em muitas plantas, ela é a principal forma de transportar o açúcar das folhas para as outras partes do corpo da planta.

A trealose, Glc(α1↔1α)Glc (Fig. 7-11) – um dissacarídeo de D-glicose que, como a sacarose, é um açúcar não redutor –, é um constituinte importante do fluido circulante (hemolinfa) de insetos. Sua função é armazenar energia, além de servir como um anticongelante em alguns organismos invertebrados.

### RESUMO 7.1 Monossacarídeos e dissacarídeos

■ Os açúcares (sacarídeos) são compostos que contêm um grupo aldeído ou cetona e dois ou mais grupos hidroxila.

■ Os monossacarídeos geralmente contêm vários carbonos quirais e, assim, existem em diversas formas estereoquímicas, que podem ser representadas no papel como projeções de Fischer. Epímeros são açúcares que diferem na configuração de apenas um átomo de carbono.

■ Monossacarídeos com pelo menos cinco carbonos comumente formam estruturas cíclicas, nas quais o grupo aldeído ou cetona é unido a um grupo hidroxila da mesma molécula. A estrutura cíclica pode ser representada como uma fórmula de perspectiva de Haworth. O átomo de carbono originalmente localizado no grupo aldeído ou cetona (o carbono anomérico) pode assumir uma de duas configurações, α e β, interconversíveis por mutarrotação. Na forma linear do monossacarídeo, que está em equilíbrio com as formas cíclicas, o carbono anomérico é facilmente oxidável, tornando o composto um açúcar redutor.

■ Hexoses de ocorrência natural incluem algumas que apresentam —$NH_2$ em C-2 (aminoaçúcares), frequentemente com o grupo amino acetilado. A oxidação do carbono da carbonila da glicose e de outras aldoses produz ácidos aldônicos (ácido glicônico); a oxidação em C-6 produz ácidos urônicos (glicuronato). Alguns açúcares intermediários são ésteres de fosfato (p. ex., glicose-6-fosfato).

■ Um grupo hidroxila de um monossacarídeo pode ser adicionado ao carbono anomérico de um segundo monossacarídeo, formando um acetal, chamado de glicosídeo. Oligossacarídeos são polímeros curtos de diversos monossacarídeos diferentes unidos por ligações glicosídicas. Em uma das extremidades da cadeia, a extremidade redutora, está uma unidade de monossacarídeo com seu carbono anomérico não envolvido em uma ligação glicosídica, estando, portanto, disponível para ser oxidado.

■ Dissacarídeos e oligossacarídeos são designados como derivados do açúcar na extremidade redutora. Seus nomes especificam a ordem das unidades de monossacarídeos, a configuração de cada carbono anomérico e os átomos de carbono participantes da(s) ligação(ões) glicosídica(s).

## 7.2 Polissacarídeos

A maioria dos carboidratos ocorre na natureza como polissacarídeos, polímeros de média a alta massa molecular ($M_r > 20.000$). ▶P2 Os polissacarídeos, também chamados de **glicanos**, diferem uns dos outros na identidade das unidades de monossacarídeos que se repetem, no comprimento

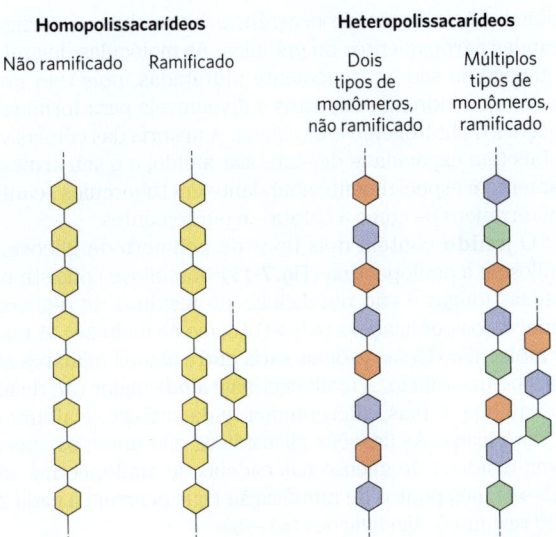

**FIGURA 7-12 Homopolissacarídeos e heteropolissacarídeos.** Os polissacarídeos podem ser compostos de um, dois ou alguns monossacarídeos diferentes, em cadeias lineares ou ramificadas de vários comprimentos.

das cadeias, nos tipos de ligações unindo as unidades e no grau de ramificação. Os **homopolissacarídeos** contêm somente uma única espécie de açúcar monomérica; os **heteropolissacarídeos** contêm dois ou mais tipos diferentes (**Fig. 7-12**). Alguns homopolissacarídeos, como o amido e o glicogênio, servem como formas de armazenamento para monossacarídeos utilizados como combustíveis. Outros homopolissacarídeos, como a celulose e a quitina, atuam como elementos estruturais em paredes celulares de plantas e em exoesqueletos de animais. Os heteropolissacarídeos fornecem suporte extracelular para organismos de todos os reinos. Por exemplo, a camada rígida do envelope celular bacteriano (o peptideoglicano) é parcialmente composta de um heteropolissacarídeo construído por duas unidades alternadas de monossacarídeo (ver Fig. 6-32). Nos tecidos animais, o espaço extracelular é preenchido por alguns tipos de heteropolissacarídeos, que formam uma matriz que conecta células individuais e fornece proteção, forma e suporte para células, tecidos e órgãos.

▶P4 Diferentemente das proteínas, os polissacarídeos geralmente não têm comprimentos ou massas moleculares definidos. Essa diferença é uma consequência dos mecanismos de construção dos dois tipos de polímero. Como será visto no Capítulo 27, as proteínas são sintetizadas a partir de um molde (o RNA mensageiro) com sequência e comprimento definidos, por enzimas que seguem exatamente esse molde. Para a síntese de polissacarídeos, não existe molde; em vez disso, o programa de síntese de polissacarídeos é intrínseco às enzimas que catalisam a polimerização das unidades monoméricas, e não há um ponto de parada específico no processo sintético; os produtos, portanto, variam em comprimento.

### Alguns homopolissacarídeos são formas de armazenamento de combustível

Os polissacarídeos de armazenamento mais importantes são o amido, em células vegetais, e o glicogênio, em células animais. Ambos são de ocorrência intracelular e formam grandes agrupamentos ou grânulos. As moléculas de amido e glicogênio são extremamente hidratadas, pois têm muitos grupos hidroxila expostos e disponíveis para formarem ligações de hidrogênio com a água. A maioria das células vegetais tem capacidade de sintetizar amido, e o seu armazenamento é especialmente abundante em tubérculos (caules subterrâneos) – como a batata – e em sementes.

O **amido** contém dois tipos de polímero de glicose, a amilose e a amilopectina (**Fig. 7-13**). A amilose consiste em cadeias longas e não ramificadas de resíduos de D-glicose conectados por ligações ($\alpha 1 \rightarrow 4$) (como na maltose). A massa molecular dessas cadeias varia entre alguns milhares até mais de um milhão. A amilopectina é ainda maior ($M_r$ de até 200 milhões), mas, diferentemente da amilose, é altamente ramificada. As ligações glicosídicas que unem os sucessivos resíduos de glicose nas cadeias de amilopectina são ($\alpha 1 \rightarrow 4$); nos pontos de ramificação (que ocorrem a cada 24 a 30 resíduos), são ligações ($\alpha 1 \rightarrow 6$).

O **glicogênio** é o principal polissacarídeo de armazenamento das células animais. Como a amilopectina, o glicogênio é um polímero de subunidades de glicose ligadas por ligações ($\alpha 1 \rightarrow 4$), com ligações ($\alpha 1 \rightarrow 6$) nas ramificações; o glicogênio, porém, é mais ramificado (em média, a cada 8 a 12 resíduos) e mais compacto do que o amido. O glicogênio é especialmente abundante no fígado, onde pode constituir até 7% do peso líquido; ele também está presente no músculo esquelético. Nos hepatócitos, o glicogênio é encontrado em grandes grânulos $\alpha$ (ver Fig. 15-1), que são agrupamentos de grânulos $\beta$ menores, compostos de moléculas únicas de glicogênio altamente ramificadas com massa molecular média de alguns milhões. Esses grandes grânulos $\alpha$ de glicogênio também apresentam, firmemente ligadas, as enzimas responsáveis pela síntese e degradação do glicogênio (ver Fig. 15-16).

Como cada ramificação do glicogênio termina com uma unidade de açúcar não redutora, uma molécula de glicogênio com $n$ ramificações tem $n + 1$ extremidades não redutoras, mas apenas uma extremidade redutora. Quando o glicogênio é utilizado como fonte de energia, as unidades de glicose são removidas uma de cada vez a partir das extremidades não redutoras. As enzimas de degradação, que atuam somente em extremidades não redutoras, podem trabalhar simultaneamente nas muitas ramificações, acelerando a conversão do polímero em monossacarídeos.

Por que não armazenar a glicose em sua forma monomérica? **P3** Os hepatócitos em estado alimentado armazenam glicogênio de forma equivalente a uma concentração de glicose de 0,4 M. A concentração real de glicogênio, que pouco contribui para a osmolaridade do citosol, é de cerca de 0,01 $\mu$M. Se o citosol contivesse 0,4 M de glicose, a osmolaridade seria significativamente alta, levando a uma entrada osmótica de água que poderia causar a ruptura da célula (ver Fig. 2-12).

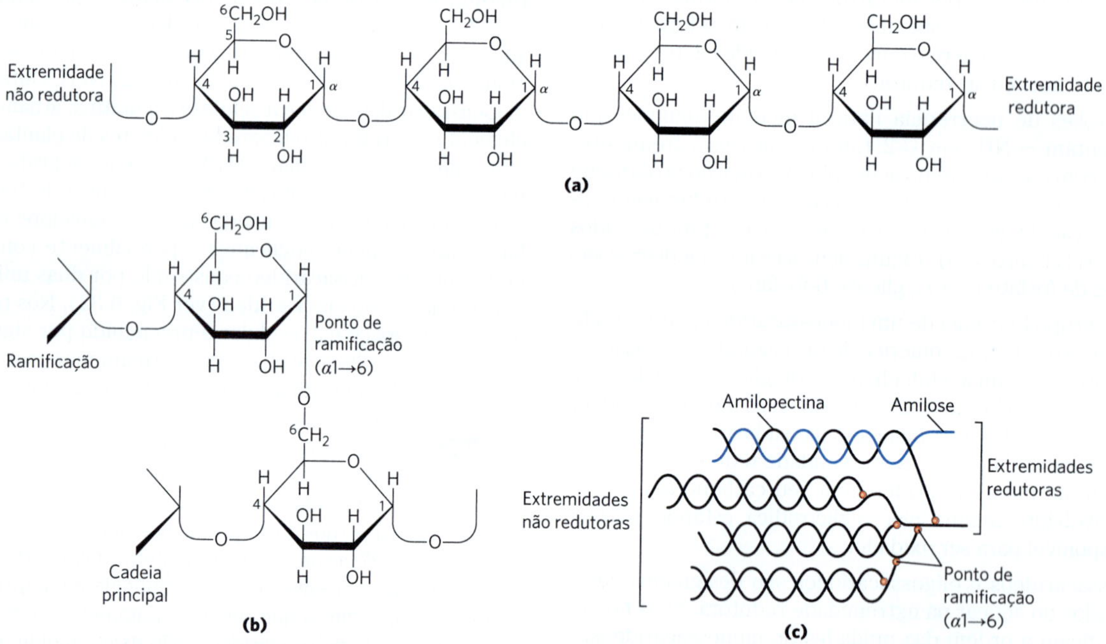

**FIGURA 7-13 Amido e glicogênio.** (a) Curto segmento de um polímero linear de resíduos de D-glicose em ligações ($\alpha 1 \rightarrow 4$), mostrado aqui como perspectiva de Haworth. Essa é a estrutura básica da amilose do amido (em plantas) e do glicogênio (em animais). Uma única cadeia de amilose pode conter vários milhares de resíduos de glicose. (b) Ponto de ramificação ($\alpha 1 \rightarrow 6$) da amilopectina ou do glicogênio. (c) Agrupamento de amilose e amilopectina como o que se acredita ocorrer nos grânulos de amido. Fitas de amilopectina (em preto) formam estruturas em dupla-hélice umas com as outras ou com fitas de amilose (em azul). A amilopectina apresenta frequentes pontos de ramificação ($\alpha 1 \rightarrow 6$) (em vermelho). Os resíduos de glicose nas extremidades não redutoras das ramificações externas são removidos enzimaticamente durante a mobilização do amido para a produção de energia. O glicogênio tem uma estrutura similar, mas é mais altamente ramificado e mais compacto.

## Alguns homopolissacarídeos têm funções estruturais

A **celulose** – substância fibrosa, resistente e insolúvel em água – é encontrada na parede celular de plantas, particularmente em caules, troncos e todas as porções amadeiradas do corpo da planta, e constitui uma grande parte da massa da madeira e quase a totalidade da massa do algodão. Como a amilose, a celulose é um homopolissacarídeo linear e não ramificado, consistindo de 10.000 a 15.000 unidades de D-glicose. Entretanto, há uma diferença importante: **P5** na celulose, os resíduos de D-glicose têm a configuração $\beta$ (**Fig. 7-14**), ao passo que, na amilose, a glicose está em configuração $\alpha$. Os resíduos de glicose na celulose estão unidos por ligações glicosídicas ($\beta 1 \rightarrow 4$), em contrapartida às ligações ($\alpha 1 \rightarrow 4$) da amilose. Devido a essa diferença, as moléculas individuais de celulose e amilose dobram-se espacialmente de maneiras diferentes, dando a essas moléculas estruturas macroscópicas e propriedades físicas muito diferentes.

A natureza rígida e fibrosa da celulose a torna útil para produtos comerciais, como papelão e material para isolamento, e ela é um dos principais componentes dos tecidos de algodão e linho. A celulose é também a matéria-prima para a produção comercial de celofane, viscose e tencel.

A **quitina** é um homopolissacarídeo linear composto de resíduos de N-acetilglicosamina em ligações ($\beta 1 \rightarrow 4$) (**Fig. 7-15**). A única diferença química desse polissacarídeo em relação à celulose é a substituição de um grupo hidroxila em C-2 por um grupo amino acetilado, o que torna a quitina mais hidrofóbica e mais resistente à água que a celulose. A quitina forma fibras longas similares às fibras da celulose e, como a celulose, não pode ser digerida por vertebrados. A quitina é o principal componente dos exoesqueletos rígidos de aproximadamente 1 milhão de espécies de artrópodes – insetos, lagostas e caranguejos, por exemplo –, e é provavelmente o segundo polissacarídeo mais abundante na natureza, depois da celulose; estima-se que 1 bilhão de toneladas de quitina são produzidas a cada ano na biosfera.

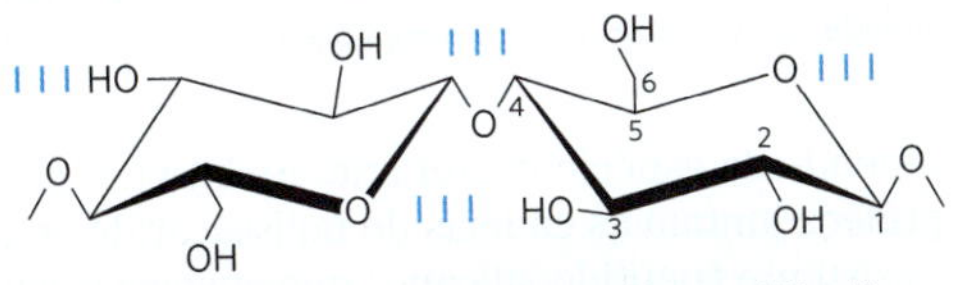

## Fatores estéricos e ligações de hidrogênio influenciam o enovelamento dos homopolissacarídeos

**P5** O enovelamento de polissacarídeos em três dimensões segue os mesmos princípios que governam a estrutura de polipeptídeos: subunidades com estrutura relativamente rígida ditada por ligações covalentes formam estruturas macromoleculares tridimensionais estabilizadas por interações fracas intra ou intermoleculares, como ligações de hidrogênio, interações hidrofóbicas, interações de van der Waals e, para polímeros com subunidades carregadas, interações eletrostáticas. Como os polissacarídeos têm muitos grupos hidroxila, as ligações de hidrogênio têm uma influência especialmente importante em suas estruturas. Glicogênio, amido, celulose e quitina são compostos de subunidades piranosídicas (anéis de seis membros), assim como os oligossacarídeos de glicoproteínas e glicolipídeos, os quais serão discutidos posteriormente. Tais moléculas podem ser representadas como uma série de anéis piranosídicos rígidos conectados por um átomo de oxigênio, que une dois átomos de carbono (a ligação glicosídica). Existe, em princípio, rotação livre nas ligações C—O que unem os resíduos. Contudo, como nos polipeptídeos (ver Figs. 4-2, 4-8), a rotação ao redor de cada ligação é limitada por obstáculos estéricos em função dos substituintes. As estruturas tridimensionais dessas moléculas podem ser descritas em termos dos ângulos de diedro, $\phi$ e $\psi$, que constituem a ligação glicosídica (**Fig. 7-16**). O volume do anel de piranose e seus substituintes, junto com os efeitos eletrônicos sobre o carbono anomérico, constringem os ângulos $\phi$ e $\psi$; assim, certas conformações são muito mais estáveis do que outras.

**P5** A estrutura tridimensional mais estável para as cadeias ligadas por ligações ($\alpha 1 \rightarrow 4$) do amido e do glicogênio é uma hélice firmemente enrolada (**Fig. 7-17**), estabilizada

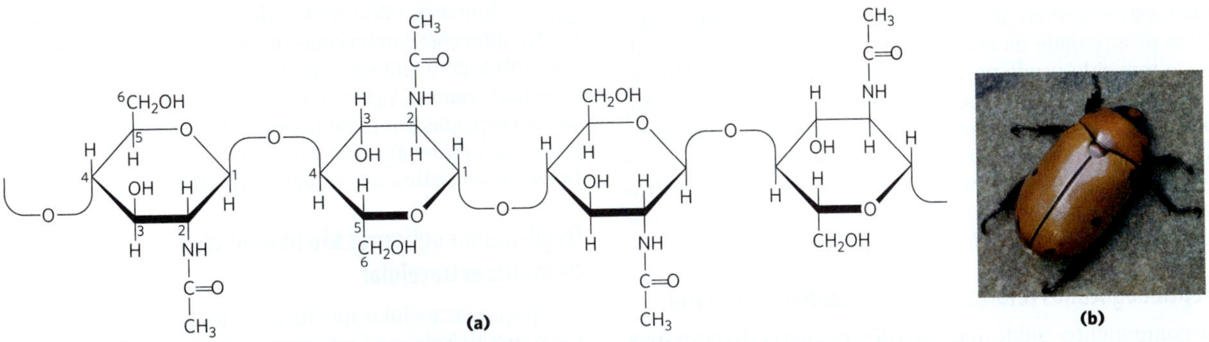

**FIGURA 7-14 Celulose.** Duas unidades de uma cadeia de celulose; os resíduos de D-glicose estão em ligações ($\beta 1 \rightarrow 4$). As rígidas estruturas em cadeira podem girar uma em relação à outra.

**FIGURA 7-15 Quitina.** (a) Um segmento curto de quitina, um homopolímero de unidades de N-acetil-D-glicosamina em ligações ($\beta 1 \rightarrow 4$). (b) Besouro *Pelidnota punctata*, com sua armadura (exoesqueleto) de quitina. [(b) Paul Whitten/Science Source.]

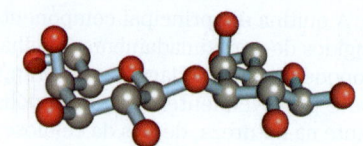

Conformação de baixa energia estendida, possibilitando a máxima formação de ligações de hidrogênio.

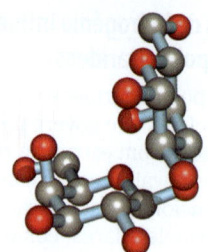

Conformação de alta energia, estericamente improvável.

**FIGURA 7-16 Diferentes conformações energéticas de um dissacarídeo.** Os ângulos de torção $\phi$ (phi) e $\psi$ (psi), que definem as relações espaciais entre anéis adjacentes, podem, em princípio, ter qualquer valor entre 0 e 360°. De fato, alguns ângulos de torção propiciam conformações que maximizam a formação de ligações de hidrogênio e minimizam a energia, enquanto outros fornecem conformações que são estericamente improváveis, como se pode observar nos dois confôrmeros do dissacarídeo Gal($\beta$1→3)Gal, em extremos opostos em termos de energia.

por ligações de hidrogênio entre as cadeias. O plano médio de cada resíduo ao longo da cadeia de amilose forma um ângulo de 60° com o plano médio do resíduo anterior, de modo que a estrutura em hélice tem seis resíduos por volta. Para a amilose, o centro da hélice tem precisamente as dimensões corretas para acomodar íons iodeto, na forma de um complexo ($I_3^-$ e $I_5^-$). Essa interação origina um produto com coloração azul intensa, que é a base de um teste qualitativo comum para a amilose.

▶P5 Para a celulose, a conformação mais estável é aquela na qual cada cadeira gira 180° em relação aos vizinhos, o que gera uma cadeia reta e estendida. Todos os grupos —OH estão disponíveis para ligações de hidrogênio com as cadeias vizinhas. Com várias cadeias estendendo-se lado a lado, uma rede estabilizada por ligações de hidrogênio intercadeia e intracadeia produz fibras supramoleculares retas e estáveis, com grande resistência à tensão (**Fig. 7-18**). Essa propriedade da celulose a torna uma substância útil, e ela tem sido usada pelas civilizações há milênios. Muitos produtos manufaturados, incluindo papiro, papel, papelão, viscose, isolantes e vários outros materiais úteis, são derivados da celulose. O conteúdo de água desses materiais é baixo, uma vez que o grande número de ligações de hidrogênio entre as cadeias das moléculas de celulose esgota sua capacidade para formação de ligações de hidrogênio.

### Peptideoglicanos reforçam a parede celular bacteriana

O componente rígido das paredes celulares bacterianas (o peptideoglicano) é um heteropolímero de resíduos alternados de N-acetilglicosamina e ácido N-acetilmurâmico unidos por ligações ($\beta$1→4) (ver Fig. 6-32). Os polímeros lineares encontram-se lado a lado na parede celular, unidos de modo cruzado por peptídeos curtos, cuja estrutura

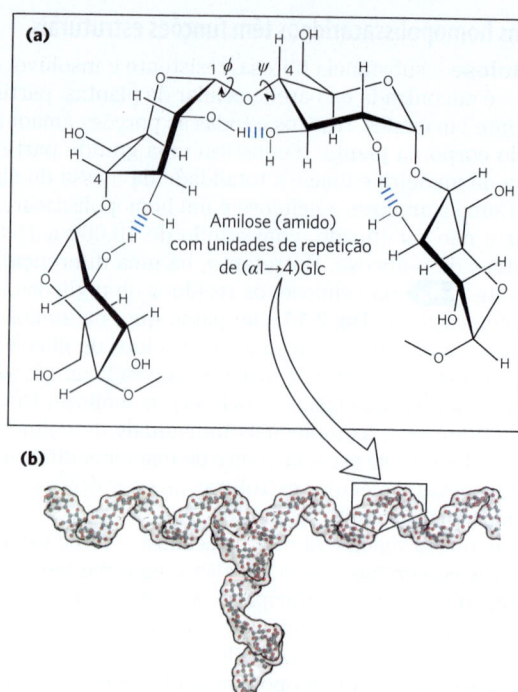

**FIGURA 7-17 Estrutura helicoidal do amido (amilose).** (a) Quatro unidades de glicose do amido (amilose), mostrando tanto a livre rotação possível ao redor dos ângulos $\phi$ e $\psi$ das ligações glicosídicas ($\alpha$1→4) quanto as possíveis ligações de hidrogênio entre anéis adjacentes. Nessa conformação mais estável, com conformações rígidas em cadeira em ângulos de 60° entre elas, a cadeia polissacarídica é curvada. (b) Modelo de um segmento de amilopectina (amilose ramificada). A conformação das ligações ($\alpha$1→4) na amilose, na amilopectina e no glicogênio faz com que esses polímeros formem estruturas firmes em hélice enrolada. [(b) Dados obtidos de www.biotopics.co.uk/jsmol/amylopectin.html.]

exata depende da espécie bacteriana. As ligações cruzadas dos peptídeos juntam as cadeias de polissacarídeo em uma bainha resistente (peptideoglicano) que envolve a célula inteira e impede o inchaço e a lise celular devido à entrada osmótica de água.

A enzima lisozima é bactericida, visto que hidrolisa as ligações glicosídicas ($\beta$1→4) entre a N-acetilglicosamina e o ácido N-acetilmurâmico. Essa enzima é encontrada na lágrima humana, onde se acredita servir como uma defesa contra infecções bacterianas do olho, e nos ovos de galinha, onde protege o embrião em desenvolvimento contra infecções bacterianas. A penicilina e os antibióticos relacionados são bactericidas por impedirem a formação das ligações cruzadas do petideoglicano, tornando a parede celular muito fraca para resistir à lise osmótica (p. 211).

### Os glicosaminoglicanos são heteropolissacarídeos da matriz extracelular

O espaço extracelular nos tecidos dos animais multicelulares é preenchido com um material semelhante a um gel, a **matriz extracelular** (**MEC**), que mantém as células unidas e provê um meio poroso para a difusão de nutrientes e oxigênio para cada célula. A MEC é composta por uma rede interligada de heteropolissacarídeos (também chamada de substância fundamental) e proteínas fibrosas, como

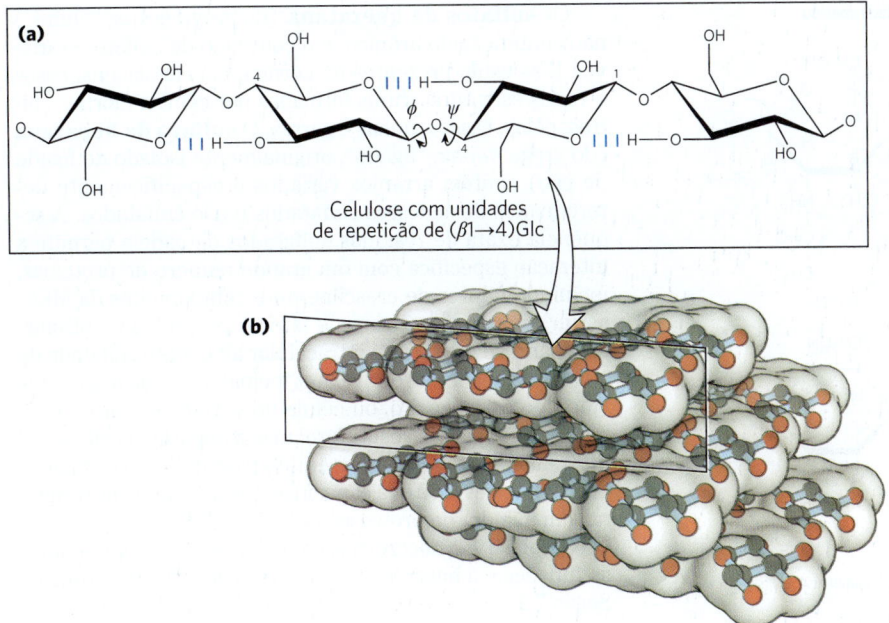

**FIGURA 7-18** **Estrutura linear das cadeias de celulose.** (a) Quatro unidades de glicose da celulose. Na conformação mais estável da celulose, as ligações glicosídicas (β1→4) colocam as rígidas conformações em cadeira adjacentes em ângulos de 180° uma em relação à outra. (b) Modelo de segmentos de celulose lineares e não ramificados mantidos unidos em camadas estabilizadas por ligações de hidrogênio intercadeias.
[(b) Dados obtidos de Cornell, B. 2016. Sugar Polymers. Disponível em: http://ib.bioninja.com.au. (Acesso em 11 de março de 2020).]

colágenos fibrilares, elastinas e fibronectinas. A membrana basal é uma MEC especializada sobre a qual se assentam as células epiteliais; ela é constituída por colágenos especializados, lamininas e heteropolissacarídeos.

Esses heteropolissacarídeos, os **glicosaminoglicanos**, formam uma família de polímeros lineares compostos por unidades de dissacarídeo repetidas (Fig. 7-19). Os glicosaminoglicanos são exclusivos de animais e bactérias, não sendo encontrados em plantas. Um dos dois monossacarídeos é obrigatoriamente *N*-acetilglicosamina ou *N*-acetilgalactosamina; o outro, na maioria dos casos, é um ácido urônico, geralmente ácido D-glicurônico ou ácido L-idurônico. Alguns glicosaminoglicanos contêm grupos sulfato esterificados. ▶P2◀ A combinação dos grupos sulfato com os grupos carboxila dos resíduos de ácido urônico gera uma densidade muito grande de cargas negativas para os glicosaminoglicanos. Para minimizar as forças de repulsão entre grupos vizinhos carregados, essas moléculas adotam uma conformação estendida em solução, formando uma hélice em formato de bastão, em que os grupos carboxila carregados negativamente se situam em lados alternados da hélice (como mostrado para a heparina na Fig. 7-19). O formato de bastão estendido também leva à maior separação possível entre os grupos sulfato carregados negativamente. Os padrões específicos de resíduos de açúcares sulfatados e não sulfatados para cada glicosaminoglicano proporcionam seu reconhecimento específico por diferentes ligantes proteicos, os quais se ligam eletrostaticamente aos glicosaminaglicanos. Os glicosaminoglicanos sulfatados são ligados a proteínas extracelulares para formarem proteoglicanos (Seção 7.3).

O glicosaminoglicano **ácido hialurônico** (hialuronana) contém resíduos alternados de ácido D-glicurônico e *N*-acetilglicosamina (Fig. 7-19). Contendo até 50 mil repetições da unidade dissacarídica básica, o ácido hialurônico tem massa molecular de alguns milhões; ele forma soluções transparentes e altamente viscosas, que não podem ser comprimidas. Essas soluções funcionam como lubrificantes no líquido sinovial das articulações e geram a consistência gelatinosa do humor vítreo nos olhos dos vertebrados (a palavra grega *hyalos* significa "vidro"; o ácido hialurônico pode ter aparência vítrea ou translúcida). O ácido hialurônico também é um componente da MEC de cartilagens e tendões, em que ajuda na resistência à tensão e na elasticidade, devido à sua forte interação não covalente com outros componentes da matriz. A hialuronidase, enzima secretada por certas bactérias patogênicas, hidrolisa as ligações glicosídicas do ácido hialurônico, tornando os tecidos mais suscetíveis à infecção bacteriana. Em muitas espécies animais, uma enzima similar presente no espermatozoide hidrolisa o revestimento externo do glicosaminoglicano que envolve o óvulo, permitindo a penetração do espermatozoide.

Outros glicosaminoglicanos diferem do ácido hialurônico em três aspectos: em geral, são polímeros muito mais curtos, estão covalentemente ligados a proteínas específicas (proteoglicanos) e uma ou ambas as unidades monoméricas são diferentes daquelas do ácido hialurônico. O **sulfato de condroitina** (do grego *chondros*, "cartilagem") ajuda na resistência à tensão apresentada por cartilagens, tendões, ligamentos, válvulas cardíacas e paredes da aorta. O **sulfato de dermatana** (do grego *derma*, "pele") contribui para a flexibilidade da pele e está presente em vasos sanguíneos e válvulas cardíacas. Nesse polímero, muitos dos resíduos de glicuronato presentes no sulfato de condroitina são substituídos por seu epímero em C-5, L-iduronato (IdoA).

α-L-Iduronato (IdoA)

β-D-Glicuronato (GlcA)

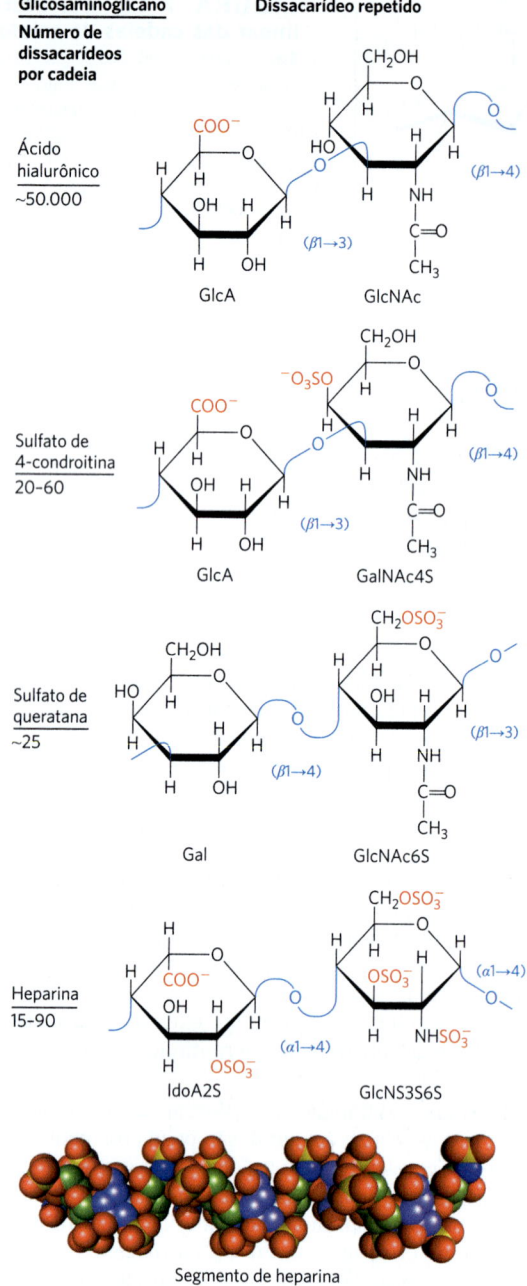

**FIGURA 7-19 Unidades de repetição de alguns glicosaminoglicanos comuns na matriz extracelular.** Os glicosaminoglicanos são copolímeros de resíduos alternados de ácido urônico e aminoaçúcares (o sulfato de queratana é uma exceção), com ésteres de sulfato presentes em diferentes posições, exceto no ácido hialurônico. Os grupos ionizados carboxilato e sulfato criam a alta carga negativa característica desses polímeros. A heparina utilizada terapeuticamente contém principalmente ácido idurônico (IdoA) e uma proporção menor de ácido glicurônico (não mostrado), em geral sendo altamente sulfatada e de comprimento heterogêneo. O modelo em volume atômico mostra um segmento da estrutura da heparina em solução, como determinada por espectroscopia de RMN. Os carbonos no ácido idurônico ligado ao sulfato estão em azul; os carbonos na glicosamina ligada ao sulfato estão em verde. Os átomos de oxigênio e enxofre estão representados em vermelho e amarelo, respectivamente. Os átomos de hidrogênio não estão mostrados (para maior clareza). [Dados para o modelo molecular obtidos de PDB ID 1HPN, B. Mulloy et al., *Biochem. J.* 293:849, 1993.]

Os **sulfatos de queratana** (do grego *keras*, "chifre") não contêm ácido urônico, e o conteúdo de sulfato é variável. Eles estão presentes na córnea, em cartilagens, ossos e várias estruturas duras formadas por células mortas: chifres, pelos, cascos, unhas e garras. O **sulfato de heparana** (do grego *hēpar*, "fígado"; originalmente isolado de fígado de cão) contém arranjos variados e especificamente determinados de açúcares sulfatados e não sulfatados. A sequência exata de resíduos sulfatados da cadeia permite a interação específica com um grande número de proteínas, incluindo fatores de crescimento e componentes da MEC, assim como várias enzimas e fatores presentes no plasma. A heparina é uma forma intracelular altamente sulfatada do sulfato de heparana, derivada principalmente de mastócitos (um tipo de leucócito, ou célula do sistema imune). O seu papel fisiológico não está claro, mas a heparina purificada é utilizada como agente terapêutico para inibir a coagulação do sangue, devido à sua capacidade de se ligar à antitrombina, um inibidor de proteases (ver Fig. 7-24).

A **Tabela 7-2** descreve a composição, as propriedades, as funções e a ocorrência dos polissacarídeos descritos na Seção 7.2.

### RESUMO 7.2 Polissacarídeos

■ Os homopolissacarídeos contêm somente uma única espécie monomérica de açúcar; os heteropolissacarídeos contêm dois ou mais tipos diferentes.

■ Os homopolissacarídeos amido e glicogênio são formas de armazenamento de combustível em células vegetais, animais e bacterianas. Eles são constituídos por unidades de D-glicose com ligações ($\alpha 1 \rightarrow 4$), e ambos contêm algumas ramificações.

■ Os homopolissacarídeos celulose, quitina e dextrana têm funções estruturais. A celulose, composta por resíduos de D-glicose em ligações ($\beta 1 \rightarrow 4$), garante força e rigidez à parede celular de plantas. A quitina, um polímero de *N*-acetil-glicosamina com ligações ($\beta 1 \rightarrow 4$), fortalece o exoesqueleto de artrópodes.

■ Os homopolissacarídeos assumem conformações estáveis ditadas por interações fracas. A forma em cadeira do anel de piranose é essencialmente rígida, de modo que a conformação dos polímeros é determinada pela rotação das ligações C—O na ligação glicosídica. O amido e o glicogênio formam estruturas helicoidais com ligações de hidrogênio intracadeia; a celulose e a quitina formam fitas longas e retas que interagem com as fitas vizinhas.

■ Paredes celulares bacterianas são reforçadas pelo peptideoglicano, no qual o dissacarídeo de repetição é o GlcNAc($\beta 1 \rightarrow 4$)Mur2Ac.

■ Os glicosaminoglicanos são heteropolissacarídeos extracelulares nos quais uma das duas unidades de monossacarídeo é um ácido urônico (o sulfato de queratana é uma exceção) e a outra é um aminoaçúcar *N*-acetilado. A alta densidade de cargas negativas nessas moléculas as força a assumir conformações estendidas. Esses polímeros (ácido hialurônico, sulfato de condroitina, sulfato de dermatana e sulfato de queratana) garantem à matriz extracelular viscosidade, adesão e resistência à tensão.

## TABELA 7-2 Estruturas e funções de alguns polissacarídeos

| Polímero | Tipo[a] | Unidade de repetição[b] | Tamanho (número de unidades monossacarídicas) | Funções/importância |
|---|---|---|---|---|
| Amido | | | | Armazenamento de energia: em plantas |
| Amilose | Homo- | (α1→4)Glc, linear | 50-5.000 | |
| Amilopectina | Homo- | (α1→4)Glc, com ramificações (α1→6)Glc a cada 24-30 resíduos | Até $10^6$ | |
| Glicogênio | Homo- | (α1→4)Glc, com ramificações (α1→6)Glc a cada 8-12 resíduos | Até 50.000 | Armazenamento de energia: em células bacterianas e animais |
| Celulose | Homo- | (β1→4)Glc | Até 15.000 | Estrutural: em plantas, garante rigidez e força às paredes celulares |
| Quitina | Homo- | (β1→4)GlcNAc | Muito grande | Estrutural: em insetos, aranhas e crustáceos, garante rigidez e força ao exoesqueleto |
| Dextrana | Homo- | (α1→6)Glc, com ramificações (α1→3) | Bastante variável | Estrutural: em bactérias, adesão extracelular |
| Peptideoglicano | Hetero-; ligado a peptídeos | 4)Mur2Ac(β1→4)GlcNAc(β1 | Muito grande | Estrutural: em bactérias, garante rigidez e força ao envelope celular |
| Ácido hialurônico (um glicosaminoglicano) | Hetero-; ácido | 4)GlcA(β1→3)GlcNAc(β1 | Até 100.000 | Estrutural: em vertebrados, na matriz extracelular da pele e do tecido conectivo; garante viscosidade e lubrificação em articulações |

[a]Cada polímero é classificado como um homopolissacarídeo (homo-) ou heteropolissacarídeo (hetero-)
[b]Os nomes abreviados das unidades repetidas do peptideoglicano, da agarose e do ácido hialurônico indicam que o polímero contém repetições dessa unidade dissacarídica. Por exemplo, no peptideoglicano, o resíduo de GlcNAc de uma unidade dissacarídica está ligado em (β1→4) ao primeiro resíduo da próxima unidade dissacarídica.

## 7.3 Glicoconjugados: proteoglicanos, glicoproteínas e glicolipídeos

Além dos importantes papéis como armazenadores de combustível (amido, glicogênio, dextrana) e como material estrutural (celulose, quitina, peptideoglicanos), os polissacarídeos e os oligossacarídeos são transportadores de informação. Alguns fornecem comunicação entre as células e o meio extracelular circundante; outros marcam proteínas para o transporte e a localização em organelas específicas, ou para destruição, quando a proteína é malformada ou supérflua; e outros atuam como pontos de reconhecimento para moléculas de sinalização extracelulares (p. ex., fatores de crescimento) ou parasitas extracelulares (bactérias e vírus). Em praticamente todas as células eucarióticas, cadeias de oligossacarídeos específicos ligadas a componentes da membrana plasmática formam uma camada de carboidratos (o glicocálice) com alguns nanômetros de espessura, a qual serve como uma superfície rica em informações que a célula expõe para o meio exterior. Esses oligossacarídeos são componentes centrais para reconhecimento e adesão entre células, migração celular durante o desenvolvimento, coagulação sanguínea, resposta imune, cicatrização de feridas e outros processos celulares. Na maioria desses casos, o carboidrato que carrega a informação está covalentemente ligado a uma proteína ou a um lipídeo, formando um **glicoconjugado**, que é a molécula biologicamente ativa (**Fig. 7-20**).

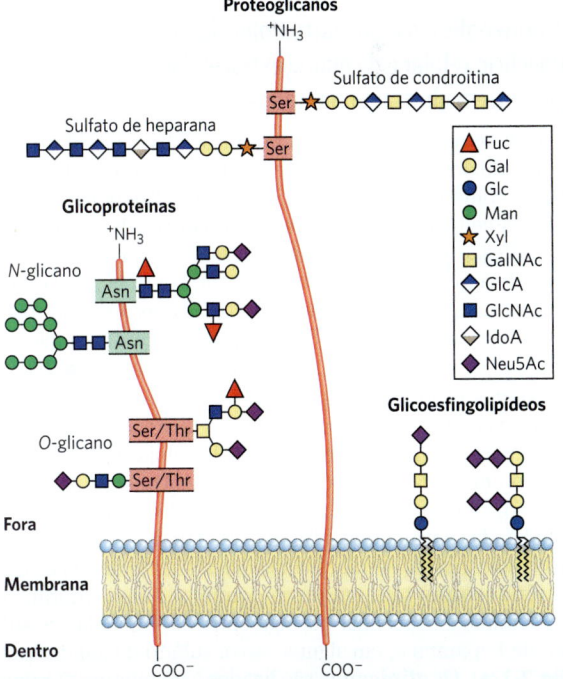

**FIGURA 7-20 Glicoconjugados.** Estruturas de alguns proteoglicanos, glicoproteínas e glicoesfingolipídeos típicos descritos no texto.

Os **proteoglicanos** são macromoléculas da superfície celular ou da MEC, nas quais uma ou mais cadeias de glicosaminoglicanos sulfatados estão covalentemente unidas a uma proteína de membrana ou a uma proteína secretada. A cadeia de glicosaminoglicano pode se ligar a proteínas extracelulares por meio de interações eletrostáticas entre a proteína e os açúcares carregados negativamente do proteoglicano. Os proteoglicanos são os principais componentes de todas as matrizes extracelulares.

As **glicoproteínas** são proteínas que contêm um ou mais oligossacarídeos de complexidades variadas unidos covalentemente a uma proteína. Elas costumam ser encontradas na superfície externa da membrana plasmática (como parte do glicocálice), na MEC e no sangue. Nas células, são encontradas em organelas específicas, como complexo de Golgi (onde os oligossacarídeos são adicionados às proteínas), grânulos de secreção e lisossomos. ▶P6◀ As porções oligossacarídicas das glicoproteínas são muito heterogêneas e, assim como os glicosaminoglicanos, são ricas em informação, formando locais extremamente específicos para o reconhecimento e a ligação de alta afinidade por proteínas ligantes de carboidratos, chamadas lectinas. Algumas proteínas citosólicas e nucleares também podem ser glicosiladas.

Os **glicolipídeos** são componentes da membrana plasmática nos quais a cabeça hidrofílica é um oligossacarídeo. Os **glicoesfingolipídeos** são uma classe de glicolipídeos com uma estrutura básica específica, que será considerada em detalhes no Capítulo 10. Eles possuem como componentes oligossacarídeos complexos, que atuam como sítios específicos de reconhecimento para lectinas, assim como ocorre nas glicoproteínas. Os neurônios são ricos em glicoesfingolipídeos, que auxiliam a condução nervosa e a formação da mielina. Os glicoesfingolipídeos também são importantes para a transdução de sinal nas células.

## Os proteoglicanos são macromoléculas da superfície celular e da matriz extracelular que contêm glicosaminoglicanos

Células de mamíferos podem produzir dúzias de diferentes proteoglicanos. Muitos são secretados para a MEC, onde atuam como organizadores teciduais e influenciam as atividades celulares, como ativação de fatores de crescimento e adesão celular. A unidade básica dos proteoglicanos consiste em um "cerne proteico" (proteína central) com glicosaminoglicanos covalentemente ligados. O ponto para a ligação é um resíduo de Ser, ao qual o glicosaminoglicano é unido por meio de uma ponte tetrassacarídica (**Fig. 7-21**).

Alguns proteoglicanos são proteínas integrais da membrana (ver Fig. 11-9). Por exemplo, a fina camada da MEC que separa dois grupos organizados de células (a lâmina basal) contém uma família de proteínas centrais ($M_r$ 20.000 a 40.000), cada qual com algumas cadeias de sulfato de heparana ligadas covalentemente. Há duas famílias principais de proteoglicanos de membrana ligados a sulfato de heparana. Os **sindecanos** têm um único domínio transmembrana e um domínio extracelular que liga entre 3 e 5 cadeias de sulfato de heparana e, em alguns casos, sulfato de condroitina (**Fig. 7-22a**). Os **glipicanos** são ligados à membrana por uma âncora lipídica, um derivado glicosilado do lipídeo de membrana fosfatidilinositol (ver Fig. 11-16). Os sindecanos e os

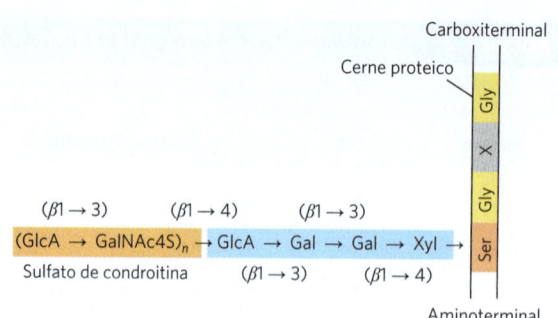

**FIGURA 7-21 Estrutura dos proteoglicanos, mostrando a ponte tetrassacarídica.** Uma ligação típica tetrassacarídica (em azul) conecta um glicosaminoglicano – nesse caso, o sulfato de condroitina (em laranja) – a um resíduo de Ser da proteína central. O resíduo de xilose na extremidade redutora do tetrassacarídeo é unido por meio do carbono anomérico ao grupo hidroxila do resíduo de Ser.

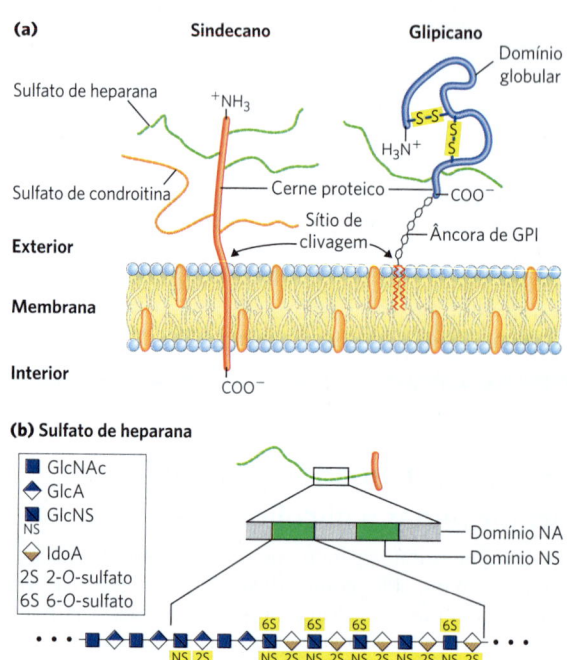

**FIGURA 7-22 Duas famílias de proteoglicanos de membrana.** (a) Sindecanos e glipicanos podem ser removidos da membrana por clivagem enzimática em sítio próximo da superfície externa da membrana. (b) Ao longo de uma cadeia de sulfato de heparana, regiões ricas em açúcares sulfatados, os domínios NS (em verde) alternam-se com regiões que contêm principalmente resíduos de GlcNAc e GlcA não modificados, os domínios NA (em cinza). Um dos domínios NS está mostrado com mais detalhes para ilustrar a alta densidade dos resíduos modificados: GlcNS (*N*-sulfoglicosamina), e GlcA e IdoA, estes últimos com éster de sulfato em C-2. [(a) Informações de U. Häcker et al., *Nature Rev. Mol. Cell Biol.* 6:530, 2005. (b) Informações de J. Turnbull et al., *Trends Cell Biol.* 11:75, 2001.]

glipicanos podem ser liberados para o espaço extracelular. Uma protease da MEC capaz de clivar proteínas perto da superfície da membrana libera os ectodomínios de sindecanos (domínios externos à membrana plasmática), e uma fosfolipase, que quebra a conexão com a âncora lipídica, libera os glipicanos. Esses mecanismos possibilitam que a

## 7.3 GLICOCONJUGADOS: PROTEOGLICANOS, GLICOPROTEÍNAS E GLICOLIPÍDEOS

célula altere rapidamente as características de sua superfície. Esse processo de alteração é altamente regulado e está ativado nas células em proliferação, como células cancerosas. A liberação dos proteoglicanos está envolvida no reconhecimento e na adesão intercelulares e na proliferação e na diferenciação celulares. Também existem inúmeros proteoglicanos de sulfato de condroitina e sulfato de dermatana, alguns como moléculas ligadas à membrana plasmática, outros como produtos secretados para a MEC.

As cadeias de glicosaminoglicanos nos proteoglicanos podem se ligar a uma variedade de ligantes extracelulares e, assim, modular a interação do ligante com receptores específicos da superfície celular. Estudos detalhados com sulfato de heparana demonstram que a estrutura dos domínios não é aleatória; alguns domínios (geralmente com o comprimento de 3 a 8 unidades de dissacarídeo) diferem dos domínios vizinhos em sequência e capacidade de ligar proteínas específicas. Domínios altamente sulfatados (chamados de domínios NS) se alternam com domínios que têm resíduos de GlcNAc e GlcA não modificados (domínios *N*-acetilados, ou NA) (Fig. 7-22b). O padrão exato de sulfatação nos domínios NS depende especificamente do proteoglicano; dado o número de possíveis modificações do dímero GlcNAc-IdoA (ácido idurônico), são possíveis pelo menos 32 unidades diferentes de dissacarídeo. Além disso, a mesma proteína central pode apresentar diferentes estruturas de sulfato de heparana quando sintetizada em diferentes tipos celulares.

As moléculas de sulfato de heparana com domínios NS precisamente organizados se ligam especificamente a proteínas extracelulares e moléculas de sinalização, causando modificação nas suas atividades. Essa mudança de atividade pode ser o resultado de uma alteração conformacional na proteína, induzida pela ligação (**Fig. 7-23a**), ou ocorrer devido à capacidade dos domínios adjacentes do sulfato de heparana de se ligarem a duas proteínas diferentes, aproximando-as e intensificando as interações proteína-proteína (Fig. 7-23b). Um terceiro mecanismo de ação geral é a ligação de moléculas de sinalização extracelulares (p. ex., fatores de crescimento) ao sulfato de heparana, aumentando a concentração local dessas moléculas e facilitando a interação com os receptores de fatores de crescimento na superfície celular; nesse caso, o sulfato de heparana age como correceptor (Fig. 7-23c). Por exemplo, o fator de crescimento de fibroblastos (FGF, do inglês *fibroblast growth factor*), proteína sinalizadora extracelular que estimula a divisão celular, liga-se primeiramente à porção sulfato de heparana das moléculas de sindecano na membrana plasmática da célula-alvo. O sindecano apresenta o FGF ao seu receptor da membrana celular, de modo que apenas assim o FGF consegue interagir produtivamente com seu receptor para ativar a divisão celular. Por fim, em outro tipo de mecanismo, os domínios NS interagem – eletrostaticamente e de outras maneiras – com diversas moléculas extracelulares solúveis, mantendo altas concentrações locais dessas moléculas na superfície celular (Fig. 7-23d).

A protease trombina, essencial para a coagulação do sangue (ver Fig. 6-44), é inibida por outra proteína sanguínea, a antitrombina, que impede a coagulação prematura do sangue. A antitrombina não se liga à trombina ou a inibe na ausência de sulfato de heparana. Na presença de sulfato de heparana ou heparina, a afinidade da ligação da trombina pela antitrombina aumenta em 2 mil vezes, e a trombina é fortemente inibida. Quando a trombina e a antitrombina são cristalizadas

**(a) Ativação conformacional**

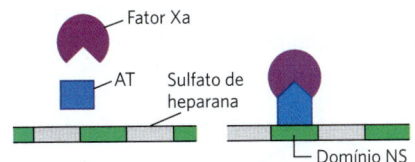

Uma mudança conformacional induzida na proteína antitrombina (AT) após a sua ligação a um pentassacarídeo específico no domínio NS permite a interação de AT com o fator Xa da coagulação sanguínea, impedindo a coagulação.

**(b) Intensificação da interação proteína-proteína**

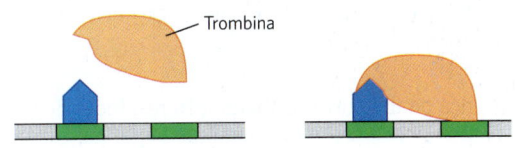

A ligação de AT e trombina a dois domínios NS adjacentes aproxima as duas proteínas e favorece a sua interação, o que inibe a coagulação sanguínea.

**(c) Correceptor para ligantes extracelulares**

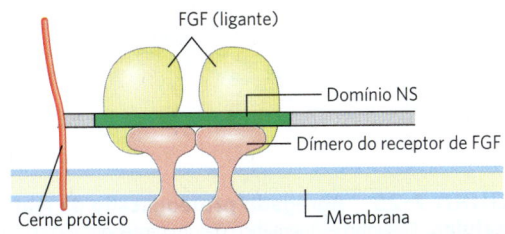

Os domínios NS interagem tanto com o fator de crescimento de fibroblastos (FGF) quanto com seu receptor, unindo o complexo oligomérico e aumentando a eficácia de baixas concentrações de FGF.

**(d) Localização/concentração na superfície celular**

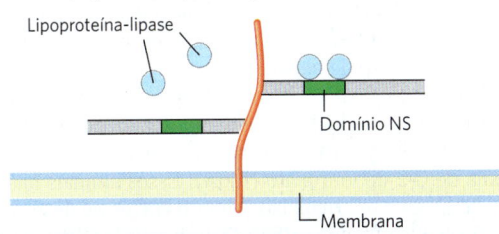

A alta densidade de cargas negativas do sulfato de heparana atrai as moléculas de lipoproteína-lipase carregadas positivamente e as retêm por meio de interações eletrostáticas e interações de sequência específicas destas com os domínios NS.

**FIGURA 7-23** Quatro tipos de proteínas que interagem com os domínios NS do sulfato de heparana. [Informações de J. Turnbull et al., *Trends Cell Biol.* 11:75, 2001.]

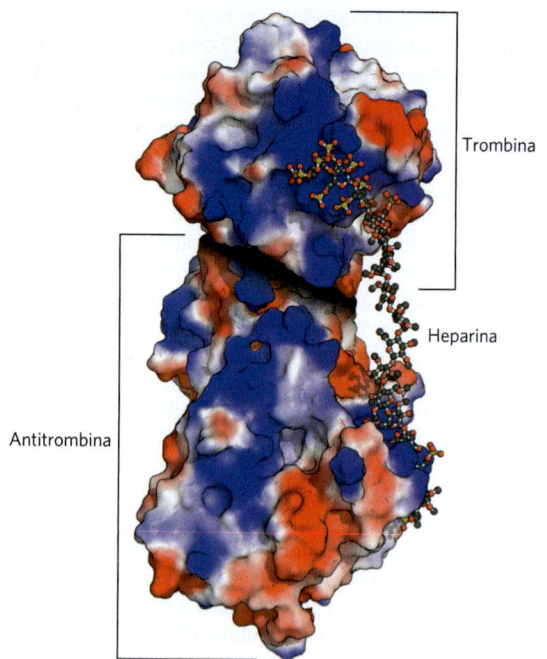

**FIGURA 7-24 Bases moleculares para a estimulação da ligação da trombina à antitrombina induzida pelo sulfato de heparana.** Nessa estrutura cristalina em que a trombina, a antitrombina e um polímero semelhante ao sulfato de heparana contendo 16 resíduos são cristalizados juntos, os sítios de ligação para o sulfato de heparana em ambas as proteínas são ricos em resíduos de Arg e Lys. Essas regiões carregadas positivamente, mostradas em azul nesta representação eletrostática das proteínas, permitem fortes interações eletrostáticas com os múltiplos sulfatos e carboxilatos carregados negativamente do sulfato de heparana. Como resultado, a afinidade da antitrombina pela trombina é três ordens de magnitude maior na presença de sulfato de heparana do que na sua ausência. [Dados de PDB ID 1TB6, W. Li et al., *Nat. Struct. Mol. Biol.* 11:857, 2004.]

A importância funcional dos proteoglicanos e dos glicosaminoglicanos associados a eles pode também ser observada nos efeitos de mutações que impedem a síntese ou a degradação desses polímeros em seres humanos (**Quadro 7-3**).

Alguns proteoglicanos podem formar **agregados proteoglicanos**, enormes grupos supramoleculares de muitas proteínas centrais, todas ligadas a uma única molécula de ácido hialurônico. A proteína central agrecana ($M_r$ ~250.000) tem múltiplas cadeias de sulfato de condroitina e sulfato de queratana unidas a resíduos de Ser na proteína central por meio de ligações trissacarídicas, gerando um monômero de agrecano com $M_r$ de aproximadamente $2 \times 10^6$. Quando uma centena ou mais dessas proteínas centrais "decoradas" se ligam a uma única molécula estendida de ácido hialurônico (**Fig. 7-25**), o agregado proteoglicano resultante ($M_r > 2 \times 10^8$) e a água de hidratação associada ocupam aproximadamente o mesmo volume de uma célula bacteriana. O agrecano interage fortemente com o colágeno da MEC das cartilagens, contribuindo para o desenvolvimento, a resistência à tensão e a elasticidade desse tecido conectivo.

Entrelaçadas com esses enormes proteoglicanos extracelulares, estão as proteínas fibrosas da matriz, como colágeno, elastina e fibronectina, formando uma rede de ligações cruzadas que garante força e resiliência a toda a MEC. Algumas dessas proteínas são multiadesivas, com uma única proteína apresentando sítios de ligação para diferentes moléculas da matriz. A **fibronectina**, por exemplo, apresenta domínios separados, capazes de ligar fibrina, sulfato de heparana e colágeno. A fibronectina e outras proteínas da MEC contêm sequências RGD (Arg–Gly–Asp) conservadas, através das quais se ligam a uma família de proteínas chamadas de **integrinas**. As integrinas mediam a sinalização entre o interior celular e as moléculas da MEC. O quadro geral que emerge de interações célula-matriz (**Fig. 7-26**) mostra um arranjo de interações entre moléculas celulares e extracelulares. Essas interações servem não apenas para ancorar

na presença de um curto segmento (16 resíduos) de sulfato de heparana, o segmento de sulfato de heparana carregado negativamente forma pontes entre as regiões carregadas positivamente das duas proteínas, causando uma alteração alostérica que inibe a atividade de protease da trombina (**Fig. 7-24**). Os sítios de ligação para sulfato de heparana e heparina em ambas as proteínas são ricos em resíduos de Arg e Lys; as cargas positivas dos aminoácidos interagem eletrostaticamente com os sulfatos dos glicosaminoglicanos. A antitrombina também inibe duas outras proteínas da coagulação sanguínea (fatores IXa e Xa) por meio de um processo dependente de sulfato de heparana.

A importância de domínios sulfatados corretamente sintetizados no sulfato de heparana é demonstrada no camundongo mutante ("nocaute") que carece da enzima que sulfata a hidroxila do C-2 do iduronato (IdoA). Esses animais nascem sem os rins e com anormalidades muito graves no desenvolvimento do esqueleto e dos olhos. Outros estudos demonstram que proteoglicanos de membrana são importantes no fígado para a captação de lipoproteínas do sangue. Por fim, há crescentes evidências de que os proteoglicanos contendo sulfato de heparana e sulfato de condroitina fornecem orientação direcional para o crescimento de axônios, influenciando a via tomada por axônios em desenvolvimento no sistema nervoso.

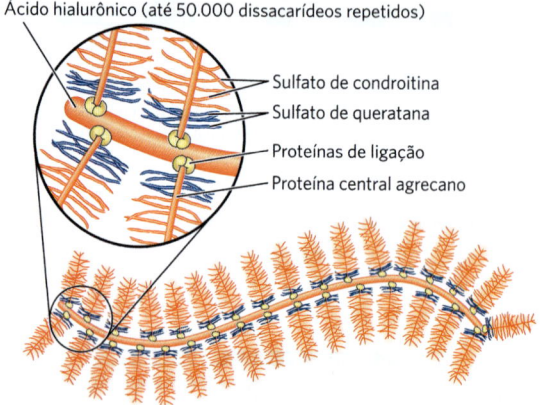

**FIGURA 7-25 Agregado proteoglicano da matriz extracelular.** Desenho esquemático de um proteoglicano com muitas moléculas de agrecano. Uma molécula muito longa de ácido hialurônico está associada não covalentemente a cerca de 100 moléculas da proteína central agrecano. Cada molécula de agrecano contém muitas cadeias de sulfato de condroitina e sulfato de queratana ligadas covalentemente. Proteínas de ligação nas junções entre cada proteína central e o esqueleto do ácido hialurônico controlam a interação proteína central-ácido hialurônico.

## QUADRO 7-3 MEDICINA

### Defeitos na síntese ou na degradação de glicosaminoglicanos sulfatados podem levar a doenças graves em seres humanos

A síntese de glicosaminoglicanos requer enzimas que ativam açúcares monoméricos, os transportam através de membranas, condensam os açúcares ativados, formando polissacarídeos, e adicionam sulfato. Mutações em qualquer uma dessas enzimas em seres humanos podem levar a defeitos estruturais nos glicosaminoglicanos (ou em proteoglicanos formados a partir deles). O resultado pode ser uma ampla variedade de defeitos na sinalização celular, na proliferação celular, na morfogênese tecidual ou em interações com fatores de crescimento (Fig. 1). Por exemplo, a falha em alongar a unidade dissacarídica GlcNAc-GlcA leva a uma anormalidade óssea na qual se desenvolvem grandes e múltiplos osteófitos (Fig. 2).

Quando o defeito ocorre em enzimas da degradação, o acúmulo de glicosaminoglicanos degradados de modo incompleto

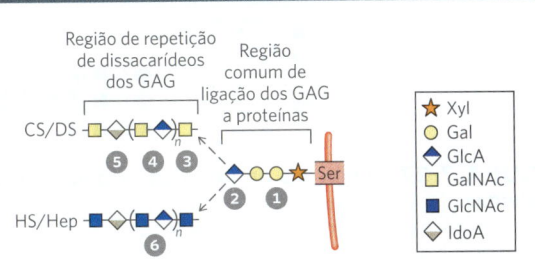

**FIGURA 1** Segmento de proteoglicano, mostrando a estrutura normal dos glicosaminoglicanos (GAGs) sulfato de condroitina ou sulfato de dermatana (CS/DS) (parte superior) e sulfato de heparana ou heparina (HS/Hep) (parte inferior), unido através da região de ligação a um resíduo de Ser da proteína central. Quando determinada enzima biossintética está ausente em virtude de uma mutação, os elementos numerados não podem ser adicionados ao oligossacarídeo em crescimento, e o produto é truncado. Os GAGs disfuncionais resultam em diversos tipos de doenças em seres humanos, dependendo do sítio em que ocorre o problema: ❶ síndrome de Ehlers-Danlos tipo progéria – com articulações hiperextensíveis, pele frágil e envelhecimento prematuro; ❷ baixa estatura ou frequentes luxações das articulações; ❸ neuropatia (lesão de nervos); ❹ defeitos esqueléticos; ❺ transtorno bipolar ou hérnia diafragmática; e ❻ deformações ósseas, na forma de grandes osteófitos.

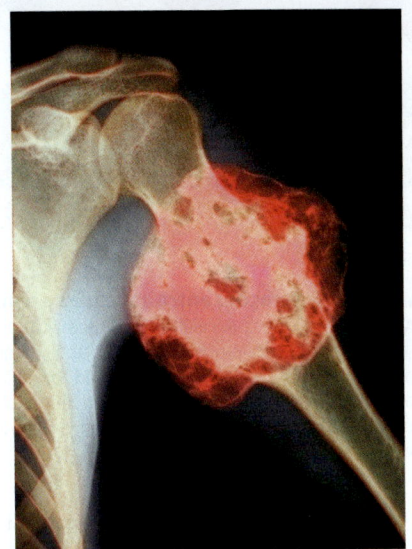

**FIGURA 2** Deformações ósseas características de osteocondromatose múltipla hereditária, uma doença que resulta da incapacidade genética de adicionar o dissacarídeo GlcNAc-GlcA à cadeia em crescimento de sulfato de heparana ou de heparina (ver ❻ na Figura 1). O crescimento ósseo extra está colorido artificialmente em vermelho nessa imagem por raios X do úmero (osso superior do braço). [CNRI/Science Photo Library/Science Source.]

pode levar a doenças moderadas, como na síndrome de Scheie, com enrijecimento das articulações, mas inteligência e expectativa de vida normais, ou a doenças graves, como na síndrome de Hurler, com hipertrofia de órgãos internos, doença cardíaca, nanismo, deficiência intelectual e morte precoce. Os glicosaminoglicanos eram anteriormente denominados mucopolissacarídeos, e doenças causadas por defeitos genéticos em sua degradação ainda são frequentemente denominadas mucopolissacaridoses.

---

as células à MEC, mas também propiciam força e elasticidade para pele e articulações. ▶P7 Elas também funcionam como vias que direcionam a migração celular nos tecidos em desenvolvimento, servindo, ainda, para transmitir informações em ambos os sentidos através da membrana plasmática.

### As glicoproteínas têm oligossacarídeos ligados covalentemente

As glicoproteínas são conjugados entre carboidratos e proteínas nos quais os glicanos são ramificados e menores, além de apresentarem maior diversidade estrutural que os enormes glicosaminoglicanos dos proteoglicanos. O carboidrato é ligado por meio de seu carbono anomérico por uma ligação glicosídica com a —OH de um resíduo de Ser ou Thr (*O*-ligado), ou por uma ligação *N*-glicosídica com o nitrogênio da amida de um resíduo de Asn (*N*-ligado) (**Fig. 7-27**). **Ligações *N*-glicosídicas** unem o carbono anomérico de um açúcar a um átomo de nitrogênio em glicoproteínas e nucleotídeos (ver Fig. 8-1). Algumas glicoproteínas têm uma única cadeia de oligossacarídeo, porém muitas têm mais de uma; o carboidrato pode constituir de 1 a 70% da massa da glicoproteína. Cerca de metade de todas as proteínas dos mamíferos é glicosilada.

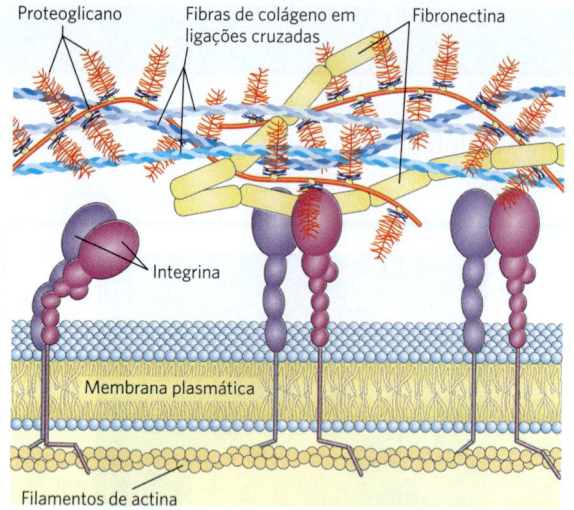

**FIGURA 7-26 Interações entre as células e a matriz extracelular.** A associação entre as células e os proteoglicanos da matriz extracelular é mediada por uma proteína de membrana (integrina) e por uma proteína extracelular (fibronectina, com seu motivo RGD) que tem sítios de ligação tanto para integrina quanto para o proteoglicano. Observe a forte associação das fibras de colágeno com a fibronectina e o proteoglicano.

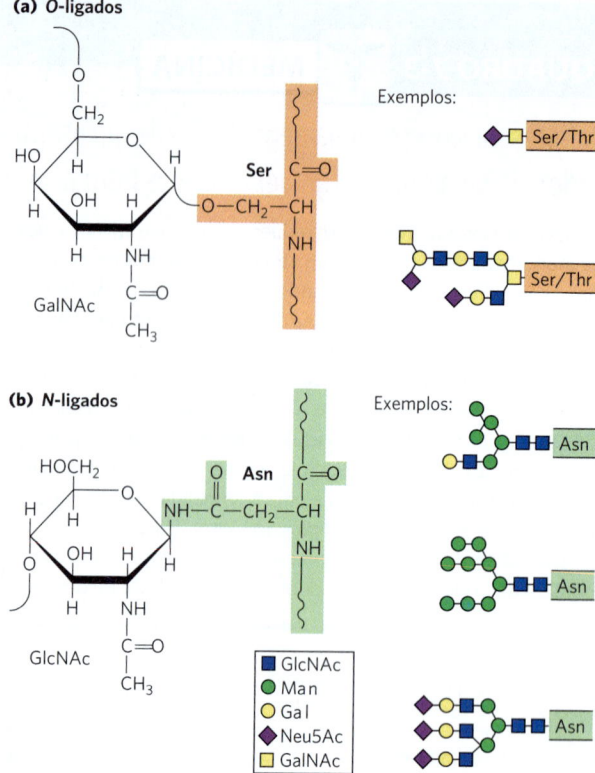

**FIGURA 7-27 Ligações de oligossacarídeos a glicoproteínas.** (a) Os oligossacarídeos O-ligados formam uma ligação glicosídica com o grupo hidroxila de resíduos de Ser ou Thr (em vermelho); a ligação ilustrada aqui apresenta GalNAc como o açúcar da extremidade redutora do oligossacarídeo. Uma cadeia simples e uma cadeia complexa estão mostradas. (b) Os oligossacarídeos N-ligados formam uma ligação N-glicosídica com o nitrogênio amídico de um resíduo de Asn (em verde); a ligação ilustrada aqui tem GlcNAc como o açúcar terminal. Três tipos comuns de cadeias de oligossacarídeos N-ligadas em glicoproteínas estão mostrados. Uma descrição completa da estrutura do oligossacarídeo requer a especificação da posição e da estereoquímica ($\alpha$ ou $\beta$) de cada ligação glicosídica.

Como será visto no Capítulo 11, a superfície externa da membrana plasmática tem muitas glicoproteínas de membrana, que contêm arranjos de oligossacarídeos de complexidade variada ligados covalentemente. As **mucinas** são glicoproteínas presentes na membrana ou secretadas que podem conter grandes números de cadeias de oligossacarídeos O-ligados. Elas estão presentes na maioria das secreções, sendo responsáveis pela característica escorregadia do muco. Muitas das proteínas secretadas por células eucarióticas são glicoproteínas, incluindo a maioria das proteínas do sangue. Por exemplo, as imunoglobulinas (anticorpos) e certos hormônios, como o hormônio folículo-estimulante, o hormônio luteinizante e o hormônio estimulante da tireoide, são glicoproteínas. Algumas das proteínas secretadas pelo pâncreas são glicosiladas, assim como a maioria das proteínas contidas nos lisossomos. Muitas das proteínas do leite, incluindo a principal proteína do soro do leite, a $\alpha$-lactalbumina, são glicosiladas.

A caracterização sistemática de todos os carboidratos componentes de uma determinada célula ou tecido, incluindo aqueles ligados a proteínas ou lipídeos, é chamada de **glicômica**. Para as glicoproteínas, isso também significa determinar quais proteínas são glicosiladas e onde, na sequência de aminoácidos, cada oligossacarídeo está ligado. É um trabalho desafiador, mas valioso, devido ao potencial de compreensão dos padrões normais de glicosilação e das formas nas quais eles podem ser alterados durante o desenvolvimento, em doenças genéticas ou no câncer. Os métodos atuais para a caracterização da totalidade dos carboidratos das células dependem muito de aplicações sofisticadas de ressonância magnética nuclear e espectrometria de massas.

As estruturas de um grande número de oligossacarídeos O e N-ligados de diversas glicoproteínas são conhecidas; as Figuras 7-20 e 7-27 apresentam alguns exemplos típicos. Os mecanismos por meio dos quais proteínas específicas adquirem porções oligossacarídicas específicas serão discutidos no Capítulo 27.

Quais são as vantagens biológicas da adição de oligossacarídeos a proteínas? Os agrupamentos altamente hidrofílicos de carboidratos alteram a polaridade e a solubilidade das proteínas com as quais estão conjugados. Cadeias de oligossacarídeos ligadas a proteínas que foram recentemente sintetizadas no retículo endoplasmático (RE) e trabalhadas no complexo de Golgi servem como marcadores do destino da proteína e para o controle da qualidade proteica, marcando proteínas mal dobradas para a degradação (ver Figs. 27-38 e 27-39). Quando diversas cadeias de oligossacarídeos carregadas negativamente se agrupam em uma única região de uma proteína, a repulsão de cargas entre elas favorece a formação de uma estrutura estendida, em forma de bastão, naquela região. O volume e a carga negativa das cadeias de oligossacarídeos também protegem algumas proteínas do ataque por enzimas proteolíticas.

Além desses efeitos físicos gerais sobre a estrutura das proteínas, existem efeitos biológicos específicos induzidos pelas cadeias de oligossacarídeos em glicoproteínas

(Seção 7.4). A importância da glicosilação em proteínas torna-se evidente com a descoberta de pelo menos 40 distúrbios genéticos diferentes que afetam a glicosilação em seres humanos. Todos esses distúrbios causam graves problemas no desenvolvimento físico ou mental, sendo às vezes fatais para o indivíduo.

### Glicolipídeos e lipopolissacarídeos são componentes de membranas

As glicoproteínas não são os únicos componentes celulares que exibem cadeias de oligossacarídeos; alguns lipídeos também têm oligossacarídeos ligados covalentemente. Os **gangliosídeos** são lipídeos de membrana das células eucarióticas, nos quais o grupo polar, a parte do lipídeo que forma a superfície externa da membrana, é um oligossacarídeo complexo contendo um ácido siálico (Fig. 7-9) e outros resíduos de monossacarídeos. Algumas das porções oligossacarídicas dos gangliosídeos, como aquelas que determinam os grupos sanguíneos humanos (ver Fig. 10-13), são idênticas àquelas encontradas em certas glicoproteínas, que, portanto, também contribuem para o tipo do grupo sanguíneo. Assim como as porções oligossacarídicas das glicoproteínas, aquelas dos lipídeos de membrana são geralmente (talvez sempre) encontradas na superfície externa da membrana plasmática.

**Lipopolissacarídeos** são as moléculas dominantes da superfície da membrana externa de bactérias Gram-negativas, como *Escherichia coli* e *Salmonella typhimurium*. Essas moléculas são o principal alvo dos anticorpos produzidos pelo sistema imune dos vertebrados em resposta a uma infecção bacteriana e, por essa razão, são importantes na determinação dos sorotipos das cepas bacterianas. (Sorotipos são cepas diferenciadas pelas propriedades antigênicas.) Os lipopolissacarídeos de *S. typhimurium* contêm seis ácidos graxos ligados a dois resíduos de glicosamina, um dos quais é o ponto de ligação para um oligossacarídeo complexo (**Fig. 7-28**). A *E. coli* tem lipopolissacarídeos similares, porém exclusivos. A porção lipídeo A dos lipopolissacarídeos de algumas bactérias é chamada de endotoxina; a sua toxicidade para seres humanos e outros animais é responsável pela hipotensão arterial perigosa que ocorre na síndrome do choque tóxico resultante de infecções por bactérias Gram-negativas. ■

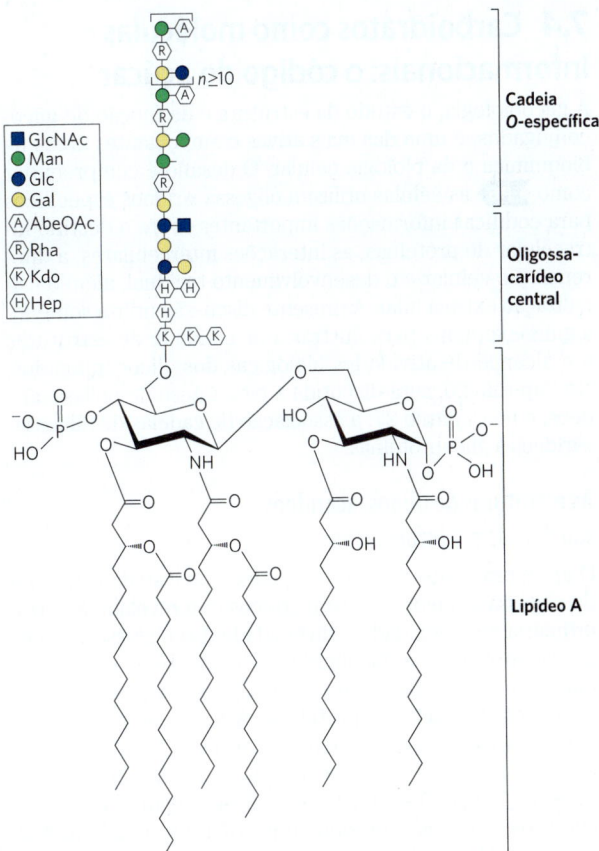

**FIGURA 7-28 Lipopolissacarídeos bacterianos.** Diagrama esquemático do lipopolissacarídeo da membrana externa de *Salmonella typhimurium*. Kdo é o ácido 3-desóxi-D-*mano*-octulosônico (anteriormente chamado ácido *ceto*desóxi-octônico); Hep é L-*glicero*-D-*mano*-heptose; e AbeOAc é abequose (uma 3,6-didesóxi-hexose) acetilada em uma de suas hidroxilas. Diferentes espécies bacterianas têm estruturas de lipopolissacarídeos sutilmente distintas, embora tenham em comum uma região lipídica (lipídeo A) composta de seis resíduos de ácidos graxos e duas glicosaminas fosforiladas, um oligossacarídeo central e uma cadeia "*O*-específica", o principal determinante do sorotipo (reatividade imunológica) da bactéria. As membranas externas das bactérias Gram-negativas de *S. typhimurium* e *E. coli* contêm tantas moléculas de lipopolissacarídeos que a superfície celular está quase completamente coberta com cadeias *O*-específicas.

---

**RESUMO 7.3 *Glicoconjugados: proteoglicanos, glicoproteínas e glicolipídeos***

■ Os proteoglicanos são enormes moléculas nas quais um ou mais glicanos grandes, chamados de glicosaminoglicanos sulfatados (sulfato de heparana, sulfato de condroitina, sulfato de dermatana ou sulfato de queratana), estão ligados covalentemente a uma proteína central. Unidos à superfície externa da membrana plasmática por meio de um peptídeo ou de um lipídeo, os proteoglicanos fornecem pontos de adesão, reconhecimento e transferência de informação entre as células ou entre as células e a matriz extracelular. Na matriz extracelular, formam-se enormes agregados de proteoglicanos, ligados a uma longa molécula de ácido hialurônico.

■ As glicoproteínas contêm oligossacarídeos ligados covalentemente a resíduos de Asn, Ser ou Thr. Esses oligossacarídeos são, em geral, ramificados e menores do que os glicosaminoglicanos. Muitas proteínas extracelulares ou da superfície celular são glicoproteínas, assim como a maioria das proteínas secretadas. Os oligossacarídeos ligados covalentemente influenciam o enovelamento e a estabilidade das proteínas, fornecem informações cruciais sobre o destino de proteínas recém-sintetizadas e permitem o reconhecimento específico por outras proteínas.

■ Glicolipídeos e glicoesfingolipídeos em plantas e animais e lipopolissacarídeos em bactérias são componentes do envelope celular, com cadeias de oligossacarídeos ligadas covalentemente expostas na superfície externa da célula.

## 7.4 Carboidratos como moléculas informacionais: o código do açúcar

A glicobiologia, o estudo da estrutura e da função de glicoconjugados, é uma das mais ativas e empolgantes áreas da bioquímica e da biologia celular. O desafio é compreender como ▶P6 as células utilizam oligossacarídeos específicos para codificar informações importantes sobre o destino intracelular de proteínas, as interações intercelulares, a diferenciação celular e o desenvolvimento tecidual, além da sinalização extracelular. A presente discussão utiliza somente alguns exemplos para ilustrar a diversidade de estruturas e o alcance de atividades biológicas dos glicoconjugados. No Capítulo 20, será discutida a biossíntese de polissacarídeos, e no Capítulo 27, a associação de cadeias de oligossacarídeos a glicoproteínas.

### As estruturas de oligossacarídeos são densas em informação

O aprimoramento dos métodos para a análise da estrutura de oligossacarídeos e polissacarídeos tem revelado a extraordinária complexidade e diversidade dos oligossacarídeos de glicoproteínas e glicolipídeos. Considere as cadeias de oligossacarídeos da Figura 7-27, típicas daquelas encontradas em muitas glicoproteínas. A mais complexa delas contém 14 resíduos de monossacarídeos de quatro tipos diferentes, unidos de várias maneiras, em ligações (1→2), (1→3), (1→4), (1→6), (2→3) e (2→6), alguns com configuração $\alpha$ e alguns com configuração $\beta$. Estruturas ramificadas, não encontradas em ácidos nucleicos ou proteínas, são comuns em oligossacarídeos. Com a suposição razoável de que 20 subunidades de monossacarídeos diferentes estão disponíveis para a construção de oligossacarídeos, estima-se que muitos bilhões de oligossacarídeos hexaméricos diferentes sejam possíveis; isso se compara com $6,4 \times 10^7$ ($20^6$) diferentes hexapeptídeos possíveis com os 20 aminoácidos comuns, e 4.096 ($4^6$) diferentes hexanucleotídeos possíveis com as quatro subunidades nucleotídicas. Se considerarmos também as variações em oligossacarídeos resultantes da sulfatação de um ou mais dos resíduos, o número de oligossacarídeos possíveis aumenta em duas ordens de magnitude. Na verdade, apenas um subconjunto das possíveis combinações é encontrado, devido às restrições impostas por enzimas biossintéticas e à disponibilidade de precursores. Ainda assim, a enorme riqueza de informações na estrutura dos glicanos não somente compete com a dos ácidos nucleicos na densidade de informações contidas em uma molécula de tamanho modesto, mas também a supera em muito. Cada um dos oligossacarídeos representados nas Figuras 7-20 e 7-27 tem configuração tridimensional única – uma palavra no código dos açúcares – e legível para as proteínas com as quais eles interagem.

### Lectinas são proteínas que leem o código dos açúcares e medeiam muitos processos biológicos

▶P6 As **lectinas** são proteínas que ligam carboidratos com alta especificidade e com afinidade moderada a alta. Elas participam de vários processos de reconhecimento, sinalização e adesão celular e no endereçamento intracelular de proteínas recentemente sintetizadas. As lectinas de plantas, abundantes em sementes, provavelmente atuam na restrição de insetos e outros predadores. No laboratório, lectinas vegetais purificadas são reagentes úteis para a detecção e a separação de glicanos e glicoproteínas ligados a diferentes oligossacarídeos. Aqui, serão discutidos apenas alguns exemplos dos papéis das lectinas em células animais.

Alguns hormônios peptídicos que circulam no sangue estão ligados a oligossacarídeos que influenciam fortemente suas meias-vidas na circulação. O hormônio luteinizante e a tireotrofina (hormônios peptídicos produzidos na hipófise) têm oligossacarídeos $N$-ligados que terminam com o dissacarídeo GalNAc4S($\beta$1→4)GlcNAc, reconhecido por uma lectina (receptor) dos hepatócitos. (GalNAc4S é uma $N$-acetilgalactosamina sulfatada no grupo —OH do C-4.) A interação receptor-hormônio é responsável por mediar a internalização e a destruição do hormônio luteinizante e da tireotrofina, reduzindo suas concentrações no sangue. Como consequência, os níveis sanguíneos desses hormônios passam periodicamente por aumentos (devido à secreção pulsátil pela hipófise) e quedas (devido à destruição contínua pelos hepatócitos).

Os resíduos de Neu5Ac (um ácido siálico) situados nas extremidades das cadeias de oligossacarídeos de muitas glicoproteínas do plasma (Fig. 7-20) protegem essas proteínas da captação e da degradação no fígado. Por exemplo, a ceruloplasmina, uma glicoproteína sérica que contém cobre, tem algumas cadeias de oligossacarídeos que terminam com Neu5Ac. O mecanismo que remove os resíduos de ácido siálico de glicoproteínas séricas não está claro. A remoção pode ser causada pela atividade da enzima neuraminidase (também chamada de sialidase), produzida por organismos invasores ou pela remoção lenta e constante dos resíduos por enzimas extracelulares. A membrana plasmática dos hepatócitos possui moléculas de lectinas (receptoras para assialoglicoproteínas; "assialo" indica "sem ácido siálico") que se ligam especificamente a cadeias de oligossacarídeos com resíduos de galactose não mais "protegidos" por um resíduo terminal de Neu5Ac. A interação receptor-ceruloplasmina desencadeia a endocitose e a destruição de ceruloplasmina.

Ácido $N$-acetilneuramínico (Neu5Ac)
(um ácido siálico)

Um mecanismo semelhante é aparentemente responsável pela remoção de eritrócitos "envelhecidos" da corrente sanguínea em mamíferos. Eritrócitos recém-sintetizados têm algumas glicoproteínas de membrana com cadeias de oligossacarídeos que terminam em Neu5Ac. Em laboratório, quando os resíduos de ácido siálico são removidos

– coletando-se uma amostra de sangue de animais experimentais, tratando-a com neuraminidase *in vitro* e reintroduzindo-a na circulação –, os eritrócitos tratados desaparecem da circulação em poucas horas; eritrócitos com oligossacarídeos intactos (coletados e reintroduzidos sem o tratamento com neuraminidase) continuam a circular por dias.

As **selectinas** compõem uma família de lectinas da membrana plasmática que controlam o reconhecimento e a adesão célula-célula em diversos processos celulares. Um desses processos é o movimento das células do sistema imune (leucócitos) através da parede dos capilares, do sangue para os tecidos, em sítios de infecção ou inflamação (**Fig. 7-29**). Em um sítio de infecção, a selectina P da superfície das células endoteliais dos capilares interage com um oligossacarídeo específico das glicoproteínas da superfície dos leucócitos circulantes. Essa interação desacelera os leucócitos que rolam sobre o revestimento endotelial dos capilares. Uma segunda interação, entre moléculas de integrina da membrana plasmática dos leucócitos e uma proteína de adesão da superfície das células endoteliais, detém o leucócito e permite que ele atravesse a parede do capilar, entrando nos tecidos infectados para iniciar o ataque imune. Duas outras selectinas participam dessa "migração linfocitária": a selectina E da célula endotelial e a selectina l do leucócito ligam-se aos oligossacarídeos correspondentes em leucócitos e células endoteliais, respectivamente. Várias selectinas essenciais à migração linfocitária ligam-se especificamente ao tetrassacarídeo Neu5Ac-($\alpha 2 \rightarrow 3$)-D-Gal-($\beta 1 \rightarrow 4$)($\alpha$-L-Fuc-[$1 \rightarrow 4$])-D-GlcNAc, chamado sialil-Lewis x ou sialil-Le$^x$.

As selectinas de seres humanos controlam as respostas inflamatórias na artrite reumatoide, asma, psoríase, esclerose múltipla e rejeição de órgãos transplantados, de modo que há um grande interesse no desenvolvimento de fármacos que inibam a adesão celular mediada por selectinas. Muitos carcinomas expressam sialil-Lewis x, que, quando lançado na circulação, facilita a sobrevivência e a metástase de células tumorais. Derivados de carboidratos que simulam a porção sialil-Lewis x de sialoglicoproteínas e competem por sítios de ligação específicos de selectinas ou que alteram a biossíntese desse oligossacarídeo podem se tornar fármacos específicos para selectinas, eficazes no tratamento de inflamações crônicas ou doenças metastáticas.

Alguns vírus que infectam animais, incluindo o vírus influenza, aderem às células hospedeiras por meio de interações com os oligossacarídeos presentes na superfície dessas células. A lectina do vírus influenza, conhecida como proteína HA (hemaglutinina), é essencial para a entrada e a infecção viral. Após a entrada e a replicação do vírus em uma célula hospedeira, as partículas virais recém-sintetizadas brotam da célula hospedeira, envolvidas em uma porção da membrana plasmática. Uma sialidase (neuraminidase) viral remove o resíduo de ácido siálico terminal dos oligossacarídeos da célula hospedeira, liberando as partículas virais da interação com a célula e evitando a agregação de uma partícula com a outra. Outro ciclo de infecção pode, então, iniciar. Os fármacos antivirais oseltamivir e zanamivir são utilizados clinicamente para o tratamento da influenza. Esses fármacos são análogos de açúcares; eles inibem a sialidase viral, pois competem com os oligossacarídeos da célula hospedeira pela ligação (**Fig. 7-30**). Isso impede a liberação do vírus da célula infectada e causa a agregação das partículas virais, efeitos que evitam um novo ciclo de infecção.

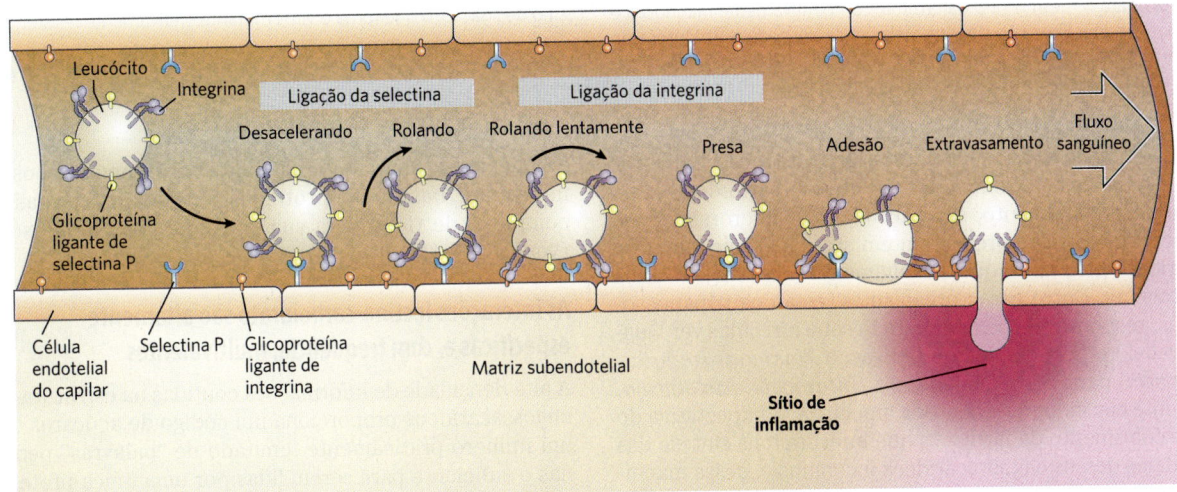

**FIGURA 7-29 Função das interações lectina-ligante durante a movimentação de leucócitos para um sítio de infecção ou lesão.** Um leucócito movendo-se ao longo de um capilar é desacelerado por interações transitórias entre moléculas de selectina P da membrana plasmática das células endoteliais do capilar e glicoproteínas ligantes de selectina P da superfície do leucócito. Ao interagir com moléculas de selectina P consecutivas, o leucócito rola sobre a superfície do capilar. Próximo a um sítio de inflamação, interações mais fortes entre integrinas da superfície do leucócito e seus ligantes na superfície do capilar levam a uma adesão firme. O leucócito para de rolar e, sob a influência de sinais enviados a partir do sítio de inflamação (tais como sialil-Lewis x), começa a extravasar – escapar através da parede do capilar –, movendo-se em direção ao sítio de inflamação.

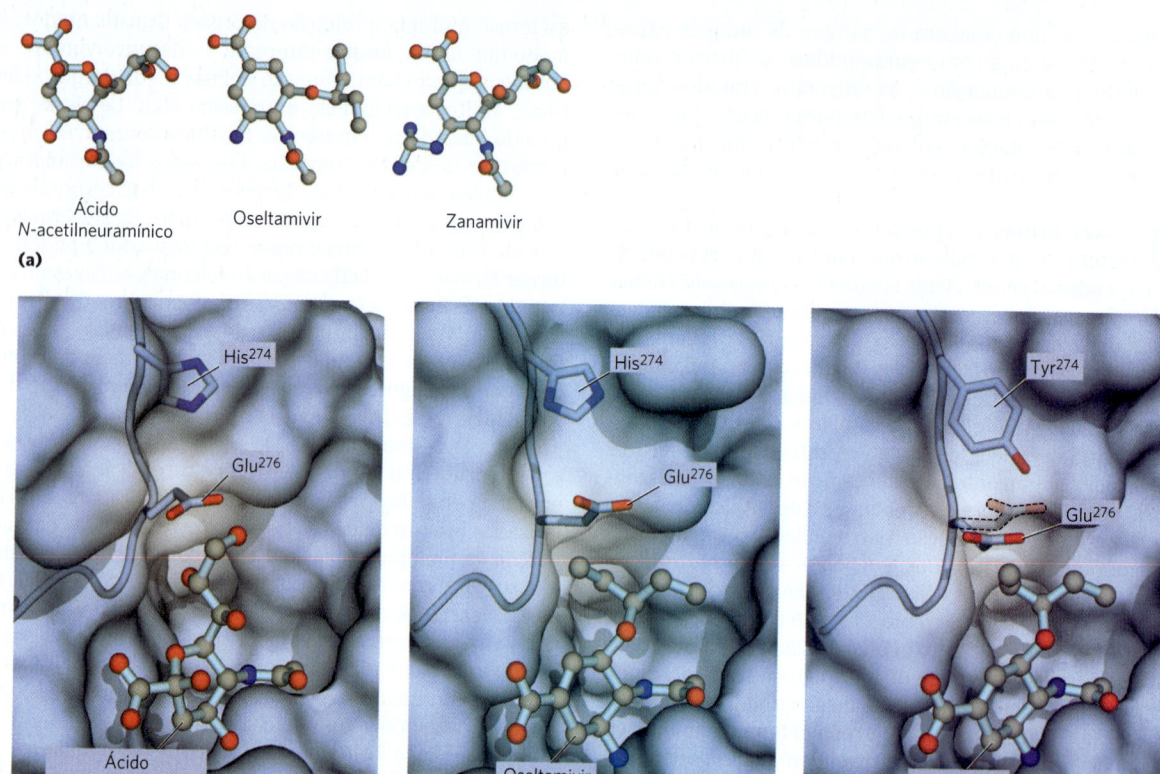

**FIGURA 7-30 Sítio de ligação para o ácido N-acetilneuramínico e para um fármaco antiviral na neuraminidase do influenza.** (a) O ligante normal dessa enzima é um ácido siálico, o ácido N-acetilneuramínico. Os fármacos oseltamivir e zanamivir ocupam o mesmo sítio da enzima, competitivamente inibindo-a e bloqueando a liberação do vírus pela célula hospedeira. (b) Interação normal com o ácido N-acetilneuramínico no sítio de ligação. (c) O oseltamivir consegue encaixar-se nesse sítio, empurrando um resíduo de Glu para fora. (d) Uma mutação no gene da neuraminidase do vírus influenza troca uma His próxima a esse resíduo de Glu por uma Tyr, com cadeia lateral maior. Agora, o oseltamivir não consegue empurrar o resíduo de Glu de maneira tão eficaz e se liga de maneira muito menos eficiente ao sítio de ligação, o que torna o vírus mutante efetivamente resistente ao oseltamivir. [Dados obtidos de (b) PDB ID 2BAT, J. N. Varghese et al., *Proteins* 14:327, 1992; (c) PDB ID 2HU4, R. J. Russell et al., *Nature* 443:45, 2006; (d) PDB ID 3CL0, P. J. Collins et al., *Nature* 453:1258, 2008.]

Algumas das mais devastadoras doenças parasitárias humanas, disseminadas em grande parte dos países em desenvolvimento, são causadas por microrganismos eucarióticos que apresentam em sua superfície oligossacarídeos incomuns, que, em alguns casos, protegem esses parasitas. Entre esses organismos, estão os tripanossomas, responsáveis pela doença do sono africana (ver Quadro 6-1) e pela doença de Chagas; o *Plasmodium falciparum*, parasita da malária; e a *Entamoeba histolytica*, agente causador da disenteria amebiana. A expectativa do descobrimento de fármacos que interfiram na síntese das cadeias desses oligossacarídeos incomuns e, dessa maneira, na replicação dos parasitas, tem recentemente inspirado muitos trabalhos sobre as vias de biossíntese desses oligossacarídeos. ∎

As lectinas também agem intracelularmente, endereçando proteínas para transporte a locais celulares específicos (ver Capítulo 27). Por exemplo, **P6** um oligossacarídeo contendo manose-6-fosfato, reconhecido por uma lectina, atua como um "código de endereçamento postal" molecular, marcando proteínas recém-sintetizadas no complexo de Golgi para sua transferência ao lisossomo (ver Fig. 27-41).

### As interações lectina-carboidrato são altamente específicas e, com frequência, multivalentes

A alta densidade de informações contidas na estrutura dos oligossacarídeos proporciona um código de açúcares com um número praticamente ilimitado de "palavras" pequenas o suficiente para serem lidas por uma única proteína. Nos seus sítios de ligação a carboidratos, as lectinas têm uma complementaridade molecular sutil que permite a interação somente com seu carboidrato parceiro de ligação correto. Com frequência, um íon metálico divalente, como $Ca^{2+}$ ou $Mn^{2+}$, é parte do sítio de ligação. Interações lectina-ligante podem ter uma especificidade extraordinariamente alta. A afinidade entre um oligossacarídeo e

## 7.4 CARBOIDRATOS COMO MOLÉCULAS INFORMACIONAIS: O CÓDIGO DO AÇÚCAR

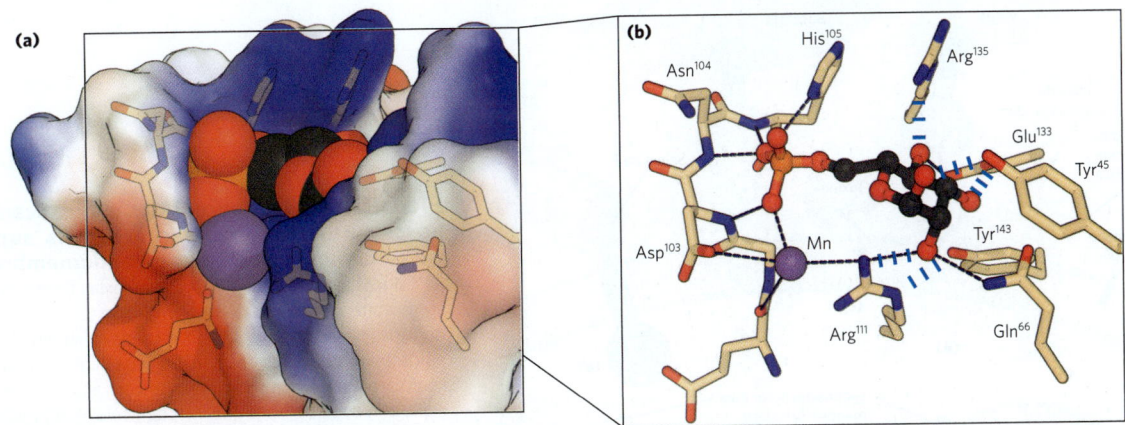

**FIGURA 7-31 Detalhes de uma interação lectina-carboidrato.** (a) Estrutura do receptor de manose-6-fosfato bovino associado com manose-6-fosfato. A proteína está representada pela imagem de contorno da superfície, mostrando a superfície com predominância de cargas negativas (em vermelho) ou positivas (em azul). A manose-6-fosfato está representada por um modelo de preenchimento de espaço; um íon manganês está representado por uma esfera violeta. (b) Visão ampliada do sítio de ligação. A manose-6-fosfato é unida por ligações de hidrogênio à $Arg^{111}$ e coordenada ao íon manganês (mostrado menor que seu raio de van der Waals para maior clareza). Cada grupo hidroxila da manose é unido à proteína por meio de ligações de hidrogênio. A $His^{105}$, que forma ligações de hidrogênio com um oxigênio do fosfato da manose-6-fosfato, pode ser o resíduo que, quando protonado em pH baixo, induz o receptor a liberar a manose-6-fosfato dentro do lisossomo. [Dados de PDB ID 1M6P, D. L. Roberts et al., *Cell* 93:639, 1998.]

um domínio de ligação a carboidratos (DLC) individual de uma lectina é, algumas vezes, modesta (valores de $K_d$ entre micromolar e milimolar), mas a afinidade real é, em muitos casos, notavelmente aumentada pela multivalência da lectina, situação em que uma única molécula de lectina tem múltiplos DLC. Em um agrupamento de oligossacarídeos – como comumente encontrado em uma superfície de membrana, por exemplo –, cada oligossacarídeo pode ocupar um dos DLC da lectina, fortalecendo a interação. Quando as células expressam múltiplos receptores para lectinas, a força da interação pode ser muito alta, possibilitando eventos altamente cooperativos, como a adesão e o rolamento da célula (Fig. 7-29).

Estudos de cristalografia por raios X da estrutura da lectina que funciona como receptor de manose-6-fosfato revelaram detalhes que explicam a especificidade da ligação e a função de um cátion divalente na interação lectina-açúcar (**Fig. 7-31**). Quando a proteína marcada com manose-6-fosfato chega no lisossomo (que tem um pH interno menor do que o do complexo de Golgi), o receptor perde a afinidade pela manose-6-fosfato, e a proteína marcada é liberada na matriz lisossômica.

Além dessas interações extremamente específicas, há interações mais gerais, que também contribuem para a ligação de muitos carboidratos às suas respectivas lectinas. Por exemplo, muitos açúcares têm um lado mais polar e um lado menos polar (**Fig. 7-32**); o lado mais polar forma ligações de hidrogênio com a lectina, ao passo que o lado menos polar forma interações hidrofóbicas com resíduos de aminoácidos apolares. A soma de todas essas interações produz uma ligação de alta afinidade e garante a alta especificidade das lectinas a seus carboidratos. A interação lectina-carboidrato constitui um modo

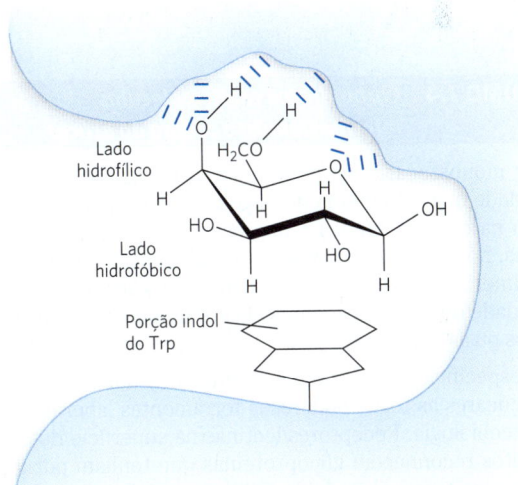

**FIGURA 7-32 Interações de resíduos de açúcar devido ao efeito hidrofóbico.** Unidades de açúcar, como a galactose, têm um lado mais polar (o topo da cadeira mostrada aqui, com o oxigênio do anel e algumas hidroxilas), disponível para a formação de ligações de hidrogênio com a lectina, e um lado menos polar, que pode formar interações hidrofóbicas com cadeias laterais apolares da proteína, como o anel indólico de resíduos de Trp. [Informação obtida de uma figura fornecida por Dr. C.-W. von der Lieth, Heidelberg; H.-J. Gabius, *Naturwissenschaften* 87:108, 2000, Fig. 6.]

de transferência de informação que é claramente central em muitos processos dentro e entre células. A **Figura 7-33** resume algumas das interações biológicas mediadas pelo código dos açúcares.

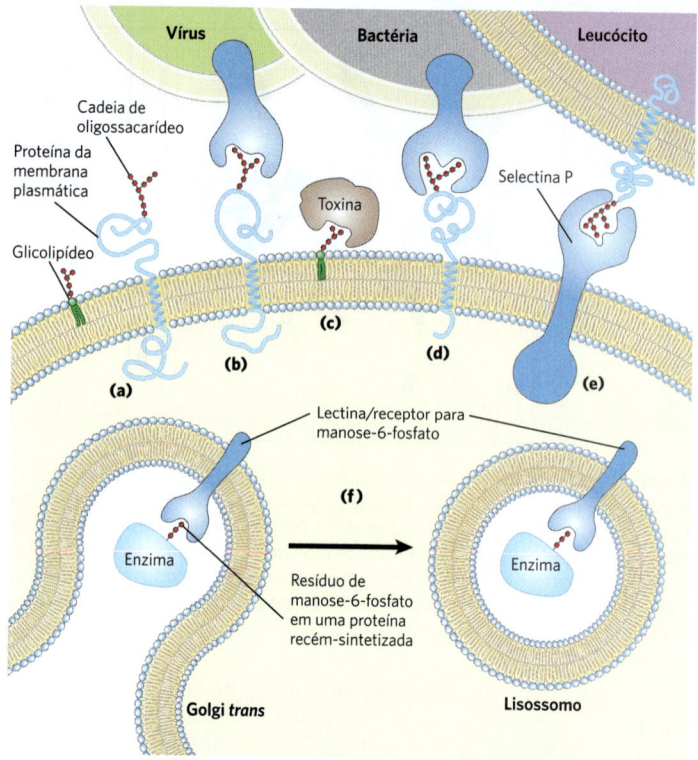

**FIGURA 7-33 Funções dos oligossacarídeos nos eventos de reconhecimento na superfície celular e nos sistemas de endomembranas.**
(a) Oligossacarídeos com estruturas únicas (representados como correntes de hexágonos vermelhos) são componentes de várias glicoproteínas ou glicolipídeos na superfície externa de membranas plasmáticas. Os seus oligossacarídeos se ligam a lectinas do meio extracelular com alta especificidade e alta afinidade. (b) Vírus que infectam células animais, como o vírus da influenza, ligam-se a glicoproteínas da superfície celular na primeira etapa da infecção. (c) Toxinas bacterianas, como as do cólera e da coqueluche, ligam-se a um glicolipídeo da superfície antes de entrarem na célula. (d) Algumas bactérias aderem a células animais e, então, as colonizam ou infectam. (e) Selectinas (lectinas) da membrana plasmática de certas células medeiam interações célula-célula, como aquelas dos leucócitos com as células endoteliais da parede capilar em um sítio de infecção. (f) O receptor/lectina para manose-6-fosfato do complexo de Golgi *trans* se liga ao oligossacarídeo de enzimas lisossômicas, selecionando-as para transferência ao lisossomo. [Informações de N. Sharon e H. Lis, *Sci. Am.* 268 (January):82, 1993.]

### RESUMO 7.4 Carboidratos como moléculas informacionais: o código do açúcar

■ Os monossacarídeos podem ser organizados em uma variedade quase ilimitada de oligossacarídeos, os quais diferem na estereoquímica e na posição das ligações glicosídicas, no tipo e na orientação dos grupos substituintes e no número e no tipo de ramificações. Os glicanos contêm densidade de informação muito maior do que os ácidos nucleicos ou as proteínas.

■ A especificidade de muitas lectinas vegetais em relação aos açúcares as torna poderosas ferramentas laboratoriais em glicobiologia. Receptores/lectinas na superfície dos hepatócitos reconhecem glicoproteínas que tenham perdido seu resíduo terminal de ácido siálico e medeiam a captação normal (pelos hepatócitos) e a destruição de células sanguíneas e de certos hormônios circulantes constituídos por glicoproteínas.

■ Patógenos bacterianos e virais e alguns parasitas eucarióticos aderem às células-alvo animais por meio da ligação de lectinas dos patógenos a oligossacarídeos da superfície da célula-alvo, ou vice-versa. As interações geralmente são polivalentes.

■ Estudos estruturais de complexos lectina-açúcar mostram a complementaridade detalhada entre as duas moléculas, o que garante a força e a especificidade das interações de lectinas com carboidratos.

## 7.5 Trabalhando com carboidratos

A análise de oligossacarídeos é complicada, pois, diferentemente de ácidos nucleicos e proteínas, os oligossacarídeos podem ser ramificados e unidos por diferentes ligações. A densidade alta de cargas de muitos oligossacarídeos e polissacarídeos e a relativa instabilidade dos ésteres de sulfato nos glicosaminoglicanos causam ainda mais dificuldades.

Para polímeros simples e lineares, como a amilose, as posições das ligações glicosídicas são determinadas pelo método clássico de metilação exaustiva: o polissacarídeo intacto é tratado com iodeto de metila em meio fortemente básico para a conversão de todas as hidroxilas livres a ésteres de metila estáveis em ácido e, em seguida, o polissacarídeo metilado é hidrolisado em meio ácido. As únicas hidroxilas livres presentes nos monossacarídeos derivados dessa forma serão aquelas participantes das ligações glicosídicas. Para determinar a sequência dos resíduos de monossacarídeos, incluindo quaisquer ramificações que estejam presentes, exoglicosidases de especificidade conhecida são utilizadas para remover um resíduo de cada vez a partir da(s) extremidade(s) não redutora(s). A especificidade conhecida dessas exoglicosidases muitas vezes possibilita a dedução da posição e da estereoquímica das ligações.

Para a análise das porções oligossacarídicas de glicoproteínas e glicolipídeos, os oligossacarídeos são liberados por enzimas purificadas – glicosidases, que clivam especificamente oligossacarídeos *O* ou *N*-ligados, ou lipases, que removem grupos da cabeça polar de lipídeos. De modo alternativo, glicanos *O*-ligados podem ser liberados de glicoproteínas pelo tratamento com hidrazina.

As misturas de carboidratos resultantes são separadas em componentes individuais por vários métodos (**Fig. 7-34**), incluindo as mesmas técnicas utilizadas para a separação de aminoácidos e proteínas: precipitação fracionada por solventes e cromatografias de troca iônica e exclusão por tamanho (ver Fig. 3-17). Lectinas altamente purificadas, unidas covalentemente a um suporte insolúvel, são utilizadas comumente em cromatografia de afinidade para carboidratos.

A hidrólise de oligossacarídeos e polissacarídeos em ácido forte origina uma mistura de monossacarídeos, os quais podem ser identificados e quantificados por técnicas cromatográficas para se obter a composição total do polímero.

A análise de oligossacarídeos baseia-se fortemente na espectrometria de massas (ver Figs. 3-28 e 3-29) e na espectroscopia por ressonância magnética nuclear (RMN) de alta resolução (ver Fig. 4-31). A análise por RMN de forma isolada, principalmente para oligossacarídeos de tamanho moderado, pode gerar muitas informações sobre a sequência, a posição de ligações e a configuração de carbonos anoméricos. Procedimentos automatizados e instrumentos comerciais são utilizados para a determinação rotineira da estrutura de oligossacarídeos, mas o sequenciamento de oligossacarídeos ramificados unidos por mais de um tipo de ligação permanece uma tarefa muito mais árdua do que a determinação de sequências lineares de proteínas e ácidos nucleicos.

Outra ferramenta importante no trabalho com carboidratos é a síntese química, que tem se mostrado uma abordagem eficaz para a compreensão das funções biológicas de glicosaminoglicanos e oligossacarídeos. A química envolvida nessa síntese é difícil, mas agora os químicos de carboidratos podem sintetizar segmentos curtos de praticamente qualquer glicosaminoglicano – com estereoquímica, comprimento de cadeia e padrão de sulfatação corretos – e oligossacarídeos significativamente mais complexos do que aqueles mostrados na Figura 7-27. A síntese de oligossacarídeos em fase sólida tem como base os mesmos princípios (e tem as mesmas vantagens) que a síntese de peptídeos (ver Fig. 3-30), porém requer um conjunto de ferramentas únicas à química de carboidratos: o bloqueio de certos grupos e a ativação de outros grupos, o que permite a síntese de ligações glicosídicas com o grupo hidroxila correto. Abordagens sintéticas desse tipo representam uma área de grande interesse, uma vez que é trabalhoso purificar oligossacarídeos específicos em quantidades adequadas a partir de fontes naturais.

### RESUMO 7.5 Trabalhando com carboidratos

■ Estabelecer a estrutura completa de oligossacarídeos e polissacarídeos é um problema mais complexo que a análise de proteínas e ácidos nucleicos. Abordagens químicas e enzimáticas tradicionais, assim como a espectrometria de massas e a espectroscopia por RMN de alta resolução,

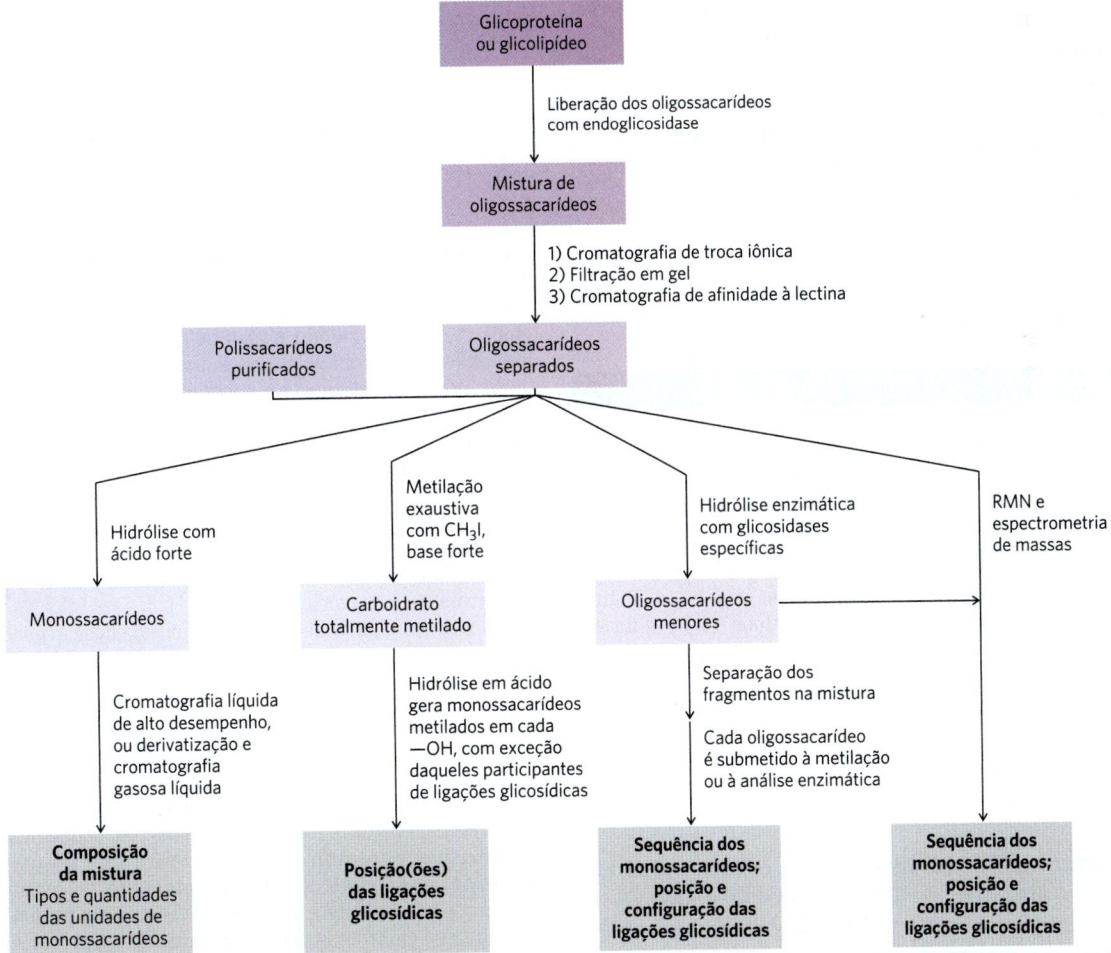

**FIGURA 7-34 Métodos para análise de carboidratos.** Um carboidrato purificado no primeiro estágio da análise necessita frequentemente de todas as quatro vias de análise para a caracterização completa.

apropriadas para pequenas amostras de carboidratos, geram informações essenciais sobre sequência, configuração dos carbonos anoméricos e outros carbonos e posições das ligações glicosídicas. Métodos para síntese em fase sólida produzem oligossacarídeos específicos muito valiosos na exploração das interações lectina-oligossacarídeo e podem se tornar clinicamente úteis.

## TERMOS-CHAVE

*Os termos em negrito estão definidos no glossário.*

**carboidrato** 229
monossacarídeo 229
**oligossacarídeo** 229
**dissacarídeo** 229
**polissacarídeo** 229
**aldose** 230
**cetose** 230
**enantiômero** 232
**fórmulas de projeção de Fischer** 232
**epímeros** 232
hemiacetal 234
hemicetal 234
**anômeros** 234
**carbono anomérico** 234
**piranose** 234
**furanose** 234
**fórmulas em perspectiva de Haworth** 234
**mutarrotação** 235
**açúcar redutor** 237
**ligações O-glicosídicas** 237
**extremidade redutora** 237

glicação da hemoglobina 239
**glicano** 241
**homopolissacarídeo** 241
**heteropolissacarídeo** 241
amido 242
glicogênio 242
celulose 243
**matriz extracelular (MEC)** 244
**glicosaminoglicano** 245
**ácido hialurônico** 245
**sulfato de condroitina** 245
**sulfato de heparana** 246
**glicoconjugado** 247
**proteoglicano** 248
**glicoproteína** 248
**glicolipídeo** 248
**sindecano** 248
**glipicano** 248
**glicômica** 252
**gangliosídeo** 253
**lectina** 254
**selectinas** 255

## QUESTÕES

1. **Álcool-açúcares** Nos derivados de monossacarídeos conhecidos como álcool-açúcares, o oxigênio da carbonila está reduzido a um grupo hidroxila. Por exemplo, o D-gliceraldeído pode ser reduzido a glicerol. Por que o álcool-açúcar glicerol não pode mais ser designado como D ou L?

2. **Reconhecimento de epímeros** Usando a Figura 7-3, identifique os epímeros de **(a)** D-alose, **(b)** D-gulose e **(c)** D-ribose em C-2, C-3 e C-4.

3. **Configuração e conformação** Quais ligações na α-D-glicose devem ser rompidas para que sua configuração mude para β-D-glicose? Quais ligações devem ser rompidas para converter D-glicose a D-manose? Quais ligações devem ser rompidas para converter uma forma de D-glicose em "cadeira" a outra?

4. **Estruturas de açúcares** Compare e estabeleça as diferenças nas características estruturais de cada par: **(a)** celulose e glicogênio; **(b)** D-glicose e D-frutose; **(c)** maltose e sacarose.

5. **Estruturas de Haworth** Desenhe as fórmulas em perspectiva de Haworth para α-D-manose e β-L-galactose.

6. **Açúcares redutores** Desenhe a fórmula estrutural para a α-D-glicosil-(1→6)-D-manosamina e circule a parte dessa estrutura que torna o composto um açúcar redutor.

7. **Glicação da hemoglobina** A mensuração de hemoglobina glicada (níveis de HbA1c) para monitorar a regulação da glicose sanguínea (Quadro 7-2) não é confiável em indivíduos com certas condições ou doenças. Sugira uma explicação para níveis abaixo do normal de HbA1c em um paciente que decididamente não é diabético.

8. **Hemiacetal e ligações glicosídicas** Explique a diferença entre um hemiacetal e um glicosídeo.

9. **Sabor do mel** A doçura do mel diminui gradualmente em altas temperaturas. Além disso, o xarope de milho com alto conteúdo de frutose (produto comercial no qual uma grande parte da glicose do xarope de milho é convertida em frutose) é utilizado para adoçar bebidas *frias*, mas não bebidas *quentes*. Qual propriedade química da frutose poderia ser responsável por essas duas observações?

10. **Gliconolactona e estados de oxidação da glicose** A 6-fosfogliconolactona, um derivado cíclico da glicose, é um intermediário na via das pentoses-fosfato (discutida no Capítulo 14). Compare o estado de oxidação do C-1 nas formas cíclicas da gliconolactona e da β-D-glicose.

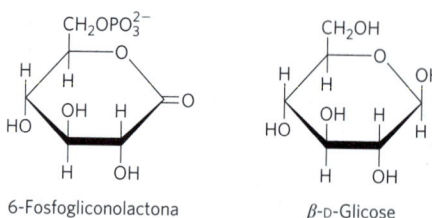

6-Fosfogliconolactona      β-D-Glicose

11. **A invertase "inverte" a sacarose** Embora a sacarose seja bastante doce, uma mistura equimolecular dos monossacarídeos que a constituem, D-glicose e D-frutose, é ainda mais doce. Além de aumentar o grau de doçura, a frutose tem propriedades higroscópicas que melhoram a textura dos alimentos, reduzindo a cristalização e aumentando a umidificação.

Na indústria de alimentos, a sacarose hidrolisada é denominada açúcar invertido, e a enzima de leveduras que a hidrolisa é chamada de invertase. A reação de hidrólise é geralmente monitorada medindo-se a rotação específica da solução, que é positiva (+66,4°) para a sacarose, mas torna-se negativa (sofre uma inversão) à medida que são formadas quantidades cada vez maiores de D-glicose (rotação específica = +52,7°) e D-frutose (rotação específica = −92°).

A partir do que sabe sobre a química da ligação glicosídica, como você hidrolisaria a sacarose para produzir açúcar invertido de modo não enzimático em sua cozinha?

12. **Fabricação de chocolates com recheio líquido** A manufatura de chocolates contendo um centro líquido é uma interessante aplicação da engenharia enzimática. O recheio líquido consiste principalmente em uma solução aquosa de açúcares rica em frutose, para garantir a doçura. O dilema técnico é o seguinte: o revestimento de chocolate deve ser preparado vertendo-se chocolate derretido quente sobre um centro sólido (ou quase sólido), ainda que o produto final deva ter um centro líquido, rico em frutose. Sugira uma maneira para resolver esse problema. (Dica: a sacarose é muito menos solúvel do que uma mistura de glicose e frutose.)

**13. Anômeros da sacarose?** A lactose existe em duas formas anoméricas, mas nenhuma forma anomérica da sacarose é conhecida. Por quê?

**14. Gentiobiose** A gentiobiose (D-Glc($\beta$1→6)D-Glc) é um dissacarídeo encontrado em alguns glicosídeos vegetais. Desenhe a estrutura de Haworth para a gentiobiose com base em seu nome abreviado. A gentiobiose é um açúcar redutor? Ela sofre mutarrotação?

**15. Identificação de açúcares redutores** A $N$-acetil-$\beta$-D-glicosamina (Fig. 7-9) é um açúcar redutor? E o D-gliconato? O dissacarídeo GlcN($\alpha$1→1$\alpha$)Glc é um açúcar redutor?

**16. Propriedades físicas da celulose e do glicogênio** A celulose praticamente pura obtida dos fios das sementes de *Gossypium* (algodão) é resistente, fibrosa e completamente insolúvel em água. Em contrapartida, o glicogênio extraído de músculo ou fígado se dispersa prontamente em água quente, formando uma solução turva. Apesar das propriedades físicas notavelmente diferentes, ambas as substâncias são polímeros de D-glicose em ligações (1→4) com massa molecular comparável. Quais características estruturais desses dois polissacarídeos geram suas diferentes propriedades físicas? Explique as vantagens biológicas das respectivas propriedades de cada polímero.

**17. Dimensões de um polissacarídeo** Compare as dimensões de uma molécula de celulose e de uma molécula de amilose, cada uma com $M_r$ de 200.000.

**18. Velocidade de crescimento do bambu** Os caules do bambu, uma gramínea tropical, podem crescer a uma velocidade impressionante de 0,3 m/dia sob condições ideais. Dado que os caules são compostos quase que inteiramente por fibras de celulose orientadas no sentido do crescimento, calcule o número de resíduos de açúcar que devem ser enzimaticamente adicionados às cadeias crescentes de celulose a cada segundo para produzir essa velocidade de crescimento. Cada unidade de D-glicose contribui com aproximadamente 0,5 nm para o comprimento de uma molécula de celulose.

**19. Glicoproteínas *versus* proteoglicanos** Quais das características a seguir descrevem glicoproteínas e quais descrevem proteoglicanos?

**(a)** Localizam-se exclusivamente na superfície celular e na matriz extracelular.
**(b)** Podem conter ligações $N$-glicosídicas.
**(c)** Encontram-se no complexo de Golgi, em grânulos secretórios e nos lisossomos.
**(d)** Incluem a família do sulfato de heparana.
**(e)** Cadeias de glicosaminoglicados sulfatados podem ligar-se apenas de modo covalente a um resíduo de Ser.
**(f)** Formam sítios de reconhecimento altamente específicos e ligam-se com alta afinidade a lectinas.

**20. Estabilidade relativa de dois confôrmeros** Explique por que as duas estruturas mostradas na Figura 7-16 são tão diferentes energeticamente (em estabilidade). Dica: ver Figura 1-21.

**21. Volume do sulfato de condroitina em solução** Uma função crucial do sulfato de condroitina é agir como lubrificante em articulações esqueléticas pela criação de um meio gelatinoso resistente à fricção e ao choque. Essa função parece estar relacionada com uma propriedade peculiar do sulfato de condroitina: o volume ocupado pela molécula é muito maior em solução do que quando em sólido desidratado. Por que o volume é tão maior em solução?

**22. Interações da heparina** A heparina, um glicosaminoglicano com carga elétrica altamente negativa, é utilizada clinicamente como um anticoagulante. Ela age pela ligação a várias proteínas plasmáticas, incluindo a antitrombina III, um inibidor da coagulação sanguínea. A ligação 1:1 da heparina à antitrombina III parece causar uma alteração na conformação da proteína que aumenta bastante sua capacidade de inibir a coagulação. Quais resíduos de aminoácidos da antitrombina III provavelmente interagem com a heparina?

**23. Permutações de um trissacarídeo** Três diferentes hexoses (A, B e C) podem combinar-se, formando um grande número de trissacarídeos. Quais características estruturais dos trissacarídeos permitem tantas permutações e combinações?

**24. Efeito do ácido siálico na eletroforese em gel de SDS-poliacrilamida** Suponha que você tem quatro formas de uma proteína, todas com sequências de aminoácidos idênticas, porém contendo 0, 1, 2 ou 3 cadeias de oligossacarídeos, cada qual terminando com um único resíduo de ácido siálico. Desenhe o padrão que você esperaria em um gel caso uma mistura dessas quatro glicoproteínas fosse separada por eletroforese em gel de poliacrilamida com SDS (ver Fig. 3-18) e corada para proteínas. Identifique todas as bandas em seu desenho.

**25. Conteúdo informacional dos oligossacarídeos** A porção carboidrato de algumas glicoproteínas pode servir como um sítio para o reconhecimento celular. Para desempenhar essa função, o(s) oligossacarídeo(s) deve(m) ter o potencial para existir em uma grande variedade de formas. Quais poderiam produzir uma maior variedade de estruturas: oligopeptídeos compostos de cinco diferentes resíduos de aminoácidos ou oligossacarídeos compostos de cinco diferentes resíduos de monossacarídeos? Explique sua resposta.

**26. Toxina das sementes da mamona** A semente da mamona (*Ricinus communis*) contém uma grande quantidade de ricina, uma toxina que é mortal para animais, incluindo humanos. Uma das duas subunidades dessa toxina é uma lectina, que liga resíduos terminais de $N$-acetilgalactosamina a glicoproteínas na superfície de células eucarióticas, permitindo que a outra subunidade penetre na célula e cause sua morte por impedir a síntese proteica. Sugira um possível antídoto para impedir ou reverter essa entrada na célula mediada por uma das subunidades da toxina.

**27. Determinação do grau de ramificação na amilopectina** Uma bioquímica quer determinar o grau de ramificação na amilopectina, definido pelo número de ligações glicosídicas ($\alpha$1→6) presentes. Primeiro, ela trata a amostra com iodeto de metila, um agente metilante que substitui o hidrogênio de cada hidroxila dos resíduos de açúcar por um grupo metila, convertendo —OH em —OCH$_3$. Ela, então, hidrolisa todas as ligações glicosídicas na amostra tratada em meio aquoso ácido e quantifica a 2,3-di-$O$-metilglicose formada.

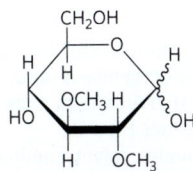

2,3-Di-O-metilglicose

Nessa representação da 2,3-di-*O*-metilglicose, as ligações onduladas em C-1 indicam que a estrutura representa ambos os anômeros (α e β).

**(a)** Explique o princípio desse procedimento para a determinação do número de pontos de ramificação (α1→6) na amilopectina. O que acontece com os resíduos de glicose não ramificados da amilopectina durante o processo de metilação e hidrólise?

**(b)** Uma amostra de amilopectina de 258 mg que foi submetida ao processo de metilação e hidrólise descrito produziu 12,4 mg de 2,3-di-*O*-metilglicose. Determine a porcentagem de resíduos de glicose na amilopectina que contém uma ramificação (α1→6). (Presuma uma massa molecular média de 162 g/mol para um resíduo de glicose na amilopectina. A massa molecular da 2,3-di-*O*-metilglicose é de 208 g/mol.)

### QUESTÃO DE ANÁLISE DE DADOS

**28. Determinação da estrutura dos antígenos do grupo sanguíneo ABO** O sistema ABO dos grupos sanguíneos humanos foi descoberto em 1901 e, em 1924, foi mostrado que tal característica é herdada em um único *locus* gênico com três alelos. Em 1960, W. T. J. Morgan publicou um artigo revisando o que era conhecido sobre a estrutura das moléculas dos antígenos ABO naquela época. Quando o artigo foi publicado, as estruturas completas dos antígenos A, B e O ainda não eram conhecidas; esse artigo é um exemplo do conhecimento científico "em construção".

Em qualquer tentativa para determinar a estrutura de um composto biológico desconhecido, os pesquisadores devem lidar com dois problemas fundamentais: (1) se você não sabe o que a substância é, como sabe que ela está pura? (2) Se você não sabe o que a substância é, como sabe que as condições de extração e purificação não alteraram sua estrutura? Morgan examinou o problema 1 por meio de alguns métodos. Um método é descrito em seu artigo como observação de "valores analíticos constantes após testes de solubilização fracionada" (p. 312). Nesse caso, "valores analíticos" são medidas de composição química, ponto de fusão, e assim por diante.

**(a)** Com base em seu entendimento das técnicas químicas, o que Morgan quis dizer com "testes de solubilização fracionada"?

**(b)** Por que os valores analíticos obtidos de testes de solubilização fracionada de uma substância *pura* seriam constantes e aqueles de uma substância *impura* não?

Morgan examinou o problema 2 utilizando um ensaio que mede a atividade imunológica da substância presente em diferentes amostras.

**(c)** Por que era importante para os estudos de Morgan, especialmente para examinar o problema 2, que esse ensaio de atividade fosse quantitativo (medindo o nível de atividade) em vez de simplesmente qualitativo (determinando a presença ou a ausência da substância)?

A estrutura dos antígenos do grupo sanguíneo está mostrada na Figura 10-13. Em seu artigo, Morgan listou algumas propriedades dos três antígenos, A, B e O, que eram conhecidas naquela época (p. 314):

1. O antígeno do tipo B tem um conteúdo de galactose maior do que os antígenos A ou O.
2. O antígeno do tipo A contém mais aminoaçúcares totais do que os antígenos B ou O.
3. A razão glicosamina:galactosamina para o antígeno A é de aproximadamente 1:2; para o antígeno B, é de cerca de 2:5.

**(d)** Qual(is) desses achados é(são) consistente(s) com as estruturas conhecidas dos antígenos do grupo sanguíneo?

**(e)** Como você explicaria as discrepâncias entre os resultados de Morgan e as estruturas conhecidas?

Em um trabalho posterior, Morgan e colaboradores utilizaram uma inteligente estratégia para adquirir informações estruturais sobre os antígenos do grupo sanguíneo. Foram encontradas enzimas que degradariam os antígenos de forma específica. Entretanto, essas enzimas estavam disponíveis apenas como preparações enzimáticas brutas, possivelmente contendo mais de uma enzima com especificidade desconhecida. A degradação dos antígenos do tipo sanguíneo por essas preparações brutas de enzimas podia ser inibida pela adição de moléculas de açúcar específicas à reação. Apenas açúcares encontrados nos antígenos do tipo sanguíneo causariam essa inibição. Uma preparação enzimática, isolada do protozoário *Trichomonas foetus*, degradava todos os três antígenos, sendo inibida pela adição de açúcares específicos. Os resultados desses estudos estão resumidos na tabela a seguir, mostrando a porcentagem de substrato que permaneceu inalterado quando a enzima de *T. foetus* agiu sobre os antígenos do grupo sanguíneo na presença de açúcares.

| Açúcar adicionado | Substrato inalterado (%) | | |
|---|---|---|---|
| | Antígeno A | Antígeno B | Antígeno O |
| Controle – sem açúcar | 3 | 1 | 1 |
| L-Fucose | 3 | 1 | 100 |
| D-Fucose | 3 | 1 | 1 |
| L-Galactose | 3 | 1 | 3 |
| D-Galactose | 6 | 100 | 1 |
| *N*-Acetilglicosamina | 3 | 1 | 1 |
| *N*-Acetilgalactosamina | 100 | 6 | 1 |

Para o antígeno O, a comparação entre os resultados do controle e da L-fucose mostra que a L-fucose inibe a degradação do antígeno. Esse é um exemplo de inibição pelo produto, em que o excesso do produto da reação desloca o equilíbrio da reação, impedindo a adicional hidrólise do substrato.

**(f)** Embora o antígeno O contenha galactose, *N*-acetilglicosamina e *N*-acetilgalactosamina, nenhum desses açúcares inibiu a degradação desse antígeno. Com base nesse resultado, a preparação enzimática obtida de *T. foetus* contém uma endoglicosidase ou uma exoglicosidase? (Endoglicosidases clivam ligações entre resíduos internos; exoglicosidases removem um resíduo de cada vez a partir da extremidade de um polímero.) Explique o seu raciocínio.

**(g)** A fucose também está presente nos antígenos A e B. Com base na estrutura desses antígenos, por que a fucose não inibiu a degradação desses antígenos pela enzima de *T. foetus*? Qual estrutura seria produzida?

**(h)** Quais dos resultados em (f) e (g) são consistentes com as estruturas mostradas na Figura 10-13? Explique o seu raciocínio.

### Referência

**Morgan, W.T.J. 1960.** The Croonian Lecture: a contribution to human biochemical genetics; the chemical basis of blood-group specificity. *Proc. R. Soc. Lond. B Biol. Sci.* 151:308–347.

# NUCLEOTÍDEOS E ÁCIDOS NUCLEICOS

**Capítulo 8**

- 8.1 Algumas definições básicas e convenções  263
- 8.2 Estrutura dos ácidos nucleicos  269
- 8.3 Química dos ácidos nucleicos  277
- 8.4 Outras funções de nucleotídeos  294

Os nucleotídeos têm várias funções no metabolismo celular. Eles são a moeda energética nas transações metabólicas; são as ligações químicas essenciais nas respostas da célula a hormônios e a outros estímulos extracelulares; e são os componentes estruturais de uma estrutura ordenada de cofatores enzimáticos e intermediários metabólicos. Por último, mas não menos importante, eles são os constituintes dos ácidos nucleicos: **ácido desoxirribonucleico** (**DNA**) e **ácido ribonucleico** (**RNA**), os repositórios moleculares de informação genética. A estrutura de cada proteína e, em última análise, de cada biomolécula e componente celular é um produto da informação programada na sequência nucleotídica dos ácidos nucleicos da célula (ou vírus). A capacidade de armazenar e transmitir a informação genética de uma geração para a outra é uma condição fundamental para a vida.

A discussão deste capítulo reforça ou introduz cinco princípios:

**P1** **Os ácidos nucleicos são repositórios e expressões funcionais de informações biológicas.** A informação biológica é uma das condições exigidas para a vida, um esquema para cada espécie transmitido de uma geração para a outra. O RNA pode ser a expressão funcional dessa informação, direcionando a síntese de proteínas ou, em alguns casos, atuando diretamente como um sinal ou um catalisador de reações.

**P2** **A transmissão de informações biológicas depende da complementaridade molecular.** Os cromossomos são as maiores biomoléculas em qualquer célula. Eles são polímeros compostos de um pequeno conjunto de nucleotídeos comuns, com informações embutidas nas sequências nucleotídicas. Os nucleotídeos comuns no RNA e no DNA estão organizados de forma que duas cadeias de ácido nucleico possam manter uma estrutura uniforme e complementar em vastas distâncias moleculares. Esse potencial, estendido para a sequência variável e a complementaridade, e, portanto, para o armazenamento e a transmissão de informações, é uma propriedade que é não compartilhada por nenhuma outra classe de molécula biológica.

**P3** **A informação biológica está sujeita a mudanças e danos naturais.** O dano ao DNA é uma constante e resulta em mutações ocasionais – a matéria-prima da evolução.

**P4** **A informação biológica pode ser acessada, interpretada e alterada em laboratório.** A informação contida nos ácidos nucleicos é de importância singular para a bioquímica e para a biologia molecular. As técnicas de sequenciamento, síntese e alteração de ácidos nucleicos estão continuamente avançando.

**P5** **Os nucleosídeos-trifosfatos ocupam um papel central no metabolismo celular, servindo como moeda de energia e como importantes sinais regulatórios.** O ATP é o produto final das vias catabólicas, fornecendo combustível para as vias anabólicas.

Este capítulo fornece uma visão geral da natureza química dos nucleotídeos e dos ácidos nucleicos encontrados na maioria das células, bem como das ferramentas usadas para estudá-los. Um exame mais detalhado da função dos ácidos nucleicos é o foco da Parte III deste livro.

## 8.1 Algumas definições básicas e convenções

A sequência de aminoácidos de cada proteína em uma célula e a sequência de nucleotídeos de cada RNA são especificadas por uma sequência de nucleotídeos no DNA da célula. Um segmento de uma molécula de DNA que contém a informação necessária para a síntese de um produto biologicamente funcional, seja proteína, seja RNA, é denominado **gene**. Uma célula costuma ter muitos milhares de genes, e as moléculas de DNA, não surpreendentemente, tendem a ser muito grandes. **P1** O armazenamento da informação biológica e a transmissão dessa informação de uma geração para a outra são as únicas funções conhecidas do DNA.

O RNA tem uma ampla variedade de funções, e muitas classes são encontradas nas células. Os **RNA ribossômicos** (**rRNA**) são componentes dos ribossomos, os complexos que executam a síntese proteica. Os **RNA mensageiros** (**mRNA**) são intermediários, carregando informações para a síntese de uma proteína de um ou mais genes para um ribossomo. Os **RNA transportadores** (**tRNA**) são moléculas adaptadoras que traduzem fielmente a informação do mRNA em uma sequência específica de aminoácidos. Além dessas classes principais, existem muitos RNA (**não codificantes** ou **ncRNA**) com funções especiais, os quais serão descritos em detalhes na Parte III deste livro.

## Nucleotídeos e ácidos nucleicos têm pentoses e bases características

Um **nucleotídeo** tem três componentes característicos: (1) uma base nitrogenada (contendo nitrogênio), (2) uma pentose e (3) um ou mais fosfatos (Fig. 8-1). A molécula sem o grupo fosfato é denominada **nucleosídeo**. As bases nitrogenadas são derivadas de dois compostos relacionados, a **pirimidina** e a **purina**. As bases e as pentoses dos nucleotídeos comuns são compostos heterocíclicos.

**CONVENÇÃO** Os átomos de carbono e de nitrogênio nas estruturas relacionadas são numerados convencionalmente para facilitar a denominação e a identificação dos muitos compostos derivados. A convenção para o anel da pentose segue as regras descritas no Capítulo 7, porém, nas pentoses dos nucleotídeos e dos nucleosídeos, os números dos carbonos recebem a designação de um apóstrofo (′) para diferenciá-los dos átomos numerados nas bases nitrogenadas. ■

A base de um nucleotídeo é ligada covalentemente (no N-1 das pirimidinas e no N-9 das purinas) por uma ligação $N$-$\beta$-glicosídica ao carbono 1′ da pentose, e o fosfato é esterificado no carbono 5′. A ligação $N$-$\beta$-glicosídica é formada pela remoção dos elementos de água (um grupo hidroxila da pentose e o hidrogênio da base), como na formação da ligação $O$-glicosídica.

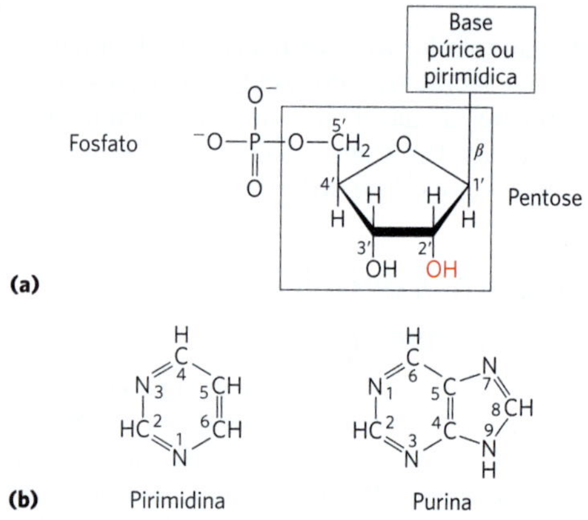

Tanto o DNA quanto o RNA contêm duas bases púricas principais, **adenina** (A) e **guanina** (G), e duas pirimídicas principais. No DNA e no RNA, uma das pirimidinas é a **citosina** (C), porém a outra não é a mesma nos dois: é a **timina** (T) no DNA e a **uracila** (U) no RNA. Raramente, a timina é encontrada no RNA ou a uracila no DNA. As estruturas das cinco principais bases estão mostradas na **Figura 8-2**, e a nomenclatura de seus nucleotídeos e nucleosídeos correspondentes está resumida na **Tabela 8-1**.

Os ácidos nucleicos têm dois tipos de pentoses. As recorrentes unidades desoxirribonucleotídicas do DNA contêm 2′-desóxi-D-ribose, e as unidades ribonucleotídicas do RNA, D-ribose. Nos nucleotídeos, ambos os tipos de pentoses estão em sua forma $\beta$-furanose (anel fechado com cinco átomos) (Fig. 8-3a). Como mostrado na Figura 8-3b, o anel de pentose não é planar, mas ocorre em uma série de conformações, geralmente descritas como "pregueadas".

**CONVENÇÃO** Embora o DNA e o RNA pareçam ter duas características distintas – pentoses diferentes e a presença de uracila no RNA e de timina no DNA –, são as pentoses que definem a identidade de um ácido nucleico. Se um ácido nucleico contém 2′-desóxi-D-ribose, ele é um DNA por definição, mesmo que contenha uracila. Da mesma forma, se um ácido nucleico contém D-ribose, ele é um RNA, independentemente da composição de sua base. A presença de uracila ou timina não é uma característica definidora. ■

A **Figura 8-4a** fornece as estruturas e os nomes dos quatro principais **desoxirribonucleotídeos**, as unidades estruturais dos DNA, e a Figura 8-4b mostra os quatro

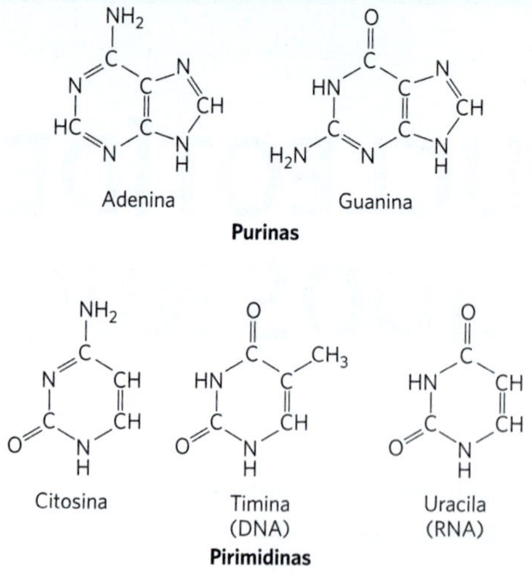

**FIGURA 8-2 Principais bases púricas e pirimídicas dos ácidos nucleicos.** Alguns dos nomes comuns dessas bases refletem as circunstâncias das suas descobertas. A guanina, por exemplo, foi primeiramente isolada de guano (esterco de pássaro), ao passo que a timina foi isolada originariamente de tecido do timo.

**FIGURA 8-1 Estrutura dos nucleotídeos.** (a) Estrutura geral, mostrando a convenção numérica do anel de pentose. Este é um ribonucleotídeo. Nos desoxirribonucleotídeos, o grupo —OH no carbono 2′ (em vermelho) é substituído por —H. (b) Compostos parentais das bases pirimídicas e púricas de nucleotídeos e ácidos nucleicos, mostrando as convenções de numeração.

## 8.1 ALGUMAS DEFINIÇÕES BÁSICAS E CONVENÇÕES

### TABELA 8-1 Nomenclatura dos nucleotídeos e dos ácidos nucleicos

| Base | Nucleosídeo | Nucleotídeo | Ácido nucleico |
|---|---|---|---|
| **Purinas** | | | |
| Adenina | Adenosina<br>Desoxiadenosina | Adenilato<br>Desoxiadenilato | RNA<br>DNA |
| Guanina | Guanosina<br>Desoxiguanosina | Guanilato<br>Desoxiguanilato | RNA<br>DNA |
| **Pirimidinas** | | | |
| Citosina | Citidina<br>Desoxicitidina | Citidilato<br>Desoxicitidilato | RNA<br>DNA |
| Timina | Timidina ou desoxitimidina | Timidilato ou desoxitimidilato | DNA |
| Uracila | Uridina | Uridilato | RNA |

Nota: "nucleosídeo" e "nucleotídeo" são termos genéricos que incluem tanto a forma ribo como a desoxirribo. Além disso, ribonucleosídeos e ribonucleotídeos são aqui designados simplesmente como nucleosídeos e nucleotídeos (p. ex., riboadenosina como adenosina), e desoxirribonucleosídeos e desoxirribonucleotídeos como desoxinucleosídeos e desoxinucleotídeos (p. ex., desoxirriboadenosina como desoxiadenosina). Ambas as formas de denominação são aceitas, porém os nomes mais curtos são mais comumente usados. A timina é uma exceção; "ribotimidina" é usado para descrever sua ocorrência incomum no RNA.

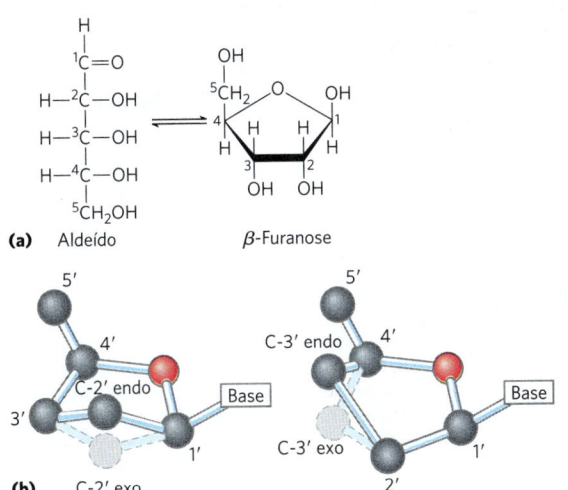

**FIGURA 8-3 Conformações da ribose.** (a) Em solução, as formas de cadeia reta (aldeído) e em anel (β-furanose) da ribose livre estão em equilíbrio. O RNA contém apenas a forma em anel, a β-D-ribofuranose. A desoxirribose sofre uma interconversão semelhante em solução, porém, no DNA, existe apenas a β-2'-desóxi-D-ribofuranose. (b) Os anéis de ribofuranose nos nucleotídeos podem existir em quatro diferentes conformações pregueadas. Em todos os casos, quatro dos cinco átomos estão em uma forma planar. O quinto átomo (C-2' ou C-3') está no mesmo lado (endo) ou no lado oposto (exo) do plano em relação ao átomo de C-5'.

principais **ribonucleotídeos**, as unidades estruturais dos RNA. Os desoxirribonucleotídeos também são referidos como desoxirribonucleosídeos-5'-monofosfatos, desoxinucleotídeos e desoxinucleotídeos-trifosfatos; e os ribonucleotídeos também são chamados de ribonucleosídeos-5'-monofosfatos.

Embora os nucleotídeos contendo as purinas e as pirimidinas principais sejam mais comuns, tanto o DNA como o RNA contêm algumas bases secundárias (**Fig. 8-5**). No DNA, as mais comuns delas são as formas metiladas das bases principais; em alguns DNA virais, algumas bases podem ser hidroximetiladas ou glicosiladas. As bases alteradas ou incomuns nas moléculas de DNA muitas vezes apresentam funções na regulação ou na proteção da informação genética. Centenas de diferentes bases modificadas também são encontradas em RNA, especialmente em rRNA e tRNA (ver Fig. 8-25 e Fig. 26-22). As modificações geralmente são introduzidas por enzimas que atuam após o RNA ou o DNA ser sintetizado.

**CONVENÇÃO** A nomenclatura para as bases secundárias pode ser confusa. Assim como as bases principais, muitas têm nomes comuns – hipoxantina, por exemplo, que é mostrada como seu nucleosídeo inosina na Figura 8-5. Quando um átomo no anel púrico ou no anel pirimídico é substituído, a convenção usual (utilizada aqui) serve simplesmente para indicar a posição no anel do átomo substituído pelo seu número – por exemplo, 5-metilcitosina, 7-metilguanina e 5-hidroximetilcitosina (mostrados como nucleosídeos na Fig. 8-5). O elemento ao qual o átomo substituído está ligado (N, C, O) não é identificado. A convenção muda quando o átomo substituído é exocíclico (i.e., não se encontra dentro da estrutura cíclica); nesse caso, o tipo de átomo é identificado, e a posição no anel à qual ele está ligado é indicada por sobrescrito. O nitrogênio amino ligado ao C-6 da adenina é $N^6$; da mesma forma, o oxigênio carbonílico e o nitrogênio amino em C-6 e C-2 da guanina são $O^6$ e $N^2$, respectivamente. Exemplos dessa nomenclatura são $N^6$-metiladenosina e $N^2$-metilguanosina (Fig. 8-5). ■

As células também contêm nucleotídeos com grupos fosfato em posições diferentes do carbono 5' (**Fig. 8-6**). Os **ribonucleosídeos-2',3'-monofosfatos cíclicos** são intermediários isoláveis, ao passo que os **ribonucleosídeos-3'-monofosfatos** são produtos de hidrólise do RNA por determinadas ribonucleases. Outras variações são a adenosina-3',5'-monofosfato cíclico

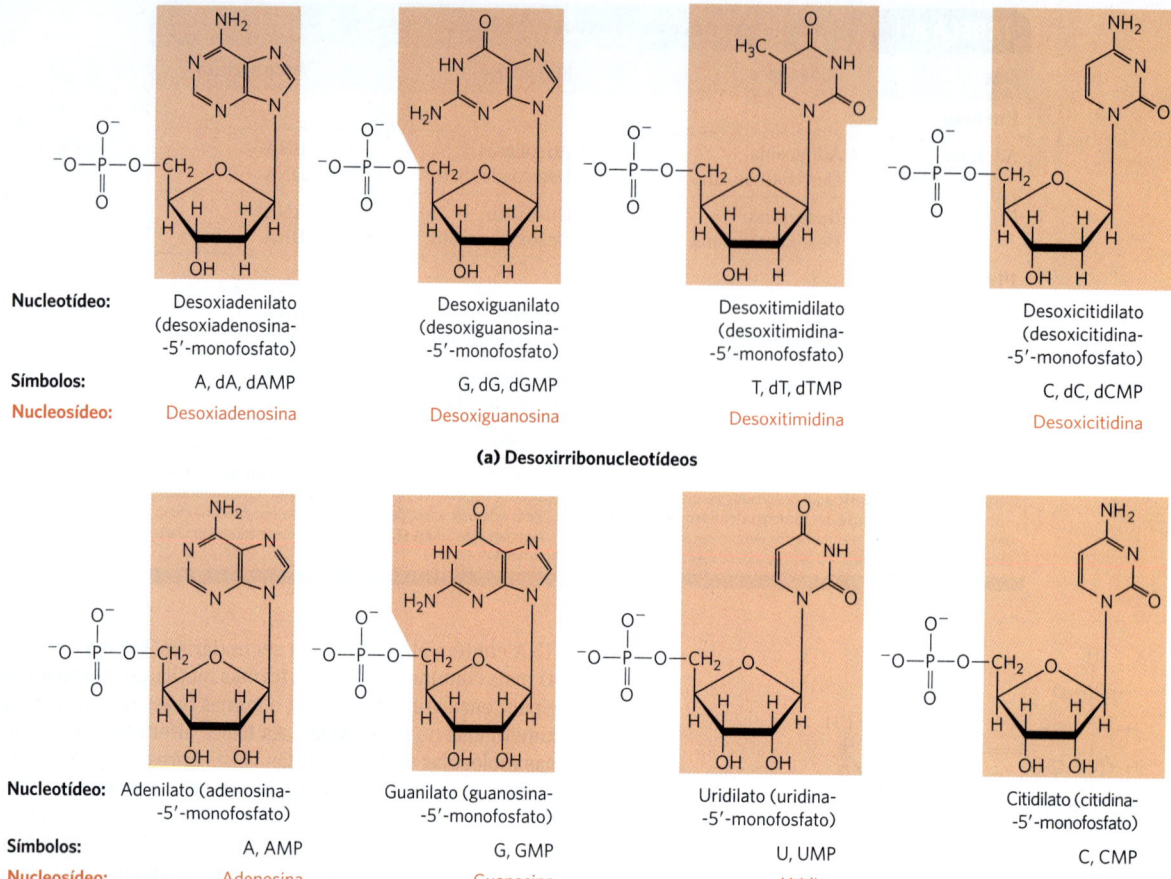

**FIGURA 8-4 Desoxirribonucleotídeos e ribonucleotídeos dos ácidos nucleicos.** Todos os nucleotídeos estão mostrados nas suas formas livres em pH 7,0. As unidades de nucleotídeo de (a) DNA e (b) RNA são mostradas. Para cada nucleotídeo, o nome mais comum é fornecido, seguido pelo nome completo entre parênteses e pelos símbolos usados para representá-los. Todas as abreviaturas pressupõem que o grupamento fosfato está na posição 5'. A porção nucleosídica de cada molécula está sombreada em vermelho. Nesta e nas próximas ilustrações, os carbonos do anel não estão mostrados.

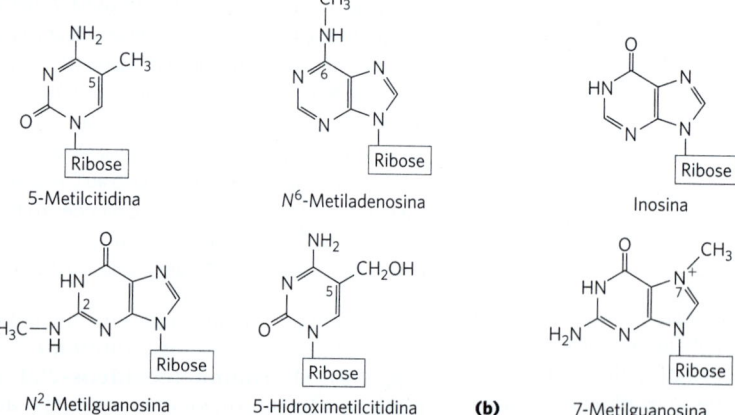

**FIGURA 8-5 Algumas bases púricas e pirimídicas secundárias, mostradas como nucleosídeos.** (a) Bases secundárias do DNA. A 5-metilcitidina ocorre no DNA de animais e de plantas superiores; a $N^6$-metiladenosina, no DNA bacteriano; e a 5-hidroximetilcitidina, no DNA de animais e bactérias infectados por determinados bacteriófagos. (b) Algumas bases secundárias do tRNA. A inosina contém a base hipoxantina. Observe que a pseudouridina, assim como a uridina, contém uracila; elas são diferentes no ponto de ligação à ribose – na uridina, a uracila é ligada pelo N-1, o ponto de ligação comum para pirimidinas; na pseudouridina, a uracila é ligada pelo C-5.

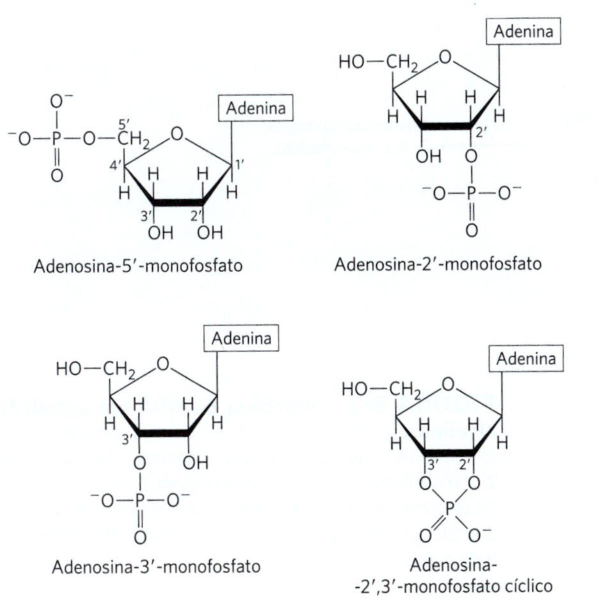

# 8.1 ALGUMAS DEFINIÇÕES BÁSICAS E CONVENÇÕES 267

**FIGURA 8-6** Alguns monofosfatos de adenosina. Adenosina-2'-monofosfato, adenosina-3'-monofosfato e adenosina-2',3'-monofosfato cíclico são formadas por hidrólise enzimática e alcalina do RNA.

(AMPc) e a guanosina-3',5'-monofosfato cíclico (GMPc), consideradas no final deste capítulo.

## As ligações fosfodiéster ligam nucleotídeos consecutivos nos ácidos nucleicos

Os nucleotídeos consecutivos de DNA e RNA são ligados covalentemente por "pontes" de grupos fosfato, nas quais o grupo 5'-fosfato de uma unidade nucleotídica é ligado ao grupo 3'-hidroxila do próximo nucleotídeo, criando uma **ligação fosfodiéster** (**Fig. 8-7**). Portanto, o esqueleto covalente dos ácidos nucleicos consiste em fosfatos e resíduos de pentose alternados, e as bases nitrogenadas podem ser consideradas como grupos laterais ligados ao esqueleto em intervalos regulares. Os esqueletos do DNA e do RNA são hidrofílicos. Os grupos hidroxila dos resíduos de açúcar formam ligações de hidrogênio com a água. Os grupos fosfato, com um $pK_a$ próximo a 0, são completamente ionizados e carregados negativamente em pH 7, e as cargas negativas são, de modo geral, neutralizadas pelas interações iônicas com cargas positivas de proteínas, de íons metálicos e de poliaminas.

**CONVENÇÃO** Todas as ligações fosfodiéster no DNA e no RNA têm a mesma orientação ao longo da cadeia (Fig. 8-7), conferindo a cada fita do ácido nucleico uma polaridade específica e extremidades 5' e 3' diferentes. Por definição, a **extremidade 5'** não apresenta um nucleotídeo ligado na posição 5', e a **extremidade 3'** não apresenta um nucleotídeo ligado na posição 3'. Outros grupos (com frequência, um ou mais fosfatos) podem estar presentes em uma ou em ambas as extremidades. A orientação 5' → 3' de uma fita do ácido nucleico refere-se às *extremidades* da fita e à orientação de nucleotídeos individuais, não à orientação de ligações fosfodiéster individuais ligando seus nucleotídeos constituintes. ∎

O esqueleto covalente do DNA e do RNA está sujeito à hidrólise lenta e não enzimática das ligações fosfodiéster.

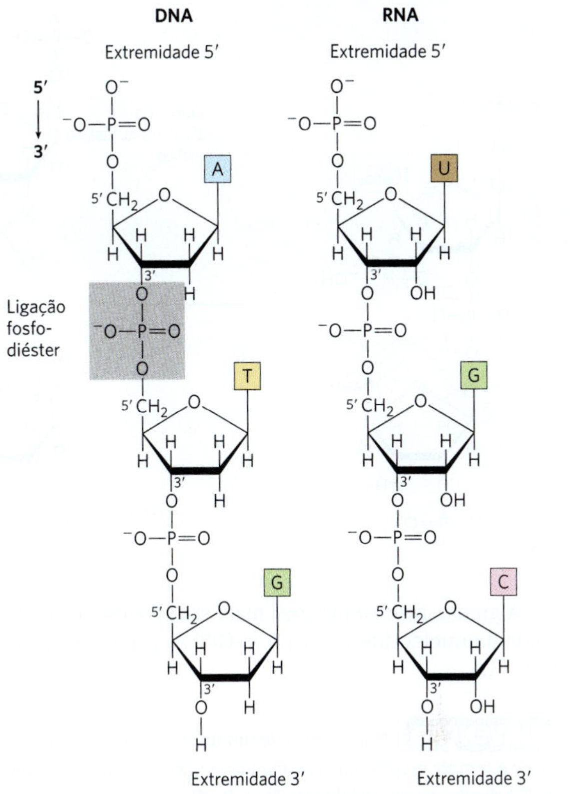

**FIGURA 8-7** Ligações fosfodiéster no esqueleto covalente do DNA e do RNA. As ligações fosfodiéster (uma das quais está sombreada no DNA) ligam unidades nucleotídicas sucessivas. O esqueleto de pentose e grupos fosfato alternados nos dois tipos de ácidos nucleicos é altamente polar. As extremidades 5' e 3' da macromolécula podem estar livres ou ligadas a um grupo fosforila.

No tubo de ensaio, o RNA é hidrolisado rapidamente em condições alcalinas, mas não o DNA; os grupamentos 2'-hidroxila no RNA (ausentes no DNA) estão diretamente envolvidos nesse processo. Os nucleotídeos-2',3'-monofosfato cíclicos são os primeiros produtos da ação de álcalis sobre o RNA e são rapidamente hidrolisados para gerar uma mistura de 2'- e 3'-nucleosídeos-monofosfato (**Fig. 8-8**).

As sequências nucleotídicas dos ácidos nucleicos podem ser representadas esquematicamente, como ilustrado a seguir por um segmento de DNA com cinco unidades nucleotídicas. Os grupos fosfato são simbolizados pelo Ⓟ, e cada desoxirribose é simbolizada por uma linha vertical, a partir do C-1', na parte superior, até o C-5', na parte inferior (mas lembre-se de que, nos ácidos nucleicos, o açúcar está sempre na sua forma de anel fechado de β-furanose). As linhas de conexão entre os nucleotídeos (as quais atravessam o Ⓟ) estão desenhadas diagonalmente a partir do centro (C-3') da desoxirribose de um nucleotídeo até a parte inferior (C-5') do próximo nucleotídeo.

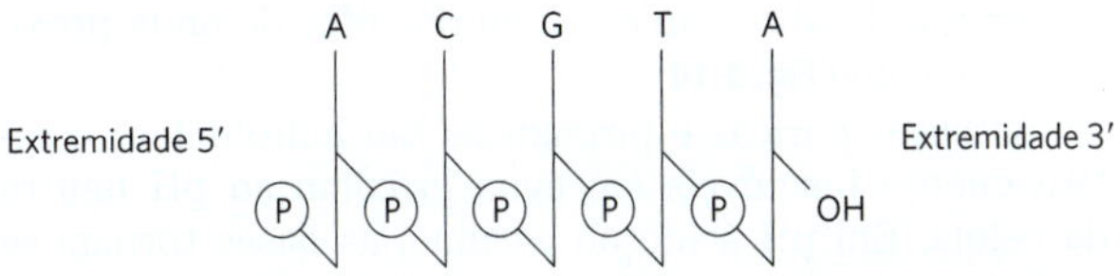

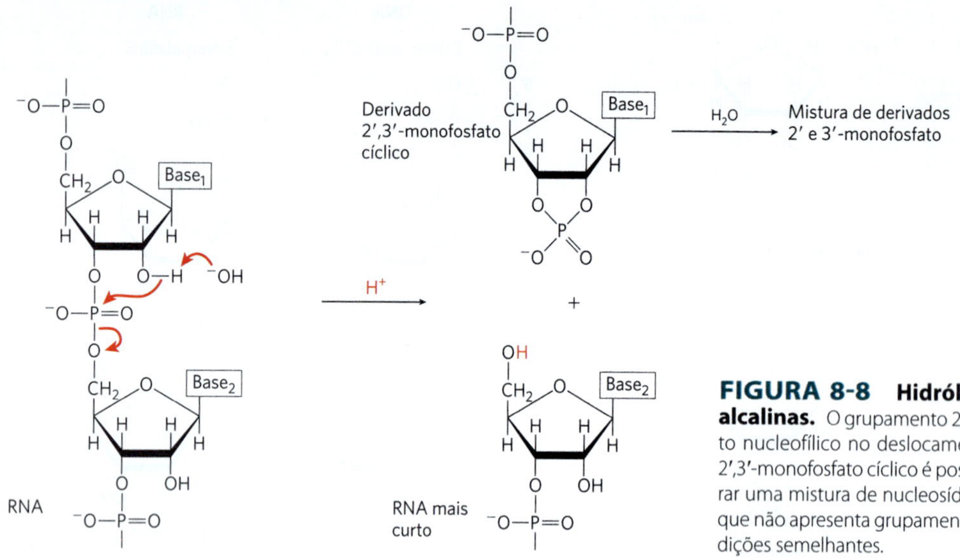

**FIGURA 8-8 Hidrólise de RNA em condições alcalinas.** O grupamento 2'-hidroxila atua como grupamento nucleofílico no deslocamento intramolecular. O derivado 2',3'-monofosfato cíclico é posteriormente hidrolisado para gerar uma mistura de nucleosídeos 2' e 3'-monofosfato. O DNA, que não apresenta grupamentos 2'-hidroxila, é estável em condições semelhantes.

Algumas representações mais simples desse pentadesoxirribonucleotídeo são pA-C-G-T-A$_{OH}$, pApCpGpTpA e pACGTA.

**CONVENÇÃO** A sequência de um único segmento de ácido nucleico é sempre escrita com a extremidade 5' à esquerda e a extremidade 3' à direita, ou seja, na direção 5' → 3'. ∎

Um ácido nucleico pequeno é denominado **oligonucleotídeo**. A definição de "pequeno" é um tanto arbitrária, mas polímeros contendo 50 nucleotídeos ou menos em geral são chamados de oligonucleotídeos. Um ácido nucleico maior é chamado de **polinucleotídeo**.

## As propriedades das bases nucleotídicas afetam a estrutura tridimensional dos ácidos nucleicos

Purinas e pirimidinas livres são compostos fracamente básicos e, por isso, são chamados de bases. As purinas e as pirimidinas comuns no DNA e no RNA são moléculas aromáticas (Fig. 8-2), uma propriedade com consequências importantes para a estrutura, para a distribuição dos elétrons e para a absorção de luz dos ácidos nucleicos. O deslocamento de elétrons entre os átomos no anel confere à maioria das ligações no anel um caráter de ligação dupla parcial. O resultado é que as pirimidinas são moléculas planares, e as purinas têm uma estrutura muito próxima à planar, mas com uma leve prega. Bases púricas e pirimídicas livres podem existir em duas ou mais formas tautoméricas, dependendo do pH. A uracila, por exemplo, ocorre em várias formas prontamente interconvertidas chamadas **tautômeros** – formas lactâmica, lactímica e lactímica dupla (**Fig. 8-9**). As estruturas mostradas na Figura 8-2 são os tautômeros que predominam em pH 7,0. Todas as bases nucleotídicas absorvem luz UV, e os ácidos nucleicos são caracterizados por uma forte absorção em comprimentos de onda próximos a 260 nm (**Fig. 8-10**).

As bases púricas e pirimídicas são hidrofóbicas e relativamente insolúveis em água próximo ao pH neutro da célula. Em pH ácido ou alcalino, as bases tornam-se carregadas, e a sua solubilidade em água aumenta. Interações de empilhamento hidrofóbicas, em que duas ou mais bases são posicionadas com os planos de seus anéis em paralelo (como moedas empilhadas), são uma das duas formas mais importantes de interação entre bases nos ácidos nucleicos. O empilhamento também envolve a combinação de interações dipolo-dipolo e interações de van der Waals entre as bases. O empilhamento de bases ajuda a minimizar o contato das bases com a água, e as interações de empilhamento de bases são muito importantes na estabilização da estrutura tridimensional dos ácidos nucleicos, como descrito posteriormente.

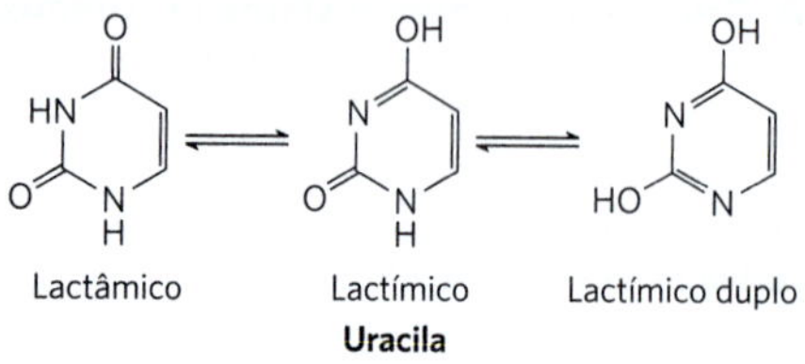

Os grupos funcionais das purinas e das pirimidinas são anéis nitrogenados, grupos carbonila e grupos amino exocíclicos. As ligações de hidrogênio envolvendo os grupos amino e carbonila são a forma mais importante de interação entre duas (e, ocasionalmente, três ou quatro) fitas complementares de ácidos nucleicos. Os padrões mais comuns de ligações de hidrogênio são aqueles definidos por James D. Watson e Francis Crick em 1953, nos quais A se liga especificamente a T (ou U) e G se liga a C (**Fig. 8-11**). Esses dois tipos de **pares de bases** predominam no DNA de dupla-fita e no RNA, e os tautômeros mostrados na Figura 8-2 são responsáveis por esses padrões. ▶P1 ▶P2 É esse pareamento específico de bases que permite a duplicação da informação genética.

**FIGURA 8-9 Formas tautoméricas da uracila.** A forma lactâmica predomina em pH 7,0; as outras formas se tornam mais proeminentes quando o pH diminui. As outras pirimidinas e as purinas livres também têm formas tautoméricas, mas são encontradas mais raramente.

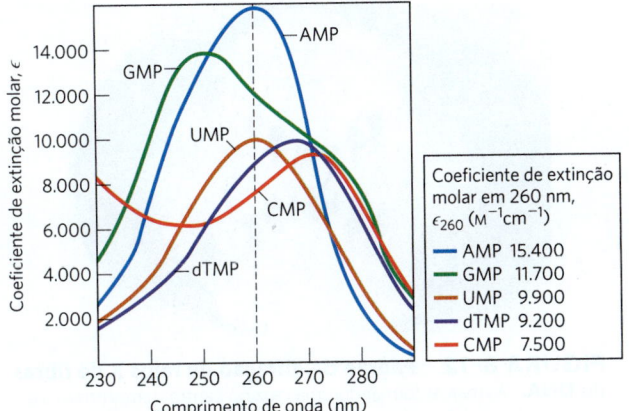

**FIGURA 8-10 Espectro de absorção dos nucleotídeos comuns.** Os espectros estão mostrados de acordo com a variação nos coeficientes de extinção molar pelo comprimento de onda. Os coeficientes de extinção molar em 260 nm e pH 7,0 ($\varepsilon_{260}$) estão listados na tabela. Os espectros dos ribonucleotídeos e desoxirribonucleotídeos correspondentes, assim como dos nucleosídeos, são essencialmente idênticos. Para misturas de nucleotídeos, o comprimento de onda de 260 nm (linha vertical tracejada) é usado para medidas de absorção.

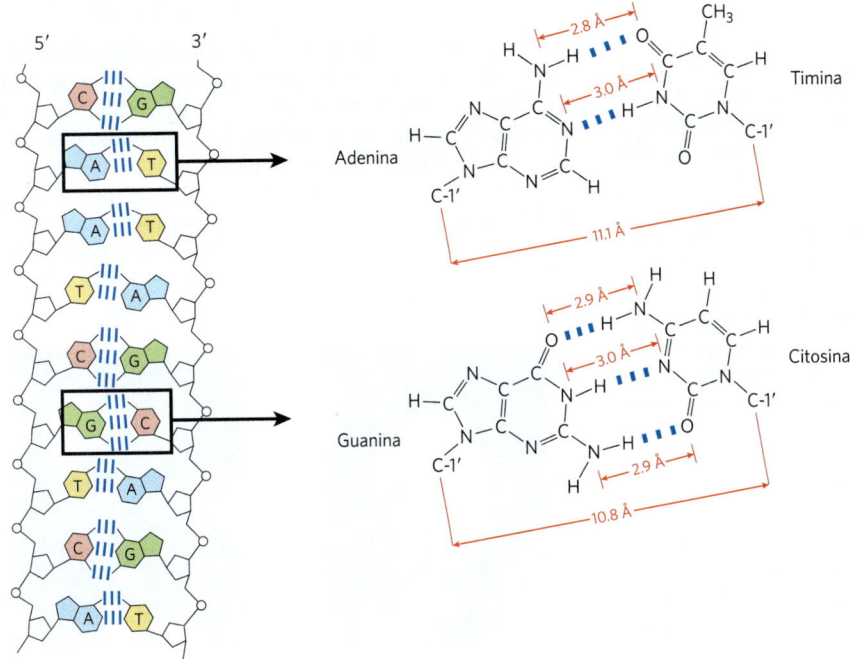

James D. Watson
[Bettmann/Getty Images.]

Francis Crick, 1916-2004
[Bettmann/Getty Images.]

**FIGURA 8-11 Padrões de ligações de hidrogênio no pareamento de bases definidos por Watson e Crick.** Aqui, como em outras partes deste livro, as ligações de hidrogênio estão representadas por três linhas azuis.

---

### RESUMO 8.1 Algumas definições básicas e convenções

■ Um nucleotídeo é constituído por uma base nitrogenada (purina ou pirimidina), um açúcar pentose e um ou mais grupos fosfato. Se não houver fosfato, a combinação do açúcar pentose com a base nitrogenada é um nucleosídeo.

■ Os ácidos nucleicos são polímeros de nucleotídeos, unidos por ligações fosfodiéster entre o grupo 5'-hidroxila de uma pentose e o grupo 3'-hidroxila da próxima pentose.

■ Existem dois tipos de ácidos nucleicos: o RNA e o DNA. Os nucleotídeos no RNA contêm ribose, e as bases pirimídicas comuns são a uracila e a citosina. No DNA, os nucleotídeos contêm 2'-desoxirribose, e as bases pirimídicas comuns são a timina e a citosina. As purinas primárias são a adenina e a guanina tanto no RNA quanto no DNA. As bases nitrogenadas têm um caráter hidrofóbico e interagem por meio de interações de empilhamento de base.

## 8.2 Estrutura dos ácidos nucleicos

A descoberta da estrutura do DNA por Watson e Crick em 1953 deu origem a disciplinas completamente novas e influenciou o rumo de muitas já estabelecidas. Nesta seção, o foco principal será a estrutura do DNA, alguns dos eventos que conduziram à sua descoberta e os aprimoramentos mais recentes na nossa compreensão do DNA. A estrutura do RNA também será apresentada.

Como no caso da estrutura proteica (Capítulo 4), muitas vezes é útil descrever a estrutura dos ácidos nucleicos em termos de níveis de complexidade hierárquicos (primário, secundário, terciário). A estrutura primária dos ácidos nucleicos é a sua estrutura covalente e a sua sequência nucleotídica. Qualquer estrutura regular e estável adotada por alguns ou todos os nucleotídeos em um ácido nucleico pode ser considerada uma estrutura secundária. Quase todas as estruturas consideradas no restante deste capítulo se classificam como estruturas secundárias. O enovelamento complexo de grandes cromossomos dentro da cromatina eucariótica ou do nucleoide bacteriano, bem como o elaborado enovelamento de grandes moléculas de tRNA ou rRNA, são geralmente considerados estruturas terciárias. A estrutura terciária do DNA é discutida no Capítulo 24. A estrutura terciária do RNA é considerada superficialmente neste capítulo e mais profundamente no Capítulo 26.

## O DNA é uma dupla-hélice que armazena informação genética

O DNA foi inicialmente isolado e caracterizado por Friedrich Miescher, em 1869. Ele chamou a substância contendo fósforo de "nucleína". Até 1940, com o trabalho de Oswald T. Avery, Colin MacLeod e Maclyn McCarty, não existia uma evidência convincente de que o DNA fosse o material genético. Avery e colaboradores descobriram que um extrato de uma cepa virulenta da bactéria *Streptococcus pneumoniae* (causadora de doenças em camundongos) poderia ser usado para transformar uma cepa não virulenta da mesma bactéria em uma cepa virulenta. Eles foram capazes de demonstrar, por meio de vários testes químicos, que era o DNA da cepa virulenta (e não uma proteína, um polissacarídeo ou um RNA, por exemplo) que transportava a informação genética para a virulência. Então, em 1952, experimentos de Alfred D. Hershey e Martha Chase – que estudaram a infecção de células bacterianas por um vírus (bacteriófago) com DNA ou proteína marcados radioativamente – acabaram com qualquer dúvida remanescente de que o DNA, e não uma proteína, portava a informação genética.

Outra pista importante para a estrutura do DNA veio do trabalho de Erwin Chargaff e colaboradores no fim da década de 1940. Ao examinarem dezenas de espécies, eles descobriram que as quatro bases de nucleotídeos do DNA ocorrem em diferentes proporções nos DNA de organismos distintos. No entanto, a composição de bases permanece constante em diferentes tecidos da mesma espécie e não varia com a idade, com o ambiente, com o estado nutricional ou com a geração. Além disso, independentemente da espécie, o número de resíduos de adenosina é igual ao número de resíduos de timidina (i.e., A = T), e o número de resíduos de guanosina é igual ao número de resíduos de citidina (G = C). Dessas correlações, conclui-se que a soma dos resíduos de purina é igual à soma dos resíduos de pirimidina; isto é, A + G = T + C. Essas relações quantitativas, às vezes chamadas de "regras de Chargaff", foram a chave para estabelecer a estrutura tridimensional do DNA.

Para esclarecer melhor a estrutura do DNA, no início da década de 1950, Rosalind Franklin e Maurice Wilkins usaram o método poderoso de difração de raios X (ver Fig. 4-30) para analisar fibras de DNA. Embora faltasse a definição

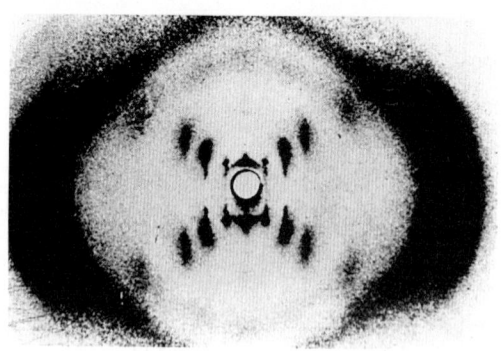

**FIGURA 8-12 Padrão de difração de raios X de fibras de DNA.** As marcas formando uma cruz no centro demonstram a estrutura helicoidal. As bandas pesadas à esquerda e à direita originam-se das bases recorrentes. [Science Source.]

molecular de difração de cristais, o padrão de difração de raios X gerado a partir das fibras foi informativo (**Fig. 8-12**). O padrão revelou que as moléculas de DNA são helicoidais, com duas periodicidades ao longo de seu longo eixo: uma primária de 3,4 Å e uma secundária de 34 Å. O problema, então, era propor o modelo tridimensional de uma molécula de DNA que pudesse ser compatível não apenas com os dados de difração de raios X, mas também com a equivalência específica de bases A = T e G = C descoberta por Chargaff e com as outras propriedades químicas do DNA.

Rosalind Franklin, 1920-1958
[National Library of Medicine/Science Source.]

Maurice Wilkins, 1916-2004
[Bettmann/Getty Images.]

James Watson e Francis Crick contaram com essas informações acumuladas sobre o DNA para deduzir sua estrutura. Em 1953, eles postularam o modelo tridimensional da estrutura do DNA, que levava em consideração todos os dados disponíveis. Esse modelo consiste em duas fitas helicoidais de DNA enroladas em torno do mesmo eixo para formar uma dupla-hélice de orientação à direita. (Ver Quadro 4-1 para uma explicação das orientações à direita ou à esquerda de uma estrutura helicoidal.) Os esqueletos hidrofílicos de grupos fosfato e desoxirribose alternados estão no lado de fora da dupla-hélice, orientados para a água circundante. O anel furanosídico de cada desoxirribose está na conformação C-2' endo. As bases pirimídicas e púricas das duas fitas estão empilhadas dentro da dupla-hélice, com suas estruturas hidrofóbicas em forma de anel e quase planares muito próximo uma da outra e perpendiculares ao eixo longitudinal. O pareamento perfeito das duas fitas cria um **sulco maior** e um **sulco menor** na superfície do duplex (**Fig. 8-13**). Cada base nucleotídica de uma fita está pareada no mesmo plano com a base da outra fita. Watson e Crick descobriram que os pares de bases com ligações de hidrogênio ilustrados na Figura 8-11, G com C e A com T, são aqueles que se encaixam melhor dentro da estrutura, fornecendo uma justificativa para a regra de Chargaff de que, em qualquer DNA, G = C e A = T. É importante observar que três ligações de hidrogênio podem se formar entre G e C, simbolizadas por G≡C, mas apenas duas podem se formar entre A e T, simbolizadas por A=T. Os pareamentos de bases diferentes de G com C e A com T tendem (em vários graus) a desestabilizar a estrutura em dupla-hélice.

Quando Watson e Crick construíram seu modelo, eles tiveram de decidir inicialmente se as fitas de DNA seriam **paralelas** ou **antiparalelas** – se suas ligações fosfodiéster 3',5' seguiriam no mesmo sentido ou em sentidos opostos. Uma orientação antiparalela produziu o modelo mais convincente, e trabalhos posteriores com DNA-polimerases (Capítulo 25) produziram evidências experimentais de que as fitas eram mesmo antiparalelas, um achado confirmado posteriormente por análise de raios X.

Para explicar a periodicidade nos padrões de difração de raios X das fibras de DNA, Watson e Crick manipularam modelos moleculares para chegar à estrutura em que a distância entre as bases empilhadas verticalmente no interior da dupla-hélice seria de 3,4 Å; uma distância de repetição secundária de aproximadamente 34 Å foi atribuída à presença de 10 pares de bases em cada volta completa da dupla-hélice. Em solução aquosa, a estrutura é um pouco diferente daquela nas fibras, com 10,5 pares de bases por volta helicoidal (Fig. 8-13).

Conforme a **Figura 8-14**, as duas fitas polinucleotídicas antiparalelas da dupla-hélice de DNA não são idênticas, nem na sua sequência de bases, nem na sua composição. Em vez disso, elas são **complementares** entre si. Sempre que a adenina está presente em uma fita, a timina é encontrada na outra; da mesma forma, sempre que a guanina está presente em uma fita, a citosina é encontrada na outra.

A dupla-hélice do DNA, ou duplex, é mantida unida por ligações de hidrogênio entre pares de bases complementares (Fig. 8-11) e por interações de empilhamento de bases. A complementaridade entre as fitas de DNA é atribuída às ligações de hidrogênio entre os pares de bases; no entanto, as ligações de hidrogênio não contribuem significativamente para a estabilidade da estrutura. A dupla-hélice é estabilizada primariamente por cátions metálicos, que protegem as cargas negativas dos fosfatos, e por interações de empilhamento de bases entre pares de bases consecutivos. As interações de empilhamento de bases entre pares consecutivos de G≡C ou C≡G são mais fortes do que aquelas entre pares consecutivos de A=T e T=A ou pares adjacentes incluindo todas as quatro bases. Dessa forma, os duplexes de DNA com maior conteúdo de G≡C são mais estáveis.

Os aspectos importantes do modelo da dupla-hélice da estrutura do DNA são mantidos, em grande parte, por evidências biológicas e químicas. Além disso, o modelo sugere imediatamente um mecanismo para a transmissão da informação genética. O aspecto principal do modelo é a complementaridade das duas fitas de DNA. Como Watson e Crick foram capazes de visualizar, muito antes

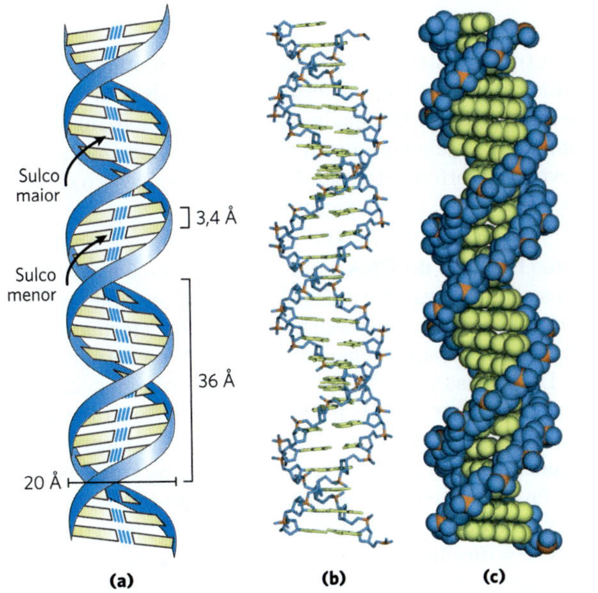

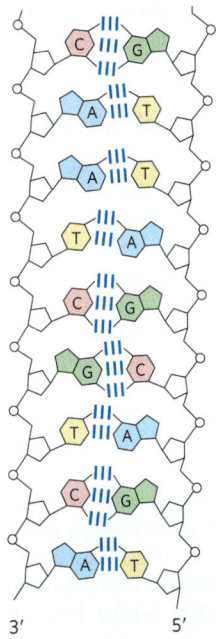

**FIGURA 8-13 Modelo de Watson-Crick para a estrutura do DNA.** O modelo original proposto por Watson e Crick tinha 10 pares de bases, ou 34 Å (3,4 nm), por volta da hélice; medidas subsequentes revelaram 10,5 pares de bases, ou 36 Å (3,6 nm), por volta. (a) Representação esquemática, mostrando as dimensões da hélice. (b) Representação em bastão, mostrando o esqueleto e o empilhamento de bases. (c) Modelo de volume atômico.

**FIGURA 8-14 Complementaridade das fitas na dupla-hélice de DNA.** As fitas antiparalelas complementares do DNA seguem as regras propostas por Watson e Crick. As fitas antiparalelas por pares de bases são diferentes na sua composição de base: a fita à esquerda tem a composição $A_3T_2G_1C_3$; e a da direita, $A_2T_3G_3C_1$. Elas também se diferenciam na sequência quando cada fita é lida na direção 5' → 3'. Observe as equivalências de base: A = T e G = C no duplex.

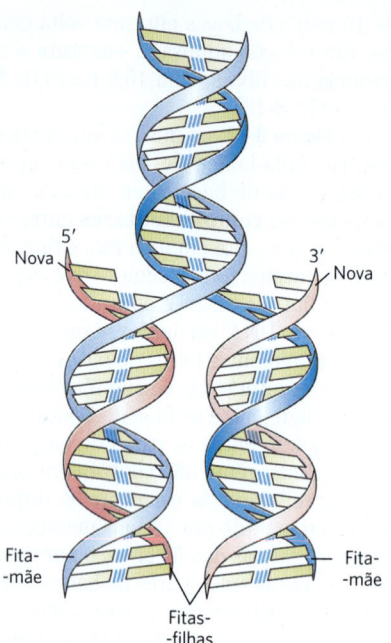

**FIGURA 8-15 Replicação do DNA como sugerido por Watson e Crick.** As fitas preexistentes, ou "fitas-mães", são separadas, e cada uma serve de molde para a biossíntese de uma "fita-filha" complementar (em cor-de-rosa).

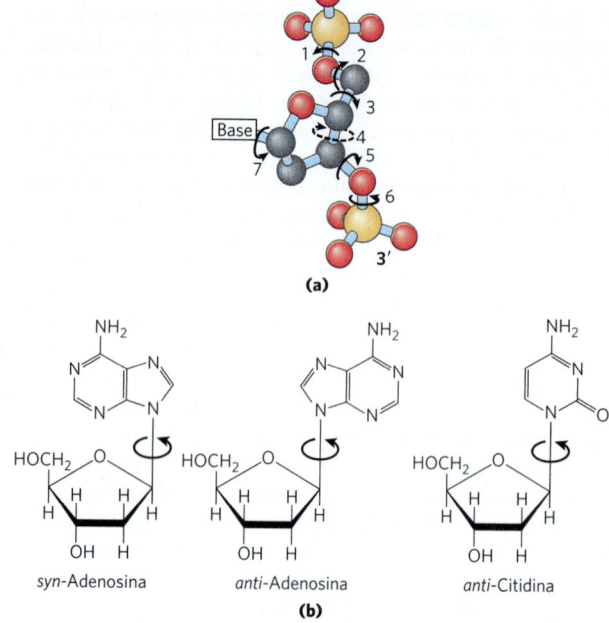

**FIGURA 8-16 Variação estrutural no DNA.** (a) A conformação de um nucleotídeo no DNA é afetada pela rotação de aproximadamente sete ligações diferentes. Seis dessas ligações giram livremente. Uma rotação limitada da ligação 4 origina uma dobra no anel. Essa conformação é endo ou exo, dependendo de se o átomo se encontra no mesmo lado do plano de C-5' ou no lado oposto (ver Fig. 8-3b). (b) Para bases púricas nos nucleotídeos, apenas duas conformações relacionadas com as unidades de ribose ligadas são permitidas estericamente, *anti* ou *syn*. As pirimidinas ocorrem na conformação *anti*.

da disponibilidade de dados confirmatórios, essa estrutura poderia ser replicada de forma lógica pela (1) separação das duas fitas e pela (2) síntese de uma fita complementar a cada uma delas. ▶P1 ▶P2 Uma vez que, em cada nova fita, os nucleotídeos são unidos na sequência especificada pelas regras de pareamento de bases descritas anteriormente, cada fita preexistente funciona como molde para direcionar a síntese de uma fita complementar (**Fig. 8-15**). Essas suposições foram confirmadas experimentalmente, inaugurando uma revolução da compreensão da hereditariedade biológica.

## O DNA pode ocorrer em formas tridimensionais diferentes

O DNA é uma molécula extremamente flexível. Uma rotação considerável é possível em torno de vários tipos de ligações no esqueleto açúcar-fosfato (fosfodesoxirribose), e a flutuação térmica pode produzir enovelamento, alongamento e desnaturação (fusão) das fitas. Muitas variações significativas da estrutura de DNA de Watson e Crick são encontradas no DNA celular; algumas ou todas elas podem ser importantes no metabolismo de DNA. Essas variações estruturais geralmente não afetam as propriedades-chave do DNA definidas por Watson e Crick: complementaridade da fita, fitas antiparalelas e exigência de pareamento A=T e G≡C.

A variação estrutural no DNA reflete três aspectos: as diferentes conformações possíveis da desoxirribose, a rotação em torno das ligações contíguas que constituem o esqueleto de fosfodesoxirribose (**Fig. 8-16a**) e a rotação livre em torno da ligação C-1'-*N*-glicosídica (Fig. 8-16b). Devido a restrições estéricas, as purinas nos nucleotídeos púricos estão restritas a duas conformações estáveis com respeito à desoxirribose, denominadas *syn* e *anti* (Fig. 8-16b). As pirimidinas geralmente estão restritas à conformação *anti*, devido a interferências estéricas entre o açúcar e o oxigênio da carbonila no C-2 da pirimidina.

A estrutura de Watson e Crick também é conhecida como **forma B do DNA**, ou B-DNA. A forma B é a estrutura mais estável para uma molécula de DNA de sequência aleatória sob condições fisiológicas, sendo, dessa forma, o ponto de referência padrão em qualquer estudo das propriedades do DNA. Duas variantes estruturais que tiveram suas estruturas cristalográficas bem caracterizadas são as **formas A** e **Z**. Essas três conformações de DNA estão mostradas na **Figura 8-17**, com um resumo das suas propriedades. A forma A é favorecida em muitas soluções que são relativamente livres de água. O DNA é ainda organizado na forma de dupla-hélice à direita, porém a hélice é mais larga, e o número de bases por volta helicoidal é 11, em vez de 10,5, como no B-DNA. O plano dos pares de bases no A-DNA está inclinado em cerca de 20° em relação aos pares de bases no B-DNA, de modo que os pares de bases no A-DNA não estão perfeitamente perpendiculares ao eixo da hélice. Essas mudanças estruturais aprofundam o sulco maior, ao passo que tornam o sulco menor mais superficial. Os reagentes usados

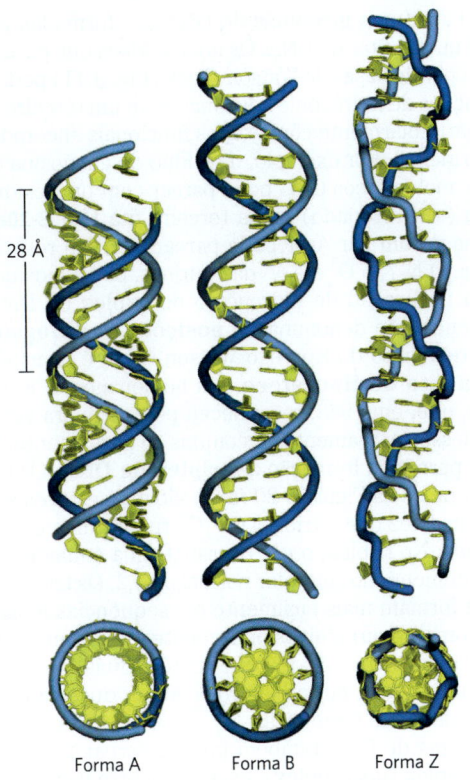

| | Forma A | Forma B | Forma Z |
|---|---|---|---|
| Orientação da hélice | À direita | À direita | À esquerda |
| Diâmetro | ~26 Å | ~20 Å | ~18 Å |
| Pares de bases por forma helicoidal | 11 | 10,5 | 12 |
| Incremento da hélice por par de bases | 2,6 Å | 3,4 Å | 3,7 Å |
| Inclinação da base no eixo da hélice | 20° | 6° | 7° |
| Conformação do anel de ribose | C-3' endo | C-2' endo | C-2' endo para pirimidinas; C-3' endo para purinas |
| Conformação da ligação glicosídica | Anti | Anti | *Anti* para pirimidinas; *syn* para purinas |

**FIGURA 8-17 Comparação das formas A, B e Z do DNA.** Cada estrutura mostrada aqui tem 36 pares de bases. As riboses e as bases estão em amarelo. O esqueleto fosfodiéster está representado como uma corda azul. Azul é a cor usada para representar fitas de DNA nos capítulos seguintes. A tabela resume algumas propriedades das três formas do DNA.

para promover a cristalização de DNA tendem a desidratá-lo, e, assim, a maioria das moléculas de DNA pequenas tende a cristalizar na forma A.

A forma Z do DNA é um afastamento mais radical da estrutura B; a diferença mais óbvia é a rotação helicoidal à esquerda. Nessa forma, são encontrados 12 pares de bases por volta helicoidal, e a estrutura aparece mais delgada e alongada. O esqueleto de DNA adquire uma aparência de zigue-zague. Certas sequências nucleotídicas dobram em hélices Z à esquerda muito mais facilmente que outras. Os exemplos proeminentes são as sequências em que as pirimidinas alternam com as purinas, especialmente alternando C e G (i.e., na hélice, alternando pares C≡G e G≡C) ou resíduos 5-metil-C e G. Para formar a hélice de orientação à esquerda no Z-DNA, os resíduos púricos mudam para a conformação *syn*, alternando com pirimidinas na conformação *anti*. O sulco maior é pouco aparente no Z-DNA, e o sulco menor é estreito e profundo.

A ocorrência do A-DNA em células é duvidosa, mas existem evidências de algumas pequenas extensões (trechos) do Z-DNA em bactérias e eucariotos. Esses trechos de Z-DNA podem ter um papel (até agora não definido) na regulação da expressão de alguns genes ou na recombinação genética.

### Certas sequências de DNA adotam estruturas incomuns

Outras variações estruturais dependentes de sequência encontradas em cromossomos grandes podem afetar a função e o metabolismo dos segmentos de DNA em suas adjacências. Por exemplo, ocorrem curvaturas na hélice de DNA sempre que quatro ou mais resíduos de adenosina aparecem sucessivamente em uma fita. Seis adenosinas, uma após a outra, produzem uma curvatura de cerca de 18°. A curvatura observada nessa e em outras sequências pode ser importante na ligação de algumas proteínas ao DNA.

Um tipo comum de sequência de DNA é um **palíndromo**. Um palíndromo é uma palavra ou frase escrita de forma idêntica se for lida da esquerda para a direita ou vice-versa; dois exemplos são OMISSÍSSIMO e LUZ AZUL. No DNA, o termo é aplicado a regiões de DNA com **repetições invertidas**, de modo que uma sequência invertida e autocomplementar em uma fita é repetida na orientação oposta na fita complementar, como na **Figura 8-18**. A autocomplementaridade dentro de cada fita confere o potencial para formar estruturas **cruciformes** (em forma de cruz) ou em **grampo (Fig. 8-19)**. Quando a repetição invertida ocorre dentro de cada fita individual de DNA, a sequência é denominada **repetição de imagem especular**. As repetições de imagem especular não têm sequências complementares dentro da mesma fita e não formam grampos ou estruturas cruciformes. Sequências desses tipos são encontradas em praticamente todas as grandes moléculas de DNA e podem abranger poucos ou milhares de pares de bases. O número de palíndromos que ocorrem como cruciformes em células não é conhecido, embora algumas estruturas cruciformes tenham sido demonstradas *in vivo* em *Escherichia coli*. As sequências autocomplementares produzem enovelamentos de fitas simples de DNA (ou RNA) isoladas em solução para se dobrar em estruturas complexas que contêm múltiplos grampos.

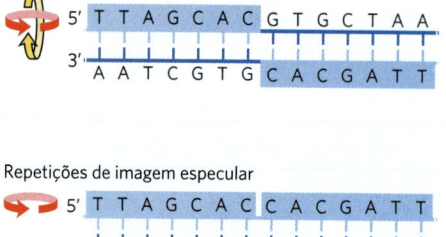

**FIGURA 8-18 Palíndromos e repetições de imagem especular.** Palíndromos são sequências de ácidos nucleicos de dupla-fita com simetria dupla. Para sobrepor uma repetição (sequência sombreada) na outra, ela deve ser girada 180° em torno do eixo horizontal e, então, 180° em torno do eixo vertical, como mostrado pelas setas coloridas. Uma repetição de imagem especular, por outro lado, tem uma sequência simétrica dentro de cada cadeia. Sobrepor uma repetição à outra requer apenas uma única rotação de 180° em torno do eixo vertical.

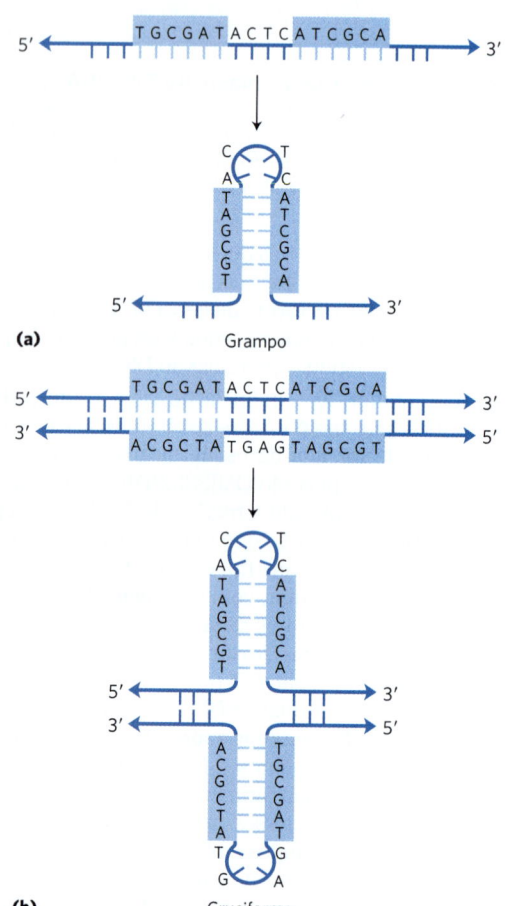

**FIGURA 8-19 Grampos e estruturas cruciformes.** Sequências de DNA (ou RNA) palindrômicas podem formar estruturas alternativas com pareamento de bases intracadeia. (a) Estruturas em grampo envolvem uma única fita de DNA ou RNA. (b) Estruturas cruciformes envolvem ambas as fitas de um duplex de DNA. O sombreado em azul realça sequências assimétricas que podem parear com sequências complementares tanto na mesma fita quanto na fita complementar.

Várias estruturas incomuns de DNA são formadas por três ou até quatro fitas de DNA. Os nucleotídeos que participam de um par de bases de Watson-Crick (Fig. 8-11) podem formar ligações de hidrogênio adicionais com um terceiro filamento, particularmente com grupos funcionais ancorados no sulco principal. Por exemplo, o resíduo de guanosina de um par de nucleotídeos G≡C pode parear com um resíduo de citidina (se protonado) numa terceira fita (**Fig. 8-20a**); a adenosina de um par A=T pode parear com um resíduo de timidina. O N-7, o $O^6$ e o $N^6$ das purinas, os átomos que participam na ligação de hidrogênio do triplex de DNA, com frequência são denominados **posições de Hoogsteen**, e o pareamento do tipo não Watson-Crick é chamado de **pareamento de Hoogsteen**, em homenagem a Karst Hoogsteen, que, em 1963, reconheceu pela primeira vez o potencial desses pareamentos incomuns. O pareamento de Hoogsteen permite a formação de **triplex de DNA**. Os triplexes mostrados na Figura 8-20 (a, b) são mais estáveis em pH baixo, uma vez que o trio C≡G • C⁺ requer uma citosina protonada. No triplex, o $pK_a$ dessa citosina é maior que 7,5, diferentemente do seu valor normal de 4,2. Os triplexes também se formam mais facilmente em sequências longas contendo somente pirimidinas ou somente purinas em uma dada fita. Alguns triplexes de DNA contêm duas fitas pirimídicas e uma cadeia púrica; outros contêm duas cadeias púricas e uma cadeia pirimídica.

Quatro fitas de DNA também podem parear para formar um tetraplex (quadruplex), mas isso ocorre facilmente apenas para sequências de DNA com uma proporção muito alta de resíduos de guanosina (Fig. 8-20c, d). O tetraplex da guanosina, ou **tetraplex G**, é bastante estável em uma ampla faixa de condições. A orientação das fitas em um tetraplex pode variar, como mostrado na Figura 8-20e.

No DNA de células vivas, sítios reconhecidos por muitas proteínas ligantes de DNA em sequências específicas (Capítulo 28) estão organizados como palíndromos, e sequências polipirimídicas ou polipúricas que podem formar triplas-hélices são encontradas dentro de regiões envolvidas na regulação de expressão de alguns genes eucarióticos.

### RNA mensageiros codificam cadeias polipeptídicas

Agora, o foco será a expressão da informação genética que o DNA contém. Uma vez que o DNA de eucariotos é basicamente confinado no núcleo, ao passo que a síntese proteica ocorre nos ribossomos no citoplasma, alguma outra molécula que não o DNA deve carregar a mensagem genética do núcleo para o citoplasma. Por volta da década de 1950, o RNA foi considerado o candidato lógico: o RNA é encontrado tanto no núcleo quanto no citoplasma, e o aumento da síntese proteica é acompanhado pelo aumento da quantidade de RNA citoplasmático e pelo aumento da sua taxa de renovação. Essas e outras observações levaram vários pesquisadores a sugerirem que o RNA carrega a informação genética do DNA para a maquinaria biossintética proteica do ribossomo. Em 1961, François Jacob e Jacques Monod apresentaram uma descrição consistente (e essencialmente correta) de muitos aspectos desse processo. Eles propuseram o nome "RNA mensageiro" (mRNA) para aquela porção do RNA celular total que carrega a informação genética

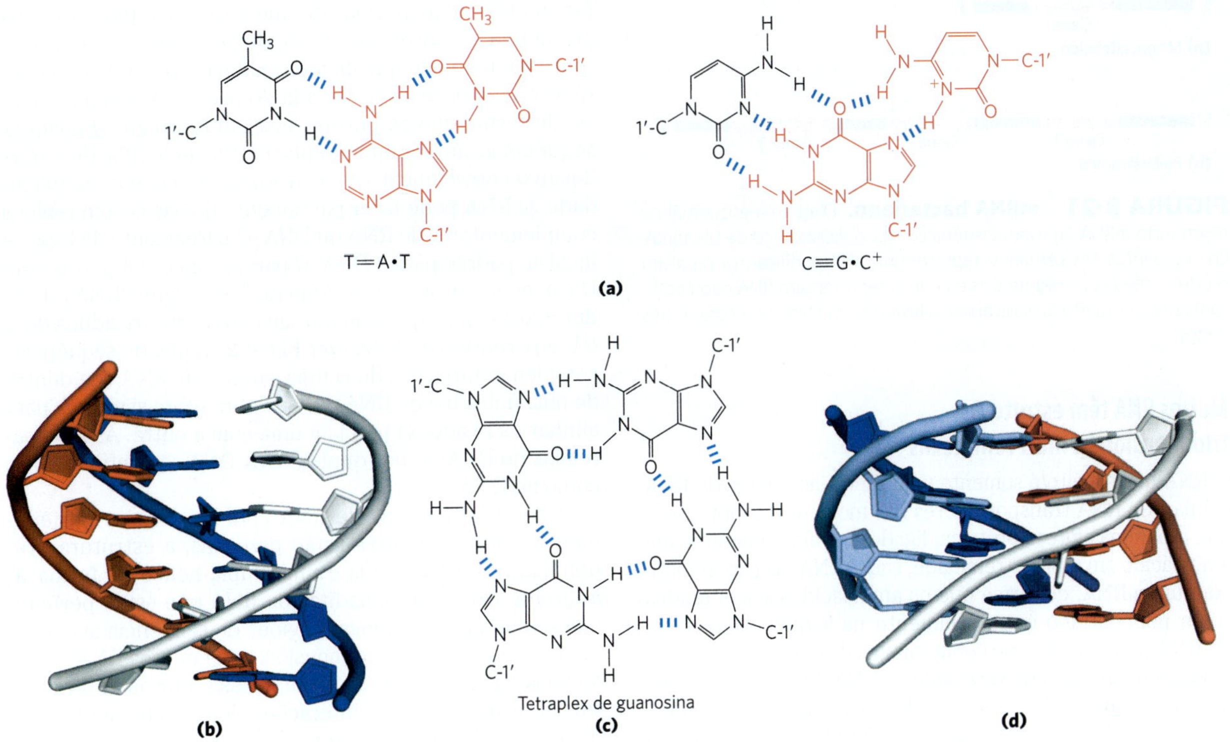

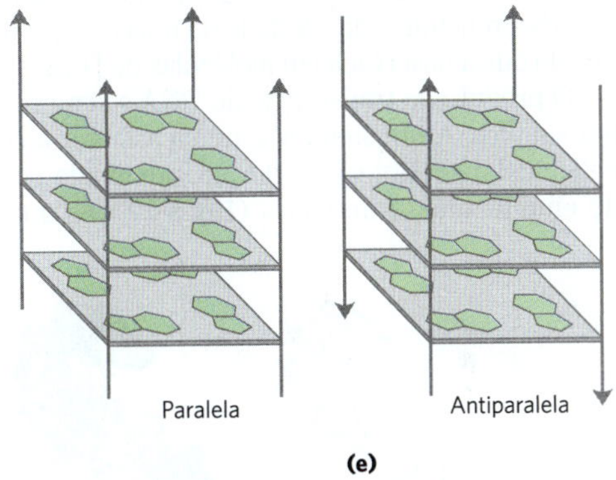

**FIGURA 8-20 Estruturas de DNA contendo três ou quatro fitas de DNA.** (a) Padrões de pareamento de bases em uma forma bem caracterizada de triplex de DNA. O par de Hoogsteen em cada caso é mostrado em vermelho. (b) DNA helicoidal triplo contendo duas fitas de pirimidina (em vermelho e branco; sequência TTCCTT) e uma fita de purina (em azul; sequência AAGGAA). As fitas em azul e em branco são antiparalelas e pareadas pelo padrão normal de pareamento de Watson-Crick. A terceira fita (toda pirimídica; em vermelho) é paralela à fita púrica e pareada por meio de ligações de hidrogênio do tipo não Watson-Crick. O triplex é visto lateralmente, mostrando seis trincas. (c) Padrão do pareamento de bases na estrutura tetraplex da guanosina. (d) Quatro quartetos sucessivos de uma estrutura G tetraplex. (e) Variantes possíveis na orientação das fitas em um G tetraplex. [Dados de (b) PDB ID 1BCE, J. L. Asensio et al., *Nucleic Acids Res.* 26:3677, 1998; (d) PDB ID 244D, G. Laughlan et al., *Science* 265:520, 1994.]

do DNA para os ribossomos. ▶P1 ▶P2 Os mRNA são formados a partir de um molde de DNA pelo processo de **transcrição**. Quando atingem os ribossomos, os mensageiros fornecem os modelos que especificam as sequências de aminoácidos nas cadeias polipeptídicas. Embora os mRNA de diferentes genes possam variar muito em tamanho, os mRNA de um gene em particular geralmente têm um tamanho definido.

Em bactérias e arqueobactérias, uma única molécula de mRNA pode codificar para uma ou várias cadeias polipeptídicas. Se ela carrega o código para somente um polipeptídeo, o mRNA é **monocistrônico**; se ela codifica para dois ou mais polipeptídeos diferentes, o mRNA é **policistrônico**. Em eucariotos, a maioria dos mRNA é monocistrônica. (Para a finalidade desta discussão, "cistron" refere-se a um gene. O termo por si só tem raízes históricas na ciência da genética, e sua definição genética formal vai além do escopo deste texto.) O comprimento mínimo de um mRNA é determinado pelo comprimento da cadeia polipeptídica para a qual ele codifica. Por exemplo, uma cadeia polipeptídica de 100 resíduos de aminoácidos requer uma sequência de RNA codificante de pelo menos 300 nucleotídeos, uma vez que cada aminoácido é codificado por um grupo de três nucleotídeos (este e outros detalhes da síntese proteica são discutidos no Capítulo 27). Entretanto, os mRNA transcritos a partir de DNA são sempre um pouco mais longos do que o comprimento necessário para a codificação simples de uma sequência (ou sequências) polipeptídica. O RNA não codificante adicional inclui as sequências necessárias para iniciar e terminar a tradução pelo ribossomo, bem como sequências regulatórias. A **Figura 8-21** resume a estrutura geral de mRNA bacterianos.

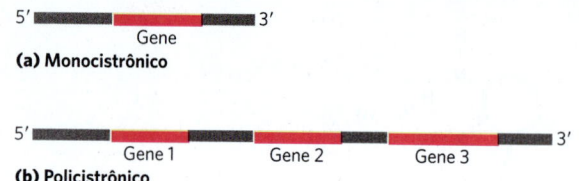

**FIGURA 8-21  mRNA bacteriano.** Diagrama esquemático mostrando mRNA (a) monocistrônico e (b) policistrônico de bactérias. Os segmentos em vermelho representam RNA codificantes para um produto gênico; os segmentos em cinza representam RNA não codificantes. No transcrito policistrônico, o RNA não codificante separa os três genes.

## Muitos RNA têm estruturas tridimensionais mais complexas

O RNA mensageiro é somente uma de várias classes de RNA celular. Os RNA transportadores são moléculas adaptadoras que atuam na síntese proteica; ligados covalentemente a um aminoácido em uma extremidade, cada tRNA faz pareamento com um mRNA, de forma que os aminoácidos sejam unidos a um polipeptídeo em crescimento na sequência correta. Os RNA ribossômicos são componentes dos ribossomos. Existe também uma grande variedade de RNA de função especial, incluindo alguns (chamados de ribozimas) que têm atividade enzimática. Todos os RNA são considerados em detalhes no Capítulo 26. As funções diversas e, muitas vezes, complexas dos RNA refletem a diversidade de uma estrutura muito mais rica do que a observada em moléculas de DNA.

O produto da transcrição do DNA é sempre um RNA de fita simples. A fita simples tende a assumir a conformação helicoidal de orientação à direita, dominada por interações de empilhamento de bases (**Fig. 8-22**), as quais são mais fortes entre duas purinas do que entre uma purina e uma pirimidina ou entre duas pirimidinas. A interação purina-purina é tão forte que uma pirimidina separando duas purinas é muitas vezes deslocada do padrão de empilhamento, de forma que as purinas possam interagir. Quaisquer sequências autocomplementares na molécula desencadeiam o enovelamento em estruturas com maior complexidade. O RNA pode fazer pareamento de bases com regiões complementares de RNA ou DNA. O pareamento de bases é igual ao padrão para o DNA: G pareia com C e A pareia com U (ou com o ocasional resíduo de T em alguns RNA). Uma diferença é que o pareamento de bases entre resíduos de G e U é permitido no RNA (ver Fig. 8-24) quando sequências complementares nas duas fitas simples de RNA (ou dentro de uma única fita de RNA que se dobra sobre si mesma para alinhar os resíduos) pareiam uma com a outra. As fitas pareadas no RNA ou nos duplex RNA-DNA são antiparalelas, como no DNA.

Quando duas fitas de RNA com sequências perfeitamente complementares estão pareadas, a estrutura predominante de fita dupla é uma dupla-hélice de forma A, à direita. No entanto, as fitas de RNA que estão perfeitamente pareadas em longas regiões de sequência são incomuns. As estruturas tridimensionais de muitos RNA, como aquelas das proteínas, são complexas e únicas. Interações fracas, principalmente interações de empilhamento, ajudam a estabilizar as estruturas de RNA, assim como elas o fazem no DNA. As hélices na forma Z foram feitas em laboratório (sob condições de alta salinidade e alta temperatura). A forma B do RNA ainda não foi observada. Quebras na hélice normal de forma A, causadas pelo pareamento incorreto ou não pareamento de bases em uma ou ambas as fitas, são comuns e resultam em protuberâncias ou alças internas (**Fig. 8-23**). Alças do tipo grampo formam-se entre

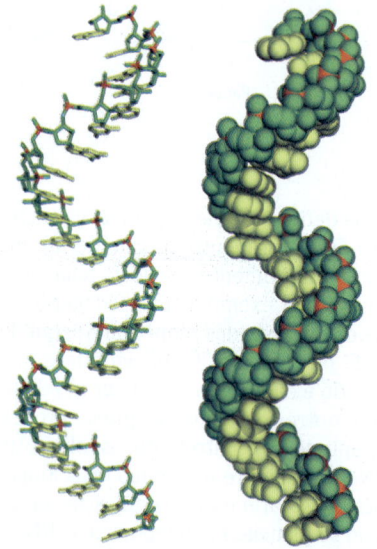

**FIGURA 8-22  Padrão típico de empilhamento à direita de RNA de fita simples.** As bases estão mostradas em amarelo; os átomos de fosfato, em cor de laranja; e as riboses e os oxigênios dos fosfatos, em verde. Verde é usado para representar fitas de RNA nos capítulos seguintes, assim como azul é o usado para o DNA.

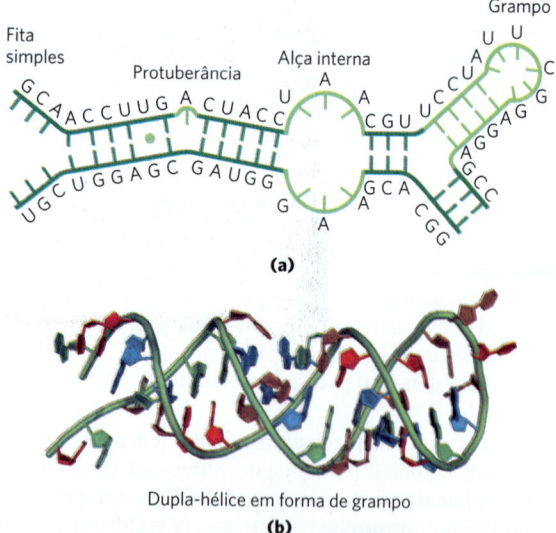

**FIGURA 8-23  Estrutura secundária de RNA.** (a) Protuberância, alça interna e grampo. (b) As regiões pareadas geralmente têm uma hélice à direita na forma A, como mostrado para um grampo. O único par de bases UG é identificado com um ponto verde. [(b) Dados de PDB ID 1GID, J. H. Cate et al., *Science* 273:1678, 1996.]

sequências autocomplementares (palindrômicas) vizinhas. Extensos segmentos helicoidais de pares de bases são formados em muitos RNA (**Fig. 8-24**), e os grampos resultantes são o tipo mais comum de estrutura secundária no RNA. Sequências de bases específicas pequenas (como UUCG) são, muitas vezes, encontradas no final de grampos de RNA e são conhecidas por formarem alças particularmente firmes e estáveis. Essas sequências podem agir como pontos de partida para o enovelamento de uma molécula de RNA na sua estrutura tridimensional exata. Outras contribuições são feitas pelas ligações de hidrogênio que não fazem parte do pareamento de bases padrão do tipo Watson-Crick. Por exemplo, o grupo 2′-hidroxila da ribose pode formar ligações de hidrogênio com outros grupos. Algumas dessas propriedades são evidentes na estrutura do RNA transportador de fenilalanina de levedura – o tRNA responsável pela inserção de resíduos de Phe nos polipeptídeos – e em duas enzimas de RNA, ou ribozimas, cujas funções, assim como as das enzimas proteicas, dependem das suas estruturas tridimensionais (**Fig. 8-25**).

A análise da estrutura do RNA e a relação entre estrutura e função compõem um campo emergente de pesquisa com muitas das mesmas complexidades da análise de estrutura proteica. A importância da compreensão da estrutura do RNA cresce à medida que surgem mais informações sobre o grande número de papéis funcionais das moléculas de RNA.

### RESUMO 8.2 Estrutura dos ácidos nucleicos

- Muitas linhas de evidência demonstram que o DNA carrega a informação genética. Alguns dos primeiros indícios vieram do experimento de Avery-MacLeod-McCarty, que demonstrou que o DNA isolado de uma linhagem bacteriana pode entrar em células de outra linhagem e transformá-las, conferindo algumas características hereditárias do doador para a segunda cepa. O experimento de Hershey-Chase demonstrou que o DNA de um vírus bacteriano, mas não a sua cobertura proteica, carrega a mensagem genética para a replicação do vírus na célula hospedeira.

- Reunindo todas as informações, Watson e Crick postularam que o DNA nativo é constituído por duas fitas antiparalelas em uma organização de dupla-hélice com orientação à direita. Pares de bases complementares, A=T e G≡C, são formados por ligações de hidrogênio dentro da hélice. Os pares de bases são empilhados perpendicularmente ao longo do eixo da dupla-hélice a uma distância de 3,4 Å, com 10,5 pares de bases por volta.

- O DNA pode existir em várias formas estruturais. Duas variações da forma de Watson-Crick, ou B-DNA, são o A-DNA e o Z-DNA.

- Algumas variações estruturais dependentes de sequência causam enovelamentos na molécula de DNA. As fitas de DNA com sequências específicas podem formar grampos, estruturas cruciformes, triplex de DNA ou tetraplex de DNA.

- O RNA mensageiro transfere a informação genética do DNA para os ribossomos para a síntese proteica.

- O RNA transportador e o RNA ribossômico também estão envolvidos na síntese proteica. O RNA pode ser complexo estruturalmente; fitas simples de RNA podem se dobrar em grampos, regiões de fita dupla ou alças complexas. Os RNA não codificantes adicionais têm uma variedade de funções especiais.

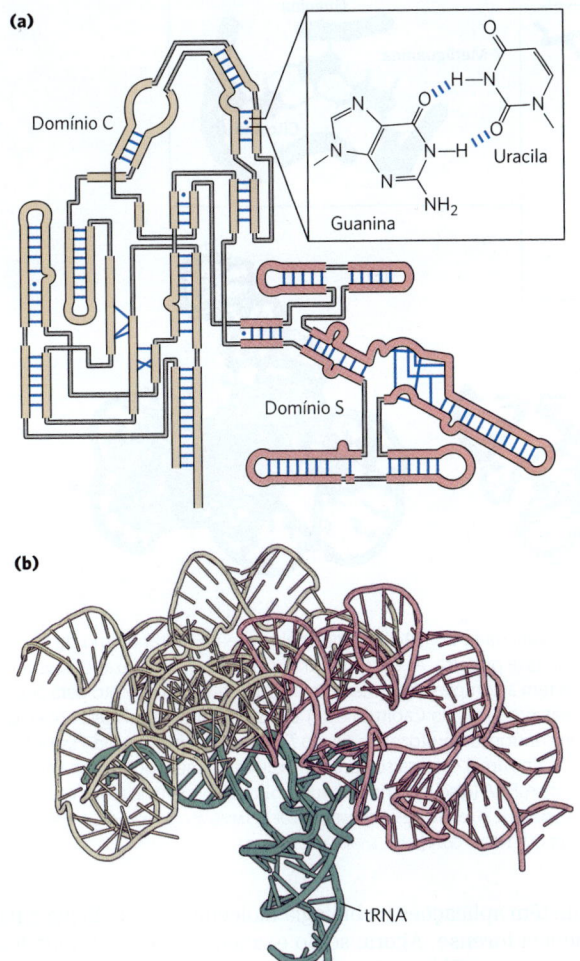

**FIGURA 8-24 Estruturas helicoidais de pareamento de bases no RNA.** Aqui, são mostradas (a) a estrutura secundária e (b) a estrutura tridimensional do componente P RNA da RNase P de *Thermotoga maritima*. A RNase P, que também contém um componente proteico (não mostrado), atua no processamento de RNA transportadores. Um tRNA complexado também é mostrado em (b). Os domínios C (catalítico) e S (especificidade) separados estão indicados com a espinha dorsal em amarelo e vermelho claro em ambas as imagens. Os pontos azuis em (a) indicam pares de bases G—U não Watson-Crick (inserção em caixa). Observe que pares de bases G—U são permitidos somente quando fitas pré-sintetizadas de RNA se dobram ou se anelam umas com as outras. [(a) Informações de N. J. Reiter et al., *Nature* 468:784, 2010, Fig. 2a. (b) Dados de PDB ID 3Q1R, N. J. Reiter et al., *Nature* 468:784, 2010.]

## 8.3 Química dos ácidos nucleicos

**P1** **P3** O papel do DNA como repositório da informação genética depende, em parte, da sua estabilidade inerente. As transformações químicas que ocorrem geralmente

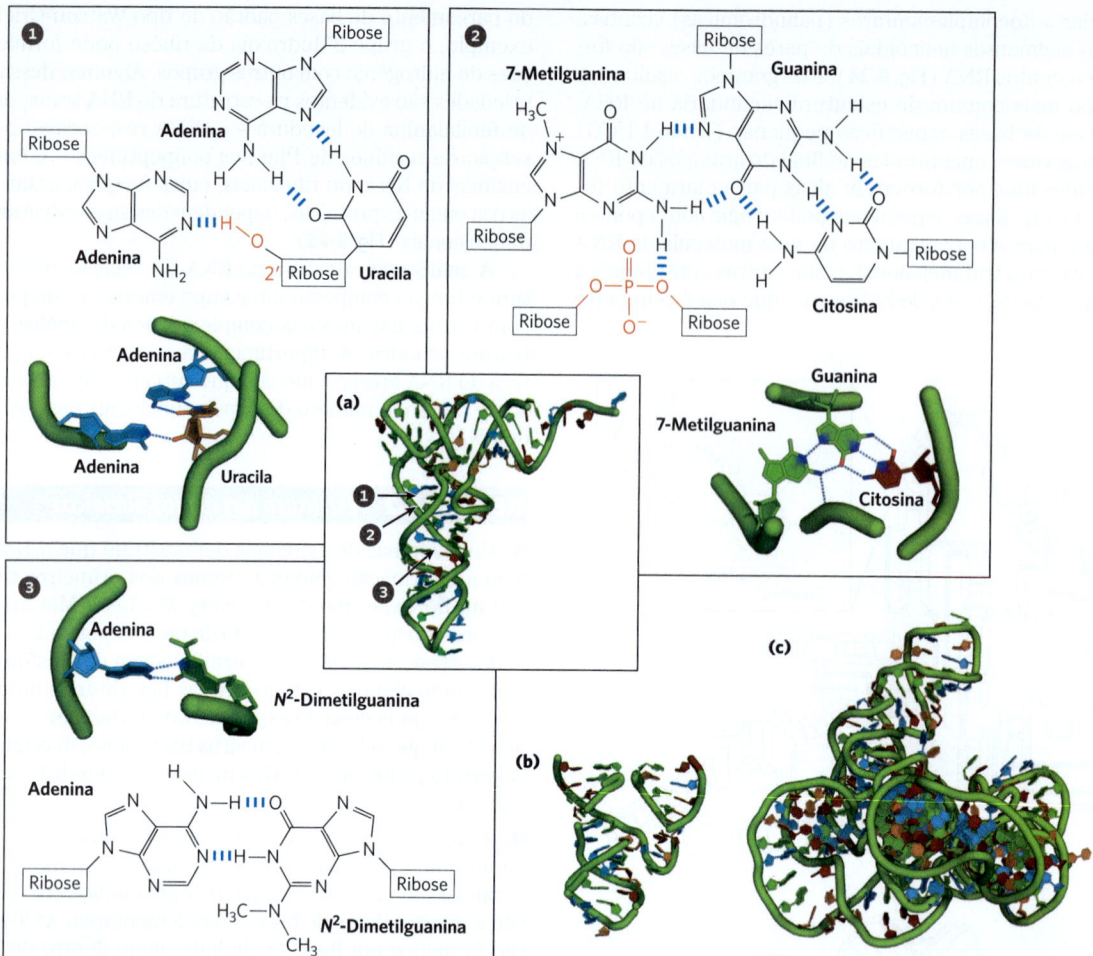

**FIGURA 8-25 Estrutura tridimensional do RNA.**
(a) Estrutura tridimensional do tRNA de fenilalanina de levedura. Alguns padrões de pareamento de bases incomuns encontrados neste tRNA estão mostrados. Observe em ❶ uma ligação de hidrogênio com um grupo ribose 2′-hidroxila e em ❷ uma ligação de hidrogênio com o oxigênio de um fosfodiéster de ribose (ambos mostrados em vermelho). (b) Ribozima cabeça-de-martelo (assim denominada devido à estrutura secundária do sítio ativo que parece a cabeça de um martelo) derivada de certos vírus de plantas. As ribozimas, ou enzimas de RNA, catalisam uma variedade de reações, principalmente no metabolismo de RNA e na síntese proteica. As estruturas tridimensionais complexas desses RNA refletem a complexidade inerente na catálise, como descrito para as enzimas proteicas no Capítulo 6. (c) Um segmento de mRNA conhecido como íntron, do protozoário ciliado *Tetrahymena thermophila*. Esse íntron (uma ribozima) catalisa sua própria excisão do meio dos éxons em uma fita de mRNA (discutido no Capítulo 26). [Dados de (a) PDB ID 1TRA, E. Westhof e M. Sundaralingam, *Biochemistry* 25:4868, 1986; (b) PDB ID 1MME, W. G. Scott et al., *Cell* 81:991, 1995; (c) PDB ID 1GRZ, B. L. Golden et al., *Science* 282:259, 1998.]

são muito lentas na ausência de um catalisador enzimático. Entretanto, o armazenamento de longo prazo da informação inalterada é tão importante para a célula que mesmo reações muito lentas que alteram a estrutura do DNA podem ser fisiologicamente significativas. Processos como carcinogênese e envelhecimento podem estar intimamente ligados ao acúmulo lento e irreversível de alterações no DNA. Outras alterações não destrutivas também ocorrem e são essenciais para a função, como a separação das fitas, que deve preceder a replicação ou a transcrição do DNA. Além de proporcionar uma maior compreensão dos processos fisiológicos, o conhecimento da química dos ácidos nucleicos nos forneceu um conjunto poderoso de tecnologias que têm aplicações na biologia molecular, na medicina e na ciência forense. Agora, serão examinadas as propriedades químicas do DNA e algumas dessas tecnologias.

## DNA e RNA duplas-hélices podem ser desnaturados

Soluções de DNA nativo isolado cuidadosamente podem ser muito viscosas em pH 7,0 e temperatura ambiente (25 °C). Quando essa solução é submetida a valores de pH extremos ou a temperaturas acima de 80 °C, sua viscosidade diminui drasticamente, indicando que o DNA sofreu uma mudança física. Da mesma forma que calor e valores de pH extremos desnaturam proteínas globulares, eles também causam desnaturação, ou fusão, da dupla-hélice do DNA. O rompimento das ligações de hidrogênio entre pares de bases e bases empilhadas causa o desenrolamento da dupla-hélice para formar duas fitas simples, completamente separadas uma da outra ao longo de todo o comprimento da molécula ou de parte da molécula (desnaturação parcial). Nenhuma ligação covalente no DNA é rompida (**Fig. 8-26**).

Quando a temperatura ou o pH retornam para a faixa em que a maioria dos organismos vivem, os segmentos desenrolados das duas fitas espontaneamente se enrolam, ou se **anelam**, para produzir o duplex intacto (Fig. 8-26). No entanto, se as duas fitas são separadas completamente, a renaturação ocorre em duas etapas. Na primeira, relativamente lenta, as duas fitas "encontram-se" por meio de colisões aleatórias e formam um segmento pequeno de dupla-hélice complementar. A segunda etapa é muito mais rápida: as bases não pareadas remanescentes vêm sucessivamente se apresentando como pares de bases, e as duas fitas se unem, como se fosse o fechamento de um "zíper", para formar a dupla-hélice.

A interação próxima entre as bases empilhadas em um ácido nucleico tem o efeito de diminuir sua absorção de luz UV em relação à de uma solução com a mesma concentração de nucleotídeos livres, e a absorção diminui ainda mais quando duas fitas de ácido nucleico complementares são pareadas. Isso é denominado **efeito hipocrômico**. A desnaturação de um ácido nucleico de fita dupla produz o resultado oposto: o aumento da absorção, denominado **efeito hipercrômico**. A transição do DNA de fita dupla para a forma desnaturada de fita simples pode, assim, ser detectada monitorando-se a absorção de UV a 260 nm.

Moléculas de DNA bacteriano ou viral em solução desnaturam quando são aquecidas lentamente (**Fig. 8-27**). Cada espécie de DNA apresenta uma temperatura de desnaturação característica, ou ponto de fusão ($t_m$; formalmente, a temperatura na qual a metade do DNA está presente na forma de fitas simples separadas): quanto maior for o seu conteúdo de pares de bases G≡C, maior será o ponto de fusão do DNA. Isso ocorre principalmente porque, como visto anteriormente, os pares de bases G≡C fazem maiores contribuições para o empilhamento de bases do que os pares de bases A=T. Assim, o ponto de fusão de uma molécula de DNA, determinado em condições fixas de pH e força iônica, pode render uma estimativa de sua composição de base. Se as condições de desnaturação forem cuidadosamente controladas, as regiões que são ricas no pareamento de bases A=T desnaturam, ao passo que a maior parte do DNA permanece em dupla-fita. Essas regiões desnaturadas (denominadas bolhas) podem ser visualizadas em microscopia eletrônica (**Fig. 8-28**). Na separação das fitas de DNA que ocorre *in vivo* durante

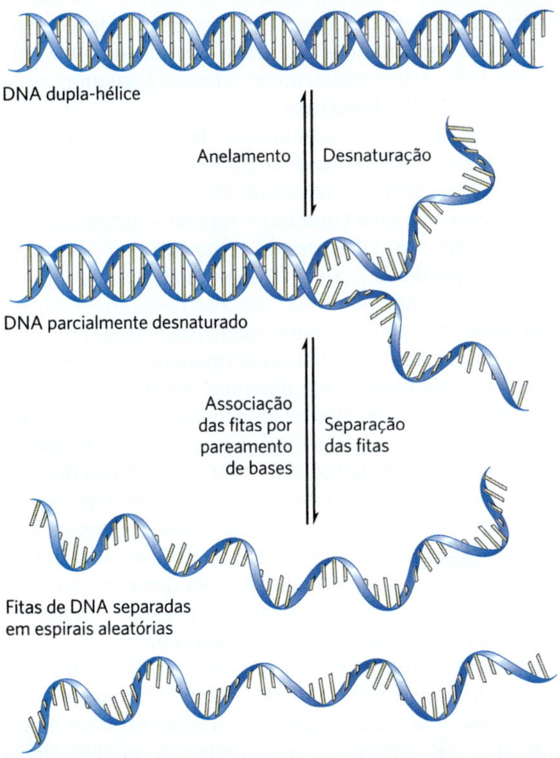

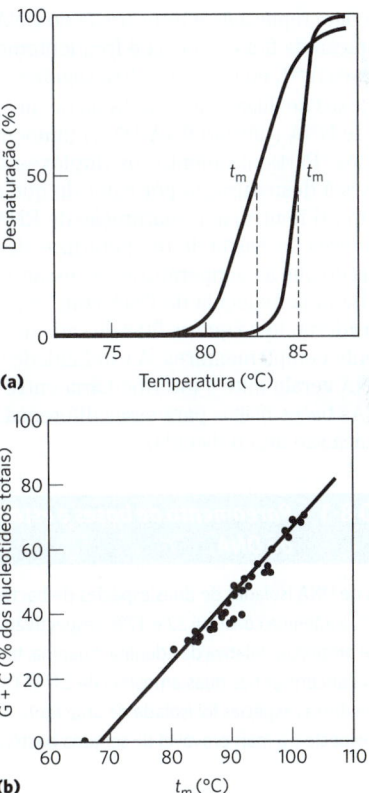

**FIGURA 8-26** Desnaturação reversível e anelamento (renaturação) do DNA.

**FIGURA 8-27 Desnaturação do DNA pelo calor.** (a) As curvas de desnaturação, ou fusão, de duas amostras de DNA. A temperatura no ponto médio da transição ($t_m$) é o ponto de fusão, que depende do pH, da força iônica e do tamanho e da composição das bases do DNA. (b) Relação entre $t_m$ e conteúdo G + C do DNA. [(b) Dados de J. Marmur e P. Doty, *J. Mol. Biol.* 5:109, 1962.]

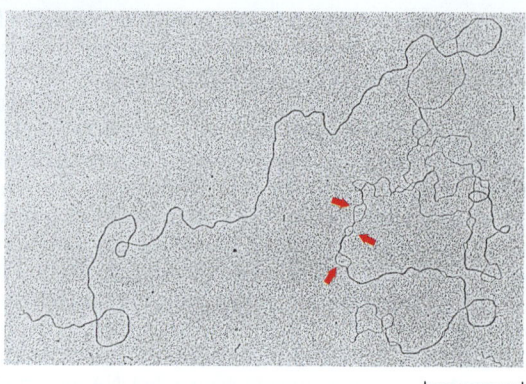

**FIGURA 8-28 DNA parcialmente desnaturado.** Este DNA foi parcialmente desnaturado e, então, fixado para evitar renaturação durante o preparo da amostra. Embora o método de sombreamento usado para visualizar o DNA nesta micrografia eletrônica elimine muitos detalhes, as regiões de fita simples e fita dupla são facilmente distinguíveis. As setas apontam para algumas bolhas de fita simples em que a desnaturação ocorreu. As regiões que desnaturam são altamente reprodutíveis e são ricas em pareamentos de bases A=T. [Ross B. Inman.]

processos como replicação e transcrição do DNA, o local em que a separação da fita é iniciada é frequentemente rico em pares de bases A=T, como será visto a seguir.

Os duplexes de duas fitas de RNA ou de uma fita de RNA e uma fita de DNA (híbrido RNA-DNA) também podem ser desnaturados. Particularmente, os duplexes de RNA são mais estáveis à desnaturação por calor do que os duplexes de DNA. Em pH neutro, a desnaturação de RNA de fita dupla muitas vezes necessita de temperaturas de pelo menos 20 °C a mais do que as temperaturas necessárias para a desnaturação de uma molécula de DNA com sequência semelhante, considerando-se que as fitas de cada molécula sejam perfeitamente complementares. A estabilidade de um híbrido RNA-DNA geralmente é intermediária entre a do RNA e a do DNA. As bases físicas para essas diferenças em estabilidade térmica são desconhecidas.

### EXEMPLO 8-1 *Pareamento de bases e estabilidade do DNA*

Em amostras de DNA isoladas de duas espécies de bactérias não identificadas, X e Y, a adenina constitui 32 e 17%, respectivamente, do total de bases. Que proporção relativa de adenina, guanina, timina e citosina você esperaria encontrar nas duas amostras de DNA? Que suposições você fez? Uma dessas espécies foi isolada de uma fonte de água termal (64 °C). Qual espécie é a mais provável de ser uma bactéria termofílica? Por quê?

**SOLUÇÃO:** Para qualquer DNA de dupla-hélice, A=T e G=C. O DNA da espécie X tem 32% de A e, portanto, deve conter 32% de T. Isso representa 64% das bases, restando 36% de pares G≡C: 18% de G e 18% de C. A amostra da espécie Y, com 17% de A, deve conter 17% de T, totalizando 34% dos pares de bases. Os 66% restantes das bases são, então, distribuídos igualmente como 33% de G e 33% de C. Esse cálculo está baseado na suposição de que ambas as moléculas de DNA estão na forma de dupla-hélice.

Quanto maior for o conteúdo G + C da molécula de DNA, maior será a temperatura de fusão. A espécie Y, como apresenta o DNA com o maior conteúdo G + C (66%), é a bactéria termofílica mais provável; seu DNA tem a maior temperatura de fusão e, portanto, é mais estável na temperatura da fonte de água termal.

### Nucleotídeos e ácidos nucleicos sofrem transformações não enzimáticas

**P3** Purinas e pirimidinas, bem como os nucleotídeos dos quais elas fazem parte, sofrem alterações espontâneas nas suas estruturas covalentes. Em geral, a velocidade dessas reações é *muito lenta*, mas essas reações são fisiologicamente significativas, devido à tolerância muito baixa da célula para alterações em sua informação genética. As alterações na estrutura do DNA que produzem mudanças permanentes na informação genética nele codificada são chamadas de **mutações**. Em organismos superiores, muitas evidências sugerem uma ligação íntima entre o acúmulo de mutações em um indivíduo e os processos de envelhecimento e carcinogênese.

Várias bases nucleotídicas sofrem perda espontânea de seus grupamentos amino exocíclicos (desaminação) (**Fig. 8-29a**). Por exemplo, em condições celulares típicas, a desaminação da citosina (no DNA) para uracila ocorre em aproximadamente um em cada $10^7$ resíduos de citidina em 24 horas. Essa taxa de desaminação corresponde a cerca de 100 eventos espontâneos por dia, em média, em uma célula de mamífero. A desaminação de adenina e guanina ocorre em cerca de 1/100 dessa taxa.

A reação lenta de desaminação da citosina parece inócua o suficiente, mas é quase seguramente a razão pela qual o DNA contém timina, em vez de uracila. O produto da desaminação da citosina (uracila) é rapidamente reconhecido como estranho no DNA, sendo removido pelo sistema de reparo (Capítulo 25). Se o DNA normalmente contivesse uracila, o reconhecimento de uracilas resultantes da desaminação da citosina seria mais difícil, e as uracilas não reparadas conduziriam a mudanças permanentes na sequência, fazendo o pareamento com adeninas durante a replicação. A desaminação da citosina gradualmente conduziria à diminuição dos pares de bases G≡C e ao aumento dos pares de bases A=U no DNA de todas as células. Ao longo dos milênios, a desaminação de citosina poderia eliminar pares de bases G≡C e o código genético que depende desses pares de bases. **P3** O estabelecimento da timina como uma das quatro bases no DNA pode ter sido um dos pontos cruciais da reviravolta na evolução, tornando possível o armazenamento em longo prazo da informação genética.

Outra reação importante nos desoxirribonucleotídeos é a hidrólise da ligação *N-β*-glicosil entre a base e a pentose. A base é perdida, criando uma lesão no DNA chamada de sítio AP (apurínico, apirimidínico) ou sítio abásico (Fig. 8-29b). As purinas são perdidas em uma taxa maior que as pirimidinas. Cerca de uma em cada $10^5$ purinas

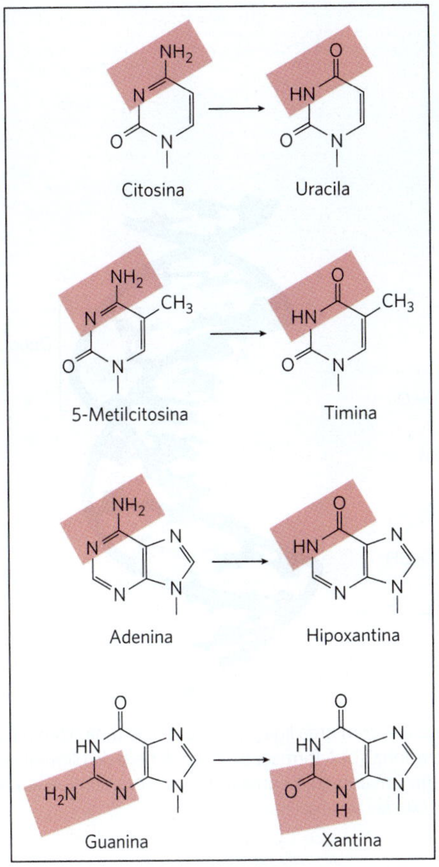

**FIGURA 8-29 Algumas reações não enzimáticas bem caracterizadas dos nucleotídeos.** (a) Reações de desaminação. Apenas a base está mostrada. (b) Depurinação, em que uma purina é perdida pela hidrólise da ligação N-β-glicosídica. A perda de pirimidinas ocorre por meio de uma reação semelhante, mas muito mais lentamente. A lesão resultante, com a desoxirribose presente e a base ausente, é chamada de sítio abásico ou sítio AP (sítio apurínico ou, raramente, sítio apirimidínico). A desoxirribose remanescente após a depurinação é rapidamente convertida de β-furanose para a forma aldeídica (ver Fig. 8-3), desestabilizando ainda mais o DNA nessa posição. Reações não enzimáticas adicionais estão ilustradas nas Figuras 8-30 e 8-31.

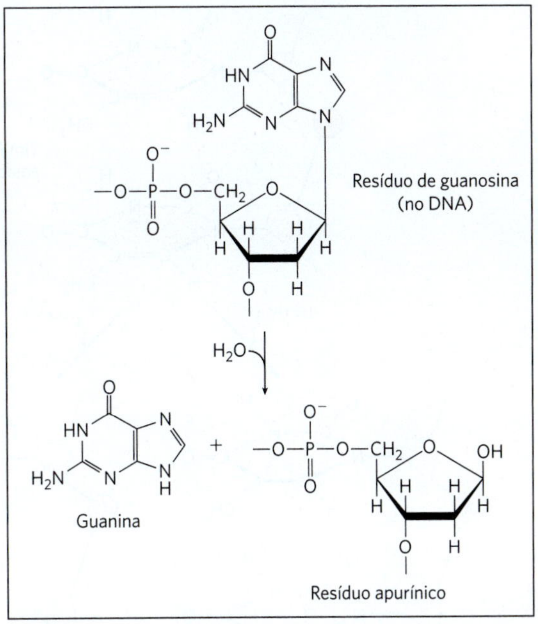

(10.000 por célula de mamíferos) é perdida do DNA a cada 24 horas em condições celulares típicas. A depurinação dos ribonucleotídeos e do RNA é muito mais lenta e menos significativa fisiologicamente. No tubo de ensaio, a perda de purinas pode ser acelerada por ácido diluído. A incubação de DNA em pH 3 causa a remoção seletiva de bases púricas, resultando em um derivado denominado ácido apurínico.

Outras reações são promovidas pela radiação. A luz UV induz a condensação de dois grupos etilenos para formar um anel ciclobutano. Na célula, a mesma reação entre bases pirimídicas adjacentes nos ácidos nucleicos forma dímeros pirimídicos ciclobutanos. Isso ocorre mais frequentemente entre resíduos de timina adjacentes na mesma hélice de DNA (**Fig. 8-30**). Um segundo tipo de dímero de pirimidinas, chamado de fotoproduto 6-4, também é formado durante a irradiação UV. As radiações ionizantes (raios X e raios gama) podem causar abertura de anel e fragmentação de bases, bem como quebra dos esqueletos covalentes dos ácidos nucleicos.

Praticamente todas as formas de vida são expostas à radiação de alta energia, capaz de causar mudanças químicas no DNA. Sabe-se que a radiação UV curta (com comprimento de ondas de 200 a 400 nm), que compõe uma porção significativa do espectro solar, causa a formação de dímeros de pirimidina e outras mudanças químicas no DNA de bactérias e de células da pele humana. Os seres humanos estão sujeitos constantemente a um campo de radiações ionizantes na forma de raios cósmicos, que podem penetrar profundamente na terra, assim como às radiações emitidas por elementos radioativos, como rádio, plutônio, urânio, radônio, $^{14}C$ e $^{3}H$. Os raios X utilizados em exames médicos e dentais e na radioterapia de câncer e outras doenças são outra forma de radiação ionizante. Estima-se que radiações ionizantes e UV sejam responsáveis por cerca de 10% de todo o dano ao DNA causado por agentes ambientais.

O DNA também pode ser danificado por reagentes químicos introduzidos no ambiente, como produtos de atividade industrial. Esses produtos podem não ser prejudiciais por si só, mas podem ser metabolizados por células que são. Existem duas classes principais desses compostos (**Fig. 8-31**): (1) agentes desaminantes, principalmente ácido nitroso ($HNO_2$) ou compostos que podem ser metabolizados a ácido nitroso ou nitritos, e (2) agentes alquilantes.

O ácido nitroso, formado a partir de precursores orgânicos, como nitrosaminas, e a partir de sais de nitrito e de nitratos, é um potente acelerador de desaminação de bases.

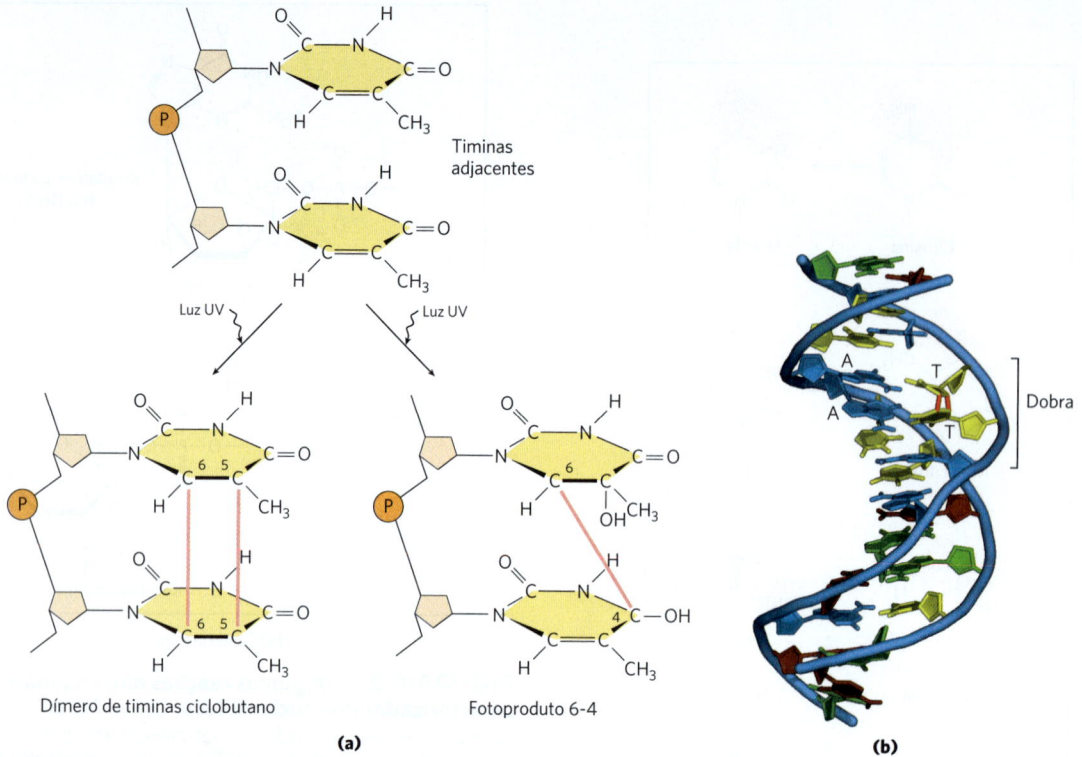

**FIGURA 8-30 Formação de dímeros de pirimidinas induzida por luz UV.** (a) Um tipo de reação (à esquerda) resulta na formação de um anel ciclobutila envolvendo C-5 e C-6 de resíduos de pirimidinas adjacentes. Uma reação alternativa (à direita) resulta no fotoproduto 6-4, com uma ligação entre C-6 de uma pirimidina e C-4 da pirimidina vizinha. (b) A formação de um dímero de pirimidinas ciclobutano introduz um ângulo ou uma dobra no DNA. [(b) Dados de PDB ID 1TTD, K. McAteer et al., *J. Mol. Biol.* 282:1013, 1998.]

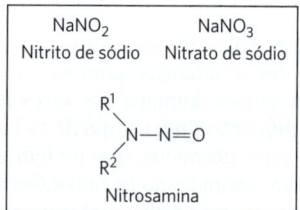

(a) Precursores do ácido nitroso

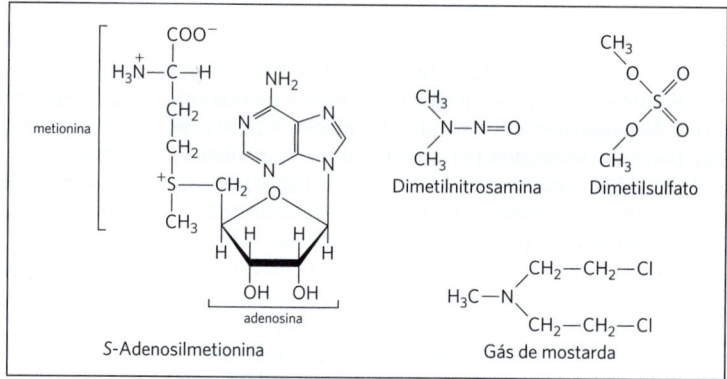

(b) Agentes alquilantes

**FIGURA 8-31 Agentes químicos que causam dano ao DNA.** (a) Precursores de ácido nitroso que promovem reações de desaminação. (b) Agentes alquilantes. A maioria gera nucleotídeos modificados não enzimaticamente.

O bissulfito tem efeitos semelhantes. Ambos os agentes são usados como conservantes em alimentos processados para evitar o crescimento de bactérias tóxicas. Eles não parecem aumentar significativamente os riscos de câncer quando usados dessa forma, talvez pelo fato de serem usados em pequenas quantidades e de contribuírem apenas um pouco para os níveis de dano ao DNA. (O risco potencial de alimentos estragados para a saúde seria muito maior se esses conservantes não fossem usados.)

Agentes alquilantes podem alterar certas bases do DNA. Por exemplo, o reagente químico dimetilsulfato (Fig. 8-31b) pode metilar a guanina para produzir $O^6$-metilguanina, que não consegue parear com a citosina.

Tautômeros de guanina

(CH₃)₂SO₄

$O^6$-Metilguanina

Alguma alquilação de bases é uma parte normal da regulação da expressão gênica. A metilação enzimática de certas bases usando *S*-adenosilmetionina é um exemplo discutido a seguir.

A fonte mais importante de alterações mutagênicas no DNA é o dano oxidativo. Espécies reativas de oxigênio, como peróxido de hidrogênio, radicais hidroxila e radicais superóxido, surgem durante a irradiação ou (mais comumente) como subproduto do metabolismo aeróbico. Essas espécies danificam o DNA por meio de qualquer uma de um grande e complexo grupo de reações, variando de oxidação de desoxirribose e porções de base até quebras de fitas. Dessas espécies, os radicais hidroxila são responsáveis pela maioria dos danos oxidativos ao DNA. As células têm um sistema de defesa elaborado para destruir espécies reativas de oxigênio, incluindo enzimas como a catalase e a superóxido-desmutase, que convertem espécies reativas de oxigênio em produtos inofensivos. Contudo, uma fração desses oxidantes inevitavelmente escapa das defesas celulares e é capaz de danificar o DNA. Estimativas precisas da extensão desse dano não estão disponíveis, mas, a cada dia, o DNA de cada célula humana está sujeito a milhares de reações oxidativas nocivas.

Isso é apenas uma amostra das reações mais conhecidas que causam dano ao DNA. Muitos compostos carcinogênicos nos alimentos, na água e no ar exercem seus efeitos cancerígenos por modificações das bases do DNA. Apesar disso, a integridade do DNA como polímero é mais bem mantida do que a do RNA e a da proteína, pois o DNA é a única macromolécula que se beneficia de sistemas de reparo bioquímico. Esses processos de reparo (descritos no Capítulo 25) diminuem muito o impacto do dano ao DNA. ∎

### Algumas bases do DNA são metiladas

Certas bases nucleotídicas em moléculas de DNA são metiladas enzimaticamente. A adenina e a citosina são metiladas com mais frequência do que a guanina e a timina. A metilação geralmente é restrita a certas sequências ou regiões da molécula de DNA. Em alguns casos, a função da metilação é bem conhecida; em outros, a função permanece obscura. Todas as metilases de DNA conhecidas usam *S*-adenosilmetionina como doador de um grupo metila (Fig. 8-31b). *E. coli* tem dois sistemas notáveis de metilação. Um atua em uma função de defesa, permitindo que a célula diferencie seu DNA do DNA estranho por meio da marcação do seu próprio DNA com grupos metila. A célula pode, então, se identificar como estranha e destruir o DNA sem os grupos metila (isso é conhecido como sistema de modificação de restrição; ver p. 303). O outro sistema enzimático metila os resíduos de adenosina dentro da sequência (5')GATC(3') em $N^6$-metiladenosina (Fig. 8-5a). Os grupos metila são adicionados pela Dam (do inglês *DNA* *a*denine *m*ethylation) metilase logo após a replicação do DNA, permitindo que a célula diferencie o DNA recém-replicado do DNA celular mais antigo (ver Fig. 25-20).

Em células eucarióticas, cerca de 5% dos resíduos de citidina no DNA são metilados a 5-metilcitidina (Fig. 8-5a). A metilação é mais comum em sequências CpG, produzindo metil-CpG simetricamente em ambas as hélices do DNA. A extensão da metilação em sequências CpG varia de acordo com a região molecular em grandes moléculas de DNA eucariótico, afetando o metabolismo do DNA e a expressão gênica.

### A síntese química de DNA foi automatizada

Um importante avanço prático na química de ácidos nucleicos foi a síntese rápida e precisa de oligonucleotídeos pequenos de sequência conhecida. Os métodos foram desenvolvidos por H. Gobind Khorana e colaboradores na década de 1970. Os refinamentos introduzidos por Robert Letsinger e Marvin Caruthers conduziram à química usada em mais larga escala atualmente, denominada método de fosforamidita (**Fig. 8-32**). A síntese é conduzida com a fita em crescimento fixada a um suporte sólido, usando fundamentos semelhantes àqueles usados por Merrifield para a síntese de peptídeos (ver Fig. 3-30), sendo facilmente automatizada. A eficiência de cada etapa é muito alta, permitindo a síntese rotineira de polímeros contendo 70 ou 80 nucleotídeos e, em alguns laboratórios, fitas muito mais longas. A disponibilidade de polímeros de DNA relativamente baratos com sequências pré-projetadas revolucionou todas as áreas da bioquímica.

### As sequências gênicas podem ser amplificadas com a reação em cadeia da polimerase

Os projetos genoma, como descrito no Capítulo 9, deram origem a bancos de dados *online* contendo as sequências completas do genoma de milhares de organismos. Esse arquivo de informações de sequência permite aos pesquisadores amplificar muito o número de cópias de qualquer segmento de DNA em que possam estar interessados com a **reação em cadeia da polimerase** (**PCR**), um processo concebido por Kary Mullis em 1983. Mesmo segmentos de DNA com sequências desconhecidas podem ser amplificados se as sequências que os flanqueiam forem conhecidas. O DNA amplificado pode, então, ser usado para uma infinidade de propósitos, como será visto a seguir.

O procedimento de PCR, mostrado na **Figura 8-33**, baseia-se em **DNA-polimerases**, enzimas que sintetizam fitas de DNA a partir de desoxirribonucleotídeos (dNTP), usando um molde de DNA. As DNA-polimerases não sintetizam DNA *de novo*, em vez disso, devem adicionar nucleotídeos às extremidades 3' das fitas preexistentes, chamadas de **oligonucleotídeos iniciadores** (ou **primers**; ver Capítulo 25). Na PCR, dois oligonucleotídeos sintéticos são preparados para utilização como iniciadores da replicação que podem ser

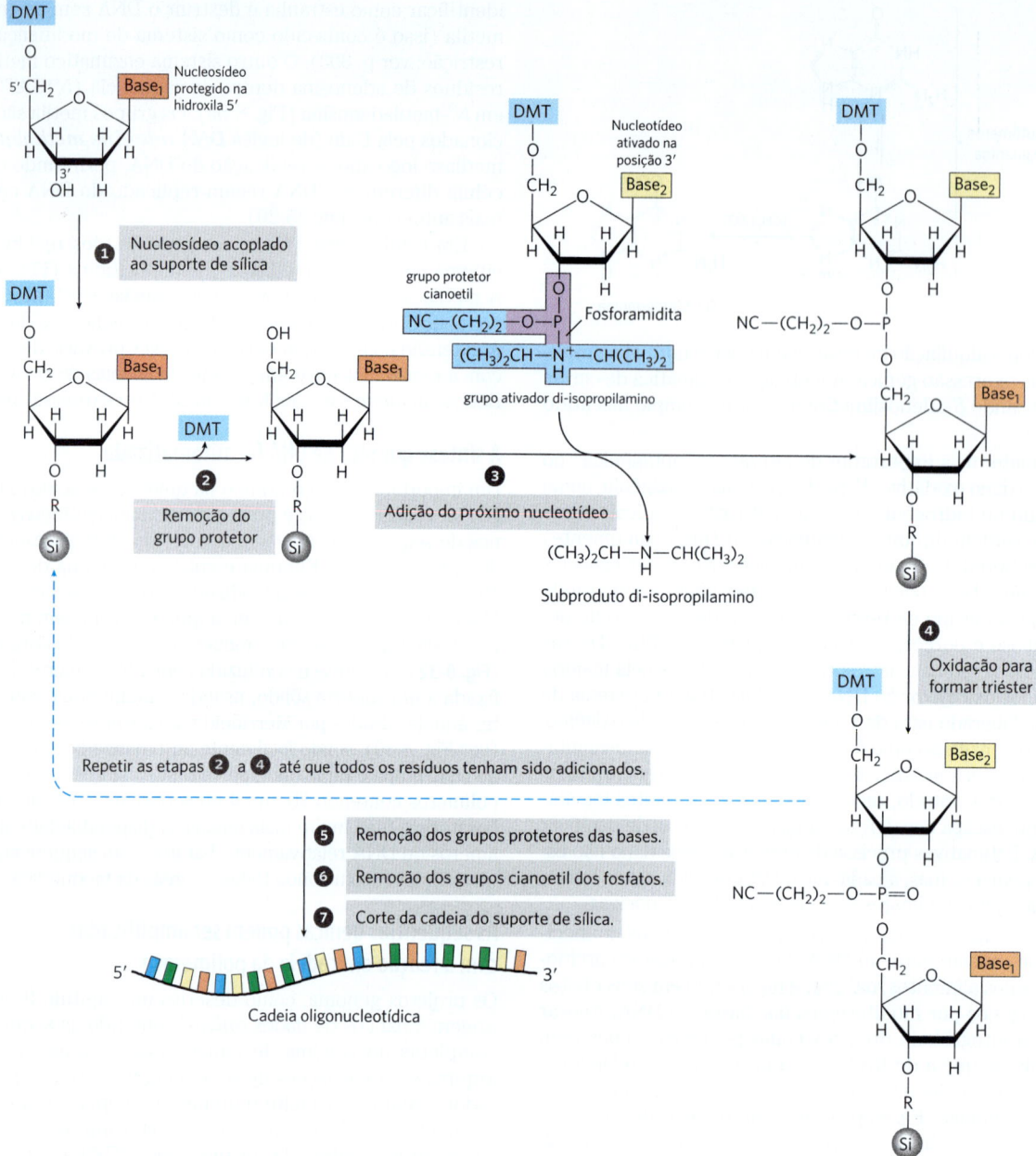

**FIGURA 8-32 Síntese química de DNA pelo método da fosforamidita.** A síntese de DNA automatizada é conceitualmente semelhante à síntese de polipeptídeos em um suporte sólido. O oligonucleotídeo é sintetizado no suporte sólido (sílica), um nucleotídeo por vez, em uma série repetida de reações químicas com precursores nucleotídicos adequadamente protegidos. ❶ O primeiro nucleosídeo (que formará a extremidade 3') é acoplado ao suporte de sílica na 3'-hidroxila (por meio de um grupamento ligante, R), sendo protegido na 5'-hidroxila com um grupo dimetoxitritil (DMT) lábil em ácido. Os grupos reativos em todas as bases também estão protegidos quimicamente. ❷ O grupo DMT protetor é removido pela lavagem da coluna com ácido (o grupo DMT é colorido, então essa reação pode ser acompanhada espectrofotometricamente). ❸ O próximo nucleotídeo tem uma fosforamidita na posição 3': um fosfito trivalente (ao contrário do fosfato pentavalente mais oxidado, normalmente presente nos ácidos nucleicos) com um oxigênio ligado substituído por um grupo amino ou por uma amina substituída. Na variante comum mostrada, um dos oxigênios da fosforamidita é ligado à desoxirribose, o outro é protegido por um grupo cianoetil, e a terceira posição é ocupada pelo grupo di-isopropilamino facilmente deslocável. A reação com o nucleotídeo imobilizado forma uma ligação 5',3' e o grupo di-isopropilamino é eliminado. Na etapa ❹, a ligação fosfito é oxidada com iodo para produzir uma ligação fosfotriéster. As reações 2 a 4 são repetidas até que todos os nucleotídeos tenham sido adicionados. Em cada etapa, o excesso de nucleotídeos é removido antes da adição do próximo nucleotídeo. Nas etapas ❺ e ❻, os grupos protetores remanescentes nas bases e nos fosfatos são removidos, e, na ❼, o oligonucleotídeo é separado do suporte sólido e purificado. A síntese química de RNA é um pouco mais complicada, devido à necessidade de proteger o grupo hidroxila 2' da ribose sem afetar a reatividade do grupo hidroxila 3'.

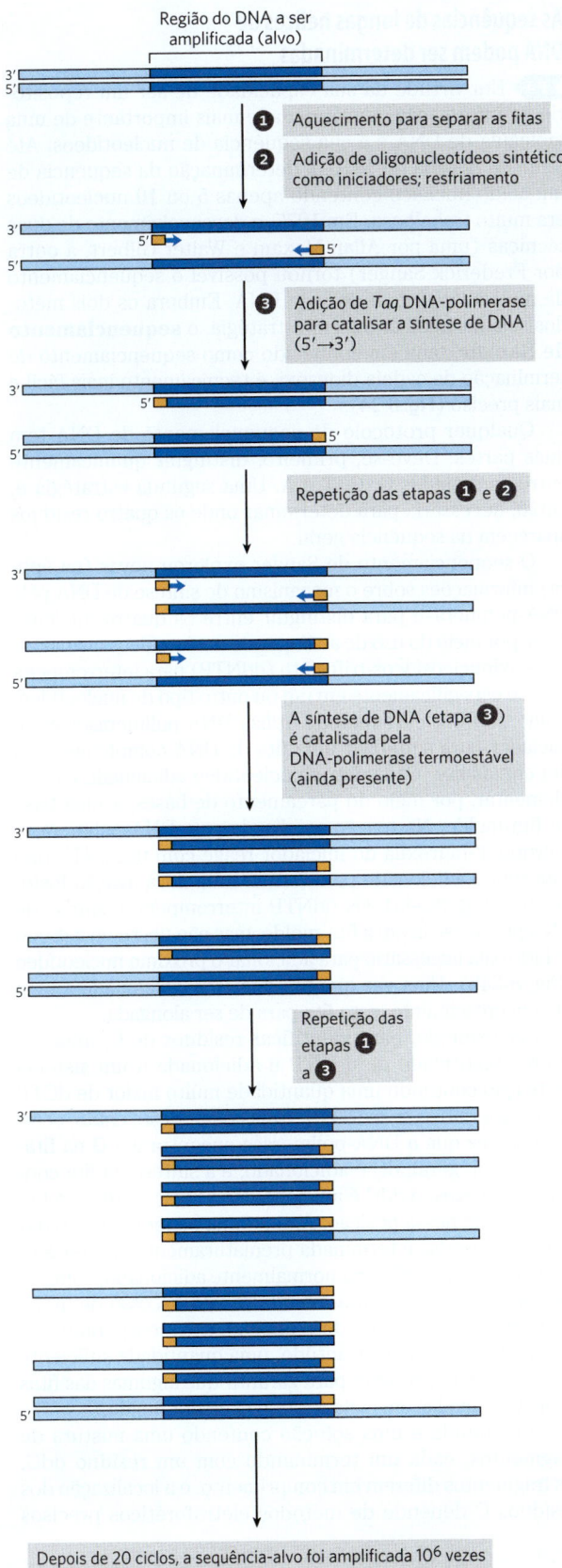

**FIGURA 8-33 Amplificação de um segmento de DNA pela reação em cadeia da polimerase (PCR).** O procedimento PCR tem três etapas: as fitas de DNA são ❶ separadas pelo calor; em seguida, são ❷ renaturadas na presença de excesso de iniciadores de DNA sintético curto (em cor de laranja) que ficam ao lado da região que será amplificada (em azul-escuro); ❸ um DNA novo é sintetizado pela polimerização catalisada pela DNA-polimerase. A *Taq* DNA-polimerase termoestável não é desnaturada pelas etapas de aquecimento. As três etapas são repetidas por 25 ou 30 ciclos em um processo automatizado realizado em um pequeno instrumento de bancada chamado de termociclador.

estendidos por uma DNA-polimerase. Esses oligonucleotídeos iniciadores são complementares às sequências em fitas opostas ao DNA-alvo, posicionados de modo que as suas extremidades 5′ definam as extremidades do segmento a ser amplificado, e tornam-se parte da sequência amplificada. As extremidades 3′ dos iniciadores anelados são orientadas uma em direção à outra e posicionadas para iniciar a síntese de DNA por meio do segmento de DNA-alvo.

O procedimento de PCR tem uma simplicidade elegante. A PCR básica requer quatro componentes: uma amostra de DNA contendo o segmento a ser amplificado, o par de oligonucleotídeos iniciadores sintéticos, um conjunto de desoxinucleosídeos-trifosfatos e uma DNA-polimerase. Existem três etapas (Fig. 8-33). Na etapa ❶, a mistura de reação é aquecida brevemente para desnaturar o DNA, separando as duas fitas. Na etapa ❷, a mistura é resfriada, de modo que os iniciadores possam se anelar ao DNA. A concentração elevada de oligonucleotídeos iniciadores aumenta a probabilidade de renaturação com cada fita do DNA desnaturado antes que as duas fitas de DNA (presentes em concentração muito menor) possam renaturar entre si. Então, na etapa ❸, o segmento iniciado é replicado seletivamente pela DNA-polimerase, usando a mistura de dNTP. O ciclo de aquecimento, resfriamento e replicação é repetido 25 a 30 vezes ao longo de algumas horas em um processo automatizado, amplificando o segmento de DNA entre os iniciadores até que o número de cópias da amostra seja suficientemente grande para ser analisado diretamente ou clonado (descrito no Capítulo 9).

Cada ciclo de replicação duplica o número de cópias do segmento de DNA-alvo, de modo que a concentração cresce exponencialmente. As sequências de DNA flanqueadoras aumentam linearmente em número, mas esse efeito se torna insignificante rapidamente. Após 20 ciclos, o segmento de DNA foi amplificado mais de 1 milhão de vezes ($2^{20}$); após 30 ciclos, mais de 1 bilhão de vezes. A etapa ❸ da PCR usa uma DNA-polimerase termoestável, como a *Taq*-polimerase, isolada de uma bactéria termofílica (*Thermus aquaticus*) que cresce em fontes termais em que as temperaturas se aproximam do ponto de ebulição da água. A *Taq*-polimerase permanece ativa depois de cada etapa de aquecimento (etapa ❶) e não precisa ser readicionada.

▶P4 Essa tecnologia é altamente sensível: a PCR pode detectar e amplificar apenas uma molécula de DNA em quase qualquer tipo de amostra, incluindo algumas amostras ancestrais. A estrutura helicoidal de dupla-fita do DNA é altamente estável, mas, como visto, o DNA degrada-se lentamente ao longo do tempo por meio de várias reações não enzimáticas. A PCR permitiu a clonagem bem-sucedida de segmentos de DNA raros e não degradados isolados de amostras com mais de 40 mil anos de idade. Os pesquisadores utilizaram a técnica para clonar fragmentos de DNA dos restos mumificados de seres humanos e de animais extintos, como o mamute, criando novos campos da arqueologia e da paleontologia molecular. O DNA de locais de sepultamento foi amplificado por PCR e usado para rastrear antigas migrações humanas (ver Fig. 9-31). Os epidemiologistas podem utilizar amostras de DNA de restos humanos amplificadas por PCR para rastrear a evolução de vírus patogênicos humanos. Devido à sua capacidade de amplificar apenas alguns filamentos de DNA que podem estar presentes em uma amostra, a PCR é uma ferramenta potente na medicina forense (**Quadro 8-1**). Ela também é utilizada para detectar infecções virais e certos tipos de câncer antes que eles causem sintomas, bem como no diagnóstico pré-natal de doenças genéticas.

### EXEMPLO 8-2   Projetando primers para a reação em cadeia da polimerase

Você se propôs a amplificar a sequência cromossômica entre as bases sublinhadas a seguir, usando PCR. Apenas uma fita é mostrada, mas lembre-se de que ela está pareada com uma fita complementar.

TG**G**TAGGCCGAT – – – [1.000 pb] – – –
TAGCTAAGAATCT**T**TCTCAGAA

Projete *primers* de oligonucleotídeos de fita simples para amplificar apenas aquelas sequências entre (e incluindo) as bases sublinhadas. O comprimento ideal para os *primers* de PCR é geralmente de 18 a 22 nucleotídeos. Para este exemplo, basta escrever os primeiros 6 nucleotídeos de cada *primer*.

**SOLUÇÃO:**
*Primer* da esquerda   GTAGGC
*Primer* da direita    AAGATT

Lembre-se de que (1) as duas fitas de DNA são antiparalelas, (2) a síntese de DNA prossegue exclusivamente na direção 5' → 3', (3) a síntese de DNA deve ser direcionada ao longo da região a ser amplificada e (4) as sequências de DNA são sempre escritas na direção 5' → 3'. A sequência dada é, portanto, orientada 5' → 3', da esquerda para a direita, embora nenhum guia de orientação seja fornecido. O *primer* da esquerda deve ser complementar à fita não mostrada, que está na orientação oposta. Assim, o *primer* da esquerda começa no **G** e é idêntico à sequência mostrada. O *primer* da direita deve direcionar a síntese de DNA da direita para a esquerda, sintetizando uma fita complementar à fita fornecida. Ele começará com um A complementar ao **T** e, em seguida, continuará com os nucleotídeos adicionais complementares à fita mostrada. Embora essa sequência esteja escrita da direita para a esquerda, ela está na direção 3' → 5' e deve ser invertida para estar na orientação convencional, escrita 5' → 3', da esquerda para a direita. As empresas que fornecem *primers* de PCR esperam que os pedidos sejam escritos na direção convencional de 5' → 3'. Fazer o contrário é um erro comum (e caro).

## As sequências de longas hélices de DNA podem ser determinadas

▶**P4** Em virtude da sua capacidade de ser um repositório de informação, a propriedade mais importante de uma molécula de DNA é a sua sequência de nucleotídeos. Até o fim da década de 1970, a determinação da sequência de um ácido nucleico contendo apenas 5 ou 10 nucleotídeos era muito trabalhosa. Em 1977, o desenvolvimento de duas técnicas (uma por Allan Maxam e Walter Gilbert, a outra por Frederick Sanger) tornou possível o sequenciamento de moléculas mais longas de DNA. Embora os dois métodos sejam semelhantes em estratégia, o **sequenciamento de Sanger**, também conhecido como sequenciamento de terminação de cadeia didesóxi, é tecnicamente mais fácil e mais preciso (**Fig. 8-34**).

Qualquer protocolo de sequenciamento de DNA tem duas partes. Deve-se, primeiro, distinguir quimicamente entre os resíduos G, C, T e A. Uma segunda estratégia é, então, necessária para determinar onde os quatro resíduos aparecem na sequência geral.

O sequenciamento de Sanger explorou novas (na época) informações sobre o mecanismo de síntese de DNA pela DNA-polimerase para distinguir entre os quatro nucleotídeos, por meio do uso de análogos de nucleotídeos chamados didesoxinucleosídeos-trifosfato (ddNTP) para interromper a síntese especificamente em um ou outro tipo de nucleotídeo. Como na PCR, esse método utiliza DNA-polimerases e um iniciador para sintetizar uma fita de DNA complementar à fita em análise. Cada desoxinucleotídeo adicionado é complementar, por meio do pareamento de bases, a uma base na fita-molde. Na reação catalisada pela DNA-polimerase, o grupo 3'-hidroxila do iniciador reage com um dNTP que está sendo adicionado para formar uma nova ligação fosfodiéster (Fig. 8-34a). Os ddNTP interrompem a síntese de DNA porque se ligam à fita-molde, mas não possuem o grupo 3'-hidroxila necessário para adicionar o próximo nucleotídeo (Fig. 8-34b). Uma vez que um ddNTP é adicionado a uma fita em crescimento, essa fita para de ser alongada.

Por exemplo, para identificar resíduos de C, uma pequena quantidade de ddCTP é adicionada a um sistema de reação contendo uma quantidade muito maior de dCTP (junto aos outros três dNTP). Uma competição, então, ocorre cada vez que a DNA-polimerase encontra um G na fita-molde. Em geral, dC é adicionado, e a síntese da fita continua. Às vezes, o ddC é adicionado no lugar do dC, e a fita é terminada nessa posição. Assim, uma pequena fração das fitas sintetizadas é terminada prematuramente em todas as posições em que dC seria normalmente adicionado, complementar a cada dG na fita-molde. Dado o excesso de dCTP sobre ddCTP, a chance de o análogo ser incorporado, em vez de dC, é pequena. Contudo, uma quantidade suficiente de ddCTP está presente para garantir que algumas das fitas serão terminadas em cada resíduo G na fita-molde.

O resultado é uma solução contendo uma mistura de fragmentos, cada um terminando com um resíduo ddC. Os fragmentos diferem em comprimento, e a localização dos resíduos C depende de métodos eletroforéticos precisos

# 8.3 QUÍMICA DOS ÁCIDOS NUCLEICOS

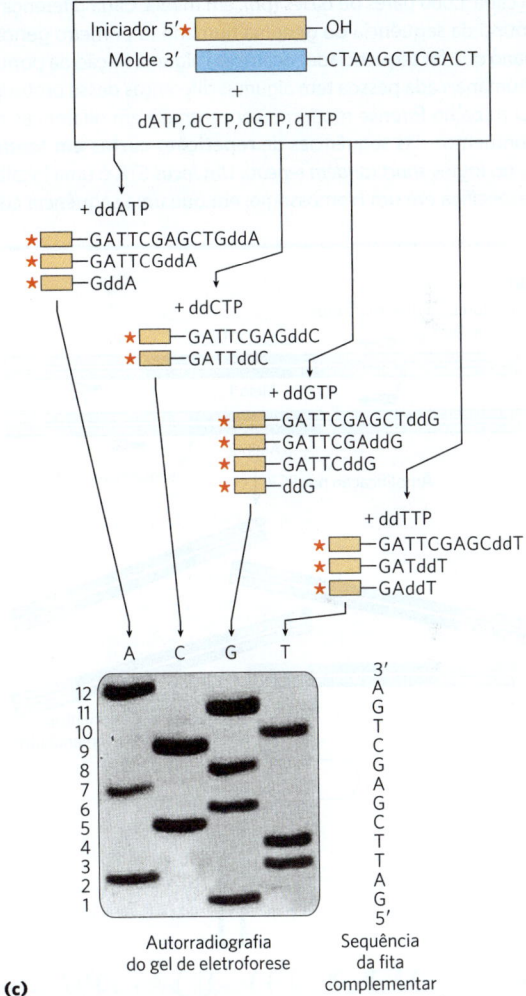

**FIGURA 8-34 Sequenciamento de DNA pelo método de Sanger.** Esse método utiliza o mecanismo de síntese de DNA pela DNA-polimerase (Capítulo 25). (a) As DNA-polimerases necessitam de um iniciador (uma cadeia oligonucleotídica curta), ao qual os nucleotídeos serão adicionados, e de uma fita-molde para guiar a seleção de cada novo nucleotídeo. Nas células, o grupo 3'-hidroxila do iniciador reage com um desoxinucleosídeo-trifosfato que está entrando – dGTP, neste exemplo – para formar uma nova ligação fosfodiéster. O procedimento de sequenciamento de Sanger usa didesoxinucleosídeos-trifosfatos (ddNTP) para interromper a síntese de DNA. Quando um ddNTP – ddATP, neste exemplo – é introduzido no lugar de um dNTP, o alongamento da fita é interrompido após o análogo ser adicionado, pois o análogo não possui o grupo 3'-hidroxila necessário para a próxima etapa. (b) Os análogos do didesoxinucleosídeo-trifosfato têm —H (em vermelho), em vez de —OH, na posição 3' do anel da ribose. (c) O DNA a ser sequenciado é usado como fita-molde, e um iniciador curto, marcado radioativamente (neste exemplo) ou com fluorescência, é anelado a ele. O resultado é uma solução contendo uma mistura de fragmentos marcados de comprimentos específicos, cada um terminando com um resíduo C. Os fragmentos de tamanhos diferentes, separados por eletroforese, revelam a localização dos resíduos C na fita de DNA sintetizada. Esse procedimento é repetido separadamente para cada um dos quatro ddNTP, e a sequência pode ser lida diretamente de uma autorradiografia do gel. Como pequenos fragmentos de DNA migram mais rapidamente, os fragmentos próximo à parte inferior do gel representam as posições dos nucleotídeos mais próximo do iniciador (a extremidade 5'), e a sequência é lida (na direção 5' → 3') da parte inferior para a parte superior. Observe que a sequência obtida é a da fita *complementar* à fita que está sendo analisada. [(c) Dr. Lloyd Smith, University of Wisconsin-Madison, Department of Chemistry.]

que permitem a separação de fitas de DNA com tamanhos diferentes por apenas um resíduo de nucleotídeo. (Ver Fig. 3-18 para uma descrição de eletroforese em gel.) Observe que, na maioria dos protocolos de sequenciamento, a sequência obtida é a da nova fita sintetizada, complementar à fita-molde que está sendo analisada.

Quando esse procedimento foi desenvolvido pela primeira vez, o processo foi repetido separadamente para cada um dos quatro ddNTP. Iniciadores marcados radioativamente permitiram aos pesquisadores detectar os fragmentos de DNA gerados durante as reações de síntese de DNA. A sequência da fita de DNA sintetizada foi lida diretamente a partir de uma autorradiografia do gel resultante (Fig. 8-34c). Como pequenos fragmentos de DNA migram mais rapidamente, os fragmentos próximo à parte inferior do gel representam as posições dos nucleotídeos mais próximo do iniciador (a extremidade 5'), e a sequência é lida (na direção 5' → 3') da parte inferior para a parte superior.

## QUADRO 8-1 MEDICINA

### Uma arma potente em medicina forense

Um dos métodos mais precisos para a colocação de um indivíduo na cena de um crime é a impressão digital. No entanto, o advento da tecnologia de DNA recombinante (ver Capítulo 9) disponibilizou uma ferramenta muito mais poderosa: a **genotipagem de DNA** (também conhecida como impressões digitais do DNA ou perfil de DNA). Como descrito pela primeira vez pelo geneticista inglês Alec Jeffreys, em 1985, o método está baseado em **polimorfismos de sequência**, pequenas diferenças de sequência entre os indivíduos: 1 em cada 1.000 pares de bases (pb), em média. Cada diferença do protótipo da sequência do genoma humano (o primeiro genoma humano que foi sequenciado) ocorre em alguma fração da população humana; cada pessoa tem algumas diferenças desse protótipo.

O trabalho forense moderno concentra-se em diferenças nos comprimentos das sequências de **repetições curtas em** *tandem* (**STR**, do inglês *short tandem repeat*). Um *locus* STR é uma localização específica em um cromossomo, em que uma sequência curta de DNA (geralmente com 4 pb de comprimento) está repetida várias vezes em *tandem*. Os *loci* mais frequentemente utilizados na genotipagem de STR são curtos, 4 a 50 repetições (16 a 200 pb para repetições de tetranucleotídeos), e têm muitos variantes de comprimento na população humana. Mais de 20 mil *loci* de STR de tetranucleotídeos foram caracterizados no genoma humano. E mais de um milhão de STR de todos os tipos podem estar presentes no genoma humano, representando cerca de 3% de todo o DNA humano.

O comprimento de uma STR específica em um indivíduo pode ser determinado com o auxílio da reação em cadeia da polimerase (ver Fig. 8-33). O uso de PCR também torna o procedimento suficientemente sensível para ser aplicado a quantidades muito pequenas de amostras de DNA recolhidas muitas vezes em cenas de crime. As sequências de DNA que acompanham as STR são exclusivas para cada *locus* STR e idênticas (exceto para mutações extremamente raras) em todos os seres humanos.

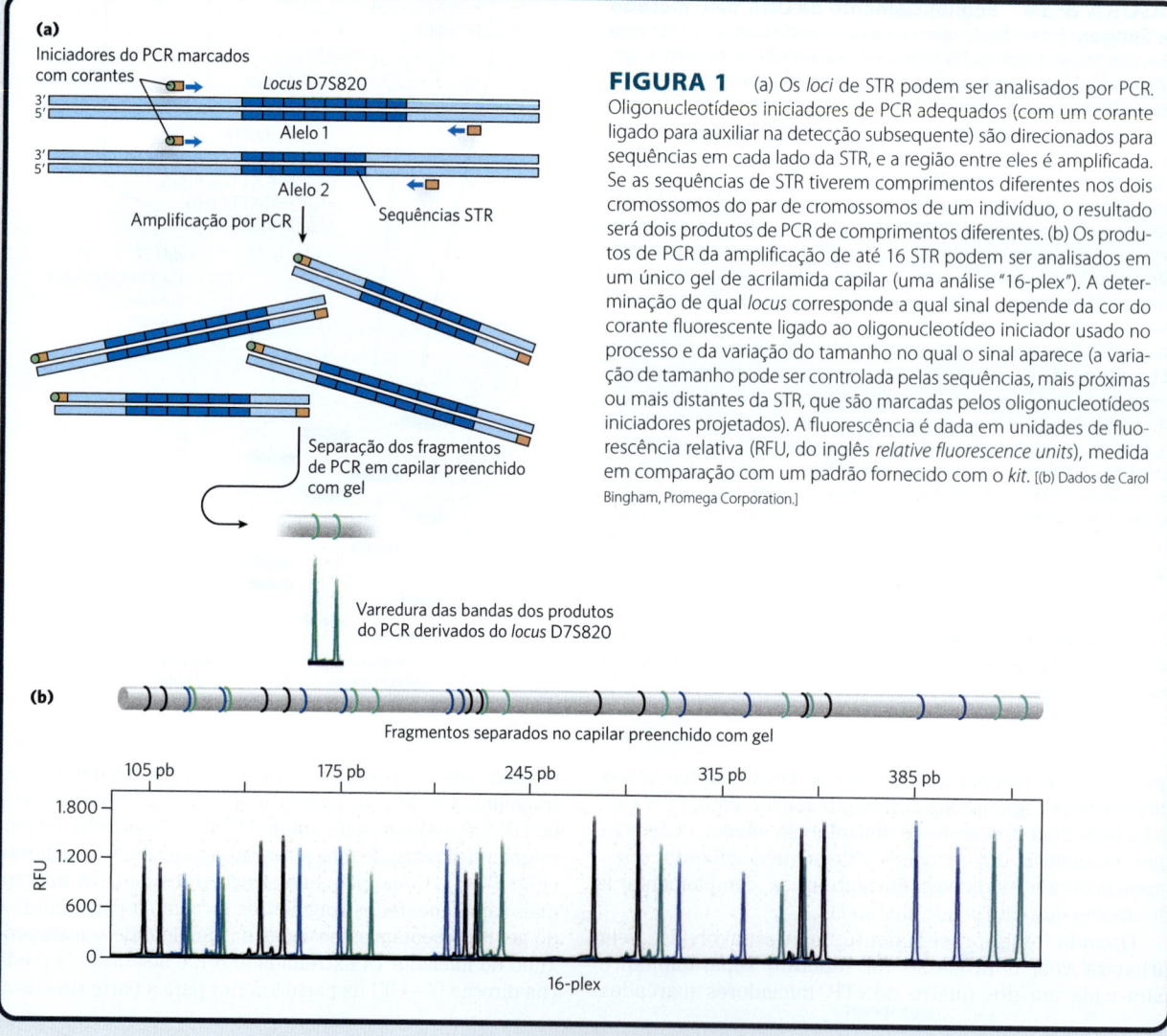

**FIGURA 1** (a) Os *loci* de STR podem ser analisados por PCR. Oligonucleotídeos iniciadores de PCR adequados (com um corante ligado para auxiliar na detecção subsequente) são direcionados para sequências em cada lado da STR, e a região entre eles é amplificada. Se as sequências de STR tiverem comprimentos diferentes nos dois cromossomos do par de cromossomos de um indivíduo, o resultado será dois produtos de PCR de comprimentos diferentes. (b) Os produtos de PCR da amplificação de até 16 STR podem ser analisados em um único gel de acrilamida capilar (uma análise "16-plex"). A determinação de qual *locus* corresponde a qual sinal depende da cor do corante fluorescente ligado ao oligonucleotídeo iniciador usado no processo e da variação do tamanho no qual o sinal aparece (a variação de tamanho pode ser controlada pelas sequências, mais próximas ou mais distantes da STR, que são marcadas pelos oligonucleotídeos iniciadores projetados). A fluorescência é dada em unidades de fluorescência relativa (RFU, do inglês *relative fluorescence units*), medida em comparação com um padrão fornecido com o *kit*. [(b) Dados de Carol Bingham, Promega Corporation.]

Os oligonucleotídeos iniciadores da PCR são direcionados para esse DNA que acompanha a STR e são projetados para amplificar o DNA ao longo da STR (Fig. 1a). O comprimento do produto da PCR, portanto, reflete o comprimento da STR nessa amostra. Como cada ser humano herda um cromossomo de cada par de cromossomos de cada progenitor, os comprimentos de STR nos dois cromossomos são frequentemente diferentes, gerando dois comprimentos de STR distintos a partir de um único indivíduo.

Os produtos de PCR são submetidos à eletroforese em gel de poliacrilamida em um tubo capilar muito fino. As bandas resultantes são convertidas em um conjunto de picos que revelam com precisão o tamanho de cada fragmento de PCR e, assim, o comprimento da STR no alelo correspondente. A análise de múltiplos *loci* de STR pode produzir um perfil exclusivo para um indivíduo (Fig. 1b). Isso normalmente é realizado com um *kit* disponível comercialmente que inclui oligonucleotídeos iniciadores de PCR únicos para cada *locus*, ligados a corantes coloridos para ajudar a distinguir os diferentes produtos de PCR. A amplificação por PCR permite aos pesquisadores obter genótipos de STR de menos de 1 ng de DNA parcialmente degradado, quantidade que pode ser obtida a partir de um único folículo piloso, de pequena fração de uma gota de sangue, de uma pequena amostra de sêmen ou de amostras com meses ou até mesmo vários anos de idade. Quando bons genótipos de STR são obtidos, a possibilidade de erros de identificação é inferior a 1 em $10^{18}$ (um quintilhão).

O uso forense bem-sucedido da análise de STR necessitou de padronização, realizada pela primeira vez no Reino Unido em 1995. O padrão dos Estados Unidos, denominado Combined DNA Index System (CODIS), estabelecido em 1998, foi originalmente baseado em 13 *loci* de STR bem-estudados. Esses *loci* continuam a ser exigidos em qualquer experimento de tipagem de DNA realizado nos Estados Unidos (Tabela 1) e são usados internacionalmente. O gene amelogenina também é utilizado como marcador nas análises. Presente em cromossomos sexuais humanos, esse gene tem um comprimento um pouco diferente nos cromossomos X e Y. Assim, a amplificação por PCR por meio desse gene gera produtos de diferentes tamanhos, que revelam o sexo do doador de DNA. Em meados de 2019, o banco de dados do CODIS continha mais de 18 milhões de genótipos de STR e havia auxiliado mais de 500 mil investigações forenses. À medida que o banco de dados do CODIS se expandiu, a possibilidade de correspondências acidentais aumentou. O padrão CODIS foi expandido em 2017 para incluir 20 *loci* principais. Os novos *loci* foram incorporados com acordo internacional para garantir a compatibilidade. *Loci* utilizados em *kits* comerciais, desde então, foram expandidos de 16 para 24.

A genotipagem de DNA é utilizada tanto para condenar como para absolver suspeitos e para estabelecer a paternidade com um extraordinário grau de certeza. Nos Estados Unidos, houve muitas centenas de revogações pós-condenação baseadas em evidências de DNA. O impacto desses procedimentos em casos jurídicos continuará a crescer conforme os padrões forem aprimorados e os bancos de dados internacionais de genotipagem de STR aumentarem. Mesmo casos misteriosos muito antigos poderão ser resolvidos. Em 1996, a genotipagem de STR ajudou a confirmar a identificação dos ossos do último czar russo e de sua família, que foram assassinados em 1918.

| TABELA 1 | Propriedades dos *loci* utilizados para o banco de dados CODIS | | | |
|---|---|---|---|---|
| Locus | Cromossomo | Motivo de repetição | Comprimento da repetição (faixa)[a] | Número de alelos observados[b] |
| CSF1PO | 5 | TAGA | 5-16 | 20 |
| FGA | 4 | CTTT | 12,2-51,2 | 80 |
| TH01 | 11 | TCAT | 3-14 | 20 |
| TPOX | 2 | GAAT | 4-16 | 15 |
| VWA | 12 | [TCTG][TCTA] | 10-25 | 28 |
| D3S1358 | 3 | [TCTG][TCTA] | 8-21 | 24 |
| D5S818 | 5 | AGAT | 7-18 | 15 |
| D7S820 | 7 | GATA | 5-16 | 30 |
| D8S1179 | 8 | [TCTA][TCTG] | 7-20 | 17 |
| D13S317 | 13 | TATC | 5-16 | 17 |
| D16S539 | 16 | GATA | 5-16 | 19 |
| D18S51 | 18 | AGAA | 7-39,2 | 51 |
| D21S11 | 21 | [TCTA][TCTG] | 12-41,2 | 82 |
| Amelogenina[c] | X, Y | Não apropriado | | |

Dados de J. M. Butler, *Forensic DNA Typing: Biology, Technology, and Genetics of STR Markers*, 2nd edn, Elsevier, 2005, p. 96.
[a]Comprimentos repetidos observados na população humana. As repetições parciais ou imperfeitas podem ser incluídas em alguns alelos.
[b]Número de alelos diferentes observados desde 2005 na população humana. A análise cuidadosa de um *locus* em vários indivíduos é um pré-requisito para o seu uso na tipagem forense do DNA.
[c]A amelogenina é um gene, com tamanho levemente diferente nos cromossomos X e Y, utilizado para estabelecer o sexo.

O sequenciamento de DNA foi primeiramente automatizado por uma variação do método de Sanger, em que cada um dos quatro ddNTP usados para uma reação foi marcado com um composto fluorescente de cor diferente (**Fig. 8-35**). Com essa tecnologia, todos os quatro ddNTP fluorescentes poderiam ser introduzidos em uma única reação. Os fragmentos de terminação, cada um com um tamanho diferente, poderiam ser separados por eletroforese em uma única linha de gel. A identidade do resíduo que terminava cada fragmento era evidenciada por sua cor fluorescente. Os pesquisadores podiam sequenciar moléculas de DNA contendo milhares de nucleotídeos em poucas horas, e todos os genomas de centenas de organismos foram sequenciados dessa maneira. Por exemplo, no Projeto Genoma Humano, os pesquisadores sequenciaram todos os $3{,}2 \times 10^9$ pares de bases (pb) do DNA em uma célula humana (ver Capítulo 9), em um esforço que durou quase uma década e incluiu contribuições de dezenas de laboratórios em todo o mundo. Essa forma de sequenciamento de Sanger ainda é utilizada para análises de rotina de segmentos curtos de DNA.

## Tecnologias de sequenciamento de DNA estão avançando rapidamente

**P4** Um genoma humano completo pode, agora, ser sequenciado em um ou dois dias, e um genoma bacteriano, em poucas horas. Uma sequência genômica pessoal pode ser incluída rotineiramente no prontuário médico de cada indivíduo a um custo razoável. Esses avanços se tornaram possíveis por meio de métodos chamados de sequenciamento de última geração, ou "*next-gen*". As estratégias de sequenciamento apresentam algumas semelhanças com o método de Sanger. As inovações permitiram uma miniaturização do procedimento, um grande aumento na escala e a diminuição correspondente do custo. Duas abordagens amplamente utilizadas, o **sequenciamento de terminação reversível** e o **sequenciamento em tempo real de molécula única** (**SMRT**), ambas desenvolvidas comercialmente, estão descritas.

Em ambas as abordagens, grandes genomas são sequenciados primeiro pela coleta do DNA de muitas células do organismo ou do indivíduo. O DNA é cortado em locais aleatórios para gerar fragmentos de um tamanho médio específico. Os fragmentos individuais – muitos com sequências sobrepostas – são imobilizados em um suporte sólido, e cada um é sequenciado nesse suporte. Corantes fluorescentes ligados

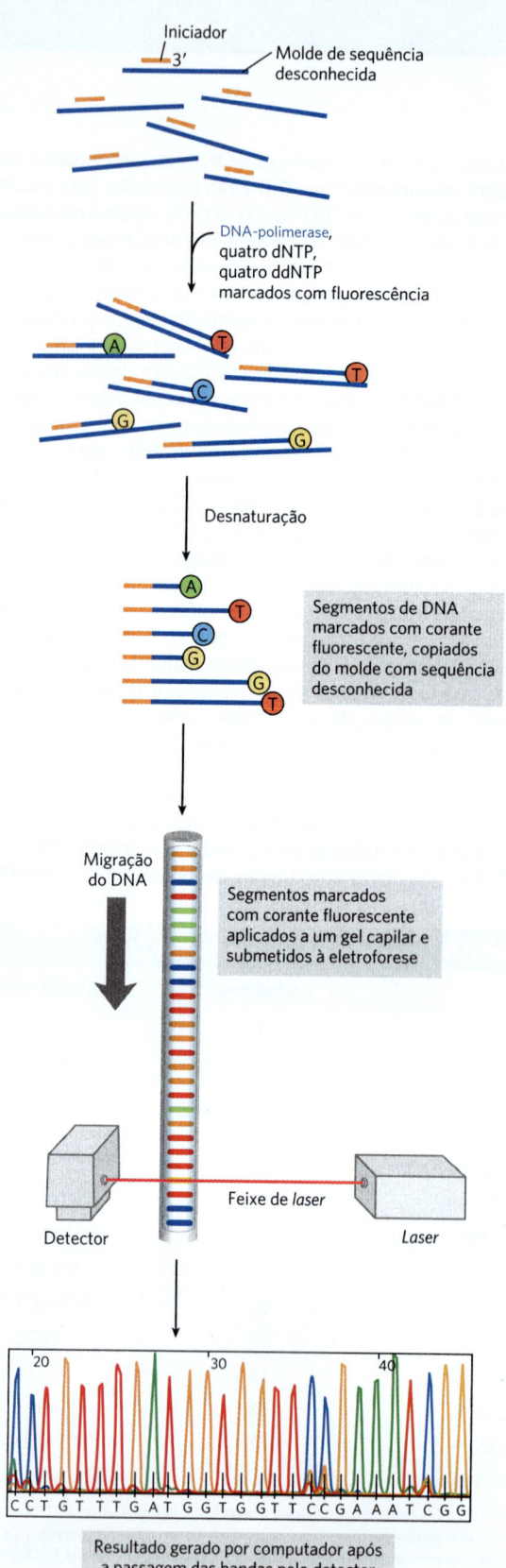

**FIGURA 8-35 Automação das reações de sequenciamento de DNA.** No método de Sanger, cada ddNTP pode ser ligado a uma molécula fluorescente (corante) que dá a mesma cor a todos os fragmentos que terminam naquele nucleotídeo, com uma cor diferente para cada nucleotídeo. Todos os quatro ddNTP marcados são adicionados à mistura de reação ao mesmo tempo. Os fragmentos de DNA coloridos resultantes são separados por tamanho em um gel de eletroforese em um tubo capilar (um refinamento de eletroforese em gel que permite separações mais rápidas). Todos os fragmentos de um determinado comprimento migram juntos ao longo do gel do tubo capilar em uma única banda, e a cor associada a cada banda é detectada com um feixe de *laser*. A sequência de DNA é lida, identificando as sequências de cores nas bandas à medida que elas passam pelo detector e fornecendo essas informações diretamente para um computador. A quantidade de fluorescência em cada banda é representada como um pico na saída do computador.

[Dados de Dr. Lloyd Smith, University of Wisconsin-Madison, Department of Chemistry.]

aos nucleotídeos e sistemas ópticos poderosos que podem detectar a incorporação de cada novo nucleotídeo pela DNA-polimerase permitem que o processo de sequenciamento seja monitorado diretamente. Os corantes fluorescentes e o desenho dos métodos resolvem os dois problemas de sequenciamento de DNA de uma só vez, identificando cada nucleotídeo e fixando sua localização na sequência grande. Regiões individuais de um genoma podem ser sequenciadas centenas, ou até milhares, de vezes. Toda a sequência genômica é reconstruída por programas de computador que alinham as sequências de fragmentos sobrepostos.

No método de sequenciamento de terminação reversível desenvolvido pela Illumina, o DNA genômico a ser sequenciado é cortado de modo a gerar fragmentos com algumas centenas de pares de bases. Oligonucleotídeos sintéticos de sequência conhecida são ligados a cada extremidade de cada fragmento, fornecendo um ponto de referência em cada molécula de DNA. Os fragmentos individuais são, então, imobilizados em uma superfície sólida, e cada um é amplificado no local por PCR para formar um *cluster* estanque de fragmentos idênticos. A superfície sólida é parte de um canal que permite que as soluções líquidas possam fluir sobre as amostras. O resultado é uma superfície sólida de apenas alguns centímetros de largura com milhões de *clusters* de DNA ligados, cada *cluster* contendo muitas cópias de uma única sequência de DNA derivada de um fragmento de DNA genômico aleatório. Para fornecer um ponto de partida para a DNA-polimerase, é adicionado um *primer* que é complementar aos oligonucleotídeos da sequência conhecida ligados às várias extremidades do fragmento. Todos esses milhões de *clusters* são sequenciados ao mesmo tempo, com os dados de cada *cluster* capturados e armazenados por um computador.

O atual sequenciamento de cada *cluster* emprega sequenciamento de terminação reversível (**Fig. 8-36**). Quatro diferentes desoxinucleotídeos modificados (A, T, G e C), cada um com um marcador fluorescente específico que identifica o nucleotídeo por cor, são adicionados juntamente à DNA-polimerase. Os nucleotídeos marcados também incorporam grupos de bloqueio ligados às suas extremidades 3′ que permitem que apenas um nucleotídeo seja adicionado a cada fita. A polimerase adiciona o nucleotídeo apropriado às fitas em cada *cluster*, dando a cada um deles uma cor que corresponde ao nucleotídeo adicionado. Em seguida, raios *laser* excitam todos os marcadores fluorescentes, e uma imagem de toda a superfície revela a cor (e, portanto, a identidade da base) adicionada a cada grupo. O marcador fluorescente e os grupos de bloqueio são, então, removidos química ou fotoliticamente. A superfície escurece até que a solução com nucleotídeos marcados e DNA-polimerase seja novamente introduzida na superfície, permitindo que o próximo nucleotídeo seja adicionado a cada *cluster*. Os procedimentos de sequenciamento são realizados em etapas. Os comprimentos de leitura obtidos com essa tecnologia (i.e., o comprimento das sequências de DNA individuais que podem ser determinadas com precisão) são normalmente de 100 a 300 nucleotídeos. O comprimento de leitura é limitado por restrições na densidade do *cluster* na superfície da célula de fluxo e por pequenas ineficiências nas reações de PCR necessárias para amplificar cada *cluster* com precisão. A precisão é alta, com taxas de erro tão baixas quanto 0,1%.

Os comprimentos de leitura relativamente curtos produzidos pela tecnologia Illumina são problemáticos em algumas situações, como o sequenciamento de longos trechos de DNA, em que sequências curtas são repetidas continuamente. A Pacific Biosciences foi pioneira no método de sequenciamento em tempo real de molécula única (SMRT), que permite comprimentos de leitura de até 30.000 a 40.000 pares de bases (**Fig. 8-37**). A tecnologia SMRT tem rendimento mais baixo, custo mais alto e taxa de erro mais alta do que a abordagem Illumina. No entanto, os comprimentos de leitura muito longos são essenciais em algumas aplicações, particularmente para reconstruir os genomas completos de organismos superiores que podem conter regiões longas de sequências de DNA repetidas. Eles também facilitam a detecção de alterações genômicas – deleções, duplicações ou rearranjos de segmentos genômicos – que surgem em algumas células, como aquelas em tumores cancerosos (ver Quadro 24-2).

O sequenciamento SMRT utiliza células SMRT com 150 mil poros, cada poro com diâmetro (cerca de 70 nm) menor do que o comprimento de onda da luz visível. A luz atenuada de um feixe de excitação penetra apenas os 20 a 30 nm inferiores em cada poro, produzindo um volume de luz pequeno o suficiente para acomodar apenas uma molécula de DNA-polimerase (Fig. 8-37a). Uma única DNA-polimerase é imobilizada na parte inferior de cada poro. O DNA genômico é cortado para gerar fragmentos aleatórios com dezenas de milhares de pares de bases de comprimento. Os oligonucleotídeos em grampo são ligados a ambas as extremidades de cada fragmento, de modo que as duas fitas de DNA sejam unidas em um círculo contínuo (Fig. 8-37b). Um *primer* é hibridizado com o DNA de fita simples em uma extremidade do fragmento, e este é capturado por uma DNA-polimerase em um dos poros para iniciar a síntese de DNA.

Os nucleotídeos fluorescentes são introduzidos, cada um (A, T, G e C) tendo um corante colorido específico ligado ao trifosfato. Quando um nucleotídeo se liga à DNA-polimerase no poro, ele é imobilizado por tempo suficiente para produzir um breve pulso de luz fluorescente, que pode ser lido por um detector (Fig. 8-37c). O corante fluorescente é liberado com o pirofosfato à medida que cada nova ligação fosfodiéster é formada. A taxa de erro é alta, cerca de 10 a 15%. No entanto, como o molde de DNA é um círculo contínuo, uma DNA-polimerase pode replicar o mesmo fragmento indefinidamente. Os pulsos de luz continuam sem interrupção conforme novos nucleotídeos são adicionados em tempo real, e cada poro, portanto, gera um filme de pulsos de luz (às vezes com várias horas de duração) que corresponde ao sequenciamento repetido do fragmento de DNA ligado a esse poro. Um programa de computador exclui as sequências conhecidas das extremidades em grampo. O erro é reduzido pela compilação de uma sequência consensual do fragmento por alinhamento automatizado das muitas passagens de sequenciamento repetidas e aprovação do sinal de nucleotídeo mais comum detectado em cada posição.

Traduzir as sequências de milhões de fragmentos curtos de DNA em uma sequência genômica complexa e contígua requer o alinhamento computadorizado de fragmentos sobrepostos (**Fig. 8-38**). O número de vezes que um

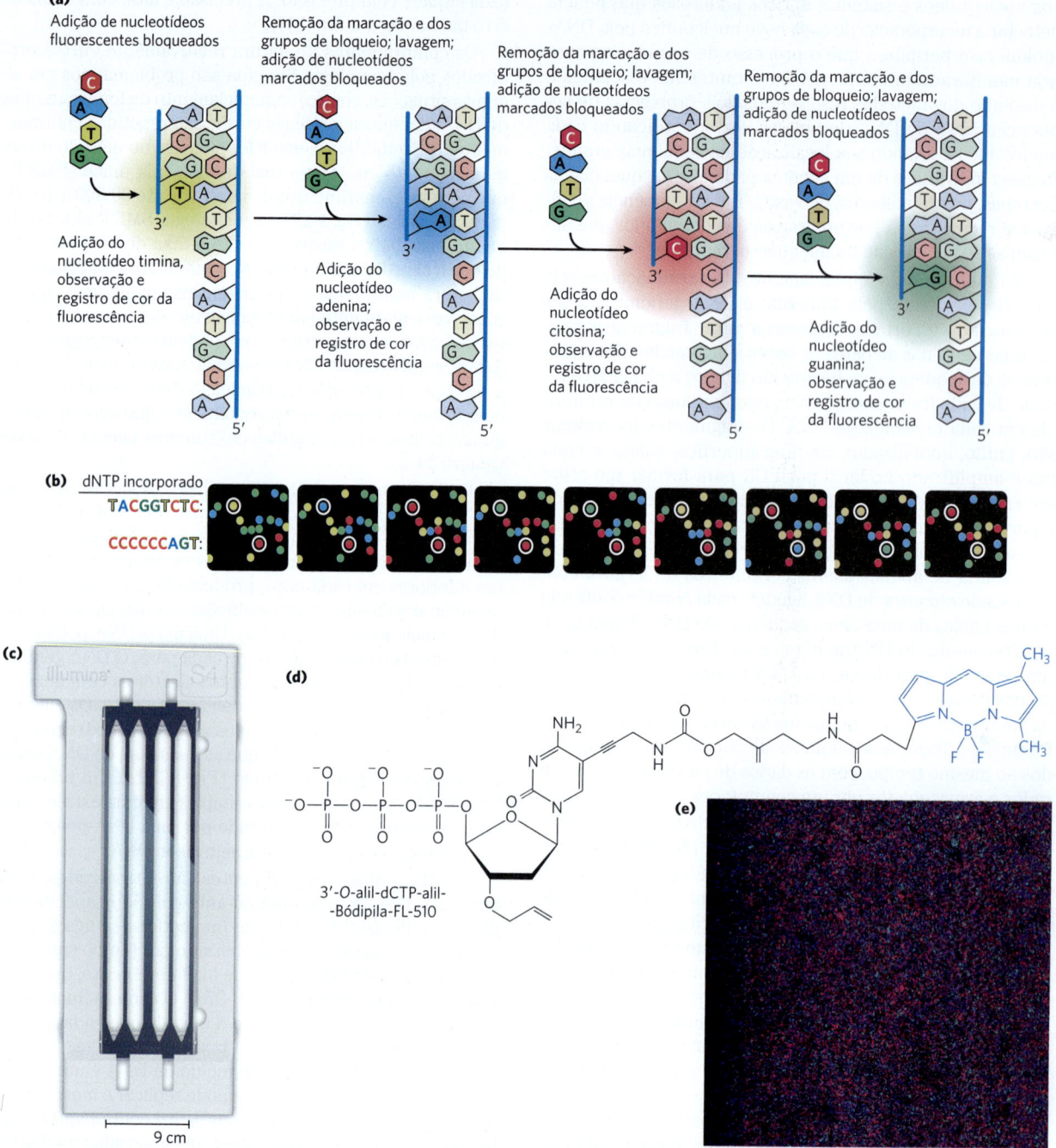

**FIGURA 8-36 Sequenciamento de terminação reversível de última geração.** (a) Grupos de bloqueio em cada nucleotídeo marcado com fluorescência evitam que mais de um nucleotídeo seja adicionado em um único ciclo. (b) Interpretação artística de nove ciclos sucessivos de uma parte muito pequena de um sequenciamento por Illumina. Cada ponto colorido representa a localização de um grupo de oligonucleotídeos idênticos imobilizados e fixos à superfície da célula de fluxo. Os círculos brancos representam os mesmos dois grupos na superfície ao longo de ciclos sucessivos, com as sequências indicadas. Os dados são gravados e analisados digitalmente. (c) Célula de fluxo típica utilizada para um sequenciador de última geração. Milhões de fragmentos de DNA podem ser sequenciados simultaneamente em cada um dos quatro canais. (d) Uma molécula de dCTP modificada com um corante fluorescente e um grupo de bloqueio da extremidade 3' para uso em sequenciamento de terminação reversível. Tanto o corante quanto o grupo de bloqueio da extremidade 3' podem ser removidos química ou fotoliticamente, deixando um grupo 3'-OH livre para a adição do próximo nucleotídeo. Os nucleotídeos modificados usados atualmente no sequenciamento de terminação reversível têm os direitos protegidos. (e) Parte da superfície de um canal durante uma reação de sequenciamento.

[(c, e) Usado sob licença de Illumina, Inc. Todos os direitos reservados.]

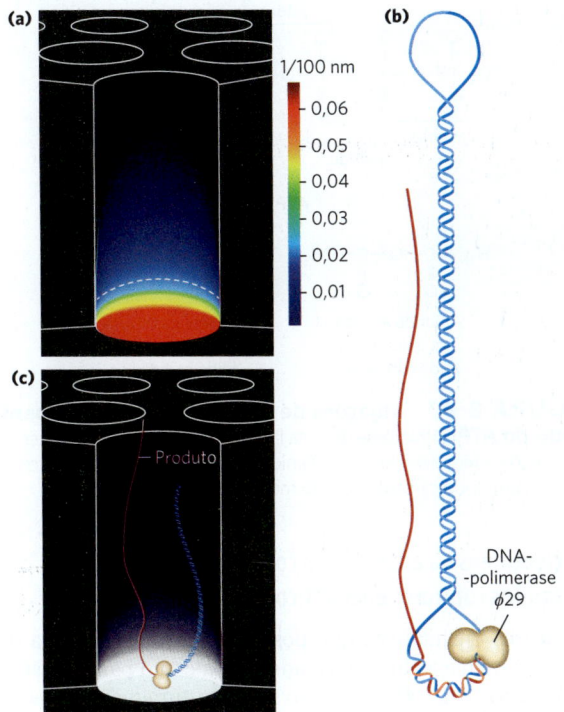

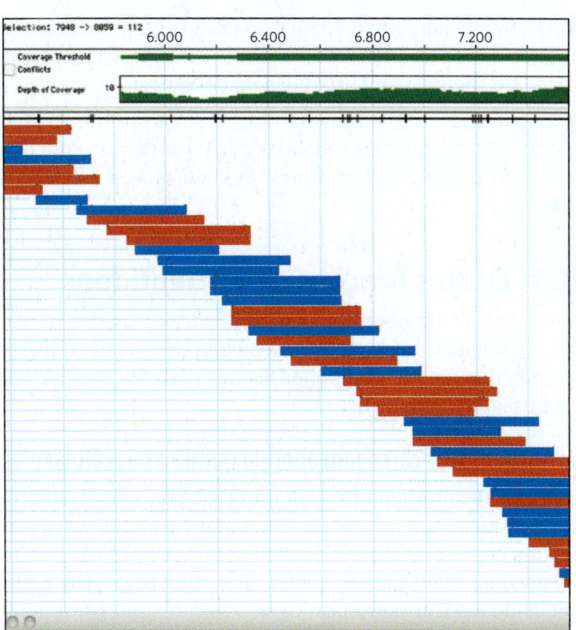

**FIGURA 8-37 Sequenciamento SMRT.** (a) Um poro em uma célula SMRT. O diâmetro do poro é menor do que o comprimento de onda da luz visível, de modo que a luz projetada na parte inferior penetra apenas uma curta distância no poro. (b) Fragmentos de DNA sequenciados pela tecnologia SMRT. Os oligonucleotídeos em grampo são ligados a ambas as extremidades. Um *primer* para a síntese de DNA é anelado em uma e, às vezes, em ambas as regiões de fita simples nas extremidades em grampo. (c) Síntese de DNA por uma DNA-polimerase imobilizada dentro de um poro SMRT. Um corante fluorescente é anexado ao trifosfato dos nucleosídeos trifosfatados utilizados. O corante é liberado de cada nucleotídeo incorporado na fita crescente de DNA, e seu comprimento de onda é registrado.

**FIGURA 8-38 Montagem da sequência.** Em uma sequência genômica, cada par de bases do genoma é comumente representado em muitos fragmentos sequenciados, denominados leituras. Este esquema mostra como as sobreposições entre as leituras são usadas para montar um segmento contíguo da sequência genômica, ou *contig*. Os números no topo representam as posições dos pares de bases no genoma em relação a um ponto de referência definido arbitrariamente. Todos os fragmentos de sequência vêm de um *contig* longo específico. As leituras são representadas por barras coloridas horizontais. Os segmentos das fitas de DNA são sequenciados aleatoriamente, com sequências obtidas de uma fita (5′ para 3′, da esquerda para a direita) ou da outra fita (5′ para 3′, da direita para a esquerda) representada por linhas azuis ou vermelhas, respectivamente. A barra de cobertura na parte superior indica quantas vezes a sequência em uma determinada posição apareceu em uma leitura sequenciada, com números mais altos correspondendo ao aumento da qualidade dos dados da sequência gerada.

determinado nucleotídeo em um genoma é sequenciado, em média, é referido como **profundidade do sequenciamento**, ou cobertura do sequenciamento. Em muitos casos, um número suficientemente grande de fragmentos aleatórios é sequenciado para que cada nucleotídeo no genoma seja sequenciado uma média de centenas a milhares de vezes (cobertura de 100 a 1.000×). Embora a cobertura de nucleotídeos específicos possa variar, um nível alto de cobertura garante que a maioria dos erros de sequenciamento sejam detectados e eliminados. As sobreposições permitem que o computador trace a sequência ao longo de um cromossomo, de um fragmento sobreposto a outro, permitindo a montagem de sequências longas e contíguas, chamadas de ***contigs***. Em um exercício de sequenciamento genômico bem-sucedido, muitos *contigs* podem se estender por milhões de pares de bases.

**P4** A rápida evolução das tecnologias de sequenciamento de DNA não mostra sinais de desaceleração. À medida que os custos despencam e a sensibilidade aumenta, novos aplicativos são disponibilizados *online* para aprimorar a medicina, a ciência forense, a arqueologia e muitas outras áreas. Algumas dessas aplicações são apresentadas no Capítulo 9.

### RESUMO 8.3 *Química dos ácidos nucleicos*

■ O DNA nativo passa por desenovelamento reversível e separação de fitas (fusão) sob aquecimento ou em pH extremos. Os DNA ricos em pares G≡C têm ponto de fusão maior do que os DNA ricos em pares A=T.

■ O DNA é um polímero relativamente estável. Reações espontâneas, como a desaminação de certas bases, a hidrólise da ligação *N*-glicosídica base-açúcar, a formação de dímeros de pirimidina induzida por radiação e o dano oxidativo, ocorrem em taxas muito baixas, mas são importantes devido à tolerância muito baixa da célula a mudanças no material genético.

■ O DNA está sujeito à modificação enzimática de bases de nucleotídeos em locais específicos. Bases metiladas são comuns.

■ Oligonucleotídeos de sequências conhecidas podem ser sintetizados rápida e acuradamente.

■ A reação em cadeia da polimerase (PCR) proporciona um modo rápido e conveniente para amplificar segmentos de DNA se as sequências das extremidades do segmento do DNA-alvo forem conhecidas.

- O sequenciamento rotineiro de DNA de genes ou de segmentos curtos de DNA é feito usando uma variação automatizada do sequenciamento didesóxi de Sanger.

- Sequências de DNA, incluindo genomas inteiros, podem ser eficientemente determinadas em horas ou dias com uma variedade de métodos, incluindo sequenciamento de última geração.

## 8.4 Outras funções de nucleotídeos

Além de suas funções como subunidades de ácidos nucleicos, os nucleotídeos têm funções celulares como transportadores de energia, componentes de cofatores enzimáticos e mensageiros químicos.

### Os nucleotídeos carregam energia química nas células

O grupo fosfato ligado covalentemente na 5′-hidroxila de um ribonucleotídeo pode ter um ou dois fosfatos adicionais ligados nessa posição. As moléculas resultantes são conhecidas como nucleosídeos mono, di e trifosfatos (**Fig. 8-39**). Iniciando a partir da ribose, os três fosfatos são geralmente marcados como α, β e γ. ▶P5◀ A hidrólise de nucleosídeos-trifosfatos produz a energia química para direcionar muitas reações celulares. A adenosina-5′-trifosfato, ATP, é, sem dúvida, a mais amplamente utilizada, porém UTP, GTP e CTP também são usados em algumas reações. Os nucleosídeos-trifosfatos também servem como precursores ativados na síntese de DNA e de RNA, como descrito nos Capítulos 25 e 26 (ver também Fig. 8-34).

A estrutura do grupo trifosfato é responsável pela energia liberada durante a hidrólise do ATP e de outros nucleosídeos-trifosfatos. A ligação entre a ribose e o fosfato α é uma ligação éster. As ligações α, β e β, γ são fosfoanídricas (**Fig. 8-40**). A hidrólise de ligações éster rende cerca de 14 kJ/mol em condições-padrão, ao passo que a hidrólise de cada ligação anidrido produz cerca de 30 kJ/mol. A hidrólise do ATP muitas vezes exerce uma função termodinâmica importante na biossíntese. ▶P5◀ Quando acoplada a uma reação com variação de energia livre positiva, a hidrólise do ATP muda o equilíbrio do processo geral para favorecer a formação do produto (lembre-se da relação entre a constante de equilíbrio e a variação de energia livre descrita pela Equação 6-3, p. 182).

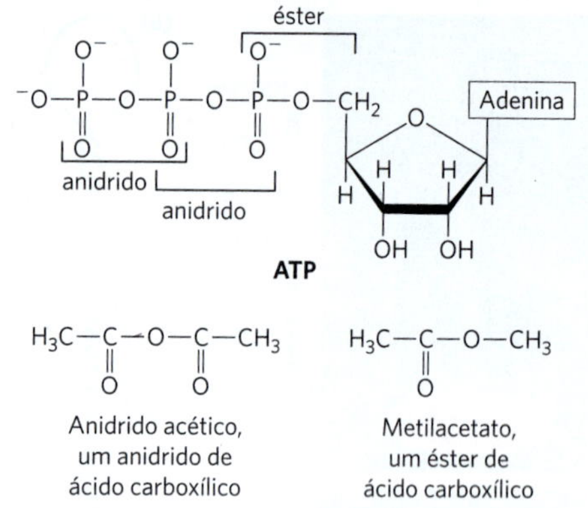

**FIGURA 8-40 Ligações de éster de fosfato e fosfoanidrido do ATP.** A hidrólise de uma ligação anidrido produz mais energia do que a hidrólise do éster. O anidrido de um ácido carboxílico e o éster de um ácido carboxílico estão mostrados para comparação.

### Nucleotídeos da adenina são componentes de muitos cofatores enzimáticos

Cofatores enzimáticos que possuem uma ampla gama de funções químicas incluem a adenosina como parte de suas estruturas (**Fig. 8-41**). Eles não são estruturalmente relacionados, exceto pela presença de adenosina. Em nenhum desses cofatores a porção da adenosina participa diretamente da função principal, mas a sua remoção geralmente resulta em uma redução drástica da atividade do cofator. Por exemplo, a remoção do nucleotídeo adenina (3′-fosfoadenosina-difosfato) da acetoacetil-CoA, a coenzima A derivada do acetoacetato, reduz sua reatividade como substrato para a β-cetoacil-CoA-transferase (enzima do metabolismo dos lipídeos) por um fator de $10^6$. Embora essa exigência por adenosina não tenha sido investigada detalhadamente, ela deve envolver a energia de ligação entre a enzima e o substrato (ou cofator) que é usada na catálise e na estabilização do complexo enzima-substrato inicial (Capítulo 6). No caso da β-cetoacil-CoA-transferase, a porção nucleotídica da coenzima A parece ser uma "alavanca" de ligação que ajuda a puxar o substrato (acetoacetil-CoA) para o sítio ativo. Funções semelhantes podem ser encontradas para a porção nucleosídica de outros cofatores nucleotídicos.

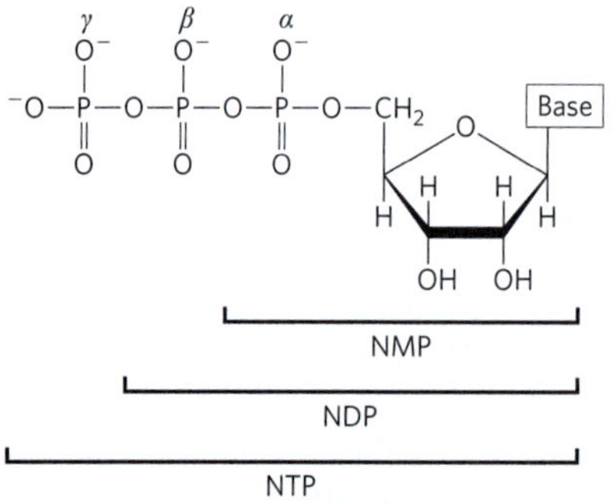

| Abreviaturas dos ribonucleosídeos-5′-fosfato | | | |
|---|---|---|---|
| Base | Mono | Di | Tri |
| Adenina | AMP | ADP | ATP |
| Guanina | GMP | GDP | GTP |
| Citosina | CMP | CDP | CTP |
| Uracila | UMP | UDP | UTP |

| Abreviaturas dos desoxirribonucleosídeos-5′-fosfato | | | |
|---|---|---|---|
| Base | Mono | Di | Tri |
| Adenina | dAMP | dADP | dATP |
| Guanina | dGMP | dGDP | dGTP |
| Citosina | dCMP | dCDP | dCTP |
| Timina | dTMP | dTDP | dTTP |

**FIGURA 8-39 Nucleosídeos-fosfatos.** Estrutura geral dos nucleosídeos-5′-mono, di e trifosfatos (NMP, NDP e NTP) e suas abreviaturas-padrão. Nos didesoxirribonucleosídeos-fosfatos (dNMP, dNDP e dNTP), a pentose é a 2′-desóxi-D-ribose.

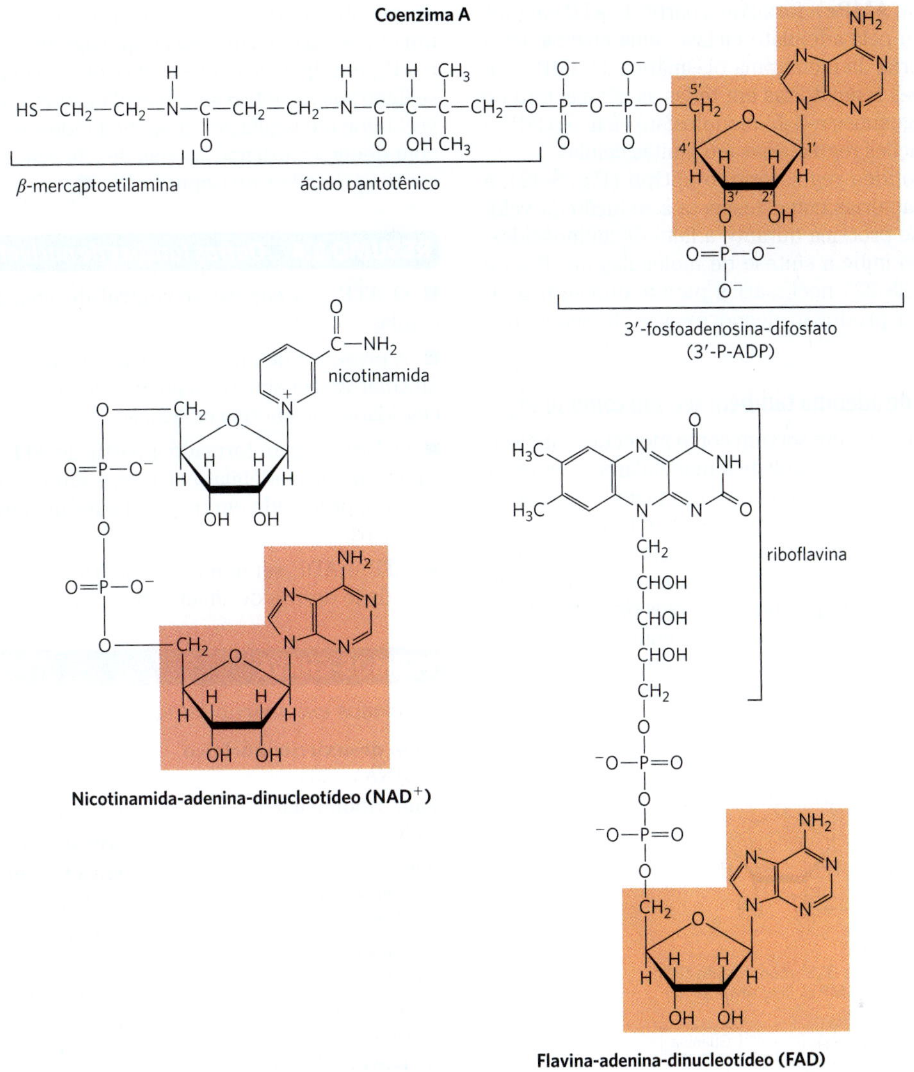

**FIGURA 8-41 Algumas coenzimas que contêm adenosina.** A porção adenosina está sombreada em vermelho. A coenzima A (CoA) funciona em reações de transferência de grupos acila; o grupo acila (como o grupo acetila ou acetoacetila) é acoplado à CoA por meio de uma ligação tioéster à porção β-mercaptoetilamina. O NAD⁺ atua nas transferências de hidretos, e o FAD, a forma ativa da vitamina $B_2$ (riboflavina), atua nas transferências de elétrons. Outra coenzima que incorpora adenosina é a 5'-desoxiadenosilcobalamina, a forma ativa da vitamina $B_{12}$ (ver Quadro 17-2), que participa em transferências de grupos intramoleculares entre carbonos adjacentes.

Por que a adenosina é usada nessas estruturas, em vez de outras moléculas grandes? A resposta, nesse caso, pode envolver uma forma de economia evolutiva. Certamente, a adenosina não é a única que contribui para a quantidade de energia potencial de ligação. A importância da adenosina provavelmente não está tanto em alguma característica química especial, mas sim na vantagem evolutiva de usar um composto para muitas funções. Uma vez que o ATP se tornou a fonte universal de energia química, foram desenvolvidos sistemas para sintetizar ATP em maior quantidade do que outros nucleotídeos. Em virtude de ser abundante, ele torna-se a escolha lógica para a incorporação em uma ampla variedade de estruturas. A economia estende-se à estrutura da proteína. Um domínio proteico único que liga adenosina pode ser usado em enzimas diferentes. Esse domínio, denominado **cavidade de ligação de nucleotídeo**, é encontrado em muitas enzimas que ligam ATP e cofatores nucleotídicos.

## Alguns nucleotídeos são moléculas regulatórias

As células respondem ao seu ambiente ao receberem avisos dos hormônios ou outros sinais químicos externos. A interação desses sinais químicos extracelulares ("primeiros mensageiros") com receptores na superfície da célula muitas vezes leva à produção de **segundos mensageiros** dentro da célula, os quais, por sua vez, conduzem a mudanças adaptativas no interior da célula (Capítulo 12). Muitas vezes, o segundo mensageiro é um nucleotídeo (**Fig. 8-42**). Um dos mais comuns é **adenosina-3',5'-monofosfato cíclico**

(**AMP cíclico**, ou **AMPc**), formado a partir de ATP em uma reação catalisada pela adenilato-ciclase, uma enzima associada à face interna da membrana plasmática. O AMP cíclico exerce funções regulatórias em todas as células fora do reino vegetal. A guanosina-3′,5′-monofosfato cíclico (GMPc) também tem funções regulatórias em muitas células.

Outro nucleotídeo regulatório, o ppGpp (Fig. 8-42), é produzido em bactérias como resposta à redução da velocidade da síntese proteica durante a falta de aminoácidos. Esse nucleotídeo inibe a síntese de moléculas de rRNA e tRNA (ver Fig. 28-22) necessárias para a síntese proteica, prevenindo a produção desnecessária desses ácidos nucleicos.

## Os nucleotídeos de adenina também servem como sinais

ATP e ADP também servem como moléculas sinalizadoras em muitos organismos unicelulares e multicelulares, incluindo os seres humanos. Em mamíferos, certos neurônios liberam ATP nas sinapses. O ATP liga-se a receptores $P_{2X}$ na célula pós-sináptica, desencadeando mudanças no potencial de membrana ou a liberação de um segundo mensageiro intracelular, que inicia diversos processos fisiológicos, incluindo paladar, inflamação e contração do músculo liso. Uma classe importante de receptores de ATP que medeiam a sensação de dor é um alvo óbvio para o desenvolvimento de medicamentos. O ADP extracelular é uma molécula de sinalização que age por meio de receptores $P_{2Y}$ em tipos de células sensíveis. Ao impedir que o ADP se ligue aos receptores $P_{2Y}$ das plaquetas, o fármaco clopidogrel inibe a coagulação sanguínea indesejável em pacientes com doença cardíaca. As vias de sinalização são discutidas em mais detalhes no Capítulo 12. ■

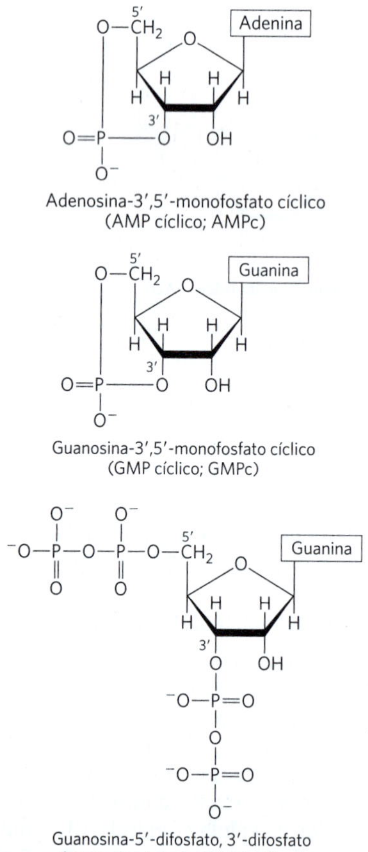


Adenosina-3′,5′-monofosfato cíclico (AMP cíclico; AMPc)

Guanosina-3′,5′-monofosfato cíclico (GMP cíclico; GMPc)

Guanosina-5′-difosfato, 3′-difosfato (guanosina-tetrafosfato) (ppGpp)

**FIGURA 8-42 Três nucleotídeos regulatórios.**

**RESUMO 8.4** ***Outras funções de nucleotídeos***

- O ATP é o carreador central de energia química nas células.
- A presença de uma porção adenosina em uma variedade de cofatores enzimáticos pode estar relacionada com as necessidades de energia de ligação.
- O AMP cíclico, formado a partir de ATP em uma reação catalisada pela adenilato-ciclase, é um segundo mensageiro comum, produzido em resposta a hormônios e outros sinais químicos.
- ATP e ADP servem como neurotransmissores em uma variedade de vias de sinalização.

**TERMOS-CHAVE**

*Os termos em negrito estão definidos no glossário.*

**ácido desoxirribonucleico (DNA)** 263
**ácido ribonucleico (RNA)** 263
**gene** 263
**RNA ribossômico (rRNA)** 264
**RNA mensageiro (mRNA)** 264
**RNA transportador (tRNA)** 264
**nucleotídeo** 264
**nucleosídeo** 264
**pirimidina** 264
**purina** 264
**desoxirribonucleotídeo** 264
**ribonucleotídeo** 265
**ligação fosfodiéster** 267
**extremidade 5′** 267
**extremidade 3′** 267
**oligonucleotídeo** 268
**polinucleotídeo** 268
**tautômeros** 268
**par de bases** 268
sulco maior 270
sulco menor 271
forma B do DNA 272
forma A do DNA 272
forma Z do DNA 272
**palíndromo** 273
**cruciforme** 273
**grampo** 273
triplex de DNA 274
tetraplex G 274
**transcrição** 275
**mRNA monocistrônico** 275
**mRNA policistrônico** 275
**mutação** 280
**reação em cadeia da polimerase (PCR)** 283
**DNA-polimerase** 283
**iniciador (*primer*)** 283
**sequenciamento de Sanger** 286
**polimorfismo de sequência** 288
**repetições curtas em *tandem* (STR)** 288
**sequenciamento de terminação reversível** 290
**sequenciamento em tempo real de molécula única (SMRT)** 290
**profundidade do sequenciamento** 293
***contig*** 293
cavidade de ligação de nucleotídeo 295
**segundo mensageiro** 295
**adenosina-3′,5′-monofosfato cíclico (AMP cíclico, AMPc)** 295

# QUESTÕES

1. **Estrutura de nucleotídeos** Quais posições no anel purínico dos nucleotídeos purínicos do DNA têm potencial para formar ligações de hidrogênio, mas não estão envolvidas no pareamento de bases de Watson-Crick?

2. **Sequência de bases de fitas complementares de DNA** Uma fita de um DNA de dupla-hélice possui a sequência (5′)GCGCAATATTTCTCAAAATATTGCGC(3′). Escreva a sequência de bases da fita complementar. Que tipo especial de sequência está contido nesse segmento de DNA? O DNA de fita dupla tem potencial para formar estruturas alternativas?

3. **DNA do corpo humano** Se completamente desemaranhado, todo o DNA de um ser humano seria capaz de atingir uma distância de quase $3{,}2 \times 10^5$ km, a distância da Terra à Lua. Dado que cada par de bases em uma hélice de DNA se estende por uma distância de 3,4 Å, calcule o número de pares de bases encontrado dentro da totalidade do DNA de um ser humano.

4. **Ácidos nucleicos** Uma estrutura de tetranucleotídeo danificada é mostrada a seguir. **(a)** Nomeie cada um dos nucleotídeos (ou o tipo de sítio danificado, conforme o caso), procedendo do canto superior esquerdo até o canto inferior direito. **(b)** Indique qual extremidade (superior esquerda ou inferior direita) é a extremidade 3′ e qual é a extremidade 5′. **(c)** Esse tetranucleotídeo é de DNA ou de RNA?

5. **Distinção entre a estrutura do DNA e a estrutura do RNA** Estruturas secundárias chamadas grampos podem se formar em sequências palindrômicas em fitas simples de RNA ou DNA. As porções totalmente pareadas dos grampos formam hélices. Como os grampos de RNA diferem dos grampos de DNA?

6. **Química dos nucleotídeos** As células de muitos organismos eucarióticos têm sistemas altamente especializados que reparam especificamente pareamentos incorretos G–T no DNA. O pareamento incorreto é reparado para formar o par de bases G≡C, não A=T. Esse mecanismo de reparo do pareamento incorreto G–T ocorre além de um sistema mais geral que repara quase todos os pareamentos incorretos. Sugira por que as células necessitam de um sistema especializado para reparar o pareamento incorreto G–T.

7. **Desnaturação de ácidos nucleicos** Um oligonucleotídeo duplex de DNA, em que uma das fitas tem uma sequência TAATACGACTCACTATAGGG, tem uma temperatura de fusão ($t_m$) de 59 °C. Se for construído um oligonucleotídeo duplex de RNA de sequência idêntica (substituindo-se U por T), a sua temperatura de fusão será superior ou inferior?

8. **Dano espontâneo de DNA** A hidrólise da ligação $N$-glicosídica entre a desoxirribose e uma purina no DNA cria um sítio apurínico (AP). Um sítio AP é mais termodinamicamente desestabilizador para uma molécula de DNA do que um pareamento incorreto de bases. Examine a estrutura de um sítio AP (ver Fig. 8-29b) e descreva algumas consequências químicas dessa perda da base.

9. **Previsão da estrutura do ácido nucleico a partir de sua sequência** Uma parte de um cromossomo sequenciado tem a sequência (em uma fita) ATTGCATCCGCGCGTGCGCG-CGCGATCCCGTTACTTTCCG. Qual é a parte mais longa dessa sequência, que provavelmente assumirá a conformação Z?

10. **Identidade do ácido nucleico** Explique como os nucleotídeos do RNA diferem dos nucleotídeos do DNA.

11. **Estrutura de ácido nucleico** Explique por que a absorção de luz UV pelo DNA de dupla-fita aumenta (efeito hipercrômico) quando o DNA é desnaturado.

12. **Solubilidade dos componentes do DNA** Desenhe as estruturas de desoxirribose, guanina e fosfato e avalie suas solubilidades relativas em água (mais solúvel para menos solúvel). Como essas solubilidades são consistentes com a estrutura tridimensional do DNA de dupla-fita?

13. **Reação em cadeia da polimerase** Uma pesquisadora possui uma fita de um DNA cromossômico cuja sequência é mostrada. Ela quer usar a reação em cadeia da polimerase (PCR) para amplificar e isolar o fragmento de DNA definido pelo segmento mostrado em vermelho. Seu primeiro passo é projetar dois *primers* de PCR, cada um com 20 nucleotídeos de comprimento, que podem ser usados para amplificar esse segmento de DNA. O produto final de PCR gerado a partir dos *primers* não deve incluir sequências fora do segmento em vermelho.

5′ - - - AATGCCGTCAGCCGATCTGCCTCGAGTCAATCGAT
GCTGGTAACTTGGGGTATAAAGCTTACCCATGGTATCGTAGT
TAGATTGATTGTTAGGTTCTTAGGTTTAGGTTTCTGGTATTG
GTTTAGGGTCTTTGATGCTATTAATTGTTTGGTTTTGATTTG
GTCTTTATATGGTTTATGTTTTAAGCCGGGTTTTGTCTGG
GATGGTTCGTCTGATGTGCGCGTAGCGTGCGGCG - - - 3′

Quais são as sequências do *primer* direto e do *primer* reverso da pesquisadora? Lembre-se de que o *primer* direto se liga à fita de DNA que corre na direção 3′ para 5′, enquanto o *primer* reverso se liga à fita oposta.

14. **Reagentes de sequenciamento de DNA** Indique quais dos nucleotídeos-trifosfatos modificados de citidina mostrados podem ser usados para cada procedimento: **(a)** sequenciamento de Sanger clássico; **(b)** sequenciamento Sanger automatizado; **(c)** sequenciamento de DNA de última geração (Illumina). Os corantes fluorescentes ligados, quando presentes, estão destacados.

**Composto A**

**Composto B**

**Composto C**

**15. Sequenciamento genômico** Em grandes projetos de sequenciamento genômico, os dados iniciais geralmente revelam lacunas em que não foi obtida nenhuma informação sobre a sequência. Para fechar as lacunas, os *primers* de DNA complementares à extremidade 5' da fita no final de cada *contig* são especialmente úteis. Explique como os pesquisadores podem usar esses *primers* para fechar as lacunas entre os *contigs*.

**16. Sequenciamento de última geração** No sequenciamento de terminação reversível, como o processo de sequenciamento seria afetado se o grupo de bloqueio da extremidade 3' de cada nucleotídeo fosse substituído pelo 3'-H presente nos didesoxinucleotídeos usados no sequenciamento de Sanger?

**17. Lógica do sequenciamento de Sanger** No método de Sanger (didesóxi) para sequenciamento de DNA, uma pequena quantidade de didesoxinucleosídeo-trifosfato, como ddCTP, é adicionada à reação de sequenciamento junto a uma quantidade maior do desoxinucleosídeo correspondente, como o dCTP. Que resultado os pesquisadores observariam se omitissem o CTP da reação de sequenciamento?

**18. Sequenciamento de DNA** Uma pesquisadora usou o método de Sanger para sequenciar o fragmento de DNA mostrado. O asterisco vermelho indica um marcador fluorescente.

*5'━━━━━ 3'-OH
3'━━━━━ ATTACGCAAGGACATTAGAC---5'

Ela colocou para reagir uma amostra de DNA com a DNA-polimerase e com cada uma das misturas de nucleotídeos (em tampão apropriado) listadas a seguir. Algumas das misturas incluíram didesoxinucleotídeos (ddNTP) em quantidades relativamente pequenas.

1. dATP, dTTP, dCTP, dGTP, ddTTP
2. dATP, dTTP, dCTP, dGTP, ddGTP
3. dATP, dCTP, dGTP, ddTTP
4. dATP, dTTP, dCTP, dGTP

A pesquisadora, então, separou o DNA resultante por eletroforese em um gel de poliacrilamida e localizou as bandas fluorescentes no gel. A imagem do gel mostra o padrão de bandas resultante da mistura de nucleotídeos 1. Supondo que todas as misturas fossem separadas no mesmo gel, qual seria a aparência das canaletas 2, 3 e 4?

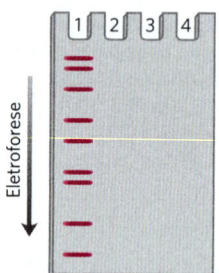

**19. Fosfodiesterase de veneno de cobra** Uma exonuclease é uma enzima que cliva nucleotídeos sequencialmente a partir da extremidade de uma cadeia polinucleotídica. A fosfodiesterase de veneno de cobra, que hidrolisa nucleotídeos a partir da extremidade 3' de qualquer nucleotídeo com um grupo 3'-hidroxila livre, cliva entre a 3'-hidroxila da ribose ou da desoxirribose e o grupo fosforila do próximo nucleotídeo. Ela age no RNA ou no DNA de fita simples e não tem especificidade de base. Essa enzima foi usada em experimentos de determinação de sequência antes do desenvolvimento de técnicas modernas de sequenciamento de ácidos nucleicos. Quais são os produtos da digestão parcial por fosfodiesterase de veneno de cobra de um oligonucleotídeo com a sequência (5') GCGCCAUUGC(3')—OH?

**20. Preservação do DNA em endósporos bacterianos** Os endósporos de bactérias formam-se quando o ambiente não mais permite o metabolismo celular ativo. Na bactéria de solo *Bacillus subtilis*, por exemplo, o processo de esporulação começa quando um ou mais nutrientes estiver esgotado. O produto final é uma estrutura pequena e metabolicamente dormente que pode sobreviver quase que indefinidamente sem nenhum metabolismo detectável. Os esporos têm mecanismos que evitam o acúmulo de mutações potencialmente letais ao seu metabolismo por períodos de dormência que podem ultrapassar 1.000 anos. Os esporos de *B. subtilis* são muito mais resistentes ao calor, à radiação UV e a agentes oxidantes (todos fatores que promovem mutações) do que a bactéria em crescimento.

(a) Um fator que evita potencial dano ao DNA é a grande diminuição no seu conteúdo de água. Como isso afetaria alguns tipos de mutação?

(b) Os endósporos têm uma categoria de proteínas denominadas pequenas proteínas solúveis em ácido (SASP, do inglês *small acid-soluble proteins*), que se ligam ao DNA, evitando a formação de dímeros do tipo ciclobutano. O que causa os dímeros de ciclobutano e por que os endósporos bacterianos necessitam de mecanismos para prevenir a sua formação?

**21. Síntese de oligonucleotídeos** Como mostrado no esquema da Figura 8-34, a síntese de oligonucleotídeos envolve a adição de bases modificadas, uma de cada vez, a uma fita em crescimento. As bases modificadas contêm uma hidroxila 3′ ativada e têm um grupo dimetoxitritila (DMT) ligado à hidroxila 5′. Qual é a função do grupo DMT na base que está sendo adicionada?

### BIOQUÍMICA *ONLINE*

**22. Estrutura do DNA** A elucidação da estrutura tridimensional do DNA ajudou os pesquisadores a entender em como essa molécula carrega informação que pode ser fielmente replicada de uma geração para a próxima. Para ver a estrutura secundária do DNA dupla-fita, vá ao *site* do Protein Data Bank (www.rcsb.org). Use os identificadores PDB fornecidos nas partes (a) e (b) a seguir para recuperar o resumo da estrutura para um segmento de DNA de fita dupla. Veja a estrutura 3D usando JSmol. O menu de seleção do visualizador está abaixo do canto direito da caixa da imagem. Uma vez no JSmol, você precisará usar os menus de exibição na tela e os controles de *script* no menu JSmol. Acesse o menu JSmol clicando no logotipo JSmol no canto inferior direito da tela da imagem. Recorra ao *link* de ajuda do JSmol, se necessário.

(a) Acesse PDB ID 141D, uma sequência de DNA repetida e altamente conservada do final do genoma do HIV-1 (o vírus que causa a Aids). Defina o estilo para esfera e bastão. Em seguida, use os controles de *script* para colorir por elemento (Color > Atoms > By Scheme > Element (CPK)). Identifique o esqueleto açúcar-fosfato para cada fita do duplex de DNA. Localize e identifique bases individuais. Identifique a extremidade 5′ de cada fita. Localize o sulco maior e o sulco menor. Esta hélice está voltada para a direita ou para a esquerda?

(b) Acesse PDB ID 145D, um DNA com a conformação Z. Defina o estilo para esfera e bastão. Use os controles de *script* para colorir por elemento (Main Menu > Color > Atoms > By Scheme > Element (CPK)). Identifique o esqueleto açúcar-fosfato para cada fita do duplex de DNA. Esta hélice está voltada para a direita ou para a esquerda?

(c) Para avaliar precisamente a estrutura secundária de DNA, veja a molécula na forma tridimensional. Do controle de *script* Main Menu, selecione Style > Stereographic > Cross-eyed viewing ou Wall-eyed viewing. (Se você tiver óculos estereográficos disponíveis, selecione a opção apropriada.) Você verá duas imagens da molécula de DNA. Coloque o seu nariz a aproximadamente 25 centímetros do monitor e olhe para a ponta dele (com os olhos cruzados) ou para as margens opostas da tela do monitor (com os olhos para os lados). No fundo, você poderá ver três imagens da hélice de DNA. Mude o foco do olhar para a imagem do meio, que aparecerá em três dimensões. (Tenha em mente que apenas um dos autores deste livro consegue fazer isso.)

### QUESTÃO DE ANÁLISE DE DADOS

**23. Estudos de Chargaff da estrutura do DNA** As principais descobertas de Erwin Chargaff e colaboradores ("Regras de Chargaff") estão resumidas na página 270. Nesta questão, você examinará os dados que Chargaff coletou para sustentar suas conclusões.

Em um artigo, Chargaff (1950) descreveu seus métodos analíticos e alguns resultados preliminares. Em resumo, ele tratou as amostras de DNA com ácido para remover as bases, separou as bases por cromatografia de papel e mediu a quantidade de cada base por espectroscopia de UV. Seus resultados são mostrados nas três tabelas a seguir. A *relação molar* é a razão entre o número de mols de cada base na amostra pelo número de mols de fosfato na amostra – isso dá a fração do número total de bases representada por cada base específica. O *rendimento* é a soma das quatro bases (a soma das relações molares). O rendimento completo de todas as bases no DNA seria de 1,0.

| | Relações molares no DNA de boi | | | | | |
|---|---|---|---|---|---|---|
| | Timo | | | Baço | | Fígado |
| Base | Prep. 1 | Prep. 2 | Prep. 3 | Prep. 1 | Prep. 2 | Prep. 1 |
| Adenina | 0,26 | 0,28 | 0,30 | 0,25 | 0,26 | 0,26 |
| Guanina | 0,21 | 0,24 | 0,22 | 0,20 | 0,21 | 0,20 |
| Citosina | 0,16 | 0,18 | 0,17 | 0,15 | 0,17 | |
| Timina | 0,25 | 0,24 | 0,25 | 0,24 | 0,24 | |
| *Rendimento* | *0,88* | *0,94* | *0,94* | *0,84* | *0,88* | |

| | Relações molares no DNA humano | | | | |
|---|---|---|---|---|---|
| | Esperma | | Timo | Fígado | |
| Base | Prep. 1 | Prep. 2 | Prep. 1 | Normal | Carcinoma |
| Adenina | 0,29 | 0,27 | 0,28 | 0,27 | 0,27 |
| Guanina | 0,18 | 0,17 | 0,19 | 0,19 | 0,18 |
| Citosina | 0,18 | 0,18 | 0,16 | | 0,15 |
| Timina | 0,31 | 0,30 | 0,28 | | 0,27 |
| *Rendimento* | *0,96* | *0,92* | *0,91* | | *0,87* |

| | Relações molares no DNA de microrganismos | | |
|---|---|---|---|
| | Leveduras | | Bacilo da tuberculose aviária |
| Base | Prep. 1 | Prep. 2 | Prep. 1 |
| Adenina | 0,24 | 0,30 | 0,12 |
| Guanina | 0,14 | 0,18 | 0,28 |
| Citosina | 0,13 | 0,15 | 0,26 |
| Timina | 0,25 | 0,29 | 0,11 |
| *Rendimento* | *0,76* | *0,92* | *0,77* |

(a) Com base nesses dados, Chargaff concluiu que, "até agora, nenhuma diferença foi encontrada na composição do DNA dos diferentes tecidos de uma mesma espécie". Entretanto, uma visão cética dos mesmos dados poderia concluir: "Eles com certeza parecem diferentes para mim". Se você fosse Chargaff, como usaria os dados para convencer algum cético a mudar de ideia?

**(b)** A composição de bases do DNA de células hepáticas normais e de células hepáticas cancerosas (hepatocarcinoma) não foi significativamente diferente. Você esperaria que a técnica de Chargaff fosse capaz de detectar uma diferença entre o DNA de células normais e o de células cancerosas? Explique seu raciocínio.

Como você pode imaginar, os dados de Chargaff não foram completamente convincentes. Ele continuou a aprimorar suas técnicas, como descrito no artigo posterior (Chargaff, 1951), em que ele descreveu relações molares de bases no DNA de vários organismos:

| Fonte | A:G | T:C | A:T | G:C | Purina: pirimidina |
|---|---|---|---|---|---|
| Boi | 1,29 | 1,43 | 1,04 | 1,00 | 1,1 |
| Ser humano | 1,56 | 1,75 | 1,00 | 1,00 | 1,0 |
| Galinha | 1,45 | 1,29 | 1,06 | 0,91 | 0,99 |
| Salmão | 1,43 | 1,43 | 1,02 | 1,02 | 1,02 |
| Trigo | 1,22 | 1,18 | 1,00 | 0,97 | 0,99 |
| Leveduras | 1,67 | 1,92 | 1,03 | 1,20 | 1,0 |
| *Haemophilus influenzae* tipo c | 1,74 | 1,54 | 1,07 | 0,91 | 1,0 |
| *E. coli* K-12 | 1,05 | 0,95 | 1,09 | 0,99 | 1,0 |
| Bacilo da tuberculose aviária | 0,4 | 0,4 | 1,09 | 1,08 | 1,1 |
| *Serratia marcescens* | 0,7 | 0,7 | 0,95 | 0,86 | 0,9 |
| *Bacillus schatz* | 0,7 | 0,6 | 1,12 | 0,89 | 1,0 |

**(c)** De acordo com Chargaff, "A composição de bases do DNA, em geral, varia de uma espécie para a outra". Apresente um argumento, com base nos dados mostrados até agora, que sustente essa conclusão.

**(d)** De acordo com as regras de Chargaff, "Em *todos* os DNA celulares, independentemente da espécie, ... A + G = T + C". Apresente um argumento, com base nos dados mostrados até agora, que sustente essa conclusão.

### Referências

**Chargaff, E. 1950.** Chemical specificity of nucleic acids and mechanism of their enzymatic degradation. *Experientia* 6:201–209.

**Chargaff, E. 1951.** Structure and function of nucleic acids as cell constituents. *Fed. Proc.* 10:654–659.

# Capítulo 9

# TECNOLOGIAS DA INFORMAÇÃO BASEADAS NO DNA

**9.1** Estudo dos genes e de seus produtos  *302*

**9.2** Explorando a função da proteína na escala das células ou de organismos inteiros  *317*

**9.3** Genômica e história da humanidade  *326*

A complexidade das moléculas e dos sistemas apresentados neste livro pode, algumas vezes, ocultar uma realidade bioquímica: o que aprendemos até agora é apenas o começo. Novos lipídeos, proteínas, carboidratos e ácidos nucleicos são descobertos a cada dia e, com frequência, não se tem ideia das suas funções. Quantos ainda serão descobertos e quais serão suas funções? Até mesmo moléculas bem caracterizadas continuam a desafiar os pesquisadores com inúmeras questões mecanísticas e funcionais não resolvidas. Uma nova era, definida pelas tecnologias que permitem amplo acesso ao conjunto do DNA da célula (o genoma), teve progresso acelerado.

Este é um capítulo de métodos, uma introdução necessária para muito do que virá mais adiante neste livro. Ele está organizado em torno de apenas alguns princípios simples:

**P1** **O DNA de um organismo, o seu genoma, é a principal fonte de informações biológicas.** A informação genômica é um recurso de importância incomparável para os pesquisadores que estudam qualquer aspecto da biologia. Os genomas variam em tamanho, mas todos são grandes o suficiente para controlar os aspectos da estrutura e da função de um organismo. Abordá-los geralmente requer ferramentas para quebrá-los em pequenas partes, que são "cortadas" experimentalmente.

**P2** **As informações genômicas são acessíveis.** Os avanços no sequenciamento de DNA (Capítulo 8) estão sendo acompanhados por novas abordagens para entender como as informações cromossômicas são expressas e reguladas em uma escala genômica e celular. Pistas importantes para a função da proteína estão embutidas nas sequências dos genes que as codificam.

**P3** **A informação genômica é maleável.** É possível não apenas elucidar as informações genômicas celulares, mas também mudá-las. Essa capacidade fornece um caminho para alterar qualquer aspecto do metabolismo, da estrutura ou da função celular.

A palavra "genoma", cunhada pelo botânico alemão Hans Winkler em 1920, foi derivada das palavras gregas *genesis* e *soma* para descrever um corpo de genes. Atualmente, o **genoma** é definido como o conjunto genético haploide completo de um organismo. Na verdade, um genoma é uma cópia da informação hereditária necessária para especificar um organismo. Para organismos que se reproduzem sexuadamente, o genoma inclui um conjunto de autossomos e um cromossomo de cada tipo dos cromossomos sexuais. Quando as células têm organelas que também apresentam DNA, o conteúdo genético das organelas não é considerado parte do genoma nuclear. As mitocôndrias, encontradas na maioria das células eucarióticas, e os cloroplastos, encontrados nas células que captam luz dos organismos fotossintéticos, têm seu próprio genoma. Para vírus, que podem ter material genético composto de DNA ou RNA, o genoma é uma cópia completa dos ácidos nucleicos para especificar o vírus.

Como objetos de estudo, as moléculas de DNA apresentam um problema específico: o seu tamanho. Sem dúvida, os cromossomos são as maiores biomoléculas na célula. Como um pesquisador descobre a informação que procura quando só uma pequena parte de um cromossomo inclui milhões ou até bilhões de pares de bases contíguos? Décadas de avanços por milhares de cientistas que trabalham em genética, bioquímica, biologia celular e físico-química foram unidas nos laboratórios de Paul Berg, Herbert Boyer e Stanley Cohen para produzir as primeiras técnicas de detecção, isolamento, preparação e estudo de pequenos segmentos de DNA derivados de cromossomos muito maiores. A ciência da **genômica** é dedicada ao estudo do DNA em escala celular. Por sua vez, a genômica contribui para a **biologia de sistemas**, o estudo da bioquímica na escala de células e organismos inteiros.

Os métodos descritos neste capítulo foram construídos sobre os avanços da compreensão do metabolismo do DNA e do RNA que não são apresentados neste livro até a Parte

III. Conceitos fundamentais de replicação de DNA, transcrição de RNA, síntese de proteínas e regulação de genes são intrínsecos à apreciação de como esses métodos funcionam. No entanto, todas as facetas da bioquímica moderna dependem desses mesmos métodos, a tal ponto que um tratamento atual de qualquer aspecto da disciplina se torna muito difícil sem uma introdução adequada a eles. Apresentar esses métodos no início do livro é reconhecer que eles estão intrinsecamente interligados tanto aos avanços que lhes deram origem quanto às mais novas descobertas que eles hoje tornam possíveis. Esses conceitos básicos e necessários fazem da presente discussão não apenas uma introdução à tecnologia, mas também uma prévia de muitos dos fundamentos da bioquímica do DNA e do RNA encontrados em capítulos posteriores.

Inicialmente, são destacados os princípios de clonagem do DNA e, em seguida, ilustrados a variedade de aplicações e o potencial de muitas das tecnologias mais recentes que apoiam e aceleram o avanço da bioquímica.

## 9.1 Estudo dos genes e de seus produtos

Uma pesquisadora isolou uma nova enzima que é a chave para uma doença humana. Ela espera isolar grandes quantidades da proteína, a fim de cristalizá-la para seu estudo e análise estrutural. Ela deseja alterar resíduos de aminoácidos no sítio ativo da enzima para poder compreender a reação catalisada por ela. A pesquisadora prepara um sofisticado programa de pesquisa para elucidar como essa enzima interage e é regulada por outras proteínas na célula. Tudo isso, e muito mais, torna-se possível se ela conseguir obter o gene que codifica a enzima. Infelizmente, esse gene consiste em alguns milhares de pares de bases no interior de um cromossomo humano com um tamanho medido em centenas de milhões de pares de bases. Como ela isolará o pequeno segmento de que necessita para, então, estudá-lo? A resposta encontra-se na clonagem do DNA e em métodos desenvolvidos para manipular genes clonados.

### Genes podem ser isolados por clonagem do DNA

Um *clone* é uma cópia idêntica. Esse termo foi originalmente aplicado a células de um único tipo, isoladas e cultivadas para criar uma população de células idênticas. Quando aplicado ao DNA, um clone representa muitas cópias idênticas de um segmento específico do gene. ▶P1◀ Em suma, a pesquisadora deve cortar o gene desse cromossomo grande, anexá-lo a uma porção muito menor de DNA transportador e permitir que microrganismos façam muitas cópias dessa porção para ela. Esse é o processo da **clonagem de DNA**. O resultado é a amplificação seletiva de um gene ou segmento de DNA específico de forma que possa ser isolado e estudado. Classicamente, a clonagem de DNA a partir de qualquer organismo envolve cinco procedimentos gerais:

1. *Obtenção do segmento de DNA a ser clonado.* Enzimas denominadas endonucleases de restrição atuam como tesouras moleculares precisas, reconhecendo sequências específicas no DNA e cortando o DNA genômico em fragmentos menores, adequados para clonagem. De modo alternativo, o DNA genômico pode ser cortado aleatoriamente em fragmentos de tamanho desejado. Considerando-se que as sequências de regiões genômicas alvo são frequentemente conhecidas (disponíveis em bancos de dados), os segmentos de DNA que serão clonados são amplificados pela reação em cadeia da polimerase (PCR) ou são simplesmente sintetizados (ambos os métodos são descritos no Capítulo 8).

2. *Seleção de uma molécula pequena de DNA com replicação autônoma.* Esses DNA pequenos são denominados **vetores de clonagem** (um vetor é um agente transportador ou de entrega). A maioria dos vetores de clonagem usados em laboratório consiste em versões modificadas de moléculas de DNA pequenas encontradas em bactérias ou eucariotos. Os DNA virais pequenos também podem ter esse papel.

3. *Ligação covalente de dois fragmentos de DNA.* A enzima DNA-ligase une o vetor de clonagem ao fragmento de DNA a ser clonado. As moléculas de DNA compostas dessa forma, que abrangem segmentos de duas ou mais origens ligados covalentemente, são denominadas **DNA recombinantes**.

4. *Transferência do DNA recombinante do tubo de ensaio para o hospedeiro.* O organismo hospedeiro fornece a maquinaria enzimática para a replicação do DNA.

5. *Seleção ou identificação das células hospedeiras que contêm DNA recombinante.* O vetor de clonagem tem características que permitem a sobrevivência das células hospedeiras em um ambiente no qual as células que não contêm o vetor morreriam. As células que contêm o vetor são, então, "selecionáveis" naquele ambiente.

Os métodos utilizados para realizar essas e outras tarefas relacionadas são coletivamente chamados de **tecnologia do DNA recombinante** ou, de modo informal, **engenharia genética**.

Muito da discussão inicial tem como foco a clonagem de DNA na bactéria *Escherichia coli*, o primeiro organismo usado para trabalho com DNA recombinante e, ainda hoje, a célula hospedeira mais comum. A *E. coli* apresenta muitas vantagens: o metabolismo do seu DNA (assim como muitos outros de seus processos bioquímicos) é bem conhecido; muitos vetores de clonagem que ocorrem naturalmente associados à *E. coli*, como plasmídeos e bacteriófagos (vírus bacterianos, também chamados de fagos), estão disponíveis; e existem técnicas para transportar o DNA rapidamente de uma célula bacteriana à outra. Os princípios aqui discutidos são amplamente aplicáveis à clonagem de DNA em outros organismos, tópico discutido de forma mais detalhada mais adiante nesta seção.

### Endonucleases de restrição e DNA-ligases produzem DNA recombinante

Um conjunto de enzimas (**Tabela 9-1**) disponibilizado por décadas de pesquisa sobre o metabolismo do ácido nucleico é indispensável para gerar e propagar uma molécula de DNA recombinante (**Fig. 9-1**). Em primeiro lugar, ▶P1◀ as **endonucleases de restrição** (também chamadas de enzimas de restrição) reconhecem e clivam o DNA em sequências específicas (sequências de reconhecimento ou sítios de

| TABELA 9-1 | Algumas enzimas usadas na tecnologia do DNA recombinante |
|---|---|
| Enzima(s) | Função |
| Endonucleases de restrição tipo II | Cortam moléculas de DNA em sequências de base específicas |
| DNA-ligase | Liga duas moléculas ou fragmentos de DNA |
| DNA-polimerase I (*E. coli*) | Preenche lacunas em DNA de dupla-fita pela adição gradual de nucleotídeos à extremidade 3′ |
| Transcriptase reversa | Sintetiza uma cópia de DNA a partir de uma molécula de RNA |
| Polinucleotídeo-cinase | Adiciona um fosfato à extremidade 5′-OH de um polinucleotídeo para marcá-lo ou permitir ligação |
| Transferase-terminal | Adiciona caudas de homopolímero à extremidade 3′-OH de uma dupla-fita linear |
| Exonuclease III | Remove resíduos de nucleotídeos da extremidade 3′ de uma fita de DNA |
| Exonuclease do bacteriófago λ | Remove nucleotídeos das extremidades 5′ de um duplex para expor as extremidades 3′ de fita simples |
| Fosfatase alcalina | Remove fosfatos terminais da extremidade 5′ ou 3′ (ou de ambas) |

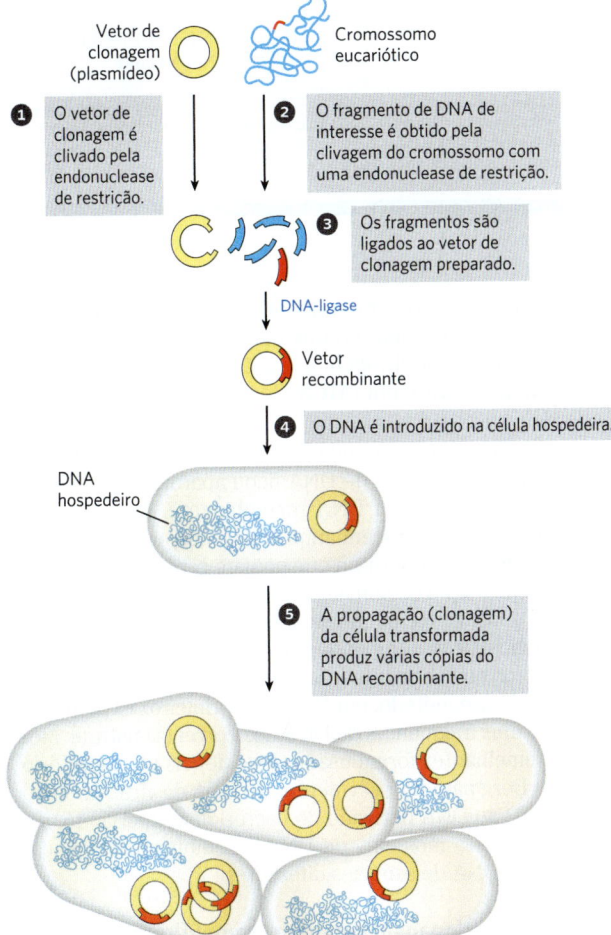

**FIGURA 9-1 Ilustração esquemática da clonagem do DNA.** Um vetor de clonagem e cromossomos eucarióticos são clivados separadamente com a mesma endonuclease de restrição. (Um único cromossomo é mostrado aqui para simplificar.) Os fragmentos que serão clonados são, então, ligados ao vetor de clonagem. O DNA recombinante resultante (apenas um vetor recombinante é mostrado aqui) é introduzido em uma célula hospedeira, na qual pode ser propagado (clonado). Observe que esta ilustração não está em escala: o tamanho do cromossomo de *E. coli* em relação ao de um típico vetor de clonagem (como um plasmídeo) é muito maior do que o mostrado aqui.

restrição) para gerar um conjunto de fragmentos menores. Em segundo lugar, o fragmento do DNA a ser clonado é unido a um vetor de clonagem adequado, por meio de **DNA-ligases**, para unir as moléculas de DNA. O vetor recombinante é, então, introduzido em uma célula hospedeira, que amplifica o fragmento no curso de muitas gerações de divisão celular.

Endonucleases de restrição são encontradas em um grande número de espécies bacterianas. No início da década de 1960, Werner Arber descobriu que a função biológica dessas enzimas consiste em reconhecer e clivar DNA exógeno (p. ex., o DNA de um vírus infeccioso); esse DNA é conhecido como *restringido*. No DNA da célula hospedeira, a sequência que poderia ser reconhecida por sua própria endonuclease de restrição é protegida da digestão pela metilação do DNA, catalisada por uma DNA-metilase específica. A endonuclease de restrição e a DNA-metilase correspondente são chamadas algumas vezes de **sistema de restrição-modificação**.

Há três tipos de endonucleases de restrição, designadas I, II e III. Os tipos I e III são geralmente complexos grandes com múltiplas subunidades, que contêm atividades tanto de endonuclease quanto de metilase. As **endonucleases de restrição tipo II**, isoladas pela primeira vez por Hamilton Smith em 1970, são mais simples, não necessitam de ATP e catalisam a clivagem hidrolítica de ligações fosfodiéster específicas no DNA dentro da própria sequência de reconhecimento. A extraordinária utilidade desse grupo de endonucleases de restrição foi demonstrada por Daniel Nathans, o primeiro a utilizá-las para desenvolver novos métodos de mapeamento e análise de genes e genomas.

Milhares de endonucleases de restrição tipo II foram descobertos em diferentes espécies bacterianas, e mais de cem sequências de DNA diferentes são reconhecidas por uma ou mais dessas enzimas. As sequências de reconhecimento geralmente têm de 4 a 6 pb e são palindrômicas (ver Fig. 8-18). A **Tabela 9-2** lista as sequências reconhecidas por algumas endonucleases tipo II.

Algumas endonucleases de restrição fazem cortes coordenados nas duas fitas do DNA, deixando entre dois e quatro nucleotídeos de uma fita não pareados em cada extremidade. Essas fitas não pareadas são chamadas de **extremidades coesivas** (**Fig. 9-2a**), pois formam pares de

| TABELA 9-2 | Sequências de reconhecimento para algumas endonucleases de restrição tipo II | | |
|---|---|---|---|
| BamHI | ↓  *<br>(5') G G A T C C (3')<br>C C T A G G<br>      *  ↑ | HindIII | ↓<br>(5') A A G C T T (3')<br>T T C G A A<br>            ↑ |
| ClaI | ↓  *<br>(5') A T C G A T (3')<br>T A G C T A<br>   *  ↑ | NotI | ↓<br>(5') G C G G C C G C (3')<br>C G C C G G C G<br>               ↑ |
| EcoRI | ↓  *<br>(5') G A A T T C (3')<br>C T T A A G<br>      *  ↑ | PstI | *   ↓<br>(5') C T G C A G (3')<br>G A C G T C<br>↑   * |
| EcoRV | ↓<br>(5') G A T A T C (3')<br>C T A T A G<br>      ↑ | PvuII | ↓<br>(5') C A G C T G (3')<br>G T C G A C<br>      ↑ |
| HaeIII | ↓*<br>(5') G G C C (3')<br>G G C C | Tth111I | ↓<br>(5') G A C N N N G T C (3')<br>C T G N N N C A G<br>                  ↑ |

Nota: as setas indicam as ligações fosfodiéster clivadas por cada endonuclease de restrição. Os asteriscos indicam bases metiladas pela metilase correspondente (quando conhecida). N indica qualquer base. Observe que o nome de cada enzima consiste em uma abreviação de três letras da espécie bacteriana da qual ela deriva, às vezes seguida por designação da linhagem e por números romanos para distinguir diferentes endonucleases de restrição isoladas das mesmas espécies bacterianas. Então, BamHI é a primeira (I) endonuclease de restrição caracterizada isolada da linhagem H do **B**acillus **am**yloliquefaciens.

bases entre si ou com extremidades coesivas complementares de outros fragmentos de DNA. Outras endonucleases de restrição clivam ambas as fitas de DNA de forma reta, em ligações fosfodiéster opostas, não deixando pares de bases não pareados; estas são frequentemente denominadas **extremidades cegas** (Fig. 9-2b).

**P2** O gene ou segmento de DNA a ser clonado é mais frequentemente gerado pela reação em cadeia da polimerase. O planejamento cuidadoso dos *primers* usados para PCR (ver Fig. 8-33) pode modificar o segmento amplificado pela inclusão, em cada extremidade, de um DNA adicional que não estava no cromossomo que está servindo de alvo. Por exemplo, sítios de clivagem para endonucleases de restrição podem ser incluídos para facilitar a posterior clonagem do DNA amplificado (Fig. 9-2c).

**P3** Após o fragmento de DNA-alvo ser preparado e digerido com a enzima de restrição apropriada, a DNA-ligase pode ser usada para uni-lo a um vetor digerido pela *mesma* endonuclease de restrição; um fragmento gerado por EcoRI, por exemplo, geralmente não se ligará a um fragmento gerado por BamHI. Como descrito mais detalhadamente no Capítulo 25 (ver Fig. 25-15), a DNA-ligase catalisa a formação de novas ligações fosfodiéster em uma reação que utiliza ATP ou um cofator semelhante. O pareamento de bases das extremidades coesivas complementares facilita muito a reação da ligação (Fig. 9-2a). As extremidades cegas também podem ser ligadas, embora com menos eficiência. Os pesquisadores podem criar sequências de DNA para uma ampla gama de propósitos por meio da inserção de fragmentos de DNA sintéticos, chamados de **linkers**, para aproximar as extremidades que estão sendo ligadas. Um fragmento de DNA inserido com múltiplas sequências de reconhecimento para endonucleases de restrição (com frequência, úteis como pontos para posterior inserção de DNA adicional por clivagem e ligação) é chamado de **sítio de clonagem múltipla** (**MCS**, do inglês *multiple cloning site*) (Fig. 9-2d).

A eficácia das extremidades coesivas em unir seletivamente dois fragmentos de DNA ficou aparente nos primeiros experimentos com DNA recombinante. Antes que as endonucleases estivessem amplamente disponíveis, alguns pesquisadores descobriram que podiam gerar extremidades coesivas pela ação combinada da exonuclease do bacteriófago λ e da enzima terminal-transferase (Tabela 9-1). Caudas homopoliméricas complementares eram adicionadas aos fragmentos que seriam unidos. Peter Lobban e Dale Kaiser utilizaram esse método, em 1971, nos primeiros experimentos para unir fragmentos de DNA de ocorrência natural. Métodos semelhantes foram usados logo depois no laboratório de Paul Berg para unir segmentos de DNA do vírus de símio 40 (SV40) ao DNA derivado do bacteriófago λ, criando, assim, a primeira molécula de DNA recombinante com segmentos de DNA de espécies diferentes.

### Os vetores de clonagem permitem a amplificação dos segmentos de DNA inseridos

Os princípios que regem a liberação de DNA recombinante em uma forma clonável a uma célula hospedeira, bem como a sua posterior amplificação nessa célula, são bem ilustrados considerando-se três vetores de clonagem comuns: os plasmídeos e os cromossomos artificiais de bactérias, utilizados em experimentos com *E. coli*, e um vetor usado para clonar segmentos grandes de DNA em leveduras.

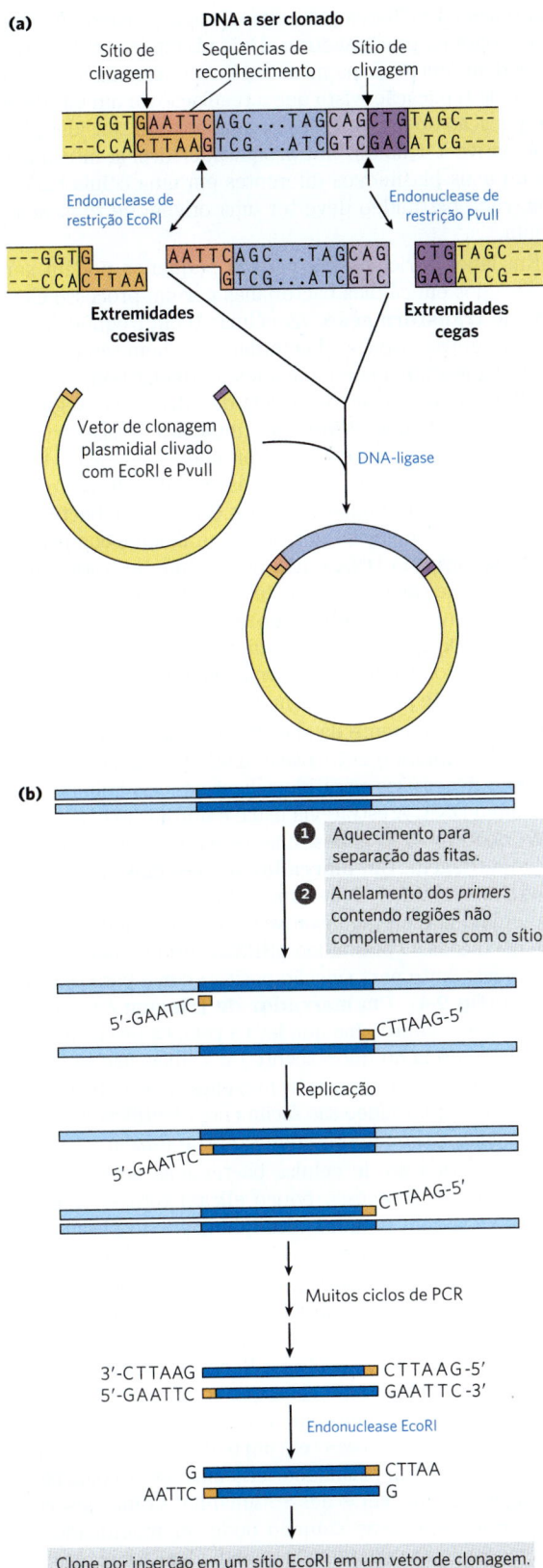

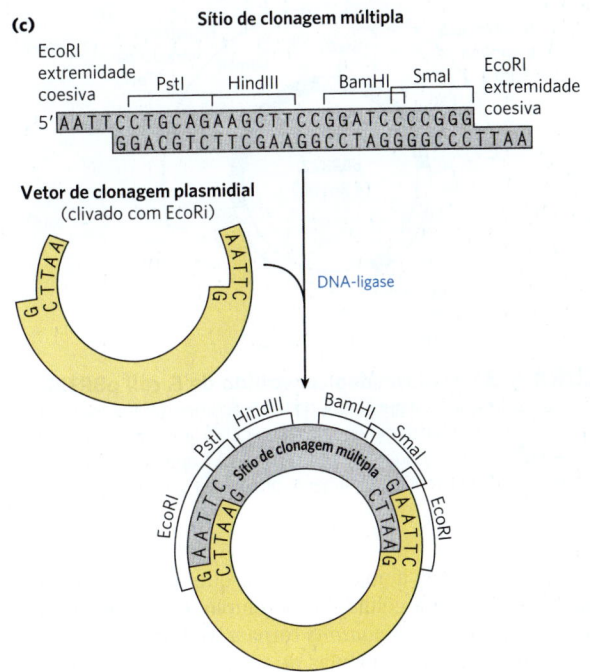

**FIGURA 9-2 Uso de endonucleases de restrição na clonagem.** (a) As endonucleases de restrição reconhecem e clivam apenas sequências específicas, deixando as extremidades coesivas (com fitas simples protuberantes) ou as extremidades cegas. Os fragmentos podem se ligar a outros DNA, como o vetor de clonagem clivado (um plasmídeo) mostrado aqui. Essa reação é facilitada pela renaturação das extremidades coesivas complementares. A ligação é menos eficiente para os fragmentos de DNA com extremidades cegas do que para aqueles com extremidades coesivas complementares, e os fragmentos de DNA com diferentes extremidades coesivas (não complementares) geralmente não se ligam. (b) O DNA que foi amplificado pela reação em cadeia da polimerase (ver Fig. 8-33) pode ser clonado. Os oligonucleotídeos iniciadores podem incluir extremidades não complementares que tenham um sítio para clivagem por uma endonuclease de restrição. Embora essas partes dos oligonucleotídeos iniciadores não se anelem ao DNA-alvo, o processo de PCR os incorpora ao DNA que é amplificado. A clivagem dos fragmentos amplificados nesses sítios cria as extremidades coesivas, utilizadas na ligação do DNA amplificado com o vetor de clonagem. (c) Um fragmento de DNA sintético com sequências de reconhecimento para várias endonucleases de restrição pode ser inserido em um plasmídeo que foi clivado por uma endonuclease de restrição. A inserção é chamada de *linker*; uma inserção com múltiplos locais de restrição é geralmente chamada de sítio de clonagem múltipla (MCS).

**Plasmídeos** Um **plasmídeo** é uma molécula de DNA circular que se replica separadamente do cromossomo hospedeiro. Os plasmídeos bacterianos que ocorrem naturalmente variam de tamanho de 5.000 até 400.000 pb. Muitos dos plasmídeos encontrados em populações bacterianas são pouco mais do que parasitas moleculares, semelhantes aos vírus, porém com capacidade mais limitada de se transferir de uma célula para outra. Para sobreviver na célula hospedeira, os plasmídeos incorporam várias sequências especializadas que os tornam capazes de utilizar a energia das células para a sua própria replicação e expressão gênica.

Os plasmídeos de ocorrência natural geralmente têm um papel simbiótico na célula. Eles podem fornecer genes que

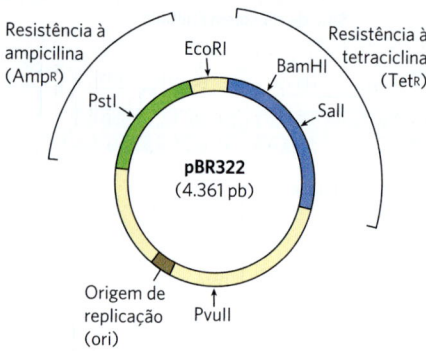

**FIGURA 9-3  O plasmídeo construído de *E. coli* pBR322.**
Observe a localização de alguns sítios de restrição importantes para PstI, EcoRI, BamHI, SalI e PvuII; os genes para resistência à ampicilina e à tetraciclina (Amp$^R$ e Tet$^R$); e a origem de replicação (ori). Construído em 1977, este foi um dos plasmídeos especialmente projetados para clonagem em *E. coli*.

conferem resistência a antibióticos ou que desempenham novas funções para a célula. Por exemplo, o plasmídeo Ti de *Agrobacterium tumefaciens* torna a bactéria hospedeira capaz de colonizar as células de uma planta e utilizar a energia da planta. As mesmas propriedades que tornam os plasmídeos capazes de sobreviver em um hospedeiro bacteriano ou eucariótico são úteis aos biólogos moleculares para o desenvolvimento de um vetor para a clonagem de um segmento específico de DNA. Construído em 1977, um dos primeiros vetores recombinantes, o plasmídeo pBR322 de *E. coli*, ilustra algumas características-chave que definem um vetor de clonagem útil (**Fig. 9-3**):

1. O plasmídeo pBR322 tem uma **origem de replicação**, ou **ori**, uma sequência em que a replicação é iniciada por enzimas celulares (ver Capítulo 25). Essa sequência é necessária para propagar o plasmídeo. Um sistema regulatório associado limita a replicação para manter o pBR322 em um nível de 10 a 20 cópias por célula.

2. O plasmídeo contém genes que conferem resistência aos antibióticos ampicilina (Amp$^R$) e tetraciclina (Tet$^R$), permitindo a seleção de células que contêm o plasmídeo intacto ou uma versão recombinante dele (discutida a seguir).

3. Várias sequências de reconhecimento únicas no pBR322 são alvo para endonucleases de restrição (PstI, EcoRI, BamHI, SalI e PvuII), fornecendo sítios em que o plasmídeo pode ser cortado para inserção de DNA exógeno.

4. O tamanho pequeno do plasmídeo (4.361 pb) facilita a sua entrada nas células e a manipulação bioquímica do DNA. Esse tamanho foi o resultado da remoção de muitos segmentos de DNA de um plasmídeo original grande – sequências de que os bioquímicos não precisam.

As origens de replicação inseridas em vetores comuns de plasmídeos foram originalmente derivadas de plasmídeos que ocorrem naturalmente. Como em pBR322, cada uma dessas origens é regulada para manter um número de cópias específico do plasmídeo. Dependendo da origem utilizada, o número de cópias do plasmídeo pode variar de uma a centenas ou milhares por célula, proporcionando muitas opções para os pesquisadores. Dois plasmídeos diferentes não podem funcionar na mesma célula utilizando a mesma origem de replicação, visto que a regulação de um interfere na replicação do outro. Esses plasmídeos são considerados incompatíveis. Quando um pesquisador deseja introduzir dois ou mais plasmídeos diferentes em uma célula bacteriana, cada plasmídeo deve ter uma origem de replicação distinta.

Em laboratório, os plasmídeos pequenos podem ser introduzidos em células bacterianas por um processo chamado de **transformação**. As células (com frequência, *E. coli*, mas outras espécies bacterianas também são usadas) e o DNA plasmidial são incubados juntos na temperatura de 0 °C em uma solução de cloreto de cálcio e, em seguida, submetidos a choque térmico pela mudança brusca de temperatura para entre 37 e 43 °C. Por motivos ainda não bem estabelecidos, algumas das células tratadas dessa forma captam o DNA plasmidial. Algumas espécies de bactérias, como o *Acinetobacter baylyi*, são naturalmente competentes na captação do DNA e não necessitam de tratamento com cloreto de cálcio e choque térmico. Em um método alternativo, denominado **eletroporação**, as células incubadas com o DNA plasmidial são submetidas a um pulso elétrico de alta voltagem, o que torna a membrana bacteriana transitoriamente permeável a moléculas grandes.

Independentemente da abordagem, relativamente poucas células captam o DNA plasmidial, de forma que outro método é necessário para identificar aquelas células que captaram o DNA. A estratégia usual é utilizar no plasmídeo um de dois tipos de genes, chamados de marcadores de seleção e triagem. Um **marcador de seleção** pode tanto permitir o crescimento de uma célula (seleção positiva) quanto matá-la (seleção negativa), sob um conjunto definido de condições. O plasmídeo pBR322 permite marcadores para ambas, tanto para seleção positiva como para seleção negativa (**Fig. 9-4**). Um **marcador de triagem** é um gene que codifica uma proteína que leva a célula a produzir uma molécula colorida ou fluorescente. As células não são prejudicadas quando o gene está presente, e as células que transportam o plasmídeo são facilmente identificadas pelas colônias coloridas ou fluorescentes que produzem.

A transformação de células bacterianas normais com DNA purificado (processo pouco eficaz) torna-se menos bem-sucedida com o aumento do tamanho do plasmídeo, sendo difícil clonar segmentos de DNA maiores do que cerca de 15.000 pb quando plasmídeos são utilizados como vetor.

Para ilustrar o uso de um plasmídeo como vetor de clonagem, considere o gene bacteriano que codifica uma recombinase denominada proteína RecA (ver Capítulo 25). Na maioria das bactérias, o gene que codifica a RecA é um dos milhares de genes em um cromossomo de milhões de pares de bases. O gene *recA* tem um pouco mais de 1.000 pb de comprimento. Um plasmídeo seria uma boa escolha para a clonagem de um gene desse tamanho. Como descrito posteriormente, o gene clonado pode ser modificado de vários modos, e as variantes do gene podem ser expressas em níveis elevados para permitir a purificação da proteína codificada.

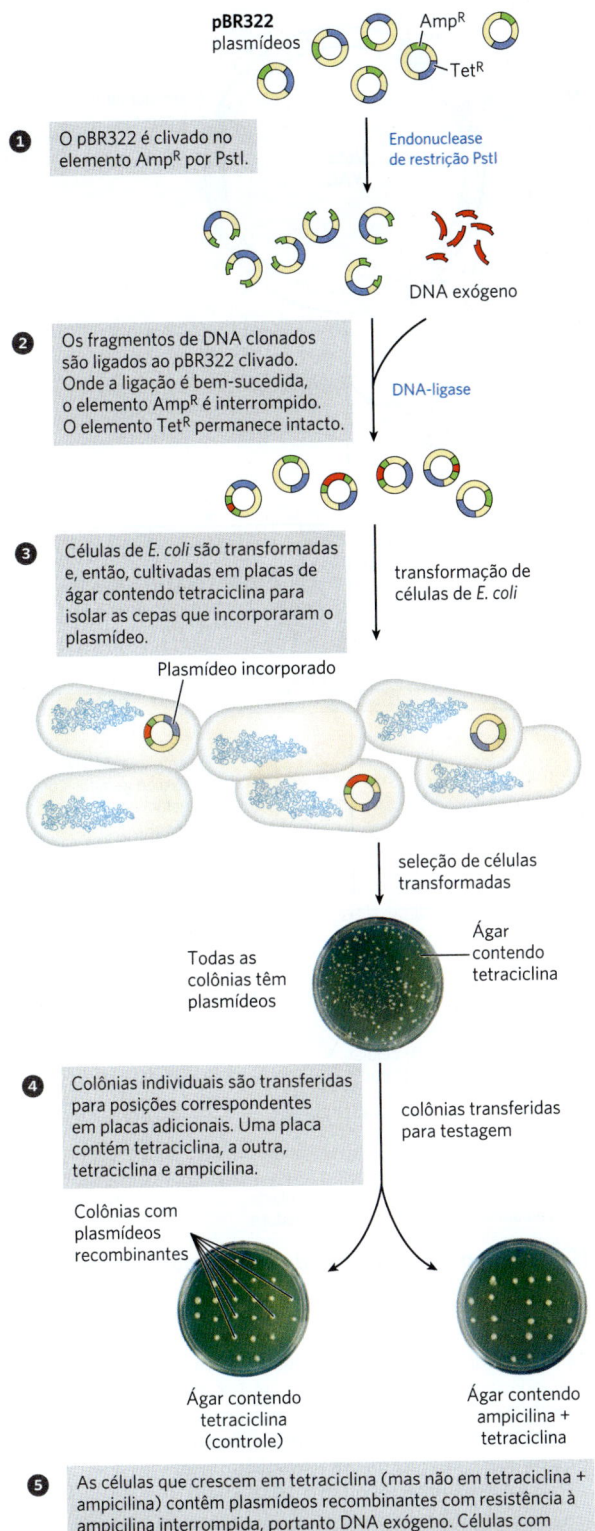

**FIGURA 9-4** **Utilização do pBR322 para clonar DNA exógeno em *E. coli* e identificar as células contendo esse DNA.** [Cortesia de Elizabeth A. Wood, University of Wisconsin-Madison, Department of Biochemistry.]

**Cromossomos artificiais bacterianos** Às vezes, os pesquisadores precisam clonar segmentos de DNA muito mais longos do que aqueles que podem ser incorporados nos típicos vetores de clonagem plasmidiais, como o pBR322. Para atender a essa necessidade, foram desenvolvidos vetores plasmidiais com características especiais que permitem a clonagem de segmentos muito longos de DNA (normalmente de 100.000 a 300.000 pb). Quando esses grandes segmentos de DNA clonado são adicionados, esses vetores são suficientemente grandes para serem considerados cromossomos e são chamados de **cromossomos artificiais bacterianos**, ou **BAC** (do inglês *bacterial artificial chromosomes*) (**Fig. 9-5**).

Um vetor BAC (sem qualquer DNA clonado inserido) é um plasmídeo relativamente simples, em geral não muito maior do que outros vetores plasmidiais. Para acomodar segmentos muito longos de DNA clonado, os vetores BAC têm origens estáveis de replicação, que mantêm o plasmídeo em uma ou duas cópias por célula. O baixo número de cópias é útil para a clonagem de grandes segmentos de DNA porque limita as oportunidades de reações de recombinação indesejadas que podem alterar de modo imprevisível grandes DNA clonados ao longo do tempo. Os BAC também incluem genes *par*, derivados de um tipo de plasmídeo denominado plasmídeo F. Os genes *par* codificam proteínas que direcionam a distribuição confiável dos cromossomos recombinantes para as células-filhas na divisão celular, aumentando, assim, a probabilidade de cada célula-filha carregar uma cópia, mesmo quando poucas cópias estão presentes.

O vetor BAC inclui marcadores selecionáveis e marcadores de triagem. O vetor BAC mostrado na Figura 9-5 contém um gene que confere resistência ao antibiótico cloranfenicol (Cam$^R$). As células que contêm o vetor podem ser selecionadas pelo seu crescimento em placas de ágar contendo esse antibiótico – seleção positiva, pois somente as células com o vetor conseguem sobreviver. Um gene *lacZ*, necessário para a produção da enzima β-galactosidase, é um marcador de triagem capaz de revelar as células que contêm os plasmídeos – agora cromossomos – que incorporam os segmentos de DNA clonados. A β-galactosidase catalisa a conversão da molécula incolor 5-bromo-4-cloro-3-indol-β-D--galactopiranosídeo (X-gal) em um produto azul. Se o gene estiver intacto e expresso, a colônia que o contém ficará azul. Se a expressão gênica for interrompida pela inserção de um segmento de DNA clonado, a colônia ficará branca.

**Cromossomos artificiais de levedura** Assim como no caso de *E. coli*, a genética de levedura é uma área de conhecimento bem desenvolvida. As pesquisas em genomas grandes e a necessidade associada de vetores de clonagem de alta capacidade levaram ao desenvolvimento de **cromossomos artificiais de levedura**, ou **YAC** (do inglês *yeast artificial chromosomes*) (**Fig. 9-6**). Assim como acontece com os BAC, os vetores YAC podem ser utilizados para clonar segmentos de DNA muito longos. Além disso, ▶P3◀ o DNA clonado em um YAC pode ser modificado para o estudo de funções de sequências especializadas no metabolismo de cromossomos, de mecanismos de regulação e expressão gênica e de muitos outros problemas na biologia molecular de eucariotos.

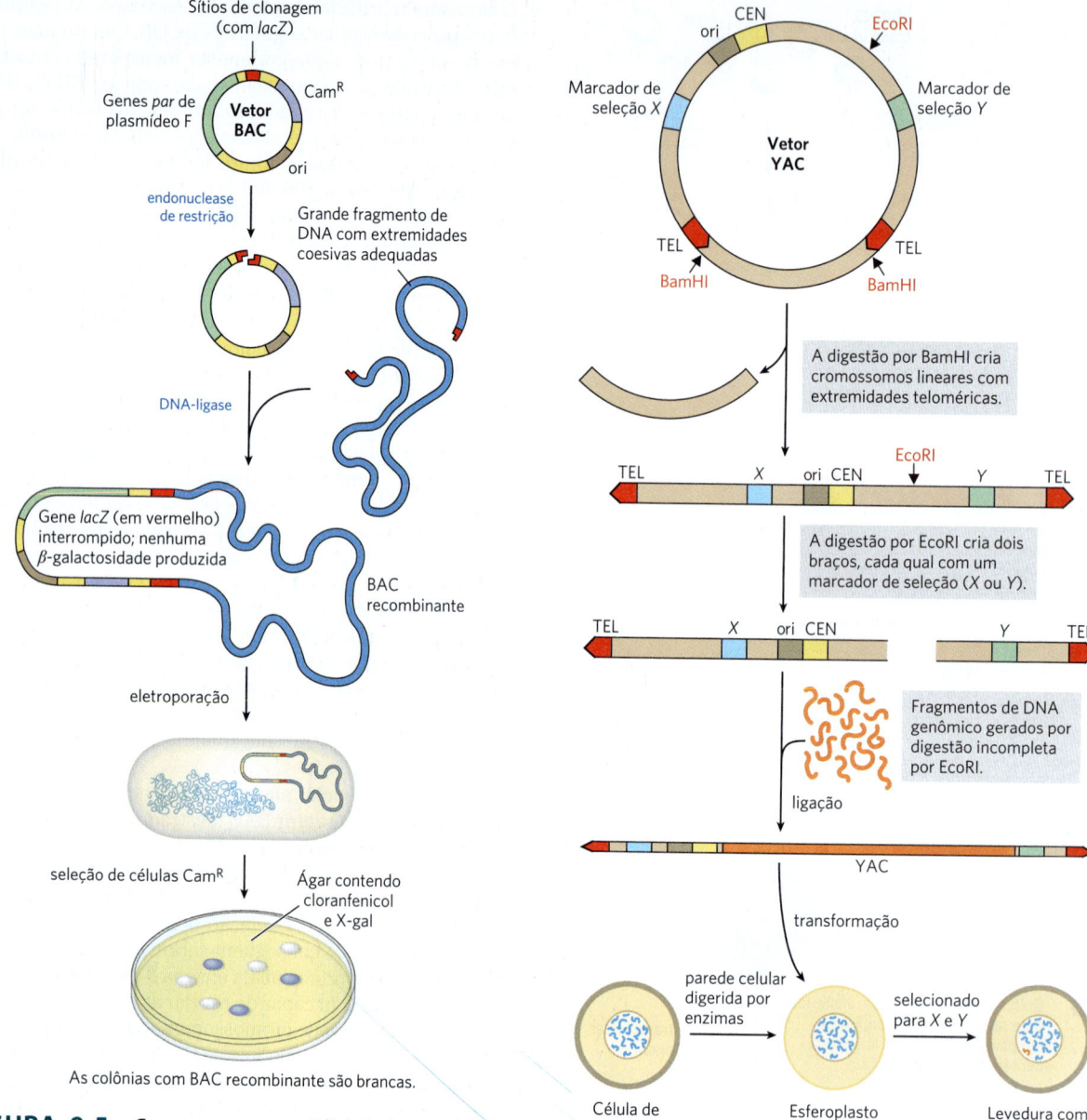

**FIGURA 9-5 Cromossomos artificiais bacterianos (BAC) como vetores de clonagem.** O vetor é um plasmídeo relativamente simples, com uma origem de replicação (ori) que direciona a replicação. Os genes *par* auxiliam a distribuição uniforme de plasmídeos para células-filhas na divisão celular. Isso aumenta a probabilidade de cada célula-filha carregar uma cópia do plasmídeo, mesmo quando poucas cópias estão presentes. O baixo número de cópias é útil na clonagem de grandes segmentos de DNA, uma vez que limita as oportunidades para que reações de recombinação indesejadas possam alterar de modo imprevisível grandes DNA clonados ao longo do tempo. O BAC inclui marcadores de seleção. Um gene *lacZ* (necessário para a produção da enzima β-galactosidase) situa-se na região de clonagem, de modo que ele é inativado pelas inserções de DNA clonado. A introdução de BAC recombinantes nas células por eletroporação é promovida pelo uso de células com uma parede celular alterada (mais porosa). Os DNA recombinantes são avaliados quanto à resistência ao antibiótico cloranfenicol (Cam$^R$). As placas também contêm X-gal, um substrato para β-galactosidase que gera um produto azul. As colônias com β-galactosidase ativa e, consequentemente, sem inserto de DNA no vetor BAC ficam azuis; as colônias sem atividade da β-galactosidase e, portanto, com os insertos de DNA desejados ficam brancas.

**FIGURA 9-6 Construção de um cromossomo artificial de levedura (YAC).** Um vetor YAC inclui uma origem de replicação (ori), um centrômero (CEN), dois telômeros (TEL) e marcadores de seleção (X e Y). A digestão por BamHI e EcoRI gera dois braços de DNA separados, cada um com uma extremidade telomérica e um marcador de seleção. Um grande segmento de DNA (p. ex., até $2 \times 10^6$ pb de um genoma humano) liga-se aos dois braços para criar um cromossomo artificial de levedura. O YAC transforma as células de levedura (preparadas pela remoção da parede celular para formar esferoplastos), e as células são selecionadas para X e Y; as células sobreviventes propagam o inserto de DNA.

O genoma de *Saccharomyces cerevisiae* contém apenas $14 \times 10^6$ pb (menos de quatro vezes o tamanho do cromossomo de *E. coli*), e sua sequência inteira é conhecida. A levedura também é muito fácil de ser mantida e cultivada em larga escala em laboratório. Os vetores plasmidiais têm sido construídos para serem inseridos em leveduras, aplicando-se os mesmos princípios que regem o uso de vetores de *E. coli*.

Métodos convenientes para mover o DNA para dentro e para fora das leveduras permitem o estudo de muitos aspectos da bioquímica de células eucarióticas. Alguns plasmídeos recombinantes incorporam múltiplas origens de replicação e outros elementos que lhes permitem ser utilizados em mais de uma espécie (p. ex., em leveduras e em *E. coli*). Esses plasmídeos que podem ser propagados em células de duas ou mais espécies são chamados de **vetores de transferência**.

Os vetores YAC contêm todos os elementos necessários para manter um cromossomo eucariótico no núcleo da levedura: uma origem de replicação de levedura; dois marcadores de seleção; e sequências especializadas (derivadas dos telômeros e do centrômero) necessárias para a estabilidade e a segregação adequadas dos cromossomos na divisão celular (ver Capítulo 24). Na preparação para o seu uso na clonagem, o vetor é propagado como um plasmídeo bacteriano circular e, então, isolado e purificado. A clivagem com endonuclease de restrição (BamHI na Fig. 9-6) remove um segmento do DNA entre duas sequências de telômeros (TEL), deixando os telômeros nas extremidades do DNA linearizado. A clivagem em outro sítio interno (por EcoRI na Fig. 9-6) divide o vetor em dois segmentos de DNA, chamados de braços do vetor, cada qual com um marcador de seleção diferente.

O DNA genômico a ser clonado é preparado por digestão parcial com endonucleases de restrição para se obter um tamanho de fragmento adequado. Em seguida, os fragmentos genômicos são separados por **eletroforese em gel de campo pulsado**, uma variação da eletroforese em gel (ver Fig. 3-18) que separa os segmentos de DNA muito grandes. Os fragmentos de DNA de tamanho adequado (até cerca de $2 \times 10^6$ pb) são misturados com os braços do vetor preparado e ligados. A mistura de ligação é, então, utilizada para transformar células de levedura (pré-tratadas para degradar parcialmente suas paredes celulares) com essas moléculas de DNA muito grandes – que agora têm estrutura e tamanho para serem consideradas cromossomos de levedura. A cultura em um meio que exige a presença de ambos os genes marcadores de seleção assegura o crescimento somente das células de levedura que contêm um cromossomo artificial com grande inserção colocada entre os dois braços do vetor (Fig. 9-6). A estabilidade dos clones YAC aumenta com o comprimento do segmento de DNA clonado (até certo ponto). Aqueles que contêm inserções com mais de 150.000 pb são quase tão estáveis quanto cromossomos celulares normais, ao passo que os com inserções de menos de 100.000 pb de comprimento são gradativamente perdidos durante a mitose (portanto, em geral, não existe clone de célula de levedura carregando apenas as extremidades de dois vetores ligadas em conjunto ou vetores com apenas inserções curtas). Os YAC sem um telômero em uma das extremidades se degradam rapidamente.

### Genes clonados podem ser expressos para amplificar a produção de proteínas

▶**P1** Com frequência, o produto de um gene clonado, mais que o próprio gene, é o interesse principal, sobretudo quando a proteína tem valor comercial, terapêutico ou de pesquisa. As proteínas são codificadas por genes no DNA; alterando-se o DNA em um gene, é possível alterar o produto proteico desse gene. Os bioquímicos utilizam proteínas purificadas para muitos fins, incluindo a descoberta do seu funcionamento, o estudo de mecanismos de reação, a geração de anticorpos para as proteínas, a reconstituição de atividades celulares complexas no tubo de ensaio com componentes purificados e o exame de parceiros de ligação de proteínas. Com o aumento da compreensão dos fundamentos do metabolismo do DNA, do RNA e das proteínas e da sua regulação em um organismo hospedeiro como a *E. coli* ou as leveduras, os pesquisadores podem manipular células para expressar genes clonados, a fim de estudar seus produtos proteicos. O objetivo geral é modificar as sequências ao redor de um gene clonado para enganar o hospedeiro, fazendo ele produzir o produto proteico do gene, frequentemente em níveis muito elevados. A superexpressão de uma proteína torna sua purificação subsequente muito mais fácil.

Como exemplo, será utilizada a expressão de uma proteína eucariótica em uma bactéria. Os genes eucarióticos têm sequências circundantes necessárias para sua transcrição e regulação nas células das quais são derivados, porém essas sequências não funcionam em bactérias. Assim, os genes eucarióticos não têm os elementos de sequência de DNA necessários para sua expressão controlada em células bacterianas: promotores (sequências que informam à RNA-polimerase onde se ligar para iniciar a síntese de mRNA), sítios de ligação de ribossomos (sequências que permitem a tradução de mRNA para proteína) e sequências regulatórias adicionais. Portanto, as sequências regulatórias bacterianas adequadas para a transcrição e para a tradução devem ser inseridas no vetor de DNA nas posições corretas em relação ao gene eucariótico.

Vetores de clonagem com os sinais de transcrição e tradução necessários à expressão regulada de um gene clonado são chamados de **vetores de expressão**. A taxa de expressão do gene clonado é controlada pela substituição do promotor normal e das sequências regulatórias do gene por versões mais eficientes e convenientes fornecidas pelo vetor. Em geral, um promotor bem-caracterizado e seus elementos regulatórios são posicionados próximo a vários sítios de restrição exclusivos para a clonagem, de modo que genes inseridos nos sítios de restrição sejam expressos a partir desses elementos (**Fig. 9-7**). Alguns desses vetores incorporam outras características, como um sítio de ligação de ribossomos bacterianos, para potencializar a tradução do mRNA derivado do gene (Capítulo 27) ou uma sequência de terminação da transcrição (Capítulo 26). Em alguns casos, os genes clonados são expressos de maneira tão eficiente que seus produtos proteicos representam 10% ou mais da proteína celular. Nessas concentrações, algumas proteínas estranhas podem matar a célula hospedeira (em geral, *E. coli*); portanto, a expressão do gene clonado deve ser limitada a poucas horas antes da coleta das células.

### Muitos sistemas diferentes são utilizados para expressar proteínas recombinantes

Todo organismo vivo tem a capacidade de expressar genes em seu DNA genômico; portanto, em princípio, qualquer organismo pode ser um hospedeiro para expressar proteínas de espécies diferentes (heterólogas). De fato, quase todos os tipos de organismos são utilizados para esse fim, e cada tipo de hospedeiro tem um conjunto próprio de vantagens e desvantagens.

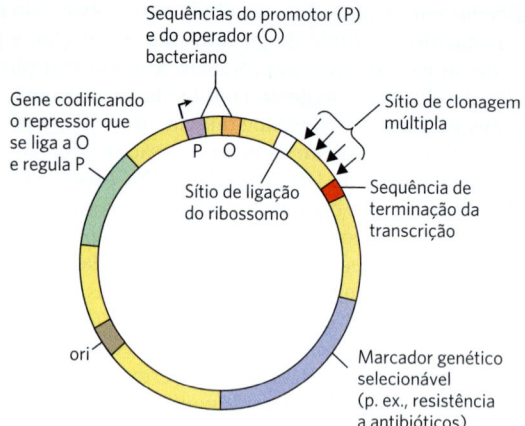

**FIGURA 9-7 Sequências de DNA em um vetor de expressão de *E. coli* típico.** O gene a ser expresso é inserido em um dos sítios de restrição no MCS, próximo do promotor (P), com a extremidade do gene codificando a extremidade aminoterminal da proteína posicionada o mais próximo possível do promotor. O promotor permite a transcrição eficiente do gene inserido, e a sequência de transcrição-terminação algumas vezes aumenta a quantidade e a estabilidade do mRNA produzido. O operador (O) permite a regulação por um repressor que se liga a ele. O sítio de ligação do ribossomo fornece sinais de sequências para a tradução eficiente do mRNA derivado do gene. O marcador de seleção permite a identificação das células contendo o DNA recombinante.

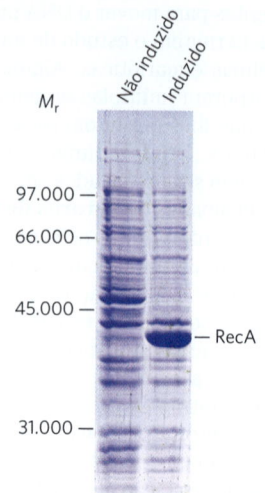

**FIGURA 9-8 Expressão regulada da proteína RecA em uma célula bacteriana.** O gene que codifica a proteína RecA, fusionado ao promotor T7 do bacteriófago, é clonado em um vetor de expressão. Em condições normais de crescimento (não induzido), nenhuma proteína RecA aparece. Quando a RNA-polimerase de T7 é induzida na célula, o gene *recA* é expresso, e grandes quantidades da proteína RecA são produzidas. As posições dos marcadores de peso molecular padrão que correm no mesmo gel estão indicadas. [Cortesia de Rachel Britt, University of Wisconsin-Madison, Department of Biochemistry.]

**Bactérias** As bactérias, sobretudo *E. coli*, são os hospedeiros mais comuns para a expressão de proteínas. As sequências regulatórias que determinam a expressão gênica em *E. coli*, e em muitas outras bactérias, são bem compreendidas e podem ser aproveitadas para expressar proteínas clonadas em níveis elevados. As bactérias são fáceis de armazenar e cultivar em laboratório, em meios de cultivo baratos. Também existem métodos eficientes para colocar DNA em bactérias e extrai-lo delas. As bactérias podem ser cultivadas em grandes quantidades em fermentadores comerciais, fornecendo uma rica fonte de proteínas clonadas.

Entretanto, existem alguns problemas. Quando expressas em bactérias, algumas proteínas heterólogas não se enovelam corretamente, e muitas não fazem as modificações pós-translacionais ou a clivagem proteolítica necessárias à sua atividade. Devido a certas características de uma sequência gênica, um gene específico também pode ter dificuldade em ser expresso em bactérias. Por exemplo, regiões intrinsecamente desordenadas são mais comuns em proteínas eucarióticas. Quando expressas em bactérias, muitas proteínas eucarióticas se agregam em precipitados celulares insolúveis, chamados de **corpos de inclusão**. Por essas e muitas outras razões, algumas proteínas eucarióticas são inativas quando purificadas de bactérias ou não podem ser expressas de maneira alguma. Para ajudar a lidar com alguns desses problemas, novas linhagens bacterianas hospedeiras são regularmente desenvolvidas para incluir melhorias, como a introdução de chaperonas proteicas eucarióticas ou de enzimas que modificam as proteínas eucarióticas.

Há muitos sistemas especializados para expressar proteínas em bactérias. O promotor e as sequências regulatórias associadas ao operon da lactose (ver Capítulo 28) são, com frequência, fusionados ao gene de interesse para direcionar a transcrição. O gene clonado será transcrito quando a lactose for adicionada ao meio de cultivo. No entanto, a regulação no sistema da lactose é "frouxa": ela não é desligada completamente quando a lactose está ausente – um problema em potencial se o produto do gene clonado for tóxico para as células hospedeiras. A transcrição a partir do promotor Lac também não é muito eficiente para algumas aplicações.

Um sistema alternativo utiliza o promotor e a RNA-polimerase de um vírus bacteriano denominado bacteriófago T7. Se o gene clonado está fusionado ao promotor T7, ele é transcrito pela RNA-polimerase T7, e não pela RNA-polimerase da *E. coli*. O gene que codifica essa polimerase é clonado separadamente na mesma célula, em uma construção que proporciona uma regulação rigorosa (o que permite a produção controlada da RNA-polimerase T7). A polimerase também é muito eficiente e direciona níveis elevados de expressão da maioria dos genes fusionados ao promotor T7. Esse sistema é utilizado para expressar a proteína RecA em células bacterianas (**Fig. 9-8**).

**Leveduras** *Saccharomyces cerevisiae* é provavelmente o organismo eucariótico mais bem conhecido. Os princípios subjacentes à expressão de uma proteína em leveduras são os mesmos daqueles para bactérias. Os genes clonados devem estar ligados aos promotores que podem direcionar altos níveis de expressão em leveduras. Por exemplo, os genes *GAL1* e *GAL10* de leveduras (codificadores das enzimas envolvidas no metabolismo da galactose) estão sob regulação celular de modo a serem expressos quando as células da levedura são cultivadas em meios com galactose, mas desligados quando as células são cultivadas em glicose. Assim, se um gene heterólogo é expresso utilizando as mesmas sequências regulatórias, a expressão desse gene pode ser controlada simplesmente pela escolha de um meio adequado para o crescimento celular.

Alguns dos mesmos problemas que acompanham a expressão de proteínas em bactérias também ocorrem com as leveduras. As proteínas heterólogas podem não se enovelar adequadamente, a levedura pode não ter as enzimas necessárias para modificar as proteínas para a sua forma ativa ou a expressão das proteínas pode ser dificultada por certas características da sequência gênica. Entretanto, como o *S. cerevisiae* é um eucarioto, a expressão de genes eucarióticos (principalmente genes de levedura) é, às vezes, mais eficiente nesse hospedeiro do que em bactérias. Como as leveduras têm muitas das mesmas chaperonas de proteína e dos sistemas de modificação dos eucariotos superiores, os produtos de proteína também podem ser dobrados e modificados com mais precisão do que as proteínas expressas em bactérias.

**Insetos e vírus de insetos** Os **baculovírus** são vírus de insetos com genomas de DNA de fita dupla. Ao infectarem larvas de insetos hospedeiros, eles agem como parasitas, matando as larvas e transformando-as em fábricas de produção de vírus. Mais tarde no processo de infecção, os vírus produzem grandes quantidades de duas proteínas (p10 e poliedrina), mas nenhuma delas é necessária para a produção de vírus em células de insetos cultivados. Os genes para ambas as proteínas podem ser substituídos pelo gene de uma proteína heteróloga. Quando o vírus recombinante resultante é utilizado para infectar células ou larvas de insetos, a proteína heteróloga é frequentemente produzida em níveis muito elevados – até 25% do total de proteínas presentes no final do ciclo de infecção.

O nucleopoliedrovírus multicapsídeo que infecta *Autographa californica* (AcMNPV; *A. californica* é uma espécie de mariposa) é o baculovírus mais usado para a expressão de proteínas. Ele tem um genoma grande demais (134.000 pb) para a clonagem direta. A purificação de vírus também é complicada. Esses problemas foram resolvidos com a criação de **bacmídeos**, grandes DNA circulares que incluem todo o genoma do baculovírus, além das sequências que permitem a replicação do bacmídeo em *E. coli* (**Fig. 9-9**). O gene de interesse é clonado em um plasmídeo menor e combinado com o plasmídeo maior por recombinação sítio-específica *in vivo* (ver Fig. 25-37). O bacmídeo recombinante é, então, isolado e transfectado para as células de insetos (o termo **transfecção** é empregado quando o DNA utilizado para a transformação inclui sequências virais e leva à replicação viral), seguido pela recuperação da

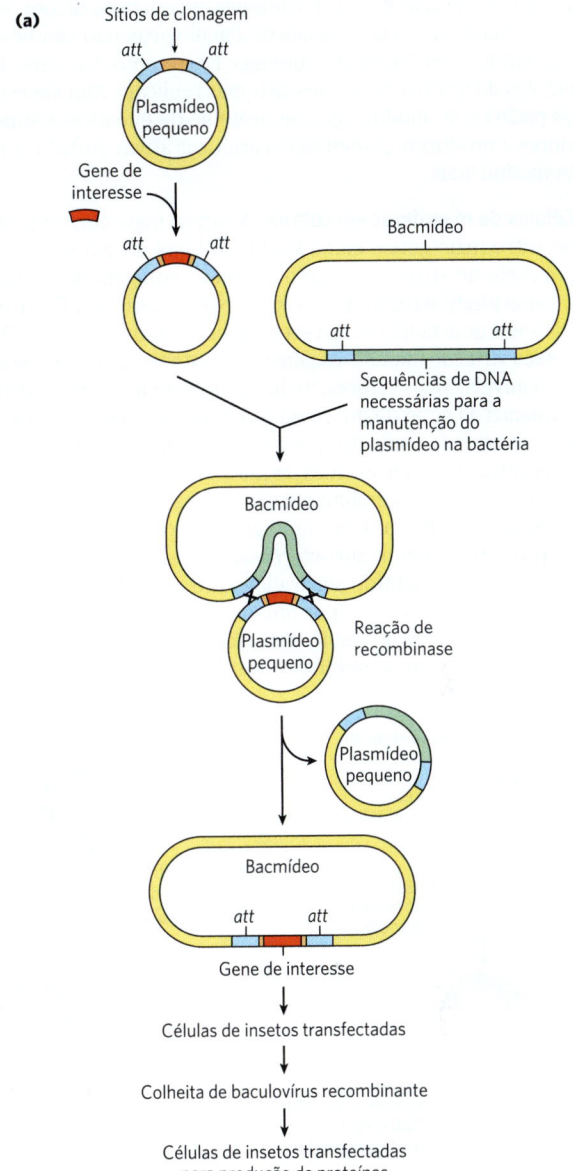

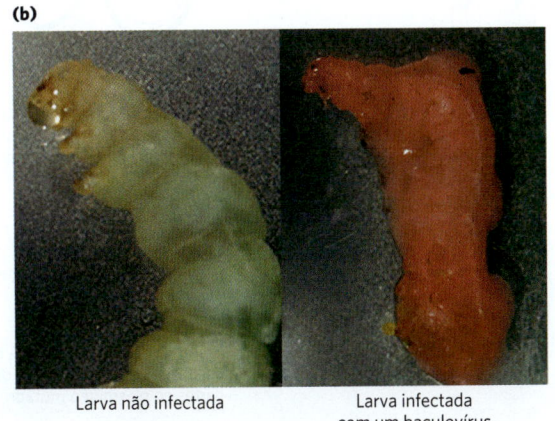

**FIGURA 9-9 Clonagem com baculovírus.** (a) Aqui, é mostrada a construção de um vetor típico utilizado para a expressão de proteínas em baculovírus. O gene de interesse é clonado em um pequeno plasmídeo (canto superior esquerdo) entre dois sítios (*att*) reconhecidos por uma recombinase sítio-específica e, em seguida, é introduzido no vetor de baculovírus por recombinação específica do local. Isso gera um produto de DNA circular utilizado para infectar as células de uma larva de inseto. O gene de interesse é expresso durante o ciclo de infecção, depois de um promotor que normalmente expressa uma proteína de revestimento de baculovírus em níveis muito elevados. (b) As fotografias mostram larvas da mariposa do repolho. A larva à esquerda não está infectada; a larva à direita foi infectada com um vetor de baculovírus recombinante que expressa uma proteína que produz a coloração vermelha. [(b) USDA-ARS.]

proteína assim que o ciclo de infecção termina. Uma grande variedade de sistemas de bacmídeos encontra-se disponível comercialmente. Os sistemas de baculovírus não são bem-sucedidos com todas as proteínas. Entretanto, às vezes, as células de insetos com esses sistemas replicam com sucesso os padrões de modificação de proteína de eucariotos superiores e produzem proteínas eucarióticas ativas corretamente modificadas.

**Células de mamíferos em cultura** A forma mais conveniente de introduzir genes clonados em células de mamíferos é por meio de vírus. Esse método tem a vantagem de utilizar a capacidade natural de um vírus para inserir seu DNA ou RNA em uma célula e, às vezes, no cromossomo celular. Diversos vírus de mamíferos geneticamente modificados estão disponíveis como vetores, incluindo adenovírus e retrovírus humanos. O gene de interesse é clonado de modo que a sua expressão seja controlada por um promotor do vírus. O vírus utiliza seus mecanismos de infecção naturais para introduzir o genoma recombinante nas células em que a proteína clonada é expressa. Uma vantagem desses sistemas é que as proteínas podem ser expressas transitoriamente (se o DNA viral for mantido separadamente a partir do genoma da célula hospedeira e, por fim, degradado) ou permanentemente (se o DNA viral for integrado ao genoma da célula hospedeira). Com a escolha correta da célula hospedeira, a modificação pós-traducional adequada da proteína para sua forma ativa pode ser assegurada. Entretanto, o crescimento de células de mamíferos em culturas de tecidos é muito caro, e essa tecnologia é geralmente utilizada para testar a função de uma proteína *in vivo*, em vez de produzir uma proteína em grandes quantidades.

## A alteração de genes clonados produz proteínas alteradas

**P1** Técnicas de clonagem podem ser usadas não apenas para a superprodução de proteínas, mas também para produzir proteínas alteradas sutil ou drasticamente a partir das suas formas nativas. Aminoácidos específicos podem ser substituídos individualmente por **mutagênese sítio-dirigida**. Essa técnica melhorou substancialmente as pesquisas de proteínas ao permitir que os pesquisadores façam alterações específicas na estrutura primária e analisem os efeitos dessas alterações no enovelamento, na estrutura tridimensional e na atividade proteica. A sequência de aminoácidos da proteína é modificada pela alteração da sequência de DNA do gene clonado. Se os sítios de restrição adequados se situam ao lado da sequência a ser alterada, os pesquisadores podem simplesmente remover um segmento de DNA e substitui-lo por um sintético, idêntico ao original, exceto pela mudança desejada (**Fig. 9-10a**).

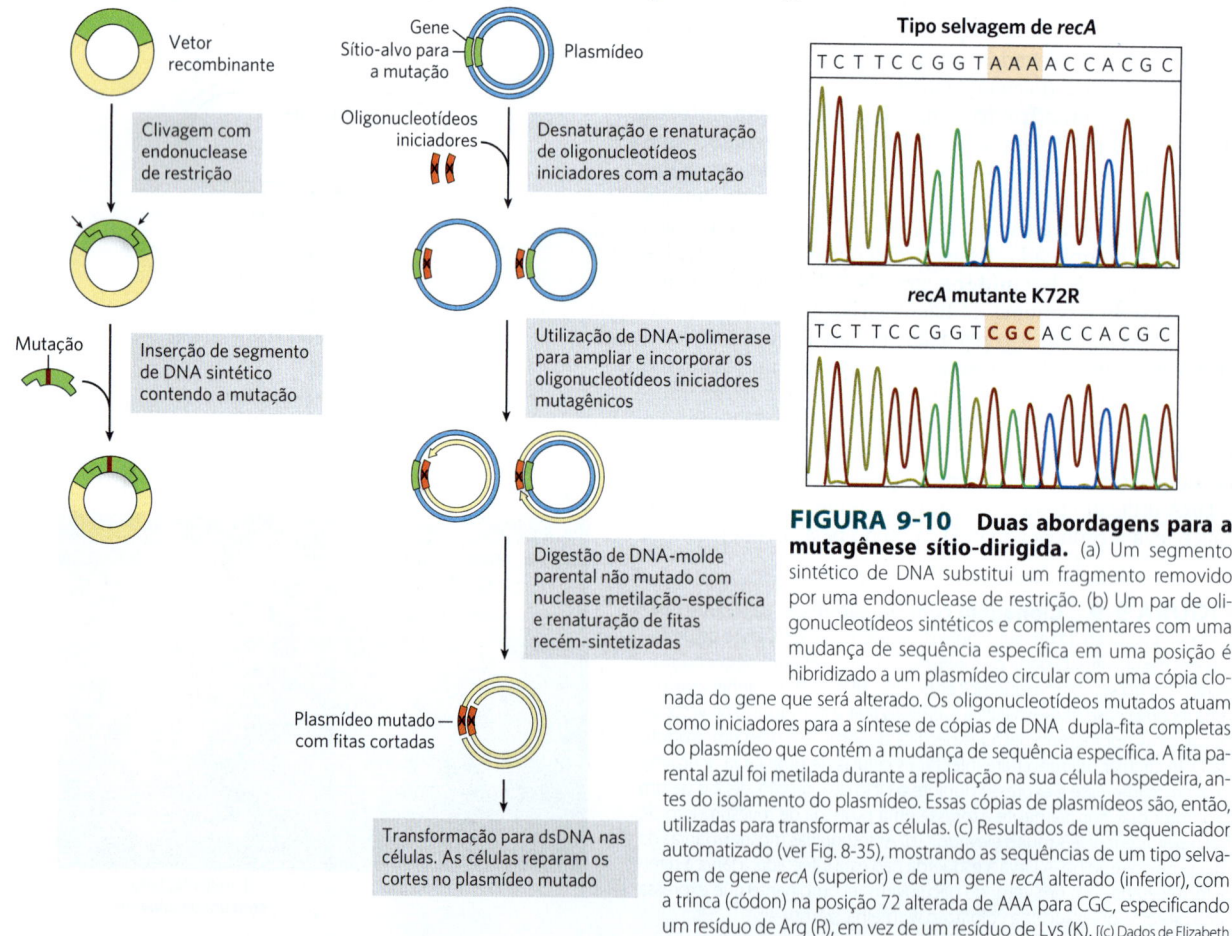

**FIGURA 9-10 Duas abordagens para a mutagênese sítio-dirigida.** (a) Um segmento sintético de DNA substitui um fragmento removido por uma endonuclease de restrição. (b) Um par de oligonucleotídeos sintéticos e complementares com uma mudança de sequência específica em uma posição é hibridizado a um plasmídeo circular com uma cópia clonada do gene que será alterado. Os oligonucleotídeos mutados atuam como iniciadores para a síntese de cópias de DNA dupla-fita completas do plasmídeo que contém a mudança de sequência específica. A fita parental azul foi metilada durante a replicação na sua célula hospedeira, antes do isolamento do plasmídeo. Essas cópias de plasmídeos são, então, utilizadas para transformar as células. (c) Resultados de um sequenciador automatizado (ver Fig. 8-35), mostrando as sequências de um tipo selvagem de gene *recA* (superior) e de um gene *recA* alterado (inferior), com a trinca (códon) na posição 72 alterada de AAA para CGC, especificando um resíduo de Arg (R), em vez de um resíduo de Lys (K). [(c) Dados de Elizabeth A. Wood, University of Wisconsin-Madison, Department of Biochemistry.]

Na ausência de sítios de restrição adequadamente localizados, a **mutagênese oligonucleotídeo-dirigida** pode criar uma alteração específica na sequência de DNA (Fig. 9-10b). O gene clonado é desnaturado, separando as fitas. Duas cadeias de DNA curtas complementares, cada uma com a alteração de base desejada, são renaturadas em cadeias opostas do gene clonado dentro de um vetor de DNA circular adequado. O malpareamento de um único par de base em 30 a 40 pb não impede a renaturação. Os dois oligonucleotídeos renaturados sintetizam o primeiro DNA em ambas as direções ao redor do vetor de plasmídeo, criando duas fitas complementares que contêm a mutação. Depois de vários ciclos de amplificação seletiva pela reação em cadeia da polimerase (PCR; ver Fig. 8-33), o DNA contendo a mutação predomina na população e pode ser usado para transformar bactérias. A maior parte das bactérias transformadas terá plasmídeos portadores da mutação.

Para exemplificar, voltaremos para o gene *recA* bacteriano. O produto desse gene, a proteína RecA, tem várias atividades (ver Seção 25.3), incluindo a hidrólise do ATP. O resíduo Lys na posição 72 em RecA (um polipeptídeo de 352 resíduos) está envolvido na hidrólise de ATP. A mudança de Lys$^{72}$ para Arg cria uma variante da proteína RecA que ligará, mas não hidrolisará, ATP (Fig. 9-10c). A engenharia e a purificação dessa proteína variante RecA têm facilitado a investigação quanto aos papéis da hidrólise do ATP no funcionamento dessa proteína.

Alterações podem ser introduzidas em genes que envolvam mais de um par de bases. Grandes partes de um gene podem ser excluídas cortando-se um segmento com endonucleases de restrição e ligando-se as porções remanescentes para formar um gene menor. Por exemplo, se uma proteína tem dois domínios, o segmento do gene que codifica um dos domínios pode ser removido, de forma que o gene possa agora codificar uma proteína com apenas um dos dois domínios originais. Partes de dois genes diferentes podem ser ligadas para criar novas combinações; o produto desse gene fusionado é chamado de **proteína de fusão**. Os pesquisadores têm métodos engenhosos para realizar praticamente qualquer alteração genética *in vitro*. Após a reintrodução do DNA alterado na célula, eles podem investigar as consequências dessa alteração.

### Marcadores terminais fornecem instrumentos para a purificação por afinidade

A cromatografia de afinidade é um dos métodos mais eficientes para a purificação de proteínas (ver Fig. 3-17c). Infelizmente, muitas proteínas não se ligam a um ligante que possa ser convenientemente imobilizado em uma matriz adequada para montar uma coluna. Entretanto, o gene para quase todas as proteínas pode ser alterado para expressar uma proteína de fusão que pode ser purificada por cromatografia de afinidade. O gene que codifica a proteína-alvo é fusionado com um gene que codifica um peptídeo ou proteína que se liga a um ligante simples e estável com elevada afinidade e especificidade. O peptídeo ou proteína utilizado para essa finalidade é denominado **marcador** (***tag***). As sequências dos marcadores são adicionadas a genes para que as proteínas resultantes tenham marcadores em seu grupo amino ou carboxiterminal. A **Tabela 9-3** lista alguns dos peptídeos ou proteínas comumente utilizados como marcadores.

**TABELA 9-3** Marcadores proteicos comumente utilizados

| Marcadores proteicos/peptídicos | Massa molecular (kDa) | Ligante imobilizado |
|---|---|---|
| Proteína A | 59 | Porção Fc da IgG |
| (His)$_6$ | 0,8 | Ni$^{2+}$ |
| Glutationa-*S*-transferase (GST) | 26 | Glutationa |
| Proteína ligante de maltose | 41 | Maltose |
| β-Galactosidase | 116 | *p*-Aminofenil-β-D-tiogalactosídeo (TPEG) |
| Domínio ligante de quitina | 5,7 | Quitina |

O procedimento geral pode ser ilustrado analisando-se um sistema que utiliza a glutationa-*S*-transferase (GST) como marcador (**Fig. 9-11**). A GST é uma enzima pequena ($M_r$ 26.000) que se liga firme e especificamente à glutationa. Quando a sequência do gene de GST é fusionada ao gene-alvo, a proteína de fusão adquire a capacidade de se ligar à glutationa. A proteína de fusão é expressa em um organismo hospedeiro, como uma bactéria, e um extrato bruto é preparado. Uma coluna é preenchida com uma matriz porosa, que consiste em um ligante (glutationa) imobilizado por esferas microscópicas de um polímero reticulado estável, como a agarose. À medida que o extrato bruto se infiltra por essa matriz, a proteína de fusão é imobilizada por sua ligação à glutationa. As outras proteínas no extrato são lavadas e descartadas da coluna. A interação entre GST e glutationa é firme, porém não covalente, permitindo que a proteína de fusão seja eluída suavemente da coluna com uma solução que contém alta concentração de sais ou de glutationa livre para competir com o ligante imobilizado pela ligação com a GST. A proteína de fusão é frequentemente obtida com bom rendimento e alta pureza. Em alguns sistemas disponíveis comercialmente, o marcador pode ser removido total ou amplamente da proteína de fusão purificada por uma protease que cliva uma sequência próximo à junção entre a proteína-alvo e o marcador.

Um marcador mais curto, com ampla aplicação, consiste em uma sequência simples de seis ou mais resíduos de His. Esses marcadores de histidina, ou marcadores His, ligam-se firme e especificamente aos íons de níquel. A matriz da cromatografia com íons de Ni$^{2+}$ imobilizados pode ser utilizada para separar rapidamente uma proteína marcada com His de outras proteínas no extrato. Alguns dos marcadores maiores, como a proteína de ligação à maltose, proporcionam estabilidade e solubilidade adicionais, permitindo a purificação de proteínas clonadas que, de outro modo, seriam inativas devido ao enovelamento inadequado ou à insolubilidade.

A cromatografia de afinidade que utiliza marcadores terminais é um método poderoso e conveniente. Os marcadores têm sido utilizados com sucesso em milhares de estudos publicados; em muitos casos, seria impossível purificar e estudar a proteína sem o marcador. No entanto, mesmo os marcadores muito pequenos afetam as propriedades das proteínas ligadas a eles, de modo a influenciar os resultados do estudo. Por exemplo, um marcador pode atrapalhar o enovelamento de proteínas. Mesmo se o marcador for removido por uma protease, um ou alguns resíduos de aminoácidos adicionais podem permanecer na proteína-alvo, afetando ou não a atividade da proteína. Os tipos de experimentos a serem realizados e os resultados obtidos a partir deles devem ser sempre avaliados com o auxílio de controles bem planejados, para avaliar o efeito de um marcador no funcionamento de uma proteína.

## A reação em cadeia da polimerase oferece muitas opções para experimentos de clonagem

Muitas adaptações da PCR têm aumentado a sua aplicabilidade em clonagem. ▶**P1**◀ Por exemplo, as sequências no RNA podem ser amplificadas se o primeiro ciclo de PCR utilizar a transcriptase reversa, uma enzima que funciona como uma DNA-polimerase (ver Fig. 8-33), mas utiliza o RNA como molde (**Fig. 9-12a**). Após a síntese da fita de DNA a partir do molde de RNA, os ciclos restantes podem ser feitos com DNA-polimerases, utilizando-se protocolos-padrão de PCR. Essa **transcrição reversa seguida de PCR** (**RT-PCR**, do inglês *reverse transcriptase PCR*) pode ser utilizada, por exemplo, para detectar sequências derivadas de células vivas (que fazem a transcrição de seu DNA em RNA) em oposição às de tecidos mortos.

Os protocolos de PCR também podem ser usados para estimar o número relativo de cópias de sequências específicas em uma amostra, uma abordagem denominada **PCR quantitativa** (**qPCR**) ou **PCR em tempo real**. Se uma

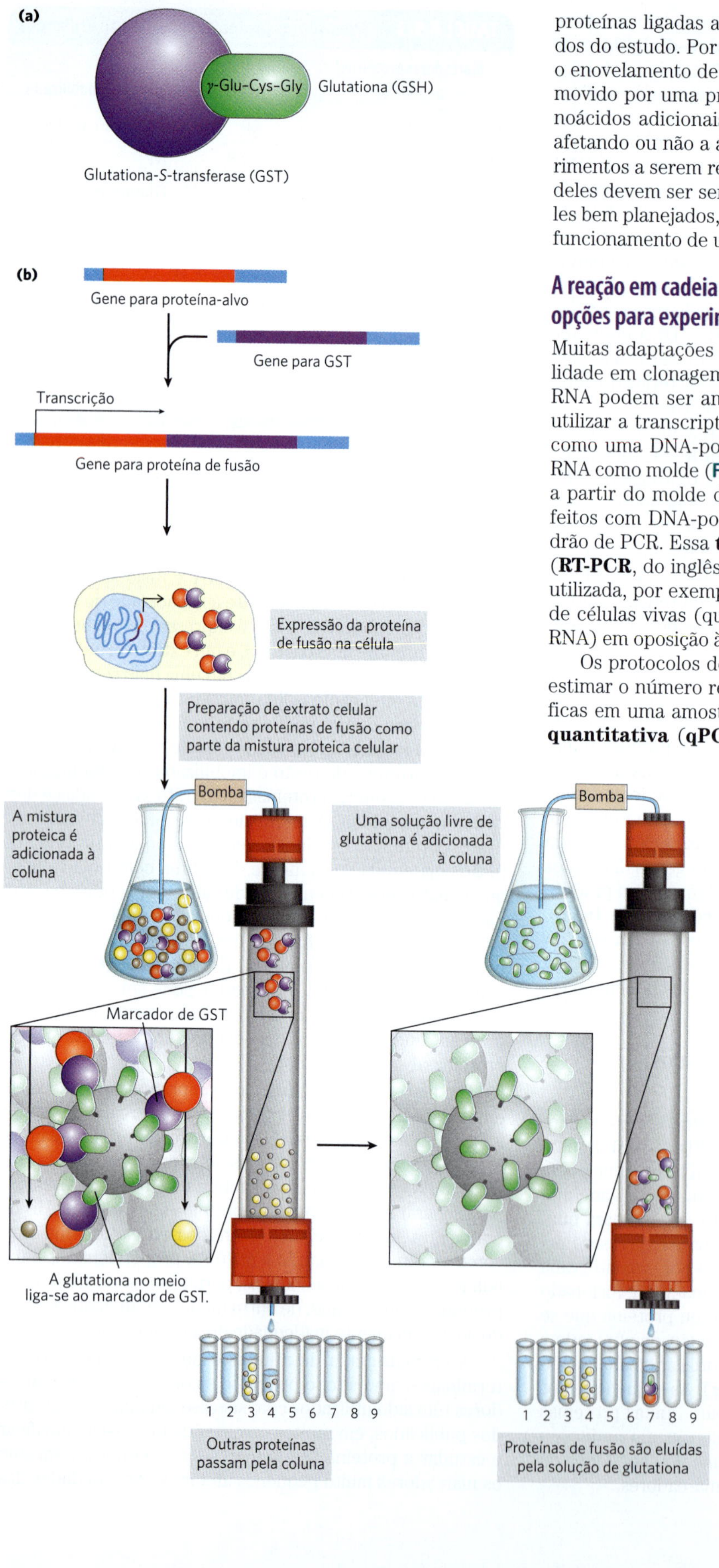

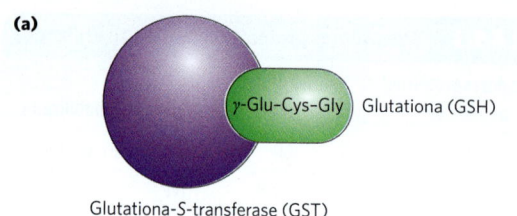

**FIGURA 9-11** Utilização de proteínas marcadas na purificação de proteínas. (a) A glutationa-S--transferase (GST) é uma enzima pequena que se liga à glutationa. (b) O marcador de GST está fusionado à carboxila terminal da proteína por meio de engenharia genética. A proteína marcada é expressa na célula e está presente no extrato bruto quando as células são lisadas. O extrato é submetido à cromatografia de afinidade por meio de uma matriz com glutationa imobilizada.

sequência de DNA estiver presente em quantidades maiores que as habituais em uma amostra – por exemplo, se alguns genes estiverem aumentados em células tumorais –, a qPCR pode revelar o aumento da representação daquela sequência. Em resumo, a PCR é realizada na presença de uma sonda que emite um sinal fluorescente quando o produto de PCR está presente (Fig. 9-12b). Se a sequência de interesse está presente em níveis mais elevados do que outras sequências na amostra, o sinal de PCR atingirá um limiar predeterminado mais rápido. A PCR pela transcriptase reversa e a qPCR podem ser combinadas para determinar a concentração relativa de uma molécula de mRNA específica em uma célula e, dessa forma, monitorar a expressão gênica sob diferentes condições ambientais.

## Bibliotecas de DNA são catálogos especializados de informação genética

Em alguns casos, é útil clonar muitos genes ou segmentos genômicos, em vez de um gene determinado. Uma **biblioteca de DNA** é uma coleção de clones de DNA, geralmente reunidos para fins de descoberta de genes ou para a determinação da função de um gene ou de uma proteína. A biblioteca pode ter diversas formas, dependendo da fonte de DNA e do seu propósito final.

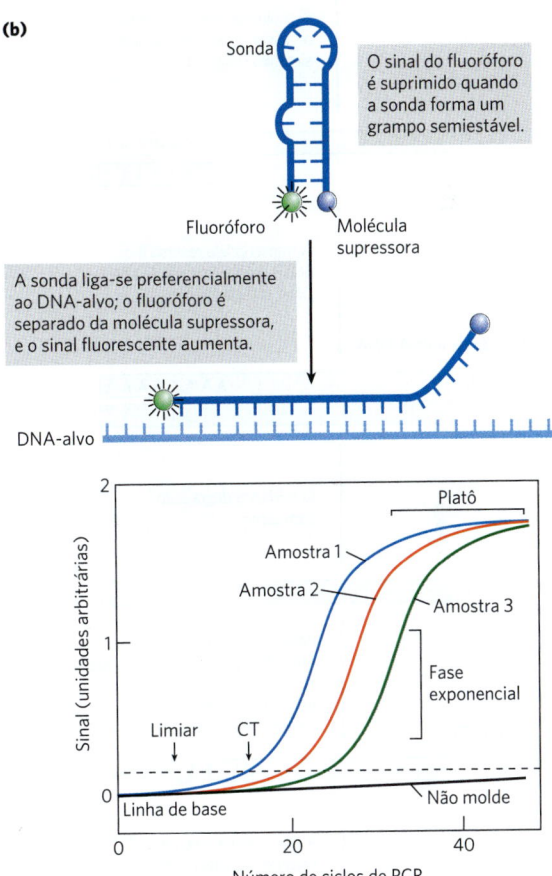

**FIGURA 9-12 Algumas aplicações de PCR.** (a) Na transcrição reversa seguida de PCR, ou RT-PCR, as moléculas de RNA são amplificadas por meio do uso da transcriptase reversa nos primeiros dois ciclos. (b) Na PCR quantitativa, ou qPCR, o monitoramento cuidadoso do progresso de uma amplificação por PCR permite determinar quando um segmento de DNA foi amplificado para um nível de limite especificado. A quantidade de produto de PCR presente é determinada pela medida do nível da sonda fluorescente ligada a um oligonucleotídeo repórter complementar ao segmento de DNA que está sendo amplificado. A sonda fluorescente não é detectada inicialmente, pois um supressor de fluorescência está ligado no mesmo oligonucleotídeo. Quando o oligonucleotídeo repórter se anela com sua sequência complementar em uma cópia do segmento de DNA amplificado, o fluoróforo separa-se da molécula supressora, e a fluorescência aparece. À medida que a reação de PCR prossegue, a quantidade do segmento de DNA-alvo aumenta exponencialmente, e o sinal fluorescente também aumenta exponencialmente à medida que as sondas de oligonucleotídeos se anelam aos segmentos amplificados. Após vários ciclos de PCR, o sinal alcança um platô à medida que um ou mais componentes da reação se extinguem. Quando um segmento está presente em quantidades maiores em uma amostra do que em outra, a sua amplificação atinge o limiar definido de forma antecipada. A linha "Não molde" segue o lento aumento do sinal de fundo observado em um controle no qual não foi adicionada uma amostra de DNA. CT é o número de ciclos em que o limiar é ultrapassado primeiro.

Um exemplo é uma biblioteca que inclui apenas os genes que são transcritos em RNA – *expressos* – em determinado organismo, ou mesmo em apenas algumas células ou tecidos. Essa biblioteca não tem DNA genômico que não é transcrito. Em primeiro lugar, o pesquisador extrai o mRNA de um organismo ou de células específicas de um organismo e, em seguida, prepara os **DNA complementares (cDNA)**. Assim como a RT-PCR, essa reação em múltiplas etapas (**Fig. 9-13a**) depende da transcriptase reversa, que sintetiza DNA a partir de um molde de RNA. Os fragmentos de DNA de cadeia dupla resultantes são inseridos em um vetor adequado e clonados, criando uma população de clones chamada de **biblioteca de cDNA**. Se o hospedeiro da biblioteca for uma bactéria como *E. coli*, cada célula na população carregará uma sequência clonada particular. A biblioteca abrangerá muitos milhões de células com milhões de diferentes segmentos clonados. A presença de um gene de uma proteína específica nessa biblioteca implica que esse gene é expresso nas células sob as condições usadas para produzir a biblioteca.

Outro tipo de biblioteca, chamado de **biblioteca combinatória de genes** ou simplesmente **biblioteca de genes**, concentra-se em variantes de sequência dentro de um gene. Por exemplo, começando com o gene clonado da enzima X, um segmento do gene poderia ser substituído por fragmentos quase idênticos sintetizados com uma ligeira imprecisão, de modo que cada clone tivesse uma ou duas mudanças aleatórias de pares de bases em relação ao original. Por exemplo, o segmento do gene de interesse poderia ser amplificado por PCR por meio do uso de uma DNA-polimerase alterada que seria ligeiramente imprecisa. A biblioteca de clones consistiria, então, em muitas células, muitas das quais abrigariam uma variante diferente do gene para a enzima X. Os pesquisadores poderiam usar a biblioteca para selecionar variantes da enzima X com propriedades catalíticas aprimoradas ou poderiam simplesmente determinar quais mudanças seriam funcionais e quais não. As possibilidades são limitadas apenas pela imaginação do pesquisador.

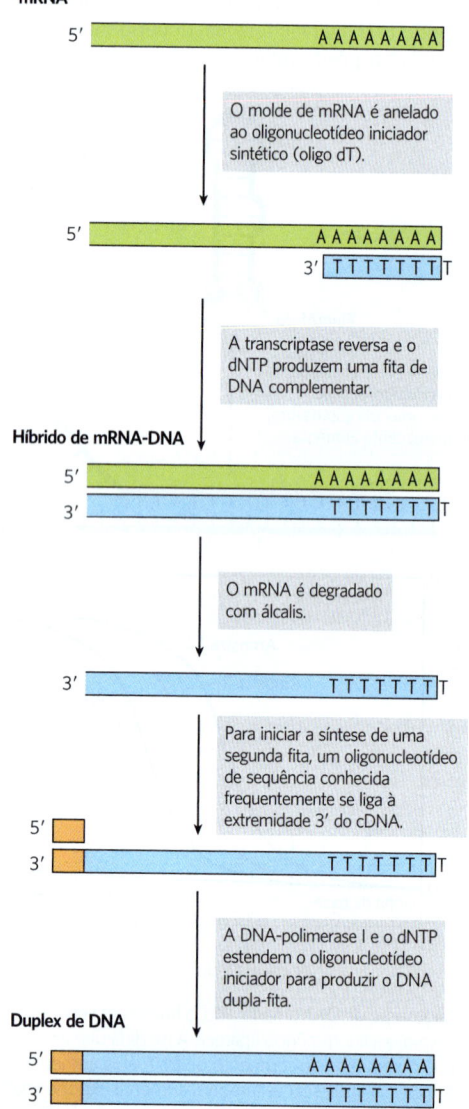

**FIGURA 9-13 Construindo uma biblioteca de cDNA a partir de mRNA.** O conteúdo total de mRNA de uma célula inclui os transcritos de milhares de genes, e os cDNAs gerados desse mRNA são correspondentemente heterogêneos. A transcriptase reversa pode sintetizar DNA a partir de um molde de RNA ou de DNA. Para iniciar a síntese da segunda fita de DNA, os oligonucleotídeos de sequência conhecida anelam-se à extremidade 3′ da primeira fita, e o cDNA dupla-fita então produzido é clonado em um plasmídeo.

### RESUMO 9.1 Estudo dos genes e de seus produtos

■ A clonagem do DNA e a engenharia genética envolvem a clivagem do DNA e o conjunto de segmentos de DNA em novas combinações – DNA recombinante. A clonagem envolve: cortar o DNA em fragmentos de interesse; inserir o fragmento de DNA em um vetor de clonagem adequado; transferir o vetor com o DNA inserido para uma célula hospedeira para a replicação; e identificar e selecionar células que contêm o fragmento de DNA.

■ Enzimas essenciais para a clonagem gênica incluem as endonucleases de restrição (principalmente as enzimas tipo II) e a DNA-ligase.

■ Vetores de clonagem incluem plasmídeos e, para as inserções de DNA mais longas, cromossomos artificiais bacterianos (BAC) e cromossomos artificiais de leveduras (YAC).

■ Os genes clonados podem ser expressos em uma célula hospedeira pela sua incorporação em vetores de expressão que têm os sinais de sequência necessários para a transcrição e tradução.

■ As proteínas podem ser expressas em diferentes tipos de células por meio do uso de sistemas de expressão com várias características e vantagens úteis.

■ As técnicas de engenharia genética podem alterar genes clonados conforme exigido pelo pesquisador.

■ Proteínas ou peptídeos podem se ligar a uma proteína de interesse, alterando o seu gene clonado e criando uma proteína de fusão. Os segmentos de peptídeos adicionais podem ser utilizados para detectar a proteína ou purificá-la utilizando métodos de cromatografia de afinidade convenientes.

■ A reação em cadeia da polimerase (PCR) permite a amplificação de segmentos escolhidos de DNA ou RNA para clonagem e pode ser adaptada para determinar o número de cópias de um gene ou para monitorar quantitativamente a expressão gênica.

■ As bibliotecas de DNA consistem em muitos clones, abrangendo muitos segmentos genômicos ou muitas variantes de um determinado gene.

## 9.2 Explorando a função da proteína na escala das células ou de organismos inteiros

A função das proteínas pode ser descrita em três níveis. A **função fenotípica** descreve os efeitos de uma proteína em todo o organismo. Por exemplo, a perda de proteínas pode levar ao crescimento mais lento do organismo, à alteração do padrão de desenvolvimento ou até mesmo à morte do organismo. A **função celular** é a descrição de uma rede de interações em que as proteínas participam no nível celular. A identificação de interações com outras proteínas na célula pode ajudar a definir os tipos de processos metabólicos dos quais a proteína participa. Por fim, a **função molecular** refere-se à atividade bioquímica precisa de uma proteína, incluindo detalhes como as reações que uma enzima catalisa ou os ligantes que se ligam a um receptor. Em resposta ao desafio de compreender as funções das milhares de proteínas em uma célula típica, os cientistas desenvolveram uma variedade de técnicas em uma disciplina mais ampla – a genômica. É possível aplicar essas técnicas para determinar quando uma determinada proteína é expressa, com quais outras proteínas ela pode estar relacionada, onde ela está localizada na célula, com quais outros componentes celulares ela interage e o que acontece com a célula quando a proteína está ausente.

Uma variedade de métodos inter-relacionados pode examinar amplamente o conteúdo de RNA ou de proteína de uma célula. Todo o complemento de RNA transcrito presente em um determinado momento em uma célula é definido como **transcriptoma** celular. Conforme apresentado nos Capítulos 1 e 3, todo o complemento de proteínas presentes em um determinado momento em uma célula é definido como o **proteoma** dessa célula. Estudos de transcriptomas e estudos de proteomas são referidos como **transcriptômica** e **proteômica**, respectivamente. Mudanças nessas macromoléculas celulares que ocorrem quando um determinado gene ou sua expressão é alterada podem fornecer pistas adicionais importantes da função da proteína, como será visto posteriormente. Os métodos apresentados aqui estão resumidos na **Tabela 9-4**. A lista não é de forma alguma abrangente, mas serve para ilustrar abordagens importantes.

### Sequências ou relações estruturais podem sugerir a função da proteína

**P2** Uma razão importante para se sequenciar muitos genomas é fornecer um banco de dados capaz de atribuir funções de genes por comparações do genoma, empreendimento conhecido como **genômica comparativa**.

Uma sequência do genoma é simplesmente uma sequência muito longa de resíduos de A, G, T e C, tudo sem sentido até ser interpretado. O processo de **anotação genômica** produz informações sobre a localização e a função de genes e outras sequências cruciais. A anotação do genoma converte a sequência em informações que qualquer pesquisador

**TABELA 9-3** Métodos para descobrir novas proteínas e explorar suas funções

| Dica | Método a ser aplicado |
|---|---|
| **Qual é a função da proteína?** | |
| Que outras proteínas de função conhecida têm sequências semelhantes? | Genômica comparativa |
| Que motivos de sequência conhecidos a proteína possui? | Genômica comparativa |
| Em que condições o gene que codifica a proteína é expresso? | RNA-Seq |
| Quanto da proteína está presente na célula em diferentes condições? | Espectrometria de massas |
| Onde a proteína está localizada na célula? | Microscopia com proteínas de fusão e imunofluorescência |
| Com o que a proteína interage? | Imunoprecipitação; purificação por afinidade em *tandem*; análise de duplo-híbridos de levedura |
| O que acontece com a célula quando a proteína está ausente ou alterada? | CRISPR/Cas9 ou outros métodos mutagênicos |
| **Quais genes (alguns desconhecidos) estão envolvidos em um processo?** | Triagem em larga escala |

pode usar; ela geralmente tem como foco o DNA genômico que engloba genes que codificam RNA e proteína, os alvos mais comuns da pesquisa científica. Todo genoma recém-sequenciado inclui muitos genes – muitas vezes 40% ou mais do total – sobre os quais pouco ou nada é conhecido.

Usando ferramentas *online* que aplicam o poder computacional à genômica comparativa, os cientistas podem definir a localização de genes e atribuir funções de genes (sempre que possível) com base na similaridade com genes previamente estudados em outros genomas. O algoritmo clássico BLAST (do inglês Basic Local Alignment Search Tool) permite uma pesquisa rápida de todos os bancos de dados do genoma para sequências relacionadas com alguma que um pesquisador esteja explorando e é especialmente valioso para investigar a função de um gene específico. O BLAST é um dos muitos recursos disponíveis no *site* do NCBI (National Center for Biotechnology Information) (www.ncbi.nlm.nih.gov), patrocinado pelo National Institutes of Health, e no *site* Ensembl (www.ensembl.org), copatrocinado pelo EMBL-EBI (European Molecular Biology Laboratory – European Bioinformatics Institute).

A genômica comparativa é possibilitada pela biologia evolutiva. Às vezes, um gene recém-descoberto é associado por homologia de sequência a genes estudados previamente em outra espécie ou na mesma espécie, e sua função pode ser total ou parcialmente definida por essa relação. Os genes que ocorrem em espécies diferentes, mas têm uma sequência e uma relação funcional clara entre si, são chamados de **ortólogos**. Os genes que têm semelhança entre si em uma única espécie são chamados de **parálogos**. Esses

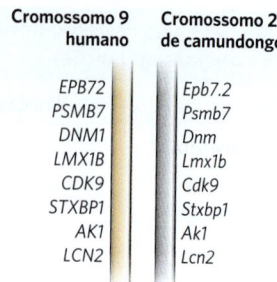

**FIGURA 9-14 Sintenia em genomas humanos e genomas de camundongos.** Segmentos grandes dos dois genomas têm genes intimamente relacionados alinhados na mesma ordem nos cromossomos. Nesses segmentos curtos do cromossomo 9 humano e do cromossomo 2 de camundongo, os genes exibem alto grau de homologia, assim como a mesma ordem dos genes. Os diferentes esquemas de letras para os nomes dos genes simplesmente refletem as diferentes convenções de nomenclatura nas duas espécies. [Informações de T. G. Wolfsberg et al., *Nature* 409:824, 2001, Fig. 1.]

termos foram introduzidos no Capítulo 3, no contexto das proteínas. Assim como nas proteínas, as informações sobre a função de um gene em uma espécie podem ser usadas, pelo menos em princípio, para atribuir uma função ao gene ortólogo encontrado em uma segunda espécie. A correlação é mais fácil de ser feita quando se comparam genomas de espécies com relativa proximidade, como camundongos e seres humanos, embora muitos genes claramente ortólogos tenham sido identificados em espécies tão distantes quanto as bactérias e os seres humanos. Algumas vezes, até mesmo a ordem dos genes em um cromossomo é conservada ao longo de grandes segmentos de genomas de espécies estreitamente relacionadas (**Fig. 9-14**). A ordem gênica conservada, chamada de **sintenia**, fornece evidência adicional para uma relação ortóloga entre genes em locais idênticos dentro dos segmentos relacionados.

De modo alternativo, certas sequências de aminoácidos associadas a motivos estruturais específicos (Capítulo 4) podem ser identificadas em uma proteína. **P2** A presença de um motivo estrutural pode ajudar a definir a função molecular, sugerindo, por exemplo, que uma proteína catalisa a hidrólise de ATP, liga-se ao DNA ou forma um complexo com íons de zinco. Essas relações são determinadas com a ajuda de programas de computador sofisticados, limitados apenas pela informação atual sobre a estrutura do gene e da proteína e pela capacidade para associar sequências a motivos estruturais determinados. As sequências no sítio ativo de uma enzima que foram altamente conservadas durante a evolução geralmente estão associadas à função catalítica, e sua identificação é, muitas vezes, um passo fundamental para a definição do mecanismo de reação de uma enzima. O mecanismo de reação, por sua vez, fornece informações úteis para desenvolver novos inibidores de enzimas, que podem ser utilizados como agentes farmacêuticos.

## Quando e onde uma proteína está presente em uma célula pode sugerir a função proteica

Se uma proteína está envolvida em uma reação ou processo, ela deve estar presente no local e no momento em que a reação ou processo ocorre. Esse aspecto da função da proteína agora pode ser explorado em vários níveis e com precisão cada vez maior.

**RNA-Seq e transcriptômica** Os RNA que são transcritos de um genoma sob um determinado conjunto de condições podem ser determinados por meio do uso dos métodos de sequenciamento de DNA descritos no Capítulo 8. A abordagem é chamada de **RNA-Seq** (**Fig. 9-15**). O RNA é primeiramente isolado de um tecido ou de uma população de células. Em seguida, ele é fragmentado e convertido em DNA de fita dupla utilizando-se a transcriptase reversa (ver Fig. 9-12a). Esse DNA é, então, submetido a um sequenciamento de DNA exaustivo, que revela tanto os RNA que estão presentes quanto a abundância relativa de cada um deles (se mais cópias de um RNA estiverem presentes, elas darão origem a mais leituras de sequenciamento de DNA). Esse método é sensível o suficiente para ser aplicado a células individuais, uma abordagem chamada **RNA-Seq de célula única**, ou **scRNA-Seq** (do inglês *single cell RNA-Seq*). Ele permite aos pesquisadores catalogar os RNA que estão sendo transcritos em diferentes partes de um tecido.

O estado de transcrição de uma célula ou tecido humano pode ser diagnóstico de condições que variam de diabetes a câncer. Se um determinado gene em estudo é

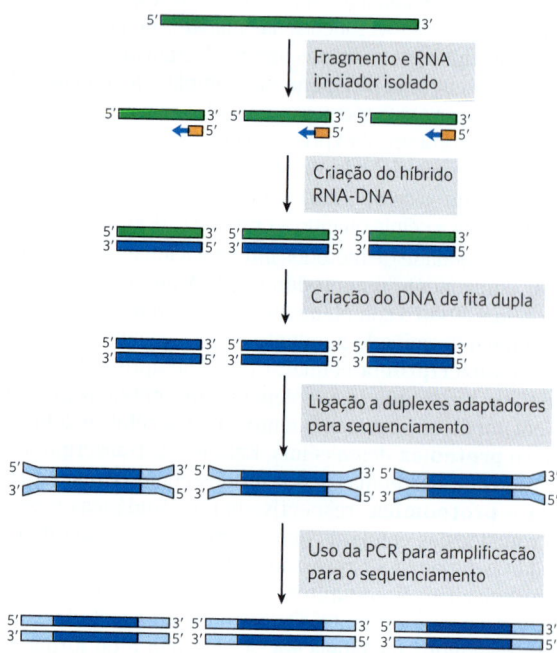

**FIGURA 9-15 RNA-Seq.** Para definir um transcriptoma celular, o primeiro passo é isolar o RNA celular. Como muitos RNA, especialmente os mRNA e os rRNA, são bastante longos, o RNA é fragmentado em um tamanho médio compatível com a plataforma de sequenciamento de DNA utilizada. O RNA é convertido em DNA por meio do uso da transcriptase reversa. Os oligonucleotídeos hexaméricos de DNA de sequência aleatória são usados para o início da transcriptase reversa se todo o RNA for incluído no transcriptoma. Os híbridos de RNA-DNA são mais estáveis do que os híbridos de DNA-DNA, portanto os duplexes hexaméricos são suficientes para essa tarefa. Se o transcriptoma for focado na expressão de genes que codificam proteínas, grânulos revestidos com poli (dT) podem ser usados para hibridizar com as caudas poli(A) de mRNA eucarióticos, permitindo sua precipitação e seu enriquecimento em relação a outros RNA. Após a transcrição reversa, os fragmentos de DNA são ligados a adaptadores duplexes que fornecem um local de iniciação universal para o sequenciamento de DNA, bem como sequências que permitem o anelamento a âncoras na célula de fluxo de sequenciamento (ver Fig. 8-36). Isso é seguido por um sequenciamento de DNA exaustivo e pela análise de dados.

## 9.2 EXPLORANDO A FUNÇÃO DA PROTEÍNA NA ESCALA DAS CÉLULAS OU DE ORGANISMOS INTEIROS

expresso em um determinado tecido ou sob determinadas condições metabólicas, o resultado fornece uma nova pista funcional. O conhecimento detalhado de quais genes são expressos em um determinado tumor pode, no fim, ajudar a orientar as opções de tratamento. O RNA-Seq pode revelar padrões de regulação e expressão gênica. Ele tem especial importância no estudo de tumores cancerígenos, nos quais a rápida evolução desencadeada pela instabilidade do genoma cria uma variedade de tipos de células. Os mRNA que estão presentes nas células tumorais fornecem uma pista para as proteínas que podem estar presentes, embora nem todos os mRNA sejam imediatamente traduzidos em proteínas. O RNA-Seq também revela a presença de muitos tipos de RNA não codificantes (descritos no Capítulo 26) que estão sendo definidos atualmente. ■

**Proteomas celulares e espectrometria de massas** Uma maneira mais direta de estabelecer a presença ou ausência de proteínas é avaliar o proteoma celular. A espectrometria de massas (Capítulo 3) pode catalogar e quantificar com precisão as milhares de proteínas presentes em uma célula típica. Essa abordagem é um complemento ao RNA-Seq, pois fornece uma lista abrangente dos genes que são transcritos e traduzidos nas proteínas. A espectrometria de massas também fornece informações sobre como essas proteínas são modificadas, permitindo, por sua vez, uma avaliação de seu estado regulatório.

**Proteínas de fusão e imunofluorescência** ▶P2 Com frequência, uma pista importante para a função de um produto gênico vem da determinação de sua localização dentro da célula. Por exemplo, uma proteína que se encontra exclusivamente no núcleo pode estar envolvida em processos exclusivos dessa organela, como transcrição, replicação ou condensação da cromatina. Os pesquisadores normalmente modificam geneticamente proteínas de fusão com a finalidade de localizar uma proteína na célula ou no organismo. Algumas das fusões mais úteis são as de proteínas marcadoras que sinalizam a localização por visualização direta ou por imunofluorescência.

Um marcador particularmente útil é a **proteína fluorescente verde** (**GFP**, do inglês *green fluorescent protein*) (**Fig. 9-16**), descoberta por Osamu Shimomura. Como mostrado posteriormente por Martin Chalfie, um gene-alvo (que codifica a proteína de interesse) fusionado com o gene GFP gera uma proteína de fusão altamente

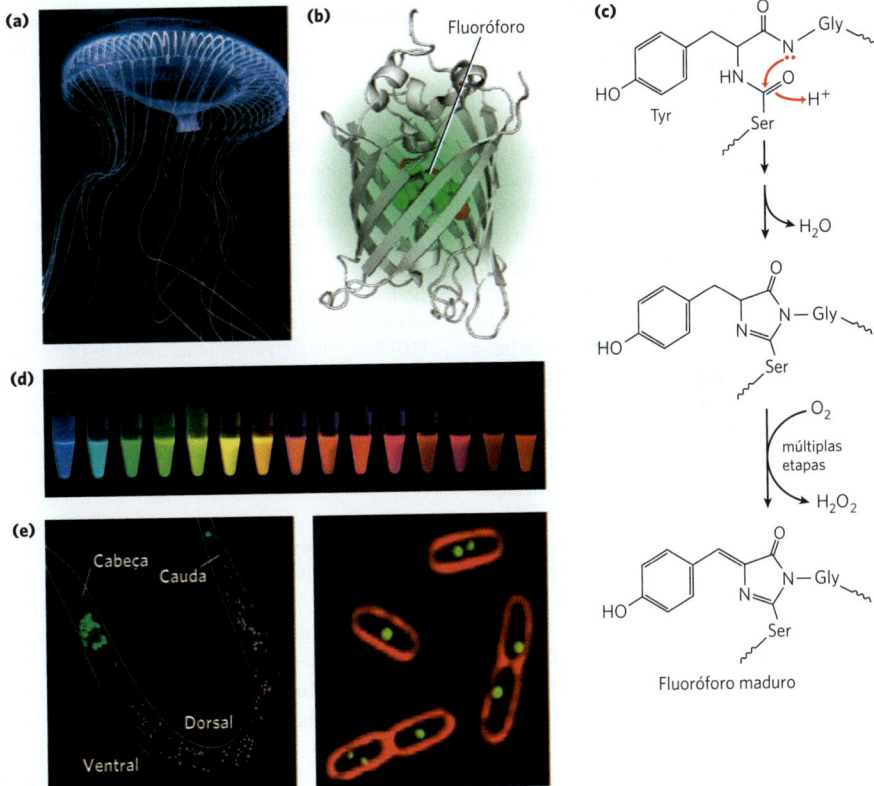

**FIGURA 9-16 Proteína fluorescente verde (GFP).** (a) GFP é derivada da água-viva *Aequorea victoria*. (b) A proteína tem uma estrutura em barril $\beta$; o fluoróforo está no centro do barril. (c) O fluoróforo na GFP é derivado de uma sequência de três aminoácidos: –Ser$^{65}$–Tyr$^{66}$–Gly$^{67}$–. Ele atinge sua forma madura por meio de um rearranjo interno, acoplado a uma reação de oxidação de várias etapas. Um mecanismo resumido está mostrado aqui. (d) Atualmente, variantes de GFP estão disponíveis em quase todas as cores do espectro visível. (e) Uma proteína de fusão GLR1-GFP tem brilho fluorescente verde-claro no verme nematódeo *Caenorhabditis elegans* (à esquerda). A GLR1 é um receptor de glutamato do tecido nervoso. (Nesta fotografia, gotículas de gordura autofluorescentes coram-se falsamente de magenta.) As membranas das células de *E. coli* (à direita) estão coradas com corante fluorescente vermelho. As células estão expressando uma proteína que se liga a um plasmídeo da célula fusionado com GFP. Os pontos verdes indicam as posições dos plasmídeos. [(a) Chris Parks/ImageQuest Marine. (b) Dados de PDB ID 1GFL, F. Yang et al., *Nature Biotechnol.* 14:1246, 1996. (c) Informações de Roger Tsien, University of California, San Francisco, Department of Pharmacology, e Paul Steinbach. (d) Cortesia de Roger Tsien e Paul Steinbach, University of California, San Diego, Department of Pharmacology. (e) (à esquerda) Cortesia de Penelope J. Brockie e Andres V. Maricq, Department of Biology, University of Utah; (à direita) cortesia de Joseph A. Pogliano, de J. Pogliano et al. (2001), Multicopy plasmids are clustered and localized in *Escherichia coli*, *Proc. Natl. Acad. Sci. USA* 98:4486-4491.]

fluorescente – ela literalmente acende quando exposta à luz azul –, que pode ser visualizada diretamente em uma célula viva. GFP é uma proteína derivada da água-viva *Aequorea victoria* (Fig. 9-16a). A proteína tem uma estrutura em barril β com um fluoróforo (o componente fluorescente da proteína) no centro (Fig. 9-16b). O fluoróforo é derivado do rearranjo e oxidação de três resíduos de aminoácidos (Fig. 9-16c). Como essa reação é autocatalítica e não requer proteínas ou cofatores além do oxigênio molecular, a GFP é facilmente clonada de forma ativa em quase qualquer célula. Apenas algumas moléculas dessa proteína podem ser observadas ao microscópio, permitindo o estudo da sua localização e dos seus movimentos em uma célula.

A engenharia cuidadosa de proteínas por Roger Tsien, bem como o isolamento de proteínas fluorescentes relacionadas de outros celenterados marinhos, disponibilizou variantes dessas proteínas em uma variedade de cores (Fig. 9-16d) e outras características (brilho, estabilidade). Se a fusão com GFP não prejudica a função ou as propriedades da proteína que se deseja estudar, a proteína de fusão pode ser usada para revelar a localização da proteína na célula em uma série de condições, bem como para detectar interações com outras proteínas marcadas. Com essa tecnologia, por exemplo, a proteína GLR1 (um receptor de glutamato do tecido nervoso) foi visualizada como proteína de fusão GLR1-GFP no nematódeo *Caenorhabditis elegans* (Fig. 9-16e).

Em alguns casos, a proteína de fusão GFP pode estar inativa ou pode não ser expressa em níveis suficientes para permitir a sua visualização. A **imunofluorescência** é um método alternativo para a visualização da proteína endógena (inalterada). Essa abordagem requer fixação (e, portanto, morte) da célula. A proteína de interesse às vezes é expressa como uma proteína de fusão com um **marcador de epítopo**, uma sequência proteica curta que se liga firmemente a um anticorpo bem caracterizado disponível comercialmente. As moléculas fluorescentes (fluorocromos) estão ligadas a esse anticorpo. Mais comumente, a proteína-alvo é inalterada e está ligada por um anticorpo que é específico para a proteína. Em seguida, um segundo anticorpo é adicionado e se liga especificamente ao primeiro, e é o segundo anticorpo que tem os fluorocromos ligados (**Fig. 9-17**). Uma variação dessa abordagem indireta para a visualização é ligar moléculas de biotina ao primeiro anticorpo e, em seguida, adicionar estreptoavidina (uma proteína bacteriana intimamente relacionada com a avidina, uma proteína que se liga à biotina; ver Tabela 5-1) complexada com fluorocromos. A interação entre a biotina e a estreptoavidina é uma das interações mais fortes e mais específicas conhecidas, e o potencial de adicionar muitos fluorocromos a cada proteína-alvo confere a esse método uma grande sensibilidade. Em todos esses casos, o produto é uma visão microscópica de uma célula em que um ponto de luz (um foco) revela a localização da proteína.

### Saber com o que uma proteína interage pode sugerir sua função

Outro conhecimento-chave para definir a função de uma proteína específica é determinar seus companheiros bioquímicos. **P2** No caso de interações proteína-proteína, a associação de uma proteína de função desconhecida com outra cuja função é conhecida pode fornecer uma implicação convincente de uma relação funcional. As técnicas utilizadas nesse esforço são bastante variadas.

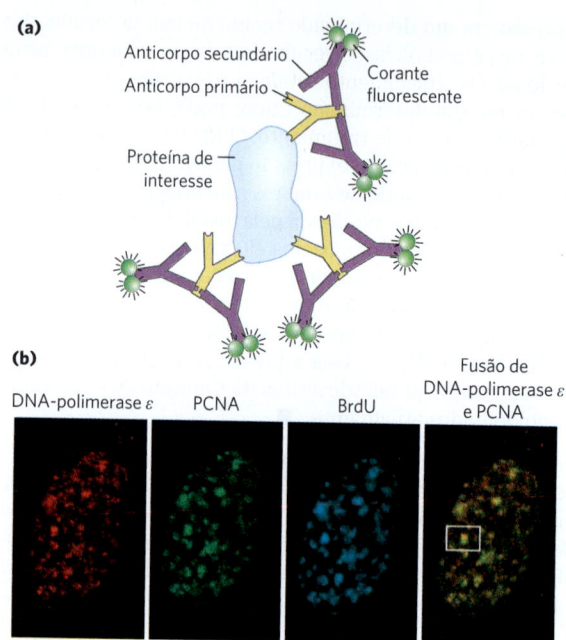

**FIGURA 9-17 Imunofluorescência indireta.** (a) A proteína de interesse liga-se ao anticorpo primário, e um anticorpo secundário é adicionado; este segundo anticorpo, com um ou mais grupos fluorescentes ligados, liga-se ao primeiro. Muitos anticorpos secundários podem se ligar ao anticorpo primário, amplificando o sinal. Se a proteína de interesse está no interior de uma célula, a célula é fixada e permeabilizada, e os dois anticorpos são adicionados sucessivamente. (b) O resultado é uma imagem na qual os pontos brilhantes indicam a localização da proteína, ou proteínas, de interesse na célula. As imagens mostram um núcleo de um fibroblasto humano, sucessivamente corado com anticorpos e marcadores fluorescentes para: DNA-polimerase ε; PCNA, uma importante proteína acessória da polimerase; e bromodesoxiuridina (BrdU), um análogo de nucleotídeo. A BrdU, adicionada como um breve pulso, identifica as regiões de replicação ativa de DNA. Os padrões de coloração mostram que a DNA-polimerase ε e a PCNA se colocalizam em regiões de síntese ativa de DNA (imagem à extrema direita); uma dessas regiões é visível no quadro branco. [(b) Fuss, J. e Linn, S., 2002, "Human DNA Polymerase ε Colocalizes with Proliferating Cell Nuclear Antigen and DNA Replication Late, but Not Early, in S Phase," *J. Biol. Chem.* 277:8658-8666. Cortesia de Jill Fuss, University of California, Berkeley.]

**Purificação de complexos proteicos** Ao fundir o gene que codifica uma proteína em estudo com o gene para uma etiqueta de epítopo, os pesquisadores podem precipitar o produto proteico do gene de fusão por complexação com o anticorpo que liga o epítopo. Esse processo é chamado de **imunoprecipitação** (**Fig. 9-18**). Se a proteína marcada for expressa em células, outras proteínas que se ligam a ela também precipitarão. A identificação de proteínas associadas revela algumas das interações proteína-proteína da proteína marcada. Há muitas variações desse processo. Por exemplo, um extrato bruto de células que expressam uma proteína marcada é adicionado a uma coluna contendo anticorpos imobilizados (ver Fig. 3-17c para uma descrição de cromatografia de afinidade). A proteína marcada liga-se ao anticorpo, e, às vezes, as proteínas que interagem com a proteína marcada também são retidas na coluna. A conexão entre a proteína e o marcador é clivada com uma protease específica. Os complexos de proteínas são eluídos da coluna, e as proteínas neles contidas são identificadas por espectrometria de massas. Os pesquisadores utilizam esses métodos para definir redes

## 9.2 EXPLORANDO A FUNÇÃO DA PROTEÍNA NA ESCALA DAS CÉLULAS OU DE ORGANISMOS INTEIROS

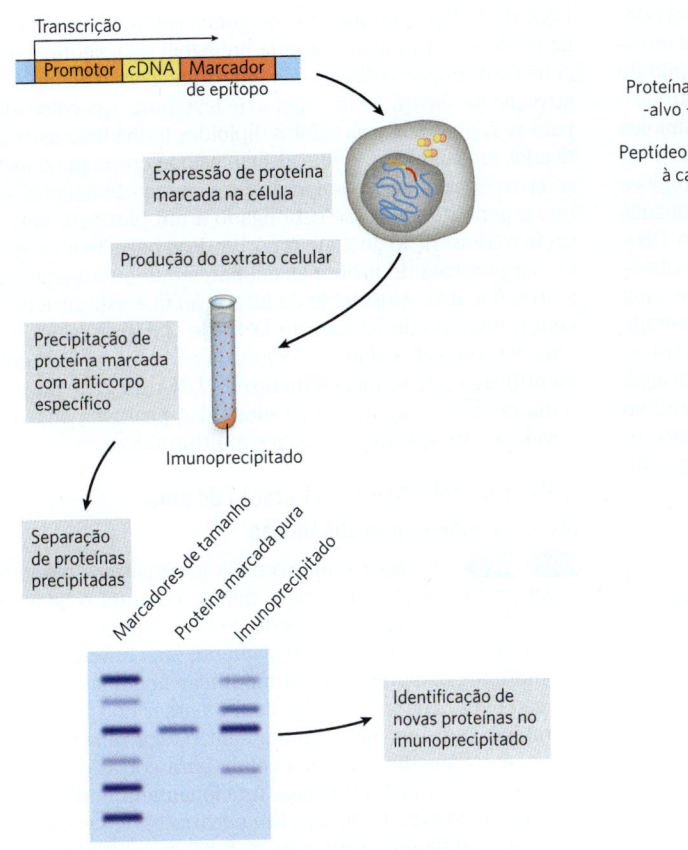

**FIGURA 9-18 Uso de marcadores de epítopos para estudar interações proteína-proteína.** O gene de interesse é clonado próximo a um gene para um marcador de epítopo, e a proteína de fusão resultante é precipitada por anticorpos para o epítopo. Todas as outras proteínas que interagem com a proteína marcada também precipitam, contribuindo, assim, para elucidar as interações proteína-proteína.

complexas de interações no interior de uma célula. Em princípio, o método cromatográfico para analisar interações proteína-proteína é utilizado com qualquer tipo de marcador de proteína (marcador His, GST, etc.) que possa ser imobilizado em meio cromatográfico adequado.

A seletividade desse método foi potencializada com os **marcadores de purificação por afinidade em *tandem* (TAP)**. Dois marcadores consecutivos são fusionados a uma proteína-alvo, e a proteína de fusão é expressa em uma célula (**Fig. 9-19**). O primeiro marcador é a proteína A, uma proteína encontrada na superfície da bactéria *Staphylococcus aureus*, que se liga firmemente à imunoglobulina G (IgG) de mamíferos. O segundo marcador é frequentemente um peptídeo de ligação à calmodulina. Um extrato bruto contendo a proteína de fusão marcadora de TAP é passado por uma matriz de coluna com anticorpos IgG fixados, que se ligam à proteína A. A maior parte das proteínas celulares não ligadas é removida da coluna, mas as proteínas que normalmente interagem com a proteína-alvo na célula são retidas. O primeiro marcador é, então, clivado a partir da proteína de fusão com uma protease altamente específica, a protease TEV, e a proteína-alvo de fusão encurtada e quaisquer outras proteínas associadas de modo não covalente à proteína-alvo são eluídas da coluna. O eluente, então, passa

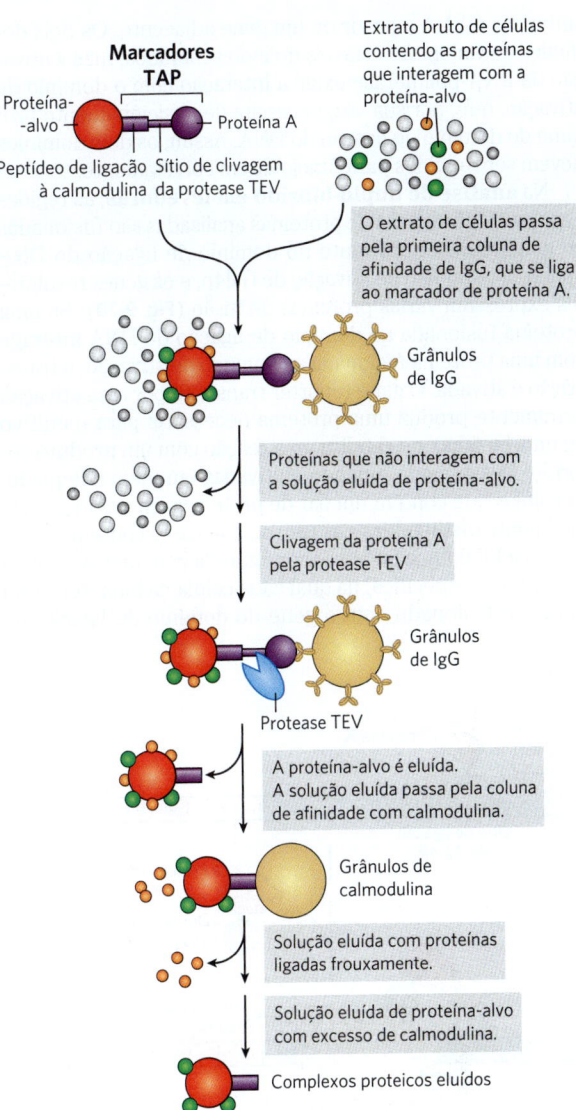

**FIGURA 9-19 Marcadores por purificação de afinidade em *tandem* (TAP).** Uma proteína marcada com TAP e as proteínas associadas são isoladas por duas purificações de afinidade consecutivas, conforme descrito no texto.

por uma segunda coluna contendo uma matriz com calmodulina fixada, que liga o segundo marcador. Proteínas ligadas frouxamente voltam a ser removidas da coluna. Após a clivagem do segundo marcador, a proteína-alvo é eluída da coluna com suas proteínas associadas. As duas etapas de purificação consecutivas eliminam todos os contaminantes fracamente ligados. Os resultados falso-positivos são minimizados, e as interações proteicas que persistem em ambas as etapas podem ser funcionalmente significativas.

**Análise de duplo-híbrido em leveduras** Uma abordagem genética sofisticada para definir interações proteína-proteína está baseada nas propriedades da proteína Gal4 (Gal4p; ver Fig. 28-32), que ativa a transcrição dos genes *GAL* (codificando as enzimas do metabolismo da galactose) em leveduras. A Gal4p tem dois domínios: um que se liga a uma sequência específica de DNA e outro que ativa a RNA-polimerase para sintetizar mRNA a partir de um gene adjacente. Os dois domínios de Gal4p são estáveis quando separados, mas a ativação da RNA-polimerase exige a interação com o domínio de ativação, que, por sua vez, necessita de posicionamento próximo do domínio de ligação do DNA. Assim, os dois domínios devem ser reunidos para funcionarem corretamente.

Na **análise de duplo-híbrido em leveduras**, as regiões gênicas codificadoras de proteínas analisadas são fusionadas ao gene da levedura tanto no domínio de ligação do DNA quanto no domínio de ativação de Gal4p, e os genes resultantes expressam várias proteínas de fusão (**Fig. 9-20**). Se uma proteína fusionada ao domínio de ligação do DNA interage com uma proteína fusionada ao domínio de ativação, a transcrição é ativada. O gene repórter transcrito por essa ativação geralmente produz uma proteína necessária para o cultivo ou uma enzima que catalisa uma reação com um produto colorido. Desse modo, quando cultivadas em meio adequado, as células que contêm um par de proteínas em interação são facilmente distinguidas das células que não o contêm.

Uma biblioteca pode ser configurada com uma linhagem de levedura específica, na qual cada célula na biblioteca tem um gene fusionado com o gene do domínio de ligação do DNA de Gal4p, e muitos desses genes estão representados na biblioteca. Em uma segunda linhagem de leveduras, um gene de interesse é fusionado com o gene para o domínio de ativação de Gal4p. As linhagens de leveduras são colocadas para se reproduzir, e as células diploides individuais são cultivadas em colônias. As únicas células que crescem no meio seletivo e produzem a coloração adequada são aquelas em que o gene de interesse está ligado a um parceiro, permitindo a transcrição do gene repórter. Isso permite a triagem em larga escala de proteínas celulares que interagem com a proteína-alvo. A proteína de interação que está fusionada com o domínio de ligação do DNA de Gal4p presente em uma determinada colônia selecionada pode ser rapidamente identificada por sequenciamento de DNA do gene da proteína de fusão. Alguns resultados falso-positivos ocorrem devido à formação de complexos multiproteicos.

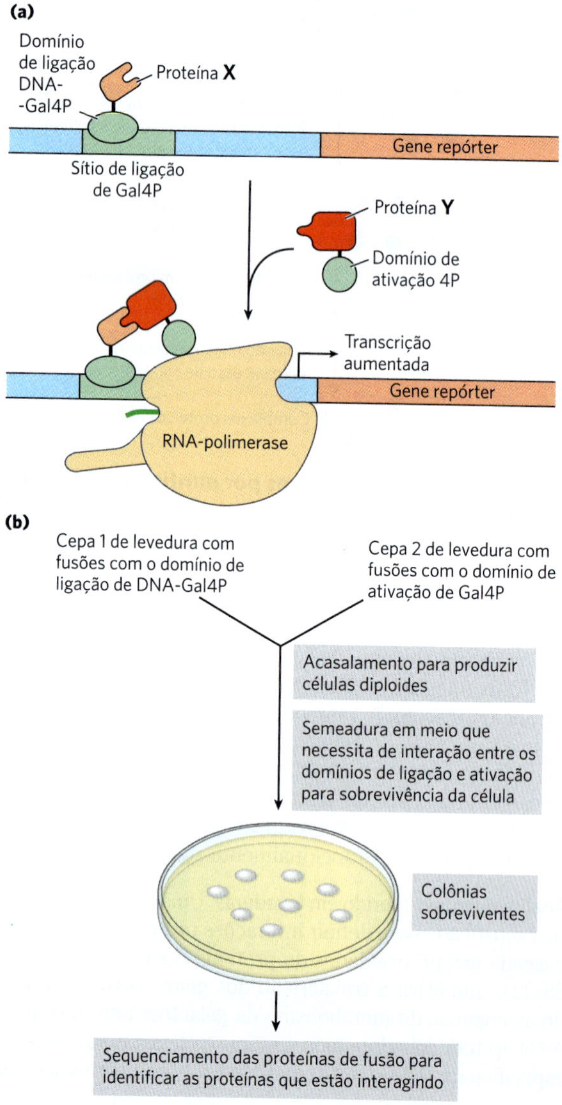

## O efeito da deleção ou da alteração de uma proteína pode sugerir sua função

**P2 P3** Um dos caminhos mais informativos para entender a função de um gene é mudar (mutar) o gene ou deletá-lo. Um pesquisador pode, então, examinar como a alteração genômica afeta o crescimento ou a função celular. Os métodos disponíveis para modificar genomas tornam-se cada vez mais sofisticados com o passar dos anos. Uma estratégia cada vez mais comum é introduzir uma nuclease altamente específica em uma célula para cortar o gene de interesse em um sítio que seja funcionalmente crítico, gerando a quebra da dupla-fita. Em eucariotos, essas quebras são mais comumente reparadas por sistemas celulares que promovem a união de extremidades não homólogas (NHEJ, do inglês *nonhomologous end joining*), um processo descrito no Capítulo 25. A NHEJ sela a quebra da dupla-fita, mas o processo é impreciso. Nucleotídeos geralmente são deletados ou adicionados durante o reparo, inativando o gene. Nas bactérias, as quebras da dupla-fita introduzida são geralmente reparadas de forma mais precisa por sistemas de recombinação homóloga (Capítulo 25), mas podem surgir mutações de inativação. Muitas abordagens tradicionais para direcionar um gene dessa forma foram suplantadas pelo advento dos sistemas CRISPR/Cas em 2011.

**Sistemas CRISPR/Cas** "CRISPR" significa repetições palindrômicas curtas agrupadas e regularmente intercaladas (do inglês ***c****lustered, **r**egularly **i**nterspaced **s**hort **p**alindromic **r**epeats*); como o nome sugere, elas consistem em uma série de repetições curtas regularmente espaçadas no genoma bacteriano. A proteína Cas (*CRISPR-a*ssociada) é uma nuclease. As sequências CRISPR e a proteína Cas são componentes de um tipo de sistema imune que evoluiu para permitir que as bactérias sobrevivessem à infecção por

**FIGURA 9-20 Análise de duplo-híbrido em leveduras.** (a) O objetivo é reunir o domínio de ligação do DNA e o domínio de ativação da proteína de levedura Gal4 (Gal4p) por meio da interação de duas proteínas, X e Y, às quais um dos domínios se funde. Essa interação é acompanhada pela expressão de um gene repórter. (b) As duas fusões de genes são criadas em linhagens de leveduras separadas, que são, então, colocadas para se reproduzir. A mistura que sofre reprodução é semeada em um meio no qual as leveduras não podem sobreviver a menos que o gene repórter seja expresso. Assim, todas as colônias sobreviventes têm proteínas de fusão interagindo. O sequenciamento das proteínas de fusão nas colônias sobreviventes revela quais proteínas estão interagindo.

## 9.2 EXPLORANDO A FUNÇÃO DA PROTEÍNA NA ESCALA DAS CÉLULAS OU DE ORGANISMOS INTEIROS

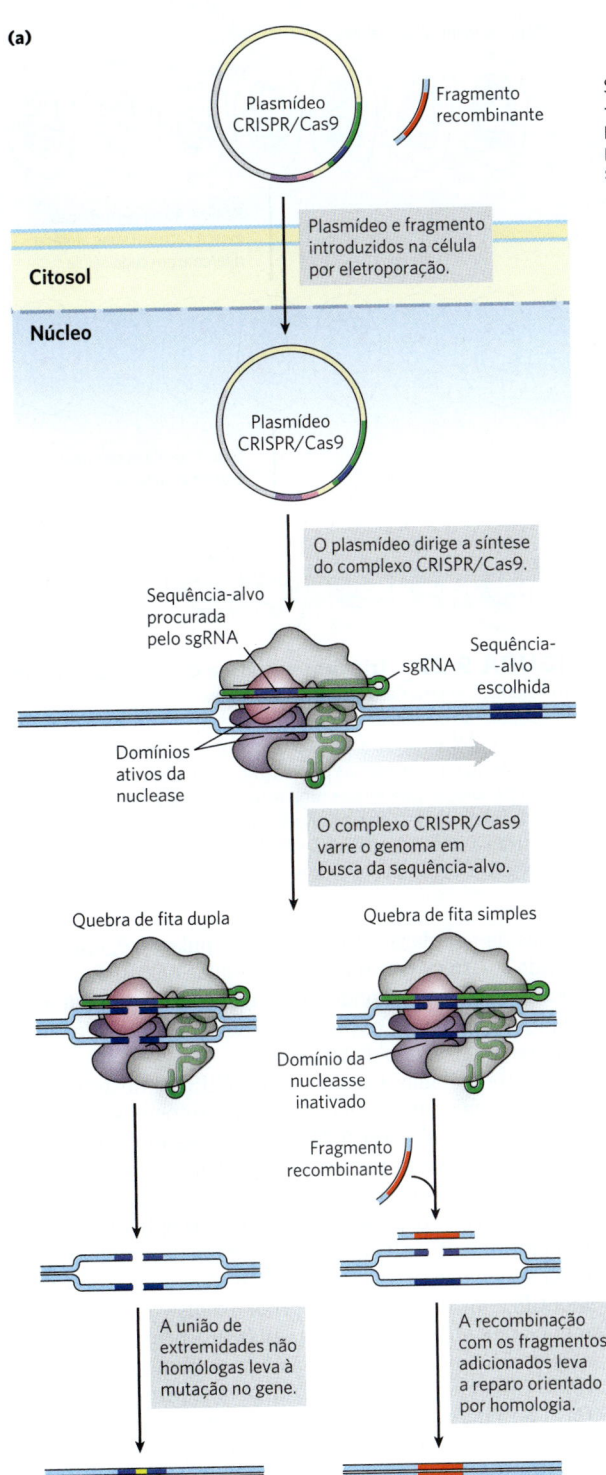

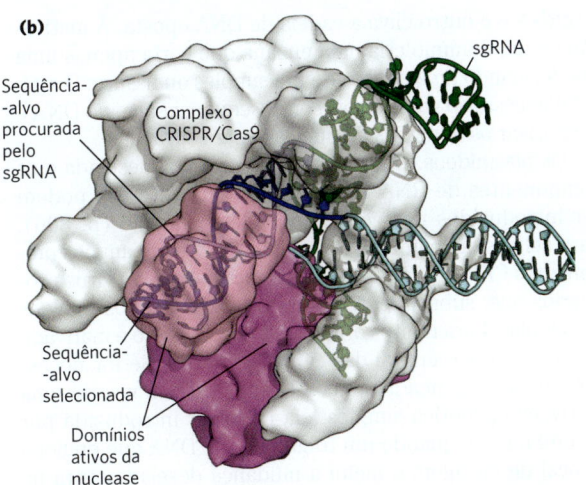

**FIGURA 9-21 Sistema CRISPR/Cas9 para engenharia genômica.** (a) Os genes que codificam a proteína Cas9 e o sgRNA são introduzidos em uma célula em que se planeja fazer uma mudança genômica. O sgRNA apresenta uma região complementar à sequência-alvo genômica escolhida (em roxo); essa região pode ser planejada para incluir qualquer sequência que se deseje. Um complexo composto de CRISPR sgRNA e proteína Cas9 forma-se dentro da célula e liga-se ao local-alvo escolhido no DNA. A estrutura do complexo ligado é mostrada em (b). Na via mostrada à esquerda em (a), dois sítios ativos de nuclease na proteína Cas9 clivam separadamente cada cadeia de DNA no alvo, causando a quebra da dupla-fita. A quebra da dupla-fita é geralmente reparada pela união de extremidades não homólogas, que geralmente exclui ou altera os nucleotídeos no local em que ocorre a união. De modo alternativo, como mostrado na via à direita, se um sítio de nuclease for inativado, a atividade da nuclease Cas9 causa uma quebra de fita simples na sequência-alvo. Na presença de um fragmento de DNA doador na recombinação idêntico ao da sequência-alvo, mas incorporando a alteração de sequência desejada (fragmento mostrado em vermelho), a recombinação homóloga de DNA às vezes altera a sequência no local da ruptura para coincidir com a do DNA do doador. [Dados de PDB ID 4UN3, C. Anders et al., *Nature* 513:569, 2014.]

bacteriófagos. As sequências CRISPR são incorporadas ao genoma bacteriano, envolvendo sequências derivadas de agentes patogênicos de fago que previamente infectaram a bactéria sem matá-la. As sequências virais são, na verdade, sequências espaçadoras que separam as sequências CRISPR. Quando o mesmo bacteriófago ataca novamente uma bactéria com o sistema CRISPR/Cas correspondente, a sequência CRISPR e a proteína Cas agem em conjunto para destruir o DNA viral. Primeiro, as sequências CRISPR são transcritas para RNA, e as sequências espaçadoras virais individuais são clivadas para formar produtos chamados de **RNA-guia** (**gRNA**), que incluem algum RNA repetido adjacente. Um gRNA forma um complexo com uma ou mais proteínas Cas e, em alguns casos, com outro RNA denominado **RNA CRISPR de ativação em *trans***, ou **tracrRNA**. O complexo resultante liga-se especificamente ao DNA do bacteriófago invasor, cortando-o e destruindo-o por meio das atividades de nuclease associadas às proteínas Cas.

A tecnologia atual foi possível graças à descoberta de um sistema CRISPR/Cas relativamente simples em *Streptococcus pyogenes*. Esse sistema requer apenas uma única proteína Cas, Cas9, para clivar o DNA. O trabalho em muitos laboratórios, especialmente aqueles de Jennifer Doudna e Emmanuelle Charpentier, produziu um sistema CRISPR/Cas9 simplificado, composto de apenas uma proteína (Cas9) e um RNA associado, composto de gRNA e tracrRNA fusionados em um **RNA-guia simples** (**sgRNA**). O poder do sistema está embutido nesse sgRNA, no qual a sequência-guia pode ser alterada para atingir, de forma específica e eficiente, quase qualquer sequência genômica (**Fig. 9-21**). Cas9 tem dois domínios de nuclease separados: um domínio cliva a cadeia de DNA pareada com o sgRNA e o outro cliva a cadeia de DNA oposta. A inativação de um domínio cria uma enzima que corta apenas uma fita, formando uma quebra de fita simples ou fissura. O sgRNA é necessário para parear com a sequência-alvo no DNA e para ativar os domínios de nuclease para clivagem.

Os plasmídeos que expressam a proteína desejada e os componentes de RNA do complexo CRISPR/Cas9 podem ser introduzidos nas células por eletroporação (p. 306). Para células de mamíferos, os genes que codificam os componentes CRISPR/Cas9 podem ser incorporados a vírus projetados que, subsequentemente, os entregam aos núcleos das células. Para muitos organismos, o gene-alvo é inativado em um alto percentual das células tratadas. Se for necessária uma mudança genômica (mutação), em vez de uma inativação genética simples, ela pode ser introduzida por recombinação, quando um fragmento de DNA que engloba o local de clivagem e inclui a mudança desejada entra na célula com os plasmídeos CRISPR/Cas9. Essa recombinação é muitas vezes ineficiente, mas o sucesso pode ser melhorado um pouco ao se introduzir uma fissura, em vez de uma quebra da dupla-fita, no local-alvo (Fig. 9-21).

O CRISPR/Cas9 pode ser combinado com outras abordagens para extrair informações adicionais. Por exemplo, um determinado gene pode ser inativado com CRISPR/Cas9. Então, o efeito da inativação desse gene na transcrição de outros genes pode ser examinado com RNA-Seq no nível de tecidos, populações de células ou células individuais.

Novas aplicações para CRISPR/Cas9 estão sendo desenvolvidas rapidamente, tanto para pesquisa básica quanto para medicina. As triagens genéticas baseadas em CRISPR estão descritas na próxima seção. O CRISPR está sendo usado para aumentar a produção de alimentos, fornecer novas abordagens para combater infecções bacterianas e eliminar espécies de pragas não nativas que podem abrigar doenças (**Quadro 9-1**). Novos tratamentos baseados em CRISPR para doenças genéticas estão avançando de forma cautelosa para ensaios clínicos de perda de visão devido a distrofias hereditárias da retina, distrofia muscular de Duchenne, $\beta$-talassemia e muitas outras condições. As incertezas permanecem, em particular o potencial de clivagem ocasional em locais cromossômicos não intencionais (clivagem fora do alvo). O impacto da CRISPR/Cas9 continuará a crescer à medida que os problemas forem superados, as aplicações atuais amadurecerem e novas aplicações forem imaginadas e criadas.

### Muitas proteínas ainda não foram descobertas

Para a maioria dos processos biológicos, que vão do metabolismo intermediário à função neurológica e ao metabolismo do DNA, a lista de enzimas e proteínas participantes conhecidas está longe de estar completa. **P2** A triagem genética para novas funções gênicas está em andamento há muitas décadas. O objetivo é interrogar com eficiência um grande número de genes, às vezes todo o genoma, em busca de genes que afetam uma reação ou processo celular específico. Uma perturbação do gene – um tratamento que inativa um gene ou ativa a sua expressão – é introduzida sob condições nas quais apenas um gene é afetado em cada célula, mas a maioria ou todos os genes são afetados em uma ou mais

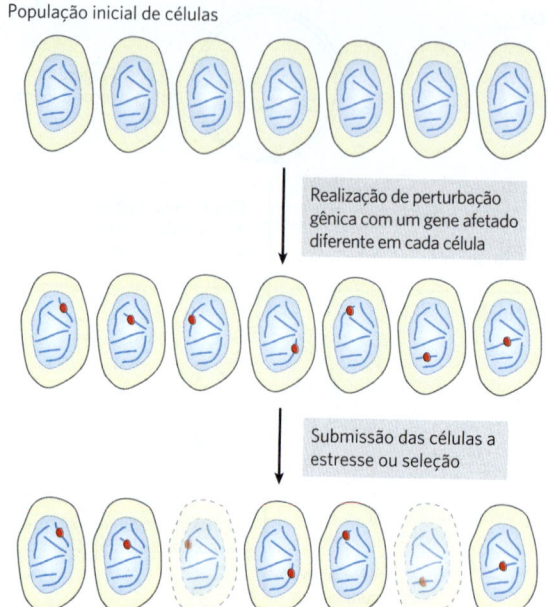

**FIGURA 9-22 Triagem genética de alto rendimento.**
Uma alteração no gene, seja inativação, seja ativação, é introduzida em uma população de células de modo que apenas um gene em cada célula seja afetado. No entanto, a maioria ou todos os genes são afetados em uma célula ou outra dentro da população. A população é, então, submetida a uma seleção que requer uma resposta de alguns genes celulares. As células que não têm os genes necessários ou que têm esses genes ativados serão eliminadas ou enriquecidas na população, respectivamente. No exemplo mostrado, duas células são eliminadas.

células da população (**Fig. 9-22**). A população é, então, submetida a estresse ou seleção. As células nas quais um gene necessário para responder à seleção é alterado podem sair da população ou ser enriquecidas nela, dependendo dos objetivos e do desenho da triagem.

As tecnologias baseadas em CRISPR desempenham cada vez mais um papel central em protocolos de triagem em grande escala (**Fig. 9-23**). Bibliotecas de sgRNA foram geradas para atingir praticamente todos os genes em um genoma de mamífero, ou subconjuntos especializados deles. A sequência de direcionamento em cada sgRNA tem 20 pb de comprimento. Além de direcionar um determinado gene, cada sequência de direcionamento atua como um tipo de identificador de código de barras exclusivo que é prontamente reconhecido por programas de computador após o sequenciamento. Os sgRNA são empacotados em um cassete de DNA configurado para também expressar a proteína Cas9 ou uma variante Cas9. Os cassetes são incorporados em vetores lentivirais cuidadosamente projetados derivados do HIV (com os genes necessários para a multiplicação do HIV eliminados). Os vetores virais entregam o cassete ao núcleo como um RNA de fita simples, convertem-no em DNA de fita dupla com a transcriptase reversa codificada pelo vírus e integram o DNA em um cromossomo. Os componentes CRISPR/Cas9 são expressos para perturbar o gene-alvo determinado pelo sgRNA específico entregue a essa célula. O efeito produzido depende da variante Cas9 usada.

## QUADRO 9-1

### Livrando-se de pragas com *gene drives*

Espécies invasoras de plantas e animais podem causar estragos em qualquer ambiente natural e espalhar doenças humanas. Os mosquitos que abrigam o vírus zika e outras doenças em muitas partes do mundo, os ratos introduzidos em quase todos os continentes, os sapos-cururus e os coelhos na Austrália e a trepadeira kudzu no sul dos Estados Unidos representam apenas alguns exemplos de espécies invasoras que causam a miséria humana e prejuízos financeiros anuais que totalizam bilhões de dólares. Os métodos tradicionais de controle, como envenenamento ou captura, muitas vezes não têm sucesso e podem ter efeitos prejudiciais sobre as espécies nativas, que se tornam alvos indesejados.

A descoberta de elementos egoístas do DNA, como endonucleases endógenas e transposons, que podem se espalhar por uma população deu origem ao conceito de **gene drives** como uma nova abordagem para o controle de espécies invasoras. A interação mais recente e promissora dessa ideia envolve *gene drives* sintéticos baseados em CRISPR/Cas9. A ideia geral é estabelecer um sistema que distorça a proporção entre machos e fêmeas em uma espécie-alvo longe do favorecido 1:1, resultando no colapso da população. Uma estratégia denominada fragmentação do X, já comprovada em laboratório com mosquitos, está em destaque na Figura 1. Um cassete que inclui genes que expressam Cas9, bem como vários sgRNA direcionados a diferentes locais específicos do cromossomo X, é inserido em uma região intergênica no cromossomo Y. O cassete é inserido em machos e é controlado por um sistema regulador de genes que é expresso apenas durante a espermatogênese. Assim, durante a espermatogênese, o cassete é expresso de forma que o cromossomo X seja clivado em vários locais, basicamente destruindo-o. Isso garante que os únicos espermatozoides viáveis tenham cromossomos Y. Dessa forma, qualquer cruzamento com uma fêmea gera descendentes machos, e todos eles têm cromossomos Y contendo o cassete de fragmentação do X. Posteriormente, quando esses descendentes machos acasalam com outras fêmeas, há o mesmo resultado. À medida que esses machos acasalam e espalham o cassete pela população, ocorre uma escassez de fêmeas, e a população entra em colapso. Em princípio, essa mesma estratégia poderia ser aplicada a ratos, sapos-cururus e muitas outras espécies invasoras.

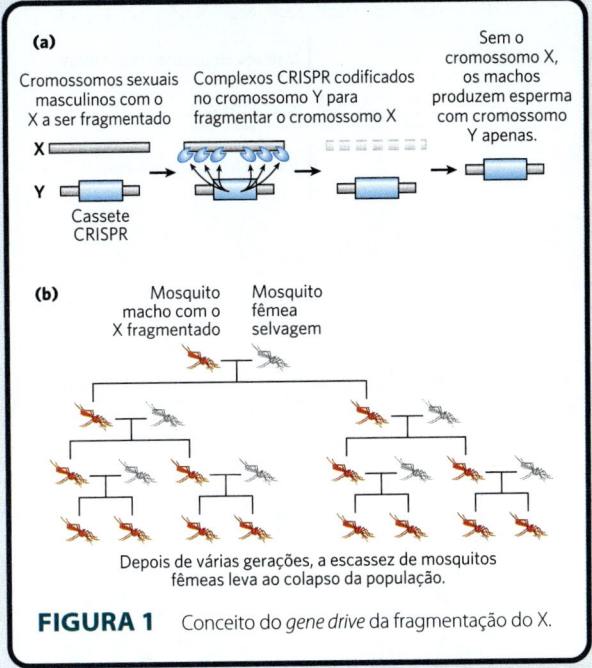

**FIGURA 1** Conceito do *gene drive* da fragmentação do X.

Até o momento, os *gene drives* estão restritos ao laboratório. O potencial de um *gene drive* escapar para espécies que não são os alvos pretendidos ainda não está claro. A resistência nas espécies-alvo pode ocorrer pela mutação dos sítios-alvo do sgRNA, embora o uso de vários sítios torne isso menos provável. A abordagem do *gene drive* é uma boa ilustração do poder e do potencial da CRISPR. No entanto, uma vez que machos com *gene drive* fossem liberados, seria essencialmente impossível interromper os efeitos. A natureza tem um jeito de impor consequências, tanto não intencionais quanto inesperadas. Os potenciais efeitos positivos sobre saúde e agricultura continuam a impulsionar a pesquisa para melhorar a tecnologia e abordar os possíveis problemas.

---

A nuclease Cas9 não modificada criará uma quebra na fita dupla que inativa o gene. Uma Cas9 modificada que precisa da atividade de nuclease irá simplesmente se ligar ao seu alvo e bloquear a transcrição. A Cas9 fusionada a um inibidor ou ativador da transcrição de proteína pode bloquear ou ativar mais efetivamente a transcrição, respectivamente (Fig. 9-23b).

Qualquer que seja a estratégia usada, um gene diferente é afetado em cada célula. Uma vez que a população foi tratada com estresse ou seleção, as células nas quais os genes necessários para sobreviver ao tratamento são inativados ou ativados pela variante CRISPR/Cas9 irão morrer ou prosperar. A presença diminuída ou aumentada das sequências de código de barras relevantes pode ser detectada por sequenciamento de DNA exaustivo usando-se uma sequência de iniciação universal incorporada ao cassete próximo à sequência de sgRNA. As estratégias descritas aqui apenas sugerem a variedade de protocolos em uso, limitados apenas pela imaginação dos pesquisadores.

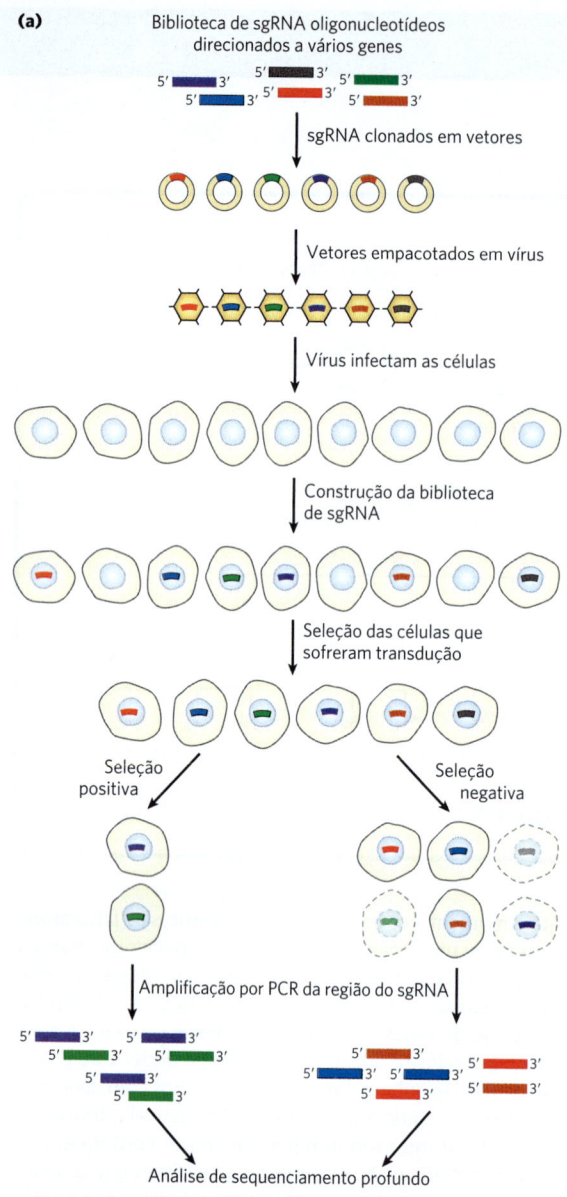

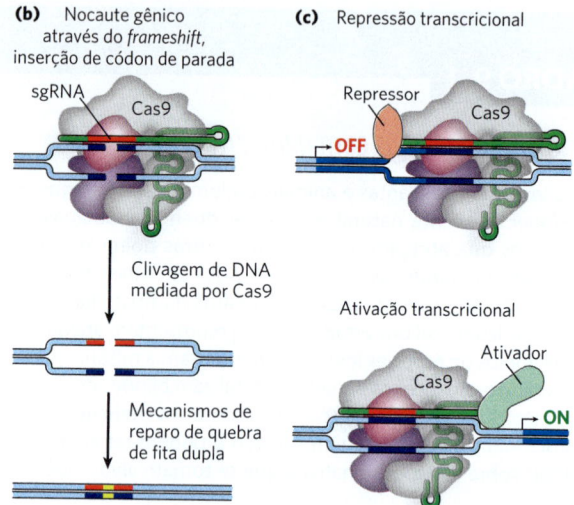

**FIGURA 9-23 Uso de CRISPR/Cas9 em triagem de alto rendimento.** CRISPR/Cas9 fornece a alteração do gene em muitos protocolos de triagem. (a) Em uma triagem típica, uma biblioteca de sgRNA é construída de modo a direcionar todos os genes conhecidos em um genoma de interesse. Esses genes são clonados em vetores virais. Os vetores infectam células em uma multiplicidade de infecção (MOI) pequena o suficiente para que a maioria das células ganhe apenas um vetor. O vetor de RNA é convertido em DNA e integrado ao genoma. Quando expresso, ele afetará um gene-alvo, com a maioria dos genes afetados em uma ou mais células da população. Após a seleção, algumas células são eliminadas ou enriquecidas na população, dependendo da natureza da triagem. (b) Diversas variações de Cas9 são mostradas para ilustrar algumas das maneiras pelas quais os genes podem ser afetados. A Cas9 inalterada clivará o DNA no sítio-alvo. (c) Se projetado para não ter atividade de nuclease e fundido com um repressor ou ativador de gene, a Cas9 modificada se ligará ao sítio-alvo e diminuirá ou aumentará a transcrição do gene, respectivamente.

> **RESUMO 9.2** *Explorando a função da proteína na escala das células ou de organismos inteiros*

■ As proteínas são estudadas no nível da função fenotípica, celular ou molecular.

■ A genômica comparativa pode elucidar a função da proteína, identificando motivos estruturais dentro da proteína codificada e comparando sequências de genes de diferentes organismos.

■ A determinação de quando e onde uma proteína aparece em uma célula pode oferecer pistas funcionais. O RNA-Seq fornece informações sobre quais genes estão sendo expressos em uma célula. A espectrometria de massas pode definir proteomas celulares. Fusionando-se um gene de interesse com os genes que codificam a proteína fluorescente verde ou os marcadores de epítopos, os pesquisadores podem visualizar a localização celular do produto gênico, tanto diretamente quanto por meio de imunofluorescência.

■ As interações de uma proteína com outras proteínas ou com RNA podem ser investigadas por meio de marcadores de epítopos, imunoprecipitação ou cromatografia de afinidade. A análise de duplo-híbrido de levedura fornece sondas de interações moleculares *in vivo*.

■ Os efeitos celulares da inativação de um gene podem ser convenientemente explorados utilizando-se a nuclease programável CRISPR/Cas9. A CRISPR/Cas9 também pode ser usada para alterar sequências de genes de maneira direcionada.

■ As triagens para novos genes empregam cada vez mais variantes do sistema CRISPR/Cas9.

## 9.3 Genômica e história da humanidade

Desde a publicação dos primeiros genomas humanos completos em 2001, o sequenciamento do genoma humano tornou-se rotina. Os genomas de milhares de outras espécies já foram sequenciados e disponibilizados publicamente, fornecendo uma visão da complexidade genômica ao longo dos três ramos da vida: Bacteria, Archaea e Eukarya. Considerando-se que muitos dos projetos de sequenciamento iniciais estavam focados em espécies comumente usadas em laboratórios de pesquisa, os projetos atuais incluem espécies de interesse prático, médico, agrícola e evolutivo. Os genomas de todas as famílias bacterianas conhecidas já foram sequenciados. O número de sequências de genomas eucarióticos finalizados já está nas dezenas de milhares. Foram sequenciados os genomas de espécies extintas, como *Homo neanderthalensis*, e de seres humanos que morreram nos últimos milênios. Os genomas personalizados estão desempenhando um papel cada vez maior na medicina.

Cada sequência genômica se torna um recurso internacional para os pesquisadores. Coletivamente, as sequências fornecem uma fonte para amplas comparações que ajudam a identificar segmentos gênicos variáveis e altamente conservados e permitem a identificação de genes que são exclusivos de uma espécie ou grupo de espécies. Esforços para mapear genes, identificar novas proteínas e genes relacionados com doenças, elucidar padrões genéticos de interesse médico e traçar nossa história evolutiva estão entre as muitas iniciativas em andamento.

## O genoma humano contém vários tipos de sequências

As bases de dados em rápido crescimento têm o potencial não só de impulsionar os avanços em todos os âmbitos da bioquímica, mas também de mudar a forma como pensamos sobre nós mesmos. O que nos revela o genoma humano e a sua comparação com o de outros organismos?

Em alguns aspectos, o ser humano não é tão complicado como se imaginava. Os seres humanos têm apenas cerca de 20 mil genes codificadores de proteínas – menos que o dobro do número em uma mosca-da-fruta (13.600 genes), não muito mais do que em um verme nematódeo (19.700 genes) e menos do que em uma planta de arroz (38.000 genes).

Em outros aspectos, somos mais complexos do que previsto anteriormente. Muitos, se não a maioria, dos genes eucarióticos contêm um ou mais segmentos de DNA que não codificam para a sequência de aminoácidos de um produto polipeptídico. Essas inserções não traduzidas interrompem a relação normalmente colinear entre a sequência de nucleotídeos do gene e a sequência de aminoácidos do polipeptídeo codificado. Esses segmentos não traduzidos são denominados **íntrons**, e os segmentos codificantes são denominados **éxons** (**Fig. 9-24**). Poucos genes bacterianos contêm íntrons. Os íntrons são removidos do transcrito primário de RNA para produzir um transcrito que pode ser traduzido ininterruptamente em um produto proteico (ver Capítulo 26). Um éxon muitas vezes (mas nem sempre) codifica um único domínio de uma proteína maior com vários domínios. Os seres humanos compartilham muitos tipos de domínio de proteínas com plantas, vermes e moscas, mas os domínios são misturados e combinados de maneira mais complexa, aumentando a variedade de proteínas encontradas em nosso proteoma. Modos alternativos de expressão gênica e *splicing* de RNA permitem combinações alternativas de éxons, levando à produção de mais de uma proteína a partir de um único gene. O *splicing* alternativo (Capítulo 26) é muito mais comum em seres humanos e outros vertebrados do que em vermes ou bactérias, permitindo maior complexidade no número e nos tipos de proteínas geradas.

Nos mamíferos e em alguns outros eucariotos, um gene normal tem uma proporção muito maior de íntrons do que éxons no DNA; na maioria dos casos, a função dos íntrons não está clara. Menos de 1,5% do DNA humano é "codificador de proteínas" ou éxons, transportando a informação para os produtos proteicos (**Fig. 9-25a**). Entretanto, quando

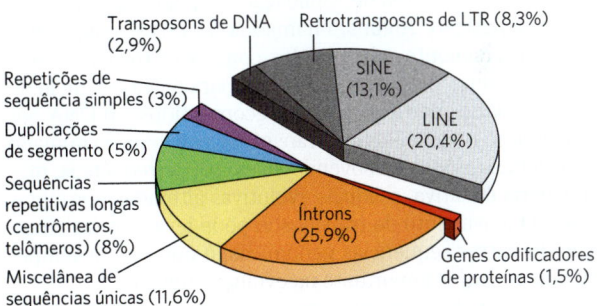

**(a) Genoma humano: tipos de sequências de DNA**

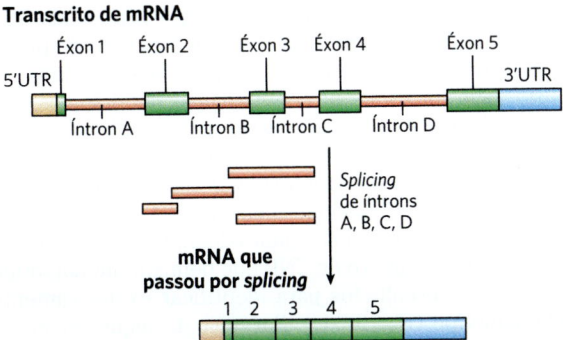

**FIGURA 9-24 Íntrons e éxons.** Este transcrito gênico contém cinco éxons e quatro íntrons, bem como regiões 5' e 3' não traduzidas (5'UTR e 3'UTR). O *splicing* remove os íntrons para criar um produto de mRNA para a tradução em proteína.

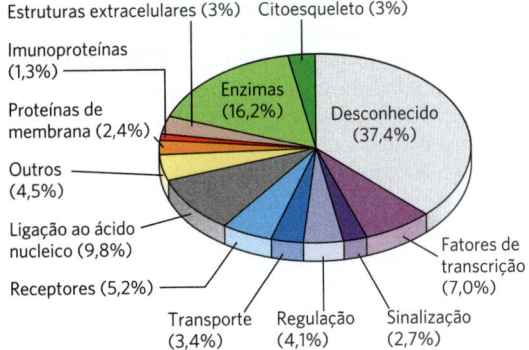

**(b) Genoma humano: genes codificadores de proteínas**

**FIGURA 9-25 Panorama do genoma humano.** (a) Este gráfico em pizza mostra as proporções de vários tipos de sequências no genoma humano. As classes de transposons que perfazem quase metade do DNA genômico total estão indicadas em tons de cinza. Os retrotransposons de LTR têm repetições terminais longas (ver Fig. 26-33). Elementos nucleares intercalados longos (LINE) e elementos nucleares intercalados curtos (SINE) são classes especiais de transposons de DNA particularmente comuns. (b) Os aproximadamente 20 mil genes codificadores de proteínas no genoma humano podem ser classificados pelo tipo de proteína que codificam. [Informações de (a) T. R. Gregory, *Nature Rev. Genet.* 6:699, 2005; (b) www.pantherdb.org.]

os íntrons são incluídos na contagem, cerca de 30% do genoma humano é constituído por genes que codificam proteínas. Vários esforços estão em andamento para classificar genes codificantes de proteínas pelo tipo de função (Fig. 9-25b).

A relativa escassez de genes codificadores de proteínas no genoma humano deixa uma grande quantidade de DNA sem função. Grande parte do DNA que não codifica proteínas (éxons e íntrons) está na forma de sequências repetidas de vários tipos. Talvez o mais surpreendente é que cerca de metade do genoma humano é composto de sequências moderadamente repetidas que derivam de **transposons**, segmentos de DNA que variam de algumas centenas a vários milhares de pares de bases e podem se mover de um local para outro no genoma. Originalmente descoberto no milho por Barbara McClintock, que os chamou de elementos transponíveis, os transposons são uma espécie de parasita molecular. Eles se estabelecem nos genomas de praticamente todos os organismos. Muitos transposons contêm genes que codificam proteínas que catalisam o próprio processo de transposição, como detalhado nos Capítulos 25 e 26. Existem várias classes de transposons no genoma humano. Muitos são essencialmente segmentos de DNA, que aumentaram em número lentamente ao longo de milênios como resultado de eventos de replicação acoplados ao processo de transposição. Alguns, chamados de retrotransposons, estão intimamente relacionados com os retrovírus, transpondo de uma localização genômica para outra por meio de intermediários de RNA que são reconvertidos em DNA por transcrição reversa. Alguns transposons no genoma humano são elementos ativos, movendo-se em baixa frequência, mas a maioria é inativa, relíquias evolutivas alteradas por mutações. O movimento do transposon pode levar à redistribuição de outras sequências genômicas, o que tem desempenhado um papel importante na evolução humana.

A partir do momento em que os genes codificadores de proteínas (incluindo éxons e íntrons) e os transposons são levados em consideração, resta talvez cerca de 25% do DNA total. Como uma continuação do Projeto Genoma Humano, a iniciativa ENCODE foi lançada pelo National Human Genome Research Institute, em 2003, para identificar elementos funcionais no genoma humano. ▶P1◀ O trabalho do consórcio mundial de grupos de pesquisa envolvidos na iniciativa ENCODE revelou que a maior parte (> 80%, incluindo genes codificadores de proteínas, a maioria dos transposons e mais) do DNA no genoma humano é transcrita em RNA em pelo menos um tipo de célula ou tecido ou está envolvida em algum aspecto funcional da estrutura da cromatina. Grande parte do DNA não codificante (não transcrito) nos 20% restantes contém elementos reguladores que afetam a expressão dos 20 mil genes codificadores de proteínas e dos muitos genes adicionais que codificam os RNA funcionais. Muitas mutações (SNP, descritas a seguir) associadas a doenças genéticas humanas estão nesse DNA não codificante, provavelmente afetando a regulação de um ou mais genes. Conforme descrito nos Capítulos 26 e 27, novas classes de RNA funcionais estão sendo descobertas em um ritmo rápido. ▶P1◀ Muitos desses RNA funcionais, atualmente identificados por uma variedade de métodos de triagem, são produzidos por genes codificadores de RNA cuja existência era previamente desconhecida.

Em torno de 3% ou menos do genoma humano são compostos de sequências altamente repetitivas, chamadas de **repetições de sequências simples** (**SSR**, do inglês *simple-sequence repeats*). Geralmente com menos de 10 pb, uma SSR é às vezes repetida milhões de vezes por célula, distribuída em segmentos curtos de repetições em série. Os exemplos mais proeminentes de DNA SSR são encontrados em centrômeros e telômeros (ver Capítulo 24). Os telômeros humanos, por exemplo, consistem em até 2 mil repetições contíguas da sequência GGTTAG. Repetições adicionais mais curtas de sequências simples também ocorrem em todo o genoma. Esses segmentos isolados de sequências repetidas, muitas vezes contendo até algumas dúzias de repetições em série de uma sequência simples, são chamados de **repetições curtas em *tandem*** (**STR**, do inglês *short tandem repeats*). Essas sequências são os alvos das tecnologias usadas na análise de DNA forense (ver Quadro 8-1).

O que todas essas informações revelam sobre as semelhanças e diferenças entre os seres humanos individuais? Dentro da população humana, há milhões de variações de base única, chamadas de **polimorfismos de nucleotídeo único**, ou **SNP**. Cada ser humano difere do próximo, em média, em 1 em cada 1.000 pb. Muitas dessas variações estão na forma de SNP, mas a população humana também tem uma ampla gama de deleções maiores, inserções e pequenos rearranjos. A partir dessas diferenças genéticas, muitas vezes sutis, tem-se a variedade humana que todos conhecemos – como diferenças na cor do cabelo, na estatura, no tamanho dos pés, na acuidade visual, nas alergias a medicações e no comportamento (em grau desconhecido).

O processo de recombinação genética durante a meiose tende a misturar e combinar essas pequenas variações genéticas para que diferentes combinações de genes sejam herdadas (ver Capítulo 25). No entanto, grupos de SNP e outras diferenças genéticas que estão próximos em um cromossomo raramente são afetados por recombinação e geralmente são herdados juntos; esse agrupamento de múltiplos SNP é conhecido como **haplótipo**. Os haplótipos fornecem marcadores convenientes para algumas populações humanas e para indivíduos dentro das populações.

Para definir um haplótipo, são necessárias várias etapas. Em primeiro lugar, as posições que contêm SNP na população humana são identificadas em amostras de DNA genômico a partir de muitos indivíduos (**Fig. 9-26a**). Cada SNP em um haplótipo prospectivo pode ser separado do próximo SNP por vários milhares de pares de bases e ainda ser considerado "próximo" no contexto dos cromossomos, que se estendem por milhões de pares de bases. Em segundo lugar, um conjunto de SNP geralmente herdados juntos é definido como um haplótipo (Fig. 9-26b); cada haplótipo consiste nas bases específicas encontradas nas várias posições do SNP dentro do conjunto definido. Por fim, os *tag* SNP – um subconjunto de SNP que definem um haplótipo inteiro – são escolhidos para identificar exclusivamente cada haplótipo (Fig. 9-26c). Por meio do sequenciamento de apenas essas posições-chave em amostras genômicas de populações humanas, os pesquisadores identificam rapidamente quais haplótipos estão presentes em cada indivíduo.

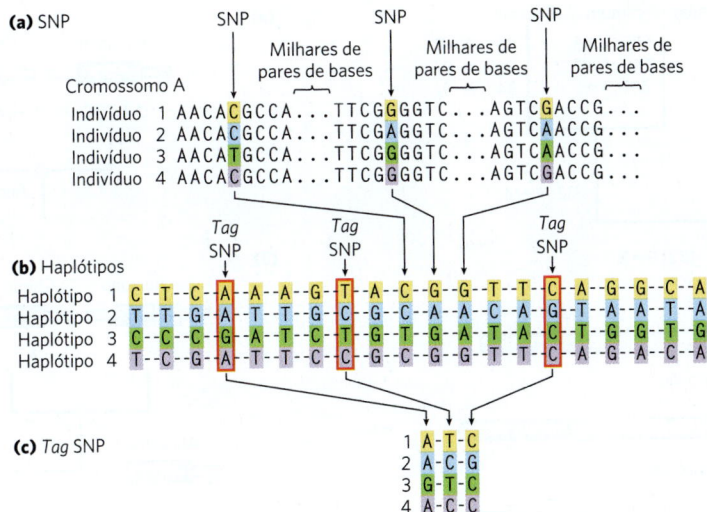

**FIGURA 9-26 Identificação de haplótipos.** (a) As posições dos SNP no genoma humano podem ser identificadas em amostras genômicas. Os SNP podem estar em qualquer parte do genoma, independentemente de ser ou não parte de um gene conhecido. (b) Grupos de SNP são compilados em um haplótipo. Os SNP variam na população humana em geral, como nos quatro indivíduos fictícios mostrados aqui, mas os SNP escolhidos para definir um haplótipo são frequentemente os mesmos na maioria dos indivíduos de uma população específica. (c) Alguns SNP são escolhidos como definidores de haplótipos (*tag* SNP, destacados em vermelho) e usados para simplificar o processo de identificação do haplótipo de um indivíduo (sequenciando 3, em vez de 20 *loci*). Por exemplo, se as posições mostradas aqui forem sequenciadas, o haplótipo A—T—C pode ser característico de uma população nativa em um local no norte da Europa, ao passo que G—T—C pode ser a sequência predominante em uma população na Ásia. Vários haplótipos desse tipo são usados para rastrear migrações humanas pré-históricas. [Informação do International HapMap Consortium, *Nature* 426:789, 2003, Fig. 1.]

Haplótipos especialmente estáveis são encontrados no genoma mitocondrial (que não sofre recombinação meiótica) e no cromossomo Y (apenas 3% dos quais são homólogos ao cromossomo X e, portanto, sujeitos à recombinação). Como será visto adiante, os haplótipos podem ser usados como marcadores para rastrear migrações humanas.

## O sequenciamento do genoma fornece informações sobre a humanidade

O genoma humano está intimamente relacionado com outros genomas de mamíferos em grandes segmentos de cada cromossomo. No entanto, para um genoma medido em bilhões de pares de bases, diferenças de apenas alguns por cento podem adicionar até milhões de diferenças genéticas. Pesquisando entre esses genomas e fazendo uso de técnicas de genômica comparativa, os pesquisadores podem começar a explorar a base molecular das características definidamente humanas.

As sequências dos genomas dos nossos parentes biológicos mais próximos, o chimpanzé (*Pan troglodytes*) e o bonobo (*Pan paniscus*), oferecem algumas pistas importantes, que podemos usar para ilustrar o processo comparativo. Os seres humanos e os chimpanzés-comuns compartilharam um ancestral comum cerca de 7 milhões de anos atrás. Diferenças genômicas entre as espécies, incluindo SNPs e rearranjos genômicos maiores, como inversões, deleções e fusões, podem ser usadas para construir uma árvore filogenética (**Fig. 9-27a**). Ao longo do curso da evolução, segmentos de cromossomos podem se tornar invertidos como resultado de uma duplicação segmentar, da transposição de uma cópia para outro braço do mesmo cromossomo e da recombinação entre eles (Fig. 9-27b); essas inversões ocorreram na linhagem humana nos cromossomos 1, 12, 15, 16 e 18. Dois cromossomos encontrados em outras linhagens de primatas foram fundidos para formar o cromossomo humano 2 (Fig. 9-27c). A linhagem humana, portanto, tem 23 pares de cromossomos, em vez dos 24 pares típicos dos símios. Quando essa fusão apareceu na linha que conduziria aos seres humanos, ela representou uma grande barreira para o cruzamento com outros primatas que não a apresentavam.

Se olharmos apenas para mudanças de pares de bases, os genomas de seres humanos e os de chimpanzés-comuns publicados diferem em apenas 1,23% (quando comparado com a variação de 0,1% de um ser humano para outro). Algumas variações estão em posições em que há um polimorfismo conhecido na população humana ou de chimpanzés-comuns, e é pouco provável que elas reflitam uma mudança evolutiva que defina as espécies. Quando ignoramos essas posições, as diferenças chegam a cerca de 1,06% ou cerca de 1 a cada 100 pb. Essa pequena fração se traduz em mais de 30 milhões de diferenças de pares de bases, alguns dos quais afetam a função proteica e a regulação gênica. Os seres humanos estão aproximadamente tão relacionados aos bonobos quanto aos chimpanzés-comuns.

Os rearranjos genômicos que ajudam a distinguir os chimpanzés-comuns dos seres humanos incluem 5 milhões de inserções curtas ou deleções envolvendo alguns pares de bases cada, bem como um número substancial de inserções maiores, deleções, inversões ou duplicações que podem envolver muitos milhares de pares de bases. Quando inserções

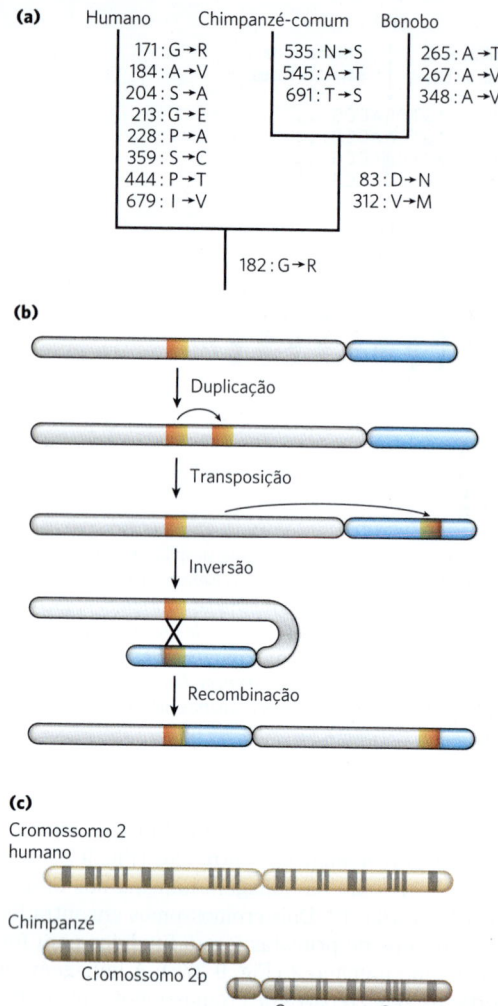

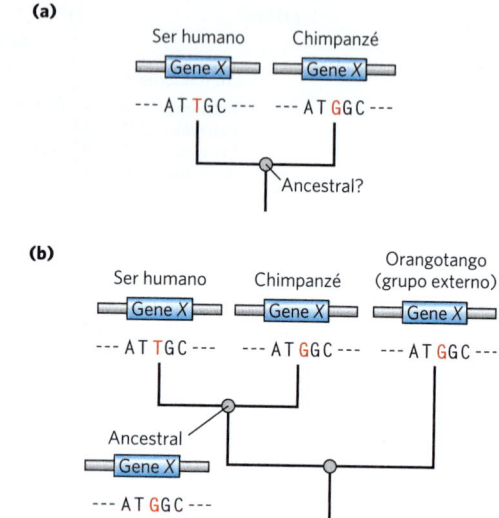

**FIGURA 9-28 Determinação das alterações de sequências únicas para uma linhagem ancestral.** (a) São comparadas as sequências do mesmo gene hipotético em seres humanos e em chimpanzés-comuns. A sequência desse gene no ancestral comum das duas espécies não é conhecida. (b) O genoma do orangotango é utilizado como grupo externo. Como a sequência do gene do orangotango é idêntica à do gene do chimpanzé-comum, a mutação que causa a diferença entre seres humanos e chimpanzés-comuns quase certamente ocorreu na linha que levava aos seres humanos modernos, e o ancestral comum de ser humano e chimpanzé-comum (e orangotango) tinha a variante agora encontrada em chimpanzés-comuns.

**FIGURA 9-27 Alterações genômicas na linhagem humana.** (a) Esta árvore evolutiva é do receptor de progesterona, que ajuda a regular muitos eventos na reprodução. O gene que codifica essa proteína sofreu mais alterações evolutivas do que a maioria. Mudanças de aminoácidos associadas unicamente ao ser humano, ao chimpanzé-comum e ao bonobo estão listadas ao lado de cada ramo (com o número de resíduos). (b) Um dos processos de várias etapas que podem levar à inversão de um segmento cromossômico. Um gene ou segmento cromossômico é duplicado, depois movido para outro local cromossômico por transposição. A recombinação dos dois segmentos pode resultar na inversão do DNA entre eles. (c) Os genes nos cromossomos 2p e 2q dos chimpanzés-comuns são homólogos àqueles no cromossomo humano 2, indicando que dois cromossomos se fundiram em algum ponto do ramo que levou aos seres humanos. Regiões homólogas podem ser visualizadas como bandas criadas em metáfase por certos corantes, como mostradas aqui. [(a) Informações de C. Chen, *Mol. Phylogenet. Evol.* 47:637, 2008.]

de transposons – uma fonte importante de variação genômica – são adicionadas à lista, as diferenças entre os genomas de seres humanos e os de chimpanzés-comuns aumentam. O genoma do chimpanzé-comum apresenta duas classes de retrotransposons que não estão presentes no genoma humano (ver Capítulo 26). Outros tipos de rearranjos, sobretudo duplicações segmentares, também são comuns em linhagens de primatas. Duplicações de segmentos cromossômicos podem levar a mudanças na expressão de genes contidos nesses segmentos. Existem cerca de 90 milhões de pares de bases dessas diferenças entre seres humanos e chimpanzés-comuns, representando outros 3% desses genomas. Cada espécie tem segmentos de DNA, constituindo de 40 a 45 milhões de pares de bases, que são inteiramente exclusivos desse genoma específico, com inserções cromossômicas maiores, duplicações e outros rearranjos que afetam mais pares de bases do que alterações de um único nucleotídeo. Assim, no total, os chimpanzés-comuns e os seres humanos diferem em cerca de 4% dos seus genomas.

Classificar as diferenças genômicas relevantes para características exclusivamente humanas é uma tarefa desencorajadora. Se supormos uma taxa semelhante de evolução nas linhagens de chimpanzés-comuns e de seres humanos depois que eles divergiram do ancestral que têm em comum, metade das mudanças representa mudanças de linhagem de chimpanzés-comuns e metade representa mudanças de linhagem humana. Ao se comparar as duas sequências do genoma com aquelas de espécies mais distantes, denominadas **grupos externos**, é possível determinar qual variante estava presente no ancestral comum. Considere um *locus* X em que existe uma diferença entre o genoma humano e o do chimpanzé-comum (**Fig. 9-28a**). A linhagem do orangotango, um grupo externo, divergiu das linhagens do ser humano e do chimpanzé-comum antes do ancestral comum do ser humano e do chimpanzé-comum (Fig. 9-28b). Se a sequência no *locus* X for idêntica em orangotangos e chimpanzés-comuns, essa sequência provavelmente estava presente no ancestral chimpanzé-ser humano, e a sequência observada em seres humanos é específica para a linhagem humana.

As sequências que são idênticas nos seres humanos e nos orangotangos podem ser eliminadas como candidatas para características genômicas humanas específicas. A importância de comparações com grupos externos intimamente relacionados originou novos esforços para sequenciar o genoma de orangotangos, macacos e muitas outras espécies de primatas. A comparação dos genomas do ser humano e do bonobo está refinando a análise de genes e alelos de significado especial para os seres humanos.

A busca pelas bases genéticas de características humanas especiais, como a função cerebral avançada, beneficia-se de duas abordagens complementares. A primeira abordagem procura por regiões genômicas em que mudanças extremas ocorreram, como genes que foram duplicados muitas vezes ou segmentos genômicos grandes ausentes em outros primatas. A segunda abordagem analisa genes conhecidos envolvidos em condições humanas relevantes. Para a função cerebral, por exemplo, pode-se examinar genes que, quando mutados, contribuem para transtornos cognitivos ou outros distúrbios mentais.

De modo notável, as análises da linhagem humana não detectaram uma taxa aumentada de mudança genética em genes codificadores de proteínas envolvidos no desenvolvimento ou no tamanho do cérebro. Nos primatas, os genes que funcionam exclusivamente no cérebro, em sua maioria, são mais altamente conservados do que os genes que funcionam em outros tecidos, talvez devido a algumas restrições especiais relacionadas com a bioquímica do cérebro. No entanto, existem algumas diferenças nos padrões de expressão gênica entre os seres humanos e outros primatas que podem afetar a função cerebral. Por exemplo, o gene que codifica a enzima glutamato-desidrogenase, que desempenha um papel importante na síntese de neurotransmissores, foi submetido a eventos de duplicação de genes, de modo que agora existem várias cópias dele. As regiões genômicas relacionadas com a regulação gênica apresentam um número desproporcionalmente elevado de alterações nos genes envolvidos no desenvolvimento neural e na nutrição. Como resultado, nossos cérebros ficaram maiores, e, em algum momento, podem ser definidos efeitos funcionais adicionais. Diversos genes codificadores de RNA, alguns com expressão concentrada no cérebro, também mostram evidências de evolução acelerada (**Fig. 9-29**). Muitos deles provavelmente estão envolvidos na regulação da expressão de outros genes. À medida que continuamos a descobrir muitas novas classes de RNA (ver Capítulo 26), é provável que ocorram mudanças radicais na nossa perspectiva de como a evolução altera o funcionamento dos sistemas vivos.

## Comparações do genoma ajudam a localizar genes envolvidos em doenças

Uma das motivações para o Projeto Genoma Humano foi o seu potencial para acelerar a descoberta de genes subjacentes a doenças genéticas. Essa promessa foi cumprida: **P1** mais de 6 mil fenótipos de mutações em seres humanos, principalmente associados a doenças genéticas, foram mapeados em genes específicos.

Nas últimas duas décadas, a principal abordagem para o mapeamento de genes tem sido a **análise de ligação**, outra abordagem derivada da biologia evolutiva. Em suma, o gene envolvido em uma condição de doença é mapeado com relação a polimorfismos genéticos bem caracterizados que ocorrem em todo o genoma humano. É possível ilustrar isso ao se descrever a busca por um gene envolvido na doença de Alzheimer de início precoce.

Cerca de 10% de todos os casos de doença de Alzheimer nos Estados Unidos resultam de uma predisposição hereditária. Descobriu-se que vários genes diferentes, quando mutados, podem levar ao aparecimento precoce da doença de Alzheimer. Um desses genes, o *PS1*, codifica a proteína presenilina 1, e a análise de ligação foi muito utilizada para a sua descoberta. A busca começa com famílias numerosas com muitos indivíduos afetados por uma doença específica – neste caso, a doença de Alzheimer. Duas das muitas linhagens familiares usadas para procurar esse gene no início da década de 1990 estão mostradas na **Figura 9-30a**. Em estudos desse tipo, amostras de DNA são coletadas de membros afetados e de membros não afetados da família. Os pesquisadores primeiro localizam a região associada a uma doença por um cromossomo específico, comparando os genótipos de indivíduos com e sem a doença, concentrando-se especialmente nos membros próximos da família. Os pontos específicos de comparação são conjuntos de *loci* de SNP bem-caracterizados, mapeados para cada cromossomo, conforme

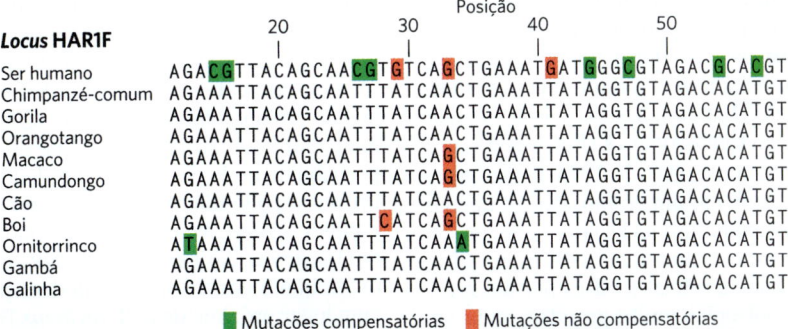

**FIGURA 9-29 Evolução acelerada em alguns genes humanos.** (a) O *locus* HAR1F especifica um RNA não codificador que é altamente conservado em vertebrados. O gene humano *HAR1F* tem um número incomum de substituições (destacadas pelos sombreamentos coloridos), fornecendo evidências de evolução acelerada. O RNA do HAR1F funciona no cérebro durante o neurodesenvolvimento. As substituições compensatórias são aquelas que retêm a complementaridade em que os segmentos da fita estão pareados. [Informações de T. Marques-Bonet, *Annu. Rev. Genomics Hum. Genet.* 10:355, 2009.]

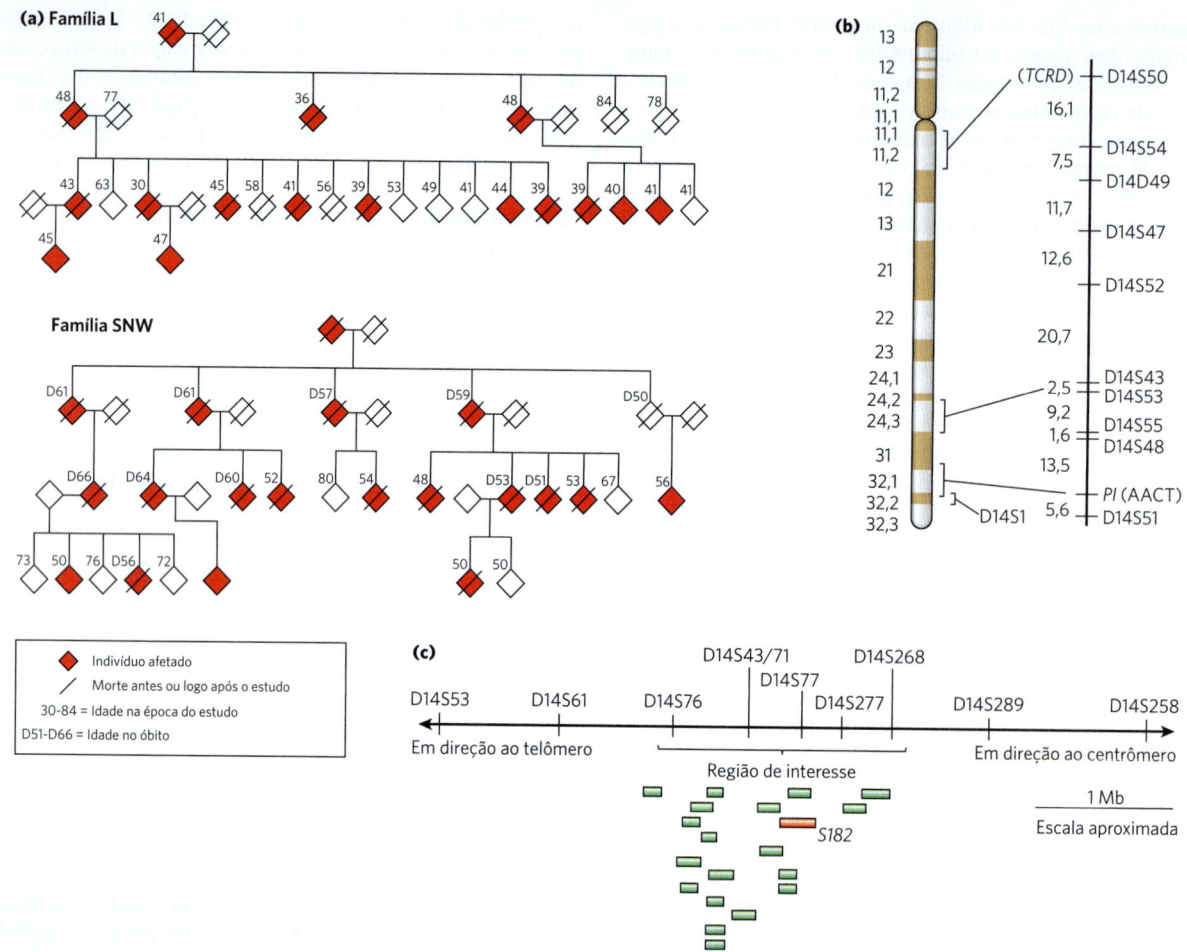

**FIGURA 9-30 Análise de ligação na descoberta de genes de doenças.** (a) Estes heredogramas para duas famílias afetadas pelo início precoce da doença de Alzheimer se baseiam nos dados disponíveis no momento do estudo. Para proteger a privacidade da família, o gênero não é indicado. (b) Cromossomo 14, com bandas criadas por alguns corantes. As posições dos marcadores cromossômicos são mostradas à direita, com a distância genética entre eles em centimorgans, medida de distância genética que reflete a frequência de recombinação entre os marcadores. O *TCRD* (receptor delta de célula T) e o *PI* (AACT [α1-antiquimotripsina]), dois genes com alterações na população humana, foram usados com SNP como marcadores no mapeamento cromossômico. (c) Ao comparar o DNA de membros da família afetados e não afetados, os pesquisadores finalmente definiram uma região de interesse próximo do marcador D14S43 que contém 19 genes expressos. O gene marcado *S182* (em vermelho) codifica a presenilina 1. (1 Mb = $10^6$ pares de bases.) [Informações de (a, b) G. D. Schellenberg et al., *Science* 258:668, 1992; (c) R. Sherrington et al., *Nature* 375:754, 1995.]

identificado pelo Projeto Genoma Humano. Ao identificar os SNPs que são mais frequentemente herdados com o gene causador da doença, os pesquisadores podem gradativamente localizar o gene responsável em um único cromossomo. No caso do gene *PS1*, a co-hereditariedade foi mais forte com marcadores no cromossomo 14 (Fig. 9-30b).

Os cromossomos são moléculas de DNA muito grandes, e a localização do gene em um cromossomo é apenas uma pequena parte da batalha. Ao localizar o gene em um cromossomo (neste caso, o cromossomo 14), o pesquisador está apenas começando a refinar a busca por um gene. Os cromossomos são moléculas muito grandes; cada um abriga milhares de SNPs e outras alterações. É improvável que o sequenciamento simples do cromossomo inteiro revele o SNP ou outra alteração associada à doença. Em vez disso, os pesquisadores dependem de métodos estatísticos que correlacionam a herança de polimorfismos adicionais, polimorfismos mais próximos à ocorrência da doença, com foco em um painel mais denso de polimorfismos conhecidos no cromossomo de interesse. Quanto mais próximo um marcador está localizado do gene de uma doença, maior a probabilidade de ele ter sido herdado com esse gene. Esse processo pode identificar uma região do cromossomo que contém o gene. No entanto, a região ainda pode abranger muitos genes. No exemplo utilizado, a análise de ligação indicou que o gene causador da doença, *PS1*, estava em algum lugar próximo do SNP do *locus* D14S43 (Fig. 9-30c).

Os passos finais na identificação do gene usam os bancos de dados do genoma humano. A região local que contém o gene é examinada, e os genes dentro dela são identificados.

Os DNA de muitos indivíduos, alguns com a doença e outros sem, são sequenciados nessa região. Como o DNA nessa região é sequenciado a partir de um número crescente de indivíduos, variantes genéticas que estão consistentemente presentes em indivíduos com a doença e ausentes em indivíduos não afetados podem ser identificadas. O entendimento da função dos genes na região-alvo pode ajudar na pesquisa, uma vez que determinadas vias metabólicas podem ser mais prováveis do que outras de produzir o estado de doença. Em 1995, o gene no cromossomo 14 associado à doença de Alzheimer foi identificado como o gene *S182*. O produto desse gene foi denominado presenilina 1, e o gene foi posteriormente renomeado para *PS1*.

Muitas doenças genéticas humanas são causadas por mutações em um único gene ou em sequências envolvidas em sua regulação. Várias mutações diferentes em um gene específico, todas levando à mesma condição genética ou a condições relacionadas, podem estar presentes na população humana. Por exemplo, existem várias variantes do *PS1*, todas dando origem a um risco muito maior de doença de Alzheimer de início precoce. Outro exemplo mais extremo são os vários genes que codificam diferentes hemoglobinas: mais de 1.000 variantes mutacionais conhecidas estão presentes na população humana. Algumas dessas variantes são inócuas; algumas causam doenças que vão desde anemia falciforme até talassemias. A herança de genes mutantes específicos pode ser concentrada em famílias ou em populações isoladas.

Mais complexos são os casos em que uma condição de doença é causada por mutações em dois genes diferentes (nenhum dos quais, sozinho, causa a doença), ou nos quais uma condição particular é aumentada por uma mutação inócua em outro gene. Identificar os genes e as mutações responsáveis por essas doenças digênicas é extremamente difícil, e, às vezes, essas doenças podem ser documentadas apenas em populações pequenas, isoladas e altamente endogâmicas.

Bancos de dados de genoma modernos estão abrindo caminhos alternativos para a identificação de genes de doenças. Em muitos casos, já há informações bioquímicas sobre a doença. No caso da doença de Alzheimer de início precoce, o acúmulo da proteína β amiloide nos córtices límbicos e de associação do cérebro é, pelo menos parcialmente, responsável pelos sintomas. Defeitos na presenilina 1 (e em uma proteína relacionada, a presenilina 2, codificada por um gene no cromossomo 1) levam a níveis corticais elevados de proteína β amiloide. Estão sendo desenvolvidos bancos de dados específicos que catalogam essas informações funcionais sobre os produtos de proteínas dos genes, as redes de interação de proteínas e as localizações de SNP, bem como outros dados. O resultado é um caminho simplificado para a identificação de genes candidatos para uma doença específica. Se um pesquisador sabe um pouco sobre os tipos de enzimas ou outras proteínas que provavelmente contribuem para os sintomas da doença, esses bancos de dados podem gerar rapidamente: uma lista de genes conhecidos para codificar proteínas com funções relevantes; uma lista de genes adicionais não caracterizados, com relações parálogas ou ortológicas para esses genes; uma lista de proteínas conhecidas por interagir com proteínas-alvo ou ortólogos em outros organismos; e um mapa das posições dos genes. Muitas vezes, com o auxílio de dados de algumas linhagens familiares selecionadas, uma pequena lista de genes potencialmente relevantes pode ser rapidamente determinada.

Essas abordagens não se limitam a doenças humanas. Os mesmos métodos podem ser utilizados para identificar os genes envolvidos em doenças – ou os genes que produzem características desejáveis – em outros animais e plantas. Claro, eles também podem ser utilizados para rastrear genes envolvidos em qualquer traço observável em que um pesquisador possa estar interessado. ■

## Sequências no genoma informam o passado do ser humano e fornecem oportunidades para o futuro

Os seres humanos anatomicamente modernos surgiram na África entre 250.000 e 350.000 anos atrás. Cerca de 100.000 a 120.000 anos atrás os seres humanos na África olharam além do Mar Vermelho para a Ásia. Talvez incentivados por alguma inovação na construção de pequenos barcos, ou conduzidos por conflitos ou fome, ou simplesmente curiosos, eles atravessaram a barreira de água. Essa colonização inicial deu início a uma jornada que não parou até que os seres humanos chegaram à Terra do Fogo (no extremo sul da América do Sul), muitos milhares de anos depois. Conforme as populações de *Homo sapiens* se mudaram para partes mais ao norte da Europa e da Ásia, cerca de 45.000 anos atrás, populações estabelecidas de expansões hominídeas anteriores na Eurásia, incluindo *Homo neanderthalensis* e um grupo agora chamado de denisovanos, foram deslocadas. Os neandertais e os denisovanos desapareceram, assim como outras linhas de hominídeos haviam desaparecido antes deles.

A história do aparecimento dos seres humanos modernos pela primeira vez na África algumas centenas de milhares de anos atrás, e das suas migrações à medida que eles finalmente se irradiaram para fora da África está escrita no nosso DNA. Sequências genômicas de várias espécies trouxeram a evolução dos primatas e dos hominídeos para um foco mais nítido. Utilizando haplótipos presentes em populações humanas existentes, é possível traçar as migrações dos intrépidos antepassados humanos em todo o planeta (**Fig. 9-31a**). Os neandertais não foram simplesmente deslocados; ocorreu alguma mistura (Fig. 9-31b). Por meio do uso de métodos sensíveis baseados em PCR, agora existem várias sequências completas do genoma de neandertal (**Quadro 9-2**). Sabe-se que cerca de 5% do genoma da maioria dos seres humanos não africanos é derivado dos neandertais. Restos de seres humanos anatomicamente modernos de até 45.000 anos de idade foram sequenciados, iniciando um esforço para localizar o período de cruzamento. Populações humanas nativas da Melanésia e da Austrália adquiriram até 6% do seu DNA genômico dos denisovanos. O DNA de neandertais forneceu aos seres humanos um sistema imune mais complexo, tornando-nos mais resistentes à infecção, mas também um pouco mais suscetíveis a doenças autoimunes. A história do passado do ser humano está gradualmente tomando forma à medida que mais genomas

## QUADRO 9-2 — MEDICINA

### Conhecendo o parente mais próximo da humanidade

Os seres humanos modernos e os neandertais conviveram na Europa e na Ásia há relativamente recentes 30 mil anos. As populações ancestrais humanas e neandertais divergiram cerca de 370 mil anos atrás, antes do aparecimento dos seres humanos anatomicamente modernos. Os neandertais utilizavam ferramentas, viviam em pequenos grupos e enterravam seus mortos. Dos parentes hominídeos conhecidos dos seres humanos modernos, os neandertais são os mais próximos. Durante centenas de milênios, eles habitaram grande parte da Europa e da Ásia Ocidental (Fig. 1). Se o genoma do chimpanzé-comum pode nos dizer algo sobre o que é ser humano, o genoma do neandertal pode nos dizer mais. Fragmentos de DNA genômico do neandertal estão enterrados nos ossos e em outros restos retirados de locais de sepultamento. Tecnologias desenvolvidas para uso em ciência forense (ver Quadro 8-1) e estudos de DNA ancestral foram combinados no projeto do genoma de neandertal.

Esse esforço é diferente dos projetos de genoma que visam a espécies existentes. O DNA neandertal está presente em pequenas quantidades contaminadas com o DNA de outros animais e de bactérias. Como se pode chegar até ele e estar certo de que as sequências são realmente de neandertais? As respostas foram reveladas por aplicações inovadoras da biotecnologia. Essencialmente, as pequenas quantidades de fragmentos de DNA encontradas em um osso neandertal ou outros restos são clonadas em uma biblioteca, e os segmentos de DNA são sequenciados de forma aleatória, inclusive os contaminantes. Os resultados do sequenciamento são comparados com os bancos de dados do genoma humano e do chimpanzé-comum existentes. Os segmentos derivados do DNA de neandertal têm sequências intimamente relacionadas com o DNA humano e o DNA do chimpanzé-comum e, portanto, são facilmente distinguidos por análise computadorizada de segmentos derivados de bactérias ou de insetos. Uma vez

**FIGURA 1** Os neandertais ocuparam grande parte da Europa e da Ásia Ocidental até cerca de 30 mil anos atrás. Os principais sítios arqueológicos neandertais são mostrados aqui. (Observe que o grupo foi assim denominado em virtude do sítio em Neanderthal, na Alemanha.)

humanos, dos vivos hoje e daqueles que viveram em milênios passados, estão sendo reunidos.

A promessa médica de sequências genômicas personalizadas cresce à medida que os custos de sequenciamento continuam a diminuir e mais genes subjacentes a doenças hereditárias são definidos. **P3** O conhecimento de sequências genômicas também oferece a possibilidade de alterá-las. Atualmente, é comum modificar sequências de

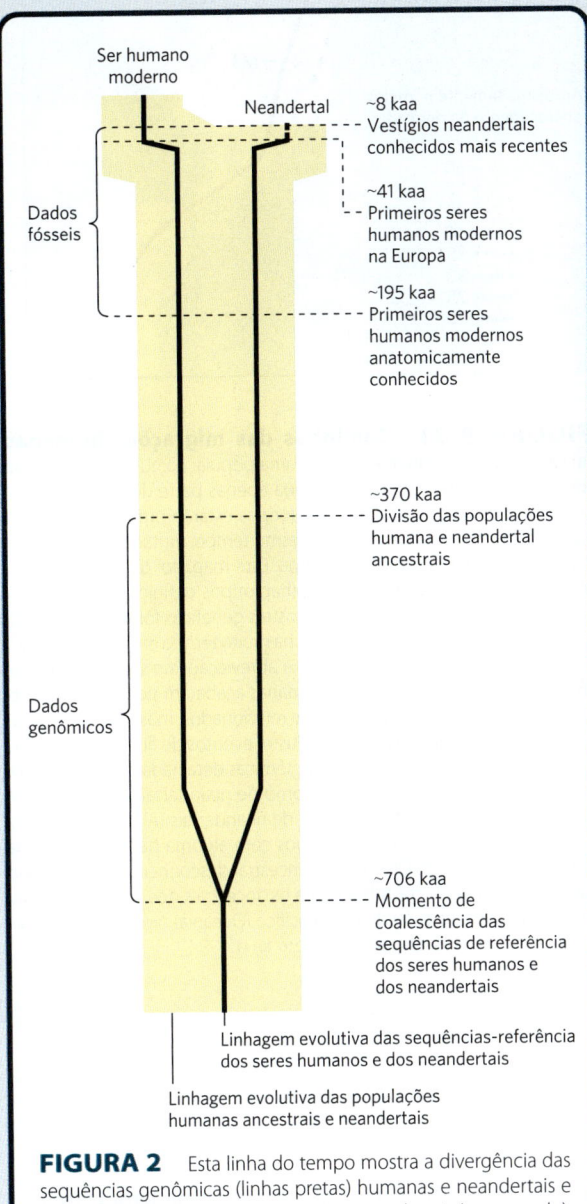

**FIGURA 2** Esta linha do tempo mostra a divergência das sequências genômicas (linhas pretas) humanas e neandertais e das populações humanas ancestrais e neandertais (em amarelo). Os dados genômicos fornecem evidências para alguma mistura das populações até cerca de 45 mil anos atrás (kaa). Eventos-chave na evolução humana estão marcados. [Informações de J. P. Noonan et al., *Science* 314:1113, 2006.]

que esses segmentos são sequenciados, eles podem ser usados como sondas para identificar fragmentos de sequência em amostras antigas que se sobrepõem a esses fragmentos conhecidos. O potencial problema de contaminação com o DNA humano moderno, que é bastante relacionado, pode ser controlado pela análise do DNA mitocondrial. As populações humanas têm haplótipos facilmente identificáveis (conjuntos distintos de diferenças genômicas; ver Fig. 9-26) no seu DNA mitocondrial, e a análise de amostras de neandertais mostrou que o DNA mitocondrial neandertal tem seus próprios haplótipos distintos. A presença nas amostras neandertais de algumas diferenças encontradas em pares de bases no banco de dados do chimpanzé-comum, mas não no banco de dados humano, é mais uma evidência de que sequências de hominídeos não humanos estão sendo encontradas.

Múltiplas sequências genômicas de alta qualidade de neandertal foram concluídas. Os dados fornecem evidências de que os seres humanos modernos e os neandertais que foram a fonte desse DNA compartilharam um ancestral comum cerca de 700 mil anos atrás (Fig. 2). A análise do DNA mitocondrial sugere que os dois grupos continuaram no mesmo caminho, com algum fluxo gênico entre eles, ao longo de mais 300 mil anos. As linhas dividem-se com o surgimento dos seres humanos anatomicamente modernos, embora haja evidências atuais de alguma mistura das linhas um pouco mais tarde, à medida que os seres humanos se espalharam pela Eurásia.

Bibliotecas expandidas de DNA de neandertais obtidos de diferentes conjuntos de restos mortais estão revelando a diversidade genética dos neandertais e podem, finalmente, revelar as migrações de neandertais, fornecendo uma visão fascinante de nosso passado hominídeo.

DNA de organismos, desde bactérias e leveduras até plantas e mamíferos, para fins de pesquisa e comercialização. Os esforços para curar doenças humanas hereditárias com terapia gênica ainda não atingiram todo seu potencial, mas as tecnologias para o fornecimento de genes estão constantemente se aperfeiçoando. Poucas disciplinas científicas afetarão o futuro da espécie humana mais do que a genômica moderna.

**336** CAPÍTULO 9 • TECNOLOGIAS DA INFORMAÇÃO BASEADAS NO DNA

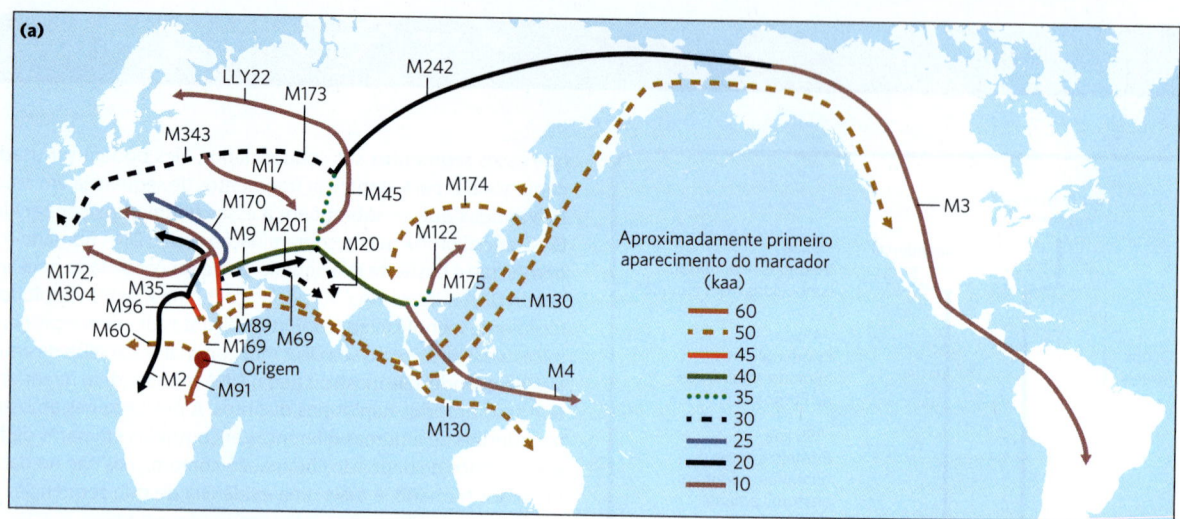

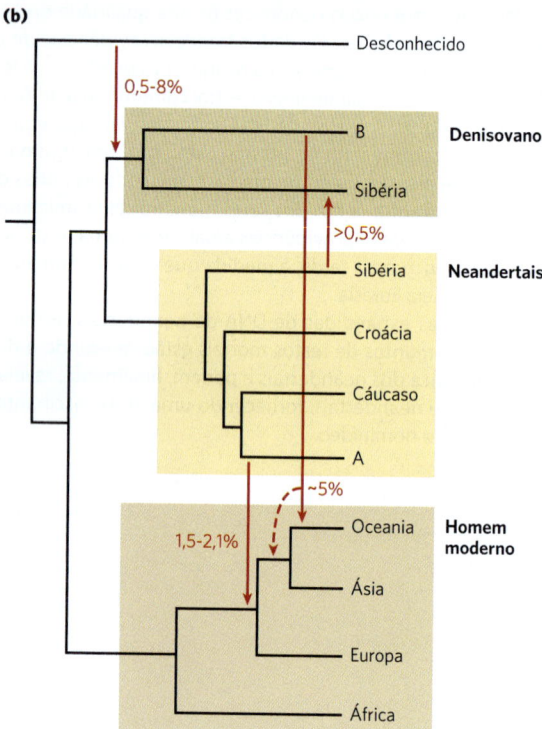

**FIGURA 9-31 Caminhos das migrações humanas.**
(a) Quando uma pequena parte de uma população humana migra para fora de um grande grupo, ela carrega apenas parte de toda sua diversidade genética. Assim, alguns haplótipos estarão presentes no grupo que migrou, mas muitos, não. Ao mesmo tempo, mutações podem criar novos haplótipos ao longo do tempo. Este mapa foi gerado a partir de análises de marcadores genéticos (haplótipos definidos por números M ou LLY) no cromossomo Y. As amostras genéticas foram coletadas de populações indígenas estabelecidas há muito tempo em pontos geográficos ao longo das rotas mostradas. A abreviação *kaa* significa "milhares de anos atrás". (b) As migrações humanas acabaram por deslocar vários grupos de hominídeos intimamente relacionados, mas não antes de alguma interpenetração. Esta árvore ilustra eventos de fluxo gênico documentados a partir de sequências genômicas detalhadas de seres humanos modernos e primitivos, bem como de neandertais e denisovanos. O DNA de um grupo desconhecido de neandertais (A) é registrado nos genomas de todos os seres humanos com alguma herança eurasiana. Uma transferência de DNA de um ancestral desconhecido para a linhagem denisovana (B) contribuiu para os ancestrais dos atuais indivíduos nativos da Austrália e das ilhas do Pacífico (Oceania). [Informações de (a) G. Stix, *Sci. Am.* 299 (July):56, 2008; (b) S. Pääbo, *Cell* 157:216, 2014.]

## RESUMO 9.3 *Genômica e história da humanidade*

■ Cerca de 30% do DNA no genoma humano está nos éxons e nos íntrons dos genes que codificam proteínas. Cerca de metade do DNA é derivada de transposons parasitas. Muito do restante codifica RNA de muitos tipos. Sequências repetidas simples compõem o centrômero e os telômeros.

■ As alterações de genes que definem a humanidade podem ser discernidas, em parte, pela genômica comparativa, utilizando-se outros primatas.

■ A genômica comparativa também é utilizada para localizar as alterações genéticas que definem as doenças hereditárias.

■ A genômica humana pode ser utilizada para estudar a evolução e a migração de nossos ancestrais humanos ao longo de muitos milênios.

### TERMOS-CHAVE

*Os termos em negrito estão definidos no glossário.*

| | |
|---|---|
| **genoma** 301 | **DNA recombinante** 302 |
| **genômica** 301 | tecnologia do DNA recombinante 302 |
| **biologia de sistemas** 301 | **engenharia genética** 302 |
| **clonagem** 302 | **endonucleases de restrição** 302 |
| **vetor** 302 | |

DNA-ligases 303
sistema de restrição-
-modificação 303
sítio de clonagem múltipla
(MCS) 304
plasmídeo 305
cromossomo artificial
bacteriano (BAC) 307
cromossomo artificial de
leveduras (YAC) 307
vetor de expressão 309
baculovírus 311
bacmídeo 311
mutagênese
sítio-dirigida 312
proteína de fusão 313
marcador (*tag*) 313
transcrição reversa seguida
de PCR (RT-PCR) 314
PCR quantitativa
(qPCR) 314
biblioteca de DNA 315
DNA complementar
(cDNA) 316
biblioteca de cDNA 316
transcriptoma 317
proteoma 317

transcriptômica 317
proteômica 317
genômica comparativa 317
anotação genômica 317
ortólogos 317
parálogos 317
sintenia 318
RNA-Seq 318
RNA-Seq de célula única
(scRNA-Seq) 318
proteína fluorescente
verde (GFP) 319
marcador de epítopo 320
análise de duplo-híbrido em
leveduras 322
**CRISPR/Cas 322**
RNA-guia (gRNA) 323
RNA CRISPR de
ativação em *trans*
(tracrRNA) 323
RNA-guia simples
(sgRNA) 323
polimorfismo de
nucleotídeo único
(SNP) 328
haplótipo 328

## QUESTÕES

**1. Produção de DNA clonado** Quando liga dois ou mais fragmentos de DNA, um pesquisador pode ajustar a sequência na junção de vários modos diferentes, como será visto nos exercícios a seguir.
**(a)** Escreva a sequência de cada extremidade de um fragmento de DNA linear produzido por digestão pela enzima de restrição EcoRI (incluindo as sequências restantes da sequência de reconhecimento EcoRI).
**(b)** Escreva a sequência resultante da reação dessa sequência final com a DNA-polimerase I e os quatro desoxinucleosídeos trifosfatos (ver Fig. 8-34).
**(c)** Escreva a sequência produzida na junção que surge se duas extremidades com a estrutura derivada em (b) forem ligadas (ver Fig. 25-15).
**(d)** Escreva a sequência produzida se a estrutura derivada em (a) for tratada com uma nuclease que degrada apenas o DNA de fita simples.
**(e)** Escreva a sequência da junção produzida se uma extremidade com a estrutura (b) for ligada a uma extremidade com a estrutura (d).
**(f)** Escreva a estrutura da extremidade de um fragmento de DNA linear que foi produzido pela digestão com a enzima de restrição PvuII (incluindo as sequências remanescentes da sequência de reconhecimento PvuII).
**(g)** Escreva a sequência da junção produzida se uma extremidade com estrutura (b) estiver ligada a uma extremidade com a estrutura (f).
**(h)** Suponha que você precisa sintetizar um fragmento de DNA duplo curto com qualquer sequência desejada. Com esse fragmento sintético e os procedimentos descritos em (a) até (g), desenhe um protocolo que remova um sítio de restrição EcoRI de uma molécula de DNA e incorpore um novo sítio de restrição BamHI aproximadamente na mesma localização. (Ver Fig. 9-2.)
**(i)** Desenhe quatro diferentes fragmentos de DNA de dupla-fita sintéticos curtos que permitam a ligação da estrutura (a) com um fragmento de DNA produzido por digestão com a enzima de restrição PstI. Em um desses fragmentos, projete a sequência de modo que a junção final contenha as sequências de reconhecimento tanto para EcoRI como para PstI. No segundo e no terceiro fragmentos, projete a sequência de forma que a junção contenha apenas a sequência de reconhecimento EcoRI e apenas PstI, respectivamente. Projete a sequência do quarto fragmento de modo que nem a sequência EcoRI nem a PstI apareçam na junção.

**2. Seleção de plasmídeos recombinantes** Quando se clona um fragmento de DNA exógeno em um plasmídeo, é frequentemente útil inserir o fragmento em um sítio que interrompa um marcador de seleção (como o gene de resistência à tetraciclina de pBR322). A perda da função do gene interrompido pode ser utilizada para identificar os clones que contêm os plasmídeos recombinantes com o DNA exógeno. Com um vetor de cromossomo artificial de levedura (YAC), um pesquisador pode distinguir vetores que incorporam grandes fragmentos de DNA estranho daqueles que não incorporam sem interromper a função do gene. Como esses vetores recombinantes podem ser identificados?

**3. Clonagem de DNA** A endonuclease de restrição PstI cliva o vetor de clonagem de plasmídeo pBR322 (ver Fig. 9-3). Uma pesquisadora liga um fragmento de DNA isolado de um genoma eucariótico (também produzido por clivagem de PstI) ao vetor preparado. Ela, então, usa a mistura de DNA ligados para transformar bactérias e seleciona as bactérias contendo plasmídeo por crescimento na presença de tetraciclina.
**(a)** Além do plasmídeo recombinante desejado, quais outros tipos de plasmídeo podem ser encontrados entre as bactérias transformadas que são resistentes à tetraciclina? Como eles podem ser diferenciados?
**(b)** O fragmento de DNA clonado tem 1.000 pb e apresenta um sítio de restrição para EcoRI a 250 pb de uma extremidade. O pesquisador cliva três diferentes plasmídeos recombinantes com EcoRI e os analisa por eletroforese em gel, com os resultados mostrados na imagem a seguir. O que cada padrão de restrição informa a respeito do DNA clonado? Observe que, no pBR322, os sítios de restrição PstI e EcoRI estão separados por cerca de 750 pb. O plasmídeo inteiro, sem o clone inserido, tem tamanho de 4.361 pb. Os marcadores de tamanho na canaleta 4 têm o número de nucleotídeos indicado.

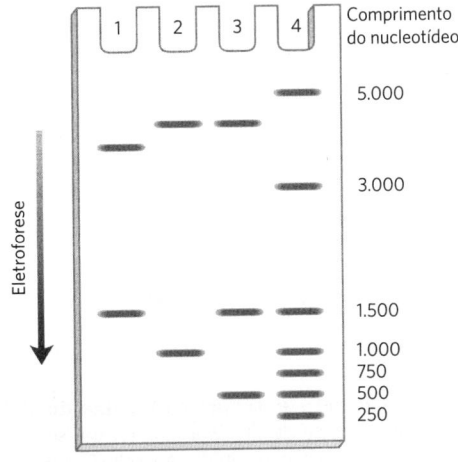

4. **Enzimas de restrição** A sequência parcial de uma das fitas de uma molécula de DNA de dupla-fita é:

5′ – – – GACGAAGTGCTGCAGAAAGTCCGCGTTATAGGCAT GAATTCCTGAGG – – – 3′

Os sítios de clivagem para as enzimas de restrição EcoRI e PstI estão mostrados a seguir.

```
EcoRI       ↓                    PstI          ↓
      (5′) G A*A T T C (3′)            (5′) C T G*C A G (3′)
           C T T A A G                       G A C G T C
              *↑                             ↑*
```

Escreva a sequência de *ambas as cadeias* do fragmento de DNA criado quando ele é clivado com EcoRI e com PstI. A fita superior do fragmento de DNA de fita dupla deve ser derivada da sequência da fita mostrada.

5. **Desenho de um teste diagnóstico para uma doença genética** A doença de Huntington (DH) é um distúrbio hereditário neurodegenerativo caracterizado por dano gradual e irreversível às funções psicológicas, motoras e cognitivas. Os sintomas normalmente aparecem na meia-idade, mas podem ocorrer em praticamente qualquer idade. O curso da doença pode durar de 15 a 20 anos. A pesquisa biomédica está melhorando nossa compreensão da base molecular da doença. A mutação genética subjacente à DH foi identificada em um gene codificador de uma proteína ($M_r$ 350.000) de função desconhecida. A região do gene que codifica a região aminoterminal da proteína tem uma sequência repetida de códons CAG (codifica para glutamina). O comprimento dessa simples repetição de trinucleotídeos indica se o indivíduo desenvolverá DH e a idade aproximada em que os primeiros sintomas aparecerão. A sequência é repetida de 6 a 39 vezes em indivíduos que não desenvolverão DH, 40 a 55 vezes naqueles com DH de início na idade adulta e mais de 70 vezes em indivíduos com DH de início na infância.

Uma pequena porção da sequência codificadora da porção aminoterminal do gene da DH de 3.143 códons é mostrada a seguir. A sequência de nucleotídeos do DNA está mostrada em preto, a sequência de aminoácidos correspondente ao gene está mostrada em azul e a repetição CAG está sombreada. Utilizando a Figura 27-7 para traduzir o código genético, desenhe um teste baseado em PCR para DH utilizando uma amostra de sangue. Suponha que o oligonucleotídeo iniciador da PCR deva ter 25 nucleotídeos de comprimento. Por convenção, a menos que especificado de outra forma, uma sequência de DNA que codifica uma proteína é exibida com a cadeia codificante – a sequência idêntica ao mRNA transcrito do gene (exceto pela substituição U por T) – na parte superior, de forma que é lido 5′ para 3′, da esquerda para a direita.

```
307 ATGGCGACCCTGGAAAAGCTGATGAAGGCCTTCGAGTCCCTCAAGTCCTTC
1   M   A  T  L  E  K  L  M  K  A  F  E  S  L  K  S  F

358 CAGCAGTTCCAGCAGCAGCAGCAGCAGCAGCAGCAGCAGCAGCAGCAGCAG
18  Q   Q  F  Q  Q  Q  Q  Q  Q  Q  Q  Q  Q  Q  Q  Q  Q

409 CAGCAGCAGCAGCAGCAGCAGCAACAGCCGCCACCGCCGCCGCCGCCGCCG
35  Q   Q  Q  Q  Q  Q  Q  Q  Q  P  P  P  P  P  P  P  P

460 CCGCCTCCTCAGCTTCCTCAGCCGCCGCCG
52  P   P  P  Q  L  P  Q  P  P  P
```

Informações de The Huntington's Disease Collaborative Research Group, *Cell* 72:971, 1993.

6. **Uso de PCR para detectar moléculas de DNA circular** Em uma espécie de protista ciliado, um segmento do DNA genômico é, às vezes, excluído. A exclusão é uma reação geneticamente programada associada à reprodução celular. Um pesquisador propôs que a exclusão do DNA ocorre em um tipo de recombinação, chamada de recombinação sítio-específica, em que ambas as extremidades do segmento de DNA se ligam, e o DNA excluído acaba formando um DNA circular como produto da reação. Sugira como o pesquisador poderia utilizar a reação em cadeia da polimerase (PCR) para detectar a presença da forma circular do DNA excluído em um extrato do protista.

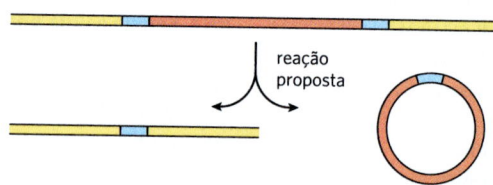

7. **Dinâmica de proteínas dentro das células** Em uma célula bacteriana, acredita-se que duas proteínas, X e Y, tenham funções semelhantes. Os pesquisadores criaram geneticamente cada proteína para se fundir com uma variante da proteína fluorescente verde, uma que brilha em vermelho (X) e a outra em amarelo (Y). Os controles mostraram que ambas as proteínas de fusão retiveram sua atividade e produziram manchas visíveis de luz (focos) quando expressas. Para entender melhor as funções biológicas das duas proteínas, os pesquisadores expressaram as proteínas de fusão na mesma célula bacteriana em duas condições diferentes. Em condições ricas em nutrientes, pontos vermelhos e amarelos distintos (agrupamento bem definido de focos) foram distribuídos por toda a célula. Um ou dois pontos vermelhos foram normalmente encontrados dentro do nucleoide (DNA cromossômico), enquanto os múltiplos pontos amarelos foram distribuídos por toda a célula. No entanto, sob carência de nutrientes, os pontos amarelos migraram e se colocalizaram (sobrepostos) com os pontos vermelhos. O que pode ser concluído a partir dessas observações?

8. **Mapeamento de um segmento de cromossomo** Pesquisadores isolaram um grupo de clones sobrepostos, nomeados A a F, de uma região de um cromossomo. Então, eles clivaram separadamente cada um dos clones usando uma enzima de restrição e separaram os pedaços por eletroforese em gel de agarose. A imagem a seguir mostra os resultados da eletroforese. Há nove fragmentos de restrição diferentes nessa região do cromossomo, com um subconjunto aparecendo em cada clone. Utilizando essa informação, deduza a ordem dos fragmentos de restrição no cromossomo.

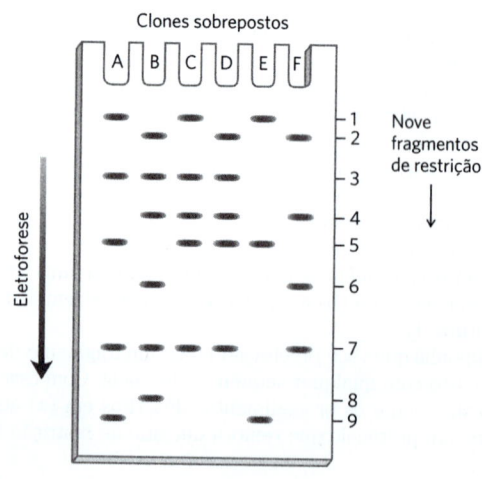

9. **Imunofluorescência** No protocolo mais comum para detecção por imunofluorescência de proteínas celulares, um pesquisador utiliza dois anticorpos. O primeiro liga-se especificamente à proteína de interesse. O segundo é marcado com fluorocromos para facilitar a visualização e liga-se ao primeiro anticorpo. Em princípio, seria possível simplesmente marcar o primeiro anticorpo e pular uma etapa. Por que utilizar dois anticorpos sucessivos?

10. **Análise do duplo-híbrido em leveduras** Em sua pesquisa, você acabou de descobrir uma nova proteína em um fungo. Planeje um experimento de duplo-híbrido em leveduras para identificar as outras proteínas na célula do fungo com as quais essa nova proteína interage e explique como isso pode ajudar a determinar a função da sua proteína.

11. **RNA-Seq** RNA-Seq é um método de sequenciamento de última geração usado para traçar o perfil quantitativo do transcriptoma celular. Os pesquisadores usam o RNA-Seq para comparar a expressão de genes em diferentes condições ambientais ou entre diferentes tipos de células. Existem três etapas gerais em um fluxo de trabalho de RNA-Seq:

1. Geração de uma biblioteca de cDNA a partir de RNA celular.
2. Adição de adaptadores de oligonucleotídeos aos fragmentos da biblioteca de cDNA.
3. Sequenciamento de última geração para identificar genes transcricionalmente ativos da biblioteca de cDNA.

Qual é o papel da enzima transcriptase reversa em um fluxo de trabalho de RNA-Seq?

12. **RNA celular** Suponha que uma equipe de investigação conduziu um experimento de RNA-Seq em células de fígado de camundongo. A equipe encontrou muitas sequências que não continham quadros de leitura abertos (Capítulo 27) – longos trechos de códons consecutivos que poderiam ser traduzidos em uma proteína e, portanto, sugerir a presença de um gene. Sugira uma razão para essa falta observada de quadros de leitura abertos.

13. **Uso de grupos externos em genômica comparativa** Uma proteína hipotética encontrada em seres humanos, orangotangos e chimpanzés-comuns tem as seguintes sequências (vermelho indica diferenças de resíduos de aminoácidos; traços indicam uma deleção – os resíduos que estão faltando naquela sequência):

Ser humano: ATSAAG**Y**DEWEGGK**V**LIHL – – KLQNRGALL ELDIGAV

Orangotango: ATSAAG**W**DEWEGGK**V**LIHL**DG**KLQNRGALL ELDIGAV

Chimpanzé-comum: ATSAAG**W**DEWEGGK**I**LIHL**DG**KLQNRGALL ELDIGAV

Qual é a sequência mais provável da proteína presente no último ancestral comum do ser humano e do chimpanzé-comum?

14. **Migrações humanas I** Populações de nativos na América do Norte e na América do Sul têm haplótipos de DNA mitocondrial que podem ser rastreados até populações no nordeste da Ásia. As populações aleutas e inuítes no extremo norte da América do Norte têm um subconjunto dos mesmos haplótipos que ligam outros nativos americanos à Ásia, mas também têm vários haplótipos adicionais que podem ser rastreados até origens asiáticas e não foram encontrados em populações nativas em outras partes das Américas. Forneça uma explicação possível para esse fenômeno.

15. **Migrações humanas II** O DNA (haplótipos) originário dos denisovanos pode ser encontrado nos genomas de indígenas australianos e de habitantes das ilhas da Melanésia. No entanto, os mesmos marcadores de DNA não são encontrados nos genomas de pessoas nativas da África. Explique.

16. **Como encontrar genes de doenças** Você é um caçador de genes tentando encontrar a base genética de uma doença hereditária rara. O exame de seis linhagens de famílias afetadas pela doença fornece resultados inconsistentes. Para duas das famílias, a doença é co-herdada com marcadores no cromossomo 7. Para as outras quatro famílias, a doença é co-herdada com marcadores no cromossomo 12. Explique como essa diferença pode ter surgido.

17. **Desenho de *primers* de RT-PCR** Pesquisadores podem usar sequências de mRNA transcrito como modelo de PCR para produzir uma sequência de DNA correspondente. A transcriptase reversa, uma enzima que funciona como a DNA-polimerase, amplifica o modelo de mRNA como DNA no primeiro ciclo de PCR. Depois de fazer as fitas de DNA a partir do molde de RNA, uma pesquisadora pode realizar os ciclos restantes com DNA-polimerase, usando protocolos de PCR padrão. Ela pode, então, comparar as sequências amplificadas detectadas com o genoma para analisar a atividade transcricional. Assim, a transcrição reversa seguida de PCR (RT-PCR) é uma técnica experimental poderosa usada para detectar RNA de células vivas, que transcrevem seu DNA em RNA, ao contrário de tecidos mortos, que não o fazem. Considere o transcrito de mRNA mostrado a seguir.

5′–AUAUCGCUCCACGUAACUGAAAGAAAAGUGUGGAGCUAGCAGUCGAGA–3′

Qual par de oligonucleotídeos de DNA poderia servir como um iniciador adequado em uma amplificação por RT-PCR desse transcrito? Os oligonucleotídeos estão escritos na direção 5′ para 3′.

(a) *Primer* 1: GGAGACCTTGACT; *Primer* 2: AGTCAAGGTCTCC
(b) *Primer* 1: GACTGCTAGCTCC; *Primer* 2: GTTACGTGGAGCG
(c) *Primer* 1: GCCGCGCGCGCGC; *Primer* 2: CCCCGCCGCGCCG
(d) *Primer* 1: CACGATTCAACGTG; *Primer* 2: TTCGCATTGCCGAA

### QUESTÃO DE ANÁLISE DE DADOS

18. **HincII: a primeira endonuclease de restrição** A descoberta da primeira endonuclease de restrição que tivesse uso prático foi descrita em dois artigos científicos publicados em 1970. No primeiro trabalho, Smith e Wilcox descreveram o isolamento de uma enzima que clivava o DNA dupla-fita. Inicialmente, eles demonstraram a atividade de nuclease da enzima medindo a redução da viscosidade de amostras de DNA tratadas com essa enzima.

(a) Por que o tratamento com a nuclease reduz a viscosidade de uma solução de DNA?

Os autores determinaram se a enzima era uma endonuclease ou uma exonuclease por meio do tratamento da enzima com DNA marcado com $^{32}P$ e, em seguida, da adição de ácido tricloroacético (TCA). Nas condições utilizadas em seus experimentos, os nucleotídeos livres são solúveis em TCA, ao passo que os oligonucleotídeos precipitam.

**(b)** Não se formou material marcado com $^{32}P$ solúvel em TCA após o tratamento do DNA marcado com $^{32}P$ com a nuclease. Com base nessa descoberta, a enzima é uma endonuclease ou uma exonuclease? Explique seu raciocínio.

Quando um polinucleotídeo é clivado, o fosfato geralmente não é removido e permanece ligado à extremidade 5' ou 3' do fragmento de DNA resultante. Smith e Wilcox determinaram a localização do fosfato no fragmento formado pela nuclease em três etapas:

1. Tratamento do DNA não marcado com a nuclease.
2. Tratamento de uma amostra (A) do produto com ATP marcado com $\gamma\text{-}^{32}P$ e polinucleotídeo-cinase (que pode anexar o $\gamma$-fosfato de ATP para um 5' OH, mas não para um 5' fosfato ou para um 3' OH ou 3' fosfato). Medição da quantidade de $^{32}P$ incorporado ao DNA.
3. Tratamento de outra amostra (B) do produto da etapa 1 com fosfatase alcalina (que remove grupos fosfato das extremidades 5' e 3' livres), seguida por polinucleotídeo-cinase e ATP marcado com $\gamma\text{-}^{32}P$. Medição da quantidade de $^{32}P$ incorporada no DNA.

**(c)** Smith e Wilcox descobriram que a amostra A tinha 136 contagens/minuto de $^{32}P$, ao passo que a amostra B tinha 3.740 contagens/minuto. A clivagem da nuclease deixou o fosfato no final 5' ou no final 3' dos fragmentos de DNA? Explique seu raciocínio.

**(d)** O tratamento do DNA do bacteriófago T7 com a nuclease gerou cerca de 40 fragmentos específicos de comprimentos variados. Como esse resultado pode ser consistente com o fato de a enzima reconhecer uma sequência específica no DNA, em vez de realizar uma clivagem da dupla-fita em regiões aleatórias?

Nesse ponto, havia duas possibilidades para a clivagem sítio-específica: a clivagem poderia ocorrer ou (1) no sítio de reconhecimento ou (2) próximo ao sítio de reconhecimento, mas não dentro da sequência reconhecida. Para resolver esse problema, Kelly e Smith determinaram a sequência das extremidades 5' dos fragmentos de DNA gerados pela nuclease em cinco etapas:

1. Tratamento do DNA do fago T7 com a enzima.
2. Tratamento dos fragmentos resultantes com fosfatase alcalina para remover os fosfatos da extremidade 5'.
3. Tratamento dos fragmentos desfosforilados com polinucleotídeo-cinase e ATP marcado com $\gamma\text{-}^{32}P$ para marcar as extremidades 5'.
4. Tratamento das moléculas marcadas com DNases para quebrá-las em uma mistura de mono, di e trinucleotídeos.
5. Determinação da sequência dos mono, di e trinucleotídeos marcados, comparando-os com oligonucleotídeos de sequência conhecida por cromatografia de camada delgada.

Os produtos rotulados foram identificados da seguinte forma: mononucleotídeos – A e G; dinucleotídeos – (5')ApA(3') e (5')GpA(3'); trinucleotídeos – (5')ApApC(3') e (5')GpApC(3').

**(e)** Qual modelo de clivagem é consistente com esses resultados? Explique seu raciocínio.

Kelly e Smith tentaram determinar a sequência das extremidades 3' dos fragmentos. Eles encontraram uma mistura de (5')TpC(3') e (5')TpT(3'). Eles não determinaram a sequência de nenhum dos trinucleotídeos na extremidade 3'.

**(f)** Com base nesses dados, qual é a sequência de reconhecimento para a nuclease e em qual ponto na sequência o esqueleto de DNA é clivado? Utilize a Tabela 9-2 como modelo para sua resposta.

### Referências

**Kelly, T. J. e H. O. Smith. 1970.** A restriction enzyme from *Haemophilus influenzae*: II. Base sequence of the recognition site. *J. Mol. Biol.* 51:393-409.

**Smith, H. O. e K. W. Wilcox. 1970.** A restriction enzyme from *Haemophilus influenzae*: I. Purification and general properties. *J. Mol. Biol.* 51:379-391.

# Capítulo 10

# LIPÍDEOS

- **10.1** Lipídeos de armazenamento  *341*
- **10.2** Lipídeos estruturais em membranas  *346*
- **10.3** Lipídeos como sinalizadores, cofatores e pigmentos  *354*
- **10.4** Trabalhando com lipídeos  *361*

Os lipídeos biológicos são um grupo de compostos quimicamente diversos definidos por uma característica em comum: a insolubilidade em água. As funções biológicas dos lipídeos são tão diversas quanto a sua química. Gorduras e óleos são as principais formas de armazenamento de energia em muitos organismos. Os fosfolipídeos e os esteróis são os principais elementos estruturais das membranas biológicas. Outros lipídeos, embora presentes em quantidades relativamente pequenas, desempenham papéis cruciais, como cofatores enzimáticos, transportadores de elétrons, pigmentos fotossensíveis, âncoras hidrofóbicas para proteínas, chaperonas para auxiliar o enovelamento de proteínas de membrana, agentes emulsificantes no trato digestório, hormônios e mensageiros intracelulares. Este capítulo apresenta os lipídeos mais representativos de cada um dos tipos, organizados de acordo com suas funções, com ênfase na estrutura química e nas propriedades físicas. Embora o texto siga uma organização funcional, os milhares de lipídeos diferentes também podem ser organizados em oito categorias gerais de acordo com sua estrutura química (listadas na Tabela 10-2, no final deste capítulo). A geração de energia pela oxidação de lipídeos será abordada no Capítulo 17, e a sua síntese, no Capítulo 21. Aqui, serão enfocados os quatro princípios da função dos lipídeos na célula:

- **P1** **Ácidos graxos são moléculas hidrocarbonadas insolúveis em água utilizadas para o armazenamento de energia.** Os ácidos graxos são altamente reduzidos e, assim, fornecem uma rica fonte de energia química armazenada para as células. O armazenamento de gorduras hidrofóbicas como os triacilgliceróis é também altamente eficiente, pois não há necessidade de água para hidratar as gorduras armazenadas.

- **P2** **Lipídeos de membrana apresentam, em sua composição, caudas hidrofóbicas unidas a cabeças que contêm grupos polares.** As membranas celulares são compostas por uma variedade de lipídeos, incluindo glicerofosfolipídeos e esteróis. Esses lipídeos são utilizados para estruturar as membranas, além de apresentarem moléculas na superfície da membrana para sinalização e reconhecimento molecular.

- **P3** **Os lipídeos apresentam outros papéis na função celular além do armazenamento de energia e da construção de membranas.** Muitos lipídeos estão presentes na célula em quantidades menores do que aqueles utilizados na construção de membranas ou no armazenamento de energia. Esses lipídeos podem funcionar como mensageiros celulares, hormônios, transportadores de elétrons ou pigmentos.

- **P4** **As propriedades químicas dos lipídeos estão relacionadas com a sua composição e a sua estrutura.** Assim como no caso do estudo de outras biomoléculas, os métodos enzimáticos, cromatográficos e de espectrometria de massas podem ser utilizados para identificar lipídeos e determinar suas estruturas atômicas.

## 10.1 Lipídeos de armazenamento

**P1** As gorduras e os óleos utilizados de modo quase universal como formas de armazenamento de energia nos organismos vivos são derivados de **ácidos graxos**. Os ácidos graxos são derivados de hidrocarbonetos, com estado de oxidação quase tão baixo (i.e., altamente reduzido) quanto o dos hidrocarbonetos nos combustíveis fósseis. A oxidação celular de ácidos graxos (a $CO_2$ e $H_2O$), assim como a combustão controlada e rápida de combustíveis fósseis em motores de combustão interna, é altamente exergônica.

Neste capítulo, são apresentadas as estruturas e a nomenclatura dos ácidos graxos mais encontrados em organismos vivos. Dois tipos de compostos que contêm ácidos graxos, os triacilgliceróis e as ceras, são descritos para ilustrar a diversidade de estruturas e propriedades físicas dessa família de compostos.

### Os ácidos graxos são derivados de hidrocarbonetos

Os ácidos graxos são ácidos carboxílicos com cadeias hidrocarbonadas de comprimento que variam de 4 a 36 carbonos ($C_4$ a $C_{36}$). Em alguns ácidos graxos, essa cadeia é totalmente saturada (não contém ligações duplas) e não ramificada; em outros, a cadeia contém uma ou mais ligações duplas (**Tabela 10-1**). Alguns poucos contêm anéis de três carbonos, grupos hidroxila ou ramificações de grupos metila.

## TABELA 10-1 Alguns ácidos graxos de ocorrência natural: estrutura, propriedades e nomenclatura

| Esqueleto carbonado | Estrutura[a] | Nome sistemático[b] | Nome comum (derivação) | Ponto de fusão (°C) | Solubilidade a 30 °C (mg/g de solvente) Água | Solubilidade a 30 °C (mg/g de solvente) Benzeno |
|---|---|---|---|---|---|---|
| 12:0 | $CH_3(CH_2)_{10}COOH$ | Ácido $n$-dodecanoico | Ácido láurico (do latim *laurus*, "árvore de louro") | 44,2 | 0,063 | 2.600 |
| 14:0 | $CH_3(CH_2)_{12}COOH$ | Ácido $n$-tetradecanoico | Ácido mirístico (do latim *Myristica*, gênero da noz-moscada) | 53,9 | 0,024 | 874 |
| 16:0 | $CH_3(CH_2)_{14}COOH$ | Ácido $n$-hexadecanoico | Ácido palmítico (do latim *palma*, "palmeira") | 63,1 | 0,0083 | 348 |
| 18:0 | $CH_3(CH_2)_{16}COOH$ | Ácido $n$-octadecanoico | Ácido esteárico (do grego *stear*, "gordura dura") | 69,6 | 0,0034 | 124 |
| 20:0 | $CH_3(CH_2)_{18}COOH$ | Ácido $n$-eicosanoico | Ácido araquídico (do latim *Arachis*, gênero de legumes) | 76,5 | | |
| 24:0 | $CH_3(CH_2)_{22}COOH$ | Ácido $n$-tetracosanoico | Ácido lignocérico (do latim *lignum*, "madeira", + *cera*) | 86,0 | | |
| 16:1($\Delta^9$) | $CH_3(CH_2)_5CH=CH(CH_2)_7COOH$ | Ácido *cis*-9-hexadecenoico | Ácido palmitoleico | 1 a −0,5 | | |
| 18:1($\Delta^9$) | $CH_3(CH_2)_7CH=CH(CH_2)_7COOH$ | Ácido *cis*-9-octadecenoico | Ácido oleico (do latim *oleum*, "óleo") | 13,4 | | |
| 18:2($\Delta^{9,12}$) | $CH_3(CH_2)_4CH=CHCH_2CH=CH(CH_2)_7COOH$ | Ácido *cis*-,*cis*-9,12-octadecadienoico | Ácido linoleico (do grego *linon*, "linho") | 1-5 | | |
| 18:3($\Delta^{9,12,15}$) | $CH_3CH_2CH=CHCH_2CH=CHCH_2CH=CH(CH_2)_7COOH$ | Ácido *cis*-,*cis*-,*cis*-9,12,15-octadecatrienoico | Ácido α-linolênico | −11 | | |
| 20:4($\Delta^{5,8,11,14}$) | $CH_3(CH_2)_4CH=CHCH_2CH=CHCH_2CH=CHCH_2CH=CH(CH_2)_3COOH$ | Ácido *cis*-,*cis*-,*cis*-,*cis*-5,8,11,14-icosatetraenoico | Ácido araquidônico | −49,5 | | |

[a] Todos os ácidos são apresentados em sua forma não ionizada. Em pH 7,0, todos os ácidos graxos livres apresentam a carboxila ionizada. Observe que a numeração dos átomos de carbono começa no carbono da carboxila.

[b] O prefixo *n*- indica a estrutura "normal", não ramificada. Por exemplo, "dodecanoico" simplesmente indica 12 átomos de carbono, que poderiam estar dispostos em várias formas ramificadas; "*n*-dodecanoico" especifica a forma linear, não ramificada. Para ácidos graxos insaturados, a configuração de cada ligação dupla é indicada. Nos ácidos graxos biológicos, a configuração é quase sempre *cis*.

**CONVENÇÃO** Uma nomenclatura simplificada para ácidos graxos não ramificados especifica o número de carbonos na cadeia e o número de ligações duplas, separados por dois-pontos. Por exemplo, o ácido palmítico, com 16 carbonos e saturado, é abreviado 16:0; e o ácido oleico, com 18 carbonos (ácido octadecenoico, mostrado a seguir), com uma ligação dupla, é 18:1. Cada segmento do zigue-zague na estrutura representa uma única ligação entre carbonos adjacentes. O carbono da carboxila é considerado o primeiro carbono (C-1), e o carbono α próximo a ele é C-2. As posições das ligações duplas, designadas por Δ (delta), são especificadas em relação a C-1 por um número sobrescrito indicando o carbono com menor número na ligação dupla. Por meio dessa convenção, o ácido oleico, com uma ligação dupla entre C-9 e C-10, é designado 18:1($\Delta^9$); e um ácido graxo de 20 carbonos, com uma ligação dupla entre C-9 e C-10 e outra entre C-12 e C-13, é designado 20:2($\Delta^{9,12}$).

18:1($\Delta^9$)   Ácido *cis*-9-octadecenoico

Os ácidos graxos de ocorrência mais comum apresentam um número par de átomos de carbono em uma cadeia não ramificada de 12 a 24 carbonos (Tabela 10-1). Como está discutido no Capítulo 21, o número par de carbonos resulta do modo como esses compostos são sintetizados, envolvendo condensações sucessivas de unidades acetila de dois carbonos.

Também há um padrão comum na localização das ligações duplas; na maioria dos ácidos graxos monoinsaturados, a ligação dupla ocorre entre C-9 e C-10 ($\Delta^9$), e as outras ligações duplas dos ácidos graxos poli-insaturados geralmente são $\Delta^{12}$ e $\Delta^{15}$. (O ácido araquidônico é uma exceção a essa generalização; ver Tabela 10-1.) As ligações duplas dos ácidos graxos poli-insaturados quase nunca são conjugadas (ligações duplas e simples alternadas, como em —CH=CH—CH=CH—), mas sim separadas por um grupo metileno: —CH=CH—CH$_2$—CH=CH—. Em quase todos os ácidos graxos insaturados que ocorrem naturalmente, as ligações duplas encontram-se em configuração *cis*.

Exceções notáveis incluem os ácidos graxos *trans* produzidos pela fermentação no rúmen de animais usados na produção de leite. Os seres humanos podem ingerir essas gorduras *trans* a partir de laticínios e carne.

**CONVENÇÃO** A família de **ácidos graxos poli-insaturados (AGPI)** com uma ligação dupla entre o terceiro e o quarto carbonos a partir da extremidade da cadeia com grupo metila é de especial importância para a nutrição humana. Como o papel fisiológico dos AGPI está mais relacionado com a posição da primeira ligação dupla próximo à extremidade da cadeia com o grupo *metila*, em vez da extremidade contendo a carboxila, uma nomenclatura alternativa às vezes é utilizada para esses ácidos graxos. O carbono do grupo metila – ou seja, o carbono mais distante do grupo carboxila – é chamado de carbono $\omega$ (ômega; a última letra do alfabeto grego) e recebe o número 1 (C-1); nessa convenção, o carbono da carboxila recebe o número mais alto. As posições das ligações duplas são indicadas em relação ao carbono $\omega$. Nessa convenção, os AGPI com uma ligação dupla entre C-3 e C-4 são chamados de ácidos graxos **ômega 3** ($\omega$-3), e aqueles com a ligação dupla entre C-6 e C-7 são ácidos graxos **ômega 6** ($\omega$-6). A seguir, é mostrado o ácido eicosapentaenoico, que pode ser designado como 20:5($\Delta^{5,8,11,14,17}$) pela nomenclatura padrão, mas é também referido como ácido graxo ômega 3, enfatizando a importância biológica da ligação dupla na posição ômega 3.

20:5($\Delta^{5,8,11,14,17}$)    Ácido eicosapentanoico (EPA)

Os seres humanos necessitam do AGPI ômega 3 $\alpha$-linolênico [ALA; 18:3($\Delta^{9,12,15}$), na convenção-padrão], mas não têm a capacidade enzimática de sintetizá-lo, devendo, portanto, obtê-lo da dieta. A partir do ALA, os seres humanos podem sintetizar outros dois AGPI ômega 3 importantes para as funções celulares: o ácido eicosapentaenoico [EPA; 20:5($\Delta^{5,8,11,14,17}$), mostrado anteriormente na Convenção-chave] e o ácido docosaexaenoico [DHA; 22:6($\Delta^{4,7,10,13,16,19}$)]. O desequilíbrio entre os AGPI ômega 6 e ômega 3 na dieta está associado a risco aumentado de doenças cardiovasculares. A proporção ótima de AGPI ômega 6 para ômega 3 na dieta está entre 1:1 e 4:1, mas a proporção nas dietas da maioria dos norte-americanos está mais próxima de 10:1 a 30:1. A "dieta mediterrânea", que tem sido associada à diminuição do risco de doenças cardiovasculares, é mais rica em AGPI ômega 3, obtido em vegetais folhosos (saladas) e óleos de peixe. Óleos de peixe especialmente ricos em EPA e DHA são um suplemento dietético comum, embora seu papel exato na prevenção de doenças cardiovasculares seja controverso. ∎

**P1** As propriedades físicas dos ácidos graxos e dos compostos que os contêm são determinadas, em grande parte, pelo comprimento e pelo grau de insaturação da cadeia hidrocarbonada. A cadeia hidrocarbonada apolar é responsável pela baixa solubilidade dos ácidos graxos na água. O ácido láurico (12:0, $M_r$ 200), por exemplo, tem solubilidade em água de 0,063 mg/g – muito menor do que a da glicose ($M_r$ 180), que é de 1.100 mg/g. Quanto mais longa for a cadeia acila do ácido graxo e quanto menos ligações duplas ela tiver, mais baixa será a solubilidade em água. O grupo ácido carboxílico é polar (e ionizado em pH neutro) e é responsável pela leve solubilidade dos ácidos graxos de cadeia curta em água.

Os pontos de fusão também são muito influenciados pelo comprimento e pelo grau de insaturação da cadeia hidrocarbonada. Em temperatura ambiente (25 °C), os ácidos graxos saturados de 12:0 a 24:0 têm consistência de cera, ao passo que os ácidos graxos insaturados de mesmo comprimento são líquidos oleosos. Essa diferença nos pontos de fusão se deve aos diferentes graus de empacotamento das moléculas dos ácidos graxos (**Fig. 10-1**). Nos compostos completamente saturados, a rotação livre em torno de cada ligação carbono-carbono dá grande flexibilidade à cadeia hidrocarbonada; a conformação mais estável é a forma completamente estendida, na qual o impedimento estérico dos átomos vizinhos é minimizado. Essas moléculas podem se agrupar de forma compacta em arranjos quase cristalinos, com os átomos ao longo de todo o seu comprimento em interações de van der Waals com os átomos de moléculas vizinhas. Nos ácidos graxos insaturados, uma ligação dupla *cis* força uma dobra na cadeia hidrocarbonada. Ácidos graxos com uma ou várias dessas dobras não podem se agrupar tão firmemente quanto os ácidos graxos totalmente saturados, e as interações entre eles são, portanto, mais fracas. Como é necessário menos energia térmica para desorganizar esses arranjos fracamente ordenados de ácidos graxos

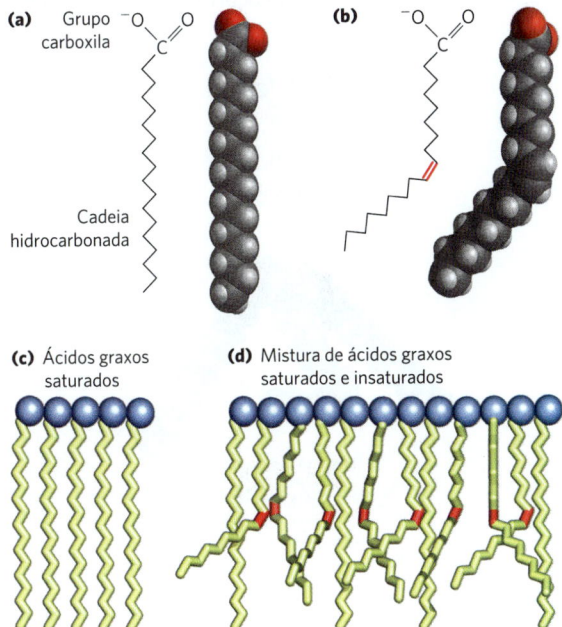

**FIGURA 10-1** **O empacotamento de ácidos graxos em agregados estáveis.** A extensão do empacotamento depende do grau de saturação. (a) Duas representações do ácido esteárico, um ácido completamente saturado, 18:0 (estearato em pH 7,0), em sua conformação normal estendida. (b) A ligação dupla *cis* (em vermelho) no ácido oleico, 18:1($\Delta^9$) (oleato), restringe a rotação e introduz uma dobra rígida na cauda hidrocarbonada. Todas as outras ligações na cadeia estão livres para rotação. (c) Os ácidos graxos completamente saturados na forma estendida se empacotam em arranjos quase cristalinos, estabilizados por muitas interações hidrofóbicas. (d) A presença de um ou mais ácidos graxos com ligações duplas *cis* (em vermelho) interfere nesse agrupamento compacto e resulta em agregados menos estáveis.

insaturados, eles têm pontos de fusão consideravelmente mais baixos do que os ácidos graxos saturados de mesmo comprimento de cadeia (Tabela 10-1).

Em vertebrados, os ácidos graxos livres (ácidos graxos não esterificados, com um grupo carboxilato livre) circulam no sangue ligados de modo não covalente a uma proteína carreadora, a albumina sérica. No entanto, os ácidos graxos estão presentes no plasma sanguíneo principalmente como derivados de ácidos carboxílicos, como ésteres ou amidas. Devido à ausência do grupo carboxilato carregado, esses derivados de ácidos graxos geralmente são ainda menos solúveis em água do que os ácidos graxos livres e são transportados no sangue principalmente como partículas denominadas lipoproteínas (ver Capítulo 21).

### Os triacilgliceróis são ésteres de ácidos graxos e glicerol

Os lipídeos mais simples construídos a partir de ácidos graxos são os **triacilgliceróis**, também chamados de triglicerídeos, gorduras ou gorduras neutras. Os triacilgliceróis são compostos por três ácidos graxos, cada um em ligação éster com uma única molécula de glicerol (**Fig. 10-2**). Aqueles que contêm o mesmo tipo de ácido graxo em todas as três posições são chamados de triacilgliceróis simples, e sua nomenclatura é derivada do ácido graxo que contêm. Os triacilgliceróis simples de 16:0, 18:0 e 18:1, por exemplo, são tripalmitina, triestearina e trioleína, respectivamente. A maioria dos triacilgliceróis de ocorrência natural é mista, pois contêm dois ou três ácidos graxos diferentes. Para designar esses compostos sem gerar ambiguidade, o nome e a posição de cada ácido graxo devem ser especificados.

Como as hidroxilas polares do glicerol e os carboxilatos polares dos ácidos graxos estão em ligações éster, os triacilgliceróis são moléculas apolares, hidrofóbicas, essencialmente insolúveis em água. Os lipídeos têm densidades específicas mais baixas do que a água, o que explica por que as misturas de óleo e água (p. ex., tempero de salada com azeite e vinagre) têm duas fases: o óleo, com densidade específica mais baixa, flutua sobre a fase aquosa.

### Os triacilgliceróis armazenam energia e proporcionam isolamento térmico

Na maioria das células eucarióticas, os triacilgliceróis formam uma fase separada de gotículas microscópicas de óleo no citosol aquoso, servindo como depósitos de combustível metabólico. Nos vertebrados, células especializadas, chamadas de adipócitos (células do tecido adiposo), armazenam grandes quantidades de triacilgliceróis em gotículas de gordura que quase preenchem a célula (**Fig. 10-3a**). Os triacilgliceróis também são armazenados como óleos nas sementes de vários tipos de plantas, fornecendo energia e precursores

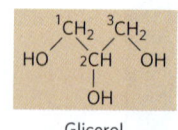

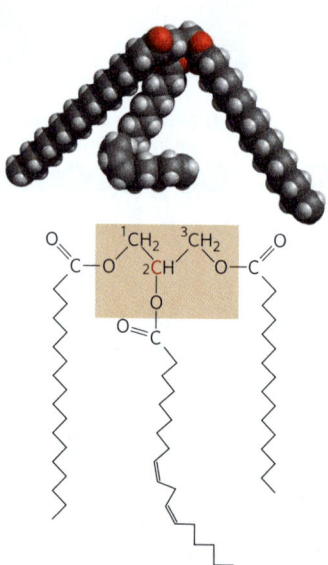

1-Estearoil, 2-linoleoil, 3-palmitoil-glicerol, um triacilglicerol misto

**FIGURA 10-2 O glicerol e um triacilglicerol.** O triacilglicerol misto mostrado aqui tem três ácidos graxos diferentes ligados à cadeia do glicerol. Quando o glicerol apresenta ácidos graxos diferentes em C-1 e C-3, o C-2 é um centro quiral.

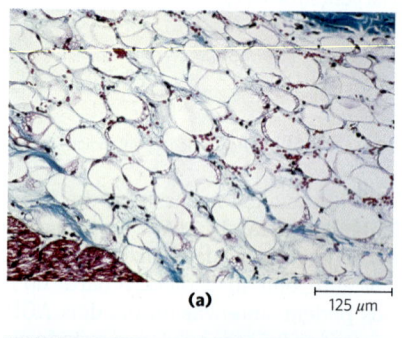

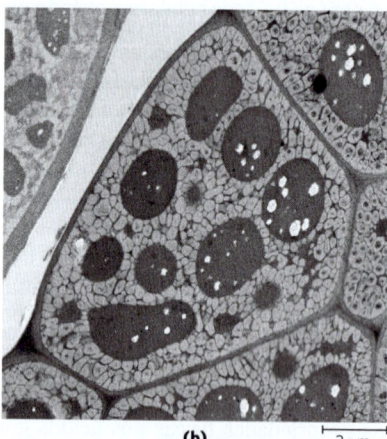

**FIGURA 10-3 Depósitos de gordura nas células.** (a) Secção transversal de tecido adiposo branco de seres humanos. Cada célula contém uma gotícula de gordura (em branco) tão grande que empurra o núcleo (corado em vermelho) contra a membrana plasmática. (b) Secção transversal de uma célula de cotilédone de uma semente da planta *Arabidopsis*. As estruturas grandes e escuras são corpos proteicos, que estão rodeados por gordura de armazenamento nos corpos oleosos, de coloração clara. [(a) Biophoto Associates/Science Source. (b) Cortesia de Howard Goodman, Department of Genetics, Harvard Medical School.]

biossintéticos durante a germinação da semente (Fig. 10-3b). Os adipócitos e as sementes em germinação contêm **lipases** – enzimas que catalisam a hidrólise dos triacilgliceróis armazenados, liberando ácidos graxos para serem transportados para os locais em que são necessários como combustível.

**P1** Existem duas vantagens significativas em se usar triacilgliceróis para o armazenamento de combustível, em vez de polissacarídeos, como o glicogênio e o amido. Primeiro, os átomos de carbono dos ácidos graxos estão mais reduzidos do que os dos açúcares, de modo que a oxidação de 1 g de triacilgliceróis libera mais do que o dobro de energia do que a oxidação de 1 g de carboidratos. Segundo, como os triacilgliceróis são hidrofóbicos e, portanto, não hidratados, o organismo que carrega gordura como combustível não precisa carregar o peso extra da água da hidratação que está associada aos polissacarídeos armazenados (2 g por grama de polissacarídeo). Os seres humanos apresentam tecido adiposo (composto principalmente por adipócitos) sob a pele, na cavidade abdominal e nas glândulas mamárias. As pessoas moderadamente obesas com 15 a 20 kg de triacilgliceróis depositados em seus adipócitos poderiam suprir suas necessidades energéticas por meses utilizando seus depósitos de gordura. Em contrapartida, o corpo humano consegue armazenar na forma de glicogênio menos do que a quantidade de energia utilizada em um dia. Os carboidratos como a glicose, contudo, oferecem certas vantagens como fontes rápidas de energia metabólica, uma das quais é a sua fácil solubilidade em água.

Em alguns animais, os triacilgliceróis armazenados sob a pele servem não apenas como estoques de energia, mas também como isolamento contra baixas temperaturas. Focas, morsas, pinguins e outros animais polares de sangue quente apresentam sua superfície amplamente coberta por triacilgliceróis. Em animais que hibernam, como os ursos, as enormes reservas de energia acumuladas na forma de gordura antes da hibernação servem para dois propósitos: isolamento térmico e reserva de energia (ver Quadro 17-1).

### A hidrogenação parcial de óleos de cozinha melhora sua estabilidade, mas cria ácidos graxos com efeitos danosos para a saúde

A maioria das gorduras naturais, como aquelas encontradas em óleos vegetais, laticínios e gordura animal, consiste em misturas complexas de triacilgliceróis simples e mistos. Essas gorduras contêm uma variedade de ácidos graxos que diferem no comprimento da cadeia e no grau de saturação (**Fig. 10-4**). Os óleos vegetais, como os óleos de milho e de oliva, são compostos em grande parte por triacilgliceróis com ácidos graxos insaturados e, portanto, são líquidos em temperatura ambiente. Os triacilgliceróis que contêm somente ácidos graxos saturados, como a triestearina, o componente mais importante da gordura da carne bovina, são sólidos brancos e gordurosos em temperatura ambiente.

Quando alimentos ricos em lipídeos são expostos por muito tempo ao oxigênio do ar, eles podem estragar e se tornar rançosos. O gosto e o cheiro desagradáveis associados à rancificação resultam da clivagem oxidativa das ligações duplas em ácidos graxos insaturados, que produz aldeídos e ácidos carboxílicos de comprimento de cadeia menor e, portanto, de maior volatilidade; esses compostos se dispersam

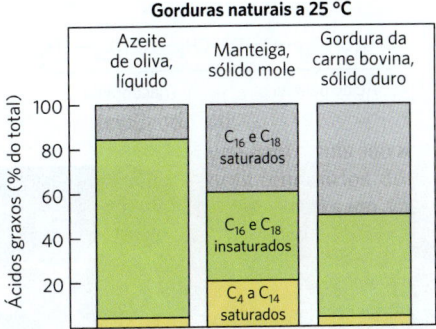

**FIGURA 10-4 Composição de ácidos graxos de três gorduras alimentares.** Azeite de oliva, manteiga e gordura da carne bovina consistem em misturas de triacilgliceróis, diferindo em sua composição de ácidos graxos. Os pontos de fusão dessas gorduras – e, portanto, o seu estado físico em temperatura ambiente (25 °C) – variam de acordo com sua composição de ácidos graxos. O azeite de oliva apresenta alta proporção de ácidos graxos insaturados de cadeia longa ($C_{16}$ e $C_{18}$), o que explica seu estado líquido a 25 °C. A alta proporção de ácidos graxos saturados de cadeia longa ($C_{16}$ e $C_{18}$) na manteiga aumenta seu ponto de fusão, de modo que ela é um sólido mole em temperatura ambiente. A gordura da carne bovina, com uma proporção ainda maior de ácidos graxos saturados de cadeia longa, é um sólido duro.

prontamente pelo ar até alcançarem o seu nariz. Ao longo do século XX, a hidrogenação parcial de óleos vegetais comercializáveis foi utilizada para aumentar o seu prazo de validade e para aumentar a estabilidade de óleos de cozinha nas altas temperaturas utilizadas para frituras. Esse processo converte muitas das ligações duplas *cis* dos ácidos graxos em ligações simples e aumenta o ponto de fusão dos óleos, de forma que eles ficam mais próximos do estado sólido em temperatura ambiente (a margarina é produzida assim a partir de óleo vegetal). A hidrogenação parcial, contudo, tem um efeito indesejado: algumas ligações duplas *cis* são convertidas em ligações duplas *trans*. Hoje existem fortes evidências de que o consumo de dietas contendo ácidos graxos *trans* (frequentemente chamados de "gorduras *trans*") leva a uma maior incidência de doenças cardiovasculares e de que evitar essas gorduras na dieta reduz consideravelmente o risco de doenças arteriais coronarianas. Os ácidos graxos *trans* da dieta aumentam o nível de triacilgliceróis e de colesterol LDL (o chamado colesterol "ruim") no sangue e diminuem o nível de colesterol HDL (o colesterol "bom"). Essas mudanças por si só são suficientes para aumentar o risco de doenças arteriais coronarianas, mas os ácidos graxos *trans* podem ter outros efeitos adversos. Eles parecem, por exemplo, aumentar a resposta inflamatória do corpo, o que é outro fator de risco para doenças cardíacas. (Ver, no Capítulo 21, uma descrição do como o colesterol pode estar contido em LDL e HDL – lipoproteínas de baixa e de alta densidade – e seus efeitos na saúde.) Agências regulatórias em todo o mundo agora limitam ou banem o uso de ácidos graxos *trans* na preparação ou no acondicionamento de alimentos. ■

### As ceras servem como reservas de energia e como impermeabilizantes à água

As ceras biológicas são ésteres de ácidos graxos saturados e insaturados de cadeia longa ($C_{14}$ a $C_{36}$) com álcoois de cadeia

**FIGURA 10-5 Cera biológica.** (a) Palmitato de triacontanoíla, o principal componente da cera de abelha, é um éster de ácido palmítico com o álcool triacontanol. (b) A cera de um favo de mel é firme a 25 °C e completamente impermeável à água. O termo "cera" originou-se da cera de abelhas, e mesmo o termo "*wax*", em inglês, originou-se do inglês antigo *weax*, que significa "o material do favo de mel". [(b) Irochka_T/Getty Images.]

longa ($C_{16}$ a $C_{30}$) (**Fig. 10-5**). Os seus pontos de fusão (60 a 100 °C) geralmente são mais altos do que os dos triacilgliceróis. No plâncton, microrganismos flutuantes na base da cadeia alimentar dos animais marinhos, as ceras são a principal forma de armazenamento de combustível metabólico.

As ceras também servem para uma variedade de outras funções relacionadas com as suas propriedades impermeabilizantes e a sua consistência firme. Certas glândulas da pele de vertebrados secretam ceras para proteger os pelos e a pele e mantê-los flexíveis, lubrificados e impermeáveis. As aves, particularmente as aquáticas, secretam ceras por suas glândulas uropigianas para manter suas penas impermeáveis à água. As folhas lustrosas do azevinho, do rododendro, da hera venenosa e de muitas outras plantas tropicais são cobertas por uma camada grossa de cera, que impede a evaporação excessiva de água e as protege contra parasitas.

As ceras biológicas têm várias aplicações nas indústrias farmacêutica, cosmética, entre outras. A lanolina (da lã de cordeiro), a cera de abelhas (Fig. 10-5), a cera de carnaúba (palmeira brasileira) e a cera extraída das sementes do arbusto jojoba são amplamente utilizadas na manufatura de loções, pomadas e polidores.

### RESUMO 10.1 Lipídeos de armazenamento

■ Os lipídeos são componentes celulares insolúveis em água, de estruturas diversas, que podem ser extraídos dos tecidos por solventes apolares. Quase todos os ácidos graxos, os componentes hidrocarbonados de muitos lipídeos, têm um número par de átomos de carbono (em geral, 12 a 24); eles são saturados ou insaturados, com ligações duplas quase sempre na configuração *cis*.

■ Os triacilgliceróis contêm três moléculas de ácidos graxos esterificadas aos três grupos hidroxila do glicerol. Os triacilgliceróis simples contêm somente um tipo de ácido graxo; os mistos contêm dois ou três tipos.

■ Os triacilgliceróis estão presentes em muitos alimentos e são usados principalmente para armazenar energia e fornecer isolamento térmico para os animais. As lipases liberam os ácidos graxos armazenados para que eles possam ser utilizados como combustível.

■ Uma vez que muitas gorduras naturais podem facilmente se tornar rançosas, a hidrogenação parcial pode ser utilizada para aumentar o prazo de validade de alimentos. Esse processo pode produzir ácidos graxos *trans*, os quais aumentam o risco de doença arterial coronariana. Como resultado, seu uso em alimentos preparados e processados tem se tornado bastante regulamentado.

■ As ceras são ésteres de ácidos graxos de cadeia longa com álcoois de cadeia longa, com variados usos na biologia e na indústria.

## 10.2 Lipídeos estruturais em membranas

A característica central na arquitetura das membranas biológicas é uma dupla camada de lipídeos, que atua como barreira à passagem de moléculas polares e íons. ▶**P2** Os lipídeos de membrana são anfipáticos: uma extremidade da molécula é hidrofóbica, e a outra, hidrofílica. As suas interações hidrofóbicas entre si e as suas interações hidrofílicas com a água direcionam o seu empacotamento em lâminas, chamadas de bicamadas da membrana. Nesta seção, serão descritos os quatro tipos gerais de lipídeos de membrana: os **fosfolipídeos**, que apresentam regiões hidrofóbicas compostas de dois ácidos graxos ligados a uma molécula de glicerol ou um ácido graxo ligado a uma molécula de esfingosina; os **glicolipídeos**, que contêm um açúcar simples ou um oligossacarídeo complexo em suas porções polares; os **lipídeos tetraéteres das arqueias**, que contêm duas cadeias alquila muito longas unidas por meio de ligações éter ao glicerol em ambas as extremidades; e os **esteróis**, compostos caracterizados por um sistema rígido de quatro anéis hidrocarbonados fundidos (**Fig. 10-6**). Nesses grupos de lipídeos de membrana, uma enorme diversidade resulta das várias combinações de "caudas" de ácidos graxos e "cabeças" polares. O arranjo desses lipídeos nas membranas e os seus papéis estruturais e funcionais são considerados no próximo capítulo.

### Os glicerofosfolipídeos são derivados do ácido fosfatídico

▶**P2** Os **glicerofosfolipídeos**, também chamados de fosfoglicerídeos, são lipídeos de membrana nos quais dois ácidos graxos estão unidos por ligação éster ao primeiro e ao segundo carbonos do glicerol e um grupo fortemente polar ou carregado está unido por ligação fosfodiéster ao terceiro carbono. O glicerol é pró-quiral; ele não apresenta carbonos assimétricos, mas a ligação de um fosfato a uma

## 10.2 LIPÍDEOS ESTRUTURAIS EM MEMBRANAS 347

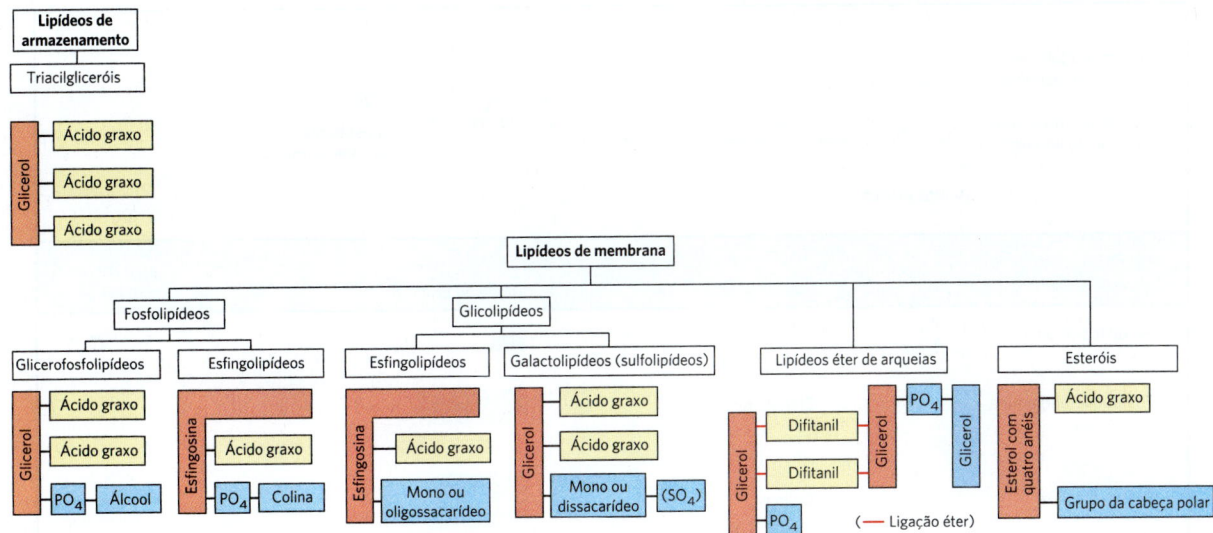

**FIGURA 10-6 Alguns tipos comuns de lipídeos de armazenamento e de membrana.** Todos os tipos de lipídeos apresentados – triacilglicerol, fosfolipídeo, glicolipídeo e lipídeo éter das arqueias – têm ou glicerol ou esfingosina como esqueleto (em vermelho), aos quais estão ligados um ou mais grupos alquila de cadeia longa (em amarelo) e uma cabeça polar (em azul). Os esteróis apresentam um núcleo composto por quatro anéis hidrocarbonados fusionados, o chamado núcleo esteroide. Em triacilgliceróis, glicerofosfolipídeos, galactolipídeos e sulfolipídeos, os grupos alquilas são ácidos graxos em ligação éster. Os esfingolipídeos contêm um único ácido graxo em ligação amida com o esqueleto de esfingosina. Os lipídeos de membrana de arqueias são variáveis; o lipídeo representado aqui tem duas cadeias alquila muito longas e ramificadas, cada extremidade em ligação éter com a porção glicerol. Os esteróis têm muitos tipos diferentes de cadeias alquila que podem estar ligadas ao anel D do núcleo esteroide em C-17. Nos fosfolipídeos, a cabeça polar está unida por meio de ligação fosfodiéster, ao passo que os glicolipídeos têm uma ligação glicosídica direta entre o açúcar da cabeça polar e o esqueleto de glicerol. Muitos esteróis contêm uma cabeça polar, como um grupo carbonila ou hidroxila, ligada ao anel A do núcleo esteroide em C-3.

extremidade o converte em um composto quiral, que pode ser chamado corretamente de L-glicerol-3-fosfato, D-glicerol-1-fosfato ou *sn*-glicerol-3-fosfato (**Fig. 10-7**). Os glicerofosfolipídeos são denominados como derivados do composto precursor, o ácido fosfatídico (**Fig. 10-8**), de acordo com o álcool polar que forma a cabeça polar. A fosfatidilcolina e a fosfatidiletanolamina têm colina e etanolamina como cabeças polares, por exemplo. A cardiolipina é um glicerofosfolipídeo no qual duas moléculas de ácido fosfatídico estão ligadas ao mesmo glicerol, que funciona como a cabeça polar (Fig. 10-8). A cardiolipina é encontrada na maioria das membranas bacterianas; nas células eucarióticas, a cardiolipina está localizada quase exclusivamente na membrana mitocondrial interna (onde é sintetizada), uma localização consistente com a hipótese endossimbiótica da origem dessas organelas (ver Fig. 1-37).

Em todos os glicerofosfolipídeos, o grupo que forma a cabeça polar está unido ao glicerol por uma ligação fosfodiéster, na qual o grupo fosfato tem carga negativa em pH neutro. O álcool polar pode estar carregado negativamente (assim como no fosfatidilinositol-4,5-bisfosfato), ser neutro (fosfatidilserina) ou estar carregado positivamente (fosfatidilcolina, fosfatidiletanolamina). Como será discutido no Capítulo 11, essas cargas contribuem de modo significativo para as propriedades de superfície das membranas.

Como os ácidos graxos nos glicerofosfolipídeos podem ser qualquer um de uma ampla variedade, um dado fosfolipídeo (p. ex., fosfatidilcolina) pode ser composto de várias espécies moleculares, cada qual com seu conjunto único de

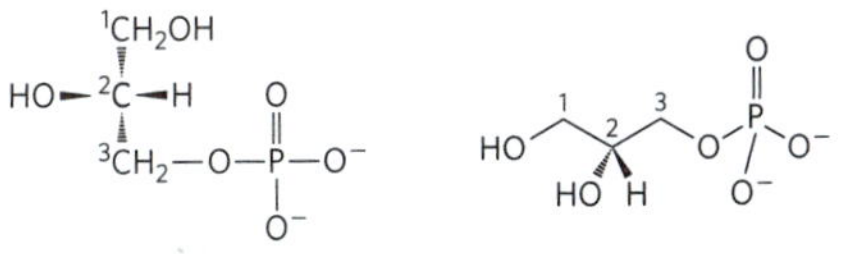

L-Glicerol-3-fosfato (*sn*-glicerol-3-fosfato)

**FIGURA 10-7 L-Glicerol-3-fosfato, o esqueleto dos fosfolipídeos.** O glicerol por si só não é quiral, visto que ele tem um plano de simetria em C-2. Esse composto, contudo, é pró-quiral – pode ser convertido em um composto quiral pela adição de um substituinte como o fosfato a qualquer um dos grupos —CH$_2$OH. Uma nomenclatura não ambígua para o glicerol-fosfato é o sistema D, L (descrito na p. 73), em que os isômeros são denominados de acordo com suas relações estereoquímicas com os isômeros do gliceraldeído. Por meio desse sistema, o estereoisômero do glicerol-fosfato encontrado na maioria dos lipídeos é corretamente denominado L-glicerol-3-fosfato ou D-glicerol-1-fosfato. Outra forma de especificar estereoisômeros é o sistema *sn* (de numeração específica; do inglês *stereospecific numbering*), no qual C-1 é, por definição, o grupo do composto pró-quiral que ocupa a posição pró-S. A forma do glicerol-fosfato comumente encontrada nos fosfolipídeos é, por esse sistema, o *sn*-glicerol-3-fosfato (no qual C-2 tem a configuração R). Nas arqueias, o glicerol nos lipídeos está na outra configuração; ou seja, D-glicerol-3-fosfato.

ácidos graxos. A distribuição de espécies moleculares é específica para diferentes organismos, tecidos do mesmo organismo e glicerofosfolipídeos na mesma célula ou tecido. Em geral, os glicerofosfolipídeos contêm um ácido graxo saturado C$_{16}$ ou C$_{18}$ em C-1 e um ácido graxo insaturado C$_{18}$

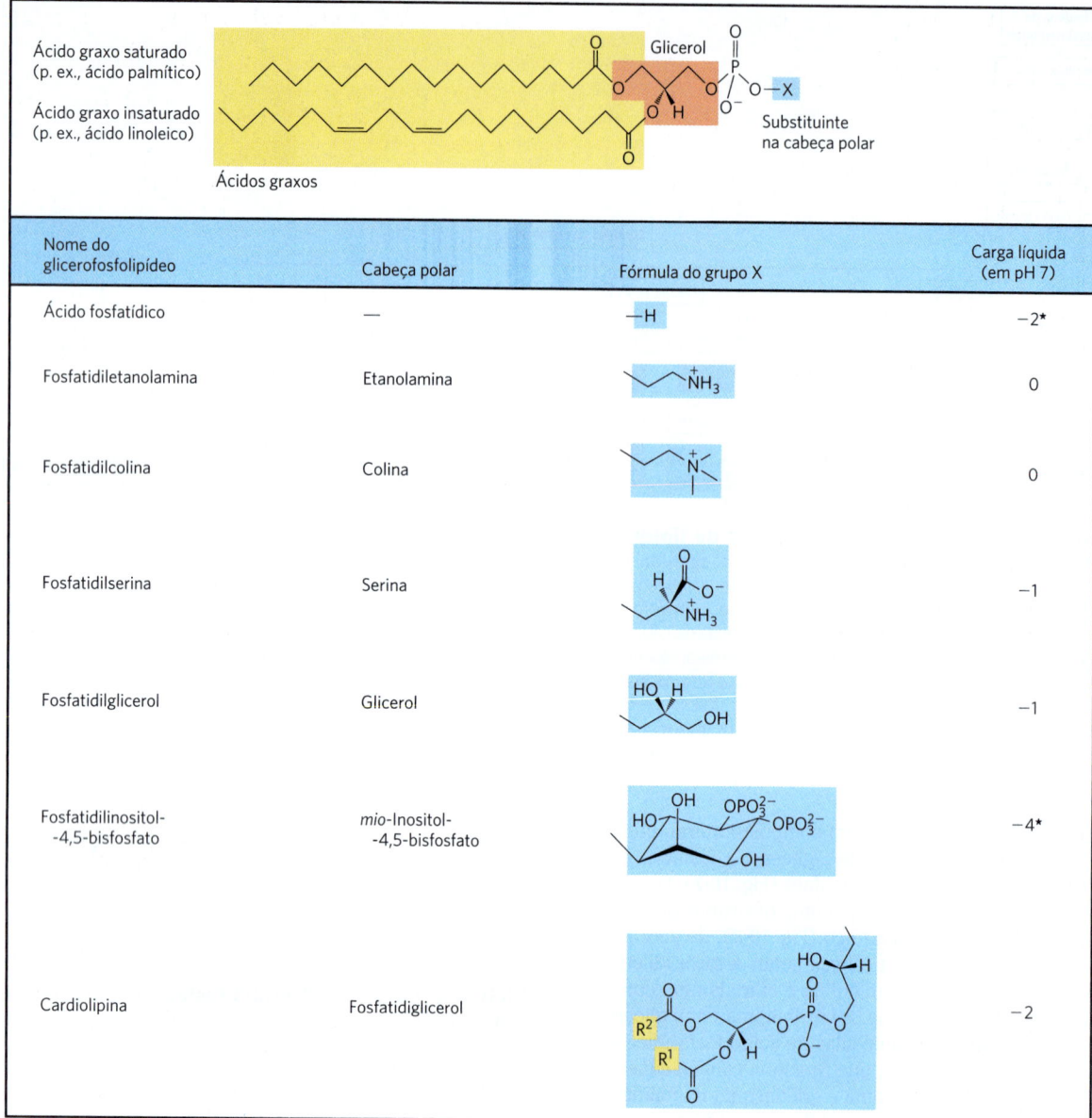

**FIGURA 10-8 Glicerofosfolipídeos.** Os glicerofosfolipídeos comuns são diacilgliceróis ligados a grupos álcool por ligação fosfodiéster. O ácido fosfatídico, um fosfomonoéster, é o composto precursor. Cada derivado é nomeado de acordo com o grupo álcool que forma a cabeça polar, com o prefixo "fosfatidil-". Na cardiolipina, dois ácidos fosfatídicos compartilham um único glicerol ($R^1$ e $R^2$ são grupos acila graxa), resultando em uma molécula simétrica. *Observe que cada um dos ésteres de fosfato tem uma carga de cerca de $-1,5$; um de seus grupos —OH está apenas parcialmente ionizado em pH 7,0.

ou $C_{20}$ em C-2. Com poucas exceções, o significado biológico da variação dos ácidos graxos e dos grupos que formam a cabeça polar ainda não é entendido.

## Alguns glicerofosfolipídeos têm ácidos graxos em ligação éter

Alguns tecidos animais e organismos unicelulares são ricos em **lipídeos éter**, nos quais uma das duas cadeias de acila está unida ao glicerol em ligação éter, em vez de éster. A cadeia com ligação éter pode ser saturada, como nos lipídeos éter de alquila, ou conter uma ligação dupla entre C-1 e C-2, como nos **plasmalogênios** (**Fig. 10-9**). O tecido cardíaco de vertebrados é especialmente rico em lipídeos éter; cerca de metade dos fosfolipídeos do coração é composta de plasmalogênios. As membranas de bactérias halofílicas, de protistas ciliados e de certos invertebrados também contêm altas proporções de lipídeos éter. O significado funcional dos lipídeos éter nessas membranas é desconhecido; talvez sua resistência às fosfolipases que clivam ácidos graxos com ligação éster dos lipídeos de membrana seja importante em alguns casos.

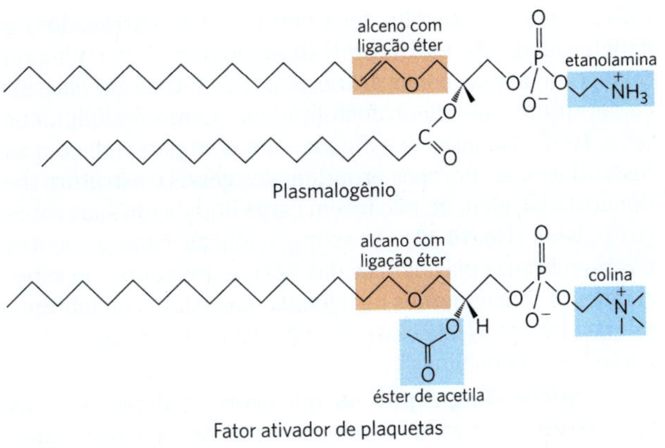

## 10.2 LIPÍDEOS ESTRUTURAIS EM MEMBRANAS

**FIGURA 10-9 Lipídeos éter.** Os plasmalogênios têm uma cadeia alquenila em ligação éter, ao passo que a maioria dos glicerofosfolipídeos tem um ácido graxo em ligação éster (comparar com a Fig. 10-8). O fator ativador de plaquetas tem uma longa cadeia de alquila em ligação éter no C-1 do glicerol, porém C-2 está em ligação éster com o ácido acético, o que torna o composto muito mais hidrossolúvel que a maioria dos glicerofosfolipídeos e plasmalogênios. O grupo álcool formando a cabeça polar é a etanolamina nos plasmalogênios e a colina no fator ativador de plaquetas.

Pelo menos um lipídeo éter, o **fator ativador de plaquetas**, é um potente sinalizador molecular. Ele é liberado de leucócitos chamados de basófilos e estimula a agregação de plaquetas e a liberação de serotonina (um vasoconstritor) delas. Ele também exerce vários efeitos no fígado, no músculo liso, no coração e nos tecidos uterinos e pulmonares, desempenhando um importante papel na inflamação e na resposta alérgica. ■

### Galactolipídeos de vegetais e lipídeos éter de arqueias resultam de adaptações ao ambiente

O segundo grupo de lipídeos de membrana na Figura 10-6, os **glicolipídeos**, inclui aqueles que predominam nas células vegetais: os **galactolipídeos**, nos quais um ou dois resíduos de galactose estão conectados por uma ligação glicosídica ao C-3 de um 1,2-diacilglicerol (**Fig. 10-10**). Os galactolipídeos estão localizados nas membranas dos tilacoides (membranas internas) dos cloroplastos; eles compõem 70 a 80% do total dos lipídeos de membrana de uma planta vascular e provavelmente são os lipídeos de membrana mais abundantes na biosfera. O fosfato frequentemente é o nutriente limitante das plantas no solo; talvez a pressão evolutiva para conservar fosfato para papéis mais críticos tenha favorecido as plantas que produzem lipídeos sem fosfato. As membranas das plantas também contêm sulfolipídeos, nos quais um resíduo de glicose sulfonado está unido a um diacilglicerol em ligação glicosídica. O grupo sulfonato apresenta uma carga negativa como aquela do grupo fosfato nos fosfolipídeos.

Algumas arqueias que vivem em nichos ecológicos com condições extremas – altas temperaturas (água fervente), pH baixo, força iônica alta, por exemplo – têm lipídeos de membrana que contêm compostos hidrocarbonados de cadeia longa (32 carbonos) ramificados, unidos em ambas as extremidades a um glicerol (Fig. 10-6). Essas ligações ocorrem via ligações éter, muito mais estáveis à hidrólise em pH baixo e a altas temperaturas do que as ligações éster nos lipídeos de bactérias e eucariotos. Em sua forma completamente estendida, esses lipídeos de arqueias apresentam o dobro do comprimento dos fosfolipídeos e dos esfingolipídeos e podem percorrer a largura total da membrana plasmática.

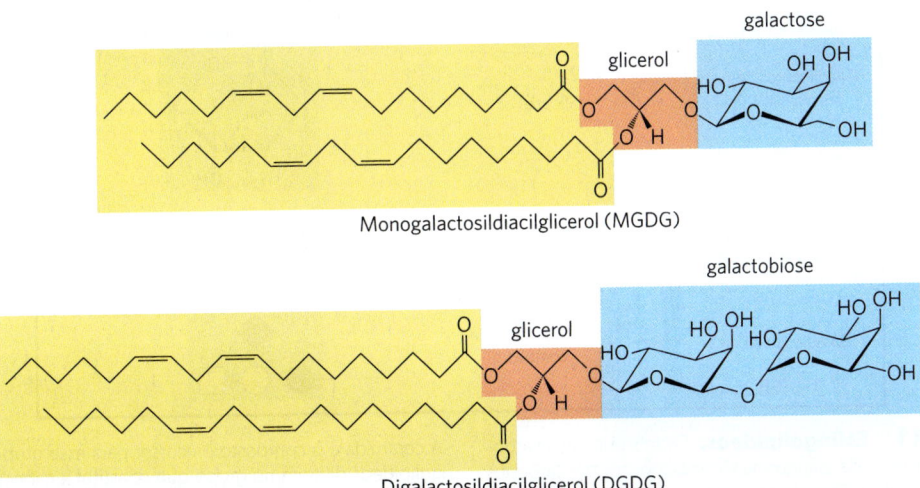

**FIGURA 10-10 Dois galactolipídeos de membrana dos tilacoides de cloroplastos.** Nos monogalactosildiacilgliceróis (MGDG) e nos digalactosildiacilgliceróis (DGDG), ambos os grupos acila são poli-insaturados e as cabeças polares não têm carga elétrica.

## Os esfingolipídeos são derivados da esfingosina

Os **esfingolipídeos**, uma grande classe de fosfolipídeos e glicolipídeos de membrana, também têm uma cabeça polar e duas caudas apolares; contudo, ao contrário dos glicerofosfolipídeos e dos galactolipídeos, eles não contêm glicerol (Fig. 10-6). Os esfingolipídeos são compostos de uma molécula de cadeia longa de aminoálcool – a esfingosina (também chamada de 4-esfingenina) – ou um de seus derivados; uma molécula de um ácido graxo de cadeia longa; e um grupo polar unido por ligação glicosídica, em alguns casos, ou ligação fosfodiéster, em outros (**Fig. 10-11**).

Os carbonos C-1, C-2 e C-3 da molécula de esfingosina são estruturalmente análogos aos três carbonos do glicerol nos glicerofosfolipídeos. Quando um ácido graxo é unido em ligação amida ao —$NH_2$ no C-2, o composto resultante é uma **ceramida**, estruturalmente semelhante ao diacilglicerol. As ceramidas são precursores estruturais de todos os esfingolipídeos.

Há três subclasses de esfingolipídeos, todas derivadas de ceramidas, mas diferindo em suas cabeças polares: esfingomielinas, glicolipídeos neutros (não carregados) e gangliosídeos. As **esfingomielinas** contêm fosfocolina ou fosfoetanolamina como grupo polar, sendo assim classificadas, junto aos glicerofosfolipídeos, como fosfolipídeos (Fig. 10-6). De fato, as esfingomielinas se parecem com as fosfatidilcolinas em suas propriedades gerais e estrutura tridimensional, além de não terem carga líquida em suas cabeças polares (**Fig. 10-12**). As esfingomielinas estão presentes nas membranas plasmáticas das células animais e são especialmente proeminentes na mielina, uma bainha membranosa que envolve e isola os axônios de alguns neurônios – daí o nome "esfingomielinas".

Os **glicoesfingolipídeos**, que ocorrem amplamente na face externa das membranas plasmáticas, possuem cabeças polares com um ou mais açúcares conectados diretamente a —OH no C-1 da porção ceramida; eles não contêm fosfato. Os **cerebrosídeos** têm um único açúcar ligado à ceramida; os que têm galactose são caracteristicamente encontrados nas membranas plasmáticas das células do tecido neural, e os que têm glicose são encontrados nas

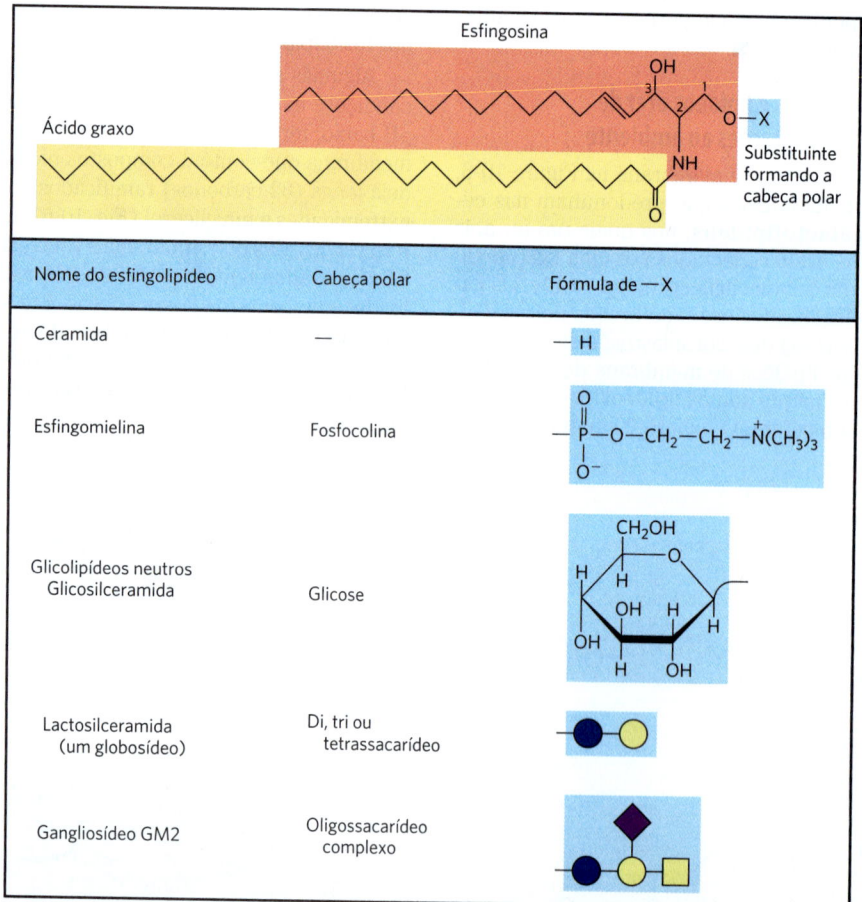

**FIGURA 10-11 Esfingolipídeos.** Os três primeiros carbonos na extremidade polar da esfingosina são análogos aos três carbonos do glicerol nos glicerofosfolipídeos. O grupo amino em C-2 está ligado a um ácido graxo em ligação amida. O ácido graxo geralmente é saturado ou monoinsaturado, com 16, 18, 22 ou 24 átomos de carbono. A ceramida é o composto precursor para esse grupo. Os outros esfingolipídeos diferem no grupo que constitui a cabeça polar, ligado em C-1. Os gangliosídeos têm grupos de oligossacarídeos muito complexos. Os símbolos padrão para os açúcares são usados nesta figura, como mostrado na Tabela 7-1.

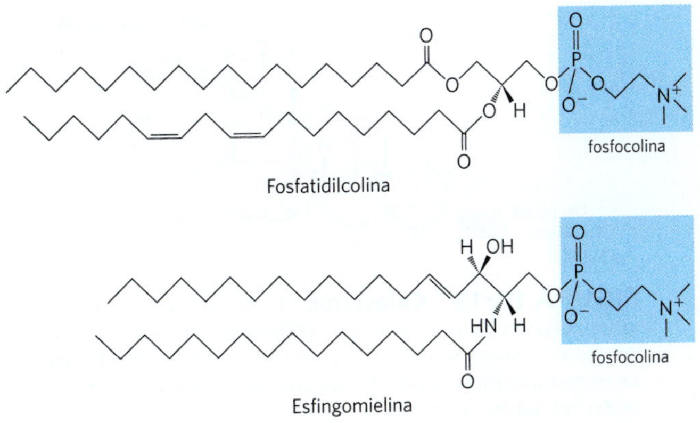

## 10.2 LIPÍDEOS ESTRUTURAIS EM MEMBRANAS 351

Fosfatidilcolina

Esfingomielina

**FIGURA 10-12 As estruturas moleculares semelhantes de duas classes de lipídeos de membrana.** A fosfatidilcolina (um glicerofosfolipídeo) e a esfingomielina (um esfingolipídeo) possuem dimensões e propriedades físicas semelhantes, mas, presumivelmente, exercem papéis diferentes nas membranas.

membranas plasmáticas das células de tecidos não neurais. Os **globosídeos** são glicoesfingolipídeos com dois ou mais açúcares, geralmente D-glicose, D-galactose ou N-acetil-D-galactosamina. Cerebrosídeos e globosídeos são às vezes chamados de **glicolipídeos neutros**, pois não têm carga em pH 7,0.

Os **gangliosídeos**, os esfingolipídeos mais complexos, têm oligossacarídeos formando a cabeça polar e um ou mais resíduos do ácido N-acetilneuramínico (Neu5Ac), um ácido siálico (com frequência chamado apenas de "ácido siálico"), nas terminações. O ácido siálico desprotonado confere aos gangliosídeos carga negativa em pH 7,0, que os distingue dos globosídeos. Os gangliosídeos com um resíduo de ácido siálico estão na série GM (M de mono-), os com dois resíduos estão na série GD (D de di-), e assim por diante (GT, três resíduos de ácido siálico; GQ, quatro).

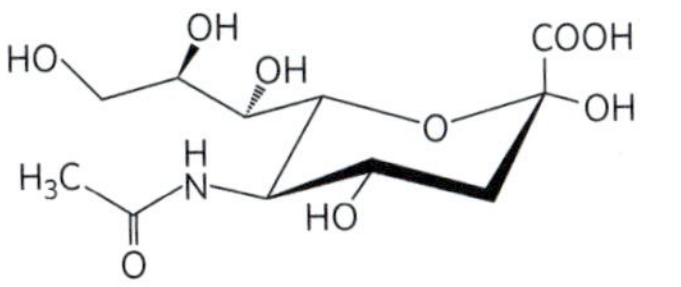

α-Ácido N-acetilneuramínico (um ácido siálico) (Neu5Ac)

### Os esfingolipídeos nas superfícies celulares são sítios de reconhecimento biológico

Quando os esfingolipídeos foram descobertos, há mais de um século, pelo médico e químico Johann Thudichum, o seu papel biológico parecia tão enigmático quanto a Esfinge, e ele os batizou em homenagem a essa criatura mítica. Nos seres humanos, pelo menos 60 esfingolipídeos diferentes foram identificados nas membranas celulares. **P2** Muitos são especialmente proeminentes na membrana plasmática dos neurônios, e alguns são claramente sítios de reconhecimento na superfície celular; no entanto, até agora, a função específica só foi descoberta para alguns esfingolipídeos. As porções de carboidrato de certos esfingolipídeos definem os grupos sanguíneos humanos e, portanto, o tipo de sangue que os indivíduos podem receber com segurança nas transfusões sanguíneas (**Fig. 10-13**).

 Os gangliosídeos estão concentrados na superfície externa das membranas plasmáticas das células,

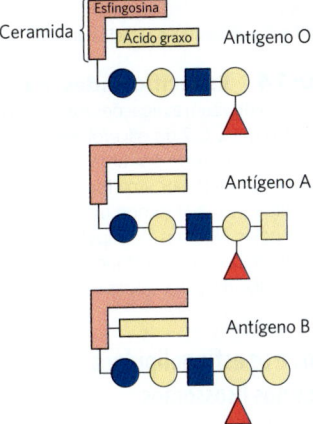

**FIGURA 10-13 Glicoesfingolipídeos como determinantes dos grupos sanguíneos.** Os grupos sanguíneos humanos (O, A, B) são determinados, em parte, pelos grupos de oligossacarídeos da cabeça polar desses glicoesfingolipídeos. Os mesmos três oligossacarídeos também são encontrados ligados a certas proteínas do sangue de indivíduos dos tipos sanguíneos O, A e B, respectivamente. Os símbolos-padrão para açúcares são utilizados aqui (ver Tabela 7-1).

onde apresentam pontos de reconhecimento para moléculas extracelulares ou superfícies de células vizinhas. Os tipos e as quantidades de gangliosídeos na membrana plasmática mudam consideravelmente durante o desenvolvimento embrionário. A formação de tumores induz a síntese de um novo conjunto de gangliosídeos, e descobriu-se que concentrações muito baixas de um gangliosídeo específico induzem a diferenciação de células tumorais neuronais em cultura. A síndrome de Guillain-Barré é uma doença autoimune grave na qual o organismo produz anticorpos contra seus próprios gangliosídeos, incluindo aqueles nos neurônios. A inflamação resultante causa lesões no sistema nervoso periférico, levando à paralisia temporária (ou, algumas vezes, permanente). A toxina da cólera, produzida pela bactéria intestinal *Vibrio cholerae*, penetra em células sensíveis após se ligar a gangliosídeos específicos na superfície das células epiteliais do intestino. A investigação dos papéis biológicos de diversos gangliosídeos continua sendo uma área em desenvolvimento para pesquisas futuras. ∎

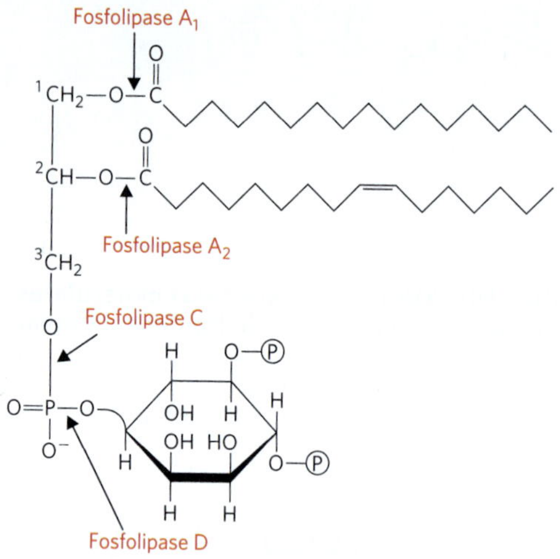

**FIGURA 10-14 Especificidades das fosfolipases.**
As fosfolipases $A_1$ e $A_2$ hidrolisam as ligações éster de glicerofosfolipídeos intactos nos carbonos C-1 e C-2 do glicerol, respectivamente. Quando um dos ácidos graxos é removido por uma fosfolipase do tipo A, o segundo ácido graxo é removido por uma lisofosfolipase (não mostrada). Cada uma das fosfolipases C e D rompe uma das ligações fosfodiéster no grupo da cabeça polar. Algumas fosfolipases atuam somente em um tipo de glicerofosfolipídeo, como o fosfatidilinositol-4,5-bisfosfato ($PIP_2$, mostrado aqui) ou a fosfatidilcolina; outras são menos específicas.

## Os fosfolipídeos e os esfingolipídeos são degradados nos lisossomos

A maioria das células degrada e repõe seus lipídeos de membrana. Para cada ligação hidrolisável em um glicerofosfolipídeo, há uma enzima hidrolítica específica no lisossomo (**Fig. 10-14**). As fosfolipases do tipo A removem um dos dois ácidos graxos, produzindo um lisofosfolipídeo. (Essas esterases não atacam a ligação éter dos plasmalogênios.) As lisofosfolipases removem o ácido graxo restante.

Os gangliosídeos são degradados por um conjunto de enzimas lisossômicas que catalisam a remoção gradual das unidades de açúcar, produzindo, finalmente, uma ceramida. Um defeito genético em qualquer uma dessas enzimas hidrolíticas leva ao acúmulo de gangliosídeos na célula, com graves consequências médicas (**Quadro 10-1**).

## Os esteróis têm quatro anéis de carbono fusionados

▶**P2** Os **esteróis** são lipídeos estruturais presentes nas membranas da maioria das células eucarióticas. A estrutura característica desse grupo de lipídeos de membrana é o núcleo esteroide, que consiste em quatro anéis fusionados, três deles com seis carbonos e um com cinco (**Fig. 10-15**). O núcleo esteroide é quase planar e é relativamente rígido; os anéis fusionados não permitem a rotação em torno das ligações C—C. O **colesterol**, o principal esterol nos tecidos animais, é anfipático, com uma cabeça polar (o grupo hidroxila em C-3) e um "corpo" hidrocarbonado apolar (o núcleo esteroide e a cadeia lateral hidrocarbonada no C-17) tão longo quanto um ácido graxo de 16 carbonos em sua forma estendida. Esteróis semelhantes são encontrados em outros eucariotos: o estigmasterol em plantas e o ergosterol em fungos, por exemplo. Bactérias não podem sintetizar esteróis; algumas espécies bacterianas, contudo, podem incorporar esteróis exógenos em suas membranas. Os esteróis de todos os eucariotos são sintetizados a partir de subunidades de isopreno simples de cinco carbonos, assim como as vitaminas lipossolúveis, as quinonas e os dolicóis descritos na Seção 10.3.

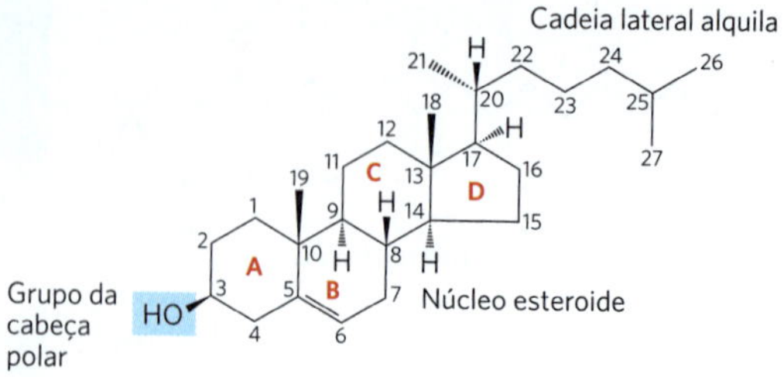

▶**P3** Além de seus papéis como constituintes de membrana, os esteróis servem como precursores para uma diversidade de produtos com atividades biológicas específicas. Os hormônios esteroides, por exemplo, são sinalizadores biológicos potentes que regulam a expressão gênica. Os **ácidos biliares** são derivados polares do colesterol que atuam como detergentes no intestino, emulsificando as gorduras da dieta para torná-las mais acessíveis às lipases digestivas.

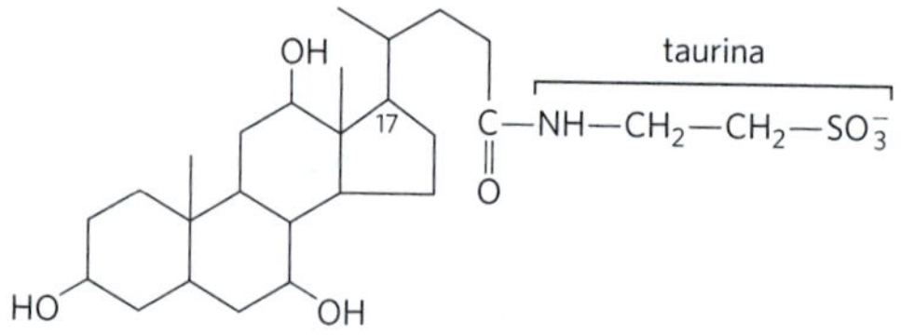

**FIGURA 10-15 Colesterol.** Na estrutura química do colesterol, os anéis são denominados de A a D para simplificar a referência aos derivados do núcleo esteroide. O grupo hidroxila do C-3 (sombreado em azul) constitui a cabeça polar. Para armazenar e transportar o esterol, esse grupo hidroxila se condensa com um ácido graxo para formar um éster de esterol.

Ácido taurocólico (um ácido biliar)

O colesterol e outros esteróis voltarão a ser abordados em capítulos posteriores, para se considerar o papel estrutural do colesterol em membranas biológicas (Capítulo 11), a sinalização por hormônios esteroides (Capítulo 12), a rota notável da biossíntese do colesterol e o transporte do colesterol por lipoproteínas carreadoras (Capítulo 21).

### RESUMO 10.2 Lipídeos estruturais em membranas

■ Os lipídeos anfipáticos, com cabeças polares e caudas apolares, são importantes componentes das membranas. Os mais abundantes são os glicerofosfolipídeos, que contêm ácidos graxos esterificados a dois dos grupos hidroxila do glicerol. A terceira hidroxila do glicerol é esterificada a um grupo polar por uma ligação fosfodiéster. Glicerofosfolipídeos comuns, como fosfatidiletanolamina e fosfatidilcolina, diferem na estrutura de suas cabeças polares.

## QUADRO 10-1 MEDICINA

### Acúmulo anormal de lipídeos de membrana: algumas doenças humanas hereditárias

Os lipídeos anfipáticos das membranas sofrem constante renovação metabólica (*turnover*), e a sua taxa de síntese normalmente é contrabalançada por sua taxa de degradação. A degradação dos lipídeos é promovida por enzimas hidrolíticas nos lisossomos, sendo cada enzima capaz de hidrolisar uma ligação específica. Quando a degradação de esfingolipídeos é prejudicada por um defeito em uma dessas enzimas (Fig. 1), os produtos da degradação parcial acumulam-se nos tecidos, causando doenças graves. Mais de 50 doenças distintas de armazenamento lisossômico foram descobertas, cada uma delas resultante de uma única mutação em um dos genes de uma proteína lisossômica.

A doença de Niemann-Pick, por exemplo, é causada por um defeito genético raro na enzima esfingomielinase, que cliva a fosfocolina da esfingomielina. A esfingomielina acumula-se, então, no encéfalo, no baço e no fígado. A doença torna-se evidente em bebês e causa deficiência intelectual e morte prematura. Mais comum é a doença de Tay-Sachs, na qual o gangliosídeo GM2 se acumula no encéfalo e no baço (Fig. 2) devido à falta da enzima hexosaminidase A. Os sintomas da doença de Tay-Sachs são retardo progressivo no desenvolvimento e incapacidade, paralisia, cegueira e morte em torno dos 3 ou 4 anos de idade.

O aconselhamento genético pode prever e evitar muitas doenças hereditárias. Testes nos prospectivos pais podem detectar enzimas anormais; então, testes de DNA podem determinar a natureza exata do defeito e o risco que ele representa para os descendentes. Uma vez que ocorra gravidez, as células fetais obtidas por amostra de parte da placenta (da vilosidade coriônica) ou do líquido amniótico (amniocentese) podem ser testadas.

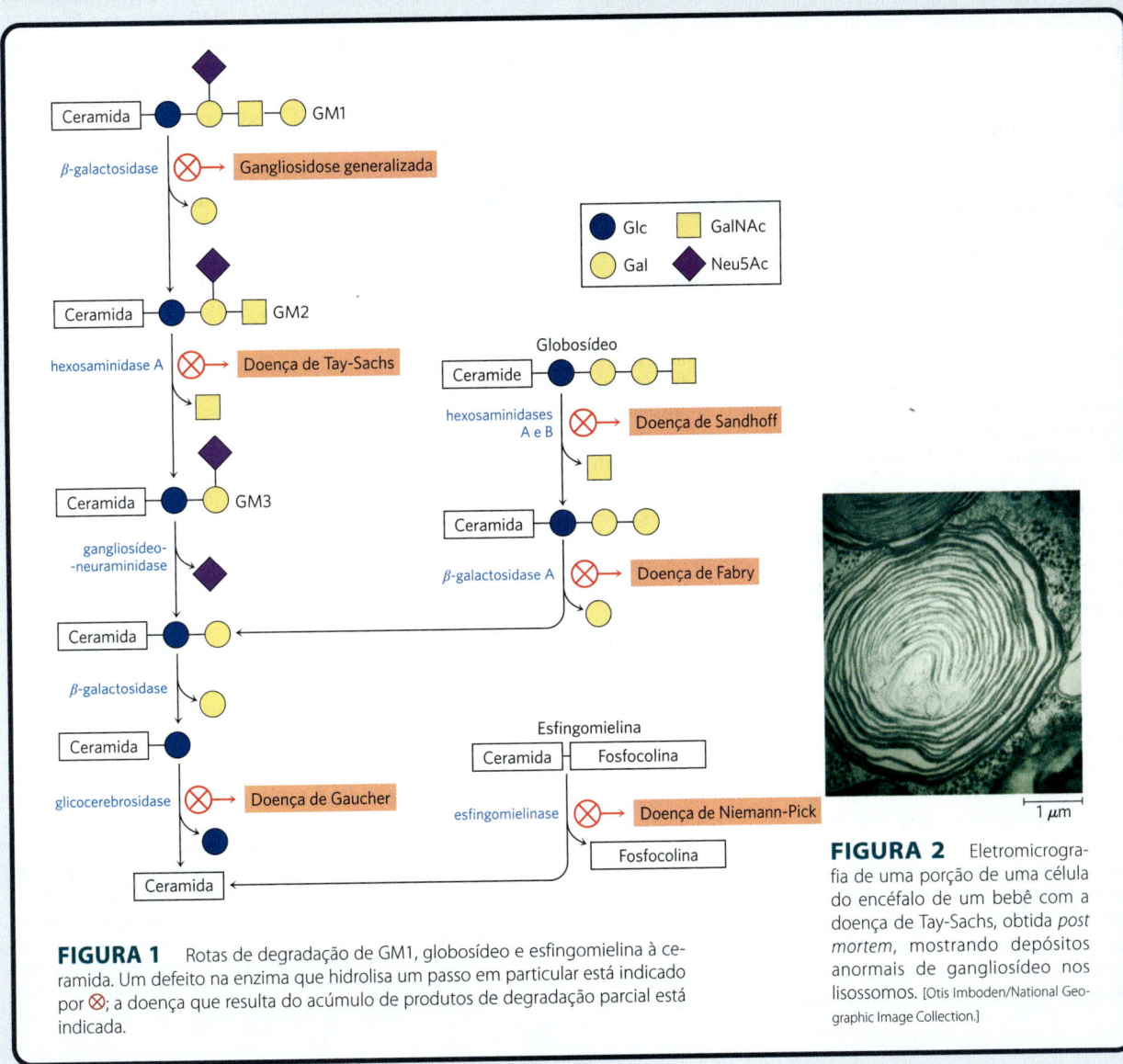

**FIGURA 1** Rotas de degradação de GM1, globosídeo e esfingomielina à ceramida. Um defeito na enzima que hidrolisa um passo em particular está indicado por ⊗; a doença que resulta do acúmulo de produtos de degradação parcial está indicada.

**FIGURA 2** Eletromicrografia de uma porção de uma célula do encéfalo de um bebê com a doença de Tay-Sachs, obtida *post mortem*, mostrando depósitos anormais de gangliosídeo nos lisossomos. [Otis Imboden/National Geographic Image Collection.]

- Os plasmalogênios do tecido cardíaco e o fator de ativação plaquetário são exemplos de glicerofosfolipídeos que contêm cadeias acila unidas por ligações éter.

- As membranas dos cloroplastos são ricas em galactolipídeos, compostos de um diacilglicerol com um ou dois resíduos de galactose ligados, e sulfolipídeos, diacilgliceróis com um resíduo de açúcar sulfonado ligado. Algumas arqueias apresentam lipídeos de membrana singulares, com grupos alquila de cadeia longa unidos em cada extremidade ao glicerol por ligações éter. Esses lipídeos são estáveis nas condições extremas nas quais essas arqueias vivem.

- Os esfingolipídeos contêm esfingosina, em vez de glicerol. As três subclasses de esfingolipídeos são todas derivadas de ceramidas: esfingomielinas, glicolipídeos neutros e gangliosídeos. Esfingomielinas apresentam fosfocolina em suas cabeças polares; as outras classes têm açúcares como componentes.

- Os esfingolipídeos são abundantes nas membranas plasmáticas de neurônios e são definidores dos grupos sanguíneos humanos.

- As fosfolipases degradam glicerofosfolipídeos e catalisam a hidrólise em posições específicas dentro da estrutura.

- Os esteróis têm quatro anéis fusionados e um grupo hidroxila. O colesterol, o principal esterol nos animais, é tanto um componente estrutural das membranas quanto um precursor para uma ampla variedade de esteroides.

## 10.3 Lipídeos como sinalizadores, cofatores e pigmentos

As duas classes funcionais de lipídeos considerados até agora (lipídeos de armazenamento e lipídeos estruturais) são importantes componentes celulares; os lipídeos de membrana compõem 5 a 10% da massa seca da maioria das células, e os lipídeos de armazenamento, mais de 80% da massa de um adipócito. Com algumas exceções importantes, esses lipídeos desempenham um papel *passivo* na célula; os combustíveis lipídicos são armazenados até serem oxidados por enzimas, e os lipídeos de membrana formam barreiras impermeáveis em volta das células e dos compartimentos celulares. **P3** Outro grupo de lipídeos, presentes em quantidades bem menores, tem papéis *ativos* no tráfego metabólico como metabólitos e mensageiros. Alguns servem como sinalizadores potentes – como hormônios, carregados no sangue de um tecido a outro, ou como mensageiros intracelulares, gerados em resposta a uma sinalização extracelular (hormônio ou fator de crescimento). Outros funcionam como cofatores enzimáticos nas reações de transferência de elétrons em cloroplastos e mitocôndrias ou na transferência de porções de açúcar em várias reações de glicosilação. Um terceiro grupo consiste em lipídeos com um sistema de ligações duplas conjugadas: moléculas de pigmento que absorvem a luz visível. Alguns deles atuam como pigmentos fotossensíveis na visão e na fotossíntese; outros produzem colorações naturais, como o alaranjado das abóboras e das cenouras e o amarelo das penas dos canários. Finalmente, um grupo muito grande de lipídeos voláteis produzidos nas plantas consiste em moléculas sinalizadoras que são transportadas pelo ar, permitindo às plantas se comunicarem umas com as outras, atraírem animais amigos e dissuadirem inimigos. Esta seção descreve alguns representantes desses lipídeos biologicamente ativos. Em capítulos posteriores, serão considerados em mais detalhes as suas sínteses e os seus papéis biológicos.

### Fosfatidilinositóis e derivados da esfingosina atuam como sinalizadores intracelulares

**P3** O fosfatidilinositol (PI) e seus derivados fosforilados (**Fig. 10-16**) atuam em vários níveis para regular a estrutura celular e o metabolismo. O fosfatidilinositol-4,5-bisfosfato ($PIP_2$; Fig. 10-14) na face citoplasmática (interna) da membrana plasmática serve como um reservatório de moléculas mensageiras que são liberadas dentro da célula em resposta a sinais extracelulares que interagem com os receptores de superfície específicos. Sinais extracelulares, como o hormônio vasopressina, ativam uma fosfolipase C específica na membrana, que hidrolisa $PIP_2$, liberando dois produtos que atuam como mensageiros intracelulares: o inositol-1,4,5-trisfosfato ($IP_3$), que é hidrossolúvel, e o diacilglicerol, que permanece associado à membrana plasmática. O $IP_3$ provoca a liberação de $Ca^{2+}$ a partir do retículo endoplasmático, e a combinação de diacilglicerol e níveis elevados de $Ca^{2+}$ citosólico ativa a enzima proteína-cinase C. Por meio da fosforilação de proteínas específicas, essa enzima possibilita a resposta celular ao sinal extracelular. Esse mecanismo de sinalização é descrito em detalhes no Capítulo 12 (ver Fig. 12-15).

**P3** Fosfolipídeos de inositol também servem como pontos de nucleação para complexos supramoleculares envolvidos na sinalização ou na exocitose. Certas proteínas sinalizadoras se ligam especificamente ao

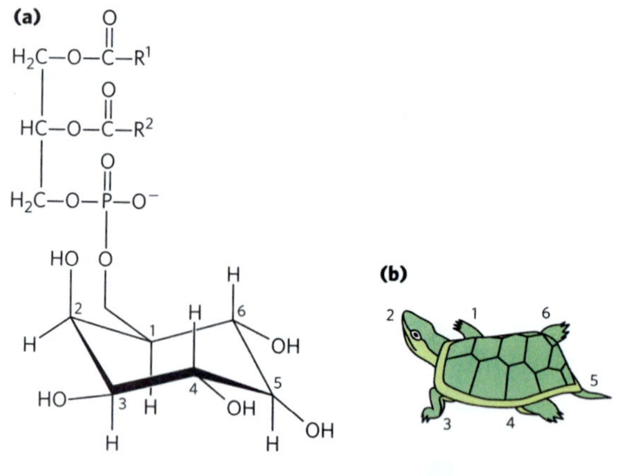

**FIGURA 10-16 Fosfatidilinositol e seus derivados.**
(a) No fosfatidilinositol, o glicerofosfolipídeo é ligado ao C-1 do inositol. A fosforilação dos demais grupos hidroxila do inositol produz moléculas sinalizadoras, como o fosfatidilinositol-4,5-bisfosfato ($PIP_2$; ver Fig. 10-14), o inositol-1,4,5-trisfosfato ($IP_3$) e o fosfatidilinositol-3,4,5-trisfosfato ($PIP_3$). (b) Um truque útil para lembrar do esquema de numeração dos carbonos do inositol é comparar a conformação em cadeira do inositol com uma tartaruga. Comece a numeração com C-1 na nadadeira dianteira direita da tartaruga e siga no sentido anti-horário ao redor da estrutura, com C-2 sendo a cabeça, e C-5, a cauda.

fosfatidilinositol-3,4,5-trisfosfato (PIP$_3$) na membrana plasmática, iniciando a formação de complexos multienzimáticos na superfície citosólica da membrana. A formação de PIP$_3$ em resposta a sinais extracelulares, portanto, agrupa as proteínas em complexos de sinalização na superfície da membrana plasmática (ver Figs. 12-11 e 12-23).

Os esfingolipídeos de membrana também podem servir como fontes de mensageiros intracelulares. Tanto a ceramida quanto a esfingomielina (Fig. 10-11) são potentes reguladores das proteínas-cinases, e a ceramida ou seus derivados estão envolvidos na regulação da divisão, diferenciação e migração celulares, bem como da morte celular programada (também chamada de apoptose; ver Capítulo 12).

## Os eicosanoides carregam mensagens para células próximas

**P3** Os **eicosanoides** são mensageiros parácrinos, substâncias que atuam somente em células próximo a seu ponto de síntese, em vez de serem transportadas no sangue para atuar em células de outros tecidos ou órgãos. Esses derivados de ácidos graxos têm vários efeitos significativos nos tecidos dos vertebrados. Eles estão envolvidos na função reprodutiva; na inflamação, na febre e na dor associadas a ferimentos ou doenças; na formação de coágulos sanguíneos; na regulação da pressão sanguínea; na secreção de ácido gástrico; e em vários outros processos importantes na saúde ou na doença dos seres humanos.

Os eicosanoides são derivados do araquidonato [ácido araquidônico; 20:4($\Delta^{5,8,11,14}$)] e do ácido eicosapentaenoico [EPA; 20:5($\Delta^{5,8,11,14,17}$)], dos quais ele recebeu o seu nome genérico (do grego *eikosi*, "vinte"). Há quatro classes principais de eicosanoides: prostaglandinas, tromboxanos, leucotrienos e lipoxinas (**Fig. 10-17**). Os nomes dos eicosanoides incluem designações com letras para os grupos funcionais no anel e números para indicar o número de ligações duplas na cadeia hidrocarbonada.

As **prostaglandinas** (**PG**) contêm um anel de cinco carbonos, e seu nome deriva do tecido de onde foram inicialmente isoladas (glândula prostática). PGE$_2$ e outras prostaglandinas da série 2 são sintetizadas a partir do araquidonato; prostaglandinas da série 3 são derivadas do EPA (ver Fig. 21-12). As prostaglandinas apresentam diversas funções. Algumas estimulam a contração da musculatura lisa do útero durante a menstruação e o trabalho de parto. Outras afetam o fluxo sanguíneo para órgãos específicos, o ciclo sono-vigília e a sensibilidade de certos tecidos a hormônios, como a adrenalina e o glucagon. As prostaglandinas de um terceiro grupo elevam a temperatura corporal (produzindo a febre) e causam inflamação e dor.

Os **tromboxanos** (**TX**) têm um anel de seis membros que contém um éter. Eles são produzidos pelas plaquetas (também chamadas de trombócitos) e atuam na formação dos coágulos e na redução do fluxo sanguíneo no local do coágulo. Fármacos anti-inflamatórios não esteroides (AINE) – ácido acetilsalicílico, ibuprofeno e meclofenamato, por exemplo – inibem a enzima cicloxigenase, ou COX (também chamada prostaglandina H$_2$-sintase), que catalisa um dos passos iniciais na rota de produção de prostaglandinas da série 2 e de tromboxanos a partir do araquidonato (Fig. 10-17) e na rota de produção de prostaglandinas da série 3 e de tromboxanos a partir do EPA (ver Fig. 21-12).

Os **leucotrienos** (**LT**), inicialmente encontrados em leucócitos, contêm três ligações duplas conjugadas. Eles são poderosos sinais biológicos. Por exemplo, o leucotrieno D$_4$, derivado do leucotrieno A$_4$, induz a contração da musculatura lisa que reveste as vias aéreas até o pulmão. A produção excessiva de leucotrienos causa a crise de asma, e a síntese de leucotrienos é um dos alvos dos fármacos antiasmáticos, como a prednisona. A forte contração da musculatura lisa dos pulmões que ocorre durante o choque anafilático é parte da reação alérgica potencialmente fatal em indivíduos

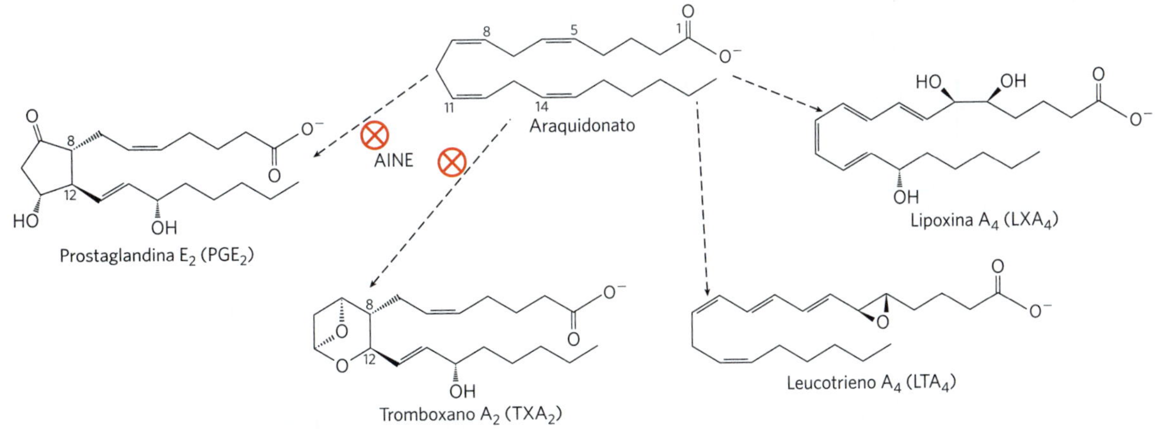

**FIGURA 10-17 O ácido araquidônico e alguns de seus derivados eicosanoides.** O ácido araquidônico (araquidonato em pH 7,0) é o precursor dos eicosanoides, incluindo prostaglandinas, tromboxanos, leucotrienos e lipoxinas. Na prostaglandina E$_2$, o C-8 e o C-12 do araquidonato juntam-se para formar o característico anel com cinco membros. No tromboxano A$_2$, o C-8 e o C-12 juntam-se, e um átomo de oxigênio é adicionado para formar o anel de seis membros. Os anti-inflamatórios não esteroides (AINE), como o ácido acetilsalicílico e o ibuprofeno, bloqueiam a formação de prostaglandinas e tromboxanos a partir do araquidonato por meio da inibição da enzima cicloxigenase (prostaglandina H$_2$-sintase). O leucotrieno A$_4$ tem uma série de três ligações duplas conjugadas e não apresenta uma porção cíclica. As lipoxinas também são derivados não cíclicos do araquidonato, com diversos grupos hidroxila.

hipersensíveis a ferroadas de abelha, penicilina ou outros agentes.

As **lipoxinas** (**LX**), como os leucotrienos, são eicosanoides lineares. A característica que as distingue é a presença de diversos grupos hidroxila ao longo da cadeia (Fig. 10-17). Esses compostos são potentes agentes anti-inflamatórios. Uma vez que sua síntese é estimulada por doses baixas (81 mg) diárias de ácido acetilsalicílico, essa dose é comumente prescrita para indivíduos com doenças cardiovasculares. ■

### Os hormônios esteroides carregam mensagens entre os tecidos

Os esteroides são derivados oxidados dos esteróis; eles têm o núcleo esterol, mas não a cadeia alquila ligada ao anel D do colesterol, e são mais polares que o colesterol. Os hormônios esteroides circulam pela corrente sanguínea (em carreadores proteicos) do local onde foram produzidos até os tecidos-alvo, onde entram nas células, ligam-se a receptores proteicos altamente específicos no núcleo e causam mudanças na expressão gênica e, portanto, no metabolismo. Como os hormônios têm afinidade muito alta por seus receptores, concentrações muito baixas (nanomolar ou menos) são suficientes para produzir respostas nos tecidos-alvo. Os principais grupos de hormônios esteroides são os hormônios sexuais masculinos e femininos e os hormônios produzidos pelo córtex da glândula adrenal: cortisol e aldosterona (**Fig. 10-18**). A prednisona é um fármaco esteroide com potente atividade anti-inflamatória mediada, em parte, pela inibição da liberação do araquidonato pela fosfolipase $A_2$ e pela consequente inibição da síntese de leucotrienos, prostaglandinas, tromboxanos e lipoxinas. A prednisona e outros fármacos similares têm uma série de aplicações médicas, incluindo o tratamento de asma e de artrite reumatoide. ■

As plantas vasculares contêm um composto tipo esteroide, o brassinolídeo (Fig. 10-18), um potente regulador do crescimento que aumenta a taxa de alongamento do caule e afeta a orientação das microfibrilas de celulose na parede celular durante o crescimento.

### As plantas vasculares produzem milhares de sinais voláteis

As plantas produzem milhares de diferentes compostos lipofílicos, substâncias voláteis utilizadas para atrair os polinizadores, repelir os herbívoros, atrair organismos que defendem a planta contra herbívoros, bem como para a comunicação com outras plantas. O jasmonato, por exemplo, um derivado do ácido graxo $18{:}3(\Delta^{9,12,15})$ em lipídeos de membrana, ativa as defesas da planta em resposta ao dano infligido por insetos. O metil-éster de jasmonato dá a fragrância característica do óleo de jasmim, amplamente utilizado na indústria de perfumes. Muitas substâncias voláteis produzidas por plantas, incluindo o geraniol (que dá o aroma característico dos gerânios), o $\beta$-pineno (aroma de madeira dos pinheiros), o limoneno (de limas) e o mentol, são derivadas de ácidos graxos ou de compostos produzidos pela condensação de unidades de isopreno de cinco carbonos.

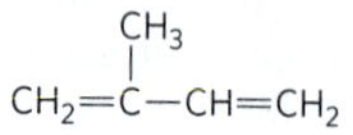

$$CH_2{=}\underset{\underset{\text{Isopreno}}{}}{\overset{\overset{CH_3}{|}}{C}}{-}CH{=}CH_2$$

### As vitaminas A e D são precursoras de hormônios

Durante as primeiras décadas do século XX, um grande foco de pesquisa em química fisiológica foi a identificação das **vitaminas**, compostos essenciais para a saúde dos seres humanos e de outros vertebrados, mas que não podem ser sintetizados por esses animais e devem, portanto, ser obtidos da dieta. Os primeiros estudos nutricionais

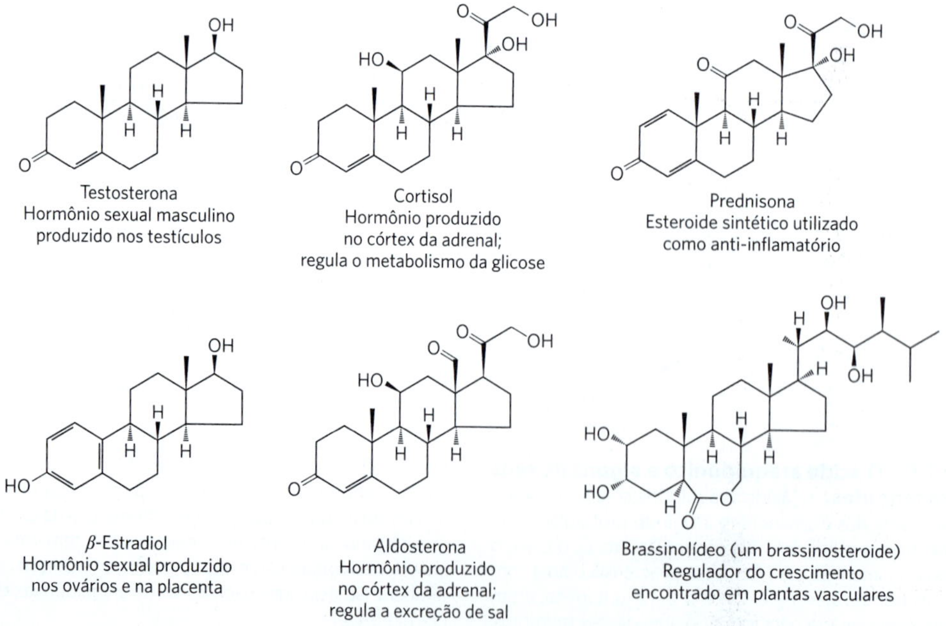

**FIGURA 10-18** **Esteroides derivados do colesterol.**

Testosterona
Hormônio sexual masculino produzido nos testículos

Cortisol
Hormônio produzido no córtex da adrenal; regula o metabolismo da glicose

Prednisona
Esteroide sintético utilizado como anti-inflamatório

β-Estradiol
Hormônio sexual produzido nos ovários e na placenta

Aldosterona
Hormônio produzido no córtex da adrenal; regula a excreção de sal

Brassinolídeo (um brassinosteroide)
Regulador do crescimento encontrado em plantas vasculares

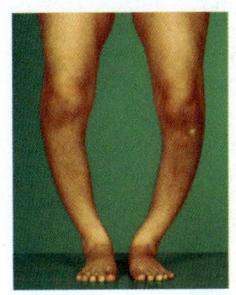

**FIGURA 10-19 Produção e metabolismo da vitamina D₃.** (a) O colecalciferol (vitamina D₃) é produzido na pele pela irradiação UV do 7-desidrocolesterol, que rompe a ligação que está em vermelho. No fígado, um grupo hidroxila é adicionado em C-25; no rim, uma segunda hidroxilação em C-1 produz o hormônio ativo, 1α,25-di-hidroxivitamina D₃. Esse hormônio regula o metabolismo do $Ca^{2+}$ nos rins, nos intestinos e nos ossos. (b) A vitamina D da dieta evita o raquitismo, uma doença antigamente comum em climas frios, quando as roupas pesadas bloqueavam o componente UV da luz solar necessário para a produção da vitamina D₃ na pele. O raquitismo resulta em ossos frágeis ou com mineralização deficiente em crianças; pode muitas vezes ser identificado por pernas arqueadas e outras deformações ósseas. [Biophoto Associates/Science Source.]

identificaram duas classes gerais desse tipo de composto: os que eram solúveis em solventes orgânicos apolares (vitaminas lipossolúveis) e os que podiam ser extraídos dos alimentos com solventes aquosos (vitaminas hidrossolúveis). Posteriormente, o grupo lipossolúvel foi dividido nos quatro grupos das vitaminas A, D, E e K, todos compostos isoprenoides sintetizados pela condensação de várias unidades de isopreno. Dois deles (D e A) servem como precursores de hormônios.

A **vitamina D₃**, também chamada de **colecalciferol**, normalmente é formada na pele a partir de 7-desidrocolesterol em uma reação fotoquímica catalisada pelo componente UV da luz solar (**Fig. 10-19a**). A vitamina D₃ não é biologicamente ativa, mas é convertida por enzimas no fígado e no rim a 1α,25-di-hidroxivitamina D₃ (calcitriol), hormônio que regula a captação de cálcio no intestino e os níveis de cálcio no rim e nos ossos. A deficiência de vitamina D leva à formação defeituosa dos ossos e a uma doença chamada de raquitismo (Fig. 10-19b), para a qual a administração de vitamina D produz uma cura drástica. A vitamina D₂ (ergocalciferol) é um produto comercial formado pela irradiação com UV do ergosterol de levedura. A vitamina D₂ é estruturalmente semelhante à D₃, com leve modificação da cadeia lateral ligada ao anel D do esterol. Ambas têm os mesmos efeitos biológicos, e a D₂ é comumente adicionada ao leite e à manteiga como suplemento alimentar. O produto do metabolismo da vitamina D, 1α,25-di-hidroxivitamina D₃, regula a expressão gênica, interagindo com receptores proteicos nucleares específicos. A regulação da expressão gênica será discutida em detalhes no Capítulo 28.

A **vitamina A₁** (**todo-*trans*-retinol**) e seus metabólitos oxidados, o ácido retinoico e o retinal, agem nos processos de desenvolvimento, crescimento e diferenciação celular e na visão (**Fig. 10-20**). A vitamina A₁ ou o β-caroteno presentes na dieta podem ser convertidos enzimaticamente em ácido todo-*trans*-retinoico, um hormônio retinoide que atua via uma família de proteínas receptoras nucleares (RAR, RXR, PPAR) para regular a expressão de genes centrais para o desenvolvimento embrionário, para a diferenciação de células-tronco e para a proliferação celular. O ácido todo-*trans*-retinoico é usado no tratamento de certos tipos de leucemia e é o ingrediente ativo do fármaco tretinoína, utilizado para tratar acne grave e linhas de expressão na pele. No olho de vertebrados, o retinal ligado à proteína opsina forma o pigmento rodopsina dos fotorreceptores. A conversão fotoquímica de 11-*cis*-retinal em todo-*trans*-retinal é o evento fundamental na visão (ver Fig. 12-19).

Ao contrário de muitas vitaminas, a vitamina A pode ser armazenada por algum tempo no organismo (principalmente na forma de éster com o ácido palmítico, no fígado). A vitamina A foi primeiro isolada de óleos do fígado de peixe; ovos, leite integral e manteiga também são boas fontes. Uma outra fonte é o β-caroteno (Fig. 10-20), o pigmento responsável pela coloração característica da cenoura, da batata-doce e de outros vegetais amarelos. O caroteno é um entre um grande número (> 700) de **carotenoides**, produtos naturais com um sistema extenso e característico de ligações duplas conjugadas, que possibilita a sua forte absorção da luz visível (450-470 nm).

A deficiência de vitamina A durante a gestação pode levar a malformações congênitas e retardo no crescimento do bebê. Em adultos, a vitamina A também é essencial para visão, imunidade e reprodução. A deficiência de vitamina A leva a uma variedade de sintomas, incluindo secura da pele, dos olhos e das mucosas e cegueira noturna, um

**FIGURA 10-20 β-Caroteno da dieta e vitamina A₁ como precursores de retinoides.** (a) O β-caroteno é mostrado com suas unidades estruturais isopreno ressaltadas por linhas vermelhas tracejadas. A clivagem simétrica do β-caroteno produz duas moléculas de todo-*trans*-retinal (b), que podem ser posteriormente oxidadas a ácido todo-*trans*-retinoico, um hormônio retinoide (c), ou reduzidas a todo--*trans*-retinol, a vitamina A₁ (d). Na via visual, o todo-*trans*-retinol obtido dessa reação, ou obtido diretamente da dieta, pode ser convertido no aldeído 11-*cis*-retinal (e). Esse produto se combina com a proteína opsina para formar rodopsina (não mostrada), pigmento visual amplamente disseminado na natureza. No escuro, o retinal da rodopsina está na forma 11-*cis*. Quando a molécula de rodopsina é excitada pela luz visível, o 11-*cis*-retinal passa por uma série de reações fotoquímicas que o convertem em todo-*trans*-retinal (f), forçando uma mudança na forma de toda a molécula de rodopsina. Essa transformação nos bastonetes da retina dos vertebrados emite um sinal elétrico para o encéfalo que é a base da transdução visual.

**FIGURA 10-21 Arroz enriquecido com caroteno.** Ao redor do mundo, mais de 250 milhões de crianças e gestantes sofrem de deficiência de vitamina A, o que causa pelo menos 250 mil casos de cegueira irreversível em crianças a cada ano. Metade dessas crianças acaba morrendo dentro de um ano após perderem a visão. Essa deficiência é especialmente prevalente em regiões em que o arroz é um alimento básico. Um esforço humanitário internacional – o Golden Rice Project (Projeto Arroz Dourado) – tem realizado avanços na tentativa de sanar essa crise de saúde. Os grãos de arroz do tipo selvagem (à esquerda) não produzem β-caroteno, o precursor metabólico da vitamina A. Essa planta foi submetida à engenharia genética para produzir o β-caroteno em seu grão. O grão, assim, assume a coloração amarela do caroteno (à direita). Uma dieta suplementada com esse arroz fornece β-caroteno em quantidade suficiente para prevenir a deficiência de vitamina A e suas trágicas consequências para a saúde. [© Golden Rice Humanitarian Board (www.goldenrice.org).]

sintoma inicial comumente utilizado para o diagnóstico de deficiência de vitamina A. Estima-se que a deficiência de vitamina A cause, nos países em desenvolvimento, 250 mil ou mais casos de cegueira ou morte em crianças anualmente. Uma estratégia efetiva para fornecer vitamina A à população é a engenharia metabólica de linhagens de arroz capazes de produzir β-caroteno em excesso. O arroz tem toda a maquinaria enzimática de produção de β-caroteno em suas folhas, mas essas enzimas são menos ativas no grão. A introdução de dois genes no arroz resultou no "arroz dourado", com grãos bastante enriquecidos em β-caroteno (**Fig. 10-21**). ■

## As vitaminas E e K e as quinonas lipídicas são cofatores de oxirredução

**Vitamina E** é o nome coletivo para um grupo de lipídeos bastante relacionados, chamados de **tocoferóis**, que contêm um anel aromático substituído e uma cadeia lateral longa de isoprenoide (**Fig. 10-22a**). Em virtude de serem hidrofóbicos, os tocoferóis associam-se a membranas celulares, depósitos de lipídeos e lipoproteínas no sangue. Eles são antioxidantes biológicos. O anel aromático reage com as formas mais reativas de radicais de oxigênio e outros radicais livres e os destrói, protegendo os ácidos graxos insaturados da oxidação e impedindo o dano oxidativo aos lipídeos de membrana, que pode causar fragilidade celular. Os tocoferóis são encontrados nos ovos e nos óleos vegetais e são especialmente abundantes no germe de trigo. Animais de laboratório alimentados com dietas deficientes em vitamina E desenvolvem pele escamosa, fraqueza e atrofia muscular e esterilidade. A deficiência de vitamina E em seres humanos é muito rara; o principal sintoma é a fragilidade dos eritrócitos.

O anel aromático da **vitamina K** (Fig. 10-22b) sofre um ciclo de oxidação e redução durante a formação da protrombina ativa, uma proteína do plasma sanguíneo que é essencial para a coagulação do sangue. A protrombina é uma enzima proteolítica que quebra ligações peptídicas no fibrinogênio, uma proteína sanguínea, para convertê-lo em fibrina, a proteína fibrosa insolúvel que une os coágulos sanguíneos (ver Fig. 6-43). A deficiência da vitamina K, que produz diminuição da coagulação sanguínea, é extremamente incomum em seres humanos, com exceção de uma pequena porcentagem de bebês que sofrem da doença hemorrágica do recém-nascido, condição potencialmente fatal. Nos Estados Unidos, os recém-nascidos recebem rotineiramente uma injeção de 1 mg de vitamina K. A vitamina $K_1$ (filoquinona) é encontrada nas folhas de plantas verdes; uma forma relacionada, a vitamina $K_2$

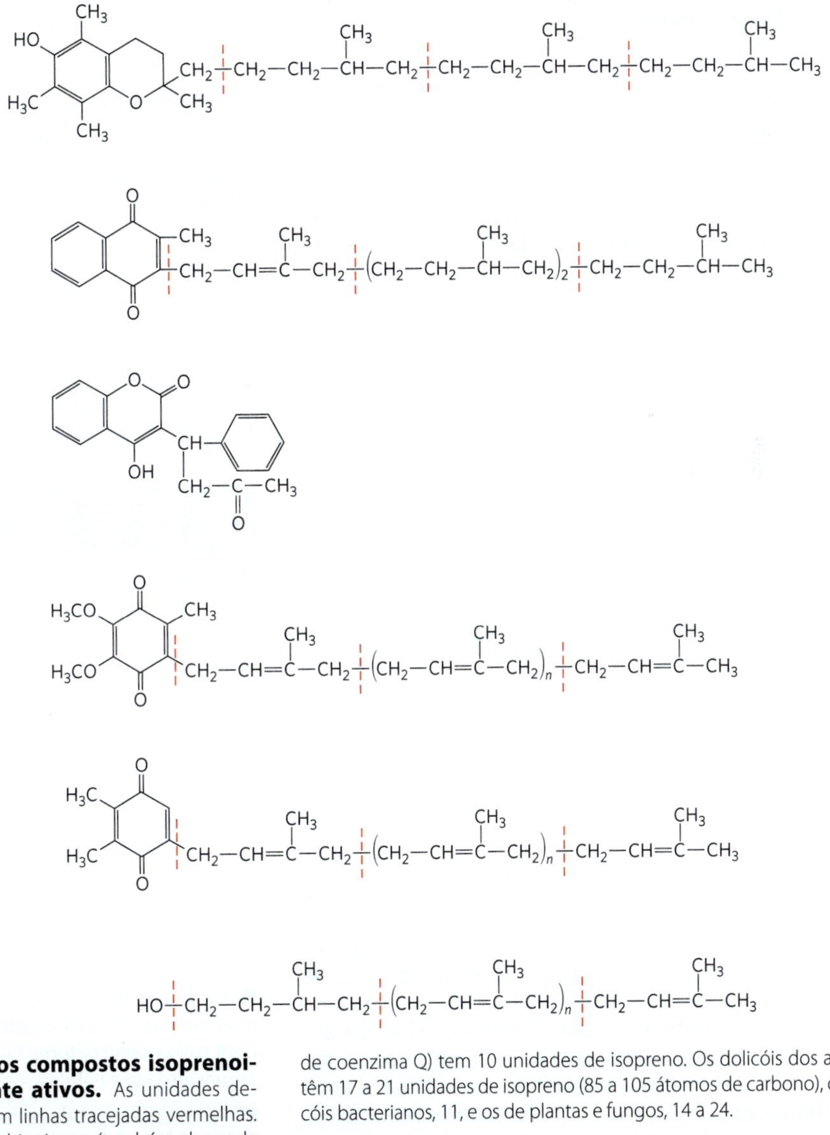

**(a)** Vitamina E: antioxidante

**(b)** Vitamina $K_1$: cofator da coagulação sanguínea (filoquinona)

**(c)** Varfarina: anticoagulante sanguíneo

**(d)** Ubiquinona: transportador de elétrons da mitocôndria (coenzima Q) ($n$ = 4 a 8)

**(e)** Plastoquinona: transportador de elétrons do cloroplasto ($n$ = 4 a 8)

**(f)** Dolicol: transportador de açúcar ($n$ = 9 a 22)

**FIGURA 10-22 Alguns outros compostos isoprenoides ou derivados biologicamente ativos.** As unidades derivadas do isopreno estão indicadas com linhas tracejadas vermelhas. Na maioria dos tecidos de mamíferos, a ubiquinona (também chamada de coenzima Q) tem 10 unidades de isopreno. Os dolicóis dos animais têm 17 a 21 unidades de isopreno (85 a 105 átomos de carbono), os dolicóis bacterianos, 11, e os de plantas e fungos, 14 a 24.

**FIGURA 10-23 Lipídeos como pigmentos nas plantas e nas penas das aves.** Compostos com sistemas conjugados longos absorvem luz na região visível do espectro. As diferenças sutis na química desses compostos produzem pigmentos de cores notavelmente diferentes. As aves adquirem os pigmentos que dão as cores vermelha ou amarela às suas penas ao comerem materiais de plantas que contêm pigmentos carotenoides, como a cantaxantina e a zeaxantina. As diferenças na pigmentação entre machos e fêmeas de aves são resultado de diferenças na absorção intestinal e no processamento dos carotenoides. [Gaertner/Alamy Stock Photo.]

(menaquinona), é produzida por bactérias que vivem no intestino de vertebrados.

A varfarina (Fig. 10-22c) é um composto sintético que inibe a formação de protrombina ativa. Ela é especialmente venenosa para ratos, causando morte por hemorragia interna. De modo irônico, esse potente raticida também é um fármaco anticoagulante inestimável para tratar seres humanos em risco de coagulação sanguínea excessiva, como os pacientes cirúrgicos e aqueles com trombose coronária. ■

A ubiquinona (também chamada de coenzima Q) e a plastoquinona (Fig. 10-22d, e) são isoprenoides que funcionam como transportadores lipofílicos de elétrons em reações de oxirredução que geram energia para a síntese de ATP na mitocôndria e nos cloroplastos, respectivamente. Ambas podem aceitar um ou dois elétrons e um ou dois prótons (ver Fig. 19-3).

### Os dolicóis ativam açúcares precursores para vias de biossíntese

Durante a síntese dos carboidratos complexos das paredes celulares bacterianas e a adição de unidades de polissacarídeo a certas proteínas (glicoproteínas) e lipídeos (glicolipídeos) em eucariotos, as unidades de açúcar a serem adicionadas são quimicamente ativadas pela ligação a álcoois isoprenoides chamados de **dolicóis** (Fig. 10-22f). Esses compostos têm fortes interações hidrofóbicas com lipídeos de membrana, ancorando na membrana os açúcares ligados, onde participam de reações de transferência de açúcares.

### Muitos pigmentos naturais são dienos conjugados lipídicos

Os dienos conjugados têm cadeias carbonadas com ligações simples e duplas alternadas. Como esse arranjo estrutural permite um maior movimento dos elétrons, os compostos podem ser excitados por radiações eletromagnéticas de baixa energia (luz visível), dando a eles as cores visíveis para seres humanos e outros animais. O caroteno (Fig. 10-20) é amarelo-alaranjado; compostos semelhantes dão às penas das aves seus vistosos vermelhos, alaranjados e amarelos (**Fig. 10-23**). Assim como esteróis, esteroides, dolicóis, vitaminas A, E, D e K, ubiquinona e plastoquinona, esses pigmentos são sintetizados a partir de derivados de isopreno de cinco carbonos; a via biossintética é descrita em detalhes no Capítulo 21.

### Os policetídeos são produtos naturais com poderosas atividades biológicas

Os **policetídeos** são um grupo de lipídeos variados com vias biossintéticas semelhantes (condensação de Claisen) àquelas dos ácidos graxos. Eles são **metabólitos secundários**, compostos que não fazem parte do metabolismo central de um organismo, mas que participam de alguma função secundária capaz de dar ao organismo uma vantagem em algum nicho ecológico. Muitos policetídeos podem ser usados em medicina, como antibióticos (eritromicina), antifúngicos (anfotericina B) ou inibidores da síntese de colesterol (lovastatina) (**Fig. 10-24**). ■

---

**RESUMO 10.3** *Lipídeos como sinalizadores, cofatores e pigmentos*

■ Alguns tipos de lipídeos, embora presentes em quantidades relativamente baixas, desempenham papéis cruciais como cofatores ou sinalizadores.

■ Os esfingolipídeos de membrana e os derivados do fosfatidilinositol, como $PIP_2$ e $PIP_3$, são utilizados como moléculas sinalizadoras ou para nuclear a formação de complexos multiproteicos.

■ As prostaglandinas, os tromboxanos, os leucotrienos e as lipoxinas, todos derivados eicosanoides do araquidonato, são hormônios extremamente potentes envolvidos em processos de reprodução, inflamação, regulação da pressão sanguínea e outros processos biológicos. Os AINEs inibem a formação de algumas prostaglandinas e de alguns tromboxanos.

■ Os hormônios esteroides, como, por exemplo, os hormônios sexuais, são derivados dos esteróis. Eles servem como poderosos sinalizadores biológicos e circulam na corrente sanguínea até suas células-alvo, onde alteram a expressão gênica.

■ As plantas produzem lipídeos voláteis que atraem ou repelem outros organismos e são usados na comunicação.

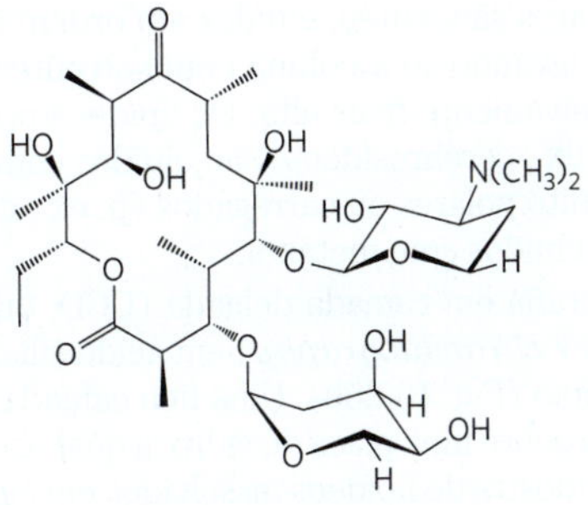

**FIGURA 10-24** Três policetídeos naturais usados na medicina humana.

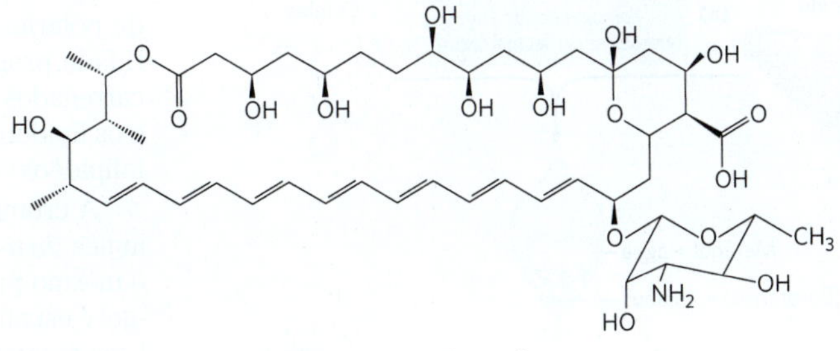

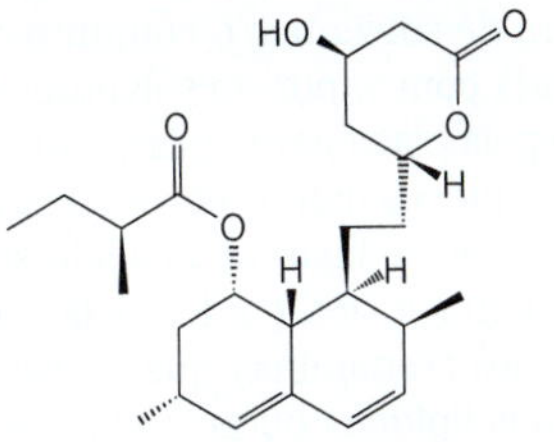

Muitos desses lipídeos são utilizados como fragrâncias em perfumes.

■ As vitaminas D, A, E e K são compostos lipossolúveis constituídos por unidades de isopreno. Todas desempenham papéis essenciais no metabolismo ou na fisiologia dos animais. A vitamina D é precursora de um hormônio que regula o metabolismo do cálcio. A vitamina A fornece o pigmento fotossensível do olho de vertebrados e é um regulador da expressão gênica durante o crescimento das células epiteliais.

■ As vitaminas E e K e as quinonas podem ser oxidadas ou reduzidas pelas células. A vitamina E funciona na proteção dos lipídeos de membrana contra o dano oxidativo, ao passo que a vitamina K é essencial no processo de coagulação sanguínea. As quinonas são essenciais como transportadores de elétrons nas reações que geram energia para a produção de ATP nas mitocôndrias e nos cloroplastos.

■ Os dolicóis ativam e ancoram os açúcares às membranas celulares; os grupos açúcar são, então, utilizados na síntese de carboidratos complexos, glicolipídeos e glicoproteínas.

■ Os lipídeos que contêm dienos conjugados servem como pigmentos nas flores e nos frutos e dão às penas das aves suas cores vistosas.

■ Os policetídeos são produtos naturais amplamente usados na medicina.

## 10.4 Trabalhando com lipídeos

Como os lipídeos são insolúveis em água, a sua extração e o seu posterior fracionamento requerem o uso de solventes orgânicos e de algumas técnicas pouco utilizadas na purificação de moléculas hidrossolúveis, como as proteínas e os carboidratos. ▶P4◀ Em geral, misturas complexas de lipídeos são separadas por diferenças na polaridade ou na solubilidade em solventes apolares. Os lipídeos que contêm ácidos graxos unidos por ligação éster ou amida podem ser hidrolisados pelo tratamento com ácido ou base ou com enzimas hidrolíticas específicas (fosfolipases, glicosidases) para liberar seus componentes para análise. Alguns métodos comumente utilizados nas análises de lipídeos são mostrados na **Figura 10-25** e discutidos a seguir.

### A extração de lipídeos requer solventes orgânicos

Os lipídeos neutros (triacilgliceróis, ceras, pigmentos, etc.) são prontamente extraídos dos tecidos com éter etílico, clorofórmio ou benzeno, solventes que não permitem a agregação causada pelas interações hidrofóbicas. Os lipídeos de membrana são mais bem extraídos por solventes orgânicos mais polares, como o etanol ou o metanol, que reduzem as interações hidrofóbicas entre as moléculas lipídicas, ao mesmo tempo que enfraquecem as ligações de hidrogênio e as interações eletrostáticas que ligam os lipídeos de membrana às proteínas de membrana. Um extrator bastante utilizado é uma mistura de clorofórmio, metanol e água, inicialmente em proporções de volume (1:2:0,8) que são miscíveis, produzindo uma única fase. Depois que o tecido é homogeneizado nesse solvente para extrair todos os lipídeos, mais água é adicionada ao extrato resultante, e a mistura separa-se em duas fases: metanol/água (fase superior) e clorofórmio (fase inferior). Os lipídeos permanecem na camada com clorofórmio, e as moléculas mais polares, como as proteínas e os açúcares, separam-se na camada de metanol/água (Fig. 10-25a).

### A cromatografia de adsorção separa lipídeos de polaridades diferentes

▶P4◀ Misturas complexas de lipídeos dos tecidos podem ser fracionadas por procedimentos cromatográficos com base nas diferentes polaridades de cada classe de lipídeo (Fig. 10-25b). Na cromatografia de adsorção, um material insolúvel polar, como sílica-gel [uma forma de ácido silícico, $Si(OH)_4$], é colocado em uma coluna de vidro, e a mistura de lipídeos (na solução de clorofórmio) é aplicada no topo da coluna. [Na

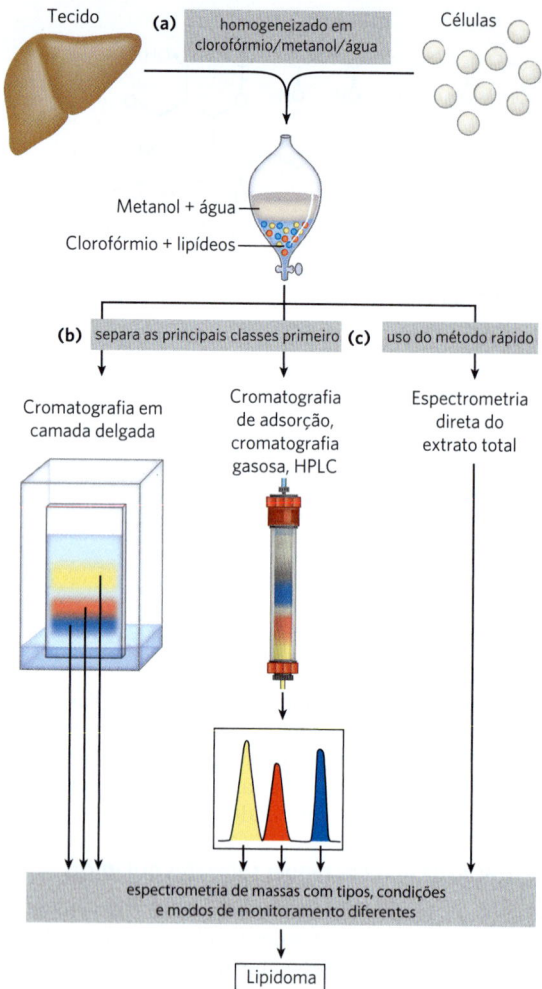

**FIGURA 10-25 Procedimentos comuns para extração, separação e identificação de lipídeos celulares.** (a) O tecido é homogeneizado em uma mistura de clorofórmio/metanol/água, que gera duas fases após a adição de água e a remoção dos sedimentos não extraíveis por centrifugação. (b) As principais classes dos lipídeos extraídos na fase clorofórmio podem ser primeiro separadas por cromatografia em camada delgada, na qual os lipídeos são carregados para cima em uma placa coberta por sílica-gel por uma frente ascendente de solvente, com os lipídeos menos polares migrando mais do que os lipídeos mais polares ou carregados; ou por cromatografia de adsorção em uma coluna de sílica--gel, pela qual passam solventes de polaridade crescente. Por exemplo, a cromatografia em coluna com solventes apropriados pode ser usada para separar espécies lipídicas intimamente relacionadas, como fosfatidilserina, fosfatidilglicerol e fosfatidilinositol. Uma vez separados, os ácidos graxos constituintes de cada lipídeo podem ser determinados por espectrometria de massas. (c) De modo alternativo, no método rápido, um extrato de lipídeos não fracionado pode ser diretamente submetido à espectrometria de massas de alta resolução de diferentes tipos e sob condições distintas para determinar a composição total de todos os lipídeos – isto é, o lipidoma.

cromatografia líquida de alto desempenho, ou HPLC (do inglês *high-performance liquid chromatography*), a coluna é menor em diâmetro e uma alta pressão força os solventes ao longo da coluna.] Os lipídeos polares ligam-se fortemente ao ácido silícico, e os lipídeos neutros passam diretamente pela coluna e emergem na primeira eluição com clorofórmio.

Os lipídeos polares são, então, eluídos em ordem crescente de polaridade, lavando-se a coluna com solventes de polaridade progressivamente mais alta. Os lipídeos polares não carregados (p. ex., cerebrosídeos) são eluídos com acetona, e os lipídeos muito polares ou carregados (p. ex., glicerofosfolipídeos) são eluídos com metanol.

A cromatografia em camada delgada (CCD, ou TLC, do inglês *thin-layer chromatography*) em ácido silícico aplica o mesmo princípio (Fig. 10-25b). Uma fina camada de sílica--gel é espalhada sobre uma placa de vidro, à qual ela se adere. Uma pequena amostra de lipídeos dissolvidos em clorofórmio é aplicada próximo de uma das margens da placa; essa margem é imersa em um recipiente raso com um solvente orgânico ou uma mistura de solventes; o conjunto é colocado em uma câmara saturada com vapor do solvente. À medida que o solvente ascende pela placa por capilaridade, ele carrega os lipídeos com ele. Os lipídeos menos polares migram mais, pois têm menor tendência de se ligarem ao ácido silícico. Os lipídeos separados podem ser detectados pela pulverização da placa com um corante (rodamina) que emite fluorescência quando associado aos lipídeos ou pela exposição da placa a vapores de iodo. O iodo reage reversivelmente com as ligações duplas nos ácidos graxos, de forma que os lipídeos que contêm ácidos graxos insaturados desenvolvem uma coloração amarela ou marrom. Vários outros reagentes de pulverização também são úteis na detecção de lipídeos específicos. Para análise subsequente, as regiões que contêm lipídeos isolados podem ser raspadas da placa, e os lipídeos podem ser recuperados por meio de extração com um solvente orgânico.

## A cromatografia gasosa separa misturas de derivados voláteis de lipídeos

**P4** A cromatografia gasosa (CG) separa os componentes voláteis de uma mistura de acordo com suas tendências relativas de se dissolverem no material inerte contido na coluna cromatográfica ou de se volatilizarem e migrarem pela coluna carregados por uma corrente de um gás inerte, como o hélio. Alguns lipídeos são naturalmente voláteis, mas a maioria necessita ser primeiro derivatizada para aumentar sua volatilidade (i.e., diminuir seu ponto de ebulição). Para uma análise dos ácidos graxos em uma amostra de fosfolipídeos, os lipídeos são primeiro transesterificados: aquecidos em uma mistura de metanol/HCl ou metanol/NaOH para converter os ácidos graxos esterificados com o glicerol nos seus respectivos ésteres de metila. Esses ésteres de acilas graxas com metilas são, então, aplicados em coluna de CG, que é aquecida para volatilizar os compostos. Os ésteres de acilas graxas mais solúveis no material da coluna repartem-se (dissolvem--se) no material; os lipídeos menos solúveis são carregados pela corrente de gás inerte e emergem primeiro da coluna. A ordem de eluição depende da natureza do adsorvente sólido na coluna e do ponto de ebulição dos componentes da mistura lipídica. Utilizando-se essas técnicas, as misturas de ácidos graxos de vários comprimentos de cadeia e vários graus de insaturação podem ser completamente separadas.

## A hidrólise específica auxilia a determinação das estruturas dos lipídeos

**P4** Algumas classes de lipídeos são suscetíveis à degradação sob condições específicas. Por exemplo, todos os ácidos graxos com ligação éster nos triacilgliceróis, nos fosfolipídeos e nos ésteres de esterol são liberados por tratamento fracamente ácido ou alcalino, e, em condições mais extremas de hidrólise, há liberação dos ácidos graxos ligados com ligação amida, como ocorre nos esfingolipídeos. As enzimas que especificamente hidrolisam certos lipídeos também são úteis na determinação da sua estrutura. As fosfolipases A, C e D (Fig. 10-14) clivam ligações específicas para cada enzima nos fosfolipídeos e geram produtos com solubilidades e comportamentos cromatográficos característicos. A fosfolipase C, por exemplo, libera um álcool fosforilado solúvel em água (como a fosfocolina da fosfatidilcolina) e um diacilglicerol solúvel em clorofórmio, cada qual podendo ser caracterizado separadamente para determinar a estrutura do fosfolipídeo intacto. A combinação da hidrólise específica com a caracterização dos produtos por CCD, CG ou HPLC frequentemente permite a determinação de uma estrutura lipídica.

## A espectrometria de massas revela a estrutura lipídica completa

**P4** Para se estabelecer sem ambiguidade o comprimento de uma cadeia hidrocarbonada ou a posição das ligações duplas, a análise espectrométrica de massa dos lipídeos ou de seus derivados voláteis é fundamental. As propriedades químicas de lipídeos semelhantes (p. ex., dois ácidos graxos de comprimentos similares insaturados em posições diferentes, ou dois isoprenoides com números diferentes de unidades de isopreno) são muito parecidas, e a ordem de eluição nos vários procedimentos cromatográficos frequentemente não distingue entre eles. No entanto, quando o eluído de uma coluna cromatográfica é analisado por espectrometria de massas, os componentes de uma mistura lipídica podem ser separados e identificados simultaneamente por seus padrões únicos de fragmentação (**Fig. 10-26**). Com o aumento da resolução da espectroscopia de massas, é possível identificar lipídeos individuais em misturas bastante complexas sem primeiro fracionar os lipídeos do extrato bruto. Esse método rápido de identificação "por atacado" (*shotgun*) (Fig. 10-25c) evita perdas durante as separações preliminares das subclasses de lipídeos, além de ser mais rápido.

## A lipidômica busca catalogar todos os lipídeos e suas funções

À medida que os bioquímicos que estudavam os lipídeos perceberam a existência de milhares de lipídeos de ocorrência natural, eles criaram um sistema de banco de dados análogo ao Protein Data Bank. O banco de dados LIPID MAPS Lipidomics Gateway (www.lipidmaps.org) tem seu próprio sistema de classificação, que coloca cada espécie de lipídeo em uma entre oito categorias químicas, cada qual designada por duas letras (**Tabela 10-2**). Dentro de cada categoria, distinções mais sutis são indicadas por numerações de classes e subclasses. Por exemplo, todas as glicerofosfocolinas são GP01. O subgrupo de glicerofosfocolinas com dois ácidos graxos em ligação éster é designado GP0101; o subgrupo com um ácido graxo em ligação éter na posição 1 e um em ligação

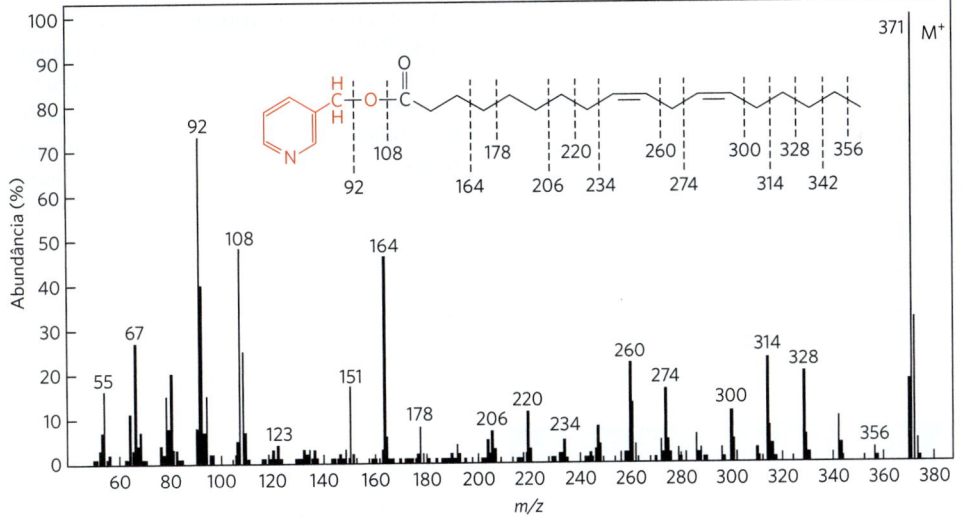

**FIGURA 10-26 Determinação da estrutura de ácidos graxos por espectrometria de massas.** O ácido graxo é convertido primeiro em um derivado que minimiza a migração das ligações duplas quando a molécula é fragmentada pelo bombardeamento de elétrons. O derivado aqui apresentado é um éster de picolinila do ácido linoleico – 18:2($\Delta^{9,12}$) ($M_r$ 371) –, no qual o álcool é o picolinol (em vermelho). Quando bombardeada com uma corrente de elétrons, essa molécula é volatilizada e convertida em um íon precursor (M$^+$; $M_r$ 371), no qual o átomo N tem carga positiva, e em uma série de fragmentos menores produzidos pela quebra de ligações C—C do ácido graxo. O espectrômetro de massa separa esses fragmentos carregados de acordo com a sua razão massa/carga (m/z).

Os íons mais proeminentes em m/z = 92, 108, 151 e 164 contêm o anel piridina do picolinol e vários fragmentos do grupo carboxila, mostrando que o composto é, de fato, um éster de picolinila. O íon molecular M$^+$ (m/z = 371) confirma a presença de um ácido graxo $C_{18}$ com duas ligações duplas. A série uniforme de íons com 14 unidades de massa atômica (u) a separá-los representa a perda de sucessivos grupos metila e metileno a partir da extremidade metila da cadeia acila (começando em C-18; a extremidade da molécula à direita, conforme mostrado aqui) até que seja alcançado o íon em m/z = 300. Segue-se um intervalo de 26 u para os carbonos da ligação dupla terminal, em m/z = 274; outro intervalo de 14 u para o grupo metileno em C-11, em m/z = 260; e assim por diante. Desse modo, a estrutura completa é determinada, embora esses dados por si só não permitam deduzir a configuração (*cis* ou *trans*) das ligações duplas. [Informações de W. W. Christie, *Lipid Technol.* 8:64, 1996.]

| TABELA 10-2 | Oito categorias principais de lipídeos biológicos | |
|---|---|---|
| Categoria | Código da categoria | Exemplos |
| Ácidos graxos | FA | Oleato, estearoil-CoA, palmitoilcarnitina |
| Glicerolipídeos | GL | Diacilgliceróis e triacilgliceróis |
| Glicerofosfolipídeos | GP | Fosfatidilcolina, fosfatidilserina, fosfatidiletanolamina |
| Esfingolipídeos | SP | Esfingomielina, gangliosídeo GM2 |
| Lipídeos de esterol | ST | Colesterol, progesterona, ácidos biliares |
| Lipídeos de prenol | PR | Farnesol, geraniol, retinol, ubiquinona |
| Sacarolipídeos | SL | Lipopolissacarídeo |
| Policetídeos | PK | Tetraciclina, eritromicina e aflatoxina $B_1$ |

éster na posição 2 é designado GP0102. Ácidos graxos específicos são designados por números que dão a cada lipídeo seu próprio identificador único, de forma que cada lipídeo individual, bem como tipos ainda não descobertos, pode ser descrito sem ambiguidade em termos de um identificador de 12 caracteres, o LM_ID. Um fator utilizado nesse sistema de classificação é a natureza do precursor biossintético. Por exemplo, lipídeos de prenol (como dolicóis e vitaminas E e K) são formados a partir de precursores isoprenila.

As oito categorias químicas na Tabela 10-2 não coincidem perfeitamente com as categorizações menos formais, baseadas nas funções biológicas, utilizadas neste capítulo. Por exemplo, lipídeos estruturais de membrana incluem tanto glicerofosfolipídeos quanto esfingolipídeos, que constituem categorias separadas na Tabela 10-2. Cada método de classificação tem suas vantagens.

A aplicação de técnicas de espectrometria de massas com alta capacidade e alta resolução pode fornecer catálogos quantitativos de todos os lipídeos presentes em um tipo específico de célula sob determinadas condições – o **lipidoma** – e das maneiras nas quais o lipidoma muda com diferenciação, doenças como o câncer ou tratamento com fármacos. Uma célula animal contém mais de mil espécies diferentes de lipídeos, cada qual presumivelmente com uma função específica. Um número crescente de lipídeos possui suas funções conhecidas, porém a grande parte ainda inexplorada do lipidoma oferece uma rica fonte de novos problemas para a próxima geração de bioquímicos e biólogos celulares.

### RESUMO 10.4 Trabalhando com lipídeos

- Na determinação da composição de lipídeos em tecidos, eles podem ser extraídos inicialmente com solventes orgânicos.

- Misturas de lipídeos podem ser separadas com base em sua polaridade e interações com materiais polares como sílica, usando métodos de cromatografia de adsorção como HPLC ou CCD.

- A CG volatiliza os lipídeos para que eles possam ser carregados por uma corrente de gás inerte e separados com base em sua capacidade de partição em um material solúvel na coluna.

- Fosfolipases específicas para uma das ligações em um fosfolipídeo podem ser utilizadas para gerar compostos mais simples para análise subsequente.

- A espectrometria de massas de alta resolução permite a análise de misturas brutas de lipídeos sem pré-fracionamento – o método rápido (*shotgun*).

- A lipidômica combina poderosas técnicas de análise para determinar o perfil completo de lipídeos em uma célula ou tecido (o lipidoma) e montar bases de dados com anotações que permitam comparações entre lipídeos de diferentes tipos celulares sob diferentes condições.

### TERMOS-CHAVE

*Os termos em negrito estão definidos no glossário.*

**ácido graxo** 341
**ácido graxo poli-insaturado (AGPI)** 343
ácidos graxos ômega-3 (ω-3) 343
**triacilglicerol** 344
**lipases** 345
**fosfolipídeo** 346
**esteróis** 346
**glicerofosfolipídeo** 346
lipídeo éter 348
**plasmalogênio** 348
**glicolipídeo** 349
galactolipídeo 349
**esfingolipídeo** 350
ceramida 350
esfingomielina 350
**glicoesfingolipídeo** 350
**cerebrosídeo** 350
globosídeo 351
**gangliosídeo** 351

**esterol** 352
colesterol 352
**ácidos biliares** 352
**eicosanoide** 355
**prostaglandina (PG)** 355
**tromboxano (TX)** 355
**leucotrieno (LT)** 355
**lipoxina (LX)** 356
**vitamina** 356
vitamina $D_3$ 357
colecalciferol 357
vitamina $A_1$ (todo-*trans*-retinol) 357
**carotenoides** 357
vitamina E 359
**tocoferol** 359
vitamina K 359
dolicol 360
policetídeo 360
**lipidoma** 364

### QUESTÕES

**1. Definição operacional de lipídeos** De que maneira a definição de "lipídeo" difere dos tipos de definição utilizados para outras biomoléculas, como os aminoácidos, os ácidos nucleicos e as proteínas?

**2. Estrutura de um ácido graxo ômega-3** O ácido docosaexaenoico [DHA, 22:6($\Delta^{4,7,10,13,16,19}$)] é o ácido graxo ômega-3 mais abundante no encéfalo e um importante componente do leite materno. Desenhe a estrutura desse ácido graxo.

**3. Pontos de fusão dos lipídeos** Os pontos de fusão de uma série de ácidos graxos de 18 carbonos são: ácido esteárico, 69,6 °C; ácido oleico, 13,4 °C; ácido linoleico, −5 °C; e ácido linolênico, −11 °C.

(a) Que aspecto estrutural dos ácidos graxos de 18 carbonos pode ser correlacionado com o ponto de fusão?

(b) Desenhe todos os triacilgliceróis possíveis que podem ser construídos a partir de glicerol, ácido palmítico e ácido oleico. Classifique-os em ordem crescente de ponto de fusão.

(c) Ácidos graxos de cadeia ramificada são encontrados em alguns lipídeos de membrana bacterianos. A sua presença aumenta ou diminui a fluidez das membranas (i.e., aumenta ou diminui o ponto de fusão dos lipídeos)? Por quê?

**4. Hidrogenação catalítica de óleos vegetais** A hidrogenação catalítica, utilizada na indústria alimentícia, converte as ligações duplas nos ácidos graxos dos triacilgliceróis de óleos em —$CH_2$—$CH_2$—. Como isso afeta as propriedades físicas dos óleos?

**5. Impermeabilidade das ceras** Qual propriedade das cutículas cerosas que recobrem as folhas das plantas deixa a cutícula impermeável à água?

**6. Designação de estereoisômeros de lipídeos** Carvona, um membro da família de compostos químicos chamados de terpenoides, forma dois enantiômeros com propriedades bastante distintas. Um enantiômero, abundante na hortelã, apresenta odor doce e mentolado. O outro enantiômero, abundante em sementes de cominho, tem odor picante e semelhante ao de pão de centeio. Dê o nome dos compostos abundantes na hortelã e nas sementes de cominho utilizando o sistema RS.

**7. Reatividade química dos lipídeos** Sabões são sais de ácidos graxos e podem ser produzidos misturando-se triacilgliceróis com uma base forte, como o NaOH. Essa reação de saponificação produz glicerol e sais de ácidos graxos. Em um experimento em laboratório, estudantes realizaram a reação de saponificação utilizando o triacilglicerol tristearina na presença de água marcada com $^{18}O$. Quais produtos da reação de saponificação estarão marcados com o $^{18}O$?

**8. Componentes hidrofóbicos e hidrofílicos dos lipídeos de membrana** Uma característica estrutural comum dos lipídeos de membrana é a sua natureza anfipática. Por exemplo, na fosfatidilcolina, as duas cadeias de ácidos graxos são hidrofóbicas, e o grupo da cabeça polar, fosfocolina, é hidrofílico. Nomeie os compostos que servem como unidades hidrofóbicas e hidrofílicas para cada um dos lipídeos de membrana: (a) fosfatidiletanolamina; (b) esfingomielina; (c) galactosilcerebrosídeo; (d) gangliosídeo; (e) colesterol.

**9. Dedução da estrutura de lipídeos a partir de sua composição** Um bioquímico realizou a digestão completa de um glicerofosfolipídeo utilizando uma mistura de fosfolipases A e D. A análise por HPLC e espectrometria de massas revelou a presença de um aminoácido de 105,09 Da, de um ácido graxo saturado de 256,43 Da e de um ácido graxo monoinsaturado ômega-3 de 282,45 Da. Qual aminoácido o glicerofosfolipídeo contém? Desenhe a estrutura mais provável para esse glicerofosfolipídeo.

**10. Dedução da estrutura de lipídeos a partir da razão molar dos componentes** A hidrólise completa de um glicerofosfolipídeo gera glicerol, dois ácidos graxos [16:1($\Delta^9$) e 16:0], ácido fosfórico e serina em proporção molar 1:1:1:1:1. Denomine esse lipídeo e desenhe sua estrutura.

**11. Os lipídeos na determinação do grupo sanguíneo** Como visto na Figura 10-13, a estrutura dos glicoesfingolipídeos determina os grupos sanguíneos A, B e O nos seres humanos. Também é verdade que as glicoproteínas determinam os grupos sanguíneos. Como podem ambas as afirmações ser verdadeiras?

**12. Ação das fosfolipases** As peçonhas da cascavel-diamante-oriental (*Crotalus adamanteus*) e a da naja indiana contêm fosfolipase $A_2$, que catalisa a hidrólise de ácidos graxos na posição C-2 dos glicerofosfolipídeos. O produto da degradação do fosfolipídeo nessa reação é a lisolecitina, que é derivada da fosfatidilcolina. Em altas concentrações, esse e outros lisofosfolipídeos atuam como detergentes, dissolvendo as membranas dos eritrócitos e lisando as células. A hemólise em grandes proporções pode causar risco à vida.

(a) Todos os detergentes são anfipáticos. Quais são as porções hidrofílicas e hidrofóbicas da lisolecitina?

(b) A dor e a inflamação causadas pela picada de cobra podem ser tratadas com certos esteroides. Em que se fundamenta esse tratamento?

(c) Embora os altos níveis de fosfolipase $A_2$ na peçonha possam ser letais, essa enzima é necessária para vários processos metabólicos normais. Quais são eles?

**13. Mensageiros intracelulares produzidos a partir de fosfatidilinositóis** O hormônio vasopressina é um sinal extracelular que ativa uma fosfolipase C específica na membrana. A clivagem do $PIP_2$ pela fosfolipase C gera dois produtos. Quais são eles? Compare suas propriedades e suas solubilidades em água e considere se algum deles se difundiria facilmente no citosol.

**14. Unidades de isopreno nos isoprenoides** O geraniol, o farnesol e o esqualeno são chamados de isoprenoides porque são sintetizados a partir de unidades isopreno de cinco carbonos. Em cada composto, circule as unidades de cinco carbonos que representam as unidades de isopreno (ver Fig. 10-22).

**15. Hidrólise de lipídeos** Denomine os produtos da hidrólise branda com NaOH diluído de: (a) 1-estearoil-2,3-dipalmitoil-glicerol; e (b) 1-palmitoil-2-oleoilfosfatidilcolina.

**16. Efeito da polaridade na solubilidade** Ordene os compostos a seguir em ordem decrescente de solubilidade em água: um triacilglicerol, um diacilglicerol e um monoacilglicerol. (Presuma que cada acilglicerol contém apenas ácido palmítico.)

**17. Separação cromatográfica de lipídeos** Suponha que você tenha aplicado uma mistura de lipídeos a uma coluna de sílica-gel e eluído o material na coluna com solventes de polaridade crescente. A mistura consiste em fosfatidilserina, fosfatidiletanolamina, fosfatidilcolina, palmitato de colesterila (um éster de esterol), esfingomielina, palmitato, $n$-tetradecanol, triacilglicerol e colesterol. Em que ordem os lipídeos eluirão da coluna? Explique seu raciocínio.

**18. Identificação de lipídeos desconhecidos** Johann Thudichum, que exercia medicina em Londres cerca de 100 anos atrás, também se aventurava na química de lipídeos em seu tempo livre. Ele isolou uma variedade de lipídeos do tecido neural, caracterizando e identificando muitos deles. Os seus frascos de lipídeos cuidadosamente selados e rotulados foram redescobertos muitos anos depois.

**(a)** Como você confirmaria, usando técnicas não disponíveis para Thudichum, que os frascos identificados como "esfingomielina" e "cerebrosídeo" realmente continham esses compostos?
**(b)** Como você distinguiria a esfingomielina da fosfatidilcolina por testes químicos, físicos ou enzimáticos?

### BIOQUÍMICA ONLINE

**19. Uso do banco de dados LIPID MAPS para encontrar informações acerca da solubilidade** A lipidômica identificou milhares de lipídeos celulares. O LIPID MAPS é um banco de dados *online* que contém mais de 40 mil estruturas únicas de lipídeos, assim como informações acerca das propriedades químicas e físicas de cada lipídeo (www.lipidmaps.org). Um parâmetro importante ao se trabalhar com lipídeos é log $P$, em que $P$ é o coeficiente de partição em octanol:água, um indicador de lipofilicidade.

**(a)** Procure no LIPID MAPS por colesterol, esfingosina, ácido linoleico e ácido esteárico. Utilize os valores relatados de log $P$ para colocá-los em ordem crescente de solubilidade em octanol.
**(b)** Farmacologistas frequentemente estudam os valores de log $P$ ao desenvolverem novos fármacos. Por que o conhecimento do valor de log $P$ de um fármaco seria informativo?

**20. Características de proteínas de transporte de lipídeos** Com frequência, quando os lipídeos são transportados entre diferentes tecidos, eles são carregados por proteínas. Neste exercício, você investigará as interações entre um lipídeo e uma proteína usando o PDB (www.rcsb.org). Use o identificador 2YG2 no PDB e estude a estrutura do complexo entre a apolipoproteína M associada à HDL e a esfingosina-1-fosfato. Navegue na visão de estruturas em 3D para responder as questões a seguir.
**(a)** Qual motivo proteico é adotado pela apolipoproteína M?
**(b)** Quais resíduos de aminoácidos você encontra revestindo o sítio de ligação da esfingosina? O que eles têm em comum?
**(c)** O grupo fosforila da esfingosina-1-fosfato está exposto na superfície da proteína. Por que, na sua opinião, é importante que a proteína de transporte ligue a cauda hidrocarbonada da esfingosina-1-fosfato, mas não necessariamente o grupo da cabeça polar?

### QUESTÃO DE ANÁLISE DE DADOS

**21. Determinação da estrutura do lipídeo anormal na doença de Tay-Sachs** A Figura 1 do Quadro 10-1 mostra a rota de degradação de gangliosídeos em indivíduos saudáveis (normais) e em indivíduos com certas doenças genéticas. Alguns dos dados nos quais a figura está baseada foram apresentados em um artigo de Lars Svennerholm (1962). Observe que o açúcar Neu5Ac, o ácido $N$-acetilneuramínico, representado na figura do Quadro 10-1 como ♦, é um ácido siálico.

Svennerholm relatou que "aproximadamente 90% dos monosialogangliosídeos isolados do cérebro de uma pessoa normal" consistiam em um composto com ceramida, hexose, $N$-acetilgalactosamina e ácido $N$-acetilneuramínico na proporção molar de 1:3:1:1.

**(a)** Qual dos gangliosídeos (GM1 a GM3 e globosídeo) na Figura 1 do Quadro 10-1 se encaixa nessa descrição? Explique seu raciocínio.
**(b)** Svennerholm relatou que 90% dos gangliosídeos de um paciente com a doença de Tay-Sachs tinham uma proporção molar (dos mesmos quatro componentes dados anteriormente) de 1:2:1:1. Isso é consistente com a figura do Quadro 10-1? Explique seu raciocínio.

Para determinar a estrutura mais detalhadamente, Svennerholm tratou os gangliosídeos com neuraminidase para remover o ácido $N$-acetilneuramínico. Isso resultou em um asialogangliosídeo que era muito mais fácil de analisar. Ele o hidrolisou com ácido, coletou os produtos que continham ceramida e determinou a proporção molar dos açúcares em cada produto. Ele fez isso tanto para os gangliosídeos de pessoas normais quanto para os daquelas com a doença de Tay-Sachs. Os seus resultados são mostrados a seguir.

| Gangliosídeo | Ceramida | Glicose | Galactose | Galactosamina |
|---|---|---|---|---|
| *Normal* | | | | |
| Fragmento 1 | 1 | 1 | 0 | 0 |
| Fragmento 2 | 1 | 1 | 1 | 0 |
| Fragmento 3 | 1 | 1 | 1 | 1 |
| Fragmento 4 | 1 | 1 | 2 | 1 |
| *Tay-Sachs* | | | | |
| Fragmento 1 | 1 | 1 | 0 | 0 |
| Fragmento 2 | 1 | 1 | 1 | 0 |
| Fragmento 3 | 1 | 1 | 1 | 1 |

**(c)** Com base nesses dados, o que você pode concluir sobre a estrutura do gangliosídeo normal? Isso é consistente com a estrutura no Quadro 10-1? Explique seu raciocínio.
**(d)** O que você pode concluir sobre a estrutura do gangliosídeo de Tay-Sachs? Isso é consistente com a estrutura no Quadro 10-1? Explique seu raciocínio.

Svennerholm também relatou o trabalho de outros pesquisadores que "permetilaram" o asialogangliosídeo normal. Permetilação é o mesmo que uma metilação exaustiva: grupos metila são adicionados a todos os grupos hidroxila livres de um açúcar. Eles encontraram os seguintes açúcares permetilados: 2,3,6-trimetilglicopiranose; 2,3,4,6-tetrametilgalactopiranose; 2,4,6-trimetilgalactopiranose; e 4,6-dimetil-2-desóxi-2-aminogalactopiranose.

**(e)** A qual açúcar do GM1 corresponde cada um dos açúcares permetilados? Explique seu raciocínio.
**(f)** Com base em todos os dados apresentados até aqui, que informações sobre a estrutura do gangliosídeo normal estão faltando?

### Referência

Svennerholm, L. 1962. The chemical structure of normal human brain and Tay-Sachs gangliosides. *Biochem. Biophys. Res. Comm.* 9:436-441.

# Capítulo 11

# MEMBRANAS BIOLÓGICAS E TRANSPORTE

- **11.1** Composição e arquitetura das membranas  367
- **11.2** Dinâmica das membranas  377
- **11.3** Transporte de solutos através de membranas  385

A primeira célula provavelmente passou a existir com a formação de uma membrana envolvendo um pequeno volume de solução aquosa e separando-a do resto do universo. As membranas definem os limites externos das células e controlam o tráfego de moléculas por essa fronteira. Nas células eucarióticas, as membranas dividem o espaço interno em compartimentos que separam processos e componentes. Proteínas embutidas em membranas e proteínas associadas a membranas são responsáveis por sequências de reações complexas tanto para a conservação de energia como para a comunicação entre as células.

Este capítulo se concentra nos princípios subjacentes à estrutura e à função das membranas biológicas:

**P1** **A membrana biológica é uma bicamada lipídica com proteínas de vários tipos (enzimas, transportadoras) embutidas na bicamada ou associadas a ela.** O efeito hidrofóbico estabiliza as estruturas (bicamadas lipídicas e vesículas) nas quais lipídeos com algumas regiões polares e apolares podem proteger as regiões apolares de interações com a água, um solvente muito polar. As proteínas de membrana estão associadas à bicamada lipídica mais ou menos firmemente, e tanto as proteínas quanto os lipídeos têm liberdade para uma movimentação limitada no plano da bicamada.

**P2** **Todas as membranas internas das células fazem parte do sistema dinâmico da endomembrana, que é interconectado e tem funções especializadas.** As proteínas e os lipídeos são sintetizados no retículo endoplasmático, movem-se através do complexo de Golgi e são direcionados para as membranas das organelas ou para a membrana plasmática, onde fornecem propriedades essenciais a essas estruturas. Durante esse tráfego nas membranas, algumas proteínas são modificadas covalentemente, e alguns lipídeos são segregados em diferentes organelas ou são concentrados em um dos folhetos da bicamada. Balsas ("*rafts*") são regiões com função especializada e composição específica de lipídeos e proteínas.

**P3** **Embora a bicamada lipídica seja impermeável a solutos carregados ou polares, todos os tipos de células possuem muitos transportadores de membrana e canais iônicos que catalisam a movimentação de solutos específicos através da membrana.** Alguns transportadores apenas aceleram o movimento dos solutos na direção em que são levados pela difusão simples; outros utilizam uma fonte de energia para mover os solutos contra um gradiente de concentração.

## 11.1 Composição e arquitetura das membranas

Iniciamos a discussão sobre as membranas biológicas examinando como fosfolipídeos em água formam espontaneamente as estruturas estáveis da bicamada. Nas membranas biológicas, essa bicamada lipídica básica é vista em combinação com uma ampla variedade de proteínas de membrana especializadas em uma das muitas funções que as membranas desempenham nas células. Cada compartimento intracelular possui uma membrana com conteúdo específico de proteínas e lipídeos disposto de uma maneira peculiar através dos dois folhetos da bicamada. Juntas, as membranas intracelulares formam o sistema dinâmico de endomembranas, que sintetiza e distribui componentes da membrana para criar compartimentos celulares com funções especializadas. Dependendo da função, uma proteína pode ter um ou vários segmentos transmembrana, pode aderir à bicamada da membrana por meio de lipídeos ligados à proteína ou pode se alternar entre formas ligadas à membrana e formas livres.

### A bicamada lipídica é estável em água

Os glicerofosfolipídeos, os esfingolipídeos e os esteróis são praticamente insolúveis em água. É importante lembrar de que os glicerofosfolipídeos contêm dois ácidos graxos de cadeia longa (que são hidrofóbicos) e uma cabeça com um grupo constituído por glicerol e um de vários substituintes polares ou carregados, como a fosfocolina ou a fosfoetanolamina (ver Fig. 10-8). Os esfingolipídeos são formados a partir de uma amina com uma cadeia alquila longa (esfingosina), um ácido graxo com uma cadeia saturada longa e uma cabeça polar que pode ser simples, como uma fosfocolina, ou complexa, como um oligossacarídeo (ver Fig. 10-11). Os esteróis (colesterol nas membranas dos animais) possuem o núcleo esteroide de quatro anéis fusionados, que é muito apolar, e um grupo hidroxila polar na extremidade do sistema de anéis (ver Fig. 10-15). Cada um dos tipos de lipídeos de membrana tem um efeito específico sobre a estrutura e as funções da membrana. Quando misturados com água, eles espontaneamente formam agregados lipídicos microscópicos, agrupando-se de modo a manter as porções hidrofóbicas em contato entre si e com os grupos hidrofílicos interagindo com a água circundante. Ao agruparem-se, a superfície hidrofóbica exposta à água fica menor. Isso minimiza o número de moléculas da camada de moléculas de água ordenadas que participam na interface lipídeo-água (ver Fig. 2-7), resultando no aumento da entropia. Esse efeito hidrofóbico é a força motriz termodinâmica que impulsiona a formação e a manutenção desses agrupamentos de moléculas lipídicas. O termo **interação hidrofóbica** é usado algumas vezes para descrever o agrupamento de superfícies moleculares hidrofóbicas na superfície de ambientes aquosos, mas não há qualquer interação química entre essas moléculas. Elas simplesmente encontram um ambiente com o estado de menor energia ao diminuírem a superfície hidrofóbica, ou apolar, exposta à água.

Dependendo das condições exatas e da natureza dos lipídeos, três tipos de agregados de lipídeos podem ser formados quando lipídeos anfipáticos são misturados com água (**Fig. 11-1**). As **micelas** são estruturas esféricas que contêm desde algumas dezenas até alguns milhares de moléculas anfipáticas. Essas moléculas dispõem-se com as suas regiões hidrofóbicas agregadas na parte interna, expulsando, assim, a água, e com os grupos polares hidrofílicos na superfície, em contato com a água. A formação de micelas é favorecida quando a área de secção transversal da cabeça polar é maior do que a da(s) cadeia(s) lateral(is) de acila, como em ácidos graxos livres, lisofosfolipídeos (fosfolipídeos com um ácido graxo a menos) e muitos detergentes, como o dodecil sulfato de sódio (SDS; p. 88).

Um segundo tipo de agregado lipídico na água é a **bicamada**, na qual duas monocamadas lipídicas (folhetos) formam uma lâmina bidimensional. A formação da bicamada é favorecida quando as áreas de secção transversal dos grupos polares e as cadeias acila laterais são semelhantes, como no caso dos glicerofosfolipídeos e dos esfingolipídeos. As porções hidrofóbicas em cada monocamada, excluídas da água, interagem entre si. Os grupos hidrofílicos da cabeça polar interagem com a água em uma das superfícies da bicamada. Como as regiões hidrofóbicas das extremidades (Fig. 11-4b) ficam em contato com a água, a lâmina da bicamada torna-se relativamente instável e, por isso, fecha-se sobre si mesma, formando uma esfera oca, denominada **vesícula** ou lipossomo (Fig. 11-1c). A superfície contínua das vesículas evita que regiões hidrofóbicas fiquem expostas ao ambiente aquoso, o que faz as bicamadas atingirem o máximo de estabilidade quando em meio aquoso. A formação da vesícula também cria um compartimento interno separado (o lúmen da vesícula). É provável que os precursores das primeiras células vivas tenham sido semelhantes às vesículas lipídicas, com o conteúdo aquoso separado do meio circundante por uma bicamada lipídica.

Estudos *in vitro* sobre bicamadas lipídicas (**Fig. 11-2**) revelaram que o núcleo hidrocarbonado da bicamada, formado por —$CH_2$— e —$CH_3$ dos grupos acila dos ácidos graxos, é tão apolar como o decano e tem uma espessura de cerda de 3 nm (30 Å), aproximadamente o comprimento de duas cadeias de ácidos graxos estendidas. As membranas biológicas, como será visto a seguir, têm uma espessura entre 50 e 80 Å, quando incluídas as proteínas que formam protuberâncias em ambos os lados.

## A arquitetura da bicamada define a estrutura e as funções das membranas biológicas

Na membrana geral esquematizada na **Figura 11-3**, fosfolipídeos formam uma bicamada na qual as proteínas estão embutidas, com seus domínios hidrofóbicos em contado com

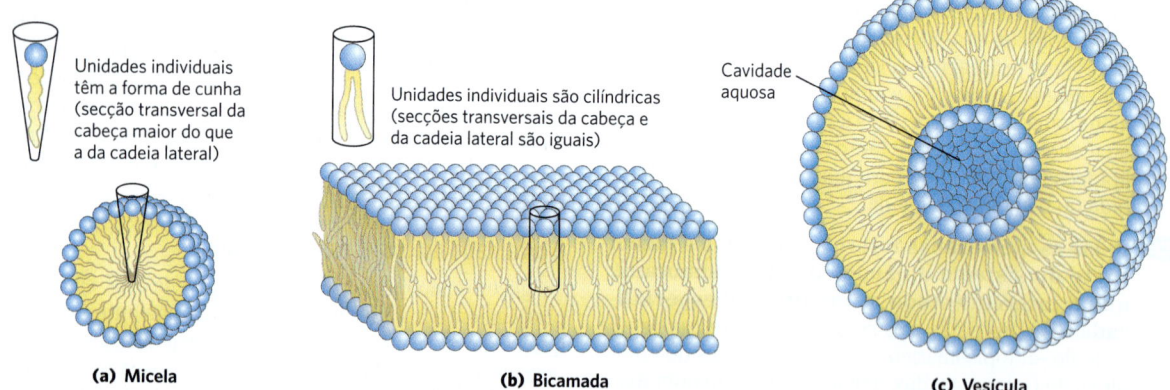

**FIGURA 11-1 Formação de agregados lipídicos anfipáticos em água.** (a) Nas micelas, as cadeias hidrofóbicas dos ácidos graxos são sequestradas no núcleo da esfera. Não há praticamente nenhuma água no interior hidrofóbico. (b) Em uma bicamada aberta, todas as cadeias laterais acila, exceto aquelas das margens da lâmina da camada, estão protegidas da interação com a água. (c) Quando a bicamada bidimensional se dobra sobre ela mesma, ela forma uma bicamada fechada, uma vesícula oca tridimensional (lipossoma) que delimita uma cavidade aquosa.

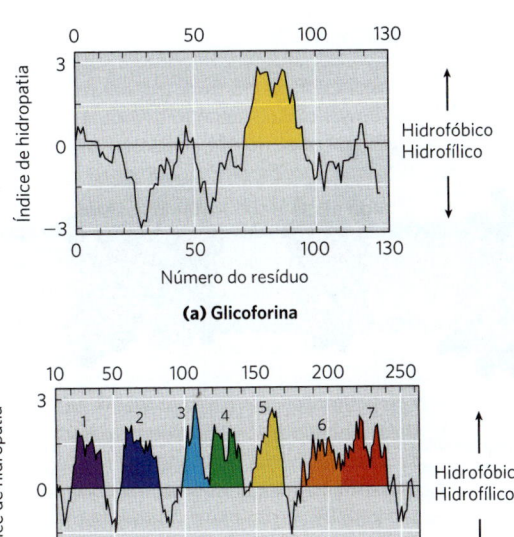

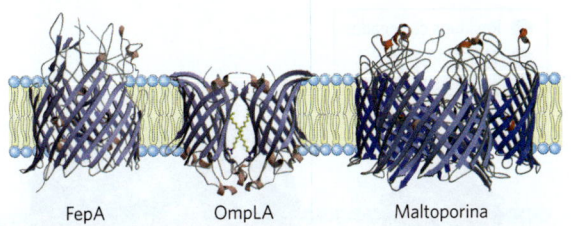

**FIGURA 11-14 Proteínas integrais politópicas com estruturas em barril β.** Estão mostradas três proteínas da membrana externa da bactéria *E. coli*, vistas no plano da membrana. A proteína FepA, envolvida na captação de ferro, tem 22 segmentos de fita β atravessando a membrana. A fosfolipase A da membrana externa, ou OmpLA, tem 12 segmentos em barril β que estão na membrana como um dímero. A maltoporina, um transportador de maltose, é um trímero; cada monômero é formado por 16 fitas β. [Dados de FepA, PDB ID 1FEP, S. K. Buchanan et al., *Nat. Struct. Biol.* 6:56, 1999; OmpLA, PDB ID 1QD5, H. J. Snijder et al., *Nature* 401:717, 1999; maltoporina, PDB ID 1MAL, T. Schirmer et al., *Science* 267:512, 1995.]

**FIGURA 11-13 Gráficos de hidropatia.** Os índices de hidropatia médios (ver Tabela 3-1) para duas proteínas integrais de membrana estão colocados no gráfico em função da posição do resíduo na sequência da proteína. O índice de hidropatia para cada resíduo de aminoácido em uma sequência de comprimento definido, ou "janela", é usado para calcular a hidropatia média para aquela janela. O eixo horizontal mostra o número do resíduo posicionado no meio da janela. (a) A glicoforina de eritrócitos humanos tem uma única sequência hidrofóbica entre os resíduos 75 e 93 (em amarelo); compare com a Figura 11-8. (b) A bacteriorrodopsina, que se sabe a partir de estudos físicos independentes conter sete hélices transmembrana (ver Fig. 11-11), tem sete regiões hidrofóbicas. Observe, entretanto, que o gráfico de hidropatia é ambíguo na região dos segmentos 6 e 7. A cristalografia de raios X confirmou que essa região tem dois segmentos transmembrana.

a membrana externa de bactérias Gram-negativas, como a *E. coli*, têm barris β com muitas fitas revestindo a passagem polar transmembrana. As membranas externas das mitocôndrias e dos cloroplastos também possuem uma diversidade de barris β, bem como a membrana externa das bactérias modernas descendentes daquelas que se acredita terem evoluído para mitocôndrias e cloroplastos.

Um polipeptídeo é mais extenso quando em conformação β do que em α-hélice, e apenas de 7 a 9 resíduos de aminoácidos em conformação β são suficientes para atravessar a membrana. Lembre-se de que, na conformação β, as cadeias laterais projetam-se alternadamente para cima e para baixo da folha (ver Fig. 4-5). Nas fitas β das proteínas de membrana, cada segundo resíduo do segmento que atravessa a membrana é hidrofóbico e interage com a bicamada lipídica. Na interface lipídeo-proteína, geralmente são encontradas cadeias laterais aromáticas. Os outros resíduos podem ou não ser hidrofílicos.

Outra característica notável de muitas das proteínas transmembrana cujas estruturas são conhecidas é a presença de resíduos de Tyr e Trp na interface entre lipídeo e água (**Fig. 11-15**). As cadeias laterais desses resíduos servem aparentemente como âncoras na interface da membrana, capazes de interagir simultaneamente com a fase lipídica central e com as fases aquosas de ambos os lados da membrana. Outra generalização sobre a localização de aminoácidos em relação à bicamada é descrita como a **regra do positivo para dentro**: nas proteínas de membrana, os resíduos positivamente carregados de Lys, His e Arg das alças que não ficam no interior da membrana ocorrem mais comumente na face citoplasmática das membranas.

### Lipídeos ligados covalentemente ancoram ou direcionam algumas proteínas de membrana

Algumas proteínas de membrana são ligadas covalentemente a um ou mais lipídeos, que podem ser de vários tipos: ácidos graxos de cadeia longa, isoprenoides, esteróis ou derivados glicosilados de fosfatidilinositol (GPI; **Fig. 11-16**). O lipídeo preso na membrana fornece uma âncora hidrofóbica que se insere na bicamada lipídica e prende a proteína na superfície da membrana. A intensidade da interação hidrofóbica entre a bicamada e a cadeia de hidrocarboneto ligada a uma proteína já é suficiente para ancorar a proteína de forma segura, mas muitas proteínas têm mais de uma porção lipídica ligada. Além disso, outras interações, como atrações iônicas entre resíduos de Lys carregados positivamente na proteína e grupos de cabeças polares de lipídeos carregados negativamente, podem contribuir para o efeito de ancoramento de um lipídeo ligado covalentemente. Por exemplo, a proteína de membrana plasmática MARCKS (substrato da cinase C miristilada rica em adenina, do inglês *myristoylated alanine-rich C-kinase substrate*), que interage com filamentos de actina nos processos de motilidade celular, tem ligada uma porção miristoila, mas também tem a seguinte sequência

KKKKKRFSFKKSFKLSGFSFKKNKK
151                                          175

que aumenta a afinidade da proteína pela membrana. Três agrupamentos de resíduos de Lys e de Arg carregados positivamente (marcados em azul) interagem com grupos de cabeças polares de fosfatidilinositol-4,5-bisfosfato ($PIP_2$) negativamente carregados na face citoplasmática da membrana

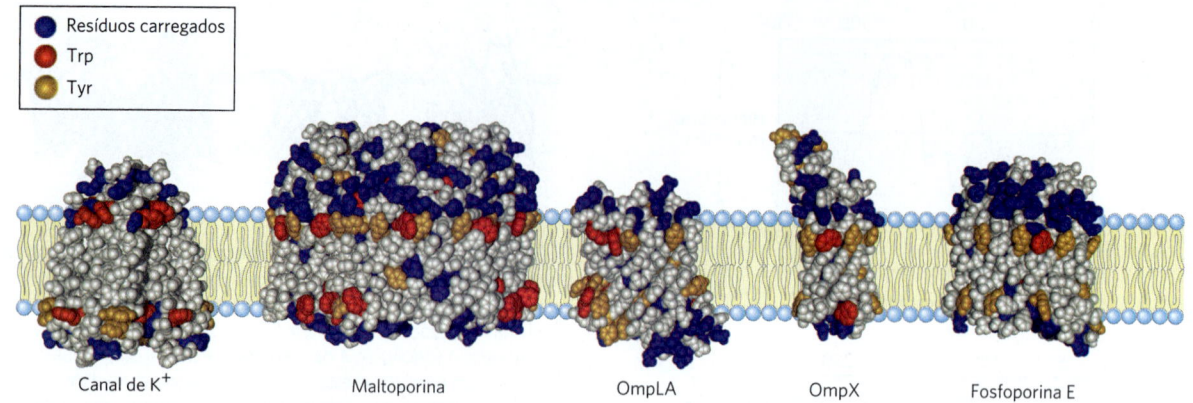

**FIGURA 11-15 Resíduos de Tyr e Trp de proteínas integrais de membrana aglomerados na interface água-lipídeo.** O conhecimento das estruturas detalhadas dessas cinco proteínas integrais foi obtido a partir de estudos cristalográficos. O canal de $K^+$ é da bactéria *Streptomyces lividans* (ver Fig. 11-45); maltoporina, OmpLA, OmpX e fosfoporina E são proteínas da membrana externa de *E. coli*. Resíduos de Tyr e Trp são predominantemente encontrados onde a região apolar das cadeias acila se encontra com a região da cabeça polar. Resíduos carregados (Lys, Arg, Glu, Asp) são encontrados quase exclusivamente em fases aquosas. [Dados do canal de $K^+$, PDB ID 1BL8, D. A. Doyle et al., *Science* 280:69, 1998; maltoporina, PDB ID 1AF6, Y. F. Wang et al., *J. Mol. Biol.* 272:56, 1997; OmpLA, PDB ID 1QD5, H. J. Snijder et al., *Nature* 401:717, 1999; OmpX, PDB ID 1QJ9, J. Vogt and G. E. Schulz, *Structure* 7:1301, 1999; fosfoforina E, PDB ID 1PHO, S. W. Cowan et al., *Nature* 358:727, 1992.]

**FIGURA 11-16 Proteínas de membrana ligadas a lipídeos.** Lipídeos ligados covalentemente ancoram proteínas de membrana à bicamada lipídica. Um grupo palmitoila é mostrado ligado por ligação tioéster a um resíduo de Cys; um grupo *N*-miristoila geralmente está ligado a um resíduo aminoterminal de Gly, em geral de uma proteína que também tenha um segmento transmembrana hidrofóbico; os grupos farnesila e geranilgeranila ligados a resíduos de Cys carboxiterminais são isoprenoides de 15 e 20 carbonos, respectivamente. O resíduo de Cys carboxiterminal é invariavelmente metilado. Âncoras de glicosilfosfatidilinositol (GPI) são derivadas do fosfatidilinositol, no qual o inositol possui um oligossacarídeo pequeno covalentemente ligado por meio da fosfoetanolamina ao resíduo carboxiterminal da proteína. As proteínas ancoradas por GPI estão sempre na face extracelular da membrana plasmática. As proteínas de membrana farnesiladas e palmitoiladas são encontradas na superfície interna da membrana plasmática, ao passo que as proteínas miristoiladas possuem domínios tanto na face interna quanto na face externa da membrana. No caso de algumas proteínas com lipídeos ligados, o processo de ligação com o lipídeo é reversível, portanto a proteína é anfitrópica: está ligada à membrana quando ligada a lipídeo e solúvel quando não ligada a lipídeo.

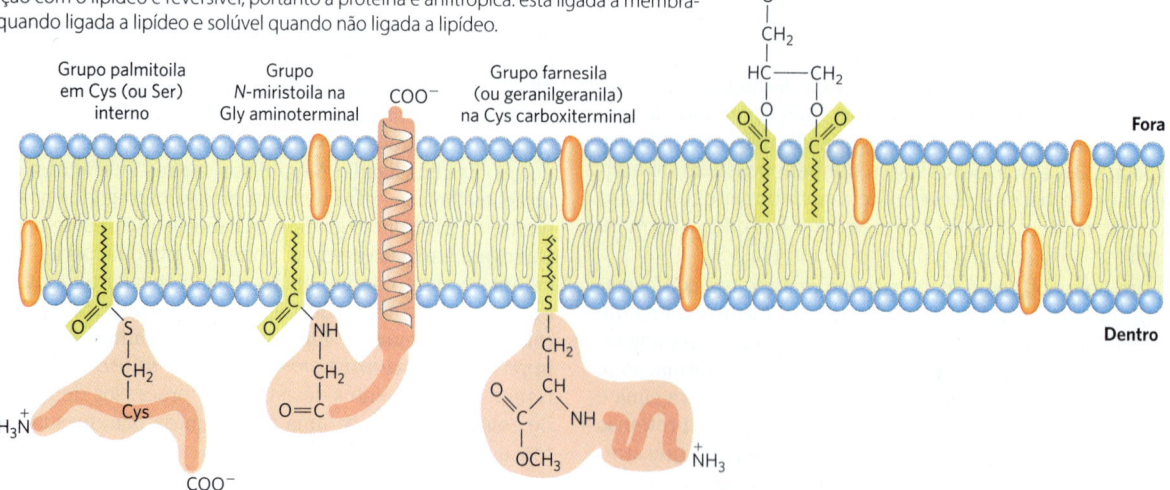

plasmática; cinco resíduos aromáticos (em amarelo) estão inseridos na bicamada lipídica. Quando os grupos fosfatos da cabeça do $PIP_2$ são removidos enzimaticamente, a MARCKS desprende-se da membrana e dissocia-se. A natureza reversível da associação da MARCKS com a membrana faz dela uma proteína anfitrópica.

O lipídeo ligado pode ter um papel mais específico além de meramente ancorar uma proteína à membrana. Na membrana plasmática, as **proteínas ancoradas por GPI** estão exclusivamente no lado de fora da membrana e ficam agregadas em certas regiões, como discutido mais adiante neste capítulo (p. 380), ao passo que outros tipos de proteínas ligadas a lipídeos (ligadas a grupos farnesila ou geranilgeranila; Fig. 11-16) estão exclusivamente na face interna. Em células epiteliais polarizadas (como as células epiteliais intestinais), nas quais as superfícies apicais e basais têm papéis diferentes, as proteínas ancoradas por GPI estão localizadas especificamente na superfície apical. A ligação de um lipídeo específico a uma proteína de membrana recém-sintetizada tem a função de direcionar a proteína para a localização correta na membrana.

### RESUMO 11.1 Composição e arquitetura das membranas

■ Os fosfolipídeos e esteróis biológicos formam espontaneamente uma bicamada para proteger suas cadeias hidrofóbicas da interação energeticamente desfavorável com a água.

■ No modelo do mosaico fluido, a unidade estrutural básica é a bicamada lipídica, e as proteínas se associam com a bicamada ou atravessam ela. As membranas biológicas são flexíveis, autosselantes e têm permeabilidade seletiva. Elas regulam o tráfego de moléculas pequenas para dentro e para fora da célula e entre as organelas, além de fornecer um arcabouço no qual as proteínas podem se agrupar em agregados catalíticos e estruturais que atuam em um espaço bidimensional.

■ Proteínas e lipídeos transitam através do sistema de endomembranas dinâmico dos eucariotos, desde o local de síntese até as localizações celulares correspondentes. Vesículas pequenas e proteínas transportadoras solúveis garantem que cada folheto da membrana tenha um conjunto único de lipídeos e proteínas complementares para realizar funções especializadas.

■ As células têm centenas de transportadores de membrana que carregam solutos polares e íons para dentro e para fora e através do sistema de endomembranas. A membrana plasmática possui proteínas receptoras que percebem sinais de fora da célula e transmitem a mensagem para o interior da célula. Muitas enzimas estão associadas às membranas, onde interagem entre si em um espaço essencialmente bidimensional.

■ As proteínas integrais estão embutidas dentro da membrana, com suas cadeias de aminoácidos apolares estabilizadas por contatos com a bicamada lipídica. As proteínas periféricas associam-se à membrana por meio de interações eletrostáticas e ligações de hidrogênio com fosfolipídeos de membrana e proteínas integrais. Proteínas anfitrópicas associam-se reversivelmente à membrana.

■ Muitas proteínas integrais de membrana atravessam várias vezes a bicamada lipídica, com sequências hidrofóbicas de cerca de 20 resíduos de aminoácidos formando $\alpha$-hélices transmembrana. Barris $\beta$ formados por várias fitas também são comuns nas proteínas integrais de membranas bacterianas e mitocondriais. O índice de hidropatia da sequência de aminoácidos identifica segmentos que possivelmente atravessam a bicamada lipídica como hélices ou como barris.

■ A fixação covalente de moléculas hidrofóbicas como os ácidos graxos é usada para ancorar algumas proteínas na bicamada.

## 11.2 Dinâmica das membranas

Uma característica importante de todas as membranas biológicas é sua flexibilidade – a capacidade de mudar de forma sem perder a integridade e gerar vazamento. Essa propriedade tem como base interações não covalentes entre lipídeos na bicamada e a mobilidade que os lipídeos individuais podem ter, pois eles não estão ancorados covalentemente uns aos outros. A partir de agora, o foco da discussão passa a ser a dinâmica das membranas: os movimentos que ocorrem e as estruturas transitórias que eles possibilitam.

### Os grupos acila no interior da bicamada são ordenados em graus variados

Embora a estrutura da bicamada lipídica seja estável, as moléculas individuais de fosfolipídeos que participam da composição da membrana têm muita liberdade de movimento (**Fig. 11-17**), dependendo da temperatura e da composição lipídica. Abaixo de temperaturas fisiológicas normais, os lipídeos formam um estado gelatinoso ou semissólido na bicamada, o **estado líquido ordenado** ($L_o$), no qual todos os tipos de movimento de moléculas individuais são fortemente limitados (Fig. 11-17a). Acima de temperaturas fisiológicas normais, as cadeias hidrocarbonadas individuais dos ácidos graxos estão em movimento constante, produzido pela rotação em torno das ligações carbono-carbono das cadeias laterais acila longas e pela difusão lateral de cada

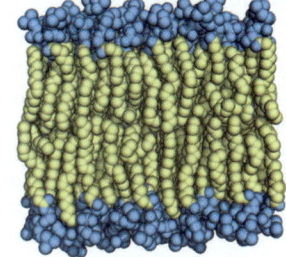

O calor produz movimento térmico das cadeias laterais ($L_o \rightarrow L_d$ transição)

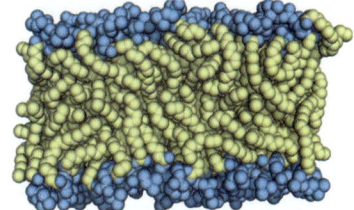

**FIGURA 11-17 Dois estados extremos da bicamada lipídica.** (a) No estado líquido ordenado ($L_o$), os grupos das cabeças polares são arranjados uniformemente na superfície, e as cadeias acila quase não apresentam movimento, estando agrupadas em uma geometria regular. (b) No estado líquido desordenado ($L_d$), ou estado fluido, as cadeias acila sofrem muito mais movimentação térmica e não apresentam organização regular. O estado dos lipídeos das membranas biológicas é mantido entre esses extremos. [Informações de H. Heller et al., *J. Phys. Chem.* 97:8343, 1993.]

molécula lipídica no plano da bicamada. Esse é o **estado líquido desordenado (L$_d$)** (Fig. 11-17b). Na transição do estado L$_o$ para o estado L$_d$, a forma e as dimensões gerais da bicamada são mantidas; o que muda é o grau de movimento (lateral e rotacional) permitido a cada molécula lipídica.

Em temperaturas na faixa fisiológica dos mamíferos (cerca de 20 a 40 °C), ácidos graxos saturados de cadeia longa (como 16:0 e 18:0) tendem a se agrupar em uma fase gel L$_o$, mas as inflexões nas cadeias dos ácidos graxos insaturados interferem com o agrupamento, favorecendo o estado L$_d$ (ver Fig. 10-1). Grupos acila de ácidos graxos de cadeia curta são mais móveis do que grupos acila de ácidos graxos de cadeia longa e, portanto, favorecem o estado L$_d$. O conteúdo de esterol de uma membrana (que varia muito de acordo com o organismo e a organela) é outro determinante importante do estado dos lipídeos. Os esteróis (como o colesterol) apresentam efeitos paradoxais na fluidez da bicamada: eles interagem com fosfolipídeos contendo cadeias acila graxas insaturadas, compactando-as e limitando sua movimentação na bicamada. Em contrapartida, a associação a esfingolipídeos e fosfolipídeos que tenham cadeias acila graxas saturadas longas tende a fazer a membrana ficar mais fluida e não adotar o estado L$_o$, o que aconteceria sem a presença de colesterol. Em membranas biológicas compostas de diversos fosfolipídeos e esfingolipídeos, o colesterol tende a se associar com esfingolipídeos e formar regiões no estado L$_o$, rodeado por regiões no estado L$_d$ pobres em colesterol (ver a discussão sobre balsas de membrana a seguir).

## A movimentação de lipídeos através da bicamada necessita de catálise

Em temperaturas fisiológicas, a difusão lateral *no plano* da bicamada é muito rápida, mas a passagem de uma molécula lipídica para o outro folheto da bicamada ocorre muito lentamente na maioria das membranas, se não em todas (**Fig. 11-18**). O movimento de uma face para a outra da bicamada (movimento *flip-flop* ou transbicamada) requer que um grupo polar ou carregado deixe o meio aquoso e passe pelo interior hidrofóbico da bicamada, processo com grande variação de energia livre positiva. Há, entretanto, situações em que esse movimento é essencial. Por exemplo, no RE, glicerofosfolipídeos de membrana são sintetizados na superfície citosólica, ao passo que esfingolipídeos são sintetizados ou modificados na superfície luminal. Para saírem do local onde foram sintetizados e chegarem ao destino onde finalmente são depositados, esses lipídeos devem passar por difusão *flip-flop*.

▶P2 Proteínas de membrana denominadas flipases, flopases e escramblases (Fig. 11-18c) facilitam a passagem através da membrana (translocação) de moléculas individuais de lipídeos. Assim como as enzimas, esses translocadores agem fornecendo um caminho energeticamente mais favorável e muito mais rápido do que o movimento não catalisado. A combinação de biossíntese assimétrica dos lipídeos de membrana, difusão *flip-flop* não catalisada muito lenta e presença de translocadores de lipídeos dependentes de energia pode ser responsável pela assimetria na composição lipídica entre os dois folhetos da bicamada, discutida na Seção 11.1.

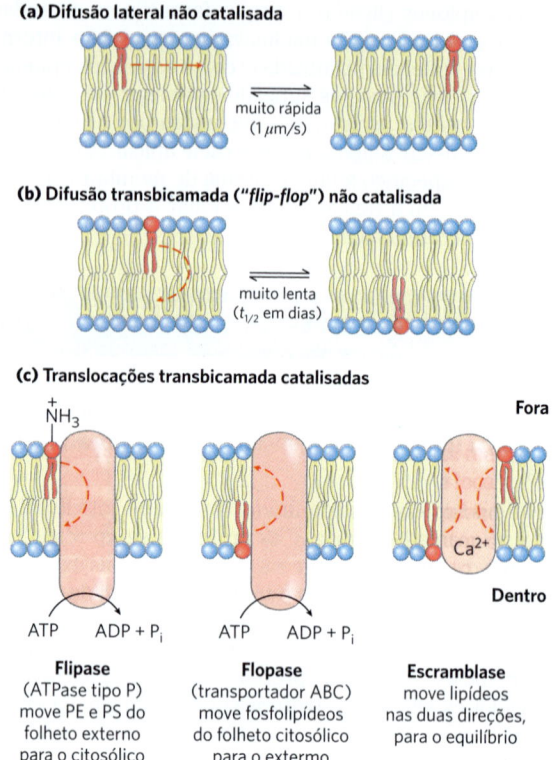

**FIGURA 11-18 Movimento de um único fosfolipídeo na bicamada.** (a) A difusão lateral dentro de um mesmo folheto é muito rápida, mas (b) a passagem não catalisada de um folheto para o outro é muito lenta. (c) Três tipos de translocadores de fosfolipídeos na membrana plasmática. PE é a fosfatidiletanolamina; PS é a fosfatidilserina.

As **flipases** catalisam a translocação dos *amino*fosfolipídeos fosfatidiletanolamina e fosfatidilserina do folheto extracelular para o citoplasmático, contribuindo para a distribuição assimétrica de fosfolipídeos: fosfatidiletanolamina e fosfatidilserina encontram-se principalmente no folheto citoplasmático, e esfingolipídeos e fosfatidilcolina, no folheto externo. Manter a fosfatidilserina fora da camada extracelular é importante: a sua exposição na superfície celular externa desencadeia apoptose (morte celular programada; ver Capítulo 12) e englobamento por macrófagos com receptores para fosfatidilserina. As flipases também agem no RE, onde elas movem fosfolipídeos recém-sintetizados do local de síntese no folheto citosólico para o folheto voltado para o lúmen. As flipases consomem aproximadamente um ATP por molécula de fosfolipídeo translocada, sendo estrutural e funcionalmente relacionadas às ATPases do tipo P (transportadores ativos), descritas na Seção 11.3.

Há outros três tipos de atividades translocadoras de lipídeos: flopases, escramblases e proteínas de transferência de fosfatidilinositol. As **flopases** movem fosfolipídeos e esteróis do folheto citoplasmático para o folheto extracelular e, assim como as flipases, dependem de ATP. As flopases pertencem à família de transportadores ABC, descritos na página 395; todos os transportadores ABC transportam ativamente substratos hidrofóbicos através da membrana plasmática. Cada flopase é especializada no transporte de lipídeos específicos: colesterol, fosfatidilcolina, esfingomielina e fosfatidilserina. As **escramblases** são proteínas que movem qualquer fosfolipídeo da membrana através da bicamada a favor do gradiente de concentração (do lado com maior concentração para o lado com menor concentração); a sua atividade não depende de ATP, embora necessite de uma pequena quantidade de $Ca^{2+}$. A atividade da escramblase leva a uma distribuição aleatória controlada da composição dos grupos polares nas duas faces da bicamada. A atividade de algumas escramblases aumenta drasticamente com o aumento na concentração citosólica de $Ca^{2+}$, que pode ser resultado de ativação celular, dano celular ou apoptose. Por fim, supõe-se que um grupo de proteínas que age principalmente na movimentação de fosfatidilinositóis através das bicamadas lipídicas, as **proteínas de transferência de fosfatidilinositol**, tem um papel importante na sinalização lipídica e no tráfego de membrana.

### Lipídeos e proteínas difundem-se lateralmente na bicamada

**P2** Moléculas lipídicas individuais podem mover-se lateralmente no plano da membrana, trocando de lugar com moléculas lipídicas vizinhas, isto é, elas realizam movimento browniano dentro da bicamada (Fig. 11-18a). Em poucos segundos, essa difusão lateral rápida no plano da bicamada tende a randomizar as posições de moléculas individuais.

A difusão lateral pode ser demonstrada experimentalmente ao se anexar sondas fluorescentes aos grupos de cabeça dos lipídeos e usar microscopia de fluorescência para acompanhar as sondas no decorrer do tempo (**Fig. 11-19**). Em uma dessas técnicas, uma pequena região (5 $\mu m^2$) da superfície de uma célula contendo lipídeos marcados por fluorescência é descorada por uma radiação intensa, de forma que o pedaço irradiado já não é mais fluorescente quando visto com uma luz menos intensa no microscópio de fluorescência. Entretanto, dentro de milissegundos, a região recupera sua fluorescência à medida que moléculas lipídicas não descoradas se difundem para a parte descorada e as moléculas lipídicas descoradas se difundem e se afastam dali. A velocidade de recuperação da fluorescência após a fotodescoloração (**FRAP**, do inglês *f*luorescence *r*ecovery *a*fter *p*hotobleaching) é uma medida da velocidade de difusão lateral dos lipídeos. Usando a técnica de FRAP, pesquisadores mostraram que alguns lipídeos de membrana se difundem lateralmente em velocidades de até 1 $\mu$m/s. A essa velocidade, uma molécula de lipídeo pode se mover de uma extremidade a outra de uma célula eucariota em poucos segundos.

Outra técnica, denominada rastreamento de uma só partícula, permite acompanhar o movimento de *uma única* molécula lipídica na membrana plasmática em uma escala de tempo muito menor. Os resultados desses estudos confirmaram que moléculas de lipídeos se difundem lateralmente e com rapidez dentro de uma pequena região delimitada da superfície celular, porém o movimento de uma dessas regiões para outra, mesmo próximas, é raro ("difusão por salto"). Os lipídeos de membrana comportam-se como se estivessem limitados por cercas que apenas ocasionalmente podem atravessar por difusão por salto (**Fig. 11-20**).

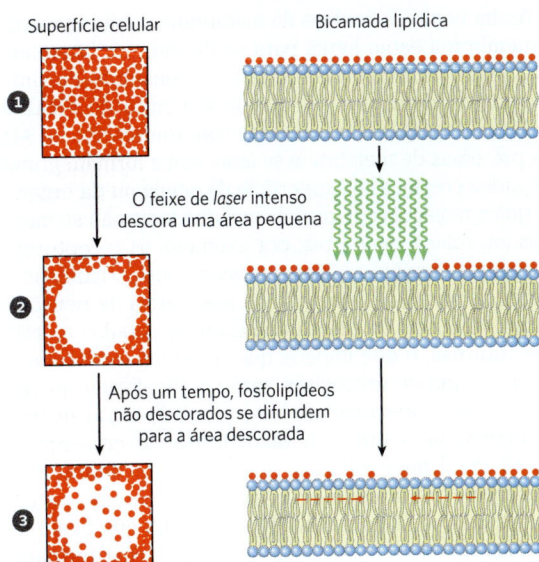

**FIGURA 11-19 Medida da velocidade de difusão lateral de lipídeos pela recuperação da fluorescência após a fotodescoloração (FRAP).** Os lipídeos na lâmina externa da membrana plasmática foram marcados por meio de uma reação com uma sonda à qual a membrana é impermeável (em vermelho), de modo que a superfície fica marcada uniformemente e pode ser vista usando um microscópio de fluorescência. Uma pequena área é descorada por um *laser*, e volta a apresentar fluorescência. Com o passar do tempo, moléculas lipídicas coradas difundem-se para a região descorada, que se torna, então, novamente fluorescente. O método FRAP também pode ser usado para medir a difusão lateral de proteínas de membrana marcadas por fluorescência.

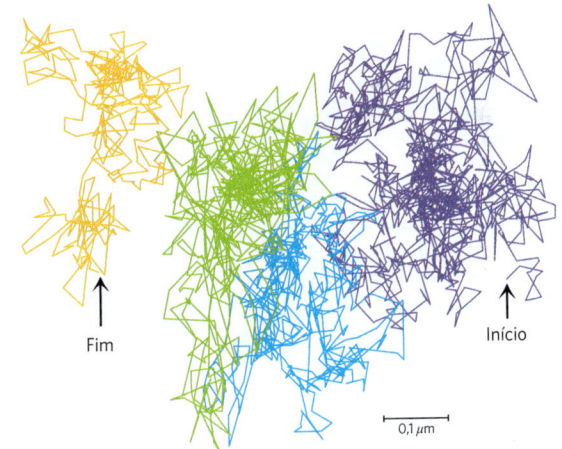

**FIGURA 11-20 Difusão por "salto" de moléculas lipídicas individuais.** O movimento em uma superfície celular de uma única molécula lipídica marcada com fluorescência foi registrado em vídeo usando microscopia de fluorescência, com uma resolução temporal de 25 $\mu$s (equivalente a 40.000 quadros/s). A trajetória mostrada aqui representa uma molécula acompanhada durante 56 ms (2.250 quadros); a trajetória inicia-se na área roxa e continua pelas áreas azul, verde e cor de laranja. O padrão do movimento indica uma difusão rápida em uma região confinada (com aproximadamente 250 nm de diâmetro, mostrada em uma única cor), com saltos ocasionais para uma região adjacente. Essa observação sugere que os lipídeos ficam encurralados por cercas moleculares que eles podem pular ocasionalmente. [Dados de Takahiro Fujiwara, Ken Ritchie, Hideji Murakoshi, Ken Jacobson e Akihiro Kusumi.]

Assim como os lipídeos de membrana, muitas proteínas de membrana estão livres para se difundirem lateralmente no plano da bicamada e estão em constante movimento, como foi demonstrado usando a técnica de FRAP em proteínas de superfície marcadas com fluorescência. Algumas proteínas de membrana se associam e formam grandes agregados (regiões) na superfície da célula ou da organela, nos quais moléculas de proteínas individuais não se movem umas em relação às outras; por exemplo, os receptores de acetilcolina formam regiões densas e quase cristalinas nas regiões de sinapse da membrana plasmática de neurônios. Outras proteínas de membrana estão ancoradas às estruturas internas, o que impede que se difundam livremente. Na membrana de eritrócitos, tanto a glicoforina quanto o trocador de cloreto-bicarbonato (p. 389) estão ligados à espectrina, uma proteína filamentosa do citoesqueleto (**Fig. 11-21**). Uma explicação possível para o padrão de difusão lateral de moléculas de lipídeos, mostrado na Figura 11-20, é que as proteínas de membrana que ficam imobilizadas devido à associação com espectrina formam as "cercas" que delimitam regiões dentro das quais pode ocorrer movimentação irrestrita de lipídeos.

## Esfingolipídeos e colesterol agrupam-se em balsas da membrana

**P2** Foi constatado que a difusão de lipídeos da membrana de um dos folhetos da bicamada para o outro é muito lenta, a menos que seja catalisada, e que diferentes espécies lipídicas da membrana plasmática estão distribuídas assimetricamente entre os dois folhetos da bicamada (Fig. 11-6). A distribuição lipídica também não é uniforme em um mesmo folheto. Os glicoesfingolipídeos (cerebrosídeos e gangliosídeos), que geralmente contêm cadeias longas de ácidos graxos saturados, formam agregados transitórios na camada externa; tais agregados excluem glicerofosfolipídeos, que geralmente contêm um grupo acila graxa insaturado e um grupo acila saturado menor. Os grupos acila longos e saturados de esfingolipídeos podem formar associações mais estáveis e compactas com o longo sistema de anéis do colesterol do que as cadeias mais curtas e geralmente insaturadas dos fosfolipídeos. Os **microdomínios** de colesterol-fosfolipídeos da membrana plasmática fazem a bicamada ser um pouco mais espessa e mais ordenada (menos fluida) do que nas regiões vizinhas, ricas em fosfolipídeos. Esses microdomínios são mais difíceis de serem dissolvidos com detergentes não iônicos. Eles se comportam como **balsas** (***rafts***) líquidas ordenadas de esfingolipídeos à deriva em um oceano de fosfolipídeos líquidos desordenados (**Fig. 11-22**). Proteínas com seções em hélice hidrofóbicas relativamente curtas (19 a 20 resíduos) não podem atravessar a espessura da bicamada em balsas e, portanto, tendem a ser excluídas. Proteínas com hélices hidrofóbicas longas (24 a 25 resíduos) segregam-se nas regiões da bicamada das balsas que são mais espessas, onde todo o comprimento da hélice é estabilizado por efeito hidrofóbico.

As balsas lipídicas são especialmente ricas em duas classes de proteínas integrais de membrana, que têm dois tipos de lipídeos ligados covalentemente. As proteínas integrais de uma das classes estão ligadas a dois ácidos graxos saturados de cadeia longa (dois grupos palmitoila ou um grupo palmitoila e um grupo miristoila) por meio de ligações covalentes com resíduos de Cys. A caveolina é uma dessas proteínas, e existem ainda muitas outras. As proteínas integrais

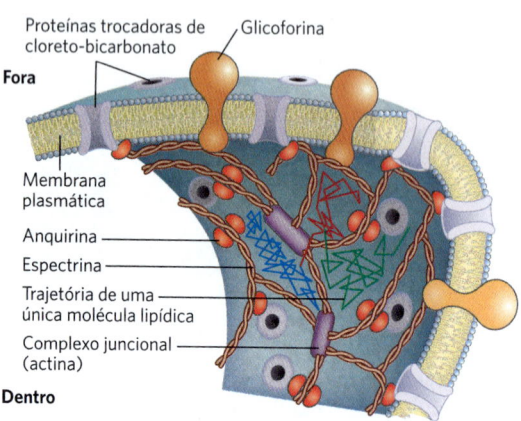

**FIGURA 11-21 Restrições do movimento dos trocadores cloreto-bicarbonato e glicoforina de eritrócitos.** As proteínas atravessam a membrana e estão ligadas à espectrina, uma proteína do citoesqueleto, por outra proteína, a anquirina, limitando a mobilidade lateral da proteína. A anquirina está ancorada à membrana por uma cadeia lateral palmitoila ligada covalentemente à proteína (ver Fig. 11-16). A espectrina, uma proteína filamentosa longa, é unida por ligações cruzadas a complexos juncionais contendo actina. Uma rede de moléculas de espectrina em ligação cruzada, associada à face citoplasmática da membrana plasmática, estabiliza a membrana, tornando-a resistente à deformação. O experimento mostrado na Figura 11-20 sugere a existência dessa rede de proteínas ancoradas à membrana formando um tipo de "curral". Os traçados dos caminhos dos lipídeos estão confinados em diferentes regiões delimitadas por proteínas ligadas à membrana. Apenas ocasionalmente uma molécula de lipídeo (rastro verde) pula de um curral para outro (rastro azul) e então para outro (rastro vermelho).

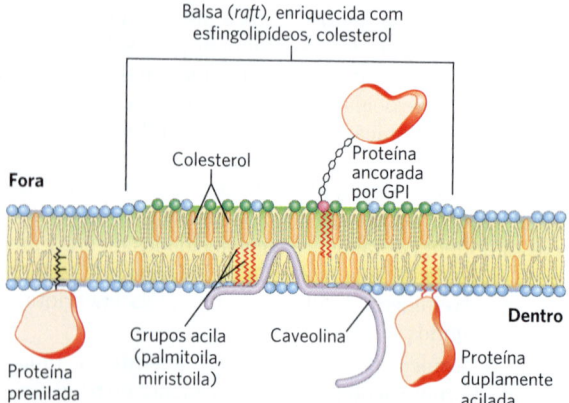

**FIGURA 11-22 Microdomínios na membrana (balsas).** Associações estáveis de esfingolipídeos e colesterol na face externa formam microdomínios, levemente mais espessos do que outras regiões da membrana, que são mais ricos em certos tipos específicos de proteínas de membrana. Proteínas ancoradas por GPI ficam salientes no folheto externo dessas balsas, e proteínas com um ou vários grupos acila de cadeia longa ligados covalentemente são comumente encontradas na face interna. Balsas curvadas para dentro, denominadas cavéolas, são especialmente ricas em proteínas denominadas caveolinas (ver Fig. 11-23).

da segunda classe, proteínas ancoradas por GPI, têm um glicosilfosfatidilinositol ligado no resíduo carboxiterminal (Fig. 11-16). Supostamente, essas âncoras lipídicas, assim como as cadeias acila longas saturadas dos esfingolipídeos, formam associações mais estáveis com o colesterol e com os longos grupos acila em balsas do que com os fosfolipídeos vizinhos. (É notável que outras proteínas ligadas a lipídeos, aquelas com grupos isoprenila ligados covalentemente, como o grupo farnesila, *não* estão preferencialmente associadas ao folheto externo das balsas de esfingolipídeos; ver Fig. 11-22.) Os domínios de "balsa" e o "mar" da membrana plasmática não ficam separados de maneira rígida. As proteínas de membrana podem se mover para dentro e para fora das balsas de lipídeos em frações de segundo. Contudo, em uma escala de tempo menor (microssegundos), mais relevante para muitos processos bioquímicos mediados pela membrana, muitas dessas proteínas residem principalmente em uma balsa.

Em muitos casos, a proporção aproximada da superfície celular que é ocupada pelas balsas pode ser de até 50%; as balsas cobrem metade da superfície do mar. Medições indiretas feitas em fibroblastos em cultura sugerem um diâmetro aproximado de 50 nm para uma balsa individual, que corresponde a uma região contendo alguns milhares de esfingolipídeos e talvez 10 a 50 proteínas de membrana. Como a maioria das células expressa mais do que 50 tipos diferentes de proteínas na membrana plasmática, é provável que uma única balsa contenha apenas um subconjunto de proteínas de membrana e que essa segregação de proteínas de membrana tenha um significado funcional. A presença dessas proteínas em uma balsa poderia aumentar enormemente a possibilidade de colisões entre balsas. Alguns receptores de membrana e proteínas de sinalização, por exemplo, parecem estar juntos em balsas da membrana. Experimentos mostraram que a sinalização por essas proteínas pode ser interrompida por manipulações que removem o colesterol da membrana plasmática e destroem as balsas lipídicas.

As membranas plasmáticas de muitas células possuem balsas especializadas, denominadas **cavéolas** (pequenas cavernas), que podem representar cerca de metade da área total da membrana plasmática (**Fig. 11-23a**). A **caveolina**, intimamente associada às cavéolas, é uma proteína integral de membrana com dois domínios globulares conectados por um domínio hidrofóbico em forma de grampo de cabelo, que liga a proteína ao folheto citoplasmático da membrana plasmática (Fig. 11-23b). Os três grupos palmitoila ligados ao domínio carboxiterminal globular aumentam o ancoramento da proteína à membrana. As caveolinas formam dímeros e se associam com regiões da membrana ricas em colesterol. A presença de dímeros de caveolina força a bicamada lipídica associada a fazer uma curvatura para dentro, formando as cavéolas. As cavéolas envolvem *ambos* os folhetos da bicamada – o folheto citoplasmático, a partir do qual os domínios globulares da caveolina se projetam, e o folheto extracelular, uma balsa de esfingolipídeo e colesterol típica associada a proteínas ancoradas por GPI. As cavéolas participam de várias funções celulares, incluindo o tráfego de membranas no interior das células e a transdução de sinais externos em respostas celulares.

As cavéolas também são uma maneira de expandir a superfície celular. A bicamada lipídica, por si só, não é elástica,

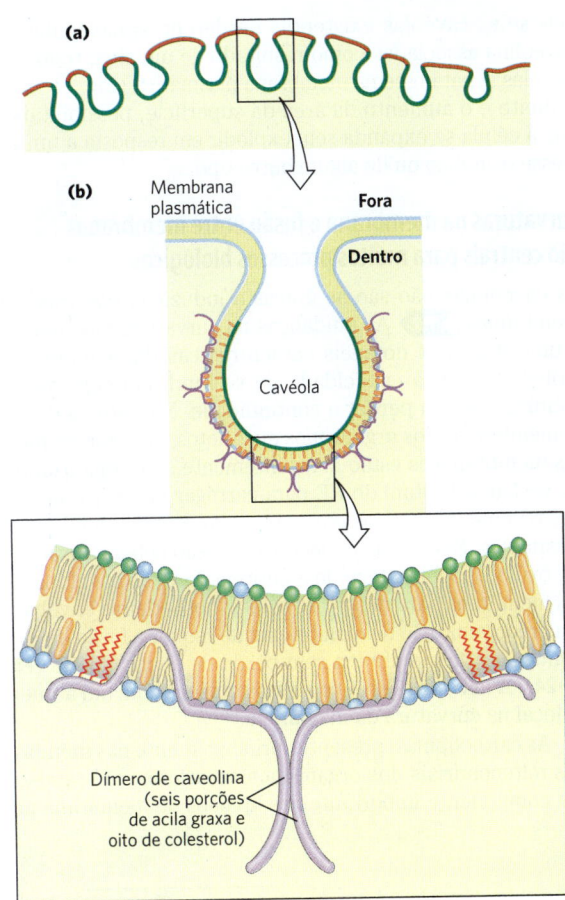

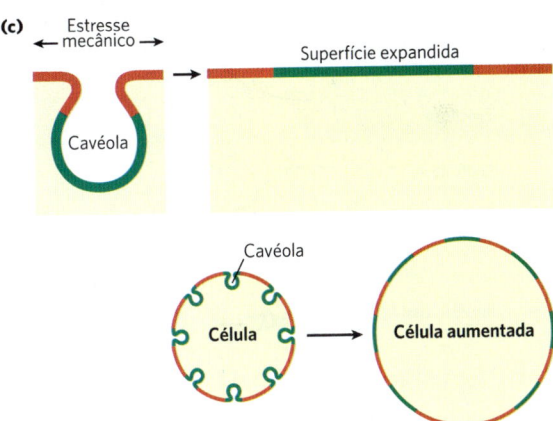

**FIGURA 11-23 A caveolina força uma curvatura da membrana para o lado de dentro.** (a) As cavéolas são pequenas invaginações na membrana plasmática. (b) Esquema mostrando a localização e o papel de um dímero de caveolina na formação de uma curvatura da membrana para o lado de dentro. Cada monômero de caveolina possui um domínio hidrofóbico central e três grupos acila de cadeia longa (em vermelho), os quais seguram a molécula no interior da membrana plasmática. Quando vários dímeros de caveolina ficam concentrados em uma pequena região (uma balsa), eles forçam uma curvatura na bicamada lipídica, formando uma cavéola. As moléculas de colesterol na bicamada estão mostradas em cor de laranja. (c) O achatamento das cavéolas permite que a membrana plasmática se expanda em resposta a vários tipos de estresse. [Informações de R. G. Parton, *Nat. Rev. Mol. Cell Biol.* 8: 185–194, 2007.]

mas se as cavéolas existentes perderem as moléculas de caveolina associadas como resultado de um sinal regulatório, elas achatam-se na membrana plasmática (Fig. 11-23c). O efeito é o aumento da área da superfície, possibilitando que a célula se expanda sem explodir em resposta a um estresse osmótico ou de algum outro tipo.

## Curvaturas na membrana e fusão entre membranas são centrais para muitos processos biológicos

As caveolinas não são as únicas a induzir curvaturas nas membranas. **P2** As mudanças na curvatura são centrais a uma das mais notáveis características das membranas biológicas: a sua capacidade de se fundirem com outras membranas sem perder a continuidade. No sistema de endomembranas dos organismos eucariotos, os compartimentos membranosos estão constantemente se reorganizando. As vesículas brotam do RE para carregar lipídeos e proteínas recém-sintetizados para organelas e para a membrana plasmática. Exocitose, endocitose, divisão celular, fusão entre óvulo e espermatozoide e entrada de vírus envelopados em membrana para dentro de células hospedeiras envolvem uma reorganização da membrana que requer a fusão de dois segmentos de membrana sem perda da continuidade (**Fig. 11-24**). A maioria desses processos começa com um aumento local na curvatura da membrana.

As cardiolipinas, presentes principalmente nas membranas mitocondriais dos organismos eucariotos, são também um componente importante dos lipídeos de membrana nas bactérias e podem criar ou reorganizar curvaturas na membrana. Elas têm uma forma de cone – o grupo da cabeça é pequeno em relação às suas quatro cadeias acila graxas –, de modo que podem agir como uma cunha na monocamada, fazendo-a se contrair em relação à outra.

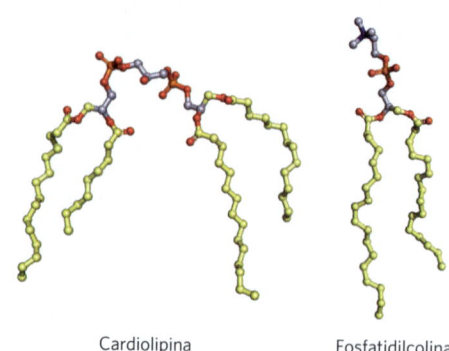
Cardiolipina      Fosfatidilcolina

Tal processo resulta em curvaturas na membrana. Em *E. coli*, as cardiolipinas estão altamente localizadas nos dois polos das células em forma de bastão, em que a curvatura é mais aguda. É bem possível que se encontre outros lipídeos de membrana influindo localmente na curvatura da bicamada.

Uma proteína que seja intrinsecamente curvada pode forçar a bicamada a se curvar ao ligar-se a ela (**Fig. 11-25**); a energia de ligação fornece a força motriz para aumentar a curvatura da bicamada. De outra forma, várias subunidades de uma proteína estrutural podem ser montadas, formando complexos supramoleculares curvos e estabilizando curvas que espontaneamente se formam na bicamada. Por exemplo, uma superfamília de proteínas contendo **domínios BAR** (denominados a partir dos primeiros três membros da família que foram identificados: *B*IN1, *a*nfifisina e *R*VS167) pode se agrupar em uma estrutura em forma de crescente ligada à superfície da membrana, forçando ou favorecendo a curvatura da membrana. Os domínios BAR são constituídos por espirais enroladas, que formam dímeros curvados longos e finos com uma superfície côncava carregada positivamente, que tende a formar interações iônicas com grupos negativamente carregados dos lipídeos de membrana $PIP_2$ e $PIP_3$. A formação enzimática desses lipídeos contendo inositol pode marcar uma determinada área da membrana para a criação de uma curvatura para dentro por meio de uma proteína BAR (Fig. 11-25). Algumas dessas proteínas BAR também têm uma hélice anfipática (com uma face polar e uma face hidrofóbica, ver Fig. 11-32) que se insere como uma cunha em um dos folhetos da bicamada, expandindo a sua área em relação ao folheto externo, forçando, assim, a formação de uma curvatura. Uma proteína dessas também pode servir como um detector de curvaturas preexistentes na membrana devido a diferenças nas composições de lipídeos entre os dois folhetos.

As **septinas** formam uma família de proteínas ligadoras de GTP (14 genes em seres humanos) que polimerizam em regiões curvadas da membrana plasmática e participam em processos celulares, como divisão celular, exocitose, fagocitose e apoptose. Todas as septinas possuem uma hélice

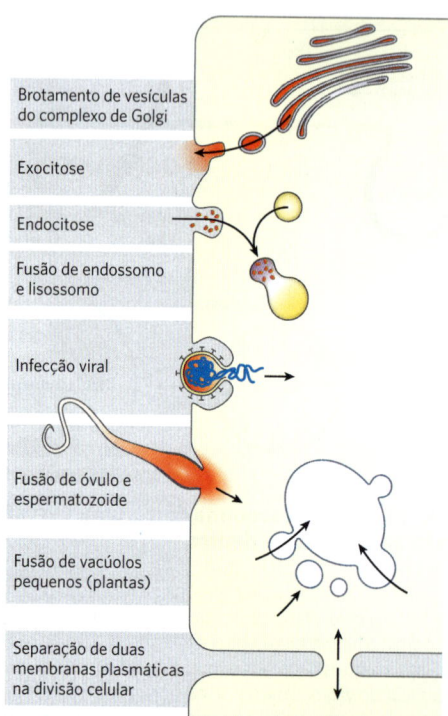

**FIGURA 11-24 Fusão de membranas.** A fusão de duas membranas é fundamental em um grande número de processos celulares envolvendo organelas e a membrana plasmática.

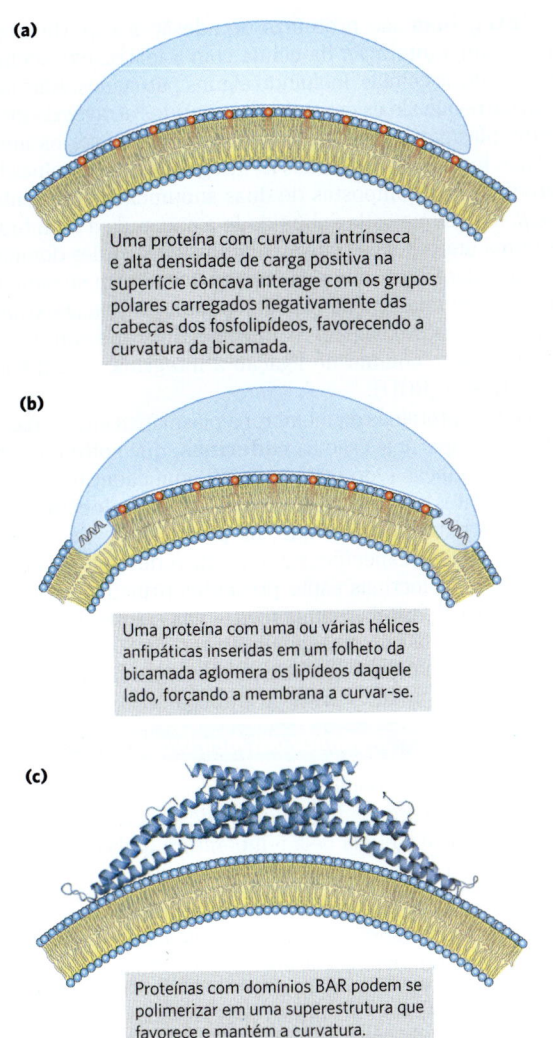

**FIGURA 11-25 Três modelos de curvaturas de membrana induzidas por proteínas.** [Informações de (a, b) B. Qualmann et al., *EMBO J.* 30:3501, 2011, Fig. 1; (c) B. J. Peter et al., *Science* 303:495, 2004, Fig. 1A.]

anfipática que pode ter o lado hidrofóbico submergido em um dos folhetos da bicamada, forçando a expansão lateral de um dos folhetos, e causando ou percebendo curvaturas locais nas membranas. Estudos de células com mutações nessa hélice mostram a sua importância biológica para o tráfego de vesículas e a liberação de neurotransmissores.

A fusão específica entre duas membranas requer a participação de **proteínas de fusão**. As proteínas de fusão garantem que: (1) duas membranas se reconheçam; (2) suas superfícies fiquem muito próximas, o que requer a remoção de moléculas de água normalmente associadas aos grupos polares das cabeças dos lipídeos; (3) as estruturas das suas bicamadas sejam rompidas localmente, resultando em fusão dos folhetos externos das duas membranas (hemifusão); e (4) as bicamadas se fundam, formando uma bicamada contínua única. A fusão que ocorre na endocitose mediada por receptor, ou secreção regulada, também requer (5) que o processo seja desencadeado em tempo adequado ou em resposta a um sinal específico. As proteínas de fusão medeiam esses eventos, proporcionando reconhecimento específico e uma distorção local transitória da estrutura da bicamada que favoreça a fusão entre membranas. (Observe que essas proteínas de fusão não têm relação com os produtos codificados por dois genes fusionados, também chamados de proteínas de fusão, discutidos no Capítulo 9.)

Um exemplo bem estudado de fusão ocorre nas sinapses, quando vesículas intracelulares (neuronais) carregadas com neurotransmissor se fundem com a membrana plasmática. As células de levedura fornecem outro sistema experimental acessível, no qual a fusão de vesículas com a membrana plasmática libera produtos de secreção. Esses dois processos envolvem uma família de proteínas denominada SNARE (*snap receptors*; **Fig. 11-26**). Na face citoplasmática de vesículas intracelulares, as SNAREs são denominadas **v-SNAREs** (*v* de vesícula); aquelas presentes na membrana-alvo, com a qual a vesícula se funde (a membrana plasmática, no caso de exocitose), são denominadas **t-SNAREs** (*t* de *target* ou "alvo"). A proteína NSF (*fator sensível à N-etilmaleimida*) regula a interação entre SNAREs. Durante a fusão, uma v-SNARE e uma t-SNARE se ligam uma à outra e sofrem uma mudança estrutural, que produz um feixe de bastonetes longos e finos, compostos de hélices de ambas as SNAREs e de duas hélices da proteína SNAP25 (Fig. 11-26). As duas SNAREs inicialmente interagem pelas respectivas extremidades e, então, fecham-se como um zíper formado pelo feixe de hélices. Essa mudança estrutural faz as duas membranas entrarem em contato, o que inicia a fusão das suas bicamadas lipídicas. Outra maneira de designar as SNAREs é com base nas características estruturais das proteínas: R-SNAREs têm um resíduo de Arg que é crítico para a sua função, e Q-SNAREs possuem o resíduo crítico Gln. Normalmente, R-SNAREs agem como v-SNAREs e Q-SNAREs agem como t-SNAREs.

O complexo formado por SNAREs e SNAP25 é alvo de muitas neurotoxinas potentes. A toxina de *Clostridium botulinum* é uma protease bacteriana que cliva ligações específicas nas proteínas SNARE, impedindo a neurotransmissão e provocando paralisia e morte. Devido à alta especificidade para essas proteínas, a toxina botulínica purificada tem servido como uma ferramenta poderosa no detalhamento do mecanismo de liberação de neurotransmissor *in vivo* e *in vitro*. Em pequenas quantidades, a toxina botulínica (Botox) é usada na medicina para tratar distúrbios oculares e cervicais, além de seu uso estético para remover rugas da pele. A toxina tetânica, produzida pela bactéria *Clostridium tetani*, também é uma protease com alta especificidade para proteínas SNARE. Ela causa espasmos musculares dolorosos e rigidez dos músculos voluntários, e seu sintoma característico é o trismo (contratura dolorosa da mandíbula). ∎

### As proteínas integrais da membrana plasmática estão envolvidas em adesão a superfícies, sinalização e outros processos celulares

Várias famílias de proteínas integrais da membrana plasmática fornecem pontos específicos para a ligação entre células ou entre uma célula e proteínas da matriz extracelular.

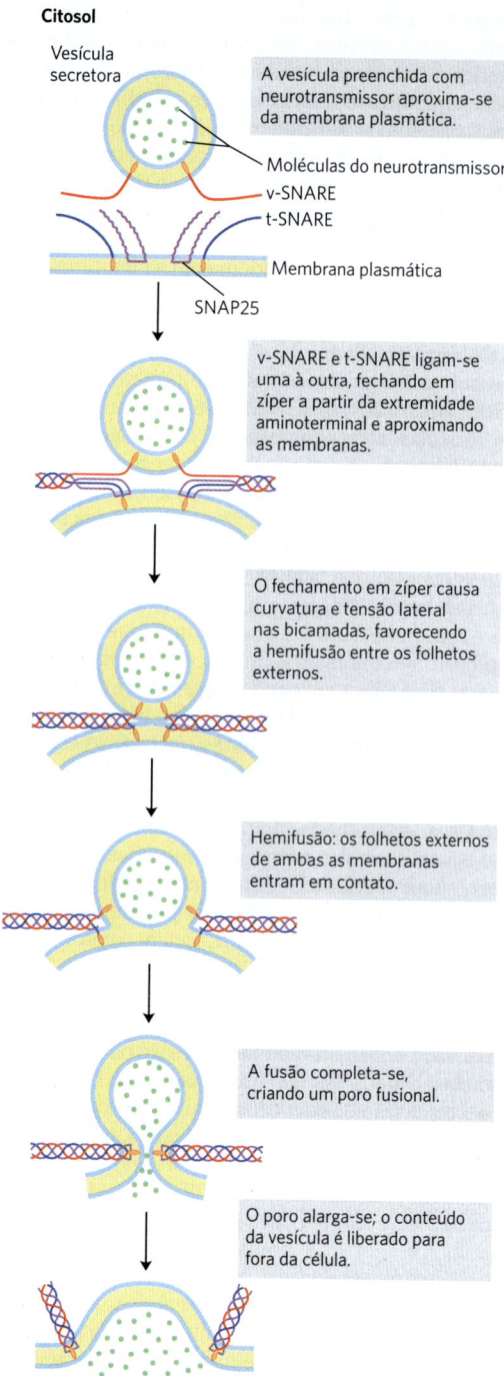

**FIGURA 11-26 Fusão das membranas durante a liberação de neurotransmissores na sinapse.** As membranas de vesículas de secreção possuem v-SNAREs contendo sinaptobrevina (em vermelho). A membrana plasmática alvo tem as t-SNAREs sintaxina (em azul) e SNAP25 (em violeta). Quando um aumento local da [$Ca^{2+}$] sinaliza a liberação do neurotransmissor, v-SNARE, SNAP25 e t-SNARE interagem, formando um feixe enrolado de quatro α-hélices, aproximando as duas membranas e rompendo localmente a bicamada. Isso leva primeiro à hemifusão, unindo as monocamadas externas das duas membranas, para, então, completar a fusão da membrana e liberar o neurotransmissor. Quando a fusão se completa, o complexo SNARE se dissocia. [Informações de Y. A. Chen e R. H. Scheller, *Nat. Rev. Mol. Cell Biol.* 2:98, 2001.]

As **integrinas** são proteínas de adesão à superfície que controlam a interação da célula com a matriz extracelular e com outras células, incluindo alguns patógenos. Elas também carregam sinais em ambos os sentidos através da membrana plasmática, integrando informações entre os meios extra e intracelulares. Todas as integrinas são proteínas heterodiméricas compostas de duas subunidades diferentes, α e β, sendo que cada subunidade é ancorada à membrana por uma única hélice transmembrana. Os grandes domínios extracelulares das subunidades α e β combinam-se para formar um sítio de ligação específico para proteínas extracelulares, como o colágeno e a fibronectina, que contêm um determinante comum de ligação à integrina, a sequência Arg-Gly-Asp (RGD).

Outras proteínas da membrana plasmática envolvidas na adesão a superfícies são as **caderinas**, que sofrem interações homofílicas ("do mesmo tipo") com caderinas idênticas presentes em uma célula adjacente. As **selectinas** têm domínios extracelulares que, na presença de $Ca^{2+}$, ligam polissacarídeos específicos à superfície de uma célula adjacente. As selectinas estão presentes principalmente em vários tipos de células sanguíneas e nas células endoteliais que revestem os vasos sanguíneos (ver Fig. 7-29). Elas são essenciais para o processo de coagulação sanguínea.

### RESUMO 11.2 Dinâmica das membranas

- Os lipídeos das membranas biológicas podem existir nos estados líquido ordenado ou líquido desordenado. A fluidez da membrana é afetada pela temperatura, pela composição de ácidos graxos e pelo conteúdo de esteróis.

- A difusão *flip-flop* de lipídeos entre os folhetos interno e externo da membrana ocorre apenas quando a difusão é especificamente catalisada por flipases, flopases, escramblases ou transportadores PI.

- Lipídeos e proteínas podem se difundir lateralmente no plano da membrana, mas essa mobilidade é limitada por interações entre proteínas da membrana e estruturas do citoesqueleto e por interações de lipídeos com balsas lipídicas.

- Uma classe de balsas lipídicas consiste em esfingolipídeos e colesterol com um subconjunto de proteínas de membrana, que são ligadas a GPI ou a várias porções acila de ácidos graxos de cadeia longa. As caveolinas são proteínas integrais de membrana que se associam com a face interna da membrana plasmática, forçando uma curva para dentro e, assim, formando cavéolas, que, por sua vez, estão envolvidas no transporte através da membrana, na sinalização e na expansão das membranas plasmáticas.

- Proteínas específicas contendo domínios BAR causam curvaturas locais na membrana e controlam a fusão entre duas membranas, além de acompanharem processos como a endocitose, a exocitose e a invasão viral. As septinas são proteínas que sentem ou causam curvaturas na membrana. A fusão de membranas depende das proteínas SNARE, que atraem duas membranas e favorecem a fusão entre elas.

- Integrinas, caderinas e selectinas são proteínas transmembrana da membrana plasmática que agem ligando as células umas às outras e levando mensagens entre a matriz extracelular e o citoplasma.

## 11.3 Transporte de solutos através de membranas

Toda célula adquire a matéria-prima para a biossíntese e a produção de energia dos seus arredores e libera os subprodutos do metabolismo para o ambiente. Para esses processos, é necessário que compostos pequenos e íons inorgânicos atravessem a membrana plasmática. Dentro da célula eucariótica, diferentes compartimentos têm distintas concentrações de íons e de intermediários e produtos metabólicos, que também devem atravessar membranas intracelulares em processos rigidamente regulados. ▶P3 Alguns compostos apolares podem se dissolver na bicamada lipídica e atravessar a membrana sem qualquer ajuda. Entretanto, para que os compostos polares e os íons atravessem a membrana, é essencial a participação de proteínas carreadoras específicas. Aproximadamente 2 mil genes do genoma humano codificam proteínas que transportam solutos através de membranas. Em alguns casos, uma proteína da membrana apenas facilita a difusão de um soluto a favor do gradiente de concentração, mas o transporte também pode ocorrer contra um gradiente de concentração, potencial elétrico ou ambos; nesses casos, como será visto adiante, o processo de transporte necessita de energia. Os íons também podem se mover através da membrana via canais iônicos formados por proteínas, ou podem ser transportados por ionóforos, moléculas pequenas que mascaram a carga dos íons e permitem que eles se difundam através da bicamada lipídica. A **Figura 11-27** resume os vários tipos de mecanismos de transporte discutidos nesta seção.

### O transporte pode ser passivo ou ativo

Quando dois compartimentos aquosos contendo concentrações desiguais de um composto solúvel ou íon são separados por um divisor permeável (membrana), o soluto se move por **difusão simples** a partir da região de maior concentração, através da membrana, para a região de menor concentração, até que os dois compartimentos igualem a concentração do soluto (**Fig. 11-28a**). Quando íons de cargas opostas são separados por uma membrana permeável, há um gradiente elétrico transmembrana, um **potencial de membrana**, $V_m$ (expresso em milivolts). Esse potencial de membrana produz uma força que leva à redução do $V_m$, uma vez que ela se opõe ao movimento dos íons responsáveis

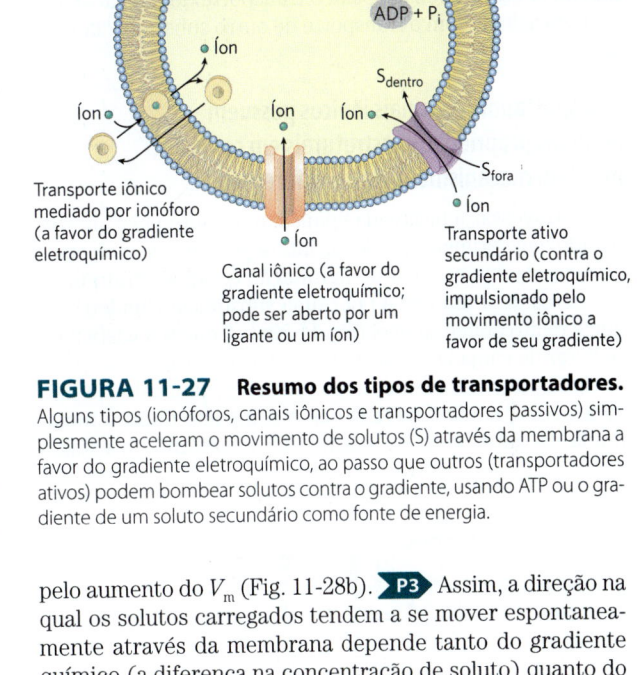

**FIGURA 11-27 Resumo dos tipos de transportadores.** Alguns tipos (ionóforos, canais iônicos e transportadores passivos) simplesmente aceleram o movimento de solutos (S) através da membrana a favor do gradiente eletroquímico, ao passo que outros (transportadores ativos) podem bombear solutos contra o gradiente, usando ATP ou o gradiente de um soluto secundário como fonte de energia.

pelo aumento do $V_m$ (Fig. 11-28b). ▶P3 Assim, a direção na qual os solutos carregados tendem a se mover espontaneamente através da membrana depende tanto do gradiente químico (a diferença na concentração de soluto) quanto do gradiente elétrico ($V_m$) através da membrana. Juntos, esses dois fatores são chamados de **gradiente eletroquímico** ou **potencial eletroquímico**. Esse comportamento dos solutos está de acordo com a segunda lei da termodinâmica: as moléculas tendem a atingir espontaneamente a distribuição com a maior aleatoriedade e a menor energia.

As proteínas de membrana que agem aumentando a velocidade de movimento dos solutos através das membranas são denominadas transportadores ou carreadores. ▶P3 Há dois tipos gerais de transportadores: passivos e ativos. Os **transportadores passivos** simplesmente facilitam o

**FIGURA 11-28 Movimento de solutos através de uma membrana permeável.** (a) O movimento efetivo de um soluto eletricamente neutro vai no sentido do lado de maior para o de menor concentração de soluto até que o equilíbrio seja alcançado. As concentrações do soluto nos lados esquerdo e direito da membrana, mostrados na figura, estão representadas por $C_1$ e $C_2$. A velocidade de deslocamento do soluto através da membrana (indicada por flechas) é proporcional à razão entre as concentrações. (b) O movimento líquido de um soluto com carga elétrica é determinado pela combinação entre o potencial elétrico ($V_m$) e a razão entre as concentrações químicas ($C_2/C_1$) nos dois lados da membrana; o movimento de íons através da membrana continua até que o potencial eletroquímico chegue a zero.

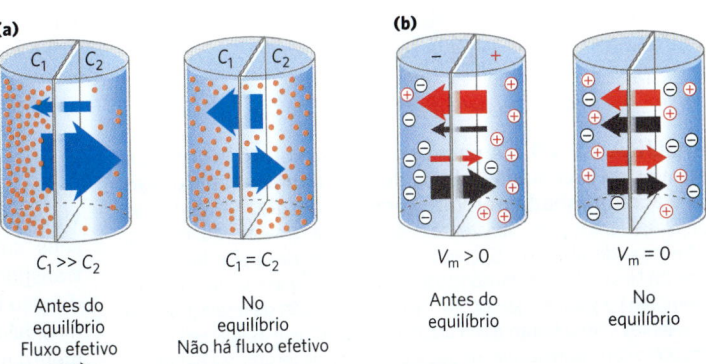

movimento a favor de um gradiente de concentração, aumentando a velocidade do transporte. Esse processo é denominado **transporte passivo** ou **difusão facilitada**. Os **transportadores ativos** (algumas vezes denominados bombas) podem mover substratos através da membrana contra um gradiente de concentração ou um potencial elétrico, processo denominado **transporte ativo**. Os **transportadores ativos primários** usam energia fornecida diretamente por uma reação química; os **transportadores ativos secundários** acoplam o transporte de um substrato "ladeira acima" com o transporte de outro substrato "ladeira abaixo".

## Transportadores e canais iônicos possuem algumas propriedades estruturais em comum, mas têm mecanismos de ação diferentes

Para atravessar a bicamada lipídica, um soluto polar ou carregado deve primeiro perder as interações com as moléculas de água da sua camada de hidratação e, então, difundir-se por cerca de 3 nm (30 Å) por uma substância (lipídeo) em que é muito pouco solúvel (**Fig. 11-29a**). A energia gasta para se livrar da camada de hidratação e mover o composto polar da água para o lipídeo e, depois, através da bicamada lipídica é recuperada à medida que o composto deixa a membrana do outro lado e é reidratado. Entretanto, o estágio intermediário da passagem transmembrana é um estado de alta energia comparável ao estado de transição de uma reação química catalisada por enzima. Em ambos os casos, uma barreira de ativação deve ser superada para alcançar o estado intermediário (Fig. 11-29; compare com a Fig. 6-3). A energia de ativação ($\Delta G^{\ddagger}$) para a translocação de um soluto polar através da bicamada é tão grande que bicamadas lipídicas puras são praticamente impermeáveis para espécimes polares ou carregados, dentro de uma escala de tempo compatível com o crescimento e a divisão das células.

▶ P3 As proteínas de membrana reduzem a energia de ativação para o transporte de compostos polares e íons ao prover um caminho alternativo para solutos específicos atravessarem a membrana. A diminuição da energia de ativação aumenta enormemente a velocidade do movimento transmembrana (lembre-se da Equação 6-6, p. 182). Os transportadores não são enzimas, no sentido comum da palavra; os seus "substratos" são levados de um compartimento para outro, mas não são alterados quimicamente. Assim como as enzimas, os transportadores ligam-se aos seus respectivos substratos com especificidade estereoquímica por meio de várias interações fracas não covalentes. A variação de energia livre negativa associada a essas interações fracas, $\Delta G_{ligação}$, contrabalança a variação de energia livre positiva que acompanha a perda da água de hidratação do substrato, $\Delta G_{desidratação}$, e, assim, diminui a $\Delta G^{\ddagger}$ para a passagem através da membrana (Fig. 11-29b). As proteínas transportadoras atravessam várias vezes a bicamada lipídica, formando uma via transmembrana revestida com cadeias laterais de aminoácidos hidrofílicos. Essas vias proporcionam rotas alternativas para que um substrato específico se mova através da bicamada lipídica sem precisar se dissolver na bicamada, reduzindo a $\Delta G^{\ddagger}$ para a difusão transmembrana. O resultado é o aumento de várias ordens de grandeza da velocidade com que um substrato passa através da membrana.

Os **canais iônicos** usam um mecanismo diferente do que os transportares para mover íons inorgânicos através da membrana. ▶ P3 Eles aceleram a passagem de íons através da membrana, oferecendo um caminho aquoso através da membrana pelo qual os íons inorgânicos podem se difundir com altas velocidades. Muitos canais iônicos possuem um "portão" (**Fig. 11-30a**) regulado por sinais biológicos. Quando o portão é aberto, os íons movem-se através da membrana, por meio do canal, na direção determinada pela carga do íon e pelo gradiente eletroquímico. O movimento ocorre a uma velocidade próxima ao limite da difusão sem obstáculos (dezenas de milhões de íons por segundo por canal – muito maior do que a velocidade de transportadores típicos). Os canais iônicos, em geral, apresentam algum grau de especificidade por um determinado íon, mas não são saturáveis pelo íon substrato. O fluxo através de um canal cessa quando o mecanismo do portão é fechado (novamente, por um sinal biológico) ou quando já não existe mais um gradiente eletroquímico como força motriz para o movimento. Em contrapartida, os transportadores, que ligam seus "substratos" com alta estereospecificidade, catalisam o transporte a velocidades bem menores do que os limites da difusão livre e são saturáveis do mesmo modo que as enzimas: há uma concentração de substrato acima da qual o aumento na concentração do espécime transportado não produz um aumento significativo na velocidade do transporte.

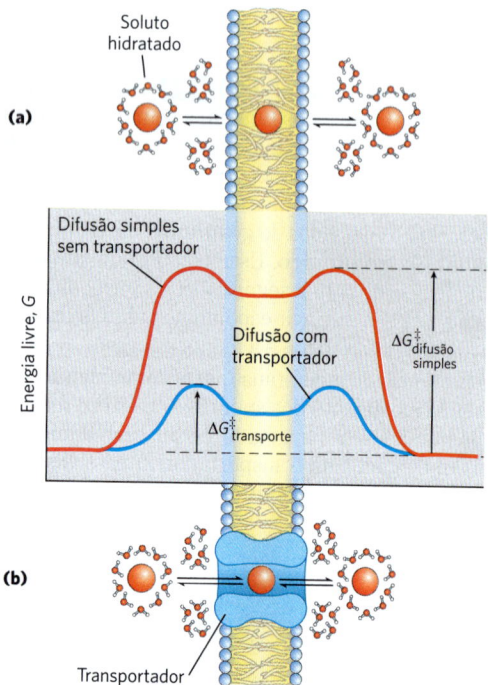

**FIGURA 11-29 A passagem de um soluto hidrofílico através da bicamada lipídica de uma membrana biológica é acompanhada por variações na energia.** (a) Na difusão simples, a remoção da camada de hidratação é altamente endergônica, e a energia de ativação ($\Delta G^{\ddagger}$) para a difusão através da bicamada é muito alta. (b) Uma proteína transportadora reduz a $\Delta G^{\ddagger}$ para a difusão transmembrana do soluto. Isso ocorre devido à formação de interações não covalentes com o soluto desidratado, que substituem as ligações de hidrogênio com as moléculas de água, e à existência de uma via hidrofílica transmembrana.

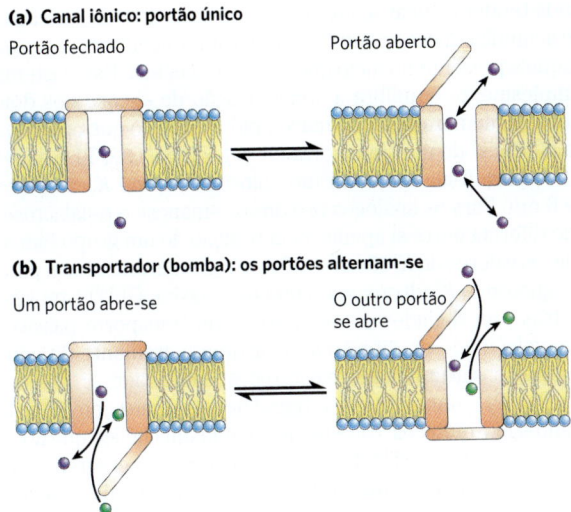

**FIGURA 11-30 Diferenças entre canais e transportadores.** (a) Os canais iônicos possuem um poro transmembrana que está aberto ou fechado, dependendo da posição do portão único. Quando ele estiver aberto, os íons passam através dele com uma velocidade que é limitada apenas pela velocidade máxima de difusão. (b) Os transportadores têm dois portões, e eles nunca estão abertos ao mesmo tempo. O movimento de um substrato (um íon ou uma molécula pequena) através da membrana é, portanto, limitado pelo tempo necessário para que o portão se abra e se feche (em um lado da membrana) e o segundo portão se abra. A velocidade do movimento através de canais iônicos pode ser de várias ordens de grandeza maior do que a velocidade por transportadores, mas os canais apenas possibilitam que os íons fluam a favor do gradiente eletroquímico, ao passo que os transportadores ativos (bombas) podem mover substratos contra gradientes de concentração.

[Informações de D. C. Gadsby, *Nat. Rev. Mol. Cell Biol.* 10:344, 2009, Fig. 1.]

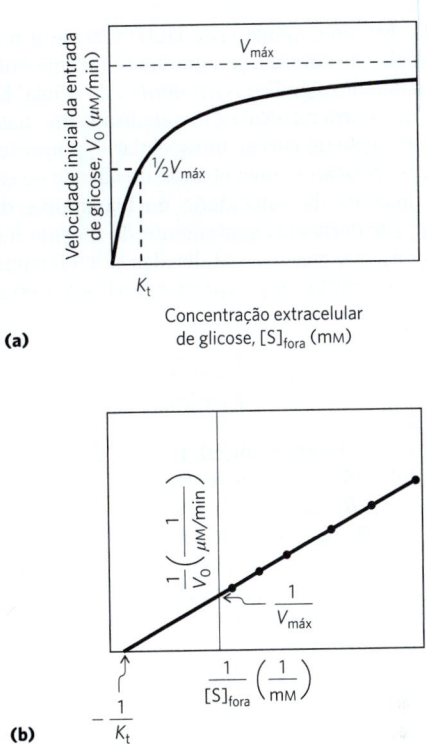

**FIGURA 11-31 Cinética do transporte da glicose para dentro do eritrócito.** (a) A velocidade inicial de entrada de glicose nos eritrócitos, $V_0$, depende da concentração inicial de glicose do lado de fora, $[S]_{fora}$. (b) Gráfico duplo-recíproco dos dados apresentados em (a). A cinética do transporte passivo é análoga à cinética das reações catalisadas por enzimas. (Compare esses gráficos com as Figs. 6-12 e 6-14.) $K_t$ é análogo à $K_m$, a constante de Michaelis.

Os transportadores têm um portão em cada um dos lados da membrana, e os dois portões nunca se abrem ao mesmo tempo (Fig. 11-30b).

Tanto transportadores quanto canais iônicos formam grandes famílias de proteínas, definidas não apenas pelas sequências primárias, mas também pelas estruturas secundárias. A seguir, serão consideradas algumas famílias de transportadores e canais representativas que foram bem estudadas. Algumas dessas famílias também serão abordadas no Capítulo 12, no qual a sinalização transmembrana é discutida, e em capítulos seguintes, no contexto das vias metabólicas nas quais elas participam.

### O transportador de glicose dos eritrócitos é o mediador do transporte passivo

O metabolismo que fornece energia para os eritrócitos depende de um suprimento constante de glicose a partir do plasma sanguíneo, em que a concentração de glicose é mantida entre 4,5 e 5 mM. A glicose entra nos eritrócitos por transporte passivo via transportador de glicose específico, denominado GLUT1, com uma velocidade que é 50 mil vezes superior do que poderia alcançar caso atravessasse a membrana sem ajuda.

▶P3◀ O processo do transporte de glicose pode ser descrito por uma analogia com uma reação enzimática na qual o "substrato" seria a glicose fora da célula ($S_{fora}$), o "produto" seria a glicose dentro da célula ($S_{dentro}$), e a "enzima" seria o transportador, T. Quando a velocidade inicial de captação de glicose é medida em função da concentração de glicose fora da célula (**Fig. 11-31**), a curva resultante é hiperbólica: em altas concentrações externas de glicose, a velocidade de captação se aproxima de $V_{máx}$. Formalmente, esse processo de transporte pode ser descrito pelo conjunto de equações

$$S_{fora} + T_1 \xrightleftharpoons[k_{-1}]{k_1} S_{fora} \cdot T_1$$
$$k_{-4} \updownarrow k_4 \qquad k_{-2} \updownarrow k_2$$
$$S_{dentro} + T_2 \xrightleftharpoons[k_{-3}]{k_3} S_{dentro} \cdot T_2$$

em que $k_1$, $k_{-1}$, e assim por diante, são as constantes de velocidade para dentro e para fora em cada etapa; $T_1$ é o transportador na conformação na qual o sítio de ligação da glicose está voltado para fora (em contato com o plasma sanguíneo), e $T_2$ é o transportador na conformação em que o sítio de ligação está voltado para dentro do eritrócito. Já que cada etapa nessa sequência é reversível, o transportador é, em princípio, capaz de mover a glicose tanto para dentro como para fora da célula. Assim como nos ensaios enzimáticos, o ensaio desse transportador mede a velocidade inicial de captação, quando a concentração do produto (concentração de glicose dentro da célula) for zero, enquanto a concentração do substrato (glicose fora da célula) é variada. Em uma célula viva, GLUT1 acelera o deslocamento da glicose contra o seu gradiente de concentração, o que normalmente significa *para dentro* da célula. Em geral, a glicose que entra na célula é metabolizada imediatamente, e a concentração de glicose intracelular é, portanto, mantida baixa em relação à concentração de glicose no sangue.

As equações da velocidade do transporte de glicose podem ser derivadas exatamente do mesmo modo que as equações das reações catalisadas por enzimas (Capítulo 6), produzindo uma expressão análoga à equação de Michaelis-Menten:

$$V_0 = \frac{V_{\text{máx}}[S]_{\text{fora}}}{K_t + [S]_{\text{fora}}} \qquad (11\text{-}1)$$

em que $V_0$ é a velocidade inicial de acúmulo da glicose dentro da célula, $[S]_{\text{fora}}$ é a concentração de glicose no meio circundante e **$K_t$** (**$K_{\text{transporte}}$**) é uma constante análoga à constante de Michaelis, uma combinação de constantes de velocidade que é característica para cada sistema de transporte. Essa equação descreve a velocidade *inicial*, isto é, a velocidade quando $[S]_{\text{dentro}} = 0$. Assim como ocorre no caso das reações catalisadas por enzimas, o gráfico de $1/V_0$ em função de $1/[S]_{\text{fora}}$ resulta em uma reta crescente, da qual se pode obter valores de $K_t$ e $V_{\text{máx}}$ (Fig. 11-31b). Quando $[S]_{\text{fora}} = K_t$, a velocidade de captação de glicose é $\frac{1}{2}V_{\text{máx}}$; o processo de transporte está meio saturado. A concentração de glicose no sangue, como mencionado, é de 4,5 a 5 mM, o que é suficientemente próximo de $K_t$ para garantir que GLUT1 esteja saturado pelo substrato pela metade e opere próximo à metade da $V_{\text{máx}}$.

Como não há formação ou rompimento de ligações químicas na conversão de $S_{\text{fora}}$ para $S_{\text{dentro}}$, nem o "substrato" nem o "produto" são intrinsecamente mais estáveis, e o processo de entrada é, portanto, completamente reversível. À medida que $[S]_{\text{dentro}}$ se aproxima de $[S]_{\text{fora}}$, as velocidades de entrada e saída tendem a ficar iguais. Portanto, esse sistema é incapaz de acumular glicose dentro da célula em concentrações acima daquela presente no meio que circunda a célula. Esse sistema simplesmente equilibra a concentração de glicose nos dois lados da membrana muito mais rapidamente do que ocorreria na ausência de um transportador específico. GLUT1 é específico para D-glicose, com um valor medido de $K_t$ de cerca de 6 mM. Para os análogos próximos D-manose e D-galactose, que diferem entre si apenas pela posição de um grupo hidroxila, os valores de $K_t$ são 20 e 30 mM, respectivamente, e, para a L-glicose, o $K_t$ ultrapassa 3.000 mM. Assim, GLUT1 mostra as três propriedades características do transporte passivo: alta velocidade de difusão a favor de um gradiente de concentração, saturabilidade e estereoespecificidade.

GLUT1 é uma proteína integral de membrana com 12 segmentos hidrofóbicos, cada um formando uma hélice que atravessa a membrana (**Fig. 11-32a**). As hélices que revestem a via transmembrana são **anfipáticas**; em cada uma das hélices, os resíduos de um dos lados são predominantemente apolares, ao passo que os do outro lado são predominantemente polares. Tal estrutura anfipática está evidente no diagrama em roda da hélice (Fig. 11-32b). Um agrupamento de hélices anfipáticas está organizado de modo que os lados polares ficam voltados uns para os outros e revestem um poro hidrofílico através do qual a glicose pode passar (Fig. 11-32c), enquanto que os lados hidrofóbicos interagem com os lipídeos da membrana que estão nos arredores, de modo que o efeito hidrofóbico estabiliza toda a estrutura do transportador.

Estudos estruturais do GLUT1 em mamíferos e de outros transportadores GLUT sugerem que a proteína passa por ciclos de várias transformações, interconvertendo uma forma ($T_1$), que tem o sítio de ligação para glicose acessível somente do lado extracelular, em uma forma na qual a glicose ligada é sequestrada e fica inacessível por qualquer um dos lados e, depois, em uma forma ($T_2$), na qual o sítio de ligação para a glicose fica aberto apenas do lado intracelular (**Fig. 11-33**).

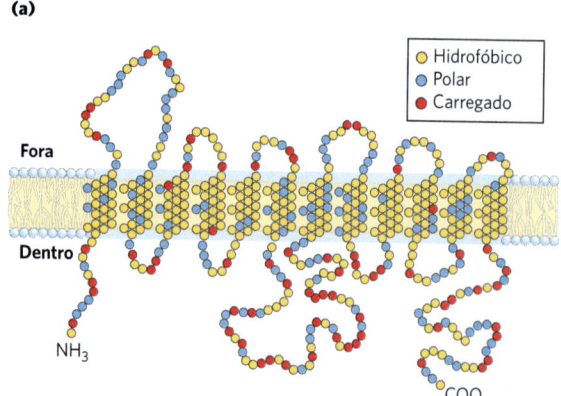

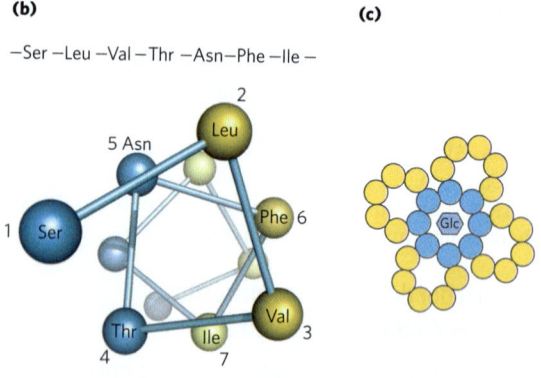

**FIGURA 11-32 Topologia da membrana do transportador de glicose GLUT1.** (a) As hélices transmembrana estão representadas aqui como fileiras oblíquas (em ângulo) com três ou quatro resíduos de aminoácidos, cada fileira representando uma volta da α-hélice. Das 12 hélices, 9 contêm três ou mais resíduos polares ou carregados (em azul ou vermelho), geralmente separados por vários resíduos hidrofóbicos (em amarelo). (b) Um diagrama em roda helicoidal ilustra a distribuição de resíduos polares e apolares na superfície de um segmento helicoidal. A hélice é representada no diagrama como se fosse observada ao longo do eixo visto a partir da extremidade aminoterminal. Os resíduos adjacentes na sequência linear estão conectados, e cada resíduo é colocado ao redor da roda na posição que ocupa na hélice; lembre-se de que são necessários 3,6 resíduos para fazer uma volta completa da α-hélice. Nesse exemplo, os resíduos polares (em azul) estão em um lado da hélice, ao passo que os resíduos hidrofóbicos (em amarelo) estão no outro. Ela é, por definição, uma hélice anfipática. (c) A associação lado a lado de hélices anfipáticas, com a face polar de cada uma orientada para a cavidade central, produz um canal transmembrana revestido com resíduos polares (e carregados), disponíveis para interagirem com glicose. [Informações de (a, c) M. Mueckler, *Eur. J. Biochem.* 219:713, 1994.]

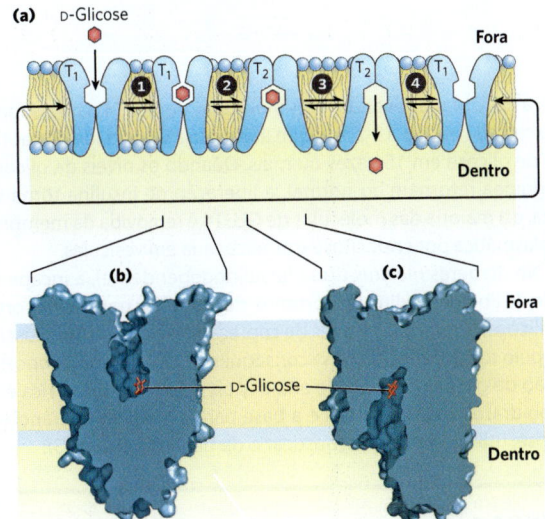

**FIGURA 11-33 Modelo de transporte de glicose para dentro do eritrócito por GLUT1.** (a) O transportador existe em duas conformações extremas: $T_1$, com o sítio de ligação à glicose exposto na superfície externa da membrana plasmática, e $T_2$, com o sítio de ligação exposto na superfície interna. O transporte de glicose ocorre em quatro etapas. ❶ A glicose no plasma sanguíneo liga-se ao sítio estereoespecífico $T_1$; isso diminui a energia de ativação para ❷ uma mudança conformacional a partir de de glicose$_{fora}\cdot T_1$ para glicose$_{dentro}\cdot T_2$, efetuando a passagem da glicose através da membrana. ❸ A glicose é liberada de $T_2$ para o citoplasma, e ❹ o transportador volta para a conformação $T_1$, ficando pronto para o transporte de uma nova molécula de glicose. Entre as formas $T_1$ e $T_2$, há uma forma intermediária (não mostrada), na qual a glicose é sequestrada dentro do transportador e não tem acesso a nenhum dos lados. As estruturas do (b) GLUT3 humano na conformação $T_1$ e do (c) GLUT1 humano na conformação $T_2$, determinadas por cristalografia de raios x, corroboram o modelo mostrado em (a). [Dados de (b) PDB ID 4ZWC, D. Deng et al., *Nature* 526:391, 2015; (c) PDB ID 4PYP, D. Deng et al., *Nature* 510:121, 2014.]

Doze transportadores passivos de glicose estão codificados no genoma humano, cada um com padrões singulares de distribuição nos tecidos e propriedades cinéticas e funções próprias (**Tabela 11-1**). GLUT1, além de suprir glicose aos eritrócitos, também transporta a glicose através da barreira hematencefálica, fornecendo a glicose que é essencial para o funcionamento normal do cérebro. Nos raros casos de defeitos no GLUT1, os indivíduos afetados apresentam vários sintomas cerebrais, incluindo convulsões, distúrbios do movimento e de linguagem e atrasos no desenvolvimento. O padrão de cuidados para esses indivíduos inclui a dieta cetogênica, que fornece os corpos cetônicos que servem como fonte alternativa de energia para o cérebro. No fígado, o GLUT2 transporta glicose para fora dos hepatócitos quando o glicogênio no fígado é degradado para repor a glicose sanguínea. O GLUT2 tem um $K_t$ grande ($\geq 17$ mM) e pode, portanto, responder aos níveis aumentados de glicose intracelular (produzidos pela degradação do glicogênio), aumentando o transporte para fora do hepatócito. Os músculos esquelético e cardíaco e o tecido adiposo têm ainda outro transportador de glicose, o GLUT4 ($K_t = 5$ mM), que se diferencia dos demais quanto à resposta à insulina: a sua atividade aumenta quando a insulina sinaliza uma alta concentração de glicose no sangue, o que aumenta a velocidade de captação de glicose pelo músculo e pelo tecido adiposo. O **Quadro 11-1** descreve o efeito da insulina sobre esse transportador. ∎

### O trocador cloreto-bicarbonato catalisa o cotransporte eletroneutro de ânions através da membrana plasmática

Os eritrócitos contêm outro sistema de transporte passivo, um trocador de ânion que é essencial ao transporte de $CO_2$ de tecidos como o músculo esquelético e o fígado para os pulmões. O $CO_2$ liberado dos tecidos envolvidos na

| TABELA 11-1 | Transportadores de glicose em seres humanos | | |
|---|---|---|---|
| **Transportador** | **Tecidos em que é expresso** | **$K_t$ (mM)** | **Papel/características[a]** |
| GLUT1 | Eritrócitos, barreira hematencefálica, placenta, maioria dos tecidos em baixos níveis | 3 | Captação basal de glicose; defeituoso na doença de De Vivo |
| GLUT2 | Fígado, ilhotas pancreáticas, intestino, rins | 17 | No fígado e nos rins, remoção do excesso de glicose do sangue; no pâncreas, regulação da liberação de insulina |
| GLUT3 | Encéfalo (neurônio), testículo (espermatozoide) | 1,4 | Captação basal de glicose; alto número de renovação |
| GLUT4 | Músculo, tecido adiposo, coração | 5 | Atividade aumentada pela insulina |
| GLUT5 | Intestino (principalmente), testículo, rins | 6[b] | Transporte principalmente de frutose |
| GLUT6 | Baço, leucócitos, encéfalo | > 5 | Possivelmente sem função de transporte |
| GLUT7 | Intestino delgado, cólon, testículo, próstata | 0,3 | — |
| GLUT8 | Testículo, acrossomo do espermatozoide | ~2 | — |
| GLUT9 | Fígado, rins, intestino, pulmão, placenta | 0,6 | Transportador de urato e de glicose no fígado, rins |
| GLUT10 | Coração, pulmão, encéfalo, fígado, músculo, pâncreas, placenta, rins | 0,3[c] | Transportador de glicose e de galactose |
| GLUT11 | Coração, músculo esquelético | 0,16 | Transportador de glicose e de frutose |
| GLUT12 | Músculo esquelético, coração, próstata, placenta | — | — |

Informações sobre a localização de M. Mueckler e B. Thorens, *Mol. Aspects Med* 34:121, 2013. Valores de $K_t$ para a glicose de R. Augustin, *IUBMB Life* 62:315, 2010.
[a]O travessão indica papel incerto.
[b]$K_m$ para a frutose.
[c]$K_m$ para a 2-desoxiglicose.

## QUADRO 11-1 MEDICINA

### Defeitos no transportador de glicose e o diabetes

Quando a ingestão de uma refeição rica em carboidratos gera uma concentração de glicose sanguínea que excede a concentração normalmente encontrada entre as refeições (cerca de 5 mM), o excesso de glicose é captado pelos miócitos dos músculos cardíaco e esquelético (que a armazenam como glicogênio) e pelos adipócitos (que a convertem em triacilgliceróis). A captação de glicose pelos miócitos e adipócitos é mediada pelo transportador de glicose GLUT4. Nos intervalos entre as refeições, alguns GLUT4 estão presentes na membrana plasmática, mas a maioria (90%) encontra-se sequestrada nas membranas de pequenas vesículas intracelulares (Fig. 1). O pâncreas libera insulina em resposta à alta concentração de glicose no sangue e, em minutos, dispara a movimentação dessas vesículas para a membrana plasmática. As vesículas se fundem com a membrana, levando mais moléculas de GLUT4 para a superfície celular (ver Fig. 12-23), o que aumenta a velocidade de captação de glicose em 15 vezes ou mais. Quando os níveis de glicose sanguínea retornam ao normal, a liberação de insulina torna-se lenta, e a maioria das moléculas de GLUT4 é removida da membrana plasmática por endocitose e armazenada em vesículas.

No diabetes *mellitus* tipo I (insulinodependente), a incapacidade de liberar insulina (e, portanto, de mobilizar transportadores de glicose) leva a baixas taxas de captação de glicose pelo músculo e pelo tecido adiposo. Uma consequência disso é que a concentração de glicose permanece alta depois de uma refeição rica em carboidratos. Essa condição é a base para o teste de tolerância à glicose, utilizado para diagnosticar o diabetes (Capítulo 23).

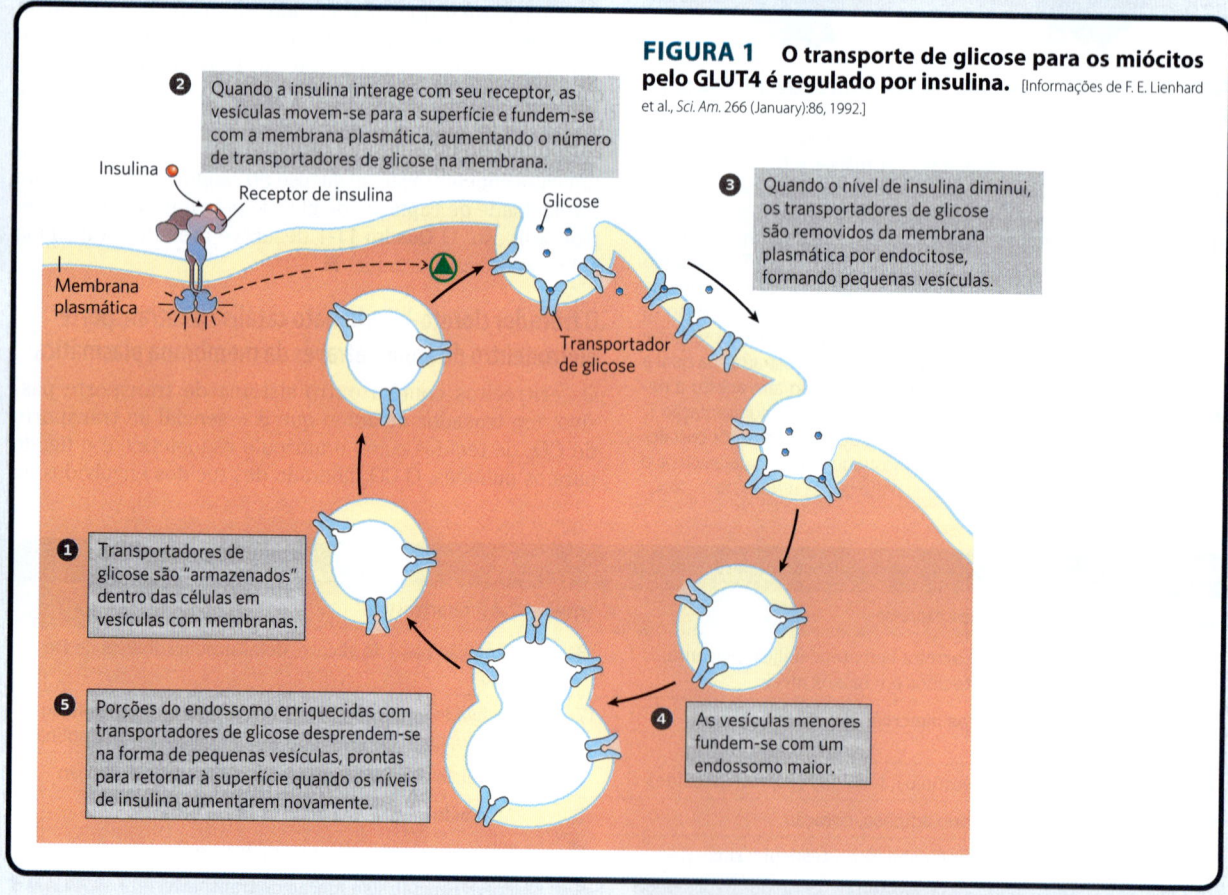

**FIGURA 1** **O transporte de glicose para os miócitos pelo GLUT4 é regulado por insulina.** [Informações de F. E. Lienhard et al., *Sci. Am.* 266 (January):86, 1992.]

❶ Transportadores de glicose são "armazenados" dentro das células em vesículas com membranas.

❷ Quando a insulina interage com seu receptor, as vesículas movem-se para a superfície e fundem-se com a membrana plasmática, aumentando o número de transportadores de glicose na membrana.

❸ Quando o nível de insulina diminui, os transportadores de glicose são removidos da membrana plasmática por endocitose, formando pequenas vesículas.

❹ As vesículas menores fundem-se com um endossomo maior.

❺ Porções do endossomo enriquecidas com transportadores de glicose desprendem-se na forma de pequenas vesículas, prontas para retornar à superfície quando os níveis de insulina aumentarem novamente.

---

respiração e eliminado no plasma sanguíneo entra no eritrócito, onde é convertido em bicarbonato ($HCO_3^-$) pela enzima anidrase carbônica. (Lembre-se de que o $HCO_3^-$ é o principal tampão do pH sanguíneo; ver Fig. 2-20.) O $HCO_3^-$ retorna ao plasma sanguíneo para ser transportado aos pulmões (**Fig. 11-34**). Como o $HCO_3^-$ é muito mais solúvel no plasma sanguíneo do que o $CO_2$, essa via indireta aumenta a capacidade do sangue de carregar o dióxido de carbono dos tecidos aos pulmões. Nos pulmões, o $HCO_3^-$ reentra no eritrócito e é convertido em $CO_2$, quando, então, é finalmente liberado no espaço pulmonar e exalado. Para ser efetiva, essa lançadeira necessita de um movimento muito rápido do $HCO_3^-$ através da membrana do eritrócito. O Capítulo 5 (p. 160-161) descreve um segundo mecanismo para mover $CO_2$ dos tecidos para os pulmões, o qual envolve uma ligação reversível entre o $CO_2$ e a hemoglobina.

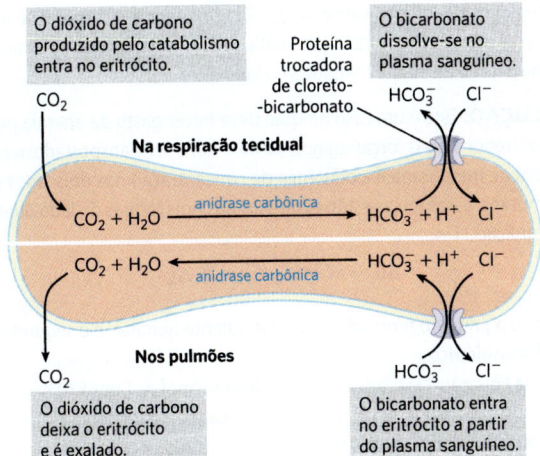

**FIGURA 11-34 Trocador de cloreto-bicarbonato da membrana do eritrócito.** Esse sistema de cotransporte permite a entrada e a saída de $HCO_3^-$ sem alteração no potencial de membrana. A sua função é aumentar a capacidade do sangue de transportar $CO_2$. A metade superior da figura ilustra os eventos que ocorrem nos tecidos envolvidos na respiração, e a metade inferior, os eventos que ocorrem nos pulmões.

O trocador cloreto-bicarbonato, também denominado proteína trocadora de ânions (AE, do inglês *anion exchange*), aumenta a velocidade de transporte do $HCO_3^-$ através da membrana do eritrócito em mais de um milhão de vezes. Assim como o transportador de glicose, ele é uma proteína integral que atravessa a membrana 14 vezes. Essa proteína é responsável por mediar o movimento simultâneo de dois ânions: para cada íon de $HCO_3^-$ que se move em uma direção, um íon $Cl^-$ se move na direção contrária, sem transferência efetiva de carga; a troca é **eletroneutra**. O acoplamento entre os movimentos de $Cl^-$ e de $HCO_3^-$ é obrigatório; na ausência de cloreto, o transporte de bicarbonato cessa. Considerando-se esse aspecto, o trocador de ânions é típico desses sistemas, chamados de sistemas de **cotransporte**, que carregam simultaneamente dois solutos através da membrana (**Fig. 11-35**). Como nesse caso, quando os dois substratos movem-se em direções opostas, o processo é um **antiporte**. No **simporte**, dois substratos movem-se simultaneamente na mesma direção. Os transportadores que carregam apenas um substrato, como o transportador de glicose do eritrócito, são conhecidos como sistemas **uniporte**.

### O transporte ativo leva ao movimento do soluto contra o gradiente de concentração ou o gradiente eletroquímico

▶ P3 No transporte passivo, as espécies transportadas sempre se movem a favor do gradiente eletroquímico e não se acumulam para além da concentração de equilíbrio. O transporte ativo, por sua vez, leva ao acúmulo de soluto acima da concentração de equilíbrio. O transporte ativo é essencial quando as células estiverem em um ambiente no qual os principais substratos estão presentes fora da célula em concentrações muito pequenas. Por exemplo, a bactéria *E. coli* pode crescer em um meio contendo apenas 1 μM de $P_i$ (fosfato inorgânico), mas essas células devem manter níveis internos de $P_i$ na faixa do milimolar. O Exemplo 11-2 descreve outra situação como essa, na qual as células precisam bombear $Ca^{2+}$ para fora através da membrana plasmática. O transporte ativo é termodinamicamente desfavorável (endergônico) e ocorre apenas acoplado – direta ou indiretamente – a um processo exergônico, como a absorção de luz solar, uma reação de oxidação, uma hidrólise de ATP ou o fluxo concomitante de alguma outra espécie química a favor do seu gradiente eletroquímico. No **transporte ativo primário**, o acúmulo de soluto é acoplado diretamente a uma reação química exergônica, como a conversão de ATP a ADP + $P_i$ (**Fig. 11-36**). O **transporte ativo secundário** ocorre quando o transporte endergônico ("morro acima") de um soluto está acoplado a um fluxo exergônico ("morro abaixo") de um soluto diferente, que foi originalmente bombeado morro acima pelo transporte ativo primário.

A quantidade de energia necessária para o transporte de um soluto contra o gradiente pode ser calculada a partir do gradiente de concentração inicial. A equação geral da variação de energia livre em um processo químico que converte o substrato (S) no produto (P) é

$$\Delta G = \Delta G'^{\circ} + RT \ln([P]/[S]) \qquad (11\text{-}2)$$

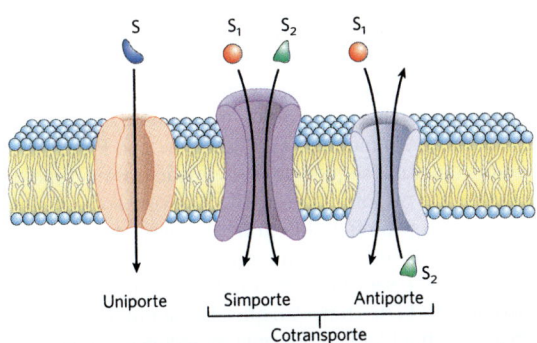

**FIGURA 11-35 Três classes gerais de sistemas de transporte.** Os transportadores diferem quanto ao número de solutos (substratos) transportados e quanto à direção em que cada soluto se move. Exemplos dos três tipos de transportadores estão discutidos no texto. Observe que essa classificação não diz nada sobre o quanto esses processos necessitam (transporte ativo) ou não de energia (transporte passivo).

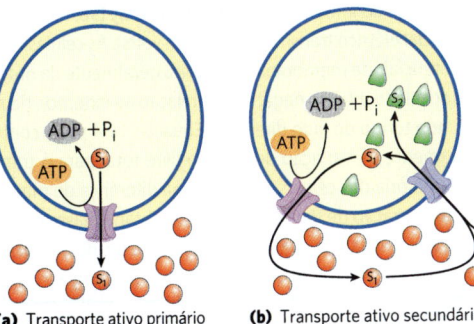

**(a)** Transporte ativo primário   **(b)** Transporte ativo secundário

**FIGURA 11-36 Dois tipos de transporte ativo.** (a) No transporte ativo primário, a energia liberada pela hidrólise de ATP impulsiona o movimento de soluto ($S_1$) contra o gradiente eletroquímico. (b) No transporte ativo secundário, o gradiente de um íon (designado como $S_1$; geralmente $Na^+$) foi anteriormente formado por transporte ativo primário. A movimentação de $S_1$ a favor do seu gradiente eletroquímico fornece agora energia para impulsionar o cotransporte de um segundo soluto, $S_2$, contra o seu gradiente eletroquímico.

em que $\Delta G'^\circ$ é a variação de energia livre padrão, $R$ é a constante dos gases (8,315 J/mol·K) e $T$ é a temperatura absoluta. Quando a "reação" é simplesmente o transporte de um soluto de uma região em que a concentração é $C_1$ para uma região em que a concentração é $C_2$, não há formação ou rompimento de ligações, e $\Delta G'^\circ$ é zero. A variação de energia livre para o transporte, $\Delta G_t$, é então

$$\Delta G_t = RT \ln (C_2/C_1) \quad (11\text{-}3)$$

Se houver, suponhamos, uma diferença de 10 vezes na concentração entre dois compartimentos, o custo para movimentar 1 mol de um soluto não carregado a 25 °C "morro acima" através da membrana que separa os dois compartimentos é

$$\Delta G_t = (8{,}315 \text{ J/mol}\cdot\text{K})(298\text{ K})\ln(10/1) = 5.700 \text{ J/mol}$$
$$= 5{,}7 \text{ kJ/mol}$$

A Equação 11-3 se aplica a todos os solutos não carregados.

### EXEMPLO 11-1 Custo energético para bombear um soluto não carregado

Calcule o custo energético (variação de energia livre) para bombear um soluto não carregado contra um gradiente de concentração $10^4$ vezes maior a 25 °C.

**SOLUÇÃO:** Comece com a Equação 11-3. Substituindo-se $(C_2/C_1)$ por $1{,}0 \times 10^4$, $R$ por 8,315 J/mol·K e $T$ por 298 K:

$$\Delta G_t = RT \ln (C_2/C_1)$$
$$= (8{,}315 \text{ J/mol}\cdot\text{K})(298\text{ K})(1{,}0 \times 10^4)$$
$$= 23 \text{ kJ/mol}$$

Quando o soluto é um *íon*, a sua passagem sem o acompanhamento de um contraíon resulta em uma separação endergônica de cargas positivas e negativas, produzindo um potencial elétrico; tal processo de transporte é chamado de **eletrogênico**. O custo energético de mover um íon depende do potencial eletroquímico (Fig. 11-25), a soma dos gradientes químico e elétrico:

$$\Delta G_t = RT \ln (C_2/C_1) + ZF\,\Delta\psi \quad (11\text{-}4)$$

em que $Z$ é a carga do íon, $F$ é a constante de Faraday (96.480 J/V·mol) e $\Delta\psi$ é o potencial elétrico transmembrana (em volts). As células eucarióticas têm potenciais de membrana plasmática geralmente da ordem de 0,05 V (sendo o lado interno negativo em relação ao externo), de modo que o segundo termo do lado direito da Equação 11-4 pode contribuir significativamente na variação de energia livre total para o transporte do íon. A maioria das células mantém uma diferença de mais de 10 vezes na concentração de íons através da membrana plasmática ou de membranas intracelulares, e, para muitas células e tecidos, o transporte ativo é, portanto, um processo que consome muita energia.

### EXEMPLO 11-2 Custo energético para bombear um soluto carregado

Calcule o custo energético (variação da energia livre) para bombear $Ca^{2+}$ do citosol, em que a concentração é de cerca de $1{,}0 \times 10^{-7}$ M, para o líquido extracelular, em que a concentração é de cerca de 1,0 mM. Suponha que a temperatura é de 37 °C (a temperatura corporal de mamíferos) e que a membrana plasmática tem um potencial transmembrana padrão de 50 mV (negativo no lado interno).

**SOLUÇÃO:** Este é um caso no qual deve haver gasto de energia para se contrapor a duas forças agindo sobre o íon a ser transportado: o potencial de membrana e a diferença de concentração nos dois lados da membrana. Essas forças estão expressas nos dois termos do lado direito da Equação 11-4:

$$\Delta G_t = RT \ln (C_2/C_1) + ZF\,\Delta\psi$$

em que o primeiro termo descreve o gradiente químico, e o segundo, o potencial elétrico.

Na Equação 11-4, substitua $R$ por 8,315 J/mol·K, $T$ por 310 K, $C_2$ por $1{,}0 \times 10^{-3}$, $C_1$ por $1 \times 10^{-7}$, $Z$ por +2 (a carga em um íon $Ca^{2+}$), $F$ por 96.500 J/V·mol e $\Delta\psi$ por 0,050 V. Observe que o potencial transmembrana é de 50 mV (negativo no lado interno), de modo que, quando o íon se move de dentro para fora, a mudança no potencial é de 50 mV.

$$\Delta G_t = RT \ln (C_2/C_1) + ZF\,\Delta\psi$$
$$= (8{,}315 \text{ J/mol}\cdot\text{K})(310\text{ K})\ln\frac{(1{,}0 \times 10^{-3})}{(1{,}0 \times 10^{-7})}$$
$$+ 2(96.500 \text{ J/V}\cdot\text{mol})(0{,}050\text{ V})$$
$$= 33 \text{ kJ/mol}$$

O mecanismo de transporte ativo é de fundamental importância na biologia. Como será visto nos Capítulos 19 e 20, o ATP é formado nas mitocôndrias e nos cloroplastos por um mecanismo que é essencialmente um transporte iônico movido por ATP operando de forma reversa. A energia que é disponibilizada pelo fluxo espontâneo de prótons através da membrana pode ser calculada a partir da Equação 11-4. Lembre-se de que a $\Delta G$ para o fluxo *a favor* do gradiente eletroquímico tem um valor negativo, e a $\Delta G$ para o transporte de íons *contra* o gradiente eletroquímico tem um valor positivo.

### ATPases do tipo P sofrem fosforilação durante seus ciclos catalíticos

A família de transportadores ativos chamados de **ATPases do tipo P** é composta por transportadores de cátions que são fosforilados de forma reversível por ATP (por isso o nome "tipo P") como parte do ciclo de transporte. A fosforilação força uma mudança conformacional que é fundamental para o movimento do cátion através da membrana. O genoma humano codifica pelo menos 70 ATPases do tipo P que são semelhantes quanto à sequência de aminoácidos e à topologia, principalmente próximo ao resíduo Asp que sofre fosforilação. Todas são proteínas integrais de membrana com 8 ou 10 regiões que atravessam a membrana previstas em um único polipeptídeo e são sensíveis à inibição por **vanadato**, um análogo do estado de transição que simula um fosfato sofrendo um ataque nucleofílico por uma molécula de água.

Fosfato     Vanadato

## 11.3 TRANSPORTE DE SOLUTOS ATRAVÉS DE MEMBRANAS

As ATPases do tipo P estão largamente distribuídas em eucariotos e bactérias. A $Na^+K^+$-ATPase de células animais (um antiporte para os íons $Na^+$ e $K^+$) e as $H^+$-ATPases da membrana plasmática de plantas e fungos determinam o potencial eletroquímico transmembrana nas células ao estabelecer gradientes iônicos através da membrana plasmática. Esses gradientes fornecem a força propulsora para o transporte ativo secundário e formam a base da sinalização elétrica em neurônios. Nos tecidos animais, a **bomba de ATPase de $Ca^{2+}$ do retículo sarcoplasmático/endoplasmático (SERCA,** de **s**arcoplasmic/**e**ndoplasmic **r**eticulum $Ca^{2+}$ **A**TPase) e a bomba ATPase de $Ca^{2+}$ da membrana plasmática, que são uniportes para íons $Ca^{2+}$, atuam em conjunto para manter os níveis citosólicos de $Ca^{2+}$ abaixo de 1 μM. A bomba SERCA leva $Ca^{2+}$ do citosol para o lúmen do retículo sarcoplasmático. As células parietais que revestem o estômago dos mamíferos possuem uma ATPase do tipo P que bombeia $H^+$ e $K^+$ de dentro das células para o lúmen do estômago, acidificando, assim, o conteúdo estomacal. As flipases de lipídeos, como observado anteriormente, são estrutural e funcionalmente relacionadas com os transportadores do tipo P. Bactérias e eucariotos usam ATPases do tipo P para bombear íons de metais pesados tóxicos, como $Cd^{2+}$ e $Cu^{2+}$, para fora das células.

Todas as bombas do tipo P têm mecanismos e estruturas semelhantes (**Fig. 11-37**). O mecanismo postulado para as ATPases tipo P leva em consideração as grandes mudanças conformacionais e a fosforilação-desfosforilação do resíduo de Asp crítico no domínio P (fosforilação) que ocorrem durante o ciclo catalítico. No caso da bomba SERCA (**Fig. 11-38**), cada ciclo catalítico move dois íons $Ca^{2+}$ através da membrana e converte um ATP a ADP e $P_i$. O papel da ligação do ATP e a transferência da fosforila para a enzima é promover a interconversão das duas conformações (E1 e E2) do transportador. Na conformação E1, dois sítios de ligação a $Ca^{2+}$ ficam expostos ao lado citosólico do RE ou do retículo sarcoplasmático e ligam $Ca^{2+}$ com alta afinidade. A ligação de ATP e a fosforilação de Asp provocam

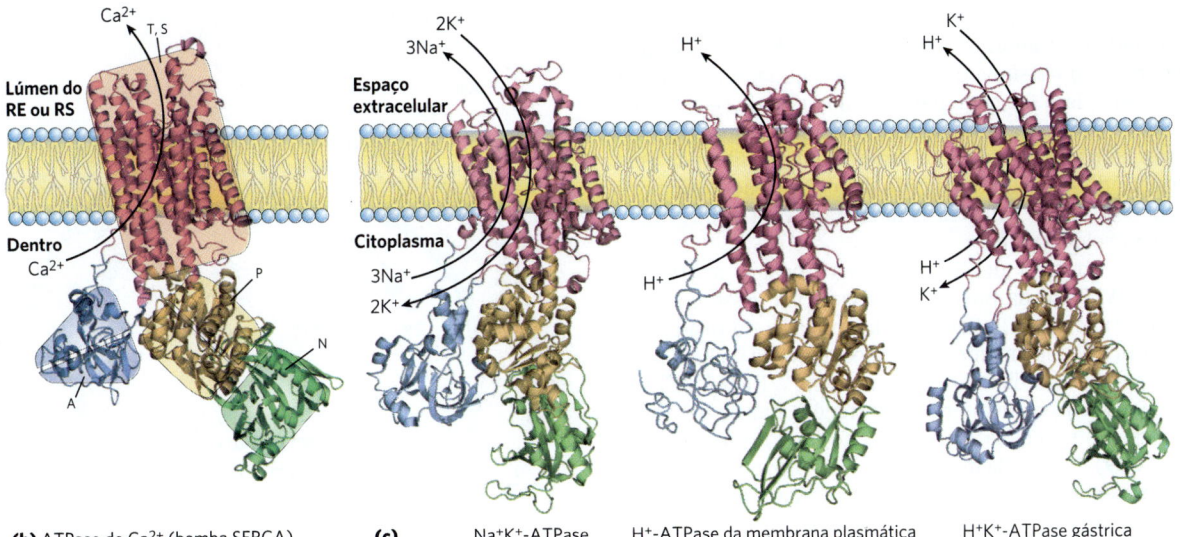

**FIGURA 11-37 Estrutura geral das ATPases do tipo P.**
(a) As ATPases do tipo P têm três domínios citoplasmáticos (A, N e P) e dois domínios transmembrana (T e S), que são formados por várias hélices. O domínio N (de ligação a nucleotídeos) liga ATP e $Mg^{2+}$ e tem atividade de proteína-cinase que fosforila resíduos de Asp específicos em domínios P (fosforilação) encontrados em todas as ATPases do tipo P. O domínio A (atuador) possui atividade de proteína-fosfatase e remove o grupo fosforila de um resíduo de Asp em cada ciclo catalítico da bomba. O domínio de transporte (T), com seis hélices transmembrana, inclui a estrutura que transporta íons, e outras quatro hélices transmembrana constituem o domínio de suporte (S), que ajuda a manter a estrutura do domínio de transporte e pode ter outras funções especializadas no caso de determinadas ATPases do tipo P. Os sítios de ligação para os íons a serem transportados estão próximos do meio da membrana, 40 a 50 Å distantes do resíduo de Asp fosforilado – assim, a fosforilação-desfosforilação do Asp não afeta *diretamente* a ligação do íon. O domínio A transmite os movimentos dos domínios N e P para os sítios de ligação a íons. (b) Representação em forma de fita da $Ca^{2+}$-ATPase (bomba SERCA). O ATP liga-se ao domínio N, e os íons $Ca^{2+}$ a serem transportados se ligam ao domínio T. (c) Outras ATPases do tipo P têm domínios nas suas estruturas e provavelmente mecanismos parecidos com os da bomba SERCA; aqui, estão mostradas a $Na^+K^+$-ATPase, a $H^+$-ATPase da membrana plasmática, e a $H^+K^+$-ATPase gástrica. [(a) Informações de M. Bublitz et al., *Curr. Opin. Struct. Biol.* 20:431, 2010, Fig. 1. Dados de (b) PDB ID 1SU4, C. Toyoshima et al., *Nature* 405:647, 2000; (c) $Na^+K^+$-ATPase, PDB ID 3KDP, J. Preben Morth et al., *Nature* 450:1043, 2007; $H^+$-ATPase, PDB ID 3B8C, B. P. Pedersen et al., *Nature* 450:1111, 2007; $H^+K^+$-ATPase, PDB ID 3IXZ, K. Abe et al., *EMBO J.* 28:1637, 2009, e PDB ID 3B8E, J. Preben Morth et al., *Nature* 450:1043, 2007.]

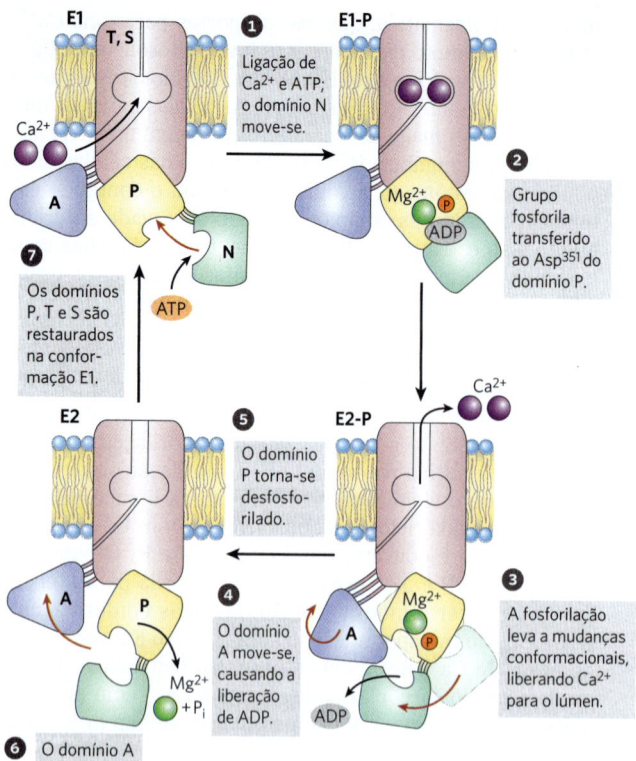

**FIGURA 11-38 Mecanismo proposto para a bomba SERCA.** O ciclo do transporte começa com a proteína na conformação E1, com os sítios de ligação a $Ca^{2+}$ expostos para o citosol. ❶ Dois íons $Ca^{2+}$ ligam-se, e, então, o ATP liga-se ao transportador ❷ e fosforila o $Asp^{351}$, formando E1-P. ❸ A fosforilação favorece a segunda conformação, E2-P, na qual os sítios de ligação para $Ca^{2+}$, agora com menor afinidade para $Ca^{2+}$, ficam acessíveis do outro lado da membrana (o lúmen ou espaço extracelular), e o $Ca^{2+}$ é liberado e se difunde. ❹ O ADP é liberado, e ❺ E2-P é defosforilada. ❻ O domínio A é restaurado, e ❼ a proteína retorna à conformação E1 para uma nova rodada de transporte. [Informações de W. Kühlbrandt, *Nature Rev. Mol. Cell Biol.* 5:282, 2004.]

uma mudança conformacional de E1 para E2, o que resulta na exposição de sítios que ligam $Ca^{2+}$ no lado luminal da membrana; isso faz com que haja uma grande redução na afinidade por $Ca^{2+}$, provocando a liberação de íons $Ca^{2+}$ no lúmen. Por meio desse mecanismo, a energia liberada pela hidrólise de ATP durante o ciclo de fosforilação-desfosforilação mobiliza $Ca^{2+}$ através da membrana contra um grande gradiente eletroquímico.

Uma variação desse mecanismo básico ocorre na **$Na^+K^+$-ATPase** da membrana plasmática. Esse cotransportador acopla fosforilação-desfosforilação do resíduo de Asp crítico ao movimento simultâneo de $Na^+$ e de $K^+$ contra os respectivos gradientes eletroquímicos. A $Na^+K^+$-ATPase é responsável por manter concentrações baixas de $Na^+$ e altas de $K^+$ na célula em relação ao líquido extracelular (**Fig. 11-39**). Para cada molécula de ATP convertida a ADP e $P_i$, o transportador desloca dois íons $K^+$ para dentro e três íons $Na^+$ para fora através da membrana plasmática. O cotransporte é, portanto, eletrogênico, criando uma separação líquida de cargas através da membrana. Em animais, isso produz o potencial de membrana de $-50$ a $-70$ mV (o lado de dentro é negativo em relação ao de fora), que é característico da maioria das células e é essencial para a condução do potencial de ação em neurônios. O papel central da $Na^+K^+$-ATPase é refletido na energia investida nessa única reação: aproximadamente 25% da energia total consumida por um ser humano em repouso.

## ATPases do tipo V e do tipo F são bombas de prótons impulsionadas por ATP

As **ATPases do tipo V**, uma classe de ATPases transportadoras de prótons, são responsáveis por acidificar

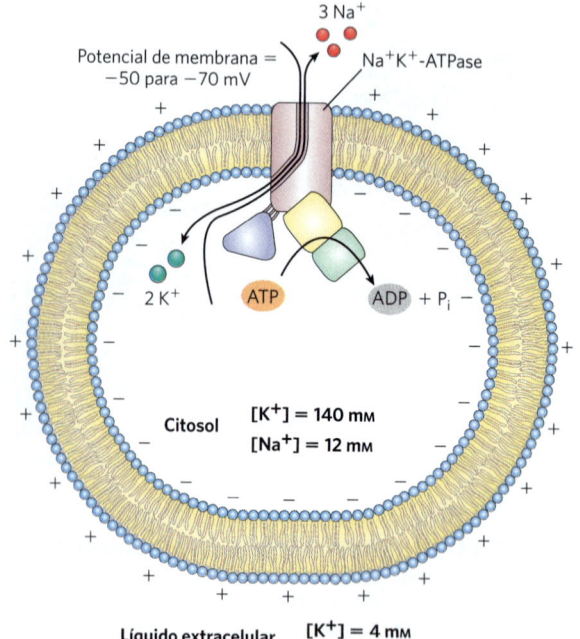

**FIGURA 11-39 Papel da $Na^+K^+$-ATPase nas células animais.** Em células animais, o sistema de transporte ativo é responsável principalmente pelo estabelecimento e pela manutenção das concentrações intracelulares de $Na^+$ e $K^+$ e pela geração do potencial de membrana. Isso ocorre devido à saída de três íons $Na^+$ para fora da célula para cada dois íons $K^+$ que entram. O potencial elétrico através da membrana plasmática é fundamental na sinalização de neurônios, e o gradiente de $Na^+$ é usado para impulsionar "morro acima" o cotransporte de solutos em vários tipos de células.

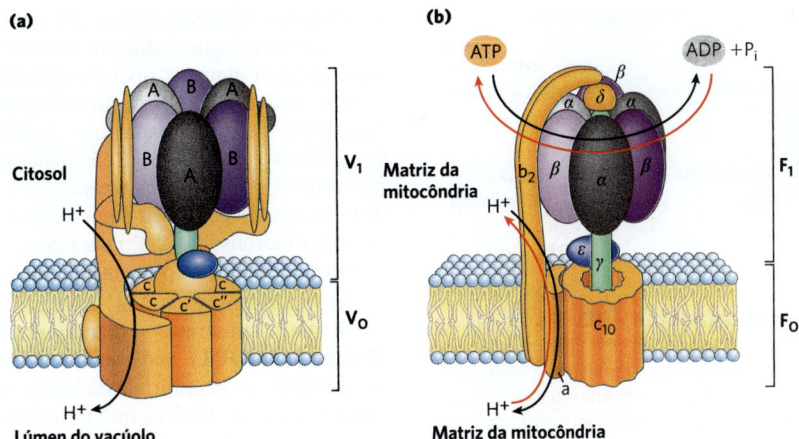

**FIGURA 11-40 Duas bombas de prótons com estruturas semelhantes.** (a) A $H^+$-ATPase $V_oV_1$ utiliza ATP para bombear prótons através de vacúolos e lisossomos, criando um pH interno baixo. Ela tem um domínio integral (inserido na membrana) $V_o$, que inclui múltiplas subunidades c idênticas, e um domínio periférico, que se projeta para o citosol e contém o sítio de hidrólise de ATP, localizado em três subunidades idênticas B (em roxo). (b) A ATPase/ATP-sintase $F_oF_1$ da mitocôndria tem um domínio integral, $F_o$, com várias cópias da subunidade c, e um domínio periférico, $F_1$, formado por três subunidades $\alpha$, três subunidades $\beta$ e um eixo central ligado ao domínio integral. $F_o$ e $V_o$ fornecem os canais transmembrana através dos quais os prótons são bombeados à medida que ATP é hidrolisado nas subunidades $\beta$ de $F_1$ (subunidades B de $V_1$). Um transportador de prótons impulsionado por ATP também pode catalisar a síntese de ATP (setas vermelhas) à medida que prótons fluem *a favor* do gradiente eletroquímico. Essa é a reação central dos processos de fosforilação oxidativa e fotofosforilação.

compartimentos intracelulares em muitos organismos (o *V* refere-se a *v*acuolar). Bombas de prótons desse tipo mantêm os vacúolos de fungos e plantas superiores no pH de 3 a 6, bem abaixo do pH do citosol circundante (pH 7,5). As ATPases do tipo V também são responsáveis pela acidificação de lisossomos, endossomos, complexo de Golgi e vesículas secretoras de células animais. Todas as ATPases do tipo V apresentam estruturas complexas e semelhantes, com um domínio ($V_o$) integral (transmembrana) que serve como canal de prótons e um domínio periférico ($V_1$) que contém o sítio de ligação so ATP e a atividade de ATPase (**Fig. 11-40a**). A estrutura é semelhante à das ATPases do tipo F, já bem caracterizadas.

Os transportadores **ATPases do tipo F** catalisam a passagem de prótons através da membrana impulsionados "morro acima" pela hidrólise de ATP. A designação "tipo F" provém da identificação dessas ATPases com *f*atores de acoplamento de energia. O complexo proteico integral de membrana $F_o$ (Fig. 11-40b; o "o" subscrito indica inibição pelo fármaco *o*ligomicina) fornece uma via transmembrana para prótons, e a proteína periférica $F_1$ (o "1" subscrito indica que esse foi o primeiro entre vários fatores isolados da mitocôndria) usa a energia do ATP para mover prótons "morro acima" (para uma região de maior concentração de $H^+$). A organização $F_oF_1$ das bombas de prótons deve ter se desenvolvido muito precocemente na evolução. Bactérias como a *E. coli* têm uma ATPase $F_oF_1$ complexa na membrana plasmática que bobeia prótons para fora, e as arqueobactérias têm uma bomba de prótons semelhante, a ATPase $A_oA_1$.

▶**P3** Assim como todas as enzimas, as ATPases do tipo F catalisam as reações em ambas as direções. Portanto, um gradiente de prótons suficientemente grande pode suprir a energia para impulsionar a reação reversa, a síntese de ATP (Fig. 11-40b). Quando funcionam nesse sentido, as ATPases do tipo F são mais apropriadamente chamadas de **ATP-sintases**. As ATP-sintases são fundamentais para a produção de ATP na mitocôndria durante a fosforilação oxidativa e em cloroplastos durante a fotofosforilação, assim como em bactérias e arqueobactérias. O gradiente de prótons necessário para impulsionar a síntese de ATP é produzido por outros tipos de bombas de prótons, energizadas pela oxidação de substratos ou pela luz solar. Uma descrição mais detalhada desses processos pode ser encontrada nos Capítulos 19 e 20.

### Transportadores ABC usam ATP para impulsionar o transporte ativo de uma grande variedade de substratos

Os **transportadores ABC** formam uma grande família de transportadores impulsionados por ATP que bombeiam aminoácidos, peptídeos, proteínas, íons metálicos, vários lipídeos, sais biliares e muitos compostos hidrofóbicos, incluindo drogas, através da membrana e contra um gradiente de concentração. Muitos transportadores ABC se localizam na membrana plasmática, mas alguns também são encontrados no RE e nas membranas das mitocôndrias e dos lisossomos. Todos os membros dessa família possuem dois domínios de ligação ao ATP ("cassetes") que dão nome à família (ABC, de ***A**TP-**b**inding **c**assette*, ou cassete de ligação ao ATP) e dois domínios transmembrana, cada um formado por seis hélices que atravessam a membrana. Em alguns casos, todos esses domínios estão em um único polipeptídeo longo; outros transportadores ABC têm duas subunidades, cada uma com um domínio de ligação a nucleotídeo (NBD, ***n**ucleotide-**b**inding **d**omain*) e um domínio com seis hélices transmembrana. Supõe-se que o mecanismo de transporte envolva duas formas do transportador, uma com o sítio de ligação voltado para o exterior da célula e outra com o sítio voltado para o interior da célula (**Fig. 11-41**). Os substratos movem-se através da membrana quando as duas formas se interconvertem, devido à hidrólise do ATP. Os NBDs de todas as proteínas ABC são similares quanto à sequência e, possivelmente, quanto à estrutura tridimensional. Eles formam motores moleculares conservados que podem ser

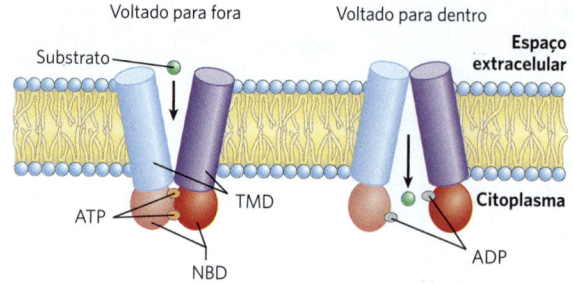

**FIGURA 11-41 Transportadores ABC.** Essas proteínas têm duas metades homólogas, cada uma delas com um domínio transmembrana (TMD, em azul) de seis hélices e um domínio que liga nucleotídeos (NBD; em vermelho) citoplasmático. No mecanismo proposto para o acoplamento da hidrólise de ATP ao transporte, com o ATP ligado aos sítios NBD, o substrato liga-se ao transportador no lado citoplasmático. Quando o substrato se liga e o ATP é hidrolisado a ADP, há uma mudança na conformação do transportador que expõe o substrato na superfície interna e diminui a afinidade do transportador pelo substrato; então, o substrato difunde-se para fora do transportador. Esse mecanismo para o acoplamento da hidrólise de ATP ao transporte foi proposto com base nas estruturas de vários transportadores ABC cristalizados sob diferentes condições. Compare esse processo com o modelo para o transporte de glicose apresentado na Figura 11-33.

acoplados a uma ampla variedade de domínios transmembrana, cada um capaz de bombear um substrato específico através da membrana. Quando acoplados desse modo, o motor impulsionado por ATP move os solutos contra o gradiente de concentração, com uma estequiometria de cerca de 1 molécula de substrato transportado para 1 molécula de ATP hidrolisada.

O genoma humano contém ao menos 48 genes que codificam transportadores ABC; parte deles é apresentada na **Tabela 11-2**. Alguns desses transportadores possuem especificidade muito alta para um único substrato, ao passo que outros são mais promíscuos, sendo capazes de transportar substâncias que as células provavelmente nunca encontraram durante a evolução. Muitos transportadores ABC estão envolvidos na manutenção da composição da bicamada lipídica, como as flopases, que transferem lipídeos de membrana de um folheto da bicamada para o outro. Outros são necessários para o transporte de esteróis, derivados de esteróis e ácidos graxos para a corrente sanguínea e por todo o corpo. Por exemplo, a maquinaria celular para exportar o excesso de colesterol inclui um transportador ABC (ver Fig. 21-47). Mutações em genes que codificam algumas dessas proteínas contribuem para algumas doenças genéticas, incluindo insuficiência hepática, degeneração da retina e doença de Tangier. A proteína transmembrana que regula a condutância envolvida na fibrose cística (CFTR, do inglês *cystic fibrosis transmembrane conductance regulator*) é um caso interessante de proteína ABC. A CFTR é um canal de íons (para Cl⁻) regulado pela hidrólise de ATP, mas sem as características funcionais de bomba dos transportadores ativos (**Quadro 11-2**).

Um transportador ABC humano com ampla especificidade para substratos é o **transportador de múltiplos fármacos (MDR1)**, codificado pelo gene *ABCB1*. O MDR1 da membrana placentária e da barreira hematencefálica expulsa compostos tóxicos que poderiam causar dano ao feto ou ao cérebro. Por outro lado, ele também é responsável pela impressionante resistência de certos tumores a alguns fármacos antitumorais que geralmente são eficazes. Por exemplo, MDR1 bombeia os quimioterápicos doxorrubicina e vimblastina para fora das células, evitando que elas se acumulem no tumor e bloqueando os seus efeitos terapêuticos. A superexpressão de MDR1 está associada a falhas de tratamento nos cânceres hepático, renal e colorretal. Um transportador ABC relacionado, a proteína de resistência ao câncer de mama (BCRP, do inglês *breast cancer resistance protein*), codificada pelo gene *ABCG2*, é superexpressa em células do câncer de mama e confere resistência a fármacos antitumorais. Espera-se que inibidores altamente seletivos desses transportadores resistentes a múltiplos fármacos aumentem o efeito de fármacos antitumorais, e eles são objetos do descobrimento e planejamento de fármacos atuais.

Os transportadores ABC também estão presentes em animais mais simples e em plantas e microrganismos. A levedura tem 31 genes que codificam transportadores ABC, a *Drosophila*, 56, e a *E. coli*, 80, representando 2% de todo seu genoma. Os transportadores ABC usados por *E. coli* e outras bactérias para importar moléculas essenciais, como a vitamina $B_{12}$, são os precursores evolutivos prováveis dos MDRs das células animais. A presença de transportadores ABC que conferem resistência a antibióticos em micróbios patogênicos (*Pseudomonas aeruginosa*, *Staphylococcus aureus*, *Candida albicans*, *Neisseria gonorrhoeae* e *Plasmodium falciparum*) é um fator de grande preocupação na saúde pública e torna esses transportadores alvos interessantes para a modelagem de fármacos. ■

| TABELA 11-2 | Alguns transportadores ABC em seres humanos | |
|---|---|---|
| Genes | Papel/características | Referência no texto |
| *ABCA1* | Transporte reverso de colesterol; o defeito causa doença de Tangier | Fig. 21-47 |
| *ABCA4* | Apenas em receptores da visão, reciclagem de todo-*trans*-retinol | Fig. 12-19 |
| *ABCB1* | Glicoproteína P 1 de resistência a múltiplos fármacos; transporte através da barreira hematencefálica | — |
| *ABCB4* | Resistência a múltiplos fármacos; transporte de fosfatidilcolina na bile | — |
| *ABCB11* | Transporte de sais biliares para fora dos hepatócitos | Fig. 17-1 |
| *ABCC6* | Receptor de sulfonilureias; alvo do fármaco glipizida no diabetes tipo 2 | Fig. 23-27 |
| *ABCG2* | Proteína da resistência ao câncer de mama (BCRP); principal exportador de fármacos anticâncer | p. 396 |
| *ABCC7* | CFTR (canal de Cl⁻); o defeito causa a fibrose cística | Quadro 11-2 |

## QUADRO 11-2 MEDICINA

### Defeito de canal iônico na fibrose cística

A fibrose cística (FC) é uma doença hereditária grave. Nos Estados Unidos, a frequência da fibrose cística é de cerca de 1 em 3.200 nascidos vivos, e entre 1 e 4% da população (dependendo da etnia) é portadora, tendo uma cópia do gene defeituoso e uma cópia do gene normal. Apenas os indivíduos que têm as duas cópias do gene defeituoso apresentam os graves sintomas da doença: obstrução do trato gastrintestinal e do trato respiratório, o que geralmente leva a infecções bacterianas nas vias aéreas.

O gene defeituoso da FC foi descoberto em 1989. Ele codifica uma proteína denominada regulador da condutância transmembrana da fibrose cística (CFTR). Essa proteína tem dois segmentos, cada um deles contendo seis hélices transmembrana, dois domínios de ligação a nucleotídeos (NBD) e uma região regulatória que conecta os dois segmentos (Fig. 1). O CFTR é, portanto, muito semelhante a outras proteínas transportadoras ABC, exceto que funciona como um *canal iônico* (para $Cl^-$), e não como uma bomba. O canal conduz $Cl^-$ através da membrana plasmática quando ambos os NBD tiverem ATP ligado e se fecha quando o ATP em um dos NBD for hidrolisado a ADP e $P_i$. O canal de $Cl^-$ é ainda regulado pela fosforilação de vários resíduos de Ser no domínio regulatório, catalisado pela proteína-cinase dependente de AMPc. Quando o domínio regulatório não está fosforilado, o canal de $Cl^-$ se fecha.

A mutação responsável por até 90% dos casos de FC resulta na deleção de um resíduo de Phe na posição 508 (mutação denominada F508del). A proteína mutante enovela-se de forma incorreta, e isso faz ela ser degradada nos proteassomos. Como resultado, há uma redução na movimentação de $Cl^-$ através da membrana plasmática das células epiteliais que revestem as vias aéreas, o trato digestivo, as glândulas exócrinas (pâncreas, glândulas sudoríparas), os ductos biliares e o vaso deferente. Mutações menos comuns, como a mutação G551D ($Gly^{551}$ é trocado por Asp), levam à produção de CFTR, que é enovelada corretamente e se insere na membrana, mas não é capaz de transferir $Cl^-$.

A diminuição na exportação de $Cl^-$ em indivíduos com FC é acompanhada por diminuição da exportação de água pelas células, tornando o muco da superfície das células desidratado, espesso e excessivamente pegajoso. Em circunstâncias normais, os cílios das células epiteliais que revestem a superfície interna dos pulmões estão constantemente varrendo as bactérias que se alojam no muco, mas o muco espesso dos indivíduos com FC prejudica esse processo, propiciando para as bactérias patogênicas um paraíso nos pulmões. Infecções frequentes por bactérias como *Staphylococcus aureus* e *Pseudomonas aeruginosa* causam dano progressivo aos pulmões e reduzem a eficiência respiratória, levando à morte pelo funcionamento inadequado dos pulmões.

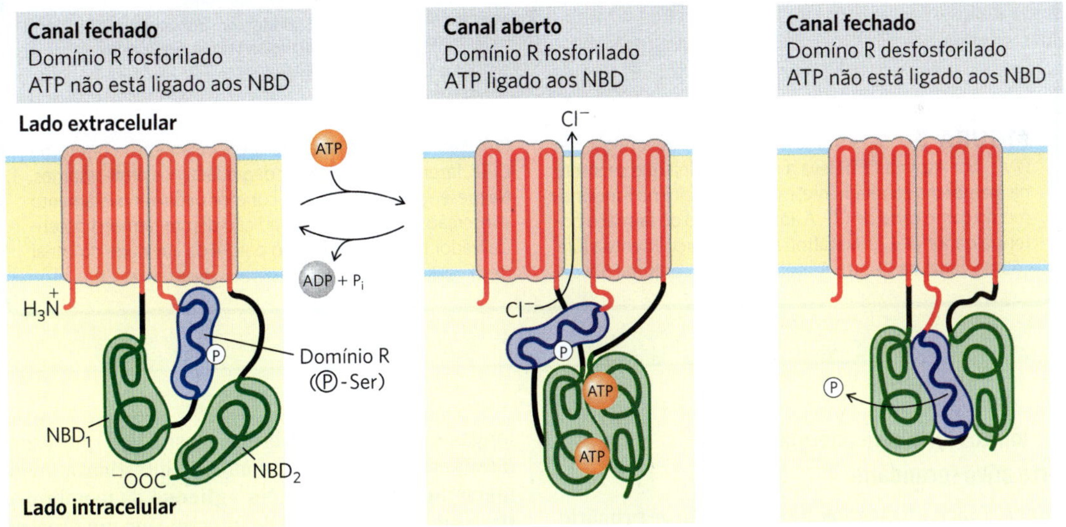

**FIGURA 1** Três estados da proteína CFTR. A proteína tem dois segmentos, cada um com seis hélices transmembrana, e três domínios importantes para a função estendem-se a partir da superfície citoplasmática: $NBD_1$ e $NBD_2$ (em verde) são domínios de ligação a nucleotídeos que ligam ATP, e o domínio regulatório R (em azul) é o sítio de fosforilação por uma proteína-cinase dependente de AMPc. Quando o domínio R é fosforilado, mas não há ATP ligado aos NBD (à esquerda), o canal é fechado. A ligação do ATP abre o canal (no centro) até que o ATP ligado seja hidrolisado. Quando o domínio R é desfosforilado (à direita), ele liga-se aos domínios NBD e impede a ligação de ATP e a abertura do canal. A CFTR é um transportador ABC típico em todos os aspectos, com a exceção de dois: a maioria dos transportadores ABC não possui domínio regulatório, e a CFTR atua como um canal iônico (para $Cl^-$), e não como um transportador típico.

### QUADRO 11-2  MEDICINA

### Defeito de canal iônico na fibrose cística (*continuação*)

Avanços nas terapias levaram ao aumento da expectativa de vida das pessoas com FC de 10 anos em 1960 para mais de 40 anos atualmente. Potencializadores da CFTR, como o ivacaftor (VX-770), aumentam a função da proteína mutante G551D, que se enovela corretamente e é colocada na membrana plasmática. Em indivíduos com defeito no enovelamento, F508del, os corretores de CFTR aumentam o processamento e a entrega da proteína mutante na superfície da célula. O tratamento desses pacientes com uma combinação de fármacos potencializadores e corretores é mais eficiente do que com apenas o fármaco corretor (Fig. 2). Em 2019, ensaios clínicos com uma combinação de três fármacos (ivacaftor, tezacaftor e elexacaftor), agindo tanto como potencializadores como corretores, levaram à melhora dos pacientes com a mutação mais comum (F508del).

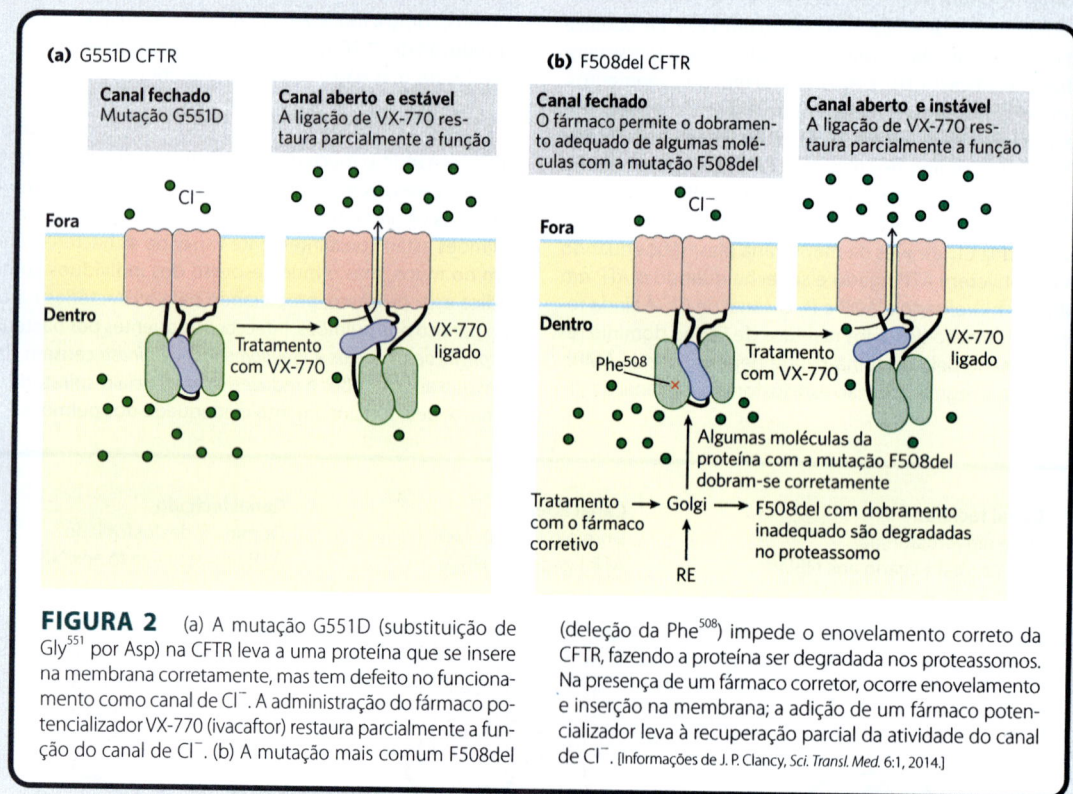

**FIGURA 2** (a) A mutação G551D (substituição de Gly$^{551}$ por Asp) na CFTR leva a uma proteína que se insere na membrana corretamente, mas tem defeito no funcionamento como canal de Cl$^-$. A administração do fármaco potencializador VX-770 (ivacaftor) restaura parcialmente a função do canal de Cl$^-$. (b) A mutação mais comum F508del (deleção da Phe$^{508}$) impede o enovelamento correto da CFTR, fazendo a proteína ser degradada nos proteassomos. Na presença de um fármaco corretor, ocorre enovelamento e inserção na membrana; a adição de um fármaco potencializador leva à recuperação parcial da atividade do canal de Cl$^-$. [Informações de J. P. Clancy, *Sci. Transl. Med.* 6:1, 2014.]

### Gradientes iônicos fornecem energia para o transporte ativo secundário

Os gradientes iônicos formados pelo transporte primário de Na$^+$ ou H$^+$ podem prover a força propulsora para o cotransporte de outros solutos. Muitos tipos de células contêm sistemas de transporte que acoplam o fluxo espontâneo "morro abaixo" de íons ao bombeamento simultâneo "morro acima" de outro íon, açúcar ou aminoácido.

As células epiteliais do intestino acumulam glicose e certos aminoácidos por meio de simporte com Na$^+$ a favor do gradiente de Na$^+$ estabelecido pela Na$^+$K$^+$-ATPase da membrana plasmática (**Fig. 11-42**). A superfície apical das células epiteliais intestinais (a superfície voltada para o conteúdo intestinal) é coberta por microvilosidades – projeções longas e finas da membrana plasmática que fazem a área da superfície exposta ao conteúdo intestinal aumentar enormemente. O **simporte Na$^+$-glicose** da membrana plasmática apical capta glicose do intestino em um processo impulsionado pelo fluxo de Na$^+$ "morro abaixo":

$$2\text{Na}^+_{\text{fora}} + \text{glicose}_{\text{fora}} \longrightarrow 2\,\text{Na}^+_{\text{dentro}} + \text{glicose}_{\text{dentro}}$$

A energia necessária para esse processo se origina de duas fontes: a concentração de Na$^+$ maior fora da célula do que dentro (o potencial químico) e o potencial de membrana (elétrico) que é negativo dentro e, portanto, atrai Na$^+$ para dentro. A grande tendência termodinâmica para Na$^+$ entrar na célula fornece a energia necessária para transportar a glicose para dentro da célula, contra o gradiente de concentração de glicose. Um gradiente de íons criado e

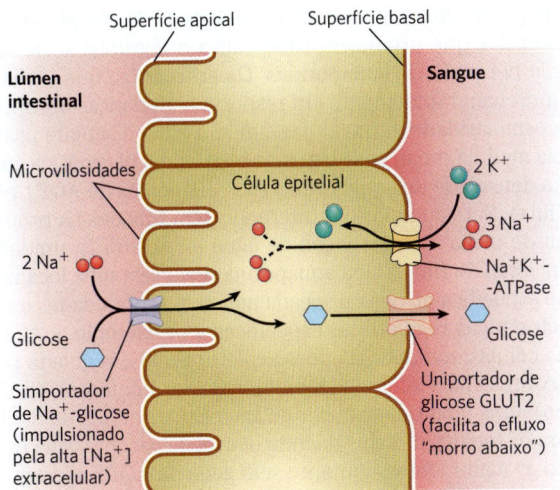

**FIGURA 11-42 Transporte de glicose em células epiteliais intestinais.** A glicose é cotransportada com Na⁺ para dentro da célula epitelial através da membrana plasmática apical. Ela se desloca pela célula até a superfície basal, onde passa para o sangue via GLUT2, um uniporte passivo de glicose. A Na⁺K⁺-ATPase continua a bombear Na⁺ para fora para manter o gradiente de Na⁺ que impulsiona a captação de glicose.

mantido por um bombeamento dependente de energia serve de energia potencial para o cotransporte de outra espécie contra o gradiente de concentração.

### EXEMPLO 11-3 Energética do bombeamento por simporte

Calcule a máxima relação entre $\frac{[\text{glicose}]_{dentro}}{[\text{glicose}]_{fora}}$ que um simporte Na⁺-glicose da membrana plasmática de uma célula epitelial pode determinar quando a [Na⁺]$_{dentro}$ for 12 mM, a [Na⁺]$_{fora}$ for 145 mM, o potencial de membrana for −50 mV (negativo do lado de dentro da célula) e a temperatura for de 37 °C.

**SOLUÇÃO:** Usando a Equação 11-4 (p. 392), calcule a energia inerente ao gradiente eletroquímico de Na⁺ – isto é, o custo para deslocar um íon Na⁺ contra o seu gradiente:

$$\Delta G_t = RT \ln \frac{[\text{Na}^+]_{fora}}{[\text{Na}^+]_{dentro}} + ZF\Delta\psi$$

Substitua, então, os valores-padrão para R, T e F; os valores dados para [Na⁺] (expressos em concentração molar); +1 para Z (porque Na⁺ tem uma carga positiva); e 0,050 V para Δψ. Observe que o potencial de membrana é −50 mV (negativo do lado de dentro), então, quando o íon se desloca de dentro para fora, a mudança no potencial é de 50 mV.

$$\Delta G_t = (8{,}315 \text{ J/mol} \cdot \text{K})(310\text{ K}) \ln \frac{(1{,}45 \times 10^{-1})}{(1{,}2 \times 10^{-2})}$$
$$+ 1(96.500 \text{ J/V} \cdot \text{mol})(0{,}050 \text{ V})$$
$$= 11{,}2 \text{ kJ/mol}$$

Quando Na⁺ reentra na célula, ele dispersa o potencial eletroquímico criado pelo bombeamento para fora; a ΔG para a reentrada de Na⁺ é de −11,2 kJ/mol. Essa é a energia potencial por mol de Na⁺ que está disponível para bombear a glicose. Dado que dois íons Na⁺ se deslocam para o interior da célula a favor de seus gradientes eletroquímicos para cada glicose transportada por simporte, a energia disponível para bombear 1 mol de glicose é de 2 × 11,2 kJ/mol = 22,4 kJ/mol. Agora, é possível calcular a relação máxima entre as concentrações de glicose dentro e fora da célula que pode ser obtida por essa bomba (a partir da Equação 11-3, p. 392):

$$\Delta G_t = RT \ln \frac{[\text{glicose}]_{dentro}}{[\text{glicose}]_{fora}}$$

Rearranjando e substituindo os valores de $\Delta G_t$, R e T, obtem-se

$$\ln \frac{[\text{glicose}]_{dentro}}{[\text{glicose}]_{fora}} = \frac{\Delta G_t}{RT} = \frac{22{,}4 \text{ kJ/mol}}{(8{,}315 \text{ J/mol} \cdot \text{K})(310\text{ K})} = 8{,}69$$

$$\frac{[\text{glicose}]_{dentro}}{[\text{glicose}]_{fora}} = e^{8{,}69} = 5{,}94 \times 10^3$$

Assim, o cotransportador pode bombear glicose para dentro da célula até que a concentração no interior da célula epitelial seja aproximadamente 6 mil vezes maior do que fora (no intestino). (Essa é uma relação teórica máxima, pressupondo um acoplamento perfeitamente eficiente entre a reentrada de Na⁺ e a captação de glicose.)

À medida que as moléculas de glicose são bombeadas do intestino para a célula epitelial na superfície apical, a glicose é simultaneamente transferida da célula para o sangue por transporte passivo por meio do transportador de glicose (GLUT2) na superfície basal (Fig. 11-42). O papel crucial de sistemas de simporte e antiporte de Na⁺ é o bombeamento constante de Na⁺ para fora da célula para manter o gradiente de Na⁺ transmembrana.

Nos rins, um simporte Na⁺-glicose (SGLT2) é o alvo de alguns fármacos usados para tratar o diabetes tipo 2. As gliflozinas são inibidores específicos desse simporte Na⁺-glicose. Elas diminuem a glicemia ao inibirem a reabsorção de glicose nos rins e, assim, previnem os efeitos adversos dos altos níveis de glicose no sangue. A glicose não reabsorvida pelos rins é eliminada na urina. Essa classe de fármacos administrados por via oral, em combinação com dieta e exercícios, diminui a glicemia de maneira significativa em pessoas com diabetes tipo 2.

Devido ao papel essencial dos gradientes iônicos no transporte ativo e na conservação de energia, compostos que dissipam gradientes iônicos da membrana são venenos eficazes, e compostos específicos para microrganismos infecciosos podem servir como antibióticos. Uma dessas substâncias é a valinomicina, um peptídeo cíclico pequeno que neutraliza a carga do K⁺, circundando o íon com seis oxigênios de carbonilas (**Fig. 11-43**). O peptídeo hidrofóbico age, então, como uma lançadeira, carregando o K⁺ através da membrana a favor do seu gradiente de concentração, dissipando, assim, o gradiente. Compostos que lançam íons através da membrana dessa forma são chamados de **ionóforos** (transportadores de íons). Tanto a valinomicina quanto a monensina (um ionóforo carreador de Na⁺) são antibióticos; eles matam células microbianas, promovendo o desacoplamento entre o processo de transporte ativo secundário e as reações de conservação de energia. A monensina é amplamente utilizada como agente antifúngico e antiparasitário. ■

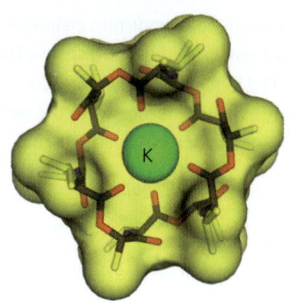

**FIGURA 11-43 Valinomicina, um ionóforo peptídico que liga K⁺.** O íon K⁺ central é rodeado pela face interna polar com cadeias laterais de aminoácidos carregados, e a superfície externa é coberta por cadeias laterais apolares que fazem toda a estrutura ser suficientemente hidrofóbica para se difundir através da bicamada lipídica, transportando K⁺ a favor do seu gradiente de concentração. A dissipação do gradiente iônico transmembrana resultante mata as células microbianas, o que torna a valinomicina um antibiótico muito potente. [Informações de P. Barak e E. A. Nater, http://virtual-museum.soils.wisc.edu, e K. Neupert-Laves e M. Dobler, *Helv. Chim. Acta* 58:432, 1975.]

### As aquaporinas formam canais hidrofílicos transmembrana para a passagem de água

**P3** Uma família de proteínas integrais de membrana, as **aquaporinas** (**AQP**), fornece canais para o movimento rápido de moléculas de água através de todas as membranas plasmáticas. As aquaporinas são encontradas em todos os organismos, e geralmente há muitos genes de aquaporinas codificando proteínas similares, mas não idênticas. Nos mamíferos, são conhecidas 11 aquaporinas, cada uma com seu papel e localização específicos (**Tabela 11-3**). As glândulas exócrinas que produzem suor, saliva e lágrimas secretam água por meio de aquaporinas. Os eritrócitos, que incham e murcham rapidamente em resposta a mudanças abruptas na osmolaridade extracelular à medida que o sangue passa pela medula renal, possuem uma membrana plasmática com alta densidade de aquaporinas ($2 \times 10^5$ cópias de AQP1 por célula). Sete aquaporinas diferentes têm funções na produção de urina e na retenção de água no néfron (a unidade funcional do rim). Cada aquaporina renal tem uma localização específica no néfron, e cada uma tem propriedades e características regulatórias específicas. Por exemplo, a AQP2 das células epiteliais do ducto coletor renal é regulada por vasopressina (também denominada hormônio antidiurético): uma quantidade maior de água é reabsorvida do ducto para os tecidos dos rins quando o nível de vasopressina está alto. O camundongo mutante sem gene da AQP2 apresenta débito urinário alto (poliúria) e urina mais diluída, uma vez que o túbulo proximal fica menos permeável à água. Sabe-se que defeitos genéticos na AQP de humanos são responsáveis por várias doenças.

As moléculas de água fluem através de um canal de AQP1 com uma velocidade de $10^9$ s$^{-1}$. Em comparação, o número de renovação mais alto conhecido para uma enzima é o da catalase, $4 \times 10^7$ s$^{-1}$, sendo que muitas enzimas têm números de renovação entre 1 s$^{-1}$ e $10^4$ s$^{-1}$ (ver Tabela 6-7). A baixa energia de ativação para a passagem de água pelos canais de aquaporina ($\Delta G^{\ddagger} < 15$ kJ/mol) sugere que a água se desloca pelos canais em um fluxo contínuo, na direção definida pelo gradiente osmótico. (Para uma discussão sobre osmose, ver p. 52.) As aquaporinas não permitem a

**TABELA 11-3** Características de permeabilidade e distribuição predominante de aquaporinas de mamíferos conhecidas

| Aquaporina | Permeabilidade | Distribuição nos tecidos | Distribuição subcelular primária[a] |
|---|---|---|---|
| AQP0 | Água (baixa) | Cristalino | Membrana plasmática |
| AQP1 | Água (alta) | Eritrócitos, rins, pulmão, endotélio vascular, encéfalo, olhos | Membrana plasmática |
| AQP2 | Água (alta) | Rins, vaso deferente | Membrana plasmática apical, vesículas intracelulares |
| AQP3 | Água (alta), glicerol (alta), ureia (moderada) | Rins, pele, pulmões, olhos, cólon | Membrana plasmática basolateral |
| AQP4 | Água (alta) | Encéfalo, músculo, rins, pulmão, estômago, intestino delgado | Membrana plasmática basolateral |
| AQP5 | Água (alta) | Glândula salivar, glândula lacrimal, glândula sudorípara, pulmões, córnea | Membrana plasmática apical |
| AQP6 | Água (baixa), ânions (NO$_3^-$ > Cl$^-$) | Rins | Vesículas intracelulares |
| AQP7 | Água (alta), glicerol (alta), ureia (alta) | Tecido adiposo, rins, testículo | Membrana plasmática |
| AQP8[b] | Água (alta) | Testículo, rins, fígado, pâncreas, intestino delgado, cólon | Membrana plasmática, vesículas intracelulares |
| AQP9 | Água (baixa), glicerol (alta), ureia (alta) | Fígado, leucócitos, encéfalo, testículo | Membrana plasmática |
| AQP10 | Água (baixa), glicerol (alta), ureia (alta) | Intestino delgado | Vesículas intracelulares |

Informações de L. S. King et al., *Nat. Rev. Mol. Cell Biol.* 5:688, 2004.
[a]A membrana plasmática apical está voltada para o lúmen da glândula ou do tecido; a membrana plasmática basolateral compreende os lados e a base da célula e não está voltada para o lúmen da glândula ou do tecido.
[b]AQP8 também pode ser permeável pela ureia.

passagem de prótons (íons hidrônio, $H_3O^+$), que poderiam dissipar os gradientes eletroquímicos da membrana.

## Canais iônicos seletivos permitem a passagem rápida de íons através das membranas

Os **canais iônicos seletivos** – primeiramente observados em neurônios e que agora se sabe que estão presentes na membrana plasmática de todas as células, assim como nas membranas intracelulares dos eucariotos – proporcionam outro mecanismo para deslocar íons inorgânicos através das membranas. Os canais iônicos, bem como as bombas iônicas, como a $Na^+K^+$-ATPase, definem a permeabilidade da membrana plasmática a íons específicos e regulam a concentração citosólica de íons e o potencial de membrana. Em neurônios, mudanças muito rápidas na atividade dos canais iônicos causam mudanças no potencial de membrana (potenciais de ação), que levam sinais de uma extremidade do neurônio para a outra. Em miócitos, a abertura rápida de canais de $Ca^{2+}$ no retículo sarcoplasmático libera $Ca^{2+}$, que, por sua vez, desencadeia a contração muscular. As funções de sinalização por canais iônicos serão abordadas no Capítulo 12. Aqui, são descritas as bases estruturais do funcionamento dos canais iônicos, usando como exemplo o canal de $K^+$.

Os canais iônicos são diferentes dos transportadores iônicos em pelo menos três aspectos. Primeiro, a velocidade de fluxo pelos canais pode ser várias ordens de magnitude maior do que o número de renovação dos transportadores – $10^7$ a $10^8$ íons/s para um canal iônico, aproximando-se do máximo teórico para uma difusão irrestrita. Em contrapartida, o número de renovação da $Na^+K^+$-ATPase é de cerca de $100\ s^{-1}$. Segundo, os canais iônicos não são saturáveis: as velocidades não se aproximam de um máximo em concentrações altas de substrato. Terceiro, eles são disparados em resposta a determinados tipos de eventos celulares. Nos **canais dependentes de ligante** (que são geralmente oligoméricos), a ligação de uma molécula pequena extracelular ou intracelular força uma transição alostérica na proteína, que abre ou fecha o canal. Nos **canais iônicos dependentes de voltagem**, uma mudança no potencial elétrico transmembrana ($V_m$) causa uma movimentação no domínio da proteína que possui carga em relação à membrana, abrindo ou fechando o canal. Ambos os tipos de disparo podem ser muito rápidos. Um canal geralmente se abre em uma fração de milissegundo e pode permanecer aberto durante apenas milissegundos, tornando esses dispositivos moleculares efetivos para a transmissão muito rápida de sinais no sistema nervoso.

Como um único canal iônico permanece aberto durante apenas alguns poucos milissegundos, monitorar esse processo está além do limite da maioria das técnicas bioquímicas. Para isso, os fluxos iônicos devem ser medidos eletricamente, tanto como variações no $V_m$ (na faixa de milivolts) quanto como corrente elétrica (na faixa de microamperes ou picoamperes), com o uso de microeletrodos e amplificadores apropriados. Na técnica de ***patch-clamping***, correntes muito pequenas são medidas em uma região minúscula da superfície da membrana, contendo apenas uma ou poucas moléculas de canal iônico (**Fig. 11-44**). O pesquisador pode medir a intensidade e a duração da corrente que flui durante a abertura do canal iônico e pode determinar a frequência com que o canal se abre e como ela pode ser afetada pelo potencial de membrana, por ligantes regulatórios,

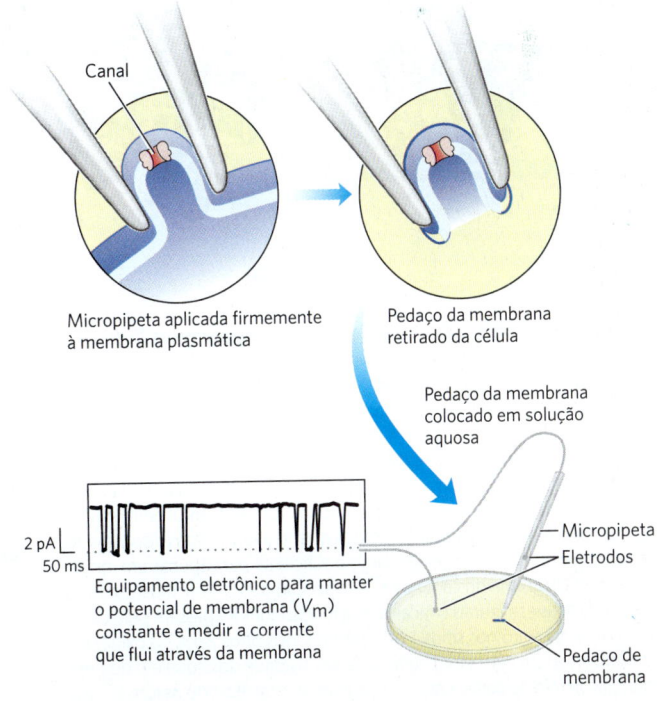

**FIGURA 11-44 Medidas elétricas da função do canal iônico.** A "atividade" de um canal iônico é estimada pela medição do fluxo de íons através do canal, usando-se a técnica de *patch-clamping*. Uma micropipeta é pressionada contra a superfície celular, e uma pressão negativa aplicada na pipeta faz um selamento por pressão entre a pipeta e a membrana. À medida que a pipeta é puxada da célula, ela puxa também um pedaço muito pequeno da membrana (que pode conter um ou poucos canais iônicos). Depois de colocar o pedaço da membrana mantido pela pipeta em solução aquosa, o pesquisador pode medir a atividade do canal na forma de corrente elétrica que flui entre a solução presente no interior da pipeta e a solução aquosa externa à pipeta. Na prática, um circuito é ajustado de forma a "fixar" o potencial transmembrana em um determinado valor, e, então, mede-se a corrente que deve fluir para manter essa voltagem constante. Com detectores de corrente altamente sensíveis, os pesquisadores podem medir a corrente que flui por um único canal iônico, geralmente de poucos picoamperes. O traçado mostra a corrente através de um único canal receptor de acetilcolina em função do tempo (em milissegundos), revelando o quão rápido o canal se abre e fecha, o quão frequentemente ele se abre e por quanto tempo ele permanece aberto. A deflexão para baixo representa a abertura do canal. Fixar o $V_m$ em valores diferentes permite determinar o efeito do potencial de membrana sobre esses parâmetros da função do canal. [Informações de V. Witzemann et al., *Proc. Natl. Acad. Sci.* USA 93:13,286, 1996.]

por toxinas e outros agentes. Estudos usando *patch-clamp* mostraram que uma quantidade de até $10^4$ íons pode se mover através de apenas um canal em 1 ms. Um fluxo de íons dessa magnitude representa uma enorme amplificação do sinal inicial, que pode ser de apenas uma ou duas moléculas sinalizadoras (p. ex., neurotransmissores).

## A estrutura de um canal de $K^+$ revela os fundamentos da sua especificidade

A estrutura do canal de potássio da bactéria *Streptomyces lividans* fornece informações importantes sobre como os canais iônicos funcionam. A sequência desse canal iônico de bactéria está relacionada com a sequência de todos os outros canais de $K^+$ conhecidos e serve de protótipo para esses canais, incluindo o canal de $K^+$ dependente de voltagem dos neurônios. Entre os membros dessa família de proteínas, as semelhanças nas sequências são maiores na "região do poro", que contém o filtro de seletividade iônica que permite ao $K^+$ (raio de 1,33 Å) atravessar $10^4$ vezes mais rapidamente do que o $Na^+$ (raio de 0,95 Å) – a uma velocidade que se aproxima do limite teórico para difusão livre (em torno de $10^8$ íons/s).

O canal de $K^+$ consiste em quatro subunidades idênticas que atravessam a membrana e formam um cone dentro de um cone ao redor do canal iônico, com a extremidade larga do cone duplo voltada para o lado extracelular (**Fig. 11-45a**). Cada subunidade tem duas α-hélices transmembrana, além de uma terceira hélice, mais curta, contribuindo para a região do poro. O cone externo é formado por uma das hélices transmembrana de cada subunidade. O cone interno, formado pelas outras quatro hélices transmembrana, circunda o canal iônico e cria o filtro de seletividade iônica. Visto de forma perpendicular ao plano da membrana, fica evidente que o canal central é amplo o suficiente para acomodar um íon metálico não hidratado, como o potássio (Fig. 11-45b).

O que se conhece sobre a estrutura do canal permite entender tanto a especificidade iônica quanto o alto fluxo através do canal (Fig. 11-45c). Nas superfícies interna e externa da membrana plasmática, a entrada do canal tem vários resíduos de aminoácidos carregados negativamente, o que talvez leve ao aumento da concentração local de cátions, como $K^+$ e $Na^+$. O caminho iônico através da membrana inicia-se (na superfície interna) como um canal largo preenchido com água, no qual o íon retém a sua esfera de hidratação. A estabilização posterior é fornecida pelas hélices curtas na região do poro de cada subunidade, com as cargas negativas parciais de seus dipolos elétricos apontando para o $K^+$ no canal. A cerca de dois terços desse caminho através da membrana, o canal estreita-se na região do filtro de seletividade, forçando o íon a abandonar as suas moléculas de água de hidratação. Os átomos de oxigênio carbonila no esqueleto do filtro de seletividade substituem as moléculas de água da esfera de hidratação, formando uma série de camadas de coordenação perfeitas, pelas quais o $K^+$ se move. Essa interação favorável com o filtro não é possível para o $Na^+$, pois ele é muito pequeno para fazer contato com todos os ligantes de oxigênio disponíveis. A estabilização preferencial do $K^+$ é a base para a seletividade iônica do filtro, e mutações que alteram os resíduos nessa parte da proteína eliminam a seletividade iônica do canal. Os sítios de ligação

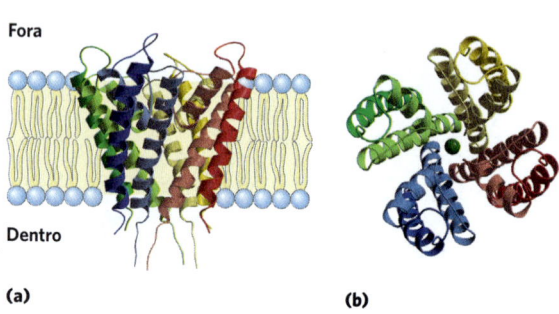

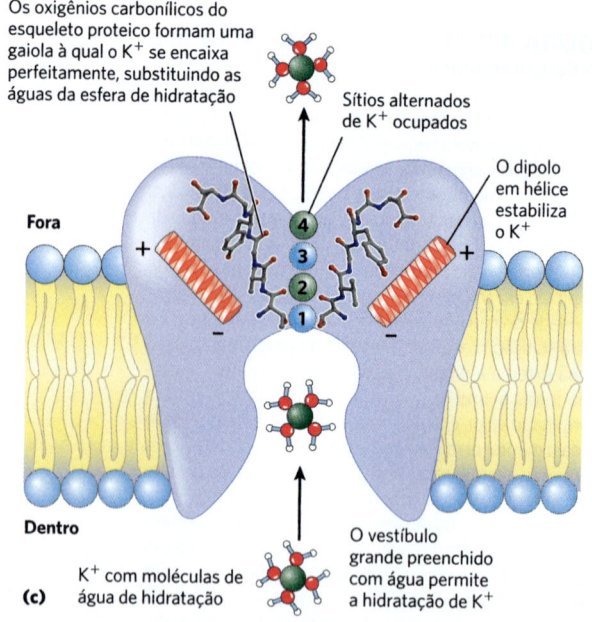

**FIGURA 11-45** **O canal de $K^+$ de *Streptomyces lividans*.** (a) Visto do plano da membrana, o canal consiste em oito hélices transmembrana (duas contendo quatro subunidades idênticas), formando um cone, com sua extremidade larga voltada para o espaço extracelular. As hélices internas do cone (em coloração mais clara) revestem o canal transmembrana, e as hélices externas interagem com a bicamada lipídica. Segmentos curtos de cada subunidade convergem na extremidade aberta do cone para formar o filtro de seletividade. (b) Nessa vista, perpendicular ao plano da membrana, aparecem as quatro subunidades dispostas ao redor de um canal central, que é largo o suficiente para apenas um íon $K^+$ passar. (c) Diagrama do canal de $K^+$ em secção transversal, mostrando as características estruturais críticas para a função. Íons $K^+$ passam pelo canal em pares, primeiro nos sítios 1 e 3 e, depois, nos sítios 2 e 4. Os oxigênios de carbonila (em vermelho) no filtro de seletividade do esqueleto do peptídeo projetam-se para o canal, interagindo e estabilizando os íons $K^+$ que passam por ali. [Dados de (a, b) PDB ID 1BL8, D. A. Doyle et al., *Science* 280:69, 1998; (c) G. Yellen, *Nature* 419:35, 2002, e PDB ID 1J95, M. Zhou et al., *Nature* 411:657, 2001.]

ao K⁺ do filtro são flexíveis o suficiente para colapsar de forma a acomodar qualquer Na⁺ que entre no canal, e essa mudança conformacional fecha o canal.

Há quatro sítios possíveis de ligação ao K⁺ ao longo do filtro de seletividade, cada um composto por uma "gaiola" de oxigênio que fornece os ligantes para os íons K⁺ (Fig. 11-45c). Na estrutura do cristal, estão visíveis dois íons dentro do filtro de seletividade, separados em 7,5 Å, e duas moléculas de água ocupando as posições não preenchidas. Os íons K⁺ passam através do filtro em fila única, e possivelmente as repulsões eletrostáticas mútuas fazem um balaço entre as interações de cada íon com o filtro de seletividade e mantêm os íons em movimento. O movimento de dois íons K⁺ é coordenado: primeiro, eles ocupam as posições 1 e 3 e, depois, saltam para as posições 2 e 4. A diferença energética entre essas duas configurações (1, 3 e 2, 4) é muito pequena. Energeticamente, o poro de seletividade não é uma série de morros e vales, mas sim uma superfície plana, que é o ideal para o movimento rápido do íon através do canal. A estrutura do canal parece ter sido otimizada durante a evolução para propiciar o máximo de velocidade de fluxo e alta especificidade.

### RESUMO 11.3 Transporte de solutos através de membranas

■ Alguns transportadores simplesmente facilitam a difusão passiva de um soluto através da membrana, do lado de maior para o lado de menor concentração do soluto. Outros transportam solutos contra o gradiente eletroquímico, o que requer um suprimento de energia metabólica.

■ Os transportadores movem solutos através da membrana um por vez ou alguns poucos por vez, fornecendo um sítio de ligação em cada lado da membrana. Os sítios de ligação se alternam de modo a estarem acessíveis do lado externo ou do lado interno da membrana. Os canais iônicos fornecem um caminho através da membrana, que pode estar aberto ou fechado. Quando aberto, o canal permite o movimento de um grande número de moléculas de soluto através da membrana, com uma velocidade próxima da velocidade da difusão sem obstáculos.

■ Uma família de transportadores de glicose no ser humano inclui o transportador passivo GLUT1, que, nos níveis normais de glicose no sangue, fica saturado. O GLUT1 facilita o movimento de glicose do sangue para os eritrócitos.

■ O trocador cloreto-bicarbonato dos eritrócitos troca um íon Cl⁻ por $HCO_3^-$ através da membrana plasmática dos eritrócitos, mediando a captação de $CO_2$ nos tecidos e sua liberação nos pulmões.

■ Os transportadores ativos usam energia para bombear solutos contra um gradiente eletroquímico.

■ ATPases do tipo P, incluindo a Na⁺K⁺-ATPase da membrana plasmática e os transportadores de $Ca^{2+}$ do retículo sarcoplasmático/endoplasmático, acoplam fosforilação e desfosforilação do transportador para alternar a exposição do sítio de ligação ao soluto entre os lados interno e externo da membrana plasmática. Em células animais, a Na⁺K⁺-ATPase mantém as diferenças nas concentrações extracelular e citosólica de Na⁺ e K⁺, e o gradiente de Na⁺ resultante é usado como fonte de energia para um grande número de processos de transporte ativo secundário.

■ ATPases do tipo V e do tipo F são transportadores ativos que acoplam a clivagem do ATP com o transporte de íons "morro acima". O mesmo mecanismo, operando no sentido inverso, permite a síntese de ATP, impulsionada pelo movimento de prótons a favor do seu gradiente eletroquímico.

■ Os transportadores ABC carregam uma grande diversidade de substratos (incluindo muitos fármacos) para fora das células, usando ATP como fonte de energia. O domínio que usa ATP é conservado em muitos transportadores ABC, e está acoplado a vários domínios transmembrana que dão especificidade para o substrato.

■ Alguns cotransportadores ativos usam a energia do gradiente iônico gerado cataboliamente para movimentar um soluto "morro acima". O cotransportador de Na⁺-glicose dos rins e do intestino é desse tipo.

■ A água atravessa a membrana pelas aquaporinas. Algumas aquaporinas são reguladas; algumas também transportam glicerol ou ureia.

■ Os canais iônicos fornecem poros hidrofílicos, através dos quais íons selecionados podem se difundir, movendo-se a favor dos seus gradientes de concentração elétrica ou química. Os canais iônicos são insaturáveis, têm fluxos com velocidades muito altas e são específicos para determinado íon.

■ Estudos sobre a estrutura dos canais de K⁺ revelaram o mecanismo que permite uma grande discriminação entre K⁺ e outros íons, como o Na⁺. A passagem transmembrana polar se adequa de forma precisa ao íon K⁺ e não permite a passagem de íons maiores ou menores.

### TERMOS-CHAVE

*Os termos em negrito estão definidos no glossário.*

| | |
|---|---|
| **micela** 368 | **FRAP** 379 |
| **bicamada** 368 | microdomínios 380 |
| **vesícula** 368 | balsas 380 |
| **modelo do mosaico fluido** 369 | cavéolas 381 |
| **proteína de transferência de lipídeos** 371 | caveolina 381 |
| | domínio BAR 382 |
| **proteínas integrais** 372 | **septinas** 382 |
| **proteínas periféricas** 372 | **proteína de fusão** 383 |
| **proteínas anfitrópicas** 372 | **v-SNAREs** 383 |
| monotópico 372 | **t-SNAREs** 383 |
| bitópico 372 | **integrina** 384 |
| politópico 372 | **selectina** 384 |
| **índice de hidropatia** 374 | **difusão simples** 385 |
| barril β 374 | **potencial de membrana** $(V_m)$ 385 |
| porina 374 | **gradiente eletroquímico** 385 |
| **regra do positivo para dentro** 375 | **potencial eletroquímico** 385 |
| **proteína ancorada por GPI** 376 | **transportadores** 385 |
| **flipases** 378 | **transporte passivo** 386 |
| **flopases** 378 | **transporte ativo** 386 |
| **escramblases** 379 | **canais iônicos** 388 |

**anfipático** 388
eletroneutro 391
**cotransporte** 391
**antiporte** 391
**simporte** 391
**uniporte** 391
**eletrogênico** 392
ATPases do tipo P 392
bomba SERCA 393
**Na⁺K⁺-ATPase** 394
ATPases do tipo V 394
ATPases do tipo F 395
**ATP-sintase** 395
**transportadores ABC** 395
**transportadores de múltiplos fármacos** 396
simporte Na⁺-glicose 398
**ionóforo** 399
**aquaporinas (AQP)** 400
canal dependente de ligante 401
canal iônico dependente de voltagem 401
*patch-clamping* 401

## QUESTÕES

**1. Determinação da área de secção transversal de uma molécula de lipídeo** Quando fosfolipídeos são dispostos cuidadosamente sobre a superfície da água, eles orientam-se na interface ar-água, mantendo os grupos polares voltados para a água e as caudas hidrofóbicas voltadas para o ar. O dispositivo experimental mostrado pode ser usado para reduzir progressivamente a área da superfície disponível para uma camada de lipídeos. Medindo-se a força necessária para manter os lipídeos agrupados, é possível determinar quando as moléculas estão compactadas firmemente em uma monocamada contínua. Ao chegar próximo dessa área, a força necessária para continuar reduzindo a área da superfície disponível aumenta enormemente, como mostrado no gráfico. Como esse dispositivo poderia ser usado para determinar a área média ocupada por uma única molécula lipídica na monocamada?

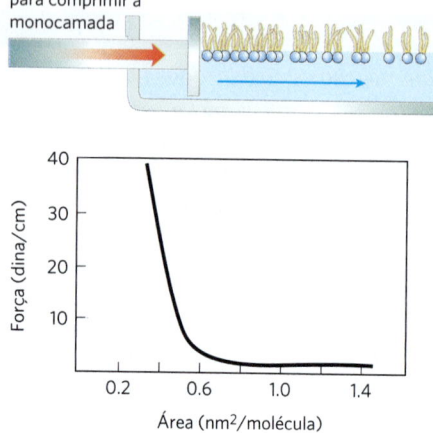

**2. Propriedades dos lipídeos e das bicamadas lipídicas** Quando fosfolipídeos são suspensos em água, há formação de bicamadas lipídicas. As extremidades dessas folhas se fecham entre si fazendo, de modo que ficam autosseladas, formando vesículas (lipossomos).

**(a)** Quais propriedades dos lipídeos são responsáveis por essa propriedade das bicamadas? Explique.
**(b)** Quais são as consequências dessa propriedade para a estrutura das membranas biológicas?

**3. Comprimento de uma molécula de ácido graxo** A distância da ligação carbono-carbono para carbonos em ligação simples, como em cadeias acila graxa saturadas, é de cerca de 1,5 Å. Estime o comprimento de uma única molécula de palmitato na sua forma completamente estendida. Se duas moléculas de palmitato forem colocadas alinhadas com as suas extremidades em contato, como esse comprimento total pode ser comparado com a espessura da bicamada lipídica das membranas biológicas?

**4. Proteínas de membrana** Quais são as três categorias principais de proteínas de membrana e como se pode diferenciá-las experimentalmente?

**5. Localização das proteínas de membrana** O tratamento de membranas de eritrócitos rompidas com sais concentrados libera da membrana uma proteína desconhecida, a proteína X. O tratamento com enzimas proteolíticas cliva X em vários fragmentos. Em outros experimentos, eritrócitos inteiros foram tratados com as enzimas proteolíticas, lavados e, então, rompidos. A extração de componentes da membrana produziu a proteína X intacta. O que essas observações sugerem sobre a localização da proteína X na membrana plasmática? As propriedades de X se parecem com as das proteínas integrais de membrana ou com as das proteínas periféricas?

**6. Predição da topologia das proteínas de membrana a partir da sequência** Você clonou o gene para uma proteína de eritrócito humano, que se suspeita ser uma proteína de membrana. A sequência de aminoácidos da proteína é deduzida a partir da sequência de nucleotídeos do gene. Apenas com essa sequência, como você avaliaria a possibilidade de que a proteína seja uma proteína integral de membrana? Suponha que seja comprovado que se trata de uma proteína integral com um segmento transmembrana. Quais experimentos bioquímicos ou químicos podem ser sugeridos para determinar se a proteína é orientada com a extremidade aminoterminal para dentro ou para fora da célula?

**7. Densidade de uma proteína de membrana na superfície** A *E. coli* pode ser induzida a produzir aproximadamente 10 mil cópias do transportador de lactose ($M_r$ 31.000) por célula. Suponha que a *E. coli* seja um cilindro com 1 $\mu$m de diâmetro e 2 $\mu$m de comprimento. O diâmetro do transportador de lactose é de aproximadamente 6 nm. Qual proporção da superfície da membrana plasmática é ocupada pelas moléculas do transportador de lactose? Explique como você chegou a essa conclusão.

**8. Espécies moleculares na membrana plasmática** A membrana plasmática da *E. coli* é composta por cerca de 75% de proteína e 25% de fosfolipídeo, em peso. Quantas moléculas de lipídeos de membrana estão presentes para cada molécula de proteína de membrana? Considere uma $M_r$ média de 50.000 para as proteínas e uma $M_r$ média de 750 para os fosfolipídeos. O que mais é preciso para estimar a proporção da superfície da membrana que é coberta por lipídeos?

**9. Dependência da difusão lateral pela temperatura** O experimento descrito na Figura 11-19 foi realizado a 37 °C. Se o experimento fosse realizado a 10 °C, qual seria o efeito esperado sobre a velocidade de difusão? Por quê?

**10. Autosselamento das membranas** As membranas celulares se autosselam – caso sejam perfuradas ou rompidas mecanicamente, elas se resselam de forma rápida e automática. Quais propriedades da membrana são responsáveis por essa característica importante?

**11. Temperaturas de fusão de lipídeos** Lipídeos de membrana em amostras de tecidos obtidas de diferentes partes da perna de uma rena (espécie que vive em climas frios) apresentam diferentes composições de ácidos graxos. Os lipídeos de membrana de tecidos próximos aos cascos contêm uma proporção maior de ácidos graxos insaturados do que aqueles de tecidos da parte superior da perna. Qual é o significado dessa observação?

**12. Difusão flip-flop** Qual é a explicação física para a baixa velocidade da passagem de fosfolipídeos de membrana de um folheto da membrana paro o outro folheto? Quais fatores afetam essa velocidade?

**13. Assimetria da bicamada** O folheto interno (monocamada) da membrana de eritrócitos humanos consiste predominantemente em fosfatidiletanolamina e fosfatidilserina. O folheto externo é formado predominantemente por fosfatidilcolina e esfingomielina. Embora os componentes fosfolipídicos da membrana possam se difundir na bicamada fluida, essa lateralidade é sempre preservada. Como?

**14. Escramblase e flipase** Explique a diferença entre as enzimas escramblase e flipase com base nas membranas às quais elas estão associadas, na simetria dessas membranas e nas suas necessidades energéticas.

**15. Permeabilidade da membrana** Em pH 7, o triptofano atravessa a bicamada lipídica em cerca de 1 milésimo da velocidade do indol, um composto muito semelhante:

Sugira uma explicação para essa observação.

**16. Transportadores de glicose** Uma bióloga celular que está trabalhando com células do epitélio intestinal em cultura verificou que as células captam glicose do meio de crescimento a uma velocidade 10 vezes maior quando a concentração de glicose é de 5 mM do que quando a concentração é de 0,2 mM. Ela também verificou que a captação de glicose necessita de $Na^+$ no meio de cultura. O que se pode dizer sobre o transportador de glicose dessas células?

**17. Uso do diagrama de hélice em roda** Uma roda helicoidal é uma representação bidimensional de uma hélice, vista ao longo do eixo central. Use o diagrama em roda da figura a seguir para determinar a distribuição dos resíduos de aminoácidos de um segmento de hélice com a sequência –Val–Asp–Arg–Val–Phe–Ser–Asn–Val–Cys–Thr–His–Leu–Lys–Thr–Leu–Gln–Asp–Lys–.

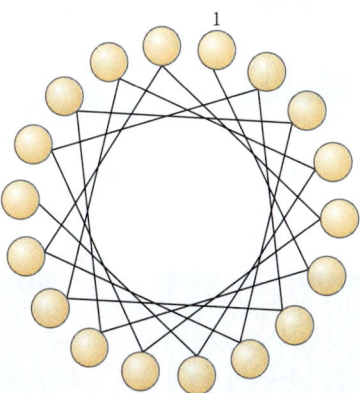

O que se pode dizer sobre as propriedades da superfície dessa hélice? Qual orientação da hélice se espera para a estrutura terciária de uma proteína integral de membrana?

**18. Energética da síntese de suco gástrico** As células parietais acidificam o suco gástrico (pH 1,5) pelo bombeamento de HCl do plasma sanguíneo (pH 7,4) para o estômago. Qual é a quantidade de ATP (em mols) necessária para bombear um mol de prótons ($H^+$) contra esse gradiente de concentração? A variação de energia livre da hidrólise de ATP em condições celulares é de aproximadamente –58 kJ/mol. Ignore os efeitos do potencial elétrico transmembrana.

**19. Transportadores eletrogênicos** O organismo unicelular *Paramecium* é grande o suficiente para permitir a inserção de um microeletrodo, o que possibilita medir o potencial elétrico entre o interior da célula e o meio circundante (o potencial de membrana). O potencial de membrana medido é de $-50$ mV (negativo no lado interno) em uma célula viva. O que aconteceria se fosse adicionada valinomicina ao meio externo, que também contém $Na^+$ e $K^+$?

**20. Energética da $Na^+K^+$-ATPase** Dada uma célula de vertebrado típica com potencial de membrana de $-0,070$ V (negativo no lado interno), qual é a variação de energia livre para transportar 1 mol de $Na^+$ da célula para o sangue a 37 °C? Suponha que a concentração de $Na^+$ seja de 12 mM dentro da célula e de 145 mM no plasma sanguíneo.

**21. Ação da ouabaína no tecido renal** A ouabaína inibe especificamente a atividade da $Na^+K^+$-ATPase de tecidos animais e não inibe qualquer outra enzima. Quando a ouabaína é adicionada a fatias finas de tecido renal vivo, ela inibe o consumo de oxigênio em 66%. Por quê? O que essa observação nos diz sobre o uso da energia respiratória pelo tecido renal?

**22. Digoxina para inibir a $Na^+K^+$-ATPase** O trocador de $Na^+$-$Ca^{2+}$ expresso em miócitos cardíacos é uma proteína antiporte bidirecional que remove cálcio do citoplasma trocando-o por sódio. Miócitos cardíacos também expressam $Na^+K^+$-ATPase. Suponha que um inibidor da $Na^+K^+$-ATPase (digoxina) seja adicionado a miócitos cardíacos. Usando o seu conhecimento sobre as concentrações relativas de íons (intra vs. extracelular) e o papel importante da $Na^+K^+$-ATPase em manter o gradiente eletroquímico, qual mudança seria esperada na $[Ca^{2+}]$ intracelular? Por quê?.

**23. Energética do simporte** Suponha que foi determinado experimentalmente que o sistema de transporte celular de glicose, impulsionado pelo simporte de $Na^+$, poderia acumular glicose até atingir concentrações 25 vezes maiores do que aquelas do meio externo, quando a $[Na^+]$ externa é apenas 10 vezes maior do que a $[Na^+]$ intracelular. Tal situação violaria as leis da termodinâmica? Em caso negativo, como essa observação poderia ser explicada?

**24. Marcação do transportador de lactose** Um transportador bacteriano altamente específico para a lactose contém um resíduo de Cys que é essencial para a sua atividade de transporte. A reação covalente de *N*-etilmaleimida (NEM) com esse resíduo de Cys inativa irreversivelmente o transportador. Uma alta concentração de lactose no meio impede a inativação por NEM, supostamente por proteger estericamente o resíduo de Cys, que se encontra no sítio de ligação da lactose ou próximo a ele. Não há nenhuma outra informação sobre essa proteína transportadora. Sugira um experimento que possa determinar a $M_r$ desse polipeptídeo transportador contendo Cys.

**25. Tipos de transporte** Um novo transportador de L-alanina foi recentemente descoberto em células do fígado (hepatócitos). O envenenamento de hepatócitos com cianeto (que bloqueia a síntese de ATP) reduz o transporte de alanina em 90%. A redução da [Na$^+$] extracelular em 10 vezes não tem efeito imediato no transporte de alanina. Como essas observações podem ser utilizadas para decidir se esse transportador de alanina é um transportador passivo ou ativo e primário ou secundário?

**26. Captação intestinal de leucina** Você está estudando a captação de L-leucina por células epiteliais do intestino de camundongos. Medidas da taxa de captação de L-leucina e de vários de seus análogos, na presença e na ausência de Na$^+$ no tampão do ensaio, produziram os resultados apresentados na tabela a seguir. O que se pode concluir sobre as propriedades e o mecanismo do transportador de leucina? Seria de esperar que a captação de L-leucina fosse inibida pela ouabaína (ver Questão 21)?

| Substrato | Captação na presença de Na$^+$ | | Captação na ausência de Na$^+$ | |
|---|---|---|---|---|
| | $V_{máx}$ | $K_t$ (mM) | $V_{máx}$ | $K_t$ (mM) |
| L-Leucina | 420 | 0,24 | 23 | 0,2 |
| D-Leucina | 310 | 4,7 | 5 | 4,7 |
| L-Valina | 225 | 0,31 | 19 | 0,31 |

**27. Seletividade dos canais iônicos** Os canais de potássio são constituídos por quatro subunidades, que formam um canal largo o suficiente para permitir apenas a passagem de íons K$^+$. Embora os íons Na$^+$ sejam menores ($M_r$ 23, raio 0,95 Å) do que os íons K$^+$ ($M_r$ 39, raio 1,33 Å), os canais de potássio da bactéria *Streptomyces lividans* transportam 104 vezes mais íons K$^+$ do que íons Na$^+$. O que evita a passagem de íons Na$^+$ pelos canais de potássio?

**28. Efeito de um ionóforo sobre o transporte ativo** Considere o transportador de leucina descrito na Questão 26. A $V_{máx}$ ou a $K_t$ mudaria com a adição de um ionóforo de Na$^+$ à solução do ensaio contendo Na$^+$? Explique.

### BIOQUÍMICA *ONLINE*

**29. Predição da topologia das proteínas de membrana I** Ferramentas de bioinfomática disponíveis *online* facilitam a análise de hidropatia se a sequência de aminoácidos da proteína for conhecida. No Protein Data Bank (banco de dados de proteínas) (www.rcsb.org), a ferramenta Protein Feature View (visualizar características das proteínas) apresenta informações sobre proteínas compiladas de outros bancos de dados, como o UniProt e o SCOP2. Um gráfico de hidropatia simples criado por meio dessa ferramenta para especificar uma janela de 15 resíduos mostra regiões hidrofóbicas em vermelho e regiões hidrofílicas em azul.

**(a)** Apenas com base nos gráficos de hidropatia da ferramenta Protein Feature View, quais predições se pode fazer sobre a topologia de membrana das proteínas: glicoforina A (PDB ID 1AFO), mioglobina (PDB ID 1MBO) e aquaporina (PDB ID 2B60)?

**(b)** Agora, refine as informações usando as ferramentas ProtScale no portal de recursos de bioinformática ExPASy. Cada um desses Protein Feature Views do PDB foi criado com um UniProt Knowledgebase ID (identificação da proteína). A identificação UniProtKB ID da glicoforina A é P02724; a da mioglobina é P02185; e a da aquaporina é Q6J8I9. No portal ExPASy (http://web.expasy.org/protscale), selecione a opção de análise de hidropatia Kyte & Doolittle, com uma janela de 7 aminoácidos. Insira o UniProtKB ID da aquaporina (Q6J8I9, que também pode ser obtido na página Protein Feature View do PDB) e, então, selecione a opção para a análise completa da cadeia (resíduos 1 a 263). Use os valores *default* (padrão) para as outras opções e clique em *Submit* (enviar) para obter o gráfico de hidropatia. Salve esse gráfico como imagem GIF. Agora, repita a análise com uma janela de 15 aminoácidos. Compare os resultados das análises obtidas com a janela de 7 e a de 15 resíduos de aminoácidos. Qual das duas análises apresenta a melhor relação sinal-ruído?

**(c)** Em que circunstâncias seria mais importante usar uma janela mais estreita?

**30. Predição da topologia das proteínas de membrana II** O receptor para o hormônio adrenalina em células animais é uma proteína integral de membrana ($M_r$ 64.000) que se acredita ter sete regiões de α-hélice que atravessem a membrana.

**(a)** Mostre que uma proteína desse tamanho é capaz de atravessar a membrana sete vezes.

**(b)** Dada a sequência de aminoácidos da proteína, como seria possível prever quais regiões da proteína formam hélices que atravessam a membrana?

**(c)** Acesse o Protein data Bank (www.rcsb.org). Use o identificador PDB 1DEP para buscar a página de dados para uma porção do receptor β-adrenérgico (um tipo de receptor de adrenalina) isolado de perus. Usando a ferramenta JSmol para explorar a estrutura, identifique se essa porção do receptor está localizada dentro da membrana ou em sua superfície. Explique sua resposta. Agora, use a ferramenta Protein Feature View para ver a análise da hidrofobicidade da sequência. Como ela ajuda a reforçar a resposta?

**(d)** Busque os dados para uma porção de outro receptor, o receptor da acetilcolina em neurônios e miócitos, usando o identificador PDB 1A11. Da mesma forma que em (c), identifique onde essa porção do receptor está localizada e explique sua resposta.

### QUESTÃO DE ANÁLISE DE DADOS

**31. Predição da topologia das proteínas de membrana II** A Figura 11-3 mostrou o modelo de mosaico fluido da estrutura da membrana biológica aceito atualmente. Esse modelo foi apresentado em detalhes em um artigo de revisão por S. J. Singer em 1971. No artigo, Singer discutiu os três modelos da estrutura de membrana propostos até aquele momento:

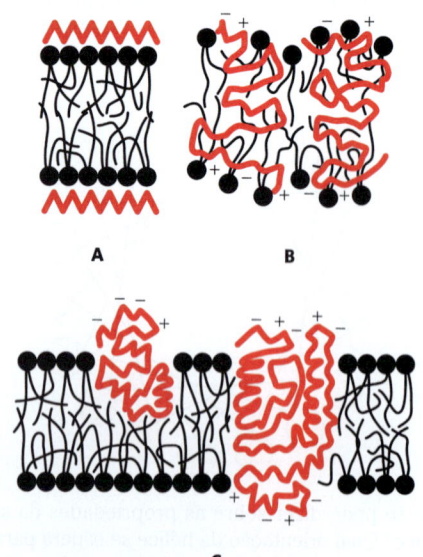

*A. Modelo de Davson-Danielli-Robertson.* Esse era o modelo mais amplamente aceito em 1971, quando a revisão de Singer foi publicada. Nesse modelo, os fosfolipídeos estão arranjados como uma bicamada. As proteínas são encontradas nas duas superfícies da bicamada, ligadas a ela por interações iônicas entre grupos polares carregados dos fosfolipídeos e grupos carregados das proteínas. Importante: não há proteínas no interior da bicamada.

*B. Modelo da subunidade de lipoproteínas de Benson.* Nesse modelo, as proteínas são globulares, e a membrana é uma mistura de proteínas e lipídeos. As caudas hidrofóbicas dos lipídeos estão embebidas nas partes hidrofóbicas das proteínas. Os grupos polares lipídicos estão expostos ao solvente. Não há bicamada lipídica.

*C. Modelo do mosaico fluido lipídeo-globular.* Esse é o modelo mostrado na Figura 11-3. Os lipídeos formam uma bicamada, e as proteínas estão embebidas nela, algumas se estendendo de modo a atravessar a bicamada, e outras, não. As proteínas estão ancoradas à bicamada por interações hidrofóbicas entre as caudas hidrofóbicas dos lipídeos e as porções hidrofóbicas da proteína.

Considerando os dados disponíveis a seguir, considere como cada uma dessas informações se encaixa com os três modelos da estrutura da membrana. Quais modelos são coerentes com os dados, quais não são e quais contrapontos podem ser feitos sobre os dados ou suas interpretações? Explique o seu raciocínio.

**(a)** Quando células são fixadas, coradas com tetróxido de ósmio e examinadas sob microscopia eletrônica, as membranas aparentam "trilhos de trem", com duas linhas escuras separadas por um espaço claro.

**(b)** O valor encontrado para a espessura das membranas de células fixadas e coradas desse modo foi de 5 a 9 nm. A espessura de uma bicamada fosfolipídica "nua", sem proteínas, é de 4 a 4,5 nm. A espessura de uma única monocamada de proteínas é de cerca de 1 nm.

**(c)** Singer escreveu em seu artigo: "A composição média de aminoácidos das proteínas de membrana não é diferente daquela das proteínas solúveis. Em particular, uma proporção substancial de resíduos é hidrofóbica" (p. 165).

**(d)** Como descrito nas Questões 1 e 2 deste capítulo, pesquisadores extraíram membranas de células, extraíram os lipídeos e compararam a área da monocamada lipídica com a área da membrana da célula original. A interpretação dos resultados tornou-se complicada pela questão ilustrada no gráfico da Questão 1: a área da monocamada dependia da força usada para pressioná-la. Com pressões muito fracas, a relação entre a área da monocamada e a área da membrana ficava em torno de 2,0. Com pressões muito fortes – supostamente mais fiéis às encontradas nas células – a proporção era substancialmente mais baixa.

**(e)** A espectroscopia de dicroísmo circular utiliza mudanças na polarização da luz UV para fazer inferências quanto à estrutura secundária da proteína (ver Fig. 4-9). Essa técnica mostrou que, em média, as proteínas de membrana têm grande quantidade de $\alpha$-hélice e pouco ou nada de folha $\beta$. Esse achado foi consistente com a ideia de que a maioria das proteínas de membrana possui estrutura globular.

**(f)** A fosfolipase C é uma enzima que remove os grupos polares da cabeça (inclusive o fosfato) de fosfolipídeos. Em vários estudos, o tratamento de membranas intactas com fosfolipase C removeu cerca de 70% dos grupos polares sem interromper a estrutura de "trilho de trem" da membrana.

**(g)** Singer descreveu em seu artigo um estudo no qual "uma glicoproteína com massa molecular aproximada de 31.000 na membrana de eritrócitos humanos foi hidrolisada, liberando glicopeptídeos solúveis com massa molecular aproximada de 10.000, após o tratamento da membranas com tripsina, enquanto o restante da proteína era bastante hidrofóbico" (p. 199). O tratamento com tripsina não causou maiores mudanças nas membranas, que permaneceram intactas.

A revisão de Singer também incluiu muitos outros estudos nessa área. No final, entretanto, os dados disponíveis em 1971 não provaram de forma conclusiva que o Modelo C estava correto. À medida que mais dados foram se acumulando, esse modelo da estrutura da membrana foi sendo aceito pela comunidade científica.

### Referência

**Singer, S.J. 1971.** The molecular organization of biological membranes. In *Structure and Function of Biological Membranes* (L.I. Rothfield, ed.), pp. 145–222. New York: Academic Press.

# Capítulo 12

# SINALIZAÇÃO BIOQUÍMICA

- **12.1** Características gerais da transdução de sinais  *409*
- **12.2** Receptores acoplados à proteína G e segundos mensageiros  *412*
- **12.3** Os GPCR na visão, no olfato e no paladar  *429*
- **12.4** Receptores tirosinas-cinases  *433*
- **12.5** Proteínas adaptadoras multivalentes e balsas da membrana  *439*
- **12.6** Canais iônicos regulados (portões)  *442*
- **12.7** Regulação da transcrição por receptores nucleares de hormônios  *445*
- **12.8** Regulação do ciclo celular por proteínas-cinases  *446*
- **12.9** Oncogenes, genes supressores de tumores e morte celular programada  *451*

A capacidade das células de receber e responder a sinais externos à membrana plasmática é fundamental à vida. A todo momento, as células e os organismos estão explorando o meio ao redor em busca de nutrientes, oxigênio, luz e parceiros sexuais, além de monitorar a presença de substâncias químicas danosas, predadores ou competidores pelo alimento. Esses sinais desencadeiam respostas apropriadas, como se mover em direção ao alimento ou se afastar de substâncias tóxicas. Nos organismos multicelulares, as células trocam centenas de sinais – neurotransmissores, hormônios, metabólitos-chave – que desencadeiam respostas apropriadas em atividades celulares, como metabolismo, divisão celular, crescimento embrionário, movimento e defesa. Em todos esses casos, o sinal representa uma *informação* que é detectada por receptores específicos e convertida em resposta celular, que sempre envolve um processo *químico*. Essa conversão de informação em mudança química, a **transdução de sinal**, é uma propriedade universal das células vivas.

Este capítulo apresenta vários exemplos de sistemas de sinalização biológicos específicos, a partir dos quais foi adquirido o conhecimento que temos atualmente sobre a bioquímica da transdução de sinais nos animais. Os seguintes princípios serão enfatizados:

> **P1** **As células respondem a sinais externos por meio de processos mediados por receptores que amplificam o sinal, integram-no a informações provenientes de outros receptores, transmitem o sinal para efetores apropriados e, por fim, terminam a resposta.**

> **P2** **Há um alto grau de conservação evolutiva nas proteínas de sinalização e nos mecanismos de transdução entre os diversos filos do reino animal.** Pelo menos um bilhão de anos de evolução se passaram desde que os ramos vegetal e animal dos eucariotos divergiram, e isso se reflete nas diferenças entre os mecanismos de sinalização usados pelos dois reinos. Este capítulo foca no reino animal.

> **P3** **Nos animais multicelulares, GPCR com sete hélices transmembrana constituem o maior grupo de receptores da membrana plasmática.** Esses receptores acoplados à proteína G agem por meio de proteínas G, que se tornam ativadas quando ligam trifosfato de guanosina (GTP). Os animais possuem centenas de GPCR diferentes, e cada um deles pode responder a um sinal específico.

> **P4** **Os receptores da membrana plasmática com atividade intracelular de tirosina-cinase agem por meio de cascatas de proteínas-cinases para transduzir os sinais sobre o estado metabólico, incluindo fatores de crescimento.**

> **P5** **A fosforilação de regiões intrinsecamente desordenadas de proteínas sinalizadoras age como um comutador, ligando e desligando a atividade de enzimas, ou cria sítios de ligação para outras moléculas.** As respostas aos sinais são integradas por complexos sinalizadores multiproteicos com domínios modulares que se ligam a resíduos de Tyr, Ser ou Thr fosforilados.

> **P6** **Canais iônicos controlados pelo potencial de membrana ou por ligantes são fundamentais para a sinalização em todas as células, incluindo bactérias, plantas e animais.**

> **P7** Alguns sinais hormonais agem dentro das células, e não na membrana plasmática, formando complexos com receptores proteicos específicos que regulam a expressão gênica.

> **P8** As células recebem sinais extracelulares que determinam o avanço do ciclo da divisão celular ou provocam a morte da célula. Esses processos são regulados por fosforilação e desfosforilação de proteínas regulatórias importantes.

> **P9** Defeitos nas proteínas sinalizadoras ou na regulação de sua síntese e degradação podem prejudicar a regulação do ciclo celular e levar à formação de tumores (câncer).

## 12.1 Características gerais da transdução de sinais

As transduções de sinais são impressionantemente específicas e sensíveis. A **especificidade** é obtida pela complementariedade molecular precisa entre as moléculas sinalizadoras e receptoras (**Fig. 12-1a**), mediada pelo mesmo tipo de forças fracas (não covalentes) que regem as interações enzima-substrato e antígeno-anticorpo. Os organismos multicelulares têm um nível de especificidade adicional, visto que os receptores de um dado sinal, ou os alvos intracelulares de uma dada via de sinalização, estão presentes em apenas determinados tipos de células. O hormônio liberador de tireotrofina, por exemplo, desencadeia respostas nas células da adeno-hipófise, mas não nos hepatócitos, que são células que não possuem receptores para esse hormônio. A adrenalina altera o metabolismo do glicogênio nos hepatócitos, mas não nos adipócitos; nesse caso, os dois tipos de células têm receptores para esse hormônio, porém, enquanto os hepatócitos contêm glicogênio e a enzima que metaboliza o glicogênio, que é estimulada pela adrenalina, os adipócitos não contêm nem glicogênio nem enzima.

### Os sistemas de transdução de sinal possuem características em comum

A extraordinária **sensibilidade** da transdução de sinais é o resultado da alta afinidade dos receptores de sinais com as moléculas às quais se ligam (Fig. 12-1b). A afinidade pode ser expressa como uma constante de dissociação, $K_d$, para a interação receptor-ligante. Geralmente, os valores de $K_d$ são de $10^{-7}$ M ou menos, o que indica que o receptor detecta concentrações de micromolar a nanomolar do ligante sinalizador. Em alguns casos, a cooperação nas interações receptor-ligante resulta em mudanças relativamente grandes na ativação do receptor, com pequenas mudanças na concentração do ligante, aumentando ainda mais a sensibilidade da detecção do sinal.

> **P1** A **amplificação** ocorre quando uma enzima é ativada por um receptor de sinal, e ela, por sua vez, catalisa a ativação de muitas moléculas de uma segunda enzima, que ativa muitas moléculas de uma terceira enzima, e assim por diante, nas assim chamadas **cascatas enzimáticas**

(Fig. 12-1c). Essas cascatas podem produzir amplificações de várias ordens de magnitude dentro de milissegundos. A resposta a um sinal também deve cessar para garantir que os efeitos nas etapas posteriores sejam proporcionais à intensidade do estímulo original.

As proteínas que interagem com sinais são **modulares**. Muitas proteínas sinalizadoras têm vários domínios que reconhecem características específicas em várias outras proteínas ou no citoesqueleto ou na membrana plasmática.
> **P5** Esse sistema modular possibilita que a célula se combine com várias moléculas sinalizadoras, formando uma grande variedade de complexos multienzimáticos com funções e localizações celulares diferentes. Um tema comum nessas interações é a ligação entre uma proteína de sinalização modular e resíduos *fosforilados* de outra proteína; a interação resultante pode ser regulada por fosforilação ou desfosforilação da proteína associada (Fig. 12-1d). **Proteínas estruturais** (**arcabouço proteico**) não enzimáticas, com afinidade por várias enzimas que interagem em cascatas, juntam essas enzimas, garantindo que elas interajam em locais específicos da célula e em momentos específicos. Muitas das regiões envolvidas em interações proteína-proteína são intrinsecamente desordenadas (ver Fig. 4-20) e capazes de se enovelarem de maneiras diferentes conforme a proteína com a qual interagem. O resultado é que uma única proteína pode ter várias funções nas vias de sinalização.

A sensibilidade dos sistemas receptores está sujeita a alterações. Quando a presença do sinal for permanente, o receptor fica **dessensibilizado** (Fig. 12-1e) e não responde mais ao sinal. Quando o estímulo cai abaixo de certo limiar, o sistema volta a ter sensibilidade. Considere o que acontece no sistema de transdução visual de uma pessoa quando ela passa de um lugar com muita luz solar para um quarto escuro ou da escuridão para a luz.

A **integração** entre sinais (Fig. 12-1f) é a capacidade do sistema de receber vários sinais e produzir uma resposta unificada apropriada ao conjunto de necessidades da célula ou do organsino. Diferentes vias de sinalização se comunicam umas com as outras em vários níveis, gerando uma complexa "conversa cruzada" que mantém a homeostase da célula ou do organismo.

Geralmente, as vias de sinalização são **divergentes** – ramificadas, em vez de lineares. Um estímulo age por meio de um receptor que ativa duas ou mais vias com alvos e respostas finais diferentes (Fig. 12-1g).

Uma última característica notável dos sistemas de transdução de sinal é a **resposta localizada** dentro da célula (Fig. 12-1h). Quando os componentes de um sistema de sinalização ficam confinados em estruturas subcelulares específicas (p. ex., em uma balsa na membrana plasmática), uma célula pode regular o processo localmente, sem afetar outras regiões da célula.

Uma das revelações da pesquisa sobre sinalização celular foi o grau excepcional de conservação dos mecanismos de sinalização ao longo do processo da evolução biológica.
> **P5** Embora o número de diferentes sinais biológicos esteja provavelmente na ordem de milhares (a **Tabela 12-1** lista

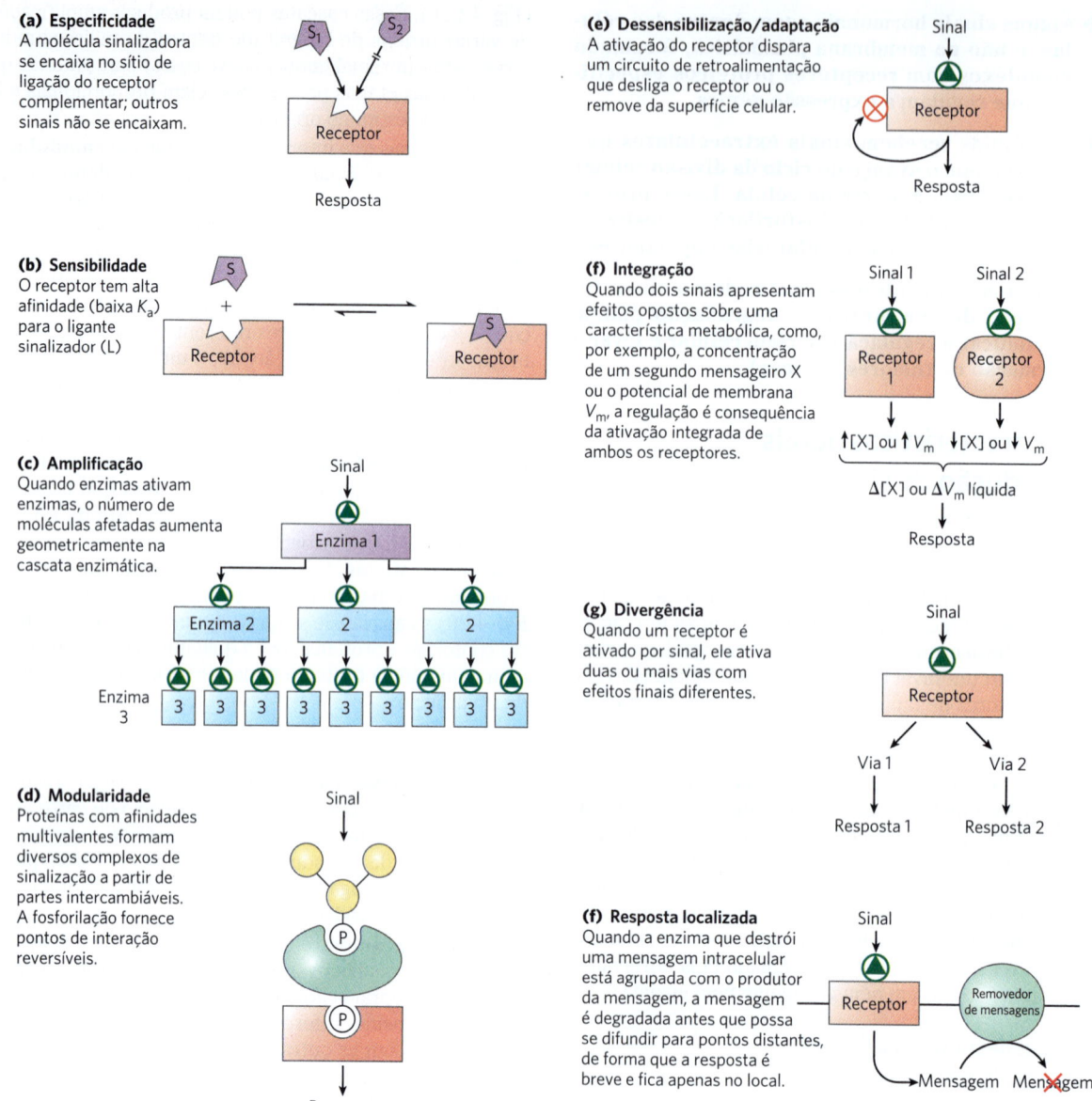

**FIGURA 12-1** Oito características dos sistemas de transdução de sinal.

| TABELA 12-1 | Alguns sinais aos quais as células respondem |
|---|---|
| Antígenos | Toque mecânico |
| Glicoproteínas/oligossacarídeos da superfície celular | Patógenos microbianos, insetos |
| Sinais de desenvolvimento | Neurotransmissores |
| Componentes da matriz extracelular | Nutrientes |
| Fatores de crescimento | Odores |
| Hormônios | Feromônios |
| Hipóxia | Sabores |
| Luz | |

alguns dos tipos mais importantes) e os tipos de respostas desencadeadas por esses sinais sejam tão numerosos quanto, a maquinaria de transdução de todos esses sinais foi construída ao redor de cerca de 10 tipos básicos de componentes proteicos (**Tabela 12-2**).

## O processo geral da transdução de sinais nos animais é universal

Este capítulo discute detalhes moleculares de vários sistemas representativos da transdução de sinal, classificados de acordo com o tipo de receptor. O gatilho que dispara cada sistema é diferente, mas ▶P1◀ as características gerais da transdução de sinais são comuns a todos: um sinal (ligante) interage com um receptor; o receptor ativado

| TABELA 12-2 | Alguns elementos conservados dos sistemas de sinalização dos animais |
|---|---|
| Receptores da membrana plasmática com 7 hélices transmembrana (7tm) | |
| Proteínas G que se ligam a GTP ou GDP e fazem interface com receptores da membrana | |
| Enzimas da membrana com nucleotídeos cíclicos como substratos ou produtos | |
| Proteínas-cinases que fosforilam receptores GPCR | |
| Proteínas tirosinas-cinases de membrana | |
| Proteínas-cinases dependentes de nucleotídeos cíclicos | |
| Proteínas de ligação a $Ca^{2+}$ | |
| Proteínas-cinases dependentes de $Ca^{2+}$ | |
| Proteínas-cinases ativadas durante a divisão celular | |
| Proteínas estruturais não enzimáticas que aproximam módulos | |

interage com a maquinaria celular, produzindo um segundo sinal ou uma alteração na atividade de uma proteína celular; a atividade metabólica da célula-alvo sofre uma modificação; por fim, o evento de transdução termina. Para ilustrar essas características gerais dos sistemas de sinalização, serão analisados exemplos de quatro tipos básicos de receptores (**Fig. 12-2**).

1. *Receptores acoplados à proteína G* ativam *indiretamente* (por meio de proteínas de ligação ao GTP, ou proteínas G) enzimas que geram segundos mensageiros intracelulares. Os exemplos incluem o sistema de receptor β-adrenérgico que responde à adrenalina (Seção 12.2) e os sistemas de visão, olfato e paladar (Seção 12.3).

2. *Enzimas receptoras* na membrana plasmática têm uma atividade enzimática no lado citoplasmático, disparada pela ligação ao ligante no lado extracelular. Receptores com atividade de tirosina-cinase, por exemplo, catalisam a fosforilação de resíduos de Tyr em proteínas-alvo específicas. Exemplos incluem o receptor de insulina (Seção 12.4) e os receptores de guanilato-ciclases (ver Quadro 12-2).

3. *Canais iônicos regulados* (*portões*) na membrana plasmática se abrem ou fecham em resposta a interações de ligantes químicos ou alterações no potencial transmembrana. Esses são os transdutores de sinal mais simples (Seção 12.6).

4. *Receptores nucleares* interagem com ligantes específicos (como o hormônio estrogênio) e alteram a velocidade da transcrição e da tradução de genes específicos a proteínas celulares. Como os hormônios esteroides funcionam por meio de mecanismos intimamente relacionados com a regulação da expressão gênica, eles serão considerados brevemente na Seção 12.7, e os Capítulos 23 e 28 apresentam uma discussão mais detalhada da sua ação.

Ao iniciar a discussão sobre a sinalização biológica, é preciso fazer algumas observações sobre a nomenclatura das proteínas sinalizadoras. Normalmente, essas proteínas são descobertas em um contexto determinado e recebem um nome de acordo com esse contexto e, mais tarde,

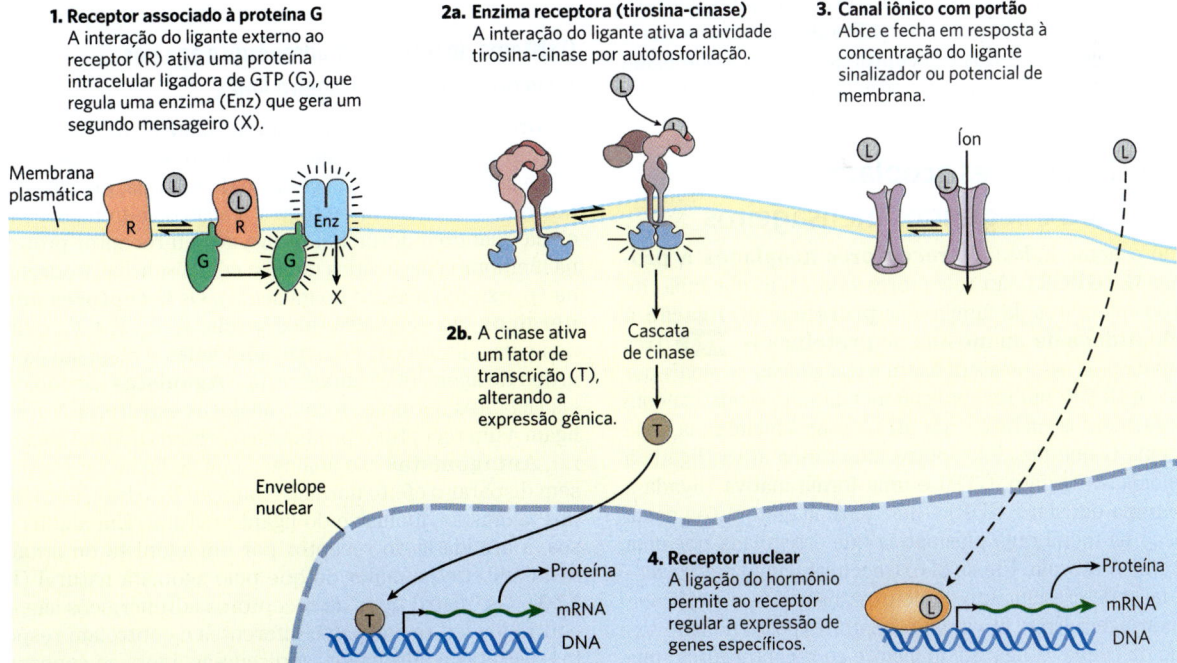

**FIGURA 12-2** **Quatro tipos gerais de transdutores de sinais.**

descobre-se que estão envolvidas em uma gama mais ampla de funções biológicas, para as quais o nome original não faz mais sentido. Por exemplo, a proteína retinoblastoma (pRb) foi identificada inicialmente como o produto de uma mutação que contribui para o câncer de retina (retinoblastoma), mas agora se sabe que ela atua em muitas vias essenciais para a divisão celular em todas as células, e não apenas nas células da retina. Alguns genes e proteínas foram nomeados de formas mais gerais: a proteína supressora tumoral p53, por exemplo, é uma *proteína de 53* kDa, mas seu nome não indica a sua importância na regulação da divisão celular e no desenvolvimento do câncer. Neste capítulo, os nomes dessas proteínas são geralmente definidos à medida que elas aparecem, e são introduzidos os nomes mais comumente usados na área de pesquisa.

### RESUMO 12.1 Características gerais da transdução de sinais

- Todas as células têm mecanismos de transdução de sinais específicos e altamente sensíveis, que se mantiveram conservados durante a evolução.

- Uma grande diversidade de estímulos atua por meio de receptores proteicos específicos na membrana plasmática.

- Em todos os tipos de transdução de sinal, os receptores se ligam ao ligante sinalizador e iniciam um processo que amplifica o sinal, o integra com os sinais recebidos por outros receptores e transmite a informação ao longo da célula. Se o sinal persistir, a dessensibilização do receptor reduz ou cessa a resposta.

- Os organismos multicelulares têm quatro tipos gerais de mecanismos de sinalização: proteínas da membrana plasmática que agem por meio de proteínas G, receptores com atividade enzimática interna (como atividade tirosina-cinase), canais iônicos regulados e receptores nucleares que ligam esteroides e modificam a expressão gênica.

## 12.2 Receptores acoplados à proteína G e segundos mensageiros

Como o nome indica, os **receptores acoplados à proteína G** (**GPCR**) são receptores que agem por meio de um dos membros da família das **proteínas de ligação a nucleotídeos de guanosina** ou **proteínas G**. Três componentes essenciais definem a transdução de sinais por meio de GPCR: um receptor na membrana plasmática com sete segmentos em hélice que atravessam a membrana, uma proteína G que faz ciclos entre uma forma ativa (ligada à guanosina-trifosfato, GTP) e uma forma inativa (ligada à guanosina-difosfato, GDP) e uma enzima efetora (ou canal iônico) na membrana plasmática que é regulada por uma proteína G ativada. Um sinal extracelular, como um hormônio, fator de crescimento ou neurotransmissor, é o "primeiro mensageiro" que ativa um receptor exposto no lado externo da célula. A ligação do ligante ao receptor força uma transição alostérica que possibilita ao receptor interagir com uma proteína G, fazendo-a trocar o GDT que tem ligado por um GTP presente no citosol. A proteína G, então, dissocia-se do receptor ativado e liga-se à enzima efetora próxima, alterando a sua atividade. A enzima efetora provoca uma mudança na concentração citosólica de um metabólito de baixo peso molecular (como 3′,5′-AMP cíclico) ou um íon inorgânico ($Ca^{2+}$), que age como um **segundo mensageiro** que ativa ou inibe um ou mais alvos na sequência da via, geralmente alguma proteína-cinase.

O genoma humano codifica mais de 800 GPCR, sendo que cerca de 350 deles detectam hormônios, fatores de crescimento e outros ligantes endógenos e até 500 deles atuam como receptores olfatórios (para odores) e gustatórios (para sabores). Sendo a maior superfamília de proteínas codificadas no genoma humano, os GPCR foram implicados em muitos problemas de saúde comuns, como alergias, depressão, cegueira, diabetes e vários defeitos cardiovasculares. Mutações em GPCR também são encontradas em 20% de todos os tipos de câncer. Nos Estados Unidos, mais de um terço de *todos* os medicamentos disponíveis no mercado têm GPCR como alvo. Por exemplo, o receptor β-adrenérgico, que controla os efeitos da adrenalina, é o alvo dos "betabloqueadores", prescritos para condições diversas, como hipertensão, arritmia cardíaca, glaucoma, ansiedade e enxaqueca. Mais de 100 dos GPCR encontrados no genoma humano ainda são "receptores-órfãos", o que quer dizer que os seus ligantes naturais ainda não foram identificados, então se sabe muito pouco sobre a biologia desses receptores. O receptor β-adrenérgico, cuja biologia e farmacologia são bem compreendidas, é o protótipo de todos os GPCR, e a discussão sobre os sistemas transdutores de sinal começa por ele. ■

### O sistema do receptor β-adrenérgico age por meio do segundo mensageiro AMPc

A adrenalina liberada das glândulas adrenais dispara um alarme quando alguma ameaça exige que o organismo mobilize sua maquinaria de geração de energia; ela sinaliza a necessidade de "lutar ou fugir". A ação da adrenalina é iniciada quando o hormônio se liga ao seu receptor proteico na membrana plasmática de uma célula sensível à adrenalina (p. ex., um miócito no músculo). Os **receptores adrenérgicos** são de quatro tipos gerais, $\alpha_1$, $\alpha_2$, $\beta_1$ e $\beta_2$, definidos pelas diferenças em suas afinidades e respostas a um grupo de agonistas e antagonistas. **Agonistas** são moléculas (ligantes naturais ou seus análogos estruturais) que se ligam a um receptor e produzem os efeitos do ligante natural. **Antagonistas** são análogos que se ligam ao receptor sem disparar o efeito normal, bloqueando, assim, os efeitos dos agonistas, inclusive do ligante natural. Em alguns casos, a afinidade do receptor por um agonista ou antagonista sintético é maior do que pelo agonista natural (**Fig. 12-3**). Os quatro tipos de receptores adrenérgicos são encontrados em tecidos-alvo diferentes e controlam respostas distintas à adrenalina. A discussão agora se concentra

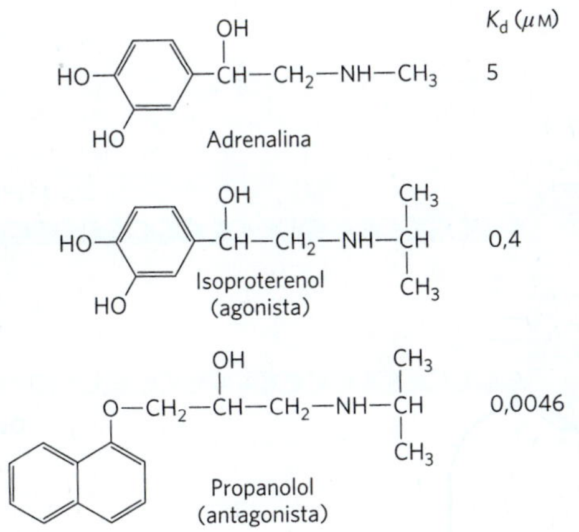

## 12.2 RECEPTORES ACOPLADOS À PROTEÍNA G E SEGUNDOS MENSAGEIROS

**FIGURA 12-3 Adrenalina e seus análogos sintéticos.**
A adrenalina regula o metabolismo de produção de energia no músculo, no fígado e no tecido adiposo. A afinidade pelo seu receptor é expressa como a constante de dissociação do complexo receptor-ligante. O isoproterenol e o propranolol são análogos sintéticos da adrenalina, sendo o primeiro um agonista com afinidade pelo receptor maior do que a da adrenalina, e o segundo, um antagonista com afinidade extremamente alta.

nos **receptores β-adrenérgicos** do músculo, do fígado e do tecido adiposo. Esses receptores controlam alterações no metabolismo energético, conforme descrito no Capítulo 23, incluindo o aumento da degradação de glicogênio e gordura. Os receptores adrenérgicos dos subtipos $β_1$ e $β_2$ agem por meio do mesmo mecanismo, portanto o termo "β-adrenérgico" aqui se aplica aos dois tipos.

**P3** Como todos os GPCR, o receptor β-adrenérgico é uma proteína integral de membrana com sete regiões helicoidais hidrofóbicas de 20 a 28 resíduos de aminoácidos que atravessam a membrana plasmática sete vezes, daí os nomes alternativos para os GPCR: **receptores hepta-helicoidais ou sete-transmembrana (7tm)**. Os GPCR fazem a transdução do sinal interagindo com **proteínas G heterotriméricas**, uma família de proteínas sinalizadoras conservada que tem três subunidades, α, β e γ. O sítio de ligação para o GDP ou GTP está situado na subunidade α. Quando a proteína G tiver GDP ligado, ela assume a forma trimérica inativa.

Os GPCR são proteínas alostéricas. Quando a adrenalina se liga ao receptor β-adrenérgico (**Fig. 12-4a**, etapa ❶), as transições alostéricas no receptor e na sua proteína G associada favorecem a troca de GDP por GTP. Assim, o GPCR com o hormônio ligado age como um **fator de troca de nucleotídeo de guanosina (GEF)**. Na forma ativa, a proteína G (etapa ❷) pode transmitir o sinal do receptor ativado para a proteína efetora seguinte, a adenilato-ciclase. Essa proteína G é denominada **proteína G estimulatória**, ou $G_s$, porque ela estimula o seu efetor. Na forma ativa, as subunidades β e γ da $G_s$ dissociam-se da subunidade α como um dímero βγ, e $G_{sα}$, com seu GTP ligado, move-se no plano da membrana, liberando-se do receptor e ligando-se a uma molécula de adenilato-ciclase próxima (etapa ❸).

A **adenilato-ciclase** é uma proteína integral da membrana plasmática, com seu sítio ativo situado na face citoplasmática. A associação entre a $G_{sα}$ ativa e a adenilato-ciclase estimula a ciclase para catalisar a síntese do segundo mensageiro AMPc a partir de ATP (Fig. 12-4a, etapa ❹; Fig. 12-4b), aumentando a [AMPc] no citosol. A interação entre $G_{sα}$ e adenilato-ciclase só é possível enquanto a $G_{sα}$ estiver ligada a GTP.

A estimulação por $G_{sα}$ é autolimitante; a $G_{sα}$ *tem uma atividade de GTPase intrínseca que a inativa*, convertendo o GTP ligado em GDP (**Fig. 12-5**). A proteína $G_{sα}$ inativa se dissocia da adenilato-ciclase, desativando a ciclase. $G_{sα}$ se reassocia com o dímero βγ ($G_{sβγ}$), e a $G_s$ inativa fica novamente disponível para interagir com um receptor ligado a hormônio.

### O AMPc ativa a proteína-cinase A

A adrenalina exerce seus efeitos a jusante na via pelo aumento na [AMPc], que é resultado da ativação da adenilato-ciclase. O segundo mensageiro AMPc ativa alostericamente a **proteína-cinase dependente de AMPc**, também chamada de **proteína-cinase A (PKA)** (Fig. 12-4a, etapa ❺), a qual catalisa a fosforilação de resíduos de Ser ou Thr específicos de proteínas-alvo, como a glicogênio-fosforilase b-cinase. Essa enzima está ativa quando fosforilada e pode iniciar o processo de mobilização do glicogênio armazenado no músculo e no fígado, antecipando a necessidade de energia, conforme sinalizado pela adrenalina.

A forma inativa da PKA tem duas subunidades catalíticas idênticas (C) e duas unidades regulatórias idênticas (R) (**Fig. 12-6a**). O complexo tetramérico $R_2C_2$ é cataliticamente inativo, pois um domínio autoinibitório de cada subunidade R ocupa a fenda de ligação ao substrato de cada subunidade C. O domínio autoinibitório é uma região intrinsecamente desordenada que pode se dobrar para se encaixar em qualquer uma das várias proteínas com as quais pode interagir. O AMPc é um ativador alostérico da PKA. Quando as subunidades R estão ligadas ao AMPc, elas passam por uma alteração na conformação, que afasta o domínio autoinibitório presente em R do domínio catalítico presente em C, e o complexo $R_2C_2$ se dissocia, originando duas subunidades C livres e cataliticamente ativas. **P5** Esse mesmo mecanismo básico – o deslocamento de um domínio autoinibitório – controla a ativação alostérica pelos segundos mensageiros de muitos tipos de proteínas-cinases (como nas Figs. 12-21 e 12-29). A estrutura da fenda de ligação ao substrato na PKA serve de protótipo para todas as proteínas-cinases conhecidas (Fig. 12-6b). Certos resíduos da região dessa fenda têm correspondentes idênticos em todas as 544 proteínas-cinases codificadas pelo genoma humano. O sítio de ligação ao ATP de cada subunidade catalítica posiciona o ATP perfeitamente para transferir o seu grupo fosforila terminal (γ) para a —OH de uma cadeia lateral de um resíduo de Ser ou Thr na proteína-alvo.

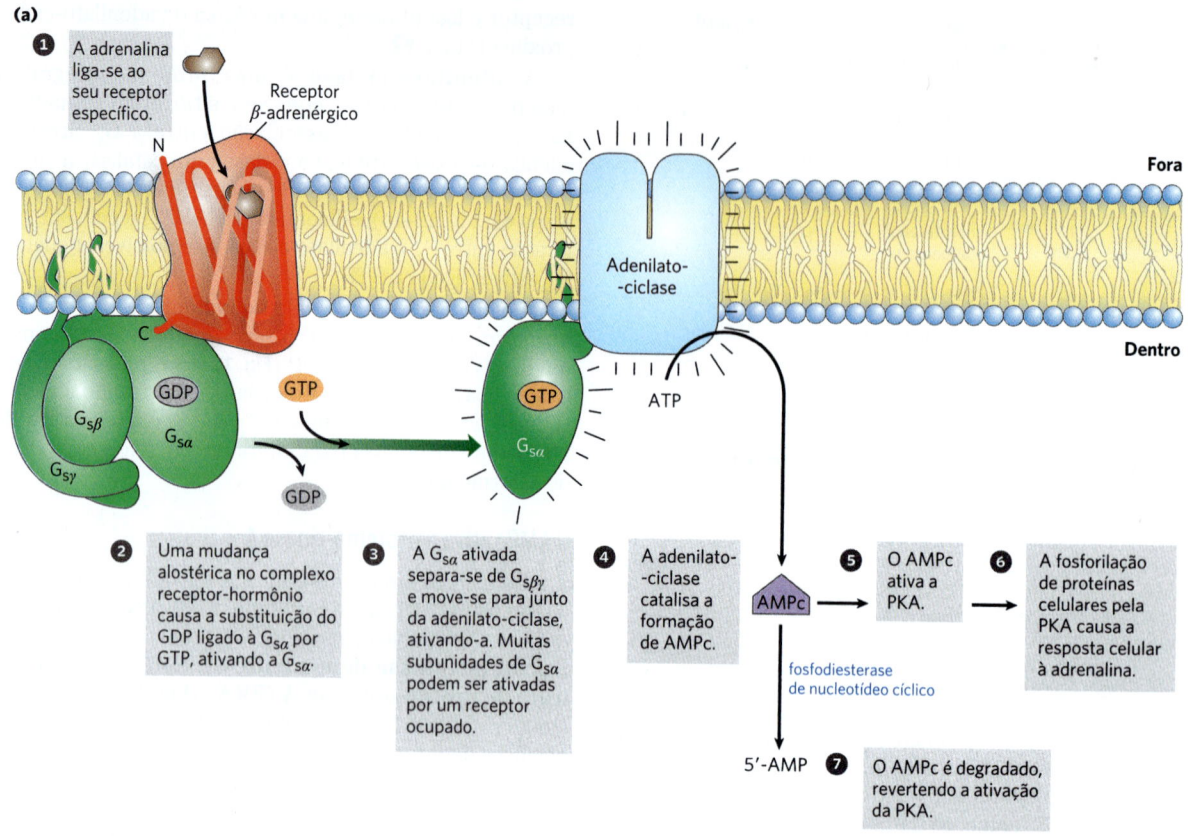

**FIGURA 12-4 Transdução do sinal da adrenalina: a via β-adrenérgica.** (a) Mecanismo que acopla a ligação da adrenalina ao seu receptor com ativação da adenilato-ciclase. As sete etapas estão discutidas no texto. A mesma molécula de adenilato-ciclase na membrana plasmática pode ser regulada por uma proteína G estimuladora ($G_s$), como mostrado, ou por uma proteína G inibitória ($G_i$, não mostrada). $G_s$ e $G_i$ estão sob a influência de hormônios diferentes. Os hormônios que induzem a ligação do GTP à $G_i$ causam *inibição* da adenilato-ciclase, resultando em diminuição da [AMPc] celular. (b) Ação combinada das enzimas que catalisam as etapas ❹ e ❼, a síntese e a hidrólise do AMPc pela adenilato-ciclase e pela fosfodiesterase do AMPc, respectivamente.

A PKA regula muitas enzimas a jusante na via de sinalização (Fig. 12-4a, etapa ❻). Embora esses alvos a jusante tenham funções diferentes, eles compartilham uma região com similaridade de sequência nas proximidades do resíduo de Ser ou Thr que é fosforilado, uma sequência que os identifica para serem regulados por PKA. A fenda de ligação ao substrato da PKA reconhece essas sequências e fosforila o resíduo de Ser ou Thr. A comparação entre sequências de várias proteínas que são substratos para a PKA levou à identificação de **sequências-consenso** curtas, nas quais o alvo da fosforilação (Ser ou Thr) geralmente está enterrado no seio da proteína. No caso da PKA, a sequência-consenso

## 12.2 RECEPTORES ACOPLADOS À PROTEÍNA G E SEGUNDOS MENSAGEIROS    415

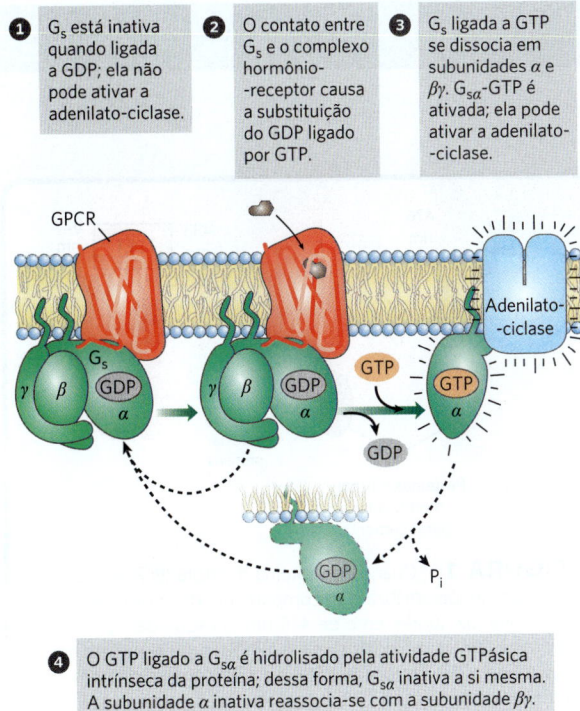

① G$_s$ está inativa quando ligada a GDP; ela não pode ativar a adenilato-ciclase.

② O contato entre G$_s$ e o complexo hormônio-receptor causa a substituição do GDP ligado por GTP.

③ G$_s$ ligada a GTP se dissocia em subunidades α e βγ. G$_{sα}$-GTP é ativada; ela pode ativar a adenilato-ciclase.

④ O GTP ligado a G$_{sα}$ é hidrolisado pela atividade GTPásica intrínseca da proteína; dessa forma, G$_{sα}$ inativa a si mesma. A subunidade α inativa reassocia-se com a subunidade βγ.

**FIGURA 12-5  Comutador GTPase.** As proteínas G alternam-se entre ter ligado GDP (inativas) ou GTP (ativas). A atividade de GTPase intrínseca da proteína, em muitos casos estimulada pelas proteínas RGS (*reguladores da sinalização por proteínas G*; ver Fig. 12-8), determina quão rapidamente o GTP ligado é hidrolisado a GDP e, assim, por quanto tempo a proteína G permanece ativa.

é xR[RK]x[ST]B, em que x pode ser resíduo de aminoácido, R é Arg, [RK] pode ser Arg ou Lys, [ST] pode ser Ser ou Thr (que é o resíduo fosforilado) e B é qualquer resíduo básico. Sequências-consenso de várias proteínas-cinases estão mostradas na Tabela 6-10; elas definem os alvos de centenas de proteínas-cinases em células eucarióticas.

Como é que se sabe que duas proteínas interagem ou onde elas interagem no interior da célula? As variações no estado de associação de duas proteínas (como as subunidades R e C da PKA) podem ser estimadas pela medida da transferência de energia não radioativa entre sondas fluorescentes ligadas a cada uma das proteínas, uma técnica chamada de transferência de energia por ressonância de fluorescência (FRET, do inglês *fluorescence resonance energy transfer*), que está descrita no **Quadro 12-1**.

▶P1 Do mesmo modo que em muitas vias de sinalização, a transdução do sinal por receptor β-adrenérgico e adenilato-ciclase implica várias etapas que *amplificam* o sinal hormonal original (**Fig. 12-7**). Primeiro, a ligação de uma

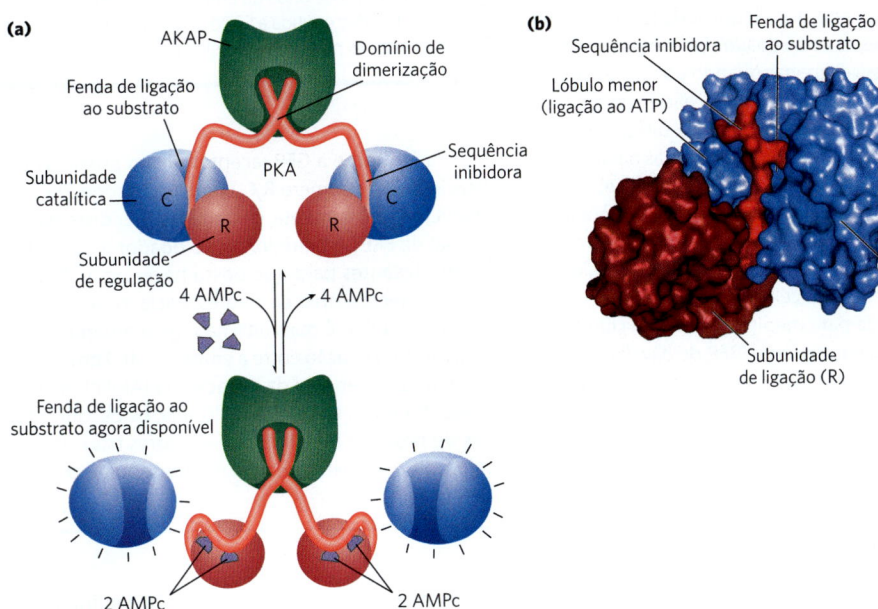

**FIGURA 12-6  Ativação da proteína-cinase dependente de AMPc (PKA).** (a) Quando a [AMPc] está baixa, as duas subunidades de regulação idênticas (R; em vermelho) associam-se com as duas subunidades catalíticas idênticas (C, em azul). Nesse complexo R$_2$C$_2$, as sequências inibidoras das subunidades R se inserem na fenda de ligação do substrato das subunidades C e impedem a ligação dos substratos; o complexo fica, portanto, cataliticamente inativo. As sequências aminoterminais das subunidades R interagem para a formação de um dímero R$_2$ que é o sítio de ligação para uma proteína de ancoragem cinase A (AKAP; Fig. 12-11). Quando a [AMPc] aumenta em resposta a um sinal hormonal, cada subunidade R se liga a duas moléculas de AMPc e sofre uma drástica reorganização, que afasta a sequência inibidora da subunidade C, abrindo a fenda onde o substrato se liga e liberando cada subunidade C na forma cataliticamente ativa. (b) Estrutura cristalográfica mostrando parte do complexo R$_2$C$_2$ (uma subunidade C e parte de uma subunidade R). A região aminoterminal de dimerização da subunidade R foi omitida para simplificar. O lóbulo menor de C contém o sítio de ligação a ATP, e o lóbulo maior circunda e define a fenda na qual o substrato proteico se liga e é fosforilado em um resíduo de Ser ou Thr, tendo ATP como doador do grupo fosforila. Nessa forma inativa, a sequência inibidora de R bloqueia a fenda de ligação ao substrato de C, e a enzima fica inativa. [(b) Dados de PDB ID 3FHI, C. Kim et al., *Science* 307:690, 2005.]

## QUADRO 12-1

### FRET: bioquímica em células vivas

Sondas fluorescentes geralmente são utilizadas para a detecção de variações bioquímicas em células vivas isoladas em uma escala de tempo de nanossegundos. Em um dos protocolos largamente usados, a **proteína verde fluorescente** (**GFP**, de *green fluorescent protein*) e variantes com diferentes espectros de fluorescência, descritas no Capítulo (ver Fig. 9-16), são modificadas geneticamente de modo a ficarem fusionadas com uma outra proteína. Essas proteínas híbridas fluorescentes agem como réguas espectroscópicas para medir as distâncias entre proteínas que estão interagindo dentro de uma célula. Elas podem ser usadas indiretamente como medida das concentrações locais de compostos que interferem na distância entre duas proteínas.

Uma molécula fluorescente excitada, como a GFP ou a proteína amarela fluorescente (YFP, de *yellow fluoescent protein*) pode dissipar a energia do fóton absorvido de duas maneiras: (1) por fluorescência, emitindo um fóton com comprimento de onda levemente maior (menor energia) do que o da luz excitatória, ou (2) por **transferência de energia por ressonância de fluorescência** (**FRET**), em que a energia da molécula excitada (o doador) passa diretamente a uma molécula próxima (o aceptor) *sem a emissão de um fóton*, excitando o aceptor (Fig. 1). O aceptor pode, então, decair ao estado fundamental por fluorescência; o fóton emitido tem um comprimento de onda maior (menor energia) do que o da luz excitatória original e o da emissão fluorescente do doador. Esse segundo modo de decaimento (FRET) é possível apenas quando doador e aceptor estão próximos um do outro (entre 1 e 50 Å); a eficiência da FRET é inversamente proporcional à *sexta potência* da distância entre doador e aceptor. Portanto, variações muito pequenas na distância entre doador e aceptor são registradas como variações muito grandes na FRET, medidas como a fluorescência emitida pela molécula aceptora quando o doador é excitado. Com detectores de luz suficientemente sensíveis, esse sinal fluorescente pode ser localizado em regiões específicas de uma única célula viva isolada.

A FRET tem sido utilizada para medir a [AMPc] em células vivas. O gene da proteína azul fluorescente (BFP, de *blue fluorescent protein*) é fusionado com o gene da subunidade reguladora (R) da proteína-cinase dependente de AMPc (PKA), e o gene da GFP é fusionado com o gene da subunidade catalítica (C) (Fig. 2). Quando essas duas proteínas híbridas são expressas em uma célula,

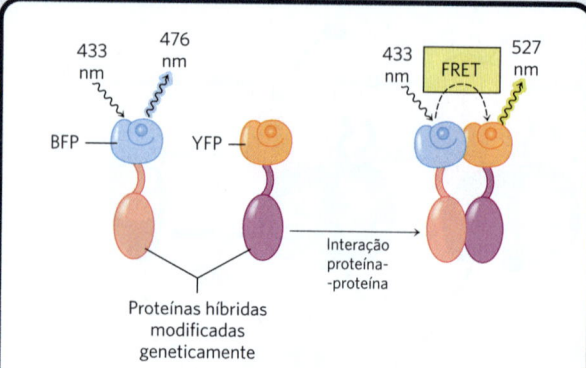

**FIGURA 1** Quando a proteína doadora (BFP) é excitada com luz monocromática com comprimento de onda de 433 nm, ela emite luz fluorescente de 476 nm (à esquerda). Quando a proteína (em vermelho) fusionada à BFP e a proteína (em roxo) fusionada à YFP interagem, a BFP e a YFP ficam suficientemente próximas para permitir a FRET entre elas. Agora, quando a BFP absorve luz de 433 nm, em vez de fluorescer a 476 nm, ela transfere a energia diretamente para a YFP, que, então, fluoresce em seu comprimento de onda de emissão característico, 527 nm. A relação entre a luz emitida a 527 e a 476 nm é, portanto, uma medida do quanto as proteínas vermelha e roxa interagem entre si.

a BFP (doador) e a GFP (aceptor) ficam próximas o suficiente na PKA inativa (tetrâmero $R_2C_2$) para que ocorra FRET. Sempre que a [AMPc] celular aumenta, o complexo $R_2C_2$ dissocia-se em $R_2$ e 2 C e o sinal de FRET é perdido, pois o doador e o aceptor estão agora muito distantes para que possa haver uma FRET eficiente. Vista sob um microscópio de fluorescência, o sinal da GFP é mínimo, e o sinal da BFP é mais alto na região em que a [AMPc] é maior. A medida da relação entre a emissão a 460 nm e a 545 nm fornece uma medida sensível da variação na [AMPc]. Ao determinar essa razão em todas as regiões da célula, os pesquisadores são capazes de produzir uma imagem em cores falsa da célula, na qual a relação ou a [AMPc] relativa é representada pela intensidade da

---

molécula de hormônio a uma molécula de receptor ativa cataliticamente muitas moléculas $G_s$, que se associam com o receptor ativado uma após a outra. Depois, pela ativação de uma molécula de adenilato-ciclase, cada molécula de $G_{s\alpha}$ ativa estimula a síntese catalítica de *muitas* moléculas de AMPc. O segundo mensageiro AMPc, então, ativa a PKA, e cada molécula da enzima catalisa a fosforilação de *muitas* moléculas da proteína-alvo – a fosforilase *b*-cinase na Figura 12-7. Essa cinase ativa a glicogênio-fosforilase *b*, o que leva à rápida mobilização de glicose a partir de glicogênio. O efeito final da cascata é a amplificação do sinal hormonal em várias ordens de magnitude, o que justifica que concentrações muito baixas de adrenalina (ou de qualquer outro hormônio) já são suficientes para uma atividade hormonal. Essa via de sinalização também é rápida: o sinal leva a mudanças intracelulares em frações de segundos.

### Vários mecanismos provocam o término da resposta β-adrenérgica

**P1** Para ser funcional, um sistema de transdução de sinal deve ser *desligado* após o término do estímulo pelo hormônio ou por qualquer outra molécula sinalizadora, motivo pelo qual todos os sistemas de sinalização devem ter mecanismos para desativar o sinal. Muitos sistemas também se

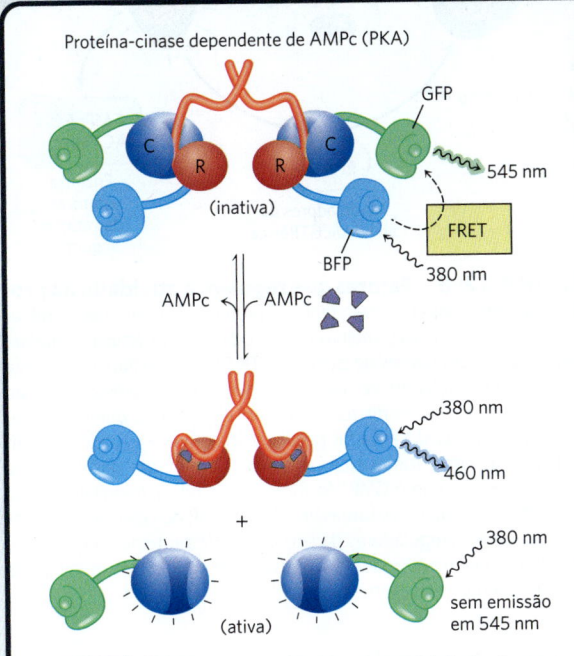

**FIGURA 2** Medindo a [AMPc] com FRET. A fusão de genes cria proteínas híbridas que exibem FRET quando as subunidades regulatória (R) e catalítica (C) da PKA estão associadas (baixa [AMPc]). Quando a [AMPc] aumenta, as subunidades dissociam-se, e a FRET cessa. A razão entre a emissão a 460 nm (subunidades dissociadas) e a 545 nm (subunidades complexadas), portanto, fornece uma medida sensível da [AMPc].

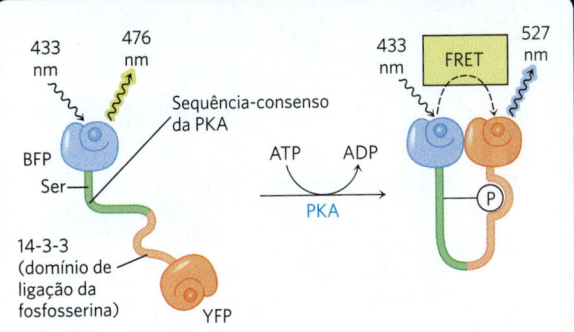

**FIGURA 3** Medindo a atividade da PKA com FRET. Uma proteína produzida por engenharia genética une YFP e BFP por meio de um peptídeo que contém (1) um resíduo de Ser circundado pela sequência-consenso para fosforilação por PKA e (2) o domínio de ligação a ⓟ–Ser 14-3-3. A PKA ativada fosforila o resíduo de Ser, que se associa ao domínio de ligação 14-3-3, aproximando as proteínas fluorescentes o suficiente para permitir a ocorrência da FRET, revelando a presença de PKA ativa.

cor. As imagens gravadas em determinados intervalos de tempo revelam as variações na [AMPc] ao longo do tempo.

Uma variação dessa tecnologia foi usada para medir a atividade da PKA dentro de células vivas (Fig. 3). Pesquisadores criaram alvos de fosforilação para a PKA, produzindo proteínas híbridas contendo quatro elementos: YFP (aceptor); um peptídeo curto com um resíduo de Ser cercado pela sequência-consenso para a PKA; domínio de ligação a ⓟ–Ser (denominado 14-3-3); e BFP (doador). Quando o resíduo de Ser não está fosforilado, 14-3-3 não tem afinidade pelo resíduo de Ser, e a proteína híbrida fica em uma forma estendida, com o doador e o aceptor muito afastados para que um sinal de FRET seja gerado. Se a PKA estiver ativa na célula, ela irá fosforilar o resíduo de Ser da proteína híbrida, e 14-3-3 se ligará a ⓟ–Ser. Assim, YFP e BFP ficam próximas, e um sinal de FRET é detectado por meio de um microscópio de fluorescência, revelando a presença de PKA ativa.

Usando um microscópio mais sofisticado, o sinal de FRET de apenas uma única molécula de proteína pode ser detectado com uma resolução no espaço e no tempo maior do que a possível na FRET de um conjunto de moléculas.

adaptam à presença contínua do sinal, ficando insensíveis a ele por *dessensibilização*. O sistema β-adrenérgico serve para ilustrar os dois casos. Agora, nossa discussão se concentra em como o sinal termina.

A resposta ao estímulo β-adrenérgico termina quando a concentração do ligante (adrenalina) no sangue cai abaixo da $K_d$ do seu receptor. A adrenalina, então, se dissocia do receptor, que retoma a sua conformação inativa, na qual já não pode mais ativar a $G_s$.

Uma segunda maneira de encerrar a resposta é pela hidrólise do GTP ligado à subunidade $G_\alpha$, catalisada pela atividade de GTPase da proteína G. A conversão do GTP ligado em GDP favorece o retorno de $G_\alpha$ à conformação na qual ela se associa a subunidades $G_{\beta\gamma}$ – a conformação na qual a proteína G não é capaz de interagir com a adenilato-ciclase ou de estimulá-la. Com isso, a produção de AMPc cessa. A velocidade de inativação de $G_s$ depende da atividade GTPásica, que é muito tênue quando a subunidade $G_\alpha$ está isolada. Entretanto, **proteínas ativadoras de GTPase (GAP)** estimulam intensamente essa atividade GTPásica, levando à inativação mais rápida da proteína G (**Fig. 12-8**). As próprias GAP podem ser reguladas por outros fatores, aumentando a precisão da resposta ao estímulo β-adrenérgico. Um terceiro mecanismo para terminar a resposta é a remoção do segundo

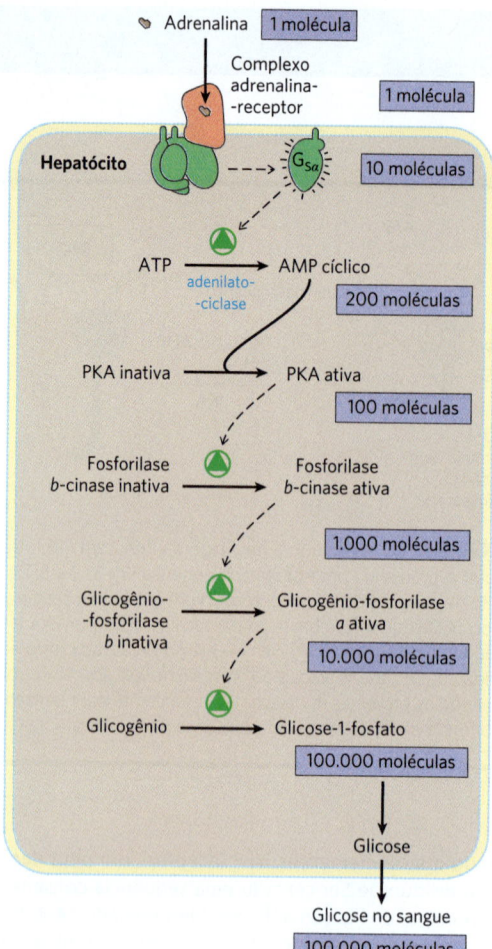

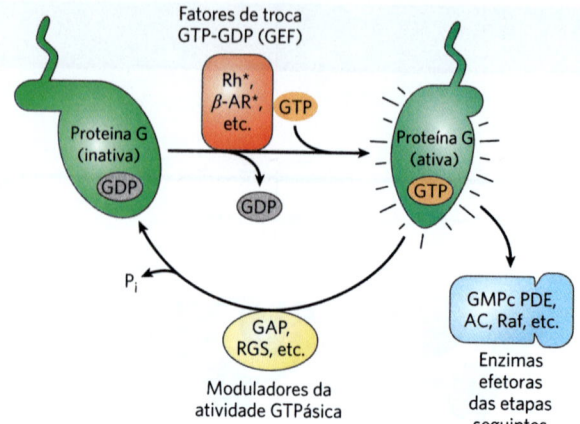

**FIGURA 12-8 Fatores que regulam a atividade da proteína G.** Proteínas G inativas, tanto as proteínas G pequenas, como as proteínas Ras, quanto as proteínas G heterodiméricas, como as proteínas $G_s$, interagem com fatores de troca de GTP-GDP que estão a montante nas vias de sinalização (em vermelho). Em geral, esses fatores de troca são receptores ativados (*), como rodopsina (Rh) e receptores $\beta$-adrenérgicos (AR). As proteínas G são ativadas pela ligação com GTP e, na forma com GTP ligado, ativam enzimas efetoras situadas em etapas posteriores na via de sinalização, como GMPc-fosfodiesterase (PDE), adenilato-ciclase (AC) e Raf. As proteínas ativadoras de GTPase (GAP, no caso das proteínas G pequenas) e os reguladores da sinalização de proteínas G (RGS) (em amarelo) modulam a atividade de GTPase das proteínas G, determinando por quanto tempo elas permanecem ativas.

**FIGURA 12-7 Cascata da adrenalina.** A adrenalina desencadeia uma série de reações nos hepatócitos, onde catalisadores ativam outros catalisadores e, assim, há uma grande amplificação do sinal hormonal original. Os números mostrados para as diversas moléculas simplesmente ilustram a amplificação e estão grosseiramente subestimados. A ligação de uma molécula de adrenalina a um receptor $\beta$-adrenérgico na superfície celular ativa diversas (possivelmente centenas) de proteínas G, uma após a outra, e cada qual ativa uma molécula da enzima adenilato-ciclase. A adenilato-ciclase atua cataliticamente, produzindo muitas moléculas de AMPc para cada adenilato-ciclase ativa. (Como são necessárias duas moléculas de AMPc para ativar uma subunidade catalítica de PKA, essa etapa não amplifica o sinal.)

mensageiro: o AMPc é hidrolisado a 5′-AMP (que não tem atividade de segundo mensageiro) pela **fosfodiesterase de nucleotídeo cíclico** (Fig. 12-4a, etapa ❼; Fig. 12-4b).

Por último, ao final da via de sinalização, os efeitos metabólicos que resultaram da fosforilação de enzimas-alvo pela PKA são revertidos pela ação de fosfoproteínas-fosfatases, que hidrolisam resíduos de Tyr, Ser ou Thr, liberando fosfato inorgânico ($P_i$). Cerca de 190 genes do genoma humano codificam fosfoproteínas-fosfatases, número menor do que o de genes que codificam proteínas-cinases (cerca de 540), refletindo a relativa promiscuidade das fosfoproteínas-fosfatases. Uma única **fosfoproteína-fosfatase** (PP1) desfosforila cerca de 200 fosfoproteínas diferentes, incluindo o receptor $\beta$-adrenérgico e outros GPCR. Sabe-se que algumas fosfatases são reguladas, ao passo que outras podem permanecer constantemente ativas. Quando a [AMPc] diminui e a PKA retorna à forma inativa (etapa ❼ na Fig. 12-4a), o equilíbrio entre fosforilação e desfosforilação pende para a desfosforilação por essas fosfatases.

## O receptor $\beta$-adrenérgico é dessensibilizado por fosforilação e associação com a arrestina

Os efeitos dos mecanismos para o término da sinalização descritos anteriormente aparecem após o término do estímulo. Um mecanismo diferente, a dessensibilização, suprime a resposta *mesmo enquanto o sinal persiste*. Quando o receptor está ocupado com a adrenalina, o **receptor $\beta$-adrenérgico-cinase** ($\beta$ARK, do inglês *beta-adrenergic receptor kinase*) fosforila vários resíduos de Ser na proximidade carboxiterminal do receptor, região que está no lado citoplasmático da membrana plasmática (**Fig. 12-9**) A $\beta$ARK está presa na membrana plasmática por meio da associação com as subunidades $G_{s\beta\gamma}$ e fica posicionada dessa forma para fosforilar o receptor. A fosforilação do receptor cria um sítio de ligação para a proteína $\beta$-**arrestina** ($\beta$**arr**, também denominada arrestina 2), e a ligação com a $\beta$-arrestina bloqueia os sítios do receptor que interagem com a proteína G (**Fig. 12-10**). A ligação com a $\beta$-arrestina também facilita o sequestro das moléculas de receptor e sua remoção da membrana plasmática por endocitose na forma de pequenas vesículas intracelulares (endossomos). O complexo arrestina-receptor recruta clatrina e outras proteínas envolvidas na formação de vesículas, que iniciam a invaginação da membrana e a formação de endossomos contendo o receptor adrenérgico. Nesse estado, os receptores não estão

## 12.2 RECEPTORES ACOPLADOS À PROTEÍNA G E SEGUNDOS MENSAGEIROS

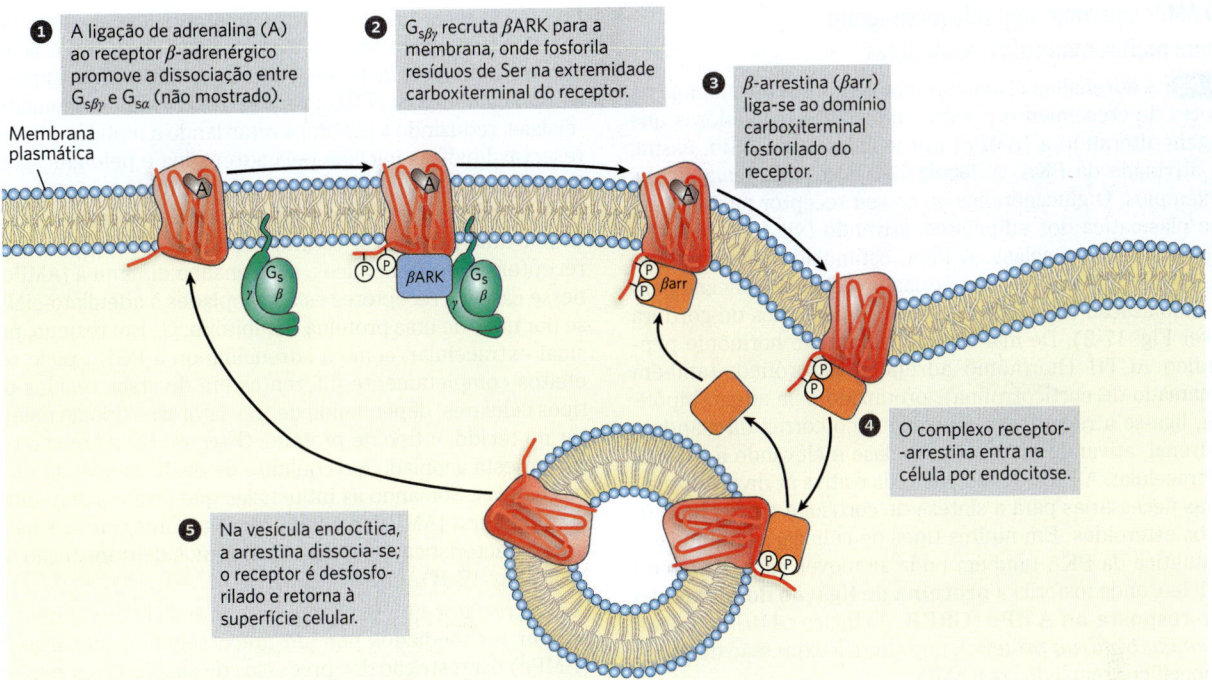

**FIGURA 12-9 Dessensibilização do receptor β-adrenérgico na presença constante de adrenalina.** Esse processo é mediado por duas proteínas: proteína-cinase β-adrenérgica (βARK) e β-arrestina (βarr). A fosforilação e a ativação da βARK pela PKA não são mostradas. A PKA é ativada pelo aumento na [AMPc] em resposta ao sinal inicial (adrenalina).

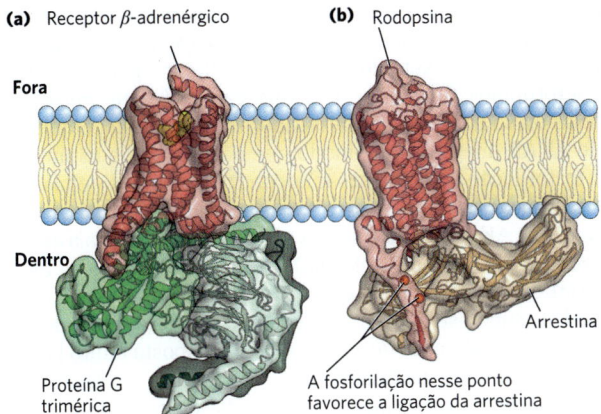

**FIGURA 12-10 A proteína G trimérica e a arrestina se excluem mutuamente na interação com uma GPCR.** (a) Complexo do receptor β-adrenérgico com a proteína G trimérica, $G_s$. (b) Outra GPCR, o receptor de rodopsina, fosforilada próximo à extremidade carboxiterminal e ligada à arrestina. A ligação com a arrestina bloqueia a ligação com a proteína G e, consequentemente, a sua ativação, finalizando a resposta ao sinal inicial. [Dados de (a) PDB ID 3SN6, S. G. F. Rasmussen et al., *Nature* 477:549, 2011; (b) PDB ID 4ZWJ, Y. Kang et al., *Nature* 523:561, 2015.]

acessíveis à adrenalina e, portanto, estão inativos. Essas moléculas de receptor são posteriormente desfosforiladas e retornam à membrana plasmática, completando o circuito e deixando o sistema novamente sensível à adrenalina.

A cinase do receptor β-adrenérgico pertence a uma família de **cinases receptoras acopladas à proteína G** (**GRK**, do inglês *G protein-coupled receptor kinases*), sendo que todas fosforilam GPCR nos domínios citoplasmáticos carboxiterminais e têm papel semelhante ao da βARK na dessensibilização e ressensibilização dos receptores. Sete GRK e quatro arrestinas diferentes estão codificadas no genoma humano; cada GRK é capaz de dessensibilizar um subconjunto específico de GPCR, e cada arrestina pode interagir com muitos tipos diferentes de receptores fosforilados.

O complexo receptor-arrestina tem outro papel importante: ele inicia a sinalização por uma via de sinalização diferente, a cascata da MAPK, descrita a seguir. Desse modo, a adrenalina, agindo por meio de um único GPCR, dispara duas vias de sinalização divergentes. As duas vias, uma disparada pela interação do receptor com a proteína G e a outra pela interação com a arrestina, podem ser afetadas de maneiras diferentes por agonistas. Em alguns casos, um agonista favorece a via da proteína G e, em outros, a via da arrestina. Essa diferença deve ser levada em consideração quando se desenvolvem medicamentos que atuam por meio de um GPCR. Por exemplo, os fármacos opioides que mais geram dependência agem mais intensamente por meio da sinalização por proteínas G do que por meio da arrestina. Um opioide ideal para o tratamento da dor deve agir no ramo da via que produz efeitos terapêuticos, e não pela via que gera dependência. ■

## O AMPc age como segundo mensageiro para muitas moléculas reguladoras

**P2** A adrenalina é somente um de muitos hormônios, fatores de crescimento e outras moléculas reguladoras que agem alterando a [AMPc] intracelular, regulando, assim, a atividade da PKA. A **Tabela 12-3** apresenta mais alguns exemplos. O glucagon liga-se ao seu receptor na membrana plasmática dos adipócitos, ativando (via uma proteína $G_s$) a adenilato-ciclase. A PKA, estimulada pelo aumento na [AMPc], fosforila e ativa duas proteínas essenciais para a mobilização dos ácidos graxos dos depósitos de gordura (ver Fig. 17-2). De maneira semelhante, o hormônio peptídico ACTH (hormônio adrenocorticotrófico, também chamado de corticotrofina), produzido pela adeno-hipófise, liga-se a receptores específicos no córtex da glândula adrenal, ativando a adenilato-ciclase e elevando a [AMPc] intracelular. A PKA, então, fosforila e ativa as diversas enzimas necessárias para a síntese de cortisol e outros hormônios esteroides. Em muitos tipos de células, a subunidade catalítica da PKA também pode se mover para dentro do núcleo, onde fosforila a **proteína de ligação do elemento de resposta ao AMPc** (**CREB**, do inglês *cAMP response element binding protein*), que altera a expressão de genes específicos regulados por AMPc.

Alguns hormônios agem por meio da *inibição* da adenilato-ciclase, *reduzindo* a [AMPc] e *suprimindo* a fosforilação da proteína pela PKA. Por exemplo, a ligação da somatostatina ao seu receptor no pâncreas leva à ativação de uma **proteína G inibitória**, ou $G_i$, estruturalmente homóloga à $G_s$, que inibe a adenilato-ciclase e diminui a [AMPc]. Dessa maneira, a somatostatina inibe a secreção de vários hormônios, incluindo o glucagon. No tecido adiposo, a prostaglandina $E_2$ ($PGE_2$; ver Fig. 10-17) inibe a adenilato-ciclase, reduzindo a [AMPc] e retardando a mobilização das reservas lipídicas iniciada pela adrenalina e pelo glucagon. Em alguns outros tecidos, a $PGE_2$ estimula a síntese de AMPc; os seus receptores estão acoplados à adenilato-ciclase por uma proteína G estimuladora, $G_s$. Nos tecidos com receptores $\alpha_2$-adrenérgicos, a adrenalina diminui a [AMPc]; nesse caso, os receptores estão acoplados à adenilato-ciclase por meio de uma proteína G inibitória, $G_i$. Em resumo, um sinal extracelular, como a adrenalina ou a $PGE_2$, pode ter efeitos completamente diferentes em diversos tecidos ou tipos celulares, dependendo de três fatores: o tipo de receptor no tecido, o tipo de proteína G ($G_s$ ou $G_i$) ao qual o receptor está acoplado e o conjunto de enzimas-alvo da PKA nas células. Somando as influências que levam a aumentar ou diminuir a [AMPc], a célula consegue integrar os sinais, uma característica geral dos mecanismos de transdução de sinal (Fig. 12-1f).

Outro fator que explica como tantos sinais diferentes podem ser mediados por um único segundo mensageiro (AMPc) é a restrição dos processos de sinalização a regiões específicas da célula por meio das **proteínas adaptadoras** – proteínas não catalíticas que agrupam outras moléculas de proteínas que agem em conjunto (descritas em mais detalhes a seguir). **P5** As **proteínas de ancoragem da cinase A** (**AKAP**, do inglês *A kinase anchoring proteins*) têm vários domínios diferentes que ligam proteínas; elas são proteínas adaptadoras multivalentes. Um domínio liga-se às subunidades R da PKA, e outro liga-se a uma estrutura específica da célula, confinando a PKA nas vizinhanças dessa estrutura. Por exemplo, AKAP específicas ligam a PKA a microtúbulos, filamentos de actina, canais iônicos, mitocôndrias ou ao núcleo. Diferentes tipos celulares têm conjuntos de AKAP diferentes, de modo que o AMPc pode estimular a fosforilação de proteínas mitocondriais em uma célula e a fosforilação de filamentos de actina em outra. Em alguns casos, uma AKAP conecta a PKA à enzima que dispara a ativação da PKA (adenilato-ciclase) ou que cessa a ação da PKA (AMPc-fosfodiesterase ou fosfoproteína-fosfatase) (**Fig. 12-11**). Supõe-se que a proximidade entre essas enzimas de ativação e inativação desencadeie uma resposta muito breve e extremamente localizada.

Em um processo análogo ao da via AMPc-PKA, um derivado cíclico do GTP (3′-5′-GMP cíclico; GMPc) é gerado em resposta a um sinal extracelular. O GMPc ativa uma proteína-cinase dependente de GMPc (PKG), que fosforila substratos proteicos específicos, alterando suas atividades em resposta ao sinal inicial (**Quadro 12-2**).

## As proteínas G agem como comutadores autolimitantes em muitos processos

As proteínas sensíveis à ligação de GTP ou de GDP desempenham papéis críticos em muitos processos celulares, incluindo percepção sensorial, sinalização da divisão celular, crescimento e diferenciação, movimentos intracelulares de proteínas de membrana e de vesículas e síntese de

| TABELA 12-3 | Alguns sinais que utilizam AMPc como segundo mensageiro |
|---|---|
| Corticotrofina (ACTH) |
| Hormônio liberador de corticotrofina (CRH) |
| Dopamina [$D_1$, $D_2$] |
| Adrenalina ($\beta$-adrenérgico) |
| Hormônio folículo-estimulante (FSH) |
| Glucagon |
| Histamina [$H_2$] |
| Hormônio luteinizante (LH) |
| Hormônio estimulador de melanócitos (MSH) |
| Odores (muitos) |
| Paratormônio |
| Prostaglandinas $E_1$, $E_2$ ($PGE_1$, $PGE_2$) |
| Serotonina [5-$HT_1$, 5-$HT_4$] |
| Somatostatina |
| Moléculas de sabor (doce, amargo) |
| Hormônio estimulador da tireoide (TSH) |

Nota: subtipos dos receptores estão entre colchetes. Os subtipos podem ter diferentes mecanismos de transdução. Por exemplo, a serotonina é detectada em alguns tecidos por receptores dos subtipos 5-$HT_1$ e 5-$HT_4$, que agem via adenilato-ciclase e AMPc, e em outros tecidos por receptores dos subtipos 5-$HT_2$, que agem por um mecanismo que envolve fosfolipase C-$IP_3$ (ver Tabela 12-4).

## 12.2 RECEPTORES ACOPLADOS À PROTEÍNA G E SEGUNDOS MENSAGEIROS 421

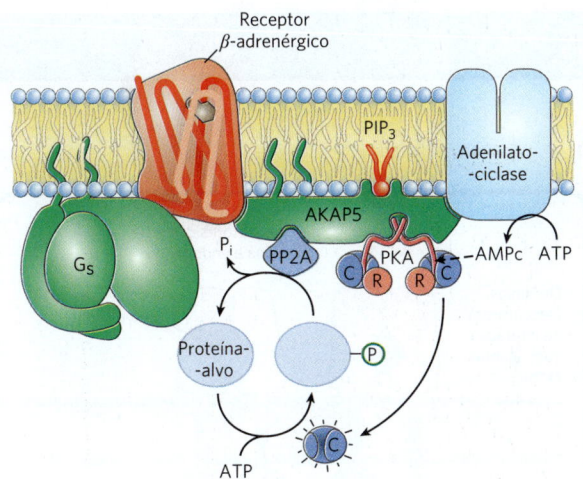

**FIGURA 12-11 Nucleação de complexos supramoleculares por proteínas de ancoragem à cinase A (AKAP).** A AKAP5 é uma família de proteínas que atuam formando estruturas multivalentes, dando suporte a subunidades catalíticas da PKA – por meio de interações entre a AKAPA e subunidades regulatórias da PKA – nas proximidades de uma determinada região ou estrutura da célula. A AKAP5 é direcionada paras as balsas da face citoplasmática da membrana plasmática e liga-se à membrana de forma covalente por dois grupos palmitoíla e um sítio que liga fosfatidilinositol-3,4,5-trisfosfato (PIP$_3$). A AKAP5 também tem sítios de ligação para o receptor β-adrenérgico, para adenilato-ciclase, para a PKA e para uma fosfoproteína-fosfatase (PP2A), aproximando todas essas proteínas no plano da membrana. Quando a adrenalina se liga ao receptor β-adrenérgico, a adenilato-ciclase produz AMPc, que chega à PKA próxima rapidamente e com pouca diluição. A PKA fosforila a sua proteína-alvo, modificando a atividade da proteína, até que a fosfoproteína-fosfatase remova o grupo fosforila e retorne a proteína-alvo ao estado pré-estímulo. As AKAP nesse e em outros casos provocam uma alta concentração local de enzimas e segundos mensageiros, de modo que o circuito de sinalização permanece extremamente localizado e a duração do sinal fica limitada.

proteínas. O genoma humano codifica aproximadamente 200 dessas proteínas, que diferem em tamanho e estrutura de subunidades, localização intracelular e função. Contudo, todas as proteínas G compartilham uma característica: elas tornam-se ativas ao ligarem GTP e, depois de um período breve, podem se autoinativar por meio da atividade de GTPase, atuando dessa maneira como um comutador molecular binário com um cronômetro integrado. Essa superfamília de proteínas inclui: as proteínas G triméricas envolvidas na sinalização β-adrenérgica ($G_s$ ou $G_i$) e na visão (transducina); pequenas proteínas G monoméricas, como as envolvidas na sinalização da insulina (Ras; ver a seguir); outras proteínas que atuam no tráfego de vesículas (ARF, RAC1 e Rab), no transporte para dentro e para fora do núcleo (Ran) e na sincronia do ciclo celular (Rho); e muitas proteínas envolvidas na síntese proteica (fator de iniciação IF2 e fatores de alongamento EF-Tu e EF-G; ver Capítulo 27). Entre as proteínas G triméricas, as subunidades $G_\alpha$ têm lipídeos ligados covalentemente: o aminoterminal é palmitoilado, e algumas também são miristiladas. $G_\gamma$ e a proteína monomérica RAS possuem um lipídeo isoprenila no carboxiterminal. Os lipídeos ligados ancoram essas proteínas na

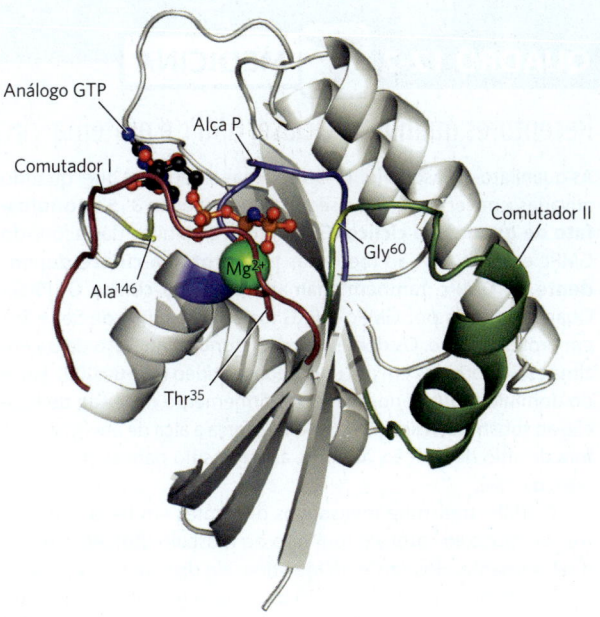

**FIGURA 12-12 Ras, o protótipo de uma proteína G.** $Mg^{2+}$-GTP é preso por resíduos críticos na alça de ligação a fosfato P (em azul) e por Thr$^{35}$ da região do comutador I (em vermelho) e Gly$^{60}$ da região do comutador II (em verde). A Ala$^{146}$ dá a especificidade maior para GTP do que para ATP. Na estrutura mostrada, o análogo Gpp(NH)p de GTP não hidrolisável está ligado no sítio de ligação a GTP. [Dados de PDB ID 5P21, E. F. Pai et al., *EMBO J.* 9:2351, 1990.]

membrana plasmática e, assim, limitam as respectivas atividades para o plano bidimensional.

Todas as proteínas G têm a mesma estrutura central e usam o mesmo mecanismo para alternarem entre uma conformação inativa, favorecida quando GDP está ligado, e uma conformação ativa, favorecida quando GTP está ligado. A proteína **Ras** (~20 kDa, uma unidade sinalizadora mínima) pode ser usada como protótipo para todos os membros dessa superfamília (**Fig. 12-12**).

No sítio de ligação a nucleotídeo da RAS, Ala$^{146}$ faz uma ligação de hidrogênio com o oxigênio da guanina, possibilitado que GTP, e não ATP, se ligue. Na conformação ligada a GTP, a proteína G expõe regiões previamente escondidas (chamadas de **comutador I** e **comutador II**), que interagem com proteínas a jusante na via sinalizadora, até que a proteína G se autoinative ao hidrolisar o GTP que tem ligado, que é transformado em GDP. O determinante crítico para a conformação da proteína G é o fosfato γ do GTP, que interage com uma região denominada **alça P** (de ligação a fosfato). Na proteína Ras, o fosfato γ do GTP liga-se a um resíduo de Lys na alça P e a dois resíduos críticos, Thr$^{35}$ no comutador I e Gly$^{60}$ no comutador II, por ligações de hidrogênio com os oxigênios do fosfato γ do GTP. Essas ligações de hidrogênio funcionam como um par de molas que segura a proteína na sua conformação ativa (**Fig. 12-13**). Elas são perdidas quando o GTP é clivado a GDP e P$_i$ é liberado; a proteína relaxa para a sua conformação inativa, escondendo

## QUADRO 12-2 MEDICINA

### Receptores guanilato-ciclase, GMPc e proteína-cinase G

As guanilato-ciclases (Fig. 1) são enzimas receptoras que, quando ativadas, convertem GTP ao segundo mensageiro **3′,5′-monofosfato de guanosina cíclico** (**GMPc**) (Fig. 2). Muitas das ações do GMPc em animais são mediadas pela **proteína-cinase dependente de GMPc**, também chamada **proteína-cinase G** (**PKG**). Quando ativada por GMPc, a PKG fosforila resíduos de Ser e Thr em proteínas-alvo. Os domínios regulatório e catalítico dessa enzima estão contidos em um único polipeptídeo ($M_r$ ~80.000). Parte do domínio regulatório se encaixa firmemente na fenda de ligação ao substrato. A ligação com GMPc força a alça de ativação para fora do sítio de ligação, abrindo, assim, o sítio para as proteínas-alvo da PKG.

O GMPc transmite mensagens diferentes em tecidos distintos. No músculo cardíaco (um tipo de músculo liso), ele sinaliza o relaxamento. Nos rins e no intestino, ele dispara mudanças no transporte de íons e na retenção de água. A guanilato-ciclase renal é ativada pelo hormônio peptídico **fator natriurético atrial** (**ANF**, de *atrial natriuretic factor*; Fig. 1a), liberado pelas células do átrio cardíaco quando o coração está dilatado pelo aumento do volume sanguíneo. Transportado até os rins pelo sangue, o ANF ativa a guanilato-ciclase nas células dos ductos coletores. O aumento resultante na [GMPc] desencadeia o aumento na excreção renal de $Na^+$ e, consequentemente, de água, impulsionada pela

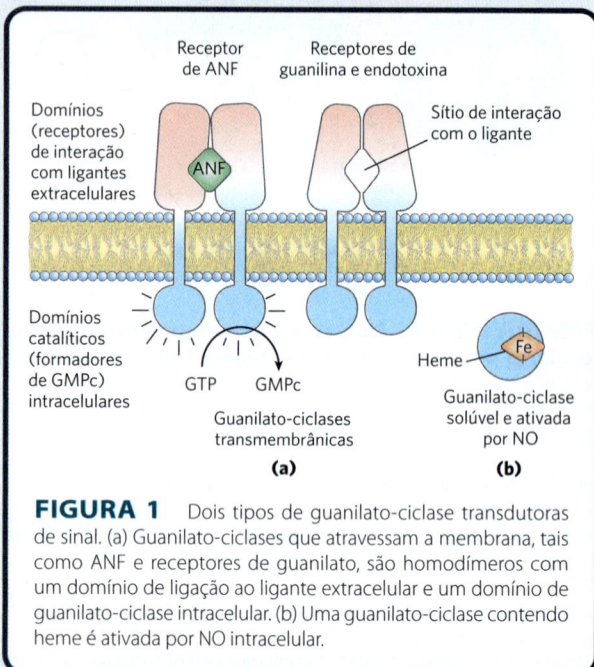

**FIGURA 1** Dois tipos de guanilato-ciclase transdutoras de sinal. (a) Guanilato-ciclases que atravessam a membrana, tais como ANF e receptores de guanilato, são homodímeros com um domínio de ligação ao ligante extracelular e um domínio de guanilato-ciclase intracelular. (b) Uma guanilato-ciclase contendo heme é ativada por NO intracelular.

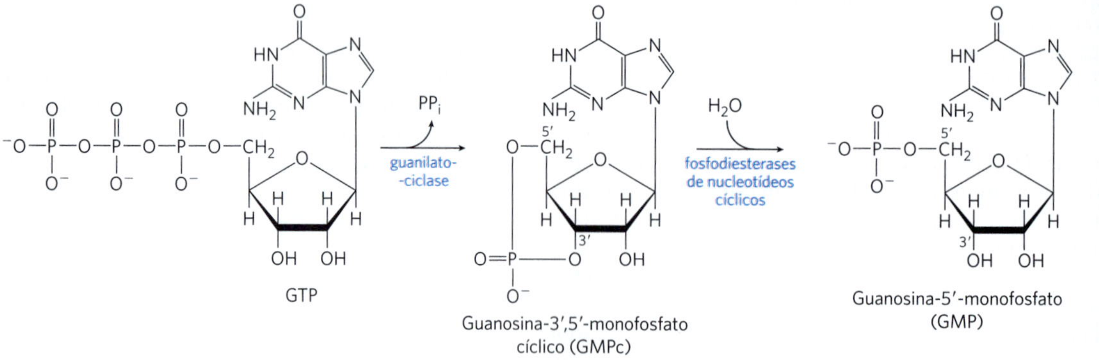

**FIGURA 2** Síntese de GMPc pela guanilato-ciclase e sua hidrólise por fosfodiesterase de GMPc.

os sítios dos comutadores I e II, de modo que eles já não podem interagir com outras moléculas do sistema.

A atividade de GTPase da maioria das proteínas G é muito fraca, mas ela aumenta em até $10^5$ vezes por ação de **proteínas ativadoras da GTPase** (**GAP**), também denominadas, no caso de proteínas G heterotriméricas, **reguladores da sinalização por proteína G** (**RGS**; Fig. 12-8). Assim, GAP e RGS determinam por quanto tempo o comutador de proteína G permanece ligado. Há cerca de 40 diferentes proteínas RGS, envolvidas em vários processos e expressas na maioria dos tecidos. Elas contribuem com um resíduo de Arg essencial, que penetra no sítio ativo de GTPase da proteína G e auxilia na catálise. O processo intrinsecamente lento de substituição do GDP ligado por GTP, ativando a proteína, é catalisado por **fatores de troca de nucleotídeos de guanosina** (**GEF**, como o receptor $\beta$-adrenérgico) associados às proteínas G. O receptor $\beta$-adrenérgico ligado ao ligante é um de muitos GEF, e uma ampla variedade de proteínas age como GAP. Os efeitos combinados dessas moléculas determinam o nível de proteína G com GTP ligado e, assim, reforçam a resposta aos sinais que vêm dos receptores.

variação na pressão osmótica. A perda de água reduz o volume sanguíneo, opondo-se ao estímulo que inicialmente causou a secreção de ANF. O músculo liso vascular também possui um receptor ANF-guanilato-ciclase; quando se liga a esse receptor, o ANF provoca relaxamento (vasodilatação) dos vasos sanguíneos, o que aumenta o fluxo de sangue e diminui a pressão arterial.

Um receptor guanilato-ciclase similar presente na membrana plasmática das células epiteliais que revestem o intestino é ativado pelo peptídeo **guanilina** (Fig. 1a), que regula a secreção de $Cl^-$ no intestino. Esse receptor também é o alvo de uma endotoxina proteica termoestável produzida por *Escherichia coli* e outras bactérias Gram-negativas. O aumento na [GMPc] causado pela endotoxina eleva a secreção de $Cl^-$ e, consequentemente, diminui a reabsorção de água pelo epitélio intestinal, causando diarreia.

Um tipo diferente de guanilato-ciclase é uma proteína citosólica solúvel contendo um grupo heme fortemente ligado (Fig. 1b), uma enzima ativada por óxido nítrico (NO). O óxido nítrico é produzido a partir da arginina por uma **NO-sintase** dependente de $Ca^{2+}$, que está presente em muitos tecidos de mamíferos, e se difunde da célula onde foi formado para as células vizinhas (ver Capítulo 22).

Nas células-alvo, o NO se liga ao grupo heme da guanilato-ciclase e ativa a produção de GMPc. No coração, uma proteína-cinase dependente de GMPc reduz o vigor das contrações por meio do estímulo de bombas de íons que removem o $Ca^{2+}$ do citosol. O relaxamento do músculo cardíaco induzido por NO é a mesma resposta que a provocada pela nitroglicerina e por outros nitrovasodilatadores usados para o alívio da **angina de peito**, uma dor causada pela contração do coração com aporte insuficiente de $O_2$ devido ao bloqueio das artérias coronárias. O NO é instável, e sua ação é breve; dentro de segundos após formado, ele é oxidado a nitrito ou nitrato. Os fármacos nitrovasodilatadores causam o relaxamento prolongado do músculo cardíaco porque são degradados ao longo de várias horas, gerando uma liberação constante de NO. A utilidade da nitroglicerina para o tratamento de angina foi descoberta acidentalmente nas fábricas que produziam nitroglicerina para uso como explosivo na década de 1860. Os trabalhadores com angina relataram que os sintomas eram muito reduzidos durante a semana de trabalho e que aumentavam durante os fins de semana. Os médicos que tratavam esses pacientes ouviram essa história tantas vezes que fizeram a conexão, e assim se descobriu um medicamento.

Os efeitos da síntese de GMPc elevada diminuem quando o estímulo cessa, pois uma fosfodiesterase específica (PDE de GMPc) converte o GMPc em 5'-GMP inativo (ver Fig. 2). Os seres humanos têm diferentes isoformas de PDE de GMPc, com diversas distribuições nos tecidos. A isoforma dos vasos sanguíneos do pênis é inibida pelos fármacos sildenafila e tadalafila, que fazem a [GMPc] permanecer elevada uma vez que tenha sido aumentada por um estímulo apropriado, sendo a responsável pela utilidade desses fármacos no tratamento da disfunção erétil.

Sildenafila

Tadalafila

**P9** Como as proteínas G desempenham funções cruciais em muitos processos de sinalização, não é de surpreender que defeitos nessas proteínas levem a diversas doenças. Em cerca de 25% de todos os cânceres humanos (e em uma proporção muito maior em certos tipos de câncer), há uma mutação na proteína Ras (geralmente em um dos resíduos críticos próximos ao sítio de ligação a GTP ou na alça P) que praticamente anula a atividade de GTPase. Uma vez ativadas pela ligação com GTP, essas proteínas Ras permanecem constantemente ativas, promovendo a divisão celular em células que não deveriam estar se dividindo. O gene supressor tumoral *NF1* codifica uma GAP, que intensifica a atividade de GTPase da Ras normal. As mutações em *NF1* que resultam em uma GAP não funcional deixam Ras apenas com a atividade de GTPase, que é muito fraca (i.e., tem um número de renovação muito baixo). Uma vez que tenha sido ativada pela ligação com GTP, a Ras permanece ativa por um longo período e continua a enviar o sinal para a divisão.

Proteínas G heterotriméricas defeituosas também podem levar a doenças. Mutações em genes que codificam a subunidade $\alpha$ da $G_s$ (que medeia mudanças na [AMPc] em

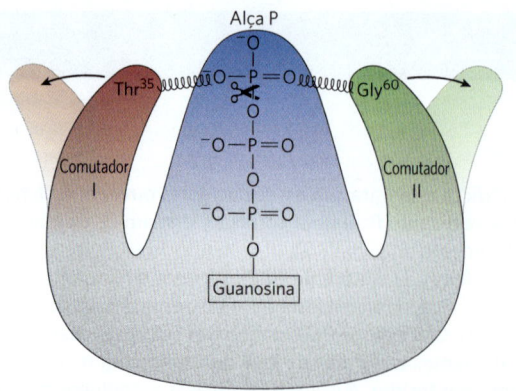

**FIGURA 12-13 A hidrólise do GTP troca a posição do comutador na Ras.** Quando o GTP ligado é hidrolisado pela atividade de GTPase da proteína Ras e da proteína ativadora da atividade GTPásica (GAP), as ligações de hidrogênio da Thr³⁵ e da Gly⁶⁰ são perdidas, e isso faz as regiões dos comutadores I e II relaxarem para uma conformação na qual eles já não podem mais interagir com as proteínas-alvo que vêm a seguir na sequência do mecanismo de sinalização. [Informações de I. R. Vetter e A. Wittinghofer, *Science* 294:1299, 2001, Fig. 3.]

resposta a estímulos hormonais) podem resultar em uma $G_\alpha$ permanentemente ativa ou permanentemente inativa. As mutações "ativadoras" em geral ocorrem nos resíduos cruciais para a atividade GTPásica. Elas levam a uma [AMPc] continuamente elevada, com consequências significativas nas etapas seguintes da via de sinalização, incluindo a proliferação celular indesejada. Essas mutações são encontradas em cerca de 40% dos tumores da hipófise (adenomas).

Indivíduos com mutações "inativadoras" na $G_\alpha$ não respondem aos hormônios que atuam via AMPc (como o hormônio da tireoide). Mutações no gene que codifica a subunidade $\alpha$ da transducina ($T_\alpha$), que está envolvida na sinalização da visão, causam um tipo de cegueira noturna, aparentemente devido à interação defeituosa entre a subunidade $T_\alpha$ e a fosfodiesterase do segmento externo dos bastonetes (ver Fig. 12-19). Uma variação na sequência do gene que codifica a subunidade $\beta$ de uma proteína G heterotrimérica é muito comum em indivíduos com hipertensão (pressão arterial elevada), e suspeita-se que essa variante gênica esteja envolvida na obesidade e na aterosclerose.

A bactéria patogênica que causa o cólera produz uma toxina que tem como alvo a proteína G, interferindo na sinalização normal das células do hospedeiro. A **toxina do cólera**, secretada pelo *Vibrio cholerae* no intestino de uma pessoa infectada, é uma proteína heterodimérica. A subunidade B reconhece e liga-se a gangliosídeos específicos na superfície das células do epitélio intestinal, fornecendo uma via para a entrada da subunidade A nessas células. Após a sua entrada, a subunidade A é quebrada em dois fragmentos, A1 e A2. A1 associa-se com o fator de ADP-ribosilação ARF6 da célula do hospedeiro, uma proteína G pequena, por meio de resíduos nas regiões dos comutadores I e II – que são acessíveis apenas quando ARF6 está em sua forma ativa (com GTP ligado). Essa associação com ARF6 ativa A1, que catalisa a transferência da ADP-ribose de uma molécula de $NAD^+$ para o resíduo de Arg crítico da alça P da subunidade $\alpha$ da proteína $G_s$ (**Fig. 12-14**). A ADP-ribosilação bloqueia a atividade de GTPase da $G_s$, o que faz a $G_s$ ficar permanentemente ativa. Isso resulta em ativação

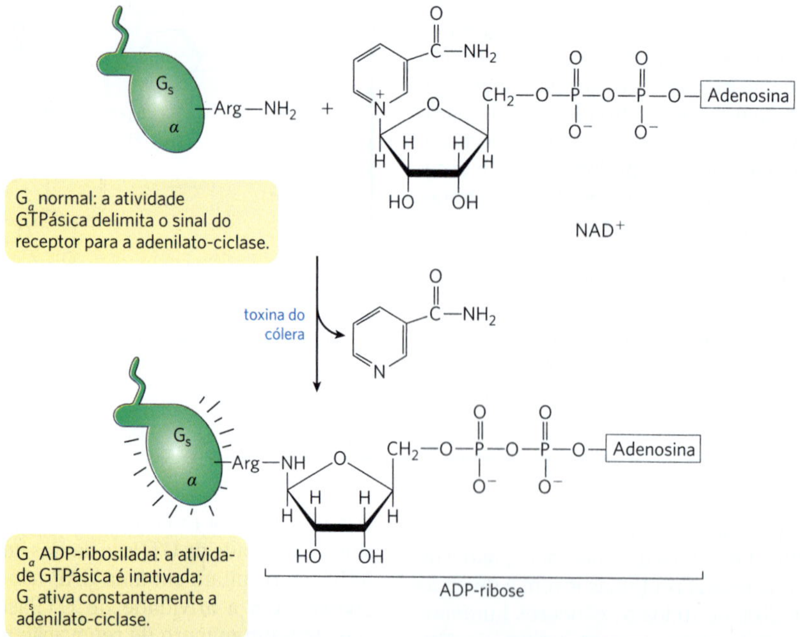

**FIGURA 12-14 A ribosilação do ADP trava a $G_{s\alpha}$ na conformação ativa.** A toxina bacteriana que causa o cólera é uma enzima que catalisa a transferência da porção ADP-ribose da molécula de $NAD^+$ (nicotinamida-adenina-dinucleotídeo) para um resíduo de Arg na proteína $G_{s\alpha}$. As proteínas G assim modificadas não respondem aos estímulos hormonais normais. A patologia do cólera é o resultado de uma regulação defeituosa da adenilato-ciclase e de superprodução de AMPc.

contínua da adenilato-ciclase das células do epitélio intestinal, [AMPc] cronicamente elevada e PKA cronicamente ativa. A PKA fosforila o canal de Cl⁻ CFTR (ver Quadro 11-2) e o trocador Na⁺-H⁺ das células do epitélio intestinal. O resultante efluxo de NaCl provoca uma perda massiva de água pelo intestino, à medida que as células respondem tentando restabelecer o equilíbrio osmótico. A grave desidratação e a perda de eletrólitos são as principais patologias do cólera, e podem ser fatais sem a intervenção rápida de uma terapia de reidratação. ∎

## Diacilglicerol, inositol-trisfosfato e $Ca^{2+}$ têm funções relacionadas com segundos mensageiros

Uma segunda classe numerosa de GPCR acopla-se por meio de uma proteína G a uma **fosfolipase C** (**PLC**) da membrana plasmática, a qual é específica para o fosfolipídeo de membrana fosfatidilinositol-4,5-bisfosfato, ou $PIP_2$ (ver Fig. 10-14). Quando um dos agonistas (hormônio, neurotransmissor, fator de crescimento; **Tabela 12-4**) que age por esse mecanismo se liga ao seu receptor específico na membrana plasmática (**Fig. 12-15**, etapa ❶), o complexo hormônio-receptor catalisa a troca de GDP por GTP na proteína G trimérica, $G_q$, associada (etapa ❷). Isso ativa as proteínas $G_q$ de uma forma semelhante à ativação da proteína $G_s$ realizada por receptores β-adrenérgicos (Fig. 12-4). A $G_q$ ativada ativa a PLC específica para $PIP_2$ (Fig. 12-15, etapa ❸), que catalisa a produção de dois segundos mensageiros potentes (etapa ❹), **diacilglicerol** e **inositol-1,4,5--trisfosfato**, ou $IP_3$ (não confundir com $PIP_3$, p. 435 ou Fig. 12-24).

Inositol-1,4,5-trisfosfato ($IP_3$)

O inositol-trisfosfato, um composto hidrossolúvel, difunde-se da membrana plasmática para o retículo endoplasmático (RE), onde se liga a **canais de $Ca^{2+}$ controlados por $IP_3$**, abrindo-os. A ação da bomba SERCA (p. 393-394) garante que a [$Ca^{2+}$] no RE seja várias ordens de grandeza maior do que no citosol, de modo que, quando os canais de $Ca^{2+}$ se abrem, o $Ca^{2+}$ é despejado no citosol (Fig. 12-15, etapa ❺) e a [$Ca^{2+}$] citosólica aumenta rapidamente para cerca de $10^{-6}$ mM Um dos efeitos da [$Ca^{2+}$] elevada é a ativação da **proteína-cinase C** (**PKC**; $C$ indica $Ca^{2+}$). O diacilglicerol atua em conjunto com o $Ca^{2+}$ na ativação da PKC e, portanto, $Ca^{2+}$ também age como segundo mensageiro (etapa ❻). A ativação envolve o afastamento de um domínio da PKC (o domínio do pseudossubstrato) da posição que ocupa na região de ligação ao substrato da enzima, possibilitando que a enzima se ligue e fosforile as proteínas que tenham uma sequência-consenso para PKC – resíduos de Ser ou Thr no meio de uma sequência de aminoácidos reconhecida pela PKC (etapa ❼). A **Figura 12-16** mostra a estrutura do receptor de $IP_3$ e o mecanismo proposto para o seu modo de ação como canal de $Ca^{2+}$ regulado.

Existem diversas isoenzimas da PKC, cada uma com distribuição tecidual, especificidade para as proteínas-alvo e funções diferentes. A PLCβ é ativada por GPCR; outra isoforma, a PLCγ, é ativada por um receptor tirosina-cinase, como descrito a seguir. Os alvos finais das PKC incluem proteínas do citoesqueleto, enzimas e proteínas nucleares que regulam a expressão gênica. Em conjunto, essa família de enzimas desempenha uma ampla gama de ações na célula, afetando, por exemplo, as funções neuronal e imune e a regulação da divisão celular. Substâncias que levam à superexpressão da PKC ou que aumentam a atividade para níveis anormais agem como promotores de tumores. Animais expostos a essas substâncias têm incidência maior de câncer.

## O cálcio é um segundo mensageiro limitado no espaço e no tempo

Há muitas variações nesse esquema básico de sinalização por $Ca^{2+}$. Em muitos tipos de células que respondem a sinais extracelulares, o $Ca^{2+}$ age como um segundo mensageiro que inicia respostas intracelulares, como a exocitose nos neurônios e nas células endócrinas, a contração no músculo esquelético e os rearranjos do citoesqueleto durante o movimento ameboide. Nas células não estimuladas, a

| TABELA 12-4 | Alguns sinais que agem por meio de fosfolipase C, $IP_3$ ou $Ca^{2+}$ | |
|---|---|---|
| Acetilcolina [$M_1$ muscarínico] | Fator de crescimento derivado de plaquetas (PDGF) | Ocitocina |
| Agonistas $\alpha_1$-adrenérgicos | Glutamato | Peptídeo liberador de gastrina |
| Angiogenina | Histamina [$H_1$] | Serotonina [5-$HT_2$] |
| Angiotensina II | Hormônio liberador de gonadotrofina (GRH) | Vasopressina |
| ATP [$P_{2x}$, $P_{2y}$] | Hormônio liberador de tireotrofina (TRH) | |
| Auxina | Luz (*Drosophila*) | |
| Nota: subtipos dos receptores estão entre colchetes; ver nota de rodapé da Tabela 12-3. | | |

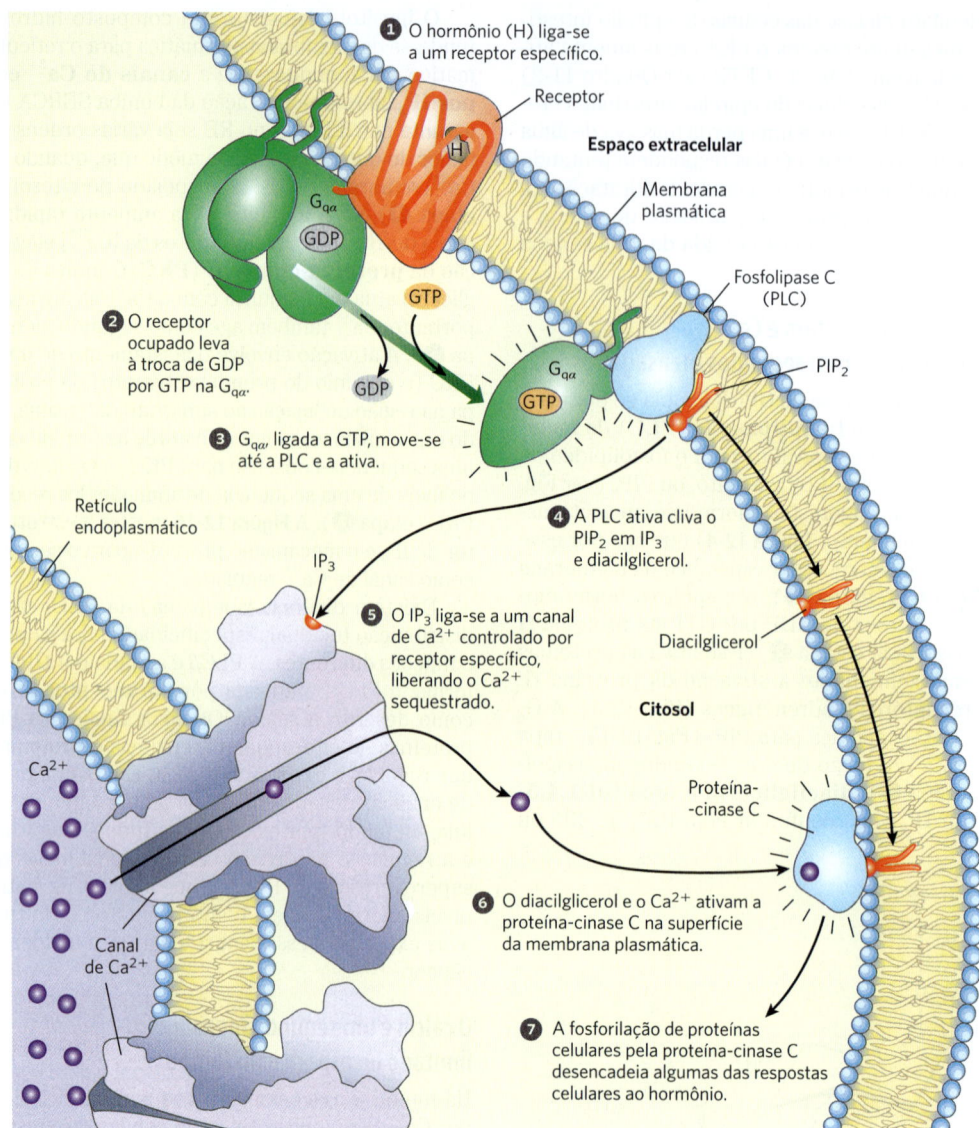

**FIGURA 12-15 Fosfolipase C ativada por hormônios e IP$_3$.** No sistema do fosfatidilinositol sensível a hormônios, são produzidos dois segundos mensageiros intracelulares: 1,4,5-inositol-trisfosfato (IP$_3$) e diacilglicerol são formados pela clivagem de fosfatidilinositol-4,5-bisfosfato (PIP$_2$). Os dois contribuem para a ativação da proteína-cinase C. Ao aumentar a [Ca$^{2+}$] citosólica, IP$_3$ também ativa outras enzimas dependentes de Ca$^{2+}$; assim, Ca$^{2+}$ age como um segundo mensageiro.

[Ca$^{2+}$] citosólica é mantida muito baixa ($< 10^{-7}$ M) por meio da ação de bombas de Ca$^{2+}$ localizadas no RE, na mitocôndria e na membrana plasmática (como discutido em mais detalhes a seguir). **P6** Estímulos hormonais, neuronais ou outros estímulos causam influxo de Ca$^{2+}$ para dentro da célula através de canais de Ca$^{2+}$ específicos da membrana plasmática, ou causam a liberação do Ca$^{2+}$ sequestrado no RE ou na mitocôndria, elevando, em qualquer um dos casos, a [Ca$^{2+}$] citosólica e disparando uma resposta celular.

Variações na [Ca$^{2+}$] intracelular são detectadas por proteínas ligantes de Ca$^{2+}$ que regulam uma grande variedade de enzimas dependentes de Ca$^{2+}$. A **calmodulina** (**CaM**; $M_r$ 17.000) é uma proteína ácida com quatro sítios que ligam Ca$^{2+}$ com alta afinidade (**Fig. 12-17**). Quando a [Ca$^{2+}$] intracelular aumenta para cerca de $10^{-6}$ M (1 µM), a ligação do Ca$^{2+}$ à calmodulina induz mudanças na conformação da proteína. A calmodulina associa-se a uma ampla variedade de proteínas e, no estado ligado ao Ca$^{2+}$, modula as atividades delas. Ela pertence à família de proteínas de ligação ao Ca$^{2+}$, que também inclui a troponina (ver Fig. 5-30), proteína que inicia a contração do músculo esquelético em resposta à elevação na [Ca$^{2+}$]. Os membros dessa família possuem uma estrutura característica de ligação ao Ca$^{2+}$, a mão EF.

A calmodulina é uma subunidade das **proteínas-cinases dependentes de Ca$^{2+}$/calmodulina** (**CaM-cinases**, tipos I a IV). Quando a [Ca$^{2+}$] intracelular aumenta em resposta a um estímulo, a calmodulina liga Ca$^{2+}$, sofre uma mudança na conformação e ativa a CaM-cinase. A cinase, então, fosforila enzimas-alvo, regulando as suas respectivas atividades. A calmodulina também é uma subunidade

## 12.2 RECEPTORES ACOPLADOS À PROTEÍNA G E SEGUNDOS MENSAGEIROS

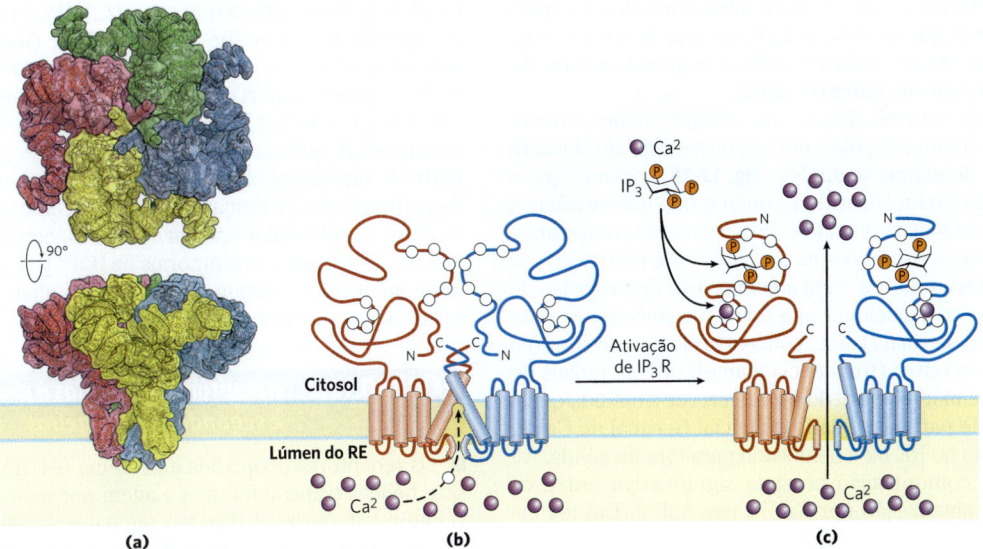

**FIGURA 12-16 Mecanismo proposto para a ação de um canal de $Ca^{2+}$ disparado por $IP_3$.** (a) Conformação fechada do receptor de $IP_3$ determinada por crio-ME. O tetrâmero de 1,3 MDa tem 24 hélices transmembrana, que formam as bordas de um poro central. A maior parte da proteína fica protuberante para fora do RE, voltada para o lado do citosol, e contém os sítios de ligação para $IP_3$. O poro central é o canal para a passagem de $Ca^{2+}$, que não ocorre na ausência de $IP_3$. (b, c) Modelo para a ativação do receptor por $IP_3$, mostrando apenas duas das quatro subunidades idênticas (b) na ausência e (c) na presença de $IP_3$, com uma molécula de $IP_3$ ligada a cada subunidade. De acordo com esse modelo, a ligação de um $IP_3$ próximo à extremidade aminoterminal de uma subunidade provoca um rearranjo da $\alpha$-hélice da extremidade carboxiterminal, abrindo, assim, o canal de $Ca^{2+}$. [(a) Dados de PDB ID 6MU2, G. Fan et al., *Cell Res.* 28:1158, 2018. (b, c) Informações de M. J. Berridge, *Physiol. Rev.* 96:1261, 2016, Fig. 3.]

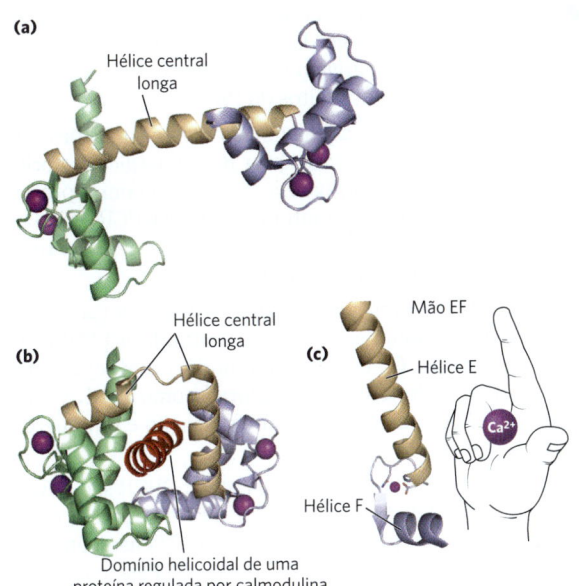

**FIGURA 12-17 Calmodulina, o mediador proteico de muitas reações enzimáticas estimuladas por $Ca^{2+}$.** (a) Nesse modelo em fita da estrutura em cristal da calmodulina, os quatro sítios de ligação de alta afinidade por $Ca^{2+}$ estão ocupados por $Ca^{2+}$ (em roxo). O domínio aminoterminal está à esquerda, e o domínio carboxiterminal, à direita. (b) Calmodulina associada a um domínio helicoidal em uma das muitas enzimas que ela regula, a proteína-cinase II dependente de calmodulina. Observe que a longa $\alpha$-hélice central da calmodulina, visível em (a), dobra-se para trás de si mesma ao ligar-se com o domínio em hélice do substrato. A hélice central da calmodulina é nitidamente mais flexível em solução do que no cristal. (c) Cada um dos quatro sítios de ligação ao $Ca^{2+}$ ocorre como um motivo hélice-alça-hélice, denominado mão EF, que também é encontrado em muitas outras proteínas que ligam $Ca^{2+}$. [Dados de (a) PDB ID 1CLL, R. Chattopadhyaya et al., *J. Mol. Biol.* 228:1177, 1992; (b, c) PDB ID 1CDL, W. E. Meador et al., *Science* 257:1251, 1992.]

reguladora da fosforilase *b*-cinase do músculo, que é ativada por $Ca^{2+}$. Desse modo, o $Ca^{2+}$ inicia as contrações musculares, que necessitam de ATP, ao mesmo tempo que ativa a degradação do glicogênio, fornecendo combustível para a síntese de ATP. Muitas outras enzimas também são moduladas por $Ca^{2+}$ por meio da calmodulina (**Tabela 12-5**). A atividade do $Ca^{2+}$, do mesmo modo que o AMPc, como

| TABELA 12-5 | Algumas proteínas reguladas por $Ca^{2+}$ e calmodulina |
|---|---|
| Adenilato-ciclase (cérebro) |
| Proteína-cinase dependente de $Ca^{2+}$/calmodulina (CaM-cinases I a IV) |
| Canal de $Na^+$ dependente de $Ca^{2+}$ (*Paramecium*) |
| Canal do retículo sarcoplasmático liberador de $Ca^{2+}$ |
| Calcineurina (fosfoproteína-fosfatase 2B) |
| AMPc-fosfodiesterase |
| Canal olfatório regulado por AMPc |
| Canal de $Na^+$ regulado por GMPc, canais de $Ca^{2+}$ (bastonetes e cones) |
| Glutamato-descarboxilase |
| Cinases de cadeia leve da miosina |
| $NAD^+$-cinases |
| Óxido nítrico-sintase |
| Fosfatidilinositol-3-cinase |
| $Ca^{2+}$-ATPase da membrana plasmática (bomba de $Ca^{2+}$) |
| RNA-helicase (p68) |

segundo mensageiro, pode ser limitada a um determinado espaço; depois que sua liberação inicia uma resposta local, o $Ca^{2+}$ geralmente é removido antes que possa se difundir para regiões mais distantes da célula.

Em geral, os níveis de $Ca^{2+}$ não simplesmente aumentam e então diminuem, mas, em vez disso, oscilam durante um período de alguns segundos (**Fig. 12-18**), mesmo que a concentração extracelular do hormônio que desencadeia a resposta permaneça constante. Possivelmente, o mecanismo subjacente às oscilações na $[Ca^{2+}]$ envolve regulação por retroalimentação por $Ca^{2+}$ em alguma parte do processo de liberação de $Ca^{2+}$. Qualquer que seja o mecanismo, o efeito é que um tipo de sinal (p. ex., concentração de hormônio) é convertido em outro (frequência e amplitude de pulsos de $[Ca^{2+}]$ intracelular). O sinal do $Ca^{2+}$ decresce à medida que o íon se difunde para longe da fonte inicial (o canal de $Ca^{2+}$), é sequestrado no RE ou é bombeado para fora da célula.

Há uma comunicação cruzada significativa entre os sistemas de sinalização por $Ca^{2+}$ e por AMPc. Em alguns tecidos, tanto a enzima que produz AMPc (adenilato-ciclase) quanto a enzima que degrada AMPc (fosfodiesterase) são estimuladas por $Ca^{2+}$. Variações espaciais e temporais na $[Ca^{2+}]$ podem, portanto, produzir variações transitórias e localizadas na [AMPc]. Anteriormente, foi mencionado que a PKA, enzima que responde ao AMPc, geralmente é parte de um complexo supramolecular altamente localizado agrupado em proteínas estruturais, como as AKAP. Essa localização subcelular das enzimas-alvo, combinada com os gradientes espaciais e temporais na $[Ca^{2+}]$ e na [AMPc], permite que a célula responda a diferentes sinais por meio de variações metabólicas sutis.

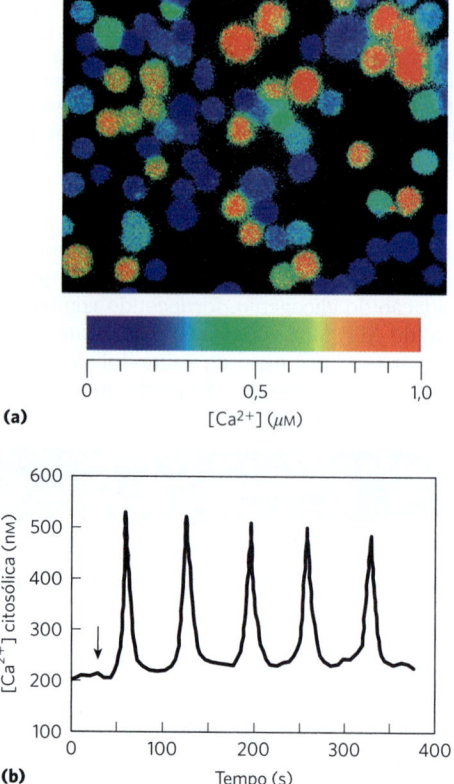

**FIGURA 12-18 Sinais extracelulares disparam oscilações na $[Ca^{2+}]$ intracelular.** (a) O corante fura, que sofre mudança na fluorescência quando se liga a $Ca^{2+}$, pode ser usado em microscopia de fluorescência para medir a $[Ca^{2+}]$ instantânea de cálcio dentro das células. A escala de cores relaciona intensidade da fluorescência e $[Ca^{2+}]$. Aqui, timócitos (células do timo) foram estimulados com ATP extracelular, o que eleva a $[Ca^{2+}]$ interna. As células são heterogêneas nas respostas: algumas têm alta $[Ca^{2+}]$ intracelular (em vermelho), outras têm $[Ca^{2+}]$ muito menor (em azul). (b) Quando uma sonda dessas é utilizada em um único hepatócito, o agonista noradrenalina (adicionado na flecha) provoca oscilações na $[Ca^{2+}]$ de 200 a 500 nM. Oscilações similares são induzidas em outros tipos de células por outros sinais extracelulares. [(a) Cortesia de Michael D. Cahalan, University of California, Irvine, Department of Physiology and Biophysics. (b) Dados de T. A. Rooney et al., *J. Biol. Chem.* 264:17.131, 1989.]

### RESUMO 12.2 Receptores acoplados à proteína G e segundos mensageiros

- Os receptores acoplados à proteína G (GPCR) possuem sete hélices transmembrana e agem por meio de proteínas G heterotriméricas. A ligação com o ligante ativa a proteína G, que, então, estimula ou inibe a atividade de uma enzima efetora que muda a concentração local do seu produto, que é o segundo mensageiro AMPc.

- A adrenalina, agindo por meio do seu GPCR e proteína $G_s$, estimula a adenilato-ciclase, que produz AMPc. O AMPc ativa a proteína-cinase A (PKA), que, então, fosforila as proteínas-alvo em um resíduo de Ser ou Thr, alterando as suas atividades biológicas.

- Para terminar a resposta desencadeada pela adrenalina, uma fosfodiesterase degrada AMPc, e a proteína G é inativada pela sua própria atividade de GTPase. Fosfoproteínas-fosfatases revertem os efeitos da PKA.

- Quando o sinal da adrenalina persiste, uma proteína-cinase específica para o receptor β-adrenérgico fosforila o GPCR, criando um sítio para a associação com a proteína β-arrestina, que impede a interação entre GPCR e proteína G. A arrestina dispara a dessensibilização, fazendo o receptor ser levado para vesículas intracelulares.

- Os GPRC exercem seus efeitos por meio da via proteína G-AMPc-PKA; algumas agem aumentando a [AMPc] por meio da proteína $G_s$, outras diminuindo a [AMPc] por meio da proteína $G_i$. Proteínas adaptadoras, como as AKAP, aprisionam a PKA e limitam a sua área de ação e o número de proteínas-alvo.

- Proteínas G triméricas acopladas aos GPCR são ativadas quando o GDP ligado é trocado por GTP e permanecem ativas até que a sua própria atividade de GTPase converta o GTP ligado em GDP. Essa atividade de GTPase é modulada por proteínas ativadoras de GTPase (GAP) e reguladores da sinalização por proteínas G (RGS).

- Proteínas G monoméricas (pequenas) como Ras, Rab e Ran também atuam como comutadores autolimitantes. Defeitos na sinalização por proteínas G são comuns em pacientes com alguns tipos de câncer.

- Alguns GPCR se acoplam a uma proteína G ($G_q$) que age por meio da fosfolipase C da membrana plasmática, que cliva $PIP_2$ em diacilglicerol e $IP_3$. Abrindo canais de $Ca^{2+}$ no retículo endoplasmático, o $IP_3$ eleva a $[Ca^{2+}]$ citosólica. O diacilglicerol e o $Ca^{2+}$ agem em conjunto para ativar a proteína-cinase C, que fosforila e modula a atividade de proteínas celulares específicas.

■ A [Ca$^{2+}$] celular também regula (geralmente via calmodulina) muitas outras enzimas e proteínas envolvidas na secreção, nos rearranjos do citoesqueleto ou nas contrações. Muitas das enzimas-alvo pertencem à família das proteínas-cinases ativadas por Ca$^{2+}$ (PKC).

## 12.3 Os GPCR na visão, no olfato e no paladar

A detecção de luz, odores e sabores (visão, olfato e paladar, respectivamente) em animais é realizada por neurônios sensoriais especializados que utilizam mecanismos de transdução de sinal fundamentalmente similares àqueles que detectam hormônios, neurotransmissores e fatores de crescimento. Um sinal sensorial inicial é amplificado enormemente por mecanismos que incluem canais iônicos e segundos mensageiros intracelulares. Esses sistemas se adaptam à estimulação contínua alterando a sensibilidade ao estímulo (dessensibilização). As informações sensoriais vindas de diversos receptores são integradas antes que o sinal final seja enviado ao cérebro.

### O olho dos vertebrados utiliza mecanismos clássicos dos GPCR

A transdução visual (**Fig. 12-19**) inicia-se quando a luz incide sobre a **rodopsina**, um GPCR que está presente na membrana dos discos dos bastonetes nos olhos dos vertebrados. (As cores não são detectadas pelos bastonetes, mas sim pelos cones, como explicado no **Quadro 12-3**.) O pigmento que absorve luz (cromóforo) 11-*cis*-retinal está ligado covalentemente à **opsina**, o componente proteico da rodopsina, que fica situado próximo ao meio da bicamada da membrana dos discos. Quando um fóton é absorvido pelo componente retiniano da rodopsina (etapa ❶), a energia causa uma alteração fotoquímica; 11-*cis*-retinal é convertido a todo-*trans*-retinal (ver Fig. 10-20). Essa mudança na estrutura do cromóforo força mudanças conformacionais na molécula de rodopsina, permitindo que ela interaja com a proteína G trimérica transducina, ativando-a. A rodopsina, então, estimula a troca do GDP ligado à transducina por GTP do citosol (Fig. 12-19, etapa ❷), e a transducina ativada estimula a proteína de membrana GMP cíclico (GMPc)-fosfodiesterase (PDE) ao remover a subunidade inibitória

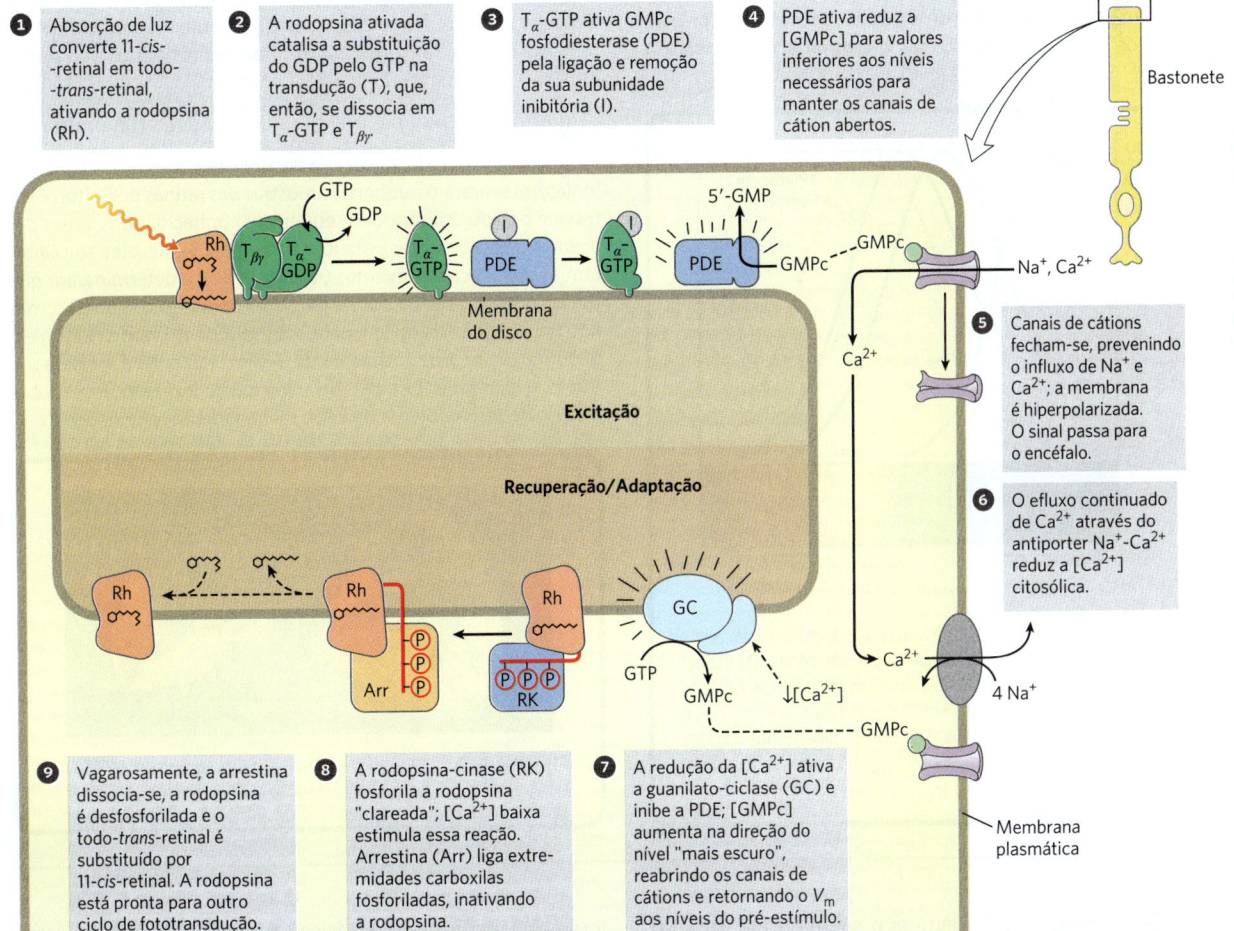

**FIGURA 12-19** Consequências moleculares da absorção do fóton pela rodopsina no segmento externo do bastonete. A metade superior da figura (etapas ❶ a ❺) descreve a excitação; a metade inferior mostra as etapas após a iluminação: recuperação (etapas ❻ e ❼) e adaptação (etapas ❽ e ❾).

## QUADRO 12-3  MEDICINA

### Daltonismo: o experimento de John Dalton após a sua morte

A visão das cores envolve uma via de transdução sensorial em células especializadas da retina. Três tipos de células chamadas de cones são especializados na detecção da luz de diferentes regiões do espectro, utilizando três proteínas fotorreceptoras relacionadas (opsinas). Cada cone expressa somente um tipo de opsina, mas cada tipo está estreitamente relacionado com a rodopsina quanto ao tamanho, à sequência de aminoácidos e, supõe-se, à estrutura tridimensional. As diferenças entre as opsinas, entretanto, são grandes o bastante para colocar o cromóforo, 11-*cis*-retinal, em três ambientes levemente diferentes, e isso faz os três fotorreceptores apresentarem espectros de absorção diferentes (Fig. 1). Cores e tons são diferenciados por meio da integração das informações vindas dos três tipos de cones, cada um contendo um dos três tipos de fotorreceptores.

O daltonismo, como na incapacidade de distinguir entre vermelho e verde, é uma característica genética hereditária relativamente comum nos seres humanos. Os diversos tipos de daltonismo são o resultado de diferentes tipos de mutações nas opsinas. Uma das formas deve-se à perda do fotorreceptor para vermelho; os indivíduos afetados são **dicromatas com ausência do vermelho** (enxergam apenas duas das cores primárias). Outros não possuem o pigmento verde e são **dicromatas com ausência do verde**. Em alguns casos, os fotorreceptores para vermelho e para verde estão presentes, mas apresentam uma alteração na sequência de aminoácidos que causa uma mudança no espectro de absorção, resultando em visão anormal das cores. Dependendo de qual pigmento estiver alterado, os indivíduos são **tricromatas com anomalia para o vermelho** ou **tricromatas com anomalia para o verde**. O estudo dos genes dos receptores visuais possibilitou o diagnóstico do daltonismo no químico John Dalton mais de um século após a sua morte.

John Dalton (famoso pela teoria atômica) era daltônico. Ele imaginava ser provável que o humor vítreo de seus olhos (o fluido que preenche o globo ocular atrás do cristalino) fosse de cor azulada, diferentemente do fluido incolor dos olhos normais. Ele propôs que, após a sua morte, seus olhos fossem dissecados, e a cor do humor vítreo, determinada. O desejo dele foi cumprido. No dia seguinte à morte de Dalton, em julho de 1844, Joseph Ransome dissecou os olhos dele e descobriu que o humor vítreo era perfeitamente incolor. Ransome, assim como muitos cientistas, relutou em jogar as amostras no lixo. Ele colocou os olhos de Dalton em um frasco com conservante, onde permaneceram por um século e meio (Fig. 2).

Então, na metade da década de 1990, biólogos moleculares na Inglaterra retiraram pequenas amostras das retinas de Dalton e extraíram o DNA. Utilizando as sequências conhecidas dos genes das opsinas dos receptores para luz vermelha e verde, eles amplificaram as sequências relevantes utilizando PCR e determinaram que Dalton tinha o gene da opsina para o fotopigmento vermelho, mas não tinha o gene da opsina para o fotopigmento verde. Dalton era dicromata com ausência do verde. Assim, 150 anos depois de sua morte, o experimento que Dalton iniciou ao fazer hipóteses sobre a causa de seu problema de visão foi finalmente terminado.

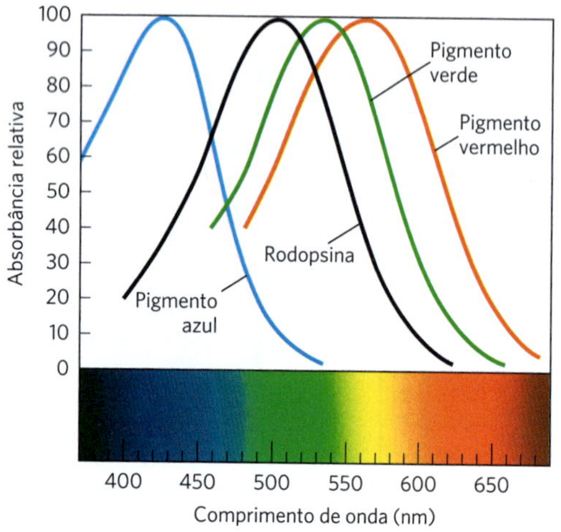

**FIGURA 1** Espectro de absorção da rodopsina purificada e dos receptores para vermelho, verde e azul dos cones. Os espectros dos receptores, obtidos a partir de cones individuais isolados de cadáveres, apresentam picos em cerca de 420, 530 e 560 nm, e a absorção máxima da rodopsina é de aproximadamente 500 nm. Para referência, o espectro visível dos seres humanos é de aproximadamente 380 a 750 nm. [Dados de J. Nathans, *Sci. Am.* 260 (February):42, 1989.]

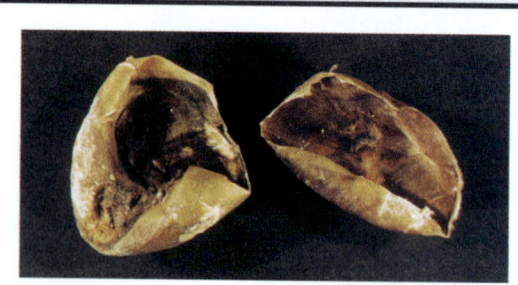

**FIGURA 2** Os olhos de Dalton. [Professor J. D. Mollon, Cambridge University, Department of Experimental Psychology.]

(etapa ❸). A GMPc-PDE degrada o segundo mensageiro 3′,5′-GMPc a 5′-GMP, baixando a [GMPc] (etapa ❹). Os canais de $Na^+$ e de $Ca^{2+}$ dependentes de GMPc existentes na membrana plasmática se fecham (etapa ❺), ao passo que o antiporte ativo de $Na^+$-$Ca^{2+}$ continua a bombear $Ca^{2+}$ para fora pela membrana plasmática (etapa ❻), fazendo o potencial elétrico transmembrana ficar mais negativo dentro da célula (i.e., hiperpolarizando o bastonete). Essa mudança elétrica passa por uma série de células nervosas especializadas e chega ao córtex visual do encéfalo.

Várias etapas do processo de transdução visual provocam uma gigantesca amplificação do sinal. Cada molécula de rodopsina excitada ativa ao menos 500 moléculas de transducina, e cada molécula de transducina pode ativar uma molécula de GMPc-PDE. Essa fosfodiesterase tem uma número de renovação extraordinariamente alto: cada molécula ativada hidrolisa 4.200 moléculas de GMPc por segundo. A ligação de GMPc aos canais iônicos dependentes de GMPc é cooperativa, e uma variação relativamente pequena na [GMPc], portanto, provoca uma grande alteração da condutância iônica. O resultado dessas amplificações é uma impressionante sensibilidade à luz. A absorção de um único fóton fecha pelo menos 1.000 canais iônicos de $Na^+$ e $Ca^{2+}$, hiperpolarizando o potencial da membrana celular em cerca de 1 mV.

À medida que os olhos do leitor se movem ao longo desta linha, as imagens na retina das primeiras palavras desaparecem rapidamente – antes mesmo de que a próxima série de palavras seja lida. Nesse curto intervalo, muitos fenômenos bioquímicos aconteceram. Imediatamente após o término da iluminação dos bastonetes ou cones, o sistema fotossensorial se desliga. A subunidade α da transducina ($T_\alpha$, com GTP ligado) tem uma atividade de GTPase. Milissegundos após a intensidade luminosa diminuir, o GTP é hidrolisado, e $T_\alpha$ se associa novamente com a $T_{\beta\gamma}$. A subunidade inibitória da PDE, que está ligada a $T_\alpha$-GTP, é liberada e se associa novamente à PDE, inibindo fortemente a sua atividade, e, assim, a velocidade da degradação de GMPc diminui.

Ao mesmo tempo, um segundo fator que ajuda a cessar a resposta à luz é a redução da [$Ca^{2+}$] intracelular decorrente do efluxo contínuo de $Ca^{2+}$ através do trocador $Na^+$-$Ca^{2+}$ (Fig. 12-19, etapa ❻). A alta [$Ca^{2+}$] inibe a enzima que produz GMPc (guanilato-ciclase; etapa ❼), de modo que a produção de GMPc aumenta quando a [$Ca^{2+}$] cai e, então, volta a níveis anteriores ao estímulo.

Em resposta à iluminação prolongada, a rodopsina, por si só, sofre mudanças que limitam a duração da sua atividade sinalizadora. A mudança conformacional induzida na rodopsina pela absorção de luz expõe vários resíduos de Thr e Ser presentes no domínio carboxiterminal, os quais são fosforilados pela **rodopsina-cinase** (etapa ❽), que é funcional e estruturalmente homóloga à cinase β-adrenérgica (βARK), que dessensibiliza o receptor β-adrenérgico. O domínio carboxiterminal fosforilado da rodopsina é ligado pela proteína **arrestina 1**, impedindo que haja interação entre a rodopsina ativada e a transducina (ver Fig. 12-10b). A arrestina 1 é um homólogo muito próximo da arrestina 2 (βarr) do sistema β-adrenérgico. Em uma escala de tempo muito maior (etapa ❾), o todo-*trans*-retinal ligado à rodopsina irradiada pela luz é removido e substituído por 11-*cis*-retinal, deixando a rodopsina pronta para detectar um novo próton.

### O olfato e o paladar dos vertebrados utilizam mecanismos similares aos do sistema visual

As células sensoriais que detectam odores e sabores têm muito em comum com os receptores do sistema da visão. A ligação de uma molécula odorante a um dos seus GPCR específicos (os seres humanos têm 800 GPCR diferentes; os roedores, cerca de 1.200) dispara uma mudança na conformação do receptor que ativa uma proteína G, $G_{olf}$, análoga da transducina e da $G_s$ do sistema β-adrenérgico. A $G_{olf}$ ativada ativa a adenilato-ciclase, aumentando a [AMPc] local.

▶ P5 Os canais de $Na^+$ e $Ca^{2+}$ dependentes de AMPc da membrana plasmática se abrem, e o influxo de $Na^+$ e $Ca^{2+}$ causa uma pequena despolarização, chamada de **potencial do receptor**. Se um número suficiente de moléculas odorantes encontra receptores, o potencial do receptor será forte o bastante para induzir um neurônio a disparar um potencial de ação. Esse sinal é transmitido ao cérebro em diversas etapas e registrado como um cheiro específico. Todos esses eventos ocorrem entre 100 e 200 ms. Quando o estímulo olfatório não está mais presente, a maquinaria de transdução se desliga de diferentes maneiras. Uma AMPc-fosfodiesterase traz a [AMPc] de volta ao nível anterior ao estímulo. A $G_{olf}$ hidrolisa o GTP que tem ligado em GDP e, assim, se autoinativa. A fosforilação do receptor por uma cinase específica impede que ele interaja com a $G_{olf}$, por um mecanismo análogo àquele utilizado para dessensibilizar o receptor β-adrenérgico e a rodopsina. Algumas moléculas odorantes são detectadas pelo mecanismo presente em outras transduções de sinais: a ativação de fosfolipase e a produção de $IP_3$, levando ao aumento intracelular da [$Ca^{2+}$].

O sentido do paladar em vertebrados reflete a atividade dos neurônios gustatórios agrupados nas papilas gustatórias da superfície da língua. Nos neurônios da sensação gustatória, os GPRC estão acoplados a uma proteína G heterotrimérica, denominada **gustaducina**. Quando as moléculas com sabor se ligam aos seus receptores, a gustaducina é ativada e estimula a produção de AMPc pela adenilato-ciclase. Isso aumenta a [AMPc], que leva à ativação da PKA, que, por sua vez, fosforila canais de $K^+$ da membrana plasmática que se fecham e enviam um sinal elétrico para o cérebro. Papilas gustatórias diferentes são especializadas na detecção de moléculas de sabor amargo, azedo, salgado ou umami (o sabor de certos aminoácidos, como o glutamato), utilizando várias combinações de segundos mensageiros e canais iônicos nos mecanismos de transdução.

### Todos os sistemas de GPCR compartilham características universais

Até o momento, foram analisados diversos tipos de sistemas de sinalização (sinalização hormonal, visão, olfato e paladar), nos quais receptores de membrana estão acoplados, por meio de proteínas G, a enzimas que produzem segundos mensageiros. Como discutido, os mecanismos de sinalização provavelmente surgiram nos primórdios da evolução; estudos do genoma revelaram centenas de genes que codificam GPCR em vertebrados, artrópodes (*Drosophila* e mosquito) e no nematódeo *Caenorhabditis elegans*. Mesmo a levedura *Saccharomyces* utiliza GPCR e proteínas G para detectar o tipo oposto no acasalamento. Padrões gerais foram conservados ao longo da evolução, e a introdução de diversidade deu aos organismos modernos a capacidade de responderem a uma ampla gama de estímulos (**Tabela 12-6**). Dos aproximadamente 20 mil genes do genoma humano, cerca de 800 codificam GPCR, incluindo centenas para os estímulos do olfato e muitos receptores-órfãos, que receberam esse nome porque o ligante natural ainda não é conhecido.

▶ P2 Todos os sistemas de transdução de sinal bem estudados que agem por meio de proteínas G heterotriméricas possuem algumas propriedades comuns que refletem as relações evolutivas que existem entre eles (**Fig. 12-20**). Esses receptores têm sete segmentos transmembrana, um domínio (geralmente a alça entre as hélices transmembrana 6 e 7) que interage com uma proteína G e um domínio carboxiterminal citoplasmático reversivelmente fosforilado em alguns resíduos de Ser ou Thr. O sítio de interação com o ligante (ou, no caso de percepção da luz, o receptor de luz) está profundamente inserido na membrana e é composto por resíduos de diferentes segmentos transmembrana. A ligação com o ligante (ou luz) induz uma mudança de conformação no receptor, expondo o domínio que interage com a proteína G. Proteínas G heterotriméricas ativam ou inibem enzimas efetoras (adenilato-ciclase, PDE ou PLC), que alteram a concentração de um segundo mensageiro (AMPc, GMPc, $IP_3$ ou $Ca^{2+}$). Nos sistemas detectores de hormônios, o produto é uma proteína-cinase ativada que regula alguns processos celulares por meio da fosforilação de uma proteína fundamental para esse processo. Nos neurônios sensoriais, o produto é uma variação no potencial de membrana e um consequente sinal elétrico, que passa para outro neurônio da via que conecta a célula sensorial ao cérebro.

Todos esses sistemas têm a capacidade de se autoinativarem. O GTP ligado é convertido em GDP pela atividade de GTPase das proteínas G, geralmente aumentada pela atividade de proteínas ativadoras da GTPase (GAP) ou reguladores da sinalização da proteína G (RGS). Em alguns casos, a enzima efetora que é alvo da modulação por proteínas G também atua como GAP. O mecanismo de dessensibilização que envolve a fosforilação da região carboxiterminal seguida pela ligação com arrestina é amplamente difundido e pode até ser universal.

| TABELA 12-6 | Alguns sinais que agem por meio de GPCR |
|---|---|
| **Aminas** | Taquicinina |
| Acetilcolina (muscarínico) | Hormônio liberador de tireotrofina |
| Dopamina | Vasopressina |
| Adrenalina | **Hormônios proteicos** |
| Histamina | Hormônio folículo-estimulante |
| Serotonina | Gonadotrofina |
| **Peptídeos** | Hormônio lutropina-corionogonadotrófico |
| Angiotensina | |
| Bombesina | Tireotrofina |
| Bradicinina | **Prostanoides** |
| Quimiocina | Prostaciclina |
| Colecistocinina (CCK) | Prostaglandina |
| Endotelina | Tromboxano |
| Hormônio liberador de gonadotrofina | **Outros** |
| | Canabinoides |
| Interleucina 8 | Lisoesfingolipídeos |
| Melanocortina | Melatonina |
| Neuropeptídeo Y | Estímulos olfatórios |
| Neurotensina | Opioides |
| Orexina | Rodopsina |
| Somatostatina | |

### RESUMO 12.3  Os GPCR na visão, no olfato e no paladar

■ A visão, o olfato e o paladar dos vertebrados utilizam GPCR, que agem por meio de proteínas G heterotriméricas para modificar o potencial de membrana ($V_m$) de neurônios sensoriais.

■ A luz ativa a rodopsina, um GPCR, que alostericamente ativa a transducina, uma proteína G trimérica. $T_\alpha$ ativa a GMPc-fosfodiesterase, diminuindo a [GMPc] e fechando canais iônicos dependentes de GMPc. Isso resulta em um impulso elétrico que leva o sinal até o encéfalo.

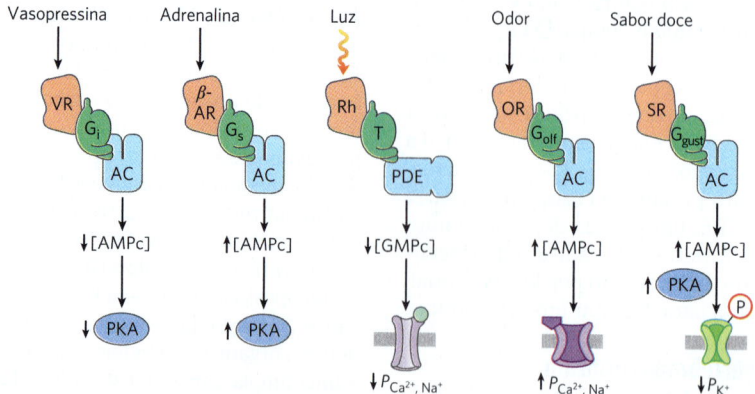

**FIGURA 12-20 Características comuns dos sistemas de sinalização que detectam hormônios, luz, odores e sabores.** Os GPCR garantem a especificidade ao sinal, e a sua interação com proteínas G faz o sinal ser amplificado. As proteínas G heterotriméricas ativam ou inibem as enzimas efetoras: adenilato-ciclase (AC) e fosfodiesterases (PDE) que degradam AMPc ou GMPc. Mudanças nas concentrações de segundos mensageiros (AMPc, GMPc) resultam em mudanças nas atividades enzimáticas via fosforilação ou alterações na permeabilidade (P) da superfície das membranas a $Ca^{2+}$, $Na^+$ e $K^+$. A resultante despolarização ou hiperpolarização da célula sensorial (i.e., o sinal) passa através de um grupo de neurônios aos centros sensoriais do cérebro. Nos casos mais bem estudados, a dessensibilização inclui a fosforilação do receptor e a ligação de uma proteína (arrestina) que bloqueia as interações entre o receptor e a proteína G. (A via do sentido do olfato pela produção de $IP_3$ e pelo aumento da [$Ca^{2+}$] intracelular, mencionada no texto, não está mostrada aqui.) VR, receptor de vasopressina; β-AR, receptor β-adrenérgico; Rh, rodopsina; OR, receptor olfatório; SR receptor do sabor doce.

- Nos neurônios, o estímulo olfatório, agindo por meio de GPCR e proteínas G, dispara um aumento na [AMPc] (pela ativação da adenilato-ciclase) ou na [Ca$^{2+}$] (pela ativação da PLC). Esses segundos mensageiros afetam canais iônicos e, portanto, o $V_m$. Os neurônios gustatórios têm GPCR que respondem a moléculas de sabor por meio da alteração nos níveis de AMPc, o que altera o $V_m$ devido a alterações na atividade de canais iônicos.

- Existe um alto grau de conservação das proteínas de sinalização e dos mecanismos de transdução entre os sistemas de sinalização e entre as espécies. GPCR com sete hélices transmembrana, proteínas G com atividade de GTPase intrínseca, nucleotídeos cíclicos e proteínas-cinases são centrais para o mecanismo de sinalização.

## 12.4 Receptores tirosinas-cinases

**P4** Os **receptores tirosinas-cinases** (**RTK**, do inglês *receptor tyrosine kinases*) formam uma grande família de receptores da membrana plasmática com atividade de proteína-cinase; eles transduzem os sinais extracelulares por um mecanismo fundamentalmente diferente daquele dos GPCR. Os RTK têm um domínio de interação com o ligante na face extracelular da membrana plasmática e um sítio ativo enzimático na face citoplasmática, conectados por um único segmento transmembrana, como visto no caso da insulina na **Figura 12-21a**. O domínio citoplasmático é uma Tyr-cinase, uma proteína-cinase que fosforila resíduos de Tyr específico nas proteínas-alvo. Os receptores de insulina e do

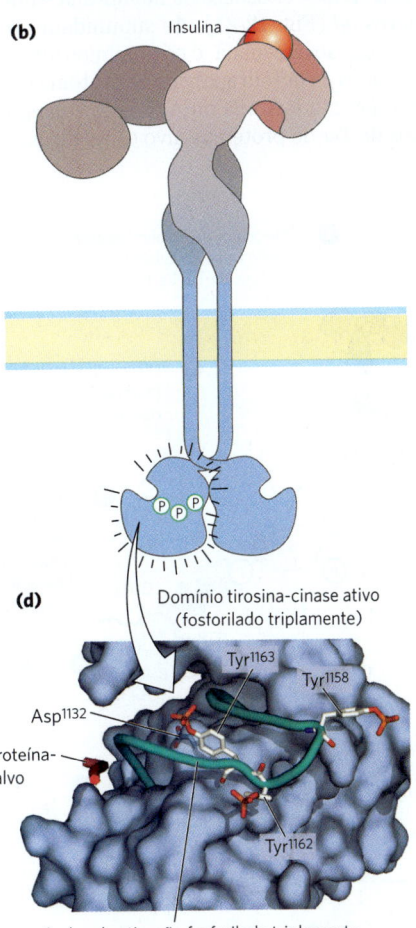

**FIGURA 12-21 Ativação da tirosina-cinase do receptor de insulina por autofosforilação.** (a) Modelo estrutural montado a partir de dados de cristais do domínio extracelular e do domínio tirosina-cinase e de dados de RMN do domínio transmembrana em solução. A região de ligação à insulina do receptor da insulina localiza-se fora da célula e abrange duas subunidades α entrelaçadas. (b) A ligação de uma única molécula de insulina ao receptor é comunicada por meio de uma única hélice transmembrana em cada um dos domínios intracelulares das subunidade β da Tyr-cinase pareada, que são empurrados um contra o outro e, então, ficam ativados para que fosforilem o outro em três resíduos de Tyr. (c) Na forma inativa dos domínios tirosina-cinase, a alça de ativação (esqueleto mostrado em verde-azulado) está posicionada no sítio ativo, e nenhum dos resíduos de Tyr fundamentais (estrutura em bastão) está fosforilado. Essa conformação é estabilizada por ligações de hidrogênio entre a Tyr$^{1162}$ e o Asp$^{1132}$. (d) A ativação da tirosina-cinase possibilita que cada subunidade β fosforile três resíduos de tirosina (Tyr$^{1158}$, Tyr$^{1162}$, Tyr$^{1163}$) na outra subunidade β. (Os grupos fosforila estão ilustrados em cor de laranja e em vermelho.) A introdução de três resíduos de ℗-Tyr altamente carregados força uma mudança de 30 Å na posição da alça de ativação, afastando-a do sítio de ligação ao substrato, que, então, fica disponível para ligar e fosforilar uma proteína-alvo. [(a) Dados e informações de T. Gutmann et al., *J. Cell Biol.* 21:1643, 2018, Fig. 1. Dados de (c) PDB ID 1IRK, S. R. Hubbard et al., *Nature* 372:746, 1994; (d) PDB ID 1IR3, S. R. Hubbard, *EMBO J.* 16:5572, 1997.]

fator de crescimento epidérmico são protótipos dos 58 RTK presentes nos seres humanos (ver Fig. 12-26).

### A estimulação do receptor de insulina desencadeia uma cascata de reações de fosforilação de proteínas

A insulina regula tanto enzimas do metabolismo quanto a expressão gênica. Ela inicia um sinal que passa por vias divergentes, desde o receptor na membrana plasmática até as enzimas sensíveis à insulina presentes no citosol e no núcleo, onde estimula a transcrição de genes específicos. O receptor de insulina ativo (INSR) é uma proteína formada por duas subunidades α idênticas que formam protuberâncias na face externa da membrana e duas subunidades β transmembrana, com as extremidades carboxiterminais formando protuberâncias na face citosólica da membrana – um dímero de monômeros αβ (Fig. 12-21). As subunidades α contêm o domínio de ligação à insulina, e os domínios intracelulares das subunidades β contêm a atividade proteína-cinase que transfere um grupo fosforila do ATP para o grupo hidroxila de resíduos de Tyr de proteínas-alvo específicas.

A sinalização por meio de INSR começa com a ligação de uma molécula de insulina a duas subunidades do receptor no lado externo da célula. Isso provoca um movimento de aproximação entre os domínios Tyr-cinases, o que leva ao aumento da atividade. Cada subunidade β fosforila três resíduos de Tyr essenciais presentes na outra subunidade β, próximos à extremidade carboxiterminal. Essa **autofosforilação** expõe o sítio ativo da enzima, e ela agora pode fosforilar resíduos de Tyr em outras proteínas-alvo. O mecanismo de ativação da proteína-cinase do INSR é similar àquele descrito para PKA e PKC: uma região do domínio citoplasmático chamada de alça de ativação, que geralmente oclui o sítio ativo, afasta-se do sítio ativo após ser fosforilada, deixando o sítio exposto para que proteínas-alvo se liguem (Fig. 12-21c, d).

Quando INSR é autofosforilado (**Fig. 12-22**, etapa ❶) e se torna uma Tyr-cinase ativa, um dos alvos é o **substrato 1 do receptor de insulina** (**IRS1**; etapa ❷). Uma vez fosforilado em alguns dos resíduos de Tyr, o IRS1 torna-se o ponto de nucleação para um complexo de proteínas (etapa

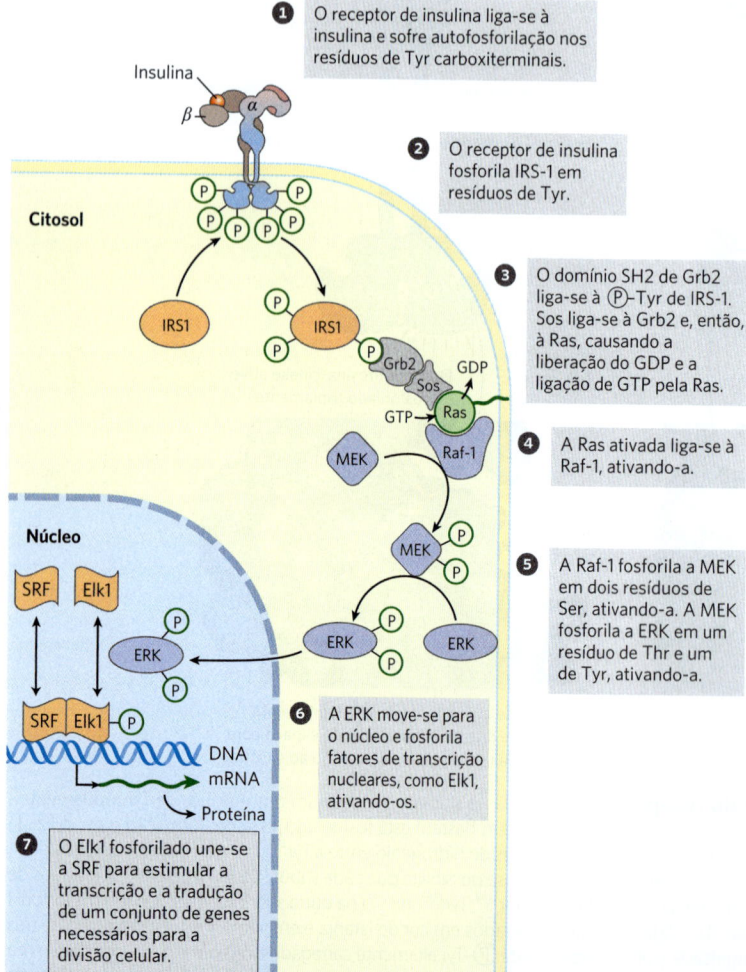

**FIGURA 12-22 Regulação da expressão gênica por insulina via uma cascata de MAP-cinase.** A rota de sinalização por meio da qual a insulina regula a expressão de genes específicos envolve uma cascata de proteínas-cinases, em que cada uma delas ativa a próxima. O receptor de insulina é uma Tyr-cinase específica; as outras cinases (todas mostradas em azul) fosforilam resíduos de Ser ou Thr. MEK é uma cinase com especificidade dupla, que fosforila resíduos de Thr e de Tyr na ERK (cinase extracelular regulada). MEK, cinase ativadora de ERK ativada por mitógeno; SRF, fator de resposta do soro.

❸) que leva a mensagem do receptor de insulina para os alvos finais no citosol e no núcleo, utilizando uma longa série de proteínas intermediárias. Primeiro, um resíduo de Ⓟ–Tyr do IRS1 liga-se ao **domínio SH2** da proteína Grb2. Muitas proteínas sinalizadoras possuem domínios SH2 (*h*omologia *2* com *S*rc), e todos eles se ligam a resíduos de Ⓟ–Tyr nas proteínas com as quais interagem. A Grb2 (proteína 2 ligada ao receptor do fator de crescimento) é uma proteína adaptadora que não possui atividade enzimática própria. Sua função é aproximar duas proteínas (nesse caso, IRS1 e a proteína Sos) que devem interagir para que a transdução de sinal seja possível. Além do domínio SH2 (ligação de Ⓟ–Tyr), a Grb2 também contém um segundo domínio de ligação a proteínas, o domínio SH3, que se liga a uma região rica em prolina da Sos (do inglês *son of sevenless*), recrutando a Sos para o complexo do receptor que está se formando. Quando ligada à Grb2, a Sos atua como fator de troca de nucleotídeos de guanosina (GEF), catalisando a substituição do GDP ligado na pequena proteína G Ras por GTP.

Quando na sua forma ativa ligada a GTP, a Ras pode ativar uma proteína-cinase, Raf-1 (Fig. 12-22, etapa ❹), a primeira de três proteínas-cinases – Raf-1, MEK e ERK –, que formam uma cascata na qual cada cinase ativa a próxima por fosforilação (etapa ❺). As proteínas-cinases MEK e ERK são ativadas pela fosforilação de um resíduo de Thr e de um resíduo de Tyr. Quando ativada, a ERK controla alguns dos efeitos biológicos da insulina, entrando no núcleo e fosforilando fatores de transcrição como o Elk1 (etapa ❻), que modula a transcrição de aproximadamente 100 genes regulados pela insulina (etapa ❼), alguns dos quais codificam proteínas essenciais para a divisão celular. Desse modo, a insulina age como um fator de crescimento.

As proteínas Raf-1, MEK e ERK são membros de três famílias maiores, para as quais são utilizadas diversas nomenclaturas. A ERK está na família das **MAPK** (proteínas-cinases ativadas por mitógenos; mitógenos são sinais extracelulares que induzem mitose e divisão celular). Logo após a descoberta da primeira enzima MAPK, foi verificado que essa enzima era ativada por outra proteína-cinase, que foi nomeada MAP-cinase-cinase (a MEK pertence a essa família). Quando uma terceira cinase, que ativava a MAP-cinase-cinase foi encontrada, essa família de proteínas recebeu o jocoso nome de MAP-cinase-cinase-cinase (a Raf-1 está nessa família). As abreviações das três famílias são menos complicadas: MAPK, MAPKK e MAPKKK. As cinases das famílias MAPK e MAPKKK são específicas para resíduos de Ser ou de Thr, e as MAPKK (nesse caso, a MEK) fosforilam um resíduo de Ser e um de Tyr do substrato, uma MAPK (nesse caso, a ERK).

▶P4 A via da insulina é apenas um exemplo de um esquema mais geral no qual sinais hormonais, por meio de vias semelhantes às mostradas na Figura 12-22, levam a mudanças na fosforilação de enzimas-alvo por proteínas-cinases ou fosfoproteínas-fosfatases. O alvo da fosforilação geralmente é outra proteína-cinase, que, então, fosforila uma terceira proteína-cinase, e assim por diante. O resultado é uma cascata de reações que amplifica o sinal inicial em muitas ordens de magnitude (ver Fig. 12-7). As **cascatas de MAPK** (com as da sequência Raf-MEK-ERK mostrada na Fig.12-22) são mediadoras de sinais iniciados por vários fatores de crescimento, como o fator de crescimento derivado de plaquetas (PDGF) e o fato de crescimento epidérmico (EGF), que são receptores do tipo tirosina-cinase, como o receptor da insulina. Outra estratégia geral exemplificada pela via do receptor de insulina é a utilização de proteínas adaptadoras não enzimáticas para unir componentes de uma via de sinalização ramificada, as quais são apresentadas a seguir.

## O fosfolipídeo de membrana PIP$_3$ age em uma ramificação na sinalização por insulina

A via de sinalização da insulina ramifica-se em IRS1 (etapa ❷, Fig. 12-22 e **Fig. 12-23**). A Grb2 não é a única proteína que se associa com o IRS1 fosforilado. A enzima fosfoinositídeo-3-cinase (PI3K) liga-se a IRS1 através do domínio SH2 da PI3K. Após ser ativada, a PI3K converte o lipídeo de membrana fosfatidilinositol-4,5-bisfosfato (PIP$_2$) em fosfatidilinositol-3,4,5-trisfosfato (PIP$_3$) pela transferência de um grupo fosforila do ATP (**Fig. 12-24**). A cabeça polar do PIP$_3$ (com carga negativa) que se projeta da face citoplasmática da membrana plasmática é o ponto inicial para uma segunda ramificação da sinalização, envolvendo outra cascata de proteínas-cinases. Quando ligada a PIP$_3$, a proteína-cinase B (PKB; também chamada de Akt) é fosforilada e ativada por ainda outra proteína-cinase, a PDK1 (não mostrada na Fig. 12-23). A PKB ativada, então, fosforila resíduos de Ser ou Thr nas proteínas-alvo, uma das quais é a glicogênio-sintase-cinase 3 (GSK3). Na forma ativa e não fosforilada, a GSK3 fosforila a glicogênio-sintase, inativando-a e, desse modo, contribuindo para reduzir a síntese de glicogênio. (Esse mecanismo é apenas parte dos efeitos da insulina sobre o metabolismo do glicogênio; ver Fig. 15-16.) Quando fosforilada pela PKB, a GSK3 é inativada. Assim, ao impedir a inativação da glicogênio-sintase no fígado e no músculo, a cascata de fosforilações de proteínas iniciada pela insulina estimula a síntese de glicogênio (Fig. 12-23).

Em uma terceira ramificação da sinalização importante para os tecidos muscular e adiposo, a PKB, atuando por meio de duas pequenas proteínas G (RAC1 e Rab), dispara movimentos, auxiliados pela clatrina, de transportadores de glicose (GLUT4) a partir de vesículas internas para a membrana plasmática, estimulando a captação da glicose da corrente sanguínea (Fig. 12-23, etapa ❺; ver também Quadro 11-1). Esse aumento na captação de glicose disparado pela insulina tem consequências metabólicas e clínicas profundas, como apresentado no Capítulo 23.

Qual é a velocidade da resposta à insulina? A fosfoproteômica usa a técnica de alta resolução e alto desempenho da espectrometria de massas para determinar, entre as milhares de proteínas de um tipo de célula, quais resíduos de quais proteínas podem ser fosforilados em resposta a estímulos como o da insulina (**Fig. 12-25**). A autofosforilação

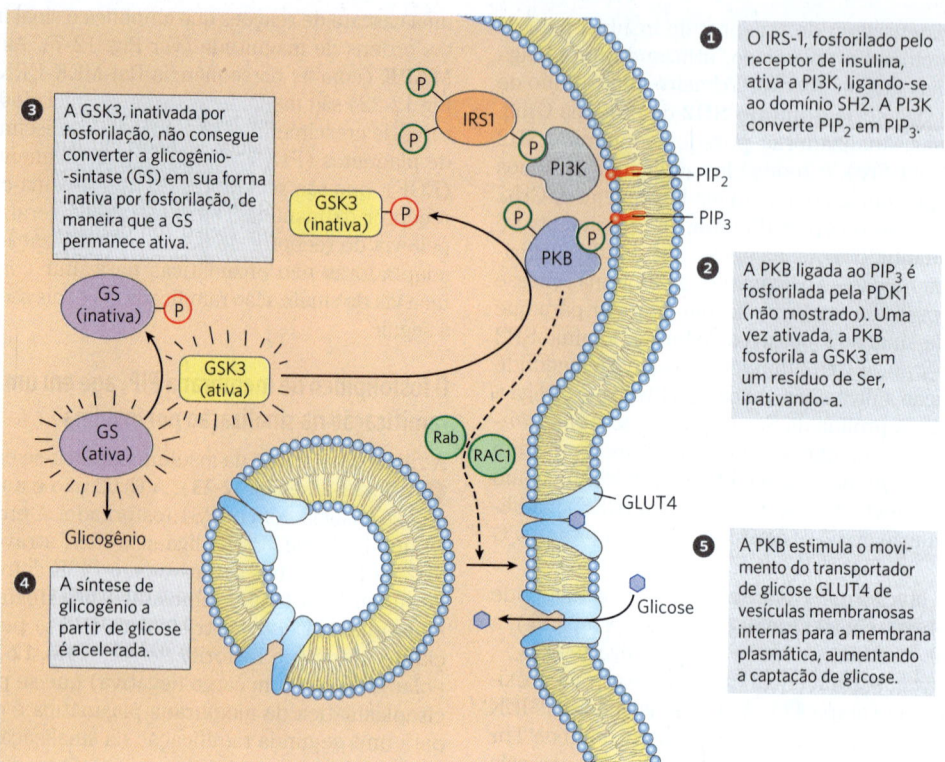

**FIGURA 12-23 Ação da insulina na síntese de glicogênio e no movimento de GLUT4 para a membrana plasmática.** A ativação da PI3-cinase (PI3K) pelo IRS1 fosforilado sinaliza (por meio da proteína-cinase B, PKB) o movimento do transportador de glicose GLUT4 para a membrana plasmática e a ativação da glicogênio-sintase.

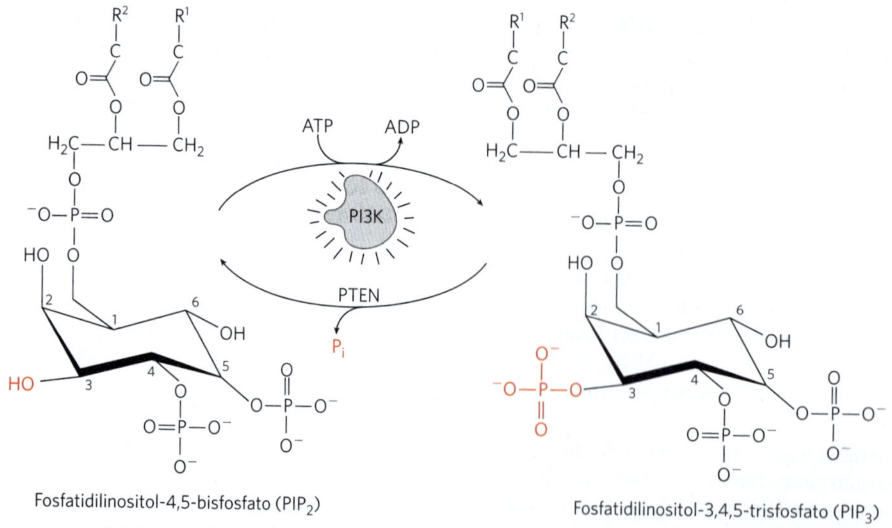

**FIGURA 12-24 Regulação da formação e quebra de PIP$_3$.** A fosfoinositídeo-3-cinase (PI3K) responde ao sinal da insulina catalisando a transferência de um grupo fosforila do ATP para o C-3 do anel inositol do fosfatidilinositol-4,5-bisfosfato (PIP$_2$), formando fosfatidilinositol-3,4,5-trisfosfato (PIP$_3$), que age como ponto de nucleação para proteínas envolvidas na cascata da MAPK. A enzima PTEN (homóloga da fosfatase e da tensina) finaliza a resposta catalisando a remoção do mesmo grupo fosforila, que é liberado como P$_i$.

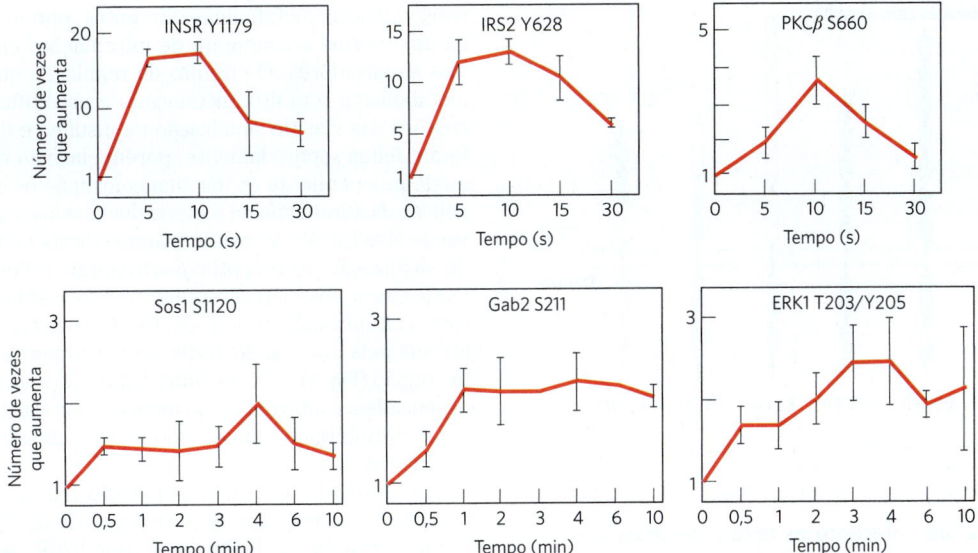

**FIGURA 12-25 Evolução temporal das fosforilações desencadeadas pela insulina.** Proteínas do fígado de camundongo foram analisadas por espectrometria de massas em determinados intervalos após a injeção de insulina para determinar quantitativamente quais resíduos de aminoácidos e quais proteínas ficavam fosforilados e quando a fosforilação ocorria. Cada gráfico representa a fosforilação de um único resíduo na proteína, indicado pela abreviação de uma letra e a posição na sequência primária. As proteínas são: INSR, receptor de insulina; IRS2, substrato 2 do receptor de insulina; PKC$\beta$, proteína-cinase C$_\beta$; Sos e ERK, como na Fig. 12-22. Gab2 é uma proteína adaptadora envolvida nas vias de sinalização de MAPK e PI3K. [Dados de C. B. Eiben et al., *Nature Biotechnol.* 33:990, 2015, Fig. 4.]

do receptor de insulina e do IRS1 leva poucos segundos desde a adição de insulina. A proteína-cinase C$_\beta$ é fosforilada um pouco depois (em 15 s), e Sos e Gab são fosforilados entre 0,5 e 1 min. A fosforilação máxima de ERK1, o alvo final dessa via de sinalização (Fig. 12-22), ocorre em 3 min. O movimento do transportador de glicose GLUT4 para a membrana plasmática leva cerca de 15 min, e as muitas mudanças na expressão de genes em resposta à insulina ocorrem em várias horas. Uma ação da insulina descoberta recentemente tem um mecanismo diferente e é mais lenta. Em alguns casos, a insulina entra na célula e no núcleo, onde, com a ajuda de várias proteínas nucleares, regula a expressão de genes por meio de ligação com regiões dos promotores no DNA.

Como em todas as vias de sinalização, existe um mecanismo para o término da atividade da via da PI3K-PKB. Uma fosfatase específica de PIP$_3$ (PTEN, nos seres humanos) remove o grupo fosforila da posição 3 do PIP$_3$ e gera PIP$_2$ (ver Fig.12-24), que não serve mais como sítio de ligação para a PKB, e, assim, a cadeia de sinalização é rompida. Em diversos tipos de câncer, há mutação no gene *PTEN* levando a um circuito de regulação defeituoso e a níveis anormalmente elevados da atividade de PIP$_3$. O resultado é um sinal constante para que a célula se divida, o que, consequentemente, faz o tumor crescer. O gene *PTEN* não mutado é um supressor de tumor, assunto da Seção 12.9. ■

**P4** O receptor de insulina é o protótipo de diversos receptores enzimáticos com estrutura e atividade similares à RTK (**Fig. 12-26**). Os receptores para EGF e PDGF, por exemplo, apresentam semelhanças em estrutura e sequência com o INSR, e ambos têm uma atividade Tyr-cinase que fosforila IRS1. Muitos desses receptores se dimerizam quando o ligante se liga, o que ocorre antes da autofosforilação. O INSR é uma exceção, visto que já está na forma de dímero $(\alpha\beta)_2$ antes de a insulina se ligar. (O promotor do receptor de insulina é uma unidade $\alpha\beta$.) A ligação de proteínas adaptadoras, como Grb2, a resíduos de Ⓟ–Tyr é um mecanismo comum para promover interações proteína-proteína iniciadas pelos RTK, tópico que será novamente abordado na Seção 12.5.

**P2** O que forçou a evolução de uma maquinaria de regulação tão complicada? Esse sistema permite que um receptor ativado ative diversas moléculas de IRS1, amplificando o sinal da insulina, e possibilita a integração de sinais provenientes de diferentes receptores, como EGFR e PDGFR, cada um dos quais pode fosforilar IRS1. Além do mais, uma vez que IRS1 pode ativar qualquer uma das várias proteínas que têm domínios SH2, a ativação de apenas um único receptor via IRS1 pode disparar duas ou mais vias de sinalização; a insulina afeta a expressão de genes por meio da via mitogênica Grb2-Sos-Ras-MAPK e afeta o metabolismo do glicogênio e o transporte de glicose por meio da via Pi3K-PKB. Por fim, existem várias proteínas relacionadas com IRS (IRS2, IRS3), e cada uma com características distintas quanto à distribuição nos tecidos e às funções, o que aumenta ainda mais as possibilidades de sinalização iniciadas por RTK.

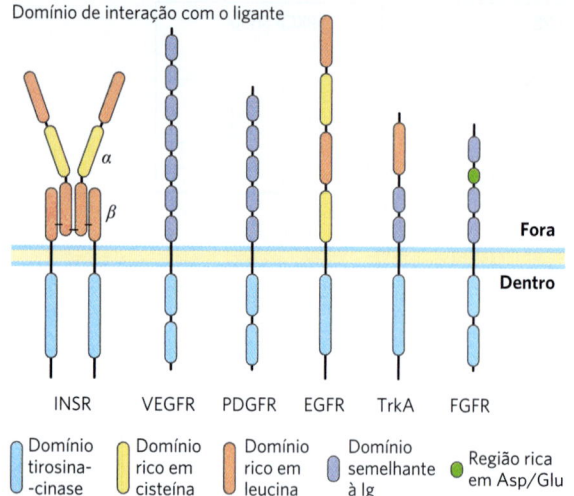

**FIGURA 12-26 Receptores tirosinas-cinases.** Entre os receptores de fatores de crescimento que sinalizam por meio da atividade de Tyr-cinase, estão incluídos os receptores de insulina (INSR), o fator de crescimento vascular endotelial (VEGFR), o fator de crescimento derivado de plaquetas (PDGFR), o fator de crescimento epidérmico (EGFR), o fator de crescimento neural de alta afinidade (TrkA) e o fator de crescimento de fibroblastos (FGFR). Todos esses receptores têm um domínio Tyr-cinase (em azul) na face citoplasmática da membrana plasmática. O domínio extracelular é diferente em cada tipo de receptor, refletindo as especificidades dos diferentes fatores de crescimento. Esses domínios extracelulares são geralmente combinações de motivos estruturais, como segmentos ricos em Cys ou ricos em Leu e segmentos que contêm um ou mais motivos encontrados nas imunoglobulinas (Ig). Muitos outros receptores Tyr-cinase estão codificados no genoma humano, cada qual com domínio extracelular e especificidade para o ligante característicos. Todos esses receptores, à exceção do INSR, são monoméricos, e a sua atividade de Tyr-cinase permanece silenciosa até que o ligante dispare a dimerização e ativação da Tyr-cinase. Apenas INSR fica permanentemente na forma dimérica, mas sua Tyr-cinase é ativa apenas quando houver insulina ligada.

## Comunicações cruzadas entre sistemas de sinalização são comuns e complexas

Por clareza, as vias de sinalização individuais são discutidas como sequências de eventos separadas que levam a consequências metabólicas diferentes, porém, na verdade, há um enorme cruzamento de informações entre os sistemas sinalizadores. O circuito de regulação que governa o metabolismo é muito entrelaçado e estratificado. As discussões das vias de sinalização da insulina e da adrenalina foram feitas separadamente, porém elas não trabalham de modo independente. A insulina contrapõe os efeitos metabólicos da adrenalina na maioria dos tecidos, e a ativação da via de sinalização da insulina atenua diretamente o sistema de sinalização do receptor β-adrenérgico. Por exemplo, a INSR-cinase fosforila diretamente dois resíduos de Tyr na cauda citoplasmática do receptor $\beta_2$-adrenérgico, e a PKB, ativada pela insulina, fosforila dois resíduos de Ser da mesma região (**Fig. 12-27**). A fosforilação desses quatro resíduos desencadeia a internalização mediada por clatrina do receptor $\beta_2$-adrenérgico, diminuindo a sensibilidade da célula à adrenalina.

Um segundo tipo de comunicação cruzada entre esses receptores ocorre quando os resíduos de Ⓟ–Tyr do receptor $\beta_2$-adrenérgico, fosforilados por INSR, servem como pontos de nucleação para proteínas contendo domínios SH2, como a Grb2 (Fig. 12-27, à esquerda). A ativação da MAPK ERK pela insulina é 5 a 10 vezes maior na presença do receptor $\beta_2$-adrenérgico, possivelmente devido a esse cruzamento de informações. Os sistemas de sinalização que utilizam AMPc e $Ca^{2+}$ também apresentam uma enorme interação. Cada um desses segundos mensageiros afeta a geração e a concentração do outro. Outro fator que complica ainda mais o panorama da sinalização é o fato de que certos intermediários do metabolismo, tais como ácidos graxos, ceramidas, aminoácidos e ácidos biliares, podem influenciar a sinalização pela insulina. Um dos maiores desafios da biologia de sistemas é elucidar os efeitos dessas interações nas respostas metabólicas de cada tecido como um todo – uma tarefa gigantesca.

### RESUMO 12.4 Receptores tirosinas-cinases

■ O receptor de insulina, INSR, é o protótipo dos receptores enzimáticos com atividade de Tyr-cinase. Quando a insulina se liga, o receptor Tyr-cinase é ativado e fosforila resíduos de Tyr em outras proteínas, como IRS. Os resíduos

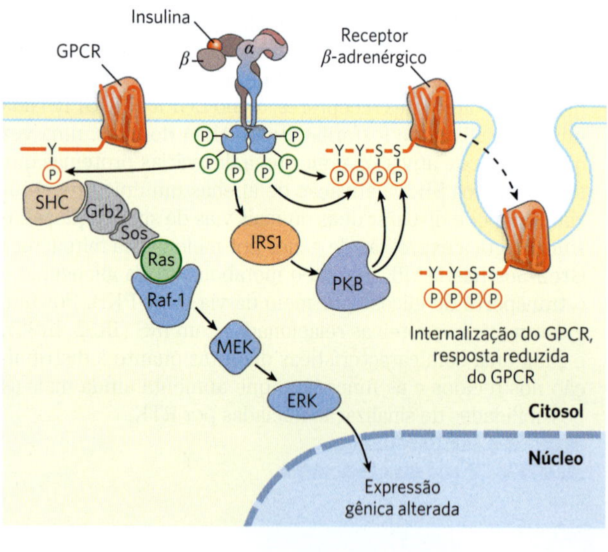

**FIGURA 12-27 Comunicação cruzada entre o receptor de insulina e o receptor β-adrenérgico (e outros GPCR).** Quando o INSR é ativado pela ligação com a insulina, a sua atividade de Tyr-cinase fosforila diretamente o receptor β-adrenérgico (lado direito da figura) em dois resíduos de Tyr ($Tyr^{350}$ e $Tyr^{364}$) próximos à extremidade carboxiterminal e, indiretamente, causa a fosforilação de dois resíduos de Ser na mesma região (por meio da ativação da proteína-cinase B, PKB). O efeito dessas fosforilações é a internalização do receptor adrenérgico, reduzindo a resposta ao estímulo adrenérgico. Alternativamente (lado esquerdo da figura), a fosforilação catalisada pelo INSR de um GPCR (um receptor adrenérgico ou outro receptor) em uma Tyr carboxiterminal cria o ponto de nucleação para a ativação da cascata das MAPK (ver Fig. 12-22), com a Grb2 atuando como proteína adaptadora. Nesse caso, o INSR utiliza o GPCR para intensificar seu próprio sinal.

de tirosina fosforilada em IRS1 servem como sítios de ligação para proteínas contendo domínios SH2. Essas proteínas multivalentes podem servir de adaptadores que aproximam duas proteínas. A Sos ligada à Grb2 ativa Ras, que, por sua vez, ativa uma cascata de MAPK, que leva finalmente à fosforilação de proteínas-alvo no citosol e no núcleo. O resultado são mudanças metabólicas específicas e alterações na expressão gênica.

■ A enzima PI3K, ativada pela interação com IRS1, fosforila o lipídeo de membrana $PIP_2$ em $PIP_3$, tornando-o um ponto de nucleação para proteínas em uma segunda e terceira ramificação da via de sinalização da insulina.

■ Há extensas interconexões entre as vias de sinalização que possibilitam a integração e o aperfeiçoamento dos efeitos de vários hormônios.

## 12.5 Proteínas adaptadoras multivalentes e balsas da membrana

Os estudos sobre sistemas de sinalização, como aqueles discutidos até o momento, trouxeram à tona duas generalizações. Primeiro, as proteínas-cinases que fosforilam resíduos de Tyr, Ser e Thr – e as fosfatases que os desfosforilam – são centrais à sinalização, pois elas afetam *diretamente* a atividade de um grande número de substratos de proteínas. ▶P4◀ Segundo, interações proteína-proteína decorrentes da fosforilação reversível de resíduos de Tyr, Ser e Thr em proteínas sinalizadoras criam *sítios de encaixe* para outras proteínas que produzem efeitos *indiretos* em proteínas envolvidas em etapas subsequentes na via de sinalização. Na verdade, muitas proteínas de sinalização são *multivalentes*: elas podem interagir com diversas proteínas diferentes de modo simultâneo para formar complexos de sinalização multiproteicos. Esta seção apresenta alguns exemplos que ilustram os princípios gerais das interações proteicas dependentes de fosforilação em vias de sinalização.

Muitas das proteínas envolvidas em sinalização têm regiões intrinsecamente desordenadas (IDR) que são flexíveis o suficiente para permitir interações específicas com mais de uma proteína e, talvez, com muitas proteínas. As proteínas-cinases, por exemplo, têm uma estrutura muito bem conservada que contém o sítio de ligação ao substrato e o sítio catalítico, mas, ao longo da evolução, elas foram adquirindo sequências adicionais, geralmente com um comprimento de 20 a 30 resíduos, que estão parcialmente desordenadas e podem se enovelar para se encaixarem em várias enzimas de redes regulatórias. A alça de ativação encontrada na maioria das proteínas-cinases é uma IDR e é o regulador universal da atividade de cinase; a sua posição muda quando um ou mais resíduos passam a ser fosforilados, e a atividade da cinase é ativada. As proteínas-cinases das famílias PKA, PKB e PKC têm uma cauda desordenada na extremidade carboxiterminal contendo resíduos críticos cujo estado de fosforilação alterna entre as estruturas ativa e inativa da cinase. Na cascata da MAPK, uma IDR aminoterminal desempenha um papel similar como sítio de encaixe no complexo multienzimático. Dado que, nos seres humanos, existem aproximadamente 1.000 genes de proteínas-cinases, as muitas proteínas estruturais e as múltiplas interações possíveis das IDR de muitas dessas proteínas fazem o número de permutações e combinações possíveis para ligar, desligar e regular processos metabólicos pelas muitas fosforilações e proteínas ser impressionantemente alto.

### Módulos proteicos se ligam a resíduos fosforilados de Tyr, Ser ou Thr nas proteínas associadas

A proteína Grb2 da via de sinalização da insulina (Figs. 12-22 e 12-27) liga-se por meio do domínio SH2 a outras proteínas que apresentam resíduos de ℗–Tyr expostos. O genoma humano codifica pelo menos 87 proteínas que contêm SH2, muitas das quais sabidamente participam da sinalização celular. O resíduo de ℗–Tyr liga-se a um bolsão profundo do domínio SH2, com cada um dos oxigênios do fosfato participando de ligações de hidrogênio ou interações eletrostáticas; as cargas positivas de dois resíduos de Arg são muito importantes para a ligação. Diferenças sutis na estrutura dos domínios SH2 são responsáveis pela especificidade da interação das proteínas contendo SH2 com as várias proteínas que contêm ℗–Tyr. O domínio SH2 geralmente interage com uma ℗–Tyr (a qual é atribuída a posição 0) e com os próximos três resíduos em direção carboxiterminal (denominados +1, +2, +3). Algumas proteínas com domínios SH2 (Src, Fyn, Hck, Nck) preferem resíduos carregados negativamente nas posições +1 e +2, ao passo que outras (PLCγ1, SHP2) têm uma fenda hidrofóbica profunda que liga resíduos alifáticos nas posições de +1 a +5. Essas diferenças definem as diferentes especificidades das subclasses de domínios SH2 para se associarem com proteínas diferentes.

Os domínios de ligação à fosfotirosina, ou **domínios PTB**, também se ligam a proteínas ℗–Tyr (**Fig. 12-28**), mas suas sequências críticas e estrutura tridimensional os diferenciam dos domínios SH2. O genoma humano codifica pelo menos 24 proteínas que contêm domínios PTB, incluindo o

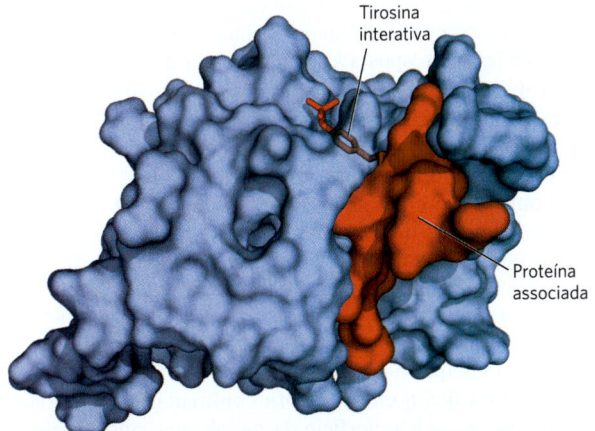

**FIGURA 12-28 Interação entre um domínio PTB e um resíduo de ℗–Tyr de uma proteína associada.** O domínio PTB está representado com a superfície azul. A proteína associada fica ligada à cinase por várias interações não covalentes, que conferem especificidade para a interação e para o posicionamento do resíduo ℗–Tyr em um bolsão de ligação no sítio ativo da enzima. [Dados de PDB ID 1SHC, M. M. Zhou et al., *Nature* 378:584, 1995.]

IRS1, cuja função como proteína adaptadora na transdução do sinal da insulina já foi estabelecida (Fig. 12-23). Os sítios de ligação a ⓟ–Tyr dos domínios SH2 e PTB nas proteínas às quais eles se associam são criados por tirosinas-cinases e eliminados por proteínas tirosinas-fosfatases (PTP).

Como discutido, outras proteínas-cinases sinalizadoras, incluindo PKA, PKC, PKG e membros da cascata da MAPK, fosforilam resíduos de Ser ou Tyr das proteínas-alvo. Em alguns casos, essas proteínas adquirem a capacidade de interagir com determinadas proteínas por meio do resíduo fosforilado, desencadeando uma sequência de eventos. Uma sopa de letrinhas de domínios que se ligam a resíduos ⓟ–Ser ou ⓟ–Thr foi identificada e, certamente, outras ainda serão encontradas. Cada domínio tem uma sequência predominante ao redor dos resíduos fosforilados, de modo que as proteínas que tenham determinado domínio interagem com um subconjunto específico de proteínas fosforiladas.

Em alguns casos, a região de uma proteína que se liga a ⓟ–Tyr em um substrato de proteína é encoberta pela região que interage com um ⓟ–Tyr na mesma proteína. Por exemplo, a proteína solúvel Tyr-cinase Src torna-se inativa quando fosforilada em um resíduo de Tyr específico. Um domínio SH2 necessário para ligar o substrato liga a ⓟ–Tyr interna em seu lugar. A remoção desse resíduo de ⓟ–Tyr por uma fosfoproteína-fosfatase ativa a atividade de Tyr-cinase da Src (**Fig. 12-29a**). De modo semelhante, a glicogênio-sintase-cinase 3 (GSK3) está inativa quando fosforilada em um resíduo de Ser do domínio autoinibitório (Fig. 12-29b). A desfosforilação desse domínio libera a enzima para se ligar (e depois fosforilar) às suas proteínas-alvo.

Além dos três resíduos comumente fosforilados nas proteínas (Tyr, Ser, Thr), existe uma quarta estrutura fosforilada a partir da qual se formam complexos supramoleculares de proteínas sinalizadoras: o grupo polar fosforilado dos fosfatidilinositóis de membrana. Muitas proteínas sinalizadoras contêm domínios como SH3 e PH (domínio homólogo à plecstrina) que se ligam fortemente a PIP$_3$ e estão protuberantes no lado citoplasmático da membrana plasmática. As proteínas que ligam PIP$_3$ se agrupam na superfície da membrana no ponto em que a enzima PI3K cria esse grupo (como o faz em resposta à sinalização por insulina).

A maioria das proteínas envolvidas em sinalização na membrana plasmática tem um ou mais domínios de ligação para fosfoproteínas ou fosfolipídeos; muitas têm três ou mais, sendo, portanto, multivalentes nas interações com outras proteínas sinalizadoras. A **Figura 12-30** mostra apenas algumas das muitas proteínas multivalentes que participam da sinalização. Muitos dos complexos incluem componentes com domínios de ligação à membrana. Dado o grande número de processos de sinalização que se estabelecem na superfície interna da membrana plasmática, as moléculas que devem colidir para produzir a resposta sinalizadora ficam efetivamente confinadas a um espaço bidimensional – a superfície da membrana, onde é muito mais provável haver colisões do que no espaço tridimensional do citosol.

Em resumo, um quadro extraordinário de vias de sinalização foi descoberto a partir dos estudos de muitas proteínas sinalizadoras e de seus vários domínios de ligação.

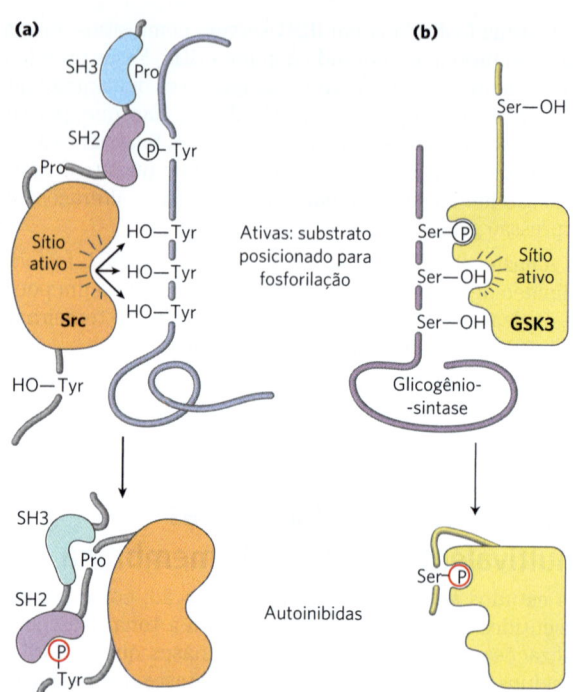

**FIGURA 12-29 Mecanismo de autoinibição de Src e GSK3.** (a) Na forma ativa da Tyr-cinase Src, um domínio SH2 liga-se a ⓟ–Tyr do substrato proteico, e um domínio SH3 liga-se a uma região do substrato rica em prolina, alinhando o sítio ativo da cinase com alguns resíduos-alvo de Tyr no substrato (parte superior). Quando a Src é fosforilada em um resíduo de Tyr específico (parte inferior), o domínio SH2 liga-se a ⓟ–Tyr interna, em vez de se ligar a ⓟ–Tyr do substrato, e o domínio SH3 liga-se a uma região interna rica em prolina, impedindo a efetiva ligação enzima-substrato; assim, a enzima é autoinibida. (b) Na forma ativa da glicogênio-sintase-cinase-3 (GSK3), um domínio interno de ligação a ⓟ–Ser está disponível para se ligar a ⓟ–Ser do substrato (glicogênio-sintase) e posicionar a cinase para fosforilar os resíduos de Ser vizinhos (parte superior). A fosforilação do resíduo de Ser interno permite que um segmento interno da cinase ocupe o sítio de ligação a ⓟ–Ser, bloqueando a ligação do substrato (parte inferior).

**P5** Um sinal inicial resulta na fosforilação do receptor ou de uma proteína-alvo, iniciando o agrupamento de grandes complexos multiproteicos, unidos sobre arcabouços capazes de fazer ligações multivalentes. Alguns desses complexos contêm diferentes proteínas-cinases que ativam umas às outras em sequência, produzindo uma cascata de fosforilações e uma grande amplificação do sinal inicial. As interações entre as cinases dessas cascatas não são colisões aleatórias no espaço tridimensional. Na cascata das MAPK, por exemplo, uma proteína estrutural, KSR, liga as três cinases (MAPK, MAPKK e MAPKKK), garantindo a proximidade e a orientação correta, e até mesmo conferindo propriedades alostéricas às interações entre as cinases, o que torna essa série de fosforilações sensível a estímulos mínimos (**Fig. 12-31**).

As fosfotirosinas-fosfatases removem o fosfato dos resíduos de ⓟ–Tyr, revertendo o efeito da fosforilação. O genoma humano contém ao menos 37 genes que codificam a

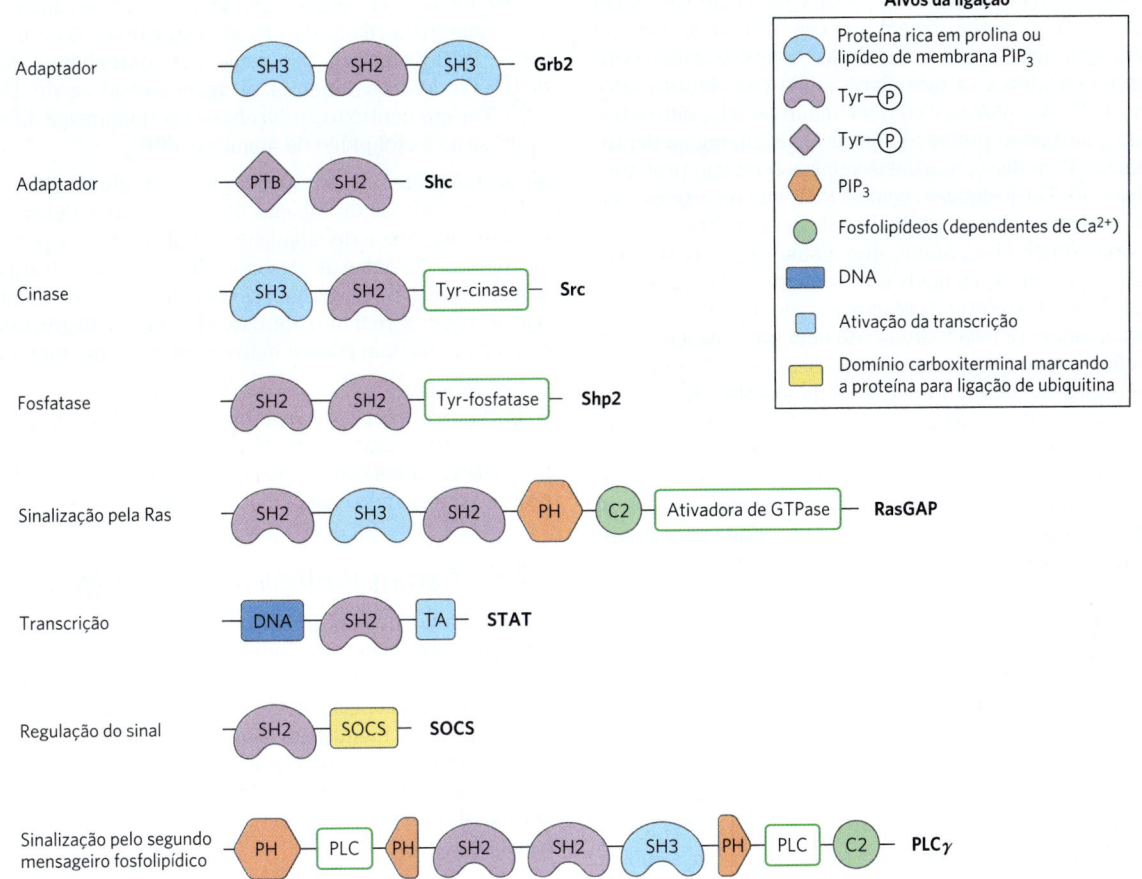

**FIGURA 12-30 Alguns módulos de ligação de proteínas sinalizadoras.** Essas proteínas sinalizadoras interagem com proteínas fosforiladas ou fosfolipídeos em diversos arranjos e combinações para formar complexos de sinalização integrados. Cada proteína está representada por uma linha (com a extremidade aminoterminal à esquerda); os símbolos indicam a localização dos domínios de ligação conservados (as especificidades estão listadas na legenda; abreviações estão explicadas no texto); os retângulos em verde indicam atividades catalíticas. O nome de cada proteína está indicado na extremidade carboxiterminal. [Informações de T. Pawson et al., *Trends Cell Biol.* 11:504, 2001, Fig. 5.]

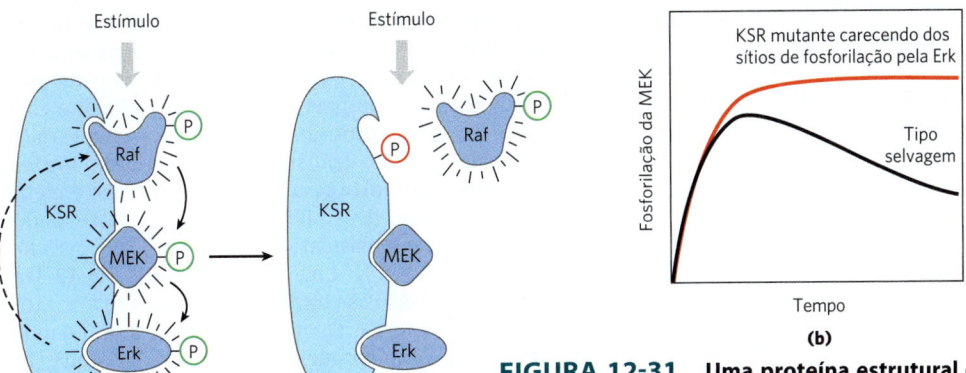

**FIGURA 12-31 Uma proteína estrutural de levedura que organiza e regula uma cascata de proteínas-cinases.** (a) A proteína estrutural KSR tem sítios de ligação para cada uma das três cinases na cascata Raf/MEK/ERK. Com todas as três ligadas em orientações apropriadas, as interações entre as proteínas são rápidas e eficientes. Quando a ERK é ativada (à esquerda), ela fosforila o sítio de ligação da Raf (à direita), forçando uma mudança conformacional que desloca a Raf e, assim, impede a fosforilação da MEK. O resultado dessa regulação por retroalimentação é a fosforilação temporária da MEK. (b) Nas células de leveduras que têm uma KSR mutante na qual os sítios de fosforilação (curva em vermelho) estão ausentes, não ocorre retroalimentação, e o curso dos eventos de sinalização ao longo do tempo é diferente. [Informações de M. C. Good et al., *Science* 332:680, 2011, Fig. 2E.]

proteína tirosina-fosfatase (PTP). Cerca de metade deles são proteínas integrais tipo receptores com um único domínio transmembrana. Supõe-se que essas proteínas sejam controladas por fatores extracelulares ainda não identificados. Outras PTP são solúveis e contêm domínios SH2, que determinam quais são as proteínas com as quais interagem dentro da célula. Além disso, as células animais possuem proteínas Ⓟ–Ser e Ⓟ–Thr-fosfatases, como a PP1, que reverte os efeitos de proteínas-cinases específicas de Ser e de Thr.

Pode-se perceber, assim, que a sinalização ocorre em circuitos proteicos, os quais efetivamente conectam o receptor do sinal ao efetor da resposta e podem ser desligados instantaneamente pela hidrólise de uma única ligação éster de fosfato de uma etapa anterior. Nesses circuitos, as proteínas-cinases são os escritores, os domínios tipo SH2 são os leitores e as PTP e outras fosfatases são aqueles que apagam o que foi escrito. A multivalência das proteínas sinalizadoras permite que elas se organizem em muitas combinações diferentes, como se as moléculas sinalizadoras fossem peças de "Lego". Cada combinação é apropriada para sinais, tipos de células e circunstâncias metabólicas particulares, produzindo diversos circuitos sinalizadores extraordinariamente complexos.

### Balsas e cavéolas da membrana segregam proteínas sinalizadoras

Balsas da membrana (Capítulo 11) são regiões da bicamada da membrana ricas em esfingolipídeos, esteróis e certas proteínas, incluindo muitas proteínas ligadas à membrana por derivados glicosilados de fosfatidilinositol (GPI). O receptor β-adrenérgico fica segregado em balsas que também possuem proteínas G, adenilato-ciclase, PKA e a proteína-fosfatase PP, que, em conjunto, propiciam uma unidade sinalizadora altamente integrada. Ao se isolar em uma pequena região da membrana plasmática todos os elementos necessários para responder a um sinal e extingui-lo, a célula é capaz de produzir um "disparo" de segundo mensageiro extremamente curto e localizado.

Alguns RTK (EGFR e PDGFR) também se localizam em balsas, e esse sequestro provavelmente tem importância funcional. Em fibroblastos isolados, o EGFR geralmente está concentrado em balsas especializadas, denominadas cavéolas (ver Fig. 11-23). Quando as células são tratadas com EGF, o receptor sai da balsa e fica separado dos outros componentes da via de sinalização do EGF. Essa migração depende da atividade da proteína-cinase do receptor; receptores mutantes que não possuem essa atividade permanecem na balsa durante o tratamento com EGF. Experimentos desse tipo indicam que a separação espacial de proteínas sinalizadoras em balsas é mais uma dimensão do já complexo processo iniciado por sinais extracelulares.

### RESUMO 12.5 Proteínas adaptadoras multivalentes e balsas da membrana

■ Muitas proteínas sinalizadoras apresentam domínios que se ligam a resíduos de Tyr, Ser ou Thr fosforilados de outras proteínas; a especificidade na ligação para cada domínio é determinada pelas sequências de aminoácidos adjacentes ao resíduo fosforilado da proteína substrato. Os domínios SH2 e PTB ligam-se a proteínas que contenham resíduos de Ⓟ–Tyr. Outros domínios se ligam a resíduos de Ⓟ–Ser e Ⓟ–Thr em contextos diferentes. Os domínios SH3 e PH ligam-se ao fosfolipídeo de membrana $PIP_3$.

■ Muitas proteínas de sinalização são multivalentes, com diversos módulos de ligação diferentes. As células criam muitos complexos de sinalização multiproteicos por meio da combinação entre as especificidades para substratos das várias proteínas-cinases com as especificidades de domínios que se ligam a resíduos de Ser, Thr ou Tyr fosforilados e com fosfatases que podem inativar rapidamente uma via de sinalização.

■ Balsas e cavéolas da membrana sequestram grupos de proteínas sinalizadoras em pequenas regiões da membrana plasmática, aumentando, assim, a concentração local dessas proteínas, tornando o sinal mais eficiente.

## 12.6 Canais iônicos regulados (portões)

Certas células dos organismos multicelulares são "excitáveis": elas podem detectar um sinal externo, convertê-lo em um sinal elétrico (especificamente, uma alteração do potencial da membrana plasmática) e passá-lo adiante. Mudanças no potencial de membrana são disparadas por canais iônicos. As células excitáveis desempenham papéis essenciais na condução nervosa, na contração muscular, na secreção hormonal, nos processos sensoriais, no aprendizado e na memória.

### Canais iônicos são a base da sinalização elétrica rápida nas células excitáveis

P6 A excitabilidade de células sensoriais, neurônios e miócitos depende dos canais iônicos, transdutores de sinal que fornecem uma via regulada para o movimento de íons inorgânicos, como $Na^+$, $K^+$, $Ca^{2+}$ e $Cl^-$, através da membrana plasmática em resposta a vários estímulos. Conforme discutido no Capítulo 11, os canais iônicos se abrem ou fecham como portões, dependendo de se o receptor associado está ativado pela interação com o ligante específico (p. ex., um neurotransmissor) ou por uma variação no potencial elétrico transmembrana (**canais iônicos dependentes de voltagem**). A $Na^+K^+$-ATPase é eletrogênica; ela cria um desequilíbrio de cargas entre os dois lados da membrana plasmática ao carrear 3 $Na^+$ para fora da célula para cada 2 $K^+$ que traz para dentro (**Fig. 12-32a**). A ação da $Na^+K^+$-ATPase torna o interior da célula negativo em relação ao exterior. Dentro das células, a $[K^+]$ é muito maior, e a $[Na^+]$ é muito menor do que fora da célula (Fig. 12-32b). A direção do fluxo espontâneo de íons através da membrana polarizada é ditada pelo potencial eletroquímico de determinado íon através da membrana, o qual tem dois componentes: a diferença entre as concentrações do íon em cada lado da membrana e a diferença no potencial elétrico ($V_m$), geralmente expresso em milivolts (ver Equação 11-4, p. 392). Considerando-se as diferenças entre as

## 12.6 CANAIS IÔNICOS REGULADOS (PORTÕES) 443

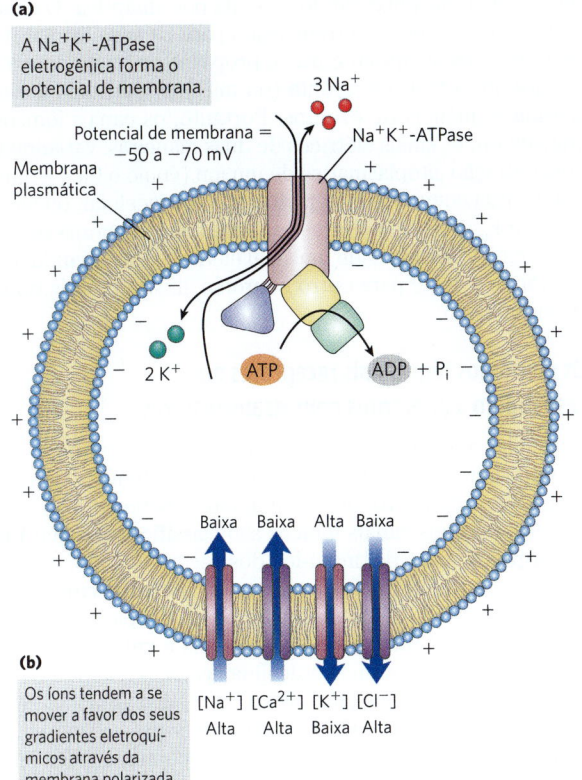

**FIGURA 12-32 Potencial elétrico transmembrana.**
(a) A $Na^+K^+$-ATPase eletrogênica produz um potencial elétrico transmembrana de cerca de $-60$ mV (negativo no lado interno). (b) As setas azuis indicam a direção na qual os íons tendem a se mover espontaneamente através da membrana plasmática de uma célula animal, impelidos por uma combinação de gradientes químico e elétrico. O gradiente químico impulsiona os íons $Na^+$ e $Ca^{2+}$ para dentro da célula (produzindo despolarização) e o íon $K^+$ para fora, contra o seu gradiente elétrico (produzindo hiperpolarização). O gradiente elétrico impulsiona $Cl^-$ para fora, contra seu gradiente de concentração (produzindo despolarização).

concentrações dos íons e que o $V_m$ é de cerca de $-60$ mV (negativo no interior), a abertura de canais de $Na^+$ ou de $Ca^{2+}$ leva a um fluxo espontâneo de $Na^+$ ou $Ca^{2+}$ para dentro da célula (e despolarização), ao passo que a abertura de canais de $K^+$ leva ao fluxo espontâneo de $K^+$ para fora da célula (e hiperpolarização) (Fig. 12-32b). Nesse caso, $K^+$ sai da célula contra o gradiente elétrico porque a grande diferença entre as concentrações dentro e fora da célula exerce um efeito muito mais forte do que o $V_m$. No caso do $Cl^-$, o potencial de membrana predomina, de modo que, quando um canal de $Cl^-$ se abre, $Cl^-$ sai da célula.

O número de íons que devem fluir para produzir uma variação fisiologicamente significativa no potencial de membrana é ínfimo em relação às concentrações de $Na^+$, $K^+$ e $Cl^-$ presentes nas células e no líquido extracelular, de modo que os fluxos iônicos que ocorrem durante a sinalização em células excitáveis essencialmente não têm qualquer efeito sobre as concentrações desses íons. Com o íon $Ca^{2+}$, a situação é diferente; uma vez que a concentração intracelular de $Ca^{2+}$ geralmente é muito pequena ($\sim 10^{-7}$ M), o fluxo de $Ca^{2+}$ para dentro da célula pode alterar significativamente a $[Ca^{2+}]$ citosólica, possibilitando que ele sirva como segundo mensageiro.

O valor do potencial de membrana de uma célula em dado momento é a consequência dos tipos e números de canais iônicos abertos nesse momento preciso. ▶**P6** O tempo exato de abertura e fechamento de canais iônicos e as variações transitórias resultantes no potencial de membrana são a base da sinalização elétrica por meio da qual o sistema nervoso estimula os músculos esqueléticos a se contraírem, o coração a bater ou as glândulas secretoras a liberarem seus conteúdos. Além disso, muitos hormônios exercem os seus efeitos alterando o potencial de membrana das células-alvo. Esses mecanismos não são limitados às células animais; canais iônicos desempenham funções importantes nas respostas de bactérias, protistas e plantas a sinais do ambiente.

Para ilustrar a ação dos canais iônicos na sinalização entre células, serão descritos os mecanismos pelos quais um neurônio passa adiante um sinal ao longo de todo o seu comprimento e atravessa uma sinapse até o próximo neurônio (ou até um miócito) em um circuito celular, utilizando a acetilcolina como neurotransmissor.

### Canais iônicos dependentes de voltagem produzem os potenciais de ação dos neurônios

A sinalização do sistema nervoso é efetuada por redes de neurônios, células especializadas que transferem um impulso elétrico (potencial de ação) a partir de uma extremidade da célula (o corpo celular) ao longo de uma extensão citoplasmática alongada (o axônio) até a sinapse com o neurônio seguinte. O sinal elétrico desencadeia a liberação do neurotransmissor acetilcolina na fenda sináptica, transmitindo o sinal para a célula (neurônio) seguinte do circuito. Inicialmente, a membrana plasmática do neurônio pré-sináptico é polarizada (o lado interno fica negativo) por meio da ação da $Na^+K^+$-ATPase eletrogênica, a qual bombeia para fora da célula 3 $Na^+$ para cada 2 $K^+$ bombeados para dentro (Fig. 12-32). Uma sequência rápida de abertura e fechamento de vários tipos de canais iônicos (**Fig. 12-33**) produz uma onda de despolarização (um **potencial de ação**) que varre o neurônio do corpo celular até a extremidade de um axônio. Primeiro, a abertura de um canal de $Na^+$ dependente de voltagem faz $Na^+$ entrar na célula, e a despolarização local resultante faz os canais de $Na^+$ vizinhos abrirem, e assim sucessivamente (Fig. 12-33, etapa ❶). A direcionalidade do movimento do potencial de ação é garantida pelo breve período refratário após a abertura de cada canal de $Na^+$ dependente de voltagem. Uma fração de segundo depois que o potencial de ação passa por um ponto do axônio, ocorre a abertura de canais de $K^+$ dependentes de voltagem (etapa ❷), permitindo a saída de $K^+$, que leva à repolarização da membrana, que, então, está pronta para um novo potencial de ação (etapa ❸).

Quando a onda de despolarização atinge a extremidade do axônio, os canais de $Ca^{2+}$ dependentes de voltagem se abrem, permitindo a entrada de $Ca^{2+}$. O consequente

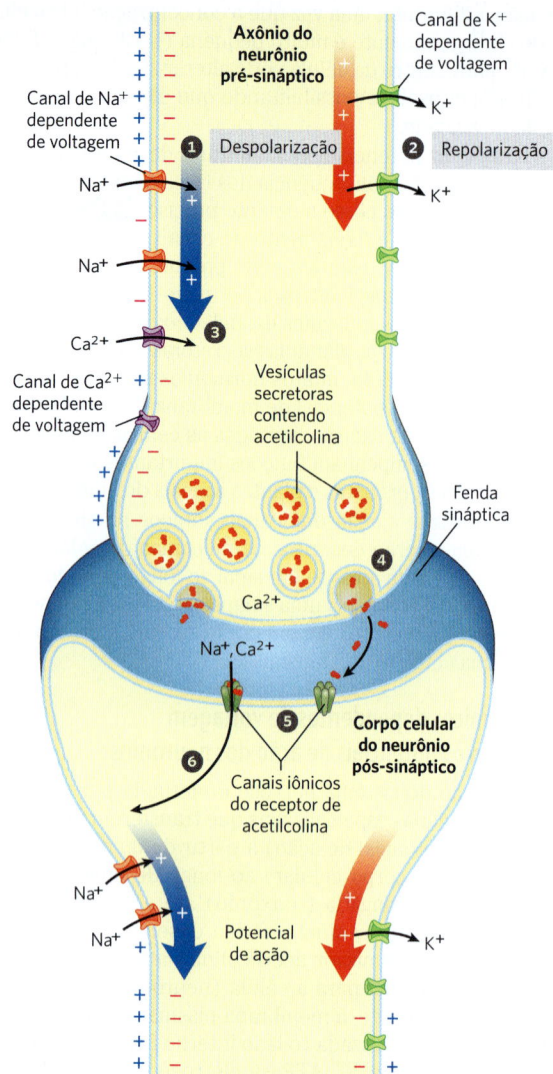

**FIGURA 12-33 Função dos canais iônicos dependentes de voltagem e dependentes de ligante na transmissão nervosa.** As etapas estão descritas no texto. A estimulação do neurônio pré-sináptico (parte superior) dispara uma onda de despolarização (seta azul) seguida pela repolarização (seta vermelha), produzindo um potencial de ação que corre como uma onda ao longo do axônio. Na sinapse, a despolarização abre canais de $Ca^{2+}$, e a entrada de $Ca^{2+}$ dispara a liberação de acetilcolina na fenda sináptica. A acetilcolina difunde-se através da fenda, abrindo os canais de receptores, despolarizando a célula pós-sináptica e iniciando um potencial de ação nessa célula. Observe que, para maior clareza, os canais de $Na^+$ e os canais de $K^+$ estão desenhados em lados opostos do axônio, mas os dois tipos de canais se distribuem uniformemente na membrana do axônio. Além disso, as cargas positivas e negativas estão mostradas apenas no lado esquerdo, mas, à medida que a onda do potencial varre todo o axônio, o potencial de membrana é o mesmo em qualquer ponto ao longo do axônio.

aumento na $[Ca^{2+}]$ no interior da célula dispara a liberação, por exocitose, do neurotransmissor acetilcolina na fenda sináptica (etapa ❹). A acetilcolina liga-se a um receptor no neurônio (ou miócito) pós-sináptico, levando à abertura de seu canal iônico dependente de ligante (etapa ❺). $Na^+$ e $Ca^{2+}$ presentes no lado externo da célula entram através

desse canal, despolarizando a célula pós-sináptica. O sinal elétrico, desse modo, é transferido para o corpo celular do neurônio pós-sináptico e irá se propagar ao longo do axônio até um terceiro neurônio (ou miócito) por meio dessa mesma sequência de eventos. Portanto, os canais iônicos transmitem os sinais elétricos de duas maneiras: variando a concentração citoplasmática de um íon (como o $Ca^{2+}$), que, então, atua como segundo mensageiro intracelular, ou alterando o $V_m$, que afeta outras proteínas da membrana sensíveis a ele. A passagem de um sinal elétrico atravessando um neurônio, e deste para outro neurônio, ilustra os dois tipos de mecanismo.

## Os neurônios têm canais receptores que respondem a diferentes neurotransmissores

As células animais, sobretudo aquelas do sistema nervoso, contêm uma grande variedade de canais iônicos dependentes de ligante, voltagem ou ambos. Os receptores que são eles mesmos canais iônicos são classificados como **ionotrópicos**, para distingui-los dos receptores que geram um segundo mensageiro (receptores **metabotrópicos**). A acetilcolina age sobre um receptor ionotrópico na célula pós-sináptica. O receptor de acetilcolina é um canal de cátions. Quando está com acetilcolina ligada, o receptor abre a passagem de cátions ($Na^+$, $K^+$ e $Ca^{2+}$), disparando a despolarização da célula. Os neurotransmissores serotonina, glutamato e glicina agem por meio de receptores ionotrópicos, que possuem estruturas parecidas com a estrutura do receptor de acetilcolina. Serotonina e glutamato disparam a abertura de canais de cátions ($Na^+$, $K^+$, $Ca^{2+}$), ao passo que a glicina abre canais específicos para $Cl^-$.

▶**P6** Dependendo do íon que passa pelo canal, a interação entre o ligante (neurotransmissor) e o canal pode despolarizar ou hiperpolarizar a célula-alvo. Um único neurônio normalmente recebe sinais de muitos outros neurônios, cada qual liberando seu próprio neurotransmissor característico, com um efeito despolarizante ou hiperpolarizante característico. O $V_m$ da célula-alvo, portanto, reflete a *integração* (ver Fig. 12-1f) de todos os sinais que recebe de muitos neurônios. A célula responde com um potencial de ação apenas se a soma dessa integração de sinais levar a uma despolarização suficientemente grande.

Os canais receptores de acetilcolina, glicina, glutamato e ácido γ-aminobutírico (GABA) são dependentes de ligantes *extracelulares*. Segundos mensageiros *intracelulares*, como AMPc, GMPc, $IP_3$, $Ca^{2+}$ e ATP, regulam canais iônicos do tipo visto na transdução dos sinais dos sentidos da visão, do olfato e do paladar.

## Algumas toxinas têm canais iônicos como alvos

Muitas das toxinas mais potentes encontradas na natureza atuam sobre canais iônicos. Por exemplo, a dendrotoxina (da serpente mamba-negra) bloqueia a ação dos canais de $K^+$ dependentes de voltagem, a tetrodotoxina (produzida pelo peixe baiacu) age sobre canais de $Na^+$ dependentes de voltagem, e a crotoxina (veneno das najas) desativa canais iônicos receptores de acetilcolina. Por que, no curso da evolução, os canais iônicos tornaram-se o alvo preferencial de toxinas, em vez de algum alvo metabólico essencial, como uma enzima crucial para o metabolismo energético?

Os canais iônicos são amplificadores excepcionais; a abertura de um único canal pode permitir o fluxo de 10 milhões de íons por segundo. Em consequência, um neurônio necessita de relativamente poucas moléculas de uma proteína de canal iônico para as funções de sinalização. Ou seja, um número relativamente pequeno de moléculas de toxina com alta afinidade por canais iônicos agindo do exterior celular pode ter um efeito muito impactante sobre a neurossinalização ao longo de todo o organismo. Para obter efeito comparável por meio de uma enzima metabólica, geralmente presente nas células em concentrações muito maiores do que os canais iônicos, seria necessário um número muito maior de moléculas da toxina.

### RESUMO 12.6 Canais iônicos regulados (portões)

- Canais iônicos controlados pelo potencial de membrana ou por ligantes são fundamentais para a sinalização em neurônios e outras células.

- Os canais de $Na^+$ e $K^+$ dependentes de voltagem das membranas neuronais conduzem o potencial de ação ao longo do axônio na forma de uma onda de despolarização (influxo de $Na^+$) seguida pela repolarização (efluxo de $K^+$). A chegada de um potencial de ação à extremidade distal de um neurônio pré-sináptico desencadeia a liberação de neurotransmissores.

- O neurotransmissor (p. ex., acetilcolina) difunde-se até o neurônio pós-sináptico (ou miócito, na junção neuromuscular), liga-se a receptores específicos na membrana plasmática e provoca uma variação no $V_m$. O corpo celular do neurônio tem receptores para um grande número de neurotransmissores ou sinais extracelulares diferentes. O $V_m$ do neurônio é consequência da soma dos efeitos dos canais iônicos envolvidos.

- As neurotoxinas produzidas por muitos organismos atacam canais iônicos neuronais e, assim, têm ação rápida e letal.

## 12.7 Regulação da transcrição por receptores nucleares de hormônios

**P7** Os hormônios esteroides, o ácido retinoico (retinoide) e os hormônios da tireoide formam um grande grupo de ligantes de receptores que exercem pelo menos parte de seus efeitos por meio de um mecanismo fundamentalmente diferente daquele de outros hormônios: eles atuam diretamente no núcleo e alteram a expressão gênica. Esse modo de ação é detalhado no Capítulo 28, com outros mecanismos para a regulação da expressão gênica. Aqui será apresentado um breve panorama.

Os hormônios esteroides (p. ex., estrogênio, progesterona, vitamina D e cortisol), excessivamente hidrofóbicos para se dissolverem no sangue, são transportados do ponto de liberação até os tecidos-alvo por proteínas transportadoras específicas. Esses hormônios, nas células-alvo, atravessam a membrana plasmática e a membrana nuclear por difusão simples e se ligam a proteínas nucleares que são receptores específicos para esses hormônios (**Fig. 12-34**). A ligação do hormônio induz alterações na conformação do receptor proteico, de modo que ele se torna capaz de interagir com sequências reguladoras específicas presentes no DNA, chamadas de **elementos de resposta a hormônios** (**HRE**, do inglês *hormone response elements*), e, assim, alterar a expressão gênica (ver Fig. 28-34). O complexo hormônio-receptor ligado intensifica a expressão de genes específicos adjacentes aos HRE, com o auxílio de várias outras proteínas essenciais à transcrição. Para que esses reguladores exerçam completamente seus efeitos, são necessárias horas ou dias. Esse é o tempo necessário para que as alterações na síntese de RNA e na posterior síntese de proteínas alterem o metabolismo de forma evidente.

A especificidade da interação esteroide-receptor é explorada no tratamento do câncer de mama usando o fármaco **tamoxifeno**. Em alguns tipos de câncer de mama, a divisão das células cancerosas depende da presença contínua de estrogênio. O tamoxifeno é um antagonista do estrogênio; ele compete com o estrogênio pela ligação ao receptor de estrogênio, porém o complexo tamoxifeno-receptor possui pouco (ou nenhum) efeito sobre a expressão gênica. Como consequência, a administração de tamoxifeno após cirurgia ou durante quimioterapia desacelera ou mesmo interrompe o crescimento das células cancerosas remanescentes nos casos de câncer de mama dependentes do hormônio. Outro análogo de esteroide, o fármaco **mifepristona** (**RU486**), liga-se ao receptor de progesterona e bloqueia a ação desse hormônio, que é essencial para a implantação do óvulo fecundado no útero, agindo como contraceptivo.

Tamoxifeno

Mifepristona (RU486)

### RESUMO 12.7 Regulação da transcrição por receptores nucleares de hormônios

- Os hormônios esteroides entram nas células por difusão simples e se ligam a receptores proteicos específicos, induzindo mudanças estruturais que expõem sítios de ligação específicos no DNA.

- O complexo hormônio-receptor liga-se a regiões específicas do DNA nos elementos de resposta a hormônios e interage com outras proteínas para regular a expressão dos genes próximos.

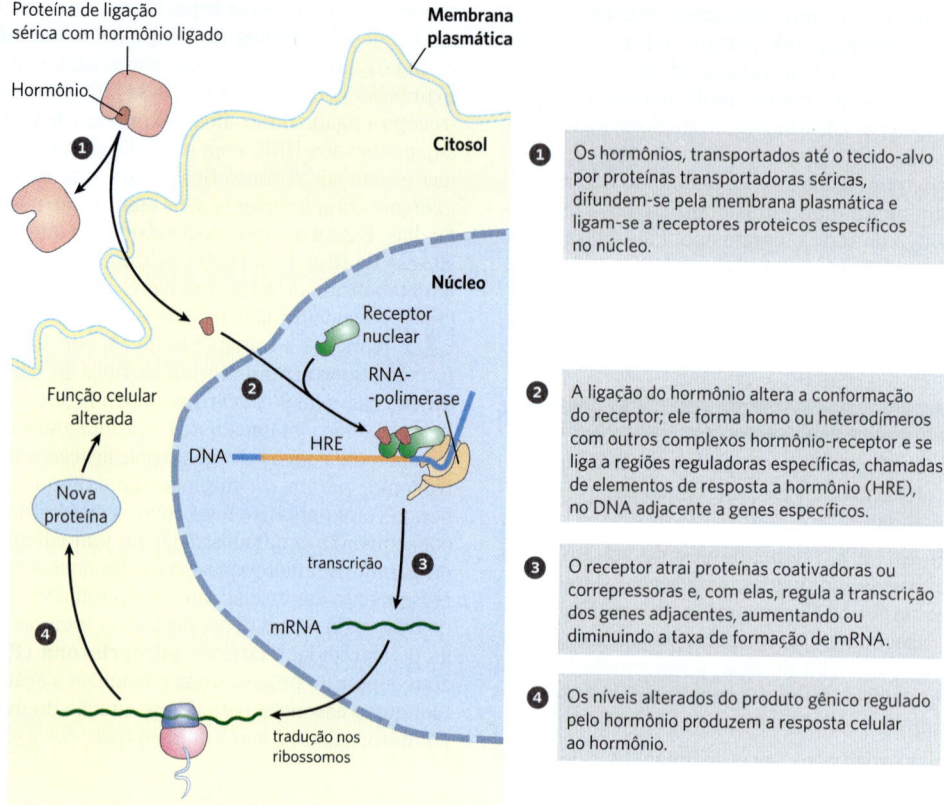

**FIGURA 12-34 Mecanismo geral de regulação da expressão gênica por hormônios esteroides e da tireoide, retinoides e vitamina D.** Os detalhes da transcrição e da síntese proteica estão descritos nos Capítulos 26 e 27. Alguns esteroides também agem por meio de receptores presentes na membrana plasmática, mas por um mecanismo completamente diferente.

## 12.8 Regulação do ciclo celular por proteínas-cinases

Uma das manifestações mais evidentes das rotas de sinalização é a regulação do ciclo celular dos organismos eucarióticos. Durante o crescimento embrionário e o desenvolvimento posterior, praticamente todos os tecidos estão em divisão celular. Já nos organismos adultos, a maioria dos tecidos torna-se quiescente. A "decisão" de uma célula de dividir-se ou não é de grande importância para o organismo. Quando os mecanismos de regulação que limitam a divisão celular estão defeituosos e as células se dividem desordenadamente, o resultado é catastrófico: câncer. A divisão celular correta requer uma sequência organizada de eventos bioquímicos para garantir que cada célula-filha tenha o conjunto completo das moléculas necessárias para a vida. Os estudos sobre o controle da divisão celular em diversas células eucarióticas têm revelado mecanismos de regulação que são universais. Mecanismos de sinalização muito semelhantes àqueles discutidos anteriormente são fundamentais para determinar se e quando uma célula entra em divisão celular, além de garantir a passagem ordenada pelos estágios do ciclo celular.

### O ciclo celular tem quatro estágios

Nos eucariotos, a divisão celular durante a mitose ocorre em quatro etapas bem definidas (**Fig. 12-35**). Na fase S (síntese), o DNA é replicado para produzir cópias para cada uma das duas células-filhas. Na fase G2 (*G* indica o intervalo, *gap*, entre divisões), novas proteínas são sintetizadas, e a célula praticamente dobra de tamanho. Na fase M (mitose), o envelope nuclear materno se desfaz, os cromossomos pareados são puxados para polos opostos da célula, cada conjunto de cromossomos é circundado por um envelope nuclear recém-formado e a citocinese estrangula a célula ao meio, originando duas células-filhas (ver Fig. 24-22). Nos tecidos embrionários ou naqueles que se proliferam rapidamente, cada célula-filha se divide novamente, mas somente após um período de espera (G1). Nas células animais em cultura, o processo completo leva cerca de 24 horas.

Após passar pela mitose e entrar em G1, a célula entra em outro ciclo de divisão ou não se divide mais, entrando em uma fase quiescente (G0) que pode durar horas, dias ou todo o resto da vida da célula. Quando uma célula em G0 começa a se dividir novamente, ela reentra no ciclo de divisão pela fase G1. As células diferenciadas, como hepatócitos ou adipócitos, já adquiriram suas formas e funções

## 12.8 REGULAÇÃO DO CICLO CELULAR POR PROTEÍNAS-CINASES

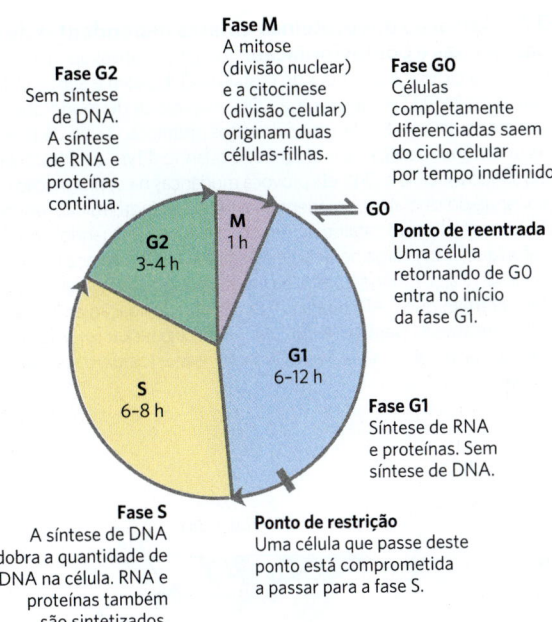

**FIGURA 12-35 Ciclo das células eucarióticas.** A duração (em horas) de cada um dos quatro estágios varia, mas as durações apresentadas aqui são comuns.

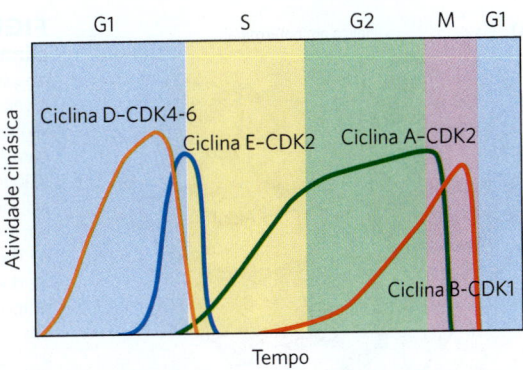

**FIGURA 12-36 Variações nas atividades de CDK específicas durante o ciclo celular em animais.** No início de G1, a atividade da ciclina D-CDK4-6 aumenta lentamente e, então, cai bruscamente ao final de G1. Perto do final de G1, a atividade da ciclina E-CDK2 aumenta e tem um pico próximo ao limite entre as fases G1 e S, quando a enzima ativa desencadeia a síntese das enzimas necessárias para a síntese de DNA (ver Fig. 12-40). A atividade da ciclina A-CDK2 aumenta durante as fases S e G2 e, então, diminui bruscamente na fase M, quando a ciclina B-CDK1 alcança o pico. [Dados de P. Icard et al., *Trends Biochem. Sci.* 44:490, 2019, Fig. 3.]

especializadas e permanecem em G0. As células-tronco retêm o potencial de se dividirem e de se diferenciarem em qualquer um dos vários tipos de células.

### Os níveis de proteínas-cinases dependentes de ciclina oscilam

**P8** A sincronia do ciclo celular é controlada por uma família de proteínas-cinases cujas atividades variam em resposta a sinais celulares. Por meio da fosforilação de proteínas específicas em intervalos de tempo precisamente cronometrados, as proteínas-cinases coordenam as atividades metabólicas da célula para que a divisão celular seja ordenada. As cinases são heterodímeros com uma subunidade de regulação (**ciclina**) e uma subunidade catalítica (**proteína-cinase dependente de ciclina**, ou **CDK**, do inglês *cyclin-dependent protein kinase*). Na ausência de ciclina, a subunidade catalítica fica praticamente inativa. Quando a ciclina se liga, o sítio catalítico se abre, de modo que um resíduo essencial para a catálise fica acessível, e a atividade de proteína-cinase da subunidade catalítica aumenta 10 mil vezes. As células animais têm pelo menos 10 ciclinas diferentes (designadas A, B, e assim por diante) e pelo menos 8 CDK (de CDK1 a CDK8), que trabalham em diferentes combinações em pontos específicos do ciclo celular.

Em uma população de células animais dividindo-se sincronicamente, as atividades de algumas CDK apresentam oscilações notáveis (**Fig. 12-36**). Essas oscilações são o resultado de quatro mecanismos de regulação das atividades das CDK: fosforilação ou desfosforilação da CDK, degradação controlada da subunidade ciclina, síntese periódica de CDK e de ciclinas e ação de proteínas específicas que inibem CDK. A ativação e a inativação precisamente cronometradas de uma série de CDK produzem sinais que funcionam como o relógio que orquestra os eventos da divisão celular normal e garante que uma etapa só inicie quando a anterior tiver terminado.

### As CDK são reguladas por fosforilação, degradação de ciclinas, fatores de crescimento e inibidores específicos

A atividade das CDK é surpreendentemente afetada por fosforilação e desfosforilação de dois resíduos cruciais na proteína (**Fig. 12-37**). A fosforilação da Thr[160] da CDK2 estabiliza uma conformação na qual uma "alça T" autoinibitória se move para longe da fenda de ligação ao substrato da cinase, abrindo-a para a ligação dos substratos proteicos. A desfosforilação da ℗–Tyr[15] da CDK2 remove a carga negativa que impede que o ATP se aproxime do sítio ao qual ele se liga. Esse mecanismo de ativação da CDK se autorreforça; a enzima (PTP) que desfosforila a ℗–Tyr[15] é, por si só, um substrato para a CDK e é ativada por fosforilação. A combinação de todos esses fatores ativa a CDK por um fator de muitas vezes, permitindo que ela fosforile proteínas-alvo cruciais para que o ciclo celular continue (**Fig. 12-38a**).

A presença de fitas simples de DNA com quebras sinaliza para que o ciclo celular pare em G2, devido à ativação de duas proteínas (ATM e ATR; ver Fig. 12-40). Essas proteínas disparam uma cascata de respostas que incluem a inativação da PTP, que desfosforila o resíduo Tyr[15] da CDK. Com a CDK inativada, a célula fica parada em G2, incapaz de se dividir até que o DNA seja reparado, e os efeitos da cascata, revertidos.

A degradação por proteólise altamente específica e precisamente cronometrada de ciclinas mitóticas regula

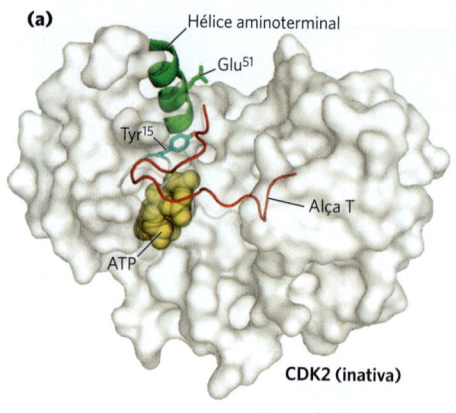

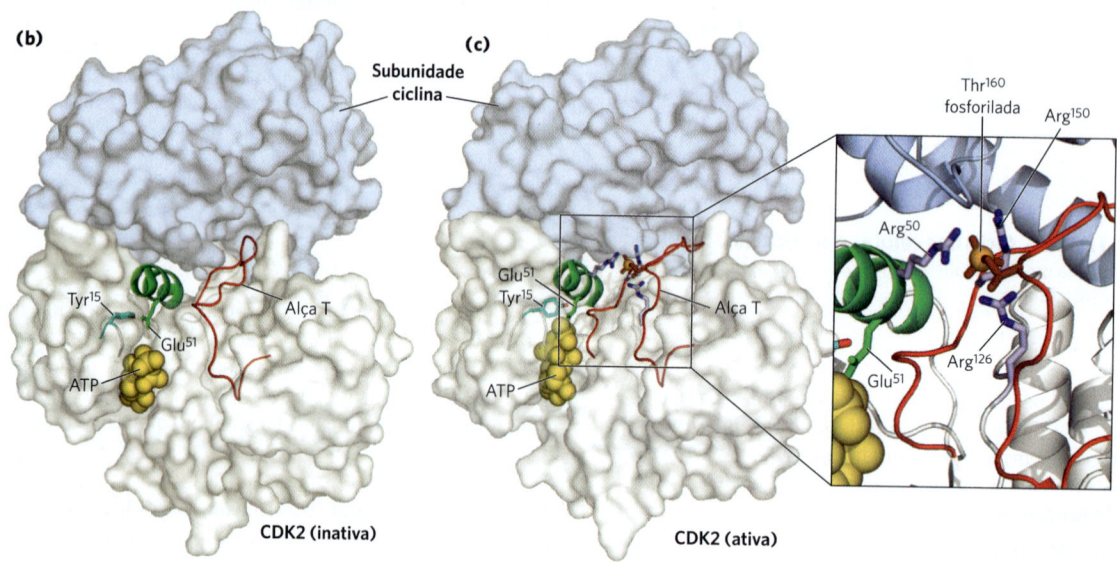

**FIGURA 12-37 Ativação das proteínas-cinases dependentes de ciclinas (CDK) pelas ciclinas e por fosforilação.** As CDK são ativas apenas quando estão associadas a uma ciclina. A estrutura do cristal de CDK2 com e sem a ciclina revela as bases dessa ativação. (a) Sem a ciclina, a CDK2 enovela-se de modo que um segmento, a alça T, obstrui o sítio de ligação aos substratos proteicos. O sítio de ligação para ATP também está próximo da alça T e é bloqueado quando a $Tyr^{15}$ está fosforilada (não mostrado). (b) Quando a ciclina se liga, ela provoca mudanças na conformação que afastam a alça T para longe do sítio ativo e reorientam a hélice aminoterminal, trazendo um resíduo ($Glu^{51}$) fundamental para a catálise dentro do sítio ativo. (c) Quando o resíduo de Thr da alça T é fosforilado, a sua carga negativa é estabilizada pela interação com três resíduos de Arg, mantendo a alça T longe do sítio de ligação ao substrato. A remoção do grupo fosforila da $Tyr^{15}$ permite que o ATP tenha acesso ao sítio de ligação ao ATP, e, assim, a CDK2 fica totalmente ativada (ver Fig. 12-38). [Dados de (a) PDB ID 1HCK, U. Schulze-Gahmen et al., *J. Med. Chem.* 39:4540, 1996; (b) PDB ID 1FIN, P. D. Jeffrey et al., *Nature* 376:313, 1995; (c) PDB ID 1JST, R. M. Robertson et al., *Nat. Struct. Biol.* 3:696, 1996.]

a atividade da CDK por todo o ciclo celular (Fig. 12-38b). Como o momento certo da degradação da ciclina é controlado? Uma alça de retroalimentação ocorre dentro do processo geral mostrado na Figura 12-38. Logo que a célula entra em mitose, a CDK da fase M está inativa (etapa ❶). Assim que a ciclina é sintetizada (etapa ❷), forma-se o complexo ciclina-CDK (etapa ❸). A alça T repousa sobre o sítio de ligação ao substrato da CDK, e a Ⓟ–$Tyr^{15}$ bloqueia o sítio de ligação a ATP, mantendo o complexo inativo. Quando a $Thr^{160}$ da alça T é fosforilada, a alça move-se para fora do sítio de ligação ao substrato, e o ATP pode se ligar quando a $Tyr^{15}$ é desfosforilada. Essas duas mudanças fazem o complexo ciclina-CDK ficar várias vezes mais ativo (etapa ❹). Uma ativação adicional ocorre quando a CDK também fosforila e ativa a enzima que desfosforila a Ⓟ–$Tyr^{15}$ (etapa ❺). O complexo ciclina-CDK ativo inicia sua própria inativação pela fosforilação da DBRP (proteína de reconhecimento de caixas de destruição; etapa ❻). A DBRP e a ubiquitina-ligase, então, ligam várias moléculas de **ubiquitina** (U) na ciclina (etapa ❼), direcionando-a para a degradação proteolítica por complexos enzimáticos, denominados **proteassomos** (etapa ❽). A função da ubiquitina e dos proteassomos não se limita à regulação das ciclinas; como será visto no Capítulo 27, ambos estão envolvidos também na renovação das proteínas celulares, um processo fundamental para a manutenção celular.

O terceiro mecanismo para modificar a atividade da CDK é a regulação das velocidades de síntese da ciclina e da CDK. Sinas extracelulares, como **fatores de crescimento** e citocinas (sinais para o desenvolvimento celular que ativam a divisão celular), ativam, por fosforilação, os fatores nucleares de transcrição Jun e Fos, que estimulam a síntese de muitos produtos gênicos, incluindo ciclinas, CDKs e o fator de transcrição E2F. E2F, por sua vez, estimula a produção de várias enzimas essenciais para a síntese de desoxinucleotídeos e DNA, e as CDK e a ciclina fazem a célula entrar na fase S (**Fig. 12-39**).

Por fim, inibidores proteicos específicos ligam-se a CDK específicas e as inativam. Uma dessas proteínas é a p21, discutida a seguir.

Esses quatro mecanismos de controle modulam a atividade de CDK específicas, as quais, por sua vez, controlam se a célula irá se dividir, diferenciar-se, tornar-se quiescente permanentemente ou começar um novo ciclo de divisão após um período de quiescência. Os detalhes da regulação do ciclo celular, como o número de diferentes ciclinas e

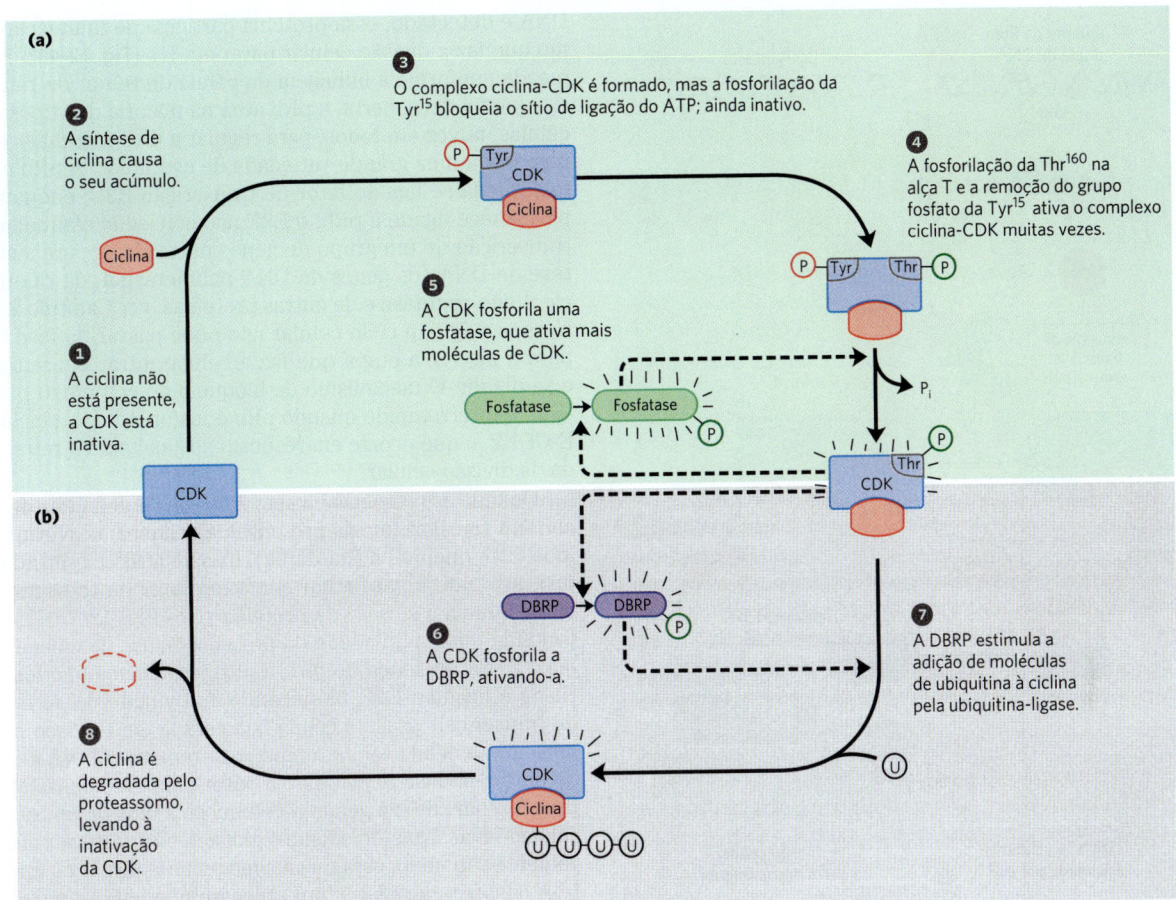

**FIGURA 12-38  Regulação das CDK por fosforilação e proteólise.** (a) Série de eventos que levam à ativação de uma proteína-cinase dependente de ciclina. (b) Degradação periódica da ciclina por proteólise, inativando a proteína-cinase dependente de ciclina. As etapas estão descritas no texto.

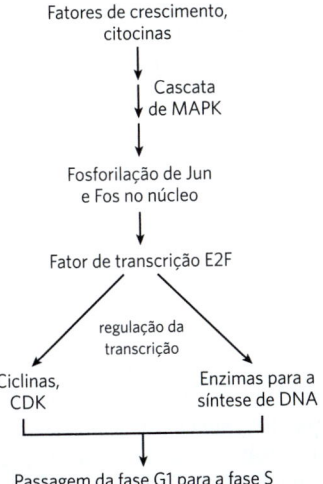

**FIGURA 12-39  Regulação da divisão celular por fatores de crescimento.**

cinases e as combinações nas quais elas agem, diferem de espécie para espécie, porém o mecanismo básico se manteve conservado durante a evolução de todas as células eucarióticas.

### As CDK regulam a divisão celular pela fosforilação de proteínas cruciais

Até agora, foi examinado como as células mantêm um rigoroso controle da atividade das CDK, mas como a atividade das CDK controla o ciclo celular? São conhecidos dezenas de alvos das CDK, e ainda há muitos outros para descobrir. Entretanto, é possível observar um padrão geral por trás da regulação pelas CDK ao se examinar o seu efeito sobre a estrutura da lamina e da miosina e sobre a atividade da proteína retinoblastoma.

A estrutura do envelope nuclear é mantida, em parte, por redes altamente organizadas de filamentos intermediários, compostos pela proteína **lamina**. O desmantelamento do envelope nuclear antes da segregação das cromátides-irmãs na mitose deve-se parcialmente à fosforilação da lamina por

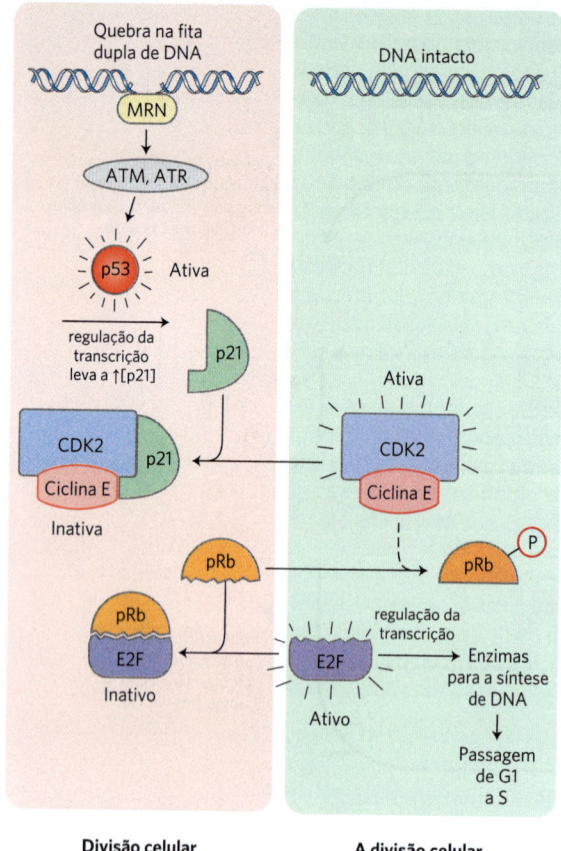

**FIGURA 12-40 Regulação da passagem de G1 a S pela fosforilação de pRb.** O fator de transcrição E2F promove a transcrição dos genes de certas enzimas essenciais para a síntese do DNA. A proteína do retinoblastoma, pRb, pode ligar-se a E2F (parte inferior esquerda), inativando-o e impedindo a transcrição desses genes. A fosforilação da pRb pela CDK2 impede que ela se ligue e inative E2F, e os genes são transcritos, permitindo que ocorra divisão celular. Danos ao DNA da célula (parte superior, à esquerda) provocam uma série de eventos que inativam a CDK2, bloqueando a divisão celular. Quando a proteína MRN detecta dano no DNA, ela ativa duas proteínas-cinases, ATM e ATR, que fosforilam e ativam o fator de transcrição p53. A p53 ativa promove a síntese de outra proteína, p21, um inibidor de CDK2. A inibição da CDK2 interrompe a fosforilação de pRb, que, portanto, continua ligado a E2F, que permanece inibido. Com E2F inativado, os genes essenciais para a divisão celular não são transcritos, e a divisão celular é bloqueada. Após o reparo do DNA, a inibição é liberada, e a célula se divide.

uma CDK, que causa a despolimerização dos filamentos de lamina.

Um segundo alvo da cinase é a maquinaria contrátil impulsionada por ATP (actina e miosina), que separa uma célula em divisão em duas partes iguais durante a citocinese. Após a divisão, a CDK fosforila uma pequena subunidade regulatória presente na miosina, fazendo a miosina se dissociar dos filamentos de actina e desativando a maquinaria contrátil. A posterior desfosforilação possibilita a remontagem do aparelho contrátil para uma nova rodada de citocinese.

Um terceiro substrato da CDK muito importante é a **proteína retinoblastoma (pRb)**. Quando algum dano no DNA é detectado, essa proteína participa de um mecanismo que faz a divisão celular parar em G1 (**Fig. 12-40**). Nomeada conforme a linhagem da célula de tumor de retina em que foi descoberta, a pRb atua na maioria dos tipos de células, talvez em todos, para regular a divisão celular em resposta a uma grande variedade de estímulos. A pRb não fosforilada se liga ao fator de transcrição E2F; enquanto permanece ligado à pRb, o E2F não consegue estimular a transcrição de um grupo de genes necessários para a síntese de DNA (os genes da DNA-polimerase α, da ribonucleotídeo-redutase e de outras proteínas; ver Capítulo 25). Nesse estágio, o ciclo celular não pode passar da fase G1 para a fase S, a etapa que faz a célula entrar em mitose e se dividir. O mecanismo de bloqueio do complexo pRb-E2F é interrompido quando pRb é fosforilada pela ciclina E-CDK2, o que ocorre em resposta ao sinal para a retomada da divisão celular.

Quando as proteínas-cinases ATM e ATR detectam dano ao DNA (sinalizado pela presença da proteína MRN em um local com quebra na fita dupla), elas fosforilam a proteína p53, ativando-a para atuar como um fator de transcrição que estimula a síntese da proteína p21 (Fig. 12-40). Essa proteína inibe a atividade da proteína-cinase da ciclina E-CDK2. Na presença de p21, a pRb permanece não fosforilada e ligada a E2F, bloqueando a atividade desse fator de transcrição, assim a célula fica parada em G1. Isso permite que a célula tenha tempo para reparar o DNA antes de entrar na fase S, evitando a potencialmente desastrosa transferência de um genoma defeituoso a uma ou ambas as células-filhas. Quando o dano é grave demais para ser efetivamente reparado, essa mesma maquinaria dispara a apoptose (descrita a seguir), um processo que leva à morte da célula, impedindo o possível desenvolvimento de câncer.

### RESUMO 12.8 Regulação do ciclo celular por proteínas-cinases

■ A progressão durante o ciclo celular é regulada pelas proteínas-cinases dependentes de ciclina (CDK), que agem em pontos específicos do ciclo, fosforilando proteínas-chave e modulando suas atividades. A subunidade catalítica das CDK permanece inativa quando não está associada à subunidade de regulação ciclina.

■ A atividade de um complexo ciclina-CDK varia durante o ciclo celular devido à síntese diferenciada das CDK, degradação específica de ciclinas, fosforilação e desfosforilação de resíduos cruciais nas CDK e ligação de inibidores proteicos a complexos ciclina-CDK específicos.

■ Uma sequência na ciclina (a caixa de destruição) marca a ciclina como alvo da ubiquitina e da degradação no proteassomo. O aumento na concentração da ciclina devido ao aumento na síntese dispara a sua própria degradação, levando a oscilações nos níveis de ciclina ligados ao ciclo celular.

■ As células recebem sinais extracelulares que determinam o momento da divisão celular. Dezenas de proteínas são reconhecidas como alvos de CDK, muitas delas com funções ainda desconhecidas. Entre os alvos fosforilados por ciclina-CDK estão proteínas do envelope nuclear e proteínas necessárias para a citocinese e o reparo do DNA.

## 12.9 Oncogenes, genes supressores de tumores e morte celular programada

Tumores e cânceres são o resultado do descontrole da divisão celular. Normalmente, a divisão celular é regulada por uma família de fatores de crescimento presentes no meio extracelular, proteínas que fazem as células em repouso passarem a se dividir e, em alguns casos, a se diferenciar. Isso leva a um balanço preciso entre a formação de novas células e a destruição de células. A regulação da divisão celular garante que as células da pele sejam substituídas a cada poucas semanas e que os leucócitos sejam substituídos a cada poucos dias. Essa é a homeostase no nível do organismo como um todo. ▶P9 Quando esse equilíbrio é perturbado por defeitos nas proteínas de regulação, o resultado, algumas vezes, é a formação de um clone de células que se dividem continuamente e sem regulação (um tumor) até que a sua presença interfira no funcionamento dos tecidos normais – um câncer. A causa direta é quase sempre um defeito genético em uma ou mais das proteínas que regulam a divisão celular. Em alguns casos, um gene defeituoso é herdado de um dos pais; em outros, a mutação ocorre quando um composto tóxico do meio ambiente (composto mutagênico ou carcinogênico), ou mesmo radiação de alta energia, interage com o DNA de apenas uma célula, danifica-o e introduz uma mutação. Na maioria dos casos, há uma combinação dos dois fatores, hereditário e ambiental, e é necessário haver mais de uma mutação para causar a completa desregulação da divisão celular e o desenvolvimento de um câncer.

### Oncogenes são formas mutantes dos genes de proteínas que regulam o ciclo celular

▶P9 Os **oncogenes** são versões mutadas de genes que codificam proteínas sinalizadoras envolvidas na regulação do ciclo celular. Eles foram originalmente descobertos em vírus causadores de tumor, e, posteriormente, foi revelado que eram derivados de genes das próprias células hospedeiras animais, os **proto-oncogenes**, que codificam proteínas que regulam o crescimento. Durante uma infecção viral, a sequência de DNA de um proto-oncogene do hospedeiro é, algumas vezes, copiada para dentro do genoma viral, onde ela se prolifera com o vírus. Nos ciclos de infecção viral subsequentes, os proto-oncogenes podem se tornar defeituosos por mutações ou truncamentos. Os vírus, diferentemente das células animais, não têm mecanismos efetivos para a correção de erros durante a replicação do DNA, de modo que acumulam mutações rapidamente. Quando um vírus portando um oncogene infecta uma nova célula hospedeira, o DNA viral (e o oncogene) pode ser incorporado ao DNA da célula hospedeira, onde pode interferir na regulação da divisão dessa célula. Em um mecanismo alternativo, que não envolve vírus, uma única célula em um tecido exposto a compostos carcinogênicos pode sofrer um dano ao DNA que torne uma de suas proteínas reguladoras defeituosa, com o mesmo efeito do mecanismo oncogênico: falhas na regulação da divisão celular.

As mutações que originam oncogenes são geneticamente dominantes: se um cromossomo de um par contiver um gene defeituoso, o produto daquele gene enviará o sinal "divida-se", o que poderá resultar em um tumor. O defeito oncogênico pode estar em qualquer uma das proteínas envolvidas na comunicação do sinal "divida-se". Os oncogenes descobertos até agora incluem os que codificam proteínas secretadas que atuam como moléculas sinalizadoras, fatores de crescimento, proteínas transmembrana (receptores), proteínas citoplasmáticas (proteínas G e proteínas-cinases) e fatores nucleares de transcrição que controlam a expressão de genes essenciais para a divisão celular (Jun, Fos).

Alguns oncogenes codificam receptores de fatores de crescimento com a atividade de Tyr-cinase desregulada; eles sinalizam para uma divisão celular continuada mesmo na ausência do fator de crescimento, o que leva à formação do tumor. Mutações que levam a tumores foram encontradas em muitas das proteínas-cinases sinalizadoras já discutidas, das quais todas usam ATP como substrato para a transferência de um grupo fosforila para outro membro da cascata de sinalização. O desenvolvimento de fármacos que inibem a atividade de proteínas-cinases é uma abordagem lógica para o tratamento de cânceres derivados da desregulação da atividade das cinases. Entretanto, a maioria dos inibidores de proteínas-cinases conhecidos agem bloqueando os sítios de ligação ao ATP, que é semelhante em todas as proteínas-cinases. Inibidores que têm efeito sobre uma proteína-cinase geralmente apresentam efeitos colaterais intoleráveis, uma vez que inibem outras cinases essenciais. Ainda assim, a importância do papel das proteínas-cinases nos processos de sinalização relacionados com a divisão celular normal e anormal faz dessas enzimas um dos principais alvos no desenvolvimento de fármacos para o tratamento de câncer (**Quadro 12-4**). ■

### Defeitos em determinados genes eliminam os controles normais da divisão celular

Os **genes supressores de tumores** codificam proteínas que normalmente inibem a divisão celular. Mutações em um ou mais desses genes podem levar à formação de tumores. O crescimento desregulado devido a genes supressores de tumor defeituosos, diferentemente do caso dos oncogenes, é geneticamente recessivo; os tumores formam-se somente se *ambos* os cromossomos de um par contiverem o gene defeituoso. Isso ocorre porque a função desses genes é inibir a divisão celular, e, caso uma das duas cópias do gene for normal, haverá a produção de uma proteína normal e a inibição normal da divisão celular. Em uma pessoa que herdou uma cópia correta e uma cópia defeituosa, todas as células têm uma cópia correta e uma cópia defeituosa do gene. Se uma das $10^{12}$ células somáticas de uma pessoa sofrer uma mutação na única cópia correta, haverá o crescimento de um tumor, pois a célula terá as duas cópias mutadas. Mutações nas duas cópias dos genes que codificam as proteínas pRb, p53 ou p21 originam células nas quais a limitação normal da divisão celular é perdida, de modo que há desenvolvimento do tumor.

O retinoblastoma ocorre em crianças e causa cegueira se não tratado cirurgicamente. As células de um retinoblastoma têm duas formas defeituosas do gene *Rb* (dois alelos defeituosos). Crianças muito novas que desenvolvem retinoblastoma costumam apresentar múltiplos tumores

## QUADRO 12-4 MEDICINA

### Desenvolvimento de inibidores da proteína-cinase para o tratamento de câncer

Quando uma célula se divide sem regular o limite de crescimento, ela originará, no final, um clone de células tão grande que ele interferirá nas funções fisiológicas normais (Fig. 1). Isso é o câncer, uma das principais causas de morte nos países desenvolvidos e uma doença em expansão nos países em desenvolvimento. Em todos os tipos de câncer, a regulação normal da divisão celular se tornou disfuncional devido a defeitos em um ou mais genes. Por exemplo, os genes que codificam proteínas que normalmente emitem sinais intermitentes para a divisão celular se tornam oncogenes, originando proteínas sinalizadoras constitutivamente ativas, ou os genes que codificam proteínas que normalmente limitam a divisão celular (genes supressores de tumor) sofrem mutações e acabam originando proteínas sem essa função de controle. Em muitos tumores, ocorrem os dois tipos de mutações.

Muitos oncogenes e genes supressores de tumor codificam proteínas-cinases ou proteínas que atuam nas rotas de sinalização em posições na via que se situa anteriormente a elas. Portanto, é razoável imaginar que inibidores específicos de proteínas-cinases possam ser úteis para o tratamento do câncer. Por exemplo, uma forma mutante do receptor de EGF (fator de crescimento epidérmico) é um receptor de Tyr-cinase (RTK) constantemente ativo, sinalizando a divisão celular com ou sem a presença de EGF. Em cerca de 30% de todas as mulheres com câncer de mama invasivo, o gene para o receptor ErbB2 (também denominado HER2/neu) é superexpresso, algumas vezes por mais de 100 vezes. Outro RTK, o **receptor do fator de crescimento endotelial vascular (VEGFR)**, deve ser ativado para que a formação de novos vasos sanguíneos (angiogênese) forneça a um tumor sólido um suprimento de sangue adequado, e a inibição do VEGFR pode privar um tumor de nutrientes essenciais. As Tyr-cinases que não participam de receptores também podem ter sofrido mutações, resultando em uma sinalização permanente que desregula a divisão celular. Por exemplo, o oncogene *Abl* (vírus da *le*ucemia de *Abe*lson) está associado à leucemia mieloide aguda, uma doença sanguínea relativamente rara (~ 5.000 casos por ano nos Estados Unidos). Outro grupo de oncogenes codifica proteínas-cinases dependentes de ciclina desreguladas. Em cada um desses casos, inibidores específicos de proteínas-cinases poderiam ser agentes quimioterápicos valiosos para o tratamento da doença. Não é surpreendente que estejam sendo feitos esforços enormes para o desenvolvimento desses inibidores. Mas como abordar esse desafio?

As proteínas-cinases de todos os tipos apresentam uma notável conservação na estrutura do sítio ativo. Todas compartilham as características da estrutura protótipo da PKA, mostradas na Figura 2: os dois lóbulos que circundam o sítio ativo, com uma alça P que auxilia o alinhamento e a ligação dos grupos fosfato do ATP, uma alça de ativação que se move para a abertura do sítio ativo para o substrato proteico e uma hélice C que muda de posição quando a enzima é ativada, trazendo os resíduos da fenda de ligação ao substrato até suas posições de ligação. O conhecimento detalhado da estrutura ao redor do sítio de ligação do ATP torna possível o desenvolvimento de fármacos que inibem uma proteína-cinase *específica* ao (1) bloquear o sítio de ligação do ATP crucial e, ao mesmo tempo, (2) interagir com resíduos ao redor desse sítio que sejam *únicos* para essa proteína-cinase em particular.

**FIGURA 1** A divisão desregulada de apenas uma única célula do cólon levou a um câncer primário que formou metástases no fígado. Os cânceres secundários são vistos como manchas brancas nessa porção de fígado obtida em uma necrópsia. [CNRI/Science Source.]

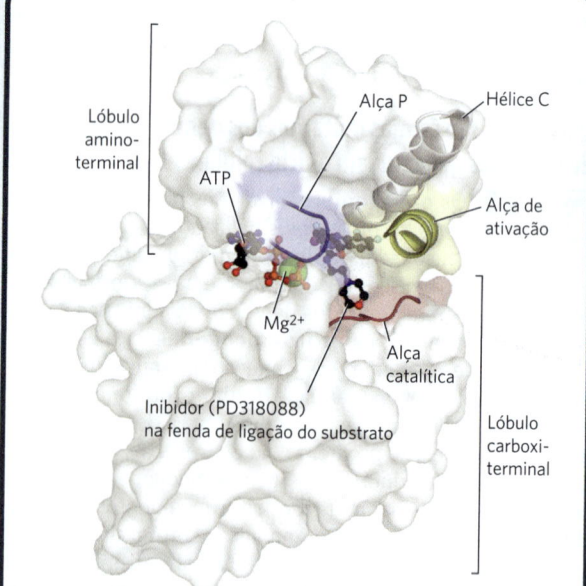

**FIGURA 2** Características conservadas dos sítios ativos das proteínas-cinases. Os lóbulos aminoterminal e carboxiterminal circundam o sítio ativo da enzima, próximos à alça catalítica e ao sítio onde o ATP se liga. A alça de ativação dessa e de muitas outras cinases é fosforilada e, então, afasta-se do sítio ativo para expor a fenda onde o substrato se liga, a qual, nessa imagem, está ocupada por um inibidor específico dessa enzima, PD318088. A alça P é essencial para a ligação do ATP, e a hélice C também deve estar corretamente alinhada para a ligação do ATP e a atividade de cinase. [Dados de PDB ID 1S9I, J. F. Ohren et al., *Nature Struct. Mol. Biol.* 11:1192, 2004.]

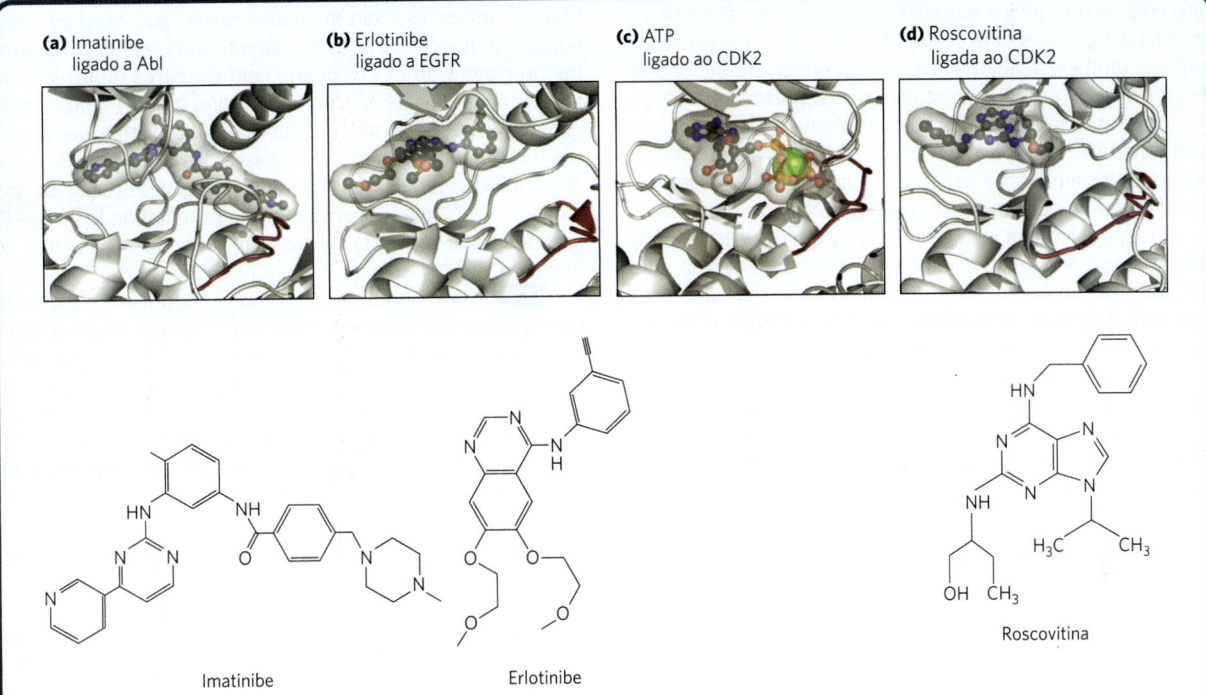

**FIGURA 3** Alguns inibidores de proteínas-cinases atualmente em testes clínicos ou em uso clínico, mostrando sua ligação à proteína-alvo. (a) O imatinibe liga-se ao sítio ativo da Abl-cinase (um produto de oncogene), ocupando tanto o sítio de ligação a ATP quanto um sítio adjacente a ele. (b) O erlotinibe liga-se ao sítio ativo da EGFR. (c, d) A roscovitina é um inibidor das cinases dependentes de ciclina CDK2, CDK7 e CDK9; é mostrado aqui o $Mg^{2+}$-ATP ligado ao sítio ativo (c) e a roscovitina ligada (d), o que impede a ligação de ATP. [Dados de (a) PDB ID 1IEP, B. Nagar et al., *Cancer Res.* 62:4236, 2002; (b) PDB ID 1M17, M. M. Silva et al., *J. Biol. Chem.* 277:46,265, 2002; (c) PDB ID 1S9I, J. F. Ohren et al., *Nature Struct. Mol. Biol.* 11:1192, 2004; (d) PDB ID 2A4L, W. F. De Azevedo et al., *Eur. J. Biochem.* 243:518, 1997.]

Os inibidores de proteínas-cinases mais simples são os análogos de ATP, que ocupam o sítio de ligação do ATP, mas não servem como doadores de grupos fosforila. São conhecidos muitos compostos como esses, mas eles têm utilidade clínica limitada, devido à falta de seletividade – eles inibem praticamente todas as proteínas-cinases e provocariam efeitos colaterais intoleráveis. Uma maior seletividade é encontrada nos compostos que ocupam parte do sítio de ligação do ATP, porém interagem também fora desse sítio, com regiões apenas presentes na proteína-cinase alvo. Uma terceira estratégia possível tem como base o fato de que, embora as conformações ativas de todas as proteínas-cinase sejam semelhantes, suas conformações inativas não o são. Os fármacos direcionados à conformação inativa de uma proteína-cinase específica impedem sua conversão à forma ativa e apresentam maior especificidade de ação. Uma quarta abordagem utiliza a grande especificidade dos anticorpos. Por exemplo, anticorpos monoclonais (p. 167) que se ligam às porções extracelulares de RTK específicos podem bloquear a atividade de cinase do receptor por impedirem a dimerização ou por fazerem com que sejam removidos da superfície celular. Em alguns casos, um anticorpo seletivamente ligado à superfície de células cancerosas poderia estimular o sistema imune a atacar aquelas células.

A busca por fármacos ativos contra proteínas-cinases específicas tem produzido resultados encorajadores. Por exemplo, o mesilato de imatinibe (Fig. 3a), um inibidor de pequenas moléculas, mostrou uma eficácia de praticamente 100% em alcançar remissão em pacientes nos estágios iniciais de leucemia mieloide crônica. O erlotinibe (Fig. 3b), direcionado ao EGFR, é efetivo no tratamento de câncer de pulmão de células não pequenas (CPCNP) avançado. Como muitos sistemas de sinalização para a divisão celular envolvem mais de uma proteína-cinase, os inibidores que agem sobre diferentes proteínas-cinases podem ser úteis para o tratamento de câncer. O sunitinibe e o sorafenibe têm diversas proteínas-cinases como alvos, incluindo VEGFR e PDGFR. Esses dois fármacos estão em uso clínico em pacientes com tumores do estroma gastrintestinal e adenocarcinoma renal avançado, respectivamente. O trastuzumabe, o cetuximabe e o bevacizumabe são anticorpos monoclonais direcionados para ErbB2/HER2/neu, EGFR e VEGFR, respectivamente. Esses três fármacos já estão em uso clínico para determinados tipos de câncer.

Pelo menos uma centena de compostos estão em fase pré-clínica. Entre os fármacos em fase de avaliação, estão alguns obtidos a partir de fontes naturais e alguns produzidos por síntese química. A indirubina é um componente de um preparado de ervas chinês tradicionalmente utilizado para tratar certas leucemias; ela inibe CDK2 e CDK5. A roscovitina (Fig. 3d), uma adenina substituída, tem um anel benzila que a torna altamente específica como um inibidor da CDK2. Com algumas centenas de potenciais fármacos anticâncer entrando na fase de testes clínicos, é bem provável que alguns se mostrem mais efetivos ou mais específicos do que os fármacos atualmente em uso.

em ambos os olhos. Essas crianças herdaram uma cópia defeituosa do gene *Rb*, que está presente em todas as células; cada tumor é derivado de uma única célula da retina que sofreu uma mutação na cópia correta do gene *Rb*. (Um feto com os dois alelos mutantes em todas as células não é viável.) As pessoas com retinoblastoma que sobrevivem à infância também acabam apresentando uma alta incidência de cânceres de pulmão, próstata e mama posteriormente.

Um evento muito menos provável é que uma pessoa nascida com duas cópias corretas do gene *Rb* sofra mutações independentes em ambas as cópias na *mesma* célula. De fato, algumas pessoas desenvolvem retinoblastomas na infância e, em geral, apresentam tumor em apenas um dos olhos. Essas crianças, supostamente, nasceram com as duas cópias (alelos) corretas do *Rb* em todas as suas células, mas ambos os alelos *Rb* de uma mesma célula da retina sofreram mutação, levando ao tumor. Aproximadamente aos 3 anos de idade, as células da retina param de se dividir, e os retinoblastomas em idades mais avançadas são extremamente raros.

Os genes de estabilidade (também chamados de genes de manutenção) codificam proteínas que atuam no reparo dos principais defeitos genéticos que resultam da replicação aberrante do DNA, da radiação ionizante ou de compostos carcinogênicos vindos do ambiente. As mutações nesses genes levam a uma alta frequência de danos não reparados (mutações) em outros genes, incluindo proto-oncogenes e genes supressores de tumor, e, portanto, levam ao câncer. Entre os genes de estabilidade, estão o *ATM* (ver Fig. 12-40), a família de genes *XP*, na qual mutações levam ao xeroderma pigmentoso, e os genes *BRCA1*, associados a alguns tipos de câncer de mama (ver Quadro 25-1). As mutações no gene da p53 também causam tumores; em mais de 90% dos carcinomas cutâneos de células escamosas (cânceres de pele) e em aproximadamente 50% de todos os outros cânceres humanos, o gene *p53* está defeituoso. Os indivíduos, em casos extremamente raros, que *herdam* uma cópia defeituosa de *p53* geralmente apresentam a síndrome do câncer de Li-Fraumeni, com cânceres múltiplos (de mama, cérebro, ossos, sangue, pulmão e pele) aparecendo com alta frequência na infância. A explicação para os tumores múltiplos nesse caso é a mesma das mutações do gene *Rb*: um indivíduo nascido com uma cópia defeituosa do *p53* em todas as células somáticas tem a probabilidade de sofrer uma segunda mutação no *p53* em mais de uma célula ao longo da vida.

▶**P9** Em resumo, três classes de defeitos contribuem para o desenvolvimento de câncer: (1) oncogenes, nos quais o defeito é equivalente ao pedal do acelerador de um carro pisado até o fundo, acelerando o motor; (2) mutações em genes supressores de tumor, nas quais o defeito é equivalente a uma falha nos freios; e (3) mutações em genes estabilizadores, cujos defeitos levam a não reparar danos na maquinaria da replicação celular – o equivalente a um péssimo mecânico.

As mutações em oncogenes e genes supressores de tumor não apresentam um efeito "tudo ou nada". Em alguns cânceres, talvez em todos, a progressão de uma célula normal a um tumor maligno requer o acúmulo de mutações (algumas vezes ao longo de décadas), nenhuma das quais, por si só, é responsável pelo resultado. Por exemplo, o desenvolvimento de câncer colorretal apresenta vários estágios, cada um associado a uma mutação (**Fig. 12-41**). Se uma

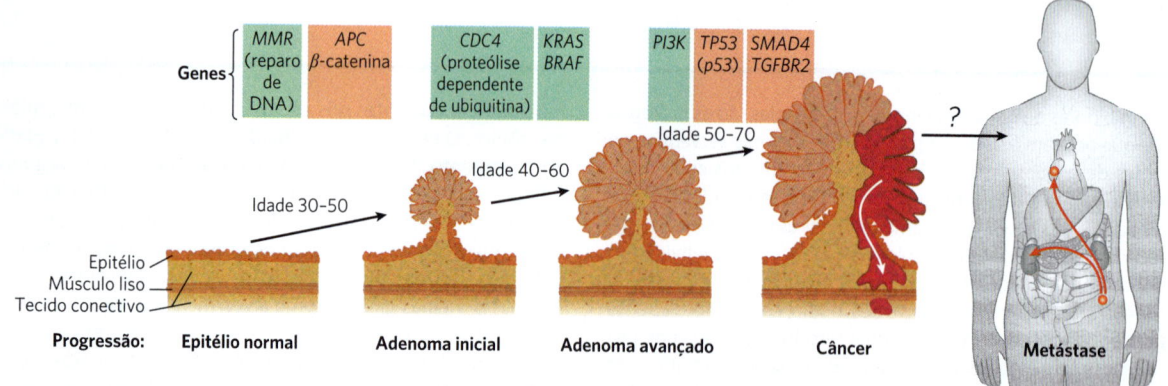

**FIGURA 12-41 Múltiplas etapas da transição de uma célula epitelial normal até o câncer colorretal.** Uma série de mutações em oncogenes (em verde) ou em genes supressores de tumor (em vermelho) progressivamente leva à diminuição do controle da divisão celular, culminando na formação de um tumor ativo, que pode, algumas vezes, formar metástases (espalhar-se do local inicial para outras regiões do corpo). Mutações no gene *MMR* causam defeitos no reparo do DNA e, consequentemente, uma maior taxa de mutações. Mutações em ambas as cópias do gene supressor tumoral *APC* levam à formação de agrupamentos de células epiteliais, que se multiplicam muito rapidamente (adenoma em estágio inicial). O oncogene *CDC4* resulta em defeitos na ubiquitinação, que é essencial para a regulação das cinases dependentes de ciclina (ver Fig. 12-38). Os oncogenes *KRAS* e *BRAF* codificam as proteínas Ras e Raf (ver Fig. 12-22), e essa disfunção adicional da sinalização leva à formação de um grande adenoma, que pode ser detectado por colonoscopia e classificado como um pólipo benigno. Mutações oncogênicas no gene *PI3K*, que codifica a enzima fosfoinositídeo-3-cinase, ou no gene *PTEN*, que regula a síntese dessa enzima, reforçam ainda mais o sinal: divida-se agora. Quando uma célula de um dos pólipos sofre uma mutação adicional, como nos genes supressores tumorais *DCC* e *p53* (ver Fig. 12-40), há formação de tumores mais agressivos. Por fim, mutações em outros genes supressores de tumor, como *SMAD4*, levam a um tumor maligno e, algumas vezes, a um tumor metastático, que pode se disseminar para outros tecidos. [Informações de S. D. Markowitz e M. M. Bertagnolli, *N. Engl. J. Med.* 361:2449, 2009, Fig. 2.]

célula epitelial do cólon sofrer uma mutação em ambas as cópias do gene supressor de tumor *APC* (do inglês *adenomatous polyposis coli* [polipose adenomatosa do cólon]), ela começa a dividir-se mais rapidamente do que o normal e produz um clone dela mesma, um pólipo benigno (adenoma em estágio inicial). Por razões ainda desconhecidas, as mutações no *APC* resultam em instabilidade cromossômica, e regiões inteiras de um cromossomo são perdidas ou rearranjadas durante a divisão celular. Essa instabilidade pode levar a outra mutação, geralmente no gene *ras*, que converte o clone em um adenoma em estágio intermediário (pré-canceroso).

Uma terceira mutação (geralmente no gene supressor de tumor *DCC*) leva a um adenoma em estágio avançado. Somente quando as duas cópias do *p53* estiverem defeituosas é que essa massa de células se tornará um carcinoma – um tumor maligno com risco de morte. A sequência completa, portanto, requer pelo menos sete "ataques" genéticos: dois em cada um dos três genes supressores tumorais (*APC*, *DCC* e *p53*) e um no proto-oncogene *ras*. É plausível que existam também outras vias que levem ao câncer colorretal, mas o princípio de que a malignidade máxima resulta de mutações múltiplas possivelmente é verdadeiro para todas elas. Uma vez que é necessário tempo para que as mutações se acumulem, a possibilidade de desenvolvimento de um câncer metastático avançado aumenta com a idade.

Quando um pólipo é detectado no estágio de adenoma inicial e as células contendo as primeiras mutações são cirurgicamente removidas, adenomas avançados e carcinomas não se desenvolverão, motivo pelo qual o diagnóstico precoce é importante. As células e os organismos também têm seus sistemas de detecção precoce. Por exemplo, as proteínas ATM e ATR podem detectar danos no DNA extensos demais para serem reparados com sucesso. Essas proteínas iniciam, então, por uma via que inclui a p53, o processo de apoptose, no qual uma célula que se tornou perigosa para o organismo mata a si mesma.

O desenvolvimento de métodos rápidos e baratos de sequenciamento de DNA abriu uma nova frente de estudos para entender como o processo do câncer se desenvolve. Em um estudo típico sobre cânceres humanos, as sequências de 20 mil genes em cerca de 3.300 tumores diferentes foram determinadas e comparadas com as sequências dos genes em tecidos não cancerosos de um mesmo paciente. No total, foram determinadas quase 300 mil mutações. Somente um pequeno número dessas mutações, as **mutações determinantes de câncer**, eram a *causa* da divisão celular descontrolada; a grande maioria (> 99,9%) foi de "mutações passageiras", aquelas que ocorrem aleatoriamente e não trazem qualquer vantagem seletiva para que os tecidos em que elas ocorrem cresçam mais. Entre essas mutações determinantes de câncer se incluem mutações em cerca de 75 genes supressores de tumor e cerca de 65 oncogenes. Essas 140 mutações se enquadram em três categorias gerais: as que afetam a sobrevivência da célula (p. ex., nos genes que codificam as proteínas Ras, PI3K, MAPK), as que afetam a capacidade da célula de manter o genoma intacto (ATM, ATR) e as que afetam o destino celular, levando a célula a dividir-se, diferenciar-se ou tornar-se quiescente (p. ex., APC). Um número relativamente pequeno de mutações foi comum em vários tipos de câncer, nos genes das proteínas Ras, p53 e pRB, por exemplo. ■

### A apoptose é o suicídio celular programado

Muitas células podem controlar precisamente o momento da sua própria morte pelo processo de **morte celular programada** ou **apoptose** (do termo grego para "queda", como a queda das folhas no outono). Danos irreparáveis no DNA constituem um dos estímulos para a apoptose. A morte celular programada também ocorre durante o desenvolvimento embrionário, quando algumas células devem morrer para dar a um tecido ou órgão a sua forma final. A modelagem dos dedos a partir do apêndice arredondado dos membros requer a morte precisamente cronometrada das células entre os ossos em desenvolvimento. Durante o desenvolvimento do nematódeo *C. elegans* a partir de um óvulo fecundado, exatamente 131 células (de um total de 1.090 células somáticas embrionárias) devem ser eliminadas por morte celular programada para que o corpo do adulto seja construído.

A apoptose também tem funções em outros processos que não o desenvolvimento. Se uma célula produtora de anticorpos origina anticorpos contra uma proteína ou glicoproteína que está normalmente presente no organismo, aquela célula é submetida à morte celular programada no timo – mecanismo essencial para a eliminação de autoanticorpos (a causa de muitas doenças autoimunes). A descamação mensal da parede do útero (menstruação) é outro exemplo de morte normal de células mediada por apoptose. A queda das folhas no outono é o resultado da apoptose de células específicas do caule da planta. Algumas vezes, o suicídio celular não é programado, mas ocorre em resposta a circunstâncias biológicas que ameaçam o resto do organismo. Por exemplo, uma célula infectada por vírus que morre antes de completar o ciclo de infecção viral restringe a disseminação do vírus para as células próximas. Alguns tipos de estresse, como calor, hiperosmolaridade, luz UV e radiação gama, também provocam o suicídio celular; supostamente, o organismo estará melhor se as células aberrantes e potencialmente mutadas morrerem.

**P8** Os mecanismos de regulação que iniciam a apoptose envolvem algumas das mesmas proteínas que regulam o ciclo celular. O sinal para o suicídio com frequência chega do exterior, por meio de um receptor presente na superfície celular. O fator de necrose tumoral (TNF, do inglês *tumor necrosis factor*), produzido pelas células do sistema imune, interage com as células por meio de receptores específicos para TNF. Esses receptores têm sítios de ligação para TNF na superfície externa da membrana plasmática e um "domínio da morte" (~ 80 resíduos de aminoácidos) que carrega o sinal de autodestruição pelo qual o sinal atravessa a membrana até proteínas citosólicas, como TRADD (receptor de TNF associado ao domínio da morte) (**Fig. 12-42**).

Quando a caspase-8, uma caspase "iniciadora", é ativada por um sinal apoptótico transmitido por TRADD, ela amplifica sua ativação pela clivagem de sua própria forma de proenzima. As mitocôndrias são um dos alvos da caspase-8 ativada. Essa protease provoca a liberação de certas proteínas que são mantidas entre as membranas interna e externa da mitocôndria: citocromo *c* e várias caspases "efetoras"

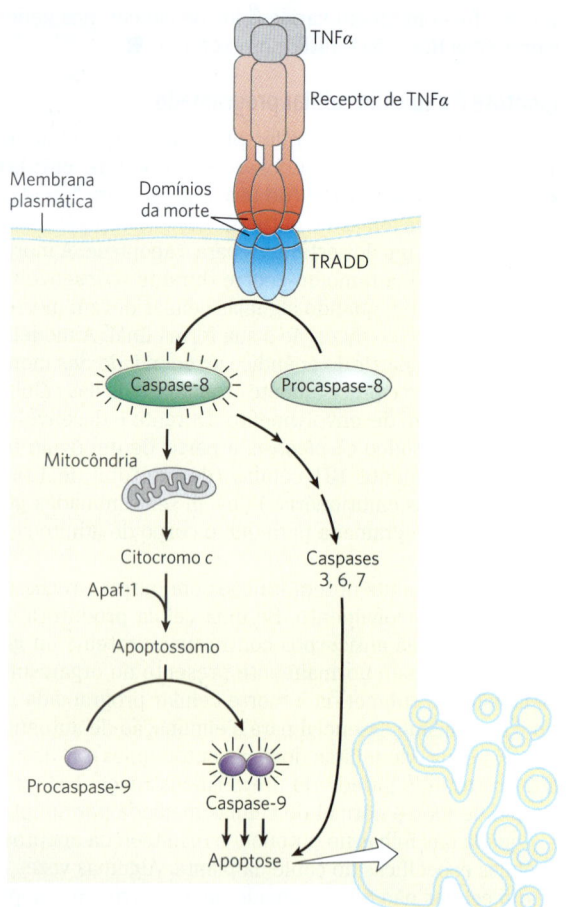

**FIGURA 12-42 Eventos iniciais da apoptose.** Um sinal de fora da célula (TNFα) dispara a apoptose ao se ligar a um receptor específico na membrana plasmática. O receptor ocupado interage com a proteína citosólica TRADD por meio dos "domínios de morte" (domínios de 80 resíduos de aminoácidos presentes tanto no receptor de TNFα como no TRADD), ativando TRADD. O TRADD ativado inicia a cascata de enzimas proteolítica que leva à apoptose: TRADD ativa a caspase-8, que atua liberando citocromo c da mitocôndria, o qual, em conjunto com a proteína Apaf-1, ativa a caspase-9, disparando a apoptose.

(ver Fig. 19-39). O citocromo *c* liga-se à forma proenzima da enzima efetora caspase-9 e estimula a sua ativação proteolítica. A caspase-9 ativada, por sua vez, catalisa a destruição em larga escala de proteínas celulares. Essa é uma das principais causas da morte celular apoptótica. Um alvo específico da ação das caspases é uma desoxirribonuclease ativada por caspase.

Na apoptose, os produtos monoméricos da degradação de proteínas e DNA (aminoácidos e nucleotídeos) são liberados por um processo controlado que permite que eles sejam captados e reutilizados pelas células vizinhas. A apoptose, portanto, possibilita que o organismo elimine uma célula desnecessária, ou potencialmente perigosa, sem desperdiçar seus componentes.

### RESUMO 12.9 Oncogenes, genes supressores de tumores e morte celular programada

■ Os oncogenes codificam proteínas de sinalização defeituosas. Pela emissão contínua de sinais para a divisão celular, essas proteínas levam à formação de tumores. Os oncogenes são geneticamente dominantes e podem codificar fatores de crescimento, receptores, proteínas G, proteínas-cinases ou reguladores nucleares da transcrição defeituosos.

■ Os genes supressores de tumores codificam proteínas reguladoras que normalmente inibem a divisão celular; mutações nesses genes são geneticamente recessivas, mas podem levar à formação de tumores. O câncer geralmente é o resultado de um acúmulo de mutações em oncogenes e genes supressores de tumor.

■ Quando genes de estabilidade, que codificam proteínas necessárias para o reparo de danos genéticos, são mutados, outras mutações ficam sem reparo, incluindo mutações em proto-oncogenes e genes supressores de tumores que podem levar ao câncer.

■ A apoptose é a morte celular programada e controlada que ocorre normalmente durante as fases de desenvolvimento e de vida adulta para livrar o organismo de células desnecessárias, danificadas ou infectadas. A apoptose pode ser iniciada por sinais extracelulares, como o TNF, que agem por meio de receptores da membrana plasmática.

### TERMOS-CHAVE

*Os termos em negrito estão definidos no glossário.*

**transdução de sinal** 408
**especificidade** 409
sensibilidade 409
amplificação 409
**cascata enzimática** 409
modular 409
**proteínas estruturais (arcabouço proteico)** 409
**dessensibilização** 409
integração 409
divergente 409
resposta localizada 409
**receptores acoplados à proteína G (GPCR)** 412
**proteínas de ligação a nucleotídeos de guanosina** 412
**proteínas G** 412
**segundo mensageiro** 412
**agonista** 412
**antagonista** 412
receptores β-adrenérgicos 413
receptores sete-transmembrana (7tm) 413
**fator de troca de nucleotídeo de guanosina (GEF)** 413
**proteína G estimulatória ($G_s$)** 413
adenilato-ciclase 413
**proteína-cinase dependente de AMPc (proteína-cinase A; PKA)** 413
**sequência-consenso** 414
**proteína verde fluorescente (GFP)** 416
**transferência de energia por ressonância de fluorescência (FRET)** 416
receptor β-adrenérgico-cinase (βARK) 418
β-arrestina (βarr) 418
**cinases receptoras acopladas à proteína G (GRK)** 419

proteína de ligação do elemento de resposta ao AMPc (CREB)   420
**proteína G inibitória (G$_i$)**   420
**proteínas adaptadoras**   420
**AKAP (proteínas de ancoragem da cinase A)**   420
**Ras**   421
3',5'-monofosfato de guanosina cíclico (GMP cíclico; GMPc)   422
proteína-cinase dependente de GMPc (proteína-cinase G; PKG)   422
**proteína ativadora de GTPase (GAP)**   422
**regulador da sinalização por proteínas G (RGS)**   422
NO-sintase   423
fosfolipase C (PLC)   425
inositol-1,4,5-trisfosfato (IP$_3$)   425
canal de Ca$^{2+}$ dependente de IP$_3$   425
proteína-cinase C (PKC)   425
calmodulina (CaM)   426
proteínas-cinases dependentes de Ca$^{2+}$/calmodulina (CaM-cinases)   426

**rodopsina**   429
rodopsina-cinase   431
potencial do receptor   431
**receptor tirosina-cinase (RTK)**   433
**autofosforilação**   434
**domínio SH2**   435
**MAPK**   435
canais iônicos dependentes de voltagem   442
**ionotrópico**   444
**metabotrópico**   444
**elemento de resposta a hormônios (HRE)**   445
**ciclina**   447
proteína-cinase dependente de ciclina (CDK)   447
**ubiquitina**   448
**proteassomo**   448
**fatores de crescimento**   448
proteína retinoblastoma (pRb)   450
**oncogene**   451
**proto-oncogene**   451
**gene supressor de tumores**   451
morte celular programada   455
**apoptose**   455

## QUESTÕES

**1. Experimentos com hormônios em sistemas livres de células** Na década de 1950, Earl W. Sutherland Jr. e colaboradores foram os pioneiros em fazer experimentos visando a elucidar o mecanismo de ação da adrenalina e do glucagon. Com base no que foi discutido neste capítulo sobre a ação hormonal, interprete cada um dos experimentos descritos a seguir. Identifique a substância X e comente a importância dos resultados.

**(a)** A adição de adrenalina a um homogeneizado de fígado normal resultou no aumento da atividade da glicogênio-fosforilase. Entretanto, quando o homogeneizado foi previamente centrifugado em alta rotação e adrenalina ou glucagon foram adicionados à fração sobrenadante que continha a fosforilase, não ocorreu aumento na atividade da fosforilase.
**(b)** Quando a fração particulada da centrifugação descrita em (a) foi tratada com adrenalina, houve produção da substância X. A substância foi isolada e purificada. Ao contrário da adrenalina, a substância X ativou a glicogênio-fosforilase quando adicionada à fração sobrenadante do homogeneizado centrifugado.
**(c)** A substância X era termoestável; isto é, o tratamento com calor não alterava a sua capacidade de ativar a fosforilase. (Dica: seria esse o caso se a substância X fosse uma proteína?) A substância X era praticamente idêntica a um composto obtido quando ATP puro foi tratado com hidróxido de bário. (A Fig. 8-6 será útil.)

**2. A ação de dibutiril-AMPc *versus* AMPc em células intactas** A ação fisiológica da adrenalina deveria, em princípio, ser simulada pela adição de AMPc às células-alvo. Na prática, a adição de AMPc a células-alvo intactas provoca apenas uma resposta fisiológica mínima. Por quê? Quando o derivado estruturalmente relacionado dibutiril-AMPc (mostrado a seguir) é adicionado às células intactas, a resposta fisiológica esperada aparece prontamente. Explique a base para essa diferença entre as respostas celulares a essas duas substâncias. O dibutiril-AMPc é amplamente utilizado nos estudos sobre a função do AMPc.

Dibutiril-AMPc
($N^6,O^{2'}$-dibutiril-adenosina-monofosfato cíclico)

**3. Efeito da toxina do cólera sobre a adenilato-ciclase** A bactéria Gram-negativa *Vibrio cholerae* produz uma proteína, a toxina do cólera ($M_r$ 90.000), que é responsável pelos sintomas característicos do cólera: extensa perda de água e Na$^+$ devido à diarreia contínua e debilitante. Caso os fluidos corporais e o Na$^+$ não sejam repostos, a doença leva à desidratação grave e, quando não tratada, geralmente é fatal. Quando a toxina do cólera ganha acesso ao trato intestinal humano, ela liga-se fortemente a sítios específicos da membrana plasmática das células epiteliais que revestem o intestino delgado, levando à ativação prolongada (por horas ou dias) da adenilato-ciclase.

**(a)** Qual é o efeito esperado da toxina do cólera sobre a [AMPc] das células intestinais?
**(b)** Com base nas informações anteriores, sugira como o AMPc atua normalmente nas células do epitélio intestinal.
**(c)** Sugira um possível tratamento para o cólera.

**4. Mutações na PKA** Explique como mutações nas subunidades R ou C da proteína-cinase dependente de AMPc (PKA) poderiam levar a **(a)** uma PKA permanentemente ativa ou a **(b)** uma PKA permanentemente inativa.

**5. Efeitos terapêuticos do salbutamol** Os sintomas respiratórios da asma são resultantes da constrição dos brônquios e bronquíolos dos pulmões, causada pela contração do músculo liso das suas paredes. O aumento da [AMPc] no músculo liso reverte a constrição dos brônquios e bronquíolos. Explique o efeito terapêutico do salbutamol, um agonista β-adrenérgico inalatório, no tratamento da asma. Seria esperado o aparecimento de alguns efeitos colaterais para esse fármaco? Se sim, o que se poderia alterar na estrutura do fármaco para minimizar os efeitos colaterais?

**6. Término da sinalização hormonal** Os sinais transmitidos por hormônios devem, em algum momento, ser encerrados. Descreva alguns mecanismos para o término da sinalização.

**7. Uso de FRET para explorar as interações proteína-proteína *in vivo*** A Figura 12-9 mostra a interação entre β-arrestina e o receptor β-adrenérgico. Como se poderia usar a técnica FRET (ver Quadro 12-1) para demonstrar essa interação em células vivas? Quais proteínas seriam escolhidas para serem fusionadas? Quais comprimentos de onda poderiam ser usados para iluminar as células, e quais seriam os comprimentos de onda a serem monitorados? O que seria esperado observar caso ocorresse interação? E caso não ocorresse? Como se pode explicar a falha dessa abordagem em demonstrar a interação?

**8. Injeção de EGTA** EGTA (ácido etilenoglicol-bis (β-aminoetiléter)-*N*,*N*,*N′*,*N′*-tetracético) é um agente quelante com alta afinidade e especificidade por $Ca^{2+}$. Ao injetar uma solução apropriada de $Ca^{2+}$-EGTA em uma célula, pode-se evitar que a $[Ca^{2+}]$ citosólica aumente acima de $10^{-7}$ M. Como a microinjeção de EGTA poderia afetar a resposta de uma célula à vasopressina (ver Tabela 12-4)? E a resposta ao glucagon?

**9. Amplificação e terminação dos sinais hormonais** No sistema β-adrenérgico, qual das sugestões a seguir contribui para a amplificação do sinal (adrenalina) e qual contribui para a terminação do sinal? Alguma delas contribui tanto para a amplificação como para a terminação do sinal?

**(a)** Uma $G_\alpha$ ativa muitas moléculas de adenilato-ciclase.
**(b)** Uma proteína-cinase A (PKA) fosforila muitas proteínas-alvo.
**(c)** A atividade de GTPase intrínseca da proteína G converte o GTP ligado em GDP.
**(d)** Uma fosfodiesterase age sobre muitas moléculas de AMPc.
**(e)** Uma molécula de adrenalina ativa muitos receptores adrenérgicos.
**(f)** Uma proteína-cinase fosforila muitas moléculas de uma outra proteína-cinase.

**10. Sistema de sinalização da insulina** Posicione os seguintes componentes do sistema do receptor da insulina na ordem em que eles ocorrem na sequência de eventos disparada pela insulina: MEK, Ras, ERK, GRK, Raf, Sos, IRS1, PKA, Grb2. Alguns deles podem não participar da via.

**11. Mutações no gene *ras*** Como uma mutação no gene *ras* que leva à síntese de uma proteína Ras sem atividade de GTPase afetaria a resposta celular à insulina?

**12. Diferenças entre proteínas G** Compare a proteína $G_s$, que age como transdutora de sinal de receptores β-adrenérgicos, com a proteína G Ras. Quais propriedades elas têm em comum? Em que são diferentes? Qual é a diferença funcional entre $G_s$ e $G_i$?

**13. Mecanismos de regulação das proteínas-cinases** Identifique oito tipos gerais de proteínas-cinases encontradas em células eucarióticas e explique qual fator é *diretamente* responsável pela ativação de cada tipo.

**14. Análogos não hidrolisáveis do GTP** Muitas enzimas podem hidrolisar GTP entre os fosfatos β e γ. O análogo de GTP β,γ-imidoguanosina-5′-trifosfato (Gpp(NH)p), mostrado a seguir, não pode ser hidrolisado entre os fofatos β e γ.

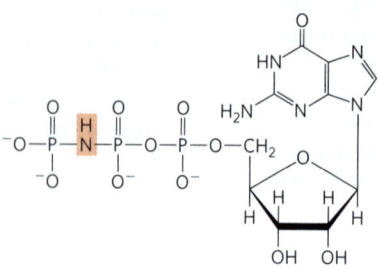

Gpp(NH)p
(β γ -imidoguanosina-5'-trifosfato)

Preveja o efeito de uma microinjeção de Gpp[NH]p em um miócito sobre a resposta celular ao estímulo β-adrenérgico.

**15. Dessensibilização visual** A doença de Oguchi é uma forma hereditária de cegueira noturna. As pessoas afetadas demoram a recuperar a visão após um clarão de luz forte contra um fundo escuro, como os faróis de um carro em uma rodovia. Sugira quais defeitos moleculares podem estar envolvidos na doença de Oguchi. Explique, em termos moleculares, como esse defeito seria responsável pela cegueira noturna.

**16. Efeito de um análogo de GMPc permeável sobre os bastonetes** Um análogo do GMPc, 8-Br-GMPc, que permeia através das membranas celulares, é degradado lentamente pela atividade da PDE de um bastonete, sendo tão eficaz quanto o GMPc para a abertura do canal iônico do segmento externo da célula. O que se observaria ao preparar uma suspensão de bastonetes em um tampão contendo uma [8-Br-GMPc] relativamente alta e, então, iluminar as células enquanto se mede o potencial de membrana?

**17. Efeito da insulina sobre a síntese de glicogênio** A proteína-cinase B (PKB) inativa a glicogênio-sintase-cinase (GSK3), e a GSK3 inativa a glicogênio-sintase. Preveja o efeito da insulina sobre a síntese do glicogênio.

**18. Papel das regiões intrinsecamente desordenadas das proteínas sinalizadoras** As proteínas sinalizadoras, incluindo as proteínas-cinases, possuem regiões intrinsecamente desordenadas (IDR) que são importantes na sinalização. Descreva um caso no qual as IDR e suas interações com outras proteínas são importantes na sinalização.

**19. Potencial de ação** Posicione esses eventos segundo a ordem na qual eles ocorrem depois que um neurônio pré-sináptico liberar acetilcolina na fenda sináptica.

**(a)** Vesículas contendo um neurotransmissor se fundem com a membrana celular.
**(b)** Canais de $Na^+$ dependentes de ligantes se abrem, causando um influxo de íons $Na^+$.
**(c)** Canais de $Na^+$ dependentes de voltagem se abrem no axônio.
**(d)** A despolarização da membrana dispara a abertura de canais de $Ca^{2+}$ dependentes de voltagem.
**(e)** A despolarização da membrana local no axônio dispara um efluxo de $K^+$.

**20. Sensações de quente e frio no paladar** As sensações de quente e frio são transduzidas por um grupo de canais iônicos dependentes da temperatura. Por exemplo, TRPV1, TRPV3 e TRPM8 estão normalmente fechados, mas se abrem em temperaturas diferentes. TRPV1 abre-se a ≥ 43 °C, TRPV3 abre-se a ≥ 33 °C e TRPM8 abre-se a < 25 °C. Essas proteínas de canal são expressas nos neurônios sensoriais conhecidos por serem responsáveis pela sensação de temperatura.

**(a)** Proponha um modelo razoável para explicar como a exposição de um neurônio sensorial contendo TRPV1 à alta temperatura leva à sensação de calor.

**(b)** A capsaicina, um dos ingredientes ativos das pimentas fortes, é um agonista de TRPV1. A capsaicina, na concentração de 32 nM, mostra 50% de ativação da resposta do TPRV1 – uma propriedade conhecida como $EC_{50}$. Explique por que mesmo poucas gotas de um molho apimentado podem dar a sensação de muito "quente", sem, de fato, queimar.

**(c)** O mentol, um dos componentes ativos da menta, é um agonista de TRPM8 ($EC_{50} = 30\ \mu M$) e TRPV3 ($EC_{50} = 20\ mM$). Qual sensação se esperaria do contato com baixos níveis de mentol? E com altos níveis?

**21. Oncogenes, genes supressores de tumor e tumores** Apresente, para as seguintes situações, uma explicação plausível de como elas podem levar à divisão celular descontrolada.

**(a)** As células do câncer de cólon geralmente contêm mutações no gene que codifica o receptor da prostaglandina $E_2$. $PGE_2$ é um fator de crescimento necessário para a divisão de células no trato gastrintestinal.

**(b)** O sarcoma de Kaposi, um tumor comum em pessoas com Aids não tratada, é causado por um vírus portador de um gene para uma proteína semelhante aos receptores de quimiocinas CXCR1 e CXCR2. As quimiocinas são fatores de crescimento célula-específicos.

**(c)** O adenovírus, um vírus tumoral, porta um gene para a proteína E1A, que se liga à proteína do retinoblastoma, pRb. (Dica: ver Fig. 12-40.)

**(d)** Uma característica importante de muitos oncogenes e genes supressores de tumores é a especificidade pelo tipo celular. Por exemplo, mutações no receptor de $PGE_2$ não costumam ser encontradas em tumores de pulmão. Explique essa observação. (Observe que a $PGE_2$ age por meio de um GPCR da membrana plasmática.)

**22. Mutações em genes supressores de tumor e oncogenes** Explique por que mutações em genes supressores de tumor são recessivas (ambas as cópias do gene devem estar defeituosas para que a regulação da divisão celular seja defeituosa), ao passo que mutações em oncogenes são dominantes.

**23. Retinoblastoma em crianças** Explique por que algumas crianças com retinoblastoma desenvolvem múltiplos tumores da retina em ambos os olhos, ao passo que outras apresentam um único tumor em apenas um olho.

**24. Especificidade de um sinal para cada tipo de célula** Discuta a validade da proposta de que uma molécula sinalizadora (hormônio, fator de crescimento ou neurotransmissor) provocaria respostas idênticas em diferentes tipos de células-alvo caso todas essas células tivessem receptores iguais.

### QUESTÃO DE ANÁLISE DE DADOS

**25. Explorando o sentido do paladar em camundongos** Sabores agradáveis são uma adaptação evolutiva para encorajar os animais a consumirem alimentos nutritivos. Zhao e colaboradores (2003) examinaram as duas principais sensações prazerosas da gustação: doce e umami. O umami, "sabor salgado distinto", é provocado por alguns aminoácidos (sobretudo aspartato e glutamato) e provavelmente estimula os animais a consumirem alimentos ricos em proteína. O glutamato monossódico (GMS) é um realçador de sabor que explora essa sensibilidade.

Na época em que o artigo foi publicado, três proteínas receptoras para os sabores doce e umami haviam sido provisoriamente caracterizadas: T1R1, T1R2 e T1R3. Essas proteínas agem como complexos receptores heterodiméricos: T1R1-T1R3 foi preliminarmente identificado como o receptor para umami, e T1R2-T1R3, como o receptor para doce. Não estava claro como o paladar era codificado e enviado ao cérebro, e dois modelos possíveis foram sugeridos. No modelo com base em células, cada uma das células sensíveis ao sabor expressa apenas um tipo de receptor; isto é, existem "células doces", "células amargas", "células umami", e assim por diante, e cada tipo celular envia sua informação ao cérebro via um nervo diferente. O cérebro "sabe" qual sabor foi detectado pela identidade da fibra nervosa que transmite a mensagem. No modelo com base em receptores, cada célula sensível ao sabor expressa diferentes tipos de receptores e envia diferentes mensagens ao longo da mesma fibra nervosa ao cérebro, e a mensagem depende de qual receptor é ativado. Também não estava claro naquela época se havia alguma interação entre as diferentes sensações de sabor, ou quais partes do sistema sensorial do paladar seriam necessárias para as outras sensações de sabor.

**(a)** Trabalhos anteriores haviam mostrado que diferentes proteínas receptoras de sabor são expressas em conjuntos não sobrepostos de células receptoras de sabor. Qual dos modelos é corroborado por esses trabalhos? Explique o seu raciocínio.

Zhao e colaboradores construíram um grupo de "camundongos nocaute" – camundongos homozigotos para os alelos com perda de função para cada um dos três receptores proteicos, T1R1, T1R2 ou T1R3 – e camundongos duplo-nocaute com T1R2 e T1R3 não funcionais. Os pesquisadores mediram o paladar nesses camundongos por meio da medida da "taxa de lambidas" em soluções contendo moléculas de sabores diferentes. Os camundongos lambem o bico de uma mamadeira com solução de sabor agradável com mais frequência do que o de uma com solução de sabor desagradável. Os pesquisadores mediram as taxas de consumo relativas: com que frequência os camundongos lambiam uma solução de amostra em comparação com água. Um índice de lambida relativa igual a 1 indica nenhuma preferência; < 1, aversão; e > 1, preferência.

**(b)** Todas as quatro linhagens de camundongos nocaute apresentaram as mesmas respostas que os camundongos do tipo selvagem aos sabores salgado e amargo. Quais das questões citadas foram analisadas nesse experimento? O que se conclui a partir desses resultados?

Os pesquisadores, então, estudaram a recepção do sabor umami medindo as taxas de consumo de quantidades de GMS distintas na solução de alimentação entre as diferentes linhagens de camundongo. Observe que as soluções também continham monofosfato de inosina (IMP), um potente realçador da recepção do sabor umami (e um ingrediente comum do macarrão instantâneo tipo lámen, assim como o GMS), e amelorida, que suprime o sabor salgado agradável conferido pelo sódio do GMS. Os resultados estão mostrados no gráfico a seguir.

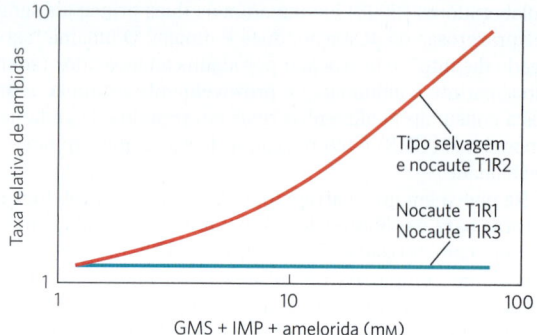

**(c)** Esses resultados são consistentes com o fato de o receptor do sabor umami ser um heterodímero de T1R1 e T1R3? Por quê?
**(d)** Qual modelo da codificação dos sabores esses resultados apoiam? Explique o seu raciocínio.

Zhao e colaboradores, então, conduziram uma série de experimentos similares utilizando a sacarose como representante de moléculas com sabor doce. Os resultados são mostrados a seguir.

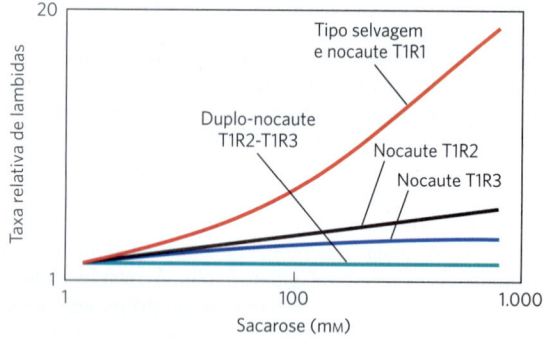

**(e)** Esses dados são consistentes com o fato de o receptor do sabor doce ser um heterodímero de T1R2 e T1R3? Por quê?
**(f)** Houve algumas respostas inesperadas em concentrações de sacarose muito altas. Como essas respostas dificultam a ideia de um sistema heterodimérico como o apresentado anteriormente?

Além dos açúcares, os seres humanos sentem o gosto de outros compostos (p. ex., sacarina e os peptídeos monelina e aspartame) como doce; os camundongos não sentem esses peptídeos como sabor doce. Zhao e colaboradores inseriram no genoma do camundongo nocaute para T1R2 uma cópia do gene *T1R2* humano sob o controle do promotor do T1R2 do camundongo. Esses camundongos modificados passaram a sentir monelina e sacarina como sabores doces. Os pesquisadores foram além, inserindo nos camundongos nocaute para T1R1 a proteína RASSL – receptor ligado à proteína G para o opiáceo sintético espiradolina; o gene *RASSL* estava sob o controle de um promotor que poderia ser induzido pela administração de tetraciclina aos camundongos. Esses camundongos não tinham preferência por espiradolina na ausência de tetraciclina, mas, na presença de tetraciclina, apresentavam uma forte preferência por concentrações nanomolares de espiradolina.

**(g)** Esses resultados reforçam as suas conclusões sobre o mecanismo do paladar?

**Referência**

**Zhao, G.Q., Y. Zhang, M.A. Hoon, J. Chandrashekar, I. Erlenbach, N.J.P. Ryba, e C. Zucker: 2003.** The receptors for mammalian sweet and umami taste. *Cell* 115:255–266.

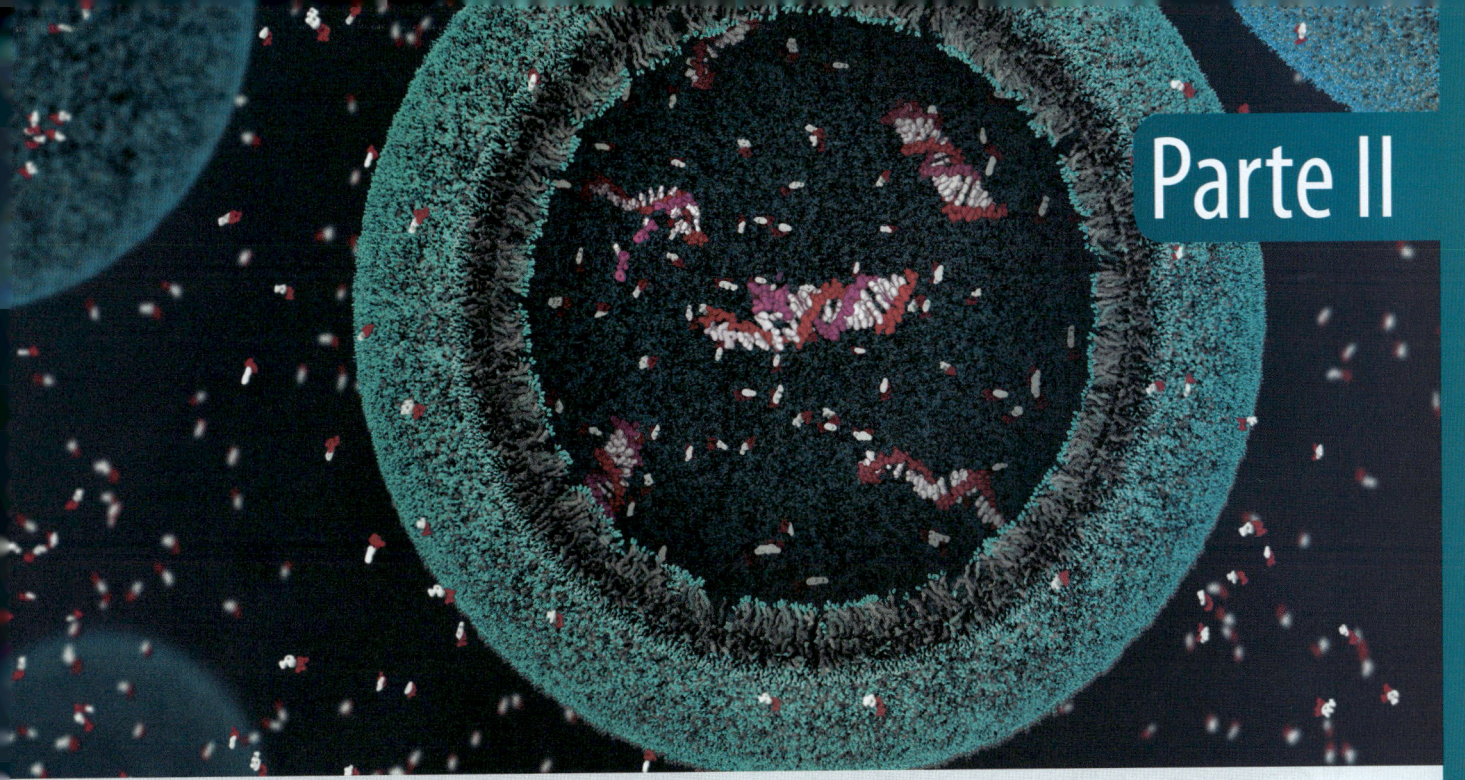

# Parte II

# BIOENERGÉTICA E METABOLISMO

## ESQUEMA DA PARTE

- **13** Introdução ao metabolismo  465
- **14** Glicólise, gliconeogênese e a via das pentoses-fosfato  510
- **15** Metabolismo do glicogênio nos animais  556
- **16** Ciclo do ácido cítrico  574
- **17** Catabolismo dos ácidos graxos  601
- **18** Oxidação de aminoácidos e produção de ureia  625
- **19** Fosforilação oxidativa  659
- **20** Fotossíntese e síntese de carboidratos em vegetais  700
- **21** Biossíntese de lipídeos  744
- **22** Biossíntese de aminoácidos, nucleotídeos e moléculas relacionadas  794
- **23** Regulação hormonal e integração do metabolismo em mamíferos  841

Todas as reações catalisadas por enzimas e sequências de reações exercem uma função importante na fisiologia do organismo: (1) obter energia química pela captura da energia solar ou pela degradação de nutrientes ricos em energia obtidos do ambiente; (2) converter as moléculas dos nutrientes em moléculas próprias e características da célula, inclusive precursores de macromoléculas; (3) polimerizar os precursores monoméricos em macromoléculas (proteínas, ácidos nucleicos e polissacarídeos); e (4) sintetizar e degradar as biomoléculas necessárias para funções celulares especializadas, como lipídeos de membrana, mensageiros intracelulares e pigmentos.

Embora o metabolismo abranja milhares de reações diferentes catalisadas por enzimas, nossa principal preocupação na Parte II deste livro são as vias metabólicas centrais, que são poucas e impressionantemente similares em todas as formas de vida. Os seres vivos podem ser divididos em dois grandes grupos, de acordo com a forma química pela qual obtêm carbono do meio ambiente. Os organismos **autotróficos** (como bactérias fotossintetizantes, algas verdes e plantas vasculares) podem usar dióxido de carbono da atmosfera como a única fonte de carbono e, a partir dele, formar todas as suas biomoléculas que contêm carbono (ver Fig. 1). Os organismos **heterotróficos** não podem usar o dióxido de carbono da atmosfera e devem obter carbono do meio ambiente na forma de moléculas

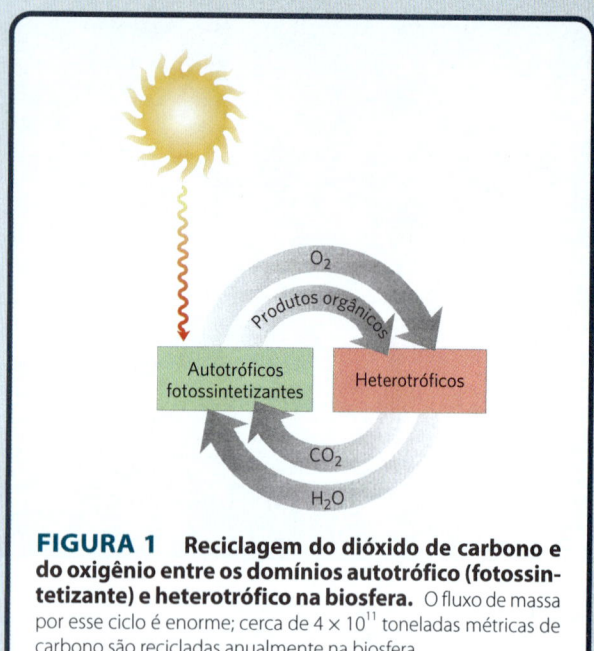

**FIGURA 1  Reciclagem do dióxido de carbono e do oxigênio entre os domínios autotrófico (fotossintetizante) e heterotrófico na biosfera.** O fluxo de massa por esse ciclo é enorme; cerca de $4 \times 10^{11}$ toneladas métricas de carbono são recicladas anualmente na biosfera.

Esses ciclos da matéria são possíveis graças a um enorme fluxo de energia para e através da biosfera, que se inicia pela captura de energia solar pelos organismos fotossintetizantes e passa pelo uso dessa energia para formar carboidratos e outros nutrientes orgânicos ricos em energia; esses nutrientes são, então, utilizados como fonte de energia pelos organismos heterotróficos.

Os precursores são convertidos em produtos por meio de uma série de intermediários denominados **metabólitos**. Em geral, o termo **metabolismo intermediário** é aplicado para as atividades combinadas de todas as vias metabólicas que interconvertem precursores, metabólitos e produtos de baixo peso molecular (em geral, $M_r < 1.000$). O **catabolismo** é a fase degradativa do metabolismo, na qual as moléculas de nutrientes orgânicos (carboidratos, gorduras e proteínas) são convertidas em produtos finais menores e mais simples (como ácido láctico, $CO_2$ e $NH_3$). As vias catabólicas liberam energia, parte da qual é conservada na formação de ATP e carreadores de elétrons reduzidos (NADH ou NADPH); o restante é perdido como calor. No **anabolismo**, orgânicas relativamente complexas, como a glicose. Os animais multicelulares e a maioria dos microrganismos são heterotróficos. As células e os organismos autotróficos são relativamente autossuficientes, ao passo que as células e os organismos heterotróficos, devido à necessidade de carbono em formas mais complexas, sobrevivem à custa de produtos de outros organismos.

Muitos organismos autotróficos são fotossintetizantes e obtêm energia da luz solar, ao passo que os organismos heterotróficos obtêm energia pela degradação de nutrientes orgânicos produzidos por organismos autotróficos. Na biosfera, os organismos autotróficos e heterotróficos vivem associados em um vasto ciclo interdependente, no qual os organismos autotróficos usam o dióxido de carbono atmosférico para produzir suas biomoléculas orgânicas, e alguns deles produzem oxigênio a partir de água no decorrer desse processo. Os organismos heterotróficos, por sua vez, usam os produtos orgânicos dos organismos autotróficos como nutrientes, os quais eles oxidam, devolvendo o $CO_2$ produzido para a atmosfera. Desse modo, carbono, oxigênio e água são reciclados constantemente entre os mundos heterotrófico e autotrófico, e a energia solar é a força motriz desse processo global. Uma rede global de complexidade semelhante conecta o nitrogênio molecular ($N_2$) com o nitrogênio em seus outros estados de oxidação, como o $NH_3$ (a forma na qual o nitrogênio entra no metabolismo). Os ciclos do carbono, oxigênio e nitrogênio, que, ao final, envolvem todas as espécies de seres vivos, dependem de um equilíbrio adequado entre as atividades dos organismos produtores (autotróficos) e dos consumidores (heterotróficos) na biosfera. O aquecimento global pelo efeito estufa (resultante do aumento da concentração de $CO_2$ na atmosfera) é um fenômeno bioquímico, ocorrendo em uma escala muito grande.

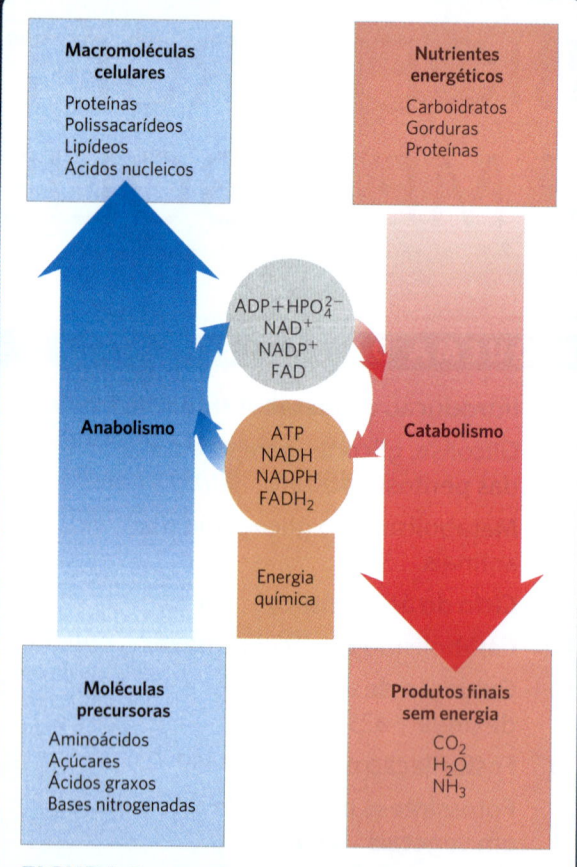

**FIGURA 2  Quadro geral das relações energéticas entre as vias catabólicas e anabólicas.** As vias catabólicas disponibilizam energia química na forma de ATP, NADH, NADPH e $FADH_2$. Esses carreadores de energia são usados em vias anabólicas para converter pequenas moléculas precursoras em macromoléculas celulares.

também chamado de biossíntese, precursores simples pequenos são utilizados para formar moléculas maiores e mais complexas, incluindo lipídeos, polissacarídeos, proteínas e ácidos nucleicos. As reações anabólicas necessitam de um suprimento de energia na forma de potencial de transferência de grupos fosforila do ATP e do poder redutor de NADH e de NADPH (Fig. 2).

Algumas vias metabólicas são lineares, e outras são ramificadas, produzindo muitos produtos finais úteis a partir de um único precursor ou convertendo vários materiais de partida em um único produto. De maneira geral, as vias catabólicas são *convergentes* e as vias anabólicas são *divergentes* (Fig. 3). Algumas vias são cíclicas: um dos componentes iniciais da via é regenerado em uma série de reações que convertem o outro componente inicial da via em um produto. Nos próximos capítulos, serão examinados exemplos de cada um desses tipos de vias metabólicas.

A maioria das células possui enzimas que processam tanto a degradação quanto a síntese de categorias importantes de biomoléculas (p. ex., ácidos graxos). Entretanto, a síntese e a degradação simultâneas de ácidos graxos seriam um desperdício. Isso é evitado pela regulação recíproca entre as sequências de reações anabólicas e catabólicas: quando uma sequência está ativa, a outra é suprimida. Essas regulações não poderiam ocorrer caso as vias anabólicas e catabólicas fossem catalisadas por exatamente o mesmo conjunto de enzimas, operando tanto na direção do anabolismo como na direção oposta (catabolismo). Assim, a inibição de uma enzima envolvida no catabolismo também inibiria a sequência de reações na direção anabólica. As vias anabólicas e catabólicas que estão ligadas pelos mesmos dois pontos finais (p. ex., glicose → → piruvato, piruvato → → glicose) podem utilizar muitas enzimas iguais; porém, ao menos uma das etapas sempre é catalisada por enzimas diferentes, uma na direção do anabolismo e outra na direção do catabolismo, e cada uma dessas enzimas constitui um ponto de regulação separado. Além disso, para que ambas as vias sejam essencialmente irreversíveis, as reações que são específicas para cada direção devem incluir ao menos uma que seja muito favorável termodinamicamente – em outras palavras, uma reação na qual a reação inversa seja muito desfavorável.

Outro fator que contribui para a regulação distinta das sequências de reações anabólicas e catabólicas é o fato de que vias anabólicas e catabólicas pareadas costumam ocorrer em compartimentos celulares diferentes. Por exemplo, em animais, o catabolismo dos ácidos graxos ocorre na mitocôndria, e a síntese de ácidos graxos, no citosol. As concentrações de intermediários, enzimas e reguladores podem ser mantidas em níveis diferentes nesses compartimentos distintos. Como as vias metabólicas são submetidas ao controle cinético pelas concentrações dos substratos, reservatórios separados de intermediários anabólicos e catabólicos também contribuem para controlar a velocidade do metabolismo. Dispositivos que separam processos anabólicos e processos catabólicos serão particularmente interessantes em nossas discussões sobre o metabolismo.

As vias metabólicas são reguladas em vários níveis, tanto de dentro da célula como de fora dela. Uma enzima-chave em uma via pode ser ativada alostericamente, ou a sua

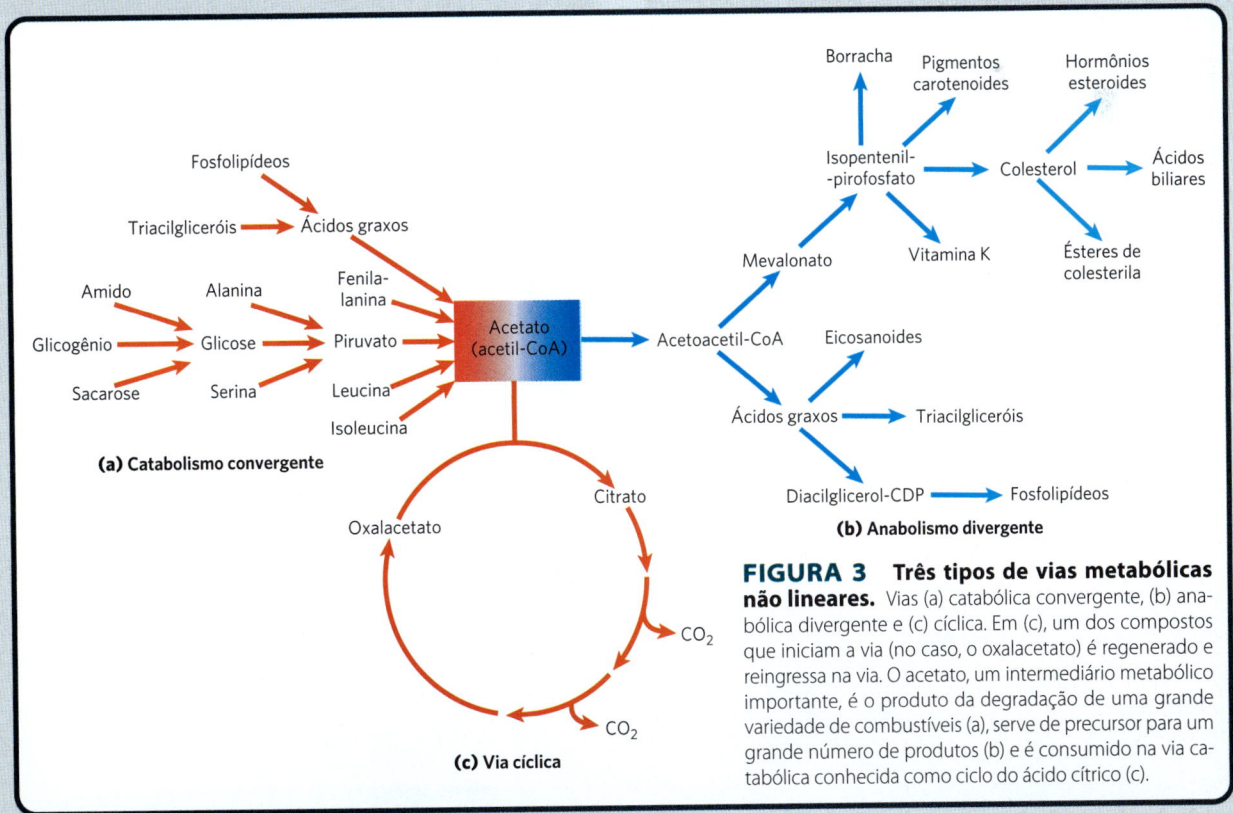

**FIGURA 3 Três tipos de vias metabólicas não lineares.** Vias (a) catabólica convergente, (b) anabólica divergente e (c) cíclica. Em (c), um dos compostos que iniciam a via (no caso, o oxalacetato) é regenerado e reingressa na via. O acetato, um intermediário metabólico importante, é o produto da degradação de uma grande variedade de combustíveis (a), serve de precursor para um grande número de produtos (b) e é consumido na via catabólica conhecida como ciclo do ácido cítrico (c).

quantidade pode ser alterada por meio das taxas de síntese e degradação da enzima. Nos organismos multicelulares, as atividades metabólicas dos diversos tecidos são reguladas e integradas por fatores de crescimento e hormônios que agem de fora da célula.

A Parte II inicia com uma discussão dos princípios energéticos básicos que governam todo o metabolismo, além de uma recapitulação das reações da química orgânica que serão vistas no metabolismo (Capítulo 13). Depois, serão tratadas as principais vias catabólicas pelas quais as células obtêm energia pela oxidação de vários combustíveis (Capítulos 14 a 20). Os Capítulos 19 e 20 abordam o ponto central da nossa discussão sobre o metabolismo; eles tratam do acoplamento quimiosmótico de energia, um mecanismo universal pelo qual um potencial eletroquímico transmembrana, produzido pela oxidação de substratos ou pela absorção de luz, impulsiona a síntese de ATP.

Os Capítulos 20 a 22 descrevem as principais vias anabólicas pelas quais as células usam a energia do ATP para produzirem carboidratos, lipídeos, aminoácidos e nucleotídeos a partir de precursores simples. O Capítulo 23 retomará uma visão detalhada das vias metabólicas – como elas ocorrem em todos os organismos, desde a *Escherichia coli* até o ser humano – e considerará como elas são reguladas e integradas nos mamíferos por meio de mecanismos hormonais.

Antes de iniciar o estudo do metabolismo intermediário, um ponto final deve ser mencionado. Deve-se ter sempre em mente que o conjunto de reações descritas nas páginas deste livro ocorre nos seres vivos e desempenha papéis cruciais para eles. Cada vez que se encontrar uma reação e uma via, deve-se perguntar: como essa peça se encaixa no quadro geral? O que essa transformação química faz para o organismo? Como essa via se interconecta com outras vias que estão operando simultaneamente na mesma célula para produzir a energia e os produtos necessários para o crescimento e a manutenção das células? Qual seria o efeito esperado resultante de um defeito nessa enzima ou via? Estudado sob essa perspectiva, o metabolismo traz conhecimentos fascinantes e reveladores sobre a vida, com aplicações incontáveis em medicina, agricultura e biotecnologia.

Capítulo 13

# INTRODUÇÃO AO METABOLISMO

**13.1** Bioenergética e termodinâmica  *466*
**13.2** Lógica química e as reações bioquímicas comuns  *472*
**13.3** Transferências de grupos fosforila e ATP  *479*
**13.4** Reações biológicas de oxidação-redução  *488*
**13.5** Regulação das vias metabólicas  *496*

As células e os organismos vivos devem realizar trabalho para se manterem vivos, crescerem e se reproduzirem. A capacidade de controlar a energia e direcioná-la para o trabalho biológico é uma propriedade fundamental de todos os organismos vivos. Essa capacidade deve ter sido adquirida muito cedo no curso da evolução celular. Os organismos modernos realizam uma incrível diversidade de transduções de energia, ou seja, conversões de uma forma de energia em outra. Eles usam a energia química dos combustíveis para, a partir de precursores simples, sintetizarem macromoléculas complexas e altamente organizadas. Também convertem a energia química dos combustíveis em gradientes de concentração e em gradientes elétricos, em movimento e calor e, em alguns organismos, como vaga-lumes e peixes das profundezas dos oceanos, em luz. Os organismos fotossintetizantes transformam a energia da luz em todas essas outras formas de energia.

Os mecanismos químicos envolvidos nas transduções biológicas de energia têm fascinado e desafiado os biólogos há séculos. O químico francês Antoine Lavoisier reconheceu que, de alguma forma, os animais transformam os combustíveis químicos (alimentos) em calor, e que esse processo de respiração é essencial para a vida. Ele observou que

> em geral, a respiração não é nada mais do que a combustão lenta de carbono e hidrogênio, semelhante à que ocorre em uma lamparina ou em uma vela acesa, e, desse ponto de vista, animais que respiram são verdadeiros corpos combustíveis que queimam e consomem a si próprios. [...] Alguém poderia dizer que essa analogia entre combustão e respiração não passou despercebida pelos poetas ou, ainda, pelos filósofos da antiguidade, já tendo sido relatada e interpretada por eles. Esse fogo roubado dos céus, essa tocha de Prometeu, não representa apenas uma ideia engenhosa e poética, é um retrato fiel das operações da natureza, pelo menos para os animais que respiram. Portanto, pode-se dizer, como os antigos, que a tocha da vida ilumina a si mesma desde o momento em que a criança respira pela primeira vez, e ela só se extingue com a morte.*

Retrato por Jacques Louis David de Antoine Lavoiser (1743-1794) no laboratório com a química Marie Anne Pierrette Paulze (1758-1836), sua esposa. [The Metropolitan Museum of Art, New York. Aquisição: doado por Sr. e Sra. Charles Wrightsman, em homenagem a Everett Fahy, 1977.]

* A partir das memórias de Armand Seguin e Antoine Lavoisier, datado de 1789, citado em A. Lavoisier, *Oeuvres de Lavoisier*, Imprimerie Impériale, Paris, 1862.

Hoje, sabe-se muito sobre a química que está por trás dessa "tocha da vida". As transduções biológicas de energia obedecem às mesmas leis da química e da física que governam todos os processos da natureza, e muitos dos tipos de reações químicas que ocorrem nos seres vivos são conhecidos de longa data dos químicos orgânicos. Uma característica única da química das células é o seu surpreendentemente sensível sistema de regulação por mecanismos que respondem a alterações nas circunstâncias externas e internas das células e dos organismos.

Neste capítulo, são descritos os princípios fundamentais para o entendimento das reações do metabolismo que seguem na Parte II. Primeiro, são revisadas as leis da termodinâmica e a relação quantitativa entre energia livre, entalpia e entropia. Em seguida, serão revisados os tipos comuns de reações bioquímicas que ocorrem nas células vivas, reações que controlam, armazenam, transferem e liberam a energia adquirida pelos organismos do ambiente em que se encontram. O foco, então, mudará para as reações que têm papéis especiais nas trocas biológicas de energia, especialmente aquelas que envolvem ATP (para transferência de fosforila) e NADH (para transferência de elétron) como cofatores. Por fim, serão vistas as estratégias mais comuns de regulação das reações bioquímicas. Busque exemplos dos princípios a seguir durante a leitura deste capítulo:

▶ **P1** **As mudanças químicas e as transduções de energia nos organismos vivos seguem as leis da termodinâmica.**

▶ **P2** **A variação de energia livre é o máximo de energia disponível para fazer trabalho quando ocorre uma reação química.** Se duas reações podem ser combinadas para formar uma terceira reação, a variação de energia livre total é a soma das duas. As células conseguem a energia de que necessitam para trabalho químico acoplando uma reação que libera energia (reação exergônica), como a clivagem de ATP, a uma reação endergônica (que necessita de suprimento de energia).

▶ **P3** **Embora ocorram milhares de reações químicas diferentes na biosfera, a maioria delas se enquadra em um pequeno grupo de tipos de reações.**

▶ **P4** **O ATP é a moeda universal de energia nos seres vivos.** A transferência do seu grupo fosforila para uma molécula de água ou para um intermediário do metabolismo fornece a energia para impulsionar a contração muscular, o bombeamento de solutos contra gradientes de concentração e a síntese de moléculas complexas.

▶ **P5** **Reações de oxidação-redução fornecem indiretamente muito da energia necessária para fazer ATP.** Substratos reduzidos, como a glicose, são oxidados em várias etapas, com a energia da oxidação conservada na forma de um cofator reduzido, NADH. A energia armazenada no NADH é usada pra impulsionar a síntese de ATP.

▶ **P6** **Para responder a mudanças nas circunstâncias externas, as células devem regular a atividade de enzimas.** Isso ocorre por meio de modificações tanto no número de moléculas de enzima quanto na capacidade catalítica de moléculas de enzimas já existentes.

## 13.1 Bioenergética e termodinâmica

A bioenergética é o estudo quantitativo das **transduções de energia** – mudanças de uma forma de energia para outra – que ocorrem nas células vivas, e da natureza e das funções dos processos químicos envolvidos nessas transduções. Embora muitos dos princípios da termodinâmica tenham sido introduzidos em capítulos anteriores, podendo, assim, já serem familiares, uma revisão dos aspectos quantitativos desses princípios é útil.

### As transformações biológicas de energia obedecem às leis da termodinâmica

Muitas observações quantitativas feitas por físicos e químicos sobre a interconversão de diferentes formas de energia levaram, no século XIX, à formulação das duas leis fundamentais da termodinâmica. A primeira lei é o princípio da conservação de energia: *para qualquer mudança física ou química, a quantidade total de energia no universo permanece constante; a energia pode mudar de forma ou pode ser transportada de uma região para outra, mas não pode ser criada ou destruída*. A segunda lei da termodinâmica, que pode ser enunciada de diferentes formas, diz que o universo sempre tende para o aumento da desordem: *em todos os processos naturais, a entropia do universo aumenta*.

"Agora, na *segunda* lei da termodinâmica..."

[ScienceCartoonsPlus.com]

Os organismos vivos são conjuntos de moléculas com um grau de organização muito maior do que o dos materiais presentes no meio a partir dos quais são construídos, e eles criam e mantêm ordem, aparentemente imunes à segunda lei da termodinâmica. No entanto, os organismos vivos não violam a segunda lei da termodinâmica; eles operam em rigorosa concordância com ela. Para discutir as aplicações da segunda lei aos sistemas biológicos, deve-se primeiro definir esses sistemas e o meio que os circundam.

Um *sistema reagente* é constituído pelo conjunto de componentes que estão sendo submetidos a um determinado processo químico ou físico; pode ser um organismo, uma célula, ou dois compostos que reagem entre si. Juntos, o sistema reagente e *os arredores* que o circundam (o meio) constituem o *universo*. No laboratório, alguns processos físicos e químicos podem ser realizados isolados ou em sistemas fechados, nos quais não existe troca de material ou energia com o meio. No entanto, células vivas e organismos são sistemas abertos, trocando tanto matéria quanto energia com os arredores. Os sistemas biológicos nunca estão em equilíbrio com o meio ao redor, e as trocas constantes entre o sistema e os arredores explicam como os organismos podem criar ordem em seus interiores ao mesmo tempo que em operam conforme a segunda lei da termodinâmica.

No Capítulo 1 (p. 21), foram definidos três parâmetros termodinâmicos que descrevem as trocas de energia que ocorrem nas reações químicas:

A **energia livre de Gibbs**, **G** (em homenagem a J. Willard Gibbs), expressa a quantidade de energia capaz de realizar trabalho durante uma reação a temperatura e pressão constantes. Quando uma reação ocorre com a liberação de energia livre (i.e., quando o sistema se transforma e passa a ter menos energia livre), a variação da energia livre, $\Delta G$, tem um valor negativo, e a reação é chamada de **exergônica**. Nas reações **endergônicas**, o sistema ganha energia livre, e $\Delta G$ é positivo.

A **entalpia**, **H**, é o conteúdo de calor do sistema reagente. Ela reflete o número e o tipo de ligações químicas (covalentes e não covalentes) nos reagentes e produtos. Quando uma reação química libera calor, ela é dita **exotérmica**; o conteúdo de calor dos produtos é menor do que o dos reagentes, e a variação na entalpia, $\Delta H$, tem por convenção um valor negativo. Sistemas reagentes que tomam calor do meio são **endotérmicos**, e o valor de $\Delta H$ é positivo.

A **entropia**, **S**, é uma expressão quantitativa da aleatoriedade ou desordem de um sistema (ver Quadro 1-3). Quando os produtos de uma reação são menos complexos e mais desordenados do que os reagentes, a reação ocorre com ganho de entropia.

As unidades de $\Delta G$ e $\Delta H$ são joules/mol ou calorias/mol (lembre-se que 1 cal = 4,184 J); as unidades de entropia são joules/mol·Kelvin (J/mol · K) (**Tabela 13-1**).

Sob as condições existentes nos sistemas biológicos (incluindo temperatura e pressão constantes), as variações de energia livre, entalpia e entropia estão quantitativamente relacionadas pela equação

$$\Delta G = \Delta H - T\Delta S \quad (13\text{-}1)$$

| TABELA 13-1 | Algumas unidades e constantes físicas utilizadas na termodinâmica |
|---|---|
| Constante de Boltzmann, **k** = 1,381 × 10⁻²³ J/K | |
| Número de Avogadro, $N$ = 6,022 × 10²³ mol⁻¹ | |
| Constante de Faraday, $F$ = 96.480 J/V · mol | |
| Constante dos gases, $R$ = 8,315 J/mol · K | |
| (= 1.987 cal/mol · K) | |
| As unidades de $\Delta G$ e $\Delta H$ são J/mol (ou cal/mol) | |
| As unidades de $\Delta S$ são J/mol · K (ou cal/mol · K) | |
| 1 cal = 4,184 J | |
| A unidade de temperatura absoluta, $T$, é o Kelvin, K | |
| 25 °C = 298 K | |
| A 25 °C, $RT$ = 2,478 kJ/mol | |
| (= 0,592 kcal/mol) | |

em que $\Delta G$ é a variação na energia livre de Gibbs do sistema reagente, $\Delta H$ é a variação na entalpia do sistema, $T$ é a temperatura absoluta e $\Delta S$ é a variação da entropia do sistema. Por convenção, $\Delta S$ tem sinal positivo quando a entropia aumenta, e $\Delta H$, como mencionado anteriormente, tem sinal negativo quando o sistema libera calor para o meio. Qualquer uma dessas condições, ambas típicas dos processos energeticamente favoráveis, tende a fazer com que a $\Delta G$ seja negativa. De fato, a $\Delta G$ dos sistemas que reagem espontaneamente é sempre negativa.

**P1** A segunda lei da termodinâmica afirma que a entropia do *universo* aumenta durante todos os processos químicos e físicos, mas isso não significa que o aumento da entropia tenha de ocorrer necessariamente no próprio *sistema reagente*. O aumento de ordem dentro das células, à medida que elas crescem e se dividem, é mais do que compensado pela desordem que é gerada no meio ao redor durante o curso do crescimento e da divisão celulares (ver Quadro 1-3, caso 2). Em resumo, os organismos vivos preservam sua organização interna por captarem a energia livre do meio ao redor na forma de nutrientes ou luz solar e devolverem uma quantidade de energia igual, na forma de calor e entropia.

As células são sistemas isotérmicos – elas funcionam essencialmente em temperaturas constantes (e em pressão constante). O fluxo de calor não é uma fonte de energia para as células, já que o calor é capaz de realizar trabalho somente quando passa para uma zona ou para um objeto com temperatura menor. A energia que as células podem e devem usar é a energia livre, descrita pela função $G$ da energia livre de Gibbs, que permite predizer o sentido das reações químicas, a posição exata de equilíbrio e a quantidade de trabalho que elas podem realizar (em teoria) sob temperatura e pressão constantes. As células heterotróficas adquirem energia livre a partir das moléculas de nutrientes, ao passo que as células fotossintetizantes adquirem energia livre da radiação solar que absorvem. Os dois tipos de células transformam essa energia livre em ATP e em outros compostos ricos em energia, capazes de fornecer energia para a realização de trabalho biológico em temperatura constante.

## A variação de energia livre padrão está diretamente relacionada com a constante de equilíbrio

A composição de um sistema reagente (uma mistura de reagentes e produtos químicos) tende a variar continuamente até que o equilíbrio seja atingido. (No caso dos organismos, o equilíbrio é alcançado apenas após a morte e o apodrecimento completo.) Nas concentrações de equilíbrio dos reagentes e dos produtos, as velocidades das reações direta e inversa são exatamente as mesmas, e não há qualquer variação líquida no sistema. As concentrações dos reagentes e dos produtos *no estado de equilíbrio* definem a constante de equilíbrio, $K_{eq}$ (p. 23). Na reação geral

$$aA + bB \rightleftharpoons cC + dD$$

em que $a$, $b$, $c$ e $d$ representam o número de moléculas de A, B, C e D participantes, a constante de equilíbrio é dada por

$$K_{eq} = \frac{[C]_{eq}^c [D]_{eq}^d}{[A]_{eq}^a [B]_{eq}^b} \quad (13\text{-}2)$$

em que $[A]_{eq}$, $[B]_{eq}$, $[C]_{eq}$ e $[D]_{eq}$ são as concentrações molares dos componentes da reação no *estado de equilíbrio*.

Quando o sistema reagente não está em equilíbrio, a tendência em direção ao equilíbrio constitui uma força motriz, cuja intensidade pode ser expressa como a variação de energia livre para a reação, $\Delta G$. Sob condições padrão de temperatura e pressão e quando a concentração inicial dos reagentes e produtos é de 1 M ou, para os gases, pressões parciais de 101,3 kilopascals (kPa), ou 1 atm, a força que impulsiona o sistema para o equilíbrio é definida como a variação de energia livre padrão, $\Delta G°$. Segundo essa definição, o estado padrão para as reações que envolvem íons hidrogênio é de $[H^+] = 1$ M, ou pH 0. A maioria das reações bioquímicas, no entanto, ocorre em soluções aquosas devidamente tamponadas em valores de pH próximos a 7, e tanto o pH como a concentração da água (55,5 M) permanecem essencialmente constantes.

**CONVENÇÃO** Para facilitar os cálculos, os bioquímicos definiram um estado padrão diferente daquele usado na química e na física: no estado padrão bioquímico, $[H^+]$ é $10^{-7}$ M (pH 7) e $[H_2O]$ é 55,5 M. Para as reações que envolvem $Mg^{2+}$ (que incluem a maioria das reações nas quais ATP é um dos reagentes), $[Mg^{2+}]$ na solução é geralmente considerada como constante em 1 mM. ■

As constantes físicas baseadas nesse estado padrão bioquímico são denominadas **constantes transformadas padrão** e são escritas com um apóstrofo (como em $\Delta G'°$ e $K'_{eq}$) para diferenciá-las das constantes não transformadas usadas pelos químicos e pelos físicos. (Observe que a maioria dos livros-texto usam o símbolo $\Delta G°'$, em vez de $\Delta G'°$. Neste livro, usamos o símbolo $\Delta G'°$, recomendado por um comitê internacional de químicos e bioquímicos, com a intenção de enfatizar que a variação de energia livre transformada, $\Delta G'°$, é o critério para definir o equilíbrio.) Para simplificar, a partir de agora essas constantes transformadas serão chamadas de **variações de energia livre padrão** e **constantes de equilíbrio padrão**.

**CONVENÇÃO** Em outra convenção simplificadora usada pelos bioquímicos, quando $H_2O$, $H^+$ e/ou $Mg^{2+}$ forem reagentes ou produtos, as suas concentrações não são incluídas nas equações, como na Equação 13-2, mas incorporadas dentro das próprias constantes $K'_{eq}$ e $\Delta G'°$. ■

Do mesmo modo que $K'_{eq}$ é a constante física característica de cada reação, $\Delta G'°$ também é uma constante. Como ressaltado no Capítulo 6, existe uma relação simples entre $K'_{eq}$ e $\Delta G'°$:

$$\Delta G'° = -RT \ln K'_{eq} \quad (13\text{-}3)$$

**P1** *A variação de energia livre padrão de uma reação química é simplesmente uma forma matemática alternativa para expressar a sua constante de equilíbrio.* A **Tabela 13-2** mostra a relação entre $\Delta G'°$ e $K'_{eq}$. Se a constante de equilíbrio para uma determinada reação for igual a 1,0, a variação de energia livre padrão dessa reação é igual a 0,0 (o logaritmo natural de 1,0 é zero). Quando a $K'_{eq}$ de uma reação for maior que 1,0, $\Delta G'°$ é negativa. Quando a $K'_{eq}$ é menor que 1,0, $\Delta G'°$ é positiva. Como a relação entre $\Delta G'°$ e $K'_{eq}$ é exponencial, variações relativamente pequenas no valor de $\Delta G'°$ correspondem a grandes variações na $K'_{eq}$.

Pode ser útil pensar na variação de energia livre padrão de outra maneira. $\Delta G'°$ é a diferença entre o conteúdo de energia livre dos produtos e o conteúdo de energia livre dos reagentes, em condições padrão. Quando a $\Delta G'°$ for negativa, os produtos contêm menos energia livre do que os reagentes, e a reação ocorrerá espontaneamente em condições padrão; todas as reações químicas tendem a seguir no sentido que leva ao decréscimo da energia livre do sistema. Um valor positivo de $\Delta G'°$ indica que os produtos da reação

**TABELA 13-2** Relação entre as constantes de equilíbrio e a variação de energia livre das reações químicas

| $K'_{eq}$ | $\Delta G'°$ (kJ/mol) | $\Delta G'°$ (kcal/mol)[a] |
|---|---|---|
| $10^3$ | −17,1 | −4,1 |
| $10^2$ | −11,4 | −2,7 |
| $10^1$ | −5,7 | −1,4 |
| 1 | 0,0 | 0,0 |
| $10^{-1}$ | 5,7 | 1,4 |
| $10^{-2}$ | 11,4 | 2,7 |
| $10^{-3}$ | 17,1 | 4,1 |
| $10^{-4}$ | 22,8 | 5,5 |
| $10^{-5}$ | 28,5 | 6,8 |
| $10^{-6}$ | 34,2 | 8,2 |

[a]Embora joules e quilojoules sejam as unidades-padrão para energia e sejam utilizadas ao longo deste livro, os bioquímicos e os nutricionistas por vezes expressam os valores de $\Delta G'°$ em quilocalorias por mol. Por isso, nesta tabela e nas Tabelas 13-4 e 13-6, foram incluídos valores tanto em quilojoules como em quilocalorias. Para converter quilojoules em quilocalorias, basta dividir o número de quilojoules por 4,184.

| TABELA 13-3 | Relação entre $K'_{eq}$, $\Delta G'^o$ e a direção das reações químicas | |
|---|---|---|
| Quando $K'_{eq}$ for... | $\Delta G'^o$ é... | Iniciando com todos os componentes em 1 M, a reação... |
| > 1,0 | negativa | ocorre no sentido direto |
| 1,0 | zero | está em equilíbrio |
| < 1,0 | positiva | ocorre no sentido inverso |

contêm mais energia livre do que os reagentes, e essa reação tende a ocorrer no sentido inverso se for iniciada com todos os componentes em concentrações de 1,0 M (condições padrão). A **Tabela 13-3** resume esses pontos.

### EXEMPLO 13-1   Cálculo de $\Delta G'^o$

Calcule a variação de energia livre padrão da reação catalisada pela enzima fosfoglicomutase:

$$\text{Glicose-1-fosfato} \rightleftharpoons \text{glicose-6-fosfato}$$

dado que, iniciando com 20 mM de glicose-1-fosfato e nada de glicose-6-fosfato, a mistura em equilíbrio final, a 25 °C e pH 7,0, contém 1,0 mM de glicose-1-fosfato e 19 mM de glicose-6-fosfato. A reação no sentido da formação de glicose-6-fosfato ocorre com perda ou ganho de energia livre?

**SOLUÇÃO:** Primeiro, calcula-se a constante de equilíbrio:

$$K'_{eq} = \frac{[\text{glicose-6-fosfato}]_{eq}}{[\text{glicose-1-fosfato}]_{eq}} = \frac{19 \text{ mM}}{1,0 \text{ mM}} = 19$$

Com isso, é possível calcular a variação de energia livre padrão:

$$\Delta G'^o = -RT \ln K'_{eq}$$
$$= -(8,315 \text{ J/mol} \cdot \text{K})(298 \text{ K})(\ln 19)$$
$$= -7,3 \text{ kJ/mol}$$

Como a variação de energia livre padrão é negativa, a conversão de glicose-1-fosfato em glicose-6-fosfato ocorre com perda (liberação) de energia livre. (No caso da reação inversa, o valor de $\Delta G'^o$ é o mesmo, mas com sinal *contrário*.)

A **Tabela 13-4** apresenta os valores da variação de energia livre padrão de algumas reações químicas representativas. Observe que a hidrólise de ésteres simples, amidas, peptídeos e glicosídeos, assim como os rearranjos e as eliminações, ocorrem com variações de energia livre padrão

| TABELA 13-4 | Variações de energia livre padrão de algumas reações químicas | |
|---|---|---|
| | $\Delta G'^o$ | |
| Tipo de reação | (kJ/mol) | (kcal/mol) |
| **Reações de hidrólise** | | |
| Anidridos ácidos | | |
| Anidrido acético + $H_2O \longrightarrow$ 2 acetato | −91,1 | −21,8 |
| ATP + $H_2O \longrightarrow$ ADP + $P_i$ | −30,5 | −7,3 |
| ATP + $H_2O \longrightarrow$ AMP + $PP_i$ | −45,6 | −10,9 |
| $PP_i$ + $H_2O \longrightarrow 2P_i$ | −19,2 | −4,6 |
| UDP-glicose + $H_2O \longrightarrow$ UMP + glicose-1-fosfato | −43,0 | −10,3 |
| Ésteres | | |
| Etilacetato + $H_2O \longrightarrow$ etanol + acetato | −19,6 | −4,7 |
| Glicose-6-fosfato + $H_2O \longrightarrow$ glicose + $P_i$ | −13,8 | −3,3 |
| Amidas e peptídeos | | |
| Glutamina + $H_2O \longrightarrow$ glutamato + $NH_4^+$ | −14,2 | −3,4 |
| Glicilciclina + $H_2O \longrightarrow$ 2 glicina | −9,2 | −2,2 |
| Glicosídeos | | |
| Maltose + $H_2O \longrightarrow$ 2 glicose | −15,5 | −3,7 |
| Lactose + $H_2O \longrightarrow$ glicose + galactose | −15,9 | −3,8 |
| **Rearranjos** | | |
| Glicose-1-fosfato $\longrightarrow$ glicose-6-fosfato | −7,3 | −1,7 |
| Frutose-6-fosfato $\longrightarrow$ glicose-6-fosfato | −1,7 | −0,4 |
| **Eliminação de água** | | |
| Malato $\longrightarrow$ fumarato + $H_2O$ | 3,1 | 0,8 |
| **Oxidação com oxigênio molecular** | | |
| Glicose + $6O_2 \longrightarrow 6CO_2 + 6H_2O$ | −2.840 | −686 |
| Palmitato + $23O_2 \longrightarrow 16CO_2 + 16H_2O$ | −9.770 | −2.338 |

relativamente pequenas, ao passo que a hidrólise de anidridos ácidos é acompanhada por um decréscimo relativamente grande na energia livre padrão. A oxidação completa de compostos orgânicos, como a glicose ou o palmitato, em $CO_2$ e $H_2O$, reações que requerem muitas etapas nas células, resulta em um decréscimo muito grande na energia livre padrão. No entanto, variações de energia livre padrão como as apresentadas na Tabela 13-4 indicam o quanto de energia livre está disponível a partir de uma reação em *condições padrão*. Para descrever a energia liberada sob as condições existentes nas células, é essencial uma expressão para a variação de energia livre *real*.

## A variação de energia livre real depende das concentrações dos reagentes e dos produtos

Deve-se ter cuidado em diferenciar duas grandezas diferentes: variação de energia livre real, $\Delta G$, e variação de energia livre padrão, $\Delta G'^{\circ}$. Cada reação química tem uma variação de energia livre padrão específica, que pode ser positiva, negativa ou zero, dependendo da constante de equilíbrio da reação. **P1** A variação de energia livre padrão nos diz em que sentido e até onde uma dada reação deve seguir para atingir o equilíbrio *quando a concentração inicial de cada componente for 1,0 M*, o pH for 7,0, a temperatura for de 25 °C e a pressão for de 101,3 kPa (1 atm). Portanto, $\Delta G'^{\circ}$ é uma constante: ela tem um valor fixo característico para uma dada reação. No entanto, a variação da energia livre *real*, $\Delta G$, é uma função das concentrações dos reagentes e produtos e da temperatura que prevalece durante a reação, e nenhum desses parâmetros será necessariamente igual às condições padrão definidas anteriormente. Além disso, o valor de $\Delta G$ de qualquer reação que ocorra espontaneamente em direção ao equilíbrio é sempre negativo, torna-se menos negativo ao longo da reação e é zero quando atinge o equilíbrio, indicando que a reação já não pode mais realizar trabalho.

$\Delta G$ e $\Delta G'^{\circ}$ para qualquer reação $aA + bB \rightleftharpoons cC + dD$ estão relacionadas conforme a equação

$$\Delta G = \Delta G'^{\circ} + RT \ln \frac{[C]^c[D]^d}{[A]^a[B]^b} \qquad (13\text{-}4)$$

na qual os termos em vermelho são aqueles que *realmente prevalecem* no sistema sob observação. Os termos de concentrações nessa equação expressam os efeitos normalmente chamados de ação das massas, e o termo $[C]^c[D]^d/[A]^a[B]^b$ é denominado **razão de ação das massas**, $Q$. Então, a Equação 13-4 pode ser expressa como $\Delta G = \Delta G'^{\circ} + RT \ln Q$. Para exemplificar, suponha que a reação $A + B \rightleftharpoons C + D$ ocorra sob condições padrão de temperatura (25 °C) e pressão (101,3 kPa), mas que as concentrações de A, B, C e D *não* são iguais e nenhum dos componentes está presente na concentração padrão de 1,0 M. Para determinar a variação de energia livre real, $\Delta G$, nessas condições não padrões de concentrações quando a reação segue da esquerda para a direita, basta simplesmente colocar as concentrações *reais* de A, B, C e D na Equação 13-4; os valores de $R$, $T$ e $\Delta G'^{\circ}$ são os valores padrão. O valor de $\Delta G$ é negativo e aproxima-se de zero porque as concentrações reais de A e B vão diminuindo, e as concentrações de C e D aumentam à medida que a reação avança. Observe que,

quando a reação chega no equilíbrio – quando não há mais força que impulsione a reação para nenhum dos lados e a $\Delta G$ é zero – a Equação 13-4 reduz-se a

$$0 = \Delta G = \Delta G'^{\circ} + RT \ln \frac{[C]_{eq}[D]_{eq}}{[A]_{eq}[B]_{eq}}$$

ou

$$\Delta G'^{\circ} = -RT \ln K'_{eq}$$

que é a equação que relaciona a variação de energia livre padrão com a constante de equilíbrio (Equação 13-3).

O critério de espontaneidade de uma reação é o valor de $\Delta G$, e não o de $\Delta G'^{\circ}$. Reações com valores de $\Delta G'^{\circ}$ positivos podem ocorrer na direção inversa *se $\Delta G$ for negativa*. Isso é possível caso o termo $RT \ln$ ([produtos]/[reagentes]) da Equação 13-4 for negativo e tiver um valor absoluto maior do que $\Delta G'^{\circ}$. Por exemplo, a remoção imediata dos produtos de uma reação por uma enzima que degrada esse produto pode manter a relação [produtos]/[reagentes] muito abaixo de 1, de forma que o termo $RT \ln$ ([produtos]/[reagentes]) apresente um grande valor negativo. Essa é uma expressão quantitativa do princípio de Le Chatelier. $\Delta G'^{\circ}$ e $\Delta G$ são expressões da quantidade *máxima* de energia livre que uma dada reação pode *teoricamente* liberar – uma quantidade de energia que só pode ser obtida caso se tenha um mecanismo perfeitamente eficiente para coletar e capturar essa energia. Já que tal dispositivo não é factível (durante qualquer processo, parte da energia sempre é perdida para a entropia), a quantidade de trabalho realizada pela reação com temperatura e pressão constantes é sempre menor que a quantidade teoricamente disponível.

Outro ponto importante é que algumas reações termodinamicamente favoráveis (i.e., reações nas quais a $\Delta G'^{\circ}$ é grande e negativa) não ocorrem em velocidades que possam ser medidas. Por exemplo, a combustão de lenha em $CO_2$ e $H_2O$ é uma reação termodinamicamente favorável, embora a lenha permaneça estável por anos, uma vez que a energia de ativação (ver Figs. 6-2 e 6-3) para a reação de combustão é maior do que a energia disponível à temperatura ambiente. Se a energia de ativação necessária for fornecida (p. ex., por um fósforo aceso), a combustão terá início, convertendo a madeira nos produtos mais estáveis $CO_2$ e $H_2O$ e liberando energia nas formas de calor e luz. O calor liberado por essa reação exotérmica fornece a energia de ativação para a combustão das regiões vizinhas da lenha; esse processo se autoperpetua. A termodinâmica permite predizer em qual direção um processo tende a prosseguir; a velocidade do processo é assunto da cinética.

Nas células vivas, reações que seriam extremamente lentas *caso não fossem catalisadas* ocorrem não pelo fornecimento de calor adicional, mas sim pela redução da energia de ativação devido ao uso de enzimas como catalisadores. As enzimas possibilitam uma via de reação alternativa que precisa de uma energia de ativação menor do que a reação não catalisada, de forma que, à temperatura ambiente, uma grande proporção das moléculas de substrato possui energia térmica suficiente para superar a barreira de ativação, aumentando drasticamente a velocidade da reação. A *variação de energia livre de uma reação é independente da via pela qual a reação ocorre*; ela depende apenas da natureza e das concentrações dos reagentes iniciais e dos produtos finais. *Portanto, as enzimas não podem alterar as constantes de equilíbrio*; o que elas fazem é aumentar a *velocidade* em que a reação ocorre no sentido determinado pela termodinâmica (ver Seção 6.2).

### As variações de energia livre padrão são somadas

No caso de duas reações químicas que ocorrem em sequência, A $\rightleftharpoons$ B e B $\rightleftharpoons$ C, cada reação tem sua própria constante de equilíbrio e sua própria variação de energia livre padrão, $\Delta G_1'^\circ$ e $\Delta G_2'^\circ$. Como as duas reações ocorrem em sequência, B é cancelada, originando uma reação geral A $\rightleftharpoons$ C, que, por sua vez, tem sua própria constante de equilíbrio e sua própria variação de energia livre padrão, $\Delta G_{Soma}'^\circ$. *Os valores da $\Delta G'^\circ$ de uma sequência de reações químicas são somados*. Para a reação geral A $\rightleftharpoons$ C, $\Delta G_{Soma}'^\circ$ é a soma das duas variações de energia livre padrão, $\Delta G_1'^\circ$ e $\Delta G_2'^\circ$, das duas reações: $\Delta G_{Soma}'^\circ = \Delta G_1'^\circ + \Delta G_2'^\circ$.

$$
\begin{array}{lll}
(1) & A \longrightarrow B & \Delta G_1'^\circ \\
(2) & B \longrightarrow C & \Delta G_2'^\circ \\
\hline
Soma: & A \longrightarrow C & \Delta G_1'^\circ + \Delta G_2'^\circ
\end{array}
$$

▶**P2** Esse princípio da bioenergética explica como uma reação termodinamicamente desfavorável (endergônica) pode ocorrer no sentido direto, acoplando-a a uma reação altamente exergônica. Por exemplo, em muitos organismos, a síntese de glicose-6-fosfato é a primeira etapa na utilização da glicose. Em princípio, essa síntese poderia ocorrer por meio da reação:

Glicose + $P_i$ ⟶ glicose-6-fosfato + $H_2O$
$$\Delta G'^\circ = 13,8 \text{ kJ/mol}$$

Entretanto, o valor positivo de $\Delta G'^\circ$ prediz que, sob condições padrão, a reação não tenderia a ocorrer espontaneamente na direção em que está escrita. Outra reação celular, a hidrólise de ATP em ADP e $P_i$, é muito exergônica:

ATP + $H_2O$ ⟶ ADP + $P_i$ $\quad \Delta G'^\circ = -30,5 \text{ kJ/mol}$

Essas duas reações compartilham intermediários em comum, $P_i$ e $H_2O$, e podem ser expressas como reações sequenciais:

$$
\begin{array}{lll}
(1) & \text{Glicose} + P_i \longrightarrow \text{glicose-6-fosfato} + H_2O \\
(2) & \text{ATP} + H_2O \longrightarrow \text{ADP} + P_i \\
\hline
Soma: & \text{ATP} + \text{glicose} \longrightarrow \text{ADP} + \text{glicose-6-fosfato}
\end{array}
$$

A variação de energia livre total é obtida somando-se o valor de $\Delta G'^\circ$ de cada uma das reações individuais:

$$\Delta G_{Soma}'^\circ = 13,8 \text{ kJ/mol} + (-30,5 \text{ kJ/mol}) = -16,7 \text{ kJ/mol}$$

▶**P2** A reação global é exergônica. Nesse caso, a energia armazenada no ATP é utilizada para impulsionar a síntese de glicose-6-fosfato, mesmo que a formação de glicose-6-fosfato a partir de glicose e fosfato inorgânico ($P_i$) seja endergônica. A *via* da formação de glicose-6-fosfato a partir de glicose pela transferência do grupo fosforila do ATP é diferente das reações (1) e (2) descritas anteriormente, mas o resultado é equivalente ao somatório das duas reações. A variação de energia livre padrão é uma função de estado. Nos cálculos termodinâmicos, o que importa é o estado do sistema no início e no final do processo; o caminho entre os estados inicial e final é irrelevante.

Foi dito anteriormente que $\Delta G'^\circ$ é uma maneira de expressar a constante de equilíbrio de uma reação. Para a reação (1),

$$K_{eq_1}' = \frac{[\text{glicose-6-fosfato}]_{eq}}{[\text{glicose}]_{eq}[P_i]_{eq}} = 3,9 \times 10^{-3} \text{ M}^{-1}$$

É importante observar que a $H_2O$ não está incluída nessa expressão porque se considera que a sua concentração (55,5 M) permanece inalterada durante a reação. A constante de equilíbrio para a hidrólise de ATP é

$$K_{eq_2}' = \frac{[\text{ADP}]_{eq}[P_i]_{eq}}{[\text{ATP}]_{eq}} = 2,0 \times 10^5 \text{ M}$$

A constante de equilíbrio para as duas reações acopladas é

$$\begin{aligned}
K_{eq_3}' &= \frac{[\text{glicose-6-fosfato}]_{eq}[\text{ATP}]_{eq}[P_i]_{eq}}{[\text{glicose}]_{eq}[P_i]_{eq}[\text{ATP}]_{eq}} \\
&= (K_{eq_1}')(K_{eq_2}') = (3,9 \times 10^{-3} \text{ M}^{-1})(2,0 \times 10^5 \text{ M}) \\
&= 7,8 \times 10^2
\end{aligned}$$

Esse cálculo ilustra um ponto muito importante sobre as constantes de equilíbrio: os valores de $\Delta G'^\circ$ das duas reações que se juntam para fazer a reação geral *são somados*, mas a $K_{eq}'$ da reação geral é o *produto* dos valores das $K_{eq}'$ das duas reações. As constantes de equilíbrio são *multiplicadas*. Por meio do acoplamento da hidrólise de ATP à síntese de glicose-6-fosfato, a $K_{eq}'$ para a formação de glicose-6-fosfato a partir de glicose aumenta na ordem de $2 \times 10^5$ em comparação com a reação direta entre glicose e $P_i$.

Essa estratégia de acoplar processos endergônicos a reações exergônicas para impulsionar os processos endergônicos é usada por todos os organismos vivos para a síntese de intermediários metabólicos e componentes celulares. É evidente que a estratégia funciona apenas se compostos como o ATP estiverem disponíveis continuamente. Nos capítulos seguintes, serão consideradas algumas das vias celulares mais importantes para a produção de ATP. Para ter mais prática em lidar com variações de energia livre e constantes de equilíbrio em reações acopladas, confira os Exemplos 1-1, 1-2 e 1-3 do Capítulo 1 (p. 24-25)

### RESUMO 13.1 *Bioenergética e termodinâmica*

■ A bioenergética é o estudo quantitativo das relações entre energia e conversões de energia nos sistemas biológicos. As transformações biológicas de energia obedecem às leis da termodinâmica.

■ As células vivas realizam trabalho constantemente. As células necessitam de energia para manter as suas estruturas altamente organizadas, sintetizar componentes celulares, transportar moléculas pequenas e íons através de membranas e gerar correntes elétricas.

- Todas as reações químicas são influenciadas por duas forças: a tendência de atingir o estado de ligação mais estável (a entalpia, $H$, é uma expressão útil para isso) e a tendência de atingir o maior grau possível de desordem (aleatoriedade), expressa como entropia, $S$. A força que impulsiona uma reação é a $\Delta G$, a variação de energia livre que corresponde ao efeito líquido desses dois fatores: $\Delta G = \Delta H - T\Delta S$.

- A variação de energia livre padrão transformada, $\Delta G'^{\circ}$, é uma constante física característica de determinada reação, e pode ser calculada a partir da constante de equilíbrio da reação: $\Delta G'^{\circ} = -RT \ln K'_{eq}$.

- A variação de energia livre real, $\Delta G$, é uma variável que depende da $\Delta G'^{\circ}$ e das concentrações dos reagentes e dos produtos: $\Delta G = \Delta G'^{\circ} + RT \ln ([\text{produtos}]/[\text{reagentes}])$. Quando a $\Delta G$ for grande e negativa, a reação tenderá a seguir na direção direta; quando $\Delta G$ for grande e positiva, a reação tenderá a seguir no sentido inverso; e quando $\Delta G = 0$, o sistema está em equilíbrio.

- A variação de energia livre de uma reação não depende da via pela qual a reação ocorre. As variações de energia livre são somadas; a reação química final resultante de reações sucessivas que compartilham intermediários comuns têm uma variação de energia livre global que é a soma dos valores de $\Delta G$ das reações individuais.

## 13.2 Lógica química e as reações bioquímicas comuns

As transduções biológicas de energia abordadas neste livro são reações químicas. A química celular não envolve todos os tipos de reações geralmente estudados nos cursos de química orgânica. Quais reações ocorrem em sistemas biológicos e quais não ocorrem é algo determinado (1) pela relevância que elas têm para um sistema metabólico em particular e (2) pelas suas velocidades. Essas duas considerações são importantes para definir as vias metabólicas discutidas ao longo deste livro. Uma reação relevante é aquela que faz uso de um substrato disponível e o converte em um produto útil. No entanto, mesmo uma reação potencialmente relevante pode não ocorrer. Algumas transformações químicas são muito lentas (possuem energias de ativação muito altas) para poderem contribuir para os sistemas vivos, mesmo com a ajuda de poderosos catalisadores enzimáticos. As reações que ocorrem nas células representam uma "caixa de ferramentas" que a evolução usou para construir as vias metabólicas que contornam as reações "impossíveis". Aprender a reconhecer as reações plausíveis pode ser de grande valia para desenvolver um conhecimento profundo em bioquímica.

Mesmo assim, o número de transformações metabólicas que ocorrem em uma célula típica pode parecer impressionante. A maioria das células tem a capacidade de realizar milhares de reações específicas catalisadas por enzimas: por exemplo, a transformação de um nutriente simples como a glicose em aminoácidos, nucleotídeos ou lipídeos; a extração de energia a partir da oxidação de combustíveis; e a polimerização de subunidades monoméricas em macromoléculas.

### As reações bioquímicas ocorrem em padrões que se repetem

Para estudar essas reações, é essencial ter alguma organização. **P3** Existem padrões na química da vida, de modo que não é preciso estudar todas as reações individuais para compreender a lógica molecular da bioquímica. A maior parte das reações nas células vivas pertence a uma de cinco categorias gerais: (1) reações que criam ou quebram ligações carbono-carbono; (2) rearranjos internos, isomerizações e eliminações; (3) reações com radicais livres; (4) transferência de grupos; e (5) oxidação-reduções. No decorrer da discussão a seguir, cada uma dessas categorias será discutida em mais detalhes. Nos capítulos posteriores, serão vistos alguns exemplos de cada tipo de reação. Observe que os cinco tipos de reações não são mutuamente excludentes; por exemplo, uma reação de isomerização pode envolver um intermediário do tipo radical livre.

No entanto, antes de prosseguir, é preciso revisar dois princípios químicos básicos. Primeiro, uma ligação covalente consiste em um par de elétrons compartilhados, e a ligação pode ser rompida de duas formas gerais (**Fig. 13-1**). Na **clivagem homolítica**, cada átomo deixa a ligação na forma de um **radical**, carregando um elétron desemparelhado. Na **clivagem heterolítica**, que é a mais comum, um dos átomos retém os dois elétrons da ligação. As espécies mais frequentemente geradas quando ligações C—C e

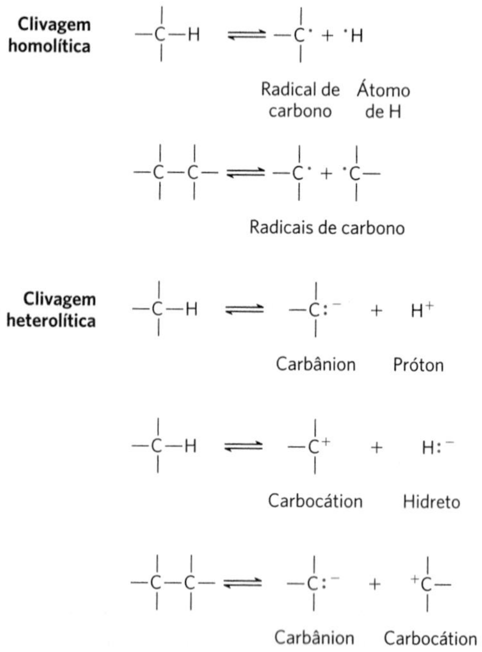

**FIGURA 13-1 Dois mecanismos de clivagem de ligações C—C ou C—N.** Em uma clivagem homolítica, cada átomo mantém um dos elétrons da ligação, resultando na formação de radicais de carbono (carbonos contendo elétrons não pareados) ou átomos de hidrogênio não carregados. Em uma clivagem heterolítica, um dos átomos retém os dois elétrons da ligação. Isso pode resultar na formação de carbânions, carbocátions, prótons ou íons hidreto.

C—H são clivadas estão ilustradas na Figura 13-1. Carbânions, carbocátions e íons hidreto são altamente instáveis, e, como será visto, essa instabilidade caracteriza a química desses íons.

O segundo princípio básico é que muitas reações bioquímicas envolvem interações entre **nucleófilos** (grupos funcionais ricos em elétrons e capazes de doar elétrons) e **eletrófilos** (grupos funcionais deficientes em elétrons e que procuram elétrons). Os nucleófilos combinam-se com eletrófilos e lhes dão elétrons. Nucleófilos e eletrófilos comuns na biologia estão mostrados na **Figura 13-2**. Deve-se ter em mente que um átomo de carbono pode agir tanto como um nucleófilo quanto como um eletrófilo, dependendo das ligações e dos grupos funcionais que o rodeiam.

**Reações que formam ou quebram ligações carbono-carbono** A clivagem heterolítica de uma ligação C—C produz um **carbânion** e um **carbocátion** (Fig. 13-1). Por outro lado, a formação de uma ligação C—C envolve a combinação de um carbânion nucleofílico e um carbocátion eletrofílico.

Carbânions e carbocátions geralmente são tão instáveis que a sua formação como intermediários de reação pode ser energeticamente inviável, mesmo com catálise enzimática. Para as finalidades da bioquímica celular, essas reações são impossíveis – a não ser que seja dado um auxílio químico na forma de grupos funcionais contendo átomos eletronegativos (O e N) que podem alterar a estrutura eletrônica dos átomos de carbonos adjacentes, de modo a estabilizar e facilitar a formação dos intermediários carbânion e carbocátion.

Os grupos carbonila são particularmente importantes nas transformações químicas das vias metabólicas. O átomo de carbono de um grupo carbonila possui uma carga positiva parcial devido à propriedade de retirar elétrons do oxigênio carbonílico, sendo, portanto, um carbono eletrofílico (**Fig. 13-3a**). O grupo carbonila pode, então, facilitar a formação de um carbânion em um carbono adjacente por deslocar as cargas negativas do carbânion (Fig. 13-3b). O grupo imino (ver Fig. 1-14) pode ter uma função similar (Fig. 13-3c). A capacidade dos grupos carbonila e imino de deslocarem elétrons pode ser aumentada mais ainda por uma catálise ácida geral ou por um íon metálico ($Me^{2+}$), como o $Mg^{2+}$ (Fig. 13-3d).

▶ P3 A importância do grupo carbonila é evidente nas três principais classes de reações em que são formadas ou quebradas ligações C—C (**Fig. 13-4**): condensação aldólica, condensação de Claisen e descarboxilação. Em cada tipo de reação, um intermediário carbânion é estabilizado por um grupo carbonila, e, em muitos casos, outro grupo carbonila fornece o eletrófilo com o qual o carbânion nucleofílico reage.

A **condensação aldólica** é um caminho comum para a formação de ligações C—C; a reação da aldolase na glicólise, que converte um composto de seis átomos de carbono em dois compostos de três átomos de carbono, é o inverso da condensação aldólica (ver Fig. 14-5). Na **condensação de Claisen**, o carbânion é estabilizado pela carbonila de um tioéster adjacente; um exemplo é a síntese de citrato

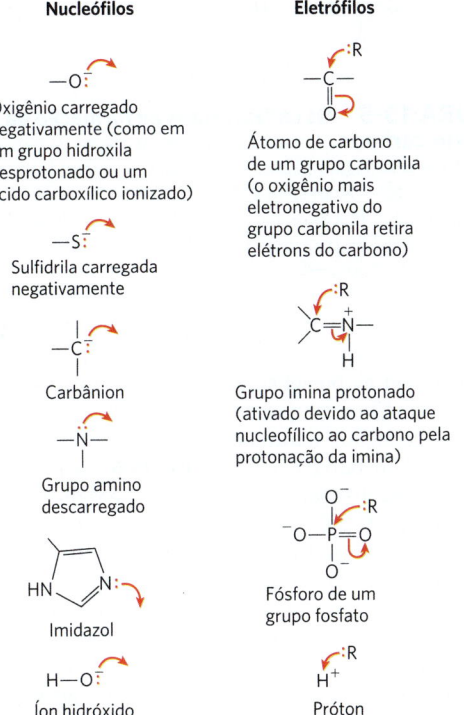

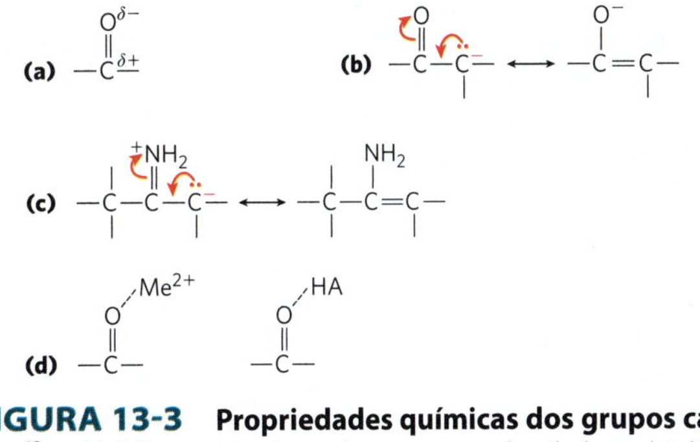

**FIGURA 13-2 Nucleófilos e eletrófilos comuns em reações bioquímicas.** Os mecanismos de reações químicas, que descrevem a formação e a quebra de ligações covalentes, estão representados por pontos e setas curvas, segundo uma convenção informalmente conhecida como "trajetória do elétron". Uma ligação covalente consiste em um par de elétrons compartilhado. Os elétrons importantes para o mecanismo da reação que não participam da ligação estão representados por pontos (:). As setas curvas (⤴) representam o movimento do par de elétrons. Para o movimento de um único elétron (como em uma reação com radical livre), é usada uma seta de ponta única (tipo anzol) (⇀). A maioria dos passos da reação envolve um par de elétrons não compartilhados.

**FIGURA 13-3 Propriedades químicas dos grupos carbonila.** (a) O átomo de carbono de um grupo carbonila é um eletrófilo, devido à capacidade de retirar elétrons do átomo de oxigênio eletronegativo, resultando em uma estrutura em que o carbono tem carga positiva parcial. (b) No interior de uma molécula, o deslocamento dos elétrons para um grupo carbonila facilita e estabiliza a formação de um carbânion em um carbono adjacente. (c) As iminas atuam como os grupos carbonila, facilitando a retirada dos elétrons. (d) Os grupos carbonila nem sempre agem sozinhos; a sua capacidade de deslocar elétrons geralmente é potencializada pela interação com um íon metálico ($Me^{2+}$, como o $Mg^{2+}$) ou um ácido geral (HA).

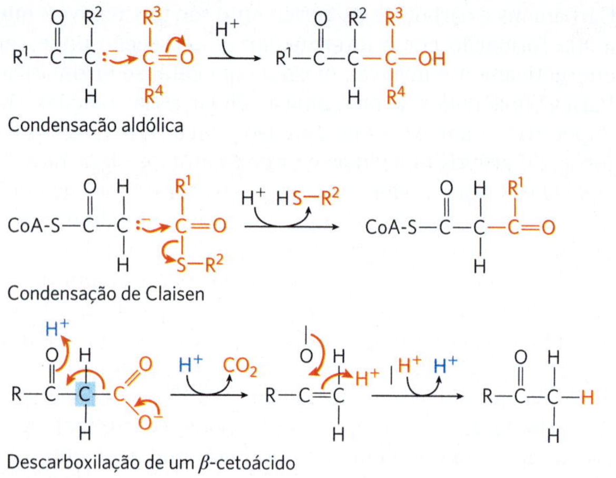

**FIGURA 13-4 Algumas reações comuns de formação e quebra de ligações C–C em sistemas biológicos.** Tanto para a condensação aldólica como para a condensação de Claisen, um carbânion atua como nucleófilo, e o carbono de um grupo carbonila atua como eletrófilo. O carbânion é estabilizado em cada caso por outra carbonila no carbono adjacente. Na reação de descarboxilação, um carbânion é formado no carbono sombreado em azul quando o $CO_2$ é liberado. Sem o efeito estabilizador da carbonila adjacente ao carbânion, a reação ocorreria a uma velocidade insignificante. Em qualquer representação de um carbânion, supõe-se também a presença de uma ressonância estabilizadora com o grupo carbonila adjacente, como mostrado na Figura 13-3b. Uma imina (Fig. 13-3c) ou outro grupo removedor de elétrons (incluindo certos cofatores enzimáticos, como o piridoxal) pode substituir o grupo carbonila na estabilização dos carbânions.

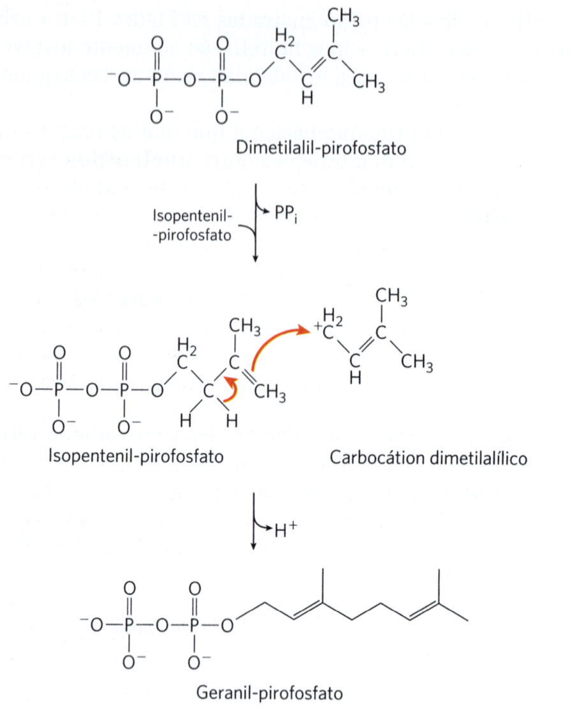

**FIGURA 13-5 Os carbocátions na formação da ligação carbono-carbono.** Em uma das primeiras etapas da biossíntese do colesterol, a enzima preniltransferase catalisa a condensação de isopentenil-pirofosfato e dimetilalil-pirofosfato, formando geranil-pirofosfato (ver Fig. 21-36). A reação é iniciada pela eliminação do pirofosfato do dimetilalil-pirofosfato para gerar um carbocátion, estabilizado por ressonância com a ligação C=C adjacente.

no ciclo do ácido cítrico (ver Fig. 16-9). A descarboxilação também envolve a geração de um carbânion estabilizado por um grupo carbonila; um exemplo é a reação da acetoacetato-descarboxilase, que leva à formação de corpos cetônicos durante o catabolismo dos ácidos graxos (ver Fig. 17-16). Vias metabólicas inteiras estão organizadas em torno da introdução de um grupo carbonila em uma localização particular, de modo que uma ligação carbono-carbono adjacente possa ser formada ou clivada. Em algumas reações, uma imina ou um cofator especializado, como o piridoxal-fosfato, desempenha o papel de removedor de elétrons no lugar do grupo carbonila.

O intermediário carbocátion que ocorre em algumas das reações que formam ou clivam ligações C—C é gerado pela eliminação de um bom grupo de saída, como o pirofosfato (ver "Reações de transferência de grupos", a seguir). Um exemplo é a reação da preniltransferase (**Fig. 13-5**), uma etapa inicial na via de biossíntese do colesterol.

**Rearranjos internos, isomerizações e eliminações** Outro tipo comum de reação celular é o rearranjo intramolecular, no qual a redistribuição de elétrons leva a alterações de muitos tipos diferentes sem haver mudanças no estado global de oxidação da molécula. Por exemplo, grupos diferentes em uma molécula podem sofrer oxidação-redução, sem que o estado líquido de oxidação da molécula fique alterado; grupos contendo ligação dupla podem sofrer um rearranjo cis-trans; ou as posições das ligações duplas podem ser transpostas. Um exemplo de uma isomerização envolvendo oxidação-redução é a formação de frutose-6-fosfato a partir de glicose-6-fosfato na glicólise (**Fig. 13-6**; essa reação é discutida em detalhes no Capítulo 14): C-1 é reduzido (aldeído para álcool) e C-2 é oxidado (álcool para cetona). A Figura 13-6b mostra os detalhes dos movimentos dos elétrons nesse tipo de isomerização. A reação da prolil-cis-trans-isomerase no enovelamento de certas proteínas serve de ilustração para um rearranjo cis-trans (ver p. 133). Uma simples transposição de uma ligação C=C ocorre durante o metabolismo do ácido oleico, um dos ácidos graxos comuns (ver Fig. 17-10). Alguns exemplos espetaculares de reposicionamento de duplas ligações ocorrem na biossíntese do colesterol (ver Fig. 21-37).

Um exemplo de reação de eliminação que não afeta o estado de oxidação global é a perda de água de um álcool, resultando na introdução de uma ligação C=C:

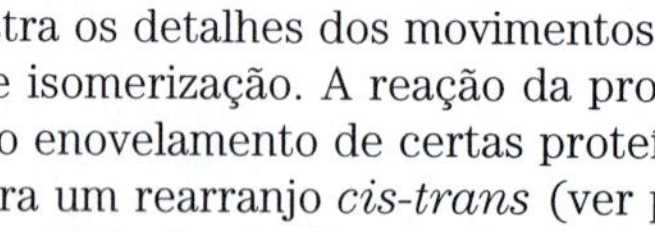

Nas aminas, reações similares podem resultar de eliminações.

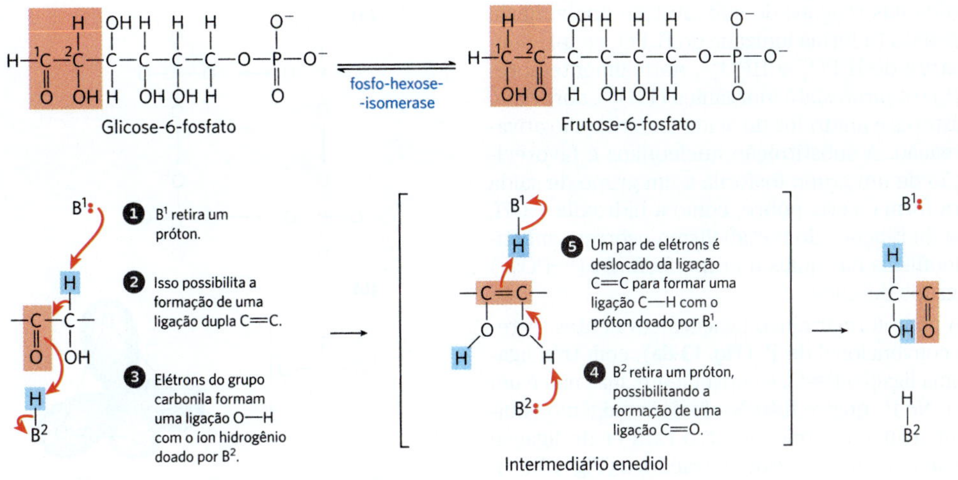

**FIGURA 13-6 Reações de isomerização e eliminação.**
(a) Conversão de glicose-6-fosfato em frutose-6-fosfato, uma reação do metabolismo dos açúcares catalisada pela fosfo-hexose-isomerase. (b) Essa reação ocorre por meio de um intermediário enediol. Os quadros em vermelho-claro indicam a via de oxidação da esquerda para a direita. $B^1$ e $B^2$ são grupos ionizáveis presentes na enzima e são capazes de doar e aceitar prótons (atuando como ácidos gerais ou bases gerais) à medida que a reação ocorre.

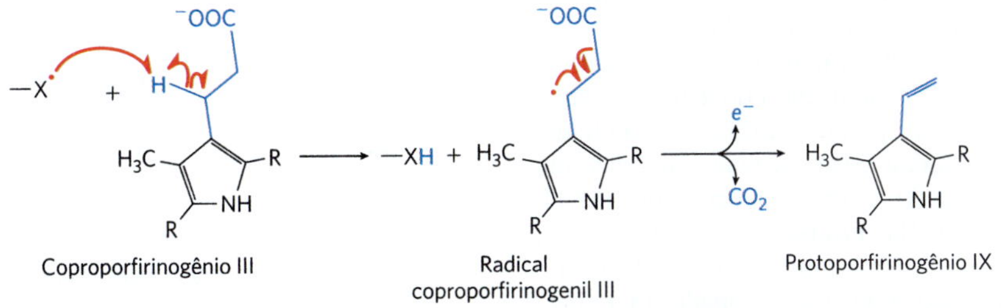

**FIGURA 13-7 Uma reação de descarboxilação iniciada por radicais livres.** A biossíntese do heme em *Escherichia coli* inclui uma etapa de descarboxilação em que as cadeias laterais propionila do intermediário coproporfirinogênio III são convertidas nas cadeias laterais vinila do protoporfirinogênio IX. Quando a bactéria está crescendo anaerobicamente, a enzima coproporfirinogênio III-oxidase, também chamada de proteína HemN, que não depende de oxigênio, promove a descarboxilação pelo mecanismo de radical livre mostrado aqui. O aceptor do elétron liberado não é conhecido. Para simplificar, estão mostradas apenas as porções relevantes das moléculas grandes de coproporfirinogênio III e protoporfirinogênio; as estruturas completas são mostradas na Figura 22-26. Quando *E. coli* está crescendo na presença de oxigênio, essa reação é uma descarboxilação oxidativa, sendo catalisada por uma enzima diferente. [Informações de G. Layer et al., *Curr. Opin. Chem. Biol.* 8:468, 2004, Fig. 4.]

**Reações de radicais livres** Anteriormente considerada rara, a clivagem homolítica de uma ligação covalente para gerar radicais livres é encontrada em uma ampla gama de processos bioquímicos. Alguns exemplos incluem: isomerizações que fazem uso de adenosilcobalamina (vitamina $B_{12}$) ou *S*-adenosilmetionina, que são iniciadas com um radical 5′-desoxiadenosila (ver reação da metilmalonil-CoA-mutase no Quadro 17-2); certas reações de descarboxilação iniciadas por radicais (**Fig. 13-7**); algumas reações de redutase, como a catalisada pela ribonucleotídeo-redutase (ver Fig. 22-43); e algumas reações de rearranjo, como as catalisadas pela DNA-fotoliase (ver Fig. 25-25).

**Reações de transferência de grupos** A transferência de grupos acila, glicosila e fosforila de um nucleófilo para outro é muito comum nas células. A transferência de grupo acila geralmente envolve a adição de um nucleófilo ao carbono carbonila de um grupo acila para formar um intermediário tetraédrico:

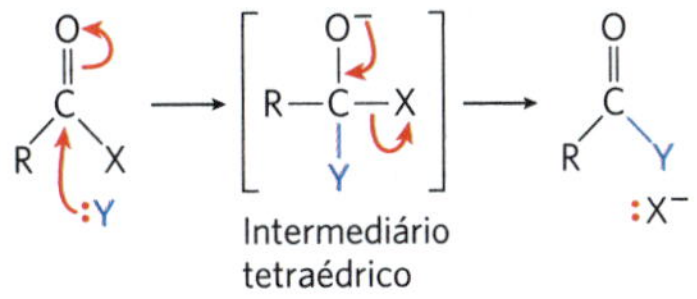

A reação da quimotripsina é um exemplo de transferência de grupo acila (ver Fig. 6-27). A transferência de grupos glicosila envolve a substituição nucleofílica no C-1 do anel de um açúcar, que é o átomo central de um acetal. Em princípio, a substituição pode ocorrer por uma via $S_N1$ ou $S_N2$.

A transferência de grupos fosforila tem uma função especial nas vias metabólicas, e essas reações de transferência estão discutidas em detalhes na Seção 13.3. ▶P3
Um tema geral no metabolismo é a ligação de um bom grupo de saída a um intermediário metabólico para ativar o intermediário para a reação subsequente. Entre os melhores

grupos de saída nas reações de substituição nucleofílica, estão o ortofosfato (a forma ionizada do $H_3PO_4$ em pH neutro, uma mistura de $H_2PO_4^-$ e $HPO_4^{2-}$, normalmente abreviada como $P_i$) e o pirofosfato inorgânico ($P_2O_7^{4-}$, abreviado como $PP_i$); ésteres e anidridos do ácido fosfórico são ativados para a reação. A substituição nucleofílica é favorecida pela ligação de um grupo fosforila a um grupo de saída que, de outra forma, seria pobre, como a hidroxila —OH. Em centenas de reações do metabolismo ocorrem substituições nucleofílicas nas quais o grupo fosforila (—$PO_3^{2-}$) serve como grupo de saída.

O fósforo pode formar cinco ligações covalentes. A representação convencional de $P_i$ (**Fig. 13-8a**), com três ligações P–O e uma ligação P=O, é conveniente, mas não é um quadro exato. No $P_i$, quatro ligações fósforo-oxigênio equivalentes compartilham parcialmente o caráter de ligação dupla, e o ânion tem uma estrutura tetraédrica (Fig. 13-8b). Como o oxigênio é mais eletronegativo que o fósforo, o compartilhamento dos elétrons é desigual: o fósforo central fica com uma carga positiva parcial e, portanto, atua como um eletrófilo. Em muitas reações metabólicas, o grupo fosforila (—$PO_3^{2-}$) é transferido do ATP para um álcool, formando um éster de fosfato (Fig. 13-8c), ou para um ácido carboxílico, formando um anidrido misto. Quando um nucleófilo ataca o átomo de fósforo eletrofílico do ATP, forma-se um intermediário com uma estrutura pentacovalente relativamente estável (Fig. 13-8d). Com a saída do grupo de saída (ADP), a transferência de um grupo fosforila fica concluída. As enzimas da grande família formada pelas enzimas que catalisam a transferência de grupos fosforila com o ATP como doador são denominadas **cinases** (do grego *kinein*, "mover"). A hexocinase, por exemplo, "move" um grupo fosforila do ATP para a hexose glicose. O **Quadro 13-1** apresenta uma introdução sobre algumas das amplas classes de enzimas (incluindo cinases) que são encontradas no estudo do metabolismo.

Os grupos fosforila não são os únicos grupos que ativam moléculas para reações. Os tioálcoois (tióis), em que o átomo de oxigênio de um álcool é substituído por um átomo de enxofre, também são bons grupos de saída. Os tióis ativam os ácidos carboxílicos pela formação de tioésteres (ou tioléteres). Nos capítulos posteriores, serão discutidas diversas reações, inclusive reações catalisadas pelas acilgraxo-sintases na síntese de lipídeos (ver Fig. 21-2), nas quais a substituição nucleofílica no carbono da carbonila de um tioéster resulta na transferência do grupo acila para outra região.

**Reações de oxidação-redução** Os átomos de carbono podem existir em cinco estados de oxidação, dependendo dos elementos com os quais eles compartilham elétrons (**Fig. 13-9**), e as transições entre esses estados de oxidação são de importância crucial no metabolismo (as reações de oxidação-redução são o tópico da Seção 13.4). Em muitas oxidações biológicas, um composto perde dois elétrons e dois íons hidrogênio (i.e., dois átomos de hidrogênio). Essas reações são comumente chamadas de desidrogenações, e as enzimas que as catalisam são chamadas de desidrogenases (**Fig. 13-10**). Em algumas oxidações biológicas, um átomo de carbono é covalentemente ligado a um átomo de oxigênio.

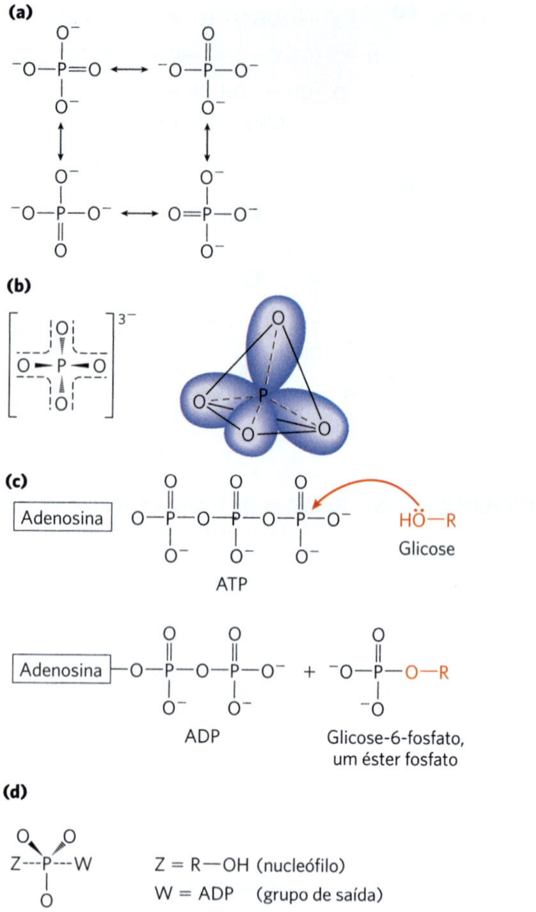

**FIGURA 13-8 Alguns participantes das transferências de grupos fosforila.** (a) Em uma representação (inadequada) do $P_i$, três oxigênios estão ligados por ligações simples ao fósforo, e o quarto está ligado por ligação dupla, possibilitando as quatro estruturas de ressonância mostradas. (b) As estruturas de ressonância do $P_i$ podem ser representadas mais acuradamente mostrando todas as quatro ligações fósforo-oxigênio com caráter de ligação dupla parcial; os orbitais híbridos assim representados estão arranjados em um tetraedro, com o P na posição central. (c) Quando um nucleófilo Z (nesse caso, a —OH do C-6 da glicose) ataca o ATP, ele desloca ADP (W). Nessa reação $S_N2$, há formação transitória de um intermediário pentavalente (d).

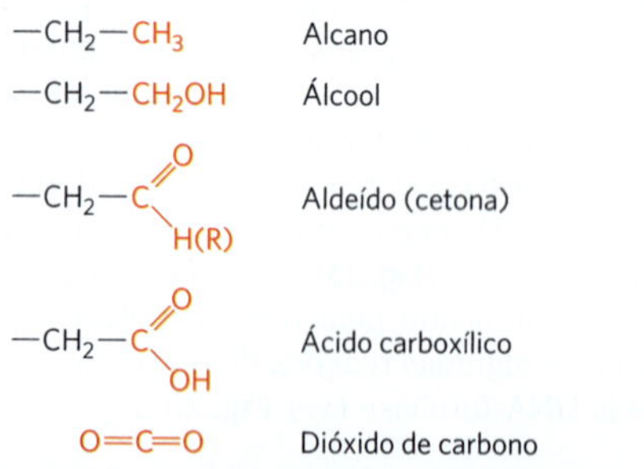

**FIGURA 13-9 Níveis de oxidação do carbono nas biomoléculas.** Cada composto é formado pela oxidação do carbono mostrado em vermelho no composto imediatamente acima. O dióxido de carbono é a forma de carbono mais altamente oxidada encontrada nos sistemas vivos.

## QUADRO 13-1 Introdução aos nomes das enzimas

O nome **cinase** é aplicado às enzimas que transferem um grupo fosforila de um nucleosídeo-trifosfato, como o ATP, para uma molécula aceptora – um açúcar (como ano caso da hexocinase e da glicocinase), uma proteína (como na glicogênio-fosforilase-cinase), outro nucleotídeo (como na nucleosídeo-difosfato-cinase) ou um intermediário metabólico, como o oxalacetato (como na PEP-carboxicinase). A reação catalisada por uma cinase é uma fosforilação. Por outro lado, a fosforólise é uma reação de substituição, na qual o fosfato ataca uma ligação química e é covalentemente ligado à molécula no ponto de quebra da ligação. Essas reações são catalisadas por **fosforilases**. A glicogênio-fosforilase, por exemplo, catalisa a fosforólise do glicogênio, produzindo glicose-1-fosfato. A desfosforilação, remoção de um grupo fosforila a partir de um éster de fosfato, é catalisada por fosfatases, que utilizam a água como espécie atacante. A frutose-bisfosfatase-1 converte frutose-1,6-bisfosfato a frutose-6-fosfato na gliconeogênese, e a fosforilase a-fosfatase retira os grupos fosforila dos resíduos de fosfosserina na glicogênio-fosforilase fosforilada. Ufa!

A citrato-sintase, a primeira enzima do ciclo do ácido cítrico (ver Fig. 16-7), é uma das muitas enzimas que catalisam reações de condensação, gerando um produto quimicamente mais complexo do que os seus precursores. As **sintases** catalisam reações de condensação que não exigem nucleosídeos-trifosfato (ATP, GTP, e assim por diante) como fonte de energia. As **sintetases** catalisam reações de condensação que utilizam ATP ou outro nucleosídeo-trifosfato como uma fonte de energia para a reação sintética. A succinil-CoA-sintetase é uma dessas enzimas. As **ligases** são enzimas que catalisam reações de condensação nas quais dois átomos são unidos, utilizando ATP ou outra fonte de energia. (Portanto, sintetases são ligases.) A DNA-ligase, por exemplo, conserta quebras em moléculas de DNA, utilizando energia fornecida por ATP ou NAD⁺; essa enzima é largamente utilizada em engenharia genética para unir pedaços de DNA. Ligases não devem ser confundidas com **liases**, enzimas que catalisam clivagens (ou, na reação inversa, adições), nas quais ocorrem rearranjos eletrônicos. O complexo da PDH, que remove $CO_2$ da molécula de piruvato de forma oxidativa, é um dos membros da ampla classe das liases.

Em algumas reações de oxidação biológica, o oxigênio molecular é o aceptor de elétrons. Quando átomos de oxigênio *não* aparecem no produto oxidado, a enzima é uma **oxidase**. Quando um ou os dois átomos de oxigênio de uma molécula de oxigênio *aparecem* no produto oxidado, como um novo grupo hidroxila ou carboxila, por exemplo, a enzima é uma **oxigenase**. As duas classes ainda são subdivididas. **Oxidases de função mista** oxidam dois tipos de substratos simultaneamente. **Monoxigenases** e **dioxigenases** catalisam reações nas quais um ou os dois átomos da molécula de oxigênio, respectivamente, são incorporados ao produto orgânico. Essas enzimas são especialmente importantes nas vias biossintéticas dos ácidos graxos e eicosanoides (ver Quadro 21-1). **Desidrogenases** catalisam reações de oxidação-redução nas quais NAD⁺ é o aceptor de elétrons, e geralmente não há envolvimento de oxigênio molecular.

Infelizmente, essas descrições dos tipos de enzimas se sobrepõem, e muitas enzimas são comumente chamadas por dois ou mais nomes. A succinil-CoA-sintetase, por exemplo, também é chamada de succinato-tiocinase; a enzima é uma sintetase no ciclo do ácido cítrico e uma cinase quando age no sentido da síntese de succinil-CoA. Isso traz à tona outra fonte de confusão na nomenclatura de enzimas. Uma enzima pode ter sido descoberta por meio de um experimento no qual, por exemplo, A é convertido em B. A enzima é, então, nomeada de acordo com essa reação. Estudos posteriores, entretanto, podem mostrar que, na célula, a enzima funciona principalmente convertendo B em A. Em geral, o primeiro nome continua a ser utilizado, embora a função metabólica da enzima fosse melhor descrita se recebesse o nome pela reação inversa. A enzima glicolítica piruvato-cinase ilustra essa situação (p. 521). Para um iniciante na bioquímica, essa duplicação da nomenclatura pode ser desorientadora. Comissões internacionais se esforçaram para sistematizar a nomenclatura das enzimas (ver Tabela 6-3 para um breve resumo do sistema), porém alguns nomes sistemáticos são muito longos e complicados, não sendo utilizados no dia a dia da conversação bioquímica.

Ao longo deste livro, foi feita uma tentativa de utilizar os nomes mais usados pelos bioquímicos e chamar a atenção para os casos nos quais uma enzima tem mais de um nome amplamente utilizado.

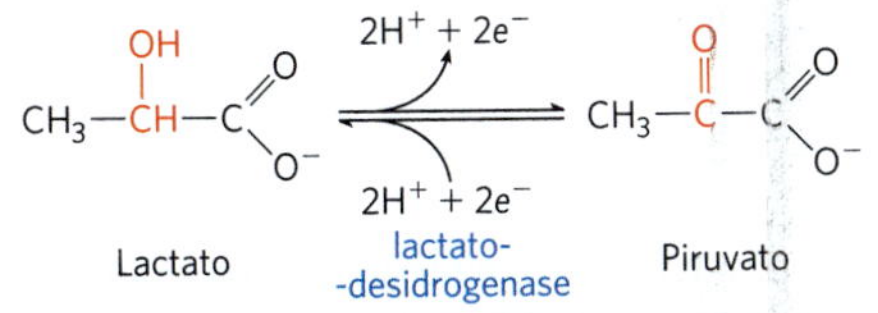

**FIGURA 13-10 Uma reação de oxidação-redução.** A figura mostra uma representação da oxidação do lactato a piruvato. Nessa desidrogenação, dois elétrons e dois íons hidrogênio (o equivalente a dois átomos de hidrogênio) são removidos do C-2 do lactato, um álcool, formando piruvato, uma cetona. Nas células, a reação é catalisada pela lactato-desidrogenase, e os elétrons são transferidos para o cofator nicotinamida-adenina-dinucleotídeo (NAD⁺). Essa reação é totalmente reversível; o piruvato pode ser reduzido pela transferência dos elétrons do cofator.

As enzimas que catalisam essas oxidações geralmente são chamadas de oxidases ou, se o átomo de oxigênio é derivado diretamente de um oxigênio molecular ($O_2$) e incorporado ao produto, de oxigenases.

Cada oxidação deve ser acompanhada por uma redução, na qual um aceptor de elétrons recebe os elétrons removidos por oxidação. As reações de oxidação geralmente liberam energia (pense em uma fogueira: os compostos na madeira são oxidados por moléculas de oxigênio do ar). **P5** A maioria das células vivas obtém a energia necessária para o trabalho celular pela oxidação de combustíveis metabólicos, como carboidratos ou gorduras (os organismos fotossintetizantes também são capazes de captar e usar a energia da luz solar). As vias catabólicas (que liberam energia), descritas nos Capítulos 14 a 19, são sequências de reações oxidativas que resultam na transferência de elétrons das moléculas combustíveis para o oxigênio por meio de uma série de transportadores de elétrons. A alta afinidade do $O_2$ por elétrons torna o processo global de transferência de elétrons altamente exergônico, fornecendo a energia que leva à síntese de ATP – o objetivo central do catabolismo.

Muitas das reações dessas cinco classes são facilitadas por cofatores, na forma de coenzimas e íons metálicos (vitamina $B_{12}$, S-adenosilmetionina, folato, nicotinamida e ferro são alguns exemplos). Os cofatores ligam-se às enzimas – em alguns casos, reversivelmente, em outros, quase irreversivelmente – e conferem a elas a capacidade de promover um tipo particular de reação química (p. 178). A maior parte dos cofatores participa em uma estreita faixa de reações diretamente relacionadas entre si. Os capítulos seguintes apresentam e discutem cada cofator biologicamente importante no momento em que é discutida a sua função. Os cofatores fornecem outra forma de organizar o estudo dos processos bioquímicos, já que as reações facilitadas por um determinado cofator costumam ter mecanismos parecidos.

### As equações bioquímicas e químicas não são idênticas

Os bioquímicos representam as equações metabólicas de forma simplificada, e isso é particularmente evidente nas reações envolvendo ATP. Os compostos fosforilados podem existir em vários estados de ionização e, conforme mencionado, várias espécies podem ligar $Mg^{2+}$. Por exemplo, com pH 7 e 2 mM de $Mg^{2+}$, o ATP existe em uma distribuição equilibrada entre as formas $ATP^{4-}$, $HATP^{3-}$, $H_2ATP^{2-}$, $MgHATP^-$ e $Mg_2ATP$. Ao se considerar as funções biológicas do ATP, entretanto, nem sempre todas as pessoas têm interesse nesses detalhes, de modo que o ATP é considerado uma entidade constituída pela soma dessas espécies, e sua hidrólise é representada na forma da equação bioquímica

$$ATP + H_2O \longrightarrow ADP + P_i$$

em que ATP, ADP e $P_i$ correspondem ao somatório das espécies. A constante de equilíbrio padrão transformada correspondente, $K'_{eq} = [ADP]_{eq}[P_i]_{eq}/[ATP]_{eq}$, depende do pH e da concentração de $Mg^{2+}$ livre. Observe que $H^+$ e $Mg^{2+}$ não aparecem nas equações bioquímicas, pois, durante a reação, as suas concentrações não se alteram de forma significativa. Portanto, uma equação bioquímica não necessariamente faz o balanço de $H^+$, $Mg^{2+}$ ou de cargas, embora o faça para todos os outros elementos envolvidos na reação (C, N, O e P, na equação anterior).

É possível escrever uma equação química que *faça* o balanço de todos os elementos e cargas. Por exemplo, quando o ATP é hidrolisado em valores de pH acima de 8,5 na ausência de $Mg^{2+}$, a reação química é representada por

$$ATP^{4-} + H_2O \longrightarrow ADP^{3-} + HPO_4^{2-} + H^+$$

A constante de equilíbrio correspondente, $K_{eq} = [ADP^{3-}]_{eq}[HPO_4^{2-}]_{eq}[H^+]_{eq}/[ATP^{4-}]_{eq}$, depende apenas da temperatura, da pressão e da força iônica.

As duas formas de escrever equações metabólicas são relevantes na bioquímica. Equações químicas são necessárias quando se deseja levar em consideração todos os átomos e cargas envolvidos em uma reação, como, por exemplo, quando se estuda o mecanismo de uma reação química. As equações bioquímicas são utilizadas para determinar em qual sentido uma reação ocorrerá espontaneamente, dado um valor de pH e [$Mg^{2+}$] específicos, ou para calcular a constante de equilíbrio da reação.

Ao longo deste livro, serão utilizadas equações bioquímicas, a menos que o foco seja o mecanismo da reação, e serão usados os valores de $\Delta G'^{\circ}$ e $K'_{eq}$ determinados em pH 7 e 1 mM de $Mg^{2+}$.

### RESUMO 13.2 Lógica química e reações bioquímicas comuns

■ Os sistemas vivos utilizam um grande número de reações químicas, que podem ser classificadas em cinco tipos gerais: reações que formam ou quebram ligações carbono-carbono; rearranjos internos e eliminações; reações de radicais livres; transferências de grupos; e reações de oxidação-redução. As clivagens heterolíticas ocorrem em reações que fazem ou quebram ligações C—C.

■ Os grupos carbonila têm um papel especial nas reações de formação e quebra de ligações C—C. A formação de intermediários carbânions é comum, e eles são estabilizados por grupos carbonila adjacentes ou, com menos frequência, por iminas ou determinados cofatores.

■ Uma redistribuição dos elétrons pode produzir rearranjos internos, isomerizações e eliminações. Essas reações incluem oxidação-redução intramolecular, alteração do arranjo *cis-trans* de ligações duplas e transposições de ligações duplas.

■ Em determinadas vias, ocorre clivagem homolítica de ligações covalentes para gerar radicais livres.

■ As reações de transferência de grupos fosforila são um tipo especialmente importante de transferência de grupos nas células, necessário para a ativação de moléculas para as reações que, de outra forma, seriam altamente desfavoráveis.

■ As reações de oxidação-redução envolvem a perda ou o ganho de elétrons: um reagente ganha elétrons e é reduzido, enquanto outro perde elétrons e é oxidado. As reações de oxidação geralmente liberam energia e são importantes no catabolismo.

■ Os bioquímicos geralmente escrevem equações não balanceadas para $H^+$ e não se preocupam em descrever o estado de ionização dos fosfatos.

## 13.3 Transferências de grupos fosforila e ATP

Uma vez apresentados alguns dos princípios fundamentais da variação de energia em sistemas químicos e revisadas as classes comuns de reações, agora a discussão passa a examinar o ciclo de energia nas células e a função especial do ATP como a moeda energética que relaciona catabolismo e anabolismo (ver Fig. 1-28). As células heterotróficas obtêm energia livre de forma química pelo catabolismo de moléculas de nutrientes, e elas usam essa energia para fazer ATP a partir de ADP e $P_i$. O ATP, então, doa parte da sua energia química para processos endergônicos, como a síntese de intermediários metabólicos e de macromoléculas a partir de precursores menores, para o transporte de substâncias através de membranas contra gradientes de concentração e para o movimento mecânico. Essa doação de energia pelo ATP geralmente envolve a sua participação covalente nas reações que precisam ser impulsionadas, com a posterior conversão de ATP em ADP e $P_i$ ou, em algumas reações, em AMP e 2 $P_i$. Agora, serão discutidas as bases químicas para a grande variação de energia livre que acompanha a hidrólise de ATP e de outros compostos de fosfato de alta energia contendo fosfato e será mostrado que a maior parte dos casos de doação de energia pelo ATP envolve a transferência de grupo, e não uma simples hidrólise de ATP. Para ilustrar a gama de transduções de energia para as quais o ATP fornece a energia, será abordada a síntese de macromoléculas ricas em informação, o transporte de solutos através das membranas e o movimento produzido pela contração muscular.

### A variação de energia livre para a hidrólise do ATP é grande e negativa

A **Figura 13-11** resume a base química da energia livre padrão da hidrólise de ATP relativamente grande e negativa. A clivagem hidrolítica da ligação do anidrido do ácido fosfórico (fosfoanidrido) terminal do ATP separa um dos três fosfatos carregados negativamente, aliviando, assim, parte da repulsão eletrostática no ATP; o $P_i$ liberado é estabilizado pela geração de formas de ressonância que não são possíveis no ATP.

A variação de energia livre para a hidrólise de ATP é de −30,5 kJ/mol em condições padrão, mas a energia livre *real* da hidrólise ($\Delta G$) do ATP em células vivas é muito diferente: as concentrações celulares de ATP, ADP e $P_i$ não são idênticas e são muito mais baixas do que a concentração de 1,0 M das condições padrão (**Tabela 13-5**). Além disso, o $Mg^{2+}$ no citosol liga ATP e ADP (**Fig. 13-12**), e, para a maioria das reações enzimáticas que envolve ATP como doador de grupo fosforila, o verdadeiro substrato é MgATP$^{2-}$. Portanto, a $\Delta G'^{\circ}$ relevante é a da hidrólise de MgATP$^{2-}$. Pode-se calcular a $\Delta G$ para a hidrólise de ATP usando os dados da Tabela 13-5. A energia livre real para a hidrólise de ATP nas condições intracelulares é geralmente chamada de **potencial de fosforilação**, $\Delta G_p$, por razões que serão explicadas.

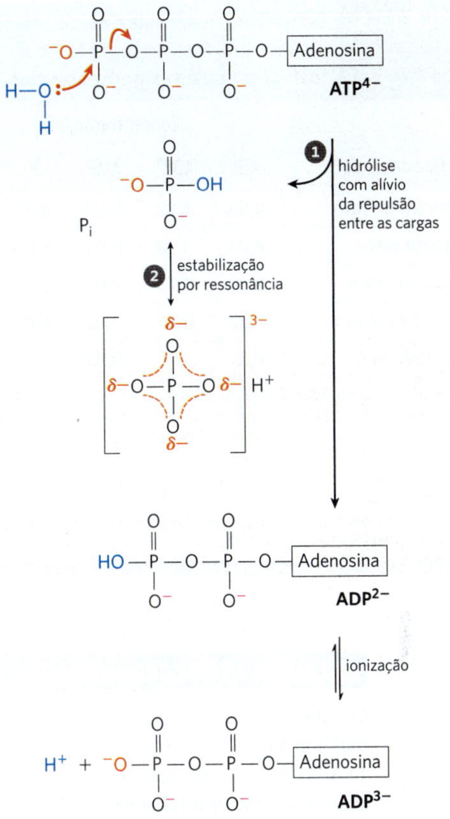

**FIGURA 13-11 Base química da grande variação de energia livre associada à hidrólise de ATP.** ❶ A separação de cargas resultante da hidrólise atenua a repulsão eletrostática entre as quatro cargas negativas do ATP. ❷ O fosfato inorgânico ($P_i$) liberado é estabilizado pela formação de um híbrido de ressonância, em que cada uma das quatro ligações fósforo-oxigênio apresenta o mesmo grau de caráter de ligação dupla, e os íons hidrogênio não se encontram permanentemente associados a nenhum dos átomos de oxigênio. (Também ocorre certo grau de estabilização por ressonância nos fosfatos envolvidos em ligações éster ou anidrido, mas são possíveis menos formas de ressonância do que no $P_i$.) Um terceiro fator (não mostrado) que favorece a hidrólise de ATP é o grande grau de solvatação (hidratação) dos produtos $P_i$ e ADP em relação ao ATP, o que deixa os produtos ainda mais estáveis em relação aos reagentes.

$$ATP^{4-} + H_2O \longrightarrow ADP^{3-} + HPO_4^{2-} + H^+$$
$$\Delta G'^{\circ} = -30,5 \text{ kJ/mol}$$

Como as concentrações de ATP, ADP e $P_i$ são diferentes de um tipo de célula para outro, a $\Delta G_p$ do ATP também difere. Além disso, em qualquer célula, a $\Delta G_p$ pode variar ao longo do tempo, dependendo das condições metabólicas e de como elas influenciam as concentrações de ATP, ADP, $P_i$ e $H^+$ (pH). É possível calcular a variação de energia livre real para qualquer reação metabólica, nas condições em que ela ocorre na célula, desde que sejam conhecidas as concentrações de todos os reagentes e produtos da reação, além de outros fatores (como pH, temperatura e [$Mg^{2+}$]) que podem afetar a variação de energia livre real.

| TABELA 13-5 | Concentrações totais de nucleotídeos de adenina, fosfato inorgânico e fosfocreatina em algumas células |||||
|---|---|---|---|---|---|
| | Concentração (mM)[a] |||||
| Tipo de célula | ATP | ADP[b] | AMP | $P_i$ | PCr |
| Hepatócito de rato | 3,38 | 1,32 | 0,29 | 4,8 | 0 |
| Miócito de rato | 8,05 | 0,93 | 0,04 | 8,05 | 27 |
| Neurônio de rato | 2,59 | 0,73 | 0,06 | 2,72 | 4,7 |
| Eritrócito humano | 2,25 | 0,25 | 0,02 | 1,65 | 0 |
| Célula de *E. coli* | 9,6 | 0,56 | 0,28 | — | — |

[a]Para os eritrócitos, as concentrações são aquelas do citosol (os eritrócitos humanos não possuem núcleo e mitocôndria). Para os outros tipos de células, os dados são para todo o conteúdo celular, embora o citosol e a mitocôndria tenham concentrações de ADP muito diferentes. PCr é a fosfocreatina, discutida na p. 487.

[b]Esse valor reflete a concentração total; os valores reais de ADP livre podem ser muito menores (Exemplo 13-2).

Dados dos mamíferos de R. L. Veech et al., *J. Biol. Chem.* 254:6538, 1979. Dados da *E. coli* de B. D. Bennett et al., *Nat. Chem. Biol.* 5:593, 2009.

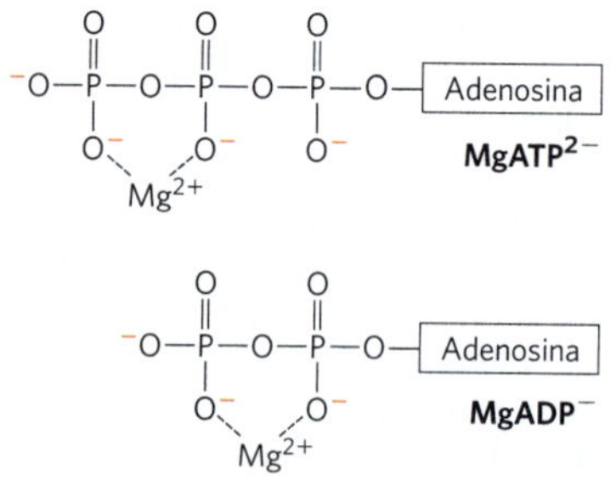

**FIGURA 13-12 $Mg^{2+}$ e ATP.** A formação de complexos com o $Mg^{2+}$ isola parcialmente as cargas negativas e influencia a conformação dos grupos fosfato em nucleotídeos como o ATP e o ADP.

### EXEMPLO 13-2 Cálculo de $\Delta G_p$

Calcule a energia livre real para a hidrólise de ATP, $\Delta G_p$, em eritrócitos humanos. A energia livre padrão para a hidrólise do ATP é de −30,5 kJ/mol, e as concentrações de ATP, ADP e $P_i$ nos eritrócitos são mostradas na Tabela 13-5. Pode-se assumir que o pH é 7,0 e a temperatura é 37 °C (temperatura do corpo humano). O que isso revela sobre a quantidade de energia necessária para *sintetizar* ATP nessas condições celulares?

**SOLUÇÃO:** As concentrações de ATP, ADP e $P_i$ em eritrócitos humanos são de 2,25, 0,25 e 1,65 mM, respectivamente. A energia livre real para a hidrólise do ATP nessas condições é dada pela relação (ver Equação 13-4)

$$\Delta G_p = \Delta G'^\circ + RT \ln \frac{[ADP][P_i]}{[ATP]}$$

Substituindo os valores apropriados, obtém-se

$$\Delta G_p = -30,5 \text{ kJ/mol} + \left[ (8,315 \text{ J/mol·K})(310 \text{ K}) \ln \frac{(0,25 \times 10^{-3})(1,65 \times 10^{-3})}{(2,25 \times 10^{-3})} \right]$$

$$= -30,5 \text{ kJ/mol} + (2,58 \text{ kJ/mol}) \ln 1,8 \times 10^{-4}$$

$$= -30,5 \text{ kJ/mol} + (2,58 \text{ kJ/mol})(-8,6)$$

$$= -30,5 \text{ kJ/mol} - 22 \text{ kJ/mol}$$

$$= -52 \text{ kJ/mol}$$

Então, $\Delta G_p$, a variação de energia livre real para a hidrólise de ATP em eritrócitos intactos (−52 kJ/mol), é muito maior do que a variação de energia livre padrão (−30,5 kJ/mol). Da mesma forma, a energia livre necessária para *sintetizar* ATP a partir de ADP e $P_i$ nas condições que prevalecem nos eritrócitos seria de 52 kJ/mol.

---

Para complicar ainda mais a questão, as concentrações *totais* de ATP, ADP e $P_i$ (e $H^+$) em uma célula – como indicado na Tabela 13-5 – podem ser substancialmente maiores do que as concentrações *livres*, que são os valores termodinamicamente relevantes. Essas diferenças devem-se ao fato de que ATP, ADP e $P_i$ se ligam fortemente a proteínas celulares. Por exemplo, a [ADP] livre no músculo em repouso foi estimada como variando entre 1 e 37 μM. Usando o valor de 25 μM no Exemplo 13-2, obtém-se uma $\Delta G_p$ de −58 kJ/mol. O cálculo do valor exato da $\Delta G_p$ é menos elucidativo do que a generalização que se pode fazer sobre a variação de energia livre real: *in vivo*, a liberação de energia pela hidrólise de ATP é maior do que a variação da energia livre padrão, $\Delta G'^\circ$.

Nas discussões que se seguem, será usado o valor de $\Delta G'^\circ$ para a hidrólise de ATP, pois isso permite fazer comparações nas mesmas bases com a energética de outras reações celulares. Entretanto, deve-se ter sempre em mente que, nas células vivas, a grandeza relevante é a $\Delta G$, tanto para a hidrólise de ATP como para qualquer outra reação, e esse valor pode ser bem diferente do valor da $\Delta G'^{\circ}$.

Agora, é preciso fazer uma observação importante sobre os níveis celulares de ATP. Foi mostrado (e será discutido adiante) como as propriedades químicas do ATP fazem dele uma forma conveniente de moeda de energia nas células. Contudo, não são meramente as propriedades químicas intrínsecas da molécula que dão ao ATP essa capacidade de impulsionar as reações metabólicas e outros processos que requerem energia. Ainda mais importante é que, ▶P4◀ ao longo da evolução, ocorreu uma pressão de seleção muito forte a favor de mecanismos regulatórios que *mantêm as concentrações de ATP muito abaixo das concentrações de equilíbrio* da reação de hidrólise. Quando o nível de ATP diminui, não apenas a *quantidade* de combustível diminui, mas o combustível por si só *perde sua potência*: a $\Delta G$ para a sua hidrólise (i.e., seu potencial de fosforilação, $\Delta G_p$) diminui. Essa discussão sobre as vias metabólicas que produzem e consomem ATP mostrará que as células desenvolveram mecanismos elaborados – muitas vezes aparentemente à custa da eficiência – para manter as concentrações de ATP em níveis altos.

## Outros compostos fosforilados e tioésteres também possuem energias livres de hidrólise negativas elevadas

O ATP não é o único composto biológico com uma energia livre de hidrólise altamente negativa. A **Tabela 13-6** apresenta a energia livre padrão de hidrólise para alguns compostos fosforilados de importância biológica. Em todas as reações em que ocorre a liberação de fosfato, algumas das quais são descritas a seguir, as várias formas de ressonância disponíveis para o $P_i$ (Fig. 13-11) estabilizam esse produto em relação ao reagente, contribuindo para uma variação de energia livre já negativa.

O fosfoenolpiruvato (PEP; **Fig. 13-13**), um intermediário central no processo de conservação de energia da glicólise (Capítulo 14), contém uma ligação éster-fosfato que sofre hidrólise para gerar a forma enólica do piruvato, e esse produto direto pode tautomerizar, gerando a forma cetônica mais estável. Como o reagente (PEP) tem apenas uma forma (enol) e o produto (piruvato) contém duas formas possíveis, a reação ocorre com ganho na entropia; portanto, o produto é mais estável do que o reagente. Este é um contribuinte importante para a elevada energia livre padrão de hidrólise do fosfoenolpiruvato: $\Delta G'^{\circ} = -61{,}9$ kJ/mol. Um segundo contribuinte é a maior estabilização por ressonância do $P_i$ liberado pela clivagem do PEP.

**TABELA 13-6** Valores de energia livre padrão para a hidrólise de alguns compostos fosforilados e da acetil-CoA (um tioéster)

| Compostos e acetil-CoA | $\Delta G'^{\circ}$ (kJ/mol) | $\Delta G'^{\circ}$ (kcal/mol) |
|---|---|---|
| Fosfoenolpiruvato | −61,9 | −14,8 |
| 1,3-Bisfosfoglicerato ($\rightarrow$ 3-fosfoglicerato + $P_i$) | −49,3 | −11,8 |
| Fosfocreatina | −43,0 | −10,3 |
| ADP ($\rightarrow$ AMP + $P_i$) | −32,8 | −7,8 |
| ATP ($\rightarrow$ ADP + $P_i$) | −30,5 | −7,3 |
| ATP ($\rightarrow$ AMP + $PP_i$) | −45,6 | −10,9 |
| ADP ($\rightarrow$ adenosina + $P_i$) | −14,2 | −3,4 |
| $PP_i$ ($\rightarrow$ 2$P_i$) | −19,2 | −4,0 |
| Glicose-3-fosfato | −20,9 | −5,0 |
| Frutose-6-fosfato | −15,9 | −3,8 |
| Glicose-6-fosfato | −13,8 | −3,3 |
| Glicerol-3-fosfato | −9,2 | −2,2 |
| Acetil-CoA | −31,4 | −7,5 |

Dados de W. P. Jencks, In *Handbook of Biochemistry and Molecular Biology*, 3rd edn. (G. D. Fasman, ed.), *Physical and Chemical Data*, Vol. 1, p. 296, CRC Press, 1976. Valor da energia livre da hidrólise de $PP_i$, obtido de P. A. Frey e A. Arabshahi, *Biochemistry* 34:11,307, 1995.

Outro intermediário na glicólise, o composto 1,3-bisfosfoglicerato de três carbonos (**Fig. 13-14**), possui uma ligação anidrido entre o grupo carboxila C-1 e o ácido fosfórico. A hidrólise desse acil-fosfato é acompanhada por uma variação de energia livre padrão grande e negativa ($\Delta G'^{\circ} = -49{,}3$ kJ/mol), que, novamente, pode ser explicada com base nas estruturas dos reagentes e produtos. Quando $H_2O$ é adicionada à ligação anidrido do 1,3-bisfosfoglicerato, um dos produtos diretos, o ácido-3-fosfoglicérico, pode perder um próton para gerar o íon carboxilato, o 3-fosfoglicerato, o qual contém duas formas de ressonância igualmente prováveis. A remoção do produto direto (ácido 3-fosfoglicérico) e a formação do íon estabilizado por ressonância favorecem a reação no sentido direto.

Na fosfocreatina (**Fig. 13-15**), que é utilizada pelo tecido muscular para repor a concentração de ATP após ele ter sido usado, a ligação P—N pode ser hidrolisada para gerar creatina livre e $P_i$. A liberação de $P_i$ e a estabilização por

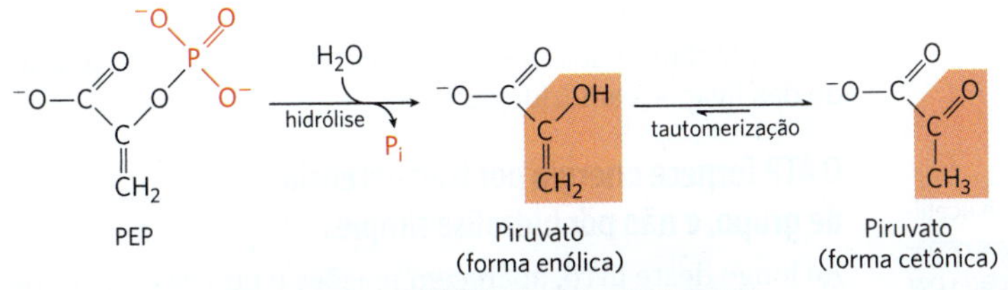

**FIGURA 13-13 Hidrólise do fosfoenolpiruvato (PEP).** Catalisada pela piruvato-cinase, essa reação é seguida pela tautomerização espontânea do produto, o piruvato. Como não é possível haver tautomerização no PEP, os produtos da hidrólise são mais estáveis em relação aos reagentes. Também ocorre a estabilização por ressonância do $P_i$, como mostrado na Figura 13-11.

$$PEP^{3-} + H_2O \longrightarrow piruvato^- + HPO_4^{2-}$$
$$\Delta G'^{\circ} = -61{,}9 \text{ kJ/mol}$$

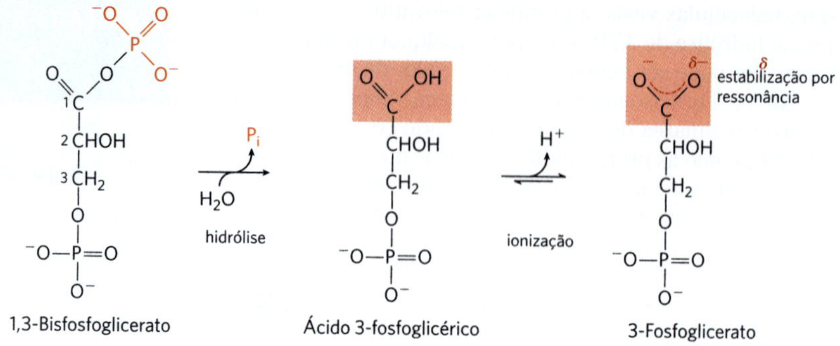

**FIGURA 13-14 Hidrólise do 1,3-bisfosfoglicerato.** O produto direto da hidrólise é o ácido 3-fosfoglicérico, com um ácido carboxílico não dissociado. A dissociação favorece as estruturas de ressonância que estabilizam o produto em relação aos reagentes. A estabilização por ressonância do $P_i$ traz uma contribuição a mais para a variação de energia livre negativa.

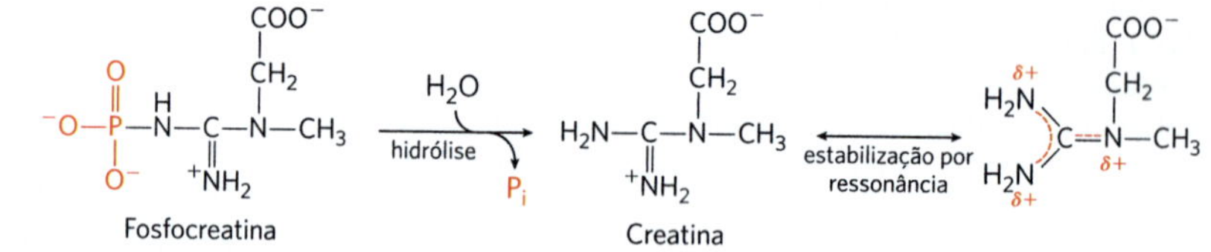

$$\text{1,3-Bisfosfoglicerato}^{4-} + H_2O \longrightarrow \text{3-fosfoglicerato}^{3-} + HPO_4^{2-} + H^+$$
$$\Delta G'^\circ = -49,3 \text{ kJ/mol}$$

**FIGURA 13-15 Hidrólise da fosfocreatina.** A quebra da ligação P–N na fosfocreatina produz creatina, que é estabilizada pela formação de um híbrido de ressonância. O outro produto, $P_i$, também é estabilizado por ressonância.

$$\text{Fosfocreatina}^{2-} + H_2O \longrightarrow \text{creatina} + HPO_4^{2-}$$
$$\Delta G'^\circ = -43,0 \text{ kJ/mol}$$

ressonância da creatina favorecem a reação no sentido direto. Portanto, a variação de energia livre padrão da hidrólise da fosfocreatina é elevada: −43,0 kJ/mol.

Os **tioésteres**, nos quais um átomo de enxofre substitui o oxigênio usual na ligação éster, também têm energia livre padrão de hidrólise elevada e negativa. A acetil-coenzima A, ou acetil-CoA (**Fig. 13-16**), é um dos muitos tioésteres importantes no metabolismo. O grupo acila nesses compostos é ativado para transacilação e condensação. Os tioésteres sofrem muito menos estabilização por ressonância do que os ésteres de oxigênio; como consequência, a diferença de energia livre entre o reagente e os seus produtos de hidrólise, que *são* estabilizados por ressonância, é maior para os tioésteres do que para os ésteres de oxigênio relacionados (**Fig. 13-17**). Em ambos os casos, a hidrólise do éster gera um ácido carboxílico, que pode ionizar e assumir vários estados de ressonância. O conjunto desses fatores faz a hidrólise da acetil-CoA ter uma $\Delta G'^\circ$ grande e negativa ($-31,4$ kJ/mol).

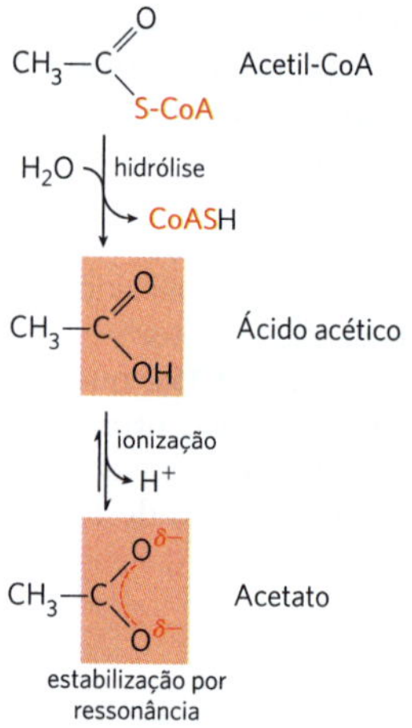

Em resumo, para as reações de hidrólise com variações de energia livre padrão elevadas e negativas, os produtos são mais estáveis do que os reagentes por uma ou mais das seguintes razões: (1) a tensão de ligação dos reagentes decorrente da repulsão eletrostática é aliviada pela separação de cargas, como no caso do ATP; (2) os produtos são estabilizados por ionização, como no ATP, nos acil-fosfatos e nos tioésteres; (3) os produtos são estabilizados por isomerização (tautomerização), como para o PEP; e/ou (4) os produtos são estabilizados por ressonância, como a creatina liberada da fosfocreatina, como o íon carboxilato liberado do acil-fosfato e dos tioésteres e como o fosfato ($P_i$) liberado das ligações anidrido ou éster.

### O ATP fornece energia por transferências de grupo, e não por hidrólise simples

Ao longo deste livro, aparecem reações e processos para os quais o ATP fornece energia, e a contribuição do ATP para essas reações geralmente é indicada, como na **Figura 13-18a**,

$$\text{Acetil-CoA} + H_2O \longrightarrow \text{acetato}^- + \text{CoA} + H^+$$
$$\Delta G'^\circ = -31,4 \text{ kJ/mol}$$

**FIGURA 13-16 Hidrólise da acetil-coenzima A.** A acetil-CoA é um tioéster com energia livre padrão de hidrólise elevada e negativa. Os tioésteres contêm um átomo de enxofre na posição ocupada por um átomo de oxigênio nos ésteres. A estrutura completa da coenzima A (CoA ou CoASH) está mostrada na Figura 8-41.

## 13.3 TRANSFERÊNCIAS DE GRUPOS FOSFORILA E ATP

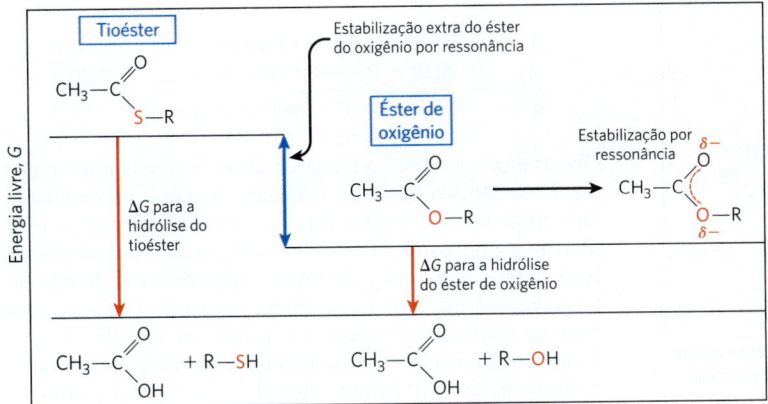

**FIGURA 13-17 Energia livre de hidrólise de tioésteres e ésteres de oxigênio.** Os *produtos* de ambos os tipos de reação de hidrólise têm aproximadamente o mesmo conteúdo de energia livre (G), mas o tioéster tem conteúdo de energia livre maior que o éster de oxigênio. A sobreposição de orbitais entre os átomos de O e C possibilita a estabilização por ressonância dos ésteres de oxigênio; a sobreposição de orbitais entre os átomos de S e C é pouco expressiva e gera pouca estabilização por ressonância.

por uma seta simples mostrando a conversão de ATP em ADP e $P_i$ (ou, em alguns casos, de ATP em AMP e pirofosfato, $PP_i$). Quando representadas dessa forma, essas reações de ATP parecem ser reações de hidrólise simples, nas quais a água desloca $P_i$ (ou $PP_i$), e a tendência é dizer que as reações dependentes de ATP são "impulsionadas pela hidrólise do ATP". Esse *não* é o caso. A hidrólise de ATP por si só geralmente não faz nada mais do que liberar calor, o que não pode impulsionar um processo químico em um sistema isotérmico. As reações representadas por setas simples, como aquela da Figura 13-18a, quase sempre indicam um processo em duas etapas (Fig. 13-18b), no qual parte da molécula de ATP, ou seja, um grupo fosforila ou pirofosforila ou a porção adenilato (AMP), é primeiro transferida para uma molécula de substrato ou para um resíduo de aminoácido de uma enzima, tornando-se covalentemente ligada ao substrato ou à enzima e aumentando, dessa forma, seu conteúdo de energia livre (ativando-a). Então, em uma segunda etapa, a porção da molécula contendo o fosfato transferido na primeira etapa é deslocada, gerando $P_i$, $PP_i$ ou AMP como grupo de saída. Assim, o ATP participa *covalentemente* da reação catalisada pela enzima para a qual ele fornece energia livre.

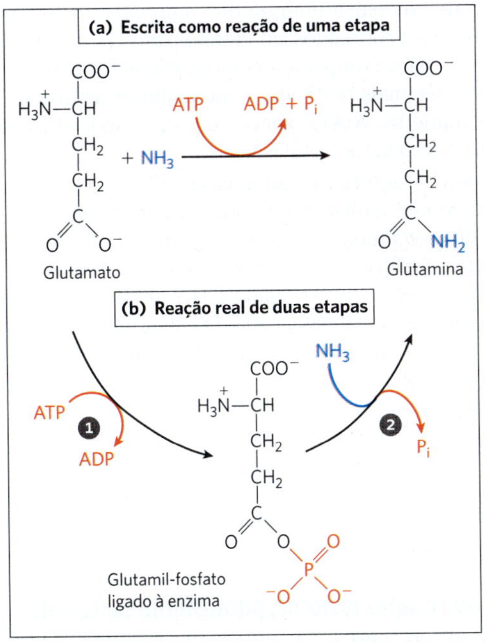

No entanto, alguns processos *sim* envolvem a hidrólise direta do ATP (ou da molécula semelhante GTP, guanosina-trifosfato). Por exemplo, a ligação não covalente de ATP (ou GTP), seguida da sua hidrólise a ADP (ou GDP, guanosina-difosfato) e $P_i$, pode fornecer a energia para promover a alternância de algumas proteínas entre duas conformações, produzindo movimento mecânico. Isso ocorre na contração muscular (ver Fig. 5-29) e no movimento de enzimas ao longo do DNA (ver Fig. 25-30) ou no deslocamento dos ribossomos ao longo do RNA mensageiro (ver Fig. 27-30). As reações dependentes de energia catalisadas por helicases, proteína RecA e algumas topoisomerases (Capítulo 25) também envolvem a hidrólise direta de ligações fosfoanidrido. As AAA+ ATPases envolvidas na replicação do DNA e em outros processos descritos no Capítulo 25 usam a hidrólise do ATP para alternar a associação das proteínas envolvidas entre as formas ativa e inativa. As proteínas ligadoras de GTP, que agem em vias de sinalização, hidrolisam GTP diretamente para impulsionar mudanças conformacionais que cessam sinais desencadeados por hormônios ou por outros fatores extracelulares (Capítulo 12).

Os compostos de fosfato encontrados nos seres vivos podem ser divididos, um tanto arbitrariamente, em dois grupos com base em suas energias livres padrão de hidrólise (**Fig. 13-19**). **P4** Compostos de "alta energia" têm $\Delta G'^\circ$ de hidrólise mais negativa que $-25$ kJ/mol; a $\Delta G'^\circ$ de compostos de "baixa energia" é menos negativa do que isso. Com base nesse critério, o ATP, com uma $\Delta G'^\circ$ de hidrólise de $-30,5$ kJ/mol ($-7,3$ kcal/mol), é um composto de alta energia; a

**FIGURA 13-18 A hidrólise de ATP em duas etapas.**
(a) A contribuição do ATP para uma reação frequentemente é representada como uma etapa única, mas ela é quase sempre um processo em duas etapas. (b) Representação da reação catalisada pela glutamina-sintetase dependente de ATP. ❶ Um grupo fosforila é transferido do ATP para o glutamato, e, então, ❷ o grupo fosforila é deslocado por $NH_3$, e $P_i$ é liberado.

**484** CAPÍTULO 13 • INTRODUÇÃO AO METABOLISMO

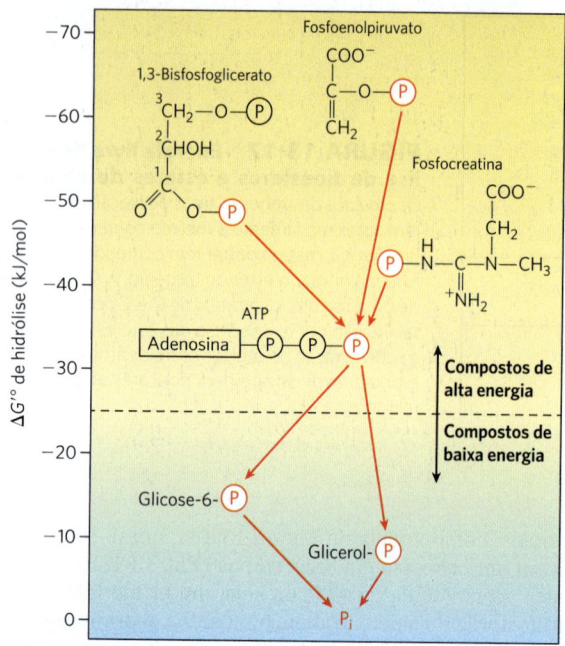

$\Delta G'^{o}$ (kJ/mol)
(1) PEP + H₂O ⟶ Piruvato + P_i    −61,9
(2) ADP + P_i ⟶ ATP + H₂O         +30,5
*Soma*: PEP + ADP ⟶ Piruvato + ATP  −31,4

**FIGURA 13-19** **Classificação dos compostos de fosfato biológicos segundo a energia livre padrão de hidrólise.** Os grupos fosforila, representados por Ⓟ, fluem de doadores de grupo fosforila de alta energia via ATP até moléculas aceptoras (como glicose e glicerol), formando os seus derivados fosfatados de baixa energia. (A posição de cada composto doador de grupo fosforila na escala é um indicativo aproximado da $\Delta G'^{o}$ de hidrólise do composto.) Esse fluxo de grupos fosforila, catalisado pelas cinases, ocorre com uma perda global de energia livre em condições intracelulares. A hidrólise de compostos de fosfato de baixa energia libera P_i, que apresenta um potencial de transferência de grupo fosforila ainda menor.

Observe que, embora a reação real seja representada como a soma algébrica das duas primeiras reações, na realidade, ela é uma terceira reação distinta que não envolve P_i; o PEP doa um grupo *fosforila* ao ADP *diretamente*. Os compostos fosforilados podem ser descritos como dotados de alto ou baixo *potencial de transferência de grupo fosforila* com base na respectiva energia livre padrão de hidrólise (como listado na Tabela 13-6). O potencial de transferência do grupo fosforila do PEP é muito elevado, o do ATP é elevado e o da glicose-6-fosfato é baixo (Fig. 13-19).

Uma grande parte do catabolismo é direcionada para a síntese de compostos de fosfato de alta energia, mas a formação desses compostos não é um objetivo final; eles são os meios para a ativação de uma ampla gama de compostos utilizados nas reações químicas subsequentes. A transferência de um grupo fosforila a um composto efetivamente fornece energia livre a ele, de modo que o composto passa a ter mais energia livre para liberá-la durante as transformações químicas seguintes. Anteriormente, foi descrito como a síntese de glicose-6-fosfato é realizada pela transferência de grupo fosforila do ATP. O próximo capítulo mostra como essa fosforilação da glicose ativa, ou "prepara", a glicose para algumas reações catabólicas que ocorrem em praticamente todas as células vivas. Devido à posição intermediária que o ATP ocupa nessa escala de potencial de transferência, o ATP pode carrear a energia de compostos fosforilados de alta energia produzidos no catabolismo (p. ex., fosfoenolpiruvato) para compostos como a glicose, convertendo-os em espécies mais reativas e com melhores grupos de saída. Dessa maneira, o ATP serve como a moeda universal de energia em todas as células vivas.

Outra característica química do ATP é crucial para sua função no metabolismo: embora em solução aquosa ele seja termodinamicamente instável e, portanto, um bom doador de grupos fosforila, o ATP é *cineticamente* estável. Devido à enorme energia de ativação (200 a 400 kJ/mol) necessária para a clivagem não catalisada da sua ligação fosfoanidrido, o ATP não é capaz de doar espontaneamente grupos fosforila para a água ou para as centenas de outras potenciais moléculas aceptoras na célula. A transferência dos grupos fosforila do ATP ocorre somente na presença de enzimas específicas para reduzir essa energia de ativação. A célula é, portanto, capaz de regular a disponibilidade de energia transportada pelo ATP por meio da regulação das várias enzimas que atuam sobre ele.

glicose-6-fosfato, com uma $\Delta G'^{o}$ de hidrólise de −13,8 kJ/mol (−3,3 kcal/mol), é um composto de baixa energia.

O termo "ligação de fosfato de alta energia", por muito tempo usado pelos bioquímicos para descrever a ligação P—O quebrada em reações de hidrólise, é incorreto e enganoso, já que sugere erroneamente que a ligação por si só contém energia. Na verdade, a quebra de qualquer ligação química requer um *fornecimento* de energia. A energia livre liberada pela hidrólise de compostos de fosfato não vem da quebra da ligação especificamente; ela é resultado do menor conteúdo de energia livre dos produtos da reação, em vez dos reagentes. Para simplificar, algumas vezes será utilizado o termo "composto de fosfato de alta energia" em referência ao ATP ou a outro composto de fosfato com energia livre padrão de hidrólise elevada e negativa.

**P2** Como as variações de energia livre das reações que ocorrem sequencialmente são somadas (ver Seção 13.1), é evidente que qualquer composto fosforilado pode ser sintetizado pelo acoplamento dessa reação de síntese à quebra de outro composto fosforilado com uma energia livre de hidrólise mais negativa. Por exemplo, como a clivagem de P_i a partir de fosfoenolpiruvato libera mais energia do que o necessário para impulsionar a condensação de P_i com ADP, a doação direta de um grupo fosforila de PEP para ADP é termodinamicamente possível:

## O ATP doa grupos fosforila, pirofosforila e adenilila

As reações do ATP geralmente são substituições nucleofílicas S_N2 (ver Seção 13.2) em que o nucleófilo pode ser, por exemplo, o oxigênio de um álcool ou de um carboxilato, ou o nitrogênio da creatina ou da cadeia lateral de arginina ou histidina. Os três fosfatos do ATP são suscetíveis ao ataque nucleofílico (**Fig. 13-20**), e cada posição de ataque resulta em um tipo diferente de produto.

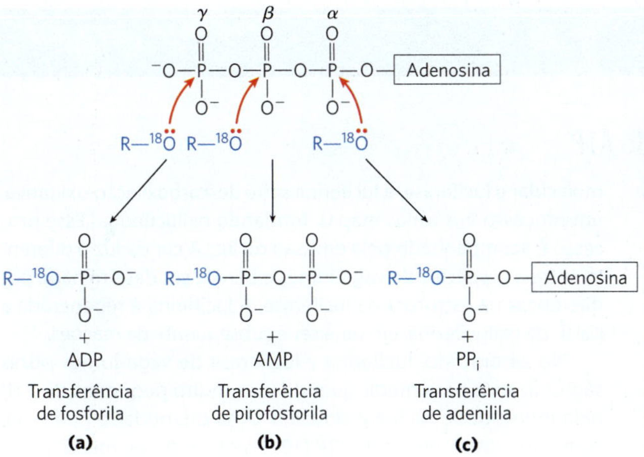

**FIGURA 13-20** **Três posições no ATP para o ataque por um nucleófilo R—$^{18}$Ö.** Qualquer um dos três átomos de fosfato ($\alpha$, $\beta$ ou $\gamma$) pode servir como alvo eletrofílico para um ataque nucleofílico, nesse caso pelo nucleófilo marcado com R—$^{18}$Ö. O nucleófilo pode ser um álcool (ROH), um grupo carboxila (RCOO$^-$) ou um fosfoanidrido (p. ex., um nucleosídeo-monofosfato ou difosfato). (a) Quando o oxigênio do nucleófilo ataca a posição $\gamma$, a ponte de oxigênio no produto fica marcada, indicando que o grupo transferido do ATP foi uma fosforila (—$PO_3^{2-}$), e não um fosfato (—$OPO_3^{2-}$). (b) O ataque na posição $\beta$ desloca AMP e leva à transferência de um grupo pirofosforila (não pirofosfato) para o nucleófilo. (c) O ataque na posição $\alpha$ desloca $PP_i$ e transfere o grupo adenilila para o nucleófilo.

O ataque nucleofílico por um álcool sobre o fosfato $\gamma$ (Fig. 13-20a) desloca ADP e produz um novo éster-fosfato. Estudos realizados com reagentes marcados com $^{18}$Ö mostraram que a ponte de oxigênio no novo composto é derivada do álcool, e não do ATP. Portanto, o grupo transferido do ATP é uma fosforila ($-PO_3^{2-}$), e não um fosfato ($-PO_4^{3-}$). A transferência do grupo fosforila do ATP para o glutamato (Fig. 13-18) ou para a glicose (p. 209) envolve um ataque na posição $\gamma$ da molécula de ATP.

O ataque sobre o fosfato $\beta$ do ATP desloca AMP e transfere um grupo pirofosforila (e não pirofosfato) para o nucleófilo atacante (Fig. 13-20b). Por exemplo, a formação de 5-fosforribosil-1-pirofosfato (Capítulo 22), um intermediário-chave na síntese dos nucleotídeos, é resultante do ataque de uma –OH da ribose sobre um fosfato $\beta$.

O ataque nucleofílico na posição $\alpha$ do ATP desloca $PP_i$ e transfere adenilato (5'-AMP) como um grupo adenilila (Fig. 13-20c); essa reação é uma **adenililação**. Observe que a hidrólise da ligação $\alpha$-$\beta$ do fosfoanidrido libera uma quantidade de energia consideravelmente maior (~46 kJ/mol) do que a hidrólise da ligação $\beta$-$\gamma$ (~31 kJ/mol) (Tabela 13-6). Além disso, o $PP_i$ formado como subproduto da adenililação é hidrolisado a dois $P_i$ pela enzima ubíqua **pirofosfatase**, liberando 19 kJ/mol e fornecendo, portanto, energia adicional para "empurrar" a reação de adenililação. De fato, as duas ligações fosfoanidrido do ATP são rompidas na reação global. As reações de adenililação são, portanto, termodinamicamente muito favoráveis. Quando a energia do ATP é utilizada para impulsionar uma reação metabólica particularmente desfavorável, muitas vezes, o mecanismo de acoplamento de energia é a adenililação. A ativação de ácidos graxos é um bom exemplo dessa estratégia de acoplamento de energia.

A primeira etapa na ativação de um ácido graxo, seja para a oxidação com geração de energia, seja para o uso na síntese de lipídeos mais complexos, é a formação de seu tioéster (ver Fig. 17-5). A condensação direta de um ácido graxo com a coenzima A é endergônica, mas a formação da acil-CoA graxa torna-se exergônica pela remoção sequencial de *dois* grupos fosforila do ATP. Primeiro, o adenilato (AMP) é transferido do ATP para o grupo carboxila do ácido graxo, formando um anidrido misto (acil-graxo-adenilato) e liberando $PP_i$. O grupo tiol da coenzima A, então, desloca o grupo adenilila e forma um tioéster com o ácido graxo. A soma das duas reações é energeticamente equivalente à hidrólise exergônica de ATP a AMP e $PP_i$ ($\Delta G'^{\circ} = -45{,}6$ kJ/mol) e à formação endergônica de acil-CoA graxa. A formação de acil-CoA graxa ($\Delta G'^{\circ} = -31{,}4$ kJ/mol) torna-se energeticamente favorável devido à hidrólise de $PP_i$ pela pirofosfatase. Assim, na ativação de um ácido graxo, as duas ligações fosfoanidrido do ATP são rompidas. A $\Delta G'^{\circ}$ resultante é a soma dos valores da $\Delta G'^{\circ}$ da quebra dessas ligações, ou $-45{,}6$ kJ/mol + ($-19{,}2$) kJ/mol:

$$\text{ATP} + 2\text{H}_2\text{O} \longrightarrow \text{AMP} + 2\text{P}_i \qquad \Delta G'^{\circ} = -64{,}8 \text{ kJ/mol}$$

A ativação de aminoácidos que antecede a sua polimerização em proteínas (ver Fig. 27-19) é realizada por um grupo análogo de reações em que a coenzima A é substituída por uma molécula de RNA de transferência. Uma utilização interessante da clivagem de ATP em AMP e $PP_i$ ocorre no vaga-lume, que utiliza ATP como fonte de energia para a produção de lampejos de luz (**Quadro 13-2**).

## A montagem de macromoléculas informacionais requer energia

Quando precursores simples são montados, formando polímeros de alta massa molecular com sequências definidas (DNA, RNA, proteínas), como descrito em detalhes na Parte III, é necessário energia tanto para a condensação das unidades monoméricas quanto para a criação de sequências *ordenadas*. Os precursores para a síntese de DNA e RNA são os nucleosídeos-trifosfato, e a polimerização é acompanhada pela clivagem da ligação fosfoanidrido entre os fosfatos $\alpha$ e $\beta$, com a liberação de $PP_i$ (Fig. 13-20). As porções transferidas para o polímero em crescimento nessas reações são adenilato (AMP), guanilato (GMP), citidilato (CMP) ou uridilato (UMP) para a síntese de RNA, e seus análogos desóxi (com TMP no lugar de UMP) para a síntese de DNA. Como mencionado anteriormente, a ativação dos aminoácidos para a síntese de proteínas envolve a doação de grupos adenilila do ATP, e o Capítulo 27 mostrará que várias

## QUADRO 13-2

### O lampejar do vaga-lume: informações luminosas do ATP

A bioluminescência requer uma quantidade considerável de energia. Os vaga-lumes usam ATP para converter energia química em energia luminosa. Os machos emitem um piscar de luz para atrair as fêmeas, que piscam de volta para mostrar interesse. Na década de 1950, a partir de milhares de vaga-lumes coletados por crianças em Baltimore e arredores, William McElroy e seus colegas da Johns Hopkins University isolaram os principais componentes bioquímicos: a luciferina, um ácido carboxílico complexo, e a luciferase, uma enzima. A ativação de luciferina por uma reação enzimática envolvendo a clivagem de pirofosfato do ATP para formar luciferil-adenilato gera a luminosidade (Fig. 1). Na presença de oxigênio molecular e luciferase, a luciferina sofre descarboxilação oxidativa, um processo em várias etapas, formando oxiluciferina. Esse processo é acompanhado pela emissão de luz. A cor da luz é diferente entre as espécies de vaga-lumes e parece ser determinada por diferenças na estrutura da luciferase. A luciferina é regenerada a partir da oxiluciferina, em uma série subsequente de reações.

No laboratório, luciferina e luciferase de vaga-lumes puras são utilizadas para medir quantidades muito pequenas de ATP pela intensidade da luz produzida. Uma quantidade pequena, como poucos picomols de ATP ($10^{-12}$ mol), pode ser medida desse jeito.

Vaga-lume, um inseto da família Lampyridae. [Cathy Keifer/Fotolia]

**FIGURA 1** Componentes importantes no ciclo de bioluminescência do vaga-lume.

---

etapas da síntese de proteínas no ribossomo também são acompanhadas pela hidrólise de GTP. Em todos esses casos, a quebra exergônica de um nucleosídeo-trifosfato está acoplada ao processo endergônico de sintetizar um polímero com sequência específica.

O ATP é capaz de fornecer energia para transportar um íon ou uma molécula através de uma membrana para outro compartimento aquoso, onde a sua concentração é mais elevada (ver Fig. 11-39). Os processos de transporte são os principais consumidores de energia. Por exemplo, nos rins e no cérebro humano, dois terços da energia consumida quando em repouso é utilizada para bombear $Na^+$ e $K^+$ através da membrana plasmática por meio da $Na^+K^+$-ATPase.

O transporte de $Na^+$ e $K^+$ é movido por fosforilação e desfosforilação cíclica da proteína transportadora, sendo o ATP o doador de grupo fosforila. A fosforilação dependente de $Na^+$ da $Na^+K^+$-ATPase induz uma alteração na conformação da proteína, e a desfosforilação dependente de $K^+$ favorece o retorno à conformação original. Cada ciclo no processo de transporte resulta na conversão de ATP em ADP e $P_i$, sendo que a variação da energia livre da hidrólise do ATP é responsável pelas alterações cíclicas na conformação da proteína que resultam no bombeamento eletrogênico de $Na^+$ e $K^+$. Observe que, nesse caso, o ATP interage covalentemente pela transferência de grupo fosforila para a *enzima*, e não para o *substrato*.

No sistema contrátil das células do músculo esquelético, a miosina e a actina são especializadas em transduzir a energia química do ATP em movimento (ver Fig. 5-29). O ATP liga-se fortemente, mas não de maneira covalente, a uma das conformações da miosina, mantendo a proteína nessa conformação. Quando a miosina catalisa a hidrólise do ATP que tem ligado, ADP e $P_i$ dissociam-se da proteína, possibilitando que ela relaxe em uma segunda conformação até que outra molécula de ATP se ligue. A ligação e a subsequente hidrólise de ATP (pela ATPase miosina) fornece a energia que força as alterações cíclicas na conformação da cabeça da miosina. As mudanças na conformação de muitas moléculas de miosina fazem as fibrilas de miosina deslizarem ao longo dos filamentos de actina (ver Fig. 5-28), o que se traduz na contração macroscópica de uma fibra muscular. Como observado anteriormente, essa produção de movimento mecânico à custa de ATP é um dos poucos casos nos quais a hidrólise de ATP por si só, e não a transferência de grupos do ATP, é a fonte de energia química em processos acoplados.

## Transfosforilações entre nucleotídeos ocorrem em todos os tipos de células

**P4** Até aqui, a discussão concentrou-se no ATP como a moeda energética da célula e o doador de grupos fosforila; porém, todos os outros nucleosídeos-trifosfato (GTP, UTP e CTP) e todos os desoxinucleosídeos-trifosfato (dATP, dGTP, dTTP e dCTP) são energeticamente equivalentes ao ATP. As variações de energia livre padrão associadas à hidrólise dessas ligações fosfoanidrido são praticamente idênticas àquelas do ATP, mostradas na Tabela 13-6. Como preparação para as suas diferentes funções biológicas, esses outros nucleotídeos são gerados e mantidos na forma de nucleosídeos-trifosfato (NTP) por transferência de grupo fosforila aos nucleosídeos-difosfato (NDP) e nucleosídeos-monofosfato (NMP) correspondentes.

O ATP é o principal composto de fosfato de alta energia produzido pelo catabolismo, nos processos de glicólise, fosforilação oxidativa e, nas células fotossintéticas, fotofosforilação. Diversas enzimas são capazes de transportar grupos fosforila do ATP para outros nucleosídeos. A **nucleosídeo-difosfato-cinase**, encontrada em todas as células, catalisa a reação

$$ATP + NDP \text{ (ou dNDP)} \xrightleftharpoons{Mg^{2+}} ADP + NTP \text{ (ou dNTP)}$$
$$\Delta G'^{\circ} \approx 0$$

Embora essa reação seja totalmente reversível, a razão [ATP]/[ADP] relativamente alta nas células geralmente impulsiona a reação para a direita, com a formação líquida de NTP e dNTP. Na verdade, a enzima catalisa a transferência do grupo fosforila em duas etapas, constituindo um exemplo clássico de um mecanismo de deslocamento duplo (pingue-pongue) (**Fig. 13-21**; ver também Fig. 6-15b). Primeiro, a transferência de um grupo fosforila do ATP ao resíduo de His do sítio ativo gera um intermediário fosfoenzima; a seguir, o grupo fosforila é transferido do resíduo de Ⓟ–His para um NDP aceptor. Como a enzima não é específica para a base do NDP e funciona igualmente bem sobre dNDP e NDP, ela pode sintetizar todos os NTP e dNTP, desde que sejam fornecidos os NDP correspondentes e uma fonte de ATP.

A transferência de grupos fosforila do ATP resulta em acúmulo de ADP; por exemplo, quando o músculo está contraindo vigorosamente, ADP é acumulado, e isso interfere na contração dependente de ATP. Durante períodos de intensa demanda por ATP, a célula reduz a concentração de ADP e, ao mesmo tempo, repõe ATP pela ação da **adenilato-cinase**:

$$2ADP \xrightleftharpoons{Mg^{2+}} ATP + AMP \qquad \Delta G'^{\circ} \approx 0$$

Essa reação é totalmente reversível, de modo que, após o término da demanda intensa por ATP, a enzima pode reciclar AMP, convertendo-o em ADP, que pode, então, ser fosforilado a ATP na mitocôndria. Uma enzima semelhante, a guanilato-cinase, converte GMP em GDP com gasto de ATP. Por meio de vias como essas, a energia conservada na produção catabólica de ATP é utilizada para suprir a célula com todos os NTP e dNTP necessários.

A fosfocreatina (PCr; Fig. 13-15), também chamada de creatina-fosfato, atua como uma fonte imediata de grupos fosforila para a síntese rápida de ATP a partir de ADP. A concentração de PCr no músculo esquelético é de aproximadamente 30 mM, quase 10 vezes maior do que a concentração de ATP. Em outros tecidos, como o músculo liso, o cérebro e os rins, a [PCr] é de 5 a 10 mM. A enzima **creatina-cinase** catalisa a reação reversível

$$ADP + PCr \xrightleftharpoons{Mg^{2+}} ATP + Cr \qquad \Delta G'^{\circ} = -12,5 \text{ kJ/mol}$$

Quando uma súbita demanda por energia esgota o ATP, o reservatório de PCr é utilizado para a reposição de ATP a uma velocidade consideravelmente maior do que a síntese de

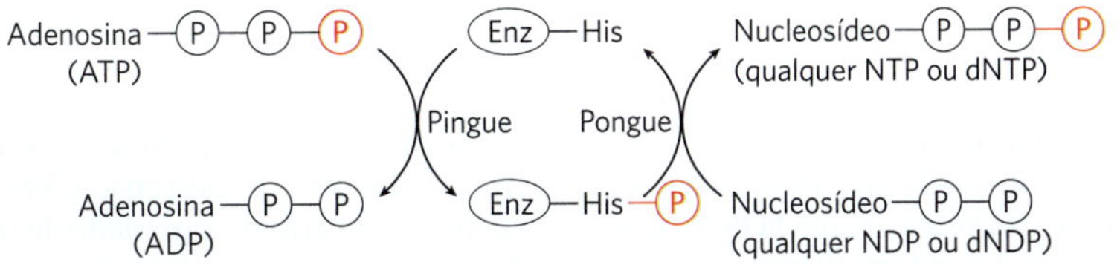

**FIGURA 13-21 Mecanismo pingue-pongue da nucleosídeo-difosfato-cinase.** A enzima liga seu primeiro substrato (ATP, nesse exemplo), e um grupo fosforila é transferido para a cadeia lateral de um resíduo de His. O ADP sai, e outro nucleosídeo (ou desoxinucleosídeo)-difosfato o substitui, sendo, assim, convertido no trifosfato correspondente pela transferência do grupo fosforila do resíduo de fosfo-histidina.

ATP pelas vias catabólicas. Quando a demanda por energia diminui, o ATP produzido no catabolismo é utilizado para reconstituir o reservatório de PCr pela reação inversa da creatina-cinase (ver Quadro 23-1). Os organismos de filos inferiores utilizam outras moléculas semelhantes à PCr (coletivamente chamadas de **fosfágenos**) como reservatórios de grupos fosforila.

### RESUMO 13.3 *Transferências de grupos fosforila e ATP*

- O ATP é a conexão química entre catabolismo e anabolismo. É a moeda energética das células vivas. A conversão exergônica de ATP em ADP e $P_i$, ou em AMP e $PP_i$, está acoplada a muitas reações e processos endergônicos.

- A variação na energia livre da hidrólise de ATP em condições celulares é o seu potencial de fosforilação, $\Delta G_p$.

- A hidrólise direta de ATP é a fonte de energia em alguns dos processos impulsionados por mudanças conformacionais. Em geral, entretanto, não é a hidrólise do ATP, mas a transferência de grupos fosforila do ATP para um substrato ou uma enzima que acopla a energia da quebra do ATP a uma transformação endergônica de substratos.

- Compostos de fosfato com alta energia livre de hidrólise podem doar seus grupos fosforila para formar outro composto contendo fosfato e que tem uma energia livre de hidrólise menor.

- O ATP também pode doar um grupo pirofosforila ($PP_i$) ou adenilila (AMP) para vários intermediários metabólicos, ativando-os para reações de deslocamento nucleofílicas.

- Por meio dessas reações de transferência de grupo, o ATP fornece energia para as reações anabólicas, incluindo a síntese de macromoléculas informacionais, e para o transporte de moléculas e íons através das membranas contra gradientes de concentração e de potencial elétrico. A contração muscular também é energizada por ATP.

- Para manter um elevado potencial de transferência de grupos, a concentração de ATP deve ser mantida muito acima da concentração de equilíbrio das reações geradoras de energia do catabolismo.

- O ATP pode doar grupos fosforila para nucleosídeos-difosfato por transfosforilação para manter os níveis de GTP, UTP e CTP e desoxinucleotídeos bem acima das concentrações de equilíbrio.

## 13.4 Reações biológicas de oxidação-redução

A transferência de grupos fosforila é uma característica central do metabolismo. Outro tipo de transferência é igualmente importante: a transferência de elétrons em reações de oxidação-redução, às vezes chamada de reações redox. Essas reações envolvem a perda de elétrons por uma espécie química, que é oxidada, e o ganho de elétrons por outra espécie, que é reduzida. **P5** O fluxo de elétrons nas reações de oxidação-redução é responsável, direta ou indiretamente, por todo o trabalho realizado pelos organismos vivos. Em organismos não fotossintetizantes, as fontes de elétrons são os compostos reduzidos (alimentos); em organismos fotossintetizantes, o doador de elétrons inicial é uma espécie química excitada pela absorção de luz. O caminho do fluxo de elétrons no metabolismo é complexo. Os elétrons, em reações catalisadas por enzimas, movem-se de diferentes intermediários metabólicos para transportadores de elétrons especializados. Os transportadores, por sua vez, doam elétrons para receptores com afinidade maior por elétrons, com a liberação de energia. As células contêm uma grande variedade de transdutores moleculares de energia, que convertem a energia do fluxo de elétrons em trabalho útil.

A discussão começará abordando como o trabalho pode ser realizado por uma força eletromotriz (fem) e, em seguida, considerará as bases teóricas e experimentais para medir as variações de energia em reações de oxidação em termos de fem e a relação entre essa força, expressa em volts, e a variação de energia livre, expressa em joules. Para finalizar, serão descritas as estruturas e a química da oxidação-redução dos transportadores especializados de elétrons mais comuns, que retornarão repetidamente nos capítulos posteriores.

### O fluxo de elétrons pode realizar trabalho biológico

Sempre que se usa um motor, uma lâmpada ou um aquecedor elétricos, ou, ainda, quando uma faísca promove a combustão da gasolina em um motor de automóvel, usa-se o fluxo de elétrons para realizar trabalho. No circuito que fornece energia a um motor, a fonte de elétrons pode ser uma bateria contendo duas espécies químicas com afinidades diferentes por elétrons. Os fios elétricos proporcionam um caminho para o fluxo dos elétrons entre as espécies químicas localizadas em um polo da bateria, por meio do motor, até as espécies químicas localizadas no outro polo da bateria. Como as duas espécies químicas diferem em suas afinidades por elétrons, eles fluem espontaneamente ao longo do circuito, impulsionados por uma força proporcional à diferença de afinidade por elétrons, a **força eletromotriz (fem)**. A fem (geralmente alguns volts) é capaz de realizar trabalho caso um transdutor de energia apropriado – nesse caso, um motor – esteja incluído no circuito. O motor pode ser acoplado a uma grande variedade de equipamentos mecânicos para realizar trabalho útil.

**P5** As células dos organismos possuem um "circuito" biológico análogo, com compostos relativamente reduzidos, como a glicose, como fonte de elétrons. À medida que a glicose é oxidada enzimaticamente, os elétrons liberados fluem de modo espontâneo por uma série de intermediários transportadores de elétrons para outras espécies químicas, como o $O_2$. Esse fluxo de elétrons é exergônico, já que o $O_2$ tem maior afinidade por elétrons do que os intermediários transportadores de elétrons. A fem resultante fornece energia para uma grande variedade de transdutores moleculares de energia (enzimas e outras proteínas) que realizam trabalho biológico. Na mitocôndria, por exemplo, enzimas ligadas à membrana acoplam o fluxo de elétrons à produção de uma diferença de pH entre os dois lados da membrana, além de um potencial elétrico transmembrana, realizando trabalho quimiosmótico e elétrico. O gradiente de prótons assim formado tem energia potencial, algumas vezes chamada de força próton-motriz, em analogia à força eletromotriz. Outra enzima, a ATP-sintase, localizada na membrana interna da mitocôndria, usa a força próton-motriz para realizar trabalho químico: a síntese de ATP a partir de ADP e $P_i$ à medida que os prótons fluem espontaneamente através da membrana. De modo semelhante, em *E. coli*, as enzimas localizadas na membrana convertem fem em força próton-motriz, que é posteriormente utilizada para impulsionar o movimento flagelar. Os princípios da eletroquímica que governam as variações de energia nos circuitos macroscópicos, como motor elétrico e bateria, aplicam-se com a mesma validade para processos moleculares associados ao fluxo de elétrons nas células vivas.

### As reações de oxidação-redução podem ser descritas como semirreações

Embora a oxidação e a redução precisem ocorrer em conjunto, para descrever a transferência de elétrons, é conveniente considerar as duas metades de uma reação de oxidação-redução separadamente. Por exemplo, a oxidação do íon ferro pelo íon cobre,

$$Fe^{2+} + Cu^{2+} \rightleftharpoons Fe^{3+} + Cu^{+}$$

pode ser descrita nos termos de duas semirreações:

(1) $Fe^{2+} \rightleftharpoons Fe^{3+} + e^{-}$
(2) $Cu^{2+} + e^{-} \rightleftharpoons Cu^{+}$

A molécula doadora de elétrons em uma reação de oxidação-redução é chamada de agente redutor, ou simplesmente redutor; a molécula receptora de elétrons é o agente oxidante, ou simplesmente oxidante. Determinado agente, como um cátion ferro que existe nos estados ferroso ($Fe^{2+}$) ou férrico ($Fe^{3+}$), atua como par conjugado oxidante-redutor (par redox), assim como um ácido e a base correspondente atuam como par conjugado ácido-base. Lembre-se, do Capítulo 2, de que uma reação acidobásica pode ser escrita como uma equação geral: doador de próton $\rightleftharpoons H^{+}$ + aceptor de próton. Uma equação geral similar pode ser escrita para as reações redox: doador de elétron (redutor) $\rightleftharpoons e^{-}$ + aceptor de elétron (oxidante). Na semirreação reversível (1) anterior, $Fe^{2+}$ é o doador de elétrons e $Fe^{3+}$ é o aceptor de elétrons; juntos, $Fe^{2+}$ e $Fe^{3+}$ constituem um **par conjugado redox**. A mnemônica OIL RIG (do inglês *oxidation is losing, reduction is gaining* [oxidação é perder, redução é ganhar]) pode ajudar a memorizar o que acontece com os elétrons nas reações redox.

As transferências de elétrons nas reações de oxidação-redução de compostos orgânicos não são fundamentalmente diferentes daquelas das espécies inorgânicas. Considere a oxidação de um açúcar redutor (um aldeído ou uma cetona) pelo íon cúprico:

$$R-\underset{H}{\overset{O}{\overset{\|}{C}}} + 4OH^{-} + 2Cu^{2+} \rightleftharpoons R-\underset{OH}{\overset{O}{\overset{\|}{C}}} + Cu_2O + 2H_2O$$

Essa equação global pode ser expressa como duas semirreações:

(1) $R-\underset{H}{\overset{O}{\overset{\|}{C}}} + 2OH^{-} \rightleftharpoons R-\underset{OH}{\overset{O}{\overset{\|}{C}}} + 2e^{-} + 2H_2O$

(2) $2Cu^{2+} + 2e^{-} + 2OH^{-} \rightleftharpoons Cu_2O + H_2O$

Observe que, como são removidos dois elétrons do carbono do aldeído, a segunda metade da reação (a redução por um elétron do íon cúprico a cuproso) deve ser multiplicada por dois para equilibrar a equação global.

### As oxidações biológicas geralmente envolvem desidrogenação

Nas células vivas, o carbono encontra-se em diferentes estados de oxidação (**Fig. 13-22**). Quando um átomo de carbono compartilha um par de elétrons com outro átomo (normalmente H, C, S, N ou O), o compartilhamento é desigual, a favor do átomo mais eletronegativo. A ordem crescente de eletronegatividade é H < C < S < N < O. De forma muito simplificada, porém útil, o átomo mais eletronegativo é o que "possui" os elétrons da ligação que ele compartilha com o outro átomo. Por exemplo, no metano ($CH_4$), o carbono é mais eletronegativo que os quatro hidrogênios ligados a ele; portanto, o átomo de carbono possui todos os oito elétrons da ligação (Fig. 13-22). No entanto, os elétrons da ligação C—C são compartilhados igualmente. Portanto, cada átomo de carbono "possui" apenas sete dos seus oito elétrons da ligação. No etanol, C-1 é menos eletronegativo que o oxigênio ao qual ele está ligado, e, assim, o átomo de O possui os dois elétrons da ligação C–O, deixando C-1 com apenas cinco dos elétrons da ligação. Com cada perda formal dos elétrons que "possui", o átomo de carbono sofreu oxidação – mesmo quando não há oxigênio envolvido, como na conversão de um alcano (—$CH_2$—$CH_2$—) para alceno (—CH=CH—). Nesse caso, a oxidação (perda de elétrons) coincide com a perda de hidrogênio. Em sistemas biológicos, como mencionado anteriormente neste capítulo, a oxidação muitas vezes é sinônimo de **desidrogenação**, e muitas das enzimas que catalisam reações de oxidação são **desidrogenases**. Observe que os compostos mais reduzidos na Figura 13-22 (parte superior) são mais ricos em hidrogênio do que em oxigênio, ao passo que os compostos mais oxidados (parte inferior) contêm mais oxigênios e menos hidrogênios.

Nem todas as reações biológicas de oxidação-redução envolvem carbono. Por exemplo, na conversão do nitrogênio molecular em amônia, $6H^{+} + 6e^{-} + N_2 \rightarrow 2NH_3$, os átomos de nitrogênio são reduzidos.

Os elétrons são transferidos de uma molécula (doadora de elétrons) para outra (aceptora de elétrons) por meio de uma das quatro vias:

1. Diretamente como *elétrons*. Por exemplo, o par redox $Fe^{2+}/Fe^{3+}$ pode transferir um elétron para o par redox $Cu^{+}/Cu^{2+}$:

$$Fe^{2+} + Cu^{2+} \rightleftharpoons Fe^{3+} + Cu^{+}$$

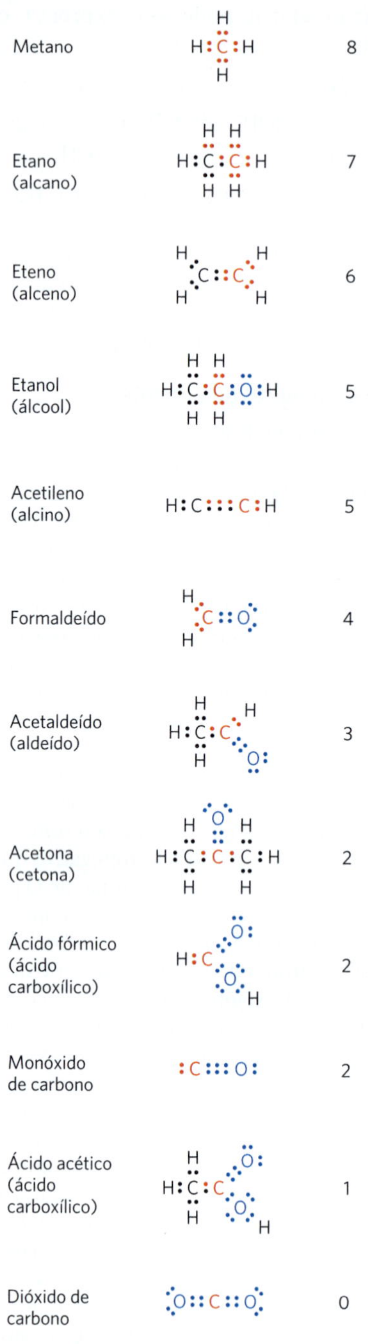

| Composto | Estrutura | Nº |
|---|---|---|
| Metano | H:C:H (com H acima e abaixo) | 8 |
| Etano (alcano) | H:C:C:H | 7 |
| Eteno (alceno) | H₂C::CH₂ | 6 |
| Etanol (álcool) | H:C:C:O:H | 5 |
| Acetileno (alcino) | H:C:::C:H | 5 |
| Formaldeído | H₂C::O | 4 |
| Acetaldeído (aldeído) | H:C:C::O com H | 3 |
| Acetona (cetona) | H:C:C:C:H com O | 2 |
| Ácido fórmico (ácido carboxílico) | H:C(::O):O:H | 2 |
| Monóxido de carbono | :C:::O: | 2 |
| Ácido acético (ácido carboxílico) | H:C:C(::O):O:H | 1 |
| Dióxido de carbono | :O::C::O: | 0 |

**FIGURA 13-22 Diferentes níveis de oxidação dos compostos de carbono na biosfera.** Para verificar o nível de oxidação desses compostos, basta concentrar-se no átomo de carbono em vermelho e nos elétrons da ligação. Quando esse carbono estiver ligado a um átomo de H menos eletronegativo, os dois elétrons da ligação (em vermelho) serão cedidos ao carbono. Quando o carbono estiver ligado a outro carbono, os elétrons da ligação serão igualmente compartilhados, de modo que um dos dois elétrons é cedido ao carbono indicado em vermelho. Quando o carbono em vermelho estiver ligado a um átomo de O mais eletronegativo, os elétrons da ligação são cedidos ao oxigênio. O número à direita de cada composto é o número de elétrons que o carbono em vermelho "possui", uma indicação aproximada do grau de oxidação de cada composto. À medida que o carbono em vermelho sofre oxidação (perde elétrons), o número torna-se menor.

2. Como *átomos de hidrogênio*. Lembre-se de que o átomo de hidrogênio consiste em um próton ($H^+$) e um único elétron ($e^-$). Nesse caso, a equação geral é

$$AH_2 \rightleftharpoons A + 2e^- + 2H^+$$

em que $AH_2$ é o doador de hidrogênio/elétron. (Não confundir a reação anterior com a reação de dissociação de um ácido, que envolve um próton e nenhum elétron.) Juntos, $AH_2$ e A constituem o par conjugado redox ($A/AH_2$), que pode reduzir outro composto B (ou par redox, $B/BH_2$) pela transferência de átomos de hidrogênio:

$$AH_2 + B \rightleftharpoons A + BH_2$$

3. Como um *íon hidreto* (:$H^-$), que tem dois elétrons. Isso ocorre no caso de desidrogenases ligadas a NAD, descritas a seguir.

4. Por meio da *combinação direta com oxigênio*. Nesse caso, o oxigênio combina-se com um redutor orgânico e é covalentemente incorporado ao produto, como na oxidação de um hidrocarboneto a um álcool:

$$R-CH_3 + \tfrac{1}{2}O_2 \longrightarrow R-CH_2-OH$$

O hidrocarboneto é o doador de elétrons, ao passo que o átomo de oxigênio é o aceptor de elétrons.

Todos os quatro tipos de transferência de elétrons ocorrem nas células. O termo **equivalente redutor** costuma ser usado para designar um único equivalente de elétron que participa de uma reação de oxidação-redução, não importando se esse equivalente é mesmo um elétron ou parte de um átomo de hidrogênio ou mesmo um íon hidreto, ou, ainda, se a transferência do elétron ocorre em uma reação com oxigênio, gerando um produto oxigenado.

### Os potenciais de redução medem a afinidade por elétrons

Quando dois pares redox conjugados estão juntos em uma solução, a transferência de elétrons do par doador para o par aceptor pode ocorrer espontaneamente. A tendência para que a reação ocorra depende da relação entre as afinidades dos aceptores de elétrons de cada par redox por elétrons. O **potencial de redução padrão**, $E°$, uma medida (em volts) dessa afinidade, pode ser determinado em um experimento, como o descrito na **Figura 13-23**. Os eletroquímicos escolheram como padrão de referência a semirreação

$$H^+ + e^- \longrightarrow \tfrac{1}{2}H_2$$

Ao eletrodo em que essa semirreação ocorre (chamado de semicélula) é atribuído arbitrariamente um potencial de redução padrão $E°$ de 0,00 V. Quando esse eletrodo de hidrogênio está conectado por meio de um circuito externo a outra semicélula em que as espécies oxidadas e as suas correspondentes espécies reduzidas estão presentes em concentrações padrão (a 25°C, cada soluto a 1 M e cada gás a 101,3 kPa), os elétrons tendem a fluir pelo circuito externo, indo da semicélula de menor valor de $E°$ para a semicélula de maior valor de $E°$. Por convenção, a uma semicélula que retira elétrons de uma célula padrão de hidrogênio é designado um valor positivo de $E°$, e àquela que

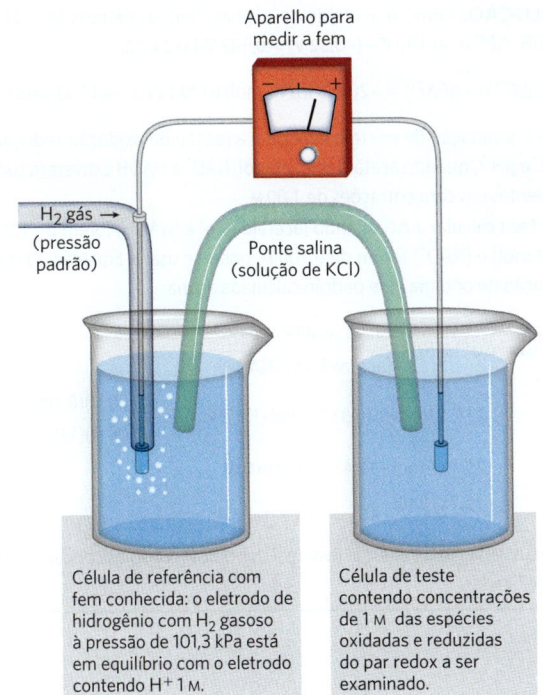

**FIGURA 13-23 Determinação do potencial de redução padrão ($E'^\circ$) de um par redox.** Os elétrons fluem do eletrodo de teste para o eletrodo de referência, ou vice-versa. A semicélula de referência é o eletrodo de hidrogênio, como representado aqui, em pH 0. A força eletromotriz (fem) desse eletrodo é considerada 0,00 V. Na célula-teste, em pH 7 (a 25 °C), o $E'^\circ$ para o eletrodo de hidrogênio é de –0,414 V. A direção do fluxo de elétrons depende da relação ente a "pressão" de elétrons ou do potencial entre as duas células. A ponte salina contendo uma solução de KCl saturada fornece um caminho para o movimento dos íons entre a célula-teste e a célula de referência. A partir da fem observada e da fem conhecida da célula de referência, o pesquisador pode medir a fem da célula-teste que contém o par redox. A célula que recebe os elétrons tem, por convenção, o potencial de redução mais positivo.

doa elétrons para a célula de hidrogênio, um valor negativo. Quando quaisquer duas semicélulas estiverem conectadas, aquela com maior $E^\circ$ (mais positiva) será reduzida; ela tem o maior potencial de redução.

O potencial de redução de uma semicélula não depende apenas das espécies químicas presentes, mas também de suas atividades, estimadas por suas concentrações. A equação de Nernst relaciona o potencial de redução padrão ($E^\circ$) ao potencial de redução real ($E$) em qualquer concentração das espécies oxidadas e reduzidas em uma célula viva:

$$E = E^\circ + \frac{RT}{nF} \ln \frac{[\text{aceptor de elétron}]}{[\text{doador de elétron}]} \quad (13\text{-}5)$$

em que $R$ e $T$ têm seus significados comuns, $n$ é o número de elétrons transferidos por molécula e $F$ é a constante de Faraday, uma constante de proporcionalidade que converte volts em joules (Tabela 13-1). A 298 K (25 °C), essa expressão se reduz a

$$E = E^\circ + \frac{0{,}026 \text{ V}}{n} \ln \frac{[\text{aceptor de elétron}]}{[\text{doador de elétron}]} \quad (13\text{-}6)$$

**CONVENÇÃO** Muitas semirreações de interesse dos bioquímicos envolvem prótons. Assim como na definição de $\Delta G'^\circ$, os bioquímicos definem o estado padrão das reações de oxidação-redução como em pH 7 e expressam o potencial padrão de redução transformado, $E'^\circ$, o potencial padrão de redução, em pH 7 e 25 °C. Por convenção, a $\Delta E'^\circ$ para cada reação redox é dada como o $E'^\circ$ do aceptor de elétrons menos o $E'^\circ$ do doador de elétrons. ■

Os potenciais de redução padrão apresentados na **Tabela 13-7** e utilizados ao longo deste livro são valores de $E'^\circ$, sendo, assim, válidos apenas para sistemas em pH neutro. Cada valor representa a diferença de potencial quando o par conjugado redox, na concentração de 1 M, a 25 °C e

**TABELA 13-7 Potenciais de redução padrão de algumas semirreações importantes na biologia**

| Semirreação | $E'^\circ$ (V) |
|---|---|
| $\frac{1}{2}O_2 + 2H^+ + 2e^- \longrightarrow H_2O$ | 0,816 |
| $Fe^{3+} + e^- \longrightarrow Fe^{2+}$ | 0,771 |
| $NO_3^- + 2H^+ + 2e^- \longrightarrow NO_2^- + H_2O$ | 0,421 |
| Citocromo $f$ ($Fe^{3+}$) + $e^- \longrightarrow$ citocromo $f$ ($Fe^{2+}$) | 0,365 |
| $Fe(CN)_6^{3-}$ (ferricianeto) + $e^- \longrightarrow Fe(CN)_6^{4-}$ | 0,36 |
| Citocromo $a_3$ ($Fe^{3+}$) + $e^- \longrightarrow$ citocromo $a_3$ ($Fe^{2+}$) | 0,35 |
| $O_2 + 2H^+ + 2e^- \longrightarrow H_2O_2$ | 0,295 |
| Citocromo $a$ ($Fe^{3+}$) + $e^- \longrightarrow$ citocromo $a$ ($Fe^{2+}$) | 0,29 |
| Citocromo $c$ ($Fe^{3+}$) + $e^- \longrightarrow$ citocromo $c$ ($Fe^{2+}$) | 0,254 |
| Citocromo $c_1$ ($Fe^{3+}$) + $e^- \longrightarrow$ citocromo $c_1$ ($Fe^{2+}$) | 0,22 |
| Citocromo $b$ ($Fe^{3+}$) + $e^- \longrightarrow$ citocromo $b$ ($Fe^{2+}$) | 0,077 |
| Ubiquinona + $2H^+ + 2e^- \longrightarrow$ ubiquinol | 0,045 |
| Fumarato$^{2-}$ + $2H^+ + 2e^- \longrightarrow$ succinato$^{2-}$ | 0,031 |
| $2H^+ + 2e^- \longrightarrow H_2$ (em condições padrão, pH 0) | 0,000 |
| Crotonil-CoA + $2H^+ + 2e^- \longrightarrow$ butiril-CoA | –0,015 |
| Oxalacetato$^{2-}$ + $2H^+ + 2e^- \longrightarrow$ malato | –0,166 |
| Piruvato$^-$ + $2H^+ + 2e^- \longrightarrow$ lactato | –0,185 |
| Acetaldeído + $2H^+ + 2e^- \longrightarrow$ etanol | –0,197 |
| FAD + $2H^+ + 2e^- \longrightarrow FADH_2$ | –0,219[a] |
| Glutationa + $2H^+ + 2e^- \longrightarrow$ 2 glutationa reduzida | –0,23 |
| S + $2H^+ + 2e^- \longrightarrow H_2S$ | –0,243 |
| Ácido lipoico + $2H^+ + 2e^- \longrightarrow$ ácido di-hidrolipoico | –0,29 |
| $NAD^+ + H^+ + 2e^- \longrightarrow$ NADH | –0,320 |
| $NADP^+ + H^+ + 2e^- \longrightarrow$ NADPH | –0,324 |
| Acetoacetato + $2H^+ + 2e^- \longrightarrow \beta$-hidroxibutirato | –0,346 |
| $\alpha$-Cetoglutarato + $CO_2 + 2H^+ 2e^- \longrightarrow$ isocitrato | –0,38 |
| $2H^+ 2e^- \longrightarrow H_2$ (at pH 7) | –0,414 |
| Ferredoxina ($Fe^{3+}$) + $e^- \longrightarrow$ ferredoxina ($Fe^{2+}$) | –0,432 |

Dados de R. A. Loach, In *Handbook of Biochemistry and Molecular Biology*, 3rd edn (G. D. Fasman, ed.), *Physical and Chemical Data*, Vol. 1, p. 122, CRC Press, 1976.

[a]Este é o valor de FAD livre; FAD ligado a flavoproteínas específicas (p. ex., succinato-desidrogenase) tem $E'^\circ$ diferente que depende do ambiente na proteína.

pH 7, é conectado ao eletrodo padrão de hidrogênio (pH 0). Observe, na Tabela 13-7, que, quando o par conjugado $2H^+/H_2$ em pH 7 está conectado com o eletrodo padrão de hidrogênio (pH 0), os elétrons tendem a fluir a partir da célula com pH 7 para a célula padrão (pH 0); o valor medido de $E'^o$ para o par $2H^+/H_2$ é de $-0,414$ V.

## Os potenciais de redução padrão podem ser usados para calcular a variação de energia livre

Por que os potenciais de redução são tão úteis para os bioquímicos? Quando os valores de $E$ são determinados para duas semicélulas quaisquer, em relação ao eletrodo padrão de hidrogênio, também são conhecidos os potenciais de redução de uma semicélula em relação à outra. Assim, é possível predizer o sentido em que os elétrons tenderão a fluir quando as duas semicélulas estiverem conectadas por um circuito externo ou quando os componentes das duas semicélulas estiverem presentes na mesma solução. Os elétrons tendem a fluir para as semicélulas com $E$ mais positivos, e a força dessa tendência é proporcional a $\Delta E$, a diferença no potencial de redução. A energia disponibilizada por esse fluxo espontâneo de elétrons (a variação na energia livre, $\Delta G$, para a reação de oxidação-redução) é proporcional a $\Delta E$:

$$\Delta G = -nF\Delta E \quad \text{ou} \quad \Delta G'^o = -nF\Delta E'^o \quad (13\text{-}7)$$

em que $n$ é o número de elétrons transferidos na reação.

**P5** Essa equação permite calcular a variação de energia livre real para qualquer reação de oxidação-redução a partir dos valores de $\Delta E'^o$ fornecidos em tabelas de potenciais de redução (Tabela 13-7) e das concentrações das espécies reagentes envolvidas.

### EXEMPLO 13-3  Cálculo de $\Delta G'^o$ e de $\Delta G$ de uma reação redox

Calcule a variação de energia livre padrão, $\Delta G'^o$, para a reação na qual acetaldeído é reduzido pelo carreador de elétrons biológico NADH:

$$\text{Acetaldeído} + \text{NADH} + H^+ \longrightarrow \text{etanol} + NAD^+$$

A seguir, calcule a variação de energia livre *real*, $\Delta G$, quando [acetaldeído] e [NADH] forem de 1,00 M e quando [etanol] e [NAD$^+$] forem de 0,100 M. As semirreações relevantes e os respectivos valores de $E'^o$ são:

(1) Acetaldeído + $2H^+$ + $2e^- \longrightarrow$ etanol $\quad E'^o = -0,197$ V
(2) $NAD^+$ + $2H^+$ + $2e^- \longrightarrow NADH + H^+$ $\quad E'^o = -0,320$ V

Lembre-se de que, por convenção, a $\Delta E'^o$ é o $E'^o$ do aceptor de elétrons menos o $E'^o$ do doador de elétrons. Ela representa a diferença entre as afinidades dos elétrons das duas semirreações na tabela dos potenciais de redução (Tabela 13-7). Observe que, quanto mais separadas as duas semirreações estiverem na tabela, mais energética será a reação de transferência de elétrons quando as duas semirreações ocorrerem juntas. Por convenção, nas tabelas de potenciais de redução, todas as semirreações são representadas como reduções, porém, quando duas semirreações ocorrem juntas, uma delas deve ser uma oxidação. Mesmo que essa semirreação ocorra na direção contrária à apresentada na Tabela 13-7, *não se troca o sinal* dessa semirreação antes de calcular a $\Delta E'^o$, uma vez que a $\Delta E'^o$ é *definida* como a diferença entre os potenciais de redução.

**SOLUÇÃO:** Como o acetaldeído está aceitando elétrons ($n = 2$) do NADH, $\Delta E'^o = -0,197$ V $- (-0,32$ V$) = 0,123$ V. Portanto,

$$\Delta G'^o = -nF\Delta E'^o = -2(96,5 \text{ kJ/V} \cdot \text{mol})(0,123 \text{ V}) = -23,7 \text{ kJ/mol}$$

Essa é a variação de energia livre para a reação de oxidação-redução a 25°C e pH 7, quando acetaldeído, etanol, NAD$^+$ e NADH estiverem todos presentes em concentrações de 1,00 M.

Para calcular a $\Delta G$ quando [acetaldeído] e [NADH] forem de 1,00 M e [etanol] e [NAD$^+$] forem de 0,100 M, pode-se usar a Equação 13-4 e a variação de energia livre padrão calculada acima:

$$\Delta G = \Delta G'^o + RT \ln \frac{[\text{etanol}][NAD^+]}{[\text{acetaldeído}][NADH]}$$

$$= -23,7 \text{ kJ/mol} + (8,315 \text{ J/mol} \cdot \text{K})(298 \text{ K}) \ln \frac{(0,100 \text{ M})(0,100 \text{ M})}{(1,00 \text{ M})(1,00 \text{ M})}$$

$$= -23,7 \text{ kJ/mol} + (2,48 \text{ J/mol}) \ln 0,01$$

$$= -35,1 \text{ kJ/mol}$$

Essa é a variação de energia livre real dos pares redox nas concentrações especificadas.

## Alguns tipos de coenzimas e proteínas servem como carreadores universais de elétrons

Os princípios da energética da oxidação-redução descritos anteriormente aplicam-se a muitas reações metabólicas que envolvem a transferência de elétrons. Por exemplo, em muitos organismos, a oxidação da glicose fornece energia para a síntese de ATP. A oxidação completa da glicose

$$C_6H_{12}O_6 + 6O_2 \longrightarrow 6CO_2 + 6H_2O$$

tem uma $\Delta G'^o$ de $-2.840$ kJ/mol. Esse valor é muito maior do que a energia livre necessária para a síntese de ATP nas células (50 a 60 kJ/mol; ver Exemplo 13-2). As células convertem glicose em $CO_2$ não em uma única reação com alta liberação de energia, mas sim por meio de uma série de reações controladas, das quais algumas são oxidações. A energia livre liberada nessas etapas de oxidação é da mesma ordem de magnitude que a necessária para a síntese de ATP a partir de ADP, com alguma energia extra. Os elétrons removidos nessas etapas de oxidação são transferidos para coenzimas especializadas em transportar elétrons, como $NAD^+$ e FAD (descritos a seguir).

O grande número de enzimas que catalisam as oxidações celulares direciona os elétrons de centenas de substratos diferentes para apenas alguns poucos tipos de carreadores de elétrons universais. O resultado da redução desses carreadores nos processos catabólicos é a preservação da energia livre liberada pela oxidação dos substratos. NAD, NADP, FMN e FAD são coenzimas hidrossolúveis que sofrem oxidações e reduções reversíveis em muitas das reações de transferência de elétrons do metabolismo. Os nucleotídeos NAD e NADP movem-se facilmente de uma enzima para outra; os nucleotídeos de flavina FMN e FAD, em geral, estão fortemente ligados a enzimas chamadas de flavoproteínas, nas quais eles funcionam como grupos prostéticos.

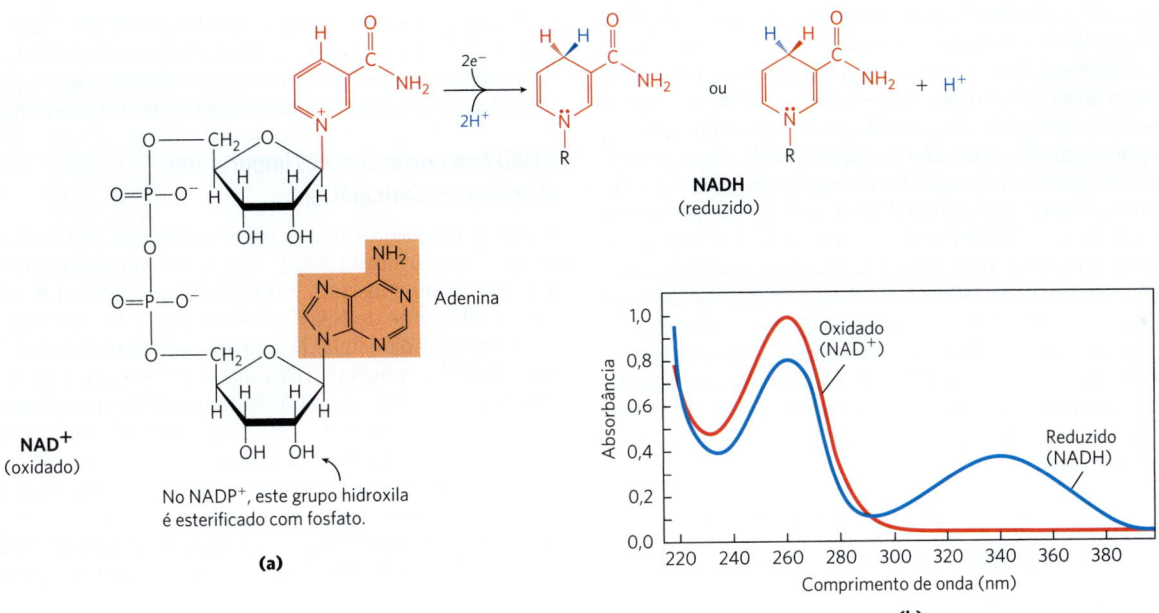

**FIGURA 13-24 NAD e NADP.** (a) A nicotinamida-adenina-dinucleotídeo, NAD⁺, e seu análogo fosforilado, NADP⁺, sofrem redução a NADH e NADPH, recebendo um íon hidreto (dois elétrons e um próton) de um substrato oxidável. O íon hidreto é adicionado na frente ou atrás do anel nicotinamida, que é planar. (b) Espectro de absorção UV de NAD⁺ e NADH. A redução do anel de nicotinamida gera uma banda de absorção ampla, com máximo em 340 nm. A produção de NADH durante uma reação catalisada por enzima pode ser seguida de maneira conveniente, observando-se o aparecimento de absorbância em 340 nm (coeficiente de extinção molar $\varepsilon_{340} = 6.200 \text{ M}^{-1}\text{cm}^{-1}$).

As quinonas lipossolúveis, como a ubiquinona e a plastoquinona, atuam como carreadores de elétrons e doadores de prótons no meio não aquoso das membranas. As proteínas ferro-enxofre e os citocromos, que têm grupos prostéticos fortemente ligados e sofrem oxidação e redução reversíveis, também atuam como carreadores de elétrons em muitas reações de oxidação-redução. Algumas dessas proteínas são hidrossolúveis, ao passo que outras são periféricas ou integrais de membrana. A química da oxidação-redução das quinonas, das proteínas ferro-enxofre e dos citocromos será discutida nos Capítulos 19 e 20.

A nicotinamida-adenina-dinucleotídeo (NAD; NAD⁺ na sua forma oxidada) e o seu análogo nicotinamida-adenina-dinucleotídeo-fosfato (NADP; NADP⁺ quando oxidado) são constituídos de dois nucleotídeos, cujos grupos fosfato são unidos por uma ligação fosfoanidrido (**Fig. 13-24a**). Como o anel de nicotinamida lembra a piridina, algumas vezes esses compostos são chamados de **nucleotídeos de piridina**. A vitamina niacina é a fonte da porção nicotinamida dessas moléculas.

As duas coenzimas sofrem redução reversível no anel nicotinamida (Fig. 13-24). Enquanto uma molécula do substrato sofre oxidação (desidrogenação), liberando dois átomos de hidrogênio, a forma oxidada do nucleotídeo (NAD⁺ ou NADP⁺) recebe um íon hidreto (:H⁻, o equivalente a um próton e dois elétrons) e é reduzida (a NADH ou NADPH). O segundo próton retirado do substrato é liberado para o solvente aquoso. As semirreações para esses cofatores nucleotídicos são:

$$NAD^+ + 2e^- + 2H^+ \longrightarrow NADH + H^+$$
$$NADP^+ + 2e^- + 2H^+ \longrightarrow NADPH + H^+$$

A redução de NAD⁺ ou NADP⁺ converte o anel benzenoide da porção nicotinamida (com uma carga positiva fixa no nitrogênio do anel) na forma quinonoide (sem nenhuma carga no nitrogênio). Os nucleotídeos reduzidos absorvem luz em 340 nm; as formas oxidadas não absorvem luz (Fig. 13-24b). Os bioquímicos utilizam essa diferença na absorção para a análise das reações que envolvem essas coenzimas. Observe que o sinal positivo nas abreviações NAD⁺ e NADP⁺ *não* indica a carga líquida dessas moléculas (na verdade, ambas são negativamente carregadas), mas sim que o anel de nicotinamida está em sua forma oxidada, com uma carga positiva no átomo de nitrogênio. Nas abreviações NADH e NADPH, o "H" indica o íon hidreto adicionado. Para se referir a esses nucleotídeos sem especificar seu estado de oxidação, são usadas as abreviações NAD e NADP.

A concentração total de NADH + NAD⁺ na maioria dos tecidos é de cerca de $10^{-5}$ M, e a de NADPH + NADP⁺ é de $10^{-6}$ M. Em muitas células e tecidos, a relação entre NAD⁺ (oxidado) e NADH (reduzido) é alta, favorecendo a transferência do hidreto de um substrato *para* NAD⁺, formando NADH. Por outro lado, NADPH geralmente está presente em maior concentração que NADP⁺, favorecendo a transferência do íon hidreto *do* NADPH para um substrato. Isso reflete os papéis metabólicos especializados das duas coenzimas: NAD⁺ geralmente atua em oxidações – normalmente como parte de uma reação catabólica; NADPH é a coenzima comum em reduções – quase sempre como parte de uma reação anabólica. Algumas enzimas são capazes de utilizar ambas as coenzimas, mas a maioria tem grande preferência por uma delas. Além disso, nas células eucarióticas, os processos nos quais esses dois cofatores atuam estão segregados: por exemplo, a oxidação de combustíveis, como piruvato, ácidos graxos e α-cetoácidos derivados dos aminoácidos, ocorre na matriz mitocondrial, ao passo que os processos biossintéticos redutores, como a síntese de ácidos graxos, ocorrem no citosol. Essa especialização funcional e de localização permite que a célula mantenha dois grupos distintos de carreadores de elétrons, com duas funções diferentes.

São conhecidas mais de 200 enzimas que catalisam reações em que $NAD^+$ (ou $NADP^+$) recebe um íon hidreto de um substrato reduzido, ou reações em que NADPH (ou NADH) doa um íon hidreto a um substrato oxidado. As reações gerais são:

$$AH_2 + NAD^+ \longrightarrow A + NADH + H^+$$

$$A + NADPH + H^+ \longrightarrow AH_2 + NADP^+$$

em que $AH_2$ é o substrato reduzido e A é o substrato oxidado. O nome geral para as enzimas desse tipo é **oxidorredutase**, também comumente chamadas de desidrogenases. Por exemplo, a álcool-desidrogenase catalisa a primeira etapa do catabolismo do etanol, em que o etanol é oxidado a acetaldeído:

$$\underset{\text{Etanol}}{CH_3CH_2OH} + NAD^+ \longrightarrow \underset{\text{Acetaldeído}}{CH_3CHO} + NADH + H^+$$

Observe que um dos átomos de carbono do etanol perdeu um hidrogênio; o composto foi oxidado de álcool a aldeído (ver novamente, na Fig. 13-22, os estados de oxidação do carbono).

A associação entre uma desidrogenase e o NAD ou NADP é relativamente fraca; a coenzima difunde-se facilmente de uma enzima para a outra, atuando como transportador hidrossolúvel de elétrons de um metabólito para outro. Por exemplo, na produção de álcool durante a fermentação de glicose nas células de levedura, há remoção de um íon hidreto do gliceraldeído-3-fosfato por uma enzima (a gliceraldeído-3-fosfato-desidrogenase) e transferência para o $NAD^+$. O NADH produzido, então, deixa a superfície da enzima e difunde-se para outra enzima (a álcool-desidrogenase), que transfere o íon hidreto para o acetaldeído, produzindo etanol:

(1)   Gliceraldeído-3-fosfato + $NAD^+$ ⟶
    3-fosfoglicerato + NADH + $H^+$

(2)   Acetaldeído + NADH + $H^+$ ⟶ etanol + $NAD^+$

*Soma*:   Gliceraldeído-3-fosfato + acetaldeído ⟶
    3-fosfoglicerato + etanol

Observe que, na reação global, não há produção líquida ou consumo de $NAD^+$ ou NADH; as coenzimas funcionam cataliticamente e são recicladas continuamente sem haver mudança na quantidade total da soma $NAD^+$ + NADH.

Tanto a forma reduzida como a forma oxidada de NAD e NADP agem como efetores alostéricos de algumas proteínas de vias catabólicas. Como será descrito nos próximos capítulos, as relações $NAD^+$/NADH e $NADP^+$/NADPH servem de indicadores sensíveis do suprimento de combustível das células, possibilitando mudanças rápidas e apropriadas no metabolismo, que produz energia e precisa de energia.

## O NAD tem outras funções importantes além de transferir elétrons

Algumas funções celulares importantes são reguladas por enzimas que utilizam $NAD^+$ não como um cofator redox, mas sim como substrato em reações acopladas, nas quais a disponibilidade de $NAD^+$ pode ser um indicador do estado energético da célula. Nos processos de replicação e reparo do DNA, a enzima DNA-ligase é adenililada e, então, transfere o AMP para um 5'-fosfato no DNA rompido (ver Fig. 25-15). Em bactérias, o $NAD^+$ serve de fonte para o grupo ativador AMP. Uma família de proteínas chamada sirtuínas regula a atividade de proteínas em diversas vias celulares ao desacetilar o grupo ε-amino de resíduos de Lys acetilados. A desacetilação é acoplada à hidrólise de $NAD^+$, produzindo O-acetil-ADP-ribose e nicotinamida. Entre os processos celulares regulados por sirtuínas, estão inflamação, apoptose, envelhecimento e transcrição de DNA. A desacetilação por uma sirtuína altera a carga das histonas, influenciando, assim, quais genes serão expressos. A disponibilidade de $NAD^+$ para reações desse tipo pode indicar que a célula está sob estresse e que vias envolvidas na resposta ao estresse devem ser ativadas.

O $NAD^+$ também tem um papel importante na patologia do cólera (ver Seção 12.2). A toxina do cólera tem uma atividade enzimática que transfere ADP-ribose de $NAD^+$ para uma proteína G envolvida na regulação do fluxo de íons nas células que revestem o intestino. Essa ADP-ribosilação bloqueia a retenção de água, causando a diarreia e desidratação características do cólera.

A deficiência alimentar de niacina, a forma vitamínica de NAD e NADP, causa pelagra (**Fig. 13-25**). Os anéis semelhantes à piridina presentes nas moléculas de NAD e NADP são derivados da vitamina niacina (ácido nicotínico; **Fig. 13-26**), sintetizada a partir de triptofano. Os seres humanos geralmente são incapazes de sintetizar quantidades suficientes de niacina, principalmente as pessoas com dieta pobre em triptofano (p. ex., o milho, tem baixo conteúdo de triptofano). A deficiência de niacina, que afeta todas as desidrogenases dependentes de NAD(P), causa pelagra (do italiano para "pele áspera"), uma doença humana grave, e nos cães, uma doença relacionada, chamada de língua negra. A pelagra é uma doença caracterizada por "três Ds": dermatite, diarreia e demência, seguidos, em muitos casos, por morte. Há um século, a pelagra era uma doença comum na humanidade. Entre 1912 e 1916, no sul dos Estados Unidos, onde o milho era a base da dieta, aproximadamente 100 mil pessoas foram afetadas e em torno de 10 mil morreram devido a essa doença. Em 1920, Joseph Goldberger demonstrou que a pelagra é causada por uma deficiência na dieta, e, em 1937, Frank Strong, D. Wayne Woolley e Conrad Elvehjem identificaram a niacina como o agente curativo para a língua negra, versão da pelagra em cães. A suplementação da dieta humana com esse composto acessível fez a pelagra ser praticamente erradicada nas populações dos países desenvolvidos, com uma exceção significativa: pessoas que consomem

## 13.4 REAÇÕES BIOLÓGICAS DE OXIDAÇÃO-REDUÇÃO

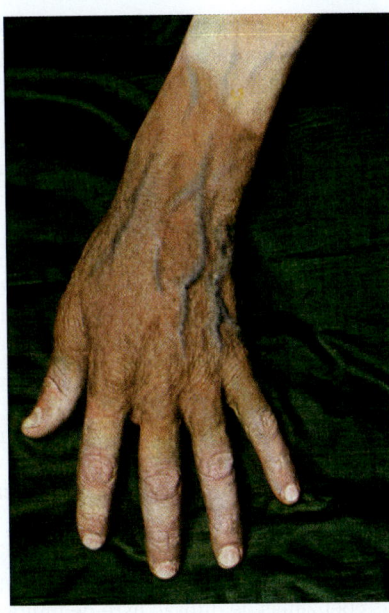

**FIGURA 13-25 Dermatite associada à pelagra.** Dermatite envolvendo a face, as mãos e os pés está entre os primeiros sintomas da pelagra, uma doença humana grave provocada pela deficiência de niacina na dieta. Quando não tratada, a pelagra leva à demência e, por fim, à morte. [Double Vision/Science Source]

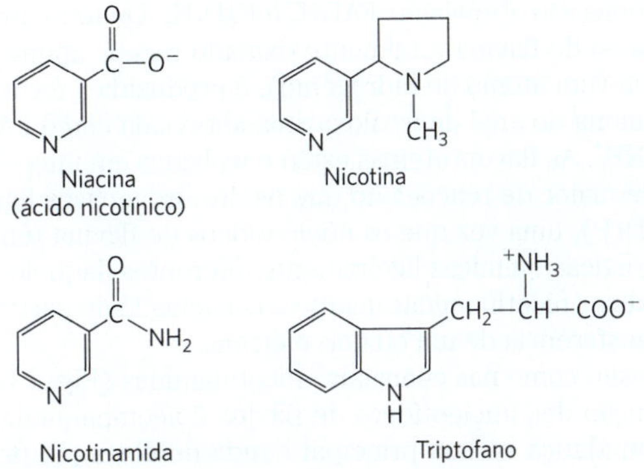

**FIGURA 13-26 Niacina (ácido nicotínico) e seu derivado nicotinamida.** O precursor biossintético desses compostos é o triptofano. Em laboratório, o ácido nicotínico foi produzido pela primeira vez por oxidação do produto natural, a nicotina – daí seu nome. Tanto o ácido nicotínico quanto a nicotinamida são capazes de curar a pelagra, mas a nicotina (do cigarro ou de outras fontes) não tem atividade curativa.

álcool em excesso. Nesses indivíduos, a absorção intestinal de niacina é muito reduzida, e as necessidades calóricas geralmente são supridas pelo álcool contido nas bebidas destiladas, que são praticamente destituídas de vitaminas, inclusive niacina. ■

### Os nucleotídeos de flavina são fortemente ligados às flavoproteínas

As **flavoproteínas** são enzimas que catalisam reações de oxidação-redução utilizando como coenzima tanto a flavina-mononucleotídeo (FMN) quanto a flavina-adenina-dinucleotídeo (FAD) (**Fig. 13-27**). Essas coenzimas, os **nucleotídeos de flavina**, são derivadas da vitamina riboflavina. A estrutura de anéis fusionados dos nucleotídeos de flavina (anel de isoaloxazina) sofre redução reversível, recebendo um ou dois elétrons na forma de um ou dois átomos de hidrogênio (a cada átomo, um elétron e mais um próton) de um substrato reduzido. As formas totalmente

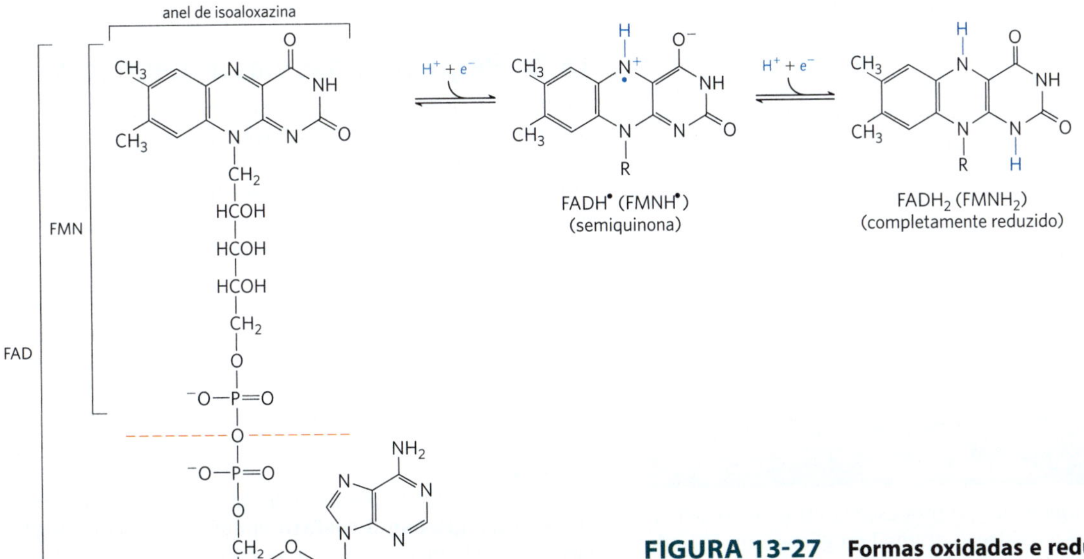

**FIGURA 13-27 Formas oxidadas e reduzidas de FAD e FMN.** A FMN consiste na estrutura indicada acima da linha tracejada vermelha na molécula de FAD (forma oxidada). Os nucleotídeos de flavina aceitam dois átomos de hidrogênio (dois elétrons e dois prótons), e ambos aparecem no sistema de anéis da flavina (anel isoaloxazina). Quando FAD ou FMN recebem apenas um átomo de hidrogênio, forma-se a semiquinona, um radical livre estável.

reduzidas são abreviadas FADH$_2$ e FMNH$_2$. Quando um nucleotídeo de flavina totalmente oxidado recebe apenas um elétron (um átomo de hidrogênio), é produzida a forma semiquinona do anel de isoaloxazina, abreviada como FADH• e FMNH•. As flavoproteínas estão envolvidas em uma diversidade maior de reações do que as desidrogenases ligadas a NAD(P), uma vez que os nucleotídeos de flavina têm características químicas ligeiramente diferentes daquelas das coenzimas nicotinamidas quanto à capacidade de participar na transferência de um ou dois elétrons.

Assim como nas coenzimas nicotinamidas (Fig. 13-24), a redução dos nucleotídeos de flavina é acompanhada por uma mudança na sua principal banda de absorção de luz (mais uma vez útil aos bioquímicos que desejam monitorar reações envolvendo essas coenzimas). As flavoproteínas completamente reduzidas (que receberam dois elétrons) geralmente têm um pico máximo de absorção próximo a 360 nm. Quando parcialmente reduzidas (um elétron), elas apresentam um outro pico máximo de absorção de cerca de 450 nm; quando totalmente oxidada, a flavina tem picos máximos em 370 e 440 nm.

Na maioria das flavoproteínas, o nucleotídeo de flavina encontra-se fortemente ligado à proteína, e, em algumas enzimas, como na succinato-desidrogenase, ele está ligado covalentemente. Essas coenzimas fortemente ligadas são adequadamente chamadas de grupos prostéticos. Elas não transferem elétrons por difusão de uma enzima para a outra; em vez disso, elas fornecem um meio pelo qual as flavoproteínas podem reter os elétrons temporariamente enquanto catalisam a transferência do elétron de um substrato reduzido para um aceptor de elétrons. Uma característica importante das flavoproteínas é a variabilidade do potencial de redução padrão ($E'^°$) do nucleotídeo de flavina ligado. A forte associação entre a enzima e o grupo prostético confere ao anel de flavina um potencial de redução típico daquela flavoproteína particular, algumas vezes bastante diferente do potencial de redução do nucleotídeo de flavina livre. O FAD ligado à succinato-desidrogenase, por exemplo, tem um valor de $E'^°$ próximo de 0,0 V, em comparação com –0,219 V para o FAD livre. O valor de $E'^°$ para outras flavoproteínas varia de –0,40 V a +0,06 V. As flavoproteínas geralmente são muito complexas; algumas possuem, além de um nucleotídeo de flavina, íons inorgânicos fortemente ligados (p. ex., ferro ou molibdênio) capazes de participar da transferência de elétrons.

Nos Capítulos 19 e 20, serão estudadas as funções das flavoproteínas como carreadores de elétrons, bem como suas funções na fosforilação oxidativa (em mitocôndrias) e na fotofosforilação (nos cloroplastos).

### RESUMO 13.4 Reações biológicas de oxidação-redução

■ Em muitos organismos, o processo central de conservação de energia é a oxidação gradual da glicose em $CO_2$, de forma que parte da energia de oxidação é conservada no ATP à medida que os elétrons passam para o $O_2$.

■ As reações biológicas de oxidação-redução podem ser descritas em termos de duas semirreações, cada uma com um potencial de redução padrão, $E'^°$, característico.

■ Muitas reações biológicas de oxidação são desidrogenações nas quais um ou dois átomos de hidrogênio ($H^+ + e^-$) são transferidos de um substrato para um aceptor de hidrogênio. Em algumas reações redox biológicas, o substrato perde tanto elétrons como prótons, o equivalente a perder hidrogênio. As várias enzimas que catalisam essas reações são denominadas desidrogenases.

■ Quando duas semicélulas eletroquímicas, cada uma contendo os componentes de uma semirreação, estão conectadas, os elétrons tendem a fluir para a semicélula que tem o maior potencial de redução. A força dessa tendência é proporcional à diferença entre os dois potenciais de redução ($\Delta E$) e é uma função das concentrações das espécies oxidadas e reduzidas.

■ A variação de energia livre padrão para uma reação de oxidação-redução é diretamente proporcional à diferença dos potenciais de redução padrão das duas semicélulas: $\Delta G'^° = nF\Delta E'^°$.

■ As reações de oxidação-redução nas células vivas envolvem transportadores especializados de elétrons. NAD e NADP são as coenzimas de difusão livre de muitas desidrogenases. Tanto $NAD^+$ como $NADP^+$ aceitam dois elétrons e um próton. Além de seu papel em reações de oxidação-redução, o $NAD^+$ é fonte de AMP nas reações de DNA-ligases bacterianas e de ADP-ribose na reação da toxina do cólera, sendo hidrolisado na desacetilação de proteínas por algumas sirtuínas.

■ A deficiência da vitamina niacina impede a síntese de NAD e causa a doença pelagra.

■ FAD e FMN, os nucleotídeos de flavina, atuam como grupos prostéticos fortemente ligados às flavoproteínas. Eles são capazes de aceitar um ou dois elétrons e um ou dois prótons. Os seus potenciais de redução dependem da flavoproteína à qual eles estão associados.

## 13.5 Regulação das vias metabólicas

A regulação do metabolismo é um dos aspectos mais impressionantes dos organismos vivos. Entre as milhares de reações catalisadas por enzimas que ocorrem nas células, é provável que nenhuma escape de alguma forma de regulação. Essa necessidade de regular cada aspecto do metabolismo celular fica evidente quando se examina a complexidade das sequências de reações metabólicas. Embora para o estudante de bioquímica seja conveniente dividir os processos metabólicos em "vias" que desempenham papéis diferentes na economia celular, essa separação não existe na célula viva. Ao contrário, cada via discutida neste livro está indissociavelmente entrelaçada em uma rede multidimensional de reações com todas as outras vias celulares (**Fig. 13-28**).

Por exemplo, o Capítulo 14 discute quatro destinos possíveis para a **glicose-6-fosfato** em um hepatócito: degradação pela glicólise para a produção de ATP, degradação na via das pentoses-fosfato para a produção de NADPH e pentoses-fosfato, utilização na síntese de polissacarídeos complexos da matriz extracelular ou hidrólise em glicose e fosfato para repor a glicose sanguínea. Na realidade, a glicose-6-fosfato também tem outros destinos possíveis nos

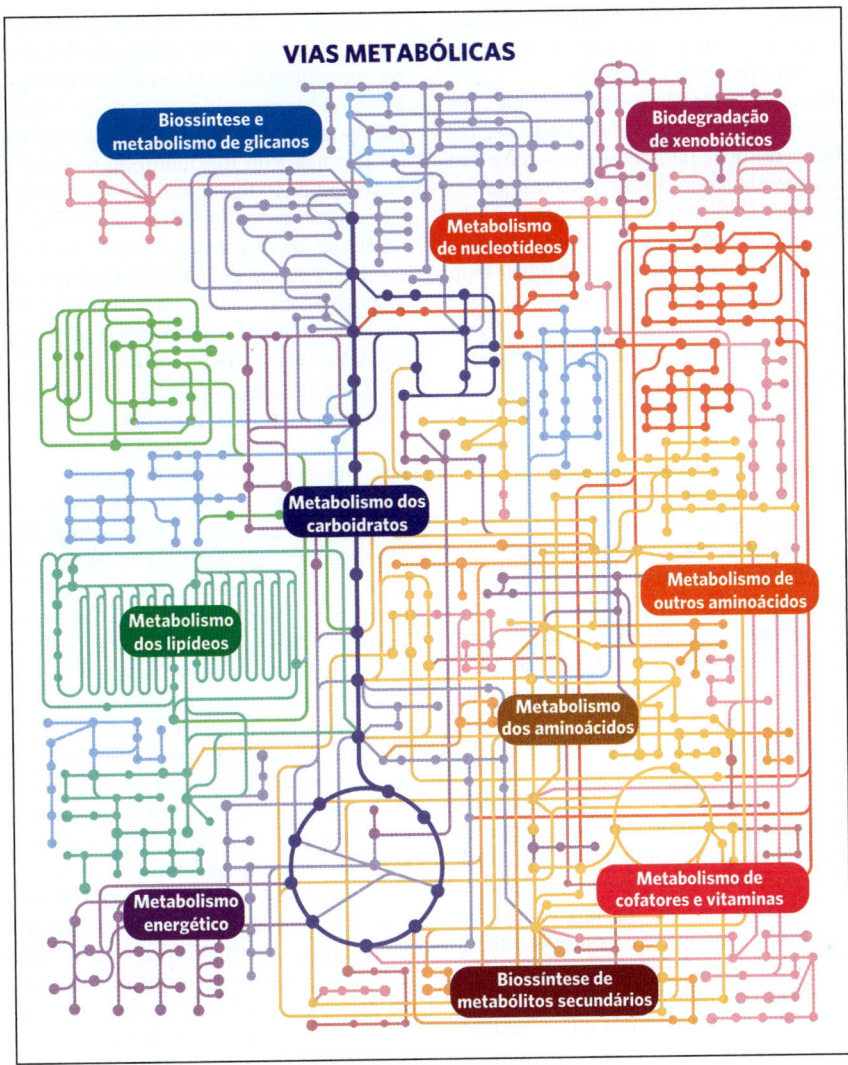

**FIGURA 13-28  O metabolismo como uma malha tridimensional.** Uma típica célula eucariótica tem a capacidade de produzir cerca de 30 mil proteínas diferentes, que catalisam milhares de reações distintas envolvendo muitas centenas de metabólitos, muitos deles compartilhados por mais de uma "via". Nessa visão geral e muito simplificada das vias metabólicas, cada ponto representa um composto intermediário e cada linha de conexão representa uma reação enzimática. É possível consultar, no banco de dados *online* KEGG PATHWAY (www.genome.ad.jp/kegg/pathway/map/map01100.html), um diagrama mais realista e muito mais complexo do metabolismo. Esse mapa interativo permite que cada ponto seja acionado para se obter dados adicionais sobre o composto e as enzimas das quais ele é substrato. [www.genome.ad.jp/kegg/pathway/map/map01100.html.]

hepatócitos; ela pode, por exemplo, ser usada para a síntese de outros açúcares, como glicosamina, galactose, galactosamina, fucose e ácido neuramínico, na glicosilação de proteínas ou pode ser parcialmente degradada para fornecer acetil-CoA para a síntese de ácidos graxos e esteróis. Já a bactéria *E. coli* pode usar a glicose para produzir o esqueleto de carbono de cada um dos seus vários milhares de tipos de moléculas. Quando uma célula utiliza a glicose-6-fosfato para um propósito, essa "decisão" afeta todas as outras vias nas quais esse açúcar é precursor ou intermediário: qualquer mudança na distribuição da glicose-6-fosfato para uma via afeta direta ou indiretamente o fluxo de metabólitos por todas as demais.

## As células e os organismos mantêm um estado estacionário dinâmico

As vias do metabolismo da glicose fornecem, no sentido do catabolismo, a energia essencial para se opor às forças da entropia e, no sentido do anabolismo, precursores para processos biossintéticos e para o armazenamento de energia metabólica. Essas reações são tão importantes para a sobrevivência que mecanismos reguladores muito complexos evoluíram para assegurar que os metabólitos se desloquem ao longo de cada via no sentido e na velocidade adequados para satisfazer exatamente as circunstâncias variáveis da célula ou do organismo. Quando as condições externas se alteram, são feitos ajustes na velocidade do fluxo metabólico ao longo de toda uma via por uma variedade de mecanismos que operam em escalas de tempo diferentes.

As condições mudam; às vezes, de forma drástica. Nos seres humanos, a disponibilidade de oxigênio pode ser reduzida devido à hipóxia (redução da liberação de oxigênio para os tecidos) ou à isquemia (redução do fluxo sanguíneo para os tecidos). A cicatrização de feridas exige quantidades muito grandes de energia e de precursores biossintéticos. As proporções relativas de carboidrato, gordura e proteína na dieta variam de acordo com a refeição, e o suprimento de combustíveis obtido na dieta é intermitente, o que exige ajustes metabólicos nos intervalos entre as refeições e durante os períodos de jejum.

Combustíveis como a glicose entram na célula, e resíduos como o $CO_2$ saem dela, mas a massa e a composição total de uma célula típica, de um órgão ou de um animal adulto não se alteram de modo significativo ao longo do tempo; as células e os organismos existem em um estado estacionário dinâmico. Para cada reação metabólica em uma via, o substrato é fornecido pela reação precedente na mesma velocidade na qual é convertido em produto. Assim, embora a velocidade ($v$) do **fluxo** metabólico por essa etapa da via possa ser alta e variável, a concentração do substrato, S, permanece constante. Assim, para a reação em duas etapas

$$A \xrightarrow{v_1} S \xrightarrow{v_2} P$$

quando $v_1 = v_2$, [S] é constante. **P6** Por exemplo, alterações na $v_1$ pela entrada da glicose no sangue a partir de várias fontes são equilibradas por alterações na $v_2$ para a captação da glicose por vários tecidos a partir do sangue, de forma que a concentração do açúcar no sangue ([S]) se mantém quase constante em 5 mM. Isso é a **homeostase** da glicose sanguínea. Falhas nos mecanismos homeostáticos são frequentemente causas de doenças humanas. No diabetes *mellitus*, por exemplo, a regulação da concentração sanguínea da glicose é deficiente devido à falta de insulina ou à insensibilidade à insulina, com consequências clínicas profundas.

Ao longo da evolução, os organismos adquiriram um conjunto admirável de mecanismos reguladores para a manutenção da homeostase nos níveis molecular, celular e fisiológico, o que se reflete na proporção de genes que codificam a maquinaria reguladora. Nos seres humanos, cerca de 2.500 genes (~12% de todos os genes) codificam proteínas reguladoras, incluindo uma grande variedade de receptores, de reguladores da expressão gênica e mais de 500 proteínas-cinases diferentes! Em muitos casos, os mecanismos reguladores se sobrepõem: uma enzima pode estar sujeita à regulação por vários mecanismos diferentes.

## A quantidade de uma enzima e a sua atividade catalítica podem ser reguladas

O fluxo de uma reação catalisada por enzima pode ser modulado por alterações no *número* de moléculas da enzima ou por alterações na *atividade catalítica* de cada uma das moléculas de enzima já presentes. Essas alterações ocorrem em uma escala de tempo de milissegundos até muitas horas, em resposta a sinais de dentro ou de fora da célula.

Mudanças alostéricas muito rápidas na atividade enzimática são geralmente desencadeadas localmente por alterações na concentração local de uma molécula pequena – um substrato da via na qual essa reação é uma das etapas (p. ex., glicose na glicólise), um produto da via (ATP proveniente da glicólise) ou um metabólito-chave ou cofator (como o NADH) que indica o estado metabólico da célula. Segundos mensageiros (como AMP cíclico e $Ca^{2+}$) gerados no interior da célula em resposta a sinais extracelulares (hormônios, citocinas, e assim por diante) também controlam a regulação alostérica, em uma escala de tempo levemente mais lenta, determinada pela velocidade dos mecanismos de transdução de sinal (ver Capítulo 12).

Os sinais extracelulares (**Fig. 13-29**, ❶) podem ser hormonais (p. ex., insulina ou adrenalina) ou neuronais (acetilcolina), ou podem ser fatores de crescimento ou citocinas. O número de moléculas de determinada enzima em uma célula é uma função das velocidades relativas de síntese e degradação dessa enzima. A velocidade de síntese pode ser ajustada pela ativação (em resposta a alguns sinais externos) de um fator de transcrição (Fig. 13-29, ❷; descrito em mais detalhes no Capítulo 28). Os **fatores de transcrição** são proteínas nucleares que, quando ativadas, ligam-se a regiões específicas do DNA (**elementos de resposta**) próximas ao promotor de um gene (ponto de início de transcrição do gene) e ativam ou reprimem a transcrição do gene, levando ao aumento ou à redução da síntese da proteína codificada por esse gene. A ativação de um fator de transcrição às vezes é consequência da sua interação com um ligante específico ou da sua fosforilação ou desfosforilação. Cada gene é controlado por um ou mais elementos de resposta reconhecidos por fatores de transcrição específicos. Genes que têm vários elementos de resposta são, então, controlados por vários fatores de transcrição diferentes, respondendo a vários sinais distintos. Grupos de genes que codificam proteínas que atuam em conjunto, como as enzimas da glicólise ou da gliconeogênese, frequentemente compartilham sequências de elementos de resposta comuns, de modo que um único sinal, agindo por meio de um determinado fator de transcrição, ativa ou reprime todos esses genes em conjunto.

A estabilidade dos RNA mensageiros (mRNA), isto é, sua resistência à degradação por ribonucleases celulares (Fig. 13-29, ❸), varia, e a quantidade de um dado mRNA na célula é o resultado da velocidade de sua síntese e degradação (Capítulo 26). A velocidade na qual um mRNA é traduzido em proteína pelos ribossomos (Fig. 13-29, ❹) também é regulada e depende de vários fatores, descritos em detalhes no Capítulo 27. Deve-se levar em consideração que um aumento de $n$ vezes em um mRNA nem sempre significa um aumento de $n$ vezes no seu produto proteico.

As moléculas proteicas, uma vez sintetizadas, têm um tempo de vida finito, que pode variar de alguns minutos a muitos dias (**Tabela 13-8**). A velocidade de degradação das proteínas (Fig. 13-29, ❺) difere de uma proteína para outra e depende das condições da célula em cada momento. Algumas proteínas são marcadas pela ligação covalente com ubiquitina para serem degradadas nos proteassomos, conforme será discutido no Capítulo 27 (p. ex., ver o caso da ciclina na Fig. 12-38). **P6** A rápida **renovação** (síntese

## 13.5 REGULAÇÃO DAS VIAS METABÓLICAS

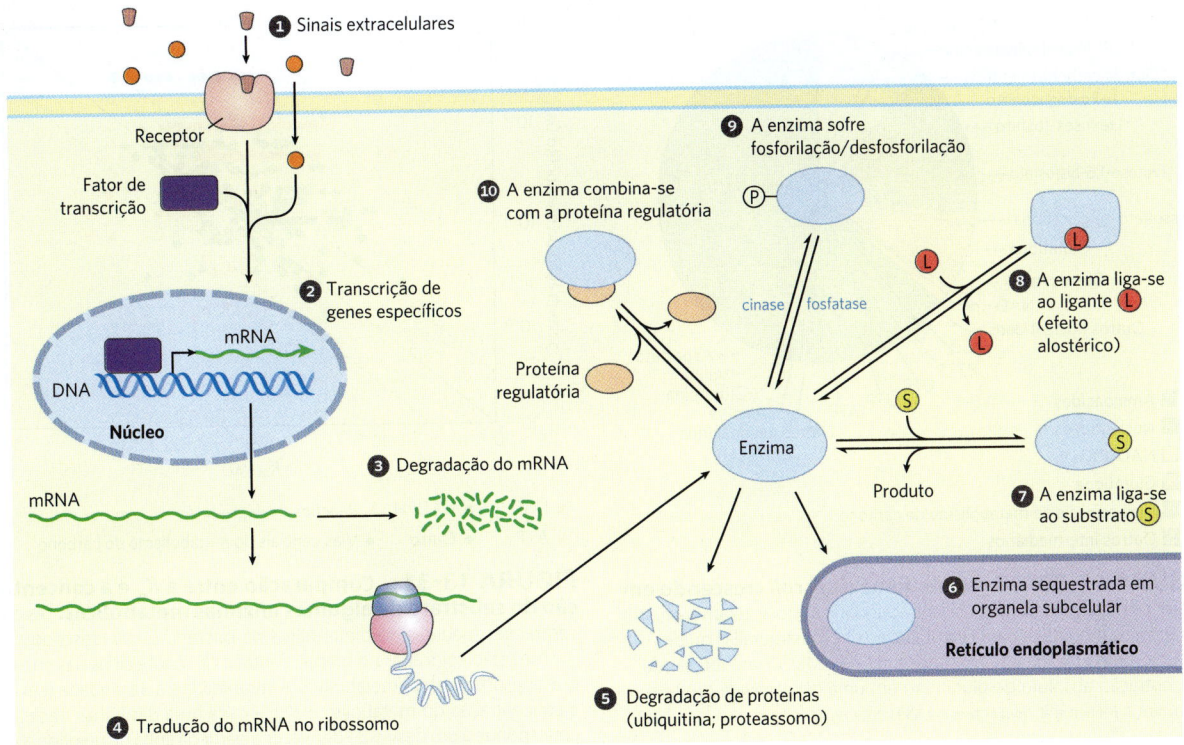

**FIGURA 13-29 Fatores que afetam a atividade das enzimas.** A atividade total de uma enzima pode ser mudada pela alteração no *número* de suas moléculas presentes na célula ou na atividade *efetiva* em um compartimento subcelular (❶ a ❻), ou pela modulação da *atividade* de moléculas já existentes (❼ a ❿), conforme detalhado no texto. Uma enzima pode ser influenciada por uma combinação desses fatores.

| TABELA 13-8 | Meia-vida média de proteínas em tecidos de mamíferos |
|---|---|
| **Tecido** | **Meia-vida média (dias)** |
| Fígado | 0,9 |
| Rins | 1,7 |
| Coração | 4,1 |
| Cérebro | 4,6 |
| Músculo | 10,7 |

seguida de degradação) é energeticamente dispendiosa, mas proteínas com meia-vida curta podem alcançar novos níveis de estado estacionário muito mais rapidamente do que aquelas com meia-vida longa, e os benefícios dessa capacidade de resposta rápida devem balancear ou superar o custo para a célula.

Outra maneira de alterar a atividade *efetiva* de uma enzima é sequestrando a enzima e o seu substrato em compartimentos diferentes (Fig. 13-29, ❻). No músculo, por exemplo, a hexocinase não pode agir sobre a glicose até que o açúcar entre no miócito vindo do sangue, e a taxa de entrada depende da atividade dos transportadores de glicose (ver Tabela 11-1) na membrana plasmática. Dentro das células, os compartimentos envoltos por membranas segregam determinadas enzimas e sistemas enzimáticos, e um fator limitante da ação enzimática pode ser o transporte do substrato através dessas membranas intracelulares.

Por meio desses vários mecanismos de regulação no nível enzimático, as células podem alterar significativamente a quantidade total das suas enzimas em resposta a mudanças nas condições metabólicas. Nos vertebrados, o fígado é o tecido mais adaptável; uma mudança de uma dieta rica em carboidratos para uma dieta rica em lipídeos, por exemplo, afeta a transcrição de centenas de genes e, consequentemente, os níveis de centenas de proteínas. Essas variações globais na expressão dos genes podem ser totalmente quantificadas por meio da determinação completa dos mRNA (**transcriptoma**) ou das proteínas (**proteoma**) de um tipo de célula ou órgão, o que permite ter uma visão ampla da regulação metabólica. O efeito das alterações no proteoma é, com frequência, uma mudança no conjunto de metabólitos de baixa massa molecular, o **metaboloma** (**Fig. 13-30**). O metaboloma de *E. coli* crescendo em meio com glicose é dominado por algumas classes de metabólitos: glutamato (49%); nucleotídeos (principalmente ribonucleosídeos-trifosfato) (15%); intermediários da glicólise, do ciclo do ácido cítrico e da via das pentoses-fosfato (vias centrais do metabolismo do carbono) (15%); e glutationa e cofatores redox (9%).

Assim que os mecanismos reguladores que envolvem a síntese e a degradação de proteínas produzirem um determinado número de moléculas de cada enzima na célula, a

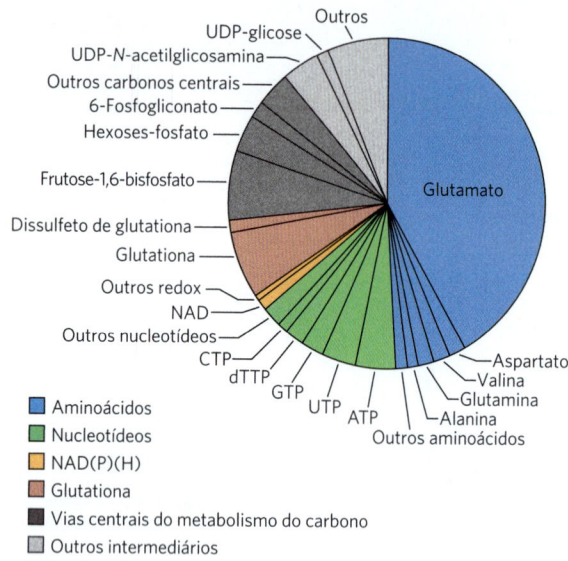

**FIGURA 13-30  O metaboloma da *E. coli* crescendo em meio com glicose.** Resumo da abundância molar relativa de 103 metabólitos, medida por uma combinação de cromatografia líquida com espectrometria de massas em *tandem* (LC-MS/MS). Como referência, a concentração absoluta de glutamato em uma célula viva é de 9,6 mM.
[Dados de B. D. Bennett et al., *Nature Chem. Biol.* 5:593, 2009, Fig. 1.]

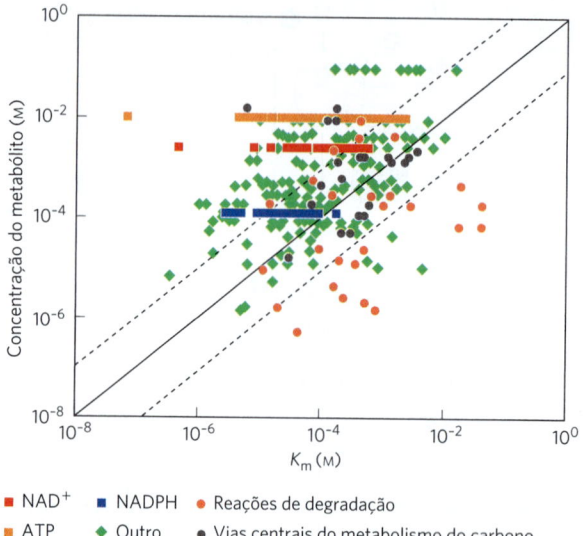

**FIGURA 13-31  Comparação entre a $K_m$ e a concentração do substrato de algumas enzimas metabólicas.** As concentrações medidas de metabólitos na bactéria *E. coli* crescendo em glicose estão colocadas no gráfico contra as $K_m$ conhecidas das enzimas que consomem esses metabólitos. A linha sólida é a da unidade (em que a concentração do metabólito = $K_m$), e cada uma das linhas tracejadas corresponde a um desvio de dez vezes a partir da linha da unidade. [Dados obtidos de B. D. Bennett et al., *Nature Chem. Biol.* 5:593, 2009, Fig. 2.]

atividade dessas enzimas pode ser regulada de várias outras maneiras: pela concentração do substrato, pela presença de efetores alostéricos, por modificações covalentes ou por ligação de proteínas reguladoras – todas essas maneiras podem alterar a atividade de uma molécula de enzima individual (Fig. 13-29, ❼ a ❿).

Todas as enzimas são sensíveis à concentração de seu(s) substrato(s) (Fig. 13-29, ❼). Lembre-se de que, no caso mais simples (enzimas que seguem a cinética de Michaelis-Menten), a velocidade inicial da reação é a metade da velocidade máxima quando o substrato está presente em uma concentração igual à $K_m$ (i.e., quando metade da enzima está saturada com o substrato). A atividade diminui com [S] mais baixa, e, quando [S] ≪ $K_m$, a velocidade da reação é linearmente dependente da [S].

Essa relação entre [S] e $K_m$ é importante porque as concentrações intracelulares do substrato estão frequentemente na mesma faixa da $K_m$ ou mais baixas. Por exemplo, a atividade da hexocinase altera-se com a [glicose], e a [glicose] intracelular varia de acordo com sua concentração no sangue. Conforme será visto, as diferentes formas (isoenzimas) da hexocinase têm valores distintos de $K_m$, sendo, por isso, afetadas de modo diverso por mudanças na [glicose] intracelular, de maneiras que fazem sentido fisiologicamente. Para muitas transferências de grupos fosforila do ATP e para as reações redox que usam NADPH ou $NAD^+$, a concentração do metabólito está bem acima da $K_m$ (**Fig. 13-31**), de modo que esses cofatores não parecem ser o fator limitante nessas reações.

A atividade enzimática pode ser aumentada ou reduzida por um efetor alostérico (Fig. 13-29, ❽; ver Fig. 6-37). Os efetores alostéricos normalmente convertem cinéticas hiperbólicas em sigmoides, ou vice-versa (p. ex., ver Fig. 14-24b). Na parte mais íngreme da curva sigmoide, uma pequena alteração na concentração do substrato, ou do efetor alostérico, pode ter um grande impacto na velocidade da reação. Lembre-se, do Capítulo 5 (p. 157), de que a cooperatividade de uma enzima alostérica pode ser expressa como um coeficiente de Hill, com coeficientes mais altos indicando maior cooperatividade. Para uma enzima alostérica com um coeficiente de Hill de 4, a atividade aumenta de 10 para 90% da $V_{máx}$ com aumento de apenas 3 vezes da [S], em comparação com o aumento de 81 vezes na [S] necessário para uma enzima sem os efeitos cooperativos (coeficiente de Hill de 1; **Tabela 13-9**).

| TABELA 13-9 | Relações entre o coeficiente de Hill e o efeito da concentração de substrato sobre a velocidade da reação de enzimas alostéricas |
|---|---|
| Coeficiente de Hill ($n_H$) | Mudança necessária na [S] para aumentar a $V_0$ de 10 para 90% da $V_{máx}$ |
| 0,5 | × 6.600 |
| 1,0 | × 81 |
| 2,0 | × 9 |
| 3,0 | × 4,3 |
| 4,0 | × 3 |

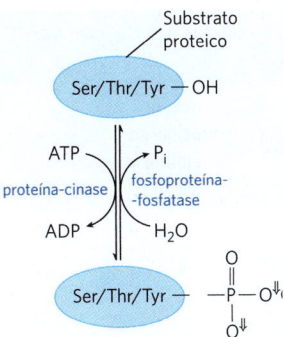

**FIGURA 13-32 Fosforilação e desfosforilação de proteínas.** As proteínas-cinases transferem um grupo fosforila do ATP para resíduos de Ser, Thr ou Tyr em uma enzima ou outro substrato proteico. As proteínas-fosfatases removem o grupo fosforila como $P_i$.

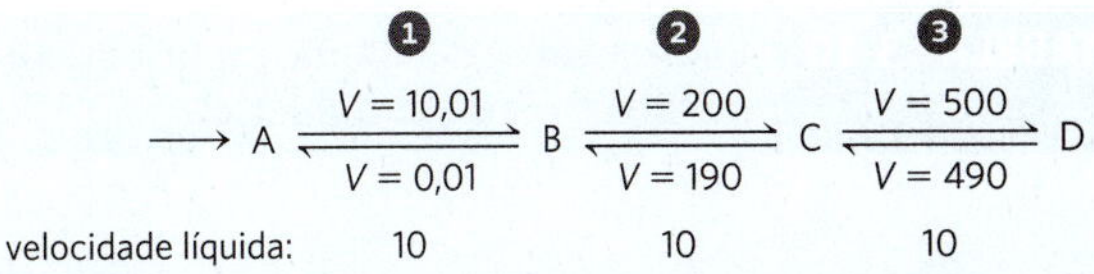

**FIGURA 13-33 Etapas distantes e próximas do equilíbrio em uma via metabólica.** As etapas ❷ e ❸ dessa via estão próximas do equilíbrio na célula; em cada etapa, a velocidade (V) da reação no sentido direto é levemente maior do que a velocidade da reação reversa, de modo que a velocidade líquida para a frente (10) é relativamente baixa, e a variação de energia livre, $\Delta G$, é próxima de zero. O aumento na [C] ou na [D] pode reverter o sentido dessas etapas. A etapa ❶ é mantida longe do equilíbrio na célula; a sua velocidade para a frente é muito maior do que a reversa. A velocidade líquida da etapa ❶ (10) é muito maior do que a da reação reversa (0,01) e é idêntica à velocidade líquida das etapas ❷ e ❸ quando a via está operando no estado estacionário. A etapa ❶ tem um $\Delta G$ negativo grande.

As modificações covalentes das enzimas ou de outras proteínas (Fig. 13-29, ❾) ocorrem em segundos ou minutos após um sinal regulador, geralmente um sinal extracelular. As modificações mais comuns são fosforilação e desfosforilação (**Fig. 13-32**); até metade das proteínas de uma célula eucariótica é fosforilada em alguma situação. A fosforilação por uma proteína-cinase específica pode afetar as características eletrostáticas do sítio ativo da enzima, provocar o deslocamento de uma região inibidora da enzima para fora do sítio ativo, alterar a interação da enzima com outras proteínas ou forçar mudanças conformacionais que se traduzem em alterações na $V_{máx}$ ou na $K_m$. Para que as modificações covalentes sejam úteis para a regulação, a célula deve ser capaz de fazer a enzima alterada retornar ao estado original de atividade. Uma família das fosfoproteínas-fosfatases, que estão, pelo menos algumas delas, sob regulação, catalisa a desfosforilação de proteínas.

Por exemplo, muitas enzimas são reguladas pela associação e dissociação com uma proteína regulatória (Fig. 13-29 ❿). Por exemplo, a proteína-cinase dependente de AMP cíclico (PKA; ver Fig. 12-6) é inativa a menos que AMPc se ligue a uma subunidade regulatória (inibitória), separando-a da subunidade catalítica.

Esses vários mecanismos de alteração do fluxo por meio de uma das etapas de uma via metabólica não são mutuamente exclusivos. ▶P6 É muito comum que uma determinada enzima seja regulada no nível da transcrição e por mecanismos alostéricos e covalentes. As combinações proporcionam regulação rápida, fácil e eficaz em resposta a uma ampla gama de perturbações e sinais.

Nas discussões que se seguem, é útil pensar em mudanças na atividade enzimática servindo a dois papéis distintos, mas complementares. Usa-se o termo **regulação metabólica** para se referir a processos que servem para manter a homeostase no nível molecular – para manter algum parâmetro celular (p. ex., a concentração de um metabólito) em estado estacionário ao longo do tempo, mesmo que o fluxo dos metabólitos se altere ao longo da via. O termo **controle metabólico** refere-se a um processo que conduz a uma alteração no resultado de uma via metabólica ao longo do tempo, em resposta a um sinal externo ou a uma mudança nas condições. Essa distinção, embora útil, nem sempre é fácil de ser feita.

### As reações fora do equilíbrio nas células são pontos de regulação comuns

Em algumas etapas de uma via metabólica, a reação está próxima do equilíbrio, com a célula no seu estado estacionário dinâmico (**Fig. 13-33**). O fluxo líquido de metabólitos nessas etapas deve-se à pequena diferença entre as velocidades da reação direta e da reação inversa, velocidades que são muito parecidas quando a reação está próxima do equilíbrio. Pequenas alterações nas concentrações do substrato ou do produto podem produzir grandes alterações na velocidade líquida, podendo mudar o sentido do fluxo líquido. É possível identificar essas reações próximas do equilíbrio em uma célula comparando-se a **razão da ação das massas**, $Q$, com a constante de equilíbrio para a reação, $K'_{eq}$. Lembre-se de que, para a reação $A + B \rightarrow C + D$, $Q = [C][D]/[A][B]$. Na prática, quando $Q$ e $K'_{eq}$ estiverem dentro de uma margem de 1 a 2 ordens de grandeza entre si, a reação está próxima do equilíbrio. Esse é o caso de mais da metade das etapas da via glicolítica, por exemplo (**Tabela 13-10**).

Outras reações na célula estão longe do equilíbrio. Por exemplo, $K'_{eq}$ para a reação da fosfofrutocinase 1 (PFK-1) é de cerca de 1.000, mas $Q$ ([frutose-1,6-bisfosfato][ADP]/[frutose-6-fosfato][ATP]) em um hepatócito no estado estacionário é de cerca de 0,1 (Tabela 13-10). É justamente *porque* a reação está tão longe do equilíbrio que o processo é exergônico nas condições celulares e tende a ir adiante. A reação é mantida longe do equilíbrio porque, nas condições normalmente encontradas de concentrações de substrato, de produto e de efetor, a taxa de conversão da frutose-6-fosfato à frutose-1,6-bisfosfato está limitada pela atividade da PFK-1. A atividade da PFK-1 é limitada pelo número de moléculas de PFK-1 presentes e pela ação de efetores alostéricos. Assim, a velocidade da reação direta catalisada pela enzima é igual ao fluxo líquido dos intermediários glicolíticos por outras etapas da via, e o fluxo inverso mediado pela PFK-1 permanece próximo de zero.

A célula *não pode* permitir que reações com constantes de equilíbrio grandes alcancem o equilíbrio. Se a

### TABELA 13-10 Constantes de equilíbrio, coeficientes de ação das massas e variações da energia livre para enzimas do metabolismo de carboidratos

| Enzima | $K'_{eq}$ | Razão de ação das massas, $Q$ — Fígado | Razão de ação das massas, $Q$ — Coração | Reação próxima do equilíbrio in vivo?[a] | $\Delta G'^\circ$ (kJ/mol) | $\Delta G$ (kJ/mol) no coração |
|---|---|---|---|---|---|---|
| Hexocinase | $1 \times 10^3$ | $2 \times 10^{-2}$ | $8 \times 10^{-2}$ | Não | −17 | −27 |
| PFK-1 | $1,0 \times 10^3$ | $9 \times 10^{-2}$ | $3 \times 10^{-2}$ | Não | −14 | −23 |
| Aldolase | $1,0 \times 10^{-4}$ | $1,2 \times 10^{-6}$ | $9 \times 10^{-6}$ | Sim | +24 | −6,0 |
| Triose-fosfato-isomerase | $4 \times 10^{-2}$ | —[b] | $2,4 \times 10^{-1}$ | Sim | +7,5 | +3,8 |
| Gliceraldeído-3-fosfato-desidrogenase + fosfoglicerato-cinase | $2 \times 10^3$ | $6 \times 10^2$ | 9,0 | Sim | −13 | +3,5 |
| Fosfoglicerato-mutase | $1 \times 10^{-1}$ | $1 \times 10^{-1}$ | $1,2 \times 10^{-1}$ | Sim | +4,4 | +0,6 |
| Enolase | 3 | 2,9 | 1,4 | Sim | −3,2 | −0,5 |
| Piruvato-cinase | $2 \times 10^4$ | $7 \times 10^{-1}$ | 40 | Não | −31 | −17 |
| Fosfo-hexose-isomerase | $4 \times 10^{-1}$ | $3,1 \times 10^{-1}$ | $2,4 \times 10^{-1}$ | Sim | +2,2 | −1,4 |
| Piruvato-carboxilase + PEP-carboxicinase | 7 | $1 \times 10^{-3}$ | —[b] | Não | −5,0 | −23 |
| Glicose-6-fosfatase | $8,5 \times 10^2$ | $1,2 \times 10^2$ | —[b] | Sim | −17 | −5,0 |

Dados para $K'_{eq}$ e $Q$ obtidos de E. A. Newsholme e C. Start, *Regulation in Metabolism*, pp. 97, 263, Wiley Press, 1973. $\Delta G$ e $\Delta G'^\circ$ foram calculados a partir desses dados.
[a]De maneira simplificada, qualquer reação na qual o valor absoluto da $\Delta G$ calculado seja menor do que 6 é considerada próxima do equilíbrio.
[b]Dados não disponíveis.

[frutose-6-fosfato], a [ATP] e a [ADP] na célula forem mantidas nos seus níveis típicos (concentrações milimolares baixas) e for permitido à reação da PFK-1 alcançar o equilíbrio por uma elevação na [frutose-1,6-bisfosfato], a concentração desse produto se elevará para a faixa molar, causando danos osmóticos à célula. Considere outro caso: se fosse permitido à reação ATP → ADP + $P_i$ se aproximar do equilíbrio, a variação real de energia livre ($\Delta G$) para essa reação ($\Delta G_p$; ver Exemplo 13-2, p. 480) se aproximaria de zero, e o ATP perderia o potencial de transferência do grupo fosforila de alta energia, que é o que o torna valioso para a célula. Dessa forma, é essencial que as enzimas que catalisam a degradação do ATP e outras reações altamente exergônicas sejam sensíveis à regulação, de forma que, quando mudanças metabólicas forem impostas por condições externas, o fluxo por essas enzimas seja ajustado para assegurar que a [ATP] permaneça muito acima do seu nível de equilíbrio. Quando essas mudanças metabólicas ocorrem, as atividades das enzimas em todas as vias interconectadas se ajustam para manter as etapas cruciais longe do equilíbrio. Assim, não é surpreendente que muitas enzimas que catalisam reações altamente exergônicas estejam sujeitas a uma grande variedade de mecanismos reguladores refinados. A multiplicidade desses ajustes é tão grande que é impossível prever só pelo exame das propriedades de determinada enzima de uma via se essa enzima tem uma grande influência no fluxo líquido por toda a via.

## Os nucleotídeos da adenina têm papéis especiais na regulação metabólica

Depois de proteger seu DNA contra danos, talvez nada seja mais importante para uma célula do que a manutenção de um suprimento e de uma concentração de ATP constantes. Muitas enzimas que utilizam ATP têm valores de $K_m$ entre 0,1 e 1 mM, sendo que a concentração de ATP em uma célula típica é de 5 a 10 mM (Fig. 13-31). Se a [ATP] diminuir significativamente, essas enzimas não estarão totalmente saturadas pelos seus substratos (ATP), e as velocidades de centenas de reações que envolvem ATP seriam reduzidas (**Fig. 13-34**); a célula provavelmente não sobreviveria a esse efeito cinético sobre tantas reações.

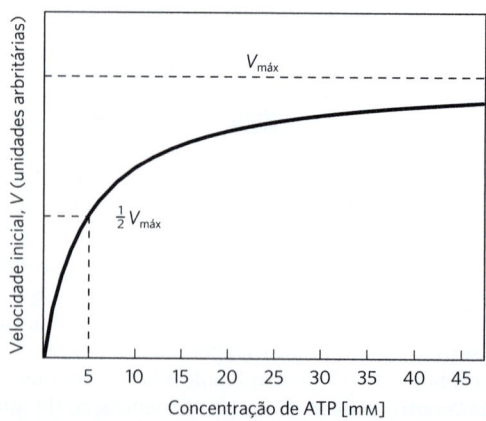

**FIGURA 13-34** Efeito da concentração de ATP na velocidade inicial da reação de uma enzima que depende de ATP típica. Esses dados experimentais produzem uma $K_m$ de 5 mM para o ATP. A concentração de ATP nos tecidos animais é de aproximadamente 5 mM.

Existe também um efeito *termodinâmico* importante na redução da [ATP]. Uma vez que o ATP é convertido em ADP ou AMP quando é "gasto" para realizar trabalho celular, a relação [ATP]/[ADP] afeta profundamente todas as reações que utilizam esses cofatores. O mesmo acontece com outros cofatores importantes, como NADH/NAD$^+$ e NADPH/NADP$^+$. A reação catalisada pela hexocinase serve de exemplo:

$$\text{ATP} + \text{glicose} \longrightarrow \text{ADP} + \text{glicose-6-fosfato}$$

$$K'_{eq} = \frac{[\text{ADP}]_{eq}[\text{glicose-6-fosfato}]_{eq}}{[\text{ADP}]_{eq}[\text{glicose}]_{eq}} = 2 \times 10^3$$

Observe que essa expressão é verdadeira *apenas* quando os reagentes e produtos estiverem nas respectivas concentrações de *equilíbrio*, em que $\Delta G = 0$. Em qualquer outro conjunto de concentrações, $\Delta G$ não é zero. Lembre-se (a partir da Seção 13.1) de que a razão entre produtos e substratos (a razão da ação das massas, $Q$) determina a magnitude e o sinal de $\Delta G$ e, portanto, a força motriz, $\Delta G$, da reação:

$$\Delta G = \Delta G'^\circ + RT \ln \frac{[\text{ADP}][\text{glicose-6-fosfato}]}{[\text{ATP}][\text{glicose}]}$$

Uma vez que uma alteração nessa força motriz influencia profundamente cada reação que envolve ATP, os organismos evoluíram sob intensa pressão para desenvolver mecanismos de regulação que respondam à razão [ATP]/[ADP].

A concentração de AMP é um indicador ainda mais sensível do estado energético da célula do que a [ATP]. As células normalmente têm uma concentração muito maior de ATP (5 a 10 mM) do que de AMP (< 0,1 mM). Quando alguns processos (p. ex., contração muscular) consomem ATP, o AMP é produzido em duas etapas. Primeiro, a hidrólise do ATP produz ADP, e, depois, a reação catalisada pela **adenilato-cinase** produz AMP:

$$2\,\text{ADP} \longrightarrow \text{AMP} + \text{ATP}$$

Se o ATP for consumido de forma que a sua concentração diminua em 10%, o aumento relativo na [AMP] é muito maior do que na [ADP] (**Tabela 13-11**). Assim, não é surpreendente que muitos processos reguladores sejam comandados por alterações na [AMP]. ▶P6 O mediador mais importante da regulação por AMP provavelmente é a **proteína-cinase ativada por AMP** (**AMPK**), que responde ao aumento na [AMP] fosforilando enzimas-chave, regulando, assim, as respectivas atividades. (A AMPK não deve ser confundida com a proteína-cinase dependente de AMP cíclico, PKA; ver Seção 12.2.) A elevação da [AMP] pode ser causada por um suprimento reduzido de nutrientes ou pelo aumento do exercício. A AMP ativa a AMPK alostericamente, e isso aumenta o transporte de glicose e ativa a glicólise e a oxidação de ácidos graxos, ao mesmo tempo que suprime processos que requerem energia, como a síntese de glicogênio, de ácidos graxos, de colesterol e de proteínas. Todas as alterações efetuadas pela AMPK têm a finalidade de aumentar a [ATP] e diminuir a [AMP]. No Capítulo 23, será discutido o papel da AMPK no equilíbrio entre anabolismo e catabolismo no organismo como um todo.

**TABELA 13-11** Variações relativas na [ATP] e na [AMP] quando o ATP é consumido

| Nucleotídeo de adenina | Concentração antes da depleção de ATP (mM) | Concentração após a depleção de ATP (mM) | Variação relativa |
|---|---|---|---|
| ATP | 5,0 | 4,5 | 10% |
| ADP | 1,0 | 1,0 | 0 |
| AMP | 0,1 | 0,6 | 600% |

### RESUMO 13.5 Regulação das vias metabólicas

■ Em uma célula metabolicamente ativa no estado estacionário, os intermediários são formados e utilizados a uma mesma velocidade. Quando uma perturbação transitória altera a taxa de formação ou de utilização de um metabólito, alterações compensatórias nas atividades das enzimas fazem o sistema retornar ao estado estacionário.

■ As células regulam seu metabolismo por meio de uma grande variedade de mecanismos em uma escala de tempo que varia de menos de um milissegundo até dias, tanto pela mudança na atividade de moléculas enzimáticas preexistentes quanto por mudar o número de moléculas de uma determinada enzima.

■ Vários sinais ativam ou inativam fatores de transcrição, que atuam no núcleo e regulam a expressão gênica. Mudanças no transcriptoma levam a mudanças no proteoma e, por fim, no metaboloma de uma célula ou tecido.

■ Nos processos com muitas etapas, como a glicólise, determinadas reações estão essencialmente em equilíbrio no estado estacionário; as velocidades dessas reações aumentam e diminuem com a concentração do substrato. Outras reações estão fora do equilíbrio; essas etapas são, geralmente, os pontos de regulação global da via.

■ Os mecanismos de regulação mantêm níveis praticamente constantes de metabólitos-chave, como ATP e NADH, nas células e glicose no sangue, enquanto adaptam o uso ou a produção de glicose às necessidades variáveis do organismo.

■ Os níveis de ATP e de AMP são um reflexo sensível do estado energético da célula, e, quando a razão [ATP]/[AMP] diminui, a proteína-cinase ativada por AMP (AMPK) desencadeia uma grande variedade de respostas celulares para elevar a [ATP] e reduzir a [AMP].

### TERMOS-CHAVE

*Os termos em negrito estão definidos no glossário.*

**autotrófico** 461
**heterotrófico** 461
**metabólito** 462
**metabolismo intermediário** 462
**catabolismo** 462
**anabolismo** 462
**transdução de energia** 466
**energia livre, $G$** 467
**exergônico** 467
**endergônico** 467
**entalpia, $H$** 467
**exotérmico** 467
**endotérmico** 467
**entropia, $S$** 467
constantes transformadas padrão 468

razão de ação das massas, **Q** 470
clivagem homolítica 472
**radical** 472
clivagem heterolítica 472
**nucleófilo** 473
**eletrófilo** 473
**carbânion** 473
**carbocátion** 473
condensação aldólica 473
condensação de Claisen 473
**cinases** 476
**potencial de fosforilação ($\Delta G_p$)** 479
**tioéster** 482
adenililação 485
**pirofosfatase** 485
**nucleosídeo-difosfato--cinase** 487
adenilato-cinase 487
creatina-cinase 487
fosfágenos 488
força eletromotriz (fem) 488
**par conjugado redox** 489

**desidrogenases** 489
**equivalente redutor** 490
**potencial de redução padrão ($E'^{\circ}$)** 490
**nucleotídeo de piridina** 493
oxidorredutase 494
**flavoproteína** 495
**nucleotídeos de flavina** 495
glicose-6-fosfato 496
**homeostase** 498
**fator de transcrição** 498
**elemento de resposta** 498
renovação 498
**transcriptoma** 499
**proteoma** 499
**metaboloma** 499
**regulação metabólica** 501
**controle metabólico** 501
**adenilato-cinase** 503
**proteína-cinase ativada por AMP (AMPK)** 503

## QUESTÕES

1. **Variação da entropia durante o desenvolvimento do ovo** Considere um sistema constituído de um ovo em uma incubadora. A clara e a gema do ovo contêm proteínas, carboidratos e lipídeos. Se fecundado, o ovo é transformado de uma única célula em um organismo complexo. Discuta esse processo irreversível em termos da variação de entropia no sistema e nos arredores (o meio). Não esqueça de definir primeiro, de forma clara, o que é o sistema e o que é o meio.

2. **Cálculo de $\Delta G'^{\circ}$ a partir da constante de equilíbrio** Calcule a variação de energia livre padrão para cada uma das seguintes reações enzimáticas metabolicamente importantes, utilizando as constantes de equilíbrio dadas para as reações a 25 °C e pH 7,0.

(a) Glutamato + oxalacetato $\xrightleftharpoons{\text{aspartato-aminotransferase}}$ aspartato + $\alpha$-cetoglutarato  $K'_{eq} = 6,8$

(b) Di-hidroxiacetona-fosfato $\xrightleftharpoons{\text{triose-fosfato-isomerase}}$ gliceraldeído-3-fosfato  $K'_{eq} = 0,0475$

(c) Frutose-6-fosfato + ATP $\xrightleftharpoons{\text{fosfofrutocinase}}$ frutose-1,6-bisfosfato + ATP  $K'_{eq} = 254$

3. **Cálculo da constante de equilíbrio a partir da $\Delta G'^{\circ}$** Calcule a constante de equilíbrio $K'_{eq}$ para cada uma das reações seguintes a pH 7,0 e 25 °C usando os valores de $\Delta G'^{\circ}$ da Tabela 13-4.

(a) Glicose-6-fosfato + $H_2O$ $\xrightleftharpoons{\text{glicose-6-fosfatase}}$ glicose + $P_i$

(b) Lactose + $H_2O$ $\xrightleftharpoons{\beta\text{-galactosidase}}$ glicose + galactose

(c) Malato $\xrightleftharpoons{\text{fumarase}}$ fumarato + $H_2O$

4. **Determinação experimental de $K'_{eq}$ e $\Delta G'^{\circ}$** Ao incubar uma solução de glicose-1-fosfato a 0,1 M com quantidades catalíticas de fosfoglicomutase, parte da glicose-1-fosfato é transformada em glicose-6-fosfato. No equilíbrio, as concentrações dos componentes da reação são

Glicose-1-fosfato $\rightleftharpoons$ glicose-6-fosfato
$4,5 \times 10^{-3}$ M      $9,6 \times 10^{-3}$ M

Calcule a $K'_{eq}$ e a $\Delta G'^{\circ}$ dessa reação.

5. **Determinação experimental da $\Delta G'^{\circ}$ da hidrólise de ATP** Uma medida direta da variação padrão de energia livre associada à hidrólise do ATP é um trabalho complicado, pois a quantidade ínfima de ATP que permanece após o equilíbrio ser atingido é difícil de medir com precisão. O valor de $\Delta G'^{\circ}$ pode ser calculado indiretamente, a partir das constantes de equilíbrio de duas outras reações enzimáticas que tenham constantes de equilíbrio menos favoráveis:

Glicose-6-fosfato + $H_2O \longrightarrow$ glicose + $P_i$     $K'_{eq} = 270$
ATP + glicose $\longrightarrow$ ADP + glicose-6-fosfato     $K'_{eq} = 890$

Usando as informações das constantes de equilíbrio determinadas a 25 °C, calcule a energia livre padrão para a hidrólise de ATP.

6. **Diferença entre $\Delta G'^{\circ}$ e $\Delta G$** Considere a seguinte interconversão que ocorre na glicólise (Capítulo 14):

Frutose-6-fosfato $\rightleftharpoons$ glicose-6-fosfato    $K'_{eq} = 1,97$

(a) Qual é a $\Delta G'^{\circ}$ para a reação ($K'_{eq}$ medida a 25 °C)?
(b) Se a concentração de frutose-6-fosfato for ajustada a 1,5 M e a de glicose-6-fosfato for ajustada a 0,50 M, qual será o valor da $\Delta G$?
(c) Por que $\Delta G'^{\circ}$ e $\Delta G$ são diferentes?

7. **Energia livre da hidrólise do CTP** Compare a estrutura do nucleosídeo-trifosfato CTP com a estrutura do ATP.

Citidina-trifosfato (CTP)

Adenosina-trifosfato (ATP)

Agora, calcule a $K'_{eq}$ e a $\Delta G'^{\circ}$ da seguinte reação:

ATP + CDP $\rightarrow$ ADP + CTP

8. **A $\Delta G$ depende do pH** A energia livre liberada pela hidrólise de ATP sob condições padrões é de –30,5 kJ/mol. Caso

ATP seja hidrolisado sob condições padrão, exceto em pH 5,0, a energia liberada será maior ou menor? Explique sua resposta.

**9. $\Delta G'^\circ$ de reações acopladas** A glicose-1-fosfato é convertida em frutose-6-fosfato em duas reações sucessivas:

Glicose-1-fosfato ⟶ glicose-6-fosfato

Glicose-6-fosfato ⟶ frutose-6-fosfato

Usando os valores de $\Delta G'^\circ$ da Tabela 13-4, calcule a constante de equilíbrio, $K'_{eq}$, para a soma das duas reações:

Glicose-1-fosfato ⟶ frutose-6-fosfato

**10. Efeito da razão [ATP]/[ADP] sobre a energia livre de hidrólise do ATP** Usando a Equação 13-4, construa um gráfico de $\Delta G$ contra ln Q (razão da ação das massas) a 25 °C para as concentrações de ATP, ADP e $P_i$ apresentadas na tabela a seguir. A $\Delta G'^\circ$ para a reação é de $-30,5$ kJ/mol. Use o resultado do gráfico para explicar por que o metabolismo é regulado para manter a razão [ATP]/[ADP] alta.

| | Concentração (mM) | | | | |
|---|---|---|---|---|---|
| ATP | 5 | 3 | 1 | 0,2 | 5 |
| ADP | 0,2 | 2,2 | 4,2 | 5,0 | 25 |
| $P_i$ | 10 | 12,1 | 14,1 | 14,9 | 10 |

**11. Estratégia para superar uma reação desfavorável: acoplamento químico dependente de ATP** A fosforilação da glicose a glicose-6-fosfato é a etapa inicial no catabolismo da glicose. A fosforilação direta da glicose por $P_i$ é descrita pela equação

Glicose + $P_i$ ⟶ glicose-6-fosfato + $H_2O$
$\Delta G'^\circ$ +13,8 kJ/mol

**(a)** Calcule a constante de equilíbrio da reação a 37 °C. Em hepatócitos de rato, as concentrações fisiológicas de glicose e $P_i$ são mantidas em aproximadamente 4,8 mM. Qual é a concentração de equilíbrio da glicose-6-fosfato quando obtida por fosforilação direta de glicose por $P_i$? Essa reação representa uma etapa metabólica aceitável para o catabolismo da glicose? Explique sua resposta.
**(b)** Em princípio, pelo menos uma forma de aumentar a concentração de glicose-6-fosfato é direcionar o equilíbrio da reação para a direita, elevando as concentrações intracelulares de glicose e $P_i$. Supondo uma concentração fixa de $P_i$ em 4,8 mM, quão elevada teria de ser a concentração de glicose intracelular para gerar uma concentração de equilíbrio de glicose-6-fosfato de 250 $\mu$M (a concentração fisiológica normal)? Esse caminho seria fisiologicamente aceitável, dado que a solubilidade máxima da glicose é menor que 1 M?
**(c)** A fosforilação da glicose na célula está acoplada à hidrólise de ATP; isto é, parte da energia livre da hidrólise de ATP é usada para fosforilar a glicose:

(1) Glicose + $P_i$ ⟶ glicose-6-fosfato + $H_2O$
$\Delta G'^\circ$ +13,8 kJ/mol

(2) ATP + $H_2O$ ⟶ ADP + $P_i$    $\Delta G'^\circ = -30,5$ kJ/mol

Soma: Glicose + ATP ⟶ glicose-6-fosfato + ADP

Calcule a $K'_{eq}$ a 37 °C para a reação global. Para a fosforilação da glicose dependente de ATP, qual é a concentração de glicose necessária para atingir uma concentração intracelular de 250 $\mu$M de glicose-6-fosfato quando as concentrações de ATP e ADP forem de 3,38 mM e 1,32 mM, respectivamente? Esse processo de acoplamento produz uma via adequada, pelo menos em princípio, para a fosforilação da glicose na célula? Explique.
**(d)** Embora o acoplamento da hidrólise de ATP à fosforilação da glicose faça sentido termodinamicamente, até o momento não foi especificado como esse acoplamento ocorre. Dado que o acoplamento requer um intermediário comum, uma rota possível é o uso da hidrólise do ATP para elevar a concentração intracelular de $P_i$ e, assim, impulsionar a fosforilação desfavorável da glicose por $P_i$. Essa rota é viável? (Considere o produto de solubilidade, $K_{sp}$, dos intermediários metabólicos.)
**(e)** A fosforilação da glicose acoplada ao ATP é catalisada em hepatócitos pela enzima glicocinase. Essa enzima liga ATP e glicose, formando um complexo glicose-ATP-enzima, e o grupo fosforila é transferido diretamente do ATP para a glicose. Explique as vantagens dessa rota.

**12. Cálculo da $\Delta G'^\circ$ das reações acopladas a ATP** Calcule, a partir dos dados da Tabela 13-6, o valor da $\Delta G'^\circ$ das seguintes reações:
**(a)** Fosfocreatina + ADP ⟶ creatina + ATP
**(b)** ATP + frutose ⟶ ADP + frutose-6-fosfato

**13. Acoplamento da clivagem de ATP a uma reação desfavorável** Para explorar as consequências do acoplamento com a hidrólise de ATP sob condições fisiológicas sobre uma reação bioquímica termodinamicamente desfavorável, pode-se considerar a transformação hipotética X ⟶ Y, para a qual $\Delta G'^\circ = 20,0$ kJ/mol.

**(a)** Qual é a razão [Y]/[X] no equilíbrio?
**(b)** Suponha que X e Y participem de uma sequência de reações durante a hidrólise de ATP em ADP e $P_i$. A reação total é

X + ATP + $H_2O$ ⟶ Y + ADP + $P_i$

Calcule a razão [Y]/[X] para essa reação no equilíbrio. Suponha que a temperatura seja de 25 °C e as concentrações de ATP, ADP, AMP e $P_i$ no equilíbrio sejam de 1 M.
**(c)** Sabe-se que, sob condições fisiológicas, [ATP], [ADP] e [$P_i$] *não* são de 1 M. Calcule a razão [Y]/[X] para a reação acoplada ao ATP quando os valores de [ATP], [ADP] e [$P_i$] forem aqueles encontrados nos miócitos de ratos (Tabela 13-5).

**14. Cálculo da $\Delta G$ em concentrações fisiológicas** Calcule o valor real da $\Delta G$ para a reação

Fosfocreatina + ADP ⟶ creatina + ATP

em 37 °C, nas condições presentes no citosol dos neurônios, com fosfocreatina a 4,7 mM, creatina a 1,0 mM, ADP a 0,73 mM e ATP a 2,6 mM.

**15. Energia livre necessária para a síntese de ATP em condições fisiológicas** No citosol de hepatócitos de rato, a temperatura é de 37 °C, e a razão de ação das massas, Q, é

$$\frac{[ATP]}{[ADP][P_i]} = 5,33 \times 10^2 \, M^{-1}$$

Calcule a energia livre necessária para a síntese de ATP em um hepatócito de rato.

**16. Lógica química** Na via glicolítica, um açúcar de seis carbonos (frutose-1,6-bisfosfato) é clivado para formar dois açúcares de três carbonos, que, depois, sofrem metabolização adicional. Nessa via, a isomerização da glicose-6-fosfato em frutose-6-fosfato (mostrada no diagrama) ocorre em duas etapas anteriores à reação de clivagem. A etapa intermediária é a fosforilação da glicose-6-fostato em frutose-1,6-bisfosfato (p. 516).

Glicose-6-fosfato ⇌ (fosfo-hexose-isomerase) Frutose-6-fosfato

O que a etapa de isomerização faz, sob uma perspectiva bioquímica? (Dica: considere o que aconteceria se a clivagem da ligação C—C ocorresse sem a etapa de isomerização precedente.)

**17. Mecanismos de reação enzimática I** A lactato-desidrogenase é uma das muitas enzimas que necessitam de NADH como coenzima. Ela catalisa a conversão de piruvato em lactato:

Piruvato + NADH + H⁺ ⇌ (lactato-desidrogenase) L-Lactato + NAD⁺

Represente o mecanismo dessa reação (com as setas indicando a trajetória dos elétrons). (Dica: essa é uma reação comum em todo o metabolismo; o mecanismo é semelhante àquele catalisado por outras desidrogenases que usam NADH, como a álcool-desidrogenase.)

**18. Mecanismos de reação enzimática II** As reações bioquímicas geralmente parecem mais complicadas do que realmente são. Na via das pentoses-fosfato (Capítulo 14), sedoeptulose-7-fosfato e gliceraldeído-3-fosfato reagem, formando eritrose-4-fosfato e frutose-6-fosfato em uma reação catalisada pela transaldolase.

Sedoeptulose-7-fosfato + Gliceraldeído-3-fosfato ⇌ (transaldolase) Eritrose-4-fosfato + Frutose-6-fosfato

Desenhe um mecanismo para essa reação (com as setas indicando a trajetória dos elétrons). (Dica: revise as condensações aldólicas e, então, pense sobre o nome dessa enzima.)

**19. Identificação dos tipos de reações** Identifique, para cada par de biomoléculas, o tipo de reação (oxidação-redução, hidrólise, isomerização, transferência de grupo ou rearranjo interno) necessário para converter a primeira molécula na segunda. Em cada caso, indique o tipo geral de enzima e os cofatores ou reagentes necessários, além de qualquer outro produto que venha a ser formado.

(a) Palmitoil-CoA → trans-Δ²-Enoil-CoA

(b) L-Leucina → D-Leucina

(c) Glicose → Frutose

(d) Glicerol → Glicerol-3-fosfato

(e) Glicilalanina → Glicina + Alanina

(f) Glicerol → Di-hidroxiacetona

(g) Acetaldeído → Ácido acético

**20. Efeito da estrutura sobre o potencial de transferência de grupo** Alguns organismos invertebrados possuem fosfoarginina. A energia livre padrão para a hidrólise dessa molécula é mais semelhante à energia padrão de hidrólise da glicose-6-fosfato ou do ATP? Explique sua resposta.

$$^-O-\underset{O^-}{\underset{|}{P}}-NH-\underset{\underset{O^-}{}}{\overset{NH}{\overset{\|}{C}}}-NH-CH_2-CH_2-CH_2-\underset{H}{\overset{\overset{+}{NH_3}}{\underset{|}{C}}}-COO^-$$

Fosfoarginina

**21. Polifosfato como uma possível fonte de energia** A energia livre padrão para a hidrólise de polifosfato inorgânico (poliP) é de cerca de −20 kJ/mol para cada $P_i$ liberado. No Exemplo 13-2, foi calculado no que, em uma célula, são necessários aproximadamente 50 kJ/mol de energia para sintetizar ATP a partir de ADP e $P_i$.

$$^-O-\underset{O^-}{\overset{O}{\underset{\|}{P}}}-O-\underset{O^-}{\overset{O}{\underset{\|}{P}}}-O-\underset{O^-}{\overset{O}{\underset{\|}{P}}}-O-\underset{O^-}{\overset{O}{\underset{\|}{P}}}-O^-$$

Polifosfato inorgânico (poliP)

É possível que uma célula utilize polifosfato para sintetizar ATP a partir de ADP? Explique sua resposta.

**22. Consumo diário de ATP por seres humanos adultos**

(a) A síntese de ATP a partir de ADP e $P_i$ necessita de uma energia livre total de 30,5 kJ/mol quando os reagentes e produtos estiverem na concentração de 1 M e a temperatura for de 25 °C (estado padrão). Contudo, as concentrações fisiológicas reais de ATP, ADP e $P_i$ não são de 1 M, e a temperatura é de 37 °C. Assim, a energia livre necessária para sintetizar ATP sob condições fisiológicas é diferente da $\Delta G'^\circ$. Calcule a energia livre necessária para sintetizar ATP no hepatócito humano quando as concentrações fisiológicas de ATP, ADP e $P_i$ forem de 3,5, 1,5 e 5,0 mM, respectivamente.

(b) Um adulto de 68 kg requer uma ingestão calórica de 2.000 kcal (8.360 kJ) de alimento por dia (24 horas). O alimento é metabolizado pelo organismo, e a energia livre é utilizada para sintetizar ATP, que, por sua vez, fornece energia para o trabalho químico e mecânico diário do organismo. Supondo que a eficiência de conversão da energia do alimento em ATP é de 50%, calcule a massa de ATP usada por um ser humano adulto em 24 horas. Qual é a porcentagem da massa corporal que esse valor representa?

(c) Embora indivíduos adultos sintetizem uma grande quantidade de ATP diariamente, a sua massa corporal, estrutura e composição não variam significativamente durante esse período. Explique essa aparente contradição.

**23. Velocidade de renovação dos fosfatos γ e β do ATP** Se uma quantidade pequena de ATP marcado com fósforo radioativo na posição terminal, [γ-$^{32}$P]ATP, for adicionada a um extrato de levedura, cerca de metade da radioatividade do $^{32}$P é encontrada no $P_i$ em poucos minutos, mas a concentração de ATP permanece inalterada. Como isso pode ser explicado? Se o mesmo experimento for realizado utilizando ATP marcado com $^{32}$P na posição central, [β-$^{32}$P]ATP, o $^{32}$P leva muito mais tempo para aparecer como $P_i$. Por quê?

**24. Clivagem de ATP em AMP e $PP_i$ durante o metabolismo** A síntese da forma ativa do acetato (acetil-CoA) é realizada por um processo dependente de ATP:

Acetato + CoA + ATP ⟶ acetil-CoA + AMP + $PP_i$

(a) A $\Delta G'^\circ$ da hidrólise de acetil-CoA em acetato e CoA é de −32,2 kJ/mol. A $\Delta G'^\circ$ da hidrólise de ATP em AMP e $PP_i$ é de −30,5 kJ/mol. Calcule a $\Delta G'^\circ$ para a síntese de acetil-CoA dependente de ATP.

(b) Quase todas as células contêm a enzima pirofosfatase, que catalisa a hidrólise de $PP_i$ em $P_i$. Qual é o efeito da presença dessa enzima sobre a síntese de acetil-CoA? Explique.

**25. Ativação de um ácido graxo pela reação com coenzima A** Na sequência de reações da degradação dos ácidos graxos, a coenzima A (CoA), por meio do seu grupo tiol (−SH), é ligada ao ácido graxo como um tiolester, enquanto o ATP é convertido em AMP e $PP_i$:

R−COO$^-$ + ATP + CoA−SH ⟶
AMP + $PP_i$ + R−CO−S−CoA

A oxidação dos ácidos graxos como combustíveis necessita de duas etapas. A primeira etapa transfere um grupo ativador do ATP para o grupo carboxílico do ácido graxo. Na segunda etapa, CoA−SH desloca o grupo ativador, formando acil graxo-S−CoA. Dados os produtos conhecidos da reação, qual é o grupo ativador?

**26. Energia para o bombeamento de $H^+$** As células parietais que revestem o estômago contêm "bombas" na membrana que transportam íons hidrogênio do citosol (pH 7,0) para o estômago, contribuindo para acidificar o suco gástrico (pH 1,0). Calcule a energia livre necessária para transportar 1 mol de íons hidrogênio por essas bombas. (Dica: ver Capítulo 11.) Considere a temperatura de 37 °C.

**27. Compostos de carbono mais reduzidos** Ordene as quatro estruturas na ordem da mais reduzida para a mais oxidada.

(a) R−$CH_2$−$CH_2$−OH     (c) R−$CH_2$−CHO
(b) R−$CH_2$−COO$^-$        (d) R−$CH_2$−$CH_3$

**28. Potenciais de redução padrão** O potencial de redução padrão, $E'^\circ$, de qualquer par redox é definido para a reação da semicélula

Agente oxidante + $n$ elétrons ⟶ agente redutor

Os valores de $E'^\circ$ para o par conjugado redox $NAD^+$/NADH e piruvato/lactato são, respectivamente, −0,32 e −0,19 V.

(a) Qual par redox apresenta a maior tendência em perder elétrons? Explique.

(b) Qual é o agente oxidante mais forte? Explique.

(c) Para qual das direções a reação seguirá começando com concentrações de 1 M de cada reagente e produto em pH 7 e a 25 °C?

Piruvato + NADH + $H^+$ ⇌ lactato + $NAD^+$

(d) Qual é a variação de energia livre padrão ($\Delta G'^\circ$) para a conversão de piruvato em lactato?

(e) Qual é a constante de equilíbrio ($K'_{eq}$) para essa reação?

**29. Uma biobateria simples** Suponha que se deseje construir uma bateria simples usando as semirreações mostradas na Figura 13-23. Um eletrodo contém piruvato e lactato a 1 mM, ao passo que o outro eletrodo contém fumarato e succinato a 1 mM (ver Tabela 13-7).

(a) Qual é a direção do fluxo inicial de elétrons?

(b) Calcule o potencial de redução padrão e a variação de energia livre padrão dessa bateria biológica.

(c) Quando a bateria de uma lanterna "acaba", o movimento líquido de elétrons essencialmente terá terminado. Qual é o equivalente dessa situação na biobateria?

**30. Energia da cadeia respiratória** A transferência de elétrons na cadeia respiratória mitocondrial pode ser representada pela equação da reação global

$$NADH + H^+ + \frac{1}{2}O_2 \rightleftharpoons H_2O + NAD^+$$

(a) Calcule a $\Delta E'^\circ$ para a reação de transferência de elétrons líquida na mitocôndria. Use os valores de $E'^\circ$ apresentados na Tabela 13-7.
(b) Calcule a $\Delta G'^\circ$ dessa reação.
(b) Quantas moléculas de ATP podem *teoricamente* ser geradas por essa reação se a energia livre para a síntese de ATP nas condições celulares for de 52 kJ/mol?

**31. A força eletromotriz depende das concentrações** Suponha que um eletrodo seja colocado em diversas soluções com concentrações diferentes de $NAD^+$ e NADH, em pH 7,0 e a 25 °C. Calcule a força eletromotriz (em volts) registrada pelo eletrodo imerso em cada solução, tendo como referência uma semicélula com $E'^\circ$ de 0,00 V.

(a) $NAD^+$ 1,0 mM e NADH 10 mM
(b) $NAD^+$ 1,0 mM e NADH 1,0 mM
(c) $NAD^+$ 10 mM e NADH 1,0 mM

**32. Afinidade dos compostos por elétrons** Liste as seguintes substâncias em ordem crescente segundo a tendência em receber elétrons: (a) $\alpha$-cetoglutarato + $CO_2$ (produzindo isocitrato) (b) oxalacetato (c) $O_2$ (d) $NADP^+$

**33. Direção das reações de oxidação-redução** Qual das reações a seguir se espera que ocorra no sentido representado, em condições padrão, na presença das enzimas apropriadas?

(a) Malato + $NAD^+$ ⟶ oxalacetato + NADH + $H^+$
(b) Acetoacetato + NADH + $H^+$ ⟶ $\beta$-hidroxibutirato + $NAD^+$
(c) Piruvato + NADH + $H^+$ ⟶ lactato + $NAD^+$
(d) Piruvato + $\beta$-hidroxibutirato ⟶ lactato + acetato
(e) Malato + piruvato ⟶ oxalacetato + lactato
(f) Acetaldeído + succinato ⟶ etanol + fumarato

**34. Determinação das concentrações intracelulares de metabólitos** A determinação das concentrações intracelulares dos intermediários metabólicos em uma célula apresenta grandes dificuldades experimentais – geralmente, a célula deve ser destruída para que as concentrações dos metabólitos possam ser medidas. Além disso, as enzimas catalisam interconversões metabólicas muito rapidamente, de forma que um problema comum associado às mensurações é que os dados não refletem as concentrações fisiológicas dos metabólitos, mas sim as concentrações no equilíbrio. Para evitar alterações nas concentrações dos metabólitos durante o preparo das amostras, células foram rapidamente congeladas em nitrogênio líquido e, então, extraídas em condições que impedem a atividade das enzimas.

As concentrações intracelulares dos substratos e dos produtos da reação da fosfofrutocinase 1 em tecido cardíaco isolado de rato estão na tabela a seguir.

| Metabólito | Concentração ($\mu$M)[a] |
|---|---|
| Frutose-6-fosfato | 87,0 |
| Frutose-1,6-bisfosfato | 22,0 |
| ATP | 11.400 |
| ADP | 1.320 |

Dados de J. R. Williamson, *J. Biol. Chem.* 240:2308, 1965.
[a] Calculada como $\mu$mol/mL de água intracelular.

(a) Calcule Q, [frutose-1,6-bisfosfato][ADP]/[frutose-6-fosfato][ATP], para a reação da PFK-1 sob condições fisiológicas.
(b) Dado uma $\Delta G'^\circ$ para a reação da PFK-1 de –14,2 kJ/mol, calcule a constante de equilíbrio para essa reação.
(c) Compare os valores de Q e $K'_{eq}$. A reação fisiológica está longe ou próxima do equilíbrio? Explique. O que esse experimento sugere sobre o papel da PFK-1 como enzima reguladora?

**35. Todas as reações metabólicas estão em equilíbrio?**
(a) O fosfoenolpiruvato (PEP) é um dos dois doadores de grupos fosforila na síntese de ATP durante a glicólise. Em eritrócitos humanos, a concentração de ATP no estado estacionário é de 2,24 mM, a de ADP é de 0,25 mM e a de piruvato é de 0,051 mM. Calcule a concentração de PEP a 25 °C, considerando que a reação da piruvato-cinase (ver Fig. 13-13) esteja em equilíbrio na célula.
(b) A concentração fisiológica de PEP nos eritrócitos humanos é de 0,023 mM. Compare com o valor obtido em (a). Explique o significado dessa diferença.

**36. Comparação entre a constante de Michaelis e a concentração de substrato** A malato-sintase de *E. coli* catalisa a reação

Acetil-CoA + glioxilato + $H_2O$ ⟶ malato + CoA-SH + $H^+$

O valor da $K_m$ medido experimentalmente para acetil-CoA é de $9 \times 10^6$ M. A concentração de acetil-CoA medida em células de *E. coli* em cultura é de $6 \times 10^{-4}$ M. A malato-sintase está operando em sua $V_{máx}$ nessas condições?

### QUESTÃO DE ANÁLISE DE DADOS

**37. A termodinâmica pode ser enganosa** A termodinâmica é uma área desafiadora de estudos que propicia muitas oportunidades para confusão. Um exemplo interessante é encontrado em um artigo dos pesquisadores Robinson, Hampson, Munro e Vaney, publicado no periódico *Science* em 1993. Robinson e colaboradores estudaram o movimento de pequenas moléculas entre células vizinhas do sistema nervoso, por meio de canais entre as células (junções tipo fenda). Eles demonstraram que os corantes amarelo de Lucifer (pequena molécula carregada negativamente) e biocitina (pequena molécula zwitteriônica) se movem em apenas um sentido entre dois tipos diferentes de células da glia (célula não neuronal do sistema nervoso). O corante injetado em astrócitos passava rapidamente para oligodendrócitos, células de Müller ou astrócitos vizinhos, mas o corante injetado em oligodendrócitos ou em células de Müller passava lentamente, se passasse, para os astrócitos. Todos esses tipos de células estão conectados por junções tipo fenda.

Embora esse não fosse o ponto central do artigo, os autores apresentaram um modelo molecular de como esse transporte unidirecional pode ocorrer, como mostrado na sua Figura 3:

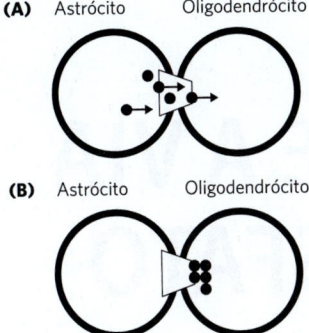

Consta na legenda da figura: "Modelo de difusão unidirecional do corante entre oligodendrócitos e astrócitos acoplados, com base nas diferenças de diâmetro dos poros de conexão. Como um peixe em uma armadilha para peixes, as moléculas de corante (círculos pretos) podem passar de um astrócito para um oligodendrócito (A), mas não são capazes de voltar no sentido oposto (B)".

Embora esse artigo tenha passado pela revisão de uma revista científica muito respeitada, foram enviadas várias cartas ao editor (1994), mostrando que o modelo de Robinson e colaboradores viola a segunda lei da termodinâmica.

**(a)** Explique como o modelo viola a segunda lei. Dica: considere o que aconteceria com a entropia do sistema se as concentrações iniciais de corante fossem iguais nos astrócitos e oligodendrócitos conectados pelas junções tipo fenda (armadilhas para peixes).
**(b)** Explique por que esse modelo não funciona para moléculas pequenas, embora possa apanhar peixes.
**(c)** Explique por que uma armadilha para peixes *funciona* para peixes.
**(d)** Proponha dois mecanismos plausíveis para o transporte unidirecional das moléculas de corante entre as células que não violem a segunda lei da termodinâmica.

### Referências

**Letters to the editor. 1994.** *Science* 265:1017–1019.
**Robinson, S.R., E.C.G.M. Hampson, M.N. Munro e D.I. Vaney. 1993.** Unidirectional coupling of gap junctions between neuroglia. *Science* 262:1072–1074.

# Capítulo 14

# GLICÓLISE, GLICONEOGÊNESE E A VIA DAS PENTOSES-FOSFATO

**14.1** Glicólise  *511*
**14.2** Vias alimentadoras da glicólise  *521*
**14.3** Destinos do piruvato  *525*
**14.4** Gliconeogênese  *533*
**14.5** Regulação coordenada da glicólise e da gliconeogênese  *539*
**14.6** Oxidação da glicose pela via das pentoses-fosfato  *546*

O estudo do metabolismo de carboidratos será iniciado com as principais vias do metabolismo da glicose: glicólise e fermentação, gliconeogênese e a via das pentoses-fosfato. A glicose ocupa uma posição central no metabolismo de plantas, animais e muitos microrganismos. Ela é relativamente rica em energia potencial e, por isso, é um bom combustível; a oxidação completa da glicose a dióxido de carbono e água ocorre com uma variação da energia livre padrão de $-2.840$ kJ/mol. Por meio do armazenamento da glicose na forma de um polímero de alta massa molecular, como o amido ou o glicogênio, a célula pode estocar grandes quantidades de unidades de hexose enquanto mantém a osmolaridade citosólica relativamente baixa. Quando a demanda de energia aumenta, a glicose pode ser liberada desses polímeros de armazenamento intracelulares e utilizada para produzir ATP de maneira aeróbica ou anaeróbica.

A glicose, além de ser um excelente combustível, também é um precursor admiravelmente versátil, capaz de suprir uma enorme variedade de intermediários metabólicos para reações biossintéticas. Uma bactéria, como a *Escherichia coli*, pode obter a partir da glicose os esqueletos carbônicos para cada aminoácido, nucleotídeo, coenzima, ácido graxo ou outro intermediário metabólico necessário para o seu crescimento. Um estudo abrangente dos destinos metabólicos da glicose compreenderia centenas ou milhares de transformações químicas. Em animais e em plantas vasculares, a glicose tem quatro destinos principais: ela pode ser (1) usada na síntese de polissacarídeos complexos direcionados ao espaço extracelular; (2) armazenada nas células (como polissacarídeo ou como sacarose); (3) oxidada a compostos de três átomos de carbonos (piruvato) por meio da glicólise, para fornecer ATP e intermediários metabólicos; ou (4) oxidada pela via das pentoses-fosfato (fosfogliconato), produzindo ribose-5-fosfato para a síntese de ácidos nucleicos e NADPH para processos biossintéticos redutores (**Fig. 14-1**).

Os organismos que não têm acesso à glicose de outras fontes devem sintetizá-la. Os organismos fotossintetizantes fabricam glicose inicialmente por redução do $CO_2$ atmosférico a trioses e, em seguida, por conversão das trioses em glicose. As células não fotossintéticas produzem glicose a partir de precursores simples com três ou quatro átomos de carbono pelo processo de gliconeogênese, que reverte a glicólise em uma via que utiliza muitas enzimas glicolíticas.

Os princípios a seguir são centrais para a compreensão do metabolismo da glicose, mas muitos aplicam-se a todas as vias metabólicas.

**P1** **Metabólitos como a glicose são frequentemente ativados pela ligação de um grupo de alta energia antes de serem catabolizados.** A glicólise é uma via metabólica quase universal com 10 etapas para a produção de ATP pela oxidação da glicose. Nesse processo, um investimento de duas moléculas

**FIGURA 14-1** **Principais vias de utilização da glicose.** Embora não sejam os únicos destinos possíveis da glicose, essas quatro vias são as mais significativas na maioria das células.

de ATP é realizado para ativar a glicose, mas os produtos da via incluem quatro ATP, assim como NADH (uma forma de poder redutor) e piruvato, que pode ser metabolizado em outras vias.

**P2** **Glicose e outras hexoses, assim como hexoses-fosfato, obtidas de polissacarídeos armazenados ou de carboidratos da dieta, são utilizadas na via glicolítica.** Ao utilizar uma via comum para diferentes materiais iniciais, a célula economiza no número de enzimas que devem ser sintetizadas e simplifica a regulação da via em questão.

**P3** **O piruvato produzido sob condições anaeróbicas pode ser reduzido a lactato com elétrons provenientes do NADH, reciclando o NADH a NAD$^+$ e permitindo a manutenção da glicólise nos processos de fermentação láctica ou alcoólica.** A manipulação do material fermentável e dos microrganismos presentes permite a síntese de uma variedade de alimentos e de produtos industrializados.

**P4** **A gliconeogênese é a síntese de glicose a partir de precursores mais simples, como piruvato e lactato.** Embora utilize 7 das 10 enzimas que também atuam na glicólise, a gliconeogênese deve contornar três das etapas mais exergônicas na glicólise, utilizando reações energeticamente favoráveis exclusivas da gliconeogênese.

**P5** **A glicólise e a gliconeogênese são reguladas de modo recíproco, de maneira que tais processos não ocorram simultaneamente em um ciclo fútil.** A maior parte dos mecanismos regulatórios ocorre em reações exclusivas para cada via.

**P6** **A via das pentoses-fosfato é uma via alternativa para a oxidação da glicose.** Essa via produz pentoses para a síntese de nucleotídeos e cofatores reduzidos para a biossíntese de ácidos graxos, esteróis e muitos outros compostos.

## 14.1 Glicólise

**P1** Na **glicólise** (do grego *glykys*, "doce" ou "açúcar", e *lysis*, "quebra"), uma molécula de glicose é degradada em uma série de reações catalisadas por enzimas, gerando duas moléculas de um composto de três átomos de carbono, o piruvato. Durante as reações sequenciais da glicólise, parte da energia livre da glicose é conservada na forma de ATP e NADH. A glicólise foi a primeira via metabólica a ser elucidada e provavelmente seja a mais bem entendida. Desde a descoberta da fermentação em extratos de células de levedura por Eduard Buchner, em 1897, até a elucidação da via completa em leveduras e no músculo na década de 1930, as reações da glicólise foram um objetivo primário da pesquisa em bioquímica. Essas descobertas mostraram que as reações nas células vivas podiam ser explicadas quimicamente,

sem depender de uma força vital mística. Essa mudança filosófica levou o fisiologista Jacques Loeb a observar, em 1906, que "A história desse problema é instrutiva, pois serve de alerta para não considerarmos um problema como algo além do nosso alcance porque ainda não foi encontrada uma solução".[1]

O desenvolvimento de métodos de purificação de enzimas, a descoberta e o reconhecimento da importância de coenzimas, como o NAD, e a descoberta do papel metabólico crucial do ATP e de outros compostos fosforilados resultaram dos estudos da glicólise. Desde então, as enzimas glicolíticas de muitas espécies foram purificadas e minuciosamente estudadas.

A glicólise é uma via central quase universal do catabolismo da glicose, a via com o maior fluxo de carbono na maioria das células. A quebra glicolítica da glicose é a única fonte de energia metabólica em alguns tecidos e células de mamíferos (p. ex., eritrócitos, medula renal, encéfalo e espermatozoides). Alguns tecidos vegetais modificados para o armazenamento de amido (como os tubérculos da batata) e algumas plantas aquáticas (p. ex., agrião) obtêm a maior parte de sua energia da glicólise; muitos microrganismos anaeróbios são totalmente dependentes da glicólise.

No curso da evolução, a química das reações da glicólise foi completamente conservada. O sequenciamento genômico e os estudos estruturais têm mostrado que as enzimas glicolíticas dos vertebrados são muito similares em sua sequência de aminoácidos e na estrutura tridimensional às suas homólogas na levedura e no espinafre. Embora certas arqueias e alguns microrganismos parasitários não apresentem uma ou mais das enzimas da glicólise, eles retêm o núcleo da via. A via glicolítica, de importância central por si só, é regida por princípios termodinâmicos e mecanismos de regulação comuns a todas as vias do metabolismo celular. Ela serve como um modelo dos princípios que serão revistos em toda a Parte II deste livro.

### Uma visão geral: a glicólise tem duas fases

Antes de estudar cada etapa da via em seus detalhes, convém examinar a glicólise como um todo. Como todos os açúcares ou seus derivados formados na glicólise são isômeros D, essa designação será omitida, exceto quando o objetivo for enfatizar a estereoquímica. A quebra da glicose (formada por seis átomos de carbono) em duas moléculas de piruvato (cada uma com três carbonos) ocorre em 10 etapas, sendo que as cinco primeiras constituem a *fase preparatória* ou de investimento (**Fig. 14-2a**). Nessas reações, a glicose é inicialmente fosforilada no grupo hidroxila ligado ao C-6 (etapa ❶). A glicose-6-fosfato assim formada é convertida em frutose-6-fosfato (etapa ❷), a qual é novamente fosforilada, dessa vez no C-1, para formar frutose-1,6-bisfosfato (etapa ❸). Nas duas reações de fosforilação, o ATP é o doador do grupo fosforila.

A frutose-1,6-bisfosfato é dividida em duas moléculas de três carbonos, a di-hidroxiacetona-fosfato e o

---
[1] Obtido de J. Loeb, *The Dynamics of Living Matter*, Columbia University Press, New York, 1906.

**512** CAPÍTULO 14 • GLICÓLISE, GLICONEOGÊNESE E A VIA DAS PENTOSES-FOSFATO

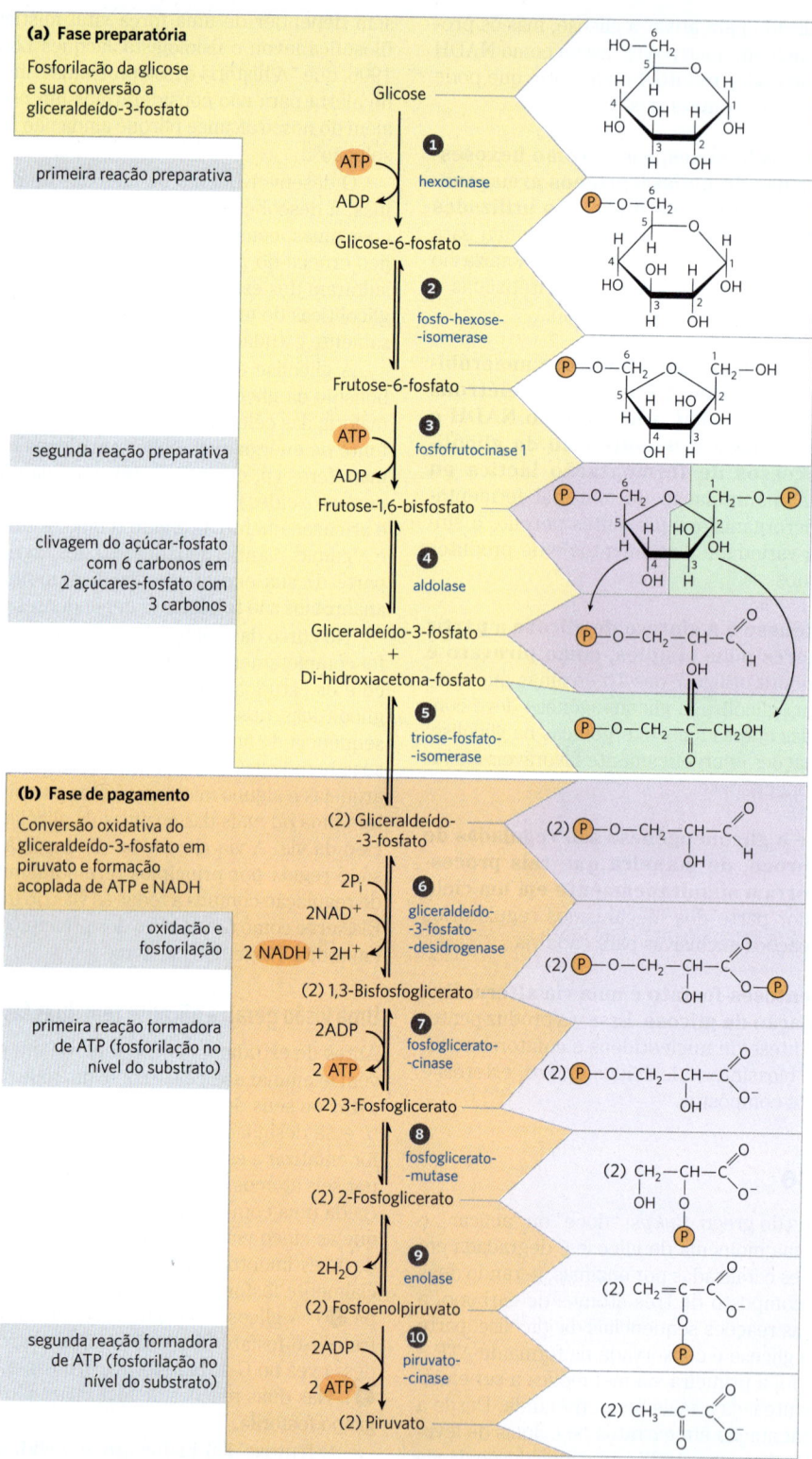

**FIGURA 14-2 As duas fases da glicólise.** Para cada molécula de glicose que passa pela fase preparatória (a), duas moléculas de gliceraldeído-3-fosfato são formadas; as duas passam para a fase de pagamento (b). O piruvato é o produto final da segunda fase da glicólise. Para cada molécula de glicose, dois ATP são consumidos na fase preparatória e quatro ATP são produzidos na fase de pagamento, dando um rendimento líquido de dois ATP e dois NADH por molécula de glicose convertida em piruvato. As reações numeradas correspondem aos títulos numerados discutidos no texto. Tenha em mente que cada grupo fosforila, representado aqui como P, possui duas cargas negativas (—$PO_3^{2-}$).

gliceraldeído-3-fosfato (etapa ❹); essa é a etapa de "lise" que dá nome à via. A di-hidroxiacetona-fosfato é isomerizada a uma segunda molécula de gliceraldeído-3-fosfato (etapa ❺), finalizando a primeira fase da glicólise. Observe que duas moléculas de ATP são investidas antes da clivagem da glicose em dois compostos de três carbonos; há, depois, um bom retorno para esse investimento. Em resumo: na fase preparatória da glicólise, a energia do ATP é investida, aumentando o conteúdo de energia livre dos intermediários, e as cadeias de carbono de todas as hexoses metabolizadas são convertidas em um produto comum, o gliceraldeído-3-fosfato.

O ganho de energia provém da *fase de pagamento* da glicólise (Fig. 14-2b). Cada molécula de gliceraldeído-3-fosfato é oxidada e fosforilada utilizando fosfato inorgânico (e *não* ATP) para formar 1,3-bisfosfoglicerato (etapa ❻). Ocorre liberação de energia quando as duas moléculas de 1,3-bisfosfoglicerato são convertidas em duas moléculas de piruvato (etapas ❼ a ❿). Grande parte dessa energia é conservada pela fosforilação acoplada de quatro moléculas de ADP a ATP. O rendimento líquido são duas moléculas de ATP por molécula de glicose utilizada, já que duas moléculas de ATP foram consumidas na fase preparatória. Na fase de pagamento, a energia também é conservada com a formação de duas moléculas do transportador de elétrons NADH por molécula de glicose.

**P1** Nas reações seguintes da glicólise, três tipos de transformações químicas são particularmente notáveis: (1) a degradação do esqueleto de carbono da glicose para produzir piruvato; (2) a fosforilação de ADP a ATP pelos compostos com alto potencial de transferência de grupos fosforila, formados durante a glicólise; e (3) a transferência de um íon hidreto para o NAD$^+$, formando NADH. A lógica química global da via está descrita na **Figura 14-3**.

**Formação de ATP e de NADH acoplada à glicólise** Durante a glicólise, parte da energia da molécula de glicose é conservada na forma de ATP, ao passo que a maior parte permanece no produto, o piruvato. A equação geral da glicólise é

$$\text{Glicose} + 2\text{NAD}^+ + 2\text{ADP} + 2\text{P}_i \longrightarrow \\ 2 \text{ piruvato} + 2\text{NADH} + 2\text{H}^+ + 2\text{ATP} + 2\text{H}_2\text{O} \tag{14-1}$$

Para cada molécula de glicose degradada a piruvato, duas moléculas de ATP são geradas a partir de ADP e P$_i$, e duas

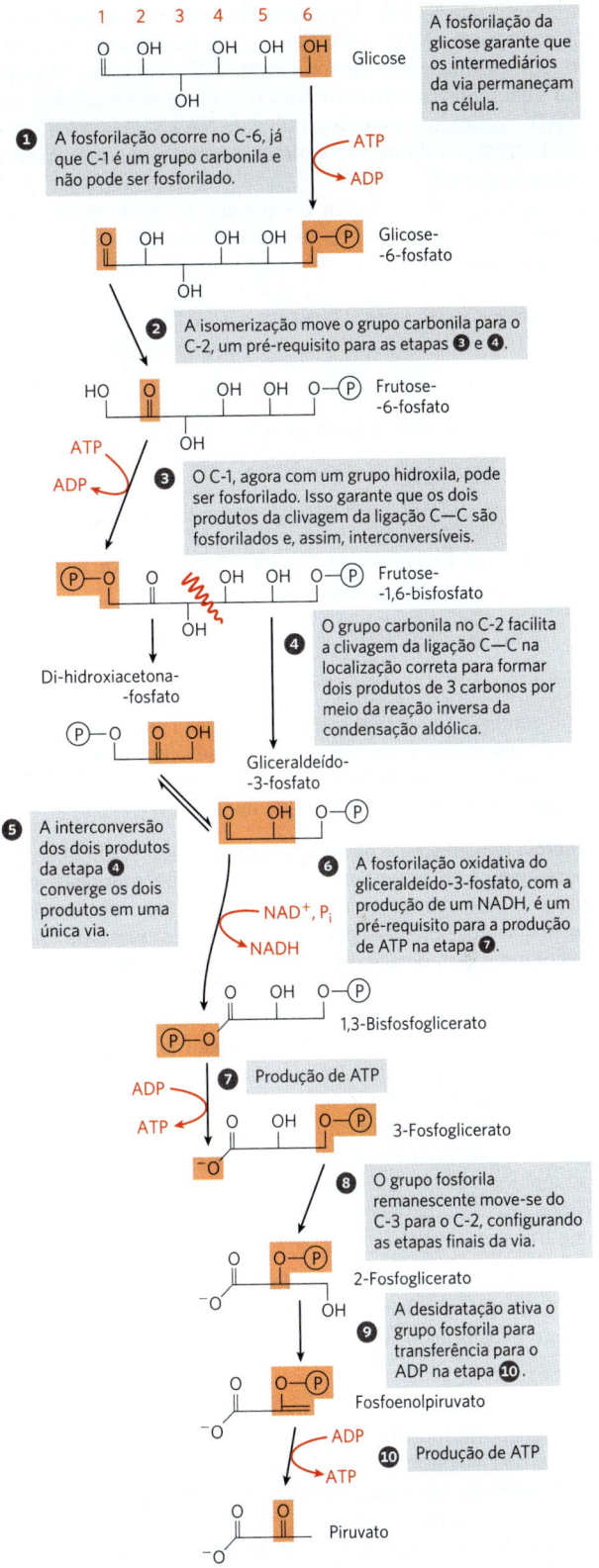

**FIGURA 14-3  A lógica química da via glicolítica.** Nessa versão simplificada da via, cada molécula está representada na forma linear, com os átomos de carbono e hidrogênio não mostrados, para salientar as transformações químicas. Lembre-se de que glicose e frutose estão presentes principalmente em suas formas cíclicas quando em solução, apesar de estarem transitoriamente na forma linear nos sítios ativos de algumas enzimas dessa via.

A fase preparatória, nas etapas ❶ a ❺, converte a glicose com seis átomos de carbono em duas unidades de três átomos de carbono, cada uma delas fosforilada. A oxidação das unidades de três átomos de carbono é iniciada na fase de pagamento, etapas ❻ a ❿. Para produzir piruvato, as etapas químicas devem ocorrer na ordem mostrada.

moléculas de NADH são produzidas pela redução de NAD⁺. A redução de NAD⁺ (ver Fig. 13-24) ocorre pela transferência enzimática de um íon hidreto (:H⁻) do grupo aldeído do gliceraldeído-3-fosfato para o anel de nicotinamida do NAD⁺, gerando a coenzima reduzida NADH. O outro átomo de hidrogênio da molécula de substrato é liberado para a solução como H⁺.

Agora, pode-se dividir a equação da glicólise em dois processos – a conversão de glicose em piruvato, que é exergônica:

$$\text{Glicose} + 2\text{NAD}^+ \longrightarrow 2 \text{ piruvato} + 2\text{NADH} + 2\text{H}^+$$
$$\Delta G'^{\circ}_1 = -146 \text{ kJ/mol} \quad (14\text{-}2)$$

e a formação de ATP a partir de ADP e $P_i$, que é endergônica:

$$2\text{ADP} + 2P_i \longrightarrow 2\text{ATP} + 2\text{H}_2\text{O}$$
$$\Delta G'^{\circ}_2 = 2(30{,}5 \text{ kJ/mol}) = 61{,}0 \text{ kJ/mol} \quad (14\text{-}3)$$

A soma das Equações 14-2 e 14-3 fornece a variação de energia livre padrão global para a glicólise, $\Delta G'^{\circ}_{\text{Soma}}$:

$$\Delta G'^{\circ}_{\text{Soma}} = \Delta G'^{\circ}_1 + \Delta G'^{\circ}_2 = -146 \text{ kJ/mol} + 61{,}0 \text{ kJ/mol}$$
$$= -85 \text{ kJ/mol}$$

Sob condições padrão e sob as condições (não padrão) que predominam em uma célula, a glicólise é um processo essencialmente irreversível, conduzido até a conclusão por um grande decréscimo líquido de energia livre.

**Energia remanescente na molécula de piruvato** A glicólise libera apenas uma pequena fração do total de energia disponível na molécula de glicose. As duas moléculas de piruvato formadas pela glicólise ainda contêm a maior parte da energia química potencial existente na glicose, energia que pode ser extraída por reações oxidativas no ciclo do ácido cítrico (Capítulo 16) e na fosforilação oxidativa (Capítulo 19) – processos aeróbicos. Sob condições anaeróbicas, o piruvato pode ser reduzido a lactato ou etanol (Seção 14.3). A oxidação do piruvato é um processo catabólico importante, mas o piruvato também tem destinos anabólicos. Ele pode, por exemplo, prover o esqueleto de carbono para a síntese do aminoácido alanina ou para a síntese de ácidos graxos. Essas reações anabólicas do piruvato serão retomadas em capítulos posteriores.

**Importância dos intermediários fosforilados** P1 Cada um dos nove intermediários glicolíticos entre a glicose e o piruvato é fosforilado (Fig. 14-2). Os grupos fosforila têm três funções.

1. Como a membrana plasmática geralmente não tem transportadores para açúcares fosforilados, os intermediários glicolíticos fosforilados não podem sair da célula. Depois da fosforilação inicial, não é necessária energia adicional para reter os intermediários fosforilados na célula, apesar da grande diferença entre as suas concentrações intra e extracelulares.

2. Os grupos fosforila são componentes essenciais na conservação enzimática da energia metabólica. A energia liberada com a transferência de grupos fosforila a partir de compostos com ligações fosfoanidrido (como aquelas do ATP) é parcialmente conservada na formação de ésteres de fosfato, como glicose-6-fosfato. Compostos com potenciais mais altos de transferência de grupos que o ATP, formados durante a glicólise (1,3-bisfosfoglicerato e fosfoenolpiruvato), doam grupos fosforila para o ADP para formar ATP.

3. A energia de ligação resultante do acoplamento de grupos fosfato ao sítio ativo de enzimas reduz a energia de ativação e aumenta a especificidade das reações enzimáticas (Capítulo 6). Os grupos fosfato do ADP, do ATP e dos intermediários glicolíticos formam complexos com $Mg^{2+}$, e os sítios de ligação ao substrato de muitas enzimas glicolíticas são específicos para esses complexos com o $Mg^{2+}$. A maior parte das enzimas da glicólise requer $Mg^{2+}$ para sua atividade.

### A fase preparatória da glicólise requer ATP

Na fase preparatória da glicólise, duas moléculas de ATP são consumidas, e a cadeia de carbono da hexose é clivada em duas trioses-fosfato. A compreensão de que as hexoses *fosforiladas* são intermediários da glicólise foi alcançada lentamente e por um feliz acaso. Em 1906, Arthur Harden e William Young testaram sua hipótese de que inibidores de enzimas proteolíticas estabilizariam as enzimas da fermentação da glicose em extratos de leveduras. Eles adicionaram soro sanguíneo (que se sabia conter inibidores de enzimas proteolíticas) a extratos de levedura e observaram, conforme esperado, o estímulo do metabolismo da glicose. No entanto, em um experimento de controle realizado com a intenção de demonstrar que ferver o soro destruiria a atividade estimulante, eles descobriram que o soro fervido foi tão eficaz em estimular a glicólise quanto o soro não fervido. Exames e testes minuciosos do conteúdo do soro fervido revelaram que o fosfato inorgânico foi o responsável pela estimulação. Harden e Young logo descobriram que a glicose adicionada ao seu extrato de levedura era convertida em uma hexose-bisfosfato (o "éster de Harden-Young", identificado posteriormente como frutose-1,6-bisfosfato). Esse foi o início de uma longa série de investigações sobre o papel dos ésteres orgânicos e anidridos de fosfato em bioquímica, que levaram ao nosso entendimento atual do papel central da transferência de grupos fosforila em biologia.

**❶ Fosforilação da glicose** Na primeira etapa da glicólise (Fig. 14-2), a glicose é ativada para as reações subsequentes pela fosforilação em C-6, formando **glicose-6-fosfato**, com o ATP como doador de grupo fosforila:

$$\Delta G'^{\circ} = -16{,}7 \text{ kJ/mol}$$

Essa reação, irreversível em condições intracelulares, é catalisada pela **hexocinase**. Lembre-se de que as cinases são enzimas que catalisam a transferência do grupo fosforila terminal do ATP a um nucleófilo aceptor (ver Fig. 13-8c). As cinases são uma subclasse das transferases (ver Tabela 6-3). O aceptor no caso da hexocinase é uma hexose, geralmente a glicose, embora a hexocinase também catalise a fosforilação de outras hexoses comuns, como frutose e manose, em alguns tecidos.

Como muitas outras cinases, a hexocinase requer $Mg^{2+}$ para sua atividade, pois o real substrato da enzima não é o $ATP^{4-}$, mas sim o complexo $MgATP^{2-}$ (ver Fig. 13-12). O $Mg^{2+}$ protege as cargas negativas dos grupos fosforila do ATP, tornando o átomo de fósforo terminal um alvo fácil para o ataque nucleofílico por uma —OH da glicose. A hexocinase sofre uma profunda mudança na sua conformação, um encaixe induzido, quando ela se liga à molécula de glicose; dois domínios da proteína movem-se em cerca de 8 Å e aproximam-se um do outro quando o ATP se liga (ver Fig. 6-30). Esse movimento aproxima o ATP de uma molécula de glicose também ligada à enzima e bloqueia o acesso à água (do solvente), que, caso contrário, poderia entrar no sítio ativo e atacar (hidrolisar) as ligações fosfoanidrido do ATP. Assim como as outras nove enzimas da glicólise, a hexocinase é uma proteína solúvel citosólica.

A hexocinase está presente em praticamente todos os organismos. O genoma humano codifica quatro hexocinases diferentes (I a IV), e todas elas catalisam a mesma reação, mas diferem na cinética, na regulação e na localização. Duas ou mais enzimas que catalisam a mesma reação, mas são codificadas por genes diferentes, são chamadas de **isoenzimas** (ou **isozimas**; ver Quadro 14-3). Uma das isoenzimas presente em hepatócitos, a hexocinase IV (também chamada glicocinase), difere de outras formas de hexocinase com relação à cinética e às propriedades regulatórias, com consequências fisiológicas importantes, descritas na Seção 14.5.

❷ **Conversão de glicose-6-fosfato em frutose-6-fosfato** A enzima **fosfo-hexose-isomerase** (**fosfoglicose-isomerase**) catalisa a isomerização reversível da glicose-6-fosfato (uma aldose) a **frutose-6-fosfato** (uma cetose):

Glicose-6-fosfato ⇌ Frutose-6-fosfato

$\Delta G'^{\circ} = 1{,}7$ kJ/mol

O mecanismo dessa reação envolve um intermediário enediol (**Fig. 14-4**). A reação ocorre facilmente em ambos

**MECANISMO – FIGURA 14-4 A reação da fosfo-hexose-isomerase.** As reações de abertura e fechamento do anel (etapas ❶ e ❹) são catalisadas por um resíduo de His do sítio ativo, por mecanismos omitidos aqui para simplificação. O próton (em vermelho-claro), inicialmente no C-2, torna-se mais facilmente removível pela retirada do elétron pelo grupo carbonila adjacente e pelos grupos hidroxila vizinhos. Após a sua transferência do C-2 para o resíduo de Glu do sítio ativo (um ácido fraco), o próton é livremente trocado com a solução ao redor; ou seja, o próton removido do C-2 na etapa ❷ não é necessariamente o mesmo adicionado ao C-1 na etapa ❸.

os sentidos, como previsto pela variação de energia livre padrão relativamente pequena.

**❸ Fosforilação da frutose-6-fosfato a frutose-1,6-bisfosfato** Na segunda das duas reações preparatórias da glicólise, a enzima **fosfofrutocinase 1 (PFK-1)** catalisa a transferência de um grupo fosforila do ATP para a frutose-6-fosfato, formando **frutose-1,6-bisfosfato**:

Frutose-6-fosfato → Frutose-1,6-bisfosfato (via fosfofrutocinase 1, ATP → ADP, $Mg^{2+}$)

$\Delta G'^\circ = -14{,}2$ kJ/mol

> **CONVENÇÃO** Compostos com dois grupos fosfato ou fosforila ligados em diferentes posições da molécula são chamados de *bisfosfatos* (ou compostos *bisfo*); por exemplo, frutose-1,6-bisfosfato e 1,3-bisfosfoglicerato. Compostos com dois fosfatos ligados como um grupo pirofosforila são chamados de *difosfatos*; por exemplo, adenosina-difosfato (ADP). Regras semelhantes são aplicadas para nomear *trisfosfatos* (como inositol-1,4,5-trisfosfato; ver p. 425) e *trifosfatos* (como adenosina-trifosfato, ATP). ∎

A enzima que forma a frutose-1,6-bisfosfato é chamada de PFK-1, para distingui-la de uma segunda enzima (PFK-2) que catalisa a formação de frutose-2,6-bisfosfato a partir de frutose-6-fosfato em uma via distinta (os papéis da PFK-2 e da frutose-2,6-bisfosfato são discutidos na Seção 14.5). A reação da PFK-1 é essencialmente irreversível em condições celulares, e essa é a primeira etapa "comprometida" da via glicolítica; a glicose-6-fosfato e a frutose-6-fosfato têm outros destinos possíveis, mas a frutose-1,6-bisfosfato é direcionada para a glicólise.

A fosfofrutocinase 1 está sujeita a uma complexa regulação alostérica; a sua atividade é aumentada sempre que o suprimento de ATP da célula estiver diminuído ou quando ocorrer acúmulo dos produtos da degradação de ATP, ADP e AMP (particularmente o último). A enzima é inibida sempre que a célula tiver muito ATP e estiver bem suprida por outro combustível, como ácidos graxos. Em alguns organismos, a frutose-2,6-bisfosfato (não confundir com o produto da reação da PFK-1, a frutose-1,6-bisfosfato) é um ativador alostérico potente da PFK-1. A ribulose-5-fosfato, intermediário da via das pentoses-fosfato, discutida na Seção 14.6, também ativa indiretamente a fosfofrutocinase. As múltiplas esferas de regulação dessa etapa da glicólise serão discutidas em maiores detalhes na Seção 14.5.

Certos protistas e bactérias, e talvez todos os vegetais, têm uma fosfofrutocinase distinta (PP-PFK-1), que utiliza pirofosfato ($PP_i$), e não ATP, como doador do grupo fosforila na síntese de frutose-1,6-bisfosfato:

Frutose 6-fosfato + $PP_i$ $\xrightarrow{Mg^{2+}}$ frutose-1,6-bisfosfato + $P_i$

$\Delta G'^\circ = -2{,}9$ kJ/mol

Essa enzima será discutida no Capítulo 20.

**❹ Clivagem da frutose-1,6-bisfosfato** A enzima **frutose-1,6-bisfosfato-aldolase**, muitas vezes chamada simplesmente de **aldolase**, catalisa uma condensação aldólica reversa (**Fig. 14-5**; ver Fig. 13-4). A frutose-1,6-bisfosfato é clivada para a formação de duas trioses-fosfato diferentes, a aldose **gliceraldeído-3-fosfato** e a cetose **di-hidroxiacetona-fosfato**:

Frutose-1,6-bisfosfato ⇌ (aldolase) Di-hidroxiacetona-fosfato + Gliceraldeído-3-fosfato

$\Delta G'^\circ = 23{,}8$ kJ/mol

Existem duas classes de aldolases. As aldolases da classe I, encontradas em animais e vegetais, utilizam o mecanismo mostrado na Figura 14-5. As enzimas da classe II, de fungos e bactérias, não formam a base de Schiff intermediária. Em vez disso, um íon zinco no sítio ativo é coordenado com o oxigênio do grupo carbonila em C-2; o $Zn^{2+}$ polariza o grupo carbonila e estabiliza o intermediário enolato gerado na etapa de clivagem da ligação C—C (ver Fig. 6-23).

Embora a reação da aldolase tenha uma variação da energia livre padrão fortemente positiva no sentido de clivar a frutose-1,6-bisfosfato, nas baixas concentrações dos reagentes presentes na célula, a variação de energia livre real é pequena, e a reação da aldolase é prontamente reversível. Será visto posteriormente que a aldolase age no sentido reverso durante o processo de gliconeogênese.

**❺ Interconversão das trioses-fosfato** Apenas uma das duas trioses-fosfato formadas pela aldolase, o gliceraldeído-3-fosfato, pode ser diretamente degradada nas etapas subsequentes da glicólise. O outro produto, a di-hidroxiacetona-fosfato, é rápida e reversivelmente convertida em gliceraldeído-3-fosfato pela quinta enzima da sequência glicolítica, a **triose-fosfato-isomerase**:

## 14.1 GLICÓLISE

**MECANISMO – FIGURA 14-5 A reação da aldolase de classe I.** Observe que a clivagem entre C-3 e C-4 depende da presença do grupo carbonila em C-2, que é convertido em uma imina no sítio ativo da enzima. A e B representam os resíduos de aminoácidos que servem como ácido (A) ou base (B) gerais.

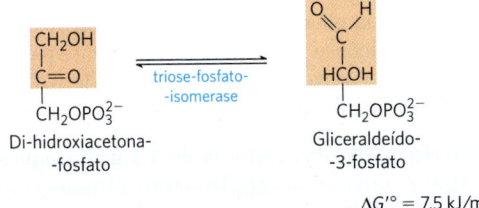

O mecanismo da reação é semelhante ao da reação promovida pela fosfo-hexose-isomerase na etapa ❷ da glicólise

(Fig. 14-4). Depois da reação da triose-fosfato-isomerase, os átomos de carbono derivados de C-1, C-2 e C-3 da glicose inicial são quimicamente indistinguíveis de C-6, C-5 e C-4, respectivamente (**Fig. 14-6**); as duas "metades" da glicose geram gliceraldeído-3-fosfato.

Essa reação completa a fase preparatória da glicólise. A molécula de hexose foi fosforilada no C-1 e no C-6 e, então, clivada para formar duas moléculas de gliceraldeído-3-fosfato.

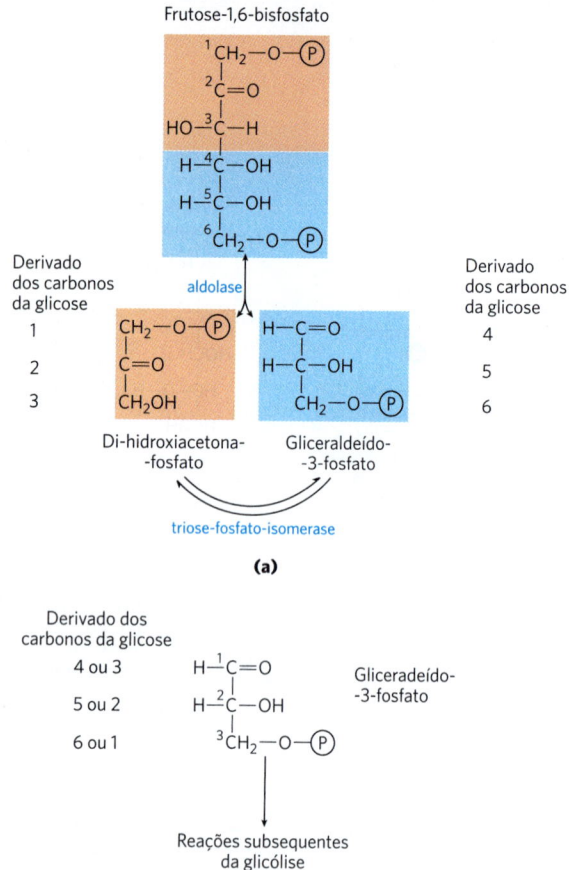

**FIGURA 14-6 Destino dos carbonos da glicose na formação de gliceraldeído-3-fosfato.** (a) Origem dos carbonos nos dois compostos de três carbonos produzidos nas reações da aldolase e da triose-fosfato-isomerase. O produto final das duas reações é o gliceraldeído-3-fosfato (duas moléculas). (b) Cada carbono do gliceraldeído-3-fosfato é derivado de um ou outro de dois possíveis átomos de carbono específicos da glicose. Observe que a numeração dos átomos de carbono do gliceraldeído-3-fosfato difere daquela da glicose da qual ele é derivado. No gliceraldeído-3-fosfato, o grupo funcional mais complexo (o grupo carbonila) é especificado como C-1. Essa troca de numeração é importante para interpretar os experimentos com glicose em que um único carbono é marcado com um radioisótopo. (Ver Questões 5 e 22 no final deste capítulo.)

## A fase de pagamento da glicólise produz ATP e NADH

A fase de pagamento da glicólise (Fig. 14-2b) inclui as etapas de fosforilação que conservam energia, nas quais parte da energia química da molécula da glicose é conservada na forma de ATP e NADH. Lembre-se de que uma molécula de glicose rende duas moléculas de gliceraldeído-3-fosfato, e as duas metades da molécula de glicose seguem a mesma via na segunda fase da glicólise. A conversão das duas moléculas de gliceraldeído-3-fosfato em duas moléculas de piruvato é acompanhada pela formação de quatro moléculas de ATP a partir de ADP. No entanto, o rendimento líquido de produção de ATP por molécula de glicose consumida é de apenas dois, já que dois ATP foram investidos na fase preparatória da glicólise para fosforilar as duas extremidades da molécula da hexose.

**⑥ Oxidação do gliceraldeído-3-fosfato a 1,3-bisfosfoglicerato** **P1** A primeira etapa da fase de pagamento é a oxidação do gliceraldeído-3-fosfato a **1,3-bisfosfoglicerato**, catalisada pela enzima **gliceraldeído-3-fosfato-desidrogenase**:

$\Delta G'^{\circ} = 6,3$ kJ/mol

Essa é a primeira das duas reações de conservação de energia da glicólise que no final levam à formação de ATP. O grupo aldeído do gliceraldeído-3-fosfato é oxidado, não em um grupo carboxila livre, mas em um anidrido de ácido carboxílico com ácido fosfórico. Esse tipo de anidrido, chamado de **acil-fosfato**, tem energia livre padrão de hidrólise muito alta ($\Delta G'^{\circ} = -49,3$ kJ/mol; ver Tabela 13-6). A maior parte da energia livre de oxidação do grupo aldeído do gliceraldeído-3-fosfato é conservada pela formação do grupo acil-fosfato no C-1 do 1,3-bisfosfoglicerato.

O gliceraldeído-3-fosfato é covalentemente ligado à desidrogenase durante a reação (**Fig. 14-7**). O grupo aldeído do gliceraldeído-3-fosfato reage com o grupo —SH de um resíduo de Cys essencial no sítio ativo, em uma reação análoga à formação de um hemiacetal (ver Fig. 7-5), nesse caso produzindo um *tio*-hemiacetal. A reação do resíduo de Cys essencial com um metal pesado, como o $Hg^{2+}$, inibe a enzima irreversivelmente.

A quantidade de $NAD^+$ em uma célula ($\leq 10^{-5}$ M) é muito menor que a quantidade de glicose metabolizada em poucos minutos. A via glicolítica pararia se o NADH formado nessa etapa da glicólise não fosse continuamente reoxidado e reciclado. A discussão sobre a reciclagem de $NAD^+$ será retomada posteriormente neste capítulo.

**⑦ Transferência de uma fosforila do 1,3-bisfosfoglicerato para o ADP** A enzima **fosfoglicerato-cinase** transfere o grupo fosforila de alta energia do grupo carboxila do 1,3-bisfosfoglicerato para o ADP, formando ATP e **3-fosfoglicerato**:

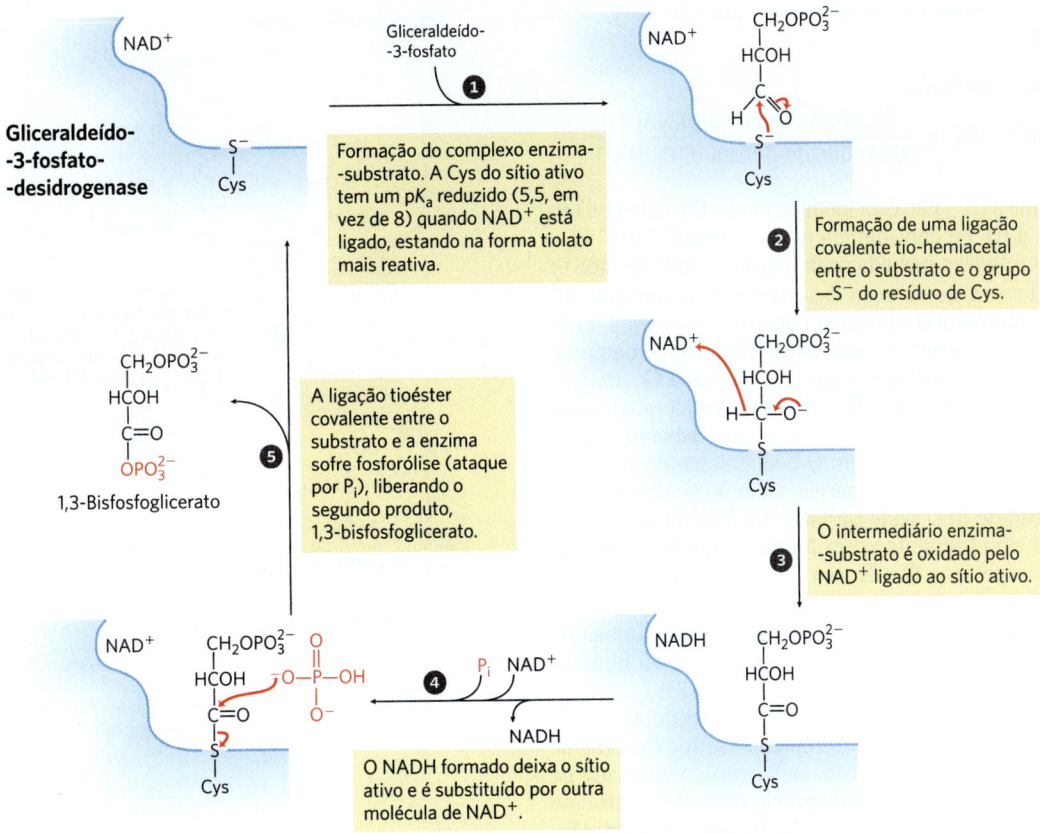

**MECANISMO – FIGURA 14-7** A reação da gliceraldeído-3-fosfato-desidrogenase.

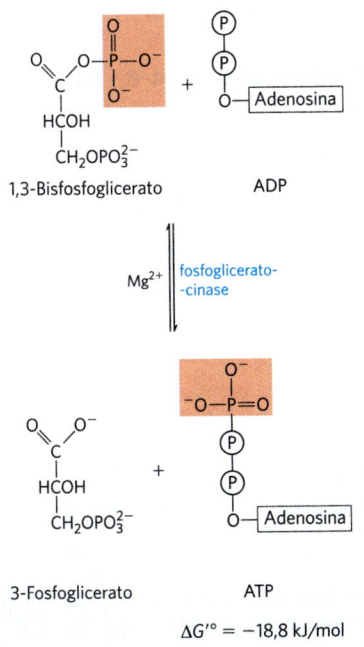

Observe que a fosfoglicerato-cinase tem esse nome devido à reação inversa, na qual ocorre a transferência de um grupo fosforila do ATP para o 3-fosfoglicerato. Como todas as enzimas, ela catalisa a reação em ambos os sentidos. Essa enzima age no sentido sugerido pelo seu nome durante a gliconeogênese (ver Fig. 14-16) e durante a assimilação de $CO_2$ na fotossíntese (ver Fig. 20-26). Na glicólise, a reação que ela catalisa prossegue como mostrado anteriormente, no sentido da síntese de ATP.

As etapas ❻ e ❼ da glicólise constituem um processo de acoplamento de energia em que 1,3-bisfosfoglicerato é o intermediário comum; ele é formado na primeira reação (que seria endergônica, se isolada), e seu grupo acil-fosfato é transferido ao ADP na segunda reação (que é fortemente exergônica). A soma dessas duas reações é

Gliceraldeído-3-fosfato + ADP + $P_i$ + $NAD^+$ ⇌
3-fosfoglicerato + ATP + NADH + $H^+$

$\Delta G'^\circ = -12{,}2$ kJ/mol

Portanto, a reação global é exergônica.

Lembre-se, do Capítulo 13, de que a variação de energia livre real, $\Delta G$, é determinada pela variação de energia livre padrão, $\Delta G'^\circ$, e pela lei da ação das massas, $Q$, que é a relação [produtos]/[reagentes] (ver Equação 13-4). Para a etapa ❻,

$$\Delta G = \Delta G'^\circ + RT \ln Q$$

$$= \Delta G'^\circ + RT \ln \frac{[1,3\text{-bisfosfoglicerato}][NADH]}{[\text{gliceraldeído-3-fosfato}][P_i][NAD^+]}$$

Observe que a [H⁺] não está incluída em Q. Em cálculos bioquímicos, a [H⁺] é considerada uma constante ($10^{-7}$ M), e essa constante está incluída na definição de $\Delta G'^\circ$ (p. 468).

Quando a razão da ação das massas é menor que 1,0, seu logaritmo natural tem sinal negativo. No citosol, onde essas reações ocorrem, a razão [NADH]/[NAD⁺] é pequena, contribuindo para um baixo valor de Q. A etapa ❼, por consumir o produto da etapa ❻ (1,3-bisfosfoglicerato), mantém a [1,3-bisfosfoglicerato] relativamente baixa no estado estacionário e, assim, mantém Q pequena para o processo global de acoplamento de energia. Quando Q é pequena, a contribuição de ln Q pode tornar a $\Delta G$ fortemente negativa. Essa é simplesmente outra forma de mostrar como as duas reações, etapas ❻ e ❼, são acopladas por meio de um intermediário comum.

O resultado do acoplamento dessas reações, ambas reversíveis em condições celulares, é que a energia liberada da oxidação de um aldeído a um grupo carboxilato é conservada pela formação acoplada de ATP a partir de ADP e $P_i$. A formação de ATP pela transferência do grupo fosforila de um substrato, como o 1,3-bisfosfoglicerato, é chamada de **fosforilação no nível do substrato**, para distinguir esse mecanismo daquele da **fosforilação ligada à respiração**. As fosforilações no nível do substrato envolvem enzimas solúveis e intermediários químicos (nesse caso, 1,3-bisfosfoglicerato). As fosforilações ligadas à respiração, por outro lado, envolvem enzimas ligadas à membrana e gradientes transmembrana de prótons (Capítulo 19).

❽ **Conversão de 3-fosfoglicerato em 2-fosfoglicerato** A enzima **fosfoglicerato-mutase** catalisa a troca reversível do grupo fosforila entre C-2 e C-3 do glicerato; o $Mg^{2+}$ é essencial para esta reação:

3-Fosfoglicerato ⇌ (Mg²⁺, fosfoglicerato-mutase) 2-Fosfoglicerato

$\Delta G'^\circ = 4{,}4$ kJ/mol

A reação ocorre em duas etapas (**Fig. 14-8**). Um grupo fosforila inicialmente acoplado a um resíduo de His da mutase é transferido ao grupo hidroxila em C-2 do 3-fosfoglicerato, formando 2,3-bisfosfoglicerato (2,3-BPG). O grupo fosforila no C-3 do 2,3-BPG é, então, transferido para o mesmo resíduo de His, produzindo 2-fosfoglicerato e regenerando a enzima fosforilada. A fosfoglicerato-mutase é inicialmente fosforilada pela transferência de uma fosforila do 2,3-BPG, que é necessário em pequenas quantidades para iniciar o ciclo catalítico e é continuamente regenerado por esse ciclo.

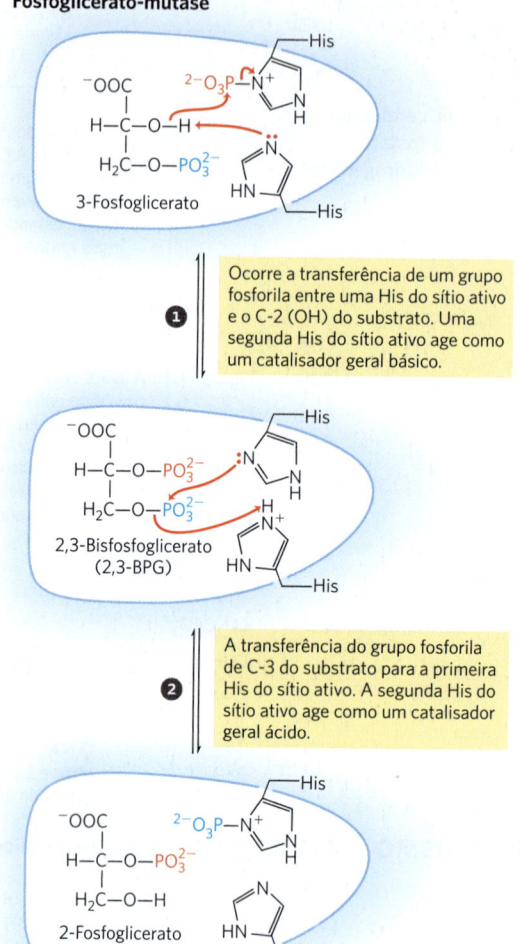

**MECANISMO – FIGURA 14-8** Reação da fosfoglicerato-mutase.

❾ **Desidratação do 2-fosfoglicerato, produzindo fosfoenolpiruvato** P1 Na segunda reação glicolítica que gera um composto com alto potencial de transferência de grupo fosforila (a primeira foi a etapa ❻), a **enolase** promove a remoção reversível de uma molécula de água do 2-fosfoglicerato para gerar **fosfoenolpiruvato** (**PEP**):

2-Fosfoglicerato ⇌ (enolase, -H₂O) Fosfoenolpiruvato

$\Delta G'^\circ = 7{,}5$ kJ/mol

O mecanismo da reação da enolase envolve um intermediário enólico estabilizado por $Mg^{2+}$ (ver Fig. 6-31). A reação converte um composto com um potencial de transferência de grupo fosforila relativamente baixo (a $\Delta G'^{\circ}$ da hidrólise do 2-fosfoglicerato é de $-17,6$ kJ/mol) em um composto com alto potencial de transferência desse grupo (a $\Delta G'^{\circ}$ da hidrólise de PEP é de $-61,9$ kJ/mol) (ver Fig. 13-13).

**⑩ Transferência do grupo fosforila do fosfoenolpiruvato para o ADP** A última etapa na glicólise é a transferência do grupo fosforila do fosfoenolpiruvato ao ADP, catalisada pela **piruvato-cinase**, que exige $K^+$ e $Mg^{2+}$ ou $Mn^{2+}$:

Nessa fosforilação no nível do substrato, o **piruvato** resultante aparece inicialmente em sua forma enólica, depois tautomeriza de modo não enzimático à sua forma cetônica, que predomina em pH 7,0:

A reação global tem uma variação de energia livre padrão alta e negativa, devido, em grande parte, à conversão espontânea da forma enólica do piruvato à forma cetônica (ver Fig. 13-13). Aproximadamente metade da energia liberada pela hidrólise do PEP ($\Delta G'^{\circ} = -61,9$ kJ/mol) é conservada na formação da ligação fosfoanidrido do ATP ($\Delta G'^{\circ} = -30,5$ kJ/mol), e o restante ($-31,4$ kJ/mol) constitui uma grande força que impulsiona a reação no sentido da síntese de ATP. A regulação da piruvato-cinase será discutida na Seção 14.5.

### O balanço geral mostra um ganho líquido de dois ATP e dois NADH por glicose

▶P1 Agora, pode-se fazer um balanço da glicólise para demonstrar: (1) o destino do esqueleto de carbonos da glicose; (2) a entrada de $P_i$ e ADP e a saída de ATP; e (3) o caminho dos elétrons nas reações de oxidação-redução. O lado esquerdo da equação que se segue mostra todas as entradas de ATP, $NAD^+$, ADP e $P_i$ (ver Fig. 14-2), ao passo que o lado direito mostra todos os produtos (lembre-se de que cada molécula de glicose rende duas moléculas de piruvato):

Glicose $+ 2$ ATP $+ 2NAD^+ + 4ADP + 2P_i \longrightarrow$
2 piruvato $+ 2ADP + 2NADH + 2H^+ + 4ATP + 2H_2O$

Cancelando os termos comuns nos dois lados da equação, obtém-se a equação global para a glicólise:

Glicose $+ 2NAD^+ + 2ADP + 2P_i \longrightarrow$
2 piruvato $+ 2NADH + 2H^+ + 2ATP + 2H_2O$

No processo glicolítico global, uma molécula de glicose é convertida em duas moléculas de piruvato (a via do carbono). Duas moléculas de ADP e duas de $P_i$ são convertidas em duas moléculas de ATP (a via dos grupos fosforila). Quatro elétrons, na forma de dois íons hidreto, são transferidos de duas moléculas de gliceraldeído-3-fosfato para duas moléculas de $NAD^+$ (a via dos elétrons).

### RESUMO 14.1 *Glicólise*

■ A glicólise é uma via quase universal pela qual uma molécula de glicose é oxidada, em duas fases, a duas moléculas de piruvato, com energia conservada na forma de ATP e NADH. Dez enzimas citosólicas atuam sequencialmente na glicólise. A reação global converte a glicose em duas moléculas de piruvato, e a energia é conservada na síntese de duas moléculas de ATP e duas moléculas de NADH.

■ Na fase preparatória da glicólise, ocorre investimento de duas moléculas de ATP para ativar a glicose, produzindo frutose-1,6-bisfosfato. A ligação entre C-3 e C-4 é, então, clivada para gerar duas moléculas de triose-fosfato.

■ Na fase de pagamento, cada uma das duas moléculas de gliceraldeído-3-fosfato derivadas da glicose sofre oxidação no C-1; parte da energia dessa reação de oxidação é conservada na forma de um NADH e dois ATP por triose-fosfato oxidada.

■ Subtraindo-se os dois ATP gastos na fase preparatória, a equação líquida para o processo global é

Glicose $+ 2NAD^+ + 2ADP + 2P_i \longrightarrow$
2 piruvato $+ 2NADH + 2H^+ + 2ATP + 2H_2O$

## 14.2 Vias alimentadoras da glicólise

Muitos carboidratos além da glicose encontram seus destinos catabólicos na glicólise, após serem transformados em um dos intermediários glicolíticos. Os mais significativos são: os polissacarídeos de armazenamento glicogênio e amido, contidos nas células (endógenos) ou obtidos da dieta; os dissacarídeos maltose, lactose e sacarose; e os monossacarídeos frutose, manose e galactose (**Fig. 14-9**).

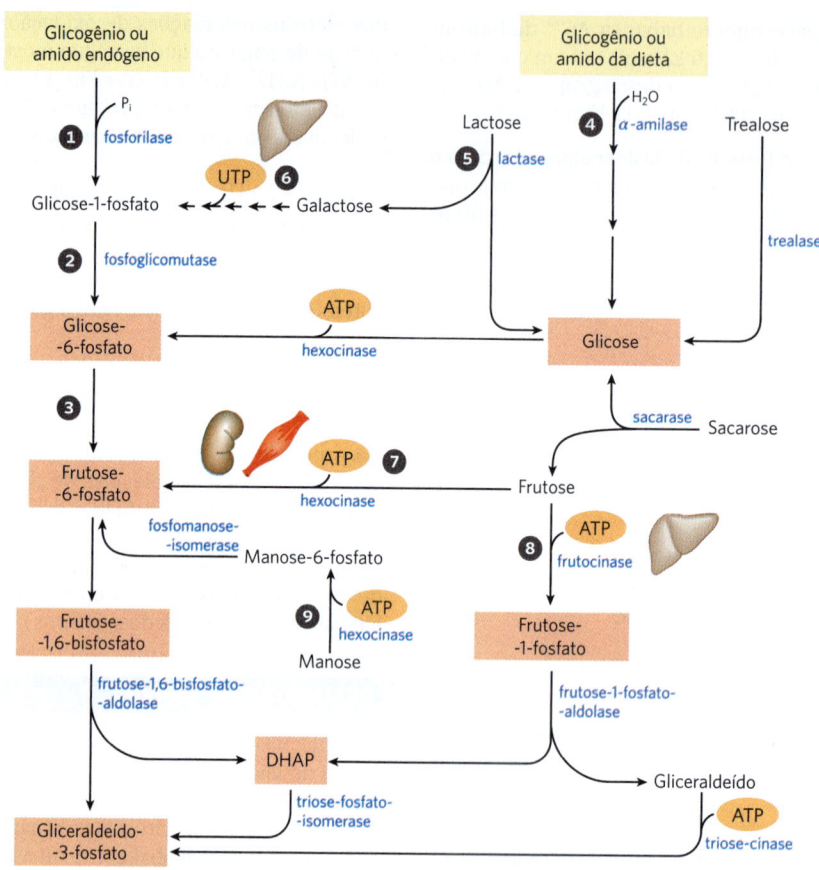

**FIGURA 14-9** **Entrada de glicogênio, amido, dissacarídeos e hexoses da dieta no estágio preparatório da glicólise.** As etapas numeradas estão descritas no texto.

## O glicogênio e o amido endógenos são degradados por fosforólise

**P2** O glicogênio armazenado nos tecidos animais (principalmente no fígado e no músculo esquelético) e em microrganismos é mobilizado para utilização dentro da mesma célula por uma reação de *fosforólise* (❶ na Fig. 14-9) catalisada pela **glicogênio-fosforilase**. O produto dessa reação não é glicose livre, mas sim glicose-1-fosfato. O metabolismo do glicogênio será discutido no Capítulo 15. Em tecidos vegetais, o amido é mobilizado por uma reação de *fosforólise* similar, catalisada pela **amido-fosforilase**.

A glicose-1-fosfato produzida pela glicogênio-fosforilase é convertida em glicose-6-fosfato pela **fosfoglicomutase** (❷), que catalisa a reação reversível

$$\text{Glicose-1-fosfato} \rightleftharpoons \text{glicose-6-fosfato}$$

A fosfoglicomutase utiliza basicamente o mesmo mecanismo que a fosfoglicerato-mutase (Fig. 14-8): ambas envolvem um intermediário bisfosfato, e a enzima é transitoriamente fosforilada em cada ciclo catalítico. O nome geral **mutase** é dado a enzimas que catalisam a transferência de um grupo funcional de uma posição para outra na mesma molécula. As mutases são uma subclasse das **isomerases**, enzimas que interconvertem estereoisômeros ou isômeros estruturais ou de posição (ver Tabela 6-3). A glicose-6-fosfato formada na reação da fosfoglicomutase pode entrar na glicólise (❸) ou em outra via, como a via das pentoses-fosfato, descrita na Seção 14.6.

### EXEMPLO 14-1 *Economia de energia obtida com a quebra do glicogênio por fosforólise*

Calcule a economia de energia (em moléculas de ATP por monômero de glicose) obtida pela quebra do glicogênio por *fosforólise*, em vez de *hidrólise*, para iniciar o processo de glicólise.

**SOLUÇÃO:** A fosforólise produz uma glicose fosforilada (glicose-1--fosfato), que é, então, convertida em glicose-6-fosfato – sem gasto da energia celular (1 ATP) necessária para a formação de glicose-6-fosfato a partir de glicose livre. Portanto, é consumido apenas 1 ATP por monômero de glicose na fase preparatória, em comparação com 2 ATP consumidos quando a glicólise inicia com glicose livre. Em consequência, a célula ganha 3 ATP por monômero de glicose (4 ATP produzidos na fase de pagamento menos 1 ATP usado na fase preparatória), em vez de 2 – uma economia de 1 ATP por monômero de glicose.

## Os polissacarídeos e os dissacarídeos da dieta sofrem hidrólise a monossacarídeos

Para a maioria dos seres humanos, o amido é a principal fonte de carboidratos na dieta (❹, Fig. 14-9). O amido da dieta tem essencialmente a mesma estrutura do glicogênio, e sua digestão segue a mesma via. A digestão inicia na boca, onde a **α-amilase** salivar hidrolisa as ligações glicosídicas internas (α1→4) do amido e do glicogênio, produzindo fragmentos polissacarídicos mais curtos. Eles são produzidos por reações de *hidrólise*, nas quais a água, e não o $P_i$, é a espécie que ataca a ligação. No estômago, a α-amilase salivar é inativada pelo pH baixo, mas uma segunda forma de α-amilase, secretada pelo pâncreas para o intestino delgado, continua o processo de digestão.

A α-amilase pancreática liberada no intestino delgado produz principalmente maltose e maltotriose (di e trissacarídeos de glicose) e oligossacarídeos chamados **dextrinas-limite**, fragmentos de amilopectina contendo pontos de ramificação (α1→6), que são removidos por **dextrinases-limite**. Os dissacarídeos são hidrolisados por uma família de hidrolases ligadas à membrana na borda em escova do intestino:

$$\text{Dextrina} + n\text{H}_2\text{O} \xrightarrow{\text{dextrinase}} n \text{ glicose}$$

$$\text{Maltose} + \text{H}_2\text{O} \xrightarrow{\text{maltose}} 2 \text{ glicose}$$

$$\text{Lactose} + \text{H}_2\text{O} \xrightarrow{\text{lactase}} \text{galactose} + \text{glicose}$$

$$\text{Sacarose} + \text{H}_2\text{O} \xrightarrow{\text{sacarase}} \text{frutose} + \text{glicose}$$

$$\text{Trealose} + \text{H}_2\text{O} \xrightarrow{\text{trealase}} 2 \text{ glicose}$$

Apenas monossacarídeos são absorvidos a partir do intestino. Eles são transportados ativamente para as células epiteliais intestinais (ver Fig. 11-42) e, em seguida, passam para o sangue e são transportados para vários tecidos, onde são catabolizados via glicólise.

Como observado no Capítulo 7, a maioria dos animais não pode digerir a celulose, em virtude de não terem a enzima **celulase**, que ataca as ligações glicosídicas (β1→4) da celulose. Em animais ruminantes, a porção dos estômagos inclui um compartimento no qual microrganismos simbióticos produzem celulase, que degrada a celulose, liberando moléculas de glicose. Esses microrganismos utilizam a glicose resultante na fermentação anaeróbica, produzindo grandes quantidades de propionato. Esse propionato, após conversão em succinato (ver Fig. 17-12), serve como matéria inicial para a gliconeogênese, que produz a glicose, que será utilizada para sintetizar a lactose do leite.

**Digestão da lactose e intolerância à lactose** A característica definidora dos mamíferos é, naturalmente, a presença das glândulas mamárias, que produzem o dissacarídeo lactose para a nutrição dos filhotes. A enzima lactase converte lactose em glicose e galactose (❺, Fig. 14-9), que são absorvidas a partir do intestino delgado e metabolizadas nos tecidos na via glicolítica. Quando os filhotes são desmamados, seus níveis de lactase diminuem, e a lactase está ausente na maioria dos adultos, com exceção de certas populações. Cerca de 1 a cada 3 adultos no norte da Europa e em algumas partes da África apresenta o fenótipo de **persistência da lactase**. Eles continuam a produzir a lactase e, assim, são capazes de digerir o leite mesmo na idade adulta. Os outros dois terços apresentam **intolerância à lactose**, devido ao desaparecimento, após a infância, de uma grande parte ou da totalidade da atividade da lactase nas células epiteliais do intestino. Na ausência de lactase intestinal, a lactose não pode ser completamente digerida e absorvida no intestino delgado, passando para o intestino grosso, onde bactérias a convertem em produtos tóxicos que causam cólicas abdominais e diarreia. O problema é ainda mais complicado, pois a lactose não digerida e seus metabólitos aumentam a osmolaridade do conteúdo intestinal, favorecendo a retenção de água no intestino e causando diarreia. Na maioria dos lugares do mundo em que a intolerância à lactose é prevalente, o leite não é usado como alimento para adultos, embora laticínios pré-digeridos com lactase estejam comercialmente disponíveis. Em certas patologias humanas, estão ausentes algumas ou todas as dissacaridases intestinais. Nesses casos, o distúrbio digestivo ocasionado pelos dissacarídeos da dieta pode às vezes ser minimizado por uma dieta controlada em que os carboidratos não digeríveis estejam ausentes.

Uma forma de determinar se a lactase está presente e ativa no intestino é comparar o aumento na glicose sanguínea após a ingestão de uma quantidade de glicose ou lactose. Quando a glicose é ingerida, os níveis de glicose no sangue aumentam de modo rápido e transitório. Quando a lactose é ingerida, a lactase (se presente no intestino) hidrolisa a lactose em glicose e galactose, e os níveis sanguíneos de glicose aumentam. Se a lactase estiver ausente ou se sua atividade estiver baixa, a ingestão de lactose resultará em uma elevação transitória pequena ou nula na glicose sanguínea. ■

**Metabolismo da galactose e doença** A galactose (❻, Fig. 14-9), produto da hidrólise da lactose e, portanto, um componente importante na dieta de lactentes, passa pela corrente sanguínea do intestino para o fígado, onde é primeiro fosforilada no C-1, à custa de ATP, pela enzima **galactocinase**:

$$\text{Galactose} + \text{ATP} \xrightarrow{\text{Mg}^{2+}} \text{galactose-1-fosfato} + \text{ADP}$$

A galactose-1-fosfato é, então, transferida para um nucleotídeo de uridina por uma transferase. A UDP-galactose resultante é epimerizada em C-4, formando UDP-glicose por um conjunto de reações nas quais o UDP funciona como um ativador dos grupos hexose (**Fig. 14-10**) e como uma "etiqueta", sinalizando que essas hexoses estão em um conjunto separado daquelas destinadas a outros processos, como a glicólise. A epimerização, catalisada pela UDP-glicose-4-epimerase, envolve primeiro a oxidação do grupo —OH no C-4 a uma cetona e, em seguida, a redução da cetona para um —OH, com inversão da configuração no C-4. NAD é o cofator tanto para a oxidação como para a redução. A glicose-1-fosfato produzida dessa maneira é convertida em glicose-6-fosfato pela fosfoglicomutase.

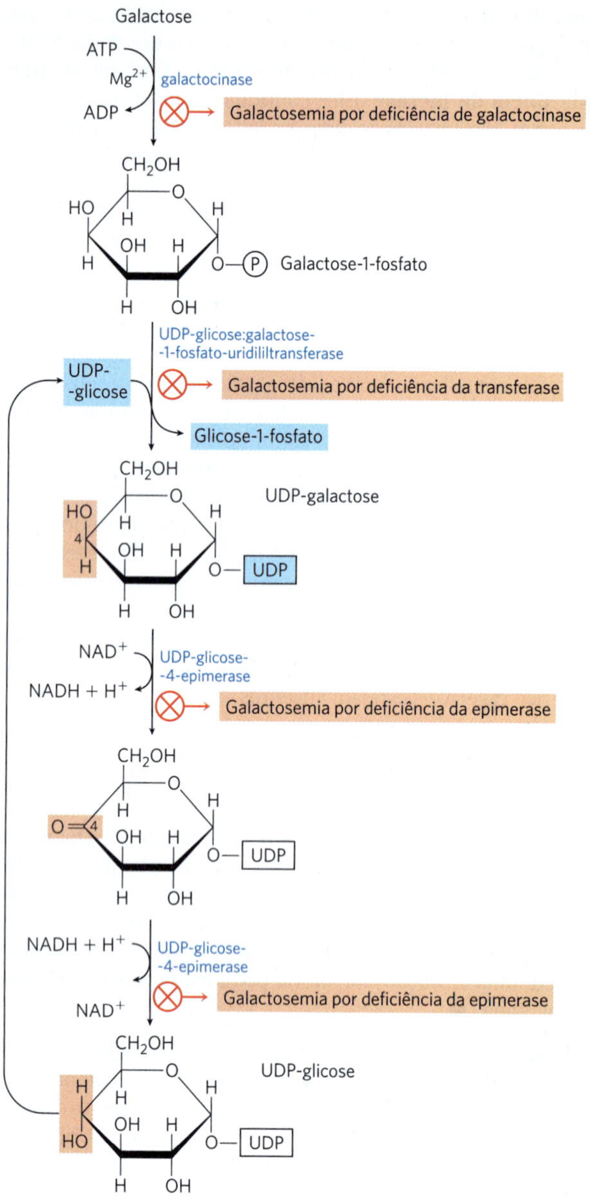

**524** CAPÍTULO 14 • GLICÓLISE, GLICONEOGÊNESE E A VIA DAS PENTOSES-FOSFATO

**FIGURA 14-10 Conversão da galactose em glicose-1-fosfato.** A conversão ocorre por meio de um derivado açúcar-nucleotídeo, a UDP-galactose, que é formado quando a galactose-1-fosfato desloca a glicose-1-fosfato da UDP-glicose. A UDP-galactose é, então, convertida pela UDP-glicose-4-epimerase em UDP-glicose, em uma reação que envolve a oxidação do C-4 (em vermelho-claro) pelo NAD⁺ e a redução do C-4 por NADH; o resultado é a inversão da configuração em C-4. A UDP-glicose é reciclada por meio de um novo ciclo das mesmas reações. O efeito líquido desse ciclo é a conversão de galactose-1-fosfato em glicose-1-fosfato; não há produção ou consumo líquidos de UDP-galactose ou UDP-glicose. Defeitos nas enzimas que catalisam cada uma dessas etapas resultam nas várias formas de galactosemia mostradas.

Um defeito em qualquer uma das enzimas nessa via causa graves consequências para a saúde. Na **galactosemia**, causada por um defeito no gene *GALK*, altas concentrações de galactose são encontradas no sangue e na urina. Os indivíduos afetados desenvolvem catarata durante a infância, causada pela deposição no cristalino de um metabólito da galactose, o galactitol.

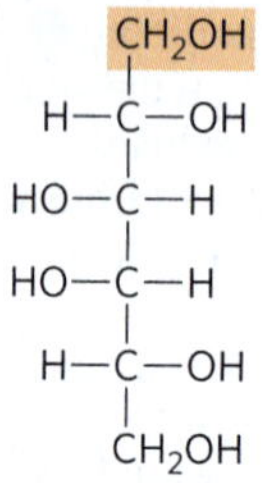

D-Galactitol

Os outros sintomas dessa patologia são relativamente leves, e a limitação rigorosa de galactose na dieta diminui de modo significativo a sua gravidade. A galactosemia por deficiência da transferase, causada por um defeito no gene *GALT*, é mais grave; ela é caracterizada por retardo do crescimento na infância, anormalidade na fala, deficiência intelectual e dano hepático que pode ser fatal, mesmo quando a galactose é retirada da dieta. A galactosemia por deficiência da epimerase, causada por um defeito no gene *GALE*, leva a sintomas similares, porém é menos grave quando a galactose da dieta é cuidadosamente controlada. ■

**Frutose e manose** ▶P2 Na maioria dos organismos, outras hexoses além da glicose podem entrar na via glicolítica após a conversão em um derivado fosforilado. A frutose, presente na forma livre em muitas frutas e formada pela hidrólise da sacarose no intestino delgado dos vertebrados, é fosforilada pela hexocinase:

$$\text{Frutose} + \text{ATP} \xrightarrow{\text{Mg}^{2+}} \text{frutose-6-fosfato} + \text{ADP}$$

Essa é uma importante via de entrada da frutose na glicólise nos músculos e nos rins (❼, Fig. 14-9). No fígado, a frutose entra por uma via diferente. A enzima hepática **frutocinase** catalisa a fosforilação da frutose no C-1, em vez de no C-6 (❽, Fig. 14-9):

$$\text{Frutose} + \text{ATP} \xrightarrow{\text{Mg}^{2+}} \text{frutose-1-fosfato} + \text{ADP}$$

A frutose-1-fosfato é, então, clivada a gliceraldeído e di-hidroxiacetona-fosfato pela **frutose-1-fosfato-aldolase**:

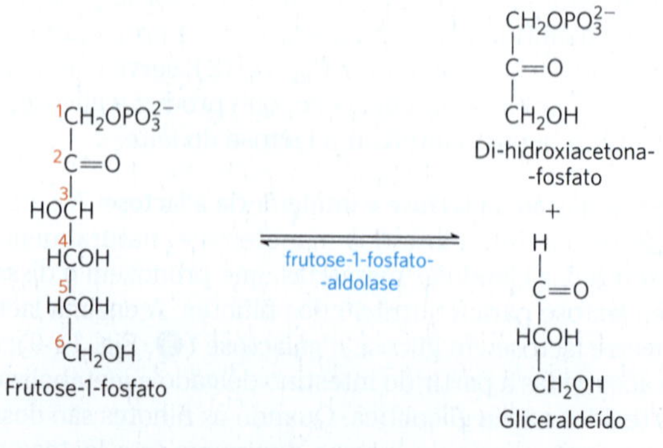

A di-hidroxiacetona-fosfato é convertida em gliceraldeído-3-fosfato pela enzima glicolítica triose-fosfato-isomerase.

O gliceraldeído é fosforilado a gliceraldeído-3-fosfato pela **triose-cinase**, com utilização de ATP:

$$\text{Gliceraldeído} + \text{ATP} \xrightarrow{Mg^{2+}} \text{gliceraldeído-3-fosfato} + \text{ADP}$$

Assim, os dois produtos da hidrólise da frutose-1-fosfato entram na via glicolítica como gliceraldeído-3-fosfato.

A manose, liberada na ingestão de vários polissacarídeos e glicoproteínas dos alimentos, é fosforilada no C-6 pela hexocinase (❾, Fig. 14-9):

$$\text{Manose} + \text{ATP} \xrightarrow{Mg^{2+}} \text{manose-6-fosfato} + \text{ADP}$$

A fosfo-hexose-isomerase converte a manose-6-fosfato em frutose-6-fosfato, que entra na glicólise.

### RESUMO 14.2 Vias alimentadoras da glicólise

- Glicogênio e amido endógenos são formas poliméricas de armazenamento de glicose que sofrem fosforólise sequencial dos resíduos de glicose, formando glicose-1-fosfato. A fosfoglicomutase converte a glicose-1-fosfato em glicose-6-fosfato, que pode entrar na glicólise em uma etapa da fase preparatória que requer o investimento de apenas mais um ATP.

- Polissacarídeos e dissacarídeos ingeridos são convertidos em monossacarídeos por enzimas hidrolíticas na saliva e no intestino delgado. Os monossacarídeos passam através das células intestinais para a corrente sanguínea, que os transporta para o fígado ou para outros tecidos.

- A lactase está presente em lactentes, mas costuma estar ausente em adultos, produzindo intolerância à lactose. D-Hexoses, incluindo galactose, frutose e manose, podem ser fosforiladas e afuniladas para a glicólise. A galactose é convertida em glicose-1-fosfato por meio dos intermediários UDP-galactose e UDP-glicose. Um defeito genético nas enzimas dessa via resulta em uma de diversas galactosemias, com variados graus de gravidade.

## 14.3 Destinos do piruvato

Com exceção de algumas variações interessantes entre as bactérias, o piruvato formado na glicólise é metabolizado por uma entre três vias catabólicas (**Fig. 14-11**). Em condições aeróbicas, a glicólise é apenas o primeiro estágio da degradação *completa* da glicose. O piruvato formado na etapa final da glicólise é oxidado a acetato (acetil-CoA), que entra no ciclo do ácido cítrico e é completamente oxidado a $CO_2$ e $H_2O$ (Capítulo 16). Os elétrons transferidos dessas oxidações são transportados por NADH e $FADH_2$, que, no final, são reoxidados a $NAD^+$ e FAD pela passagem dos elétrons ao $O_2$ via uma cadeia de carreadores na respiração mitocondrial, formando $H_2O$. A energia liberada nas reações de transferência de elétrons impulsiona a síntese de ATP (Capítulo 19).

As células primitivas viviam em uma atmosfera praticamente desprovida de oxigênio e, ao longo da evolução, desenvolveram estratégias para extrair energia de moléculas combustíveis em condições anaeróbicas. Em condições

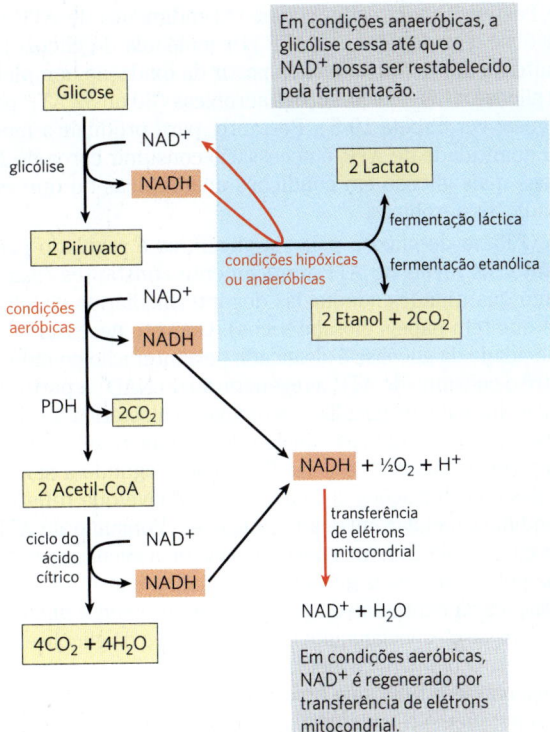

**FIGURA 14-11 Os três destinos catabólicos possíveis do piruvato formado na glicólise e a reciclagem do NADH.** Setas vermelhas seguem a regeneração de $NAD^+$ a partir de NADH. Em condições *aeróbicas*, o piruvato é ativado a acetil-CoA e é completamente oxidado a $CO_2$ e água por meio do ciclo do ácido cítrico e da fosforilação oxidativa mitocondrial. O NADH produzido nessa via é oxidado a $NAD^+$ por meio da cadeia transportadora de elétrons mitocondrial. Em condições *anaeróbicas*, a redução de piruvato a lactato ou a etanol é necessária para produzir o $NAD^+$ necessário para que a glicólise continue. O piruvato também serve como precursor em muitas reações anabólicas, não mostradas aqui.

anaeróbicas ou de baixas pressões de oxigênio (**hipóxia**), o NADH não pode ser reoxidado a $NAD^+$ pela passagem de seus elétrons ao $O_2$. Contudo, para a glicólise continuar, o $NAD^+$ precisa ser regenerado. Nessas condições, a glicose é degradada pela **fermentação** (definida a seguir), que leva a um entre dois diferentes destinos possíveis para o piruvato formado na glicólise. Na **fermentação láctica**, o piruvato recebe elétrons do NADH e é reduzido a lactato, enquanto o $NAD^+$ necessário à glicólise é regenerado. Na **fermentação etanólica** (**alcoólica**), o piruvato é catabolizado a etanol (Fig. 14-11).

### Os efeitos de Pasteur e Warburg devem-se à dependência unicamente da glicose para a produção de ATP

Durante seus estudos da fermentação da glicose por leveduras, Louis Pasteur descobriu que tanto a velocidade quanto a quantidade total de glicose consumida em condições anaeróbicas são muitas vezes maiores do que em condições aeróbicas. Estudos posteriores do músculo confirmaram a grande variação nas taxas da glicólise anaeróbica e aeróbica. As bases bioquímicas para esse "efeito de Pasteur" agora estão claras. O rendimento de ATP da glicólise isoladamente (2 ATP por molécula de glicose) é muito menor do que aquele a partir da oxidação completa da glicose a $CO_2$ em condições aeróbicas (30 ou 32 ATP por glicose; ver Tabela 19-5). Portanto, para produzir a mesma quantidade de ATP, é necessário consumir cerca de 15 vezes mais glicose em condições anaeróbicas do que em condições aeróbicas.

O fluxo de glicose pela via glicolítica é regulado para manter os níveis de ATP praticamente constantes (assim como quantidades adequadas dos intermediários glicolíticos que têm papéis biossintéticos). O ajuste necessário na velocidade da glicólise é alcançado pela interação complexa entre o consumo de ATP, a regeneração do $NAD^+$ a partir do NADH formado na glicólise e a regulação alostérica de algumas enzimas glicolíticas – incluindo a hexocinase, a PFK-1 e a piruvato-cinase – e pelas flutuações segundo a segundo das concentrações dos metabólitos-chave que refletem o equilíbrio celular entre a produção e o consumo de ATP. Em uma escala de tempo um pouco maior, a glicólise é regulada pelos hormônios glucagon, adrenalina e insulina e por variações na expressão de genes de várias enzimas glicolíticas. Um caso especialmente interessante é o da glicólise em tumores. O bioquímico alemão Otto Warburg foi o primeiro a observar, em 1928, que tumores de praticamente todos os tipos possuem velocidade de glicólise muito maior que a de tecidos normais, *mesmo quando o oxigênio está disponível*. Esse "efeito de Warburg" é a base de vários métodos de detecção e tratamento do câncer (**Quadro 14-1**).

Otto Warburg, 1883-1970
[Science Photo Library/Science Source.]

Em geral, Warburg é considerado o bioquímico mais importante da primeira metade do século XX. Ele fez contribuições importantes em muitas outras áreas da bioquímica, incluindo respiração, fotossíntese e enzimologia do metabolismo intermediário. Iniciando em 1930, Warburg e colaboradores purificaram e cristalizaram sete enzimas da glicólise. A equipe de Warburg desenvolveu uma ferramenta experimental que revolucionou os estudos bioquímicos do metabolismo oxidativo: o manômetro de Warburg, que mede diretamente o consumo de oxigênio dos tecidos ao monitorar variações no volume de gás e, assim, permite medidas quantitativas de qualquer enzima com atividade de oxidase.

## O piruvato é o aceptor final de elétrons na fermentação láctica

**P3** Quando tecidos animais não podem ser supridos com oxigênio suficiente para realizar a oxidação aeróbica do piruvato e do NADH produzidos na glicólise, o $NAD^+$ é regenerado a partir do NADH pela redução do piruvato a **lactato**. Alguns tecidos e tipos celulares (como os eritrócitos, que não possuem mitocôndria e, portanto, não podem oxidar piruvato até $CO_2$) produzem lactato a partir de glicose mesmo em condições aeróbicas. A redução do piruvato por essa via é catalisada pela **lactato-desidrogenase**, que forma o isômero L do lactato em pH 7:

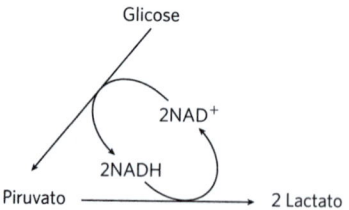

$\Delta G'^\circ = -25,1$ kJ/mol

O equilíbrio global da reação favorece bastante a formação de lactato, como mostrado pela variação de energia livre padrão grande e negativa.

Na glicólise, a desidrogenação de duas moléculas de gliceraldeído-3-fosfato produzidas a partir de cada molécula de glicose converte duas moléculas de $NAD^+$ em duas de NADH. Como a redução de duas moléculas de piruvato em duas de lactato regenera duas moléculas de $NAD^+$, não ocorre variação líquida de $NAD^+$ ou NADH:

```
                Glicose
                   |
                   ↓
               2 NAD⁺
               2 NADH
2 Piruvato ─────────────→ 2 Lactato
```

O lactato formado pelo músculo esquelético em atividade (ou por eritrócitos ou células da retina) pode ser reciclado; ele é transportado pelo sangue até o fígado, onde é convertido em glicose durante a recuperação da atividade muscular exaustiva. Quando o lactato é produzido em grande quantidade durante a contração muscular vigorosa (p. ex., durante uma corrida de velocidade), a acidificação resultante da ionização do ácido láctico nos músculos e no sangue limita o período de atividade vigorosa. Mesmo os atletas mais bem condicionados não podem correr em velocidade máxima por mais de 1 minuto (**Quadro 14-2**).

Embora a conversão de glicose em lactato compreenda duas etapas de oxidação-redução, não ocorre variação líquida no estado de oxidação do carbono; na glicose ($C_6H_{12}O_6$) e no ácido láctico ($C_3H_6O_3$), a relação H:C é a mesma. Todavia, parte da energia da molécula da glicose é extraída pela sua conversão em lactato – o suficiente para que haja um rendimento líquido de duas moléculas de ATP para cada molécula de glicose consumida. **Fermentação** é o termo geral para esses processos, que extraem energia (como ATP), mas não consomem oxigênio nem causam variação nas concentrações de $NAD^+$ ou NADH.

## QUADRO 14-1 MEDICINA

### A alta velocidade da glicólise em tumores sugere alvos para a quimioterapia e facilita o diagnóstico

Em muitos tipos de tumores encontrados em seres humanos e em outros animais, a captação e a degradação de glicose ocorrem em velocidades cerca de 10 vezes maiores do que em tecidos normais não cancerosos. A maior parte das células tumorais cresce em condições de hipóxia (i.e., com suprimento de oxigênio limitado) devido à falta, pelo menos inicialmente, das redes capilares que as suprem com oxigênio suficiente. Células cancerosas localizadas a mais de 100 a 200 $\mu m$ dos capilares mais próximos dependem somente da glicólise (sem oxidação adicional do piruvato) para a maior parte da produção de ATP. O rendimento de energia (2 ATP por glicose) é muito menor do que o que pode ser obtido pela oxidação completa do piruvato a $CO_2$ na mitocôndria (cerca de 30 ATP por glicose; Capítulo 19). Portanto, para produzir a mesma quantidade de ATP, as células tumorais devem captar muito mais glicose do que as células normais, convertendo-a em piruvato e depois em lactato enquanto reciclam NADH. É provável que as duas etapas iniciais na transformação de uma célula normal em uma célula tumoral sejam: (1) a mudança para a dependência apenas da glicólise na produção de ATP; e (2) o desenvolvimento de tolerância a pH baixo no líquido extracelular (causado pela liberação do ácido láctico). Em geral, quanto mais agressivo for o tumor, maior será a velocidade da glicólise.

Esse aumento na glicólise é alcançado ao menos em parte pelo aumento da síntese das enzimas glicolíticas e dos transportadores da membrana plasmática GLUT1 e GLUT3 (ver Tabela 11-1), que transportam a glicose para dentro da célula. (GLUT1 e GLUT3 não são dependentes de insulina.) O **fator de transcrição induzível por hipóxia** (**HIF-1**, do inglês *hypoxia-inducible transcription factor*) é uma proteína que regula a síntese de mRNA, estimulando a produção de pelo menos oito enzimas glicolíticas e dos transportadores de glicose, quando o suprimento de oxigênio está limitado (Fig. 1). Com a alta velocidade de glicólise resultante, as células tumorais podem sobreviver em condições anaeróbicas até que o suprimento de vasos sanguíneos alcance o tumor em crescimento. Outra proteína induzida por HIF-1 é o hormônio peptídico fator de crescimento endotelial vascular (VEGF, do inglês *vascular endothelial growth factor*), que estimula o crescimento dos vasos sanguíneos (angiogênese) em direção ao tumor.

Há também evidências de que a proteína supressora de tumor p53, que sofre mutação na maior parte dos tipos de câncer (ver Seção 12.9), controla a síntese e a montagem das proteínas mitocondriais essenciais para o transporte dos elétrons ao $O_2$. As células com p53 mutada são deficientes no transporte de elétrons na mitocôndria e são forçadas a depender mais significativamente da glicólise para a produção de ATP (Fig. 1).

Essa dependência maior da glicólise apresentada pelos tumores em comparação com os tecidos normais sugere uma possibilidade de terapia anticâncer: inibidores da glicólise poderiam atingir e matar tumores por esgotar seu suprimento de ATP. Três inibidores da hexocinase mostram-se promissores como agentes quimioterápicos: 2-desoxiglicose, lonidamina e 3-bromopiruvato. Em virtude de impedirem a formação de glicose-6-fosfato, esses compostos não apenas privam as células tumorais de ATP glicoliticamente produzido, mas também evitam a formação de pentoses-fosfato pela via das pentoses-fosfato, que também inicia com glicose-6-fosfato. Na ausência de pentoses-fosfato, a célula não consegue sintetizar os nucleotídeos essenciais para a síntese de DNA e de RNA e, assim, não consegue crescer ou se dividir. Outro fármaco anticâncer aprovado para o uso clínico é o imatinibe, descrito no Quadro 12-4. Ele inibe uma tirosina-cinase específica, impedindo a síntese aumentada da hexocinase, que normalmente é ativada por essa cinase. A oxitiamina, um análogo de tiamina que bloqueia a ação de uma enzima tipo transcetolase que converte a xilulose-5-fosfato em gliceraldeído-3-fosfato (Fig. 1), está em ensaios pré-clínicos como um fármaco antitumoral.

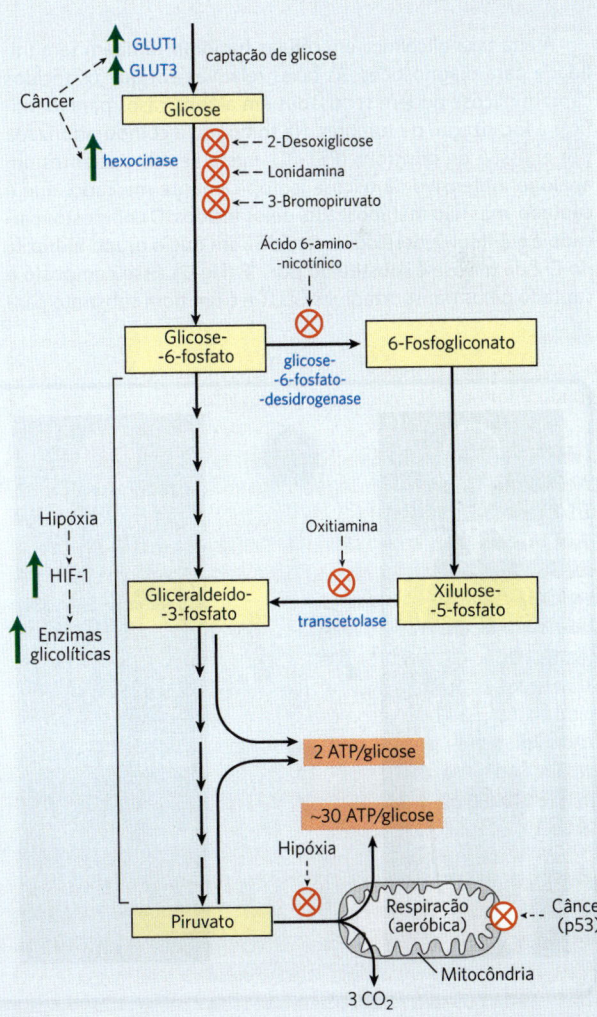

**FIGURA 1** O metabolismo anaeróbico da glicose em células tumorais rende muito menos ATP (2 por glicose) do que a oxidação completa a $CO_2$ que ocorre em células saudáveis em condições aeróbicas (~ 30 ATP por glicose), de forma que uma célula tumoral deve consumir muito mais glicose para produzir a mesma quantidade de ATP. Os transportadores de glicose e a maior parte das enzimas glicolíticas são sobreproduzidos em tumores. Os compostos que inibem as enzimas hexocinase, glicose-6-fosfato-desidrogenase ou transcetolase bloqueiam a produção de ATP pela glicólise, privando, assim, a célula cancerosa de energia e matando-a.

*(Continua na próxima página)*

## QUADRO 14-1  MEDICINA

### A alta velocidade da glicólise em tumores sugere alvos para a quimioterapia e facilita o diagnóstico (*continuação*)

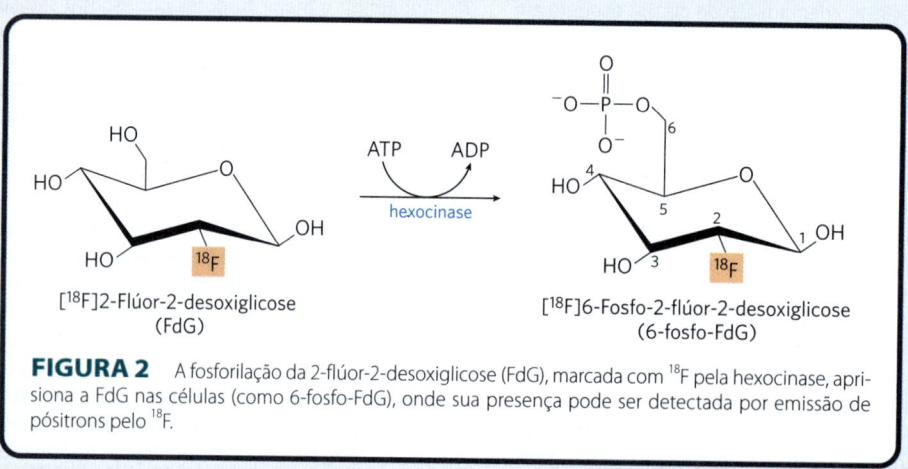

**FIGURA 2** A fosforilação da 2-flúor-2-desoxiglicose (FdG), marcada com $^{18}F$ pela hexocinase, aprisiona a FdG nas células (como 6-fosfo-FdG), onde sua presença pode ser detectada por emissão de pósitrons pelo $^{18}F$.

A alta taxa glicolítica em células tumorais também tem utilidade para diagnósticos. As taxas relativas em que os tecidos captam glicose podem ser usadas em alguns casos para identificar a localização de tumores. Na tomografia computadorizada por emissão de pósitrons (PET-TC), injeta-se nos pacientes um análogo inofensivo da glicose isotopicamente marcado, que é captado, mas não metabolizado, pelos tecidos. O composto marcado é a 2-flúor-2-desoxiglicose (FdG), em que o grupo hidroxila no C-2 da glicose é substituído por $^{18}F$ (Fig. 2). Esse composto é captado pelos transportadores GLUT e é um bom substrato para a hexocinase, mas não pode ser convertido no intermediário enediol na reação da fosfo-hexose-isomerase (ver Fig. 14-4) e, consequentemente, se acumula como 6-fosfo-FdG. A extensão do seu acúmulo depende da sua taxa de captação e fosforilação, que, como citado anteriormente, costuma ser 10 ou mais vezes maior em tumores do que em tecidos normais. O decaimento do $^{18}F$ libera pósitrons (dois por átomo de $^{18}F$) que podem ser constatados por uma série de detectores sensíveis localizados ao longo do corpo, o que permite a localização acurada de 6-fosfo-FdG acumulada (Fig. 3).

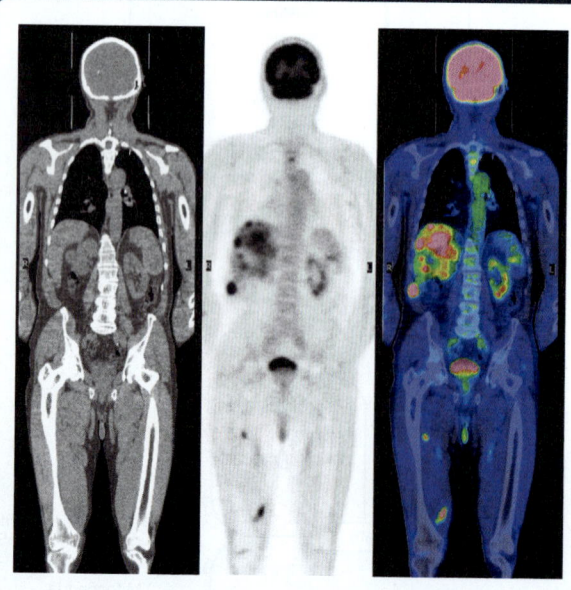

**FIGURA 3** Detecção de tecidos cancerosos por tomografia computadorizada por emissão de pósitrons (PET-TC). O paciente adulto do sexo masculino sofreu remoção cirúrgica de um câncer de pele primário (melanoma maligno). A imagem à esquerda, obtida do corpo todo por tomografia computadorizada (TC), mostra a localização dos tecidos moles e dos ossos. O painel central é uma PET-TC após o paciente ter ingerido 2-flúor-2-desoxiglicose (FdG) marcada com $^{18}F$. Os pontos escuros indicam regiões de alta utilização da glicose. Como esperado, o encéfalo e a bexiga estão fortemente marcados – o encéfalo porque utiliza a maior parte da glicose consumida pelo corpo, e a bexiga porque a FdG marcada com $^{18}F$ é excretada na urina. Quando a intensidade da marcação PET-TC é traduzida em cores (a intensidade aumenta de verde para amarelo para vermelho) e a imagem é sobreposta à TC, a imagem resultante (à direita) revela câncer nos ossos da coluna vertebral superior, no fígado e em algumas regiões musculares, todos resultantes da propagação do melanoma maligno primário. [Diomedia/ISM/Centre Jean Perrin.]

## QUADRO 14-2

### Catabolismo da glicose em condições limitantes de oxigênio

Os vertebrados são, em sua maior parte, organismos essencialmente aeróbicos: eles convertem glicose em piruvato pela glicólise, depois utilizam o oxigênio molecular para oxidar completamente o piruvato a $CO_2$ e $H_2O$. O catabolismo anaeróbico da glicose a lactato ocorre durante curtos pulsos de atividade muscular extrema, como, por exemplo, em uma corrida de 100 m, durante a qual o oxigênio não pode ser transportado para os músculos com rapidez suficiente para oxidar o piruvato. Assim, os músculos utilizam seus estoques de glicose armazenada (glicogênio) como combustível para gerar ATP por fermentação, com lactato como produto final. Em uma corrida de 100 m em alta velocidade, a concentração de lactato no sangue aumenta muito. No fígado, ele é lentamente convertido em glicose pela gliconeogênese no período de descanso ou recuperação, quando, então, o oxigênio é consumido em taxas gradualmente menores até a velocidade da respiração retornar ao normal. O excesso de oxigênio consumido no período de recuperação representa a reposição do débito de oxigênio. Essa é a quantidade de oxigênio necessária para suprir ATP para a gliconeogênese durante a recuperação, para regenerar o glicogênio "tomado emprestado" do fígado e do músculo para realizar atividade muscular intensa na corrida de velocidade. O ciclo de reações que incluem a conversão de glicose em lactato no músculo e a conversão de lactato em glicose no fígado é chamado de ciclo de Cori, em homenagem a Carl e Gerty Cori, cujos estudos, nas décadas de 1930 e 1940, elucidaram a via e seu papel (ver Quadro 15-1).

O sistema circulatório da maioria dos vertebrados de pequeno porte consegue transportar oxigênio para os músculos com velocidade suficiente para evitar o uso anaeróbico de glicogênio muscular. Por exemplo, as aves migratórias com frequência voam grandes distâncias em alta velocidade sem descansar e sem incorrer em débito de oxigênio. Muitos animais velozes de porte moderado também mantêm um metabolismo essencialmente aeróbico em seus músculos esqueléticos. No entanto, o sistema circulatório de animais de grande porte, incluindo o ser humano, não consegue sustentar o metabolismo aeróbico nos músculos esqueléticos por longos períodos de atividade muscular intensa. Esses animais, em geral, movem-se lentamente em circunstâncias normais e desenvolvem atividade muscular intensa apenas em emergências muito graves, já que tal pulso de atividade requer um longo período de recuperação para repor o débito de oxigênio.

Os jacarés e os crocodilos, por exemplo, são normalmente animais lentos. No entanto, quando provocados, eles podem atacar com grande velocidade e podem dar chicotadas violentas com suas caudas poderosas. Esses pulsos de atividade intensa são curtos e devem ser seguidos por longos períodos de recuperação. Os movimentos rápidos de emergência requerem fermentação láctica para gerar ATP nos músculos esqueléticos. Os estoques musculares de glicogênio são rapidamente consumidos na atividade muscular intensa, e o lactato atinge concentrações muito altas em miócitos e no líquido extracelular. Enquanto um atleta treinado pode se recuperar de uma corrida de 100 m em 30 minutos ou menos, um jacaré pode precisar de muitas horas de descanso e de consumo extra de oxigênio para remover o excesso de lactato de seu sangue e regenerar o glicogênio muscular após um pulso de atividade.

Outros animais de grande porte, como os elefantes e os rinocerontes, têm características metabólicas semelhantes, assim como os mamíferos aquáticos mergulhadores, como as baleias e as focas. Os dinossauros e outros animais gigantes, agora extintos, provavelmente dependiam da fermentação láctica para fornecer energia para a atividade muscular, seguida de períodos muito longos de recuperação, em que ficavam vulneráveis ao ataque de predadores menores, mais capazes de utilizar oxigênio e, assim, mais bem adaptados para atividades musculares contínuas e sustentadas.

Explorações marinhas revelaram muitas espécies de vida marinha em grandes profundidades oceânicas, onde a concentração de oxigênio é quase zero. Por exemplo, o celacanto primitivo, um peixe grande encontrado em profundidades de 4.000 m ou mais na costa da África do Sul, tem metabolismo essencialmente anaeróbico em quase todos os tecidos. Ele converte carboidratos em lactato e em outros produtos, sendo que a maior parte deles deve ser excretada. Alguns vertebrados marinhos fermentam glicose a etanol e $CO_2$ para gerar ATP.

Francena McCorory, velocista olímpica. [Ezra Shaw/Getty Images.]

## O etanol é o produto reduzido na fermentação alcoólica

**P3** Leveduras e outros microrganismos fermentam a glicose em etanol e $CO_2$, em vez de lactato. A glicose é convertida a piruvato pela glicólise, e o piruvato é convertido a etanol e $CO_2$ em um processo de duas etapas:

Na primeira etapa, o piruvato é descarboxilado em uma reação irreversível catalisada pela **piruvato-descarboxilase**, formando acetaldeído. Essa reação é uma descarboxilação simples e não envolve a oxidação líquida do piruvato. A piruvato-descarboxilase requer $Mg^{2+}$ e contém uma coenzima fortemente ligada, a tiamina-pirofosfato, discutida a seguir. Na segunda etapa, o acetaldeído é reduzido a etanol pela ação da **álcool-desidrogenase**, com o poder redutor fornecido pelo NADH derivado da desidrogenação do gliceraldeído-3-fosfato. Essa reação é um caso bem estudado de transferência de grupo hidreto a partir do NADH (**Fig. 14-12**). Etanol e $CO_2$ são, então, os produtos finais da fermentação alcoólica, e a equação geral é:

$$\text{Glicose} + 2\,ADP + 2\,P_i \longrightarrow 2\,\text{etanol} + 2\,CO_2 + 2\,ATP + 2\,H_2O$$

Como na fermentação láctica, não existe variação líquida na razão entre átomos de hidrogênio e carbono quando a glicose (razão H:C = 12/6 = 2) é fermentada a duas moléculas de etanol e duas de $CO_2$ (razão H:C combinada = 12/6 = 2). Em todas as fermentações, a razão H:C dos reagentes e dos produtos permanece a mesma.

A piruvato-descarboxilase está presente na levedura utilizada para fabricação de cerveja e pão (diferentes cepas da espécie *Saccharomyces cerevisiae*) e em todos os outros organismos que fermentam glicose em etanol, incluindo algumas plantas. O $CO_2$ produzido pela piruvato-descarboxilase na levedura da cerveja é responsável pela efervescência característica do champanhe. A antiga arte de fazer cerveja envolve vários processos enzimáticos além das reações da fermentação alcoólica. Na panificação, o $CO_2$ liberado pela piruvato-descarboxilase quando a levedura é misturada com o açúcar fermentável faz a massa crescer. A enzima está ausente em tecidos de vertebrados e em outros organismos que realizam fermentação láctica.

A álcool-desidrogenase está presente em muitos organismos que metabolizam o etanol, incluindo os seres humanos. No fígado, essa enzima catalisa a oxidação do etanol, tanto o etanol ingerido quanto aquele produzido por microrganismos da flora intestinal, com concomitante redução de $NAD^+$ a NADH. Nesse caso, a reação segue no sentido oposto àquele envolvido na produção de etanol pela fermentação.

A reação da piruvato-descarboxilase proporciona nosso primeiro encontro com a **tiamina-pirofosfato** (**TPP**) (**Fig. 14-13**), uma coenzima derivada da vitamina $B_1$. A tiamina-pirofosfato exerce um papel importante na clivagem de ligações adjacentes ao grupo carbonila, como a descarboxilação de α-cetoácidos, e em rearranjos químicos em que um grupo acetaldeído ativado é transferido de um átomo de carbono para outro (**Tabela 14-1**). A porção funcional da TPP, o anel tiazólico, contém um próton relativamente ácido em C-2. A perda desse próton produz um carbânion, que é a espécie ativa nas reações dependentes de TPP. O carbânion liga-se prontamente a grupos carbonila, e o anel tiazólico está, consequentemente, posicionado para atuar como um "escoadouro de elétrons", o que facilita significativamente reações como a descarboxilação catalisada pela piruvato-descarboxilase.

### As fermentações são usadas para produzir alguns alimentos comuns e reagentes químicos industriais

Há milênios, a humanidade aprendeu a usar a fermentação na produção e na conservação de alimentos e bebidas. **P3** Certos microrganismos presentes em alimentos crus fermentam os carboidratos e geram produtos metabólicos que dão aos alimentos sua forma, textura e sabor característicos. Atualmente, a fermentação industrial produz substâncias químicas orgânicas e combustíveis.

**Alimentos fermentados** O iogurte, que já era conhecido nos tempos bíblicos, é produzido quando a bactéria *Lactobacillus bulgaricus* fermenta os carboidratos do leite, produzindo ácido láctico; a diminuição do pH resultante desse processo causa a precipitação das proteínas do leite, produzindo a textura espessa e o sabor ácido do iogurte não adoçado. Outra bactéria, a *Propionibacterium freudenreichii*, fermenta o leite, produzindo ácido propiônico e $CO_2$; o ácido propiônico precipita as proteínas do leite, e as bolhas de $CO_2$ formam os furos característicos do queijo suíço. Muitos outros produtos alimentícios são o resultado de fermentações: picles,

**MECANISMO – FIGURA 14-12** A reação da álcool-desidrogenase.

Zn²⁺ do sítio ativo polariza o oxigênio da carbonila do acetaldeído, permitindo a transferência de um íon hidreto (em vermelho) do NADH. O intermediário reduzido adquire um próton do meio (em azul) para formar etanol.

## 14.3 DESTINOS DO PIRUVATO

**MECANISMO – FIGURA 14-13 A tiamina-pirofosfato (TPP) e seu papel na descarboxilação do piruvato.** (a) A TPP é a forma de coenzima da vitamina $B_1$ (tiamina). O átomo de carbono reativo no anel de tiazol da TPP está mostrado em vermelho. Na reação catalisada pela piruvato-descarboxilase, dois dos três carbonos do piruvato são transportados transitoriamente pela TPP na forma de um grupo hidroxietila, ou "acetaldeído ativo" (b), que é subsequentemente liberado como acetaldeído. (c) O anel tiazólico da TPP estabiliza intermediários carbânions, provendo uma estrutura eletrofílica (deficiente em elétrons), em que os elétrons do carbânion podem ser deslocados por ressonância. As estruturas com essa propriedade, frequentemente chamadas de "escoadouros de elétrons", desempenham um papel importante em muitas reações bioquímicas – aqui, elas facilitam a clivagem da reação carbono-carbono. A insuficiência de tiamina na dieta causa graves consequências, como a doença beri béri e a síndrome de Wernicke-Korsakoff.

chucrute, salsichas, molho de soja, *kimchi*, *kefir*, coalhada e *kombucha*. A redução do pH associada à fermentação também ajuda a preservar os alimentos, já que a maioria dos microrganismos que causam a deterioração dos alimentos não cresce em pH baixo. Na agricultura, subprodutos vegetais, como os colmos de milho, são conservados para o uso na alimentação de animais, sendo armazenados em grandes silos com acesso de ar limitado; a fermentação microbiana produz ácidos que diminuem o pH. A silagem resultante desse processo de fermentação pode ser utilizada como alimento animal por longos períodos sem estragar.

**Bebidas fermentadas** P3 A produção de cerveja foi uma ciência aprendida cedo na história humana e, posteriormente, refinada para a produção em larga escala (**Fig. 14-14**). Os cervejeiros fabricam a cerveja por meio da fermentação alcoólica de carboidratos presentes em grãos de cereais (sementes), como a cevada, realizada pelas enzimas glicolíticas das leveduras. Os carboidratos, constituídos principalmente de polissacarídeos, devem ser primeiro degradados a dissacarídeos e monossacarídeos. No processo chamado de maltagem, as sementes da cevada germinam até formarem as enzimas hidrolíticas necessárias para a quebra dos polissacarídeos. Nesse ponto, a germinação é interrompida por aquecimento controlado. O produto é o malte, que contém enzimas que catalisam a hidrólise das ligações β da celulose e de outros polissacarídeos da parede celular

### TABELA 14-1 Algumas reações dependentes de TPP

| Enzima | Via(s) | Ligação clivada | Ligação formada |
|---|---|---|---|
| Piruvato-descarboxilase | Fermentação alcoólica | $R^1-\overset{O}{\underset{}{C}}-\overset{O}{\underset{O^-}{C}}$ | $R^1-\overset{O}{\underset{H}{C}}$ |
| Piruvato-desidrogenase<br>α-Cetoglutarato-desidrogenase | Síntese de acetil-CoA<br>Ciclo do ácido cítrico | $R^2-\overset{O}{\underset{}{C}}-\overset{O}{\underset{O^-}{C}}$ | $R^2-\overset{O}{\underset{S-CoA}{C}}$ |
| Transcetolase | Reações de assimilação de carbono<br>Via das pentoses-fosfato | $R^3-\overset{O}{\underset{}{C}}-\overset{OH}{\underset{H}{C}}-R^4$ | $R^3-\overset{O}{\underset{}{C}}-\overset{OH}{\underset{H}{C}}-R^5$ |

**FIGURA 14-14 Fabricação de cerveja.** Grandes cervejarias, assim como microcervejarias, produzem cervejas com uma grande variedade de sabores, resultado das diferenças nos materiais utilizados e nas condições de fermentação. [vgajic/Getty Images].

da casca da cevada, além de enzimas como a α-amilase e a maltase. O malte é misturado com água, amassado e fervido com lúpulo, para adicionar sabor. As leveduras adicionadas a essa mistura crescem e se reproduzem rapidamente, usando a energia obtida dos açúcares disponíveis. Nenhuma quantidade de etanol é formada durante esse estágio, pois as leveduras, amplamente supridas com oxigênio, oxidam o piruvato formado pela glicólise a $CO_2$ e $H_2O$ por meio do ciclo do ácido cítrico.

Quando todo o oxigênio dissolvido existente no tanque de fermentação do mosto tiver sido consumido, as leveduras mudam para o metabolismo anaeróbico e, a partir desse ponto, fermentam os açúcares em etanol e $CO_2$. O processo de fermentação é controlado, em parte, pela concentração de etanol formado, pelo pH e pela quantidade remanescente de açúcar. Após a fermentação ter sido interrompida, as células são removidas, e a cerveja "crua" está pronta para o processamento final.

**Produção de substâncias químicas por fermentação** Em 1910, Chaim Weizmann (que posteriormente se tornou o primeiro presidente de Israel) descobriu que a bactéria *Clostridium acetobutyricum* fermenta amido em butanol e acetona.
▶P3 Essa descoberta abriu o campo das fermentações industriais, em que alguns materiais ricos em carboidratos facilmente disponíveis são fornecidos a uma cultura pura de microrganismos específicos, que os fermenta a um produto de valor comercial maior. A fermentação por microrganismos produz os ácidos fórmico, acético, propiônico, butírico e succínico, e os álcoois etanol, glicerol, metanol, isopropanol, butanol e butanediol. Fermentações industriais são também utilizadas para produzir certos antibióticos, incluindo penicilina, estreptomicina e cloranfenicol. Em geral, essas fermentações são desenvolvidas em grandes tanques fechados, em que a temperatura e o acesso de ar são controlados para favorecer a multiplicação dos microrganismos desejados e excluir organismos contaminantes. A beleza das fermentações industriais está no fato de que as transformações químicas complexas e de múltiplas etapas são realizadas com grande rendimento e com poucos subprodutos por fábricas químicas que se autorreproduzem – as células microbianas.

**Produção de combustível por fermentação** Grande parte da tecnologia desenvolvida para a produção de bebidas alcoólicas em larga escala também pode ser utilizada para a produção de etanol como combustível renovável. A principal vantagem do etanol como combustível é que ele pode ser produzido a partir de fontes relativamente *econômicas* e *renováveis*, ricas em sacarose, amido ou celulose – amido de milho ou trigo, sacarose de beterraba ou cana-de-açúcar e celulose de palha, de resíduos de indústrias florestais ou de resíduos sólidos domésticos. Em geral, a matéria-prima é convertida quimicamente em monossacarídeos, depois é fornecida como alimento a uma linhagem robusta de levedura em um fermentador em escala industrial. A fermentação pode render não apenas etanol para combustível, mas também subprodutos, como proteínas que podem ser usadas para a alimentação de animais.

### RESUMO 14.3 *Destinos do piruvato*

■ O NADH formado na glicólise deve ser reciclado para regenerar $NAD^+$, necessário como aceptor de elétrons na primeira etapa da fase de pagamento. Em condições aeróbicas, os elétrons passam do NADH para o $O_2$ na respiração mitocondrial. O efeito de Warburg refere-se à observação de que células tumorais apresentam altas taxas de glicólise, com fermentação de glicose a lactato, mesmo na presença de oxigênio. Essa é a base da tomografia computadorizada por emissão de pósitrons (PET-TC), utilizada no diagnóstico de tumores.

■ Em condições anaeróbicas ou de hipóxia, muitos organismos regeneram $NAD^+$ pelo transporte de elétrons do NADH para o piruvato, formando lactato. Outros organismos, como as leveduras, regeneram $NAD^+$ pela redução de piruvato a etanol e $CO_2$.

■ Vários microrganismos podem fermentar o açúcar de alimentos frescos, resultando em mudanças de pH, sabor e textura e protegendo os alimentos da deterioração. As fermentações são usadas na indústria para produzir uma ampla variedade de compostos orgânicos comercialmente valiosos a partir de matérias-primas baratas.

## 14.4 Gliconeogênese

O papel central da glicose no metabolismo surgiu cedo na evolução, e esse açúcar permanece sendo uma unidade estrutural e um combustível quase universal nos organismos atuais, desde micróbios até seres humanos. Em mamíferos, alguns tecidos dependem quase completamente da glicose para sua energia metabólica. Para o encéfalo humano e o restante do sistema nervoso, assim como para os eritrócitos, os testículos, a medula renal e os tecidos embrionários, a glicose do sangue é a principal ou a única fonte de combustível. O encéfalo sozinho requer, em média, 120 g de glicose por dia – mais da metade de toda a glicose estocada como glicogênio nos músculos e no fígado. No entanto, o suprimento de glicose a partir desses estoques não é sempre suficiente; entre as refeições e durante períodos de jejum mais longos, ou após exercício vigoroso, o glicogênio esgota-se. Nesses períodos, os organismos precisam de um método para sintetizar glicose a partir de precursores que não são carboidratos. Isso é realizado por uma via chamada de **gliconeogênese** ("nova formação de açúcar"), que converte em glicose o piruvato e compostos relacionados com três e quatro carbonos.

**P4** A gliconeogênese ocorre em todos os animais, plantas, fungos e microrganismos. As reações são essencialmente as mesmas em todos os tecidos e em todas as espécies. Os precursores importantes da glicose em animais são compostos de três carbonos, como o lactato, o piruvato e o glicerol, assim como certos aminoácidos (**Fig. 14-15**). Em mamíferos, a gliconeogênese ocorre principalmente no fígado e, em menor extensão, no córtex renal e nas células epiteliais que revestem o intestino delgado. A glicose produzida passa para o sangue e supre outros tecidos. Após exercícios vigorosos, o lactato produzido pela glicólise anaeróbica no músculo esquelético retorna para o fígado e é convertido em glicose, que volta para os músculos e é convertida em glicogênio – um circuito chamado de ciclo de Cori (ver Fig. 23-17). Nas plântulas, as gorduras e as proteínas estocadas são convertidas, por vias que incluem a

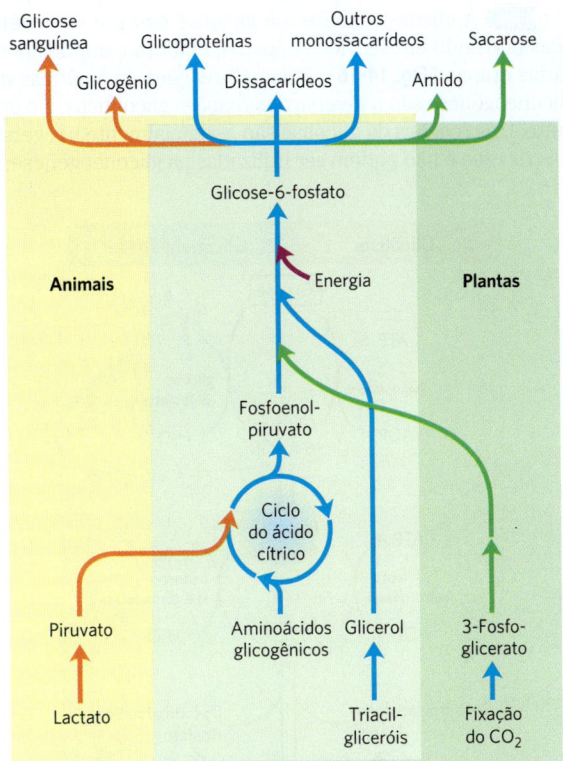

**FIGURA 14-15   Síntese de carboidratos a partir de precursores simples.** A via a partir de fosfoenolpiruvato até glicose-6--fosfato é comum para a conversão biossintética de muitos precursores diferentes de carboidratos em animais e plantas. A via partindo de piruvato a fosfoenolpiruvato passa pelo oxalacetato, um intermediário do ciclo do ácido cítrico, discutido no Capítulo 16. Qualquer composto que possa ser convertido em piruvato ou oxalacetato pode, consequentemente, servir como material inicial para a gliconeogênese. Entre esses materiais, estão alanina e aspartato, que podem ser convertidos em piruvato e oxalacetato, respectivamente, e outros aminoácidos que também podem gerar fragmentos de três ou quatro carbonos, os chamados aminoácidos glicogênicos. Plantas e bactérias fotossintetizantes são as únicas capazes de converter $CO_2$ em carboidratos, usando o ciclo de Calvin, como será visto na Seção 20.4.

gliconeogênese, no dissacarídeo sacarose para o transporte ao longo da planta em desenvolvimento. A glicose e seus derivados são precursores para a síntese de paredes celulares, nucleotídeos, coenzimas e uma série de outros metabólitos essenciais das plantas. Em muitos microrganismos, a gliconeogênese inicia-se a partir de compostos orgânicos simples de dois ou três carbonos, como acetato, lactato e propionato, presentes em seu meio de crescimento.

Embora as reações da gliconeogênese sejam as mesmas em todos os organismos, o contexto metabólico e a regulação da via diferem de uma espécie para outra e de tecido para tecido. Nesta seção, a gliconeogênese é analisada da maneira como ocorre no fígado de mamíferos. No Capítulo 20, é mostrado como organismos fotossintetizantes usam essa via para converter os produtos primários da fotossíntese em glicose, para ser estocada como sacarose ou amido.

**P4** A gliconeogênese e a glicólise não são vias idênticas correndo em sentidos opostos, embora compartilhem várias etapas (**Fig. 14-16**); 7 das 10 reações enzimáticas da gliconeogênese são o inverso das reações glicolíticas. No entanto, três reações da glicólise são essencialmente irreversíveis *in vivo* e não podem ser utilizadas na gliconeogênese: a conversão de glicose em glicose-6-fosfato pela hexocinase, a fosforilação da frutose-6-fosfato em frutose-1,6-bisfosfato pela fosfofrutocinase-1 e a conversão de fosfoenolpiruvato em piruvato pela piruvato-cinase. Nas células, essas três reações são caracterizadas por uma variação de energia livre grande e negativa, ao passo que outras reações glicolíticas têm $\Delta G$ próxima de zero (**Tabela 14-2**). Na gliconeogênese, as três etapas irreversíveis são contornadas por um grupo distinto de enzimas, catalisando reações suficientemente exergônicas para serem efetivamente irreversíveis no sentido da síntese de glicose. Assim, tanto a glicólise quanto a gliconeogênese são processos irreversíveis nas células. Em animais, as duas vias ocorrem principalmente no citosol, necessitando de regulação recíproca e coordenada, descrita na Seção 14.5.

Inicialmente, serão consideradas as três reações de contorno da gliconeogênese. (Tenha em mente que "contorno" se refere ao contorno das reações irreversíveis da via glicolítica.)

## O primeiro contorno: a conversão de piruvato em fosfoenolpiruvato requer duas reações exergônicas

**P4** A primeira reação de contorno na gliconeogênese é a conversão de piruvato em fosfoenolpiruvato (PEP). Essa reação não pode ocorrer pela simples inversão da reação da piruvato-cinase da glicólise (p. 521), que tem uma variação de energia livre negativa grande e é, portanto, irreversível em condições que prevalecem nas células intactas (Tabela 14-2, etapa ⑩). Em vez disso, a fosforilação do piruvato é alcançada por uma sequência de reações de desvio que, em eucariotos, requer enzimas existentes tanto no citosol como nas mitocôndrias. Como será visto, a via representada na Figura 14-16 e descrita em detalhes aqui é uma das duas rotas que levam de piruvato ao PEP; essa é a via predominante quando piruvato ou alanina são os precursores glicogênicos. Uma segunda via, descrita posteriormente, predomina quando o lactato é o precursor glicogênico.

O piruvato é primeiramente transportado do citosol para a mitocôndria ou é gerado dentro da mitocôndria a partir da transaminação da alanina; nessa reação, o grupamento α-amino é transferido da alanina (gerando piruvato) para um α-cetoácido carboxílico (reações de transaminação são discutidas em detalhes no Capítulo 18). A seguir, a **piruvato-carboxilase**, uma enzima mitocondrial que requer a coenzima **biotina**, converte o piruvato em oxalacetato:

$$\text{Piruvato} + \text{HCO}_3^- + \text{ATP} \longrightarrow$$
$$\text{oxalacetato} + \text{ADP} + \text{P}_i \quad (14\text{-}4)$$

A reação de carboxilação envolve biotina como um transportador do bicarbonato ativado, como representado na **Figura 14-17**; o mecanismo da reação está mostrado na Figura 16-16. (Observe que o $\text{HCO}_3^-$ é formado por ionização do ácido carbônico, que, por sua vez, é produzido a partir de $\text{CO}_2 + \text{H}_2\text{O}$.) O $\text{HCO}_3^-$ é fosforilado por ATP para formar um anidrido misto (um carboxifosfato); a seguir, a biotina desloca o fosfato na formação de carboxibiotina.

A piruvato-carboxilase é a primeira enzima regulada na via gliconeogênica, necessitando de acetil-CoA como

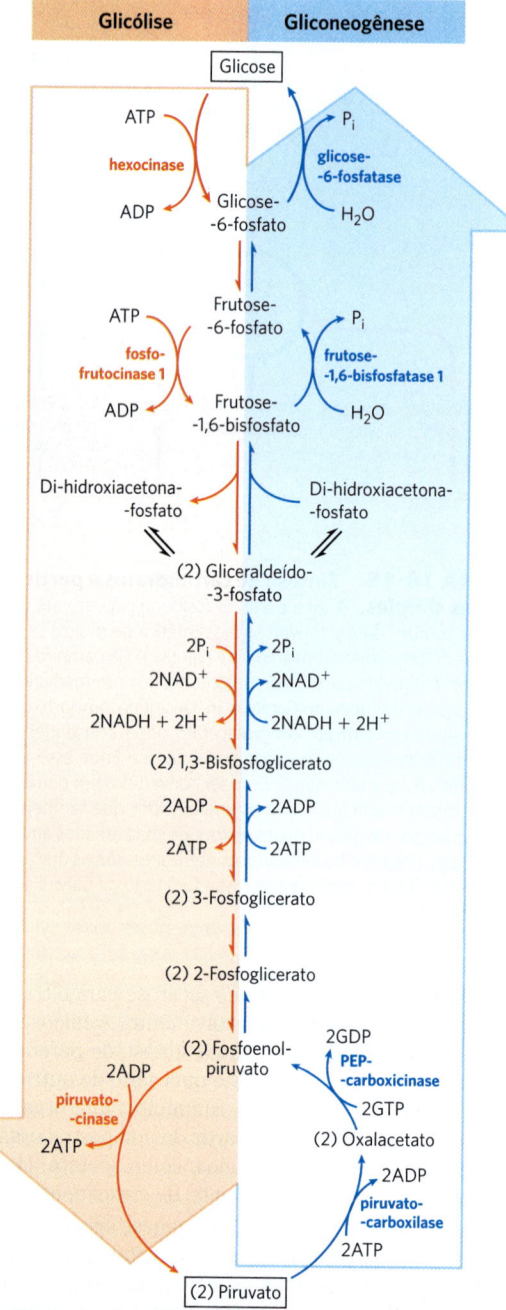

**FIGURA 14-16 Vias opostas da glicólise e da gliconeogênese no fígado.** As reações da glicólise estão do lado esquerdo, em vermelho; a via oposta, a gliconeogênese, está mostrada do lado direito, em azul. Os principais pontos de regulação da gliconeogênese representados aqui são discutidos na Seção 14.5.

## TABELA 14-2 Variação de energia livre das reações glicolíticas em eritrócitos

| Etapa da reação glicolítica | $\Delta G'^{\circ}$ (kJ/mol) | $\Delta G$ (kJ/mol) |
|---|---|---|
| ❶ Glicose + ATP ⟶ glicose-6-fosfato + ADP | −16,7 | −33,4 |
| ❷ Glicose-6-fosfato ⇌ frutose-6-fosfato | 1,7 | 0 a 2,5 |
| ❸ Frutose-6-fosfato + ATP ⟶ frutose-1,6-bisfosfato + ADP | −14,2 | −22,2 |
| ❹ Frutose-1,6-bisfosfato ⇌ di-hidroxiacetona-fosfato + gliceraldeído-3-fosfato | 23,8 | −6 a 0 |
| ❺ Di-hidroxiacetona-fosfato ⇌ gliceraldeído-3-fosfato | 7,5 | 0 a 4 |
| ❻ Gliceraldeído-3-fosfato + $P_i$ + $NAD^+$ ⇌ 1,3-bisfosfoglicerato + NADH + $H^+$ | 6,3 | −2 a 2 |
| ❼ 1,3-Bisfosfoglicerato + ADP ⇌ 3-fosfoglicerato + ATP | −18,8 | 0 a 2 |
| ❽ 3-Fosfoglicerato ⇌ 2-fosfoglicerato | 4,4 | 0 a 0,8 |
| ❾ 2-Fosfoglicerato ⇌ fosfoenolpiruvato + $H_2O$ | 7,5 | 0 a 3,3 |
| ❿ Fosfoenolpiruvato + ADP ⟶ piruvato + ATP | −31,4 | −16,7 |

Nota: $\Delta G'^{\circ}$ é a variação de energia livre padrão, como definido no Capítulo 13 (p. 468). $\Delta G$ é a variação de energia livre calculada a partir das concentrações reais dos intermediários glicolíticos presentes em condições fisiológicas nos eritrócitos, em pH 7. As reações glicolíticas que são contornadas na gliconeogênese estão mostradas em vermelho. As equações bioquímicas não são necessariamente equilibradas para H ou carga (p. 478).

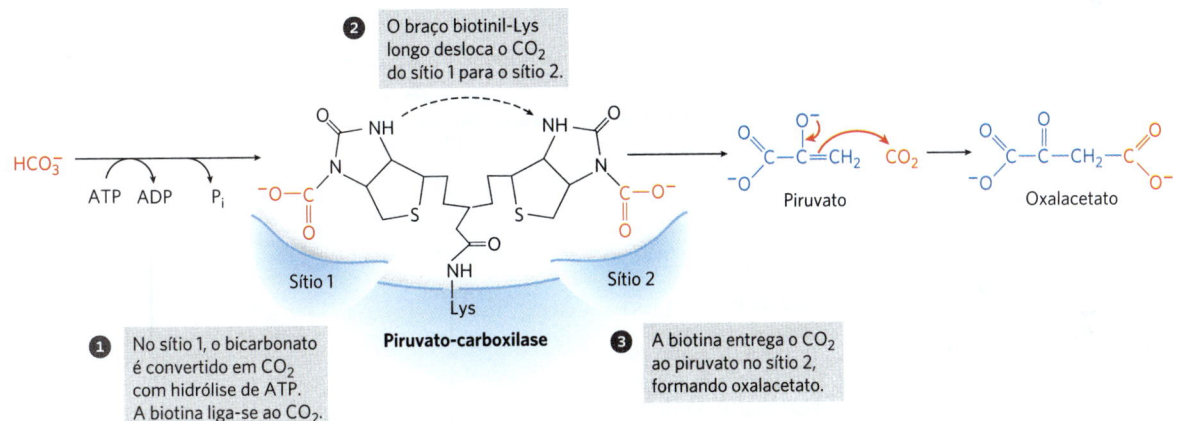

**FIGURA 14-17 Papel da biotina na reação da piruvato-carboxilase.** O cofator biotina está ligado covalentemente à enzima por uma ligação amida com o grupo ε-amino de um resíduo de Lys, formando uma biotinil-enzima. A reação ocorre em duas fases, que ocorrem em dois sítios diferentes da enzima. O longo braço biotinil-Lys carrega o substrato de um sítio a outro.

efetor positivo. A acetil-CoA é produzida pela oxidação de ácidos graxos (Capítulo 17), e seu acúmulo sinaliza a disponibilidade de ácidos graxos como combustível. Como será visto no Capítulo 16, a reação da piruvato-carboxilase pode reconstituir intermediários de outra via metabólica central, o ciclo do ácido cítrico.

Como a membrana mitocondrial não tem transportador para o oxalacetato, antes de ser exportado para o citosol, o oxalacetato formado a partir do piruvato deve ser reduzido a malato pela **malato-desidrogenase** mitocondrial, com o NADH como doador de equivalentes redutores:

Oxalacetato + NADH + $H^+$ ⇌ L-malato + $NAD^+$        (14-5)

A variação de energia livre padrão para essa reação é muito alta, porém, em condições fisiológicas (inclusive uma concentração muito baixa de oxalacetato), $\Delta G \approx 0$, e a reação é prontamente reversível. A malato-desidrogenase mitocondrial age tanto na gliconeogênese como no ciclo do ácido cítrico, mas o fluxo global dos metabólitos nos dois processos ocorre em sentidos opostos.

O malato deixa a mitocôndria por meio de um transportador específico presente na membrana mitocondrial interna (ver Fig. 19-31) e, no citosol, é reoxidado a oxalacetato, com a produção de NADH citosólico:

Malato + $NAD^+$ ⟶ oxalacetato + NADH + $H^+$    (14-6)

O oxalacetato é, então, convertido em PEP pela **fosfoenolpiruvato-carboxicinase** (**Fig. 14-18**). Essa reação é dependente de $Mg^{2+}$ e requer GTP como doador de grupo fosforila:

Oxalacetato + GTP ⇌ PEP + $CO_2$ + GDP    (14-7)

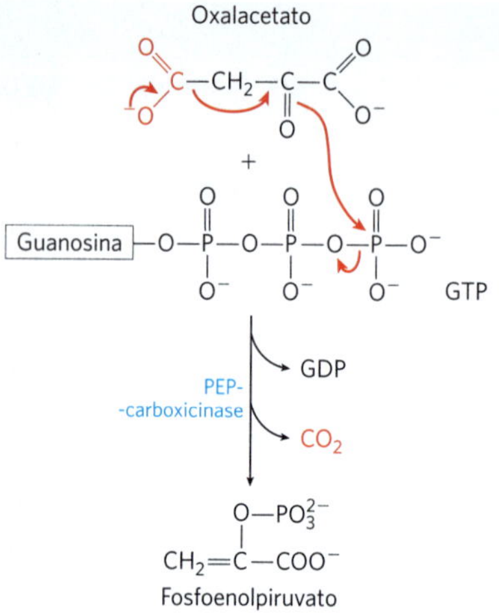

**FIGURA 14-18 Síntese de fosfoenolpiruvato a partir de oxalacetato.** No citosol, o oxalacetato é convertido em fosfoenolpiruvato pela PEP-carboxicinase. O $CO_2$ incorporado na reação da piruvato-carboxilase é perdido aqui como $CO_2$. A descarboxilação leva ao rearranjo de elétrons, que facilita o ataque do oxigênio da carbonila da porção piruvato sobre o fosfato γ do GTP.

A reação é reversível em condições intracelulares; a formação de um composto de fosfato de alta energia (PEP) é equilibrada pela hidrólise de outro (GTP). A equação global para esse conjunto de reações de contorno é a soma das Equações 14-4 a 14-7:

$$\text{Piruvato} + \text{ATP} + \text{GTP} + \text{HCO}_3^- \longrightarrow$$
$$\text{PEP} + \text{ADP} + \text{GDP} + \text{P}_i + \text{CO}_2$$
$$\Delta G'^\circ = 0{,}9 \text{ kJ/mol} \quad (14\text{-}8)$$

Dois grupos fosfato de alta energia (um do ATP e um do GTP), cada um gerando em torno de 50 kJ/mol em condições celulares, devem ser gastos para fosforilar uma molécula de piruvato a PEP. Em contrapartida, quando PEP é convertido em piruvato durante a glicólise, apenas um ATP é gerado a partir de ADP. Embora a variação da energia livre padrão ($\Delta G'^\circ$) da via de duas etapas da conversão de piruvato em PEP seja de 0,9 kJ/mol, a variação de energia livre real ($\Delta G$), calculada a partir das medidas das concentrações celulares dos intermediários, é altamente negativa ($-25$ kJ/mol); isso é consequência do consumo rápido de PEP em outras reações, de modo que sua concentração permanece relativamente baixa. Portanto, a reação é efetivamente irreversível na célula.

Observe que o $CO_2$ adicionado ao piruvato na etapa catalisada pela piruvato-carboxilase (Fig. 14-17) é a mesma molécula perdida na reação da PEP-carboxicinase (Fig. 14-18). Essa sequência de carboxilação-descarboxilação representa uma forma de "ativar" o piruvato, pois a descarboxilação do oxalacetato facilita a formação de PEP. No Capítulo 21, será visto como uma sequência semelhante de carboxilação-descarboxilação é usada para ativar acetil-CoA para a síntese de ácidos graxos (ver Fig. 21-1).

Existe uma lógica na rota dessas reações usando a mitocôndria. A razão [NADH]/[NAD$^+$] no citosol é diversas ordens de magnitude menor que na mitocôndria. Como o NADH citosólico é consumido na gliconeogênese (na conversão de 1,3-bisfosfoglicerato em gliceraldeído-3-fosfato; Fig. 14-16), a biossíntese de glicose não pode ocorrer a menos que o NADH esteja disponível. O transporte de malato da mitocôndria ao citosol e a sua conversão em oxalacetato transfere efetivamente equivalentes redutores para o citosol, onde eles são escassos. Assim, essa transformação de piruvato em PEP proporciona um equilíbrio importante entre NADH produzido e consumido no citosol durante a gliconeogênese.

▶ **P4** Outra forma de reação de contorno de piruvato → PEP predomina quando o lactato é o precursor glicogênico (**Fig. 14-19**). Essa via faz uso do lactato produzido pela glicólise anaeróbica nos eritrócitos ou no músculo, por exemplo, sendo particularmente importante em vertebrados de grande porte após exercício vigoroso (Quadro 14-2). A conversão de lactato em piruvato no citosol de hepatócitos gera NADH, e a exportação de equivalentes redutores (como malato) da mitocôndria é consequentemente desnecessária. Depois que o piruvato produzido na reação da lactato-desidrogenase é transportado para a mitocôndria (por um

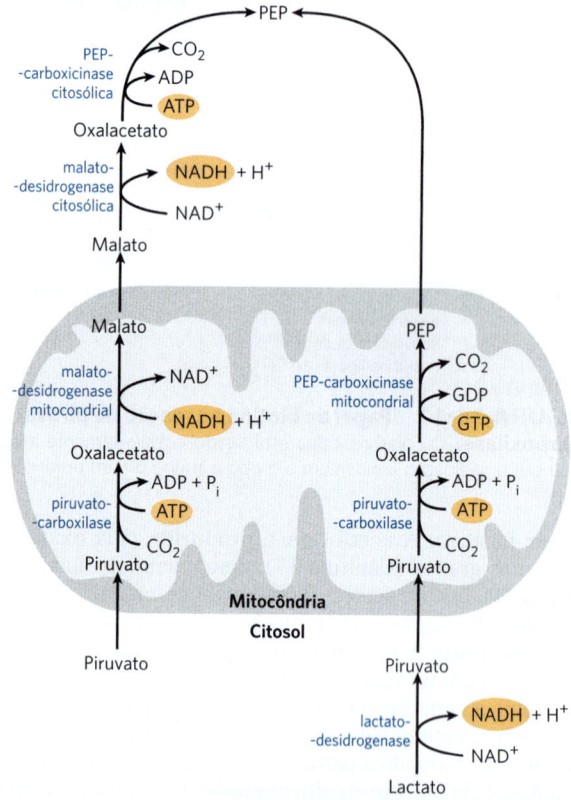

**FIGURA 14-19 Vias alternativas da transformação do piruvato em fosfoenolpiruvato.** A importância relativa das duas vias depende da disponibilidade de lactato ou piruvato e das necessidades citosólicas de NADH para a gliconeogênese. A via à direita predomina quando o lactato é o precursor, já que NADH citosólico é gerado na reação da lactato-desidrogenase e não precisa ser transportado para fora da mitocôndria (ver texto).

transportador na membrana mitocondrial interna específico para o piruvato), ele é convertido em oxalacetato pela piruvato-carboxilase, como descrito anteriormente. Esse oxalacetato, no entanto, é convertido diretamente em PEP por uma isoenzima mitocondrial da PEP-carboxicinase, e o PEP é transportado para fora da mitocôndria para dar continuidade à via gliconeogênica. As isoenzimas mitocondriais e citosólicas da PEP-carboxicinase são codificadas por genes separados nos cromossomos nucleares, proporcionando outro exemplo de duas enzimas distintas catalisando a mesma reação, mas em localizações celulares ou com papéis metabólicos diferentes (lembre-se das isoenzimas da hexocinase).

## O segundo e o terceiro contornos são desfosforilações simples por fosfatases

A segunda reação glicolítica que não pode participar da gliconeogênese é a fosforilação da frutose-6-fosfato pela PFK-1 (Tabela 14-2, etapa ❸). Como essa reação é altamente exergônica e, por isso, irreversível em células intactas, a geração de frutose-6-fosfato a partir de frutose-1,6-bisfosfato (Fig. 14-16) é catalisada por uma enzima diferente, a **frutose-1,6-bisfosfatase** (**FBPase-1**) dependente de $Mg^{2+}$, que promove a *hidrólise* essencialmente irreversível do fosfato no C-1 (e não a transferência do grupo fosforila para o ADP):

Frutose-1,6-bisfosfato + $H_2O$ ⟶ frutose-6-fosfato + $P_i$
$$\Delta G'^o = -16{,}3 \text{ kJ/mol}$$

A FBPase-1 é assim chamada para distingui-la de outra enzima semelhante (FBPase-2) com função de regulação, discutida na Seção 14.5.

O terceiro contorno é a reação final da gliconeogênese, a desfosforilação da glicose-6-fosfato para formar glicose (Fig. 14-16). A reversão da reação da hexocinase (p. 514) exigiria a transferência de um grupo fosforila da glicose-6-fosfato para o ADP, formando ATP, uma reação energeticamente desfavorável (Tabela 14-2, etapa ❶). A reação catalisada pela **glicose-6-fosfatase** não requer a síntese de ATP, e a hidrólise simples de uma ligação éster fosfato:

Glicose-6-fosfato + $H_2O$ ⟶ glicose + $P_i$
$$\Delta G'^o = -13{,}8 \text{ kJ/mol}$$

Essa enzima ativada por $Mg^{2+}$ é uma proteína de membrana encontrada no lado luminal do retículo endoplasmático de hepatócitos, de células renais e das células epiteliais do intestino delgado (ver Fig. 15-6), mas não é encontrada em outros tecidos, que são, portanto, incapazes de fornecer glicose para o sangue. Se outros tecidos tivessem a glicose-6-fosfatase, essa atividade enzimática hidrolisaria a glicose-6-fosfato necessária para a glicólise nesses tecidos. A glicose produzida pela gliconeogênese no fígado e nos rins ou ingerida na dieta é entregue a esses outros tecidos, incluindo o encéfalo e os músculos, pela corrente sanguínea.

## A gliconeogênese é essencial, mas energeticamente dispendiosa

**P4** A soma das reações biossintéticas que levam de piruvato até glicose livre no sangue (**Tabela 14-3**) é

2 Piruvato + 4ATP + 2GTP + 2NADH + $2H^+$ + $4H_2O$ ⟶
 glicose + 4ADP + 2GDP + $6P_i$ + $2NAD^+$

(14-9)

Para cada molécula de glicose formada a partir do piruvato, seis grupos fosfato de alta energia são necessários, quatro provenientes do ATP e dois do GTP. Além disso, duas moléculas de NADH são necessárias para a redução de duas moléculas de 1,3-bisfosfoglicerato. Evidentemente,

| TABELA 14-3 Reações sequenciais na gliconeogênese a partir do piruvato | |
|---|---|
| Piruvato + $HCO_3^-$ + ATP ⟶ oxalacetato + ADP + $P_i$ | ×2 |
| Oxalacetato + GTP ⇌ fosfoenolpiruvato + $CO_2$ + GDP | ×2 |
| Fosfoenolpiruvato + $H_2O$ ⇌ 2-fosfoglicerato | ×2 |
| 2-Fosfoglicerato ⇌ 3-fosfoglicerato | ×2 |
| 3-Fosfoglicerato + ATP ⇌ 1,3-bisfosfoglicerato + ADP | ×2 |
| 1,3-Bisfosfoglicerato + NADH + $H^+$ ⇌ gliceraldeído-3-fosfato + $NAD^+$ + $P_i$ | ×2 |
| Gliceraldeído-3-fosfato ⇌ di-hidroxiacetona-fosfato | |
| Gliceraldeído-3-fosfato + di-hidroxiacetona-fosfato ⇌ frutose-1,6-bisfosfato | |
| Frutose-1,6-bisfosfato ⟶ frutose-6-fosfato + $P_i$ | |
| Frutose-6-fosfato ⇌ glicose-6-fosfato | |
| Glicose-6-fosfato + $H_2O$ ⟶ glicose | |
| *Soma:* 2 Piruvato + 4ATP + 2GTP + 2NADH + $2H^+$ + $4H_2O$ ⟶ glicose + 4ADP + 2GDP + 6Pi + $2NAD^+$ | |

Nota: as reações que contornam reações irreversíveis da glicólise estão em vermelho; todas as demais reações são etapas reversíveis da glicólise. Os números à direita indicam que a reação é deve ser contada duas vezes, já que dois precursores de três carbonos são necessários para fazer uma molécula de glicose. As reações necessárias para substituir o NADH citosólico consumido na reação da gliceraldeído-3-fosfato-desidrogenase (a conversão de lactato em piruvato no citosol ou o transporte de equivalentes redutores da mitocôndria para o citosol na forma de malato) não estão consideradas nesse resumo. As equações bioquímicas não estão necessariamente equilibradas para H e carga elétrica (p. 478).

a Equação 14-9 não é simplesmente o reverso da equação para a conversão de glicose em piruvato pela glicólise, que exigiria apenas duas moléculas de ATP:

$$\text{Glicose} + 2\text{ADP} + 2\text{P}_i + \text{NAD}^+ \longrightarrow$$
$$2 \text{ piruvato} + 2\text{ATP} + 2\text{NADH} + 2\text{H}^+ + 2\text{H}_2\text{O}$$

Assim, a síntese de glicose a partir de piruvato é um processo relativamente dispendioso. A maior parte desse alto custo energético é necessária para assegurar a irreversibilidade da gliconeogênese. Em condições intracelulares, a variação de energia livre global da glicólise é de pelo menos $-63$ kJ/mol. Sob as mesmas condições, a $\Delta G$ global para a gliconeogênese é de $-16$ kJ/mol. Assim, tanto a glicólise como a gliconeogênese são processos essencialmente irreversíveis nas células. Uma segunda vantagem em investir energia para converter piruvato em glicose é que, se o piruvato fosse excretado, seu considerável potencial para formação de ATP pela completa oxidação aeróbica seria perdido (mais de 10 ATP são formados por piruvato, como será visto no Capítulo 16).

A via biossintética para a formação de glicose descrita anteriormente permite a síntese líquida de glicose não apenas a partir de piruvato, mas também dos intermediários do ciclo do ácido cítrico com quatro, cinco e seis carbonos (Capítulo 16). Os intermediários do ciclo do ácido cítrico podem ser oxidados a oxalacetato (ver Fig. 16-7). Alguns ou todos os átomos de carbono da maior parte dos aminoácidos derivados das proteínas são, em última análise, catabolizados a piruvato ou a intermediários do ciclo do ácido cítrico. Esses aminoácidos podem, portanto, ser convertidos em glicose e são chamados **glicogênicos** (**Tabela 14-4**). A alanina e a glutamina, as principais moléculas que transportam grupos amino de tecidos extra-hepáticos até o fígado (ver Fig. 18-9), são aminoácidos glicogênicos particularmente importantes em mamíferos. Após a retirada de seus grupos amino na mitocôndria dos hepatócitos, os esqueletos de carbono remanescentes (piruvato e $\alpha$-cetoglutarato, respectivamente) são prontamente canalizados para a gliconeogênese.

## Os mamíferos, diferentemente de plantas e microrganismos, não podem converter ácidos graxos em glicose

Nos mamíferos, não ocorre a conversão líquida de ácidos graxos em glicose. Como será visto no Capítulo 17, o catabolismo da maior parte dos ácidos graxos gera apenas acetil-CoA. Os mamíferos não podem usar a acetil-CoA como um precursor da glicose, uma vez que a reação da piruvato-desidrogenase é irreversível e as células não possuem outra via para converter acetil-CoA em piruvato. Os vegetais, as leveduras e muitas bactérias possuem uma via (o ciclo do glioxilato; ver Fig. 20-45) para converter acetil-CoA em oxalacetato, portanto esses organismos podem utilizar ácidos graxos como matéria-prima para a gliconeogênese. Isso é importante durante a germinação das plântulas, por exemplo; antes do desenvolvimento das folhas e da possibilidade de que a fotossíntese forneça energia e carboidratos, as plântulas contam com os estoques de óleo das sementes para a produção de energia e para a biossíntese da parede celular.

Apesar de os mamíferos não converterem ácidos graxos em carboidratos, eles podem usar uma pequena quantidade de glicerol produzida na degradação de gorduras (triacil-*gliceróis*) para a gliconeogênese. A fosforilação do glicerol pela glicerol-cinase, seguida pela oxidação do carbono central, gera di-hidroxiacetona-fosfato, um intermediário da gliconeogênese no fígado.

Como será visto no Capítulo 21, o glicerol-fosfato é um intermediário essencial na síntese de triacilgliceróis nos adipócitos, mas essas células não têm glicerol-cinase e, portanto, não podem simplesmente fosforilar o glicerol. Em vez disso, os adipócitos realizam uma versão truncada da gliconeogênese, conhecida como **gliceroneogênese**: a conversão de piruvato em di-hidroxiacetona-fosfato pelas reações iniciais da gliconeogênese, seguida pela redução da di-hidroxiacetona-fosfato em glicerol-3-fosfato (ver Fig. 21-21).

### RESUMO 14.4 Gliconeogênese

■ A gliconeogênese é um processo de múltiplas etapas em que a glicose é produzida a partir de lactato, piruvato ou oxalacetato, ou qualquer composto (incluindo os intermediários do ciclo do ácido cítrico) que possa ser convertido em um desses intermediários. Sete etapas são o reverso de reações glicolíticas; três diferem, de modo que tais etapas devem ser contornadas utilizando reações exergônicas.

■ No primeiro contorno, piruvato é convertido em PEP via oxalacetato em duas reações catalisadas pela piruvato-carboxilase (que usa ATP) e pela PEP-carboxicinase (que usa GTP).

■ No segundo contorno, a FBPase-1 remove um grupo fosfato da frutose-1,6-bisfosfato, produzindo frutose-6-fosfato. No terceiro contorno, a glicose-6-fosfatase converte a glicose-6-fosfato em glicose.

| TABELA 14-4 | Aminoácidos glicogênicos agrupados conforme o local de entrada na via |
|---|---|
| **Piruvato** | **Succinil-CoA** |
| Alanina | Isoleucina[a] |
| Cisteína | Metionina |
| Glicina | Treonina |
| Serina | Valina |
| Treonina | **Fumarato** |
| Triptofano[a] | Fenilalanina[a] |
| **α-Cetoglutarato** | Tirosina[a] |
| Arginina | **Oxalacetato** |
| Glutamato | Asparagina |
| Glutamina | Aspartato |
| Histidina | |
| Prolina | |

Nota: todos esses aminoácidos são precursores da glicose sanguínea ou do glicogênio hepático, já que eles podem ser convertidos em piruvato ou intermediários do ciclo do ácido cítrico. Dos 20 aminoácidos comuns, apenas a leucina e a lisina são incapazes de fornecer carbonos para a síntese líquida de glicose.

[a]Esses aminoácidos também são cetogênicos (ver Fig. 18-15).

- Em mamíferos, a gliconeogênese no fígado, nos rins e no intestino delgado gera glicose para uso pelo encéfalo, pelos músculos e pelos eritrócitos. A formação de uma molécula de glicose a partir de piruvato requer 4 ATP, 2 GTP e 2 NADH; portanto, trata-se de um processo dispendioso.

- Animais não podem converter a acetil-CoA proveniente da degradação de ácidos graxos em glicose, pois não têm a maquinaria enzimática para converter acetil-CoA em piruvato. Plantas e microrganismos apresentam a via do glioxilato, a qual permite produzir glicose a partir de ácidos graxos.

## 14.5 Regulação coordenada da glicólise e da gliconeogênese

**P5** A glicólise (conversão de glicose em piruvato) e a gliconeogênese (conversão de piruvato em glicose) geralmente não ocorrem ao mesmo tempo no mesmo tecido. Nos mamíferos, a gliconeogênese ocorre principalmente no fígado, onde seu papel é fornecer glicose para ser exportada para outros tecidos quando os estoques de glicogênio se esgotam e não há disponibilidade de glicose na dieta. A glicólise ocorre na grande maioria dos tecidos, incluindo encéfalo, rins, músculo e fígado. A glicólise permite a formação de ATP, que possibilita todas as atividades que requerem energia na célula: transporte ativo de íons; síntese de macromoléculas e seus precursores; síntese de lipídeos e compostos de armazenamento, como o glicogênio; e contração muscular.

Em cada um dos três pontos em que as reações glicolíticas são contornadas por reações gliconeogênicas alternativas (Fig. 14-16), a operação simultânea de ambas as vias consumiria ATP sem realizar nenhum trabalho químico ou biológico. Por exemplo, a PFK-1 e a FBPase-1 catalisam reações opostas:

$$\text{ATP} + \text{frutose-6-fosfato} \xrightarrow{\text{PFK-1}} \text{ADP} + \text{frutose-1,6-bisfosfato}$$

$$\text{Frutose-1,6-bisfosfato} + \text{H}_2\text{O} \xrightarrow{\text{FBPase-1}} \text{frutose-6-fosfato} + \text{P}_i$$

A soma dessas duas reações é

$$\text{ATP} + \text{H}_2\text{O} \longrightarrow \text{ADP} + \text{P}_i + \text{calor}$$

isto é, hidrólise de ATP sem realizar nenhum trabalho metabólico útil. Obviamente, se essas duas reações prosseguirem simultaneamente em uma velocidade alta na mesma célula, uma grande quantidade de energia química seria dissipada na forma de calor.

Agora, serão analisados com mais detalhes os mecanismos que regulam a glicólise e a gliconeogênese nos três pontos nos quais essas vias divergem.

### As isoenzimas da hexocinase são afetadas diferentemente por seu produto, a glicose-6-fosfato

A hexocinase, que catalisa a entrada da glicose na via glicolítica, é uma enzima reguladora. Como observado na Seção 14.1, os seres humanos têm quatro isoenzimas da hexocinase (designadas de I a IV), codificadas por quatro genes diferentes (**Quadro 14-3**). **P5** As diferentes isoenzimas de hexocinase do fígado e do músculo refletem os diversos papéis desses órgãos no metabolismo de carboidratos: o músculo consome glicose, usando-a para a produção de energia, ao passo que o fígado mantém a homeostase da glicose sanguínea, produzindo ou consumindo o açúcar dependendo da concentração sanguínea prevalente.

A isoenzima predominante da hexocinase nos miócitos (**hexocinase II**) apresenta alta afinidade por glicose – está com 50% de saturação em cerca de 0,1 mM. Uma vez que a glicose que entra nos miócitos a partir do sangue (em que a sua concentração é de 4 a 5 mM) gera uma concentração intracelular de glicose suficientemente alta para saturar a hexocinase II, a enzima normalmente age no músculo na sua velocidade máxima ou próximo dela. A **hexocinase I** e a hexocinase II musculares são inibidas alostericamente por seu produto, a glicose-6-fosfato, de forma que, sempre que a concentração intracelular de glicose-6-fosfato se eleva acima do seu nível normal, essas isoenzimas são temporária e reversivelmente inibidas, levando a velocidade da formação da glicose-6-fosfato ao equilíbrio com a velocidade de sua utilização e restabelecendo o estado estacionário.

A isoenzima da hexocinase predominante no fígado é a hexocinase IV (também chamada glicocinase), que difere das hexocinases I, II e III dos músculos em três importantes aspectos. Em primeiro lugar, a concentração de glicose na qual a hexocinase IV atinge a metade da saturação (cerca de 10 mM) é maior do que a sua concentração normal no sangue. Uma vez que um transportador de glicose eficiente nos hepatócitos (GLUT2) equilibra rapidamente a concentração de glicose no citosol e no sangue, a alta $K_m$ da hexocinase IV permite sua regulação direta pelo nível de glicose sanguínea (**Fig. 14-20**). Quando a glicose sanguínea está elevada, como acontece após uma refeição rica em carboidratos, o excesso de glicose é transportado para os hepatócitos, onde a hexocinase IV a converte em glicose-6-fosfato. Como a hexocinase IV não está saturada em 10 mM de glicose, a sua atividade continua aumentando à medida que a concentração da glicose se eleva para 10 mM ou mais. Sob condições de glicose

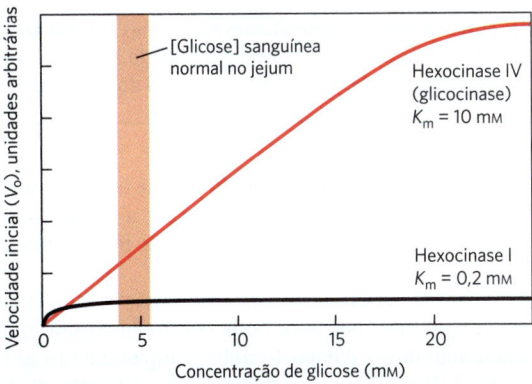

**FIGURA 14-20 Comparação entre as propriedades cinéticas da hexocinase IV (glicocinase) e da hexocinase I.** Observe a $K_m$ muito mais baixa para a hexocinase I. Quando a glicose sanguínea se eleva acima de 5 mM, a atividade da hexocinase IV aumenta, mas a hexocinase I já está agindo próximo de sua $V_{máx}$ e não pode responder ao aumento da concentração da glicose. As hexocinases I, II e III têm propriedades cinéticas semelhantes.

## QUADRO 14-3 Isoenzimas: proteínas diferentes que catalisam a mesma reação

As quatro formas da hexocinase encontradas nos tecidos de mamíferos são apenas um exemplo de uma situação biológica comum: a mesma reação sendo catalisada por duas ou mais formas moleculares diferentes da mesma enzima. Essas múltiplas formas, chamadas de isozimas ou isoenzimas, podem ocorrer na mesma espécie, no mesmo tecido ou até mesmo na mesma célula. As diferentes formas (isoformas) da enzima geralmente diferem nas propriedades cinéticas ou reguladoras, no cofator utilizado (p. ex., NADH ou NADPH, no caso das isoenzimas desidrogenase) ou na sua distribuição subcelular (solúvel ou ligada à membrana). As isoenzimas podem ter sequências de aminoácidos similares, mas não idênticas, e, em muitos casos, compartilham claramente uma origem evolutiva comum.

Uma das primeiras enzimas para a qual se encontrou isoenzimas foi a lactato-desidrogenase (LDH; p. 526), que existe nos tecidos dos vertebrados em pelo menos cinco formas diferentes separáveis por eletroforese. Todas as isoenzimas de LDH têm quatro cadeias polipeptídicas (cada uma com $M_r$ de 33.500), e cada tipo tem uma proporção diferente de dois tipos de polipeptídeos. A cadeia M (de músculo) e a cadeia H (de coração [*heart*]) são codificadas por dois genes diferentes.

No músculo esquelético, a isoenzima predominante contém quatro cadeias M, e, no coração, a isoenzima predominante contém quatro cadeias H. Outros tecidos apresentam alguma combinação entre cinco possíveis tipos de isoenzimas para a LDH:

| Tipo | Composição | Localização |
|---|---|---|
| $LDH_1$ | HHHH | Coração e eritrócitos |
| $LDH_2$ | HHHM | Coração e eritrócitos |
| $LDH_3$ | HHMM | Encéfalo e rins |
| $LDH_4$ | HMMM | Músculo esquelético e fígado |
| $LDH_5$ | MMMM | Músculo esquelético e fígado |

As diferenças no conteúdo das isoenzimas entre os tecidos podem ser usadas para avaliar o período e a extensão do dano cardíaco em consequência de um infarto do miocárdio (ataque cardíaco). O dano ao tecido cardíaco resulta na liberação de LDH para o sangue. Logo após um infarto do miocárdio, o nível sanguíneo total de LDH aumenta, e existe mais $LDH_2$ do que $LDH_1$. Após 12 horas, as quantidades de $LDH_1$ e de $LDH_2$ são muito semelhantes e, após 24 horas, existe mais $LDH_1$ do que $LDH_2$. Essa mudança na relação $[LDH_1]/[LDH_2]$, combinada com o aumento da concentração sanguínea de outra enzima cardíaca, a creatina-cinase, é uma evidência muito forte de infarto do miocárdio recente. ■

As diferentes isoenzimas de LDH apresentam valores de $V_{máx}$ e $K_m$ significativamente diferentes, sobretudo para o piruvato. As propriedades da $LDH_4$ favorecem a rápida redução de piruvato a lactato no músculo esquelético, mesmo em concentrações muito baixas, ao passo que as propriedades da isoenzima $LDH_1$ favorecem a oxidação rápida do lactato a piruvato no coração.

Em geral, a distribuição das diferentes isoenzimas de uma dada enzima reflete pelo menos quatro fatores:

1. *Padrões metabólicos diferentes em órgãos distintos.* Para a glicogênio-fosforilase, as isoenzimas no músculo esquelético e no fígado têm propriedades reguladoras diferentes, refletindo os diversos papéis da degradação do glicogênio nesses dois tecidos.

2. *Localizações e papéis metabólicos diferentes para isoenzimas na mesma célula.* As isoenzimas da isocitrato-desidrogenase do citosol e da mitocôndria são um exemplo (Capítulo 16).

3. *Estágios de desenvolvimento diferentes em tecidos fetais ou embrionários e em tecidos adultos.* Por exemplo, o fígado fetal tem uma distribuição característica da isoenzima LDH, que se altera à medida que o órgão se desenvolve na sua forma adulta. Algumas enzimas do catabolismo da glicose em células malignas (cancerosas) ocorrem como suas isoenzimas fetais, e não adultas.

4. *Respostas diferentes de isoenzimas aos moduladores alostéricos.* Essa diferença é útil na regulação minuciosa das taxas metabólicas. A hexocinase IV (glicocinase) do fígado e as suas isoenzimas de outros tecidos diferem na sua sensibilidade à inibição pela glicose-6-fosfato.

---

sanguínea baixa, a concentração do açúcar no hepatócito é baixa em relação à $K_m$ da hexocinase IV, e a glicose gerada pela gliconeogênese deixa a célula antes de ficar retida pela fosforilação.

Em segundo lugar, a hexocinase IV não é inibida pela glicose-6-fosfato e, por isso, pode continuar agindo quando o acúmulo desse composto inibe completamente as hexocinases I, II e III. Por fim, a hexocinase IV está sujeita à inibição pela ligação reversível a uma proteína reguladora específica do fígado (**Fig. 14-21**). A ligação é muito mais forte na presença do efetor alostérico frutose-6-fosfato. A glicose compete com a frutose-6-fosfato pela ligação e causa a dissociação da proteína reguladora da hexocinase, removendo a inibição. Imediatamente após uma refeição rica em carboidratos, quando a glicose sanguínea estiver alta, ela entra nos hepatócitos via GLUT2 e ativa a hexocinase IV por esse mecanismo. Durante o jejum, quando os níveis de glicose no sangue diminuem para menos de 5 mM, a frutose-6-fosfato provoca a inibição da hexocinase IV pela proteína reguladora, de forma que o fígado não compete com outros órgãos pela glicose escassa. O mecanismo de inibição pela proteína reguladora é interessante: a proteína ancora a enzima hexocinase IV dentro do núcleo, onde ela fica segregada das outras enzimas da glicólise no citosol. Quando a concentração da glicose no citosol se eleva, ela equilibra-se com a glicose no núcleo pelo transporte através dos poros nucleares. A glicose causa a dissociação da proteína reguladora, e a hexocinase IV passa para o citosol e inicia a fosforilação da glicose.

A hexocinase IV também é regulada no nível de síntese proteica. As condições que demandam uma produção maior

## 14.5 REGULAÇÃO COORDENADA DA GLICÓLISE E DA GLICONEOGÊNESE

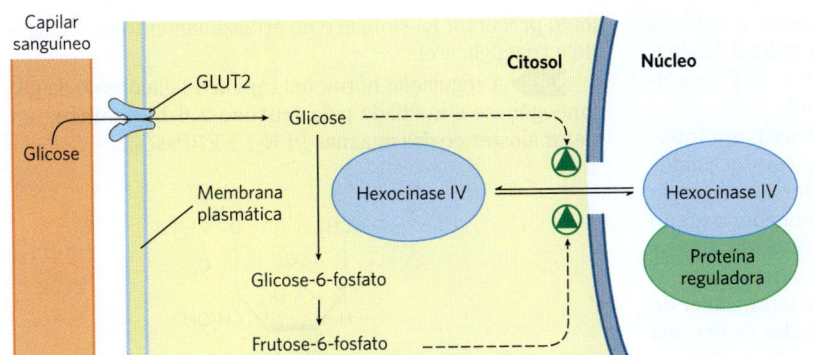

**FIGURA 14-21 Regulação da hexocinase IV (glicocinase) por sequestro no núcleo.** O inibidor proteico da hexocinase IV é uma proteína de ligação nuclear que carrega a enzima para dentro do núcleo quando a concentração da frutose-6-fosfato está alta no fígado e a libera para o citosol quando a concentração da glicose está alta.

de energia (baixa [ATP], alta [AMP], contração muscular vigorosa) ou um maior consumo de glicose (p. ex., glicose sanguínea alta) causam aumento na transcrição do gene da hexocinase IV. A glicose-6-fosfatase, a enzima gliconeogênica que faz o contorno da etapa da hexocinase na glicólise, é regulada no nível da transcrição por fatores que demandam aumento da produção de glicose (glicose sanguínea baixa, sinalização por glucagon). A regulação da transcrição dessas duas enzimas (bem como de outras enzimas da glicólise e da gliconeogênese) está descrita a seguir.

### A regulação da fosfofrutocinase 1 e da frutose-1,6-bisfosfatase é recíproca

A glicose-6-fosfato pode ser usada na glicólise ou por várias outras vias, incluindo na via de síntese do glicogênio ou na via das pentoses-fosfato. A reação metabolicamente irreversível catalisada pela PFK-1 é a etapa que compromete a glicose com a glicólise. Essa enzima complexa tem, além dos seus sítios de ligação ao substrato, vários sítios reguladores aos quais se ligam os ativadores ou os inibidores alostéricos.

O ATP não é somente um substrato para a PFK-1, mas também um produto final da via glicolítica. Quando a concentração celular alta de ATP sinaliza que ele está sendo produzido mais rapidamente do que está sendo consumido, o ATP inibe a PFK-1 por se ligar a um sítio alostérico na enzima, o que reduz a afinidade da enzima pelo substrato frutose-6-fosfato (**Fig. 14-22**). ADP e AMP, cujas concentrações aumentam à medida que o consumo de ATP suplanta

**FIGURA 14-22 A fosfofrutocinase 1 (PFK-1) e sua regulação.** (a) Imagem de contorno de superfície da PFK-1 de *E. coli*, mostrando porções de suas quatro subunidades idênticas. Cada subunidade tem seu próprio sítio catalítico, no qual os produtos ADP e frutose-1,6-bisfosfato (modelos de bastão em vermelho e amarelo, respectivamente) quase entram em contato, e seus próprios sítios de ligação para o regulador alostérico ATP, escondido na proteína nas posições indicadas. (b) Regulação alostérica da PFK-1 de músculo pelo ATP, ilustrada pela curva substrato-atividade. Em baixa [ATP], a $K_{0,5}$ para a frutose-6-fosfato é relativamente baixa, permitindo que a enzima atue em uma velocidade alta em [frutose-6-fosfato] relativamente baixa. (Lembre-se, do Capítulo 6, de que $K_{0,5}$ é o termo para $K_m$ no caso de enzimas regulatórias; quando $K_{0,5}$ é maior, a ligação é mais fraca.) Quando a [ATP] é alta, $K_{0,5}$ para a frutose-6-fosfato é muito aumentada, conforme indicado pela relação sigmoide entre a concentração do substrato e a atividade enzimática. (c) Resumo dos reguladores que afetam a atividade da PFK-1. [(a) Dados obtidos de PDB ID 1PFK, Y. Shirakihara e P. R. Evans, *J. Mol. Biol.* 204:973, 1988.]

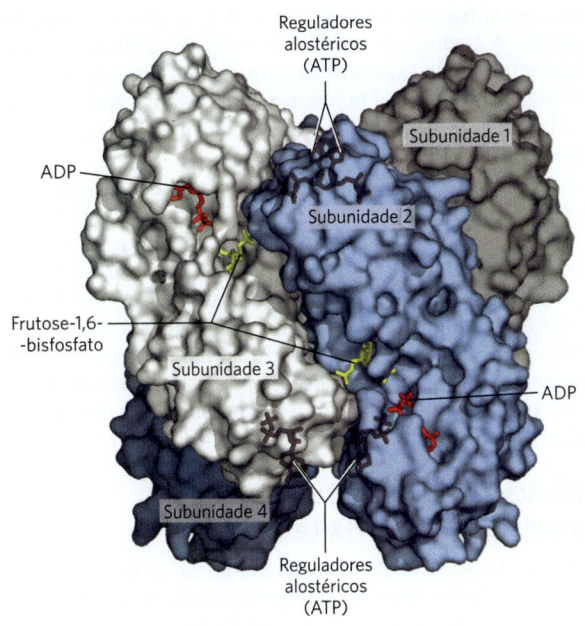

(a)

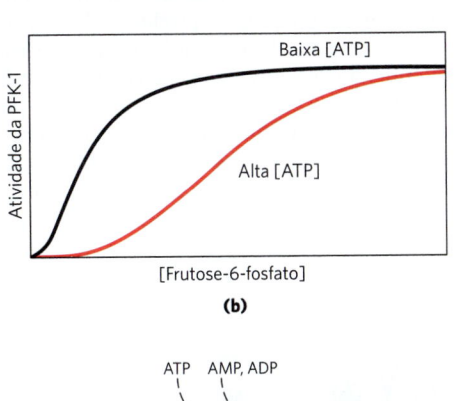

(b)

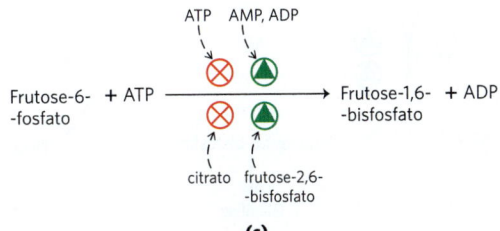

(c)

a produção, atuam alostericamente para liberar a inibição pelo ATP. Esses efeitos se combinam para produzir atividade enzimática mais elevada quando o ADP e o AMP se acumulam, e mais baixa quando o ATP se acumula.

O citrato (a forma ionizada do ácido cítrico), um intermediário-chave na oxidação aeróbica de piruvato, ácidos graxos e aminoácidos, é também um regulador alostérico da PFK-1. A concentração elevada de citrato aumenta o efeito inibitório do ATP, reduzindo ainda mais o fluxo de glicose pela glicólise. Nesse caso, assim como em vários outros encontrados adiante, o citrato serve como sinal intracelular de que a célula está satisfazendo suas necessidades de energia metabólica naquele momento pela oxidação de gorduras e proteínas.

A etapa correspondente na gliconeogênese é a conversão da frutose-1,6-bisfosfato em frutose-6-fosfato (**Fig. 14-23**). A enzima que catalisa essa reação, FBPase-1, é fortemente inibida (alostericamente) pelo AMP; quando o suprimento de ATP da célula está baixo (correspondendo a uma alta [AMP]), a síntese de glicose, que requer ATP, fica mais lenta.

Assim, essas etapas opostas nas vias glicolítica e gliconeogênica – catalisadas por PFK-1 e FBPase-1 – são reguladas de forma coordenada e recíproca. Em geral, quando há concentração suficiente de acetil-CoA ou de citrato (produto da condensação da acetil-CoA com oxalacetato), ou quando uma alta proporção do adenilato da célula está na forma de ATP, a gliconeogênese é favorecida. Quando o nível de AMP aumenta, isso promove a glicólise pela estimulação da PFK-1 (e, como será visto na Seção 15.3, promove a degradação do glicogênio pela ativação da glicogênio-fosforilase).

## A frutose-2,6-bisfosfato é um regulador alostérico potente da PFK-1 e da FBPase-1

O papel especial do fígado na manutenção de um nível constante de glicose sanguínea requer mecanismos reguladores adicionais para coordenar a produção e o consumo de glicose. Quando o nível de glicose no sangue diminui, o hormônio **glucagon** sinaliza para o fígado produzir e liberar mais glicose e parar de consumi-la para suas próprias necessidades. Uma das fontes de glicose é o glicogênio armazenado no fígado; outra fonte é a gliconeogênese, que utiliza piruvato, lactato, glicerol ou determinados aminoácidos como material inicial. Quando a glicose sanguínea está alta, a insulina sinaliza para o fígado usar o açúcar como combustível e como precursor na síntese e no armazenamento de glicogênio e triacilglicerol.

▶ **P5** A regulação hormonal rápida da glicólise e da gliconeogênese é mediada pela **frutose-2,6-bisfosfato**, um efetor alostérico das enzimas PFK-1 e FBPase-1:

Frutose-2,6-bisfosfato

Quando a frutose-2,6-bisfosfato se liga ao seu sítio alostérico na PFK-1, ela aumenta a afinidade dessa enzima pelo seu substrato, frutose-6-fosfato (**Fig. 14-24a**), e reduz a afinidade pelos inibidores alostéricos ATP e citrato. Em concentrações fisiológicas de seus substratos, ATP e frutose 6-fosfato, e de seus outros efetores positivos e negativos (ATP, AMP, citrato), a PFK-1 é praticamente inativa na ausência de frutose-2,6-bisfosfato. A frutose-2,6-bisfosfato tem o efeito oposto sobre a FBPase-1: ela diminui a afinidade da enzima por seu substrato (Fig. 14-24b), reduzindo, assim, a velocidade da gliconeogênese.

A concentração celular do regulador alostérico frutose-2,6-bisfosfato é ajustada pelas taxas relativas de sua formação e degradação (**Fig. 14-25a**). Esse composto forma-se pela fosforilação da frutose-6-fosfato, catalisada pela **fosfofrutocinase 2 (PFK-2)** e é degradado pela **frutose-2,6-bisfosfatase (FBPase-2)**. (Observe que essas enzimas são distintas da PFK-1 e da FBPase-1, que catalisam, respectivamente, a síntese e a degradação da frutose-1,6-bisfosfato.) PFK-2 e FBPase-2 são duas atividades enzimáticas separadas de uma única proteína bifuncional. O equilíbrio dessas duas atividades no fígado, que determina o nível celular da frutose-2,6-bisfosfato, é regulado pelo glucagon e pela insulina (Fig. 14-25b).

Conforme visto no Capítulo 12, o glucagon estimula a adenilato-ciclase do fígado a sintetizar 3',5'-AMP cíclico (AMPc) a partir de ATP. O AMPc ativa a proteína-cinase dependente de AMPc, que transfere um grupo fosforila do ATP para a proteína bifuncional PFK-2/FBPase-2. A fosforilação dessa proteína aumenta sua atividade de FBPase-2 e inibe sua atividade de PFK-2. Dessa forma, o glucagon reduz o nível celular de frutose-2,6-bisfosfato, inibindo a glicólise e estimulando a gliconeogênese. A resultante produção de mais glicose permite ao fígado repor a glicose sanguínea em resposta ao glucagon. A insulina tem o efeito oposto, estimulando a atividade de uma fosfoproteína-fosfatase que catalisa a remoção do grupo fosforila da proteína bifuncional PFK-2/FBPase-2, ativando sua atividade de PFK-2, aumentando o nível de frutose-2,6-bisfosfato, estimulando a glicólise e inibindo a gliconeogênese.

## A xilulose-5-fosfato é um importante regulador do metabolismo dos carboidratos e das gorduras

Outro mecanismo regulador também atua por meio do controle do nível de frutose-2,6-bisfosfato. No fígado de mamíferos, a xilulose-5-fosfato, um produto da via das

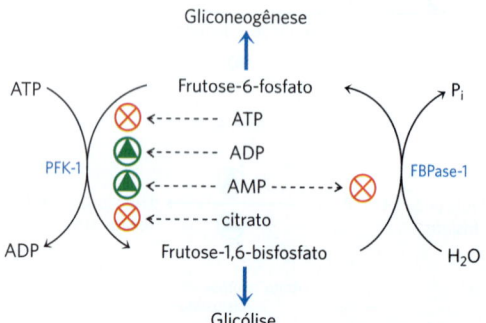

**FIGURA 14-23** Regulação da fosfofrutocinase 1 (PFK-1) e da frutose-1,6-bisfosfatase (FBPase-1).

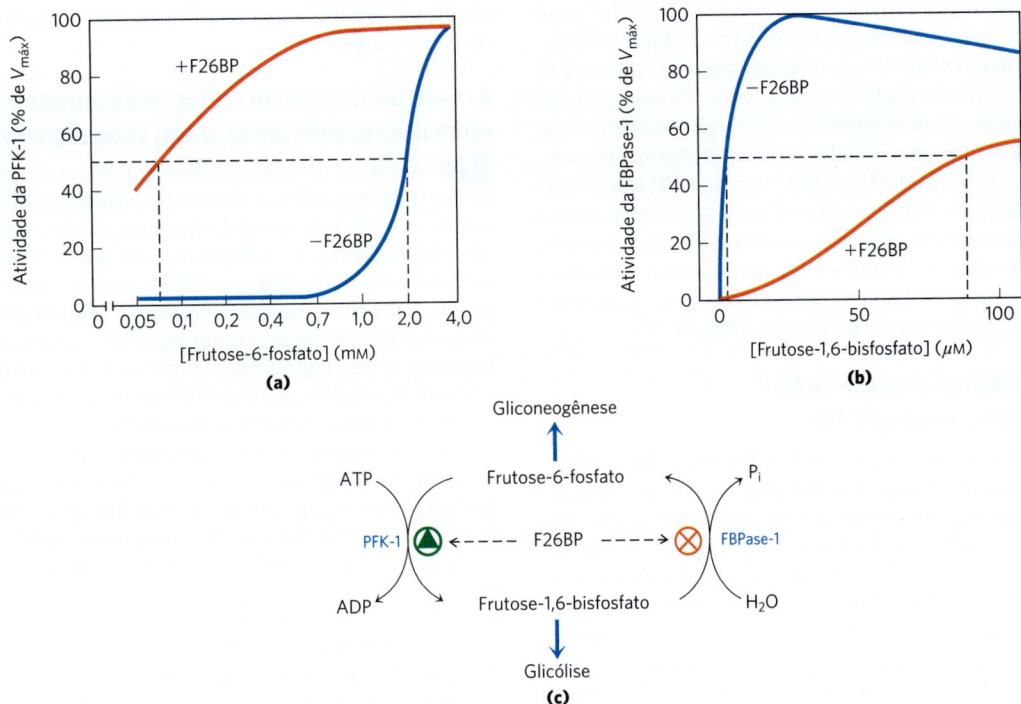

**FIGURA 14-24 Papel da frutose-2,6-bisfosfato na regulação da glicólise e da gliconeogênese.** A frutose-2,6-bisfosfato (F26BP) tem efeitos opostos sobre as atividades enzimáticas da fosfofrutocinase 1 (PFK-1, uma enzima glicolítica) e da frutose-1,6-bisfosfatase (FBPase-1, uma enzima gliconeogênica). (a) A atividade da PFK-1 na ausência de F26BP (curva azul) é a metade da máxima quando a concentração da frutose-6-fosfato é de 2 mM (i.e., $K_{0,5}$ = 2 mM). Quando 0,13 μM de F26BP estão presentes (curva vermelha), $K_{0,5}$ para a frutose-6-fosfato é somente de 0,08 mM. Assim, a F26BP ativa a PFK-1, em virtude de aumentar sua afinidade aparente pela frutose-6-fosfato (ver Fig. 14-23b). (b) A atividade da FBPase-1 é inibida por 1 μM de F26BP, sendo fortemente inibida por 25 μM. Na ausência desse inibidor (curva azul), $K_{0,5}$ para a frutose-1,6-bisfosfato é de 5 μM, porém, na presença de 25 μM de F26BP (curva vermelha), $K_{0,5}$ > 70 μM. A frutose-2,6-bisfosfato também torna a FBPase-1 mais sensível à inibição por outro regulador alostérico, o AMP. (c) Resumo da regulação por F26BP.

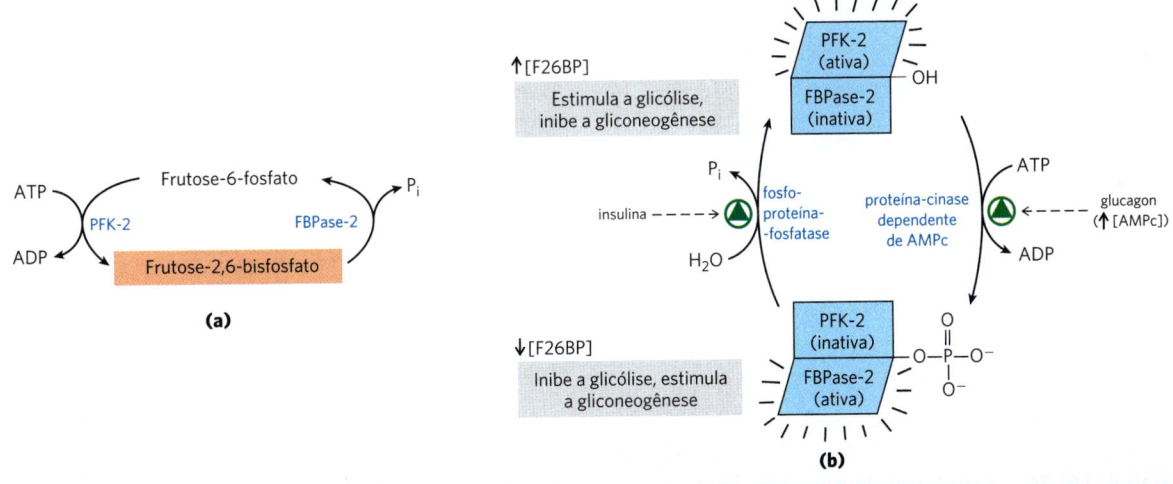

**FIGURA 14-25 Regulação nos níveis da frutose-2,6-bisfosfato.** (a) A concentração celular do regulador frutose-2,6-bisfosfato (F26BF) é determinada pelas taxas de sua síntese pela fosfofrutocinase 2 (PFK-2) e sua degradação pela frutose-2,6-bisfosfatase (FBPase-2). (b) Ambas as atividades enzimáticas são parte da mesma cadeia polipeptídica, sendo reciprocamente reguladas pela insulina e pelo glucagon.

pentoses-fosfato, medeia o aumento da glicólise que se segue à ingestão de uma refeição rica em carboidratos. A concentração da xilulose-5-fosfato aumenta à medida que a glicose que entra no fígado é convertida em glicose-6-fosfato e entra tanto na via glicolítica como na das pentoses-fosfato. A xilulose-5-fosfato ativa a fosfoproteína-fosfatase

2A, que desfosforila a enzima bifuncional PFK-2/FBPase-2 (Fig. 14-25). A desfosforilação ativa a PFK-2 e inibe a FBPase-2, e o aumento resultante na concentração da frutose-2,6-bisfosfato estimula a glicólise e inibe a gliconeogênese. A glicólise aumentada impulsiona a produção de acetil-CoA, ao passo que o fluxo aumentado de hexoses pela via das pentoses-fosfato gera NADPH. Acetil-CoA e NADPH são os materiais iniciais para a síntese de ácidos graxos, que aumenta significativamente em resposta à ingestão de uma refeição rica em carboidratos. A xilulose-5-fosfato também aumenta a síntese de *todas* as enzimas necessárias para a síntese de ácidos graxos, como será visto adiante (Fig. 14-28).

### A enzima glicolítica piruvato-cinase é inibida alostericamente por ATP

Nos vertebrados, são encontradas pelo menos três isoenzimas da piruvato-cinase, que diferem na sua distribuição tecidual e nas suas respostas aos moduladores. Altas concentrações de ATP, acetil-CoA e ácidos graxos de cadeia longa (sinais de suprimento abundante de energia) inibem alostericamente todas as isoenzimas da piruvato-cinase (**Fig. 14-26**). A isoenzima do fígado (forma L), mas não a do músculo (forma M), está sujeita à regulação adicional por fosforilação. Quando a baixa concentração de glicose sanguínea causa a liberação de glucagon, a piruvato-cinase dependente de AMPc fosforila a isoenzima L da piruvato-cinase, inativando-a. Isso reduz a velocidade da utilização de glicose como combustível no fígado, poupando-a para exportação para o encéfalo e outros órgãos. No músculo, o efeito do aumento da [AMPc] é bem diferente. Em resposta à adrenalina, o AMPc ativa a degradação do glicogênio e a glicólise e fornece o combustível necessário para a resposta de luta ou fuga.

### A conversão de piruvato em fosfoenolpiruvato é estimulada quando ácidos graxos estão disponíveis

**P5** Na via que leva do piruvato à glicose, o primeiro ponto de controle determina o destino do piruvato na mitocôndria: a sua conversão em acetil-CoA (pelo complexo da piruvato-desidrogenase) para suprir o ciclo do ácido cítrico (Capítulo 16) ou em oxalacetato (pela piruvato-carboxilase) para iniciar o processo de gliconeogênese (**Fig. 14-27**). Quando os ácidos graxos estão prontamente disponíveis como combustíveis, a sua degradação nas mitocôndrias do fígado gera acetil-CoA, sinal de que não é necessária oxidação adicional de glicose para combustível. A acetil-CoA é um modulador alostérico positivo da piruvato-carboxilase e negativo da piruvato-desidrogenase, por meio da estimulação de uma proteína-cinase que inativa a desidrogenase. Quando as necessidades energéticas da célula estão satisfeitas, a fosforilação oxidativa é reduzida, a concentração de NADH aumenta em relação à de NAD⁺, inibindo o ciclo do ácido cítrico, e a acetil-CoA acumula-se. A concentração aumentada da acetil-CoA inibe o complexo da piruvato-desidrogenase, diminuindo a formação de acetil-CoA a partir de piruvato, e estimula a gliconeogênese pela ativação da piruvato-carboxilase, permitindo a conversão do excesso de piruvato em oxalacetato (e, por fim, em glicose).

O oxalacetato assim formado é convertido em fosfoenolpiruvato (PEP) na reação catalisada pela PEP-carboxicinase (Fig. 14-16). Nos mamíferos, a regulação dessa enzima-chave ocorre principalmente no nível de sua síntese e degradação, em resposta a sinais hormonais e dietéticos.

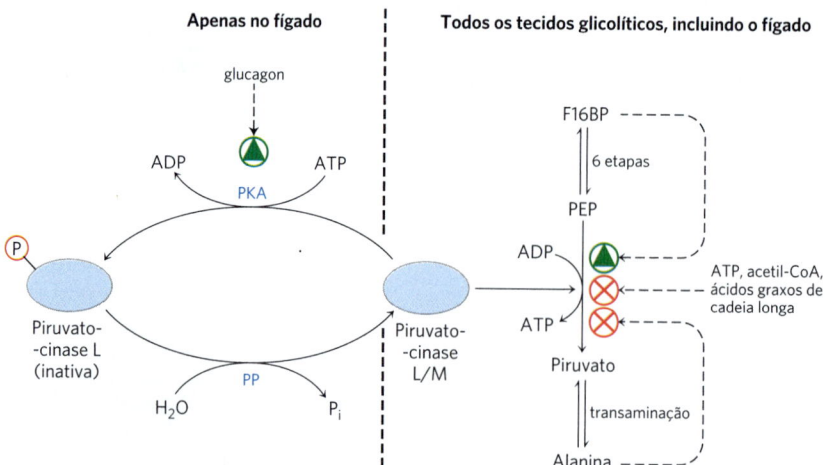

**FIGURA 14-26 Regulação da piruvato-cinase.** A enzima é inibida alostericamente por ATP, acetil-CoA e ácidos graxos de cadeia longa (todos sinais de um suprimento abundante de energia), e o acúmulo de frutose-1,6-bisfosfato desencadeia sua ativação. O acúmulo de alanina, que é sintetizada a partir do piruvato em uma única etapa, inibe alostericamente a piruvato-cinase, reduzindo a velocidade de produção de piruvato na glicólise. A isoenzima do fígado (forma L) também é regulada hormonalmente. O glucagon ativa a proteína-cinase dependente de AMPc (PKA; ver Fig. 15-12), que fosforila a isoenzima L da piruvato-cinase, inativando-a. Quando os níveis de glucagon caem, uma proteína-fosfatase (PP) desfosforila a piruvato-cinase, ativando-a. Esse mecanismo impede que o fígado consuma glicose na glicólise quando os níveis de glicose no sangue estiverem baixos; em vez disso, o fígado exporta glicose. A isoenzima do músculo (forma M) não é afetada por esse mecanismo de fosforilação.

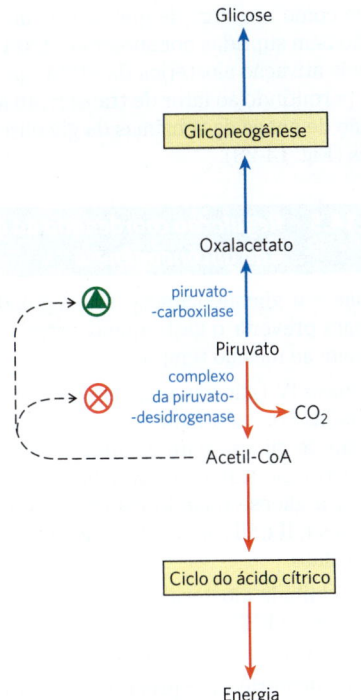

**FIGURA 14-27 Dois destinos alternativos para o piruvato.** O piruvato pode ser convertido em glicose e glicogênio via gliconeogênese ou oxidado a acetil-CoA para a produção de energia. A primeira enzima de cada via é regulada alostericamente; a acetil-CoA, produzida tanto pela oxidação dos ácidos graxos como pelo complexo da piruvato-desidrogenase, estimula a piruvato-carboxilase e inibe a piruvato-desidrogenase.

O jejum ou níveis elevados de glucagon agem por meio do AMPc para aumentar a taxa de transcrição e estabilizar o mRNA. A insulina ou a concentração elevada de glicose sanguínea têm efeitos opostos. Discute-se adiante a regulação transcricional em mais detalhes. Essas mudanças, geralmente desencadeadas por um sinal de fora da célula, ocorrem em escala de tempo de minutos a dias.

## A regulação transcricional altera o número de moléculas das enzimas

A maioria das ações reguladoras discutidas até agora é mediada por mecanismos rápidos e reversíveis que mudam a atividade de moléculas enzimáticas preexistentes: efeitos alostéricos, alterações covalentes (fosforilação) da enzima ou ligação a uma proteína reguladora. Outro conjunto de processos reguladores envolve alterações no número de moléculas de uma enzima na célula por meio de mudanças no equilíbrio entre sua síntese e degradação. Agora, será discutida brevemente a regulação da transcrição por meio de fatores de transcrição ativados por sinais. O controle transcricional será discutido em mais detalhes no Capítulo 28.

No Capítulo 12, foram estudados receptores nucleares e fatores de transcrição no contexto da sinalização por insulina. Esse hormônio age por meio de seu receptor na membrana plasmática para ativar pelo menos duas vias de sinalização distintas, cada uma envolvendo a ativação de uma proteína-cinase (MAP-cinase e proteína-cinase B). As cinases fosforilam fatores de transcrição, que, então, atuam no núcleo, estimulando a síntese de enzimas necessárias para o crescimento e a divisão celular. Mais de 150 genes têm sua transcrição regulada pela insulina, e muitos deles codificam proteínas descritas neste capítulo (**Tabela 14-5**).

| TABELA 14-5 | Alguns dos muitos genes regulados pela insulina |
|---|---|
| Alteração na expressão gênica | Papel no metabolismo da glicose |
| **Expressão aumentada**<br>Hexocinase II<br>Hexocinase IV<br>Fosfofrutocinase I (PFK-1)<br>PFK-2/FBPase-2<br>Piruvato-cinase | Essenciais para a glicólise, a qual consome glicose para produzir energia |
| Glicose-6-fosfato-desidrogenase<br>6-Fosfogliconato-desidrogenase<br>Enzima málica | Produzem NADPH, que é essencial para a conversão de glicose em lipídeos |
| ATP-citrato-liase<br>Piruvato-desidrogenase | Produzem acetil-CoA, que é essencial para a conversão de glicose em lipídeos |
| Acetil-CoA-carboxilase<br>Complexo da ácido graxo-sintase<br>Estearoil-CoA-desidrogenase<br>Acil-CoA-glicerol-transferases | Essenciais para a conversão de glicose em lipídeos |
| **Expressão reduzida**<br>PEP-carboxicinase<br>Glicose-6-fosfatase (subunidade catalítica) | Essenciais para a produção de glicose pela gliconeogênese |

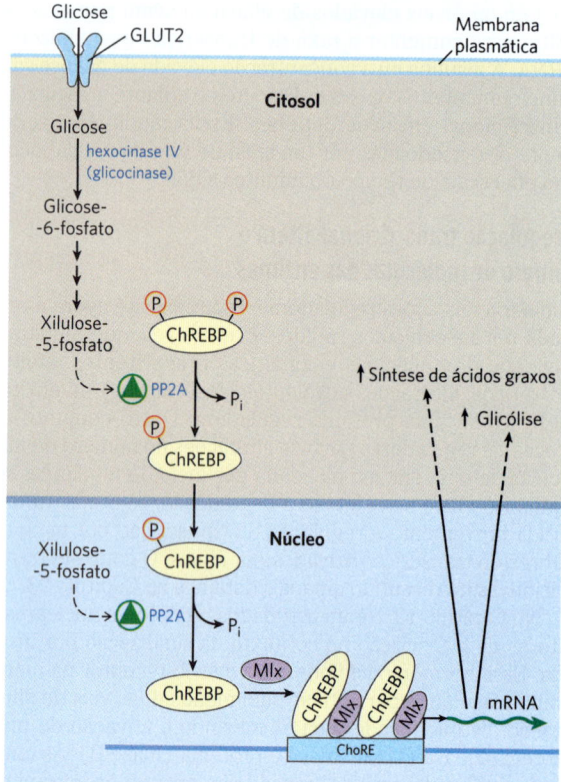

**FIGURA 14-28 Mecanismo de regulação gênica pelo fator de transcrição ChREBP.** Quando o fator ChREBP é fosforilado em um resíduo de Ser e um de Thr no citosol de um hepatócito, ele não pode entrar no núcleo. A desfosforilação de (P)—Ser pela proteína-fosfatase PP2A permite que ChREBP entre no núcleo, onde uma segunda desfosforilação, do (P)—Thr, ativa o fator, de forma que ele consiga se associar à proteína Mlx. ChREBP-Mlx liga-se, agora, ao elemento de resposta aos carboidratos (ChoRE) no promotor e estimula a transcrição. A PP2A é ativada alostericamente pela xilulose-5-fosfato, um intermediário da via das pentoses-fosfato.

**P5** Um fator de transcrição importante para o metabolismo dos carboidratos é a **ChREBP** (**proteína de ligação ao elemento de resposta aos carboidratos**, do inglês *carbohydrate response element binding protein*; **Fig. 14-28**), expressa principalmente no fígado, no tecido adiposo e no rim. Ela coordena a síntese de enzimas necessárias para a síntese de carboidratos e de lipídeos. Em sua forma fosforilada, a ChREBP é inativa, e ela se localiza no citosol. Quando a fosfoproteína-fosfatase PP2A remove um grupo fosforila da ChREBP, esse fator de transcrição pode entrar no núcleo. Ali, a PP2A nuclear remove outro grupo fosforila, e a ChREBP liga-se a uma proteína, Mlx, ativando a síntese de várias enzimas: piruvato-cinase, ácido graxo-sintase e acetil-CoA-carboxilase, a primeira enzima da via da síntese dos ácidos graxos.

A xilulose-5-fosfato, que controla a atividade da PP2A – e, em última análise, a síntese desse grupo de enzimas metabólicas – é um intermediário da via das pentoses-fosfato (ver Fig. 14-31). Quando a concentração da glicose no sangue está alta, a glicose entra no fígado e é fosforilada pela hexocinase IV. A glicose-6-fosfato assim formada pode entrar na via glicolítica ou na via das pentoses-fosfato. Nesta última, duas oxidações iniciais produzem a xilulose-5-fosfato, a qual serve como um sinal de que as vias de utilização da glicose estão bem supridas por substrato. Essa sinalização é realizada pela ativação alostérica da PP2A, que desfosforila a ChREBP, permitindo ao fator de transcrição a estimulação da expressão de genes das enzimas da glicólise e da síntese de gorduras (Fig. 14-28).

### RESUMO 14.5 Regulação coordenada da glicólise e da gliconeogênese

■ A glicólise e a gliconeogênese são reguladas de modo recíproco para prevenir o gasto que ocorreria caso as duas vias operassem ao mesmo tempo.

■ A hexocinase IV (glicocinase) tem propriedades cinéticas relacionadas com seu papel especial no fígado: permitir a liberação de glicose para o sangue quando a concentração de glicose no sangue estiver baixa, além de captar e metabolizar a glicose quando ela estiver alta no sangue. As hexocinases I, II e III são todas inibidas por seu produto, a glicose-6-fosfato.

■ A PFK-1 é inibida alostericamente por alta [ATP]; uma baixa [AMP] inibe a FBPase-1. Assim, a alta [ATP] diminui a velocidade da glicólise e acelera a gliconeogênese.

■ O controle alostérico recíproco da glicólise e da gliconeogênese é obtido principalmente pelos efeitos opostos da frutose-2,6-bisfosfato sobre a PFK-1 e a FBPase-1. A formação de frutose-2,6-bisfosfato é estimulada indiretamente por insulina e inibida por adrenalina.

■ A xilulose-5-fosfato, um intermediário da via das pentoses-fosfato, ativa a fosfoproteína-fosfatase PP2A. A PP2A ativada desloca o equilíbrio no sentido da captação de glicose, síntese de glicogênio e síntese de lipídeos no fígado.

■ A piruvato-cinase é inibida alostericamente por ATP, e a isoenzima do fígado também é inibida por fosforilação dependente de AMPc. Quando a [ATP] está alta, a velocidade da glicólise diminui.

■ Quando os ácidos graxos estão prontamente disponíveis como combustíveis, a sua degradação nas mitocôndrias do fígado gera acetil-CoA, sinal de que não é necessária oxidação adicional de glicose como combustível. A acetil-CoA ativa a piruvato-carboxilase, favorecendo a gliconeogênese.

■ Fatores de transcrição, como a ChREBP, agem no núcleo, regulando a expressão de genes específicos que codificam enzimas das vias glicolítica e gliconeogênica.

## 14.6 Oxidação da glicose pela via das pentoses-fosfato

**P6** Na maioria dos tecidos animais, o principal destino catabólico da glicose-6-fosfato é a degradação glicolítica até piruvato, cuja maior parte é, então, oxidada pelo ciclo do ácido cítrico, levando à formação de ATP. No entanto, a glicose-6-fosfato tem outros destinos catabólicos que levam a produtos especializados necessários para a célula. De grande importância em alguns tecidos é a oxidação da glicose-6-fosfato a pentoses-fosfato pela **via das pentoses-fosfato** (também chamada de **via do fosfogliconato** ou **via das hexoses-monofosfato**; **Fig. 14-29**). Nessa via de oxidação, o $NADP^+$ é o aceptor de elétrons, gerando NADPH.

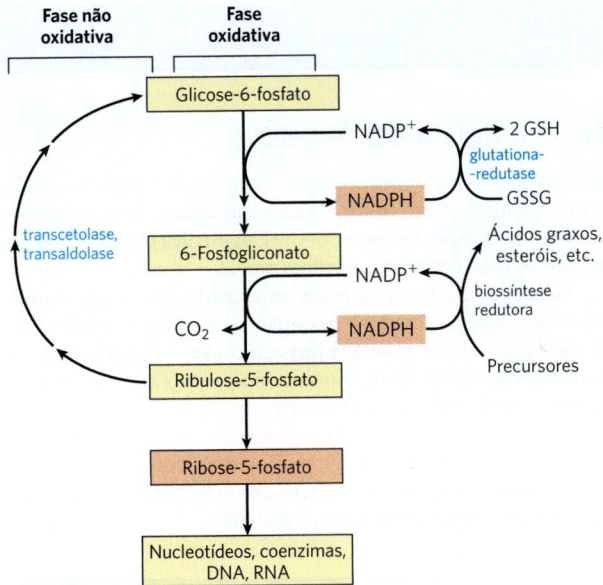

**FIGURA 14-29 Esquema geral da via das pentoses-fosfato.** O NADPH formado na fase oxidativa é utilizado para reduzir a glutationa, GSSG (ver Quadro 14-4), e dar suporte para a biossíntese redutora. O outro produto da fase oxidativa é a ribose-5-fosfato, que serve como precursora para nucleotídeos, coenzimas e ácidos nucleicos. Em células que não estão utilizando a ribose-5-fosfato para a biossíntese, a fase não oxidativa recicla seis moléculas de pentose em cinco moléculas da hexose glicose-6-fosfato, permitindo a produção contínua de NADPH e convertendo glicose-6-fosfato (em seis ciclos) em $CO_2$.

As células que se dividem rapidamente, como aquelas da medula óssea, da pele e da mucosa intestinal, assim como aquelas de tumores, utilizam a pentose ribose-5-fosfato para produzir RNA, DNA e coenzimas, como ATP, NADH, $FADH_2$ e coenzima A.

Em outros tecidos, o produto essencial da via das pentoses-fosfato não são as pentoses, mas sim o doador de elétrons NADPH, necessário para as reduções biossintéticas ou em contraposição aos efeitos deletérios dos radicais de oxigênio. Os tecidos nos quais ocorre a síntese de grande quantidade de ácidos graxos (fígado, tecido adiposo, glândulas mamárias durante a lactação) ou a síntese muito ativa de colesterol e hormônios esteroides (fígado, glândulas adrenais e gônadas) utilizam o NADPH produzido por essa via. Os eritrócitos e as células da córnea e do cristalino estão diretamente expostos ao oxigênio e, consequentemente, aos efeitos danosos dos radicais livres gerados pelo oxigênio. Ao manter um ambiente redutor (uma relação alta de NADPH para $NADP^+$ e da forma reduzida para a forma oxidada da glutationa), essas células podem impedir ou reverter o dano oxidativo de proteínas, lipídeos e outras moléculas sensíveis. Nos eritrócitos, o NADPH produzido pela via das pentoses-fosfato é tão importante para impedir o dano oxidativo que um defeito genético na glicose-6-fosfato-desidrogenase, a primeira enzima da via, pode causar graves consequências médicas (**Quadro 14-4**).

## A fase oxidativa produz NADPH e pentoses-fosfato

**P6** A primeira reação da via das pentoses-fosfato (**Fig. 14-30**) é a oxidação da glicose-6-fosfato pela **glicose-6-fosfato-desidrogenase** (**G6PD**) para formar

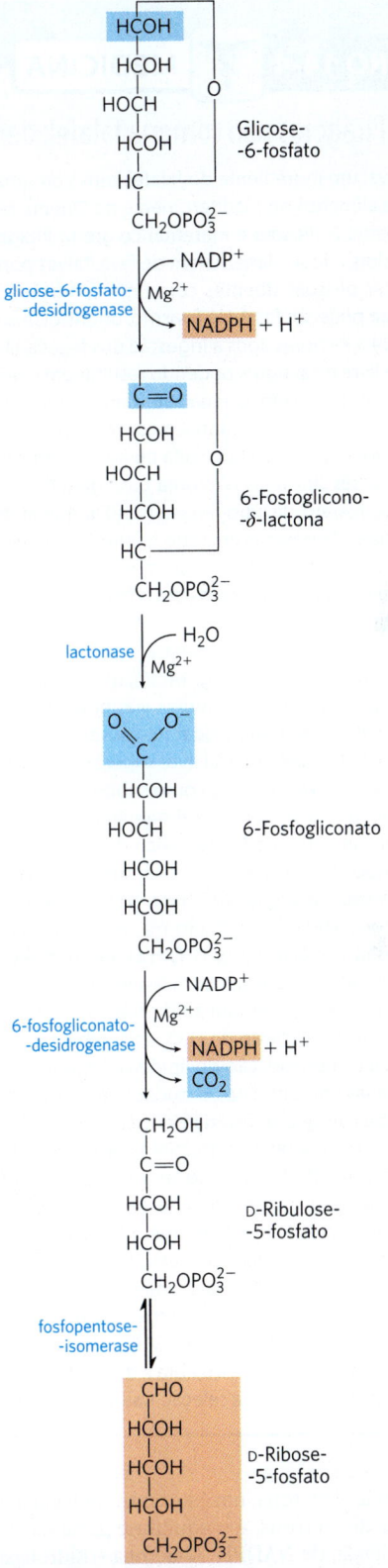

**FIGURA 14-30 Reações oxidativas da via das pentoses-fosfato.** Os produtos finais são ribose-5-fosfato, $CO_2$ e NADPH.

## QUADRO 14-4 MEDICINA

### Por que Pitágoras não comeria falafel: deficiência de glicose-6-fosfato-desidrogenase

O feijão-fava, um ingrediente do falafel, tem sido uma importante fonte de alimento no Mediterrâneo e no Oriente Médio desde a Antiguidade. O filósofo e matemático grego Pitágoras proibia seus seguidores de se alimentarem de fava, talvez porque ela deixasse muitas pessoas doentes com uma condição chamada de favismo, que pode ser fatal. No favismo, os eritrócitos começam a sofrer lise 24 a 48 horas após a ingestão dos feijões, liberando hemoglobina livre no sangue, podendo resultar em icterícia e, algumas vezes, em insuficiência renal. Sintomas semelhantes podem ocorrer com a ingestão do fármaco contra a malária primaquina ou de quimioterápicos do tipo sulfa ou após a exposição a certos herbicidas. Esses sintomas têm uma base genética: a deficiência de glicose-6-fosfato-desidrogenase (G6PD), que afeta em torno de 400 milhões de pessoas em todo o mundo. A maioria dos indivíduos deficientes em G6PD é assintomática; apenas a combinação da deficiência de G6PD com certos fatores ambientais produz as manifestações clínicas.

A glicose-6-fosfato-desidrogenase catalisa a primeira etapa da via das pentoses-fosfato (ver Fig. 14-30), que produz NADPH. Esse agente redutor, essencial em muitas vias biossintéticas, também protege as células do dano oxidativo causado pelo peróxido de hidrogênio ($H_2O_2$) e pelo radical livre superóxido, agentes oxidantes altamente reativos gerados como subprodutos metabólicos e pela ação de fármacos, como a primaquina, e produtos naturais, como a divicina – o ingrediente tóxico do feijão-fava. Durante a desintoxicação normal, o $H_2O_2$ é convertido em $H_2O$ pela glutationa reduzida sob a ação da glutationa-peroxidase, e a glutationa oxidada é convertida de volta à forma reduzida pela glutationa-redutase usando NADPH (Fig. 1). O $H_2O_2$ também é degradado a $H_2O$ e $O_2$ pela catalase, que também requer NADPH. Em indivíduos deficientes em G6PD, a produção de NADPH está diminuída, ao passo que a desintoxicação do $H_2O_2$ está inibida. Isso resulta em danos celulares: peroxidação de lipídeos, levando à degradação das membranas dos eritrócitos, e oxidação de proteínas e do DNA.

A distribuição geográfica da deficiência de G6PD é instrutiva. Frequências tão altas quanto 25% ocorrem na África tropical, em partes do Oriente Médio e no sudeste da Ásia, áreas em que a malária é mais prevalente. Além dessas observações epidemiológicas, estudos *in vitro* mostram que o crescimento do parasita causador da malária, *Plasmodium falciparum*, é inibido em eritrócitos deficientes em G6PD. O parasita é muito sensível ao dano oxidativo e morre por um nível de estresse oxidativo tolerável ao hospedeiro humano deficiente em G6PD. Uma vez que a vantagem da resistência à malária equilibra a desvantagem da baixa resistência ao dano oxidativo, a seleção natural mantém o genótipo deficiente em G6PD em populações humanas nas quais a malária é prevalente. Apenas em condições insuportáveis de estresse oxidativo, causado por fármacos, herbicidas ou divicina, a deficiência de G6PD causa problemas médicos graves.

Acredita-se que um fármaco antimalária, como a primaquina, atue causando estresse oxidativo ao parasita. É irônico que os fármacos contra a malária possam causar doenças em seres humanos pelo mesmo mecanismo bioquímico que leva à resistência à malária. A divicina também age como fármaco antimalárico, e a ingestão de feijão-fava pode proteger contra a malária. Recusando-se a comer falafel, muitos seguidores de Pitágoras com atividade normal da G6PD talvez tenham, inadvertidamente, aumentado o seu risco de contrair malária.

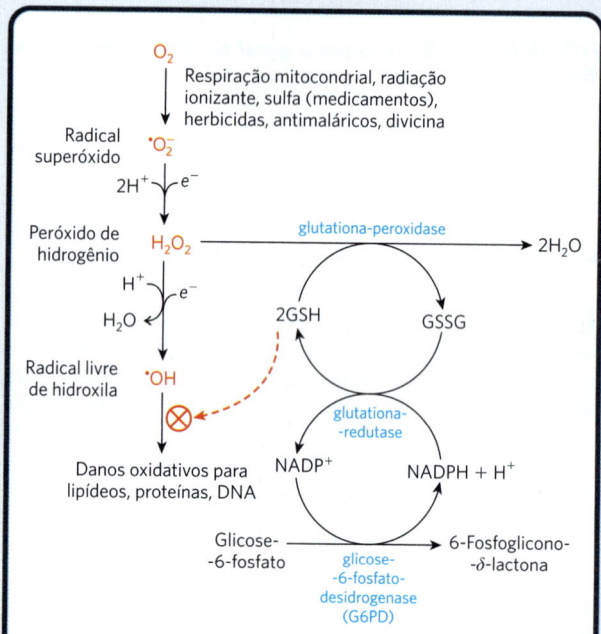

**FIGURA 1** Papel do NADPH e da glutationa na proteção das células contra espécies altamente reativas de oxigênio. A glutationa reduzida (GSH) protege a célula ao destruir o peróxido de hidrogênio, diminuindo a produção dos radicais livres hidroxila. A regeneração de GSH a partir de sua forma oxidada (GSSG) requer NADPH, produzido na reação da glicose-6-fosfato-desidrogenase.

6-fosfoglicono-δ-lactona, um éster intramolecular. O $NADP^+$ é o aceptor de elétrons, e o equilíbrio geral da reação propicia a formação de NADPH. A lactona é hidrolisada ao ácido livre 6-fosfogliconato por uma **lactonase** específica; o 6-fosfogliconato sofre, então, oxidação e descarboxilação pela **6-fosfogliconato-desidrogenase** para formar a cetopentose ribulose-5-fosfato; a reação também gera uma segunda molécula de NADPH. A **fosfopentose-isomerase** converte a ribulose-5-fosfato em seu isômero aldose, ribose-5-fosfato. Em alguns tecidos, a via das pentoses-fosfato termina nesse ponto, e a equação global é

$$\text{Glicose-6-fosfato} + 2NADP^+ + H_2O \longrightarrow$$
$$\text{ribose-5-fosfato} + CO_2 + 2NADPH + 2H^+$$

O resultado líquido é a produção de NADPH, um agente redutor para as reações biossintéticas, e de ribose-5-fosfato, um precursor para a síntese de nucleotídeos.

## A fase não oxidativa recicla as pentoses-fosfato a glicose-6-fosfato

**P6** Em tecidos que necessitam principalmente NADPH, as pentoses-fosfato produzidas na fase oxidativa da via são recicladas em glicose-6-fosfato. Nessa fase não oxidativa, a ribulose-5-fosfato é primeiro epimerizada a xilulose-5-fosfato:

$$\begin{array}{c} CH_2OH \\ | \\ C=O \\ | \\ H-C-OH \\ | \\ H-C-OH \\ | \\ CH_2OPO_3^{2-} \\ \text{Ribulose-} \\ \text{-5-fosfato} \end{array} \underset{\text{ribulose-5-fosfato-epimerase}}{\rightleftharpoons} \begin{array}{c} CH_2OH \\ | \\ C=O \\ | \\ HO-C-H \\ | \\ H-C-OH \\ | \\ CH_2OPO_3^{2-} \\ \text{Xilulose-5-fosfato} \end{array}$$

A seguir, em uma série de rearranjos dos esqueletos de carbono (**Fig. 14-31**), seis moléculas de açúcar-fosfato com cinco átomos de carbono são convertidas em cinco moléculas de açúcar-fosfato com seis átomos de carbono, completando o ciclo e permitindo a oxidação contínua de glicose-6-fosfato com a produção de NADPH. A reciclagem contínua leva, por fim, à conversão de uma molécula de glicose-6-fosfato em seis $CO_2$. Duas enzimas exclusivas da via das pentoses-fosfato agem nessas interconversões de açúcares: a transcetolase e a transaldolase. A **transcetolase** catalisa a transferência de um fragmento de dois carbonos de uma cetose doadora a uma aldose aceptora (**Fig. 14-32a**). Em sua primeira aparição na via das pentoses-fosfato, a transcetolase transfere C-1 e C-2 da xilulose-5-fosfato para a ribose-5-fosfato, formando o produto de sete carbonos sedoeptulose-7-fosfato (Fig. 14-32b). O fragmento de três carbonos remanescente da xilulose é o gliceraldeído-3-fosfato.

Em seguida, a **transaldolase** catalisa uma reação semelhante à da aldolase na glicólise: um fragmento de três carbonos é removido da sedoeptulose-7-fosfato e condensado com o gliceraldeído-3-fosfato, formando frutose-6-fosfato e a tetrose eritrose-4-fosfato (**Fig. 14-33**). Nesse ponto, a transcetolase age novamente, formando frutose-6-fosfato e gliceraldeído-3-fosfato a partir de eritrose-4-fosfato e xilulose-5-fosfato (**Fig. 14-34**). Duas moléculas de gliceraldeído-3-fosfato formadas por duas repetições dessas reações podem ser convertidas em uma molécula de frutose-1,6-bisfosfato como na gliconeogênese (Fig. 14-16), e, por fim, a FBPase-1 e a fosfo-hexose-isomerase convertem frutose-1,6-bisfosfato em glicose-6-fosfato. No total, seis pentoses-fosfato foram convertidas em cinco hexoses-fosfato (Fig. 14-32b) – agora o ciclo está completo.

A transcetolase requer o cofator tiamina-pirofosfato (TPP), que estabiliza um carbânion de dois carbonos nessa reação (**Fig. 14-35a**), da mesma forma que o faz na reação da piruvato-descarboxilase (Fig. 14-13). A transaldolase usa a cadeia lateral de uma Lys para formar uma base de Schiff com o grupo carbonila de seu substrato, uma cetose, dessa forma estabilizando o carbânion (Fig. 14-35b), que é central para o mecanismo da reação.

A primeira e a terceira etapas da **fase oxidativa da via das pentoses-fosfato**, mostrada na Figura 14-30, são oxidações com variações de energia livre padrão grandes e negativas, que são essencialmente irreversíveis na célula. As reações da parte não oxidativa da via das pentoses-fosfato (Fig. 14-31) são prontamente reversíveis e, assim, proporcionam uma maneira de converter hexoses-fosfato em pentoses-fosfato. Como será visto no Capítulo 20, um processo que converte hexoses-fosfato em pentoses-fosfato é crucial

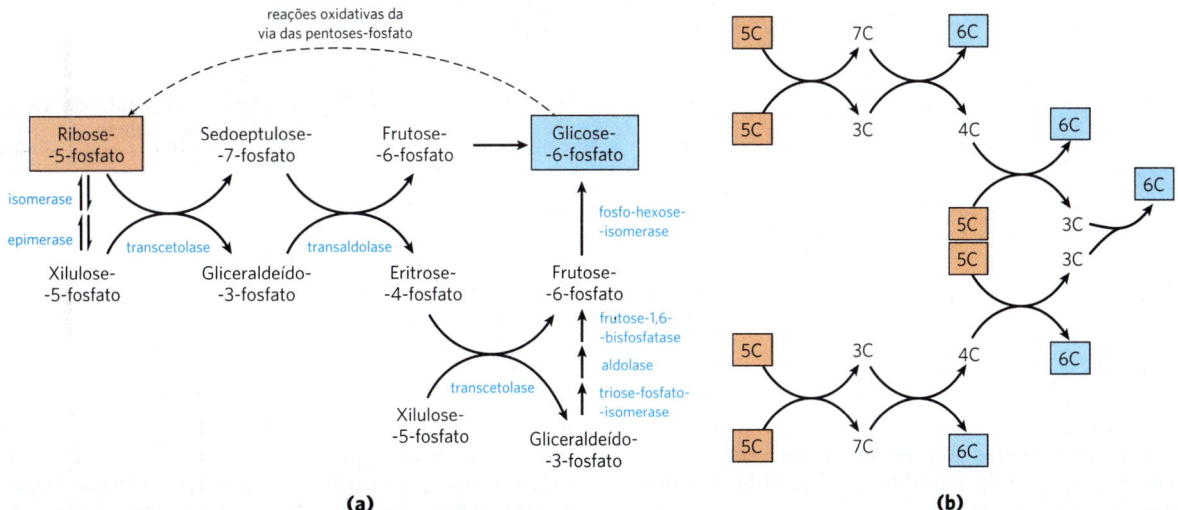

**FIGURA 14-31 Reações não oxidativas da via das pentoses-fosfato.** (a) Essas reações convertem pentoses-fosfato em hexoses-fosfato, permitindo a continuação das reações de oxidação. A transcetolase e a transaldolase são específicas dessa via; as outras enzimas também participam das vias glicolítica ou gliconeogênica. (b) Diagrama esquemático mostrando a via a partir de seis pentoses (5C) a cinco hexoses (6C). Observe que isso envolve dois conjuntos de interconversões mostrados em (a). Todas as reações mostradas aqui são reversíveis; setas unidirecionais são usadas apenas para deixar claro o sentido das reações durante a oxidação contínua da glicose-6-fosfato. Nas reações independentes de luz da fotossíntese, o sentido dessas reações é invertido.

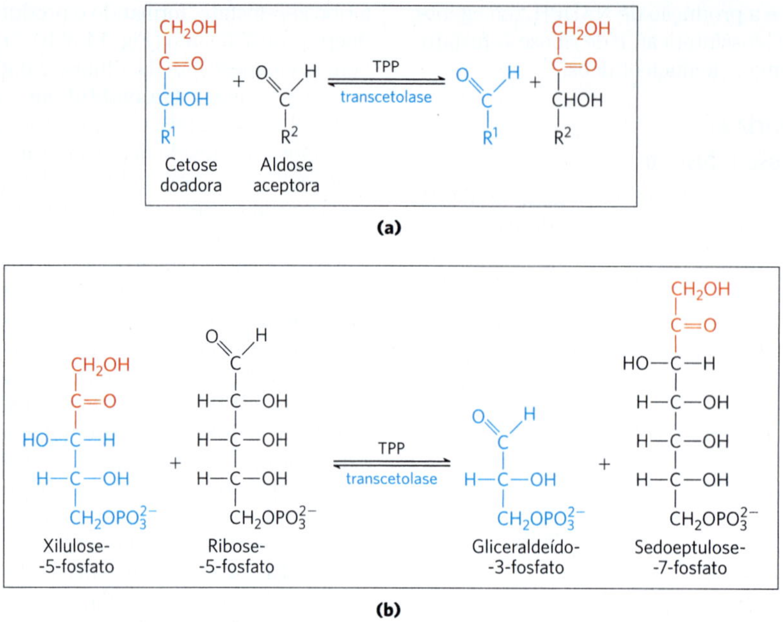

**FIGURA 14-32 A primeira reação catalisada pela transcetolase.** (a) A reação geral catalisada pela transcetolase é a transferência de um grupo de dois carbonos, transportado temporariamente pela TPP ligada à enzima, de uma cetose doadora para uma aldose aceptora. (b) Conversão de duas pentoses-fosfato em uma triose-fosfato e um açúcar-fosfato de sete carbonos, sedoeptulose-7-fosfato.

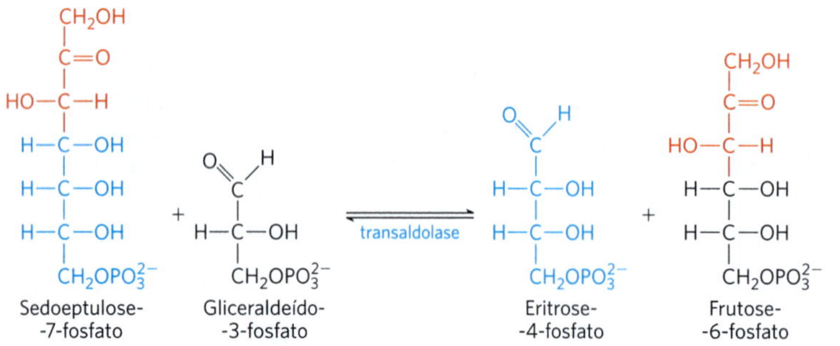

**FIGURA 14-33 A reação catalisada pela transaldolase.**

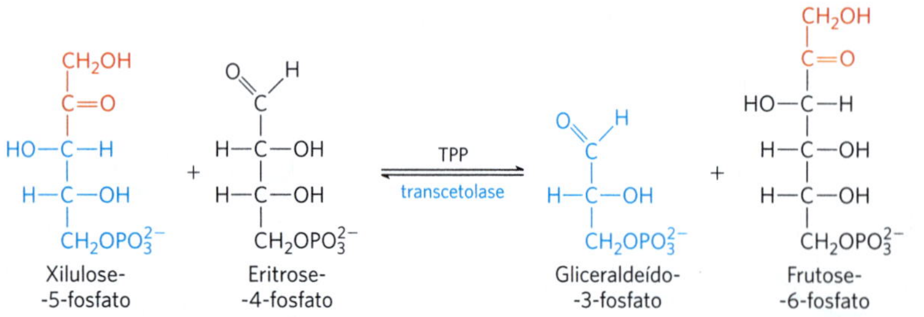

**FIGURA 14-34 A segunda reação catalisada pela transcetolase.**

para a assimilação fotossintética do $CO_2$ pelas plantas. Essa via, a **via redutora das pentoses-fosfato**, é essencialmente o inverso das reações mostradas na Figura 14-31 e utiliza muitas das mesmas enzimas.

Todas as enzimas da via das pentoses-fosfato estão localizadas no citosol, como aquelas da glicólise e a maioria das enzimas da gliconeogênese. De fato, essas três vias estão conectadas por meio de vários intermediários e enzimas compartilhados. O gliceraldeído-3-fosfato formado pela ação da transcetolase é prontamente convertido em di-hidroxiacetona-fosfato pela enzima glicolítica triose-fosfato-isomerase, e essas duas trioses podem ser unidas pela aldolase como na gliconeogênese, formando frutose-1,6-bisfosfato. Em outros casos, as trioses-fosfato podem ser oxidadas a piruvato pelas reações glicolíticas. O destino das trioses é determinado pelas necessidades relativas das células por pentoses-fosfato, NADPH e ATP.

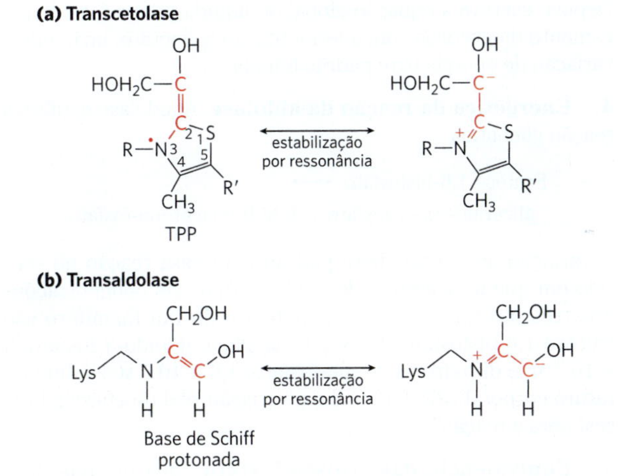

**(a) Transcetolase**

**(b) Transaldolase**

**FIGURA 14-35 Intermediários carbânions estabilizados por interações covalentes com a transcetolase e a transaldolase.** (a) O anel da TPP estabiliza o carbânion no grupo di-hidroxietila carregado pela transcetolase. (b) Na reação da transaldolase, a base de Schiff protonada formada entre o grupo ε-amino da cadeia lateral de uma Lys e o substrato estabiliza o carbânion C-3 formado após a clivagem aldólica.

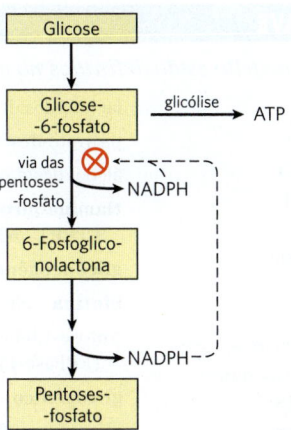

**FIGURA 14-36 Papel do NADPH na regulação da partilha da glicose-6-fosfato entre a glicólise e a via das pentoses-fosfato.** Quando NADPH é formado mais rápido do que está sendo consumido para as vias de biossíntese e para a redução da glutationa, a [NADPH] aumenta e inibe a primeira enzima da via das pentoses-fosfato. Como resultado, mais glicose-6-fosfato está disponível para a glicólise.

## A glicose-6-fosfato é repartida entre a glicólise e a via das pentoses-fosfato

▶P6 A entrada da glicose-6-fosfato na glicólise ou na via das pentoses-fosfato depende das necessidades momentâneas da célula e da concentração de $NADP^+$ no citosol. Na ausência desse aceptor de elétrons, a primeira reação da via das pentoses-fosfato (catalisada pela glicose-6-fosfato-desidrogenase) não pode prosseguir. Quando a célula está convertendo rapidamente NADPH em $NADP^+$ em reduções biossintéticas, o nível de $NADP^+$ eleva-se, estimulando alostericamente a glicose-6-fosfato-desidrogenase e, dessa forma, aumentando o fluxo de glicose-6-fosfato pela via das pentoses-fosfato (**Fig. 14-36**). Quando a demanda por NADPH é menor, o nível de $NADP^+$ diminui, a velocidade da via das pentoses-fosfato também diminui e a glicose-6-fosfato é usada para alimentar a glicólise.

## A deficiência de tiamina causa a beri béri e a síndrome de Wernicke-Korsakoff

A tiamina, um precursor do cofator tiamina-pirofosfato (TPP), é uma das vitaminas do complexo B, essencial para seres humanos. A deficiência de vitamina $B_1$ na dieta leva a uma série de problemas médicos. A condição conhecida como beri béri é caracterizada por acúmulo de líquidos corporais (edema), dor, paralisia e, por fim, se não houver tratamento, morte. A síndrome de Wernicke-Korsakoff, também causada por uma deficiência grave de tiamina, geralmente envolve problemas com movimentos voluntários, que se refletem em movimentos oculares e marcha anormais, além de outros defeitos neurológicos. A síndrome é mais comum entre alcoolistas do que na população em geral, uma vez que o consumo crônico e intenso de álcool interfere na absorção intestinal de tiamina. A síndrome pode ser exacerbada por uma mutação no gene da transcetolase que resulta em uma enzima com baixa afinidade por TPP – uma afinidade dez vezes menor que a normal. Esse defeito torna os indivíduos muito mais sensíveis à deficiência de tiamina: mesmo uma deficiência moderada de tiamina (tolerável por indivíduos com transcetolase não mutada) faz o nível de TPP cair abaixo daquele necessário para saturar a enzima mutada. O resultado é uma redução da velocidade de toda a via das pentoses-fosfato. Em pessoas com a síndrome de Wernicke-Korsakoff, essa mutação resulta em agravamento dos sintomas, que podem incluir perda grave da memória, confusão mental e paralisia parcial. ■

### RESUMO 14.6 Oxidação da glicose pela via das pentoses-fosfato

■ A fase *oxidativa* da via das pentoses-fosfato produz NADPH e pentoses-fosfato. Os tecidos nos quais ocorre a síntese de uma grande quantidade de ácidos graxos (fígado, tecido adiposo, glândulas mamárias durante a lactação) ou a síntese muito ativa de colesterol e hormônios esteroides (fígado, glândulas adrenais e gônadas) utilizam o NADPH produzido por essa via.

■ A ribose-5-fosfato é um precursor para a síntese de nucleotídeos e ácidos nucleicos.

■ A primeira fase, oxidativa, da via das pentoses-fosfato consiste em duas oxidações, que convertem glicose-6-fosfato em ribulose-5-fosfato e reduzem $NADP^+$ a NADPH.

■ A segunda fase, não oxidativa, compreende etapas que convertem pentoses-fosfato em glicose-6-fosfato, que inicia o ciclo novamente.

■ A entrada de glicose-6-fosfato na via glicolítica ou na via das pentoses-fosfato é basicamente determinada pelas concentrações relativas de $NADP^+$ e NADPH.

## TERMOS-CHAVE

*Os termos em negrito estão definidos no glossário.*

**glicólise** 511
hexocinase 515
**isoenzimas** 515
fosfofrutocinase 1 (PFK-1) 515
frutose-1,6-bisfosfato-aldolase 516
aldolase 516
triose-fosfato-isomerase 516
gliceraldeído-3-fosfato-desidrogenase 518
**acil-fosfato** 518
fosfoglicerato-cinase 518
**fosforilação no nível do substrato** 520
**fosforilação ligada à respiração** 520
fosfoglicerato-mutase 520
enolase 520
fosfoenolpiruvato (PEP) 520
piruvato-cinase 521
glicogênio-fosforilase 522
**mutases** 522
**isomerases** 522
intolerância à lactose 523
galactosemia 524
**hipóxia** 525
**fermentação** 525
fermentação láctica 525
**fermentação etanólica (alcoólica)** 525
lactato-desidrogenase 526
piruvato-descarboxilase 530
álcool-desidrogenase 530
**tiamina-pirofosfato (TPP)** 530
**gliconeogênese** 533
**biotina** 534
frutose-1,6-bisfosfatase (FBPase-1) 537
**glicogênico** 538
**gliceroneogênese** 538
glucagon 542
frutose-2,6-bisfosfato 542
fosfofrutocinase 2 (PFK-2) 542
frutose-2,6-bisfosfatase (FBPase-2) 542
proteína de ligação ao elemento de resposta aos carboidratos (ChREBP) 546
**via das pentoses-fosfato** 546
**via do fosfogliconato** 546
**via das hexoses-monofosfato** 546
glicose-6-fosfato-desidrogenase (G6PD) 547
6-fosfogliconato-desidrogenase 548

## QUESTÕES

1. **A reação da hexocinase está em equilíbrio nas células?** Para a reação catalisada pela enzima hexocinase

    Glicose + ATP $\rightleftharpoons$ glicose-6-fosfato + ADP

    a constante de equilíbrio, $K_{eq}$, é de $7,8 \times 10^2$. Em células vivas de *E. coli*, [ATP] = 5 mM, [ADP] = 0,5 mM, [glicose] = 2 mM e [glicose-6-fosfato] = 2 mM. A reação está em equilíbrio na *E. coli*?

2. **Equação para a fase preparatória da glicólise** Escreva equações bioquímicas equilibradas para todas as reações do catabolismo da glicose em duas moléculas de gliceraldeído-3-fosfato (a fase preparatória da glicólise), incluindo a variação de energia livre padrão para cada reação. Depois, escreva a equação global ou líquida para a fase preparatória da glicólise, com a variação de energia livre padrão líquida.

3. **Fase de pagamento da glicólise: destino do piruvato no músculo esquelético em atividade** No músculo esquelético em atividade sob condições anaeróbicas, o gliceraldeído-3-fosfato é convertido em piruvato (a fase de pagamento da glicólise), e o piruvato é reduzido a lactato. Escreva as equações bioquímicas equilibradas para todas as reações desse processo, com a variação de energia livre padrão para cada reação. Depois, escreva a equação global ou líquida para a fase de pagamento da glicólise com a fermentação ao lactato, incluindo a variação de energia livre padrão líquida.

4. **Energética da reação da aldolase** A aldolase catalisa a reação glicolítica

    Frutose-1,6-bisfosfato $\longrightarrow$ gliceraldeído-3-fosfato + di-hidroxiacetona-fosfato

    A variação de energia livre padrão para essa reação no sentido em que foi escrita é de +23,8 kJ/mol. As concentrações dos três intermediários no hepatócito de um mamífero são frutose-1,6-bisfosfato, $1,4 \times 10^{-5}$ M; gliceraldeído-3-fosfato, $3 \times 10^{-6}$ M; e di-hidroxiacetona-fosfato, $1,6 \times 10^{-5}$ M. Na temperatura corporal (37 °C), qual é a variação real de energia livre real para a reação?

5. **Equivalência das trioses-fosfato** Uma pesquisadora adiciona gliceraldeído-3-fosfato marcado com $^{14}C$ a um extrato de leveduras. Após um curto período, foi isolada frutose-1,6-bisfosfato marcada com $^{14}C$ no C-3 e no C-4. Qual era a localização do $^{14}C$ no gliceraldeído-3-fosfato inicial? De onde veio a segunda marcação com $^{14}C$ na frutose-1,6-bisfosfato? Explique.

6. **Atalho da glicólise** Suponha que você descobriu uma levedura mutante cuja via glicolítica foi encurtada devido à presença de uma nova enzima que catalisa a reação

    Gliceraldeído-3-fosfato + $H_2O$ $\xrightarrow{NAD^+ \quad NADH + H^+}$ 3-fosfoglicerato

    Esse encurtamento da via glicolítica beneficiaria a célula? Explique.

7. **Papel da lactato-desidrogenase** Durante atividade intensa, a demanda por ATP no tecido muscular aumenta muito. Nos músculos das pernas do coelho ou no músculo das asas do peru, o ATP é produzido quase exclusivamente por fermentação láctica. A fosfoglicerato-cinase e a piruvato-cinase catalisam as duas reações que produzem ATP na fase de pagamento da glicólise. Suponha que o músculo esquelético seja desprovido da lactato-desidrogenase. Poderia ele desenvolver atividade física vigorosa, ou seja, gerar ATP em alta taxa pela glicólise? Explique.

8. **Eficiência da produção de ATP no músculo** A transformação de glicose em lactato nos miócitos libera apenas em torno de 7% da energia livre liberada quando a glicose é completamente oxidada a $CO_2$ e $H_2O$. Isso significa que a glicólise anaeróbica (fermentação láctica) no músculo é um desperdício de glicose? Explique.

9. **Variação de energia livre para a oxidação das trioses-fosfato** A oxidação do gliceraldeído-3-fosfato a 1,3-bisfosfoglicerato, catalisada pela gliceraldeído-3-fosfato-desidrogenase, ocorre com uma constante de equilíbrio desfavorável ($K'_{eq} = 0,08$; $\Delta G'^\circ = 6,3$ kJ/mol), mas ainda assim o fluxo por esse ponto da via glicolítica ocorre facilmente. Como a célula supera o equilíbrio desfavorável?

10. **Intoxicação por arsenato** O arsenato é estrutural e quimicamente semelhante ao fosfato inorgânico ($P_i$), e muitas enzimas que necessitam de fosfato também usariam o arsenato. No entanto, os compostos orgânicos de arsenato são menos estáveis do que os compostos de fosfato análogos. Por exemplo,

acil-*arsenatos* se decompõem rapidamente por hidrólise, como mostrado.

$$R-\overset{O}{\underset{}{C}}-O-\overset{O}{\underset{O^-}{As}}-O^- + H_2O \longrightarrow$$

$$R-\overset{O}{\underset{}{C}}-O^- + HO-\overset{O}{\underset{O^-}{As}}-O^- + H^+$$

Por outro lado, acil-*fosfatos*, como o 1,3-bisfosfoglicerato, são mais estáveis e podem sofrer outras transformações nas células por meio de ação enzimática.

**(a)** Antecipe o efeito na reação líquida catalisada pela gliceraldeído-3-fosfato-desidrogenase se o fosfato fosse substituído por arsenato.

**(b)** Qual seria a consequência para um organismo se o fosfato fosse substituído por arsenato? O arsenato é muito tóxico para a maioria dos organismos. Explique por quê.

**11. Necessidade de fosfato para a fermentação alcoólica** Em 1906, Harden e Young, em uma série de estudos clássicos da fermentação da glicose a etanol e $CO_2$ por extratos de leveduras de cerveja, fizeram as seguintes observações: (1) o fosfato inorgânico foi essencial para a fermentação; quando o suprimento de fosfato esgotava, a fermentação parava antes que toda a glicose fosse utilizada. (2) Durante a fermentação nessas condições (na ausência de fosfato), havia acúmulo de etanol, $CO_2$ e uma hexose-bisfosfato. (3) Quando o fosfato era substituído por arsenato, a hexose-bisfosfato não se acumulava, mas a fermentação ocorria até que toda glicose fosse convertida em etanol e $CO_2$.

**(a)** Por que a fermentação cessa quando o suprimento de fosfato se esgota?

**(b)** Por que etanol e $CO_2$ se acumulam? A conversão de piruvato a etanol e $CO_2$ é essencial? Por quê? Identifique a hexose-bisfosfato que se acumula. Por que ela se acumula?

**(c)** Por que a substituição de fosfato por arsenato previne o acúmulo da hexose-bisfosfato, mas ainda assim permite que a fermentação a etanol e $CO_2$ se complete? (Ver Questão 10.)

**12. Papel da vitamina niacina** Adultos que realizam exercício físico intenso necessitam, para nutrição adequada, de uma ingestão de cerca de 160 g de carboidratos diariamente, mas apenas em torno de 20 mg de niacina. Dado o papel da niacina na glicólise, como você explica essa observação?

**13. Síntese do glicerol-fosfato** O glicerol-3-fosfato necessário para a síntese de glicerofosfolipídeos pode ser sintetizado a partir de um intermediário glicolítico. Proponha uma sequência de reações para essa conversão.

**14. Gravidade dos sintomas clínicos devido à deficiência de enzimas** Os sintomas clínicos de duas formas de galactosemia – galactosemia por deficiência de galactocinase ou galactosemia por deficiência de transferase – apresentam gravidades radicalmente diferentes. Embora os dois tipos provoquem desconforto gástrico após a ingestão de leite, a deficiência da transferase também leva a disfunções do fígado, dos rins, do baço, do encéfalo e, por fim, à morte. Quais produtos se acumulam no sangue e nos tecidos em cada tipo de deficiência enzimática? Estime as toxicidades relativas desses produtos a partir da informação dada.

**15. O etanol afeta os níveis de glicose no sangue** O consumo de álcool (etanol), principalmente após períodos de atividade física intensa ou depois de várias horas sem comer, resulta em deficiência de glicose no sangue, uma condição conhecida como hipoglicemia. A primeira etapa no metabolismo do etanol pelo fígado é a oxidação a acetaldeído, catalisada pela álcool-desidrogenase hepática:

$$CH_3CH_2OH + NAD^+ \longrightarrow CH_3CHO + NADH + H^+$$

Explique como essa reação inibe a transformação de lactato em piruvato. Por que isso leva à hipoglicemia?

**16. Níveis de lactato no sangue durante exercício intenso** As concentrações de lactato no plasma sanguíneo antes, durante e depois de uma corrida de 400 m estão mostradas no gráfico.

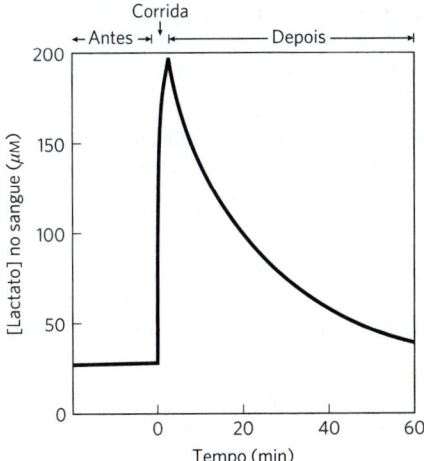

**(a)** O que causa o rápido aumento na concentração de lactato?
**(b)** O que causa o declínio da concentração de lactato após o término da corrida? Por que o declínio ocorre mais lentamente do que o aumento?
**(c)** Por que a concentração de lactato não é zero durante o estado de repouso?

**17. Relação entre frutose-1,6-bisfosfatase e os níveis de lactato no sangue** Um defeito congênito na enzima hepática frutose-1,6-bisfosfatase resulta em níveis de lactato anormalmente altos no plasma sanguíneo. Explique sua resposta.

**18. Efeito do suprimento de $O_2$ sobre a velocidade da glicólise** As etapas reguladas da glicólise na célula intacta podem ser identificadas pelo estudo do catabolismo da glicose nos tecidos ou nos órgãos inteiros. Por exemplo, o consumo de glicose pelo músculo cardíaco pode ser medido fazendo-se circular sangue artificialmente através de um coração intacto isolado e medindo-se a concentração da glicose antes e depois de o sangue passar pelo coração. Se o sangue circulante é desoxigenado, o músculo cardíaco consome glicose em uma velocidade constante. Quando se adiciona oxigênio ao sangue, a velocidade do consumo de glicose diminui drasticamente, sendo, então, mantida nessa velocidade mais baixa. Explique.

**19. Regulação da PFK-1** O gráfico mostra o efeito do ATP sobre a atividade da enzima alostérica PFK-1. Para uma dada concentração de frutose-6-fosfato, a atividade da PFK-1 aumenta com o aumento da concentração de ATP, mas há um ponto além do qual o aumento da concentração do ATP inibe a enzima.

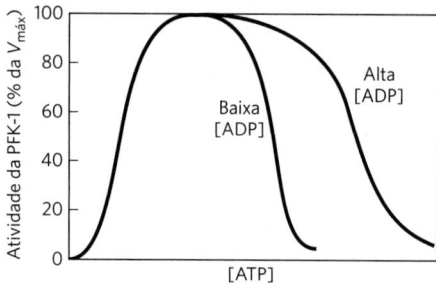

(a) Explique como o ATP pode ser tanto substrato como inibidor para a PFK-1. Como a enzima é regulada por ATP?
(b) Como os níveis de ATP regulam a glicólise?
(c) A inibição da PFK-1 pelo ATP diminui quando a concentração de ADP é alta, conforme mostrado no gráfico. Como pode ser explicada essa observação?

**20. Concentração celular de glicose** Mecanismos homeostáticos mantêm a concentração da glicose no plasma sanguíneo humano em cerca de 5 mM. A concentração da glicose livre dentro de um miócito é muito mais baixa. Por que a concentração na célula é tão baixa? O que acontece com a glicose após sua entrada na célula? A glicose é administrada de modo intravenoso como fonte de alimento em determinadas situações clínicas. Uma vez que a transformação de glicose em glicose-6-fosfato consome ATP, por que não administrar glicose-6-fosfato em vez de glicose?

**21. Produção de etanol em leveduras** As leveduras (*S. cerevisiae*), quando crescem anaerobicamente em meio com glicose, convertem piruvato a acetaldeído e, então, reduzem o acetaldeído a etanol usando elétrons do NADH. Escreva a equação para a segunda reação e calcule sua constante de equilíbrio a 25 °C, utilizando os potenciais de redução padrão que estão na Tabela 13-7.

**22. O caminho dos átomos na fermentação** Um experimento de "pulso e caça" usando fontes de carbono marcadas com $^{14}C$ é realizado em extrato de levedura mantida em condições anaeróbicas rigorosas para produzir etanol. O experimento consiste na incubação de uma pequena quantidade do substrato marcado com $^{14}C$ (o pulso) com o extrato de levedura, apenas o tempo necessário para cada intermediário da via de fermentação tornar-se marcado. A adição de excesso de glicose não marcada inicia a fase de "caça" da marcação ao longo da via. A caça impede efetivamente qualquer entrada adicional de glicose marcada na via.

(a) Se o pesquisador utilizar [1-$^{14}C$]glicose (glicose marcada com $^{14}C$ em C-1) como substrato, qual será a localização do $^{14}C$ no etanol produzido? Explique.
(b) Onde deveria estar localizado o $^{14}C$ na glicose inicial para assegurar que toda atividade do $^{14}C$ seja liberada como $^{14}CO_2$ durante a fermentação a etanol? Explique.

**23. O calor das fermentações** Os fermentadores industriais de larga escala geralmente necessitam de resfriamento constante e eficaz. Por quê?

**24. Fermentação para a produção de molho de soja** A preparação do molho de soja envolve a fermentação de uma mistura salgada de soja em grãos e trigo com vários microrganismos, incluindo leveduras, ao longo de um período de 8 a 12 meses. O molho resultante (depois da remoção dos sólidos) é rico em lactato e etanol. Como esses dois compostos são produzidos? Para evitar que o molho de soja tenha um gosto forte de vinagre (vinagre é ácido acético diluído), o oxigênio deve ser mantido fora do tanque de fermentação. Por quê?

**25. Substratos glicogênicos** Um procedimento comum para determinar a eficiência de um composto como precursor de glicose em mamíferos é manter um animal em jejum até que os estoques de glicogênio do fígado sejam consumidos e, então, administrar o composto em questão. O substrato que levar ao aumento *líquido* do glicogênio hepático é chamado de glicogênico, uma vez que ele deve ser primeiro convertido em glicose-6-fosfato. Mostre por meio de reações enzimáticas conhecidas quais dos substratos a seguir são glicogênicos:

(a) Succinato    $^-OOC-CH_2-CH_2-COO^-$

(b) Glicerol    $\begin{array}{c} OH \quad OH \; OH \\ | \quad\;\; | \;\;\; | \\ CH_2-C-CH_2 \\ | \\ H \end{array}$

(c) Acetil-CoA    $CH_3-\overset{O}{\underset{\|}{C}}-S-CoA$

(d) Piruvato    $CH_3-\overset{O}{\underset{\|}{C}}-COO^-$

(e) Butirato    $CH_3-CH_2-CH_2-COO^-$

**26. Vias dos átomos na gliconeogênese** Um pesquisador incuba brevemente um extrato de fígado capaz de realizar todas as reações metabólicas normais do fígado utilizando, em dois experimentos separados, dois diferentes precursores marcados com $^{14}C$: [$^{14}C$]bicarbonato e [$^{14}C$]piruvato.

(a) [$^{14}C$]Bicarbonato    $HO-^{14}C\begin{array}{c} O^- \\ \diagup \\ \diagdown \\ O \end{array}$

(b) [1-$^{14}C$]Piruvato    $CH_3-\overset{O}{\underset{\|}{C}}-^{14}COO^-$

Trace a via de cada precursor ao longo da gliconeogênese. Indique a localização do $^{14}C$ em todos os intermediários e no produto, a glicose.

**27. Custo energético de um ciclo de glicólise e gliconeogênese** Qual é o custo (em equivalentes de ATP) de transformar glicose em piruvato pela via glicolítica e de transformar o piruvato em glicose novamente pela gliconeogênese?

**28. Relação entre gliconeogênese e glicólise** Por que é importante que a gliconeogênese não seja o inverso exato da glicólise?

**29. Energética da reação da piruvato-cinase** Explique, em termos bioenergéticos, como a conversão de piruvato em fosfoenolpiruvato na gliconeogênese supera a variação de energia livre padrão grande e negativa da reação da piruvato-cinase na glicólise.

**30. Perda muscular no jejum prolongado** Uma consequência do jejum prolongado é a redução da massa muscular. O que acontece com as proteínas musculares?

**31. Efeito da florizina no metabolismo dos carboidratos** A florizina, um glicosídeo tóxico da casca da pereira, bloqueia a reabsorção normal de glicose no túbulo renal, fazendo a glicose presente no sangue ser quase completamente excretada na urina. Em um experimento, ratos alimentados com florizina e succinato de sódio excretaram cerca de 0,5 mol de glicose (sintetizada pela gliconeogênese) para cada 1 mol de succinato de sódio ingerido. Como os ratos transformam o succinato em glicose? Explique a estequiometria.

**32. Excesso de captação de $O_2$ durante a gliconeogênese** A conversão de lactato em glicose no fígado requer a energia da hidrólise de 6 mol de ATP para cada mol de glicose produzida. A extensão desse processo em uma preparação de fígado de rato pode ser monitorada pela administração de [$^{14}C$] lactato e pela medida da quantidade de [$^{14}C$]glicose produzida. Como a estequiometria entre o consumo de $O_2$ e a produção de ATP é conhecida (cerca de 5 ATP por $O_2$), pode-se predizer o consumo extra de $O_2$, acima da velocidade normal, quando uma dada quantidade de lactato é administrada. Contudo, quando de fato se mede o $O_2$ extra utilizado na síntese de glicose a partir de lactato, esse valor é sempre maior que aquele previsto a partir da relação estequiométrica. Sugira uma explicação possível para essa observação.

**33. Papel da via das pentoses-fosfato** Se a oxidação da glicose-6-fosfato pela via das pentoses-fosfato estivesse sendo utilizada para gerar principalmente NADPH para reações de biossíntese, o outro produto, ribose-5-fosfato, se acumularia. Que problemas isso poderia causar?

## QUESTÃO DE ANÁLISE DE DADOS

**34. Criando um sistema de fermentação** A fermentação de matéria vegetal para a produção de etanol combustível é um método potencial para reduzir o uso de combustíveis fósseis e, assim, as emissões de $CO_2$ que levam ao aquecimento global. Muitos microrganismos podem degradar celulose e, então, fermentar a glicose a etanol. No entanto, muitas fontes potenciais de celulose, incluindo resíduos da agricultura e certas gramíneas, também contêm quantidades substanciais de arabinose, que não é tão facilmente fermentada.

D-Arabinose

A *Escherichia coli* é capaz de fermentar arabinose a etanol, mas a bactéria não é naturalmente tolerante a altos níveis de etanol, limitando, dessa forma, sua utilidade para a produção de etanol comercial. Outra bactéria, a *Zymomonas mobilis*, é naturalmente tolerante a altos níveis de etanol, mas não pode fermentar arabinose. Deanda, Zhang, Eddy e Picataggio (1996) descreveram seus esforços para combinar as principais características úteis desses dois organismos, introduzindo os genes das enzimas metabolizadoras de arabinose de *E. coli* em *Z. mobilis*.

**(a)** Por que essa é uma estratégia mais simples que o inverso: criar uma *E. coli* mais tolerante a etanol?

Deanda e colaboradores inseriram cinco genes de *E. coli* no genoma de *Z. mobilis*: *araA*, que codifica a L-arabinose-isomerase, a qual interconverte L-arabinose em L-ribulose; *araB*, L-ribulocinase, que usa ATP para fosforilar L-ribulose em C-5; *araD*, L-ribulose-5-fosfato-epimerase, que interconverte L-ribulose-5-fosfato em L-xilulose-5-fosfato; *talB*, transaldolase; e *tktA*, transcetolase.

**(b)** Descreva brevemente a transformação química catalisada por cada uma das três enzimas *ara* e, quando possível, indique uma enzima discutida neste capítulo que realize uma reação análoga.

Os cinco genes de *E. coli* inseridos em *Z. mobilis* permitiram a entrada da arabinose na fase não oxidativa da via das pentoses-fosfato (Fig. 14-31), na qual ela foi convertida em glicose-6-fosfato e fermentada a etanol.

**(c)** As três enzimas *ara* ao final convertem a arabinose em qual açúcar?

**(d)** O produto da parte (c) alimenta a via mostrada na Figura 14-31a. Combinando as cinco enzimas de *E. coli* listadas acima com as enzimas dessa via, descreva a via global para a fermentação de seis moléculas de arabinose a etanol.

**(e)** Qual é a estequiometria da fermentação de seis moléculas de arabinose a etanol e $CO_2$? Quantas moléculas de ATP você esperaria que essa reação gerasse?

**(f)** *Z. mobilis* usa uma via para a fermentação alcoólica que é ligeiramente diferente daquela descrita neste capítulo. Como resultado, o rendimento de ATP esperado é de apenas 1 ATP por molécula de arabinose. Apesar de isso ser menos benéfico para a bactéria, é melhor para a produção de etanol. Por quê?

Outro açúcar comumente encontrado na matéria vegetal é a xilose.

D-Xilose

**(g)** Quais enzimas adicionais você precisaria introduzir na linhagem de *Z. mobilis* modificada, descrita anteriormente, para capacitá-la a usar xilose assim como arabinose para produzir etanol? Você não precisa nomear as enzimas (elas nem mesmo precisam existir); apenas cite as reações que elas precisariam catalisar.

### Referência

**Deanda, K., M. Zhang, C. Eddy, e S. Picataggio. 1996.** Development of an arabinose-fermenting *Zymomonas mobilis* strain by metabolic pathway engineering. *Appl. Environ. Microbiol.* 62:4465–4470.

# Capítulo 15

# METABOLISMO DO GLICOGÊNIO NOS ANIMAIS

**15.1** Estrutura e função do glicogênio  557
**15.2** Degradação e síntese do glicogênio  558
**15.3** Regulação coordenada da degradação e da síntese do glicogênio  565

No Capítulo 14, foram examinadas as vias universais pelas quais as hexoses são metabolizadas por meio da glicólise, da fermentação, da gliconeogênese e da via das pentoses-fosfato, fornecendo energia e componentes para a biossíntese de aminoácidos, gorduras e nucleotídeos. Neste capítulo, o foco será o metabolismo do glicogênio, o polímero de resíduos de glicose utilizado para o armazenamento desse açúcar nos animais. Os princípios a seguir guiarão a presente discussão:

▶ **P1** **O glicogênio fornece aos animais vertebrados uma fonte de glicose rapidamente mobilizável, suprindo com energia o encéfalo e os músculos esqueléticos.** Embora os animais armazenem energia como gordura em uma quantidade 100 vezes maior que na forma de glicogênio, eles não podem metabolizar gordura para produzir glicose. A estrutura polimérica altamente ramificada dos grânulos de glicogênio permite que células hepáticas e musculares produzam um grande número de moléculas de monômeros de glicose e glicose-fosfato de forma rápida, sem que o armazenamento aumente a osmolaridade do citosol, o que ocorreria se fossem armazenados na forma monomérica.

▶ **P2** **Monômeros são liberados dos grânulos de glicogênio por uma reação de fosforólise, que cria moléculas de glicose fosforiladas, as quais podem entrar na glicólise para suprir a célula com energia.** As células do músculo esquelético especialmente necessitam de depósitos de glicogênio para fornecer energia para períodos de intensa atividade. No fígado, o fosfato pode ser removido, permitindo que a glicose livre seja transportada para fora da célula, chegando ao sangue, para ser utilizada no encéfalo e em outros tecidos quando a glicose da dieta não for suficiente.

▶ **P3** **A síntese do glicogênio requer uma proteína ligada a um fragmento iniciador e um precursor ativado para doar glicose.** Moléculas individuais de glicose ativadas na forma de nucleotídeos de açúcar são adicionadas às extremidades não redutoras das cadeias lineares crescentes nas camadas externas dos grânulos β de glicogênio, e uma enzima ramificadora adiciona ramificações periodicamente.

▶ **P4** **A regulação do equilíbrio entre a formação do glicogênio a partir do excesso de glicose e a liberação de glicose a partir do glicogênio quando ela for necessária para o metabolismo é uma função crítica da homeostase das células e do organismo.** Esse equilíbrio, controlado em última análise pelos hormônios adrenalina, glucagon e insulina, é alcançado por meio de regulação alostérica e por fosforilação de enzimas de síntese e degradação. Tais enzimas, assim como as proteínas reguladoras que atuam sobre elas, são partes integrais do grânulo de glicogênio.

O glicogênio foi descoberto em meados do século XIX por Claude Bernard. Esse fisiologista francês também descobriu que um "fermento" (enzima) hepático liberava um açúcar redutor a partir de tecido hepático. A essa substância ele deu o nome *matière glycogène* – substância formadora de açúcar. Durante a primeira metade do século XX, cientistas em laboratórios em todo o mundo deram continuidade a esse trabalho precursor, purificando os "fermentos" que sintetizam e degradam o glicogênio e caracterizando a regulação dessas enzimas por insulina e adrenalina. Esses estudos caracterizaram as enzimas e revelaram múltiplos mecanismos reguladores que se provaram universais, como os segundos mensageiros que respondem a sinais extracelulares, as cascatas de proteínas-cinases e a fosforilação de proteínas. Neste capítulo, serão inicialmente estudadas a estrutura e a função das partículas de glicogênio, depois serão descritas as vias da degradação e da síntese de glicogênio e, por fim, será analisada a complexa rede de controles reguladores, que, de forma minuciosa, liberam a quantidade necessária de energia da glicose que cada tecido requer para funcionar em dado momento.

## 15.1 Estrutura e função do glicogênio

Relações entre estrutura e função são cruciais para a compreensão de biomoléculas e sistemas bioquímicos, e o glicogênio não é exceção. A estrutura compacta dos grânulos de glicogênio permite que a célula armazene glicose quando ela estiver presente em excesso, disponibilizando-a rapidamente quando necessário. Diferenças sutis entre tecidos nas enzimas (isoenzimas) que atuam sobre o glicogênio determinam a dinâmica do metabolismo do glicogênio em cada tecido.

### Animais vertebrados necessitam de uma fonte rápida de combustível para o encéfalo e os músculos

**P1** Para todos os animais vertebrados, a manutenção de um suprimento rapidamente mobilizável de glicose para o encéfalo e os músculos é uma prioridade metabólica. O desafio para a célula é ser capaz de armazenar glicose em uma forma que a sequestre rapidamente quando a concentração de glicose no sangue estiver alta (p. ex., após uma refeição), mas que permita a sua rápida disponibilidade para uso, em especial pelo encéfalo e pelo músculo esquelético. Lembre-se, a partir da discussão no Capítulo 7 (p. 242), de que um hepatócito típico, no estado alimentado, armazena uma quantidade de glicose polimerizada na forma de glicogênio que, na forma monomérica, seria equivalente a uma concentração de cerca de 0,4 M. Nessa concentração, a osmolaridade da célula seria tão alta em relação ao líquido circundante que água entraria na célula, provavelmente rompendo-a.

Quando a dieta fornece temporariamente mais carboidratos que o necessário para uso imediato como combustível, o excesso de glicose é polimerizado como glicogênio. Pequenas quantidades de glicogênio estão presentes em todas as células animais, mas esse composto é armazenado principalmente no fígado e no músculo, onde constitui uma significativa porção do peso total do órgão (5-10% do fígado e 1-2% do músculo). Um humano com 70 kg armazena cerca de 100 g de glicogênio no fígado e até 400 g no músculo esquelético. A quantidade total de energia armazenada no organismo como glicogênio é muito menor (cerca de 1%) do que aquela armazenada como gordura (triacilgliceróis), mas gorduras não podem ser convertidas em glicose nos vertebrados e não podem ser catabolizadas anaerobicamente na glicólise, como com frequência é necessário no músculo esquelético.

**P1** Quando um pulso súbito de atividade física demanda uma rápida fonte de energia no músculo, a degradação rápida do glicogênio ali armazenado fornece glicose para a glicólise em segundos. Entre as refeições ou durante o jejum, a liberação de glicose a partir do glicogênio armazenado no fígado fornece um suprimento seguro de glicose para o sangue. Isso é especialmente importante no caso do encéfalo, um grande consumidor de energia metabólica que, diferentemente do músculo, não pode usar ácidos graxos como combustível; os ácidos graxos de cadeia longa não cruzam a barreira hematencefálica. Assim, o encéfalo depende de um suprimento constante de glicose, a partir da dieta ou do fígado.

### Grânulos de glicogênio apresentam muitas camadas de cadeias ramificadas de D-glicose

O glicogênio é armazenado no citosol na forma de grânulos, chamados grânulos $\beta$, que variam em tamanho, estrutura e

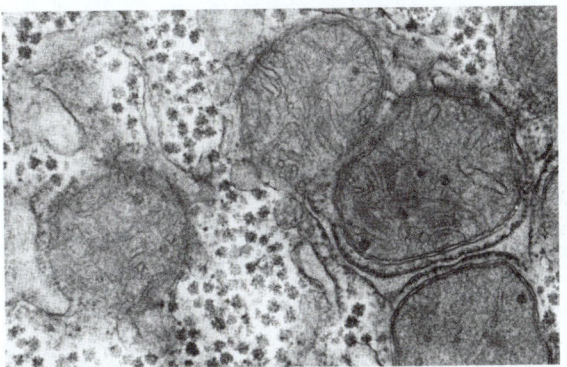

**FIGURA 15-1 Grânulos de glicogênio em um hepatócito.** Grânulos $\beta$ de glicogênio aparecem como partículas eletronicamente densas. No fígado, eles formam grandes aglomerados chamados grânulos $\alpha$, e estão frequentemente associados a túbulos do retículo endoplasmático liso. Quatro mitocôndrias também são evidentes nessa micrografia. [BCC Microimaging. Reproduzida com permissão.]

localização subcelular, dependendo do tecido ou tipo celular. (Este capítulo concentra-se no fígado e no músculo.) O tamanho dos grânulos $\beta$ também varia com o estado de atividade e o estado alimentar do animal. No músculo, os grânulos $\beta$ apresentam diâmetro de 20-30 nm e $M_r$ de $10^6$ a $10^7$. Eles consistem de até 55.000 resíduos de glicose, com cerca de 2.000 extremidades não redutoras disponíveis para atuação das enzimas de degradação. No fígado, 20 a 40 grânulos $\beta$ agrupam-se para formar grânulos $\alpha$ ricos em proteínas, que chegam a 300 nm de diâmetro e têm $M_r$ maior que $10^8$. Eles são visíveis ao microscópio eletrônico em amostras de tecidos obtidas de animais bem alimentados (**Fig. 15-1**), mas estão essencialmente ausentes após um jejum de 24 h. Os grânulos $\beta$ do músculo liberam glicose mais rapidamente que os grânulos $\alpha$ do fígado, o que é consistente com as diferentes necessidades desses tecidos por glicose.

Todos os grânulos de glicogênio apresentam em seu centro um dímero da proteína glicogenina, que funciona como um iniciador para a síntese de polímeros de D-glicose. No modelo em camadas do grânulo $\beta$, o dímero de glicogenina central está cercado por camadas sobrepostas de cadeias de cerca de 13 resíduos de glicose em ligação ($\alpha 1 \rightarrow 4$), com ramificações unidas por ligações ($\alpha 1 \rightarrow 6$). Cadeias B internas contêm dois pontos de ramificação, e cadeias externas A são não ramificadas (**Fig. 15-2**). Os grânulos geralmente possuem 6 ou 7 camadas, com a camada mais externa de cadeias A não ramificadas constituindo a maior parte do grânulo. Associadas a cada grânulo $\beta$ estão porções de material elétron-denso rico em proteínas, as chamadas partículas $\gamma$. Entre as proteínas associadas, tem-se as enzimas que sintetizam e degradam o glicogênio.

Os mecanismos gerais de armazenamento e mobilização do glicogênio são os mesmos no músculo e no fígado, porém as enzimas diferem em aspectos sutis, mas importantes, que refletem os papéis diferentes do glicogênio nesses dois tecidos. Nas próximas duas seções, serão consideradas as bases enzimáticas para a síntese e a degradação do glicogênio e a regulação desses processos.

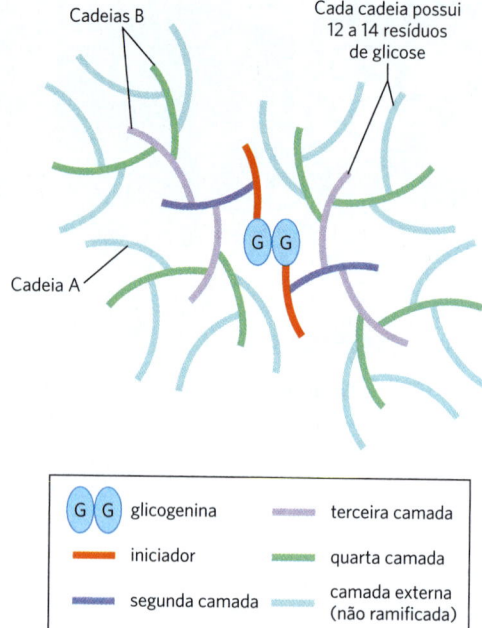

**FIGURA 15-2 Estrutura de um grânulo β de glicogênio.** Iniciando com um homodímero de glicogenina central, as cadeias de glicogênio (12 a 14 resíduos) distribuem-se em camadas. Cada uma das cadeias internas (cadeias B) apresenta duas ramificações (α1→6). As cadeias A, na camada mais externa, não são ramificadas. Existem, em teoria, no máximo 12 camadas em um grânulo β maduro de glicogênio (estão mostradas aqui somente 5), consistindo em cerca de 55.000 resíduos de glicose em uma molécula com cerca de 21 nm de diâmetro e $M_r$ de aproximadamente $1 \times 10^7$.

### RESUMO 15.1 Estrutura e função do glicogênio

■ Todas as células precisam de acesso rápido à glicose, seja a partir da dieta ou de suprimentos armazenados nas células. O glicogênio é uma forma de armazenamento de polímero de glicose em animais, encontrado principalmente no músculo e no fígado. A degradação do glicogênio no músculo libera a glicose necessária para a contração muscular. O glicogênio armazenado no fígado fornece um reservatório que mantém a homeostase da glicose sanguínea em todo o organismo.

■ Grânulos β de glicogênio apresentam camadas de resíduos de glicose em ligação (α1→4), com ramificações unidas por ligações (α1→6), fornecendo muitas extremidades livres não redutoras para acesso pelas enzimas de síntese e degradação. No fígado, os grânulos β agrupam-se, formando grânulos α maiores, que liberam glicose mais lentamente.

## 15.2 Degradação e síntese do glicogênio

Como visto no Capítulo 14 (Fig. 14-9), o glicogênio obtido da dieta é degradado por α-amilases, enzimas hidrolíticas que atuam na boca e no intestino para converter glicogênio em glicose livre. (O amido da dieta é hidrolisado de forma semelhante.) O glicogênio armazenado nas células (glicogênio endógeno), contudo, é degradado por uma via diferente. A presente discussão se inicia com a degradação do glicogênio em glicose-1-fosfato (**glicogenólise**) e, em seguida, aborda a sua síntese (**glicogênese**).

### A degradação do glicogênio é catalisada pela glicogênio-fosforilase

▶P2 No músculo esquelético e no fígado, as unidades de glicose das ramificações externas do glicogênio entram na via glicolítica pela ação de três enzimas: glicogênio-fosforilase, enzima de desramificação do glicogênio e fosfoglicomutase. A glicogênio-fosforilase catalisa a reação na qual uma ligação glicosídica (α1→4) entre dois resíduos de glicose em uma extremidade não redutora do glicogênio é atacada por um fosfato inorgânico ($P_i$), removendo o resíduo terminal na forma de α-D-glicose-1-fosfato (**Fig. 15-3**). Essa reação de

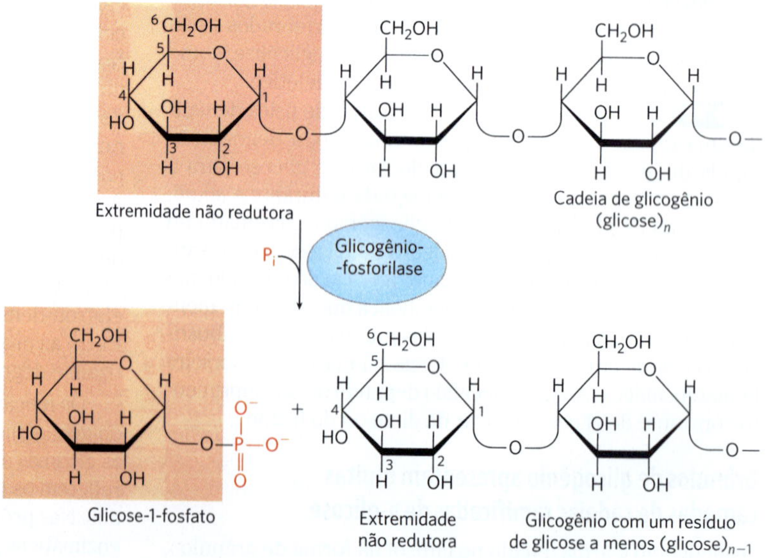

**FIGURA 15-3 Remoção, pela glicogênio-fosforilase, de um resíduo de glicose da extremidade não redutora de uma cadeia de glicogênio.** Esse processo é repetitivo; a enzima remove sucessivos resíduos de glicose, criando uma nova extremidade não redutora, até que alcance a quarta unidade de glicose antes de um ponto de ramificação (ver Fig. 15-4).

*fosforólise* é diferente da *hidrólise* das ligações glicosídicas pela amilase durante a degradação intestinal do glicogênio e do amido da dieta. Na fosforólise, uma parte da energia da ligação glicosídica é conservada pela formação do éster de fosfato glicose-1-fosfato.

O piridoxal-fosfato é um cofator essencial na reação da glicogênio-fosforilase. Ele liga-se covalentemente próximo ao sítio ativo da enzima, onde seu grupo fosfato atua como catalisador ácido geral, promovendo o ataque pelo $P_i$ à ligação glicosídica. (Esse papel do piridoxal-fosfato é incomum; seu papel mais característico é o de cofator no metabolismo dos aminoácidos; ver Fig. 18-6.)

A glicogênio-fosforilase age repetidamente sobre as extremidades não redutoras das ramificações do glicogênio até alcançar um ponto a quatro resíduos de glicose de distância de um ponto de ramificação ($\alpha 1 \rightarrow 6$), onde sua ação é interrompida. A degradação pela glicogênio-fosforilase continua somente depois que a **enzima de desramificação**, conhecida formalmente como oligo-($\alpha 1 \rightarrow 6$)-($\alpha 1 \rightarrow 4$)-glicanotransferase, catalisa duas reações sucessivas que removem as ramificações (**Fig. 15-4**), resultando em cadeias lineares. Logo que as ramificações são transferidas e o resíduo glicosila na posição C-6 é hidrolisado, a atividade da glicogênio-fosforilase pode continuar.

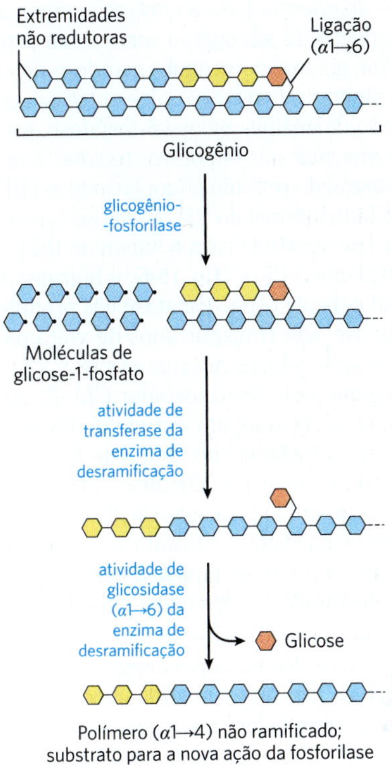

## A glicose-1-fosfato pode entrar na glicólise ou ser usada, no fígado, para repor a glicose sanguínea

A glicose-1-fosfato, o produto da reação da glicogênio-fosforilase, é convertida em glicose-6-fosfato pela **fosfoglicomutase**, que catalisa a reação reversível

Glicose-1-fosfato ⇌ glicose-6-fosfato

A enzima, inicialmente fosforilada em um resíduo de Ser, doa um grupo fosforila ao C-6 do substrato e, a seguir, aceita um grupo fosforila do C-1 (**Fig. 15-5**).

▶P2 A glicose-6-fosfato formada no músculo esquelético a partir do glicogênio pode entrar na glicólise e serve

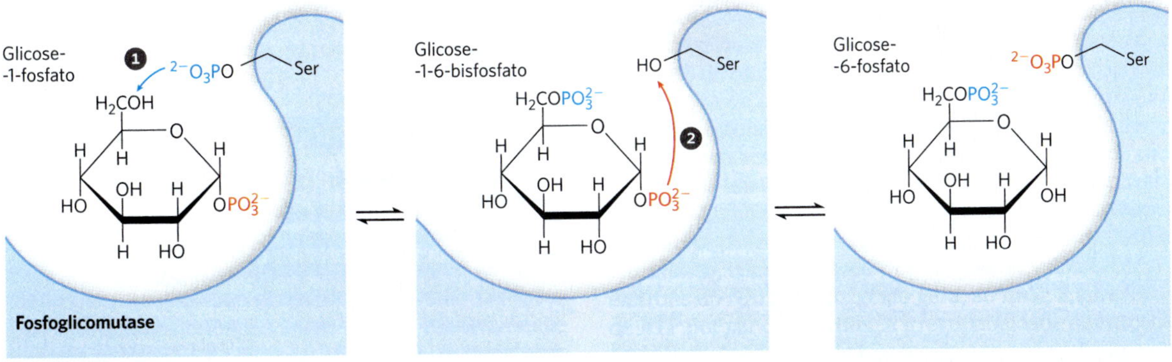

**FIGURA 15-4 Degradação do glicogênio próximo a um ponto de ramificação ($\alpha 1 \rightarrow 6$).** Seguindo-se à remoção sequencial dos resíduos terminais de glicose pela glicogênio-fosforilase (ver Fig. 15-3), os resíduos de glicose próximos a uma ramificação são removidos por um processo em duas etapas que requer uma enzima de desramificação bifuncional. Na primeira etapa, a atividade de transferase da enzima transfere um bloco de três resíduos de glicose da ramificação para uma extremidade não redutora próxima, à qual o segmento é religado por uma ligação ($\alpha 1 \rightarrow 4$). O resíduo de glicose remanescente no ponto de ramificação, em ligação ($\alpha 1 \rightarrow 6$), é, então, liberado como glicose livre pela atividade de glicosidase ($\alpha 1 \rightarrow 6$) da enzima de desramificação. Os resíduos de glicose são mostrados de forma abreviada.

**FIGURA 15-5 Reação catalisada pela fosfoglicomutase.** A reação começa com a enzima fosforilada em um resíduo de Ser. Na etapa ❶, a enzima doa seu grupo fosforila (em azul) para a glicose-1-fosfato, produzindo glicose-1,6-bisfosfato. Na etapa ❷, o grupo fosforila no C-1 da glicose-1,6-bisfosfato (em vermelho) é transferido de volta para a enzima, restaurando a fosfoenzima e produzindo glicose-6-fosfato.

como fonte de energia para a contração muscular. No fígado, a degradação do glicogênio serve a um propósito diferente: liberar glicose no sangue quando o nível de glicose sanguínea diminuir, como acontece entre as refeições. Isso requer a ação da enzima glicose-6-fosfatase, presente no fígado e nos rins, mas não em outros tecidos. A enzima é uma proteína integral do retículo endoplasmático (RE), com o sítio ativo no lado luminal do RE. A glicose-6-fosfato formada no citosol é transportada para o lúmen do RE por um transportador específico (T1) (**Fig. 15-6**) e hidrolisada na superfície luminal pela glicose-6-fosfatase. Os produtos resultantes, $P_i$ e glicose, são transportados de volta para o citosol por dois transportadores diferentes (T2 e T3), e a glicose chega ao sangue pelo transportador GLUT2 na membrana plasmática. Observe que, em virtude de ter o sítio ativo da enzima glicose-6-fosfatase no lúmen do RE, a célula separa essa reação do processo de glicólise, que ocorre no citosol e poderia ser impedido pela ação da glicose-6-fosfatase. Defeitos genéticos na glicose-6-fosfatase ou no T1 levam a perturbações graves no metabolismo do glicogênio, resultando na doença do depósito de glicogênio tipo Ia (**Quadro 15-1**).

O músculo e o tecido adiposo não conseguem converter a glicose-6-fosfato formada pela degradação do glicogênio em glicose, pois não têm a enzima glicose-6-fosfatase; por isso, esses tecidos não fornecem glicose para o sangue.

## A UDP-glicose, um nucleotídeo-açúcar, doa glicose para a síntese do glicogênio

Muitas das reações pelas quais as hexoses são transformadas ou polimerizadas envolvem **nucleotídeos-açúcar**, compostos nos quais o carbono anômero do açúcar é ativado pela união a um nucleotídeo por meio de uma ligação éster de fosfato. Os nucleotídeos-açúcar são os substratos para a polimerização de monossacarídeos em dissacarídeos, glicogênio, amido, celulose e polissacarídeos extracelulares mais complexos. Além disso, eles são intermediários importantes na produção das amino-hexoses e desóxi-hexoses, encontradas em alguns desses polissacarídeos, e na síntese da vitamina C (ácido L-ascórbico). O papel dos nucleotídeos-açúcar na biossíntese do glicogênio e em muitos outros derivados de carboidratos foi descoberto em 1953 pelo bioquímico argentino Luis Leloir.

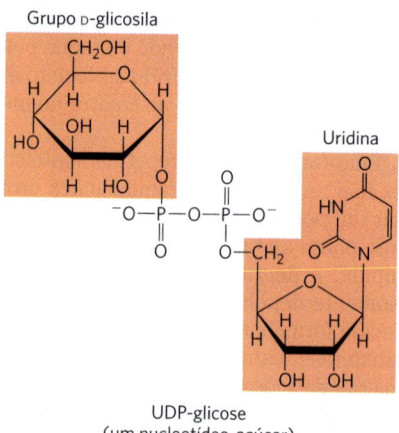

**P3** A adequabilidade dos nucleotídeos-açúcar para as reações biossintéticas tem origem em várias propriedades:

1. Sua formação é metabolicamente irreversível, contribuindo para a irreversibilidade das vias biossintéticas em que são intermediários. A condensação de um nucleosídeo-trifosfato com uma hexose-1-fosfato para formar um nucleotídeo-açúcar tem uma variação de energia livre pequena e positiva, mas a reação libera $PP_i$, que é rapidamente hidrolisado pela pirofosfatase (**Fig. 15-7**), em uma reação fortemente exergônica ($\Delta G'^{\circ} = -19{,}2$ kJ/mol). Isso mantém baixa a concentração de $PP_i$, garantindo que, na célula, a variação de energia livre real seja favorável. De fato, a remoção rápida do produto,

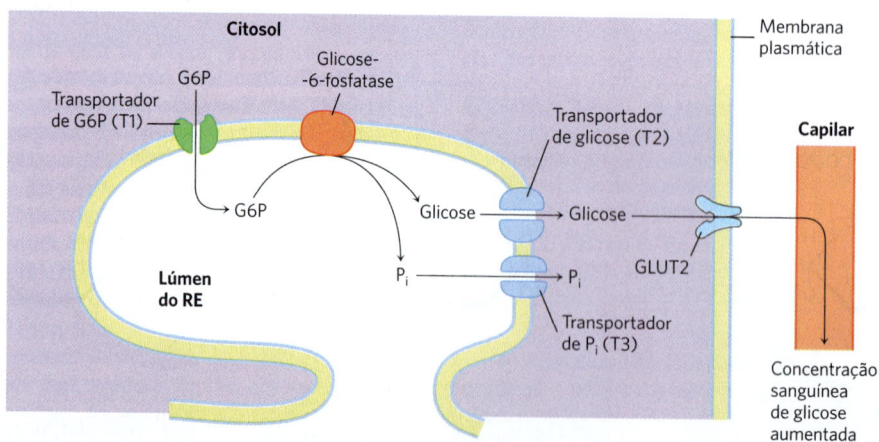

**FIGURA 15-6 Hidrólise da glicose-6-fosfato pela glicose-6-fosfatase do retículo endoplasmático (RE) do fígado.** O sítio catalítico da glicose-6-fosfatase está voltado para o lúmen do RE. Um transportador (T1) da glicose-6-fosfato (G6P) carrega o substrato do citosol para o lúmen, onde a glicose-6-fosfatase libera $P_i$. Os produtos, glicose e $P_i$, passam para o citosol por meio de transportadores específicos (T2 e T3). A glicose deixa a célula via transportador GLUT2 da membrana plasmática.

## QUADRO 15-1 MEDICINA

### Carl e Gerty Cori: pioneiros no estudo do metabolismo do glicogênio e doenças relacionadas

Muito do que está escrito nos livros-texto atuais de bioquímica sobre o metabolismo do glicogênio foi descoberto entre 1925 e 1950 pelo admirável casal Carl F. Cori e Gerty T. Cori. Ambos se formaram em medicina na Europa no final da Primeira Guerra Mundial (ela completou os estudos pré-médicos e a faculdade de medicina em 1 ano!). Eles deixaram a Europa juntos, em 1922, e estabeleceram laboratórios de pesquisa nos Estados Unidos, primeiro por 9 anos em Buffalo, Nova York, onde hoje é o centro de pesquisa do câncer Roswell Park Comprehensive Cancer Center, e, de 1931 até o final de suas vidas, na Universidade de Washington, em St. Louis.

Nos seus estudos fisiológicos iniciais sobre a origem e o destino do glicogênio no músculo dos animais, os Cori demonstraram a conversão do glicogênio em lactato nos tecidos, o deslocamento do lactato pelo sangue para o fígado e sua reconversão no fígado em glicogênio – rota que se tornou conhecida como ciclo de Cori (ver Fig. 23-17). Seguindo essas observações no nível bioquímico, o casal mostrou que o glicogênio era mobilizado em uma reação de fosforólise catalisada pela enzima descoberta por eles, a glicogênio-fosforilase. Eles identificaram o produto dessa reação (o "éster de Cori") como glicose-1-fosfato e mostraram que esse produto podia ser reincorporado ao glicogênio pela reação inversa. Embora essa reação não tenha sido confirmada como aquela usada pelas células para sintetizar glicogênio, foi a primeira demonstração *in vitro* da síntese de uma macromolécula a partir de subunidades monoméricas simples, o que inspirou outros pesquisadores a procurarem enzimas polimerizadoras. Arthur Kornberg, descobridor da primeira DNA-polimerase, falou sobre sua experiência no laboratório dos Cori: "A glicogênio-fosforilase, e não o pareamento de bases, foi o que me levou à DNA-polimerase".

Gerty Cori passou a se interessar por doenças genéticas humanas nas quais o fígado armazenava um excesso de glicogênio. Ela conseguiu identificar o defeito bioquímico de várias dessas doenças e mostrou que elas podiam ser diagnosticadas por meio de testes das enzimas do metabolismo do glicogênio em pequenas amostras de tecidos obtidas por biópsias. A Tabela 1 resume o conhecimento atual sobre 13 doenças genéticas desse tipo.

Carl e Gerty compartilharam o Prêmio Nobel em Fisiologia ou Medicina em 1947 com Bernardo Houssay, da Argentina, que foi premiado por seus estudos da regulação hormonal do metabolismo dos carboidratos. Os laboratórios Cori em St. Louis se tornaram um centro internacional de pesquisa bioquímica nas décadas de 1940 e 1950, e pelo menos seis cientistas que estudaram com os Cori receberam o Nobel: Arthur Kornberg (pela síntese do DNA, 1959), Severo Ochoa (pela síntese do RNA, 1959), Luis Leloir (pelo papel dos nucleotídeos-açúcar na síntese dos polissacarídeos, 1970), Earl Sutherland (pela descoberta do AMPc na regulação do metabolismo dos carboidratos, 1971), Christian de Duve (pelo fracionamento subcelular, 1974) e Edwin Krebs (pela descoberta da fosforilase-cinase, 1991).

**FIGURA 1** O casal Cori no laboratório de Gerty Cori, aproximadamente em 1947. [AP Images.]

(*Continua na próxima página*)

---

favorecida pela variação de energia livre grande e negativa da hidrólise de $PP_i$, impulsiona a reação sintética para a frente. Essa é uma estratégia comum nas reações biológicas de polimerização.

2. Embora as transformações químicas dos nucleotídeos-açúcar não envolvam os átomos do próprio nucleotídeo, essa parte da molécula tem muitos grupos que podem interagir de modo não covalente com enzimas; a energia livre adicional de ligação pode contribuir de modo significativo para a atividade catalítica (Capítulo 6; ver também p. 294).

3. Assim como o fosfato, o grupo nucleotidila (p. ex., UDP ou ADP) é um excelente grupo de eliminação, visto que facilita o ataque nucleofílico pela ativação do carbono do açúcar ao qual está ligado.

4. Pela "marcação" de algumas hexoses com grupos nucleotidila, as células podem deixá-las confinadas em um reservatório para determinada finalidade (p. ex., síntese de glicogênio), separadas das hexoses-fosfato destinadas a outra finalidade (como a glicólise).

A síntese do glicogênio ocorre em quase todos os tecidos animais, mas é especialmente proeminente no fígado e no músculo esquelético. O ponto de partida da síntese do glicogênio é a glicose-6-fosfato. Ela pode ser derivada da glicose livre em uma reação catalisada pelas isoenzimas hexocinases I e II no músculo e hexocinase IV (glicocinase) no fígado:

## QUADRO 15-1 MEDICINA

### Carl e Gerty Cori: pioneiros no estudo do metabolismo do glicogênio e doenças relacionadas (*continuação*)

**TABELA 1** Doenças do depósito de glicogênio em seres humanos

| Tipo (nome) | Enzima afetada | Principal órgão/célula afetado | Sintomas |
|---|---|---|---|
| Tipo 0 | Glicogênio-sintase | Fígado | Glicose sanguínea baixa, corpos cetônicos altos, morte prematura |
| Tipo Ia (von Gierke) | Glicose-6-fosfatase | Fígado | Fígado aumentado (hepatomegalia), insuficiência renal |
| Tipo Ib | Glicose-6-fosfato-translocase microssômica | Fígado | Como em Ia; também suscetibilidade alta a infecções bacterianas |
| Tipo Ic | Transportador microssômico de $P_i$ | Fígado | Como em Ia |
| Tipo II (Pompe) | Glicosidase lisossômica | Músculos cardíaco e esquelético | Forma infantil: morte aos 2 anos; forma juvenil: defeitos musculares (miopatia); forma adulta: como na distrofia muscular |
| Tipo IIIa (Cori ou Forbes) | Enzima de desramificação | Fígado, músculos cardíaco e esquelético | Hepatomegalia em crianças; miopatia |
| Tipo IIIb | Enzima de desramificação hepática (enzima normal no músculo) | Fígado | Hepatomegalia em crianças |
| Tipo IV (Andersen) | Enzima de ramificação | Fígado, músculo esquelético | Hepatomegalia e baço aumentado (esplenomegalia), mioglobina na urina |
| Tipo V (McArdle) | Fosforilase muscular | Músculo esquelético | Dor e cãibras induzidas por exercício; mioglobina na urina |
| Tipo VI (Hers) | Fosforilase hepática | Fígado | Hepatomegalia |
| Tipo VII (Tarui) | PFK-1 muscular | Músculo, eritrócitos | Como no tipo V; também anemia hemolítica |
| Tipos VIb, VIII ou IX | Fosforilase-cinase | Fígado, leucócitos, músculo | Hepatomegalia |
| Tipo XI (Fanconi-Bickel) | Transportador de glicose (GLUT2) | Fígado | Deficiência no desenvolvimento, hepatomegalia, raquitismo, disfunção renal |

$$\text{Glicose} + \text{ATP} \longrightarrow \text{glicose-6-fosfato} + \text{ADP}$$

No entanto, parte da glicose ingerida toma uma via mais indireta para o glicogênio. Ela é captada primeiro pelos eritrócitos e transformada glicoliticamente em lactato, que é captado pelo fígado e convertido em glicose-6-fosfato pela gliconeogênese.

Para iniciar a síntese do glicogênio, a glicose-6-fosfato é convertida em glicose-1-fosfato na reação da fosfoglicomutase:

$$\text{Glicose-6-fosfato} \rightleftharpoons \text{glicose-1-fosfato}$$

O produto dessa reação é convertido em UDP-glicose pela ação da **UDP-glicose-pirofosforilase**, em uma etapa fundamental da biossíntese do glicogênio:

$$\text{Glicose-1-fosfato} + \text{UDP} \longrightarrow \text{UDP-glicose} + \text{PP}_i$$

Observe que essa enzima é denominada pela reação inversa; na célula, a reação ocorre no sentido da formação da UDP-glicose, pois a concentração de pirofosfato é mantida baixa em função de sua hidrólise imediata pela pirofosfatase (Fig. 15-7).

▶**P3** A UDP-glicose é o doador imediato dos resíduos de glicose na reação catalisada pela **glicogênio-sintase**, que promove a transferência do resíduo de glicose da UDP-glicose para uma extremidade não redutora de uma molécula ramificada de glicogênio, formando uma ligação ($\alpha 1 \rightarrow 4$) (**Fig. 15-8**). O equilíbrio total da via desde a glicose-6-fosfato até o glicogênio acrescido de uma unidade de glicose favorece muito a síntese do polímero.

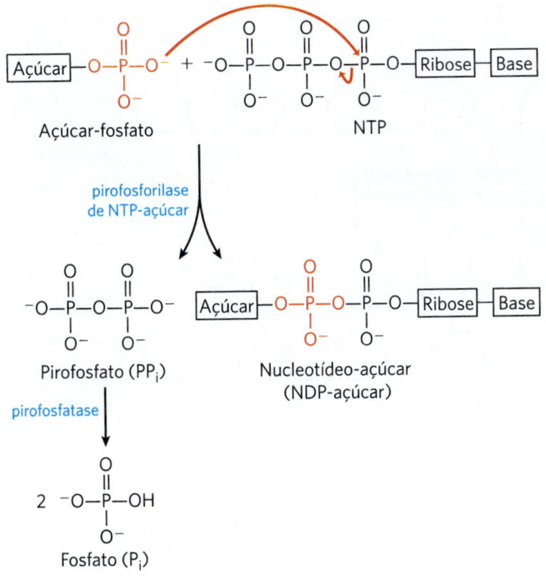

## 15.2 DEGRADAÇÃO E SÍNTESE DO GLICOGÊNIO

A glicogênio-sintase não pode formar as ligações ($\alpha$1→6) encontradas nos pontos de ramificação do glicogênio, as quais são formadas pela **enzima de ramificação do glicogênio**, também chamada de amilo-(1→4)-(1→6)-transglicosilase, ou glicosil-(4→6)-transferase. A enzima de ramificação do glicogênio catalisa a transferência de um fragmento terminal de 6 a 7 resíduos de glicose da extremidade não redutora de uma ramificação de glicogênio, contendo pelo menos 11 resíduos, para o grupo hidroxila em C-6 de um resíduo de glicose em uma posição mais interna da mesma cadeia de glicogênio ou de outra, criando, assim, uma nova ramificação (**Fig. 15-9**). Resíduos adicionais de glicose podem ser ligados à nova ramificação pela glicogênio-sintase. O efeito biológico da ramificação é aumentar o número de extremidades não redutoras, o que aumenta o número de sítios acessíveis à glicogênio-fosforilase e à glicogênio-sintase, pois ambas atuam apenas em extremidades não redutoras.

### A glicogenina fornece um fragmento iniciador para a síntese do glicogênio

A glicogênio-sintase não consegue iniciar uma cadeia de glicogênio *de novo*. Ela requer um fragmento iniciador, geralmente uma cadeia de poliglicose ($\alpha$1→4) pré-formada.
**P3** Então, como se inicia uma *nova* molécula de glicogênio? A intrigante proteína **glicogenina** (**Fig. 15-10**) é, ao mesmo tempo, o iniciador, sobre o qual são montadas novas cadeias, e a enzima que catalisa a formação desse iniciador.

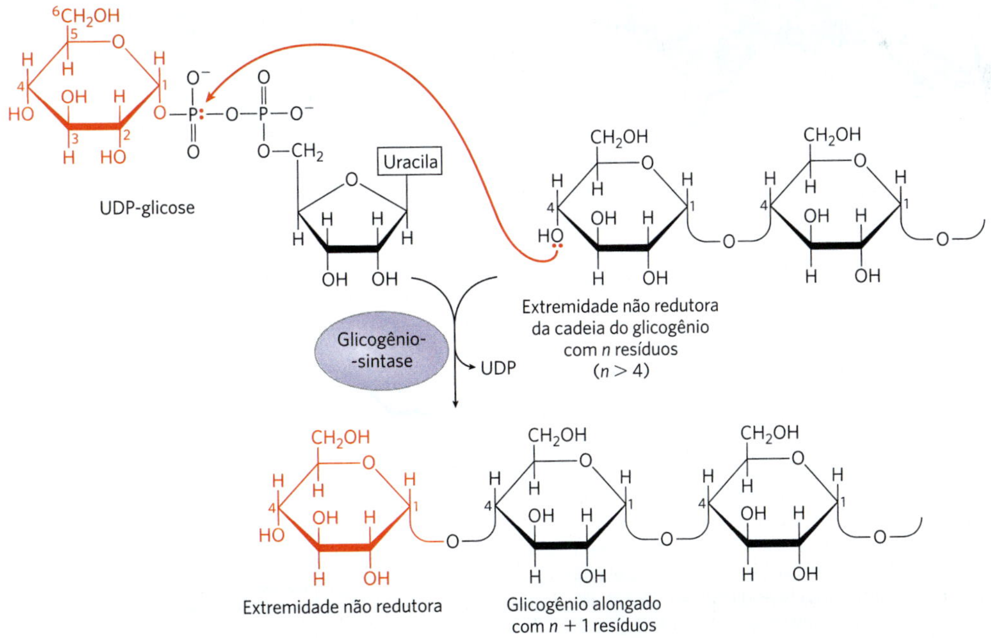

**FIGURA 15-7 Formação de um nucleotídeo-açúcar.** Ocorre uma reação de condensação entre um nucleosídeo-trifosfato (NTP) e um açúcar-fosfato. O oxigênio carregado negativamente no açúcar-fosfato serve como nucleófilo, atacando o fosfato $\alpha$ do nucleosídeo-trifosfato e deslocando pirofosfato. A hidrólise de PP$_i$ pela pirofosfatase impulsiona a reação para a frente.

**FIGURA 15-8 Síntese do glicogênio.** Uma cadeia de glicogênio é alongada pela glicogênio-sintase. A enzima transfere o resíduo de glicose da UDP-glicose para a extremidade não redutora de uma ramificação do glicogênio, criando uma nova ligação ($\alpha$1→4).

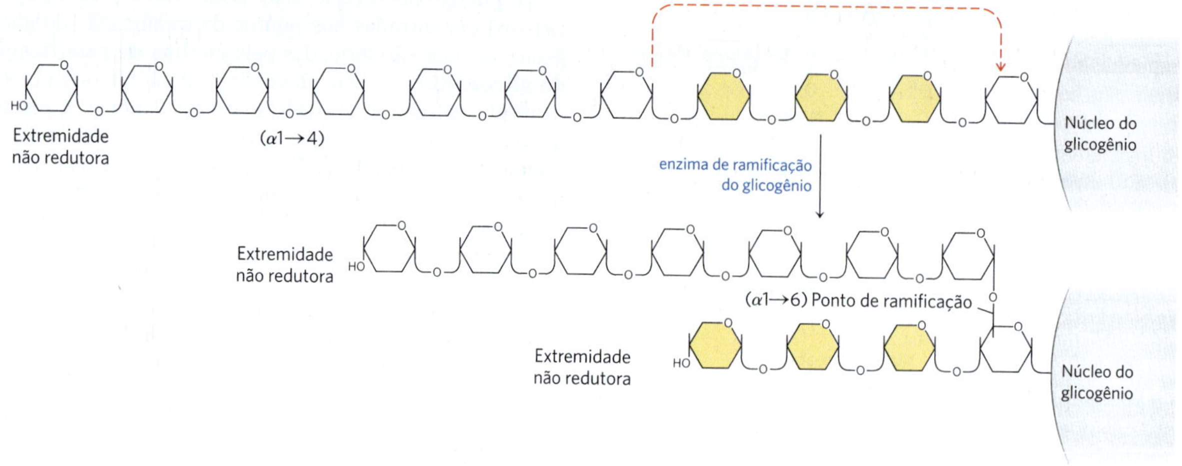

**564** CAPÍTULO 15 • METABOLISMO DO GLICOGÊNIO NOS ANIMAIS

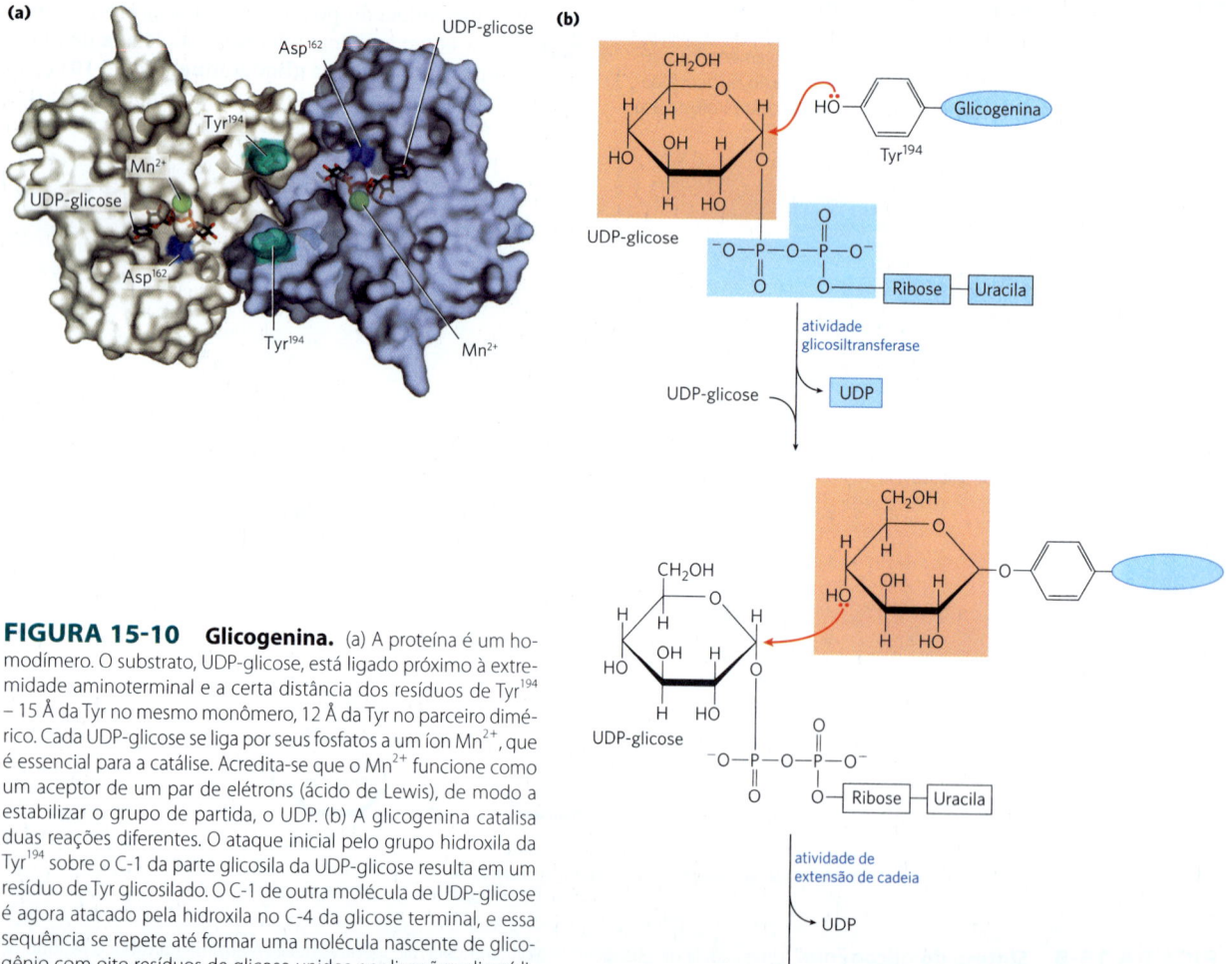

**FIGURA 15-9 Síntese de uma ramificação do glicogênio.** A enzima de ramificação do glicogênio forma um novo ponto de ramificação durante a síntese do glicogênio.

**FIGURA 15-10 Glicogenina.** (a) A proteína é um homodímero. O substrato, UDP-glicose, está ligado próximo à extremidade aminoterminal e a certa distância dos resíduos de Tyr[194] – 15 Å da Tyr no mesmo monômero, 12 Å da Tyr no parceiro dimérico. Cada UDP-glicose se liga por seus fosfatos a um íon $Mn^{2+}$, que é essencial para a catálise. Acredita-se que o $Mn^{2+}$ funcione como um aceptor de um par de elétrons (ácido de Lewis), de modo a estabilizar o grupo de partida, o UDP. (b) A glicogenina catalisa duas reações diferentes. O ataque inicial pelo grupo hidroxila da Tyr[194] sobre o C-1 da parte glicosila da UDP-glicose resulta em um resíduo de Tyr glicosilado. O C-1 de outra molécula de UDP-glicose é agora atacado pela hidroxila no C-4 da glicose terminal, e essa sequência se repete até formar uma molécula nascente de glicogênio com oito resíduos de glicose unidos por ligações glicosídicas ($\alpha$1→4). [(a) Dados de PDB ID 1LL2, B. J. Gibbons et al., *J. Mol. Biol.* 319:463, 2002.]

A primeira etapa na síntese de uma nova molécula de glicogênio é a transferência de um resíduo de glicose da UDP-glicose para o grupo hidroxila da Tyr$^{194}$ da glicogenina. Cada subunidade do homodímero de glicogenina catalisa a glicosilação da outra subunidade. A ligação glicosídica no produto tem a mesma configuração no C-1 da glicose do que no substrato UDP-glicose, sugerindo que a transferência da glicose do UDP para a Tyr$^{194}$ ocorre em duas etapas. A primeira provavelmente é um ataque nucleofílico pelo Asp$^{162}$, formando um intermediário temporário com a configuração invertida. Um segundo ataque nucleofílico pela Tyr$^{194}$, então, restabelece a configuração inicial. A cadeia nascente alonga-se pela adição sequencial de mais sete resíduos de glicose, cada um derivado de uma UDP-glicose; as reações são catalisadas pela atividade de extensão de cadeia da glicogenina. Nesse ponto, a glicogênio-sintase assume, alongando ainda mais a cadeia de glicogênio. A glicogenina permanece escondida dentro da partícula β de glicogênio, unida covalentemente às duas extremidades redutoras da molécula de glicogênio.

### RESUMO 15.2 Degradação e síntese do glicogênio

- A glicogênio-fosforilase catalisa a clivagem por fosforólise nas extremidades não redutoras das cadeias do glicogênio, produzindo glicose-1-fosfato. A enzima de desramificação transfere as ramificações para as cadeias principais e libera o resíduo da ramificação (α1→6) como glicose livre.

- A fosfoglicomutase interconverte glicose-1-fosfato e glicose-6-fosfato. A glicose-6-fosfato pode entrar na glicólise ou ser convertida, no fígado, em glicose livre pela glicose-6-fosfatase do RE, sendo liberada para repor a glicose sanguínea.

- O nucleotídeo-açúcar UDP-glicose doa resíduos de glicose para a extremidade não redutora do glicogênio na reação catalisada pela glicogênio-sintase, produzindo curtos segmentos com ligações (α1→4). Uma outra enzima, a enzima de ramificação, produz as ligações (α1→6) nos pontos de ramificação.

- Novas partículas de glicogênio se iniciam com a formação autocatalítica de uma ligação glicosídica entre a glicose da UDP-glicose e um resíduo de Tyr na proteína glicogenina, seguida pela adição de vários resíduos de glicose para formar um iniciador sobre o qual a glicogênio-sintase possa atuar.

## 15.3 Regulação coordenada da degradação e da síntese do glicogênio

Conforme visto, a mobilização dos estoques de glicogênio é realizada pela glicogênio-fosforilase, que degrada glicogênio a glicose-1-fosfato (Fig. 15-3). A glicogênio-fosforilase proporciona um caso especialmente esclarecedor de regulação enzimática. Esse foi um dos primeiros exemplos conhecidos de uma enzima regulada alostericamente e a primeira enzima que se revelou ser controlada por fosforilação reversível. Ela também foi uma das primeiras enzimas alostéricas cujas estruturas tridimensionais detalhadas para as formas ativa e inativa foram esclarecidas por estudos de cristalografia por raios X. A glicogênio-fosforilase é um exemplo de como as isoenzimas desempenham papéis específicos em diferentes tecidos.

### A glicogênio-fosforilase é regulada por fosforilação estimulada por hormônios e por efetores alostéricos

▶P4 No final da década de 1930, Carl e Gerty Cori (Quadro 15-1) descobriram que a glicogênio-fosforilase do músculo esquelético existe em duas formas interconversíveis: **glicogênio-fosforilase a**, cataliticamente ativa, e **glicogênio-fosforilase b**, muito menos ativa. (Observe que a glicogênio-fosforilase é frequentemente referida simplesmente como fosforilase – assim chamada por ter sido a primeira fosforilase a ser **descoberta**; esse nome mais curto persistiu no uso comum na literatura.) Estudos posteriores realizados por Earl Sutherland mostraram que a fosforilase b predomina no músculo em repouso. Contudo, durante atividade muscular vigorosa, a adrenalina aciona a fosforilação da fosforilase b, convertendo-a em sua forma mais ativa, a fosforilase a (**Fig. 15-11**). No fígado, o glucagon dispara a fosforilação da fosforilase b, convertendo-a em sua forma ativa.

Earl W. Sutherland Jr., 1915-1974
[NLM/Science Source.]

Sutherland descobriu o segundo mensageiro AMPc, cuja concentração aumenta em resposta ao estímulo pela adrenalina (no músculo; ver Fig. 12-4) ou pelo

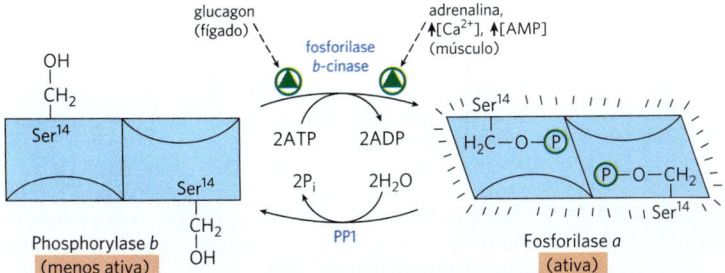

**FIGURA 15-11 Regulação da glicogênio-fosforilase muscular por modificação covalente.** Na forma mais ativa da enzima, a fosforilase a, os resíduos de Ser$^{14}$, um de cada subunidade, estão fosforilados. A fosforilase a é convertida na fosforilase b (forma menos ativa) pela remoção enzimática desses grupos fosforila, efetuada pela fosfoproteína-fosfatase 1 (PP1). A fosforilase b pode ser reconvertida (reativada) em fosforilase a pela ação da fosforilase b-cinase.

glucagon (no fígado). Concentrações elevadas de AMPc iniciam uma **cascata enzimática** (**Fig. 15-12**), na qual um catalisador ativa um segundo catalisador, que, por sua vez, ativa mais um catalisador. Como visto no Capítulo 12, tais cascatas permitem a amplificação exponencial do sinal inicial. O aumento da [AMPc] ativa a proteína-cinase dependente de AMPc, também chamada de proteína-cinase A (PKA). A PKA então fosforila e ativa a **fosforilase b-cinase**, que catalisa a fosforilação da glicogênio-fosforilase b, ativando-a e, assim, estimulando a degradação do glicogênio.

No músculo, isso fornece combustível para a glicólise sustentar a contração muscular para a resposta de luta ou fuga sinalizada pela adrenalina. No fígado, a degradação do glicogênio contrapõe-se à baixa glicose sanguínea sinalizada pelo glucagon, liberando glicose no sangue. Essas diferentes funções se refletem em diferenças sutis nos mecanismos reguladores no músculo e no fígado. As glicogênio-fosforilases do fígado e do músculo são isoenzimas, codificadas por genes diferentes, e diferem em suas propriedades reguladoras.

A Figura 15-12 mostra a via para a regulação hormonal da atividade da glicogênio-fosforilase: adrenalina ou glucagon iniciam a cascata que ativa a fosforilase b-cinase. A fosforilase b-cinase ativa a fosforilase transferindo um grupo fosforila para a $Ser^{14}$ em cada uma das duas subunidades idênticas da fosforilase b, disparando uma alteração conformacional do estado T (fosforilase b) para o estado R (fosforilase a), mostrado em detalhes na Figura 6-40. **P4** Sobrepostos à ativação hormonal da fosforilase b-cinase estão mecanismos de controle alostérico (Fig. 15-12). No músculo, o $Ca^{2+}$, o sinal para a contração muscular, se liga à fosforilase b-cinase, ativando-a. O $Ca^{2+}$ se liga à subunidade δ da fosforilase b-cinase, a calmodulina (ver Fig. 12-17). O AMP, que se acumula no músculo em contração vigorosa como resultado da degradação do ATP, liga-se à fosforilase e a ativa, acelerando a liberação da glicose-1-fosfato a partir do glicogênio. Quando os níveis de ATP estão adequados, o ATP bloqueia o sítio alostérico ao qual o AMP se liga (ver Fig. 6-40), causando a inativação da fosforilase.

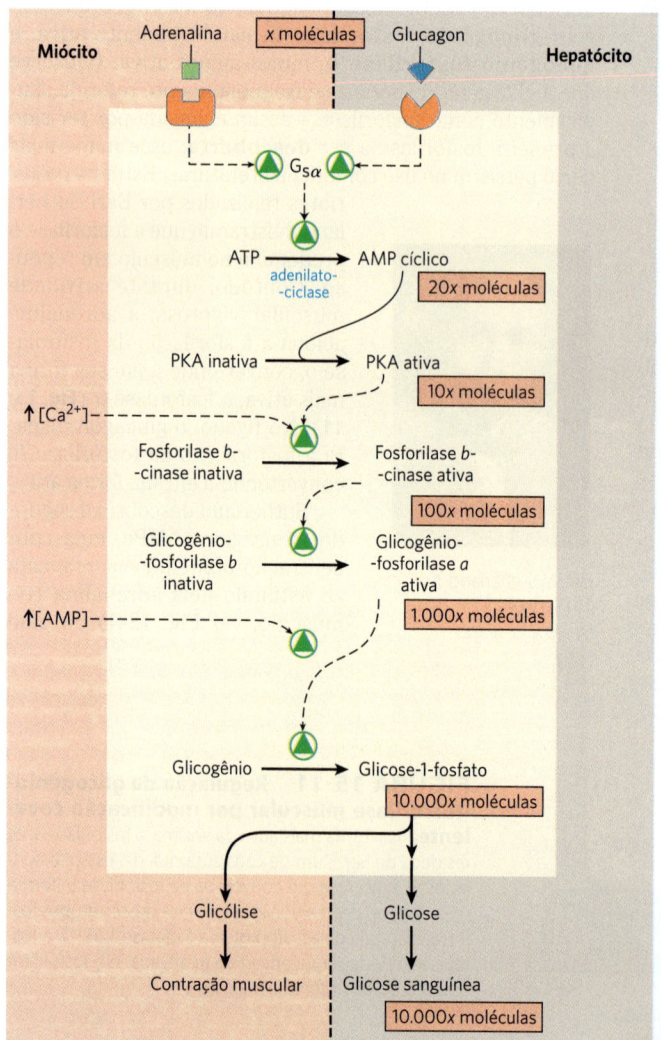

**FIGURA 15-12 Mecanismo de cascata para a ação da adrenalina e do glucagon.** Tanto a adrenalina nos miócitos (à esquerda) como o glucagon nos hepatócitos (à direita) se ligam a receptores específicos de superfície e ativam uma proteína de ligação a GTP, $G_{sα}$. A $G_{sα}$, quando ativada, causa um aumento na [AMPc], ativando a PKA. Isso inicia uma cascata de fosforilações; a PKA ativa a fosforilase b-cinase, que ativa a glicogênio-fosforilase. Essas cascatas causam uma grande amplificação do sinal inicial; os números nos retângulos em vermelho-claro são provavelmente uma subestimativa do aumento real do número de moléculas em cada estágio da cascata. A subsequente degradação do glicogênio fornece glicose, que, no miócito, pode suprir ATP (via glicólise) para a contração muscular, e, no hepatócito, é liberada para o sangue para se contrapor à baixa glicose sanguínea.

## 15.3 REGULAÇÃO COORDENADA DA DEGRADAÇÃO E DA SÍNTESE DO GLICOGÊNIO

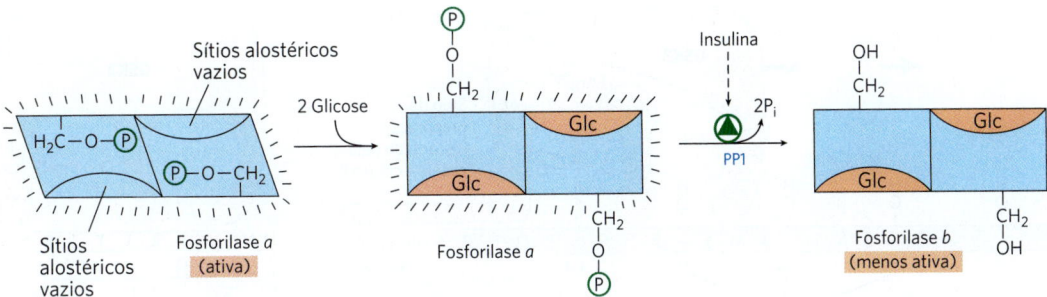

**FIGURA 15-13 A glicogênio-fosforilase do fígado como um sensor de glicose.** A ligação da glicose a um sítio alostérico da isoenzima hepática da fosforilase *a* induz uma mudança conformacional que expõe seus resíduos de Ser fosforilados à ação da fosfoproteína-fosfatase 1 (PP1). Essa fosfatase converte a fosforilase *a* em fosforilase *b*, reduzindo drasticamente a atividade de fosforilase e diminuindo a velocidade de degradação do glicogênio em resposta à alta glicose sanguínea. A insulina também age indiretamente na estimulação da PP1 e na diminuição da velocidade de degradação do glicogênio.

Quando o músculo retorna ao repouso, uma segunda enzima, a **fosfoproteína-fosfatase 1** (**PP1**), remove os grupos fosforila da fosforilase *a*, convertendo-a em sua forma menos ativa, a fosforilase *b* (ver Fig. 15-11).

À semelhança da enzima do músculo, a glicogênio-fosforilase do fígado é regulada hormonal (por fosforilação/desfosforilação) e alostericamente. A forma desfosforilada é totalmente inativa. Quando o nível de glicose sanguínea está muito baixo, o glucagon (agindo por meio do mecanismo de cascata, mostrado na Fig. 15-12) ativa a fosforilase *b*-cinase, que, por sua vez, converte a fosforilase *b* em sua forma ativa *a*, iniciando a liberação da glicose para o sangue. Quando o nível sanguíneo de glicose retorna ao normal, a glicose entra nos hepatócitos e se liga a um sítio alostérico inibitório na fosforilase *a*. Essa ligação também produz uma mudança de conformação que expõe os resíduos fosforilados de Ser à PP1, que catalisa a desfosforilação desses resíduos, inativando a fosforilase (**Fig. 15-13**). O sítio alostérico para a glicose permite à glicogênio-fosforilase hepática atuar como seu próprio sensor de glicose e responder adequadamente às alterações na glicose sanguínea.

### A glicogênio-sintase também está sujeita a múltiplos níveis de regulação

Assim como a glicogênio-fosforilase, a glicogênio-sintase pode existir nas formas fosforilada e desfosforilada (**Fig. 15-14**). A sua forma ativa, a **glicogênio-sintase** *a*, é não fosforilada. **P4** A **glicogênio-sintase-cinase 3** (**GSK3**) adiciona grupos fosforila a três resíduos de Ser próximos à extremidade carboxiterminal da glicogênio--sintase *a*, convertendo-a em **glicogênio-sintase** *b*, que é inativa, a menos que seu ativador alostérico, a glicose-6-fosfato, esteja presente. A ação da GSK3 é hierárquica; ela só pode fosforilar a glicogênio-sintase depois que outra proteína-cinase, a **caseína-cinase II** (**CKII**), tenha fosforilado a glicogênio-sintase em um resíduo próximo, evento chamado de **preparação** (**Fig. 15-15a**). A proteína-cinase ativada por AMP (AMPK), que se associa aos grânulos de glicogênio por meio de seu domínio de ligação a carboidratos, também fosforila a glicogênio-sintase, inibindo a síntese de glicogênio durante períodos de estresse metabólico, sinalizado por alta [AMP] e baixa [ATP].

A insulina favorece a ativação da glicogênio-sintase ao bloquear a atividade da GSK3 e ativar a PP1. No músculo, a adrenalina ativa a PKA, que fosforila a proteína de associação ao glicogênio, G$_M$ (ver Fig. 15-16), uma subunidade reguladora da PP1 no músculo, em um sítio que causa a dissociação da PP1 do glicogênio, bloqueando efetivamente sua ação sobre a glicogênio-sintase.

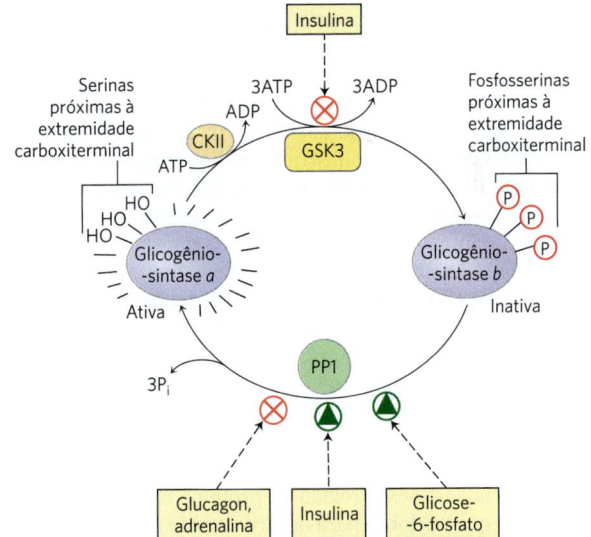

**FIGURA 15-14 Efeitos da GSK3 sobre a atividade da glicogênio-sintase.** A glicogênio-sintase *a*, a forma ativa, tem três resíduos de Ser próximos à extremidade carboxiterminal. A fosforilação desses resíduos pela glicogênio-sintase-cinase 3 (GSK3) converte a glicogênio-sintase em sua forma *b*, inativa. A insulina favorece a forma *a* ativa da glicogênio-sintase ao bloquear a atividade da GSK3 e ativar a fosfoproteína-fosfatase 1 (PP1). No músculo, a adrenalina ativa a PKA, que fosforila a proteína de associação ao glicogênio, G$_M$, em um sítio que causa a dissociação da PP1 do glicogênio. A glicose-6-fosfato favorece a desfosforilação da glicogênio-sintase ao se ligar a ela e promover uma conformação que é um bom substrato para a PP1.

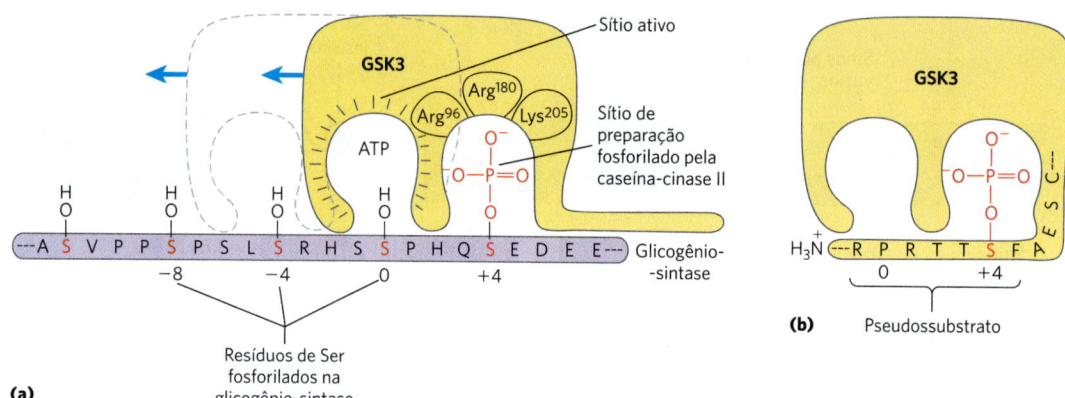

**FIGURA 15-15 Preparação para a fosforilação da glicogênio-sintase pela GSK3.** (a) A glicogênio-sintase-cinase 3 associa-se primeiramente ao seu substrato (glicogênio-sintase) por interação entre três resíduos carregados positivamente (Arg$^{96}$, Arg$^{180}$, Lys$^{205}$) e um resíduo de fosfosserina na posição +4 no substrato. (Para orientação, é atribuído o índice 0 ao resíduo de Ser ou Thr a ser fosforilado no substrato. Os resíduos no lado aminoterminal desse resíduo estão numerados como −1, −2, e assim por diante; os resíduos no lado carboxiterminal estão numerados como +1, +2, e assim por diante.) Essa associação alinha o sítio ativo da enzima com o resíduo de Ser na posição 0, que ela fosforila. Isso cria um novo sítio de preparação, e a enzima se desloca ao longo da proteína para fosforilar o resíduo de Ser na posição −4 e, a seguir, a Ser na posição −8. (b) A GSK3 tem um resíduo de Ser próximo à sua extremidade aminoterminal que pode ser fosforilado pela PKA ou pela PKB. Isso produz uma região de "pseudossubstrato" na GSK3, que se dobra para o sítio de preparação e torna o sítio ativo inacessível a outro substrato proteico, inibindo a GSK3 até que a PP1 remova o grupo fosforila da região do pseudossubstrato. Outras proteínas que são substrato para a GSK3 também têm um sítio de preparação na posição +4, que deve ser fosforilado por outra proteína-cinase antes que a GSK3 possa agir sobre elas.

No fígado, a conversão da glicogênio-sintase *b* em sua forma ativa é promovida pela PP1, que se encontra ligada à partícula de glicogênio por meio de sua subunidade reguladora no fígado, a G$_L$. A PP1 remove os grupos fosforila dos três resíduos de Ser fosforilados pela GSK3. A glicose-6-fosfato liga-se a um sítio alostérico na glicogênio-sintase, tornando a enzima um substrato melhor para a desfosforilação pela PP1 e causando sua ativação. Por analogia com a glicogênio-fosforilase, que age como sensor de glicose, a glicogênio-sintase pode ser considerada um sensor de glicose-6-fosfato. No músculo, uma fosfatase diferente pode ter o mesmo papel desempenhado pela PP1 no fígado, ativando a glicogênio-sintase por desfosforilação.

Conforme visto no Capítulo 12, uma maneira pela qual a insulina desencadeia mudanças intracelulares é pela ativação de uma proteína-cinase (PKB), que, por sua vez, fosforila e inativa a GSK3 (ver Fig. 12-23). A fosforilação de um resíduo de Ser próximo da extremidade aminoterminal da GSK3 converte essa região da proteína em um pseudossubstrato, que se dobra para dentro do sítio ao qual normalmente se liga o resíduo de Ser previamente fosforilado na preparação para a fosforilação (Fig. 15-15b). Isso impede a GSK3 de se ligar ao sítio de preparação do substrato verdadeiro, inativando, assim, a enzima, o que faz pender o balanço a favor da desfosforilação da glicogênio-sintase pela PP1. A glicogênio-fosforilase também pode afetar a fosforilação da glicogênio-sintase: a glicogênio-fosforilase ativada inibe a PP1 diretamente, impedindo-a de ativar a glicogênio-sintase (Fig. 15-14).

▶**P4** A insulina estimula a síntese do glicogênio ao ativar a PP1 e inativar a GSK3. Essa única enzima, a PP1, pode remover grupos fosforila de todas as três enzimas que são fosforiladas em resposta ao glucagon (no fígado) e à adrenalina (no fígado e no músculo): fosforilase-cinase, glicogênio-fosforilase e glicogênio-sintase. A subunidade catalítica da PP1 (PP1c) não existe na forma livre no citosol. Ela está firmemente ligada às suas proteínas-alvo por uma subunidade reguladora tecido-específica, uma proteína da família das **proteínas de associação ao glicogênio** que se liga ao glicogênio e a cada uma das três enzimas (**Fig. 15-16**). A própria PP1 está sujeita à regulação covalente e alostérica: ela é inativada quando fosforilada pela PKA e é ativada alostericamente pela glicose-6-fosfato.

## Sinais alostéricos e hormonais coordenam globalmente o metabolismo dos carboidratos

Após abordar os mecanismos que regulam as enzimas individuais, agora é possível considerar as variações totais no metabolismo dos carboidratos que ocorrem no estado alimentado, durante o jejum e na resposta de luta ou fuga – sinalizados, respectivamente, por insulina, glucagon e adrenalina. É preciso destacar dois casos nos quais a regulação tem finalidades diferentes: (1) o papel dos hepatócitos no suprimento de glicose para o sangue e (2) o uso "egoísta" dos carboidratos como combustível pelos tecidos extra-hepáticos, exemplificados de modo típico pelo músculo esquelético (miócitos), para manter suas próprias atividades.

Após a ingestão de uma refeição rica em carboidratos, a elevação da glicose sanguínea provoca a liberação de insulina (**Fig. 15-17**, parte superior). Nos hepatócitos, a insulina

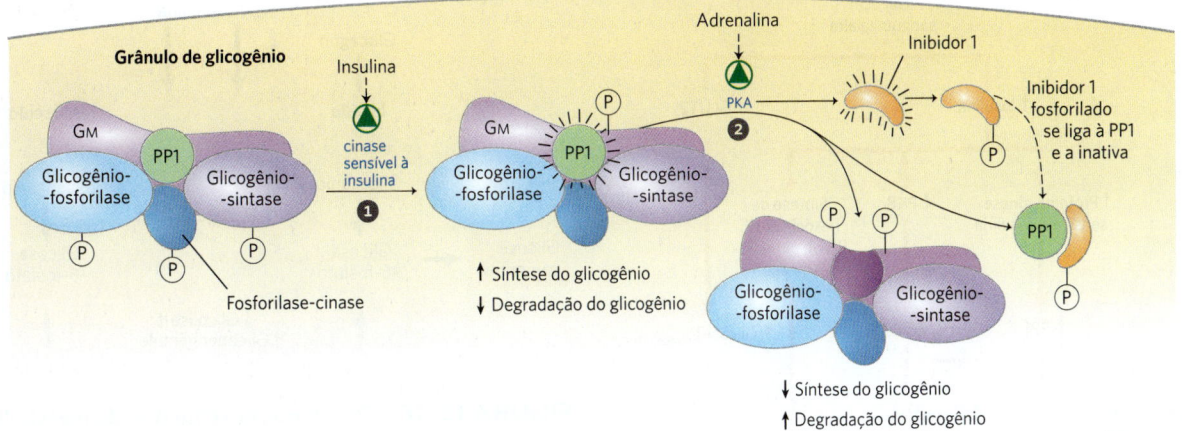

**FIGURA 15-16 Proteína de associação ao glicogênio G<sub>M</sub>.** G<sub>M</sub> é uma subunidade reguladora da PP1 no músculo e faz parte de uma família de proteínas de associação ao glicogênio que serve como um arcabouço, ligando outras proteínas (inclusive a PP1) às partículas de glicogênio. A G<sub>M</sub> pode ser fosforilada em dois sítios diferentes em resposta à insulina ou à adrenalina. ❶ A fosforilação da G<sub>M</sub> no sítio 1, estimulada pela insulina, ativa a PP1, que desfosforila a fosforilase-cinase, a glicogênio-fosforilase e a glicogênio-sintase. ❷ A fosforilação da G<sub>M</sub> no sítio 2 pela PKA, estimulada pela adrenalina, causa a dissociação de PP1 da partícula de glicogênio, impedindo seu acesso à glicogênio-fosforilase e à glicogênio-sintase. A PKA também fosforila uma proteína (inibidor 1) que, quando fosforilada, inibe a PP1. Dessa forma, a insulina estimula a síntese do glicogênio e inibe sua degradação, e a adrenalina (ou o glucagon, no fígado) tem o efeito oposto.

tem dois efeitos imediatos: ela inativa a GSK3 e ativa uma proteína-fosfatase, provavelmente a PP1. Essas duas ações ativam totalmente a glicogênio-sintase. A PP1 também inativa a glicogênio-fosforilase *a* e a fosforilase-cinase pela desfosforilação de ambas, interrompendo de forma efetiva a degradação do glicogênio. A glicose entra no hepatócito por meio do transportador de alta capacidade GLUT2, sempre presente na membrana plasmática, e a glicose intracelular elevada leva à dissociação da hexocinase IV (glicocinase) de sua proteína reguladora nuclear (Fig. 14-21). A hexocinase IV entra no citosol e fosforila a glicose, estimulando a glicólise, além de fornecer o precursor para a síntese de glicogênio. Sob essas condições, os hepatócitos usam o excesso de glicose do sangue para sintetizar glicogênio até o limite de 10% do peso total do fígado.

Entre as refeições, ou durante um jejum prolongado, os níveis de glicose sanguínea caem, provocando a liberação de glucagon, que, agindo por meio da cascata mostrada na Figura 15-12, ativa a PKA. Essa enzima medeia todos os efeitos do glucagon (Fig. 15-17, parte inferior). Ela fosforila: a fosforilase-cinase, ativando-a e levando à ativação da glicogênio-fosforilase; a glicogênio-sintase, inativando-a e impedindo a síntese do glicogênio; e a PFK-2/FBPase-2, levando à queda da concentração do efetor alostérico frutose-2,6--bisfosfato, o que resulta na inativação da enzima glicolítica PFK-1 e na ativação da enzima gliconeogênica FBPase-1 (ver Fig. 14-24). Ela também fosforila e inativa a enzima glicolítica piruvato-cinase. Sob essas condições, o fígado produz glicose-6-fosfato pela degradação do glicogênio e pela gliconeogênese e cessa a utilização da glicose na glicólise ou na síntese de glicogênio, maximizando a quantidade de glicose que pode liberar para o sangue. Essa liberação de glicose é possível somente no fígado e no rim, uma vez que outros tecidos não têm glicose-6-fosfatase (Fig. 15-6).

**P4** A fisiologia do músculo esquelético difere da do fígado em três aspectos importantes para a discussão sobre regulação metabólica (**Fig. 15-18**): (1) o músculo usa seu glicogênio armazenado somente para suas próprias necessidades; (2) quando passa do repouso para a contração vigorosa, o músculo sofre mudanças muito grandes em sua demanda por ATP, que é suprida pela glicólise; (3) o músculo não tem a maquinaria enzimática para a gliconeogênese. A regulação do metabolismo de carboidratos no músculo reflete essas diferenças em relação ao fígado. Em primeiro lugar, os miócitos não apresentam receptores para o glucagon, os quais estão presentes nos hepatócitos. Em segundo lugar, a isoenzima muscular da piruvato-cinase não é fosforilada pela PKA, de modo que a glicólise não é interrompida quando a [AMPc] estiver alta. Na verdade, o AMPc *aumenta* a velocidade da glicólise no músculo, provavelmente por ativar a glicogênio-fosforilase. Quando a adrenalina é liberada no sangue em situações de luta ou fuga, a PKA é ativada pela elevação da [AMPc] e fosforila e ativa a glicogênio--fosforilase-cinase. A consequente fosforilação e ativação da glicogênio-fosforilase resulta em degradação mais rápida do glicogênio. A adrenalina não é liberada em condições de baixo estresse, porém, com cada estímulo neuronal da contração muscular, a [Ca$^{2+}$] no citosol aumenta brevemente e ativa a fosforilase-cinase por meio de sua subunidade calmodulina.

A elevação da insulina causa o aumento da síntese do glicogênio nos miócitos pela ativação da PP1 e inativação

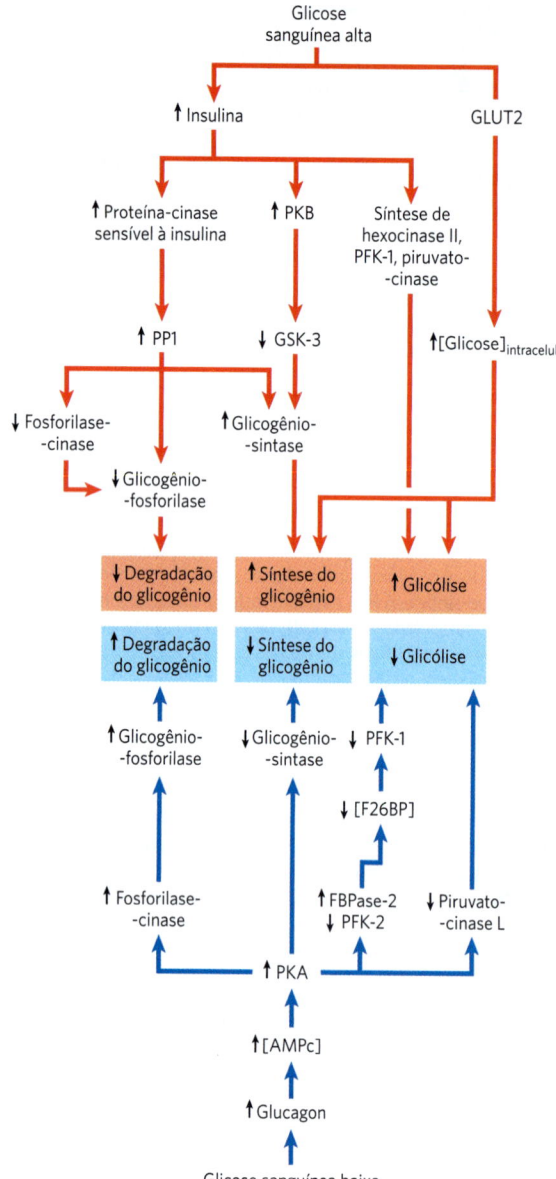

**FIGURA 15-17 Regulação do metabolismo de carboidratos no fígado.** As setas coloridas indicam relações causais entre as mudanças que conectam. Por exemplo, uma seta de ↓A para ↑B significa que a redução de A causa o aumento de B. As setas vermelhas conectam eventos resultantes da glicose sanguínea alta; as setas azuis conectam eventos resultantes da glicose sanguínea baixa.

da GSK3. Ao contrário dos hepatócitos, os miócitos têm uma reserva de transportadores GLUT4 sequestrados em vesículas intracelulares. A insulina provoca o seu deslocamento para a membrana plasmática (ver Fig. 12-23), onde eles permitem o aumento na captação de glicose. Em consequência, portanto, os miócitos ajudam a baixar a glicose sanguínea em resposta à insulina, uma vez que aumentam a taxa de captação de glicose, a síntese de glicogênio e a glicólise.

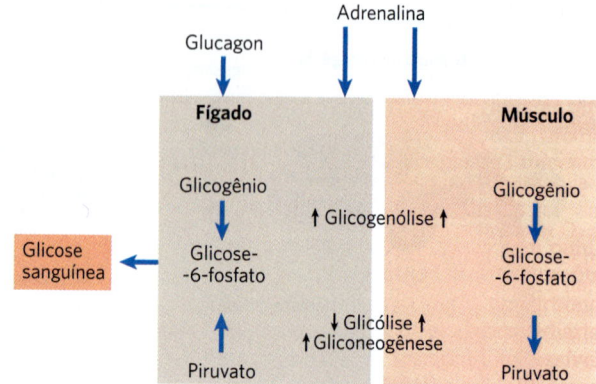

**FIGURA 15-18 Diferenças na regulação do metabolismo de carboidratos no fígado e no músculo.** No fígado, glucagon (indicando baixa glicose sanguínea) ou adrenalina (sinalizando a necessidade de luta ou fuga) têm o efeito de maximizar a saída da glicose para a corrente sanguínea. No músculo, a adrenalina aumenta a degradação do glicogênio e a glicólise, que, juntas, fornecem combustível para a produção do ATP necessário na contração muscular.

## Os metabolismos de carboidratos e de lipídeos são integrados por mecanismos hormonais e alostéricos

Embora complexa, a regulação do metabolismo de carboidratos está longe de representar todo o metabolismo energético. ▶P4 O metabolismo das gorduras e dos ácidos graxos está intimamente ligado ao dos carboidratos. Sinais hormonais como insulina e alterações na dieta ou no exercício são igualmente importantes na regulação do metabolismo das gorduras e na integração com o metabolismo dos carboidratos. O Capítulo 23 volta a abordar essa integração metabólica global em mamíferos, após serem estudadas as vias metabólicas das gorduras e dos aminoácidos (Capítulos 17 e 18). A mensagem que se deseja transmitir aqui é de que as vias metabólicas estão sujeitas a controles reguladores complexos extremamente sensíveis a alterações nas condições metabólicas. Esses mecanismos agem no ajuste do fluxo de metabólitos por várias vias metabólicas, conforme a necessidade da célula e do organismo, e o fazem sem causar alterações importantes nas concentrações dos intermediários compartilhados por outras vias.

### RESUMO 15.3 Regulação coordenada da degradação e da síntese do glicogênio

■ A glicogênio-fosforilase é ativada em resposta à adrenalina (no músculo) ou ao glucagon (no fígado), que aumentam a [AMPc] e ativam a PKA. A PKA fosforila e ativa a fosforilase-cinase, que converte a glicogênio-fosforilase $b$ em sua forma $a$, ativa. No músculo, $Ca^{2+}$ e AMP atuam alostericamente, amplificando a atividade de enzimas nessa cascata. No fígado, a glicose atua alostericamente, tornando a fosforilase $a$ mais suscetível à desfosforilação/inativação pela fosfoproteína-fosfatase 1 (PP1).

■ A glicogênio-sintase $a$ é inativada por fosforilação, catalisada no final pela GSK3, mas preparada por fosforilação por outras cinases. A insulina determina a inativação da GSK3 e a ativação da PP1, favorecendo a atividade da glicogênio-sintase $a$ e estimulando a síntese do glicogênio. A glicose-6-fosfato atua alostericamente, tornando a glicogênio-sintase $b$ um melhor substrato para a PP1, que a desfosforila, levando à sua forma $a$, ativa.

■ No fígado, o glucagon estimula a degradação do glicogênio e a gliconeogênese, enquanto bloqueia a glicólise, poupando, dessa forma, glicose para exportá-la para o encéfalo e outros tecidos. No músculo, a adrenalina estimula a degradação do glicogênio e a glicólise, fornecendo ATP para sustentar a contração.

■ Outros mecanismos hormonais e alostéricos regulam a utilização de carboidratos e lipídeos como combustíveis metabólicos.

### TERMOS-CHAVE

*Os termos em negrito estão definidos no glossário.*

glicogenólise 558
glicogênese 558
enzima de desramificação 559
fosfoglicomutase 559
nucleotídeos-açúcar 560
UDP-glicose-pirofosforilase 562
enzima de ramificação do glicogênio 563
glicogenina 563
glicogênio-fosforilase $a$ 565
glicogênio-fosforilase $b$ 565

cascata enzimática 566
fosforilase $b$-cinase 566
fosfoproteína-fosfatase 1 (PP1) 567
glicogênio-sintase $a$ 567
glicogênio-sintase-cinase 3 (GSK3) 567
glicogênio-sintase $b$ 567
caseína-cinase II (CKII) 567
preparação 567
proteínas de associação ao glicogênio 568

### QUESTÕES

**1. O glicogênio como reserva de energia: por quanto tempo uma ave cinegética consegue voar?** Desde a Antiguidade, tem-se observado que certas aves cinegéticas, como o galo silvestre, a codorna e o faisão, são facilmente levadas à fadiga. O historiador grego Xenofonte escreveu: "As abetardas [...] podem ser capturadas se o caçador for rápido em espantá-las para que voem, pois elas apenas voarão por uma curta distância, como as perdizes, e logo se cansarão; e sua carne é deliciosa". Os músculos de voo das aves cinegéticas dependem quase que inteiramente do uso de glicose-1-fosfato para produzir energia na forma de ATP (Capítulo 14). A glicose-1-fosfato é produzida pela clivagem do glicogênio armazenado no músculo, catalisada pela enzima glicogênio-fosforilase. A velocidade de produção de ATP é limitada pela velocidade na qual o glicogênio pode ser degradado. Durante um "voo de pânico", a velocidade de clivagem do glicogênio das aves de caça é bastante alta, cerca de 120 $\mu$mol/min de glicose-1-fosfato produzidos por grama de tecido. Dado que os músculos de voo normalmente contêm aproximadamente 0,35% de glicogênio por peso, calcule por quanto tempo uma ave cinegética pode voar. (Considere a massa molecular média de um resíduo de glicose no glicogênio como 162 g/mol.)

**2. Atividade enzimática e função fisiológica** A $V_{máx}$ da glicogênio-fosforilase do músculo esquelético é muito maior do que a $V_{máx}$ da mesma enzima do tecido hepático.

**(a)** Qual é a função fisiológica da glicogênio-fosforilase no músculo esquelético? E no tecido hepático?
**(b)** Por que a $V_{máx}$ da enzima do músculo precisa ser maior do que a da enzima do fígado?

**3. Equilíbrio da glicogênio-fosforilase** A glicogênio-fosforilase catalisa a remoção de glicose do glicogênio. A $\Delta G'^{\circ}$ para essa reação é de 3,1 kJ/mol.

**(a)** Calcule a razão entre a [P$_i$] e a [glicose-1-fosfato] quando a reação está em equilíbrio. (Dica: a remoção de unidades de glicose do glicogênio não altera a concentração do glicogênio.)
**(b)** A razão [P$_i$]/[glicose-1-fosfato] medida nos miócitos em condições fisiológicas é maior que 100:1. O que isso indica a respeito do sentido do fluxo metabólico pela reação da glicogênio-fosforilase no músculo?
**(c)** Por que as razões no equilíbrio e em condições fisiológicas são diferentes? Qual é o possível significado dessa diferença?

**4. Regulação da glicogênio-fosforilase** No tecido muscular, a taxa de conversão do glicogênio em glicose-6-fosfato é determinada pela razão entre a fosforilase $a$ (ativa) e a fosforilase $b$ (menos ativa). Determine o que acontecerá com a taxa de degradação do glicogênio se uma preparação de células lisadas de músculo contendo glicogênio-fosforilase for tratada com **(a)** fosforilase-cinase e ATP; **(b)** PP1; **(c)** adrenalina.

**5. Degradação do glicogênio em músculo de coelho** O uso intracelular da glicose e do glicogênio é rigidamente regulado em quatro pontos. Para comparar a regulação da glicólise quando existe oxigênio abundante ou oxigênio escasso, considere a utilização da glicose e do glicogênio pelo músculo da perna de coelho em duas condições fisiológicas: coelho em repouso, com baixa demanda por ATP, e coelho que vê seu inimigo mortal, o coiote, e dispara para sua toca. Para cada condição, determine os níveis relativos (alto, intermediário ou baixo) de AMP, ATP, citrato e acetil-CoA e descreva como esses níveis afetam o fluxo de metabólitos pela glicólise com a regulação de enzimas específicas. (Dica: em períodos de estresse, o músculo da perna do coelho produz a maior parte do ATP por glicólise anaeróbica – fermentação a lactato – e muito pouco por oxidação da acetil-CoA derivada da degradação das gorduras.)

**6. Degradação do glicogênio em aves migratórias** Diferentemente do coelho, que corre a toda velocidade por poucos momentos para fugir de um predador, as aves migratórias necessitam de energia por longos períodos. Os patos, por exemplo, geralmente voam vários milhares de quilômetros durante a sua migração anual. Os músculos de voo dos pássaros migratórios têm alta capacidade oxidativa e obtêm o ATP necessário por meio da oxidação da acetil-CoA (obtida das gorduras) via ciclo do ácido cítrico. Compare a regulação da glicólise no músculo durante intensa atividade de curta duração, como no caso do coelho em fuga, e durante uma atividade prolongada, como no caso do pato migratório. Por que a regulação deve ser diferente nos dois casos?

**7. Defeitos enzimáticos no metabolismo dos carboidratos** Considere os quatro estudos de caso clínico a seguir, de A a D. Para cada caso, determine qual enzima está deficiente e escolha um tratamento apropriado entre as listas fornecidas ao final da questão. Justifique suas escolhas. Responda às perguntas em cada estudo de caso. (Talvez você precise recorrer a informações do Capítulo 14.)

*Caso A:* O paciente apresenta vômito e diarreia logo após a ingestão de leite. O médico solicita um teste de tolerância à lactose. (O paciente ingere uma quantidade padrão de lactose, e as concentrações plasmáticas de glicose e de galactose são medidas a intervalos. Nas pessoas com metabolismo de carboidratos normal, os níveis aumentam até o máximo em cerca de 1 hora e, então, diminuem.) As concentrações sanguíneas de glicose e de galactose do paciente não aumentaram durante o teste. Por que a glicose e a galactose aumentam no sangue e depois diminuem durante o teste em pessoas saudáveis? Por que elas não aumentam no paciente?

*Caso B:* O paciente apresenta vômito e diarreia após a ingestão de leite. No seu exame de sangue, foi encontrada uma baixa concentração de glicose, mas uma concentração muito mais alta do que o normal de açúcares redutores. O exame de urina teve resultado positivo para galactose. Por que a concentração de açúcares redutores está alta no sangue? Por que a galactose aparece na urina?

*Caso C:* O paciente queixa-se de cãibras musculares dolorosas quando executa exercício físico extenuante, mas não tem outros sintomas. Uma biópsia de músculo indica concentração de glicogênio muito mais alta do que o normal. Por que o glicogênio se acumula?

*Caso D:* A paciente está letárgica, seu fígado está aumentado e uma biópsia do órgão mostra quantidade excessiva de glicogênio. Ela também tem um nível de glicose sanguínea mais baixo do que o normal. Qual é a razão para a baixa glicemia nessa paciente?

*Enzima com defeito*
(a) PFK-1 muscular
(b) Fosfomanose-isomerase
(c) Galactose-1-fosfato-uridiltransferase
(d) Glicogênio-fosforilase hepática
(e) Triose-cinase
(f) Lactase da mucosa intestinal
(g) Maltase da mucosa intestinal
(h) Enzima de desramificação muscular

*Tratamento*
1. Corrida diária de 5 km
2. Dieta livre de gorduras
3. Dieta com baixa lactose
4. Evitar exercícios extenuantes
5. Altas doses de niacina (o precursor do NAD)
6. Refeições frequentes de uma dieta normal em pequenas porções

**8. Efeitos da insuficiência de insulina em uma pessoa diabética** Um homem com diabetes insulinodependente é levado à emergência em estado quase comatoso. Enquanto passava férias em um local isolado, ele perdeu a medicação de insulina e estava há 2 dias sem tomar o hormônio.

**(a)** Para cada tecido listado ao final da questão, indique a velocidade de cada uma das vias (mais rápida, mais lenta ou inalterada) nesse paciente em comparação com o nível normal obtido quando ele recebe quantidades apropriadas de insulina.

**(b)** Para cada via, descreva pelo menos um mecanismo de controle responsável pela mudança prevista.

*Tecido e vias*
1. Adiposo: síntese de ácidos graxos
2. Muscular: glicólise; síntese de ácidos graxos; síntese de glicogênio
3. Hepático: glicólise; gliconeogênese; síntese de glicogênio; síntese de ácidos graxos; via das pentoses-fosfato

**9. Metabólitos sanguíneos na insuficiência de insulina** Preveja, para o paciente descrito na Questão 8, os níveis dos seguintes metabólitos no seu sangue *antes* do tratamento na emergência em relação aos níveis mantidos durante um tratamento adequado com insulina: **(a)** glicose; **(b)** corpos cetônicos; **(c)** ácidos graxos livres.

**10. Efeitos metabólicos de enzimas mutantes** Preveja e explique o efeito de cada um dos seguintes defeitos, causados por mutações, sobre o metabolismo do glicogênio: **(a)** perda do sítio de ligação ao AMPc na subunidade reguladora da proteína-cinase A (PKA); **(b)** perda do inibidor da fosfoproteína-fosfatase (inibidor 1 na Fig. 15-16); **(c)** superexpressão da fosforilase *b*-cinase no fígado; **(d)** receptores de glucagon defeituosos no fígado.

**11. Controle hormonal do metabolismo energético** Entre o jantar e o café da manhã, a sua glicose sanguínea diminui e fígado torna-se um produtor de glicose, em vez de consumidor. Descreva a base hormonal para essa troca e explique como a mudança hormonal desencadeia a produção de glicose pelo fígado.

**12. Metabolismo alterado em camundongos modificados geneticamente** Pesquisadores podem modificar os genes de um camundongo de forma que um único gene em um único tecido produza uma proteína inativa (camundongo nocaute) ou uma proteína sempre ativa (constitutivamente). Quais efeitos sobre o metabolismo podem ser previstos para camundongos com as seguintes alterações genéticas? **(a)** Nocaute da enzima de desramificação do glicogênio no fígado; **(b)** nocaute da hexocinase IV no fígado; **(c)** nocaute da FBPase-2 no fígado; **(d)** FBPase-2 constitutivamente ativa no fígado; **(e)** AMPK constitutivamente ativa no músculo; **(f)** ChREBP constitutivamente ativo no fígado (ver Fig. 14-28).

### QUESTÃO DE ANÁLISE DE DADOS

**13. Estrutura ideal do glicogênio** As células musculares precisam de acesso rápido a grandes quantidades de glicose durante o exercício intenso. Essa glicose é armazenada no fígado e no músculo esquelético na forma polimérica como partículas de glicogênio. A partícula β de glicogênio típica contém cerca de 55.000 resíduos de glicose (ver Fig. 15-2). Meléndez-Hevia, Waddell e Shelton (1993) investigaram alguns aspectos teóricos da estrutura do glicogênio, conforme descrito a seguir.

**(a)** A concentração celular de glicogênio no fígado é de cerca de 0,01 $\mu$M. Qual é a concentração celular de glicose livre necessária para armazenar uma quantidade equivalente de glicose? Por que essa concentração de glicose livre representaria um problema para a célula?

A glicose é liberada do glicogênio pela glicogênio-fosforilase, enzima que pode remover moléculas de glicose, uma de cada vez, da extremidade de uma cadeia de glicogênio (ver Fig. 15-3). As cadeias de glicogênio são ramificadas (ver Fig. 15-2), e o grau de ramificação – o número de ramificações por cadeia – tem uma influência poderosa sobre a velocidade com que a glicogênio-fosforilase libera glicose.

**(b)** Por que um grau de ramificação muito baixo (i.e., abaixo de um nível ideal) reduziria a velocidade de liberação de glicose? (Dica: considere o caso extremo de uma cadeia não ramificada com 55.000 resíduos de glicose.)

**(c)** Por que um grau de ramificação muito alto também reduziria a velocidade de liberação de glicose? (Dica: pense nas restrições físicas.)

Meléndez-Hevia e colaboradores fizeram uma série de cálculos e chegaram à conclusão de que duas ramificações por cadeia (ver Fig. 15-2) representam o número ideal, considerando-se as restrições recém-descritas. Isso é o que se encontra no glicogênio armazenado no músculo e no fígado.

Para determinar o número ideal de resíduos de glicose por cadeia, Meléndez-Hevia e colaboradores consideraram dois parâmetros-chave que definem a estrutura de uma partícula de glicogênio: $t$ = o número de camadas de cadeias de glicose em uma partícula (a molécula na Fig. 15-2 tem cinco camadas); $g_c$ = o número de resíduos de glicose em cada cadeia. Eles decidiram encontrar os valores de $t$ e $g_c$ que poderiam maximizar três quantidades: (1) a quantidade de glicose armazenada na partícula ($G_T$) por unidade de volume; (2) o número de cadeias de glicose não ramificadas ($C_A$) por unidade de volume (i.e., o número de cadeias A na camada mais externa, acessível à glicogênio-fosforilase); e (3) a quantidade de glicose disponível para a fosforilase nessas cadeias não ramificadas ($G_{PT}$).

**(d)** Demonstre que $C_A = 2^{t-1}$. Esse é o número de cadeias disponíveis para a glicogênio-fosforilase antes da ação da enzima de desramificação.

**(e)** Demonstre que $C_T$, o número total de cadeias na partícula, é dado por $C_T = 2^t - 1$. Para esse cálculo, considere que os iniciadores são uma única cadeia. Assim, $G_T = g_c(C_T) = g_c(2^t - 1)$, o número total de resíduos de glicose na partícula.

**(f)** A glicogênio-fosforilase não pode remover resíduos de glicose de cadeias de glicogênio que tenham menos de cinco resíduos. Demonstre que $G_{PT} = (g_c - 4)(2^{t-1})$. Essa é a quantidade de glicose facilmente disponível para a glicogênio-fosforilase.

**(g)** Com base no tamanho dos resíduos de glicose e na localização das ramificações, a espessura de uma camada de glicogênio é de $0,12\ g_c$ nm + 0,35 nm. Demonstre que o volume de uma partícula, $V_s$, é dado pela equação $V_s = 4/3\ \pi t^3 (0,12 g_c + 0,35)^3$ nm³.

Meléndez-Hevia e colaboradores determinaram, então, os valores ideais de $t$ e $g_c$ – aqueles que dão o valor máximo para uma função de qualidade, $f$, que maximiza $G_T$, $C_A$ e $G_{PT}$, enquanto minimiza $V_s$: $f = \dfrac{G_T C_A G_{PT}}{V_s}$. Eles descobriram que o valor ideal de $g_c$ é independente de $t$.

**(h)** Escolha um valor de $t$ entre 5 e 15 e determine o valor máximo de $g_c$. Como esse valor se compara com o de $g_c$ encontrado no glicogênio hepático (ver Fig. 15-2)? (Dica: talvez seja útil usar uma planilha de dados.)

### Referência

**Meléndez-Hevia, E., T.G. Waddell e E.d. Shelton. 1993.** Optimization of molecular design in the evolution of metabolism: the glycogen molecule. *Biochem. J.* 295:477–483.

# Capítulo 16

# CICLO DO ÁCIDO CÍTRICO

**16.1** Produção de acetil-CoA (acetato ativado) 575
**16.2** Reações do ciclo do ácido cítrico 578
**16.3** O nodo central do metabolismo intermediário 590
**16.4** Regulação do ciclo do ácido cítrico 593

Como visto no Capítulo 14, algumas células obtêm energia (ATP) pela fermentação, degradando a glicose na ausência de oxigênio. Para a maioria das células eucarióticas e muitas bactérias, que vivem em condições aeróbicas e oxidam os combustíveis orgânicos a dióxido de carbono e água, a glicólise é apenas a primeira etapa para a oxidação completa da glicose. Em vez de ser reduzido a lactato, etanol ou algum outro produto da fermentação, o piruvato produzido pela glicólise é posteriormente oxidado a $CO_2$ e $H_2O$ por meio do processo de **respiração celular**.

A respiração celular ocorre em três estágios principais (**Fig. 16-1**), cujos dois primeiros serão discutidos neste capítulo. No primeiro estágio, moléculas combustíveis orgânicas – glicose, ácidos graxos e alguns aminoácidos – são oxidadas para produzir fragmentos de dois carbonos, na forma do grupo acetila da acetil-coenzima A (acetil-CoA). No segundo estágio, os grupos acetila são oxidados a $CO_2$ no **ciclo do ácido cítrico**, também chamado de **ciclo do ácido tricarboxílico (CAT)** ou **ciclo de Krebs** (em homenagem ao seu descobridor, Hans Krebs). Boa parte da energia dessas oxidações é conservada nos carreadores de elétrons NADH e $FADH_2$. No terceiro estágio da respiração, essas coenzimas reduzidas são oxidadas, doando prótons ($H^+$) e elétrons. Os elétrons são transferidos ao $O_2$ via uma série de moléculas carreadoras de elétrons, conhecida como cadeia respiratória, resultando na formação de água. No curso da transferência de elétrons, boa parte da energia liberada pelas reações redox é conservada na forma de ATP, por um processo chamado de fosforilação oxidativa. Esse terceiro estágio será discutido no Capítulo 19.

Hans Krebs, 1900–1981
[Keystone Pictures USA/Alamy.]

Os princípios a seguir guiarão o estudo deste capítulo.

**P1** **O piruvato é o metabólito que liga duas vias catabólicas centrais, a glicólise e o ciclo do ácido cítrico.** Esse é, portanto, um ponto lógico para a regulação que determina a taxa da atividade catabólica e o encaminhamento do piruvato entre as reações possíveis.

**P2** **As reações do ciclo do ácido cítrico seguem uma lógica química.** Em seu papel catabólico, o ciclo do ácido cítrico oxida acetil-CoA, produzindo $CO_2$ e $H_2O$. A energia produzida nessas oxidações é utilizada para a síntese de ATP. As estratégias químicas de ativação de grupos para oxidação e conservação de energia na forma de poder redutor e compostos de alta energia são utilizadas em muitas outras vias bioquímicas.

**P3** **O ciclo do ácido cítrico é um nodo central do metabolismo, para onde convergem vias catabólicas e de onde partem vias anabólicas.** Os grupos acetato (acetil-CoA) resultantes do catabolismo de vários combustíveis são usados na síntese de metabólitos como aminoácidos, ácidos graxos e esteróis. Diversos dos produtos de degradação de muitos aminoácidos e nucleotídeos são intermediários do ciclo, podendo ser usados no ciclo ou desviados para outras vias, conforme as necessidades da célula.

**P4** **O papel central do ciclo do ácido cítrico no metabolismo requer uma regulação coordenada com muitas outras vias.** A regulação ocorre por mecanismos alostéricos e covalentes que se sobrepõem e interagem para alcançar a homeostase. Algumas mutações que afetam as reações do ciclo do ácido cítrico levam à formação de tumores.

**P5** **As enzimas evoluíram para formar complexos de modo a realizar com eficiência uma série de transformações químicas sem liberar os intermediários para o total do solvente.** Essa estratégia, observada no complexo da piruvato-desidrogenase e nos metabolons do ciclo do ácido cítrico, é ubíqua em outras vias do metabolismo, na respiração e nos muitos "-somos", agregados de macromoléculas informacionais que podem ser reunidos ou desmontados.

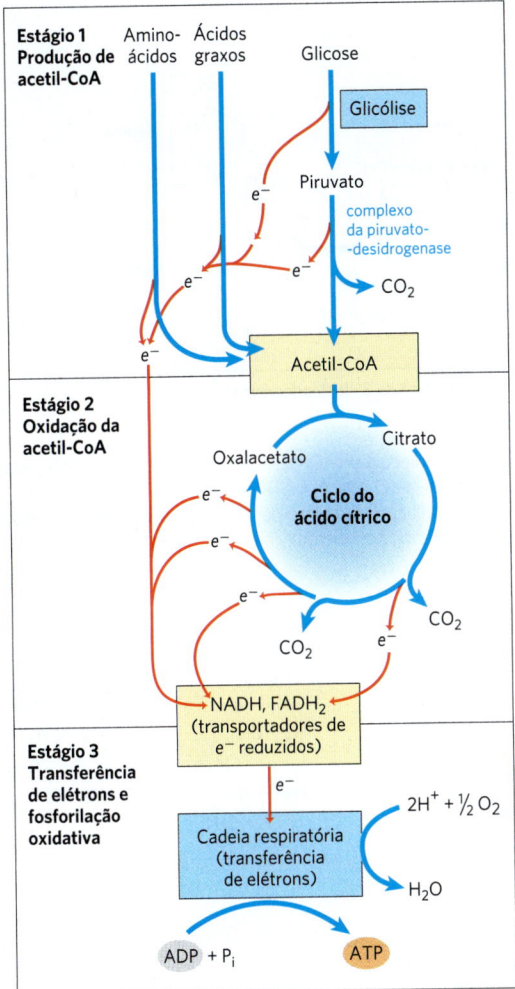

**FIGURA 16-1 Catabolismo de proteínas, gorduras e carboidratos durante os três estágios da respiração celular.** Estágio 1: a oxidação de ácidos graxos, glicose e alguns aminoácidos gera acetil-CoA. Estágio 2: a oxidação dos grupos acetila no ciclo do ácido cítrico inclui quatro etapas nas quais elétrons são removidos. Estágio 3: os elétrons carregados por NADH e FADH$_2$ convergem para uma cadeia de transportadores de elétrons mitocondrial (ou, em bactérias, ligados à membrana plasmática) – a cadeia respiratória –, reduzindo, no final, O$_2$ a H$_2$O. Esse fluxo de elétrons impele a produção de ATP.

## 16.1 Produção de acetil-CoA (acetato ativado)

A coenzima A, ou CoA (**Fig. 16-2**), tem um grupo tiol reativo (—SH) que é crucial para a função da CoA como transportador de acilas em diferentes processos metabólicos, incluindo o ciclo do ácido cítrico. Grupos acila são covalentemente ligados ao grupo tiol, formando **tioésteres**. Devido às suas energias livres padrão relativamente altas para a hidrólise (ver Figs. 13-16, 13-17), os tioésteres têm um alto potencial para a transferência do grupo acila – ou seja, a doação desses grupos a diversas moléculas aceptoras é uma reação favorável. O grupo acila unido à coenzima A pode, portanto, ser considerado "ativado" para transferência.

Nos organismos aeróbios, glicose e outros açúcares, ácidos graxos e a maioria dos aminoácidos são, ao final, oxidados a CO$_2$ e H$_2$O pelo ciclo do ácido cítrico e pela cadeia respiratória. Antes de entrarem no ciclo do ácido cítrico, os esqueletos de carbono dos monossacarídeos e dos ácidos graxos são convertidos no grupo acetila da acetil-CoA, a forma na qual a maioria dos combustíveis entra no ciclo. Muitos dos esqueletos carbonados dos aminoácidos também entram no ciclo como acetato, embora muitos aminoácidos sejam degradados a outros intermediários do ciclo, como succinato e malato, os quais, então, entram no ciclo.

### O piruvato é oxidado a acetil-CoA e CO$_2$

▶ **P1** O piruvato gerado no citosol pela glicólise é um ponto central no metabolismo dos carboidratos, das proteínas e das gorduras. Em condições anaeróbicas, o piruvato pode ser simplesmente reduzido a lactato no citosol, regenerando NAD$^+$ para a produção continuada de ATP na glicólise. O piruvato pode servir como precursor para a síntese de aminoácidos (Capítulo 22). Em eucariotos, o piruvato pode difundir-se para a mitocôndria, passando por aberturas na membrana mitocondrial externa e, depois, para a matriz por meio de um simportador (transportador específico de piruvato acoplado ao transporte de H$^+$) na membrana mitocondrial interna: o **carreador mitocondrial do piruvato** (**CMP**). O piruvato que entra na mitocôndria pode ser oxidado pelo ciclo do ácido cítrico para gerar energia ou, após conversão em acetil-CoA, pode ser utilizado como precursor para a síntese de ácidos graxos e esteróis.

O piruvato é oxidado a acetil-CoA e CO$_2$ na matriz mitocondrial pelo **complexo da piruvato-desidrogenase** (**PDH**), um agrupamento extremamente ordenado de enzimas e cofatores. ▶ **P5** No complexo da PDH, uma série de intermediários químicos permanecem ligados às subunidades das enzimas à medida que o substrato (piruvato) é transformado no produto final (acetil-CoA). Cinco cofatores, quatro derivados de vitaminas, participam do mecanismo da reação. ▶ **P4** A regulação desse complexo enzimático ilustra como uma combinação de modificações covalentes e mecanismos alostéricos resulta em um fluxo precisamente regulado em uma etapa metabólica.

A reação geral catalisada pelo complexo da piruvato-desidrogenase é uma **descarboxilação oxidativa**, um processo de oxidação irreversível no qual o grupo carboxila é removido do piruvato na forma de uma molécula de CO$_2$ e os dois carbonos remanescentes são convertidos no grupo acetila da acetil-CoA (**Fig. 16-3**). O NADH formado nessa reação doa um íon hidreto (:H$^-$) para a cadeia respiratória (Fig. 16-1), que transfere os dois elétrons ao oxigênio ou, em microrganismos anaeróbios, a um aceptor de elétrons alternativo, como o nitrato ou o sulfato. A transferência de elétrons do NADH ao oxigênio gera, ao final, 2,5 moléculas de ATP por par de elétrons. A irreversibilidade da reação do complexo da PDH foi demonstrada por experimentos com marcação isotópica: o complexo não pode ligar CO$_2$ radioativamente marcado à acetil-CoA para formar uma molécula de piruvato com a carboxila marcada.

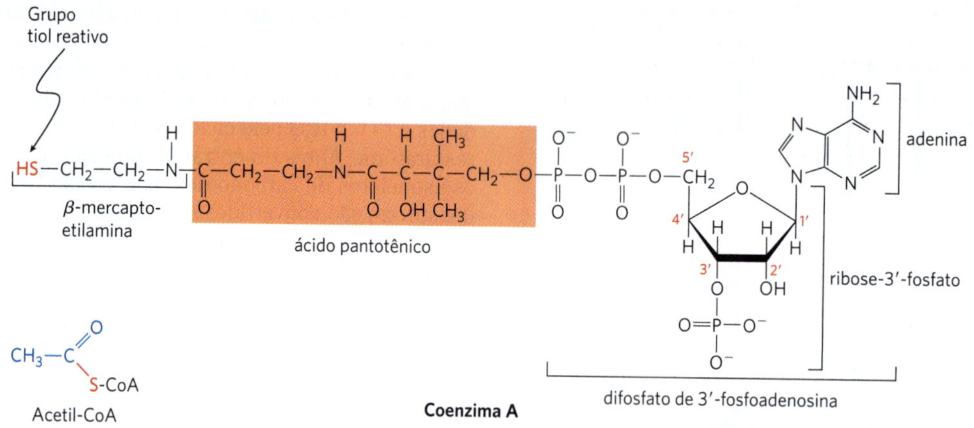

**FIGURA 16-2 Coenzima A (CoA-SH).** Um grupo hidroxila do ácido pantotênico está unido a uma molécula de ADP modificada por uma ligação fosfoéster, e seu grupo carboxila está ligado à β-mercaptoetilamina por uma ligação amida. O grupo hidroxila na posição 3' da molécula de ADP tem um grupo fosfato que não está presente no ADP livre. O grupo —SH da molécula de mercaptoetilamina forma um tioéster com o acetato para formar a acetil-coenzima A (acetil-CoA) (parte inferior, à esquerda).

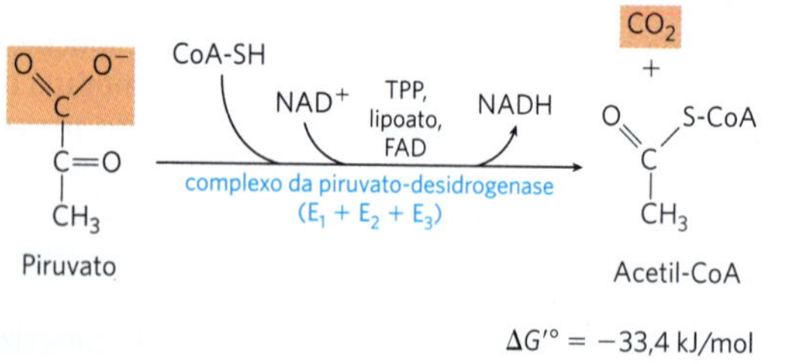

**FIGURA 16-3 Reação geral catalisada pelo complexo da piruvato-desidrogenase.** As cinco coenzimas participantes dessa reação e as três enzimas que formam o complexo são discutidas no texto.

$\Delta G'^\circ = -33,4$ kJ/mol

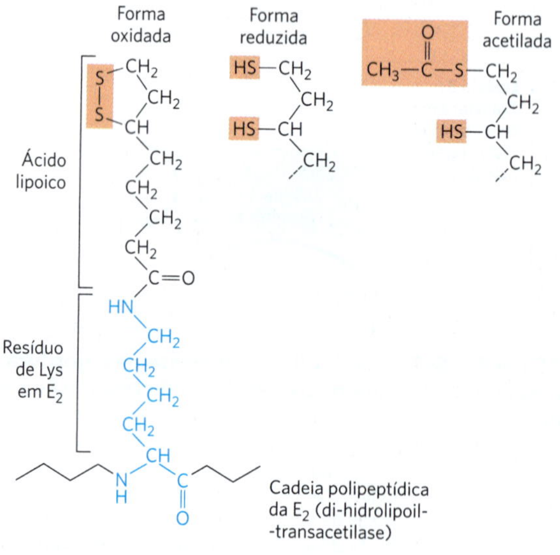

**FIGURA 16-4 Ácido lipoico (lipoato) em ligação amida com um resíduo de Lys.** A porção lipoil-lisina é o grupo prostético da di-hidrolipoil-transacetilase ($E_2$ do complexo da PDH). O grupo lipoila ocorre nas formas oxidada (dissulfeto) e reduzida (ditiol) e atua como transportador de hidrogênio e transportador do grupo acetila (ou de outro grupo acila).

## O complexo da PDH utiliza três enzimas e cinco coenzimas para oxidar o piruvato

A combinação de desidrogenação e descarboxilação do piruvato, que leva ao grupo acetila da acetil-CoA (Fig. 16-3), requer a ação sequencial de três enzimas diferentes e cinco coenzimas ou grupos prostéticos diferentes – pirofosfato de tiamina (TPP), lipoato, coenzima A (CoA, às vezes denominada CoA-SH, para enfatizar a função do grupo —SH), flavina-adenina-dinucleotídeo (FAD) e nicotinamida-adenina-dinucleotídeo (NAD). O TPP já foi estudado como coenzima da piruvato-descarboxilase (ver Fig. 14-13). O **lipoato** (**Fig. 16-4**) tem dois grupos tiol que podem ser reversivelmente oxidados para produzir uma ligação dissulfeto (—S—S—), similar àquela entre dois resíduos de Cys em uma proteína. Devido à sua capacidade de participar de reações de oxidação e redução, o lipoato pode atuar como transportador de elétrons (hidrogênio) e como transportador de acilas, como será visto. A CoA serve como transportador do grupo acila ativado. Os papéis do FAD e do NAD como transportadores de elétrons são descritos no Capítulo 13.

O complexo da PDH contém múltiplas cópias de três enzimas – **piruvato-desidrogenase ($E_1$), di-hidrolipoil-transacetilase ($E_2$)** e **di-hidrolipoil-desidrogenase ($E_3$)** – que catalisam a oxidação do piruvato. O número de cópias de cada enzima e, portanto, o tamanho do complexo variam entre espécies. Um núcleo central é formado por muitas cópias (24 a 60) de $E_2$, cercadas por múltiplas cópias, em números variáveis, de $E_1$ e $E_3$ (**Fig. 16-5**). Duas proteínas reguladoras

## 16.1 PRODUÇÃO DE ACETIL-CoA (ACETATO ATIVADO) 577

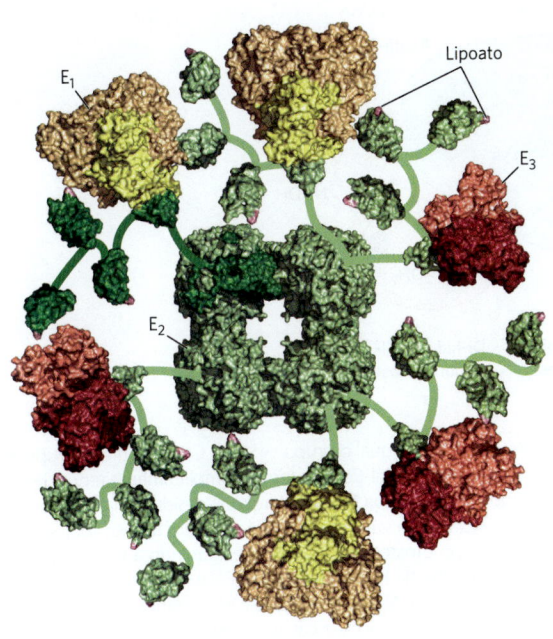

**FIGURA 16-5 Estrutura do complexo da piruvato-desidrogenase.** O complexo é tão grande e flexível que a determinação de sua estrutura necessitou de uma combinação de métodos, incluindo cristalografia por raios X e espectroscopia por RMN; uma vez que as partes individuais foram resolvidas, foi utilizada crio-ME da estrutura global para reunir as peças de diversos organismos e obter esta visão. O núcleo ($E_2$) é da bactéria Gram-negativa *Azotobacter vinelandii*. $E_1$ e $E_3$ são da bactéria Gram-positiva termofílica *Geobacillus stearothermophilus*. $E_1$, piruvato-desidrogenase (em amarelo); $E_2$, di-hidrolipoil-transacetilase (em verde); e $E_3$, di-hidrolipoil-desidrogenase (em vermelho). O núcleo central do complexo da PDH de *Azotobacter* contém 24 cópias de $E_2$, mas apenas seis são mostradas aqui, para simplificar a estrutura. Múltiplas cópias de $E_1$ e $E_3$ cercam o núcleo central, e braços flexíveis (mostrados esquematicamente) estendem-se de $E_2$ para $E_1$ e $E_3$, transportando a porção lipoíla (em rosa) do sítio ativo de uma enzima para o sítio ativo da próxima. As sequências de aminoácidos e as estruturas tridimensionais de domínios individuais mostram que tanto o mecanismo catalítico quanto a estrutura foram conservados na evolução. [Informação obtida de D. Goodsell, doi:10.2210/rcsb_pdb/mom_2012_9. Dados de PDB ID 1LAC F. Dardel et al., *J. Mol. Biol.* 229:1037, 1993; PDB ID 1EAA A. Mattevi et al., *Biochemistry* 32:3887, 1993; PDB ID 1W85 R. A. Frank et al., *Science* 306:872, 2004; PDB ID 1EBD S. S. Mande et al., *Structure* 4:277, 1996.]

também são parte do complexo: uma proteína-cinase e uma fosfoproteína-fosfatase, discutidas a seguir.

O sítio ativo da $E_1$ apresenta TPP ligado de modo não covalente. $E_2$ tem o grupo prostético lipoato, ligado por meio de uma ligação amida ao grupo ε-amino de um resíduo de Lys (Fig. 16-4). $E_2$ tem três domínios funcionalmente distintos: um ou mais (dependendo da espécie) *domínios lipoíla* aminoterminais, contendo os resíduos de lipoíl-Lys; o *domínio de ligação* a $E_1$ e $E_3$ central; e o *domínio aciltransferase* interno, que contém o sítio ativo da aciltransferase. Os domínios de $E_2$ são separados por conectores, sequências de 20 a 30 resíduos de aminoácidos, ricos em Ala e Pro e intercalados com resíduos carregados; e os

conectores tendem a assumir formas estendidas, mantendo os três domínios afastados. A ligação do lipoato à extremidade da cadeia lateral de uma Lys em $E_2$ gera um braço longo e flexível, que pode se mover do sítio ativo de $E_1$ até os sítios ativos de $E_2$ e $E_3$, possivelmente a uma distância de 5 nm ou mais, enquanto mantém o intermediário cativo em toda a sequência de reação. $E_3$ tem FAD fortemente ligado.

**P5** Essa estrutura básica $E_1$—$E_2$—$E_3$ do complexo da PDH também é observada em dois outros complexos enzimáticos que catalisam reações similares: α-cetoglutarato-desidrogenase, que oxida α-cetoglutarato no ciclo do ácido cítrico (descrito a seguir); e desidrogenase dos α-cetoácidos de cadeia ramificada, que oxida α-cetoácidos derivados da degradação dos aminoácidos de cadeia ramificada valina, isoleucina e leucina (ver Fig. 18-28). Em uma dada espécie, $E_3$ é idêntica em todos os três complexos. A notável semelhança na estrutura de proteínas, na exigência de cofatores e nos mecanismos de reação desses três complexos reflete inquestionavelmente uma origem evolutiva comum; eles são parálogos.

### O complexo da PDH canaliza seus intermediários por meio de cinco reações

A **Figura 16-6** mostra esquematicamente como **P5** o complexo da piruvato-desidrogenase conduz as cinco reações consecutivas para a descarboxilação e a desidrogenação do piruvato sem permitir que os intermediários deixem a superfície do complexo. A etapa ❶ é essencialmente idêntica à reação catalisada pela piruvato-descarboxilase (ver Fig. 14-13c); o C-1 do piruvato é liberado como $CO_2$, e o C-2, que no piruvato está no estado de oxidação de um aldeído, é unido ao TPP como um grupo hidroxietila. A primeira etapa é a mais lenta e, consequentemente, limita a velocidade da reação global. Na etapa ❷, o grupo hidroxietila é oxidado ao nível de um ácido carboxílico (acetato). Os dois elétrons removidos nessa reação reduzem a ligação —S—S— de um grupo lipoíla em $E_2$ a dois grupos tiol (—SH). A acetila produzida nessa reação de oxidação-redução é primeiramente esterificada a um dos grupos —SH da lipoíla e, então, transesterificada à CoA para formar acetil-CoA (etapa ❸). Desse modo, a energia da oxidação impele a formação de um tioéster de acetato altamente energético. As reações remanescentes catalisadas pelo complexo da PDH (por $E_3$, nas etapas ❹ e ❺) são transferências de elétrons necessárias para a regeneração da forma oxidada (dissulfeto) do grupo lipoíla de $E_2$, preparando o complexo enzimático para um novo ciclo de oxidação. Os elétrons removidos do grupo hidroxietila derivado do piruvato são passados pelo FAD ao $NAD^+$, formando NADH, que pode entrar na cadeia respiratória.

**P5** Assim, a sequência de cinco reações mostrada na Figura 16-6 é um exemplo de **canalização do substrato**. Os braços oscilantes lipoíl-lisina da $E_2$ aceitam dois elétrons de $E_1$, assim como o grupo acetila derivado do piruvato, e os passam para $E_3$. Os intermediários da sequência em múltiplas etapas nunca deixam o complexo, e a concentração local do substrato de $E_2$ é mantida muito alta. A canalização também evita o "roubo" do grupo acetila ativado por outras enzimas que utilizam esse grupo como substrato. Serão encontradas neste livro outras enzimas que usam

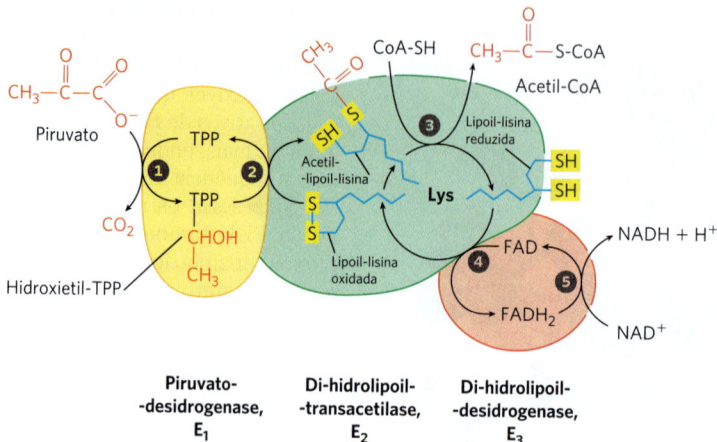

**FIGURA 16-6 Descarboxilação oxidativa do piruvato a acetil-CoA pelo complexo da PDH.** O destino da molécula de piruvato está ressaltado em vermelho. Na etapa ❶, o piruvato reage com o pirofosfato de tiamina (TPP) ligado à piruvato-desidrogenase (E₁), sendo descarboxilado ao derivado hidroxietila. A piruvato-desidrogenase também processa a etapa ❷, a transferência de dois elétrons e do grupo acetila a partir do TPP para a forma oxidada do grupo lipoil-lisina na enzima no centro do complexo, di-hidrolipoil-transacetilase (E₂), formando o acetil-tioéster do grupo lipoil reduzido. A etapa ❸ é uma transesterificação na qual o grupo —SH da CoA substitui o grupo —SH de E₂, produzindo acetil-CoA e a forma completamente reduzida (ditiol) do grupo lipoil. Na etapa ❹, a di-hidrolipoil-desidrogenase (E₃) promove a transferência de dois átomos de hidrogênio dos grupos lipoil reduzidos de E₂ ao grupo prostético FAD de E₃, restaurando a forma oxidada do grupo lipoil-lisina de E₂. Na etapa ❺, o FADH₂ reduzido de E₃ transfere um íon hidreto ao NAD⁺, formando NADH. O complexo enzimático está agora pronto para outro ciclo catalítico. (As cores das subunidades correspondem àquelas na Fig. 16-5.)

um mecanismo de amarração semelhante para canalizar os substratos entre sítios ativos, com lipoato, biotina ou uma estrutura similar à CoA servindo de cofator.

Quatro diferentes vitaminas necessárias para a nutrição humana são componentes vitais do complexo da piruvato-desidrogenase: tiamina (TPP), pantotenato (CoA), riboflavina (FAD) e niacina (NAD). Como pode ser previsto, mutações nos genes das subunidades do complexo da PDH, ou uma deficiência vitamínica na dieta, podem ter graves consequências. Animais com deficiência de tiamina são incapazes de oxidar o piruvato normalmente. Isso é especialmente importante para o encéfalo, que costuma obter toda sua energia por meio da oxidação aeróbica da glicose, em uma via que necessariamente inclui a oxidação do piruvato. O beribéri, doença resultante da deficiência de tiamina, caracteriza-se pela perda de função neural. Essa doença ocorre principalmente em populações cuja dieta consiste basicamente em arroz branco (polido), que carece da casca em que a maior parte da tiamina do arroz é encontrada. Pessoas que consomem habitualmente grandes quantidades de álcool também podem desenvolver deficiência de tiamina, pois uma parte significativa da dieta ingerida consiste em "calorias vazias", sem vitaminas, das bebidas destiladas. O nível de piruvato sanguíneo elevado frequentemente é um indicativo de defeitos na oxidação do piruvato devido a uma dessas causas. ∎

### RESUMO 16.1 Produção de acetil-CoA (acetato ativado)

∎ O piruvato, produto final da glicólise, entra na matriz mitocondrial, onde o complexo da piruvato-desidrogenase (PDH) o oxida completamente a CO₂, acetil-CoA (matéria-prima para o ciclo do ácido cítrico) e NADH.

∎ O complexo supramolecular da PDH inclui múltiplas cópias de três enzimas. A piruvato-desidrogenase (E₁, com TPP ligado) descarboxila o piruvato, produzindo hidroxietil-TPP, que é, então, oxidado a um grupo acetila. Os elétrons dessa oxidação reduzem o dissulfeto do lipoato ligado à E₂ (a di-hidrolipoil-transacetilase), e o grupo acetila é transferido a um dos grupos —SH do lipoato reduzido por meio de uma ligação tioéster. E₂ catalisa a transferência do grupo acetila para a coenzima A, formando acetil-CoA. A di-hidrolipoil-desidrogenase (E₃) catalisa a regeneração da forma dissulfeto (oxidada) do lipoato; os elétrons passam primeiramente ao FAD e, então, ao NAD⁺.

∎ No complexo da PDH, são vistos exemplos de duas estratégias que também são observadas em outros sistemas enzimáticos do metabolismo. A sua organização é muito semelhante àquela dos complexos enzimáticos que catalisam a oxidação do α-cetoglutarato e dos α-cetoácidos de cadeia ramificada. O longo braço lipoil-lisina de E₂ é usado para canalizar o substrato do sítio ativo de E₁ para E₂ e para E₃, mantendo ancorados os intermediários do complexo enzimático e aumentando a eficiência da reação global.

## 16.2 Reações do ciclo do ácido cítrico

Agora, serão focalizados os processos por meio dos quais a acetil-CoA é oxidada. Essa transformação química é realizada pelo ciclo do ácido cítrico, a primeira via *cíclica* que encontramos até aqui (**Fig. 16-7**). Para iniciar uma rodada do ciclo, a acetil-CoA doa seu grupo acetila ao composto de

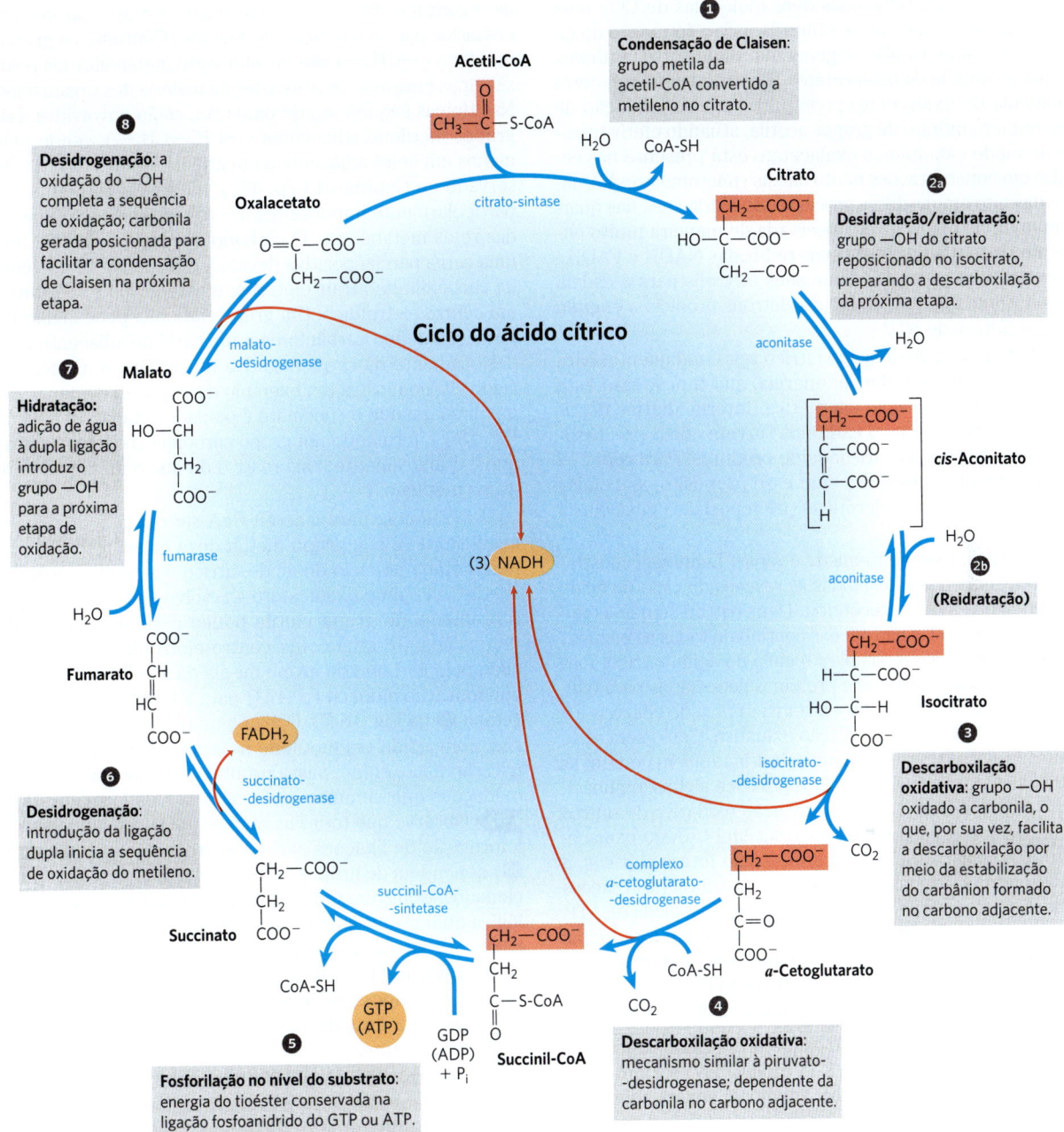

**FIGURA 16-7 Reações do ciclo do ácido cítrico.** Os átomos de carbono sombreados em vermelho são aqueles derivados do acetato da acetil-CoA durante a primeira rodada do ciclo; eles *não* são os carbonos liberados na forma de $CO_2$ durante a primeira rodada. Observe que, no succinato e no fumarato, o grupo de dois carbonos derivado do acetato não pode mais ser especificamente indicado; como succinato e fumarato são moléculas simétricas, C-1 e C-2 são indistinguíveis de C-4 e C-3. As setas em vermelho mostram onde a energia é conservada pela transferência de elétrons ao FAD ou ao $NAD^+$, formando $FADH_2$ ou $NADH + H^+$. As etapas ❶, ❸ e ❹ são essencialmente irreversíveis na célula; todas as outras etapas são reversíveis. O nucleosídeo-trifosfato produzido na etapa ❺ pode ser tanto ATP quanto GTP, dependendo da isoenzima de succinil-CoA-sintetase que está catalisando a reação.

quatro carbonos oxalacetato, formando o composto de seis carbonos citrato. O citrato é, então, transformado em isocitrato, uma molécula que também possui seis carbonos, e desidrogenado com perda de $CO_2$, produzindo o composto de cinco carbonos α-cetoglutarato (também chamado 2-oxoglutarato). O α-cetoglutarato sofre a perda de uma segunda molécula de $CO_2$, produzindo, por fim, o composto succinato, de quatro carbonos. O succinato é, então, convertido por três etapas enzimáticas no composto de quatro carbonos oxalacetato – que está pronto para reagir com outra molécula de acetil-CoA. Em cada rodada do ciclo, entra um grupo acetila (dois carbonos) na forma de acetil-CoA, e são removidas duas moléculas de $CO_2$; uma molécula de oxalacetato é utilizada para a formação do citrato e outra molécula é regenerada. Não ocorre nenhuma remoção líquida de oxalacetato; **P2** teoricamente, outra molécula de oxalacetato pode participar da oxidação de um número infinito de grupos acetila, atuando efetivamente de modo catalítico; o oxalacetato está presente nas células em concentrações muito baixas (micromolares). Quatro das oito etapas desse processo são oxidações, nas quais a energia da oxidação é conservada de maneira muito eficiente na forma das coenzimas reduzidas NADH e $FADH_2$. Esses dois carreadores doam seus elétrons para a cadeia respiratória, em que o fluxo de elétrons propicia a energia para a síntese de ATP.

Embora o ciclo do ácido cítrico seja fundamental para o metabolismo gerador de energia, sua função não está limitada à conservação energética. Intermediários do ciclo com quatro e cinco carbonos servem como precursores para uma ampla variedade de produtos. Para repor os intermediários removidos com esse propósito, as células utilizam reações anapleróticas (de reposição) descritas a seguir.

Em 1948, Eugene Kennedy e Albert Lehninger mostraram que, em eucariotos, todas as reações do ciclo do ácido cítrico ocorrem na mitocôndria. Demonstrou-se que as mitocôndrias isoladas não apenas continham todas as enzimas e coenzimas necessárias para o ciclo do ácido cítrico, mas também todas as enzimas e proteínas necessárias para o último estágio da respiração – a transferência de elétrons e a síntese de ATP pela fosforilação oxidativa. Como será visto em capítulos posteriores, a mitocôndria também contém as enzimas para oxidação de ácidos graxos e alguns aminoácidos em acetil-CoA e para a conversão oxidativa de outros aminoácidos em α-cetoglutarato, succinil-CoA ou oxalacetato. Dessa maneira, em eucariotos não fotossintéticos, a mitocôndria é o local em que ocorre a maioria das reações oxidativas geradoras de energia e a síntese acoplada de ATP. Em eucariotos fotossintéticos, a mitocôndria é o principal local de produção de ATP no escuro, porém, à luz do dia, os cloroplastos geram a maior parte do ATP desses organismos. Em muitas bactérias, as enzimas do ciclo do ácido cítrico estão no citosol, e a membrana plasmática desempenha uma função semelhante àquela da membrana mitocondrial interna para a síntese de ATP (Capítulo 19).

## A sequência das reações do ciclo do ácido cítrico é quimicamente lógica

A acetil-CoA produzida pela quebra de carboidratos, gorduras e proteínas deve ser completamente oxidada a $CO_2$ para que o máximo de energia potencial possa ser extraído desses combustíveis. **P2** Contudo, não é bioquimicamente praticável oxidar diretamente acetato (ou acetil-CoA) a $CO_2$. A descarboxilação desse ácido com dois carbonos produziria $CO_2$ e metano ($CH_4$). O metano é quimicamente estável, e, com exceção de certas bactérias metanotróficas que crescem em nichos ricos em metano, os organismos não possuem as enzimas e os cofatores necessários para a oxidação do metano. Contudo, os grupos metileno (—$CH_2$—) são prontamente metabolizados pelos sistemas enzimáticos presentes na maioria dos organismos. Nas típicas sequências de oxidação, estão envolvidos dois grupos metileno adjacentes (—$CH_2$—$CH_2$—), sendo pelo menos um deles adjacente a um grupo carbonila. Como observado no Capítulo 13 (p. 473), os grupos carbonila são particularmente importantes nas transformações químicas das rotas metabólicas. O carbono do grupo carbonila tem uma carga parcial positiva devido à capacidade do oxigênio da carbonila de atrair elétrons, e esse grupo é, portanto, um centro eletrofílico. Um grupo carbonila pode facilitar a formação de um carbânion em um carbono adjacente pelo deslocamento da carga negativa do carbânion. O ciclo do ácido cítrico mostra um exemplo da oxidação de um grupo metileno quando o succinato é oxidado (etapas ❻ a ❽ na Fig. 16-7), formando um grupo carbonila (no oxalacetato) que é quimicamente mais reativo do que o metano ou um grupo metileno.

Em resumo, para a acetil-CoA ser oxidada de maneira eficiente, o seu grupo metila deve estar ligado. A primeira etapa no ciclo do ácido cítrico – a condensação da acetil-CoA com o oxalacetato – resolve de modo elegante o problema do grupo metila pouco reativo. A carbonila do oxalacetato atua como centro eletrofílico, que é atacado pelo carbono do grupo metila da acetil-CoA em uma condensação aldólica (p. 473) para a formação do citrato (etapa ❶ na Fig. 16-7). O grupo metila do acetato foi, assim, convertido em metileno no ácido cítrico. Esse ácido tricarboxílico, então, passa prontamente por uma série de oxidações que eliminam dois carbonos na forma de $CO_2$. **P2** Observe que todas as etapas que levam à quebra ou à formação de ligações carbono-carbono (etapas ❶, ❸ e ❹) dependem de grupos carbonila apropriadamente posicionados. Como em todas as rotas metabólicas, existe uma lógica química na sequência das reações do ciclo do ácido cítrico: cada etapa ou envolve uma oxidação que conserve energia ou é um prelúdio necessário para a oxidação, colocando grupos funcionais em posições que facilitem a oxidação ou a descarboxilação oxidativa. À medida que conhecer as etapas do ciclo, lembre-se do raciocínio químico para cada uma; isso tornará o processo mais fácil de entender e lembrar.

## O ciclo do ácido cítrico tem oito etapas

No exame das oito reações consecutivas do ciclo do ácido cítrico, será dada ênfase especial às transformações químicas que ocorrem à medida que o citrato formado a partir de acetil-CoA e oxalacetato é oxidado, produzindo $CO_2$, e a energia dessa oxidação é conservada nas coenzimas reduzidas NADH e $FADH_2$.

❶ **Formação do citrato** A primeira reação do ciclo é a condensação de acetil-CoA e **oxalacetato** para a formação do **citrato**, catalisada pela **citrato-sintase**.

## 16.2 REAÇÕES DO CICLO DO ÁCIDO CÍTRICO

$$\text{Acetil-CoA} + \text{Oxalacetato} \xrightarrow[\text{citrato-sintase}]{H_2O \quad CoA-SH} \text{Citrato}$$

$$\Delta G'^{\circ} = -32{,}2 \text{ kJ/mol}$$

Nessa reação, o carbono da metila do grupo acetila é unido ao grupo carbonila (C-2) do oxalacetato. Citroil-CoA é o intermediário transitoriamente formado no sítio ativo da enzima (ver Fig. 16-9). Esse intermediário é hidrolisado em CoA livre e citrato, que são liberados do sítio ativo. A hidrólise desse intermediário tioéster de alta energia torna a reação direta altamente exergônica. A grande e negativa variação de energia livre padrão da reação da citrato-sintase é fundamental para o funcionamento do ciclo, pois a concentração de oxalacetato normalmente é muito baixa (micromolar). A CoA liberada nessa reação é reciclada para participar da descarboxilação oxidativa de outra molécula de piruvato pelo complexo da PDH.

A citrato-sintase mitocondrial é um homodímero (**Fig. 16-8**). Cada subunidade é um único polipeptídeo com dois domínios, um deles grande e rígido e o outro menor e mais flexível, com o sítio ativo entre eles. O oxalacetato, o primeiro substrato a se ligar à enzima, induz uma grande alteração conformacional no domínio flexível, criando um sítio de ligação para o segundo substrato, acetil-CoA. Quando o citroil-CoA é formado no sítio ativo da enzima, outra alteração conformacional causa a hidrólise do tioéster, liberando CoA-SH. Esse encaixe induzido da enzima, primeiro ao substrato e, posteriormente, ao intermediário da reação, diminui a probabilidade de que a clivagem da ligação tioéster da acetil-CoA seja prematura e improdutiva. Os estudos cinéticos da enzima são consistentes com esse mecanismo bissubstrato ordenado (ver Fig. 6-15). A reação catalisada pela citrato-sintase é fundamentalmente uma condensação aldólica (p. 473), envolvendo um tioéster (acetil-CoA) e uma cetona (oxalacetato) (**Fig. 16-9**).

❷ **Formação de isocitrato via *cis*-aconitato** A enzima **aconitase** (mais formalmente, **aconitato-hidratase**) catalisa a transformação reversível do citrato em **isocitrato** pela formação intermediária do ácido tricarboxílico ***cis*-aconitato**, que normalmente não se dissocia do sítio ativo. A aconitase pode promover a adição reversível de $H_2O$ à ligação dupla do *cis*-aconitato ligado à enzima de duas maneiras diferentes, uma levando a citrato, e a outra, a isocitrato:

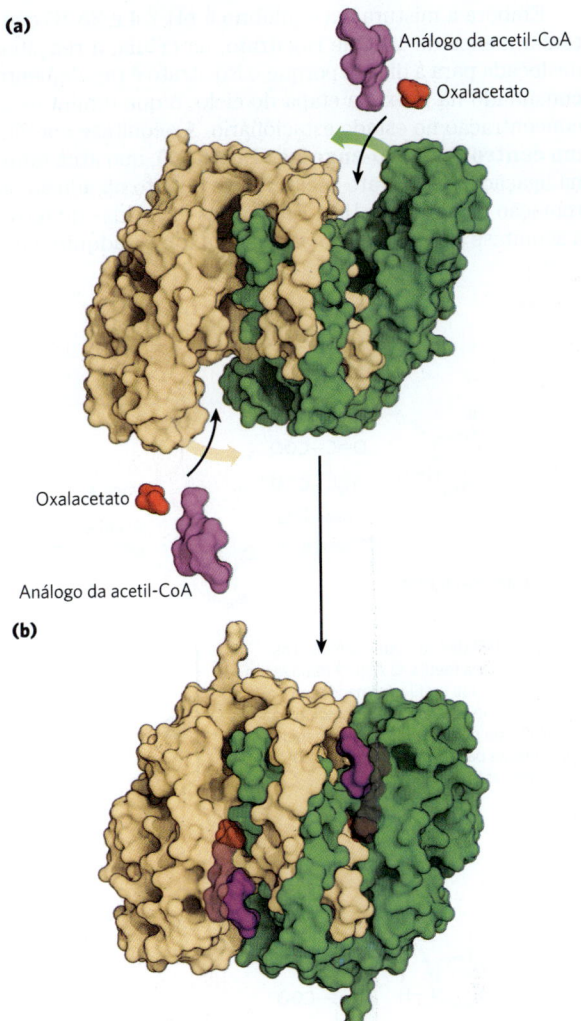

**FIGURA 16-8 Estrutura da citrato-sintase.** O domínio flexível de cada subunidade passa por uma grande alteração conformacional após a ligação ao oxalacetato, criando um sítio de ligação para a acetil-CoA. (a) Forma aberta da enzima isolada; (b) forma fechada ligada ao oxalacetato e a um análogo estável da acetil-CoA (carboximetil-CoA). Nestas representações, uma subunidade está colorida em bege, e a outra, em verde. [Dados obtidos de (a) PDB ID 5CSC, D. I. Liao et al., *Biochemistry* 30:6031, 1991; (b) PDB ID 5CTS, M. Karpusas et al., *Biochemistry* 29:2213, 1990.]

$$\text{Citrato} \xrightleftharpoons[\text{aconitase}]{H_2O} \text{cis-Aconitato} \xrightleftharpoons[\text{aconitase}]{H_2O} \text{Isocitrato}$$

$$\Delta G'^{\circ} = 13{,}3 \text{ kJ/mol}$$

Embora a mistura em equilíbrio a pH 7,4 e 25 °C contenha menos de 10% de isocitrato, na célula, a reação é deslocada para a direita porque o isocitrato é rapidamente consumido na próxima etapa do ciclo, o que diminui sua concentração no estado estacionário. A aconitase contém um **centro de ferro-enxofre** (**Fig. 16-10**), que atua tanto na ligação do substrato ao sítio ativo quanto na adição ou remoção catalítica de $H_2O$. Em células exauridas de ferro, a aconitase perde o centro de ferro-enxofre e adquire uma nova função na regulação da homeostase do ferro. A aconitase é uma de muitas enzimas caracterizadas por realizar mais de uma função (enzimas plurifuncionais) (**Quadro 16-1**).

❸ **Oxidação do isocitrato a $\alpha$-cetoglutarato e $CO_2$** Na etapa seguinte, a **isocitrato-desidrogenase** catalisa a descarboxilação oxidativa do isocitrato, formando **$\alpha$-cetoglutarato** (**Fig. 16-11**). Um $Mn^{2+}$ no sítio ativo interage com o grupo carbonila do intermediário oxalosuccinato, que é formado transitoriamente sem deixar o sítio de ligação até a sua descarboxilação, que o converte em $\alpha$-cetoglutarato. O $Mn^{2+}$ também estabiliza o enol formado transitoriamente pela descarboxilação.

Em todas as células, existem duas formas diferentes de isocitrato-desidrogenase, uma que requer $NAD^+$ como aceptor de elétrons e outra que requer $NADP^+$. As reações gerais são, em outros aspectos, idênticas. Em células eucarióticas, a enzima dependente de NAD encontra-se na matriz mitocondrial e participa do ciclo do ácido cítrico. A principal função da enzima dependente de NADP, encontrada na matriz mitocondrial e no citosol, é a produção de NADPH, essencial para as vias redutoras anabólicas, como as vias de síntese de ácidos graxos e de esteróis.

❹ **Oxidação do $\alpha$-cetoglutarato a succinil-CoA e $CO_2$** A etapa seguinte é outra descarboxilação oxidativa, na qual o $\alpha$-cetoglutarato é convertido em **succinil-CoA** e $CO_2$ pela ação do **complexo da $\alpha$-cetoglutarato-desidrogenase**; $NAD^+$ é o aceptor de elétrons e CoA é o transportador do grupo succinila. A energia da oxidação do $\alpha$-cetoglutarato é conservada pela formação da ligação tioéster da succinil-CoA:

**MECANISMO – FIGURA 16-9 Citrato-sintase.** Na reação da citrato-sintase em mamíferos, o oxalacetato liga-se primeiro, em uma sequência de reação estritamente ordenada. Essa ligação inicia uma alteração na conformação que abre o sítio de ligação para a acetil-CoA. O oxalacetato está especificamente orientado no sítio ativo da citrato-sintase pela interação de seus dois carboxilatos com dois resíduos de Arg carregados positivamente (não mostrados aqui). [Informação de S. J. Remington, *Curr. Opin. Struct. Biol.* 2:730, 1992.]

**Citrato-sintase**

A ligação tioéster na acetil-CoA ativa os hidrogênios da metila. O $Asp^{375}$ remove um próton do grupo metila, formando um intermediário enolato. O intermediário é estabilizado por ligações de hidrogênio e/ou protonação pela $His^{274}$ (a protonação completa está mostrada).

❶

O enol(ato) rearranja-se para atacar o carbono carbonila do oxalacetato, com a $His^{274}$ posicionada para recuperar o próton que ela previamente cedeu. A $His^{320}$ atua como ácido. A condensação resultante produz citroil-CoA.

❷

O tioéster é posteriormente hidrolisado, regenerando a CoA-SH e produzindo citrato.

❸

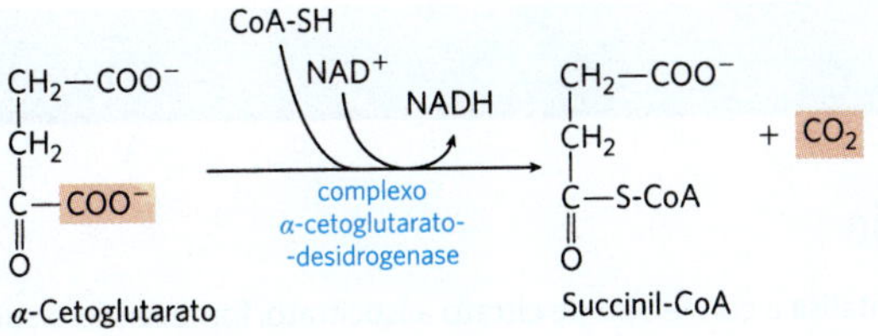

## 16.2 REAÇÕES DO CICLO DO ÁCIDO CÍTRICO

α-Cetoglutarato → Succinil-CoA

$\Delta G'^\circ = -33,5$ kJ/mol

**P2** Essa reação é essencialmente idêntica à reação da piruvato-desidrogenase, discutida anteriormente, e à sequência de reações responsável pela degradação dos aminoácidos com cadeia ramificada (**Fig. 16-12**). O complexo da α-cetoglutarato-desidrogenase se assemelha bastante, tanto em estrutura quanto em função, ao complexo da PDH e ao complexo que degrada α-cetoácidos de cadeia ramificada. Todos os três apresentam enzimas homólogas $E_1$ e $E_2$ como componentes, componentes $E_3$ idênticos, TPP e lipoato ligados a enzimas, coenzima A, FAD e NAD. Essas enzimas relacionadas podem empregar a mesma subunidade $E_3$, pois

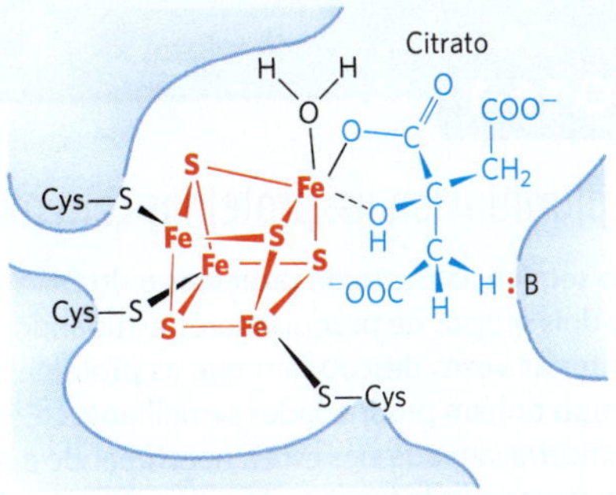

**FIGURA 16-10 Centro de ferro-enxofre da aconitase.** O centro de ferro-enxofre está em vermelho, e a molécula de citrato, em azul. Três resíduos de Cys da enzima ligam três átomos de ferro; o quarto átomo de ferro está ligado a um dos grupos carboxila do citrato e interage não covalentemente com um grupo hidroxila do citrato (ligação tracejada). Um resíduo básico (:B) na enzima auxilia o posicionamento do citrato no sítio ativo. O centro de ferro-enxofre atua na ligação do substrato e na catálise. As propriedades gerais das proteínas ferro-enxofre são discutidas no Capítulo 19.

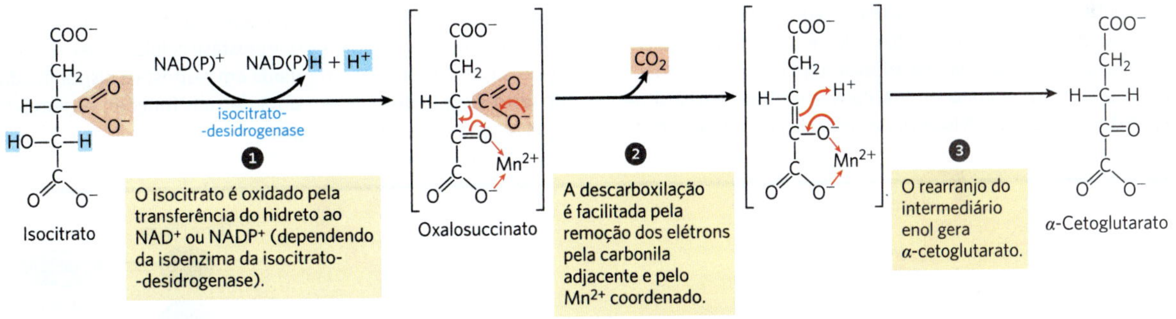

**① O isocitrato é oxidado pela transferência do hidreto ao $NAD^+$ ou $NADP^+$ (dependendo da isoenzima da isocitrato-desidrogenase).**

**② A descarboxilação é facilitada pela remoção dos elétrons pela carbonila adjacente e pelo $Mn^{2+}$ coordenado.**

**③ O rearranjo do intermediário enol gera α-cetoglutarato.**

**MECANISMO – FIGURA 16-11 Isocitrato-desidrogenase.** Nesta reação, o substrato (isocitrato) perde um carbono por descarboxilação oxidativa.

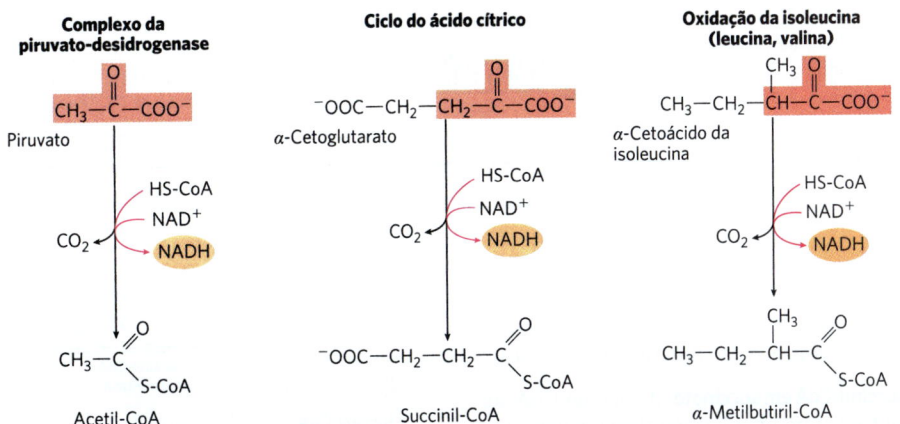

**FIGURA 16-12 Mecanismo conservado para a descarboxilação oxidativa.** As vias mostradas empregam os mesmos cinco cofatores (pirofosfato de tiamina, coenzima A, lipoato, FAD e $NAD^+$), complexos multienzimáticos muito parecidos, e o mesmo mecanismo enzimático para efetuar descarboxilações oxidativas do piruvato (pelo complexo da piruvato-desidrogenase), do α-cetoglutarato (no ciclo do ácido cítrico) e do esqueleto de carbono dos três aminoácidos ramificados, isoleucina (mostrada aqui), leucina e valina.

## QUADRO 16-1

### Enzimas plurifuncionais: proteínas com mais de uma função

Antes que o sequenciamento de proteínas e do DNA se tornasse uma rotina, dois grupos de pesquisadores estudando duas questões diferentes às vezes descobriam que as proteínas estudadas por cada grupo tinham propriedades semelhantes. Comparações posteriores mostravam que eles estavam estudando a *mesma* proteína, porém investigando funções *diferentes*. Agora, sabemos que muitas proteínas fazem um "bico" extra (**enzimas plurifuncionais**), um fenômeno que às vezes é denominado **compartilhamento gênico**. Atualmente, os pesquisadores utilizam bancos de dados de sequências de proteínas e de DNA com comentários (anotações), que lhes permitem descobrir mais facilmente proteínas com a mesma sequência que foram identificadas como tendo funções diferentes. Assim, uma proteína com um comentário referente a uma dada função não tem necessariamente *apenas* aquela função. Quando uma proteína com uma função conhecida é inativada por uma mutação e os organismos mutantes resultantes apresentam um fenótipo sem relação óbvia com aquela função, esse resultado curioso pode ser explicado por proteínas plurifuncionais.

Uma enzima do ciclo do ácido cítrico é uma conhecida enzima plurifuncional. As células eucarióticas têm duas isoenzimas da aconitase. A isoenzima mitocondrial converte citrato em isocitrato no ciclo do ácido cítrico. A isoenzima citosólica tem duas funções.

Ela catalisa a conversão de citrato a isocitrato, fornecendo o substrato para uma isocitrato-desidrogenase citosólica que produz NADPH com poder redutor para a síntese de ácidos graxos e outros processos anabólicos no citosol. Contudo, ela também tem uma função na homeostase celular do ferro.

Todas as células devem obter ferro para as proteínas que o requerem como cofator. Em seres humanos, a deficiência grave de ferro resulta em anemia, em suprimento insuficiente de eritrócitos e na redução da capacidade transportadora de oxigênio, que podem ser fatais. O excesso de ferro também é prejudicial: ele se deposita e causa danos no fígado na hemocromatose e em outras doenças. O ferro ingerido na dieta é transportado na corrente sanguínea pela proteína **transferrina** e entra nas células por meio da endocitose mediada pelo **receptor de transferrina**. Uma vez dentro da célula, o ferro é utilizado na síntese de grupos heme, citocromos, proteínas Fe-S e outras proteínas dependentes de Fe; e o excesso de ferro é armazenado em ligação com a proteína **ferritina**. Os níveis de transferrina, receptor de transferrina e ferritina são, portanto, cruciais para a homeostase celular do ferro. A síntese dessas três proteínas é regulada em resposta à disponibilidade de ferro – e a aconitase, em uma de suas funções, desempenha uma função-chave na regulação.

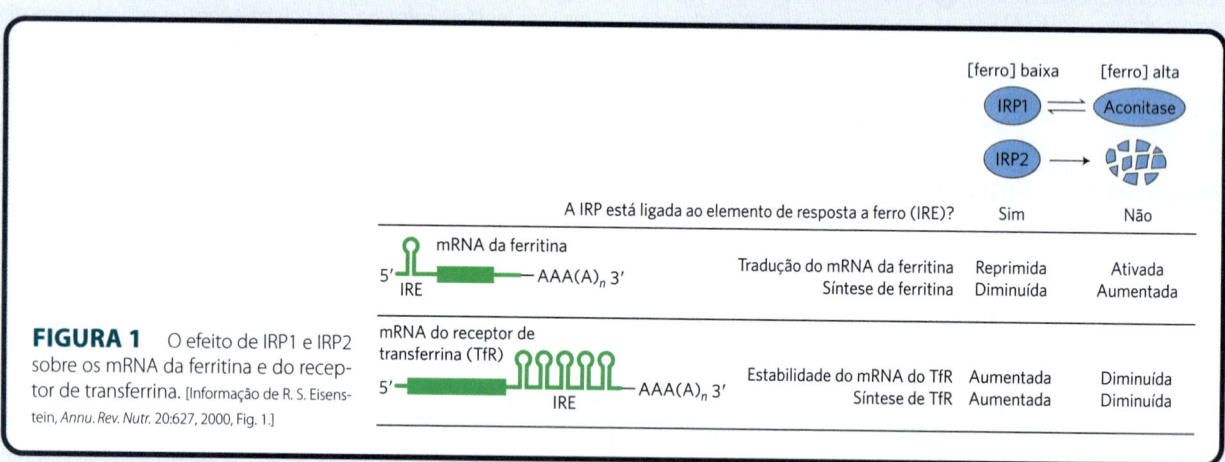

**FIGURA 1** O efeito de IRP1 e IRP2 sobre os mRNA da ferritina e do receptor de transferrina. [Informação de R. S. Eisenstein, *Annu. Rev. Nutr.* 20:627, 2000, Fig. 1.]

---

o substrato para $E_3$ – um lipoato reduzido – é o mesmo em ambos os complexos. Elas são certamente derivadas de um ancestral evolutivo comum por duplicação gênica e subsequente **evolução divergente**, como descrito na Figura 1-32.

**❺ Conversão da succinil-CoA em succinato** A succinil-CoA, assim como a acetil-CoA, tem uma ligação tioéster com uma energia livre padrão de hidrólise grande e negativa ($\Delta G'^\circ$ de cerca de $-36$ kJ/mol). Na próxima etapa do ciclo do ácido cítrico, a energia liberada pelo rompimento dessa ligação é utilizada para impelir a síntese de uma ligação fosfoanidrido no GTP ou no ATP, com um $\Delta G'^\circ$ líquido de apenas $-2,9$ kJ/mol. O **succinato** é formado nesse processo:

$$\Delta G'^\circ = -2,9 \text{ kJ/mol}$$

A enzima que catalisa essa reação reversível é chamada de **succinil-CoA-sintetase** ou **succinato-tiocinase**; ambos os nomes indicam a participação de um nucleosídeo trifosfato na reação.

A aconitase tem um centro Fe-S essencial no sítio ativo (ver Fig. 16-10). Quando uma célula é exaurida de ferro, esse centro Fe-S é desmantelado, e a enzima perde sua atividade como aconitase. Contudo, a apoenzima (a apoaconitase, sem seu centro Fe-S) assim formada adquire agora uma segunda atividade: a regulação do metabolismo do ferro. A apoaconitase citosólica é idêntica à **proteína 1 de regulação do ferro** (**IRP1**) e muito relacionada com a **IRP2**. Ambas, IRP1 e IRP2, ligam-se a regiões nos mRNA que codificam a ferritina e o receptor de transferrina, com consequências sobre a mobilização e a captação de ferro. Essas sequências no mRNA fazem parte de estruturas em grampo (ver Fig. 8-23), chamadas de **elementos de resposta ao ferro** (**IRE**, do inglês *iron response elements*), localizadas nas extremidades 5' e 3' dos mRNA (Fig. 1). Quando ligadas à sequência IRE da região 5' não traduzida do mRNA da ferritina, as IRP bloqueiam a síntese de ferritina; quando ligadas às sequências IRE da região 3' não traduzida do mRNA do receptor de transferrina, as IRP estabilizam o mRNA, impedindo sua degradação e possibilitando a síntese de mais cópias da proteína receptora por molécula de mRNA. Assim, em células com deficiência de ferro, a captação de ferro torna-se mais eficiente, e o armazenamento de ferro (ligado à ferritina) é reduzido. Quando a concentração celular de ferro retorna aos níveis normais, a IRP1 recupera seu centro Fe-S e é convertida em aconitase, e a IRP2 é degradada por proteólise, encerrando a resposta aos baixos níveis de ferro.

A aconitase enzimaticamente ativa e a apoaconitase com atividade reguladora apresentam estruturas diferentes. Como aconitase ativa, a proteína tem dois lóbulos que se fecham ao redor do agrupamento Fe-S; como IRP1, os dois lóbulos abrem-se, expondo o sítio de ligação ao mRNA (Fig. 2).

Do ponto de vista evolutivo, faz sentido que as enzimas do metabolismo central tenham tido um longo tempo para a evolução de funções adicionais. A enzima glicolítica piruvato-cinase atua no núcleo para regular a transcrição de genes responsivos ao hormônio da tireoide. A gliceraldeído-3-fosfato-desidrogenase atua tanto como uracila-DNA-glicosilase, efetuando o reparo de DNA danificado, quanto como reguladora da transcrição da histona H2B. Várias enzimas glicolíticas, incluindo a fosfoglicerato-cinase, a triose-fosfato-isomerase e a lactato-desidrogenase, têm funções alternativas no cristalino do olho de vertebrados.

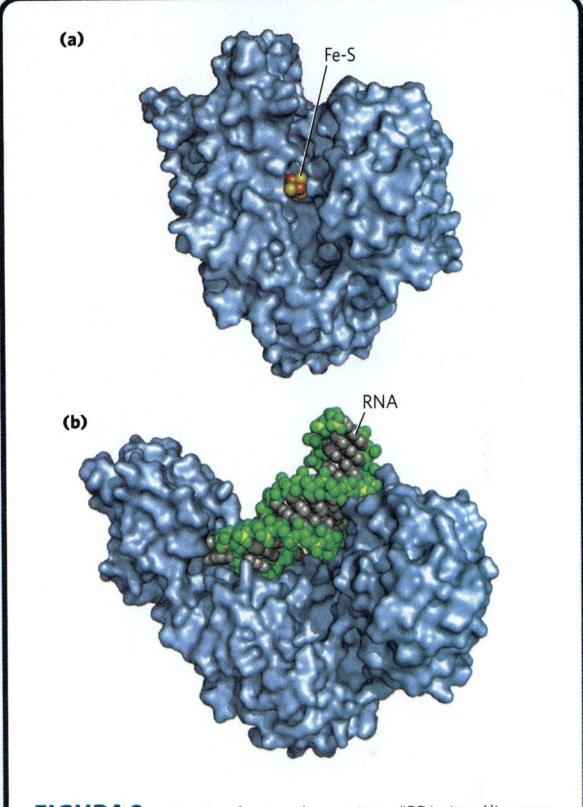

**FIGURA 2** As duas formas da aconitase/IRP1 citosólica com duas funções distintas. (a) Na aconitase, os dois lóbulos principais estão fechados, e o centro Fe-S está completamente coberto; a proteína está representada de forma transparente para exibir o centro Fe-S. (b) Na IRP1, os lóbulos abrem-se, expondo um sítio de ligação à estrutura em grampo do mRNA. [Dados de (a) PDB ID 2B3Y, J. Dupuy et al., *Structure* 14:129, 2006; (b) PDB ID 2IPY, W. E. Walden et al., *Science* 314:1903, 2006.]

Essa reação que conserva energia envolve uma etapa intermediária, na qual a própria molécula da enzima é fosforilada em um resíduo de His no sítio ativo (**Fig. 16-13a**). Esse grupo fosfato, que tem alto potencial de transferência de grupo, é transferido ao ADP (ou GDP) para a formação de ATP (ou GTP). As células animais têm duas isoenzimas da succinil-CoA-sintetase, uma específica para ADP, e a outra, para GDP. A enzima contém duas subunidades: $\alpha$ ($M_r$ 32.000), que tem o resíduo de ⓟ-His (His$^{246}$) e o sítio de ligação para CoA; e $\beta$ ($M_r$ 42.000), que confere a especificidade ou por ADP ou por GDP. O sítio ativo está situado na interface entre as subunidades. A estrutura cristalina da succinil-CoA-sintetase revela duas "hélices propulsoras" (uma em cada subunidade), orientadas de maneira que seus dipolos elétricos posicionem as cargas parciais positivas próximo ao resíduo ⓟ-His carregado negativamente (Fig. 16-13b), estabilizando o intermediário fosfoenzima. (Lembre-se da função similar dos dipolos elétricos das hélices na estabilização dos íons $K^+$ no canal de $K^+$; ver Fig. 11-45.)

A formação de ATP (ou GTP) à custa da energia liberada pela descarboxilação oxidativa do $\alpha$-cetoglutarato é uma fosforilação no nível do substrato, como a síntese de ATP nas reações glicolíticas catalisadas pela fosfoglicerato-cinase e pela piruvato-cinase (ver Fig. 14-2). O GTP formado pela succinil-CoA-sintetase pode doar o grupo fosfato terminal ao ADP para formar ATP, em uma reação reversível catalisada pela **nucleosídeo-difosfato-cinase** (p. 487):

$$\text{GTP} + \text{ADP} \rightleftharpoons \text{GDP} + \text{ATP} \qquad \Delta G'^\circ = 0 \text{ kJ/mol}$$

Desse modo, o resultado líquido da atividade de cada isoenzima da succinil-CoA-sintetase é a conservação de energia como ATP. Não há variação de energia livre na reação da nucleosídeo-difosfato-cinase; ATP e GTP são energeticamente equivalentes.

❻ **Oxidação do succinato a fumarato** O succinato formado a partir da succinil-CoA é oxidado a **fumarato** pela flavoproteína **succinato-desidrogenase**:

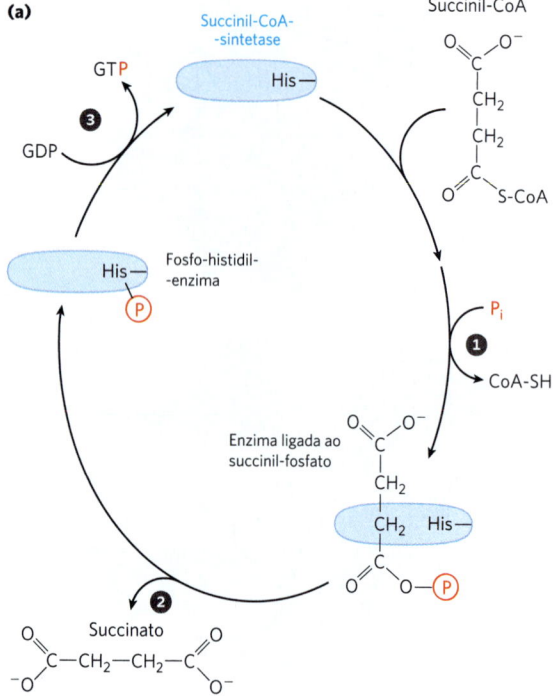

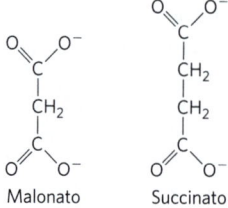

$$\Delta G'^\circ = 0 \text{ kJ/mol}$$

Em eucariotos, a succinato-desidrogenase é uma proteína integral da membrana mitocondrial interna; em bactérias, ela está ligada à membrana plasmática. A enzima contém três grupos ferro-enxofre diferentes e uma molécula de FAD covalentemente ligada (ver Fig. 19-9). Os elétrons do succinato passam pelo FAD e pelos centros de ferro-enxofre antes de entrarem na cadeia de transporte de elétrons da membrana mitocondrial interna (ou da membrana plasmática, em bactérias). O fluxo dos elétrons do succinato ao longo desses transportadores até o aceptor final de elétrons, o $O_2$, está acoplado à síntese de aproximadamente 1,5 molécula de ATP por par de elétrons (fosforilação acoplada à respiração). O malonato, um análogo do succinato normalmente ausente nas células, é um forte inibidor competitivo da succinato-desidrogenase, e, em laboratório, sua adição à mitocôndria bloqueia a atividade do ciclo do ácido cítrico.

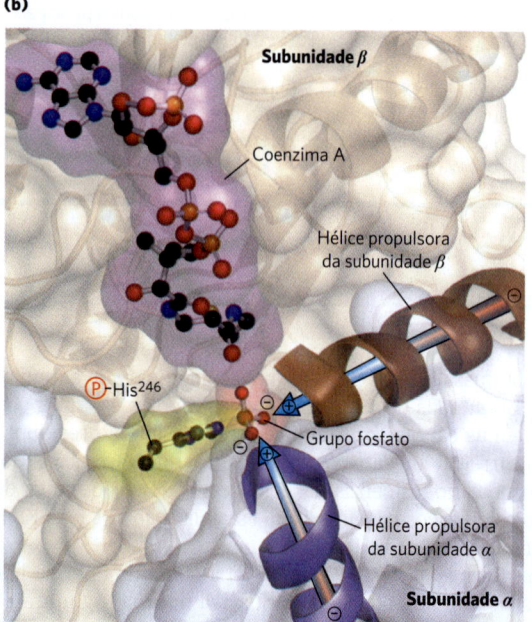

**FIGURA 16-13  A reação da succinil-CoA-sintetase.** (a) Na etapa ❶, a CoA da succinil-CoA ligada à enzima é substituída por um grupo fosforila, formando um acil-fosfato de alta energia. Na etapa ❷, o succinil-fosfato doa o grupo fosforila para um resíduo de His da enzima, originando uma fosfo-histidil-enzima de alta energia. Na etapa ❸, o grupo fosforila é transferido do resíduo de His ao fosfato terminal do GDP (ou ADP), formando GTP (ou ATP). (b) Sítio ativo da succinil-CoA-sintetase de *Escherichia coli*. O sítio ativo inclui parte das duas subunidades, $\alpha$ (em azul) e $\beta$ (em marrom). As hélices propulsoras (azul, marrom) posicionam as cargas parciais positivas do dipolo da hélice próximo ao grupo fosfato da ⓟ-His$^{246}$ na cadeia $\alpha$, estabilizando a fosfo-histidil-enzima. As enzimas de mamíferos e bactérias apresentam sequências de aminoácidos e estruturas tridimensionais semelhantes. [Dados de PDB ID 1SCU, W. T. Wolodko et al., *J. Biol. Chem.* 269:10.883, 1994.]

❼ **Hidratação do fumarato a malato** A hidratação reversível do fumarato a L-malato é catalisada pela **fumarase** (formalmente chamada de **fumarato-hidratase**). O estado de transição dessa reação é um carbânion:

$\Delta G'^\circ = -3,8 \text{ kJ/mol}$

Essa enzima é altamente estereoespecífica; ela catalisa a hidratação da ligação dupla *trans* do fumarato, mas não a da ligação dupla *cis* do maleato. Na direção inversa (de L-malato para fumarato), a fumarase é igualmente estereoespecífica: o D-malato não é um substrato.

❽ **Oxidação do malato a oxalacetato** Na última reação do ciclo do ácido cítrico, a **L-malato desidrogenase** catalisa a oxidação do L-malato a oxalacetato, acoplada à redução do NAD⁺ a NADH:

$\Delta G'^\circ = 29,7 \text{ kJ/mol}$

O equilíbrio dessa reação é muito deslocado para a esquerda sob as condições termodinâmicas padrão, porém, nas células intactas, o oxalacetato é continuamente removido pela reação altamente exergônica da citrato-sintase (etapa ❷ da Fig. 16-7). Isso mantém a concentração celular de oxalacetato extremamente baixa ($< 10^{-6}$ M), deslocando a reação da malato-desidrogenase no sentido da formação de oxalacetato.

Embora as reações individuais do ciclo do ácido cítrico tenham sido inicialmente elucidadas *in vitro*, utilizando-se tecido muscular macerado, a via e sua regulação também têm sido intensamente estudadas *in vivo*. Com a utilização de precursores marcados isotopicamente com $^{14}$C, os pesquisadores têm delineado o destino de átomos de carbono individuais durante o ciclo do ácido cítrico. Alguns dos experimentos iniciais com $^{14}$C, entretanto, produziram resultados inesperados, que originaram uma considerável controvérsia sobre a via e o mecanismo do ciclo do ácido cítrico. Na verdade, esses experimentos pareciam inicialmente mostrar que o citrato não era o primeiro ácido tricarboxílico formado. O **Quadro 16-2** conta alguns detalhes desse episódio da história da pesquisa do ciclo do ácido cítrico. Hoje, os bioquímicos utilizam precursores marcados com $^{13}$C e espectroscopia por RMN do tecido total para monitorar o fluxo metabólico por meio do ciclo no tecido vivo. Como o sinal de RMN é exclusivo do composto contendo $^{13}$C, os bioquímicos podem determinar o movimento dos carbonos dos precursores em cada intermediário do ciclo e em compostos derivados desses intermediários. Essa técnica possibilita o estudo da regulação do ciclo do ácido cítrico e das suas interconexões com outras vias metabólicas.

### A energia das oxidações do ciclo é conservada de maneira eficiente

Até aqui, foi estudada uma rodada completa do ciclo do ácido cítrico (**Fig. 16-14**). Um grupo acetila com dois carbonos entra no ciclo, combinando-se com o oxalacetato. Dois átomos de carbono saem do ciclo na forma de CO₂ pela

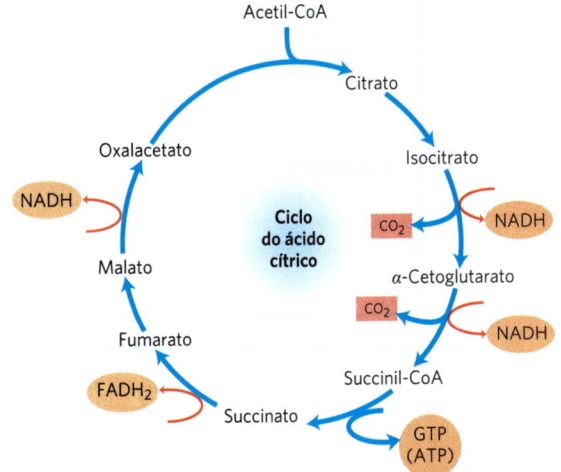

**FIGURA 16-14 Produtos de uma rodada do ciclo do ácido cítrico.** A cada rodada do ciclo do ácido cítrico, três moléculas de NADH, uma de FADH₂, uma de GTP (ou ATP) e duas de CO₂ são liberadas em reações de descarboxilação oxidativa. Aqui, e em algumas das figuras seguintes, todas as reações do ciclo estão representadas como se elas ocorressem em apenas um sentido; lembre-se, entretanto, de que a maioria das reações é reversível.

## QUADRO 16-2

### Citrato: uma molécula simétrica que reage assimetricamente

Quando compostos enriquecidos no isótopo pesado de carbono $^{13}C$ e nos isótopos radioativos de carbono $^{11}C$ e $^{14}C$ se tornaram disponíveis em meados da década de 1940, eles foram imediatamente utilizados para definir o rumo dos átomos de carbono durante o ciclo do ácido cítrico. Um desses experimentos desencadeou a controvérsia sobre a função do citrato. O acetato marcado no grupo carboxila (designado [1-$^{14}C$]acetato) foi incubado sob condições aeróbicas com uma preparação de tecido animal. O acetato é convertido enzimaticamente em acetil-CoA nos tecidos animais, e a via do carbono da carboxila dessa acetila marcado radioativamente pode, então, ser determinada. Após a incubação, o α-cetoglutarato foi isolado do tecido e, depois, degradado por reações químicas conhecidas para estabelecer as posições do isótopo de carbono.

Esperava-se que a condensação de oxalacetato não marcado com acetato marcado na carboxila produzisse citrato marcado em um dos dois grupos carboxila primários. O citrato é uma molécula simétrica, e seus dois grupos carboxila terminais são indistinguíveis. Em consequência, era esperado que metade das moléculas de citrato marcadas originasse α-cetoglutarato marcado na carboxila α e a outra metade originasse α-cetoglutarato marcado na carboxila γ; isto é, esperava-se que o α-cetoglutarato isolado fosse uma mistura dos dois tipos de moléculas marcadas (Fig. 1, vias ❶ e ❷). Contrariando essas expectativas, o α-cetoglutarato marcado isolado da suspensão de tecido continha $^{14}C$ somente na carboxila γ (Fig. 1, via ❶). Os pesquisadores concluíram que o citrato (ou qualquer outra molécula simétrica) não poderia ser um intermediário da via entre acetato e α-cetoglutarato. Em vez disso, um ácido tricarboxílico assimétrico, presumivelmente *cis*-aconitato ou isocitrato, deveria ser o primeiro produto formado pela condensação de acetato e oxalacetato.

Em 1948, entretanto, Alexander Ogston mostrou que, embora o citrato não tenha centro quiral (ver Fig. 1-19), ele tem *potencial* para reagir assimetricamente se a enzima com a qual ele interage possuir um sítio ativo assimétrico. Ele sugeriu que o sítio ativo da aconitase tinha três pontos aos quais o citrato deveria estar ligado e que o citrato deveria se posicionar de maneira a se unir especificamente a esses três pontos. Como visto na Figura 2, a ligação do citrato aos três pontos poderia ocorrer apenas de uma maneira, e isso acarretaria a formação de um único tipo de α-cetoglutarato marcado. Moléculas orgânicas como o citrato, sem centro quiral, mas potencialmente capazes de reagir assimetricamente com um sítio ativo assimétrico, são atualmente chamadas de **moléculas pró-quirais**.

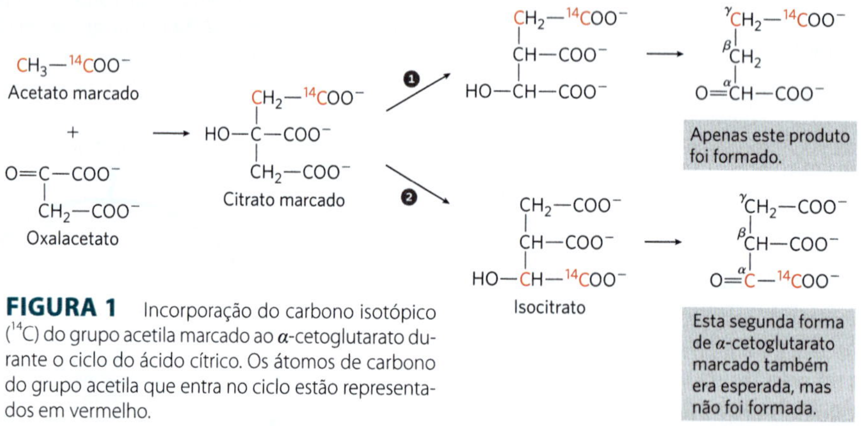

**FIGURA 1** Incorporação do carbono isotópico ($^{14}C$) do grupo acetila marcado ao α-cetoglutarato durante o ciclo do ácido cítrico. Os átomos de carbono do grupo acetila que entra no ciclo estão representados em vermelho.

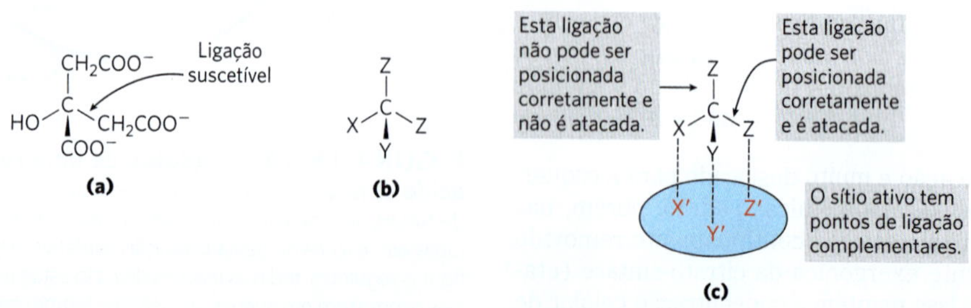

**FIGURA 2** A natureza pró-quiral do citrato. (a) Estrutura do citrato; (b) representação esquemática do citrato: X = —OH; Y = —COO$^-$; Z = —CH$_2$COO$^-$. (c) Encaixe complementar correto do citrato ao sítio de ligação da aconitase. Existe apenas uma maneira pela qual os três grupos especificados do citrato podem se encaixar aos três pontos do sítio de ligação. Portanto, apenas um dos dois grupos —CH$_2$COO$^-$ se liga à aconitase.

## TABELA 16-1 Estequiometria da redução de coenzimas e formação de ATP na oxidação aeróbica da glicose via glicólise, reação do complexo da piruvato-desidrogenase, ciclo do ácido cítrico e fosforilação oxidativa

| Reação | Quantidade de ATP ou de coenzimas reduzidas diretamente formados | Quantidade de ATP formados no final[a] |
|---|---|---|
| Glicose ⟶ glicose-6-fosfato | −1 ATP | −1 |
| Frutose-6-fosfato ⟶ frutose-1,6-bisfosfato | −1 ATP | −1 |
| 2 Gliceraldeído-3-fosfato ⟶ 2 1,3-bisfosfoglicerato | 2 NADH | 3 ou 5[b] |
| 2 1,3-Bisfosfoglicerato ⟶ 2 3-fosfoglicerato | 2 ATP | 2 |
| 2 Fosfoenolpiruvato ⟶ 2 piruvato | 2 ATP | 2 |
| 2 Piruvato ⟶ 2 acetil-CoA | 2 NADH | 5 |
| 2 Isocitrato ⟶ 2 α-cetoglutarato | 2 NADH | 5 |
| 2 α-Cetoglutarato ⟶ 2 succinil-CoA | 2 NADH | 5 |
| 2 Succinil-CoA ⟶ 2 succinato | 2 ATP (ou 2 GTP) | 2 |
| 2 Succinato ⟶ 2 fumarato | 2 $FADH_2$ | 3 |
| 2 Malato ⟶ 2 oxalacetato | 2 NADH | 5 |
| Total | | 30-32 |

[a]Calculado como 2,5 ATP por NADH e 1,5 ATP por $FADH_2$. Um valor negativo indica consumo.
[b]O número formado é 3 ou 5, dependendo do mecanismo utilizado para a transferência de equivalentes de NADH do citosol para a matriz mitocondrial; ver Figuras 19-31 e 19-32.

oxidação do isocitrato e do α-cetoglutarato. **P2** A energia liberada por essas oxidações foi conservada pela redução de três $NAD^+$ e um FAD e pela produção de um ATP ou GTP. No final do ciclo, uma molécula de oxalacetato foi regenerada. Lembre-se de que os dois átomos de carbono que emergem como $CO_2$ não são os mesmos dois carbonos que entraram na forma de grupo acetila; rodadas adicionais do ciclo são necessárias para que esses carbonos sejam liberados na forma de $CO_2$ (Fig. 16-7).

**P2** Embora o ciclo do ácido cítrico gere diretamente somente um ATP por rodada (na conversão de succinil-CoA a succinato), as quatro etapas de oxidação do ciclo abastecem a cadeia respiratória, via NADH e $FADH_2$, com um grande fluxo de elétrons e, assim, levam à formação de quase 10 vezes mais ATP durante a fosforilação oxidativa.

Foi visto no Capítulo 14 que o rendimento energético da produção de duas moléculas de piruvato a partir de uma molécula de glicose é de 2 ATP e 2 NADH. Na fosforilação oxidativa (Capítulo 19), a passagem de dois elétrons do NADH ao $O_2$ impele a formação de aproximadamente 2,5 ATP, e a passagem de dois elétrons do $FADH_2$ ao $O_2$ rende cerca de 1,5 ATP. Essa estequiometria nos permite calcular o rendimento global em ATP da oxidação completa da glicose. Quando ambas as moléculas de piruvato são oxidadas a 6 $CO_2$ via complexo da piruvato-desidrogenase e ciclo do ácido cítrico e os elétrons são transferidos ao $O_2$, produzindo energia para a fosforilação oxidativa, até 32 ATP são obtidos por molécula de glicose (**Tabela 16-1**). Arredondando os números, isso representa a conservação de 32 × 30,5 kJ/mol = 976 kJ/mol, ou 34% do máximo teórico de cerca de 2.840 kJ/mol produzidos pela oxidação completa da glicose. Esses cálculos utilizam as variações de energia livre padrão; quando corrigidos para a energia livre de fato requerida para a formação de ATP dentro das células (ver Exemplo 13-2, p. 480), a eficiência calculada do processo aproxima-se de 65%. Quando células em condições anaeróbicas dependem da glicólise para a produção de ATP, uma molécula de glicose produz apenas 2 ATP. O metabolismo aeróbico é muito mais efetivo para capturar a energia da glicose como combustível.

### RESUMO 16.2 Reações do ciclo do ácido cítrico

■ O ciclo do ácido cítrico (ciclo de Krebs, ciclo dos ácidos tricarboxílicos) é uma via catabólica central e praticamente universal por meio da qual os compostos derivados da degradação de carboidratos, gorduras e proteínas são oxidados a $CO_2$, com a maior parte da energia da oxidação temporariamente armazenada nos transportadores de elétrons $FADH_2$ e NADH. Durante o metabolismo aeróbico, esses elétrons são transferidos ao $O_2$, e a energia do fluxo de elétrons é capturada na forma de ATP.

■ A acetil-CoA entra no ciclo do ácido cítrico à medida que a citrato-sintase catalisa sua condensação com o oxalacetato para a formação de citrato. Em sete reações sequenciais, incluindo duas descarboxilações, o ciclo do ácido cítrico converte citrato em oxalacetato e libera dois $CO_2$. A via é cíclica, de modo que os intermediários não são exauridos; para cada oxalacetato consumido na via, um é produzido.

■ Para cada acetil-CoA oxidada pelo ciclo do ácido cítrico, o ganho de energia consiste em três moléculas de NADH, uma de $FADH_2$ e um nucleosídeo trifosfatado (ATP ou GTP).

## 16.3 O nodo central do metabolismo intermediário

Um processo cíclico em oito etapas para a oxidação de simples grupos acetila de dois carbonos a $CO_2$ pode parecer desnecessariamente complicado e em discordância com o princípio biológico de economia máxima. Lembre-se, no entanto, de que o papel do ciclo do ácido cítrico não se restringe à oxidação do acetato produzido a partir de carboidratos, ácidos graxos ou aminoácidos. **P3** O ciclo também aceita esqueletos de carbono de 3, 4 e 5 carbonos, especialmente oriundos da **degradação de aminoácidos**, em outros pontos na via. Por exemplo, quando desaminados, os aminoácidos aspartato e glutamato tornam-se, respectivamente, oxalacetato e α-cetoglutarato, os intermediários do ciclo.

### O ciclo do ácido cítrico funciona em processos anabólicos e catabólicos

Em organismos aeróbios, o ciclo do ácido cítrico é uma **via anfibólica**, ou seja, que serve a processos catabólicos e anabólicos. No papel anabólico, oxalacetato e α-cetoglutarato podem ser removidos do ciclo para servir como precursores de aspartato e glutamato por simples transaminação (Capítulo 22). Por meio do aspartato e do glutamato, os carbonos do oxalacetato e do α-cetoglutarato são, então, utilizados para a síntese de outros aminoácidos, assim como para a síntese de nucleotídeos púricos e pirimídicos. A succinil-CoA é um intermediário central para a síntese do anel porfirínico dos grupos heme, que agem como transportadores de oxigênio (na hemoglobina e na mioglobina) e transportadores de elétrons (nos citocromos) (ver Figs. 22-25 e 22-26). Por fim, o oxalacetato pode ser convertido em glicose na gliconeogênese (ver Fig. 14-16).

**P3** Um processo biossintético não é possível para os animais: a conversão de acetato ou acetil-CoA em glicose. Como os átomos de carbono das moléculas de acetato que entram no ciclo do ácido cítrico aparecem oito etapas depois no oxalacetato, pode parecer que essa via poderia produzir oxalacetato a partir de acetato, de modo que o oxalacetato poderia ser usado para sintetizar glicose pela gliconeogênese. Contudo, não há conversão *líquida* de acetato em oxalacetato; para cada dois carbonos que entram no ciclo como acetato (acetil-CoA), dois são liberados na forma de $CO_2$. Em bactérias, plantas, fungos e protistas, outra sequência de reações, o **ciclo do glioxilato**, funciona como mecanismo para a conversão de acetato em carboidratos. O ciclo do glioxilato, que compartilha algumas reações com o ciclo do ácido cítrico, converte *duas* moléculas de acetato em uma de oxalacetato em uma variante do ciclo do ácido cítrico na qual os dois passos de descarboxilação são contornados (ver Fig. 20-45). Assim, as plantas e muitos organismos mais simples podem sintetizar glicose a partir de ácidos graxos; contudo, os seres humanos e outros animais não podem fazer isso.

### Reações anapleróticas repõem os intermediários do ciclo do ácido cítrico

Na maioria das situações, há um estado estacionário dinâmico entre as reações que removem intermediários do ciclo do ácido cítrico e aquelas que lhe fornecem esqueletos de carbono. **P3** Quando a remoção dos intermediários do ciclo para utilização na biossíntese diminui suas concentrações, de modo a reduzir a velocidade do ciclo, os intermediários são repostos por **reações anapleróticas** (do grego para "repor") (**Fig. 16-15**). A **Tabela 16-2** mostra as reações anapleróticas mais comuns, as quais, em vários tecidos e organismos, convertem ou piruvato ou fosfoenolpiruvato em oxalacetato ou malato. A reação anaplerótica mais importante no fígado, nos rins e no tecido adiposo marrom de mamíferos é a carboxilação reversível do piruvato pelo $HCO_3^-$ para a formação de oxalacetato, catalisada pela **piruvato-carboxilase**. A adição enzimática de um grupo carboxila ao piruvato requer energia, que é fornecida pelo ATP.

A piruvato-carboxilase é uma enzima reguladora essencialmente inativa na ausência de acetil-CoA, seu modulador alostérico positivo. Sempre que a acetil-CoA, o combustível do ciclo do ácido cítrico, está presente em excesso, ela estimula a reação da piruvato-carboxilase para a produção de mais oxalacetato, permitindo que o ciclo utilize mais acetil-CoA na reação da citrato-sintase.

### A biotina da piruvato-carboxilase transporta grupos de um carbono ($CO_2$)

A reação da piruvato-carboxilase requer a vitamina **biotina** (**Fig. 16-16**), que é o grupo prostético da enzima. A biotina, que tem um papel em muitas reações de carboxilação, é um transportador especializado de grupos de um carbono em sua forma mais oxidada: o $CO_2$. (A transferência de grupos de um carbono em formas mais reduzidas é mediada por outros cofatores, particularmente tetra-hidrofolato e S-adenosilmetionina, como descrito no Capítulo 18.) Os grupos carboxila são ativados em uma reação que une o $CO_2$ à biotina ligada à enzima, com consumo de ATP. Esse $CO_2$ "ativado" passa a um aceptor (nesse caso, piruvato) em uma reação de carboxilação.

A piruvato-carboxilase tem quatro subunidades idênticas, cada uma contendo uma molécula de biotina ligada covalentemente por uma ligação amida ao grupo ε-amino de um resíduo de Lys específico presente no sítio ativo da enzima. A carboxilação do piruvato ocorre em duas etapas (Fig. 16-16): primeiro, um grupo carboxila derivado do $HCO_3^-$ é ligado à biotina, sendo, então, transferido ao piruvato para formar oxalacetato. **P5** Essas duas etapas ocorrem em sítios ativos separados; o braço longo e flexível da biotina transfere os grupos carboxila ativados do primeiro sítio ativo (em um dos monômeros do tetrâmero) ao segundo (no monômero adjacente), funcionando de modo muito semelhante ao braço longo de lipoil-lisina de $E_2$ no complexo da PDH (Fig. 16-6) e ao braço longo da porção semelhante à CoA da proteína transportadora de acilas envolvida na síntese de ácidos graxos (ver Fig. 21-5); essas moléculas são comparadas na **Figura 16-17**. O lipoato, a biotina e o

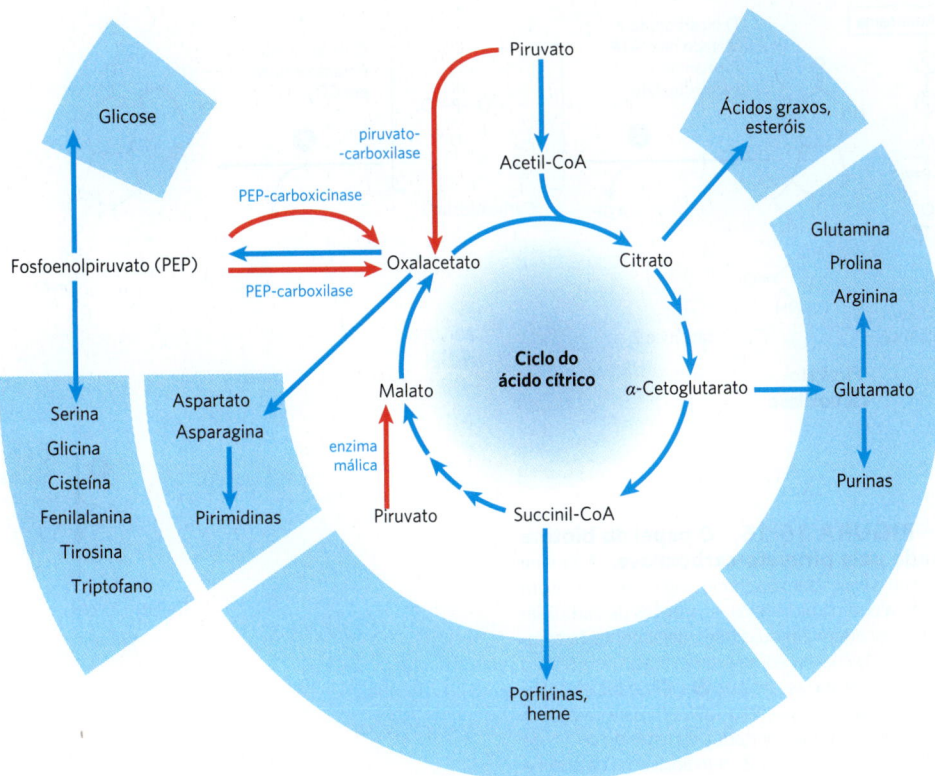

**FIGURA 16-15 Papel do ciclo do ácido cítrico no anabolismo.** Intermediários do ciclo do ácido cítrico são desviados como precursores de muitas vias biossintéticas. Em vermelho, aparecem quatro reações anapleróticas que repõem os intermediários do ciclo que foram esgotados (ver Tabela 16-2).

| TABELA 16-2 | Reações anapleróticas |
|---|---|
| **Reação** | **Tecidos/organismos** |
| Piruvato + $HCO_3^-$ + ATP $\xrightleftharpoons{\text{piruvato-carboxilase}}$ oxalacetato + ADP + $P_i$ | Fígado, rins |
| Fosfoenolpiruvato + $CO_2$ + GDP $\xrightleftharpoons{\text{PEP-carboxicinase}}$ oxalacetato + GTP | Coração, músculo esquelético |
| Fosfoenolpiruvato + $HCO_3^-$ $\xrightleftharpoons{\text{PEP-carboxilase}}$ oxalacetato + $P_i$ | Vegetais superiores, leveduras, bactérias |
| Piruvato + $HCO_3^-$ + NAD(P)H $\xrightleftharpoons{\text{enzima málica}}$ malato + NAD(P)$^+$ | Amplamente distribuída em eucariotos e bactérias |

pantotenato entram nas células por meio do mesmo transportador, tornam-se ligados covalentemente a proteínas por reações semelhantes e originam um conector flexível que possibilita que os intermediários da reação se movam de um sítio ativo a outro em um complexo enzimático sem se dissociarem do complexo – isto é, todos participam da canalização do substrato.

**RESUMO 16.3  O nodo central do metabolismo intermediário**

■ O ciclo do ácido cítrico é anfibólico, atuando tanto no catabolismo quanto no anabolismo. Além da acetil-CoA, qualquer composto que origine um intermediário do ciclo do ácido cítrico com quatro ou cinco carbonos – por exemplo, os produtos da degradação de muitos aminoácidos – pode

**MECANISMO – FIGURA 16-16  O papel da biotina na reação catalisada pela piruvato-carboxilase.** A biotina está ligada à enzima por uma ligação amida com o grupo ε-amino de um resíduo de Lys, formando a enzima biotinilada. As reações de carboxilação mediadas pela biotina ocorrem em duas fases, geralmente catalisadas em sítios ativos distintos da enzima, como exemplificado pela reação da piruvato-carboxilase. Na primeira fase (etapas ❶ a ❸), o bicarbonato é convertido em $CO_2$, mais ativo, sendo, então, utilizado para carboxilar a biotina. A biotina atua como um transportador, carregando o $CO_2$ de um sítio ativo a outro localizado em um monômero adjacente da enzima tetramérica (etapa ❹). Na segunda fase (etapas ❺ a ❼), catalisada nesse segundo sítio ativo, o $CO_2$ reage com o piruvato para formar oxalacetato.

ser oxidado pelo ciclo. Os intermediários do ciclo podem ser removidos para utilização como matéria-prima na produção de vários produtos biossintéticos.

■ Quando os intermediários são desviados do ciclo do ácido cítrico para outras vias, eles são repostos por algumas reações anapleróticas, que produzem intermediários de quatro carbonos por meio da carboxilação de compostos de três carbonos; a piruvato-carboxilase é uma importante enzima anaplerótica.

■ As enzimas que catalisam carboxilações comumente utilizam a biotina para ativar o $CO_2$ e transportá-lo aos aceptores, como o piruvato ou o fosfoenolpiruvato.

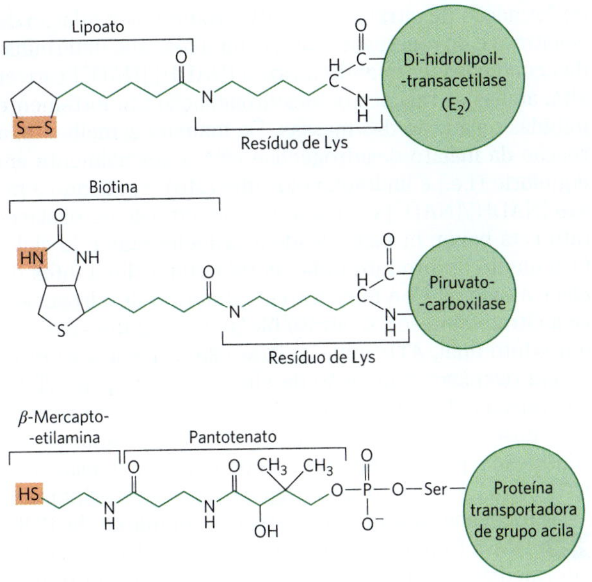

[NAD⁺] estão elevadas; a enzima é ativada novamente quando a demanda de energia estiver alta e a célula necessitar de um maior fluxo de acetil-CoA para o ciclo do ácido cítrico.

Em mamíferos, esses mecanismos alostéricos de regulação são complementados por um segundo nível de regulação: fosforilação/desfosforilação. O complexo da PDH é inibido por fosforilação reversível de resíduos de Ser em E₁ pela **PDH-cinase**, que é parte intrínseca do complexo da PDH. A PDH-cinase é ativada alostericamente pelos produtos do complexo da PDH (ATP, NADH e acetil-CoA) e inibida pelos substratos desse complexo (ADP, NAD⁺ e piruvato) (**Fig. 16-19**). O complexo também contém **PDH-fosfatase**, que reverte a inibição causada pela PDH-cinase. ▶P1 Juntas, a cinase e a fosfatase exercem um forte

**FIGURA 16-17 Conectores biológicos.** Os cofatores lipoato, biotina e a combinação de β-mercaptoetilamina e pantotenato formam longos braços flexíveis (em verde) nas enzimas às quais estão ligados covalentemente, atuando como conectores que movem os intermediários de um sítio ativo ao outro. O grupo sombreado em vermelho é, em cada caso, o ponto de ligação do intermediário ativado ao conector.

## 16.4 Regulação do ciclo do ácido cítrico

▶P4 O papel central do ciclo do ácido cítrico no metabolismo requer uma regulação rigorosa para equilibrar o suprimento de intermediários-chave com a demanda de produção de energia e processos biossintéticos. A regulação ocorre em diversos níveis, incluindo a oxidação de piruvato a acetil-CoA (catalisada pelo complexo da PDH) e a entrada da acetil-CoA no ciclo (a reação da citrato-sintase). O transporte de piruvato para a mitocôndria pelo carreador mitocondrial de piruvato determina, em certo grau, o destino do piruvato produzido pela glicólise. A maioria das células também produz acetil-CoA a partir da oxidação de ácidos graxos (Capítulo 17) e de certos aminoácidos (Capítulo 18), e a disponibilidade de intermediários originados dessas outras vias é importante na regulação da oxidação de piruvato e do ciclo do ácido cítrico. Desse modo, há múltiplos pontos em que o metabolismo do piruvato e o ciclo do ácido cítrico podem ser regulados.

### A produção de acetil-CoA pelo complexo da PDH é regulada por mecanismos alostéricos e covalentes

O complexo da PDH dos mamíferos é inibido fortemente por ATP, bem como por acetil-CoA e NADH, os produtos da reação catalisada pelo complexo (**Fig. 16-18**). Os ácidos graxos de cadeia longa, que podem ser degradados a acetil-CoA, também são inibidores. AMP, CoA e NAD⁺, que se acumulam quando muito pouco acetato flui para o ciclo, ativam alostericamente o complexo da PDH. ▶P1 Portanto, essa enzima é desativada quando o combustível está disponível em grande quantidade, na forma de ácidos graxos e acetil-CoA, e quando as razões celulares [ATP]/[ADP] e [NADH]/

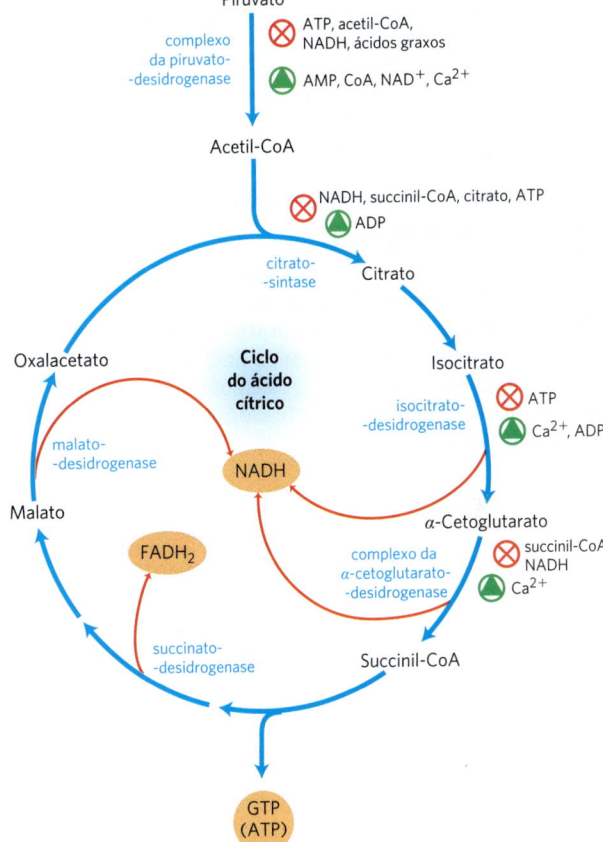

**FIGURA 16-18 Regulação do fluxo dos metabólitos a partir do complexo da PDH durante o ciclo do ácido cítrico em mamíferos.** O complexo da PDH é inibido alostericamente quando as razões [ATP]/[ADP], [NADH]/[NAD⁺] e [acetil-CoA]/[CoA] estão elevadas, indicando um estado metabólico com energia suficiente. Quando essas razões diminuem, o resultado é a ativação alostérica da oxidação do piruvato. A velocidade do fluxo pelo ciclo do ácido cítrico pode ser limitada pela disponibilidade dos substratos da citrato-sintase (oxalacetato e acetil-CoA) ou de NAD⁺, que é exaurido pela conversão em NADH, reduzindo a velocidade das três etapas de oxidação dependentes de NAD⁺. A inibição por retroalimentação por succinil-CoA, citrato e ATP também diminui a velocidade do ciclo pela inibição de etapas iniciais. No tecido muscular, o Ca²⁺ estimula a contração e, como mostrado aqui, o metabolismo gerador de energia para repor o ATP consumido durante a contração.

controle sobre a entrada de acetil-CoA produzida a partir do piruvato no ciclo do ácido cítrico. Concentrações elevadas de ATP, NADH ou acetil-CoA levam à inativação do complexo da PDH por fosforilação da PDH. Quando as concentrações de ADP, NAD$^+$ ou piruvato aumentam, a atividade da cinase diminui, e a fosfatase da piruvato-desidrogenase remove o grupo fosforila, reativando o complexo da PDH e, dessa forma, estimulando o ciclo do ácido cítrico.

O composto dicloroacetato (DCA), um análogo estrutural do acetato, inibe, em laboratório, a PDH-cinase, aliviando, desse modo, a inibição do complexo da PDH. Isso estimula a oxidação do piruvato via ciclo do ácido cítrico (Fig. 16-19), de modo que pode ter utilidade para direcionar o metabolismo em células tumorais, desviando-o da glicólise anaeróbica (ver Quadro 14-1). O aumento da oxidação mitocondrial também estimula a apoptose (Capítulo 19), suprimindo, assim, o crescimento tumoral. Testes clínicos de fase III para o DCA foram iniciados em 2019.

Dicloroacetato

## O ciclo do ácido cítrico também é regulado em três etapas exergônicas

Cada uma das três etapas fortemente exergônicas do ciclo – aquelas catalisadas por citrato-sintase, isocitrato-desidrogenase e α-cetoglutarato-desidrogenase (Fig. 16-18) – podem se tornar a etapa limitante da velocidade em algumas circunstâncias. A disponibilidade dos substratos da citrato-sintase (acetil-CoA e oxalacetato) varia com o estado metabólico da célula e, às vezes, limita a taxa de formação de citrato. O NADH, produto da oxidação do isocitrato e do α-cetoglutarato, acumula-se sob determinadas condições, e, quando a razão [NADH]/[NAD$^+$] estiver alta, ambas as reações de desidrogenação são fortemente inibidas pela ação das massas. De maneira semelhante, a reação da malato-desidrogenase está essencialmente em equilíbrio (i.e., é limitada pelo substrato), e, quando a razão [NADH]/[NAD$^+$] está alta, a concentração de oxalacetato está baixa, desacelerando a primeira etapa do ciclo. O acúmulo de produto inibe as três etapas limitantes do ciclo: a succinil-CoA inibe a α-cetoglutarato-desidrogenase (e a citrato-sintase); o citrato bloqueia a citrato-sintase; e o produto final, ATP, inibe a citrato-sintase e a isocitrato-desidrogenase. A inibição da citrato-sintase pelo ATP é abrandada pelo ADP, um ativador alostérico dessa enzima. Nos músculos dos vertebrados, Ca$^{2+}$, o sinalizador para a contração e para o aumento concomitante da demanda de ATP, ativa a isocitrato-desidrogenase e a α-cetoglutarato-desidrogenase, assim como ativa o complexo da PDH.

**P4** Dessa forma, as concentrações dos substratos e dos intermediários do ciclo do ácido cítrico ajustam o fluxo nessa via para a velocidade que forneça as concentrações ótimas de ATP e NADH.

Em condições normais, as velocidades da glicólise e do ciclo do ácido cítrico estão integradas, de modo que a quantidade de glicose metabolizada a piruvato seja exatamente a quantidade suficiente para suprir o ciclo do ácido cítrico com o seu combustível (acetil-CoA). Ambas as vias são inibidas por níveis altos de ATP e NADH, mas também pela concentração de citrato, o produto da primeira etapa do ciclo do ácido cítrico, além de um importante inibidor alostérico da fosfofrutocinase-1 na via glicolítica (ver Fig. 14-23).

## A atividade do ciclo do ácido cítrico muda em tumores

O carreador mitocondrial de piruvato (CMP) tem sua expressão reduzida em células tumorais, levando ao acúmulo de piruvato no citosol. Diversas outras enzimas mitocondriais são inativadas em células tumorais, incluindo o complexo da PDH e a succinato-desidrogenase. Como resultado, tais células acumulam lactato (a partir do piruvato produzido pela glicólise) e succinato. Esses dois intermediários são **oncometabólitos**; eles estimulam o crescimento tumoral, atuando por meio de receptores específicos acoplados à proteína G (GPCR; ver Capítulo 12) na membrana plasmática. O receptor de membrana para o lactato está aumentado na maioria dos cânceres. O L-lactato, agindo em seu receptor de membrana, diminui a [AMPc] e aumenta a [Ca$^{2+}$], com efeitos a jusante que ainda estão sendo estudados.

**P4** São raríssimas as mutações nas enzimas do ciclo do ácido cítrico em seres humanos e outros mamíferos, porém, quando ocorrem, são devastadoras. Defeitos genéticos na succinato-desidrogenase levam a tumores da glândula adrenal (feocromocitomas), e mutações no gene da fumarase levam a tumores do músculo liso (leiomiomas) e do rim. Assim, suas atividades definem ambas as enzimas como supressoras de tumores (p. 451).

Outra conexão marcante entre intermediários do ciclo do ácido cítrico e câncer é a descoberta de que,

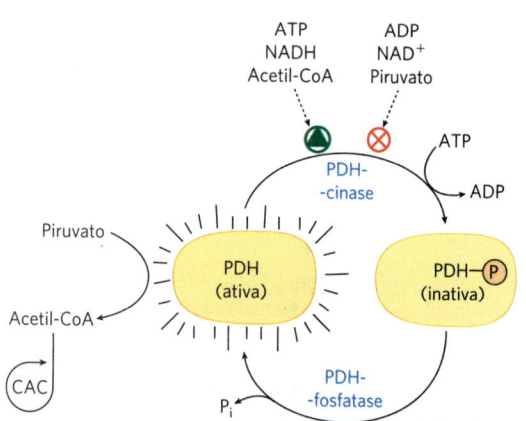

**FIGURA 16-19 A piruvato-desidrogenase é inativada por fosforilação catalisada pela piruvato-desidrogenase-cinase.** A cinase é regulada por metabólitos que sinalizam o estado energético da célula. Os metabólitos que se acumulam em estados de suficiência energética ativam a PDH-cinase, que fosforila e inativa a PDH. O piruvato é, então, desviado da via produtora de energia, que é o ciclo do ácido cítrico (CAC). Metabólitos que indicam necessidade de energia ou acúmulo de piruvato têm o efeito oposto, mantendo a PDH ativa e enviando a acetil-CoA para o CAC.

em muitos tumores das células da glia (gliomas), a isocitrato-desidrogenase dependente de NADPH apresenta um defeito genético incomum. A enzima mutante perde sua atividade normal (de converter isocitrato em $\alpha$-cetoglutarato), mas *ganha* uma nova atividade: ela converte $\alpha$-cetoglutarato em 2-hidroxiglutarato (**Fig. 16-20**), que se acumula nas células tumorais. $\alpha$-Cetoglutarato e $Fe^{3+}$ são cofatores essenciais para uma família de histonas-desmetilases que alteram a expressão gênica. Elas o fazem pela remoção de grupos metila de resíduos de Arg e Lys nas histonas que organizam o DNA nuclear. Em virtude de competir com o $\alpha$-cetoglutarato pela ligação às histonas-desmetilases, o 2-hidroxiglutarato inibe a atividade dessas enzimas. A inibição das histonas-desmetilases, por sua vez, interfere na regulação gênica normal, levando ao crescimento descontrolado das células da glia. Enzimas da família de mais de 60 dioxigenases que utilizam $\alpha$-cetoglutarato e $Fe^{3+}$ como cofatores também são inibidas competitivamente pelo 2-hidroxiglutarato. A inibição de uma ou mais dessas enzimas pode interferir na regulação normal da divisão celular e, assim, produzir tumores. ∎

### Certos intermediários são canalizados por meio de metabolons

Um exemplo de canalização do substrato foi visto na sequência de cinco reações do complexo da PDH. Muitas outras reações ocorrem em complexos multienzimáticos similares, que asseguram a passagem eficiente do produto de uma reação enzimática para a próxima enzima da via. Esses complexos multienzimáticos integrados, os **metabolons**, são mantidos unidos fisicamente por interações não covalentes e não são extraídos facilmente da célula em sua forma intacta. Na abordagem clássica da enzimologia – a purificação de proteínas individuais a partir de extratos de células rompidas –, uma vez que as células são rompidas, seus conteúdos, incluindo as enzimas, são diluídos 100 ou 1.000 vezes (**Fig. 16-21**), o que favorece a dissociação de complexos não covalentes como os metabolons.

As enzimas do ciclo do ácido cítrico são geralmente descritas como componentes *solúveis* da matriz mitocondrial (exceção feita à succinato-desidrogenase, que é ligada à membrana). Contudo, há evidências de que pelo menos três enzimas sequenciais do ciclo do ácido cítrico (malato-desidrogenase, citrato-sintase e aconitase) constituam um metabolon (**Fig. 16-22**). Outros exemplos de canalização de substrato serão vistos em algumas vias da biossíntese de aminoácidos no Capítulo 22. À medida que a crio-ME aumenta nossa compreensão acerca de grandes complexos e de "-somos" (p. ex., apoptossomos, respirassomos e replissomos), parece provável que se descubra que muitas outras enzimas que aparentam atuar como proteínas solúveis individuais na verdade participem de complexos multienzimáticos, facilitando a canalização dos substratos.

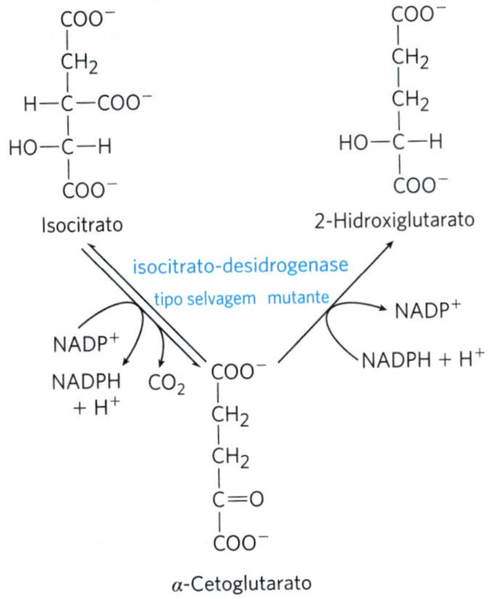

**FIGURA 16-20 Uma isocitrato-desidrogenase mutante adquire uma nova atividade.** A isocitrato-desidrogenase do tipo selvagem catalisa a conversão de isocitrato em $\alpha$-cetoglutarato, porém mutações que alteram o sítio de ligação do isocitrato levam à perda da função enzimática normal e ao ganho de uma nova atividade: a conversão de $\alpha$-cetoglutarato em 2-hidroxiglutarato. O acúmulo desse produto inibe a histona-desmetilase, alterando a regulação gênica e levando a tumores das células gliais no encéfalo.

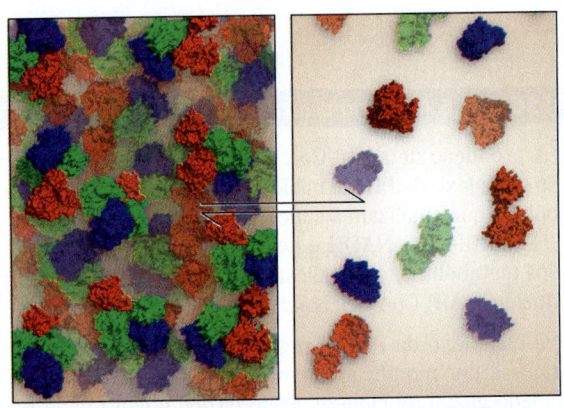

**FIGURA 16-21 Efeito da concentração proteica sobre a estabilidade do complexo.** A diluição de uma solução contendo um complexo proteico não ligado covalentemente – como um metabolon constituído por três enzimas (ilustradas aqui em vermelho, azul e verde) – favorece a dissociação do complexo em seus constituintes.

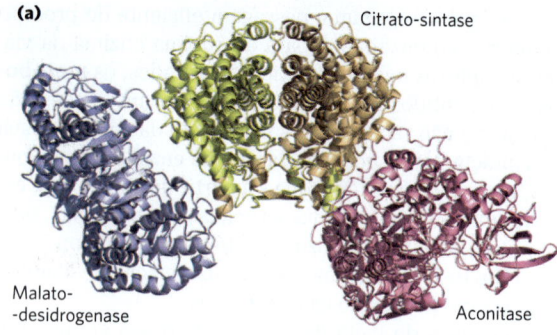

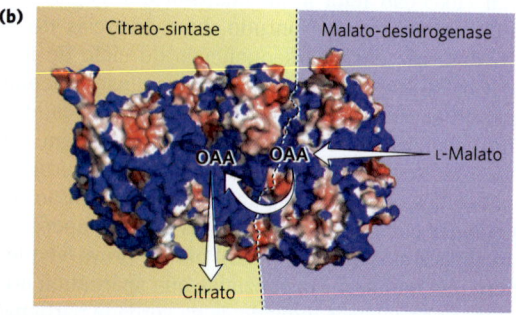

**FIGURA 16-22 Um metabolon de três enzimas do ciclo do ácido cítrico.** (a) As enzimas de porco malato-desidrogenase (MDH), citrato-sintase (CS) e aconitase purificadas, quando combinadas *in vitro*, formam um metabolon. (b) A modelagem eletrostática mostra que uma via ampla de potencial positivo ao longo da superfície de um complexo MDH-CS conecta os sítios ativos da MDH e da CS. Essa via fornece um canal para a passagem do oxalacetato (OAA) carregado negativamente do sítio ativo da MDH, onde é formado a partir do L-malato, até o sítio ativo da CS, onde é condensado com acetil-CoA para formar citrato. A introdução de mutações, por engenharia genética, substituindo um resíduo de Arg carregado positivamente ao longo dessa via por um resíduo de Asp com carga negativa reduz enormemente a velocidade de canalização do substrato através do complexo, o que fornece evidência de que a unidade funcional é um metabolon. [Informação de B. Bulutoglu et al., *ACS Chem. Biol.* 11:2847, 2016. Dados de PDB ID 1MLD, W. B. Gleason et al., *Biochemistry* 33:2078, 1994; PDB ID 1CTS, S. Remington et al., *J. Mol. Biol.* 158:111, 1982; PDB ID 7ACN, H. Lauble et al., *Biochemistry* 31:2735, 1992.]

### RESUMO 16.4 Regulação do ciclo do ácido cítrico

■ A produção de acetil-CoA para o ciclo do ácido cítrico pelo complexo da PDH é inibida alostericamente pelos metabólitos que sinalizam a suficiência de energia metabólica (ATP, acetil-CoA, NADH e ácidos graxos) e é estimulada pelos metabólitos, que indicam um suprimento de energia reduzido (AMP, CoA-SH, $NAD^+$).

■ O complexo da PDH é regulado por mecanismos alostéricos e por modificação covalente (fosforilação). A velocidade global do ciclo do ácido cítrico é controlada pela taxa de conversão do piruvato em acetil-CoA e pelo fluxo pelas enzimas citrato-sintase, isocitrato-desidrogenase e $\alpha$-cetoglutarato-desidrogenase. Esses fluxos são determinados pelas concentrações dos substratos e dos produtos: os produtos finais ATP e NADH são inibidores, e os substratos $NAD^+$ e ADP são estimuladores. Ácidos graxos de cadeia longa, que podem ser degradados a acetil-CoA, também são inibidores.

■ Algumas mutações que afetam o complexo da PDH ou as enzimas do ciclo do ácido cítrico são oncogênicas e ocorrem comumente em certos tipos de câncer.

■ Complexos de enzimas consecutivas em uma via (metabolons) permitem a canalização dos substratos, com sua passagem mais eficiente por meio de uma sequência de reações.

### TERMOS-CHAVE

*Os termos em negrito estão definidos no glossário.*

respiração celular 574
**ciclo do ácido cítrico** 574
**ciclo do ácido tricarboxílico (CAT)** 574
**ciclo de Krebs** 574
**tioéster** 575
carreador mitocondrial de piruvato (CMP) 575
complexo da piruvato-desidrogenase (PDH) 575
descarboxilação oxidativa 575
**lipoato** 576
**canalização do substrato** 577
centro de ferro-enxofre 582
complexo da $\alpha$-cetoglutarato-desidrogenase 582
**enzimas plurifuncionais** 584
**nucleosídeo-difosfato-cinase** 586
**molécula pró-quiral** 588
**via anfibólica** 590
**ciclo do glioxilato** 590
**reação anaplerótica** 590
**biotina** 590
oncometabólito 594
**metabolon** 595

### QUESTÕES

**1. O balancete do ciclo do ácido cítrico** O ciclo do ácido cítrico tem oito enzimas: citrato-sintase, aconitase, isocitrato-desidrogenase, $\alpha$-cetoglutarato-desidrogenase, succinil-CoA-sintetase, succinato-desidrogenase, fumarase e malato-desidrogenase.
**(a)** Escreva uma equação equilibrada para a reação catalisada por cada enzima.
**(b)** Identifique os cofatores necessários para cada reação enzimática.
**(c)** Para cada enzima, determine, entre os seguintes tipos de reação, qual melhor descreve os tipos de reações catalisadas: condensação (formação de ligação carbono-carbono); desidratação (perda de água); hidratação (adição de água); descarboxilação (perda de $CO_2$); oxidação-redução; fosforilação no nível de substrato; isomerização.
**(d)** Escreva uma reação líquida equilibrada para o catabolismo de acetil-CoA a $CO_2$.

**2. Equação líquida da glicólise e do ciclo do ácido cítrico** Escreva a equação bioquímica líquida do metabolismo de uma molécula de glicose pela glicólise e pelo ciclo do ácido cítrico, incluindo todos os cofatores.

**3. Identificando reações de oxidação e redução** Uma estratégia bioquímica de muitos organismos vivos é a oxidação gradual de compostos orgânicos a $CO_2$ e $H_2O$ e a conservação da maior parte da energia assim produzida na forma de ATP. É importante ser capaz de reconhecer os processos de oxidação e redução no metabolismo. A redução de uma molécula orgânica é o resultado da hidrogenação de uma ligação dupla (Equação 1, a seguir) ou de uma ligação simples com clivagem concomitante (Equação 2). Por outro lado, a oxidação é o resultado da desidrogenação. Nas reações bioquímicas redox, as coenzimas NAD e FAD desidrogenam/hidrogenam moléculas orgânicas na presença das enzimas apropriadas.

$$CH_3-\underset{Acetaldeído}{\overset{O}{\overset{\|}{C}}}-H + H-H \underset{oxidação}{\overset{redução}{\rightleftharpoons}} \left[ CH_3-\overset{O}{\overset{|}{C}}\overset{H}{\underset{H}{-H}} \right]$$

$$\underset{oxidação}{\overset{redução}{\rightleftharpoons}} CH_3-\underset{\underset{Etanol}{H}}{\overset{O-H}{\overset{|}{C}}}-H \quad (1)$$

$$CH_3-\underset{Acetato}{\overset{O}{\overset{\|}{C}}}-O^- + H^+ + H-H \underset{oxidação}{\overset{redução}{\rightleftharpoons}} \left[ CH_3-\overset{O}{\overset{\|}{C}}\overset{H}{\underset{H}{\times}}\overset{O^-}{\underset{H^+}{}} \right]$$

$$\underset{oxidação}{\overset{redução}{\rightleftharpoons}} CH_3-\overset{O}{\overset{\|}{C}}-H + \overset{H}{\underset{H}{\overset{|}{O}}} \quad (2)$$

Acetaldeído

Para cada uma das transformações metabólicas a seguir, de (a) a (h), determine se o composto à esquerda sofre oxidação ou redução. Equilibre cada transformação pela inserção de H—H e, onde necessário, $H_2O$.

**(a)** $CH_3-OH \longrightarrow H-\overset{O}{\overset{\|}{C}}-H$
Metanol    Formaldeído

**(b)** $H-\overset{O}{\overset{\|}{C}}-H \longrightarrow H-\overset{O}{\overset{\|}{C}}-O^- + H^+$
Formaldeído    Formato

**(c)** $O=C=O \longrightarrow H-\overset{O}{\overset{\|}{C}}-O^- + H^+$
Dióxido de carbono    Formato

**(d)** $\underset{Glicerato}{\overset{OH}{\overset{|}{CH_2}}-\overset{OH}{\overset{|}{\underset{H}{C}}}-\overset{O}{\overset{\|}{C}}-O^-} + H^+ \longrightarrow \underset{Gliceraldeído}{\overset{OH}{\overset{|}{CH_2}}-\overset{OH}{\overset{|}{\underset{H}{C}}}-\overset{O}{\overset{\|}{C}}-H}$

**(e)** $\underset{Glicerol}{\overset{OH}{\overset{|}{CH_2}}-\overset{OH}{\overset{|}{\underset{H}{C}}}-\overset{OH}{\overset{|}{CH_2}}} \longrightarrow \underset{Di\text{-}hidrocarboxiacetona}{\overset{OH}{\overset{|}{CH_2}}-\overset{O}{\overset{\|}{C}}-\overset{OH}{\overset{|}{CH_2}}}$

**(f)** Tolueno $\longrightarrow$ Benzoato $+ H^+$

**(g)** Succinato $\longrightarrow$ Fumarato

**(h)** $CH_3-\underset{\underset{O^-}{\overset{\|}{O}}}{\overset{O}{\overset{\|}{C}}}-\overset{O}{\overset{\|}{C}}-O^- \longrightarrow CH_3-\overset{O}{\overset{\|}{C}}-O^- + CO_2$
Piruvato    Acetato

**4. Relação entre a liberação de energia e o estado de oxidação do carbono** Uma célula eucariótica pode utilizar glicose ($C_6H_{12}O_6$) e hexanoato ($C_6H_{11}O_2$) como combustíveis para a respiração celular. Com base nas fórmulas estruturais, qual substância libera mais energia por grama na combustão completa a $CO_2$ e $H_2O$?

**5. Coenzimas de nicotinamida como transportadores redox reversíveis** As coenzimas de nicotinamida (ver Fig. 13-24) podem, com os substratos adequados e na presença da desidrogenase apropriada, sofrer reações reversíveis de oxidação-redução. Nessas reações, NADH + $H^+$ atua como fonte de hidrogênio, como descrito na Questão 3. Sempre que a coenzima for oxidada, um substrato deve ser simultaneamente reduzido:

$$\underset{Oxidado}{Substrato} + \underset{Reduzido}{NADH} + H^+ \rightleftharpoons \underset{Reduzido}{produto} + \underset{Oxidado}{NAD^+}$$

Para cada uma das reações de (a) a (f) mostradas a seguir, determine se o substrato foi oxidado, reduzido ou se o estado de oxidação não foi alterado (ver Questão 3). Caso uma variação redox tenha ocorrido, equilibre a reação com a quantidade necessária de $NAD^+$, NADH, $H^+$ e $H_2O$. O objetivo é reconhecer quando uma coenzima redox é necessária em uma reação metabólica.

**(a)** $CH_3CH_2OH \longrightarrow CH_3-\overset{O}{\overset{\|}{C}}-H$
Etanol    Acetaldeído

**(b)** 1,3-Bisfosfoglicerato $\longrightarrow$ Gliceraldeído-3-fosfato + $HPO_4^{2-}$

**(c)** $CH_3-\overset{O}{\overset{\|}{C}}-C\overset{O^-}{\overset{\|}{\underset{O}{}}} \longrightarrow CH_3-\overset{O}{\overset{\|}{C}}-H + CO_2$
Piruvato    Acetaldeído

**(d)** $CH_3-\overset{O}{\overset{\|}{C}}-C\overset{O^-}{\overset{\|}{\underset{O}{}}} \longrightarrow CH_3-\overset{O}{\overset{\|}{C}}-O^- + CO_2$
Piruvato    Acetato

**(e)** $^-OOC-CH_2-\overset{O}{\overset{\|}{C}}-COO^- \longrightarrow {}^-OOC-CH_2-\overset{OH}{\overset{|}{\underset{H}{C}}}-COO^-$
Oxalacetato    Malato

**(f)** $CH_3-\overset{O}{\overset{\|}{C}}-CH_2-\overset{O}{\overset{\|}{C}}-O^- + H^+ \longrightarrow CH_3-\overset{O}{\overset{\|}{C}}-CH_3 + CO_2$
Acetoacetato    Acetona

**6. Cofatores e mecanismo da piruvato-desidrogenase** Descreva a função de cada cofator envolvido na reação catalisada pelo complexo da piruvato-desidrogenase.

**7. Deficiência de tiamina** Indivíduos com dieta deficitária em tiamina têm níveis relativamente altos de piruvato na corrente sanguínea. Explique isso em termos bioquímicos.

**8. A reação da isocitrato-desidrogenase** Que tipo de reação química está envolvido na conversão de isocitrato em α-cetoglutarato? Identifique e descreva a função dos cofatores. Que outras reações do ciclo do ácido cítrico são desse mesmo tipo?

**9. Estímulo do consumo de oxigênio por oxalacetato e malato** No início da década de 1930, Albert Szent-Györgyi publicou a interessante observação de que a adição de pequenas quantidades de oxalacetato ou malato a suspensões de um macerado de músculo peitoral de pombo estimulava o consumo de oxigênio pela preparação. De modo surpreendente, a quantidade de oxigênio consumida era aproximadamente sete vezes maior do que a quantidade necessária para a oxidação completa (a $CO_2$ e $H_2O$) do oxalacetato ou do malato adicionado. Por que a adição de oxalacetato ou malato estimulou o consumo de oxigênio? Por que a quantidade de oxigênio consumida era tão maior do que a quantidade necessária para oxidar completamente o oxalacetato ou o malato adicionado?

**10. Formação de oxalacetato na mitocôndria** Na última reação do ciclo do ácido cítrico, o malato é desidrogenado para regenerar o oxalacetato necessário para a entrada de acetil-CoA no ciclo:

L-Malato + $NAD^+$ ⟶ oxalacetato + $NADH^+$ + $H^+$

$$\Delta G'^\circ = 30{,}0 \text{ kJ/mol}$$

**(a)** Calcule a constante de equilíbrio a 25 °C para essa reação.
**(b)** Uma vez que $\Delta G'^\circ$ presume um pH padrão de 7, a constante de equilíbrio calculada em (a) corresponde a

$$K'_{eq} = \frac{[\text{oxalacetato}][\text{NADH}]}{[\text{L-malato}][\text{NAD}^+]}$$

A concentração medida de L-malato nas mitocôndrias de fígado de rato é de aproximadamente 0,20 mM quando $[NAD^+]/[NADH]$ é igual a 10. Calcule a concentração de oxalacetato nessas mitocôndrias em pH 7.
**(c)** Para avaliar a magnitude da concentração mitocondrial de oxalacetato, calcule o número de moléculas de oxalacetato em uma única mitocôndria de fígado de rato. Considere a mitocôndria como uma esfera de 2,0 μm de diâmetro.

**11. Cofatores do ciclo do ácido cítrico** Suponha que você tenha preparado um extrato mitocondrial que contém todas as enzimas solúveis da matriz, mas que perdeu (por diálise) todos os cofatores de baixa massa molecular. O que você deve adicionar ao extrato para que a preparação oxide acetil-CoA a $CO_2$?

**12. Deficiência de riboflavina** Como a deficiência de riboflavina afetaria o funcionamento do ciclo do ácido cítrico? Explique sua resposta.

**13. Conteúdo de oxalacetato** Quais fatores poderiam diminuir a quantidade de oxalacetato disponível para a atividade do ciclo do ácido cítrico? Como o oxalacetato pode ser reposto?

**14. Rendimento energético do ciclo do ácido cítrico** A reação catalisada pela succinil-CoA-sintetase produz um composto de alta energia: GTP. Como a energia livre contida no GTP é incorporada ao conteúdo celular de ATP?

**15. Estudos da respiração em mitocôndrias isoladas** A respiração celular pode ser estudada em mitocôndrias isoladas pela medida do consumo de oxigênio sob diferentes condições. Se 0,01 M de malonato de sódio é adicionado a mitocôndrias que estão respirando ativamente e utilizam piruvato como fonte de combustível, a respiração rapidamente cessa, e um intermediário metabólico se acumula.

**(a)** Qual é a estrutura desse intermediário?
**(b)** Explique por que ele se acumula.
**(c)** Explique por que o consumo de oxigênio cessa.
**(d)** Além da remoção do malonato, como essa inibição da respiração pode ser superada? Explique sua resposta.

**16. Estudos com marcação em mitocôndrias isoladas** As vias metabólicas dos compostos orgânicos têm sido frequentemente delineadas pelo uso de um substrato marcado radioativamente, com o posterior acompanhamento do destino desse marcador.
**(a)** Como é possível determinar se uma suspensão de mitocôndrias isoladas metaboliza a glicose adicionada a $CO_2$ e $H_2O$?
**(b)** Suponha que você adicione um breve pulso de [3-$^{14}$C]piruvato (marcado na posição da metila) às mitocôndrias. Após uma rodada do ciclo do ácido cítrico, qual é a posição do $^{14}$C no oxalacetato? Explique seguindo o marcador $^{14}$C ao longo da via. Quantas rodadas do ciclo são necessárias para que todo o [3-$^{14}$C]piruvato seja liberado na forma de $CO_2$?

**17. Catabolismo da [1-$^{14}$C]glicose** Um pesquisador incuba brevemente uma cultura bacteriana que está respirando ativamente com [1-$^{14}$C]glicose e isola os intermediários da via glicolítica e do ciclo do ácido cítrico. Em que posição está o $^{14}$C em cada um dos intermediários listados a seguir? Considere apenas a incorporação inicial de $^{14}$C na primeira passagem da glicose marcada pelas vias.

**(a)** Frutose-1,6-bisfosfato
**(b)** Gliceraldeído-3-fosfato
**(c)** Fosfoenolpiruvato
**(d)** Acetil-CoA
**(e)** Citrato
**(f)** α-Cetoglutarato
**(g)** Oxalacetato

**18. O papel da vitamina tiamina** Pessoas com beribéri, doença causada pela deficiência de tiamina, apresentam níveis sanguíneos elevados de piruvato e α-cetoglutarato, principalmente após consumirem uma refeição rica em glicose. Como esses resultados se relacionam à deficiência de tiamina?

**19. A síntese de oxalacetato pelo ciclo do ácido cítrico** O oxalacetato é formado na última etapa do ciclo do ácido cítrico pela oxidação do L-malato, dependente de $NAD^+$. A síntese líquida de oxalacetato a partir de acetil-CoA poderia ocorrer usando somente enzimas e cofatores do ciclo do ácido cítrico, sem o esgotamento dos intermediários do ciclo? Explique sua resposta. Como o oxalacetato que é desviado do ciclo (para reações biossintéticas) é reposto?

**20. Esgotamento de oxalacetato** O fígado de mamíferos pode efetuar a gliconeogênese utilizando oxalacetato como material de partida (Capítulo 14). O uso intensivo do oxalacetato para a gliconeogênese poderia afetar a operação do ciclo do ácido cítrico? Explique sua resposta.

**21. O modo de ação do rodenticida fluoracetato** O fluoracetato, comercialmente preparado para o controle de roedores, também é produzido por uma planta sul-africana. Após entrar na célula, o fluoracetato é convertido em fluoracetil--CoA em uma reação catalisada pela enzima acetato-tiocinase:

$$F-CH_2COO^- + CoA\text{-}SH + ATP \longrightarrow F-CH_2\underset{\underset{O}{\parallel}}{C}-S\text{-}CoA + AMP + PP_i$$

Você realiza um experimento de perfusão para estudar o efeito tóxico do fluoracetato usando coração de rato intacto isolado. Após o coração ser perfundido com 0,22 mM de fluoracetato, as taxas medidas de captação de glicose e a glicólise diminuíram, e a glicose-6-fosfato e a frutose-6-fosfato ficaram acumuladas. O exame dos intermediários do ciclo do ácido cítrico revelou que suas concentrações estavam abaixo do normal, exceto pelo citrato, que apresentou uma concentração 10 vezes maior do que a normal.

(a) Onde ocorreu o bloqueio do ciclo do ácido cítrico? O que causou o acúmulo de citrato e o esgotamento dos outros intermediários?

(b) A fluoracetil-CoA é enzimaticamente transformada pelo ciclo do ácido cítrico. Qual é a estrutura do produto final do metabolismo do fluoracetato? Por que ele bloqueia o ciclo do ácido cítrico? Como a inibição pode ser superada?

(c) Nos experimentos de perfusão cardíaca, por que a captação de glicose e a glicólise diminuíram? Por que as hexoses monofosfatadas se acumularam?

(d) Por que o fluoracetato é um veneno letal?

**22. A síntese de L-malato na produção de vinhos** A acidez de alguns vinhos deve-se às altas concentrações de L-malato. Escreva uma sequência de reações mostrando como as células de leveduras sintetizam o L-malato a partir da glicose sob condições anaeróbicas na presença de $CO_2$ ($HCO_3^-$) dissolvido. Observe que a reação global para essa fermentação não pode envolver o consumo de coenzimas da nicotinamida ou de intermediários do ciclo do ácido cítrico.

**23. Síntese líquida de α-cetoglutarato** O α-cetoglutarato desempenha um papel crucial na biossíntese de alguns aminoácidos. Escreva uma sequência de reações enzimáticas que poderia resultar na síntese líquida de α-cetoglutarato a partir de piruvato. A sequência de reações proposta não deve envolver o consumo líquido de outros intermediários do ciclo do ácido cítrico. Escreva uma equação para a reação global.

**24. Vias anfibólicas** Explique o significado da afirmação de que o ciclo do ácido cítrico é anfibólico. Dê exemplos.

**25. Regulação do complexo da piruvato desidrogenase** Em tecidos animais, a razão entre a forma desfosforilada (ativa) e a forma fosforilada (inativa) do complexo da piruvato-desidrogenase regula a taxa de conversão do piruvato em acetil-CoA. Determine o que acontece com a velocidade dessa reação quando uma preparação de mitocôndrias de músculo de coelho contendo o complexo da PDH é tratada com: (a) piruvato-desidrogenase-cinase, ATP e NADH; (b) piruvato-desidrogenase-fosfatase e $Ca^{2+}$; (c) malonato.

**26. A síntese comercial de ácido cítrico** O ácido cítrico é utilizado como agente flavorizante em refrigerantes, sucos de frutas e em muitos outros alimentos. Ao redor do mundo, o mercado do ácido cítrico está estimado em centenas de milhões de dólares por ano. A produção comercial utiliza o fungo *Aspergillus niger*, que metaboliza a sacarose sob condições cuidadosamente controladas.

(a) O rendimento de ácido cítrico depende muito da concentração de $FeCl_3$ no meio de cultura, como indicado no gráfico. Por que o rendimento diminui quando a concentração de $Fe^{3+}$ está acima ou abaixo do valor ótimo de 0,5 mg/L?

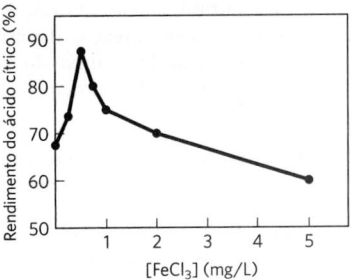

(b) Escreva a sequência de reações pelas quais *A. niger* sintetiza ácido cítrico a partir de sacarose. Escreva uma equação para a reação global.

(c) O processo comercial requer que o meio de cultura seja aerado? Em outras palavras, o processo é uma fermentação ou um processo aeróbico? Explique sua resposta.

**27. Regulação da citrato-sintase** Na presença de quantidades saturantes de oxaloacetato, a atividade da citrato-sintase do tecido cardíaco de porco mostra uma dependência sigmoide da concentração de acetil-CoA, como mostrado no gráfico a seguir. Quando succinil-CoA é adicionada, a curva é deslocada para a direita, e a dependência sigmoide é mais pronunciada.

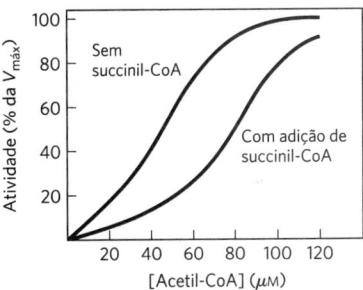

Com base nessas observações, sugira como a succinil-CoA regula a atividade da citrato-sintase. (Dica: ver Fig. 6-37.) Por que a succinil-CoA é um sinal apropriado para a regulação do ciclo do ácido cítrico? Como a regulação da citrato-sintase controla a taxa de respiração celular no tecido cardíaco de porco?

**28. Regulação da piruvato-carboxilase** A carboxilação do piruvato pela piruvato-carboxilase ocorre em uma velocidade muito baixa, a não ser que a acetil-CoA, um modulador alostérico positivo, esteja presente. Logo após uma refeição rica em ácidos graxos (triacilgliceróis), mas baixa em carboidratos (glicose), como essa propriedade de regulação desativa a oxidação de glicose a $CO_2$ e $H_2O$, mas aumenta a oxidação de acetil-CoA derivada de ácidos graxos?

**29. A relação entre respiração e ciclo do ácido cítrico** Embora o oxigênio não participe diretamente do ciclo do ácido cítrico, o ciclo somente opera quando $O_2$ está presente. Por quê?

**30. O efeito da razão [NADH]/[NAD$^+$] sobre o ciclo do ácido cítrico** Como você espera que a operação do ciclo do ácido cítrico responda a um rápido aumento da razão [NADH]/[NAD$^+$] na matriz mitocondrial? Por quê?

**31. A termodinâmica da reação da citrato-sintase nas células** O citrato é formado pela condensação de acetil-CoA e oxaloacetato, catalisada pela citrato-sintase:

Oxalacetato + acetil-CoA + H₂O ⇌ citrato + CoA + H⁺

Em mitocôndrias de músculo cardíaco de rato, a 25 °C e pH 7,0, as concentrações de reagentes e produtos são: oxalacetato, 1 μM; acetil-CoA, 1 μM; citrato, 220 μM; e CoA, 65 μM. A variação de energia livre padrão para a reação da citrato-sintase é de −32,2 kJ/mol. Qual é o sentido do fluxo de metabólitos na reação da citrato-sintase nas células cardíacas de rato? Como isso pode ser explicado?

**32. Reações do complexo da piruvato-desidrogenase** Duas das etapas na descarboxilação oxidativa do piruvato (etapas ❹ e ❺ na Fig. 16-6) não envolvem qualquer dos três carbonos do piruvato, mas ainda assim são essenciais para a operação do complexo da PDH. Como isso pode ser explicado?

**33. Transporte do piruvato para a mitocôndria** O carreador mitocondrial de piruvato é um heterodímero das proteínas MPC1 e MPC2. Em uma grande porcentagem (80%) de certos cânceres, incluindo gliomas (tumores de células gliais no encéfalo), o gene para uma dessas proteínas está mutado, de modo que o piruvato não pode entrar na matriz mitocondrial. Cite três efeitos metabólicos que você esperaria encontrar se o piruvato citosólico não pudesse ganhar acesso à maquinaria do ciclo do ácido cítrico. (Dica: o Quadro 14-1 pode ser útil.)

**34. Mutantes do ciclo do ácido cítrico** Existem muitos exemplos de doenças humanas nas quais uma ou outra atividade enzimática está ausente devido a mutações genéticas. Entretanto, doenças nas quais os indivíduos careçam de uma das enzimas do ciclo do ácido cítrico são extremamente raras. Por quê?

### QUESTÃO DE ANÁLISE DE DADOS

**35. Como foi descoberto o ciclo do ácido cítrico** A bioquímica detalhada do ciclo do ácido cítrico foi determinada por diversos pesquisadores ao longo de décadas. Em um artigo de 1937, Krebs e Johnson resumiram seu trabalho e o trabalho de outros na primeira descrição publicada dessa via.

Os métodos utilizados por esses pesquisadores eram muito diferentes dos da bioquímica moderna. Marcadores radioativos não estavam comumente disponíveis até a década de 1940, de modo que Krebs e outros pesquisadores tiveram de utilizar técnicas sem marcadores para elucidar a via. Utilizando amostras frescas de músculo peitoral de pombo, eles determinaram o consumo de oxigênio preparando uma suspensão do músculo macerado em tampão em um frasco lacrado e medindo o volume (em μL) de oxigênio consumido sob diferentes condições. Eles mediram os níveis de substratos (intermediários) tratando as amostras com ácido para a remoção das proteínas contaminantes e, a seguir, dosaram as quantidades de várias moléculas orgânicas pequenas. As duas observações principais que levaram Krebs e colaboradores a proporem um *ciclo* do ácido cítrico, em vez de uma *via linear* (como a da glicólise), foram feitas nos seguintes experimentos.

*Experimento I.* Eles incubaram 460 mg de músculo macerado em 3 mL de tampão a 40 °C durante 150 minutos. A adição de *citrato* aumentou o consumo de O₂ em 893 μL em comparação com as amostras sem citrato. Eles calcularam, com base no consumo de O₂ durante a respiração usando outros compostos contendo carbono, que o consumo de O₂ esperado para a respiração completa com essa quantidade de citrato seria de apenas 302 μL.

*Experimento II.* Eles mediram o consumo de O₂ por 460 mg de músculo macerado em 3 mL de tampão quando incubado com *citrato* e/ou *1-fosfoglicerol* (glicerol-1-fosfato, que se sabia ser prontamente oxidado pela respiração celular) a 40 °C durante 140 minutos. Os resultados estão mostrados na tabela.

| Amostra | Substrato(s) adicionado(s) | μL de O₂ absorvido |
|---|---|---|
| 1 | Sem substrato extra | 342 |
| 2 | 0,3 mL 1-fosfoglicerol 0,2 M | 757 |
| 3 | 0,15 mL citrato 0,02 M | 431 |
| 4 | 0,3 mL 1-fosfoglicerol 0,2 M e 0,15 mL citrato 0,02 M | 1.385 |

**(a)** Por que o consumo de O₂ é uma boa medida da respiração celular?

**(b)** Por que a amostra 1 (tecido muscular não suplementado) consome oxigênio?

**(c)** Com base nos resultados das amostras 2 e 3, é possível concluir que 1-fosfoglicerol e citrato atuam como substratos para a respiração celular nesse sistema? Explique seu raciocínio.

**(d)** Krebs e colaboradores utilizaram esses experimentos para argumentar que o citrato era "catalítico" – isto é, que auxiliava as amostras de tecido muscular a metabolizarem o 1-fosfoglicerol de forma mais completa. Como você utilizaria os resultados deles para explicar esse argumento?

**(e)** Krebs e colaboradores também argumentaram que o citrato não era simplesmente consumido por essas reações, mas deveria ser *regenerado*. Portanto, as reações deveriam formar um *ciclo*, em vez de uma via linear. Como você embasaria esse argumento?

Outros pesquisadores descobriram que o *arsenato* ($AsO_4^{3-}$) inibe a α-cetoglutarato-desidrogenase e que o *malonato* inibe a succinato-desidrogenase.

**(f)** Krebs e colaboradores observaram que as amostras de tecido muscular tratadas com arsenato e citrato consumiriam o citrato apenas na presença de oxigênio; e, sob essas condições, o oxigênio seria consumido. Com base na via da Figura 16-7, a qual molécula o citrato era convertido neste experimento, e por que as amostras consumiam oxigênio?

Em seu artigo, Krebs e Johnson também relataram o seguinte. (1) Na presença de arsenato, 5,48 mmol de citrato eram convertidos em 5,07 mmol de α-cetoglutarato. (2) Na presença de malonato, o citrato era quantitativamente convertido em grandes quantidades de succinato e pequenas quantidades de α-cetoglutarato. (3) A adição de oxalacetato na ausência de oxigênio levava à produção de uma grande quantidade de citrato; essa quantidade era aumentada quando glicose também fosse adicionada.

Outros pesquisadores haviam descoberto a seguinte rota em preparações similares de tecido muscular:

Succinato ⟶ fumarato ⟶ malato ⟶ oxalacetato ⟶ piruvato

**(g)** Com base somente nos dados apresentados neste problema, qual é a sequência dos intermediários no ciclo do ácido cítrico? Como isso se compara à Figura 16-7? Explique seu raciocínio.

**(h)** Por que era importante mostrar a conversão *quantitativa* de citrato em α-cetoglutarato?

O artigo de Krebs e Johnson também apresenta outros resultados que elucidaram a maioria dos demais componentes do ciclo. O único componente que ficou indeterminado foi a molécula que reage com oxalacetato para formar citrato.

### Referência

**Krebs, H. A., e W. A. Johnson. 1937.** The role of citric acid in intermediate metabolism in animal tissues. *Enzymologia* 4:148-156. Reimpresso em *FEBS Lett.* 117 (Suppl.):K2-K10, 1980.

# Capítulo 17

# CATABOLISMO DOS ÁCIDOS GRAXOS

**17.1** Digestão, mobilização e transporte de gorduras  602
**17.2** Oxidação de ácidos graxos  606
**17.3** Corpos cetônicos  619

A oxidação dos ácidos graxos de cadeia longa a acetil-CoA é uma via central de geração de energia em muitos organismos e tecidos. No coração e no fígado de mamíferos, por exemplo, ela fornece até 80% das necessidades energéticas em todas as circunstâncias fisiológicas. Os elétrons retirados dos ácidos graxos durante a oxidação passam pela cadeia respiratória, levando à síntese de ATP; a acetil-CoA produzida a partir dos ácidos graxos pode ser completamente oxidada a $CO_2$ no ciclo do ácido cítrico, resultando em mais conservação de energia.

No Capítulo 10, foram descritas as propriedades que tornam os triacilgliceróis (também chamados de triglicerídeos ou gorduras neutras) especialmente adequados como combustíveis de armazenamento. As cadeias alquilas longas de seus ácidos graxos constituintes são essencialmente hidrocarbonetos, estruturas altamente reduzidas com uma energia de oxidação completa (cerca de 38 kJ/g), mais de duas vezes maior que a produzida pelo mesmo peso de carboidratos ou proteínas. Essa adequação dos triacilgliceróis se deve à extrema insolubilidade dos lipídeos em água; na célula, eles se agregam em gotículas lipídicas, que não aumentam a osmolaridade do citosol, e não são solvatados. (Nos polissacarídeos de armazenamento, em contrapartida, a água de solvatação pode ser responsável por dois terços do peso total das moléculas armazenadas.) Devido à sua relativa inércia química, os triacilgliceróis podem ser armazenados em grande quantidade nas células, sem risco de reações químicas indesejáveis com outros constituintes celulares.

As propriedades que tornam os triacilgliceróis bons compostos de armazenamento, no entanto, apresentam problemas em seu papel como combustível. Em virtude de serem insolúveis em água, os triacilgliceróis ingeridos devem ser emulsificados antes que possam ser digeridos por enzimas hidrossolúveis no intestino, e os triacilgliceróis absorvidos no intestino ou mobilizados dos tecidos de armazenamento devem ser carregados no sangue ligados a proteínas que contrabalancem a sua insolubilidade. Além disso, para superar a estabilidade relativa das ligações C—C em um ácido graxo, o grupo carboxila do C-1 é ativado pela ligação à coenzima A, que permite a oxidação gradativa do C-3 do grupo acila graxa, ou carbono $\beta$ – daí o nome ***β*-oxidação**.

Os princípios enfatizados neste capítulo não são novos. Eles se aplicam às vias catabólicas dos carboidratos, já estudadas.

**P1** **Metabólitos de diversas origens convergem em algumas vias centrais.** O catabolismo dos ácidos graxos e a glicólise convertem matérias-primas bastante diferentes no mesmo produto (acetil-CoA). Os elétrons das reações oxidativas dessas vias e do ciclo do ácido cítrico são transportados por cofatores em comum (nicotinamida-adenina-dinucleotídeo [NAD] e flavina-adenina-dinucleotídeo [FAD]) para a cadeia respiratória mitocondrial, que os entrega ao oxigênio, fornecendo energia para a síntese de ATP na fosforilação oxidativa.

**P2** **A evolução seleciona mecanismos químicos que tornam reações úteis mais favoráveis energeticamente, e esses mesmos mecanismos são utilizados em vias diferentes.** Na degradação dos ácidos graxos, observa-se a ativação de um ácido carboxílico por sua conversão em tioéster, assim como ocorre com a acetil-CoA no ciclo do ácido cítrico. Para quebrar as ligações C—C na longa cadeia de grupos —$CH_2$—$CH_2$— relativamente inertes dos ácidos graxos, um grupo carbonila é criado adjacente ao grupo —$CH_2$—, como visto nas reações do ciclo do ácido cítrico.

**P3** **Mecanismos alostéricos e regulação pós-traducional (fosforilação de proteínas) coordenam os processos metabólicos na célula. Hormônios e fatores de crescimento coordenam as atividades metabólicas entre tecidos e órgãos.** A regulação recíproca de vias catabólicas e anabólicas impede a ineficiência de ciclos fúteis.

**P4** **Quando um processo é desprovido de um componente crítico – uma enzima, um cofator ou um agente regulador –, a perda resultante da homeostase pode causar doenças de amplo espectro de gravidade.** Defeitos na degradação dos ácidos graxos não são uma exceção.

**P5** **O fígado desempenha um papel singular no metabolismo do organismo como um todo.** Quando a glicose não está disponível, o fígado produz glicose pela gliconeogênese e a libera para o sangue para distribuição aos demais tecidos, incluindo o encéfalo. Durante o jejum, o fígado processa ácidos graxos em corpos cetônicos, que, ao contrário dos ácidos graxos, podem cruzar a barreira hematencefálica, constituindo-se em combustível para o encéfalo.

## 17.1 Digestão, mobilização e transporte de gorduras

As células podem obter ácidos graxos combustíveis de quatro fontes: gorduras consumidas na dieta, gorduras armazenadas nas células como gotículas de lipídeos, gorduras sintetizadas em um órgão para exportação a outro e gorduras obtidas por autofagia (a degradação das próprias organelas celulares). Algumas espécies utilizam as quatro fontes sob várias circunstâncias, outras utilizam uma ou duas delas. Os vertebrados, por exemplo, obtêm gorduras da dieta, mobilizam gorduras armazenadas em tecidos especializados (tecido adiposo, consistindo em células chamadas de adipócitos) e, no fígado, convertem o excesso dos carboidratos da dieta em gordura para a exportação a outros tecidos. Na falta de nutrientes, eles também podem reciclar lipídeos por autofagia. Nos seres humanos, cerca de 40% ou mais das necessidades energéticas diárias, em países altamente industrializados, são fornecidas por triacilgliceróis da dieta. Os triacilgliceróis fornecem mais da metade das necessidades energéticas de alguns órgãos, particularmente do fígado, do coração e da musculatura esquelética em repouso. Os triacilgliceróis armazenados são praticamente a única fonte de energia dos animais hibernantes e das aves migratórias. As plantas vasculares mobilizam gorduras armazenadas nas sementes durante a germinação, porém, em outras situações, não dependem de gorduras para a obtenção de energia.

### As gorduras da dieta são absorvidas no intestino delgado

Nos vertebrados, antes que os triacilgliceróis da dieta possam ser absorvidos através da parede intestinal, eles precisam ser convertidos de partículas de gordura macroscópicas insolúveis em micelas microscópicas finamente dispersas. Essa emulsificação é realizada pelos sais biliares, como o ácido taurocólico (p. 352), que são sintetizados a partir do colesterol no fígado, armazenados na vesícula biliar e liberados no intestino delgado após a ingestão de uma refeição gordurosa. Os sais biliares são compostos anfipáticos que atuam como detergentes biológicos, emulsificando as gorduras da dieta em micelas mistas de sais biliares e triacilgliceróis (**Fig. 17-1**, etapa ❶). A formação de micelas aumenta muito a fração de moléculas de lipídeos acessíveis à ação das lipases hidrossolúveis no intestino, e a ação das lipases converte os triacilgliceróis em monoacilgliceróis (monoglicerídeos), diacilgliceróis (diglicerídeos) e ácidos graxos livres (etapa ❷). Esses produtos da ação das lipases se difundem ou são transportados para dentro das células do epitélio que reveste a superfície do intestino (a mucosa intestinal) (etapa ❸), onde são novamente convertidos em triacilgliceróis e empacotados com o colesterol da dieta e com **apolipoproteínas** (do grego *apo*, que significa "separado", designando as proteínas em sua forma não associada aos lipídeos) específicas, formando agregados de lipoproteínas chamados **quilomícrons** (etapa ❹). São as porções proteicas dessas lipoproteínas que direcionam

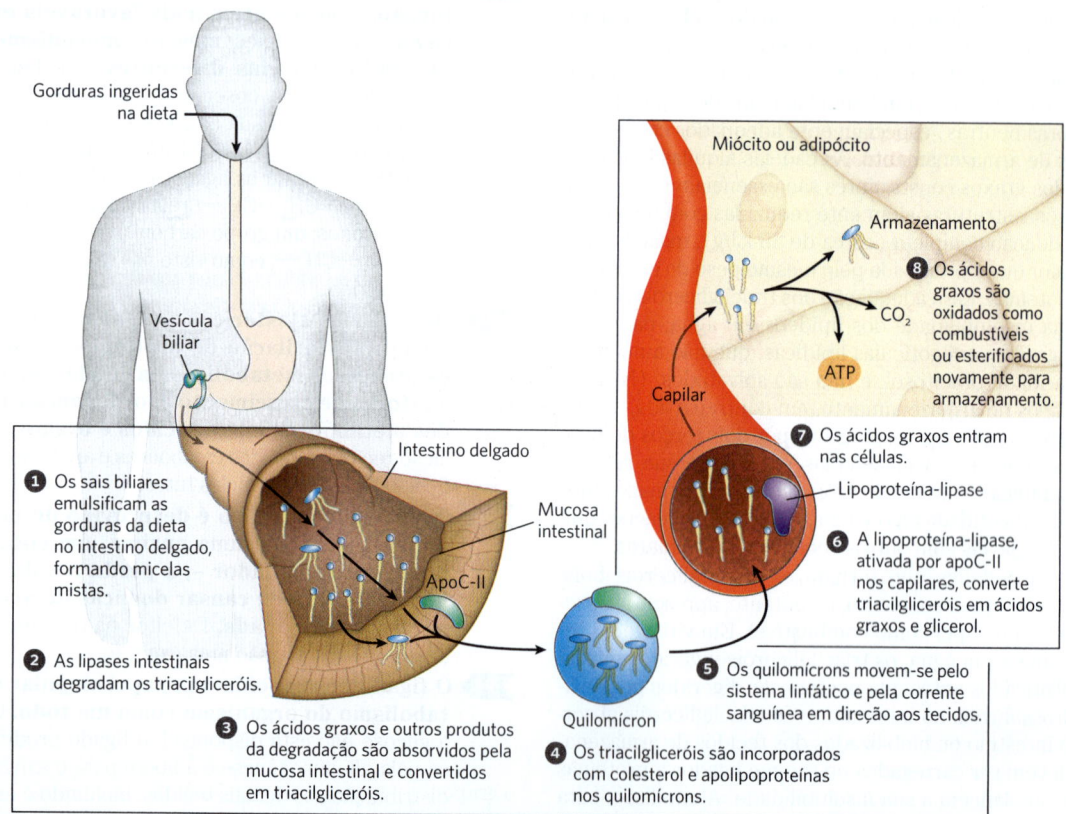

**FIGURA 17-1 Processamento dos lipídeos da dieta em vertebrados.** A digestão e a absorção dos lipídeos da dieta ocorrem no intestino delgado, e os ácidos graxos liberados dos triacilgliceróis são empacotados e distribuídos para os músculos e para o tecido adiposo. As oito etapas são discutidas no texto.

triacilgliceróis, fosfolipídeos, colesterol e ésteres de colesterila para o transporte entre os órgãos.

As apolipoproteínas se combinam com os lipídeos para formar várias classes de partículas de **lipoproteínas**, que são agregados esféricos com lipídeos hidrofóbicos no centro e cadeias laterais hidrofílicas de proteínas e grupos polares de lipídeos na superfície. Várias combinações de lipídeos e proteínas produzem partículas de densidades diferentes, variando de quilomícrons e lipoproteínas de densidade muito baixa (VLDL, do inglês *very low density lipoproteins*) a lipoproteínas de densidade muito alta (VHDL, do inglês *very high density lipoproteins*). Essas partículas podem ser separadas por ultracentrifugação. As estruturas dessas partículas de lipoproteínas e seus papéis no transporte de lipídeos estão detalhados no Capítulo 21 (Fig. 21-39).

A **apolipoproteína B-48** (**apoB-48**) é o principal componente proteico dos quilomícrons. No processo de captação de lipídeos a partir do intestino, os quilomícrons se movem da mucosa intestinal para o sistema linfático e, então, entram no sangue, onde podem trocar apolipoproteínas com outros tipos de lipoproteínas circulantes. No sangue, os quilomícrons recebem **apolipoproteína C-II** (**apoC-II**) de partículas de **lipoproteínas de alta densidade** (**HDL**) e são transportados para o músculo e para o tecido adiposo (Fig. 17-1, etapa ❺). Nos capilares desses tecidos, a enzima extracelular **lipoproteína-lipase**, ativada pela apoC-II, hidrolisa os triacilgliceróis em ácidos graxos livres e monoacilgliceróis (etapa ❻), que são captados via transportadores específicos nas membranas plasmáticas de células nos tecidos-alvo (etapa ❼). No músculo, os ácidos graxos são oxidados para obter energia; no tecido adiposo, eles são reesterificados para armazenamento na forma de triacilgliceróis (etapa ❽).

Os remanescentes dos quilomícrons, desprovidos da maioria dos seus triacilgliceróis, mas ainda contendo colesterol e apolipoproteínas, deslocam-se pelo sangue até o fígado, onde são captados por endocitose mediada por receptores para as suas apolipoproteínas. Os triacilgliceróis que entram no fígado por essa via podem ser oxidados para fornecer energia ou precursores para a síntese de corpos cetônicos, como descrito na Seção 17.3.

Quando a dieta contém mais ácidos graxos do que o necessário imediatamente como combustível ou como precursores, o fígado converte-os em triacilgliceróis, que são empacotados com apolipoproteínas específicas para formar VLDL. As VLDL são secretadas pelos hepatócitos e transportadas pelo sangue até o tecido adiposo, onde os triacilgliceróis são removidos e armazenados em gotículas lipídicas dentro dos adipócitos.

### Hormônios ativam a mobilização dos triacilgliceróis armazenados

Os lipídeos neutros (triacilgliceróis, esteróis e ésteres de esteroíla) são armazenados nos adipócitos (e nas células que sintetizam esteroides do córtex da glândula adrenal, dos ovários e dos testículos) na forma de **gotículas lipídicas**, com um centro de triacilgliceróis e ésteres de esteróis envoltos por uma monocamada de fosfolipídeos. A superfície dessas gotículas é revestida por **perilipinas**, uma família de proteínas que restringem o acesso às gotículas lipídicas, evitando a mobilização prematura dos lipídeos. ▶P1 Quando os hormônios sinalizam a necessidade de energia metabólica, os triacilgliceróis armazenados no tecido adiposo são mobilizados (retirados do armazenamento) e transportados aos tecidos (musculatura esquelética, coração e córtex renal), nos quais os ácidos graxos podem ser oxidados para a produção de energia. Os hormônios adrenalina e glucagon, secretados em resposta aos baixos níveis de glicose ou à situação de luta ou fuga (atividade iminente), estimulam a enzima adenilato-ciclase na membrana plasmática dos adipócitos (**Fig. 17-2**), que produz o segundo mensageiro intracelular AMP cíclico (AMPc; ver Fig. 12-4). A proteína-cinase dependente de AMPc (PKA) desencadeia mudanças que abrem a gotícula de lipídeo, permitindo a atividade de três lipases citosólicas, as quais atuam sobre tri, di e monoacilgliceróis, liberando ácidos graxos e glicerol.

Os ácidos graxos assim liberados (**ácidos graxos livres**, **AGL**) passam dos adipócitos para o sangue, onde se ligam à proteína circulante **albumina sérica** (**Fig. 17-3**). Essa proteína ($M_r$ 66.000), que representa cerca da metade da proteína sérica total, liga-se de modo não covalente a até sete ácidos graxos. Ligados a essa proteína solúvel, os ácidos graxos, que, de outra maneira, seriam insolúveis, são transportados a tecidos como o músculo esquelético, o coração e o córtex renal. Nesses tecidos-alvo, os ácidos graxos se dissociam da albumina e são levados para dentro das células por transportadores da membrana plasmática para servir de combustível.

Cerca de 95% da energia biologicamente disponível dos triacilgliceróis residem nas suas três cadeias longas de ácidos graxos; apenas 5% são fornecidos pela porção glicerol. O glicerol liberado pela ação da lipase é fosforilado pela **glicerol-cinase** (**Fig. 17-4**), e o glicerol-3-fosfato resultante é oxidado a di-hidroxiacetona-fosfato. A enzima glicolítica triose-fosfato-isomerase converte esse composto em gliceraldeído-3-fosfato, que é oxidado na glicólise.

### Os ácidos graxos são ativados e transportados para dentro das mitocôndrias

As enzimas da oxidação de ácidos graxos nas células animais estão localizadas na matriz mitocondrial, como demonstrado em 1948 por Eugene P. Kennedy e Albert Lehninger. Os ácidos graxos com cadeias médias ou curtas, isto é, com comprimento de 12 carbonos ou menos, entram na mitocôndria sem a ajuda de transportadores de membrana. Os ácidos graxos de cadeia longa, aqueles com 14 carbonos ou mais, que constituem a maioria dos ácidos graxos livres obtidos da dieta ou liberados do tecido adiposo, não conseguem passar livremente através das membranas mitocondriais – eles precisam passar pela **lançadeira da carnitina**. Primeiro, os ácidos graxos devem ser ativados pela **acil-CoA-sintetase** dos ácidos graxos de cadeia longa, uma isozima específica para esses ácidos graxos. As isozimas estão presentes na membrana mitocondrial externa, onde promovem a reação geral

Ácido graxo + CoA + ATP $\rightleftharpoons$

acil-CoA graxa + AMP + PP$_i$

▶P2 Assim, as acil-CoA-sintetases catalisam a formação de uma ligação tioéster entre o grupo carboxila do ácido graxo e o grupo tiol da coenzima A para produzir uma **acil-CoA graxa**, em uma reação acoplada à clivagem do ATP em AMP e PP$_i$. (Lembre-se da descrição dessa reação no Capítulo 13, que ilustra como a energia livre liberada pela clivagem das ligações fosfoanidrido do ATP pode ser acoplada à formação de um

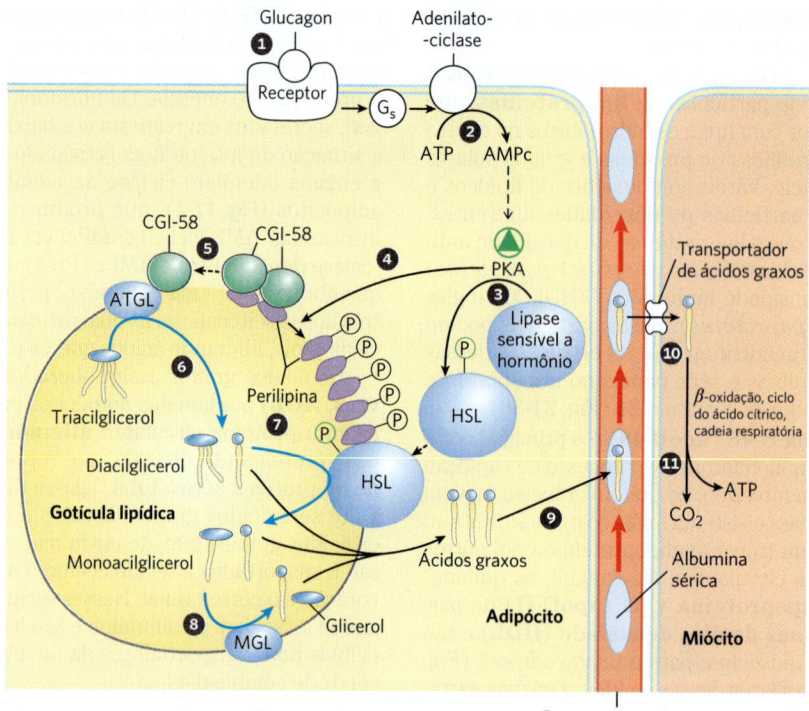

**FIGURA 17-2 Mobilização dos triacilgliceróis armazenados no tecido adiposo.** Quando os níveis baixos de glicose no sangue ativam a liberação de glucagon, ❶ o hormônio se liga ao seu receptor na membrana do adipócito e, assim, ❷ estimula a adenilato-ciclase, via uma proteína G, a produzir AMPc. Isso ativa a PKA, que fosforila ❸ a lipase sensível a hormônio (HSL) e ❹ as moléculas de perilipina na superfície da gotícula lipídica. A fosforilação da perilipina causa a ❺ dissociação da proteína CGI-58 da perilipina. CGI-58 (a sigla se refere à identificação comparativa de genes-58*; do inglês *comparative gene identification-58*), uma proteína intimamente associada às gotículas de gordura, recruta, então, a lipase dos triacilgliceróis do tecido adiposo (ATGL) para a superfície da gotícula de gordura e estimula a sua atividade de lipase. A ATGL ativa ❻ converte triacilgliceróis em diacilgliceróis. A perilipina fosforilada associa-se à HSL fosforilada, permitindo seu acesso à superfície da gotícula lipídica, onde ❼ ela hidrolisa os diacilgliceróis a monoacilgliceróis. ❽ Uma terceira lipase, a monoacilglicerol-lipase (MGL), hidrolisa os monoacilgliceróis. ❾ Os ácidos graxos deixam o adipócito e são transportados no sangue ligados à albumina sérica. Eles são posteriormente liberados da albumina e ❿ captados por um miócito via um transportador ⓫ específico para ácidos graxos. No miócito, os ácidos graxos são oxidados a $CO_2$, e a energia da oxidação é conservada em ATP, que fornece energia para a contração muscular e para outros processos metabólicos que necessitam de energia no miócito.

---

* N. de T. Essa proteína foi assim nomeada por ter sido inicialmente identificada em um estudo comparativo de genes usando proteomas humano e de *Caenorhabditis elegans*.

composto de alta energia; p. 485.) A reação ocorre em duas etapas e envolve um intermediário acil-adenilato (**Fig. 17-5**).

As acil-CoA graxas, assim como a acetil-CoA, são compostos de alta energia; a sua hidrólise a ácidos graxos livres e CoA tem uma grande variação negativa de energia livre padrão. A formação de uma acil-CoA torna-se mais favorável pela hidrólise de *duas* ligações de alta energia do ATP; o pirofosfato formado na reação de ativação é imediatamente hidrolisado pela pirofosfatase (lado esquerdo da Fig. 17-5), que puxa a reação de ativação precedente no sentido da formação de acil-CoA. A reação global (em três etapas) é

$$\text{Ácido graxo} + \text{CoA} + \text{ATP} \rightleftharpoons$$
$$\text{acil-CoA graxa} + \text{AMP} + 2\text{P}_i \quad (17\text{-}1)$$
$$\Delta G'^\circ = -34 \text{ kJ/mol}$$

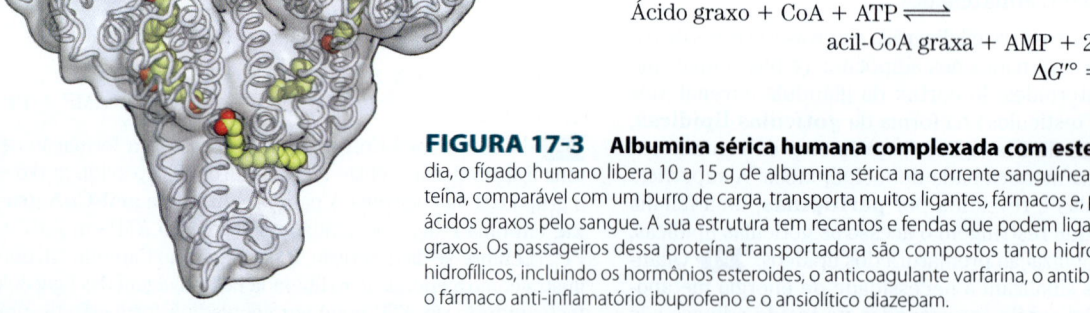

**FIGURA 17-3 Albumina sérica humana complexada com estearato.** A cada dia, o fígado humano libera 10 a 15 g de albumina sérica na corrente sanguínea, onde essa proteína, comparável com um burro de carga, transporta muitos ligantes, fármacos e, particularmente, ácidos graxos pelo sangue. A sua estrutura tem recantos e fendas que podem ligar até sete ácidos graxos. Os passageiros dessa proteína transportadora são compostos tanto hidrofóbicos quanto hidrofílicos, incluindo os hormônios esteroides, o anticoagulante varfarina, o antibiótico penicilina, o fármaco anti-inflamatório ibuprofeno e o ansiolítico diazepam.

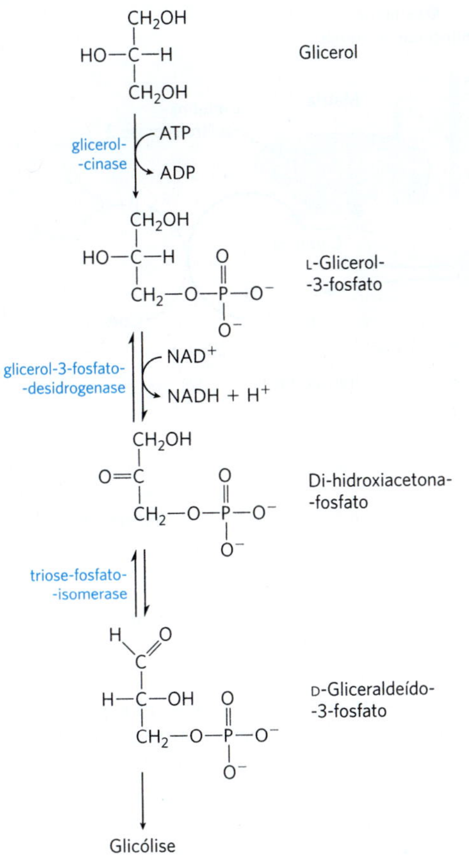

## 17.1 DIGESTÃO, MOBILIZAÇÃO E TRANSPORTE DE GORDURAS

**FIGURA 17-4** Entrada do glicerol na via glicolítica.

Os ésteres formados entre ácidos graxos e CoA (acil-CoA) no lado citosólico da membrana mitocondrial podem ser transportados para a mitocôndria e oxidados para produzir ATP ou ser utilizados no citosol para sintetizar lipídeos de membrana.

As acil-CoA graxas destinadas à oxidação mitocondrial devem ter sua porção acila ligada à **carnitina** para serem transportadas através da membrana mitocondrial interna.

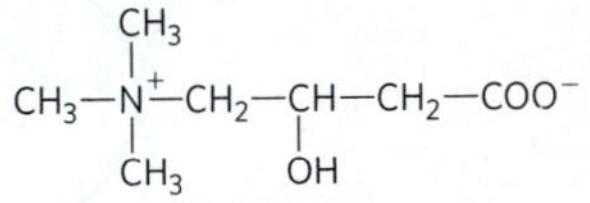

Em uma transesterificação catalisada pela **carnitina-acil-transferase 1**, **CAT1** (também chamada **carnitina-pal-mitoil-transferase 1**, **CPT1**), na membrana mitocondrial externa, a acila da acil-CoA graxa é transitoriamente ligada ao grupo hidroxila da carnitina para formar acil-carnitina (**Fig. 17-6**). O éster de acil-carnitina, então, difunde-se através do espaço intermembranas e entra na matriz por difusão facilitada por meio do **cotransportador acil-carnitina/carnitina** da membrana mitocondrial interna. Esse cotransportador move uma molécula de carnitina da matriz para o espaço intermembranas enquanto uma molécula de acil-carnitina é levada para a matriz. Uma vez na matriz, o grupo acila graxa é transferido da carnitina de volta para a coenzima A mitocondrial pela **carnitina-aciltransferase 2** (**CAT2** ou **CPT2**). Essa isozima, localizada na face interna da membrana mitocondrial interna, regenera acil-CoA de cadeia longa e a libera com a carnitina livre dentro da matriz. A carnitina está, então, disponível para ser transferida de volta pelo cotransportador acil-carnitina/carnitina para ser utilizada no transporte do próximo ácido graxo para a

---

**MECANISMO – FIGURA 17-5** **Ativação de um ácido graxo pela conversão em acil-CoA graxa.** A formação do derivado acil-CoA do ácido graxo ocorre em duas etapas, em uma reação catalisada pela acil-CoA-sintetase. A hidrólise do pirofosfato produzido na primeira etapa da reação é catalisada pela pirofosfatase. A reação global é altamente exergônica.

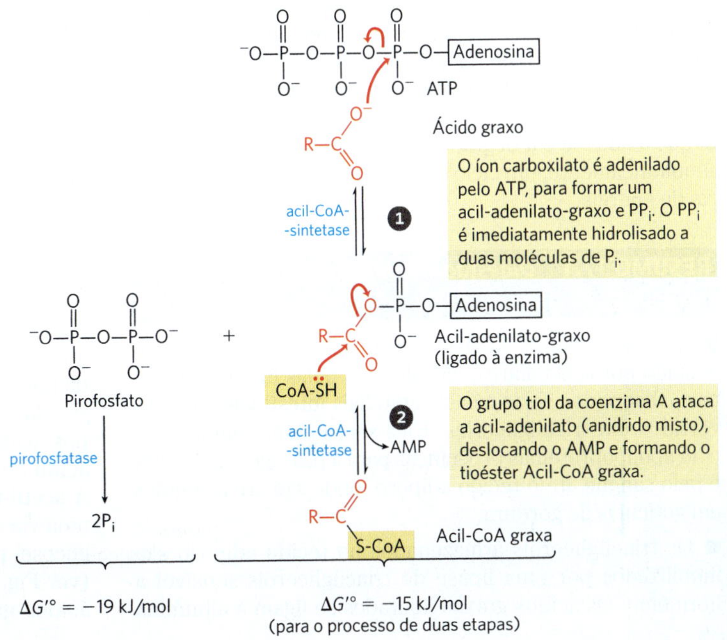

① O íon carboxilato é adenilado pelo ATP, para formar um acil-adenilato-graxo e PP$_i$. O PP$_i$ é imediatamente hidrolisado a duas moléculas de P$_i$.

② O grupo tiol da coenzima A ataca a acil-adenilato (anidrido misto), deslocando o AMP e formando o tioéster Acil-CoA graxa.

$\Delta G'° = -19$ kJ/mol

$\Delta G'° = -15$ kJ/mol (para o processo de duas etapas)

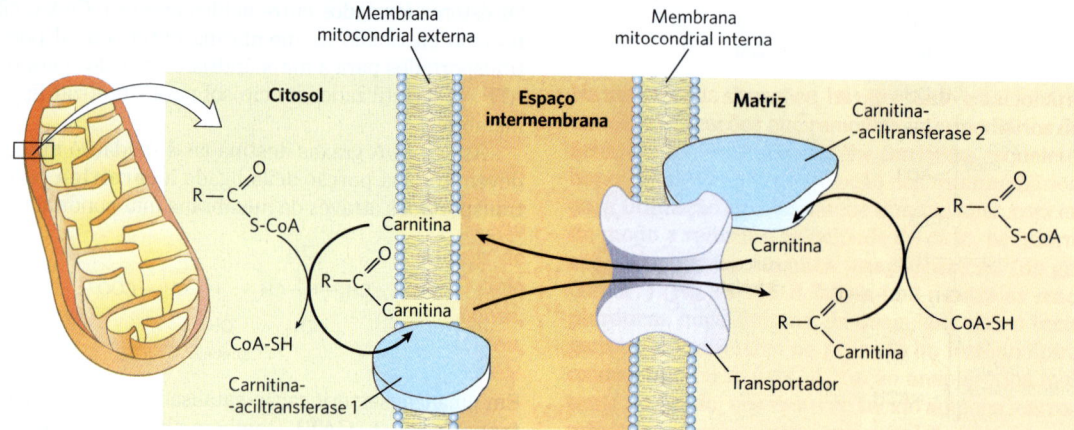

**FIGURA 17-6 Entrada de ácido graxo na mitocôndria pelo transportador acil-carnitina/carnitina.** A acil-carnitina formada na membrana mitocondrial externa move-se para a matriz por cotransporte passivo através da membrana mitocondrial interna. Na matriz, o grupo acila é transferido para a coenzima A mitocondrial, liberando a carnitina para deixar a matriz pelo mesmo transportador.

matriz. Uma vez dentro da mitocôndria, a acil-CoA graxa sofre a ação de um conjunto de enzimas da matriz.

Esse processo para transferir os ácidos graxos para dentro da mitocôndria – esterificação com CoA, transesterificação com carnitina, seguida de transporte e transesterificação de volta à CoA – liga dois reservatórios de coenzima A e de acil-CoA, um no citosol e o outro na mitocôndria. Esses reservatórios têm funções diferentes. A coenzima A na matriz mitocondrial é amplamente utilizada na degradação oxidativa do piruvato, dos ácidos graxos e de alguns aminoácidos, ao passo que a coenzima A citosólica é utilizada na biossíntese de ácidos graxos (ver Fig. 21-10). A acil-CoA graxa no reservatório citosólico pode ser utilizada para a síntese de lipídeos de membrana ou ser transportada para dentro da matriz mitocondrial para oxidação e produção de ATP. A conversão em éster de carnitina compromete a porção acila ao destino oxidativo. **P3** O processo de entrada mediado pela carnitina é a etapa limitante para a oxidação dos ácidos graxos na mitocôndria e, como discutido mais adiante, é um ponto de regulação. A carnitina-aciltransferase 1 é inibida por malonil-CoA, o primeiro intermediário na síntese de ácidos graxos (ver Fig. 21-1). Essa inibição evita que a síntese e a degradação dos ácidos graxos ocorram simultaneamente, um ciclo fútil que representaria desperdício de energia.

### RESUMO 17.1 Digestão, mobilização e transporte de gorduras

■ Os triacilgliceróis da dieta são emulsificados no intestino delgado por sais biliares, hidrolisados pelas lipases intestinais, absorvidos pelas células epiteliais intestinais e reconvertidos em triacilgliceróis. Eles são, então, combinados com apolipoproteínas específicas para a passagem pela linfa e pelo sangue até o tecido adiposo, onde são armazenados em gotículas de gordura.

■ Os triacilgliceróis armazenados no tecido adiposo são mobilizados por uma lipase de triacilgliceróis sensível a hormônio. Os ácidos graxos liberados se ligam à albumina sérica e são transportados no sangue para o coração, para a musculatura esquelética e para outros tecidos que utilizam ácidos graxos como combustíveis.

■ Uma vez dentro das células, os ácidos graxos são ativados na membrana mitocondrial externa pela conversão em tioésteres graxos de acil-CoA. A acil-CoA graxa destinada à oxidação entra na mitocôndria via lançadeira da carnitina, que representa um importante ponto de controle. A malonil-CoA, primeiro intermediário na síntese dos ácidos graxos, inibe a carnitina-aciltransferase 1, assegurando que a oxidação e a síntese dos ácidos graxos não ocorram simultaneamente.

## 17.2 Oxidação de ácidos graxos

Conforme observado anteriormente, a oxidação mitocondrial dos ácidos graxos ocorre em três etapas (**Fig. 17-7**). Na primeira etapa – $\beta$-oxidação –, os ácidos graxos sofrem remoção oxidativa de sucessivas unidades de dois carbonos na forma de acetil-CoA, começando pela extremidade carboxílica da cadeia da acila. Por exemplo, o ácido palmítico de 16 carbonos (palmitato em pH 7) passa sete vezes pela sequência oxidativa, perdendo dois carbonos como acetil-CoA em cada passagem. Ao final de sete ciclos, os dois últimos carbonos do palmitato (originalmente, C-15 e C-16) permanecem como acetil-CoA. O resultado global é a conversão da cadeia de 16 carbonos do palmitato em oito grupos acetila de dois carbonos de moléculas de acetil-CoA. A formação de cada acetil-CoA requer a remoção de quatro átomos de hidrogênio (dois pares de elétrons e quatro $H^+$) da porção acila pelas desidrogenases.

Na segunda etapa da oxidação de ácidos graxos, os grupos acetila da acetil-CoA são oxidados a $CO_2$ no ciclo do ácido cítrico, que também ocorre na matriz mitocondrial. A acetil-CoA derivada dos ácidos graxos, então, entra em uma via de oxidação final comum à acetil-CoA derivada da glicose, procedente da glicólise e da oxidação do piruvato (ver Fig. 16-1). As duas primeiras etapas da oxidação dos ácidos graxos produzem os transportadores de elétrons

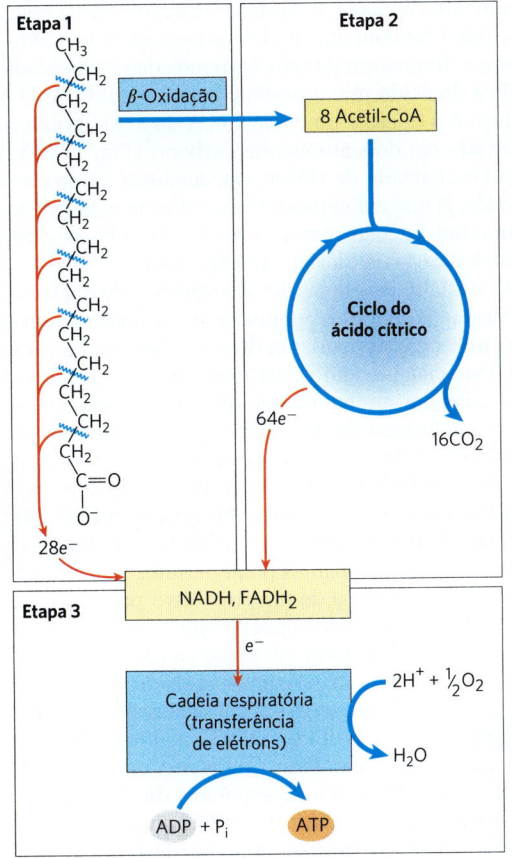

**FIGURA 17-7 Etapas da oxidação dos ácidos graxos.**
Etapa 1: um ácido graxo de cadeia longa é oxidado para produzir resíduos de acetila na forma de acetil-CoA. Esse processo é denominado β-oxidação. Etapa 2: os grupos acetila são oxidados a $CO_2$ no ciclo do ácido cítrico. Etapa 3: os elétrons derivados das oxidações das etapas 1 e 2 passam ao $O_2$ por meio da cadeia respiratória mitocondrial, fornecendo a energia para a síntese de ATP por fosforilação oxidativa.

reduzidos NADH e $FADH_2$, que, na terceira etapa, doam elétrons para a cadeia respiratória mitocondrial, por meio da qual os elétrons passam para o oxigênio com a fosforilação concomitante de ADP a ATP (Fig. 17-7). A energia liberada pela oxidação dos ácidos graxos é, portanto, conservada como ATP.

Agora, será analisada com mais atenção a primeira etapa da oxidação dos ácidos graxos, começando com o caso simples de uma cadeia acila longa saturada com um número par de carbonos e, depois, passando para os casos um pouco mais complexos das cadeias insaturadas ou de número ímpar. Também serão abordados a regulação da oxidação de ácidos graxos, os processos β-oxidativos que ocorrem em outras organelas que não na mitocôndria e, finalmente, uma maneira menos comum de catabolismo de ácidos graxos – a α-oxidação.

## A β-oxidação de ácidos graxos saturados tem quatro etapas básicas

Quatro reações catalisadas por enzimas constituem a primeira etapa da oxidação de ácidos graxos (**Fig. 17-8a**).

Primeiro, a desidrogenação da acil-CoA de cadeia longa produz uma ligação dupla entre os átomos de carbono α e β (C-2 e C-3), produzindo uma **trans-$\Delta^2$-enoil-CoA** (o símbolo $\Delta^2$ designa a posição da ligação dupla; você pode querer rever a nomenclatura dos ácidos graxos, p. 342.) Observe que a nova ligação dupla tem configuração *trans*, ao passo que as ligações duplas nos ácidos graxos insaturados que ocorrem naturalmente com frequência estão na configuração *cis*. O significado dessa diferença será analisado mais adiante.

Essa primeira etapa é catalisada por três isozimas da **acil-CoA-desidrogenase**, cada uma específica para determinados comprimentos de cadeia acila: acil-CoA-desidrogenase de acilas de cadeia muito longa (VLCAD, do inglês *very-long-chain acyl-CoA dehydrogenase*), que atua em ácidos graxos de 12 a 18 carbonos; de cadeia média (MCAD, do inglês *medium-chain acyl-CoA dehydrogenase*), que atua em ácidos graxos de 4 a 14 carbonos; e de cadeia curta (SCAD, do inglês *short-chain acyl-CoA dehydrogenase*), que atua em ácidos graxos de 4 a 8 carbonos. A VLCAD se localiza na membrana mitocondrial interna; a MCAD e a SCAD se localizam na matriz. As três isozimas são flavoproteínas com FAD fortemente ligado (ver Fig. 13-27) como grupo prostético. Os elétrons removidos da acil-CoA são transferidos para o FAD, e a forma reduzida da desidrogenase imediatamente doa seus elétrons a um transportador de elétrons, a **flavoproteína de transferência de elétrons** (**ETF**, do inglês *electron transfer flavoprotein*) (ver Fig. 19-15). Os elétrons movem-se da ETF para uma segunda flavoproteína, a **ETF:ubiquinona-oxidorredutase**, e, através da ubiquinona, para a cadeia respiratória mitocondrial. **P2** A oxidação catalisada por uma acil-CoA-desidrogenase é análoga à desidrogenação do succinato no ciclo do ácido cítrico (p. 586); em ambas as reações, a enzima está ligada à membrana interna, uma ligação dupla é introduzida em um ácido carboxílico entre os carbonos α e β, o FAD é o aceptor de elétrons e os elétrons das reações, finalmente, entram na cadeia respiratória e passam para o $O_2$, com a síntese concomitante de cerca de 1,5 molécula de ATP por par de elétrons.

Na segunda etapa do ciclo da β-oxidação (Fig. 17-8a), água é adicionada à ligação dupla da *trans-$\Delta^2$*-enoil-CoA, formando o estereoisômero L da **β-hidroxiacil-CoA (3-hidroxiacil-CoA)**. Essa reação, catalisada pela **enoil-CoA-hidratase**, é análoga à reação da fumarase no ciclo do ácido cítrico, em que $H_2O$ é adicionada a uma ligação dupla α-β (p. 587).

Na terceira etapa, a L-β-hidroxiacil-CoA é desidrogenada para formar **β-cetoacil-CoA**, pela ação da **β-hidroxiacil-CoA-desidrogenase**; $NAD^+$ é o aceptor de elétrons. Essa enzima é absolutamente específica para o estereoisômero L da hidroxiacil-CoA. O NADH formado na reação doa seus elétrons para a **NADH-desidrogenase** (**Complexo I**), um transportador de elétrons da cadeia respiratória (ver Fig. 19-15), e ATP é formado a partir de ADP à medida que os elétrons passam para o $O_2$. **P2** A reação catalisada pela β-hidroxiacil-CoA-desidrogenase é análoga à reação da malato-desidrogenase do ciclo do ácido cítrico (p. 587).

A quarta e última etapa do ciclo da β-oxidação é catalisada pela **acil-CoA-acetiltransferase**, mais comumente chamada de **tiolase**, que promove a reação da β-cetoacil-CoA com uma molécula de coenzima A livre para separar o fragmento de dois carbonos da extremidade carboxílica do ácido graxo original como acetil-CoA. O outro produto é o tioéster de coenzima A do ácido graxo, agora encurtado em dois átomos de carbono (Fig. 17-8a). Essa reação é chamada de tiólise, por analogia ao processo de hidrólise, já que a β-cetoacil-CoA é clivada pela reação com o grupo tiol da coenzima A. A reação da tiolase é o reverso da condensação de Claisen (ver Fig. 13-4).

As três últimas etapas dessa sequência de quatro etapas são catalisadas por dois conjuntos de enzimas, porém as enzimas utilizadas dependerão do comprimento da cadeia da acila. Para cadeias com 12 carbonos ou mais, as reações são catalisadas por um complexo multienzimático associado à membrana interna da mitocôndria, a **proteína trifuncional (TFP)**. A TFP é um hetero-octâmero de subunidades $α_4β_4$. Cada subunidade α possui duas atividades, a enoil-CoA-hidratase e a β-hidroxiacil-CoA-desidrogenase; as subunidades β possuem atividade de tiolase. Essa associação íntima de três enzimas pode permitir uma canalização eficiente do substrato de um sítio ativo para outro, sem a difusão dos intermediários para longe da superfície enzimática. Quando a TFP tiver encurtado a cadeia acila para 12 carbonos ou menos, as próximas oxidações são catalisadas por um conjunto de quatro enzimas solúveis na matriz.

▶ **P2** Como ressaltado anteriormente, a ligação simples entre grupos metileno (—$CH_2$—) nos ácidos graxos é relativamente estável. A sequência da β-oxidação é um mecanismo elegante para desestabilizar e quebrar essas ligações. As três primeiras reações da β-oxidação criam uma ligação C—C muito menos estável, na qual o carbono α (C-2) está ligado a *dois* carbonos carbonílicos (o intermediário β-cetoacil-CoA). A função cetona do carbono β (C-3) faz dele um bom alvo para ataque nucleofílico pelo —SH da coenzima A, catalisado pela tiolase. A acidez do hidrogênio α e a estabilização por ressonância do carbânion gerado pela saída desse hidrogênio tornam o grupo terminal —$CH_2$—CO—S-CoA um bom grupo de saída, facilitando a quebra da ligação α-β.

Já foi vista uma sequência de reações praticamente idênticas a essas quatro etapas da oxidação dos ácidos graxos nas etapas de reação do ciclo do ácido cítrico entre succinato e oxalacetato (ver Fig. 16-7). Uma sequência de reação praticamente idêntica ocorre também nas vias pelas quais os aminoácidos de cadeia lateral ramificada (isoleucina, leucina e valina) são oxidados como combustíveis (ver Fig. 18-28). A **Figura 17-9** mostra as características comuns dessas três sequências, quase certamente um exemplo da conservação de um mecanismo por duplicação gênica e evolução de uma nova especificidade nos produtos enzimáticos dos genes duplicados.

## As quatro etapas da β-oxidação são repetidas para produzir acetil-CoA e ATP

Em uma passagem pela sequência da β-oxidação (um ciclo), uma molécula de acetil-CoA, dois pares de elétrons e quatro prótons ($H^+$) são removidos da acil-CoA graxa de cadeia longa, encurtando-a em dois átomos de carbono. A equação

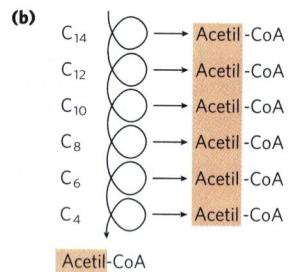

**FIGURA 17-8 Via da β-oxidação.** (a) Em cada passagem por essa sequência de quatro etapas, um resíduo acetila (sombreado em vermelho) é removido na forma de acetil-CoA da extremidade carboxílica da cadeia acila – nesse exemplo, o palmitato ($C_{16}$), que entra como palmitoil-CoA. Elétrons da primeira oxidação passam através da flavoproteína de transferência de elétrons (ETF) e, então, através de uma segunda flavoproteína (ETF:ubiquinona-oxidorredutase) até a cadeia respiratória. Os elétrons da segunda oxidação entram na cadeia respiratória por meio da NADH-desidrogenase. (b) Mais seis passagens pela via da β-oxidação produzem mais sete moléculas de acetil-CoA, a sétima vinda dos dois últimos átomos de carbono da cadeia de 16 carbonos. Oito moléculas de acetil-CoA são formadas no total. A acetil-CoA pode ser oxidada no ciclo do ácido cítrico, doando mais elétrons para a cadeia respiratória.

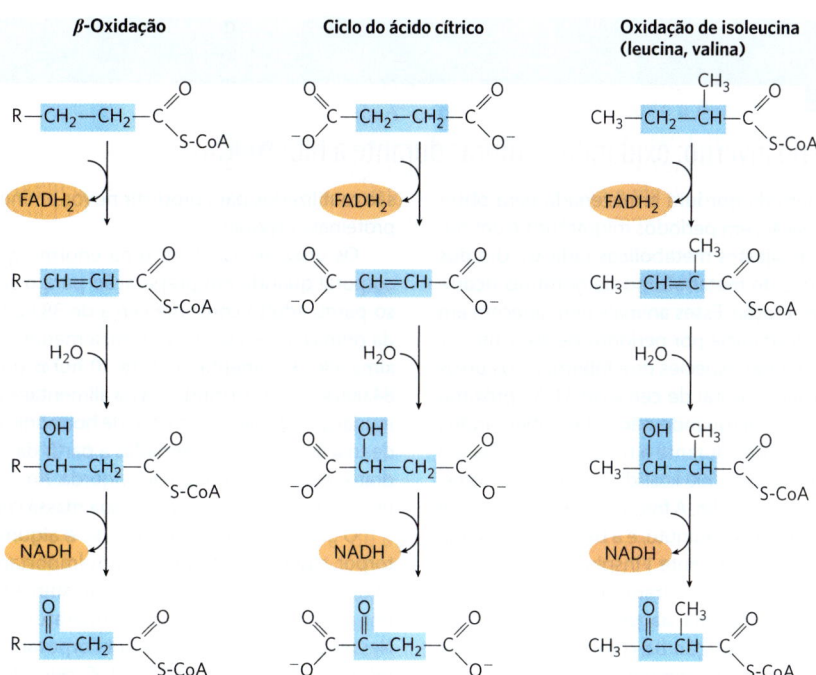

**FIGURA 17-9 Uma sequência conservada de reações para introduzir uma função carbonila no carbono β e formar uma carboxila.** A via de β-oxidação de acil-CoA graxas, a via de succinato a oxalacetato no ciclo do ácido cítrico e a via pela qual os esqueletos de carbonos desaminados da isoleucina, da leucina e da valina são oxidados como combustíveis usam todas a mesma sequência de reações.

para uma passagem, iniciando com o éster da coenzima A do exemplo, palmitato, é

Palmitoil-CoA + CoA + FAD + NAD$^+$ + H$_2$O ⟶
    miristoil-CoA + acetil-CoA + FADH$_2$ + NADH + H$^+$
(17-2)

Seguindo a remoção de uma unidade de acetil-CoA da palmitoil-CoA, resta o tioéster de coenzima A do ácido graxo encurtado (o miristato, agora com 14 carbonos). A miristoil-CoA pode agora passar por outro conjunto de quatro reações da β-oxidação, exatamente análogo ao primeiro, para produzir uma segunda molécula de acetil-CoA e a lauroil-CoA, o tioéster de coenzima A do laurato, de 12 carbonos. Ao todo, sete passagens pela sequência da β-oxidação são necessárias para oxidar uma molécula de palmitoil-CoA a oito moléculas de acetil-CoA (Fig. 17-8b). A equação global é

Palmitoil-CoA + 7CoA + 7FAD + 7NAD$^+$ + 7H$_2$O ⟶
    8 acetil-CoA + 7FADH$_2$ + 7NADH + 7H$^+$    (17-3)

**P1** Cada molécula de FADH$_2$ formada durante a oxidação do ácido graxo doa um par de elétrons para a ETF da cadeia respiratória, e cerca de 1,5 molécula de ATP é gerada durante a transferência de cada par de elétrons para o O$_2$. Do mesmo modo, cada molécula de NADH formada doa um par de elétrons para a NADH-desidrogenase mitocondrial, e a transferência subsequente de cada par de elétrons para o O$_2$ resulta na formação de aproximadamente 2,5 moléculas de ATP. Assim, quatro moléculas de ATP são formadas para cada unidade de dois carbonos removida em uma passagem pela sequência.

Observe que água também é produzida nesse processo. A transferência de elétrons do NADH ou FADH$_2$ para o O$_2$ produz uma molécula de H$_2$O por par de elétrons, que é referida como "água metabólica". A redução do O$_2$ pelo NADH também consome um H$^+$ por molécula de NADH: NADH + H$^+$ + ½O$_2$ ⟶ NAD$^+$ + H$_2$O. Em animais hibernantes, a oxidação de ácidos graxos fornece energia metabólica, calor e água – todos essenciais para a sobrevivência de um animal que não come nem bebe por longos períodos (**Quadro 17-1**). Os camelos obtêm água para suplementar o escasso suprimento disponível no seu ambiente natural pela oxidação de gorduras armazenadas em suas corcovas.

A equação total para a oxidação da palmitoil-CoA em oito moléculas de acetil-CoA, incluindo as transferências de elétrons e as fosforilações oxidativas, é

Palmitoil-CoA + 7CoA + 7O$_2$ + 28P$_i$ + 28ADP ⟶
    8 acetil-CoA + 28ATP + 7H$_2$O    (17-4)

### A acetil-CoA pode ser oxidada posteriormente no ciclo do ácido cítrico

**P1** A acetil-CoA produzida a partir da oxidação dos ácidos graxos pode ser oxidada a CO$_2$ e H$_2$O pelo ciclo do ácido cítrico. A equação a seguir representa o balancete para a

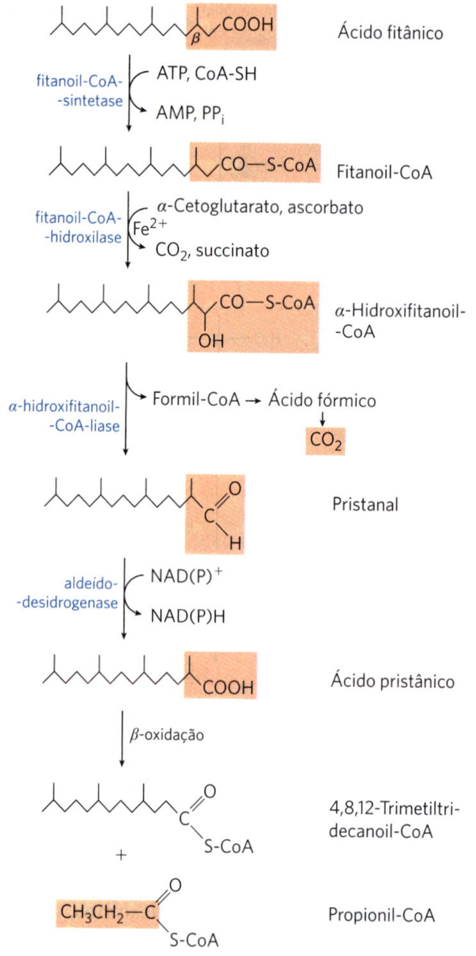

## O ácido fitânico sofre α-oxidação nos peroxissomos

O ácido fitânico, um ácido graxo de cadeia longa com ramificações metila, é derivado da cadeia lateral fitol da clorofila (ver Fig. 20-5). A presença de um grupo metila no carbono β desse ácido graxo impede a formação de um intermediário com um grupo cetona no carbono β, tornando impossível a sua β-oxidação. Os seres humanos obtêm ácido fitânico da dieta, principalmente a partir de laticínios e de gorduras de animais ruminantes; os microrganismos no rúmen desses animais produzem ácido fitânico à medida que digerem a clorofila de vegetais. A dieta ocidental típica inclui 50 a 100 mg de ácido fitânico por dia.

O ácido fitânico é metabolizado em peroxissomos via **α-oxidação**, na qual um único carbono é removido da extremidade carboxila do ácido graxo (**Fig. 17-15**). A fitanoil-CoA é inicialmente hidroxilada em seu carbono α em uma reação que envolve oxigênio molecular. O produto é descarboxilado, formando um aldeído contendo um carbono a menos, e, então, oxidado ao ácido carboxílico correspondente, que agora não apresenta substituintes no carbono β. Subsequentemente, a β-oxidação produz propionil-CoA e, então, acetil-CoA em sucessivos ciclos de oxidação. A **doença de Refsum**, resultante de um defeito genético na fitanoil-CoA-hidroxilase, leva a níveis sanguíneos muito elevados de ácido fitânico, causando (por mecanismos desconhecidos) problemas neurológicos graves, incluindo cegueira e surdez. ■

**FIGURA 17-15** A α-oxidação de um ácido graxo de cadeia ramificada (ácido fitânico) nos peroxissomos. O ácido fitânico tem um substituinte metila no carbono β e, assim, não pode sofrer β-oxidação. A ação combinada das enzimas mostradas aqui remove o carbono do grupo carboxila do ácido fitânico para produzir ácido pristânico, no qual o carbono β não está substituído, permitindo a β-oxidação. Observe que a β-oxidação do ácido pristânico libera propionil-CoA, e não acetil-CoA. Esta é posteriormente catabolizada, como na Figura 17-12. (Os detalhes da reação que produz pristanal continuam controversos.)

Na **adrenoleucodistrofia ligada ao X** (**XALD**), os peroxissomos falham em oxidar ácidos graxos de cadeia muito longa, aparentemente pela perda de um transportador funcional para esses ácidos na membrana peroxissomal. Ambos os defeitos levam ao acúmulo no sangue de ácidos graxos de cadeia muito longa, especialmente 26:0. A XALD afeta meninos com idade inferior a 10 anos, causando perda de visão, transtornos de comportamento e morte dentro de poucos anos. ■

Em mamíferos, altas concentrações de gorduras na dieta resultam em síntese aumentada das enzimas da β-oxidação peroxissomal no fígado. Os peroxissomos hepáticos não contêm as enzimas do ciclo do ácido cítrico e não podem catalisar a oxidação de acetil-CoA a $CO_2$. Em vez disso, os ácidos graxos de cadeia longa ou ramificada são catabolizados a produtos de cadeia mais curta, como hexanoil-CoA, que são exportados para a mitocôndria e completamente oxidados. Como será visto no Capítulo 20, as sementes em germinação de plantas podem sintetizar carboidratos e muitos outros metabólitos a partir da acetil-CoA produzida nos peroxissomos, usando uma via (o ciclo do glioxilato) que não ocorre em vertebrados.

### RESUMO 17.2 Oxidação de ácidos graxos

■ Na primeira etapa da β-oxidação, quatro reações sequenciais removem cada unidade de acetil-CoA, por volta, a partir da extremidade carboxila de uma acil-CoA com cadeia saturada: (1) desidrogenação dos carbonos α e β pelas acil-CoA-desidrogenases; (2) hidratação da ligação dupla $trans$-$\Delta^2$ resultante pela enoil-CoA-hidratase; (3) desidrogenação da L-β-hidroxiacil-CoA resultante; e (4) clivagem da β-cetoacil-CoA resultante pela tiolase, para formar acetil-CoA e uma acil-CoA graxa encurtada em dois carbonos.

■ A cadeia mais curta da acil-CoA entra novamente na sequência de β-oxidação para a remoção sequencial de unidades de acetil-CoA.

■ Na segunda etapa da oxidação dos ácidos graxos, a acetil-CoA é oxidada a $CO_2$ no ciclo do ácido cítrico. Uma grande fração da energia livre da oxidação dos ácidos graxos é recuperada como ATP pela fosforilação oxidativa, a etapa final da via oxidativa.

■ A oxidação de ácidos graxos insaturados requer duas enzimas adicionais: a enoil-CoA-isomerase e a 2,4-dienoil-CoA-redutase.

■ Ácidos graxos de número ímpar de carbonos são oxidados pela via da β-oxidação, gerando acetil-CoA e uma molécula de propionil-CoA. Esta última é carboxilada a metilmalonil-CoA, que é isomerizada a succinil-CoA em uma reação catalisada pela metilmalonil-CoA-mutase, enzima que necessita de coenzima $B_{12}$.

■ Para impedir a ocorrência de um ciclo fútil, a entrada de ácidos graxos na mitocôndria é inibida pelo primeiro intermediário na via de síntese dos ácidos graxos, a malonil-CoA.

■ O fator de transcrição PPARα estimula a síntese de diversas enzimas necessárias para a β-oxidação quando não houver glicose disponível como fonte de energia.

■ Os sintomas de indivíduos que não apresentam a acil-CoA-desidrogenase para acilas de cadeia média incluem esteatose hepática, níveis elevados de ácido octanoico, coma e, às vezes, morte.

■ Os peroxissomos vegetais e animais e os glioxissomos vegetais realizam a β-oxidação em quatro reações semelhantes àquelas da via mitocondrial. A primeira reação dessa via de oxidação, no entanto, transfere elétrons diretamente ao $O_2$, gerando $H_2O_2$. Os peroxissomos dos tecidos animais especializam-se na oxidação de ácidos graxos de cadeia muito longa e de ácidos graxos ramificados.

■ As reações de α-oxidação convertem ácidos graxos ramificados, como o ácido fitânico, em produtos que podem sofrer β-oxidação, gerando, ao final, acetil-CoA e propionil-CoA.

## 17.3 Corpos cetônicos

Nos seres humanos e na maior parte dos outros mamíferos, a acetil-CoA formada no fígado durante a oxidação dos ácidos graxos pode entrar no ciclo do ácido cítrico (etapa 2 da Fig. 17-7) ou sofrer conversão em "**corpos cetônicos**" – **acetona**, **acetoacetato** e **D-β-hidroxibutirato** – para exportação a outros tecidos. (O termo "corpos" é um artefato histórico; os compostos são solúveis no sangue e na urina, não são particulados e nem todos eles são cetonas.)

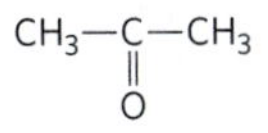

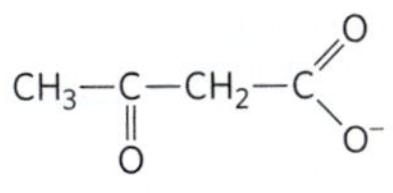

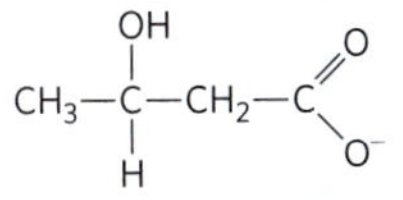

A acetona, produzida em menor quantidade do que os outros corpos cetônicos, é exalada. **P5** O acetoacetato e o D-β-hidroxibutirato são transportados pelo sangue para outros tecidos que não o fígado (tecidos extra-hepáticos), onde são convertidos em acetil-CoA e oxidados no ciclo do ácido cítrico, fornecendo muito da energia necessária para tecidos como os músculos esquelético e cardíaco e o córtex renal. O encéfalo, que usa preferencialmente glicose como combustível, pode se adaptar ao uso de acetoacetato e D-β-hidroxibutirato em condições de jejum prolongado, quando a glicose não está disponível. O encéfalo não pode usar ácidos graxos como combustível, pois eles não cruzam a barreira hematencefálica. A produção e a exportação dos corpos cetônicos do fígado para tecidos extra-hepáticos permitem a oxidação contínua de ácidos graxos no fígado quando a acetil-CoA não está sendo oxidada no ciclo do ácido cítrico.

### Os corpos cetônicos formados no fígado são exportados para outros órgãos como combustível

A primeira etapa na formação de acetoacetato, que ocorre no fígado (**Fig. 17-16**), é a condensação enzimática de duas moléculas de acetil-CoA, catalisada pela tiolase; essa reação é simplesmente o inverso da última etapa da β-oxidação. A acetoacetil-CoA, então, condensa-se com outra molécula

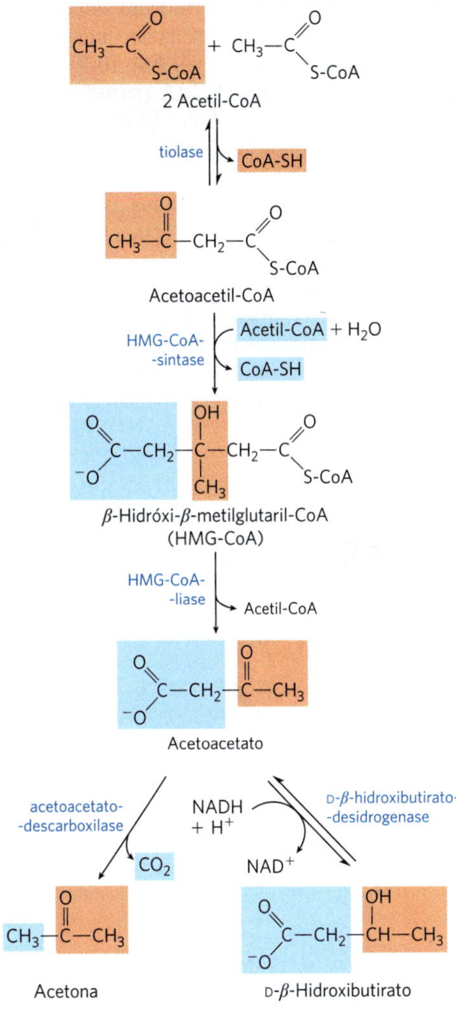

**FIGURA 17-16 Formação de corpos cetônicos a partir de acetil-CoA.** Pessoas saudáveis e bem nutridas produzem corpos cetônicos a uma taxa relativamente baixa. Quando a acetil-CoA se acumula (p. ex., como no jejum prolongado ou no diabetes não tratado), a tiolase catalisa a condensação de duas moléculas de acetil-CoA em acetoacetil-CoA, o composto que origina os três corpos cetônicos. As reações de formação dos corpos cetônicos ocorrem na matriz das mitocôndrias do fígado. O composto de seis carbonos β-hidróxi-β-metilglutaril-CoA (HMG-CoA) também é um intermediário da biossíntese de esteróis, mas a enzima que forma HMG-CoA naquela via é citosólica. A HMG-CoA-liase está presente somente na matriz mitocondrial.

de acetil-CoA, formando **β-hidróxi-β-metilglutaril-CoA (HMG-CoA)**, que é clivada a acetoacetato livre e acetil-CoA. O acetoacetato é reversivelmente reduzido pela D-β-hidroxibutirato-desidrogenase, uma enzima mitocondrial, a D-β-hidroxibutirato. Essa enzima é específica para o estereoisômero D; ela não atua sobre as L-β-hidroxiacil-CoA e não deve ser confundida com a L-β-hidroxiacil-CoA-desidrogenase da via de β-oxidação. Essa diferença na estereoespecificidade das duas enzimas que utilizam β-hidroxiacil-CoA como substratos na degradação e na síntese de ácidos graxos indica que a célula pode manter conjuntos separados de β-hidroxiacil-CoA, marcados para degradação ou para síntese.

Em tecidos extra-hepáticos, o D-β-hidroxibutirato é oxidado a acetoacetato pela D-β-hidroxibutirato-desidrogenase (**Fig. 17-17**). O acetoacetato é ativado ao seu éster de coenzima A pela transferência da CoA da succinil-CoA, intermediário do ciclo do ácido cítrico (ver Fig. 16-7), em uma reação catalisada pela **β-cetoacil-CoA-transferase**, também chamada de tioforase. A acetoacetil-CoA é, então, clivada pela tiolase, gerando duas moléculas de acetil-CoA, que entram no ciclo do ácido cítrico. Assim, os corpos cetônicos são usados como combustível em todos os tecidos, exceto o fígado, que não tem β-cetoacil-CoA-transferase. ▶P5 O fígado é, portanto, um produtor de corpos cetônicos para os outros tecidos, mas não um consumidor.

A produção e a exportação dos corpos cetônicos pelo fígado permitem a oxidação contínua de ácidos graxos com apenas uma mínima oxidação de acetil-CoA. Quando os intermediários do ciclo do ácido cítrico são desviados para a síntese de glicose pela gliconeogênese, por exemplo, a oxidação dos intermediários do ciclo desacelera – bem como a oxidação de acetil-CoA. Além disso, o fígado contém apenas uma quantidade limitada de coenzima A, e, quando a maior parte está comprometida por estar ligada à acetil-CoA, a β-oxidação desacelera por falta de coenzima livre. A produção e a exportação de corpos cetônicos liberam a coenzima A, permitindo a contínua oxidação dos ácidos graxos.

## Os corpos cetônicos são produzidos em excesso no diabetes e durante o jejum

O jejum (incluindo dietas com conteúdo calórico muito baixo) e o diabetes *mellitus* não tratado levam à superprodução hepática de corpos cetônicos, com vários problemas médicos associados. Durante o jejum, a gliconeogênese consome os intermediários do ciclo do ácido cítrico, desviando a acetil-CoA produzida a partir da mobilização das gorduras armazenadas para a produção de corpos cetônicos (**Fig. 17-18**). No diabetes não tratado, quando o nível de insulina é insuficiente, os tecidos extra-hepáticos não podem captar a glicose do sangue de maneira eficiente, nem para combustível, nem para conservação como gordura. Nessas condições, os níveis de malonil-CoA caem, aliviando a inibição da carnitina-aciltransferase 1, de modo que os ácidos graxos entram na mitocôndria para serem degradados a acetil-CoA (ver Fig. 17-13). Essa acetil-CoA, contudo, não pode ser oxidada no ciclo do ácido cítrico, pois os intermediários do ciclo foram drenados para uso como substratos na gliconeogênese. ▶P4 ▶P5 O acúmulo resultante de acetil-CoA acelera a formação de corpos cetônicos e sua liberação no sangue em níveis além da capacidade de oxidação dos tecidos extra-hepáticos. O aumento dos níveis sanguíneos de acetoacetato e D-β-hidroxibutirato

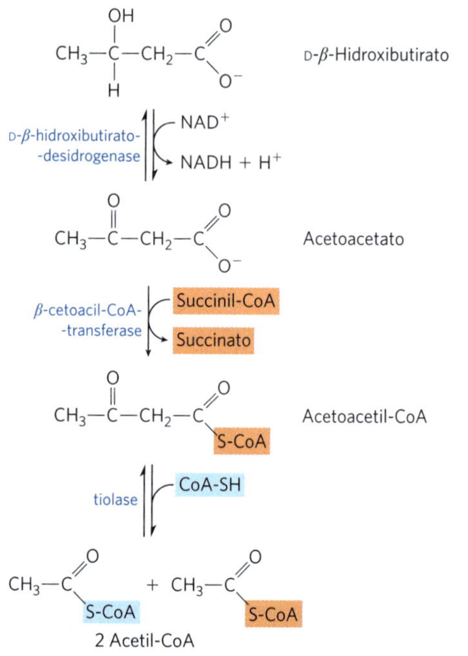

**FIGURA 17-17** D-β-**Hidroxibutirato como combustível.** O D-β-hidroxibutirato, sintetizado no fígado, passa para o sangue e, portanto, para outros tecidos, onde é convertido em acetil-CoA por meio de três reações. Primeiro, ele é oxidado a acetoacetato, que é ativado pela ligação à coenzima A doada pela succinil-CoA, e, depois, clivado pela tiolase. A acetil-CoA assim formada entra no ciclo do ácido cítrico.

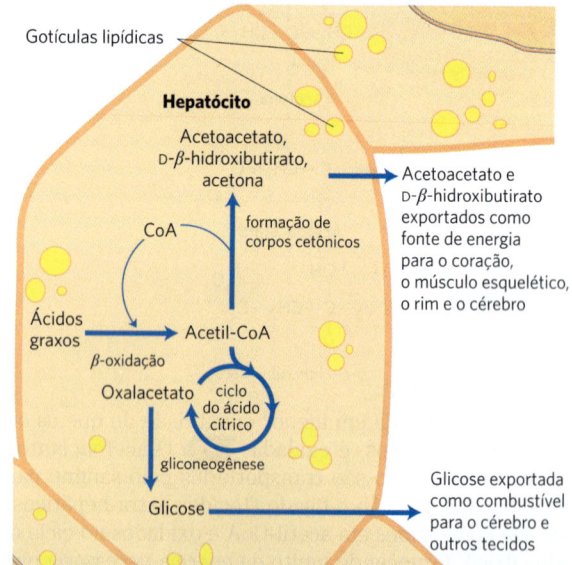

**FIGURA 17-18 Formação de corpos cetônicos e exportação a partir do fígado.** As condições que promovem a gliconeogênese (diabetes não tratado, redução grave na ingestão de alimentos) desaceleram o ciclo do ácido cítrico (pelo consumo do oxalacetato) e aumentam a conversão de acetil-CoA em acetoacetato. A liberação de coenzima A permite a β-oxidação contínua de ácidos graxos.

diminui o pH do sangue, causando uma condição conhecida como **acidose**. A acidose extrema pode levar ao coma e, em alguns casos, à morte. Os corpos cetônicos no sangue e na urina de indivíduos com diabetes não tratado podem alcançar níveis extraordinariamente altos – concentração sanguínea de 90 mg/100 mL (comparada com o nível normal < 3 mg/100 mL) e excreção urinária de 5.000 mg/24h (comparada com uma taxa normal de ≤ 125 mg/24h). Essa condição é denominada **cetose** ou, quando combinada com acidose, **cetoacidose**.

Em pessoas saudáveis, a acetona é formada em quantidade muito pequena a partir de acetoacetato, que é facilmente descarboxilado, espontaneamente ou pela ação da **acetoacetato-descarboxilase** (Fig. 17-16). Como as pessoas com diabetes não tratado produzem grandes quantidades de acetoacetato, o sangue delas contém quantidades significativas de acetona, que é tóxica. A acetona é volátil e provoca um odor característico no hálito, que algumas vezes é útil no diagnóstico do diabetes. ■

### RESUMO 17.3 Corpos cetônicos

■ Os corpos cetônicos – acetona, acetoacetato e D-$\beta$-hidroxibutirato – são formados no fígado quando os ácidos graxos são o principal combustível a manter o metabolismo corporal. Acetoacetato e D-$\beta$-hidroxibutirato são utilizados como combustível em tecidos extra-hepáticos, incluindo o encéfalo, por meio de sua oxidação a acetil-CoA e de sua entrada no ciclo do ácido cítrico.

■ A superprodução de corpos cetônicos no diabetes não controlado ou em dietas gravemente hipocalóricas pode levar à cetoacidose potencialmente fatal, caracterizada por altas concentrações de corpos cetônicos no sangue e na urina e por redução do pH sanguíneo.

### TERMOS-CHAVE

*Os termos em negrito estão definidos no glossário.*

**$\beta$-oxidação** 601
**apolipoproteína** 602
**quilomícron** 603
**lipoproteína** 603
perilipina 603
ácidos graxos livres 603
albumina sérica 603
**lançadeira da carnitina** 603
acil-CoA-sintetase 603
acil-CoA graxa 603
carnitina-aciltransferase 1 (CAT1) 605
cotransportador acil-carnitina/ carnitina 605
carnitina-aciltransferase 2 (CAT2) 605
**flavoproteína de transferência de elétrons (ETF)** 607
**NADH-desidrogenase (Complexo I)** 607

proteína trifuncional (TFP) 608
metilmalonil-CoA-mutase 613
**coenzima B$_{12}$** 613
malonil-CoA 613
anemia perniciosa 615
fator intrínseco 615
**PPAR (receptor ativado por proliferador de peroxissomos)** 616
acil-CoA-desidrogenase de cadeia média (MCAD) 616
**peroxissomo** 617
**$\alpha$-oxidação** 618
**corpos cetônicos** 619
acetona 619
acetoacetato 619
D-$\beta$-hidroxibutirato 619
**acidose** 621
**cetose** 621
**cetoacidose** 621

### QUESTÕES

**1. Energia em triacilgliceróis** Considerando a energia produzida por átomo de carbono, onde reside a maior quantidade de energia biologicamente disponível nos triacilgliceróis: nas porções ácido graxo ou na porção glicerol? Indique como o conhecimento da estrutura química dos triacilgliceróis fornece a resposta.

**2. Efeito de um inibidor da PDE nos adipócitos** Como a adição de um inibidor da fosfodiesterase (PDE) do AMPc afetaria a resposta de um adipócito à adrenalina? (Dica: ver Fig. 12-4.)

**3. Compartimentalização da $\beta$-oxidação** O palmitato livre é ativado, produzindo seu derivado de coenzima A (palmitoil-CoA) no citosol, antes de ser oxidado na mitocôndria. Após adicionar palmitato e [$^{14}$C]coenzima A a um homogeneizado de fígado, você descobre que a palmitoil-CoA isolada da fração citosólica é radioativa, mas o isolado da fração mitocondrial, não. Como isso pode ser explicado?

**4. Carnitina-aciltransferase mutante** O que muda no padrão metabólico resultante de uma mutação na carnitina-acil-transferase 1 muscular em que a proteína mutante perdeu sua afinidade por malonil-CoA, mas não sua atividade catalítica?

**5. Efeito da deficiência de carnitina** Um indivíduo desenvolveu uma condição caracterizada por fraqueza muscular progressiva e dolorosas cãibras musculares. Os sintomas eram agravados durante o jejum, o exercício e a dieta rica em gordura. O homogeneizado de uma amostra de músculo esquelético do paciente oxida oleato mais lentamente do que um homogeneizado-controle, consistindo em amostras de músculo de indivíduos sadios. Quando a carnitina foi adicionada ao homogeneizado de músculo do paciente, a taxa de oxidação do oleato se igualou à do homogeneizado-controle. Com base nesses resultados, o médico desse paciente diagnosticou deficiência de carnitina.

**(a)** Por que a carnitina adicionada aumenta a taxa de oxidação do oleato no homogeneizado de músculo do paciente?
**(b)** Por que o jejum, o exercício e uma dieta rica em gordura agravaram os sintomas do paciente?
**(c)** Sugira duas razões possíveis para a deficiência de carnitina muscular desse indivíduo.

**6. Reservas de combustíveis no tecido adiposo** Os triacilgliceróis, com seus ácidos graxos com cadeias semelhantes a hidrocarbonetos, têm o maior conteúdo de energia entre os principais nutrientes.

**(a)** Se 15% da massa corporal de um adulto de 70 kg consistem em triacilgliceróis, qual é o total de reserva de combustível disponível, em quilojoules e em quilocalorias, na forma de triacilgliceróis? Lembre-se de que 1,00 kcal = 4,18 kJ.
**(b)** Se a necessidade energética basal é de aproximadamente 8.400 kJ/dia (2.000 kcal/dia), por quanto tempo essa pessoa sobreviveria se a oxidação dos ácidos graxos armazenados como triacilgliceróis fosse a única fonte de energia?
**(c)** Qual seria a perda de peso em quilogramas por dia sob essa condição de jejum?

**7. Etapas reacionais comuns ao ciclo de oxidação dos ácidos graxos e ao ciclo do ácido cítrico** Muitas vezes, as células usam o mesmo padrão de reações enzimáticas para conversões metabólicas análogas. Por exemplo, as etapas da oxidação do piruvato a acetil-CoA e do $\alpha$-cetoglutarato a succinil-CoA, embora catalisadas por enzimas diferentes, são muito semelhantes. O primeiro estágio da oxidação dos ácidos graxos segue uma sequência reacional muito semelhante a uma sequência do ciclo do ácido cítrico. Use equações para mostrar as sequências de reações análogas nas duas vias.

**8. β-oxidação: quantos ciclos?** Quantos ciclos da β-oxidação são necessários para a oxidação completa do ácido oleico ativado, 18:1($\Delta^9$)?

**9. Química da reação da acil-CoA-sintetase** Os ácidos graxos são convertidos nos seus ésteres de coenzima A em uma reação reversível catalisada pela acil-CoA-sintetase:

$$R-COO^- + ATP + CoA \rightleftharpoons R-\underset{\underset{O}{\|}}{C}-CoA + AMP + PP_i$$

**(a)** O intermediário ligado à enzima nessa reação foi identificado como o anidrido misto do ácido graxo e do monofosfato de adenosina (AMP), acil-AMP:

[estrutura de acil-AMP com Adenina]

Escreva as duas equações correspondentes às duas etapas da reação catalisada pela acil-CoA-sintetase.

**(b)** A reação da acil-CoA-sintetase é prontamente reversível, com uma constante de equilíbrio de aproximadamente 1. O que pode ocorrer nessa reação para favorecer a formação de acil-CoA graxa?

**10. Intermediários da oxidação do ácido oleico** Qual é a estrutura do grupo acila parcialmente oxidado que é formado após o ácido oleico, 18:1($\Delta^9$), ter sofrido três ciclos de β-oxidação? Quais são as duas etapas seguintes na continuação da oxidação desse intermediário?

**11. β-Oxidação de um ácido graxo com número ímpar de carbonos** Quais são os produtos diretos da β-oxidação de um ácido graxo completamente saturado com cadeia linear de 11 carbonos?

**12. Oxidação do palmitato triciado** O palmitato marcado uniformemente com trício ($^3$H), com uma atividade específica de $2,48 \times 10^8$ contagens por minuto (cpm) por micromol de palmitato, é adicionado a uma preparação mitocondrial que o oxida a acetil-CoA. A acetil-CoA produzida é isolada e hidrolisada a acetato. A atividade específica do acetato isolado é de $1,00 \times 10^7$ cpm/μmol. Esse resultado é consistente com a via da β-oxidação? Explique sua resposta. Qual é o destino final do trício removido? (Nota: a atividade específica é a medida do grau de marcação com um traçador radioativo, expressa como radioatividade por unidade de massa. Em um composto uniformemente marcado, todos os átomos de um dado tipo estão marcados.)

**13. Bioquímica comparada: vias geradoras de energia em pássaros** Uma indicação da importância relativa das várias vias produtoras de ATP é a $V_{máx}$ de certas enzimas dessas vias. Os valores de $V_{máx}$ de diversas enzimas de músculo peitoral (os músculos do tórax utilizados para o voo) de pombo e de faisão estão listados a seguir.

| Enzima | $V_{máx}$ (μmol de substrato/min/g de tecido) | |
|---|---|---|
| | Pombo | Faisão |
| Hexocinase | 3,0 | 2,3 |
| Glicogênio-fosforilase | 18,0 | 120,0 |
| Fosfofrutocinase 1 | 24,0 | 143,0 |
| Citrato-sintase | 100,0 | 15,0 |
| Triacilglicerol-lipase | 0,07 | 0,01 |

**(a)** Discuta a importância relativa do metabolismo do glicogênio e do metabolismo das gorduras na geração de ATP nos músculos peitorais desses pássaros.
**(b)** Compare o consumo de oxigênio nos dois pássaros.
**(c)** A julgar pelos dados na tabela, qual pássaro é voador de longas distâncias? Justifique sua resposta.
**(d)** Por que essas enzimas em particular foram selecionadas para a comparação? As atividades da triose-fosfato-isomerase e da malato-desidrogenase seriam igualmente boas para comparação? Explique sua resposta.

**14. Os ácidos graxos como fonte de água** Ao contrário da lenda, os camelos não armazenam água em suas corcovas, que consistem, na verdade, em um grande depósito de gordura. Como esses depósitos de gorduras podem servir como fonte de água? Calcule a quantidade de água (em litros) que um camelo pode produzir a partir de 1,0 kg de gordura. Considere, para simplificação, que a gordura seja totalmente formada por tripalmitoilglicerol.

**15. Metabolismo de um ácido graxo fenilado de cadeia linear** Pesquisadores isolaram um metabólito cristalino da urina de um coelho que havia sido alimentado com um ácido graxo de cadeia linear contendo um grupo fenila terminal:

[estrutura: fenil-$CH_2-(CH_2)_n-COO^-$]

A adição de 22,2 mL de NaOH 0,100 M neutralizou completamente uma amostra de 302 mg do metabólito em solução aquosa.

**(a)** Quais são as prováveis estrutura e massa molecular do metabólito?
**(b)** O ácido graxo de cadeia linear continha um número par ou ímpar de grupos metileno ($-CH_2-$) (i.e., $n$ é um número par ou ímpar)? Explique seu raciocínio.

**16. A oxidação de ácidos graxos no diabetes não controlado** Quando a acetil-CoA produzida durante a β-oxidação no fígado excede a capacidade do ciclo do ácido cítrico, o excesso de acetil-CoA forma corpos cetônicos – acetona, acetoacetato e D-β-hidroxibutirato. Isso ocorre em pessoas com diabetes grave não controlado; como seus tecidos não podem usar a glicose, eles oxidam grandes quantidades de ácidos graxos. Apesar de a acetil-CoA não ser tóxica, a mitocôndria deve desviar esse composto para a produção de corpos cetônicos. Qual problema surgiria se a acetil-CoA não fosse convertida em corpos cetônicos? Como o desvio para a produção de corpos cetônicos soluciona o problema?

**17. Consequências de uma dieta rica em gordura e sem carboidratos** Suponha que você tivesse de sobreviver com uma dieta de gordura de baleia e foca, com pouco ou sem carboidrato.

**(a)** Qual seria o efeito da privação de carboidratos na utilização de gordura para energia?

**(b)** Se a sua dieta fosse completamente desprovida de carboidratos, seria melhor consumir ácidos graxos de cadeia par ou ímpar? Explique seu raciocínio.

**18. Ácidos graxos de cadeia par e ímpar na dieta** Em um experimento laboratorial, dois grupos de ratos foram alimentados com dois tipos de ácidos graxos diferentes como única fonte de carbono por um mês. O primeiro grupo recebeu ácido heptanoico (7:0), e o segundo, ácido octanoico (8:0). Ao final do experimento, aqueles do primeiro grupo estavam saudáveis e ganharam peso, ao passo que aqueles do segundo grupo estavam fracos e perderam peso devido à perda de massa muscular. Qual é a base bioquímica para essa diferença?

**19. Consequências metabólicas da ingestão de $\omega$-fluoroleato** O arbusto *Dichapetalum toxicarium*, nativo da Serra Leoa, produz $\omega$-fluoroleato, altamente tóxico para animais de sangue quente.

$$F-CH_2-(CH_2)_7-\overset{H}{\underset{}{C}}=\overset{H}{\underset{}{C}}-(CH_2)_7-COO^-$$
$\omega$-Fluoroleato

Essa substância tem sido utilizada como veneno em pontas de flechas, e o pó obtido a partir da fruta dessa planta é algumas vezes utilizado como raticida (daí o nome comum da planta, *ratsbane*, que significa, em inglês, "a desgraça dos ratos"). Por que essa substância é tão tóxica? (Dica: revise o Capítulo 16, Questão 21.)

**20. Acetil-CoA-carboxilase mutante** Quais seriam as consequências para o metabolismo das gorduras de uma mutação na acetil-CoA-carboxilase que levasse à substituição do resíduo de Ser, normalmente fosforilado pela AMPK, por um resíduo de Ala? O que aconteceria se a mesma Ser fosse substituída por Asp? (Dica: compare as estruturas da fosfosserina, da alanina e do aspartato; ver Fig. 17-13.)

**21. Função do FAD como aceptor de elétrons** A acil-CoA-desidrogenase utiliza FAD ligado à enzima como grupo prostético para desidrogenar os carbonos $\alpha$ e $\beta$ da acil-CoA. Qual é a vantagem de usar FAD como aceptor de elétrons em vez de $NAD^+$? Explique em termos dos potenciais padrão de redução para as hemi-reações Enz-FAD/FADH$_2$ ($E'^\circ = -0,219$ V) e $NAD^+$/NADH ($E'^\circ = -0,320$ V).

**22. $\beta$-Oxidação do ácido araquídico** Quantas voltas na via de oxidação dos ácidos graxos são necessárias para a oxidação completa do ácido araquídico (20:0) a acetil-CoA?

**23. Destino do propionato marcado** A adição de [3-$^{14}$C] propionato ($^{14}$C no grupo metila) a um homogeneizado de fígado leva à rápida produção de oxalacetato marcado com $^{14}$C. Desenhe um fluxograma para a via pela qual o propionato é transformado em oxalacetato e indique a localização do $^{14}$C no oxalacetato.

**24. Metabolismo do ácido fitânico** Um camundongo alimentado com ácido fitânico uniformemente marcado com $^{14}$C produz, em minutos, níveis detectáveis de malato (um intermediário do ciclo do ácido cítrico) marcado. Desenhe uma via metabólica que possa explicar isso. Quais dos átomos de carbono no malato conteriam a marcação com $^{14}$C?

**25. Fontes da $H_2O$ produzida na $\beta$-oxidação** A oxidação completa de palmitoil-CoA a dióxido de carbono e água está representada na equação global

$$\text{Palmitoil-CoA} + 23O_2 + 108P_i + 108\text{ADP} \longrightarrow$$
$$\text{CoA} + 16CO_2 + 108\text{ATP} + 23H_2O$$

Água também se forma na reação

$$\text{ADP} + P_i \longrightarrow \text{ATP} + H_2O$$

mas não está incluída como produto na equação global. Por quê?

**26. Importância biológica do cobalto** Em bovinos, ovinos, veados e outros animais ruminantes, são formadas grandes quantidades de propionato no rúmen por meio da fermentação bacteriana da matéria vegetal ingerida. O propionato é a principal fonte de glicose para esses animais pela rota: propionato $\longrightarrow$ oxalacetato $\longrightarrow$ glicose. Em algumas áreas do mundo, principalmente na Austrália, os animais ruminantes às vezes mostram sintomas de anemia, com concomitante perda de apetite e retardo no crescimento, resultantes da incapacidade de transformar propionato em oxalacetato. Essa condição se deve à deficiência de cobalto causada por níveis muito baixos de cobalto no solo e, por consequência, na matéria vegetal. Explique a razão para a incapacidade desses animais de utilizarem o propionato.

**27. Perda de peso durante a hibernação** Os ursos gastam cerca de $25 \times 10^6$ J/dia durante períodos de hibernação, que podem durar até 7 meses. A energia necessária para sustentar a vida é obtida da oxidação de ácidos graxos. Quanta massa (em quilogramas) os ursos perdem após 7 meses de hibernação? Como pode o corpo do urso minimizar a cetose durante a hibernação? (Considere um rendimento de 38 kJ/g para a oxidação de gorduras.)

## QUESTÃO DE ANÁLISE DE DADOS

**28. $\beta$-Oxidação de gorduras *trans*** Gorduras insaturadas com ligações duplas *trans* são comumente conhecidas como "gorduras *trans*". Em seus trabalhos sobre os efeitos do metabolismo dos ácidos graxos *trans* sobre a saúde, Yu e colaboradores (2004) mostraram que um ácido graxo *trans* é processado de forma diferente do seu isômero *cis*. Eles usaram três ácidos graxos relacionados de 18 carbonos para investigar a diferença na $\beta$-oxidação entre os isômeros *cis* e *trans* de ácidos graxos de mesmo tamanho.

Ácido esteárico
(ácido octadecenoico)

Ácido oleico
(ácido *cis*-$\Delta^9$-octadecenoico)

Ácido elaídico
(ácido *trans*-$\Delta^9$-octadecenoico)

Os pesquisadores incubaram os derivados de coenzima A de cada ácido com mitocôndria hepática de rato por 5 minutos e, então, separaram os derivados de CoA remanescentes em cada mistura por cromatografia líquida de alto desempenho (HPLC, do inglês *high-performance liquid chromatography*). Os resultados são mostrados a seguir, com painéis separados para os três experimentos.

de cadeia muito longa (VLCAD). Eles usaram os derivados de três ácidos graxos ligados à CoA: tetradecanoil-CoA ($C_{14}$-CoA), $cis$-$\Delta^5$-tetradecenoil-CoA (c$\Delta^5C_{14}$-CoA) e $trans$-$\Delta^5$-tetradecenoil-CoA (t$\Delta^5C_{14}$-CoA). Os resultados são mostrados a seguir. (Ver, no Capítulo 6, definições dos parâmetros cinéticos.)

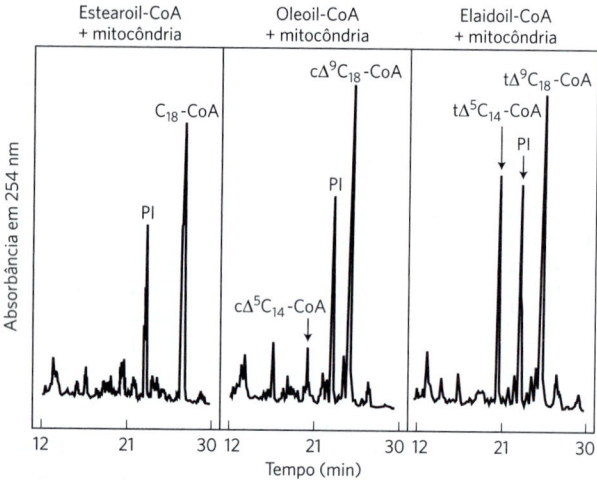

|  | LCAD | | | VLCAD | | |
|---|---|---|---|---|---|---|
|  | $C_{14}$-CoA | c$\Delta^5C_{14}$-CoA | t$\Delta^5C_{14}$-CoA | $C_{14}$-CoA | c$\Delta^5C_{14}$-CoA | t$\Delta^5C_{14}$-CoA |
| $V_{máx}$ | 3,3 | 3,0 | 2,9 | 1,4 | 0,32 | 0,88 |
| $K_m$ | 0,41 | 0,40 | 1,6 | 0,57 | 0,44 | 0,97 |
| $k_{cat}$ | 9,9 | 8,9 | 8,5 | 2,0 | 0,42 | 1,12 |
| $k_{cat}/K_m$ | 24 | 22 | 5 | 4 | 1 | 1 |

Na figura, PI indica um padrão interno (pentadecanoil-CoA) adicionado à mistura, após a reação, como marcador molecular. Os pesquisadores usaram as abreviaturas a seguir para os derivados de CoA: estearoil-CoA, $C_{18}$-CoA; $cis$-$\Delta^5$-tetradecenoil-CoA, c$\Delta^5C_{14}$-CoA; oleoil-CoA, c$\Delta^9C_{18}$-CoA; $trans$-$\Delta^5$-tetradecenoil-CoA, t$\Delta^5C_{14}$-CoA; e elaidoil-CoA, t$\Delta^9C_{18}$-CoA.

**(d)** Para a LCAD, o $K_m$ difere significativamente para os substratos *cis* e *trans*. Dê uma explicação plausível para essa observação em termos de estruturas das moléculas dos substratos. (Dica: você pode querer utilizar a Fig. 10-1.)

**(e)** Os parâmetros cinéticos das duas enzimas são relevantes para o processamento diferencial desses ácidos graxos *apenas* se a reação da LCAD ou da VLCAD (ou de ambas) for a etapa limitante da via. Que evidência existe para apoiar essa suposição?

**(f)** Como esses diferentes parâmetros cinéticos explicam os níveis diversos dos derivados de CoA encontrados após a incubação de mitocôndria hepática de rato com estearoil-CoA, oleoil-CoA e elaidoil-CoA (mostrados na figura com os três painéis)?

Yu e colaboradores mediram a especificidade, pelos substratos, da tioesterase de mitocôndria de fígado de rato, que hidrolisa acil-CoA a CoA e ácido graxo livre. Essa enzima apresentou o dobro da atividade para tioésteres $C_{14}$-CoA, em comparação com tioésteres $C_{18}$-CoA.

**(g)** Outros pesquisadores sugeriram que ácidos graxos livres podem passar através das membranas. Em seus experimentos, Yu e colaboradores encontraram o ácido $trans$-$\Delta^5$-tetradecenoico fora da mitocôndria (i.e., no meio de incubação) que havia sido incubada com elaidoil-CoA. Descreva a via que leva ao ácido $trans$-$\Delta^5$-tetradecenoico extramitocondrial. Não se esqueça de indicar onde, na célula, as várias transformações ocorrem, assim como as enzimas que catalisam as transformações.

**(a)** Por que Yu e colaboradores precisaram usar derivados de CoA, em vez de usar os ácidos graxos livres, nesses experimentos?

**(b)** Por que não foram encontrados derivados de CoA de peso molecular mais baixo na reação com estearoil-CoA?

**(c)** Quantas voltas da via de β-oxidação seriam necessárias para converter oleoil-CoA e elaidoil-CoA em $cis$-$\Delta^5$-tetradecenoil-CoA e $trans$-$\Delta^5$-tetradecenoil-CoA, respectivamente?

Yu e colaboradores mediram os parâmetros cinéticos de duas formas da enzima acil-CoA-desidrogenase: acil-CoA-desidrogenase de cadeia longa (LCAD) e acil-CoA-desidrogenase

**(h)** Na mídia popular, costuma-se dizer que "gorduras *trans* não são degradadas por suas células, em vez disso, acumulam-se no seu corpo". Em que sentido essa afirmativa é correta e em que sentido ela é uma simplificação exagerada?

### Referência

**Yu, W., X. Liang, R. Ensenauer, J. Vockley, L. Sweetman, and H. Schultz. 2004.** Leaky β-oxidation of a *trans*-fatty acid. *J. Biol. Chem.* 279:52.160-52.167.

# OXIDAÇÃO DE AMINOÁCIDOS E PRODUÇÃO DE UREIA

**Capítulo 18**

- **18.1** Destinos metabólicos dos grupos amino  *626*
- **18.2** Excreção de nitrogênio e ciclo da ureia  *633*
- **18.3** Vias de degradação dos aminoácidos  *639*

Agora, serão abordados os aminoácidos, a última classe de biomoléculas que, por sua degradação oxidativa, contribui significativamente para a produção de energia metabólica. A fração de energia metabólica obtida a partir de aminoácidos, sejam eles provenientes de proteínas da dieta ou de proteínas teciduais, varia muito de acordo com o tipo de organismo e com as condições metabólicas. Os carnívoros consomem basicamente proteínas e, assim, devem obter a maior parte de sua energia a partir dos aminoácidos, ao passo que os herbívoros obtêm apenas uma pequena fração de suas necessidades energéticas a partir dessa via. A maior parte dos microrganismos pode obter aminoácidos a partir do ambiente e os utiliza como combustível quando suas condições metabólicas assim o determinarem. No entanto, as plantas nunca, ou quase nunca, oxidam aminoácidos para produzir energia; em geral, os carboidratos produzidos a partir de $CO_2$ e $H_2O$ na fotossíntese são sua única fonte de energia. As concentrações de aminoácidos nos tecidos vegetais são cuidadosamente reguladas para satisfazer às necessidades de biossíntese de proteínas, ácidos nucleicos e outras moléculas necessárias para o crescimento. O catabolismo dos aminoácidos ocorre nas plantas, mas seu único propósito é a produção de metabólitos para outras vias biossintéticas.

As vias de oxidação dos aminoácidos podem parecer complexas e são melhor compreendidas no contexto de cinco princípios:

**P1** **As principais vias para o catabolismo dos aminoácidos têm duas partes amplas, uma envolvendo os grupos amino e outra envolvendo os esqueletos carbonados.** Todas as vias para a degradação dos aminoácidos incluem um passo-chave, sempre envolvendo um cofator piridoxal-fosfato, no qual o grupo α-amino é separado do esqueleto carbonado e desviado para vias do metabolismo de grupos amino. Os esqueletos carbonados são degradados para produzir intermediários do ciclo do ácido cítrico (**Fig. 18-1**).

**P2** **Quatro aminoácidos – alanina, glutamato, glutamina e aspartato – desempenham papéis-chave no transporte e na distribuição dos grupos amino.** Todos eles estão presentes em concentrações relativamente altas em um ou em muitos tecidos dos mamíferos. Todos são facilmente convertidos em intermediários-chave do ciclo do ácido cítrico.

**P3** **As vias metabólicas não são distintas.** As várias vias do catabolismo dos aminoácidos são entrelaçadas de modo elaborado com outras vias catabólicas e anabólicas.

**P4** **A amônia livre é tóxica.** Grupos amino em excesso devem ser excretados com segurança. Em mamíferos, o ciclo da ureia tem esse propósito.

**P5** **Cada aminoácido tem um destino catabólico diferente.** Os diferentes esqueletos carbonados dos aminoácidos são degradados por meio de vias igualmente variadas. Todos podem ser oxidados para gerar ATP. Todos, com exceção da leucina e da lisina, podem contribuir para a gliconeogênese, quando necessário.

Nos mamíferos, a glicose sanguínea deve ser suplementada pela gliconeogênese, que, com frequência, inicia poucas horas após uma refeição. Os aminoácidos, em particular a alanina e a glutamina, podem contribuir de modo significativo como precursores para a gliconeogênese. Os aminoácidos sofrem degradação oxidativa em três circunstâncias metabólicas diferentes:

1. Quando os aminoácidos liberados durante a renovação normal de proteínas não são necessários para a síntese de novas proteínas.
2. Quando os aminoácidos ingeridos excedem as necessidades do organismo para a síntese proteica.
3. Quando as proteínas celulares são usadas como combustível porque os carboidratos não estão disponíveis ou não são utilizados adequadamente devido à inanição ou ao diabetes *mellitus* não controlado.

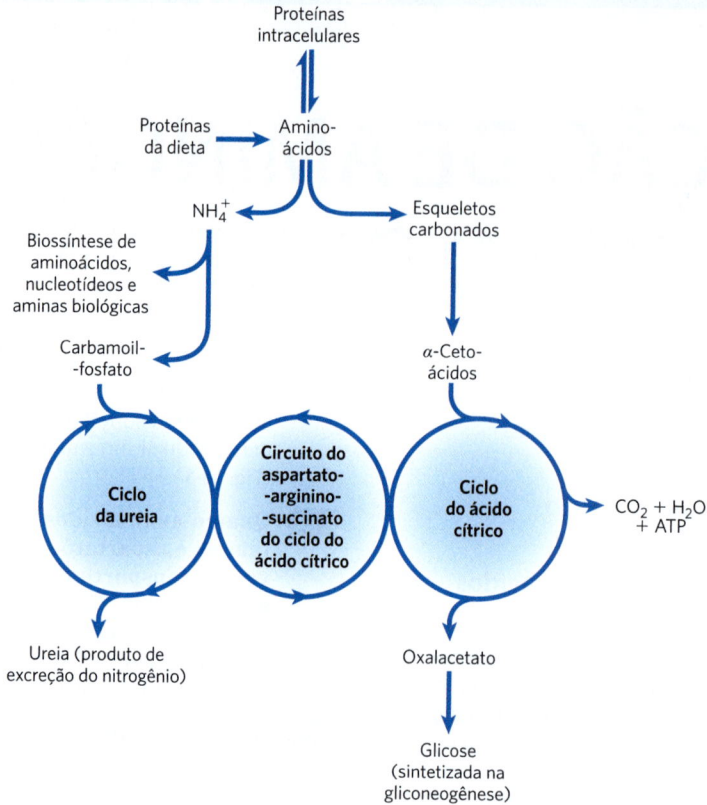

**FIGURA 18-1 Visão geral do catabolismo dos aminoácidos nos mamíferos.** Os grupos amino e os esqueletos carbonados tomam vias separadas, porém interconectadas.

As vias do catabolismo dos aminoácidos são bastante semelhantes na maioria dos organismos. O foco deste capítulo se concentra nas vias em vertebrados, pois elas têm recebido maior atenção por parte dos pesquisadores. Assim como no catabolismo dos carboidratos e dos ácidos graxos, os processos de degradação de aminoácidos convergem para vias catabólicas centrais, com os esqueletos de carbono da maioria dos aminoácidos encontrando uma via para o ciclo do ácido cítrico. Em alguns casos, as reações das vias de degradação dos aminoácidos apresentam etapas paralelas no catabolismo dos ácidos graxos (ver Fig. 17-9). Inicialmente, serão discutidos o metabolismo do grupo amino e a excreção do nitrogênio e, em seguida, o destino dos esqueletos carbonados derivados dos aminoácidos; ao longo do estudo, será examinado de que modo essas vias estão interconectadas.

## 18.1 Destinos metabólicos dos grupos amino

O nitrogênio, $N_2$, é abundante na atmosfera, porém é inerte para a utilização na maioria dos processos bioquímicos. O nitrogênio reduzido é essencial para a vida, mas bioenergeticamente custoso. Apenas alguns microrganismos podem converter $N_2$ em formas biologicamente úteis, como o $NH_3$ (Capítulo 22). Assim, os grupos amino são utilizados eficientemente em sistemas biológicos, e a falta de nitrogênio reativo pode limitar o crescimento.

**P4** Se não forem reutilizados para a síntese de novos aminoácidos ou de outros produtos nitrogenados, os grupos amino são canalizados em um único produto final de excreção (**Fig. 18-2**). A maioria das espécies aquáticas, como os peixes ósseos, é **amoniotélica** e excreta o nitrogênio amínico como amônia. A amônia tóxica é simplesmente diluída na água do ambiente. Os animais terrestres necessitam de vias para a excreção do nitrogênio que minimizem a toxicidade e a perda de água. A maior parte dos animais terrestres é **ureotélica** e excreta o nitrogênio amínico na forma de ureia; aves e répteis são **uricotélicos** e excretam o nitrogênio amínico como ácido úrico. (A via de síntese do ácido úrico é descrita na Fig. 22-48.) As plantas reciclam praticamente todos os grupos amino, e a excreção de nitrogênio ocorre apenas em circunstâncias muito incomuns. O nitrogênio reativo, excretado em qualquer forma, é rapidamente assimilado na rede global do nitrogênio (ver Fig. 22-1) e metabolizado por microrganismos onipresentes em ambientes aquosos ou no solo.

A Figura 18-2a fornece uma visão geral das vias catabólicas da amônia e dos grupos amino nos vertebrados. Glutamina, glutamato e alanina são proeminentes nesse

# 18.1 DESTINOS METABÓLICOS DOS GRUPOS AMINO

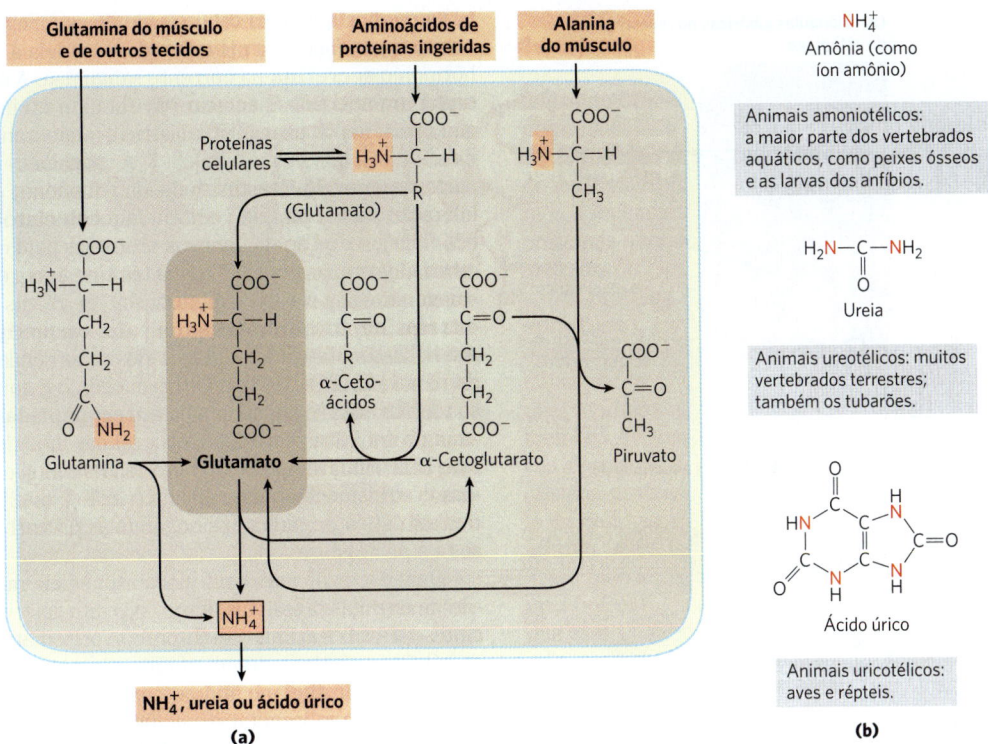

**FIGURA 18-2 Catabolismo dos grupos amino.** (a) Visão geral do catabolismo dos grupos amino (sombreados) no fígado de vertebrados. (b) Formas de excreção do nitrogênio. O excesso de $NH_4^+$ é excretado como amônia, ureia ou ácido úrico. Observe que os átomos de carbono da ureia e do ácido úrico estão altamente oxidados; o organismo descarta carbonos somente depois de extrair a maior parte da energia de oxidação disponível.

esquema. Os aminoácidos derivados das proteínas da dieta são a origem da maioria dos grupos amino. A maior parte dos aminoácidos é metabolizada no fígado. Parte da amônia produzida nesse processo é reciclada e utilizada em vias biossintéticas das quais glutamina, glutamato e aspartato são importantes participantes (Capítulo 22). O excesso de grupos amino é excretado diretamente ou convertido em ureia ou ácido úrico para excreção, dependendo do organismo (Fig. 18-2b). Nos mamíferos, incluindo marsupiais, a maior parte da amônia em excesso produzida em tecidos extra-hepáticos é transportada ao fígado para conversão em ureia.

**P2** A posição especial dos aminoácidos glutamato, glutamina, alanina e aspartato no metabolismo do nitrogênio não é um acidente evolutivo. Esses aminoácidos em particular são aqueles mais facilmente convertidos em intermediários do ciclo do ácido cítrico: glutamato e glutamina são convertidos em $\alpha$-cetoglutarato; alanina, em piruvato; e aspartato, em oxalacetato. Glutamato e glutamina são especialmente importantes, pois atuam como pontos de coleta para os grupos amino. No citosol dos hepatócitos (células do fígado), os grupos amino da maioria dos aminoácidos são transferidos ao $\alpha$-cetoglutarato, formando glutamato, que entra na mitocôndria e cede seu grupo amino para formar $NH_4^+$. O excesso de amônia gerado na maioria dos demais tecidos é convertido no nitrogênio amídico da glutamina, que passa para o fígado e, então, para as mitocôndrias hepáticas.

Glutamina, glutamato ou ambos estão presentes na maior parte dos tecidos em concentrações mais elevadas que os demais aminoácidos. No músculo esquelético, os grupos amino que excedem as necessidades geralmente são transferidos ao piruvato para formar alanina, outra molécula importante para o transporte de grupos amino até o fígado. A presente discussão começa com a degradação das proteínas da dieta e, depois, faz uma descrição geral dos destinos metabólicos dos grupos amino.

## As proteínas da dieta são enzimaticamente degradadas a aminoácidos

Nos seres humanos, a degradação das proteínas ingeridas a seus aminoácidos constituintes ocorre no trato gastrintestinal. A chegada de proteínas da dieta ao estômago estimula a mucosa gástrica a secretar o hormônio **gastrina**, que, por sua vez, estimula a secreção de ácido clorídrico pelas células parietais e de pepsinogênio pelas células principais das glândulas gástricas (**Fig. 18-3a**). A acidez do suco gástrico (pH 1,0 a 2,5) lhe permite funcionar tanto como antisséptico, matando a maior parte das bactérias e de outras células estranhas ao organismo, quanto como agente desnaturante, desenovelando proteínas globulares e tornando suas ligações peptídicas internas mais suscetíveis à hidrólise enzimática. O **pepsinogênio** ($M_r$ 40.554), um precursor inativo

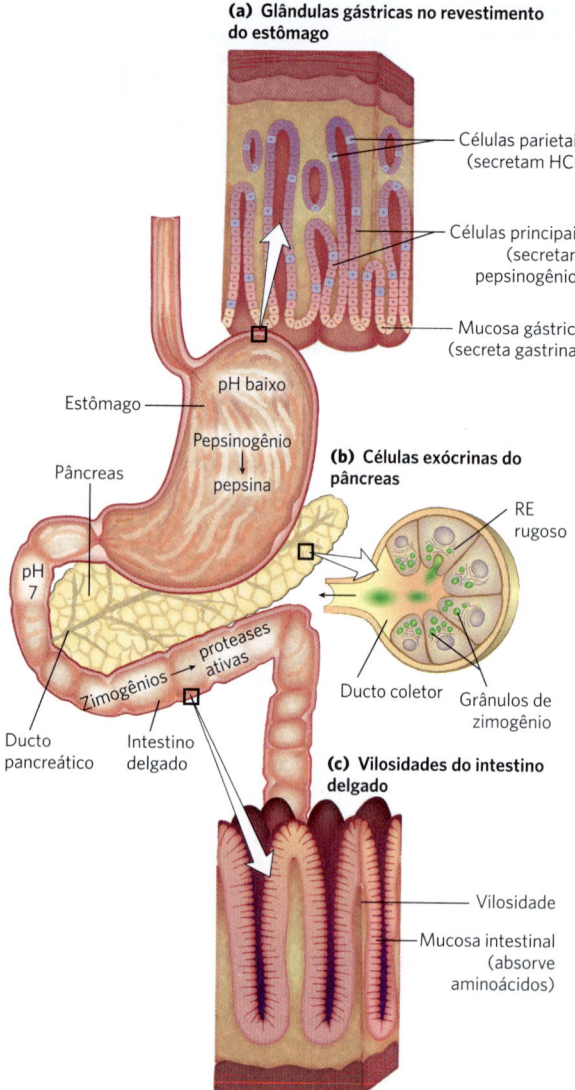

**FIGURA 18-3 Parte do trato digestório (gastrintestinal) humano.** (a) As células parietais e as células principais das glândulas gástricas secretam seus produtos em resposta ao hormônio gastrina. A pepsina inicia o processo de degradação das proteínas no estômago. (b) O citoplasma das células exócrinas do pâncreas é completamente preenchido pelo retículo endoplasmático rugoso, o sítio de síntese dos zimogênios de muitas enzimas digestivas. Os zimogênios estão concentrados em partículas de transporte circundadas por membranas denominadas grânulos de zimogênios. Quando uma célula exócrina é estimulada, a sua membrana plasmática se funde com a membrana do grânulo de zimogênio, e o conteúdo do grânulo é liberado por exocitose no lúmen do ducto coletor. Os ductos coletores levam, por fim, ao ducto pancreático e, daí, ao intestino delgado. (c) No intestino delgado, os aminoácidos são absorvidos pela camada de células epiteliais (mucosa intestinal) das vilosidades e chegam aos capilares.

ou zimogênio (p. 220), é convertido na pepsina ativa ($M_r$ 34.614) por meio de uma clivagem autocatalisada (clivagem mediada pelo próprio pepsinogênio) que ocorre apenas em pH baixo. No estômago, a pepsina cliva cadeias polipeptídicas longas, produzindo uma mistura de peptídeos menores.

À medida que o conteúdo ácido do estômago passa para o intestino delgado, o pH baixo desencadeia a secreção do hormônio **secretina** na corrente sanguínea. A secretina estimula o pâncreas a secretar bicarbonato no intestino delgado para neutralizar o HCl gástrico, aumentando abruptamente o pH, que fica próximo a 7. A chegada de peptídeos à parte superior do intestino delgado (duodeno) determina a liberação para o sangue do hormônio **colecistocinina**, que estimula a secreção de diversas proteases pancreáticas com atividades ótimas em pH 7 a 8. O tripsinogênio, o quimotripsinogênio e as procarboxipeptidases A e B – os zimogênios da **tripsina**, da **quimotripsina** e das **carboxipeptidases A e B** – são sintetizados e secretados pelas células exócrinas do pâncreas (Fig. 18-3b). O tripsinogênio é convertido em sua forma ativa, a tripsina, pela **enteropeptidase**, uma enzima proteolítica secretada pelas células intestinais. A tripsina livre catalisa, então, a conversão de moléculas adicionais de tripsinogênio em tripsina (ver Fig. 6-42). A tripsina também ativa o quimotripsinogênio, as procarboxipeptidases e a proelastase.

Qual é a razão para esse mecanismo elaborado de ativação de enzimas digestivas dentro do trato gastrintestinal? A síntese dessas enzimas como precursores inativos protege as células exócrinas de um ataque proteolítico destrutivo. O pâncreas protege-se, ainda, contra a autodigestão pela produção de um inibidor específico, uma proteína chamada de **inibidor pancreático da tripsina** (p. 220). Dado o papel central da tripsina nas vias de ativação proteolítica, a inibição da tripsina previne efetivamente a produção prematura de enzimas proteolíticas ativas dentro das células pancreáticas.

A tripsina e a quimotripsina continuam a hidrólise dos peptídeos produzidos pela pepsina no estômago. Esse estágio da digestão de proteínas é realizado com grande eficiência, pois pepsina, tripsina, quimotripsina e carboxipeptidases apresentam especificidades catalíticas distintas e clivam diferentes conjuntos de ligações peptídicas (ver Tabela 3-6). A mistura resultante de aminoácidos livres é transportada para dentro das células epiteliais que revestem o intestino delgado (Fig. 18-3c), através das quais os aminoácidos entram nos capilares sanguíneos nas vilosidades e são transportados até o fígado.

A **pancreatite aguda** é uma doença causada por obstrução da via normal pela qual as secreções pancreáticas chegam ao intestino. Os zimogênios das enzimas proteolíticas são prematuramente convertidos em suas formas cataliticamente ativas *dentro* das células pancreáticas e atacam o próprio tecido pancreático. Isso causa dores intensas e lesão ao órgão, o que pode ser fatal. ∎

### O piridoxal-fosfato participa da transferência de grupos α-amino para o α-cetoglutarato

Chegando ao fígado, a primeira etapa no catabolismo da maioria dos L-aminoácidos é a remoção de seus grupos α-amino, realizada por enzimas denominadas **aminotransferases** ou **transaminases**. Nessas reações de **transaminação**, o grupo α-amino é transferido para o carbono α do α-cetoglutarato, liberando o correspondente α-cetoácido, análogo do aminoácido (**Fig. 18-4**). Não ocorre desaminação (perda de grupos amino) efetiva nessas reações, pois o α-cetoglutarato torna-se aminado à medida que o

# 18.1 DESTINOS METABÓLICOS DOS GRUPOS AMINO

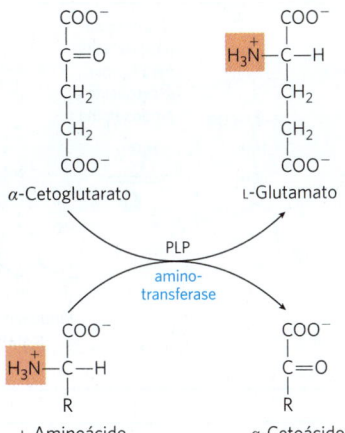

**FIGURA 18-4 Transaminações catalisadas por enzimas.** Em muitas reações de aminotransferases, o α-cetoglutarato é o aceptor do grupo amino. Todas as aminotransferases necessitam de piridoxal-fosfato (PLP) como cofator. Embora a reação esteja mostrada aqui no sentido da transferência do grupo amino para o α-cetoglutarato, ela é facilmente reversível.

α-aminoácido é desaminado. ▶P2 O efeito das reações de transaminação é coletar grupos amino de diferentes aminoácidos na forma de L-glutamato.

As células contêm tipos diferentes de aminotransferases. Muitas dessas enzimas são específicas para o α-cetoglutarato como aceptor do grupo amino, mas diferem em sua especificidade para o L-aminoácido. Essas enzimas são denominadas em função do doador do grupo amino (p. ex., alanina-aminotransferase e aspartato-aminotransferase). As reações catalisadas pelas aminotransferases são livremente reversíveis, tendo uma constante de equilíbrio de cerca de 1,0 ($\Delta G^{o\prime} \approx 0$ kJ/mol).

▶P1 Todas as aminotransferases têm como grupo prostético o **piridoxal-fosfato (PLP)**, a forma de coenzima da piridoxina, ou vitamina $B_6$. O piridoxal-fosfato já foi citado no Capítulo 15 como coenzima na reação da glicogênio-fosforilase, mas seu papel naquela reação não é representativo de sua função usual como coenzima. O seu principal papel nas células é o metabolismo de moléculas com grupos amino.

O piridoxal-fosfato funciona como carreador intermediário de grupos amino no sítio ativo das aminotransferases. Ele sofre transformações reversíveis entre sua forma aldeídica, o piridoxal-fosfato, que pode aceitar um grupo amino, e sua forma aminada, a piridoxamina-fosfato, que pode doar seu grupo amino para um α-cetoácido (**Fig. 18-5a**). Em geral, o piridoxal-fosfato encontra-se ligado covalentemente ao sítio ativo da enzima por meio de uma ligação aldimina (base de Schiff) com o grupo ε-amino de um resíduo de Lys (Fig. 18-5b, c). Essa ligação é substituída pelo grupo amino do aminoácido na primeira etapa da maior parte das reações catalisadas que utilizam PLP (Fig. 18-5d).

O piridoxal-fosfato participa em uma variedade de reações do metabolismo dos aminoácidos (Seção 18.3 e Capítulo 22), facilitando reações nos carbonos α, β e γ (C-2 a C-4) dos aminoácidos. Reações no carbono α (**Fig. 18-6**) incluem racemizações (interconvertendo L e D-aminoácidos) e descarboxilações, assim como transaminações.

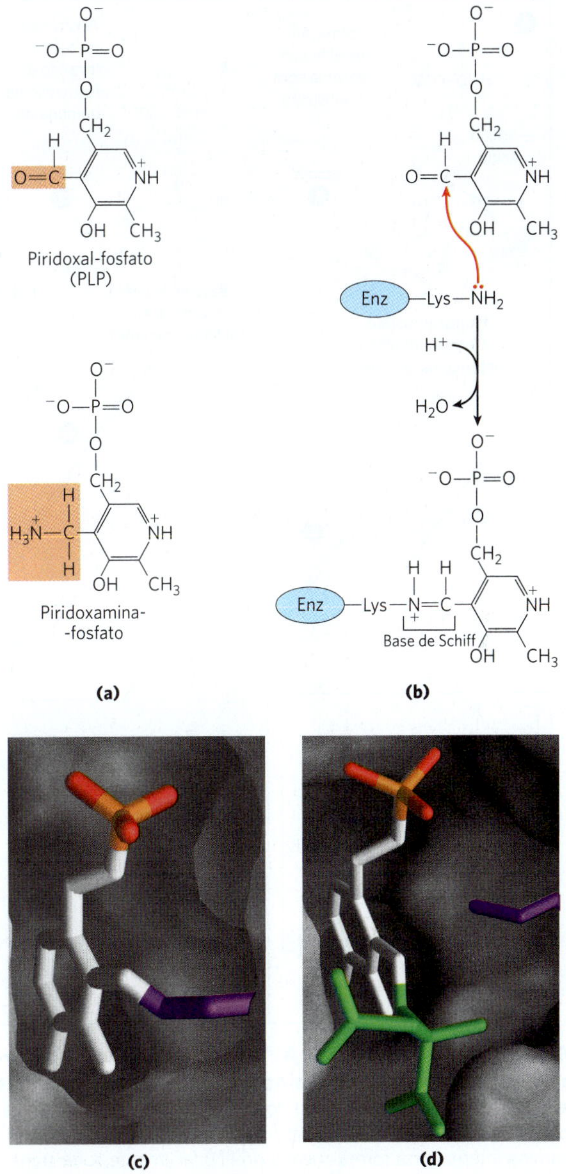

**FIGURA 18-5 Piridoxal-fosfato, o grupo prostético das aminotransferases.** (a) Piridoxal-fosfato (PLP) e sua forma aminada, piridoxamina-fosfato, são coenzimas fortemente ligadas às aminotransferases. Os grupos funcionais estão sombreados. (b) O piridoxal-fosfato está ligado à enzima por meio de interações não covalentes e pela formação de uma base de Schiff (aldimina) com um resíduo de Lys no sítio ativo. As etapas para a formação da base de Schiff a partir de uma amina primária e de um grupo carbonila estão detalhadas na Figura 14-5. (c, d) Vistas aumentadas do sítio ativo da aspartato-aminotransferase com o PLP (em branco, com o grupo fosforila em cor de laranja e vermelho). Em (c), o PLP está em uma ligação aldimina com a cadeia lateral da Lys[258] (em púrpura). Em (d), o PLP está ligado ao análogo do substrato 2-metilaspartato (em verde) via uma base de Schiff. [(c, d) Dados de PDB ID 1AJS, S. Rhee et al., *J. Biol. Chem.* 272:17.293, 1997.]

O piridoxal-fosfato desempenha o mesmo papel químico em cada uma dessas reações. Uma ligação com o carbono α do substrato é rompida, removendo um próton ou um grupo carboxila. O piridoxal-fosfato fornece estabilização

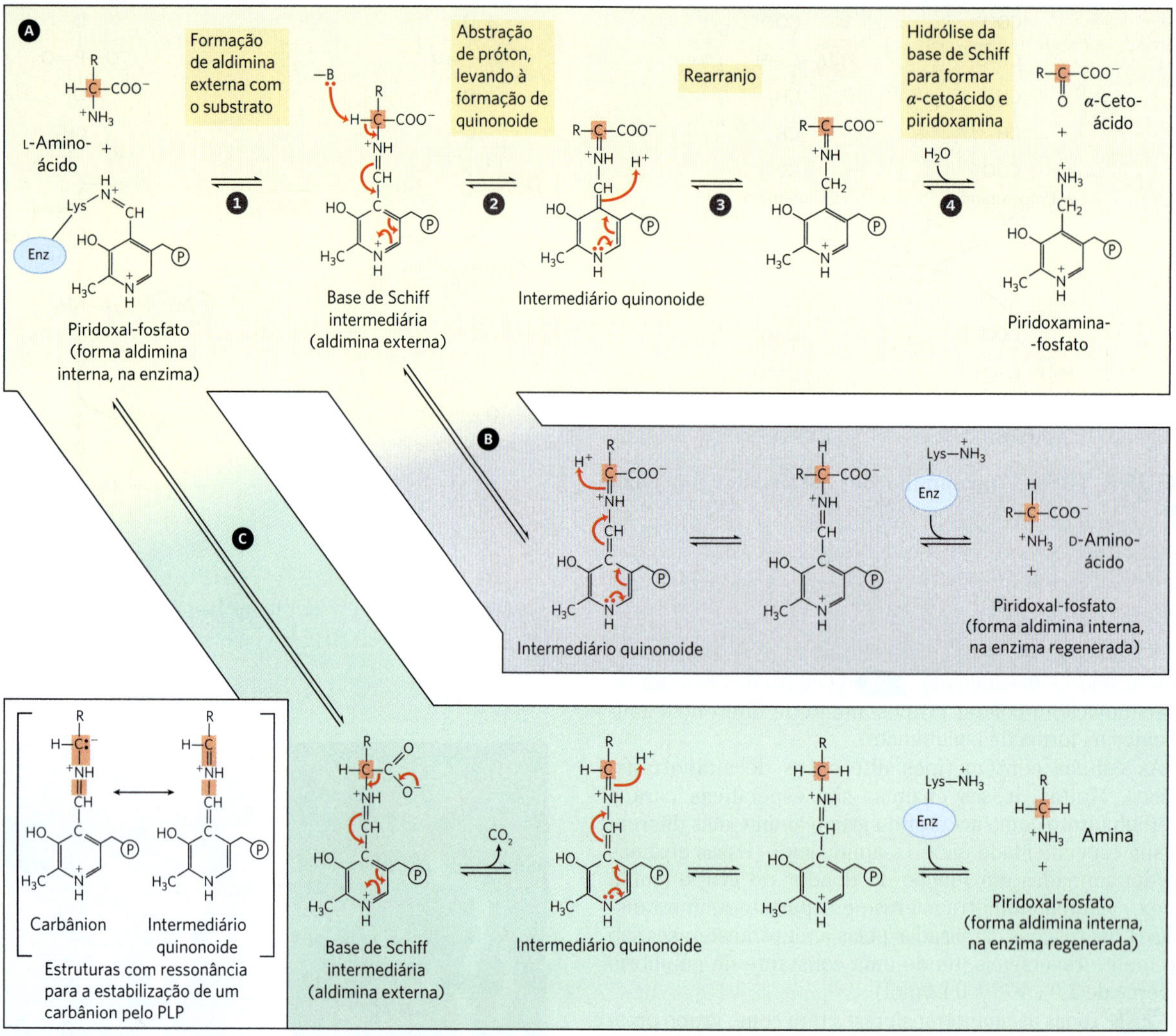

**MECANISMO – FIGURA 18-6 Algumas transformações no carbono α de aminoácidos que são facilitadas pelo piridoxal-fosfato.** O piridoxal-fosfato geralmente está ligado à enzima por meio de uma base de Schiff, também denominada aldimina interna. Essa forma ativada do PLP facilmente sofre transaminação para formar uma nova base de Schiff (aldimina externa) com o grupo α-amino do aminoácido que funciona como substrato (ver Fig. 18-5b, d). Três destinos alternativos para a aldimina externa são mostrados: Ⓐ transaminação, Ⓑ racemização e Ⓒ descarboxilação. A base de Schiff entre o PLP e o aminoácido está conjugada com o anel de piridina, um escoadouro de elétrons que permite o deslocamento de um par de elétrons para evitar a formação de um carbânion instável no carbono α (no detalhe). Um intermediário quinonoide está envolvido nos três tipos de reação. A via de transaminação Ⓐ é especialmente importante para as vias descritas neste capítulo. A via ressaltada em amarelo (mostrada da esquerda para a direita) representa apenas parte da reação global catalisada por aminotransferases. Para completar o processo, um segundo α-cetoácido substitui aquele que é liberado, sendo, por sua vez, convertido em um aminoácido pela reversão dessas etapas reacionais (da direita para a esquerda). O piridoxal-fosfato também está envolvido em certas reações envolvendo os carbonos β e γ de alguns aminoácidos (não mostradas).

por ressonância ao intermediário carbânion, que, de outro modo, seria instável (inserto na Fig. 18-6). A estrutura altamente conjugada do PLP (escoadouro de elétrons) permite o deslocamento da carga negativa.

As aminotransferases (Fig. 18-6a) são exemplos clássicos de enzimas que catalisam reações bimoleculares de pingue-pongue (ver Fig. 6-15b, d), nas quais o primeiro substrato reage e o produto deve deixar o sítio ativo antes que o segundo substrato possa se ligar. Assim, o aminoácido liga-se ao sítio ativo, doa seu grupo amino ao piridoxal-fosfato e deixa o sítio ativo na forma de um α-cetoácido. O outro α-cetoácido, que funciona como substrato, liga-se, então, ao sítio ativo, aceita o grupo amino da piridoxamina-fosfato e deixa o sítio ativo na forma de um aminoácido.

## O glutamato libera seu grupo amino na forma de amônia no fígado

Como será visto, o ciclo da ureia inicia com amônia livre na mitocôndria dos hepatócitos. ▶P1 A entrega do $NH_4^+$

a essas mitocôndrias é simplificada pela coleta dos grupos amino (a partir de muitos α-aminoácidos diferentes), que chegam ao fígado em uma de duas formas: o grupo amino do L-glutamato ou o nitrogênio amídico da glutamina (Fig. 18-2).

Como produto de muitas reações de aminotransferases, o glutamato tem um papel central. Nos hepatócitos, o glutamato é transportado do citosol para a mitocôndria. Ali, ele sofre **desaminação oxidativa** catalisada pela **L-glutamato-desidrogenase** ($M_r$ 330.000) para produzir $NH_4^+$ e α-cetoglutarato. Nos mamíferos, essa enzima está presente na matriz mitocondrial. Essa enzima é peculiar pelo fato de poder utilizar tanto $NAD^+$ quanto $NADP^+$ como aceptor de equivalentes redutores (**Fig. 18-7**).

A ação combinada de uma aminotransferase com a glutamato-desidrogenase é conhecida como **transdesaminação**. Poucos aminoácidos contornam a via de transdesaminação e sofrem diretamente a desaminação oxidativa. O destino do $NH_4^+$ produzido por qualquer desses processos de desaminação é discutido em detalhes na Seção 18.2.

▶**P3**▶ O α-cetoglutarato formado a partir da desaminação do glutamato pode ser utilizado no ciclo do ácido cítrico ou para a síntese de glicose.

▶**P1**▶ ▶**P2**▶ ▶**P3**▶ A glutamato-desidrogenase opera em uma importante intersecção do metabolismo do carbono e do nitrogênio. O α-cetoglutarato produzido nessa reação pode ser oxidado como combustível ou servir como um precursor de glicose na gliconeogênese. Essa enzima alostérica com seis subunidades idênticas tem sua atividade influenciada por um arranjo complicado de moduladores alostéricos. Os mais bem estudados são o modulador positivo ADP e o modulador negativo GTP. Embora o racional metabólico para esse padrão de regulação não tenha sido elucidado em detalhes, o ADP pode sinalizar níveis baixos de glicose, e o GTP é um produto do ciclo do ácido cítrico que pode sinalizar altos níveis de α-cetoglutarato (ver Fig. 16-7).

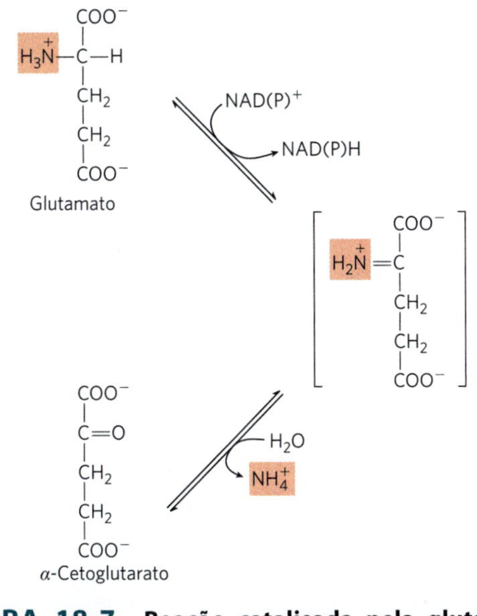

Mutações que alteram o sítio alostérico para a ligação do GTP ou causam ativação permanente da glutamato-desidrogenase levam a uma doença genética humana denominada síndrome do hiperinsulinismo com hiperamonemia, caracterizada por um grande aumento da secreção de insulina após uma refeição contendo proteína. Isso resulta em níveis elevados de amônia na corrente sanguínea e hipoglicemia. ∎

### A glutamina transporta a amônia na corrente sanguínea

A glutamina é a segunda principal fonte de amônia nas mitocôndrias dos hepatócitos, sendo especialmente importante para o transporte intercelular de amônia. ▶**P4**▶ A amônia é bastante tóxica para os tecidos animais (posteriormente, serão examinadas algumas possíveis razões para essa toxicidade). Quantidades significativas estão presentes no sangue, mas seus níveis são estritamente regulados. Em muitos tecidos, incluindo o encéfalo, alguns processos, como a degradação de nucleotídeos, geram amônia livre. Na maioria dos animais, a maior parte dessa amônia livre é convertida em um composto atóxico antes de ser exportada dos tecidos extra-hepáticos para o sangue e ser transportada até o fígado ou até os rins. Para essa função de transporte, o glutamato, essencial para o metabolismo *intracelular* do grupo amino, é suplantado pela L-glutamina. A amônia livre produzida nos tecidos combina-se com o glutamato, produzindo glutamina, pela ação da **glutamina-sintetase**. Essa reação requer ATP e ocorre em duas etapas (**Fig. 18-8**). Inicialmente, o glutamato e o ATP reagem para formar ADP e um intermediário γ-glutamil-fosfato, que, então, reage com a amônia, produzindo glutamina e fosfato inorgânico. Além de seu papel no transporte, a glutamina também serve como fonte de grupos amino em várias reações biossintéticas. A glutamina-sintetase é encontrada em todos os organismos, sempre desempenhando um papel metabólico central. Nos microrganismos, essa enzima serve como uma via de entrada essencial do nitrogênio fixado em sistemas biológicos. (Os papéis da glutamina e da glutamina-sintetase no metabolismo são discutidos no Capítulo 22.)

Na maioria dos animais terrestres, a glutamina que excede as necessidades de biossíntese é transportada pelo sangue até o intestino, o fígado e os rins para ser processada. Nesses tecidos, o nitrogênio amídico é liberado como íon amônio na mitocôndria, onde a enzima **glutaminase** converte glutamina em glutamato e $NH_4^+$ (Fig. 18-8). O $NH_4^+$ do intestino e dos rins é transportado no sangue para o fígado. No fígado, a amônia de todas essas fontes é utilizada na síntese da ureia. Parte do glutamato produzido na reação da glutaminase pode ser adicionalmente processada no fígado pela glutamato-desidrogenase (Fig. 18-7), liberando mais amônia e produzindo esqueletos carbonados para utilização como combustível.

**FIGURA 18-7 Reação catalisada pela glutamato-desidrogenase.** A glutamato-desidrogenase do fígado de mamíferos tem a capacidade incomum de utilizar tanto $NAD^+$ quanto $NADP^+$ como cofator. As glutamato-desidrogenases de plantas e microrganismos normalmente são específicas para um ou outro desses aceptores de elétrons. A enzima dos mamíferos é regulada alostericamente por GTP e ADP.

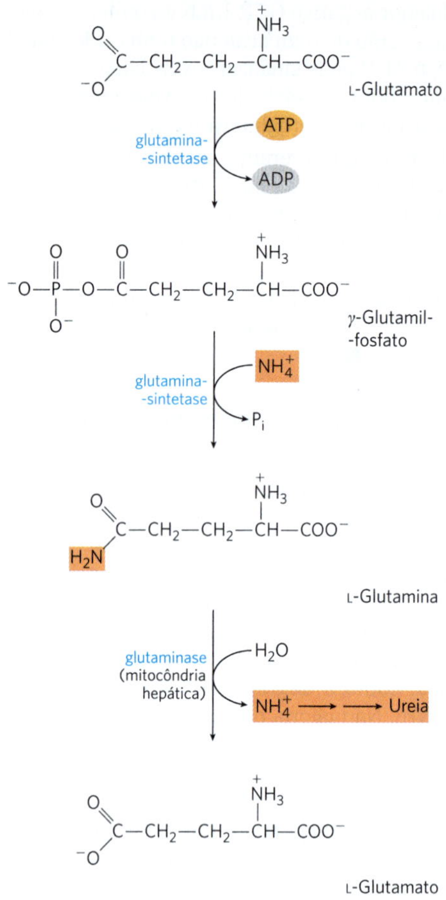

**FIGURA 18-8 Transporte de amônia na forma de glutamina.** O excesso de amônia nos tecidos é adicionado ao glutamato para formar glutamina, um processo catalisado pela glutamina-sintetase. Após ser transportada pela corrente sanguínea, a glutamina entra no fígado, e o $NH_4^+$ é liberado na mitocôndria pela enzima glutaminase.

Na acidose metabólica (p. 621), há um aumento do processamento da glutamina pelos rins. Boa parte do $NH_4^+$ em excesso assim produzido não é liberada na corrente sanguínea ou convertida em ureia, mas excretada diretamente na urina, onde forma sais com ácidos metabólicos. Assim, a degradação da glutamina facilita a remoção desses ácidos na urina. O bicarbonato produzido pela descarboxilação do α-cetoglutarato no ciclo do ácido cítrico também pode funcionar como tampão no plasma sanguíneo. Juntos esses efeitos do metabolismo da glutamina no rim tendem a contrabalançar a acidose. ■

### A alanina transporta a amônia dos músculos esqueléticos para o fígado

Os músculos esqueléticos em contração vigorosa operam anaerobicamente, produzindo grandes quantidades de piruvato e lactato pela glicólise, assim como amônia pela degradação proteica. De algum modo, esses produtos devem chegar ao fígado, onde o piruvato e o lactato são incorporados na glicose, que volta aos músculos, e a amônia é convertida em ureia para excreção. Piruvato e alanina são facilmente interconvertidos via transaminação com o glutamato pela ação da **alanina-aminotransferase**. Assim, a alanina suplanta em muito a glutamina no transporte dos grupos amino do músculo para o fígado em uma forma atóxica (Fig. 18-2a), liberando, finalmente, amônia livre para as mitocôndrias hepáticas via glutamato, em uma via chamada de **ciclo da glicose-alanina** (**Fig. 18-9**). No citosol dos hepatócitos, a alanina-aminotransferase atua na reação reversa, transferindo o grupo amino da alanina para o α-cetoglutarato, formando piruvato e glutamato. O glutamato, então, entra na mitocôndria – onde a reação da glutamato-desidrogenase libera $NH_4^+$ (Fig. 18-7) – ou sofre transaminação com o oxalacetato para formar aspartato, outro doador de nitrogênio para a síntese de ureia, como será visto a seguir.

A utilização de alanina para o transporte da amônia dos músculos esqueléticos para o fígado é outro exemplo da economia intrínseca dos organismos vivos. O custo energético da gliconeogênese é, assim, imposto ao fígado, e não ao

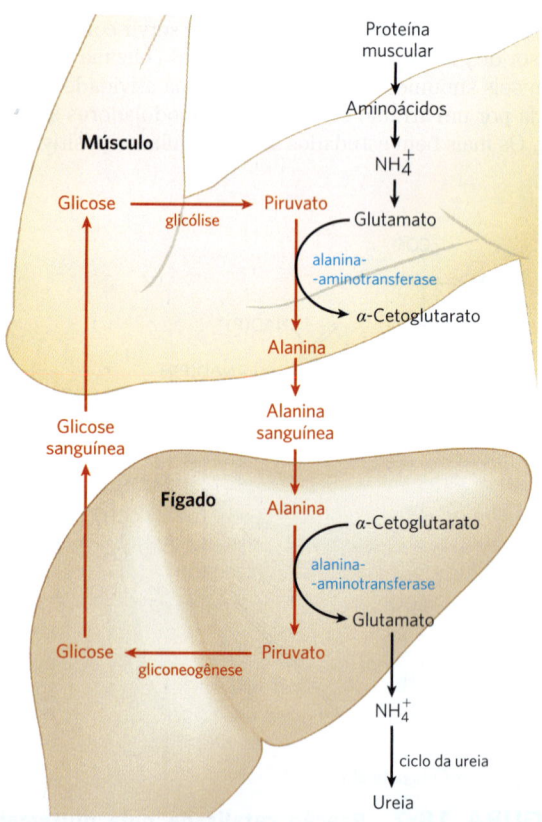

**FIGURA 18-9 Ciclo da glicose-alanina.** A alanina funciona como transportadora da amônia e do esqueleto carbonado do piruvato do músculo esquelético até o fígado. A amônia é excretada, e o piruvato é utilizado para produzir glicose, que é devolvida ao músculo.

músculo, e todo o ATP disponível no músculo é destinado à contração muscular. O ciclo da glicose-alanina, em conjunto com o ciclo de Cori (ver Quadro 14-2 e Fig. 23-17), realiza essa operação.

## A amônia é tóxica para os animais

A produção catabólica de amônia impõe um sério problema bioquímico, em virtude de ser muito tóxica. O encéfalo é especialmente sensível; lesões causadas pela toxicidade da amônia causam prejuízos cognitivos, ataxia e crises epilépticas. Em casos extremos, há edema do encéfalo, levando à morte. As bases moleculares para essa toxicidade estão gradualmente sendo desvendadas. No sangue, cerca de 98% da amônia está na forma protonada ($NH_4^+$), que não cruza a membrana plasmática. A pequena quantidade de $NH_3$ presente cruza prontamente todas as membranas, incluindo a barreira hematencefálica, permitindo a entrada de amônia nas células, onde boa parte se torna protonada e pode se acumular dentro das células na forma de $NH_4^+$.

A remoção do excesso de amônia do citosol requer a aminação redutora do $\alpha$-cetoglutarato a glutamato pela glutamato-desidrogenase (no sentido inverso da reação descrita anteriormente; Fig. 18-7) e a conversão do glutamato em glutamina pela glutamina-sintetase. No encéfalo, apenas os astrócitos – células em formato de estrela do sistema nervoso que fornecem nutrientes, suporte e manutenção da homeostase extracelular para os neurônios – expressam a glutamina-sintetase. O glutamato e seu derivado, o $\gamma$-aminobutirato (GABA; ver Fig. 22-31), são importantes neurotransmissores; parte da sensibilidade do encéfalo à amônia pode refletir uma depleção de glutamato na reação da glutamina-sintetase. A atividade da glutamina-sintetase, contudo, é insuficiente para lidar com o excesso de amônia, ou para explicar completamente sua toxicidade.

O aumento da [$NH_4^+$] também altera a capacidade dos astrócitos de manter a homeostase do potássio através da membrana. O $NH_4^+$ compete com o $K^+$ pelo transporte para dentro da célula via $Na^+/K^+$-ATPase, resultando em aumento da [$K^+$] extracelular. O excesso de $K^+$ extracelular entra nos neurônios por meio de um simportador, o **cotransportador 1 $Na^+$-$K^+$-$2Cl^-$** (**NKCC1**), trazendo consigo $Na^+$ e $2Cl^-$. O excesso de $Cl^-$ nesses neurônios altera a resposta dessas células quando o neurotransmissor GABA interage com seus receptores $GABA_A$, produzindo despolarização anormal e aumento da atividade neuronal, o que provavelmente explica a falta de coordenação neuromuscular e as crises convulsivas que frequentemente resultam do envenenamento por amônia. Se a [$NH_4^+$] extracelular continuar elevada, a perturbação de canais iônicos e de aquaporina nos astrócitos causará edema celular, resultando em edema encefálico fatal. ■

Ao concluir a discussão a respeito do metabolismo do grupo amino, observe que foram descritos diversos processos que depositam o excesso de amônia na mitocôndria dos hepatócitos (Fig. 18-2). Agora, será estudado o destino dessa amônia.

### RESUMO 18.1 Destinos metabólicos dos grupos amino

■ Os seres humanos obtêm uma pequena fração de sua energia oxidativa a partir do catabolismo dos aminoácidos. As proteases degradam as proteínas da dieta no estômago e no intestino delgado. A maioria das proteases é inicialmente sintetizada como zimogênios inativos.

■ A primeira etapa do catabolismo dos aminoácidos é separar o grupo amino do esqueleto carbonado. Na maioria dos casos, o grupo amino é transferido para o $\alpha$-cetoglutarato, formando glutamato. Essa reação de transaminação requer piridoxal-fosfato, uma coenzima envolvida no metabolismo geral dos aminoácidos.

■ O glutamato, um reservatório central de grupos amino metabolizados, é transportado à mitocôndria hepática, onde a glutamato-desidrogenase libera o grupo amino na forma de íon amônio ($NH_4^+$).

■ A amônia formada na maioria dos tecidos é transportada ao fígado como nitrogênio amídico da glutamina.

■ Para utilizar o piruvato e os grupos amino gerados no músculo esquelético em atividade, o piruvato é convertido em alanina e transportado até o fígado, no ciclo da glicose-alanina.

■ A amônia livre é tóxica. O excesso de amônia frequentemente se manifesta em graves danos neurológicos.

## 18.2 Excreção de nitrogênio e ciclo da ureia

Nos organismos ureotélicos, a amônia depositada na mitocôndria dos hepatócitos é convertida em ureia no **ciclo da ureia** (**Fig. 18-10**). Essa via foi descoberta em 1932 por Hans Krebs (que, mais tarde, também descobriu o ciclo do ácido cítrico) e seu colaborador Kurt Henseleit, estudante de medicina. A produção de ureia ocorre quase exclusivamente no fígado, sendo o destino da maior parte da amônia canalizada para esse órgão. A ureia passa para a circulação sanguínea e chega aos rins, sendo excretada na urina. A produção de ureia é agora o foco da discussão.

### A ureia é produzida a partir da amônia por meio de cinco etapas enzimáticas

O ciclo da ureia inicia-se dentro da mitocôndria hepática, mas três de suas etapas seguintes ocorrem no citosol; o ciclo, assim, abrange dois compartimentos celulares (Fig. 18-10). O primeiro grupo amino que entra no ciclo da ureia é derivado da amônia na matriz mitocondrial – a maior parte desse $NH_4^+$ é fornecida pelas vias descritas na Seção 18.1. O fígado também recebe parte da amônia pela veia porta, sendo essa amônia produzida no intestino pela oxidação de aminoácidos por bactérias. Qualquer que seja sua fonte, o $NH_4^+$ produzido na mitocôndria hepática é utilizado imediatamente com o $CO_2$ (como $HCO_3^-$) produzido pela respiração mitocondrial para formar carbamoil-fosfato na matriz (como mostrado na Fig. 18-10 e explicado em

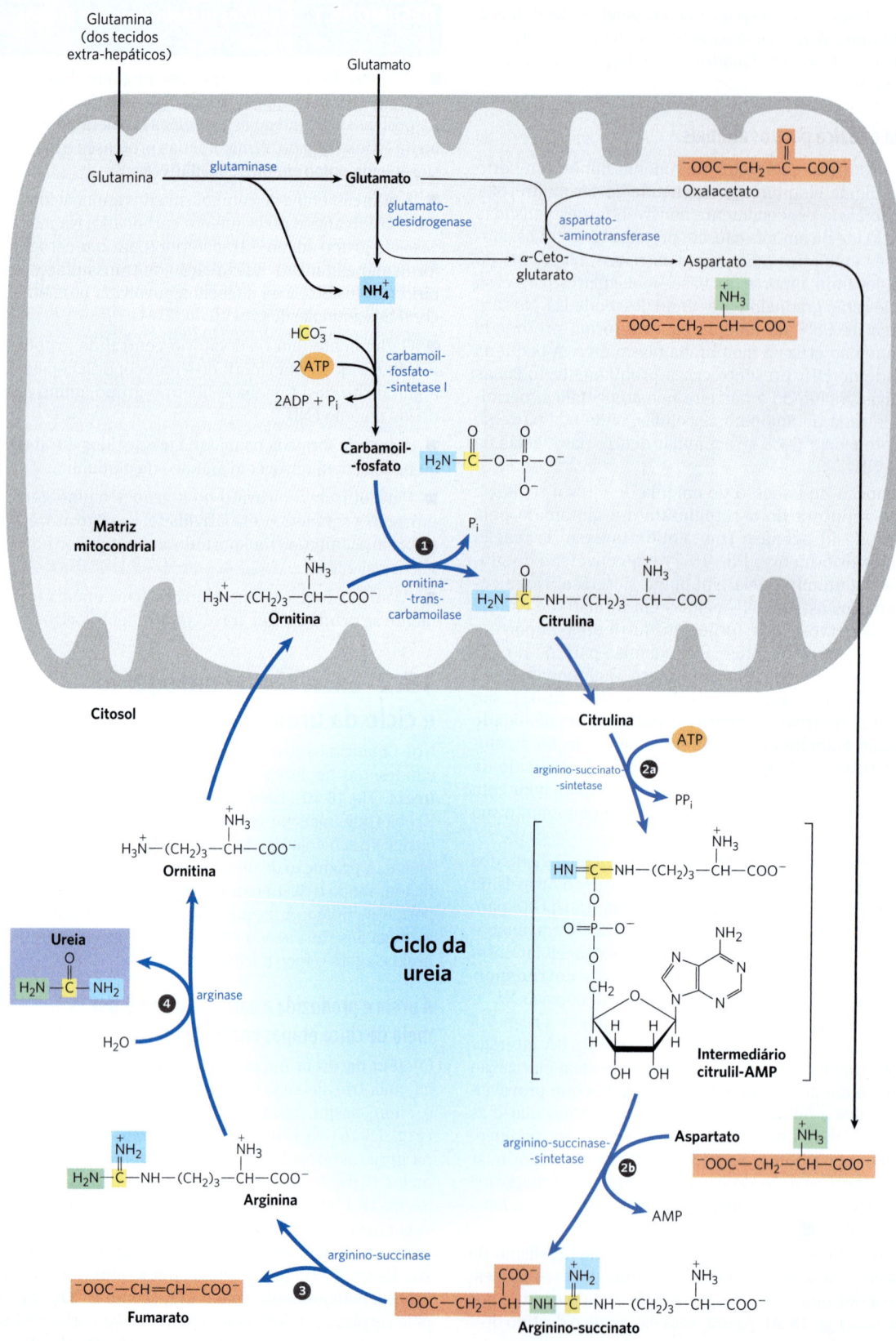

## 18.2 EXCREÇÃO DE NITROGÊNIO E CICLO DA UREIA 635

**FIGURA 18-10 O ciclo da ureia e as reações que fornecem grupos amino para o ciclo.** As enzimas que catalisam essas reações (cujos nomes aparecem no texto) estão distribuídas entre a matriz mitocondrial e o citosol. Um grupo amino entra no ciclo da ureia como carbamoil-fosfato, formado na matriz; o outro entra como aspartato, produzido na matriz pela transaminação entre oxalacetato e glutamato, que é catalisada pela aspartato-aminotransferase. O ciclo da ureia consiste em quatro etapas. ❶ Formação de citrulina a partir de ornitina e carbamoil-fosfato (entrada do primeiro grupo amino); a citrulina passa para o citosol. ❷ Produção de arginino-succinato via um intermediário citrulil-AMP (entrada do segundo grupo amino). ❸ Formação de arginina a partir do arginino-succinato; essa reação libera fumarato, que entra no ciclo do ácido cítrico. ❹ Formação de ureia; essa reação também regenera a ornitina.

proteínas, mas é um intermediário-chave na biossíntese da arginina e no metabolismo do nitrogênio em geral. Ela é sintetizada a partir do glutamato em uma via com cinco etapas, descrita no Capítulo 22. A ornitina desempenha um papel que se assemelha ao do oxalacetato no ciclo do ácido cítrico, aceitando material a cada volta do ciclo da ureia. A citrulina produzida na primeira etapa do ciclo da ureia passa da mitocôndria para o citosol.

As duas etapas seguintes trazem o segundo grupo amino, com o aspartato como doador do grupo amino. O aspartato é produzido na mitocôndria pela transaminação entre o glutamato e o oxalacetato e, então, transportado para o citosol. A reação de condensação entre o grupo amino do aspartato e o grupo ureído (carbonila) da citrulina forma arginino-succinato (etapa ❷ na Fig. 18-10). Essa reação citosólica, catalisada pela **arginino-succinato-sintetase**, requer ATP e ocorre via um intermediário citrulil-AMP (Fig. 18-11b). O arginino-succinato é, então, clivado pela **arginino-succinase** (etapa ❸ na Fig. 18-10), formando arginina e fumarato; este último é convertido em malato e, a seguir, entra na mitocôndria para se unir aos intermediários do ciclo do ácido cítrico. Essa etapa é a única reação reversível do ciclo da ureia. Na última etapa do ciclo da ureia (etapa ❹), a enzima citosólica **arginase** cliva a arginina, produzindo **ureia** e ornitina. A ornitina é transportada para a mitocôndria para iniciar outra volta do ciclo da ureia.

detalhes na **Fig. 18-11a**). Essa reação é dependente de ATP, sendo catalisada pela **carbamoil-fosfato-sintetase I**, uma enzima regulatória (ver a seguir). A forma mitocondrial da enzima é diferente da forma citosólica (II), que tem uma função distinta na biossíntese das pirimidinas (Capítulo 22).

O carbamoil-fosfato, que funciona como doador de grupos carbamoíla ativados, entra no ciclo da ureia. O ciclo tem apenas quatro etapas enzimáticas. Primeiro, o carbamoil-fosfato doa seu grupo carbamoíla para a ornitina, formando citrulina, com a liberação de $P_i$ (Fig. 18-10, etapa ❶). A reação é catalisada pela **ornitina-transcarbamoilase**. A ornitina não é um dos 20 aminoácidos encontrados nas

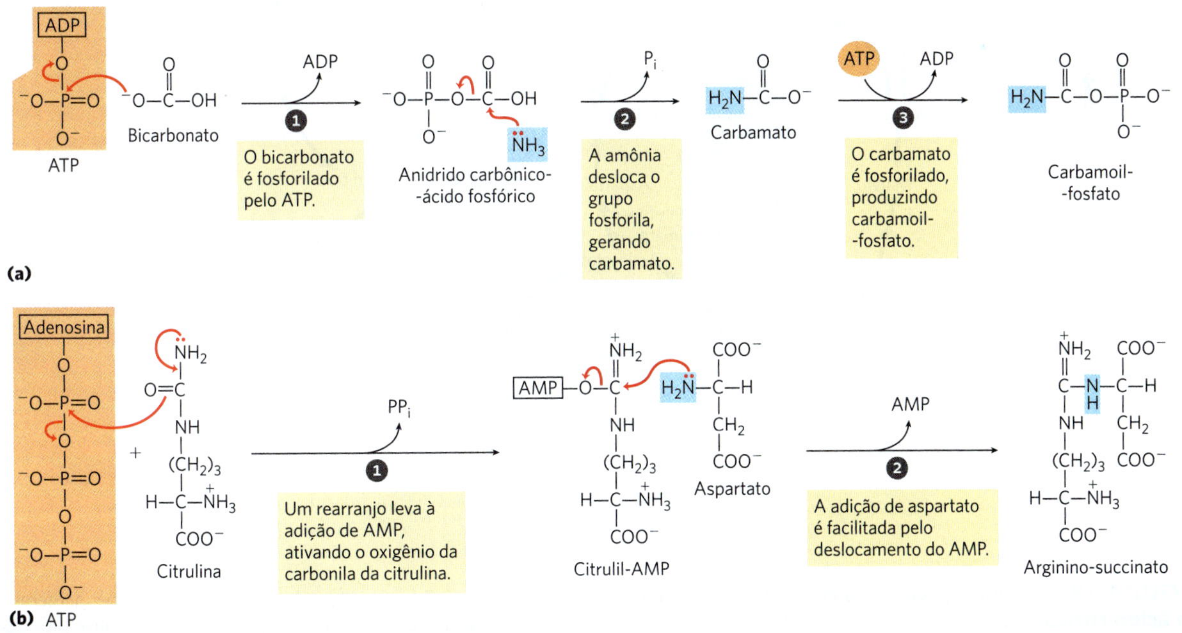

**MECANISMO – FIGURA 18-11 Reações que captam nitrogênio para a síntese da ureia.** Os átomos de nitrogênio da ureia são obtidos por meio de duas reações que necessitam de ATP. (a) Na primeira reação, catalisada pela carbamoil-fosfato-sintetase I, o primeiro átomo de nitrogênio entra sob a forma de amônia. Os grupos fosfato terminais de duas moléculas de ATP são utilizados para formar uma molécula de carbamoil-fosfato. Em outras palavras, essa reação apresenta duas etapas de ativação (❶ e ❸). (b) Na segunda reação, catalisada pela arginino-succinato-sintetase, o segundo nitrogênio entra no ciclo a partir do aspartato. Essa reação tem duas etapas. A ativação do oxigênio do grupo ureído da citrulina, na etapa ❶, prepara o composto para a adição do aspartato, na etapa ❷.

Como observado no Capítulo 16, as enzimas de muitas vias metabólicas encontram-se agrupadas em metabolons (p. 595), com o produto de uma reação enzimática sendo canalizado diretamente para a próxima enzima da via. No ciclo da ureia, as enzimas mitocondriais e citosólicas parecem estar agrupadas dessa forma. A citrulina transportada para fora da mitocôndria não é diluída no conjunto geral de metabólitos no citosol, mas passa diretamente para o sítio ativo da arginino-succinato-sintetase. Essa canalização entre enzimas continua para o arginino-succinato, para a arginina e para a ornitina. Apenas a ureia é liberada para o conjunto geral de metabólitos no citosol.

## Os ciclos do ácido cítrico e da ureia podem estar ligados

O fumarato produzido na reação da arginino-succinase é também um intermediário do ciclo do ácido cítrico. Assim, os ciclos são, em princípio, interconectados – em um processo que recebeu o epíteto "bicicleta de Krebs" (**Fig. 18-12**). Contudo, cada ciclo opera de modo independente, e a comunicação entre eles depende do transporte de intermediários-chave entre a mitocôndria e o citosol. Os principais transportadores na membrana interna da mitocôndria incluem o transportador malato-α-cetoglutarato, o transportador glutamato-aspartato e o transportador glutamato-OH⁻. Juntos, esses transportadores facilitam o movimento do malato e do glutamato para dentro da matriz mitocondrial e o movimento do aspartato e do α-cetoglutarato para fora da mitocôndria, rumo ao citosol.

Diversas enzimas do ciclo do ácido cítrico, incluindo a fumarase (fumarato-hidratase) e a malato-desidrogenase (p. 586), também estão presentes como isoenzimas no citosol. Não há um transportador para levar diretamente o fumarato gerado na síntese de arginina no citosol para a matriz mitocondrial. No entanto, o fumarato pode ser convertido em malato no citosol. Fumarato e malato podem ser metabolizados no citosol, ou o malato pode ser transportado para a mitocôndria para utilização no ciclo do ácido cítrico. O aspartato formado na mitocôndria pela transaminação entre o oxalacetato e o glutamato pode ser transportado para o citosol, onde atua como doador de nitrogênio na reação do ciclo da ureia catalisada pela arginino-succinato-sintetase. Essas reações, que constituem a **lançadeira aspartato-arginino-succinato**, fornecem elos metabólicos entre as vias distintas pelas quais os grupos amino e os esqueletos carbonados dos aminoácidos são processados.

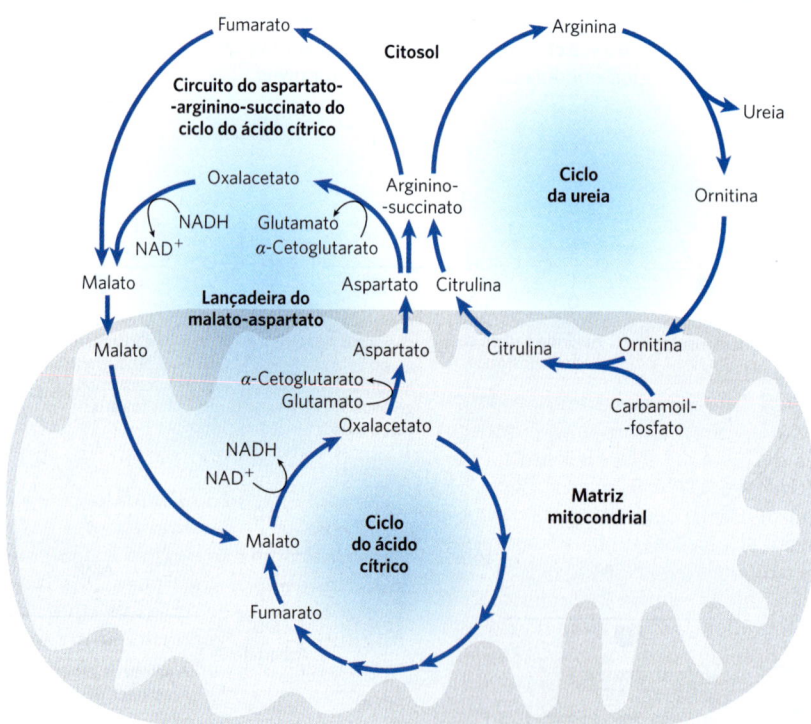

**FIGURA 18-12 Vínculos entre o ciclo da ureia e o ciclo do ácido cítrico.** Esses ciclos interconectados têm sido denominados "bicicleta de Krebs". As reações que unem o ciclo do ácido cítrico ao ciclo da ureia são conhecidas como a lançadeira do aspartato-arginino-succinato; elas unem efetivamente os destinos dos grupos amino e dos esqueletos carbonados dos aminoácidos. As interconexões são bastante elaboradas. Por exemplo, algumas enzimas do ciclo do ácido cítrico, como a fumarase e a malato-desidrogenase, apresentam isoenzimas citosólicas e mitocondriais. O fumarato produzido no citosol, independentemente se no ciclo da ureia, na biossíntese de purinas ou em outros processos, pode ser convertido em malato citosólico, que, por sua vez, é utilizado no citosol ou transportado para a mitocôndria para entrar no ciclo do ácido cítrico. Esses processos são, ainda, interligados com a lançadeira do malato-aspartato, um conjunto de reações que traz equivalentes redutores para a mitocôndria. Esses diferentes ciclos ou processos contam com um número limitado de transportadores na membrana mitocondrial interna.

O uso do aspartato como doador de nitrogênio no ciclo da ureia pode parecer uma forma relativamente complicada de introduzir o segundo grupo amino na ureia. Contudo, como será visto no Capítulo 22, essa via para a incorporação do nitrogênio é uma das duas formas mais comuns de introduzir grupos amino em biomoléculas. No ciclo da ureia, outras interconexões entre vias podem ajudar a explicar por que o aspartato é utilizado como doador de nitrogênio.  Os ciclos da ureia e do ácido cítrico estão fortemente unidos a um processo adicional que traz o NADH na forma de equivalentes redutores para dentro da mitocôndria. Como será detalhado no próximo capítulo, o NADH produzido pela glicólise, pela oxidação de ácidos graxos e por outros processos não pode ser transportado através da membrana mitocondrial interna. Contudo, equivalentes redutores podem entrar na mitocôndria pela conversão de aspartato em oxalacetato no citosol, reduzindo o oxalacetato a malato com o NADH e transportando o malato para a matriz mitocondrial via transportador malato-$\alpha$-cetoglutarato. Uma vez dentro da mitocôndria, o malato pode ser convertido novamente em oxalacetato, ao mesmo tempo que gera NADH. O oxalacetato é convertido em aspartato na matriz e transportado para fora da mitocôndria pelo transportador aspartato-glutamato. Essa lançadeira de elétrons malato-aspartato completa um novo ciclo, que funciona mantendo a mitocôndria com suprimento de NADH (Fig. 18-12; ver também Fig. 19-31).

Esses processos exigem que as concentrações de glutamato e aspartato sejam mantidas em equilíbrio no citosol. A enzima que transfere grupos amino entre esses dois aminoácidos-chave é a aspartato-aminotransferase, AST (também chamada de transaminase glutâmico-oxalacética, TGO). Ela está entre as enzimas mais ativas nos hepatócitos e em outros tecidos. Quando ocorre lesão tecidual, essa enzima (cuja atividade é facilmente mensurável) e outras vazam para a circulação sanguínea. Assim, a avaliação dos níveis sanguíneos de enzimas hepáticas é importante para o diagnóstico de várias condições médicas (**Quadro 18-1**).

### A atividade do ciclo da ureia é regulada em dois níveis

O fluxo de nitrogênio no ciclo da ureia em determinado animal varia de acordo com a dieta. Quando a ingestão dietética é basicamente proteica, os esqueletos carbonados dos aminoácidos são utilizados como combustível, produzindo muita ureia a partir dos grupos amino excedentes. Durante o jejum prolongado, quando a degradação de proteína muscular começa a suprir boa parte da energia metabólica do organismo, a produção de ureia também aumenta significativamente.

Essas alterações de demanda com relação à atividade do ciclo da ureia são realizadas, em longo prazo, pela regulação das velocidades de síntese das quatro enzimas do ciclo da ureia e da carbamoil-fosfato-sintetase I, no fígado. Essas cinco enzimas são sintetizadas em taxas mais altas em animais em jejum e em animais com dietas de alto conteúdo proteico, em comparação com animais bem alimentados com dietas que contenham principalmente carboidratos e gorduras. Os animais com dietas desprovidas de proteínas produzem níveis mais baixos das enzimas do ciclo da ureia.

Em uma escala de tempo mais curta, a regulação alostérica de pelo menos uma enzima-chave ajusta o fluxo pelo ciclo da ureia. A primeira enzima da via, a carbamoil-fosfato-sintetase I, é ativada alostericamente por **N-acetil-glutamato**, que é sintetizado a partir de acetil-CoA e glutamato pela **N-acetil-glutamato-sintase** (**Fig. 18-13**). Em vegetais e microrganismos, essa enzima catalisa a primeira etapa na síntese *de novo* da arginina a partir do glutamato

---

## QUADRO 18-1 MEDICINA

### Ensaios para avaliar lesão tecidual

A análise de certas atividades enzimáticas no soro sanguíneo fornece informações valiosas para o diagnóstico de diversas condições patológicas.

A alanina-aminotransferase (ALT; também denominada transaminase glutâmico-pirúvica, TGP) e a aspartato-aminotransferase (AST; também denominada transaminase glutâmico-oxalacética, TGO) são importantes para o diagnóstico de doenças hepáticas, toxicidade por exposição crônica a drogas ou infecções. Quando o tecido é lesionado, várias enzimas, incluindo essas transaminases, "vazam" das células lesionadas para a corrente sanguínea. Medidas das atividades séricas dessas duas transaminases pelos testes STGP e STGO (S, de soro) – e de outra enzima, a **creatina-cinase**, pelo teste SCK – podem fornecer informações sobre a gravidade da lesão.

Esses testes (STGP e STGO) de avaliação das atividades das transaminases no soro são importantes em medicina ocupacional, para determinar se pessoas expostas a tetracloreto de carbono, clorofórmio ou outros solventes industriais sofreram lesão hepática. A degeneração hepática causada por esses solventes é acompanhada pelo surgimento de várias enzimas no sangue, originárias dos hepatócitos lesionados. As aminotransferases são muito úteis no monitoramento de pessoas expostas a essas substâncias químicas, pois essas atividades enzimáticas são altas no fígado e, portanto, provavelmente estarão entre as proteínas liberadas dos hepatócitos lesionados; além disso, elas podem ser detectadas no sangue em quantidades muito pequenas.

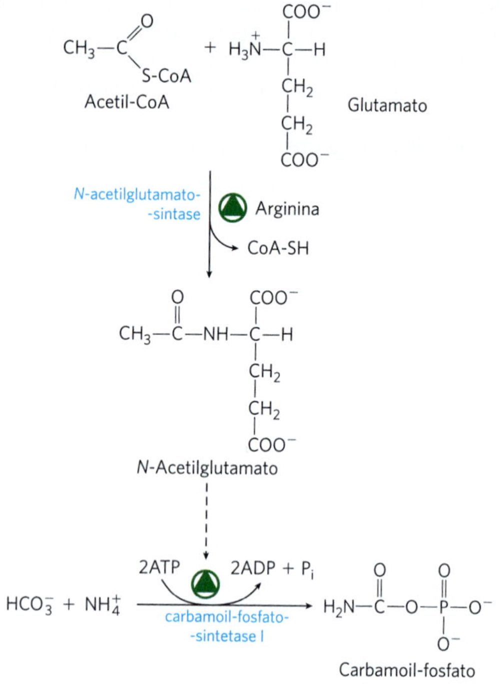

**FIGURA 18-13** Síntese de *N*-acetilglutamato e ativação da carbamoil-fosfato-sintetase I por esse composto.

(ver Fig. 22-12), mas, nos mamíferos, a atividade da *N*-acetil-glutamato-sintase no fígado exerce função puramente reguladora (os mamíferos não têm as demais enzimas necessárias para a conversão de glutamato em arginina). Os níveis estacionários de *N*-acetil-glutamato são determinados pelas concentrações de glutamato e acetil-CoA (os substratos da *N*-acetil-glutamato-sintase) e de arginina (ativador da *N*-acetil-glutamato-sintase e, portanto, ativador do ciclo da ureia).

### A interconexão de vias reduz o custo energético da síntese da ureia

Ao analisar o ciclo da ureia isoladamente, percebe-se que a síntese de uma molécula de ureia requer a hidrólise de quatro ligações fosfato ricas em energia (Fig. 18-10). Duas moléculas de ATP são necessárias para a formação do carbamoil-fosfato e mais um ATP para produzir arginino-succinato – este último ATP é clivado em AMP e $PP_i$, que é hidrolisado a 2 $P_i$. A equação geral do ciclo da ureia é

$$2NH_4^+ + HCO_3^- + 3ATP^{4-} + H_2O \longrightarrow$$
$$ureia + 2ADP^{3-} + 4P_i^{2-} + AMP^{2-} + 2H^+$$

Contudo, esse aparente custo é compensado pelas interconexões de vias detalhadas anteriormente. O fumarato, gerado pelo ciclo da ureia, é convertido em malato, que é transportado para dentro da mitocôndria (Fig. 18-12). Dentro da matriz mitocondrial, NADH é gerado na reação da malato-desidrogenase. Cada molécula de NADH pode gerar até 2,5 ATP durante a respiração mitocondrial, reduzindo muito o custo energético geral da síntese de ureia (a respiração mitocondrial é discutida em mais detalhes no Capítulo 19).

### Defeitos genéticos do ciclo da ureia podem ser fatais

Bebês com defeitos genéticos graves em qualquer uma das enzimas envolvidas na formação de ureia frequentemente parecem normais ao nascerem. Contudo, logo desenvolvem sintomas de hiperamonemia, incluindo edema cerebral, letargia e hiperventilação. Se não forem tratados, com frequência esses defeitos levam à morte precoce. Os sintomas podem ser menos graves em pacientes que retenham atividade enzimática parcial. Esses pacientes não toleram dietas ricas em proteínas. Os aminoácidos ingeridos em excesso (além das necessidades mínimas diárias para a síntese proteica) são desaminados no fígado, produzindo amônia livre, que não pode ser convertida em ureia para ser exportada para a corrente sanguínea; e, como foi frisado, a amônia é altamente tóxica. Uma vez que a maioria das etapas do ciclo da ureia é irreversível, a ausência de atividade enzimática frequentemente pode ser identificada pela determinação de qual intermediário do ciclo está presente em concentrações especialmente altas no sangue ou na urina. Embora a degradação dos aminoácidos possa apresentar sérios problemas para a saúde das pessoas com deficiências no ciclo da ureia, uma dieta desprovida de proteínas não é uma opção de tratamento. Os seres humanos não conseguem sintetizar metade dos vinte aminoácidos proteicos, devendo, portanto, obter esses **aminoácidos essenciais** da dieta (Tabela 18-1).

Uma variedade de tratamentos é disponibilizada para pessoas com defeitos no ciclo da ureia. A administração cuidadosa na dieta dos sais de ácidos aromáticos benzoato ou fenilbutirato pode ajudar a diminuir os níveis de amônia no sangue. O benzoato é convertido em benzoil-CoA, que se combina com a glicina, formando hipurato (**Fig. 18-14**, à esquerda). A glicina utilizada nessa reação deve ser regenerada, e a amônia é, então, captada pela reação da glicina-sintase. O fenilbutirato é convertido em fenilacetato

| TABELA 18-1 | Aminoácidos essenciais e não essenciais para seres humanos e para ratos albinos | | |
|---|---|---|
| Não essenciais | Essenciais condicionais[a] | Essenciais |
| Alanina | Arginina | Histidina |
| Asparagina | Cisteína | Isoleucina |
| Aspartato | Glutamina | Leucina |
| Glutamato | Glicina | Lisina |
| Serina | Prolina | Metionina |
| | Tirosina | Fenilalanina |
| | | Treonina |
| | | Triptofano |
| | | Valina |

[a]Necessários em certo grau para animais jovens, em crescimento e/ou durante certas patologias.

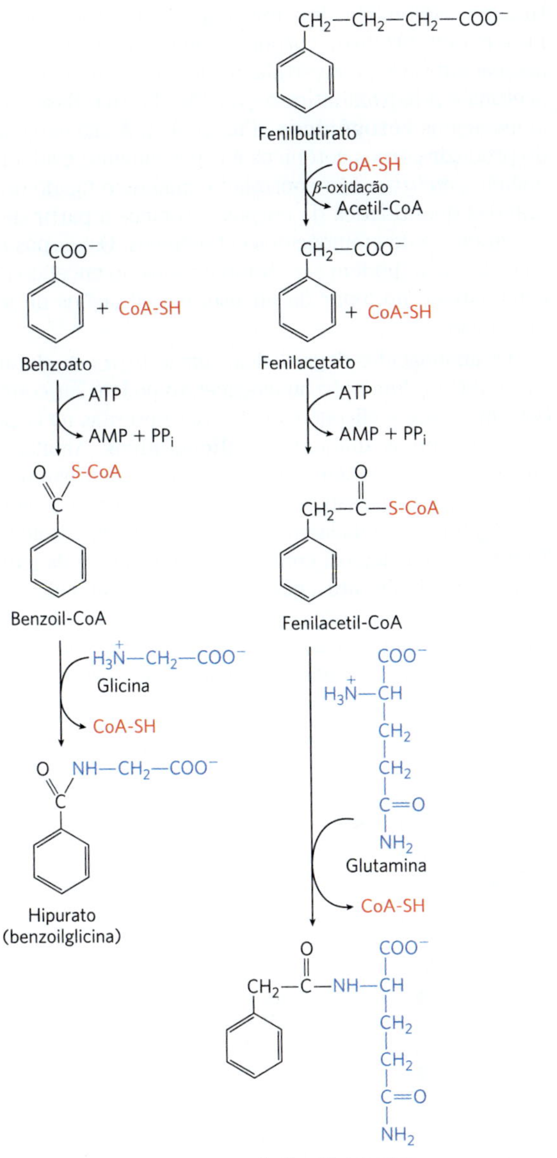

mas se tornam proeminentes quando ácidos aromáticos são ingeridos.

Outras terapias são mais específicas para determinada deficiência enzimática. A deficiência de *N*-acetilglutamato-sintase resulta na ausência do ativador normal para a carbamoil-fosfato-sintetase I (Fig. 18-13). Essa condição pode ser tratada pela administração de carbamoil-glutamato, um análogo do *N*-acetilglutamato que ativa efetivamente a carbamoil-fosfato-sintetase I.

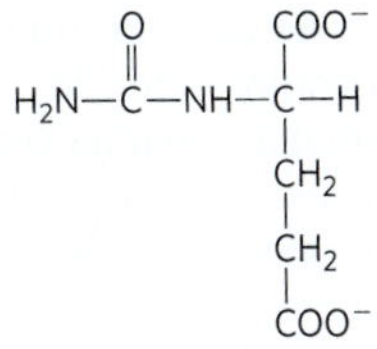

Carbamoil-glutamato

A suplementação da dieta com arginina é útil no tratamento de deficiências de ornitina-transcarbamoilase, arginino-succinato-sintetase e arginino-succinase. Muitos desses tratamentos devem ser acompanhados por controle dietético rígido e suplementação de aminoácidos essenciais. Nos raros casos de deficiência de arginase, a arginina, substrato da enzima defeituosa, deve ser suprimida da dieta. ∎

### RESUMO 18.2  Excreção de nitrogênio e ciclo da ureia

■ No ciclo da ureia, a ornitina se combina com a amônia, na forma de carbamoil-fosfato, para formar citrulina. Um segundo grupo amino é transferido para a citrulina, a partir do aspartato, para formar arginina – o precursor imediato da ureia. A arginase catalisa a hidrólise da arginina em ureia e ornitina; assim, a ornitina é regenerada a cada volta do ciclo.

■ O ciclo da ureia resulta na conversão líquida de oxalacetato em fumarato, ambos intermediários do ciclo do ácido cítrico. Desse modo, os dois ciclos estão interconectados.

■ A atividade do ciclo da ureia é regulada no nível de síntese de suas enzimas e por regulação alostérica da enzima que catalisa a formação de carbamoil-fosfato.

■ O custo energético do ciclo da ureia é reduzido por interconexões de ciclos.

■ Doenças genéticas envolvendo deficiências em enzimas do ciclo da ureia apresentam consequências graves; contudo, podem, às vezes, ser manejadas por intervenções dietéticas.

**FIGURA 18-14 Tratamento para deficiências em enzimas do ciclo da ureia.** Os sais de ácidos aromáticos benzoato e fenilbutirato, administrados na dieta, são metabolizados e se combinam com a glicina e com a glutamina, respectivamente. Os produtos são excretados na urina. A síntese subsequente de glicina e de glutamina para repor esses intermediários remove a amônia da corrente sanguínea.

pela β-oxidação. O fenilacetato é, então, convertido em fenilacetil-CoA, que se combina com a glutamina, formando fenilacetilglutamina (Fig. 18-14, à direita). A resultante remoção de glutamina desencadeia um aumento em sua síntese pela glutamina-sintetase (ver Equação 22-1), em uma reação que capta amônia. Tanto o hipurato quanto a fenilacetilglutamina são compostos atóxicos que são excretados na urina. As vias mostradas na Figura 18-14 constituem apenas contribuições secundárias ao metabolismo normal,

## 18.3 Vias de degradação dos aminoácidos

As vias do catabolismo dos aminoácidos normalmente representam apenas 10 a 15% da produção de energia no organismo humano; essas vias são bem menos ativas que a glicólise e a oxidação dos ácidos graxos. O fluxo ao longo das vias catabólicas também varia muito, dependendo do equilíbrio entre as necessidades para processos biossintéticos e a disponibilidade de determinado aminoácido. As 20 vias catabólicas convergem para formar apenas seis produtos principais: piruvato, acetil-CoA, α-cetoglutarato, succinil-CoA, fumarato e oxalacetato. Todos esses compostos entram no ciclo do ácido cítrico (**Fig. 18-15**). A partir desse ponto, os esqueletos carbonados tomam vias distintas, sendo direcionados para a gliconeogênese ou para a cetogênese, ou oxidados completamente como combustíveis a $CO_2$ e $H_2O$.

As vias individuais para os 20 aminoácidos serão resumidas em diagramas de fluxo, cada um levando a um ponto específico de entrada no ciclo do ácido cítrico. Nesses diagramas, os átomos de carbono que entram no ciclo do ácido cítrico são mostrados coloridos. Observe que alguns aminoácidos aparecem mais de uma vez, refletindo diferentes destinos para partes distintas de seus esqueletos carbonados. Em vez de examinar cada etapa de cada via no catabolismo dos aminoácidos, serão destacadas para uma discussão especial algumas reações enzimáticas de relevância particular, devido aos seus mecanismos ou à sua importância na medicina.

### Alguns aminoácidos podem contribuir para a gliconeogênese, outros, para a síntese de corpos cetônicos

**P5** Os sete aminoácidos degradados, inteira ou parcialmente, a acetoacetil-CoA e/ou acetil-CoA – fenilalanina, tirosina, isoleucina, leucina, triptofano, treonina e lisina – podem produzir corpos cetônicos no fígado, onde a acetoacetil-CoA é convertida em acetoacetato e, então, em acetona e β-hidroxibutirato (ver Fig. 17-16). Esses são os aminoácidos **cetogênicos** (Fig. 18-15). A sua capacidade de produzir corpos cetônicos é especialmente evidente no diabetes *mellitus* não controlado, quando o fígado produz grandes quantidades de corpos cetônicos a partir de ácidos graxos e de aminoácidos cetogênicos. Os corpos cetônicos também podem ser metabolizados no encéfalo como combustível, no lugar da glicose, em situações de jejum prolongado.

Os aminoácidos degradados a piruvato, α-cetoglutarato, succinil-CoA, fumarato ou oxalacetato podem ser convertidos em glicose e glicogênio pelas vias descritas no Capítulo 14. Esses são os aminoácidos **glicogênicos**. Aminoácidos glicogênicos e cetogênicos não são excludentes entre si; cinco aminoácidos são tanto cetogênicos quanto glicogênicos: triptofano, fenilalanina, tirosina, treonina e isoleucina. Todos os aminoácidos, com exceção da lisina e da leucina, podem contribuir para a gliconeogênese. O catabolismo dos aminoácidos é especialmente crítico para a sobrevivência de animais com dietas ricas em proteínas ou durante o jejum. A leucina é um aminoácido exclusivamente cetogênico que

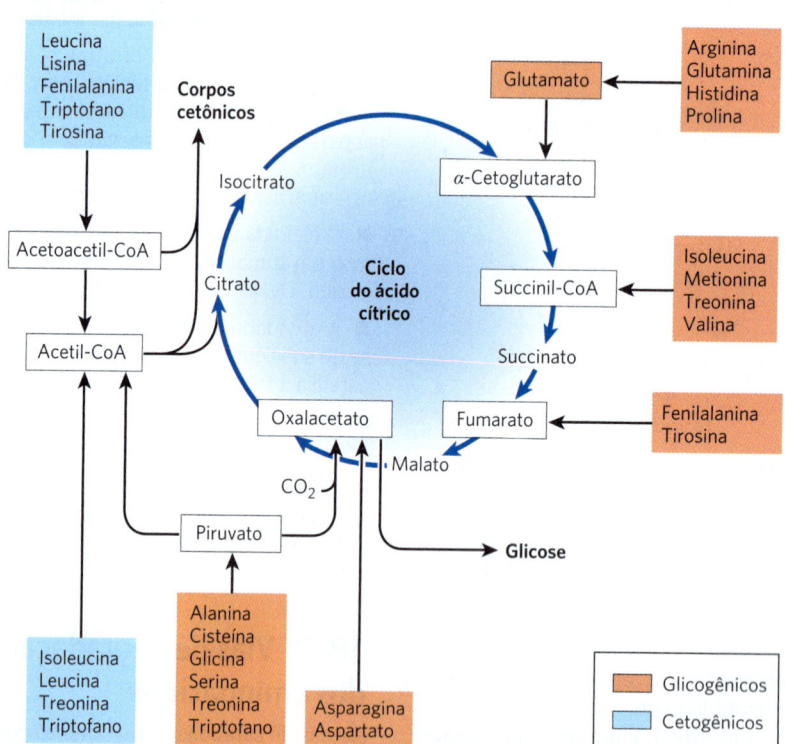

**FIGURA 18-15 Resumo do catabolismo dos aminoácidos.** Os aminoácidos estão agrupados conforme seu principal produto final de degradação. Alguns aminoácidos estão listados mais de uma vez, pois diferentes partes de seus esqueletos carbonados são degradadas em produtos finais distintos. A figura mostra as vias catabólicas mais importantes nos vertebrados; há, contudo, variações menores entre diferentes espécies de vertebrados. A treonina, por exemplo, é degradada por, no mínimo, duas vias diferentes (ver Figs. 18-19 e 18-27), e a importância de determinada via pode variar de acordo com o organismo e suas condições metabólicas. Aminoácidos glicogênicos e cetogênicos também estão delineados na figura, sombreados em cores. Observe que cinco aminoácidos são tanto glicogênicos quanto cetogênicos. Os aminoácidos que produzem piruvato também são potencialmente cetogênicos. Apenas dois aminoácidos, lisina e leucina, são exclusivamente cetogênicos.

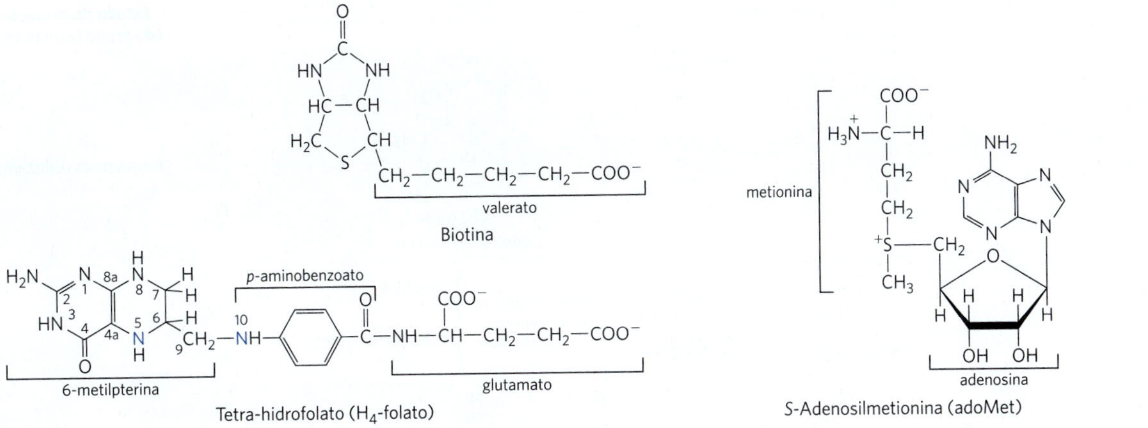

**FIGURA 18-16 Alguns cofatores enzimáticos importantes em reações de transferência de grupos de um carbono.** Os átomos de nitrogênio aos quais os grupos de um carbono estão ligados no tetra-hidrofolato estão mostrados em azul.

é muito comum em proteínas. Sua degradação contribui consideravelmente para a cetose em condições de jejum prolongado.

## Diversos cofatores enzimáticos desempenham papéis importantes no catabolismo dos aminoácidos

A diversidade estrutural dos aminoácidos está refletida nos vários tipos de reação encontrados em suas vias de degradação. Começaremos o estudo dessas vias observando importantes classes de reações recorrentes e apresentando seus cofatores enzimáticos. Já foi abordada uma importante classe: as reações de transaminação que necessitam de piridoxal-fosfato. Outro tipo comum de reação no catabolismo de aminoácidos é a transferência de grupos de um carbono. Essas transferências geralmente envolvem um destes três cofatores: biotina, tetra-hidrofolato ou S-adenosilmetionina (**Fig. 18-16**). Esses cofatores transferem grupos de um carbono em diferentes estados de oxidação: a biotina transfere grupos de um carbono em seu estado mais oxidado, $CO_2$ (ver Fig. 14-17); o tetra-hidrofolato transfere grupos de um carbono em estados intermediários de oxidação e, algumas vezes, como grupos metila; e a S-adenosilmetionina transfere grupos metila, o estado mais reduzido do carbono. Os últimos dois cofatores são especialmente importantes para o metabolismo dos aminoácidos e dos nucleotídeos.

A molécula do **tetra-hidrofolato** ($H_4$-**folato**), sintetizada em bactérias, consiste em três porções: pterina substituída (6-metilpterina), *p*-aminobenzoato e glutamato (Fig. 18-16).

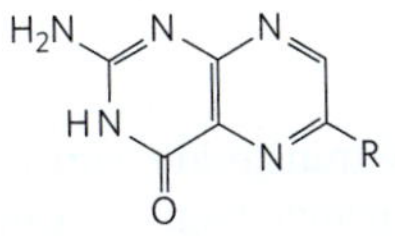

A forma oxidada, o folato, é uma vitamina para os mamíferos, sendo convertida em tetra-hidrofolato, por meio de duas etapas, pela ação da enzima di-hidrofolato-redutase.

O grupo de um carbono a ser transferido, em qualquer um dos três estados possíveis de oxidação, está ligado ao N-5, ao N-10 ou a ambos. A forma mais reduzida do cofator carrega um grupo metila; uma forma mais oxidada carrega um grupo metileno; e as formas ainda mais oxidadas carregam um grupo metenila, formila ou formimino (**Fig. 18-17**). As formas de tetra-hidrofolato são, em sua maioria, interconversíveis, funcionando como doadores de unidades de um carbono em uma grande variedade de reações metabólicas. A fonte principal de unidades de um carbono para o tetra-hidrofolato é o carbono removido da serina em sua conversão em glicina, produzindo $N^5,N^{10}$-metileno-tetra-hidrofolato.

Embora o tetra-hidrofolato possa carregar um grupo metila em seu N-5, o potencial de transferência desse grupo metila é insuficiente para a maioria das reações biossintéticas. A **S-adenosilmetionina** (**adoMet**) é o cofator preferido para transferências biológicas do grupo metila. Esse cofator é sintetizado a partir do ATP e da metionina na reação catalisada pela **metionina-adenosil-transferase** (**Fig. 18-18**, etapa ❶). Essa reação é incomum pelo fato de o átomo de enxofre nucleofílico da metionina atacar o carbono 5′ da ribose do ATP, em vez de atacar um dos átomos de fósforo. O trifosfato é liberado e clivado em $P_i$ e $PP_i$ pela enzima, e o $PP_i$ é hidrolisado pela pirofosfatase. Desse modo, três ligações são quebradas nessa reação, incluindo duas ligações de alta energia de grupos fosfato. A única outra reação conhecida na qual o trifosfato é deslocado do ATP ocorre na síntese da coenzima $B_{12}$ (ver Quadro 17-2, Fig. 3).

A S-adenosilmetionina é um potente agente alquilante, em virtude de seu íon sulfônio desestabilizado. O grupo metila está sujeito ao ataque de nucleófilos, sendo cerca de mil vezes mais reativo que o grupo metila do $N^5$-metil-tetra-hidrofolato.

A transferência do grupo metila da S-adenosilmetionina para um aceptor produz **S-adenosil-homocisteína** (Fig. 18-18, etapa ❷), posteriormente degradada em homocisteína e adenosina (etapa ❸). A metionina é regenerada pela transferência de um grupo metila para a homocisteína, em uma reação catalisada pela metionina-sintase (etapa ❹), e a

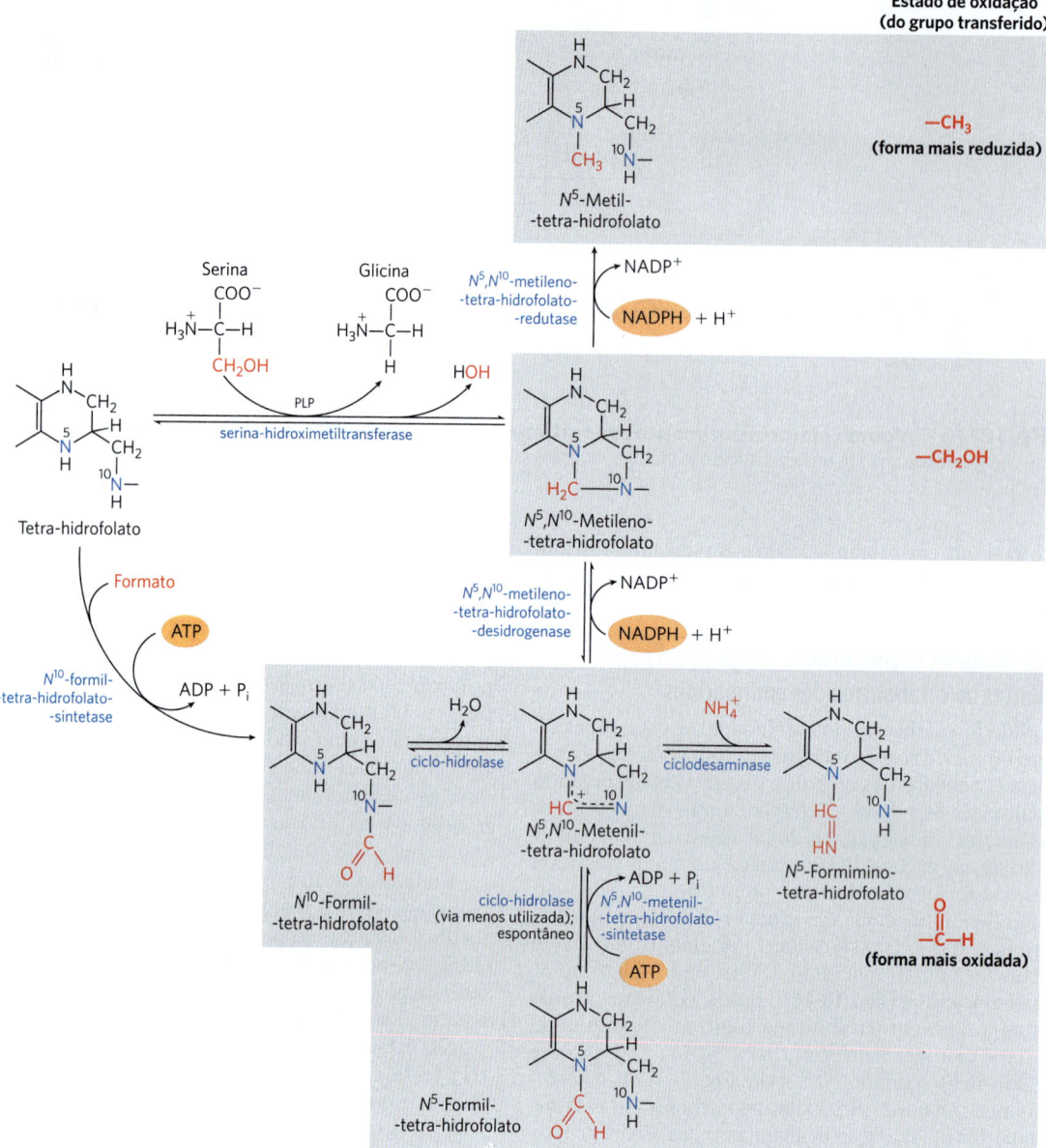

**FIGURA 18-17 Conversões de unidades de um carbono ligadas ao tetra-hidrofolato.** As diferentes espécies moleculares estão agrupadas de acordo com seu estado de oxidação, com as mais reduzidas na parte superior e as mais oxidadas na parte inferior da figura. Todas as espécies dentro de um único quadro sombreado estão no mesmo estado de oxidação. A conversão de $N^5,N^{10}$-metileno-tetra-hidrofolato em $N^5$-metil-tetra-hidrofolato é efetivamente irreversível. A transferência enzimática de grupos formila, como na síntese das purinas (ver Fig. 22-35) e na formação de formilmetionina nas bactérias (Capítulo 27), geralmente utiliza $N^{10}$-formil-tetra-hidrofolato, em vez de $N^5$-formil-tetra-hidrofolato. Este último é significativamente mais estável e, portanto, um doador menos eficiente de grupos formila. O $N^5$-formil-tetra-hidrofolato é um produto colateral na reação da ciclo-hidrolase e pode se formar espontaneamente. A conversão de $N^5$-formil-tetra-hidrofolato em $N^5,N^{10}$-metenil-tetra-hidrofolato requer ATP, pois, de outra forma, o equilíbrio dessa reação seria desfavorável. Observe que o $N^5$-formimino-tetra-hidrofolato é derivado da histidina, em uma via mostrada na Figura 18-26.

metionina é novamente convertida em S-adenosilmetionina para completar um ciclo de ativação da metila.

Uma forma de metionina-sintase comum em bactérias utiliza $N^5$-metil-tetra-hidrofolato como doador da metila. Outra forma dessa enzima, presente em algumas bactérias e nos mamíferos, utiliza $N^5$-metil-tetra-hidrofolato, porém o grupo metila é inicialmente transferido para a cobalamina, derivada da coenzima $B_{12}$, formando metilcobalamina, usada como doadora da metila para a formação da metionina. Essa reação e o rearranjo da L-metilmalonil-CoA para produzir succinil-CoA (ver Quadro 17-2, Fig. 1a) são as duas únicas reações conhecidas que são dependentes da coenzima $B_{12}$ nos mamíferos.

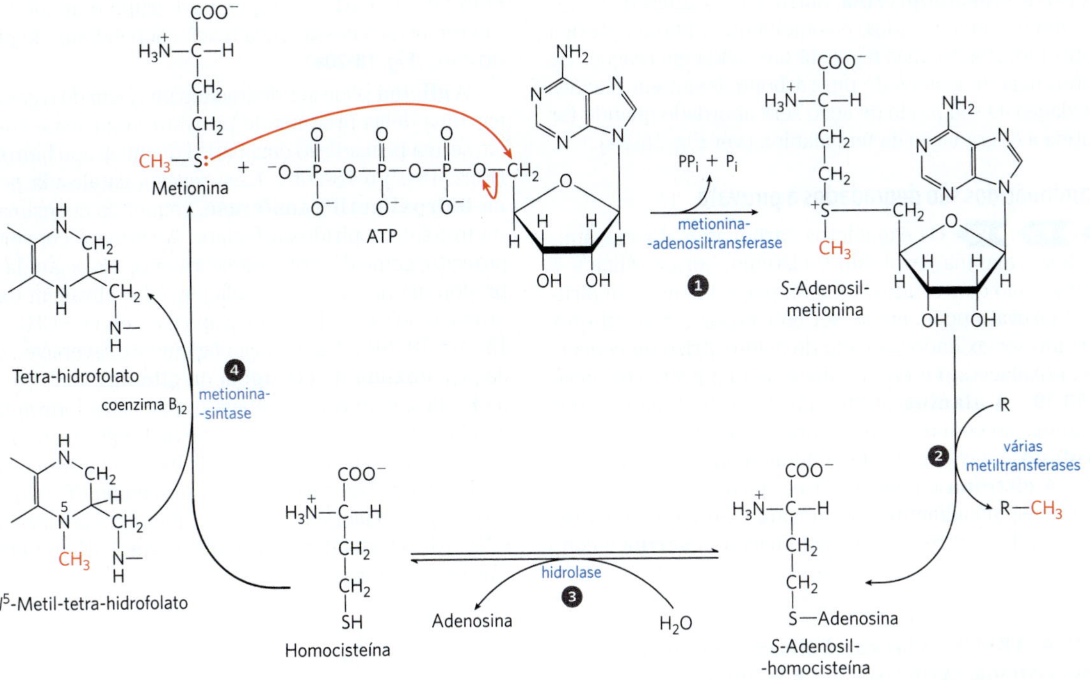

**FIGURA 18-18 Síntese de metionina e de S-adenosilmetionina em um ciclo de ativação de grupo metila.** As várias etapas estão descritas no texto. Na reação da metionina-sintase (etapa ❹), o grupo metila é transferido para a cobalamina, formando metilcobalamina, que, por sua vez, é doadora da metila na formação da metionina. A S-adenosilmetionina, que apresenta um enxofre carregado positivamente (sendo, portanto, um íon sulfônio), é um poderoso agente metilante em diversas reações biossintéticas. O aceptor do grupo metila (etapa ❷) é designado R.

As vitaminas $B_{12}$ e folato estão fortemente relacionadas nessas vias metabólicas. Na rara doença **anemia perniciosa** (Quadro 17-2), causada por deficiência na absorção de vitamina $B_{12}$, a anemia pode ser explicada considerando-se a reação da metionina-sintase. Como mencionado, o grupo metila da metilcobalamina se origina do $N^5$-metil-tetra-hidrofolato, e essa é a única reação que utiliza $N^5$-metil-tetra-hidrofolato nos mamíferos. A reação que converte a forma $N^5,N^{10}$-metileno na forma $N^5$-metila do tetra-hidrofolato é irreversível (Fig. 18-17). Assim, se a coenzima $B_{12}$ não estiver disponível para a síntese de metilcobalamina, o folato metabólico é mantido na forma $N^5$-metila.

A anemia associada à deficiência de vitamina $B_{12}$ é denominada **anemia megaloblástica**. As suas manifestações incluem a redução da produção de eritrócitos (as células vermelhas do sangue) maduros e o aparecimento de células precursoras imaturas, ou **megaloblastos**, na medula óssea. Os eritrócitos normais são gradualmente substituídos no sangue por um número menor de eritrócitos anormalmente grandes, denominados **macrócitos**. O defeito no desenvolvimento eritrocitário é consequência direta da depleção de $N^5,N^{10}$-metileno-tetra-hidrofolato, necessário para a síntese de nucleotídeos da timidina utilizados na síntese de DNA (ver Capítulo 22). A deficiência de folato, na qual todas as formas de tetra-hidrofolato estão depletadas, também leva à anemia, basicamente pelas mesmas razões. Os sintomas da anemia pela deficiência de vitamina $B_{12}$ podem ser atenuados pela administração tanto de vitamina $B_{12}$ quanto de folato.

Todavia, é perigoso tratar a anemia perniciosa apenas com a suplementação de folato, pois os sintomas neurológicos da deficiência de vitamina $B_{12}$ progredirão. Esses sintomas não surgem da deficiência na reação da metionina-sintase. O prejuízo na atividade da metilmalonil-CoA-mutase (ver Quadro 17-2 e Fig. 17-12) causa acúmulo de ácidos graxos incomuns, com número ímpar de carbonos, nas membranas neuronais. Portanto, a anemia associada à deficiência de folato é frequentemente tratada com a administração de ambos, folato e vitamina $B_{12}$, ao menos até que a origem metabólica da anemia esteja claramente definida. O diagnóstico precoce de deficiência de vitamina $B_{12}$ é importante, pois algumas condições neurológicas a ela associadas podem ser irreversíveis.

A deficiência de folato também diminui a disponibilidade de $N^5$-metil-tetra-hidrofolato, necessário para a função da metionina-sintase. Isso leva ao aumento dos níveis de homocisteína no sangue, condição relacionada com doença cardíaca, hipertensão e acidente vascular cerebral. Níveis elevados de homocisteína podem ser responsáveis por 10% de todos os casos de doença cardíaca. Essa condição é tratada com suplementação com folato. ■

A **tetra-hidrobiopterina**, outro cofator utilizado no catabolismo dos aminoácidos, é semelhante à porção pterina do tetra-hidrofolato, mas não está envolvida em reações de transferência de grupos de um carbono, e sim em reações de oxidação. O seu modo de ação será abordado quando for discutida a degradação da fenilalanina (ver Fig. 18-24).

### Seis aminoácidos são degradados a piruvato

**P1 P3 P5** Os esqueletos carbonados de seis aminoácidos – alanina, triptofano, cisteína, serina, glicina e treonina – são convertidos, total ou parcialmente, em piruvato. O piruvato pode, então, ser convertido em acetil-CoA e, por fim, ser oxidado via ciclo do ácido cítrico ou convertido em oxalacetato e encaminhado para a gliconeogênese (**Fig. 18-19**). A **alanina** produz piruvato diretamente, por transaminação com o α-cetoglutarato, e a cadeia lateral do **triptofano** é clivada, produzindo alanina e, portanto, piruvato. A **cisteína** é convertida em piruvato por meio de duas etapas; inicialmente, é removido o átomo de enxofre e, em seguida, ocorre uma transaminação. A **serina** é convertida em piruvato pela serina-desidratase. Tanto o grupo hidroxila do carbono β quanto o grupo α-amino da serina são removidos nessa única reação dependente de piridoxal-fosfato (**Fig. 18-20a**).

A **glicina** pode ser degradada por meio de três vias, apenas uma delas produzindo piruvato. A glicina é convertida em serina pela adição enzimática de um grupo hidroximetila (Figs. 18-19 e 18-20b). Essa reação, catalisada pela **serina-hidroximetiltransferase**, requer as coenzimas tetra-hidrofolato e piridoxal-fosfato. A serina é convertida em piruvato, como descrito anteriormente. Na segunda via, que predomina nos animais, a glicina sofre clivagem oxidativa, produzindo $CO_2$, $NH_4^+$ e um grupo metileno (—$CH_2$—) (Figs. 18-19 e 18-20c). Essa reação facilmente reversível, catalisada pela **enzima de clivagem da glicina** (também denominada glicina-sintase), também requer tetra-hidrofolato, que recebe o grupo metileno. Nessa via de clivagem oxidativa, os dois átomos de carbono da glicina não entram no ciclo do ácido cítrico. Um carbono é perdido como $CO_2$ e o outro se torna o grupo metileno do $N^5,N^{10}$-metileno-tetra-hidrofolato (Fig. 18-17), doador de grupos de um carbono em certas vias biossintéticas.

**FIGURA 18-19 Vias catabólicas para alanina, triptofano, cisteína, serina, glicina e treonina.** Os átomos de carbono nesta figura e nas seguintes são mostrados em um código de cores para permitir o acompanhamento de seus destinos. O destino do grupo indol do triptofano é mostrado na Figura 18-21. Detalhes da maioria das reações envolvendo a serina e a glicina são mostrados na Figura 18-20. Diversas vias de degradação da cisteína levam ao piruvato. A via aqui mostrada para a degradação da treonina é responsável por apenas cerca de um terço do catabolismo da treonina (para a via alternativa, ver Fig. 18-27).

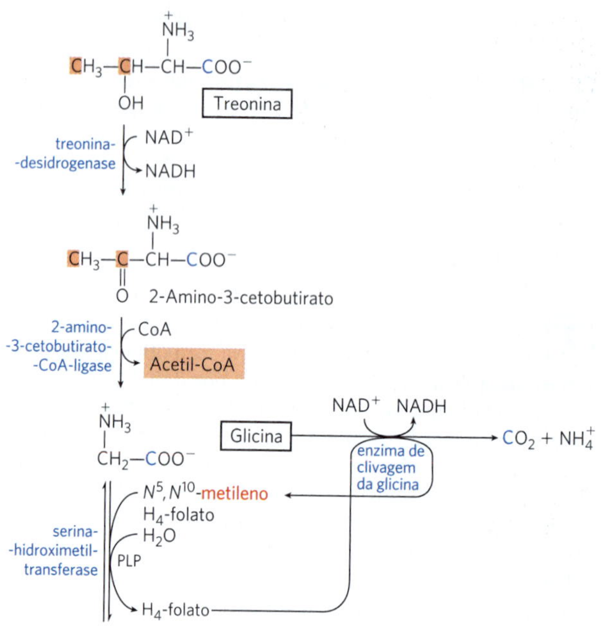

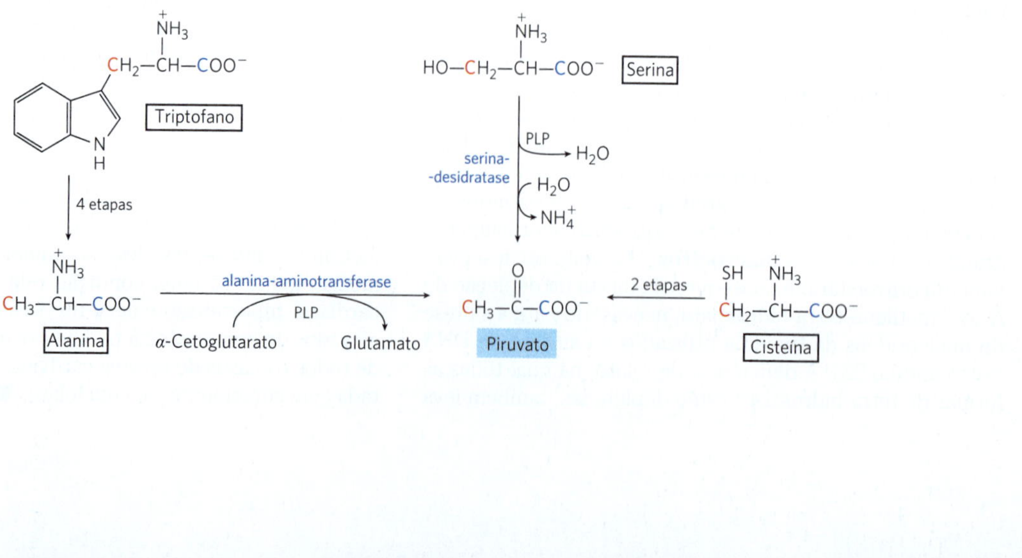

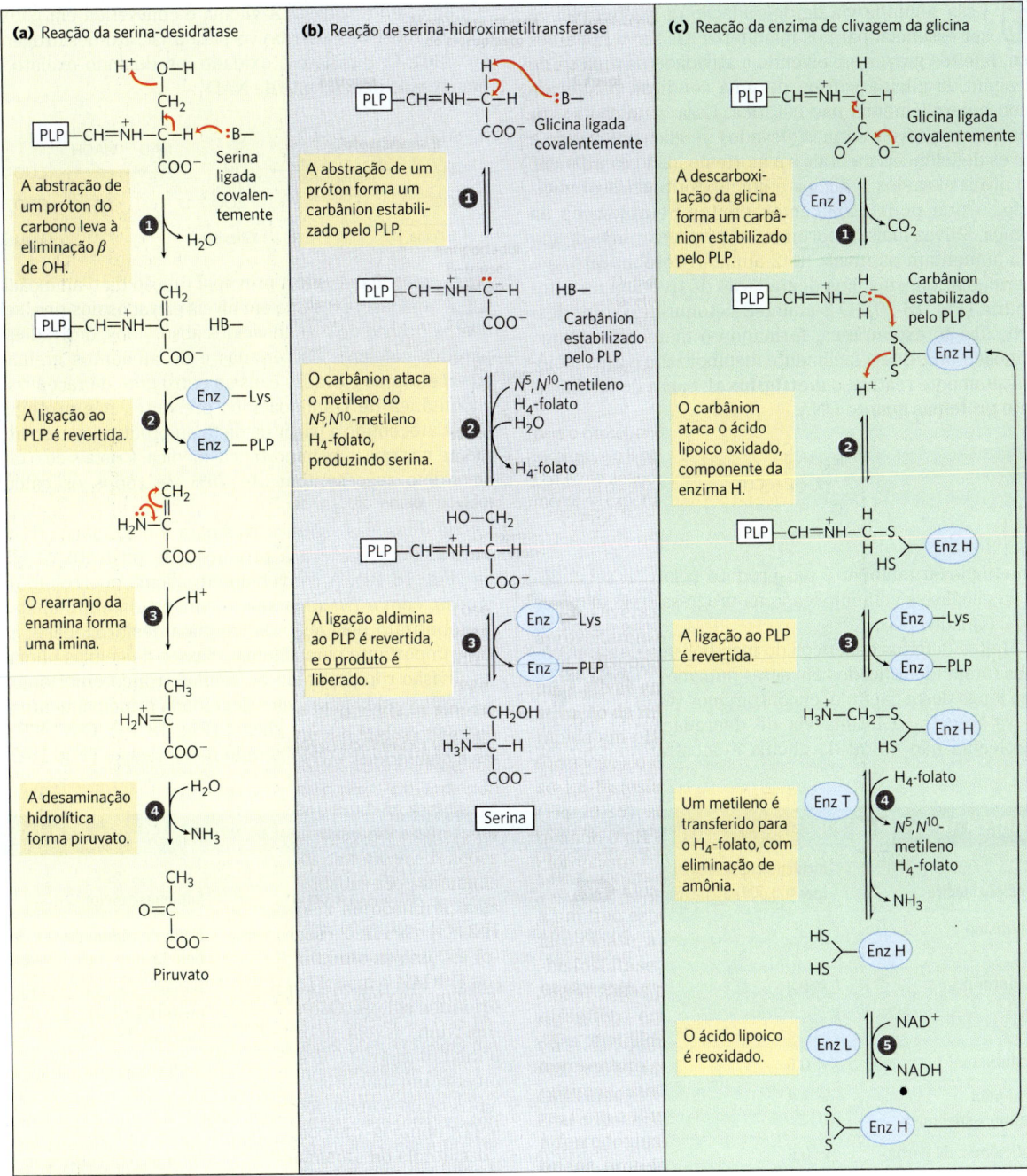

**MECANISMO – FIGURA 18-20  Interações entre os cofatores piridoxal-fosfato e tetra-hidrofolato no metabolismo da serina e da glicina.** A primeira etapa em cada uma dessas reações (não mostrada) envolve a formação de uma ligação covalente imina entre o PLP ligado à enzima e o aminoácido substrato da reação – serina em (a), glicina em (b) e (c). (a) A eliminação de água catalisada pelo PLP na reação da serina-desidratase (etapa ❶) inicia a via para o piruvato. (b) Na reação da serina-hidroximetiltransferase, um carbânion estabilizado pelo PLP (produto da etapa ❶) é um intermediário-chave na transferência reversível do grupo metileno (como —$CH_2$—OH) do $N^5,N^{10}$-metileno-tetra-hidrofolato para formar serina. (c) A enzima de clivagem da glicina é um complexo multienzimático, contendo os componentes P, H, T e L. A reação geral, que é reversível, converte glicina em $CO_2$ e $NH_4^+$, sendo o segundo carbono da glicina captado pelo tetra-hidrofolato para formar $N^5,N^{10}$-metileno-tetra-hidrofolato. O piridoxal-fosfato ativa o carbono $\alpha$ dos aminoácidos em estágios críticos em todas essas reações, e o tetra-hidrofolato carrega unidades de um carbono em duas delas (ver Figs. 18-6 e 18-17).

Essa segunda via de degradação da glicina parece ser essencial para os mamíferos. Os seres humanos com defeitos graves envolvendo a atividade da enzima de clivagem da glicina sofrem de uma condição conhecida como hiperglicinemia não cetótica. Essa condição se caracteriza por níveis séricos elevados de glicina, levando a graves deficiências mentais e à morte no início da infância. Em níveis elevados, a glicina é um neurotransmissor inibitório, o que pode explicar os efeitos neurológicos da doença. Talvez mais importante, os níveis elevados de glicina aumentam os níveis de 2-amino-3-cetobutirato, um intermediário instável na degradação da treonina na mitocôndria (Fig. 18-19). O 2-amino-3-cetobutirato sofre descarboxilação espontânea, formando o metabólito tóxico aminoacetona, que é facilmente metabolizado a uma molécula altamente reativa, o **metilglioxal**, capaz de modificar tanto proteínas quanto DNA.

O metilglioxal também é um produto colateral secundário da glicólise e está implicado na progressão do diabetes tipo 2 (Quadro 7-2).

Muitos defeitos genéticos do metabolismo dos aminoácidos foram identificados em seres humanos (**Tabela 18-2**), e, ao longo deste capítulo, encontraremos vários deles. ■

Na terceira e última via de degradação da glicina, a molécula não quiral da glicina é substrato da enzima D-aminoácido-oxidase. A glicina é convertida em glioxilato, um substrato alternativo para a lactato-desidrogenase (p. 526). O glioxilato é oxidado, produzindo oxalato, em uma reação dependente de $NAD^+$:

Acredita-se que a principal função da D-aminoácido-oxidase, presente em níveis elevados nos rins, seja a destoxificação de D-aminoácidos absorvidos, derivados das paredes celulares bacterianas e de alimentos grelhados (temperaturas elevadas causam certo grau de racemização espontânea de L-aminoácidos presentes nas proteínas). O oxalato, obtido a partir da dieta ou produzido enzimaticamente nos rins, tem importância médica. Cristais de oxalato de cálcio representam até 75% de todos os cálculos renais. ■

Há duas vias significativas para a degradação da **treonina**. Uma via leva à produção de piruvato via glicina (Fig. 18-19). A conversão em glicina ocorre em duas etapas, com a treonina sendo convertida em 2-amino-3-cetobutirato pela ação da treonina-desidrogenase. Essa via é importante para algumas classes de células humanas de divisão rápida, como as células-tronco embrionárias. A glicina gerada nessa via é degradada principalmente pela enzima de clivagem da glicina (Fig. 18-19). O $N^5,N^{10}$-metileno-tetra-hidrofolato gerado nessa reação (Fig. 18-20c)

| TABELA 18-2 | | Algumas doenças genéticas humanas que afetam o catabolismo dos aminoácidos | | |
|---|---|---|---|---|
| Condição médica | Incidência aproximada (por 100.000 nascimentos) | Processo defeituoso | Enzima defeituosa | Sintomas e efeitos |
| Albinismo | < 3 | Síntese de melanina a partir de tirosina | Tirosina-3-monoxigenase (tirosinase) | Falta de pigmentação; cabelo branco, pele rosada |
| Alcaptonúria | < 0,4 | Degradação da tirosina | Homogentisato-1,2-dioxigenase | Pigmento escuro na urina; posteriormente, desenvolvimento de artrite |
| Argininemia | < 0,5 | Síntese de ureia | Arginase | Deficiência intelectual |
| Acidemia argininossuccínica | < 1,5 | Síntese de ureia | Arginino-succinase | Vômitos; convulsões |
| Deficiência de carbamoil-fosfato-sintetase I | < 0,5 | Síntese de ureia | Carbamoil-fosfato-sintetase I | Letargia; convulsões; morte prematura |
| Homocistinúria | < 0,5 | Degradação da metionina | Cistationina β-sintase | Desenvolvimento inadequado dos ossos; deficiência intelectual |
| Doença do xarope de bordo (cetoacidúria de cadeia ramificada) | < 0,4 | Degradação de isoleucina, leucina e valina | Complexo da desidrogenase dos α-cetoácidos de cadeia ramificada | Vômitos; convulsões; deficiência intelectual; morte prematura |
| Acidemia metilmalônica | < 0,5 | Conversão de propionil-CoA em succinil-CoA | Metilmalonil-CoA-mutase | Vômitos; convulsões; deficiência intelectual; morte prematura |
| Fenilcetonúria | < 8 | Conversão de fenilalanina em tirosina | Fenilalanina-hidroxilase | Vômitos no período neonatal; deficiência intelectual |

é necessário para a síntese, por meio de vias metabólicas descritas no Capítulo 22, de nucleotídeos utilizados na replicação do DNA. Na maior parte dos tecidos humanos, contudo, a degradação da treonina via glicina é uma via relativamente menos importante, responsável por 10 a 30% do catabolismo da treonina. Ela é mais importante em alguns outros mamíferos. A principal via na maioria dos tecidos humanos leva à succinil-CoA, como será descrito posteriormente neste capítulo.

### Sete aminoácidos são degradados, produzindo acetil-CoA

**P1  P5** Partes dos esqueletos carbonados de sete aminoácidos – **triptofano, lisina, fenilalanina, tirosina, leucina, isoleucina** e **treonina** – produzem acetil-CoA e/ou acetoacetil-CoA, esta última sendo convertida em acetil-CoA (**Fig. 18-21**). Algumas das etapas finais das vias de degradação da leucina, da lisina e do triptofano se assemelham a etapas da oxidação dos ácidos graxos (ver Fig. 17-9). A treonina (não mostrada na Fig. 18-21) produz alguma acetil-CoA por meio da rota secundária ilustrada na Figura 18-19.

As vias de degradação de dois desses sete aminoácidos merecem especial atenção. A degradação do triptofano é a mais complexa de todas as vias do catabolismo de aminoácidos em tecidos animais. Partes do triptofano (quatro de seus carbonos) produzirão acetil-CoA via acetoacetil-CoA.

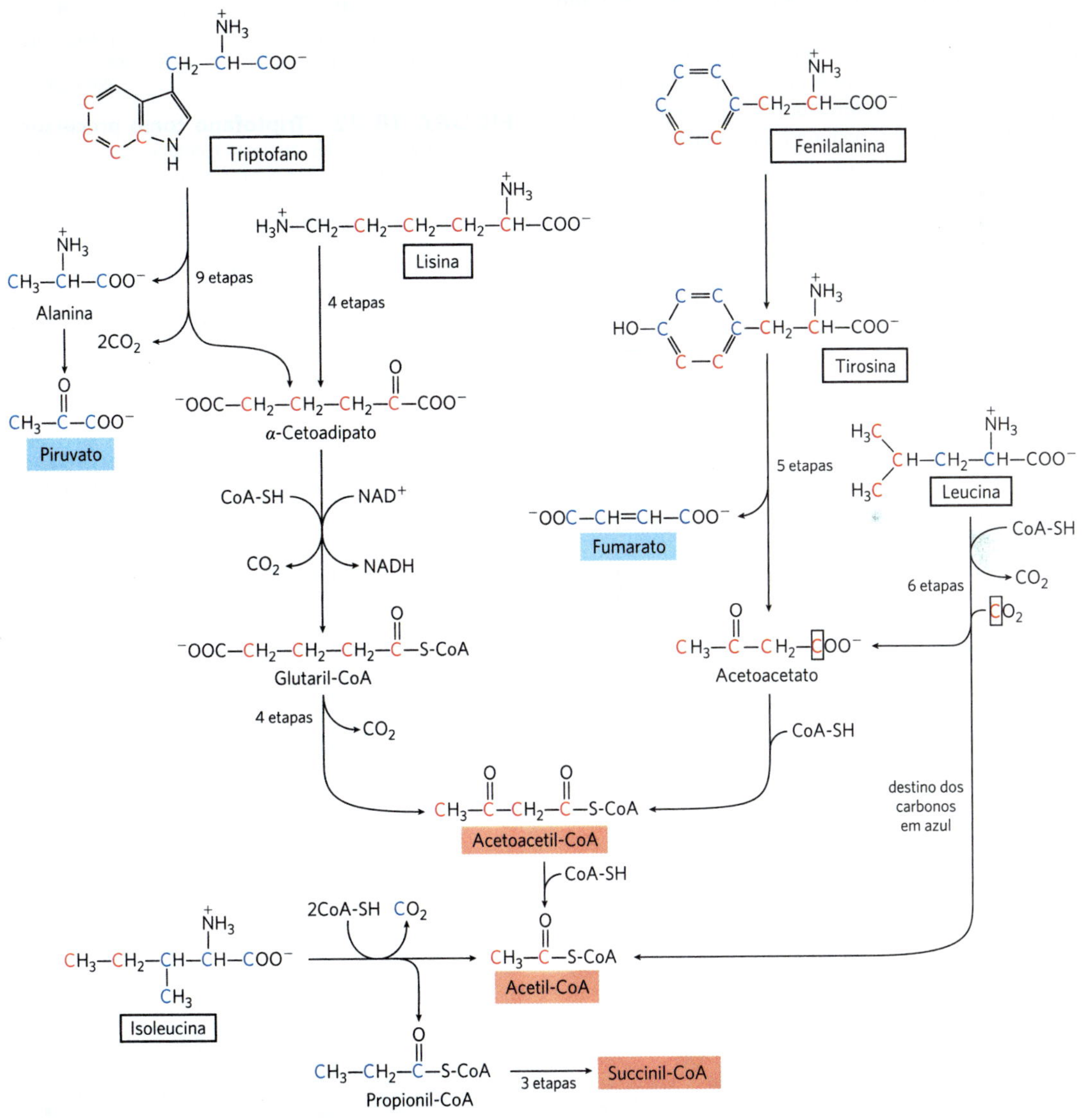

**FIGURA 18-21 Vias catabólicas para triptofano, lisina, fenilalanina, tirosina, leucina e isoleucina.** Esses aminoácidos doam alguns de seus carbonos (em vermelho) para o acetoacetato e para a acetil-CoA. Na via para o catabolismo da leucina, o carbono no acetoacetato que é doado pelo $CO_2$ está cercado por um retângulo para distingui-lo dos três carbonos que se originam da própria leucina. O triptofano, a fenilalanina, a tirosina e a isoleucina também fornecem carbonos (em azul) para a produção de piruvato ou de intermediários do ciclo do ácido cítrico. A via da fenilalanina está descrita mais detalhadamente na Figura 18-23. O destino dos átomos de nitrogênio não é seguido neste esquema; na maioria dos casos, eles são transferidos para o α-cetoglutarato para formar glutamato.

Alguns intermediários no catabolismo do triptofano são precursores para a síntese de outras biomoléculas (**Fig. 18-22**), incluindo o nicotinato (um precursor do NAD e do NADP nos animais), a serotonina (um neurotransmissor em vertebrados) e o indolacetato (um fator de crescimento em plantas). Algumas dessas vias biossintéticas estão descritas em mais detalhes no Capítulo 22 (ver Figs. 22-30 e 22-31).

A degradação da fenilalanina é notável, pois defeitos genéticos nas enzimas dessa via levam a diversas doenças humanas herdadas (**Fig. 18-23**), conforme discutido a seguir. A fenilalanina e a tirosina (produto de sua oxidação), ambas com nove carbonos, são degradadas em dois fragmentos, que podem entrar no ciclo do ácido cítrico: quatro dos nove átomos de carbono produzem acetoacetato livre, que é convertido em acetoacetil-CoA e, então, em acetil-CoA, e um segundo fragmento de quatro carbonos é recuperado como fumarato. Dessa forma, oito dos nove carbonos desses dois aminoácidos entram no ciclo do ácido cítrico; o carbono restante é perdido como $CO_2$. A fenilalanina, após ser hidroxilada, produzindo tirosina, também é precursora da dopamina, um neurotransmissor, e da noradrenalina e da adrenalina, hormônios secretados pela medula da glândula adrenal (ver

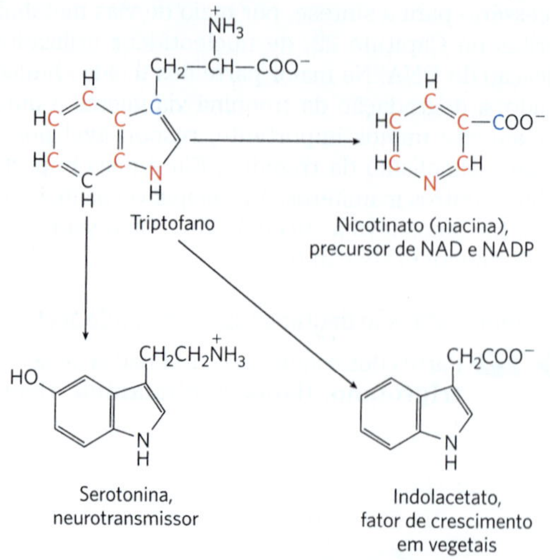

**FIGURA 18-22 Triptofano como precursor.** Os anéis aromáticos do triptofano originam nicotinato (niacina), indolacetato e serotonina. Os átomos coloridos mostram a origem dos átomos do anel do nicotinato.

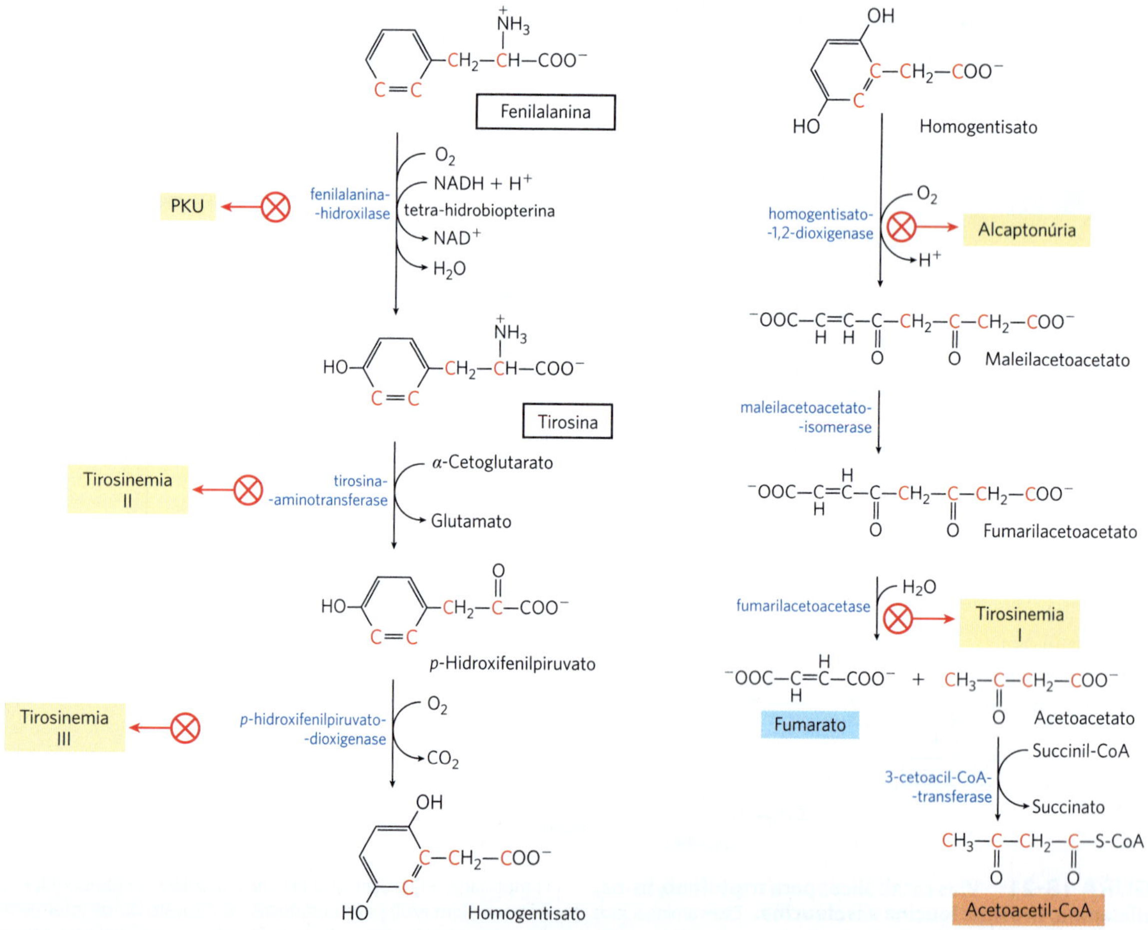

**FIGURA 18-23 Vias catabólicas para fenilalanina e tirosina.** Nos seres humanos, esses aminoácidos normalmente são convertidos em acetoacetil-CoA e fumarato. Defeitos genéticos em muitas dessas enzimas causam doenças humanas herdadas (sombreadas em amarelo).

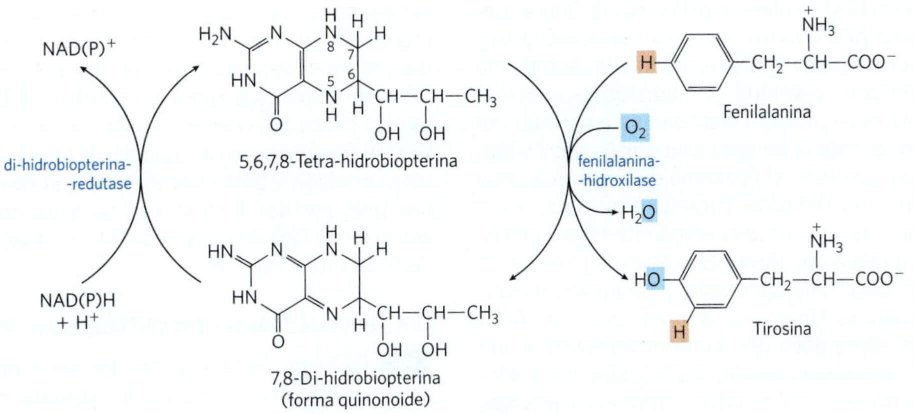

**FIGURA 18-24 Papel da tetra-hidrobiopterina na reação da fenilalanina-hidroxilase.** O átomo de H sombreado em vermelho é transferido diretamente do C-4 para o C-3 na reação. Essa característica, descoberta nos Institutos Nacionais da Saúde (National Institutes of Health, NIH) dos Estados Unidos, é denominada "troca NIH".

Fig. 22-31). A melanina, o pigmento escuro encontrado na pele e no cabelo, também é derivada da tirosina.

## O catabolismo da fenilalanina é geneticamente defeituoso em algumas pessoas

Considerando-se que muitos aminoácidos são neurotransmissores, precursores de neurotransmissores ou antagonistas de neurotransmissores, não é de surpreender que defeitos genéticos no metabolismo dos aminoácidos possam causar prejuízo no desenvolvimento neural e deficiência intelectual. Na maioria dessas doenças, há o acúmulo de intermediários específicos. Por exemplo, um defeito genético na **fenilalanina-hidroxilase**, a primeira enzima na via catabólica da fenilalanina (Fig. 18-23), é responsável pela doença **fenilcetonúria** (**PKU**, do inglês *phenylketonuria*), a causa mais comum de níveis elevados de fenilalanina no sangue (hiperfenilalaninemia).

A fenilalanina-hidroxilase (também denominada fenilalanina-4-monoxigenase) é uma enzima de uma classe geral de enzimas denominadas **oxigenases de função mista** (ver Quadro 21-1), que catalisam simultaneamente a hidroxilação de um substrato por um átomo de oxigênio do $O_2$ e a redução do outro átomo de oxigênio a $H_2O$. A fenilalanina-hidroxilase requer o cofator tetra-hidrobiopterina, que transfere elétrons do NADPH ao $O_2$, oxidando-se em di-hidrobiopterina no processo (**Fig. 18-24**). Em seguida, esse cofator é reduzido pela enzima **di-hidrobiopterina- -redutase** em uma reação que requer NADPH.

Em pessoas com PKU, uma rota secundária do metabolismo da fenilalanina, normalmente pouco utilizada, passa a desempenhar um papel mais proeminente. Nessa rota, a fenilalanina sofre transaminação com o piruvato, produzindo **fenilpiruvato** (**Fig. 18-25**). A fenilalanina e o fenilpiruvato acumulam-se no sangue e nos tecidos e são excretados na urina – daí o nome "fenilcetonúria". Uma quantidade considerável de fenilpiruvato não é excretada como tal, mas sofre descarboxilação a fenilacetato ou redução a fenil-lactato. O fenilacetato confere à urina um odor característico, tradicionalmente utilizado por enfermeiros para detectar PKU em bebês. O acúmulo de fenilalanina ou de seus metabólitos no início da vida prejudica o desenvolvimento normal do encéfalo, causando grave deficiência intelectual. Isso pode ser causado pelo excesso de fenilalanina, que compete com outros aminoácidos pelo transporte através da barreira hematencefálica, resultando em déficit de metabólitos necessários.

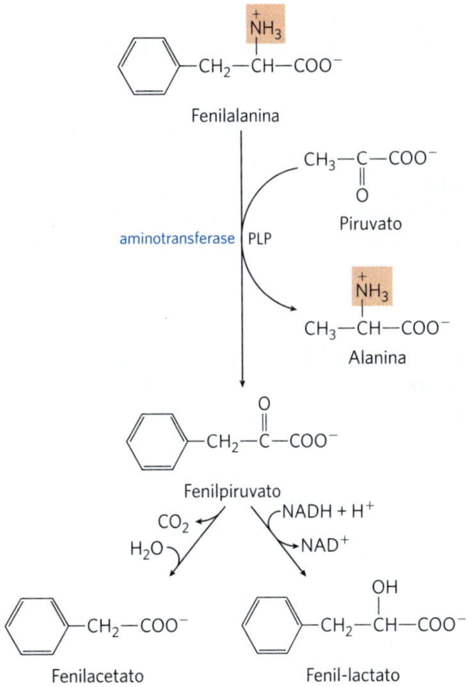

**FIGURA 18-25 Vias alternativas para o catabolismo da fenilalanina na fenilcetonúria.** Na PKU, o fenilpiruvato se acumula nos tecidos, no sangue e na urina. A urina também pode conter fenilacetato e fenil-lactato.

A fenilcetonúria está entre os primeiros defeitos metabólicos herdados descobertos em seres humanos. Quando essa condição é detectada precocemente, a deficiência intelectual pode ser prevenida por um rígido controle dietético. A dieta deve fornecer fenilalanina e tirosina em quantidade apenas suficiente para atender às necessidades para a síntese proteica. O consumo de alimentos ricos em proteínas deve ser reduzido. Proteínas naturais, como a caseína do leite, devem ser primeiramente hidrolisadas, e boa parte da fenilalanina deve ser removida para que o paciente receba uma dieta adequada, pelo menos durante toda a sua infância. Uma vez que o adoçante artificial aspartame é um dipeptídeo que contém aspartato e um metil-éster da fenilalanina (ver Fig. 1-23a), alimentos adoçados com aspartame contêm avisos dirigidos a pessoas recebendo dietas em que o conteúdo de fenilalanina deve ser controlado.

Essas restrições dietéticas são difíceis de ser seguidas rigidamente durante a vida inteira, de modo que, muitas vezes, esse tratamento não elimina completamente os sintomas neurológicos. Um novo tratamento foi desenvolvido, no qual a enzima fenilalanina-amônia-liase é modificada com polietilenoglicol (PEGuilada) e injetada subcutaneamente, a fim de degradar a fenilalanina nas proteínas ingeridas em uma dieta menos rígida. A fenilalanina-amônia-liase é derivada de plantas, bactérias e de muitas leveduras e fungos e normalmente contribui para a biossíntese de compostos polifenólicos, como os flavonoides. Ela degrada a fenilalanina, produzindo o metabólito atóxico ácido *trans*-cinâmico e amônia; as pequenas quantidades de amônia geradas não chegam a ser tóxicas. O tratamento foi aprovado para pacientes em 2018. Os efeitos em longo prazo do tratamento continuam a ser estudados.

A fenilcetonúria também pode ser causada por um defeito na enzima que catalisa a regeneração da tetra-hidrobiopterina (Fig. 18-24). O tratamento, nesse caso, é mais complexo do que a restrição da ingestão de fenilalanina e tirosina. A tetra-hidrobiopterina também é necessária para a formação de L-3,4-di-hidroxifenilalanina (L-dopa), precursor do neurotransmissor noradrenalina, e de 5-hidroxitriptofano, precursor do neurotransmissor serotonina. Nesse tipo de fenilcetonúria, esses precursores devem ser supridos da dieta assim como a tetra-hidrobiopterina.

A triagem de doenças genéticas em recém-nascidos pode apresentar uma relação custo-benefício bastante favorável, principalmente no caso da PKU. Os testes (que não mais se baseiam no odor da urina) são relativamente baratos, e a detecção seguida pelo tratamento precoce da PKU em bebês (8 a 10 casos em cada 100.000 nascidos vivos) economiza, em posterior assistência à saúde, milhões de dólares por ano. Mais importante, evitar o trauma emocional pela detecção precoce com esses testes simples é inestimável.

Outra doença hereditária do catabolismo da fenilalanina é a **alcaptonúria**, na qual a enzima defeituosa é a **homogentisato-dioxigenase** (Fig. 18-23). Menos grave que a PKU, essa condição produz poucos efeitos adversos, embora grandes quantidades de homogentisato sejam excretadas e sua oxidação torne a urina preta. Pessoas com alcaptonúria também são mais suscetíveis ao desenvolvimento de uma forma de artrite. A alcaptonúria é de considerável interesse histórico. Archibald Garrod descobriu, no início do século XX, que essa condição é herdada e investigou a causa até chegar à ausência de uma única enzima. Garrod foi o primeiro a estabelecer uma conexão entre um traço herdado e uma enzima – um grande avanço no caminho que, por fim, levaria à nossa atual compreensão dos genes e das vias de expressão da informação, descritas na Parte III deste livro. ■

### Cinco aminoácidos são convertidos em α-cetoglutarato

**P5** Os esqueletos carbonados de cinco aminoácidos (prolina, glutamato, glutamina, arginina e histidina) entram no ciclo do ácido cítrico como α-cetoglutarato (**Fig. 18-26**). A **prolina**, o **glutamato** e a **glutamina** têm esqueletos de cinco carbonos. A estrutura cíclica da prolina é aberta pela oxidação do carbono mais distante do grupo carboxila, criando uma base de Schiff, seguida pela hidrólise da base de Schiff para produzir um semialdeído linear, o γ-semialdeído do glutamato. Esse intermediário é posteriormente oxidado no mesmo carbono, produzindo glutamato. A glutamina é convertida em glutamato na reação da glutaminase, ou em qualquer outra entre as diversas reações enzimáticas em que a glutamina doa seu nitrogênio amídico a um aceptor. A transaminação ou a desaminação do glutamato produz α-cetoglutarato.

A **arginina** e a **histidina** contêm cinco carbonos adjacentes e um sexto carbono ligado por meio de um átomo de nitrogênio. Assim, a conversão catabólica desses aminoácidos em glutamato é um pouco mais complexa que a rota da prolina ou da glutamina (Fig. 18-26). A arginina é convertida no esqueleto de cinco carbonos da ornitina no ciclo da ureia (Fig. 18-10), e a ornitina sofre transaminação, produzindo o γ-semialdeído do glutamato. A conversão da histidina em glutamato de cinco carbonos ocorre em uma rota de múltiplas etapas; o carbono extra é removido em uma etapa que utiliza tetra-hidrofolato como cofator.

### Quatro aminoácidos são convertidos em succinil-CoA

**P5** Os esqueletos carbonados da metionina, da isoleucina, da treonina e da valina são degradados por rotas que produzem succinil-CoA (**Fig. 18-27**), um intermediário do ciclo do ácido cítrico. A **metionina** doa seu grupo metila a um de diversos aceptores possíveis, via *S*-adenosilmetionina, e três de seus quatro átomos de carbono remanescentes são convertidos no propionato da propionil-CoA, um precursor da succinil-CoA. A **isoleucina** sofre transaminação, seguida pela descarboxilação oxidativa do α-cetoácido resultante. O esqueleto restante, de cinco carbonos, é ainda mais oxidado, produzindo acetil-CoA e propionil-CoA. A **valina** sofre transaminação e descarboxilação, seguida por uma série de reações de oxidação que convertem os quatro carbonos restantes em propionil-CoA. Algumas partes das rotas de degradação da valina e da isoleucina apresentam um paralelo muito próximo a etapas da degradação de ácidos graxos (ver Fig. 17-9). Em tecidos humanos, a

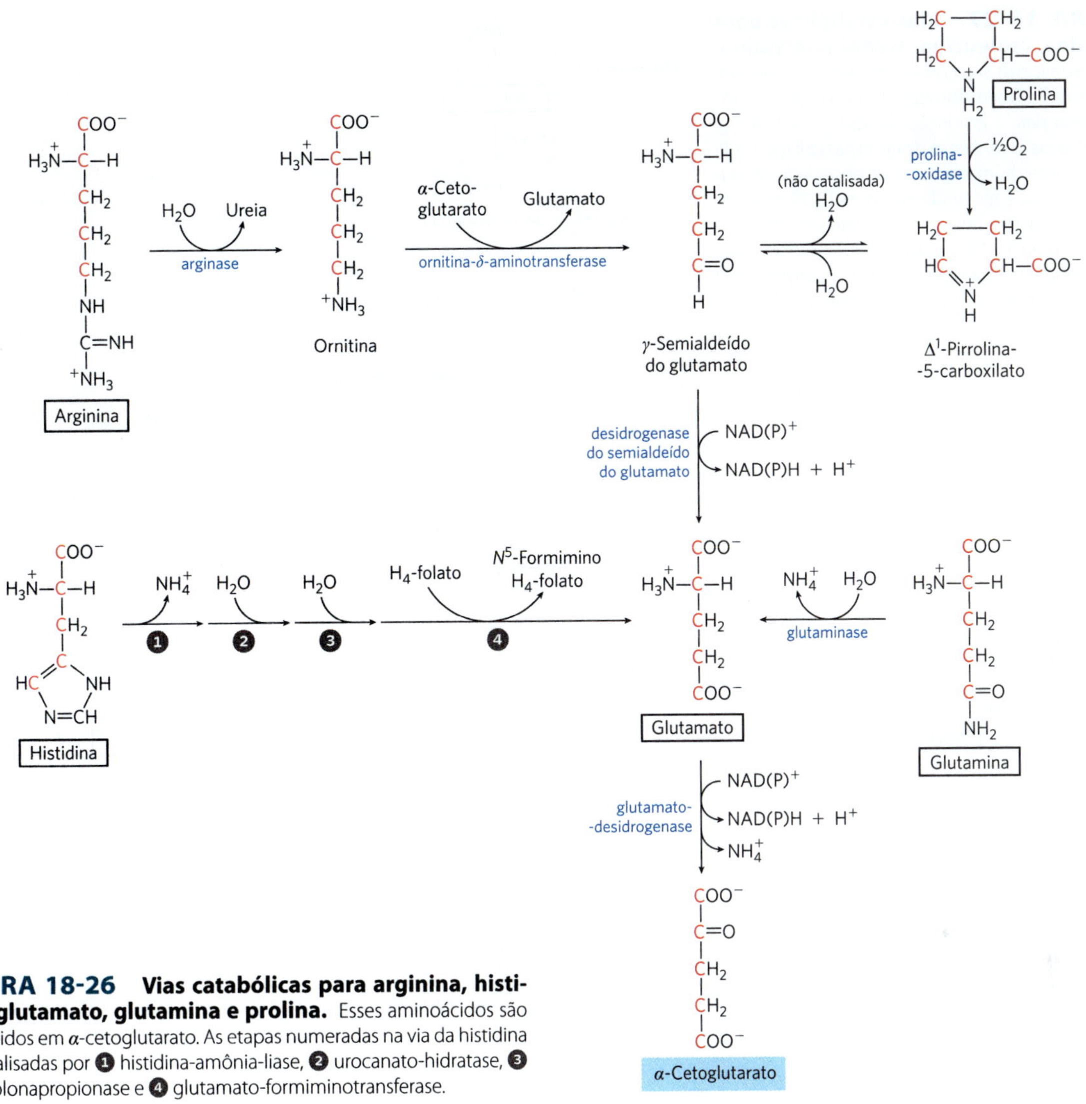

**FIGURA 18-26 Vias catabólicas para arginina, histidina, glutamato, glutamina e prolina.** Esses aminoácidos são convertidos em α-cetoglutarato. As etapas numeradas na via da histidina são catalisadas por ❶ histidina-amônia-liase, ❷ urocanato-hidratase, ❸ imidazolonapropionase e ❹ glutamato-formiminotransferase.

**treonina** também é convertida por meio de duas etapas em propionil-CoA. Essa é a principal rota de degradação da treonina em seres humanos (ver a via alternativa na Fig. 18-19). O mecanismo para a primeira etapa é análogo àquele da reação catalisada pela serina-desidratase, de modo que é possível que as desidratases da serina e da treonina sejam, de fato, a mesma enzima.

A propionil-CoA derivada desses três aminoácidos é convertida em succinil-CoA por meio de uma via descrita no Capítulo 17: carboxilação, produzindo metilmalonil-CoA, epimerização da metilmalonil-CoA e conversão em succinil-CoA pela metilmalonil-CoA-mutase dependente da coenzima $B_{12}$ (ver Fig. 17-12). Na rara doença genética conhecida como acidemia metilmalônica, a metilmalonil-CoA-mutase é deficiente, com graves consequências metabólicas (Tabela 18-2; **Quadro 18-2**).

## Os aminoácidos de cadeia ramificada não são degradados no fígado

Embora boa parte do catabolismo dos aminoácidos aconteça no fígado, os três aminoácidos com cadeias laterais ramificadas (leucina, isoleucina e valina) são oxidados como combustível principalmente pelos tecidos muscular, adiposo, renal e nervoso. Esses tecidos extra-hepáticos contêm uma aminotransferase, ausente no fígado, que atua sobre os três aminoácidos de cadeia ramificada, produzindo os α-cetoácidos correspondentes (**Fig. 18-28**). O **complexo da desidrogenase dos α-cetoácidos de cadeia ramificada** catalisa, então, a descarboxilação oxidativa dos três α-cetoácidos, liberando o grupo carboxila como $CO_2$ e produzindo o derivado acil-CoA respectivo. Quanto à forma, essa descarboxilação é análoga a duas outras descarboxilações oxidativas que são encontradas no Capítulo 16: a

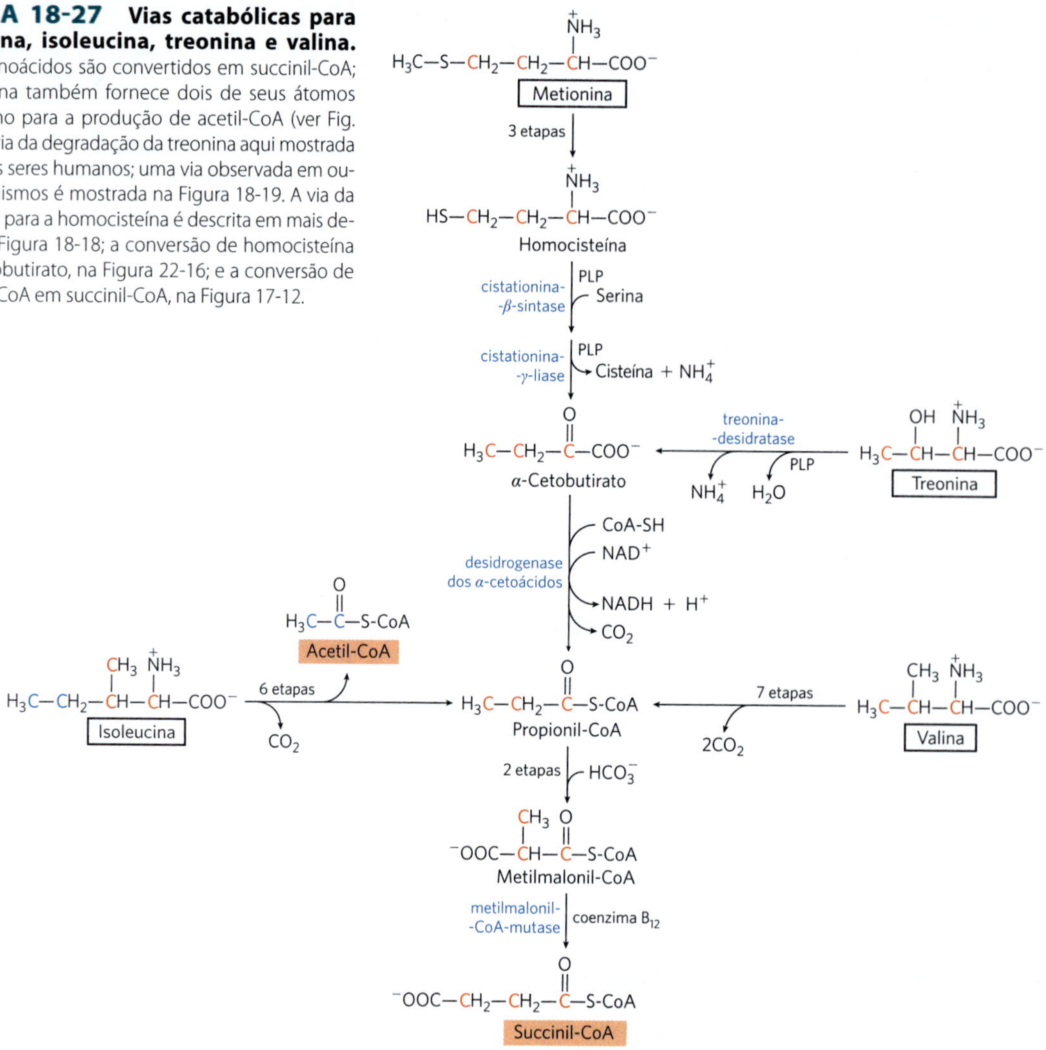

**FIGURA 18-27 Vias catabólicas para metionina, isoleucina, treonina e valina.** Esses aminoácidos são convertidos em succinil-CoA; a isoleucina também fornece dois de seus átomos de carbono para a produção de acetil-CoA (ver Fig. 18-21). A via da degradação da treonina aqui mostrada ocorre nos seres humanos; uma via observada em outros organismos é mostrada na Figura 18-19. A via da metionina para a homocisteína é descrita em mais detalhes na Figura 18-18; a conversão de homocisteína em α-cetobutirato, na Figura 22-16; e a conversão de propionil-CoA em succinil-CoA, na Figura 17-12.

oxidação do piruvato em acetil-CoA pelo complexo da piruvato-desidrogenase e a oxidação do α-cetoglutarato em succinil-CoA pelo complexo da α-cetoglutarato-desidrogenase (ver Fig. 16-12). De fato, esses três complexos enzimáticos são estruturalmente semelhantes e compartilham essencialmente o mesmo mecanismo de reação. Cinco cofatores (a tiamina-pirofosfato, o FAD, o NAD, o lipoato e a coenzima A) participam, e as três proteínas em cada complexo catalisam reações homólogas. Esse caso representa claramente uma situação em que a maquinaria enzimática que evoluiu para catalisar uma reação foi "emprestada" por duplicação gênica, evoluindo adicionalmente para catalisar reações semelhantes em outras vias.

Experimentos com ratos têm mostrado que o complexo da desidrogenase dos α-cetoácidos de cadeia ramificada é regulado por modificação covalente em resposta ao conteúdo de aminoácidos de cadeia ramificada na dieta. Quando houver pouco ou nenhum excedente de aminoácidos de cadeia ramificada ingeridos na dieta, o complexo enzimático é fosforilado por uma proteína-cinase, sendo, portanto, inativado. A adição à dieta de excesso de aminoácidos de cadeia ramificada resulta na desfosforilação e na consequente ativação da enzima. Lembre-se de que o complexo da piruvato-desidrogenase está sujeito a uma regulação semelhante por fosforilação e desfosforilação (ver Fig. 16-19).

Existe uma doença genética relativamente rara em que os três α-cetoácidos de cadeia ramificada (assim como seus aminoácidos precursores, principalmente a leucina) se acumulam no sangue, "extravasando" para a urina. Essa condição, denominada **doença do xarope de bordo**, devido ao odor característico conferido à urina pelos α-cetoácidos, resulta de uma deficiência no complexo da desidrogenase dos α-cetoácidos de cadeia ramificada. Quando não tratada, a doença resulta em desenvolvimento anormal do encéfalo e morte no início da infância. O tratamento inclui controle rígido da dieta, com limitação da ingestão de valina, isoleucina e leucina ao mínimo necessário para permitir um crescimento normal. ■

## QUADRO 18-2 MEDICINA

### MMA: às vezes mais do que uma doença genética

Caso não receba tratamento, um bebê que nasce com uma deficiência genética envolvendo a enzima metilmalonil-CoA-mutase está sujeito a graves sintomas, que vão desde convulsões e vômitos até letargia, distúrbios do desenvolvimento, encefalopatia progressiva e morte precoce. A acidemia metilmalônica, ou MMA, é uma doença genética recessiva rara que afeta cerca de 1 criança em 48.000 (Fig. 1). Para os pais de uma criança com MMA, a condição traz provações e tristeza. Para Patricia Stallings, a condição de seu bebê, que não tinha sido diagnosticado, levou a uma situação muito pior. Ao final, a bioquímica veio em seu socorro.

No verão de 1989, Stallings levou seu bebê, Ryan, à emergência do Cardinal Glennon Children's Hospital, em St. Louis, nos Estados Unidos. Ryan foi atendido por um médico toxicologista, para o qual os vômitos e a respiração difícil que apresentava sugeriam a ingestão de um ingrediente anticongelante, o etilenoglicol. O toxicologista suspeitou de envenenamento proposital e alertou as autoridades. A análise das mamadeiras de Ryan por dois laboratórios pareceu confirmar o receio do médico. Ryan foi colocado em um lar adotivo tão logo apresentou recuperação. Infelizmente, tanto para Ryan quanto para sua mãe, ele morreu imediatamente após uma visita de Patricia. Patricia foi presa e acusada de assassinato.

Enquanto aguardava o julgamento, ela descobriu que estava grávida novamente. Ela teve um segundo filho, David, que foi colocado em um lar adotivo. David desenvolveu sintomas semelhantes aos de Ryan e foi diagnosticado com MMA. Embora os sintomas de MMA possam mimetizar aqueles observados em casos de envenenamento por etilenoglicol, essa revelação não ajudou Patricia. A informação sobre o diagnóstico de David foi excluída em seu julgamento pelo assassinato de Ryan. Em 1991, Patricia Stallings foi sentenciada à prisão perpétua.

A situação foi resolvida, por fim, quando William Sly, professor do Departamento de Bioquímica e Biologia Molecular de St. Louis University, se interessou pelo caso. Trabalhando com dois especialistas em doenças metabólicas, James Shoemaker e Piero Rinaldo, ele realizou novas análises do sangue de Ryan e das mamadeiras originais. O sangue apresentava altos níveis de ácido metilmalônico e de cetonas, diagnóstico de MMA. Surpreendentemente, ao contrário dos relatos anteriores dos laboratórios, eles não encontraram etilenoglicol nas amostras. Poderiam tanto o laboratório do hospital quanto um laboratório comercial ter se enganado? O que os bioquímicos observaram forneceu a descoberta final. Os bioquímicos apresentaram todas essas evidências ao promotor do estado do Missouri que havia lidado com o caso, George McElroy. Ambas as análises originais dos laboratórios haviam sido tão descuidadas e de má qualidade que foram rapidamente desconsideradas. Patricia Stallings foi inocentada das acusações e liberada em 20 de setembro de 1991.

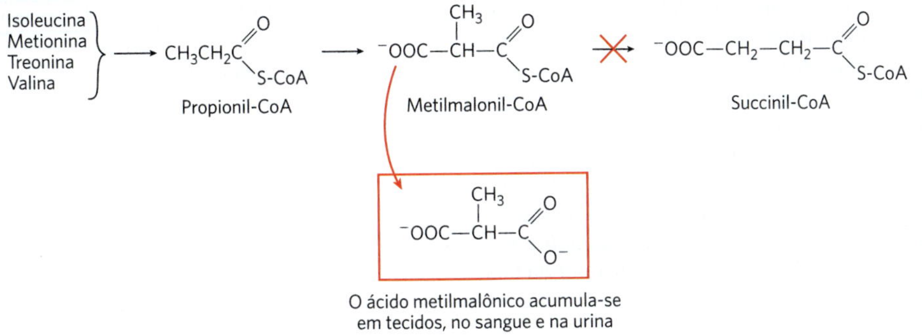

**FIGURA 1** Crianças com uma mutação (X em vermelho) que inativa a enzima metilmalonil-CoA-mutase não degradam normalmente os aminoácidos isoleucina, metionina, treonina e valina. Desse modo, ocorre um acúmulo potencialmente fatal de ácido metilmalônico, com sintomas semelhantes aos do envenenamento por etilenoglicol.

### A asparagina e o aspartato são degradados a oxalacetato

Os esqueletos carbonados da **asparagina** e do **aspartato** entram, por fim, no ciclo do ácido cítrico como malato, nos mamíferos, ou como oxalacetato, nas bactérias. A enzima **asparaginase** catalisa a hidrólise da asparagina, produzindo aspartato, que sofre transaminação com o α-cetoglutarato, gerando glutamato e oxalacetato (**Fig. 18-29**). O oxalacetato é convertido em malato no citosol e, então, transportado para a matriz mitocondrial pelo transportador malato-α-cetoglutarato. Em bactérias, o oxalacetato produzido na reação de transaminação pode ser utilizado diretamente no ciclo do ácido cítrico.

Até aqui, foi estudado como os 20 aminoácidos proteicos, após perderem seus átomos de nitrogênio, são degradados por desidrogenação, descarboxilação e por outras reações em que porções de seus esqueletos carbonados alcançam a forma de seis metabólitos centrais que podem entrar no ciclo do ácido

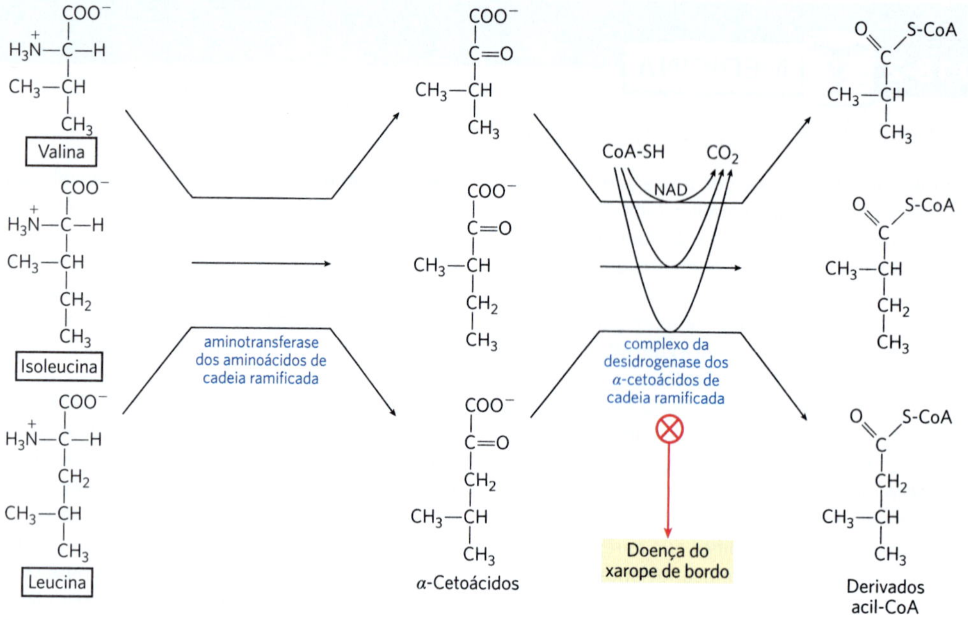

**FIGURA 18-28 Vias catabólicas para os três aminoácidos de cadeia ramificada: valina, isoleucina e leucina.** As três vias ocorrem em tecidos extra-hepáticos e compartilham as duas primeiras enzimas, conforme mostrado nesta figura. O complexo da desidrogenase dos α-cetoácidos de cadeia ramificada é análogo aos complexos da piruvato-desidrogenase e da α-cetoglutarato-desidrogenase e requer os mesmos cinco cofatores (alguns não são mostrados aqui). Essa enzima é deficiente em pacientes com a doença do xarope de bordo.

cítrico. As porções degradadas a acetil-CoA são completamente oxidadas a dióxido de carbono e água, com produção de ATP pela fosforilação oxidativa. As cadeias degradadas com produção de outros intermediários do ciclo do ácido cítrico podem ser oxidadas ou contribuir para a gliconeogênese, dependendo do estado metabólico.

Da mesma forma que ocorre com carboidratos e lipídeos, a degradação dos aminoácidos resulta na produção de equivalentes redutores (NADH e $FADH_2$) pela ação do ciclo do ácido cítrico. O estudo dos processos catabólicos será concluído no próximo capítulo com uma discussão da respiração, em que os equivalentes redutores alimentam o processo fundamental de oxidação e geração de energia nos organismos aeróbios.

### RESUMO 18.3 Vias de degradação dos aminoácidos

- Após a remoção dos grupos amino, os esqueletos carbonados dos aminoácidos sofrem oxidação a compostos capazes de entrar no ciclo do ácido cítrico. Os produtos do ciclo do ácido cítrico podem ser oxidados como combustível. De modo alternativo, dependendo de seu produto final de degradação, alguns aminoácidos podem ser convertidos em corpos cetônicos, alguns em glicose e alguns em ambos. Assim, a degradação dos aminoácidos está integrada ao metabolismo intermediário, podendo ser crucial para a sobrevivência em condições nas quais os aminoácidos são uma fonte significativa de energia metabólica.

- As reações dessas vias necessitam de diversos cofatores, incluindo o tetra-hidrofolato e a S-adenosilmetionina, em reações de transferência de um carbono, e a tetra-hidrobiopterina, na oxidação da fenilalanina pela fenilalanina-hidroxilase.

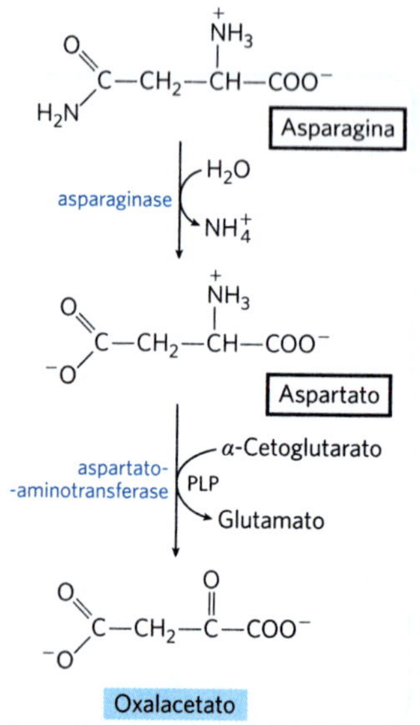

**FIGURA 18-29 Vias catabólicas para asparagina e aspartato.** Ambos os aminoácidos são convertidos em oxalacetato.

- Alanina, cisteína, glicina, serina, treonina e triptofano são convertidos, em parte ou no total de seu esqueleto carbonado, em piruvato.

- Leucina, lisina, fenilalanina, tirosina e triptofano produzem acetil-CoA via acetoacetil-CoA. Isoleucina, leucina, treonina e triptofano também produzem acetil-CoA diretamente. Leucina e lisina são os únicos aminoácidos que não podem contribuir para a gliconeogênese. Quatro átomos de carbono da fenilalanina e da tirosina originam fumarato.

- Muitas doenças genéticas humanas são causadas por deficiências em enzimas que catalisam reações das vias de degradação de aminoácidos. Dois exemplos bem estudados, fenilcetonúria e alcaptonúria, caracterizam-se por defeitos na degradação da fenilalanina. A maior parte das deficiências nas vias de degradação de aminoácidos é tratada com intervenções dietéticas.
- Arginina, glutamato, glutamina, histidina e prolina são degradadas a $\alpha$-cetoglutarato.
- Isoleucina, metionina, treonina e valina produzem succinil-CoA.
- Os aminoácidos de cadeia ramificada (isoleucina, leucina e valina), diferentemente dos demais aminoácidos, são degradados apenas em tecidos extra-hepáticos.
- Asparagina e aspartato produzem oxalacetato.

### TERMOS-CHAVE

*Os termos em negrito estão definidos no glossário.*

amoniotélico 626
ureotélico 626
uricotélico 626
aminotransferases 628
transaminases 628
transaminação 628
piridoxal-fosfato (PLP) 629
desaminação oxidativa 631
L-glutamato-desidrogenase 631
glutamina-sintetase 631
glutaminase 631
ciclo da glicose-alanina 632
ciclo da ureia 633
ureia 635
creatina-cinase 637
aminoácidos essenciais 638
cetogênico 640
glicogênico 640
tetra-hidrofolato 641
S-adenosilmetionina (adoMet) 641
tetra-hidrobiopterina 644
fenilcetonúria (PKU) 649
oxigenases de função mista 649
alcaptonúria 650
doença do xarope de bordo 652

### QUESTÕES

1. **Produtos da transaminação dos aminoácidos** Nomeie e desenhe a estrutura dos $\alpha$-cetoácidos que resultam quando cada um dos seguintes aminoácidos sofre transaminação com o $\alpha$-cetoglutarato: **(a)** aspartato, **(b)** glutamato, **(c)** alanina, **(d)** fenilalanina.

2. **Avaliação da atividade da alanina-aminotransferase** A atividade (velocidade da reação) da alanina-aminotransferase geralmente é medida incluindo ao sistema reacional um excesso de lactato-desidrogenase pura e de NADH. A velocidade de desaparecimento da alanina é igual à velocidade de desaparecimento do NADH, medida por espectrofotometria. Explique como funciona esse ensaio.

3. **Alanina e glutamina no sangue** O plasma sanguíneo humano normal contém todos os aminoácidos necessários para a síntese das proteínas teciduais, mas não em concentrações iguais. A alanina e a glutamina estão presentes em concentrações muito mais elevadas que os demais aminoácidos. Sugira uma razão para isso.

4. **Função da glutamato-desidrogenase** Aumentos nos níveis de ATP disparam a liberação de insulina pelo pâncreas, o que, por sua vez, estimula a captação da glicose sanguínea (ver Capítulo 23, p. 860). Levando isso em consideração, sugira por que uma mutação que previne a inibição da glutamato-desidrogenase pelo GTP resulta na liberação de insulina e em hipoglicemia.

5. **Distribuição do nitrogênio amínico** Se sua dieta é rica em alanina, mas deficiente em aspartato, você apresentará sinais de deficiência em aspartato? Explique seu raciocínio.

6. **Lactato *versus* alanina como combustível metabólico: o custo da remoção do nitrogênio** Os três carbonos do lactato e da alanina apresentam estados de oxidação idênticos, e os animais podem usar qualquer uma dessas fontes de carbono como combustível metabólico. Compare a produção líquida de ATP (mols de ATP por mol de substrato) para a oxidação completa (a $CO_2$ e $H_2O$) de lactato *versus* alanina quando o custo da excreção de nitrogênio como ureia é incluído.

7. **Toxicidade da amônia como resultado de uma dieta deficiente em arginina** Em um estudo, gatos foram submetidos a jejum durante a noite e, então, receberam uma única refeição completa com todos os aminoácidos, com exceção da arginina. Dentro de duas horas, os níveis de amônia no sangue aumentaram dos níveis normais de 18 $\mu$g/L para 140 $\mu$g/L, e os gatos mostraram sintomas clínicos de intoxicação por amônia. Um grupo-controle, que recebeu uma dieta contendo todos os aminoácidos ou uma dieta em que a arginina era substituída pela ornitina, não mostrou qualquer sintoma clínico incomum.

**(a)** Qual é a razão do jejum no experimento?
**(b)** Qual é a causa do aumento dos níveis de amônia no grupo experimental? Por que a ausência de arginina levou à intoxicação pela amônia? A arginina é um aminoácido essencial para os gatos? Por quê?
**(c)** Por que a ornitina pode substituir a arginina?

8. **Oxidação do glutamato** Escreva uma série de equações equilibradas e uma equação geral para a reação global descrevendo a oxidação de 2 mols de glutamato em 2 mols de $\alpha$-cetoglutarato e 1 mol de ureia.

9. **Transaminação e o ciclo da ureia** A aspartato-aminotransferase apresenta a maior atividade entre todas as aminotransferases do fígado de mamíferos. Por quê?

10. **Argumento contra a dieta de proteína líquida** Uma dieta para a redução do peso fortemente promovida alguns anos atrás propunha a ingestão diária de uma sopa de "proteína líquida" feita de gelatina hidrolisada (derivada do colágeno), água e uma seleção de vitaminas. Os demais alimentos e bebidas deveriam ser evitados. Pessoas utilizando essa dieta geralmente perdiam de 4 a 6 kg na primeira semana.

**(a)** Pessoas contrárias a essa dieta argumentavam que a perda de peso era quase que inteiramente devido à perda de água, e que o peso perdido logo seria reposto após a pessoa voltar a ter uma dieta normal. Qual é a base bioquímica para esse argumento?
**(b)** Algumas pessoas morreram durante a utilização dessa dieta. Quais são os riscos inerentes a essa dieta e como eles podem levar à morte?

**11. Aminoácidos cetogênicos** Quais aminoácidos são exclusivamente cetogênicos?

**12. Defeito genético no metabolismo dos aminoácidos: relato de caso** Uma criança de 2 anos foi levada ao hospital. A mãe contou que a criança vomitava com frequência, especialmente após as refeições. O peso da criança e seu desenvolvimento físico estavam aquém do normal. Seu cabelo, embora escuro, continha mechas brancas. Uma amostra de urina foi tratada com cloreto férrico ($FeCl_3$) e produziu a cor verde, característica da presença de fenilpiruvato. A análise quantitativa de amostras de urina produziu os resultados mostrados na tabela a seguir.

| Substância | Concentração (mM) | |
|---|---|---|
| | Urina do paciente | Urina normal |
| Fenilalanina | 7,0 | 0,01 |
| Fenilpiruvato | 4,8 | 0 |
| Fenil-lactato | 10,3 | 0 |

**(a)** Sugira qual enzima pode estar deficiente na criança. Proponha um tratamento.
**(b)** Por que a fenilalanina aparece na urina em grandes quantidades?
**(c)** Qual é a origem do fenilpiruvato e do fenil-lactato? Por que essa rota (normalmente não funcional) é acionada quando a concentração de fenilalanina aumenta?
**(d)** Por que os cabelos da criança contêm mechas esbranquiçadas?

**13. Papel da cobalamina no catabolismo de aminoácidos** A anemia perniciosa é causada por prejuízo na absorção da vitamina $B_{12}$. Qual é o efeito desse prejuízo sobre o catabolismo dos aminoácidos? Todos os aminoácidos são igualmente afetados? (Dica: ver Quadro 17-2.)

**14. Dietas vegetarianas** Dietas vegetarianas podem fornecer altos níveis de antioxidantes e um perfil lipídico que pode ajudar a prevenir doenças coronarianas. Contudo, pode haver alguns problemas associados. Amostras sanguíneas foram coletadas de um grande grupo de participantes voluntários que eram veganos (vegetarianos estritos: não consomem qualquer produto de origem animal), lactovegetarianos (vegetarianos que consomem laticínios) ou onívoros (pessoas com dieta variada, incluindo carne). Todos os participantes haviam seguido sua dieta por diversos anos. Os níveis sanguíneos de homocisteína e metilmalonato estavam elevados no grupo de veganos, um pouco mais baixos no grupo de lactovegetarianos e bem mais baixos no grupo de onívoros. Como isso pode ser explicado?

**15. Anemia perniciosa** A deficiência de vitamina $B_{12}$ pode ser causada por doenças genéticas raras que levam a níveis diminuídos de vitamina $B_{12}$ apesar de uma dieta normal que inclui carne e laticínios, ricos em $B_{12}$. Essas condições não podem ser tratadas com suplementos de vitamina $B_{12}$. Como isso pode ser explicado?

**16. Mecanismos de reação para o piridoxal-fosfato** A treonina pode ser clivada pela enzima treonina-desidratase, que catalisa a conversão de treonina em α-cetobutirato e amônia. A enzima utiliza piridoxal-fosfato como cofator. Sugira um mecanismo para essa reação, com base nos mecanismos mostrados na Figura 18-6. Observe que essa reação inclui a eliminação β da treonina no carbono.

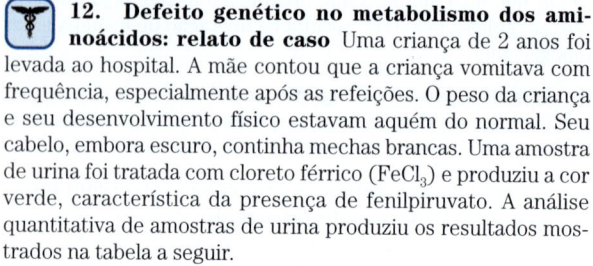

**17. Vias para o carbono e o nitrogênio no metabolismo do glutamato** Quando [2-$^{14}$C,$^{15}$N]glutamato sofre degradação oxidativa no fígado de um rato, em quais átomos dos seguintes metabólitos será encontrado cada um dos isótopos? **(a)** Ureia, **(b)** succinato, **(c)** arginina, **(d)** citrulina, **(e)** ornitina, **(f)** aspartato.

**18. Estratégia química para o catabolismo da isoleucina** A isoleucina é degradada por meio de seis etapas, produzindo propionil-CoA e acetil-CoA.

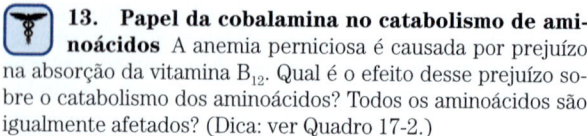

**(a)** O processo químico da degradação da isoleucina inclui estratégias análogas àquelas utilizadas no ciclo do ácido cítrico e na β-oxidação dos ácidos graxos. Os intermediários da degradação da isoleucina (I a V) mostrados a seguir não estão na ordem correta. Utilize seu conhecimento e sua compreensão do ciclo do ácido cítrico e da via de β-oxidação para colocar em ordem os intermediários na sequência metabólica apropriada para a degradação da isoleucina.

(b) Para cada etapa que você propõe, descreva o processo químico, forneça um exemplo análogo a partir do ciclo do ácido cítrico ou da via de $\beta$-oxidação (onde possível) e indique os cofatores necessários.

**19. Papel do piridoxal-fosfato no metabolismo da glicina** A enzima serina-hidroximetiltransferase requer piridoxal-fosfato como cofator. Proponha um mecanismo para a reação catalisada por essa enzima, no sentido da degradação da serina (produção de glicina). (Dica: ver Figs. 18-19 e 18-20b.)

**20. Vias paralelas para a degradação de aminoácidos e ácidos graxos** O esqueleto carbonado da leucina é degradado por uma série de reações bastante análogas àquelas do ciclo do ácido cítrico e da rota de $\beta$-oxidação. Para cada reação, de (a) a (f), mostrada a seguir, indique o tipo de reação, forneça um exemplo análogo a partir do ciclo do ácido cítrico ou da rota de $\beta$-oxidação (onde possível) e indique os cofatores necessários.

**21. Tratamentos para uma doença genética** Controles dietéticos rígidos necessários para interromper o progresso da doença do xarope de bordo são difíceis de serem seguidos durante toda a vida, e os pacientes podem apresentar um controle metabólico prejudicado que leva a sintomas neurológicos. Nesses casos, o tratamento pode envolver transplante de órgãos a partir de um doador adequado. O transplante de órgãos envolve um risco considerável, mas seu sucesso pode melhorar bastante os sintomas dessa doença metabólica e reduzir a necessidade de controles dietéticos estritos. Qual órgão poderia ser transplantado para se obter esse efeito? Por quê?

## QUESTÃO DE ANÁLISE DE DADOS

**22. Doença do xarope de bordo** A Figura 18-28 mostra a rota para a degradação dos aminoácidos de cadeia ramificada e o sítio do defeito bioquímico que causa a doença do xarope de bordo. Os achados iniciais que, por fim, levaram à descoberta desse defeito foram apresentados em três artigos publicados no final da década de 1950 e no início da década de 1960. Esta questão conta a história desses achados, desde as observações clínicas iniciais até a proposta de um mecanismo bioquímico.

Menkes, Hurst e Craig (1954) apresentaram os casos de quatro irmãos que morreram após um curso similar de sintomas. Em todos os quatro casos, a gestação e o nascimento foram normais. Os primeiros 3 a 5 dias de vida de cada criança também foram normais. Logo após, porém, cada bebê começou a apresentar convulsões, e as crianças morreram com idades entre 11 dias e 3 meses. A necrópsia mostrou, em todos os casos, considerável edema do encéfalo. A urina das crianças apresentava um odor forte e incomum de "xarope de bordo", com início em torno do terceiro dia de vida.

Menkes (1959) relatou dados coletados de seis outras crianças. Todas apresentaram sintomas semelhantes àqueles descritos anteriormente e morreram entre 15 dias e 20 meses após o nascimento. Em um dos casos, Menkes conseguiu obter amostras de urina durante os últimos meses de vida do bebê. Quando ele tratou a urina com 2,4-dinitrofenil-hidrazona, que forma um precipitado colorido com compostos cetônicos, ele descobriu três $\alpha$-cetoácidos em quantidades anormalmente altas:

(a) Esses $\alpha$-cetoácidos são produzidos pela desaminação de aminoácidos. Para cada um dos $\alpha$-cetoácidos indicados, desenhe e nomeie o aminoácido do qual ele é derivado.

Dancis, Levitz e Westall (1960) coletaram dados adicionais que os levaram a propor o defeito bioquímico mostrado na Figura 18-28. Em um dos casos, eles examinaram um paciente cuja urina apresentou pela primeira vez odor de xarope de bordo quando ele tinha 4 meses de idade. Com 10 meses de

| Aminoácidos | Concentração na urina (mg/24 h) | | | Concentração no plasma (mg/mL) | |
|---|---|---|---|---|---|
| | Normal | Paciente | | Normal | Paciente |
| | | Março de 1956 | Janeiro de 1957 | | Janeiro de 1957 |
| Ácido aspártico | 1-2 | 0,2 | 1,5 | 0,1-0,2 | 0,04 |
| Ácido glutâmico | 1,5-3 | 0,7 | 1,6 | 1,0-1,5 | 0,9 |
| Alanina | 5-15 | 0,2 | 0,4 | 3,0-4,8 | 0,6 |
| Arginina | 1,5-3 | 0,3 | 0,7 | 0,8-1,4 | 0,8 |
| Asparagina e glutamina | 5-15 | 0,4 | 0 | 3,0-5,0 | 2,0 |
| Cistina | 2-4 | 0,5 | 0,3 | 1,0-1,5 | 0 |
| Fenilalanina | 2-4 | 0,4 | 2,6 | 1,0-1,7 | 0,8 |
| Glicina | 20-40 | 4,6 | 20,7 | 1,0-2,0 | 1,5 |
| Histidina | 8-15 | 0,3 | 4,7 | 1,0-1,7 | 0,7 |
| Isoleucina | 2-5 | 2,0 | 13,5 | 0,8-1,5 | 2,2 |
| Leucina | 3-8 | 2,7 | 39,4 | 1,7-2,4 | 14,5 |
| Lisina | 2-12 | 1,6 | 4,3 | 1,5-2,7 | 1,1 |
| Metionina | 2-5 | 1,4 | 1,4 | 0,3-0,6 | 2,7 |
| Ornitina | 1-2 | 0 | 1,3 | 0,6-0,8 | 0,5 |
| Prolina | 2-4 | 0,5 | 0,3 | 1,5-3,0 | 0,9 |
| Serina | 5-15 | 1,2 | 0 | 1,3-2,2 | 0,9 |
| Taurina | 1-10 | 0,2 | 18,7 | 0,9-1,8 | 0,4 |
| Tirosina | 4-8 | 0,3 | 3,7 | 1,5-2,3 | 0,7 |
| Treonina | 5-10 | 0,6 | 0 | 1,2-1,6 | 0,3 |
| Triptofano | 3-8 | 0,9 | 2,3 | Não avaliado | 0 |
| Valina | 2-4 | 1,6 | 15,4 | 2,0-3,0 | 13,1 |

idade (março de 1956), o bebê foi internado em um hospital por apresentar febre e desenvolvimento motor bastante retardado. Com a idade de 20 meses (janeiro de 1957), ele foi readmitido, e descobriu-se que tinha os sintomas neurodegenerativos observados em casos prévios da doença do xarope de bordo; ele morreu pouco depois. Resultados das análises de sangue e urina desse paciente são mostrados na tabela, bem como os valores normais para cada medida.

**(b)** A tabela inclui a taurina, um aminoácido normalmente não encontrado em proteínas. Com frequência, a taurina é produzida como produto colateral de dano celular. A sua estrutura é:

$$H_3\overset{+}{N}-CH_2-CH_2-\overset{\overset{O}{\|}}{\underset{\underset{O}{\|}}{S}}-O^-$$

Com base nessa estrutura e na informação contida neste capítulo, qual aminoácido é, mais provavelmente, o precursor da taurina? Explique seu raciocínio.

**(c)** Em comparação com os valores normais fornecidos na tabela, quais aminoácidos mostraram níveis significativamente elevados no sangue do paciente em janeiro de 1957? Quais estavam elevados na urina?

Com base em seus resultados e no conhecimento que tinham da via mostrada na Figura 18-28, Dancis e colaboradores concluíram que, "embora pareça provável para os autores que o bloqueio primário esteja na via de degradação de aminoácidos de cadeia ramificada, isso não pode ser considerado estabelecido de modo inquestionável".

**(d)** Como os dados aqui apresentados apoiam essa conclusão?

**(e)** Quais dados aqui apresentados *não* se ajustam a esse modelo da doença do xarope de bordo? Como você explica esses dados aparentemente contraditórios?

**(f)** Que dados você precisaria coletar para estar mais seguro de sua conclusão?

### Referências

**Dancis, J., M. Levitz, e R. Westall. 1960.** Maple syrup urine disease: branched-chain ketoaciduria. *Pediatrics* 25:72-79.

**Menkes, J. H. 1959.** Maple syrup disease: isolation and identification of organic acids in the urine. *Pediatrics* 23:348-353.

**Menkes, J. H., P. L. Hurst, e J. M. Craig. 1954.** A new syndrome: progressive familial infantile cerebral dysfunction associated with an unusual urinary substance. *Pediatrics* 14:462-466.

# Capítulo 19

# FOSFORILAÇÃO OXIDATIVA

**19.1** A cadeia respiratória mitocondrial  *660*
**19.2** Síntese de ATP  *674*
**19.3** Regulação da fosforilação oxidativa  *686*
**19.4** Mitocôndrias na termogênese, na síntese de esteroides e na apoptose  *689*
**19.5** Genes mitocondriais: suas origens e efeitos de mutações  *692*

A fosforilação oxidativa é o ápice do metabolismo produtor de energia (catabolismo) em organismos aeróbios. Todas as etapas oxidativas na degradação de carboidratos, gorduras e aminoácidos convergem para esse estágio final da respiração celular, no qual a energia da oxidação impulsiona a síntese de ATP. A fosforilação oxidativa é responsável pela maior parte do ATP sintetizado por organismos não fotossintetizantes. Nos eucariotos, a fosforilação oxidativa ocorre na mitocôndria e envolve enormes complexos proteicos embebidos nas membranas mitocondriais. A via para a síntese de ATP na mitocôndria desafiou e fascinou bioquímicos durante a maior parte do século XX. O estudo com relação a esse tópico será guiado por cinco princípios:

**P1** **A mitocôndria desempenha um papel central no metabolismo aeróbico eucariótico.** A produção de ATP não é a única função importante da mitocôndria. As mitocôndrias também hospedam o ciclo do ácido cítrico, a via de $\beta$-oxidação dos ácidos graxos e as vias de oxidação dos aminoácidos. Além disso, as mitocôndrias atuam na termogênese, na síntese de esteroides e na apoptose (morte celular programada). A descoberta dessas funções variadas e importantes das mitocôndrias estimulou uma boa parte da pesquisa atual da bioquímica dessa organela.

**P2** **A origem evolutiva das mitocôndrias pode ser traçada até as bactérias.** Mais de 1,45 bilhão de anos atrás, uma relação endossimbiótica surgiu entre bactérias e um progenitor eucariótico ou eucarioto primitivo. As mitocôndrias são organelas ubíquas nos eucariotos modernos, e sua origem bacteriana é evidenciada em praticamente todos os aspectos de sua estrutura e sua função.

**P3** **Há fluxo de elétrons a partir de doadores de elétrons (substratos oxidáveis) através de uma cadeia de transportadores ligados à membrana até um aceptor final de elétrons com um grande potencial de redução.** O aceptor final é o oxigênio molecular, $O_2$. O aparecimento do oxigênio na atmosfera cerca de 2,3 bilhões de anos atrás e seu aproveitamento pelos sistemas vivos por meio da evolução da fosforilação oxidativa possibilitaram as formas complexas de vida.

**P4** **A energia livre disponibilizada pelo fluxo de elétrons "morro abaixo" (exergônico) está acoplada ao transporte "morro acima" de prótons através de uma membrana impermeável a prótons.** A energia livre da oxidação de combustíveis é conservada na forma de um potencial eletroquímico transmembrana.

**P5** **O fluxo transmembrana de prótons a favor de seu gradiente eletroquímico através de canais proteicos específicos fornece a energia livre para a síntese de ATP.** Esse processo é catalisado por um complexo proteico da membrana (ATP-sintase), que acopla o fluxo de prótons à fosforilação do ADP.

Os princípios 3 a 5, ilustrados na **Figura 19-1**, englobam a teoria introduzida por Peter Mitchell, em 1961, de que as diferenças transmembrana na concentração de prótons servem de reservatório para a energia extraída das reações biológicas de oxidação. A **teoria quimiosmótica** foi aceita como um dos grandes princípios unificadores da biologia do século XX. Ela fornece uma visão dos processos de fosforilação oxidativa e de fotofosforilação nas plantas, assim como de processos de transdução de energia aparentemente diferentes, como o transporte ativo através de membranas e o movimento de flagelos de bactérias.

Neste capítulo, são inicialmente descritos os componentes da cadeia de transferência de elétrons mitocondrial – a cadeia respiratória – e da sua organização em grandes complexos funcionais na membrana mitocondrial interna, a via de fluxo de elétrons por eles e os movimentos de prótons que acompanham esse fluxo. Depois, são abordados o

# 660 CAPÍTULO 19 • FOSFORILAÇÃO OXIDATIVA

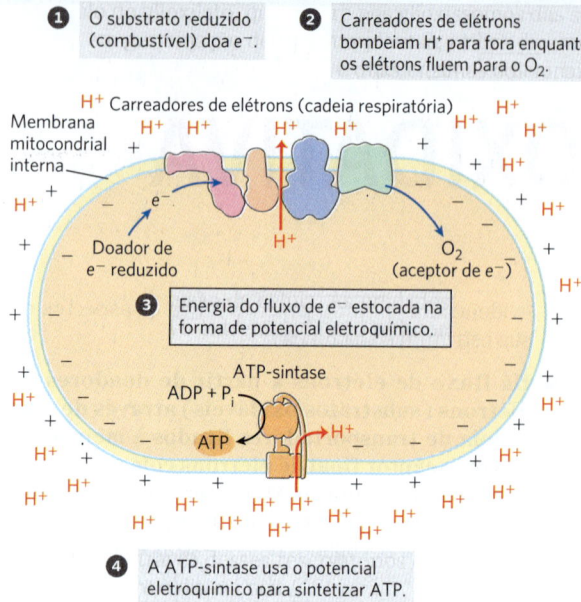

**FIGURA 19-1 Mecanismo quimiosmótico para a síntese de ATP na mitocôndria.** Os elétrons movem-se espontaneamente por uma cadeia de transportadores ligados à membrana (a cadeia respiratória), governados pelo alto potencial de redução do oxigênio e pelos potenciais de redução relativamente baixos dos diversos substratos reduzidos (combustíveis) que sofrem oxidação na mitocôndria. O fluxo de elétrons cria um potencial eletroquímico pelo movimento transmembrana de prótons e carga positiva. Esse potencial fornece energia para a síntese de ATP, que ocorre por meio de uma enzima de membrana (a ATP-sintase) que é fundamentalmente similar em mitocôndrias e cloroplastos, assim como em bactérias e arqueobactérias.

notável complexo enzimático que, por catálise rotacional, captura a energia do fluxo de prótons na forma de ATP e os mecanismos regulatórios que coordenam a fosforilação oxidativa com as várias vias catabólicas pelas quais os combustíveis são oxidados.

O papel metabólico das mitocôndrias é tão crucial para o funcionamento da célula e do organismo que defeitos na função mitocondrial têm consequências médicas muito graves. As mitocôndrias são centrais para as funções neuronal e muscular e para a regulação do metabolismo energético do corpo como um todo e do peso corporal. Doenças humanas neurodegenerativas, câncer, diabetes e obesidade são reconhecidos como possíveis resultados do comprometimento da função mitocondrial, e uma teoria do envelhecimento baseia-se na perda gradual da integridade mitocondrial. Serão consideradas as distintas funções da mitocôndria e as consequências de defeitos nessas funções em seres humanos. ■

## 19.1 A cadeia respiratória mitocondrial

Em 1948, Eugene Kennedy e Albert Lehninger descobriram que as mitocôndrias são os locais da fosforilação oxidativa em eucariotos; esse evento marcou o início dos estudos enzimológicos de transduções biológicas de energia. As mitocôndrias, assim como as bactérias Gram-negativas, têm duas membranas (**Fig. 19-2a**). A membrana mitocondrial externa é prontamente permeável a moléculas pequenas ($M_r < 5.000$) e a íons, que se movem livremente por canais transmembrana formados por uma família de proteínas integrais de membrana, chamadas de porinas. A membrana interna é impermeável à maioria das moléculas pequenas e a íons, incluindo prótons ($H^+$); as únicas espécies que cruzam essa membrana o fazem por meio de transportadores específicos. A membrana interna aloja os componentes da cadeia respiratória e a ATP-sintase.

Albert L. Lehninger, 1917-1986
[Alan Mason Chesney Medical Archives do Johns Hopkins Medical Institutions.]

▶P1 A matriz mitocondrial, delimitada pela membrana interna, contém o complexo da piruvato-desidrogenase e as enzimas do ciclo do ácido cítrico, da via de β-oxidação de ácidos graxos e das vias de oxidação de aminoácidos – todas as vias de oxidação de combustíveis, exceto a glicólise, que ocorre no citosol. A permeabilidade seletiva da membrana interna segrega os intermediários e as enzimas das vias metabólicas citosólicas daqueles dos processos metabólicos que ocorrem na matriz. No entanto, transportadores específicos carregam piruvato, ácidos graxos e aminoácidos ou seus α-cetoácidos derivados para dentro da matriz, para acesso à maquinaria do ciclo do ácido cítrico. ADP e $P_i$ são especificamente transportados para dentro da matriz quando ATP recém-sintetizado é transportado para fora. As mitocôndrias de mamíferos têm cerca de 1.200 proteínas, de acordo com as melhores estimativas atuais. As funções de até 25% delas ainda são, em parte ou completamente, um enigma.

A representação de uma mitocôndria em forma de feijão na Figura 19-2a é uma grande simplificação, derivada, em parte, de estudos preliminares nos quais finas secções de células foram observadas sob um microscópio eletrônico. Imagens tridimensionais obtidas ou por reconstrução a partir de secções seriadas ou por microscopia confocal revelaram uma grande variação no tamanho e na forma das mitocôndrias. Em células vivas coradas com corantes fluorescentes específicos de mitocôndria, são vistos grandes números de mitocôndrias de formas variadas, aglomeradas próximo ao núcleo (Fig. 19-2b).

Os tecidos com uma grande demanda por metabolismo aeróbico (p. ex., cérebro, músculos esquelético e cardíaco, fígado e olhos) contêm muitas centenas ou milhares de mitocôndrias por célula, e, em geral, as mitocôndrias das células com grande atividade metabólica possuem convoluções ou **cristas** em maior número e mais densamente empacotadas (Fig. 19-2c,d). ▶P2 Durante o crescimento e a divisão celulares, as mitocôndrias dividem-se por fissão (como as bactérias), e, sob algumas circunstâncias, as mitocôndrias individuais fundem-se para formar estruturas maiores e mais distendidas. Condições de estresse, como a presença de inibidores do transporte de elétrons ou de certas mutações em um transportador de elétrons, desencadeiam a fissão mitocondrial

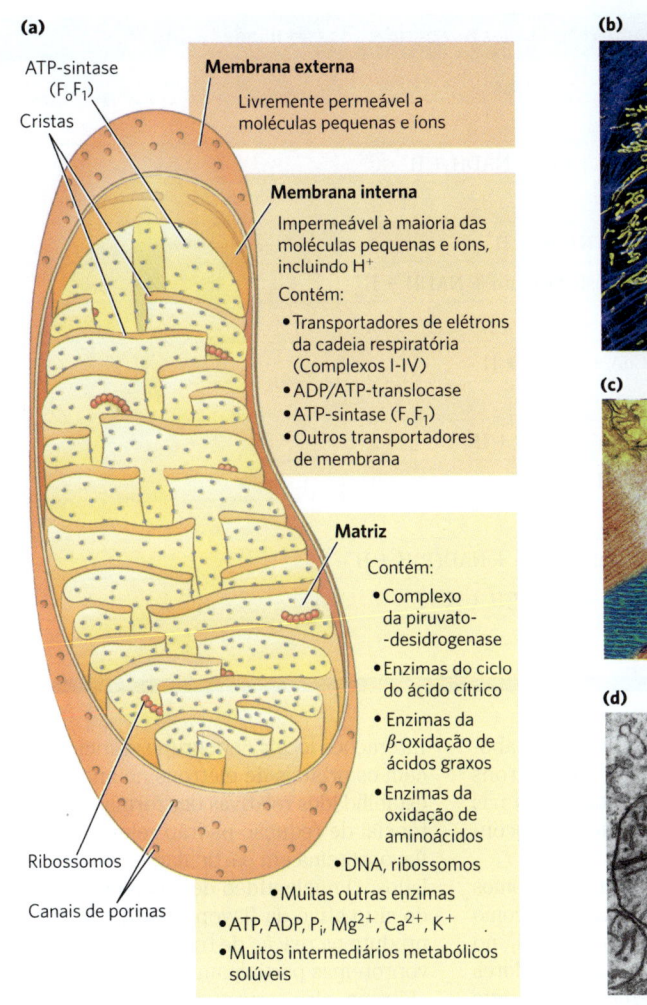
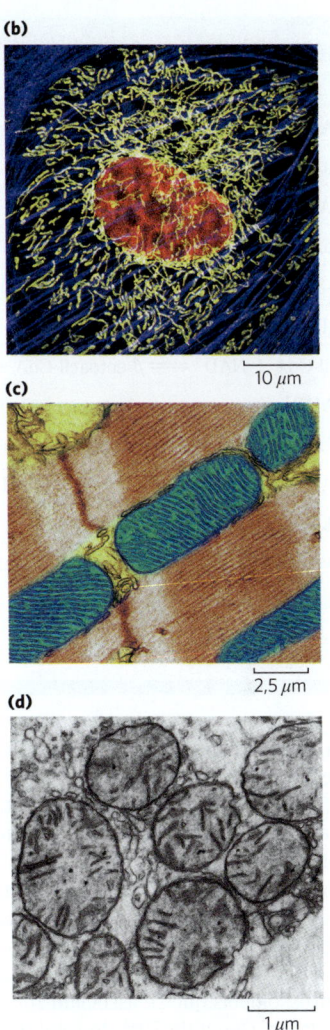

**FIGURA 19-2 Anatomia bioquímica de uma mitocôndria.** (a) A membrana externa apresenta poros que a tornam permeável a moléculas pequenas e íons, mas não a proteínas. As cristas aumentam muito a área da membrana interna. A membrana interna de uma única mitocôndria hepática pode ter mais de 10 mil conjuntos de sistemas de transferência de elétrons (cadeias respiratórias) e de moléculas de ATP-sintase, distribuídos ao longo da superfície da membrana. (b) Uma célula animal típica tem centenas ou milhares de mitocôndrias. Essa célula endotelial de uma artéria pulmonar bovina foi corada com sondas fluorescentes para actina (em azul), DNA (em vermelho) e mitocôndrias (em amarelo). Observe a variabilidade no comprimento das mitocôndrias. (c) As mitocôndrias do músculo cardíaco (em azul nesta micrografia eletrônica colorizada) têm cristas mais profusas e, assim, uma área muito maior de membrana interna, com mais de três vezes o número de conjuntos de sistemas de transferência de elétrons que as (d) mitocôndrias do fígado. As mitocôndrias dos músculos e do fígado têm tamanho aproximado ao de uma bactéria – 1 a 10 μm de comprimento. As mitocôndrias de invertebrados, de plantas e de microrganismos eucarióticos são semelhantes às mostradas aqui, mas com grandes variações no tamanho, na forma e no grau de convoluções da membrana interna. [(b) Talley Lambert/Science Source. (c) Thomas Deerinck, NCMIR/Science Source. (d) Don W. Fawcett/Science Source.]

e, às vezes, a **mitofagia** – degradação da mitocôndria com reciclagem dos aminoácidos, nucleotídeos e lipídeos liberados. À medida que o estresse diminui, mitocôndrias pequenas fundem-se para formar organelas tubulares longas e finas.

## Os elétrons são canalizados para aceptores universais de elétrons

A fosforilação oxidativa começa com a entrada de elétrons em uma série de transportadores de elétrons, a chamada **cadeia respiratória**. A maioria desses elétrons surge da ação das desidrogenases, que coletam elétrons das vias catabólicas e os canalizam para aceptores universais de elétrons – nucleotídeos de nicotinamida ($NAD^+$ ou $NADP^+$) ou nucleotídeos de flavina (FMN ou FAD).

As **desidrogenases ligadas a nucleotídeos de nicotinamida** catalisam reações reversíveis dos seguintes tipos gerais:

Substrato reduzido + $NAD^+$ $\rightleftharpoons$
$\qquad$ substrato oxidado + NADH + $H^+$

Substrato reduzido + $NADP^+$ $\rightleftharpoons$
$\qquad$ substrato oxidado + NADPH + $H^+$

| TABELA 19-1 | Algumas reações importantes catalisadas por desidrogenases ligadas a NAD(P)$^+$ |
|---|---|
| Reação$^a$ | Localização$^b$ |
| **Ligadas a NAD$^+$** | |
| $\alpha$-Cetoglutarato + CoA + NAD$^+$ $\rightleftharpoons$ succinil-CoA + CO$_2$ + NADH + H$^+$ | M |
| L-Malato + NAD$^+$ $\rightleftharpoons$ oxalacetato + NADH + H$^+$ | M e C |
| Piruvato + CoA + NAD$^+$ $\rightleftharpoons$ acetil-CoA + CO$_2$ + NADH + H$^+$ | M |
| Gliceraldeído-3-fosfato + P$_i$ + NAD$^+$ $\rightleftharpoons$ 1,3-bisfosfoglicerato + NADH + H$^+$ | C |
| Lactato + NAD$^+$ $\rightleftharpoons$ piruvato + NADH + H$^+$ | C |
| $\beta$-Hidroxiacetil-CoA + NAD$^+$ $\rightleftharpoons$ $\beta$-cetoacil-CoA + NADH + H$^+$ | M |
| **Ligadas a NADP$^+$** | |
| Glicose-6-fosfato + NADP$^+$ $\rightleftharpoons$ 6-fosfogliconato + NADPH + H$^+$ | C |
| L-Malato + NADP$^+$ $\rightleftharpoons$ piruvato + CO$_2$ + NADPH + H$^+$ | C |
| **Ligadas a NAD$^+$ ou a NADP$^+$** | |
| L-Glutamato + H$_2$O + NAD(P)$^+$ $\rightleftharpoons$ $\alpha$-cetoglutarato + NH$_4^+$ + NAD(P)H + H$^+$ | M |
| Isocitrato + NAD(P)$^+$ $\rightleftharpoons$ $\alpha$-cetoglutarato + CO$_2$ + NAD(P)H + H$^+$ | M e C |

$^a$Essas reações e suas enzimas são discutidas nos Capítulos 14, 16, 17 e 18.
$^b$M = mitocôndria; C = citosol.

A maioria das desidrogenases que agem no catabolismo é específica para NAD$^+$ como aceptor de elétrons (**Tabela 19-1**). Algumas estão no citosol, muitas estão nas mitocôndrias e outras, ainda, possuem isoenzimas mitocondriais e citosólicas.

As desidrogenases ligadas ao NAD$^+$ removem dois átomos de hidrogênio de seus substratos. Um deles é transferido como íon hidreto (:H$^-$) ao NAD$^+$; o outro é liberado como H$^+$ no meio (ver Fig. 13-24). NADH e NADPH são transportadores de elétrons hidrossolúveis que se associam *reversivelmente* com desidrogenases. Cerca de 70% do total do NAD celular está na mitocôndria. O NADH carrega elétrons das reações catabólicas até seu ponto de entrada na cadeia respiratória, o complexo da NADH-desidrogenase descrito a seguir. O NADPH está envolvido principalmente em reações biossintéticas (anabólicas), e grande parte dele está concentrada no citosol. As células mantêm reservatórios separados de NADPH e NADH, com diferentes potenciais redox. Isso é feito mantendo-se a razão [forma reduzida]/[forma oxidada] relativamente alta para NADPH e relativamente baixa para NADH. Nenhum desses nucleotídeos pode atravessar a membrana mitocondrial interna, mas os elétrons que eles carregam podem ser lançados através dela indiretamente, como será visto.

As **flavoproteínas** contém um nucleotídeo de flavina, FMN ou FAD (ver Fig. 13-27), muito fortemente ligado, às vezes de forma covalente. **P3** O nucleotídeo de flavina oxidado pode aceitar um elétron (produzindo a forma semiquinona) ou dois elétrons (produzindo FADH$_2$ ou FMNH$_2$). A transferência de elétrons ocorre porque a flavoproteína tem um potencial de redução maior do que o composto oxidado. Lembre-se de que o potencial de redução é uma medida quantitativa da tendência relativa de uma determinada espécie química de aceitar elétrons em uma reação de oxidação-redução (p. 490). O potencial de redução padrão de um nucleotídeo de flavina, ao contrário daquele de NAD ou NADP, depende da proteína com a qual está associado. Interações locais com grupos funcionais na proteína distorcem os orbitais de elétrons no anel de flavina, alterando as estabilidades relativas das formas reduzida e oxidada. O potencial de redução padrão relevante é, portanto, aquele da flavoproteína em particular, e não o do FAD ou do FMN isolados. O nucleotídeo de flavina deve ser considerado parte do sítio ativo da flavoproteína, em vez de um reagente ou produto na reação de transferência de elétrons. Como as flavoproteínas participam de transferências de um ou de dois elétrons, elas servem de intermediários entre reações nas quais dois elétrons são doados (como em desidrogenações) e naquelas em que um elétron é recebido (como na redução de uma quinona a uma hidroquinona, descrita a seguir).

## Os elétrons passam por uma série de transportadores ligados à membrana

A cadeia respiratória mitocondrial consiste em uma série de transportadores de elétrons que agem sequencialmente, sendo a maioria deles proteínas integrais com grupos prostéticos capazes de aceitar e doar um ou dois elétrons. Ocorrem três tipos de transferência de elétrons na fosforilação oxidativa: (1) transferência direta de elétrons, como na redução de Fe$^{3+}$ a Fe$^{2+}$, (2) transferência na forma de um átomo de hidrogênio (H$^+$ + e$^-$) e (3) transferência como um íon hidreto (:H$^-$), que tem dois elétrons. O termo **equivalente redutor** é usado para designar um único equivalente eletrônico transferido em uma reação de oxidação-redução.

**P3** Além do NAD e das flavoproteínas, outros três tipos de moléculas transportadoras de elétrons funcionam na cadeia respiratória: uma quinona hidrofóbica (ubiquinona) e dois tipos diferentes de proteínas que contêm ferro (citocromos e proteínas ferro-enxofre). A **ubiquinona** (também chamada de **coenzima Q**, ou simplesmente **Q**) é uma benzoquinona lipossolúvel com uma longa cadeia lateral isoprenoide (**Fig. 19-3**). A ubiquinona pode aceitar um elétron para se

## 19.1 A CADEIA RESPIRATÓRIA MITOCONDRIAL

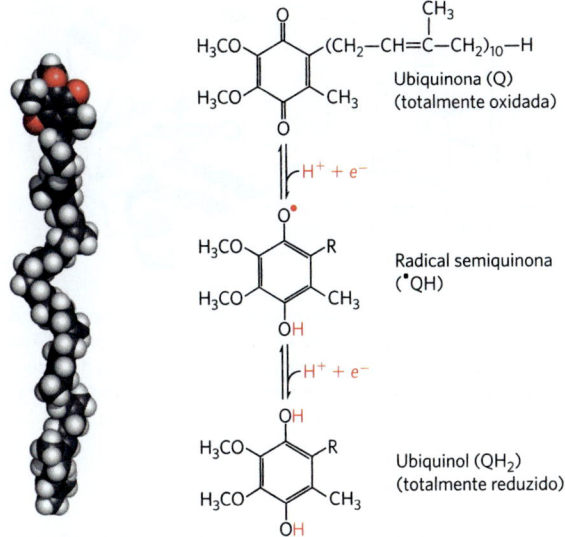

**FIGURA 19-3 Ubiquinona (Q ou coenzima Q).** A redução completa da ubiquinona requer dois elétrons e dois prótons e ocorre em duas etapas por meio do intermediário, o radical semiquinona.

tornar o radical semiquinona ($^{\bullet}$QH ou ubissemiquinona) ou dois elétrons para formar ubiquinol (QH$_2$) e, como os transportadores flavoproteínas, pode atuar na junção entre um doador de dois elétrons e um aceptor de um elétron. Pequena e hidrofóbica, a ubiquinona não encontra-se ligada a proteínas, mas sim em difusão livre dentro da bicamada lipídica da membrana mitocondrial interna; ela é e capaz de lançar equivalentes redutores entre outros transportadores de elétrons menos móveis na membrana. Além disso, em virtude de carregar elétrons e prótons, ela desempenha um papel central em acoplar o fluxo de elétrons ao movimento de prótons.

Os **citocromos** são proteínas com absorção caracteristicamente forte de luz visível, devido aos seus grupos prostéticos heme contendo ferro (**Fig. 19-4a**). As mitocôndrias têm três classes de citocromos, designadas $a$, $b$ e $c$, distinguidas por diferenças em seus espectros de absorção de luz. Cada tipo de citocromo em seu estado reduzido (Fe$^{2+}$) tem três bandas de absorção na faixa visível (Fig. 19-4b). A banda de comprimento de onda mais longo está próximo de 600 nm em citocromos tipo $a$, próximo de 560 nm no tipo $b$ e próximo de 550 nm no tipo $c$. Para distinguir citocromos intimamente relacionados dentro de um determinado tipo, a absorção máxima exata às vezes é utilizada nos nomes, como no citocromo $b_{562}$.

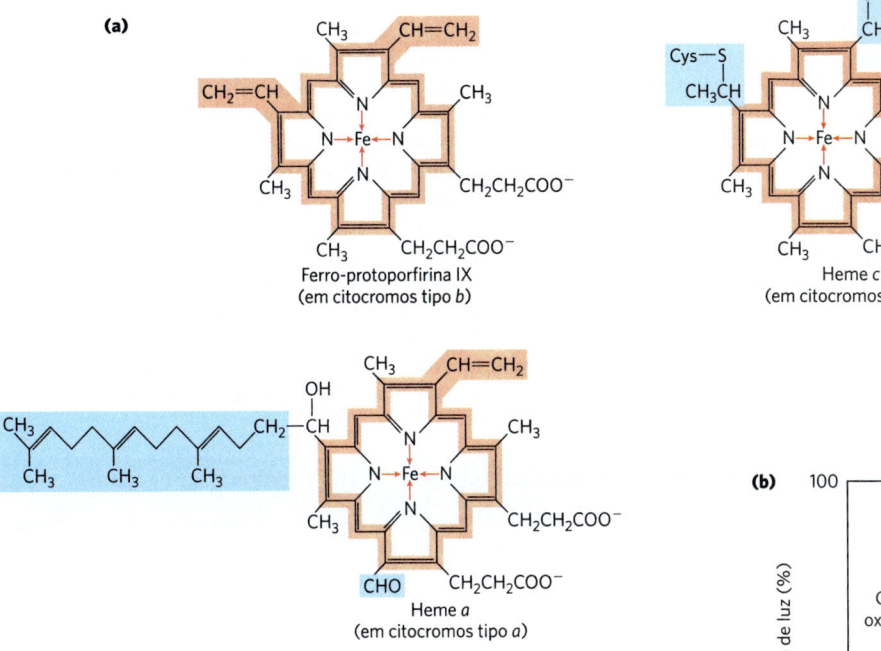

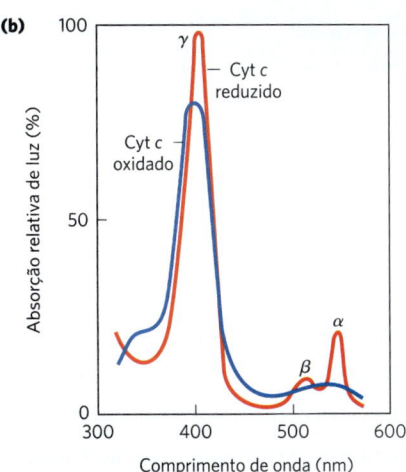

**FIGURA 19-4 Grupos prostéticos dos citocromos.** (a) Cada grupo consiste em quatro anéis de cinco membros contendo nitrogênio, em uma estrutura cíclica chamada de porfirina. Os quatro átomos de nitrogênio estão coordenados com um íon central de Fe, seja Fe$^{2+}$, seja Fe$^{3+}$. A ferro-protoporfirina IX é encontrada em citocromos tipo $b$ e em hemoglobina e mioglobina (ver Fig. 5-1b). O heme $c$ está covalentemente ligado à proteína do citocromo $c$ por meio de ligações tioéter a dois resíduos de Cys. O heme $a$, encontrado em citocromos tipo $a$, tem uma longa cauda isoprenoide ligada a um dos anéis de cinco membros. O sistema de ligações duplas conjugadas (sombreado em vermelho-claro) do anel de porfirina tem elétrons $\pi$ deslocalizados, que são excitados, de forma relativamente fácil, por fótons com comprimentos de onda da luz visível, o que explica a forte absorção de luz por esses hemes (e compostos relacionados) na faixa visível do espectro. (b) Espectro de absorção do citocromo $c$ (cyt $c$) em sua forma oxidada (em azul) e reduzida (em vermelho). As bandas características $\alpha$, $\beta$ e $\gamma$ da forma reduzida estão indicadas.

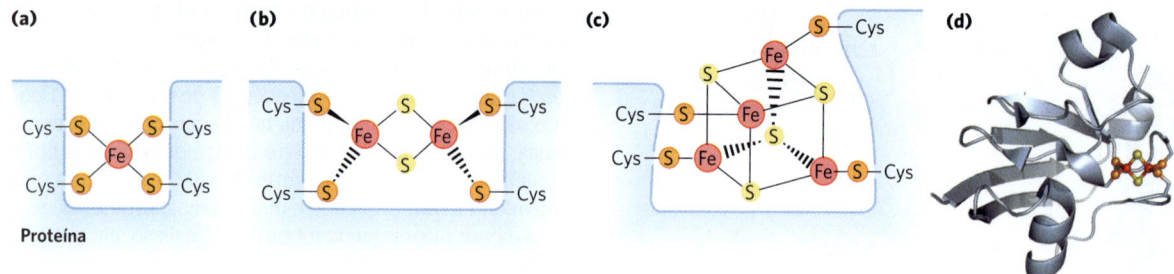

**FIGURA 19-5 Centros de ferro-enxofre.** Os centros Fe-S das proteínas ferro-enxofre podem ser simples como em (a), com um único íon de Fe cercado pelos átomos de S de quatro resíduos de Cys; o S inorgânico é amarelo, e o S dos resíduos de Cys é mostrado em laranja. Outros centros incluem átomos de S tanto inorgânicos quanto fornecidos por resíduos de Cys, como em (b) centros 2Fe-2S ou em (c) centros 4Fe-4S. (d) A ferredoxina da cianobactéria *Anabaena* 7120 tem um centro 2Fe-2S. (Observe que, nessas designações, apenas os átomos de S inorgânicos são contados. Por exemplo, no centro 2Fe-2S (b), cada íon Fe está na verdade cercado por quatro átomos de S.) O potencial de redução padrão exato do ferro nesses centros depende do tipo de centro e de sua interação com a proteína associada. [(d) Dados de PDB ID 1FRD, B. L. Jacobson et al., *Biochemistry* 32:6788, 1993.]

Os hemes dos citocromos $a$ e $b$ são fortemente, mas não covalentemente, ligados às suas proteínas associadas; os hemes dos citocromos tipo $c$ são covalentemente ligados por meio de resíduos de Cys (Fig. 19-4). Da mesma maneira que no caso das flavoproteínas, o potencial de redução padrão do átomo de ferro do heme de um citocromo depende de sua interação com as cadeias laterais da proteína, sendo, portanto, diferente para cada citocromo. Os citocromos dos tipos $a$ e $b$ e alguns do tipo $c$ são proteínas integrais da membrana mitocondrial interna. Uma exceção notável é o citocromo $c$ das mitocôndrias, uma proteína solúvel que se associa à superfície externa da membrana interna por meio de interações eletrostáticas.

Nas **proteínas ferro-enxofre**, o ferro não está presente no heme, mas sim em associação com átomos de enxofre inorgânico, com átomos de enxofre dos resíduos de Cys na proteína ou com ambos. Esses centros de ferro-enxofre (Fe-S) variam desde estruturas simples, com um único átomo de Fe coordenado com quatro grupos Cys-SH, até centros Fe-S mais complexos, com dois ou quatro átomos de Fe (**Fig. 19-5**). As **proteínas ferro-enxofre de Rieske** (assim nomeadas em homenagem a seu descobridor, John S. Rieske) são uma variação nesse tema, em que um átomo de Fe está combinado com dois resíduos de His, em vez de dois resíduos de Cys. Todas as proteínas ferro-enxofre participam de transferências de um elétron, nas quais um átomo de ferro do centro Fe-S é oxidado ou reduzido. Pelo menos oito proteínas Fe-S funcionam na transferência mitocondrial de elétrons. O potencial de redução das proteínas Fe-S varia de $-0,65$ V a $+0,45$ V, dependendo do microambiente do ferro dentro da proteína.

Na reação global catalisada pela cadeia respiratória mitocondrial, os elétrons movem-se do NADH, do succinato ou de outro doador primário de elétrons, por flavoproteínas, ubiquinona, proteínas ferro-enxofre e citocromos e, finalmente, chegam ao $O_2$. É útil observar os métodos utilizados para determinar a sequência em que os transportadores agem, uma vez que as mesmas abordagens gerais foram utilizadas para estudar outras cadeias de transferência de elétrons, como aquelas nos cloroplastos (ver Fig. 20-12).

Primeiro, os potenciais de redução padrão dos transportadores de elétrons individuais foram determinados experimentalmente (**Tabela 19-2**). Os elétrons tendem a fluir

**TABELA 19-2** Potenciais de redução padrão de transportadores de elétrons da cadeia respiratória e de outros transportadores relacionados

| Reação redox (semirreação) | $E'_o$ (V) |
|---|---|
| $2H^+ + 2e^- \longrightarrow H_2$ | $-0,414$ |
| $NAD^+ + H^+ + 2e^- \longrightarrow NADH$ | $-0,320$ |
| $NADP^+ + H^+ + 2e^- \longrightarrow NADPH$ | $-0,324$ |
| NADH-desidrogenase (FMN) $+ 2H^+ + 2e^- \longrightarrow$ NADH-desidrogenase (FMNH$_2$) | $-0,30$ |
| Ubiquinona $+ 2H^+ + e^- \longrightarrow$ ubiquinol | $0,045$ |
| Citocromo $b$ (Fe$^{3+}$) $+ e^- \longrightarrow$ citocromo $b$ (Fe$^{2+}$) | $0,077$ |
| Citocromo $c_1$ (Fe$^{3+}$) $+ e^- \longrightarrow$ citocromo $c_1$ (Fe$^{2+}$) | $0,22$ |
| Citocromo $c$ (Fe$^{3+}$) $+ e^- \longrightarrow$ citocromo $c$ (Fe$^{2+}$) | $0,254$ |
| Citocromo $a$ (Fe$^{3+}$) $+ e^- \longrightarrow$ citocromo $a$ (Fe$^{2+}$) | $0,29$ |
| Citocromo $a_3$ (Fe$^{3+}$) $+ e^- \longrightarrow$ citocromo $a_3$ (Fe$^{2+}$) | $0,35$ |
| $\frac{1}{2}O_2 + 2H^+ + 2e^- \longrightarrow H_2O$ | $0,817$ |

## 19.1 A CADEIA RESPIRATÓRIA MITOCONDRIAL

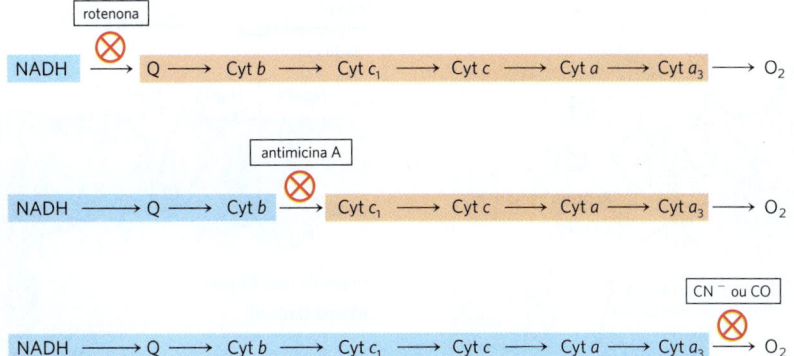

**FIGURA 19-6 Método para determinar a sequência de transportadores de elétrons.** Esse método mede os efeitos de inibidores da transferência de elétrons no estado de oxidação de cada transportador. Na presença de um doador de elétrons e de $O_2$, cada inibidor causa um padrão característico de transportadores oxidados/reduzidos: aqueles antes do bloqueio se tornam reduzidos (em azul), e aqueles após o bloqueio se tornam oxidados (em vermelho-claro).

espontaneamente de transportadores com menor $E'^o$ para transportadores com maior $E'^o$. A sequência de transportadores deduzida utilizando esse método é NADH → Q → citocromo $b$ → citocromo $c_1$ → citocromo $c$ → citocromo $a$ → citocromo $a_3$ → $O_2$. Observe, no entanto, que a ordem dos potenciais de redução padrão não é necessariamente a mesma que a ordem de potenciais de redução *reais* sob condições celulares, que depende das concentrações das formas reduzidas e oxidadas (ver Equação 13-5, p. 491). Um segundo método para determinar a sequência de transportadores de elétrons envolve reduzir toda a cadeia de transportadores experimentalmente, fornecendo uma fonte de elétrons, mas nenhum aceptor de elétrons (sem $O_2$). Quando o $O_2$ é repentinamente introduzido no sistema, a taxa com a qual cada transportador de elétrons se torna oxidado (medida espectroscopicamente) revela a ordem em que os transportadores funcionam. O carreador mais próximo do $O_2$ (no final da cadeia) cede seu elétron primeiro, o segundo carreador contado a partir do final é o próximo a ser oxidado, e assim por diante. Esses experimentos confirmaram a sequência deduzida a partir dos potenciais de redução padrão.

Em uma confirmação final, agentes que inibem o fluxo de elétrons ao longo da cadeia foram usados em combinação com medidas do grau de oxidação de cada transportador. Na presença de $O_2$ e de um doador de elétrons, os transportadores que funcionam antes da etapa inibida ficam completamente reduzidos, e aqueles que funcionam depois dessa etapa são completamente oxidados (**Fig. 19-6**). Usando diversos inibidores que bloqueiam diferentes etapas da cadeia, os pesquisadores determinaram a sequência inteira; é a mesma deduzida nas duas primeiras abordagens.

### Os transportadores de elétrons atuam em complexos multienzimáticos

Os transportadores de elétrons da cadeia respiratória são organizados em complexos supramoleculares inseridos dentro da membrana que podem ser fisicamente separados. Um leve tratamento da membrana mitocondrial interna com detergentes permite a separação de quatro complexos transportadores singulares, cada um capaz de catalisar a transferência de elétrons ao longo de uma porção da cadeia (**Fig. 19-7; Tabela 19-3**). **P3** Os complexos I e II catalisam a transferência de elétrons para a ubiquinona a partir de dois doadores de elétrons diferentes: NADH (Complexo I) e succinato (Complexo II). O Complexo III carrega elétrons da ubiquinona reduzida para o citocromo $c$, e o Complexo IV completa a sequência, transferindo elétrons do citocromo $c$ para o $O_2$.

Agora, serão estudadas com mais detalhes a estrutura e a função de cada complexo da cadeia respiratória mitocondrial.

| TABELA 19-3 | Componentes proteicos da cadeia respiratória mitocondrial | | |
|---|---|---|---|
| **Complexo enzimático/proteína** | **Massa (kDa)** | **Número de subunidades[a]** | **Grupo(s) prostético(s)** |
| I NADH-desidrogenase | 850 | 45 (14) | FMN, Fe-S |
| II Succinato-desidrogenase | 140 | 4 | FAD, Fe-S |
| III Ubiquinona:citocromo $c$-oxidorredutase[b] | 250 | 11 | Heme, Fe-S |
| Citocromo $c$[c] | 13 | 1 | Heme |
| IV Citocromo-oxidase[b] | 204 | 13 (3-4) | Hemes; $Cu_A$, $Cu_B$ |

[a]Número de subunidades nos complexos bacterianos mostrado entre parênteses.
[b]Dados de massa e subunidades referem-se à forma monomérica.
[c]O citocromo $c$ não é parte de um complexo enzimático; ele move-se entre os Complexos III e IV como uma proteína livremente solúvel.

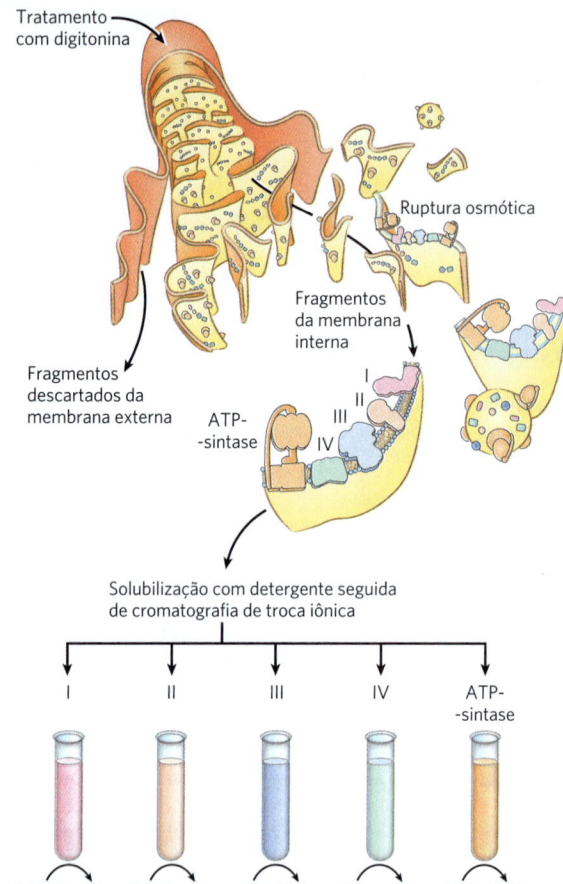

**FIGURA 19-7 Separação dos complexos funcionais da cadeia respiratória.** Inicialmente, a membrana mitocondrial externa é removida por tratamento com o detergente digitonina. Os fragmentos da membrana interna são, então, obtidos por ruptura osmótica da membrana e dissolvidos suavemente em um segundo detergente. A mistura resultante de proteínas da membrana interna é separada por cromatografia de troca iônica em diferentes complexos (de I a IV) da cadeia respiratória, cada um com sua composição proteica única (ver Tabela 19-3), e na enzima ATP-sintase (às vezes chamada de Complexo V). Os Complexos I a IV isolados catalisam transferências entre doadores de elétrons (NADH e succinato), transportadores intermediários (Q e citocromo c) e $O_2$, conforme representado. In vitro, a ATP-sintase isolada tem apenas atividade de hidrólise de ATP (ATPase), e não de síntese de ATP.

**Complexo I: do NADH à ubiquinona** Nos mamíferos, o **Complexo I**, também chamado de **NADH: ubiquinona-oxidorredutase** ou **NADH-desidrogenase**, é uma enzima grande, composta de 45 cadeias diferentes de polipeptídeos, incluindo uma flavoproteína contendo FMN e pelo menos oito centros de ferro-enxofre. O Complexo I tem formato de L, com um braço do L na membrana interna e o outro se estendendo para a matriz. Estudos comparativos do Complexo I em bactérias e outros organismos mostraram que sete polipeptídeos no braço da membrana e sete no braço da matriz são conservados e essenciais (**Fig. 19-8**).

O Complexo I catalisa dois processos simultâneos e obrigatoriamente acoplados: (1) a transferência exergônica

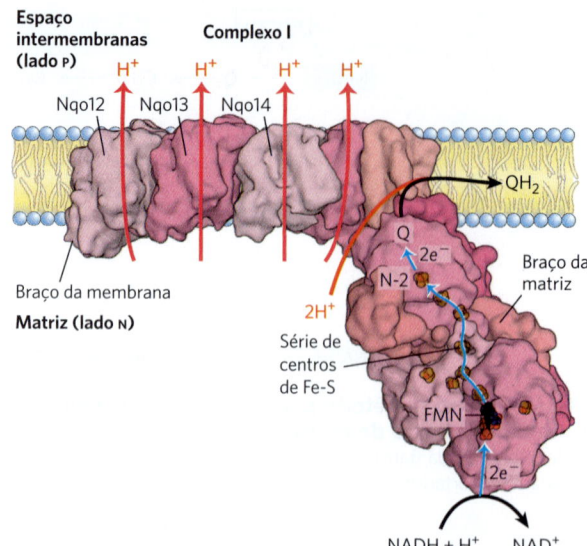

**FIGURA 19-8 Estrutura do Complexo I (NADH:ubiquinona-oxidorredutase).** O Complexo I catalisa a transferência de um íon hidreto do NADH para o FMN. A partir do FMN, dois elétrons passam por uma série de centros Fe-S até o centro Fe-S N-2, no braço do complexo que se estende para a matriz. A transferência de elétrons de N-2 para a ubiquinona no braço da membrana forma $QH_2$, que se difunde na bicamada lipídica. Os prótons viajam por um caminho ditado por alterações conformacionais da subunidade, disparadas pelo fluxo de elétrons. O fluxo de prótons produz um potencial eletroquímico através da membrana mitocondrial interna (lado N negativo, lado P positivo). Três das subunidades no braço da membrana (subunidades Nqo12, Nqo13 e Nqo14) são estruturalmente relacionadas com um conhecido antiportador $Na^+$-$H^+$, e o caminho pelo qual os prótons se movem pode ser similar em ambos os casos. A quarta via suposta para o movimento dos prótons é através de uma subunidade integral mais próximo ao sítio de ligação de Q. Uma longa hélice (não visível nesse esquema) situa-se ao longo da superfície do braço da membrana e pode coordenar a ação de todas as quatro bombas de prótons quando Q é reduzida. [Dados de PDB ID 4HEA, R. Baradaran et al., Nature 494:443, 2013.]

para a ubiquinona de um íon hidreto do NADH e de um próton da matriz, expressa por

$$NADH + H^+ + Q \longrightarrow NAD^+ + QH_2 \quad (19\text{-}1)$$

e (2) a transferência endergônica de quatro prótons da matriz para o espaço intermembranas. Os prótons são movidos contra um gradiente de prótons transmembrana nesse processo. ▶P4 O Complexo I é, portanto, uma bomba de prótons que utiliza a energia da transferência de elétrons, e a reação que ele catalisa é **vetorial**: ela move prótons em um sentido específico de um local (a matriz, que se torna carregada negativamente com a saída dos prótons) a outro (o espaço intermembranas, que se torna carregado positivamente). Para enfatizar a natureza vetorial do processo, a reação global é frequentemente escrita com letras subscritas que indicam a localização dos prótons: P para o lado positivo da membrana interna (o espaço intermembranas), N para o lado negativo (a matriz):

$$NADH + 5H_N^+ + Q \longrightarrow NAD^+ + QH_2 + 4H_P^+ \quad (19\text{-}2)$$

O amobarbital (ou amital, um fármaco barbitúrico), a rotenona (um produto vegetal comumente utilizado como

## 19.1 A CADEIA RESPIRATÓRIA MITOCONDRIAL

**TABELA 19-4 Agentes que interferem com a fosforilação oxidativa**

| Tipo de interferência | Composto[a] | Alvo/modo de ação |
|---|---|---|
| Inibição da transferência de elétrons | Cianeto<br>Monóxido de carbono | Inibem a citocromo-oxidase |
| | Antimicina A | Bloqueia a transferência de elétrons do citocromo $b$ ao citocromo $c_1$ |
| | Mixotiazol<br>Rotenona<br>Amital<br>Piericidina A | Impedem a transferência de elétrons do centro Fe-S à ubiquinona |
| Inibição da ATP-sintase | Aurovertina | Inibe $F_1$ |
| | Oligomicina<br>Venturicidina | Inibem $F_o$ |
| | DCCD | Bloqueia o fluxo de prótons por $F_o$ |
| Desacoplamento entre a fosforilação e a transferência de elétrons | FCCP<br>DNF | Transportadores hidrofóbicos de prótons |
| | Valinomicina | Ionóforo de $K^+$ |
| | Proteína desacopladora 1 | No tecido adiposo marrom, forma poros condutores de prótons na membrana mitocondrial interna |
| Inibição da troca ATP-ADP | Atractilosídeo | Inibe a adenina-nucleotídeo-translocase |

[a]DCCD, diciclo-hexilcarbodiimida; FCCP, cianeto-$p$-trifluormetoxifenil-hidrazona; DNF, 2,4-dinitrofenol.

inseticida) e a piericidina A (um antibiótico) inibem o fluxo de elétrons dos centros de Fe-S do Complexo I para a ubiquinona (**Tabela 19-4**) e, portanto, bloqueiam o processo global da fosforilação oxidativa.

Três das sete subunidades proteicas integrais do braço da membrana são relacionadas com um antiportador $Na^+$-$H^+$ e acredita-se que sejam responsáveis pelo bombeamento de três prótons; uma quarta subunidade no braço da membrana, mais próximo ao sítio de ligação de Q, é provavelmente responsável pelo bombeamento do quarto próton (Fig. 19-8).

Como a redução da ubiquinona está acoplada ao bombeamento de prótons? A redução de Q ocorre em um local distante do braço da membrana onde ocorre o bombeamento de prótons, de modo que o acoplamento é claramente indireto. A visão em alta resolução do Complexo I obtida a partir de cristalografia e criomicroscopia eletrônica sugere que a redução de Q está acoplada a uma alteração conformacional ampla, que abrange todas as subunidades ao longo do núcleo hidrofílico do braço transmembrana. Parece provável que todos os quatro prótons sejam bombeados simultaneamente, de modo que a energia de uma reação fortemente exergônica (a redução de Q) é dividida em pacotes menores, uma estratégia comum empregada pelos organismos vivos.

**Complexo II: do succinato à ubiquinona** O **Complexo II** foi discutido no Capítulo 16 como a **succinato-desidrogenase**, a única enzima ligada à membrana do ciclo do ácido cítrico (p. 586). ▶P3 O Complexo II acopla a oxidação do succinato em um sítio com a redução da ubiquinona em outro sítio, a uma distância de cerca de 40 Å. Embora menor e mais simples do que o Complexo I, ele contém cinco grupos prostéticos de dois tipos e quatro subunidades proteicas diferentes (**Fig. 19-9**). As subunidades C e D são proteínas integrais de membrana, cada uma com três hélices

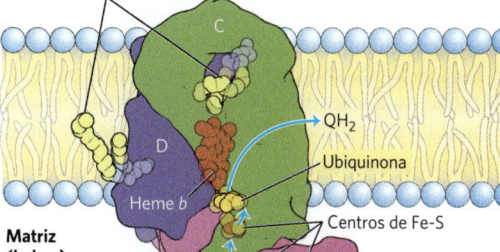

**FIGURA 19-9 Estrutura do Complexo II (succinato-desidrogenase).** Esse complexo (de suíno) tem duas subunidades transmembrana, C e D; as subunidades A e B estendem-se para a matriz. Na subunidade A, logo atrás do FAD, está o sítio de ligação do succinato. A subunidade B tem três centros de Fe-S; a ubiquinona é ligada à subunidade B; um heme $b$ está localizado entre as subunidade C e D. Duas moléculas de fosfatidiletanolamina estão tão fortemente ligadas à subunidade D que aparecem na estrutura cristalina. Os elétrons movem-se (setas azuis) do succinato ao FAD e, então, através de três centros de Fe-S para a ubiquinona. O heme $b$ não está na via principal da transferência de elétrons, mas protege contra a formação de espécies reativas de oxigênio (ERO) por elétrons que saem da via. [Dados de PDB ID 1ZOY, F. Sun et al., *Cell* 121:1043, 2005.]

transmembrana. Elas contêm um grupo heme, heme $b$, e um sítio de ligação para Q, o aceptor final de elétrons na reação catalisada pelo Complexo II. As subunidades A e B estendem-se para a matriz; elas contêm três centros 2Fe-2S, FAD ligado e um sítio de ligação para o substrato, o succinato. Embora a via de transferência global de elétrons seja longa (do sítio de ligação do succinato ao FAD e, então, pelos centros Fe-S rumo ao sítio de ligação de Q), nenhuma das distâncias individuais de transferência de elétrons excede cerca de 11 Å – distância razoável para uma transferência rápida de elétrons (Fig. 19-9). A transferência de elétrons no Complexo II não é acompanhada por bombeamento de prótons através da membrana interna, embora a $QH_2$ produzida pela oxidação do succinato seja usada pelo Complexo III para impulsionar a transferência de prótons. Uma vez que o Complexo II funciona no ciclo do ácido cítrico, fatores que afetem sua atividade (como a disponibilidade de Q oxidada) provavelmente servem para coordenar esse ciclo com a transferência mitocondrial de elétrons.

O heme $b$ do complexo II aparentemente não está na via direta de transferência de elétrons; em vez disso, ele pode servir para reduzir a frequência com que elétrons "vazam" para fora do sistema, movendo-se do succinato ao oxigênio molecular para produzir as **espécies reativas de oxigênio** (**ERO**) peróxido de hidrogênio ($H_2O_2$) e o **radical superóxido** ($^{\bullet}O_2^-$), conforme descrito a seguir. Alguns indivíduos com mutações pontuais em subunidades do Complexo II próximo ao heme $b$ ou ao sítio de ligação da ubiquinona sofrem de paraganglioma hereditário, que se caracteriza por tumores benignos na cabeça e no pescoço, muitas vezes no corpo carotídeo, um órgão que detecta níveis de $O_2$ no sangue. Essas mutações resultam em maior produção de ERO, o que causa dano ao DNA e instabilidade genômica, que podem levar ao câncer. Mutações que afetam a região de ligação do succinato no Complexo II podem levar a alterações degenerativas no sistema nervoso central, e algumas mutações estão associadas a tumores da medula adrenal. ∎

**Complexo III: da ubiquinona ao citocromo $c$** Os elétrons da ubiquinona reduzida (ubiquinol, $QH_2$) passam através de mais dois grandes complexos proteicos na membrana mitocondrial interna antes de alcançarem o aceptor final de elétrons, $O_2$. **P3 P4** O **Complexo III**, também chamado de **complexo citocromo $bc_1$** ou **ubiquinona:citocromo $c$-oxidorredutase**, acopla a transferência de elétrons do ubiquinol ao citocromo $c$ com o transporte vetorial de prótons da matriz para o espaço intermembranas. A unidade funcional do Complexo III (**Fig. 19-10**) é um dímero. Cada monômero consiste em três proteínas fundamentais para a ação do complexo: citocromo $b$, citocromo $c_1$ e proteína ferro-enxofre de Rieske. (Várias outras proteínas associadas ao Complexo III em vertebrados não são conservadas ao longo do filo e provavelmente desempenham um papel auxiliar.) Os dois monômeros de citocromo $b$ cercam uma "caverna" no meio da membrana, na qual a ubiquinona está livre para se mover do lado da matriz da membrana (sítio $Q_N$ em um monômero) para o espaço intermembranas (sítio $Q_P$ no outro monômero) à medida que ela lança elétrons e prótons através da membrana mitocondrial interna.

Para explicar o papel de Q na conservação de energia, Mitchell propôs o **ciclo Q** (**Fig. 19-11**). À medida que os

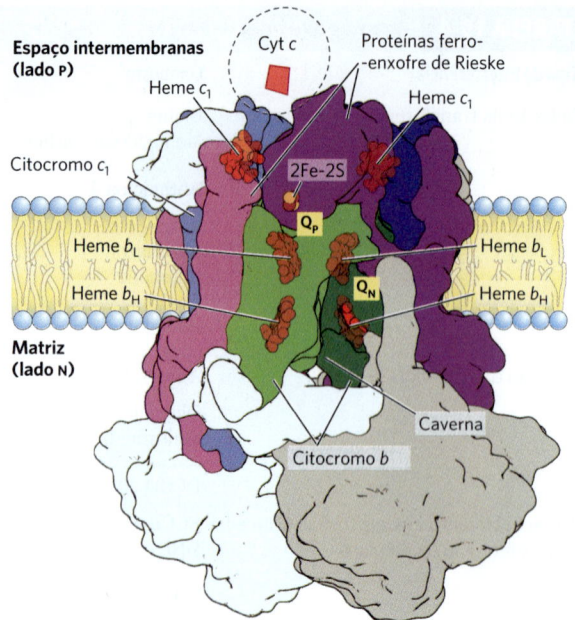

**FIGURA 19-10 Estrutura do Complexo III (complexo citocromo $bc_1$).** O complexo (de bovino) é um dímero de monômeros idênticos, cada um com 11 subunidades diferentes. O centro funcional de cada monômero é constituído por três subunidades: citocromo $b$ (em verde), com seus dois hemes ($b_H$ e $b_L$); a proteína ferro-enxofre de Rieske (em roxo), com seus centros de 2Fe-2S; e o citocromo $c_1$ (em azul), com seu heme. O citocromo $c_1$ e a proteína ferro-enxofre de Rieske projetam-se da superfície P e podem interagir com o citocromo $c$ (que não faz parte do complexo funcional) no espaço intermembranas. O complexo tem dois sítios de ligação distintos para ubiquinona, $Q_N$ e $Q_P$, que correspondem aos sítios de inibição por duas substâncias capazes de bloquear a fosforilação oxidativa. A antimicina A, que bloqueia o fluxo de elétrons do citocromo $b$ para o citocromo $c_1$, especificamente do heme $b_H$ para Q, liga-se a $Q_N$, próximo ao heme $b_H$ no lado N (matriz) da membrana. O mixotiazol, que impede o fluxo de elétrons de $QH_2$ para a proteína ferro-enxofre de Rieske, liga-se a $Q_P$ próximo ao centro de 2Fe-2S e do heme $b_L$ no lado P. A estrutura dimérica é essencial para o funcionamento do Complexo III. A interface entre os monômeros forma duas cavernas, cada uma contendo um sítio $Q_P$ de um monômero e um sítio $Q_N$ do outro. Os intermediários da ubiquinona movimentam-se dentro dessas cavernas protegidas. [Dados de PDB ID 1BGY, S. Iwata et al., *Science* 281:64, 1998.]

elétrons se movem de $QH_2$ pelo Complexo III, $QH_2$ é oxidada, com a liberação de prótons em um lado da membrana (em $Q_P$), ao passo que, no outro sítio ($Q_N$), Q é reduzida, e prótons são captados.

O ciclo Q é melhor compreendido considerando-se que ocorre em dois estágios, com dois sítios ativos em que a ubiquinona é ou oxidada ou reduzida. Em ambos os estágios, uma $QH_2$ é oxidada no sítio ativo 1, liberando dois $H^+$ e dois elétrons. Os prótons são liberados no espaço intermembranas. Os dois elétrons tomam vias diferentes, com um deles reduzindo o citocromo $c$ e o outro reduzindo uma molécula de Q no sítio ativo 2. Dois elétrons são necessários no sítio ativo 2 para reduzir completamente Q a $QH_2$, um em cada estágio. Reduzir uma Q em um sítio enquanto duas $QH_2$ são oxidadas em outro pode parecer contraproducente à primeira vista. Os dois processos têm, contudo, funções complementares. A oxidação de duas $QH_2$ move quatro prótons para o espaço intermembranas e dois elétrons para o citocromo $c$.

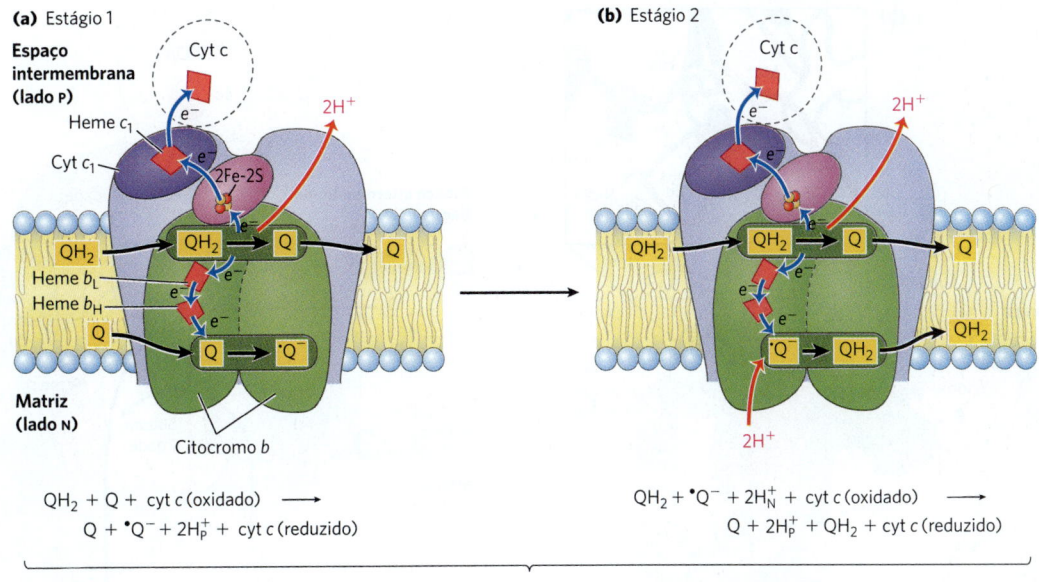

**FIGURA 19-11 Ciclo Q apresentado em dois estágios.**
O percurso dos elétrons através do Complexo III é mostrado com setas azuis; o movimento das várias formas da ubiquinona, com setas pretas. (a) No primeiro estágio, Q no lado N é reduzida ao radical semiquinona, que retorna à sua posição (linha tracejada) para aceitar outro elétron. (b) No segundo estágio, o radical semiquinona é convertido em $QH_2$. Enquanto isso, no lado P da membrana, duas moléculas de $QH_2$ são oxidadas a Q, liberando dois prótons por molécula de Q (quatro prótons ao todo) para o espaço intermembrana. Cada $QH_2$ doa um elétron (por meio do centro de Fe-S de Rieske) para o citocromo $c_1$ e um elétron (via citocromo $b$) para uma molécula de Q próximo ao lado N, reduzindo-a em duas etapas a $QH_2$. Essa redução também consome dois prótons por molécula de Q, os quais são retirados da matriz (lado N). O citocromo $c_1$ reduzido passa elétrons, um por vez, ao citocromo $c$, que se dissocia e carrega elétrons para o Complexo IV. Em cada ciclo, uma redução de Q no sítio $Q_N$ está acoplada a duas oxidações de $QH_2$ no sítio $Q_P$ pelo consumo de dois prótons da matriz e pela liberação de quatro prótons no espaço intermembranas.

Ao mesmo tempo, a redução de Q no outro sítio (usando os outros dois elétrons da oxidação de Q no sítio 1) capta os prótons da matriz, criando um movimento líquido de prótons da matriz para o espaço intermembranas. A $QH_2$ produzida no sítio ativo 2 torna-se substrato para oxidação no sítio ativo 1 em voltas subsequentes do ciclo, e vice-versa. A equação líquida para as reações redox do ciclo Q é

$$QH_2 + 2\,\text{cyt}\,c\,(\text{oxidado}) + 2H_N^+ \longrightarrow$$
$$Q + 2\,\text{cyt}\,c\,(\text{reduzido}) + 4H_P^+ \quad (19\text{-}3)$$

O ciclo Q acomoda a troca entre o transportador de dois elétrons ubiquinol (a forma reduzida da ubiquinona) e os transportadores de um elétron – hemes $b_L$ e $b_H$ do citocromo $b$ e citocromos $c_1$ e $c$ – e resulta na captação de dois prótons no lado N e a liberação de quatro prótons no lado P por par de elétrons que passa do Complexo III para o citocromo $c$. Dois dos prótons liberados no lado P são eletrogênicos; os outros dois são eletroneutros, pois são equilibrados pelas duas cargas (elétrons) passadas ao citocromo $c$ no lado P. Embora o percurso dos elétrons por esse segmento da cadeia respiratória seja complicado, o efeito resultante da transferência é simples: $QH_2$ é oxidada a Q, duas moléculas de citocromo $c$ são reduzidas e dois prótons são movidos do lado N para o lado P da membrana mitocondrial interna.

O citocromo $c$ é uma proteína solúvel do espaço intermembranas, que se associa reversivelmente com o lado P da membrana interna. Depois que seu único heme aceita um elétron do Complexo III, o citocromo $c$ move-se no espaço intermembranas para o Complexo IV para doar o elétron para um centro de cobre binuclear.

**Complexo IV: do citocromo $c$ ao $O_2$** Na etapa final da cadeia respiratória, o **Complexo IV**, também chamado de **citocromo-oxidase**, carrega elétrons do citocromo $c$ para o oxigênio molecular, reduzindo-o a $H_2O$. ▶P3 ▶P4 O Complexo IV é uma enzima dimérica grande da membrana mitocondrial interna, com cada monômero apresentando 13 subunidades e $M_r$ de 204.000. As bactérias contêm uma forma bem mais simples, com apenas três ou quatro subunidades por monômero, mas ainda capaz de catalisar tanto a transferência de elétrons quanto o bombeamento de prótons. A comparação dos complexos mitocondriais e bacterianos sugere que essas três subunidades foram conservadas na evolução; em organismos multicelulares, as demais 10 subunidades podem contribuir para a organização ou para a estabilidade do Complexo IV (**Fig. 19-12**).

A subunidade II do Complexo IV contém dois íons cobre complexados com os grupos —SH de dois resíduos de Cys em um centro binuclear ($Cu_A$; Fig. 19-12b) que lembra os centros de 2Fe-2S das proteínas ferro-enxofre. A subunidade I contém dois grupos heme, designados $a$ e $a_3$, e um outro íon cobre ($Cu_B$). Heme $a_3$ e $Cu_B$ formam um segundo centro binuclear, que aceita elétrons de heme $a$ e os transfere ao $O_2$ ligado ao heme $a_3$. O papel detalhado da subunidade III não

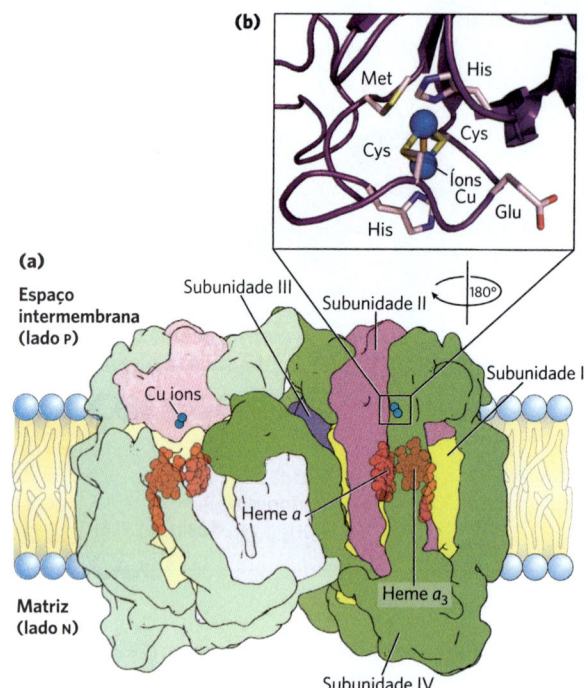

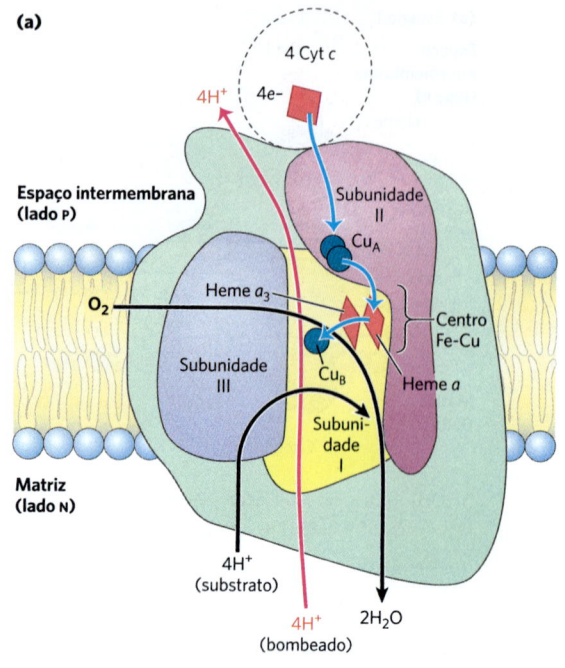

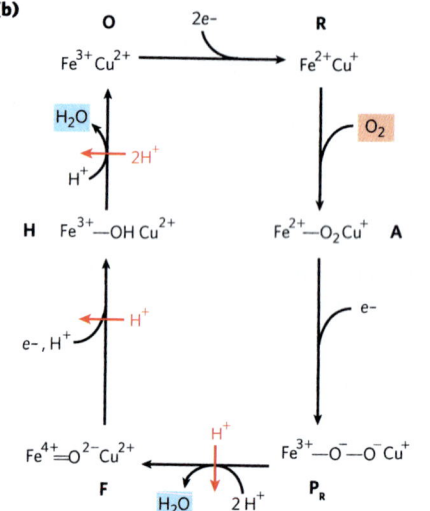

**FIGURA 19-12 Estrutura do Complexo IV (citocromo-oxidase).** (a) Esse complexo (de bovino) tem 13 subunidades em cada monômero idêntico de sua estrutura dimérica. A subunidade I tem dois grupos heme, $a$ e $a_3$, próximo a um único íon cobre, $Cu_B$ (não mostrado aqui). Heme $a_3$ e $Cu_B$ formam um centro binuclear Fe-Cu. A subunidade II contém dois íons Cu complexados com os grupos —SH de dois resíduos de Cys em um centro binuclear, $Cu_A$, que lembra os centros 2Fe-2S das proteínas ferro-enxofre. O centro binuclear e o sítio de ligação ao citocromo $c$ estão localizados em um domínio da subunidade II que se projeta do lado P da membrana interna (para o espaço intermembranas). A subunidade III é essencial para o rápido movimento de prótons pela subunidade II. Os papéis das demais 10 subunidades no Complexo IV de mamíferos não foram completamente esclarecidos, mas algumas atuam na organização ou na estabilização do complexo. (b) Centro binuclear de $Cu_A$. Os íons Cu (esferas azuis) partilham elétrons igualmente. Quando o centro está reduzido, os íons têm as cargas formais $Cu^{1+}Cu^{1+}$; quando oxidado, $Cu^{1,5+}Cu^{1,5+}$. Seis resíduos de aminoácidos são ligantes ao redor dos íons Cu: Glu, Met, dois His e dois Cys. [Dados obtidos de PDB ID 1OCC, T. Tsukihara et al., *Science* 272:1136, 1996.]

foi esclarecido, mas sua presença é essencial para a função do Complexo IV.

A transferência de elétrons pelo Complexo IV dá-se do citocromo $c$ para o centro de $Cu_A$, para o heme $a$, para o centro de heme $a_3$-$Cu_B$ e, finalmente, para o $O_2$ (**Fig. 19-13a**). Para cada quatro elétrons que passam pelo complexo, a enzima consome quatro $H^+$ "substratos" da matriz (lado N) na conversão de $O_2$ em $H_2O$. Ela também usa a energia dessa reação redox para bombear quatro prótons para fora em direção ao espaço intermembranas (lado P) para cada quatro elétrons que passam através dela, contribuindo para o potencial eletroquímico produzido pelo transporte de prótons possibilitado pela energia de reações redox pelos Complexos I e III. A reação geral catalisada pelo Complexo IV é

$$4\ \text{cyt}\ c\ (\text{reduzido}) + 8H_N^+ + O_2 \longrightarrow$$
$$4\ \text{cyt}\ c\ (\text{oxidado}) + 4H_P^+ + 2H_2O \qquad (19\text{-}4)$$

**FIGURA 19-13 Via dos elétrons pelo Complexo IV.** (a) Para simplificar, apenas um monômero do Complexo IV dimérico bovino é mostrado aqui. As três proteínas cruciais para o fluxo de elétrons são as subunidades I, II e III. A estrutura maior em verde inclui outras 10 proteínas em cada monômero do complexo dimérico. A transferência de elétrons pelo Complexo IV inicia-se com o citocromo $c$ (parte superior). Duas moléculas de citocromo $c$ reduzido doam, cada uma, um elétron para o centro binuclear $Cu_A$. A partir dali, os elétrons fluem pelo heme $a$ para o centro de Fe-Cu (heme $a_3$ e $Cu_B$). O oxigênio agora se liga ao heme $a_3$ e é reduzido a seu derivado peróxido ($O_2^{2-}$, não mostrado aqui) por dois elétrons do centro de Fe-Cu. A chegada de mais dois elétrons a partir do citocromo $c$ (parte superior), perfazendo quatro elétrons ao todo, converte o $O_2^{2-}$ em duas moléculas de água, com o consumo de quatro prótons "substratos" da matriz. Ao mesmo tempo, quatro prótons são bombeados da matriz para cada quatro elétrons que passam pelo Complexo IV. Uma sequência simplificada de reação é apresentada em (b). Os complexos intermediários O, R, A, $P_R$, F e H representam apenas um subconjunto proeminente das espécies para as quais existem evidências experimentais, com algumas etapas e estruturas intermediárias ainda sob debate. Os quatro elétrons são introduzidos em etapas separadas, e $H_2O$ é liberada em duas etapas distintas.

Observe que o $O_2$ nessa reação é o aceptor final para elétrons que se originam das muitas fontes já descritas, e a estequiometria entre fontes de elétrons e moléculas de $O_2$ consumidas ajuda a definir a energética dos sistemas. Neste capítulo, as estequiometrias são às vezes apresentadas, como nesse caso, em termos de uma molécula de $O_2$. Para simplificação do cálculo, as estequiometrias serão apresentadas em termos de ½$O_2$ em alguns exemplos no texto que se segue.

No Complexo IV, o $O_2$ é reduzido em centros redox que transportam apenas um elétron por vez. Um esquema da reação é apresentado na Figura 19-13b. Normalmente, os intermediários de oxigênio não completamente reduzidos permanecem fortemente ligados ao complexo, até serem completamente convertidos em água, porém uma pequena fração de intermediários de oxigênio escapa. Esses intermediários são ERO que podem danificar componentes celulares, a menos que sejam eliminados por mecanismos de defesa, descritos a seguir.

## Complexos mitocondriais associam-se e formam respirassomos

Embora os quatro complexos transportadores de elétrons possam ser separados em laboratório, na mitocôndria intacta, três dos quatro complexos associam-se entre si na membrana interna. Combinações dos Complexos I-III, III-IV e I-III-IV formam-se em organismos que variam desde leveduras a plantas e mamíferos. O supercomplexo contendo os Complexos I, III e IV é chamado **respirassomo**. Diferentemente dos outros três complexos, o Complexo II é, com frequência, encontrado flutuando livremente dentro da membrana. A caracterização estrutural dos vários supercomplexos avançou com a utilização de técnicas de criomicroscopia eletrônica (**Fig. 19-14**). O significado funcional dos supercomplexos ainda não foi bem determinado. Pesquisadores têm sugerido que eles poderiam facilitar o transporte de elétrons ou limitar a produção de ERO. Conjuntos locais dos transportadores de elétrons citocromo c e ubiquinona não estão contidos dentro dos supercomplexos, mas difundem-se facilmente entre eles.

## Outras vias doam elétrons para a cadeia respiratória via ubiquinona

Várias outras reações de transferência de elétrons podem reduzir a ubiquinona na membrana mitocondrial interna (**Fig. 19-15**). A primeira etapa na β-oxidação da acil-CoA dos ácidos graxos, catalisada pela flavoproteína **acil-CoA-desidrogenase** (ver Fig. 17-8), envolve a transferência de elétrons do substrato para o FAD da desidrogenase e, então, para a flavoproteína transferidora de elétrons (ETF, do inglês *electron-transferring flavoprotein*). A ETF, por sua vez, passa seus elétrons à **ETF:ubiquinona-oxidorredutase**, que reduz Q na membrana mitocondrial interna a $QH_2$. O glicerol-3-fosfato, formado a partir do glicerol liberado pela quebra de triacilgliceróis ou pela redução da di-hidroxiacetona-fosfato da glicólise, é oxidado pela **glicerol-3-fosfato-desidrogenase** (ver Fig. 17-4), uma flavoproteína localizada na face externa da membrana mitocondrial interna. O aceptor de elétrons nessa reação é a Q; a $QH_2$ produzida entra no conjunto de $QH_2$ na membrana.

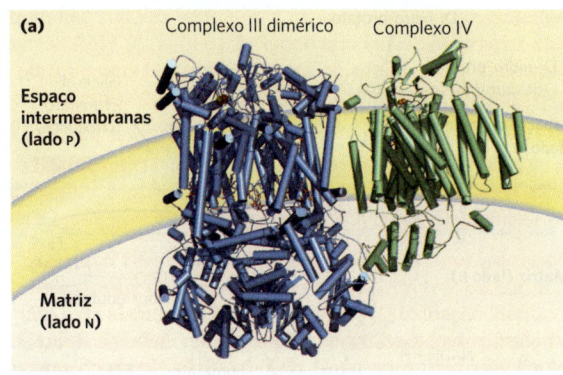

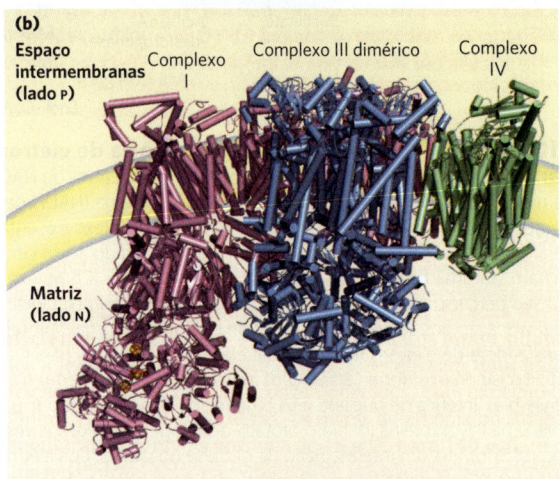

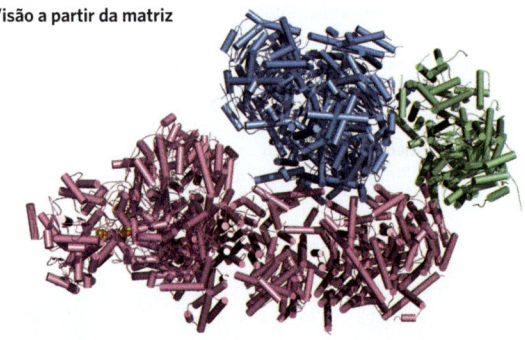

**FIGURA 19-14 Um respirassomo composto dos Complexos I, III e IV.** (a) Supercomplexos purificados contendo os Complexos III e IV (de levedura), conforme determinado por criomicroscopia eletrônica. (b) Estrutura de um respirassomo composto dos Complexos I, III e IV de mamíferos (suíno e bovino). São mostradas duas incidências.
[Dados de (a) PDB ID 6GIQ, S. Rathore et al., *Nat. Struct. Mol. Biol.* 26:50, 2019; (b) PDB ID 5GPN, J. Gu et al., *Nature* 537:639, 2016.]

O importante papel da glicerol-3-fosfato-desidrogenase em lançar equivalentes redutores do NADH citosólico para a matriz mitocondrial é descrito na Seção 19.2 (ver Fig. 19-32). A **di-hidro-orotato-desidrogenase**, que atua na síntese de pirimidinas (ver Fig. 22-38), também está localizada na porção externa da membrana mitocondrial interna e doa elétrons à Q na cadeia respiratória. A $QH_2$ reduzida passa seus elétrons para o Complexo III, e eles chegam, por fim, ao $O_2$.

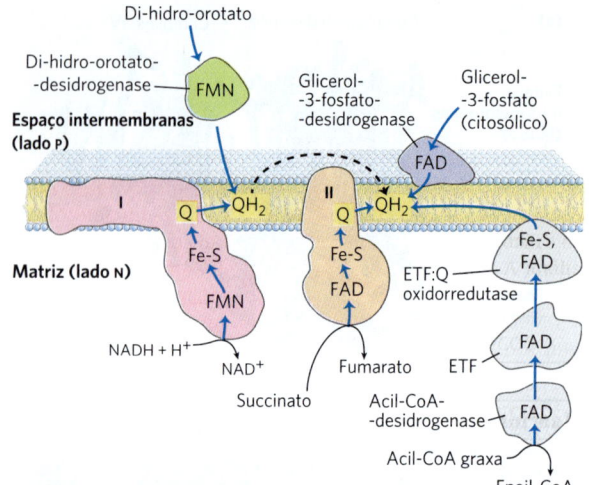

**FIGURA 19-15  Vias para a transferência de elétrons para a ubiquinona na cadeia respiratória.** Elétrons do NADH na matriz passam através do FMN em uma flavoproteína (NADH-desidrogenase) para uma série de centros de Fe-S (no Complexo I) e, então, para Q. Os elétrons da oxidação do succinato no ciclo do ácido cítrico passam via uma flavoproteína com vários centros Fe-S (Complexo II) em seu percurso para Q. A acil-CoA-desidrogenase, a primeira enzima da β-oxidação dos ácidos graxos, transfere elétrons para a flavoproteína transferidora de elétrons (ETF), da qual eles são transferidos para Q via ETF:ubiquinona-oxidorredutase. O di-hidro-orotato, um intermediário na via biossintética de nucleotídeos pirimídicos, doa dois elétrons para Q via uma flavoproteína (di-hidro-orotato-desidrogenase). Por sua vez, o glicerol-3-fosfato, um intermediário da glicólise no citosol, doa elétrons para uma flavoproteína (glicerol-3-fosfato-desidrogenase) na face externa da membrana mitocondrial interna, da qual os elétrons passam para a Q. QH$_2$ difunde-se livremente através da membrana (seta preta tracejada) e pode interagir com diversos outros complexos.

## A energia da transferência de elétrons é conservada de maneira eficaz em um gradiente de prótons

A transferência de dois elétrons do NADH por meio da cadeia respiratória para o oxigênio molecular pode ser escrita como

$$2\ NADH + 2H^+ + O_2 \longrightarrow 2\ NAD^+ + 2H_2O \quad (19\text{-}5)$$

Essa reação resultante é altamente exergônica. Para o par redox NAD$^+$/NADH, $E'^\circ$ é $-0{,}320$ V e, para o par O$_2$/H$_2$O, $E'^\circ$ é 0,816 V. A $\Delta E'^\circ$ para essa reação é, portanto, 1,14 V, e a variação de energia livre padrão (ver Equação 13-7, p. 492) é

$$\Delta G^\circ = -nF\,\Delta E'^\circ \quad (19\text{-}6)$$
$$= -2(96{,}5\ \text{kJ/V}\cdot\text{mol})(1{,}14\ \text{V})$$
$$= -220\ \text{kJ/mol (of NADH)}$$

Esta variação de energia livre *padrão* pressupõe concentrações iguais (1 M) de NADH e de NAD$^+$. Em mitocôndrias que respiram ativamente, as ações de muitas desidrogenases mantêm a razão [NADH]/[NAD$^+$] real bem acima dessa unidade, e a variação de energia livre real para a reação mostrada na Equação 19-5 é, portanto, substancialmente maior (mais negativa) do que $-220$ kJ/mol. Um cálculo semelhante para a oxidação do succinato mostra que a transferência de elétrons do succinato ($E'^\circ$ para fumarato/succinato = 0,031 V) para o O$_2$ tem uma variação de energia livre padrão menor, mas ainda negativa, de cerca de $-150$ kJ/mol.

A maior parte dessa energia é usada para bombear prótons para fora da matriz. Para cada par de elétrons transferido para o O$_2$, quatro prótons são bombeados para fora pelo Complexo I, quatro pelo Complexo III e dois pelo Complexo IV (**Fig. 19-16**). A equação *vetorial* para o processo é, portanto,

$$2\ NADH + 22H^+_N + O_2 \longrightarrow 2\ NAD^+ + 20H^+_P + 2H_2O \quad (19\text{-}7)$$

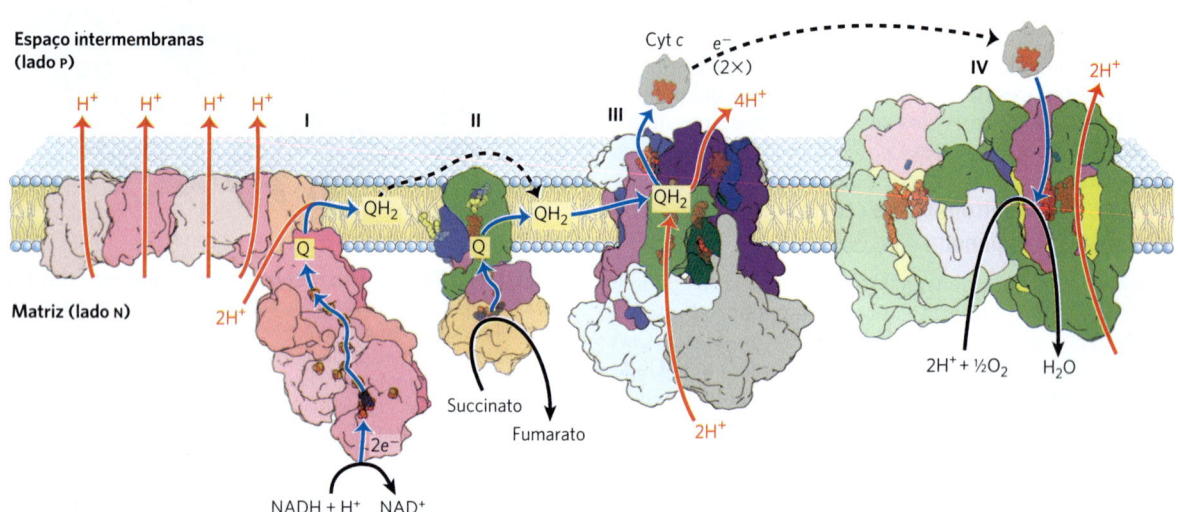

**FIGURA 19-16  Resumo do fluxo de elétrons e prótons pelos quatro complexos da cadeia respiratória.** Os elétrons chegam à Q pelos Complexos I e II (assim como por meio de várias outras reações, mostradas na Fig. 19-15). A Q reduzida (QH$_2$) serve como transportador móvel de elétrons e prótons. Ela entrega elétrons ao Complexo III, que, por sua vez, os passa a outro elo móvel que conecta os complexos, o citocromo *c*. O Complexo IV transfere, então, os elétrons do citocromo *c* reduzido para o O$_2$. O fluxo de elétrons pelos Complexos I, III e IV é acompanhado por efluxo de prótons da matriz para o espaço intermembranas. No coração bovino, as razões aproximadas dos Complexos I:II:III:IV são 1,1:1,3:3,0:6,7. As linhas tracejadas indicam a difusão de Q no plano da membrana interna e do citocromo *c* pelo espaço intermembranas. [Dados do Complexo I: PDB ID 4HEA, R. Baradaran et al., *Nature* 494:443, 2013; Complexo II: PDB ID 1ZOY, F. Sun et al., *Cell* 121:1043, 2005; Complexo III: PDB ID 1BGY, S. Iwata et al., *Science* 281:64, 1998; citocromo *c*: PDB ID 1HRC, G. W. Bushnell et al., *J. Mol. Biol.* 214:585, 1990; Complexo IV: PDB ID 1OCC, T. Tsukihara et al., *Science* 272:1136, 1996.]

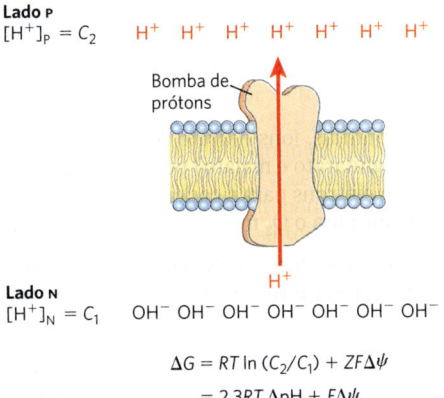

**FIGURA 19-17 Força próton-motriz.** A membrana mitocondrial interna separa dois compartimentos de diferentes [H⁺], resultando em diferenças na concentração química (ΔpH) e na distribuição de cargas (Δψ) através da membrana. O efeito resultante é a força próton-motriz (ΔG), que pode ser calculada como mostrado aqui.

**P4** A energia eletroquímica inerente a essa diferença na concentração de prótons e à separação de cargas representa uma conservação temporária de grande parte da energia da transferência de elétrons. A energia estocada nesse gradiente, chamada de **força próton-motriz**, tem dois componentes: (1) a *energia potencial química*, devido à diferença de concentração de uma espécie química ($H^+$) nas duas regiões separadas pela membrana, e (2) a *energia potencial elétrica*, que resulta da separação de cargas quando um próton se move através da membrana sem um contraíon (**Fig. 19-17**).

Conforme visto no Capítulo 11, a variação de energia livre para a criação de um gradiente eletroquímico por uma bomba de íons é

$$\Delta G = RT \ln(C_2/C_1) + ZF \Delta\psi \qquad (19\text{-}8)$$

em que $C_2$ e $C_1$ são as concentrações de um íon nas duas regiões e $C_2 > C_1$; $Z$ é o valor absoluto de sua carga elétrica (1 para um próton); e $\Delta\psi$ é a diferença transmembrana no potencial elétrico, medida em volts.

Para os prótons,

$$\ln(C_2/C_1) = 2{,}3(\log[H^+]_P - \log[H^+]_N)$$
$$= 2{,}3(pH_N - pH_P) = 2{,}3\,\Delta pH$$

e a Equação 19-8 pode ser reduzida a

$$\Delta G = 2{,}3RT\,\Delta pH + F\Delta\psi \qquad (19\text{-}9)$$

Em mitocôndrias que respiram ativamente, o Δψ medido é de 0,15 a 0,20 V, e o pH da matriz é cerca de 0,75 unidade mais alcalino do que aquele do espaço intermembranas.

### EXEMPLO 19-1 *Energética da transferência de elétrons*

Calcule a quantidade de energia conservada no gradiente de prótons através da membrana mitocondrial interna por par de elétrons transferido através da cadeia respiratória do NADH ao oxigênio. Considere que Δψ é 0,15 V, e a diferença de pH é de 0,75 unidade a uma temperatura corporal de 37 °C.

**SOLUÇÃO:** A Equação 19-9 fornece a variação de energia livre quando *um* mol de prótons se move através da membrana interna. Substituindo os valores das constantes $R$ e $F$, 310 K para $T$ e os valores medidos para ΔpH (0,75 unidade) e Δψ (0,15 V) nessa equação, tem-se ΔG = 19 kJ/mol (de prótons). Como a transferência de dois elétrons do NADH ao $O_2$ é acompanhada pelo bombeamento para fora de 10 prótons (Equação 19-7), aproximadamente 190 kJ (dos 220 kJ liberados pela oxidação de 1 mol de NADH) são conservados no gradiente de prótons.

Quando os prótons fluem espontaneamente *a favor* de seu gradiente eletroquímico, há energia disponível para realizar trabalho. Em mitocôndrias, cloroplastos e bactérias aeróbias, a energia eletroquímica do gradiente de prótons impulsiona a síntese de ATP a partir de ADP e $P_i$. Mais detalhes sobre energética e estequiometria da síntese de ATP propiciada pelo potencial eletroquímico do gradiente de prótons podem ser encontrados na Seção 19.2.

### Espécies reativas de oxigênio são geradas durante a fosforilação oxidativa

Diversas etapas na via de redução do oxigênio em mitocôndrias têm o potencial de produzir espécies reativas de oxigênio (superóxido, peróxido de hidrogênio e radicais hidroxila), que podem danificar as células. Alguns intermediários no sistema de transferência de elétrons, como a ubissemiquinona ($^\bullet Q^-$) parcialmente reduzida podem reagir diretamente com o oxigênio, formando o radical superóxido como intermediário. O radical superóxido ($^\bullet O_2^-$) é formado quando um único elétron é passado para o $O_2$ na reação

$$O_2 + e^- \longrightarrow {}^\bullet O_2^-$$

Reduções sucessivas do radical superóxido com elétrons adicionais produzem $H_2O_2$, radicais hidroxila ($^\bullet OH$) e, finalmente, $H_2O$. O radical hidroxila, extremamente reativo, pode ser especialmente danoso (Figura 19-18).

Espécies reativas de oxigênio (ERO) podem provocar sérios danos ao reagir com enzimas, lipídeos de membranas e ácidos nucleicos. Em mitocôndrias que respiram ativamente, 0,2 a 2% do $O_2$ utilizado na respiração forma $^\bullet O_2^-$ – mais do que suficiente para ter efeitos letais, a não ser que o radical livre seja rapidamente descartado. Os fatores que diminuem a velocidade de fluxo de elétrons pela cadeia respiratória aumentam a formação de superóxido, talvez por prolongarem o tempo de vida do $^\bullet O_2^-$ gerado no ciclo Q. A formação de ERO é favorecida quando duas condições são satisfeitas: (1) as mitocôndrias não estão produzindo ATP (por falta de ADP ou de $O_2$) e, portanto, têm grande força próton-motriz e razão $QH_2/Q$ elevada; e (2) há uma razão NADH/NAD⁺ alta na matriz. Nessas situações, a mitocôndria está sob estresse oxidativo – há mais elétrons disponíveis para entrar na cadeia respiratória do que aqueles que podem imediatamente ser passados para o oxigênio. Quando o suprimento de doadores de elétrons (NADH) é equiparado àquele de aceptores de elétrons, existe menos estresse oxidativo, e a produção de ERO é muito reduzida. Embora a superprodução de ERO seja obviamente prejudicial, *baixos*

# 678 CAPÍTULO 19 • FOSFORILAÇÃO OXIDATIVA

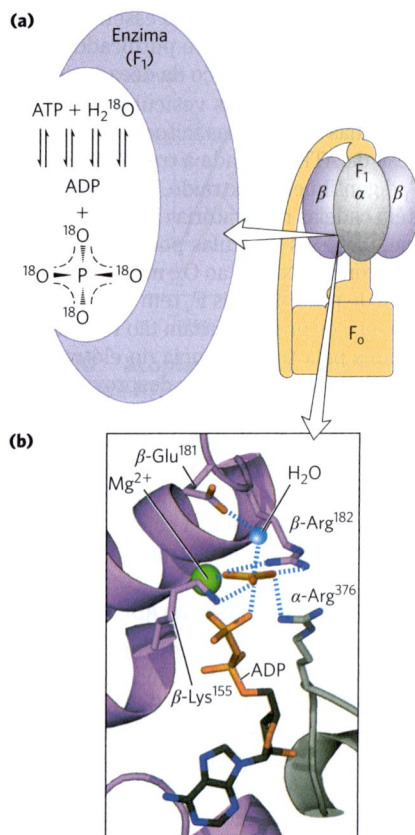

**FIGURA 19-23 Mecanismo catalítico de $F_1$.** (a) Um experimento de troca usando $^{18}O$. O $F_1$ solubilizado de membranas mitocondriais é incubado com ATP na presença de água marcada com $^{18}O$. Em intervalos, uma amostra da solução é retirada e analisada para detectar a incorporação de $^{18}O$ no $P_i$ produzido a partir da hidrólise de ATP. Em minutos, o $P_i$ contém 3 ou 4 átomos de $^{18}O$, indicando que tanto a hidrólise de ATP quanto a síntese de ATP ocorreram diversas vezes durante a incubação. (b) Provável complexo do estado de transição para a hidrólise e a síntese de ATP pela ATP-sintase. A subunidade $\alpha$ é mostrada em cinza, e a subunidade $\beta$, em roxo. Os resíduos carregados positivamente $\beta$-$Arg^{182}$ e $\alpha$-$Arg^{376}$ coordenam-se com dois oxigênios do fosfato pentavalente intermediário; $\beta$-$Lys^{155}$ interage com um terceiro oxigênio, e o íon $Mg^{2+}$ estabiliza ainda mais o intermediário. A esfera azul representa o grupo que sai ($H_2O$). Essas interações resultam no pronto equilíbrio de ATP e ADP + $P_i$ no sítio ativo. [(b) Dados de PDB ID 1BMF, J. P. Abrahams et al., Nature 370:621, 1994.]

($K_d \approx 10^{-5}$ M). A diferença na $K_d$ corresponde a uma diferença de cerca de 40 kJ/mol na energia de ligação, e essa energia impulsiona o equilíbrio em direção à formação do produto ATP.

## O gradiente de prótons impulsiona a liberação de ATP a partir da superfície da enzima

Embora a ATP-sintase equilibre o ATP com ADP + $P_i$, na ausência de um gradiente de prótons, o ATP recém-sintetizado não deixa a superfície da enzima. Como resultado, a enzima não pode concluir o ciclo e sintetizar uma segunda molécula de ATP. É o gradiente de prótons que faz a enzima liberar o ATP formado em sua superfície. O diagrama de coordenadas de reação do processo (**Fig. 19-24**) ilustra a diferença entre o mecanismo da ATP-sintase e aquele de muitas outras enzimas que catalisam reações endergônicas.

Para a síntese continuada de ATP, a enzima precisa oscilar entre uma forma que liga ATP muito fortemente e uma forma que libera ATP. Estudos químicos e cristalográficos da ATP-sintase revelaram a base estrutural para essa alternância de função.

## Cada subunidade $\beta$ da ATP-sintase pode assumir três diferentes conformações

O componente $F_1$ mitocondrial tem nove subunidades de cinco diferentes tipos, com a composição $\alpha_3\beta_3\gamma\delta\varepsilon$. Cada uma das três subunidades $\beta$ tem um sítio catalítico para a síntese de ATP. A determinação cristalográfica da estrutura de $F_1$ por John E. Walker e colaboradores revelou detalhes estruturais muito úteis para explicar o mecanismo catalítico da enzima. A porção de $F_1$ em forma de maçaneta é uma esfera achatada, com 8 nm por 10 nm, consistindo em subunidades $\alpha$ e $\beta$ alternadas, arranjadas como os gomos de uma laranja (**Fig. 19-25a-d**). Embora as sequências de aminoácidos nas três subunidades $\beta$ sejam idênticas, *suas conformações diferem*. As diferenças conformacionais entre as subunidades $\beta$ se estendem a diferenças em seus sítios de ligação de ATP/ADP. Quando os pesquisadores cristalizaram a proteína na presença de ADP e App(NH)p, um análogo estrutural bastante semelhante ao ATP que não pode ser hidrolisado pela atividade ATPásica de $F_1$, o sítio de ligação de uma das três subunidades $\beta$ foi preenchido com App(NH)p, o segundo foi preenchido com ADP e o terceiro estava vazio. As conformações das subunidades $\beta$ correspondentes são designadas

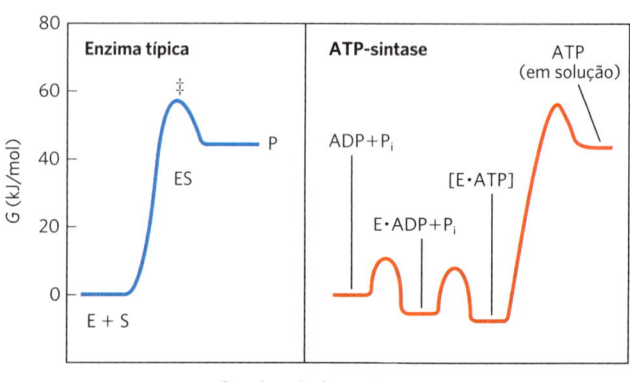

**FIGURA 19-24 Diagramas de coordenadas de reação para a ATP-sintase e para uma enzima mais típica.** Em uma reação típica catalisada por enzima (à esquerda), alcançar o estado de transição (‡) entre substrato e produtos é a principal barreira energética a ser superada. Na reação catalisada pela ATP-sintase (à direita), a liberação de ATP a partir da enzima, e não a formação de ATP, é a principal barreira energética. A variação de energia livre para a formação de ATP a partir de ADP e $P_i$ em solução aquosa é grande e positiva, porém, na superfície da enzima, a ligação muito firme do ATP proporciona energia de ligação suficiente para trazer a energia livre do ATP ligado à enzima para perto daquela de ADP + $P_i$, de forma que a reação é prontamente reversível. A constante de equilíbrio é próxima de 1. A energia livre necessária para a liberação do ATP é fornecida pela força próton-motriz.

## FIGURA 19-25 Complexo da ATP-sintase mitocondrial.

(a) Desenho representando o complexo $F_oF_1$. A forma dimérica é observada em mitocôndrias eucarióticas. A forma monomérica é encontrada em bactérias. (b) $F_1$ visto de cima (i.e., do lado N da membrana), mostrando as três subunidades $\beta$ (tons de roxo) e as três subunidades $\alpha$ (tons de cinza) e o eixo central (subunidade $\gamma$, em verde). Cada subunidade $\beta$, próximo de sua interface com a subunidade $\alpha$ vizinha, tem um sítio de ligação de nucleotídeos crucial para a atividade catalítica. A subunidade $\gamma$ única associa-se preferencialmente com um dos três pares $\alpha\beta$, forçando cada uma das três subunidades $\beta$ a adquirir conformações levemente diferentes, com diferentes sítios de ligação de nucleotídeos. Na enzima cristalina, uma subunidade ($\beta$-ADP) tem ADP (em amarelo) em seu sítio de ligação, a próxima ($\beta$-ATP) tem ATP (em vermelho), e a terceira ($\beta$-vazio) não tem qualquer nucleotídeo ligado. (c) A enzima inteira, em uma visão lateral (no plano da membrana). A porção $F_1$ tem três subunidades $\alpha$ e três subunidades $\beta$ arranjadas como os gomos de uma laranja ao redor de um eixo central, a subunidade $\gamma$ (em verde). (Duas subunidades $\alpha$ e uma subunidade $\beta$ foram omitidas para mostrar a subunidade $\gamma$ e os sítios de ligação para ATP e ADP nas subunidades $\beta$.) A subunidade $\delta$ confere à ATP-sintase sensibilidade à oligomicina, e a subunidade $\varepsilon$ pode servir para inibir a atividade enzimática da ATPase em algumas circunstâncias. A subunidade $F_o$ consiste em uma subunidade a e duas subunidades b, as quais ancoram o complexo $F_oF_1$ à membrana e atuam como um estator (a porção estacionária de um sistema de rotação), mantendo as subunidades $\alpha$ e $\beta$ no lugar. $F_o$ também inclui um anel c, constituído por diversas (8 a 17, dependendo da espécie) subunidades c (proteínas pequenas e hidrofóbicas) idênticas. O anel c e a subunidade a interagem, fornecendo uma via transmembrana para os prótons. Cada uma das subunidades c em $F_o$ tem, próximo ao meio da membrana, um resíduo crucial de Asp, o qual sofre protonação/desprotonação durante o ciclo catalítico da ATP-sintase. Aqui é mostrado o anel $c_{11}$ homólogo da $Na^+$-ATPase de *Ilyobacter tartaricus*, para o qual a estrutura está bem estabelecida. Os sítios de ligação de $Na^+$, que correspondem aos sítios de ligação de prótons do complexo $F_oF_1$, são mostrados com seus íons $Na^+$ ligados (esferas vermelhas). (d) Vista de $F_o$ perpendicular à membrana. Como em (c), as esferas vermelhas representam sítios de ligação a $Na^+$ ou a prótons em resíduos de Asp. [(a) Informações de W. Kühlbrandt e K. M. Davies, *Trends Biochem. Sci.* 41:106, 2016. (b, c, d) Dados de PDB ID 1BMF, J. P. Abrahams et al., *Nature* 370:621, 1994; PDB ID 1JNV, A. C. Hausrath et al., *J. Biol. Chem.* 276:47,227, 2001; PDB ID 2A7U, S. Wilkens et al., *Biochemistry* 44:11,786, 2005; PDB ID 2CLY, V. Kane Dickson et al., *EMBO J.* 25:2911, 2006; $F_o$: PDB ID 1B9U, O. Dmitriev et al., *J. Biol. Chem.* 274:15,598, 1999; anel c: PDB ID 1YCE, T. Meier et al., *Science* 308:659, 2005.]

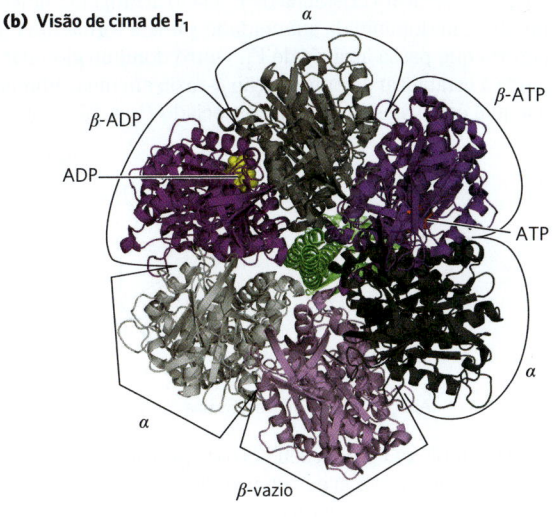

(b) Visão de cima de $F_1$

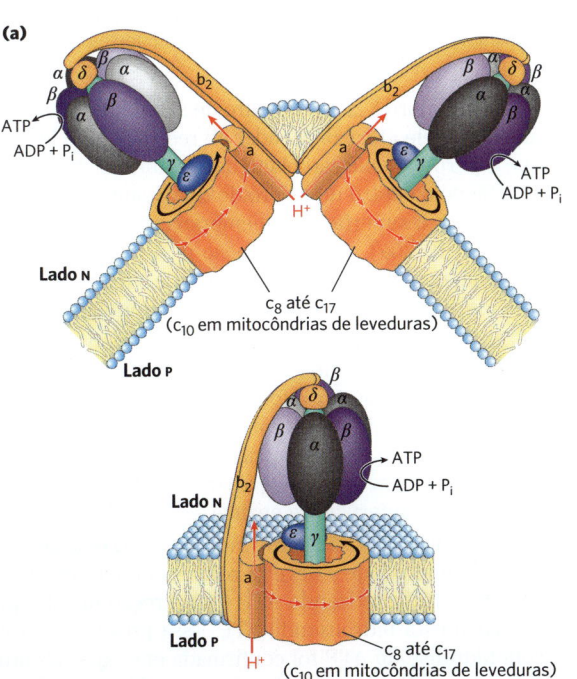

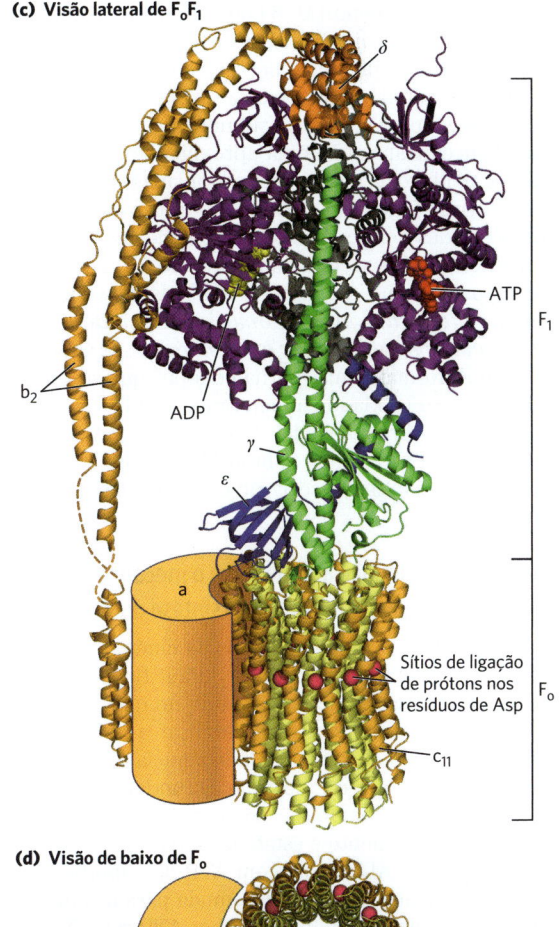

(c) Visão lateral de $F_oF_1$

(d) Visão de baixo de $F_o$

β-ATP, β-ADP e β-vazio (Fig. 19-25b). Essa diferença na ligação de nucleotídeos entre as três subunidades é crítica para o mecanismo do complexo. Os polipeptídeos que constituem a haste na estrutura cristalina de $F_1$ estão arranjados simetricamente. Um domínio da subunidade γ única forma uma haste central que passa através de $F_1$. Outro domínio globular de γ ajuda a estabilizar a conformação β-vazio em uma subunidade β à qual está transitoriamente associado (Fig. 19-25c).

App(NH)p (β, γ-imidoadenosina-5'-trifosfato)

Ligação β-γ não hidrolisável

O complexo $F_o$, com seu poro de prótons, é composto de três subunidades, a, b e c, na proporção $ab_2c_n$, em que $n$ varia de 8 a 17, dependendo da espécie. A subunidade c é um polipeptídeo pequeno ($M_r$ 8.000), muito hidrofóbico, que consiste quase que inteiramente em duas hélices transmembrana, com uma pequena alça se estendendo do lado da membrana voltado para a matriz. A estrutura cristalina de $F_oF_1$ de leveduras mostra 10 subunidades c, cada uma com duas hélices transmembrana aproximadamente perpendiculares ao plano da membrana e arranjadas em dois círculos concêntricos para criar o **anel c**. O círculo mais interno é composto das hélices aminoterminais de cada subunidade c; o círculo mais externo, com cerca de 55 Å de diâmetro, é composto das hélices carboxiterminais. *As subunidades c no anel c giram juntas como uma unidade ao redor de um eixo perpendicular à membrana.* As subunidades ε e γ de $F_1$ formam uma "perna com pé" que se projeta do lado de baixo (do lado da membrana) de $F_1$ e se sustenta firmemente sobre o anel das subunidades c. A subunidade a consiste em várias hélices hidrofóbicas que atravessam a membrana em íntima associação com uma das subunidades c no anel c.

### A catálise rotacional é a chave para o mecanismo de alteração na ligação durante a síntese de ATP

Com base em estudos detalhados da cinética e da ligação das reações catalisadas por $F_oF_1$, Paul Boyer propôs um mecanismo de **catálise rotacional**, no qual os três sítios ativos de $F_1$ se revezam para catalisar a síntese de ATP (**Fig. 19-26**). Uma dada subunidade β inicia na conformação β-ADP, que liga ADP e $P_i$ do meio circundante. A subunidade agora muda de conformação, assumindo a forma β-ATP, que se liga firmemente e estabiliza o ATP, gerando o pronto equilíbrio de ADP + $P_i$, com ATP na superfície da enzima. Finalmente, a subunidade muda para a conformação β-vazio, que tem baixa afinidade por ATP, e o ATP recém-sintetizado deixa a superfície da enzima. Outra rodada de catálise começa quando essa subunidade novamente assume a forma β-ADP e liga ADP e $P_i$.

**P5** As mudanças conformacionais importantes nesse mecanismo são desencadeadas pela passagem de prótons pela porção $F_o$ da ATP-sintase. A corrente de prótons

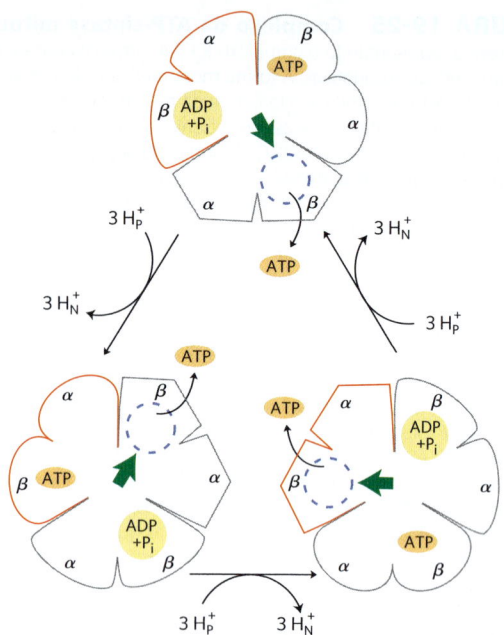

**FIGURA 19-26 Modelo de troca de ligação para a ATP--sintase.** O complexo $F_1$ tem três sítios não equivalentes para ligação de nucleotídeos de adenina, um para cada par de subunidades α e β. A cada momento, um desses sítios está na conformação β-ATP (que liga firmemente ATP), um segundo está na conformação β-ADP (ligação frouxa) e um terceiro está na conformação β-vazio (ligação muito frouxa). Nessa visão a partir do lado N, a força próton-motriz causa a rotação do eixo central – a subunidade γ, mostrada como uma seta verde – que entra em contato com cada par de subunidades αβ em sucessão. Isso produz uma mudança conformacional cooperativa, na qual o sítio β-ATP é convertido para a conformação β-vazio, e o ATP se dissocia; o sítio β-ADP é convertido para a conformação β-ATP, que promove a condensação de ADP + $P_i$ ligados, para formar ATP; e o sítio β-vazio torna-se um sítio β-ADP, que liga frouxamente ADP e $P_i$ vindos do solvente. Observe que a rotação ocorre no sentido reverso quando a ATP-sintase está atuando como uma ATPase, como no experimento mostrado na Figura 19-27.

através do poro $F_o$ faz o cilindro de subunidades c e a subunidade γ a ele encaixada rodar ao redor do eixo longo de γ, que é perpendicular ao plano da membrana. A subunidade γ passa pelo centro do esferoide $\alpha_3\beta_3$, mantido estacionário em relação à superfície da membrana pelas subunidades $b_2$ e δ (Fig. 19-25a). A cada rotação de 120°, a subunidade γ entra em contato com uma subunidade β diferente, e o contato força a subunidade β a tomar a conformação β-vazio.

As três subunidades β interagem, de modo que quando uma assume a conformação β-vazio, sua vizinha em um dos lados *precisa* assumir a forma β-ADP, e a outra vizinha, a forma β-ATP. Assim, uma rotação completa da subunidade γ faz cada subunidade β passar por suas três conformações possíveis, e, para cada rotação, três ATP são sintetizados e liberados da superfície da enzima.

Uma forte previsão desse **modelo de troca de ligação** é que a subunidade γ deveria rodar em uma direção quando $F_oF_1$ está sintetizando ATP e na direção oposta quando a enzima está hidrolisando ATP. Essa previsão de rotação com hidrólise de ATP foi confirmada em experimentos sofisticados realizados nos laboratórios de Masasuke Yoshida e Kazuhiko Kinosita Jr. A rotação de γ em uma única molécula de $F_1$ foi observada microscopicamente, prendendo-se um polímero de actina fluorescente longo e fino a uma subunidade γ e observando-se seu movimento em relação a $α_3β_3$ imobilizado em uma lâmina de microscópio à medida que o ATP era hidrolisado. (A reversão esperada da rotação quando ATP está sendo sintetizado não pôde ser testada nesse experimento; não há gradiente de prótons para impulsionar a síntese de ATP). Quando todo o complexo $F_oF_1$ (e não apenas $F_1$) era utilizado em um experimento semelhante, todo o anel de subunidades c rodava com a subunidade γ (**Fig. 19-27**). O "eixo" rodava na direção prevista ao longo de 360°. A rotação não era contínua, mas ocorria em três etapas distintas de 120°. Conforme calculado a partir da taxa conhecida de hidrólise de ATP por uma molécula de $F_1$ e do arraste por fricção do longo polímero de actina, a eficiência desse mecanismo em converter energia química em movimento é próxima de 100%. Nas palavras de Boyer: "é uma esplêndida máquina molecular!".

▶**P5** Um modelo que ilustra como o fluxo de prótons e o movimento rotacional estão acoplados ao complexo $F_o$ é mostrado na **Figura 19-28**. Enquanto o anel c apresenta

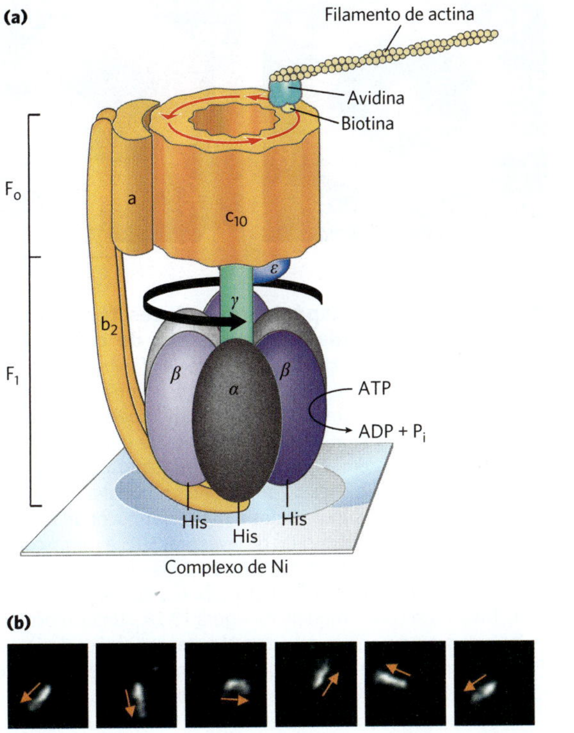

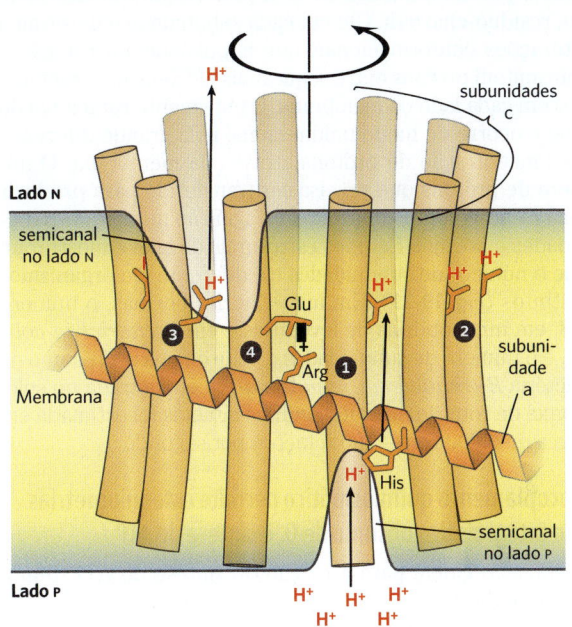

**FIGURA 19-28 Modelo para a rotação do anel c impulsionada por prótons.** A subunidade a do complexo $F_o$ da ATP-sintase (ver Fig. 19-25a) tem dois semicanais hidrofílicos para prótons, um conduzindo do lado P para o meio da membrana e outro conduzindo do meio da membrana para o lado N (matriz). A função da subunidade a estacionária é conduzir prótons para as subunidades do anel c (e a partir delas), propiciando o movimento de rotação do anel c. Subunidades c individuais em $F_o$ (o número total varia de 8 a 17 em diferentes espécies) estão arranjadas em um círculo ao redor de um núcleo central. Cada subunidade c tem um resíduo crítico de Glu (um Asp em algumas espécies) em uma posição aproximadamente no meio da membrana, com $pK_a$ alterado, que lhe permite doar ou aceitar um próton ($H^+$ em vermelho) em pH próximo da neutralidade. O ciclo pelo qual passam as subunidades c é ilustrado na figura. Uma subunidade c ❶ é inicialmente posicionada de forma que um próton que entra no semicanal no lado P (onde a concentração de prótons é relativamente alta) encontra e protona um resíduo conservado de His na subunidade a, que o transfere ao resíduo de Glu na subunidade c. Isso dispara uma mudança conformacional na subunidade c protonada que facilita a rotação à medida que o Glu perde sua carga negativa. O resíduo de Glu, agora neutro, é sequestrado na camada hidrofóbica da membrana enquanto ele participa da rotação como parte do anel c ❷. À medida que o anel c gira, a subunidade c que estamos seguindo estabelece contato com o canal para o lado N da membrana, onde o ambiente é relativamente alcalino, e o próton é liberado ❸. Quando o Glu readquire sua carga negativa, ocorre outra alteração conformacional facilitadora da rotação, de modo que o Glu interage transitoriamente com um resíduo de Arg conservado na subunidade a imóvel ❹. A interação com a Arg é reduzida quando o Glu é novamente protonado pelo resíduo de His, em movimentos que, mais uma vez, facilitam a rotação. As subunidades c posicionadas próximo aos semicanais estão fornecendo a força que estimula a rotação em qualquer dado momento, pois são as que sofrem mudanças conformacionais associadas à protonação e à desprotonação. A orientação do gradiente de prótons dita o sentido do fluxo de prótons e torna a rotação do anel c basicamente unidirecional. [Informações de W. Kühlbrandt e K. M. Davies, *Trends Biochem. Sci.* 41:106, 2016.]

**FIGURA 19-27 Demonstração experimental da rotação de $F_o$ e de γ.** Essa propriedade fundamental da reação da ATP-sintase foi demonstrada de vários modos criativos. (a) Em um experimento, ilustrado nesse desenho, o $F_1$, geneticamente modificado para conter uma sequência de resíduos de His, adere firmemente a uma lâmina de microscópio coberta com um complexo de Ni; a biotina é covalentemente ligada a uma subunidade c de $F_o$. A proteína avidina, que liga firmemente a biotina, está ligada covalentemente a longos filamentos de actina marcada com uma sonda fluorescente. Desse modo, a ligação biotina-avidina conecta os filamentos de actina à subunidade c. Quando ATP é fornecido como substrato para a atividade de ATPase de $F_1$, o filamento marcado gira em uma direção, mostrando que o cilindro de subunidades c de $F_o$ gira. (b) Em outro experimento, um filamento de actina fluorescente foi ligado diretamente à subunidade γ. A série de micrografias fluorescentes (observada da esquerda para a direita) mostra a posição do filamento de actina em intervalos de 133 ms. Observe que, à medida que o filamento gira, ele faz saltos discretos, em vez de realizar uma rotação suave ao redor do círculo. O cilindro e o eixo movem-se como uma unidade. [(a) Informações de Y. Sambongi et al., *Science* 286:1722, 1999. (b) Cortesia de Hiroyuki Noji.]

rotação, a subunidade a é estacionária. Interações críticas ocorrem entre aminoácidos evolutivamente conservados nas subunidades a e c. As subunidades individuais no anel c estão arranjadas em um círculo com apenas poucas delas em contato com a subunidade a em cada momento. Prótons difundem-se através da membrana por um caminho constituído por subunidades a e c. A protonação transitória de um resíduo-chave de Glu em cada subunidade c determina alterações conformacionais que impulsionam a rotação e transmitem prótons entre semicanais hidrofílicos posicionados em cada lado da membrana. O movimento rotacional do anel c ocorre de modo unidirecional pela grande diferença na concentração de prótons através da membrana. O número de prótons que precisa ser transferido para produzir uma rotação completa do anel c é igual ao número de subunidades c no anel. Estudos estruturais do anel c mostraram que o número de subunidades c é diferente em organismos distintos (**Fig. 19-29**). Em mitocôndrias bovinas, o número é 8, em mitocôndrias de leveduras e em *Escherichia coli*, 10, e o número de subunidades c pode chegar a 17, como na bactéria *Burkholderia pseudomallei*, encontrada no solo. A taxa de rotação em mitocôndrias intactas foi estimada em cerca de 6.000 rpm – 100 rotações por segundo.

## O acoplamento quimiosmótico permite estequiometrias não integrais de consumo de $O_2$ e síntese de ATP

A equação global para a reação de síntese de ATP tem a seguinte forma:

$$x\,\text{ADP} + x\text{P}_i + \tfrac{1}{2}O_2 + H^+ + \text{NADH} \longrightarrow \\ x\,\text{ATP} + H_2O + \text{NAD}^+ \qquad (19\text{-}11)$$

O valor de $x$ pode ser chamado de **razão P/O** ou **razão P/2$e^-$**. Quando um gradiente de prótons é acoplado à síntese de ATP, como descrito anteriormente, não há qualquer necessidade teórica de que P/O seja um número inteiro. As questões relevantes acerca da estequiometria tornam-se, então: quantos prótons são bombeados para fora pela transferência de elétrons de um NADH ao $O_2$ e quantos prótons precisam fluir para dentro por meio do complexo $F_oF_1$ para propiciar a síntese de uma molécula de ATP? Medir fluxos de prótons é uma tarefa tecnicamente complicada; o pesquisador precisa considerar a capacidade de tamponamento das mitocôndrias, o vazamento não produtivo de prótons através da membrana interna e o uso do gradiente de prótons para outras funções que não a síntese de ATP, como propiciar o transporte de substratos através da membrana mitocondrial interna (descrito a seguir). Quando NADH ou succinato (que envia elétrons para a cadeia respiratória no nível da ubiquinona) for o substrato oxidável, os valores experimentais de consenso para os números de prótons bombeados para fora por par de elétrons são 10 e 6, respectivamente. O valor experimental mais amplamente aceito para o número de prótons necessários para possibilitar a síntese de uma molécula de ATP é 4, sendo que 1 é usado no transporte de $P_i$, ATP e ADP através da membrana mitocondrial (ver a seguir). Se 10 prótons são bombeados para fora por NADH e 4 precisam fluir para dentro para produzir 1 ATP, a razão P/O com base em prótons é 2,5 para NADH como

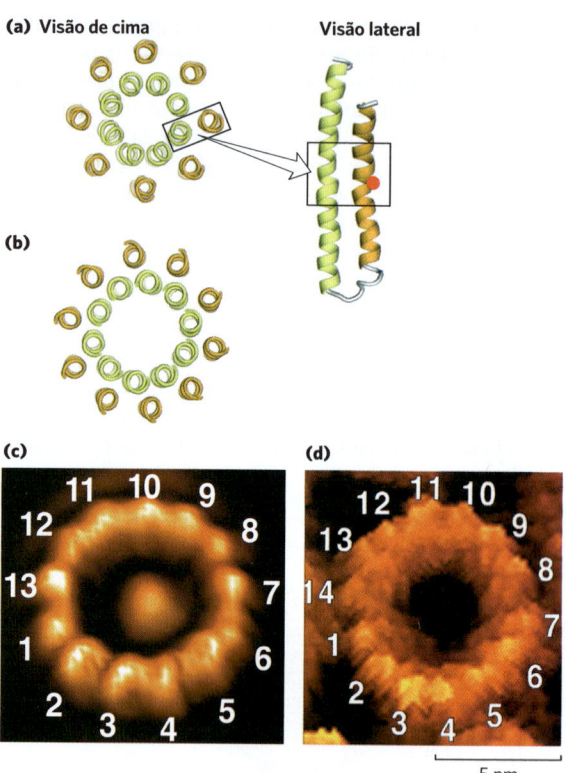

**FIGURA 19-29** **Espécies diferentes têm números diferentes de subunidades c no anel c do complexo $F_o$.** As estruturas dos anéis c de diversas espécies foram determinadas por cristalografia de raios X. Cada hélice no anel central é a metade de uma subunidade c com formato de grampo de cabelo; o anel externo de hélices forma a outra metade da estrutura de grampo. O resíduo essencial de Glu (Asp em algumas espécies) é mostrado como um ponto vermelho. Visualizações do anel c perpendiculares à membrana mostram o número de subunidades c para (a) mitocôndrias bovinas (8 subunidades) e (b) mitocôndrias de leveduras (10). A microscopia de força atômica foi utilizada para visualizar os anéis c (c) de uma bactéria termofílica, *Bacillus* espécie TA2.A1 (13 subunidades) e (d) do espinafre (14). De acordo com o modelo na Figura 19-28, números diferentes de subunidades c no anel c deveriam resultar em razões distintas de ATP formado por par de elétrons que passam pela cadeia respiratória (i.e., diferentes razões P/O). [(a) Dados de PDB ID 1OHH, E. Cabezon et al., *Nat. Struct. Biol.* 10:744, 2003. (c) Republicada com permissão de Elsevier de *J. Mol. Biol*, Matthies, et al., Vol. 388(3), ©2009; permissão transmitida por Copyright Clearance Center, Inc. (d) H. Seelert et al. Structural biology: Proton-powered turbine of a plant motor. *Nature* 405, 418–419. Reimpressa, com permissão, de Macmillan Publishers Ltd.]

doador de elétrons e 1,5 (6/4) para o succinato. Contudo, como será visto no Exemplo 19-2, a estequiometria dos prótons na síntese de ATP pela ATP-sintase depende do número de subunidades c em $F_o$, que varia de 8 a 17, dependendo da espécie.

### EXEMPLO 19-2 *Estequiometria da produção de ATP: efeito do tamanho do anel c*

(a) Se a ATP-sintase de mitocôndria *bovina* tem 8 subunidades c por anel c, qual é a razão prevista de ATP formado por NADH oxidado? (b)

Qual é o valor previsto para as mitocôndrias de *leveduras*, com 10 subunidades c por ATP-sintase? (c) Quais são os valores comparáveis para elétrons que entram na cadeia respiratória a partir do FADH$_2$?

**SOLUÇÃO:** (a) A questão solicita a determinação de quantos ATP são produzidos por NADH. Essa é outra forma de pedir para calcularmos a razão P/O, ou *x*, na Equação 19-11. Se o anel c tem 8 subunidades c, então uma rotação completa transferirá 8 prótons para a matriz e produzirá 3 moléculas de ATP. Todavia, essa síntese também requer o transporte de 3 P$_i$ para dentro da matriz, ao custo de 1 próton cada, acrescentando mais 3 prótons ao número necessário. Isso leva o custo total para (11 prótons)/(3 ATP) = 3,7 prótons/ATP. O valor consensual para o número de prótons bombeados para fora por par de elétrons transferidos do NADH é 10 (Equação 19-7). Desse modo, a oxidação de 1 NADH produz (10 prótons)/(3,7 prótons/ATP) = 2,7 ATP.

(b) Se o anel c tem 10 subunidades c, então uma rotação completa transferirá 10 prótons para a matriz e produzirá 3 moléculas de ATP. Acrescentando-se os 3 prótons para transportar os 3 P$_i$ para dentro da matriz, o custo total é de (13 prótons)/(3 ATP) = 4,3 prótons/ATP. A oxidação de 1 NADH produz (10 prótons)/(4,3 prótons/ATP) = 2,3 ATP.

(c) Quando os elétrons entram na cadeia respiratória a partir do FADH$_2$ (na ubiquinona), apenas 6 prótons estão disponíveis para impulsionar a síntese de ATP. Isso muda o cálculo da mitocôndria bovina para (6 prótons)/(3,7 prótons/ATP) = 1,6 ATP por par de elétrons entregues pelo FADH$_2$. Para a mitocôndria de leveduras, o cálculo é (6 prótons)/(4,3 prótons/ATP) = 1,4 ATP por par de elétrons vindos do FADH$_2$.

Esses valores calculados de *x*, ou da razão P/O, definem uma faixa que inclui os valores experimentais de 2,5 ATP/NADH e 1,5 ATP/FADH$_2$; portanto, esses valores serão usados ao longo deste livro.

## A força próton-motriz fornece energia ao transporte ativo

Embora o papel primário do gradiente de prótons nas mitocôndrias seja fornecer energia para a síntese de ATP, a força próton-motriz também impulsiona vários processos de transporte essenciais à fosforilação oxidativa. A membrana mitocondrial interna geralmente é impermeável a espécies carregadas, mas dois sistemas específicos transportam ADP e P$_i$ para dentro da matriz e ATP para o citosol (**Fig. 19-30**).

A **adenina-nucleotídeo-translocase**, integral à membrana interna, liga ADP$^{3-}$ no espaço intermembranas e o transporta para a matriz, em troca de uma molécula de ATP$^{4-}$ simultaneamente transportada para fora (ver Fig. 13-11 para as formas iônicas de ADP e ATP). Como esse antiportador move quatro cargas negativas para fora para cada três que são movidas para dentro, sua atividade é favorecida pelo gradiente eletroquímico transmembrana, que confere à matriz uma carga líquida negativa; a força próton-motriz propicia a troca ATP-ADP. A adenina-nucleotídeo-translocase é inibida especificamente por atractilosídeo, um glicosídeo tóxico produzido por uma espécie de cardo. Se os transportes de ADP para dentro e de ATP para fora das mitocôndrias são inibidos, o ATP citosólico não pode ser regenerado a partir do ADP, o que explica a toxicidade do atractilosídeo.

Um segundo sistema de transporte de membrana essencial à fosforilação oxidativa é a **fosfato-translocase**, que

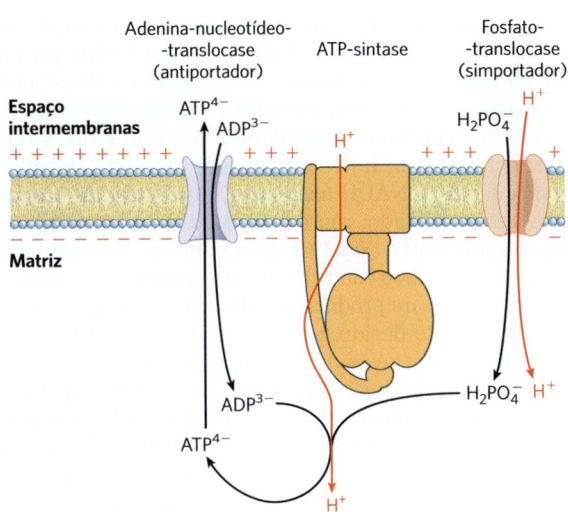

**FIGURA 19-30 Translocases de nucleotídeos da adenina e do fosfato.** Sistemas de transporte da membrana mitocondrial interna carregam ADP e P$_i$ para a matriz e ATP recém-sintetizado para o citosol. A adenina-nucleotídeo-translocase é um antiportador; a mesma proteína move ADP para a matriz e ATP para fora. O efeito da substituição de ATP$^{4-}$ por ADP$^{3-}$ na matriz é o efluxo líquido de uma carga negativa, o que é favorecido pela diferença de cargas através da membrana interna (lado de fora positivo). Em pH 7, o P$_i$ está presente como HPO$_4^{2-}$ e como H$_2$PO$_4^-$; a fosfato-translocase é específica para H$_2$PO$_4^-$. Não há fluxo efetivo de cargas durante o simporte de H$_2$PO$_4^-$ e H$^+$, mas a concentração relativamente baixa de prótons na matriz favorece o movimento de H$^+$ para dentro. Assim, a força próton-motriz é responsável por proporcionar energia para a síntese de ATP e para o transporte de substratos (ADP e P$_i$) para dentro e do produto (ATP) para fora da matriz mitocondrial. Todos esses três sistemas de transporte podem ser isolados como um único complexo ligado à membrana (ATP-sintassomo).

promove o simporte de um H$_2$PO$_4^-$ e um H$^+$ para a matriz. Esse processo de transporte também é favorecido pelo gradiente de prótons transmembrana (Fig. 19-30). Observe que o processo requer o movimento de um próton do lado P para o lado N da membrana interna, o que consome alguma energia da transferência de elétrons. Um complexo da ATP-sintase e ambas as translocases, o **ATP-sintassomo**, pode ser isolado das mitocôndrias por dissecação suave com detergentes, sugerindo que as funções dessas três proteínas são integradas muito fortemente.

ATP e ADP cruzam a membrana mitocondrial externa pelo canal aniônico dependente de voltagem (VDAC), um barril $\beta$ de 19 fitas com uma abertura de cerca de 27 Å de largura, que conecta o citosol e o espaço intermembranas. Cada VDAC, quando aberto, pode mover 10$^5$ moléculas de ATP por segundo. A abertura do canal é dependente de voltagem, como seu nome indica, e, sob certas condições, o VDAC é fechado para o ATP.

## Sistemas de lançadeiras conduzem indiretamente NADH citosólico para as mitocôndrias para oxidação

A NADH-desidrogenase da membrana mitocondrial interna de células animais pode aceitar elétrons somente do NADH na matriz. Considerando-se que a membrana interna não é permeável a NADH, como o NADH gerado pela glicólise no citosol pode ser reoxidado a NAD⁺ pelo $O_2$ usando a cadeia respiratória? Sistemas especiais de lançadeiras carregam equivalentes redutores do NADH citosólico para as mitocôndrias por uma via indireta. A lançadeira de NADH mais ativa, que funciona em mitocôndrias de fígado, rim e coração, é a **lançadeira do malato-aspartato** (Fig. 19-31). Os equivalentes redutores do NADH citosólico são primeiro transferidos ao oxalacetato citosólico para produzir malato, em uma reação catalisada pela malato-desidrogenase citosólica. O malato então formado passa através da membrana interna pelo transportador de malato-α-cetoglutarato. Dentro da matriz, os equivalentes redutores são passados ao NAD⁺ pela ação da malato-desidrogenase da matriz, formando NADH; esse NADH pode passar elétrons diretamente à cadeia respiratória. Cerca de 2,5 moléculas de ATP são geradas à medida que esse par de elétrons passa para o $O_2$. O oxalacetato citosólico precisa ser regenerado por reações de transaminação e pela atividade de transportadores de membrana para iniciar outro ciclo da lançadeira.

O músculo esquelético e o encéfalo usam uma lançadeira de NADH diferente, a **lançadeira do glicerol-3-fosfato** (**Fig. 19-32**). Ela difere da lançadeira do malato-aspartato por entregar os equivalentes redutores do NADH via FAD (na reação da glicerol-3-fosfato-desidrogenase) para a ubiquinona e, então, para o complexo III, não o complexo I (Fig. 19-15), proporcionando energia suficiente para sintetizar apenas 1,5 molécula de ATP por par de elétrons.

As mitocôndrias das plantas têm uma NADH-desidrogenase *externamente* orientada, que pode transferir elétrons diretamente do NADH citosólico para a cadeia respiratória no nível da ubiquinona. Como essa via desvia da NADH-desidrogenase do Complexo I e do movimento associado de prótons, a produção de ATP a partir do NADH citosólico é menor do que aquela obtida a partir do NADH gerado na matriz (**Quadro 19-1**).

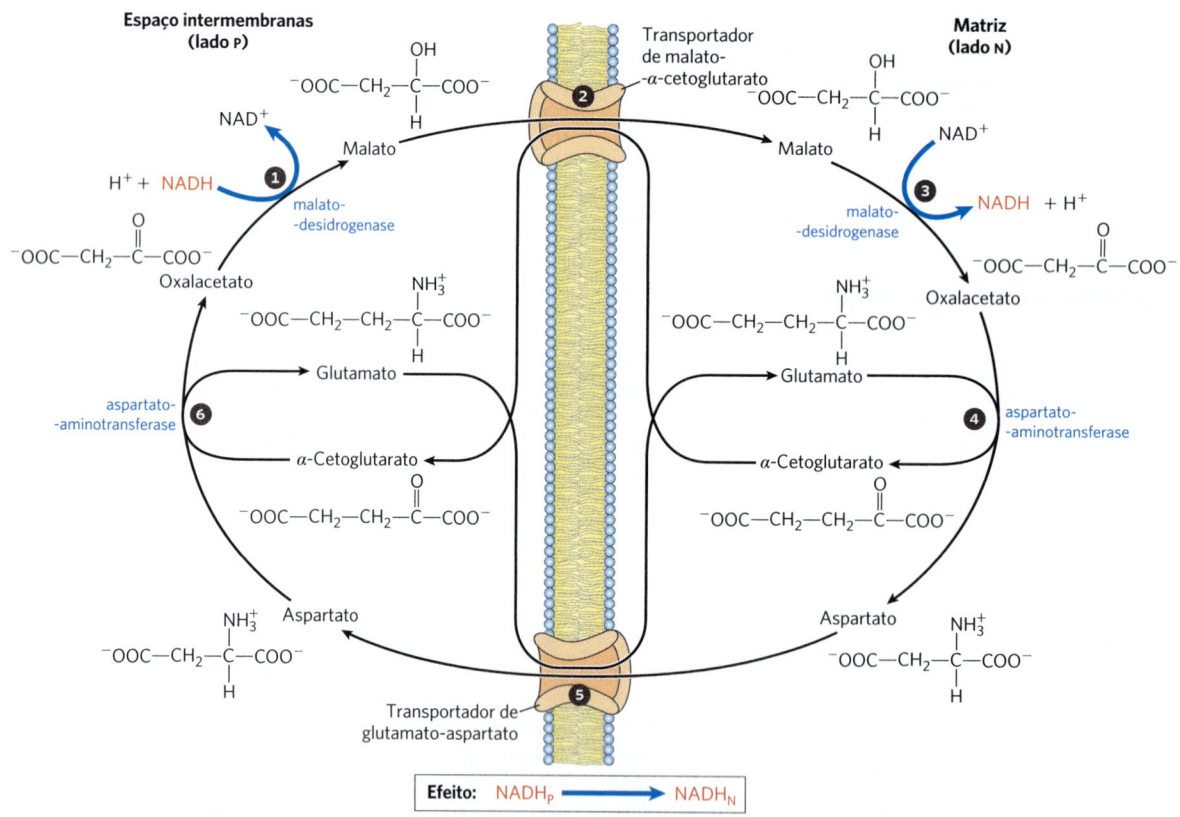

**FIGURA 19-31 Lançadeira do malato-aspartato.** Essa lançadeira para transporte de equivalentes redutores do NADH citosólico para dentro da matriz mitocondrial é usada no fígado, rim e coração. ❶ O NADH no citosol entra no espaço intermembranas por aberturas na membrana externa (porinas) e passa dois equivalentes redutores ao oxalacetato, produzindo malato. ❷ O malato cruza a membrana interna via transportador de malato-α-cetoglutarato. ❸ Na matriz, o malato passa dois equivalentes redutores ao NAD⁺, e o NADH resultante é oxidado pela cadeia respiratória; o oxalacetato formado a partir do malato não pode passar diretamente para o citosol. ❹ O oxalacetato é primeiro transaminado a aspartato, ❺ que pode sair via transportador glutamato-aspartato. ❻ O oxalacetato é regenerado no citosol, completando o ciclo, e o glutamato produzido na mesma reação entra na matriz via transportador glutamato-aspartato.

## QUADRO 19-1

### Plantas quentes e fedidas e vias respiratórias alternativas

Muitas plantas com flor atraem insetos polinizadores ao liberarem moléculas odoríferas que imitam as fontes naturais de alimento dos insetos ou os locais potenciais de oviposição. Plantas polinizadas por moscas ou besouros que normalmente se alimentam ou depositam seus ovos em esterco ou carniça algumas vezes usam compostos de odor desagradável para atrair esses insetos.

Uma família de plantas com odor desagradável é a Araceae, que inclui filodendros, antúrios e *Symplocarpus*. Essas plantas têm flores muito pequenas, densamente arranjadas em uma estrutura ereta, o espádice, circundado por uma folha modificada, a espata. O espádice libera odores de carne podre ou de esterco. Antes da polinização, o espádice também fica aquecido, em algumas espécies chegando até 20 a 40 °C acima da temperatura ambiente. A produção de calor (termogênese) ajuda a evaporar moléculas odoríferas para melhor dispersão e, como carne apodrecida e esterco normalmente são mornos devido ao metabolismo hiperativo de microrganismos saprofíticos, o calor por si só também pode atrair os insetos. No caso do *Symplocarpus* do leste (Fig. 1), que floresce no fim do inverno ou no início da primavera, quando a neve ainda cobre o chão, a termogênese permite ao espádice crescer em meio à neve.

Como o *Symplocarpus* aquece o espádice? As mitocôndrias das plantas, dos fungos e dos eucariotos unicelulares têm cadeias respiratórias essencialmente iguais às dos animais, mas também têm uma via respiratória alternativa. Uma QH$_2$-oxidase transfere elétrons do reservatório de ubiquinona diretamente ao oxigênio, contornando as duas etapas translocadoras de prótons dos Complexos III e IV (Fig. 2). A energia que poderia ser conservada como ATP é, em vez disso, liberada como calor. As mitocôndrias vegetais também têm uma NADH-desidrogenase alternativa, insensível à rotenona (um inibidor do Complexo I; ver Tabela 19-4). Essa desidrogenase transfere elétrons do NADH na matriz diretamente à ubiquinona, contornando o Complexo I e o bombeamento de prótons a ele associado. As mitocôndrias vegetais têm ainda outra NADH-desidrogenase, na face externa da membrana interna, que transfere elétrons do NADPH ou do NADH no espaço intermembranas para a ubiquinona, novamente contornando o Complexo I. Assim, quando os elétrons entram na via respiratória alternativa por meio da NADH-desidrogenase insensível à rotenona, da NADH-desidrogenase externa ou da succinato-desidrogenase (Complexo II) e passam para o O$_2$ pela oxidase alternativa resistente ao cianeto, a energia não é conservada como ATP, mas sim liberada como calor. Um *Symplocarpus* pode usar o calor para derreter a neve, produzir um cheiro fétido ou atrair besouros ou moscas.

**FIGURA 1** *Symplocarpus foetidus.* [Colin Purrington.]

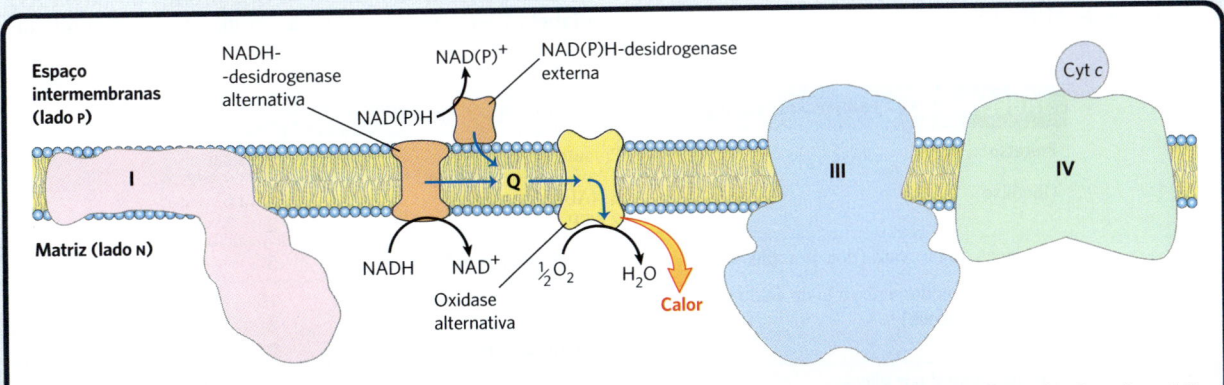

**FIGURA 2** Transportadores de elétrons da membrana interna de mitocôndrias vegetais. Os elétrons podem fluir pelos Complexos I, III e IV, como nas mitocôndrias animais, ou através de transportadores alternativos específicos dos vegetais, nas vias mostradas pelas setas azuis.

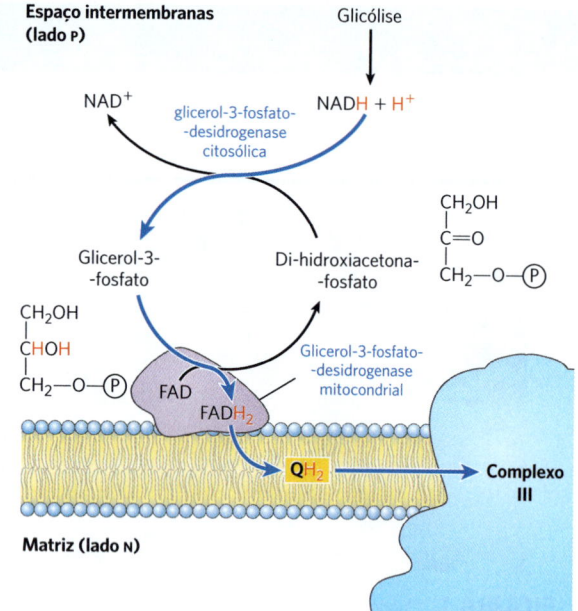

**FIGURA 19-32 Lançadeira do glicerol-3-fosfato.** Essa forma alternativa de mover equivalentes redutores do citosol para a cadeia respiratória opera no músculo esquelético e no encéfalo. No citosol, di-hidroxiacetona-fosfato aceita dois equivalentes redutores do NADH em uma reação catalisada pela glicerol-3-fosfato-desidrogenase citosólica. Uma isoenzima da glicerol-3-fosfato-desidrogenase ligada à face externa da membrana interna transfere, então, dois equivalentes redutores do glicerol-3-fosfato no espaço intermembranas para a ubiquinona. Observe que essa transferência não envolve sistemas de transporte de membrana.

### RESUMO 19.2 Síntese de ATP

- A teoria quimiosmótica descreve o acoplamento entre a síntese de ATP e o gradiente eletroquímico de prótons. O fluxo de elétrons pelos Complexos I, III e IV resulta no bombeamento de prótons através da membrana mitocondrial interna, tornando a matriz alcalina em relação ao espaço intermembranas. Esse gradiente de prótons fornece a energia (na forma de força próton-motriz) para a síntese de ATP a partir de ADP e $P_i$.

- A ATP-sintase apresenta dois componentes principais, chamados de $F_o$ e $F_1$. Ambos têm múltiplas subunidades. O complexo atravessa a membrana mitocondrial interna.

- A síntese de ATP é reversível no sítio ativo das subunidades $\beta$ do complexo $F_1$. A ligação muito forte ao ATP compensa a $\Delta G$ negativa para a hidrólise do ATP em solução.

- A liberação do ATP pela ATP-sintase é promovida pelo gradiente de prótons transmembrana.

- As subunidades do complexo $F_1$ ciclam entre três diferentes conformações: ligada a (ADP + $P_i$), ligada a ATP e vazia.

- A ATP-sintase executa uma "catálise rotacional", na qual o fluxo de prótons através de $F_o$ causa a rotação do anel c, que, por sua vez, dispara alterações conformacionais nas subunidades de $F_1$.

- A razão entre ATP sintetizado por $\frac{1}{2}O_2$ reduzido a $H_2O$ (a razão P/O) é de cerca de 2,5 quando os elétrons entram na cadeia respiratória no Complexo I e de 1,5 quando os elétrons entram na ubiquinona. Essa razão varia entre diferentes espécies, dependendo do número de subunidades c no complexo $F_o$.

- A energia conservada em um gradiente de prótons pode propiciar o transporte de solutos contra o gradiente através da membrana.

- A membrana mitocondrial interna é impermeável a NADH e NAD$^+$, mas equivalentes de NADH são movidos do citosol para a matriz por duas lançadeiras. Equivalentes de NADH deslocados para dentro pela lançadeira do malato-aspartato entram na cadeia respiratória no Complexo I e produzem uma razão P/O de 2,5; aqueles lançados para dentro pela lançadeira do glicerol-3-fosfato entram via ubiquinona e geram uma razão P/O de 1,5.

## 19.3 Regulação da fosforilação oxidativa

A fosforilação oxidativa produz a maior parte do ATP que é fabricado em células aeróbicas. A oxidação completa de uma molécula de glicose a $CO_2$ produz 30 ou 32 ATP (Tabela 19-5). Em comparação, a glicólise sob condições

| TABELA 19-5 | Produção de ATP a partir da oxidação completa da glicose | |
|---|---|---|
| **Processo** | **Produto direto** | **ATP final** |
| Glicólise | 2 NADH (citosólico) | 3 ou 5[a] |
| | 2 ATP | 2 |
| Oxidação do piruvato (dois por glicose) | 2 NADH (matriz mitocondrial) | 5 |
| Acetil-CoA oxidada no ciclo do ácido cítrico (duas por glicose) | 6 NADH (matriz mitocondrial) | 15 |
| | 2 FADH$_2$ | 3 |
| | 2 ATP ou 2 GTP | 2 |
| Produção total por glicose | | 30 ou 32 |

[a]Se a lançadeira do malato/aspartato for utilizada para transferir equivalentes redutores para a mitocôndria, o rendimento é de 5 ATP. Se for utilizada a lançadeira do glicerol-3-fosfato, o rendimento é de 3 ATP.

anaeróbicas (fermentação láctica) gera apenas 2 ATP por glicose. Claramente, a evolução da fosforilação oxidativa proporcionou um grande aumento na eficiência energética do catabolismo. A oxidação completa até $CO_2$ do derivado do palmitato (16:0) ligado à coenzima A, que também ocorre na matriz mitocondrial, produz 108 ATP por palmitoil-CoA (ver Tabela 17-1). Um cálculo similar pode ser feito para a produção de ATP a partir da oxidação de cada um dos aminoácidos (Capítulo 18). Portanto, as vias oxidativas aeróbicas que resultam na transferência de elétrons ao $O_2$ acompanhada da fosforilação oxidativa são responsáveis pela grande maioria do ATP produzido no catabolismo, de forma que é absolutamente essencial a regulação da produção de ATP pela fosforilação oxidativa, para se ajustar às necessidades celulares flutuantes da demanda por ATP.

### A fosforilação oxidativa é regulada pelas necessidades de energia das células

A taxa da respiração (consumo de $O_2$) nas mitocôndrias é geralmente limitada pela disponibilidade de ADP como substrato para a fosforilação. A dependência da taxa de consumo de $O_2$ em relação à disponibilidade do aceptor de $P_i$, o ADP (Fig. 19-20b), é chamada **controle da respiração pelo aceptor**, e pode ser surpreendente. Em alguns tecidos animais, a **razão do controle pelo aceptor**, ou seja, a razão entre a taxa máxima de consumo de $O_2$ induzido por ADP e a taxa basal na ausência de ADP, é de pelo menos 10.

A concentração intracelular de ADP é uma medida do estado energético das células. Outra medida relacionada, derivada da lei de ação das massas, é a **razão de ação das massas** do sistema ATP-ADP, $[ATP]/([ADP][P_i])$. Em geral, essa razão é muito alta, de forma que o sistema ATP-ADP está quase totalmente fosforilado. Quando aumenta a taxa de algum processo que requer energia (p. ex., a síntese proteica), também aumenta a taxa de quebra de ATP em ADP e $P_i$, baixando a razão de ação das massas. Com mais ADP disponível para a fosforilação oxidativa, a taxa da respiração aumenta, causando a regeneração do ATP. Isso continua até que a razão de ação das massas retorne ao seu nível elevado normal, situação em que a respiração diminui novamente. A velocidade de oxidação de combustíveis celulares é regulada com tal sensibilidade e precisão que a razão $[ATP]/([ADP][P_i])$ flutua apenas levemente na maioria dos tecidos, mesmo durante variações extremas na demanda de energia. Em resumo, a velocidade de produção de ATP é precisamente tão rápida quanto o uso de ATP nas atividades celulares que requerem energia.

### Uma proteína inibitória impede a hidrólise de ATP durante a hipóxia

A ATP-sintase já foi apresentada como uma bomba de prótons movida a ATP (ver Fig. 11-40), catalisando o reverso da síntese de ATP sob determinadas condições experimentais. Quando uma célula está hipóxica (desprovida de oxigênio), como em um infarto agudo do miocárdio ou acidente vascular cerebral, a transferência de elétrons para o oxigênio fica mais lenta, da mesma forma que o bombeamento de prótons. A força próton-motriz sofre colapso em seguida.

Nessas condições, a ATP-sintase poderia operar ao contrário, hidrolisando o ATP produzido pela glicólise para bombear prótons para fora e causando uma queda desastrosa nos níveis de ATP. Essa situação pode ser prevenida por um inibidor proteico pequeno (84 aminoácidos), o $IF_1$. O $IF_1$ liga-se simultaneamente a duas moléculas de ATP-sintase, inibindo a atividade enzimática em ambos os sentidos (**Fig. 19-33**). Ele é inibitório apenas em sua forma dimérica, que é favorecida em pH abaixo de 6,5. Em uma célula com baixos níveis de oxigênio, a glicólise torna-se a principal fonte de ATP, e o ácido pirúvico ou láctico então formado diminui o pH no citosol e na matriz mitocondrial. Isso favorece a dimerização de $IF_1$, levando à inibição da ATP-sintase e impedindo a hidrólise desnecessária de ATP. Quando o metabolismo aeróbico reinicia, a produção de ácido pirúvico diminui, o pH do citosol aumenta, o dímero é desestabilizado e a inibição da ATP-sintase é suspensa. $IF_1$ é uma proteína intrinsecamente desorganizada (p. 117), adquirindo uma conformação favorável apenas ao interagir com a ATP-sintase. Em muitos tumores e em linhagens de células cancerosas, que dependem mais fortemente da glicólise para a produção de ATP, $IF_1$ encontra-se expresso em níveis excepcionalmente altos.

### A hipóxia leva à produção de ERO e a várias respostas adaptativas

Em células hipóxicas, existe um desequilíbrio entre a chegada de elétrons a partir da oxidação de combustíveis celulares na matriz mitocondrial e a transferência de elétrons para o oxigênio molecular, levando a uma maior formação de espécies reativas de oxigênio. Além do sistema da glutationa-peroxidase (Fig. 19-18), as células têm outras duas linhas de defesa contra as ERO (**Fig. 19-34**). Uma é a regulação da piruvato-desidrogenase (PDH), a enzima que fornece acetil-CoA ao ciclo do ácido cítrico (Capítulo 16). Sob condições hipóxicas, a PDH-cinase fosforila a PDH mitocondrial,

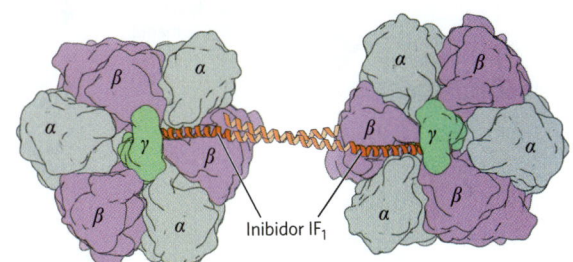

**FIGURA 19-33 Estrutura da $F_1$-ATPase bovina em um complexo com sua proteína regulatória $IF_1$.** Duas moléculas de $F_1$ são observadas aqui a partir do lado N, como na Figura 19-25b. O inibidor $IF_1$ (em vermelho) liga-se à interface $\alpha\beta$ das subunidades na conformação difosfato ($\alpha$-ADP e $\beta$-ADP), congelando os dois complexos $F_1$ e, assim, bloqueando a hidrólise de ATP (e a sua síntese). (Partes das $\alpha$-hélices de $IF_1$ que unem as duas moléculas de $F_1$ não puderam ser separadas nos cristais de $F_1$ e são modeladas com base na estrutura cristalina de $IF_1$ isolado.) [Dados de PDB ID 1OHH, E. Cabezon et al., *Nat. Struct. Biol.* 10:744, 2003.]

inativando-a e reduzindo o fornecimento de FADH$_2$ e NADH a partir do ciclo do ácido cítrico para a cadeia respiratória. Uma segunda maneira de impedir a formação de ERO é a substituição de uma subunidade do Complexo IV, conhecida como COX4-1, por outra subunidade, a COX4-2, que é mais bem ajustada a condições hipóxicas. Com a COX4-1, as propriedades catalíticas do Complexo IV são ótimas para a respiração em concentrações normais de oxigênio; com a COX4-2, o Complexo IV é otimizado para operar em condições hipóxicas.

As mudanças na atividade da PDH e o conteúdo de COX4-2 no complexo IV são ambos mediados por HIF-1, o fator induzível por hipóxia. O HIF-1 (outra proteína desorganizada intrinsecamente) acumula-se em células hipóxicas e, atuando como fator de transcrição, desencadeia um aumento na síntese de PDH-cinase, COX4-2 e uma protease que degrada COX4-1. O HIF-1 é um regulador-chave da homeostase de O$_2$. Lembre-se de que ele também medeia as alterações no transporte de glicose e nas enzimas glicolíticas que produzem o efeito Warburg, quando há dependência da glicólise (e não da respiração mitocondrial) para a produção de ATP, mesmo na presença de oxigênio em quantidade suficiente (ver Quadro 14-1).

Quando esses mecanismos para lidar com as ERO são insuficientes, devido a mutações genéticas que afetam uma dessas proteínas protetoras ou sob condições de taxas muito altas de produção de ERO, a função mitocondrial fica comprometida. Acredita-se que o dano mitocondrial esteja envolvido no envelhecimento, na insuficiência cardíaca, em certos casos raros de diabetes (descritos a seguir) e em várias doenças genéticas de herança materna que afetam o sistema nervoso. ■

## As vias produtoras de ATP são reguladas de modo coordenado

As principais vias catabólicas têm mecanismos regulatórios coordenados e sobrepostos, que lhes permitem funcionar juntas, em uma forma econômica e autorregulada, para produzir ATP e precursores biossintéticos. As concentrações relativas de ATP e ADP controlam não somente as taxas de transferência de elétrons e a fosforilação oxidativa, mas também as velocidades do ciclo do ácido cítrico, da oxidação do piruvato e da glicólise (**Fig. 19-35**). Sempre que o consumo de ATP aumenta, as velocidades da cadeia de transporte de elétrons e da fosforilação oxidativa também aumentam. De modo simultâneo, a velocidade de oxidação do piruvato via ciclo do ácido cítrico aumenta, elevando o fluxo de elétrons na cadeia respiratória. Esses eventos podem, por sua vez, evocar o aumento da velocidade da glicólise, aumentando a velocidade de formação de piruvato. Quando a conversão de ADP em ATP reduz a concentração de ADP, o controle pelo aceptor

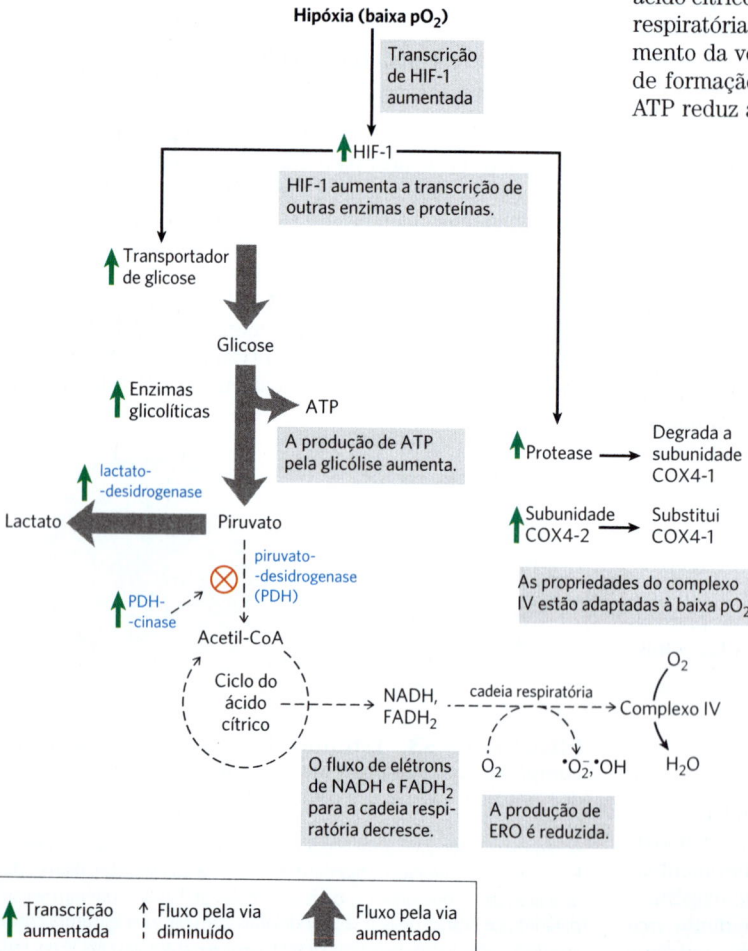

**FIGURA 19-34 Regulação da expressão gênica pelo fator induzível por hipóxia 1 (HIF-1) para reduzir a formação de ERO.** Sob condições de pouco oxigênio (hipóxia), o HIF-1 é sintetizado em quantidades maiores e age como fator de transcrição, aumentando a síntese do transportador de glicose, de enzimas glicolíticas, da piruvato-desidrogenase-cinase (PDH-cinase), da lactato-desidrogenase, de uma protease que degrada a subunidade COX4-1 da citocromo-oxidase e da subunidade COX4-2 da citocromo-oxidase. Essas mudanças se opõem à formação de ERO, diminuindo o suprimento de NADH e FADH$_2$ e tornando a citocromo-oxidase do Complexo IV mais efetiva. [Informações de D. A. Harris, *Bioenergetics at a Glance*, p. 36, Blackwell Science, 1995.]

## 19.4 MITOCÔNDRIAS NA TERMOGÊNESE, NA SÍNTESE DE ESTEROIDES E NA APOPTOSE

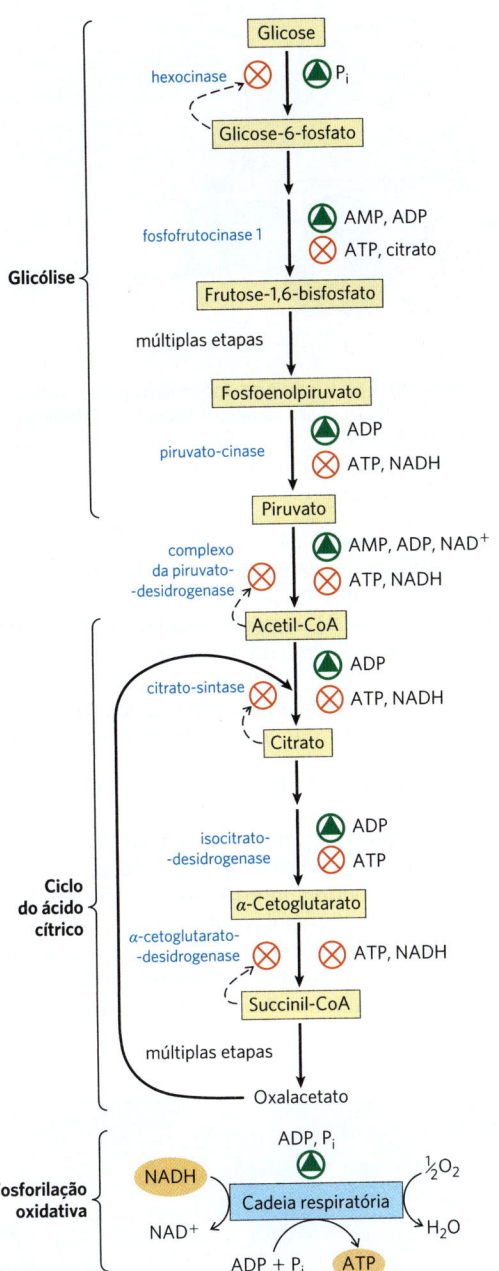

**FIGURA 19-35 Regulação das vias produtoras de ATP.** Esse diagrama mostra a regulação coordenada da glicólise, da oxidação do piruvato, do ciclo do ácido cítrico e da fosforilação oxidativa pelas concentrações relativas de ATP, ADP, AMP e pelo NADH. Uma [ATP] alta (ou [ADP] e [AMP] baixas) produz baixas velocidades de glicólise, da oxidação do piruvato, da oxidação do acetato via ciclo do ácido cítrico e da fosforilação oxidativa. Todas as quatro vias são aceleradas quando o uso de ATP e a formação de ADP, AMP e $P_i$ aumentam. A capacidade do citrato de inibir tanto a glicólise quanto o ciclo do ácido cítrico reforça a ação do sistema de nucleotídeos da adenina. Além disso, níveis aumentados de NADH e de acetil-CoA inibem a oxidação de piruvato a acetil-CoA, e uma alta razão [NADH]/[NAD⁺] inibe as reações das desidrogenases do ciclo do ácido cítrico (ver Fig. 16-18).

diminui a transferência de elétrons e, assim, a fosforilação oxidativa. A glicólise e o ciclo do ácido cítrico também têm sua velocidade reduzida, uma vez que o ATP é um inibidor alostérico da enzima glicolítica fosfofrutocinase 1 (ver Fig. 14-23) e da piruvato-desidrogenase (ver Fig. 16-18).

A fosfofrutocinase 1 também é inibida por citrato, o primeiro intermediário do ciclo do ácido cítrico. Quando o ciclo estiver em "ponto-morto", o citrato acumula-se dentro das mitocôndrias, sendo transportado para o citosol. Quando as concentrações citosólicas tanto de ATP quanto de citrato aumentam, eles produzem um efeito alostérico negativo em conjunto sobre a fosfofrutocinase 1, que é maior do que a soma dos seus efeitos individuais, reduzindo a velocidade da glicólise.

### RESUMO 19.3 Regulação da fosforilação oxidativa

■ A fosforilação oxidativa é regulada pelas demandas energéticas celulares. A [ADP] intracelular e a razão de ação das massas [ATP]/([ADP][$P_i$]) são medidas do estado energético de uma célula.

■ Em células hipóxicas (privadas de oxigênio), um inibidor proteico bloqueia a hidrólise de ATP pela atividade reversa da ATP-sintase, impedindo a queda drástica da [ATP].

■ As respostas adaptativas à hipóxia, mediadas por HIF-1, reduzem a transferência de elétrons para a cadeia respiratória e modificam o Complexo IV para que ele atue de maneira mais eficiente sob condições de baixo oxigênio.

■ As concentrações de ATP e ADP estabelecem a velocidade do transporte de elétrons pela cadeia respiratória por uma série de controles interconectados com a respiração, a glicólise e o ciclo do ácido cítrico.

## 19.4 Mitocôndrias na termogênese, na síntese de esteroides e na apoptose

Embora a produção de ATP seja o papel central da mitocôndria, essa organela tem outras funções que, em tecidos específicos ou sob condições específicas, também são essenciais. No tecido adiposo, as mitocôndrias geram calor para proteger órgãos vitais da baixa temperatura do ambiente. Nas glândulas adrenais e nas gônadas, as mitocôndrias são o local de síntese de hormônios esteroides. Além disso, na maioria dos tecidos, elas são participantes-chave na apoptose (morte celular programada).

### O desacoplamento em mitocôndrias do tecido adiposo marrom produz calor

Foi mencionado anteriormente que a respiração fica mais lenta quando a célula está adequadamente suprida com ATP. Contudo, existe uma exceção notável e informativa a essa regra geral. A maioria dos mamíferos recém-nascidos, incluindo os seres humanos, tem um tipo de tecido adiposo chamado de **tecido adiposo marrom** (**TAM**; p. 852), no qual a oxidação de combustível serve não para produzir ATP, mas sim para gerar calor para manter o

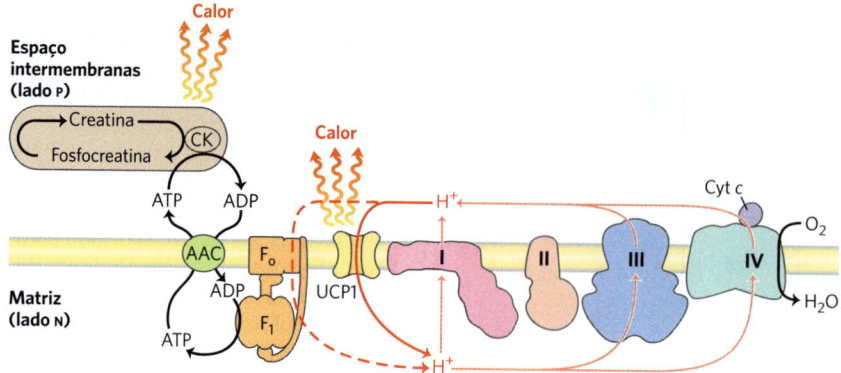

**FIGURA 19-36 Dois mecanismos para a termogênese nas mitocôndrias.** A UCP1, uma proteína desacopladora em mitocôndrias do tecido adiposo marrom, possibilita que a energia conservada pelo bombeamento de prótons seja dissipada como calor ao fornecer uma via alternativa para o retorno dos prótons para a matriz mitocondrial. Um ciclo fútil, no qual a creatina é fosforilada pela creatina-cinase (CK) usando ATP e produzindo ADP, que são transportados pelo transportador ATP/ADP (AAC), também gera calor.

recém-nascido aquecido. Esse tecido adiposo especializado é marrom devido à presença de um grande número de mitocôndrias e, portanto, de uma alta concentração de citocromos, com grupos heme que são fortes absorvedores de luz visível.

Há pelo menos dois mecanismos de termogênese. As mitocôndrias dos adipócitos marrons são muito semelhantes às de outras células de mamíferos, exceto por terem uma proteína singular na membrana interna. A **proteína desacopladora 1 (UCP1)**, um simportador de ácidos graxos de cadeia longa/$H^+$, fornece uma via para os prótons retornarem à matriz sem passarem pelo complexo $F_oF_1$ (**Fig. 19-36**). Como resultado desse curto-circuito de prótons, a energia de oxidação não é conservada pela formação de ATP, mas dissipada como calor, o que contribui para manter a temperatura corporal. A UCP1, contudo, é apenas parte da história, e a produção de calor ocorre em mamíferos mesmo quando ela estiver ausente. A ação termogênica da UCP1 é suplementada por um ciclo fútil envolvendo creatina e fosfocreatina (Fig. 19-36). O ATP sintetizado na matriz mitocondrial é exportado para o espaço intermembranas via translocador de nucleotídeos da adenina, um antiportador ADP/ATP. Lá, o ATP é utilizado para fosforilar a creatina, produzindo fosfocreatina e ADP. O ADP é transportado de volta para a matriz. A hidrólise da fosfocreatina completa o ciclo fútil, liberando calor.

Os animais que hibernam também dependem da atividade de mitocôndrias desacopladas no TAM para gerar calor durante seus longos períodos adormecidos (ver Quadro 17-1). Retornaremos ao papel da UCP1 quando for discutida a regulação da massa corporal, no Capítulo 23 (p. 867-869).

### Monoxigenases P-450 mitocondriais catalisam hidroxilações de esteroides

A mitocôndria também é o sítio de reações biossintéticas que produzem hormônios esteroides, incluindo hormônios sexuais, glicocorticoides, mineralocorticoides e vitamina D. Esses compostos são sintetizados a partir do colesterol ou de um esterol relacionado, em uma série de hidroxilações catalisadas por enzimas da família **citocromo P-450** (ver Quadro 21-1), todas com um grupo heme crítico (a sua absorção a 450 nm dá o nome à família). Nas reações de hidroxilação, um átomo do oxigênio molecular é incorporado ao substrato e o segundo é reduzido a $H_2O$, o que significa que as enzimas citocromo P-450 são monoxigenases:

$$R-H + O_2 + NADPH + H^+ \longrightarrow R-OH + H_2O + NADP^+$$

Nessa reação, duas espécies são oxidadas: NADPH e R—H.

Existem dezenas de enzimas P-450, todas localizadas na membrana mitocondrial interna, com seus sítios catalíticos expostos à matriz. As células esteroidogênicas estão repletas de mitocôndrias especializadas na síntese de esteroides; as mitocôndrias geralmente são maiores do que aquelas em outros tecidos e têm membranas internas mais extensas e altamente dobradas sobre si mesmas (**Fig. 19-37**).

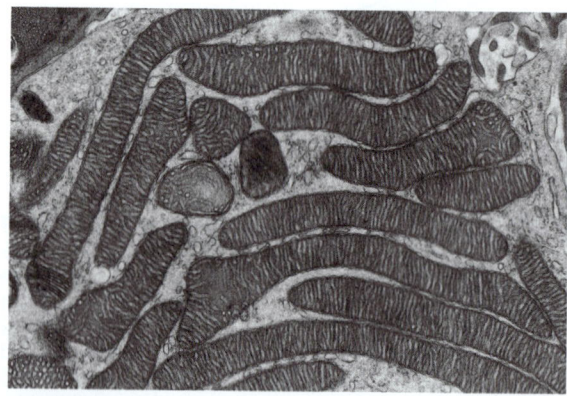

**FIGURA 19-37 Mitocôndrias da glândula adrenal, especializadas na síntese de esteroides.** Conforme observado nesta micrografia eletrônica de uma fina secção da glândula adrenal, as mitocôndrias são profusas e têm cristas extensas, proporcionando uma grande superfície para as enzimas P-450 da membrana interna. [Don Fawcett/Science Source.]

A via do fluxo de elétrons no sistema P-450 mitocondrial é complexa, envolvendo uma flavoproteína e uma proteína ferro-enxofre, que carregam elétrons do NADPH ao heme P-450 (**Fig. 19-38**). Todas as enzimas P-450 têm um heme que interage com o $O_2$ e um sítio de ligação ao substrato que confere especificidade.

Outra grande família de enzimas P-450 é encontrada no retículo endoplasmático (RE) de hepatócitos. Essas enzimas catalisam reações semelhantes às reações P-450 mitocondriais, mas seus substratos incluem uma ampla variedade de compostos hidrofóbicos, muitos dos quais são **xenobióticos** – compostos não encontrados na natureza, mas sintetizados industrialmente. As enzimas P-450 do RE têm, quanto a seus substratos, especificidades muito amplas e que se sobrepõem. A hidroxilação dos compostos hidrofóbicos os torna mais solúveis em água e eles podem, então, ser depurados pelos rins e excretados na urina. Entre os substratos para essas oxigenases P-450, estão muitos medicamentos comumente utilizados. O metabolismo pelas enzimas P-450 limita o tempo de vida dos fármacos na corrente sanguínea e seus efeitos terapêuticos. Os seres humanos diferem em seus complementos genéticos de enzimas P-450 no RE e na extensão com a qual certas enzimas P-450 foram induzidas, como em um histórico de ingestão de álcool. Em princípio, portanto, a genética e a história pessoal de um indivíduo devem ser levadas em consideração para determinações de doses terapêuticas de fármacos. Na prática, esse ajuste preciso de doses não é ainda economicamente viável, mas pode vir a ser.

## As mitocôndrias são de importância central para o início da apoptose

A **apoptose**, também chamada de **morte celular programada**, é um processo no qual células individuais morrem para o bem do organismo (p. ex., no transcorrer do desenvolvimento embrionário normal), e o organismo conserva os componentes moleculares da célula (aminoácidos, nucleotídeos, etc.). A apoptose pode ser desencadeada por um sinal externo, atuando em um receptor da membrana plasmática, ou por eventos internos, como lesão de DNA, infecção viral, estresse oxidativo pelo acúmulo de ERO ou outro estresse, como choque térmico.

**P1** As mitocôndrias desempenham um papel fundamental em desencadear a apoptose. Quando um estressor fornece o sinal para a morte da célula, a consequência inicial é o aumento da permeabilidade da membrana mitocondrial externa, permitindo que o citocromo $c$ escape do espaço intermembranas para o citosol (**Fig. 19-39**). O aumento da permeabilidade deve-se à abertura do **complexo do poro de transição de permeabilidade** (**CPTP**), uma proteína de múltiplas subunidades na membrana externa; a abertura e o fechamento dessa proteína são afetados por várias proteínas que estimulam ou suprimem a apoptose. Quando liberado no citosol, o citocromo $c$ interage com monômeros da proteína **Apaf-1** (**fator ativador 1 da protease da apoptose**), causando a formação de um **apoptossomo**, composto de sete moléculas de Apaf-1 e sete moléculas de citocromo $c$. O apoptossomo fornece a plataforma sobre a qual a proenzima pró-caspase-9 é ativada a caspase-9, um membro de uma família de proteases altamente específicas chamadas de **caspases**, envolvidas na apoptose. Essas cisteína-proteases clivam proteínas apenas no lado carboxila de resíduos de *Asp*, daí o nome "caspases". A caspase-9 ativada inicia uma cascata de ativações proteolíticas, com uma caspase ativando uma segunda, que, por sua vez, ativa uma terceira, e assim por diante (ver Fig. 12-42). Observe que esse papel do citocromo $c$ na apoptose é um caso claro de "jornada dupla", em que uma proteína desempenha dois papéis muito diferentes na célula (ver Quadro 16-1).

### RESUMO 19.4 Mitocôndrias na termogênese, na síntese de esteroides e na apoptose

■ No tecido adiposo marrom de recém-nascidos, a transferência de elétrons está desacoplada da síntese de ATP, e a energia da oxidação de combustível é dissipada como calor. Os animais em hibernação usam essa estratégia para evitar o congelamento.

■ As reações de hidroxilação na síntese de hormônios esteroides em tecidos esteroidogênicos (glândula adrenal, gônadas, fígado e rins) ocorrem em mitocôndrias especializadas. Reações-chave são catalisadas por uma família de monoxigenases P-450.

■ As mitocôndrias desempenham um papel central na apoptose. O citocromo $c$ mitocondrial, liberado no citosol, participa da ativação da caspase-9, uma das proteases envolvidas na apoptose.

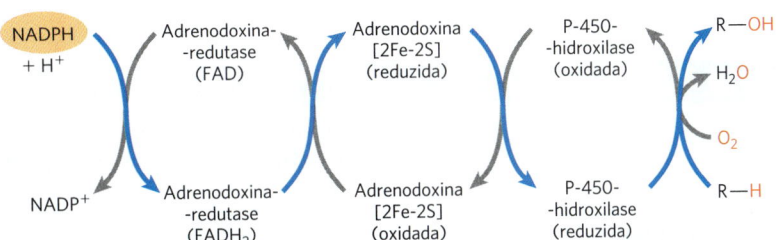

**FIGURA 19-38 Via do fluxo de elétrons nas reações do citocromo P-450 mitocondrial na glândula adrenal.** Dois elétrons são transferidos do NADPH à flavoproteína contendo FAD, adrenodoxina-redutase, que passa os elétrons, um de cada vez, à adrenodoxina, uma pequena proteína solúvel que contém 2Fe-2S. A adrenodoxina passa elétrons à citocromo P-450-hidroxilase, que interage diretamente com o $O_2$ e o substrato (R—H) para formar os produtos $H_2O$ e R—OH.

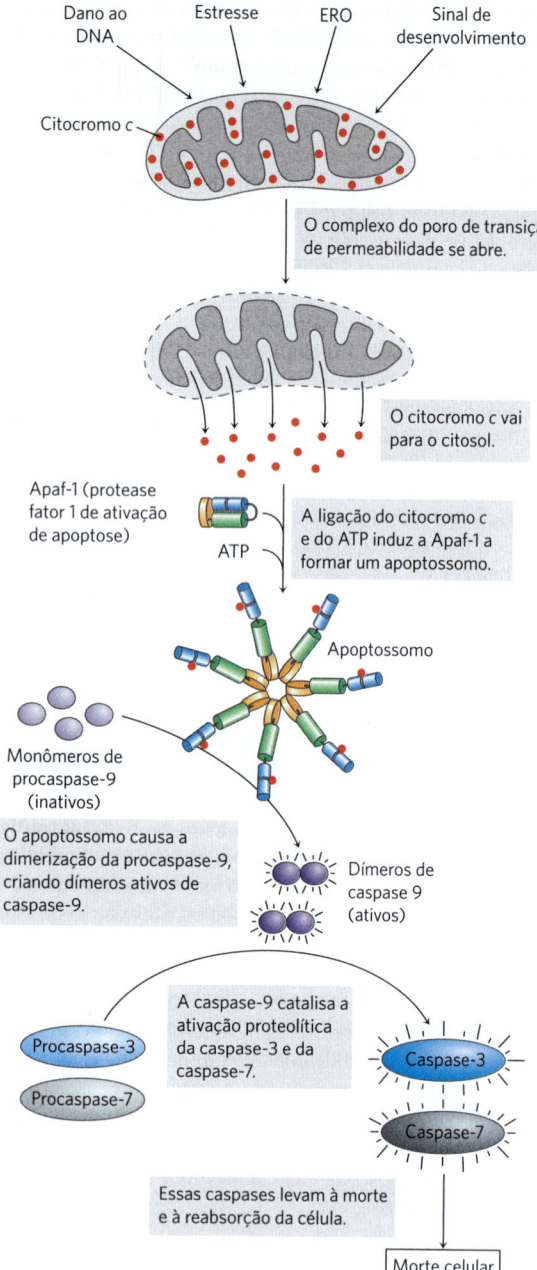

**FIGURA 19-39 O papel do citocromo *c* na apoptose.**
O citocromo *c* é uma proteína mitocondrial pequena e solúvel, localizada no espaço intermembranas, que carrega elétrons entre o Complexo III e o Complexo IV durante a respiração. Em um papel completamente separado, como aqui delineado, ele age como um gatilho para a apoptose, estimulando a ativação de uma família de proteases chamadas de caspases. [Informações de S. J. Riedl e G. S. Salvesen, *Nature Rev. Mol. Cell Biol.* 8:409, 2007, Fig. 3.]

## 19.5 Genes mitocondriais: suas origens e efeitos de mutações

As mitocôndrias contêm seu próprio genoma, uma molécula circular de DNA de fita dupla (mtDNA). Cada uma das centenas ou milhares de mitocôndrias em uma célula típica tem cerca de cinco cópias desse genoma. O cromossomo mitocondrial humano (**Fig. 19-40**) contém 37 genes (16.569 pb), incluindo 13 que codificam subunidades de proteínas da cadeia respiratória (**Tabela 19-6**); os demais genes codificam moléculas de rRNA e tRNA, essenciais para a maquinaria de síntese de proteínas das mitocôndrias. Para sintetizar essas 13 subunidades proteicas, as mitocôndrias têm seus próprios ribossomos, distintos daqueles do citoplasma. A grande maioria das proteínas mitocondriais – cerca de 1.200 tipos diferentes – é codificada por genes nucleares, sintetizada nos ribossomos citoplasmáticos e, então, importada e organizada nas mitocôndrias (Capítulo 27).

### As mitocôndrias evoluíram a partir de bactérias endossimbióticas

A existência de DNA, ribossomos e tRNA mitocondriais dá suporte à teoria da origem endossimbiótica das mitocôndrias (ver Fig. 1-37), que sustenta que os primeiros organismos capazes de metabolismo aeróbico, incluindo a produção de ATP ligada à respiração, eram as bactérias. Os eucariotos primitivos que viviam anaerobicamente (por fermentação) adquiriram a capacidade de realizar a fosforilação oxidativa quando estabeleceram uma relação simbiótica com bactérias que viviam em seu citosol. Depois de um longo período de evolução e do movimento de muitos genes bacterianos para o núcleo do "hospedeiro" eucariótico, as bactérias endossimbióticas, por fim, tornaram-se as mitocôndrias.

Essa hipótese pressupõe que bactérias de vida livre primitivas tinham a maquinaria enzimática para a fosforilação

**TABELA 19-6 Proteínas respiratórias codificadas por genes mitocondriais em seres humanos**

| Complexo | Número de subunidades | Número de subunidades codificadas por mtDNA |
|---|---|---|
| I NADH-desidrogenase | 45 | 7 |
| II Succinato-desidrogenase | 4 | 0 |
| III Ubiquinona:citocromo *c*-oxidorredutase | 11 | 1 |
| IV Citocromo-oxidase | 13 | 3 |
| V ATP-sintase | 8 | 2 |

## 19.5 GENES MITOCONDRIAIS: SUAS ORIGENS E EFEITOS DE MUTAÇÕES

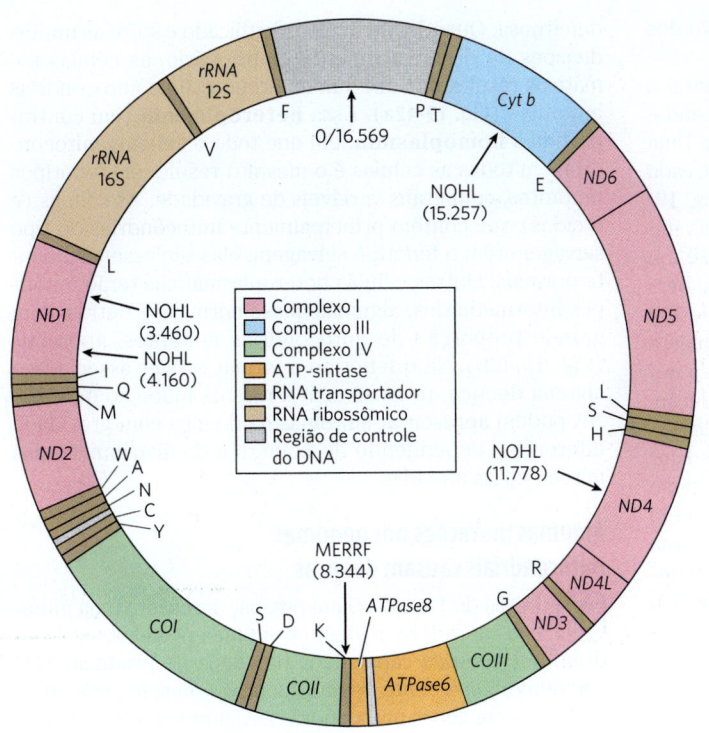

**FIGURA 19-40 Genes mitocondriais e mutações.** Mapa do DNA mitocondrial humano, mostrando os genes que codificam proteínas do Complexo I, a NADH-desidrogenase (*ND1* a *ND6*); o citocromo *b* do Complexo III (*Cyt b*); as subunidades da citocromo-oxidase (Complexo IV) (*COI* a *COIII*); e duas subunidades da ATP-sintase (*ATPase6* e *ATPase8*). As cores dos genes correspondem àquelas dos complexos mostrados na Figura 19-7. Também estão incluídos aqui os genes para os RNA ribossômicos (*rRNA*) e para alguns RNA transportadores específicos de mitocôndria; a especificidade do tRNA é indicada pelos códigos de uma letra para os aminoácidos. As setas indicam as posições das mutações que causam a neuropatia óptica hereditária de Leber (NOHL) e a síndrome da epilepsia mioclônica com fibras vermelhas rotas (MERRF). Os números dentro dos parênteses indicam a posição dos nucleotídeos alterados (o nucleotídeo 1 está no topo do círculo e a numeração prossegue no sentido anti-horário). [Informações de M. A. Morris, *J. Clin. Neuroophthalmol.* 10:159, 1990.]

oxidativa. Ela também pressupõe que as bactérias modernas descendentes daquelas bactérias devem ter cadeias respiratórias similares às cadeias dos eucariotos modernos. E elas têm. As bactérias aeróbias realizam a transferência de elétrons associada ao NAD de substratos para o $O_2$, acoplada à fosforilação de ADP citosólico. As desidrogenases estão localizadas no citosol bacteriano, e a cadeia respiratória, na membrana plasmática. Os transportadores de elétrons translocam prótons para fora através da membrana plasmática, à medida que elétrons são transferidos para o $O_2$. Bactérias como a *E. coli* têm complexos $F_oF_1$ em suas membranas plasmáticas; a porção $F_1$ projeta-se para o citosol e catalisa a síntese de ATP a partir de ADP e $P_i$, à medida que os prótons fluem de volta para a célula através do canal de prótons de $F_o$.

A extrusão de prótons através da membrana plasmática bacteriana associada à respiração também fornece a força propulsora para outros processos. Certos sistemas de transporte bacterianos permitem a absorção de nutrientes extracelulares (p. ex., lactose) contra um gradiente de concentração, em simporte com prótons. O movimento rotatório de flagelos bacterianos é proporcionado por "turbinas de prótons", motores moleculares de rotação impulsionados não por ATP, mas diretamente pelo potencial eletroquímico transmembrana gerado pelo bombeamento de prótons associado à respiração (**Fig. 19-41**). ▶**P2** Parece provável que o mecanismo quimiosmótico tenha evoluído precocemente, antes do surgimento dos eucariotos.

### Mutações no DNA mitocondrial acumulam-se ao longo de toda a vida do organismo

A cadeia respiratória é o principal produtor de espécies reativas de oxigênio na célula, de forma que os conteúdos

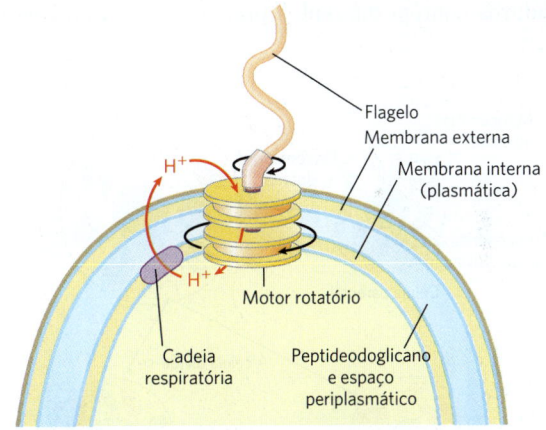

**FIGURA 19-41 Rotação de flagelos bacterianos pela força próton-motriz.** O eixo e os anéis na base do flagelo constituem um motor rotatório chamado de "turbina de prótons". Os prótons ejetados pela transferência de elétrons fluem de volta para a célula pela turbina, causando a rotação do eixo do flagelo. Esse movimento difere fundamentalmente do movimento de músculos e de flagelos e cílios de eucariotos, para os quais a hidrólise de ATP é a fonte de energia.

mitocondriais, incluindo o genoma mitocondrial, sofrem a maior exposição e o maior dano por ERO. Além disso, o sistema mitocondrial de replicação de DNA é menos eficiente do que o sistema nuclear em corrigir erros que ocorrem durante a replicação e em reparar danos ao DNA. Em consequência desses dois fatores, defeitos no mtDNA acumulam-se ao longo do tempo. Uma das teorias do envelhecimento é a de que esse acúmulo gradual de defeitos é a causa primária de muitos dos "sintomas" de envelhecimento, que incluem, por exemplo, o enfraquecimento progressivo dos músculos esquelético e cardíaco.

Uma característica única da herança mitocondrial é a variação entre células individuais e entre um organismo e outro quanto aos efeitos de uma mutação do mtDNA. Uma célula típica tem centenas ou milhares de mitocôndrias, cada uma com múltiplas cópias do seu próprio genoma (Fig. 19-2b). Os animais herdam essencialmente todas as suas mitocôndrias da mãe. Os óvulos são grandes e contêm $10^5$ ou $10^6$ mitocôndrias, ao passo que os espermatozoides são bem menores e contêm bem menos mitocôndrias – talvez de 100 a 1.000. Além disso, existe um mecanismo ativo que marca as mitocôndrias derivadas dos espermatozoides para a degradação no óvulo fecundado. Logo depois da fecundação, fagossomos maternos migram para o local de entrada dos espermatozoides, englobam suas mitocôndrias e as degradam.

Suponha que, em um organismo feminino, ocorra dano a um genoma mitocondrial em uma célula de linhagem germinativa da qual se desenvolvem os ovócitos, de forma que a célula germinativa contenha principalmente mitocôndrias com os genes do tipo selvagem (sem a mutação), porém uma mitocôndria com um gene mutante. No curso da maturação do ovócito, à medida que essa célula germinativa e seus descendentes se dividem repetidamente, a mitocôndria com defeito replica-se, e os membros de sua progênie, todos defeituosos, são aleatoriamente distribuídos entre as células-filhas. Após certo tempo, os óvulos maduros contêm diferentes proporções da mitocôndria defeituosa. Quando um óvulo é fertilizado e sofre as muitas divisões do desenvolvimento embrionário, as células somáticas resultantes diferem na proporção de mitocôndrias mutantes (**Fig. 19-42a**). Essa **heteroplasmia** (em contrapartida à **homoplasmia**, em que todo o genoma mitocondrial em todas as células é o mesmo) resulta em fenótipos mutantes, com graus variáveis de gravidade. As células (e tecidos) que contêm principalmente mitocôndrias do tipo selvagem têm o fenótipo selvagem; elas são essencialmente normais. Outras células heteroplasmáticas terão fenótipos intermediários, algumas quase normais, e outras, com grande proporção de mitocôndrias mutantes, anormais (Fig. 19-42b). Se o fenótipo anormal estiver associado a alguma doença, pessoas com a mesma mutação de mtDNA podem apresentar sintomas da doença com gravidade diferente – dependendo do número e da distribuição das mitocôndrias afetadas.

### Algumas mutações nos genomas mitocondriais causam doenças

Cerca de 1 a cada 5 mil pessoas apresenta uma mutação causadora de doença em uma proteína mitocondrial, que reduz a capacidade da célula de produzir ATP. Um número crescente dessas doenças tem sido atribuído a mutações em genes mitocondriais. Alguns tipos de células e de tecidos – neurônios, miócitos dos músculos cardíaco e esquelético e células $\beta$ do pâncreas – são menos capazes do que outros de tolerar uma produção reduzida de ATP,

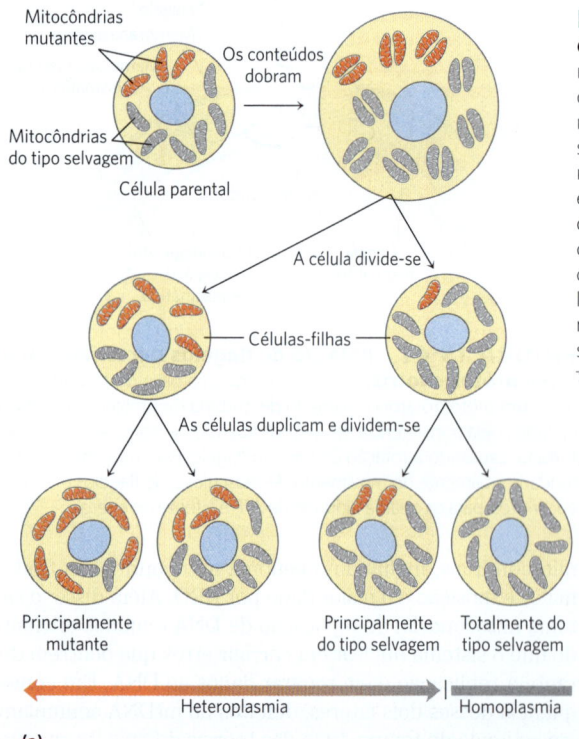

(a)

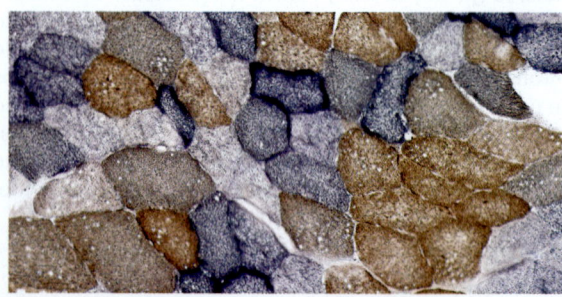

(b)

**FIGURA 19-42 Heteroplasmia em genomas mitocondriais.** (a) Quando um óvulo maduro é fecundado, todas as mitocôndrias na célula diploide resultante (zigoto) são de origem materna; nenhuma vem do espermatozoide. Se uma fração das mitocôndrias maternas tem um gene mutante, a distribuição aleatória das mitocôndrias durante divisões celulares subsequentes produz algumas células-filhas com predomínio de mitocôndrias mutantes, algumas contendo principalmente mitocôndrias do tipo selvagem e algumas intermediárias. Assim, as células-filhas apresentam graus variados de heteroplasmia. (b) Diferentes graus de heteroplasmia produzem fenótipos celulares distintos. Esse corte do tecido muscular humano é de uma pessoa com citocromo-oxidase defeituosa. As células foram coradas para tornar as células do tipo selvagem azuis, e as células com citocromo-oxidase mutante são marrons. Conforme mostra a micrografia, células diferentes no mesmo tecido são afetadas em graus distintos pela mutação mitocondrial. [(b) Cortesia de Rob Taylor. Reimpressa, com permissão, de R. W. Taylor e D. M. Turnbull, *Nature Rev. Genet.* 6:389, 2005, Fig. 2a.]

sendo, portanto, mais afetados por mutações nas proteínas mitocondriais.

Um grupo de doenças genéticas conhecidas como **encefalomiopatias mitocondriais** afeta principalmente o encéfalo e o músculo esquelético. Essas doenças são sempre herdadas da mãe, pois, conforme observado anteriormente, todas as mitocôndrias de um embrião em desenvolvimento derivam do óvulo. A doença rara **neuropatia óptica hereditária de Leber** (**NOHL**) afeta o sistema nervoso central, incluindo os nervos ópticos, causando a perda bilateral da visão em jovens adultos. Uma única mudança em uma base no gene mitocondrial *ND4* (Fig. 19-40) muda um resíduo de Arg para um resíduo de His em um polipeptídeo do Complexo I, e o resultado são mitocôndrias parcialmente defeituosas na transferência de elétrons do NADH à ubiquinona. Embora essas mitocôndrias possam produzir algum ATP pela transferência de elétrons a partir do succinato, elas aparentemente não suprem ATP suficiente para sustentar o metabolismo muito ativo dos neurônios, incluindo o nervo óptico. Uma única mudança em uma base do gene mitocondrial do citocromo *b*, um componente do Complexo III, também produz a NOHL, demonstrando que a patologia resulta de uma redução geral da função mitocondrial, e não especificamente de um defeito na transferência de elétrons pelo Complexo I.

Uma mutação no gene mitocondrial *ATP6* afeta o poro de prótons na ATP-sintase, levando a baixas velocidades de síntese de ATP ao mesmo tempo que mantém a cadeia respiratória intacta. O estresse oxidativo devido ao suprimento contínuo de elétrons a partir do NADH aumenta a produção de ERO, e o dano às mitocôndrias causado por essas espécies estabelece um ciclo vicioso. Uma a cada duas pessoas com esse gene mutante morre dias ou meses após o seu nascimento.

A **síndrome da epilepsia mioclônica com fibras vermelhas rotas** (**MERRF**, do inglês *myoclonic epilepsy and ragged-red fiber syndrome*) é causada por uma mutação no gene mitocondrial que codifica um tRNA específico para lisina (tRNA$^{Lys}$). Essa doença, caracterizada por contrações musculares abruptas e involuntárias, resulta da produção defeituosa de várias das proteínas que necessitam desse tRNA mitocondrial para sua síntese. Fibras musculares esqueléticas de pessoas com MERRF têm mitocôndrias com formato anormal, que, às vezes, contêm estruturas paracristalinas (**Fig. 19-43**). Acredita-se que outras mutações nos genes mitocondriais sejam responsáveis pela fraqueza muscular progressiva que caracteriza a miopatia mitocondrial e pela hipertrofia e a deterioração do músculo cardíaco na miocardiopatia hipertrófica.

Quando se sabe que determinada mulher que deseja ser mãe é carreadora de um gene mitocondrial patológico, a técnica de doação mitocondrial pode contornar a passagem do gene mutante para sua prole. Os genes nucleares dessa potencial mãe são transplantados microscopicamente para um óvulo enucleado de uma doadora com mitocôndrias saudáveis; então, o óvulo é fecundado *in vitro*, e o embrião resultante é transplantado para o útero da mãe. Esse e outros procedimentos similares de "três genitores", que foram

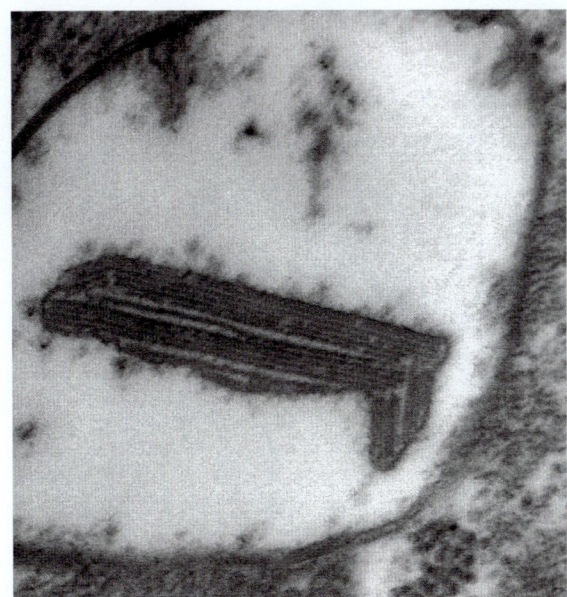

**FIGURA 19-43 Inclusões paracristalinas na mitocôndria de um indivíduo com MERRF.** Micrografia eletrônica de mitocôndria anormal do músculo de um indivíduo com MERRF, mostrando inclusões proteicas paracristalinas algumas vezes presentes nas mitocôndrias mutantes. [De Regionalized Pathology Correlates with Augmentation of mtDNA Copy Numbers in a Patient with Myoclonic Epilepsy with Ragged-Red Fibers (MERRF-Syndrome). *PLOS ONE*, Anja Brinckmann et al., October 20, 2010. https://doi.org/10.1371/journal.pone.0013513]

aprovados no Reino Unido em 2015, levantam questões éticas que estão sendo vigorosamente debatidas.

Doenças mitocondriais também podem resultar de mutações em qualquer dos cerca de 1.200 genes nucleares que codificam proteínas mitocondriais. Por exemplo, uma mutação em uma das proteínas do Complexo IV codificadas no núcleo, a COX6B1, resulta em defeitos graves no desenvolvimento do encéfalo e em paredes mais espessas no músculo cardíaco. Outros genes nucleares codificam proteínas essenciais para a *montagem* dos complexos mitocondriais. Mutações nesses genes podem levar a doenças mitocondriais graves. ∎

## Uma forma rara de diabetes resulta de defeitos nas mitocôndrias das células β pancreáticas

A insulina, tão importante para a homeostase da glicose em todos os humanos, é produzida e exportada por células β pancreáticas. A exportação de insulina depende da concentração de ATP nessas células. Quando a glicose sanguínea está alta, as células β captam glicose e a oxidam por glicólise e ciclo do ácido cítrico, aumentando a [ATP] acima de um nível limiar (**Fig. 19-44**). Quando a [ATP] excede esse limiar, um canal de K$^+$ dependente de ATP na membrana plasmática fecha-se, despolarizando a membrana e desencadeando a liberação de insulina (ver Fig. 23-24).

A liberação normal de insulina pode ser comprometida de várias maneiras. As células β pancreáticas com defeitos

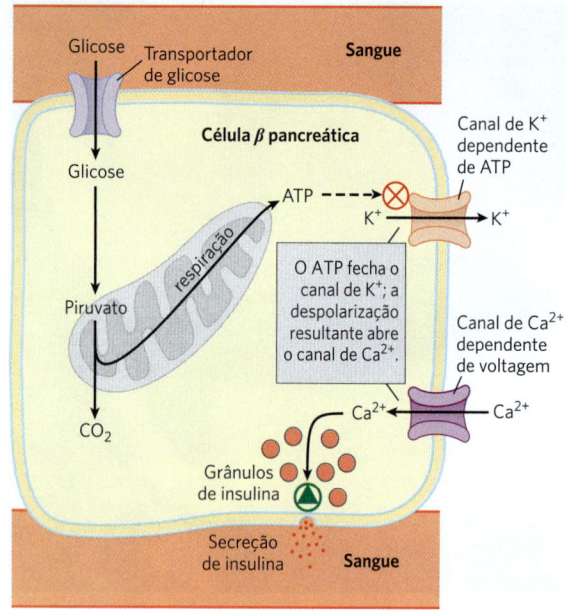

**FIGURA 19-44 Um defeito mitocondrial impede a secreção de insulina.** Em uma situação normal, como a mostrada aqui, quando a glicose sanguínea aumenta, a produção de ATP nas células β aumenta. O ATP, bloqueando canais de $K^+$, despolariza a membrana plasmática e, assim, abre os canais de $Ca^{2+}$ dependentes de voltagem. O influxo de $Ca^{2+}$ resultante desencadeia a exocitose de vesículas secretoras contendo insulina, liberando o hormônio. Quando a fosforilação oxidativa em células β é defeituosa, a [ATP] nunca é suficiente para desencadear esse processo, e a insulina não é liberada.

em qualquer aspecto da fosforilação oxidativa podem não ter a capacidade de aumentar a [ATP] acima desse limiar, e a falha resultante na liberação de insulina efetivamente produz o diabetes. Por exemplo, defeitos nos genes para a glicocinase, a isoenzima hexocinase IV presente em células β, levam a uma forma rara de diabetes, o diabetes do jovem com início na maturidade (MODY2, do inglês *maturity onset diabetes of the young*); a baixa atividade da glicocinase impede a produção de concentrações de ATP acima do valor limiar necessário para disparar a secreção de insulina. Mutações em genes mitocondriais para tRNA$^{Lys}$ ou tRNA$^{Leu}$ também comprometem a produção de ATP mitocondrial ao limitarem a expressão de componentes da cadeia transportadora de elétrons codificados pelo DNA mitocondrial. O diabetes *mellitus* tipo 2 é comum entre indivíduos com esses defeitos (embora tais casos constituam uma fração muito pequena de todos os casos de diabetes).

Quando a nicotinamida-nucleotídeo-transidrogenase, que é parte da defesa mitocondrial contra ERO (Fig. 19-18), é geneticamente defeituosa, o acúmulo de ERO danifica as mitocôndrias, diminuindo a produção de ATP e bloqueando a liberação de insulina pelas células β (Fig. 19-44). Os danos causados pelas ERO, incluindo dano ao mtDNA, também podem estar por trás de outras doenças humanas; existe alguma evidência de seu envolvimento nas doenças de Alzheimer, Parkinson e Huntington e na insuficiência cardíaca, assim como no envelhecimento. ■

## RESUMO 19.5 Genes mitocondriais: suas origens e efeitos de mutações

■ Uma pequena proporção das proteínas mitocondriais humanas, 13 ao todo, é codificada pelo genoma mitocondrial e sintetizada nas mitocôndrias. Cerca de 1.200 proteínas mitocondriais são codificadas nos genes nucleares e importadas para as mitocôndrias depois de suas sínteses.

■ As mitocôndrias surgiram de bactérias aeróbias que entraram em uma relação endossimbiótica com eucariotos ancestrais.

■ As mutações no genoma mitocondrial acumulam-se ao longo da vida do organismo. Mutações nos genes mitocondriais ou nucleares que codificam os componentes da cadeia respiratória, da ATP-sintase e do sistema de captura de ERO, e mesmo dos genes de tRNA, podem causar uma variedade de doenças humanas que, com frequência, afetam mais gravemente o músculo, o coração, as células β pancreáticas e o encéfalo.

■ É possível combinar mitocôndrias de uma mulher com os genes nucleares de outra para criar um óvulo sem mutações mitocondriais que levariam a uma doença mitocondrial na prole.

■ Defeitos mitocondriais em células β pancreáticas que limitam a produção de ATP quando os níveis de glicose estão altos podem comprometer a liberação normal de insulina e originar uma forma de diabetes tipo 2.

## TERMOS-CHAVE

*Os termos em negrito estão definidos no glossário.*

| | |
|---|---|
| **teoria quimiosmótica** 659 | **força próton-motriz** 673 |
| **cristas** 660 | **ATP-sintase** 675 |
| **cadeia respiratória** 661 | **$F_1$-ATPase** 677 |
| **flavoproteína** 662 | anel c 680 |
| **equivalente redutor** 662 | catálise rotacional 680 |
| ubiquinona (coenzima Q, Q) 662 | modelo de troca de ligação 680 |
| **citocromos** 663 | **razão P/O** 682 |
| **proteína ferro-enxofre** 664 | razão $P/2e^-$ 682 |
| **proteína ferro-enxofre de Rieske** 664 | lançadeira do malato-aspartato 684 |
| **Complexo I** 666 | lançadeira do glicerol-3-fosfato 684 |
| NADH-desidrogenase 666 | **controle pelo aceptor** 687 |
| **vetorial** 666 | **razão de ação das massas (Q)** 687 |
| **Complexo II** 667 | **tecido adiposo marrom (TAM)** 689 |
| succinato-desidrogenase 667 | **proteína desacopladora 1 (UCP1)** 690 |
| **espécies reativas de oxigênio (ERO)** 668 | **citocromo P-450** 690 |
| radical superóxido (·$O_2^-$) 668 | xenobióticos 691 |
| **Complexo III** 668 | **apoptose** 691 |
| complexo de citocromos $bc_1$ 668 | apoptossomo 691 |
| ciclo Q 668 | caspase 691 |
| **Complexo IV** 669 | heteroplasmia 694 |
| citocromo-oxidase 669 | homoplasmia 694 |
| **respirassomo** 671 | |

# QUESTÕES

**1. Reações de oxidação-redução** O Complexo I, ou complexo da NADH-desidrogenase da cadeia respiratória mitocondrial, promove a seguinte série de reações de oxidação-redução, em que $Fe^{3+}$ e $Fe^{2+}$ representam o ferro nos centros de ferro-enxofre, Q é ubiquinona, $QH_2$ é ubiquinol e E é a enzima:

(1) $NADH + H^+ + E\text{-}FMN \longrightarrow NAD^+ + E\text{-}FMNH_2$

(2) $E\text{-}FMNH_2 + 2Fe^{3+} \longrightarrow E\text{-}FMN + 2Fe^{2+} + 2H^+$

(3) $2Fe^{2+} + 2H^+ + Q \longrightarrow 2Fe^{3+} + QH_2$

*Soma:* $NADH + H^+ + Q \longrightarrow NAD^+ + QH_2$

Para cada uma das três reações catalisadas pelo complexo da NADH-desidrogenase, identifique (a) o doador de elétrons, (b) o aceptor de elétrons, (c) o par redox conjugado, (d) o agente redutor e (e) o agente oxidante.

**2. Todas as partes da ubiquinona têm uma função** Na transferência de elétrons, apenas a porção quinona da ubiquinona sofre oxidação-redução; a cadeia lateral isoprenoide permanece inalterada. Qual é a função dessa cadeia?

**3. Uso do FAD em vez do $NAD^+$ na oxidação do succinato** Todas as desidrogenases da glicólise e do ciclo do ácido cítrico usam $NAD^+$ ($E'^o$ para $NAD^+/NADH = -0,32$ V) como aceptor de elétrons, exceto a succinato-desidrogenase, que usa FAD covalentemente ligado ($E'^o$ para $FAD/FADH_2$ nessa enzima é 0,050 V). Sugira por que o FAD é um aceptor de elétrons mais apropriado do que o $NAD^+$ na desidrogenação do succinato, com base nos valores de $E'^o$ para fumarato/succinato ($E'^o = 0,031$ V), $NAD^+/NADH$ e succinato-desidrogenase $FAD/FADH_2$.

**4. Grau de redução dos transportadores de elétrons na cadeia respiratória** O grau de redução de cada transportador na cadeia respiratória é determinado pelas condições na mitocôndria. Por exemplo, quando NADH e $O_2$ são abundantes, o grau de redução em estado estacionário dos transportadores decresce à medida que os elétrons passam do substrato ao $O_2$. Quando a transferência de elétrons é bloqueada, os transportadores antes do bloqueio tornam-se mais reduzidos, e aqueles além do bloqueio se tornam mais oxidados (ver Fig. 19-6). Para cada uma das condições a seguir, preveja o estado de oxidação da ubiquinona e dos citocromos $b$, $c_1$, $c$ e $a + a_3$.

(a) NADH e $O_2$ abundantes, mas cianeto adicionado
(b) NADH abundante, mas $O_2$ exaurido
(c) $O_2$ abundante, mas NADH exaurido
(d) NADH e $O_2$ abundantes

**5. Efeito de rotenona e da antimicina A na transferência de elétrons** A rotenona, produto tóxico natural de plantas, inibe fortemente a NADH-desidrogenase em mitocôndrias de insetos e peixes. A antimicina A, um antibiótico tóxico, inibe fortemente a oxidação do ubiquinol.

(a) Explique por que a ingestão de rotenona é letal para algumas espécies de insetos e peixes.
(b) Explique por que a antimicina A é um veneno.
(c) Considerando que a rotenona e a antimicina A são igualmente efetivas em bloquear seus respectivos sítios na cadeia de transferência de elétrons, qual delas seria um veneno mais potente? Explique seu raciocínio.

**6. Desacopladores da fosforilação oxidativa** Em mitocôndrias normais, a taxa de transferência de elétrons está fortemente acoplada à demanda por ATP. Quando a taxa de uso do ATP é relativamente baixa, a taxa de transferência de elétrons é baixa; quando a demanda por ATP aumenta, a taxa de transferência de elétrons também aumenta. Sob essas condições de estreito acoplamento, o número de moléculas de ATP produzidas por átomo de oxigênio consumido quando o NADH é o doador de elétrons – a razão P/O – é de cerca de 2,5.

(a) Preveja o efeito de uma concentração relativamente baixa e de uma concentração relativamente alta de um agente desacoplador na taxa de transferência de elétrons e na razão P/O.

(b) A ingestão de desacopladores causa sudorese profusa e aumento da temperatura corporal. Explique esse fenômeno em termos moleculares. O que acontece com a razão P/O na presença dos desacopladores?

(c) Médicos prescreveram por certo tempo o desacoplador 2,4-dinitrofenol (DNP) como um fármaco para perder peso. Como esse agente poderia, a princípio, auxiliar a pessoa a perder peso? Agentes desacopladores não são mais prescritos, pois algumas mortes ocorreram após seu uso. Por que a ingestão de desacopladores pode levar à morte?

**7. Efeitos da valinomicina na fosforilação oxidativa** Quando pesquisadores adicionam o antibiótico valinomicina (ver Fig. 11-43) a mitocôndrias que respiram ativamente, vários eventos acontecem: o rendimento da produção de ATP diminui, a taxa de consumo de $O_2$ aumenta, calor é liberado e o gradiente de pH através da membrana mitocondrial interna aumenta. A valinomicina age como um desacoplador ou como um inibidor da fosforilação oxidativa? Explique as observações experimentais em termos da capacidade do antibiótico de transferir íons $K^+$ através da membrana mitocondrial interna.

**8. A concentração celular de ADP controla a formação de ATP** Embora tanto ADP quanto $P_i$ sejam necessários para a síntese de ATP, a velocidade de síntese depende principalmente da concentração de ADP e não da de $P_i$. Por quê?

**9. Espécies reativas de oxigênio** Descreva o papel da superóxido-dismutase na atenuação dos efeitos das espécies reativas de oxigênio.

**10. Quantos prótons em uma mitocôndria?** A transferência de elétrons transloca prótons da matriz mitocondrial para o meio externo, estabelecendo um gradiente de pH através da membrana interna (o lado de fora mais ácido do que o de dentro). A tendência dos prótons de se difundirem de volta à matriz é a força propulsora para a síntese de ATP pela ATP-sintase. Durante a fosforilação oxidativa em uma suspensão de mitocôndrias em um meio de pH 7,4, o pH da matriz foi avaliado em 7,7.

(a) Calcule a $[H^+]$ no meio externo e na matriz nessas condições.

(b) Qual é a razão da $[H^+]$ entre o lado de fora e o lado de dentro? Quanta energia para a síntese de ATP está disponível nessa diferença de concentrações? (Dica: ver Equação 11-4, p. 392.)

(c) Calcule o número de prótons em uma mitocôndria hepática respirando ativamente, presumindo que seu compartimento matricial é uma esfera de 1,5 $\mu$m de diâmetro.

(d) A partir desses dados, o gradiente de pH sozinho é suficiente para gerar ATP?

(e) Se não for, sugira como a energia necessária para a síntese de ATP surge.

**11. Taxa de renovação do ATP no músculo cardíaco de ratos** O músculo cardíaco de ratos operando aerobicamente obtém mais de 90% das suas necessidades de ATP via fosforilação oxidativa. Cada grama de tecido consome $O_2$ na velocidade de 10,0 μmol/min, com glicose como combustível.

**(a)** Calcule a velocidade de consumo de glicose e a produção de ATP pelo músculo cardíaco.

**(b)** Para uma concentração de ATP em equilíbrio estacionário de 5,0 μmol/g de tecido muscular cardíaco, calcule o tempo necessário (em segundos) para repor completamente o reservatório celular de ATP. O que esse resultado indica sobre a necessidade de estreita regulação da produção de ATP? (Nota: as concentrações são expressas como micromols por grama de tecido muscular porque o tecido é principalmente água.)

**12. Velocidade de degradação de ATP no músculo de voo de insetos** A produção de ATP no músculo de voo da mosca *Lucilia sericata* resulta quase que exclusivamente da fosforilação oxidativa. Durante o voo, a manutenção de uma concentração de ATP de 7,0 μmol/g de músculo de voo requer 187 mL de $O_2$/h • g de peso corporal. Considerando que o músculo de voo compreende 20% do peso da mosca, calcule a velocidade de renovação do reservatório de ATP no músculo de voo. Quanto tempo duraria o reservatório de ATP na ausência da fosforilação oxidativa? Considere a transferência de equivalentes redutores utilizando a lançadeira do glicerol-3-fosfato e que $O_2$ está a 25 °C e 101,3 kPa (1 atm).

**13. Altos níveis de alanina no sangue associados a defeitos na fosforilação oxidativa** Em sua maioria, as pessoas com defeitos genéticos na fosforilação oxidativa têm concentrações relativamente altas de alanina no sangue. Explique isso em termos bioquímicos.

**14. Compartimentalização dos componentes do ciclo do ácido cítrico** A isocitrato-desidrogenase é encontrada apenas na mitocôndria, mas a malato-desidrogenase é encontrada tanto no citosol quanto na mitocôndria. Qual é o papel da malato-desidrogenase citosólica?

**15. Movimento transmembrana de equivalentes redutores** Sob condições aeróbicas, o NADH extramitocondrial precisa ser oxidado pela cadeia respiratória mitocondrial. Considere um preparado de hepatócitos de ratos contendo mitocôndrias e todas as enzimas citosólicas. Se [4-$^3$H]NADH é introduzido, a radioatividade logo aparece na matriz mitocondrial. Após a introdução de [7-$^{14}$C]NADH, por sua vez, não há radioatividade na matriz. O que essas observações revelam sobre a oxidação do NADH extramitocondrial pela cadeia respiratória?

[4-$^3$H]NADH     [7-$^{14}$C]NADH

**16. Reservatórios de NAD e atividades de desidrogenases** Embora tanto a piruvato-desidrogenase quanto a gliceraldeído-3-fosfato-desidrogenase usem $NAD^+$ como aceptor de elétrons, as duas enzimas não competem pelo mesmo reservatório de NAD celular. Por quê?

**17. O sistema de transporte malato-α-cetoglutarato** O sistema de transporte que conduz malato e α-cetoglutarato através da membrana mitocondrial interna é inibido por *n*-butilmalonato (ver Fig. 19-31). Suponha que você tenha adicionado *n*-butilmalonato a uma suspensão aeróbica de células renais usando exclusivamente glicose como combustível. Preveja o efeito desse inibidor sobre **(a)** a glicólise, **(b)** o consumo de oxigênio, **(c)** a produção de lactato e **(d)** a síntese de ATP.

**18. Escalas temporais dos eventos regulatórios nas mitocôndrias** Compare as prováveis escalas temporais para os ajustes na velocidade da respiração causados por **(a)** aumento na [ADP] e **(b)** redução na $pO_2$. O que explica essa diferença?

**19. Efeito Pasteur** Quando pesquisadores adicionam $O_2$ a uma suspensão anaeróbica de células consumindo glicose em alta velocidade, essa velocidade diminui acentuadamente à medida que o $O_2$ é consumido, e o acúmulo de lactato cessa. Esse efeito, primeiramente observado por Louis Pasteur na década de 1860, é característico da maioria das células capazes de catabolismo tanto aeróbico quanto anaeróbico da glicose.

**(a)** Por que o acúmulo de lactato cessa depois que o $O_2$ é adicionado?

**(b)** Por que a presença de $O_2$ diminui a velocidade de consumo de glicose?

**(c)** De que forma o início do consumo de $O_2$ reduz a velocidade de consumo de glicose? Explique em termos de enzimas específicas.

**20. Mutantes de leveduras com deficiências na respiração e a produção de etanol** Mutantes de leveduras com deficiências na respiração (p$^-$; "petites") podem ser produzidos a partir de genitores do tipo selvagem por um tratamento com agentes mutagênicos. Os mutantes carecem de citocromo-oxidase, déficit que afeta consideravelmente seu comportamento metabólico. Um efeito notável é que a fermentação não é suprimida por $O_2$ – ou seja, os mutantes não apresentam o efeito Pasteur (ver Questão 19). Algumas empresas estão muito interessadas em usar esses mutantes para fermentar lascas de madeira até etanol para uso energético. Por que a ausência da citocromo-oxidase elimina o efeito Pasteur? Explique a vantagem de usar esses mutantes em vez de leveduras do tipo selvagem para produção de etanol em larga escala.

**21. Doença mitocondrial e câncer** Mutações nos genes que codificam certas proteínas mitocondriais estão associadas à alta incidência de certos tipos de câncer. De que forma mitocôndrias com defeitos podem levar a câncer?

**22. Gravidade variável de uma doença mitocondrial** Pessoas diferentes com uma doença causada pelo mesmo defeito específico no genoma mitocondrial podem ter sintomas que variam de moderados a graves. Explique por quê.

**23. O diabetes como consequência de defeitos mitocondriais** A glicocinase é essencial para o metabolismo da glicose em células β pancreáticas. Os seres humanos com duas cópias defeituosas do gene da glicocinase apresentam diabetes neonatal grave, ao passo que aqueles com apenas uma cópia defeituosa do gene têm uma forma bem mais moderada da doença (diabetes do jovem com início na maturidade; MODY2). Explique essa diferença em termos da biologia das células β.

**24. Efeitos das mutações no Complexo II mitocondrial** Mudanças em um único nucleotídeo no gene da succinato-desidrogenase (Complexo II) estão associadas a tumores carcinoides do intestino. Sugira um mecanismo para explicar essa observação.

## QUESTÃO DE ANÁLISE DE DADOS

**25. Fluidez da membrana e taxa respiratória** Os complexos de transferência de elétrons na mitocôndria e a ATP-sintase $F_0F_1$ estão embebidos na membrana mitocondrial interna dos eucariotos e na membrana interna das bactérias. Os elétrons são transferidos entre os complexos em parte pela coenzima Q, ou ubiquinona, um fator que migra dentro da membrana. Jay Keasling e colaboradores investigaram o efeito da fluidez da membrana na taxa respiratória da *E. coli*.

A *E. coli* ajusta naturalmente o conteúdo de lipídeos da membrana, de modo a manter a fluidez em diferentes temperaturas. Pesquisadores no laboratório Keasling criaram por bioengenharia uma cepa de *E. coli* que lhes permitisse controlar a expressão da enzima FabB, que catalisa a etapa limitante na síntese de ácidos graxos insaturados na *E. coli*.

**(a)** Como o conteúdo de ácidos graxos insaturados afeta a fluidez da membrana?

**(b)** Os pesquisadores foram capazes de modular o conteúdo de ácidos graxos insaturados nos lipídeos de membrana em uma faixa de 15 a 80%. Eles não tentaram bloquear completamente a síntese de ácidos graxos insaturados, de modo a ampliar a faixa experimental para 0%. Por quê?

**(c)** Quando as células eram cultivadas em condições aeróbicas, os pesquisadores descobriram que a taxa de crescimento bacteriano aumentava na medida em que aumentava a concentração de ácidos graxos insaturados na membrana. Todavia, quando o oxigênio era muito limitado, o conteúdo de ácidos graxos insaturados na membrana não afetava a taxa de crescimento. Como essa observação pode ser explicada?

**(d)** Os pesquisadores mediram as taxas respiratórias e encontraram uma forte correlação entre essas taxas e a fração de ácidos graxos insaturados na membrana. Quando o conteúdo de ácidos graxos insaturados na membrana era mantido em níveis baixos, as células acumulavam piruvato e lactato. Explique essas observações.

**(e)** A seguir, eles mediram as velocidades de difusão dos fosfolipídeos de membrana e da ubiquinona em vesículas derivadas das membranas de *E. coli*. As velocidades de difusão aumentaram em função do conteúdo de ácidos graxos insaturados. Essas velocidades eram consistentes com simulações realizadas para modelar os efeitos da difusão da ubiquinona na respiração. Qual é a conclusão geral que se pode tirar desse trabalho?

### Referência

**Budin, I, T. de Rond, Y. Chen, L.J.G. Chan, C.J. Petzold e J.D. Keasling. 2018.** Viscous control of cellular respiration by membrane lipid composition. *Science* 362:1186–1189.

# Capítulo 20

# FOTOSSÍNTESE E SÍNTESE DE CARBOIDRATOS EM VEGETAIS

- **20.1** Absorção de luz  701
- **20.2** Centros de reação fotoquímica  707
- **20.3** Evolução de um mecanismo universal para a síntese de ATP  716
- **20.4** Reações de assimilação de $CO_2$  719
- **20.5** Fotorrespiração e as vias $C_4$ e CAM  727
- **20.6** Biossíntese de amido, sacarose e celulose  733

Este capítulo marca um ponto decisivo no estudo do metabolismo celular. Até agora, na Parte II, foi descrito de que modo os principais combustíveis metabólicos – carboidratos, ácidos graxos e aminoácidos – são degradados por vias *catabólicas convergentes* para ingressarem no ciclo do ácido cítrico e entregarem seus elétrons à cadeia respiratória, promovendo a síntese de ATP via fosforilação *oxidativa*. Agora, serão examinados processos *redutores*, *anabólicos* e *divergentes*, que utilizam energia do sol e ocorrem em organismos fotossintetizantes, e em todos os outros organismos, impulsionados, em última análise, pela redução fotossintética do $CO_2$.

Durante a discussão desses processos, os seguintes princípios emergem:

**P1** **A captura da energia solar por organismos fotossintetizantes e sua conversão em energia química de compostos orgânicos reduzidos é a fonte elementar de quase toda a energia biológica e os nutrientes orgânicos para todos os organismos não fotossintetizantes, incluindo seres humanos.** Esse é, possivelmente, *o mais importante processo bioquímico na biosfera*.

**P2** **Organismos fotossintetizantes usam complexos de coleta de luz firmemente organizados para absorver a luz solar e capturar sua energia na forma química: com separação de cargas positivas e negativas levando ao fluxo de elétrons.** A energia de um fóton absorvido move-se de uma clorofila-antena a outra, e assim sucessivamente até chegar ao centro de reação, onde promove a reação fotoquímica que envia elétrons através de uma série de transportadores de elétrons.

**P3** **O fluxo de elétrons estimulado pela luz através de proteínas transportadoras especializadas é acoplado à síntese de ATP.** Um agente fortemente redutor (NADPH) também é produzido, e, simultaneamente, ocorre a oxidação da água a $O_2$, que é liberado na atmosfera.

**P4** **A evolução produziu um mecanismo universal para o acoplamento da síntese de ATP com o fluxo de elétrons.** Um gradiente de prótons criado pelo fluxo de elétrons é utilizado para energizar a enzima que sintetiza ATP em microrganismos, animais e plantas.

**P5** **O ATP e o NADPH produzidos nas reações fotodependentes da fotossíntese fornecem energia e poder redutor para converter o $CO_2$ atmosférico em compostos orgânicos simples.** Altas concentrações de ATP e NADPH permitem aos cloroplastos realizar reações redox termodinamicamente desfavoráveis.

A **fotossíntese** compreende dois processos: as **reações fotodependentes**, nas quais a luz solar fornece a energia para a síntese de ATP e NADPH, e as reações de assimilação de $CO_2$, nas quais o ATP e o NADPH são utilizados para reduzir o $CO_2$, formando trioses-fosfato via um conjunto de reações conhecido como ciclo de Calvin (**Fig. 20-1**). Organismos heterotróficos, como os humanos, só estão vivos porque quantidades enormes de luz solar são capturadas por organismos autotróficos na fotossíntese, os quais produzem compostos que são disponibilizados aos heterotróficos na forma de combustíveis, vitaminas e unidades fundamentais. Como eles fazem isso?

Todas as plantas vasculares, assim como algas e cianobactérias, realizam o mesmo processo básico da fotossíntese, mas algumas são mais fáceis de estudar do que outras. As algas e as cianobactérias foram intensamente estudadas em função da facilidade de seu cultivo e manipulação em laboratório. O espinafre é uma planta vascular muito utilizada em estudos da fotossíntese porque é de fácil obtenção em

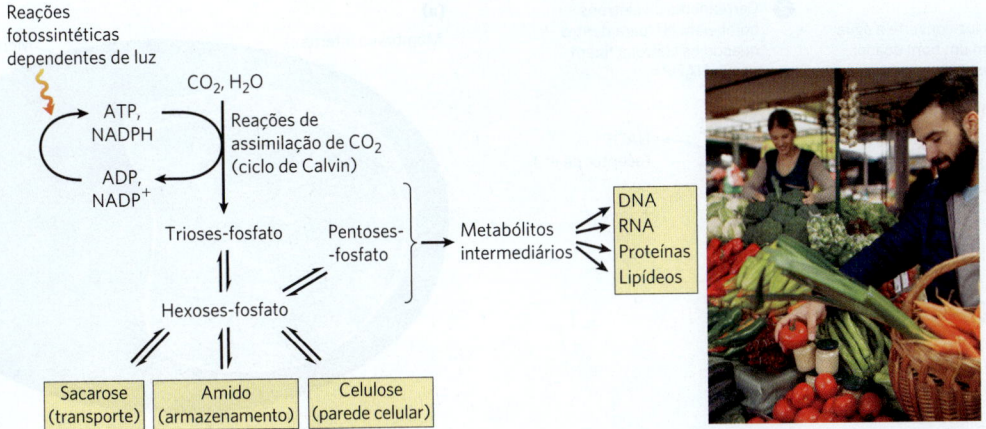

**FIGURA 20-1   A assimilação de $CO_2$ fornece todo o carbono de que um vegetal precisa.** A síntese de ATP e NADPH, promovida pela luz, fornece energia e poder redutor para a fixação de $CO_2$ em trioses no ciclo de Calvin. Todos os compostos que contêm carbono na célula vegetal são sintetizados a partir dessa fixação de $CO_2$. [Emir Memedovski/Getty Images]

grandes quantidades; para abordagens genéticas, a pequena planta *Arabidopsis thaliana* é bastante usada. A discussão acerca da fotossíntese neste capítulo é essencialmente válida para todos esses organismos.

Após o estudo da fotossíntese, será discutida a conversão das trioses produzidas no ciclo de Calvin em sacarose (para o transporte de açúcares) e em amido (para o armazenamento de energia) (ver Fig. 20-1). Essa conversão é feita por mecanismos análogos aos usados pelos animais para produzir o glicogênio. A síntese de celulose para as paredes celulares das plantas também é descrita. Por fim, será considerado como o metabolismo dos carboidratos está integrado na célula vegetal e na estrutura da planta como um todo.

Embora consideravelmente diferentes na superfície, os processos da fotofosforilação nos cloroplastos e da fosforilação oxidativa nas mitocôndrias são bastante similares no nível molecular, e o mecanismo de síntese de ATP é praticamente idêntico: um gradiente de prótons propicia a catálise rotacional por uma ATP-sintase.

## 20.1 Absorção de luz

O processo de **fotofosforilação** (síntese de ATP impulsionada pela luz) assemelha-se à fosforilação oxidativa pelo fato de que o fluxo de elétrons através de uma série de transportadores de membrana está acoplado ao bombeamento de prótons, produzindo a força próton-motriz que fornece energia para a síntese de ATP. Esses processos são comparados na **Figura 20-2**. Na fosforilação oxidativa, o doador de elétrons é o NADH, e o aceptor final de elétrons é o $O_2$, formando $H_2O$. Na fotofosforilação, os elétrons fluem no sentido oposto: $H_2O$ é o *doador* de elétrons, e NADPH é *produzido*. Como esse processo endergônico é possível?

A água não é um bom doador de elétrons; seu potencial de redução padrão é de 0,816 V, comparado com −0,320 V para o NADH, um bom doador de elétrons. ▶P1 A fotossíntese requer energia na forma de luz para *criar* um bom doador de elétrons e um bom aceptor de elétrons. ▶P3 Os elétrons fluem do doador, passando por uma série de transportadores ligados à membrana, incluindo citocromos, quinonas e proteínas ferro-enxofre, ao mesmo tempo que os prótons são bombeados através da membrana para criar um potencial eletroquímico. A transferência de elétrons e o bombeamento de prótons são catalisados por um complexo na membrana que é homólogo em estrutura e função ao Complexo III das mitocôndrias. O potencial eletroquímico assim produzido é a força propulsora para a síntese de ATP a partir de ADP e $P_i$, catalisada por um complexo de ATP-sintase ligado à membrana, muito similar àquele de mitocôndrias e bactérias.

### O fluxo de elétrons impulsionado pela luz e a fotossíntese ocorrem nos cloroplastos das plantas

Em células eucarióticas fotossintéticas, tanto as reações fotodependentes quanto as de assimilação de $CO_2$ ocorrem nos **cloroplastos** (**Fig. 20-3**), organelas variáveis em forma e geralmente com poucos micrômetros de diâmetro. Da mesma forma que as mitocôndrias, os cloroplastos são circundados por duas membranas: uma membrana externa, que é permeável a pequenas moléculas e íons, e uma membrana interna, que é impermeável e contém transportadores específicos para vários íons e metabólitos. O compartimento delimitado pela membrana interna é denominado **estroma** nos cloroplastos, sendo análogo à matriz mitocondrial; consiste em uma fase aquosa que contém a maior parte das enzimas solúveis necessárias para as reações de assimilação de $CO_2$. Por todo o estroma, encontra-se um conjunto altamente organizado de membranas internas topologicamente contínuas, formando um único compartimento ou lúmen. Esse sistema membranoso complexo forma sacos achatados, chamados de **tilacoides**. Os **tilacoides dos grana** são bolsas na forma de discos empilhados; eles são conectados por **tilacoides do estroma**, que são mais achatados e formam uma espiral ao redor dos grana. As membranas tilacoides fornecem uma área grande para a maquinaria de

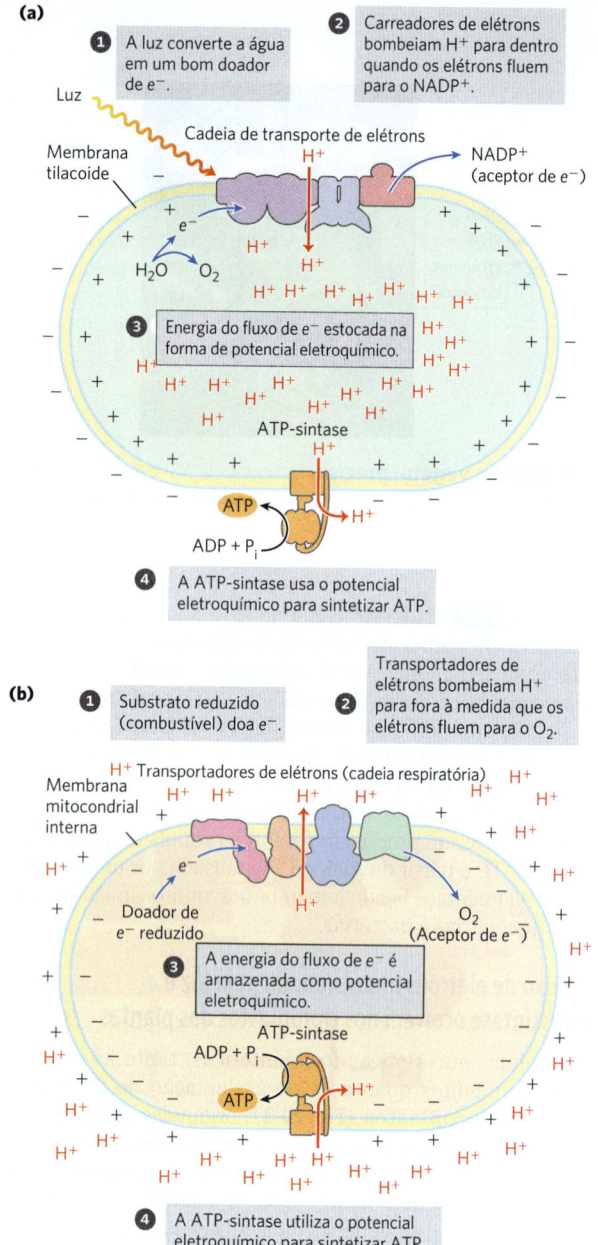

**FIGURA 20-2 Mecanismo quimiosmótico para a síntese de ATP em cloroplastos e mitocôndrias.** (a) O movimento de elétrons através de uma cadeia de transporte na membrana do cloroplasto é impulsionado pela energia de fótons absorvidos por um pigmento verde, a clorofila. O fluxo de elétrons leva ao movimento de prótons e cargas positivas através da membrana, criando um potencial eletroquímico. Esse potencial propicia energia para a síntese de ATP pela ATP-sintase ligada à membrana, que é fundamentalmente similar em estrutura e mecanismo (b) à maquinaria mitocondrial para a fosforilação oxidativa. Na mitocôndria, a força que impulsiona os elétrons através dos complexos é uma grande diferença nos potenciais de redução de doadores e aceptores de elétrons. Em ambos os sistemas, a energia disponibilizada pela transferência de elétrons é capturada como um gradiente de prótons transmembrana, que impulsiona a síntese de ATP por uma ATP-sintase.

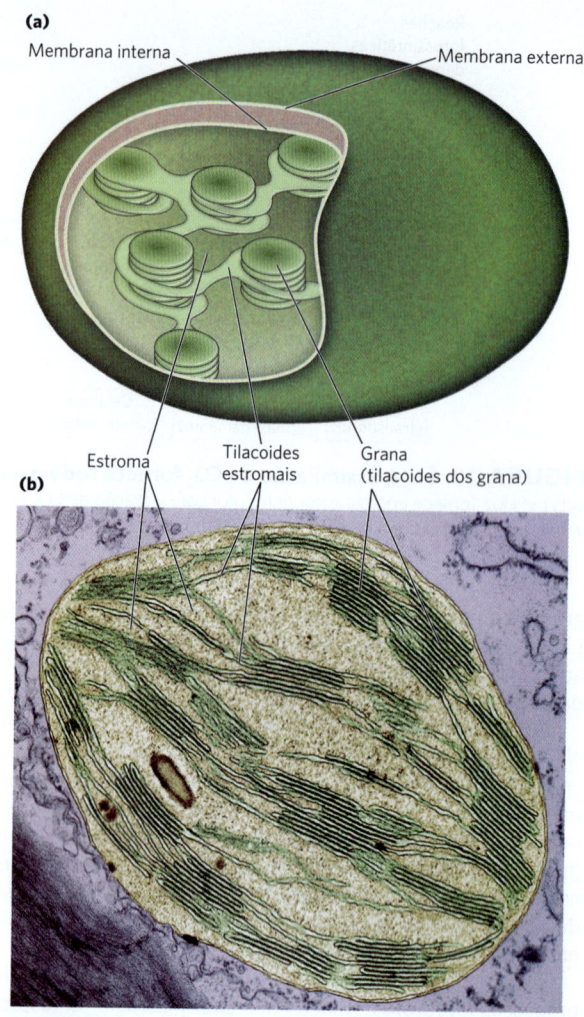

**FIGURA 20-3 Estrutura do cloroplasto.** (a) Diagrama esquemático. (b) Micrografia eletrônica colorizada em grande aumento, mostrando a estrutura altamente organizada das membranas tilacoides.
[(b) Biophoto Associates/Science Source]

fotofosforilação – os pigmentos fotossintéticos e os complexos enzimáticos que realizam as reações fotodependentes e a síntese de ATP. O tráfego através dessas membranas também é mediado por transportadores específicos.

Em 1937, Robert Hill verificou que, quando extratos de folhas contendo cloroplastos eram iluminados, eles (1) liberavam $O_2$ e (2) reduziam um aceptor de elétrons não biológico adicionado ao meio, de acordo com a reação de Hill

$$2H_2O + 2A \xrightarrow{\text{luz}} 2AH_2 + O_2$$

em que A é um aceptor artificial de elétrons, ou reagente de Hill. Um reagente de Hill, o corante 2,6-diclorofenolindofenol, é azul quando oxidado (A) e incolor quando reduzido ($AH_2$), tornando a reação fácil de ser acompanhada.

## 20.1 ABSORÇÃO DE LUZ

Forma oxidada (azul) → Forma reduzida (incolor)

2,6-Diclorofenolindofenol

Quando um extrato foliar suplementado com o corante foi iluminado, o corante azul tornou-se incolor e $O_2$ foi liberado. No escuro, nem a liberação de $O_2$, nem a redução do corante aconteceram. **P2** Essa foi a primeira evidência de que a energia luminosa absorvida faz os elétrons fluírem de um doador de elétrons (que agora se sabe ser o $H_2O$) para um aceptor de elétrons. Além disso, Hill constatou que o $CO_2$ não era necessário nem reduzido a uma forma estável sob essas condições; a liberação de $O_2$ podia ser dissociada da redução do $CO_2$. Vários anos depois, Severo Ochoa mostrou que o $NADP^+$ é o aceptor biológico de elétrons nos cloroplastos, de acordo com a equação

$$2H_2O + 2NADP^+ \xrightarrow{luz} 2NADPH + 2H^+ + O_2$$

Para compreender esse processo fotoquímico, precisa-se, primeiro, considerar o tópico mais geral dos efeitos da absorção de luz na estrutura molecular.

A luz visível é a radiação eletromagnética de comprimentos de onda de 400 a 700 nm, uma pequena parte do espectro eletromagnético (**Fig. 20-4**), variando do violeta ao vermelho. A energia de um único **fóton** (um *quantum* de luz) é maior na extremidade violeta do espectro do que na extremidade vermelha; comprimentos de onda mais curtos (e com frequência maior) correspondem a uma energia maior. A energia, $E$, de um único fóton de luz visível é dada pela equação de Planck:

$$E = h\nu = hc/\lambda$$

em que $h$ é a constante de Planck ($6,626 \times 10^{-34}$ J·s), $\nu$ é a frequência da luz em ciclos/s, $c$ é a velocidade da luz ($3,00 \times 10^8$ m/s) e $\lambda$ é o comprimento de onda da luz em metros.

A energia de um fóton de luz visível varia de 150 kJ/einstein para a luz vermelha até cerca de 300 kJ/einstein para a luz violeta.

### EXEMPLO 20-1  *Energia de um fóton*

A luz utilizada pelas plantas vasculares para a fotossíntese tem um comprimento de onda de cerca de 700 nm. Calcule a energia em um "mol" de fótons (um einstein) de luz desse comprimento de onda e compare com a energia necessária para sintetizar um mol de ATP.

**SOLUÇÃO:** A energia em um único fóton é dada pela equação de Planck. Em um comprimento de onda de $700 \times 10^{-9}$ m, a energia de um fóton é

$$E = hc/\lambda$$
$$= \frac{[(6,626 \times 10^{-34} \text{ J·s})(3,00 \times 10^8 \text{ m/s})]}{(7,00 \times 10^{-7} \text{ m})}$$
$$= 2,84 \times 10^{-19} \text{ J}$$

Um einstein de luz é o número de Avogadro de fótons ($6,022 \times 10^{23}$); assim, a energia de um einstein de fótons a 700 nm é dada por

$$(2,84 \times 10^{-19} \text{ J/fótons})(6,022 \times 10 \text{ fótons/einstein})$$
$$= 17,1 \times 10^4 \text{ J/einstein}$$
$$= 171 \text{kJ/einstein}$$

Desse modo, um "mol" de fótons de luz vermelha tem cerca de cinco vezes a energia necessária para produzir um mol de ATP a partir de ADP e $P_i$ (30,5 kJ/mol).

---

Quando um fóton é absorvido, um elétron na molécula que absorve (cromóforo) é elevado para um nível de maior energia. Esse é um evento "tudo ou nada": para ser absorvido, o fóton precisa conter a quantidade de energia (um *quantum*) que se ajusta exatamente à energia da transição eletrônica. Uma molécula que absorveu um fóton está em um **estado excitado**, que geralmente é instável. Um elétron elevado a um orbital de maior energia em geral retorna rapidamente ao seu orbital de menor energia; ou seja, a molécula excitada decai para o **estado basal** estável, liberando o *quantum* absorvido na forma de luz ou calor ou utilizando-o para realizar trabalho químico. A emissão de luz que acompanha o decaimento de moléculas excitadas (a **fluorescência**) está sempre em um comprimento de onda maior (menor energia) do que aquele da luz absorvida (ver

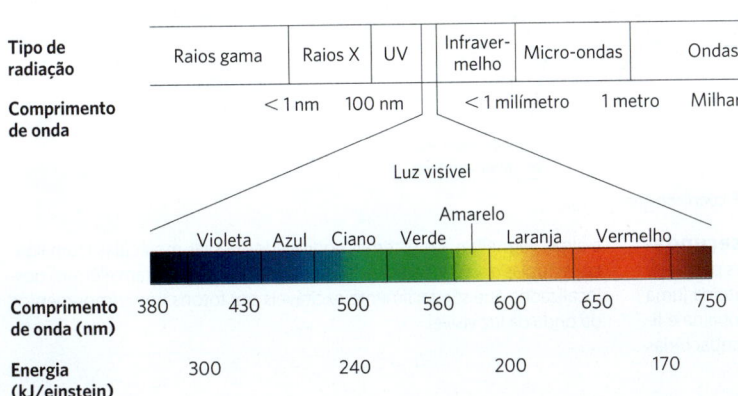

**FIGURA 20-4  Radiação eletromagnética.** Espectro da radiação eletromagnética e energia de fótons na faixa visível. Um einstein é $6,022 \times 10^{23}$ fótons.

Quadro 12-1). Um modo alternativo de decaimento, de importância fundamental para a fotossíntese, envolve a transferência direta de energia de excitação de uma molécula excitada para uma molécula vizinha. Da mesma forma que o fóton é um *quantum* de energia luminosa, o **éxciton** é um *quantum* de energia passada de uma molécula excitada para outra molécula, no processo chamado de **transferência de éxcitons**.

## As clorofilas absorvem energia luminosa para a fotossíntese

Os pigmentos absorvedores de luz mais importantes nas membranas tilacoides são as **clorofilas**, pigmentos verdes com estruturas planares policíclicas que se parecem com a protoporfirina da hemoglobina, exceto que é o $Mg^{2+}$, e não o $Fe^{2+}$, que ocupa a posição central (**Fig. 20-5a**; compare com

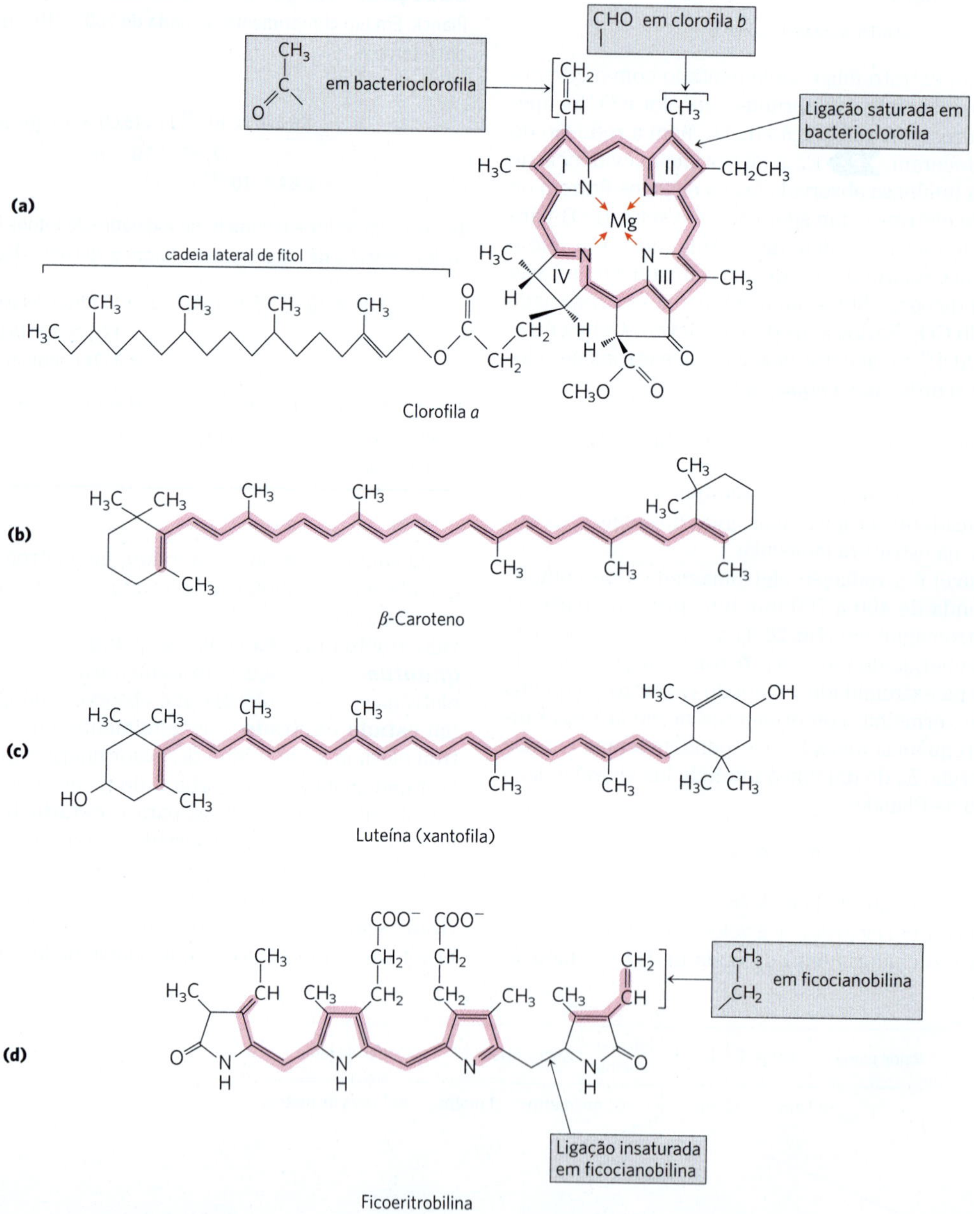

**FIGURA 20-5 Fotopigmentos primários e secundários.** (a) As clorofilas *a* e *b* e a bacterioclorofila são os coletores primários de energia luminosa. (b) β-Caroteno (um carotenoide) e (c) luteína (uma xantofila) são pigmentos acessórios em plantas. (d) Ficoeritrobilina e ficocianobilina (ficobilinas) são pigmentos acessórios em cianobactérias e algas vermelhas. Os sistemas conjugados nessas moléculas (com ligações duplas e simples alternadas; sombreados) apresentam elétrons deslocalizados que são facilmente excitáveis por fótons nos comprimentos de onda da luz visível.

a Fig. 5-1). Os quatro átomos de nitrogênio orientados para dentro da clorofila estão coordenados com o $Mg^{2+}$. Todas as clorofilas têm uma longa cadeia lateral de fitol, esterificada a um grupo carboxila substituinte no anel IV, e as clorofilas também têm um quinto anel de cinco membros, ausente no heme.

O sistema heterocíclico de cinco anéis que circunda o $Mg^{2+}$ tem uma estrutura estendida de polieno, com ligações simples e duplas alternadas. Esses polienos caracteristicamente apresentam uma forte absorção na região visível do espectro (**Fig. 20-6**); as clorofilas têm coeficientes de extinção molar excepcionalmente altos (ver Quadro 3-1), sendo, portanto, particularmente aptas a absorver a luz visível durante a fotossíntese.

Os cloroplastos sempre contêm tanto clorofila $a$ como clorofila $b$ (Fig. 20-5a). Embora ambas sejam verdes, os seus espectros de absorção são suficientemente diferentes (Fig. 20-6), de modo a complementarem a faixa de absorção de luz uma da outra na região visível. A maioria das plantas contém duas vezes mais clorofila $a$ em comparação com a clorofila $b$. A clorofila das cianobactérias difere apenas ligeiramente daquela das demais plantas.

Além das clorofilas, as membranas tilacoides contêm pigmentos secundários de absorção de luz, ou **pigmentos acessórios**, chamados de carotenoides. Os **carotenoides** podem ser de coloração amarela, vermelha ou púrpura. Os mais importantes nas folhas das plantas são o **β-caroteno**, um isoprenoide laranja-avermelhado, e o carotenoide amarelo luteína (Fig. 20-5b,c). Cianobactérias e algas vermelhas usam os pigmentos acessórios ficocianobilina e ficoeritrobilina (Fig. 20-5d). Os pigmentos acessórios absorvem luz em comprimentos de onda não absorvidos pelas clorofilas (Fig. 20-6), sendo, assim, receptores de luz suplementares. Eles também protegem componentes a jusante de uma forma de oxigênio altamente reativa (o oxigênio singlete), formada quando a intensidade da luz excede a capacidade do sistema de aceitar elétrons.

A determinação experimental da efetividade da luz de diferentes cores em promover a fotossíntese gera um **espectro de ação** (**Fig. 20-7**), normalmente útil na identificação do pigmento majoritariamente responsável por um efeito biológico da luz. Ao captar luz na região do espectro não utilizada por outros organismos, um organismo fotossintetizante pode ocupar um nicho ecológico singular.

### A clorofila canaliza a energia absorvida para os centros de reação pela transferência de éxcitons

Os pigmentos absorvedores de luz das membranas tilacoides ou bacterianas estão arranjados em estruturas funcionais, denominadas **fotossistemas**. Em cloroplastos de espinafre, por exemplo, cada fotossistema contém cerca de 200 moléculas de clorofila e 50 de carotenoides. Todas as moléculas de pigmentos em um fotossistema podem absorver fótons, mas **P2** apenas um par de moléculas de clorofila associadas ao **centro de reação fotoquímica** é especializado na transdução de luz em energia química. As demais moléculas de pigmentos em um fotossistema servem como **moléculas-antena**. Elas absorvem a energia luminosa e a transmitem de modo rápido e eficiente ao centro de reação (**Fig. 20-8**). Algumas moléculas de clorofila são parte de um complexo em um núcleo ao redor do centro reacional. Outras formam **complexos de captação de luz** (**LHC**, do inglês *light-harvesting complexes*) na periferia desse complexo central. A clorofila e outros pigmentos estão sempre associados a proteínas de ligação específicas que fixam os cromóforos um em relação ao outro, em relação a outros complexos de proteínas e em relação à membrana. Por exemplo, cada monômero do complexo de captação de luz trimérico LHCII (**Fig. 20-9**) contém sete moléculas de clorofila $a$, cinco de clorofila $b$ e duas de luteína.

As moléculas de clorofila nos complexos de captação de luz e outras proteínas de ligação a clorofilas têm propriedades de absorção de luz que são sutilmente diferentes daquelas da clorofila livre. Quando moléculas de clorofila

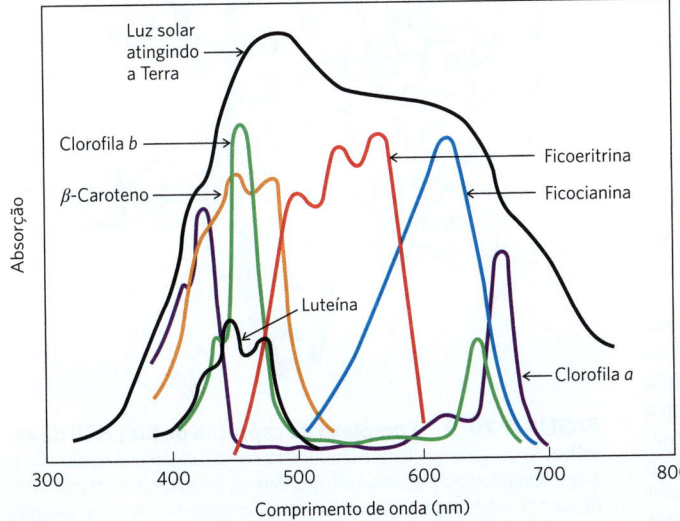

**FIGURA 20-6 Absorção de luz visível por fotopigmentos.** As plantas são verdes porque seus pigmentos absorvem luz das regiões azul e vermelha do espectro, deixando principalmente a luz verde para ser refletida. Compare os espectros de absorção dos pigmentos com o espectro da luz solar que chega na superfície da Terra; a combinação de clorofilas (*a* e *b*) e pigmentos acessórios possibilita às plantas coletar a maior parte da energia disponível na luz solar. As quantidades relativas de clorofilas e pigmentos acessórios são características de uma determinada espécie vegetal. Variações nas proporções desses pigmentos explicam as diferenças nas cores de organismos fotossintetizantes, desde o verde-azulado das agulhas de abeto, passando pelo verde puro das folhas de plátanos até as cores vermelha, marrom ou roxa de algumas espécies de algas multicelulares e das folhas de algumas plantas utilizadas em jardinagem.

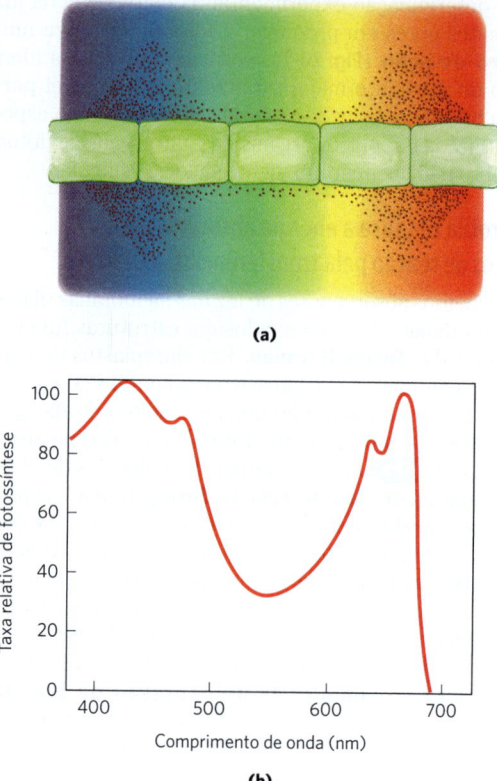

**FIGURA 20-7 Duas formas de determinar o espectro de ação para a fotossíntese.** (a) Resultados de um experimento clássico realizado por T. W. Engelmann em 1882 para determinar o comprimento de onda da luz mais efetivo para sustentar a fotossíntese. Engelmann colocou células de uma alga fotossintetizante filamentosa em uma lâmina de microscópio e as iluminou com a luz de um prisma, de modo que parte do filamento recebia principalmente luz azul, outra parte, luz amarela, e outra, luz vermelha. Para determinar quais células da alga realizavam fotossíntese mais ativamente, Engelmann também colocou sobre a lâmina de microscópio bactérias conhecidas por migrar em direção a regiões de alta concentração de $O_2$. Depois de um período de iluminação, a distribuição das bactérias mostrou os maiores níveis de $O_2$ (produzido pela fotossíntese) nas regiões iluminadas com luz violeta e vermelha. (b) Resultados de um experimento similar que utilizou técnicas modernas (um eletrodo de oxigênio) para medir a produção de $O_2$. Um espectro de ação, como o mostrado aqui, descreve as velocidades relativas da fotossíntese para iluminação com número constante de fótons de diferentes comprimentos de onda. Um espectro de ação é útil, pois, em comparação com o espectro de absorção (como aqueles na Fig. 20-6), ele sugere quais pigmentos podem canalizar energia para a fotosssíntese.

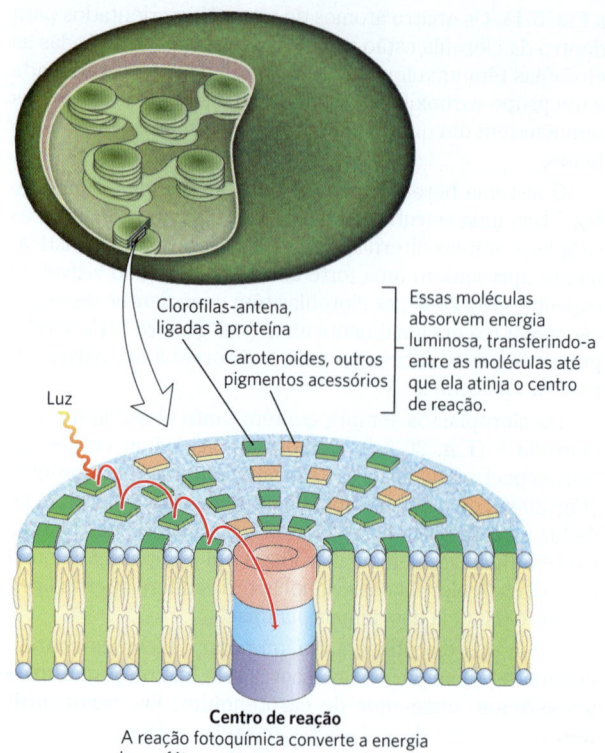

**FIGURA 20-8 Organização dos fotossistemas nas membranas tilacoides.** Os fotossistemas estão firmemente empacotados na membrana tilacoide, com várias centenas de clorofilas-antena e pigmentos acessórios circundando um centro de fotorreação. A absorção de um fóton por qualquer uma das clorofilas-antena leva à excitação do centro de reação por transferência de éxcitons (seta vermelha).

isoladas *in vitro* são excitadas pela luz, a energia absorvida é rapidamente liberada como fluorescência e calor, porém, quando a clorofila em folhas intactas é excitada pela luz visível (**Fig. 20-10**, etapa ❶), muito pouca fluorescência é observada. Em vez disso, a clorofila excitada que funciona como antena molecular transfere energia diretamente a uma molécula de clorofila vizinha, a qual se torna excitada à medida que a primeira molécula retorna ao seu estado basal (etapa ❷). Essa transferência de energia, a transferência de éxcitons, estende-se a uma terceira, quarta ou subsequente vizinha, até que uma molécula de um "par especial" de moléculas de clorofila *a* no centro de reação fotoquímica seja excitada (etapa ❸). Esse par especial de moléculas de

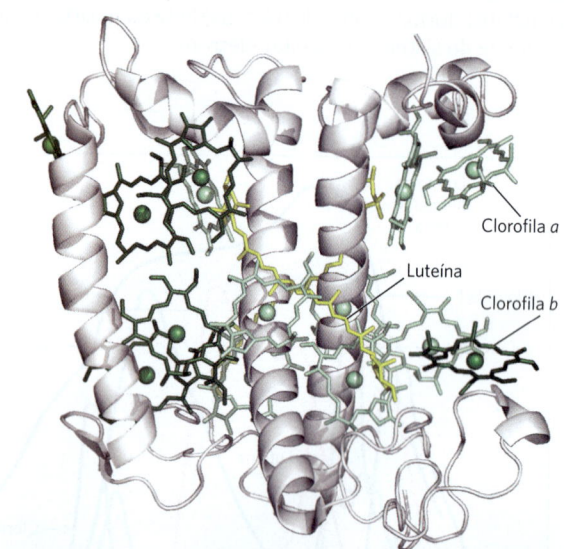

**FIGURA 20-9 Complexo de captação de luz LHCII da ervilha.** A unidade funcional é um trímero, com 36 moléculas de clorofila e 6 de luteína. Ilustrado aqui está um monômero, visto no plano da membrana, com seus três segmentos α-helicoidais transmembrana, sete moléculas de clorofila *a* (em verde-claro), cinco moléculas de clorofila *b* (em verde-escuro) e duas moléculas de luteína (em amarelo), que formam uma braçadeira interna em cruz. [Dados de PDB ID 2BHW, J. Standfuss et al., *EMBO J.* 24:919, 2005.]

## 20.2 CENTROS DE REAÇÃO FOTOQUÍMICA

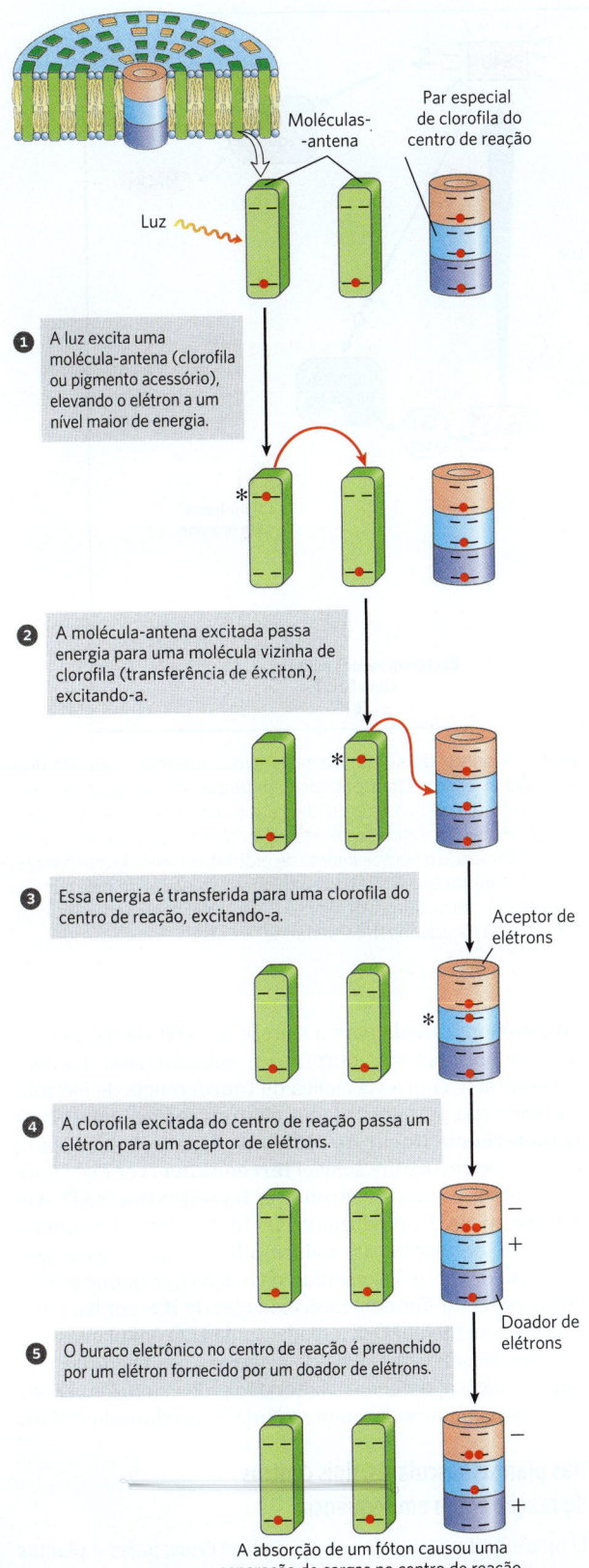

**FIGURA 20-10 Éxciton e transferência de elétrons.** Esse esquema geral mostra a conversão da energia de um fóton absorvido em separação de cargas no centro de reação. Observe que a etapa ❶ pode ser repetida entre moléculas-antena sucessivas, até que o éxciton atinja o par especial de clorofilas no centro de reação. Um asterisco (*) indica o estado excitado de uma molécula.

clorofila, com frequência designado $(Chl)_2$, é mantido muito próximo, de modo que as moléculas podem compartilhar orbitais de ligação e reagir como um composto único quando excitadas. Nesse par excitado de moléculas de clorofila, um elétron é promovido a um orbital de maior energia. Esse elétron passa, então, a um aceptor de elétrons próximo, que é parte da cadeia fotossintética de transporte de elétrons, deixando o par de moléculas de clorofila do centro de reação com um elétron a menos (um "buraco de elétron", indicado por + na Fig. 20-10) (etapa ❹). O aceptor de elétrons adquire uma carga negativa nessa transação. O elétron perdido pelo par de clorofilas do centro de reação é reposto por um elétron de uma molécula doadora de elétrons vizinha (etapa ❺), a qual, então, torna-se positivamente carregada. ▶P1 ▶P2 Dessa forma, *a excitação pela luz causa a separação de cargas elétricas e inicia uma cadeia de oxidação-redução.*

### RESUMO 20.1 Absorção de luz

■ A fotossíntese ocorre nos cloroplastos de plantas, estruturas delimitadas por membranas duplas e preenchidas com um sistema elaborado de membranas tilacoides, que contêm a maquinaria fotossintética.

■ Moléculas de clorofila e de outros pigmentos absorvedores de luz estão associadas a proteínas nos complexos de captação de luz, que estão arranjados ao redor de centros de reação fotoquímica. As proteínas estão embebidas em membranas tilacoides.

■ As muitas moléculas de clorofila que cercam o centro de reação servem como antenas para a luz. Quando absorvem luz, elas passam sua energia (éxciton) ao centro de reação. Lá, a energia é utilizada para criar uma separação de cargas que inicia o fluxo de elétrons através de uma série de reações de oxidação-redução.

## 20.2 Centros de reação fotoquímica

Estudos de uma variedade de bactérias que fazem a fotossíntese foram úteis para a determinação dos mecanismos da fotossíntese em cianobactérias, algas e plantas vasculares. As bactérias fotossintetizantes têm uma maquinaria de fototransdução relativamente simples, com um de dois tipos gerais de fotossistemas. Ambos os sistemas enviam elétrons através de um complexo de citocromos que bombeia prótons, produzindo um gradiente eletroquímico que propicia a síntese de ATP.

### Bactérias fotossintetizantes têm dois tipos de centros de reação

O **fotossistema tipo II** em bactérias púrpuras consiste em três módulos básicos (**Fig. 20-11a**): um único centro de reação, P870; um complexo de transferência de elétrons,

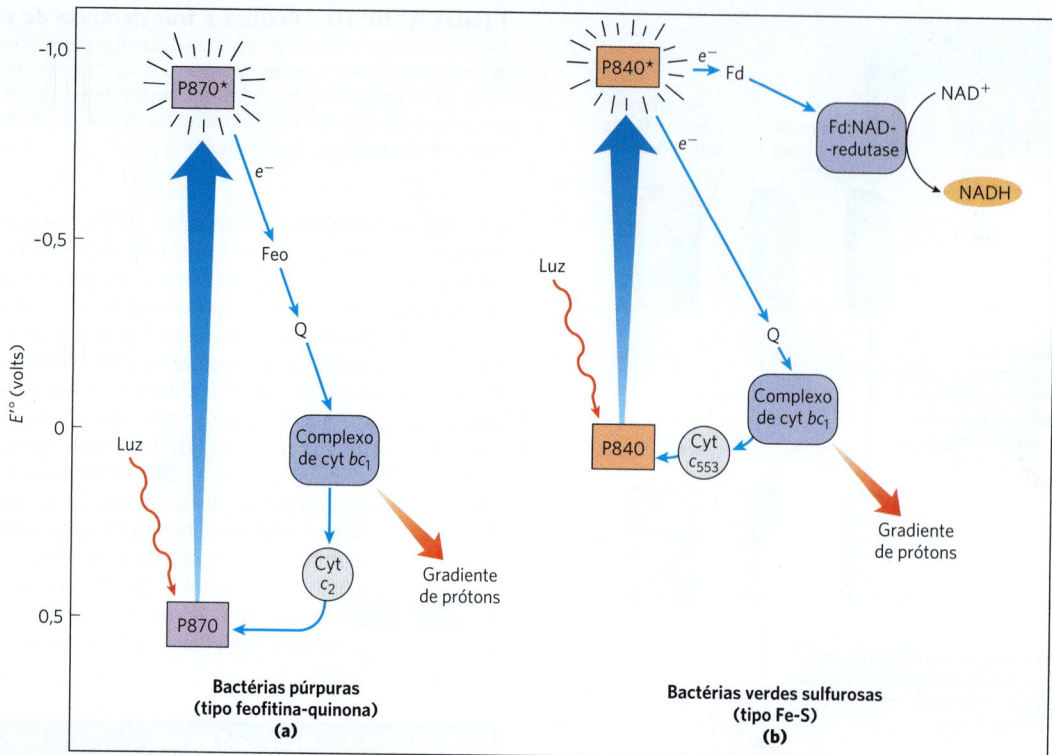

**FIGURA 20-11 Módulos funcionais da maquinaria fotossintética em bactérias púrpuras e bactérias verdes sulfurosas.** A posição na escala vertical de cada transportador de elétrons reflete seu potencial de redução padrão. (a) Em bactérias púrpuras, a energia luminosa excita um elétron no centro de reação P870. O elétron passa através da feofitina (Feo), de uma quinona (Q) e do complexo de citocromos $bc_1$, seguindo pelo citocromo $c_2$ e, então, voltando ao centro de reação. O fluxo de elétrons pelo complexo de citocromos $bc_1$ causa o bombeamento de prótons, criando um potencial eletroquímico que permite a síntese de ATP. (b) Bactérias verdes sulfurosas possuem duas vias para os elétrons transportados em função da excitação de P840. Uma via cíclica de transferência de elétrons passa por uma quinona, o complexo de citocromos $bc_1$, e retorna ao centro de reação via citocromo $c_{553}$, causando o bombeamento de prótons. Uma via de transferência linear de elétrons que segue do centro de reação passando pela proteína ferro-enxofre ferredoxina (Fd) reduz o $NAD^+$ a NADH em uma reação catalisada pela ferredoxina:$NAD^+$-redutase.

o citocromo $bc_1$, similar ao Complexo III da cadeia mitocondrial de transferência de elétrons; e uma ATP-sintase, também similar à das mitocôndrias. A iluminação eleva um elétron no centro de reação a seu estado excitado (P870*), a partir do qual ele passa pela **feofitina** (clorofila $a$ desprovida de seu $Mg^{2+}$ central) e por uma quinona até chegar ao complexo de citocromos $bc_1$. Após passarem pelo complexo $bc_1$, os elétrons fluem através do citocromo $c_2$ de volta ao centro de reação, restaurando seu estado pré-iluminação e completando um ciclo. A **transferência cíclica de elétrons** promovida pela luz fornece a energia para o bombeamento de prótons pelo complexo de citocromos $bc_1$. Usando a energia do gradiente de prótons resultante, a ATP-sintase produz ATP, exatamente como na mitocôndria.

O **fotossistema tipo I** em bactérias verdes sulfurosas envolve os mesmos três módulos das bactérias púrpuras, mas o processo difere em vários aspectos e envolve reações enzimáticas adicionais (Fig. 20-11b). A excitação induzida pela luz faz um elétron se mover do centro de reação ao complexo de citocromos $bc_1$ através de uma quinona transportadora. A transferência de elétrons por esse complexo fornece energia para o transporte de prótons e cria a força próton-motriz usada para a síntese de ATP, da mesma forma que em bactérias púrpuras e mitocôndrias. Todavia, em contraste com a via cíclica de transferência de elétrons nas bactérias púrpuras, alguns elétrons seguem uma via de **transferência linear de elétrons**, do centro de reação à proteína ferro-enxofre solúvel **ferredoxina** (ver Fig. 19-5), que, então, passa os elétrons via **ferredoxina:$NAD^+$-redutase** ao $NAD^+$, produzindo NADH. Os elétrons retirados do centro de reação para reduzir o $NAD^+$ são repostos pela oxidação de $H_2S$ a S elementar, na reação que define as bactérias verdes sulfurosas. Essa oxidação de $H_2S$ por bactérias é quimicamente análoga à oxidação de $H_2O$ em plantas oxigênicas. Observe que a via dos elétrons nas bactérias púrpuras é cíclica; a via nas bactérias verdes sulfurosas pode ser cíclica ou linear, levando ao $NAD^+$ e produzindo NADH.

## Nas plantas vasculares, dois centros de reação agem em sequência

O aparelho fotossintético de cianobactérias, algas e plantas vasculares é mais complexo do que os sistemas bacterianos com apenas um centro e provavelmente evoluiu pela combinação de dois fotossistemas bacterianos mais simples.

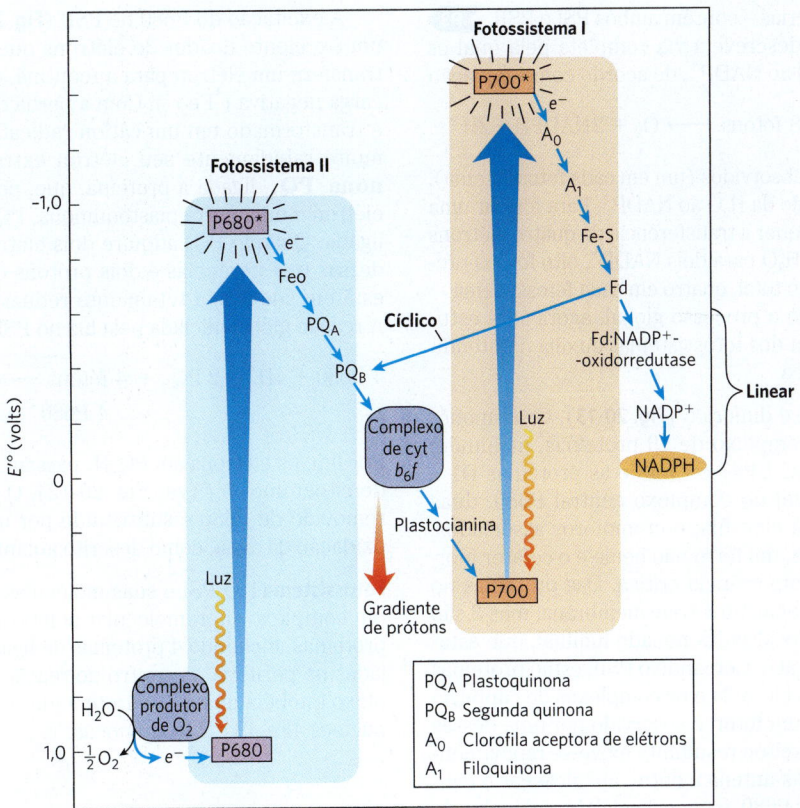

**FIGURA 20-12 Integração dos fotossistemas I e II nos cloroplastos.** Esse "esquema Z" mostra a via de transferência linear de elétrons desde a H$_2$O (parte inferior, à esquerda) para o NADP$^+$ (à direita). A posição de cada transportador de elétrons na escala vertical reflete seu potencial de redução padrão. Para aumentar a energia dos elétrons derivados da H$_2$O para o nível de energia necessário para reduzir o NADP$^+$ a NADPH, cada elétron precisa ter seu grau de energia mudado duas vezes (setas largas) por fótons absorvidos em PSII e PSI. É necessário um fóton por elétron em cada fotossistema. Depois da excitação, os elétrons de alta energia fluem "montanha abaixo" pelas cadeias de transporte ilustradas. Os prótons movem-se através da membrana tilacoide durante a reação de quebra da água e durante a transferência de elétrons pelo complexo de citocromos $b_6f$, produzindo o gradiente de prótons que é essencial para a formação de ATP. Uma via alternativa é a transferência cíclica de elétrons, na qual os elétrons se deslocam da ferredoxina de volta à plastoquinona e ao complexo de citocromos $b_6f$, em vez de reduzirem o NADP$^+$ a NADPH. A via cíclica produz mais ATP e menos NADPH do que a via linear.

O diagrama do **esquema Z** na **Figura 20-12** delineia uma via para o fluxo de elétrons entre os dois fotossistemas e as relações de energia nas reações fotodependentes. (O esquema Z foi assim nomeado pelo padrão em zigue-zague das vias no diagrama.) As membranas tilacoides dos cloroplastos têm dois tipos diferentes de fotossistemas, cada um com seu próprio tipo de centro de reação fotoquímica e conjunto de moléculas-antena. Os dois sistemas têm funções distintas e complementares. O **fotossistema II (PSII)** é um sistema do tipo feofitina-quinona (como o fotossistema único das bactérias púrpuras), que contém quantidades aproximadamente iguais de clorofilas *a* e *b*. A excitação do par especial P680 em seu centro de reação impulsiona os elétrons pelo complexo de citocromos $b_6f$, discutido a seguir, com o bombeamento concomitante de prótons através da membrana tilacoide e a síntese de ATP. O **fotossistema I (PSI)** está estrutural e funcionalmente relacionado com a maquinaria fotossintética das bactérias verdes sulfurosas. Ele tem um centro de reação denominado P700 e uma alta razão entre clorofila *a* e clorofila *b*. O P700 excitado passa elétrons via uma cadeia linear de transportadores para a ferredoxina e, então, para o NADP$^+$, produzindo NADPH. Uma via alternativa para o fluxo de elétrons é cíclica: em vez de seguir a via linear, que leva à redução de NADP$^+$, os elétrons passam pela plastoquinona (PQ) através de um complexo proteico embebido na membrana, o **citocromo $b_6f$** (novamente, com o movimento de prótons para o lúmen do cloroplasto). As membranas tilacoides de um único cloroplasto de espinafre têm muitas centenas de cada tipo de fotossistema.

Esses dois fotossistemas em plantas agem em sequência para catalisar o movimento de elétrons promovido pela luz da H$_2$O ao NADP$^+$. Os transportadores de elétrons incluem grandes complexos proteicos integrais (PSI, PSII e o complexo do citocromo $b_6f$, que faz o bombeamento de prótons), quinonas lipossolúveis que movem-se na membrana entre os complexos proteicos e duas proteínas solúveis, a plastocianina (análoga ao citocromo *c* das mitocôndrias) e a ferredoxina.

Para substituir os elétrons que se movem do PSII, passando pelo PSI até chegar ao NADP$^+$, H$_2$O é oxidada, produzindo O$_2$ (Fig. 20-12, parte inferior à esquerda). Todas as células fotossintéticas produtoras de O$_2$ – das plantas, das algas e das cianobactérias – contêm ambos PSI e PSII. **P3** Assim, o esquema Z descreve a via completa pela qual os elétrons fluem da $H_2O$ ao $NADP^+$, de acordo com a equação

$$2H_2O + 2NADP^+ + 8 \text{ fótons} \longrightarrow O_2 + 2NADPH + 2H^+$$

Para cada dois fótons absorvidos (um em cada fotossistema), um elétron é transferido da $H_2O$ ao $NADP^+$. Para formar uma molécula de $O_2$, que requer a transferência de quatro elétrons de duas moléculas de $H_2O$ para dois $NADP^+$, oito fótons precisam ser absorvidos no total, quatro em cada fotossistema.

Tendo considerado o processo global, agora será estudado como a estrutura dos fotossistemas auxilia o entendimento da eletroquímica.

**Fotossistema II** O PSII é dimérico (**Fig. 20-13**). Cada monômero é um enorme complexo de 19 proteínas, incluindo: as proteínas acessórias CP47 e CP43 e as proteínas D1 e D2 do centro reacional do complexo central P680; duas proteínas de ligação à clorofila; e cromóforos associados, incluindo carotenoides, um ferro não heme e o cofator inorgânico $Mn_4CaO_5$, de importância crítica. Das proteínas no PSII, 16 apresentam segmentos transmembrana, mas 3 são proteínas periféricas localizadas no lado luminal, que estabilizam o cofator $Mn_4CaO_5$. Cercando o PSII, estão proteínas adicionais de ligação à clorofila e os complexos de captação de luz. **P2** Quando um fóton é absorvido por uma dessas moléculas-antena, o éxciton resultante move-se rapidamente de uma das clorofilas-antena à outra, até alcançar o centro de reação e excitar P680, o par especial de moléculas de clorofila $a$ (Chl $a$)$_2$, para iniciar a fotoquímica.

A excitação do P680 no PSII (**Fig. 20-14**) produz P680*, um excelente doador de elétrons que, em picossegundos, transfere um elétron para a feofitina, conferindo a ela uma carga negativa ($^\bullet Feo^-$). Com a perda de seu elétron, P680* é transformado em um cátion radical, $P680^+$. $^\bullet Feo^-$ passa muito rapidamente seu elétron extra a uma **plastoquinona**, $PQ_A$, ligada à proteína, que, por sua vez, passa seu elétron a uma outra plastoquinona, $PQ_B$, mais frouxamente ligada. Quando $PQ_B$ adquire dois elétrons de $PQ_A$ em duas dessas transferências e dois prótons do solvente água, ela está em sua forma totalmente reduzida de quinol, $PQ_BH_2$. A reação global iniciada pela luz no PSII é

$$4 P680 + 4H^+ + 2 PQ_B + 4 \text{ fótons} \longrightarrow$$
$$4 P680^+ + 2 PQ_BH_2 \qquad (20\text{-}1)$$

Por fim, os elétrons em $PQ_BH_2$ passam através do complexo de citocromos $b_6f$ (ver Fig. 20-12). O elétron inicialmente removido de P680 é substituído por um elétron obtido da oxidação da água, como descrito adiante.

**Fotossistema I** O PSI e suas moléculas-antena são parte de um complexo supramolecular composto de pelo menos 16 proteínas, incluindo 4 proteínas de ligação à clorofila arranjadas na periferia do centro de reação (**Fig. 20-15**). O complexo também inclui 35 carotenoides de diversos tipos, três núcleos 4Fe-4S e 2 filoquinonas.

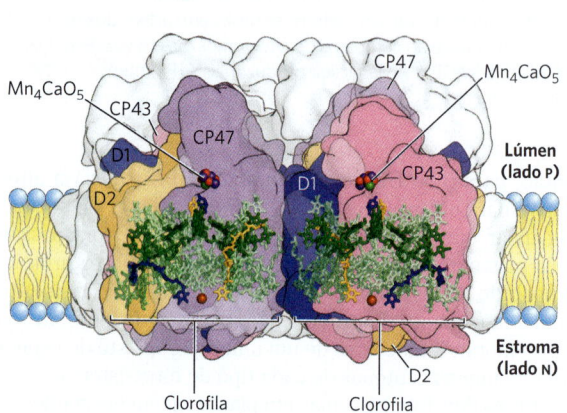

**FIGURA 20-13 Estrutura do fotossistema II da cianobactéria *Thermosynechococcus vulcanus*.** Esse enorme complexo, visualizado por cristalografia de raios X, é um dímero; cada monômero tem seu próprio centro de reação. CP43 e CP47 são proteínas ligadoras de clorofila que formam o núcleo da antena, diretamente associado às proteínas D1 e D2 do centro de reação do PSII. Cada monômero de PSII contém 35 clorofilas, 2 feofitinas, 11 β-carotenos, 2 plastoquinonas, 1 citocromo do tipo *b*, 1 citocromo do tipo *c* e 1 ferro não heme. A água é oxidada no centro de liberação de oxigênio ($Mn_4CaO_5$), formando $O_2$. [Dados de PDB ID 3WU2, Y. Umena et al., *Nature* 473:55, 2011.]

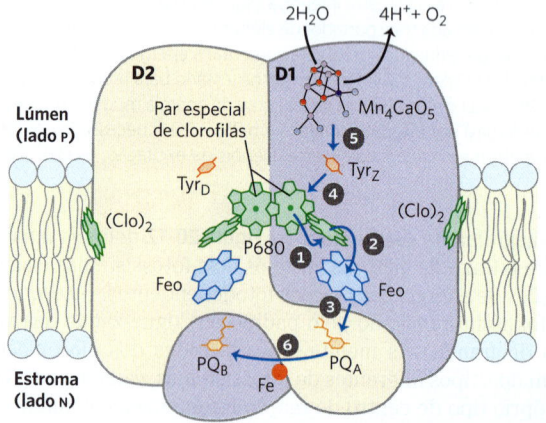

**FIGURA 20-14 Fluxo de elétrons através do fotossistema II da cianobactéria *Synechococcus elongatus*.** A forma monomérica do complexo mostrada aqui tem duas proteínas transmembrana principais, D1 e D2, cada uma com seu conjunto de transportadores de elétrons. Embora as duas subunidades sejam aproximadamente simétricas, o fluxo de elétrons ocorre apenas por um dos dois ramos de carreadores de elétrons: aquele à direita (em D1). As setas mostram a via do fluxo de elétrons do cofator iônico $Mn_4CaO_5$ do centro de liberação de oxigênio até a plastoquinona $PQ_B$. Os eventos fotoquímicos ocorrem na sequência indicada pelos números das etapas. O papel dos resíduos de Tyr e a estrutura detalhada do cofator $Mn_4CaO_5$ são discutidos mais adiante (ver Fig. 20-20b).

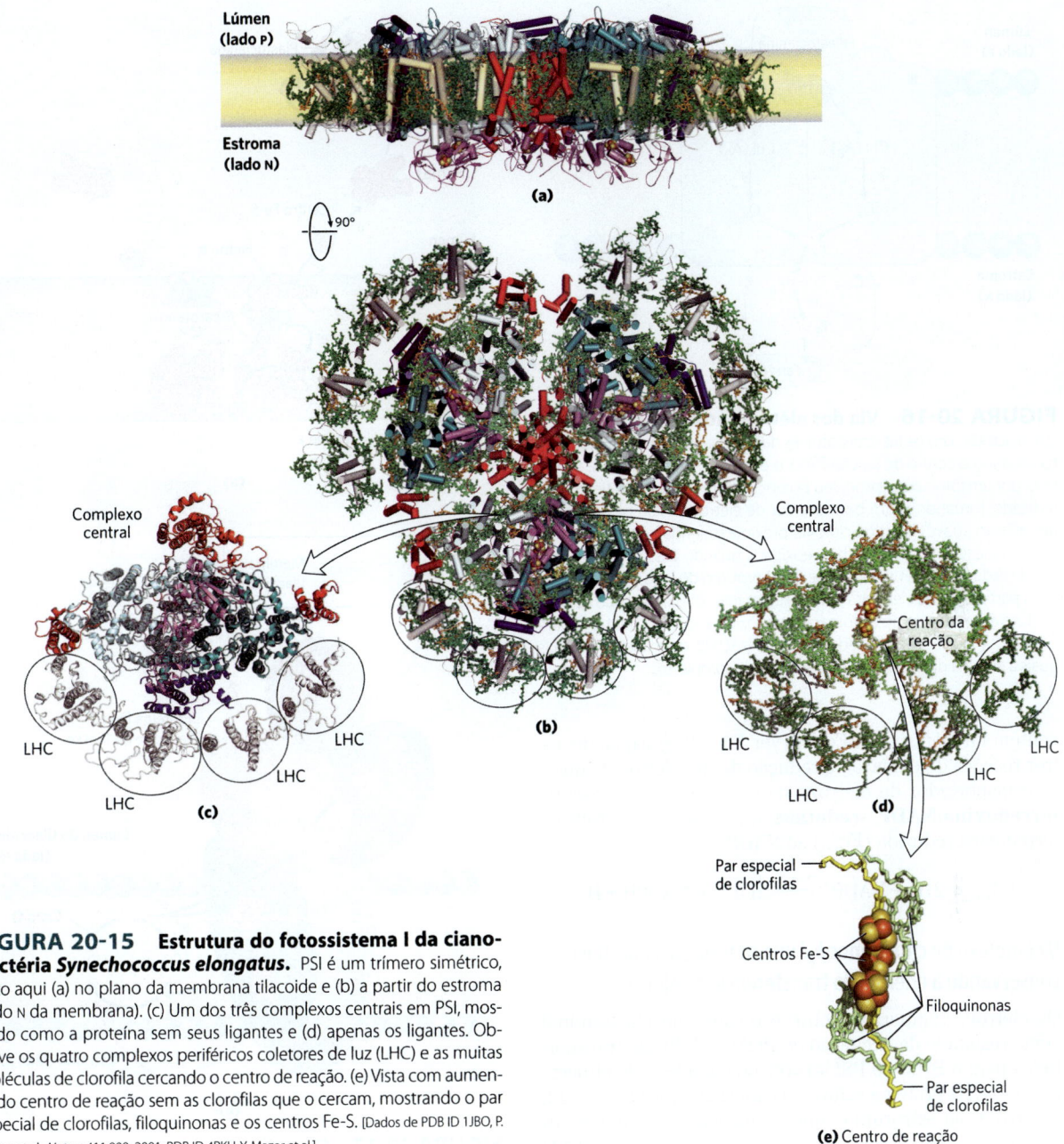

**FIGURA 20-15 Estrutura do fotossistema I da cianobactéria *Synechococcus elongatus*.** PSI é um trímero simétrico, visto aqui (a) no plano da membrana tilacoide e (b) a partir do estroma (lado N da membrana). (c) Um dos três complexos centrais em PSI, mostrado como a proteína sem seus ligantes e (d) apenas os ligantes. Observe os quatro complexos periféricos coletores de luz (LHC) e as muitas moléculas de clorofila cercando o centro de reação. (e) Vista com aumento do centro de reação sem as clorofilas que o cercam, mostrando o par especial de clorofilas, filoquinonas e os centros Fe-S. [Dados de PDB ID 1JBO, P. Jordan et al., *Nature* 411:909, 2001; PDB ID 4RKU, Y. Mazor et al.]

Os eventos fotoquímicos que seguem a excitação do PSI no centro de reação P700 (**Fig. 20-16**) são formalmente semelhantes àqueles no PSII. O P700* excitado no centro de reação perde um elétron para um aceptor, designado $A_0$ (uma molécula de clorofila $a$, funcionalmente homóloga à feofitina do PSII), criando $A_0^-$ e P700$^+$. Novamente, a excitação resulta em separação de cargas no centro de reação fotoquímica. P700$^+$ é um forte agente oxidante, que rapidamente adquire um elétron da **plastocianina**, uma proteína solúvel transferidora de elétrons contendo Cu. $A_0^-$ é um agente redutor excepcionalmente forte, que passa seu elétron através de uma cadeia de transportadores até o NADP$^+$ (Fig. 20-12, à direita). A **filoquinona** ($Q_K$) aceita o elétron e o passa para uma proteína ferro-enxofre via três centros Fe-S no PSI. Nesse ponto, o elétron se move para a ferredoxina (Fd). Lembre-se de que a ferredoxina

**712** CAPÍTULO 20 • FOTOSSÍNTESE E SÍNTESE DE CARBOIDRATOS EM VEGETAIS

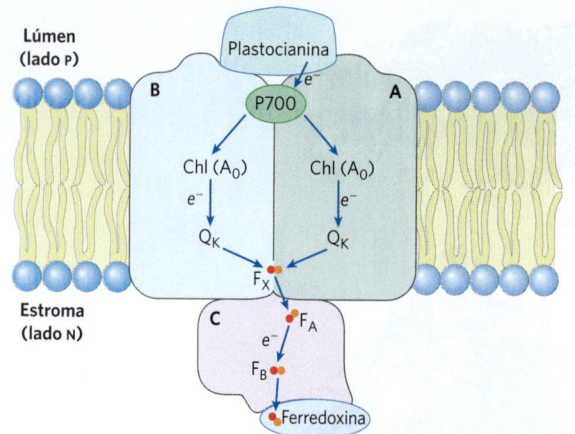

**FIGURA 20-16  Via dos elétrons através de PSI.** O percurso dos elétrons (setas azuis) através de PSI, visto no plano da membrana. Quando o centro de reação P700, o par especial de clorofilas, é excitado por um fóton ou éxciton, seu potencial de redução é drasticamente reduzido, tornando-o um bom doador de elétrons. P700 passa, então, um elétron através de uma clorofila próxima (referida como $A_0$) para a filoquinona ($Q_K$). A $Q_K$ reduzida é reoxidada quando passa dois elétrons, um de cada vez, para um centro Fe-S ($F_X$) próximo do lado N da membrana. A partir de $F_X$, os elétrons movem-se por mais dois centros de Fe-S ($F_A$ e $F_B$) até a ferredoxina no estroma. A ferredoxina, então, doa elétrons para o $NADP^+$ (não mostrado), reduzindo-o a NADPH, uma das formas nas quais a energia dos fótons é aprisionada nos cloroplastos.

contém um centro de 2Fe-2S (ver Fig. 19-5) capaz de sofrer reações de oxidação e redução de um elétron. O quarto transportador de elétrons na cadeia é a flavoproteína **ferredoxina:$NADP^+$-redutase**, que transfere elétrons da ferredoxina reduzida ($Fd_{red}$) ao $NADP^+$:

$$2Fd_{red} + 2H^+ + NADP^+ \longrightarrow 2Fd_{ox} + NADPH + H^+$$

### O complexo de citocromos $b_6f$ une os fotossistemas II e I, conservando a energia da transferência de elétrons

Os elétrons temporariamente estocados no plastoquinol como resultado da excitação do P680 no PSII são transportados para o P700 do PSI através do complexo de citocromos $b_6f$ e da proteína solúvel plastocianina (ver Fig. 20-12, centro). Com estrutura e função análogas ao Complexo III das mitocôndrias, o complexo de citocromos $b_6f$ (**Fig. 20-17**) contém um citocromo tipo b com dois grupos heme (denominados $b_H$ e $b_L$), uma proteína ferro-enxofre de Rieske ($M_r$ 20.000) e o citocromo f (nomeado a partir do latim *frons*, "folha"). Os elétrons fluem pelo complexo de citocromos $b_6f$ a partir de $PQ_BH_2$ para o citocromo f, a seguir para a plastocianina e, finalmente, para o $P700^+$, reduzindo-o.

Da mesma forma que o Complexo III das mitocôndrias, o complexo de citocromos $b_6f$ conduz elétrons de uma quinona reduzida – um carreador móvel de dois elétrons lipossolúvel (Q em mitocôndrias, $PQ_B$ em cloroplastos; P designa *p*lastoquinona) – para uma proteína hidrossolúvel que carrega um elétron (citocromo c em mitocôndrias, plastocianina em cloroplastos) (Fig. 20-17a). Como nas mitocôndrias, a função desse complexo envolve um ciclo Q (Fig. 20-17b; ver Fig. 19-11), no qual os elétrons passam, um de

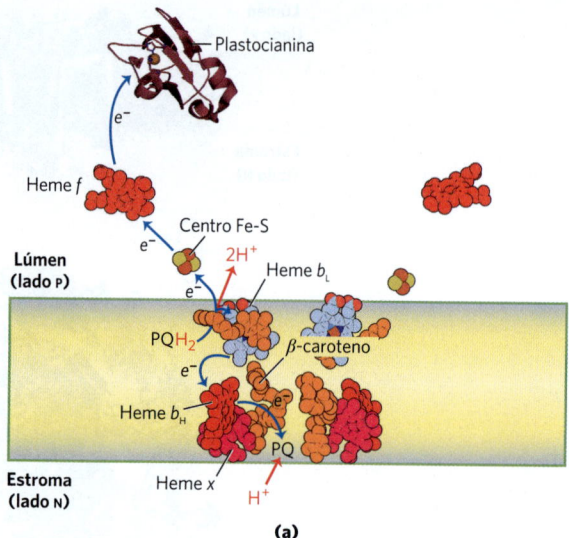

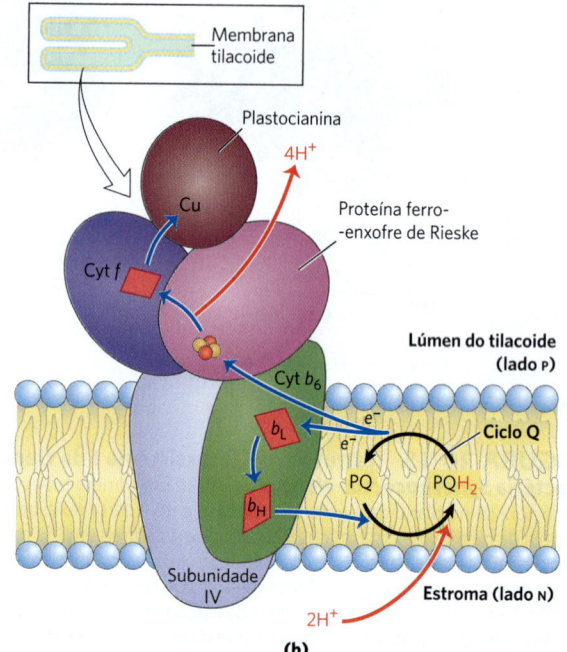

**FIGURA 20-17  Fluxo de elétrons e prótons pelo complexo de citocromos $b_6f$.** (a) Além dos hemes do citocromo b (heme $b_H$ e $b_L$; também chamados de heme $b_N$ e $b_P$, respectivamente, devido às suas proximidades aos lados N e P da bicamada) e do citocromo f (heme f), existe um quarto heme (heme x) próximo do heme $b_H$; há também um β-caroteno de função desconhecida. Dois sítios ligam plastoquinona: o sítio $PQH_2$, próximo ao lado P da bicamada, e o sítio PQ, próximo ao lado N. O centro Fe-S da proteína de Rieske fica imediatamente fora da bicamada no lado P, e o sítio heme f está em um domínio proteico que se estende para o lúmen do tilacoide. A rota dos elétrons é mostrada apenas para um dos monômeros, mas os dois conjuntos de transportadores no dímero carregam elétrons para a plastocianina. (b) Plastoquinol ($PQH_2$), formado no PSII, é oxidado pelo complexo de citocromos $b_6f$, em uma série de etapas semelhantes àquelas do ciclo Q no Complexo III da mitocôndria (ver Fig. 19-11). Um elétron de $PQH_2$ passa para o centro Fe-S da proteína de Rieske, o outro para o heme $b_L$ do citocromo $b_6$. O efeito líquido é a passagem de elétrons de $PQH_2$ para a proteína solúvel plastocianina, que os transporta ao PSI. [Dados de PDB ID 1VF5, G. Kurisu et al., *Science* 302:1009, 2003; PDB ID 2Q5B, Y. S. Bukhman-DeRuyter et al.]

cada vez, de $PQ_BH_2$ para o citocromo $b_6$. Esse ciclo resulta no bombeamento de prótons através da membrana, a partir do compartimento do estroma para o lúmen tilacoide. Até quatro prótons entram no lúmen para cada par de elétrons que passa através do complexo de citocromos $b_6 f$. ▶P3 O resultado é a produção de um gradiente de prótons entre os dois lados da membrana tilacoide à medida que os elétrons passam do PSII para o PSI. Como o volume do lúmen achatado do tilacoide é pequeno, o influxo de um pequeno número de prótons tem um efeito relativamente grande no pH do lúmen. A diferença medida no pH entre o estroma (pH 8) e o lúmen do tilacoide (pH 5) representa uma diferença de 1.000 vezes na concentração de prótons – uma poderosa força propulsora para a síntese de ATP.

### A transferência cíclica de elétrons permite variações na razão de ATP/NADPH sintetizados

O fluxo cíclico de elétrons entre o PSI e o complexo de citocromos $b_6 f$ aumenta a produção de ATP em relação a NADPH. A via linear de elétrons a partir da água, passando por PSII, complexo de citocromos $b_6 f$ e PSI até o $NADP^+$, produz um gradiente de prótons, utilizado para promover a síntese de ATP, e NADPH, utilizado em processos biossintéticos redutores (ver Fig. 20-12). Uma fração dos elétrons que passam do P700* à ferredoxina não continua até o $NADP^+$, mas cicla por meio da de volta através da plastoquinona e do complexo de citocromos $b_6 f$ até a plastocianina. A plastocianina, então, doa os elétrons ao P700. Dessa forma, os elétrons são reciclados repetidas vezes pelo complexo de citocromos $b_6 f$ e pelo centro de reação do PSI, sendo cada elétron impulsionado ao longo do ciclo pela energia de um fóton. O fluxo cíclico de elétrons não é acompanhado pela formação líquida de NADPH ou pela liberação de $O_2$. No entanto, ele *é* acompanhado pelo bombeamento de prótons pelo complexo de citocromos $b_6 f$ e pela fosforilação de ADP a ATP, referida como **fotofosforilação cíclica**. A equação global para o fluxo cíclico de elétrons e a fotofosforilação é simplesmente

$$ADP + P_i \xrightarrow{luz} ATP + H_2O$$

▶P5 A partir da regulação da divisão de elétrons entre a redução do $NADP^+$ e a fotofosforilação cíclica, as plantas ajustam a razão de ATP para NADPH produzidos nas reações fotodependentes para adequar as quantidades desses produtos às suas necessidades nas reações de assimilação de $CO_2$ e em outros processos biossintéticos. Como será visto na Seção 20.4, as reações de assimilação de $CO_2$ requerem ATP e NADPH em uma razão de 3:2. Essa regulação das vias de transferência de elétrons é parte de uma adaptação de curto prazo a mudanças na cor da luz (comprimento de onda) e na sua quantidade (intensidade).

### Transições de estado mudam a distribuição do LHCII entre os dois fotossistemas

No decorrer de um dia ou de uma estação, as plantas são expostas à luz com intensidades e comprimentos de onda altamente variáveis e, embora possam alterar seu padrão de crescimento até certo ponto, elas não podem arrancar suas raízes e se mover de modo a otimizar a exposição à luz. Em vez disso, mecanismos celulares evoluíram para permitir às plantas uma adaptação a condições variáveis de luz. A energia necessária para excitar PSI (P700) é menor (luz de comprimento de onda maior, energia menor) que a energia necessária para excitar PSII (P680). Se o PSI e o PSII fossem fisicamente contíguos, os éxcitons que se originassem no sistema de antena do PSII migrariam para o centro de reação do PSI, deixando o PSII cronicamente subexcitado e interferindo na operação do sistema de dois centros. Esse desequilíbrio no suprimento de éxcitons é impedido pela separação física dos dois fotossistemas na membrana tilacoide (**Fig. 20-18**). O PSII está localizado quase exclusivamente nas pilhas de membranas firmemente aderidas dos tilacoides dos grana; seu complexo de captação de luz associado (LHCII) media a forte associação das membranas adjacentes dos grana. O PSI e o complexo da ATP-sintase estão localizados quase exclusivamente nas membranas tilacoides não aderidas (as lamelas estromais), onde eles têm acesso ao conteúdo do estroma, incluindo ADP e $NADP^+$. O complexo de citocromos $b_6 f$ está presente principalmente nos tilacoides dos grana.

▶P2 A associação do LHCII com o PSI e o PSII depende da intensidade e do comprimento de onda da luz, podem mudar em curto prazo, levando a **transições de estado** no cloroplasto. No estado 1, LHCII, PSII e PSI estão estruturados de modo a maximizar a captura de energia luminosa. Um resíduo crucial de Thr no LHCII não está fosforilado, e o LHCII associa-se ao PSII. Sob condições de luz intensa ou azul, que favorecem a absorção pelo PSII, esse fotossistema reduz a plastoquinona a plastoquinol ($PQH_2$) mais rápido do que o PSI consegue oxidá-lo. O acúmulo resultante de $PQH_2$ ativa uma proteína-cinase, que desencadeia a transição para o estado 2 pela fosforilação de um resíduo de Thr no LHCII (**Fig. 20-19**). A fosforilação enfraquece a interação de LHCII com a membrana antes firmemente aderida e com PSII; algum LHCII se dissocia e se move para os tilacoides do estroma. Lá, ele captura fótons (éxcitons) para PSI, acelerando a oxidação de $PQH_2$ e revertendo o desequilíbrio entre o fluxo de elétrons em PSI e PSII. Em luz menos intensa (na sombra ou com mais luz vermelha), o PSI oxida o $PQH_2$ mais rápido do que o PSII consegue fazê-lo, e o aumento resultante da [PQ] desencadeia a desfosforilação do LHCII, revertendo o efeito da fosforilação. A transição de estado na localização do LHCII é regulada de modo coordenado com a transição da transferência de elétrons de cíclica para linear: a via de elétrons é principalmente linear no estado 1 e principalmente cíclica no estado 2.

Quando a luz é tão intensa que as atividades combinadas de PSII e PSI não podem sintetizar ATP e NADPH suficientemente rápido para se ajustar ao suprimento de fótons, os carotenoides em LHCII absorvem o éxciton e revertem o estado de excitação da clorofila antes que possa haver a produção de espécies reativas de oxigênio (ERO) capazes de causar dano. O gatilho para a mudança de um estado eficiente de coleta de luz para um estado de dissipação de energia é a diminuição no pH do espaço luminal, porém o mecanismo detalhado para essa transição ainda não é conhecido.

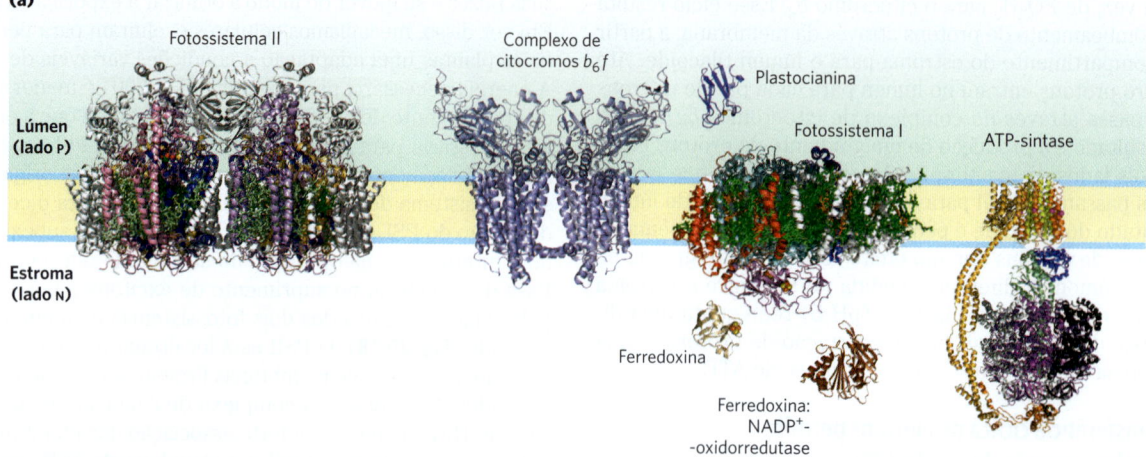

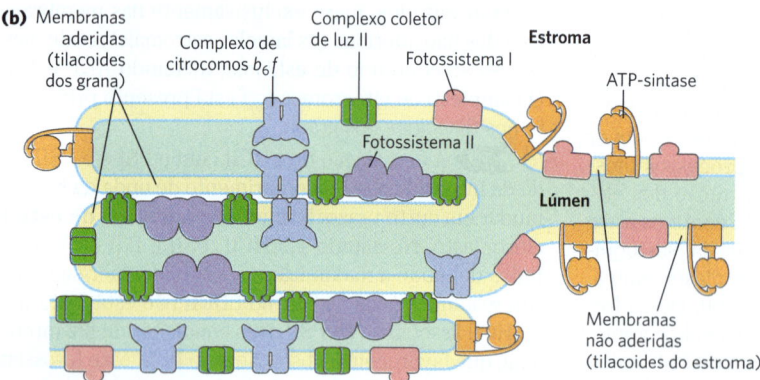

**FIGURA 20-18 Localização de PSI e PSII nas membranas tilacoides.** (a) Estruturas dos complexos e das proteínas solúveis do aparato fotossintético de uma planta vascular ou alga, desenhadas na mesma escala. A ATP-sintase bovina é mostrada. (b) O complexo de captação de luz LHCII e a ATP-sintase estão localizados tanto nas regiões de adesão da membrana tilacoide (tilacoides dos grana, onde várias membranas estão em contato) quanto em regiões sem adesão (tilacoides do estroma) e têm pleno acesso a ADP e $NADP^+$ no estroma. O PSII está presente quase exclusivamente nas regiões de adesão nos grana, e o PSI quase exclusivamente nas regiões sem adesão, exposto ao estroma. O LHCII é o "adesivo" que mantém unidas as membranas tilacoides (ver Fig. 20-19). [Dados de PSII: PDB ID 3WU2, Y. Umena et al., *Nature* 473:55, 2011; complexo do citocromo $b_6f$: PDB ID 2E74, E. Yamashita et al., *J. Mol. Biol.* 370:39, 2007; plastocianina: PDB ID 1AG6, Y. Xue et al., *Protein Sci.* 7:2099, 1998; PSI: PDB ID 4RKU, Y. Mazor et al; ferredoxina: PDB ID 1A70, C. Binda et al., *Acta Crystallogr. D Biol. Crystallogr.* 54:1353, 1998; ferredoxina:NADP-redutase: PDB ID 1QG0, Z. Deng et al., *Nat. Struct. Biol.* 6:847, 1999; ATP-sintase: PDB ID 5ARA, A. Zhou et al., *eLife* 4:e10180, 2015.]

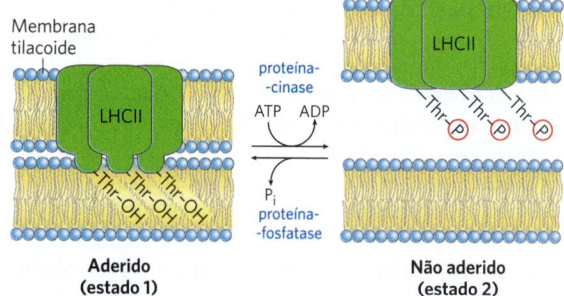

**FIGURA 20-19 A transferência de elétrons em PSI e PSII é equilibrada por meio de estados de transição.** Nos tilacoides dos grana, um domínio hidrofóbico do LHCII em uma membrana insere-se na membrana vizinha e adere-se intimamente às duas membranas (estado 1). O acúmulo de plastoquinol (não mostrado) estimula uma proteína-cinase, que fosforila um resíduo de Thr no domínio hidrofóbico do LHCII, reduzindo sua afinidade pela membrana tilacoide vizinha e convertendo regiões de adesão dos tilacoides de grana em regiões de não adesão de tilacoides estromais (estado 2). Uma proteína-fosfatase específica reverte essa fosforilação regulatória quando a razão [PQ]/[PQH₂] aumenta.

### A água é quebrada no centro de liberação de oxigênio

A fonte dos elétrons passados para o NADPH na fotossíntese de plantas (oxigênica) é, em última análise, a água. Tendo doado um elétron para a feofitina, o $P680^+$ (do PSII) precisa adquirir um elétron para retornar ao seu estado basal, em preparação para a captura de outro fóton. A princípio, o elétron necessário pode vir de vários compostos orgânicos e inorgânicos. As bactérias fotossintetizantes usam uma variedade de doadores de elétrons com esse objetivo – acetato, succinato, malato ou sulfeto –, dependendo do que está disponível em um determinado nicho ecológico. Cerca de 2,5 bilhões de anos atrás, a evolução das bactérias fotossintetizantes primitivas (as progenitoras das cianobactérias modernas) produziu um fotossistema capaz de retirar elétrons de um doador que sempre está disponível: a água. Duas moléculas de água são oxidadas, produzindo quatro elétrons, quatro prótons e oxigênio molecular:

$$2H_2O \longrightarrow 4H^+ + 4e^- + O_2$$

## 20.2 CENTROS DE REAÇÃO FOTOQUÍMICA

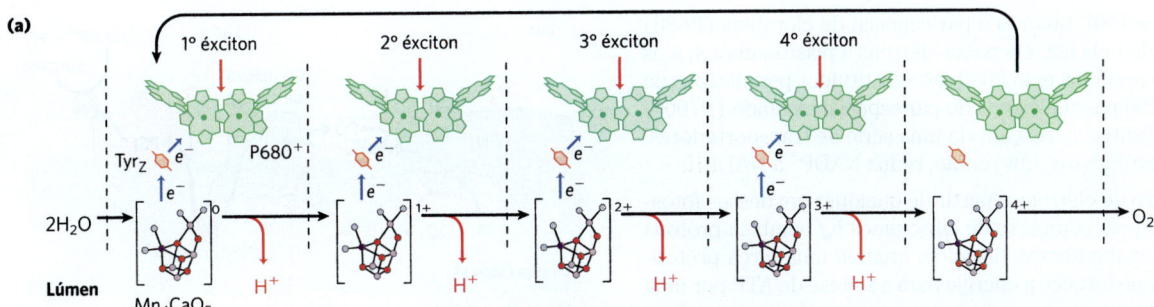

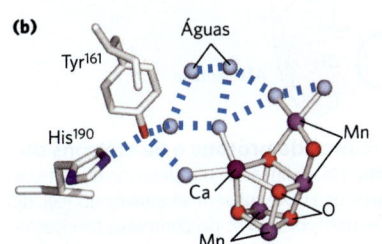

**FIGURA 20-20 Atividade de quebra de água no centro de liberação de oxigênio.** (a) Processo que produz um agente oxidante de quatro elétrons – um centro multinuclear com quatro íons Mn, um íon Ca e cinco átomos de oxigênio – no centro de liberação de oxigênio do PSII. A absorção sequencial de quatro fótons (éxcitons), com cada absorção causando a perda de um elétron do cofator $Mn_4CaO_5$, produz um agente oxidante que pode remover quatro elétrons de duas moléculas de água, produzindo $O_2$. Os elétrons perdidos pelo cofator $Mn_4CaO_5$ passam, um de cada vez, para um resíduo oxidado de Tyr em uma proteína do PSII e, então, para o $P680^+$. (b) Centro metálico em forma de cadeira do centro de liberação de oxigênio. A $Tyr^{161}$, que sabidamente participa da oxidação da água, é vista ligada por meio de ligações de hidrogênio a uma rede de moléculas de água, incluindo diversas em contato direto com o cofator $Mn_4CaO_5$. Esse é o local de uma das reações mais importantes da biosfera. [(b) Dados de PDB ID 3WU2, Y. Umena et al., *Nature* 473:55, 2011.]

Um único fóton de luz visível não tem energia suficiente para quebrar as ligações na água; quatro fótons são necessários nessa reação de clivagem fotolítica.

▶P3 Os quatro elétrons removidos da água não passam diretamente ao $P680^+$, que só pode aceitar um elétron de cada vez. Em vez disso, um esquema molecular notável, o **centro de liberação de oxigênio**, passa quatro elétrons, *um de cada vez*, para o $P680^+$ (**Fig. 20-20a**). O doador imediato de elétrons para o $P680^+$ é um resíduo de Tyr (às vezes designado como Z ou $Tyr_Z$) na subunidade D1 do centro de reação do PSII. O resíduo de Tyr perde um próton e um elétron, gerando o radical livre eletricamente neutro de Tyr, •Tyr:

$$4\ P680^+ + 4\ Tyr \longrightarrow 4\ P680 + 4\ \text{•Tyr} \quad (20\text{-}2)$$

O radical Tyr retoma o elétron e o próton perdidos, oxidando um cofator de quatro íons manganês e um íon cálcio no centro de liberação de oxigênio. A cada transferência individual de elétrons, o cofator $Mn_4CaO_5$ torna-se mais oxidado; quatro transferências individuais de elétrons, cada uma correspondendo à absorção de um fóton, produzem uma carga de 4+ no cofator $Mn_4CaO_5$ (Fig. 20-20a):

$$4\ \text{•Tyr} + [Mn_4CaO_5]^0 \longrightarrow 4\ Tyr + [Mn_4CaO_5]^{4+} \quad (20\text{-}3)$$

Nesse estado, o cofator $Mn_4CaO_5$ pode retirar quatro elétrons de um par de moléculas de água, liberando quatro $H^+$ e $O_2$:

$$[Mn_4CaO_5]^{4+} + 2H_2O \longrightarrow$$
$$[Mn_4CaO_5]^0 + 4H^+ + O_2 \quad (20\text{-}4)$$

▶P4 Como os quatro prótons produzidos nessa reação são liberados para o lúmen do tilacoide, o centro de liberação de oxigênio atua como uma bomba de prótons, usando a energia da transferência de elétrons.

Como visto na Equação 20-1, a reação global iniciada pela luz no PSII é

$$4\ P680 + 4H^+ + 2\ PQ_B + 4\ \text{fótons} \longrightarrow$$
$$4\ P680^+ + 2\ PQ_BH_2$$

A soma das equações 20-1 a 20-4 é

$$2H_2O + 2PQ_B + 4\ \text{fótons} \longrightarrow O_2 + 2\ PQ_BH_2 \quad (20\text{-}5)$$

▶P3 O cofator de liberação de oxigênio assume a forma de uma cadeira (Fig. 20-20b). O assento e as pernas da cadeira são constituídos por três íons Mn, um íon Ca e quatro átomos de O; o quarto Mn e outro O formam o encosto da cadeira. Quatro moléculas de água também são vistas na estrutura cristalina, duas associadas a um dos íons Mn, e as outras duas, ao íon Ca. É possível que uma (ou mais) dessas moléculas de água seja aquela que sofre oxidação para produzir $O_2$. Esse cofator metálico está associado a diversas proteínas periféricas de membrana no lado luminal da membrana tilacoide, que, presumivelmente, estabilizam o cofator. O resíduo de Tyr designado Z, por meio do qual os elétrons se movem entre a água e o centro de reação do PSII, está conectado a uma rede de moléculas de água ligadas por ligações de hidrogênio, que inclui as quatro associadas ao cofator $Mn_4CaO_5$. O mecanismo detalhado da oxidação de água pelo cofator $Mn_4CaO_5$ não é conhecido, mas está sob intensa investigação. A reação é central à vida na Terra e pode envolver uma química bioinorgânica singular. A determinação da estrutura do centro polimetálico tem inspirado diversas hipóteses razoáveis e testáveis. Fique atento às próximas descobertas.

### RESUMO 20.2 Centros de reação fotoquímica

- As bactérias têm um único centro de reação fotoquímica. Bactérias púrpuras têm um fotossistema tipo II, em que elétrons de um par especial excitado de moléculas de clorofila (P870*) fluem através de feofitina, quinonas e um complexo de citocromos que bombeia prótons, voltando ao par especial de clorofilas. Bactérias verdes sulfurosas têm um fotossistema tipo I, que pode enviar elétrons através de uma via cíclica similar ou através de uma via linear, que reduz $NAD^+$ a NADH.

- Em cianobactérias, algas e plantas, dois diferentes centros de reação estão arranjados em sequência. No centro de reação de PSII, quando o par especial de clorofilas (P680) é excitado pela luz, ele passa elétrons à plastoquinona, e os elétrons perdidos pelo P680 são substituídos por elétrons da $H_2O$. O PSI passa elétrons do par especial excitado (P700*) em seu centro de reação, via uma série de transportadores, para a ferredoxina, que, então, reduz $NADP^+$ a NADPH.

■ O fluxo de elétrons a partir de qualquer um desses fotossistemas pelo complexo de citocromos $b_6f$ bombeia prótons através da membrana tilacoide, criando uma força próton-motriz que fornece a energia para a síntese de ATP por uma ATP-sintase.

■ O fluxo linear de elétrons pelos fotossistemas produz NADPH e ATP. O fluxo cíclico de elétrons produz apenas ATP e permite a variabilidade nas proporções de NADPH e ATP formados.

■ A distribuição de PSI e PSII entre os tilacoides dos grana e do estroma pode mudar e é indiretamente controlada pela intensidade da luz, otimizando a distribuição de éxcitons entre PSI e PSII para uma captura eficiente de energia.

■ O centro de liberação de oxigênio, que contém um cofator $Mn_4CaO_5$, utiliza energia luminosa para quebrar a água, produzindo $O_2$. Para cada $O_2$ produzido no centro de liberação de oxigênio, quatro prótons são bombeados para o lúmen tilacoide, contribuindo para a força próton-motriz.

## 20.3 Evolução de um mecanismo universal para a síntese de ATP

A atividade combinada dos dois fotossistemas vegetais move elétrons da água ao $NADP^+$, conservando parte da energia da luz absorvida como NADPH (Fig. 20-12). De modo simultâneo, os prótons são bombeados através da membrana tilacoide, e a energia é conservada na forma de um potencial eletroquímico. Agora, será considerado o processo pelo qual esse gradiente de prótons permite a síntese de ATP, o outro produto de conservação de energia das reações fotodependentes.

### Um gradiente de prótons acopla o fluxo de elétrons e a fosforilação

**P4** Embora a fonte de energia e os transportadores de elétrons na fotofosforilação em cloroplastos sejam diferentes daqueles encontrados na fosforilação oxidativa em mitocôndrias, eles usam essencialmente o mesmo mecanismo para capturar a energia do um gradiente de prótons. Moléculas transferidoras de elétrons na cadeia de transportadores que conecta o PSII e o PSI são assimetricamente orientadas na membrana tilacoide, de forma que o fluxo fotoinduzido de elétrons resulta no movimento líquido de prótons através da membrana, do lado estromal para o lúmen do tilacoide (**Fig. 20-21**).

### A estequiometria aproximada da fotofosforilação foi estabelecida

À medida que os elétrons se deslocam da água para o $NADP^+$ nos cloroplastos, cerca de 12 prótons movimentam-se do

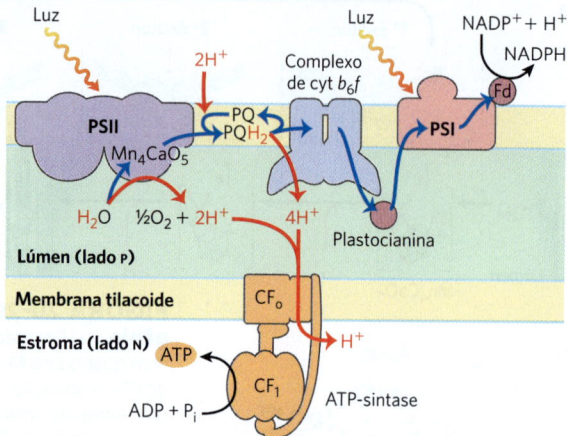

**FIGURA 20-21 Circuitos de prótons e de elétrons durante a fotofosforilação.** Na via linear de transferência de elétrons (setas azuis), os elétrons saem da $H_2O$ e movem-se através do PSII, de uma cadeia intermediária de transportadores do complexo de citocromos $b_6f$ e do PSI e, por fim, chegam ao $NADP^+$. Na via cíclica, os elétrons movem-se de PSI de volta à plastoquinona e ao citocromo $b_6f$. Os prótons (setas vermelhas) são bombeados para o lúmen do tilacoide pelo fluxo de elétrons por meio do complexo de citocromos $b_6f$, entrando novamente no estroma através de canais de prótons formados pelo $CF_o$ da ATP-sintase. A subunidade $CF_1$ catalisa a síntese de ATP.

estroma para o lúmen do tilacoide a cada quatro elétrons que passam (i.e., por $O_2$ formado). Desses prótons, 4 são movidos pelo centro de liberação de oxigênio, e até 8 são movidos pelo complexo de citocromos $b_6f$. O resultado mensurável é uma diferença de 1.000 vezes na concentração de $H^+$ através da membrana tilacoide ($\Delta pH = 3$). Lembre-se de que a energia estocada em um gradiente de prótons (o potencial eletroquímico) tem dois componentes: uma diferença na concentração de prótons ($\Delta pH$) e um potencial elétrico ($\Delta \psi$) devido à separação de cargas. Em cloroplastos, o $\Delta pH$ é o componente dominante; o movimento de contraíons aparentemente dissipa a maior parte do potencial elétrico. Em cloroplastos iluminados, a energia estocada no gradiente por mol de prótons é

$$\Delta G = 2,3RT\ \Delta pH + ZF\ \Delta \psi = -17 kJ/mol$$

de forma que o movimento de 12 mols de prótons através da membrana tilacoide representa uma conservação de cerca de 200 kJ de energia – energia suficiente para promover a síntese de vários mols de ATP ($\Delta G'^\circ = 30,5$ kJ/mol). Medidas experimentais fornecem valores de cerca de 3 ATP por $O_2$ produzido.

Pelo menos 8 fótons precisam ser absorvidos para impulsionar 4 elétrons de 2 $H_2O$ até 2 NADPH (um fóton por elétron em cada centro de reação). A energia em 8 fótons de luz visível é mais do que suficiente para a síntese de três moléculas de ATP.

A síntese de ATP não é a única reação de conservação de energia da fotossíntese em plantas; o NADPH formado no final da transferência de elétrons também é energeticamente rico. A equação global para essa fotofosforilação linear é

$$2H_2O + 8 \text{ fótons} + 2NADP^+ + \sim 3ADP^+ + \sim 3P_i \longrightarrow$$
$$O_2 + \sim 3ATP + 2NADPHP \qquad (20\text{-}6)$$

## A estrutura e o mecanismo da ATP-sintase são quase universais

A enzima responsável pela síntese de ATP nos cloroplastos é um grande complexo com dois componentes funcionais, $CF_o$ e $CF_1$ ($C$ denota sua localização nos cloroplastos). $CF_o$ é um poro de prótons transmembrana composto de diversas proteínas integrais de membrana, sendo homólogo ao $F_o$ mitocondrial. Já $CF_1$ é um complexo proteico periférico da membrana, muito similar em composição de subunidades, estrutura e função ao $F_1$ mitocondrial.

A microscopia eletrônica de secções de cloroplastos mostra os complexos de ATP-sintase como projeções na superfície *externa* (estromal, ou N) das membranas tilacoides; esses complexos correspondem aos complexos de ATP-sintase que se projetam a partir da superfície *interna* (matriz, ou N) da membrana mitocondrial interna. Assim, a relação entre a orientação da ATP-sintase e a direção do bombeamento de prótons é a mesma nos cloroplastos e nas mitocôndrias. Em ambos os casos, a porção $F_1$ da ATP-sintase está localizada no lado mais alcalino (N) da membrana, para o qual prótons fluem a favor do gradiente de concentração; a direção do fluxo de prótons em relação a $F_1$ é a mesma em ambos os casos: de P para N (**Fig. 20-22**).

**P4** O mecanismo da ATP-sintase dos cloroplastos é essencialmente idêntico àquele de sua análoga mitocondrial; ADP e $P_i$ prontamente se condensam para formar ATP na superfície da enzima, e a liberação desse ATP ligado à enzima requer uma força próton-motriz. A catálise rotacional envolve sequencialmente cada uma das três subunidades $\beta$

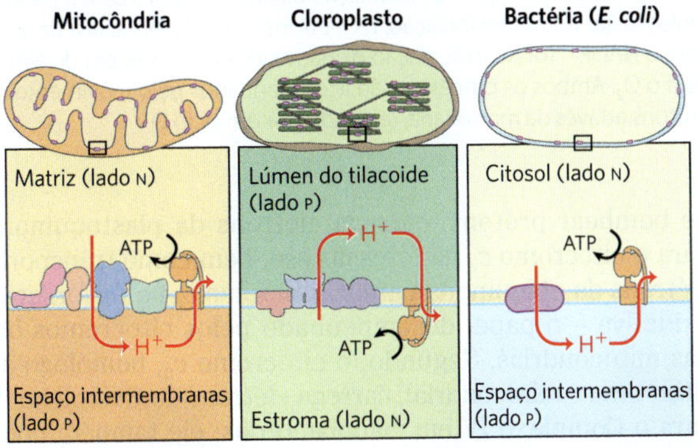

**FIGURA 20-22 A orientação da ATP-sintase é fixa em relação ao gradiente de prótons.** De modo superficial, o sentido do bombeamento de prótons nos cloroplastos pode parecer oposto àquele observado nas mitocôndrias e nas bactérias. Nas mitocôndrias e nas bactérias, os prótons são bombeados *para fora* da organela ou célula, e $F_1$ está no lado *interno* da membrana; nos cloroplastos, os prótons são bombeados *para dentro* do lúmen tilacoide, e $CF_1$ está no lado *externo* da membrana tilacoide. Contudo, exatamente o mesmo mecanismo de conversão de energia (do gradiente de prótons ao ATP) é utilizado em todos os três casos. O ATP é sintetizado na matriz da mitocôndria, no estroma dos cloroplastos e no citosol das bactérias.

da ATP-sintase na síntese de ATP, na liberação de ATP e na ligação de ADP + $P_i$ (ver Figs. 19-26 e 19-27).

O aparecimento da fotossíntese oxigênica na Terra há cerca de 2,5 bilhões de anos foi um evento crucial na evolução da biosfera. Antes disso, a atmosfera terrestre era formada por metano, $CO_2$ e $N_2$. O planeta era essencialmente desprovido de oxigênio molecular e não possuía a camada de ozônio que protege os organismos vivos da radiação UV solar. A fotossíntese oxigênica tornou disponível um suprimento quase ilimitado de agente redutor ($H_2O$) para promover a produção de compostos orgânicos por reações biossintéticas redutoras. Com a evolução, surgiram mecanismos que permitiram aos organismos usar $O_2$ como aceptor final de elétrons em transferências de elétrons altamente energéticas a partir de substratos orgânicos, empregando a energia da oxidação para sustentar seu metabolismo. O complexo aparato fotossintético de uma planta vascular moderna é o ápice de uma série de eventos evolutivos, o mais recente sendo a aquisição, por células eucarióticas, de um endossimbionte cianobacteriano.

Os cloroplastos de organismos modernos compartilham diversas propriedades com as mitocôndrias e originaram-se pelo mesmo mecanismo que deu origem a elas: a endossimbiose. Da mesma forma que as mitocôndrias, os cloroplastos contêm seu próprio DNA e sua própria maquinaria de síntese proteica. Alguns dos polipeptídeos das proteínas dos cloroplastos são codificados por genes dos cloroplastos e sintetizados nos próprios cloroplastos; outros são codificados por genes nucleares, sintetizados fora dos cloroplastos e importados (Capítulo 27). Quando as células vegetais crescem e se dividem, os cloroplastos dão origem a novos cloroplastos por divisão, durante a qual seu DNA é replicado e dividido entre os cloroplastos-filhos. A maquinaria e o mecanismo de captura de luz, fluxo de elétrons e síntese de ATP em cianobactérias modernas são semelhantes em muitos aspectos àqueles dos cloroplastos vegetais. Essas observações levaram à hipótese amplamente aceita atualmente de que os progenitores evolutivos das células vegetais modernas foram eucariotos primitivos que englobaram cianobactérias fotossintéticas e estabeleceram relações endossimbióticas estáveis com elas (ver Fig. 1-37).

Hoje, pelo menos metade da atividade fotossintética na Terra ocorre em microrganismos – algas, outros eucariotos fotossintetizantes e bactérias fotossintetizantes. As cianobactérias têm PSII e PSI em sequência, e o PSII tem uma atividade de liberação de oxigênio associada que lembra aquela das plantas. No entanto, os outros grupos de bactérias fotossintetizantes têm apenas um centro de reação e não quebram água ou produzem $O_2$. Muitos são anaeróbios obrigatórios e não toleram $O_2$; eles precisam usar outro composto que não seja a água como doador de elétrons. Algumas bactérias fotossintetizantes usam compostos inorgânicos como doadores de elétrons (e de hidrogênio). Por exemplo, as bactérias verdes sulfurosas usam sulfeto de hidrogênio:

$$2H_2S + CO_2 \xrightarrow{\text{luz}} (CH_2O) + H_2O + 2S$$

Em vez de produzirem $O_2$ molecular, essas bactérias formam enxofre elementar como produto da oxidação do $H_2S$.

(Elas posteriormente oxidam o S a $SO_4^{2-}$.) Outras bactérias fotossintetizantes usam compostos orgânicos, como o lactato, como doadores de elétrons:

$$2\,\text{Lactato} + CO_2 \xrightarrow{\text{luz}} (CH_2O) + H_2O + 2\,\text{piruvato}$$

A semelhança fundamental entre a fotossíntese das plantas e das bactérias, apesar das diferenças nos doadores de elétrons que elas utilizam, torna-se mais óbvia quando a equação da fotossíntese é escrita na sua forma mais geral

$$2H_2D + CO_2 \xrightarrow{\text{luz}} (CH_2O) + H_2O + 2D$$

em que $H_2D$ é um doador de elétrons (e de hidrogênio) e D é sua forma oxidada. $H_2D$ pode ser água, sulfeto de hidrogênio, lactato ou outro composto orgânico, dependendo da espécie. É muito provável que as bactérias inicialmente tenham desenvolvido a sua capacidade fotossintética usando $H_2S$ como fonte de elétrons.

As cianobactérias modernas podem sintetizar ATP por fosforilação oxidativa ou por fotofosforilação, embora não tenham nem mitocôndrias, nem cloroplastos. A maquinaria enzimática para ambos os processos está em uma membrana plasmática altamente convoluta (**Fig. 20-23**). Três componentes proteicos funcionam nos dois processos, uma evidência de que eles têm uma origem evolutiva comum (**Fig. 20-24**). Primeiro, o complexo de citocromos $b_6f$, capaz

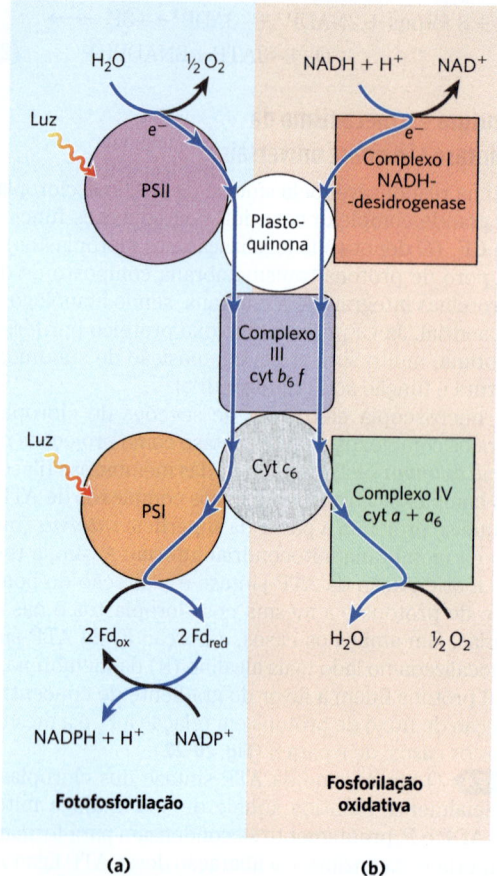

**FIGURA 20-24** Os papéis duplos dos citocromos $b_6f$ e citocromo $c_6$ em cianobactérias refletem origens evolutivas. As cianobactérias usam os citocromos $b_6f$, o citocromo $c_6$ e a plastoquinona tanto para a fosforilação oxidativa quanto para a fotofosforilação. (a) Na fotofosforilação, os elétrons fluem (setas azuis) da água para o $NADP^+$. (b) Na fosforilação oxidativa, os elétrons fluem do NADH para o $O_2$. Ambos os processos são acompanhados pelo movimento de prótons através da membrana, realizado por um ciclo Q.

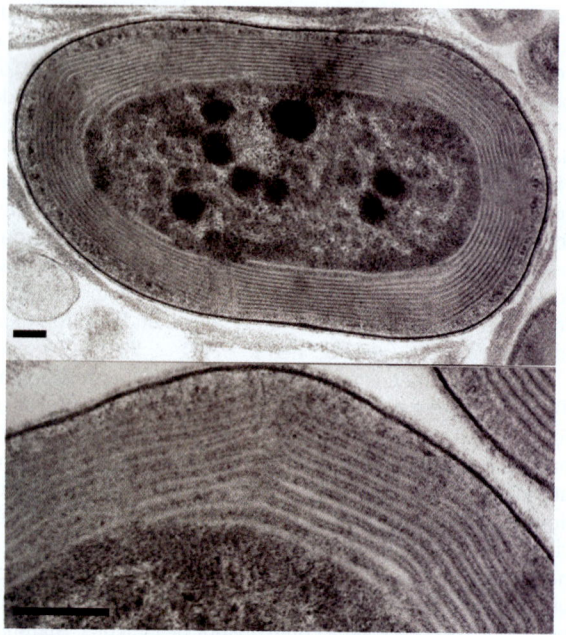

**FIGURA 20-23 Membranas fotossintéticas de uma cianobactéria.** Nesses cortes finos de uma cianobactéria, vistos por microscopia eletrônica de transmissão, as múltiplas camadas das membranas internas são vistas preenchendo metade do volume total da célula. O amplo sistema de membranas cumpre a mesma função das membranas tilacoides das plantas vasculares, proporcionando uma grande área superficial, que contém toda a maquinaria fotossintética (Barra = 100 nm). [S. R. Miller et al. Discovery of a free-living chlorophyll d-producing cyanobacterium with a hybrid proteobacterial/cyanobacterial small-subunit rRNA gene. *Proc. Natl. Acad. Sci.* USA 102:850, 2005, Fig. 2. © 2005 National Academy of Sciences.]

de bombear prótons, carrega elétrons da plastoquinona para o citocromo $c_6$ na fotossíntese, bem como transporta elétrons da ubiquinona para o citocromo $c_6$ na fosforilação oxidativa – o papel desempenhado pelos citocromos $bc_1$ nas mitocôndrias. Segundo, o citocromo $c_6$, homólogo ao citocromo $c$ mitocondrial, carrega elétrons do Complexo III para o Complexo IV em cianobactérias; ele também pode transportar elétrons do complexo de citocromos $b_6f$ para o PSI – um papel desempenhado nas plantas pela plastocianina. É evidente, portanto, a homologia funcional entre o complexo de citocromos $b_6f$ cianobacteriano e o complexo de citocromos $bc_1$ mitocondrial, e entre o citocromo $c_6$ cianobacteriano e a plastocianina vegetal. O terceiro componente conservado é a ATP-sintase, que funciona na fosforilação oxidativa e na fotofosforilação em cianobactérias, bem como nas mitocôndrias e nos cloroplastos de eucariotos fotossintetizantes. A estrutura e o mecanismo notáveis dessa enzima foram fortemente conservados ao longo da evolução.

> **RESUMO 20.3** *Evolução de um mecanismo universal para a síntese de ATP*

- Em plantas, tanto a reação de quebra da água quanto o fluxo de elétrons pelo complexo de citocromos $b_6f$ são acompanhados pelo bombeamento de prótons através da membrana tilacoide. A força próton-motriz assim criada promove a síntese de ATP por um complexo $CF_oCF_1$, similar em estrutura e mecanismo catalítico ao complexo $F_oF_1$ mitocondrial.

- Medidas diretas mostram que 8 prótons promovem a produção de 1 $O_2$ a partir da oxidação de 2 $H_2O$, produzindo três moléculas de ATP.

- Cerca de 2,5 bilhões de anos atrás, as cianobactérias apareceram na Terra. Elas haviam adquirido dois fotossistemas – um do tipo encontrado hoje nas bactérias púrpuras e outro do tipo encontrado nas bactérias verdes sulfurosas – que operavam em sequência e uma atividade de quebra de água, que liberava oxigênio na atmosfera.

- Muitos microrganismos fotossintetizantes obtêm elétrons para a fotossíntese não a partir da água, mas sim de doadores como o $H_2S$, formando um produto oxidado como o enxofre elementar (e não o oxigênio).

- Os cloroplastos, assim como as mitocôndrias, evoluíram de bactérias que viviam como endossimbiontes em células eucarióticas primitivas. As ATP-sintases de bactérias, cianobactérias, mitocôndrias e cloroplastos compartilham um precursor evolutivo comum e um mecanismo enzimático comum.

## 20.4 Reações de assimilação de $CO_2$

Os organismos fotossintetizantes utilizam o ATP e o NADPH produzidos nas reações fotodependentes da fotossíntese para sintetizar todos os milhares de componentes que constituem o organismo. **P5** As plantas (e outros organismos autotróficos) podem reduzir $CO_2$ atmosférico a trioses e, então, utilizá-las como precursores para a biossíntese de celulose e amido, de lipídeos e proteínas e de muitos outros componentes orgânicos nas células vegetais (**Fig. 20-25**). Os seres humanos e outros animais, que não têm essas capacidades sintéticas, são, em última análise, dependentes dos organismos fotossintetizantes como fonte de combustíveis reduzidos e precursores orgânicos essenciais para a vida.

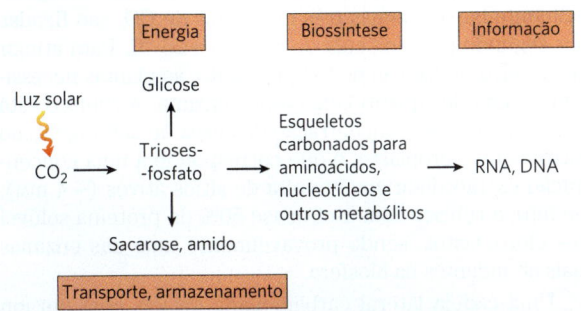

**FIGURA 20-25** **Produtos da fotossíntese.**

As plantas verdes contêm em seus cloroplastos uma maquinaria enzimática que catalisa a conversão de $CO_2$ em compostos orgânicos simples (reduzidos), um processo denominado **assimilação de $CO_2$**. Esse processo também foi chamado de **fixação de $CO_2$**, mas reservaremos esse termo para a reação específica na qual o $CO_2$ é incorporado (fixado) em um composto orgânico de três carbonos, a triose-fosfato 3-fosfoglicerato. Esse produto simples da fotossíntese é o precursor de biomoléculas mais complexas, incluindo açúcares, polissacarídeos e os metabólitos derivados deles, todos sintetizados por vias metabólicas semelhantes àquelas dos tecidos animais. O dióxido de carbono é assimilado por uma via cíclica, e seus intermediários-chave são constantemente regenerados. Essa via foi elucidada no início da década de 1950 por Melvin Calvin, Andrew Benson e James A. Bassham, e é comumente chamada de **ciclo de Calvin** ou, de forma mais descritiva, **via redutora das pentoses-fosfato**. Ela é basicamente o reverso de uma via central da oxidação da glicose, a via das pentoses-fosfato, descrita na Seção 14.6.

O metabolismo de carboidratos é mais complexo em células vegetais do que em células animais ou em microrganismos não fotossintetizantes. **P5** *Além* das vias universais da glicólise, da gliconeogênese e da via das pentoses-fosfato, as plantas apresentam sequências de reações únicas para a redução do $CO_2$ a trioses-fosfato e a via redutora das pentoses-fosfato associada – e todas essas vias precisam ser reguladas de forma coordenada para assegurar a alocação adequada de carbono para a produção de energia e a síntese de amido e sacarose. Enzimas-chave são reguladas, como será visto, (1) pela redução de ligações dissulfeto por elétrons que fluem do fotossistema I e (2) por mudanças no pH e na concentração de $Mg^{2+}$, que resultam da iluminação. Ao analisar outros aspectos do metabolismo dos carboidratos em plantas, também se encontram enzimas moduladas (3) por regulação alostérica convencional por um ou mais metabólitos intermediários e (4) por modificação covalente (fosforilação).

### A assimilação de dióxido de carbono ocorre em três estágios

O primeiro estágio da assimilação do $CO_2$ em biomoléculas (**Fig. 20-26**) é a reação de fixação de $CO_2$: a condensação de $CO_2$ com um aceptor de cinco carbonos, a **ribulose-1,5-bisfosfato**, para formar duas moléculas de **3-fosfoglicerato**. No segundo estágio, o 3-fosfoglicerato é reduzido a trioses-fosfato. **P5** Ao todo, três moléculas de $CO_2$ são fixadas a três moléculas de ribulose-1,5-bisfosfato para formar seis moléculas de gliceraldeído-3-fosfato (18 carbonos). No terceiro estágio, 5 das 6 moléculas de triose-fosfato (15 carbonos) são usadas para regenerar três moléculas de ribulose-1,5-bisfosfato (15 carbonos), o material de partida. A sexta molécula de triose-fosfato, o produto líquido da fotossíntese, pode ser usada para produzir hexoses para combustível e blocos fundamentais, sacarose para transporte a tecidos não fotossintéticos ou amido para armazenamento. Assim, o processo global é cíclico, com a conversão contínua de $CO_2$ em trioses e hexoses-fosfato.

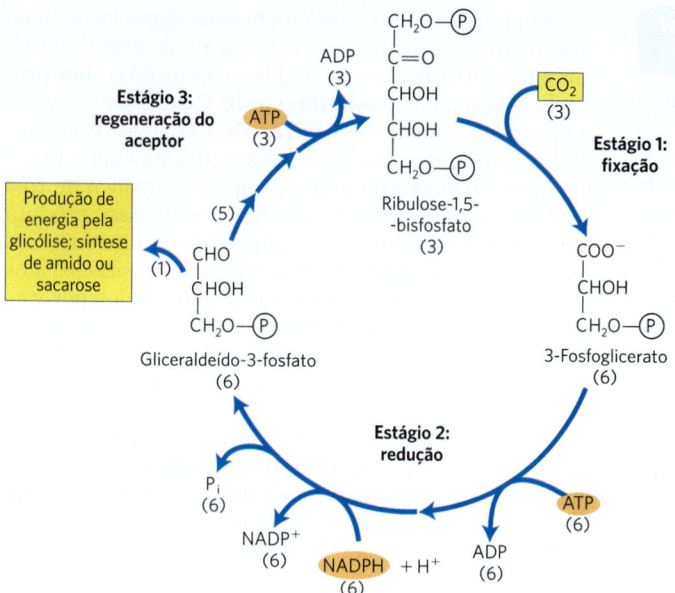

**FIGURA 20-26 Os três estágios da assimilação de CO₂ em organismos fotossintetizantes.** As estequiometrias de três intermediários-chave (números entre parênteses) revelam o destino dos átomos de carbono que entram e saem do ciclo de Calvin (ciclo da redução fotossintética do carbono). Três $CO_2$ são fixados para cada síntese líquida de uma molécula de gliceraldeído-3-fosfato.

A frutose-6-fosfato é um intermediário-chave no estágio 3 da assimilação de $CO_2$; ela se situa em um ponto de ramificação, levando à regeneração da ribulose-1,5-bisfosfato ou à síntese de amido. A via da hexose-fosfato até a pentose-bisfosfato envolve muitas das mesmas reações usadas em células animais para a conversão de pentoses-fosfato em hexoses-fosfato durante a fase não oxidativa da via das pentoses-fosfato (ver Fig. 14-31). Na assimilação fotossintética de $CO_2$, basicamente o mesmo conjunto de reações opera no sentido inverso, convertendo hexoses-fosfato em pentoses-fosfato. Esse ciclo redutor da pentose-fosfato usa as mesmas enzimas que a via oxidativa e muitas outras enzimas que tornam o ciclo redutor irreversível. Todas as 13 enzimas da via estão no estroma do cloroplasto.

**Estágio 1: fixação de CO₂ no 3-fosfoglicerato** Uma pista importante a respeito da natureza dos mecanismos de assimilação de $CO_2$ em organismos fotossintetizantes surgiu no final da década de 1940. Calvin e colaboradores iluminaram uma suspensão de algas verdes na presença de dióxido de carbono radioativo ($^{14}CO_2$) por apenas alguns segundos e, então, rapidamente mataram as células, extraíram seus conteúdos e, com a ajuda de métodos cromatográficos, procuraram pelos metabólitos nos quais o carbono marcado aparecia primeiro. O primeiro composto que se tornou marcado foi o 3-fosfoglicerato, com o $^{14}C$ localizado predominantemente no átomo de carbono da carboxila. Esses experimentos sugeriram fortemente que o 3-fosfoglicerato é um intermediário inicial na fotossíntese.

As muitas plantas nas quais esse composto de três carbonos é o primeiro intermediário são chamadas de **plantas C₃**, em contrapartida às plantas $C_4$, descritas a seguir. A maior parte das espécies vegetais – 80 a 90% – são $C_3$, incluindo a maioria das árvores, trigo, aveia, arroz, feijão, ervilha e espinafre. A enzima que catalisa a incorporação do $CO_2$ nessa forma orgânica é a **ribulose-1,5-bisfosfato-carboxilase/oxigenase**, um nome que foi felizmente encurtado para **rubisco**. ▶P5 Como uma carboxilase, a rubisco catalisa a ligação covalente do $CO_2$ ao açúcar de cinco carbonos ribulose-1,5-bisfosfato e a clivagem do intermediário instável de seis carbonos resultante, formando duas moléculas de 3-fosfoglicerato, uma das quais aloja o carbono introduzido como $CO_2$ em seu grupo carboxila (Fig. 20-26). A atividade de oxigenase da enzima é discutida na Seção 20.5.

Há duas formas distintas de rubisco. A rubisco de plantas vasculares, algas e cianobactérias é uma enzima crucial para a produção de biomassa a partir de $CO_2$. Ela tem uma forma I de estrutura complexa (**Fig. 20-27a**), com oito grandes subunidades catalíticas idênticas ($M_r$ 53.000; codificadas no genoma do cloroplasto) e oito subunidades pequenas idênticas ($M_r$ 14.000; codificadas no genoma nuclear), com função ainda não definida. A forma II da rubisco das bactérias fotossintetizantes tem estrutura mais simples, tendo duas subunidades que, em muitos aspectos, se assemelham às subunidades grandes da enzima vegetal (Fig. 20-27b). A enzima vegetal tem um número de renovação excepcionalmente baixo; apenas três moléculas de $CO_2$ são fixadas por segundo por molécula de rubisco a 25 °C. Para atingir níveis altos de fixação de $CO_2$, portanto, as plantas necessitam de grandes quantidades dessa enzima. A rubisco está presente em uma concentração de cerca de 250 mg/mL no estroma do cloroplasto, o que corresponde a uma concentração extraordinariamente alta de sítios ativos (~ 4 mM). De fato, a rubisco constitui quase 50% da proteína solúvel nos cloroplastos, sendo provavelmente uma das enzimas mais abundantes na biosfera.

Uma cadeia lateral carbamoilada de Lys com um íon $Mg^{2+}$ ligado é de importância central para o mecanismo

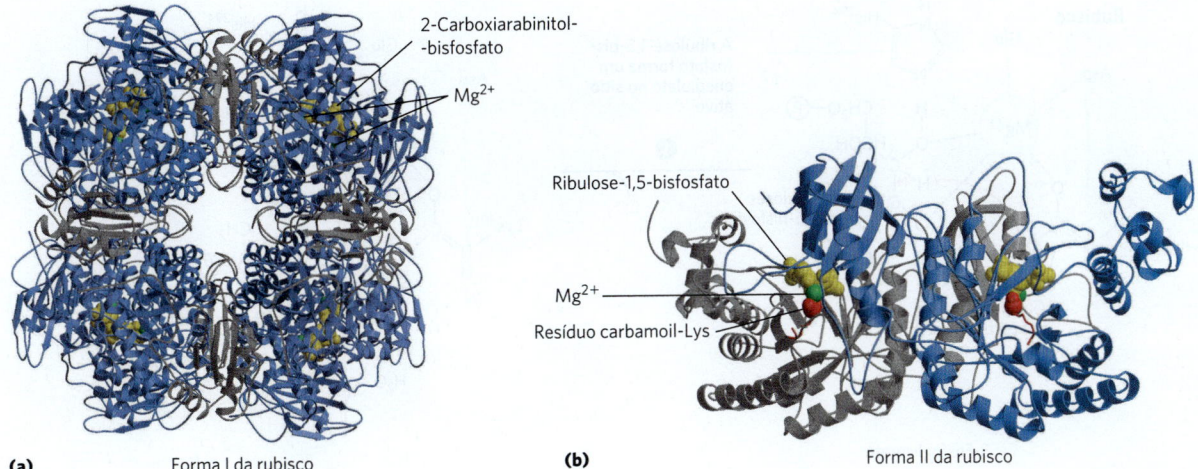

**FIGURA 20-27 Estrutura da ribulose-1,5-bisfosfato-carboxilase/oxigenase (rubisco).** (a) Modelo de fita da forma I da rubisco de espinafre. A enzima tem oito subunidades grandes (em azul) e oito pequenas (em cinza), firmemente empacotadas em uma estrutura de $M_r > 500.000$. Um análogo do estado de transição, 2-carboxiarabinitol-bisfosfato (em amarelo), é mostrado ligado a cada um dos oito sítios de ligação do substrato. (b) Modelo de fita da forma II da rubisco da bactéria *Rhodospirillum rubrum*. As subunidades idênticas estão em cinza e em azul. [Dados de (a) PDB ID 8RUC, I. Andersson, *J. Mol. Biol.* 259:160, 1996; (b) PDB ID 9RUB, T. Lundqvist e G. Schneider, *J. Biol. Chem.* 266:12.604, 1991.]

proposto para a rubisco vegetal. O íon $Mg^{2+}$ aproxima e orienta os reagentes no sítio ativo (**Fig. 20-28**), ajustando-os para o ataque nucleofílico pelo intermediário da reação enediolato de cinco carbonos formado na enzima (**Fig. 20-29**). O intermediário de seis carbonos resultante quebra-se para produzir duas moléculas de 3-fosfoglicerato.

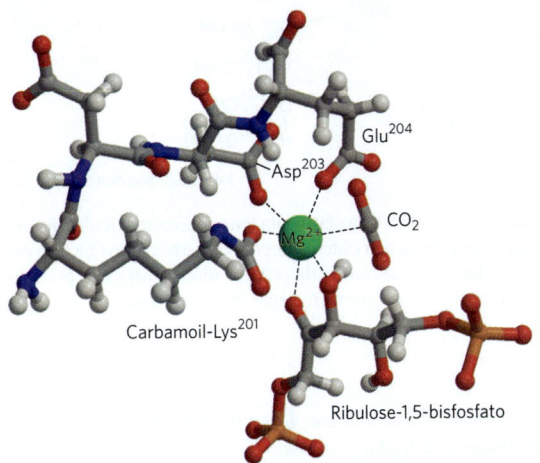

**FIGURA 20-28 Papel central do $Mg^{2+}$ no sítio ativo da rubisco.** O $Mg^{2+}$ está coordenado em um complexo aproximadamente octaédrico com seis átomos de oxigênio: um oxigênio no carbamato na $Lys^{201}$; dois nos grupos carboxila do $Glu^{204}$ e do $Asp^{203}$; dois em C-2 e C-3 do substrato, ribulose-1,5-bisfosfato; e um no outro substrato, $CO_2$. Uma molécula de água ocupa o sítio de ligação do $CO_2$ na estrutura cristalina. Nesta figura, uma molécula de $CO_2$ é modelada em sua posição. (Os números dos resíduos referem-se à enzima de espinafre.) [Dados de PDB ID 1RXO, T. C. Taylor e I. Andersson, *J. Mol. Biol.* 265:432, 1997.]

Como catalisadora da primeira etapa da assimilação fotossintética de $CO_2$, a rubisco é um alvo primário para regulação. A enzima permanece inativa até que seja carbamoilada no grupo ε-amino da $Lys^{201}$ (**Fig. 20-30**). A ribulose-1,5-bisfosfato inibe a carbamoilação, ligando-se firmemente ao sítio ativo e trancando a enzima na conformação "fechada", na qual a $Lys^{201}$ é inacessível. A **rubisco-ativase** supera a inibição, promovendo a liberação dependente de ATP da ribulose-1,5-bisfosfato, expondo o grupo amino da Lys à carbamoilação não enzimática pelo $CO_2$; segue-se, então, a ligação do $Mg^{2+}$, que ativa a rubisco.

**Estágio 2: conversão do 3-fosfoglicerato em gliceraldeído-3-fosfato** O estágio 2 inicia-se com a catálise, pela 3-fosfoglicerato-cinase estromal, da transferência de um grupo fosforila do ATP ao 3-fosfoglicerato, produzindo 1,3-bisfosfoglicerato. A seguir, o NADPH doa elétrons em uma redução catalisada pela isoenzima da gliceraldeído-3-fosfato-desidrogenase específica dos cloroplastos, produzindo gliceraldeído-3-fosfato e $P_i$. As altas concentrações de NADPH e ATP no estroma do cloroplasto permitem que esse par de reações termodinamicamente desfavoráveis proceda na direção da formação do gliceraldeído-3-fosfato. A triose-fosfato-isomerase, então, interconverte gliceraldeído-3-fosfato e di-hidroxiacetona-fosfato, produzindo os dois substratos para a aldolase, que os condensa, produzindo frutose-1,6-bisfosfato. Até aqui, o processo empregou as mesmas enzimas da glicólise, mas operando no sentido reverso.

A maior parte das trioses-fosfato e da frutose-1,6-bisfosfato produzidas pela fotossíntese é usada para regenerar a ribulose-1,5-bisfosfato, a matéria-prima essencial para a fotossíntese. Qualquer excesso de triose-fosfato é convertido em amido no cloroplasto e armazenado para uso futuro ou é

**MECANISMO – FIGURA 20-29  Primeiro estágio da assimilação de $CO_2$: atividade de carboxilase da rubisco.** A reação de fixação de $CO_2$ é catalisada pela ribulose-1,5-bisfosfato-carboxilase/oxigenase. A reação global realiza a combinação de um $CO_2$ com uma ribulose-1,5-bisfosfato para formar duas moléculas de 3-fosfoglicerato, uma das quais contém o átomo de carbono do $CO_2$ (em vermelho). Transferências adicionais de prótons (não mostradas), envolvendo $Lys^{201}$, $Lys^{175}$ e $His^{294}$, ocorrem em várias dessas etapas.

exportado imediatamente ao citosol e convertido em sacarose para transporte às regiões em crescimento da planta.

**Estágio 3: regeneração da ribulose-1,5-bisfosfato a partir de trioses-fosfato** Para o fluxo contínuo de $CO_2$ em carboidratos, a ribulose-1,5-bisfosfato deve ser constantemente regenerada. Para isso, ocorre uma série de reações, sendo a maioria delas reversível (**Fig. 20-31**). Essas reações, com os estágios 1 e 2, constituem a via redutora das pentoses-fosfato, resumida na Figura 20-26. Três reações exergônicas, mostradas com setas azuis na Figura 20-31, tornam o processo global irreversível. Essas são as reações catalisadas pelas enzimas ❷ frutose-1,6-bisfosfatase, ❺ sedoeptulose-1,7-bisfosfatase e ❾ ribulose-5-fosfato-cinase.

## A síntese de cada triose-fosfato a partir do $CO_2$ requer seis NADPH e nove ATP

▶ **P5** O resultado líquido de três voltas do ciclo de Calvin é a conversão de três moléculas de $CO_2$ e uma molécula de fosfato em uma molécula de triose-fosfato. A estequiometria da via global a partir do $CO_2$ até a triose-fosfato, com regeneração da ribulose-1,5-bisfosfato, é mostrada na **Figura 20-32**.

## 20.4 REAÇÕES DE ASSIMILAÇÃO DE CO2

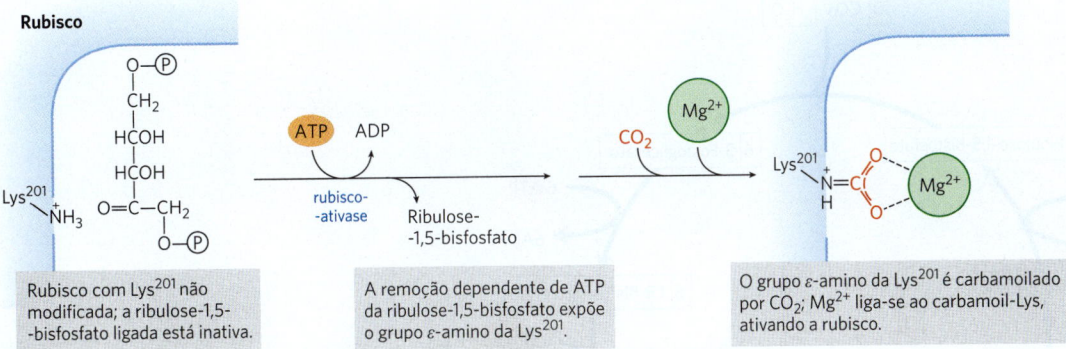

**FIGURA 20-30** Papel da rubisco-ativase na carbamoilação de Lys$^{201}$ da rubisco.

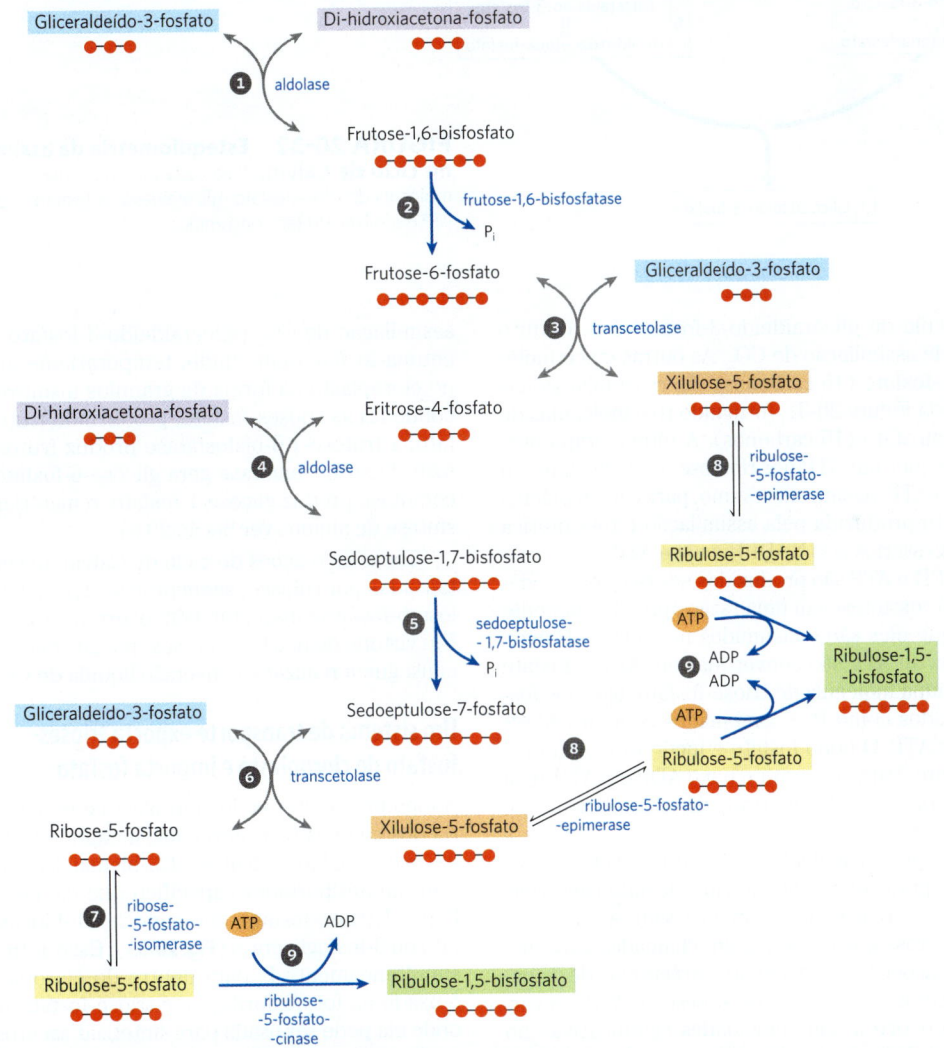

**FIGURA 20-31 Terceiro estágio da assimilação de CO$_2$.** Esse diagrama esquemático mostra as interconversões das trioses-fosfato e das pentoses-fosfato. Os círculos vermelhos representam o número de carbonos em cada composto. Compostos que aparecem mais de uma vez estão destacados com cores que os codificam. Os materiais de origem são o gliceraldeído-3-fosfato e a di-hidroxiacetona-fosfato. As reações catalisadas pela aldolase (❶ e ❹) e pela transcetolase (❸ e ❻) produzem pentoses-fosfato que são convertidas em ribulose-1,5-bisfosfato – ribose-5-fosfato pela ❼ ribose-5-fosfato-isomerase e xilulose-5-fosfato pela ❽ ribulose-5-fosfato-epimerase. Na etapa ❾, a ribulose-5-fosfato é fosforilada, regenerando a ribulose-1,5-bisfosfato. As reações com setas azuis são exergônicas e tornam o processo global irreversível: ❷ frutose-1,6-bisfosfatase, ❺ sedoeptulose-1,7-bisfosfatase e ❾ ribulose-5-fosfato-cinase.

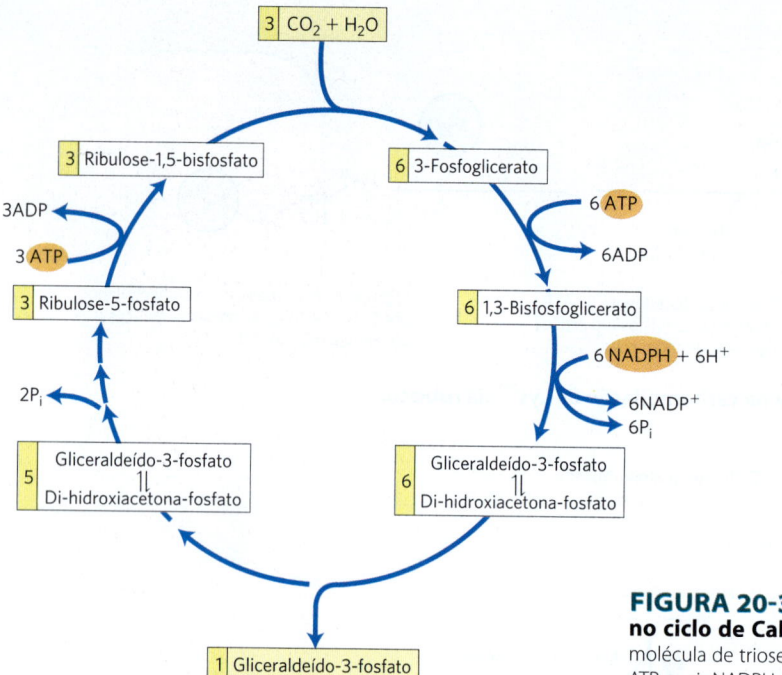

**FIGURA 20-32** **Estequiometria da assimilação de $CO_2$ no ciclo de Calvin.** Para cada três moléculas de $CO_2$ fixadas, uma molécula de triose-fosfato (gliceraldeído-3-fosfato) é produzida e nove ATP e seis NADPH são consumidos.

Uma molécula de gliceraldeído-3-fosfato é o produto líquido da via de assimilação de $CO_2$. As outras cinco moléculas de triose-fosfato (15 carbonos) são rearranjadas nas etapas ❶ a ❾ da Figura 20-31, formando três moléculas de ribulose-1,5-bisfosfato (15 carbonos). A última etapa nessa conversão requer um ATP por ribulose-1,5-bisfosfato, ou um total de três ATP. Assim, em resumo, para cada molécula de triose-fosfato produzida pela assimilação fotossintética de $CO_2$, são necessários seis NADPH e nove ATP.

▶**P5** NADPH e ATP são produzidos nas reações fotodependentes da fotossíntese em uma razão aproximadamente igual (2:3) à que eles são consumidos no ciclo de Calvin. Nove moléculas de ATP são convertidas em ADP e fosfato na geração de uma molécula de triose-fosfato; oito dos fosfatos são liberados como $P_i$ e combinados com oito ADPs para regenerar ATP. O nono fosfato é incorporado na própria triose-fosfato. Para converter o nono ADP em ATP, uma molécula de $P_i$ precisa ser importada do citosol, conforme será visto a seguir.

No escuro, a produção de ATP e NADPH pela fotofosforilação e a incorporação de $CO_2$ na triose-fosfato (anteriormente chamada de reação do escuro) cessam. As "reações do escuro" da fotossíntese eram assim chamadas para distingui-las das reações fotodependentes *primárias* de transferência de elétrons ao $NADP^+$ e de síntese de ATP. Na verdade, elas não ocorrem em velocidades significativas no escuro e são, portanto, mais adequadamente denominadas reações de assimilação de $CO_2$. Mais adiante nesta seção, serão descritos os mecanismos de regulação que acionam a assimilação de $CO_2$ na luz e a desativam no escuro.

O estroma do cloroplasto contém todas as enzimas necessárias para converter as trioses-fosfato produzidas pela assimilação de $CO_2$ (gliceraldeído-3-fosfato e di-hidroxiacetona-fosfato) em amido, temporariamente armazenado no cloroplasto na forma de grânulos insolúveis. A aldolase condensa as trioses-fosfato, produzindo frutose-1,6-bisfosfato; a frutose-1,6-bisfosfatase produz frutose-6-fosfato; a fosfo-hexose-isomerase gera glicose-6-fosfato; e a fosfoglicomutase produz glicose-1-fosfato, o material inicial para a síntese de amido (ver Seção 20.6).

Todas as reações do ciclo de Calvin, exceto aquelas catalisadas por rubisco, sedoeptulose-1,7-bisfosfatase e ribulose-5-fosfato-cinase, também ocorrem em tecidos animais. Em virtude de não terem essas três enzimas, os animais não conseguem realizar a conversão líquida de $CO_2$ em glicose.

## Um sistema de transporte exporta trioses-fosfato do cloroplasto e importa fosfato

A membrana interna do cloroplasto é impermeável à maioria dos compostos fosforilados, incluindo frutose-6-fosfato, glicose-6-fosfato e frutose-1,6-bisfosfato. Entretanto, ela tem um antiportador específico que catalisa a troca de 1 $P_i$ por 1 triose-fosfato, que pode ser di-hidroxiacetona-fosfato ou 3-fosfoglicerato (**Fig. 20-33**). Esse antiportador move simultaneamente $P_i$ para dentro do cloroplasto, onde ele é usado na fotofosforilação, e triose-fosfato para o citosol, onde ela pode ser usada para sintetizar sacarose, a forma na qual o carbono fixado é transportado para tecidos vegetais distantes.

A síntese de sacarose no citosol e a síntese de amido no cloroplasto são as principais vias pelas quais o excesso de triose-fosfato da fotossíntese é utilizado. A síntese de sacarose (descrita a seguir) libera quatro moléculas de $P_i$ das

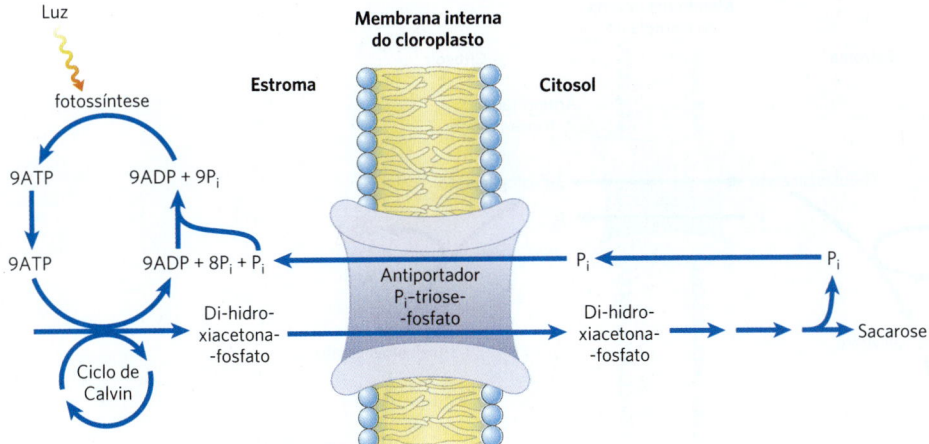

**FIGURA 20-33 Sistema de antiporte $P_i$-triose-fosfato da membrana interna do cloroplasto.** Esse transportador facilita a troca de $P_i$ citosólico por di-hidroxiacetona-fosfato do estroma. Os produtos da assimilação fotossintética de $CO_2$ são, então, movidos para o citosol, onde servem como ponto de partida para a biossíntese de sacarose, e o $P_i$ necessário para a fotofosforilação é levado para o estroma. O mesmo antiportador pode transportar 3-fosfoglicerato e age indiretamente na exportação de ATP e de equivalentes redutores (ver Fig. 20-34).

quatro trioses-fosfato necessárias para produzir sacarose. Para cada molécula de triose-fosfato removida do cloroplasto, um $P_i$ é transportado para o cloroplasto, fornecendo o nono $P_i$, mencionado anteriormente, a ser usado na regeneração do ATP. Se essa troca fosse bloqueada, a síntese de trioses-fosfato rapidamente esgotaria o $P_i$ disponível no cloroplasto, diminuindo a síntese de ATP e suprimindo a assimilação de $CO_2$ na forma de amido.

O sistema antiporte $P_i$–triose-fosfato também serve para outra função. O ATP e o poder redutor são necessários no citosol para uma variedade de reações sintéticas e reações que demandam energia. Essas necessidades são satisfeitas em um grau ainda indeterminado pela mitocôndria, mas uma segunda fonte potencial de energia é o ATP e o NADPH gerados no estroma do cloroplasto durante as reações fotodependentes. No entanto, nem o ATP nem o NADPH podem cruzar a membrana do cloroplasto. O sistema antiporte $P_i$–triose-fosfato tem o efeito indireto de mover equivalentes de ATP e equivalentes redutores do cloroplasto para o citosol (**Fig. 20-34**). A di-hidroxiacetona-fosfato formada no estroma é transportada para o citosol, onde é convertida, por enzimas glicolíticas, em 3-fosfoglicerato, gerando ATP e NADH. O 3-fosfoglicerato entra novamente no cloroplasto, completando o ciclo.

### Quatro enzimas do ciclo de Calvin são indiretamente ativadas pela luz

A assimilação redutora de $CO_2$ requer muito ATP e NADPH, e suas concentrações no estroma aumentam quando os cloroplastos são iluminados (**Fig. 20-35**). O transporte de prótons induzido pela luz através da membrana tilacoide também causa o aumento do pH do estroma, de aproximadamente 7 para próximo de 8, o que é acompanhado por um fluxo de $Mg^{2+}$ do compartimento tilacoide para dentro do estroma, aumentando a $[Mg^{2+}]$ de 1 a 3 mM para 3 a 6 mM.

Diversas enzimas do estroma evoluíram de modo a aproveitarem essas condições induzidas pela luz, que sinalizam a disponibilidade de ATP e de NADPH: as enzimas são mais ativas em meio alcalino e $[Mg^{2+}]$ alta. Por exemplo, a ativação da rubisco pela formação de carbamoil-lisina é mais rápida em pH alcalino, e a alta $[Mg^{2+}]$ estromal favorece a formação do complexo ativo da enzima com $Mg^{2+}$. A frutose-1,6-bisfosfatase requer $Mg^{2+}$ e é muito dependente do pH (**Fig. 20-36**); sua atividade aumenta mais do que cem vezes quando o pH e a $[Mg^{2+}]$ aumentam durante a iluminação do cloroplasto.

Quatro enzimas do ciclo de Calvin estão sujeitas a um tipo especial de regulação pela luz. A ribulose-5-fosfato-cinase, a frutose-1,6-bisfosfatase, a sedoeptulose-1,7-bisfosfatase e a gliceraldeído-3-fosfato-desidrogenase são ativadas pela redução promovida pela luz de ligações dissulfeto entre dois resíduos de Cys fundamentais às suas atividades catalíticas. Quando esses resíduos de Cys apresentam essas ligações dissulfeto (estão oxidados), as enzimas estão inativas; essa é a situação normal no escuro. Com a iluminação, os elétrons fluem do fotossistema I à ferredoxina (Fig. 20-12), que passa elétrons a uma pequena proteína solúvel contendo dissulfeto, chamada de **tiorredoxina** (**Fig. 20-37**), em uma reação catalisada pela **ferredoxina:tiorredoxina-redutase**. A tiorredoxina reduzida doa elétrons para a redução das ligações dissulfeto das enzimas ativadas pela luz, e essas reações redutoras de clivagem são acompanhadas por mudanças conformacionais, que aumentam as atividades enzimáticas. À noite, os resíduos de Cys nas quatro enzimas são reoxidados às suas formas dissulfeto, as enzimas são inativadas, e o ATP não é gasto na assimilação de $CO_2$. Em vez disso, o amido sintetizado e armazenado durante o dia é degradado para alimentar a glicólise e a fosforilação oxidativa durante a noite.

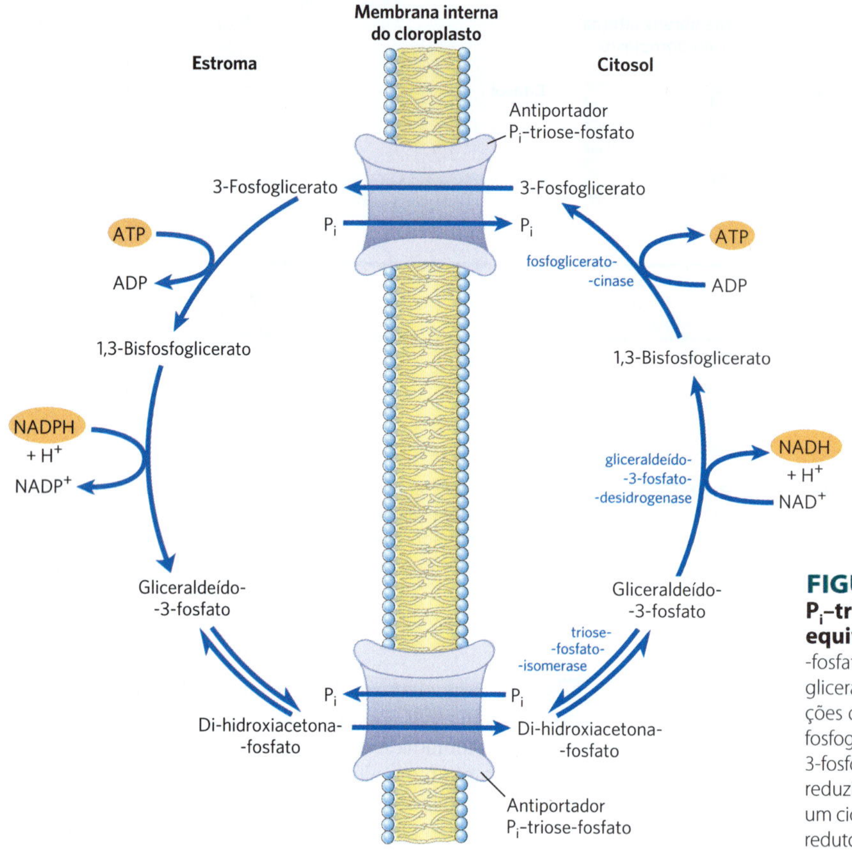

**726** CAPÍTULO 20 • FOTOSSÍNTESE E SÍNTESE DE CARBOIDRATOS EM VEGETAIS

**FIGURA 20-34 Papel do antiportador $P_i$–triose-fosfato no transporte de ATP e equivalentes redutores.** A di-hidroxiacetona-fosfato deixa o cloroplasto, sendo convertida em gliceraldeído-3-fosfato no citosol. No citosol, as reações da gliceraldeído-3-fosfato-desidrogenase e da fosfoglicerato-cinase produzem, então, NADH, ATP e 3-fosfoglicerato. Este último volta ao cloroplasto e é reduzido a di-hidroxiacetona-fosfato, completando um ciclo que efetivamente move ATP e equivalentes redutores (NAD(P)H) do cloroplasto ao citosol.

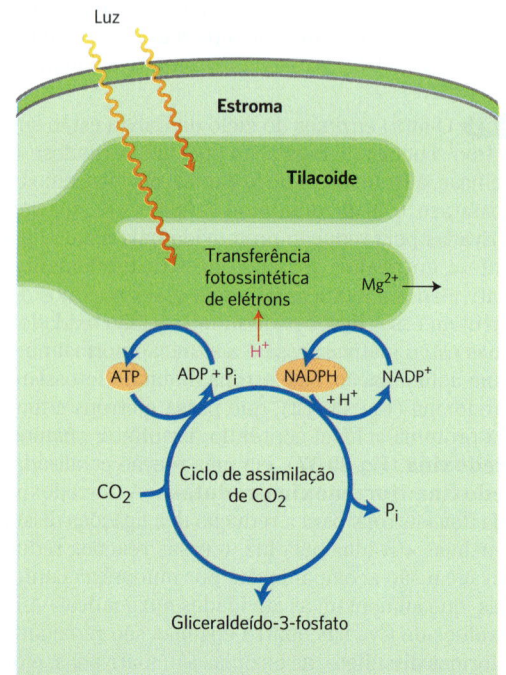

**FIGURA 20-35 Fonte de ATP e NADPH.** O ATP e o NADPH produzidos pelas reações fotodependentes são substratos essenciais para a redução do $CO_2$. As reações fotossintéticas que produzem ATP e NADPH são acompanhadas pelo movimento de prótons (em vermelho) do estroma para dentro do tilacoide, criando condições alcalinas no estroma. Íons magnésio passam do tilacoide para o estroma, aumentando a [$Mg^{2+}$] estromal.

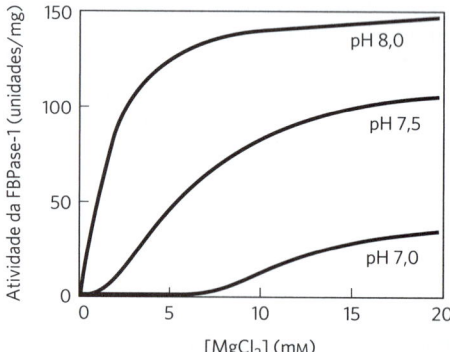

**FIGURA 20-36 Ativação da frutose-1,6-bisfosfatase do cloroplasto.** A frutose-1,6-bisfosfatase (FBPase-1) reduzida é ativada pela luz e pela combinação de pH alto e [$Mg^{2+}$] alta no estroma, ambos resultantes da iluminação. [Informações de B. Halliwell, *Chloroplast Metabolism: The Structure and Function of Chloroplasts in Green Leaf Cells*, p. 97, Clarendon Press, 1984.]

A glicose-6-fosfato-desidrogenase, a primeira enzima na fase *oxidativa* da via das pentoses-fosfato, também é regulada por esse mecanismo de redução promovido pela luz, porém no sentido oposto. Durante o dia, quando a fotossíntese produz muito NADPH, essa enzima não é necessária para a produção de NADPH. A redução de uma ligação dissulfeto crucial por elétrons da ferredoxina *inativa* a enzima.

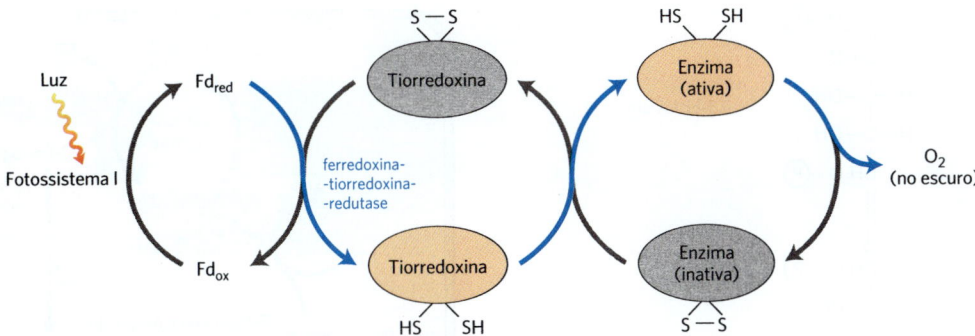

**FIGURA 20-37 Fotoativação de várias enzimas do ciclo de Calvin.** A ativação pela luz é mediada pela tiorredoxina, uma pequena proteína que contém dissulfeto. Na presença de luz, a tiorredoxina é reduzida por elétrons que se movem do fotossistema I através da ferredoxina (Fd) (setas azuis). A tiorredoxina reduz, então, ligações dissulfeto cruciais em cada uma dessas enzimas: sedoeptulose-1,7-bisfosfatase, frutose-1,6-bisfosfatase, ribulose-5-fosfato-cinase e gliceraldeído-3-fosfato-desidrogenase, ativando-as. No escuro, os grupos –SH sofrem reoxidação a dissulfeto, inativando as quatro enzimas.

> **RESUMO 20.4** *Reações de assimilação de $CO_2$*

■ A fotossíntese em eucariotos ocorre nos cloroplastos. Nas reações de assimilação de $CO_2$ (o ciclo de Calvin), o ATP e o NADPH são usados para reduzir $CO_2$ a trioses-fosfato. Essas reações ocorrem em três estágios: a reação de fixação propriamente dita, catalisada pela rubisco, a redução do 3-fosfoglicerato resultante a gliceraldeído-3-fosfato e a regeneração da ribulose-1,5-bisfosfato a partir das trioses-fosfato.

■ As enzimas estromais rearranjam os esqueletos de carbono das trioses-fosfato, gerando intermediários de 3, 4, 5, 6 e 7 carbonos, e, por fim, geram pentoses-fosfato. As pentoses-fosfato são convertidas em ribulose-5-fosfato, que é, então, fosforilada, produzindo ribulose-1,5-bisfosfato para completar o ciclo de Calvin.

■ O custo de fixar 3 $CO_2$ em 1 triose-fosfato é de 9 ATP e 6 NADPH, supridos pelas reações fotodependentes da fotossíntese.

■ Um antiportador na membrana interna do cloroplasto troca $P_i$ no citosol por moléculas de 3-fosfoglicerato ou di-hidroxiacetona-fosfato, produzidas pela assimilação de $CO_2$ no estroma. A oxidação da di-hidroxiacetona-fosfato no citosol gera ATP e NADH, movendo, assim, ATP e equivalentes redutores do cloroplasto ao citosol.

■ Quatro enzimas do ciclo de Calvin são ativadas indiretamente pela luz e são inativas no escuro, de forma que a síntese de hexoses não compete com a glicólise – que é necessária para fornecer energia no escuro.

## 20.5 Fotorrespiração e as vias $C_4$ e CAM

Conforme discutido anteriormente, as células fotossintéticas produzem $O_2$ (pela quebra de $H_2O$) durante as reações promovidas pela luz e usam $CO_2$ durante os processos independentes de luz, de forma que a mudança líquida de gases durante a fotossíntese é a captação de $CO_2$ e a liberação de $O_2$:

$$CO_2 + H_2O \longrightarrow O_2 + (CH_2O)$$

No escuro, as plantas também realizam a **respiração mitocondrial** – a oxidação de substratos a $CO_2$ e a conversão de $O_2$ em $H_2O$. Existe, ainda, outro processo vegetal que, da mesma forma que a respiração mitocondrial, consome $O_2$ e produz $CO_2$ e, assim como a fotossíntese, é promovido pela luz. Esse processo, a **fotorrespiração**, é uma reação colateral dispendiosa da fotossíntese, um resultado da falta de especificidade da enzima rubisco. Esta seção descreve essa reação colateral e as estratégias que as plantas utilizam para minimizar suas consequências metabólicas.

### A fotorrespiração resulta da atividade de oxigenase da rubisco

A rubisco não tem especificidade absoluta pelo $CO_2$ como substrato. O oxigênio molecular ($O_2$) compete com o $CO_2$ no sítio ativo, e cerca de uma vez a cada 3 ou 4 rodadas, a rubisco catalisa a condensação do $O_2$ com a ribulose-1,5-bisfosfato para formar 3-fosfoglicerato e **2-fosfoglicolato** (**Fig. 20-38**), um produto metabolicamente desnecessário. Essa é a atividade de oxigenase à qual se refere o nome completo da rubisco: *ribulose-1,5-bis*fosfato-*c*arboxilase/ *o*xigenase. Como resultado da reação com $O_2$, não ocorre fixação de $CO_2$, e essa reação parece ser desvantajosa para a célula; resgatar os carbonos do 2-fosfoglicolato (pela via descrita a seguir) consome quantidades significativas de energia celular e libera parte do $CO_2$ previamente fixado.

### O fosfoglicolato é reciclado em um conjunto de reações de alto custo em plantas $C_3$

A **via do glicolato** converte duas moléculas de 2-fosfoglicolato em uma molécula de serina (três carbonos) e uma molécula de $CO_2$ (**Fig. 20-39**). No cloroplasto, uma fosfatase converte 2-fosfoglicolato em glicolato, que é exportado ao peroxissomo, onde o glicolato é oxidado pelo oxigênio molecular, e o aldeído resultante (glioxilato) sofre transaminação, produzindo glicina. O peróxido de hidrogênio formado como subproduto da oxidação do glicolato é tornado inócuo por peroxidases no peroxissomo. A glicina passa do peroxissomo para a matriz mitocondrial, onde sofre descarboxilação oxidativa pelo complexo da glicina-descarboxilase,

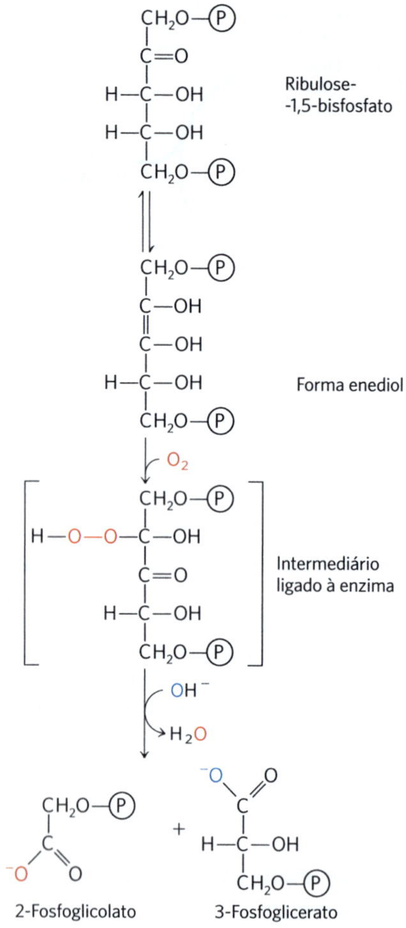

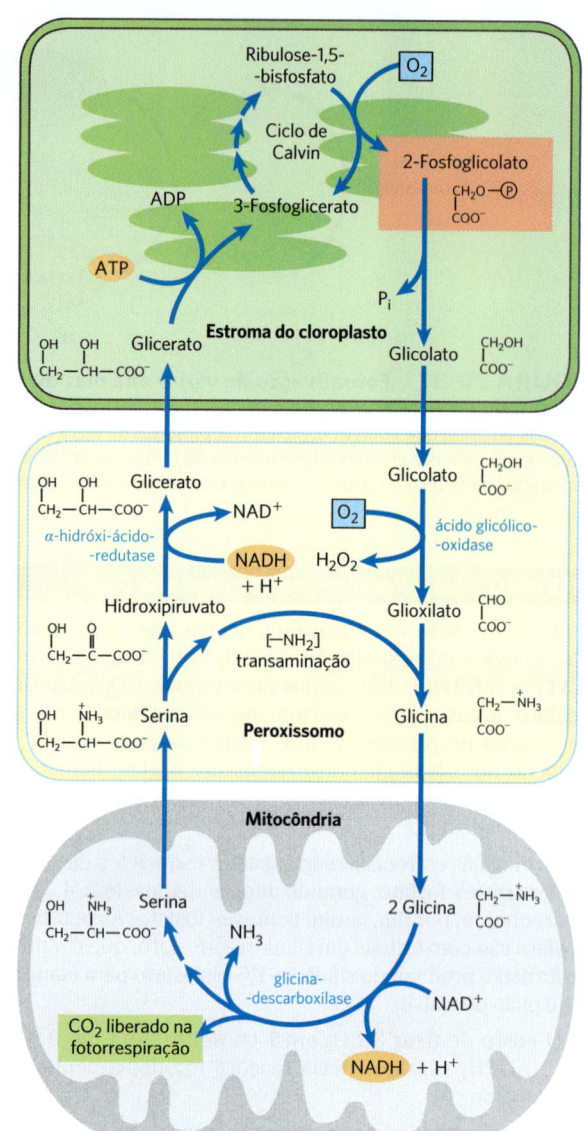

**FIGURA 20-38 Atividade de oxigenase da rubisco.** A rubisco pode incorporar $O_2$, em vez de $CO_2$, na ribulose-1,5-bisfosfato. O intermediário instável então formado se divide em 2-fosfoglicolato (reciclado conforme descrito na Fig. 20-39) e 3-fosfoglicerato, que podem reingressar no ciclo de Calvin.

uma enzima semelhante em estrutura e mecanismo a dois complexos mitocondriais já estudados: o complexo da piruvato-desidrogenase e o complexo da α-cetoglutarato-desidrogenase (Capítulo 16). O **complexo da glicina-descarboxilase** oxida a glicina a $CO_2$ e $NH_3$, com a concomitante redução de $NAD^+$ a NADH e a transferência do carbono remanescente da glicina para o cofator tetra-hidrofolato. A unidade de um carbono carregada no tetra-hidrofolato é transferida a uma segunda molécula de glicina pela serina-hidroximetiltransferase, produzindo serina. A reação líquida catalisada pelo complexo da glicina-descarboxilase e pela serina-hidroximetiltransferase é

$$2\ \text{Glicina} + NAD^+ + H_2O \longrightarrow \text{serina} + CO_2 + NH_3 + NADH + H^+$$

A serina é convertida em hidroxipiruvato, em glicerato e, por fim, em 3-fosfoglicerato, que é usado para regenerar a ribulose-1,5-bisfosfato, completando o longo e oneroso ciclo (Fig. 20-39).

**FIGURA 20-39 Via do glicolato.** Essa via, que resgata o 2-fosfoglicolato (em vermelho-claro), convertendo-o em serina e, por fim, em 3-fosfoglicerato, envolve três compartimentos celulares. O glicolato formado pela desfosforilação do 2-fosfoglicolato nos cloroplastos é oxidado a glioxilato e transaminado nos peroxissomos, produzindo glicina. Nas mitocôndrias, duas moléculas de glicina condensam-se para formar serina e $CO_2$, que é liberado durante a fotorrespiração. Essa reação é catalisada pela glicina-descarboxilase, enzima presente em concentrações muito elevadas nas mitocôndrias de plantas $C_3$. A serina é convertida em hidroxipiruvato e, então, em glicerato nos peroxissomos; o glicerato retorna aos cloroplastos para ser fosforilado, juntando-se novamente ao ciclo de Calvin. O oxigênio é consumido em duas etapas durante a fotorrespiração.

Sob forte luz solar, o fluxo de carbono pela via de recuperação do glicolato pode ser muito alto, produzindo cerca de cinco vezes mais $CO_2$ do que costuma ser produzido por todas as oxidações do ciclo do ácido cítrico. Para gerar esse grande fluxo, as mitocôndrias contêm grandes quantidades do complexo da glicina-descarboxilase: as quatro proteínas do complexo compreendem *metade* de toda a proteína na matriz mitocondrial em folha de plantas de ervilha e de espinafre. Em partes não fotossintéticas da planta, como nos tubérculos de batata, as mitocôndrias têm concentrações muito baixas do complexo da glicina-descarboxilase.

Os efeitos práticos dessa ineficiência são grandes e dispendiosos. Calcula-se que os rendimentos médios da soja e do trigo nos Estados Unidos sejam reduzidos em 36 e 20%, respectivamente, pela necessidade de reciclar o glicolato da fotorrespiração.

▶P5 As atividades combinadas da oxigenase da rubisco e da via de reciclagem do glicolato consomem $O_2$ e produzem $CO_2$ – daí o nome fotorrespiração. Ao contrário da respiração mitocondrial, a "fotorrespiração" não conserva energia, na verdade, ela inibe a formação líquida de biomassa. Essa ineficiência levou a adaptações evolutivas nos processos de assimilação de $CO_2$, particularmente em plantas que evoluíram em climas quentes. A aparente ineficiência da rubisco e seu efeito em limitar a produção de biomassa inspiraram esforços de engenharia genética para fabricar uma rubisco "melhor", mas esse objetivo, até agora, ainda está fora de nosso alcance (**Quadro 20-1**).

## Em plantas $C_4$, a fixação do $CO_2$ e a atividade da rubisco são separadas no espaço

Em muitas plantas que crescem nos trópicos (e em culturas de zonas temperadas nativas dos trópicos, como milho, cana-de-açúcar e sorgo), a evolução propiciou o surgimento de um mecanismo para contornar o problema da fotorrespiração dispendiosa. A etapa na qual o $CO_2$ é fixado em um produto de três carbonos, o 3-fosfoglicerato, é precedida por várias etapas, uma das quais é a fixação temporária de $CO_2$ no oxalacetato, um composto de quatro carbonos. Plantas que utilizam esse processo são denominadas **plantas $C_4$**, e o processo de assimilação é conhecido como **via $C_4$**, em comparação com a via $C_3$, na qual o $CO_2$ é inicialmente fixado no composto de três carbonos 3-fosfoglicerato.

▶P5 As plantas $C_4$, que geralmente crescem em regiões de grande intensidade luminosa e altas temperaturas, têm várias características importantes: velocidade fotossintética alta, altas taxas de crescimento, baixas taxas de fotorrespiração, baixas taxas de perda de água e uma estrutura foliar especializada. A fotossíntese nas folhas de plantas $C_4$ envolve dois tipos de células: células do mesofilo e células da bainha vascular (**Fig. 20-40a**).

A fixação de $CO_2$ no oxalacetato de quatro carbonos ocorre no citosol das células do mesofilo das folhas. A reação é catalisada pela **fosfoenolpiruvato (PEP)-carboxilase**,

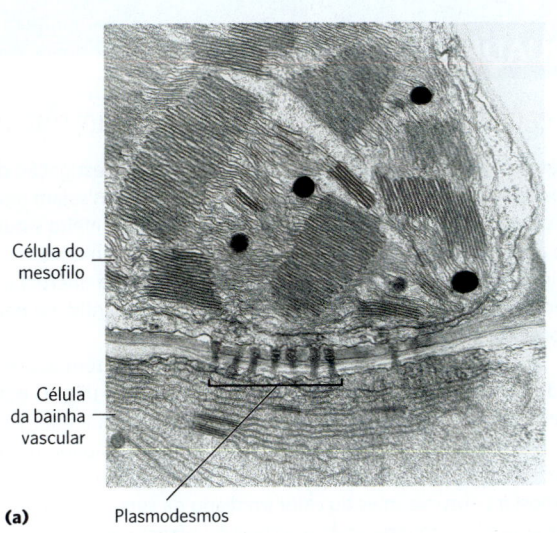

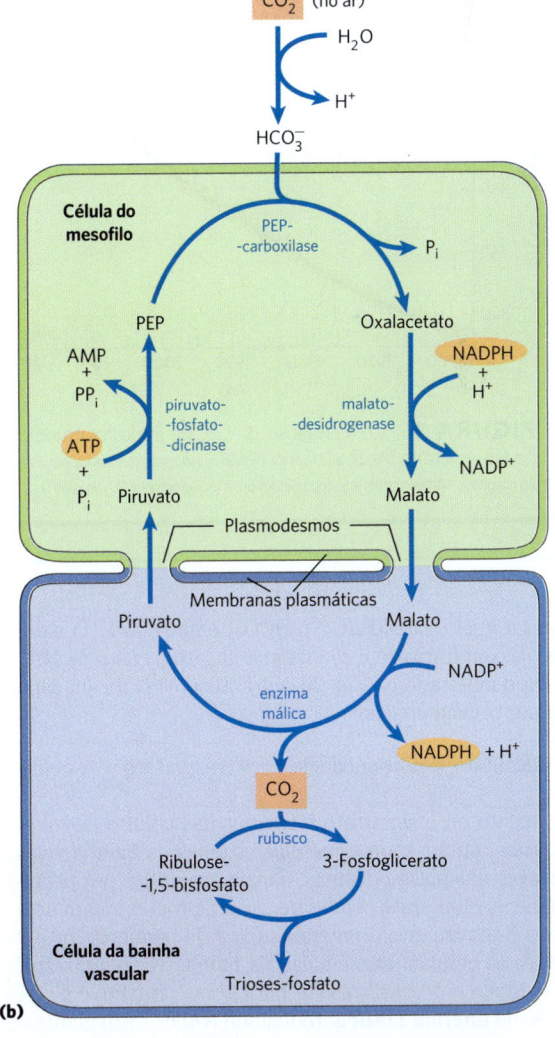

**FIGURA 20-40 Assimilação de $CO_2$ em plantas $C_4$.** A via $C_4$, envolvendo células do mesofilo e células da bainha vascular, predomina em plantas de origem tropical. (a) Micrografia eletrônica, mostrando cloroplastos de células vizinhas do mesofilo e da bainha vascular. A célula da bainha vascular contém grânulos de amido. Plasmodesmos conectando as duas células são visíveis. (b) Via $C_4$ de assimilação de $CO_2$, que ocorre por meio de um intermediário de quatro carbonos. [(a) Dr. Ray Evert, University of Wisconsin-Madison, Department of Botany.]

## QUADRO 20-1

### A engenharia genética de organismos fotossintetizantes pode aumentar a sua eficiência?

Três problemas mundiais urgentes instigaram a investigação da possibilidade de se modificar as plantas para que elas sejam mais eficientes na conversão da luz solar em biomassa: o efeito estufa do aumento do $CO_2$ atmosférico sobre a mudança climática, o suprimento finito de petróleo para o fornecimento de energia e a necessidade de alimentos melhores e em maior quantidade para a população mundial em crescimento.

A concentração de $CO_2$ na atmosfera terrestre tem aumentado continuamente ao longo dos últimos 50 anos (Fig. 1) pelo efeito combinado do uso de combustíveis fósseis para energia e de desmatamento e queimada de florestas tropicais para uso da terra na agricultura. À medida que o $CO_2$ atmosférico aumenta, a atmosfera absorve mais do calor irradiado da superfície da Terra e irradia mais em direção à superfície do planeta (e em todas as outras direções). A retenção de calor aumenta a temperatura na superfície da Terra; esse é o efeito estufa. Uma forma de limitar o aumento no $CO_2$ atmosférico seria criar plantas ou microrganismos com maior capacidade de sequestro de $CO_2$.

A quantidade estimada de carbono total em todos os sistemas terrestres (atmosfera, solo e biomassa) é de cerca de 3.200 gigatoneladas (GT), ou 3.200 bilhões de toneladas métricas. A atmosfera contém 760 GT de $CO_2$.

O fluxo de carbono pelos reservatórios terrestres (Fig. 2) deve-se, em grande parte, às atividades fotossintéticas das plantas e às atividades de degradação dos microrganismos. As plantas fixam cerca de 123 GT de carbono por ano e liberam imediatamente cerca de metade disso para a atmosfera enquanto respiram. A maior parte do restante é gradualmente liberada para a atmosfera pela ação microbiana sobre a matéria vegetal morta, porém a biomassa é sequestrada em plantas lenhosas e árvores por décadas ou séculos. O fluxo antropogênico de carbono, a quantidade de $CO_2$ liberada na atmosfera por atividades humanas, é de 9 GT por ano – pequena se comparada com a biomassa total, mas suficiente para desequilibrar o balanço da natureza em direção ao aumento de $CO_2$ na atmosfera. Estima-se que as florestas da América do Norte sequestrem 0,7 GT de carbono anualmente, o que representa cerca de um décimo da produção anual *global* de $CO_2$ a partir dos combustíveis fósseis. É evidente que a preservação das florestas e o reflorestamento são maneiras efetivas para limitar o fluxo de $CO_2$ de volta para a atmosfera.

Uma segunda abordagem para limitar o aumento do $CO_2$ atmosférico, ao mesmo tempo que também se considera a necessidade de substituir combustíveis fósseis em esgotamento, é usar biomassa renovável como fonte de etanol para substituir combustíveis fósseis em motores de combustão interna. Isso reduz o movimento *unidirecional* de carbono dos combustíveis fósseis para o reservatório atmosférico de $CO_2$, substituindo-o pelo fluxo *cíclico* de $CO_2$ do etanol para $CO_2$ e de volta para a biomassa. Quando milho, trigo ou *switchgrass* (*Panicum virgatum*) sofrem fermentação até produzir etanol para combustível, todo o aumento em

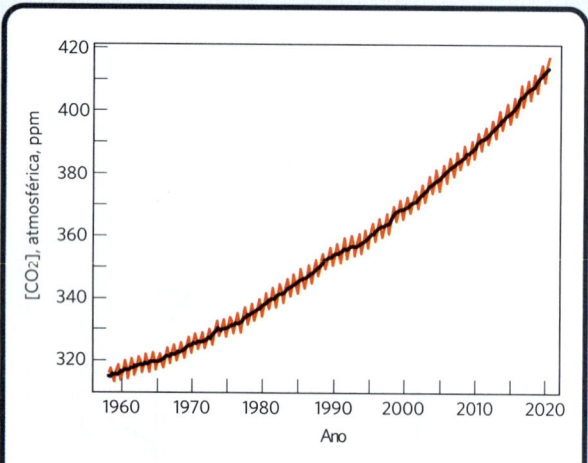

**FIGURA 1** Concentração de $CO_2$ na atmosfera medida no Observatório Mauna Loa, no Havaí. [Dados de National Oceanic and Atmospheric Administration e Scripps Institution of Oceanography $CO_2$ Program.]

---

para a qual o substrato é o $HCO_3^-$, e não o $CO_2$. O oxalacetato assim formado é reduzido a malato à custa de NADPH (como mostrado na Fig. 20-40b) ou convertido em aspartato por transaminação:

Oxalacetato + α-aminoácido ⟶ L-aspartato + α-cetoácido

O malato ou o aspartato formados nas células do mesofilo passam, então, para as células vizinhas da bainha vascular através dos plasmodesmos, canais revestidos por proteínas que conectam duas células vegetais e proporcionam uma via para o movimento de metabólitos e de pequenas proteínas entre as células. Nas células da bainha vascular, o malato é oxidado e descarboxilado para gerar piruvato e $CO_2$ pela ação da **enzima málica**, reduzindo $NADP^+$. Em plantas que usam o aspartato como carreador de $CO_2$, o aspartato que chega nas células da bainha vascular é transaminado para formar oxalacetato, sendo, a seguir, reduzido a malato; então, o $CO_2$ é liberado pela enzima málica ou pela PEP-carboxicinase. Conforme mostraram experimentos de marcação, o $CO_2$ liberado nas células da bainha vascular é a mesma molécula de $CO_2$ originalmente fixada no oxalacetato nas células do mesofilo. Esse $CO_2$ é agora novamente fixado, dessa vez pela rubisco, em uma reação que é exatamente a mesma que ocorre em plantas $C_3$: incorporação de $CO_2$ no C-1 do 3-fosfoglicerato.

O piruvato formado pela descarboxilação do malato nas células da bainha vascular é transferido de volta às células do mesofilo, onde é convertido em PEP por uma reação enzimática incomum, catalisada pela **piruvato-fosfato-dicinase** (Fig. 20-40b). Essa enzima é denominada dicinase porque duas moléculas diferentes são simultaneamente produção de biomassa alcançado pela fotossíntese mais eficiente deve resultar em um decréscimo correspondente no uso de combustíveis fósseis.

Por fim, a engenharia de culturas alimentícias visando a produzir mais alimento por hectare de terra, ou por hora de trabalho, poderia melhorar a nutrição humana em todo o mundo.

Em princípio, essas metas podem ser alcançadas desenvolvendo-se uma rubisco que não catalise também a reação desperdiçadora com o $O_2$, aumentando-se o número de renovação para a rubisco ou aumentando-se o nível da rubisco ou de outras enzimas na via de fixação de $CO_2$. A rubisco, conforme já dito, é uma enzima com uma ineficiência incomum, com um número de renovação de 3 $s^{-1}$ a 25 °C; a maioria das enzimas tem números de renovação que são ordens de magnitude maiores. Além disso, ela catalisa a reação desperdiçadora com o oxigênio, a qual reduz ainda mais sua eficiência em fixar $CO_2$ e produzir biomassa. Se a rubisco pudesse ser geneticamente modificada para aumentar seu número de renovação ou para ser mais seletiva para o $CO_2$ em relação ao $O_2$, qual seria o efeito resultante? Seria uma maior produção fotossintética de biomassa e, portanto, um maior sequestro de $CO_2$, uma maior produção de combustível não fóssil e melhorias na nutrição?

A visão tradicional de vias metabólicas sustentava que uma etapa em qualquer via que fosse a mais lenta seria o fator limitante no fluxo de material através da via. Contudo, esforços enormes no sentido de gerar, por engenharia genética, células ou organismos capazes de produzir maior quantidade de uma enzima "limitante" em uma determinada via com frequência levaram a resultados desencorajadores; os organismos normalmente mostram pouca ou nenhuma alteração no fluxo por aquela via. O ciclo de Calvin é um caso elucidativo nesse ponto. Aumentar a quantidade de rubisco em células vegetais por meio de engenharia genética tem pouco ou nenhum efeito na taxa de conversão de $CO_2$ em carboidrato. De forma semelhante, mudanças nos níveis de enzimas conhecidas por serem reguladas pela luz e, portanto, suspeitas de desempenharem papéis centrais na regulação da via de assimilação de $CO_2$ (frutose-1,6-bisfosfatase, 3-fosfoglicerato-cinase e gliceraldeído-3-fosfato-desidrogenase) também levaram a pouco ou nenhum aumento significativo na taxa fotossintética. Esse resultado provavelmente não deveria ser surpreendente; no organismo vivo, as vias podem ser limitadas em mais de uma etapa, uma vez que toda mudança em uma etapa resulta em mudanças compensatórias em outras etapas. A **análise de controle metabólico** é a ciência de medir, compreender e, por fim, alterar os fatores que governam o fluxo geral através de uma via. Sua aplicação será essencial para o sucesso em produzir plantas geneticamente modificadas capazes de maior eficiência ou produtividade.

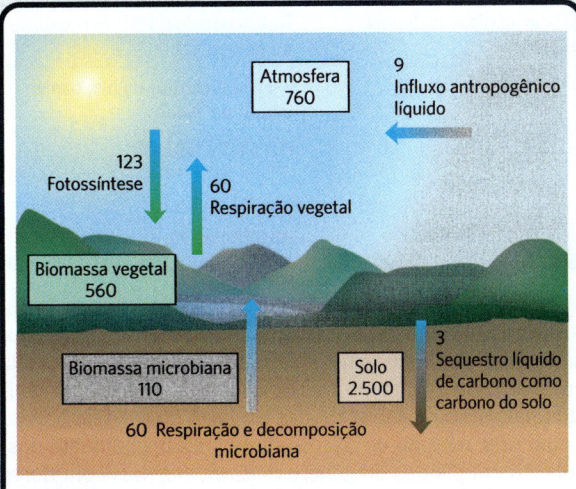

**FIGURA 2** Ciclo de carbono terrestre. Estoques de carbono (textos nos quadros) são mostrados como gigatoneladas (GT), ao passo que os fluxos (setas) são mostrados em GT por ano. A biomassa animal é desprezível aqui – menos do que 0,5 GT. [Informações de C. Jansson et al., *BioScience* 60:683, 2010, Fig. 1.]

fosforiladas por uma molécula de ATP: o piruvato é fosforilado, produzindo PEP, e um fosfato é fosforilado, originando pirofosfato. O pirofosfato é subsequentemente hidrolisado a fosfato, de forma que dois grupos fosfato de alta energia do ATP são usados na regeneração do PEP. O PEP agora está pronto para receber outra molécula de $CO_2$ na célula do mesofilo.

A PEP-carboxilase nas células do mesofilo tem alta afinidade por $HCO_3^-$ (que é favorecido em relação ao $CO_2$ em solução aquosa) e pode fixar $CO_2$ de maneira mais eficiente do que a rubisco. Ao contrário da rubisco, ela não usa $O_2$ como substrato alternativo, de forma que não há competição entre $CO_2$ e $O_2$. A reação da PEP-carboxilase serve, portanto, para fixar e concentrar $CO_2$ na forma de malato. ▶P5◀ A liberação de $CO_2$ do malato nas células da bainha vascular gera uma concentração local suficientemente alta de $CO_2$ para que a rubisco funcione próximo de sua velocidade máxima e para a supressão da atividade de oxigenase da enzima.

Uma vez que o $CO_2$ é fixado no 3-fosfoglicerato nas células da bainha vascular, as outras reações do ciclo de Calvin acontecem exatamente da maneira já descrita. Assim, nas plantas $C_4$, as células do mesofilo realizam a assimilação de $CO_2$ pela via $C_4$, e as células da bainha vascular sintetizam amido e sacarose pela via $C_3$.

Três enzimas da via $C_4$ são reguladas pela luz, tornando-se mais ativas durante o dia. A malato-desidrogenase é ativada pelo mecanismo de redução dependente de tiorredoxina, mostrado na Figura 20-37; a PEP-carboxilase é ativada pela fosforilação de um resíduo de Ser; e a piruvato-fosfato-dicinase é ativada por desfosforilação.

A via de assimilação de $CO_2$ tem um custo energético maior em plantas $C_4$ do que em plantas $C_3$. Para cada

| TABELA 20-1 | Comparação entre plantas $C_3$, $C_4$ e CAM | | |
|---|---|---|---|
| | **Plantas $C_3$** | **Plantas $C_4$** | **Plantas CAM** |
| Exemplos | Espinafre, ervilha, arroz, trigo, leguminosas, a maioria das árvores | Milho, cana-de-açúcar, capim-colchão | Cactos, opúncias, orquídeas, abacaxizeiro |
| Ambiente mais eficiente | 15 a 25 °C | Seco e quente; 30 a 47 °C | Extremamente seco; 35 °C |
| Via de fixação de $CO_2$ | Apenas fotossíntese $C_3$ | Ciclos sequenciais $C_4$ e $C_3$, separados espacialmente: $C_4$ nas células do mesofilo, seguindo-se de $C_3$ nas células da bainha vascular | Ciclos $C_4$ e $C_3$, separados espacial e temporalmente |
| Tipo celular envolvido | Células do mesofilo | $C_4$ nas células do mesofilo, $C_3$ nas células da bainha vascular | $C_3$ e $C_4$ nas mesmas células do mesofilo |
| Condições de luminosidade | Luz | Luz | $C_3$ na luz; $C_4$ no escuro |
| Aceptor inicial de $CO_2$ | Ribulose-1,5-bisfosfato | Fosfoenolpiruvato | Ribulose-1,5-bisfosfato na luz; fosfoenolpiruvato no escuro |
| Enzima fixadora de $CO_2$ | Rubisco | PEP-carboxilase e, depois, rubisco | Rubisco na luz; PEP-carboxilase no escuro |
| Primeiro produto estável da fixação de $CO_2$ | 3-Fosfoglicerato | Oxalacetato no ciclo $C_4$ | 3-Fosfoglicerato na luz; oxalacetato no escuro |
| Energia necessária para a redução completa de uma molécula de $CO_2$ | 3 ATP, 2 NADPH | 5 ATP, 2 NADPH | 6,5 ATP, 2 NADPH |
| Fotorrespiração | Presente | Ausente ou suprimida | Ausente ou suprimida |

molécula de $CO_2$ assimilada na via $C_4$, uma molécula de PEP precisa ser regenerada à custa de duas ligações fosfoanidrido do ATP. **P5** Assim, as plantas $C_4$ precisam de cinco moléculas de ATP para assimilar uma molécula de $CO_2$, ao passo que as plantas $C_3$ precisam de apenas três (nove por triose-fosfato). À medida que a temperatura aumenta (e a afinidade da rubisco pelo $CO_2$ diminui, como observado anteriormente), é atingido um ponto (em cerca de 28 a 30 °C) no qual o ganho em eficiência oriundo da eliminação da fotorrespiração mais do que compensa esse custo energético. Plantas $C_4$ (como o capim-colchão) superam o crescimento da maior parte das plantas durante o verão, como pode atestar qualquer jardineiro com experiência.

## Em plantas CAM, a captura de $CO_2$ e a ação da rubisco são separadas no tempo

Plantas suculentas, como os cactos e o abacaxizeiro, que são nativas de ambientes muito quentes e muito secos têm outra variação da fixação fotossintética de $CO_2$, a qual reduz a perda de vapor de água através dos poros (estômatos) por onde o $CO_2$ e o $O_2$ precisam ingressar no tecido vegetal. Em vez de separarem no espaço o aprisionamento inicial do $CO_2$ e sua fixação pela rubisco (como fazem as plantas $C_4$), elas separam esses dois eventos ao longo do tempo. À noite, quando o ar está mais fresco e mais úmido, os estômatos abrem-se para permitir a entrada de $CO_2$, que, então, é fixado na forma de oxalacetato pela PEP-carboxilase. O oxalacetato é reduzido a malato e armazenado em vacúolos para proteger as enzimas citosólicas e os plastídios do pH baixo produzido pela dissociação do ácido málico. Durante o dia, os estômatos fecham-se, impedindo a perda de água que resultaria das altas temperaturas diurnas, e o $CO_2$ aprisionado ao longo da noite no malato é liberado como $CO_2$ pela enzima málica ligada ao NADP. Esse $CO_2$ é, então, assimilado pela ação da rubisco e das enzimas do ciclo de Calvin. Como esse método de fixação de $CO_2$ foi inicialmente descoberto em plantas do gênero *Sedum*, vegetais com flores perenes da família Crassulaceae, ele é chamado de metabolismo ácido das crassuláceas, e as plantas são chamadas de **plantas CAM** (do inglês *crassulacean acid metabolism*). A **Tabela 20-1** compara as características das plantas $C_3$, $C_4$ e CAM.

### RESUMO 20.5 *Fotorrespiração e as vias $C_4$ e CAM*

■ A rubisco não é completamente específica para $CO_2$ como seu substrato; ela também pode usar $O_2$, produzindo 2-fosfoglicolato, que deve ser utilizado em uma via dependente de oxigênio. O resultado é o aumento do consumo de $O_2$ – fotorrespiração.

■ O 2-fosfoglicolato é convertido em glioxilato, então em glicina e, por fim, em serina, em uma via que envolve enzimas no estroma do cloroplasto, no peroxissomo e na mitocôndria.

■ Em plantas $C_4$, a via de assimilação de $CO_2$ minimiza a fotorrespiração: o $CO_2$ é primeiro fixado nas células do mesofilo em um composto de quatro carbonos, que passa para as células da bainha vascular e libera $CO_2$ em altas concentrações. O $CO_2$ liberado é fixado pela rubisco, e as demais reações do ciclo de Calvin ocorrem como nas plantas $C_3$.

■ Em plantas CAM, o $CO_2$ fixado em malato no escuro e estocado em vacúolos até o período diurno, quando os estômatos estão fechados (minimizando a perda de água), e o malato armazenado serve como fonte de $CO_2$ para a rubisco.

## 20.6 Biossíntese de amido, sacarose e celulose

Durante a fotossíntese ativa sob luz intensa, a folha de um vegetal produz mais carboidratos (na forma de trioses-fosfato) do que precisa para gerar energia ou sintetizar precursores. ▶P5 O excesso é convertido em sacarose e transportado a outras partes da planta para ser utilizado como combustível ou armazenado. Na maioria das plantas, o amido é a principal forma de armazenamento de carboidratos, porém, em algumas plantas, como a beterraba e a cana-de-açúcar, a sacarose é a principal forma de estocagem. As sínteses de sacarose e de amido ocorrem em diferentes compartimentos celulares (citosol e plastídios, respectivamente), e esses processos estão coordenados por uma variedade de mecanismos de regulação que respondem a mudanças no nível de luminosidade e na velocidade da fotossíntese. A síntese de sacarose e de amido é importante para a planta e para seres humanos: o amido fornece mais do que 80% das calorias da dieta humana em todo o mundo.

### A ADP-glicose é o substrato para a síntese de amido em plastídios vegetais e para a síntese de glicogênio em bactérias

O amido, assim como o glicogênio, é um polímero de alto peso molecular de D-glicose em ligação ($\alpha 1 \rightarrow 4$). Esse composto é sintetizado nos cloroplastos para armazenamento temporário como um dos produtos finais estáveis da fotossíntese; para o armazenamento de longo prazo, ele é sintetizado nos amiloplastos das partes não fotossintéticas das plantas: sementes, raízes e tubérculos (caules subterrâneos).

O mecanismo de ativação da glicose na síntese do amido é semelhante àquele da síntese do glicogênio, descrito no Capítulo 15. Um **açúcar-nucleotídeo** ativado (nesse caso, a ADP-glicose) é formado pela condensação de glicose-1-fosfato com ATP em uma reação essencialmente irreversível pela presença de pirofosfatase nos plastídios. A **amido-sintase**, então, transfere resíduos de glicose da ADP-glicose para moléculas preexistentes de amido. As unidades monoméricas são quase certamente adicionadas à extremidade não redutora do polímero em crescimento, como ocorre na síntese de glicogênio.

A amilose do amido não é ramificada, mas a amilopectina tem inúmeras ramificações formadas por ligações ($\alpha 1 \rightarrow 6$) (ver Fig. 7-13). Os cloroplastos contêm uma enzima ramificadora, semelhante à enzima de ramificação do glicogênio que introduz as ramificações ($\alpha 1 \rightarrow 6$) da amilopectina. Levando-se em consideração a hidrólise pela pirofosfatase do $PP_i$ produzido durante a síntese de ADP-glicose, a reação global para a formação do amido a partir da glicose-1-fosfato é

Amido$_n$ + glicose-1-fosfato + ATP $\longrightarrow$ amido$_{n+1}$ + ADP + 2$P_i$
$$\Delta G'^{\circ} = -50 \text{ kJ/mol}$$

A síntese de amido é regulada no nível da formação da ADP-glicose, conforme discutido a seguir.

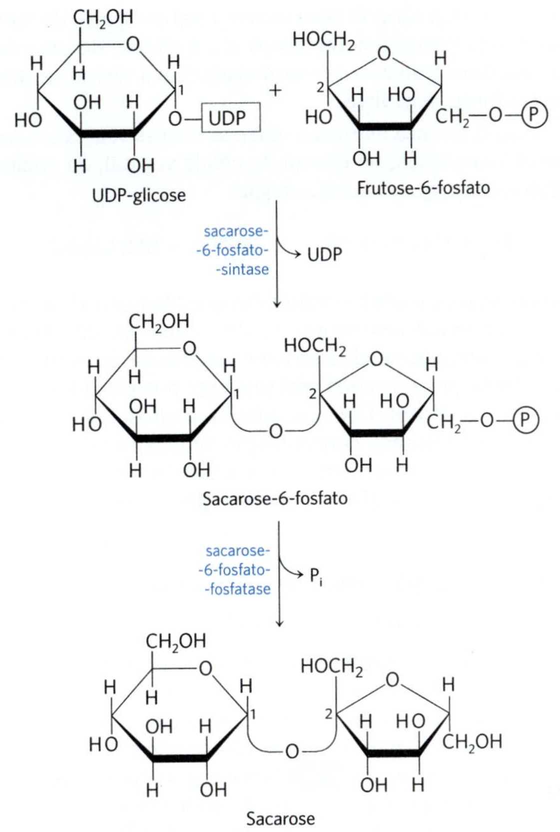

**FIGURA 20-41 Síntese da sacarose.** A sacarose é sintetizada a partir da UDP-glicose e da frutose-6-fosfato, que são sintetizadas a partir das trioses-fosfato no citosol da célula vegetal. A sacarose-6-fosfato-sintase da maioria das espécies vegetais é regulada alostericamente por glicose-6-fosfato e $P_i$.

### A UDP-glicose é o substrato para a síntese de sacarose no citosol de células das folhas

A maior parte das trioses-fosfato geradas pela fixação do $CO_2$ em plantas é convertida em sacarose (**Fig. 20-41**) ou amido. No curso da evolução, a sacarose deve ter sido selecionada como a forma de transporte de carbono, devido à sua ligação incomum entre o C-1 anomérico da glicose e o C-2 anomérico da frutose. Essa ligação não é hidrolisada por amilases ou por outras enzimas comuns que hidrolisam carboidratos, e a indisponibilidade de carbonos anoméricos na molécula de sacarose a impede de reagir de modo não enzimático (como faz a glicose) com aminoácidos e proteínas.

A sacarose é sintetizada no citosol, a partir da di-hidroxiacetona-fosfato e do gliceraldeído-3-fosfato exportados do cloroplasto. Depois da condensação das duas trioses-fosfato para formar frutose-1,6-bisfosfato (catalisada pela aldolase), a hidrólise pela frutose-1,6-bisfosfatase gera frutose-6-fosfato. A **sacarose-6-fosfato-sintase** catalisa, então, a reação da frutose-6-fosfato com a UDP-glicose para formar sacarose-6-fosfato (Fig. 20-41). Por fim, a sacarose-6-fosfato-fosfatase remove o grupo fosfato, tornando a sacarose disponível para a exportação a outros tecidos. A reação catalisada pela sacarose-6-fosfato-sintase é um processo de baixa energia ($\Delta G'^{\circ} = -5{,}7$ kJ/mol), mas a hidrólise da sacarose-6-fosfato a sacarose é suficientemente exergônica

($\Delta G'^o = -16,5$ kJ/mol) para tornar a síntese global da sacarose termodinamicamente favorável. A síntese de sacarose é regulada e intimamente coordenada com a síntese de amido, conforme será visto.

Uma diferença marcante entre as células vegetais e animais é a ausência, no citosol da célula vegetal, da enzima pirofosfatase, que catalisa a reação

$$PP_i + H_2O \longrightarrow 2P_i \qquad \Delta G'^o = -19,2 \text{ kJ/mol}$$

Para muitas reações biossintéticas que liberam $PP_i$, a atividade da pirofosfatase torna o processo mais favorável energeticamente, pois tende a tornar essas reações irreversíveis. Nas plantas, essa enzima está presente nos plastídios, mas ausente no citosol. Como resultado, o citosol das células foliares contém uma concentração substancial de $PP_i$ – o suficiente (~ 0,3 mM) para tornar facilmente reversíveis as reações como a catalisada pela UDP-glicose-pirofosforilase (ver Fig. 15-7).

## A conversão de trioses-fosfato em sacarose e amido é cuidadosamente regulada

As trioses-fosfato produzidas pelo ciclo de Calvin sob luz solar intensa, conforme salientado, podem ser temporariamente estocadas no cloroplasto como amido ou convertidas em sacarose e exportadas para partes não fotossintéticas das plantas, ou ambos. ▶P5◀ O balanço entre os dois processos é cuidadosamente regulado, e eles precisam ser coordenados com a velocidade de fixação de $CO_2$. Cinco sextos das trioses-fosfato formadas no ciclo de Calvin precisam ser reciclados a ribulose-1,5-bisfosfato (Fig. 20-32); se mais de um sexto das trioses-fosfato é retirado do ciclo para produzir sacarose e amido, o ciclo terá sua velocidade reduzida ou parará completamente. No entanto, a conversão *insuficiente* de trioses-fosfato em amido ou sacarose aprisionaria fosfato, deixando o cloroplasto deficiente em $P_i$, que é essencial para a operação do ciclo de Calvin.

O fluxo de trioses-fosfato para sacarose é regulado pela atividade da frutose-1,6-bisfosfatase (FBPase-1) e da enzima que efetivamente reverte sua ação, a fosfofrutocinase dependente de $PP_i$ (PP-PFK-1). Essas enzimas são, portanto, pontos cruciais na determinação do destino das trioses-fosfato produzidas pela fotossíntese. Ambas as enzimas são reguladas pela **frutose-2,6-bisfosfato (F26BP)**, que inibe a FBPase-1 e estimula a PP-PFK-1. Em plantas vasculares, a concentração de F26BP varia inversamente com a taxa de fotossíntese (**Fig. 20-42**). A fosfofrutocinase 2, responsável pela síntese de F26BP, é inibida por di-hidroxiacetona-fosfato ou 3-fosfoglicerato, sendo estimulada por frutose-6-fosfato e $P_i$. Durante a fotossíntese ativa, a di-hidroxiacetona-fosfato é produzida, e $P_i$ é consumido, resultando na inibição da PFK-2 e em concentrações reduzidas de F26BP. Isso favorece um maior fluxo de trioses-fosfato para a formação de frutose-6-fosfato e síntese de sacarose. Com esse sistema de regulação, a síntese de sacarose ocorre quando o nível de trioses-fosfato produzido pelo ciclo de Calvin excede aquele necessário para manter a operação do ciclo.

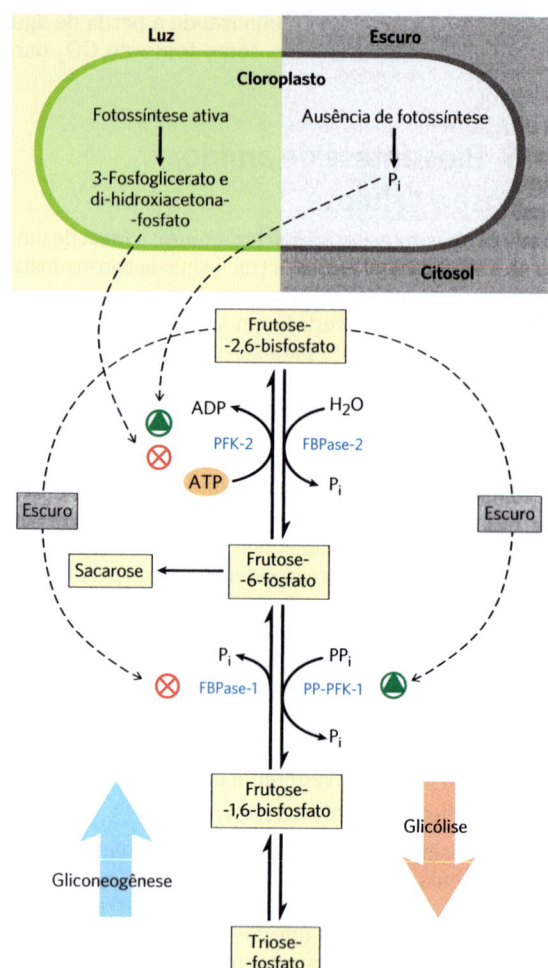

**FIGURA 20-42 Frutose-2,6-bisfosfato como regulador da síntese de sacarose.** A concentração do efetor alostérico frutose-2,6-bisfosfato em células vegetais é regulada pelos produtos da assimilação fotossintética de $CO_2$ e por $P_i$. Di-hidroxiacetona-fosfato e 3-fosfoglicerato, produzidos pela assimilação de $CO_2$, inibem a fosfofrutocinase 2 (PFK-2), a enzima que sintetiza esse efetor; o $P_i$ estimula a PFK-2. A concentração de frutose-2,6-bisfosfato é, assim, inversamente proporcional à velocidade da fotossíntese. No escuro, a concentração de frutose-2,6-bisfosfato aumenta e estimula a enzima glicolítica fosfofrutocinase 1 dependente de $PP_i$ (PP-PFK-1), enquanto inibe a enzima gliconeogênica frutose-1,6-bisfosfatase (FBPase-1). Quando a fotossíntese está ativa (na luz), a concentração desse efetor diminui, e a síntese de frutose-6-fosfato e de sacarose é favorecida.

A síntese de sacarose também é regulada no nível da sacarose-6-fosfato-sintase, que é ativada alostericamente por glicose-6-fosfato e inibida por $P_i$. Essa enzima é, ainda, regulada por fosforilação e desfosforilação; uma proteína-cinase fosforila a enzima em um resíduo específico de Ser, tornando-a menos ativa, e uma fosfatase reverte essa inativação, removendo o fosfato (**Fig. 20-43**). A inibição da cinase por glicose-6-fosfato e da fosfatase por $P_i$ aumenta os efeitos desses dois compostos na síntese da sacarose. Quando hexoses-fosfato são abundantes, a sacarose-6-fosfato-sintase é

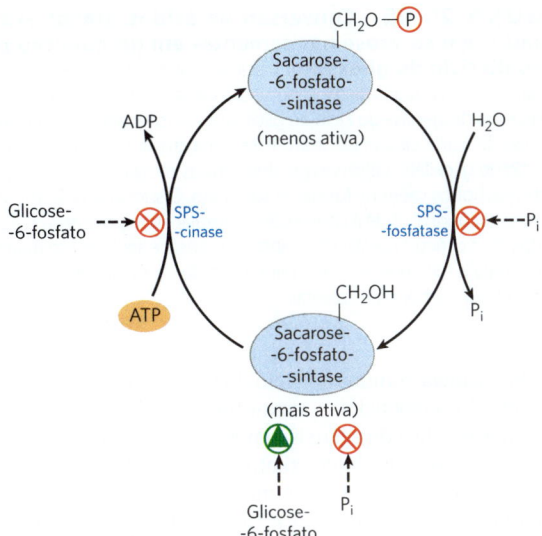

**FIGURA 20-43 Regulação da sacarose-fosfato-sintase por fosforilação.** Uma proteína-cinase (SPS-cinase) específica para a sacarose fosfato-sintase (SPS) fosforila um resíduo de Ser na SPS, inativando-a; uma fosfatase específica (SPS-fosfatase) reverte essa inibição. A cinase é inibida alostericamente por glicose-6-fosfato, que também ativa a SPS alostericamente. A fosfatase é inibida por $P_i$, que também inibe a SPS diretamente. Assim, quando a concentração de glicose-6-fosfato é alta como resultado da fotossíntese ativa, a SPS é ativada e produz sacarose-fosfato. Uma alta concentração de $P_i$, que ocorre quando a conversão fotossintética de ADP em ATP é lenta, inibe a síntese de sacarose-fosfato.

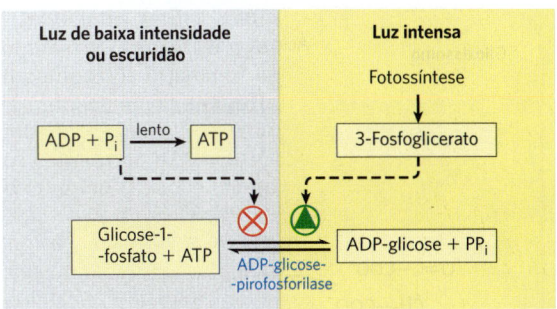

**FIGURA 20-44 Regulação da ADP-glicose-pirofosforilase por 3-fosfoglicerato e $P_i$.** Essa enzima, que produz o precursor para a síntese do amido, é uma etapa limitante da velocidade de produção do amido. A enzima é estimulada alostericamente por 3-fosfoglicerato (3-PGA) e inibida por $P_i$; de fato, a razão [3-PGA]/[$P_i$], que se eleva com o aumento da velocidade da fotossíntese, controla a síntese de amido nessa etapa.

ativada por glicose-6-fosfato; quando $P_i$ está elevado (como ocorre quando a fotossíntese é lenta), a síntese de sacarose é diminuída. Quando a fotossíntese está ativa, trioses-fosfato são convertidas em frutose-6-fosfato, que é rapidamente equilibrada com glicose-6-fosfato pela fosfoexose-isomerase. Como o equilíbrio dessa reação favorece bastante a formação da glicose-6-fosfato, assim que a frutose-6-fosfato se acumula, o nível de glicose-6-fosfato aumenta, e a síntese de sacarose é estimulada.

A enzima-chave da regulação da síntese de amido é a **ADP-glicose-pirofosforilase** (**Fig. 20-44**), que é ativada por 3-fosfoglicerato (que se acumula durante a fotossíntese ativa) e inibida por $P_i$ (que se acumula quando a condensação de ADP e $P_i$ promovida pela luz é reduzida). Quando a síntese de sacarose diminui, o 3-fosfoglicerato formado pela fixação do $CO_2$ é acumulado, ativando essa enzima e estimulando a síntese de amido.

### O ciclo do glioxilato e a gliconeogênese produzem glicose em sementes em germinação

Muitas plantas armazenam lipídeos (óleos) e proteínas em suas sementes, para serem usados como fontes de energia e como precursores biossintéticos durante a germinação, antes do desenvolvimento da capacidade fotossintética. Esses componentes armazenados são convertidos em carboidratos pela ação combinada de diversas vias. Aminoácidos glicogênicos (ver Tabela 14-4) derivados da quebra de proteínas armazenadas em sementes são transaminados e oxidados a succinil-CoA, piruvato, oxalacetato, fumarato e $\alpha$-cetoglutarato (Capítulo 18) – todos eles são boas matérias-primas para a gliconeogênese. A gliconeogênese ativa em sementes em germinação fornece glicose para a síntese de sacarose, polissacarídeos e muitos outros metabólitos derivados de hexoses. Em plântulas, a sacarose fornece a maior parte da energia química necessária para o crescimento inicial.

Os triacilgliceróis armazenados nas sementes também fornecem combustível para plantas em germinação. Eles são hidrolisados a ácidos graxos livres, que sofrem $\beta$-oxidação a acetil-CoA em peroxissomos especializados, chamados de **glioxissomos**, que se desenvolvem durante a germinação das sementes (ver Fig. 17-14). A acetil-CoA formada a partir dos óleos das sementes entra no **ciclo do glioxilato** (**Fig. 20-45**), o que possibilita a conversão líquida de acetato em succinato ou outros intermediários de quatro carbonos do ciclo do ácido cítrico:

$$2\text{ Acetil-CoA} + \text{NAD}^+ + 2\text{H}_2\text{O} \longrightarrow$$
$$\text{succinato} + 2\text{CoA} + \text{NADH} + \text{H}^+$$

No ciclo do glioxilato, a acetil-CoA é condensada com o oxalacetato para formar citrato, e o citrato é convertido em isocitrato, exatamente como no ciclo do ácido cítrico. A próxima etapa, porém, não é a quebra do isocitrato pela isocitrato-desidrogenase, mas sim a clivagem do isocitrato pela **isocitrato-liase**, formando succinato e **glioxilato**. O glioxilato, então, é condensado com uma segunda molécula de acetil-CoA para a geração de malato, em uma reação catalisada pela **malato-sintase**. O malato é posteriormente oxidado a oxalacetato, que pode ser condensado com outra molécula de acetil-CoA para iniciar outra volta do ciclo. O succinato passa para a matriz mitocondrial, onde é convertido pelas enzimas do ciclo do ácido cítrico em oxalacetato. O oxalacetato desloca-se para o citosol e pode ser convertido em fosfoenolpiruvato pela PEP-carboxicinase e, então, em frutose-6-fosfato, o precursor da

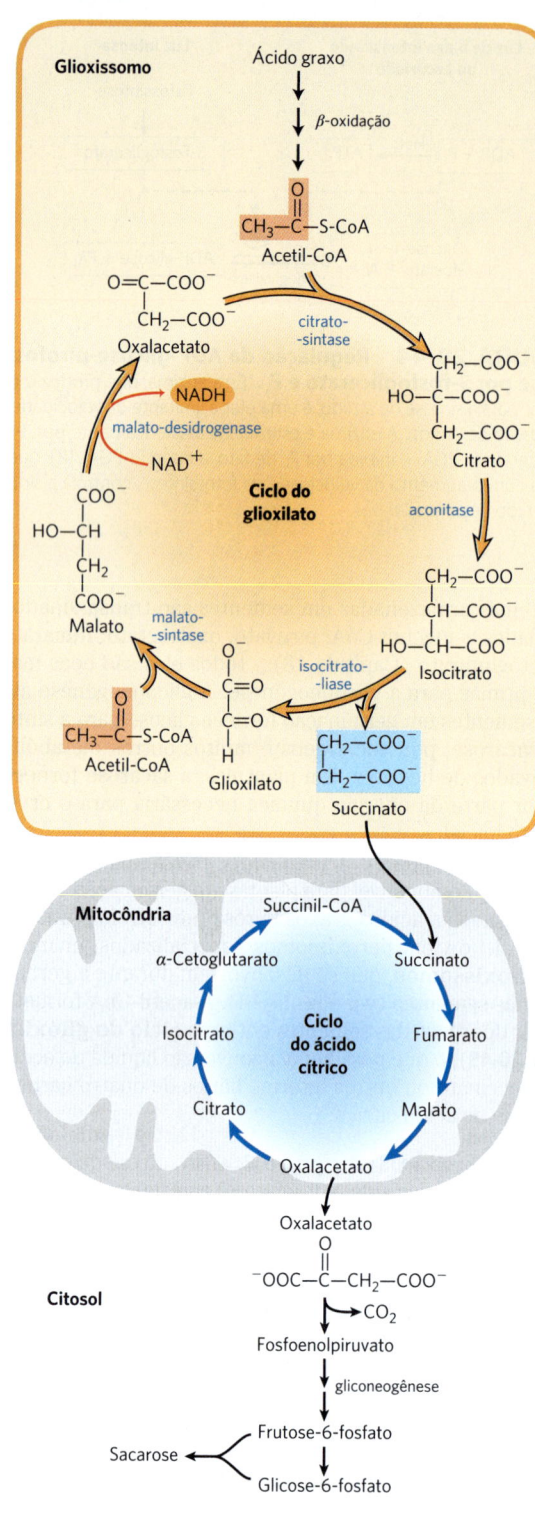

**FIGURA 20-45 Conversão de ácidos graxos armazenados em sacarose nas sementes em germinação por meio do ciclo do glioxilato.** Essa via inicia em peroxissomos especializados, chamados de glioxissomos. A citrato-sintase, a aconitase e a malato-desidrogenase do ciclo do glioxilato são isoenzimas das enzimas do ciclo do ácido cítrico; isocitrato-liase e malato-sintase são exclusivas do ciclo do glioxilato. Observe que dois grupos acetila entram no ciclo e quatro carbonos saem na forma de succinato. O succinato é exportado para a mitocôndria, onde é convertido em oxalacetato por enzimas do ciclo do ácido cítrico. O oxalacetato entra no citosol e serve como matéria-prima para a gliconeogênese e para a síntese de sacarose, a forma de transporte de carbono nas plantas.

As enzimas comuns ao ciclo do ácido cítrico e do glioxilato têm duas isoenzimas, uma específica das mitocôndrias e outra específica dos glioxissomos. A separação física entre as enzimas do ciclo do glioxilato e da β-oxidação e as enzimas do ciclo do ácido cítrico mitocondrial impede a oxidação adicional da acetil-CoA a $CO_2$. Cada volta do ciclo do glioxilato consome duas moléculas de acetil-CoA e produz uma molécula de succinato, que está, então, disponível para os propósitos biossintéticos. A hidrólise dos triacilgliceróis armazenados também produz glicerol-3-fosfato, que pode entrar na via gliconeogênica depois de sua oxidação a di-hidroxiacetona-fosfato (ver Fig. 14-16).

Como observado no Capítulo 14, as células animais podem realizar a gliconeogênese a partir de precursores de 3 e 4 carbonos, mas não a partir dos dois carbonos que formam a acetila da acetil-CoA. Uma vez que a reação da piruvato-desidrogenase é efetivamente irreversível (ver Seção 16.1) e os animais não têm as enzimas específicas para o ciclo do glioxilato (isocitrato-liase e malato-sintase), eles não têm como converter acetil-CoA a piruvato ou oxalacetato. Assim, diferentemente das plantas vasculares, os animais não podem realizar síntese líquida de glicose a partir de ácidos graxos.

### A celulose é sintetizada por estruturas supramoleculares na membrana plasmática

A celulose é um importante componente das paredes celulares vegetais, pois proporciona resistência e rigidez e impede o inchamento celular e a ruptura da membrana plasmática, que podem ocorrer quando as condições osmóticas favorecem a entrada de água na célula. A cada ano, em todo o mundo, as plantas sintetizam mais de $10^{11}$ toneladas métricas de celulose, fazendo desse polímero simples um dos compostos mais abundantes da biosfera. A estrutura da celulose na parede da célula vegetal é simples: polímeros lineares de milhares de resíduos de D-glicose unidos por ligações (β1→4), que se reúnem em feixes de pelo menos 18 cadeias, os quais cocristalizam para formar microfibrilas, que, por sua vez, podem se reunir em macrofibrilas (**Fig. 20-46**).

▶ **P5** Como um componente principal da parede celular vegetal, a celulose precisa ser sintetizada a partir de precursores intracelulares, mas suas cadeias devem ser depositadas e agrupadas *fora* da membrana plasmática. A maquinaria enzimática para a iniciação, o alongamento e a exportação das cadeias de celulose é, assim, mais

sacarose, pela gliconeogênese. Desse modo, sequências de reações que ocorrem em três compartimentos subcelulares (glioxissomos, mitocôndrias e citosol) são integradas para a produção de frutose-6-fosfato ou sacarose a partir de lipídeos armazenados.

## 20.6 BIOSSÍNTESE DE AMIDO, SACAROSE E CELULOSE

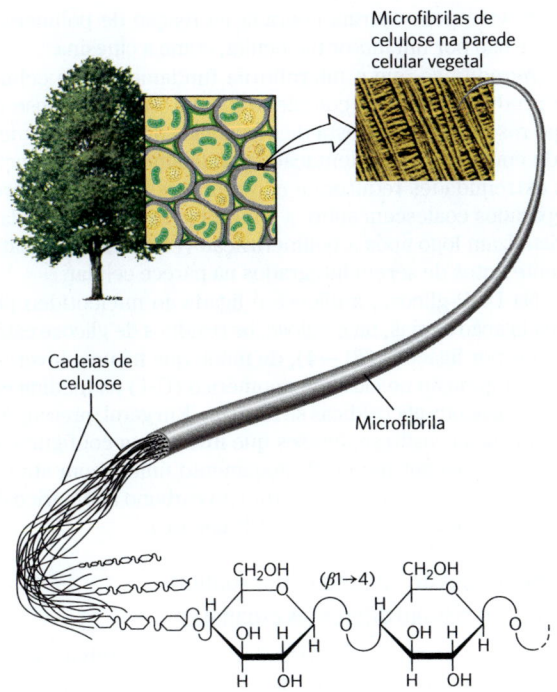

**FIGURA 20-46 Estrutura da celulose.** A parede celular vegetal é formada, em parte, por moléculas de celulose, arranjadas lado a lado para formar estruturas cristalinas – microfibrilas de celulose. Muitas microfibrilas se combinam para formar macrofibrilas maiores de celulose. A microscopia eletrônica mostra macrofibrilas com 5 a 12 nm de diâmetro depositadas na superfície celular em diversas camadas distinguíveis pelas diferentes orientações das fibrilas. [Micrografia eletrônica de Biophoto Associates/Science Source.]

complicada do que aquela necessária para sintetizar amido ou glicogênio (que não são exportados).

A complexa maquinaria enzimática que monta as cadeias de celulose atravessa a membrana plasmática, com uma parte posicionada no lado citoplasmático para ligar o substrato, a UDP-glicose, e alongar as cadeias, e outra parte se estendendo para fora, responsável pela exportação das moléculas de celulose para o espaço extracelular. A microscopia eletrônica de criofratura mostra um complexo sintetizador de celulose, chamado de roseta, composto de seis partículas grandes, dispostas em um hexágono regular com diâmetro de cerca de 30 nm (**Fig. 20-47a**). Diversas proteínas, incluindo a subunidade catalítica da **celulose-sintase**, constituem essa estrutura. A estrutura da celulose-sintase dos vegetais

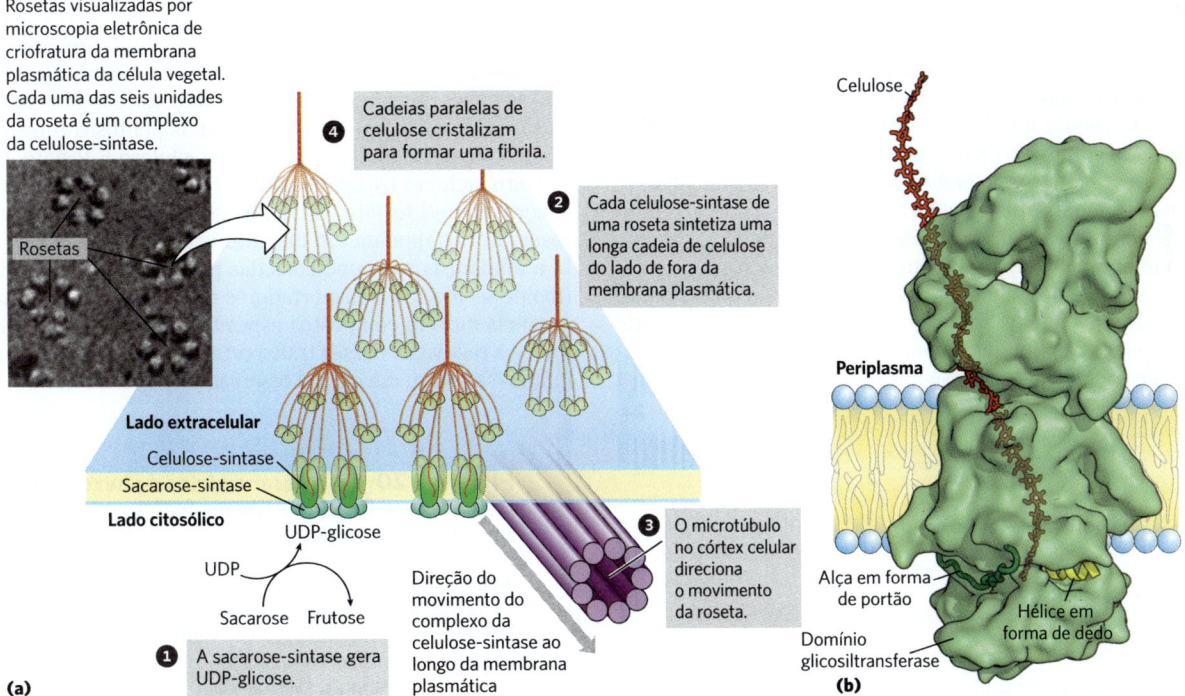

**FIGURA 20-47 Modelo para a síntese de celulose.** (a) Esse esquema é derivado de uma combinação de estudos genéticos, estruturais (por microscopia eletrônica) e bioquímicos de *Arabidopsis thaliana* e de outras plantas vasculares. (b) Estrutura da celulose-sintase da bactéria *Rhodobacter sphaeroides*. A parte transmembrana da proteína forma um canal através do qual o polímero de celulose que está sendo alongado (em vermelho) é empurrado para o periplasma à medida que a cadeia cresce devido à adição de unidades de glicose na superfície interna da membrana plasmática. Duas estruturas da enzima movem-se durante o ciclo catalítico. A alça que forma um portão se move para o sítio de ligação do substrato quando a UDP-glicose se liga e, depois, para fora para permitir que o UDP saia do sítio ativo. A hélice em forma de dedo toca o resíduo de glicose na extremidade crescente do polímero e, após a adição de um novo resíduo, move-se de maneira a tocar esse novo resíduo terminal. O domínio glicosiltransferase estende-se para o citoplasma, onde liga seu substrato, a UDP-glicose. [(a) Micrografia eletrônica © cortesia de Dr. Candace H. Haigler, North Carolina State University e de Dr. Mark Grimson, Texas Tech University. (b) Dados de PDB ID 5EJZ, J. L. W. Morgan et al., *Nature* 531:329, 2016. Uma extensão da cadeia de celulose foi modelada.]

é similar àquela da bactéria *Rhodobacter sphaeroides*, que foi determinada por cristalografia de raios X (Fig. 20-47b).

Em um modelo hipotético para a síntese da celulose, cadeias de celulose têm sua síntese iniciada pela transferência de um resíduo de glicose da UDP-glicose para um resíduo de glicose já ligado à celulose-sintase, que funciona como "iniciador", no lado citoplasmático da membrana plasmática, formando um dissacarídeo. À medida que a adição de outros resíduos de glicose aumenta a cadeia, ela sofre uma extrusão através de um canal formado pelas hélices transmembrana da celulose-sintase e, na superfície externa da membrana plasmática, une-se a cadeias em crescimento produzidas por moléculas vizinhas de celulose-sintase, a fim de formar uma microfibrila de celulose. Os polímeros de mais de 6 a 8 unidades de glicose são insolúveis em água, promovendo a cristalização das microfibrilas. Não há um comprimento predefinido para um polímero de celulose; a síntese segue em frente, e alguns polímeros podem ter até 15 mil unidades de glicose.

A UDP-glicose usada para a síntese de celulose (etapa ❶ na Fig. 20-47) é gerada a partir da sacarose produzida durante a fotossíntese, em uma reação catalisada pela sacarose-sintase (assim denominada devido à reação reversa):

$$\text{Sacarose} + \text{UDP} \longrightarrow \text{UDP-glicose} + \text{frutose}$$

Uma forma de sacarose-sintase ligada à membrana pode produzir uma concentração local alta de UDP-glicose para a síntese de celulose.

Cada uma das seis partículas da roseta provavelmente contém três moléculas de celulose-sintase, cada uma delas sintetizando uma única cadeia de celulose (etapa ❷). O grande complexo enzimático que catalisa esse processo se move ao longo da membrana plasmática em um sentido frequentemente relacionado com o curso dos microtúbulos no córtex celular, a camada citoplasmática logo abaixo da membrana (etapa ❸). Quando esses microtúbulos estão dispostos perpendicularmente ao eixo de crescimento da planta, as microfibrilas de celulose são depositadas de modo similar, a fim de promover o alongamento. Acredita-se que o movimento dos complexos de celulose-sintase seja promovido pela energia liberada na reação de polimerização, e não por um motor molecular, como a cinesina.

Acredita-se que a microfibrila fundamental de celulose produzida por um complexo de síntese de celulose do tipo roseta seja composta de 18 cadeias depositadas lado a lado com a mesma orientação (paralelamente) em relação às extremidades redutora e não redutora. Os 18 polímeros separados coalescem sobre a superfície externa da célula e cristalizam logo após a polimerização (etapa ❹), imediatamente antes de serem integrados na parece celular.

Na UDP-glicose, a glicose é ligada ao nucleotídeo por uma ligação α, mas, na celulose, os resíduos de glicose estão unidos por ligações (β1→4), de modo que há uma inversão da configuração no carbono anomérico (C-1) na medida em que as ligações glicosídicas se formam. Em geral, pressupõe-se que as glicosiltransferases que invertem a configuração usam um mecanismo de deslocamento único, com ataque nucleofílico pela espécie aceptora no carbono anomérico do açúcar doador (nesse caso, a UDP-glicose).

## Reservatórios de intermediários comuns conectam vias em diferentes organelas

Embora a descrição das transformações metabólicas em células vegetais tenha sido feita em termos de vias individuais, essas vias se interconectam de uma forma muito completa. Assim, consideraremos os reservatórios (*pools*) de intermediários metabólicos compartilhados por essas vias e conectados por reações prontamente reversíveis (**Fig. 20-48**). Um desses **reservatórios de metabólitos** inclui as hexoses-fosfato glicose-1-fosfato, glicose-6-fosfato e frutose-6-fosfato; um segundo inclui as pentoses-5-fosfato ribose-5-fosfato, ribulose-5-fosfato e xilulose-5-fosfato; um terceiro inclui as trioses-fosfato di-hidroxiacetona-fosfato e gliceraldeído-3-fosfato. Os fluxos de metabólitos por esses reservatórios mudam em magnitude e sentido em resposta a mudanças nas condições das plantas, variando com o tipo de tecido. Os transportadores nas membranas de cada organela movem compostos específicos para dentro e para fora, e a regulação desses transportadores presumivelmente influencia o grau em que os reservatórios se misturam.

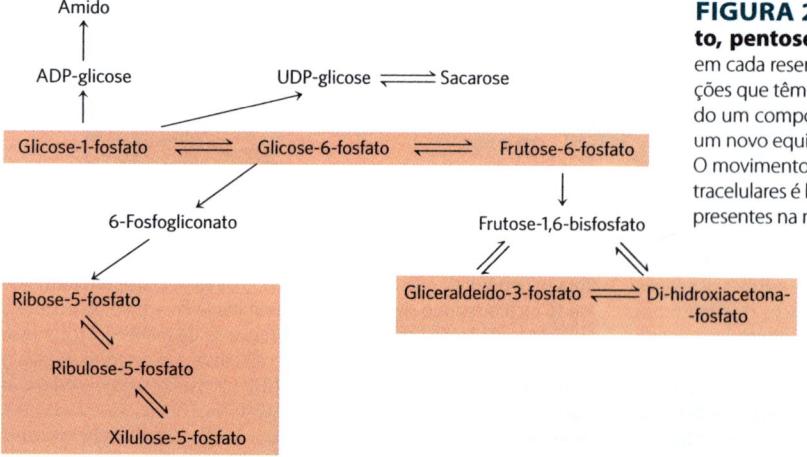

**FIGURA 20-48 Reservatórios de hexoses-fosfato, pentoses-fosfato e trioses-fosfato.** Os compostos em cada reservatório são prontamente interconversíveis por reações que têm variações de energia livre padrão pequenas. Quando um componente do conjunto é temporariamente esgotado, um novo equilíbrio é rapidamente estabelecido, a fim de repô-lo. O movimento dos açúcares-fosfato entre os compartimentos intracelulares é limitado; transportadores específicos precisam estar presentes na membrana da organela.

## 20.6 BIOSSÍNTESE DE AMIDO, SACAROSE E CELULOSE

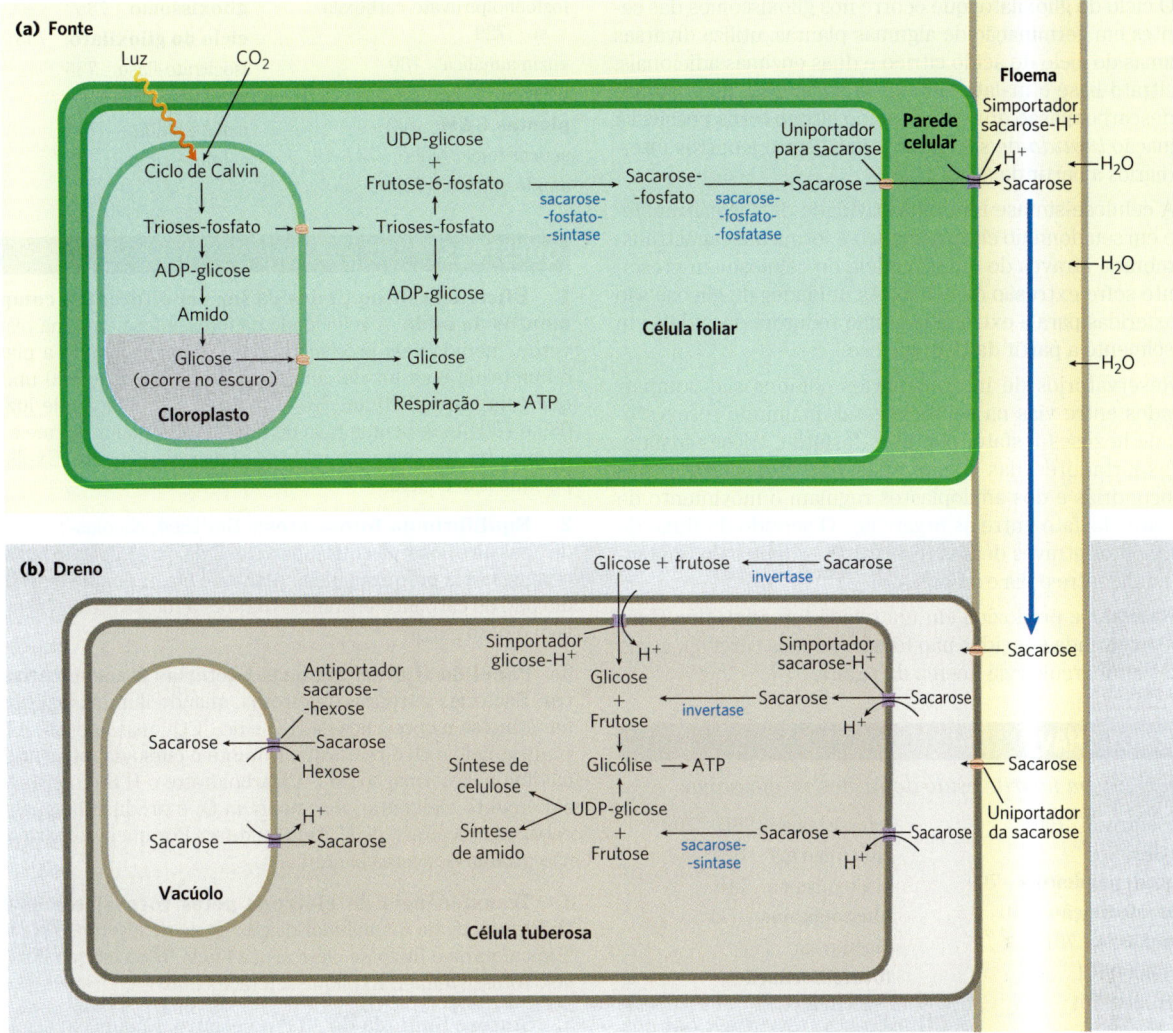

**FIGURA 20-49 Movimento da sacarose entre tecidos "fonte" e "dreno".** (a) Durante as horas de luz, folhas fotossintéticas (tecidos fonte) fixam $CO_2$ em trioses-fosfato nos cloroplastos via ciclo de Calvin. Parte dessas trioses-fosfato é utilizada nos cloroplastos para sintetizar amido; o restante é exportado para o citosol, onde as trioses-fosfato podem ser convertidas em frutose-6-fosfato e glicose-1-fosfato via gliconeogênese. A sacarose, sintetizada a partir de UDP-glicose e frutose, é exportada das células do mesofilo da folha para o floema da planta; o alto conteúdo de sacarose no floema, resultante dessa passagem, causa o movimento de água para o floema por osmose. O aumento resultante na pressão (turgor; p. 52) empurra a solução no floema em direção aos tecidos dreno. (b) A sacarose move-se do floema para os tecidos dreno, onde ela é convertida em amido ou em celulose para a parede celular, ou é usada como combustível para a glicólise, o ciclo do ácido cítrico e a fosforilação oxidativa, fornecendo ATP para esses tecidos não fotossintéticos. O transporte de açúcar através da membrana plasmática e entre compartimentos intracelulares é possibilitado por diversos simportadores e antiportadores acoplados a um gradiente de prótons. [Informações de Dr. Gerald Edwards, School of Biological Sciences, Washington State University.]

Durante o dia, as trioses-fosfato produzidas no tecido foliar fotossintético (tecidos "fonte" ou produtores, nos quais há uma fixação líquida de $CO_2$) saem do cloroplasto para o reservatório citosólico de hexoses-fosfato, onde são convertidas em sacarose para transporte, via floema da planta, a tecidos não fotossintéticos (tecidos "dreno") (**Fig. 20-49**). Em tecidos dreno, como raízes, tubérculos e bulbos, a sacarose é convertida em amido para armazenamento ou usada como fonte de energia via glicólise. Em plantas em crescimento, as hexoses-fosfato também são retiradas do reservatório para a síntese de paredes celulares. À noite, o amido é metabolizado pela glicólise e pela fosforilação oxidativa para fornecer energia para ambos os tecidos, fonte e dreno.

### RESUMO 20.6 Biossíntese de amido, sacarose e celulose

■ A amido-sintase nos cloroplastos e amiloplastos catalisa a adição de resíduos individuais de glicose, doados por ADP-glicose, à cadeia do polímero em crescimento.

■ A sacarose é sintetizada no citosol em duas etapas, a partir de UDP-glicose e frutose-1-fosfato.

■ A divisão de trioses-fosfato entre a síntese da sacarose e a síntese de amido é regulada pela frutose-2,6-bisfosfato (F26BP). A [F26BP] varia inversamente à velocidade da fotossíntese, e a F26BP inibe a síntese de frutose-6-fosfato, o precursor da sacarose.

- O ciclo do glioxilato, que ocorre nos glioxissomos das sementes em germinação de algumas plantas, utiliza diversas enzimas do ciclo do ácido cítrico e duas enzimas adicionais: isocitrato-liase e malato-sintase. O desvio das duas etapas de descarboxilação do ciclo do ácido cítrico torna possível a formação *líquida* de succinato, oxalacetato e outros intermediários a partir de acetil-CoA.

- A celulose-sintase tem uma atividade de glicosiltransferase em seu domínio citoplasmático e forma um canal transmembrana através do qual a cadeia de celulose em crescimento sofre extrusão da célula. As unidades de glicose são transferidas para a extremidade não redutora da cadeia em crescimento a partir da UDP-glicose.

- Reservatórios de intermediários comuns são compartilhados entre vias na célula vegetal, incluindo reservatórios de hexoses-fosfato, pentoses-fosfato e trioses-fosfato. Transportadores nas membranas dos cloroplastos, das mitocôndrias e dos amiloplastos regulam o movimento de açúcares-fosfato entre as organelas. O sentido do fluxo de metabólitos através desses reservatórios dentro de uma folha muda entre o dia e a noite.

- A sacarose produzida em um tecido fotossintético (fonte) é exportada a tecidos não fotossintéticos (dreno), como raízes e tubérculos via floema da planta.

## TERMOS-CHAVE

*Os termos em negrito estão definidos no glossário.*

fotossíntese 700
reações fotodependentes 700
fotofosforilação 701
cloroplasto 701
estroma 701
tilacoide 701
fóton 703
estado excitado 703
estado basal 703
éxciton 704
transferência de éxcitons 704
clorofilas 704
pigmentos acessórios 705
carotenoides 705
β-caroteno 705
espectro de ação 705
fotossistema 705
centro de reação fotoquímica 705
complexos de captação de luz (LHC) 705
transferência cíclica de elétrons 708
transferência linear de elétrons 708
ferredoxina 708
esquema Z 709
fotossistema II (PSII) 709
fotossistema I (PSI) 709
citocromo $b_6f$ 709
plastoquinona 710
plastocianina 711
filoquinona 711
fotofosforilação cíclica 713
transições de estado 713
centro de liberação de oxigênio 715
assimilação de $CO_2$ 719
fixação de $CO_2$ 719
ciclo de Calvin 719
via redutora das pentoses-fosfato 719
ribulose-1,5-bisfosfato 719
3-fosfoglicerato 719
plantas $C_3$ 720
ribulose-1,5-bisfosfato-carboxilase/oxigenase (rubisco) 720
rubisco-ativase 721
tiorredoxina 725
ferredoxina:tiorredoxina-redutase 725
fotorrespiração 727
2-fosfoglicolato 727
via do glicolato 727
plantas $C_4$ 729
via $C_4$ 729
fosfoenolpiruvato-carboxilase 729
enzima málica 730
piruvato-fosfato-dicinase 731
plantas CAM 732
açúcar-nucleotídeo 733
amido-sintase 733
glioxissomo 735
ciclo do glioxilato 735
isocitrato-liase 735
glioxilato 735
malato-sintase 735
celulose-sintase 737

## QUESTÕES

1. **Eficiência fotoquímica da luz em diferentes comprimentos de onda** A velocidade da fotossíntese em uma planta verde, medida pela produção de $O_2$, é maior quando a planta é iluminada com luz de comprimento de onda de 680 nm do que com luz de 700 nm. No entanto, a combinação de luz de 680 e 700 nm gera uma taxa de fotossíntese maior do que a luz de cada um dos comprimentos de onda isoladamente. Explique por que isso ocorre.

2. **Equilíbrio da fotossíntese** Em 1804, Nicolas-Théodore de Saussure observou que o peso total de oxigênio e de matéria orgânica seca produzido pelas plantas é maior do que o peso de dióxido de carbono consumido durante a fotossíntese. De onde vem o peso extra?

3. **Papel do $H_2S$ em algumas bactérias fotossintetizantes** Bactérias púrpuras sulfurosas, quando iluminadas, fazem fotossíntese na presença de $H_2O$ e de $^{14}CO_2$, mas apenas se $H_2S$ é adicionado e $O_2$ é removido. Durante o curso da fotossíntese, medida pela formação de [$^{14}C$]carboidrato, o $H_2S$ é convertido em enxofre elementar, mas nenhum $O_2$ é produzido. Qual é o papel da conversão de $H_2S$ em enxofre? Por que a fotossíntese não produz $O_2$ nessas bactérias?

4. **Transferência de elétrons pelos fotossistemas I e II** Preveja como um inibidor da passagem de elétrons pela feofitina afetaria o fluxo de elétrons (a) pelo fotossistema II e (b) pelo fotossistema I. Explique seu raciocínio.

5. **Síntese limitada de ATP no escuro** Em um experimento realizado em laboratório, um pesquisador iluminou cloroplastos de espinafre na ausência de ADP e $P_i$. O pesquisador, então, apagou a luz e adicionou ADP e $P_i$. O ATP é sintetizado por um curto período de tempo no escuro. Explique esse achado.

6. **Modo de ação do herbicida DCMU** Quando cloroplastos são tratados com 3-(3,4-diclorofenil)-1,1-dimetilureia (DCMU), um herbicida potente, a liberação de $O_2$ e a fotofosforilação cessam. A adição do reagente de Hill (um aceptor externo de elétrons) restaura a produção de oxigênio, mas não a fotofosforilação. De que forma o DCMU funciona como um herbicida? Sugira uma localização para a ação inibitória desse herbicida no esquema mostrado na Figura 20-12. Explique seu raciocínio.

7. **Efeito da venturicidina na liberação de oxigênio** A venturicidina é um inibidor poderoso da ATP-sintase do cloroplasto, interagindo com a porção $CF_o$ da enzima e bloqueando a passagem de prótons pelo complexo $CF_oCF_1$. Como a venturicidina afetaria a liberação de oxigênio em uma suspensão de cloroplastos bem iluminados? A sua resposta mudaria se o experimento fosse feito na presença de um reagente desacoplador, como o 2,4-dinitrofenol (DNP)? Explique.

8. **Energia luminosa para uma reação redox** Suponha que você isolou um novo microrganismo fotossintetizante que oxida $H_2S$ e passa elétrons para o $NAD^+$. Qual comprimento de

onda de luz forneceria energia suficiente para o $H_2S$ reduzir o $NAD^+$ sob condições-padrão? Considere 100% de eficiência no evento fotoquímico e use $E'^o$ de $-243$ mV para o $H_2S$ e $-320$ mV para o $NAD^+$. Ver Figura 20-4 para os equivalentes de energia da luz de diferentes comprimentos de onda.

9. **Constante de equilíbrio para reações de quebra da água** A coenzima $NADP^+$ é o aceptor terminal de elétrons nos cloroplastos, de acordo com a reação

$$2H_2O + 2NADP^+ \longrightarrow 2NADPH + 2H^+ + O_2$$

Use as informações do Capítulo 19 (Tabela 19-2) para calcular a constante de equilíbrio para essa reação a 25 °C. (A relação entre $K'_{eq}$ e $\Delta G'^o$ é discutida na p. 468.) De que forma o cloroplasto pode superar esse equilíbrio desfavorável?

10. **Energética da fototransdução** Durante a fotossíntese, moléculas de pigmentos nos cloroplastos devem absorver oito fótons (quatro em cada fotossistema) para cada molécula de $O_2$ produzida, de acordo com a equação

$$2H_2O + 2NADP^+ + 8 \text{ fótons} \longrightarrow 2NADPH + 2H^+ + O_2$$

O $\Delta G'^o$ para a produção de $O_2$ dependente de luz é de 400 kJ/mol. Considerando que esses fótons tenham um comprimento de onda de 700 nm (vermelho) e que a absorção de luz e o uso da energia luminosa são 100% eficientes, calcule a variação de energia livre para o processo.

11. **Transferência de elétrons para um reagente de Hill** Cloroplastos isolados de espinafre liberam $O_2$ quando iluminados na presença de ferricianeto de potássio (um reagente de Hill), de acordo com a equação

$$2H_2O + 4Fe^{3+} \longrightarrow O_2 + 4H^+ + 4Fe^{2+}$$

em que $Fe^{3+}$ representa ferricianeto, e $Fe^{2+}$, ferrocianeto. Esse processo produz NADHP? Explique.

12. **Com que frequência uma molécula de clorofila absorve um fóton?** A quantidade de clorofila $a$ ($M_r$ 892) em folhas de espinafre é de cerca de 20 $\mu g/cm^2$ de superfície foliar. Sob luz solar de meio-dia (quando a energia média atingindo a folha é de 5,4 $J/cm^2 \cdot min$), a folha absorve cerca de 50% da radiação. Com que frequência uma única molécula de clorofila absorve um fóton? Considerando que o tempo de vida médio de uma molécula excitada de clorofila *in vivo* é de 1 ns, que fração das moléculas de clorofila está excitada a um dado momento?

13. **Efeito da luz monocromática sobre o fluxo de elétrons** Usando um espectrofotômetro, pesquisadores podem às vezes observar diretamente a extensão da oxidação ou redução de um transportador de elétrons durante a transferência de elétrons na fotossíntese. Quando os cloroplastos são iluminados com luz de 700 nm, citocromo $f$, plastocianina e plastoquinona estão oxidados. Todavia, quando os cloroplastos são iluminados com luz de 680 nm, esses transportadores de elétrons são reduzidos. Explique.

14. **Função da fotofosforilação cíclica** Quando a razão [NADPH]/[$NADP^+$] nos cloroplastos é alta, a fotofosforilação é predominantemente cíclica (ver Fig. 20-12). Essa transferência cíclica de elétrons causa a liberação de $O_2$? Essa transferência cíclica de elétrons produz NADPH? Explique. Qual é a principal função da transferência cíclica de elétrons?

15. **Fases da fotossíntese** Um pesquisador ilumina uma suspensão de algas verdes na ausência de $CO_2$. Ele, então, incuba as algas com $^{14}CO_2$ no escuro e observa, por um breve período, a conversão de $^{14}CO_2$ em [$^{14}C$]glicose. Qual é a importância dessa observação com relação ao processo de assimilação de $CO_2$ e como ele está relacionado com as reações fotodependentes da fotossíntese? Por que a conversão de $^{14}CO_2$ em [$^{14}C$]glicose cessa depois de um curto período?

16. **Identificação de intermediários-chave na assimilação de $CO_2$** Calvin e colaboradores usaram a alga verde unicelular *Chlorella* para estudar as reações de assimilação de $CO_2$ da fotossíntese. Eles incubaram $^{14}CO_2$ com suspensões iluminadas de algas e acompanharam o curso temporal de aparecimento de $^{14}C$ em dois compostos, X e Y, sob dois conjuntos de condições. Sugira as identidades de X e Y com base em sua compreensão do ciclo de Calvin.

(a) Eles cultivaram *Chlorella* com $CO_2$ não marcado, apagaram a luz e adicionaram $^{14}CO_2$ (linha tracejada vertical no gráfico a seguir). Nessas condições, X foi o primeiro composto a ficar marcado com $^{14}C$; Y não estava marcado.

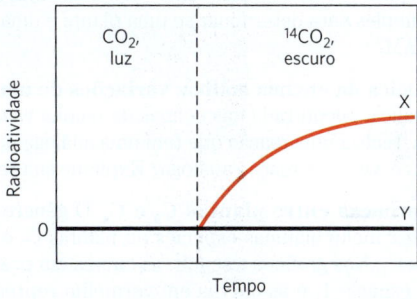

(b) Eles cultivaram células de *Chlorella* sob iluminação com $^{14}CO_2$. A iluminação foi mantida até que todo o $^{14}CO_2$ fosse captado (linha tracejada vertical no gráfico a seguir). Nessas condições, X tornou-se rapidamente marcado, mas perdeu sua radioatividade com o tempo, ao passo que Y se tornou mais radioativo com o tempo.

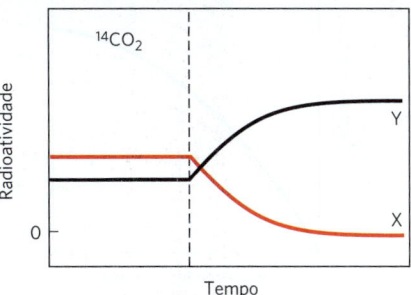

17. **Regulação do ciclo de Calvin** O iodoacetato reage irreversivelmente com os grupos —SH livres dos resíduos de Cys nas proteínas. Preveja qual(is) enzima(s) do ciclo de Calvin seria(m) inibida(s) por iodoacetato. Explique.

18. **Comparação entre as vias redutora e oxidativa das pentoses-fosfato** A via *redutora* das pentoses-fosfato gera uma série de intermediários idênticos aos da via *oxidativa* das

pentoses-fosfato (Capítulo 14). Que papel cada via desempenha nas células em que são ativas?

**19. Fotorrespiração e respiração mitocondrial** Compare o ciclo do carbono na via fotossintética oxidativa, também chamada *fotorrespiração*, com a *respiração mitocondrial* que propicia a síntese de ATP. Por que ambos os processos são denominados respiração? Em que parte da célula eles ocorrem e sob que circunstâncias? Qual é a via de fluxo de elétrons em cada processo?

**20. Via de assimilação de $CO_2$ no milho** Pesquisadores iluminaram uma planta de milho na presença de $^{14}CO_2$. Após cerca de 1 segundo de iluminação, eles encontraram mais de 90% de toda a radioatividade incorporada nas folhas no C-4 do malato, do aspartato e do oxalacetato. Apenas após 60 segundos é que o $^{14}C$ aparece no C-1 do 3-fosfoglicerato. Explique.

**21. Identificando plantas CAM** Com um pouco de $^{14}CO_2$ e todas as ferramentas normalmente presentes em um laboratório de pesquisa em bioquímica, como você delinearia um experimento simples para determinar se uma planta é uma $C_4$ típica ou uma CAM?

**22. Química da enzima málica: variações de um tema** A enzima málica, encontrada nas células da bainha vascular das plantas $C_4$, realiza uma reação que tem uma análoga no ciclo do ácido cítrico. Qual é a reação análoga? Explique sua resposta.

**23. Diferenças entre plantas $C_3$ e $C_4$** O gênero de plantas *Atriplex* inclui algumas espécies de plantas $C_3$ e algumas de plantas $C_4$. Nos gráficos a seguir, as curvas em preto representam a espécie 1, e as curvas em vermelho representam a espécie 2. A partir dos dados nesses gráficos, identifique qual espécie é uma planta $C_3$ e qual é uma planta $C_4$. Justifique sua resposta em termos moleculares que levem em consideração os dados em todos os três gráficos.

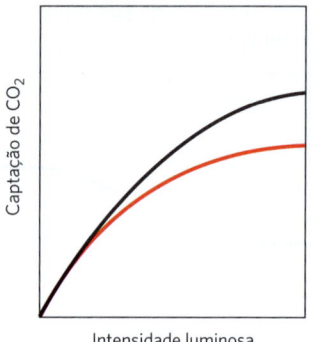

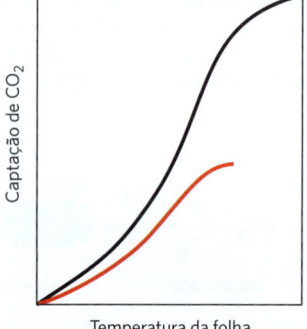

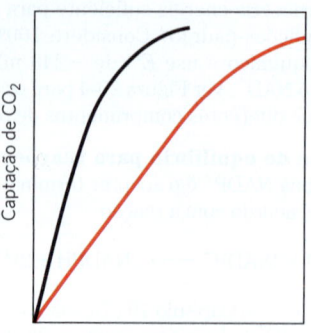

**24. Pirofosfatase** A enzima pirofosfatase contribui para tornar muitas reações biossintéticas que geram pirofosfato inorgânico essencialmente irreversíveis em células. Mantendo a concentração de $PP_i$ muito baixa, a enzima "puxa" as reações na direção da formação de $PP_i$. A síntese de ADP-glicose em cloroplastos é uma dessas reações. No entanto, a síntese de UDP-glicose no citosol vegetal, que também produz $PP_i$, é prontamente reversível *in vivo*. Como você concilia esses dois fatos?

**25. Regulação da síntese de amido e da síntese de sacarose** A síntese de sacarose ocorre no citosol, e a síntese de amido, no estroma do cloroplasto; ainda assim, os dois processos estão intrincadamente equilibrados. Que fatores deslocam as reações a favor **(a)** da síntese de amido e **(b)** da síntese de sacarose?

**26. Regulação da síntese de sacarose** Na regulação da síntese de sacarose a partir das trioses-fosfato produzidas durante a fotossíntese, 3-fosfoglicerato e $P_i$ desempenham papéis fundamentais (ver Fig. 20-42). Explique por que a concentração desses dois reguladores reflete a velocidade da fotossíntese.

**27. Sacarose e cáries dentais** A infecção humana mais prevalente no mundo é a cárie dental, que decorre da colonização e da destruição do esmalte do dente por uma variedade de microrganismos acidificadores. Esses organismos sintetizam e vivem dentro de uma rede de dextranas insolúveis em água, chamada de placa dentária, composta por polímeros de glicose com ligações ($\alpha1\rightarrow6$) com muitos pontos de ramificação ($\alpha1\rightarrow3$). A polimerização da dextrana requer sacarose da dieta, e a enzima bacteriana dextrana-sacarose-glicosiltransferase catalisa a reação.

**(a)** Escreva a reação global para a polimerização da dextrana.
**(b)** Além de fornecer um substrato para a formação da placa dentária, de que forma a sacarose da dieta provê as bactérias orais com abundante fonte de energia metabólica?

**28. Divisão entre o ciclo do ácido cítrico e o ciclo do glioxilato** Em um organismo (como a *Escherichia coli*) que tem o ciclo do ácido cítrico e o ciclo do glioxilato, o que determina em qual dessas vias o isocitrato entrará?

### QUESTÃO DE ANÁLISE DE DADOS

**29. Fotofosforilação: descoberta, rejeição e redescoberta** Nas décadas de 1930 e 1940, pesquisadores estavam começando a progredir na direção da compreensão do mecanismo da fotossíntese. Naquela época, o papel das "ligações fosfato ricas em energia" (hoje, o "ATP") na glicólise e na respiração celular estava apenas começando a ser conhecido. Havia muitas teorias sobre o mecanismo da fotossíntese, principalmente sobre o papel da luz. Este problema se concentra no que era então chamado de "processo fotoquímico primário" – ou seja, qual modificação química exatamente a energia da luz capturada produz na célula fotossintética. É interessante que uma parte importante do modelo moderno da fotossíntese foi proposta inicialmente e foi rejeitada e ignorada por vários anos até ser finalmente reconsiderada e aceita.

Em 1944, Emerson, Stauffer e Umbreit propuseram que "a função da energia luminosa na fotossíntese é a formação de ligações fosfato ricas em energia" (p. 107). No modelo deles (de agora em diante, "modelo de Emerson"), a energia livre necessária para impulsionar a fixação *e* a redução do $CO_2$ vinha dessas "ligações fosfato ricas em energia" (i.e., ATP), produzidas como resultado da absorção de luz por uma proteína contendo clorofila.

Esse modelo foi rejeitado explicitamente por Rabinowitch (1945). Depois de resumir os achados de Emerson e colaboradores, Rabinowitch afirmou: "Até que evidências mais positivas sejam fornecidas, estamos inclinados a considerar como mais convincente um argumento geral contra essa hipótese, que pode ser derivada de considerações energéticas. A fotossíntese é eminentemente um problema de *acúmulo* de energia. Qual é a vantagem, então, de converter *quanta* de luz (mesmo aqueles da luz vermelha, que chegam a cerca de 43 kcal por einstein) em '*quanta* de fosfato' de apenas 10 kcal por mol? Isso parece ser um início na direção errada – em direção à *dissipação*, em vez de em direção ao acúmulo de energia" (p. 228). Esse argumento, bem como outras evidências, levou ao abandono do modelo de Emerson até a década de 1950, quando se percebeu que ele estava correto – embora em uma forma modificada.

Para cada informação do artigo de Emerson e colaboradores apresentada de (a) a (d), responda às três questões que seguem:

1. Como essa informação sustenta o modelo de Emerson, em que a energia da luz é usada diretamente pela clorofila *para produzir ATP*, que, por sua vez, fornece a energia para promover a fixação e a redução do $CO_2$?
2. Como Rabinowitch explicaria essas informações, com base em seu modelo (e na maioria dos outros modelos da época), no qual a energia da luz é usada diretamente pela clorofila para *produzir compostos redutores*? Rabinowitch escreveu: "Teoricamente, não há razão pela qual *toda* a energia eletrônica contida em moléculas excitadas pela absorção de luz não deveria estar disponível para oxidação-redução" (p. 152). Nesse modelo, os compostos reduzidos são utilizados para fixar e reduzir $CO_2$, e a energia para essas reações vem das grandes quantidades de energia livre liberadas pelas reações de redução.
3. De que forma essas informações são explicadas pelo entendimento moderno da fotossíntese?

**(a)** A clorofila contém um íon $Mg^{2+}$, conhecido por ser um cofator essencial para muitas enzimas que catalisam reações de fosforilação e desfosforilação.
**(b)** Uma "proteína clorofila" bruta isolada de células fotossintéticas mostrou atividade fosforilante.
**(c)** A atividade fosforilante da "proteína clorofila" foi inibida pela luz.
**(d)** Os níveis de diferentes compostos fosforilados em células fotossintéticas mudaram drasticamente em resposta à exposição à luz. (Emerson e colaboradores não foram capazes de identificar os compostos específicos envolvidos.)

No final das contas, os modelos de Emerson e Rabinowitch estavam ambos parcialmente corretos e parcialmente incorretos.

**(e)** Explique como os dois modelos se relacionam com o modelo atual da fotossíntese.

Em sua rejeição do modelo de Emerson, Rabinowitch foi além e disse: "A dificuldade da teoria do armazenamento de fosfato aparece mais claramente quando se considera o fato de que, sob luz fraca, oito ou dez *quanta* de luz são suficientes para reduzir uma molécula de dióxido de carbono. Se cada *quantum* produzisse uma molécula de fosfato de alta energia, a energia acumulada seria de apenas 80 a 100 kcal por einstein – enquanto a fotossíntese requer *pelo menos* 112 kcal por mol e provavelmente mais, devido às perdas em reações parciais irreversíveis" (p. 228).

**(f)** De que forma o valor de Rabinowitch de 8 a 10 fótons por molécula de $CO_2$ reduzida se compara com o valor hoje aceito?
**(g)** Como você rebateria o argumento de Rabinowitch, com base no conhecimento atual da fotossíntese?

### Referências

**Emerson, R.L., J.F. Stauffer, e W.W. Umbreit. 1944.** Relationships between phosphorylation and photosynthesis in *Chlorella. Am. J. Botany* 31:107–120.
**Rabinowitch, E.I. 1945.** *Photosynthesis and Related Processes*, Vol. I. New York: Interscience Publishers.

# Capítulo 21

# BIOSSÍNTESE DE LIPÍDEOS

**21.1** Biossíntese de ácidos graxos e eicosanoides   744

**21.2** Biossíntese de triacilgliceróis   760

**21.3** Biossíntese de fosfolipídeos de membrana   764

**21.4** Colesterol, esteroides e isoprenoides: biossíntese, regulação e transporte   771

Os lipídeos desempenham uma variedade de funções celulares, algumas delas apenas recentemente reconhecidas. Este capítulo descreve as vias biossintéticas para alguns dos lipídeos celulares mais comuns, ilustrando as estratégias utilizadas para sintetizar esses produtos insolúveis em água a partir de precursores hidrossolúveis, como o acetato. Primeiramente, será descrita a biossíntese dos ácidos graxos, os principais componentes dos triacilgliceróis e dos fosfolipídeos; a seguir, será examinada a montagem dos ácidos graxos em triacilgliceróis e nos tipos mais simples de fosfolipídeos de membrana. Por fim, será abordada a síntese do colesterol, componente de algumas membranas e precursor de esteroides, como os ácidos biliares, os hormônios sexuais e os hormônios adrenocorticais.

Nosso estudo da biossíntese de lipídeos está organizado em torno dos seguintes princípios:

> **P1** **Os lipídeos são a principal forma de energia armazenada na maioria dos organismos superiores, assim como os principais constituintes de membranas.**

> **P2** **O anabolismo não é simplesmente a via reversa do catabolismo.** Vias biossintéticas geralmente divergem das vias de degradação para superar as etapas irreversíveis do catabolismo.

> **P3** **Assim como outras vias anabólicas, as sequências de reações na biossíntese de lipídeos são endergônicas e redutoras.** Elas utilizam ATP como fonte de energia metabólica e um transportador de elétrons reduzido (geralmente o NADPH) como agente redutor.

> **P4** **A biossíntese de lipídeos, como outras vias anabólicas, está sujeita à regulação, de modo a responder às necessidades celulares e do organismo.** Os pontos em que as vias catabólicas e anabólicas divergem (Princípio 2) fornecem oportunidades de impor regulação metabólica para conservar recursos e evitar ciclos fúteis.

> **P5** **Como outras importantes classes de moléculas biológicas, os lipídeos apresentam uma abundância de funções celulares.** Lipídeos especializados atuam como pigmentos (retinal, caroteno), cofatores (vitamina K), detergentes (sais biliares), transportadores (dolicóis), hormônios (derivados da vitamina D, hormônios sexuais), mensageiros extracelulares e intracelulares (eicosanoides, derivados do fosfatidilinositol) e âncoras para proteínas de membrana (ácidos graxos ligados covalentemente, grupos prenila, fosfatidilinositol). A capacidade de sintetizar uma variedade de lipídeos é essencial para todos os organismos.

Este capítulo se concentra nos eucariotos, com desvios ocasionais para apontar distinções importantes em bactérias e plantas.

## 21.1 Biossíntese de ácidos graxos e eicosanoides

**P2** Mesmo em comparação com outras importantes classes de metabólitos, a divisão entre a biossíntese e a degradação dos ácidos graxos é particularmente notável. Os dois processos ocorrem em vias distintas, catalisadas por diferentes conjuntos de enzimas e, nos eucariotos, em compartimentos celulares distintos. A degradação dos ácidos graxos ocorre na mitocôndria, enquanto a biossíntese ocorre no citosol. Além disso, a biossíntese requer a participação de um intermediário de três carbonos, a **malonil-CoA**, que não aparece na via de degradação dos ácidos graxos.

$$^-O-\overset{O}{\underset{\|}{C}}-CH_2-\overset{O}{\underset{\|}{C}}-S\text{-}CoA$$

Malonil-CoA

A via geral para a síntese de ácidos graxos e sua regulação serão descritas agora. Consideraremos a biossíntese de ácidos graxos de cadeia mais longa, de ácidos graxos insaturados e seus derivados eicosanoides no final desta seção.

### A malonil-CoA é formada a partir de acetil-CoA e bicarbonato

A formação de malonil-CoA a partir de acetil-CoA é um processo irreversível de três etapas, catalisado pela **acetil-CoA-carboxilase**. Em células animais, todas as três etapas ocorrem no citosol, catalisadas por um único polipeptídeo multifuncional (**Fig. 21-1**). A enzima contém um grupo prostético, a biotina, covalentemente ligado por uma ligação amida ao grupo ε-amino de um resíduo de Lys presente em um dos domínios da molécula da enzima. A reação catalisada por essa enzima é muito semelhante a outras reações de carboxilação dependentes de biotina, como aquelas catalisadas pela piruvato-carboxilase (ver Fig. 16-16) e pela propionil-CoA-carboxilase (ver Fig. 17-12). Primeiro, um grupo carboxila derivado do bicarbonato ($HCO_3^-$) é transferido para a biotina em uma reação dependente de ATP. Em uma segunda etapa, o grupo carboxila é transportado pela biotina para um sítio ativo distinto, onde o $CO_2$ é transferido para a acetil-CoA na terceira e última etapa, produzindo malonil-CoA. Como será visto, essa carboxilação tem a mesma função que a carboxilação do piruvato pela piruvato-carboxilase – ela torna a próxima etapa na sequência reacional muito mais favorável termodinamicamente.

A versão bacteriana da acetil-CoA-carboxilase é similar, mas tem três subunidades polipeptídicas separadas (incluindo uma proteína transportadora de biotina separada) que catalisam as três etapas. As células vegetais têm os dois tipos de acetil-CoA-carboxilase.

## A síntese dos ácidos graxos ocorre em uma sequência de reações que se repetem

As longas cadeias de carbono dos ácidos graxos são construídas no citosol por uma sequência de reações de quatro etapas que se repetem (**Fig. 21-2**), catalisadas por um sistema coletivamente conhecido como **ácido graxo-sintase**. Um grupamento acila saturado, produzido em cada série de reações em quatro etapas, torna-se o substrato da condensação subsequente com um grupo malonila ativado. Em cada uma das passagens pelo ciclo, a cadeia do grupo acila graxa aumenta em dois carbonos.

Nessa via de quatro etapas, uma reação de condensação é seguida por uma sequência de redução-desidratação-redução, que converte a carbonila em C-3 em um grupo metileno. As três últimas etapas são o reverso químico da sequência de oxidação-hidratação-oxidação que ocorre na β-oxidação de ácidos graxos (Fig. 17-8a). **P2** Contudo, na sequência anabólica redutora, tanto o cofator transportador de elétrons quanto os grupos ativadores diferem daqueles do processo catabólico oxidativo. Lembre-se de que, na β-oxidação, $NAD^+$ e FAD servem como aceptores de elétrons, e o grupo ativador é o grupo tiol (—SH) da coenzima A. Por outro lado, o agente redutor na sequência de síntese é o NADPH, e os grupos ativadores são dois diferentes grupos —SH ligados à enzima, como descrito a seguir.

Em mamíferos, essa enzima de síntese é chamada de ácido graxo-sintase I (AGS I). Ela apresenta sete sítios ativos, que catalisam o ciclo de quatro etapas mais as etapas

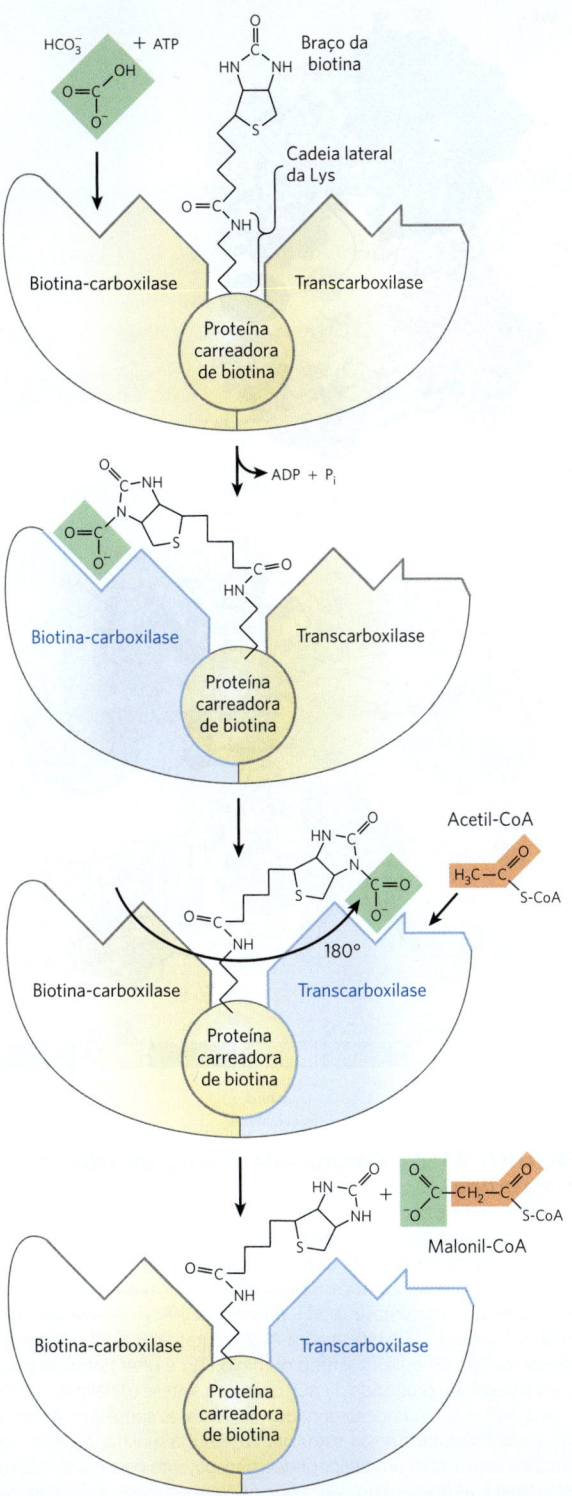

**FIGURA 21-1 Reação da acetil-CoA-carboxilase.** Em mamíferos, a acetil-CoA-carboxilase citosólica contém três domínios funcionais com funções distintas: a proteína transportadora de biotina; a biotina-carboxilase, que ativa o $CO_2$, ligando-o a um átomo de nitrogênio no anel da biotina em uma reação dependente de ATP; e a transcarboxilase, que transfere o $CO_2$ ativado (sombreado em verde) da biotina para a acetil-CoA, produzindo malonil-CoA. Parte da proteína transportadora de biotina e o braço longo e flexível contendo biotina giram, transportando o $CO_2$ ativado do sítio ativo da biotina-carboxilase para o sítio ativo da transcarboxilase. O domínio ativo em cada etapa está sombreado em azul.

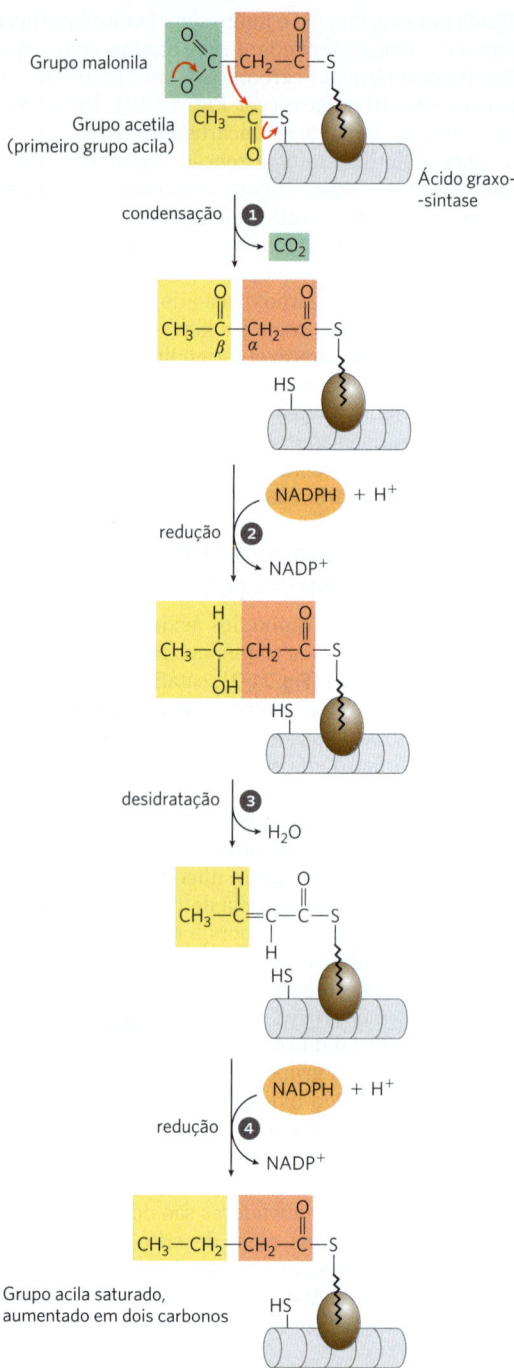

**FIGURA 21-2 Adição de dois carbonos a uma cadeia acila em crescimento: uma sequência de quatro etapas.** Cada grupo malonila e acetila (ou acilas maiores) é ativado por um tioéster, que os une à ácido graxo-sintase, um sistema multienzimático. ❶ A condensação de um grupo acila ativado (o grupo acetila da acetil-CoA é o primeiro grupo acila) e dois carbonos derivados da malonil-CoA, com a eliminação de $CO_2$ do grupo malonila, alonga a cadeia acila em dois carbonos. O mecanismo da primeira etapa dessa reação está mostrado para ilustrar o papel da descarboxilação de facilitar a condensação. O produto da condensação, contendo o grupo $\beta$-cetona, é reduzido em mais três etapas quase idênticas às reações de $\beta$-oxidação, mas na sequência inversa: ❷ o grupo $\beta$-cetona é reduzido a um álcool, ❸ a eliminação de $H_2O$ cria uma ligação dupla, e ❹ a ligação dupla é reduzida, formando o grupo acila saturado correspondente.

de carregamento, descritas a seguir. Os sítios ativos para as diferentes reações localizam-se em domínios separados (**Fig. 21-3a**), todos em uma única cadeia polipeptídica ($M_r$ 240.000) multifuncional. Dois desses polipeptídeos multifuncionais funcionam como um homodímero ($M_r$ 480.000;

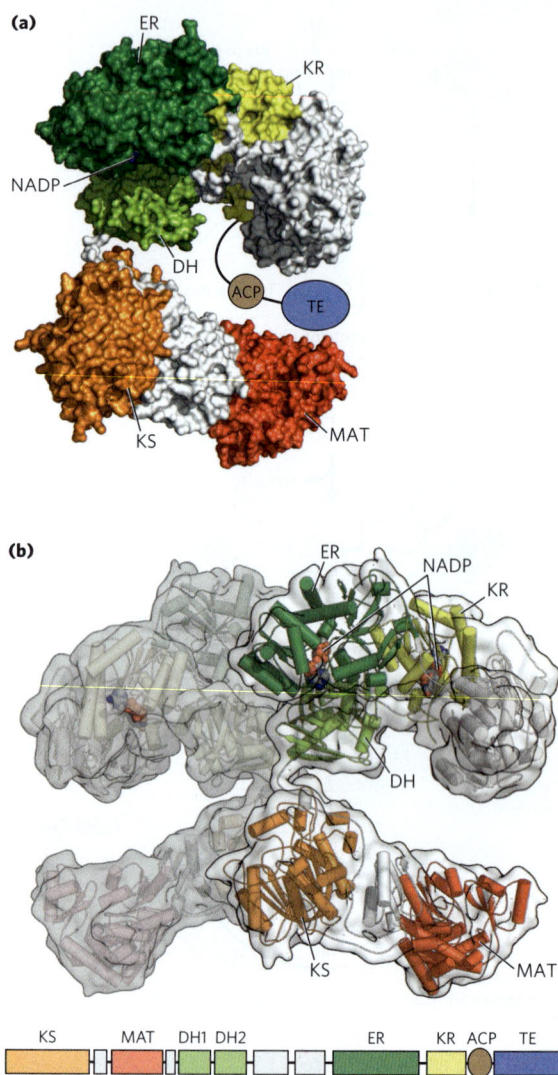

**FIGURA 21-3 Estrutura do sistema da ácido graxo-sintase tipo I.** Aqui é mostrada a estrutura de uma única cadeia polipeptídica (um monômero) do sistema enzimático em mamíferos (suíno). (a) Todos os sítios ativos no sistema de mamíferos estão localizados em diferentes domínios de uma única e longa cadeia polipeptídica. As diferentes atividades enzimáticas são $\beta$-cetoacil-ACP-sintase (KS), malonil/acetil-CoA-ACP-transferase (MAT), $\beta$-hidroxiacil-ACP-desidratase (DH), enoil-ACP-redutase (ER) e $\beta$-cetoacil-ACP-redutase (KR). ACP é a proteína transportadora de acila. O sétimo domínio (TE) é uma tioesterase que libera o palmitato produzido da ACP quando a síntese é finalizada. Os domínios ACP e TE estão desordenados no cristal e, consequentemente, não estão mostrados nessa estrutura. (b) Aqui é mostrada a estrutura dimérica nativa, com um polipeptídeo transparente para mostrar como estão unidas as duas subunidades que operam de modo independente. O arranjo linear dos domínios no polipeptídeo está representado abaixo da estrutura. [Dados de PDB ID 2CF2, T. Maier et al., *Science* 311:1258, 2006.]

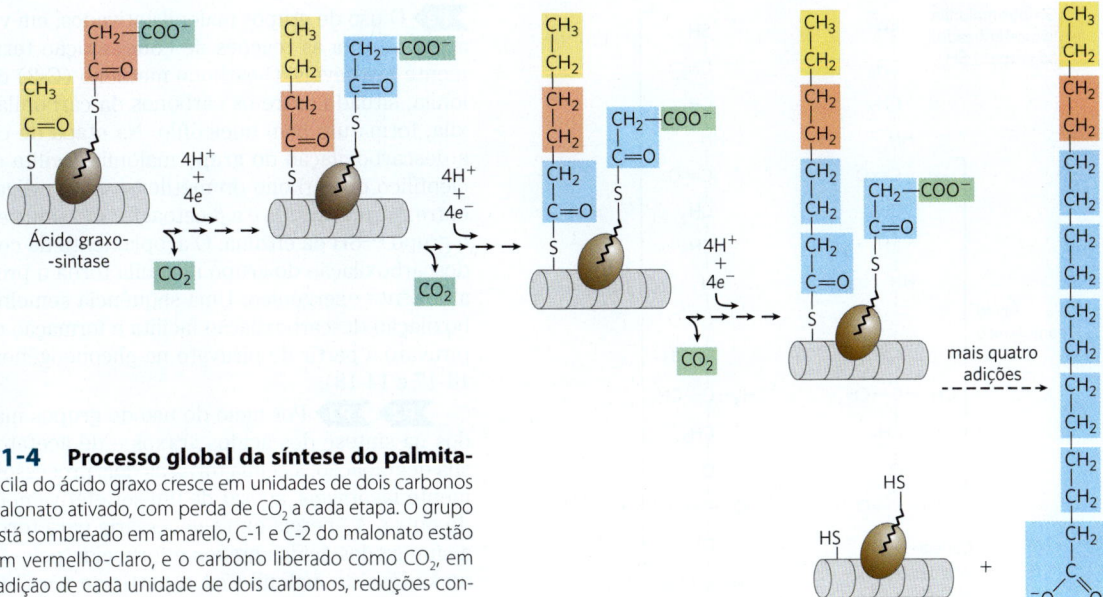

**FIGURA 21-4 Processo global da síntese do palmitato.** A cadeia acila do ácido graxo cresce em unidades de dois carbonos doadas pelo malonato ativado, com perda de $CO_2$ a cada etapa. O grupo acetila inicial está sombreado em amarelo, C-1 e C-2 do malonato estão sombreados em vermelho-claro, e o carbono liberado como $CO_2$, em verde. Após a adição de cada unidade de dois carbonos, reduções convertem a cadeia em crescimento em ácido saturado de 4, 6 e 8 carbonos, e assim por diante. O produto final é o palmitato (16:0).

Fig. 21-3b). As duas subunidades parecem agir de forma independente. Quando todos os sítios ativos de uma subunidade são inativados por mutação, a síntese dos ácidos graxos é apenas moderadamente reduzida.

Com o sistema da AGS I, a síntese dos ácidos graxos leva a um único produto. À medida que passa pelo ciclo, o grupo acila é ligado covalentemente à **proteína transportadora de acila** (**ACP**), que o desloca de um centro ativo a outro em sequência. A proteína transportadora de grupos acila é outra parte contígua do polipeptídeo AGS I. Nenhum intermediário é liberado. Quando o comprimento da cadeia atinge 16 carbonos, esse produto (palmitato, 16:0; ver Tabela 10-1) deixa o ciclo. Os carbonos C-16 e C-15 do palmitato são derivados dos átomos de carbono dos grupos metila e carboxila, respectivamente, de uma acetil-CoA utilizada diretamente para iniciar o sistema (**Fig. 21-4**); os outros átomos de carbono da cadeia são originados da acetil-CoA via malonil-CoA.

Uma AGS I um pouco diferente é encontrada em leveduras e outros fungos. Ela consiste em dois polipeptídeos multifuncionais que formam um complexo com uma arquitetura distinta do sistema em vertebrados. Três dos sete sítios ativos necessários são encontrados na subunidade α, e quatro, na subunidade β. Um sistema distinto, denominado AGS II, é encontrado em plantas e na maior parte das bactérias. A AGS II é um sistema dissociado; cada etapa da síntese é catalisada por uma enzima distinta. Ao contrário da AGS I, a AGS II gera uma variedade de produtos, inclusive ácidos graxos saturados de vários comprimentos, assim como ácidos graxos insaturados, ramificados e hidroxilados. Um sistema AGS II é também encontrado nas mitocôndrias de vertebrados, mais uma indicação da origem bacteriana da mitocôndria na evolução.

### A ácido graxo-sintase de mamíferos tem múltiplos sítios ativos

Os múltiplos domínios da AGS I de mamíferos atuam como enzimas distintas, porém ligadas. O sítio ativo de cada enzima é encontrado em um domínio separado dentro do polipeptídeo maior. Ao longo do processo de síntese dos ácidos graxos, os intermediários permanecem covalentemente ligados como tioésteres a um de dois grupos tiol. Um ponto de ligação é o grupo —SH de um resíduo de Cys em um dos domínios da sintase (β-cetoacil-ACP-sintase; KS); o outro ponto é o grupo —SH de uma proteína transportadora de grupos acila, um domínio distinto do mesmo polipeptídeo. A hidrólise dos tioésteres é altamente exergônica, e a energia liberada ajuda a tornar termodinamicamente favoráveis duas etapas distintas (❶ e ❺ na Fig. 21-6) da síntese dos ácidos graxos.

A proteína transportadora de grupos acila é a lançadeira que mantém o sistema unido, contendo o grupo prostético **4'-fosfopanteteína**, também encontrado na coenzima A (**Fig. 21-5**). A 4'-fosfopanteteína funciona como um braço flexível, ancorando a cadeia crescente da acila à superfície do complexo da ácido graxo-sintase ao mesmo tempo que leva os intermediários da reação de um sítio ativo da enzima para o próximo. O mesmo grupo prostético é utilizado nos sistemas AGS II.

### A ácido graxo-sintase recebe grupos acetila e malonila

Antes que as reações de condensação que constroem a cadeia do ácido graxo possam iniciar, os dois grupos tióis do complexo enzimático devem ser carregados com os grupos acila corretos (**Fig. 21-6a**). Primeiro, o grupo acetila da acetil-CoA é transferido para a ACP em uma reação catalisada pelo domínio **malonil/acetil-CoA-ACP-transferase** (MAT) do polipeptídeo multifuncional. O grupo acetila é, então, transferido para o grupo —SH da Cys da **β-cetoacil-ACP-sintase** (KS). A segunda reação, a transferência do grupo malonila da malonil-CoA para o grupo —SH da ACP, também é catalisada pela malonil/acetil-CoA-ACP-transferase. No complexo sintase carregado, os grupos acetila e malonila estão ativados para o processo de alongamento da cadeia. Agora, serão consideradas em

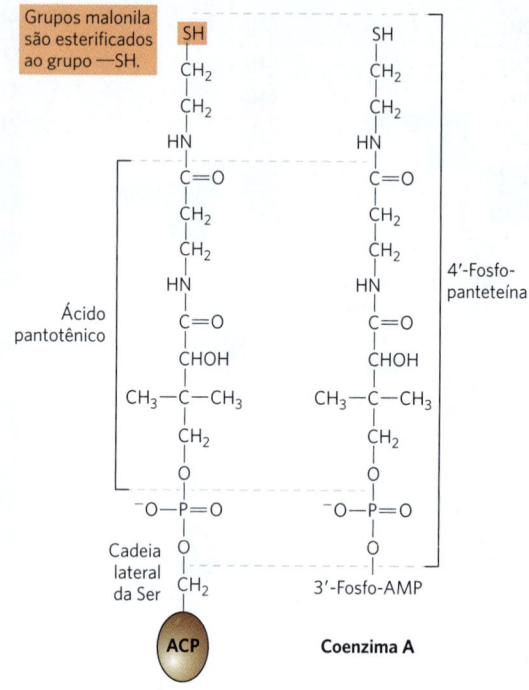

**FIGURA 21-5 Proteína transportadora de acila (ACP).** O grupo prostético é a 4′-fosfopanteteína, covalentemente ligada ao grupo hidroxila de um resíduo de Ser da ACP. A fosfopanteteína, também encontrada na molécula da coenzima A, contém ácido pantotênico (do complexo vitamínico B). Seu grupo —SH é o sítio de entrada de grupos malonila durante a síntese de ácidos graxos. A coenzima A, mostrada aqui para comparação, tem um propósito químico semelhante no metabolismo geral.

detalhes as quatro primeiras etapas desse processo; os números das etapas referem-se à Figura 21-6.

**Etapa ❶ Condensação** A primeira reação na formação da cadeia de um ácido graxo é uma condensação de Claisen clássica (ver classes de reações na Fig. 13-4) envolvendo os grupos acetila e malonila ativados, formando **acetoacetil-ACP**, um grupo acetoacetila ligado à ACP pelo grupo —SH da fosfopanteteína; simultaneamente, uma molécula de $CO_2$ é produzida. Nessa reação, catalisada pela β-cetoacil-ACP-sintase, o grupo acetila é transferido do grupo —SH da Cys da enzima para o grupo malonila ligado ao grupo —SH da ACP, tornando-se a unidade de dois carbonos metil-terminal do novo grupo acetoacetila.

O átomo de carbono do $CO_2$ formado nessa reação é o mesmo carbono originalmente introduzido na malonil-CoA a partir do $HCO_3^-$ pela reação da acetil-CoA-carboxilase (Fig. 21-1). Assim, a ligação covalente do $CO_2$ durante a biossíntese dos ácidos graxos é apenas transitória; ele é removido assim que cada unidade de dois carbonos é adicionada.

Por que as células têm o trabalho de adicionar $CO_2$ para formar o grupo malonila a partir do grupo acetila apenas para perder o $CO_2$ durante a formação de acetoacetato?

**P3** O uso de grupos malonila ativados, em vez de grupos acetila, torna as reações de condensação termodinamicamente favoráveis. O carbono metileno (C-2) do grupo malonila, situado entre os carbonos da carbonila e da carboxila, forma um bom nucleófilo. Na etapa de condensação, a descarboxilação do grupo malonila facilita o ataque nucleofílico do carbono do metileno sobre a ligação tioéster entre o grupo acetila e a β-cetoacil-ACP-sintase, deslocando o grupo —SH da enzima. O acoplamento da condensação à descarboxilação do grupo malonila torna o processo global altamente exergônico. Uma sequência semelhante de carboxilação-descarboxilação facilita a formação de fosfoenolpiruvato a partir de piruvato na gliconeogênese (ver Figs. 14-17 e 14-18).

**P2 P3** Por meio do uso de grupos malonila ativados na síntese dos ácidos graxos e de acetato ativado em sua degradação, a célula torna os dois processos energeticamente favoráveis, apesar de um ser efetivamente o inverso do outro. A energia extra necessária para tornar favorável a síntese dos ácidos graxos é fornecida pelo ATP utilizado na síntese de malonil-CoA a partir de acetil-CoA e $HCO_3^-$ (Fig. 21-1).

**Etapa ❷ Redução do grupo carbonila** A acetoacetil-ACP formada na etapa de condensação sofre redução do grupo carbonila em C-3, formando D-β-hidroxibutiril-ACP. Essa reação é catalisada pela **β-cetoacil-ACP-redutase** (KR), e o doador de elétrons é o NADPH. Observe que o grupo D-β-hidroxibutiril não tem a mesma forma estereoisomérica que o intermediário L-β-hidroxiacil na oxidação dos ácidos graxos (ver Fig. 17-8).

**Etapa ❸ Desidratação** Os elementos da água são removidos dos carbonos C-2 e C-3 da D-β-hidroxibutiril-ACP, formando uma ligação dupla no produto, **trans-$\Delta^2$-butenoil-ACP**. A enzima que catalisa essa desidratação é a **β-hidroxiacil-ACP-desidratase** (DH).

**Etapa ❹ Redução da ligação dupla** Por fim, a ligação dupla da trans-$\Delta^2$-butenoil-ACP é reduzida (saturada), formando **butiril-ACP** pela ação da **enoil-ACP-redutase** (ER); mais uma vez, NADPH é o doador de elétrons.

### As reações da ácido graxo-sintase são repetidas para formar palmitato

A produção de acil graxo-ACP saturada com quatro carbonos marca a conclusão de uma rodada de reações no complexo da ácido graxo-sintase. Na etapa ❺, o grupo butirila é transferido do grupo —SH da fosfopanteteína da ACP para o grupo —SH de uma Cys da β-cetoacil-ACP-sintase, que inicialmente havia ligado o grupo acetila (Fig. 21-6). Para dar início ao próximo ciclo de quatro reações que alonga a cadeia em mais dois átomos de carbono (etapa ❻), outro grupo malonila liga-se ao grupo —SH da fosfopanteteína da ACP, agora desocupado (**Fig. 21-7**). A condensação ocorre à medida que o grupo butirila, atuando como o grupo acetila no primeiro ciclo, é ligado aos dois átomos de carbono do grupo malonil-ACP, com a consequente perda de $CO_2$. O produto dessa condensação é um grupo acila com seis

## 21.1 BIOSSÍNTESE DE ÁCIDOS GRAXOS E EICOSANOIDES

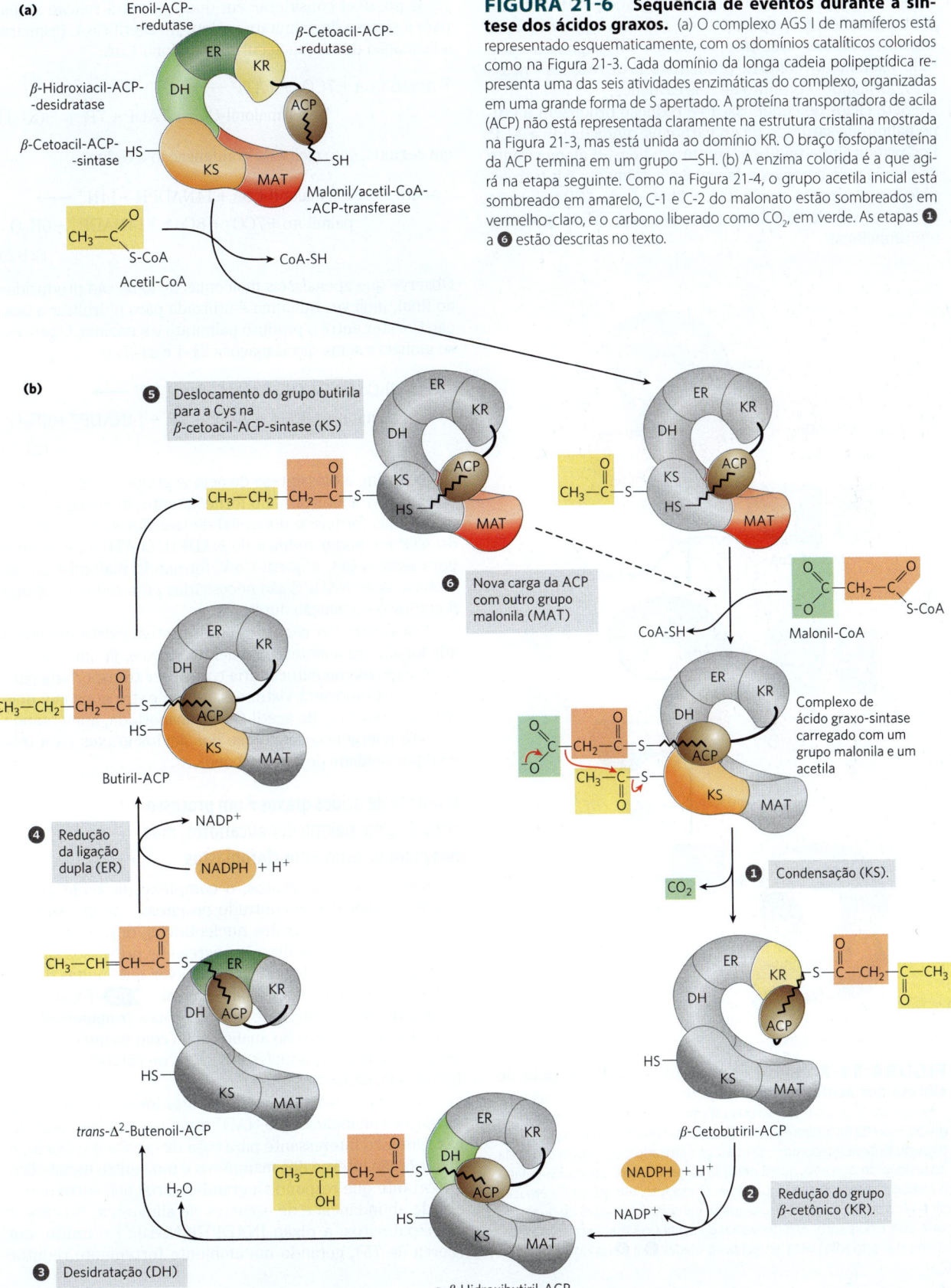

**FIGURA 21-6 Sequência de eventos durante a síntese dos ácidos graxos.** (a) O complexo AGS I de mamíferos está representado esquematicamente, com os domínios catalíticos coloridos como na Figura 21-3. Cada domínio da longa cadeia polipeptídica representa uma das seis atividades enzimáticas do complexo, organizadas em uma grande forma de S apertado. A proteína transportadora de acila (ACP) não está representada claramente na estrutura cristalina mostrada na Figura 21-3, mas está unida ao domínio KR. O braço fosfopanteteína da ACP termina em um grupo —SH. (b) A enzima colorida é a que agirá na etapa seguinte. Como na Figura 21-4, o grupo acetila inicial está sombreado em amarelo, C-1 e C-2 do malonato estão sombreados em vermelho-claro, e o carbono liberado como $CO_2$, em verde. As etapas ❶ a ❻ estão descritas no texto.

carbonos, covalentemente ligado ao grupo —SH da fosfopanteteína. Seu grupo $\beta$-cetônico é reduzido nas três etapas seguintes do ciclo da sintase, formando um grupo acila saturado, exatamente como no primeiro ciclo de reações – nesse caso, formando o produto de seis carbonos.

Sete ciclos de condensação e redução produzem o grupo palmitoíla saturado de 16 carbonos, ainda ligado à ACP. Por razões ainda não bem compreendidas, o alongamento da cadeia pelo complexo da sintase geralmente é interrompido nesse ponto, e o palmitato é liberado da ACP pela ação de uma atividade hidrolítica (**tioesterase**; TE) da proteína multifuncional.

É possível considerar em duas partes a reação global para a síntese do palmitato a partir de acetil-CoA. Primeiro, a formação de sete moléculas de malonil-CoA:

$$7 \text{ Acetil-CoA} + 7\text{CO}_2 + 7\text{ATP} \longrightarrow$$
$$7 \text{ malonil-CoA} + 7\text{ADP} + 7\text{P}_i \quad (21\text{-}1)$$

em seguida, sete ciclos de condensação e redução:

$$\text{Acetil-CoA} + 7 \text{ malonil-CoA} + 14\text{NADPH} + 14\text{H}^+ \longrightarrow$$
$$\text{palmitato} + 7\text{CO}_2 + 8\text{CoA} + 14\text{NADP}^+ + 6\text{H}_2\text{O}$$
$$(21\text{-}2)$$

Observe que apenas seis moléculas de água são produzidas ao final, uma vez que uma é utilizada para hidrolisar a ligação tioéster entre o produto palmitato e a enzima. O processo global (a soma das Equações 21-1 e 21-2) é

$$8 \text{ Acetil-CoA} + 7\text{ATP} + 14\text{NADPH} + 14\text{H}^+ \longrightarrow$$
$$\text{palmitato} + 8\text{CoA} + 7\text{ADP} + 7\text{P}_i + 14\text{NADP}^+ + 6\text{H}_2\text{O}$$
$$(21\text{-}3)$$

**P3** Assim, a biossíntese de ácidos graxos, como o palmitato, requer acetil-CoA e o fornecimento de energia química de duas formas: o potencial de transferência de grupos do ATP e o poder redutor do NADPH. O ATP é necessário para ligar o $CO_2$ à acetil-CoA, formando malonil-CoA; as moléculas de NADPH são necessárias para reduzir o grupo $\beta$-cetônico e a ligação dupla.

Em eucariotos não fotossintetizantes, existe um custo adicional para a síntese dos ácidos graxos, já que a acetil-CoA é gerada na mitocôndria e deve ser transportada para o citosol. Como será visto, essa etapa extra consome dois ATP por molécula de acetil-CoA transportada, aumentando o custo energético da síntese dos ácidos graxos para três ATP por unidade de dois carbonos.

## A síntese de ácidos graxos é um processo citosólico na maioria dos eucariotos, mas, nas plantas, ocorre nos cloroplastos

Na maioria dos eucariotos, o complexo da ácido graxo-sintase (AGS I) é encontrado no citosol, assim como as enzimas biossintéticas dos nucleotídeos, dos aminoácidos e da glicose. Essa localização segrega os processos sintéticos das reações de degradação, uma vez que muitas destas últimas ocorrem na matriz mitocondrial. **P3** Existe uma separação correspondente dos cofatores transportadores de elétrons utilizados no anabolismo (com frequência, processos redutores) e aqueles utilizados no catabolismo (com frequência, oxidativos).

Em geral, o NADPH é o transportador de elétrons para as reações anabólicas, e o $NAD^+$ atua nas reações catabólicas. Um foco interessante para essa discussão é o fígado, o maior órgão interno dos mamíferos e um centro metabólico importante que responde a grandes variações entre períodos de abundância e de escassez de alimentos. No citosol de hepatócitos, a razão $[NADPH]/[NADP^+]$ é muito alta (cerca de 75), gerando um ambiente fortemente redutor

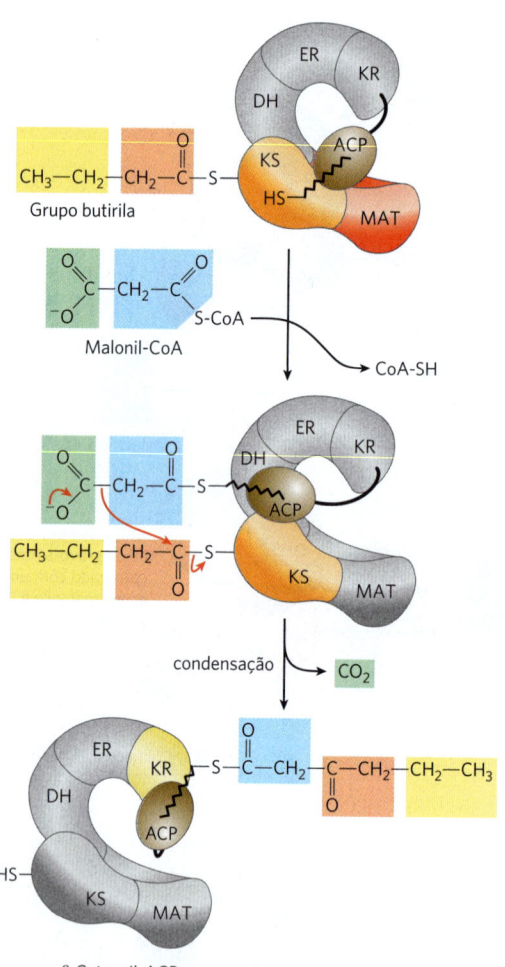

**FIGURA 21-7 Início da segunda rodada do ciclo da síntese dos ácidos graxos.** O grupo butirila está ligado ao grupo —SH da Cys. O grupo malonila que está entrando é primeiro acoplado ao grupo —SH da fosfopanteteína. A seguir, na etapa de condensação, todo o grupo butirila ligado ao —SH da Cys é trocado pelo grupo carboxila do resíduo de malonila, que é perdido como $CO_2$ (em verde). Essa etapa é análoga à etapa ❶ na Figura 21-6. O produto, um grupo $\beta$-cetoacila de seis carbonos, contém agora quatro carbonos derivados de duas malonil-CoA e dois carbonos derivados da acetil-CoA que iniciou a reação. O grupo $\beta$-cetoacila passa, então, pelas etapas ❷ a ❹ na Figura 21-6.

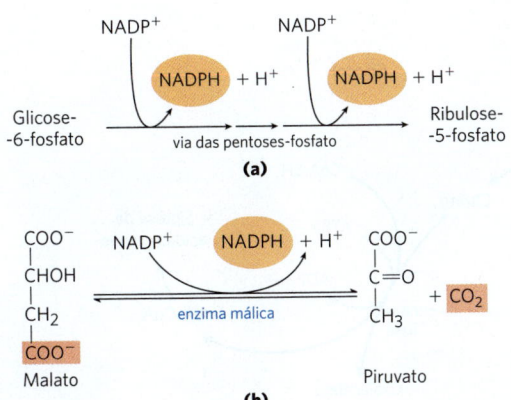

**FIGURA 21-8 Produção de NADPH.** Duas vias para a produção de NADPH, catalisadas (a) pela via das pentoses-fosfato e (b) pela enzima málica.

para a síntese redutora dos ácidos graxos e de outras biomoléculas. A razão citosólica [NADH]/[NAD$^+$] é muito menor (cerca de $8 \times 10^{-4}$), de modo que o catabolismo oxidativo da glicose dependente de NAD$^+$ pode ocorrer no mesmo compartimento e ao mesmo tempo que a síntese dos ácidos graxos. A razão [NADH]/[NAD$^+$] é muito maior na mitocôndria do que no citosol, devido ao fluxo de elétrons para o NAD$^+$ a partir da oxidação de ácidos graxos, aminoácidos, piruvato e acetil-CoA. Essa alta razão [NADH]/[NAD$^+$] na mitocôndria favorece a redução do oxigênio pela cadeia respiratória.

Nos hepatócitos e adipócitos, o NADPH citosólico é amplamente gerado pela via das pentoses-fosfato (**Fig. 21-8a**; ver também Fig. 14-30) e pela **enzima málica** (Fig. 21-8b).

O piruvato produzido pela ação da enzima málica entra novamente na mitocôndria.

Nas células fotossintéticas dos vegetais, a síntese dos ácidos graxos não ocorre no citosol, e sim no estroma dos cloroplastos (**Fig. 21-9**). Isso faz sentido, já que o NADPH é produzido nos cloroplastos pelas reações fotodependentes da fotossíntese:

$$H_2O + NADP^+ \xrightarrow{luz} \tfrac{1}{2}O_2 + NADPH + H^+$$

## O acetato é transportado para fora da mitocôndria como citrato

Em eucariotos não fotossintetizantes, praticamente toda a acetil-CoA utilizada na síntese dos ácidos graxos é formada na mitocôndria a partir da oxidação do piruvato e do catabolismo dos esqueletos de carbono dos aminoácidos. A acetil-CoA gerada pela oxidação dos ácidos graxos não é uma fonte significativa de acetil-CoA para a biossíntese dos ácidos graxos em animais, já que as duas vias são reguladas reciprocamente, como descrito a seguir.

A membrana interna da mitocôndria é impermeável à acetil-CoA, de modo que uma lançadeira indireta transfere os equivalentes do grupo acetila pela membrana interna (**Fig. 21-10**). A acetil-CoA intramitocondrial reage primeiro com oxalacetato, formando citrato, uma reação do ciclo do ácido cítrico catalisada pela enzima **citrato-sintase** (ver Fig. 16-7). O citrato, então, atravessa a membrana interna pelo **transportador de citrato**. No citosol, a clivagem do citrato pela **citrato-liase** regenera acetil-CoA e oxalacetato em uma reação dependente de ATP. O oxalacetato não pode retornar à matriz mitocondrial diretamente, já que não existe um transportador de oxalacetato. Em vez disso, a

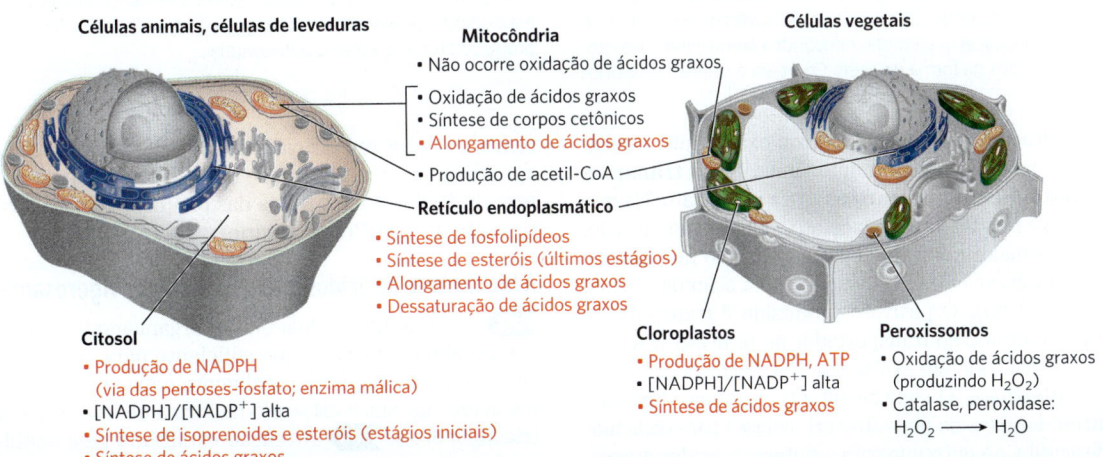

**FIGURA 21-9 Localização subcelular do metabolismo lipídico.** As células de leveduras e de animais diferem das células dos vegetais superiores na compartimentalização do metabolismo lipídico. A síntese dos ácidos graxos ocorre no compartimento em que NADPH está disponível para a síntese redutora (i.e., onde a relação [NADPH]/[NADP$^+$] é alta); esse compartimento é o citosol nos animais e nas leveduras e o cloroplasto nas plantas. Os processos em vermelho são descritos neste capítulo.

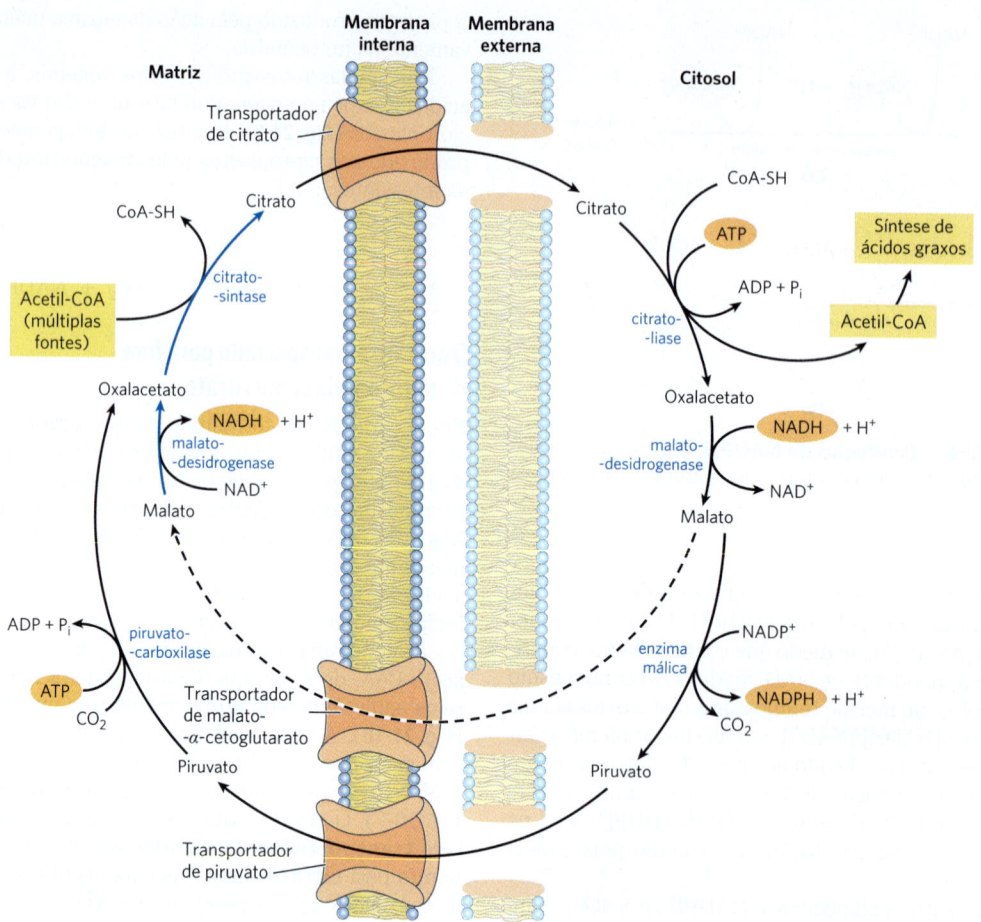

**FIGURA 21-10 Lançadeira para a transferência de grupos acetila da mitocôndria para o citosol.** A membrana mitocondrial externa é livremente permeável a todos esses compostos. O piruvato derivado do catabolismo dos aminoácidos na matriz mitocondrial ou da glicose por glicólise no citosol é convertido em acetil-CoA na matriz. Os grupos acetila saem da mitocôndria como citrato; no citosol, eles são liberados na forma de acetil-CoA para a síntese dos ácidos graxos. O oxalacetato é reduzido a malato, que pode retornar à matriz mitocondrial. As etapas que convertem malato em oxalacetato e oxalacetato mais acetil-CoA em citrato (indicadas por setas azuis) são parte do ciclo do ácido cítrico. O principal destino do malato citosólico, contudo, é a oxidação pela enzima málica, gerando NADPH citosólico; o piruvato produzido retorna à matriz mitocondrial.

malato-desidrogenase citosólica reduz o oxalacetato a malato, que pode retornar à matriz mitocondrial pelo **transportador malato-$\alpha$-cetoglutarato** na troca por citrato. Na matriz, o malato é reoxidado a oxalacetato, completando o ciclo. No entanto, a maior parte do malato produzido no citosol é utilizada para gerar NADPH citosólico pela ação da enzima málica (Fig. 21-8b). O piruvato produzido é transportado para a mitocôndria pelo transportador de piruvato (Fig. 21-10), sendo convertido em oxalacetato na matriz pela enzima piruvato-carboxilase. O ciclo resultante consome dois ATP (pela citrato-liase e pela piruvato-carboxilase) para cada molécula de acetil-CoA entregue para a síntese de ácidos graxos.

Desse modo, o malato tem dois destinos metabólicos. Na matriz mitocondrial, o malato é parte do ciclo do ácido cítrico. Já no citosol, a degradação do malato torna-se uma fonte significativa de NADPH. Após a clivagem do citrato para gerar acetil-CoA, a conversão dos quatro carbonos remanescentes em piruvato e $CO_2$ pela enzima málica gera aproximadamente metade do NADPH necessário para a síntese de ácidos graxos. A via das pentoses-fosfato fornece o restante do NADPH necessário.

### A biossíntese de ácidos graxos é regulada rigorosamente

**P1** Quando uma célula ou um organismo tem combustível metabólico mais do que suficiente para suprir suas necessidades energéticas, geralmente o excesso é convertido em ácidos graxos e estocado na forma de lipídeos, como os triacilgliceróis. **P4** A reação catalisada pela acetil-CoA-carboxilase é a etapa limitante da velocidade na biossíntese de ácidos graxos, e essa enzima é um sítio importante de regulação. Nos vertebrados, o principal produto da síntese de ácidos graxos, a palmitoil-CoA, é um inibidor por retroalimentação dessa enzima; o citrato é um ativador alostérico (**Fig. 21-11a**), elevando a $V_{máx}$. O citrato desempenha

## 21.1 BIOSSÍNTESE DE ÁCIDOS GRAXOS E EICOSANOIDES

iluminação da planta (ver Fig. 20-35). As bactérias não utilizam triacilgliceróis para armazenar energia. Em *Escherichia coli*, a principal função da síntese de ácidos graxos é fornecer precursores para a síntese de lipídeos de membrana; a regulação desse processo é complexa, envolvendo nucleotídeos da guanina (como ppGpp; ver Fig. 8-42) que coordenam o crescimento celular com a formação da membrana.

▶P4◀ Além da regulação momento a momento da atividade enzimática, essas vias são reguladas no nível da expressão gênica. Por exemplo, quando os animais ingerem um excesso de certos ácidos graxos poli-insaturados, a expressão de genes que codificam uma série de enzimas lipogênicas no fígado é suprimida. A regulação desses genes é mediada por uma família de receptores proteicos nucleares, chamados de PPAR, já descritos na Seção 17.2.

▶P4◀ Se a síntese de ácidos graxos e a β-oxidação ocorressem simultaneamente, os dois processos constituiriam um ciclo fútil, desperdiçando energia. Como visto (ver Fig. 17-13), a β-oxidação é bloqueada por malonil-CoA, que inibe a enzima carnitina-aciltransferase I. Assim, durante a síntese de ácidos graxos, a produção do primeiro intermediário, a malonil-CoA, "desliga" a β-oxidação no nível do sistema transportador na membrana interna da mitocôndria. Esse mecanismo de controle ilustra outra vantagem da separação das vias sintéticas e degradativas em compartimentos celulares distintos.

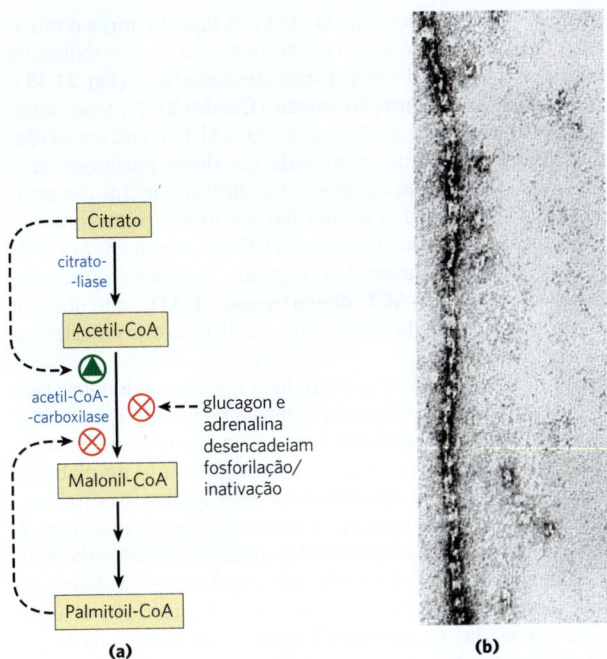

**FIGURA 21-11 Regulação da síntese dos ácidos graxos.** (a) Nas células de vertebrados, tanto a regulação alostérica como a modificação covalente dependente de hormônios influenciam o fluxo dos precursores para a formação de malonil-CoA. Nos vegetais, a acetil-CoA-carboxilase é ativada pelas variações na [Mg$^{2+}$] e no pH que acompanham a iluminação (não mostrado aqui). (b) Filamentos da acetil-CoA-carboxilase de hepatócito de galinha (a forma ativa desfosforilada) como vistos ao microscópio eletrônico. [(b) Cortesia de James M. Ntambi, PhD, Professor de Bioquímica e Ciências da Nutrição, Steenbock, University of Wisconsin-Madison.]

uma função central na alteração do metabolismo celular de consumo de combustível metabólico (oxidação) para o de armazenamento de combustível na forma de ácidos graxos. Quando as concentrações de acetil-CoA e ATP mitocondriais aumentam, o citrato é transportado para fora da mitocôndria; ele torna-se, então, tanto o precursor de acetil-CoA citosólica como um sinal alostérico para a ativação da acetil-CoA-carboxilase. Ao mesmo tempo, o citrato inibe a atividade da fosfofrutocinase 1 (ver Fig. 14-23), reduzindo o fluxo de carbono na glicólise.

▶P4◀ A acetil-CoA-carboxilase também é regulada por modificação covalente. A fosforilação, promovida pelas ações dos hormônios glucagon e adrenalina ou por alta [AMP], inativa a enzima e reduz sua sensibilidade à ativação por citrato, reduzindo, dessa forma, a velocidade da síntese de ácidos graxos. A fosforilação ocorre em pelo menos três resíduos de Ser e é catalisada principalmente pela proteína-cinase ativada por AMP (AMPK). Na sua forma ativa (desfosforilada), a acetil-CoA-carboxilase polimeriza, formando longos filamentos (Fig. 21-11b); a fosforilação é acompanhada de dissociação em subunidades monoméricas e perda da atividade.

A acetil-CoA-carboxilase de plantas e bactérias não é regulada por citrato ou por um ciclo de fosforilação-desfosforilação. Em vez disso, ▶P4◀ a enzima vegetal é ativada pelo aumento do pH do estroma e da [Mg$^{2+}$], que ocorre com a

### Os ácidos graxos saturados de cadeia longa são sintetizados a partir do palmitato

O palmitato, produto principal do sistema da ácido graxo-sintase nas células animais, é o precursor de outros ácidos graxos de cadeia longa (**Fig. 21-12**). Ele pode ser alongado, formando estearato (18:0) ou ácidos graxos saturados ainda mais longos pela adição de grupos acetila, pela ação de **sistemas de alongamento de ácidos graxos** presentes no retículo endoplasmático (RE) liso e na mitocôndria. O sistema de alongamento mais ativo do RE alonga a cadeia de 16 carbonos da palmitoil-CoA em dois átomos de carbono, formando estearoil-CoA. Embora diferentes sistemas enzimáticos estejam envolvidos e a coenzima A seja o transportador de grupos acila, e não a ACP, o mecanismo de alongamento no RE é idêntico àquele utilizado na síntese do palmitato: doação de dois carbonos a partir da malonil-CoA, seguida de redução, desidratação e nova redução do produto saturado de 18 carbonos, a estearoil-CoA.

Dois substratos importantes das vias de alongamento são o linoleato, um ácido graxo ômega-6 (ver nomes alternativos no Capítulo 10), e o α-linolenato, um ácido graxo ômega-3. Eles são precursores de duas grandes famílias de derivados de ácidos graxos insaturados, as famílias ômega-6 e ômega-3. Os seres humanos não conseguem sintetizar linoleato e α-linolenato, de modo que esses ácidos devem ser obtidos da dieta. A razão de ácidos graxos ômega-6 para ômega-3 na dieta, quando muito alta, pode levar a doenças cardiovasculares. A importância dessa razão pode refletir a multitude de moléculas sinalizadoras nas famílias ômega-6 e ômega-3 (Fig. 21-12), com seus igualmente complexos efeitos fisiológicos. Alguns dos ácidos graxos insaturados derivados são considerados a seguir.

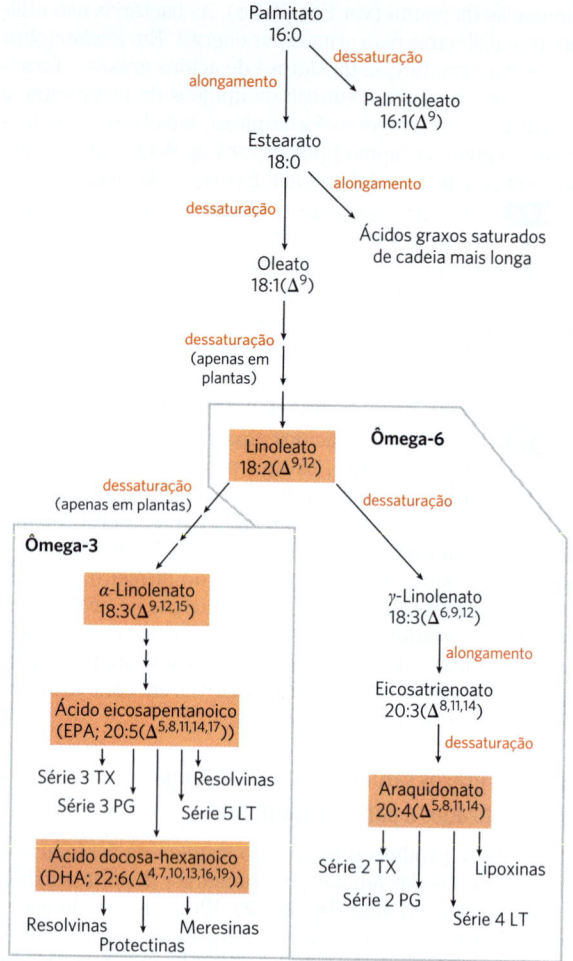

**FIGURA 21-12 Vias de síntese de ácidos graxos insaturados e seus derivados.** O palmitato é o precursor do estearato e dos ácidos graxos saturados de cadeias mais longas, assim como dos ácidos graxos monoinsaturados palmitoleato e oleato. Os mamíferos são incapazes de converter oleato em linoleato ou em α-linolenato (sombreado), que são, portanto, necessários na dieta como ácidos graxos essenciais. A conversão de linoleato em outros ácidos graxos poli-insaturados e em eicosanoides está delineada na figura. Os ácidos graxos insaturados são simbolizados pela indicação do número de carbonos e do número e da posição de ligações duplas, como na Tabela 10-1. Linoleato e α-linolenato são importantes ácidos graxos ômega-6 e ômega-3, respectivamente; são também precursores para uma ampla variedade de ácidos graxos insaturados que atuam como moléculas sinalizadoras. Abreviaturas de duas letras especificam os eicosanoides prostaglandinas (PG), tromboxanos (TX) e leucotrienos (LT). Classes determinadas de ácidos graxos insaturados são especificadas pelo número de ligações duplas, que define as subclasses desses compostos, chamadas de séries. Por exemplo, TX da série 2 são tromboxanos com duas ligações duplas na cadeia hidrocarbonada.

## A dessaturação dos ácidos graxos requer uma oxidase de função mista

O palmitato e o estearato servem como precursores dos dois ácidos graxos monoinsaturados mais comuns nos tecidos animais: o palmitoleato, $16:1(\Delta^9)$, e o oleato, $18:1(\Delta^9)$; os dois ácidos graxos contêm uma única ligação dupla *cis* entre C-9 e C-10 (ver Tabela 10-1). A ligação dupla é introduzida na cadeia do ácido graxo por uma reação oxidativa catalisada pela **acil-CoA graxa-dessaturase** (**Fig. 21-13**), uma **oxidase de função mista** (**Quadro 21-1**). Dois substratos diferentes, o ácido graxo e o NADPH, sofrem oxidação simultaneamente, com cada um deles perdendo dois elétrons. O caminho do fluxo dos elétrons inclui um citocromo (citocromo $b_5$) e uma flavoproteína (citocromo $b_5$-redutase), ambos localizados no RE liso, assim como a acil-CoA graxa-dessaturase. Nos vegetais, o oleato é produzido por uma **estearoil-ACP-dessaturase** (**EAD**), que utiliza a ferredoxina reduzida como doadora de elétrons no estroma dos cloroplastos.

A EAD de animais (estudada em camundongos) tem um papel importante no desenvolvimento da obesidade e da resistência à insulina, que, com frequência, acompanha a obesidade e precede o desenvolvimento de diabetes *mellitus* tipo 2. O camundongo tem quatro isoenzimas, EAD1 a EAD4, das quais EAD1 é a mais bem entendida. A sua síntese é induzida por ácidos graxos saturados da dieta e pela ação de SREBP e LXR, dois reguladores proteicos do metabolismo de lipídeos que ativam a transcrição de enzimas envolvidas na síntese de lipídeos (descritos na Seção 21.4). Camundongos contendo formas mutantes da EAD1 são resistentes à obesidade induzida pela dieta e não desenvolvem diabetes em condições que causariam obesidade e diabetes em camundongos portadores de EAD1 normal. ■

Os hepatócitos dos mamíferos podem facilmente introduzir ligações duplas na posição $\Delta^9$ dos ácidos graxos, mas não podem introduzir ligações duplas adicionais entre C-10 e a extremidade metila. Assim, como foi observado anteriormente, mamíferos não conseguem sintetizar o linoleato, $18:2(\Delta^{9,12})$, precursor da família ômega-6, ou o α-linolenato, $18:3(\Delta^{9,12,15})$, precursor da família ômega-3. Os vegetais, no entanto, podem sintetizar ambos; as dessaturases que introduzem ligações duplas nas posições $\Delta^{12}$ e $\Delta^{15}$ estão localizadas no RE e nos cloroplastos. As enzimas do RE não atuam sobre ácidos graxos livres, mas sobre um fosfolipídeo, a fosfatidilcolina, que contém pelo menos um oleato ligado ao glicerol (**Fig. 21-14**). Plantas e bactérias devem sintetizar os ácidos graxos poli-insaturados para garantir a fluidez da membrana em temperaturas reduzidas.

Como eles são precursores necessários para a síntese de outros produtos, o linoleato e o α-linolenato são **ácidos graxos essenciais** para os mamíferos; eles devem ser obtidos dos vegetais presentes na dieta. Uma vez ingerido, o linoleato pode ser convertido em alguns outros ácidos poli-insaturados, principalmente γ-linolenato, eicosatrienoato e **araquidonato** (**eicosatetraenoato**), e todos eles podem ser formados apenas a partir do linoleato (Fig. 21-12). Do mesmo modo, o α-linolenato é convertido em dois importantes derivados, o **ácido eicosapentaenoico** (**EPA**) e o **ácido docosa-hexaenoico** (**DHA**). O araquidonato, $20:4(\Delta^{5,8,11,14})$, o EPA, $20:5(\Delta^{5,8,11,14,17})$ e o DHA, $22:6(\Delta^{4,7,10,13,16,19})$, são precursores essenciais de distintas classes de eicosanoides, lipídeos com importantes funções de regulação. Os ácidos graxos de 20 e 22 carbonos são sintetizados a partir do linoleato e do α-linolenato por reações de alongamento de ácidos graxos análogas àquelas descritas na página 753.

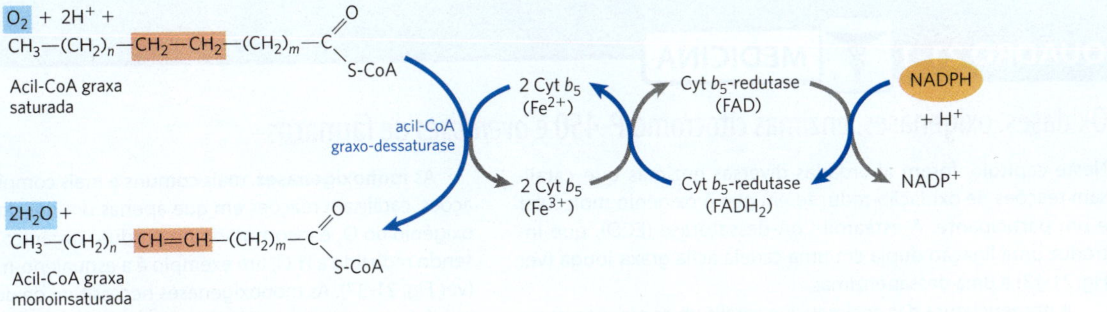

**FIGURA 21-13 Transferência de elétrons no processo de dessaturação dos ácidos graxos em vertebrados.** As setas azuis mostram o caminho dos elétrons à medida que dois substratos – acil-CoA graxa e NADPH – são oxidados pelo oxigênio molecular. Essas reações ocorrem na face luminal do RE liso. Uma via similar, mas com diferentes transportadores de elétrons, ocorre nos vegetais.

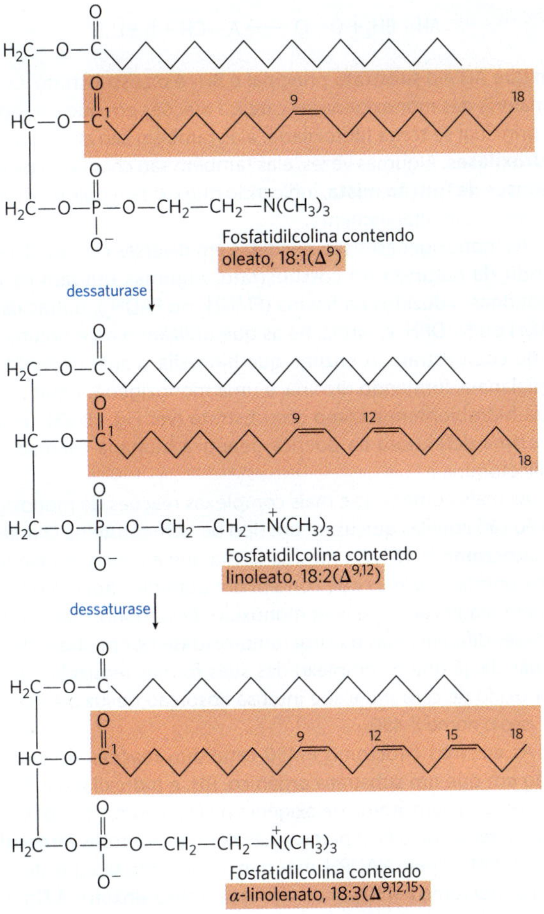

**FIGURA 21-14 Ação de dessaturases de vegetais.** Nas plantas, as dessaturases oxidam o oleato ligado à fosfatidilcolina, produzindo ácidos graxos poli-insaturados. Alguns dos produtos são liberados da fosfatidilcolina por hidrólise.

## Os eicosanoides são formados a partir de ácidos graxos poli-insaturados de 20 ou 22 carbonos

**P5** Os eicosanoides são uma família de moléculas de sinalização biológica muito potentes, que atuam como mensageiros de curta distância, agindo sobre os tecidos próximos às células que os produzem.

Em resposta a hormônios ou a outro estímulo, a fosfolipase $A_2$, presente na maioria dos tipos de células de mamíferos, ataca fosfolipídeos de membrana, liberando araquidonato do carbono do meio do glicerol. As enzimas do RE liso, então, convertem o araquidonato em **prostaglandinas**, iniciando com a formação de prostaglandina $H_2$ ($PGH_2$), o precursor imediato de muitas outras prostaglandinas e de tromboxanos (**Fig. 21-15a**). As duas reações que levam à $PGH_2$ são catalisadas por uma enzima bifuncional, a **cicloxigenase** (**COX**), também chamada de **prostaglandina $H_2$-sintase**. Na primeira das duas etapas, a atividade de cicloxigenase introduz oxigênio molecular, convertendo araquidonato em $PGG_2$. A segunda etapa, catalisada pela atividade de peroxidase da COX, converte $PGG_2$ em $PGH_2$.

**CONVENÇÃO** Prostaglandinas com distintos grupos funcionais no anel recebem diferentes designações com letras: A, B, C, D, E, F, G, H e R. O número subscrito que acompanha a letra, como em $PGH_2$ e $PGG_2$, indica o número de ligações duplas. As prostaglandinas com duas ligações duplas, todas elas derivadas do araquidonato, são referidas como prostaglandinas da série 2; aquelas com três ligações duplas, derivadas do EPA, como série 3 (Fig. 21-12). Padrões similares de nomenclatura são usados para outras classes de eicosanoides, descritas a seguir. ■

As prostaglandinas da série 2 têm papéis importantes na resposta imediata ao estresse ou a lesões, incluindo inflamação, dor, edema e dilatação dos vasos sanguíneos. As prostaglandinas da série 3, em geral, atuam mais lentamente e muitas vezes diminuem as respostas associadas a prostaglandinas da série 2.

Os mamíferos têm duas isoenzimas da prostaglandina $H_2$-sintase, a COX-1 e a COX-2. Elas têm funções distintas, mas sequências de aminoácidos muito semelhantes (60 a 65% de identidade de sequência) e mecanismos de reação similares nos seus dois centros catalíticos. A COX-1 é responsável pela síntese das prostaglandinas que regulam a secreção da mucina gástrica, e a COX-2, pelas prostaglandinas que controlam inflamação, dor e febre.

A dor pode ser aliviada pela inibição da COX-2. O primeiro fármaco amplamente comercializado com esse propósito foi o ácido acetilsalicílico (aspirina; Fig. 21-15b).

## QUADRO 21-1  MEDICINA

### Oxidases, oxigenases, enzimas citocromo P-450 e *overdoses* de fármacos

Neste capítulo, foram abordadas diversas enzimas que catalisam reações de oxidação-redução em que o oxigênio molecular é um participante. A estearoil-CoA-dessaturase (ECD), que introduz uma ligação dupla em uma cadeia acila graxa longa (ver Fig. 21-13) é uma dessas enzimas.

A nomenclatura das enzimas que catalisam as reações desse tipo pode ser confusa para os estudantes. **Oxidase** é o nome geral para enzimas que catalisam oxidações em que o oxigênio molecular é o aceptor de elétrons, mas os átomos de oxigênio não aparecem no produto oxidado. A enzima que introduz uma ligação dupla na acil-CoA graxa durante a oxidação dos ácidos graxos nos peroxissomos (ver Fig. 17-14) é uma oxidase desse tipo; um segundo exemplo é a citocromo-oxidase da cadeia transportadora de elétrons mitocondrial (ver Fig. 19-13). No primeiro caso, a transferência de dois elétrons para a $H_2O$ produz peróxido de hidrogênio, $H_2O_2$; no segundo, dois elétrons reduzem $\frac{1}{2}O_2$ a $H_2O$. Muitas oxidases, mas não todas, são flavoproteínas. As **oxidases de função mista** oxidam dois substratos distintos de modo simultâneo; novamente, os átomos do oxigênio molecular não aparecem nos produtos oxidados. Oxidases de função mista atuam na dessaturação de ácidos graxos (acil-CoA-dessaturase; ver Fig. 21-13) e na última etapa da síntese de plasmalogênios (ver Fig. 21-30).

As **oxigenases** catalisam reações oxidativas em que átomos de oxigênio *são* diretamente incorporados na molécula do produto, formando um novo grupo hidroxila ou carboxila, por exemplo. As **dioxigenases** catalisam reações em que os dois átomos de oxigênio do $O_2$ são incorporados na molécula do produto orgânico. Um exemplo de dioxigenase é a triptofano-2,3-dioxigenase, que catalisa a abertura do anel de cinco membros do triptofano no catabolismo desse aminoácido. Quando essa reação ocorre na presença de $^{18}O_2$, os átomos de oxigênio isotópicos são encontrados nos dois grupos carbonila do produto (mostrados em vermelho):

As **monoxigenases**, mais comuns e mais complexas em suas ações, catalisam reações em que apenas um dos dois átomos de oxigênio do $O_2$ é incorporado no produto orgânico, com o outro sendo reduzido a $H_2O$; um exemplo é a esqualeno-monoxigenase (ver Fig. 21-37). As monoxigenases necessitam de dois substratos que funcionem como redutores dos dois átomos de oxigênio do $O_2$. O substrato principal aceita um dos dois átomos de oxigênio, e um cossubstrato fornece átomos de hidrogênio para reduzir o outro átomo de oxigênio a $H_2O$. A equação geral da reação para as monoxigenases é

$$AH + BH_2 + O-O \longrightarrow A-OH + B + H_2O$$

em que AH é o substrato principal e $BH_2$ é o cossubstrato. Como a maioria das monoxigenases catalisa reações em que o substrato principal se torna hidroxilado, elas também são chamadas de **hidroxilases**. Algumas vezes, elas também são chamadas de **oxigenases de função mista**, indicando que oxidam dois substratos diferentes simultaneamente.

As monoxigenases são divididas em diversas classes, dependendo da natureza do cossubstrato. Algumas utilizam os nucleotídeos reduzidos da flavina ($FMNH_2$ ou $FADH_2$); outras usam NADH ou NADPH; e, ainda, há as que utilizam o $\alpha$-cetoglutarato como cossubstrato. A enzima que hidroxila o anel de fenila da fenilalanina, formando tirosina, é uma monoxigenase que utiliza tetra-hidrobiopterina como cossubstrato (ver Fig. 18-23). (Essa é a enzima defeituosa na doença genética humana chamada de fenilcetonúria.)

As mais numerosas e mais complexas reações de monoxigenação são aquelas que usam um tipo de hemeproteína chamada de **citocromo P-450**. Da mesma forma que a citocromo-oxidase mitocondrial, enzimas que contém um domínio citocromo P-450 podem reagir com $O_2$ e ligar monóxido de carbono, mas elas podem ser diferenciadas da citocromo-oxidase por medidas de absorbância, já que o complexo das suas formas reduzidas com o monóxido de carbono exibe intensa absorção de luz a 450 nm – por isso o nome P-450.

As enzimas citocromo P-450 catalisam reações de hidroxilação em que um substrato orgânico, RH, é hidroxilado a R–OH, incorporando um átomo de oxigênio do $O_2$; o outro átomo de oxigênio é reduzido a $H_2O$ pelos equivalentes redutores fornecidos pelo NADH ou pelo NADPH, mas que geralmente são transferidos para o citocromo P-450 por uma proteína ferro-enxofre. A Figura 1 mostra um esquema simplificado da ação do citocromo P-450.

Uma grande família de proteínas contendo P-450 consiste em dois tipos gerais: aquelas altamente específicas para um único substrato (como as enzimas típicas) e aquelas com sítios de ligação mais promíscuos, que aceitam uma variedade de substratos, geralmente semelhantes na hidrofobicidade. No córtex adrenal, por exemplo, uma enzima específica contendo citocromo P-450 participa da hidroxilação de esteroides, gerando os hormônios adrenocorticais (ver Fig. 21-49). Existem dúzias de enzimas contendo P-450 que atuam sobre substratos específicos nas vias

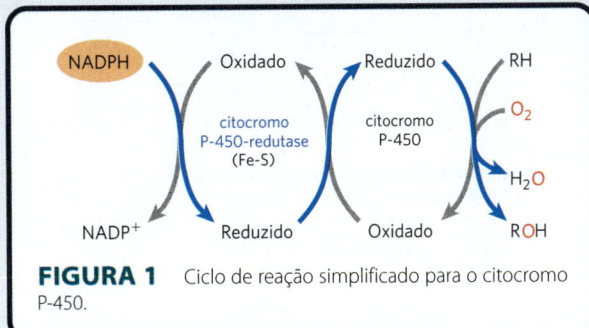

**FIGURA 1** Ciclo de reação simplificado para o citocromo P-450.

biossintéticas dos hormônios esteroides e dos eicosanoides (Fig. 2). As enzimas citocromo P-450 com especificidades mais amplas são importantes para a hidroxilação de muitas substâncias distintas, como barbitúricos e outros xenobióticos (substâncias estranhas ao organismo), particularmente se são hidrofóbicos e relativamente insolúveis. O carcinógeno ambiental benzo[a]pireno (encontrado na fumaça do cigarro) sofre hidroxilação dependente do citocromo P-450 durante sua destoxificação. A hidroxilação de xenobióticos, algumas vezes combinada com a conjugação a um grupo hidroxila de um composto polar, como o ácido glicurônico, torna-os mais solúveis em água e permite a sua excreção na urina.

A hidroxilação (e a glicuronidação) inativa a maioria dos fármacos, e a velocidade com que isso ocorre determina por quanto tempo uma determinada dose de um medicamento permanece no sangue em doses terapêuticas.

Os seres humanos diferem em seus níveis de enzimas de metabolização de fármacos por dois motivos: pela sua genética e pelo fato de que a exposição prévia a substratos pode induzir a síntese de níveis mais altos de enzimas P-450. O etanol e os barbitúricos compartilham uma enzima P-450. O consumo excessivo de álcool em longo prazo induz a síntese dessa enzima P-450. Nesse caso, como barbitúricos são inativados e eliminados mais rapidamente, são necessárias doses mais altas do fármaco para alcançar o mesmo efeito terapêutico. Se um indivíduo ingerir essa dose de barbitúrico mais alta que o normal e ingerir álcool, a competição entre o álcool e o fármaco pela quantidade limitada de enzima indica que tanto o álcool como o barbiturato serão eliminados mais lentamente. Os altos níveis resultantes desses dois depressores do sistema nervoso central podem ser letais. Complicações semelhantes surgem quando um indivíduo ingere dois fármacos que são inativados pela mesma enzima P-450; cada fármaco aumenta os níveis do outro ao reduzir sua inativação. Em consequência, é essencial que médicos e farmacêuticos saibam acerca de todos os medicamentos e suplementos prescritos ou dos quais o paciente faz uso (além de conhecerem o histórico de alcoolismo, tabagismo ou exposição a toxinas ambientais).

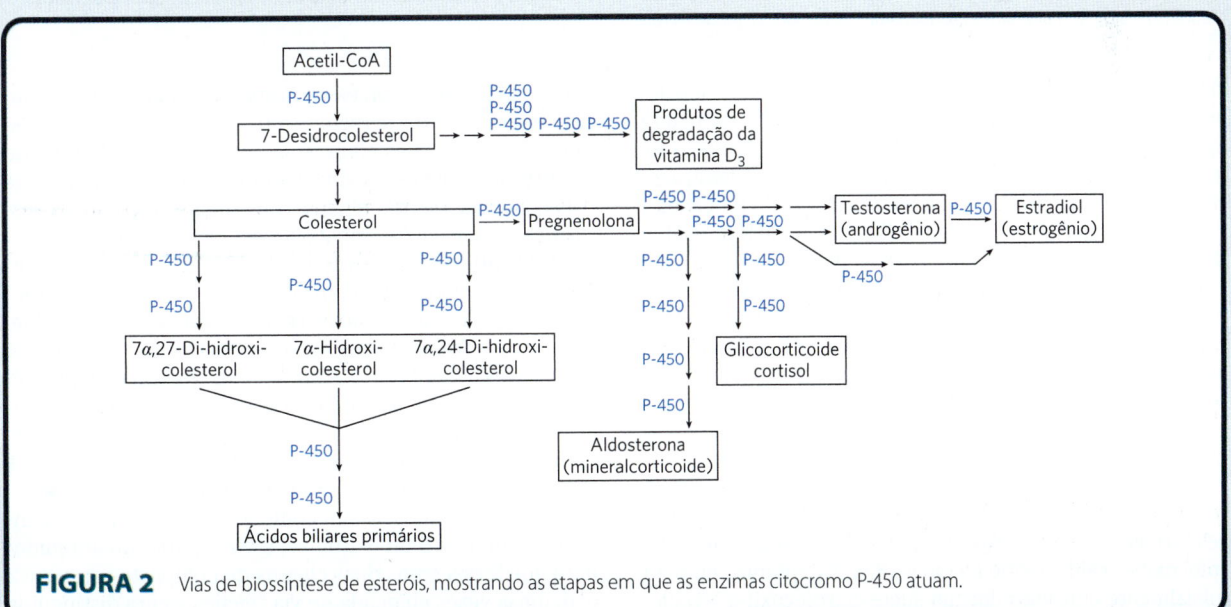

**FIGURA 2** Vias de biossíntese de esteróis, mostrando as etapas em que as enzimas citocromo P-450 atuam.

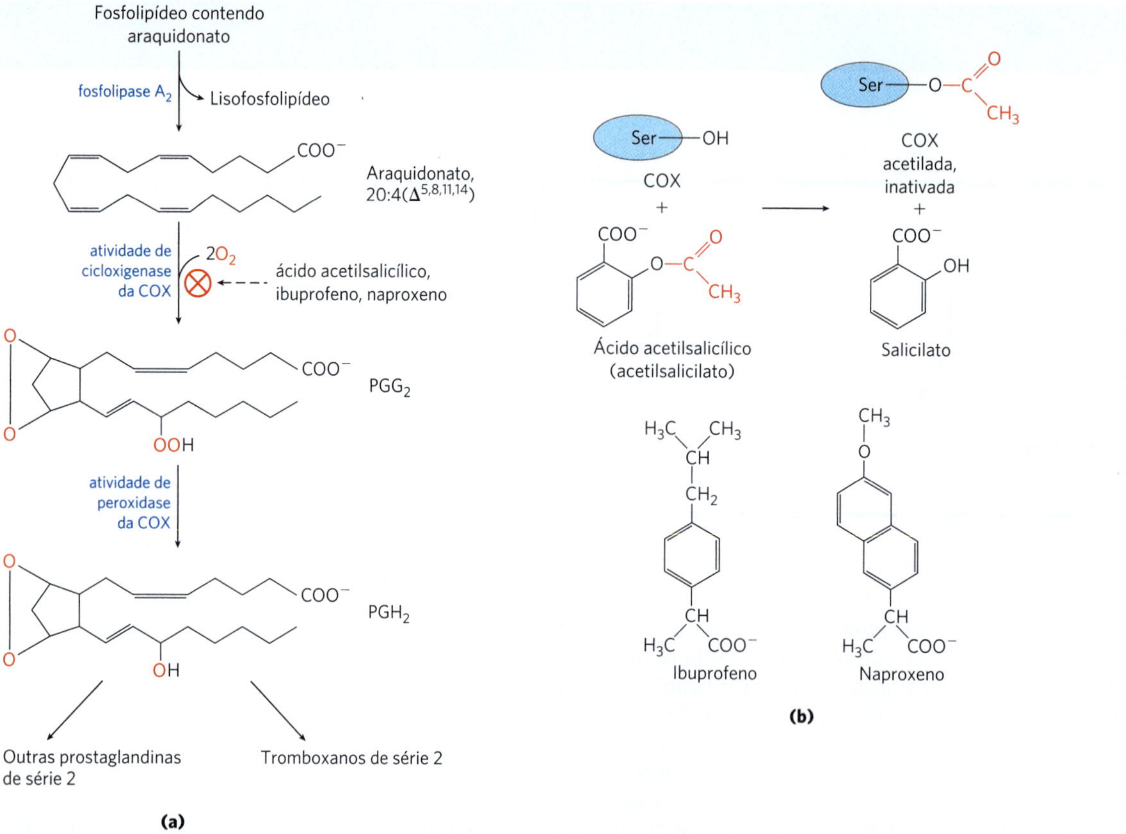

**FIGURA 21-15 A via "cíclica" do araquidonato até prostaglandinas e tromboxanos.** (a) Após a liberação do araquidonato dos fosfolipídeos pela ação da enzima fosfolipase $A_2$, as atividades de cicloxigenase e peroxidase da COX (também chamada de prostaglandina $H_2$-sintase) catalisam a produção de $PGH_2$, o precursor de outras prostaglandinas e tromboxanos. (b) O ácido acetilsalicílico inibe a primeira reação da via por acetilação de um resíduo de Ser essencial na enzima. O ibuprofeno e o naproxeno inibem a mesma etapa, provavelmente simulando a estrutura do substrato ou de um intermediário da reação.

O nome "aspirina" (*a* de acetil e *spir* de *Spirsaüre*, a palavra alemã para os salicilatos preparados a partir da planta *Spiraea ulmaria*) surgiu em 1899, quando o fármaco foi introduzido no mercado pela companhia Bayer. O ácido acetilsalicílico inativa irreversivelmente a atividade de cicloxigenase das duas isoenzimas da COX, acetilando um resíduo de Ser e bloqueando os sítios ativos dessas enzimas. Em consequência, a síntese de prostaglandinas e tromboxanos é inibida. O ibuprofeno e o naproxeno, outros fármacos anti-inflamatórios não esteroides (AINE; Fig. 21-15b) que são amplamente utilizados, inibem o mesmo par de enzimas. No entanto, a inibição da COX-1 pode resultar em efeitos colaterais indesejáveis, como irritação estomacal e condições mais graves. Na década de 1990, foram desenvolvidos compostos AINE com maior especificidade para a COX-2, para uso em terapias avançadas de dores intensas. Três desses fármacos foram aprovados para uso em todo o mundo: rofecoxibe, valdecoxibe e celecoxibe. No entanto, embora inicialmente considerados um sucesso, rofecoxibe e valdecoxibe foram retirados do mercado quando relatos de campo e estudos clínicos relacionaram o uso dos fármacos com o aumento do risco de infarto agudo do miocárdio e acidente vascular cerebral. O celecoxibe ainda está no mercado, mas é usado com cuidado aumentado. As razões detalhadas para os problemas com esses fármacos ainda não estão claras, mas esses fatos servem como uma nota de cautela. Estamos cada vez mais cientes da complexidade da rede de interações entre esses sinalizadores, e é difícil prever as consequências de usar alguns componentes específicos dessas redes como alvos farmacêuticos.

A **tromboxano-sintase**, presente nas plaquetas sanguíneas (trombócitos), converte $PGH_2$ em tromboxano $A_2$, do qual são derivados outros **tromboxanos** da série 2 (Fig. 21-15a). Os tromboxanos da série 2 induzem a constrição dos vasos sanguíneos e a agregação plaquetária, etapas iniciais na coagulação sanguínea. Baixas doses de ácido acetilsalicílico ingeridas regularmente reduzem a probabilidade de infartos agudos do miocárdio e de acidentes vasculares cerebrais pela redução da produção de tromboxanos. ∎

Os tromboxanos, assim como as prostaglandinas, contêm um anel de 5 ou 6 átomos; a via a partir do araquidonato que leva a essas duas classes de compostos da série 2 é algumas vezes chamada de via "cíclica", para distingui-la da via "linear" que leva do araquidonato aos **leucotrienos**, que são compostos lineares (**Fig. 21-16**). A síntese dos leucotrienos inicia-se com a ação de diversas lipoxigenases que catalisam a incorporação do oxigênio molecular ao araquidonato. Essas enzimas, encontradas em leucócitos,

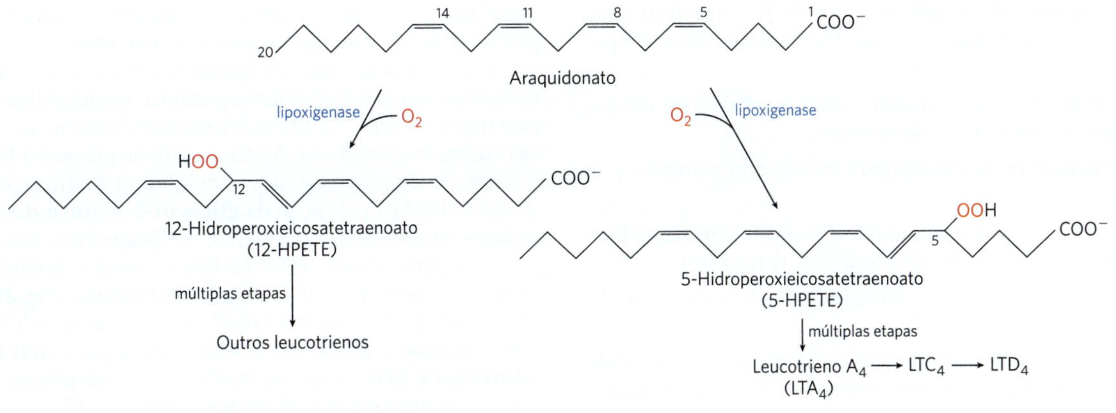

**FIGURA 21-16** A via "linear" do araquidonato até os leucotrienos.

no coração, no encéfalo, nos pulmões e no baço, são oxidases de função mista da família do citocromo P-450 (ver Quadro 21-1). Os diversos leucotrienos diferem na posição do grupo peróxido introduzido pelas lipoxigenases. A via linear a partir do araquidonato, ao contrário da via cíclica, não é inibida pelo ácido acetilsalicílico ou outros compostos AINE.

Organismos patogênicos, assim como agentes irritantes, como alguns poluentes do ar e a fumaça do tabaco, disparam uma resposta inflamatória no tecido afetado, a qual consiste em duas fases: início e resolução (retorno ao estado normal). Eicosanoides da família ômega-6 são fundamentais para a fase inicial – eles desempenham papéis cruciais no recrutamento de leucócitos, tornando os vasos sanguíneos mais permeáveis e estimulando a quimiotaxia e a migração de células do sistema imune. À medida que a fonte da lesão tecidual é controlada, a inflamação deve diminuir, e o tecido volta ao seu estado normal. A resolução da inflamação, chamada **catábase**, é promovida por diversas classes de moléculas sinalizadoras, e os leucotrienos e prostaglandinas são especialmente proeminentes. Muitos eicosanoides da família ômega-3 (incluindo tromboxanos e prostaglandinas da série 3) são anti-inflamatórios, embora a classificação não seja absoluta; eicosanoides individuais podem ser inflamatórios em um tecido e anti-inflamatórios em outro.

A catábase também é promovida por um conjunto de eicosanoides denominados **mediadores especializados pró-resolução (SPM)**. A primeira família desses mediadores a ser descoberta foram as **lipoxinas**, seguidas, mais recentemente, pelas resolvinas, protectinas e maresinas. Todos os SPM são derivados de ácidos graxos essenciais (Fig. 21-12). Eles afetam alvos celulares e teciduais diferentes de modos distintos. A soma das suas ações promove a remoção de restos celulares, micróbios e células mortas, restaurando a integridade dos vasos sanguíneos e regenerando os tecidos. Determinados SPM também reduzem a dor e a febre e desempenham papéis na resolução da inflamação tecidual, que pode levar ao diabetes, à obesidade ou à asma. Assim, pesquisas futuras acerca dos SPM apresentam potencial para o desenvolvimento de novos alvos farmacêuticos. ∎

As plantas também produzem importantes moléculas sinalizadoras a partir de ácidos graxos. Como nos animais, uma etapa crucial para se iniciar a sinalização é a ativação de uma fosfolipase específica. Em plantas, o ácido graxo substrato da via, que é liberado pela ação da fosfolipase, é o $\alpha$-linolenato. A lipoxigenase, então, catalisa a primeira etapa em uma via que converte o $\alpha$-linolenato em jasmonato, uma substância conhecida por ter papéis de sinalização na defesa contra insetos, resistência a fungos patógenos e maturação do pólen. O jasmonato também afeta a germinação de sementes, o crescimento de raízes e o desenvolvimento de frutos e sementes.

### RESUMO 21.1 Biossíntese de ácidos graxos e eicosanoides

■ A malonil-CoA, um importante precursor dos ácidos graxos, é sintetizada pela ação da acetil-CoA-carboxilase.

■ Iniciando com a malonil-CoA e a acetil-CoA, os ácidos graxos são sintetizados em um ciclo de quatro etapas que se repete.

■ Os ácidos graxos saturados de cadeia longa são sintetizados a partir de acetil-CoA por um sistema citosólico de seis atividades enzimáticas e uma proteína transportadora de grupos acila (ACP). Existem dois tipos de ácido graxo-sintases. A AGS I, encontrada em vertebrados e fungos, consiste em polipeptídeos multifuncionais. A AGS II é um sistema dissociado, encontrado em bactérias e plantas. Ambas contêm dois tipos de grupos —SH (um fornecido pela fosfopanteteína da ACP, e o outro, por um resíduo de Cys da $\beta$-cetoacil-ACP-sintase) que funcionam como transportadores de intermediários acil-graxo.

■ A malonil-ACP, formada a partir de acetil-CoA (transportada para fora da mitocôndria) e $CO_2$, condensa-se com um grupo acetila ligado ao —SH da Cys, gerando acetoacetil-ACP, com a liberação de $CO_2$. Essa etapa é seguida de redução, produzindo o derivado D-$\beta$-hidroxiacila, desidratação a trans-$\Delta^2$-acil-ACP insaturada e redução a butiril-ACP. O NADPH é o doador de elétrons para ambas as reduções. A síntese dos ácidos graxos é regulada na etapa de formação de malonil-CoA.

■ Mais seis moléculas de malonil-ACP reagem sucessivamente na extremidade carboxila da cadeia do ácido graxo em crescimento, formando palmitoil-ACP – o produto final da reação da ácido graxo-sintase. O palmitato é liberado por hidrólise.

- A síntese de ácidos graxos ocorre no citosol de células animais e no cloroplasto de vegetais.

- O acetato é transportado para fora da mitocôndria como citrato.

- A síntese de ácidos graxos é fortemente regulada, principalmente pela regulação da acetil-CoA-carboxilase.

- O palmitato pode ser alongado a estearato, com 18 carbonos.

- Palmitato e estearato podem ser dessaturados, gerando palmitoleato e oleato, respectivamente, pela ação de oxidases de função mista.

- Os mamíferos não podem sintetizar linoleato e devem obtê-lo a partir de fontes vegetais; eles convertem o linoleato exógeno em araquidonato, o composto precursor dos eicosanoides (prostaglandinas, tromboxanos, leucotrienos e mediadores especializados pró-resolução), uma família de moléculas de sinalização muito potente. A síntese das prostaglandinas e dos tromboxanos é inibida pelos AINE que atuam sobre a atividade de cicloxigenase da prostaglandina $H_2$-sintase.

## 21.2 Biossíntese de triacilgliceróis

**P1** A maior parte dos ácidos graxos sintetizados ou ingeridos por um organismo possui um de dois destinos, dependendo das necessidades do organismo: a incorporação a triacilgliceróis para o armazenamento de energia metabólica ou a incorporação aos componentes fosfolipídicos da membrana. Durante o crescimento rápido, a síntese de novas membranas requer a produção de fosfolipídeos de membrana; quando um organismo dispõe de suprimento abundante de alimento, mas não está crescendo ativamente, ele desvia a maior parte dos ácidos graxos para a síntese das gorduras de reserva. As duas vias iniciam no mesmo ponto: a formação de ésteres de acila com o glicerol. Esta seção aborda a formação de triacilgliceróis e a sua regulação, bem como a produção de glicerol-3-fosfato no processo de gliceroneogênese.

### Os triacilgliceróis e os glicerofosfolipídeos são sintetizados a partir dos mesmos precursores

Os animais são capazes de sintetizar e estocar grandes quantidades de triacilgliceróis para serem utilizados posteriormente como combustível (ver Quadro 17-1). Os seres humanos estocam apenas poucas centenas de gramas de glicogênio no fígado e nos músculos, quantidade suficiente apenas para suprir as necessidades energéticas do corpo por 12 horas. Em contrapartida, um humano de 70 kg armazena cerca de 15 kg de triacilglicerol em seus tecidos, o suficiente para suprir as necessidades energéticas basais por aproximadamente 12 semanas (ver Tabela 23-5). Os triacilgliceróis apresentam o maior conteúdo energético entre todos os nutrientes estocados – mais de 38 kJ/g. Sempre que os carboidratos são ingeridos em excesso à capacidade de armazenamento de glicogênio do organismo, esse excesso é convertido em triacilgliceróis e armazenado no tecido adiposo. Os vegetais também sintetizam triacilgliceróis como combustível rico em energia, e eles são armazenados principalmente nos frutos, nas nozes e nas sementes.

Nos tecidos animais, os triacilgliceróis e os glicerofosfolipídeos, como a fosfatidiletanolamina, compartilham dois precursores (acil-CoA graxa e L-glicerol-3-fosfato) e diversas etapas biossintéticas. A maior parte do glicerol-3-fosfato é derivada do intermediário glicolítico di-hidroxiacetona-fosfato (DHAP) pela ação da **glicerol-3-fosfato-desidrogenase** citosólica ligada ao NAD; no fígado e nos rins, uma pequena parte do glicerol-3-fosfato também é produzida a partir do glicerol pela ação da **glicerol-cinase** (**Fig. 21-17**). Os outros precursores dos triacilgliceróis são acil-CoA graxas, formadas a partir dos ácidos graxos pelas **acil-CoA-sintetases**, as mesmas enzimas responsáveis pela ativação dos ácidos graxos para a β-oxidação (ver Fig. 17-5).

A primeira etapa na biossíntese dos triacilgliceróis é a acilação dos dois grupos hidroxila livres do L-glicerol-3-fosfato por duas moléculas de acil-CoA graxa, gerando **diacilglicerol-3-fosfato**, mais comumente chamado de **ácido fosfatídico** ou fosfatidato (Fig. 21-17). O ácido fosfatídico está presente apenas em quantidades muito pequenas na célula, mas é um intermediário central na biossíntese dos lipídeos; ele pode ser convertido tanto em um triacilglicerol quanto em um glicerofosfolipídeo. Na via de síntese de triacilgliceróis, o ácido fosfatídico é hidrolisado pela **ácido fosfatídico-fosfatase** (também chamada de lipina), formando 1,2-diacilglicerol (**Fig. 21-18**). Os diacilgliceróis são, então, convertidos em triacilgliceróis por transesterificação com um terceiro acil-CoA graxa.

### A biossíntese de triacilgliceróis nos animais é regulada por hormônios

Em seres humanos, a quantidade de gordura corporal permanece relativamente constante por longos períodos, embora possam ocorrer pequenas variações em curtos espaços de tempo, à medida que a ingestão calórica flutua. A biossíntese e a degradação de triacilgliceróis são reguladas para satisfazer às necessidades metabólicas em um dado momento. A velocidade da biossíntese dos triacilgliceróis é profundamente alterada pela ação de diversos hormônios. A insulina, por exemplo, promove a conversão de carboidratos em triacilgliceróis (**Fig. 21-19**). Pessoas com diabetes *mellitus* grave devido à falha na secreção ou na ação da insulina, além de não serem capazes de utilizar glicose de modo apropriado, falham em sintetizar ácidos graxos a partir de carboidratos ou aminoácidos. Se o diabetes não é tratado, essas pessoas apresentam velocidade aumentada da oxidação de gorduras e da formação de corpos cetônicos (Capítulo 17) e, assim, perdem peso. ■

Aproximadamente 75% de todos os ácidos graxos liberados pela degradação de triacilgliceróis (lipólise) são resterificados para formar triacilgliceróis, em vez de serem utilizados como combustível. Essa relação persiste mesmo em condições de jejum, quando o metabolismo energético é desviado da utilização de carboidratos para a oxidação de ácidos graxos. Parte dessa reciclagem dos ácidos graxos ocorre no tecido adiposo, com a reesterificação ocorrendo antes da liberação na corrente sanguínea; uma parte ocorre em um ciclo sistêmico, pelo qual os ácidos graxos livres são transportados ao fígado, reciclados em triacilgliceróis, exportados mais uma vez para o sangue (o transporte de

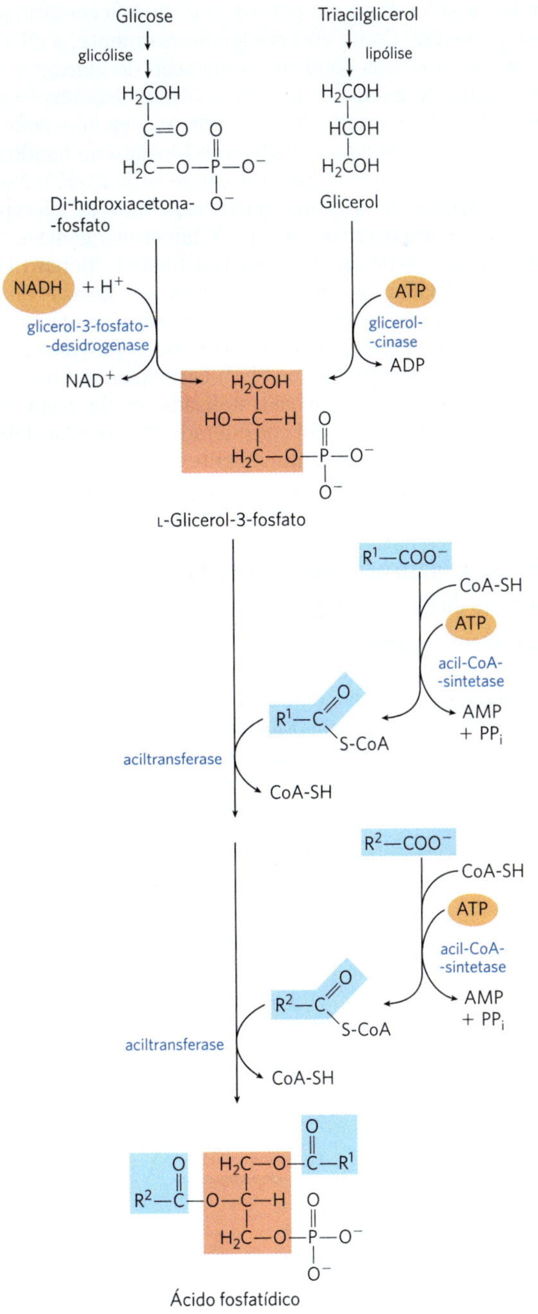

## 21.2 BIOSSÍNTESE DE TRIACILGLICERÓIS

**FIGURA 21-17 Biossíntese do ácido fosfatídico.** Um grupo acil-graxo é ativado pela formação de acil-CoA, sendo, então, transferido, formando uma ligação éster com o L-glicerol-3-fosfato, produzido em qualquer uma das duas vias mostradas. O ácido fosfatídico está mostrado aqui com a estereoquímica correta (L) no C-2 da molécula do glicerol. (O produto intermediário com apenas um grupo acil-graxo esterificado é o ácido lisofosfatídico.) Para economizar espaço nas figuras subsequentes (e na Fig. 21-14), ambos os grupos acil-graxos dos glicerofosfolipídeos e todos os três grupos acila dos triacilgliceróis são mostrados projetando-se para a direita.

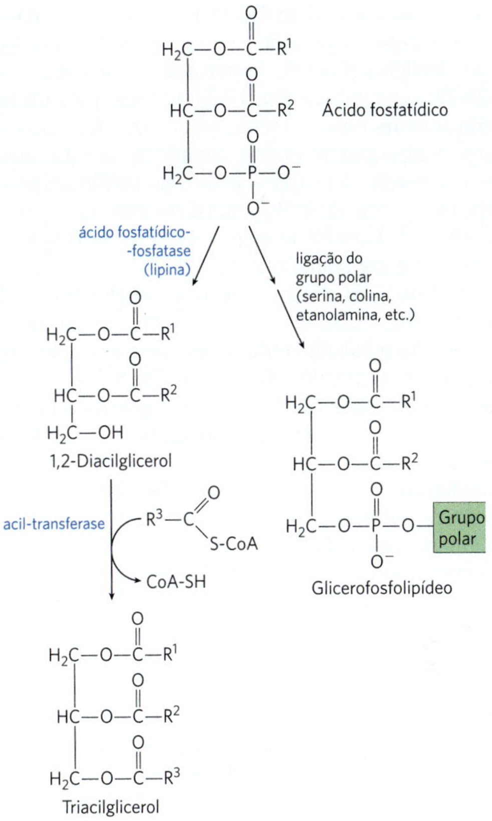

**FIGURA 21-18 Ácido fosfatídico na biossíntese de lipídeos.** O ácido fosfatídico é o precursor tanto dos triacilgliceróis como dos glicerofosfolipídeos. Os mecanismos para a ligação do grupo polar durante a síntese dos fosfolipídeos serão descritos posteriormente nesta seção.

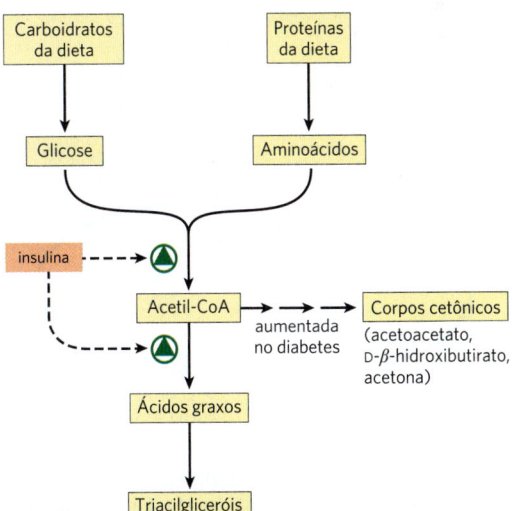

**FIGURA 21-19 Regulação da síntese de triacilgliceróis pela insulina.** A insulina estimula a conversão dos carboidratos e das proteínas da dieta em gordura. As pessoas com diabetes *mellitus* não apresentam insulina ou são insensíveis a ela. Isso resulta em diminuição da síntese de ácidos graxos, e a acetil-CoA proveniente do catabolismo dos carboidratos e das proteínas é desviada para a produção de corpos cetônicos. Pessoas com cetose grave apresentam hálito cetônico, de modo que essa condição é, às vezes, confundida com embriaguez.

lipídeos no sangue é discutido na Seção 21.4) e captados novamente pelo tecido adiposo após a sua liberação a partir dos triacilgliceróis pela lipoproteína-lipase extracelular (**Fig. 21-20**; ver também Fig. 17-1). O fluxo pelo **ciclo dos triacilgliceróis** entre o tecido adiposo e o fígado pode ser bastante lento quando outros combustíveis estão disponíveis e a liberação dos ácidos graxos do tecido adiposo é limitada, mas, como descrito anteriormente, a proporção de ácidos graxos liberados que são reesterificados permanece mais ou menos constante em cerca de 75% em todas as condições metabólicas. Assim, o nível de ácidos graxos livres no sangue reflete tanto a velocidade de liberação dos ácidos graxos quanto o balanço entre a síntese e a degradação dos triacilgliceróis no tecido adiposo e no fígado.

Quando a mobilização dos ácidos graxos é necessária para satisfazer às necessidades energéticas, a sua liberação do tecido adiposo é estimulada pelos hormônios glucagon e adrenalina (ver Figs. 17-2 e 17-13). De forma simultânea, esses sinais hormonais diminuem a velocidade da glicólise e aumentam a velocidade da gliconeogênese no fígado (provendo glicose para o encéfalo, como descrito de forma mais detalhada no Capítulo 23). Os ácidos graxos liberados são captados por diversos tecidos, incluindo os músculos, onde são oxidados para a geração de energia. A maior parte do ácido graxo captado pelo fígado não é oxidada, mas sim reciclada a triacilglicerol, para, então, retornar ao tecido adiposo.

A função desse ciclo aparentemente fútil dos triacilgliceróis não está bem compreendida, porém, à medida que aprendemos mais acerca de como o ciclo é mantido via metabolismo em dois órgãos diferentes e como é regulado de forma coordenada, algumas possibilidades emergem. Por exemplo, o excesso da capacidade do ciclo do triacilglicerol (o ácido graxo que é reconvertido em triacilglicerol, e não oxidado como combustível) poderia representar uma reserva de energia na corrente sanguínea durante o jejum, a qual seria mais rapidamente mobilizada em uma emergência do tipo "luta ou fuga" do que a mobilização da energia armazenada na forma de triacilglicerol.

A reciclagem constante dos triacilgliceróis no tecido adiposo, mesmo durante o jejum, faz surgir uma segunda pergunta: qual é a fonte do glicerol-3-fosfato necessário para esse processo? Como observado anteriormente, a glicólise é suprimida nessas condições pela ação do glucagon e da adrenalina, de modo que há pouca DHAP disponível. O glicerol liberado durante a lipólise, por sua vez, não pode ser convertido diretamente em glicerol-3-fosfato no tecido adiposo, que não dispõe de glicerol-cinase (Fig. 21-17). Assim, como é produzida uma quantidade suficiente de glicerol-3--fosfato? A resposta está na via de gliceroneogênese, descoberta na década de 1960 por Lea Reshef, Richard Hanson e John Ballard e, simultaneamente, por Eleazar Shafrir e colaboradores. Os pesquisadores ficaram intrigados pela presença de enzimas da gliconeogênese, a piruvato-carboxilase e a fosfoenolpiruvato (PEP)-carboxicinase, no tecido adiposo, onde a glicose não é sintetizada. Ainda assim, a importância dessa via não foi considerada até décadas depois. A gliceroneogênese está intimamente ligada ao ciclo do triacilglicerol e, em um sentido mais amplo, ao equilíbrio entre o metabolismo dos ácidos graxos e o dos carboidratos.

## O tecido adiposo gera glicerol-3-fosfato por meio da gliceroneogênese

A **gliceroneogênese** é uma versão mais curta da gliconeogênese, partindo de piruvato a DHAP (ver Fig. 14-16), seguida pela conversão de DHAP em glicerol-3-fosfato pela enzima citosólica glicerol-3-fosfato-desidrogenase ligada ao NAD (**Fig. 21-21**). Depois, o glicerol-3-fosfato é utilizado na

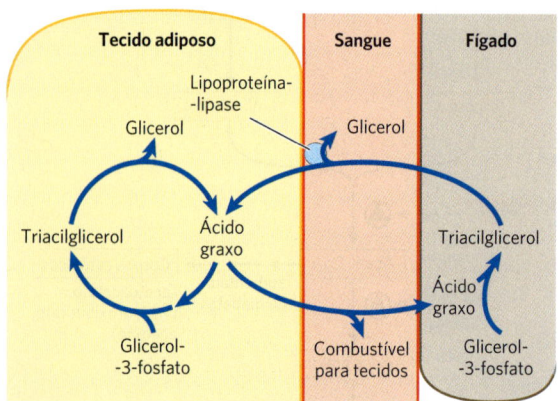

**FIGURA 21-20 Ciclo do triacilglicerol.** Em mamíferos, as moléculas de triacilglicerol são degradadas e ressintetizadas no ciclo do triacilglicerol durante o jejum. Parte dos ácidos graxos liberados pela lipólise dos triacilgliceróis no tecido adiposo passa para a corrente sanguínea, e o restante é utilizado para ressintetizar triacilglicerol. Parte dos ácidos graxos liberados no sangue é utilizada para fornecer energia (p. ex., no músculo), e parte é captada pelo fígado e utilizada para a síntese de triacilgliceróis. O triacilglicerol formado no fígado é transportado pelo sangue de volta ao tecido adiposo, onde os ácidos graxos são liberados pela lipoproteína-lipase extracelular, captados pelos adipócitos e reesterificados em triacilgliceróis.

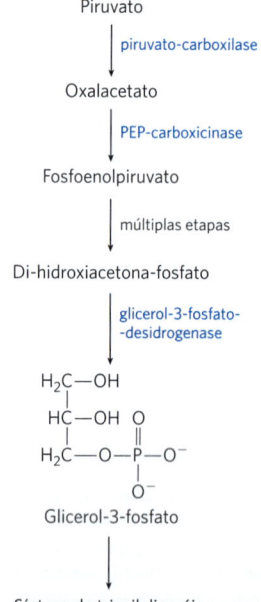

**FIGURA 21-21 Gliceroneogênese.** Em essência, a via é uma versão resumida da gliconeogênese, partindo do piruvato até di-hidroxiacetona-fosfato (DHAP), seguida pela conversão de DHAP em glicerol-3-fosfato, utilizado para a síntese dos triacilgliceróis.

síntese de triacilglicerol. Existe uma relação entre a gliceroneogênese e o diabetes tipo 2, como será visto.

A gliceroneogênese desempenha múltiplas funções. No tecido adiposo, a gliceroneogênese, acoplada à reesterificação dos ácidos graxos livres, controla a velocidade de liberação dos ácidos graxos no sangue. No tecido adiposo marrom, a mesma via pode controlar a velocidade pela qual os ácidos graxos livres são enviados para a mitocôndria para utilização na termogênese. Nos seres humanos em jejum, a gliceroneogênese no fígado responde sozinha pela síntese de glicerol-3-fosfato suficiente para até 65% dos ácidos graxos reesterificados em triacilglicerol.

O fluxo pelo ciclo do triacilglicerol entre o fígado e o tecido adiposo é controlado, em grande parte, pela atividade da PEP-carboxicinase, que limita a velocidade da gliconeogênese e da gliceroneogênese. Os hormônios glicocorticoides, como o cortisol (esteroide biológico derivado do colesterol; ver Fig. 21-48) e a dexametasona (um glicocorticoide sintético), regulam os níveis de PEP-carboxicinase reciprocamente no fígado e no tecido adiposo. Atuando nos receptores de glicocorticoides, esses hormônios esteroides aumentam a expressão do gene que codifica a PEP-carboxicinase no fígado, aumentando a gliconeogênese e a gliceroneogênese (**Fig. 21-22**).

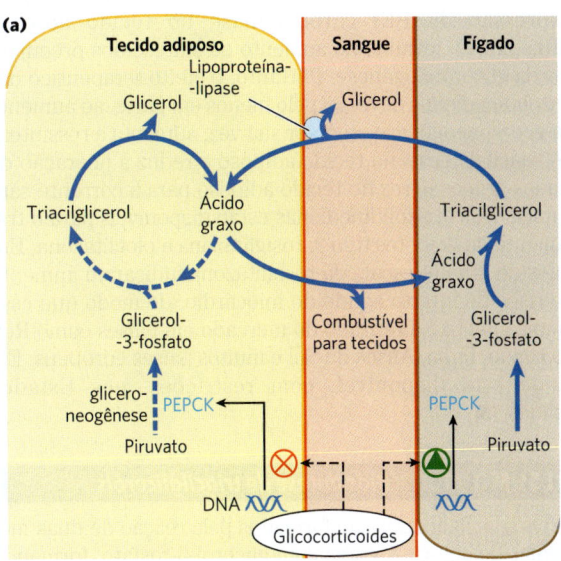

A estimulação da gliceroneogênese leva ao aumento da síntese de moléculas de triacilglicerol no fígado e à sua liberação na corrente sanguínea. Ao mesmo tempo, no tecido adiposo, os glicocorticoides suprimem a expressão do gene que codifica a PEP-carboxicinase. Isso resulta em um decréscimo na gliceroneogênese no tecido adiposo. Assim, ocorre a diminuição da reciclagem dos ácidos graxos, e mais ácidos graxos livres são liberados no sangue. A regulação da gliceroneogênese no fígado e no tecido adiposo, então, afeta de formas opostas o metabolismo lipídico: uma menor taxa de gliceroneogênese no tecido adiposo leva a uma maior quantidade de ácidos graxos liberados (e não reciclados), ao passo que uma velocidade alta no fígado leva a uma maior síntese e exportação de triacilgliceróis. O resultado líquido é o aumento do fluxo por meio do ciclo dos triacilgliceróis. Quando os glicocorticoides não estão mais presentes, o fluxo pelo ciclo diminui, já que a expressão da PEP-carboxicinase aumenta no tecido adiposo e diminui no fígado.

## As tiazolidinedionas atuam no tratamento do diabetes tipo 2 aumentando a gliceroneogênese

A conexão entre a gliceroneogênese e o diabetes estimulou um novo interesse nessa via. Os altos níveis de ácidos graxos livres no sangue interferem na utilização da glicose nos músculos e promovem a resistência à insulina, que leva ao diabetes tipo 2. Uma classe de fármacos

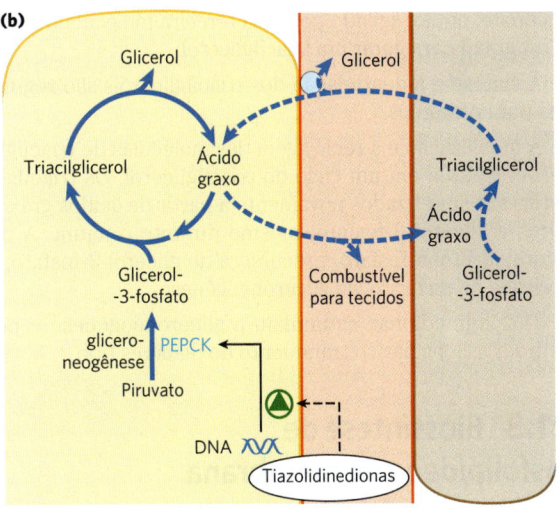

**FIGURA 21-22 Regulação da gliceroneogênese.** (a) Os hormônios glicocorticoides estimulam a gliceroneogênese e a gliconeogênese no fígado, enquanto suprimem a gliceroneogênese no tecido adiposo (pela regulação recíproca do gene que expressa a PEP-carboxicinase, PEPCK, nos dois tecidos); isso aumenta o fluxo pelo ciclo do triacilglicerol. O glicerol formado pela degradação dos triacilgliceróis no tecido adiposo é liberado no sangue e transportado para o fígado, onde é convertido principalmente em glicose, embora uma parte dele seja convertida em glicerol-3-fosfato pela glicerol-cinase. (b) Uma classe de fármacos, chamados de tiazolidinedionas, é utilizada no tratamento do diabetes tipo 2. Nessa doença, os altos níveis de ácidos graxos livres no sangue interferem na utilização da glicose nos músculos e promovem resistência à insulina. As tiazolidinedionas ativam um receptor nuclear, chamado de receptor ativado pelo proliferador do peroxissomos γ (PPARγ), que induz a atividade da PEP-carboxicinase. De modo terapêutico, as tiazolidinedionas elevam a velocidade da gliceroneogênese, aumentando a ressíntese de triacilglicerol no tecido adiposo e reduzindo a quantidade de ácido graxo livre na corrente sanguínea. Em ambos os painéis, as linhas tracejadas identificam vias nas quais o fluxo declina nas condições indicadas.

chamados de **tiazolidinedionas** reduz os níveis dos ácidos graxos circulantes no sangue e aumenta a sensibilidade à insulina. As tiazolidinedionas promovem o aumento da expressão da PEP-carboxicinase no tecido adiposo (Fig. 21-22), levando ao aumento da síntese dos precursores da gliceroneogênese. Portanto, o efeito terapêutico das tiazolidinedionas deve-se, pelo menos em parte, ao aumento da gliceroneogênese, que por sua vez, aumenta a ressíntese de triacilgliceróis no tecido adiposo e reduz a liberação de ácidos graxos livres do tecido adiposo para a corrente sanguínea. Duas tiazolidinedionas estão disponíveis para o tratamento do diabetes tipo 2: rosiglitazona e pioglitazona. Ensaios de grande escala da rosiglitazona indicaram aumento do risco de infarto agudo do miocárdio, de modo que esse medicamento foi retirado do mercado em países como Reino Unido, Índia, África do Sul e muitos países europeus. Ela ainda está disponível, com restrições, nos Estados Unidos. ■

### RESUMO 21.2  Biossíntese de triacilgliceróis

■ Os triacilgliceróis são formados pela reação de duas moléculas de acil-CoA graxa com glicerol-3-fosfato, formando ácido fosfatídico; esse produto é desfosforilado a um diacilglicerol e, então, acilado por uma terceira molécula de acil-CoA graxo para gerar um triacilglicerol.

■ A síntese e a degradação dos triacilgliceróis são reguladas por hormônios.

■ A mobilização e a reciclagem das moléculas de triacilglicerol resultam em um ciclo do triacilglicerol. Os triacilgliceróis são sintetizados novamente a partir de ácidos graxos livres e glicerol-3-fosfato, mesmo durante o jejum. A di-hidroxiacetona-fosfato, precursora do glicerol-3-fosfato, é derivada do piruvato via gliceroneogênese.

■ Tiazolidinedionas estimulam a gliceroneogênese e podem ser usadas para o tratamento do diabetes tipo 2.

## 21.3 Biossíntese de fosfolipídeos de membrana

No Capítulo 10, foram apresentadas duas importantes classes de fosfolipídeos de membrana: glicerofosfolipídeos e esfingolipídeos. Muitas espécies diferentes de fosfolipídeos podem ser construídas pela combinação de diversos ácidos graxos e grupos que funcionam como cabeças polares utilizando o esqueleto de glicerol ou de esfingosina (ver Figs. 10-8 e 10-11). Todas as vias biossintéticas seguem alguns padrões básicos. Em geral, a formação dos fosfolipídeos a partir de precursores simples requer: (1) síntese da molécula do esqueleto (glicerol ou esfingosina); (2) união do(s) ácido(s) graxo(s) ao esqueleto por meio de uma ligação éster ou amida; (3) adição de um grupo hidrofílico (cabeça polar) ao esqueleto por uma ligação fosfodiéster; e, em alguns casos, (4) alteração ou troca do grupo polar ou dos ácidos graxos, gerando o produto final fosfolipídico.

Em células eucarióticas, a síntese dos fosfolipídeos ocorre principalmente sobre a superfície do RE liso e da membrana interna da mitocôndria. Alguns fosfolipídeos recém-formados permanecem no local de síntese, mas a maior parte é destinada a outras localizações celulares. Uma vez em seu destino, os fosfolipídeos podem ser remodelados dentro das membranas para alterar os ácidos graxos constituintes. O processo pelo qual os fosfolipídeos insolúveis em água se movem do local de síntese para o ponto onde desempenharão suas funções não é totalmente conhecido, mas serão discutidos alguns mecanismos que emergiram nos últimos anos.

### As células dispõem de duas estratégias para ligar as cabeças polares dos fosfolipídeos

O estágio 1 da síntese dos glicerofosfolipídeos é compartilhado com a via de síntese dos triacilgliceróis, a formação do glicerol-3-fosfato por meio de uma das duas vias mostradas na Figura 21-17. No estágio 2, grupos acila graxa são esterificados a C-1 e C-2 do L-glicerol-3-fosfato, formando ácido fosfatídico. Em geral, o ácido graxo em C-1 é saturado, e aquele em C-2 é insaturado. Uma segunda via de síntese do ácido fosfatídico é a fosforilação de um diacilglicerol por uma cinase específica.

Nos estágios 3 e 4, o grupo polar dos glicerofosfolipídeos é unido por meio de uma ligação fosfodiéster, em que cada uma das duas hidroxilas alcoólicas (uma no grupo que forma a cabeça polar e a outra no C-3 do glicerol) forma um éster com o ácido fosfórico (**Fig. 21-23**). No processo biossintético, uma das hidroxilas é inicialmente ativada pela ligação a um nucleotídeo, a citidina-difosfato (CDP). A citidina-monofosfato (CMP) é, então, deslocada por um ataque nucleofílico da outra hidroxila (**Fig. 21-24**). As duas estratégias são empregadas pelos mamíferos. A CDP é acoplada

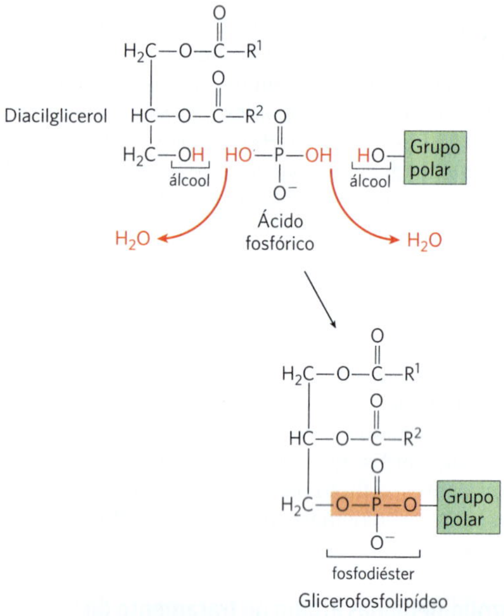

**FIGURA 21-23  Estágios finais da biossíntese de glicerofosfolipídeos: ligação da cabeça polar.** O grupo polar do fosfolipídeo é acoplado ao diacilglicerol por meio de uma ligação fosfodiéster (sombreada em vermelho-claro), formada quando o ácido fosfórico é condensado com dois álcoois, eliminando duas moléculas de $H_2O$.

Eugene P. Kennedy, 1919-2011
[Cortesia da família de EPK.]

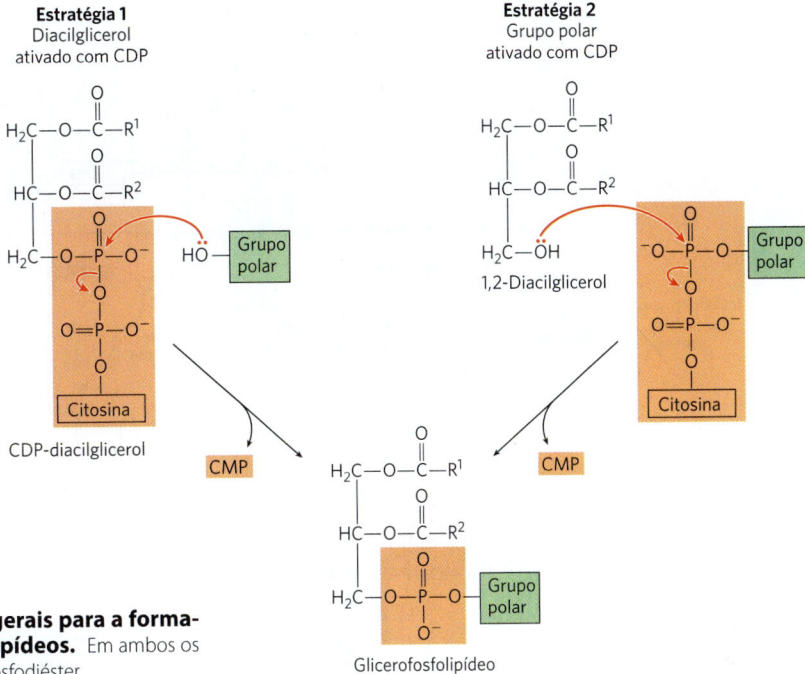

**FIGURA 21-24** **Duas estratégias gerais para a formação da ligação fosfodiéster dos fosfolipídeos.** Em ambos os casos, CDP fornece o grupo fosfato da ligação fosfodiéster.

ao diacilglicerol, formando o ácido fosfatídico ativado **CDP-diacilglicerol** (estratégia 1), ou à hidroxila do grupo polar (estratégia 2). A importância central dos nucleotídeos de citidina na biossíntese dos lipídeos foi descoberta por Eugene P. Kennedy no final da década de 1950, e essa via é geralmente chamada de via Kennedy. As bactérias utilizam apenas a estratégia 1 para produzir glicerofosfolipídeos.

### As vias para a biossíntese de lipídeos mostram inter-relação

Nos eucariotos, muitos fosfolipídeos são sintetizados usando a estratégia 1 na Figura 21-24, e muitas das vias começam com o CDP-diacilglicerol. A síntese do **fosfatidilglicerol** fornece nosso primeiro exemplo. Iniciando com o CDP-diacilglicerol (**Fig. 21-25**), o deslocamento do CMP pelo ataque nucleofílico da hidroxila em C-1 do glicerol-3-fosfato produz fosfatidilglicerol-3-fosfato. Este último sofre um processamento adicional pela clivagem do monoéster de fosfato (com a liberação de $P_i$), gerando fosfatidilglicerol.

Nos eucariotos, a **cardiolipina** é um fosfolipídeo relativamente incomum, encontrado quase exclusivamente na membrana interna da mitocôndria. Conforme descrito a seguir, a cardiolipina é importante nas bactérias, e sua presença na mitocôndria é provavelmente uma relíquia relacionada com as origens bacterianas dessas organelas. A cardiolipina é essencial para a função de algumas enzimas mitocondriais. Ela também é sintetizada usando a estratégia 1, pela condensação de CDP-diacilglicerol com fosfatidilglicerol (Fig. 21-25).

O **fosfatidilinositol** é sintetizado de modo semelhante pela condensação de CDP-diacilglicerol com inositol (Fig. 21-25). **Fosfatidilinositol-cinases** específicas convertem, então, o fosfatidilinositol em seus derivados fosforilados. O fosfatidilinositol e seus produtos fosforilados localizados na membrana plasmática exercem uma função central na transdução de sinal em eucariotos (ver Figs. 12-11, 12-15 e 12-23).

As leveduras (mas não os mamíferos) usam uma via similar para produzir **fosfatidilserina** pela condensação de CDP-diacilglicerol com serina e podem sintetizar **fosfatidiletanolamina** a partir de fosfatidilserina em uma reação catalisada pela fosfatidilserina-descarboxilase (Fig. 21-25). Essa via de síntese de fosfatidiletanolamina ocorre principalmente na mitocôndria, embora esse lipídeo seja transportado dali para outras membranas celulares. A fosfatidiletanolamina pode ser convertida em **fosfatidilcolina** (lecitina) pela adição de três grupos metila ao seu grupo amino; a S-adenosilmetionina é o doador de grupos metila (ver Fig. 18-18) para todas as três reações de metilação.

Em mamíferos, a estratégia 2 (Fig. 21-24) é utilizada para a síntese de fosfatidiletanolamina e fosfatidilcolina nas membranas do RE e no núcleo. A ativação do grupo que forma a cabeça polar pela formação de um derivado do CDP é seguida pela condensação com o diacilglicerol, como mostrado para a fosfatidilcolina (**Fig. 21-26a**). Essas vias servem para reciclar etanolamina e colina livres. A síntese de fosfatidilserina nos mamíferos, em contrapartida, não utiliza as estratégias mostradas na Figura 21-24; em vez disso, ela é derivada da fosfatidiletanolamina ou da fosfatidilcolina por meio de uma de duas reações de troca do grupo polar que ocorrem no RE (Fig. 21-26b). Essas reações geram,

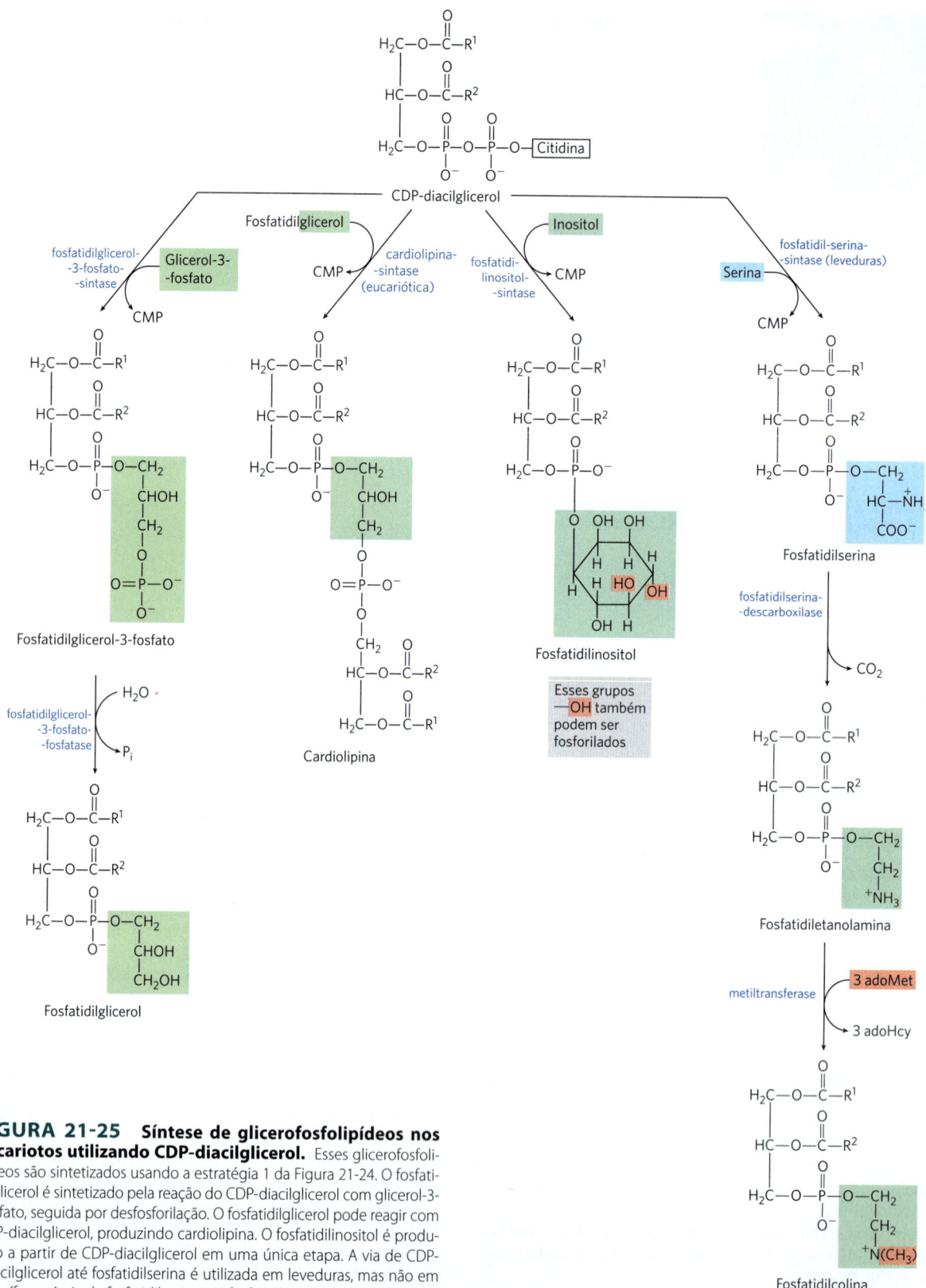

**FIGURA 21-25 Síntese de glicerofosfolipídeos nos eucariotos utilizando CDP-diacilglicerol.** Esses glicerofosfolipídeos são sintetizados usando a estratégia 1 da Figura 21-24. O fosfatidilglicerol é sintetizado pela reação do CDP-diacilglicerol com glicerol-3--fosfato, seguida por desfosforilação. O fosfatidilglicerol pode reagir com CDP-diacilglicerol, produzindo cardiolipina. O fosfatidilinositol é produzido a partir de CDP-diacilglicerol em uma única etapa. A via de CDP--diacilglicerol até fosfatidilserina é utilizada em leveduras, mas não em mamíferos. A via de fosfatidilserina até fosfatidiletanolamina e fosfatidilcolina é comum a todos os eucariotos.

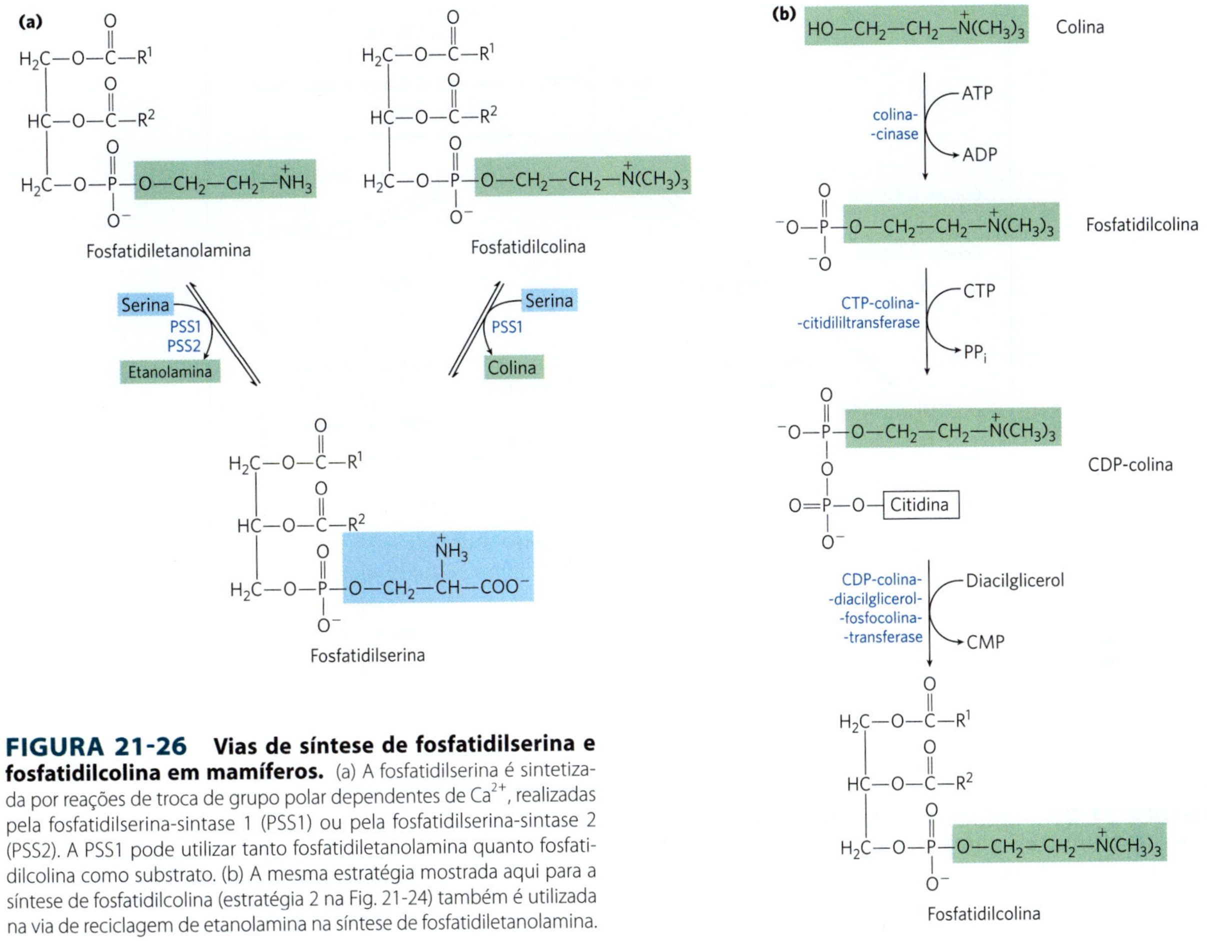

**FIGURA 21-26 Vias de síntese de fosfatidilserina e fosfatidilcolina em mamíferos.** (a) A fosfatidilserina é sintetizada por reações de troca de grupo polar dependentes de $Ca^{2+}$, realizadas pela fosfatidilserina-sintase 1 (PSS1) ou pela fosfatidilserina-sintase 2 (PSS2). A PSS1 pode utilizar tanto fosfatidiletanolamina quanto fosfatidilcolina como substrato. (b) A mesma estratégia mostrada aqui para a síntese de fosfatidilcolina (estratégia 2 na Fig. 21-24) também é utilizada na via de reciclagem de etanolamina na síntese de fosfatidiletanolamina.

respectivamente, etanolamina e colina livres. As principais fontes de fosfatidiletanolamina e fosfatidilcolina em todas as células eucarióticas estão resumidas na **Figura 21-27**.

Os fosfolipídeos mais proeminentes nas bactérias são o fosfatidilglicerol, a fosfatidiletanolamina e a cardiolipina. A via para a síntese de fosfatidilglicerol (**Fig. 21-28**, p. 769) é idêntica à via empregada em mamíferos (comparar com a Fig. 21-25), iniciando com CDP-diacilglicerol e utilizando a estratégia 1. A fosfatidiletanolamina é produzida em uma via similar, com fosfatidilserina como intermediário. Em bactérias, há múltiplas vias para a biossíntese do terceiro desses fosfolipídeos proeminentes, a cardiolipina, na qual dois diacilgliceróis são unidos por um grupo polar em comum (Fig. 21-28).

## Em eucariotos, fosfolipídeos de membrana estão sujeitos a remodelamento

Em princípio, os dois grupos acila graxa esterificados a C-1 e C-2 em um fosfolipídeo podem variar em seu comprimento e grau de insaturação, alterando, assim, as propriedades da membrana de que fazem parte. A fosfatidilcolina é o principal fosfolipídeo estrutural das membranas de mamíferos, representando 40 a 50% do total. Desse modo, muito do remodelamento da membrana está centralizado na fosfatidilcolina. O remodelamento ocorre principalmente por um processo chamado **ciclo de Lands** (**Fig. 21-29**, p. 770), que promove a substituição da acila graxa poli-insaturada em C-2. As porções acila graxa são inicialmente hidrolisadas pela fosfolipase $A_2$ (Fig. 10-14), gerando 1-acil-lisofosfolipídeos. O ácido graxo é, então, substituído pela ação de uma classe de enzimas denominadas **lisofosfatidilcolina-aciltransferases** (**LPCAT**). Há pelo menos quatro LPCAT em humanos, cada uma delas com distintas distribuições teciduais e especificidades quanto aos substratos.

Os efeitos fisiológicos das enzimas LPCAT vão além da alteração da composição lipídica de membranas. A LPCAT3, a versão mais amplamente distribuída da enzima, ajuda a regular a lipogênese e a secreção de lipoproteínas de densidade muito baixa (VLDL), descritas mais adiante neste capítulo. Camundongos que não possuem LPCAT3 têm absorção muito reduzida de ácidos graxos no intestino, com resultante liberação de hormônios intestinais que controlam o apetite. Esses animais não conseguem sobreviver com uma dieta rica em gordura, resistem à ingestão de alimentos e morrem de inanição, a não ser que a dieta seja

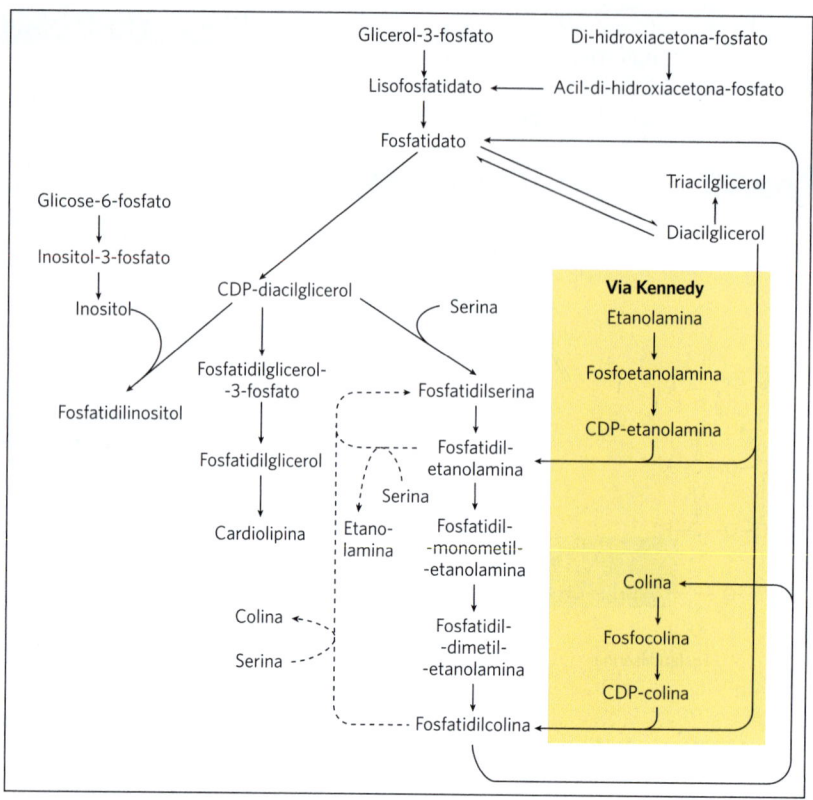

**FIGURA 21-27** **Resumo das vias de síntese dos principais fosfolipídeos e dos triacilgliceróis em eucariotos.** O ácido fosfatídico é formado por transacilação do L-glicerol-3-fosfato com dois grupos acila graxa doados por acil-CoA. A enzima ácido fosfatídico-fosfatase (lipina) converte o ácido fosfatídico em diacilglicerol, que, na via Kennedy, condensa-se com o grupo polar ativado por CDP (etanolamina ou colina) para formar fosfatidiletanolamina ou fosfatidilcolina. De outra forma, o ácido fosfatídico pode ser ativado com uma porção CDP, que é deslocada pela condensação com o grupo álcool que formará a cabeça polar – inositol, glicerol-3-fosfato ou serina, formando fosfatidilinositol, fosfatidilglicerol ou (apenas em leveduras e fungos) fosfatidilserina. A descarboxilação da fosfatidilserina gera fosfatidiletanolamina, e a metilação da fosfatidiletanolamina produz fosfatidilcolina. Nos mamíferos, a fosfatidilserina e a fosfatidilcolina são geradas em vias de troca da cabeça polar, detalhadas na Figura 21-26. O ácido lisofosfatídico é o ácido fosfatídico desprovido de um dos dois grupos acila graxa. [Informações de G. M. Carman e G.-S. Han, *Annu. Rev. Biochem.* 80:859, 2011, Fig. 2.]

modificada. As LPCAT desempenham um papel já demonstrado, mas ainda misterioso, em processos que vão da aterosclerose à obesidade e ao câncer, o que faz dessas enzimas um tema de crescente interesse para pesquisas e como alvos de fármacos. ■

### A síntese de plasmalogênio requer a formação de um álcool graxo unido por ligação éter

**P5** A via biossintética dos éter-lipídeos, incluindo os **plasmalogênios** e o **fator de ativação plaquetária** (ver Fig. 10-9), envolve o deslocamento de um grupo acila graxa esterificado por um álcool de cadeia longa para formar a ligação éter (**Fig. 21-30**, p. 771). Em seguida, ocorre a ligação do grupo polar do lipídeo por mecanismos essencialmente iguais àqueles utilizados na síntese dos fosfolipídeos comuns, formados por ligação éster. Por fim, a ligação dupla característica dos plasmalogênios é introduzida pela ação de uma oxidase de função mista semelhante àquela responsável pela dessaturação dos ácidos graxos (Fig. 21-13). O peroxissomo é o principal local de síntese dos plasmalogênios.

### As vias de síntese de esfingolipídeos e glicerofosfolipídeos compartilham precursores e alguns mecanismos

**P5** A biossíntese dos esfingolipídeos ocorre em quatro estágios: (1) síntese da amina de 18 carbonos, **esfinganina**, a partir de palmitoil-CoA e serina; (2) união de um ácido graxo por uma ligação amida, gerando **N-acilesfinganina**; (3) dessaturação da porção esfinganina, formando **N-acilesfingosina** (ceramida); e (4) união de um grupo polar para a produção de esfingolipídeos, como **cerebrosídeos** ou **esfingomielinas** (**Fig. 21-31**, p. 772). As primeiras etapas dessa via ocorrem no RE, ao passo que o acoplamento dos grupos que funcionarão como cabeças polares no estágio 4 ocorre no complexo de Golgi. A via compartilha diversas características com as vias de síntese dos glicerofosfolipídeos: o NADPH fornece o poder redutor, e os ácidos

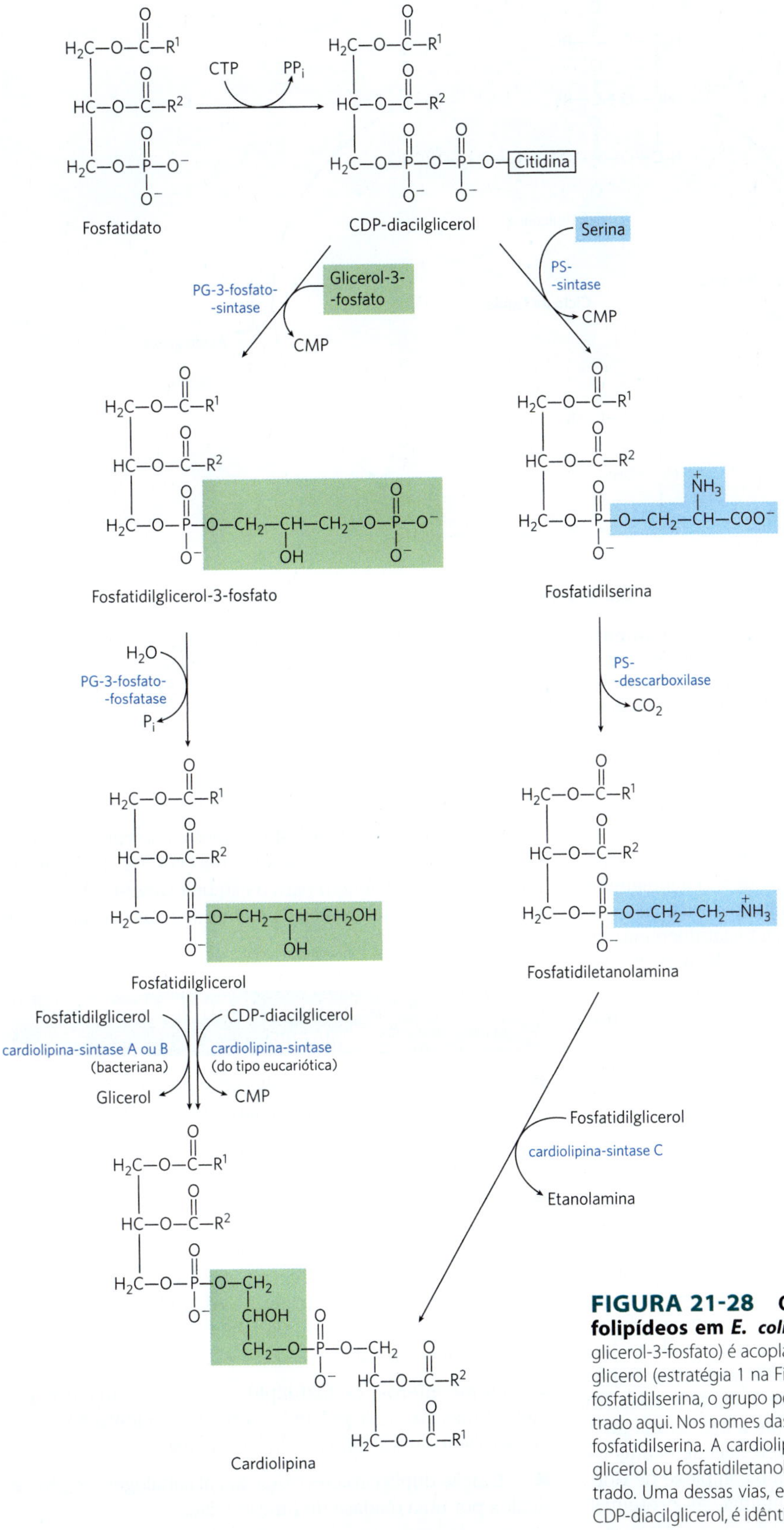

**FIGURA 21-28 Origem das cabeças polares dos fosfolipídeos em *E. coli*.** Inicialmente, uma cabeça polar (serina ou glicerol-3-fosfato) é acoplada por meio de um intermediário CDP-diacilglicerol (estratégia 1 na Fig. 21-24). Para outros fosfolipídeos que não a fosfatidilserina, o grupo polar é modificado posteriormente, como mostrado aqui. Nos nomes das enzimas, PG representa fosfatidilglicerol, e PS, fosfatidilserina. A cardiolipina pode ser produzida a partir de fosfatidilglicerol ou fosfatidiletanolamina por meio de múltiplas vias, como mostrado. Uma dessas vias, em que o fosfatidilglicerol é condensado com CDP-diacilglicerol, é idêntica à via usada por eucariotos.

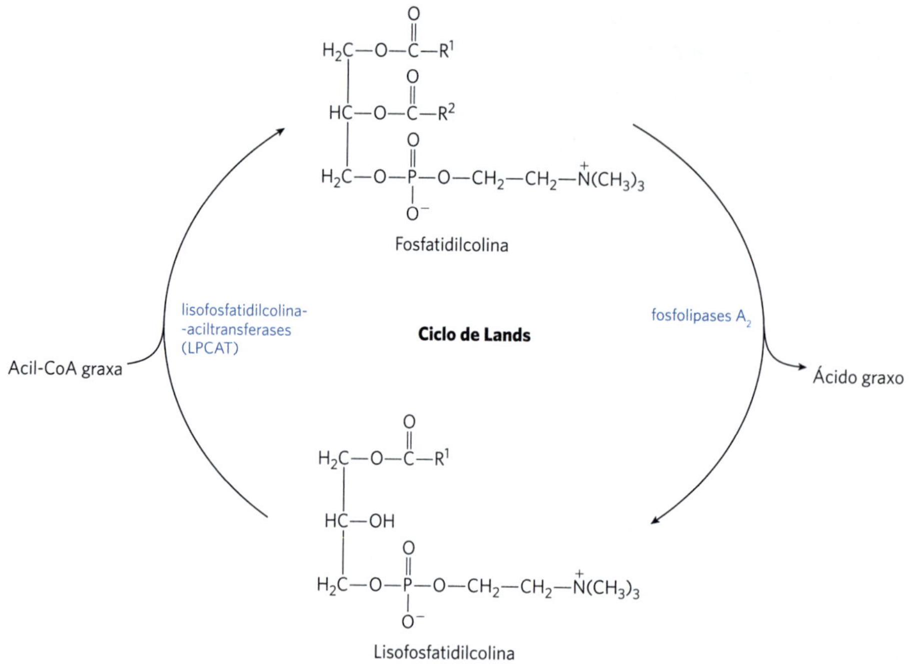

**FIGURA 21-29 Ciclo de Lands para remodelamento de fosfolipídeos.** A fosfatidilcolina, o mais comum dos fosfolipídeos em membranas de eucariotos, é um importante alvo desse processo. Ácidos graxos em C-2 são removidos por enzimas fosfolipases $A_2$. Um novo ácido graxo é, então, introduzido pela ação de uma lisofosfatidilcolina-aciltransferase (LPCAT). As quatro LPCAT de mamíferos diferem em sua distribuição tecidual e na especificidade quanto ao substrato.

graxos entram na via como seus derivados CoA ativados. Na formação dos cerebrosídeos, os açúcares entram na via como seus derivados nucleotídicos ativados. O acoplamento do grupo polar na síntese dos esfingolipídeos apresenta diversos aspectos novos. Por exemplo, a fosfatidilcolina, em vez de CDP-colina, atua como doadora de fosfocolina na síntese de esfingomielina.

Nos glicolipídeos – os cerebrosídeos e os **gangliosídeos** (ver Fig. 10-11) –, o açúcar que funciona como a cabeça polar é ligado diretamente à hidroxila em C-1 da esfingosina por meio de uma ligação glicosídica, e não por uma ligação fosfodiéster. O doador do açúcar é um UDP-açúcar (UDP-glicose ou UDP-galactose).

### Os lipídeos polares são direcionados a membranas celulares específicas

Os lipídeos de membrana são insolúveis em água, de modo que não podem simplesmente se difundir do seu local de síntese (o RE) para o seu local de inserção. Em vez disso, eles são transportados do RE para o complexo de Golgi, onde pode ocorrer síntese adicional. Eles são, então, transportados em vesículas membranosas que brotam do complexo de Golgi, movem-se e fundem-se com a membrana-alvo (ver Fig. 11-4). As proteínas de transferência de esfingolipídeos carregam ceramidas do RE para o complexo de Golgi, onde ocorre a síntese de esfingomielina. As proteínas citosólicas também ligam fosfolipídeos e esteróis e os transportam entre as membranas celulares (ver Fig. 11-7). Esses mecanismos contribuem para o estabelecimento da composição lipídica característica da membrana das organelas (ver Fig. 11-5).

### RESUMO 21.3 Biossíntese de fosfolipídeos de membrana

- Iniciando com diacilgliceróis como precursores, há duas vias para a adição de cabeças polares aos fosfolipídeos. O diacilglicerol (estratégia 1) ou a cabeça polar (estratégia 2) devem ser ativados pelo CDP.

- Nos eucariotos, as estratégias de biossíntese de fosfolipídeos variam com a localização subcelular. Importantes fosfolipídeos, como fosfatidiletanolamina e fosfatidilcolina, são sintetizados usando a estratégia 1 na mitocôndria e a estratégia 2 no RE e no núcleo. A fosfatidilserina é derivada da fosfatidiletanolamina ou da fosfatidilcolina por meio da troca da cabeça polar.

- Nos mamíferos, os fosfolipídeos são remodelados nas membranas via ciclo de Lands. O remodelamento é facilitado por lisofosfatidilcolina-aciltransferases.

- A ligação dupla característica dos plasmalogênios é introduzida por uma oxidase de função mista.

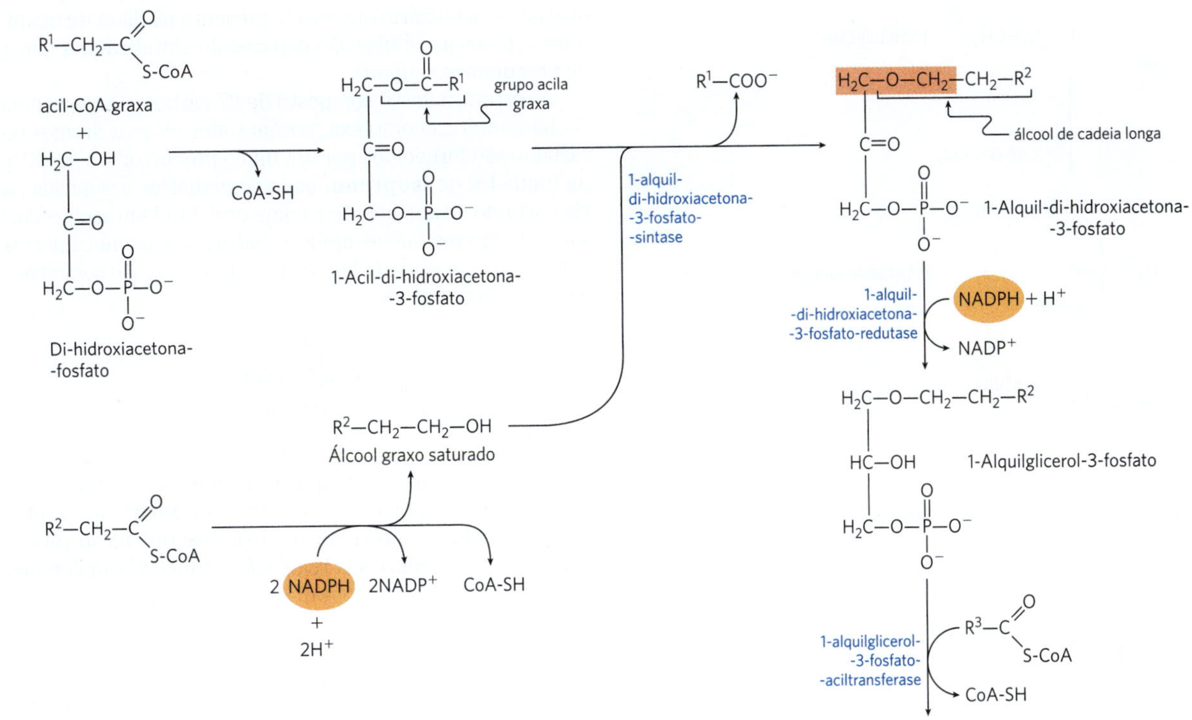

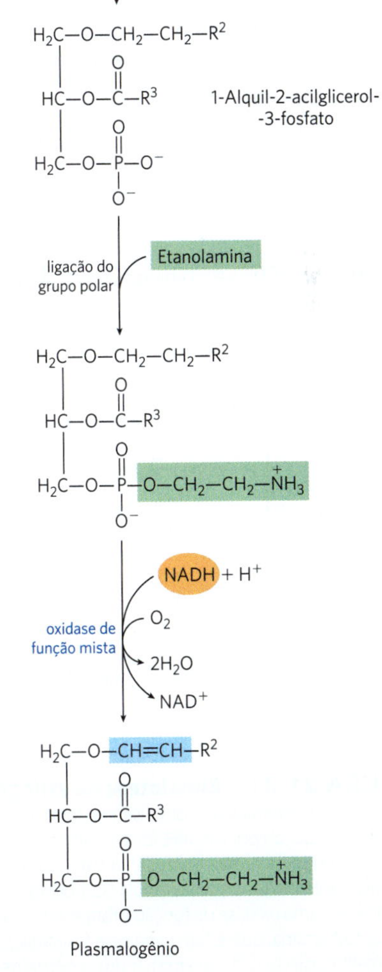

# 21.4 COLESTEROL, ESTEROIDES E ISOPRENOIDES: BIOSSÍNTESE, REGULAÇÃO E TRANSPORTE

**FIGURA 21-30  A síntese de lipídeos com ligação éter e plasmalogênios.** A ligação éter recém-formada está sombreada em vermelho-claro. O intermediário 1-alquil-2-acilglicerol-3-fosfato é o éter análogo do ácido fosfatídico. Os mecanismos para a ligação da cabeça polar aos éter-lipídeos são essencialmente os mesmos utilizados para seus análogos unidos por ligação éster. A ligação dupla característica dos plasmalogênios (sombreada em azul) é introduzida na etapa final por um sistema de oxidases de função mista semelhante à acil-CoA-dessaturase.

- Os grupos polares dos esfingolipídeos são acoplados por mecanismos singulares.
- Os fosfolipídeos chegam a seus destinos intracelulares por meio de vesículas de transporte ou proteínas específicas.

## 21.4 Colesterol, esteroides e isoprenoides: biossíntese, regulação e transporte

O colesterol é, sem dúvida, o lipídeo que recebe maior publicidade, sendo famoso devido à forte correlação entre altos níveis de colesterol no sangue e incidência de doenças cardiovasculares em seres humanos. Contudo, o papel crucial do colesterol como componente das membranas celulares e como precursor dos hormônios esteroides e dos ácidos biliares é muito menos divulgado. O colesterol é uma molécula essencial em muitos animais, incluindo os seres humanos, mas não é necessário que esteja presente na dieta de mamíferos – todas as células são capazes de sintetizá-lo a partir de precursores simples.

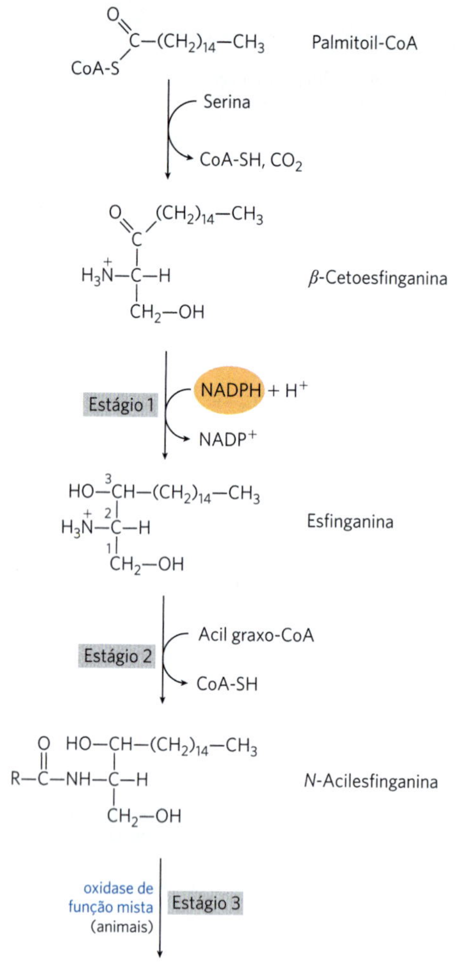

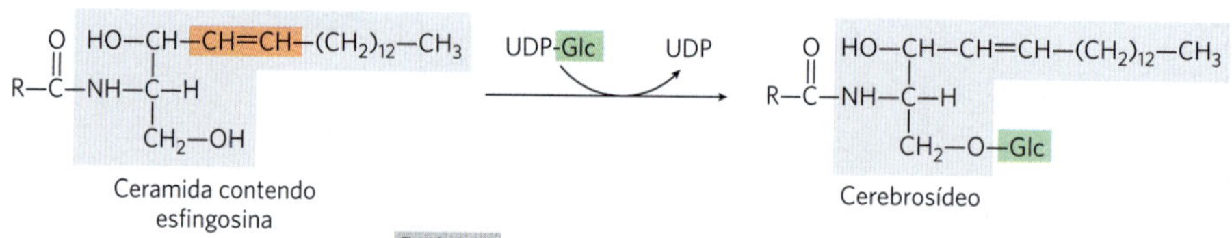

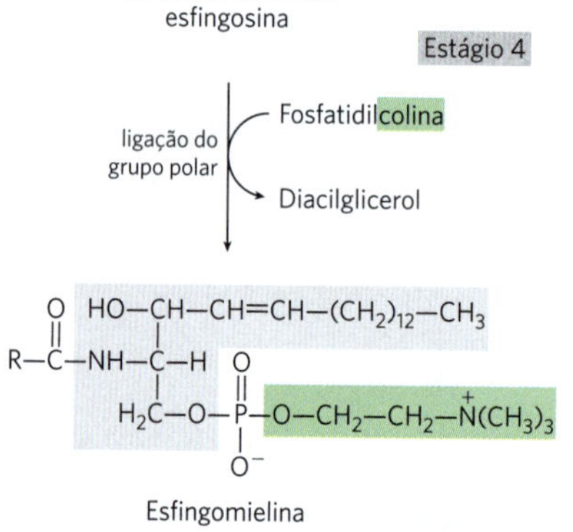

A estrutura desse composto de 27 carbonos sugere uma via biossintética complexa, porém todos os seus átomos de carbono são fornecidos por um único precursor – o acetato. As unidades de **isopreno**, os intermediários essenciais na via partindo do acetato até o colesterol, também são precursores de muitos outros lipídeos naturais, e os mecanismos pelos quais essas unidades são polimerizadas são semelhantes em todas essas vias.

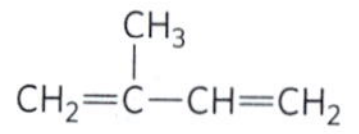

$$CH_2=\underset{\underset{CH_3}{|}}{C}-CH=CH_2$$
Isopreno

Inicialmente, serão descritas as principais etapas da biossíntese do colesterol a partir de acetato, e, então, será discutido o transporte do colesterol no sangue, sua captação pelas células, a regulação da síntese do colesterol em indivíduos saudáveis e sua regulação naqueles com defeitos na captação do colesterol ou em seu transporte. A seguir, serão considerados outros componentes celulares derivados do colesterol, como os ácidos biliares e os hormônios esteroides. Por fim, será apresentado um esboço das vias biossintéticas de alguns dos muitos compostos derivados das unidades de isopreno, que compartilham etapas iniciais com a via de síntese do colesterol, ilustrando a extraordinária versatilidade das condensações de isoprenoides na biossíntese.

**FIGURA 21-31 Biossíntese de esfingolipídeos.** A condensação da palmitoil-CoA com a serina (formando β-cetoesfinganina), seguida da redução por NADPH, forma esfinganina, que, então, é acilada a N-acilesfinganina (uma ceramida). A esfingosina está sombreada em cinza. Nos animais, uma ligação dupla (sombreada em vermelho-claro) é formada por uma oxidase de função mista antes da adição final do grupo polar, a fosfocolina, que é fornecida pela fosfatidilcolina, para formar esfingomielina, ou glicose, para formar um cerebrosídeo.

## O colesterol é formado a partir da acetil-CoA em quatro estágios

**P5** O colesterol, assim como os ácidos graxos de cadeia longa, é formado a partir da acetil-CoA. No entanto, o esquema de montagem do colesterol é muito diferente daquele dos ácidos graxos de cadeia longa. Nos primeiros experimentos para o estudo dessa via, animais eram alimentados com acetato marcado com $^{14}C$ no carbono da metila ou no carbono da carboxila. O padrão de marcação no colesterol isolado dos dois grupos de animais nesses experimentos (**Fig. 21-32**) forneceu as informações para se desvendar as etapas enzimáticas da biossíntese do colesterol.

A síntese ocorre em quatro estágios, como representado na **Figura 21-33**: ❶ condensação de três unidades de acetato, formando um intermediário de seis carbonos, o mevalonato; ❷ conversão do mevalonato em unidades de isopreno ativadas; ❸ polimerização de seis unidades de isopreno com

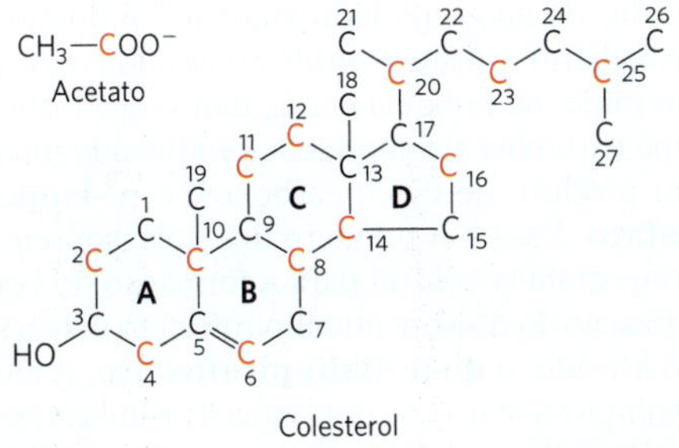

## 21.4 COLESTEROL, ESTEROIDES E ISOPRENOIDES: BIOSSÍNTESE, REGULAÇÃO E TRANSPORTE

**FIGURA 21-32 Origem dos átomos de carbono do colesterol.** A origem foi deduzida a partir de experimentos usando acetato marcado no carbono da metila (em preto) ou no carbono da carboxila (em vermelho). Os anéis individuais do sistema de anéis fundidos são designados de A a D.

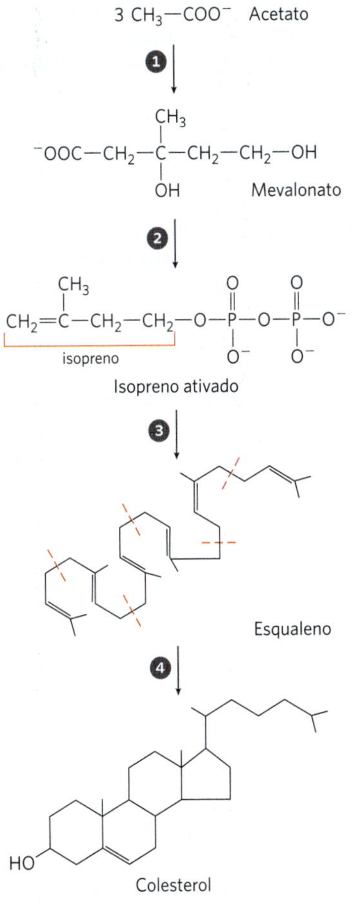

**Estágio ❶ Síntese de mevalonato a partir do acetato** O primeiro estágio da biossíntese do colesterol leva ao intermediário **mevalonato** (**Fig. 21-34**). Duas moléculas de acetil-CoA condensam-se para formar acetoacetil-CoA, que se condensa com uma terceira molécula de acetil-CoA, gerando o composto de seis carbonos **β-hidróxi-β-metilglutaril-CoA** (**HMG-CoA**). As duas primeiras reações são catalisadas pela **acetil-CoA-acetiltransferase** e pela **HMG-CoA-sintase**, respectivamente. Ambas as reações são condensações de Claisen, e o equilíbrio padrão em cada caso favorece a degradação a acetil-CoA. Nas células, contudo, as reações sintéticas são facilitadas pela rápida utilização do produto, HMG-CoA, nas reações subsequentes. A HMG-CoA-sintase citosólica dessa via é distinta da isoenzima mitocondrial, que catalisa a síntese de HMG-CoA na formação de corpos cetônicos (ver Fig. 17-16).

▶P3 A terceira reação é a etapa comprometida com a via: a redução de HMG-CoA a mevalonato, para o qual cada uma de duas moléculas de NADPH doa dois elétrons. A **HMG-CoA-redutase**, uma proteína integral de

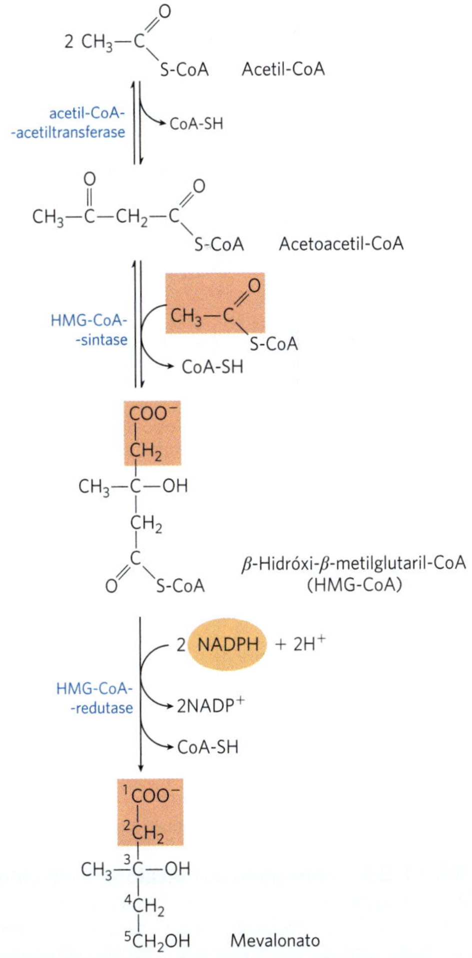

**FIGURA 21-33 Resumo da biossíntese de colesterol.** As unidades isoprenoides no esqualeno estão demarcadas pelas linhas tracejadas em vermelho.

cinco carbonos, formando o esqualeno linear com 30 carbonos; e ❹ ciclização do esqualeno para formar os quatro anéis do núcleo esteroide, com uma série de mudanças adicionais (oxidações, remoção ou migração de grupos metila) para produzir o colesterol.

**FIGURA 21-34 Formação do mevalonato a partir de acetil-CoA.** A origem de C-1 e C-2 do mevalonato a partir da acetil-CoA é mostrada pelos carbonos sombreados em vermelho.

membrana do RE liso, é o principal ponto de regulação da via de síntese do colesterol, como será visto.

### Estágio ❷ Conversão de mevalonato em dois isoprenos ativados
No próximo estágio, três grupos fosfato são transferidos de três moléculas de ATP para o mevalonato (**Fig. 21-35**).

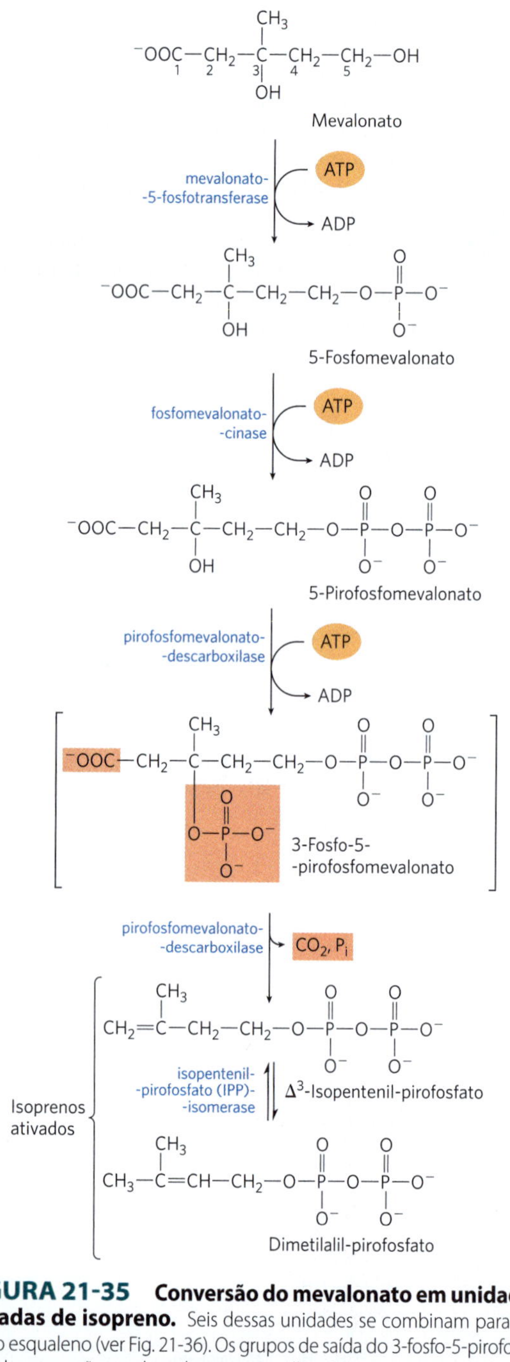

O fosfato ligado ao grupo hidroxila em C-3 do mevalonato no intermediário 3-fosfo-5-pirofosfomevalonato é um bom grupo de saída; na próxima etapa, tanto esse fosfato quanto o grupo carboxila vizinho saem, produzindo uma ligação dupla no produto de cinco carbonos, o $\Delta^3$-**isopentenil-pirofosfato**. Esse é o primeiro dos dois isoprenos ativados de importância central para a formação do colesterol. A isomerização do $\Delta^3$-isopentenil-pirofosfato gera o segundo isopreno ativado, o **dimetilalil-pirofosfato**. A síntese do isopentenil-pirofosfato no citoplasma de células vegetais segue a via descrita aqui. Entretanto, os cloroplastos dos vegetais e de muitas bactérias utilizam uma via independente do mevalonato. Essa via alternativa não ocorre em animais, de modo que ela é um alvo interessante para o desenvolvimento de novos antibióticos.

### Estágio ❸ Condensação de seis unidades isopreno ativadas para formar o esqualeno
O isopentenil-pirofosfato e o dimetilalil-pirofosfato sofrem, agora, uma condensação "cabeça-cauda", em que um grupo pirofosfato é deslocado, sendo formada uma cadeia de 10 carbonos, o **geranil-pirofosfato** (**Fig. 21-36**). (A "cabeça" é a extremidade à qual o pirofosfato está ligado.) O geranil-pirofosfato sofre outra condensação do tipo "cabeça-cauda" com o isopentenil-pirofosfato, gerando um intermediário de 15 carbonos, o **farnesil-pirofosfato**. Por fim, duas moléculas de farnesil-pirofosfato ligam-se cabeça-cabeça, com a eliminação de ambos os grupos pirofosfato, formando o **esqualeno**. O esqualeno tem 30 carbonos: 24 na cadeia principal e 6 na forma de ramificações de grupos metila.

Os nomes comuns desses intermediários derivam das fontes das quais eles foram primeiro isolados. O geraniol, um componente do óleo das rosas, tem aroma de gerânios, e o farnesol é um composto aromático encontrado nas flores da acácia-amarela (*Acacia farnesiana*). Muitos aromas naturais de origem vegetal são sintetizados a partir de unidades de isopreno. O esqualeno foi inicialmente isolado do fígado de tubarão (do gênero *Squalus*).

### Estágio ❹ Conversão do esqualeno no núcleo esteroide de quatro anéis
Quando a molécula do esqualeno é representada como na **Figura 21-37**, torna-se evidente a relação entre a sua estrutura linear e a estrutura cíclica dos esteróis. Todos os esteróis têm os quatro anéis fundidos que formam o núcleo esteroide, e todos são álcoois, com um grupo hidroxila em C-3 – daí o nome "esterol". A atividade da **esqualeno-monoxigenase** adiciona um átomo de oxigênio do $O_2$ à extremidade da cadeia do esqualeno, formando um epóxido. Essa enzima é outra oxidase de função mista; o NADPH reduz o outro átomo de oxigênio do $O_2$ a $H_2O$. As ligações duplas do produto, o **esqualeno-2,3-epóxido**, estão posicionadas de modo que uma reação em concerto é capaz de converter o esqualeno-epóxido linear em uma estrutura cíclica. Nas células animais, essa ciclização resulta na formação de **lanosterol**, que contém os quatro anéis característicos do núcleo esteroide. O lanosterol é finalmente convertido em colesterol em uma série de aproximadamente 20 reações, que incluem a migração de alguns grupos metila e a remoção de outros. A elucidação dessa extraordinária via biossintética, uma das mais complexas conhecidas, foi

**FIGURA 21-35 Conversão do mevalonato em unidades ativadas de isopreno.** Seis dessas unidades se combinam para formar o esqualeno (ver Fig. 21-36). Os grupos de saída do 3-fosfo-5-pirofosfomevalonato estão sombreados em vermelho-claro. O intermediário entre colchetes é hipotético. Esses dois produtos isoprenoides são necessários para o próximo estágio da biossíntese do colesterol.

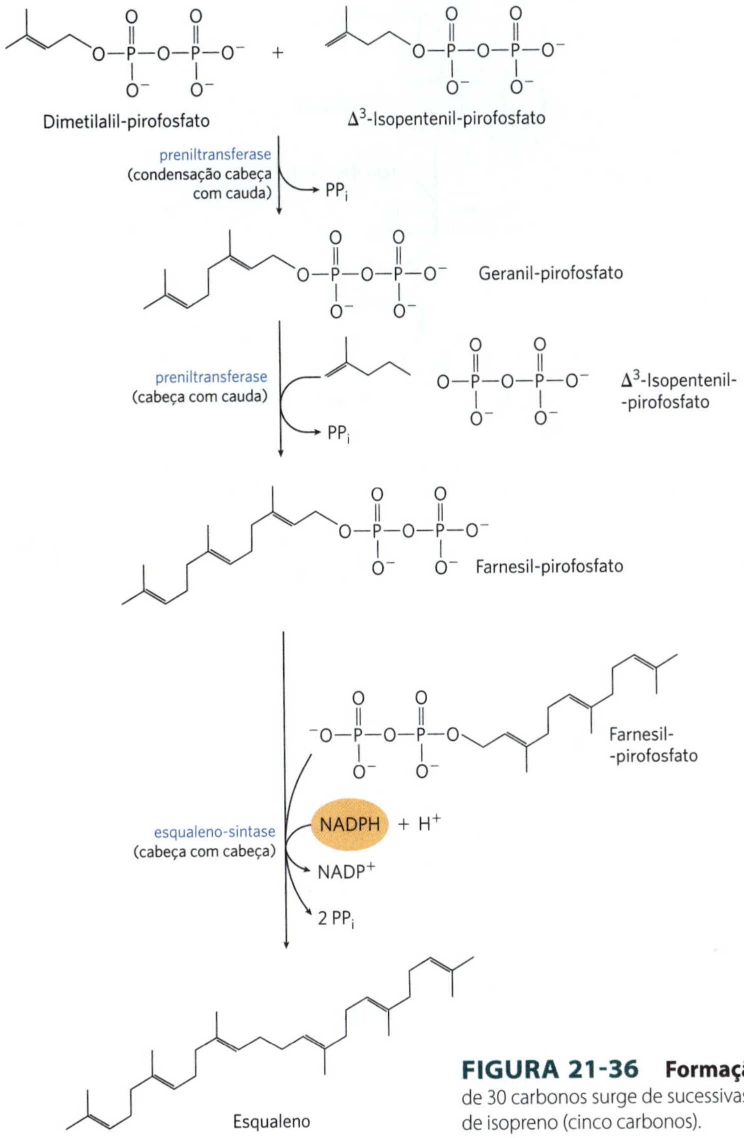

## 21.4 COLESTEROL, ESTEROIDES E ISOPRENOIDES: BIOSSÍNTESE, REGULAÇÃO E TRANSPORTE

**FIGURA 21-36 Formação do esqualeno.** Essa estrutura de 30 carbonos surge de sucessivas condensações de unidades ativadas de isopreno (cinco carbonos).

realizada por Konrad Bloch, Feodor Lynen, John Cornforth e George Popják no final da década de 1950.

O colesterol é o esterol característico das células animais; as plantas, os fungos e os protistas, por sua vez, sintetizam outros esteróis intimamente relacionados. Eles utilizam a mesma via sintética até a formação de esqualeno-2,3-epóxido, ponto em que as vias divergem levemente, gerando outros esteróis, como o estigmasterol, em muitas plantas, e o ergosterol, nos fungos (Fig. 21-37).

### EXEMPLO 21-1  *Custo energético da síntese do esqualeno*

Qual é o custo energético da síntese de esqualeno a partir de acetil-CoA, em número de ATP por molécula de esqualeno sintetizada?

**SOLUÇÃO:** Na via de acetil-CoA até esqualeno, o ATP é consumido apenas nas etapas que convertem mevalonato em isoprenos ativados, precursores do esqualeno. Três moléculas de ATP são utilizadas para criar cada um dos seis isoprenos ativados necessários para a construção do esqualeno, com um custo total de 18 moléculas de ATP.

### O colesterol tem destinos diversos

A maior parte da síntese do colesterol em vertebrados ocorre no fígado. Uma pequena fração do colesterol sintetizado nesse órgão é incorporada nas membranas dos hepatócitos, mas a maior parte dele é exportada em uma de três formas: ácidos biliares, colesterol biliar ou ésteres de colesterila (**Fig. 21-38**). Pequenas quantidades de oxiesteróis, como 25-hidroxicolesterol, são formadas no fígado e atuam como

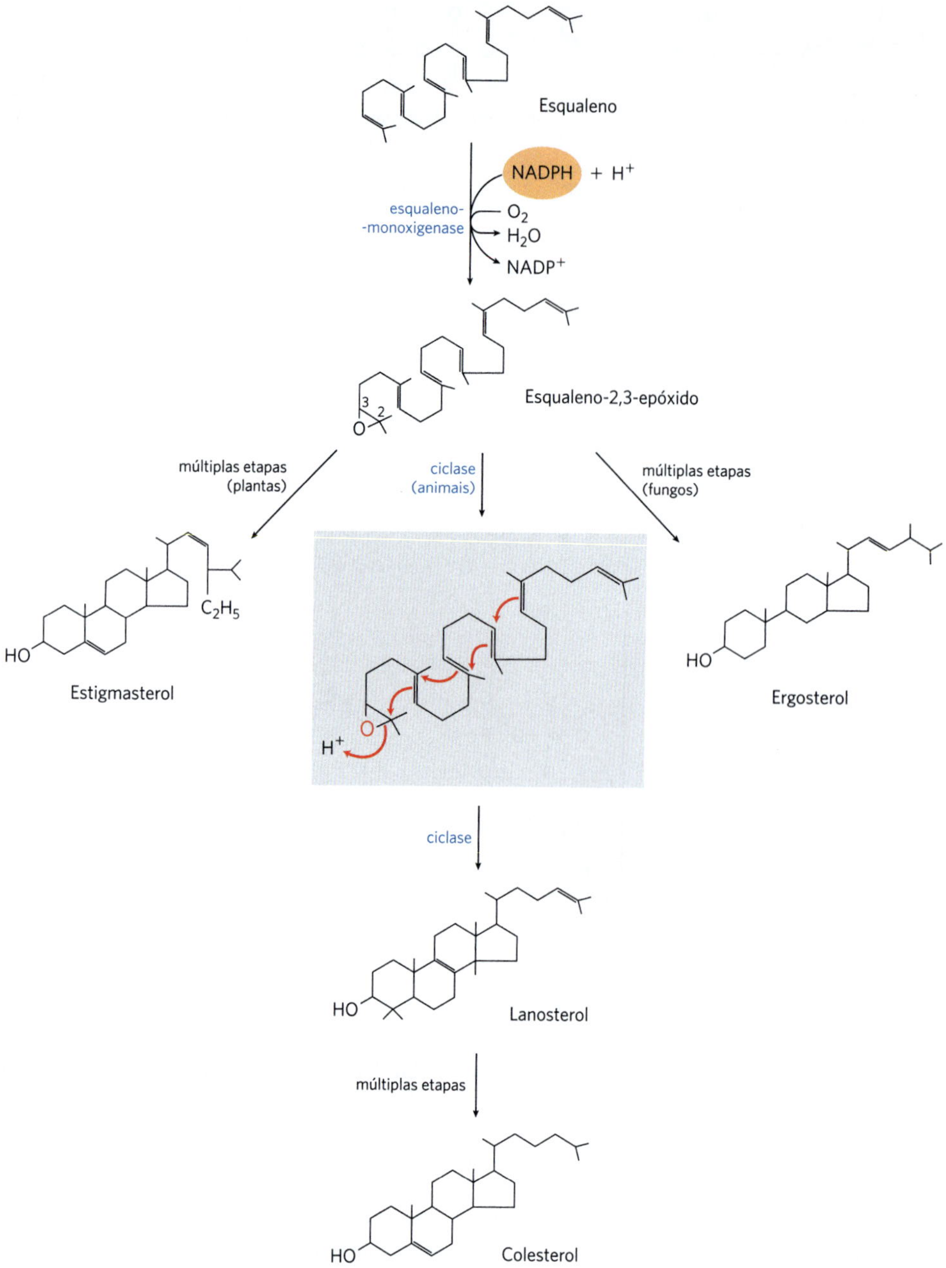

**FIGURA 21-37 O fechamento do anel converte o esqualeno linear no núcleo esteroide condensado.** A primeira etapa dessa sequência é catalisada por uma oxigenase de função mista, para a qual o cossubstrato é o NADPH. O produto é um epóxido, que é ciclizado na etapa seguinte, formando o núcleo esteroide. O produto final dessas reações nas células animais é o colesterol; em outros organismos, são formados esteróis ligeiramente diferentes, como mostrado na figura.

reguladores da síntese de colesterol (ver a seguir). Em outros tecidos, o colesterol é convertido em hormônios esteroides (p. ex., no córtex da glândula adrenal e nas gônadas; ver Fig. 10-18) ou no hormônio vitamina D (no fígado e nos rins; ver Fig. 10-19). Esses hormônios são sinalizadores biológicos extremamente potentes que agem por meio de receptores proteicos nucleares.

Os **ácidos biliares**, uma das três formas do colesterol exportadas do fígado, são os principais componentes da bile, líquido armazenado na vesícula biliar e excretado no intestino delgado para auxiliar a digestão de refeições que contêm gordura. Os ácidos biliares e seus sais são derivados relativamente hidrofílicos do colesterol que servem como agentes emulsificantes no intestino, convertendo partículas

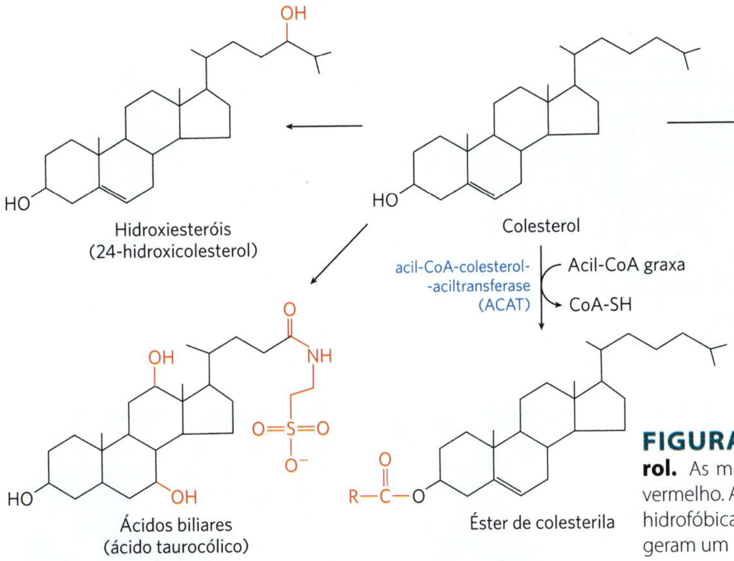

## 21.4 COLESTEROL, ESTEROIDES E ISOPRENOIDES: BIOSSÍNTESE, REGULAÇÃO E TRANSPORTE

**FIGURA 21-38 Destinos metabólicos do colesterol.** As modificações da estrutura do colesterol estão mostradas em vermelho. A esterificação converte o colesterol em uma forma ainda mais hidrofóbica para armazenamento e transporte; as outras modificações geram um produto menos hidrofóbico.

grandes de gordura em pequenas micelas e, dessa forma, aumentando muito a superfície de interação com as lipases digestivas (ver Fig. 17-1). A bile também contém quantidades menores de colesterol (colesterol biliar). Ela ajuda a remover o excesso de colesterol do fígado e facilita a excreção. Fibras da dieta podem aumentar esse efeito ligando-se à bile e interferindo na sua reabsorção no intestino, levando ao aumento da excreção da bile nas fezes. Com isso, mais colesterol é utilizado para produzir a bile. Fibras solúveis, disponíveis na aveia e na cevada, são especialmente efetivas.

Os **ésteres de colesterila** são formados no fígado pela ação da **acil-CoA-colesterol-aciltransferase (ACAT)**. Essa enzima catalisa a transferência de um ácido graxo da coenzima A para o grupo hidroxila do colesterol (Fig. 21-38), convertendo o colesterol em uma forma mais hidrofóbica que não é mais suficientemente anfipática para funcionar adequadamente nas membranas. Os ésteres de colesterila são secretados em partículas lipoproteicas e transportados para outros tecidos que utilizam o colesterol ou são armazenados no fígado em gotículas de gorduras.

### O colesterol e outros lipídeos são transportados em lipoproteínas plasmáticas

O colesterol e os ésteres de colesterila, assim como os triacilgliceróis e os fosfolipídeos, são essencialmente insolúveis em água, porém devem ser transportados do tecido de origem para os tecidos nos quais eles serão armazenados ou consumidos. Eles são transportados no plasma sanguíneo como **lipoproteínas plasmáticas**, que são complexos macromoleculares de proteínas transportadoras específicas, chamadas de **apolipoproteínas**, e várias combinações de fosfolipídeos, colesterol, ésteres de colesterila e triacilgliceróis.

As apolipoproteínas ("apo" designa a proteína em sua forma livre de lipídeo) combinam-se com os lipídeos, formando diversas classes de partículas lipoproteicas, que são complexos esféricos com os lipídeos hidrofóbicos no centro e as cadeias laterais hidrofílicas de aminoácidos na superfície (**Fig. 21-39a, b**). As várias combinações de lipídeos e proteínas produzem partículas de diferentes densidades, variando de quilomícrons a lipoproteínas de densidade alta. Essas partículas podem ser separadas por ultracentrifugação (**Tabela 21-1**) e visualizadas por microscopia eletrônica (Fig. 21-39c).

Cada classe de lipoproteína tem uma função específica, determinada por seu local de síntese, por sua composição lipídica e por seu conteúdo apolipoproteico. Pelo menos 10 apolipoproteínas distintas são encontradas nas lipoproteínas do plasma humano (**Tabela 21-2**), distinguíveis por seus tamanhos, suas reações com anticorpos específicos e sua distribuição característica nas classes de lipoproteínas. Esses componentes proteicos atuam como sinalizadores, direcionando as lipoproteínas para tecidos específicos ou ativando enzimas que agem nas lipoproteínas. A **Figura 21-40** fornece uma visão geral da formação e do transporte das lipoproteínas em mamíferos. As etapas numeradas na discussão a seguir se referem a essa figura.

Os **quilomícrons**, discutidos no Capítulo 17 em relação ao transporte dos triacilgliceróis da dieta do intestino até os demais tecidos, são a primeira das quatro classes de lipoproteínas discutidas aqui. Essas lipoproteínas são as maiores e as menos densas, contendo alta proporção de triacilgliceróis. ❶ Os quilomícrons são sintetizados a partir de gorduras da dieta no RE dos enterócitos, células epiteliais que recobrem o intestino delgado. Eles, então, movem-se pelo sistema linfático e entram na corrente sanguínea pela veia subclávia esquerda. As apolipoproteínas dos quilomícrons incluem apoA-IV, apoB-48 (exclusiva dessa classe de lipoproteínas), apoE, apoC-II e apoC-III (Tabela 21-2). ❷ A apoC-II ativa a lipoproteína-lipase nos capilares do tecido adiposo, do coração, do músculo esquelético e da glândula mamária em lactação, permitindo a liberação

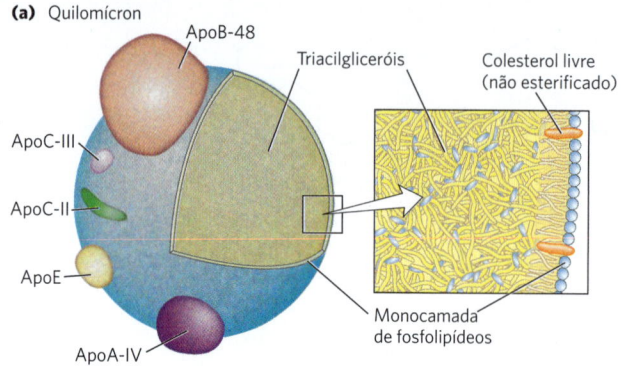

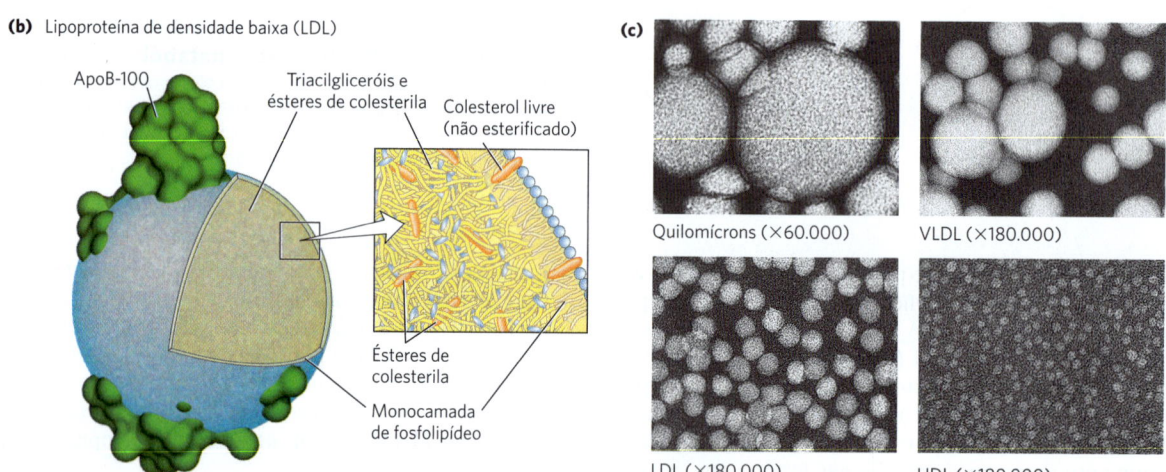

**FIGURA 21-39 Lipoproteínas.** (a) Estrutura de um quilomícron. A presença da apolipoproteína B-48 (apoB-48) define o quilomícron. Ao longo do ciclo de um quilomícron, outras apolipoproteínas, incluindo apoC-II, apoC-III e apoE, tornam-se parte da partícula, atuando como sinais para a captação e o metabolismo dos conteúdos do quilomícron. O diâmetro dos quilomícrons varia entre aproximadamente 100 e 500 nm. (b) Estrutura de uma lipoproteína de densidade baixa (LDL). A apolipoproteína B-100 (apoB-100) é uma das maiores cadeias polipeptídicas conhecidas, com 4.636 resíduos de aminoácidos ($M_r$ 512.000). Uma partícula de LDL contém um núcleo com aproximadamente 1.500 moléculas de ésteres de colesterila, envolvido por uma camada de cerca de outras 500 moléculas de colesterol, 800 moléculas de fosfolipídeos e uma molécula de apoB-100. (c) Quatro classes de lipoproteínas, visualizadas ao microscópio eletrônico após coloração negativa. Os quilomícrons mostrados aqui têm 50 a 200 nm de diâmetro; VLDL, 28 a 70 nm; LDL, 20 a 25 nm; HDL, 8 a 11 nm. Os tamanhos indicados para as partículas são os medidos para essas amostras; os tamanhos das partículas variam consideravelmente em diferentes preparações. Para as propriedades das lipoproteínas, ver Tabela 21-1. [(b) Dados para apoB-100 de A. Johs et al., *J. Biol. Chem.* 281:19.732, 2006. (c) Robert Hamilton, Jr., PhD.]

de ácidos graxos livres (AGL) para esses tecidos. Os quilomícrons, portanto, transportam os lipídeos da dieta para os tecidos nos quais eles serão consumidos ou armazenados como combustível. ❸ Os remanescentes dos quilomícrons, após perderem a maior parte de seus triacilgliceróis, mas contendo ainda colesterol, apoE e apoB-48, movem-se pela corrente sanguínea para o fígado. Receptores existentes no fígado ligam a apoE dos remanescentes dos quilomícrons

| TABELA 21-1 | Principais classes de lipoproteínas plasmáticas humanas: algumas propriedades | | | | | |
|---|---|---|---|---|---|---|
| | | Composição (% da massa) | | | | |
| Lipoproteína | Densidade (g/mL) | Proteínas | Fosfolipídeos | Colesterol livre | Ésteres de colesterila | Triacilgliceróis |
| Quilomícron | < 1,006 | 2 | 9 | 1 | 3 | 85 |
| VLDL | 0,95-1,006 | 10 | 18 | 7 | 12 | 50 |
| LDL | 1,006-1,063 | 23 | 20 | 8 | 37 | 10 |
| HDL | 1,063-1,210 | 55 | 24 | 2 | 15 | 4 |
| Dados de D. Kritchevsky, *Nutr. Int.* 2:290, 1986. | | | | | | |

| TABELA 21-2 | Apolipoproteínas das lipoproteínas plasmáticas humanas | | |
|---|---|---|---|
| Apolipoproteína | Peso molecular do polipeptídeo | Associação a lipoproteínas | Função (quando conhecida) |
| ApoA-I | 28.100 | HDL | Ativa a LCAT; interage com transportadores ABC |
| ApoA-II | 17.400 | HDL | Inibe a LCAT |
| ApoA-IV | 44.500 | Quilomícrons, HDL | Ativa a LCAT; transporte/depuração de colesterol |
| ApoB-48 | 242.000 | Quilomícrons | Transporte/depuração de colesterol |
| ApoB-100 | 512.000 | VLDL, LDL | Liga-se a receptores de LDL |
| ApoC-I | 7.000 | VLDL, HDL | |
| ApoC-II | 9.000 | Quilomícrons, VLDL, HDL | Ativa a lipoproteína-lipase |
| ApoC-III | 9.000 | Quilomícrons, VLDL, HDL | Inibe a lipoproteína-lipase |
| ApoD | 32.500 | HDL | |
| ApoE | 34.200 | Quilomícrons, VLDL, HDL | Desencadeia a depuração de remanescentes de VLDL e de quilomícron |
| ApoH | 50.000 | Possivelmente VLDL, liga fosfolipídeos, como a cardiolipina | Papéis na coagulação, no metabolismo lipídico, na apoptose, na inflamação |

Informações de D. E. Vance e J. E. Vance (eds), *Biochemistry of Lipids and Membranes*, 5th edition, Elsevier Science Publishing, 2008.

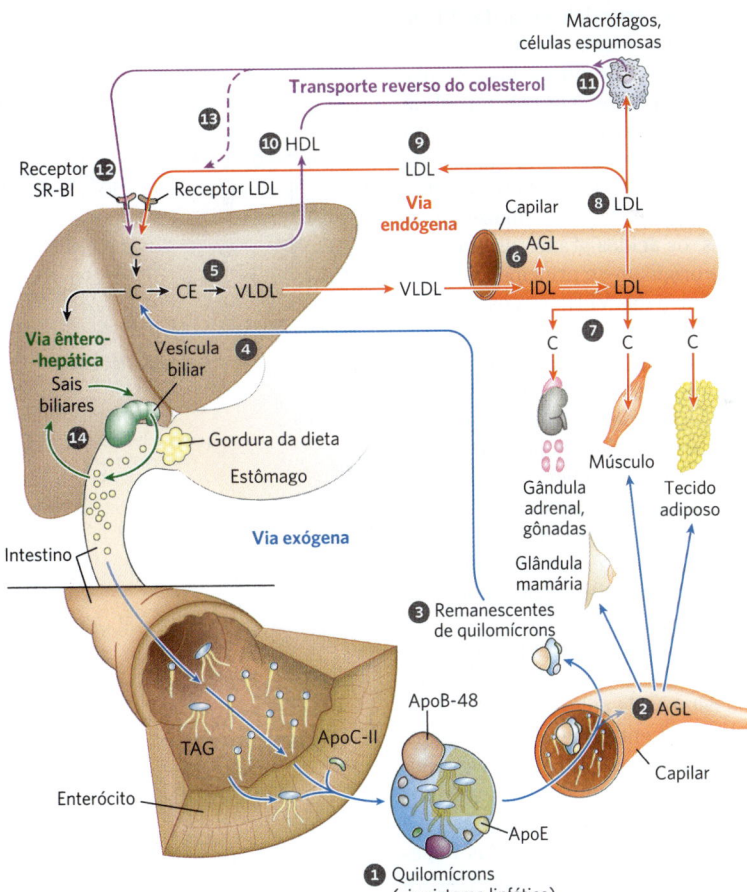

**FIGURA 21-40 Lipoproteínas e transporte dos lipídeos.** Os lipídeos são transportados na corrente sanguínea como lipoproteínas, que existem em diversas formas variantes, cada uma com uma função própria, com composições lipídica e proteica distintas (ver Tabelas 21-1 e 21-2) e, portanto, com densidades diferentes. As etapas numeradas estão descritas no texto. Na via exógena (setas azuis), os lipídeos da dieta são empacotados em quilomícrons; os ácidos graxos dos triacilgliceróis (TAG) são liberados pela lipoproteína-lipase nos tecidos adiposo e muscular durante o transporte ao longo dos capilares. Os quilomícrons remanescentes (contendo, na maior parte, proteínas e colesterol) são captados pelo fígado. Os sais biliares produzidos no fígado auxiliam a emulsificação das gorduras da dieta e, posteriormente, são reabsorvidos na via êntero-hepática (setas verdes). Na via endógena (setas vermelhas), os lipídeos sintetizados ou empacotados no fígado são distribuídos aos tecidos periféricos pela VLDL. A remoção dos lipídeos da VLDL (acompanhada pela perda de parte das apolipoproteínas) converte, de foma gradual, parte da VLDL em LDL, que transporta o colesterol para os tecidos extra-hepáticos ou de volta para o fígado. O excesso de colesterol nos tecidos extra-hepáticos é transportado de volta ao fígado como HDL pelo transporte reverso do colesterol (setas roxas). C, colesterol; CE, éster de colesterila; AGL, ácidos graxos livres..

e medeiam sua captação por endocitose. ❹ No fígado, os remanescentes liberam seu colesterol e são degradados nos lisossomos. Essa via do colesterol da dieta até o fígado é a **via exógena** (setas azuis na Fig. 21-40).

As **lipoproteínas de densidade muito baixa** (**VLDL**, do inglês *very-low-density lipoproteins*) são a segunda das nossas quatro classes. Quando a dieta contém mais ácidos graxos e colesterol do que a quantidade necessária para uso imediato como combustível ou como precursores de outras moléculas, eles são ❺ convertidos em triacilgliceróis ou ésteres de colesterila no fígado e empacotados com apolipoproteínas específicas, formando as VLDL. O excesso de carboidratos na dieta também pode ser convertido em triacilgliceróis no fígado e exportado como VLDL. Além dos triacilgliceróis e dos ésteres de colesterila, as VLDL contêm apoB-100, apoC-I, apoC-II, apoC-III e apoE (Tabela 21-2). As VLDL são transportadas pelo sangue do fígado para o músculo e o tecido adiposo. ❻ Nos capilares desses tecidos, a apoC-II ativa a lipoproteína-lipase, que catalisa a liberação dos ácidos graxos a partir dos triacilgliceróis das VLDL. Os adipócitos captam esses ácidos graxos, reconvertem-nos em triacilgliceróis e armazenam os produtos em gotículas intracelulares de lipídeos; os miócitos, em contrapartida, primariamente oxidam esses ácidos graxos para obterem energia. Quando o nível de insulina está alto (após uma refeição), as VLDL atuam principalmente para transportar lipídeos da dieta para o tecido adiposo para armazenamento. No jejum entre refeições, os ácidos graxos usados para produzir as VLDL no fígado originam-se principalmente do tecido adiposo, e o principal alvo das VLDL são os miócitos do coração e do músculo esquelético.

As **lipoproteínas de densidade baixa** (**LDL**, do inglês *low-density lipoproteins*), a terceira classe de lipoproteínas, são formadas quando a perda de triacilgliceróis converte algumas VLDL em remanescentes de VLDL, também chamadas de lipoproteínas de densidade intermediária (IDL). A remoção adicional de triacilgliceróis das IDL (remanescentes) produz LDL. Rica em colesterol e ésteres de colesterila e contendo apoB-100 como sua principal apolipoproteína, ❼ a LDL transporta colesterol para os tecidos extra-hepáticos, como músculo, glândulas adrenais e tecido adiposo. Esses tecidos têm receptores para LDL na membrana plasmática que reconhecem a apoB-100 e medeiam a captação de colesterol e ésteres de colesterila. ❽ A LDL também pode ter seu colesterol entregue para os macrófagos, algumas vezes convertendo-os em células espumosas (ver Fig. 21-46). ❾ A LDL não captada pelos tecidos e células periféricos retorna ao fígado, onde é captada via **receptores de LDL** na membrana plasmática dos hepatócitos. O colesterol que entra no hepatócito por essa via pode ser incorporado nas membranas, convertido em ácidos biliares ou resterificado pela ACAT (Fig. 21-38) para armazenamento nas gotículas lipídicas citosólicas. Essa via, da formação de VLDL no fígado até o retorno de LDL para o fígado, é a **via endógena** do metabolismo e transporte do colesterol (setas vermelhas na Fig. 21-40). O acúmulo de excesso de colesterol intracelular é prevenido pela diminuição da velocidade de síntese quando colesterol suficiente está disponível a partir de LDL no sangue. Os mecanismos reguladores desse processo são descritos adiante.

### A HDL realiza o transporte reverso de colesterol

As **lipoproteínas de densidade alta** (**HDL**, do inglês *high-density lipoproteins*), a quarta classe das principais lipoproteínas em mamíferos, ❿ originam-se no fígado e no intestino delgado na forma de pequenas partículas ricas em proteínas que contêm relativamente pouco colesterol e não contêm ésteres de colesterila. As HDL contêm principalmente apoA-I e outras apolipoproteínas (Tabela 21-2). Elas também contêm a enzima **lecitina-colesterol-aciltransferase** (**LCAT**), que catalisa a formação de ésteres de colesterila a partir de lecitina (fosfatidilcolina) e de colesterol (**Fig. 21-41**). Na superfície das partículas de HDL nascentes (recém-formadas), a LCAT converte o colesterol e a fosfatidilcolina dos remanescentes de quilomícrons e de VLDL encontrados na corrente sanguínea em ésteres de colesterila,

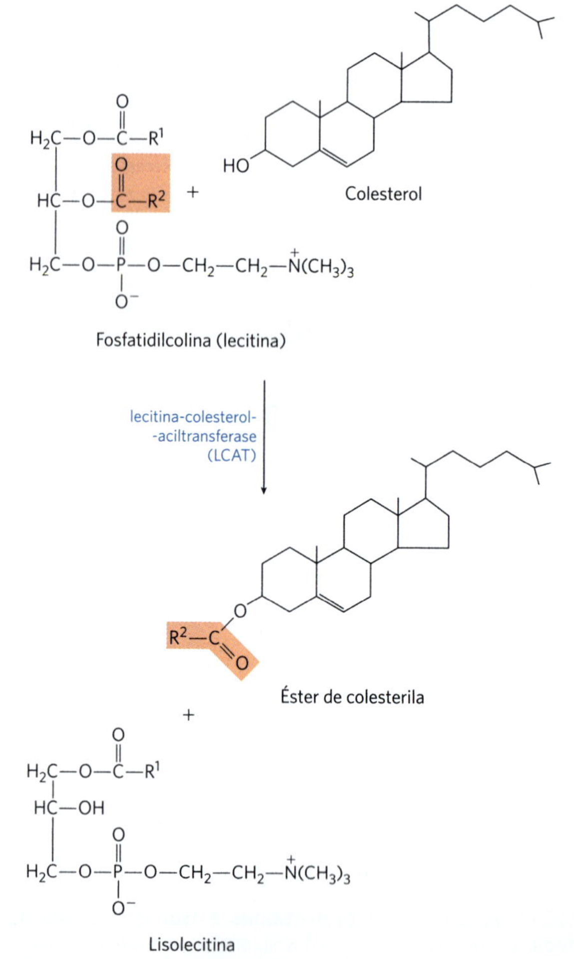

**FIGURA 21-41** **Reação catalisada pela lecitina-colesterol-aciltransferase (LCAT).** Essa enzima está presente na superfície da HDL e é estimulada pelo componente apoA-I da HDL. Os ésteres de colesterila acumulam-se nas HDL nascentes, convertendo-as em HDL maduras.

dando início à formação do núcleo da HDL, transformando a HDL nascente, que tem formato de disco, em uma partícula de HDL madura com formato esférico. ⑪ A HDL nascente também pode captar colesterol de células extra-hepáticas ricas em colesterol (inclusive de macrófagos e de células espumosas formadas a partir de macrófagos; ver a seguir). ⑫ A HDL madura, então, retorna ao fígado, onde o colesterol é descarregado por meio do receptor removedor (ou *scavenger*) SR-BI. ⑬ Uma parte dos ésteres de colesterila na HDL também pode ser transferida à LDL pela proteína transportadora de ésteres de colesterila. O circuito da HDL é o **transporte reverso do colesterol** (setas roxas na Fig. 21-40). Boa parte desse colesterol que retorna ao fígado é convertida em sais biliares por enzimas dos peroxissomos hepáticos; os sais biliares são armazenados na vesícula biliar e liberados no intestino quando uma refeição é ingerida. ⑭ Os sais biliares são reabsorvidos pelo intestino e recirculam pelo fígado e pela vesícula biliar nessa **circulação êntero-hepática** (setas verdes na Fig. 21-40).

O mecanismo pelo qual o esterol é descarregado a partir das HDL no fígado e em outros tecidos via receptores SR-BI não envolve endocitose, o mecanismo utilizado para a captação de LDL. Em vez disso, quando a HDL se liga aos receptores SR-BI na membrana plasmática dos hepatócitos ou de tecidos esteroidogênicos, como a glândula adrenal, esses receptores medeiam a transferência parcial e seletiva do colesterol e de outros lipídeos da HDL para a célula. A HDL esvaziada, então, dissocia-se e recircula na corrente sanguínea para extrair mais lipídeos dos remanescentes de quilomícrons e VLDL e de células sobrecarregadas com colesterol, como descrito a seguir.

## Os ésteres de colesterila entram nas células por endocitose mediada por receptor

Cada partícula de LDL na corrente sanguínea contém apoB-100, que é reconhecida por receptores de LDL presentes na membrana plasmática de células que precisam captar colesterol. A **Figura 21-42** mostra uma dessas células. ① Os receptores para LDL são sintetizados no RE e transportados para a membrana plasmática após a modificação no complexo de Golgi. Uma vez na membrana plasmática, eles tornam-se disponíveis para ligação à apoB-100. ② A ligação da LDL ao receptor de LDL inicia a endocitose, que ③ transfere a LDL e o seu receptor para o interior da célula dentro de um endossomo. ④ As porções da membrana do endossomo que contêm o receptor brotam da membrana e retornam à superfície celular, a fim de funcionar novamente na captação de LDL. ⑤ O endossomo funde-se com um lisossomo, que ⑥ contém enzimas que hidrolisam os ésteres de colesterila, liberando colesterol e ácidos graxos no citosol. A proteína apoB-100 também é degradada em aminoácidos, liberados para o citosol. A apoB-100 também está presente na VLDL, mas o seu domínio de ligação ao receptor não está disponível para a interação com o receptor de LDL; a conversão de VLDL em LDL expõem o domínio de ligação ao receptor da apoB-100.

Essa via para o transporte de colesterol no sangue e sua **endocitose mediada por receptor** nos tecidos-alvo foi elucidada por Michael Brown e Joseph Goldstein. Eles descobriram que indivíduos com a doença genética **hipercolesterolemia familiar** (**HF**) têm mutações no receptor de LDL que previnem a captação normal

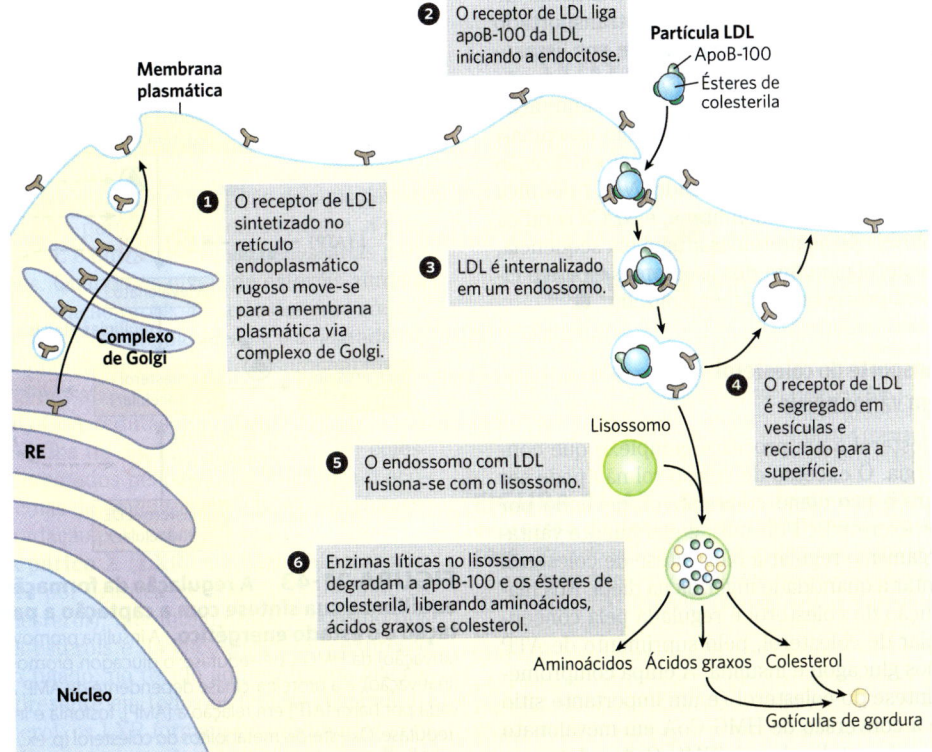

**FIGURA 21-42** Captação do colesterol pela endocitose mediada por receptor.

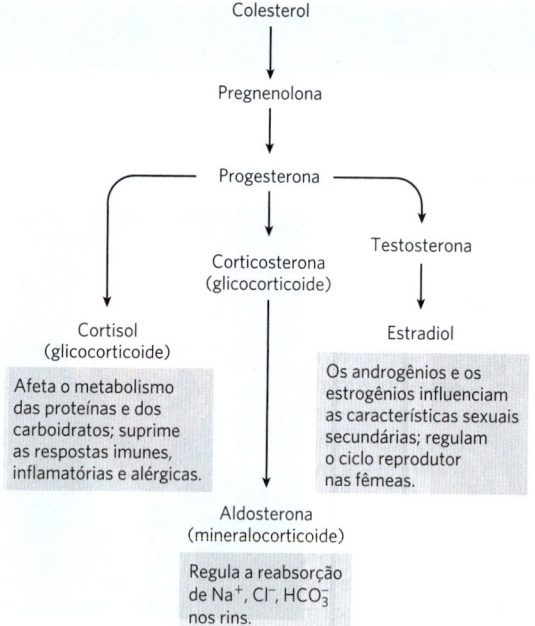

**FIGURA 21-48 Alguns hormônios esteroides derivados do colesterol.** As estruturas de alguns desses compostos são mostradas na Figura 10-18.

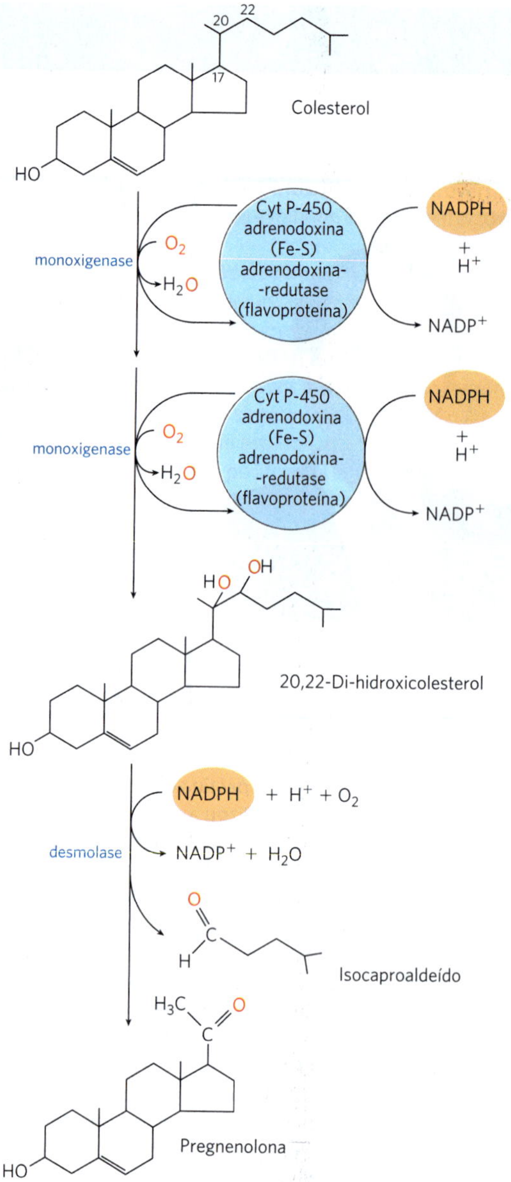

e a cadeia fitol da clorofila; borracha natural; muitos óleos essenciais (como os princípios aromáticos dos óleos de limão, eucalipto e almíscar); hormônio juvenil de insetos, que controla a metamorfose; dolicóis, que atuam como transportadores lipossolúveis na síntese de polissacarídeos complexos; e ubiquinona e plastoquinona, transportadores de elétrons na mitocôndria e nos cloroplastos. Essas moléculas são coletivamente chamadas de isoprenoides. Mais de 20 mil moléculas isoprenoides distintas foram descobertas na natureza, e centenas de novas moléculas desse tipo são descritas a cada ano.

A prenilação (ligação covalente de um isoprenoide; ver Fig. 27-35) é um mecanismo comum pelo qual proteínas são ancoradas à superfície interna de membranas celulares em mamíferos (ver Fig. 11-16). Em algumas dessas proteínas, o lipídeo acoplado é o grupo farnesila de 15 carbonos; outras têm o grupo geranil-geranila de 20 carbonos. Enzimas distintas atuam na ligação dos dois tipos de lipídeos. É possível que as reações de prenilação direcionem as proteínas para membranas distintas, dependendo de qual lipídeo está acoplado. A prenilação de proteínas é outra função importante dos derivados do isopreno da via do colesterol.

### RESUMO 21.4 Colesterol, esteroides e isoprenoides: biossíntese, regulação e transporte

■ O colesterol é formado a partir de acetil-CoA em uma série complexa de reações, passando pelos intermediários β-hidróxi-β-metilglutaril-CoA (HMG-CoA), mevalonato e dois isoprenos ativados, dimetilalil-pirofosfato e isopentenil-pirofosfato. A condensação de unidades de isopreno produz

**FIGURA 21-49 Clivagem da cadeia lateral na síntese de hormônios esteroides.** O citocromo P-450 atua como transportador de elétrons nesse sistema de monoxigenases que oxida átomos de carbono adjacentes. O processo também requer as proteínas transportadoras de elétrons adrenodoxina e adrenodoxina-redutase. Esse sistema de clivagem de cadeias laterais é encontrado na mitocôndria das células do córtex da glândula adrenal, onde ocorre a produção ativa de hormônios esteroides. A pregnenolona é o precursor de todos os outros hormônios esteroides (ver Fig. 21-48).

o composto acíclico esqualeno, que é ciclizado, gerando o sistema de anéis do núcleo esteroide e a cadeia lateral.

■ O colesterol é sintetizado principalmente no fígado e exportado na forma de ácidos biliares, colesterol biliar e ésteres de colesterila.

■ O colesterol e os ésteres de colesterila são transportados no sangue como lipoproteínas plasmáticas. A VLDL

## 21.4 COLESTEROL, ESTEROIDES E ISOPRENOIDES: BIOSSÍNTESE, REGULAÇÃO E TRANSPORTE

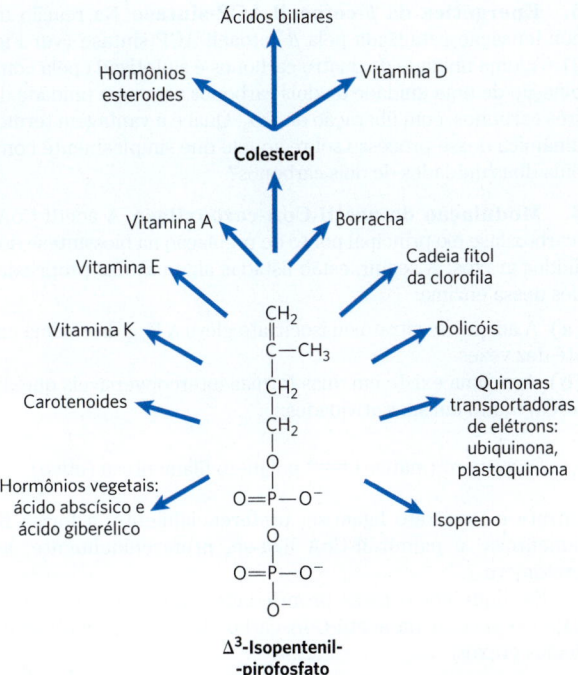

**FIGURA 21-50 Visão geral da biossíntese dos isoprenoides.** As estruturas da maioria dos produtos finais aqui mostrados são fornecidas no Capítulo 10.

transporta o colesterol, os ésteres de colesterila e os triacilgliceróis do fígado para os demais tecidos, onde os triacilgliceróis são degradados pela lipoproteína-lipase, convertendo VLDL em LDL. A remoção do colesterol e seu transporte de volta ao fígado são processos mediados pelas HDL. Muito do colesterol transportado ao fígado é utilizado para a produção de sais biliares.

■ A LDL, rica em colesterol e seus ésteres, é captada por endocitose mediada por receptor, em que a apolipoproteína B-100 da LDL é reconhecida pelos receptores na membrana plasmática.

■ A síntese e o transporte de colesterol estão sob regulação complexa por hormônios, pelo conteúdo de colesterol celular e pelo nível energético (concentração de AMP). A HMG-CoA-redutase é regulada alostericamente e por modificação covalente. Além disso, um complexo de três proteínas – Insig, SCAP e SREBP – é capaz de detectar os níveis de colesterol e responder aumentando a síntese ou a degradação da HMG-CoA-redutase. O número de receptores de LDL por célula também é regulado pelo conteúdo de colesterol.

■ Condições alimentares ou defeitos genéticos no metabolismo do colesterol podem levar a aterosclerose e doenças cardíacas.

■ No transporte reverso do colesterol, a HDL remove colesterol dos tecidos periféricos, transportando-o para o fígado. Em virtude de reduzir o conteúdo de colesterol das células espumosas, a HDL previne a ocorrência de aterosclerose.

■ Os hormônios esteroides (glicocorticoides, mineralocorticoides e hormônios sexuais) são produzidos a partir do colesterol por meio da alteração da cadeia lateral e da introdução de átomos de oxigênio no sistema de anéis dos esteroides. Além do colesterol, uma ampla variedade de compostos isoprenoides é derivada do mevalonato por meio de condensações do isopentenil-pirofosfato e do dimetilalil-pirofosfato.

■ A prenilação de algumas proteínas as direciona para associações com membranas celulares e é essencial para suas atividades biológicas.

### TERMOS-CHAVE

*Os termos em negrito estão definidos no glossário.*

malonil-CoA 744
acetil-CoA-carboxilase 744
ácido graxo-sintase 745
proteína transportadora de acila (ACP) 747
4'-fosfopanteteína 747
sistemas de alongamento de ácidos graxos 753
acil-CoA graxa-dessaturase 754
**oxidases de função mista** 754
estearoil-ACP-dessaturase (EAD) 754
**ácidos graxos essenciais** 754
araquidonato 754
eicosatetraenoato 754
**prostaglandina (PG)** 755
cicloxigenase (COX) 755
prostaglandina $H_2$-sintase 755
**oxigenases de função mista** 756
**citocromo P-450** 756
tromboxano-sintase 758
**tromboxano (TX)** 758
**leucotrieno (LT)** 758
**catábase** 759
**mediador especializado na pró-resolução (SPM)** 759
**lipoxina** 759
glicerol-3-fosfato-desidrogenase 760
ácido fosfatídico 760
ciclo do triacilglicerol 762
**gliceroneogênese** 762
**tiazolidinedionas** 763
fosfatidilglicerol 765
**cardiolipina** 765
fosfatidilinositol 765
fosfatidilserina 765
fosfatidiletanolamina 765
fosfatidilcolina 765
**ciclo de Lands** 767
**lisofosfatidilcolina-aciltransferases (LPCAT)** 767
**plasmalogênio** 768
fator de ativação plaquetária 768
**cerebrosídeo** 768
esfingomielina 768
**gangliosídeo** 770
**isopreno** 772
mevalonato 773
β-hidróxi-β-metilglutaril-CoA (HMG-CoA) 773
HMG-CoA-sintase 773
HMG-CoA-redutase 773
esqualeno 774
**ácidos biliares** 776
ésteres de colesterila 777
**apolipoproteína** 777
**quilomícron** 777
via exógena 780
lipoproteína de densidade muito baixa (VLDL) 780
lipoproteína de densidade baixa (LDL) 780
receptores de LDL 780
via endógena 780
lipoproteína de densidade alta (HDL) 780
transporte reverso do colesterol 781
circulação êntero-hepática 781
endocitose mediada por receptor 781

proteínas de ligação aos elementos reguladores de esterol (SREBP) 782
proteína ativadora da clivagem da SREBP (SCAP) 783
proteína de gene induzido por insulina (Insig) 783
receptor hepático X (LXR) 783
receptor X de retinoides (RXR) 783
receptor X farnesoide (FXR) 784
aterosclerose 784
célula espumosa 785
**estatina** 785

## QUESTÕES

**1. Via do carbono na síntese dos ácidos graxos** Utilizando seu conhecimento sobre a biossíntese de ácidos graxos, forneça uma explicação para as seguintes observações experimentais:

**(a)** A adição de [$^{14}$C] acetil-CoA uniformemente marcada a uma fração solúvel de fígado gera palmitato uniformemente marcado com $^{14}$C.

**(b)** Em um segundo experimento, a adição de *traços* de [$^{14}$C] acetil-CoA uniformemente marcada na presença de excesso de malonil-CoA não marcada a uma fração solúvel de fígado gera palmitato marcado com $^{14}$C apenas em C-15 e C-16.

**2. Síntese de ácidos graxos a partir da glicose** Após de uma pessoa ter ingerido uma grande quantidade de sacarose, a glicose e a frutose que excedem as necessidades calóricas são transformadas em ácidos graxos para a síntese de triacilgliceróis. A síntese de ácidos graxos consome acetil-CoA, ATP e NADPH. Como a célula produz acetil-CoA, ATP e NADPH a partir da glicose?

**3. Equação global da síntese de ácidos graxos** Escreva a equação global líquida para a biossíntese de palmitato em fígado de rato, a partir de acetil-CoA mitocondrial e NADPH, ATP e $CO_2$ citosólicos.

**4. Via do hidrogênio na síntese de ácidos graxos** Uma pesquisadora preparou uma solução contendo todas as enzimas e todos os cofatores necessários para a biossíntese de ácidos graxos a partir de acetil-CoA e malonil-CoA.

**(a)** Ela, então, adiciona [2-$^2$H]acetil-CoA (marcada com deutério, o isótopo pesado do hidrogênio) e um excesso de malonil-CoA não marcada como substratos.

$$^2H-\underset{^2H}{\overset{^2H}{C}}-\overset{O}{\underset{}{C}}-S\text{-CoA}$$

Quantos átomos de deutério são incorporados em cada molécula de palmitato? Quais são as suas localizações? Explique.

**(b)** Em um experimento separado, a pesquisadora adiciona acetil-CoA não marcada e [2-$^2$H]malonil-CoA como substratos.

$$^-OOC-\underset{^2H}{\overset{^2H}{C}}-\overset{O}{\underset{}{C}}-S\text{-CoA}$$

Quantos átomos de deutério são incorporados em cada molécula de palmitato? Quais são as suas localizações? Explique.

**5. Energética da β-cetoacil-ACP-sintase** Na reação de condensação catalisada pela β-cetoacil-ACP-sintase (ver Fig. 21-6), uma unidade de quatro carbonos é sintetizada pela combinação de uma unidade de dois carbonos com uma unidade de três carbonos, com liberação de $CO_2$. Qual é a vantagem termodinâmica desse processo sobre aquele que simplesmente combina duas unidades de dois carbonos?

**6. Modulação da acetil-CoA-carboxilase** A acetil-CoA--carboxilase é o principal ponto de regulação na biossíntese dos ácidos graxos. A seguir, estão listadas algumas das propriedades dessa enzima:

**(a)** A adição de citrato ou isocitrato eleva a $V_{máx}$ da enzima em até dez vezes.

**(b)** A enzima existe em duas formas interconversíveis que diferem muito em suas atividades:

$$\text{Protômero (inativo)} \rightleftharpoons \text{polímero filamentoso (ativo)}$$

Citrato e isocitrato ligam-se, preferencialmente, à forma filamentosa, e palmitoil-CoA liga-se, preferencialmente, ao protômero.

Explique como essas propriedades são coerentes com o papel regulador da acetil-CoA-carboxilase na biossíntese de ácidos graxos.

**7. Lançadeira de grupos acetila através da membrana interna da mitocôndria** O grupo acetila da acetil-CoA, produzido pela descarboxilação oxidativa do piruvato dentro da mitocôndria, é transferido para o citosol pela lançadeira de grupos acetila esquematizada na Figura 21-10.

**(a)** Escreva a equação global para a transferência de um grupo acetila da mitocôndria para o citosol.

**(b)** Qual é o custo desse processo em ATP por grupo acetila?

**(c)** No Capítulo 17, encontramos uma lançadeira de grupos acila na transferência de acil-CoA graxa do citosol para a mitocôndria na preparação para a β-oxidação (ver Fig. 17-6). O resultado desse transporte é a separação dos reservatórios mitocondrial e citosólico de CoA. A lançadeira de grupos acetila também realiza essa função? Explique.

**8. Necessidade de oxigênio para as dessaturases** A biossíntese de palmitoleato (ver Fig. 21-12), um ácido graxo insaturado comum, com uma ligação dupla *cis* na posição $\Delta^9$, utiliza palmitato como precursor. A síntese de palmitoleato pode ser realizada em condições estritamente anaeróbicas? Explique.

**9. Custo energético da síntese de triacilgliceróis** Utilize a equação global líquida para a biossíntese de tripalmitoilglicerol (tripalmitina) a partir de glicerol e palmitato para mostrar quantos ATP são necessários por molécula de tripalmitina formada.

**10. Renovação dos triacilgliceróis no tecido adiposo** Uma pesquisadora adiciona [$^{14}$C]glicose a uma dieta equilibrada de ratos adultos. Ela não encontra aumento no total de triacilgliceróis armazenados, mas os triacilgliceróis tornam-se marcados com $^{14}$C. Como isso pode ser explicado?

**11. Custo energético da síntese de fosfatidilcolina** Escreva a sequência de etapas e a reação global líquida para a biossíntese de fosfatidilcolina pela via de salvação (reciclagem) a partir de oleato, palmitato, di-hidroxiacetona-fosfato e colina. Iniciando com esses precursores, qual é o custo (em número de ATP) da síntese de fosfatidilcolina pela via de salvação (reciclagem)?

**12. Via de reciclagem para a síntese de fosfatidilcolina** Um rato jovem mantido em dieta deficiente em metionina não se desenvolve adequadamente a não ser que seja incluída colina na dieta. Como isso pode ser explicado?

**13. Energética da condensação de acetil-CoA para formar acetoacetil-CoA** A formação de um tioéster de acetoacetato é catalisada pela ácido graxo-sintase durante a síntese de ácidos graxos e pela acetil-CoA-aciltransferase na primeira etapa da síntese de colesterol. Ambas as reações são condensações de Claisen. Na síntese de ácidos graxos, todavia, ocorre a formação de malonil-CoA como etapa inicial, de modo que a descarboxilação facilita a condensação. Na via de biossíntese do colesterol, a condensação ocorre entre duas moléculas de acetil-CoA, de modo que não ocorre descarboxilação para facilitar a reação. Sugira uma razão termodinâmica para a necessidade da descarboxilação na síntese de ácidos graxos, mas não nas primeiras etapas da biossíntese do colesterol.

**14. Síntese de isopentenil-pirofosfato** Um pesquisador adiciona [2-$^{14}$C]acetil-CoA a um homogeneizado de fígado de rato que está sintetizando colesterol. Onde irá aparecer a marcação com $^{14}$C no $\Delta^3$-isopentenil-pirofosfato, a forma ativada da unidade isopreno?

**15. Doadores ativados na síntese de lipídeos** Na biossíntese de lipídeos complexos, os componentes são reunidos pela transferência do grupo apropriado a partir de um doador ativado. Por exemplo, o doador ativado de grupos acetila é a acetil-CoA. Para cada um dos seguintes grupos, forneça a forma do doador ativado: **(a)** fosfato; **(b)** D-glicosila; **(c)** fosfoetanolamina; **(d)** D-galactosila; **(e)** acila graxa; **(f)** metila; **(g)** o grupo de dois carbonos na biossíntese de ácidos graxos; **(h)** $\Delta^3$-isopentenila.

**16. Importância das gorduras na dieta** Quando ratos jovens são alimentados com uma dieta totalmente livre de gordura, eles crescem muito pouco, desenvolvem uma dermatite escamosa, perdem pelo e morrem em pouco tempo – sintomas que podem ser prevenidos se linoleato ou material vegetal forem incluídos na dieta. O que faz do linoleato um ácido graxo essencial? Por que o material vegetal pode ser utilizado?

**17. Regulação da biossíntese de colesterol** Em seres humanos, o colesterol pode ser obtido a partir da dieta ou sintetizado *de novo*. Um ser humano adulto com dieta pobre em colesterol sintetiza, em geral, 600 mg de colesterol por dia no fígado. Se a quantidade de colesterol na dieta é elevada, a síntese *de novo* do colesterol é significativamente reduzida. Como ocorre essa regulação?

**18. Redução dos níveis séricos de colesterol com estatinas** Pacientes tratados com um fármaco do tipo estatina geralmente exibem uma redução acentuada do colesterol sérico. Entretanto, a quantidade da enzima HMG-CoA-redutase presente nas células pode aumentar substancialmente. Sugira uma explicação para esse efeito.

**19. Funções dos tioésteres na biossíntese de colesterol** Esquematize um mecanismo para cada uma das três reações mostradas na Figura 21-34, detalhando a via para a síntese de mevalonato a partir de acetil-CoA.

**20. Efeitos colaterais potenciais do tratamento com estatinas** Embora os benefícios da administração de estatinas estejam claros, os efeitos colaterais ainda precisam ser documentados em detalhes. Alguns médicos têm sugerido que pacientes em tratamento com estatinas também devem receber um suplemento de coenzima Q. Sugira uma justificativa para essa recomendação.

### QUESTÃO DE ANÁLISE DE DADOS

**21. Engenharia genética em *E. coli* para a produção de grandes quantidades de um isoprenoide** Há mais de 20 mil isoprenoides de ocorrência natural, alguns deles com importância médica e/ou comercial e produzidos industrialmente. Os métodos de produção incluem a síntese enzimática *in vitro*, um processo dispendioso e de baixo rendimento. Em 1999, Wang, Oh e Liao publicaram experimentos em que modificavam geneticamente a bactéria *E. coli*, de fácil crescimento, para produzir grandes quantidades de astaxantina, um isoprenoide de importância comercial. A astaxantina é um pigmento carotenoide laranja-avermelhado (um antioxidante) produzido por algas marinhas. Animais marinhos, como camarão, lagosta e alguns peixes que se alimentam de algas, têm suas colorações alaranjadas devido à ingestão de astaxantina. A astaxantina é composta por oito unidades isoprenoides; a sua fórmula molecular é $C_{40}H_{52}O_4$.

Astaxantina

**(a)** Circule as oito unidades isoprenoides na molécula de astaxantina. Dica: use como guia os grupos metila que se projetam da cadeia principal.

A astaxantina é sintetizada pela via mostrada a seguir, iniciando com $\Delta^3$-isopentenil-pirofosfato (IPP). As etapas ❶ e ❷ estão mostradas na Figura 21-36, e a reação catalisada pela IPP-isomerase é mostrada na Figura 21-35.
**(b)** Na etapa ❹ da via, duas moléculas de geranil-geranil-pirofosfato são ligadas, formando fitoeno. Essa é uma ligação cabeça-cabeça ou cabeça-cauda? (Ver detalhes na Fig. 21-36.)
**(c)** Descreva brevemente a transformação química na etapa ❺.
**(d)** A síntese de colesterol (Fig. 21-37) inclui uma ciclização (fechamento de anel) que envolve a oxidação líquida por $O_2$. A ciclização na etapa ❻ da via sintética da astaxantina requer a oxidação líquida do substrato (licopeno)? Explique seu raciocínio.

A *E. coli* não produz grandes quantidades de muitos isoprenoides e não sintetiza astaxantina. Sabe-se que ela sintetiza pequenas quantidades de IPP, DMAPP, geranil-pirofosfato, farnesil-pirofosfato e geranil-geranil-pirofosfato. Wang e colaboradores clonaram vários dos genes de *E. coli* que codificam

**792** CAPÍTULO 21 • BIOSSÍNTESE DE LIPÍDEOS

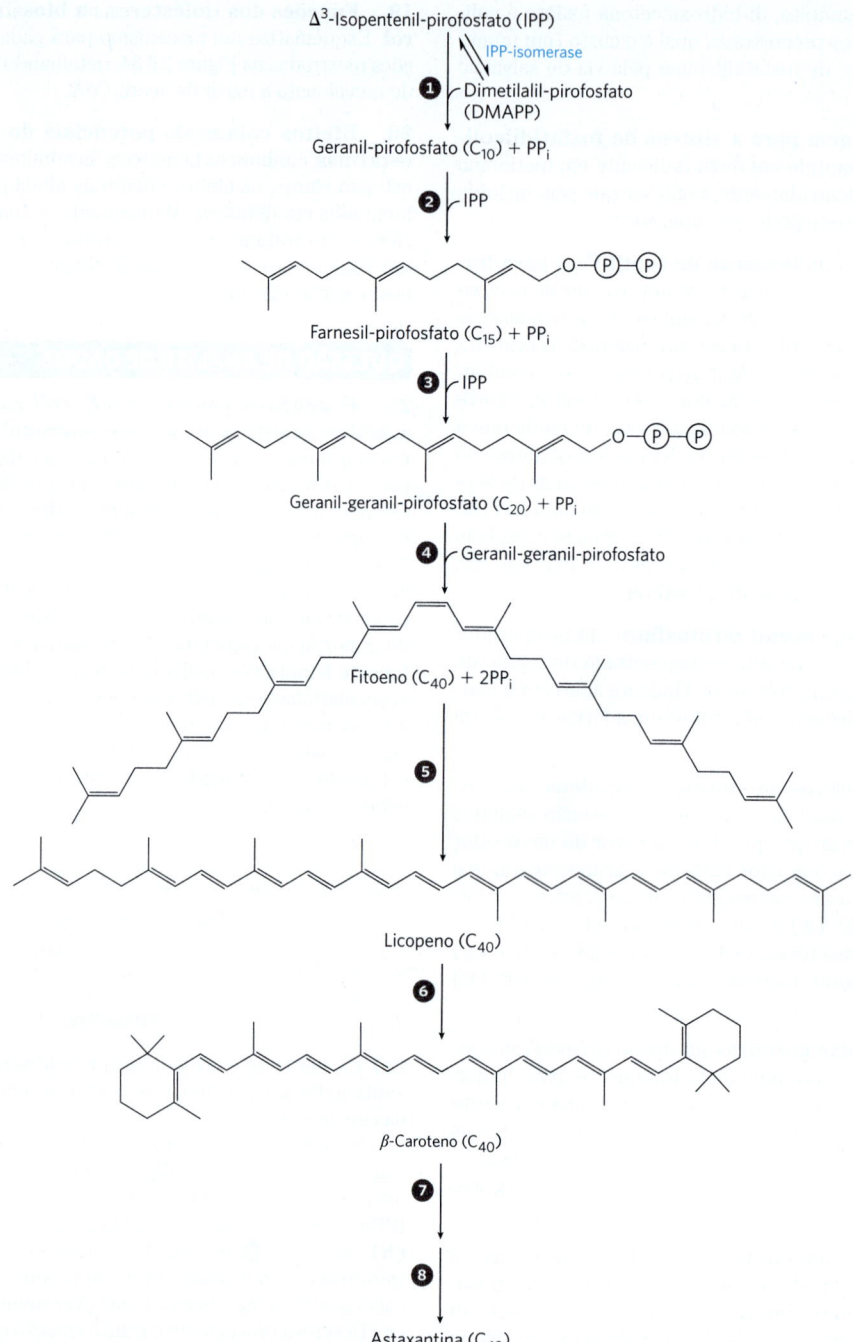

as enzimas necessárias para a síntese de astaxantina em plasmídeos que permitiram a sua superexpressão. Esses genes incluíram o *idi*, que codifica a IPP-isomerase, e o *ispA*, que codifica uma prenil-transferase que catalisa as etapas ❶ e ❷.

Para modificar geneticamente uma *E. coli*, tornando-a capaz de realizar a via completa da astaxantina, Wang e colaboradores clonaram vários genes de outras bactérias em plasmídeos que permitiriam sua superexpressão em *E. coli*. Esses genes incluíram *crtE* da *Erwinia uredovora*, que codifica uma enzima que catalisa a etapa ❸; e *crtB, crtI, crtY, crtZ* e *crtW* da *Agrobacterium aurantiacum*, que codificam as enzimas das etapas ❹, ❺, ❻, ❼ e ❽, respectivamente.

Os pesquisadores também clonaram o gene *gps* da *Archaeoglobus fulgidus*, superexpressaram esse gene em *E. coli* e extraíram o produto gênico. Quando esse extrato foi incubado com [$^{14}$C]IPP e DMAPP ou com geranil-pirofosfato, ou farnesil-pirofosfato, apenas o geranil-geranil-pirofosfato foi encontrado com marcação com $^{14}$C, em todos os casos.

**(e)** Com base nesses dados, qual(is) etapa(s) da via é(são) catalisada(s) pela enzima codificada pelo *gps*? Explique seu raciocínio.

Wang e colaboradores, então, construíram diversas cepas de *E. coli* que superexpressavam diferentes genes e mediram a cor alaranjada das colônias (colônias de *E. coli* do tipo selvagem são esbranquiçadas) e a quantidade de astaxantina produzida (medida por sua cor alaranjada). Os resultados são mostrados a seguir (ND indica não determinado).

| Cepa | Gene(s) super-expresso(s) | Cor alaranjada | Astaxantina produzida ($\mu$g/g de peso seco) |
|---|---|---|---|
| 1 | crtBIZYW | − | ND |
| 2 | *crtBIZYW, ispA* | − | ND |
| 3 | *crtBIZYW, idi* | − | ND |
| 4 | *crtBIZYW, idi, ispA* | − | ND |
| 5 | *crtBIZYW, crtE* | + | 32,8 |
| 6 | *crtBIZYW, crtE, ispA* | + | 35,3 |
| 7 | *crtBIZYW, crtE, idi* | ++ | 234,1 |
| 8 | *crtBIZYW, crtE, idi, ispA* | +++ | 390,3 |
| 9 | *crtBIZYW, gps* | + | 35,6 |
| 10 | *crtBIZYW, gps, idi* | +++ | 1.418,8 |

**(f)** Comparando os resultados para as cepas de 1 a 4 com aqueles para as cepas de 5 a 8, o que você pode concluir sobre o nível de expressão de uma enzima capaz de catalisar a etapa 3 da via sintética da astaxantina em *E. coli* do tipo selvagem? Explique seu raciocínio.

**(g)** Com base nesses dados, qual enzima é limitante da velocidade nessa via, a IPP-isomerase ou a enzima codificada pelo *idi*? Explique seu raciocínio.

### Referência

**Wang, C.-W., M.-K. Oh, and J.C. Liao. 1999.** Engineered isoprenoid pathway enhances astaxanthin production in *Escherichia coli. Biotechnol. Bioeng.* 62:235–241.

# Capítulo 22

# BIOSSÍNTESE DE AMINOÁCIDOS, NUCLEOTÍDEOS E MOLÉCULAS RELACIONADAS

**22.1** Visão geral do metabolismo do nitrogênio  795
**22.2** Biossíntese de aminoácidos  805
**22.3** Moléculas derivadas de aminoácidos  817
**22.4** Biossíntese e degradação de nucleotídeos  823

O nitrogênio perde apenas para o carbono, para o hidrogênio e para o oxigênio em sua contribuição para a massa dos sistemas vivos. A maior parte desse nitrogênio está ligada à estrutura de aminoácidos e nucleotídeos. Neste capítulo, serão abordados todos os aspectos do metabolismo desses compostos nitrogenados, exceto o catabolismo dos aminoácidos, que foi abordado no Capítulo 18.

Neste capítulo final que abrange os processos anabólicos, alguns dos princípios básicos são únicos, enquanto outros são semelhantes aos do Capítulo 21 e das considerações da gliconeogênese, no Capítulo 14:

▶ **P1** **Os aminoácidos e os nucleotídeos são os precursores das proteínas e dos ácidos nucleicos, respectivamente.** Eles também dão origem a vários neurotransmissores, cofatores metabólicos e outras moléculas de importância biológica.

▶ **P2** **O suprimento de nitrogênio biologicamente disponível pode ser limitante em muitos ambientes.** O $N_2$ atmosférico é relativamente inerte e deve ser convertido em outras formas, como amônia e nitrato, para acomodar as necessidades da vida. Uma complexa teia de processos enzimáticos, baseada principalmente em microrganismos, interconverte as várias formas moleculares que compõem o inventário global de nitrogênio reativo.

▶ **P3** **Os metabolismos do oxigênio e do nitrogênio estão interligados.** A oxidação e a redução das várias formas de nitrogênio na biosfera envolvem frequentemente o oxigênio.

▶ **P4** **A regulação desempenha novamente um papel importante.** Muitos dos processos abordados neste capítulo são regulados para conservar cuidadosamente um recurso crítico e limitado. É necessária uma regulação rígida para manter o fornecimento equilibrado de aminoácidos e de nucleotídeos. O fluxo metabólico por meio da maioria dessas vias é muito menor do que para as vias biossintéticas de carboidratos ou lipídeos; a maioria dos aminoácidos e dos nucleotídeos não é armazenada, mas sim sintetizada à medida que se tornam necessários.

▶ **P5** **Os aminoácidos glutamato e glutamina representam o ponto de entrada onde as formas reativas de nitrogênio são incorporadas aos sistemas biológicos.** Refletindo sua importância, as concentrações desses aminoácidos são suficientemente elevadas em muitos tecidos, de modo que são os principais contribuintes para o ambiente eletroquímico das células. O papel proeminente desses dois aminoácidos é uma característica universal do metabolismo animado do nitrogênio, mais uma manifestação molecular da história evolutiva compartilhada de todos os organismos do planeta.

▶ **P6** **Como outras vias anabólicas, as sequências de reações na biossíntese de aminoácidos e nucleotídeos são endergônicas e redutoras.** Elas usam ATP como fonte de energia metabólica e um transportador de elétrons reduzido (geralmente NADPH) como redutor.

Discutir simultaneamente as vias biossintéticas para os aminoácidos e para os nucleotídeos é uma abordagem correta, não apenas porque ambas as classes de moléculas contêm nitrogênio, mas também porque os dois conjuntos de vias estão amplamente interligados, com vários intermediários principais em comum. Certos aminoácidos ou partes de aminoácidos são incorporados nas estruturas de purinas e pirimidinas e, em um caso, parte de um anel púrico é incorporada a um aminoácido (a histidina). Os dois conjuntos de vias também compartilham muito da química, em particular uma preponderância de reações envolvendo a transferência de nitrogênio ou de grupos de um carbono.

O grande número de etapas e a variedade de intermediários nas vias aqui descritas podem ser intimidantes para um estudante de bioquímica iniciante. Essas vias serão melhor compreendidas pelo enfoque nos princípios metabólicos já discutidos, nos intermediários-chave, nos precursores e nas classes comuns de reações. Mesmo um olhar superficial na química pode ser recompensador, pois nessas vias ocorrem algumas das transformações químicas mais incomuns nos sistemas biológicos; por exemplo, são encontrados exemplos notáveis do raro uso biológico dos metais molibdênio, selênio e vanádio. Esse esforço também oferece vantagens práticas, principalmente para alunos de medicina humana ou veterinária. Muitas doenças genéticas de seres humanos e animais têm sido atribuídas à ausência de uma ou mais enzimas do metabolismo de aminoácidos e nucleotídeos, e muitos produtos farmacêuticos de uso comum para combater doenças infecciosas são inibidores de enzimas nessas vias – assim como alguns dos agentes mais importantes na quimioterapia do câncer.

## 22.1 Visão geral do metabolismo do nitrogênio

As vias biossintéticas que levam à produção de aminoácidos e nucleotídeos compartilham uma característica: a necessidade de nitrogênio. Uma vez que compostos nitrogenados solúveis e biologicamente úteis são escassos nos ambientes naturais, a maior parte dos organismos mantém uma estrita economia na utilização de amônia, aminoácidos e nucleotídeos. **P2** Os aminoácidos, as purinas e as pirimidinas disponíveis formados durante a renovação metabólica de proteínas e ácidos nucleicos são frequentemente recuperados e reutilizados. Inicialmente, serão examinadas as vias pelas quais o nitrogênio do ambiente é introduzido nos sistemas biológicos.

### Uma rede global de ciclagem de nitrogênio mantém uma reserva de nitrogênio biologicamente disponível

O movimento do nitrogênio pela biosfera tem sido visto historicamente como um ciclo. No entanto, nossa crescente compreensão da complexidade das interconversões nitrogenadas deixa claro que o nitrogênio se move ao longo de uma teia complexa, em vez de em um ciclo simples (**Fig. 22-1**). Quatro quintos da atmosfera da Terra é composta por nitrogênio molecular ($N_2$). No entanto, o $N_2$ é muito pouco reativo para ser útil a organismos vivos. A conversão do $N_2$ em formas que podem manter a vida ($NH_3$, $NO_2^-$ e $NO_3^-$) é chamada de **fixação do nitrogênio**. A redução de $N_2$ a $NH_3$ desempenha um papel tão central na disponibilização de $N_2$ que essa reação é frequentemente considerada sinônimo de fixação de nitrogênio. Na biosfera, os processos metabólicos

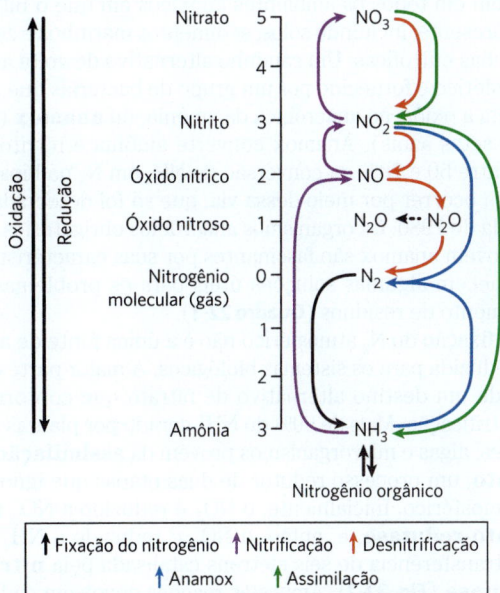

**FIGURA 22-1  Cadeia global de nitrogênio.** A quantidade total de nitrogênio fixado anualmente na biosfera excede $10^{11}$ kg; fontes industriais de nitrogênio fixo são agora quase tão grandes. As reações são identificadas com os processos em que estão envolvidas por meio de setas coloridas (ver legenda). O número de oxidação do átomo N está indicado no eixo vertical. [Informações de M. M. M. Kuypers et al., *Nat. Rev. Microbiol.* 16:263, 2018, Fig. 1.]

de inúmeras espécies funcionam de forma interdependente para salvar e reutilizar biologicamente o nitrogênio disponível. A maioria das reações principais é realizada por bactérias e arqueias.

A redução do nitrogênio atmosférico ($N_2$) por bactérias fixadoras de nitrogênio e arqueias para produzir amônia ($NH_3$ ou $NH_4^+$) fornece uma âncora útil para nossa discussão. Esse processo crítico, descrito em detalhes na Seção 22.2, fornece a maior parte do nitrogênio reduzido para incorporação em biomoléculas.

A amônia livre não se acumula, e a redução é balanceada pela oxidação. **P3** As bactérias que obtêm sua energia oxidando amônia a nitrito ($NO_2^-$) e, em última análise, nitrato ($NO_3^-$) são abundantes e ativas tanto em ambientes terrestres quanto marinhos. Os processos de conversão da amônia em óxido nítrico, nitrito e, finalmente, nitrato são conhecidos como **nitrificação** (Fig. 22-1, setas roxas). Espécies bacterianas ou espécies de arqueias individuais podem promover uma ou mais dessas etapas.

O $N_2$ atmosférico deve ser substituído para manter seus níveis em uma concentração de estado estacionário. Parte da substituição vem da redução de nitrato e nitrito. A redução de nitrato e nitrito a $N_2$ em condições anaeróbicas, um processo denominado **desnitrificação** (Fig. 22-1, setas vermelhas), é realizada por microrganismos especializados em todos os três domínios da vida. Esses organismos usam $NO_3^-$ ou $NO_2^-$, e não $O_2$, como o aceptor final de elétrons em uma série de reações que (como a fosforilação oxidativa) geram um gradiente transmembrana de prótons, o qual é utilizado para a síntese de ATP. Esses microrganismos existem em todos os ambientes anóxicos em que o nitrato está presente, incluindo solos, sedimentos marinhos e zonas marinhas eutróficas. Um caminho alternativo de volta ao $N_2$ atmosférico é fornecido por um grupo de bactérias que promovem a oxidação anaeróbica da amônia, ou **anamox** (Fig. 22-1, setas azuis). Anamox converte amônia e nitrito em $N_2$. Entre 50 e 70% da conversão da $NH_3$ em $N_2$ na biosfera podem ocorrer por meio dessa via, que só foi detectada na década de 1980. Os organismos anaeróbios obrigatórios que promovem anamox são fascinantes por suas características e fornecem algumas soluções úteis para os problemas de tratamento de resíduos (**Quadro 22-1**).

A fixação do $N_2$ atmosférico não é a única fonte de amônia reduzida para os sistemas biológicos. A maior parte dela vem de um destino alternativo de nitrato que contorna a desnitrificação. Mais de 90% do $NH_4^+$ gerado por plantas vasculares, algas e microrganismos provém da **assimilação de nitrato**, um processo redutor de duas etapas que ignora o $N_2$ atmosférico. Inicialmente, o $NO_3^-$ é reduzido a $NO_2^-$ pela **nitrato-redutase**, e, então, o $NO_2^-$ é reduzido a $NH_4^+$ em uma transferência de seis elétrons catalisada pela **nitrito-redutase** (**Fig. 22-2**). Ambas as reações envolvem cadeias de carreadores de elétrons e cofatores ainda não considerados neste estudo. A nitrato-redutase é uma proteína grande e solúvel ($M_r$ 220.000). Dentro da enzima, um par de elétrons, doado pelo NADH, flui pelos grupos —SH da cisteína, do FAD e de um citocromo (cyt $b_{557}$) e, daí, para um novo cofator contendo molibdênio, antes de reduzir o substrato $NO_3^-$ a $NO_2^-$.

A nitrito-redutase das plantas está localizada nos cloroplastos e recebe elétrons da ferredoxina (que é reduzida em reações fotodependentes na fotossíntese; ver Seção 20.2). Seis elétrons, doados um por vez pela ferredoxina, passam por um centro 4Fe-4S na enzima e, então, por uma nova molécula do tipo heme (siro-heme) antes de reduzir o $NO_2^-$ a $NH_4^+$ (Fig. 22-2). ▶**P6** Micróbios não fotossintéticos têm uma nitrito-redutase distinta, na qual o NADPH é o doador de elétrons.

A atividade humana apresenta um desafio crescente para o equilíbrio global do nitrogênio e para toda a vida na biosfera apoiada por esse equilíbrio. ▶**P2** O nitrogênio fixado é cada vez mais necessário para impulsionar a produção na agricultura. Atualmente, os processos naturais e os fertilizantes industriais à base de nitrogênio contribuem com a mesma quantidade de amônia e outras espécies reativas de nitrogênio para a biosfera. A atividade de manufatura não agrícola libera nitrogênio reativo adicional na atmosfera, incluindo óxido nítrico, um importante gás do efeito estufa. O controle dos efeitos prejudiciais do escoamento agrícola e dos poluentes industriais continuará sendo um componente importante do esforço contínuo para expandir o suprimento de alimentos para uma população humana em crescimento.

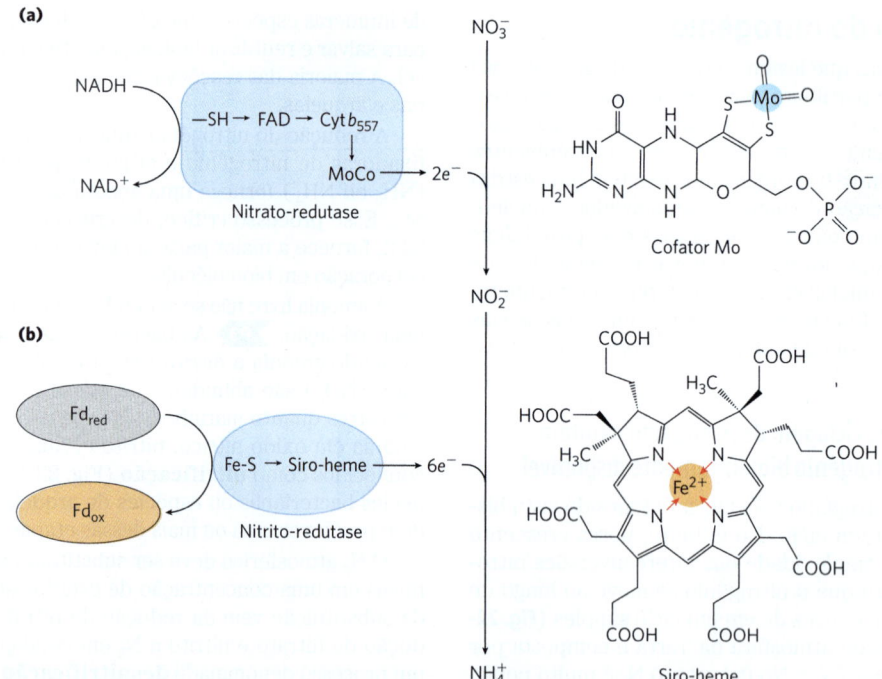

**FIGURA 22-2 Assimilação do nitrato pela nitrato-redutase e pela nitrito-redutase.** (a) As nitrato-redutases de plantas e bactérias catalisam a redução de dois elétrons de $NO_3^-$ a $NO_2^-$, na qual um novo cofator contendo Mo desempenha um papel central. O NADH é o doador de elétrons. (b) A nitrito-redutase converte o produto da nitrato-redutase em $NH_4^+$, em um processo de transferência de seis elétrons e oito prótons em que o centro metálico no siro-heme transporta elétrons e os grupos carboxila do siro-heme podem doar prótons. A fonte inicial de elétrons é a ferredoxina reduzida.

## A fixação do nitrogênio é realizada por enzimas do complexo da nitrogenase

A disponibilidade de nitrogênio fixado, um nutriente essencial, pode ter limitado o tamanho da biosfera primordial. À medida que as primeiras células adquiriram a capacidade de fixar o nitrogênio atmosférico, a biosfera se expandiu. Evidências de fixação biológica de nitrogênio foram encontradas em rochas sedimentares com mais de 3 bilhões de anos.

Na biosfera atual, apenas certas bactérias e arqueias podem fixar o $N_2$ atmosférico. Esses organismos, denominados diazotróficos, incluem cianobactérias do solo e de águas doces e salgadas; arqueias metanogênicas (anaeróbios estritos que obtêm energia e carbono pela conversão de $H_2$ e $CO_2$ em metano); outros tipos de bactérias do solo de vida livre, como espécies de *Azotobacter*; e bactérias fixadoras de nitrogênio que vivem como **simbiontes** em nódulos de raízes de plantas leguminosas. O primeiro produto importante da fixação do nitrogênio é a amônia, que pode ser utilizada por todos os organismos, seja diretamente, seja após conversão em outros compostos solúveis, como nitritos, nitratos ou aminoácidos.

A redução do nitrogênio em amônia é uma reação exergônica:

$$N_2 + 3H_2 \longrightarrow 2NH_3 \quad \Delta G'^\circ = -33,5 \text{ kJ/mol}$$

A ligação tripla N≡N, entretanto, é muito estável, com uma energia de ligação de 930 kJ/mol. Assim, a fixação do nitrogênio tem uma energia de ativação extremamente alta, e o nitrogênio atmosférico é quase quimicamente inerte em condições normais. A amônia é produzida industrialmente pelo processo de Haber (assim denominado em homenagem a seu inventor, Fritz Haber), que requer temperaturas de 400 a 500 °C e pressões de nitrogênio e hidrogênio de dezenas de milhares de quilopascais (diversas centenas de atmosferas) para fornecer a energia de ativação necessária.

A fixação biológica de nitrogênio, no entanto, deve ocorrer em temperaturas biologicamente adequadas e a 0,8 atm de nitrogênio, e a alta barreira da energia de ativação é contornada utilizando outros meios. Isso é realizado, pelo menos em parte, pela ligação e hidrólise do ATP. A reação global pode ser escrita

$$N_2 + 10H^+ + 8e^- + 16ATP \longrightarrow 2NH_4^+ + 16ADP + 16P_i + H_2$$

A fixação biológica do nitrogênio é realizada por um complexo de proteínas altamente conservadas, denominado **complexo da nitrogenase**, cujos componentes centrais são a **dinitrogenase-redutase** e a **dinitrogenase** (**Fig. 22-3a**). A dinitrogenase-redutase ($M_r$ 60.000) é um dímero de duas subunidades idênticas. Ela contém um único centro redox 4Fe-4S (ver Fig. 19-5), ligado entre as

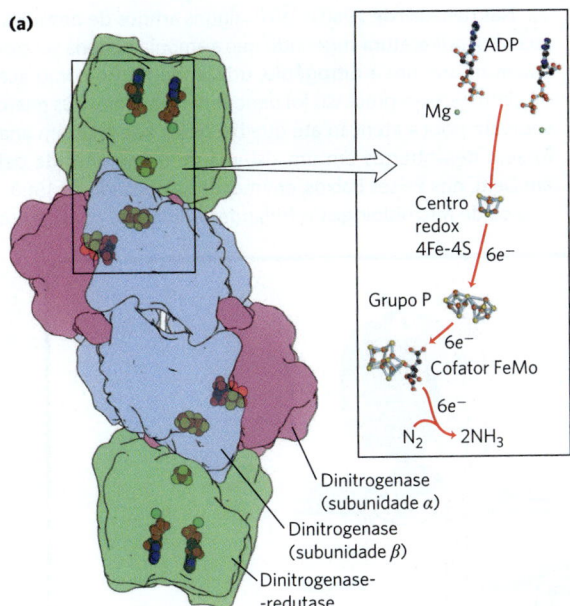

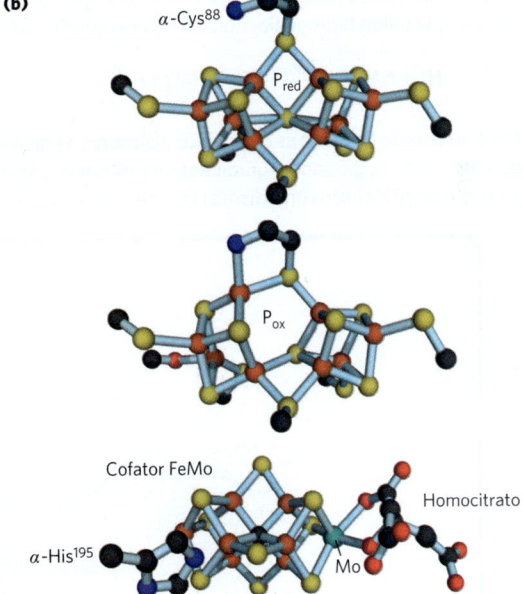

**FIGURA 22-3 Enzimas e cofatores do complexo da nitrogenase.** (a) A holoenzima consiste em duas moléculas idênticas de dinitrogenase-redutase (em verde), cada uma com um centro redox 4Fe-4S e sítios de ligação para dois ATP e dois heterodímeros idênticos de dinitrogenase (em roxo e azul), cada um com um grupo P (centro Fe-S) e um cofator FeMo. Nesta estrutura, o ADP está ligado ao sítio do ATP, a fim de tornar o cristal mais estável. (b) Cofatores para a transferência de elétrons. Um grupo P é mostrado aqui em suas formas reduzida (parte superior) e oxidada (centro). O cofator FeMo (parte inferior) apresenta um átomo de Mo ligado a três S, uma His e dois átomos de oxigênio de uma molécula de homocitrato. Em alguns organismos, o átomo de Mo é substituído por um átomo de vanádio. (O Fe é mostrado em cor de laranja; o S, em amarelo.) [Dados de (a) PDB ID 1N2C, H. Schindelin et al., *Nature* 387:370, 1997; (b) $P_{red}$: PDB ID 3MIN, e $P_{ox}$: PDB ID 2MIN, J. W. Peters et al., *Biochemistry* 36:1181, 1997; cofator FeMo: PDB ID 1M1N, O. Einsle et al., *Science* 297:1696, 2002.]

## QUADRO 22-1

### Estilos de vida incomuns de seres obscuros, porém abundantes

Como seres que respiram ar, os seres humanos facilmente deixam de prestar atenção em bactérias e arqueias que se proliferam em ambientes anaeróbicos. Embora raramente estejam caracterizados em textos introdutórios de bioquímica, esses organismos constituem boa parte da biomassa deste planeta, e suas contribuições ao equilíbrio de carbono e nitrogênio na biosfera são essenciais para todas as formas de vida.

Como detalhado em capítulos anteriores, a energia utilizada para a manutenção dos sistemas vivos depende da geração de gradientes de prótons através das membranas. Os elétrons obtidos de um substrato reduzido são disponibilizados para carreadores de elétrons nas membranas e passam por uma série de compostos transportadores de elétrons até um aceptor final de elétrons. Como produto colateral desse processo, prótons são liberados para um dos lados da membrana, gerando um gradiente de prótons transmembrana. O gradiente de prótons é utilizado para sintetizar ATP ou para impulsionar outros processos dependentes de energia. Para todos os eucariotos, o substrato reduzido geralmente é um carboidrato (glicose ou piruvato) ou um ácido graxo, e o aceptor de elétrons é o oxigênio.

Muitas bactérias e arqueias são bem mais versáteis. Em ambientes anaeróbicos, como sedimentos marítimos e de água doce, a variedade de estratégias vitais é extraordinária. Quase qualquer par redox disponível pode ser fonte de energia para algum organismo especializado ou para um grupo de organismos. Por exemplo, um grande número de bactérias litotróficas (litotrófico é um quimiotrófico que utiliza fontes inorgânicas para obter energia) tem uma hidrogenase que utiliza hidrogênio molecular para reduzir o $NAD^+$:

$$H_2 + NAD^+ \xrightarrow{hidrogenase} NADH + H^+$$

O NADH é uma fonte de elétrons para vários aceptores de elétrons ligados a membranas, gerando o gradiente de prótons necessário para a síntese de ATP. Outros organismos litotróficos oxidam compostos sulfurosos ($H_2S$, enxofre elementar ou tiossulfato) ou íons ferrosos. Um amplo grupo de arqueias denominado metanogênios, todos anaeróbios estritos, extrai energia a partir da redução de $CO_2$ a metano. E essa é apenas uma pequena amostra daquilo que os organismos anaeróbios fazem para sobreviver. As vias metabólicas deles estão repletas de reações interessantes e de cofatores altamente especializados, desconhecidos em nosso próprio mundo de metabolismo aeróbico obrigatório. O estudo desses organismos pode render dividendos práticos. Além disso, pode fornecer pistas sobre as origens da vida na Terra primitiva, em uma atmosfera que tinha pouco oxigênio molecular.

A teia de reações que define a utilização do nitrogênio na biosfera depende de uma ampla gama de bactérias especializadas. Algumas bactérias nitrificantes oxidam amônia a nitritos, e algumas oxidam os nitritos resultantes a nitratos (ver Fig. 22-1, setas roxas). O nitrato perde apenas para o $O_2$ como aceptor biológico de elétrons, e uma grande quantidade de bactérias e arqueias pode catalisar a desnitrificação de nitratos e nitritos a nitrogênio, que as bactérias fixadoras de nitrogênio convertem em amônia. A amônia é o principal poluente presente em esgotos e em dejetos de animais em fazendas, sendo também um produto derivado do refinamento de óleo e da indústria de fertilizantes. Plantas para o tratamento desses resíduos utilizam comunidades de bactérias nitrificantes e desnitrificantes para converter resíduos contendo amônia em nitrogênio atmosférico. O processo é caro e requer o fornecimento de oxigênio e carbono orgânico.

Nas décadas de 1960 e 1970, alguns artigos de pesquisa apareceram na literatura sugerindo que a amônia poderia ser oxidada anaerobicamente a nitrogênio, utilizando nitrito como aceptor de elétrons; esse processo foi denominado anamox. Os relatos receberam pouca atenção até que bactérias que realizam anamox fossem descobertas em um sistema de tratamento de dejetos em Delft, nos Países Baixos, em meados da década de 1980. Uma equipe de microbiologistas holandeses liderada por Gijs Kuenen

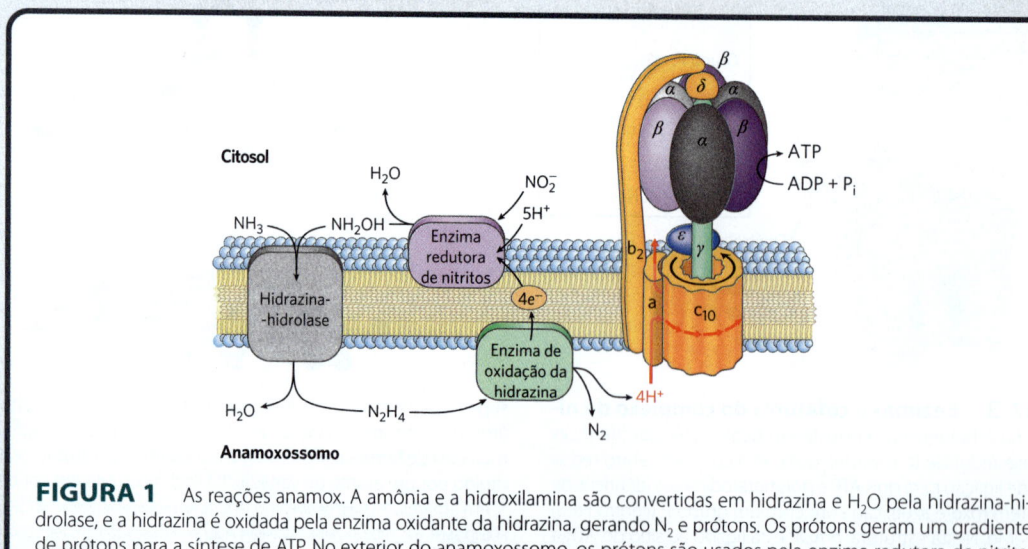

**FIGURA 1** As reações anamox. A amônia e a hidroxilamina são convertidas em hidrazina e $H_2O$ pela hidrazina-hidrolase, e a hidrazina é oxidada pela enzima oxidante da hidrazina, gerando $N_2$ e prótons. Os prótons geram um gradiente de prótons para a síntese de ATP. No exterior do anamoxossomo, os prótons são usados pela enzima redutora de nitrito, produzindo hidroxilamina e completando o ciclo. Todas as enzimas do processo anamox estão embebidas na membrana do anamoxossomo. [Informações de L. A. van Niftrik et al., *FEMS Microbiol. Lett.* 233:10, 2004, Fig. 4.]

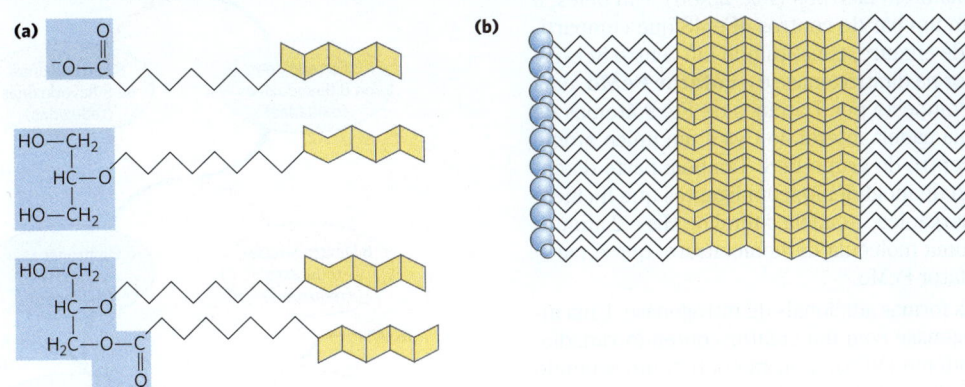

**FIGURA 2** (a) Lipídeos laderanos da membrana do anamoxossomo. O mecanismo para a síntese das estruturas dos anéis ciclobutanos fundidos instáveis não é conhecido. (b) Os laderanos podem se empilhar, formando uma membrana de estrutura muito densa, impermeável e hidrofóbica, permitindo o sequestro da hidrazina produzida nas reações anamox. [Informações de L. A. van Niftrik et al., *FEMS Microbiol. Lett.* 233:7, 2004, Fig. 3.]

e Mike Jetten iniciou o estudo dessas bactérias, logo identificadas como pertencentes a um filo bacteriano incomum, o Planctomicetos. Algumas surpresas se seguiriam.

A bioquímica subjacente ao processo anamox foi lentamente descoberta (Fig. 1). A hidrazina ($N_2H_4$), uma molécula altamente reativa utilizada como combustível em foguetes, surgiu como um intermediário inesperado. Sendo uma molécula pequena, a hidrazina é, ao mesmo tempo, altamente tóxica e difícil de conter. Ela se difunde facilmente através de membranas fosfolipídicas típicas. As bactérias anamox resolveram esse problema sequestrando a hidrazina em uma organela especializada, chamada de **anamoxossomo**. A membrana dessa organela é constituída por lipídeos conhecidos como **laderanos** (Fig. 2), nunca antes encontrados na biologia. Os anéis de ciclobutanos fundidos apresentados pelos laderanos se empilham-se de forma compacta, formando uma barreira muito densa e diminuindo muito a liberação de hidrazina. Os anéis de ciclobutano apresentam grande tensão, e sua síntese é difícil; os mecanismos bacterianos para a síntese desses lipídeos ainda não são conhecidos.

Os anamoxossomos foram uma descoberta surpreendente. Células bacterianas geralmente não apresentam compartimentos, e a ausência de um núcleo delimitado por membranas costuma ser citada como a principal diferença entre eucariotos e bactérias. Um tipo de organela em uma bactéria já era bem interessante, mas os microbiologistas também descobriram que os planctomicetos têm um núcleo: seu DNA cromossômico está contido dentro de uma membrana (Fig. 3). Os planctomicetos representam uma antiga linhagem bacteriana com múltiplos gêneros, três dos quais são conhecidos por realizarem reações anamox. A descoberta dessa organização subcelular motivou novas pesquisas no sentido de desvendar a origem dos planctomicetos e a evolução do núcleo nos eucariotos. Estudos posteriores desse grupo de organismos poderão, finalmente, nos aproximar de um objetivo extremamente importante da biologia evolutiva: a descrição do organismo afetuosamente chamado de LUCA (do inglês *last universal common ancestor*) – o ancestral primordial comum de toda a vida em nosso planeta.

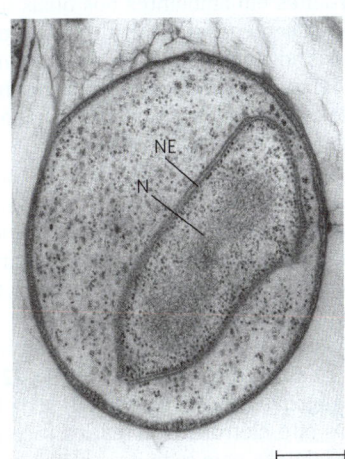

**FIGURA 3** Micrografia eletrônica de transmissão de uma secção transversal de *Gemmata obscuriglobus*, mostrando o DNA em um núcleo (N) com envelope nuclear fechado (NE). Bactérias do gênero *Gemmata* (filo Planctomicetos) não realizam reações anamox. [Fornecido por John Fuerst em R. Lindsay et al., *Arch. Microbiol.* 175:413, 2001, Fig. 6a. © Springer-Verlag, 2001.]

Por enquanto, as bactérias anamox fornecem uma grande vantagem para o tratamento de rejeitos, reduzindo o custo da remoção da amônia em até 90% (as etapas convencionais de desnitrificação são completamente eliminadas, e os custos da aeração, associada à nitrificação, são reduzidos) e diminuindo a liberação de subprodutos poluentes. Claramente, uma maior familiaridade com os alicerces bacterianos da biosfera pode trazer bons resultados à medida que enfrentamos os desafios ambientais do século XXI.

subunidades, que pode ser oxidado e reduzido por um elétron. Essa enzima também tem dois sítios para ligação de ATP/ADP (um sítio em cada subunidade). A dinitrogenase ($M_r$ 240.000), um tetrâmero $\alpha_2\beta_2$, tem dois cofatores contendo ferro que transferem elétrons (Fig. 22-3b). Um deles, o **grupo P**, contém um par de centros 4Fe-4S que compartilham um átomo de enxofre, constituindo um centro 8Fe-7S. O segundo cofator na dinitrogenase é o **cofator FeMo**, uma estrutura nova composta por 7 átomos de Fe, 9 átomos de S inorgânico, uma cadeia lateral de Cys e um único átomo de carbono no centro do grupo FeS. Também parte do cofator é um átomo de molibdênio, com ligantes que incluem 3 átomos de S inorgânico, 1 cadeia lateral de His e 2 átomos de oxigênio de uma molécula de homocitrato, que é parte intrínseca do cofator FeMo.

Existem duas formas adicionais de nitrogenase. Uma inclui uma dinitrogenase com um cofator contendo vanádio, em vez de molibdênio (VFe); a outra contém um segundo átomo de Fe (FeFe). Cada um dos complexos de nitrogenase é codificado por um conjunto separado de genes. O complexo de nitrogenase FeMo é o tipo ancestral, e todas as arqueias e bactérias fixadoras de nitrogênio o contêm. Algumas espécies podem produzir um ou ambos os tipos alternativos VFe ou FeFe. Embora as enzimas alternativas sejam um pouco menos eficientes, elas podem desempenhar papéis importantes em ambientes nos quais o molibdênio é limitante ou ausente. Elas também podem permitir que algumas reações adicionais ocorram. A nitrogenase contendo vanádio do *Azotobacter vinelandii* apresenta a notável capacidade de catalisar a redução do monóxido de carbono (CO) a etileno ($C_2H_4$), etano e propano.

A fixação de nitrogênio é realizada por uma forma de dinitrogenase altamente reduzida e requer oito elétrons: seis para a redução do $N_2$ e dois para a produção de uma molécula de $H_2$. A produção de $H_2$ é parte obrigatória do mecanismo de reação, mas o papel biológico do $H_2$ no processo não é bem compreendido.

A dinitrogenase é reduzida pela transferência de elétrons a partir da dinitrogenase-redutase (**Fig. 22-4**). O tetrâmero da dinitrogenase apresenta dois sítios de ligação para a redutase. Os oito elétrons necessários são transferidos, um a um, da redutase para a dinitrogenase: uma molécula de redutase reduzida se liga à dinitrogenase, transfere um único elétron e, então, a redutase oxidada se dissocia da dinitrogenase, em um ciclo que se repete. Cada volta do ciclo requer a hidrólise de duas moléculas de ATP pela redutase dimérica. A fonte imediata de elétrons para a redução da dinitrogenase-redutase varia; a **ferredoxina** reduzida (ver Seção 20.2), a flavodoxina reduzida e talvez outras fontes podem ter um papel nessa redução. Em pelo menos uma espécie, a fonte primária de elétrons para reduzir a ferredoxina é o piruvato.

Na reação catalisada pela dinitrogenase-redutase, tanto a ligação do ATP quanto a sua hidrólise determinam alterações conformacionais na proteína que ajudam a superar a alta energia de ativação da fixação do nitrogênio. A ligação de duas moléculas de ATP à redutase desloca o potencial de redução ($E'^\circ$) dessa proteína de $-300$ para $-420$ mV, e esse aumento de poder redutor é necessário para a transferência de elétrons pela dinitrogenase até o $N_2$; o potencial de redução padrão para a hemirreação $N_2 + 6H^+ + 6e^- \rightarrow$

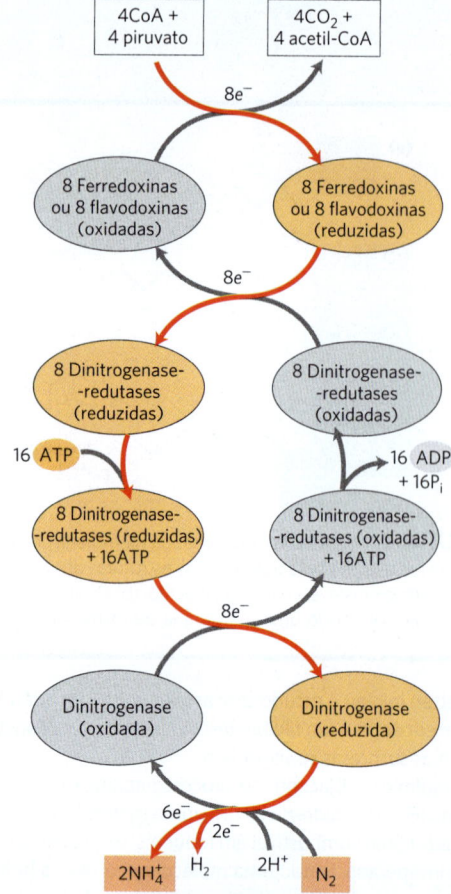

**FIGURA 22-4 Fluxo de elétrons na fixação do nitrogênio pelo complexo da nitrogenase.** Os elétrons são transferidos do piruvato para a dinitrogenase via ferredoxina (ou flavodoxina) e dinitrogenase-redutase. A dinitrogenase-redutase reduz a dinitrogenase, que recebe um elétron de cada vez, sendo necessários pelo menos seis elétrons para fixar uma molécula de $N_2$. Dois elétrons adicionais são usados para reduzir 2 $H^+$ a $H_2$ em um processo que acompanha obrigatoriamente a fixação de nitrogênio em anaeróbios, perfazendo um total de oito elétrons necessários por molécula de $N_2$. As estruturas das subunidades e os cofatores metálicos das proteínas dinitrogenase-redutase e dinitrogenase estão descritos no texto e na Figura 22-3.

$2NH_3$ é $-0,34$ V. As moléculas de ATP são, então, hidrolisadas imediatamente antes da transferência de fato de um elétron para a dinitrogenase.

A ligação e a hidrólise do ATP mudam a conformação da nitrogenase-redutase em duas regiões, as quais são estruturalmente homólogas às regiões comutadoras 1 e 2 das proteínas ligantes de GTP envolvidas na sinalização biológica (ver Fig. 12-12). A ligação do ATP produz uma alteração conformacional que traz o centro 4Fe-4S da redutase para mais próximo ao grupo P da dinitrogenase (de uma distância de 18 para 14 Å), o que facilita a transferência de elétrons entre a redutase e a dinitrogenase. Os detalhes da transferência de elétrons do grupo P para o cofator FeMo e os meios pelos quais oito elétrons são acumulados pela nitrogenase não são conhecidos. Duas vias que estão de acordo com os dados disponíveis, ambas envolvendo o átomo de Mo como um jogador central, estão ilustradas na **Figura 22-5**.

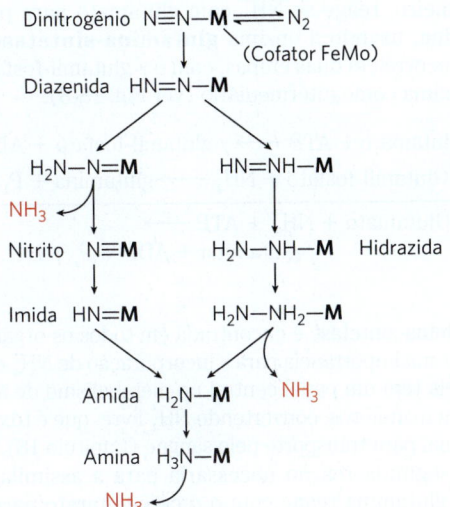

**FIGURA 22-5 Duas hipóteses razoáveis para os intermediários envolvidos na redução de $N_2$.** Em ambos os cenários, o cofator FeMo (aqui abreviado como **M**) desempenha um papel central, ligando-se diretamente a um dos átomos de nitrogênio do $N_2$ e permanecendo ligado durante toda a sequência de etapas reducionais.
[Informações de L. C. Seefeldt et al., *Annu. Rev. Biochem.* 78:701, 2009, Fig. 9.]

**P3** O complexo nitrogenase é notavelmente instável na presença de oxigênio. A redutase é inativada pelo ar, com meia-vida de 30 segundos; a dinitrogenase apresenta meia-vida de apenas 10 minutos na presença de ar. Bactérias de vida livre que fixam nitrogênio lidam com esse problema de diversas formas. Algumas vivem apenas anaerobicamente ou reprimem a síntese da nitrogenase quando o oxigênio estiver presente. Algumas espécies aeróbicas, como o *Azotobacter vinelandii*, desacoplam parcialmente a transferência de elétrons da síntese de ATP, de modo que o oxigênio é gasto tão rapidamente quanto entra na célula (ver Quadro 19-1). Quando fazem fixação de nitrogênio, as culturas dessas bactérias sofrem um aumento real de temperatura como resultado de seus esforços para se livrarem do oxigênio.

A relação simbiótica entre plantas leguminosas e bactérias fixadoras de nitrogênio nos nódulos de suas raízes (**Fig. 22-6**) engloba os dois problemas do complexo da nitrogenase: as necessidades de energia e a labilidade diante do oxigênio. É provável que a energia necessária para a fixação do nitrogênio tenha sido a força que evolutivamente levou a essa associação entre plantas e bactérias. As bactérias nos nódulos das raízes têm acesso a um grande reservatório de energia na forma de abundantes carboidratos e intermediários do ciclo do ácido cítrico disponibilizados pela planta. Isso pode permitir à bactéria fixar nitrogênio em quantidades centenas de vezes maiores que as suas primas de vida livre nas condições normalmente encontradas no solo. Para resolver o problema da toxicidade pelo oxigênio, as bactérias nos nódulos das raízes ficam banhadas em uma solução contendo uma hemeproteína ligadora de oxigênio, a **leg-hemoglobina**, produzida pela planta (embora o heme possa ser fornecido pelas bactérias). A leg-hemoglobina liga todo o oxigênio disponível, de modo que ele não possa interferir na fixação do nitrogênio, e libera o oxigênio de maneira eficiente junto ao sistema de transferência de elétrons bacteriano. O benefício para a planta, naturalmente, é um farto suprimento de nitrogênio reduzido. De fato, os simbiontes bacterianos geralmente produzem muito mais $NH_3$ do que o necessário para seu parceiro simbionte; o excesso é liberado para o solo. A eficiência da simbiose entre plantas e bactérias se torna evidente no enriquecimento do nitrogênio do solo realizado por plantas leguminosas. Esse enriquecimento de $NH_3$ no solo é a base dos métodos de rotação de culturas, nos quais o cultivo de plantas não leguminosas (como o milho), que extraem o nitrogênio fixado do solo, é alternado a cada poucos anos com o cultivo de leguminosas, como alfafa, ervilhas ou trevo.

A fixação do nitrogênio é um processo energeticamente dispendioso: 16 moléculas de ATP e 8 pares de elétrons produzem apenas 2 $NH_3$. Desse modo, não é de surpreender que o processo seja estritamente regulado, de modo que a $NH_3$ seja produzida apenas quando necessária. Alta [ADP], um indicador de baixa [ATP], é um forte inibidor da nitrogenase. $NH_4^+$ reprime a expressão de cerca de 20 genes de fixação de nitrogênio (*nif*), fechando efetivamente a via.

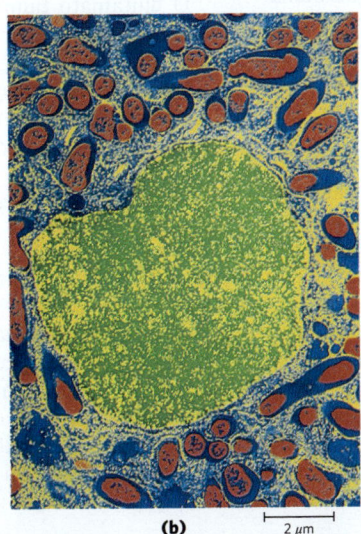

**FIGURA 22-6 Nódulos fixadores de nitrogênio.** (a) Nódulos de raízes de ervilha (*Pisum sativum*) contendo a bactéria fixadora de nitrogênio *Rhizobium leguminosarum*. Os nódulos são rosados devido à presença de leg-hemoglobina; essa hemeproteína tem uma afinidade de ligação muito alta pelo oxigênio, que inibe fortemente a nitrogenase. (b) Micrografia eletrônica colorida artificialmente de uma fina secção transversal de um nódulo de raiz de ervilha. Bactérias simbióticas fixadoras de nitrogênio, ou bacteroides (em vermelho), vivem no interior da célula nodular, circundadas pela membrana peribacteroide (em azul). Os bacteroides produzem o complexo nitrogenase, que converte nitrogênio atmosférico ($N_2$) em amônio ($NH_4^+$); sem os bacteroides, a planta é incapaz de utilizar $N_2$. (O núcleo celular é mostrado em amarelo/verde. Outras organelas da célula infectada da raiz que normalmente são encontradas em células vegetais não estão visíveis nesta micrografia.) [(a, b) Jeremy Burgess/Science Source.]

A alteração covalente da nitrogenase é também utilizada por alguns seres diazotróficos para controlar a fixação do nitrogênio em resposta à disponibilidade de $NH_4^+$ nas proximidades. Por exemplo, a transferência de um grupo ADP-ribosila a partir de um NADH para um resíduo específico de Arg na nitrogenase-redutase inibe a fixação do $N_2$ no *Rhodospirillum*. Essa é a mesma modificação covalente vista no caso da inibição da proteína G pelas toxinas da cólera e da coqueluche (ver Fig. 12-14).

A fixação do nitrogênio é alvo de intensos estudos devido à sua imensa importância prática. A produção industrial de amônia para utilização em fertilizantes requer um grande e dispendioso fornecimento de energia, e isso tem estimulado esforços no sentido de desenvolver organismos recombinantes ou transgênicos que possam fixar nitrogênio. Em princípio, técnicas de DNA recombinante (Capítulo 9) poderiam ser utilizadas para transferir DNA que codifica enzimas da fixação de nitrogênio para bactérias e plantas não fixadoras de nitrogênio. Contudo, apenas a transferência desses genes não será suficiente. Cerca de 20 genes são essenciais para a atividade da nitrogenase nas bactérias, muitos deles sendo necessários para a síntese, a reunião e a inserção de cofatores. Há também o problema de proteger a enzima em seu novo ambiente da destruição pelo oxigênio. Em conjunto, há enormes desafios na engenharia da produção de novas plantas fixadoras de nitrogênio. O sucesso desses esforços dependerá de se conseguir contornar o problema da toxicidade do oxigênio em qualquer célula que produza nitrogenase.

## A amônia é incorporada em biomoléculas via glutamato e glutamina

O nitrogênio reduzido na forma de $NH_4^+$ é incorporado nos aminoácidos e, em seguida, em outras biomoléculas nitrogenadas. **P5** Dois aminoácidos, **glutamato** e **glutamina**, fornecem um ponto de entrada crucial. Lembre-se de que esses mesmos dois aminoácidos desempenham papéis centrais no catabolismo da amônia e dos grupos amino na oxidação dos aminoácidos (Capítulo 18). O glutamato é fonte de grupos amino para a maior parte dos demais aminoácidos, por meio de reações de transaminação (o inverso da reação mostrada na Fig. 18-4). O nitrogênio amídico da glutamina é fonte de grupos amino em uma ampla gama de processos biossintéticos. Na maioria dos tipos celulares e nos líquidos extracelulares dos organismos superiores, um desses aminoácidos, ou ambos, estão presentes em concentrações mais elevadas – algumas vezes de uma ordem de magnitude ou mais – que outros aminoácidos. Uma célula de *Escherichia coli* necessita de tanto glutamato que esse aminoácido é um dos principais solutos no citosol. A sua concentração é regulada não apenas em resposta às necessidades de nitrogênio na célula, mas também em função da manutenção de um balanço osmótico entre o citosol e o meio externo.

As vias biossintéticas para a produção de glutamato e glutamina são simples, e todas as etapas, ou algumas delas, ocorrem na maioria dos organismos. A via mais importante para a incorporação de $NH_4^+$ no glutamato é constituída por duas reações. O efeito líquido é converter glutamato, α-cetoglutarato e amônia em duas moléculas de glutamato.

Primeiro, reage-se $NH_4^+$ com glutamato para produzir glutamina, usando a enzima **glutamina-sintetase**. Essa reação ocorre em duas etapas, com o γ-glutamil-fosfato ligado à enzima como intermediário (ver Fig. 18-8):

(1) Glutamato + ATP ⟶ γ-glutamil-fosfato + ADP
(2) γ-Glutamil-fosfato + $NH_4^+$ ⟶ glutamina + $P_i$ + $H^+$

*Soma*: Glutamato + $NH_4^+$ + ATP ⟶
glutamina + ADP + $P_i$ + $H^+$

(22-1)

A glutamina-sintetase é encontrada em todos os organismos. Além de sua importância para a incorporação de $NH_4^+$ em bactérias, ela tem um papel central no metabolismo de aminoácidos em mamíferos, convertendo $NH_4^+$ livre, que é tóxico, em glutamina, para transporte pelo sangue (Capítulo 18).

Na segunda reação necessária para a assimilação de $NH_4^+$, a glutamina reage com o α-cetoglutarato para gerar duas moléculas de glutamato. Em bactérias e plantas, essa reação é catalisada pela **glutamato-sintase**. (Um nome alternativo para essa enzima, glutamato:oxoglutarato-aminotransferase, produz o acrônimo GOGAT, pelo qual a enzima também é conhecida.) O α-cetoglutarato, um intermediário do ciclo do ácido cítrico, sofre aminação redutiva, com glutamina como doador de nitrogênio:

α-Cetoglutarato + glutamina + NAD(P)H + $H^+$ ⟶
2 glutamato + NAD(P)$^+$ (22-2)

A reação líquida da glutamina-sintetase e da glutamato-sintase (Equações 22-1 e 22-2) é

α-Cetoglutarato + $NH_4^+$ + NAD(P)H + ATP ⟶
glutamato + NAD(P)$^+$ + ADP + $P_i$

A glutamato-sintase não está presente em animais, os quais, por outro lado, mantêm altos níveis de glutamato por meio de processos como a transaminação do α-cetoglutarato durante o catabolismo dos aminoácidos. As plantas possuem uma segunda forma alternativa de glutamato-sintase que usa ferredoxina reduzida em vez de NADPH como fonte de elétrons redutores.

O glutamato também pode ser formado por meio de outra via, embora de menor importância: a reação entre α-cetoglutarato e $NH_4^+$, formando glutamato em uma única etapa. **P6** Essa reação é catalisada pela glutamato-desidrogenase, uma enzima presente em todos os organismos. Os equivalentes redutores são fornecidos pelo NADPH:

α-Cetoglutarato + $NH_4^+$ + NAD(P)H ⟶
glutamato + NAD(P)$^+$ + $H_2O$

Essa reação já foi estudada no catabolismo dos aminoácidos (ver Fig. 18-7). Em células eucarióticas, a glutamato-desidrogenase está localizada na matriz mitocondrial. O equilíbrio da reação favorece os reagentes, e o $K_m$ para $NH_4^+$ (cerca de 1 mM) é tão alto que a reação não é importante para a assimilação de $NH_4^+$ em mamíferos. (Lembre-se de que a reação da glutamato-desidrogenase, no sentido inverso [ver Fig. 18-10], é uma das fontes do $NH_4^+$ destinado ao ciclo da ureia.) Em microrganismos e plantas, concentrações de $NH_4^+$ altas o suficiente para que a reação da glutamato-desidrogenase faça uma contribuição significativa para os níveis de glutamato geralmente ocorrem apenas quando $NH_3$ é adicionado artificialmente ao ambiente de crescimento. Em geral, as bactérias do solo e as plantas dependem da via de duas enzimas descrita acima (Equações 22-1 e 22-2).

### A reação da glutamina-sintetase é um ponto importante de regulação no metabolismo do nitrogênio

Existem três classes conhecidas de glutamina-sintetases. A enzima de classe I (GSI, encontrada em bactérias) tem 12 subunidades idênticas de $M_r$ 50.000 (**Fig. 22-7**) e é regulada tanto alostericamente quanto por modificação covalente. A enzima de classe II (GSII, encontrada em eucariotos e algumas bactérias) tem 10 subunidades idênticas. A terceira classe de glutamina-sintetases (GSIII, até agora encontrada apenas em duas espécies bacterianas) é composta de enzimas muito maiores, consistindo em um dodecâmero de anel duplo de cadeias idênticas.

**P4** Adequando-se a seu papel metabólico central como um ponto de entrada para o nitrogênio reduzido, as glutamina-sintetases GSI são muito bem reguladas. Em bactérias entéricas, como a *E. coli*, a regulação é incomumente complexa. A alanina, a glicina e pelo menos seis produtos finais do metabolismo da glutamina são inibidores alostéricos da enzima (**Fig. 22-8**). Cada inibidor, por si só, produz apenas uma inibição parcial, mas os efeitos de múltiplos inibidores são mais que aditivos, e todos os oito em conjunto praticamente "desligam" a enzima. Esse é um exemplo de inibição por retroalimentação cumulativa. Esse mecanismo de controle fornece um ajuste constante dos níveis de

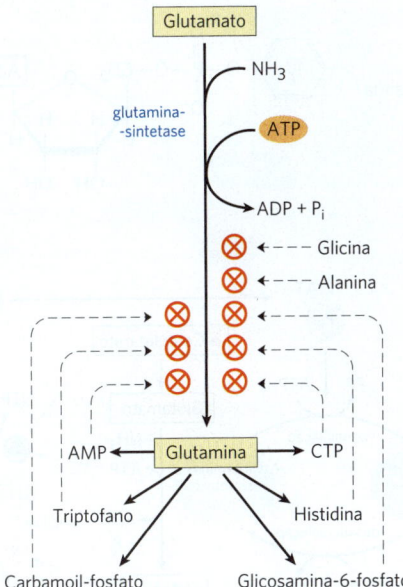

**FIGURA 22-8 Regulação alostérica da glutamina-sintetase.** A enzima está sujeita à regulação cumulativa por seis produtos finais do metabolismo da glutamina. A alanina e a glicina provavelmente atuam como indicadores do estado geral do metabolismo de aminoácidos na célula.

glutamina, de forma a satisfazer as necessidades metabólicas imediatas da célula.

Sobreposta à regulação alostérica, está a inibição por adenililação (adição de AMP) da $Tyr^{397}$, localizada próximo ao sítio ativo da enzima (**Fig. 22-9**). Essa modificação covalente aumenta a sensibilidade aos inibidores alostéricos, e a atividade diminui à medida que mais subunidades são adeniladas. Tanto a adenililação quanto a desadenililação são realizadas pela **adenilil-transferase** (AT na Fig. 22-9), parte de uma cascata enzimática complexa que responde aos níveis de glutamina, α-cetoglutarato, ATP e $P_i$. A atividade da adenilil-transferase é modulada pela ligação a uma proteína reguladora denominada $P_{II}$; já a atividade da $P_{II}$ é regulada por uma modificação covalente (uridililação), novamente em um resíduo de Tyr. O complexo entre adenilil-transferase e $P_{II}$ uridililada ($P_{II}$-UMP) estimula a desadenililação, ao passo que o mesmo complexo com a $P_{II}$ desuridililada estimula a adenililação da glutamina-sintetase. Tanto a uridililação quanto a desuridililação da $P_{II}$ são catalisadas por uma única enzima, a **uridilil-transferase**. A uridililação é inibida pela ligação de glutamina e $P_i$ à uridilil-transferase e é estimulada pela ligação de α-cetoglutarato e ATP à $P_{II}$.

A regulação não cessa nesse ponto. A $P_{II}$ uridililada também controla a ativação da transcrição do gene que codifica a glutamina-sintetase, aumentando a concentração celular da enzima; a $P_{II}$ desuridililada, por sua vez, determina a diminuição da transcrição do mesmo gene. O mecanismo envolve uma interação da $P_{II}$ com outras proteínas envolvidas na regulação gênica, de um tipo descrito no Capítulo 28. O resultado desse elaborado sistema de controle é a diminuição

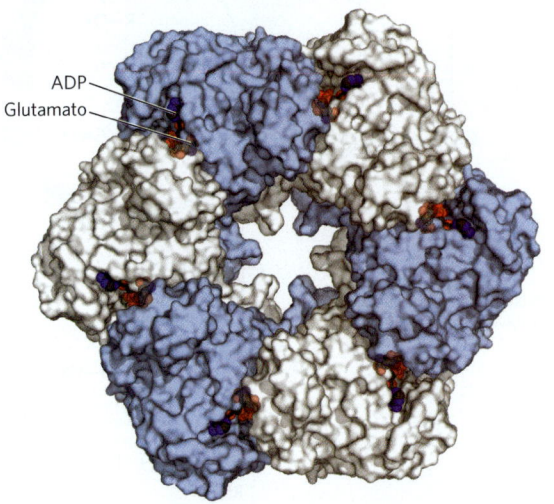

**FIGURA 22-7 Subunidades estruturais da glutamina-sintetase bacteriana tipo I.** Esta imagem mostra 6 das 12 subunidades idênticas; uma segunda camada de 6 subunidades está localizada diretamente abaixo das mostradas. Cada uma das 12 subunidades tem um sítio ativo, onde ATP e glutamato são ligados em orientações que favorecem a transferência de um grupo fosforila do ATP para a carboxila da cadeia lateral do glutamato. Nesta estrutura cristalina, o ADP ocupa o lugar do ATP. [Dados de PDB ID 2GLS, M. M. Yamashita et al., *J. Biol. Chem.* 264:17.681, 1989.]

**804** CAPÍTULO 22 • BIOSSÍNTESE DE AMINOÁCIDOS, NUCLEOTÍDEOS E MOLÉCULAS RELACIONADAS

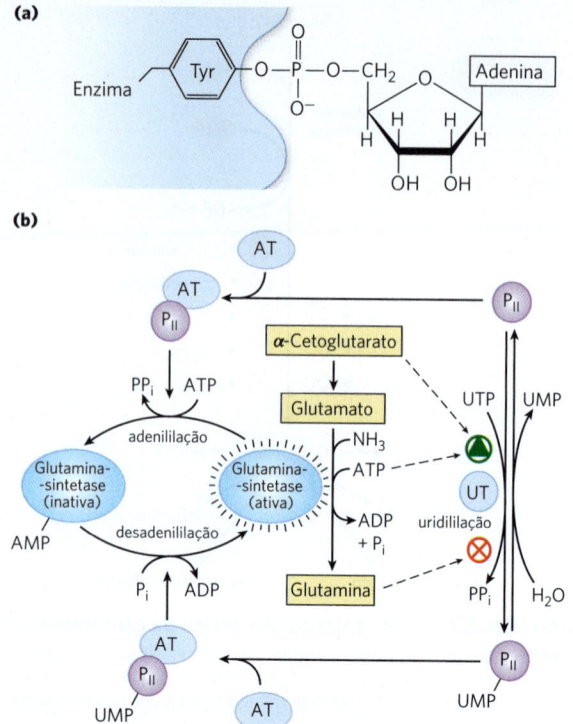

**FIGURA 22-9  Segundo nível de regulação da glutamina-sintetase: modificações covalentes.** (a) Um resíduo de tirosina adenililado. (b) Cascata levando à adenililação (inativação) da glutamina-sintetase. AT representa adenilil-transferase; UT, uridilil-transferase. $P_{II}$ é uma proteína reguladora, sendo autorregulada por uridililação.

grupos amino, e a maioria delas ocorre nas vias descritas neste capítulo. Como classe, as enzimas que catalisam essas reações são denominadas **glutamina-amidotransferases**. Todas elas apresentam dois domínios estruturais: um deles liga a glutamina, e o outro, o segundo substrato, que serve como aceptor do grupo amino (**Fig. 22-10**). Supõe-se que um resíduo de Cys conservado no domínio onde ocorre a ligação da glutamina atue como nucleófilo, clivando a ligação da atividade da glutamina-sintetase quando os níveis de glutamina estão altos e o aumento dessa atividade enzimática quando os níveis de glutamina estão baixos e houver disponibilidade de α-cetoglutarato e ATP (substratos da reação da sintetase). Os vários níveis de regulação permitem uma resposta de grande sensibilidade, em que a síntese de glutamina se ajusta às necessidades celulares.

### Diversas classes de reações desempenham papéis especiais na biossíntese de aminoácidos e nucleotídeos

As vias descritas neste capítulo incluem uma série de rearranjos químicos interessantes. Diversos deles são recorrentes e receberão especial atenção antes do estudo das vias em si. Esses rearranjos incluem: (1) reações de transaminação e outros rearranjos promovidos por enzimas contendo piridoxal-fosfato; (2) transferência de grupos de um carbono, utilizando como cofatores tetra-hidrofolato (geralmente nos níveis de oxidação —CHO e —$CH_2OH$) ou $S$-adenosilmetionina (no nível de oxidação —$CH_3$); e (3) transferência de grupos amino derivados do nitrogênio amídico da glutamina. Piridoxal-fosfato (PLP), tetra-hidrofolato ($H_4$-folato) e $S$-adenosilmetionina (adoMet) são descritos em detalhes no Capítulo 18 (ver Figs. 18-6, 18-17 e 18-18). Aqui, o foco será no estudo da transferência de grupos amino envolvendo o nitrogênio amídico da glutamina.

Mais de uma dúzia de reações biossintéticas conhecidas utilizam a glutamina como a principal fonte fisiológica de

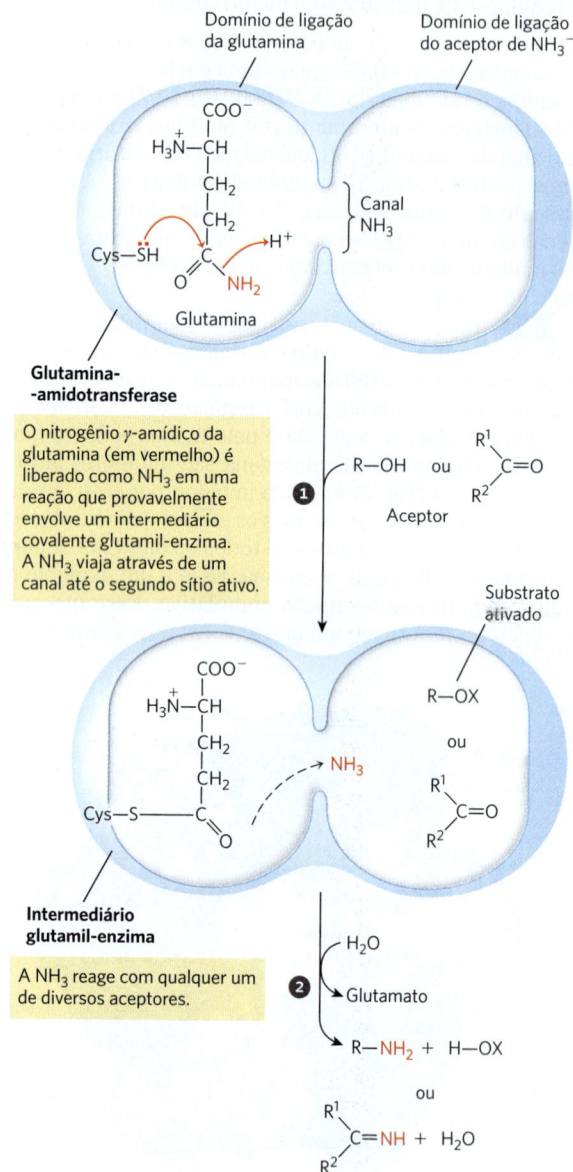

**MECANISMO – FIGURA 22-10** **Mecanismo proposto para as glutamina-amidotransferases.** Cada molécula de enzima apresenta dois domínios. O domínio que tem o sítio de ligação para a glutamina contém elementos estruturais conservados entre muitas dessas enzimas, incluindo um resíduo de Cys necessário para a atividade. O domínio do aceptor de $NH_3$ (segundo substrato) varia. São mostrados dois tipos de aceptores de grupos amino. X representa um grupo ativador, geralmente um grupo fosforila derivado do ATP, que facilita o deslocamento de um grupo hidroxila do R—OH pela $NH_3$.

amida da glutamina e formando um intermediário glutamil-enzima ligado covalentemente. A NH$_3$ produzida nessa reação não é liberada, mas sim transferida por meio de um "canal de amônia" a um segundo sítio ativo, onde reage com o segundo substrato, formando um produto aminado. O intermediário covalente é hidrolisado, liberando a enzima livre e o glutamato. Se o segundo substrato precisar ser ativado, o método geral é a utilização de ATP para gerar um intermediário acil-fosfato (R—OX na Fig. 22-10, em que X é um grupo fosforila). A enzima glutaminase atua de modo semelhante, mas utiliza H$_2$O como segundo substrato, produzindo NH$_4^+$ e glutamato (ver Fig. 18-8).

### RESUMO 22.1 Visão geral do metabolismo do nitrogênio

- O nitrogênio molecular, que constitui 80% do nitrogênio da atmosfera da Terra, encontra-se indisponível para a maior parte dos organismos vivos até que seja reduzido. Uma complexa teia de reações converte N$_2$ atmosférico em formas biologicamente úteis e mantém um equilíbrio global entre elas. As espécies proeminentes que são interconvertidas nessa teia incluem amônia (NH$_3$ ou NH$_4^+$; as formas mais reduzidas), nitrito (NO$_2^-$) e nitrato (NO$_3^-$; a forma mais oxidada). A conversão de N$_2$ em amônia é a fixação. A nitrificação constitui as etapas de conversão da amônia em nitrato. A conversão de nitrato em N$_2$ constitui a desnitrificação. A conversão alternativa de nitrato em amônia é a assimilação de nitrato.

- A fixação de N$_2$ como NH$_3$ é realizada pelo complexo da nitrogenase, em uma reação que requer um grande investimento de ATP e de poder redutor. O complexo da nitrogenase é altamente lábil na presença de O$_2$ e está sujeito à regulação pela disponibilidade de NH$_3$.

- Nos sistemas vivos, o nitrogênio reduzido é inicialmente incorporado nos aminoácidos e, a seguir, em uma variedade de outras biomoléculas, incluindo os nucleotídeos. O ponto-chave para essa entrada do nitrogênio é o aminoácido glutamato. O glutamato e a glutamina são doadores de nitrogênio em uma ampla gama de reações biossintéticas.

- A glutamina-sintetase, que catalisa a formação de glutamina a partir do glutamato, é uma importante enzima reguladora do metabolismo do nitrogênio.

- As vias biossintéticas dos aminoácidos e dos nucleotídeos utilizam repetidamente os cofatores biológicos piridoxal-fosfato, tetra-hidrofolato e *S*-adenosilmetionina. O piridoxal-fosfato é necessário para reações de transaminação envolvendo o glutamato e para outras transformações dos aminoácidos. Transferências de grupos de um carbono necessitam de *S*-adenosilmetionina e tetra-hidrofolato. As glutamina-amidotransferases catalisam reações que incorporam o nitrogênio derivado do grupo amida da glutamina.

## 22.2 Biossíntese de aminoácidos

Todos os aminoácidos são derivados de intermediários da glicólise, do ciclo do ácido cítrico ou da via das pentoses-fosfato (**Fig. 22-11**). O nitrogênio entra nessas vias por meio do glutamato ou da glutamina. Algumas vias são simples,

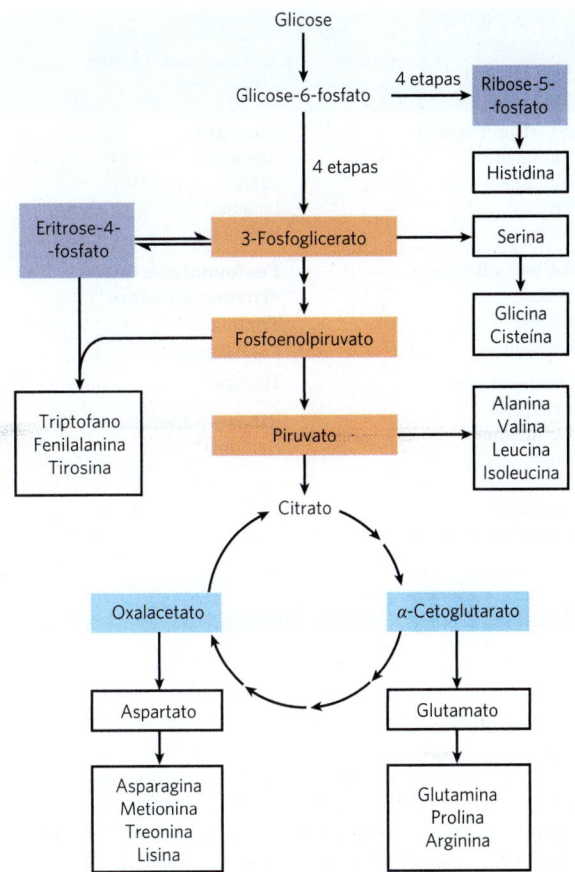

**FIGURA 22-11 Visão geral da biossíntese de aminoácidos.** Os precursores dos esqueletos carbonados são obtidos a partir de três fontes: a glicólise (em vermelho), o ciclo do ácido cítrico (em azul) e a via das pentoses-fosfato (em roxo).

outras não. Dez dos aminoácidos estão a apenas uma ou a poucas etapas dos metabólitos comuns dos quais são derivados. As vias biossintéticas para outros aminoácidos, como os aromáticos, são mais complexas.

### Os organismos variam muito em sua capacidade de sintetizar os 20 aminoácidos comuns

Enquanto a maioria das bactérias e das plantas pode sintetizar todos os 20 aminoácidos, os mamíferos podem sintetizar apenas cerca da metade deles – geralmente aqueles com caminhos simples. Estes são frequentemente chamados de **aminoácidos não essenciais** (ver Tabela 18-1). No entanto, o rótulo é um pouco enganador, uma vez que as vias biossintéticas inatas muitas vezes não fornecem uma quantidade suficiente desses aminoácidos para apoiar o crescimento e a saúde ideais. Os aminoácidos restantes, os **aminoácidos essenciais**, não podem ser sintetizados pela maioria dos animais e devem ser obtidos a partir de alimentos. Alguns aminoácidos são condicionalmente essenciais em mamíferos, sendo necessários em estágios específicos do desenvolvimento. A não ser que esteja indicado, de outra forma as vias para os 20 aminoácidos comuns apresentadas a seguir são aquelas operantes nas bactérias.

| TABELA 22-1 | Famílias de vias de biossíntese de aminoácidos, agrupadas de acordo com o precursor metabólico |
|---|---|
| **α-Cetoglutarato**<br>Glutamato<br>Glutamina<br>Prolina<br>Arginina | **Piruvato**<br>Alanina<br>Valina[a]<br>Leucina[a]<br>Isoleucina[a] |
| **3-Fosfoglicerato**<br>Serina<br>Glicina<br>Cisteína | **Fosfoenolpiruvato e eritrose-4-fosfato**<br>Triptofano[a]<br>Fenilalanina[a]<br>Tirosina[b] |
| **Oxalacetato**<br>Aspartato<br>Asparagina<br>Isoleucina<br>Metionina[a]<br>Treonina[a]<br>Lisina[a] | **Ribose-5-fosfato**<br>Histidina[a] |

[a]Aminoácidos essenciais em mamíferos.
[b]Derivado da fenilalanina em mamíferos.

Uma forma útil de organizar essas vias biossintéticas é agrupá-las em seis famílias correspondentes aos seus precursores metabólicos (**Tabela 22-1**); essa abordagem será utilizada para estruturar as descrições detalhadas a seguir. Além desses seis precursores, há um intermediário notável em diversas vias de síntese de aminoácidos e nucleotídeos: o **5-fosforribosil-1-pirofosfato** (**PRPP**):

O PRPP é sintetizado a partir da ribose-5-fosfato, obtida da via das pentoses-fosfato (ver Fig. 14-31), em uma reação catalisada pela **ribose-fosfato-pirofosfocinase**:

Ribose-5-fosfato + ATP ⟶
5-fosforribosil-1-pirofosfato + AMP

Essa enzima é regulada alostericamente por muitas das biomoléculas para as quais o PRPP é um precursor.

## O α-cetoglutarato origina glutamato, glutamina, prolina e arginina

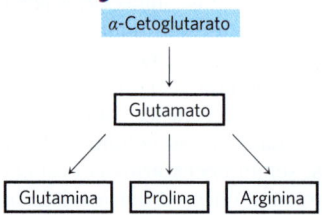

Já foram descritas as biossínteses do **glutamato** e da **glutamina**. A **prolina** é um derivado cíclico do glutamato (**Fig. 22-12**). P6 Na primeira etapa da síntese da prolina, ATP reage com a γ-carboxila do glutamato, formando um acil-fosfato, que é reduzido por NADPH ou NADH, produzindo o γ-semialdeído do glutamato. Esse intermediário sofre uma ciclização rápida e espontânea, sendo novamente reduzido para produzir prolina.

A **arginina** é sintetizada a partir do glutamato, via ornitina, usando reações do ciclo da ureia nos animais (Capítulo 18). Em princípio, a ornitina também pode ser sintetizada a partir do γ-semialdeído do glutamato por transaminação, mas a ciclização espontânea do semialdeído na via da prolina impede uma oferta suficiente desse intermediário para a síntese da ornitina. As bactérias apresentam uma via biossintética *de novo* para a ornitina (e, portanto, para a arginina) que tem algumas etapas iguais às da via da prolina, mas inclui duas etapas adicionais que evitam o problema da ciclização espontânea do γ-semialdeído do glutamato (Fig. 22-12). Na primeira etapa, o grupo α-amino do glutamato é bloqueado por uma acetilação, para a qual é utilizada a acetil-CoA; então, após a etapa de transaminação, o grupo acetila é removido para produzir ornitina.

As vias para a produção de prolina e arginina são um pouco diferentes nos mamíferos. A prolina pode ser sintetizada pela via mostrada na Figura 22-12, mas também é produzida a partir da arginina obtida da dieta ou de proteínas teciduais. A arginase, enzima do ciclo da ureia, converte arginina em ornitina e ureia (ver Figs. 18-10 e 18-26). A ornitina é convertida no γ-semialdeído do glutamato pela enzima **ornitina-δ-aminotransferase** (**Fig. 22-13**). O semialdeído cicliza, produzindo Δ¹-pirrolina-5-carboxilato, que, então, é convertido em prolina (Fig. 22-12). A via mostrada na Figura 22-12 para a síntese de arginina não ocorre em mamíferos. P1 Quando a arginina obtida da dieta ou da renovação de proteínas for insuficiente para a síntese proteica, a reação da ornitina-δ-aminotransferase opera no sentido da formação de ornitina. A ornitina é, então, convertida em citrulina e arginina pelo ciclo da ureia.

## Serina, glicina e cisteína são derivadas do 3-fosfoglicerato

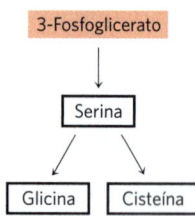

A principal via para a produção de **serina** é a mesma em todos os organismos (**Fig. 22-14**). Na primeira etapa, o grupo hidroxila do 3-fosfoglicerato é oxidado por uma desidrogenase (utilizando NAD⁺), produzindo 3-fosfo-hidroxipiruvato. Uma transaminação utilizando glutamato produz 3-fosfosserina, que, então, é hidrolisada em serina livre pela fosfosserina-fosfatase.

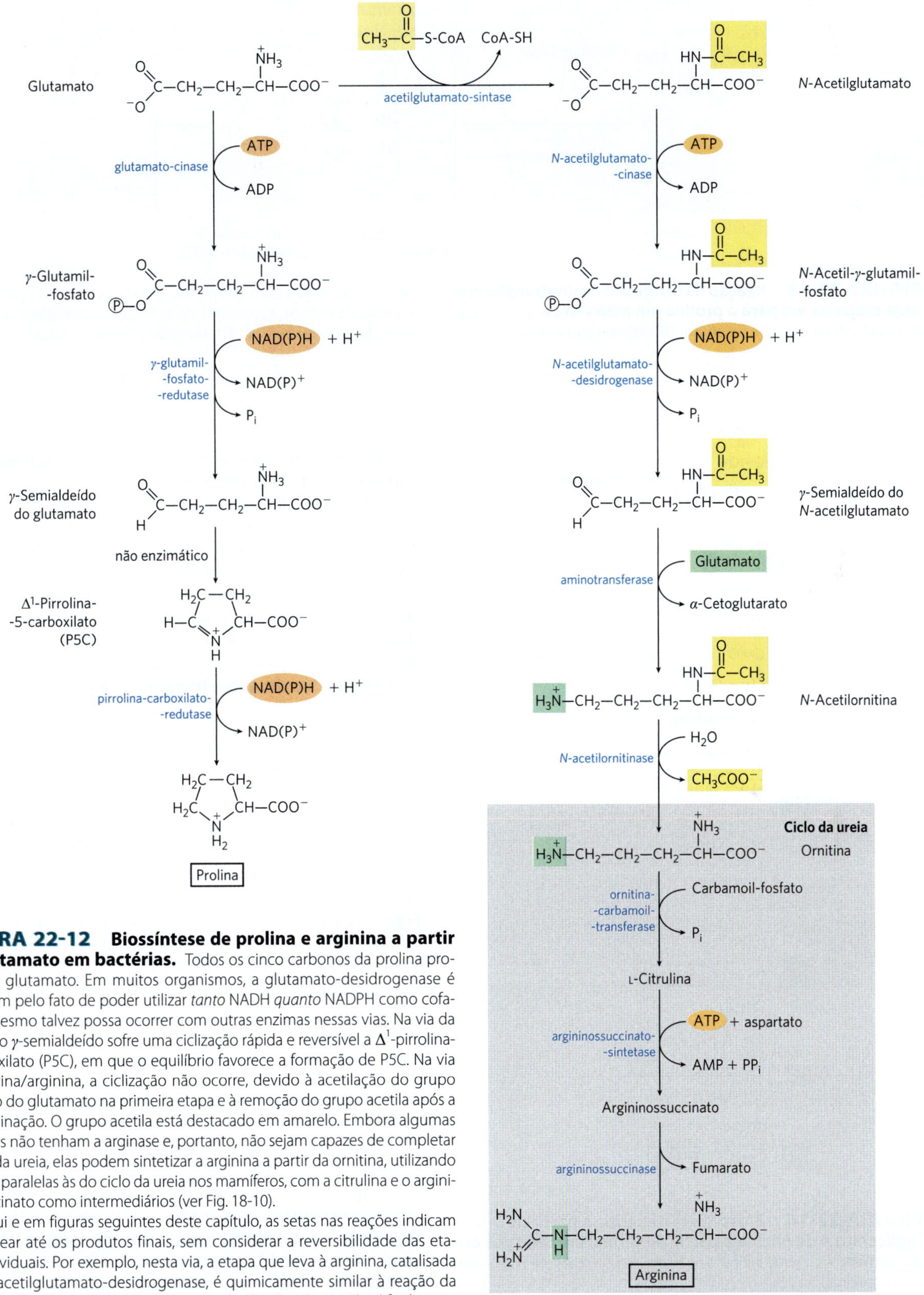

## 22.2 BIOSSÍNTESE DE AMINOÁCIDOS

**FIGURA 22-12 Biossíntese de prolina e arginina a partir do glutamato em bactérias.** Todos os cinco carbonos da prolina provêm do glutamato. Em muitos organismos, a glutamato-desidrogenase é incomum pelo fato de poder utilizar *tanto* NADH *quanto* NADPH como cofator. O mesmo talvez possa ocorrer com outras enzimas nessas vias. Na via da prolina, o γ-semialdeído sofre uma ciclização rápida e reversível a Δ¹-pirrolina-5-carboxilato (P5C), em que o equilíbrio favorece a formação de P5C. Na via da ornitina/arginina, a ciclização não ocorre, devido à acetilação do grupo α-amino do glutamato na primeira etapa e à remoção do grupo acetila após a transaminação. O grupo acetila está destacado em amarelo. Embora algumas bactérias não tenham a arginase e, portanto, não sejam capazes de completar o ciclo da ureia, elas podem sintetizar a arginina a partir da ornitina, utilizando reações paralelas às do ciclo da ureia nos mamíferos, com a citrulina e o argininossuccinato como intermediários (ver Fig. 18-10).

Aqui e em figuras seguintes deste capítulo, as setas nas reações indicam a via linear até os produtos finais, sem considerar a reversibilidade das etapas individuais. Por exemplo, nesta via, a etapa que leva à arginina, catalisada pela *N*-acetilglutamato-desidrogenase, é quimicamente similar à reação da gliceraldeído-3-fosfato-desidrogenase na glicólise (ver Fig. 14-7) e é facilmente reversível.

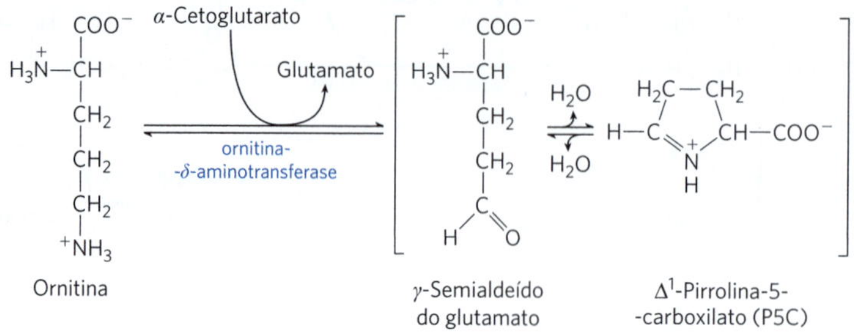

**FIGURA 22-13 Reação da ornitina-δ-aminotransferase: uma etapa na via para a prolina em mamíferos.** Essa enzima é encontrada na matriz mitocondrial da maioria dos tecidos. Embora o equilíbrio favoreça a formação do P5C, a reação inversa é a única via para a síntese da ornitina (e, portanto, da arginina) em mamíferos quando os níveis de arginina forem insuficientes para a síntese proteica.

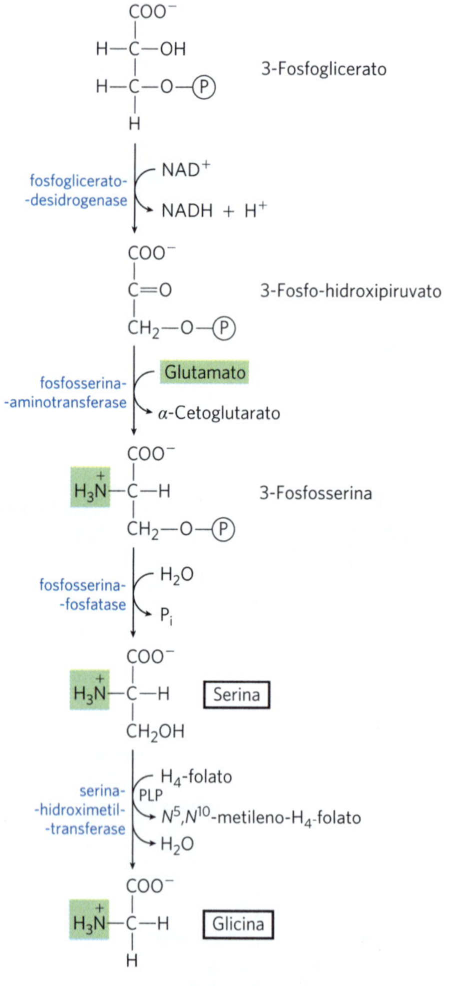

A serina (três carbonos) é precursora da **glicina** (dois carbonos) por meio da remoção de um átomo de carbono pela **serina-hidroximetil-transferase** (Fig. 22-14). O tetra-hidrofolato recebe o carbono β (C-3) da serina, que forma uma ponte metileno entre N-5 e N-10, originando $N^5,N^{10}$-metileno-tetra-hidrofolato (ver Fig. 18-17). A reação global, que é reversível, também requer piridoxal-fosfato. No fígado de vertebrados, a glicina pode ser produzida por outra via: a reação inversa daquela mostrada na Figura 18-20c, catalisada pela **glicina-sintase** (também denominada **enzima de clivagem da glicina**):

$$CO_2 + NH_4^+ + N^5,N^{10}\text{-metileno-tetra-hidrofolato} + NADH + H^+ \longrightarrow \text{glicina} + \text{tetra-hidrofolato} + NAD^+$$

Plantas e bactérias produzem o enxofre reduzido necessário para a síntese de **cisteína** (e de metionina, cuja síntese será descrita posteriormente) a partir de sulfatos do ambiente; a via é mostrada no lado direito da **Figura 22-15**. O sulfato é ativado em duas etapas, produzindo 3′-fosfoadenosina-5′-fosfossulfato (PAPS), que sofre redução a sulfeto usando oito elétrons. O sulfeto é, então, utilizado para a formação de cisteína a partir de serina, em uma via de duas etapas. Os mamíferos sintetizam cisteína a partir de dois aminoácidos: a metionina fornece o átomo de enxofre, ao passo que a serina fornece o esqueleto carbonado. A metionina é inicialmente convertida em S-adenosilmetionina (ver Fig. 18-18), que pode perder seu grupo metila para diversos aceptores, formando S-adenosil-homocisteína (adoHcy). Esse produto desmetilado é hidrolisado, liberando homocisteína, que reage com a serina em uma reação catalisada pela **cistationina-β-sintase**, produzindo cistationina (**Fig. 22-16**). Finalmente, a **cistationina-γ-liase**, uma enzima que requer PLP, catalisa a remoção de amônia e a clivagem de cistationina, produzindo cisteína livre.

**FIGURA 22-14 Biossíntese de serina a partir de 3-fosfoglicerato e de glicina a partir de serina, em todos os organismos.** Conforme indicado no texto, essa é apenas uma das várias vias para sintetizar glicina.

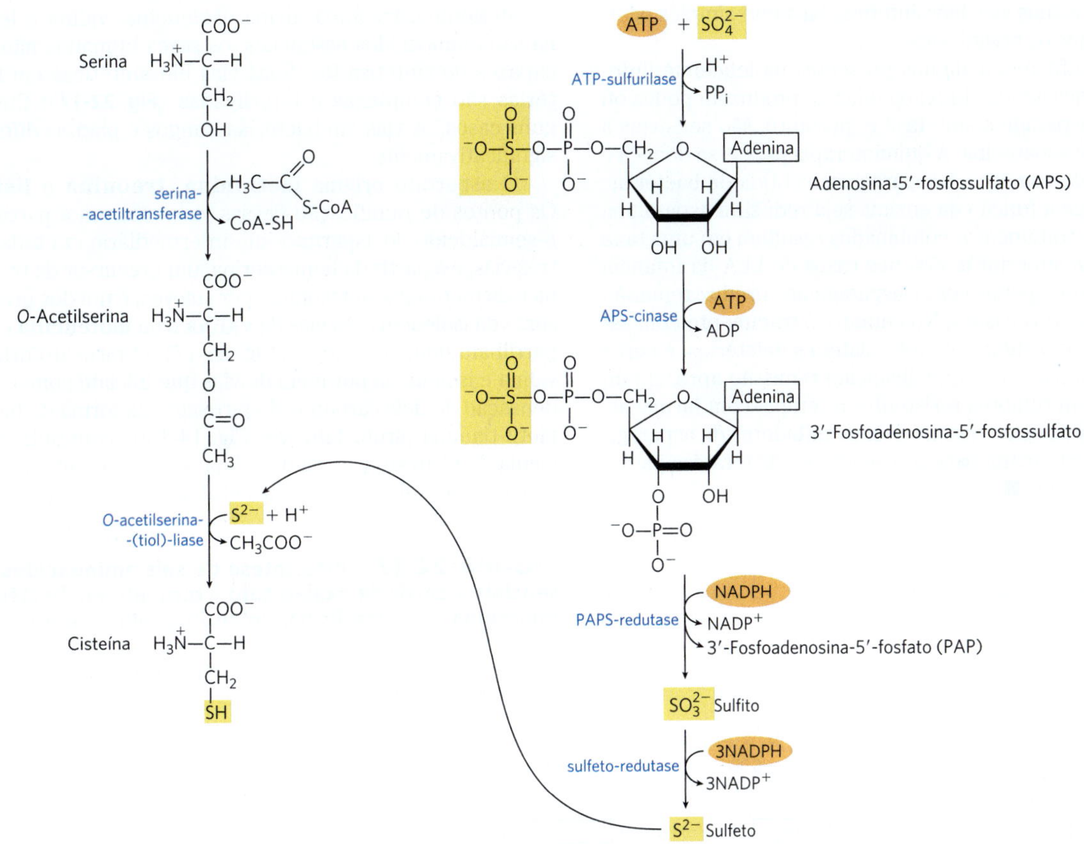

## 22.2 BIOSSÍNTESE DE AMINOÁCIDOS

**FIGURA 22-15 Biossíntese de cisteína a partir de serina em bactérias e plantas.** A origem do enxofre reduzido é mostrada na via à direita.

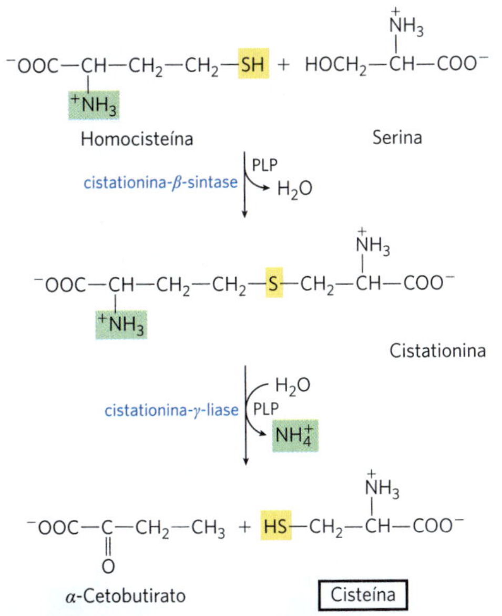

**FIGURA 22-16 Biossíntese de cisteína a partir de homocisteína e serina em mamíferos.** A homocisteína é formada a partir da metionina.

### Três aminoácidos não essenciais e seis aminoácidos essenciais são sintetizados a partir de oxalacetato e piruvato

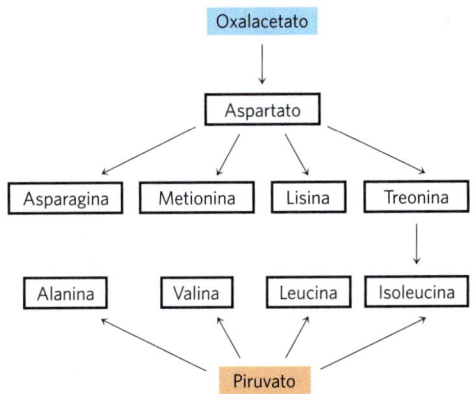

**Alanina** e **aspartato** são sintetizados a partir de piruvato e oxalacetato, respectivamente, por transaminação com o glutamato. A **asparagina** é sintetizada pela amidação do aspartato, catalisada pela enzima asparagina-sintetase. O $NH_4^+$ é doado pela glutamina. Estes são aminoácidos não essenciais, e suas vias biossintéticas bastante simples ocorrem em todos os organismos.

Os linfócitos malignos presentes na leucemia linfoblástica aguda (LLA) da infância produzem pouca ou nenhuma asparagina-sintetase e, portanto, são sensíveis à depleção de asparagina. A quimioterapia para essa doença é administrada com uma L-asparaginase obtida de bactérias, de modo que a função da enzima seja reduzir a asparagina do soro. Os tratamentos combinados resultam em uma taxa de remissão superior a 95% nos casos de LLA da infância (o tratamento apenas com L-asparaginase produz remissão em 40 a 60% dos casos). No entanto, o tratamento com asparaginase tem alguns efeitos colaterais deletérios, e cerca de 10% dos pacientes que alcançam remissão apresentam recidiva, com tumores resistentes à terapia com fármacos. Pesquisadores estão desenvolvendo inibidores da asparagina-sintetase humana para acrescentá-los às terapias para a LLA da infância. ■

Metionina, treonina, lisina, isoleucina, valina e leucina são aminoácidos essenciais; os seres humanos não são capazes de sintetizá-los. Suas vias biossintéticas em bactérias são complexas e interligadas (**Fig. 22-17**). Em alguns casos, as vias em bactérias, fungos e plantas diferem significativamente.

O aspartato origina **metionina**, **treonina** e **lisina**. Os pontos de ramificação dessas vias ocorrem a partir do $\beta$-semialdeído do aspartato, um intermediário em todas as três vias, e a partir da homosserina, um precursor da treonina e da metionina. A treonina, por sua vez, é um dos precursores da isoleucina. As vias da **valina** e da **isoleucina** compartilham quatro enzimas (Fig. 22-17). O piruvato origina valina e isoleucina por meio de vias que iniciam com a condensação de dois carbonos do piruvato (na forma de hidroxietil-tiamina-pirofosfato; ver Fig. 14-13b) com outra molécula de piruvato (na via da valina) ou com $\alpha$-cetobutirato (na via da isoleucina). O $\alpha$-cetobutirato é derivado da

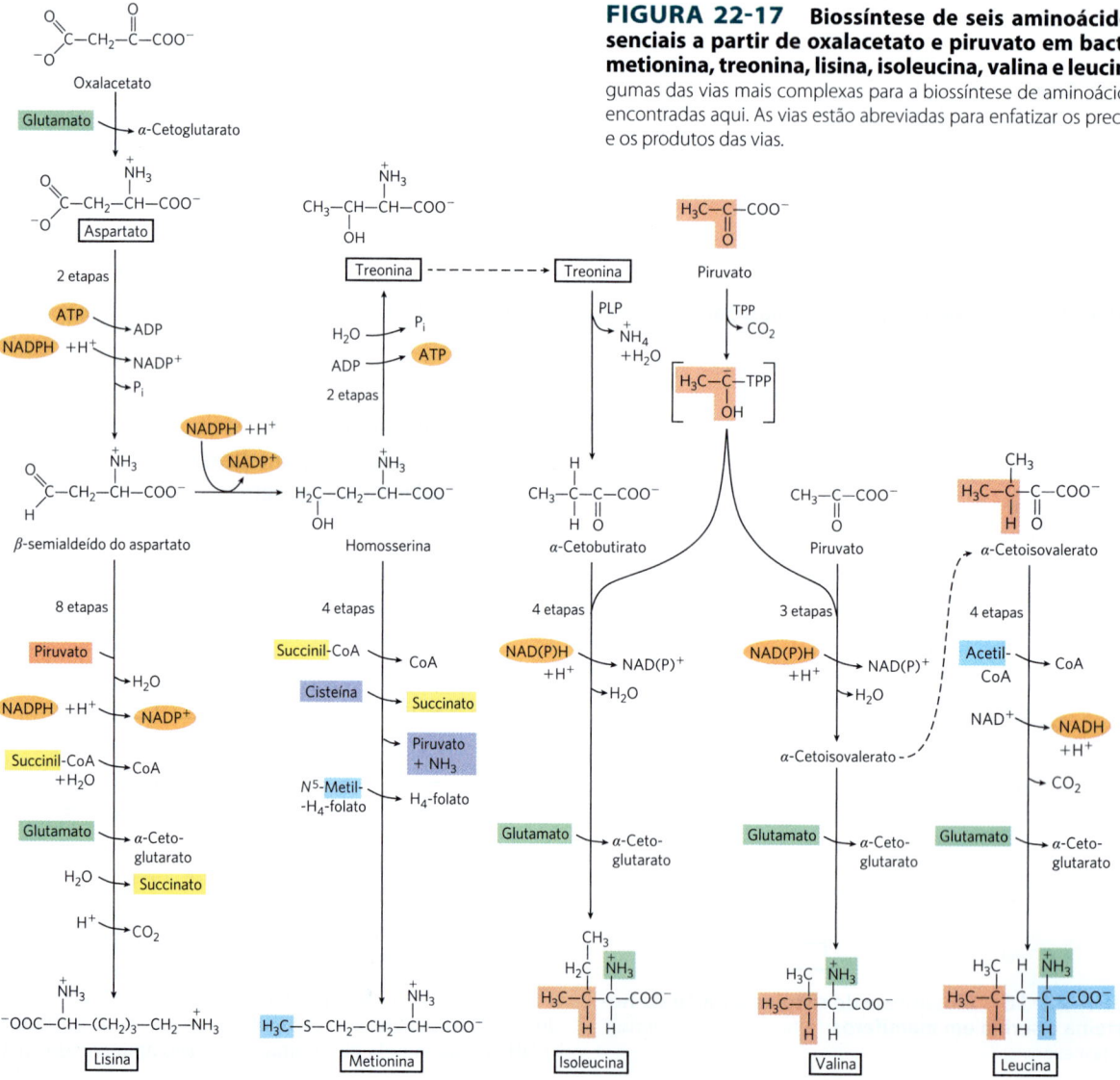

**FIGURA 22-17 Biossíntese de seis aminoácidos essenciais a partir de oxalacetato e piruvato em bactérias: metionina, treonina, lisina, isoleucina, valina e leucina.** Algumas das vias mais complexas para a biossíntese de aminoácidos são encontradas aqui. As vias estão abreviadas para enfatizar os precursores e os produtos das vias.

treonina, em uma reação que requer piridoxal-fosfato. Um intermediário na via da valina, o α-cetoisovalerato, é o ponto de partida para uma ramificação da via, contendo quatro etapas, que leva à **leucina**.

## O corismato é um intermediário-chave na síntese de triptofano, fenilalanina e tirosina

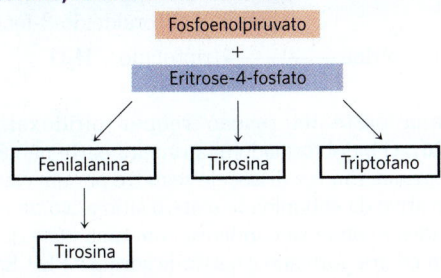

As três cadeias laterais de aminoácidos que contêm anéis aromáticos – triptofano, fenilalanina e tirosina – apresentam um problema químico especial para a biossíntese. Anéis aromáticos não estão facilmente disponíveis no ambiente, apesar de o anel benzênico ser muito estável. A via com ramificações que levam ao ao triptofano, à fenilalanina e à tirosina, que ocorre em bactérias, fungos e plantas, é a principal via biológica para a formação do anel aromático. Ela ocorre pelo fechamento do anel a partir de um precursor alifático, seguido pela adição, passo a passo, das ligações duplas. As primeiras quatro etapas produzem chiquimato, uma molécula de sete carbonos derivada da eritrose-4-fosfato e do fosfoenolpiruvato (**Fig. 22-18**). O chiquimato é convertido em corismato por meio de três etapas, que incluem a adição de mais três carbonos a partir de outra molécula de fosfoenolpiruvato. O corismato é o primeiro ponto de ramificação da via, com uma ramificação levando ao triptofano, e a outra, à fenilalanina e à tirosina.

Na ramificação que produz **triptofano** (**Fig. 22-19**), o corismato é convertido em antranilato, em uma reação em que a glutamina doa o nitrogênio que se tornará parte

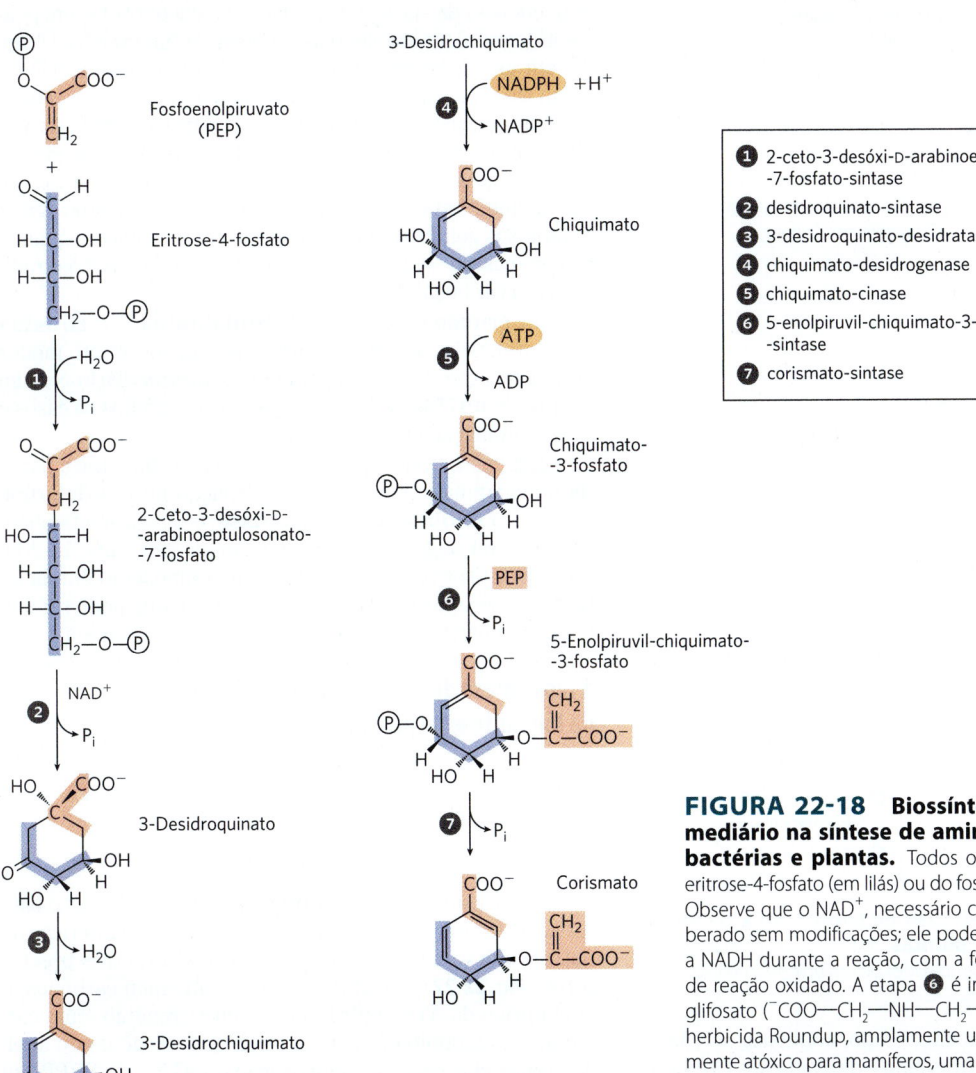

**FIGURA 22-18 Biossíntese de corismato, intermediário na síntese de aminoácidos aromáticos em bactérias e plantas.** Todos os carbonos são derivados da eritrose-4-fosfato (em lilás) ou do fosfoenolpiruvato (em vermelho). Observe que o $NAD^+$, necessário como cofator na etapa ❷, é liberado sem modificações; ele pode ser transitoriamente reduzido a NADH durante a reação, com a formação de um intermediário de reação oxidado. A etapa ❻ é inibida competitivamente pelo glifosato ($^-COO-CH_2-NH-CH_2-PO_3^{2-}$), o ingrediente ativo do herbicida Roundup, amplamente utilizado. O herbicida é relativamente atóxico para mamíferos, uma vez que eles não possuem essa via biossintética. Os intermediários quinato e chiquimato são assim nomeados em homenagem às plantas nas quais eles se acumulam.

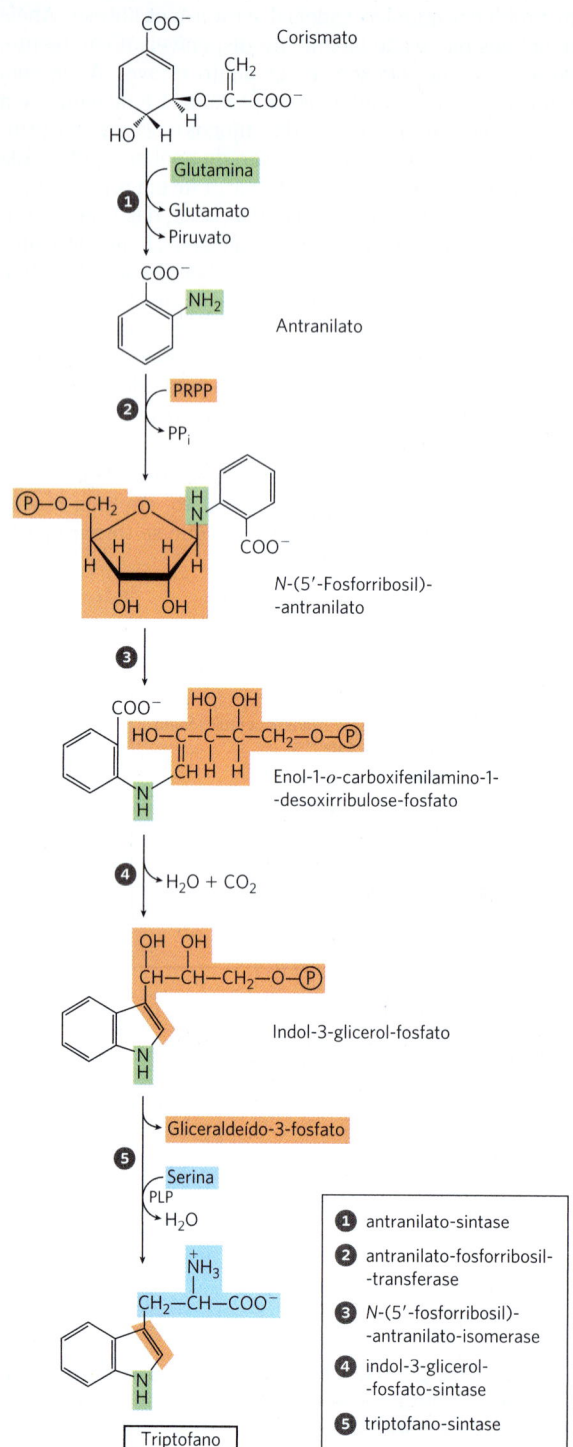

**FIGURA 22-19 Biossíntese de triptofano a partir de corismato em bactérias e plantas.** Na *E. coli*, as enzimas que catalisam as etapas ❶ e ❷ são subunidades de um único complexo.

do anel indólico. O antranilato, então, condensa-se com o PRPP. O anel indólico do triptofano é derivado dos carbonos do anel e do grupo amino do antranilato, mais dois carbonos oriundos do PRPP. A reação final da sequência é catalisada pela **triptofano-sintase**. Essa enzima apresenta uma estrutura de subunidade $\alpha_2\beta_2$, que pode se dissociar em duas subunidades $\alpha$ e uma subunidade $\beta_2$, as quais catalisam partes diferentes da reação global:

Indol-3-glicerol-fosfato $\xrightarrow{\text{subunidade } \alpha}$

indol + gliceraldeído-3-fosfato

Indol + serina $\xrightarrow{\text{subunidade } \beta_2}$ triptofano + $H_2O$

A segunda parte da reação requer piridoxal-fosfato (**Fig. 22-20**). O indol formado na primeira parte não é liberado pela enzima. Em vez disso, ele se move por um canal, desde o sítio ativo da subunidade $\alpha$ até o sítio ativo de uma das subunidades $\beta$, onde se condensa com uma base de Schiff, um intermediário formado a partir de serina e PLP. Esse tipo de canalização de intermediários pode ser uma característica de toda a via, do corismato ao triptofano. Sítios ativos enzimáticos que catalisam as diferentes etapas (às vezes não sequenciais) da via até o triptofano são encontrados em polipeptídeos únicos em algumas espécies de fungos e bactérias, porém estão em proteínas separadas em outras espécies. Além disso, a atividade de algumas dessas enzimas requer uma associação não covalente com outras enzimas da via. Essas observações sugerem que todas as enzimas da via são componentes de um grande complexo multienzimático, um metabolon, tanto em bactérias quanto em eucariotos. Esses complexos geralmente não são preservados intactos quando as enzimas são isoladas usando métodos bioquímicos tradicionais (ver Seção 16.4).

Em plantas e bactérias, a **fenilalanina** e a **tirosina** são sintetizadas a partir do corismato em vias muito menos complexas que a via do triptofano. O intermediário comum é o prefenato (**Fig. 22-21**). A etapa final em ambos os casos é a transaminação com o glutamato.

Os animais podem produzir tirosina diretamente a partir da fenilalanina por meio da hidroxilação no C-4 do grupo fenila pela **fenilalanina-hidroxilase**; essa enzima também participa da degradação da fenilalanina (ver Figs. 18-23 e 18-24). A tirosina é considerada um aminoácido condicionalmente essencial, ou não essencial, visto que pode ser sintetizada a partir do aminoácido essencial fenilalanina.

## A biossíntese de histidina utiliza precursores da biossíntese de purinas

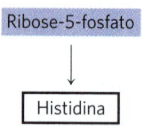

A via para a síntese de **histidina** em todas as plantas e bactérias difere em diversos aspectos das vias biossintéticas de outros aminoácidos. A histidina é derivada de três precursores (**Fig. 22-22**): o PRPP contribui com cinco carbonos; o anel púrico do ATP contribui com um nitrogênio e um carbono; e a glutamina fornece o segundo nitrogênio do anel. As etapas-chave são: a condensação do ATP e do PRPP, em que o N-1 do anel púrico se liga ao C-1 ativado da ribose do

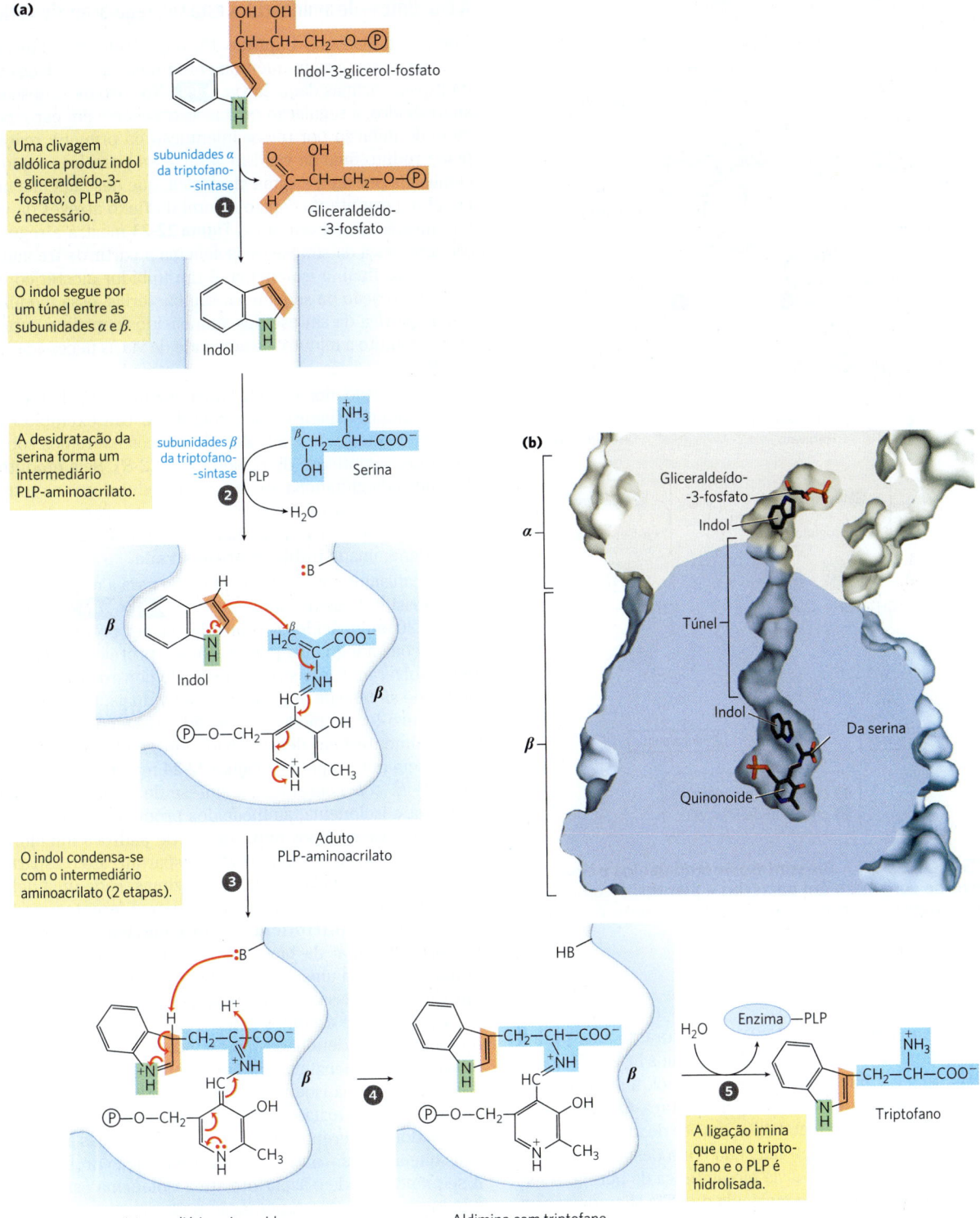

**MECANISMO – FIGURA 22-20  Reação da triptofano-sintase.** (a) Essa enzima catalisa uma reação envolvendo múltiplas etapas e diversos tipos de rearranjos químicos. As transformações facilitadas pelo PLP ocorrem no carbono β (C-3) do aminoácido, ao contrário das reações descritas na Figura 18-6, que ocorrem no carbono α. O carbono β da serina é ligado ao sistema indólico de anéis. (b) O indol gerado na subunidade α (em branco) se move por meio de um túnel até a subunidade β (em azul), onde se condensa com a porção serina. [(b) Dados de PDB ID 1KFJ, V. Kulik et al., *J. Mol. Biol.* 324:677, 2002.]

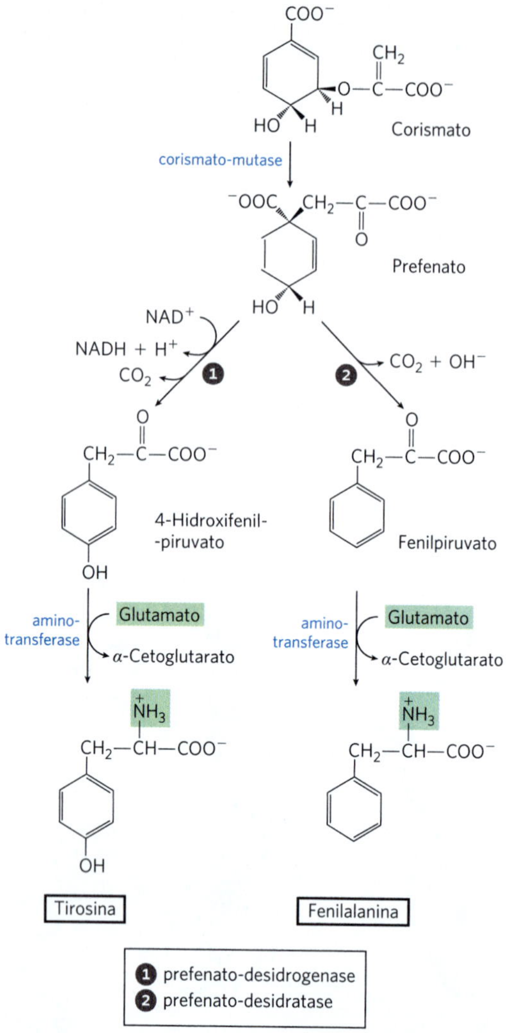

## A biossíntese de aminoácidos está sob regulação alostérica

Como detalhado no Capítulo 13, o controle do fluxo por uma via metabólica frequentemente reflete as atividades de múltiplas enzimas daquela via. **P4** No caso da síntese de aminoácidos, a regulação muitas vezes ocorre em parte por meio de inibição por retroalimentação da primeira reação pelo produto final da via. Em geral, essa primeira reação é catalisada por uma enzima alostérica, que desempenha um papel importante no controle geral do fluxo através da via em questão. Por exemplo, a **Figura 22-23** mostra a regulação alostérica da síntese de isoleucina a partir de treonina. O produto final, a isoleucina, é um inibidor alostérico da primeira reação da sequência. Em bactérias, essa modulação alostérica da síntese dos aminoácidos contribui para o ajuste, minuto a minuto, da atividade da via às necessidades da célula.

A regulação alostérica de uma enzima individual pode ser consideravelmente mais complexa. Um exemplo é o notável conjunto de controles alostéricos exercidos sobre a glutamina-sintetase de *E. coli* (Fig. 22-8). Seis produtos derivados da glutamina atuam como moduladores na retroalimentação negativa da enzima, e os efeitos gerais desses e de outros moduladores são mais que aditivos. Essa regulação é denominada **inibição orquestrada**.

Mecanismos adicionais contribuem para a regulação das vias biossintéticas dos aminoácidos. **P1** **P4** Uma vez que os 20 aminoácidos comuns devem ser produzidos nas proporções adequadas para a síntese proteica, as células desenvolveram formas não apenas de controlar as velocidades de síntese de aminoácidos individuais, mas também de produzi-los de modo coordenado. Essa coordenação é especialmente bem desenvolvida em células bacterianas de crescimento rápido. A **Figura 22-24** mostra como as células de *E. coli* coordenam a síntese de lisina, metionina, treonina e isoleucina, aminoácidos produzidos a partir do aspartato. Vários tipos importantes de padrões inibidores são evidenciados. A etapa desde o aspartato até o aspartil-$\beta$-fosfato é catalisada por três isoenzimas, cada uma delas controlada de modo independente por diferentes moduladores. Essa **multiplicidade enzimática** impede que um produto final da biossíntese inative completamente etapas-chave em uma via quando outros produtos da mesma via são necessários. As etapas desde o $\beta$-semialdeído do aspartato até a homosserina e desde a treonina até o $\alpha$-cetobutirato (detalhadas na Fig. 22-17) também são catalisadas por isoenzimas duplas, controladas de modo independente. Uma isoenzima para a conversão de aspartato em aspartil-$\beta$-fosfato é inibida alostericamente por dois moduladores diferentes, lisina e isoleucina, cujas ações são mais que aditivas – outro exemplo de inibição orquestrada. A sequência desde o aspartato até a isoleucina está sujeita a inibições por retroalimentação múltiplas e sobrepostas; por exemplo, a isoleucina inibe a conversão de treonina em $\alpha$-cetobutirato (como descrito anteriormente), e a treonina inibe sua própria formação em três pontos: a partir da homosserina, a partir do $\beta$-semialdeído do aspartato

**FIGURA 22-21 Biossíntese de fenilalanina e tirosina a partir de corismato em bactérias e plantas.** A conversão do corismato em prefenato é um exemplo biológico raro de um rearranjo de Claisen.

PRPP (etapa ❶ na Fig. 22-22); a abertura do anel púrico que, ao final, deixa o N-1 e o C-2 da adenina ligados à ribose (etapa ❸); e a formação do anel imidazol, uma reação na qual a glutamina doa um nitrogênio (etapa ❺). A utilização do ATP como um metabólito, em vez de um cofator rico em energia, é incomum – mas não é um desperdício, uma vez que se encaixa com a via biossintética da purina. A estrutura remanescente da molécula do ATP, liberada após a transferência do N-1 e do C-2, é o 5-aminoimidazol-4-carboxamida-ribonucleotídeo (AICAR), um intermediário da biossíntese de purinas (ver Fig. 22-35) que é rapidamente reciclado a ATP.

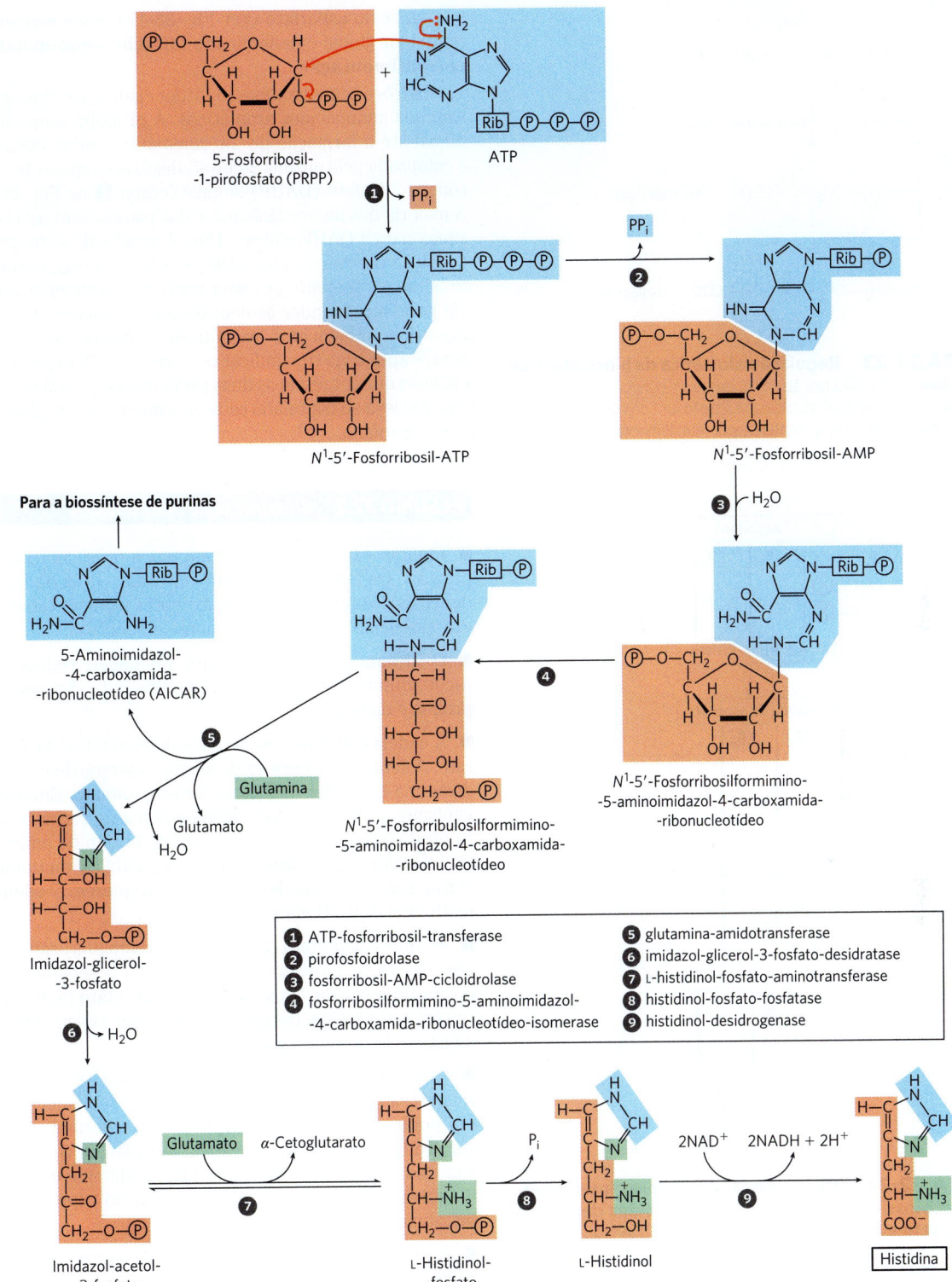

**FIGURA 22-22 Biossíntese de histidina em bactérias e plantas.** Átomos originários do PRPP e do ATP estão sombreados em vermelho e em azul, respectivamente. Dois nitrogênios da histidina provêm da glutamina e do glutamato (em verde). Observe que o derivado do ATP que resta após a etapa ❺ (AICAR) é um intermediário da biossíntese de purinas (ver Fig. 22-35, etapa ❾), de modo que o ATP é rapidamente regenerado.

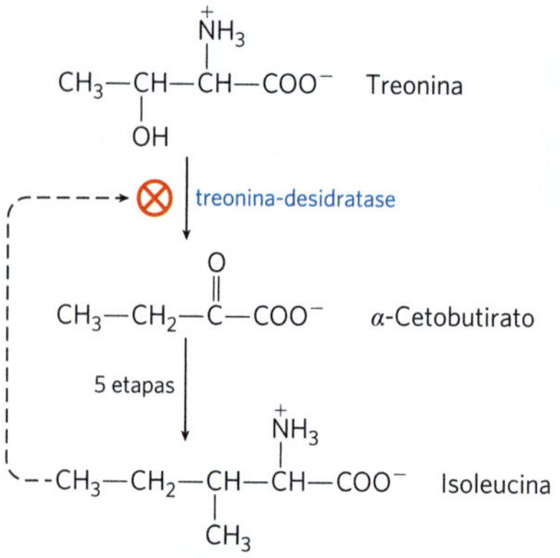

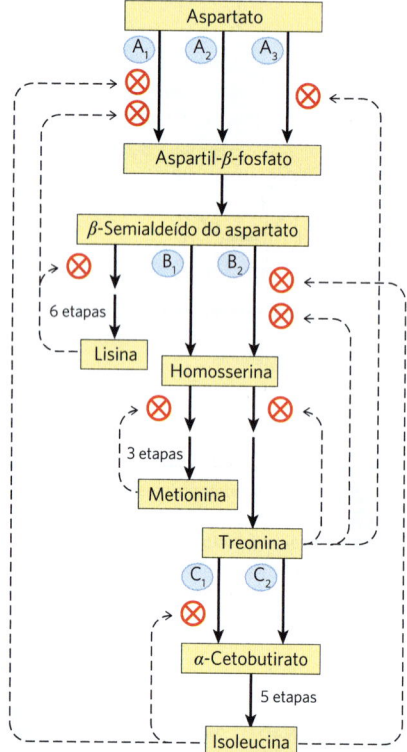

**FIGURA 22-23 Regulação alostérica da biossíntese de isoleucina.** A primeira reação da via desde a treonina até a isoleucina é inibida pelo produto final, a isoleucina. Esse foi um dos primeiros exemplos descobertos de inibição alostérica por retroalimentação.

e a partir do aspartato (ver Fig. 22-17). Esse mecanismo regulador global é denominado **inibição sequencial por retroalimentação**.

Padrões semelhantes são evidenciados nas vias que levam aos aminoácidos aromáticos. A primeira etapa da via inicial até a formação do intermediário comum corismato é catalisada pela enzima 2-ceto-3-desóxi-D-arabino-heptulosonato-7-fosfato (DAHP)-sintase (etapa ❶ na Fig. 22-18). A maioria dos microrganismos e das plantas tem três isoenzimas para a DAHP-sintase. Uma é inibida alostericamente (inibição por retroalimentação) por fenilalanina; outra, por tirosina; e a terceira, por triptofano. Esse esquema ajuda a via geral a responder às necessidades celulares de um ou mais dos aminoácidos aromáticos. A regulação adicional ocorre após a via se ramificar no corismato. Por exemplo, as enzimas que catalisam as duas primeiras etapas da ramificação que leva ao triptofano estão sujeitas à inibição alostérica pelo triptofano.

## RESUMO 22.2 Biossíntese de aminoácidos

■ Plantas e bactérias sintetizam todos os 20 aminoácidos comuns. Os mamíferos podem sintetizar cerca de metade deles; os demais devem estar presentes na dieta (aminoácidos essenciais ou condicionalmente essenciais).

■ O glutamato é formado por aminação redutora do $\alpha$-cetoglutarato e serve como precursor da glutamina, da prolina e da arginina.

■ A cadeia carbonada da serina é derivada do 3-fosfoglicerato. A serina é precursora da glicina; o átomo de carbono $\beta$ da serina é transferido para o tetra-hidrofolato. Em microrganismos, a cisteína é produzida a partir de serina e sulfeto produzidos pela redução de sulfato obtido do ambiente. Os mamíferos produzem cisteína a partir de metionina e serina por uma série de reações que requerem $S$-adenosil-metionina e cistationina.

■ Alanina e aspartato (e, portanto, asparagina) são formados a partir do piruvato e do oxalacetato, respectivamente, por transaminação. O piruvato e o oxalacetato também dão origem a metionina, treonina, lisina, valina, isoleucina e leucina por vias mais longas.

■ Os aminoácidos aromáticos (fenilalanina, tirosina e triptofano) são formados por uma via na qual o corismato ocupa um ponto-chave de ramificação. A tirosina também pode ser produzida por hidroxilação da fenilalanina (e, por isso, é considerada um aminoácido condicionalmente essencial). O fosforribosil-pirofosfato é o precursor do triptofano e da histidina.

■ A via da histidina está interconectada com a via de síntese de purinas.

■ As vias de biossíntese de aminoácidos estão sujeitas à inibição alostérica pelo produto final; a enzima reguladora geralmente é a primeira da sequência. A regulação das várias vias sintéticas é coordenada.

**FIGURA 22-24 Mecanismos reguladores interconectados na biossíntese de diversos aminoácidos derivados do aspartato em *E. coli*.** Três enzimas (A, B e C) têm duas ou três isoformas, indicadas pelos subscritos numéricos. Em cada caso, uma isoenzima ($A_2$, $B_1$ e $C_2$) não apresenta regulação alostérica; essas isoenzimas são reguladas por mudanças na quantidade de enzima sintetizada. A síntese das isoenzimas $A_2$ e $B_1$ é reprimida quando os níveis de metionina estão altos, ao passo que a síntese da isoenzima $C_2$ é reprimida quando os níveis de isoleucina estão altos. A enzima A é a aspartato-cinase, a enzima B é a homosserina-desidrogenase e a enzima C é a treonina-desidratase.

## 22.3 Moléculas derivadas de aminoácidos

Além de seu papel como blocos constitutivos das proteínas, os aminoácidos são precursores de muitas biomoléculas especializadas, incluindo hormônios, coenzimas, nucleotídeos, alcaloides, polímeros constituintes da parede celular, porfirinas, antibióticos, pigmentos e neurotransmissores. Aqui, serão descritas as vias de síntese de diversos desses derivados de aminoácidos.

### A glicina é precursora das porfirinas

A biossíntese de **porfirinas**, para as quais a glicina é um importante precursor, é nosso primeiro exemplo, devido à importância central do núcleo das porfirinas nas hemeproteínas, como a hemoglobina e os citocromos. As porfirinas são sintetizadas a partir de quatro moléculas do derivado monopirrólico **porfobilinogênio**, que é derivado de duas moléculas de δ-aminolevulinato. Existem duas vias principais para o δ-aminolevulinato. Nos eucariotos superiores (**Fig. 22-25a**), a glicina reage com succinil-CoA na primeira etapa da via, produzindo α-amino-β-cetoadipato, que, então, é descarboxilado a δ-aminolevulinato. Nas plantas, nas algas e na maioria das bactérias, o δ-aminolevulinato é sintetizado a partir de glutamato (Fig. 22-25b). O glutamato é inicialmente esterificado a glutamil-tRNA$^{Glu}$; **P6** a redução pelo NADPH converte o glutamato em 1-semialdeído do glutamato, o qual é clivado do tRNA. Uma aminotransferase converte o 1-semialdeído do glutamato em δ-aminolevulinato.

Em todos os organismos, duas moléculas de δ-aminolevulinato condensam-se para formar porfobilinogênio e, por meio de uma série de reações enzimáticas complexas, quatro moléculas de porfobilinogênio unem-se, formando **protoporfirina** (**Fig. 22-26**). O átomo de ferro é incorporado após a protoporfirina ter sido formada, em uma etapa catalisada pela ferroquelatase. A biossíntese de porfirinas é regulada nos eucariotos superiores pela concentração do produto heme, que serve como inibidor por retroalimentação das etapas iniciais da via de síntese. Defeitos genéticos na biossíntese de porfirinas podem levar ao acúmulo de intermediários da via, causando várias doenças humanas coletivamente conhecidas como **porfirias** (**Quadro 22-2**).

### A degradação do heme tem múltiplas funções

O grupo ferro-porfirina (heme) da hemoglobina, liberado no baço a partir de eritrócitos em degeneração, é degradado, produzindo $Fe^{2+}$ livre e, por fim, **bilirrubina**. A via também contribui para o pigmento presente nas misturas dos sais biliares derivados do colesterol.

A primeira etapa nessa via de duas etapas, catalisada pela heme-oxigenase, converte heme em biliverdina, um derivado tetrapirrólico linear (aberto) (**Fig. 22-27**, na p. 820). Os demais produtos da reação são $Fe^{2+}$ livre e CO. O $Fe^{2+}$ é rapidamente ligado à ferritina. O monóxido de carbono é um veneno que se liga à hemoglobina (ver Quadro 5-1), e a produção de CO pela heme-oxigenase assegura que, mesmo na ausência de exposição ambiental, cerca de 1% do heme de uma pessoa esteja complexado ao CO.

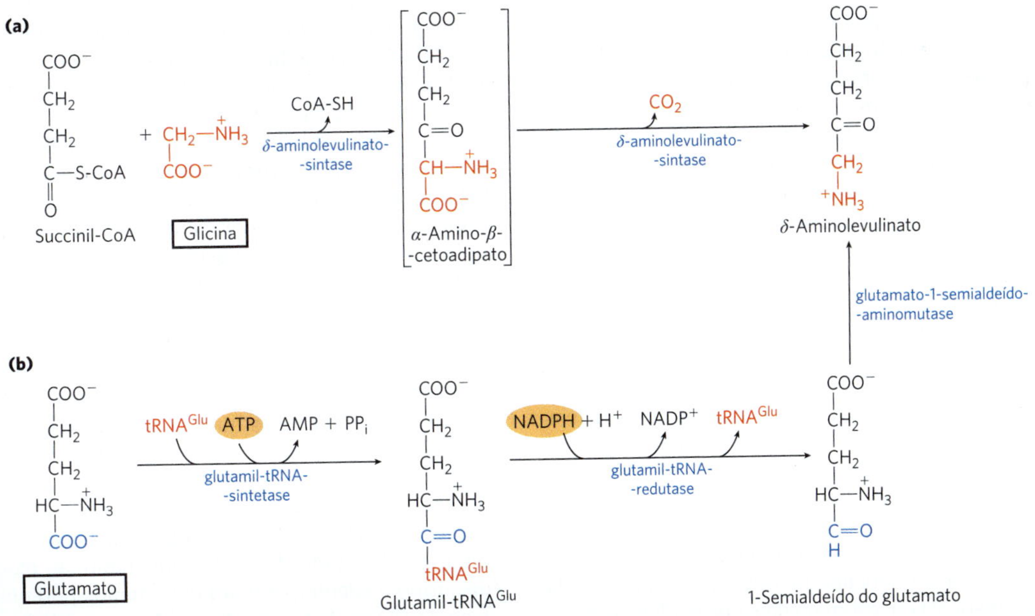

**FIGURA 22-25 Biossíntese de δ-aminolevulinato.** (a) Na maioria dos animais, incluindo os mamíferos, o δ-aminolevulinato é sintetizado a partir de glicina e succinil-CoA. Os átomos fornecidos pela glicina estão mostrados em vermelho. (b) Em bactérias e plantas, o precursor do δ-aminolevulinato é o glutamato.

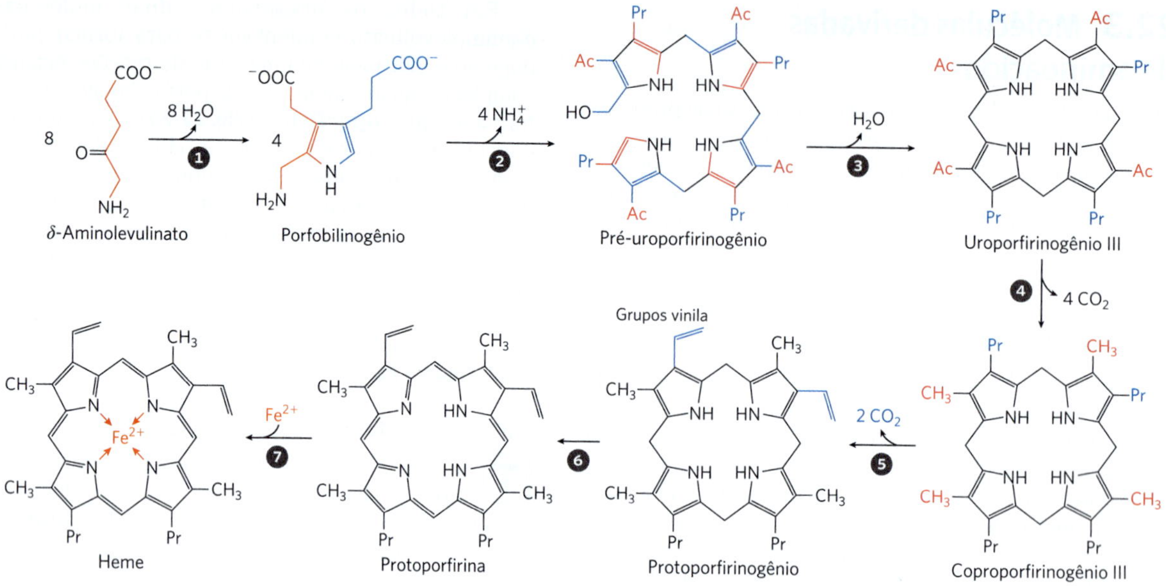

**FIGURA 22-26 Biossíntese de heme a partir de δ-aminolevulinato.** Ac representa acetila (—CH$_2$COO$^-$); Pr, propionila (—CH$_2$CH$_2$COO$^-$).

① porfobilinogênio-sintase
② uroporfirinogênio-sintase
③ uroporfirinogênio III-cossintase
④ uroporfirinogênio-descarboxilase
⑤ coproporfirinogênio-oxidase
⑥ protoporfirinogênio-oxidase
⑦ ferroquelatase

A biliverdina é convertida em bilirrubina na segunda etapa, catalisada pela biliverdina-redutase. Você pode monitorar as reações na quebra de heme (Fig. 22-27) colorimetricamente em um experimento *in situ* usual. Quando você sofre um ferimento que resulta em hematoma, a cor preta e/ou púrpura resulta da hemoglobina liberada pelos eritrócitos danificados. Com o tempo, a cor muda para o verde da biliverdina e, depois, para o amarelo da bilirrubina. A bilirrubina é bastante insolúvel e é transportada na corrente sanguínea como um de muitos metabólitos, ácidos graxos e outros: complexada com a albumina sérica (ver Fig. 17-3). No fígado, a bilirrubina é transformada no pigmento da bile, bilirrubina-diglicuronato. Esse produto é suficientemente hidrossolúvel para ser secretado com outros componentes da bile para o intestino delgado, onde enzimas microbianas o convertem em diversos produtos, predominantemente urobilinogênio. Parte do urobilinogênio é reabsorvido no sangue e transportado para os rins, onde é convertido em urobilina, o composto que dá à urina sua coloração amarelada. O urobilinogênio que permanece no intestino é convertido (em outra reação dependente dos microrganismos da microbiota intestinal) em estercobilina, que confere às fezes a coloração marrom-avermelhada.

A insuficiência da função hepática ou o bloqueio da secreção de bile determinam o extravasamento da bilirrubina do fígado para o sangue, resultando na coloração amarela da pele e da esclera dos olhos, condição denominada icterícia. Em casos de icterícia, a determinação da concentração de bilirrubina no sangue pode ser útil para o diagnóstico de doença hepática subjacente. Bebês recém-nascidos algumas vezes desenvolvem icterícia em virtude de ainda não produzirem quantidades suficientes de glicuronil-bilirrubina-transferase para processar sua bilirrubina. Um tratamento tradicional para reduzir o excesso de bilirrubina consiste na exposição a uma lâmpada fluorescente, que leva à conversão fotoquímica da bilirrubina em compostos mais solúveis e, portanto, mais facilmente excretáveis.

Essas vias da degradação do heme desempenham papéis significativos na proteção das células contra dano oxidativo e na regulação de certas funções celulares. O CO produzido pela heme-oxigenase é tóxico em altas concentrações; contudo, em concentrações muito baixas, como aquelas resultantes da degradação do heme, esse composto parece ter algumas funções reguladoras e/ou de sinalização. O CO atua como vasodilatador, de modo semelhante ao óxido nítrico (discutido a seguir), embora com menos potência. Baixos níveis de CO também têm alguns efeitos reguladores sobre a neurotransmissão. A bilirrubina é o antioxidante mais abundante nos tecidos dos mamíferos, sendo responsável pela maior parte da atividade antioxidante no soro. Seus efeitos

## QUADRO 22-2 MEDICINA

### Sobre reis e vampiros

As porfirias são um grupo de doenças genéticas que resultam de defeitos em enzimas da via biossintética da glicina às porfirinas (Fig. 1); precursores específicos de porfirinas se acumulam nos eritrócitos, nos fluidos corporais e no fígado. A forma mais comum é a porfiria intermitente aguda. A maioria das pessoas que herdam essa condição é heterozigota e, em geral, assintomática, pois a única cópia normal do gene fornece um nível suficiente de função enzimática. Contudo, certos fatores nutricionais ou ambientais (ainda não completamente esclarecidos) podem levar ao aumento de $\delta$-aminolevulinato e porfobilinogênio, levando a crises de dor abdominal aguda e disfunção neurológica. O rei George III, monarca britânico durante a Guerra de Independência dos Estados Unidos, sofria de graves episódios de aparente loucura, que embaçaram o registro histórico desse homem bem-sucedido em todos os outros aspectos de sua vida. Os sintomas de sua condição sugerem que George III sofria de porfiria intermitente aguda.

Cerca de 5.000 a 10.000 humanos em todo o mundo sofrem de uma condição genética em que a atividade da ferroquelatase (etapa ❼) está reduzida, levando a concentrações anormalmente altas de protoporfirina nos tecidos. Quando expostas à luz, as protoporfirinas em excesso liberam radicais livres que danificam as macromoléculas celulares, incluindo proteínas e lipídeos nas membranas celulares. O dano celular resultante e a inflamação nas células endoteliais (pele) podem ser muito dolorosos. Os pacientes são forçados a adotar um estilo de vida no qual evitam a luz solar e até mesmo a luz interna forte. Um novo fármaco, chamado de afamelanotide, liberado lentamente ao longo de vários meses a partir de um pequeno implante sob a pele, demonstrou sucesso em aliviar os sintomas da exposição à luz solar. O fármaco interage com o receptor de melanocortina 1, estimulando a produção de melanina e modulando a expressão de antioxidantes que eliminam as espécies de radicais livres. O afamelanotide também pode ser útil no tratamento do vitiligo, uma condição mais comum em que a produção de melanina não é uniforme e a cor da pele se perde em manchas.

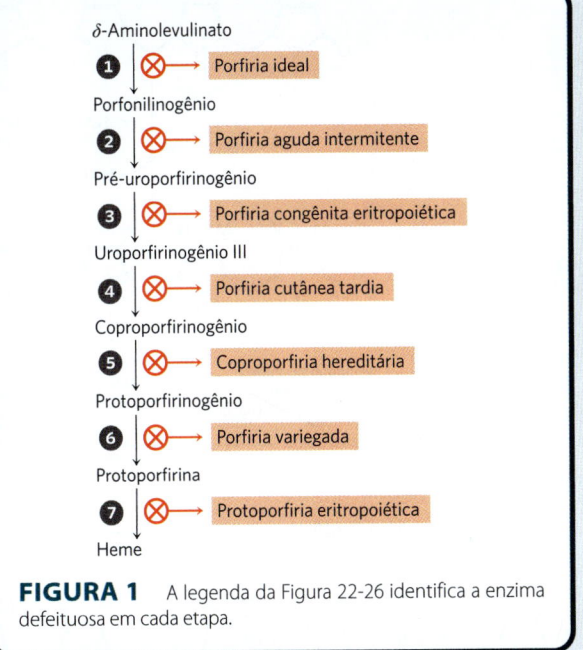

**FIGURA 1** A legenda da Figura 22-26 identifica a enzima defeituosa em cada etapa.

Uma das porfirias mais raras resulta de um acúmulo de uroporfirinogênio I, isômero anormal de um precursor da protoporfirina. Esse composto cora a urina de vermelho, faz os dentes fluorescerem fortemente sob luz ultravioleta e torna a pele anormalmente sensível à luz do sol. Muitas pessoas com essa porfiria são anêmicas, pois o heme é sintetizado em quantidade insuficiente. Essa condição genética pode ter originado os mitos dos vampiros nas lendas folclóricas.

Atualmente, os sintomas da maioria das porfirias são controlados com facilidade por meio da manipulação da dieta ou da administração de heme ou de derivados do heme.

---

protetores parecem ser especialmente importantes para o cérebro em desenvolvimento dos bebês recém-nascidos. A toxicidade celular associada à icterícia pode ocorrer devido ao fato de os níveis de bilirrubina excederem os níveis de albumina sérica necessários para solubilizar esse composto.

**P4** Considerando-se esses vários papéis para os produtos de degradação do heme, a via de degradação está sujeita à regulação, principalmente em sua primeira etapa. Os seres humanos possuem pelo menos três isoenzimas da heme-oxigenase (HO). A HO-1 é altamente regulada; a expressão de seu gene é induzida por uma ampla gama de condições relacionadas com estresse, incluindo estresse hemodinâmico, angiogênese (desenvolvimento descontrolado de vasos sanguíneos), hipóxia, hiperóxia, choque térmico, exposição à luz ultravioleta, peróxido de hidrogênio e muitos outros ataques metabólicos. A HO-2 é encontrada principalmente no encéfalo e nos testículos, onde é expressa continuamente. A terceira isoenzima, HO-3, não é ativa cataliticamente, mas pode desempenhar um papel na detecção de oxigênio. ∎

### Os aminoácidos são precursores da creatina e da glutationa

A **fosfocreatina**, derivada da **creatina**, é um importante tampão energético no músculo esquelético (ver Quadro 23-1). A creatina é sintetizada a partir da glicina e da arginina (**Fig. 22-28**); a metionina, na forma de $S$-adenosilmetionina, atua como doadora do grupo metila.

A **glutationa** (**GSH**), presente em plantas, animais e algumas bactérias, com frequência em níveis elevados, pode ser considerada um tampão redox. Ela é derivada do glutamato, da cisteína e da glicina (**Fig. 22-29**). **P6** O grupo $\gamma$-carboxila do glutamato é ativado pelo ATP, formando um intermediário acil-fosfato, que, então, é atacado pelo grupo

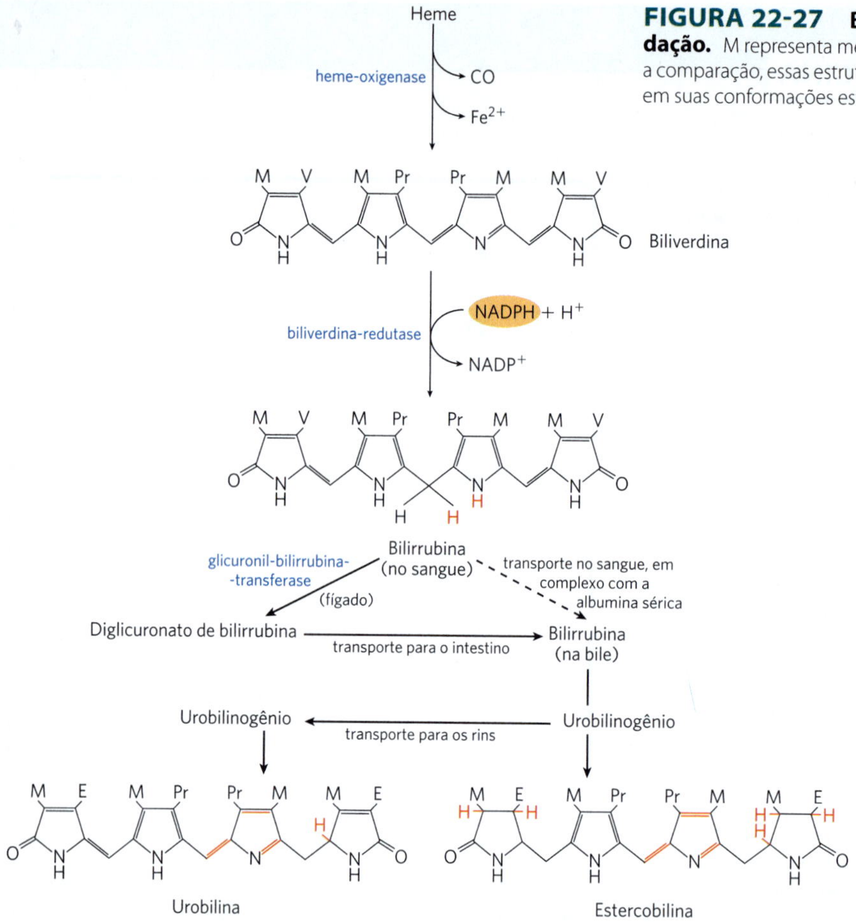

**FIGURA 22-27 Bilirrubina e seus produtos de degradação.** M representa metila; V, vinila; Pr, propionila; E, etila. Para facilitar a comparação, essas estruturas são mostradas em forma linear, em vez de em suas conformações estereoquímicas corretas.

α-amino da cisteína. Uma segunda reação de condensação se segue, com o grupo α-carboxila da cisteína ativado na forma de acil-fosfato, permitindo a reação com a glicina. A forma oxidada da glutationa (GSSG), produzida no curso de suas atividades redox, contém duas moléculas de glutationa ligadas por meio de uma ligação dissulfeto.

A glutationa provavelmente ajuda a manter os grupos sulfidrila das proteínas no estado reduzido e o ferro do heme no estado ferroso ($Fe^{2+}$), servindo como agente redutor para a glutarredoxina na síntese de desoxirribonucleotídeos (ver Fig. 22-41). A sua função redox também é utilizada para remover peróxidos tóxicos formados durante o curso normal do crescimento e do metabolismo em condições aeróbicas:

$$2\ GSH + R\text{—}O\text{—}O\text{—}H \longrightarrow GSSG + H_2O + R\text{—}OH$$

Essa reação é catalisada pela **glutationa-peroxidase**, enzima notável pelo fato de conter um átomo de selênio (Se) covalentemente ligado na forma de selênio-cisteína (ver Fig. 3-8a), que é essencial para sua atividade.

### D-Aminoácidos são encontrados principalmente em bactérias

Embora D-aminoácidos geralmente não ocorram em proteínas, eles têm algumas funções especiais na estrutura das paredes celulares bacterianas e em antibióticos peptídicos.

Os peptideoglicanos bacterianos (ver Fig. 6-32) contêm tanto D-alanina como D-glutamato. Os D-aminoácidos são produzidos diretamente a partir dos isômeros L por meio da ação de aminoácidos-racemases, que têm piridoxal-fosfato como cofator (ver Fig. 18-6). A racemização de aminoácidos é de grande importância para o metabolismo bacteriano, e enzimas como a alanina-racemase são alvos importantes para agentes farmacêuticos. Um desses agentes, a **L-fluoralanina**, está sendo testado como fármaco antibacteriano. Outro, a **ciclosserina**, é utilizado no tratamento da tuberculose. Contudo, uma vez que esses inibidores também afetam algumas enzimas humanas que utilizam PLP, eles potencialmente apresentam efeitos colaterais indesejáveis.

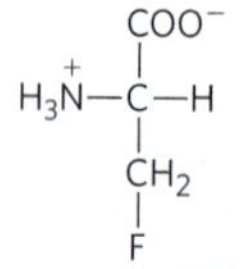

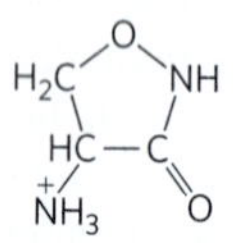

### Aminoácidos aromáticos são precursores de muitas substâncias de origem vegetal

A fenilalanina, a tirosina e o triptofano são convertidos em vários compostos importantes nas plantas. O polímero

## 22.3 MOLÉCULAS DERIVADAS DE AMINOÁCIDOS

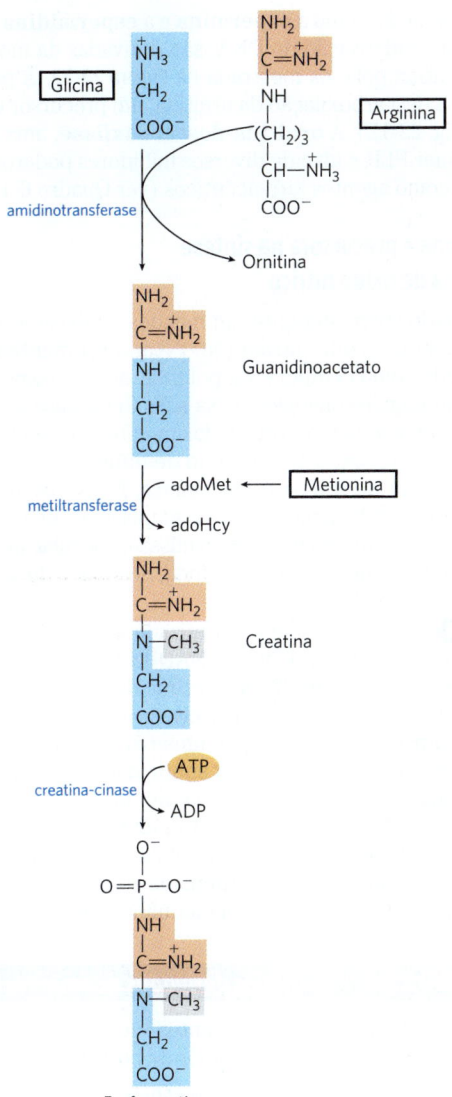

**FIGURA 22-28 Biossíntese de creatina e fosfocreatina.** A creatina é sintetizada a partir de três aminoácidos: glicina, arginina e metionina. Essa via mostra a versatilidade dos aminoácidos como precursores de outras biomoléculas nitrogenadas.

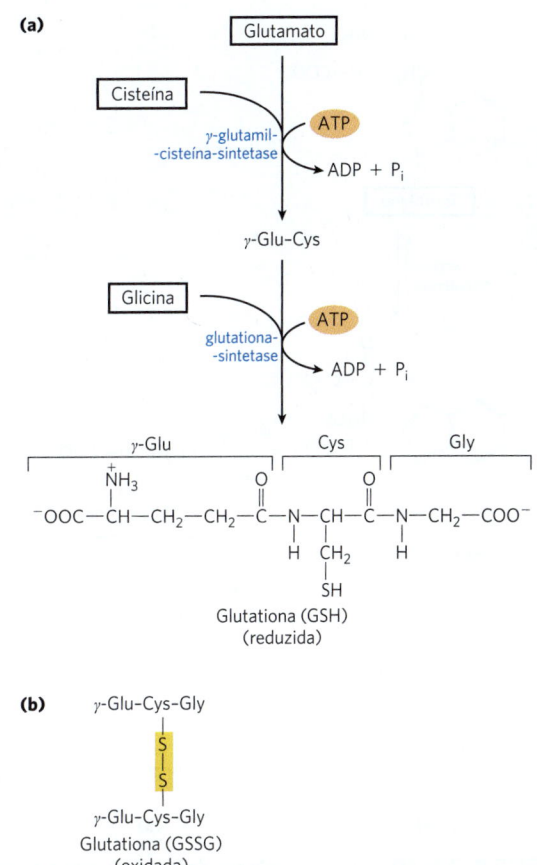

**FIGURA 22-29 Metabolismo da glutationa.** (a) Biossíntese da glutationa. (b) Forma oxidada da glutationa.

### Aminas biológicas são produtos da descarboxilação dos aminoácidos

Muitos neurotransmissores importantes são aminas primárias ou secundárias derivadas de aminoácidos por meio de vias simples. Além disso, algumas poliaminas que formam complexos com o DNA são derivadas do aminoácido ornitina, intermediário do ciclo da ureia. Um denominador comum de muitas dessas vias é a descarboxilação dos aminoácidos, outra reação que requer PLP (ver Fig. 18-6).

A síntese de alguns neurotransmissores está ilustrada na **Figura 22-31**. A tirosina origina uma família de catecolaminas, que inclui a **dopamina**, a **noradrenalina** e a **adrenalina**. Os níveis das catecolaminas estão correlacionados, entre outras coisas, com variações na pressão sanguínea. A doença de Parkinson, um distúrbio neurológico, está associada à menor produção de dopamina e tem sido tradicionalmente tratada pela administração de L-dopa. A produção de dopamina em excesso no cérebro pode estar ligada a transtornos psiquiátricos, como a esquizofrenia.

A descarboxilação do glutamato origina o **γ-aminobutirato** (**GABA**), um neurotransmissor inibitório. Uma baixa produção de GABA está associada a crises epilépticas. Análogos do GABA são utilizados no tratamento da epilepsia e da hipertensão. Além disso, pode-se aumentar

rígido **lignina**, derivado da fenilalanina e da tirosina, está atrás apenas da celulose em abundância nos tecidos vegetais. A estrutura do polímero de lignina é complexa e não está bem esclarecida. O triptofano também é o precursor do hormônio de crescimento em plantas, o indol-3-acetato, ou **auxina** (**Fig. 22-30a**), importante para a regulação de uma ampla gama de processos biológicos nos vegetais.

A fenilalanina e a tirosina também originam muitos produtos naturais de importância comercial, incluindo: os taninos, que inibem a oxidação nos vinhos; os alcaloides, como a morfina, que apresentam potentes efeitos fisiológicos; e o sabor de produtos como o óleo de canela (Fig. 22-30b), a noz-moscada, o cravo-da-índia, a baunilha, a pimenta vermelha, entre outros.

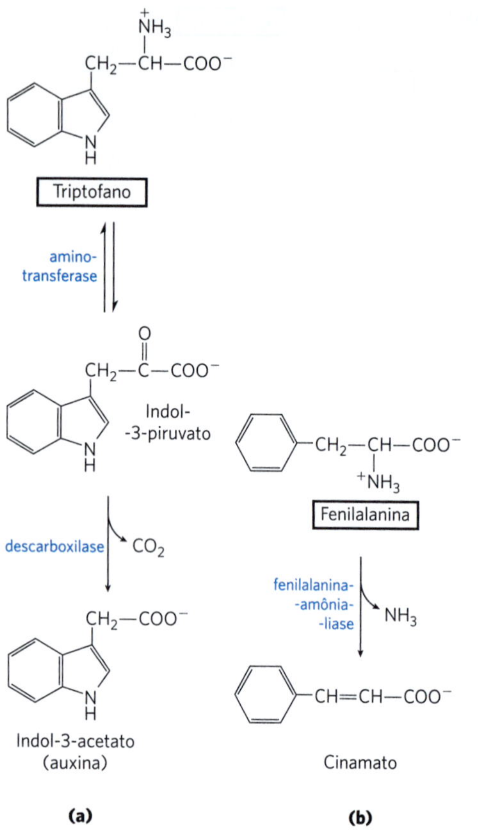

**FIGURA 22-30 Biossíntese de dois compostos vegetais a partir de aminoácidos.** (a) Indol-3-acetato (auxina) e (b) cinamato (que confere aroma à canela).

os níveis de GABA administrando-se inibidores da enzima de degradação do GABA, a GABA-aminotransferase. Outro neurotransmissor importante, a **serotonina**, é produzido a partir do triptofano em uma via constituída por duas etapas.

A histidina sofre descarboxilação, originando **histamina**, um poderoso vasodilatador em tecidos animais. A histamina é liberada em grandes quantidades como parte da resposta alérgica e estimula a secreção ácida no estômago. O número de agentes farmacêuticos projetados para interferir na síntese ou na ação da histamina cresce constantemente. Um exemplo importante é o antagonista do receptor da histamina, a **cimetidina** (Tagamet), um análogo estrutural da histamina:

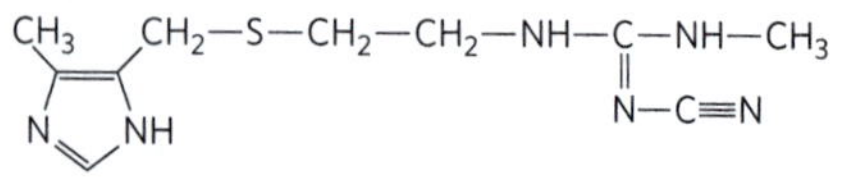

Esse composto auxilia a curar úlceras duodenais pela inibição da secreção de ácido gástrico.

Poliaminas, como a **espermina** e a **espermidina**, envolvidas na condensação do DNA, são derivadas da metionina e da ornitina pela via mostrada na **Figura 22-32**. A primeira etapa é a descarboxilação da ornitina, um precursor da arginina (Fig. 22-12). A **ornitina-descarboxilase**, uma enzima que requer PLP, é alvo de diversos inibidores poderosos utilizados como agentes farmacêuticos (ver Quadro 6-1).

### A arginina é precursora na síntese biológica de óxido nítrico

Um achado surpreendente em meados da década de 1980 foi o papel do óxido nítrico (NO) – anteriormente apenas conhecido como componente poluidor do ar – como importante mensageiro biológico. Essa substância gasosa simples se difunde facilmente através das membranas, embora sua alta reatividade restrinja seu raio de difusão para cerca de 1 mm a partir de seu ponto de síntese. Em seres humanos, o NO desempenha papéis em uma ampla gama de processos fisiológicos, incluindo neurotransmissão, coagulação sanguínea e controle da pressão sanguínea. Seu modo de ação está descrito no Quadro 12-2.

▶**P6** O óxido nítrico é sintetizado a partir da arginina em uma reação dependente de NADPH catalisada pela óxido nítrico-sintase (**Fig. 22-33**), enzima dimérica relacionada estruturalmente com NADPH-citocromo-P-450-redutase (ver Quadro 21-1). A reação é uma oxidação com transferência de cinco elétrons. Cada subunidade da enzima contém ligada uma molécula de cada um dos quatro cofatores diferentes: FMN, FAD, tetra-hidrobiopterina e heme contendo $Fe^{3+}$. O NO é uma molécula instável e não pode ser armazenado. A sua síntese é estimulada pela interação da óxido nítrico-sintase com $Ca^{2+}$-calmodulina (ver Fig. 12-17).

### RESUMO 22.3 Moléculas derivadas de aminoácidos

■ Muitas biomoléculas importantes são derivadas de aminoácidos. A glicina é um precursor de porfirinas.

■ A degradação da ferro-porfirina (heme) produz a bilirrubina, que é convertida em pigmentos biliares, com diversas funções fisiológicas.

■ A glicina e a arginina originam a creatina e a fosfocreatina, um tampão energético. A glutationa, formada a partir de três aminoácidos, é um importante agente redutor na célula.

■ As bactérias sintetizam D-aminoácidos a partir de L-aminoácidos por meio de reações de racemização que requerem piridoxal-fosfato. Os D-aminoácidos são comumente encontrados em certas paredes bacterianas e em certos antibióticos.

■ As plantas sintetizam muitas substâncias a partir de aminoácidos aromáticos.

■ A descarboxilação dependente de PLP de alguns aminoácidos produz importantes aminas biológicas, incluindo neurotransmissores e poliaminas.

■ A arginina é precursora do óxido nítrico, um mensageiro biológico.

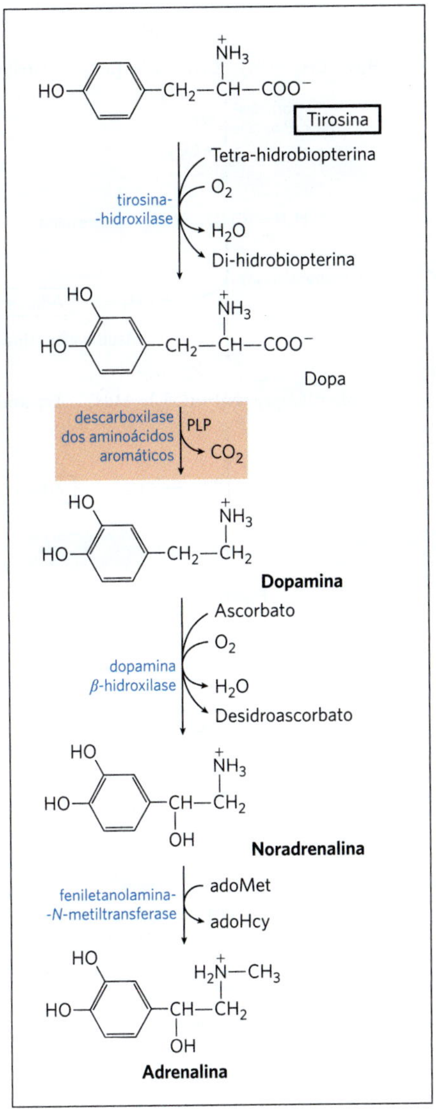

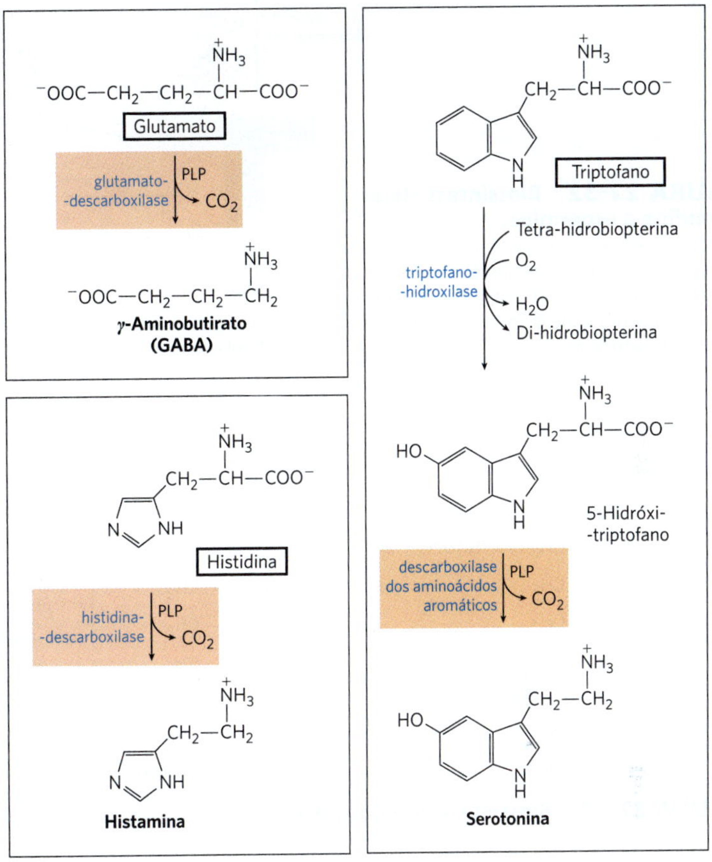

**FIGURA 22-31 Biossíntese de alguns neurotransmissores a partir de aminoácidos.** Em cada caso, a etapa-chave é a mesma: uma descarboxilação dependente de PLP (sombreada em vermelho).

## 22.4 Biossíntese e degradação de nucleotídeos

Como discutido no Capítulo 8, os nucleotídeos apresentam uma variedade de funções importantes em todas as células. Eles são os precursores do DNA e do RNA. Eles são transportadores essenciais de energia química – um papel principalmente do ATP e, até certo ponto, do GTP. Eles são componentes dos cofatores NAD, FAD, S-adenosilmetionina e coenzima A, bem como de intermediários biossintéticos ativados como UDP-glicose e CDP-diacilglicerol. Alguns, como AMPc e GMPc, são também segundos mensageiros celulares.

Dois tipos de vias levam aos nucleotídeos: as **vias de novo** e as **vias de salvação**. A síntese *de novo* dos nucleotídeos inicia-se com seus precursores metabólicos: aminoácidos, ribose-5-fosfato, $CO_2$ e $NH_3$. As vias de salvação reciclam as bases livres e os nucleosídeos liberados a partir da degradação de ácidos nucleicos. Ambos os tipos de vias são importantes no metabolismo celular e são discutidos nesta seção.

As vias *de novo* para a biossíntese de purinas e pirimidinas parecem ser quase idênticas em todos os organismos vivos. Uma observação notável é que as bases livres guanina, adenina, timina, citidina e uracila *não* são intermediárias nessas vias; isto é, as bases não são sintetizadas e, depois, ligadas à ribose, como se poderia esperar. A estrutura do anel púrico é construída ligada à ribose durante todo o processo, com a adição de um ou alguns átomos por vez. O anel pirimídico é sintetizado como **orotato**, ligado à ribose-fosfato, e, então, convertido nos nucleotídeos pirimídicos comuns necessários para a síntese dos ácidos nucleicos. Embora as

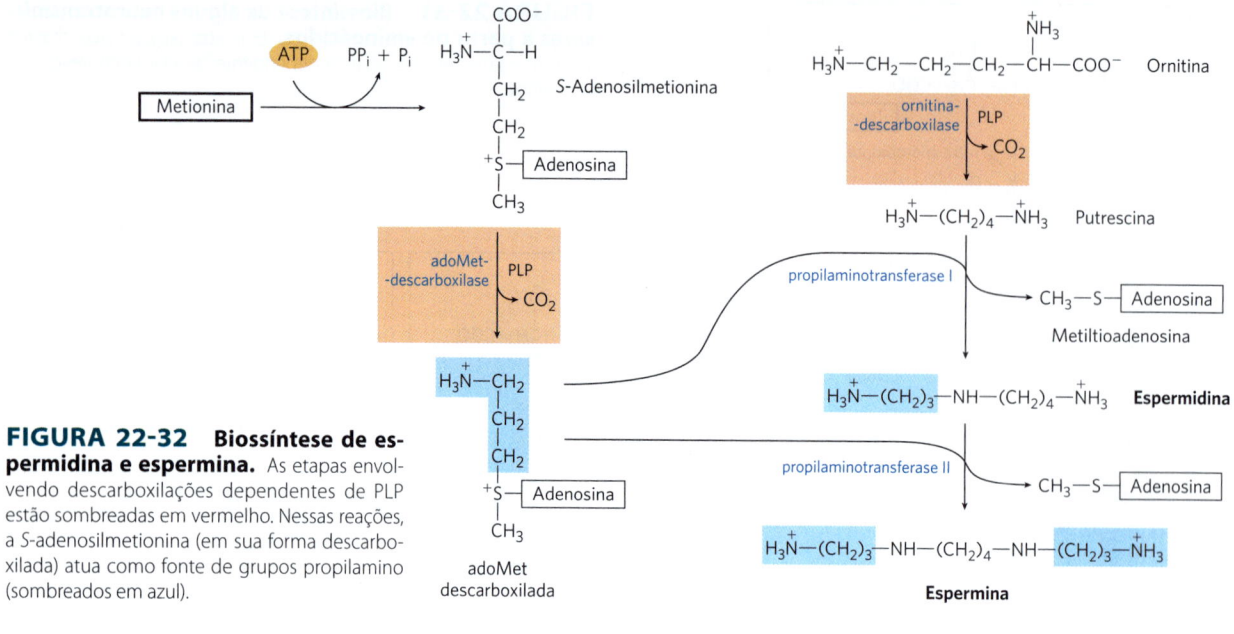

**FIGURA 22-32 Biossíntese de espermidina e espermina.** As etapas envolvendo descarboxilações dependentes de PLP estão sombreadas em vermelho. Nessas reações, a S-adenosilmetionina (em sua forma descarboxilada) atua como fonte de grupos propilamino (sombreados em azul).

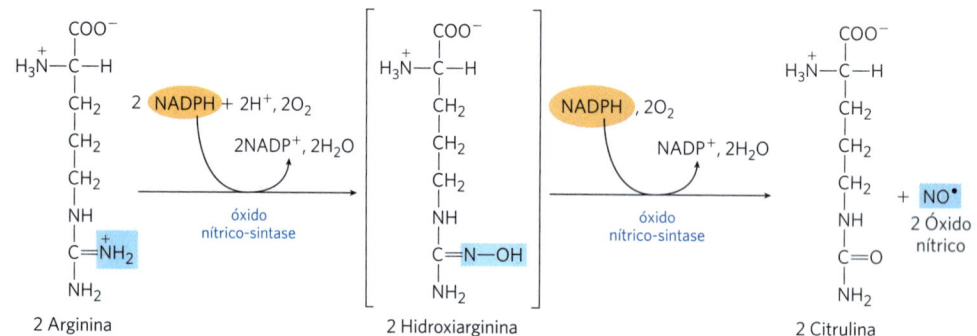

**FIGURA 22-33 Biossíntese de óxido nítrico.** O nitrogênio do NO provém do grupo guanidino da arginina.

bases livres não sejam intermediárias nas vias *de novo*, elas são intermediárias em algumas das vias de recuperação.

Diversos precursores importantes são compartilhados pelas vias *de novo* para a síntese de pirimidinas e purinas. O fosforribosil-pirofosfato (PRPP) é importante para a síntese de ambas, e, nessas vias, a estrutura da ribose é mantida no nucleotídeo produzido, ao contrário do seu destino nas vias para a biossíntese de triptofano e histidina, discutidas anteriormente. Um aminoácido é um precursor importante em cada tipo de via: a glicina, para as purinas, e o aspartato, para as pirimidinas. A glutamina é, novamente, a mais importante fonte de grupos amino – em cinco etapas distintas das vias *de novo*. O aspartato também é utilizado como fonte de um grupo amino em duas das etapas das vias das purinas.

Duas outras características devem ser mencionadas. Primeiro, existem evidências, sobretudo na via de síntese *de novo* das purinas, de que as enzimas estejam presentes na célula como grandes complexos multienzimáticos, ou metabolons, tema recorrente na discussão do metabolismo. Segundo, os conjuntos celulares de nucleotídeos (outros que não o ATP) são bastante pequenos, talvez 1% ou menos das quantidades necessárias para a síntese de DNA celular. Assim, as células devem continuar a sintetizar nucleotídeos durante a síntese de ácidos nucleicos, e, em alguns casos, a síntese de nucleotídeos pode limitar as velocidades de replicação e de transcrição do DNA. Em função da importância desses processos nas células em divisão, agentes que inibem a síntese de nucleotídeos se tornaram especialmente importantes em medicina.

Agora, serão examinadas as vias biossintéticas para os nucleotídeos púricos e pirimídicos e a sua regulação, a formação de desoxinucleotídeos e a degradação de purinas e pirimidinas em ácido úrico e ureia. A seção será finalizada com uma discussão a respeito de agentes quimioterápicos que afetam a síntese de nucleotídeos.

### A síntese *de novo* de nucleotídeos púricos inicia-se com o PRPP

Os dois nucleotídeos púricos precursores dos ácidos nucleicos são 5'-monofosfato de adenosina (AMP; adenilato) e 5'-monofosfato de guanosina (GMP; guanilato), os quais contêm as bases púricas adenina e guanina. A **Figura 22-34** mostra a origem dos átomos de carbono e de nitrogênio do sistema de anéis púricos, conforme determinado por John M. Buchanan, que utilizou experimentos com marcadores isotópicos em aves (que convenientemente excretam o excesso de nitrogênio como ácido úrico insolúvel, um análogo da purina). A via detalhada para a biossíntese de purinas foi elucidada principalmente por Buchanan e G. Robert Greenberg, na década de 1950.

Na primeira etapa comprometida da via, um grupo amino doado pela glutamina é ligado ao C-1 do PRPP (**Fig. 22-35**). A **5-fosforribosilamina** resultante é altamente instável, com meia-vida de 30 segundos em pH 7,5. Esse intermediário é rapidamente canalizado para a próxima etapa biossintética, e o anel de purina é subsequentemente construído nessa estrutura. A via aqui descrita é idêntica em todos os organismos, com exceção de uma etapa que difere nos eucariotos superiores, como observado a seguir.

A segunda etapa é a adição de três átomos doados pela glicina (Fig. 22-35, etapa ❷). Um ATP é consumido para ativar o grupo carboxila da glicina (na forma de um acil-fosfato) para essa reação de condensação. O grupo amino da glicina que foi adicionado é, então, formilado pelo $N^{10}$-formil-tetra-hidrofolato (etapa ❸), e um nitrogênio é doado pela glutamina (etapa ❹) antes que a desidratação e o fechamento do anel formem o anel imidazólico do núcleo púrico, com cinco membros, na forma de 5-aminoimidazol-ribonucleotídeo (AIR; etapa ❺).

Nesse ponto, três dos seis átomos necessários para o segundo anel da estrutura das purinas estão colocados no lugar. Para completar o processo, um grupo carboxila é inicialmente adicionado (etapa ❻). Essa carboxilação é incomum pelo fato de não necessitar de biotina, mas utilizar

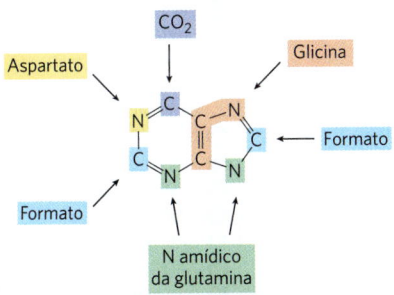

**FIGURA 22-34 Origem dos átomos no anel das purinas.** Essa informação foi obtida a partir de experimentos utilizando isótopos, com precursores marcados com $^{14}C$ ou $^{15}N$. O formato é obtido na forma de $N^{10}$-formil-tetra-hidrofolato.

bicarbonato, geralmente presente em soluções aquosas. Um rearranjo transfere o carboxilato do grupo amino exocíclico para a posição 4 do anel imidazólico (etapa ❼). As etapas ❻ e ❼ ocorrem apenas em bactérias e fungos. Em eucariotos superiores, incluindo os seres humanos, o 5-aminoimidazol-ribonucleotídeo produzido na etapa ❺ é carboxilado diretamente a carboxiaminoimidazol-ribonucleotídeo, em uma única etapa, em vez de duas (etapa ❻a). A enzima que catalisa essa reação é a AIR-carboxilase.

O aspartato agora doa seu grupo amino, em duas etapas (❽ e ❾): formação de uma ligação amida, seguida de eliminação do esqueleto de carbono do aspartato (como fumarato). (Lembre-se de que o aspartato desempenha um papel análogo em duas etapas do ciclo da ureia; ver Fig. 18-10.) O último carbono é doado pelo $N^{10}$-formil-tetra-hidrofolato (etapa ❿), e ocorre um segundo fechamento de anel, produzindo o segundo anel fundido ao núcleo púrico (etapa ⓫). O primeiro intermediário com um anel púrico completo é o **inosinato** (**IMP**).

Assim como nas vias biossintéticas do triptofano e da histidina, as enzimas da síntese do IMP parecem estar organizadas como grandes complexos multienzimáticos na célula. Novamente, evidências surgem da existência de polipeptídeos únicos com diversas funções, alguns catalisando etapas não sequenciais da via. Nas células eucarióticas de organismos que variam de leveduras a moscas-da-fruta até galinhas, as etapas ❶, ❸ e ❺ da Figura 22-35 são catalisadas por uma proteína multifuncional. Outra proteína multifuncional catalisa as etapas ❿ e ⓫. Em seres humanos, uma enzima multifuncional combina as atividades da AIR-carboxilase e da SAICAR-sintetase (etapas ❻a e ⓫). Nas bactérias, essas atividades são encontradas em proteínas separadas, mas as proteínas podem formar um metabolon. É provável que a canalização dos intermediários das reações de uma enzima até a seguinte, permitida por esses complexos, seja especialmente importante no caso de intermediários instáveis, como a 5-fosforribosilamina.

A conversão de inosinato em adenilato requer a inserção de um grupo amino derivado do aspartato (**Fig. 22-36**); isso ocorre por meio de duas reações semelhantes àquelas utilizadas para introduzir o N-1 do anel púrico (Fig. 22-35, etapas ❽ e ❾). Uma diferença crucial é que o GTP, e não o ATP, é a fonte do fosfato de alta energia para a síntese de adenilossuccinato. O guanilato é produzido pela oxidação dependente de $NAD^+$ no C-2 do inosinato, seguida pela adição de um grupo amino derivado da glutamina. Na etapa final, um ATP é clivado a AMP e $PP_i$ (Fig. 22-36).

### A biossíntese de nucleotídeos púricos é regulada por meio de inibição por retroalimentação

▶P4▶ Quatro mecanismos principais de retroalimentação cooperam na regulação da velocidade geral da síntese *de novo* de nucleotídeos púricos e das velocidades relativas de formação dos dois produtos finais, adenilato e guanilato (**Fig. 22-37**). O primeiro mecanismo é exercido sobre a primeira reação exclusiva da síntese de purinas: a transferência de um grupo amino para o PRPP para formar

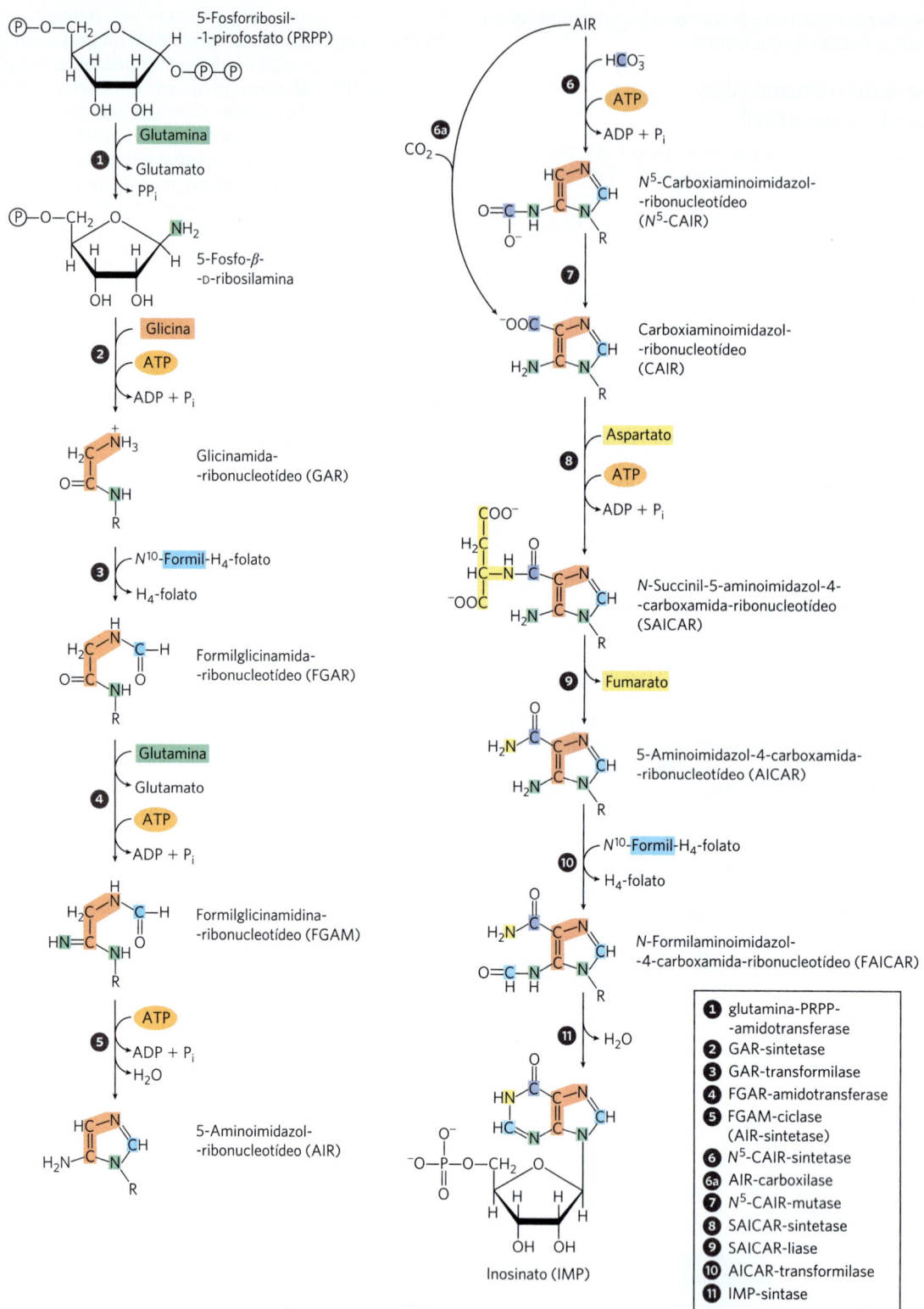

**FIGURA 22-35 Síntese *de novo* de nucleotídeos púricos: construção do anel púrico do inosinato (IMP).** Cada adição ao anel púrico está sombreada de forma equivalente ao código de cores utilizado na Figura 22-34. Após a etapa ❷, R simboliza o grupo 5-fosfo-D-ribosila sobre o qual o anel púrico é construído. A formação de 5-fosforribosilamina (etapa ❶) é a primeira etapa comprometida na síntese de purinas. Observe que o produto da etapa ❾, AICAR, é remanescente do ATP liberado durante a biossíntese de histidina (ver Fig. 22-22, etapa ❺). As abreviações são fornecidas para a maioria dos intermediários para simplificar a designação das enzimas. A etapa ❻ₐ é o caminho alternativo de AIR para CAIR que ocorre em eucariotos superiores.

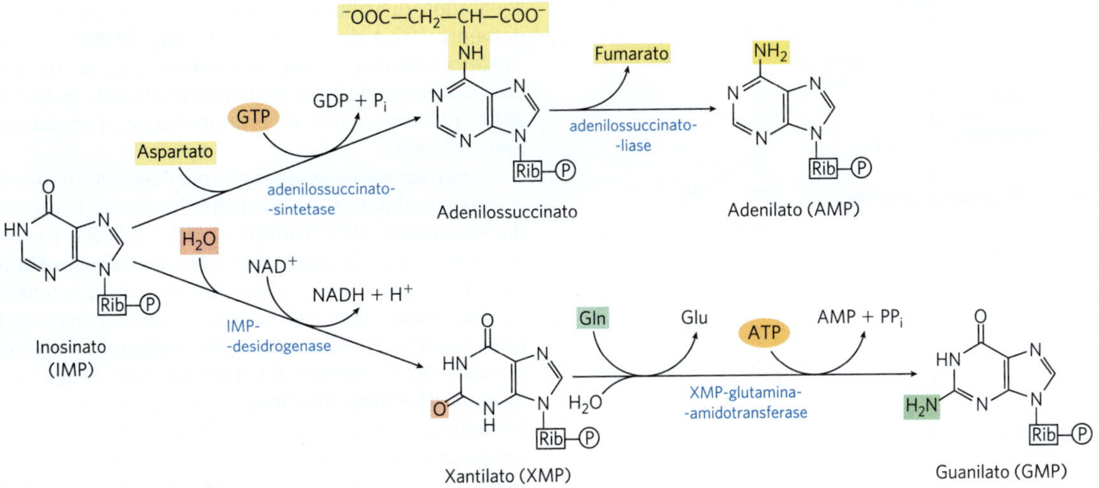

**FIGURA 22-36** Biossíntese de AMP e GMP a partir de IMP.

5-fosforribosilamina. Essa reação é catalisada pela enzima alostérica glutamina-PRPP-amidotransferase, que é inibida pelos produtos finais IMP, AMP e GMP. AMP e GMP atuam sinergicamente nessa inibição concertada. Assim, sempre que AMP ou GMP se acumulam e estão presentes em excesso, a primeira etapa de sua biossíntese a partir de PRPP é parcialmente inibida.

No segundo mecanismo de controle, exercido em um estágio posterior, o excesso de GMP na célula inibe a formação de xantilato a partir de inosinato pela IMP-desidrogenase, sem afetar a formação de AMP. Por sua vez, o acúmulo de adenilato inibe a formação de adenilossuccinato pela adenilossuccinato-sintetase, sem afetar a biossíntese de GMP. Quando ambos os produtos estão presentes em quantidades suficientes, o IMP se acumula e inibe uma etapa anterior na via; esse é outro exemplo da estratégia regulatória denominada **inibição sequencial por retroalimentação**.

No terceiro mecanismo, o GTP é necessário para a conversão de IMP em AMP, ao passo que o ATP é necessário para a conversão de IMP em GMP (Fig. 22-36), um arranjo recíproco que tende a equilibrar a síntese dos dois ribonucleotídeos.

O quarto e último mecanismo de controle é a inibição da síntese de PRPP pela regulação alostérica da ribose-fosfato-pirofosfocinase. Essa enzima é inibida por ADP e GDP, além de metabólitos de outras vias para as quais o PRPP é o ponto de partida.

## Os nucleotídeos pirimídicos são sintetizados a partir de aspartato, PRPP e carbamoil-fosfato

Os ribonucleotídeos pirimídicos comuns são 5′-monofosfato de citidina (CMP; citidilato) e 5′-monofosfato de uridina (UMP; uridilato), os quais contêm as pirimidinas citosina e uracila. A biossíntese *de novo* dos nucleotídeos pirimídicos (**Fig. 22-38**) ocorre de forma um pouco diferente da síntese dos nucleotídeos púricos; o anel pirimídico de seis membros é sintetizado inicialmente, sendo, então, ligado à ribose-5-fosfato. Nesse processo, é necessário o carbamoil-fosfato, que também é intermediário no ciclo da ureia. No entanto, em animais, o carbamoil-fosfato necessário para a síntese da ureia é produzido na mitocôndria pela carbamoil-fosfato-sintetase I, ao passo que o carbamoil-fosfato necessário para a biossíntese de pirimidinas é produzido no citosol por uma forma diferente da enzima, a **carbamoil-fosfato-sintetase II**. Nas bactérias, uma única enzima fornece o carbamoil-fosfato para a síntese de arginina e pirimidinas. A enzima bacteriana tem três sítios ativos

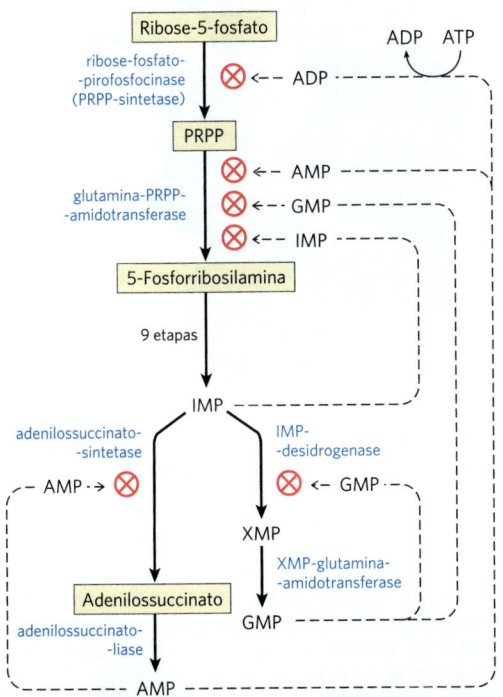

**FIGURA 22-37** Mecanismos reguladores na biossíntese de nucleotídeos da adenina e da guanina em *E. coli*. A regulação dessas vias difere em outros organismos.

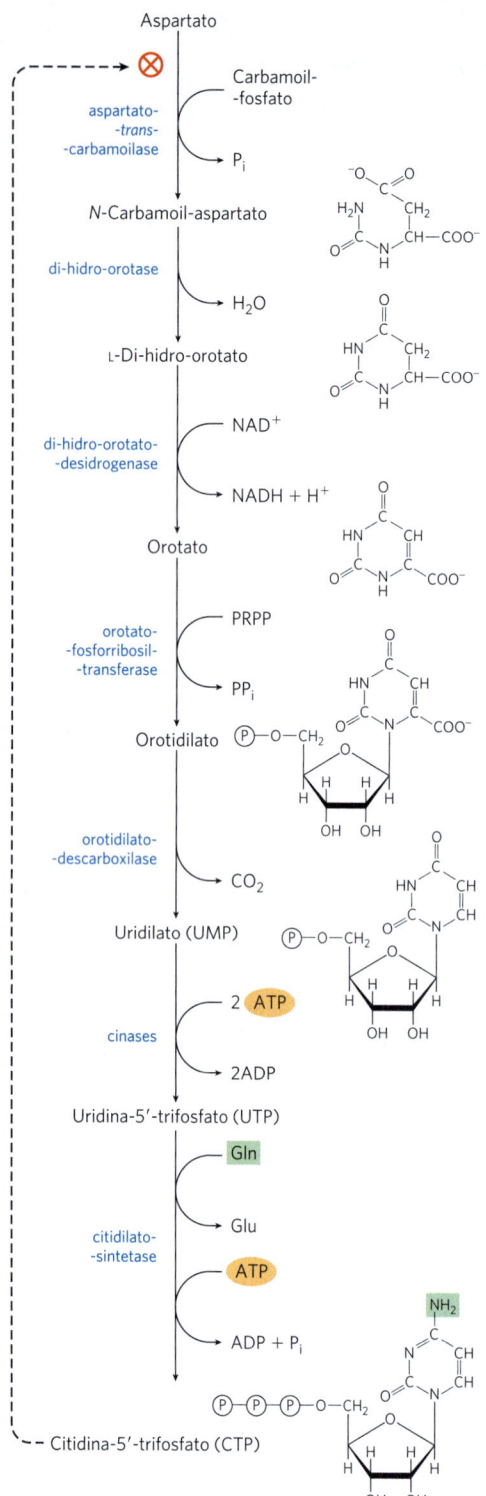

separados, distribuídos ao longo de um canal de aproximadamente 100 Å de comprimento (**Fig. 22-39**). A carbamoil-fosfato-sintetase bacteriana fornece uma vívida ilustração da canalização de intermediários reacionais instáveis entre sítios ativos para que os produtos sejam formados de maneira eficiente.

O carbamoil-fosfato reage com o aspartato, produzindo $N$-carbamoil-aspartato na primeira etapa comprometida da biossíntese de pirimidinas (Fig. 22-38). Essa reação é catalisada pela **aspartato-transcarbamoilase**. Nas bactérias, essa etapa é altamente regulada, e a aspartato-transcarbamoilase bacteriana é uma das enzimas alostéricas mais bem estudadas (ver a seguir). Pela remoção de água do $N$-carbamoil-aspartato, uma reação catalisada pela **di-hidro-orotase**, o anel pirimídico é fechado, formando L-di-hidro-orotato. Esse composto é oxidado, produzindo o derivado pirimídico orotato, reação na qual $NAD^+$ é o aceptor final de elétrons. Nos eucariotos, as primeiras três enzimas dessa via – carbamoil-fosfato-sintetase II, aspartato-transcarbamoilase e di-hidro-orotase – são parte de uma única proteína trifuncional. A proteína, conhecida pelo acrônimo CAD, contém três cadeias polipeptídicas idênticas (cada qual com $M_r$ 230.000), cada uma delas com sítios ativos para todas as três reações. Isso sugere que grandes complexos multienzimáticos possam ser a regra nessa via.

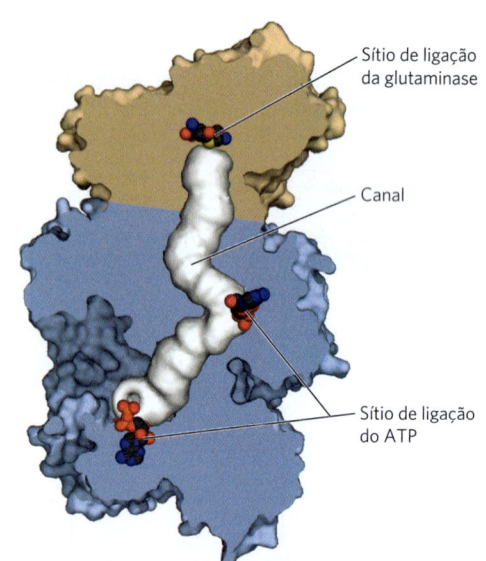

**FIGURA 22-39 Canalização de intermediários na carbamoil-fosfato-sintetase bacteriana.** A reação catalisada por essa enzima (e sua correspondente mitocondrial) está ilustrada na Figura 18-11a. Neste corte, a subunidade pequena e a subunidade grande são mostradas em bege e azul, respectivamente. O canal entre os sítios ativos (quase 100 Å de comprimento) está representado em branco. Uma molécula de glutamina se liga à subunidade menor, doando seu nitrogênio amídico como $NH_4^+$ em uma reação do tipo glutamina-amidotransferase. O $NH_4^+$ entra no canal, que o conduz a um segundo sítio ativo, onde ele se combina com bicarbonato em uma reação que requer ATP. O carbamato, então, retorna ao canal para alcançar o terceiro sítio ativo, onde é fosforilado a carbamoil-fosfato usando ATP. Para a determinação dessa estrutura, a enzima foi cristalizada com a ornitina ligada ao sítio de ligação da glutamina e ADP ligado aos sítios de ligação do ATP. [Dados de PDB ID 1M6V, J. B. Thoden et al., *J. Biol. Chem.* 277:39.722, 2002.]

**FIGURA 22-38 Síntese *de novo* de nucleotídeos pirimídicos: biossíntese de UTP e CTP via orotidilato.** As pirimidinas são construídas a partir de carbamoil-fosfato e aspartato. A ribose-5-fosfato é, então, adicionada ao anel pirimídico completo pela orotato-fosforribosil-transferase. A primeira etapa nessa via (não mostrada aqui; ver Fig. 18-11a) é a síntese de carbamoil-fosfato a partir de $CO_2$, $NH_4^+$ e ATP. Em eucariotos, a primeira etapa é catalisada pela carbamoil-fosfato-sintetase II.

Uma vez que o orotato esteja formado, a cadeia lateral de ribose-5-fosfato, fornecida mais uma vez pelo PRPP, é ligada, produzindo orotidilato (Fig. 22-38). O orotidilato é, então, descarboxilado, originando uridilato, que é fosforilado a UTP. ▶P6◀ O CTP é formado a partir do UTP pela ação da **citidilato-sintetase**, com formação de um intermediário acil-fosfato (consumindo um ATP). O doador de nitrogênio normalmente é a glutamina, embora citidilatos-sintetase de muitas espécies possam utilizar diretamente o $NH_4^+$.

## A biossíntese de nucleotídeos pirimídicos é regulada por inibição por retroalimentação

▶P4◀ A regulação da velocidade de síntese de nucleotídeos pirimídicos em bactérias ocorre, em grande parte, sobre a ação da aspartato-transcarbamoilase (ATCase), que catalisa a primeira reação da sequência e é inibida pelo CTP, o produto final da sequência (Fig. 22-38). A molécula de ATCase bacteriana consiste em seis subunidades catalíticas e seis subunidades reguladoras (ver Fig. 6-36). As subunidades catalíticas ligam as moléculas de substrato, ao passo que as subunidades alostéricas ligam o inibidor alostérico, o CTP. A molécula de ATCase completa, assim como suas subunidades, existe em duas conformações, ativa e inativa. Quando o CTP não estiver ligado às subunidades reguladoras, a enzima apresenta atividade máxima. À medida que o CTP se acumula e se liga às subunidades reguladoras, elas sofrem uma mudança em sua conformação. Essa mudança é transmitida às subunidades catalíticas, que, então, mudam para uma conformação inativa. O ATP impede essas mudanças induzidas pelo CTP. A **Figura 22-40** mostra os efeitos de reguladores alostéricos sobre a atividade da ATCase.

## Nucleosídeos monofosfatados são convertidos em nucleosídeos trifosfatados

Os nucleotídeos a serem utilizados em vias biossintéticas geralmente são convertidos em nucleosídeos trifosfatados. As vias de conversão são comuns a todas as células.

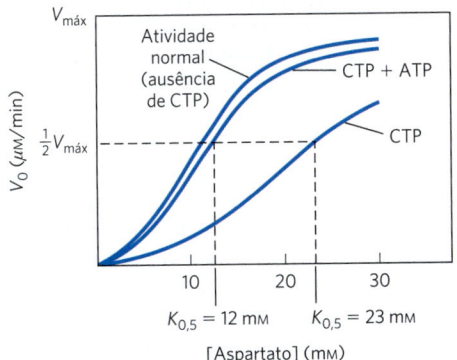

**FIGURA 22-40 Regulação alostérica da aspartato-transcarbamoilase por CTP e ATP.** A adição de 0,8 mM de CTP, o inibidor alostérico de ATCase, aumenta a $K_{0,5}$ para o aspartato (curva inferior), reduzindo a taxa de conversão do aspartato em N-carbamoil-aspartato. Na concentração de 0,6 mM, o ATP reverte completamente a inibição por CTP (curva do meio).

A fosforilação de AMP a ADP é promovida pela **adenilato-cinase**, na reação

$$ATP + AMP \rightleftharpoons 2\ ADP$$

O ADP assim formado é fosforilado, produzindo ATP, pelas enzimas glicolíticas ou por meio de fosforilação oxidativa.

O ATP também participa da formação dos demais nucleosídeos difosfatados, pela ação de uma classe de enzimas chamadas de **nucleosídeo-monofosfato-cinases**. Essas enzimas, geralmente específicas para determinada base e inespecíficas para o açúcar (ribose ou desoxirribose), catalisam a reação

$$ATP + NMP \rightleftharpoons ADP + NDP$$

Os eficientes sistemas celulares que fosforilam novamente o ADP a ATP (ATP-sintase; Capítulo 19) tendem a remover o ADP e a impulsionar essa reação no sentido dos produtos.

Os nucleosídeos difosfatados são convertidos nos seus equivalentes trifosfatados pela ação de uma enzima ubíqua, a **nucleosídeo-difosfato-cinase**, que catalisa a reação

$$NTP_D + NDP_A \rightleftharpoons NDP_D + NTP_A$$

Essa enzima é notável pelo fato de não ser específica para a base (purinas ou pirimidinas) ou para o açúcar (ribose ou desoxirribose). Essa não especificidade se aplica tanto ao aceptor (A) quanto ao doador (D) do fosfato, embora o doador ($NTP_D$) seja quase invariavelmente o ATP, pois está presente em maiores concentrações que outros nucleosídeos trifosfatados em condições aeróbicas.

## Os ribonucleotídeos são precursores dos desoxirribonucleotídeos

Os desoxirribonucleotídeos, os blocos constitutivos do DNA, são produzidos a partir dos ribonucleotídeos correspondentes por redução direta do átomo de carbono 2′ da D-ribose, formando o derivado 2′-desóxi. Por exemplo, a adenosina-difosfato (ADP) é reduzida a 2′-desoxiadenosina-difosfato (dADP), e a GDP é reduzida a dGDP. Essa reação é, de certo modo, incomum, pelo fato de que a redução ocorre em um carbono não ativado; não são conhecidas reações químicas análogas muito próximas. A reação é catalisada pela **ribonucleotídeo-redutase**, mais bem caracterizada em *E. coli*, cujos substratos são ribonucleosídeos difosfatados.

A redução da porção D-ribose de um ribonucleosídeo difosfatado a 2′-desóxi-D-ribose requer um par de átomos de hidrogênio, que são doados, em última análise, pelo NADPH via uma proteína carreadora de hidrogênios intermediária, a **tiorredoxina**. Essa proteína ubíqua tem uma função redox semelhante na fotossíntese (ver Fig. 20-37) e em outros processos. A tiorredoxina tem pares de grupos —SH que carregam átomos de hidrogênio do NADPH até o ribonucleosídeo difosfatado. ▶P6◀ A sua forma oxidada (dissulfeto) é reduzida pelo NADPH em uma reação catalisada pela **tiorredoxina-redutase** (**Fig. 22-41**), e a tiorredoxina reduzida é, então, utilizada pela ribonucleotídeo-redutase para reduzir nucleosídeos difosfatados (NDP), produzindo desoxirribonucleosídeos difosfatados (dNDP). Uma segunda fonte de equivalentes redutores para a ribonucleotídeo-redutase é a glutationa (GSH). A glutationa serve como agente redutor para uma proteína semelhante à tiorredoxina, a **glutarredoxina**, que, então, transfere poder redutor à ribonucleotídeo-redutase.

A ribonucleotídeo-redutase é notável por seu mecanismo de reação, que fornece o exemplo mais bem caracterizado de algo que se pensava ser raro nos sistemas biológicos: o envolvimento de radicais livres em transformações bioquímicas. A enzima na *E. coli* e na maioria dos eucariotos é um dímero $\alpha_2\beta_2$, com duas subunidades catalíticas, $\alpha_2$, e duas subunidades geradoras de radicais livres, $\beta_2$ (**Fig. 22-42**). Cada subunidade catalítica contém dois tipos de sítios reguladores, como descrito a seguir. Os dois sítios ativos da enzima se formam na interface entre as subunidades catalíticas ($\alpha_2$) e as geradoras de radicais livres ($\beta_2$). Em cada sítio ativo, a subunidade $\alpha$ contribui com dois grupos sulfidrila, necessários para a atividade, ao passo que as subunidades $\beta_2$ contribuem com um radical tirosila estável. As subunidades $\beta_2$ também apresentam um cofator ferro binuclear ($Fe^{3+}$) que ajuda a gerar e a estabilizar o radical $Tyr^{122}$. O radical tirosila está muito distante do sítio ativo para interagir diretamente com ele, mas diversos resíduos aromáticos formam uma via de longo alcance de transferência de radicais até o sítio ativo (Fig. 22-42c). Um mecanismo provável para a

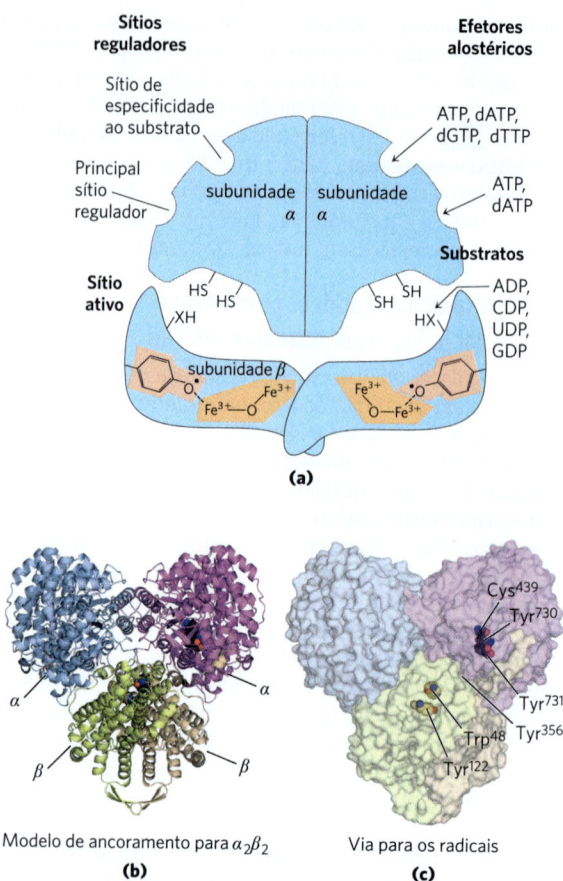

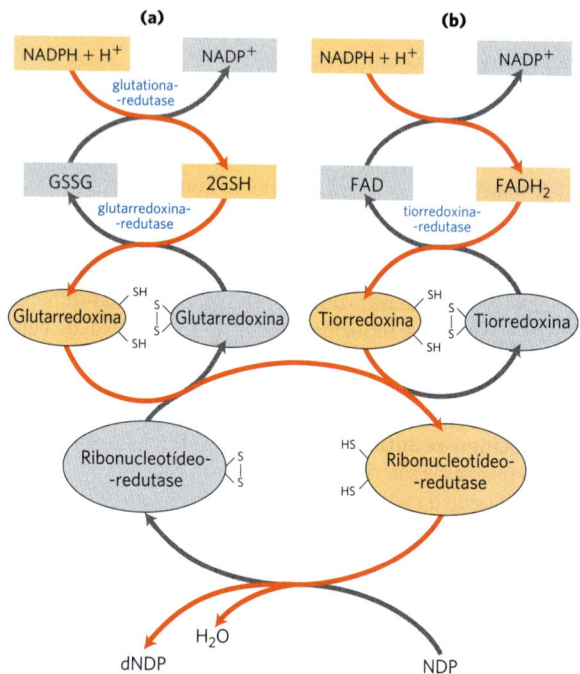

**FIGURA 22-41 Redução de ribonucleotídeos a desoxirribonucleotídeos pela ribonucleotídeo-redutase.** Os elétrons são transferidos (setas vermelhas) para a enzima a partir do NADPH, via (a) glutarredoxina ou (b) tiorredoxina. Os grupos sulfidrila na glutarredoxina-redutase são fornecidos por duas moléculas de glutationa ligadas à enzima (GSH; GSSG indica a glutationa oxidada). Observe que a tiorredoxina-redutase é uma flavoenzima, com FAD como grupo prostético.

**FIGURA 22-42 Ribonucleotídeo-redutase.** (a) Diagrama esquemático das estruturas das subunidades. Cada subunidade catalítica ($\alpha$; também chamada de R1) contém dois sítios regulatórios, descritos na Figura 22-44, e dois resíduos Cys centrais para o mecanismo da reação. Cada uma das subunidades geradoras de radicais livres ($\beta$; também chamada de R2) contém um resíduo de $Tyr^{122}$ crucial e um centro binuclear de ferro. (b) A provável estrutura de $\alpha_2\beta_2$. (c) A provável via de formação de radicais a partir do $Tyr^{122}$ inicial na subunidade $\beta$ até o sítio ativo $Cys^{439}$, que é usado no mecanismo mostrado na Figura 22-43. Vários resíduos de aminoácidos aromáticos participam na transferência de longo alcance do radical desde o ponto de sua formação na $Tyr^{122}$ até o sítio ativo, onde o substrato nucleotídico está ligado. [(a) Informação de L. Thelander e P. Reichard, *Annu. Rev. Biochem.* 48:133, 1979. (b, c) Dados de PDB ID 3UUS, N. Ando et al., *Proc. Natl. Acad. Sci. USA* 108:21.046, 2011.]

reação da ribonucleotídeo-redutase está ilustrado na **Figura 22-43**. Em *E. coli*, fontes prováveis dos equivalentes redutores necessários para essa reação são a tiorredoxina e a glutarredoxina, como observado anteriormente.

Três classes de ribonucleotídeo-redutases foram descritas. Os seus mecanismos (quando conhecidos) geralmente estão de acordo com o esquema na Figura 22-43, mas as reações diferem quanto à identidade do grupo que fornece o radical no sítio ativo e quanto aos cofatores utilizados para gerá-lo. A enzima da *E. coli* (classe I) requer oxigênio para regenerar o radical tiroxila, se ele estiver inativado, de modo que essa enzima somente funciona em um ambiente aeróbico. As enzimas de classe II, encontradas em outros

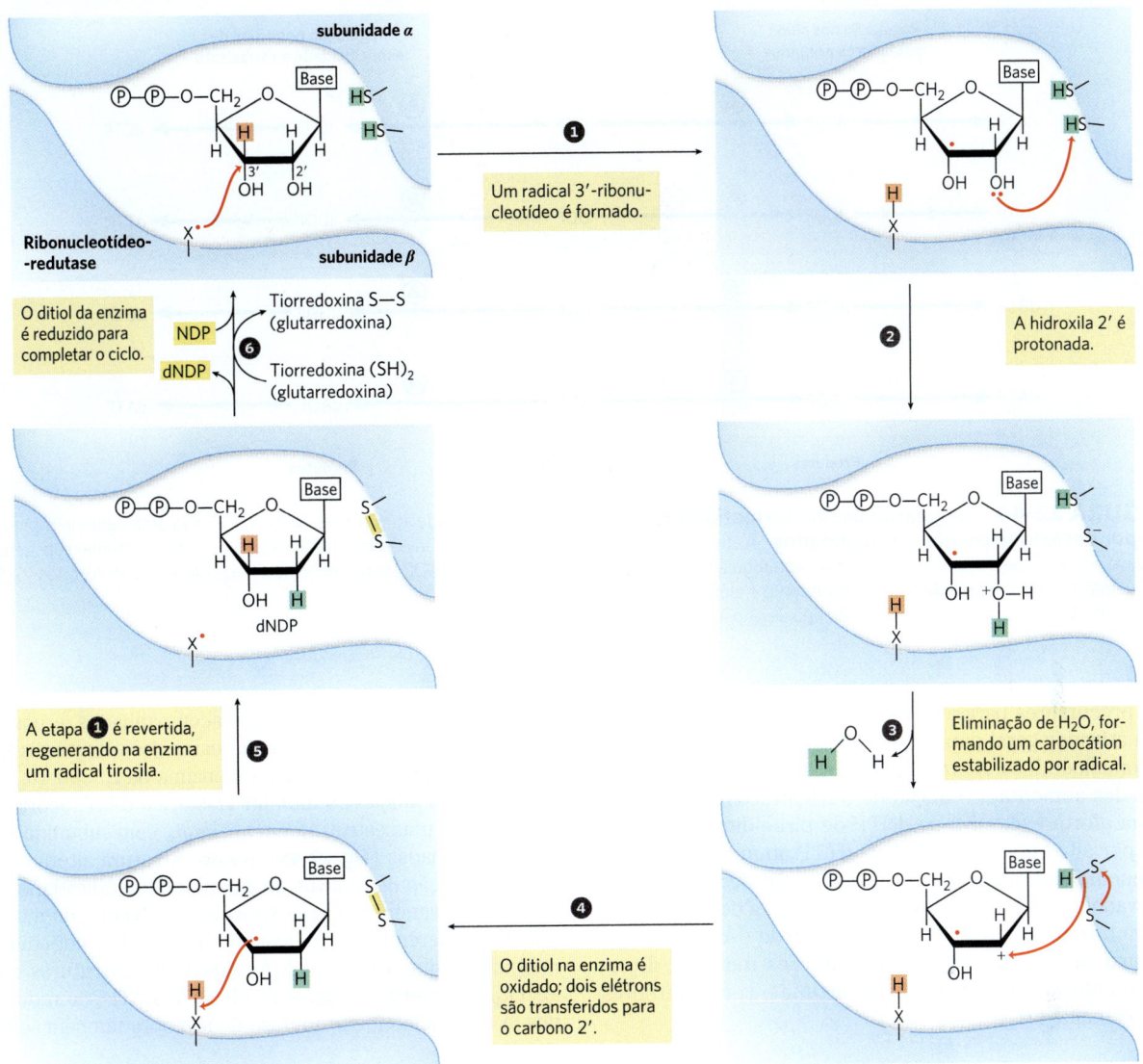

**MECANISMO – FIGURA 22-43 Mecanismo proposto para a ribonucleotídeo-redutase.** Na enzima de *E. coli* e da maioria dos eucariotos, os grupos tiol ativos estão na subunidade α. O radical (—X·) no sítio ativo está na subunidade β e, na *E. coli*, é provavelmente um radical tirila da Cys[439] (ver Fig. 22-42).

microrganismos, apresentam 5′-desoxiadenosilcobalamina (ver Quadro 17-2), em vez de um centro binuclear de ferro. Enzimas de classe III evoluíram para atuar em ambientes anaeróbicos. Quando cresce anaerobicamente, a *E. coli* contém uma ribonucleotídeo-redutase adicional, de classe III; essa enzima contém um centro de ferro-enxofre (estruturalmente distinto do centro binuclear de ferro da enzima de classe I) e requer NADPH e *S*-adenosilmetionina para sua atividade. Ela utiliza como substratos nucleosídeos trifosfatados, em vez de nucleosídeos difosfatados. A evolução das diferentes classes de ribonucleotídeo-redutases para a produção de precursores do DNA em diferentes ambientes reflete a importância dessa reação no metabolismo dos nucleotídeos.

**P4** A regulação da ribonucleotídeo-redutase da *E. coli* é incomum pelo fato de que não apenas sua *atividade*, mas também sua *especificidade* quanto ao *substrato* é regulada pela ligação de moléculas efetoras. Cada subunidade α tem dois tipos de sítios regulatórios (Fig. 22-42). Um tipo afeta a atividade geral da enzima e liga ou ATP, que ativa a enzima, ou dATP, que a inativa. O segundo tipo determina uma alteração na especificidade quanto ao substrato em resposta à molécula efetora – ATP, dATP, dTTP ou dGTP – que ali se liga (**Fig. 22-44**). Quando ATP ou dATP está ligado, a redução de UDP e CDP é favorecida. Quando dTTP ou dGTP está ligado, a redução de GDP ou ADP, respectivamente, é estimulada. **P1** O esquema é projetado de forma a fornecer um conjunto equilibrado

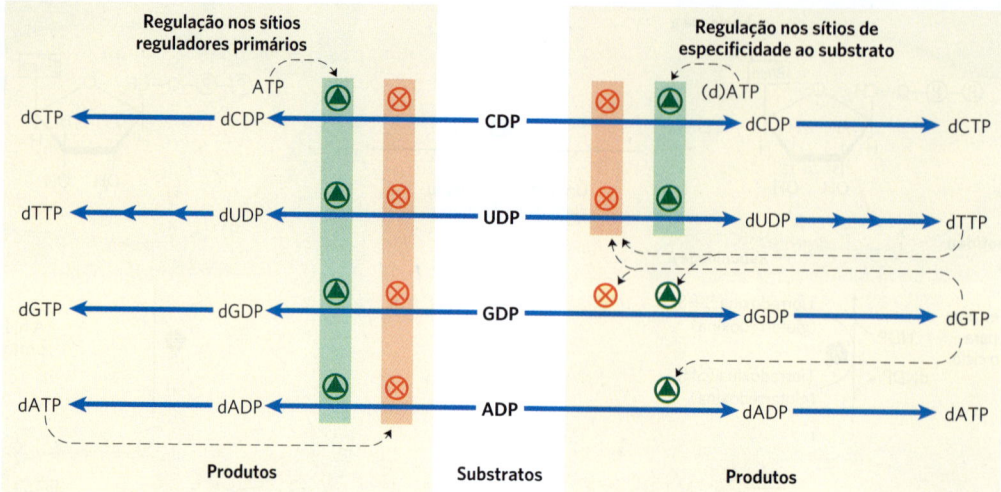

**FIGURA 22-44 Regulação da ribonucleotídeo-redutase por desoxinucleosídeos trifosfatados.** A atividade geral da enzima é afetada pela ligação de efetores ao sítio regulador primário (à esquerda). A especificidade da enzima ao substrato é afetada pela natureza da molécula efetora ligada ao segundo tipo de sítio regulador, o sítio de especificidade ao substrato (à direita). O diagrama indica inibição ou estimulação da atividade enzimática para os quatro diferentes substratos. A via desde o dUDP até o dTMP é descrita posteriormente (ver Figs. 22-46 e 22-47).

de precursores para a síntese de DNA. O ATP também é um ativador geral para a biossíntese e para a redução de ribonucleotídeos. A presença de dATP em pequenas quantidades aumenta a redução de nucleotídeos pirimídicos. Uma oferta excessiva de dNTP de pirimidina é sinalizada por altos níveis de dTTP. O dTTP abundante muda a especificidade para favorecer a redução do GDP. Níveis elevados de dGTP, por sua vez, deslocam a especificidade para a redução do ADP, e altos níveis de dATP inativam a enzima. Pensa-se que esses efetores induzam diversas conformações enzimáticas distintas, com diferentes especificidades.

Esses efeitos regulatórios são acompanhados, e possivelmente mediados, por grandes rearranjos estruturais na enzima. Quando a forma ativa da enzima da *E. coli* ($\alpha_2\beta_2$) é inibida pela adição do inibidor alostérico dATP, ocorre a formação de uma estrutura em anel $\alpha_4\beta_4$, com subunidades $\alpha_2$ e $\beta_2$ alternadas (**Fig. 22-45**). Nessa estrutura alterada, a via de formação de radicais de $\beta$ para $\alpha$ é prejudicada, e os resíduos no caminho ficam expostos ao solvente, de modo que a transferência de radicais é efetivamente impedida, inibindo, assim, a reação. A formação das estruturas em anel $\alpha_4\beta_4$ é revertida quando os níveis de dATP são reduzidos. A ribonucleotídeo-redutase de levedura também sofre

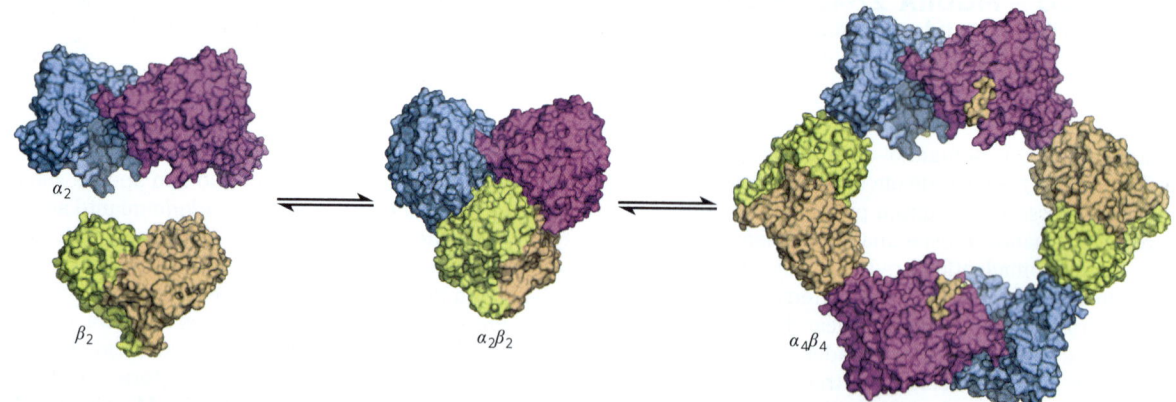

**FIGURA 22-45 Oligomerização da ribonucleotídeo-redutase induzida pelo inibidor alostérico dATP.** Em altas concentrações de dATP (50 μM), estruturas em forma de anel $\alpha_4\beta_4$ são formadas. Nessa conformação, os resíduos da via formadora de radicais ficam expostos ao solvente, bloqueando a reação com o radical e inibindo a enzima. A oligomerização é revertida em baixas concentrações de dATP. [Dados de PDB ID 3UUS, N. Ando et al., *Proc. Natl. Acad. Sci. USA* 108:21.046, 2011.]

oligomerização na presença de dATP, formando uma estrutura hexamérica em anel, $\alpha_6\beta_6$.

### O timidilato é derivado do dCDP e do dUMP

O DNA contém timina, em vez de uracila, e a via *de novo* até a timina envolve apenas desoxirribonucleotídeos. O precursor imediato do timidilato (dTMP) é o dUMP. Em bactérias, a via para o dUMP inicia-se com a formação de dUTP, seja por desaminação de dCTP ou por fosforilação de dUDP (**Fig. 22-46**). O dUTP é convertido em dUMP por uma dUTPase. Esta última reação deve ser eficiente para manter baixos os níveis de dUTP, impedindo a incorporação de uridilato ao DNA.

A conversão de dUMP em dTMP é catalisada pela **timidilato-sintase**. Uma unidade de um carbono no estado de oxidação de hidroximetila (—CH$_2$OH) (ver Fig. 18-17) é transferida do $N^5,N^{10}$-metileno-tetra-hidrofolato para o dUMP e, então, reduzida a um grupo metila (**Fig. 22-47**). A redução ocorre à custa da oxidação do tetra-hidrofolato a di-hidrofolato, que é incomum em reações que necessitam de tetra-hidrofolato. (O mecanismo dessa reação é mostrado na Fig. 22-52.) O di-hidrofolato é reduzido a tetra-hidrofolato pela **di-hidrofolato-redutase** – regeneração essencial para muitos processos que necessitam de tetra-hidrofolato. Em plantas e em pelo menos um protista, a timidilato-sintase e a di-hidrofolato-redutase residem em uma única proteína bifuncional.

Cerca de 10% dos seres humanos (e até 50% das pessoas em comunidades pobres) sofrem de deficiência de ácido fólico. Quando a deficiência é grave, os sintomas podem incluir doença cardíaca, câncer e alguns tipos de distúrbios encefálicos. A deficiência de ácido fólico durante a gravidez também pode produzir defeitos no tubo neural em bebês. Pelo menos alguns desses sintomas surgem da redução da síntese de timidilato, levando à incorporação anormal de uracila no DNA. A uracila é reconhecida pelos sistemas de reparo do DNA (descritos no Capítulo 25) e é removida do DNA. A presença de altos níveis de uracila no DNA leva a quebras da fita, que podem afetar significativamente a função e a regulação do DNA nuclear, causando, por fim, os efeitos observados no coração e no encéfalo, assim como o aumento da mutagênese, que leva ao câncer. ■

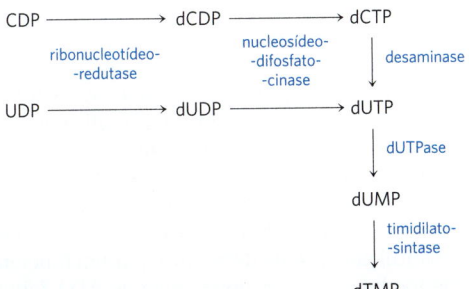

**FIGURA 22-46** Biossíntese de timidilato (dTMP). As vias são mostradas iniciando com a reação catalisada pela ribonucleotídeo-redutase.

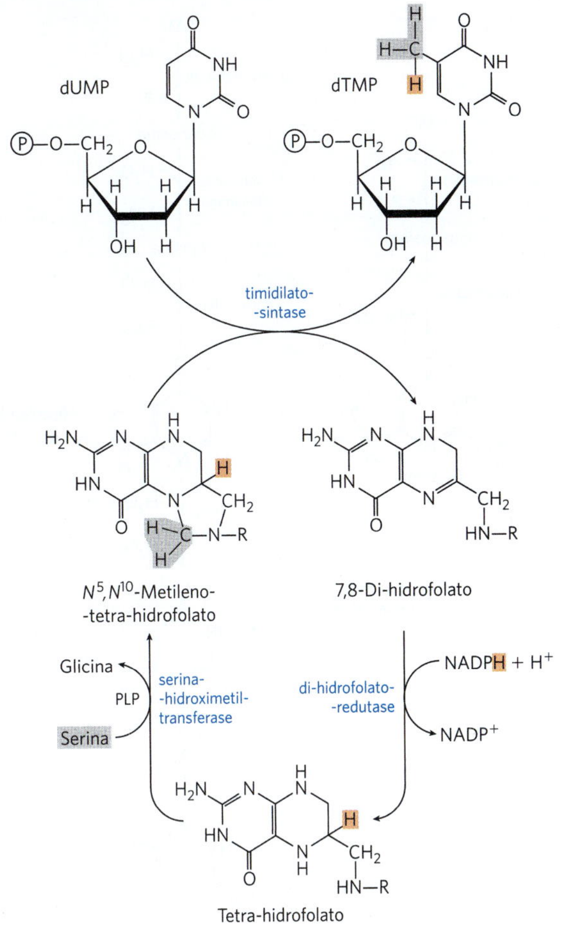

**FIGURA 22-47** Conversão de dUMP em dTMP pelas enzimas timidilato-sintase e di-hidrofolato-redutase. A serina-hidroximetiltransferase é necessária para a regeneração da forma $N^5,N^{10}$-metileno do tetra-hidrofolato. Na síntese dTMP, todos os três hidrogênios do grupo metila adicionado são derivados do $N^5,N^{10}$-metileno-tetra-hidrofolato (em vermelho e cinza).

### A degradação de purinas e pirimidinas produz ácido úrico e ureia, respectivamente

Os nucleotídeos púricos são degradados por uma via na qual eles perdem seu fosfato por meio da ação da **5′-nucleotidase** (**Fig. 22-48**). O adenilato produz adenosina, que é desaminada pela **adenosina-desaminase**, gerando inosina, que é hidrolisada, produzindo hipoxantina (sua base púrica) e D-ribose. A hipoxantina é sucessivamente oxidada a xantina e ácido úrico pela **xantina-oxidase**, uma flavoenzima com um átomo de molibdênio e quatro centros de ferro-enxofre em seu grupo prostético. O oxigênio molecular é o aceptor de elétrons nessa complexa reação.

O catabolismo do GMP também produz ácido úrico como produto final. O GMP é inicialmente hidrolisado, originando guanosina, que, então, é clivada, liberando guanina livre. A guanina sofre remoção hidrolítica de seu grupo amino, produzindo xantina, que é convertida em ácido úrico pela xantina-oxidase.

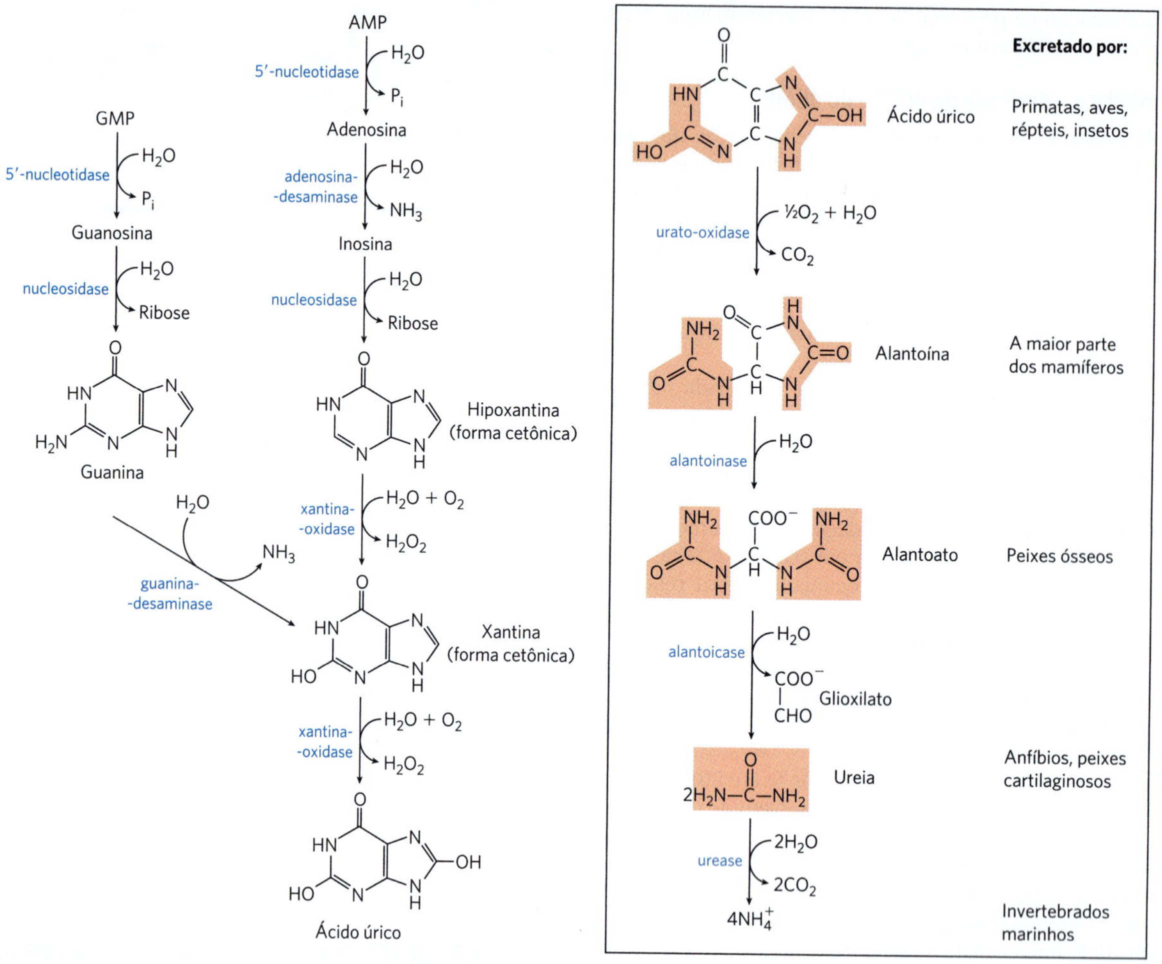

**FIGURA 22-48 Catabolismo dos nucleotídeos púricos.** Observe que os primatas excretam muito mais nitrogênio na forma de ureia, via ciclo da ureia (Capítulo 18), do que na forma de ácido úrico, produzido na degradação das purinas. Do mesmo modo, os peixes excretam muito mais nitrogênio na forma de $NH_4^+$ do que na forma de ureia, produzida na via mostrada aqui.

O ácido úrico é o produto final de excreção do catabolismo das purinas em primatas, aves e em alguns outros animais. Um ser humano adulto saudável excreta ácido úrico a uma taxa de cerca de 0,6 g/24 h; o produto excretado origina-se, em parte, das purinas ingeridas e, em parte, da renovação dos nucleotídeos púricos dos ácidos nucleicos. Na maioria dos mamíferos e em muitos outros vertebrados, o ácido úrico é ainda degradado a **alantoína** pela ação da **urato-oxidase**. Em outros organismos, a via ainda continua, como mostrado na Figura 22-48.

As vias para a degradação das pirimidinas geralmente levam à produção de $NH_4^+$ e, assim, à síntese de ureia. Os carbonos da timina são degradados a succinil-CoA; os da citosina e os da uracila são degradados a acetil-CoA (**Fig. 22-49**).

Aberrações genéticas do metabolismo das purinas em seres humanos têm sido observadas, algumas com graves consequências. Por exemplo, a **deficiência de adenosina-desaminase** (**ADA**) leva a uma doença com grave imunodeficiência na qual os linfócitos T e B não se desenvolvem adequadamente. A ausência de ADA leva ao aumento de 100 vezes das concentrações celulares de dATP, um poderoso inibidor da ribonucleotídeo-redutase (Fig. 22-44).

Altos níveis de dATP produzem uma deficiência geral de outros dNTP em linfócitos T. A fundamentação para a toxicidade dos linfócitos B é menos clara. Indivíduos com deficiência de ADA não possuem um sistema imune eficaz e não sobrevivem a não ser que sejam tratados. As terapias atuais incluem transplantes de medula óssea de um doador compatível para substituir as células-tronco hematopoiéticas que amadurecem em linfócitos B e linfócitos T. No entanto, os transplantados frequentemente sofrem de uma diversidade de problemas cognitivos e fisiológicos. A terapia de reposição enzimática, que requer injeção intramuscular de ADA ativa uma ou duas vezes por semana, é eficaz, mas o benefício terapêutico geralmente diminui após 8 a 10 anos, podendo, então, surgir complicações, incluindo tumores malignos. Para muitas pessoas, uma cura permanente requer a substituição do gene defeituoso por um funcional nas células da medula óssea. A deficiência de ADA foi um dos primeiros alvos dos ensaios de terapia gênica humana (em 1990). Resultados conflitantes nos ensaios iniciais deram lugar a sucessos significativos, e a terapia gênica está rapidamente se tornando um caminho viável para a restauração da função imune em longo prazo para esses pacientes.

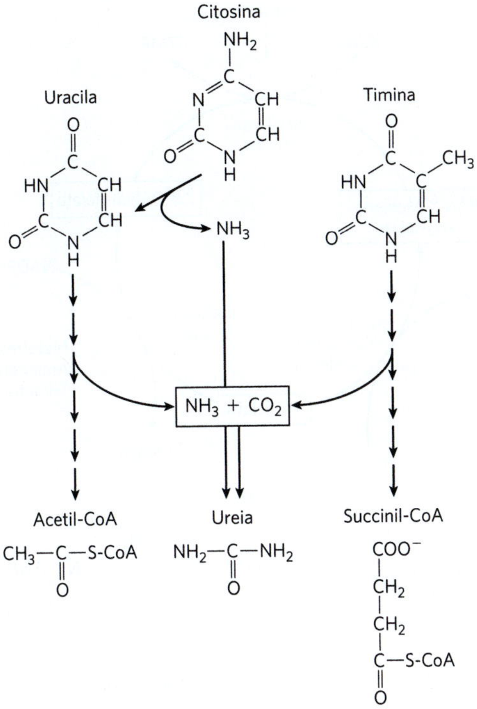

## 22.4 BIOSSÍNTESE E DEGRADAÇÃO DE NUCLEOTÍDEOS

**FIGURA 22-49 Catabolismo das pirimidinas.** Essas vias simplificadas mostram os produtos finais, mas não os intermediários.

Abordagens mais novas baseadas na edição de genes mediada por CRISPR (ver Fig. 9-21) podem futuramente ser ainda mais eficazes. ∎

### Bases púricas e pirimídicas são recicladas por vias de recuperação

As bases púricas e pirimídicas livres são constantemente liberadas nas células durante a degradação metabólica dos nucleotídeos. As purinas livres são, em grande parte, salvas e reutilizadas para sintetizar nucleotídeos, em uma via muito mais simples que a síntese *de novo* dos nucleotídeos púricos, descrita anteriormente. Uma das principais vias de recuperação consiste em uma única reação, catalisada pela **adenosina-fosforribosil-transferase**, na qual uma adenina livre reage com PRPP para produzir o correspondente nucleotídeo da adenina:

$$\text{Adenina} + \text{PRPP} \longrightarrow \text{AMP} + \text{PP}_i$$

Guanina e hipoxantina (produto da desaminação da adenina; Fig. 22-48) livres são salvas da mesma forma pela **hipoxantina-guanina-fosforribosil-transferase**. Existe uma via de recuperação semelhante para bases pirimídicas em microrganismos e, possivelmente, em mamíferos.

Um defeito genético na atividade da hipoxantina-guanina-fosforribosil-transferase, observado quase exclusivamente em crianças do sexo masculino, resulta no conjunto de sintomas denominado **síndrome de Lesch-Nyhan**. Crianças com essa doença genética, que se manifesta em torno dos 2 anos de idade, às vezes apresentam baixa coordenação motora e deficiência intelectual. Além disso, são extremamente agressivas e mostram tendências à compulsão autodestrutiva: apresentam automutilação, mordendo dedos, artelhos e lábios.

Os efeitos devastadores da síndrome de Lesch-Nyhan ilustram a importância das vias de recuperação. Hipoxantina e guanina surgem constantemente da degradação dos ácidos nucleicos. Na ausência da hipoxantina-guanina-fosforribosil-transferase, os níveis de PRPP aumentam, e ocorre uma superprodução de purinas pela via *de novo*, resultando na produção de altos níveis de ácido úrico e lesão tecidual semelhante à da gota (ver a seguir). O cérebro é especialmente dependente das vias de recuperação, e isso pode ser a causa da lesão do sistema nervoso em crianças com síndrome de Lesch-Nyhan. Essa síndrome é outro alvo potencial para a terapia gênica. ∎

### O excesso de ácido úrico causa gota

Durante muito tempo, acreditou-se (erroneamente) que a gota fosse causada por um "alto padrão de vida". A gota é uma doença das articulações causada pela concentração elevada de ácido úrico no sangue e nos tecidos. As articulações se tornam inflamadas, doloridas e artríticas, devido à deposição anormal de cristais de urato de sódio. Os rins também são afetados, pois o ácido úrico em excesso deposita-se nos túbulos renais. A gota ocorre predominantemente em pessoas do sexo masculino. A causa precisa dessa doença não é conhecida, mas, com frequência, envolve uma excreção reduzida de uratos. A deficiência genética de alguma enzima do metabolismo das purinas também pode ser um fator em alguns casos.

A gota pode ser tratada de maneira eficiente por uma combinação de terapias nutricionais e farmacológicas. Alimentos especialmente ricos em nucleotídeos e ácidos nucléicos, como fígado ou produtos glandulares, devem ser excluídos da dieta dos pacientes. Um grande alívio dos sintomas pode ser obtido pela administração de **alopurinol** (Fig. 22-50), que inibe a xantina-oxidase, a enzima que catalisa a conversão de purinas em ácido úrico. O alopurinol

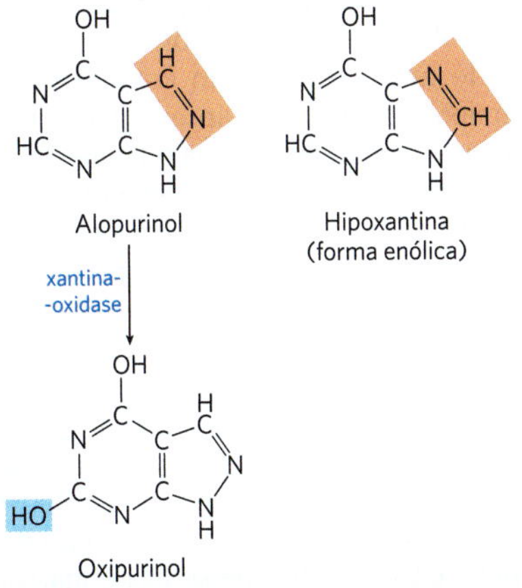

**FIGURA 22-50 Alopurinol, um inibidor da xantina-oxidase.** A hipoxantina é o substrato normal da xantina-oxidase. Apenas uma leve alteração na estrutura da hipoxantina (sombreada em vermelho) produz um inibidor enzimático clinicamente efetivo, o alopurinol. No sítio ativo, o alopurinol é convertido em oxipurinol, um forte inibidor competitivo que permanece firmemente ligado à forma reduzida da enzima.

é um substrato da xantina-oxidase, que o converte em oxipurinol (aloxantina). O oxipurinol inativa a forma reduzida da enzima, permanecendo fortemente ligado ao seu sítio ativo. Quando a xantina-oxidase é inibida, os produtos de excreção do metabolismo das purinas são a xantina e a hipoxantina, que são mais hidrossolúveis que o ácido úrico e apresentam menor probabilidade de formar depósitos de cristais. O alopurinol foi desenvolvido por Gertrude Elion e George Hitchings, que também desenvolveram o aciclovir, usado no tratamento de pacientes com infecções orais ou genitais por herpes, e outros análogos das purinas utilizados na quimioterapia contra o câncer. ∎

George Hitchings, 1905-1998, e Gertrude Elion, 1918-1999. [Will e Deni McIntyre/Science Source.]

## Muitos agentes quimioterápicos têm como alvo enzimas da via biossintética de nucleotídeos

O crescimento de células cancerosas não é controlado da mesma forma que o crescimento das células na maioria dos tecidos normais. As células cancerosas apresentam maiores necessidades de nucleotídeos, como precursores de DNA e RNA, e, em consequência, geralmente são mais sensíveis do que as células normais aos inibidores da biossíntese de nucleotídeos. Um conjunto crescente de agentes quimioterápicos importantes – para o câncer e para outras doenças – atua inibindo uma ou mais enzimas dessas vias. Aqui, serão descritos diversos exemplos bem estudados que ilustram abordagens produtivas de tratamento e ajudam a compreender como essas enzimas funcionam.

Alvos importantes para agentes farmacêuticos incluem a timidilato-sintase e a di-hidrofolato-redutase, enzimas que fornecem a única via celular para a síntese de timina (**Fig. 22-51**). A **fluoruracila**, um inibidor que atua na síntese de timidilato, é um importante agente quimioterápico. A fluoruracila, por si só, não é um inibidor enzimático. Na célula, as vias de salvação a convertem no desoxinucleosídeo monofosfato FdUMP, que se liga e inativa a enzima. A inibição por FdUMP (**Fig. 22-52**) é um exemplo clássico de inativação enzimática baseada no mecanismo de reação. O **metotrexato**, outro exemplo importante de agente quimioterápico, é um inibidor da di-hidrofolato-redutase. Esse análogo do folato atua como inibidor competitivo; a enzima se liga ao metotrexato com afinidade cerca de 100 vezes

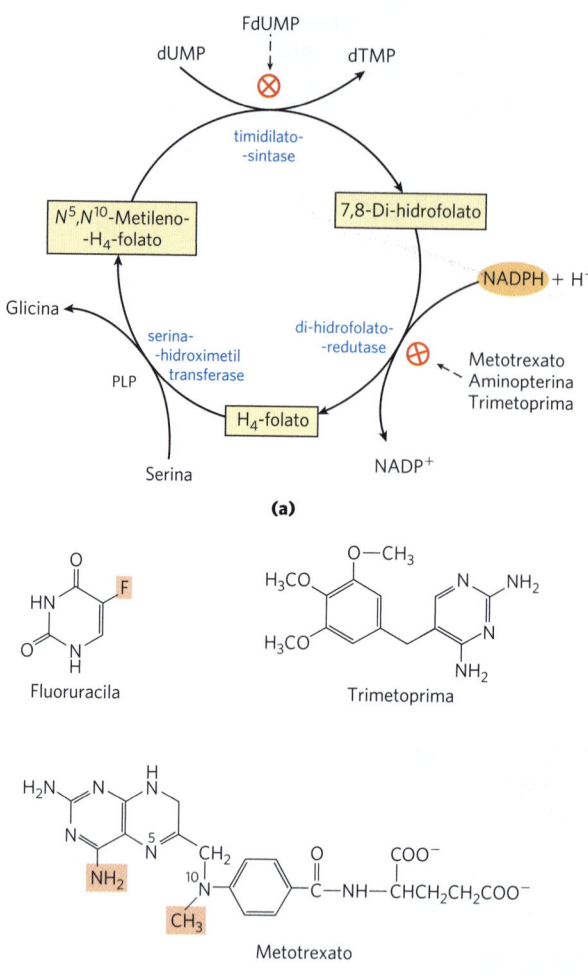

**FIGURA 22-51 Síntese do timidilato e metabolismo do folato como alvos de quimioterapia.** (a) Durante a síntese de timidilato, $N^5,N^{10}$-metileno-tetra-hidrofolato é convertido em 7,8-di-hidrofolato; o $N^5,N^{10}$-metileno-tetra-hidrofolato é regenerado em duas etapas (ver Fig. 22-47). Esse ciclo é um alvo importante para diversos agentes quimioterápicos. (b) Fluoruracila e metotrexato são importantes agentes quimioterápicos. Nas células, a fluoruracila é convertida em FdUMP, que inibe a timidilato-sintase. O metotrexato, análogo estrutural do tetra-hidrofolato, inibe a di-hidrofolato-redutase; os grupos amino e metila sombreados substituem um oxigênio carbonílico e um próton, respectivamente, em folato. Outro importante análogo do folato, a aminopterina, é idêntico ao metotrexato, apenas não apresentando o grupo metila sombreado. A trimetoprima, inibidor que se liga firmemente à di-hidrofolato-redutase bacteriana, foi desenvolvida como um antibiótico.

maior do que ao di-hidrofolato. A **aminopterina** é um composto relacionado que atua de forma semelhante.

O potencial clínico dos inibidores da biossíntese de nucleotídeos não está limitado ao tratamento do câncer. Todas as células de crescimento rápido (incluindo bactérias e protistas) são alvos em potencial. A **trimetoprima**, um antibiótico desenvolvido por Hitchings e Elion, liga-se à di-hidrofolato-redutase bacteriana com eficiência cerca de 100 mil vezes maior do que à enzima dos mamíferos. Ela é utilizada para tratar certas infecções bacterianas da orelha

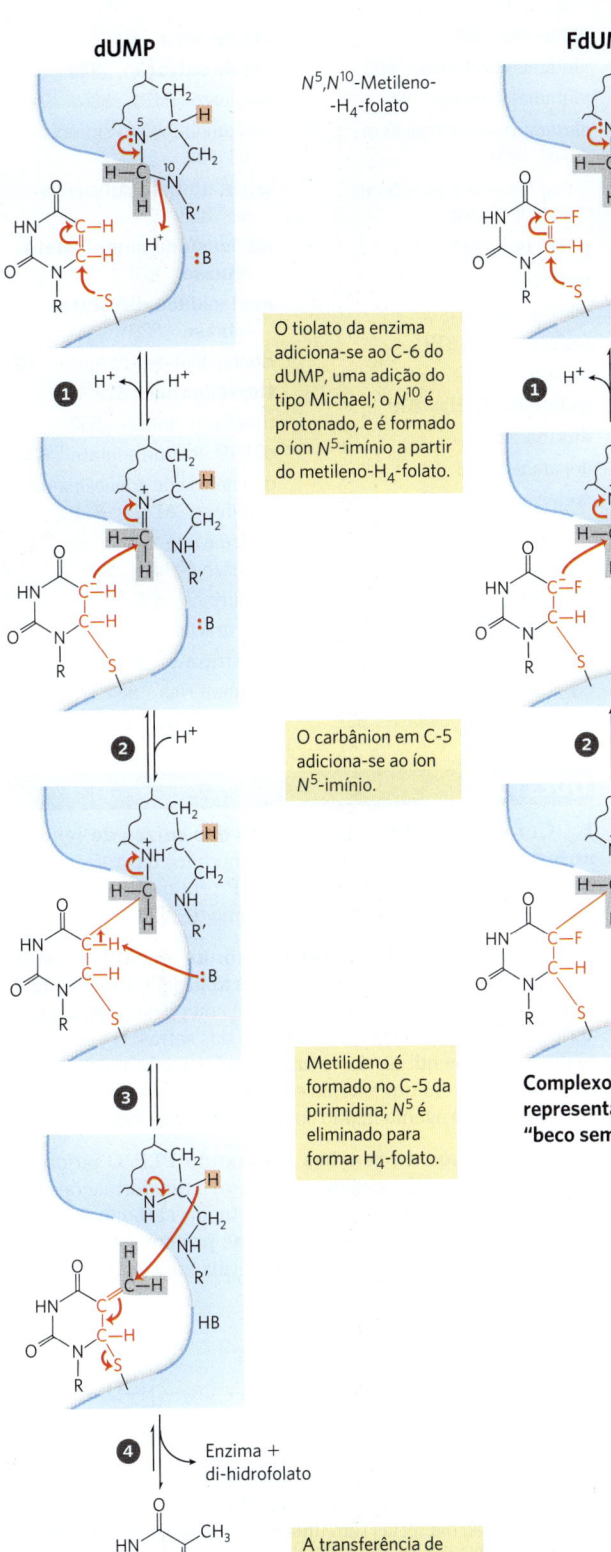

**MECANISMO – FIGURA 22-52 Conversão de dUMP em dTMP e sua inibição por FdUMP.** Mecanismo normal da reação da timidilato-sintase (à esquerda). O grupo nucleofílico sulfidrila fornecido pela enzima na etapa ❶ e os átomos do anel do dUMP que tomam parte na reação são mostrados em vermelho; :B denota a cadeia lateral de um aminoácido que atua como base para abstrair um próton após a etapa ❸. Os hidrogênios derivados do grupo metileno do $N^5,N^{10}$-metileno-tetra-hidrofolato estão sombreados em cinza. A transferência de hidreto 1,3 (etapa ❹) move um íon hidreto (sombreado em vermelho) do C-6 do tetra-hidrofolato para o grupo metila da timidina, resultando na oxidação de tetra-hidrofolato a di-hidrofolato. Essa transferência do hidreto é bloqueada quando FdUMP é o substrato (à direita). As etapas ❶ e ❷ ocorrem normalmente, mas resultam em um complexo estável – consistindo em FdUMP ligado covalentemente à enzima e ao tetra-hidrofolato – que inativa a enzima.

média e do trato urinário. Os protistas parasitas, como os tripanossomas que causam a doença do sono africana (tripanossomose africana), não têm vias para a biossíntese *de novo* de nucleotídeos e são especialmente sensíveis a agentes que interferem na sua capacidade de utilizar vias de recuperação para captar nucleotídeos do ambiente. O alopurinol (Fig. 22-50) e diversos análogos semelhantes das purinas têm se mostrado promissores para o tratamento da tripanossomose africana e de doenças relacionadas. Consulte, no Quadro 6-1, outra abordagem para o combate à tripanossomose africana, possibilitada pelo avanço da compreensão do metabolismo e dos mecanismos enzimáticos.

### RESUMO 22.4  Biossíntese e degradação de nucleotídeos

- O sistema de anéis das purinas é construído passo a passo, iniciando-se com 5-fosforribosilamina. Os aminoácidos glutamina, glicina e aspartato fornecem todos os átomos de nitrogênio das purinas. As etapas de fechamento dos dois anéis formam o núcleo das purinas.

- A biossíntese de purinas é regulada por um elaborado sistema de inibição por retroalimentação.

- As pirimidinas são sintetizadas a partir de carbamoil-fosfato e aspartato, e a ribose-5-fosfato é, então, ligada para produzir ribonucleotídeos pirimídicos.

- A biossíntese de pirimidinas é regulada pela inibição por retroalimentação da aspartato-transcarbamoilase.

- Os nucleosídeos monofosfatados são convertidos em seus derivados trifosfatados por reações enzimáticas de fosforilação.

- Os ribonucleotídeos são convertidos em desoxirribonucleotídeos pela ribonucleotídeo-redutase, uma enzima com novas características mecanísticas e reguladoras.

- Os nucleotídeos da timina são derivados de dCDP e dUMP.

- O ácido úrico e a ureia são os produtos finais da degradação de purinas e pirimidinas.

- As purinas livres podem ser usadas em vias de salvação, na reconstrução de nucleotídeos. Deficiências genéticas em certas enzimas das vias de salvação causam doenças graves, como a síndrome de Lesch-Nyhan.

- O acúmulo de cristais de ácido úrico nas articulações, possivelmente causado por outra deficiência genética, resulta na gota.

- As enzimas das vias de biossíntese de nucleotídeos são alvos de um conjunto de agentes quimioterápicos utilizados no tratamento do câncer e de outras doenças.

### TERMOS-CHAVE

*Os termos em negrito estão definidos no glossário.*

**fixação do nitrogênio**  795
nitrificação  795
desnitrificação  795
**anamox**  796
**simbiontes**  797
**complexo da nitrogenase**  797
cofator FeMo  800
ferredoxina  800
leg-hemoglobina  801
glutamato  802
glutamina  802
glutamina-sintetase  802
glutamato-sintase  802
glutamina-amidotransferases  804
5-fosforribosil-1-pirofosfato (PRPP)  806
**porfirina**  817
**porfiria**  817
bilirrubina  817
fosfocreatina  819
creatina  819
glutationa (GSH)  819
**auxina**  821
dopamina  821
noradrenalina  821
adrenalina  821
γ-aminobutirato (GABA)  821
serotonina  822
histamina  822
espermina  822
espermidina  822
ornitina-descarboxilase  822
**via *de novo***  823
**via de salvação**  823
inosinato (IMP)  825
carbamoil-fosfato-sintetase II  828
aspartato-transcarbamoilase  828
**nucleosídeo-monofosfato-cinase**  829
**nucleosídeo-difosfato-cinase**  829
ribonucleotídeo-redutase  829
**tiorredoxina**  829
timidilato-sintase  833
di-hidrofolato-redutase  833
deficiência de adenosina-desaminase (ADA)  834
síndrome de Lesch-Nyhan  835
alopurinol  835
fluoruracila  836
metotrexato  836
aminopterina  836
trimetoprima  836

### QUESTÕES

1. **Consumo de ATP nos nódulos das raízes de leguminosas** As bactérias que residem nos nódulos das raízes de ervilhas consomem mais de 20% do ATP produzido pela planta. Sugira uma razão para esse alto consumo de ATP.

2. **Fertilizantes de nitrato e zonas oceânicas mortas** Em todo o mundo, os agricultores aplicam nitrogênio fixado industrialmente, na forma de amônia ou nitrato, em campos agrícolas para aumentar o rendimento das safras. O escoamento agrícola alimenta os rios e cria grandes zonas mortas hipóxicas no ponto em que os rios encontram os oceanos. Como o aumento do nitrogênio fixado solúvel cria zonas mortas?

3. **Mecanismos de reações utilizando PLP** O piridoxal-fosfato (PLP) pode ajudar a catalisar transformações envolvendo um ou dois carbonos a partir do carbono α de um aminoácido. A enzima treonina-sintase promove a conversão dependente de PLP de fosfo-homosserina em treonina. Sugira um mecanismo para essa reação.

$$\text{(P)}-\text{O}-\text{CH}_2-\text{CH}_2-\overset{\overset{+}{\text{NH}_3}}{\underset{}{\text{CH}}}-\text{COO}^- \xrightarrow[\text{PLP}]{\text{H}_2\text{O} \quad \text{P}_i} \text{CH}_3-\underset{\text{OH}}{\text{CH}}-\overset{\overset{+}{\text{NH}_3}}{\underset{}{\text{CH}}}-\text{COO}^-$$

Fosfo-homosserina → Treonina

4. **Transformação de aspartato em asparagina** Há duas vias para a transformação de aspartato em asparagina à custa de ATP. Muitas bactérias têm uma asparagina-sintetase que utiliza íons amônio como fonte de nitrogênio. Os mamíferos têm uma asparagina-sintetase que utiliza glutamina como fonte de nitrogênio. Uma vez que este último processo requer um ATP extra (para a síntese de glutamina), por que os mamíferos utilizam essa via?

5. **Equação para a síntese de aspartato a partir de glicose** Escreva a equação global para a síntese de aspartato

(aminoácido não essencial) a partir de glicose, dióxido de carbono e amônia.

**6. Inibidores da asparagina-sintetase na terapia contra a leucemia** A asparagina-sintetase dos mamíferos é uma amidotransferase dependente de glutamina. Esforços para a identificação de um inibidor efetivo da asparagina-sintetase humana para utilização como quimioterápico em pacientes com leucemia têm sido focalizados na porção carboxiterminal, onde se localiza o sítio ativo da sintetase, e não no domínio glutaminase, na porção aminoterminal. Explique por que o domínio glutaminase não é um alvo promissor para um medicamento eficaz.

**7. Deficiência de fenilalanina-hidroxilase e dieta** A tirosina normalmente é um aminoácido não essencial, mas pessoas com defeito genético na fenilalanina-hidroxilase necessitam de tirosina em sua dieta para um crescimento normal. Como isso pode ser explicado?

**8. Biossíntese de arginina** A primeira etapa da biossíntese de arginina a partir do glutamato acetila o glutamato no grupo $\alpha$-amino. Uma etapa subsequente na mesma via remove o grupo acetila adicionado. Qual problema químico é resolvido pela adição e, então, remoção de um grupo acetila, sem nenhum dos átomos de acetila aparecer no produto arginina da via?

**9. Cofatores em reações de transferência de um carbono** A maioria das transferências de grupos de um carbono é promovida por um destes três cofatores: biotina, tetra-hidrofolato ou $S$-adenosilmetionina. A $S$-adenosilmetionina geralmente é utilizada como doador de grupos metila; o potencial de transferência do grupo metila no $N^5$-metil-tetra-hidrofolato é insuficiente para a maioria das reações biossintéticas. Contudo, um exemplo de utilização de $N^5$-metil-tetra-hidrofolato para a transferência do grupo metila ocorre na formação de metionina, catalisada pela metionina-sintase; a metionina é o precursor imediato da $S$-adenosilmetionina (ver Fig. 18-18).

$$HS-CH_2-CH_2-\overset{\overset{+}{N}H_3}{\underset{}{CH}}-COO^- \xrightarrow[\text{metionina-sintase}]{N^5\text{-Metil-}H_4\text{-folato} \quad H_4\text{-folato}} H_3C-S-CH_2-CH_2-\overset{\overset{+}{N}H_3}{\underset{}{CH}}-COO^-$$

Homocisteína → Metionina

Explique como o grupo metila da $S$-adenosilmetionina pode ser obtido a partir do $N^5$-metil-tetra-hidrofolato, embora o potencial de transferência do grupo metila no $N^5$-metil-tetra-hidrofolato seja um milésimo daquele do grupo metila na $S$-adenosilmetionina.

**10. Regulação orquestrada na biossíntese de aminoácidos** A glutamina-sintetase de *E. coli* é modulada de modo independente por vários produtos do metabolismo da glutamina de *E. coli* (ver Fig. 22-8). Nessa inibição orquestrada, o grau de inibição enzimática é maior que a soma dos efeitos inibidores causados pelos produtos separadamente. Para o crescimento de *E. coli* em um meio rico em histidina, qual seria a vantagem da inibição orquestrada?

**11. Relação entre deficiência de ácido fólico e anemia** A deficiência de ácido fólico, que se acredita ser a deficiência vitamínica mais comum, causa um tipo de anemia em que a síntese de hemoglobina está prejudicada e os eritrócitos não amadurecem adequadamente. Qual é a relação metabólica entre a síntese de hemoglobina e a deficiência de ácido fólico?

**12. Síntese de poliaminas** O aminoácido metabólico ornitina é um precursor direto da poliamina putrescina, mostrada aqui.

$$H_3\overset{+}{N}-CH_2-CH_2-CH_2-CH_2-\overset{+}{N}H_3$$

As reações subsequentes convertem a putrescina em espermina e espermidina. Que tipo de reação é necessária para converter a ornitina em putrescina? Qual cofator enzimático é necessário?

**13. Biossíntese de nucleotídeos em bactérias auxotróficas de aminoácidos** As células de *E. coli* do tipo selvagem podem sintetizar todos os 20 aminoácidos comuns, mas alguns mutantes, chamados auxotróficos de aminoácidos, são incapazes de sintetizar um aminoácido específico e requerem sua adição ao meio de cultura para um crescimento ótimo. Além de seu papel na síntese proteica, alguns aminoácidos são precursores de outros produtos nitrogenados na célula. Considere três auxotróficos para aminoácidos que são incapazes de sintetizar glicina, glutamina e aspartato, respectivamente. Para cada mutante, quais produtos nitrogenados a célula deixaria de sintetizar, além das proteínas?

**14. Inibidores da biossíntese de nucleotídeos** Sugira mecanismos para a inibição da alanina-racemase por L-fluoralanina.

**15. Mecanismo de ação das sulfas** Algumas bactérias necessitam de $p$-aminobenzoato no meio de cultura para um crescimento normal, e seu crescimento é gravemente inibido pela adição de sulfanilamida, uma das primeiras sulfas utilizadas. Além disso, na presença desse fármaco, ocorre acúmulo de 5-aminoimidazol-4-carboxamida-ribonucleotídeo (AICAR; ver Fig. 22-35) no meio de cultura. A adição de $p$-aminobenzoato em excesso reverte esses efeitos.

*p*-Aminobenzoato                    Sulfanilamida

**(a)** Qual é a função do $p$-aminobenzoato nessas bactérias? (Dica: ver Fig. 18-16.)
**(b)** Por que o AICAR se acumula na presença de sulfanilamida?
**(c)** Por que a adição de $p$-aminobenzoato em excesso reverte a inibição e o acúmulo?

**16. Biossíntese de purinas** Quais átomos do anel de purinas derivam do nitrogênio amido da glutamina? **(a)** N-1 **(b)** N-3 **(c)** N-7 **(d)** N-9

**17. Via dos carbonos na biossíntese de pirimidinas** Determine os locais na molécula do orotato em que será encontrado $^{14}C$ quando esse composto é isolado de células crescidas em meio contendo uma pequena quantidade de [$^{14}C$]succinato uniformemente marcado. Justifique sua resposta.

**18. Nucleotídeos como fontes pobres de energia** Em condições de falta de alimento, os organismos podem utilizar proteínas e aminoácidos como fonte de energia. A desaminação dos aminoácidos produz esqueletos de carbono que podem entrar na via glicolítica e no ciclo do ácido cítrico, produzindo energia na forma de ATP. Os nucleotídeos não são degradados da mesma forma para uso como combustíveis produtores de energia. Quais observações da fisiologia celular apoiam essa afirmação? Quais aspectos da estrutura dos nucleotídeos os tornam uma fonte relativamente pobre de energia?

**19. Tratamento da gota** O alopurinol (ver Fig. 22-50), inibidor da xantina-oxidase, é utilizado para o tratamento da gota crônica. Explique a base bioquímica para esse tratamento. Pacientes tratados com alopurinol algumas vezes desenvolvem cálculos de xantina nos rins, embora a incidência de dano renal seja muito menor que na gota não tratada. Explique essa observação considerando as solubilidades desses compostos na urina: ácido úrico, 0,15 g/L; xantina, 0,05 g/L; e hipoxantina, 1,4 g/L.

**20. Antibióticos que inibem a di-hidrofolato-redutase** A trimetoprima, um antibiótico comumente utilizado, inibe a forma bacteriana da di-hidrofolato-redutase muito mais do que inibe a enzima dos mamíferos. Quais processos metabólicos descritos neste capítulo são afetados pelo esgotamento do tetra-hidrofolato?

### QUESTÃO DE ANÁLISE DE DADOS

**21. Utilização de técnicas moleculares modernas na determinação da via biossintética de um novo aminoácido** A maior parte das vias biossintéticas descritas neste capítulo foi determinada antes do desenvolvimento da tecnologia do DNA recombinante e da genômica, de modo que as técnicas eram bastante diferentes daquelas que os pesquisadores utilizariam hoje. Aqui, é fornecido um exemplo de utilização de técnicas moleculares modernas para investigar a via de síntese de um novo aminoácido, (2$S$)-4-amino-2-hidroxibutirato (AHBA). As técnicas aqui mencionadas estão descritas em várias seções deste livro; esta questão foi formulada para mostrar como essas técnicas podem ser integradas em um estudo abrangente.

O AHBA é um $\gamma$-aminoácido componente de alguns antibióticos aminoglicosídicos, incluindo o antibiótico butirosina. Os antibióticos modificados pela adição de um resíduo de AHBA com frequência são mais resistentes à inativação por enzimas bacterianas de resistência a antibióticos. Como resultado, a compreensão de como o AHBA é sintetizado e adicionado a antibióticos é útil para o planejamento de medicamentos.

Em um artigo publicado em 2005, Li e colaboradores descreveram como determinaram a via de síntese do AHBA a partir do glutamato.

**(a)** Descreva de modo sucinto as transformações químicas necessárias para converter glutamato em AHBA. Neste ponto, não se preocupe com a *sequência* das reações.

Li e colaboradores começaram clonando o grupo de genes responsáveis pela biossíntese de butirosina na bactéria *Bacillus circulans*, que produz grandes quantidades desse antibiótico. Eles identificaram cinco genes essenciais para a via: *btrI*, *btrJ*, *btrK*, *btrO* e *btrV*. Os pesquisadores, então, clonaram esses genes em plasmídeos de *E. coli*, o que permite a superexpressão dos genes, produzindo proteínas com "marcadores de histidina" fundidos a seus aminoterminais para facilitar a purificação (ver p. 313).

A sequência de aminoácidos prevista para a proteína BtrI mostrou forte homologia com proteínas carreadoras de acila (ver Fig. 21-5). Utilizando espectrometria de massas, Li e colaboradores encontraram uma massa molecular de 11.812 para a proteína BtrI purificada (incluindo a marcação de His). Quando a proteína BtrI purificada foi incubada com a coenzima A e com uma enzima capaz de ligar CoA a outras proteínas carreadoras de acilas, a espécie molecular principal apresentou $M_r$ de 12.153.

**(b)** Como você utilizaria esses dados para argumentar que a BtrI pode atuar como proteína carreadora de acilas com uma CoA como grupo prostético?

Utilizando a terminologia-padrão, Li e colaboradores chamaram de apo-BtrI a forma da proteína não ligada à CoA, e a forma com a CoA (ligada como na Fig. 21-5) foi denominada holo-BtrI. Quando a holo-BtrI foi incubada com glutamina, ATP e proteína BtrJ purificada, a espécie holo-BtrI de $M_r$ de 12.153 foi substituída por uma espécie de $M_r$ de 12.281, correspondendo ao tioéster de glutamato com holo-BtrI. Com base nesses dados, os autores propuseram a seguinte estrutura para a espécie de $M_r$ de 12.281 ($\gamma$-glutamil-$S$-BtrI):

**(c)** Qual(is) outra(s) estrutura(s) é(são) consistente(s) com esses dados?

**(d)** Li e colaboradores argumentaram que a estrutura aqui mostrada ($\gamma$-glutamil-$S$-BtrI) provavelmente esteja correta, pois o grupo $\alpha$-carboxila deve ser removido em algum momento do processo biossintético. Explique a base química para esse argumento. (Dica: ver Fig. 18-6, reação C.)

A proteína BtrK mostrou significativa homologia com aminoácido-descarboxilases dependentes de PLP, e descobriu-se que a BtrK isolada de *E. coli* continha PLP fortemente ligado. Quando $\gamma$-glutamil-$S$-BtrI foi incubada com BtrK purificada, foi produzida uma espécie molecular com $M_r$ de 12.240.

**(e)** Qual é a estrutura mais provável para essa espécie?

**(f)** Quando os pesquisadores incubaram glutamato e ATP com BtrI, BtrJ e BtrK purificadas, eles observaram a produção de uma espécie molecular com $M_r$ de 12.370. Qual é a estrutura mais provável para essa espécie? Dica: lembre-se de que BtrJ pode usar ATP para ativar grupos nucleofílicos de $\gamma$-glutamilato.

Li e colaboradores descobriram que a BtrO é homóloga a enzimas do tipo monoxigenase (ver Quadro 21-1) que hidroxilam alcanos, utilizando FMN como cofator, e que a BtrV é homóloga a uma NAD(P)H-oxidorredutase. Dois outros genes nesse núcleo, *btrG* e *btrH*, provavelmente codificam enzimas que removem o grupo $\gamma$-glutamila e ligam AHBA à molécula do antibiótico-alvo.

**(g)** Com base nesses dados, proponha uma via plausível para a síntese de AHBA e sua ligação ao antibiótico-alvo. Inclua as enzimas que catalisam cada etapa e quaisquer outros substratos ou cofatores necessários (ATP, NAD, etc.).

### Referência

Li, Y., N. M. Llewellyn, R. Giri, F. Huang, e J. B. Spencer. **2005.** Biosynthesis of the unique amino acid side chain of butirosin: possible protective-group chemistry in an acyl carrier protein-mediated pathway. *Chem. Biol.* 12:665-675.

# Capítulo 23

# REGULAÇÃO HORMONAL E INTEGRAÇÃO DO METABOLISMO EM MAMÍFEROS

**23.1** Estrutura e ação hormonal  *842*
**23.2** Metabolismo tecido-específico  *848*
**23.3** Regulação hormonal do metabolismo energético  *859*
**23.4** Obesidade e regulação da massa corporal  *867*
**23.5** Diabetes *mellitus*  *875*

Nos Capítulos 13 a 22 foi discutido o metabolismo nas células individuais, enfatizando as vias centrais comuns a quase todas as células – de bactérias, de arqueias e de eucariotos. Além disso, foi analisado como os processos metabólicos dentro das células são regulados nas reações enzimáticas individuais pela disponibilidade de substrato, por mecanismos alostéricos e por fosforilação ou outra modificação covalente das enzimas.

Para entender completamente o significado das vias metabólicas individuais e a sua regulação, é necessário observar essas vias no contexto do organismo como um todo. Uma característica essencial dos organismos multicelulares é a diferenciação celular e a divisão do trabalho. As funções especializadas dos tecidos e órgãos requerem combustíveis e padrões de metabolismo especializados. Sinais hormonais e neuronais integram e coordenam as atividades metabólicas de diferentes tecidos e otimizam a alocação de combustíveis e precursores para cada órgão. Embora nosso foco seja os sistemas dos mamíferos, os mamíferos não são os únicos a possuir sistemas de sinalização hormonal. Os insetos e os vermes nematódeos possuem sistemas altamente desenvolvidos de regulação hormonal, com mecanismos fundamentais semelhantes aos dos mamíferos. As plantas também usam sinais hormonais para coordenar as atividades de seus tecidos.

Neste capítulo, será examinado o metabolismo especializado de vários órgãos e tecidos importantes e a integração do metabolismo nos mamíferos. No início, será apresentada uma visão geral da ampla gama de hormônios e mecanismos hormonais, e, depois, as funções específicas do tecido reguladas por esses mecanismos. Em seguida, será discutida a distribuição de nutrientes para vários órgãos, enfatizando o papel central do fígado e a cooperação metabólica entre esses órgãos. Para ilustrar o papel integrador dos hormônios, será descrita a inter-relação entre a insulina, o glucagon e a adrenalina na coordenação do metabolismo energético no músculo, no fígado e no tecido adiposo. Também serão introduzidos outros hormônios, produzidos no tecido adiposo, no músculo, no intestino e no encéfalo, que desempenham papéis fundamentais na coordenação do metabolismo e do comportamento. Serão discutidos a regulação hormonal em longo prazo da massa corporal e o papel da obesidade no desenvolvimento da síndrome metabólica e do diabetes tipo 2. Finalmente, serão discutidas as intervenções usadas para controlar o diabetes.

Neste capítulo, serão ilustrados os seguintes princípios:

> **P1** **Os tecidos nos mamíferos estão conectados por um sistema neurossecretor que coordena suas atividades.** Os mamíferos usam hormônios quimicamente diferentes em um sistema de sinalização multidirecional e altamente específico, conectando os tecidos entre si e com o sistema nervoso central.

> **P2** **Entre tecidos e órgãos de um animal, existe uma notável divisão de trabalho.** O papel especializado de cada órgão se reflete em suas atividades e capacidades metabólicas. O sistema circulatório conecta todos os tecidos, transportando sinais hormonais e metabólitos entre eles.

> **P3** **Como o encéfalo requer um suprimento contínuo de glicose, manter uma concentração adequada de glicose no sangue é uma alta prioridade nas atividades dos outros tecidos.** O fígado integra o uso de combustíveis (glicose, ácidos graxos

e aminoácidos) por cada tecido para manter o nível de glicose no sangue dentro da faixa ideal. Os hormônios transportados no sangue (insulina, glucagon, adrenalina, cortisol) medeiam essa regulação.

**P4** **Manter uma massa corporal ideal é uma prioridade importante no mamífero adulto.** A massa corporal é uma função da ingestão alimentar, da atividade física e da escolha do combustível metabólico, todos sujeitos à regulação hormonal. Os sinais hormonais entre o encéfalo, o tecido adiposo e o trato gastrintestinal ajudam a definir a atividade e o comportamento alimentar.

**P5** **As atividades metabólicas das células e dos organismos são complexas e interligadas; a perturbação em um ponto do sistema tem consequências de longo alcance para a saúde.** Quando o metabolismo normal de produção de energia da glicose e dos ácidos graxos está impedido por uma sinalização defeituosa da insulina, o resultado é a doença diabetes.

## 23.1 Estrutura e ação hormonal

Os **hormônios** são pequenas moléculas ou proteínas que são produzidas em um tecido, liberadas na circulação e transportadas a outros tecidos, nos quais agem por meio de receptores para produzir mudanças nas atividades celulares. Os hormônios servem para coordenar as atividades metabólicas de vários tecidos ou órgãos. Em um organismo complexo, praticamente todos os processos são regulados por um ou mais hormônios: manutenção da pressão sanguínea, do volume sanguíneo e do equilíbrio de eletrólitos; embriogênese; diferenciação sexual, desenvolvimento e reprodução; fome, comportamento alimentar, digestão e distribuição de combustíveis – entre outros.

A coordenação do metabolismo nos mamíferos é realizada pelo **sistema neuroendócrino**. As células de um determinado tecido sentem uma mudança nas condições do organismo e respondem, secretando um mensageiro químico, que passa para outra célula no mesmo tecido ou em um tecido diferente, em que o mensageiro se liga a uma molécula receptora e desencadeia uma mudança nessa segunda célula. Esses mensageiros químicos podem transmitir informação a distâncias muito curtas ou muito longas. Na sinalização neuronal (**Fig. 23-1a**), o mensageiro químico é um neurotransmissor (p. ex., acetilcolina) e percorre somente uma fração de micrômero através da fenda sináptica até o neurônio seguinte em uma rede. Na sinalização endócrina (Fig. 23-1b), os mensageiros – hormônios – são transportados pela corrente sanguínea para células vizinhas ou para órgãos e tecidos distantes; eles podem percorrer um metro ou mais para encontrar suas células-alvo. Exceto por essa diferença anatômica, esses dois mecanismos de sinalização são muito semelhantes, e a mesma molécula pode, às vezes, agir como neurotransmissor e como hormônio. A adrenalina e a noradrenalina, por exemplo, servem como neurotransmissores em determinadas sinapses do encéfalo e nas junções neuromusculares do músculo liso e como hormônios

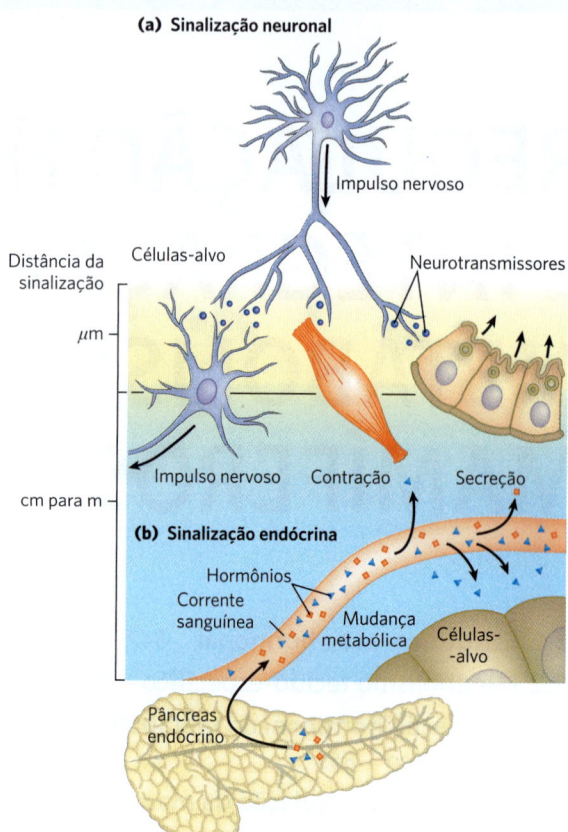

**FIGURA 23-1** **Sinalização pelo sistema neuroendócrino.** (a) Na sinalização neuronal, sinais elétricos (impulsos nervosos) originam-se no corpo celular de um neurônio e se propagam muito rapidamente por longas distâncias até a extremidade do axônio, onde os neurotransmissores são liberados e se difundem para a célula-alvo. A célula-alvo (outro neurônio, um miócito ou uma célula secretora) está a uma distância de apenas uma fração de micrômetro ou poucos micrômetros do local de liberação do neurotransmissor. (b) Na sinalização endócrina, os hormônios (como a insulina produzida nas células $\beta$ pancreáticas) são secretados para a corrente sanguínea, que os transporta pelo corpo até os tecidos-alvo, que podem estar a uma distância de um metro ou mais da célula secretora. Tanto os neurotransmissores quanto os hormônios interagem com receptores específicos na superfície ou no interior de suas células-alvo, desencadeando as respostas.

que regulam o metabolismo energético no fígado e no músculo. A discussão que se segue sobre a sinalização celular enfatiza a ação hormonal, esboçada nas discussões sobre metabolismo energético nos capítulos anteriores, porém a maioria dos mecanismos fundamentais aqui descritos também ocorre na ação neurotransmissora.

### Os hormônios atuam por meio de receptores celulares específicos de alta afinidade

Os hormônios exercem seus efeitos por meio de receptores específicos nas células-alvo. A alta afinidade da interação hormônio-receptor permite que as células respondam a concentrações muito baixas de hormônio. Lembre-se, do Capítulo 12 (Fig. 12-2), de que existem quatro tipos gerais de consequências intracelulares da interação ligante-receptor: (1) um segundo mensageiro, como o AMPc, o GMPc ou o inositol-trisfosfato, gerado no interior da célula, atua como um regulador alostérico de uma ou mais enzimas; (2) um receptor de tirosina-cinase é ativado pelo hormônio extracelular; (3) uma alteração no potencial de membrana resulta na abertura ou no fechamento de um canal iônico controlado por hormônio; e (4) um esteroide ou uma molécula tipo esteroide causa uma alteração no nível de expressão (transcrição do DNA em mRNA) de um ou mais genes, mediada por uma proteína receptora de hormônio nuclear. Pode ser útil caracterizar os receptores de hormônios da superfície celular como **metabotrópicos**, aqueles que ativam ou inibem uma enzima a jusante do receptor, ou **ionotrópicos**, aqueles que abrem ou fecham um canal iônico na membrana plasmática, resultando em uma mudança no potencial de membrana ($\Delta V_m$) ou na concentração de um íon, como $Ca^{2+}$ (**Fig. 23-2**).

Uma única molécula de hormônio, na formação do complexo hormônio-receptor, ativa um catalisador que produz muitas moléculas de segundo mensageiro, de modo que o receptor atua tanto como transdutor quanto como amplificador de sinal. O sinal pode ser ainda mais amplificado por uma cascata de sinalização, como visto na regulação da síntese de glicogênio e degradação pela adrenalina (ver Fig. 12-7). A amplificação do sinal permite que uma molécula de adrenalina resulte na produção de muitos milhares ou milhões de moléculas de glicose-1-fosfato a partir do glicogênio.

Os hormônios insolúveis em água (hormônios esteroides, retinoides e tireoidianos) atravessam a membrana plasmática de suas células-alvo para alcançar suas proteínas receptoras no núcleo (Fig. 23-2). O próprio complexo hormônio-receptor carrega a mensagem: ele interage com o DNA para alterar a expressão de genes específicos, alterando o complemento enzimático da célula e, desse modo, o metabolismo celular (ver Fig. 12-34).

Os hormônios que atuam por meio de receptores de membrana plasmática geralmente provocam respostas bioquímicas ou fisiológicas muito rápidas. Poucos segundos após a secreção de adrenalina pela medula da glândula adrenal para a corrente sanguínea, o músculo esquelético responde, acelerando a degradação de glicogênio. Em contrapartida, os hormônios tireoidianos e sexuais (esteroides) promovem respostas máximas em seus tecidos-alvo somente após horas ou mesmo dias. Essas diferenças no tempo de resposta correspondem a modos diferentes de ação. Em geral, os hormônios de ação rápida levam à mudança na atividade de uma ou mais enzimas preexistentes na célula, por mecanismos alostéricos ou modificação covalente. Os hormônios de ação mais lenta geralmente alteram a expressão gênica, resultando na síntese de mais (regulação positiva) ou menos (regulação negativa) quantidade das proteínas reguladas.

### Os hormônios são quimicamente diferentes

**P1** Os mamíferos têm várias classes de hormônios, distinguíveis por suas diversas estruturas químicas e por seus mecanismos de ação (**Tabela 23-1**). Os hormônios peptídicos, as catecolaminas e os eicosanoides agem a partir do exterior da célula-alvo por meio de receptores de superfície. Os hormônios esteroides, a vitamina D, os retinoides e os hormônios da tireoide entram na célula e atuam por meio de receptores nucleares. O óxido nítrico (um gás) também entra na célula, mas ativa uma enzima citosólica, a guanilato-ciclase.

Os hormônios também podem ser classificados pelo trajeto que fazem desde o ponto de liberação até as células-alvo. Os hormônios **endócrinos** (do grego *endon*, "dentro de", e *krinein*, "liberar") são liberados no sangue e transportados para as células-alvo por todo o corpo (a insulina e o glucagon são exemplos). Os hormônios **parácrinos** são liberados no espaço extracelular e se difundem para células-alvo vizinhas (os hormônios eicosanoides são desse tipo). Os hormônios **autócrinos** afetam a mesma célula que os libera, ligando-se a receptores na superfície celular.

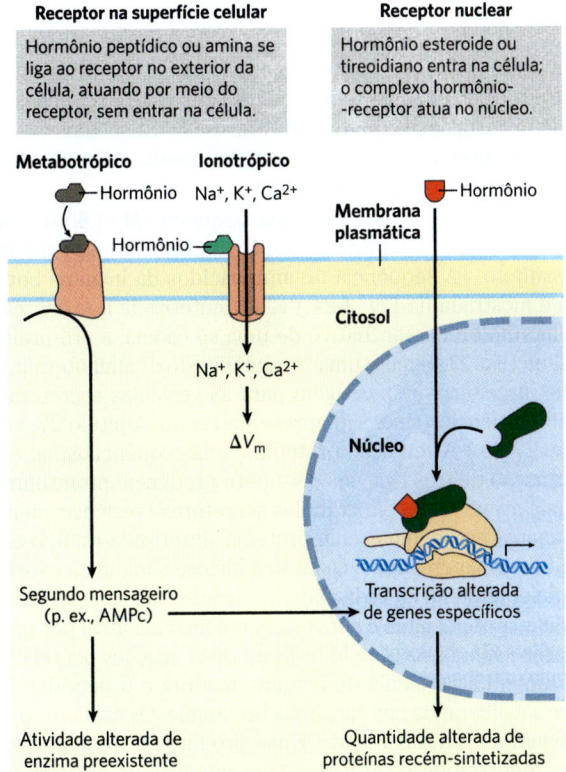

**FIGURA 23-2 Dois mecanismos gerais da ação hormonal.** Os hormônios peptídicos e do tipo amina agem mais rapidamente do que os hormônios esteroides e tireoidianos. Os hormônios peptídicos atuam fora da célula, ligando-se a um receptor de hormônio da membrana plasmática. Os hormônios esteroides e tireoidianos atravessam a membrana plasmática e entram no núcleo, onde regulam a expressão de genes específicos.

| TABELA 23-1 | Classes de hormônios | | |
|---|---|---|---|
| Tipo | Exemplo | Via de síntese | Modo de ação |
| Proteína | Insulina (Fig. 23-4) | Processamento proteolítico do pró-hormônio | RTK da membrana plasmática |
| Proteína | Glucagon | | |
| Peptídeo | Vasopressina (p. 880) | | GPCR da membrana plasmática; segundos mensageiros |
| Catecolamina | Adrenalina (Fig. 22-31) | A partir da tirosina | |
| Eicosanoide | Prostaglandina $E_2$ (Fig. 10-17) | A partir do araquidonato | |
| Endocanabinoide | Anandamida (Fig. 23-40) | | |
| Esteroide | Testosterona (Fig. 10-18) | A partir do colesterol | Receptores nucleares; regulação da transcrição |
| Corticosteroide | Cortisol (Fig. 10-18) | | |
| Vitamina D | Calcitriol (Fig. 10-19) | | |
| Retinoide | Ácido retinoico (Fig. 10-20) | A partir da vitamina A | |
| Tireoide | Tri-iodotironina ($T_3$) | A partir da tirosina na tireoglobulina | |
| Óxido nítrico | NO (Fig. 22-33) | A partir da arginina | Receptor citosólico; segundo mensageiro |

Os **hormônios peptídicos** variam em tamanho de 3 (hormônio liberador de tireotrofina; **Fig. 23-3**) a mais de 200 (gonadotrofina coriônica humana) resíduos de aminoácidos. Eles incluem os hormônios pancreáticos – insulina, glucagon e somatostatina; o hormônio da paratireoide – calcitonina; e todos os hormônios do hipotálamo e da hipófise. Os hormônios peptídicos (alguns dos quais são, na verdade, proteínas pequenas) são sintetizados como pró-proteínas (pró-hormônios), que são ativadas após a liberação por clivagem proteolítica, assim como visto com a ativação zimogênica de enzimas pancreáticas (Fig. 6-42) e com a cascata de coagulação do sangue (Fig. 6-44). Em alguns casos, uma pré-proteína é sintetizada e processada para criar mais de um produto de peptídeo ativo.

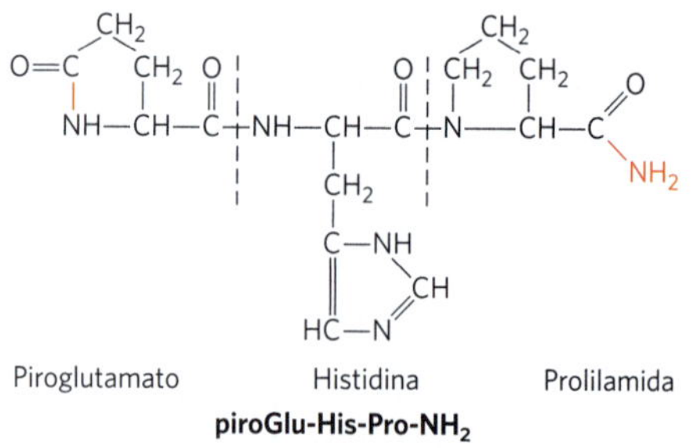

A **insulina** é uma proteína pequena ($M_r$ 5.800) com duas cadeias polipeptídicas, A e B, unidas por duas ligações dissulfeto. (A sequência de aminoácidos da insulina bovina é mostrada na Fig. 3-24.) Ela é sintetizada no pâncreas como um precursor inativo de uma só cadeia, a pré-proinsulina (**Fig. 23-4**), com uma "sequência-sinal" aminoterminal que direciona sua passagem para as vesículas secretoras. (As sequências-sinal são apresentadas no Capítulo 27; ver Fig. 27-38.) A remoção proteolítica da sequência-sinal e a formação de três ligações dissulfeto produzem proinsulina, que é armazenada em grânulos secretores (vesículas membranares preenchidas com proteína sintetizada no RE) em células β pancreáticas. Quando a glicose sanguínea estiver suficientemente elevada para desencadear a secreção da insulina, a proinsulina é convertida em insulina ativa por proteases específicas, que hidrolisam duas ligações peptídicas e formam a molécula de insulina madura e o peptídeo C, que são liberados por exocitose no sangue. Os capilares que irrigam as glândulas endócrinas produtoras de peptídeos são fenestrados (pontuados com minúsculos orifícios ou "janelas"), de modo que as moléculas do hormônio entram rapidamente na corrente sanguínea para transporte para as células-alvo situadas em outros lugares. A insulina, agindo por meio de seu receptor tirosina-cinase (Fig. 12-21), tem efeitos profundos nos processos anabólicos e catabólicos em muitos tecidos, que serão explorados em detalhes a seguir.

**FIGURA 23-3 Estrutura do hormônio liberador de tireotrofina (TRH).** Purificado (após esforços heroicos) de extratos de hipotálamo, o TRH é um derivado do tripeptídeo Glu–His–Pro. O grupo carboxílico da cadeia lateral do Glu aminoterminal forma uma amida (ligação em vermelho) com o grupo α-amino desse resíduo, criando o piroglutamato, e o grupo carboxílico da Pro carboxiterminal é convertido em uma amida (—$NH_2$, em vermelho). Essas modificações são comuns entre os hormônios peptídicos pequenos. Em uma proteína típica de aproximadamente M, 50.000, as mudanças nos grupos amino e carboxiterminal contribuem muito pouco para a carga total da molécula, porém, em um tripeptídeo, essas duas cargas dominam as propriedades da molécula. A formação de derivados amida remove essas cargas.

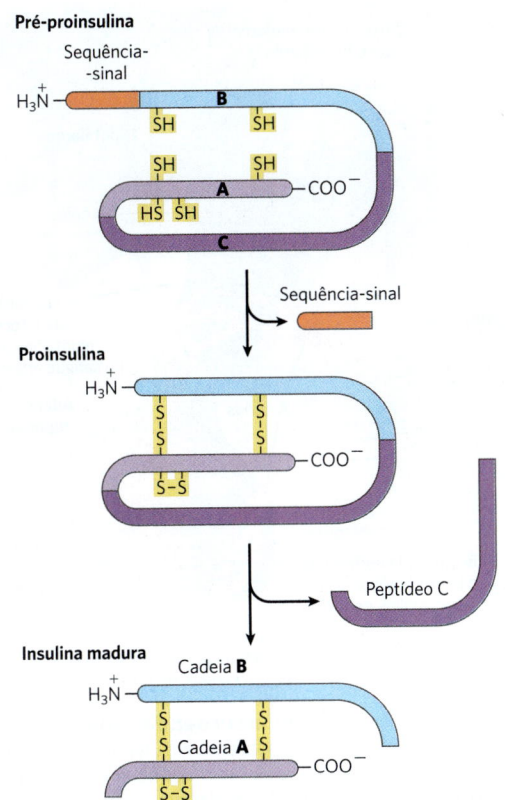

**FIGURA 23-4 Insulina.** A insulina madura é formada por processamento proteolítico de seu precursor mais longo, a pré-proinsulina. A remoção de um segmento de 23 aminoácidos (a sequência-sinal) da extremidade aminoterminal da pré-proinsulina e a formação de três ligações dissulfeto geram a proinsulina. Outros cortes proteolíticos removem o peptídeo C da proinsulina para produzir a insulina madura, composta de cadeias A e B.

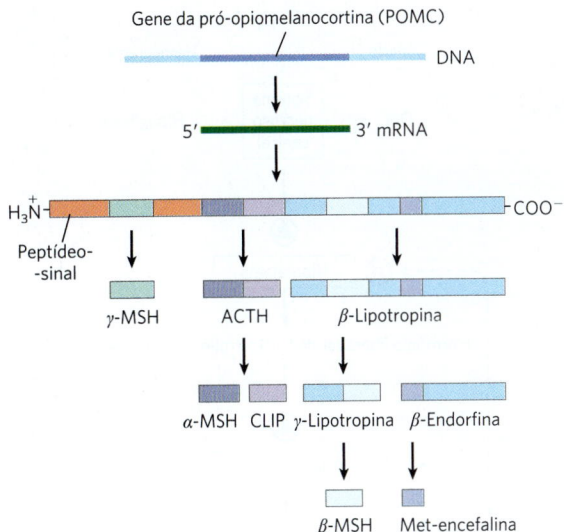

**FIGURA 23-5 Processamento proteolítico do precursor pró-opiomelanocortina (POMC).** O produto gênico inicial do gene POMC é um longo polipeptídeo, que sofre clivagem por uma série de proteases específicas para produzir ACTH (corticotrofina), $\beta$ e $\gamma$-lipotropina, $\alpha$, $\beta$ e $\gamma$-MSH (hormônio estimulador de melanócitos ou melanocortina), CLIP (peptídeo intermediário semelhante à corticotrofina), $\beta$-endorfina e Met-encefalina. Os pontos de hidrólise são pares de resíduos básicos, Arg–Lys, Lys–Arg ou Lys–Lys.

A **pró-opiomelanocortina** (**POMC**) é um exemplo espetacular de uma pró-proteína que sofre clivagem específica para produzir vários hormônios ativos. O gene POMC codifica um grande polipeptídeo que contém pelo menos nove peptídeos biologicamente ativos (**Fig. 23-5**). A pró-proteína é processada de forma diferente em diferentes tecidos, dependendo de quais proteases as células expressam. Os produtos ativos influenciam um número surpreendente de sistemas fisiológicos.

## Alguns hormônios são liberados por uma hierarquia "de cima para baixo" de sinais neuronais e hormonais

Os níveis variáveis de hormônios específicos regulam processos celulares específicos, mas o que regula os reguladores – o que define o nível de cada hormônio? A resposta simples é que **P1** o sistema nervoso central recebe informações vindas de muitos sensores externos e internos – por exemplo, sinais de perigo, fome, alimento ingerido, composição sanguínea – e coordena a produção de sinais hormonais adequados pelos tecidos endócrinos. Para uma resposta mais completa, considere a via de liberação de cortisol pela glândula adrenal, desencadeada por um estresse detectado pelo sistema nervoso central. A **Figura 23-6** ilustra a "cadeia de comando" nessa hierarquia de sinalização hormonal de cima para baixo. O **hipotálamo**, uma pequena região do encéfalo (**Fig. 23-7**), é o centro de coordenação do sistema endócrino; ele recebe e integra as mensagens do sistema nervoso central. Em resposta, o hipotálamo produz fatores de liberação, incluindo o hormônio liberador de corticotrofina (CRH, do inglês *corticotropin-releasing hormone*), que passam diretamente para a hipófise por meio de vasos sanguíneos e neurônios que conectam as duas glândulas. A hipófise secreta o hormônio adrenocorticotrófico (também chamado de corticotrofina ou ACTH), que viaja pelo sangue até o córtex adrenal e dispara a liberação de cortisol. Este, que é o último hormônio nessa cascata, age por meio de seu receptor em muitos tipos de células-alvo e altera o metabolismo celular. Nos hepatócitos, um dos efeitos do cortisol é o aumento da taxa de gliconeogênese.

As cascatas hormonais, como aquelas responsáveis pela liberação de cortisol e adrenalina, resultam em grandes amplificações do sinal inicial e permitem um requintado ajuste fino do sinal do hormônio final (Fig. 23-6). Em cada nível na cascata, um sinal pequeno provoca uma resposta maior. Por exemplo, o sinal elétrico inicial para o hipotálamo resulta na liberação de alguns *nanogramas* de hormônio liberador de corticotrofina, o qual provoca a liberação de alguns *microgramas* de corticotrofina. A corticotrofina atua no córtex adrenal para causar a liberação de *miligramas*

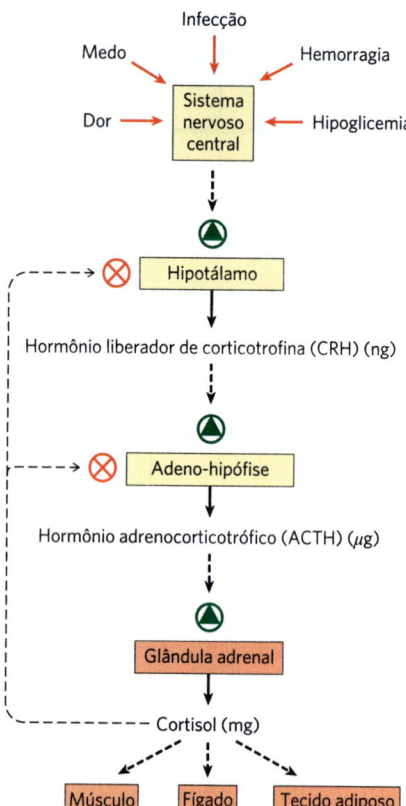

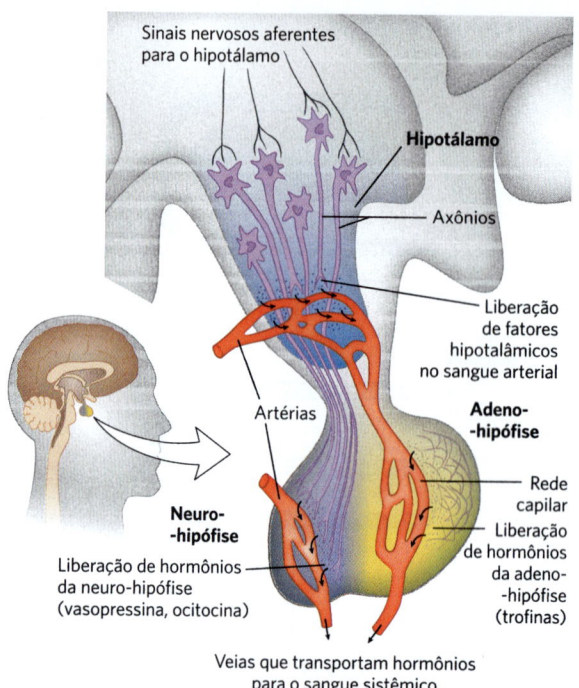

**FIGURA 23-6 Cascata de liberação de hormônio de cima para baixo após a entrada do sistema nervoso central no hipotálamo.** As setas pretas contínuas indicam produção e liberação de hormônios. As setas pretas tracejadas indicam a ação dos hormônios sobre os tecidos-alvo. Em cada tecido endócrino ao longo da via, um estímulo é recebido do nível superior, o qual é amplificado e transduzido na liberação do hormônio seguinte na cascata. A cascata é sensível à regulação em vários níveis por meio de inibição por retroalimentação (setas finas e tracejadas) pelo último hormônio (nesse caso, o cortisol). Dessa forma, o produto regula sua própria produção, como na inibição por retroalimentação das vias biossintéticas em uma célula individual.

**FIGURA 23-7 Origem neuroendócrina dos sinais hormonais.** Localização do hipotálamo e da hipófise e detalhes do sistema hipotalâmico-hipofisário. Os sinais dos neurônios aferentes estimulam o hipotálamo a secretar fatores de liberação para um vaso sanguíneo, que transporta os hormônios diretamente para uma rede de capilares na adeno-hipófise (ou hipófise anterior). Em resposta a cada fator de liberação hipotalâmico, a adeno-hipófise libera na circulação geral, o hormônio apropriado. Os hormônios da neuro-hipófise (ou hipófise posterior) são sintetizados nos neurônios originários do hipotálamo, transportados ao longo dos axônios até as terminações nervosas na neuro-hipófise e ali armazenados até serem liberados no sangue em resposta a um sinal neuronal.

de cortisol, para uma amplificação geral de, pelo menos, um milhão de vezes.

Em cada nível de uma cascata hormonal, a inibição por retroalimentação das etapas anteriores da cascata é possível; um nível desnecessariamente elevado do hormônio final ou de um hormônio intermediário inibe a liberação de hormônios anteriores na cascata. Esses mecanismos de retroalimentação cumprem a mesma finalidade daqueles que limitam o produto de uma via biossintética (comparar a Fig. 23-6 com a Fig. 22-37): um produto é sintetizado (ou liberado) somente até que seja alcançada a concentração necessária. Na cascata de coagulação do sangue (Fig. 6-44), foi visto um padrão semelhante: um sinal estimula uma cascata de ativações de proteínas; os mecanismos de retroalimentação limitam a sua ação e a duração da resposta.

## Os sistemas hormonais "de baixo para cima" enviam sinais de volta para o encéfalo e para outros tecidos

Além da hierarquia de sinalização hormonal de cima para baixo, mostrada na Figura 23-6, alguns hormônios são produzidos no sistema digestório, no músculo e no tecido adiposo e comunicam o estado metabólico do momento ao hipotálamo (**Fig. 23-8**). Esses sinais são integrados no hipotálamo, e uma resposta neuronal ou hormonal apropriada é induzida.

As **adipocinas**, por exemplo, são hormônios peptídicos, produzidos *no tecido adiposo*, que sinalizam a adequação das reservas de gordura. A adipocina **leptina**, liberada quando o tecido adiposo fica repleto de triacilgliceróis, atua no encéfalo para inibir o comportamento alimentar, ao passo que a **adiponectina** sinaliza o esgotamento das reservas de gordura e estimula a alimentação. Outros tecidos produzem e liberam outros hormônios. A **grelina** é produzida no trato gastrintestinal quando o estômago está vazio e atua no hipotálamo para estimular o comportamento alimentar; quando o estômago está cheio, a liberação de grelina cessa. As **incretinas** são hormônios peptídicos produzidos no

## 23.1 ESTRUTURA E AÇÃO HORMONAL

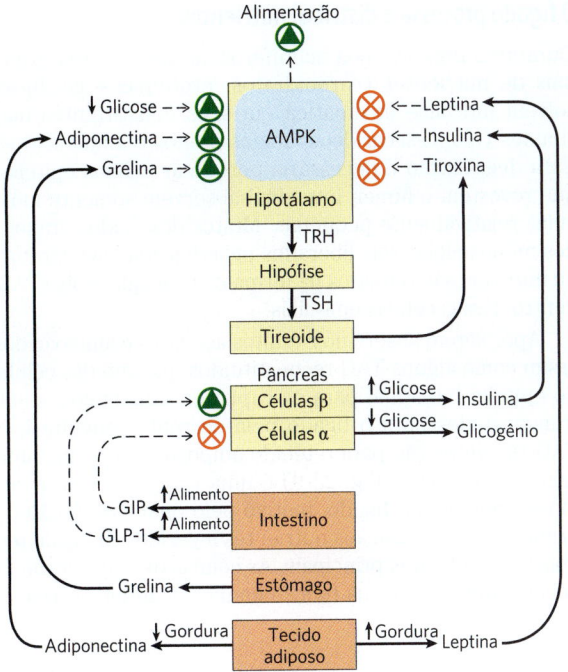

**FIGURA 23-8 Regulação do comportamento alimentar pelo fluxo de informações bidirecional entre os tecidos e o hipotálamo.** Quando a ingestão alimentar e a produção de energia estão adequadas, os hormônios peptídicos liberados pelo estômago, pelo intestino e pelo tecido adiposo retornam ao hipotálamo para sinalizar a saciedade e reduzir o comportamento alimentar. Outros hormônios peptídicos tecido-específicos indicam um suprimento inadequado de triacilgliceróis armazenados ou baixos níveis de glicose no sangue. Todos esses sinais interferem, direta ou indiretamente, na proteína-cinase ativada por AMP (AMPK) no hipotálamo, que integra esses sinais e influencia o comportamento alimentar e o metabolismo de produção de energia nos tecidos. Os nervos transportam sinais elétricos do encéfalo para os outros tecidos para completar o circuito de informação e alcançar a homeostase (não mostrada). TRH, hormônio liberador de tireotrofina; GLP-1, peptídeo do tipo glucagon 1; GIP, polipeptídeo inibidor gástrico.

intestino após a ingestão de uma refeição; elas aumentam a secreção de insulina e diminuem a secreção de glucagon pelo pâncreas. O **neuropeptídeo Y** (**NPY**) é um hormônio produzido no hipotálamo e nas glândulas adrenais. A sua liberação estimula a alimentação e reduz o gasto de energia para atividades não essenciais. O **peptídeo YY** (**PYY$_{3-36}$**), produzido no intestino, sinaliza saciedade no encéfalo. A **irisina** é um hormônio peptídico produzido no músculo como resultado do exercício. Ela age para converter o tecido adiposo branco em tecido adiposo bege, o qual dissipa energia como calor (ver Seção 23.2).

Esses hormônios (resumidos na **Tabela 23-2**) serão retomados quando for discutida a regulação da massa corporal nos seres humanos (Seção 23.4).

### RESUMO 23.1 Estrutura e ação hormonal

- Os hormônios conectam todos os órgãos do corpo, transportando informações e sinais entre o sistema nervoso central e todos os tecidos.

- Os hormônios são quimicamente diferentes, com uma ampla gama de funções biológicas. Hormônios peptídicos são sintetizados como proteínas nos ribossomos e, então, clivados proteoliticamente para formar os peptídeos ativos.

- Os hormônios são regulados por uma hierarquia de cima para baixo de interações entre o encéfalo e as glândulas endócrinas: os impulsos nervosos estimulam o hipotálamo a enviar hormônios específicos para a hipófise, estimulando (ou inibindo) a liberação de um segundo nível de hormônios. Os hormônios da adeno-hipófise (hipófise anterior), por sua vez, estimulam outras glândulas endócrinas (p. ex., adrenais) a secretar seus hormônios característicos, que, por sua vez, estimulam tecidos-alvo específicos.

- Alguns hormônios atuam na sinalização de baixo para cima: tecido adiposo, músculo e trato gastrintestinal liberam hormônios peptídicos que atuam em outros tecidos ou no sistema nervoso central.

| TABELA 23-2 | Alguns hormônios peptídicos que atuam no comportamento alimentar e na seleção de alimentos em mamíferos | | |
|---|---|---|---|
| Hormônio | Locais de produção | Tecidos-alvo | Ações |
| Insulina | Células β pancreáticas | Músculo, tecido adiposo, fígado | Estimula a captação de glicose e a síntese de glicogênio e gordura |
| Glucagon | Células α pancreáticas | Fígado, tecido adiposo | Estimula a gliconeogênese e a liberação de glicose para o sangue |
| Leptina | Tecido adiposo | Hipotálamo | Reduz a fome |
| Adiponectina | Tecido adiposo | Músculo, fígado, outros | Estimula o catabolismo e o comportamento alimentar |
| Grelina | Estômago, intestino | Encéfalo | Sinaliza fome |
| Incretinas: GLP-1, GIP | Intestino | Pâncreas | Estimula a liberação de insulina |
| NPY | Hipotálamo, adrenais | Encéfalo, sistema nervoso autônomo | Estimula o comportamento alimentar |
| PYY$_{3-36}$ | Intestino | Encéfalo | Sinaliza saciedade |
| Irisina | Músculo (após exercício) | Tecido adiposo | Transforma o tecido adiposo branco em bege |

## 23.2 Metabolismo tecido-específico

Cada tecido do corpo humano tem uma função especializada, que se reflete na sua anatomia e na sua atividade metabólica (**Fig. 23-9**). O músculo esquelético permite o movimento direcionado; o tecido adiposo armazena e distribui energia na forma de gordura, a qual serve como combustível para todo o corpo e como isolamento térmico; no encéfalo, as células bombeiam íons através de suas membranas plasmáticas para produzir sinais elétricos. O fígado tem um papel central de processamento e distribuição no metabolismo e abastece todos os outros órgãos e tecidos com a mistura apropriada de nutrientes via corrente sanguínea. A posição central da função hepática é indicada pela referência comum que se faz a todos os outros tecidos e órgãos como "extra-hepáticos". Por essa razão, a presente discussão começará com a divisão do trabalho metabólico, levando em consideração as transformações de carboidratos, aminoácidos e gorduras no fígado dos mamíferos. Isso será seguido por breves descrições das funções metabólicas primárias do tecido adiposo, do músculo, do encéfalo e do tecido que interconecta todos os outros: o sangue.

### O fígado processa e distribui nutrientes

Durante a digestão nos mamíferos, as três classes principais de nutrientes (carboidratos, proteínas e gorduras) sofrem hidrólise enzimática em seus constituintes mais simples (monossacarídeos, ácidos graxos e aminoácidos). Essa degradação é necessária porque as células epiteliais que revestem o lúmen intestinal absorvem somente moléculas relativamente pequenas. Muitos dos ácidos graxos e dos monoacilgliceróis liberados pela digestão das gorduras no intestino são reunidos na forma de triacilgliceróis (TAG) dentro dessas células epiteliais.

Após serem absorvidos, muitos açúcares e aminoácidos, assim como alguns TAG reconstituídos, passam das células do epitélio intestinal para os capilares sanguíneos, sendo transportados para o fígado pela corrente sanguínea; os TAG restantes vão para o tecido adiposo via sistema linfático. A veia porta (Fig. 23-9) é uma via direta dos órgãos digestórios para o fígado, motivo pelo qual esse órgão é o primeiro a ter acesso aos nutrientes ingeridos. O fígado tem dois tipos celulares principais. As células de Kupffer são fagócitos, importantes na função imune. Os **hepatócitos**, de

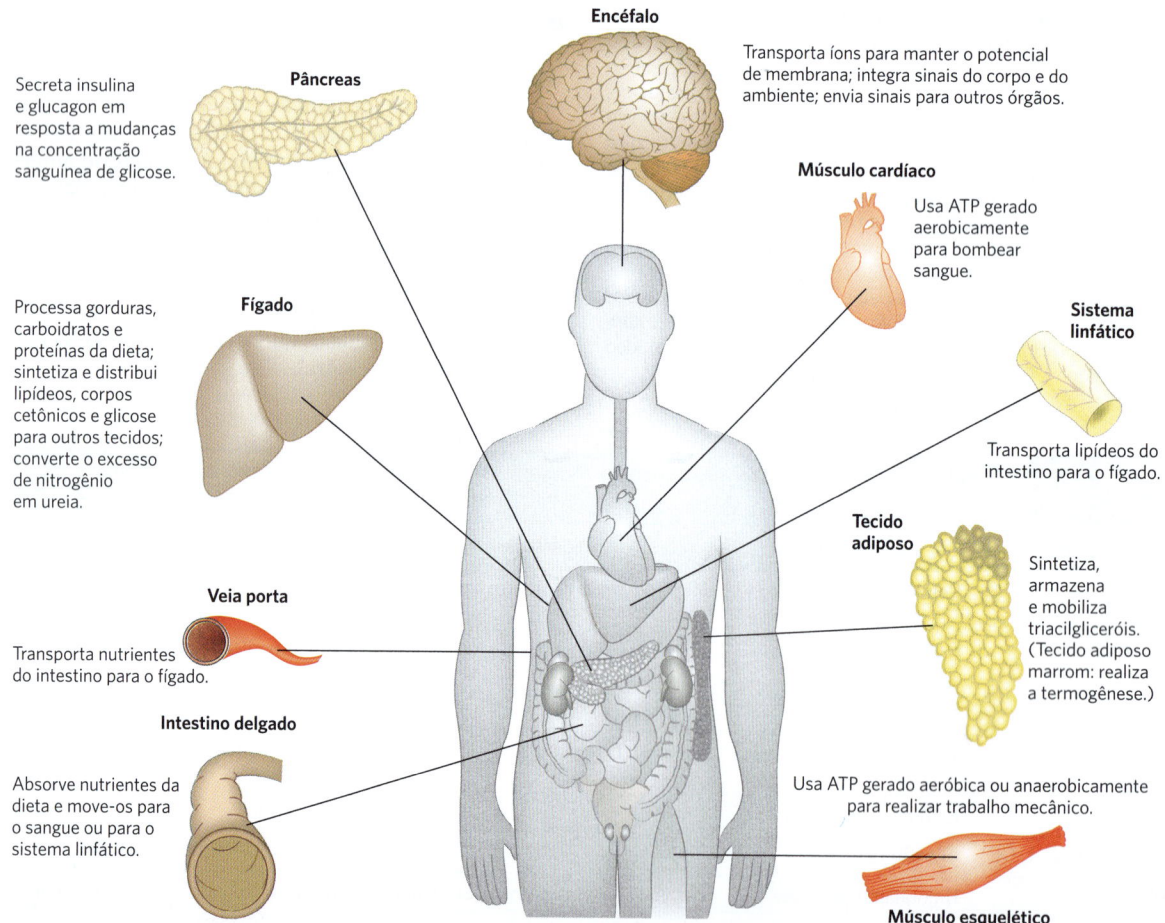

**FIGURA 23-9** Funções metabólicas especializadas dos tecidos dos mamíferos.

maior interesse neste capítulo, transformam os nutrientes da dieta em combustíveis e precursores necessários para outros tecidos e os exportam pelo sangue. Os tipos e as quantidades de nutrientes fornecidos ao fígado são determinados pela dieta, pelo tempo entre as refeições e por vários outros fatores. A demanda dos tecidos extra-hepáticos para combustíveis e precursores varia de um órgão para outro, bem como com o nível de atividade e com o estado nutricional geral do indivíduo.

Para satisfazer a essas condições variáveis, o fígado tem uma notável flexibilidade metabólica. Por exemplo, quando a dieta é rica em proteína, os hepatócitos produzem altos níveis de enzimas para o catabolismo dos aminoácidos e para a gliconeogênese. Algumas horas após a mudança para uma dieta rica em carboidratos, os níveis dessas enzimas começam a diminuir, e os hepatócitos aumentam a síntese de enzimas essenciais para o metabolismo de carboidratos e para a síntese de gorduras. As enzimas hepáticas apresentam uma taxa de renovação (i.e., são sintetizadas e degradadas) de 5 a 10 vezes maior que a da renovação de enzimas de outros tecidos, como o músculo. Os tecidos extra-hepáticos também podem ajustar seu metabolismo para as condições prevalentes, mas nenhum desses tecidos é tão adaptável quanto o fígado, e nenhum é tão central ao metabolismo geral do organismo.

A seguir, será apresentada uma visão geral dos destinos possíveis para açúcares, aminoácidos e lipídeos que entram no fígado a partir da corrente sanguínea.

**Carboidratos** O transportador de glicose dos hepatócitos (GLUT2) permite a difusão passiva e rápida da glicose, de forma que a concentração desse açúcar em um hepatócito é essencialmente a mesma daquela no sangue. A glicose que entra nos hepatócitos é fosforilada pela glicocinase (hexocinase IV) para produzir glicose-6-fosfato. A glicocinase tem uma $K_m$ para a glicose muito mais alta (10 mM) do que a das isoenzimas hexocinases em outras células (p. 539) e, ao contrário dessas isoenzimas, não é inibida por seu produto, a glicose-6-fosfato. A presença da glicocinase permite aos hepatócitos continuar fosforilando a glicose quando sua concentração se eleva muito acima dos níveis que sobrecarregariam outras hexocinases. A alta $K_m$ para a glicocinase também garante que a fosforilação da glicose nos hepatócitos seja mínima quando a concentração do açúcar for baixa, evitando seu consumo como combustível via glicólise pelo fígado. Isso poupa glicose para outros tecidos. A frutose, a galactose e a manose, todas absorvidas a partir do intestino delgado, também são convertidas em glicose-6-fosfato pelas vias enzimáticas descritas no Capítulo 14 (ver Fig. 14-9). A glicose-6-fosfato está na encruzilhada do metabolismo dos carboidratos no fígado. Ela pode entrar em qualquer uma de várias vias metabólicas importantes (**Fig. 23-10**), dependendo das necessidades metabólicas do organismo. Pela ação de várias enzimas reguladas alostericamente e por meio de regulação hormonal da síntese e da atividade de enzimas, o fígado direciona o fluxo de glicose para uma ou mais dessas vias.

❶ A glicose-6-fosfato é desfosforilada pela glicose-6-fosfatase para gerar glicose livre (ver Fig. 15-6), que é

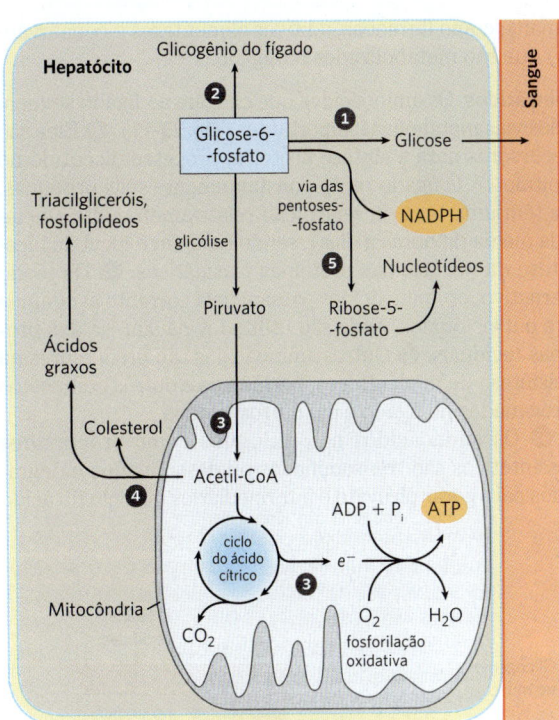

**FIGURA 23-10 Vias metabólicas para a glicose-6-fosfato no fígado.** Nesta figura, bem como nas Figuras 23-11 e 23-12, as vias anabólicas são representadas na forma ascendente; as vias catabólicas, na descendente; e a distribuição para outros órgãos, na horizontal. Os processos numerados em cada figura estão descritos no texto.

exportada para repor a glicose sanguínea. A exportação é a via predominante quando o estoque de glicose-6-fosfato é limitado, uma vez que a concentração da glicose no sangue deve ser mantida suficientemente alta (4 a 5 mM) para fornecer energia adequada para o encéfalo e para outros tecidos. ❷ A glicose-6-fosfato não imediatamente necessária para manter a glicemia é convertida em glicogênio hepático ou direcionada para um de vários outros destinos. Após a glicólise e a reação da piruvato-desidrogenase, ❸ a acetil-CoA formada pode ser oxidada para a produção de ATP no ciclo do ácido cítrico, com a transferência de elétrons e a fosforilação oxidativa decorrentes gerando ATP. (No entanto, geralmente os ácidos graxos são o combustível preferido para a produção de ATP nos hepatócitos.) ❹ A acetil-CoA também pode servir como precursora dos ácidos graxos – que são incorporados em TAG e fosfolipídeos – e do colesterol. Uma grande quantidade dos lipídeos sintetizados no fígado é transportado pelas lipoproteínas sanguíneas para outros tecidos. ❺ A glicose-6-fosfato pode, alternativamente, entrar na via das pentoses-fosfato, gerando poder redutor (NADPH), necessário para a biossíntese de ácidos graxos e colesterol, e ribose-5-fosfato, precursor para a síntese de nucleotídeos. O NADPH também é um cofator essencial na detoxificação e eliminação de muitas fármacos e outros **xenobióticos** (compostos que não ocorrem naturalmente, mas são produtos da atividade humana, como fármacos, aditivos alimentares e conservantes) que são metabolizados no fígado.

**Aminoácidos** Os aminoácidos que chegam ao fígado seguem várias vias metabólicas importantes (**Fig. 23-11**). ❶ Eles são precursores para a síntese proteica, processo discutido no Capítulo 27. O fígado repõe constantemente suas proteínas, que têm uma taxa de renovação relativamente alta (meia-vida média de horas a dias), sendo também o local de biossíntese da maioria das proteínas plasmáticas. ❷ De modo alternativo, os aminoácidos passam pela corrente sanguínea para outros órgãos, onde são utilizados na síntese das proteínas teciduais. ❸ Outros aminoácidos são precursores na biossíntese de nucleotídeos, hormônios e outros compostos nitrogenados no fígado e em outros tecidos.

❹ₐ Os aminoácidos não utilizados como precursores biossintéticos são transaminados ou desaminados e degradados para gerar piruvato e intermediários do ciclo do ácido cítrico, com vários destinos; ❹ᵦ a amônia liberada é convertida em ureia, um produto de excreção. ❺ O piruvato pode ser convertido em glicose e glicogênio pela gliconeogênese ou ❻ ser convertido em acetil-CoA, que tem vários destinos possíveis: ❼ oxidação via ciclo do ácido cítrico e ❽ fosforilação oxidativa para produzir ATP, ou ❾ conversão em lipídeos para armazenamento. ❿ Os intermediários do ciclo do ácido cítrico podem ser desviados para a síntese de glicose pela gliconeogênese.

▶**P2**▶ O fígado também metaboliza os aminoácidos que provêm intermitentemente de outros tecidos. O sangue é suprido adequadamente com glicose logo após a digestão e a absorção dos carboidratos da dieta ou, entre as refeições, pela conversão do glicogênio hepático em glicose sanguínea. Durante o intervalo entre as refeições, sobretudo se prolongado, algumas proteínas musculares são degradadas a aminoácidos. Esses aminoácidos doam seus grupos amino (por transaminação) ao piruvato, o produto da glicólise, para produzir alanina, que ⓫ é transportada para o fígado e desaminada. Os hepatócitos convertem o piruvato resultante em glicose sanguínea (via gliconeogênese ❺), e a amônia em ureia para excreção ❹ᵦ. Uma vantagem desse ciclo glicose-alanina é amenizar flutuações nos níveis de glicose sanguínea nos intervalos entre as refeições. O déficit de aminoácidos imposto aos músculos é suprido após a próxima refeição pelos aminoácidos da dieta.

**Lipídeos** Os ácidos graxos componentes dos lipídeos que chegam aos hepatócitos também têm vários destinos (**Fig. 23-12**). ❶ Alguns são convertidos em lipídeos hepáticos. ❷ Na maior parte das vezes, os ácidos graxos são o principal combustível oxidativo no fígado. Os ácidos graxos livres podem ser ativados e oxidados para gerar acetil-CoA e NADH. ❸ A acetil-CoA é posteriormente oxidada no ciclo do ácido cítrico, e ❹ as oxidações no ciclo promovem a síntese de ATP por fosforilação oxidativa. ❺ O excesso de acetil-CoA, desnecessário para o fígado, é convertido em acetoacetato e β-hidroxibutirato; esses corpos cetônicos circulam no sangue para outros tecidos e são usados como combustível para o ciclo do ácido cítrico. Os corpos cetônicos, ao contrário dos ácidos graxos, podem atravessar a barreira hematencefálica, fornecendo ao encéfalo uma fonte de acetil-CoA para oxidação com o objetivo de gerar energia. Os corpos cetônicos podem suprir uma fração significativa da energia em alguns tecidos extra-hepáticos – até um terço no coração e em torno de 60 a 70% no encéfalo durante o jejum prolongado. ❻ Uma parte da acetil-CoA derivada dos ácidos graxos (e da glicose) é usada na biossíntese de colesterol, que é necessário para síntese de membranas. O colesterol também é o precursor de todos os hormônios esteroides e dos sais biliares, essenciais para a digestão e a absorção de lipídeos.

Os outros dois destinos metabólicos dos lipídeos necessitam de mecanismos especializados para o transporte de lipídeos insolúveis no sangue. ❼ Os ácidos graxos são convertidos em fosfolipídeos e TAG de lipoproteínas plasmáticas, que transportam os lipídeos para o tecido adiposo para serem armazenados. ❽ Alguns ácidos graxos livres são ligados à albumina sérica e transportados para o coração e

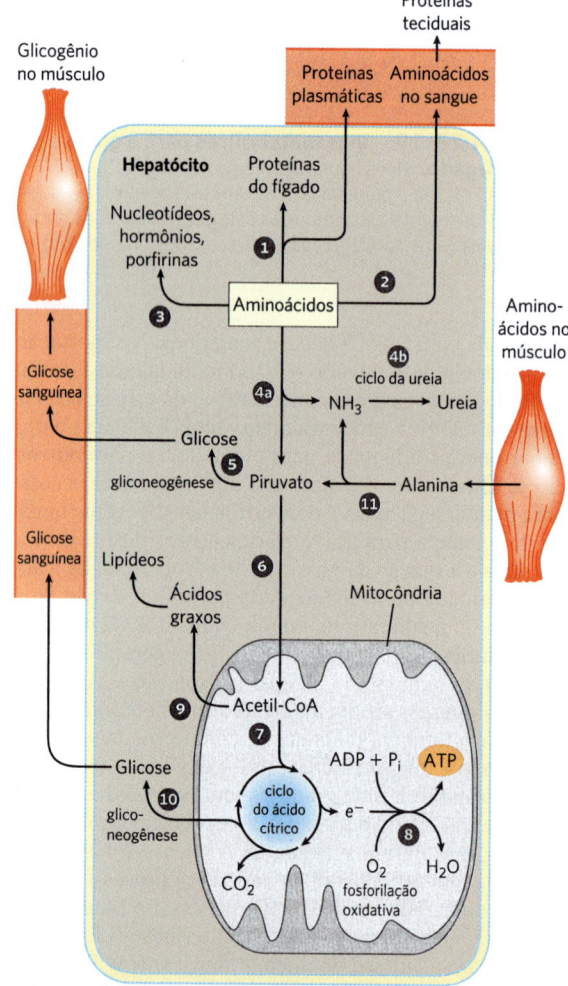

**FIGURA 23-11** **Metabolismo dos aminoácidos no fígado.**

## 23.2 METABOLISMO TECIDO-ESPECÍFICO

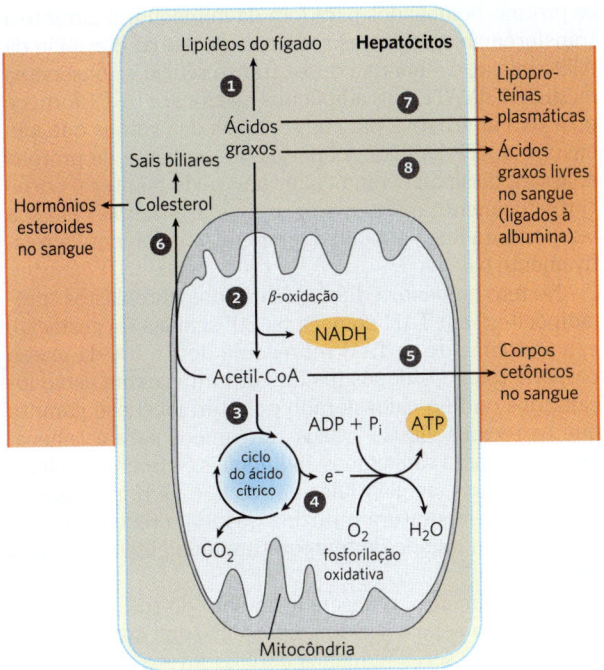

**FIGURA 23-12** Metabolismo dos ácidos graxos no fígado.

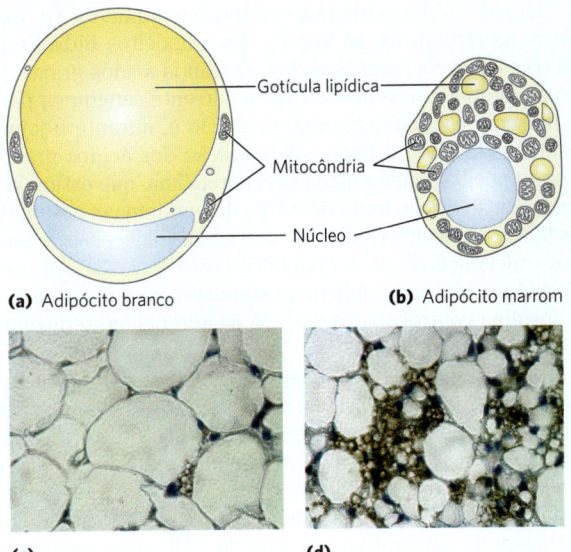

**FIGURA 23-13 Tecidos adiposos branco e marrom.** Visão esquemática de adipócitos típicos de (a) tecido adiposo branco (TAB) e (b) tecido adiposo marrom (TAM) de camundongo. Os adipócitos brancos são maiores e têm uma única gota lipídica enorme, que comprime as mitocôndrias e o núcleo contra a membrana plasmática. Nos adipócitos marrons, as mitocôndrias são muito mais proeminentes, o núcleo está próximo ao centro da célula e múltiplas gotículas lipídicas estão presentes. Na parte inferior, são mostradas micrografias eletrônicas de (c) adipócitos no TAB, corados para mostrar os núcleos, e de (d) uma região de adipócitos brancos e marrons, corados com um anticorpo específico para UCP1, a proteína desacopladora responsável pela termogênese. [(c, d) Cortesia do Dr. Patrick Seale.]

para os músculos esqueléticos, que os captam e os oxidam como combustíveis importantes. A albumina é a proteína plasmática mais abundante; uma molécula pode transportar até sete moléculas de ácidos graxos livres (ver Fig. 17-3).

O fígado, portanto, serve como o centro de distribuição do corpo, exportando nutrientes nas proporções corretas para outros órgãos, suavizando as flutuações no metabolismo causadas pela ingestão intermitente de alimentos e processando o excesso de grupos amino em ureia e outros produtos para serem eliminados pelos rins. Certos nutrientes são armazenados no fígado, incluindo íons de ferro e vitamina A. O fígado também desintoxica os xenobióticos. A destoxificação frequentemente inclui a hidroxilação dependente do citocromo P-450 de compostos orgânicos relativamente insolúveis, tornando-os suficientemente solúveis para posterior degradação e excreção (ver Quadro 21-1).

### Os tecidos adiposos armazenam e fornecem ácidos graxos

Existem dois tipos principais de tecido adiposo: o branco e o marrom (**Fig. 23-13**). Eles têm papéis distintos e, inicialmente, nosso foco será no mais abundante dos dois. O **tecido adiposo branco** (**TAB**) é amorfo e amplamente distribuído pelo corpo: sob a pele, ao redor dos vasos sanguíneos mais profundos e na cavidade abdominal. Os **adipócitos** do TAB são células grandes (30 a 70 $\mu m$ de diâmetro), esféricas, totalmente preenchidas com uma única e grande gota lipídica de triacilgliceróis, a qual constitui 65% da massa celular e comprime as mitocôndrias e o núcleo em uma fina camada contra a membrana plasmática (Fig. 23-13a, c). A gotícula lipídica contém TAG e ésteres de esterol e é revestida com uma monocamada de fosfolipídeos, orientados com seus grupos cabeça voltados para o citosol. Proteínas específicas estão associadas à superfície das gotículas, incluindo a perilipina e as enzimas para síntese e quebra de TAG (ver Fig. 17-2). O TAB normalmente representa cerca de 15% da massa de um ser humano adulto jovem e saudável. Os adipócitos são metabolicamente ativos, respondendo rapidamente a estímulos hormonais em interação metabólica com o fígado, com os músculos esqueléticos e com o coração.

Os adipócitos possuem metabolismo glicolítico ativo, oxidam piruvato e ácidos graxos por meio do ciclo do ácido cítrico e realizam fosforilação oxidativa. Durante períodos de captação elevada de carboidratos, o tecido adiposo pode converter a glicose (via piruvato e acetil-CoA) em ácidos graxos, converter os ácidos graxos em TAG, e armazenar os TAG em grandes gotículas de gordura – embora a maior parte da síntese de ácidos graxos nos seres humanos ocorra nos hepatócitos. Os adipócitos armazenam TAG provenientes do fígado (transportados no sangue como VLDL) e do trato intestinal (transportados em quilomícrons), especialmente após refeições ricas em gordura.

Quando a demanda por combustível aumenta (p. ex., entre as refeições), as lipases dos adipócitos hidrolisam os triacilgliceróis armazenados, liberando ácidos graxos livres, que podem se deslocar pela corrente sanguínea para o músculo esquelético, para o coração e, durante o jejum prolongado, para o fígado. A liberação dos ácidos graxos dos adipócitos é aumentada pela adrenalina, que estimula a fosforilação dependente de AMPc da perilipina e, assim, dá às lipases específicas para tri, di e monoacilgliceróis acesso aos triacilgliceróis na gota lipídica (ver Fig. 17-2). A lipase hormônio-sensível também é estimulada pela fosforilação. A insulina contrabalança o efeito da adrenalina, reduzindo a atividade da lipase.

A degradação e a síntese de triacilgliceróis no tecido adiposo constituem um ciclo de substrato; até 70% dos ácidos graxos liberados pelas três lipases são reesterificados nos adipócitos, produzindo novamente os triacilgliceróis. Cada ciclo consome ATP (usado para ativar os ácidos graxos como ésteres de acil-CoA), de modo que o efeito líquido da ciclagem do substrato é a quebra do ATP e a consequente liberação de calor. No tecido adiposo, o glicerol liberado pelas lipases dos adipócitos não pode ser reutilizado na síntese de triacilgliceróis, uma vez que os adipócitos não têm a glicerol-cinase. Em vez disso, o glicerol-fosfato necessário para a síntese de TAG é sintetizado a partir de piruvato pela gliceroneogênese, o que exige a ação da PEP-carboxicinase citosólica (ver Fig. 21-22).

Além de sua função central como depósito de combustível, o tecido adiposo tem um papel importante como órgão endócrino, produzindo e liberando hormônios que sinalizam o estado das reservas de energia e coordenam o metabolismo das gorduras e dos carboidratos em todo o corpo. Voltaremos a essa função na Seção 23.4, quando for discutida a regulação hormonal da massa corporal.

### Os tecidos adiposos marrom e bege são termogênicos

Nos vertebrados pequenos e nos animais que hibernam, uma proporção significativa do tecido adiposo é formada pelo **tecido adiposo marrom** (**TAM**), distinto do TAB por seus adipócitos menores (20 a 40 $\mu$m de diâmetro) e com formato diferente (poligonais, em vez de redondos) (Fig. 23-13b, d). Como os adipócitos brancos, os adipócitos marrons armazenam triacilgliceróis, mas em várias gotículas de lipídeo menores por célula, em vez de uma única gota central. As células do TAM têm mais mitocôndrias e um suprimento mais rico de capilares e de inervação do que as células do TAB, e sua característica coloração marrom é conferida pelos citocromos das mitocôndrias e pela hemoglobina nos capilares. Uma característica única dos adipócitos marrons é a produção da **proteína desacopladora 1** (**UCP1**), também chamada de termogenina (ver Fig. 19-36). Essa proteína é responsável por uma das principais funções do TAM: a **termogênese**.

Nos adipócitos marrons, os ácidos graxos armazenados nas gotículas de gordura são liberados, entram nas mitocôndrias e sofrem conversão completa em $CO_2$ pela $\beta$-oxidação e pelo ciclo do ácido cítrico. O $FADH_2$ e o NADH reduzidos gerados passam seus elétrons pela cadeia respiratória para o oxigênio molecular. Nos adipócitos brancos, os prótons bombeados para fora da mitocôndria durante a transferência de elétrons reentram na matriz por meio da ATP-sintase, e a energia dessa transferência é conservada na síntese de ATP. Nos adipócitos marrons, a UCP1 fornece uma rota alternativa para a reentrada de prótons que não envolve a ATP-sintase. A energia do gradiente de prótons é, assim, dissipada como calor, que pode manter o corpo (principalmente o sistema nervoso e as vísceras) em sua temperatura ideal quando a temperatura ambiente é relativamente baixa.

No feto humano, a diferenciação dos fibroblastos "pré-adipócitos" em TAM começa na 20ª semana de gestação, e, ao nascimento, o TAM representa de 1 a 5% da massa corporal total. Os depósitos de gordura marrom estão localizados onde o calor gerado pela termogênese garante que os tecidos vitais – vasos sanguíneos para a cabeça, principais vasos sanguíneos abdominais e vísceras, incluindo o pâncreas, as glândulas adrenais e os rins – não tenham sua temperatura reduzida quando o recém-nascido entra em um mundo de temperatura ambiente mais baixa (**Fig. 23-14a**).

Ao nascimento, o desenvolvimento do tecido adiposo branco inicia-se, e o tecido adiposo marrom começa a desaparecer. Os seres humanos adultos jovens têm depósitos muito diminuídos de TAM, que variam de 3% de todo o tecido adiposo no sexo masculino a 7% no sexo feminino, perfazendo menos de 0,1% da massa corporal. No entanto, os adultos apresentam um número significativo de adipócitos, distribuídos entre suas células do TAB, que podem ser convertidos pela exposição ao frio ou pela estimulação $\beta$-adrenérgica em células muito semelhantes aos adipócitos marrons. Os **adipócitos bege** têm várias gotículas lipídicas, são mais ricos em mitocôndrias do que os adipócitos brancos e produzem UCP1, de modo que funcionam efetivamente como geradores de calor. Os adipócitos marrom e bege produzem calor pela oxidação de seus próprios ácidos graxos, mas também absorvem e oxidam os ácidos graxos e a glicose do sangue a taxas desproporcionais à sua massa. Na verdade, a detecção de TAM por tomografia de varredura por emissão de pósitrons (PET *scan*) depende da taxa relativamente alta de captação e metabolismo da *glicose* (Fig. 23-14b). Na adaptação ao ambiente quente ou frio e na diferenciação normal do TAB, do TAM e do tecido adiposo bege, o fator de transcrição nuclear PPAR$\gamma$ (descrito mais adiante neste capítulo) desempenha um papel central. Como observado anteriormente, o hormônio peptídico irisina, produzido no músculo pelo exercício, desencadeia o desenvolvimento do tecido adiposo bege, que continua a queimar combustível muito tempo depois do término do exercício.

### Os músculos usam ATP para trabalho mecânico

O metabolismo nas células musculares esqueléticas – **miócitos** – é especializado para gerar ATP como fonte imediata de energia para a contração. Além disso, o músculo esquelético está adaptado para fazer seu trabalho mecânico de forma intermitente, de acordo com a demanda. Às vezes, o músculo esquelético precisa trabalhar na sua capacidade máxima por um tempo curto, como em corridas de

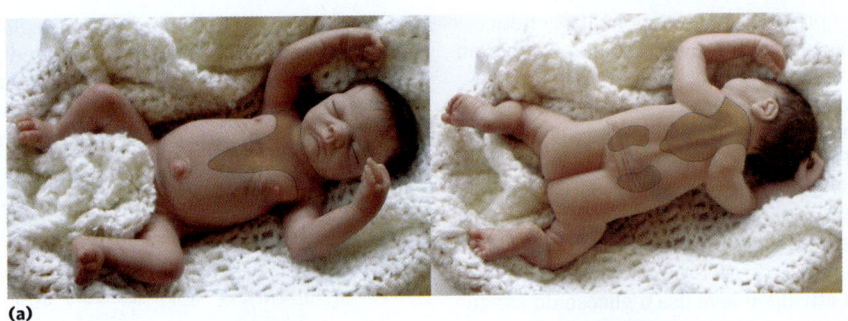

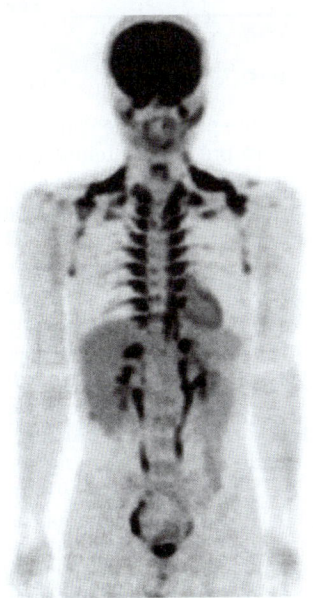
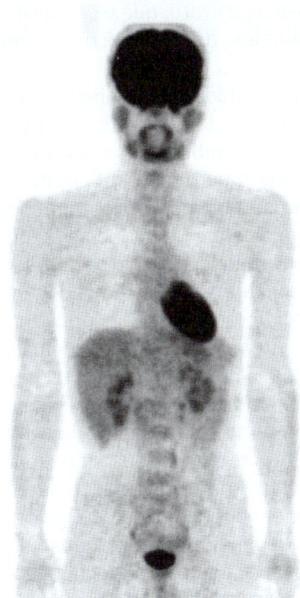

(b)    Após exposição ao frio        Temperatura ambiente controlada

**FIGURA 23-14 Tecido adiposo marrom em bebês e adultos.** (a) Ao nascer, os bebês humanos têm a gordura marrom distribuída conforme mostrado nesta figura, para proteger a coluna vertebral, os vasos sanguíneos principais e os órgãos internos. (b) A tomografia por emissão de pósitrons (PET) pode mostrar a atividade metabólica em uma pessoa viva em tempo real. Os exames PET permitem a visualização de glicose marcada isotopicamente em regiões localizadas do corpo. Um análogo da glicose emissora de pósitrons, 2-[$^{18}$F]-flúor-2-desóxi-D-glicose (FDG), é injetado na corrente sanguínea. Pouco tempo depois, um exame PET mostra quanta glicose foi absorvida por cada parte do corpo – uma medida da atividade metabólica. À esquerda, está o exame PET de um homem saudável de 25 anos que jejuou por 12 horas, depois permaneceu por 1 hora em um quarto frio (19 °C), com suas pernas no gelo para esfriá-lo completamente. Ao final de uma hora, [$^{18}$F]-FDG foi injetado nele, que permaneceu sob condições frias por mais uma hora. Exames PET de corpo inteiro foram, então, feitas em 24 °C. Para a varredura de controle, o mesmo homem foi submetido ao mesmo protocolo de PET duas semanas depois, mas, dessa vez, após 2 horas em 27 °C, em vez do resfriamento anterior (à direita). A marcação intensa do encéfalo e do coração mostra altas taxas de captação de glicose; a marcação nos rins e na bexiga indica a depuração do FDG. Na varredura após o resfriamento (à esquerda), [$^{18}$F]-FDG marca TAM na região acima da clavícula e ao longo das vértebras. [(a) Adam Steinberg. (b) Reproduzida, com permissão, da American Diabetes Association, de M. Saito et al., *Diabetes* 58:1526, 2009, Fig. 1; permissão obtida através do Copyright Clearance Center, Inc.]

100 metros; outras vezes, é necessário um esforço mais longo, como em maratonas ou trabalhos físicos prolongados.

Existem duas classes gerais de tecido muscular, que diferem no papel fisiológico e na utilização de combustível. O **músculo de contração lenta**, também chamado de músculo vermelho, proporciona tensão relativamente baixa, mas é altamente resistente à fadiga. Ele produz ATP pelo processo de fosforilação oxidativa, que é relativamente lento, mas estável. O músculo vermelho é muito rico em mitocôndrias e é irrigado por redes muito densas de vasos sanguíneos, que fornecem o oxigênio essencial para a produção de ATP. O **músculo de contração rápida**, ou músculo branco, tem menos mitocôndrias e um suprimento menor de vasos sanguíneos do que o músculo vermelho, mas pode desenvolver grande tensão, e o faz mais rapidamente. O músculo branco entra em fadiga com mais rapidez, pois, quando em atividade, usa ATP mais rapidamente do que pode repor. A proporção individual entre os músculos branco e vermelho apresenta um componente genético, e a resistência do músculo de contração rápida pode ser aumentada com treinamento.

O músculo esquelético poder usar ácidos graxos livres ou glicose como combustível, dependendo do grau de atividade muscular (**Fig. 23-15**). No músculo em repouso, os principais combustíveis são os ácidos graxos livres do tecido adiposo. Eles são oxidados e degradados para produzir acetil-CoA, que entra no ciclo do ácido cítrico, resultando na energia para a síntese de ATP pela fosforilação oxidativa. O músculo em atividade leve usa a glicose do sangue, bem como os ácidos graxos. A glicose é fosforilada, sendo, então, degradada pela glicólise a piruvato, que é convertido em acetil-CoA e oxidado pelo ciclo do ácido cítrico e pela fosforilação oxidativa.

Nos músculos de contração rápida em atividade máxima, a demanda por ATP é tão grande que o fluxo sanguíneo não consegue fornecer $O_2$ e combustíveis com a rapidez necessária para gerar uma quantidade suficiente de ATP somente pela respiração aeróbica. Nessas condições, o glicogênio armazenado no músculo é degradado a lactato por fermentação (p. 525). Cada unidade de glicose degradada rende três ATP, uma vez que a fosforólise do glicogênio produz glicose-6-fosfato (via glicose-1-fosfato), poupando o ATP normalmente consumido na reação da hexocinase. Assim, a fermentação em ácido láctico responde mais rapidamente do que a fosforilação oxidativa a uma necessidade aumentada de ATP, suplementando sua produção basal de ATP pela oxidação aeróbica de outros combustíveis no ciclo do ácido cítrico e na cadeia respiratória. A secreção de adrenalina, que estimula a liberação de glicose do glicogênio hepático e a quebra do glicogênio no tecido muscular, aumenta muito o uso da glicose sanguínea e do glicogênio muscular como combustíveis para a atividade muscular. (A adrenalina controla a resposta de "luta ou fuga", discutida em mais detalhes a seguir.)

A quantidade relativamente pequena de glicogênio (cerca de 1% do peso total do músculo esquelético) limita a quantidade de energia glicolítica disponível durante o esforço. Além disso, o acúmulo de lactato e a consequente redução do pH nos músculos em atividade máxima reduzem sua eficiência. O músculo esquelético, contudo, tem outra fonte de ATP, a fosfocreatina (10 a 30 mM), que regenera ATP rapidamente a partir de ADP pela reação da creatina-cinase:

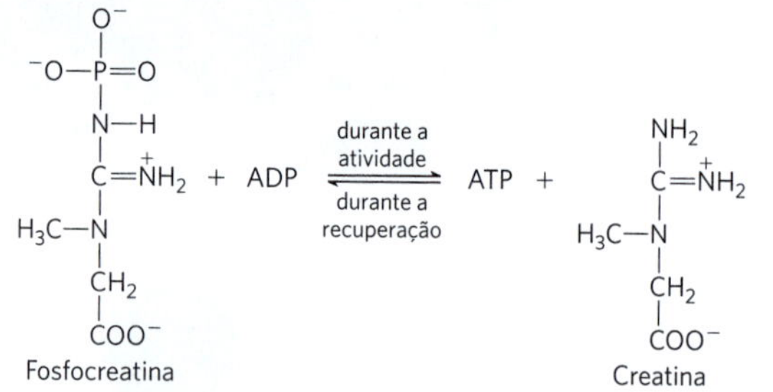

Durante períodos de contração ativa e glicólise, essa reação ocorre predominantemente no sentido da síntese de ATP; durante a recuperação do esforço, a mesma enzima sintetiza novamente a fosfocreatina a partir de creatina e ATP. Devido aos níveis relativamente altos de ATP e fosfocreatina no músculo, esses compostos podem ser detectados no músculo isolado, em tempo real, pela espectroscopia de RNM (**Fig. 23-16**). A creatina serve para enviar equivalentes de ATP da mitocôndria para locais de consumo de ATP e pode ser o fator limitante no desenvolvimento de novo tecido muscular (**Quadro 23-1**).

Após um período de atividade muscular intensa, a pessoa continua a respirar intensamente por algum tempo, usando muito $O_2$ extra na fosforilação oxidativa no fígado. O ATP produzido é usado para a gliconeogênese (no fígado) a partir do lactato, que foi transportado dos músculos pelo sangue. A glicose assim formada retorna aos músculos para repor seus estoques de glicogênio, completando o ciclo de Cori (**Fig. 23-17**; ver também Quadro 15-1).

O músculo esquelético em contração ativa gera calor como um subproduto do acoplamento imperfeito da energia

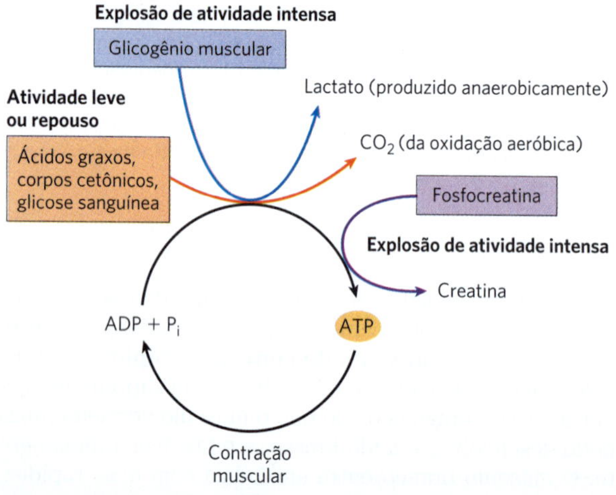

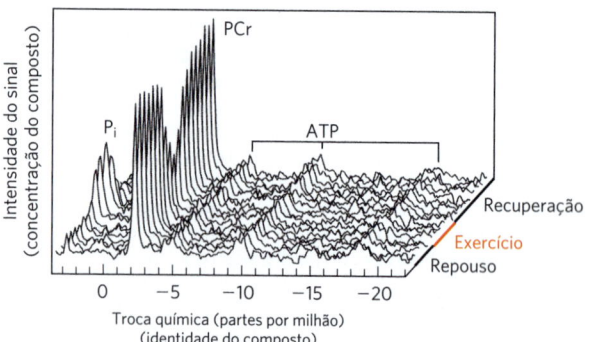

**FIGURA 23-16 A fosfocreatina tampona a concentração de ATP durante o exercício.** Um "gráfico de pilha" de espectros de ressonância magnética (de $^{31}P$) mostra fosfato inorgânico ($P_i$), fosfocreatina (PCr) e ATP (cada um de seus três fosfatos dando um sinal). A série de curvas representa a passagem do tempo, de um período de repouso para um de exercício e, então, um de recuperação. Observe que o sinal do ATP quase não se altera durante o exercício, sendo mantido alto pela respiração contínua e pelo reservatório de fosfocreatina, que diminui durante o exercício. Durante a recuperação, quando a produção de ATP pelo catabolismo é maior do que a sua utilização pelo músculo (agora em repouso), o reservatório de fosfocreatina é reposto. [Dados obtidos de M. L. Blei, K. E. Conley e M. J. Kushmerick, *J. Physiol.* 465:203, 1993, Fig. 4.]

**FIGURA 23-15 Fontes de energia para a contração muscular.** Diferentes combustíveis são usados para a síntese de ATP durante períodos de atividade intensa e durante atividade leve ou repouso. A fosfocreatina fornece ATP rapidamente.

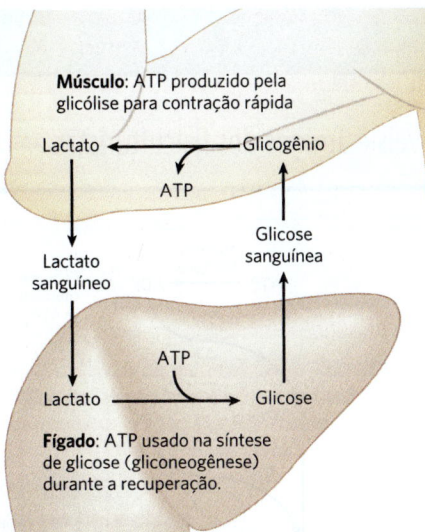

**FIGURA 23-17 Cooperação metabólica entre o músculo esquelético e o fígado: o ciclo de Cori.** Músculos extremamente ativos usam o glicogênio como fonte de energia, gerando lactato via glicólise. Durante a recuperação, parte do lactato é transportado para o fígado e convertido em glicose pela gliconeogênese. A glicose é liberada no sangue e retorna ao músculo para repor seus estoques de glicogênio. A via global, glicose → lactato → glicose, constitui o ciclo de Cori.

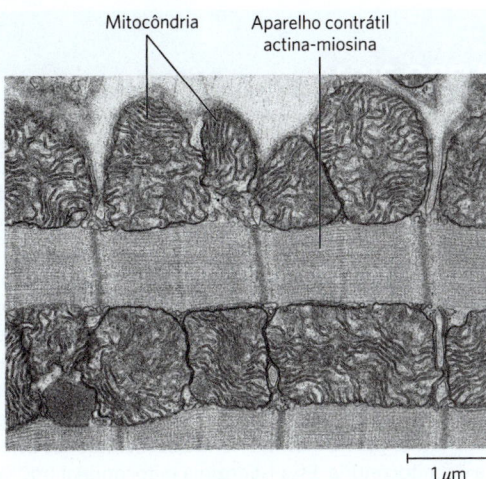

**FIGURA 23-18 Micrografia eletrônica do músculo cardíaco.** Nas mitocôndrias abundantes no tecido cardíaco, o piruvato (procedente da glicose), os ácidos graxos e os corpos cetônicos são oxidados para propiciar a síntese de ATP. Esse metabolismo aeróbico constante permite que o coração humano bombeie o sangue a uma taxa de aproximadamente 6 L/min, ou cerca de 350 L/h – o que equivale a $200 \times 10^6$ L de sangue ao longo de 70 anos. [D. W. Fawcett/Science Source.]

química do ATP com o trabalho mecânico da contração. Essa produção de calor pode ser utilizada quando a temperatura ambiente estiver baixa: o músculo esquelético realiza a **termogênese com calafrio**, uma contração muscular repetida rapidamente que produz calor, mas pouco movimento, ajudando a manter o corpo na sua temperatura recomendada de 37 °C.

O músculo cardíaco difere do músculo esquelético por ter atividade contínua, em um ritmo regular de contração e relaxamento, e por ter um metabolismo completamente aeróbico o tempo todo. As mitocôndrias são muito mais abundantes no músculo cardíaco do que no esquelético, ocupando quase a metade do volume das células (**Fig. 23-18**). O coração usa principalmente ácidos graxos livres como fonte de energia, mas também alguma glicose e corpos cetônicos retirados do sangue; esses combustíveis são oxidados aerobicamente para gerar ATP. Como o músculo esquelético, o músculo cardíaco não armazena grandes quantidades de lipídeos ou glicogênio. Ele tem pequenas quantidades de energia de reserva na forma de fosfocreatina, o suficiente para poucos segundos de contração. Uma vez que o coração normalmente é aeróbico e obtém sua energia a partir da fosforilação oxidativa, a falha em levar $O_2$ a uma determinada região do músculo cardíaco quando os vasos sanguíneos estão bloqueados por depósitos lipídicos (aterosclerose) ou coágulos sanguíneos (trombose coronariana) pode causar a morte do tecido cardíaco nessa região. Isso é o que acontece no infarto agudo do miocárdio, popularmente conhecido como ataque cardíaco. ∎

## O encéfalo usa energia para a transmissão de impulsos elétricos

O metabolismo do encéfalo é extraordinário em vários aspectos. Os neurônios do encéfalo dos mamíferos

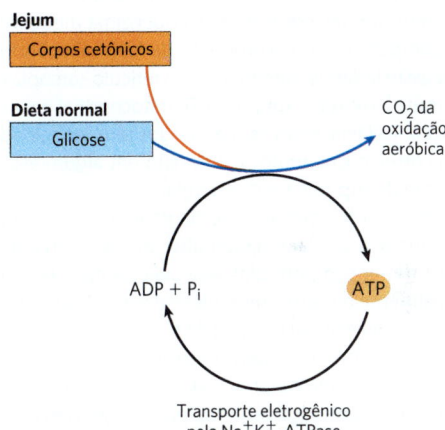

**FIGURA 23-19 Os combustíveis que suprem o encéfalo com ATP.** A fonte de energia usada pelo encéfalo varia com o estado nutricional. O corpo cetônico usado durante o jejum é o β-hidroxibutirato. O transporte eletrogênico pela $Na^+K^+$-ATPase mantém o potencial transmembrana essencial para a transferência de informação entre os neurônios.

adultos normalmente usam somente glicose como combustível (**Fig. 23-19**). (Os astrócitos, outro tipo celular importante no encéfalo, podem oxidar ácidos graxos.) O encéfalo, que constitui cerca de 2% da massa corporal total, tem um metabolismo respiratório muito ativo (Fig. 23-15); mais de 90% do ATP produzido nos neurônios vêm da fosforilação oxidativa. O encéfalo usa $O_2$ a uma taxa razoavelmente constante, representando quase 20% do total de $O_2$ consumido pelo corpo em repouso. Uma vez que o encéfalo contém muito pouco glicogênio, ele depende constantemente da glicose sanguínea. A queda significativa da glicose sanguínea abaixo de um nível crítico, mesmo que por um curto período, pode

## QUADRO 23-1

### Creatina e creatina-cinase: auxiliares de diagnóstico inestimáveis e amigos dos fisiculturistas

Os tecidos animais que têm necessidade de ATP elevada e flutuante, principalmente o músculo esquelético, o músculo cardíaco e o encéfalo, contêm várias isoenzimas da creatina-cinase. Uma isoenzima citosólica (cCK) está presente em regiões de alto consumo de ATP (p. ex., miofibrilas e retículo sarcoplasmático). Por meio da conversão do ADP produzido durante períodos de alto consumo de ATP de volta a ATP, a cCK previne o acúmulo de ADP em concentrações que poderiam inibir, pela ação das massas, as enzimas que utilizam ATP. Outra isoenzima da creatina-cinase está localizada em regiões de contato entre as membranas interna e externa da mitocôndria. Essa isoenzima mitocondrial (mCK) provavelmente serve para enviar equivalentes de ATP produzidos na mitocôndria para os sítios citoplasmáticos de utilização do ATP (Fig. 1). A substância que se difunde da mitocôndria para as atividades que consomem ATP no citosol é o fosfato de creatina, e não o ATP. A isoenzima mCK está colocalizada com o transportador de nucleotídeos de adenina (na membrana mitocondrial interna) e com a porina (na membrana mitocondrial externa), o que sugere que esses três componentes possam funcionar juntos no transporte para o citosol do ATP formado na mitocôndria.

Em camundongos nocaute sem a isoenzima mitocondrial, os miócitos compensam com a produção de mais mitocôndrias, intimamente associadas às miofibrilas e ao retículo sarcoplasmático, o que permite a difusão rápida do ATP mitocondrial para os sítios de utilização. Todavia, esses camundongos têm capacidade reduzida para correr, o que indica um defeito em algum aspecto do metabolismo de suprimento de energia.

A creatina e a fosfocreatina se degradam espontaneamente em creatinina (Fig. 2). Para manter altos níveis de creatina, essas perdas têm de ser compensadas, seja pela creatina da dieta, obtida principalmente da carne (músculo) e dos produtos lácteos, seja pela síntese *de novo* a partir de glicina, arginina e metionina (ver Fig. 22-28), que ocorre principalmente no fígado e nos rins. A síntese *de novo* de creatina é o principal consumidor desses aminoácidos, particularmente nos veganos, para os quais essa é a única fonte de creatina; as plantas não apresentam creatina. O tecido muscular tem um sistema específico para absorver a creatina (exportada pelo fígado ou pelo rim) do sangue, contra um considerável gradiente de concentração. A absorção eficiente de creatina da dieta requer exercício contínuo; sem exercício, a suplementação de creatina é de pouco valor.

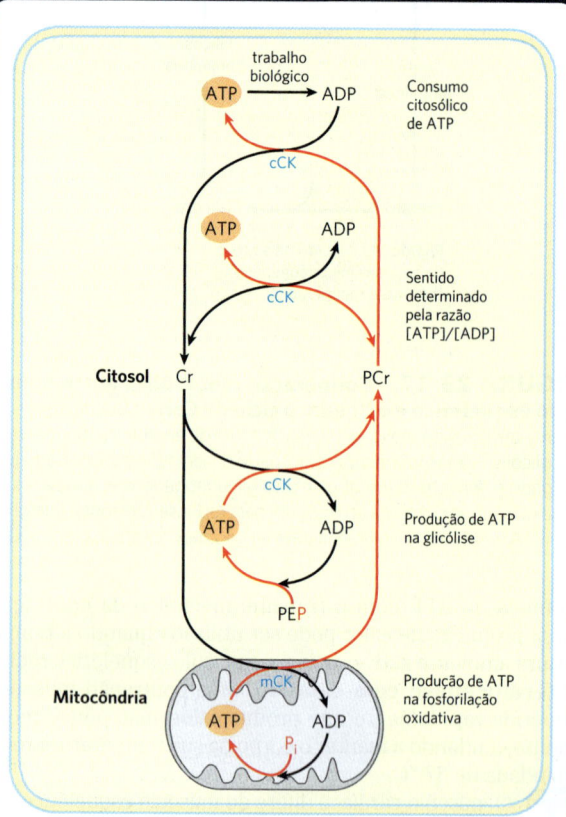

**FIGURA 1** A creatina-cinase mitocondrial (mCK) transfere um grupo fosforila do ATP para a creatina (Cr) para formar a fosfocreatina (PCr), que se difunde para os locais de uso do ATP; nesses locais, a creatina-cinase citosólica (cCK) passa o grupo fosforila para o ATP. A cCK também pode usar o ATP produzido pela glicólise para sintetizar PCr. Durante os períodos de pouca demanda de ATP, os *pools* de ATP e PCr são reabastecidos em preparação para o próximo período de intensa demanda de ATP. No músculo em repouso, a concentração de PCr é de 3 a 5 vezes a de ATP, protegendo a célula contra a depleção rápida de ATP durante curtos períodos de demanda de ATP. [Informações de U. Schlattner et al., *Biochim. Biophys. Acta* 1762:164, 2006, Fig. 1.]

---

resultar em mudanças graves e, às vezes, irreversíveis, na função cerebral.

Embora os neurônios do encéfalo não possam usar diretamente ácidos graxos livres ou lipídeos do sangue como combustíveis, eles podem, quando necessário, obter até 60% da sua necessidade energética a partir da oxidação do β-hidroxibutirato (um corpo cetônico), formado no fígado a partir de ácidos graxos. A capacidade do encéfalo de oxidar β-hidroxibutirato via acetil-CoA se torna importante durante o jejum prolongado ou inanição, depois da degradação total do glicogênio hepático, pois permite que o encéfalo use a gordura corporal como fonte de energia. Isso poupa as proteínas musculares – até que se tornem a fonte final de glicose do encéfalo (via gliconeogênese no fígado) durante a inanição grave.

Nos neurônios, é necessário energia para criar e manter o potencial elétrico através da membrana plasmática. A membrana tem um transportador eletrogênico do tipo antiporte dependente de ATP, a $Na^+K^+$-ATPase, que bombeia simultaneamente 2 íons $K^+$ para dentro e 3 íons $Na^+$ para fora do neurônio (ver Fig. 11-39). O potencial de membrana resultante é alterado transitoriamente quando um sinal elétrico, um **potencial de ação**, percorre o neurônio de uma extremidade à outra (ver Fig. 12-33). Os potenciais de ação

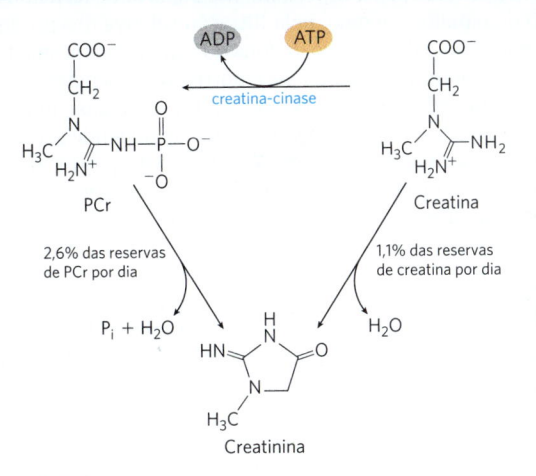

**FIGURA 2** A formação espontânea (não enzimática) de creatinina a partir de fosfocreatina ou creatina consome um percentual da creatina total do corpo por dia, a qual deve ser reposta pela biossíntese ou pela dieta.

**FIGURA 3** Muitos fisiculturistas tomam suplementos de creatina para fornecer fosfocreatina para os novos tecidos musculares. [Steve Williams Photo/Getty Images.]

O músculo cardíaco tem uma única isoenzima da creatina-cinase (a MB, do inglês *myocardial band*), que normalmente não é encontrada no sangue, sendo somente liberada no sangue quando há lesão do músculo por um infarto do miocárdio. O nível sanguíneo da MB começa a subir dentro de 2 horas após o infarto, alcança um pico entre 12 e 36 horas e retorna aos níveis normais em 3 a 5 dias. Portanto, a medida da MB no sangue confirma o diagnóstico de infarto agudo do miocárdio e indica, aproximadamente, quando ele ocorreu.

Crianças com defeitos congênitos nas enzimas de síntese ou de captação da creatina sofrem de incapacidade intelectual grave e convulsões. Elas apresentam níveis muito reduzidos de creatina no encéfalo, conforme medido por RMN (ver Fig. 23-16). A suplementação de creatina aumenta as concentrações de creatina e de fosfocreatina no encéfalo e proporciona uma melhora parcial dos sintomas.

No rim saudável, a creatinina proveniente da durante degradação da creatina é eliminada do sangue para a urina de forma eficiente. Quando a função renal está comprometida, os níveis de creatinina no sangue aumentam acima da faixa de normalidade de 0,8 a 1,4 mg/dL. A creatinina sanguínea elevada está associada à deficiência renal no diabetes e em outras condições nas quais a função renal está temporária ou permanentemente comprometida. A eliminação renal da creatinina varia levemente com a idade, a etnia e o gênero, de forma que a correção do cálculo por esses fatores produz uma medida mais sensível da extensão da função renal, a **taxa de filtração glomerular (TFG)**.

Os fisiculturistas que estão formando massa muscular têm uma grande necessidade de creatina e comumente consomem suplementos com creatina de até 20 g por dia durante alguns dias, seguidos de doses de manutenção mais baixas. A combinação de exercício e suplementação de creatina aumenta a massa muscular (Fig. 3) e melhora o desempenho em trabalhos de alta intensidade e curta duração.

---

são os mecanismos essenciais de transferência de informação no sistema nervoso, de forma que a depleção de ATP nos neurônios tem efeitos desastrosos sobre todas as atividades coordenadas pela sinalização neuronal.

### O sangue transporta oxigênio, metabólitos e hormônios

O sangue medeia as interações metabólicas entre todos os tecidos. Ele transporta nutrientes do intestino delgado para o fígado, bem como do fígado e do tecido adiposo para outros órgãos; ele também transporta os produtos de excreção dos tecidos extra-hepáticos para o fígado, para processamento, e, então, para os rins, para eliminação.

O oxigênio desloca-se na corrente sanguínea dos pulmões para os tecidos, e o $CO_2$ gerado pela respiração tecidual retorna pela corrente sanguínea para os pulmões, para ser expelido. O sangue também carrega sinais hormonais de um tecido para outro. No seu papel de transportador de sinais, o sistema circulatório lembra o sistema nervoso: ambos regulam e integram as atividades de diferentes órgãos.

Um ser humano adulto normal tem de 5 a 6 litros de sangue. Quase metade desse volume é ocupada por três tipos de células sanguíneas (**Fig. 23-20**): os **eritrócitos** (células vermelhas), cheios de hemoglobina e especializados no transporte de $O_2$ e $CO_2$; números muito menores de

**leucócitos** (células brancas) de vários tipos (incluindo os **linfócitos**, também encontrados nos tecidos linfáticos), fundamentais para o sistema imune defender o organismo contra infecções; e as **plaquetas** (fragmentos de células), que ajudam a mediar a coagulação sanguínea. A porção líquida é o **plasma sanguíneo**, com 90% de água e 10% de solutos. Dissolvidos ou suspensos no plasma estão muitas proteínas, lipoproteínas, nutrientes, metabólitos, produtos residuais, íons inorgânicos e hormônios. Mais de 70% dos sólidos plasmáticos são **proteínas plasmáticas**, principalmente imunoglobulinas (anticorpos circulantes), albumina sérica, apolipoproteínas (para transporte lipídico), transferrina (para transporte de ferro) e proteínas coagulantes, como o fibrinogênio e a protrombina.

Os íons e os solutos de baixo peso molecular do plasma sanguíneo não são componentes fixos; eles estão em fluxo constante entre o sangue e vários tecidos. A absorção de íons inorgânicos provenientes da dieta, que são os eletrólitos predominantes do sangue e do citosol ($Na^+$, $K^+$ e $Ca^{2+}$), geralmente é contrabalançada pela sua excreção na urina. Para muitos componentes do sangue, é alcançado algo próximo a um estado de equilíbrio dinâmico: a concentração do componente é pouco alterada, embora ocorra um fluxo contínuo entre o sistema digestório, o sangue e a urina. Os níveis plasmáticos de $Na^+$, $K^+$ e $Ca^{2+}$ permanecem próximos de 140, 5 e 2,5 mM, respectivamente, com uma pequena variação em resposta ao que foi recebido da dieta. Qualquer alteração significativa desses valores resulta em doença grave ou morte. Os rins têm um papel especialmente importante na manutenção do equilíbrio iônico, pela filtração seletiva dos produtos de excreção e do excesso de íons do sangue, ao mesmo tempo que evitam a perda de íons e nutrientes essenciais.

O eritrócito humano perde seu núcleo e suas mitocôndrias durante a diferenciação. Assim, ele depende apenas da glicólise para a produção de ATP. O lactato produzido pela glicólise retorna ao fígado, onde a gliconeogênese o converte em glicose, que será armazenada como glicogênio ou circulará novamente até os tecidos periféricos. O eritrócito tem constante acesso à glicose sanguínea.

A concentração da glicose no plasma está sujeita a uma estreita regulação. Anteriormente, foi abordada a necessidade constante de glicose pelo encéfalo, bem como papel do fígado na manutenção da glicose sanguínea na faixa de normalidade – de 60 a 90 mg/100 mL de sangue total (cerca de 4,5 mM). (Uma vez que os eritrócitos compõem uma fração significativa do volume sanguíneo, a sua remoção por centrifugação deixa um fluido sobrenadante, o plasma, contendo a "glicose sanguínea" em um volume menor. Para converter a concentração sanguínea da glicose em concentração plasmática, multiplique a concentração sanguínea de glicose por 1,14.) Quando a glicose sanguínea em seres humanos diminui para 70 mg/100 mL (condição hipoglicêmica), a pessoa sente desconforto e confusão mental (**Fig. 23-21**); reduções adicionais levam ao coma, a convulsões e, em casos de hipoglicemia extrema, à morte. Portanto, a manutenção da concentração normal de glicose no sangue é uma prioridade, e uma variedade de mecanismos

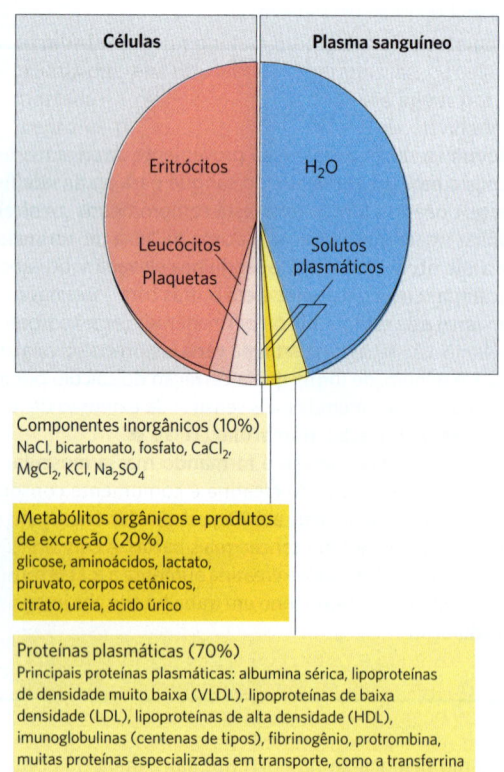

**FIGURA 23-20 Composição do sangue (por peso).** O sangue total pode ser separado por centrifugação em plasma e células. Cerca de 10% do plasma sanguíneo são solutos; cerca de 10% desses solutos são compostos de sais inorgânicos, 20%, de pequenas moléculas orgânicas, e 70%, de proteínas plasmáticas. Os principais componentes dissolvidos estão listados aqui. O sangue tem muitas outras substâncias, com frequência em quantidades muito pequenas. Elas incluem outros metabólitos, enzimas, hormônios, vitaminas, elementos-traço e pigmentos biliares. A medida das concentrações dos componentes no plasma sanguíneo é importante no diagnóstico e no tratamento de muitas doenças.

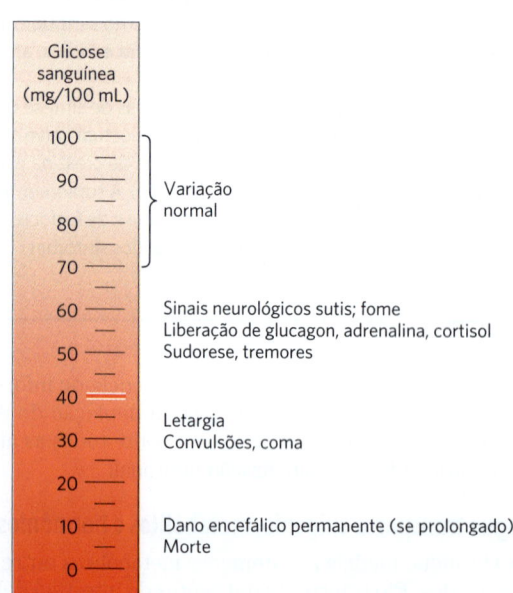

**FIGURA 23-21 Efeitos fisiológicos do baixo nível de glicose sanguínea em seres humanos.** Os níveis de glicose sanguínea de 40 mg/100 mL ou menos constituem hipoglicemia grave.

reguladores evoluíram para alcançar esse objetivo. Entre os reguladores mais importantes da glicose sanguínea, estão os hormônios insulina, glucagon e adrenalina, conforme será discutido na próxima seção. ∎

### RESUMO 23.2 Metabolismo tecido-específico

- Nos mamíferos, existe uma divisão de trabalho metabólico entre tecidos e órgãos especializados. O fígado é o órgão central de processamento e distribuição de nutrientes. A glicose-6-fosfato pode ser usada para sintetizar glicogênio ou ácidos graxos, ou pode ser enviada para o ciclo do ácido cítrico, para produzir ATP, ou para a via da pentose fosfato, para produzir NADPH e pentoses. Os aminoácidos são utilizados para sintetizar proteínas hepáticas e plasmáticas, ou seus esqueletos carbonados são convertidos em glicose e glicogênio pela gliconeogênese; a amônia formada pela desaminação é convertida em ureia. Os ácidos graxos no fígado podem sofrer oxidação, ser convertidos em triacilgliceróis, fosfolipídeos ou colesterol ou ser convertidos em corpos cetônicos.

- O tecido adiposo branco armazena grandes reservas de moléculas de triacilglicerol e as libera no sangue em resposta à adrenalina ou ao glucagon. Os tecidos adiposos marrom e bege são especializados para a termogênese, resultado da oxidação de ácidos graxos em mitocôndrias desacopladas.

- O músculo esquelético é especializado em produzir e usar ATP para o trabalho mecânico, oxidando ácidos graxos e glicose durante a atividade muscular baixa a moderada. Durante a atividade muscular extenuante, o glicogênio é o combustível final, fornecendo ATP por meio da glicólise e da fermentação ao lactato. A fosfocreatina repõe diretamente o ATP durante a contração ativa. O músculo cardíaco obtém praticamente todo o seu ATP da fosforilação oxidativa, com os ácidos graxos como principal combustível.

- Os neurônios do encéfalo usam somente glicose e β-hidroxibutirato como combustíveis, sendo que o último é importante durante o jejum ou a inanição. O encéfalo utiliza a maior parte do seu ATP para o transporte ativo de $Na^+$ e $K^+$ para manter o potencial elétrico através da membrana neuronal.

- O sangue transfere nutrientes, produtos de excreção e sinais hormonais entre os tecidos e os órgãos. Ele é composto de células (eritrócitos, leucócitos e plaquetas) e um líquido rico em eletrólitos (plasma) que contêm muitas proteínas solúveis.

## 23.3 Regulação hormonal do metabolismo energético

**P3** Os ajustes feitos minuto a minuto que mantêm a concentração de glicose sanguínea em cerca de 4,5 mM envolvem as ações combinadas da insulina, do glucagon, da adrenalina e do cortisol sobre os processos metabólicos em muitos tecidos corporais, sobretudo no fígado, no músculo e no tecido adiposo. A insulina sinaliza para esses tecidos que a glicose sanguínea está mais alta do que o necessário; como resultado, as células captam o excesso de glicose do sangue e o convertem em glicogênio e triacilgliceróis para armazenamento. O glucagon sinaliza que a glicose sanguínea está muito baixa, e os tecidos respondem produzindo glicose pela degradação do glicogênio, pela gliconeogênese (no fígado) e pela oxidação de gorduras para reduzir a necessidade de glicose. A adrenalina é liberada no sangue para preparar os músculos, os pulmões e o coração para um grande aumento de atividade. O cortisol é responsável por mediar a resposta corporal a fatores de estresse de longa duração.

Nesta seção, serão discutidas essas regulações hormonais no contexto de três estados metabólicos normais – bem alimentado, em jejum e em inanição.

### A insulina neutraliza a glicose alta no sangue no estado bem alimentado

Após uma refeição rica em carboidratos, a glicose no sangue aumenta em várias vezes. Em resposta, a insulina é liberada e atua por meio de seus receptores de membrana plasmática no músculo e no fígado (ver Figs. 12-22 e 12-23) para estimular a captação, a fosforilação e a oxidação de glicose por meio da glicólise e do ciclo do ácido cítrico (**Tabela 23-3**). Em resposta à insulina, os transportadores de glicose GLUT4 sequestrados nas vesículas intracelulares se deslocam para a membrana plasmática, aumentando drasticamente a captação de glicose do sangue (ver Quadro 11-1). No fígado, a insulina ativa a glicogênio-sintase e inativa a glicogênio-fosforilase, de modo que grande parte da

| TABELA 23-3 | Efeitos da insulina na glicose sanguínea: captação de glicose pelas células e armazenamento como triacilgliceróis e glicogênio |
|---|---|
| **Efeito metabólico** | **Enzima-alvo** |
| ↑ Captação de glicose (músculo, tecido adiposo) | ↑ Transportador de glicose (GLUT4) |
| ↑ Captação de glicose (fígado) | ↑ Glicocinase (aumento de expressão) |
| ↑ Síntese de glicogênio (fígado, músculo) | ↑ Glicogênio-sintase |
| ↓ Degradação de glicogênio (fígado, músculo) | ↓ Glicogênio-fosforilase |
| ↑ Glicólise, produção de acetil-CoA (fígado, músculo) | ↑ PFK-1 (pela PFK-2)<br>↑ Complexo piruvato-desidrogenase |
| ↑ Síntese de ácidos graxos (fígado) | ↑ Acetil-CoA-carboxilase |
| ↑ Síntese de triacilglicerol (tecido adiposo) | ↑ Lipoproteína-lipase |

glicose-6-fosfato derivada da glicose sanguínea é canalizada para o glicogênio.

A insulina também estimula o armazenamento do excesso de combustível no tecido adiposo na forma de gordura (**Fig. 23-22**). O excesso de acetil-CoA não necessário para a produção de energia por meio do ciclo do ácido cítrico é usado para a síntese de ácidos graxos. Esses ácidos graxos são convertidos em triacilgliceróis no fígado e exportados para o tecido adiposo como componentes das lipoproteínas plasmáticas (VLDL; ver Fig. 21-40). No tecido adiposo, os triacilgliceróis são liberados das VLDL como ácidos graxos, que são captados pelos adipócitos e reconvertidos em triacilgliceróis para armazenamento em resposta à estimulação da insulina.

Em resumo, o efeito da insulina é favorecer a conversão do excesso de glicose sanguínea em duas formas de armazenamento: glicogênio (no fígado e no músculo) e triacilgliceróis (no tecido adiposo).

## As células β pancreáticas secretam insulina em resposta a alterações na glicose sanguínea

Os hormônios peptídicos insulina, glucagon e somatostatina são produzidos por aglomerados de células pancreáticas especializadas, as ilhotas de Langerhans (**Fig. 23-23**). Cada tipo celular das ilhotas produz um único hormônio: células α produzem glucagon; células β, insulina; e células δ, somatostatina. Quando a glicose entra na corrente sanguínea a partir do intestino após uma refeição rica em carboidratos, a quantidade aumentada de glicose no sangue provoca o aumento da secreção de insulina (e uma redução na secreção de glucagon) pelo pâncreas.

Conforme mostrado na **Figura 23-24**, quando a glicose sanguínea aumenta, ❶ os transportadores GLUT2 carregam a glicose para dentro das células β, onde ela é imediatamente convertida em glicose-6-fosfato pela glicocinase e entra na glicólise. Com a taxa de catabolismo da glicose mais alta,

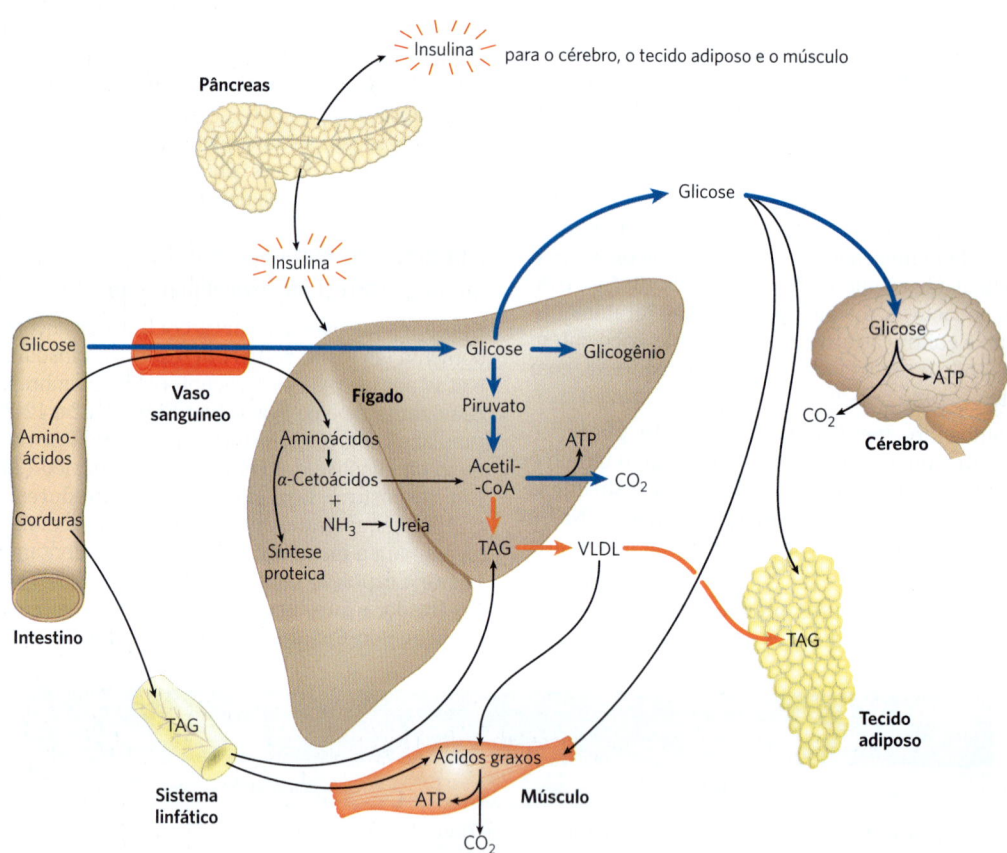

**FIGURA 23-22 Estado bem alimentado: o fígado lipogênico.** Imediatamente após uma refeição rica em calorias, a glicose, os ácidos graxos e os aminoácidos entram no fígado. As setas azuis seguem o caminho da glicose; as setas cor de laranja seguem o caminho dos lipídeos. A insulina liberada em resposta à alta concentração sanguínea de glicose estimula a captação de glicose pelos tecidos. Parte da glicose é exportada para o encéfalo para suas necessidades energéticas, e outra parte, para os tecidos adiposo e muscular. No fígado, o excesso de glicose é oxidado a acetil-CoA, que é utilizada para a síntese de triacilgliceróis para exportação para os tecidos adiposo e muscular. O NADPH necessário para a síntese de lipídeos é obtido pela oxidação da glicose na via das pentoses-fosfato. O excesso de aminoácidos é convertido em piruvato e acetil-CoA, também usados para a síntese de lipídeos. As gorduras da dieta se deslocam do intestino na forma de quilomícrons, via sistema linfático, para o fígado, para o músculo e para o tecido adiposo.

## 23.3 REGULAÇÃO HORMONAL DO METABOLISMO ENERGÉTICO

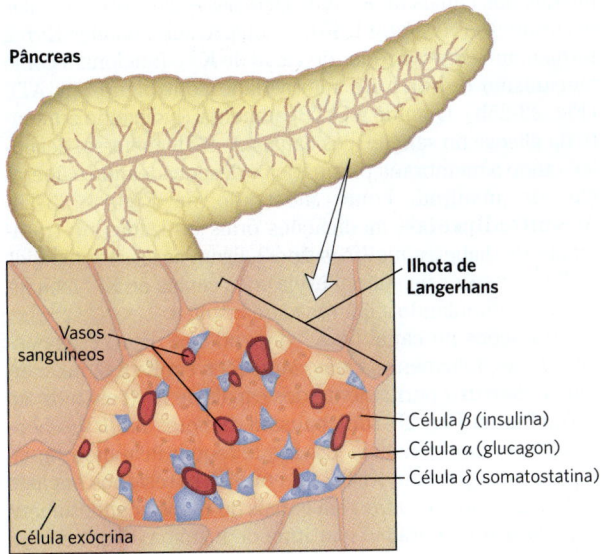

**FIGURA 23-23 Sistema endócrino do pâncreas.** O pâncreas tem células exócrinas (ver Fig. 18-3b), que secretam enzimas digestórias na forma de zimogênios, e aglomerados de células endócrinas, as ilhotas de Langerhans. As ilhotas contêm células α, β e δ (também conhecidas como células A, B e D, respectivamente), e cada tipo celular secreta um hormônio peptídico específico.

❷ a [ATP] aumenta, causando o fechamento dos **canais de K⁺ dependentes de ATP** na membrana plasmática. ❸ O efluxo reduzido de K⁺ despolariza a membrana. (Lembre-se, da Seção 12.6, de que a saída de K⁺ através de um canal de K⁺ aberto hiperpolariza a membrana; portanto, fechar o canal de K⁺ despolariza efetivamente a membrana.) A despolarização da membrana abre canais de $Ca^{2+}$ dependentes de voltagem, e ❹ o aumento resultante da [$Ca^{2+}$] citosólica desencadeia ❺ a liberação de insulina por exocitose. O encéfalo integra o suprimento e a demanda de energia, e os sinais dos sistemas nervosos parassimpático e simpático também afetam (estimulam e inibem, respectivamente) a liberação de insulina. Um circuito simples de retroalimentação limita a liberação do hormônio: a insulina reduz a glicose sanguínea ao estimular a sua captação pelos tecidos; a redução na glicose sanguínea é detectada pelas células β devido ao fluxo diminuído na reação da hexocinase; isso reduz ou interrompe a liberação da insulina. A regulação por retroalimentação mantém a concentração da glicose sanguínea praticamente constante, apesar da grande variação na captação dietética.

A atividade dos canais de K⁺ dependentes de ATP é fundamental para a regulação da secreção de insulina pelas células β. Os canais são octâmeros, formados por quatro subunidades Kir6.2 idênticas e quatro subunidades SUR1 idênticas (**Fig. 23-25a**), e são construídos nos mesmos

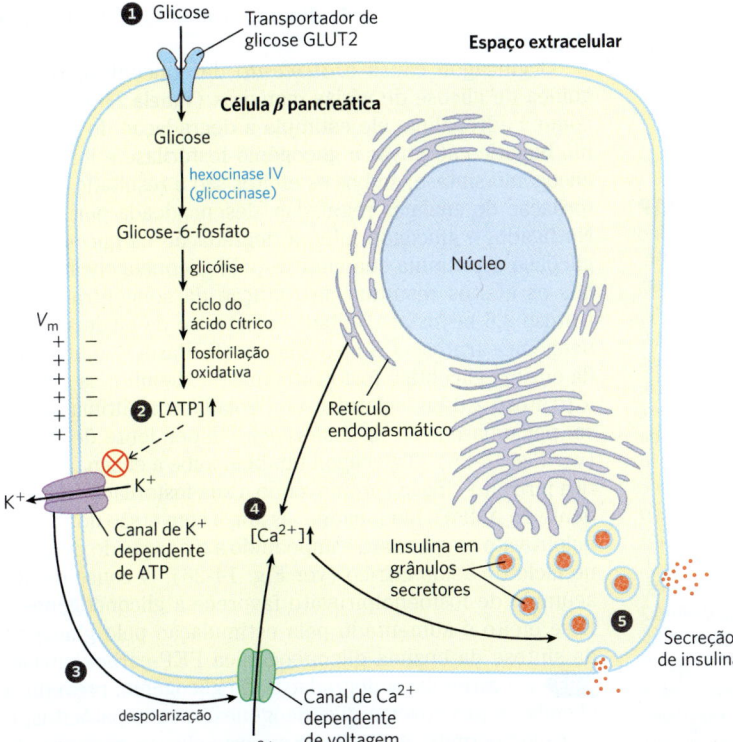

**FIGURA 23-24 Secreção de insulina pelas células β pancreáticas por meio da regulação de glicose.** Quando o nível de glicose no sangue está alto, o metabolismo ativo da glicose na célula β aumenta a [ATP] intracelular, fechando canais de K⁺ na membrana plasmática e, assim, despolarizando a membrana. Em resposta a essa despolarização, canais de $Ca^{2+}$ dependentes de voltagem se abrem, permitindo o fluxo de $Ca^{2+}$ para dentro da célula. ($Ca^{2+}$ também é liberado do RE, em resposta à elevação inicial da [$Ca^{2+}$] no citosol.) A [$Ca^{2+}$] citosólica é agora alta o suficiente para provocar a liberação de insulina por exocitose. Os processos numerados são discutidos no texto.

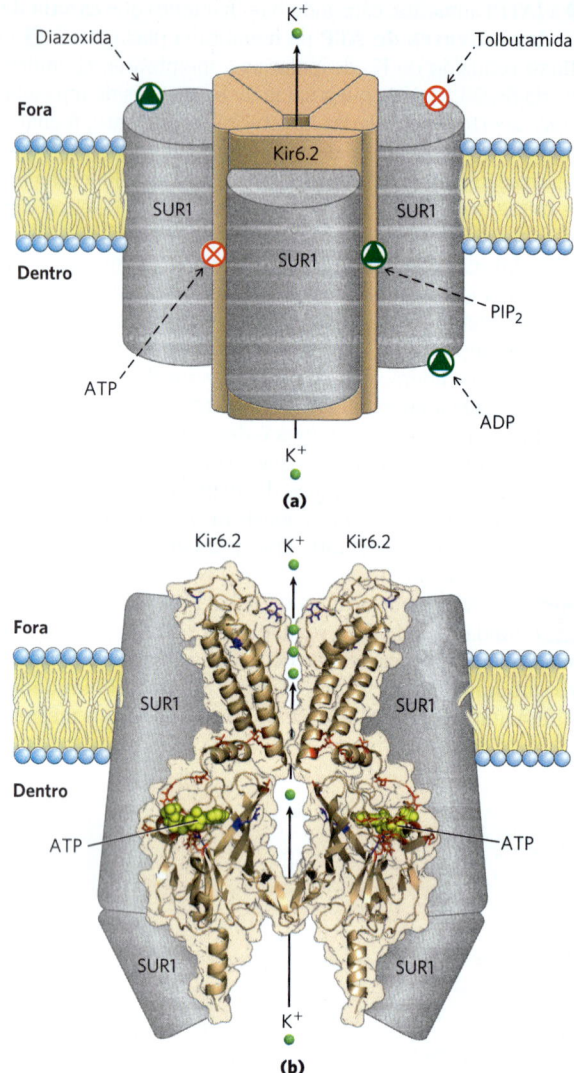

**FIGURA 23-25 Canais de K⁺ dependentes de ATP nas células β.** (a) Canal de K⁺ dependente de ATP, visto no plano da membrana. O canal é formado por quatro subunidades Kir6.2 idênticas, rodeadas por quatro subunidades SUR1 (receptor de sulfonilureia). As subunidades SUR1 têm sítios de ligação ao ADP e ao fármaco diazoxida, que favorecem a abertura do canal, e à tolbutamida, um fármaco da sulfonilureia que favorece o fechamento do canal. As subunidades Kir6.2 constituem o canal e apresentam, no lado citosólico, sítios de ligação ao ATP e ao fosfatidilinositol-4,5-bisfosfato (PIP₂), que favorecem, respectivamente, o fechamento e a abertura do canal. (b) Estrutura da porção Kir6.2 do canal, vista no plano da membrana. Por uma questão de clareza, são mostrados somente dois domínios transmembrana e dois citosólicos. Três íons K⁺ (em verde) são mostrados na região do filtro de seletividade. Mutações em determinados resíduos de aminoácidos (mostrados em vermelho) causam diabetes neonatal; mutações em outros (mostrados em azul) causam hiperinsulinismo congênito. Essa estrutura foi obtida pelo mapeamento da sequência conhecida de Kir6.2 em estruturas cristalinas de um canal Kir bacteriano (KirBac1.1) e nos domínios amina e carboxila de outra proteína Kir, Kir3.1. [Dados de (b) KirBac1.1: PDB ID 1P7B, A. Kuo et al., *Science* 300:1922, 2003; Kir3.1: PDB ID 1U4E, S. Pegan et al., *Nature Neurosci.* 8:279, 2005. As coordenadas foram uma cortesia de Frances M. Ashcroft, Oxford University, usada com permissão de S. Haider e M. S. P. Sansom para recriar um modelo publicado em J. F. Antcliff et al., *EMBO J.* 24:229, 2005.]

moldes dos canais de K⁺ das bactérias e das outras células eucarióticas (ver Fig. 11-45). As quatro subunidades Kir6.2 formam um cone ao redor do canal de K⁺ e funcionam como mecanismo de filtro de seletividade controlado por ATP (Fig. 23-25b). Quando a [ATP] aumenta (indicando aumento da glicose no sangue), os canais de K⁺ fecham-se, despolarizando a membrana plasmática e desencadeando a liberação de insulina, como mostrado na Figura 23-24. As **sulfonilureias**, medicações orais utilizadas no tratamento do diabetes *mellitus* tipo 2, ligam-se às subunidades SUR1 (receptor de sulfonilureia) dos canais de K⁺, fechando-os e estimulando a liberação de insulina.

Mutações no canal de K⁺ dependente de ATP das células β são, felizmente, raras. Mutações em Kir6.2 que causam a *abertura* permanente dos canais de K⁺ (resíduos em vermelho na Fig. 23-25b) causam diabetes *mellitus* neonatal, com hiperglicemia grave que requer insulinoterapia. Outras mutações em Kir6.2 ou em SUR1 (resíduos em azul na Fig. 23-25b) resultam em canais de K⁺ permanentemente *fechados* e liberação contínua de insulina. Pessoas com essas mutações, se não forem tratadas, desenvolvem hiperinsulinismo congênito; o excesso de insulina causa hipoglicemia grave (baixa glicose sanguínea), levando a danos cerebrais irreversíveis. Um tratamento eficaz é a remoção cirúrgica de parte do pâncreas para reduzir a produção do hormônio. ■

### O glucagon combate níveis baixos de glicose sanguínea

Várias horas após a ingestão de carboidratos, os níveis de glicose sanguínea diminuem levemente devido à oxidação da glicose pelo encéfalo e por outros tecidos. A redução da glicose no sangue ativa o pâncreas para secretar **glucagon** e, simultaneamente, diminui a liberação de insulina (**Fig. 23-26**).

O glucagon causa o *aumento* da concentração sanguínea de glicose de várias maneiras (**Tabela 23-4**). Assim como a adrenalina, ele estimula a degradação do glicogênio hepático ao ativar a glicogênio-fosforilase e inativar a glicogênio-sintase; ambos os efeitos são o resultado da fosforilação de enzimas reguladas, desencadeada por AMPc. No fígado, o glucagon inibe a degradação da glicose pela glicólise e estimula sua síntese pela gliconeogênese. Ambos os efeitos resultam da redução da concentração da frutose-2,6-bisfosfato, inibidor alostérico da enzima gliconeogênica frutose-1,6-bisfosfatase (FBPase-1) e ativador da enzima glicolítica fosfofrutocinase 1. Lembre-se de que a [frutose-2,6-bisfosfato] é controlada, em última análise, por uma reação de fosforilação dependente de AMPc (ver Fig. 14-25). O glucagon também inibe a enzima glicolítica piruvato-cinase (promovendo a sua fosforilação dependente de AMPc), bloqueando, assim, a conversão do fosfoenolpiruvato em piruvato e impedindo a oxidação do piruvato no ciclo do ácido cítrico (ver Fig. 14-26). O consequente acúmulo de fosfoenolpiruvato favorece a gliconeogênese. Esse efeito é aumentado pela estimulação pelo glucagon da síntese da enzima gliconeogênica PEP-carboxicinase.

Ao estimular a degradação do glicogênio, prevenir a glicólise e promover a gliconeogênese nos hepatócitos, o glucagon permite que o fígado exporte glicose, restaurando seu nível sanguíneo normal.

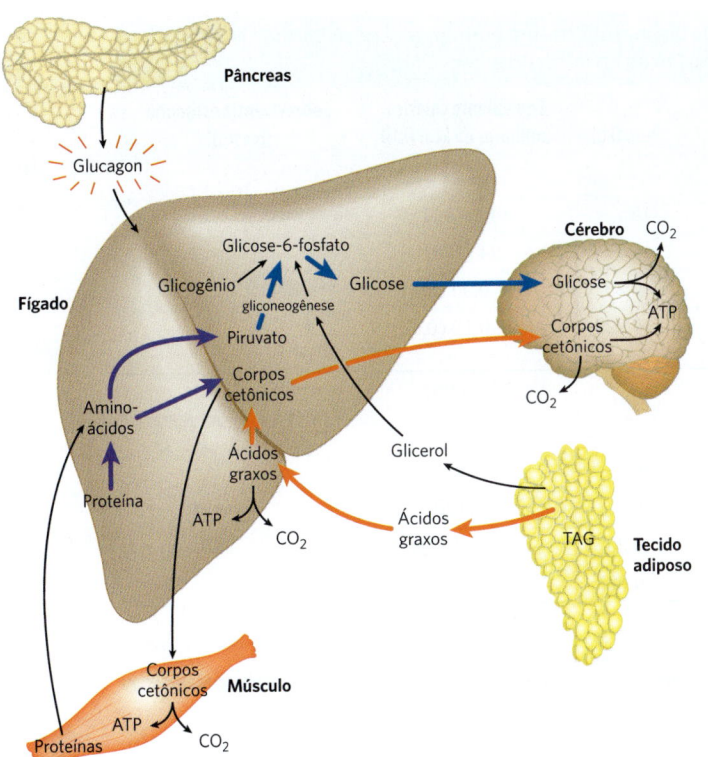

**FIGURA 23-26  Estado de jejum: o fígado glicogênico.** Após algumas horas sem alimento, o fígado se torna a principal fonte de glicose para o encéfalo. O glicogênio hepático é degradado, e a glicose-1-fosfato produzida é convertida em glicose-6-fosfato e, em seguida, em glicose livre, que é liberada na corrente sanguínea. Os aminoácidos procedentes da degradação das proteínas no fígado e no músculo e o glicerol oriundo da degradação dos triacilgliceróis no tecido adiposo são utilizados para a gliconeogênese. O fígado usa os ácidos graxos como principal combustível, e o excesso de acetil-CoA é convertido em corpos cetônicos, que serão exportados para outros tecidos; o encéfalo é particularmente dependente desse combustível quando há deficiência de fornecimento de glicose (ver Fig. 23-19). As setas azuis mostram a trajetória da glicose; as setas cor de laranja, a dos lipídeos; e as setas roxas, a dos aminoácidos.

| TABELA 23-4 | Efeitos do glucagon na glicose sanguínea: produção e liberação de glicose pelo fígado | |
|---|---|---|
| **Efeito metabólico** | **Efeito sobre o metabolismo da glicose** | **Enzima-alvo** |
| ↑ Degradação de glicogênio (fígado) | Glicogênio ⟶ glicose | ↑ Glicogênio-fosforilase |
| ↓ Síntese de glicogênio (fígado) | Menos glicose armazenada como glicogênio | ↓ Glicogênio-sintase |
| ↓ Glicólise (fígado) | Menos glicose usada como combustível no fígado | ↓ PFK-1 |
| ↑ Gliconeogênese (fígado) | Aminoácidos, Glicerol, Oxalacetato ⟶ glicose | ↑ FBPase-2<br>↓ Piruvato-cinase<br>↑ PEP-carboxicinase |
| ↑ Mobilização de ácidos graxos (tecido adiposo) | Menos glicose usada como combustível pelo fígado e pelo músculo | ↑ Lipase sensível a hormônio |
|  |  | ↑ PKA (perilipina-Ⓟ) |
| ↑ Cetogênese | Fornece uma alternativa à glicose como fonte de energia para o encéfalo | ↓ Acetil-CoA-carboxilase |

Embora seu alvo principal seja o fígado, o glucagon (assim como a adrenalina) também afeta o tecido adiposo, ativando a degradação de triacilgliceróis ao desencadear a fosforilação dependente de AMPc da perilipina e da lipase sensível a hormônio. As lipases ativadas liberam ácidos graxos livres, que são exportados como combustível para o fígado e outros tecidos, poupando glicose para o encéfalo. O efeito final do glucagon é, portanto, estimular a síntese e a liberação da glicose pelo fígado e mobilizar os ácidos graxos do tecido adiposo para serem usados no lugar da glicose por outros tecidos que não o encéfalo. Todos esses efeitos do glucagon são mediados por fosforilação proteica dependente de AMPc.

## O metabolismo é alterado durante o jejum e a inanição para prover combustível para o encéfalo

As reservas de combustível de um ser humano adulto saudável são de três tipos: glicogênio armazenado no fígado e, em menor quantidade, no músculo; grandes quantidades de triacilgliceróis no tecido adiposo; e proteínas teciduais, que, quando necessário, podem ser degradadas para fornecer combustível (**Tabela 23-5**).

▶P3 Duas horas após uma refeição, o nível de glicose sanguínea está levemente diminuído, e os tecidos recebem glicose liberada a partir do glicogênio hepático. Há pouca

| TABELA 23-5 | Combustíveis metabólicos disponíveis em um homem com peso normal de 70 kg e em um homem obeso com 140 kg no início do jejum | | |
|---|---|---|---|
| Tipo de combustível | Peso (kg) | Equivalente calórico (milhares de kcal [kJ]) | Sobrevivência estimada (meses)[a] |
| **Homem com peso normal, 70 kg** | | | |
| Triacilgliceróis (tecido adiposo) | 15 | 140 (590) | |
| Proteínas (principalmente músculo) | 6 | 24 (100) | |
| Glicogênio (músculo, fígado) | 0,23 | 0,90 (3,8) | |
| Combustíveis circulantes (glicose, ácidos graxos, triacilgliceróis, etc.) | 0,023 | 0,10 (0,42) | |
| Total | | 165 (690) | 3 |
| **Homem obeso, 140 kg** | | | |
| Triacilgliceróis (tecido adiposo) | 80 | 750 (3.100) | |
| Proteínas (principalmente músculo) | 8 | 32 (130) | |
| Glicogênio (músculo, fígado) | 0,23 | 0,92 (3,8) | |
| Combustíveis circulantes | 0,025 | 0,11 (0,46) | |
| Total | | 783 (3.200) | 14 |

[a]O tempo de sobrevivência é calculado presumindo-se um gasto de energia basal de 1.800 kcal/dia.

ou nenhuma síntese de triacilgliceróis. Quatro horas após a refeição, a glicose sanguínea está ainda mais reduzida, a secreção de insulina diminuiu e a secreção de glucagon aumentou. Esses sinais hormonais mobilizam os triacilgliceróis do tecido adiposo, que agora se tornam o principal combustível para o músculo e para o fígado. A **Figura 23-27** mostra as respostas ao jejum prolongado. ❶ Para fornecer glicose para o encéfalo, o fígado degrada determinadas proteínas – aquelas mais dispensáveis em um organismo que não está se alimentando. Os aminoácidos não essenciais são transaminados ou desaminados (Capítulo 18), e ❷ os grupos amino extras são convertidos em ureia, que é exportada pela corrente sanguínea para os rins e excretada na urina.

Também no fígado e, em parte, nos rins, os esqueletos carbonados dos aminoácidos glicogênicos são convertidos em piruvato ou intermediários do ciclo do ácido cítrico. ❸ Esses intermediários (assim como o glicerol dos triacilgliceróis do tecido adiposo) fornecem os materiais de partida para a gliconeogênese no fígado, ❹ gerando glicose para exportar para o encéfalo. ❺ Os ácidos graxos liberados do tecido adiposo são oxidados a acetil-CoA no fígado, mas, como o oxalacetato está esgotado pelo uso de intermediários do ciclo do ácido cítrico na gliconeogênese, ❻ a entrada da acetil-CoA no ciclo é inibida, e ela se acumula. ❼ Isso favorece a formação de acetoacetil-CoA e corpos cetônicos. Após alguns dias de jejum, os níveis de corpos cetônicos no sangue aumentam (**Fig. 23-28**) à medida que são exportados do fígado para o coração, para o músculo esquelético e para o encéfalo, os quais utilizam esses combustíveis, em vez da glicose (Fig. 23-27, ❽). Quando a concentração dos corpos cetônicos no sangue excede a capacidade dos rins de reabsorver as cetonas ❾, esses compostos começam a aparecer na urina.

Os triacilgliceróis armazenados no tecido adiposo de um adulto com peso normal podem fornecer combustível suficiente para manter uma taxa metabólica basal por cerca de 3 meses; um adulto muito obeso tem combustível armazenado suficiente para suportar um jejum de mais de um ano (Tabela 23-5). Quando as reservas de gordura acabam, começa a degradação de proteínas *essenciais*; isso leva à perda das funções cardíaca e hepática e, na inanição prolongada, à morte. A gordura armazenada fornece energia suficiente (calorias) durante o jejum ou uma dieta rígida, mas as vitaminas e os minerais devem ser fornecidos, e os aminoácidos glicogênicos são necessários na dieta em quantidade suficiente para substituir aqueles utilizados na gliconeogênese. As formulações em uma dieta de emagrecimento geralmente são enriquecidas com vitaminas, minerais e aminoácidos ou proteínas.

### A adrenalina sinaliza atividade iminente

Quando um animal é confrontado com uma situação estressante que requer atividade aumentada – lutar ou fugir, em casos extremos –, os sinais neuronais originários do encéfalo provocam a liberação de adrenalina e de noradrenalina da medula da glândula adrenal. Ambos os hormônios dilatam as vias aéreas para facilitar a captação de $O_2$, aumentam a frequência e a força dos batimentos cardíacos e elevam a pressão arterial, favorecendo o fluxo de $O_2$ e de combustíveis para os tecidos (**Tabela 23-6**). Essa é a resposta de "luta ou fuga".

A adrenalina age principalmente nos tecidos muscular, adiposo e hepático. Ela ativa a glicogênio-fosforilase e inativa a glicogênio-sintase pela fosforilação dependente de AMPc dessas enzimas, estimulando, assim, a conversão do

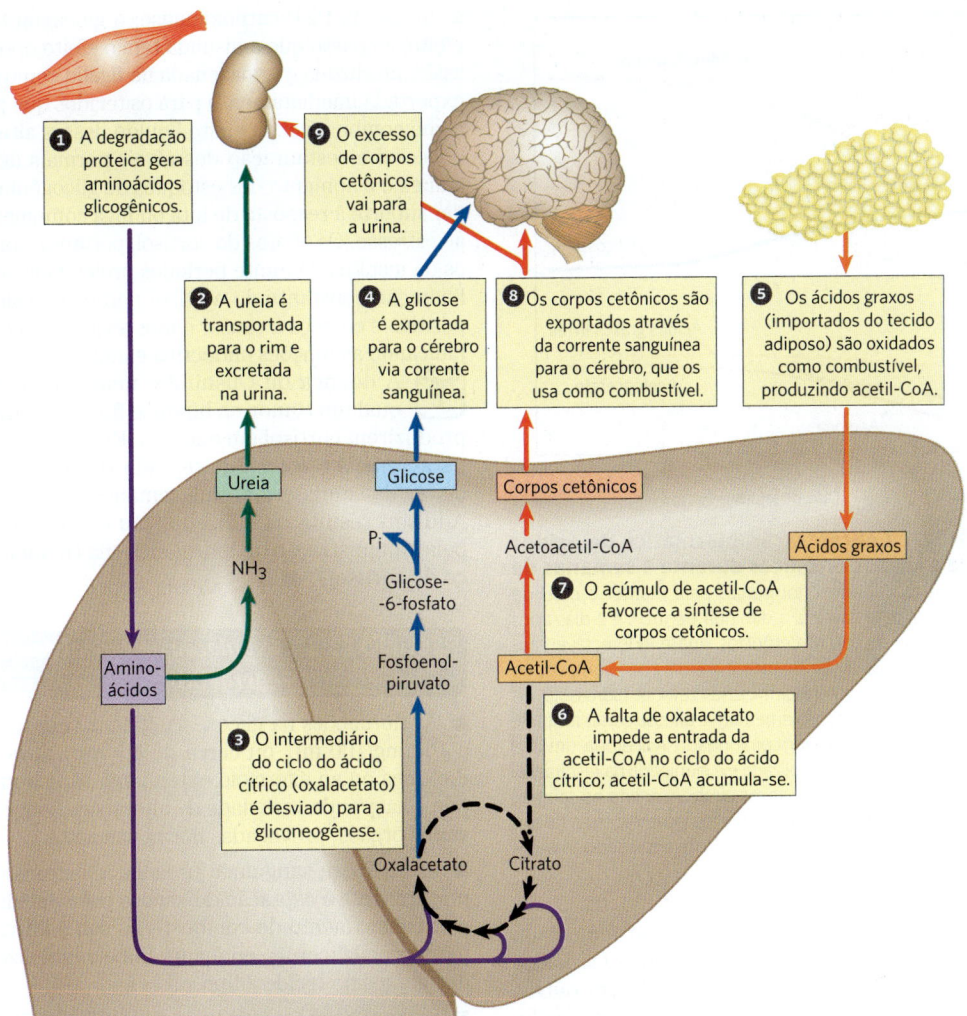

**FIGURA 23-27 Metabolismo energético no fígado durante o jejum prolongado ou no diabetes *mellitus* não controlado.** As etapas numeradas estão descritas no texto. Após o esgotamento dos carboidratos armazenados (glicogênio), a gliconeogênese no fígado se torna a principal fonte de glicose para o cérebro (setas azuis). NH₃ da desaminação de aminoácidos é convertida em ureia e excretada (setas verdes). Os aminoácidos glicogênicos provenientes da degradação das proteínas (setas roxas) fornecem substratos para a gliconeogênese, e a glicose é exportada para o encéfalo. Os ácidos graxos do tecido adiposo são importados para o fígado e oxidados a acetil-CoA (setas cor de laranja), e a acetil-CoA é o substrato para a formação dos corpos cetônicos no fígado, os quais são exportados para o encéfalo para servirem como fonte de energia (setas vermelhas). O excesso de corpos cetônicos é excretado na urina.

glicogênio *hepático* em glicose sanguínea, o combustível para o trabalho muscular anaeróbico. A adrenalina promove a degradação anaeróbica do glicogênio *muscular* pela fermentação em ácido láctico, estimulando a formação glicolítica de ATP. A estimulação da glicólise é acompanhada pela elevação da concentração de frutose-2,6-bisfosfato, um ativador alostérico potente da fosfofrutocinase 1, enzima-chave da glicólise. A adrenalina também estimula a mobilização de gordura no tecido adiposo, ativando a lipase sensível a hormônios e afastando a perilipina (ver Fig. 17-2). Por fim, a adrenalina estimula a secreção de glucagon e inibe a secreção de insulina, reforçando seu efeito de mobilização e de inibição de armazenamento de combustíveis.

## O cortisol sinaliza estresse, incluindo baixa glicose sanguínea

Uma variedade de fatores de estresse (ansiedade, medo, dor, hemorragia, infecção, baixo nível de glicose no sangue, inanição) estimulam a liberação do glicocorticoide **cortisol** do córtex adrenal (ver Fig. 23-6). ▶P3◀ O cortisol age no músculo, no fígado e no tecido adiposo para suprir o organismo com combustível para resistir à situação estressante. O cortisol é um hormônio de ação relativamente lenta que altera o metabolismo por meio da mudança nos tipos e nas quantidades de determinadas enzimas sintetizadas em suas células-alvo, em vez de pela regulação da atividade de moléculas enzimáticas existentes.

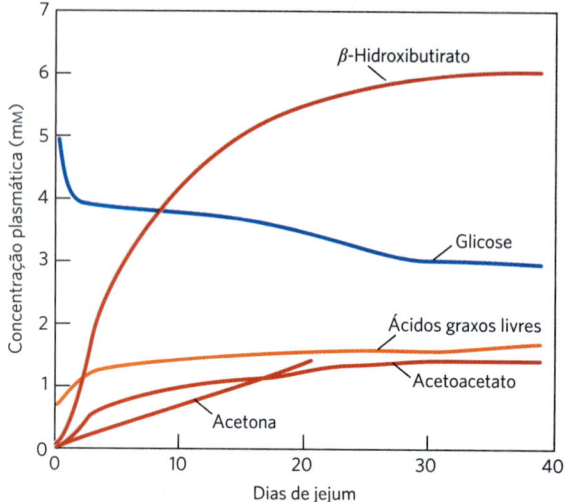

**FIGURA 23-28 Concentração plasmática de ácidos graxos, glicose e corpos cetônicos durante 6 semanas de jejum.** Apesar dos mecanismos hormonais para manter o nível de glicose no sangue, a glicose começa a diminuir dentro de 2 dias após o início do jejum. O nível de corpos cetônicos, quase indetectáveis antes do jejum, aumenta drasticamente após 2 a 4 dias de jejum, com o β-hidroxibutirato como maior contribuidor. Essas cetonas hidrossolúveis (acetoacetato e β-hidroxibutirato) suplementam a glicose como fonte de energia para o encéfalo durante o jejum prolongado. A acetona, um corpo cetônico minoritário, não é metabolizada e é eliminada na respiração. Um aumento muito menor de ácidos graxos também ocorre no sangue, mas esse aumento não contribui para o metabolismo energético no encéfalo, uma vez que os ácidos graxos não atravessam a barreira hematencefálica. [Dados de G. F. Cahill, Jr., *Annu. Rev. Nutr.* 26:1, 2006, Fig. 2.]

No tecido adiposo, o cortisol leva à liberação aumentada de ácidos graxos dos triacilgliceróis armazenados. Os ácidos graxos exportados servem como combustível para outros tecidos, e o glicerol é usado na gliconeogênese no fígado. O cortisol estimula a degradação das proteínas musculares não essenciais e a exportação dos aminoácidos para o fígado, onde servem como precursores para a gliconeogênese. No fígado, o cortisol promove a gliconeogênese, estimulando a síntese da PEP-carboxicinase; o glucagon tem o mesmo efeito, ao passo que a insulina tem o efeito oposto. A glicose assim produzida é armazenada no fígado como glicogênio ou exportada imediatamente para os tecidos que precisam dela como combustível. O efeito líquido dessas alterações metabólicas é a restauração dos níveis normais de glicose sanguínea e o aumento dos estoques de glicogênio, pronto para dar suporte à resposta de luta ou fuga comumente associada ao estresse. Os efeitos do cortisol, portanto, contrabalançam os da insulina. Durante períodos prolongados de estresse, a liberação constante de cortisol perde seu valor adaptativo positivo e começa a causar danos ao músculo e ao osso, prejudicando as funções endócrina e imune.

A doença de Cushing é uma condição médica na qual um tumor na hipófise faz as glândulas adrenais produzirem cortisol em excesso. Ela é tratada por cirurgia para remover o tumor, seguida de quimioterapia para matar as células tumorais remanescentes. A doença de Addison resulta da subprodução de cortisol e é tratada pela administração de hidrocortisona (o nome farmacêutico do cortisol). ■

### RESUMO 23.3 Regulação hormonal do metabolismo energético

■ As flutuações na glicose sanguínea (normalmente de 70 a 100 mg/100 mL, ou cerca de 4,5 mM) devido à ingestão dietética ou ao exercício extenuante são contrabalançadas por uma grande variedade de alterações no metabolismo de vários órgãos, provocadas hormonalmente.

■ Alta glicose sanguínea provoca a liberação de insulina, que aumenta a captação de glicose pelos tecidos e favorece o armazenamento de combustíveis sob a forma de glicogênio e triacilgliceróis, enquanto inibe a mobilização dos ácidos graxos no tecido adiposo.

■ Baixa glicose sanguínea provoca a liberação de glucagon, que estimula a liberação da glicose a partir do glicogênio hepático e modifica o metabolismo energético no fígado e no músculo no sentido de oxidar ácidos graxos, poupando glicose para ser usada pelo encéfalo. No jejum prolongado,

| TABELA 23-6 | Efeitos fisiológicos e metabólicos da adrenalina: preparação para ação |
|---|---|
| **Efeitos imediatos** | **Efeito total** |
| **Fisiológicos**<br>↑ Frequência cardíaca<br>↑ Pressão sanguínea<br>↑ Dilatação das vias aéreas | Aumento da liberação de $O_2$ para os tecidos (músculo) |
| **Metabólicos**<br>↑ Degradação de glicogênio (músculo, fígado)<br>↓ Síntese de glicogênio (músculo, fígado)<br>↑ Gliconeogênese (fígado) | Aumento da produção de glicose como combustível |
| ↑ Glicólise (músculo) | Aumento da produção de ATP no músculo |
| ↑ Mobilização de ácidos graxos (tecido adiposo) | Aumento da disponibilidade de ácidos graxos como combustível |
| ↑ Secreção de glucagon<br>↓ Secreção de insulina | Reforço dos efeitos metabólicos da adrenalina |

os triacilgliceróis se tornam o combustível principal; o fígado converte os ácidos graxos em corpos cetônicos para exportá-los para outros tecidos, incluindo o encéfalo.

■ A adrenalina prepara o organismo para aumentar a atividade, mobilizando a glicose a partir de glicogênio e outros precursores e liberando a glicose no sangue.

■ O cortisol, liberado em resposta a uma grande variedade de fatores estressantes (incluindo baixa glicose sanguínea), estimula a gliconeogênese a partir de aminoácidos e glicerol no fígado, aumentando a glicose sanguínea e contrabalançando os efeitos da insulina.

## 23.4 Obesidade e regulação da massa corporal

Na população dos Estados Unidos, mais de 40% dos adultos são obesos, incluindo mais de 10% que são gravemente obesos, conforme definido em termos de **índice de massa corporal** (**IMC**), calculado como (peso em kg)/(altura em m)$^2$. Um IMC inferior a 25 é considerado normal; um indivíduo com IMC de 25 a 30 está acima do peso; um IMC superior a 30 indica **obesidade**; um IMC superior a 40 indica obesidade grave. A obesidade é uma condição potencialmente fatal. Ela aumenta significativamente a probabilidade de desenvolver diabetes tipo 2, bem como infarto do miocárdio, acidente vascular cerebral e cânceres de cólon, mama, próstata e endométrio. Em consequência, existe um grande interesse em entender como a massa corporal e o armazenamento de gordura no tecido adiposo são regulados. ■

Em uma primeira abordagem, a obesidade é o resultado da ingestão de mais calorias na dieta do que as gastas pelas atividades corporais que consomem combustível. O corpo lida de três formas com o excesso de calorias dietéticas: (1) converte o excesso de combustível em gordura e a armazena no tecido adiposo, (2) queima o excesso de combustível por meio de exercício extra e (3) "desperdiça" combustível, desviando-o para a produção de calor (termogênese) pelas mitocôndrias desacopladas. **P4** Nos mamíferos, um conjunto complexo de sinais hormonais e neuronais age para manter o equilíbrio entre a captação de combustível e o gasto de energia, de modo a manter a quantidade de tecido adiposo em nível adequado. Para lidar de forma eficaz com a obesidade, é necessário compreender como as várias verificações e os balanços funcionam em condições normais e como esses mecanismos homeostáticos podem falhar.

### O tecido adiposo tem funções endócrinas importantes

Uma hipótese inicial para explicar a homeostase da massa corporal, o modelo da "retroalimentação negativa da adiposidade", postulava um mecanismo que inibe o comportamento alimentar e aumenta o gasto de energia quando o peso corporal excede um determinado valor (o ponto de ajuste); a inibição é liberada quando o peso corporal cai abaixo do ponto de ajuste (**Fig. 23-29**). Esse modelo prevê que um sinal de retroalimentação que se origina no tecido adiposo influencia os centros encefálicos que controlam o comportamento alimentar e as atividades metabólica e motora. O primeiro sinal desse tipo a ser descoberto foi a leptina, em 1994. Pesquisas subsequentes revelaram que

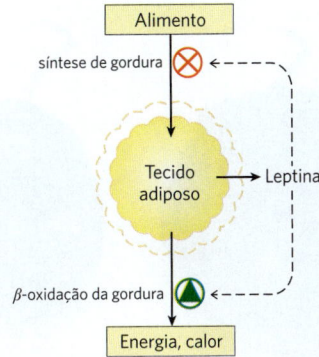

**FIGURA 23-29 Modelo de ponto de ajuste para manter a massa constante.** Quando a massa de tecido adiposo aumenta (contorno tracejado), a leptina liberada inibe a alimentação e a síntese de gordura e estimula a oxidação dos ácidos graxos. Quando a massa de tecido adiposo diminui (contorno sólido), a diminuição da produção de leptina favorece maior ingestão de alimentos e menor oxidação de ácidos graxos.

**P4** o tecido adiposo é um importante órgão endócrino que produz hormônios peptídicos, conhecidos como **adipocinas**. As adipocinas podem atuar local (ação autócrina e parácrina) ou sistemicamente (ação endócrina), transportando informações sobre a adequação das reservas de energia (triacilgliceróis) armazenadas no tecido adiposo para outros tecidos e para o encéfalo. Normalmente, as adipocinas produzem mudanças no metabolismo do combustível e no comportamento alimentar que restabelecem as reservas adequadas de combustível e mantêm a massa corporal. Quando as adipocinas são super ou subproduzidas, a desregulação resultante pode causar doenças potencialmente fatais.

A **leptina** (do grego *leptos*, "magro") é uma adipocina (167 resíduos de aminoácidos) que, ao alcançar o encéfalo, age nos receptores hipotalâmicos e reduz o apetite. A leptina foi identificada pela primeira vez em camundongos de laboratório como o produto de um gene designado *OB* (obeso). Camundongos com duas cópias defeituosas desse gene (genótipo *ob/ob*; letras minúsculas indicam uma forma mutante do gene) mostram o comportamento e a fisiologia de animais em constante estado de inanição: seus níveis plasmáticos de cortisol estão elevados; eles exibem apetite descontrolado, são incapazes de ficar aquecidos, crescem anormalmente mais do que o normal e não se reproduzem. Como consequência do apetite descontrolado, eles tornam-se muito obesos, pesando até três vezes mais do que os camundongos normais (**Fig. 23-30**). Eles também apresentam distúrbios metabólicos muito semelhantes aos vistos no diabetes e são resistentes à insulina. Quando se injeta leptina nos camundongos *ob/ob*, eles comem menos, perdem peso e aumentam a sua atividade locomotora e a termogênese.

Um segundo gene de camundongos, designado *DB* (diabético), também tem um papel na regulação do apetite. Camundongos com duas cópias defeituosas (*db/db*) são obesos e diabéticos. O gene *DB* codifica o **receptor de leptina**. A função sinalizadora da leptina é perdida quando o receptor é defeituoso.

O receptor de leptina é expresso principalmente em regiões do encéfalo que regulam o comportamento

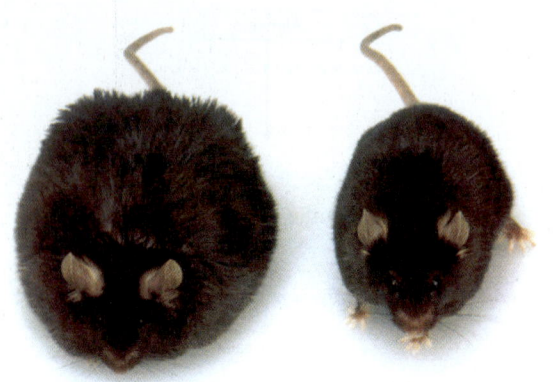

**FIGURA 23-30 Obesidade causada pela produção defeituosa de leptina.** Ambos os camundongos, que têm a mesma idade, têm defeitos no gene *OB*. O camundongo à direita recebeu leptina purificada injetada diariamente e pesa 35 g. O camundongo à esquerda não foi submetido ao tratamento com leptina e, consequentemente, comeu mais e ficou menos ativo; ele pesa 67 g. [The Rockefeller University/AP Photo.]

alimentar – neurônios do **núcleo arqueado** do hipotálamo (**Fig. 23-31a**). A leptina carrega a mensagem de que as reservas de gordura são suficientes, promove a redução do consumo de combustível e aumenta o gasto de energia. A interação leptina-receptor no hipotálamo altera a liberação de sinais neuronais para a região do encéfalo que controla o apetite. A leptina também estimula o sistema nervoso simpático, aumentando a pressão sanguínea, a frequência cardíaca e a termogênese por meio do desacoplamento das mitocôndrias dos adipócitos marrons (Fig. 23-31b). Lembre-se de que a proteína desacopladora UCP1 forma um canal na membrana mitocondrial interna que permite que os prótons entrem novamente na matriz mitocondrial sem passar pelo complexo da ATP-sintase. Isso permite a oxidação contínua de combustível (ácidos graxos em um adipócito marrom ou bege) sem síntese de ATP, dissipando a energia na forma de calor e consumindo as calorias da dieta ou as gorduras armazenadas em grandes quantidades.

## A leptina estimula a produção de hormônios peptídicos anorexigênicos

Dois tipos de neurônios do núcleo arqueado controlam o influxo de combustível e o seu metabolismo (**Fig. 23-32**). Os neurônios **orexigênicos** (estimuladores de apetite) estimulam a ingestão de alimento ao produzirem e liberarem o **neuropeptídeo Y** (**NPY**), que faz o próximo neurônio do circuito enviar o seguinte sinal para o encéfalo: coma! O nível de NPY no sangue aumenta durante a inanição e é elevado em camundongos com duas cópias defeituosas do gene da leptina (*ob/ob*) ou duas cópias defeituosas do gene do receptor de leptina (*db/db*). É provável que a alta concentração de NPY contribua para a obesidade nesses animais, que comem vorazmente.

Os neurônios **anorexigênicos** (inibidores de apetite) no núcleo arqueado produzem o **hormônio estimulante de α-melanócitos** (**α-MSH**, do inglês *α-melanocyte-stimulating hormone*; também conhecido como melanocortina), formado a partir de seu precursor polipeptídico,

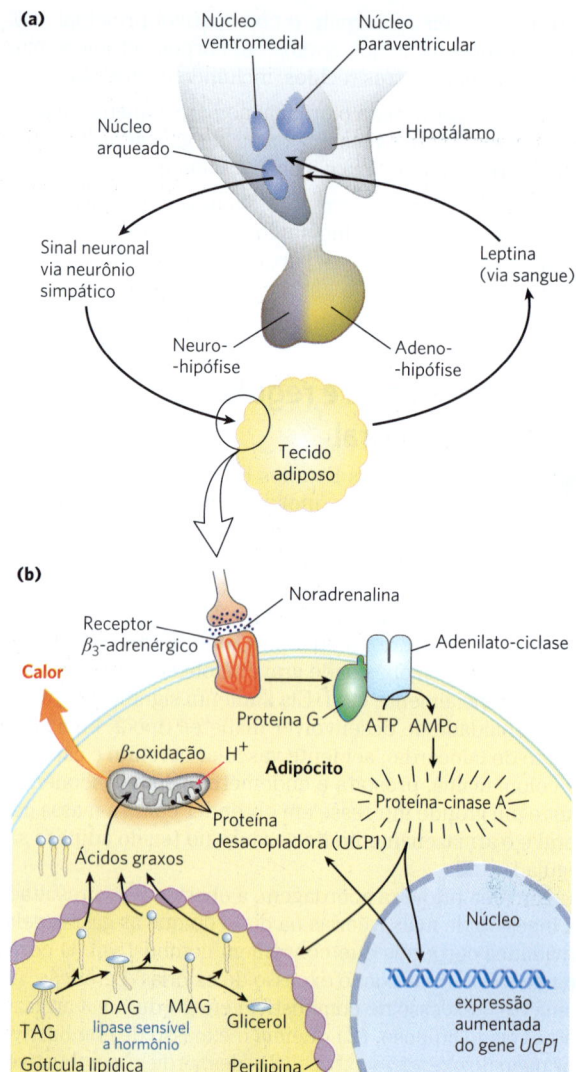

**FIGURA 23-31 Regulação hipotalâmica da ingestão de alimento e do gasto de energia.** (a) Papel do hipotálamo na sua interação com o tecido adiposo. O hipotálamo recebe informação (leptina) do tecido adiposo e responde com sinais neuronais para os adipócitos. (b) Esse sinal (noradrenalina) ativa a proteína-cinase A, que desencadeia a mobilização de ácidos graxos dos triacilgliceróis e a sua oxidação desacoplada nas mitocôndrias, gerando calor, mas não ATP. DAG, diacilglicerol; MAG, monoacilglicerol.

a pró-opiomelanocortina (POMC; Fig. 23-5). A liberação do α-MSH faz o neurônio seguinte no circuito enviar o seguinte sinal para o cérebro: pare de comer!

A quantidade de leptina liberada pelo tecido adiposo depende do número e do tamanho dos adipócitos. Quando a perda de peso reduz a massa de tecido lipídico, os níveis de leptina no sangue diminuem, a produção de NPY aumenta e os processos no tecido adiposo, mostrados na Figura 23-31, são revertidos. O desacoplamento diminui, reduzindo a termogênese e poupando combustível, e a mobilização de gordura é reduzida em resposta à redução da sinalização pelo AMPc. O consumo de maior quantidade de alimento, combinado com a utilização mais eficiente do combustível, resulta

O aumento do catabolismo e da termogênese desencadeado pela leptina é causado, em parte, pelo aumento da síntese das mitocôndrias nos adipócitos marrom e bege. A leptina estimula a síntese de UCP1 ao alterar as transmissões sinápticas de neurônios do núcleo arqueado para o tecido adiposo e outros tecidos por meio do sistema nervoso simpático. O consequente aumento da liberação de noradrenalina nesses tecidos atua por meio dos receptores $\beta_3$-adrenérgicos para estimular a transcrição do gene *UCP1*. O desacoplamento resultante da transferência de elétrons da fosforilação oxidativa consome gordura e é termogênico (Fig. 23-31).

A obesidade humana seria o resultado da produção insuficiente de leptina, sendo, assim, tratável por injeções desse hormônio? Os níveis sanguíneos de leptina estão, na verdade, muito *mais altos* em animais obesos (incluindo os seres humanos) do que em animais com massa corporal normal (exceto, é claro, nos mutantes *ob/ob*, que não produzem leptina). Alguns elementos a jusante no sistema de resposta à leptina devem estar defeituosos nas pessoas obesas, e a elevação de leptina é o resultado de uma tentativa (malsucedida) de superar a resistência à leptina. Nos casos muito raros de seres humanos com obesidade extrema que têm um gene de leptina defeituoso (*OB*), as injeções de leptina resultam, de fato, em uma enorme perda de peso. Contudo, na imensa maioria das pessoas obesas, o gene *OB* está intacto. Em testes clínicos, a injeção de leptina não tem o efeito de redução de peso observado nos camundongos obesos *ob/ob*. A maioria dos casos de obesidade humana envolve, claramente, um ou mais fatores além da leptina.

## A adiponectina age por meio da AMPK para aumentar a sensibilidade à insulina

A **adiponectina** é um hormônio peptídico produzido quase exclusivamente no tecido adiposo, uma adipocina que sensibiliza outros órgãos aos efeitos da insulina. A adiponectina circula no sangue e tem efeito potente sobre o metabolismo dos ácidos graxos e dos carboidratos no fígado e no músculo. Ela aumenta a captação de ácidos graxos pelos miócitos, a partir do sangue, e a taxa da $\beta$-oxidação de ácidos graxos no músculo. Além disso, ela bloqueia a síntese de ácidos graxos e a gliconeogênese nos hepatócitos e estimula a captação e o catabolismo de glicose no fígado e no músculo.

Esses efeitos da adiponectina são indiretos e não totalmente compreendidos, mas a **proteína-cinase ativada por AMP** (**AMPK**) controla muitos deles. Atuando por meio de seu GPCR, a adiponectina desencadeia a fosforilação e a ativação da AMPK. Lembre-se de que a AMPK é ativada por fatores que sinalizam a necessidade de mudar o metabolismo para a geração de energia e para longe da biossíntese que requer energia (**Fig. 23-33**; ver também p. 503). Quando ativada, a AMPK afeta profundamente o metabolismo de células individuais e, por meio de suas ações no encéfalo, o metabolismo de todo o animal.

## A AMPK coordena o catabolismo e o anabolismo em resposta ao estresse metabólico

A AMPK emergiu como um ator central na coordenação de vias metabólicas, na atividade do organismo e no comportamento alimentar (**Fig. 23-34**). Essa proteína-cinase ativada

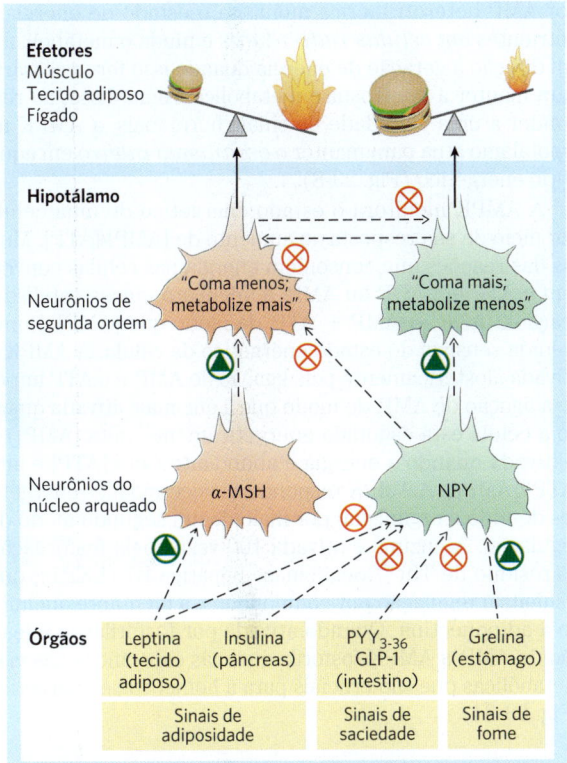

**FIGURA 23-32 Hormônios que controlam a ingestão de alimento.** No núcleo arqueado, dois grupos de células neurossecretoras recebem um sinal hormonal e liberam sinais neuronais para as células do músculo, do tecido adiposo e do fígado. A leptina e a insulina são liberadas do tecido adiposo e do pâncreas, respectivamente, em proporção à massa da gordura corporal. Os dois hormônios agem sobre as células neurossecretoras anorexigênicas e provocam a liberação de $\alpha$-MSH (hormônio estimulador de melanócitos); o $\alpha$-MSH envia o sinal a neurônios de segunda ordem no hipotálamo, os quais produzem sinais neuronais para comer menos e metabolizar mais combustível. A leptina e a insulina também agem sobre as células neurossecretoras orexigênicas e inibem a liberação de NPY, reduzindo o sinal de "comer mais" enviado para os tecidos. Conforme descrito mais adiante no texto, o hormônio gástrico grelina *estimula* o apetite ao ativar as células que expressam o NPY; o $PYY_{3-36}$, liberado do cólon, *inibe* esses neurônios e diminui o apetite. Cada um dos tipos de células neurossecretoras inibe a produção de hormônios pelo outro tipo, de forma que qualquer estímulo que ative as células orexigênicas inativa as células anorexigênicas, e vice-versa. Isso fortalece o efeito dos sinais de estimulação.

na recuperação das reservas no tecido adiposo, levando o sistema de volta ao equilíbrio.

## A leptina dispara uma cascata de sinalização que regula a expressão gênica

O sinal da leptina é transduzido por um mecanismo também usado por receptores para alguns fatores de crescimento. O receptor de leptina possui um único segmento transmembrana. Quando a leptina se liga aos domínios extracelulares de dois monômeros, eles dimerizam e sofrem fosforilação em vários resíduos de Tyr. Isso inicia uma cadeia de eventos que termina no núcleo com o aumento da síntese de genes alvo, incluindo o gene para POMC, a partir do qual $\alpha$-MSH é produzido.

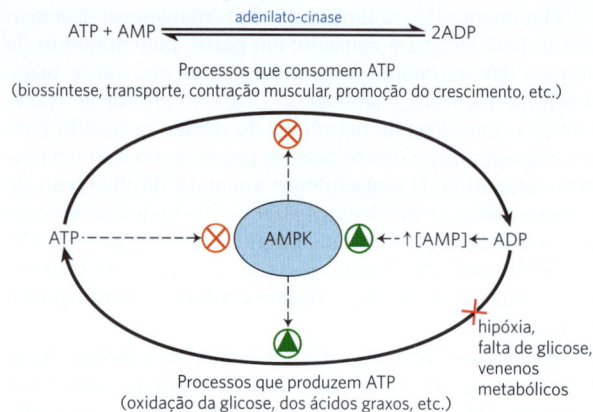

**FIGURA 23-33 O papel da proteína-cinase ativada por AMP (AMPK) na manutenção da homeostase energética.** O ADP produzido por reações sintéticas é convertido em ATP e AMP pela adenilato-cinase. O AMP ativa a AMPK, que regula reciprocamente as vias de consumo de ATP e as de geração de ATP por meio da fosforilação de enzimas-chave (ver Fig. 23-34). Condições ou agentes que inibem a produção de ATP por reações catabólicas (como hipóxia, falta de glicose, venenos metabólicos) aumentam a [AMP], ativam a AMPK e estimulam o catabolismo. Atividades celulares ou de organismos que consomem ATP (contração muscular, crescimento) aumentam a [AMP] e estimulam reações catabólicas para repor o ATP. Quando a [ATP] é alta, o ATP impede a ligação do AMP à AMPK, reduzindo, assim, a atividade da AMPK e tornando o catabolismo mais lento.

por AMP heterotrimérica monitora o estado de energia e nutrientes *em células individuais* e muda o metabolismo em direção à geração de energia quando isso for necessário para manter a homeostase metabólica. Além disso, ao responder a uma variedade de sinais hormonais, a AMPK no hipotálamo atua para manter o *organismo inteiro* em equilíbrio energético (Fig. 23-8).

A AMPK monitora o estado energético de uma célula por meio de sua resposta ao aumento de [AMP]/[ATP]. Muitas das reações que consomem energia nas células convertem o ATP em ADP ou AMP. A adenilato-cinase catalisa a reação 2 ADP → AMP + ATP, de modo que [AMP] é uma medida sensível do estado energético da célula. A AMPK é ativada alostericamente pela ligação de AMP, e o ATP impede a ligação de AMP, de modo que a enzima é ativada quando a célula está esgotada energeticamente (alta [AMP]) e inativada quando a energia é abundante (alta [ATP] e alta [ATP]/[AMP]). A AMPK responde às necessidades energéticas de todo o organismo por meio de um segundo modo de regulação. A enzima é ativada 100 vezes pela fosforilação do resíduo de Thr$^{172}$ pela cinase hepática B1 (LKB1), que é sujeita à regulação por componentes a montante, incluindo a adiponectina. Quando ativada por fosforilação e ligação de AMP, a AMPK fosforila enzimas específicas nas vias metabólicas que são cruciais para a homeostase energética (Fig. 23-34).

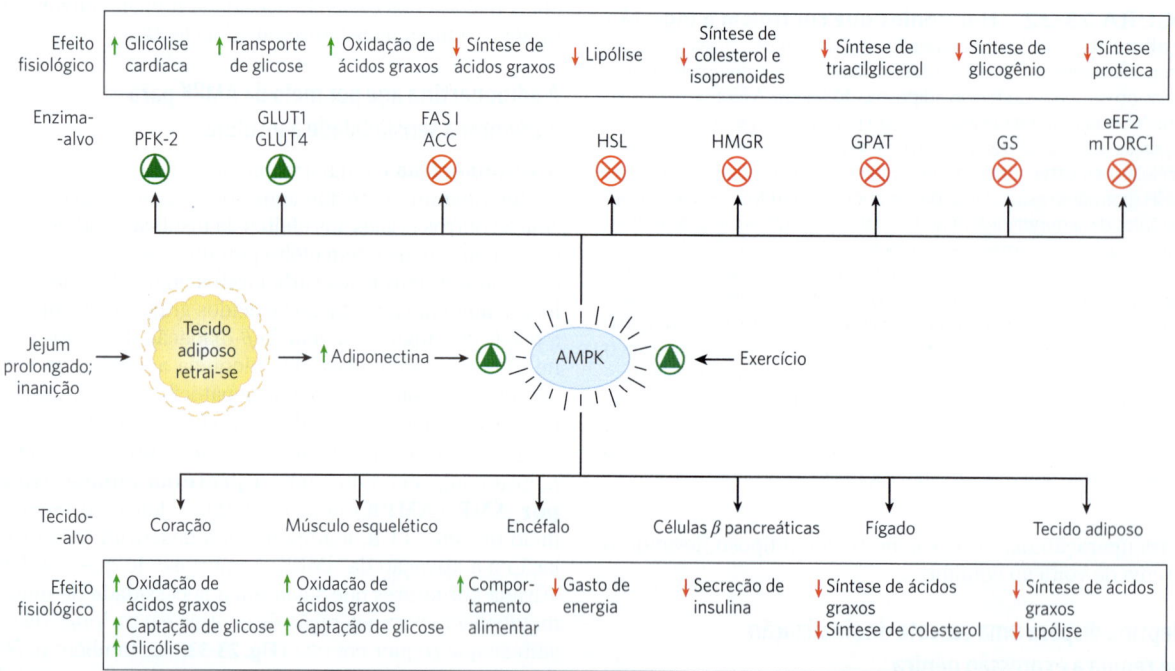

**FIGURA 23-34 Formação de adiponectina e suas ações por meio da AMPK.** O jejum prolongado e a inanição diminuem as reservas de triacilglicerol no tecido adiposo, o que desencadeia a produção e a liberação de adiponectina dos adipócitos. A adiponectina age por meio de seus receptores de membrana plasmática em vários tipos de células e órgãos para inibir processos consumidores de energia e estimular processos de produção de energia. Ela atua no encéfalo, para estimular o comportamento alimentar e inibir a atividade física que consome energia, e na gordura marrom, para inibir a termogênese. A adiponectina exerce seus efeitos metabólicos por meio da ativação da AMPK, que regula (por fosforilação) enzimas específicas em processos metabólicos essenciais. PFK-2, fosfofrutocinase 2; GLUT1 e GLUT4, transportadores de glicose; FAS I, ácido graxo-sintase I; ACC, acetil-CoA-carboxilase; HSL, lipase sensível a hormônio; HMGR, HMG-CoA-redutase; GPAT, uma aciltransferase; GS, glicogênio-sintase; eEF2, fator de elongação 2 de eucariotos (necessário para a síntese proteica; ver Capítulo 27); e mTORC1, alvo mecanístico do complexo 1 da rapamicina (um complexo de proteína-cinase que regula a síntese proteica com base na disponibilidade de nutrientes). O exercício também estimula a AMPK, por meio da conversão de ATP em ADP e AMP.

Quando a AMPK detecta depleção de ATP em uma célula individual, a síntese de lipídeos é inibida, e o uso de lipídeos como combustível é estimulado. A acetil-CoA-carboxilase é uma enzima ativada pela AMPK no fígado e no tecido adiposo branco. Essa enzima produz malonil-CoA, o primeiro intermediário comprometido com a síntese de ácidos graxos. A malonil-CoA é um potente inibidor da enzima carnitina-aciltransferase I, que inicia o processo de β-oxidação pelo transporte dos ácidos graxos para a mitocôndria (ver Fig. 17-6). Ao fosforilar e inativar a acetil-CoA-carboxilase, a AMPK inibe a síntese de ácidos graxos ao mesmo tempo que alivia a inibição (por malonil-CoA) da β-oxidação (ver Fig. 17-13). A síntese de colesterol, um grande consumidor de energia, também é inibida pela AMPK, que fosforila e inativa a HMG-CoA-redutase, uma enzima central para a síntese de esterol (ver Fig. 21-34). Da mesma forma, a AMPK inibe a ácido graxo-sintase e a aciltransferase, bloqueando efetivamente a síntese de triacilgliceróis. Além de seus efeitos no metabolismo lipídico, a AMPK inibe a síntese de glicogênio e de proteínas (ver Fig. 23-35). Suprimentos inadequados de oxigênio (hipóxia) ou glicose no sangue (hipoglicemia) estão entre os fatores de estresse que desencadeiam a ativação da AMPK.

No hipotálamo, a AMPK é posicionada para receber uma variedade de sinais de todo o corpo (Fig. 23-8). A grelina e a adiponectina sinalizam "estômago vazio" e "tecido adiposo esgotado" e, como baixa glicose no sangue, induzem sinais hipotalâmicos, mediados pela AMPK, que estimulam a alimentação e inibem os processos biossintéticos que necessitam de energia. A leptina, como visto anteriormente, traz ao encéfalo o sinal de que "o tecido adiposo está cheio", retardando os processos catabólicos e favorecendo o crescimento e a biossíntese.

Na superfície citoplasmática dos lisossomos, a AMPK interage com um segundo regulador central da atividade celular, a proteína-cinase mTOR. Essa enzima, localizada no centro de um enorme complexo, mTORC1, avalia se há nutrientes suficientes e substratos de baixo peso molecular disponíveis para suportar o crescimento e a proliferação celular. Juntas, as duas proteínas-cinases, AMPK e mTOR, controlam os principais aspectos da atividade e do destino de uma célula.

### A via mTORC1 coordena o crescimento celular com o suprimento de nutrientes e energia

A Ser/Thr-cinase **mTOR** altamente conservada forma um complexo, **mTORC1**, com uma proteína com função de andaime, raptor, e outras proteínas regulatórias. mTORC1 é recrutado para a superfície citosólica do lisossomo por meio da raptor por outro complexo, Ragulador, e uma série de proteínas Rag G associadas que detectam a suficiência de aminoácidos na célula. O complexo Ragulador-Rag é amarrado à membrana lisossomal por lipídeos ligados covalentemente. Quando o mTORC1 é acoplado ao complexo Ragulador-Rag, ele está em contato com outra proteína G, **Rheb** (**Fig. 23-35**). Esse enorme complexo integra sinais de dentro e de fora do lisossomo sobre o estado de energia da célula, a disponibilidade de aminoácidos essenciais necessários para a síntese de proteínas e a presença de fatores de crescimento. Quando esses sinais indicam que a célula tem o que precisa para crescer, o Rheb ligado ao GTP impulsiona

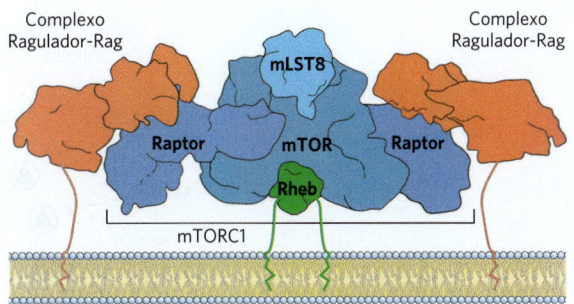

**FIGURA 23-35  O complexo mTORC1-Ragulador-Rag na superfície lisossomal.** Este modelo integra as estruturas de mTORC1 e Ragulador-Rag, determinadas separadamente por crio-ME. Raptor atua como uma proteína com função de andaime que organiza a montagem, o que coloca a proteína-cinase mTOR em contato com a proteína G Rheb para ativação. [Informações de J. H. Park et al., *Trends Biochem. Sci.* 45:367, 2019, Fig. 1; K. B. Rogala et al., *Science* 366:468, 2019, Fig. 5A.]

a atividade da proteína-cinase mTOR, que, então, fosforila muitas proteínas diferentes necessárias para a transcrição, para o aumento da síntese de ribossomos e para a expressão de genes que codificam as enzimas da síntese de lipídeos e da proliferação mitocondrial (**Fig. 23-36**). Como o lisossomo é o local em que a célula recicla componentes defeituosos ou desnecessários, ou substâncias extracelulares trazidas para a célula por meio de fagocitose, ele é, na verdade, o depósito de peças para a construção celular. O complexo mTORC1-Ragulador-Rag é o gerente da cadeia de suprimentos que determina se a linha de montagem pode operar.

O jejum resulta na inativação de mTORC1 pela AMPK, levando ao aumento da degradação de proteínas e de glicogênio no fígado e no músculo e à mobilização de triacilgliceróis no tecido adiposo. A ativação crônica de mTORC1 pelo excesso de alimentos resulta em excesso de deposição de triacilgliceróis no tecido adiposo, bem como no fígado e no músculo, o que pode contribuir para a insensibilidade à insulina e para o diabetes tipo 2. Mutações que levam à produção de mTORC1 constantemente ativado também são comumente associadas a cânceres em seres humanos.

### A dieta regula a expressão de genes essenciais para a manutenção da massa corporal

As proteínas de uma família de fatores de transcrição ativados por ligantes, os **receptores ativados por proliferador de peroxissomos** (**PPAR**, do inglês *peroxisome proliferator-activated receptors*), respondem a mudanças nos lipídeos da dieta com a alteração da expressão de genes envolvidos no metabolismo de gorduras e de carboidratos. (Esses fatores de transcrição foram reconhecidos inicialmente por seu papel na síntese de peroxissomos – daí seu nome.) Os seus ligantes normais são ácidos graxos ou derivados de ácidos graxos. PPARγ, PPARα e PPARδ atuam no núcleo formando heterodímeros com outro receptor nuclear, RXR, ligando-se, então, a regiões regulatórias do DNA próximo aos genes sob seu controle e alterando a taxa de transcrição desses genes (**Fig. 23-37**).

O **PPARγ** ativa genes que atuam na diferenciação de fibroblastos em adipócitos e genes que codificam proteínas necessárias para a síntese e o armazenamento de lipídeos

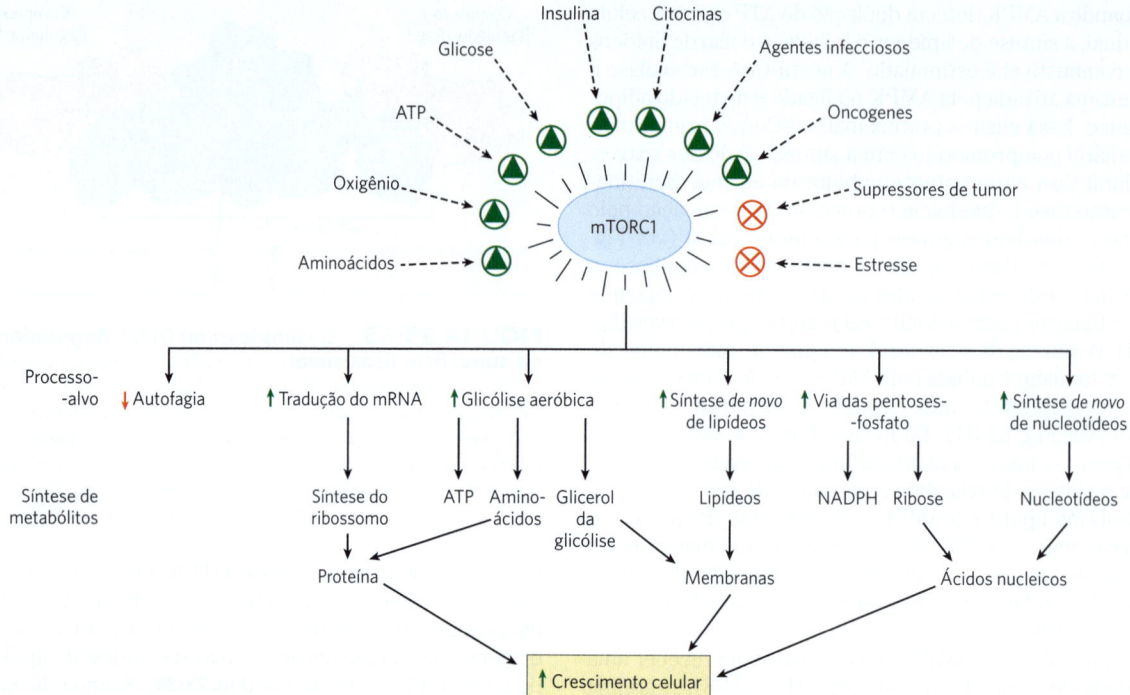

**FIGURA 23-36 Um resumo dos sinais de ativação do mTORC1 e dos processos celulares estimulados pelo mTORC1 ativo.** A proteína-cinase Ser/Thr do mTORC1 é ativada pela proteína G Rheb, refletindo a integração de muitos sinais que indicam que a célula está preparada para o crescimento. Por meio da fosforilação de proteínas-alvo essenciais, o mTORC1 ativa a produção de energia (ATP e NADPH) para a biossíntese e estimula a síntese de proteínas e lipídeos, permitindo o crescimento e a proliferação celulares.

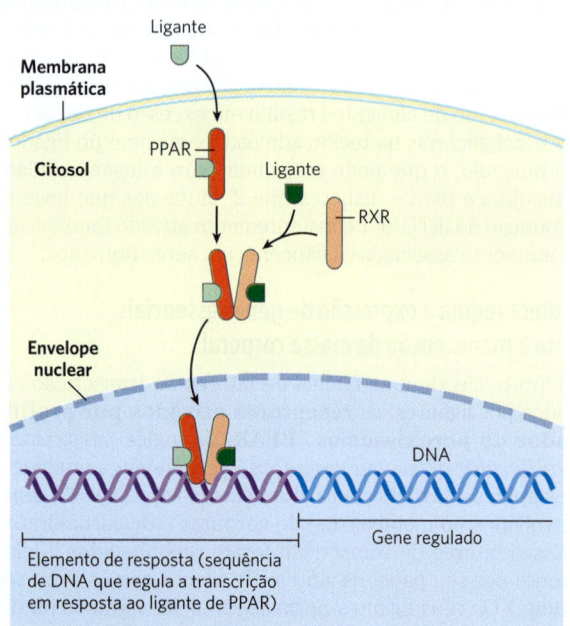

**FIGURA 23-37 Modo de ação dos PPAR.** Os PPAR são fatores de transcrição que, ao interagirem com seu ligante cognato, formam heterodímeros com o receptor nuclear RXR. O dímero se liga a regiões específicas do DNA conhecidas como elementos de resposta, estimulando a transcrição dos genes dessas regiões. [Informação de R. M. Evans et al., *Nat. Med.* 10:355, 2004, Fig. 3.]

nos adipócitos (**Fig. 23-38**). O PPARγ é ativado por fármacos do tipo tiazolidinedionas, que são usados no tratamento do diabetes tipo 2 (discutido adiante).

O **PPARα** é expresso no fígado, no rim, no coração, no músculo esquelético e no tecido adiposo marrom. Os ligantes que ativam esse fator de transcrição incluem eicosanoides e ácidos graxos livres. Nos hepatócitos, o PPARα ativa os genes necessários para a captação e β-oxidação de ácidos graxos e para a formação de corpos cetônicos durante o jejum.

O **PPARδ** é um regulador-chave da oxidação de gordura, que responde às mudanças nos lipídeos da dieta. O PPARδ age no fígado e no músculo, estimulando a transcrição de pelo menos nove genes que codificam proteínas para a β-oxidação e para a dissipação de energia por meio do desacoplamento das mitocôndrias. Ao estimular a degradação dos ácidos graxos nas mitocôndrias desacopladas, o PPARδ causa depleção de gordura, perda de peso e termogênese.

### O comportamento alimentar de curto prazo é influenciado pela grelina, pelo PYY$_{3-36}$ e pelos canabinoides

O hormônio peptídico **grelina** é produzido nas células que revestem o estômago. Trata-se de um poderoso estimulante do apetite que atua em uma escala de tempo menor (entre as refeições) do que a leptina e a insulina. Os receptores de grelina estão localizados no hipotálamo, afetando o apetite, bem como no músculo cardíaco e no tecido adiposo. A grelina age por meio do GPCR para produzir o segundo

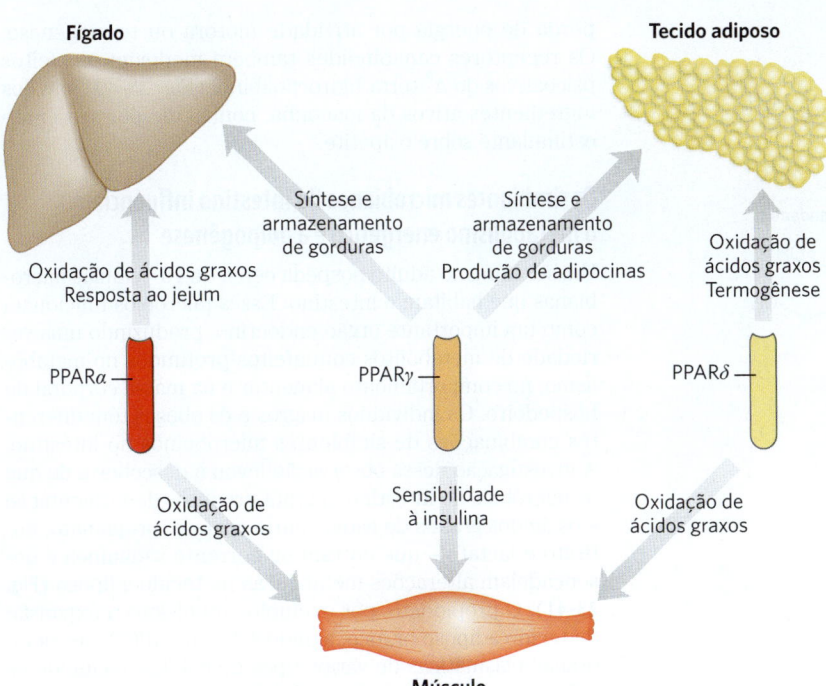

**FIGURA 23-38 Integração metabólica pelos PPAR.** As três isoformas do PPAR regulam a homeostase da glicose e dos lipídeos por meio de seus efeitos coordenados sobre a expressão gênica no fígado, no músculo e no tecido adiposo. PPARα e PPARδ regulam a utilização de lipídeos; PPARγ regula o armazenamento de lipídeos e a sensibilidade à insulina de vários tecidos.

mensageiro $IP_3$, que medeia a ação hormonal. A concentração de grelina no sangue flutua notavelmente ao longo do dia, atingindo um pico logo antes de uma refeição e caindo drasticamente logo após ela (**Fig. 23-39**). A injeção de grelina em seres humanos produz a sensação imediata de intensa fome. Pessoas com a síndrome de Prader-Willi, cujos níveis de grelina no sangue são extremamente altos, têm apetite incontrolável, levando à obesidade extrema que, com frequência, resulta em morte antes dos 30 anos.

O **PYY$_{3-36}$** é um hormônio peptídico (34 resíduos de aminoácidos) secretado por células endócrinas que revestem o intestino delgado e o cólon em resposta à chegada de alimento vindo do estômago. O nível de PYY$_{3-36}$ no sangue aumenta após uma refeição e se mantém alto por algumas horas. Ele é levado pelo sangue para o núcleo arqueado, onde age nos neurônios orexigênicos, inibindo a liberação de NPY e reduzindo a fome (Fig. 23-32). Seres humanos injetados com PYY$_{3-36}$ sentem pouca fome e se alimentam menos que o normal por cerca de 12 horas.

Os **endocanabinoides** (**Fig. 23-40**) são mensageiros lipídicos eicosanoides que atuam por meio dos GPCR específicos no encéfalo e no sistema nervoso periférico para

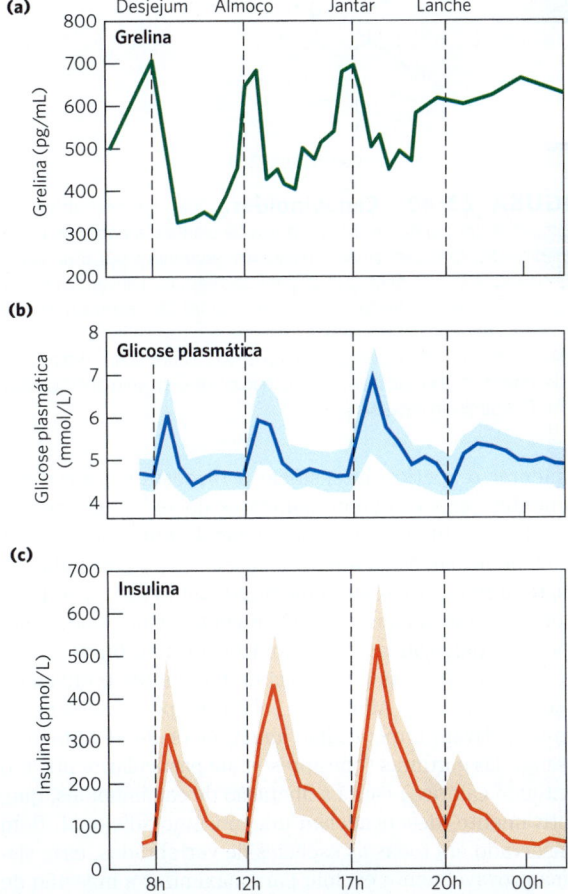

**FIGURA 23-39 Variações nas concentrações sanguíneas de glicose, grelina e insulina em relação aos horários das refeições.** (a) Os níveis plasmáticos de grelina aumentam acentuadamente pouco *antes* do horário normal para as refeições (7 horas para o café da manhã, 12 horas para o almoço e 17h30 para o jantar) e caem vertiginosamente logo após as refeições, em paralelo com a sensação subjetiva de fome. (b) A glicose plasmática aumenta acentuadamente *após* uma refeição, (c) seguida imediatamente pelo aumento do nível de insulina em resposta ao aumento da glicose no sangue. [(a, c) Dados de D. E. Cummings et al., *Diabetes* 50:1714, 2001, Fig. 1. (b) Dados de M. D. Feher e C. J. Bailey, *Br. J. Diabet. Vasc. Dis.* 4:39, 2004.]

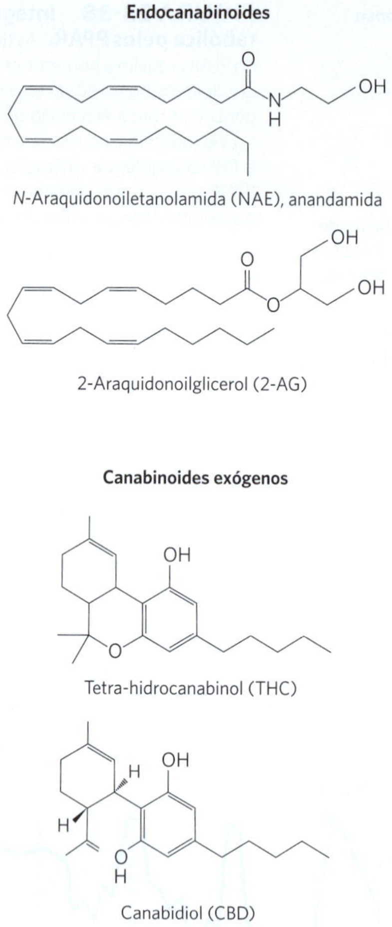

**Endocanabinoides**

*N*-Araquidonoiletanolamida (NAE), anandamida

2-Araquidonoilglicerol (2-AG)

**Canabinoides exógenos**

Tetra-hidrocanabinol (THC)

Canabidiol (CBD)

**FIGURA 23-40 Canabinoides.** Dois endocanabinoides produzidos por animais e dois produtos da planta *Cannabis*. Os endocanabinoides carregam sinais retrógrados: secretados por uma célula pós-sináptica, eles se difundem pela fenda sináptica e ativam os receptores GPCR na célula pré-sináptica. Os receptores são de dois tipos: $CB_1$, no sistema nervoso central e $CB_2$ no sistema nervoso periférico. $\Delta^9$-Tetra-hidrocanabinol (THC), o composto psicoativo da *Cannabis*, é um agonista de ambos os tipos de receptores canabinoides em animais; o canabidiol (CBD) também não se liga.

aumentar o apetite, intensificar a resposta sensorial aos alimentos (especialmente alimentos doces e gordurosos) e melhorar o humor. Quando o alimento entra na boca, os sinais neuronais viajam para o encéfalo e, a partir daí, ao longo do nervo vago até o intestino, que, então, produz e libera os endocanabinoides. Os receptores dos endocanabinoides controlam os canais iônicos dos neurônios sensoriais, alterando seus potenciais de membrana e enviando sinais ao encéfalo. Alimentos palatáveis percebidos dessa forma motivam um consumo ainda maior desse alimento. O sabor das gorduras (que apresentam particularmente alto conteúdo calórico) causa a liberação de canabinoides, que, efetivamente, desencadeiam um consumo adicional. Bem conservado em todas as espécies de vertebrados, esse sistema provavelmente evoluiu para maximizar a ingestão de alimentos e para evitar a inanição. Nos mamíferos, a ação canabinoide estimula o aumento da massa gorda e inibe a perda de energia por atividade motora ou termogênese. Os receptores canabinoides também medeiam os efeitos psicoativos do $\Delta^9$-tetra-hidrocanabinol (Fig. 23-40), um dos ingredientes ativos da maconha, conhecido por seu efeito estimulante sobre o apetite.

## Os simbiontes microbianos do intestino influenciam o metabolismo energético e a adipogênese

Um ser humano adulto hospeda cerca de $10^{14}$ células microbianas que habitam o intestino. Esses micróbios funcionam como um importante órgão endócrino, produzindo uma variedade de metabólitos com efeitos profundos no metabolismo, no comportamento alimentar e na massa corporal do hospedeiro. Os indivíduos magros e os obesos têm diferentes combinações de simbiontes microbianos no intestino. A investigação dessa observação levou à descoberta de que os micróbios do intestino liberam produtos de fermentação – os ácidos graxos de cadeia curta acetato, propionato, butirato e lactato – que entram na corrente sanguínea e desencadeiam alterações metabólicas no tecido adiposo (**Fig. 23-41**). O propionato, por exemplo, impulsiona a expansão do tecido adiposo branco, agindo sobre os GPCR nas membranas plasmáticas de vários tipos de células, incluindo os adipócitos. Esses receptores desencadeiam a diferenciação de células precursoras (pré-adipócitos) em adipócitos e inibem a lipólise nos adipócitos existentes, levando ao aumento da massa de tecido adiposo branco – ou seja, à obesidade. Os micróbios intestinais também convertem os ácidos biliares primários (sintetizados no fígado) nos ácidos biliares secundários desoxicolato e litocolato, que entram na corrente sanguínea e atuam por meio de GPCR e receptores de esteroides para ativar os adipócitos beges, a fim de produzir UCP1 e aumentar o gasto de energia.

Esses resultados levantam a possibilidade de prevenir a obesidade por meio da alteração da composição da comunidade microbiana no intestino. A perda de peso pode ser alcançada adicionando-se diretamente ao intestino espécies microbianas (**probióticos**) que desfavorecem a adipogênese ou adicionando-se à dieta nutrientes (**prebióticos**) que favorecem a dominância dos micróbios probióticos. Por exemplo, experiências em camundongos mostraram que os frutanos, polímeros de frutose que são indigeríveis pelos animais, favorecem uma comunidade microbiana específica. Quando essa combinação de microrganismos está presente, o armazenamento de gordura no tecido adiposo branco e no fígado diminui, e não há nenhuma diminuição da sensibilidade à insulina que esteja associada à obesidade e à deposição de lipídeos no fígado (ver a seguir). Pesquisadores transplantaram material fecal de camundongos magros para camundongos gordos e descobriram que uma nova coleção de micróbios se estabeleceu no intestino dos animais receptores, que perderam peso.

▶ P4 As células endócrinas que revestem o trato intestinal secretam peptídeos – os anorexigênicos $PYY_{3-36}$ e GLP-1 e a orexigênica grelina – que modulam a ingestão de alimentos e o gasto de energia. A interação com micróbios específicos do intestino, ou com seus produtos de fermentação, pode desencadear a liberação desses peptídeos. Compreender como a dieta e os simbiontes microbianos interagem para afetar o metabolismo energético e a adipogênese é

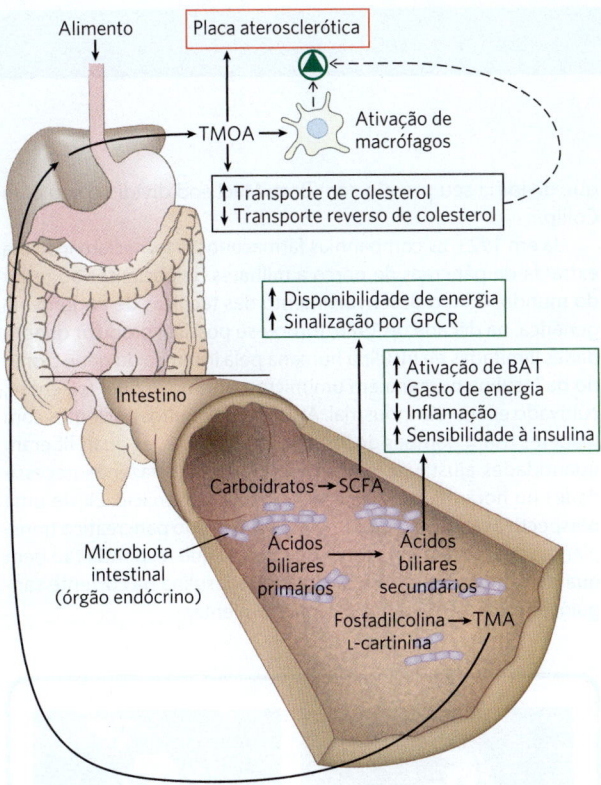

**FIGURA 23-41 Efeitos do metabolismo dos micróbios intestinais na saúde.** O enorme número e diversidade de microrganismos (a microbiota) no cólon gera produtos metabólicos que podem ter efeitos significativos sobre a saúde, tanto positivos quanto negativos. Por exemplo, o metabolismo de ácidos biliares primários pela microbiota gera produtos secundários que atuam por meio de receptores nucleares para estimular a termogênese no tecido adiposo marrom (TAM) e aumentar o consumo de energia e a sensibilidade à insulina, enquanto reduzem a inflamação. O metabolismo de carboidratos não digeridos pela microbiota produz ácidos graxos de cadeia curta (SCFA) que sinalizam a expansão do tecido adiposo branco (TAB) do hospedeiro, promovendo a obesidade. Os SCFA produzidos pela microbiota são também uma fonte de energia prontamente metabolizável para o hospedeiro. A produção microbiana do SCFA propionato evita a lipogênese no fígado e reduz o colesterol sanguíneo, ambos favoráveis à saúde. Em contrapartida, a conversão metabólica da fosfatidilcolina e da L-carnitina em trimetilamina (TMA), e sua posterior conversão no fígado em N-óxido de trimetilamina (TMAO), resulta em alterações mediadas por receptores no transporte de colesterol e na atividade macrofágica. A combinação do transporte alterado de esterol e do aumento da atividade macrofágica pode levar à formação de placa aterosclerótica (ver Fig. 21-46).

um ponto importante para compreender o desenvolvimento da obesidade, da síndrome metabólica e do diabetes tipo 2 e é um grande desafio para o futuro.

Provavelmente, esse sistema primorosamente interconectado de controles neuroendócrinos da ingestão de alimentos e do metabolismo evoluiu para proteger os seres vivos contra a inanição e eliminar o acúmulo contraproducente de gordura (obesidade extrema). A dificuldade que a maioria das pessoas encontra na tentativa de perder peso é prova da admirável efetividade desses controles.

> **RESUMO 23.4** *Obesidade e regulação da massa corporal*

■ O tecido adiposo produz leptina, hormônio que regula o comportamento alimentar e o gasto de energia para poder manter as reservas adequadas de gordura. A produção e a liberação de leptina aumentam com o número e o tamanho dos adipócitos.

■ A leptina age em receptores no núcleo arqueado do hipotálamo, causando a liberação de peptídeos anorexigênicos (supressores de apetite), incluindo o $\alpha$-MSH, que agem no encéfalo para inibir o comportamento alimentar.

■ O hormônio adiponectina estimula a captação e a oxidação de ácidos graxos e inibe sua síntese. Ele também sensibiliza o músculo e o fígado à insulina. Pelo menos algumas das ações da adiponectina são mediadas pela AMPK, que também é ativada pelo estresse metabólico (baixas [AMP]) e pelo exercício.

■ O complexo de proteína-cinase mTORC1 mede o suprimento de aminoácidos essenciais e outros metabólitos, desencadeando o crescimento celular se todos os nutrientes necessários estiverem disponíveis. Assim, ele complementa a AMPK na determinação do estado energético de uma célula.

■ A expressão das enzimas da síntese de lipídeos está sob forte e complexa regulação. Os PPAR são fatores de transcrição que determinam a taxa de síntese de muitas enzimas envolvidas no metabolismo lipídico e na diferenciação de adipócitos.

■ A grelina, hormônio produzido no estômago, age sobre neurônios orexigênicos (estimulantes do apetite) no núcleo arqueado, provocando fome antes de uma refeição. O $PYY_{3-36}$, um hormônio peptídico do intestino, age no mesmo local para reduzir a fome após uma refeição. Os endocanabinoides sinalizam a disponibilidade de alimentos doces ou gordurosos e estimulam seu consumo.

■ Simbiontes microbianos no intestino geram produtos de fermentação e ácidos biliares secundários, que influenciam a liberação de hormônios intestinais que regulam a massa corporal.

## 23.5 Diabetes *mellitus*

O **diabetes *mellitus*** é uma doença relativamente comum: cerca de 9% da população dos Estados Unidos e quase 25% da população com idade superior a 65 anos apresentam algum grau de anormalidade no metabolismo da glicose que é indicativo de diabetes ou uma tendência para a condição. Existem duas classes clínicas principais da doença: **diabetes tipo 1**, às vezes denominado diabetes *mellitus* insulinodependente (DMID), e **diabetes tipo 2**, ou diabetes *mellitus* não insulinodependente (DMNID), também chamado de diabetes resistente à insulina. A descoberta da insulina e do seu papel no diabetes levou ao seu desenvolvimento como medicamento, salvando milhões de vidas (**Quadro 23-2**). ■

### O diabetes *mellitus* resulta de defeitos na produção ou na ação da insulina

O diabetes tipo 1 começa cedo na vida, e os sintomas tornam-se graves rapidamente. Essa doença responde à injeção de insulina, visto que o defeito metabólico se

## QUADRO 23-2 MEDICINA

### O árduo caminho até a insulina purificada

Milhões de pessoas com diabetes *mellitus* tipo 1 injetam insulina pura diariamente em si mesmas para compensar a falta de produção desse hormônio essencial por suas próprias células β pancreáticas. A injeção de insulina não é uma cura para o diabetes, mas permite uma vida longa e produtiva a pessoas que, de outra forma, morreriam jovens. A descoberta da insulina, que começou com uma observação acidental, ilustra a combinação de serendipidade e experimentação cuidadosa que levou à descoberta de muitos hormônios.

Em 1889, Oskar Minkowski, um jovem assistente na Faculdade de Medicina de Estrasburgo, e Josef von Mering, do Instituto Hoppe-Seyler, também em Estrasburgo, tiveram uma divergência amigável sobre a importância do pâncreas, conhecido por conter lipases, na digestão de gorduras em cães. Para resolver a questão, eles começaram um experimento sobre a digestão das gorduras. Eles removeram cirurgicamente o pâncreas de um cão, porém, antes que o experimento prosseguisse, Minkowski observou que o cão agora estava produzindo muito mais urina do que em condições normais (sintoma comum do diabetes não tratado). Além disso, a urina continha níveis de glicose acima do normal (outro sintoma de diabetes). Esses resultados sugeriram que a falta de algum produto pancreático causava o diabetes.

Minkowski tentou, sem sucesso, preparar um extrato de pâncreas de cão que pudesse reverter o efeito da remoção do órgão – isto é, baixar os níveis de glicose no sangue e na urina. Apesar de esforços consideráveis, nenhum progresso significativo foi obtido no isolamento ou na caracterização do "fator antidiabético" até o verão de 1921, quando Frederick G. Banting, um jovem cientista que trabalhava no laboratório de J. J. R. MacLeod, na University of Toronto, e um estudante assistente, Charles Best, dedicaram-se ao problema. Nessa época, várias evidências apontavam para um grupo de células especializadas no pâncreas (as ilhotas de Langerhans; ver Fig. 23-23) como a fonte do fator antidiabético, o qual viria a ser chamado de insulina (do latim *insula*, "ilha").

Tomando precauções para impedir a proteólise pelas proteases pancreáticas tripsina e quimotripsina, Banting e Best (posteriormente auxiliados pelo bioquímico J. B. Collip) conseguiram preparar um extrato pancreático purificado que curava os sintomas do diabetes induzido experimentalmente em cães, em dezembro de 1921. Em 25 de janeiro de 1922 (somente um mês depois!), a preparação de insulina foi injetada em Leonard Thompson, um menino de 14 anos gravemente doente com diabetes *mellitus*. Em poucos dias, os níveis de corpos cetônicos e de glicose na urina de Thompson diminuíram drasticamente; o extrato salvou a sua vida e a vida de muitas crianças gravemente doentes que também receberam essas preparações (Fig. 1). Em 1923, Banting e MacLeod receberam o Prêmio Nobel pelo isolamento da insulina. Banting anunciou imediatamente que dividiria seu prêmio com Best; MacLeod dividiu o seu com Collip.

Já em 1923, as companhias farmacêuticas forneciam insulina extraída de pâncreas de porco a milhares de pacientes ao redor do mundo. Com o desenvolvimento das técnicas de engenharia genética, na década de 1980, tornou-se possível produzir quantidades ilimitadas de insulina humana pela inserção do gene clonado da insulina humana em um microrganismo, o qual foi, então, cultivado em escala industrial. Atualmente, muitos pacientes com diabetes usam bombas de insulina implantadas, as quais liberam quantidades ajustáveis do hormônio para satisfazer às necessidades no horário das refeições e durante o exercício. Existe uma perspectiva razoável de que, no futuro, o tecido pancreático transplantado fornecerá uma fonte de insulina que responda tão bem quanto um pâncreas normal, liberando insulina na corrente sanguínea somente quando a glicemia aumentar.

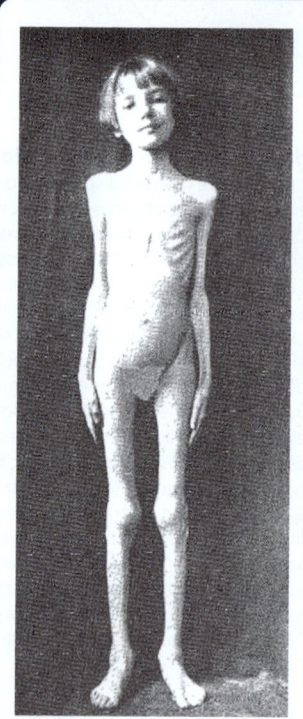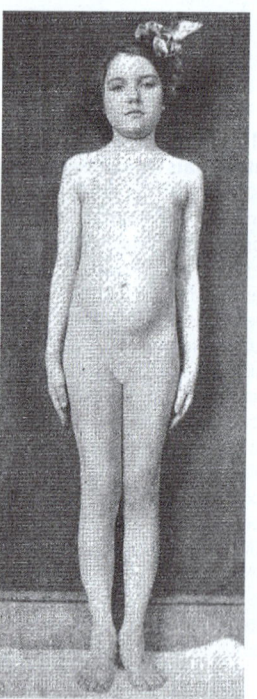

**FIGURA 1** Criança com diabetes tipo 1 antes (à esquerda) e depois (à direita) de 3 meses de tratamento com uma preparação de insulina. [H. R. Geyelin et al., *J. Metabol. Res.* 2:767, 1922.]

origina da destruição autoimune das células β pancreáticas e de uma consequente incapacidade de produzir insulina em quantidade suficiente. O diabetes tipo 1 requer insulinoterapia e controle cuidadoso, por toda a vida, do equilíbrio entre a ingestão dietética, o exercício e a dose de insulina. Os sintomas característicos do diabetes tipo 1 (e tipo 2) não tratado são sede excessiva e micção frequente (poliúria), levando à ingestão de grandes volumes de água (polidipsia).

Esses sintomas são causados pela excreção de grande quantidade de glicose na urina. ("Diabetes *mellitus*" significa "excreção excessiva de urina doce".)

O diabetes tipo 2 desenvolve-se mais lentamente (geralmente, mas não sempre, em pessoas adultas obesas), e os sintomas são mais brandos e, com frequência, não reconhecidos no início. Na verdade, trata-se de um grupo de doenças nas quais a atividade reguladora da insulina está perturbada: a insulina é produzida, porém alguns aspectos do sistema de resposta ao hormônio estão defeituosos. As pessoas com essa enfermidade são resistentes à insulina. A conexão entre o diabetes tipo 2 e a obesidade (discutida adiante) é uma área de pesquisa ativa e promissora.

A patologia do diabetes inclui doenças cardiovasculares, insuficiência renal, cegueira e neuropatia. Em 2019, a mortalidade global por diabetes foi estimada em 4,2 milhões, e está aumentando. Desse modo, é essencial entender o diabetes e a sua relação com a obesidade e encontrar medidas defensivas que previnam ou revertam os danos causados por essa doença.

**P5** Os indivíduos com qualquer um dos tipos de diabetes são incapazes de absorver a glicose do sangue de maneira eficiente. Lembre-se de que a insulina ativa o movimento dos transportadores de glicose GLUT4 para a membrana plasmática no músculo e no tecido adiposo (ver Fig. 12-23 e Quadro 11-1). As medidas bioquímicas de amostras de sangue ou de urina são essenciais no diagnóstico e no tratamento do diabetes. Um critério de diagnóstico sensível é o nível de HbA1c, um derivado da glicose da hemoglobina, que se forma no sangue e reflete o nível médio de glicose sanguínea (ver Quadro 7-2). Outra medida para confirmar o diagnóstico de diabetes é o **teste de tolerância à glicose**. A pessoa faz jejum por 12 horas, depois bebe uma dose-teste de 100 g de glicose dissolvida em um copo de água. A concentração sanguínea da glicose é medida antes do teste e por várias horas em intervalos de 30 minutos. Uma pessoa saudável assimila a glicose rapidamente, e o aumento no sangue não é maior do que cerca de 9 ou 10 mM; pouca ou nenhuma glicose aparece na urina. No diabetes, a pessoa assimila muito pouco da dose-teste de glicose; o nível do açúcar no sangue aumenta drasticamente e retorna muito lentamente ao nível do jejum. Uma vez que os níveis sanguíneos de glicose excedem o limiar do rim (cerca de 10 mM), ela aparece também na urina. ∎

### Ácidos carboxílicos (corpos cetônicos) se acumulam no sangue de pessoas com diabetes não tratado

Sem glicose disponível para as células, os ácidos graxos se tornam o combustível principal, o que leva a outra alteração metabólica característica no diabetes: a oxidação excessiva, mas incompleta, dos ácidos graxos no fígado. A acetil-CoA produzida pela β-oxidação não pode ser completamente oxidada pelo ciclo do ácido cítrico, pois a alta relação [NADH]/[NAD$^+$] produzida pela β-oxidação inibe o ciclo (lembre-se de que três etapas do ciclo convertem NAD$^+$ em NADH). O acúmulo de acetil-CoA leva à superprodução dos corpos cetônicos acetoacetato e β-hidroxibutirato, que não podem ser usados pelos tecidos extra-hepáticos na velocidade com que são produzidos no fígado (ver Figs. 17-15 e 17-16). Além do β-hidroxibutirato e do acetoacetato, o sangue de pessoas diabéticas contém quantidades pequenas de acetona, que resulta da descarboxilação espontânea do acetoacetato:

$$H_3C-\overset{O}{\underset{\|}{C}}-CH_2-COO^- + H_2O \longrightarrow H_3C-\overset{O}{\underset{\|}{C}}-CH_3 + HCO_3^-$$

Acetoacetato → Acetona

A superprodução de corpos cetônicos, chamada de **cetose**, resulta em uma concentração muito aumentada desses compostos no sangue (cetonemia) e na urina (cetonúria). Os corpos cetônicos são ácidos carboxílicos, que se ionizam, liberando prótons. No diabetes não controlado, essa produção de ácido pode superar a capacidade do sistema de tamponamento sanguíneo do bicarbonato e produzir uma redução no pH sanguíneo, chamada de **acidose**, ou, em combinação com a cetose, **cetoacidose**, combinação potencialmente letal. ∎

### No diabetes tipo 2, os tecidos se tornam insensíveis à insulina

No mundo industrializado, em que a oferta de alimentos é mais do que suficiente, existe uma crescente epidemia de obesidade e de diabetes tipo 2 associado a ela.

**P5** A principal característica do **diabetes tipo 2** é o desenvolvimento de resistência à insulina: estado no qual mais insulina é necessária para realizar os mesmos efeitos biológicos que são produzidos por uma quantidade mais baixa do hormônio no estado sadio normal. Nos estágios iniciais da doença, as células β pancreáticas secretam insulina suficiente para superar a sensibilidade reduzida ao hormônio apresentada pelo músculo e pelo fígado. No entanto, as células β em algum momento falharão, e a falta de insulina se tornará aparente pela incapacidade do corpo de regular a glicose sanguínea. O estágio intermediário, que precede o diabetes *mellitus* tipo 2, às vezes é chamado de **síndrome metabólica**. Essa síndrome é tipificada por obesidade, especialmente no abdome; hipertensão (pressão alta); lipídeos sanguíneos anormais (altos níveis de triacilgliceróis e LDL, baixo nível de HDL); glicose sanguínea em jejum ligeiramente elevada; e capacidade reduzida de eliminar a glicose no teste de tolerância à glicose. Indivíduos com síndrome metabólica com frequência apresentam alterações nas proteínas do sangue associadas à coagulação anormal (alta concentração de fibrinogênio) ou à inflamação (alta concentração do peptídeo C reativo, que não deve ser confundido com o peptídeo C gerado durante a maturação proteolítica da insulina). Cerca de 30% da população adulta nos Estados Unidos apresentam esses sintomas da síndrome metabólica.

O que predispõe os indivíduos com síndrome metabólica a desenvolverem diabetes tipo 2? De acordo com a hipótese da "toxicidade lipídica" (**Fig. 23-42**), a ação do PPARδ sobre os adipócitos normalmente mantém as células preparadas para sintetizar e armazenar triacilgliceróis – os adipócitos são sensíveis à insulina e produzem leptina, o que leva à deposição intracelular contínua de triacilgliceróis. Contudo, o excesso de ingestão calórica em pessoas obesas faz os adipócitos ficarem repletos de triacilgliceróis, tornando o tecido adiposo incapaz de receber ainda mais demanda para estocar triacilgliceróis. O tecido adiposo preenchido com lipídeos libera fatores proteicos, incluindo MCP-1 (proteína de

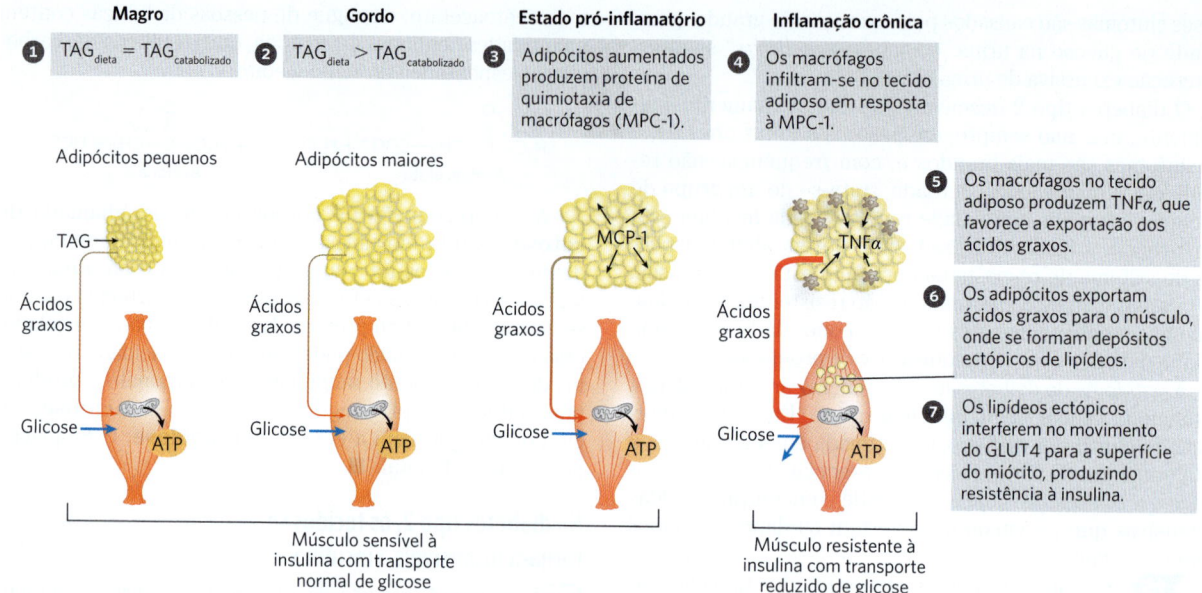

**FIGURA 23-42 A sobrecarga de triacilgliceróis nos adipócitos desencadeia inflamação do tecido adiposo, bem como deposição ectópica de lipídeos e resistência à insulina no músculo.** Em um indivíduo de massa corporal saudável, a ingestão dietética de triacilgliceróis é igual à oxidação de triacilgliceróis para energia. Em indivíduos com sobrepeso, o excesso de ingestão calórica resulta em adipócitos aumentados, repletos de triacilgliceróis e incapazes de estocar mais. Os adipócitos aumentados secretam MCP-1 (proteína de quimiotaxia de monócitos 1) e atraem macrófagos. Os macrófagos infiltram o tecido adiposo e produzem TNFα (fator de necrose tumoral α), que desencadeia a degradação de lipídeos e a liberação de ácidos graxos no sangue. Os ácidos graxos entram nos miócitos, onde se acumulam em pequenas gotas lipídicas. Esse armazenamento lipídico ectópico no músculo causa, de alguma forma, resistência à insulina, talvez desencadeando proteínas-cinases ativadas por lipídeos que inativam algum elemento na via de sinalização da insulina. Os transportadores de glicose GLUT4 deixam a superfície do miócito, impedindo a entrada de glicose no músculo; o miócito se tornou resistente à insulina. Ele não pode usar a glicose sanguínea como combustível, então os ácidos graxos são mobilizados a partir do tecido adiposo e se tornam o combustível primário. O influxo de ácidos graxos aumentado no músculo leva a uma deposição ectópica de lipídeos. Em alguns indivíduos, a resistência à insulina evolui para diabetes tipo 2. [Informação de A. Guilherme et al., *Mol. Cell Biol.* 9:367, 2008, Fig. 1.]

quimiotaxia de monócitos 1), que atraem macrófagos, que se infiltram no tecido e podem, no fim, representar até 50% do tecido adiposo em massa. Os macrófagos desencadeiam a resposta inflamatória mediada pela liberação de TNFα, que prejudica a deposição de triacilgliceróis nos adipócitos e favorece a liberação de ácidos graxos livres no sangue. Esse excesso de ácidos graxos entra nas células hepáticas e musculares, onde é convertido em triacilgliceróis, que se acumulam como gotículas lipídicas. A deposição ectópica (do grego *ektopos*, "fora do lugar") de triacilgliceróis inibe o movimento do transportador de GLUT4 para a membrana plasmática, o que leva à insensibilidade à insulina no fígado e nos músculos, a marca registrada do diabetes tipo 2.

De acordo com essa hipótese, ácidos graxos e triacilgliceróis em excesso são tóxicos para o fígado e para o músculo. Algumas pessoas são menos adaptadas geneticamente para lidar com essa carga de lipídeos ectópicos, sendo mais suscetíveis ao dano celular que leva ao desenvolvimento do diabetes tipo 2. A resistência à insulina provavelmente envolve prejuízo de vários mecanismos pelos quais o hormônio atua no metabolismo, que incluem alterações nos níveis proteicos e alterações nas atividades das enzimas de sinalização e dos fatores de transcrição. Por exemplo, tanto a síntese de adiponectina pelos adipócitos como seus níveis sanguíneos diminuem com a obesidade e aumentam com a perda de peso.

Existem fatores genéticos que claramente predispõem ao diabetes tipo 2. Embora 80% das pessoas com diabetes tipo 2 sejam obesas, a maioria das pessoas obesas não desenvolve diabetes tipo 2. Devido à complexidade dos mecanismos reguladores que foram discutidos neste capítulo, não é surpreendente que a genética do diabetes seja complexa, envolvendo interações entre genes variantes e fatores ambientais, incluindo dieta e estilo de vida. Um número crescente de *loci* genéticos tem sido associado de forma confiável ao diabetes tipo 2; a variação em qualquer um desses "diabetogenes", por si só, causaria um aumento relativamente pequeno na probabilidade de desenvolver diabetes tipo 2. ∎

## O diabetes tipo 2 é controlado com dieta, exercícios, medicamentos e cirurgia

Estudos mostram que pelo menos quatro fatores melhoram a saúde de indivíduos com diabetes tipo 2: restrição alimentar, exercícios regulares, fármacos que aumentam a sensibilidade ou a produção de insulina e cirurgia que redireciona a passagem dos alimentos pelo trato gastrintestinal. A restrição alimentar (e a perda de peso que a acompanha) reduz a carga total de ácidos graxos controláveis. A composição lipídica da dieta influencia, por meio de PPAR e outros fatores de transcrição, a expressão de genes que codificam proteínas envolvidas na queima de gordura.

| TABELA 23-7 | Tratamentos para o diabetes *mellitus* tipo 2 | |
|---|---|---|
| Intervenção/tratamento | Alvo direto | Efeito do tratamento |
| Perda de peso | Tecido adiposo; redução do conteúdo de triacilgliceróis | Reduz a carga lipídica; aumenta a capacidade de armazenamento lipídico no tecido adiposo; restaura a sensibilidade à insulina |
| Exercício | AMPK, ativada pelo aumento de [AMP]/[ATP] | Auxilia a perda de peso (ver Fig. 23-34) |
| Cirurgia bariátrica | Desconhecido | Leva à perda de peso e ao melhor controle da glicose sanguínea |
| Sulfonilureias: glipizida, gliburida, glimepirida | Células $\beta$ pancreáticas; canais de $K^+$ bloqueados | Estimula a secreção de insulina pelo pâncreas (ver Fig. 23-24) |
| Biguanidas: metformina | AMPK, ativada | Aumenta a captação da glicose pelo músculo; reduz a produção de glicose no fígado |
| Tiazolidinedionas: rosiglitazona, pioglitazona | PPAR$\gamma$ | Estimula a expressão de genes que potencializam a ação da insulina no fígado, no músculo e no tecido adiposo; aumenta a captação de glicose; reduz a síntese de glicose no fígado |
| Moduladores de GLP-1: exenatida, sitagliptina, dulaglutida | Peptídeo 1 do tipo glucagon, dipeptídeo protease IV | Intensifica a secreção de insulina pelo pâncreas |

O exercício contribui diretamente para a perda de peso por meio do consumo de calorias. O exercício também aumenta a liberação de **irisina** do músculo para o sangue. A irisina aumenta a expressão dos genes da *UCP1* no tecido adiposo branco e estimula o desenvolvimento de adipócitos beges, de modo que, mesmo após o término do exercício, a energia continua a ser usada na termogênese. O exercício, assim como a adiponectina, ativa a AMPK; a AMPK altera o metabolismo no sentido da oxidação da gordura e, ao mesmo tempo, inibe sua síntese.

Várias classes de fármacos são usadas no tratamento do diabetes tipo 2 (**Tabela 23-7**). Os alvos dessas classes incluem a AMPK, os canais de $K^+$ nas células $\beta$, os PPAR e os receptores GLP.

Em casos de obesidade extrema, uma perda drástica de peso pode ser obtida por cirurgia bariátrica, que redireciona o movimento dos alimentos através do estômago e do intestino delgado. Em muitos casos, esse procedimento também modera ou até reverte o diabetes tipo 2. Na derivação (ou *bypass*) gástrica em Y de Roux (RYGBP, do inglês *Roux-en-Y gastric bypass*, nomeado por César Roux, o cirurgião suíço que desenvolveu o procedimento), o estômago é reduzido a uma pequena bolsa ligada ao esôfago, e a região média do intestino delgado (o jejuno) está ligada diretamente à bolsa. A comida contorna a maior parte do estômago e do duodeno e vai principalmente para o "membro de Roux" do intestino. O ácido estomacal e as enzimas digestivas passam pelas porções contornadas do intestino para se unir à comida no canal comum. As pessoas que se submetem à cirurgia RYGBP não apenas experimentam uma perda de peso drástica, mas também sentem menos fome. De modo notável, essa cirurgia também reverte o diabetes tipo 2 em muitos casos. As explicações para esses efeitos provavelmente estão na comunicação alterada entre o intestino, o encéfalo e outros órgãos. Isso pode resultar de alterações no tipo e na quantidade de hormônios peptídicos (como GLP-1 e $PYY_{3-36}$) secretados no intestino que sinalizam a saciedade e inibem o comportamento alimentar. A palavra final sobre esse assunto ainda não foi escrita. ■

## RESUMO 23.5 *Diabetes* mellitus

■ A síndrome metabólica, que inclui obesidade, hipertensão, níveis elevados de lipídeos no sangue e resistência à insulina, costuma ser o prelúdio do diabetes tipo 2. O diabetes não controlado se caracteriza por altos níveis de glicose no sangue e na urina e produção e excreção de corpos cetônicos.

■ No diabetes, a insulina não é produzida ou não é reconhecida pelos tecidos, e a captação de glicose do sangue é defeituosa. Sem acesso à glicose, as células dependem da oxidação de ácidos graxos, que resulta na formação de corpos cetônicos, produzindo cetoacidose.

■ A resistência à insulina que caracteriza o diabetes tipo 2 pode ser uma consequência do armazenamento anormal de lipídeos no músculo e no fígado, em resposta a uma ingestão de lipídeos que não podem ser acomodados pelo tecido adiposo.

■ Os tratamentos eficazes para o diabetes tipo 2 incluem exercícios, dieta adequada e medicamentos que aumentam a sensibilidade à insulina ou a produção de insulina. A alteração cirúrgica do trato digestivo leva à perda de peso e, em geral, reverte o diabetes tipo 2.

## TERMOS-CHAVE

*Os termos em negrito estão definidos no glossário.*

**hormônio** 842
sistema neuroendócrino 842
**metabotrópico** 843
**ionotrópico** 843
**endócrino** 843
parácrino 843
autócrino 844
hipotálamo 845
**hepatócito** 848
**tecido adiposo branco (TAB)** 851
**adipócito** 851

tecido adiposo marrom (TAM) 852
proteína desacopladora 1 (UCP1) 852
termogênese 852
tecido adiposo bege 852
miócito 852
proteínas plasmáticas 858
canais de K⁺ dependentes de ATP 861
sulfonilureias 862
glucagon 862
cortisol 865
índice de massa corporal (IMC) 867
adipocinas 867
leptina 867
núcleo arqueado 868
orexigênico 868
anorexigênico 868
hormônio estimulante de α-melanócitos (α-MSH) 868
adiponectina 869
proteína-cinase ativada por AMP (AMPK) 869
mTORC1 (alvo mecanístico do complexo 1 da rapamicina) 871
PPAR (receptor ativado por proliferador de peroxissomos) 871
grelina 872
endocanabinoides 873
probióticos 874
prebióticos 874
diabetes *mellitus* 875
diabetes tipo 1 875
diabetes tipo 2 875
teste de tolerância à glicose 877
cetose 877
acidose 877
cetoacidose 877
síndrome metabólica 877

## QUESTÕES

1. **Atividade dos hormônios peptídicos** Explique como dois hormônios peptídicos tão semelhantes estruturalmente como a ocitocina e a vasopressina podem ter efeitos tão diversos (ver Fig. 23-8).

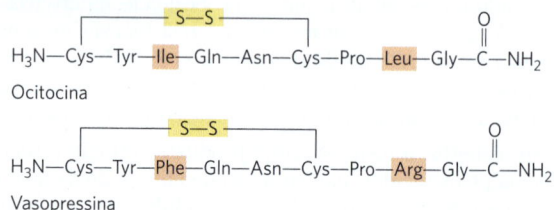

2. **Metabolismo do glutamato no encéfalo** O tecido cerebral capta glutamato do sangue, transforma-o em glutamina e libera a glutamina no sangue. O que essa conversão metabólica realiza? Como essa conversão ocorre? A quantidade de glutamina produzida no encéfalo pode, na verdade, exceder a quantidade de glutamato que chega a partir do sangue. Como surge essa glutamina extra? (Dica: você pode querer revisar o catabolismo dos aminoácidos, no Capítulo 18; lembre-se de que o $NH_4^+$ é muito tóxico para o encéfalo.)

3. **As proteínas como combustível durante o jejum** Quando as proteínas musculares são catabolizadas no músculo esquelético durante o jejum, quais são os destinos dos aminoácidos?

4. **Ausência de glicerol-cinase no tecido adiposo** A biossíntese de triacilgliceróis requer glicerol-3-fosfato. Os adipócitos, células especializadas na síntese e na degradação de triacilgliceróis, não podem utilizar o glicerol diretamente, pois não têm a glicerol-cinase, que catalisa a reação

Glicerol + ATP ⟶ glicerol-3-fosfato + ADP

Como o tecido adiposo obtém o glicerol-3-fosfato necessário para a síntese de triacilgliceróis?

5. **Consumo de oxigênio durante o exercício** Um adulto sedentário consome cerca de 0,05 L de $O_2$ em 10 segundos. Um atleta, ao correr 100 m rasos, consome cerca de 1 L de $O_2$ em 10 segundos. Ao final da corrida, esse corredor continua a respirar rapidamente (embora a frequência vá declinando) por alguns minutos, consumindo 4 L de $O_2$ a mais que o total consumido pela pessoa sedentária.

   (a) Por que a necessidade de $O_2$ aumenta tanto durante a corrida?
   (b) Por que a demanda por $O_2$ permanece alta após o final da corrida?

6. **Deficiência de tiamina e função cerebral** Pessoas com deficiência de tiamina apresentam alguns sinais e sintomas neurológicos característicos, incluindo perda dos reflexos, ansiedade e confusão mental. Por que a deficiência de tiamina se manifesta como alterações na função cerebral?

7. **Potência dos hormônios** Em condições normais, a medula da glândula adrenal humana secreta adrenalina ($C_9H_{13}NO_3$) em uma taxa suficiente para manter uma concentração de $10^{-10}$ M no sangue circulante. Para apreciar o que significa essa concentração, calcule o volume de água necessário para dissolver 1,0 g (cerca de uma colher de chá) de adrenalina para que a concentração se iguale à do sangue.

8. **Regulação dos níveis hormonais no sangue** A meia-vida da maioria dos hormônios no sangue é relativamente curta. Por exemplo, quando insulina marcada radioativamente é injetada em um animal, metade do hormônio marcado desaparece do sangue em 30 min.

   (a) Qual é a importância da inativação relativamente rápida dos hormônios circulantes?
   (b) De que modo o organismo pode estabelecer rápidas mudanças no nível de um hormônio peptídico circulante?

9. **Hormônios hidrossolúveis *versus* hormônios lipossolúveis** Com base em suas propriedades físicas, os hormônios estão divididos em duas categorias: aqueles muito solúveis em água, mas relativamente insolúveis em lipídeos (p. ex., a adrenalina), e aqueles relativamente insolúveis em água, mas altamente solúveis em lipídeos (p. ex., os hormônios esteroides). Em seu papel como reguladores da atividade celular, a maior parte dos hormônios hidrossolúveis não entra em suas células-alvo. Os hormônios lipossolúveis, por sua vez, entram em suas células-alvo e, por fim, atuam no núcleo. Qual é a correlação entre solubilidade, localização dos receptores e modo de ação dessas duas classes de hormônios?

10. **Diferenças metabólicas entre o músculo e o fígado em situação de "luta ou fuga"** Quando um animal enfrenta uma situação de "luta ou fuga", a liberação de adrenalina promove a degradação de glicogênio no fígado e no músculo esquelético. O produto final da degradação de glicogênio no fígado é a glicose; o produto final no músculo esquelético é o piruvato.

    (a) Qual é a razão para haver diferentes produtos de degradação do glicogênio nos dois tecidos?
    (b) Qual é a vantagem dessas rotas específicas de degradação do glicogênio para um animal que precisa lutar ou fugir?

 11. **Quantidades excessivas de secreção de insulina: hiperinsulinismo** Certos tumores malignos do

pâncreas causam produção excessiva de insulina pelas células β. Pessoas afetadas apresentam tremores, fraqueza e fadiga, sudorese e fome.

**(a)** Qual é o efeito do hiperinsulinismo sobre o metabolismo de carboidratos, aminoácidos e lipídeos no fígado?
**(b)** Quais são as causas dos sintomas observados? Sugira a razão pela qual essa condição, se prolongada, leva a dano cerebral.

**12. Termogênese causada por hormônios da tireoide** Os hormônios da tireoide estão intimamente envolvidos na regulação da taxa metabólica basal. O tecido hepático de animais que receberam excesso de tiroxina mostra aumento do consumo de $O_2$ e da produção de calor (termogênese), porém a concentração de ATP no tecido é normal. Existem diferentes explicações para o efeito termogênico da tiroxina. Uma delas é que o excesso de tiroxina causa desacoplamento da fosforilação oxidativa na mitocôndria. Como esse efeito pode explicar as observações? Outra explicação sugere que a termogênese é causada pelo aumento da utilização do ATP no tecido estimulado pela tiroxina. Essa explicação é razoável? Explique sua resposta.

**13. Função dos pró-hormônios** Quais são as possíveis vantagens de sintetizar hormônios como pró-hormônios?

**14. Fontes de glicose durante o jejum** Um adulto típico usa cerca de 160 g de glicose por dia. Dessa quantidade, só o cérebro usa 120 g. A reserva de glicose disponível no corpo (cerca de 20 g de glicose circulante e cerca de 190 g de glicogênio) é adequada para cerca de um dia. Após a reserva ser depletada pelo jejum, como o corpo obtém glicose?

**15. Camundongos parabióticos *ob/ob*** Pesquisadores podem conectar os sistemas circulatórios de dois camundongos por meio de uma cuidadosa cirurgia para que o mesmo sangue circule em ambos os animais. Nesses camundongos **parabióticos**, os produtos liberados no sangue por um animal atingem o outro via circulação compartilhada. Ambos os animais estão livres para comer de forma independente. Suponha que um pesquisador conecte de forma parabiótica um camundongo *ob/ob* mutante (ambas as cópias do gene *OB* são defeituosas) e um camundongo *OB/OB* normal (ambas as cópias do gene *OB* são funcionais). O que aconteceria com o peso de cada camundongo do par parabiótico?

**16. Cálculo do índice de massa corporal** Um professor de bioquímica pesa 118 kg e tem altura de 173 cm. Qual é o índice de massa corporal (IMC) desse professor? Quantos quilogramas ele teria de perder para atingir um índice de massa corporal de 25 (normal)?

**17. Secreção de insulina** Quais são os efeitos da exposição de células β pancreáticas ao ionóforo de potássio valinomicina sobre a secreção de insulina? Explique.

**18. Efeitos de um receptor de insulina deletado** Observe que uma linhagem de camundongos sem o receptor específico de insulina hepático apresenta hiperglicemia leve em jejum (glicose sanguínea = 132 mg/dL, em comparação com 101 mg/dL nos controles) e hiperglicemia mais marcante no estado bem alimentado (glicose sanguínea = 363 mg/dL, em comparação com 135 mg/dL nos controles). Os camundongos apresentam níveis de glicose-6-fosfatase acima do normal no fígado e níveis elevados de insulina no sangue. Explique essas observações.

**19. Decisões sobre a segurança do uso de fármacos** O fármaco rosiglitazona é eficaz na redução da glicose no sangue em pacientes com diabetes tipo 2, porém, alguns anos depois de ter sido amplamente utilizado, parecia que o seu uso vinha com um risco aumentado de infarto agudo do miocárdio. Em resposta, a Food and Drug Administration (FDA) dos Estados Unidos restringiu severamente as condições sob as quais ele poderia ser prescrito. Dois anos mais tarde, depois que estudos adicionais foram concluídos, a FDA suspendeu as restrições, e, hoje, a rosiglitazona está disponível nos Estados Unidos por meio de prescrição médica, sem limitações especiais. Muitos outros países proibiram esse fármaco completamente. Se fosse sua responsabilidade decidir se esse fármaco deve permanecer no mercado (rotulado com avisos adequados quanto a seus efeitos colaterais) ou ser retirado, quais fatores você levaria em consideração ao tomar sua decisão?

**20. Medicação para o diabetes tipo 2** Os fármacos acarbose e miglitol, utilizados no tratamento do diabetes *mellitus* tipo 2, inibem α-glicosidases da membrana em forma de escova do intestino delgado. Essas enzimas degradam oligossacarídeos resultantes da digestão do glicogênio ou do amido em monossacarídeos. Sugira um possível mecanismo para o efeito salutar desses fármacos em pessoas com diabetes. Quais efeitos colaterais, se for o caso, você esperaria desses fármacos? Por quê? (Dica: revise a intolerância à lactose, p. 523.)

### QUESTÃO DE ANÁLISE DE DADOS

**21. Clonando o receptor de sulfonilureia das células β pancreáticas** A gliburida, membro da família das sulfonilureias, é usada para tratar diabetes tipo 2. Esse fármaco se liga ao canal de $K^+$ dependente de ATP e o fecha, o que é mostrado nas Figuras 23-26 e 23-27.

Gliburida

**(a)** Considerando o mecanismo mostrado na Figura 23-27, o tratamento com gliburida resultaria em aumento ou diminuição da secreção de insulina pelas células β pancreáticas? Explique seu raciocínio.
**(b)** Como o tratamento com gliburida ajudaria a reduzir os sintomas do diabetes tipo 2?
**(c)** Você esperaria que a gliburida fosse útil para tratar o diabetes tipo 1? Explique sua resposta.

Aguilar-Bryan e colaboradores (1995) clonaram o gene para a subunidade receptora da sulfonilureia (SUR) do canal de $K^+$ dependente de ATP de *hamsters*. A equipe de pesquisa foi extremamente rigorosa ao assegurar que o gene clonado era, de fato, o gene que codificava a SUR. Aqui, consideramos como é possível para os pesquisadores demonstrarem que clonaram, na verdade, o gene de interesse, e não outro gene.

O primeiro passo foi obter a proteína SUR purificada. Como já se sabia, fármacos como a gliburida ligam SUR com alta afinidade ($K_d < 10$ nM), e a SUR tem uma massa molecular de 140 a 170 kDa. Aguilar-Bryan e colaboradores utilizaram essa ligação de alta afinidade da gliburida para "etiquetar" a proteína SUR com marca radioativa, que serviria como marcador na purificação da proteína a partir de um extrato celular. Inicialmente, eles produziram um derivado radioativo da gliburida, utilizando iodo radioativo ($^{125}$I):

[$^{125}$I]5-Iodo-2-hidroxigliburida

**(d)** Em estudos preliminares, o derivado da gliburida marcado com $^{125}$I (doravante [$^{125}$I]gliburida) mostrou ter a mesma $K_d$ e as mesmas características de ligação que a gliburida original. Por que foi necessário demonstrar isso? (Que possibilidades alternativas isso descartou?)

Embora a [$^{125}$I]gliburida ligue SUR com alta afinidade, uma quantidade significativa do fármaco marcado provavelmente se dissociaria da proteína SUR durante a purificação. Para prevenir tal dissociação, a [$^{125}$I]gliburida deveria estabelecer ligações cruzadas covalentes com a SUR. Há muitos métodos para se estabelecer essas ligações, e Aguilar-Bryan e colaboradores utilizaram luz UV. Quando moléculas aromáticas são expostas à luz UV de ondas curtas, elas entram em um estado excitado e facilmente formam ligações covalentes com moléculas próximas. Por meio de ligações cruzadas entre a proteína SUR e a gliburida marcada radioativamente, os pesquisadores simplesmente acompanhavam a radioatividade do $^{125}$I para seguir a SUR ao longo do procedimento de purificação.

A equipe de pesquisa tratou células HIT (que expressam SUR) de *hamster* com [$^{125}$I]gliburida e luz UV, purificou a proteína de 140 kDa marcada com $^{125}$I e sequenciou seu segmento aminoterminal de 25 resíduos; eles encontraram a sequência PLAFCGTENHSAAYRVDQGVLNNGC. Os pesquisadores produziram, então, anticorpos específicos para dois peptídeos curtos dessa sequência, um para a sequência PLAFCGTE e outro para a sequência HSAAYRVDQGV, e mostraram que esses anticorpos se ligavam à proteína purificada de 140 kDa marcada com $^{125}$I.

**(e)** Por que foi necessário incluir essa etapa de ligação de anticorpos?

Em seguida, os pesquisadores projetaram iniciadores (*primers*) de PCR baseados nas sequências descritas e, depois, clonaram um gene de uma biblioteca de cDNA de *hamster* que codificava uma proteína com essas sequências (ver Capítulo 9, sobre métodos de biotecnologia). O suposto cDNA para *SUR* clonado hibridizava com um mRNA de tamanho apropriado, presente em células que certamente continham SUR. O suposto cDNA para *SUR* não hibridizava com qualquer fração de mRNA isolado de hepatócitos, que não expressam SUR.

**(f)** Por que foi necessário incluir essa etapa de hibridização entre o suposto cDNA para *SUR* e mRNA?

Por fim, o gene clonado foi inserido e expresso em células COS, as quais normalmente não expressam o gene *SUR*. Os pesquisadores trataram essas células com [$^{125}$I]gliburida, com ou sem um grande excesso de gliburida não marcada, expuseram as células à luz UV e mediram a radioatividade na proteína de 140 kDa produzida. Os resultados são mostrados na tabela a seguir.

| Experimento | Tipo celular | Foi adicionado o suposto cDNA para *SUR*? | Foi adicionado excesso de gliburida não marcada? | Proteína de 140 kDa marcada com $^{125}$I |
|---|---|---|---|---|
| 1 | HIT | Não | Não | + + + |
| 2 | HIT | Não | Sim | − |
| 3 | COS | Não | Não | − |
| 4 | COS | Sim | Não | + + + |
| 5 | COS | Sim | Sim | − |

**(g)** Por que no experimento 2 não foi observada a proteína de 140 kDa marcada com $^{125}$I?

**(h)** Como você usaria a informação da tabela para argumentar que o cDNA codificava SUR?

**(i)** Que outra informação você precisa obter para estar mais confiante de que clonou o gene *SUR*?

**Referência**

**Aguilar-Bryan, L., C. G. Nichols, S. W. Wechsler, J. P. Clement, IV, A. E. Boyd, III, G. González, H. Herrera-Sosa, K. Nguy, J. Bryan, e D. A. Nelson. 1995.** Cloning of the β cell high-affinity sulfonylurea receptor: a regulator of insulin secretion. *Science* 268:423-426.

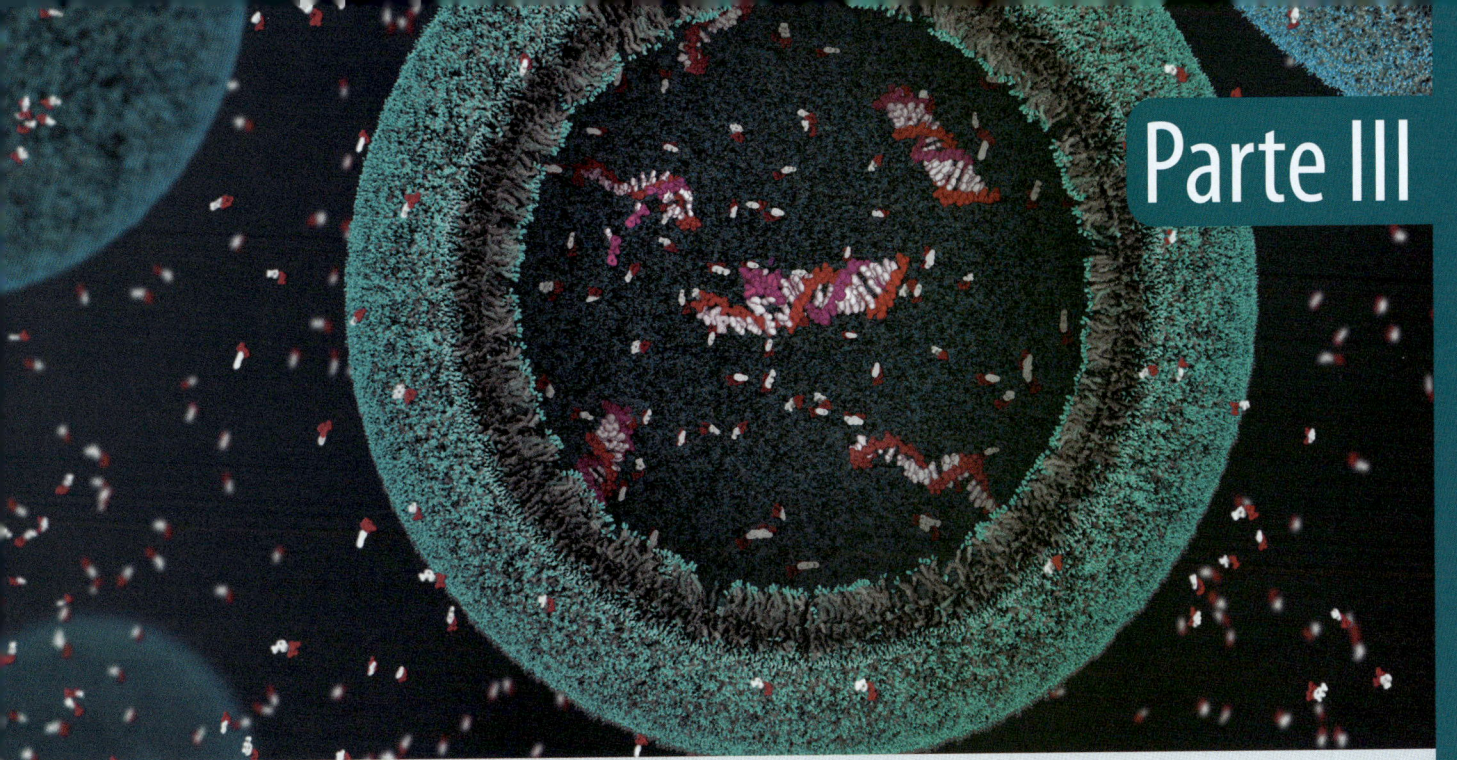

# Parte III

# VIAS DA INFORMAÇÃO

**ESQUEMA DA PARTE**

24 Genes e cromossomos  885
25 Metabolismo do DNA  914
26 Metabolismo do RNA  960
27 Metabolismo das proteínas  1005
28 Regulação da expressão gênica  1054

A terceira e última parte deste livro explora os mecanismos bioquímicos subjacentes a necessidades aparentemente contraditórias para a continuidade genética e a evolução dos organismos vivos. Qual é a natureza molecular do material genético? Como a informação genética é transmitida de uma geração para a próxima com grande fidelidade? De que modo as raras alterações, que são a matéria-prima da evolução, surgem no material genético? Como a informação genética, em última instância, expressa-se em sequências de aminoácidos na incrível variedade de moléculas proteicas de uma célula viva?

O conhecimento atual das vias da informação surgiu da convergência da genética, da física e da química na bioquímica moderna. Essa convergência foi resumida pela descoberta da estrutura da dupla-hélice do DNA, postulada por James Watson e Francis Crick em 1953. A teoria genética contribuiu para o conceito de codificação por genes. A física permitiu a determinação da estrutura molecular pela análise por difração de raios X. A química revelou a composição do DNA. O profundo impacto da hipótese de Watson-Crick surgiu da sua capacidade de explicar uma vasta gama de observações provenientes de estudos nessas diferentes disciplinas.

Essa descoberta revolucionou a compreensão da estrutura do DNA e, inevitavelmente, estimulou questionamentos sobre a sua função. A estrutura em dupla-hélice, por si só, sugeria claramente como o DNA deveria ser copiado de forma que a informação nele contida pudesse ser transmitida de uma geração à outra. Esclarecimentos sobre como a informação no DNA é transformada em proteínas funcionais vieram após a descoberta do RNA mensageiro e do RNA transportador e a decifração do código genético.

Esses e outros grandes avanços originaram o dogma central da biologia molecular, que abrange os três maiores processos na utilização celular da informação genética. O primeiro é a replicação, a cópia do DNA parental para formar moléculas-filhas de DNA com sequências nucleotídicas idênticas. O segundo é a transcrição, o processo pelo qual partes da mensagem genética codificada pelo DNA são precisamente copiadas em RNA. O terceiro é a tradução, por meio da qual a mensagem genética codificada no RNA mensageiro é traduzida nos ribossomos em um polipeptídeo com uma sequência específica de aminoácidos.

Um tema importante nesses capítulos é a complexidade inerente à biossíntese das macromoléculas que contêm informações. Ácidos nucleicos e proteínas são organizados em sequências específicas de nucleotídeos e aminoácidos, e essa montagem representa nada menos do que a preservação da expressão fidedigna do molde em que a vida se baseia. Pode-se esperar que a formação das ligações fosfodiéster no DNA ou das ligações peptídicas nas proteínas seja uma proeza trivial para as células, considerando-se o arsenal de ferramentas enzimáticas e químicas descrito na Parte II. Entretanto, a estrutura de regras e padrões estabelecidos na nossa análise das vias metabólicas deve ser bastante aumentada para levar em consideração a informação molecular. Ligações devem ser formadas entre subunidades *específicas* nos biopolímeros informacionais, a fim de evitar a ocorrência ou a continuidade de erros na sequência. Esse requisito tem um enorme impacto na termodinâmica, na química e na enzimologia dos processos biossintéticos. A formação de uma ligação peptídica necessita de uma quantidade de energia em torno de 21 kJ/mol de ligação, e ela pode ser catalisada por enzimas relativamente simples. Porém para sintetizar uma ligação entre dois aminoácidos específicos em um determinado ponto no polipeptídeo, a célula investe em torno de 125 kJ/mol e usa mais de 200 enzimas, moléculas de RNA e proteínas especializadas. A química envolvida na formação da ligação peptídica não muda devido a essa necessidade, mas processos adicionais são acrescentados à reação básica para assegurar que a ligação peptídica seja formada entre aminoácidos específicos. A informação biológica tem um custo alto.

A interação dinâmica entre ácidos nucleicos e proteínas é outro tema central da Parte III. Moléculas de RNA regulatórias e catalíticas estão gradualmente ocupando um lugar mais proeminente no entendimento dessas vias (discutidas nos Capítulos 26 a 28). Entretanto, a maioria dos processos que formam as vias do fluxo de informação celular é catalisada e regulada por proteínas. A compreensão dessas enzimas e de outras proteínas pode ter vantagens práticas e intelectuais, pois elas formam as bases da tecnologia do DNA recombinante (já apresentada no Capítulo 9).

A evolução, mais uma vez, constitui um tema dominante. Muitos dos processos delineados na Parte III podem ser rastreados até bilhões de anos atrás, e alguns poucos podem ser rastreados até o último ancestral comum universal (LUCA, do inglês *last universal common ancestor*). O ribossomo, a maior parte do aparato de tradução, e algumas partes da maquinaria de transcrição são compartilhados por todos os organismos vivos neste planeta. A informação genética é um tipo de relógio biológico que pode ajudar a definir relações ancestrais entre as espécies. As vias de informação compartilhadas conectam o ser humano a cada uma das outras espécies atualmente vivas na Terra e a todas as espécies que viveram anteriormente. O estudo dessas vias permite que cientistas abram vagarosamente a cortina do primeiro ato – os eventos que podem ter marcado o início da vida na Terra.

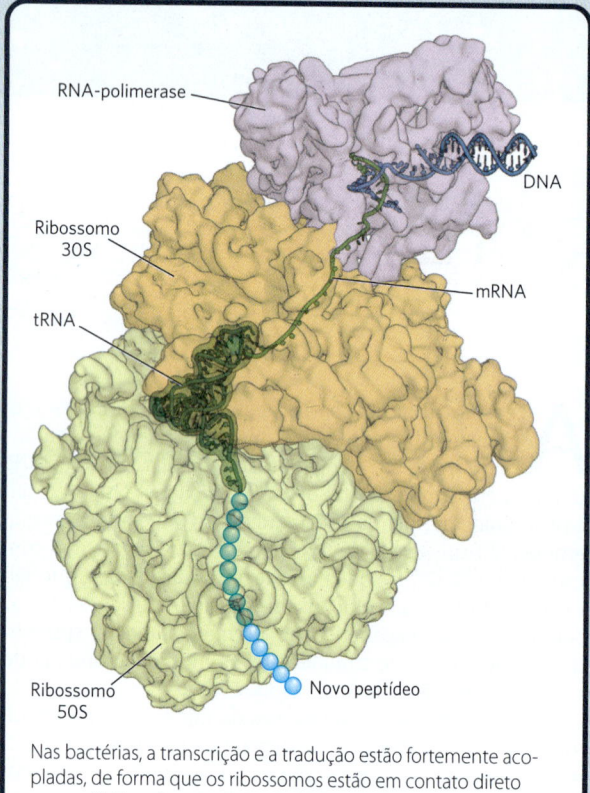

Nas bactérias, a transcrição e a tradução estão fortemente acopladas, de forma que os ribossomos estão em contato direto com as RNA-polimerases. O mRNA é traduzido logo após ser sintetizado. O complexo global foi denominado expressoma.

A Parte III explora esses processos e outros relacionados. No Capítulo 24, serão examinados a estrutura, a topologia e o empacotamento de cromossomos e genes. Os processos subjacentes ao dogma central serão discutidos nos Capítulos 25 a 27. Por fim, no Capítulo 28, será abordada a regulação, examinando como a expressão da informação genética é controlada.

# Capítulo 24

# GENES E CROMOSSOMOS

**24.1** Elementos cromossômicos  885
**24.2** Supertorção do DNA  891
**24.3** Estrutura dos cromossomos  898

Em geral, as moléculas de DNA são as maiores macromoléculas em qualquer célula e costumam ser muitas ordens de magnitude mais longas do que as células ou partículas virais que as contêm (**Fig. 24-1**). O grau extraordinário de organização necessário para o empacotamento terciário do DNA em **cromossomos** – os repositórios de informações genéticas – é o foco deste capítulo. Além disso, a discussão também é organizada em torno dos seguintes princípios:

▶ **P1** **Os cromossomos incluem sequências dedicadas que garantem sua replicação, transcrição, empacotamento e transmissão de uma geração para a próxima.** Eles são mais do que um longo trecho de genes que codificam proteínas.

▶ **P2** **Os cromossomos são grandes.** Para que fiquem confinados em um espaço pequeno, podem ser necessários várias camadas e vários modos de estrutura terciária.

▶ **P3** **Os cromossomos em todas as células são mantidos em um estado de estresse torcional.** O DNA está subenrolado em relação à estrutura estável da forma B, facilitando o empacotamento do DNA e o acesso à informação genética contida nele.

▶ **P4** **RNA e proteínas especializadas mantêm a estrutura dos cromossomos.** As topoisomerases controlam o subenrolamento do DNA. Histonas, condensinas, coesinas e outras proteínas de ligação ao DNA fornecem suportes para organizar a estrutura dos cromossomos. Certos RNA longos e não codificadores também desempenham papéis importantes na estrutura e função dos cromossomos.

O capítulo começa com uma análise dos elementos que compõem cromossomos celulares e virais e, então, considera o tamanho e a organização desses cromossomos. Em seguida, é discutida a topologia do DNA, descrevendo a torção e a supertorção das moléculas de DNA. Por fim, são consideradas as interações proteína-DNA que organizam cromossomos em estruturas compactas.

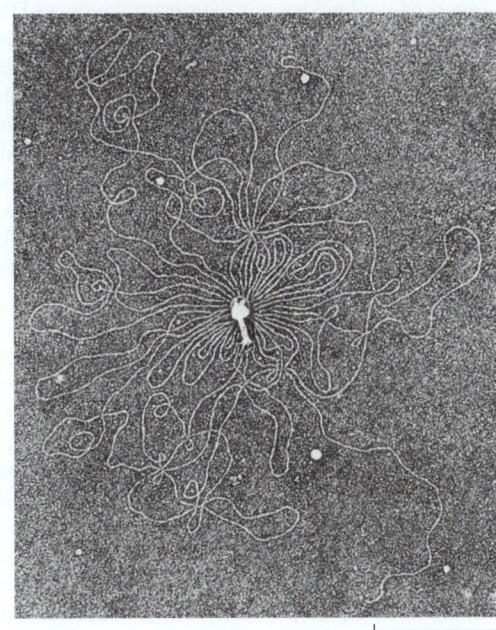

**FIGURA 24-1** **Capa proteica do bacteriófago T2 rodeada pela sua molécula de DNA única e linear.** O DNA foi liberado pela lise da partícula do bacteriófago em água destilada, o que permitiu que ele se espalhasse pela superfície da água. Uma partícula de bacteriófago T2 intacta é constituída por uma estrutura de cabeça que se afunila em uma cauda com a qual o bacteriófago se fixa à superfície exterior de uma célula bacteriana. Todo o DNA mostrado nessa micrografia eletrônica normalmente está compactado dentro da cabeça do fago.
[Republicada com permissão da Elsevier, a partir de A. K. Kleinschmidt et al. (1962), "Preparation and length measurements of the total deoxyribonucleic acid content of T2 bacteriophages," *Biochim. Biophys. Acta* 61, pp. 857-864, 864; permissão transmitida por meio do Copyright Clearance Center, Inc.]

## 24.1 Elementos cromossômicos

O DNA celular contém genes e regiões intergênicas, ambos os quais podem desempenhar funções vitais às células. Os genomas mais complexos, como o das células de eucariotos, exigem níveis mais elevados de organização cromossômica, e isso se reflete nas características estruturais dos cromossomos. Inicialmente, serão considerados os diferentes tipos de sequências de DNA e os elementos estruturais no interior dos cromossomos.

## Os genes são segmentos de DNA que codificam cadeias polipeptídicas e RNA

O conhecimento dos genes evoluiu de forma surpreendente ao longo do último século. Antigamente, um gene era definido como a porção de um cromossomo que determina ou afeta um único traço ou **fenótipo** (propriedade visível), como a cor dos olhos. George Beadle e Edward Tatum propuseram uma definição molecular de gene em 1940. Depois de expor esporos do fungo *Neurospora crassa* a raios X e outros agentes conhecidos por causarem danos ao DNA e alterações em sua sequência (**mutações**), eles detectaram linhagens mutantes de fungos que não possuíam alguma enzima particular, algumas vezes resultando em deficiência em uma via metabólica inteira. Beadle e Tatum concluíram que um gene é um segmento de material genético que determina ou codifica uma enzima: a hipótese **um gene-uma enzima**. Mais tarde, esse conceito foi ampliado para **um gene-um polipeptídeo**, visto que muitos genes codificam proteínas não enzimáticas ou codificam um polipeptídeo de uma proteína com várias subunidades.

A definição bioquímica moderna de um gene é ainda mais precisa. Um **gene** é todo o DNA que codifica a sequência primária de algum produto gênico final, que pode ser um polipeptídeo ou um RNA com funções catalíticas ou estruturais. O DNA também contém outros segmentos ou sequências com funções puramente regulatórias. As **sequências regulatórias** fornecem sinais que podem indicar o início ou o fim de um gene, influenciar a transcrição gênica ou funcionar como pontos de início de replicação ou de recombinação (Capítulo 28). Alguns genes podem ser expressos de maneiras diferentes para produzir múltiplos produtos gênicos a partir de um único segmento de DNA; os mecanismos especiais de transcrição e tradução que possibilitam isso estão descritos nos Capítulos 26 a 28.

Pode-se estimar diretamente o tamanho médio mínimo dos genes que codificam uma proteína. Conforme descrito em detalhes no Capítulo 27, cada um dos aminoácidos de uma cadeia polipeptídica é codificado por uma sequência de três nucleotídeos consecutivos em uma única fita de DNA (**Fig. 24-2**), e esses "códons" estão organizados em uma sequência que corresponde à sequência de aminoácidos no polipeptídeo codificado por esse gene. Uma cadeia polipeptídica de 350 resíduos de aminoácidos (uma cadeia de tamanho médio) corresponde a 1.050 pares de bases (pb) de DNA codificador. Muitos genes de eucariotos e alguns de bactérias e arqueias são interrompidos por segmentos de DNA não codificador e, portanto, são consideravelmente mais longos do que esse cálculo simples sugere.

Quantos genes existem em um único cromossomo? O cromossomo de *Escherichia coli* é uma molécula de DNA circular (no sentido de uma alça sem extremidades, e não de um círculo perfeito) com 4.641.652 pb. Esses pares de bases codificam cerca de 4.300 genes para proteínas e 200 genes para moléculas de RNA estrutural ou catalítico. Entre os eucariotos, os aproximadamente 3,1 bilhões pb do genoma humano incluem cerca de 20 mil genes em 24 cromossomos diferentes.

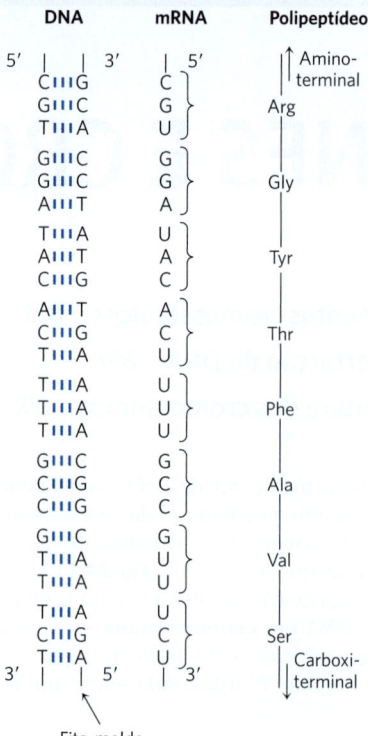

**FIGURA 24-2 Colinearidade das sequências de nucleotídeos codificadoras de DNA e mRNA e da sequência de aminoácidos de uma cadeia polipeptídica.** As trincas de unidades de nucleotídeos no DNA determinam os aminoácidos em uma proteína por meio do mRNA intermediário. Uma das fitas de DNA serve como molde para a síntese de mRNA, que tem trincas de nucleotídeos (códons) complementares aos do DNA. Em alguns genes de bactérias e em muitos genes de eucariotos, as sequências codificadoras são interrompidas em intervalos por regiões não codificadoras (denominadas íntrons).

## As moléculas de DNA são muito mais longas do que o invólucro celular ou viral que as contém

Em geral, o comprimento do DNA dos cromossomos é várias ordens de magnitude maior do que as células ou os vírus nos quais ele se encontra (Fig. 24-1; **Tabela 24-1**). Isso ocorre em todas as classes de organismos ou de parasitas virais.

**Vírus** Os vírus não são organismos de vida livre, mas sim parasitas infecciosos que utilizam os recursos de uma célula hospedeira para desempenhar muitos dos processos de que necessitam para se propagar. Muitas partículas virais são constituídas por não mais do que um genoma (geralmente uma única molécula de RNA ou de DNA) envolto por capa proteica.

Quase todos os vírus de plantas e alguns vírus de bactérias e de animais possuem genomas de RNA. Esses genomas tendem a ser especialmente pequenos. Por exemplo, os genomas de retrovírus de mamíferos, como o HIV, consistem em 9 mil nucleotídeos de RNA de fita simples.

### TABELA 24-1 Tamanhos do DNA e das partículas virais de alguns vírus de bactérias (bacteriófagos)

| Vírus | Tamanho do DNA viral (pb) | Comprimento do DNA viral (nm) | Perímetro da partícula do vírus (nm) |
|---|---|---|---|
| ϕX174 | 5.386 | 1.939 | 25 |
| T7 | 39.936 | 14.377 | 78 |
| λ (lambda) | 48.502 | 17.460 | 190 |
| T4 | 168.889 | 60.800 | 210 |

Nota: os dados referentes ao tamanho dos DNA são aqueles da forma replicativa (fita dupla). O perímetro foi calculado supondo-se que cada par de bases ocupa um comprimento de 3,4 Å (ver Fig. 8-13).

Os genomas dos vírus de DNA variam muito em tamanho. Muitos DNA virais são circulares em pelo menos parte de seu ciclo de vida. Durante a replicação do vírus dentro de uma célula, tipos específicos de DNA viral, denominados **formas replicativas**, podem aparecer. Por exemplo, muitos DNA lineares se tornam circulares, e todos os DNA de fita simples se tornam de fita dupla. Um vírus de DNA típico de tamanho médio é o bacteriófago λ (lambda), o qual infecta E. coli. Na sua forma replicativa dentro das células, o DNA do λ é uma dupla-hélice circular. Esse DNA de fita dupla contém 48.502 pb e tem um perímetro de 17,5 μm. O bacteriófago ϕX174 é muito menor; o DNA na partícula viral é circular e de fita simples, e a forma replicativa de fita dupla contém 5.386 pb. **P2** Embora os genomas virais sejam pequenos, o perímetro de seu DNA é geralmente centenas de vezes mais longo do que as dimensões da partícula viral que o contém (Tabela 24-1).

**Bactérias** Uma única célula de E. coli contém quase cem vezes mais DNA do que uma partícula do bacteriófago λ. O cromossomo de uma célula de E. coli é uma única molécula de DNA circular de fita dupla. Seus 4.641.652 pb têm um perímetro de cerca de 1,7 mm, aproximadamente 850 vezes o comprimento de uma célula de E. coli (**Fig. 24-3**). Além do enorme DNA cromossômico circular em seu nucleoide, muitas bactérias têm uma ou mais moléculas de DNA circular pequenas que estão livres no citosol. Esses elementos extracromossômicos são denominados **plasmídeos** (**Fig. 24-4**; ver também p. 305). A maioria dos plasmídeos tem apenas alguns milhares de pb de comprimento, mas alguns contêm até 400.000 pb. Eles carregam informação genética e sofrem replicação, produzindo plasmídeos-filhos, que passam para as células-filhas na divisão celular. Os plasmídeos foram encontrados em leveduras e em outros fungos, assim como nas bactérias.

Em muitos casos, os plasmídeos não conferem uma vantagem óbvia a seus hospedeiros, e sua única função parece ser a autopropagação. Entretanto, alguns plasmídeos carregam genes que são úteis para a bactéria hospedeira. Por exemplo, alguns genes de plasmídeo tornam a bactéria hospedeira resistente a agentes antibacterianos. Plasmídeos portadores do gene para a enzima β-lactamase conferem resistência aos antibióticos β-lactâmicos, como penicilina, ampicilina e amoxicilina (ver Fig. 6-34). Esses plasmídeos e outros semelhantes podem passar de uma célula resistente ao antibiótico para uma célula sensível ao antibiótico da mesma ou de outra espécie de bactéria, tornando a célula receptora resistente ao antibiótico. O uso abusivo de antibióticos em algumas populações humanas serve como forte pressão seletiva, favorecendo a disseminação de plasmídeos que codificam a resistência a antibióticos (da mesma maneira que os elementos de transposição, descritos a seguir, que carregam genes similares) em bactérias patogênicas.

**Eucariotos** Uma célula de levedura, um dos eucariotos mais simples, tem 2,6 vezes mais DNA no genoma do que uma célula de E. coli (**Tabela 24-2**). As células de Drosophila, a mosca-da-fruta utilizada nos estudos genéticos clássicos, contêm mais do que 35 vezes a quantidade de DNA de uma célula de E. coli, e as células humanas têm 700 vezes mais. As células de muitas plantas e anfíbios contêm ainda mais. O material genético das células eucarióticas é distribuído nos cromossomos; o número diploide ($2n$) depende da espécie. Uma célula somática humana, por exemplo, tem 46 cromossomos (**Fig. 24-5**). Cada cromossomo de uma célula eucariótica, como os mostrados na Figura 24-5a, contém uma única molécula de DNA duplex de tamanho muito grande. As moléculas de DNA dos 24 diferentes tipos de cromossomos humanos (22 pares de autossomos mais os cromossomos sexuais X e Y) variam de comprimento em mais de 25 vezes. Cada tipo de cromossomo dos eucariotos carrega um conjunto específico de genes.

**P2** As moléculas de DNA de um genoma humano (22 cromossomos mais o X e o Y), se enfileiradas, teriam um comprimento de cerca de 1 m. A maioria das células humanas é diploide, e cada célula contém, então, um total de 2 m de DNA. Um corpo humano adulto contém aproximadamente $10^{14}$ células e, portanto, um comprimento total de DNA de $2 \times 10^{11}$ km. Compare isso com a circunferência da Terra ($4 \times 10^{11}$ km) ou a distância entre a Terra e o Sol ($1,5 \times 10^8$ km) – uma ilustração dramática do grau extraordinário de compactação do DNA em nossas células.

As células eucarióticas também têm organelas, mitocôndrias e cloroplastos, que contêm DNA. As moléculas de DNA mitocondrial (mtDNA) são muito menores do que os cromossomos nucleares. Nas células animais, o mtDNA contém

**FIGURA 24-3 Uma célula bacteriana e seu DNA.** Comprimento de um cromossomo de *E. coli* (1,7 mm), representado na forma linear, em relação ao comprimento de uma célula de *E. coli* típica (2 μm).

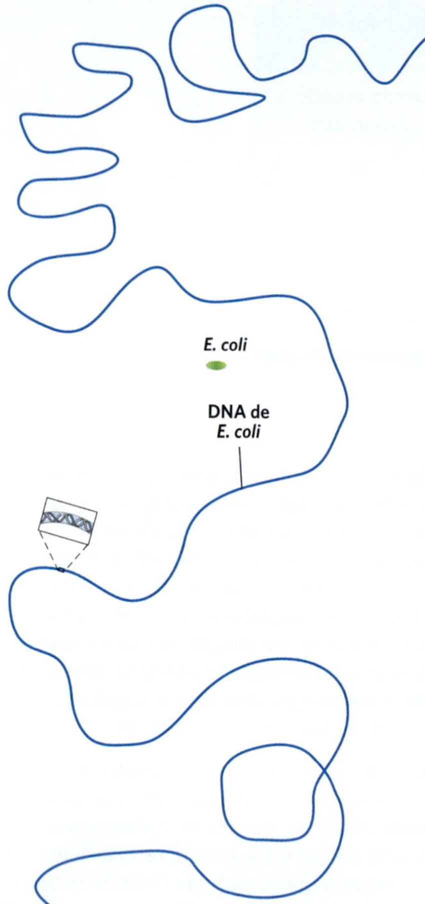

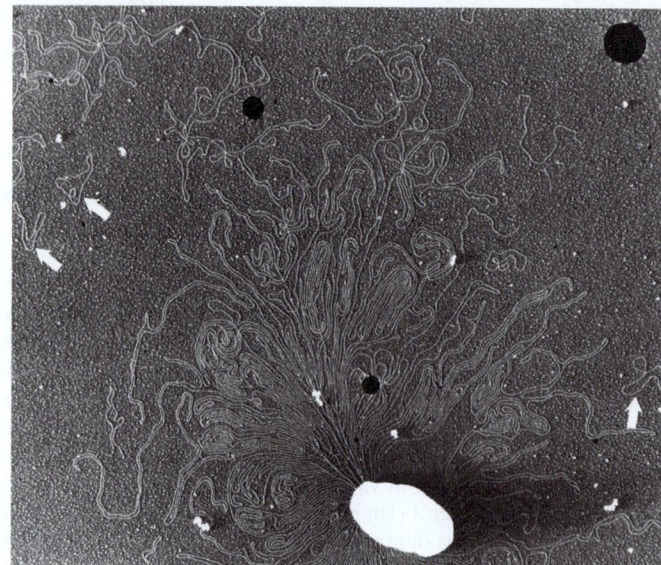

**FIGURA 24-4 DNA de uma célula de *E. coli* lisada.** Nesta micrografia eletrônica, vários DNA circulares pequenos de plasmídeo estão indicados por setas brancas. Os pontos pretos e as manchas brancas são artefatos da preparação. [Huntington Potter, University of Colorado School of Medicine, e David Dressler, Balliol College, Oxford University.]

### TABELA 24-2 Conteúdos de DNA, genes e cromossomos em alguns genomas

| | DNA total (pb) | Número de cromossomos[a] | Número aproximado de genes codificadores de proteínas |
|---|---|---|---|
| *Escherichia coli* K12 (bactéria) | 4.641.652 | 1 | 4.494[b] |
| *Saccharomyces cerevisiae* (levedura) | 12.157.105 | 16[c] | 6.600 |
| *Caenorhabditis elegans* (nematódeo) | 100.286.401 | 12[d] | 20.191 |
| *Arabidopsis thaliana* (planta) | 119.667.750 | 10 | 27.655 |
| *Drosophila melanogaster* (mosca-da-fruta) | 143.726.002 | 18 | 13.931 |
| *Oryza sativa* (arroz) | 375.049.285 | 24 | 37.849 |
| *Mus musculus* (camundongo) | 2.730.871.774 | 40 | 22.480 |
| *Homo sapiens* (ser humano) | 3.096.649.726 | 46 | 20.454[e] |

Nota: essas informações são constantemente aprimoradas. Para obter os dados mais recentes, consulte os *sites* de cada projeto individual de genoma. [Dados de ensembl.org. Acesso em 21 de abril de 2020.]
[a]O dado corresponde ao número diploide para todos os eucariotos, exceto para a levedura.
[b]Inclui genes conhecidos que codificam RNA.
[c]Número haploide de cromossomos. Linhagens selvagens de levedura geralmente têm oito (octaploide) ou mais conjuntos de cromossomos.
[d]Número para fêmeas, com dois cromossomos X. Os machos têm um X, mas nenhum Y, portanto, 11 cromossomos ao todo.
[e]Quando genes conhecidos que codificam RNA funcionais são incluídos, esse número sobe para mais de 43.000.

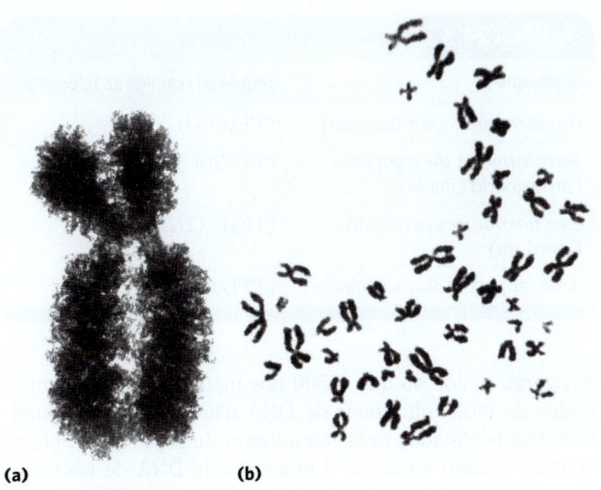

**FIGURA 24-5 Cromossomos eucarióticos.** (a) Um par de cromátides-irmãs ligadas e condensadas de uma célula de ovário de *hamster* chinês. Os cromossomos eucarióticos ficam nesse estado após a replicação, na metáfase, durante a mitose. (b) Conjunto completo de cromossomos do leucócito de um dos autores deste livro. Existem 46 cromossomos em cada célula somática humana normal. [(a) Don W. Fawcett/Science Source. (b) © Michael M. Cox.]

menos do que 20.000 pb (16.569 pb no mtDNA humano) e é um duplex circular. Em geral, cada mitocôndria tem de 2 a 10 cópias dessa molécula de mtDNA, e esse número pode chegar a centenas em algumas células de um embrião que esteja em processo de diferenciação celular. O mtDNA de células vegetais mede de 200.000 a 2.500.000 pb. O DNA dos cloroplastos (cpDNA) também é um duplex circular, e seu tamanho varia de 120.000 a 160.000 pb. Os DNA mitocondriais e de cloroplastos têm origem evolutiva nos cromossomos de bactérias primitivas que ganharam acesso ao citoplasma das células do hospedeiro e se tornaram os precursores dessas organelas (ver Fig. 1-37). O DNA mitocondrial codifica os tRNA e rRNA mitocondriais, além de algumas proteínas mitocondriais. Mais de 95% das proteínas mitocondriais são codificadas pelo DNA nuclear. As mitocôndrias e os cloroplastos se dividem quando a divisão celular ocorre. Os seus DNA são replicados antes e durante a divisão, e as moléculas-filhas de DNA passam para as organelas-filhas.

## Os genes eucarióticos e os cromossomos são muito complexos

Muitas espécies de bactérias têm apenas um cromossomo por célula, e, em praticamente todos os casos, cada cromossomo contém apenas uma cópia de cada gene. Pouquíssimos genes, como aqueles dos rRNA, estão repetidos várias vezes. Os genes e as sequências regulatórias perfazem quase todo o DNA nas bactérias. Além disso, quase todos os genes são precisamente colineares com as sequências de aminoácidos (ou sequências de RNA) que eles codificam ao longo de todo o seu comprimento (Fig. 24-2).

A organização dos genes no DNA de eucariotos é muito mais complexa estrutural e funcionalmente. Os estudos da estrutura de cromossomos eucarióticos e, mais recentemente, do sequenciamento de genomas inteiros de eucariotos proporcionaram muitas surpresas. **P1** Muitos genes de eucariotos, se não a maioria deles, têm uma característica estrutural diferencial: as sequências de nucleotídeos contêm um ou mais segmentos intercalados de DNA que não codificam a sequência de aminoácidos do produto polipeptídico. Esses segmentos de DNA não traduzidos nos genes são denominados **íntrons**, e os segmentos codificadores são denominados **éxons**. Poucos genes bacterianos contêm íntrons. Nos eucariotos superiores, um gene típico tem muito mais sequências de íntrons do que sequências de éxons. Por exemplo, no gene que codifica a única cadeia polipeptídica da ovoalbumina, uma proteína do ovo das aves (**Fig. 24-6**), os íntrons são muito mais longos do que os éxons; ao todo, sete íntrons perfazem 85% do DNA do gene. O gene que codifica a subunidade $\beta$ da hemoglobina tem apenas dois íntrons, mas, novamente, eles são maiores do que os éxons. Os genes das histonas parecem não ter íntrons. Em muitos casos, a função dos íntrons não está clara. No total, apenas cerca de 1,5% do DNA humano é "codificador" ou um éxon do DNA, contendo informação para produtos proteicos. Entretanto, quando íntrons muito maiores são incluídos no cálculo, até 30% do genoma humano consiste em genes codificadores de proteínas.

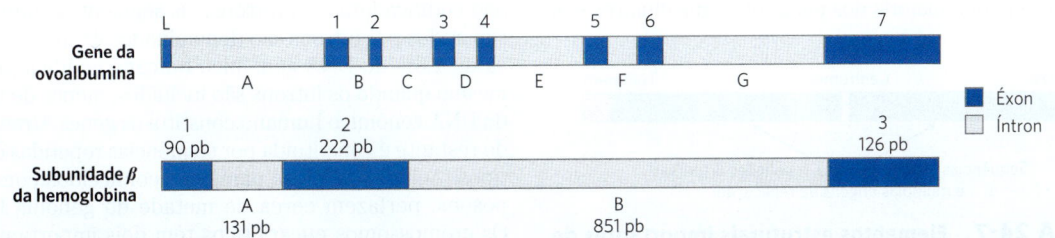

**FIGURA 24-6 Íntrons em dois genes eucarióticos.** O gene da ovoalbumina tem sete íntrons (A a G), dividindo as sequências codificadoras em oito éxons (L e 1 a 7). O gene da subunidade $\beta$ da hemoglobina tem dois íntrons e três éxons, incluindo um íntron que, sozinho, contém mais da metade dos pares de bases do gene.

Muito trabalho ainda precisa ser feito para entender as sequências genômicas que não correspondem aos genes que codificam proteínas. Boa parte do DNA que não faz parte de genes está na forma de sequências repetidas de vários tipos. Elas incluem elementos de transposição (transposons), parasitas moleculares que constituem aproximadamente metade do DNA no genoma humano (ver Fig. 9-25a e Capítulos 25 e 26) e genes codificadores de moléculas de RNA funcionais de muitos tipos.

Aproximadamente 3% do genoma humano é constituído por **sequências altamente repetitivas**, também chamadas de **DNA de sequências simples** ou **repetições de sequência simples** (**SSR**, do inglês *simple sequence repeats*). Às vezes, essas sequências curtas, geralmente com comprimento menor do que 10 pb, são repetidas milhões de vezes em cada célula. As SSR também são chamadas de **DNA satélite**, uma vez que a sua composição de bases incomum geralmente as faz migrar como bandas "satélites" (separadas do restante do DNA) quando amostras de DNA celular fragmentado são centrifugadas em gradientes de densidade de cloreto de césio. Estudos sugerem que essas sequências não codificam proteínas nem RNA. A importância funcional de DNA altamente repetitivo foi definida pelo menos em alguns casos. Muito disso está associado a duas características cruciais dos cromossomos eucarióticos: centrômeros e telômeros.

O **centrômero** (**Fig. 24-7**) é uma sequência de DNA que funciona, durante a divisão celular, como ponto de ancoragem para proteínas que fixam os cromossomos ao fuso mitótico. Essa fixação é essencial para que haja uma distribuição equitativa e ordenada do conjunto de cromossomos para as células-filhas. Os centrômeros de *Saccharomyces cerevisiae* foram isolados e estudados. As sequências essenciais para a função do centrômero têm cerca de 130 pb de comprimento e são muito ricas em pares A=T. As sequências centroméricas de eucariotos superiores são muito mais longas e, diferentemente das de leveduras, geralmente consistem em milhares de cópias em *tandem* de uma ou várias sequências de 5 a 10 pb, na mesma orientação.

Os **telômeros** (do grego *telos*, "fim") são sequências nos finais dos cromossomos eucarióticos que ajudam a estabilizar o cromossomo. Os telômeros terminam com múltiplas sequências repetidas da forma

$$(5')(T_xG_y)_n$$
$$(3')(A_xC_y)_n$$

em que $x$ e $y$ são geralmente valores entre 1 e 4 (**Tabela 24-3**). O número de sequências repetidas nos telômeros, $n$, varia de 20 a 100 para a maioria dos eucariotos unicelulares e é, em geral, maior do que 1.500 nos mamíferos. As extremidades da molécula linear de DNA não podem ser rotineiramente replicadas pela maquinaria de replicação celular (possível razão para que a molécula de DNA de bactérias seja circular). As sequências teloméricas repetidas são adicionadas às extremidades dos cromossomos dos eucariotos principalmente pela enzima telomerase (ver Fig. 26-35).

Os cromossomos artificiais (Capítulo 9) foram construídos a fim de se compreender melhor a importância funcional de muitas características estruturais dos cromossomos eucarióticos. Um cromossomo artificial linear razoavelmente estável necessita de apenas três componentes: um centrômero, um telômero em cada extremidade e sequências que possibilitem o início da replicação do DNA. Os cromossomos artificiais de levedura (YAC, do inglês *yeast artificial chromosome*; ver Fig. 9-6) foram desenvolvidos como uma ferramenta de pesquisa em biotecnologia. De modo similar, cromossomos artificiais humanos (HAC, do inglês *human artificial chromosome*) estão sendo desenvolvidos para o tratamento de doenças genéticas. Tais cromossomos podem fornecer uma nova maneira para a reposição intracelular de produtos gênicos ausentes ou defeituosos ou para a terapia gênica somática.

| TABELA 24-3 | Sequências teloméricas |
|---|---|
| Organismo | Sequência repetida no telômero |
| *Homo sapiens* (ser humano) | $(TTAGGG)_n$ |
| *Tetrahymena thermophila* (protozoário ciliado) | $(TTGGGG)_n$ |
| *Saccharomyces cerevisiae* (levedura) | $(T(G)_{1\text{-}3}(TG)_{2\text{-}3})_n$ |
| *Arabidopsis thaliana* (planta) | $(TTTAGGG)_n$ |

### RESUMO 24.1  *Elementos cromossômicos*

■ Os genes são segmentos de um cromossomo que contém a informação para polipeptídeos funcionais ou moléculas de RNA. Além dos genes, os cromossomos contêm uma variedade de sequências regulatórias envolvidas na replicação, na transcrição e em outros processos.

■ Moléculas de DNA genômico e de RNA geralmente têm comprimentos de várias ordens de magnitude maiores do que as partículas virais ou células que as contêm.

■ Muitos genes nas células eucarióticas (mas poucos nas bactérias e nas arqueias) são interrompidos por sequências não codificadoras, ou íntrons. Os segmentos codificadores separados por íntrons são denominados éxons. Apenas cerca de 1,5% do DNA genômico humano codifica proteínas; mesmo quando os íntrons são incluídos, menos de um terço do DNA genômico humano constitui os genes. Grande parte do restante é constituída por sequências repetidas de vários tipos. Ácidos nucleicos parasitas, conhecidos como transposons, perfazem cerca de metade do genoma humano. Os cromossomos eucarióticos têm dois importantes tipos de sequências de DNA repetitivas com funções especiais:

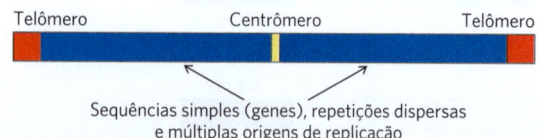

**FIGURA 24-7** Elementos estruturais importantes de um cromossomo de levedura.

os centrômeros, que são pontos de fixação do fuso mitótico, e os telômeros, localizados nas extremidades dos cromossomos.

## 24.2 Supertorção do DNA

Como o DNA celular ou viral é compactado nas células ou invólucros virais que o contêm de uma forma que ainda permite o acesso às informações do DNA? A compactação extrema implica um alto grau de organização estrutural. Primeiro, as muitas cargas negativas dos grupos fosforila na estrutura do DNA devem ser neutralizadas. Os cátions, principalmente íons $Mg^{2+}$, e uma classe de moléculas chamadas poliaminas fornecem vários contraíons positivos para permitir a compactação do DNA. As poliaminas são derivadas do aminoácido ornitina (ver Quadro 6-1). A segunda chave para a compactação do DNA é uma alteração estrutural do DNA conhecida como **supertorção**. Todas as células mantêm seu DNA em um estado **subenrolado** – tendo menos voltas helicoidais destras por comprimento de DNA determinado – do que o DNA de forma B. O subenrolamento exerce pressão estrutural sobre o DNA, fazendo-o girar sobre si mesmo. A supertorção afeta e é afetada por processos como replicação e transcrição; ela é apresentada aqui como um prelúdio para uma discussão mais ampla sobre o metabolismo do DNA.

**P3** "Supertorção" indica o enrolamento de uma espiral. Cabos de telefone antigos, por exemplo, eram uma espiral. O caminho tomado pelo cabo entre a base do telefone e o fone geralmente incluía uma ou mais supertorções (**Fig. 24-8**). O DNA é espiralado na forma de uma dupla-hélice, em que cada uma das fitas do DNA se enrola ao redor de um eixo. O enrolamento do eixo sobre si mesmo (**Fig. 24-9**)

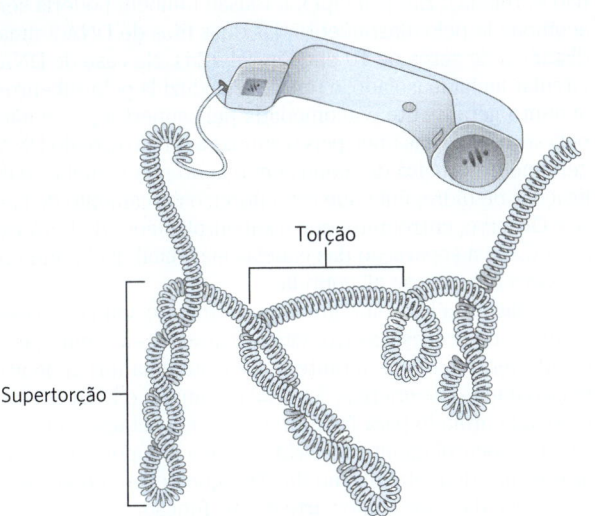

**FIGURA 24-8 Supertorções.** Um fio de telefone antigo está enrolado como uma hélice de DNA, e o fio pode se enrolar em uma supertorção. A observação de cabos de telefones direcionou Jerome Vinograd e colaboradores à descoberta de que muitas propriedades de DNA circulares pequenos podem ser explicadas pela supertorção. A primeira identificação de DNA supertorcido – em pequenos DNA circulares virais – ocorreu em 1965.

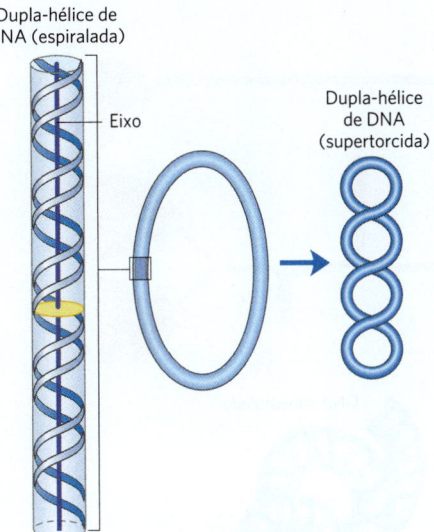

**FIGURA 24-9 Supertorção do DNA.** Quando o eixo de uma dupla-hélice de DNA se enrola sobre si mesmo, uma nova hélice (super-hélice) se forma. A super-hélice de DNA normalmente é denominada supertorção.

produz o DNA supertorcido. Como será detalhado a seguir, o DNA supertorcido geralmente é uma manifestação de tensão estrutural. Quando não há curvatura do eixo sobre si mesmo, diz-se que o DNA está no estado **relaxado**. Como será visto, a supertorção que ocorre nas células reflete o subenrolamento do DNA, facilitando a separação das fitas necessária para os processos de replicação e transcrição (**Fig. 24-10**).

O fato de que a molécula de DNA consegue se dobrar sobre si mesma e se tornar supertorcida em um DNA celular altamente compactado pareceria lógico, e talvez até trivial, não fosse um fator adicional: muitas moléculas de DNA circulares permanecem altamente supertorcidas mesmo depois de serem extraídas e purificadas, estando livres de proteínas e de outros componentes celulares. **P3** Isso indica que a supertorção é uma propriedade intrínseca da estrutura terciária do DNA. Ela ocorre em todos os DNA celulares e é altamente regulada em cada célula.

Várias propriedades mensuráveis da supertorção do DNA foram determinadas, e o estudo da supertorção forneceu indícios para a compreensão da estrutura e da função do DNA. Esse trabalho se baseou fundamentalmente em conceitos vindos de um ramo da matemática denominado **topologia**, isto é, o estudo das propriedades de um objeto que não se modifica sob contínua deformação. No caso do DNA, as deformações contínuas incluem as mudanças conformacionais devido ao movimento provocado pela energia térmica ou à interação com proteínas e outras moléculas. A deformação descontínua envolve a quebra da fita de DNA. Nas moléculas circulares de DNA, uma propriedade topológica é aquela que não é afetada pelas deformações das fitas de DNA desde que nenhuma quebra seja introduzida. As propriedades topológicas são alteradas apenas por quebra e religação do esqueleto de uma ou ambas as fitas de DNA.

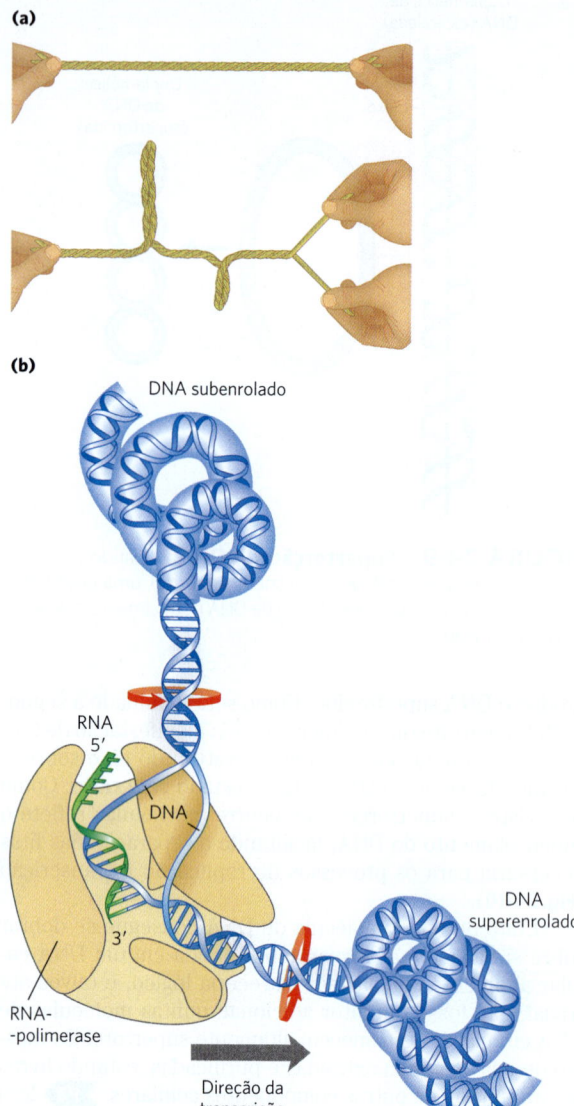

**FIGURA 24-10 Os efeitos da replicação e da transcrição no DNA supertorcido.** Uma vez que o DNA é uma estrutura de dupla-hélice, a separação das fitas leva ao estresse e à supertorção se o DNA for aprisionado (não estiver livre para girar) antes da separação das fitas. (a) O efeito geral pode ser ilustrado pela torção das duas fitas de uma faixa borracha uma sobre a outra para formar uma dupla-hélice. Se uma extremidade for aprisionada, a separação das duas fitas na outra extremidade levará a uma torção. (b) Na molécula de DNA, o progresso da DNA-polimerase ou da RNA-polimerase (como mostrado aqui) ao longo do DNA envolve a separação das fitas. O resultado é que o DNA fica superenrolado na frente da enzima (a montante) e subenrolado atrás dela (a jusante). As setas vermelhas indicam a direção do enrolamento.

A seguir, serão examinadas as propriedades fundamentais e as bases físicas da supertorção.

### A maior parte do DNA celular se encontra subenrolada

Para entender a supertorção, é preciso primeiro direcionar a atenção para as propriedades de DNA circulares pequenos, como os plasmídeos e os pequenos DNA virais. Quando um DNA desses não tem quebras em nenhuma de suas duas fitas, ele é denominado **DNA circular fechado**. Em soluções aquosas, o DNA é mais estável – ou seja, está em sua forma de energia livre mais baixa – na estrutura da forma B. Se o DNA de uma molécula circular fechada apresenta uma conformação próxima da estrutura da forma B (a estrutura de Watson-Crick; ver Fig. 8-13), com uma volta da dupla-hélice a cada 10,5 pb, o DNA está relaxado, e não supertorcido (**Fig. 24-11**). A supertorção ocorre quando o DNA está sujeito a alguma forma de tensão estrutural, de modo que é superenrolado ou subenrolado. O DNA circular fechado, quando purificado, raramente está relaxado, independentemente da sua origem biológica. ▶P3 Além disso, o DNA derivado de determinado tipo de célula tem um grau característico de supertorção. Portanto, a estrutura do DNA é tensionada de maneira regulada pela célula de modo a induzir a supertorção.

Em praticamente todos os casos, a tensão é o resultado do subenrolamento da dupla-hélice de DNA circular fechado. Em outras palavras, o DNA tem um *número menor* de voltas da hélice do que o esperado para uma estrutura na forma B. Os efeitos desse subenrolamento estão resumidos na **Figura 24-12**. Um segmento de 84 pb de DNA circular no estado relaxado deve conter oito voltas da dupla-hélice, uma a cada 10,5 pb. Se uma dessas voltas for removida, serão (84 pb)/7 = 12,0 pb por volta, em vez das 10,5 encontradas no B-DNA (Fig. 24-12b). Isso é um desvio da forma de DNA mais estável, e, como resultado, a molécula fica termodinamicamente tensionada. Em geral, a maior parte dessa tensão pode ser acomodada pelo enrolamento do eixo do DNA sobre si mesmo, formando uma supertorção (Fig. 24-12c; parte da tensão nesse segmento de 84 pb simplesmente se dispersaria na estrutura de uma molécula grande de DNA não enrolada). Em princípio, a tensão também poderia ser acomodada pelo afastamento das duas fitas de DNA a uma distância de cerca de 10 pb (Fig. 24-12d). No caso de DNA circular fechado isolado, a tensão introduzida pelo subenrolamento geralmente é acomodada pela supertorção, e não pela separação das fitas, pois o enrolamento do eixo do DNA geralmente precisa de menos energia do que a quebra das ligações de hidrogênio que estabilizam o pareamento de bases. Observe, entretanto, que o subenrolamento do DNA *in vivo* torna a separação das cadeias mais fácil, facilitando o acesso à informação ali contida.

Todas as células subenrolam ativamente seu DNA com o auxílio de processos enzimáticos (descritos a seguir), e o estado tensionado resultante representa uma forma de armazenamento de energia. As células mantêm o DNA em estado subenrolado para facilitar a sua compactação por torção. O subenrolamento do DNA também é importante para as enzimas do metabolismo do DNA que devem provocar a separação das fitas como parte de sua função.

O estado subenrolado pode ser mantido somente se o DNA for um círculo fechado ou se for estabilizado por ligação a proteínas de modo que as fitas não estejam livres para girarem uma sobre a outra. Se houver uma quebra em uma das fitas de um DNA circular isolado e livre de proteínas, a rotação livre do DNA subenrolado nesse ponto espontaneamente reverterá para o estado relaxado. Em uma molécula de DNA circular fechado, entretanto, o número de voltas da hélice não pode ser alterado sem que ocorra ao menos uma

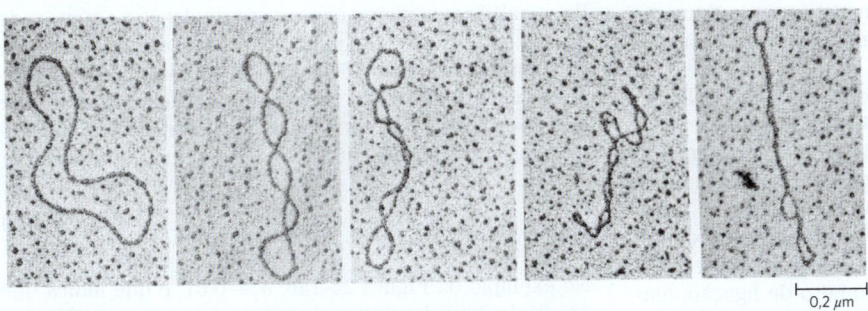

**FIGURA 24-11 DNA de plasmídeos relaxados e supertorcidos.** A molécula na micrografia eletrônica mais à esquerda está relaxada; o grau de supertorção aumenta da esquerda para a direita. [Laurien Polder, de A. Kornberg, *DNA Replication*, p. 29, W. H. Freeman, 1980.]

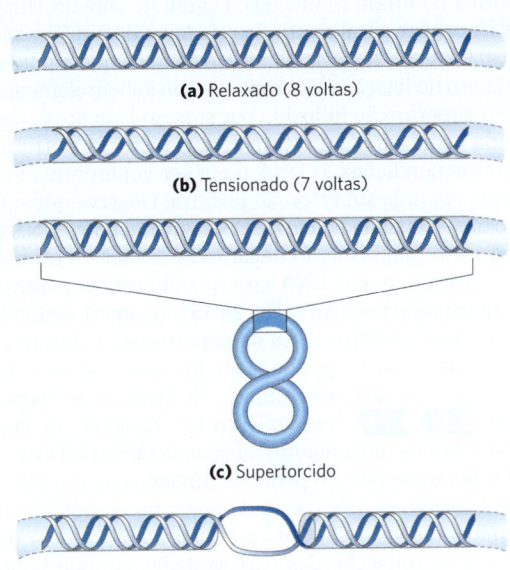

(a) Relaxado (8 voltas)
(b) Tensionado (7 voltas)
(c) Supertorcido
(d) Separação das fitas

**FIGURA 24-12 Efeitos do subenrolamento do DNA.** (a) Um segmento de DNA de molécula circular fechada com comprimento de 84 pb na sua forma relaxada, com oito voltas na hélice. (b) A remoção de uma volta provoca tensão na estrutura. (c) A tensão geralmente é acomodada pela formação de uma supertorção. (d) O subenrolamento do DNA também facilita a separação das fitas. Em princípio, cada volta que é desenrolada deve facilitar a separação das fitas por cerca de 10 pb, como mostrado na figura. Entretanto, as ligações de hidrogênio entre os pares de bases geralmente impedem a separação das fitas de DNA em distâncias curtas como essa, e o efeito se torna importante apenas no caso de DNA mais longos e com maiores níveis de subenrolamento.

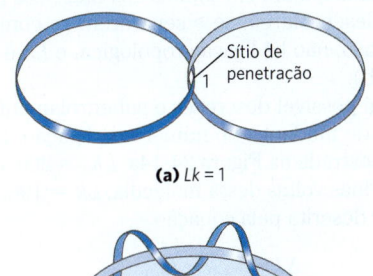

(a) $Lk = 1$

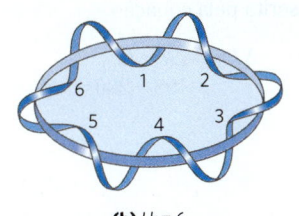

(b) $Lk = 6$

**FIGURA 24-13 Número de ligação, $Lk$.** Nesta figura, como de costume, cada linha azul representa uma fita de uma molécula de DNA de fita dupla. Para a molécula em (a), $Lk = 1$. Para a molécula em (b), $Lk = 6$. Uma das cadeias em (b) está representada não torcida para fins de ilustração e define os limites de uma superfície imaginária (sombreada em azul). O número de vezes que a cadeia representada enrolada passa por essa superfície fornece a definição exata de número de ligação.

quebra transitória em uma das fitas de DNA. Assim, o número de voltas da hélice em uma molécula de DNA fornece uma descrição precisa da supertorção.

## O subenrolamento do DNA é definido pelo número de ligação topológico

O campo da topologia fornece algumas ideias úteis para discutir o DNA supertorcido, particularmente o conceito de **número de ligação**. O número de ligação é uma propriedade topológica do DNA de fita dupla porque ele não varia quando o DNA é dobrado ou deformado, desde que ambas as fitas de DNA permaneçam intactas. O número de ligação ($Lk$) está ilustrado na **Figura 24-13**. Como será visto, todas as células têm enzimas chamadas topoisomerases que catalisam mudanças no número de ligação. Em virtude desse papel crucial, as topoisomerases são alvos de muitos antibióticos e agentes quimioterápicos do câncer.

Inicialmente, será visualizada a separação das duas fitas de um DNA circular de fita dupla. Se as duas fitas estiverem associadas como mostrado na Figura 24-13a, elas estão efetivamente unidas pelo que pode ser descrito como ligação topológica. Mesmo que todas as ligações de hidrogênio e as interações por empilhamento de bases fossem abolidas, de modo que as duas fitas não tenham contato físico, essa ligação topológica ainda poderia manter as duas fitas unidas. Visualize uma das fitas circulares como o limite de uma superfície (como o filme de sabão emoldurado pelo laço de um lançador de bolhas de sabão antes de a bolha ser soprada). O número de ligação pode ser definido como o número de vezes que a segunda fita atravessa essa superfície. Para a molécula na Figura 24-13a, $Lk = 1$; para aquela na Figura 24-13b, $Lk = 6$. O número de ligação de um DNA circular fechado é sempre um número inteiro. Por convenção, se as conexões entre as duas fitas de DNA estiverem arranjadas de maneira que elas se enrolem em uma hélice voltada para a direita, o número de ligação é positivo (+), já se as duas fitas se enrolarem em uma hélice voltada para a esquerda, o número de ligação é negativo (−). Números de ligação negativos, para todos os efeitos práticos, não são encontrados no DNA.

Pode-se, agora, expandir essas ideias para um DNA circular fechado com 2.100 pb (**Fig. 24-14a**). Quando a molécula estiver relaxada, o número de ligação é simplesmente o número de pares de bases dividido pelo número de pares de bases por volta, que é próximo de 10,5; assim, nesse caso, $Lk = 200$. O número de ligação no DNA relaxado é designado $Lk_0$. Para uma molécula de DNA circular ter uma propriedade topológica com esse número de ligação, ambos os filamentos devem estar intactos e sem interrupção. Se houver uma quebra em alguma das fitas, elas podem, em princípio, desenrolarem-se e separarem-se completamente. Nesse caso, não há ligação topológica, e $Lk$ é indefinido (Fig. 24-14b).

Agora, é possível descrever o subenrolamento do DNA em termos de mudança no número de ligação. No caso da molécula mostrada na Figura 24-14a, $Lk_0 = 200$; caso sejam removidas duas voltas dessa molécula, $Lk = 198$. A mudança pode ser descrita pela equação

$$\Delta Lk = Lk - Lk_0$$
$$= 198 - 200 = -2 \quad (24\text{-}1)$$

Em geral, é conveniente expressar a mudança no número de ligação em termos de uma grandeza que seja independente do comprimento da molécula de DNA. Essa quantidade, denominada **diferença de ligação específica** ou **densidade de super-hélice** ($\sigma$), é uma medida do número de voltas removidas em relação ao número existente no DNA relaxado:

$$\sigma = \frac{\Delta Lk}{Lk_0} \quad (24\text{-}2)$$

No exemplo da Figura 24-14c, $\sigma = 0{,}01$, o que indica que 1% (2 de 200) das voltas da hélice presentes no DNA (na sua forma B) foram removidas. O grau de subenrolamento no DNA celular geralmente fica na faixa de 5 a 7%; isto é, $\sigma = -0{,}05$ a $-0{,}07$. O sinal negativo indica que a mudança no número de ligação é causada por um subenrolamento no DNA. A supertorção induzida por subenrolamento é, assim, definida como uma supertorção negativa. Por outro lado, sob certas condições, o DNA pode ser superenrolado, resultando em uma supertorção positiva. Observe que o lado para o qual o eixo da hélice de DNA gira quando o DNA está subenrolado (supertorção negativa) é a imagem especular do lado para o qual o DNA gira quando está superenrolado (supertorção positiva) (**Fig. 24-15**). A supertorção não é um processo aleatório; a via da supertorção é descrita em grande parte pela força que a torção exerce sobre o DNA ao diminuir ou aumentar o número de ligação em relação ao B-DNA. **P2 P3** Um aumento na densidade de super-hélice ocasiona um aumento na compactação do DNA.

O número de ligação pode ser mudado em ±1 pela quebra de uma fita de DNA seguida pelo giro de 360° de uma extremidade sobre a fita em que não houve quebra de ligação e pela religação das extremidades em que houve a quebra da fita. Essa mudança não tem efeito sobre o número de pares de bases ou o número de átomos da molécula de DNA circular. Duas formas de DNA circular que diferem apenas em uma propriedade topológica são denominadas **topoisômeros**.

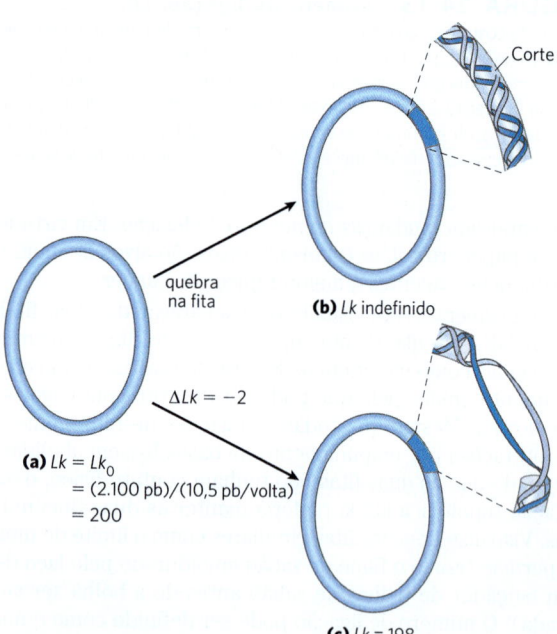

**FIGURA 24-14 Número de ligação aplicado a moléculas de DNA circular fechado.** Representação de um DNA circular com 2.100 pb em três formas distintas: (a) relaxado, $Lk = 200$; (b) relaxado com um corte (quebra) em uma das fitas, $Lk$ indefinido; e (c) subenrolado em duas voltas, $Lk = 198$. A molécula subenrolada geralmente existe como molécula supertorcida, mas o subenrolamento também facilita a separação das fitas do DNA.

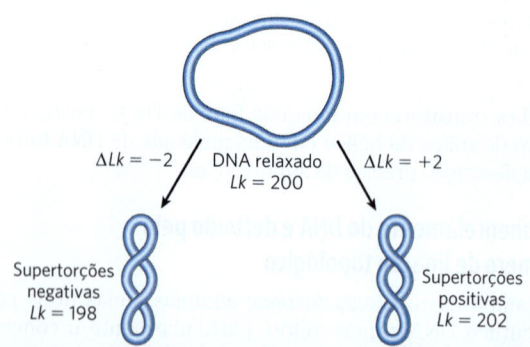

**FIGURA 24-15 Supertorções negativas e positivas.** No caso da molécula de DNA relaxado da Figura 24-14a, o subenrolamento ou o superenrolamento por duas voltas da hélice ($Lk = 198$ ou 202) produzirá supertorções negativas ou positivas, respectivamente. Observe que o eixo do DNA se torce em direções opostas em cada caso.

### EXEMPLO 24-1  Cálculo da densidade de super-hélice

Qual é a densidade de super-hélice ($\sigma$) de um DNA circular fechado com comprimento de 4.200 pb e um número de ligação ($Lk$) de 374? Qual é a densidade de super-hélice do mesmo DNA quando $Lk = 412$? Essas moléculas são supertorcidas negativa ou positivamente?

**SOLUÇÃO:** Primeiro, calcule $Lk_0$, dividindo o comprimento do DNA circular fechado (em pb) por 10,5 pb/volta: (4.200 pb)/(10,5 pb/volta) = 400. Agora, pode-se calcular a $\Delta Lk$ a partir da Equação 24-1: $\Delta Lk = Lk - Lk_0 = 374 - 400 = -26$. Substituindo os valores para $\Delta Lk$ e $Lk_0$ na Equação 24-2, tem-se: $\sigma = \Delta Lk/Lk_0 = -26/400 = -0{,}0065$. Uma vez que essa densidade de super-hélice é negativa, a molécula de DNA é supertorcida negativamente.

Quando a mesma molécula de DNA tem um $Lk$ de 412, $\Delta Lk = 412 - 400 = 12$ e $\sigma = 12/400 = 0{,}03$. A densidade de super-hélice é positiva, e a molécula é supertorcida positivamente.

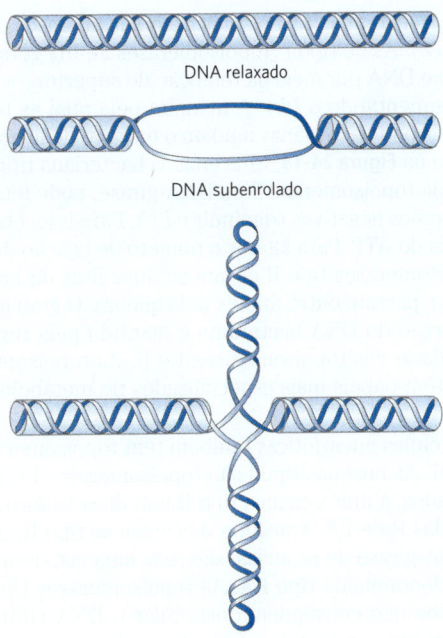

**FIGURA 24-16 Favorecimento de estruturas cruciformes pelo subenrolamento do DNA.** Em princípio, estruturas cruciformes podem formar-se em sequências palindrômicas (ver Fig. 8-19), mas raramente ocorrem em DNA na forma relaxada, pois o DNA linear acomoda mais pares de bases em pareamento do que as estruturas cruciformes. O subenrolamento do DNA facilita a separação parcial das cadeias, necessária para propiciar a formação de estruturas cruciformes em sequências apropriadas.

Além de causar supertorção e provocar uma separação mais fácil das fitas, o subenrolamento do DNA facilita alterações estruturais na molécula. Essas alterações têm menor importância fisiológica, mas ajudam a ilustrar os efeitos do subenrolamento. Lembre-se de que uma região cruciforme (ver Fig. 8-19) geralmente contém algumas bases não pareadas; o subenrolamento do DNA ajuda a manter a separação necessária das fitas (**Fig. 24-16**). O subenrolamento de uma hélice de DNA voltada à direita também facilita a formação de pequenos estiramentos do Z-DNA (voltado à esquerda) em regiões em que a sequência de bases seja compatível com a forma Z (ver Capítulo 8).

### As topoisomerases catalisam mudanças no número de ligação do DNA

A supertorção do DNA é um processo regulado com precisão que influencia muitos aspectos do metabolismo do DNA. Toda célula possui enzimas cuja única função é desenrolar e/ou relaxar o DNA. As enzimas que aumentam ou diminuem o grau de subenrolamento do DNA são as **topoisomerases**; a propriedade que elas modificam no DNA é o número de ligação. Essas enzimas desempenham um papel muito importante em processos como a replicação e a compactação do DNA. Existem duas classes de topoisomerases. As **topoisomerases tipo I** agem quebrando transitoriamente uma das duas fitas do DNA, passando a fita não rompida pela quebra e religando as extremidades quebradas. Elas modificam $Lk$ em incrementos de 1. Já as **topoisomerases tipo II** quebram ambas as fitas do DNA e modificam $Lk$ em incrementos de 2.

**P2** Quando um DNA circular é superenrolado, ele é torcido sobre si mesmo e, portanto, é mais compacto do que quando está relaxado. Portanto, a molécula superenrolada migrará mais rápido em uma matriz de gel (**Fig. 24-17**). Uma população de DNA de plasmídeos idênticos com o mesmo número de ligação migra como uma banda discreta durante a eletroforese em gel de agarose. Os topoisômeros com valores de $Lk$ diferindo em apenas 1 podem ser separados por esse método, de modo que mudanças no número de ligação induzidas por topoisomerases são facilmente detectáveis.

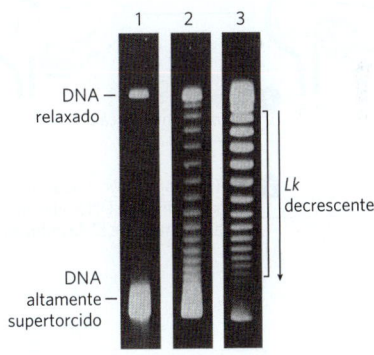

**FIGURA 24-17 Visualização de topoisômeros.** Nesse experimento, todas as moléculas de DNA apresentam o mesmo número de pares de bases, porém exibem variação no grau de supertorção. Uma vez que as moléculas de DNA supertorcidas são mais compactas do que as moléculas relaxadas, elas migram mais rapidamente durante a eletroforese em gel. Os géis aqui mostrados separam topoisômeros (movendo-se de cima para baixo) que estão além de uma faixa limitada de densidade de super-hélice. Na canaleta 1, o DNA altamente supertorcido migra como banda única, mesmo que provavelmente estejam presentes vários topoisômeros. As canaletas 2 e 3 ilustram os efeitos do tratamento de DNA supertorcido com topoisomerase tipo I; o DNA da canaleta 3 foi tratado por um período maior do que o DNA da canaleta 2. Como a densidade de super-hélice do DNA fica diminuída até o ponto que corresponda à faixa na qual o gel pode separar topoisômeros individuais, aparecem bandas diferentes. Bandas individuais na região indicada pelo colchete ao lado da canaleta 3 contêm círculos de DNA com o mesmo número de ligação; $Lk$ muda em 1 de uma banda para a outra. [Cortesia de Michael Cox Lab.]

A *E. coli* tem ao menos quatro topoisomerases diferentes (I a IV). As do tipo I (topoisomerases I e III) geralmente relaxam o DNA por meio da remoção de supertorções negativas (aumentando o $Lk$). A maneira pela qual as topoisomerases tipo I bacterianas mudam o número de ligação está ilustrada na **Figura 24-18**. Uma enzima bacteriana tipo II, denominada topoisomerase II ou DNA-girase, pode introduzir supertorções negativas (diminuir o $Lk$). Para isso, ela utiliza a energia do ATP. Para alterar o número de ligação do DNA, as topoisomerases tipo II clivam as duas fitas da molécula de DNA e passam outro duplex pela quebra. O grau geral de supertorção do DNA bacteriano é mantido pela regulação da atividade das topoisomerases I e II. As topoisomerases III e IV têm papéis mais especializados no metabolismo do DNA.

As células eucarióticas também têm topoisomerases tipos I e II. As enzimas tipo I são topoisomerases I e III. Nos vertebrados, a única enzima tipo II tem duas isoformas, denominadas II$\alpha$ e II$\beta$. A maioria das enzimas tipo II, incluindo a DNA-girase de arqueias, são relacionadas, definindo a família denominada tipo IIA. As topoisomerases tipo II de eucariotos não conseguem desenrolar o DNA (introduzir supertorções negativas), mas podem relaxar supertorções negativas e positivas (**Fig. 24-19a**). A capacidade das topoisomerases tipo II de passar um segmento de DNA duplex através de uma quebra de dupla-fita em outro duplex permite que essas enzimas revelem os **catenanos**, círculos de DNA que são ligados topologicamente (Fig. 24-19b). Algumas topoisomerases são especializadas em funções de decatenação. Por exemplo, as bactérias têm uma enzima tipo II chamada de topoisomerase IV, que está envolvida no desembaraço do cromossomo durante a divisão celular (Capítulo 25).

As arqueias também têm uma enzima incomum, a topoisomerase VI, que, sozinha, define a família tipo IIB. A total diversidade das topoisomerases de DNA está ilustrada na **Tabela 24-4**. Como será mostrado nos próximos capítulos, as topoisomerases desempenham um papel crítico em todos os aspectos do metabolismo do DNA, o que as torna alvos farmacológicos importantes para o tratamento de infecções bacterianas e câncer.

## A compactação do DNA necessita de uma forma especial de supertorção

As moléculas de DNA supertorcidas são uniformes em vários aspectos. As supertorções são voltadas para a direita em uma molécula supertorcida negativamente (Fig. 24-15) e tendem a ser estendidas e estreitas, em vez de compactadas, geralmente com muitas ramificações (**Fig. 24-20**). Nas densidades de super-hélice normalmente encontradas nas células, o comprimento dos eixos supertorcidos, incluindo

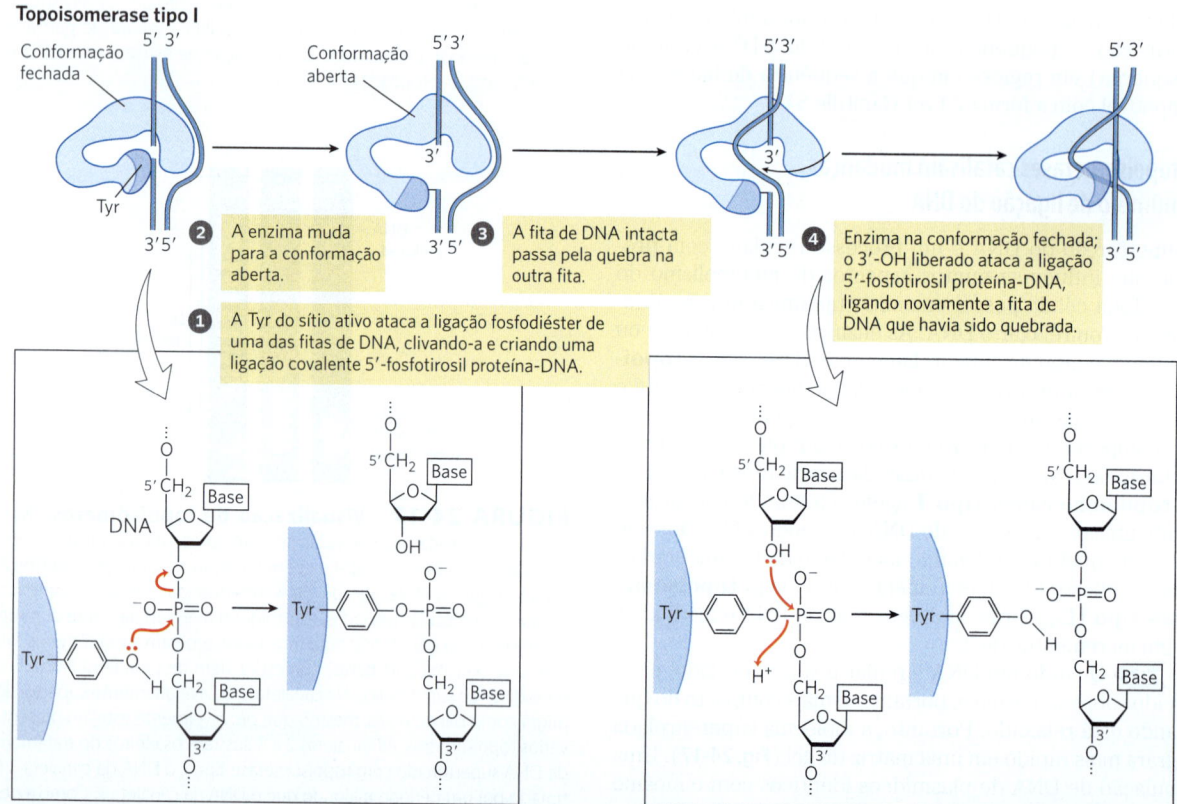

**MECANISMO – FIGURA 24-18** Reação da topoisomerase tipo I. A topoisomerase I bacteriana aumenta o *Lk* pela quebra de uma cadeia de DNA, passando a cadeia intacta através da quebra e, em seguida, voltando a selar a quebra. O ataque nucleofílico pelo resíduo de Tyr do sítio ativo quebra uma cadeia de DNA. As extremidades estão ligadas por um segundo ataque nucleofílico. Em cada etapa, uma ligação de alta energia substitui a outra. [Informações de J. J. Champoux, *Annu. Rev. Biochem.* 70:369, 2001, Fig. 3.]

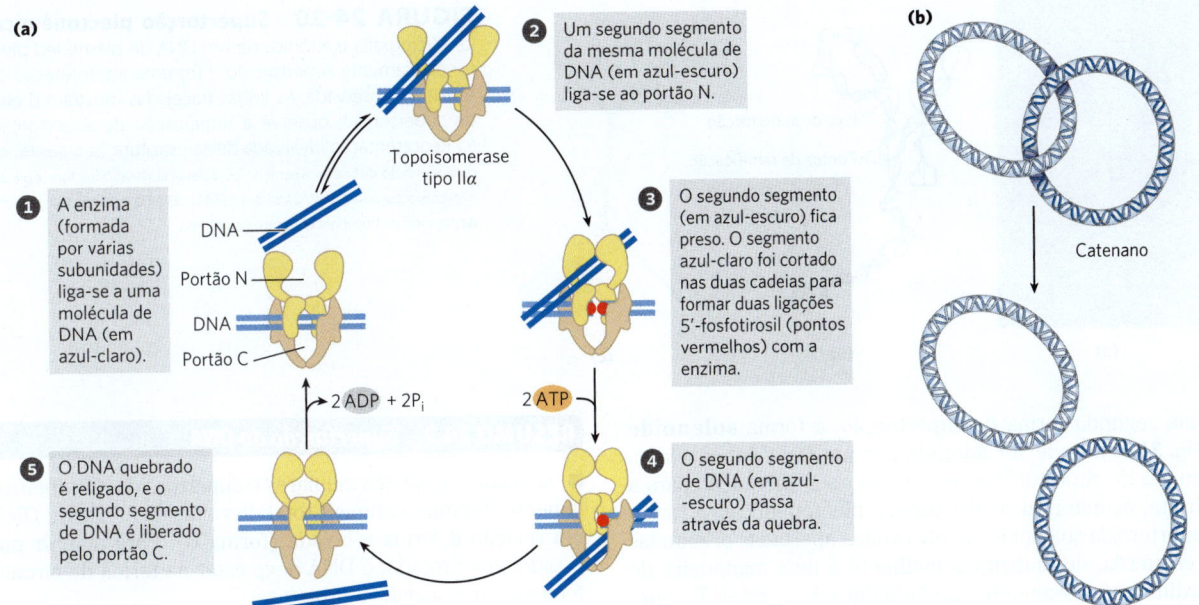

**FIGURA 24-19 Alteração do número de ligação por uma topoisomerase tipo IIα eucariótica.** (a) O mecanismo geral apresenta a passagem de um segmento de DNA duplex intacto através de uma quebra transitória da fita dupla no outro segmento. O segmento de DNA entra e sai da topoisomerase por meio de cavidades denominadas portão N e portão C, localizadas acima e abaixo do DNA ligado. Dois ATP são ligados e hidrolisados durante esse ciclo. A estrutura da enzima e o uso do ATP são específicos para essa reação. (b) Quando topologicamente ligadas, como mostrado, dois DNA circulares são designados catenano. Ao clivar ambos os filamentos de um círculo e passar um segmento do segundo círculo através da quebra, uma topoisomerase tipo II pode decatenar os círculos. [(a) Informações de J. J. Champoux, *Annu. Rev. Biochem.* 70:369, 2001, Fig. 11.]

| TABELA 24-4 | Diversidade das DNA-topoisomerase | | | |
|---|---|---|---|---|
| Tipo | Mecanismo | Família (definida pela classe estrutural) | Domínio(s) | Notas |
| IA | Passagem da fita[a] | Topoisomerase I | Bacteria, Eukarya | Relaxa (−) |
| | | Topoisomerase III | Bacteria, Eukarya | Relaxa (−) |
| | | Girase reversa | Archaea, Bacterya | Usa ATP para introduzir supertorções positivas; apenas arqueias e bactérias termofílicas |
| IB | Rotatório[b] | Topoisomerase IB | Bacteria, Eukarya | Poucas bactérias; todos os eucariotos |
| IC | Rotatório | Topoisomerase V | Archaea | Apenas *Methanopyrus* |
| IIA | Passagem da fita[c] | Topoisomerase II (DNA-girase) | Archaea, Bacterya | Introduz supertorções negativas (ATPase) |
| | | Topoisomerase IIα | Eukarya | Relaxa (+ ou −) |
| | | Topoisomerase IIβ | Eukarya | Relaxa (+ ou −) |
| | | Topoisomerase IV | Bacteria | Decatenase[d] |
| IIB | Passagem da fita | Topoisomerase VI | Archaea, Bacteria, Eukarya | Apenas entre eucariotos, plantas, algas e protistas |

[a]Ver Figura 24-18.
[b]Uma quebra é feita em uma fita, e a outra fita pode girar para aliviar a tensão topológica.
[c]Ver Figura 24-19a.
[d]Ver Figura 24-19b.

as ramificações, perfaz cerca de 40% do comprimento total do DNA. Esse tipo de supertorção é denominado **plectonêmica** (do grego *plektos*, "torcido", e *nema*, "filamento"). Esse termo pode ser aplicado a qualquer estrutura com fitas entrelaçadas de uma forma simples e regular, e essa é uma boa descrição da estrutura geral do DNA supertorcido quando em solução.

A supertorção plectonêmica, a forma observada em DNA isolados no laboratório, não proporciona compactação suficiente para acomodar o DNA dentro de uma célula.

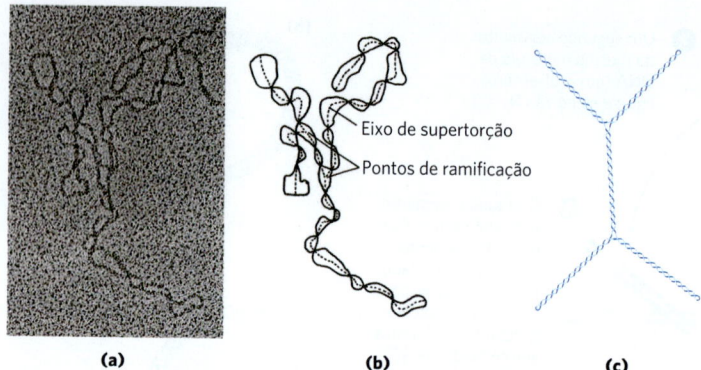

**FIGURA 24-20 Supertorção plectonêmica.** (a) Micrografia eletrônica de um DNA de plasmídeo plectonemicamente supertorcido e (b) uma interpretação da estrutura observada. As linhas tracejadas mostram o eixo da supertorção; observe a ramificação da supertorção. (c) Representação idealizada dessa estrutura. [(a, b) Republicada, com permissão, de Elsevier a partir de T. C. Boles et al. (1990) "Structure of plectonemically supercoiled DNA," *J. Mol. Biol.* 213:931–951, Fig. 2; permissão transmitida por meio do Copyright Clearance Center, Inc.]

Uma segunda forma de supertorção, a forma **solenoide** (Fig. 24-21), pode ser adotada por um DNA subenrolado. Em vez de supertorções estendidas com orientação para a direita, características das formas plectonêmicas, a forma supertorcida solenoide envolve voltas apertadas orientadas à esquerda, de maneira semelhante a uma mangueira de jardim cuidadosamente enrolada em um carretel. Embora as suas estruturas sejam completamente diferentes, as supertorções plectonêmicas e solenoides são duas formas de supertorção negativa que podem ser mantidas pelo *mesmo* segmento de DNA subenrolado. As duas formas são facilmente interconversíveis. Embora a forma plectonêmica seja mais estável em solução, a forma solenoide pode ser estabilizada por proteínas ligantes e é a forma encontrada nos cromossomos eucarióticos; ela proporciona um grau muito maior de compactação. A supertorção solenoide é o mecanismo pelo qual o subenrolamento contribui para a compactação do DNA.

### RESUMO 24.2 Supertorção do DNA

- A maioria dos DNA celulares é supertorcida. O subenrolamento diminui o número total de voltas da hélice do DNA em relação à forma relaxada (forma B). Para manter um estado subenrolado, o DNA deve estar na forma de círculo fechado ou associado a proteínas.

- O subenrolamento é medido por um parâmetro topológico, denominado número de ligação, $Lk$. O subenrolamento é medido em termos de diferença de ligação específica, $\sigma$ (ou densidade de super-hélice), que é $(Lk - Lk_0)/Lk_0$. Para DNA celulares, $\sigma$ é geralmente $-0,05$ a $-0,07$, ou seja, aproximadamente 5 a 7% das voltas da hélice no DNA foram removidas. O DNA subenrolado facilita a separação das fitas pelas enzimas do metabolismo do DNA.

- Os DNA que se diferenciam apenas pelo número de ligação são denominados topoisômeros. As topoisomerases, enzimas que determinam subenrolamento e/ou relaxam o DNA, catalisam mudanças no número de ligação. As duas classes de topoisomerases, tipo I e tipo II, alteram $Lk$ em incrementos de 1 e 2, respectivamente, por evento catalítico.

- O DNA superenrolado em solução, sem restrições de proteínas, assume uma estrutura superenrolada plectonêmica. Quando o DNA superenrolado é enrolado em proteínas de ligação de DNA especializadas, ele forma supertorções solenoides.

## 24.3 Estrutura dos cromossomos

O termo "cromossomo" é usado para se referir a uma molécula de ácido nucleico que é o repositório da informação genética de um vírus, uma bactéria, uma célula eucariótica ou uma organela. Também se refere a corpos densamente corados observados em núcleos de células eucarióticas coradas, quando visualizadas em microscópio ótico.

### A cromatina é formada por DNA, proteínas e RNA

O ciclo de uma célula eucariótica produz mudanças notáveis na estrutura dos cromossomos (Fig. 24-22). Em células eucarióticas que não estão em divisão (na fase G0) e naquelas na interfase (G1, S e G2), o material cromossômico, a **cromatina**, é amorfo. Na fase S da interfase, o DNA nesse estado amorfo se replica, e cada cromossomo produz dois cromossomos-irmãos (denominados

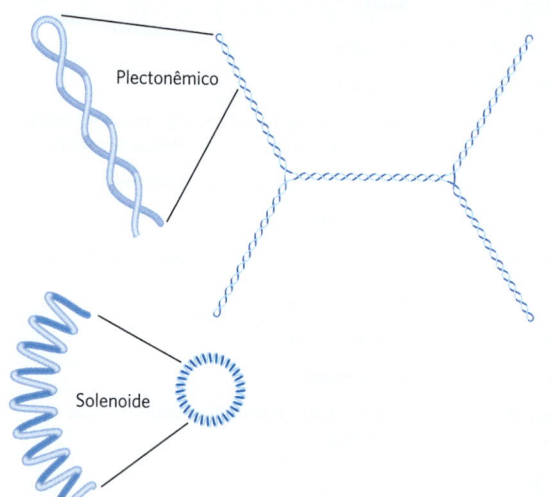

**FIGURA 24-21 Supertorções plectonêmica e solenoide da mesma molécula de DNA, desenhadas em escala.** A supertorção plectonêmica toma a forma de uma espiral estendida orientada à direita. A supertorção solenoide negativa toma a forma de voltas apertadas orientadas à esquerda ao redor de uma estrutura tubular imaginária. As duas formas são facilmente interconvertidas, embora a forma solenoide, em geral, não seja observada, a menos que certos tipos de proteínas estejam ligados ao DNA. A supertorção solenoide proporciona um grau muito maior de compactação.

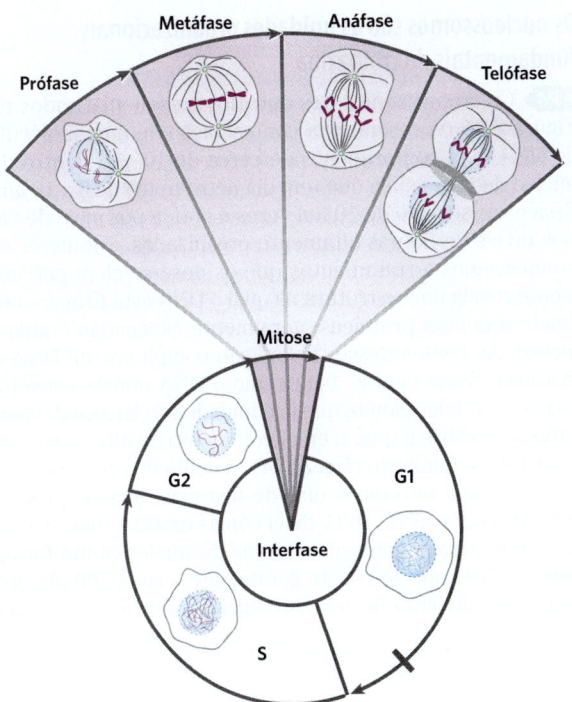

**FIGURA 24-22 Alterações na estrutura dos cromossomos durante o ciclo celular eucariótico.** As durações relativas das fases mostradas aqui são arbitrárias. A duração de cada fase varia conforme o tipo de célula e as condições de crescimento (para organismos unicelulares) ou o estado metabólico (para organismos multicelulares); geralmente, a mitose é a fase mais curta. O DNA celular é descondensado durante a interfase, como mostrado nos desenhos dos núcleos. O período de interfase pode ser dividido em fase G1 (de *gap*, intervalo), fase S (síntese), quando o DNA é replicado, e fase G2, durante a qual os cromossomos replicados (cromátides) se unem um ao outro. A mitose pode ser dividida em quatro estágios. O DNA sofre condensação na prófase. Durante a metáfase, os cromossomos condensados alinham-se em pares ao longo do plano a meio caminho entre os polos do fuso. Os dois cromossomos de cada par são ligados aos diferentes polos do fuso via microtúbulos, que se estendem entre o fuso e os centrômeros. As cromátides-irmãs separam-se na anáfase, e cada uma é puxada pelo fuso ao polo ao qual se conecta. O processo é terminado na telófase. Depois da divisão celular, os cromossomos são descondensados, e o ciclo se inicia novamente.

cromátides-irmãs) que permanecem associados entre si após o fim da replicação. Os cromossomos tornam-se muito mais condensados durante a prófase da mitose, tomando a forma de um número de cromátides-irmãs específico da espécie (Fig. 24-5).

▶P4 A cromatina é constituída por fibras que contêm proteína e DNA em proporções aproximadamente iguais (em massa), bem como uma quantidade significativa de RNA associado. O DNA na cromatina está associado muito firmemente a proteínas, denominadas **histonas**, que empacotam e organizam o DNA em unidades estruturais, denominadas **nucleossomos** (**Fig. 24-23**). Na cromatina, também são encontradas outras proteínas além das histonas; algumas ajudam a manter a estrutura dos cromossomos, ao passo que outras regulam a expressão de genes específicos (Capítulo 28). Iniciando pelos nucleossomos, o DNA cromossômico eucariótico é empacotado em sucessivas estruturas altamente organizadas, que, ao final, produzem os cromossomos altamente compactos visualizados na microscopia óptica. Agora, será apresentada a descrição dessa estrutura nos eucariotos, comparando-a com o empacotamento do DNA nas células bacterianas.

### As histonas são proteínas básicas pequenas

Encontradas na cromatina de todas as células eucarióticas, as histonas têm peso molecular entre 11.000 e 21.000 e são muito ricas nos aminoácidos básicos arginina e lisina (em conjunto, esses aminoácidos perfazem cerca de um quarto do total de resíduos de aminoácidos). Todas as células eucarióticas têm cinco classes principais de histonas, que diferem no peso molecular e na composição de aminoácidos (**Tabela 24-5**). As histonas H3 possuem sequências de aminoácidos praticamente idênticas em todos os eucariotos, do mesmo modo que as histonas H4, o que sugere uma conservação estrita nas suas funções. Por exemplo, apenas 2 dos 102 resíduos de aminoácidos são diferentes quando comparados às moléculas da histona H4 de ervilha e de bovino, e apenas 8 resíduos diferem entre as histonas H4 de seres humanos e de leveduras. As histonas H1, H2A e H2B apresentam menor similaridade de sequência entre as espécies de eucariotos.

Cada tipo de histona está sujeito a modificações enzimáticas por metilação, acetilação, ADP-ribosilação, fosforilação, glicosilação, SUMOilação ou ubiquitinação (p. 216 e Fig. 6-38) Essas modificações afetam a carga elétrica líquida, a forma e outras propriedades das histonas, bem como as propriedades estruturais e funcionais da cromatina. As modificações desempenham um papel na regulação da transcrição e na estrutura da cromatina em diferentes estágios do ciclo celular.

Além disso, os eucariotos geralmente têm várias formas variantes de certas histonas, principalmente das histonas

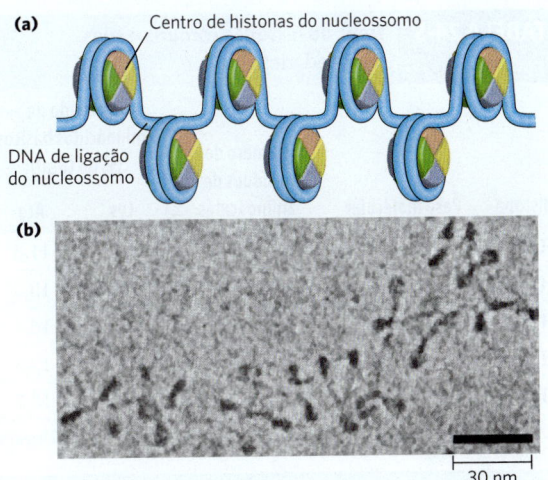

**FIGURA 24-23 Nucleossomos.** (a) Os nucleossomos espaçados regularmente consistem em proteínas histonas centrais associadas ao DNA. (b) Nesta micrografia eletrônica, as estruturas octaméricas de histonas envoltas por DNA são claramente visíveis. [(b) J. Bednar et al., Nucleosomes, linker DNA, and linker histone form a unique structural motif that directs the higher-order folding and compaction of chromatin, *Proc. Natl. Acad. Sci. USA* vol. 95 no. 24: 14173-14178, November 1998 Cell Biology Fig. 1. © 1998 National Academy of Sciences, U.S.A.]

## Os nucleossomos são as unidades organizacionais fundamentais da cromatina

▶P4 Os cromossomos dos eucariotos esquematizados na Figura 24-5 representam a compactação de uma molécula de DNA com comprimento de cerca de $10^5$ µm dentro do núcleo de uma célula que tem diâmetro típico de 5 a 10 µm. Essa compactação de 10 mil vezes é obtida por meio de vários níveis de dobras altamente organizadas. Submeter os cromossomos a tratamentos que os desenovelem parcialmente revela uma estrutura na qual o DNA está firmemente ligado a contas proteicas, geralmente espaçadas regularmente. As contas desse "colar" são complexos de DNA e histonas. Essas contas, bem como o DNA que as conecta, formam o nucleossomo, que é a unidade fundamental da organização sobre a qual o empacotamento de alta ordem da cromatina é realizado (**Fig. 24-24**). A conta de cada nucleossomo contém oito moléculas de histonas: duas cópias de H2A, duas cópias de H2B, duas cópias de H3 e duas cópias de H4. O espaçamento das contas do nucleossomo forma uma unidade que se repete geralmente a cada 200 pb, dos quais 146 pb estão firmemente ligados ao redor do centro

### TABELA 24-5 Tipos de histonas comuns e suas propriedades

| Histona | Peso molecular | Número de resíduos de aminoácidos | Conteúdo de aminoácidos básicos (% do total) | |
|---|---|---|---|---|
| | | | Lys | Arg |
| H1[a] | 21.130 | 223 | 29,5 | 11,3 |
| H2A[a] | 13.960 | 129 | 10,9 | 19,3 |
| H2B[a] | 13.774 | 125 | 16,0 | 16,4 |
| H3 | 15.273 | 135 | 19,6 | 13,3 |
| H4 | 11.236 | 102 | 10,8 | 13,7 |

[a]O tamanho dessas histonas varia um pouco de espécie para espécie. Os valores referem-se a histonas de bovino.

H2A e H3, em mais detalhes a seguir. As formas variantes, bem como suas modificações, têm papéis especializados no metabolismo do DNA.

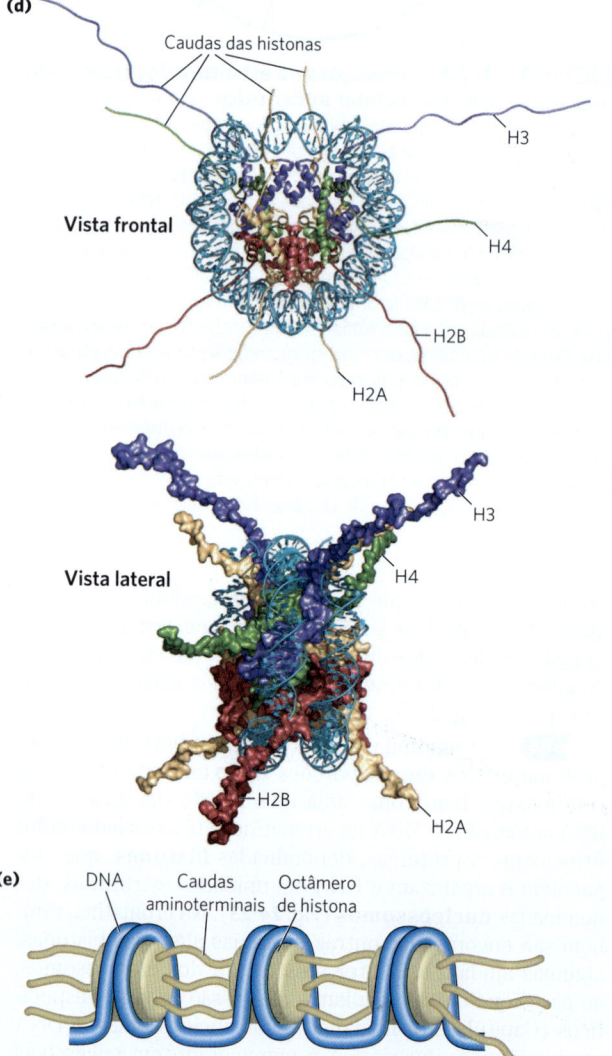

**FIGURA 24-24 Enrolamento do DNA ao redor do centro de histonas.** (a) Estrutura simplificada de um octâmero do nucleossomo (à esquerda) com DNA enrolado em torno do centro da histona (à direita). (b) Representação em fita do nucleossomo da rã africana *Xenopus laevis*. Cores diferentes representam histonas distintas, correspondendo às cores em (a). (c) Representação da superfície do nucleossomo. A vista em (c) está girada em relação à vista em (b) para se igualar à orientação mostrada em (a). Segmento de DNA de 146 pb na forma de solenoide supertorcida com orientação à esquerda enrolado 1,67 vez em torno do complexo da histona. (d) Duas visões das caudas aminoterminais da histona se projetando entre os dois duplexes de DNA supertorcidos em torno do nucleossomo. Algumas caudas passam entre as supertorções através de buracos formados pelo alinhamento das cavidades menores de hélices adjacentes. As caudas de H3 e H2B surgem entre as duas espirais de DNA enroladas em torno da histona; as caudas de H4 e H2A surgem entre subunidades de histonas vizinhas. (e) As caudas aminoterminais de um nucleossomo surgem da partícula e interagem com nucleossomos vizinhos, ajudando a definir uma ordem maior de empacotamento de DNA. [(b-d) Dados de PDB ID 1AOI, C. Anders et al., *Nature* 389:251, 1997.]

de oito histonas, e os restantes servem de DNA de ligação entre as contas do nucleossomo. A histona H1 liga-se ao DNA de ligação. O breve tratamento da cromatina com enzimas que digerem DNA leva à degradação preferencial do DNA de ligação, liberando partículas de histonas contendo 146 pb de DNA associado que foram protegidas da digestão.

Pesquisadores cristalizaram centros nucleossômicos obtidos dessa maneira, e a análise por difração de raios X mostra uma partícula formada por oito moléculas de histonas, com o DNA enrolado na forma de um solenoide supertorcido com orientação voltada para a esquerda (Fig. 24-24; ver também Fig. 24-21). Estendendo-se a partir do núcleo do nucleossomo as caudas aminoterminais das histonas, que são intrinsecamente desordenadas (Fig. 24-24d). A maioria das modificações nas histonas ocorre nessas caudas, que desempenham um papel-chave na formação de contatos entre nucleossomos na cromatina (Fig. 24-24e). Como os nucleossomos têm aproximadamente 10 a 11 nm de diâmetro, essa simples estrutura de "colar de contas" é muitas vezes chamada de fibra de 10 nm.

Uma inspeção minuciosa da estrutura do nucleossomo revela por que o DNA eucariótico é subenrolado, mesmo que as células eucarióticas não possuam enzimas que o subenrolem. É importante observar que o empacotamento do tipo solenoide do DNA nos nucleossomos é apenas uma das formas de supertorção que pode ocorrer pelo subenrolamento (supertorção negativa) do DNA. A forte associação do DNA ao redor do centro de histonas necessita que uma volta da hélice de DNA seja removida. Quando o centro proteico do nucleossomo se associa, *in vitro*, a um DNA circular relaxado, a associação introduz uma supertorção negativa. Uma vez que esse processo de associação não cliva o DNA nem muda o número de ligação, a formação de uma supertorção solenoide negativa deve ser compensada por uma supertorção positiva na região do DNA não ligado a histonas (**Fig. 24-25**). Como mencionado, as topoisomerases de eucariotos podem relaxar supertorções positivas. O relaxamento da região supertorcida não ligada a histonas deixa a supertorção negativa fixa (por meio da ligação ao centro de histonas do nucleossomo) e leva à diminuição total no número de ligação. De fato, foi provado que topoisomerases são necessárias para rearranjar a cromatina a partir de histonas purificadas e DNA circular *in vitro*.

Outro fator que afeta a ligação do DNA às histonas no centro de nucleossomos é a sequência desse DNA ligado. Os centros de histonas não ligam DNA em locais aleatórios; pelo contrário, eles tendem a se posicionar em certas localizações. Esse posicionamento não está completamente esclarecido, porém, em certos casos, parece depender de uma abundância de pares de bases A═T na hélice de DNA que fica em contato com as histonas (**Fig. 24-26**). O agrupamento de dois ou três pares de bases A═T facilita a compressão da fenda menor, que é necessária para que o DNA se envolva fortemente em torno do centro de histonas do nucleossomo. Os nucleossomos ligam-se particularmente bem a sequências em que os dinucleotídeos AA ou AT ou TT estejam arranjados alternadamente em intervalos de 10 pb, organização esta que pode corresponder a até 50% das posições ligadas a histonas *in vivo*.

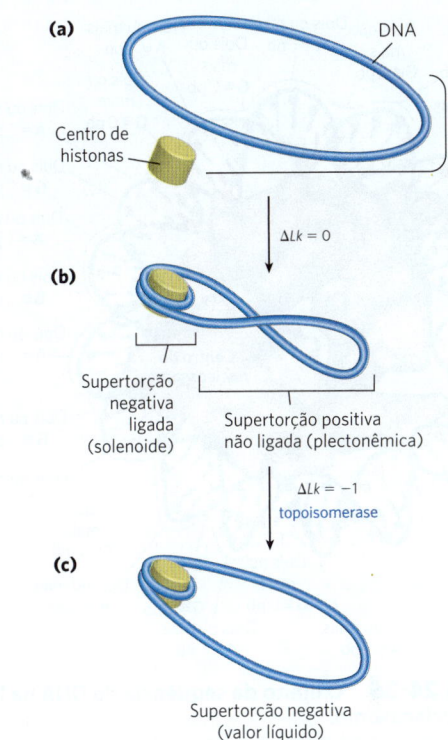

**FIGURA 24-25  Montagem da cromatina.** (a) DNA circular fechado relaxado. (b) A ligação ao centro de histonas para formar o nucleossomo induz uma supertorção negativa. Na ausência de qualquer quebra no DNA, uma supertorção positiva deve formar-se em outro lugar do DNA ($\Delta Lk = 0$). (c) O relaxamento dessa supertorção positiva pela topoisomerase deixa uma supertorção negativa líquida ($\Delta Lk = -1$).

Os núcleos de nucleossomo são colocados no DNA durante a replicação ou seguindo outros processos que necessitam de deslocamento transitório dos nucleossomos. Outras proteínas não histonas são necessárias para o posicionamento de alguns núcleos de nucleossomos. Em vários organismos, certas proteínas se ligam a sequências específicas de DNA, facilitando a formação de nucleossomos nas proximidades. Os centros de nucleossomos parecem ser depositados em etapas. Um tetrâmero de duas histonas H3 e duas H4 se liga primeiro, seguido por dois dímeros H2A-H2B. A incorporação de nucleossomos em cromossomos após a replicação cromossômica é mediada por um complexo de **chaperonas de histonas** conservadas em todos os eucariotos e descritas aqui para o sistema de levedura. Elas incluem as proteínas fator 1 de montagem da cromatina (CAF1), proteínas de regulação da transposição de Ty1 (RTT106 e RTT109) e fator 1 de antissilenciamento (ASF1). ASF1 se liga a dímeros H3-H4 recém-sintetizados e facilita a acetilação mediada por RTT109 em Lys[56] (K56) da histona H3 (H3K56). A modificação de H3K56 aumenta a afinidade de H3 para CAF1 e RTT, as quais, por sua vez, promovem a deposição de complexos de histonas contendo H3 no DNA após a replicação. O CAF1 liga-se diretamente a um componente-chave do complexo de replicação, denominado PCNA (ver Capítulo 25), de modo que a deposição do nucleossomo está intimamente coordenada com a replicação.

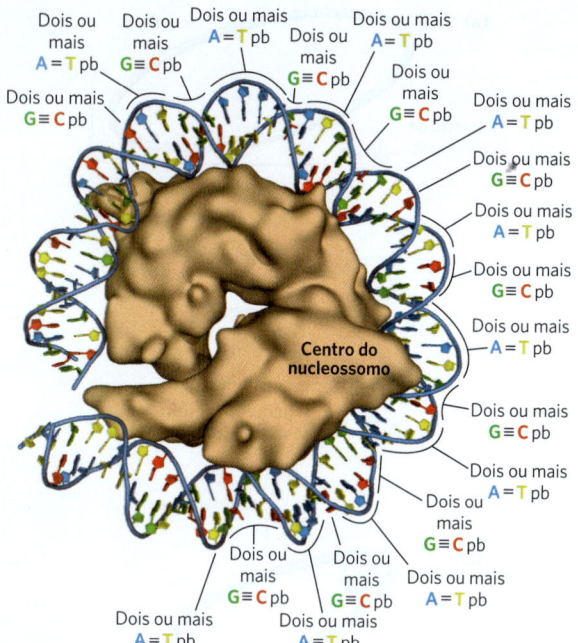

**FIGURA 24-26 O efeito da sequência do DNA na ligação do nucleossomo.** Séries de dois ou mais pares de bases A═T facilitam a flexão do DNA, ao passo que séries de dois ou mais pares de bases G≡C têm o efeito oposto. Pares de bases A═T consecutivos ajudam a flexionar o DNA em um círculo, quando espaçados por intervalos de cerca de 10 pb. Quando pares de bases G≡C consecutivos são espaçados por 10 pb e deslocados 5 pb de períodos de pares de bases A═T, a ligação de DNA no centro do nucleossomo é facilitada. [Dados de PDB ID 1AOI, K. Luger et al., *Nature* 389:251, 1997.]

Algumas das mesmas chaperonas de histonas (ou outras diferentes) podem ajudar na montagem de nucleossomos após transcrição, reparo de DNA ou outros processos.

Os **fatores de troca de histonas** permitem a substituição de variantes de histonas por histonas centrais em contextos diferentes da pós-replicação. O posicionamento apropriado dessas variantes de histonas é importante.

Estudos têm demonstrado que camundongos sem uma dessas variantes de histonas morrem nas primeiras fases de embrião (**Quadro 24-1**). O posicionamento exato dos centros dos nucleossomos também exerce um papel na expressão de certos genes eucarióticos (Capítulo 28).

## Os nucleossomos são empacotados em estruturas cromossômicas altamente condensadas

O invólucro do DNA ao redor do centro do nucleossomo compacta o comprimento do DNA em cerca de sete vezes. Entretanto, a compactação final em um cromossomo é maior do que 10 mil vezes – grande evidência da existência de ordens maiores de organização estrutural. A condensação não segue uma organização rígida, mas também não é aleatória e ocorre de forma a evitar a formação de nós.

Os níveis mais altos de enovelamento ainda não são totalmente compreendidos, mas certas regiões do DNA parecem se associar a uma estrutura cromossômica (**Fig. 24-27**) que contém muitas proteínas. Dada a necessidade de enovelar e compactar o cromossomo sem criar nós, a topoisomerase II é uma das proteínas mais abundantes no cromossomo, enfatizando ainda mais a relação entre o subenrolamento do DNA e a estrutura da cromatina. A topoisomerase II é tão importante para a manutenção da estrutura da cromatina que inibidores dessa enzima podem matar rapidamente células que estejam se dividindo. Vários fármacos usados na quimioterapia do câncer são inibidores da topoisomerase II, os quais permitem que a enzima promova a quebra da cadeia, mas não permitem a formação de novas ligações no ponto das quebras (**Quadro 24-2**, p. 906).

Existem níveis adicionais de organização no núcleo eucariótico. Logo antes da divisão celular durante a mitose, os cromossomos podem ser vistos como estruturas altamente condensadas e organizadas (**Fig. 24-28a**). Durante a interfase, os cromossomos parecem dispersos (Fig. 24-28b, parte superior), mas eles não vagam aleatoriamente pelo espaço nuclear (Fig. 24-28b, parte inferior). Cada cromossomo parece estar organizado com dois conjuntos de compartimentos, um conjunto que é transcricionalmente ativo e outro que é transcricionalmente

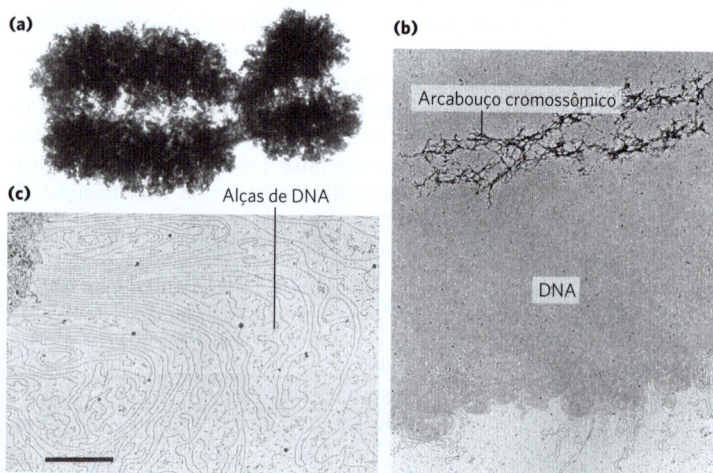

**FIGURA 24-27 Alças de DNA ligadas ao arcabouço cromossômico.** (a) Cromossomo mitótico inchado, produzido em tampão com baixa força iônica, visualizado à microscopia eletrônica. Observe o aparecimento de alças de cromatina nas margens. (b) A extração das histonas deixa um arcabouço cromossômico proteico cercado por DNA aberto. (c) O DNA aparece organizado em alças ligadas em sua base ao arcabouço no canto superior esquerdo; barra da escala = 1 μm. As três imagens estão em ampliações diferentes.
[(a, b) Don W. Fawcett/Science Source. (c) U. K. Laemmli et al., "Metaphase chromosome structure: The role of nonhistone proteins," *Cold Spring Harb. Symp. Quant. Biol.* 42:351, 1978. © Cold Spring Harbor Laboratory Press.]

## 24.3 ESTRUTURA DOS CROMOSSOMOS

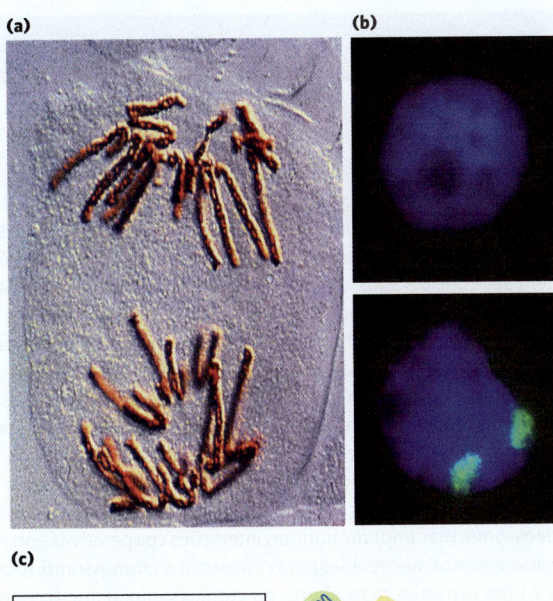

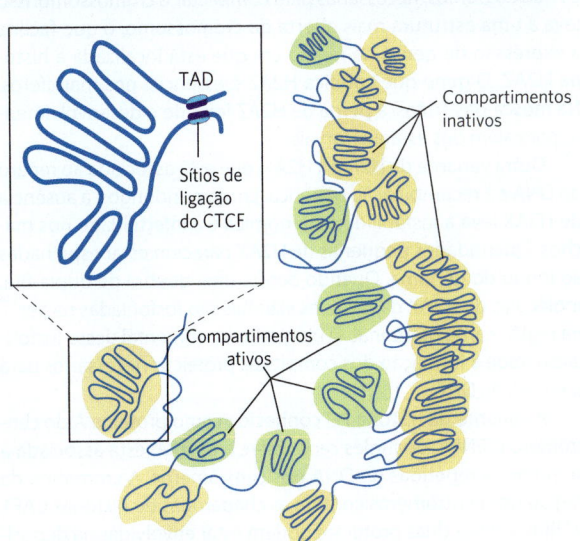

**FIGURA 24-28 Organização cromossômica no núcleo eucariótico.** (a) Cromossomos condensados na anáfase mitótica em células da campainha (*Endymion* sp.). (b) Núcleos da interfase de células epiteliais da mama humana. O núcleo no fundo foi tratado de forma que suas duas cópias do cromossomo 11 fiquem verdes. (c) Os cromossomos são organizados em compartimentos ativos, nos quais genes ativamente transcritos estão agrupados, e compartimentos inativos feitos de heterocromatina, dentro dos quais os genes são silenciados. Em ambos os casos, os compartimentos apresentam grandes alças de DNA, chamadas de domínios topologicamente associados (TAD), muitos restritos em suas bases por proteínas de ligação ao DNA, como CTCF. Alguns lncRNA (Fig. 24-29) também desempenham um papel na definição de alças dentro da cromatina. Restringir uma alça em sua base não apenas fornece um limite para a alça, mas também permite que a supertorção dentro dela seja controlada. [(a) Pr. G. Giménez-Martín/Science Source. (b) Karen Meaburn e Tom Misteli/National Cancer Institute.]

inativo. O nível de condensação da cromatina é reduzido nos compartimentos transcricionalmente ativos. O DNA altamente condensado em regiões transcricionalmente inativas ou em regiões sem genes também é chamado de **heterocromatina**. Dentro de cada compartimento, grandes segmentos de DNA são organizados em alças chamados **domínios topologicamente associados** (**TAD**, do inglês *topologically associating domains*). Os TAD, que normalmente apresentam em torno de 800 mil pb, são frequentemente delimitados por sítios de DNA reconhecidos pelo fator de ligação CCCTC (CTCF). A ligação pelo CTCF reúne sítios que, de outra forma, estão bem distantes na sequência linear de DNA, amarrando a base da alça (Fig. 24-28c).

▶P4 Outro componente importante que define a estrutura dos cromossomos é o RNA, particularmente uma classe de RNA chamados **RNA não codificadores longos** (**lncRNA**, do inglês *long noncoding RNAs*). O RNA tem o potencial de assumir uma variedade de estruturas (ver Capítulo 8) e pode interagir com DNA, proteínas ou outras moléculas de RNA. Os lncRNA, como o nome indica, são RNA funcionais, geralmente com mais de 200 nucleotídeos de comprimento, que não codificam necessariamente proteínas. Muitos lncRNA são agora conhecidos, e muitos outros estão sendo descobertos rapidamente. Muitos deles fornecem um arcabouço para proteínas que se ligam ao RNA e afetam a estrutura e a função dos cromossomos. Algumas proteínas que se ligam a lncRNA também têm sítios de ligação no DNA, e os RNA fornecem um elo que une partes distantes do cromossomo (**Fig.**

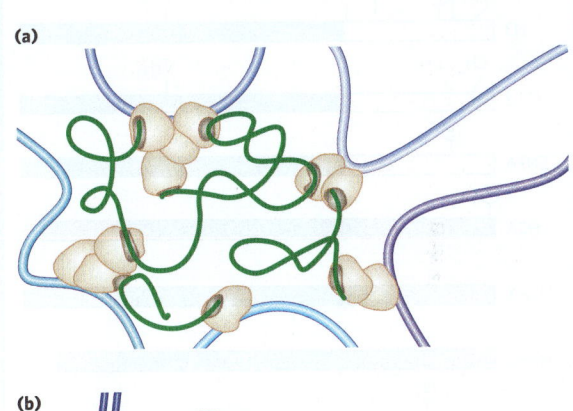

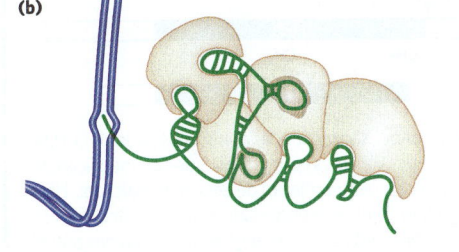

**FIGURA 24-29 Efeitos dos lncRNA na arquitetura cromossômica e na expressão gênica.** (a) Vários lncRNA podem interagir com proteínas de ligação ao DNA e, em alguns casos, com DNA para amarrar segmentos distantes de DNA. (b) Um lncRNA transcrito pode interagir com várias proteínas que têm funções regulatórias de genes, suprimindo ou ativando a transcrição de genes próximos. [Informações de M. M. M. Kuypers et al., *Nat. Rev. Microbiol. Cell Biol.* 17:756, 2016, Fig. 5.]

## QUADRO 24-1 MÉTODOS

### Epigenética, estrutura dos nucleossomos e variantes de histonas

A informação que é transferida de uma geração a outra – para as células-filhas na divisão celular ou dos pais para sua prole –, mas não está codificada em sequências de DNA, é denominada informação **epigenética**. A maior parte dessa informação está na forma de modificações covalentes das histonas e/ou no posicionamento de variantes de histonas nos cromossomos. A compreensão desse posicionamento no contexto de um cromossomo que abrange milhões de pares de bases é o foco de algumas tecnologias poderosas.

As regiões da cromatina em que está ocorrendo expressão ativa de genes (transcrição) tendem a ser parcialmente descondensadas e são denominadas **eucromatina**. Nessas regiões, as histonas H3 e H2A são muitas vezes substituídas pelas variantes de histonas H3.3 e H2AZ, respectivamente (Fig. 1). Os complexos que depositam centros de nucleossomos contendo variantes de histonas no DNA são semelhantes àqueles que depositam centros de nucleossomos com as histonas mais comuns. Os nucleossomos contendo histona H3.3 são depositados por um complexo no qual o fator 1 de montagem da cromatina (CAF1, do inglês *chromatin assembly factor 1*) é substituído pela proteína HIRA (um nome derivado da classe de proteínas denominada HIR – repressor de histona). Tanto CAF1 quanto HIRA podem ser considerados chaperonas de histonas, em virtude de ajudarem a assegurar a montagem e o posicionamento apropriados dos nucleossomos. A histona H3.3 se diferencia da H3 quanto à sequência em apenas quatro resíduos de aminoácidos, mas esses resíduos desempenham um papel-chave na deposição das histonas.

Assim como a histona H3.3, a H2AZ está associada a um complexo diferente de deposição do nucleossomo, estando geralmente associada a regiões da cromatina envolvidas em transcrição ativa. A incorporação de H2AZ estabiliza o octâmero do nucleossomo, mas impede algumas interações cooperativas entre os nucleossomos, necessárias para compactar o cromossomo. Isso leva a uma estrutura mais aberta do cromossomo, o que facilita a expressão de genes na região em que está localizada a histona H2AZ. O gene que codifica H2AZ é essencial nos mamíferos. Na mosca-das-frutas, a perda de H2AZ impede o desenvolvimento para além dos estágios larvais.

Outra variante da H2A é a H2AX, que está associada ao reparo do DNA e à recombinação genética. Em camundongos, a ausência de H2AX leva à instabilidade genômica e à infertilidade nos machos. Quantidades pequenas de H2AX parecem estar espalhadas ao longo do genoma. Quando ocorre uma quebra de dupla-fita, moléculas de H2AX das regiões vizinhas são fosforiladas na Ser$^{139}$ na região carboxiterminal. O bloqueio experimental dessa fosforilação inibe a formação dos complexos proteicos necessários para o reparo do DNA.

A variante da histona H3 conhecida como proteína A do centrômero (CENPA, do inglês *centromere protein A*) está associada a sequências repetidas de DNA nos centrômeros. A cromatina da região dos centrômeros contém as chaperonas de histonas CAF1 e HIRA, e essas duas proteínas podem estar envolvidas na deposição dos nucleossomos contendo CENPA. A eliminação do gene da CENPA é letal em camundongos.

A função e a localização de variantes de histonas podem ser estudadas pela aplicação de tecnologias usadas em genômica. Uma técnica útil é a **imunoprecipitação de cromatina** ou **IP de cromatina** (**ChIP**). Os nucleossomos contendo determinada variante de histona são precipitados por anticorpos que ligam especificamente essa variante. Esses nucleossomos podem ser estudados isolados do seu DNA, mas geralmente o DNA associado está incluído no estudo para determinar onde os nucleossomos de interesse se ligam. O DNA pode ser sequenciado, produzindo um mapa de sequências genômicas às quais esses centros de nucleossomos específicos se ligam. Essa técnica é chamada de experimento **ChIP-Seq** (Fig. 2).

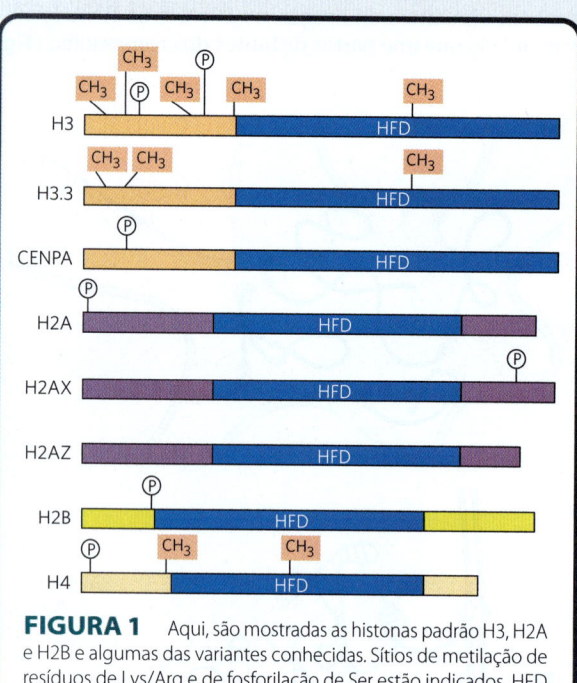

**FIGURA 1** Aqui, são mostradas as histonas padrão H3, H2A e H2B e algumas das variantes conhecidas. Sítios de metilação de resíduos de Lys/Arg e de fosforilação de Ser estão indicados. HFD indica um domínio de histona enovelado, domínio estrutural comum a todas as histonas padrão. As regiões indicadas em outras cores definem homologias de sequência e estrutural. [Informações de K. Sarma e D. Reinberg, *Nat. Rev. Mol. Cell Biol.* 6:139, 2005.]

24-29). Outras proteínas que se ligam a lncRNA ajudam a posicionar os nucleossomos, modificam as histonas, metilam o DNA em vários locais para alterar a transcrição do gene e, de forma geral, afetam a estrutura dos cromossomos de muitas maneiras diferentes. Alguns exemplos bem estudados incluem lncRNA específicos que desempenham um papel importante na inativação do cromossomo X em mamíferos (**Quadro 24-3**).

A estrutura inteira de cada cromossomo está restrita a um domínio subnuclear denominado **território**

As variantes de histonas, bem como as muitas modificações que as histonas podem sofrer, ajudam a definir e isolar as funções da cromatina. Elas marcam a cromatina, facilitando ou suprimindo funções específicas, como segregação de cromossomos, transcrição e reparo de DNA. As modificações nas histonas não desaparecem na divisão celular ou durante a meiose e, assim, são parte da informação transmitida de uma geração para outra em todos os eucariotos.

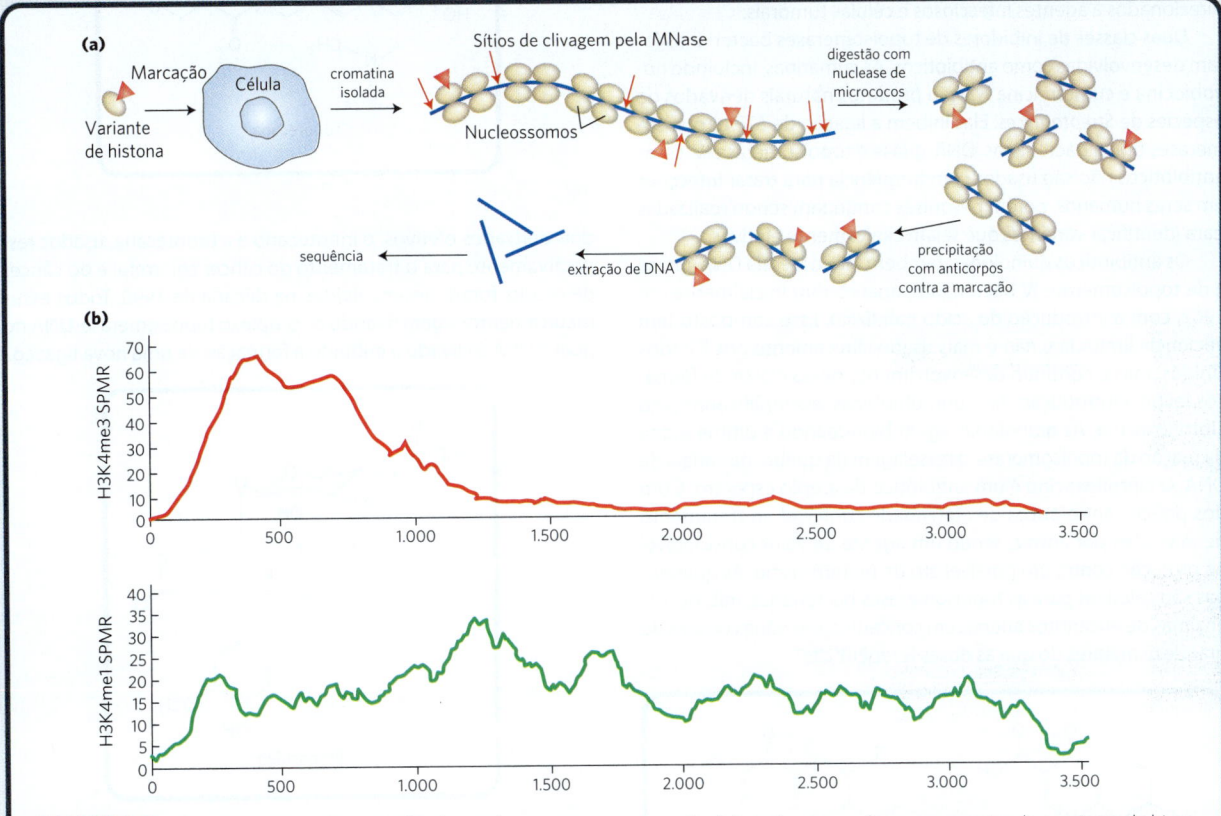

**FIGURA 2** Um experimento ChIP-Seq foi planejado para mostrar as sequências de DNA genômico às quais se liga uma determinada variante de histona. (a) Uma variante de histona contendo uma marcação de epítopo (proteína ou estrutura química reconhecida por um anticorpo; ver Capítulos 5 e 9) é introduzida em um tipo de célula, onde será incorporada nos nucleossomos. (Em alguns casos, a marca do epítopo é desnecessária, uma vez que os anticorpos que se ligam diretamente na modificação da histona de interesse estão disponíveis.) A cromatina é isolada das células e digerida brevemente com nuclease de micrococos (MNase). O DNA ligado aos nucleossomos é protegido da digestão, mas o DNA da região de ligação entre os nucleossomos é clivado, liberando segmentos de DNA ligados a um ou dois nucleossomos. Um anticorpo que se liga à marcação de epítopo é adicionado, e os nucleossomos contendo a variante de histona marcada com epítopo são precipitados de forma seletiva. O DNA nesses nucleossomos é extraído do precipitado e sequenciado extensamente para revelar os locais onde os nucleossomos estão ligados. (b) Nesse exemplo, a ligação de diferentes versões modificadas da histona H3 é caracterizada ao longo do gene *YLR249W* da levedura *S. cerevisiae*. Os números na parte inferior correspondem às posições numeradas dos nucleotídeos nesse segmento cromossômico. Os painéis superior e inferior mostram as distribuições de H3K4me3 (H3 com Lys$^4$ metilada três vezes) e H3K4me1, respectivamente. SPMR são marcações de sequência por milhão de leituras. [Informações de L. M. Soares et al., *Mol. Cell* 68:773, 2017, Fig. 1D.]

**cromossômico** (**Fig. 24-30**). Há pouca ou nenhuma mistura de DNA cromossômico em diferentes territórios. A localização exata dos territórios cromossômicos varia de célula a célula em um organismo, mas alguns padrões espaciais são evidentes. Alguns cromossomos têm densidade de genes mais alta do que outros (p. ex., os cromossomos humanos 1, 16, 17, 19 e 22), os quais tendem a ter territórios no centro do núcleo. Os cromossomos com mais heterocromatina tendem a estar localizados na periferia nuclear. Espaços entre cromossomos são frequentemente locais em

## QUADRO 24-2 MEDICINA

### Cura de doenças pela inibição de topoisomerases

O estado topológico do DNA presente nas células está intimamente relacionado com a sua função. Sem topoisomerases, as células não podem se replicar, empacotar o seu DNA ou expressar seus genes – e, então, elas morrem. Portanto, os inibidores das topoisomerases tornaram-se importantes agentes farmacêuticos, direcionados a agentes infecciosos e células tumorais.

Duas classes de inibidores de topoisomerases bacterianas foram desenvolvidas como antibióticos. As cumarinas, incluindo novobiocina e cumermicina A1, são produtos naturais derivados de espécies de *Streptomyces*. Elas inibem a ligação de ATP a topoisomerases tipo II bacterianas, DNA-girase e topoisomerase IV. Esses antibióticos não são usados com frequência para tratar infecções em seres humanos, porém pesquisas continuam sendo realizadas para identificar variantes que sejam clinicamente efetivas.

Os antibióticos quinolonas, também inibidores da DNA-girase e da topoisomerase IV bacterianas, apareceram inicialmente em 1962, com a introdução do ácido nalidíxico. Esse composto tem eficiência limitada e não é mais usado clinicamente nos Estados Unidos, mas o contínuo desenvolvimento dessa classe de fármacos levou à introdução das fluorquinolonas, exemplificadas pelo ciprofloxacino. As quinolonas agem bloqueando a última etapa da reação da topoisomerase, a resselagem da quebra na cadeia de DNA. O ciprofloxacino é um antibiótico de amplo espectro. É um dos poucos antibióticos de efetividade confiável no tratamento de infecções por antraz, sendo um agente de valor considerável na proteção contra um possível ato de bioterrorismo. As quinolonas são seletivas para as topoisomerases bacterianas, inibindo as enzimas de eucariotos apenas em concentrações várias ordens de grandeza maiores do que as doses terapêuticas.

Ácido nalidíxico     Ciprofloxacino

Alguns dos mais importantes agentes quimioterápicos usados no tratamento do câncer são inibidores de topoisomerases humanas. Em geral, nas células tumorais, as topoisomerases estão presentes em níveis elevados, e agentes dirigidos contra essas enzimas são muito mais tóxicos aos tumores do que à maioria dos outros tipos de tecidos. Inibidores das topoisomerases tipos I e II foram desenvolvidos como medicamentos anticâncer.

A camptotecina, isolada de uma árvore ornamental chinesa e testada clinicamente pela primeira vez na década de 1970, é um inibidor das topoisomerases tipo I de eucariotos. Os ensaios clínicos indicaram eficácia limitada, apesar dos resultados promissores dos ensaios pré-clínicos em camundongos. Entretanto,

Topotecana

dois derivados efetivos, o irinotecano e a topotecana, usados respectivamente para o tratamento do câncer colorretal e do câncer de ovário, foram desenvolvidos na década de 1990. Todos esses medicamentos agem fixando o complexo topoisomerase-DNA no qual o DNA é clivado e inibindo a formação de uma nova ligação.

Etoposídeo

As topoisomerases tipo II humanas são alvos de um grande número de medicamentos anticâncer, que incluem a doxorrubicina (Adriamicina), o etoposídeo e a elipticina. A doxorrubicina, eficaz contra vários tipos de tumores humanos, é uma antraciclina de uso clínico. A maior parte desses medicamentos estabiliza o complexo covalente topoisomerase-DNA (clivado).

Em geral, todos esses agentes anticâncer aumentam os níveis de dano ao DNA nas células-alvo tumorais, que crescem rapidamente. Entretanto, tecidos não cancerígenos também podem ser afetados, levando a uma toxicidade generalizada e a efeitos colaterais indesejáveis, que devem ser manejados durante a terapia. À medida que as terapias contra o câncer se tornam mais eficazes e as estatísticas de sobrevida dos pacientes de câncer melhoram, o aparecimento independente de novos tumores se tornará um grande problema. Na busca contínua por novas terapias contra o câncer, as topoisomerases provavelmente permanecerão como alvo proeminente para pesquisas.

## QUADRO 24-3

### Inativação do cromossomo X por um lncRNA: prevenindo o excesso de uma coisa boa (ou ruim)

Em eucariotos superiores, o cromossomo Y contém apenas alguns genes. O cromossomo X, em contrapartida, geralmente contém mais de mil genes, muitos deles essenciais para o funcionamento celular e o desenvolvimento do organismo. Os machos têm apenas um cromossomo X, enquanto as fêmeas têm dois. As fêmeas, portanto, poderiam acabar com uma dose dupla de produtos genéticos, levando a uma variedade de resultados potencialmente tóxicos. Os mecanismos de compensação da dosagem gênica variam entre os diferentes grupos de eucariotos. Na maioria dos mamíferos, a compensação da dosagem é realizada pela inativação do cromossomo X, afetando aleatoriamente apenas um dos dois cromossomos X em uma determinada célula. Os efeitos disso podem ser vistos em gatas calicós (tricolores), todas fêmeas. Os genes de pigmentação do pelo são encontrados no cromossomo X. Quando um gato herda cromossomos com diferentes alelos de pigmentação em seus dois cromossomos X, seus padrões de coloração refletem a inativação aleatória de um ou outro cromossomo X em diferentes conjuntos de células.

Uma gata calicó. [krblokhin/Getty Images]

Um lncRNA chamado Xist (transcrito específico do X inativo) é expresso exclusivamente a partir de seu gene no cromossomo X inativo. Xist tem aproximadamente 17 mil nucleotídeos, não codifica proteínas e é expresso apenas em células com dois cromossomos X (não em machos). Xist é um componente essencial do processo de inativação do X. Esse lncRNA interage com muitas proteínas e fatores de transcrição (Fig. 1). À medida que migra na região imediatamente proximal ao gene do qual é transcrito, Xist gradualmente engloba mais e mais DNA conforme o cromossomo X sofre uma grande condensação, dando origem à forma inativa chamada **corpúsculo de Barr**.

O cromossomo X ativo também transcreve o gene que produz Xist, mas o faz na direção oposta para produzir um lncRNA mais longo chamado Tsix (Xist escrito ao contrário). Tsix é sintetizado usando um sítio de ligação de RNA-polimerase diferente (promotor; Capítulo 26) e tem 40 mil nucleotídeos. Uma grande parte de Tsix é perfeitamente complementar a Xist e antagoniza a função de qualquer Xist que possa aparecer próximo ao cromossomo X ativo.

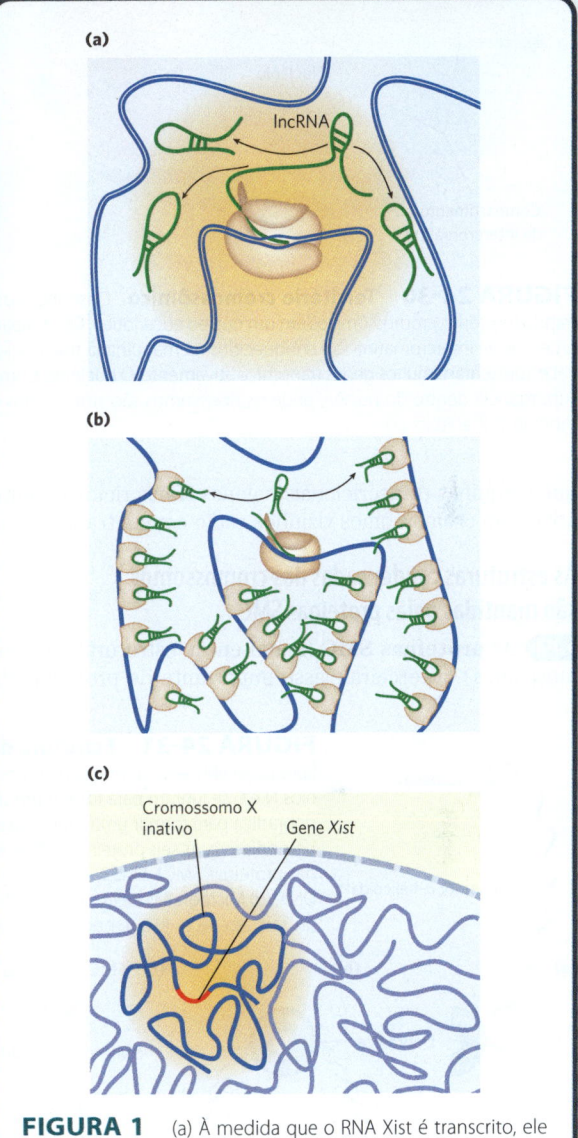

**FIGURA 1** (a) À medida que o RNA Xist é transcrito, ele migra para regiões próximas dentro de um cromossomo X, (b) ligando-se a proteínas, incluindo SAFA (fator A de fixação do arcabouço). A ligação Xist se espalha pelo cromossomo, levando à condensação e a outras mudanças arquitetônicas para formar um corpúsculo de Barr. Além do próprio gene *Xist*, a expressão do gene é suprimida em todo o cromossomo. (c) Os efeitos são bem localizados; Xist não se espalha dentro do núcleo além do território cromossômico ocupado pelo cromossomo X inativado.
[Informações de J. M. Engreitz et al., *Nat. Rev. Mol. Cell Biol.* 17:756, 2016, Fig. 5.]

A inativação aleatória do X ocorre nas células de um embrião feminino muito antes do nascimento. Os processos que iniciam a inativação de um, mas não de ambos, os cromossomos X em uma célula específica ainda estão sendo elucidados.

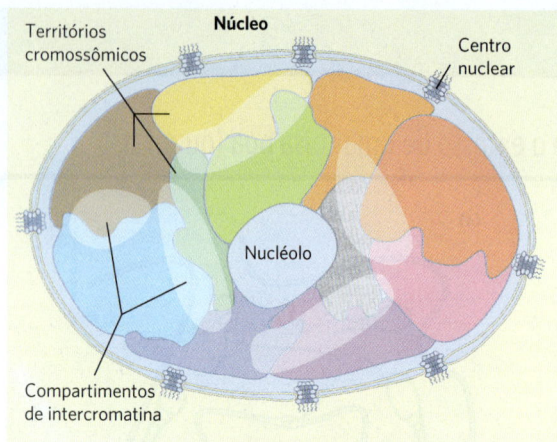

**FIGURA 24-30 Território cromossômico.** Desenho mostrando territórios cromossômicos em um núcleo eucariótico. Os compartimentos de intercromatina são enriquecidos na maquinaria transcricional e apresentam muitos genes transcritos ativamente. O nucléolo é uma suborganela dentro do núcleo, onde os ribossomos são sintetizados e montados (Capítulo 27).

que máquinas transcricionais e genes transcricionalmente ativos em cromossomos vizinhos estão concentrados.

## As estruturas condensadas dos cromossomos são mantidas pelas proteínas SMC

**P4** As **proteínas SMC** (manutenção estrutural dos cromossomos), a terceira classe importante de proteínas da cromatina, além das histonas e topoisomerases, são responsáveis pela manutenção da estrutura e da integridade dos cromossomos após a replicação. A estrutura primária das proteínas SMC é formada por cinco domínios distintos (**Fig. 24-31a**). Os domínios globulares amino e carboxiterminal, N e C, que têm, cada um, parte de um sítio de hidrólise de ATP, estão conectados por duas regiões de α-hélice como motivo espiral espiralada (ver Fig. 4-10) unidas por um domínio de dobradiça. Essas proteínas geralmente são diméricas, formando um complexo em forma de V, que se sabe estar ligado por meio dos domínios de dobradiça. Um domínio N e um domínio C se juntam para formar um sítio de hidrólise do ATP completo em cada uma das extremidades livres do V (Fig. 24-31b).

As proteínas da família SMC são encontradas em todos os tipos de organismo, das bactérias aos seres humanos. Os eucariotos têm dois tipos principais, as coesinas e as condensinas, e ambas estão ligadas a proteínas regulatórias e acessórias (Figura 24-31c, d). As **coesinas** desempenham um papel substancial na manutenção da união das cromátides-irmãs imediatamente após a replicação e quando os cromossomos se condensam para a metáfase. Essa ligação é essencial para que os cromossomos sejam adequadamente segregados na divisão celular. Acredita-se que as coesinas, bem como uma terceira proteína, a cleisina, formem um anel ao redor dos cromossomos replicados, que os une até que a separação seja necessária. O anel pode se expandir e contrair em resposta à hidrólise de ATP. As **condensinas** são essenciais para a condensação dos cromossomos quando as células entram em mitose. No laboratório, as condensinas ligam-se ao DNA de modo a criar supertorções

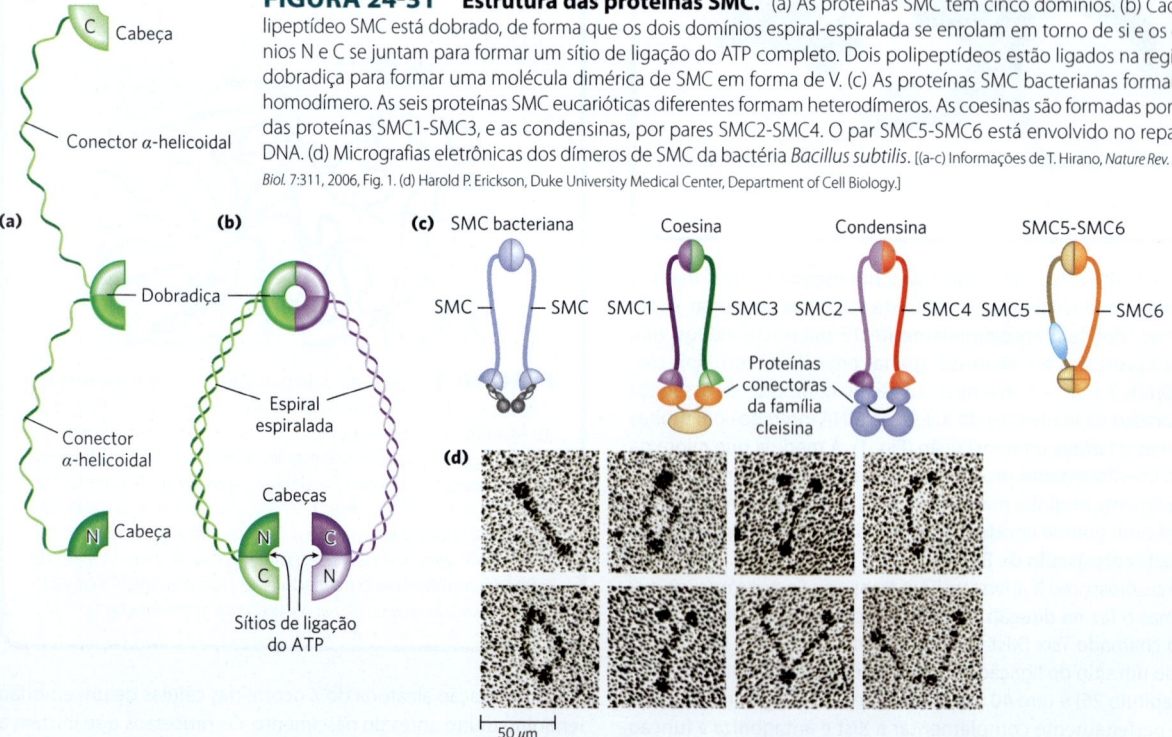

**FIGURA 24-31 Estrutura das proteínas SMC.** (a) As proteínas SMC têm cinco domínios. (b) Cada polipeptídeo SMC está dobrado, de forma que os dois domínios espiral-espiralada se enrolam em torno de si e os domínios N e C se juntam para formar um sítio de ligação do ATP completo. Dois polipeptídeos estão ligados na região de dobradiça para formar uma molécula dimérica de SMC em forma de V. (c) As proteínas SMC bacterianas formam um homodímero. As seis proteínas SMC eucarióticas diferentes formam heterodímeros. As coesinas são formadas por pares das proteínas SMC1-SMC3, e as condensinas, por pares SMC2-SMC4. O par SMC5-SMC6 está envolvido no reparo do DNA. (d) Micrografias eletrônicas dos dímeros de SMC da bactéria *Bacillus subtilis*. [(a-c) Informações de T. Hirano, *Nature Rev. Mol. Cell Biol.* 7:311, 2006, Fig. 1. (d) Harold P. Erickson, Duke University Medical Center, Department of Cell Biology.]

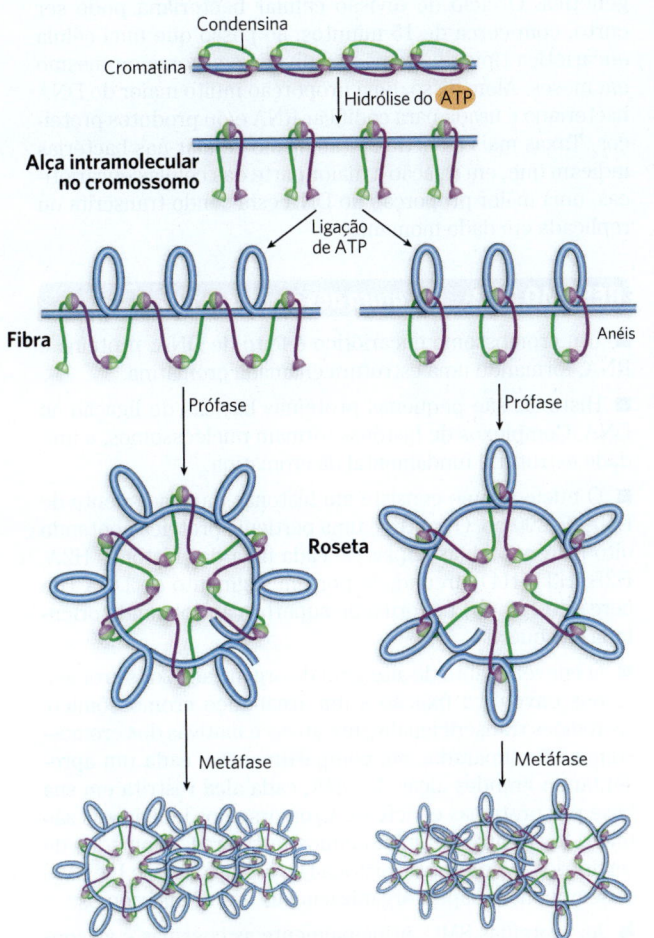

**FIGURA 24-32 Dois modelos atuais do possível papel das condensinas na condensação da cromatina.** Inicialmente, o DNA é ligado à região de dobradiça da proteína SMC, no interior do que pode se tornar um anel SMC intramolecular. A ligação de ATP leva a uma associação cabeça-cabeça, formando alças superespiraladas no DNA ligado. Rearranjos subsequentes das interações cabeça-cabeça para formar rosetas condensam o DNA. As condensinas podem organizar essas alças dos segmentos dos cromossomos de várias maneiras. [Informações de T. Hirano, *Nat. Rev. Mol. Cell Biol.* 7:311, 2006, Fig. 6.]

positivas; isto é, a ligação de condensinas torna o DNA superenrolado, em contrapartida àquele com o subenrolamento induzido pela ligação dos nucleossomos. Um modelo para o papel das condensinas na compactação da cromatina está mostrado na **Figura 24-32**. Em resumo, à medida que o DNA é compactado para formar laços cada vez mais apertados, as condensinas estabilizam os laços ligando-se à base de cada um deles. As coesinas e as condensinas são essenciais na orquestração das muitas mudanças que ocorrem na estrutura dos cromossomos durante o ciclo celular das células eucarióticas (**Fig. 24-33**).

## O DNA das bactérias também é altamente organizado

Será considerada agora, brevemente, a estrutura dos cromossomos bacterianos. O DNA bacteriano é compactado em uma estrutura denominada **nucleoide**, o qual pode ocupar uma parte significativa do volume celular (**Fig. 24-34**). O DNA parece estar ancorado em um ou mais pontos da face interna da membrana plasmática. Conhece-se muito menos sobre a estrutura do nucleoide do que sobre a cromatina dos eucariotos, mas essa estrutura complexa está sendo revelada aos poucos. Em *E. coli*, uma estrutura semelhante a um arcabouço parece organizar o cromossomo *circular* em uma série de cerca de

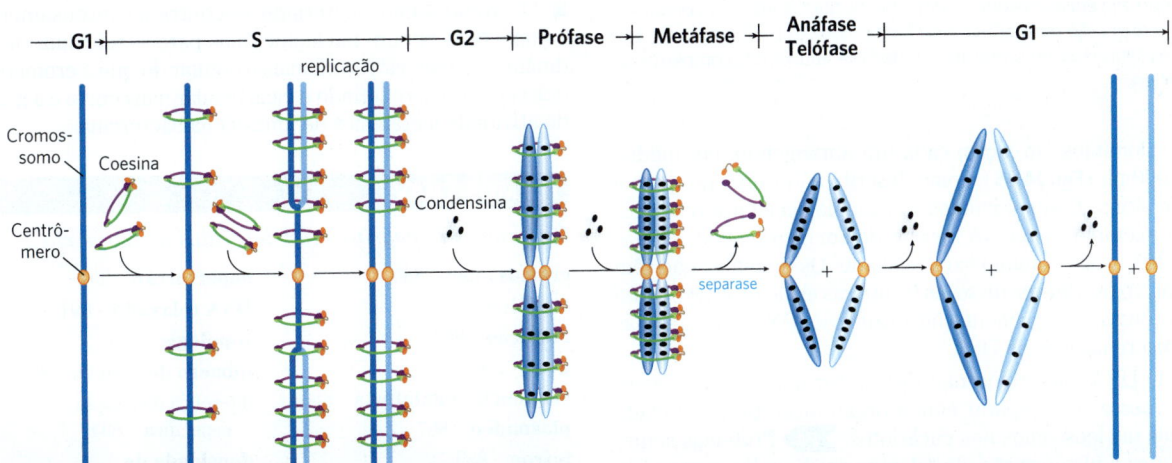

**FIGURA 24-33 Papéis das coesinas e das condensinas no ciclo celular eucariótico.** As coesinas são depositadas sobre os cromossomos durante a fase G1 (ver Fig. 24-22), unindo as cromátides-irmãs durante a replicação. Com o início da mitose, as condensinas ligam-se e mantêm as cromátides em um estado condensado. Durante a anáfase, a enzima separase remove as ligações de coesina. Uma vez que as cromátides se separam, a separação das condensinas inicia-se, e os cromossomos retornam ao estado não condensado. [Informações de D. P. Bazett-Jones et al., *Mol. Cell* 9:1183, 2002, Fig. 5.]

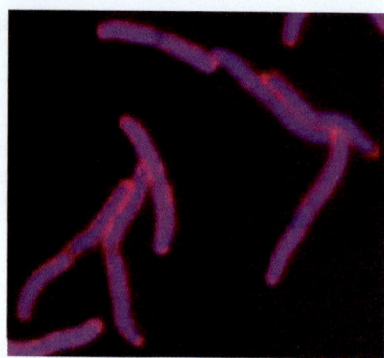

**FIGURA 24-34 Nucleoides de *E. coli*.** O DNA dessas células está corado com um corante que apresenta fluorescência azul quando exposto à luz UV. As áreas azuis definem os nucleoides. Observe que algumas células replicaram seu DNA, mas ainda não sofreram divisão celular e, portanto, possuem múltiplos nucleoides. [Lars Renner.]

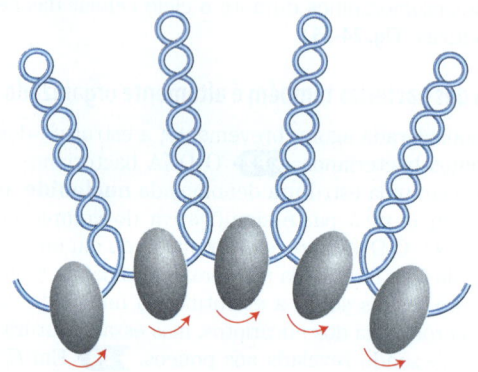

**FIGURA 24-35 Domínios em alça do cromossomo de *E. coli*.** Cada domínio tem cerca de 10.000 pb de comprimento. Os domínios não são estáticos, mas se movem ao longo do DNA à medida que a replicação prossegue. Barreiras nas fronteiras dos domínios, de composição desconhecida, impedem o relaxamento do DNA além dos limites do domínio em que ocorre uma quebra de fita. Os supostos complexos de fronteira são mostrados como formas ovoides sombreadas em cinza. As setas indicam o movimento do DNA através dos complexos de fronteira.

500 domínios em alças, cada um abrangendo, em média, 10.000 pb (**Fig. 24-35**), como descrito anteriormente para a cromatina. Esses domínios são topologicamente restritos; por exemplo, se o DNA for clivado em um domínio, apenas o DNA nesse domínio será relaxado. Os domínios não têm finais fixos. Em vez disso, as fronteiras estão provavelmente em constante movimentação ao longo do DNA, coordenadas com a replicação do DNA.

O DNA bacteriano não parece ter qualquer estrutura que possa se comparar com a organização proporcionada pelos nucleossomos nos eucariotos. ▶**P4** Proteínas semelhantes a histonas são abundantes em *E. coli* – o exemplo mais bem caracterizado é uma proteína de duas subunidades denominada HU ($M_r$ 19.000) –, mas essas proteínas se ligam e se dissociam em minutos, e nunca foi observada uma estrutura regular DNA-histona estável. As mudanças estruturais dinâmicas do cromossomo bacteriano podem refletir uma necessidade de acesso mais fácil à informação genética. O ciclo de divisão celular bacteriana pode ser curto, com cerca de 15 minutos, ao passo que uma célula eucariótica típica pode não se dividir em horas ou mesmo em meses. Além disso, uma proporção muito maior do DNA bacteriano é usada para codificar RNA e/ou produtos proteicos. Taxas mais altas de metabolismo celular nas bactérias indicam que, em relação à maior parte das células eucarióticas, uma maior proporção do DNA está sendo transcrita ou replicada em dado momento.

### RESUMO 24.3 Estrutura dos cromossomos

■ Um cromossomo eucariótico é feito de DNA, proteína e RNA, formando uma estrutura chamada cromatina.

■ Histonas são pequenas proteínas básicas de ligação ao DNA. Complexos de histonas formam nucleossomos, a unidade estrutural fundamental da cromatina.

■ O nucleossomo consiste em histonas e um segmento de DNA de 200 pb. O centro é uma partícula proteica contendo oito histonas (duas cópias de cada uma das histonas H2A, H2B, H3 e H4) circundada por um segmento de DNA (de cerca de 146 pb) na forma de supertorção solenoide orientada à esquerda.

■ O enovelamento de alto grau de organização dos cromossomos envolve a fixação a um arcabouço cromossômico. As regiões transcricionalmente ativas e inativas dos cromossomos são separadas em compartimentos, cada um apresentando grandes alças de DNA, cada alça restrita em sua base por proteínas e lncRNA. Cromossomos individuais são mantidos dentro de subdomínios nucleares, chamados de territórios. As proteínas histona H1, topoisomerase II e SMC desempenham papéis organizacionais nos cromossomos.

■ As proteínas SMC, principalmente as coesinas e as condensinas, desempenham papéis importantes na manutenção da organização dos cromossomos durante cada um dos estágios do ciclo celular.

■ O cromossomo bacteriano encontra-se intensamente compactado em um nucleoide, mas parece ser muito mais dinâmico e com estrutura mais irregular do que a cromatina dos eucariotos, refletindo o ciclo celular mais curto e a grande atividade metabólica de uma célula bacteriana.

### TERMOS-CHAVE

*Os termos em negrito estão definidos no glossário.*

| | |
|---|---|
| **cromossomo** 885 | **supertorção** 891 |
| **fenótipo** 886 | **DNA relaxado** 891 |
| **mutação** 886 | **topologia** 891 |
| **gene** 886 | **número de ligação** 893 |
| **sequência regulatória** 886 | diferença de ligação específica 894 |
| **plasmídeo** 887 | **densidade de super-hélice ($\sigma$)** 894 |
| **íntron** 889 | |
| **éxon** 889 | **topoisômeros** 894 |
| **DNA de sequência simples** 890 | **topoisomerases** 895 |
| **DNA satélite** 890 | **catenano** 896 |
| **centrômero** 890 | **plectonêmica** 897 |
| **telômero** 890 | solenoide 898 |

**cromatina** 898
**histonas** 899
**nucleossomo** 899
fatores de troca de histonas 902
**heterocromatina** 903
**domínios topologicamente associados (TAD)** 903
**RNA não codificador longo (lncRNA)** 903
**epigenética** 904
**eucromatina** 904
**território cromossômico** 904
**corpúsculo de Barr** 907
proteínas SMC 908
coesinas 908
condensinas 908
**nucleoide** 909

## QUESTÕES

1. **Empacotamento do DNA em um vírus** O bacteriófago T2 tem uma molécula de DNA de peso molecular $120 \times 10^6$ contido em uma cabeça com cerca de 210 nm de comprimento. Calcule o comprimento do DNA e o compare com o tamanho da cabeça do T2. Suponha que o peso molecular de um par de bases de nucleotídeo seja de 650 e que o DNA esteja na forma B e relaxado.

2. **DNA do fago M13** A composição de bases do DNA do fago M13 é A, 23%; T, 36%; G, 21%; C, 20%. O que isso lhe diz a respeito dessa molécula de DNA?

3. **Genoma do *Mycoplasma*** O genoma completo da bactéria mais simples que se conhece, *Mycoplasma genitalium*, é uma molécula de DNA circular com 580.070 pb. Calcule o peso molecular e o perímetro (quando relaxado) dessa molécula. Qual é o valor de $Lk_0$ do cromossomo do *Mycoplasma*? Se $\sigma = -0,06$, qual é o $Lk$?

4. **Tamanho dos genes dos eucariotos** Uma enzima isolada do fígado de rato tem 192 resíduos de aminoácidos e é codificada por um gene com 1.440 pb. Explique a relação entre o número de resíduos de aminoácidos na enzima e o número de pares de nucleotídeos desse gene.

5. **Número de ligação** Uma molécula de DNA circular fechada, na sua forma relaxada, tem um $Lk$ de 500. Quantos pares de bases, aproximadamente, há nesse DNA? Como o número de ligação é alterado (aumenta, diminui, não muda, é indefinido) quando **(a)** um complexo proteico se liga, formando um nucleossomo, **(b)** uma fita de DNA é quebrada, **(c)** DNA-girase e ATP são adicionados à solução de DNA ou **(d)** a dupla-hélice é desnaturada pelo calor?

6. **Topologia do DNA** Na presença de condensina de eucariotos e de topoisomerase tipo II bacteriana, o $Lk$ de uma molécula de DNA circular fechado relaxado não muda. Entretanto, o DNA torna-se repleto de nós.

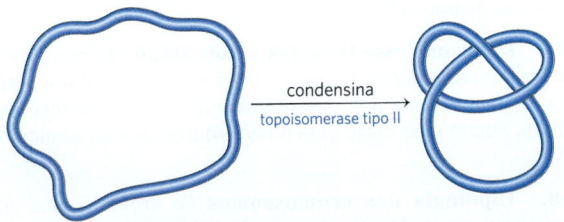

A formação dos nós necessita de quebra do DNA, passagem de um segmento de DNA através da quebra e nova ligação pela topoisomerase. Uma vez que se pode esperar que cada reação da topoisomerase resulte na mudança do número de ligação, como o $Lk$ pode permanecer o mesmo?

7. **Densidade de super-hélice** O bacteriófago $\lambda$ infecta *E. coli* integrando o seu DNA no cromossomo bacteriano. O sucesso dessa recombinação depende da topologia do DNA da *E. coli*. Quando a densidade de super-hélice ($\sigma$) do DNA de *E. coli* for maior do que $-0,045$, a probabilidade de integração será menor que 20%; quando $\sigma$ for menor que $-0,06$, a probabilidade será > 70%. O DNA de um plasmídeo isolado de uma cultura de *E. coli* tem comprimento de 13.800 pb e $Lk$ de 1.222. Calcule o $\sigma$ para esse DNA e estabeleça a probabilidade de o bacteriófago $\lambda$ ser capaz de infectar essa cultura.

8. **Alteração do número de ligação** **(a)** Qual é o $Lk$ de uma molécula circular duplex de DNA de 5.000 pb com quebra em uma das fitas? **(b)** Qual é o $Lk$ da molécula em (a) quando a quebra é soldada (relaxada)? **(c)** Como o $Lk$ da molécula em (b) seria afetado pela ação de uma única molécula de topoisomerase I de *E. coli*? **(d)** Qual é o $Lk$ da molécula em (b) após sofrer oito ciclos de renovação enzimática por uma única molécula de DNA-girase na presença de ATP? **(e)** Qual é o $Lk$ da molécula em (d) após quatro ciclos de renovação enzimática por uma única molécula de topoisomerase I bacteriana? **(f)** Qual é o $Lk$ da molécula em (d) após se ligar a um centro de nucleossomo?

9. **Cromatina** O gel de agarose mostrado a seguir, no qual as bandas espessas representam o DNA, ajudou os pesquisadores a definir a estrutura do nucleossomo. Eles geraram esse resultado tratando brevemente a cromatina com uma enzima que degrada o DNA e, então, removendo todas as proteínas e submetendo o DNA purificado à eletroforese. Os números ao lado do gel indicam a posição na qual um DNA linear com o tamanho indicado migraria. O que esse gel demonstra sobre a estrutura da cromatina? Por que as bandas de DNA são espessas e se dispersam, em vez de estarem bem definidas?

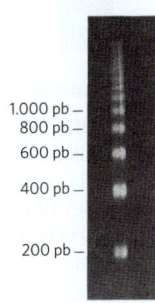

[Cortesia de Dr. Roger D. Kornberg. Stanford University School of Medicine.]

10. **Estrutura do DNA** Explique como o subenrolamento de uma hélice de B-DNA pode facilitar ou estabilizar a formação de um Z-DNA (ver Fig. 8-17).

11. **Manutenção da estrutura do DNA** **(a)** Descreva duas características estruturais que uma molécula de DNA precisa ter para se manter em um estado supertorcido negativamente. **(b)** Liste três mudanças estruturais que são favorecidas quando uma molécula de DNA fica supertorcida negativamente. **(c)** Qual é a enzima de *E. coli* que, com o auxílio do ATP, pode gerar uma super-helicidade negativa no DNA? **(d)** Descreva o mecanismo físico da ação dessa enzima.

12. **Cromossomos artificiais de levedura (YAC)** Os YAC são usados para clonar segmentos grandes de DNA em células

de levedura. Quais são os três tipos de sequência de DNA necessários para garantir a replicação e a propagação adequadas de um YAC em células de levedura?

**13. Estrutura do nucleoide em bactéria** Em bactérias, a transcrição de um conjunto de genes é afetada pela topologia do DNA, e a expressão aumenta ou, mais frequentemente, diminui quando o DNA é relaxado. Quando o cromossomo de uma bactéria é clivado em um ponto específico por uma enzima de restrição (enzima que cliva em uma sequência longa e, portanto, rara), apenas os genes das proximidades (dentro de 10.000 pb) mostram aumento ou diminuição da expressão. A transcrição dos genes em outros sítios do cromossomo não é afetada. Como isso pode ser explicado? (Dica: ver Fig. 24-35.)

**14. Topologia do DNA** Quando o DNA é submetido à eletroforese em gel de agarose, as moléculas mais curtas migram mais rápido do que as moléculas longas. DNA circulares fechados do mesmo tamanho, mas com diferentes números de ligação, também podem ser separados em gel de agarose: topoisômeros mais supertorcidos e, portanto, mais condensados migram mais rapidamente através do gel. No gel mostrado a seguir, o DNA de plasmídeo purificado migrou da parte superior para a parte inferior. Há duas bandas, com a banda mais rápida bem mais proeminente.

[Michael Cox Laboratory.]

**(a)** Quais são as espécies de DNA nas duas bandas? **(b)** Se a topoisomerase I fosse adicionada a uma solução desse DNA, o que aconteceria com a banda da parte superior e a banda da parte inferior após a eletroforese? **(c)** Se a DNA-ligase for adicionada ao DNA, a aparência das bandas mudaria? Explique sua resposta. **(d)** Se DNA-girase mais ATP fossem adicionados ao DNA após a adição de DNA-ligase, como mudaria o padrão de bandas?

**15. DNA-topoisomerases** Quando o DNA é submetido à eletroforese em gel de agarose, as moléculas curtas migram mais rápido do que as moléculas longas. DNA circulares do mesmo tamanho, mas com diferenças quanto ao número de ligação, também podem ser separados em gel de agarose, pois os topoisômeros supertorcidos e, portanto, mais condensados, migram mais rapidamente no gel – da parte superior para a parte inferior dos géis mostrados a seguir. Um pesquisador adicionou um corante, a cloroquina, a esses géis. A cloroquina se intercala entre os pares de base e estabiliza uma estrutura de DNA mais desenrolada. Quando o corante se liga a um DNA circular relaxado, o DNA fica subenrolado onde o corante se liga, e as regiões em que o corante não se liga ficam com supertorções positivas para compensar. No experimento aqui mostrado, foram usadas topoisomerases para preparar o mesmo DNA circular com diferentes densidades de super-hélice ($\sigma$). O DNA completamente relaxado migrou para a posição marcada com Q (de quebra), ao passo que o DNA altamente supertorcido (acima do limite no qual os topoisômeros podem ser diferenciados) migrou para a posição marcada com X.

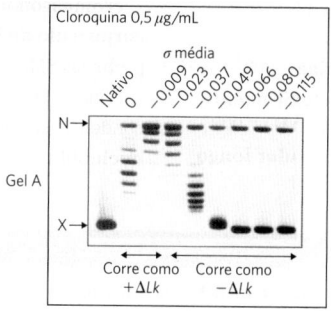

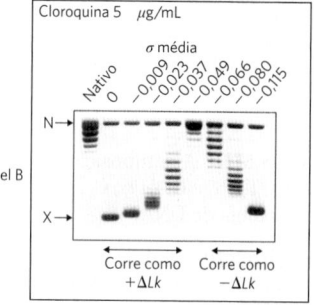

[R. P. Bowater (2005), "Supercoiled DNA: structure," In *Encyclopedia of Life Sciences*, John Wiley InterScience, www.els.net.]

**(a)** No gel A, por que a canaleta de $\sigma = 0$ (i.e., DNA preparado de modo a ter $\sigma = 0$, em média) tem muitas bandas?
**(b)** No gel B, o DNA da preparação $\sigma = 0$ está supertorcido negativa ou positivamente na presença do corante?
**(c)** Nos dois géis, a canaleta de $\sigma = -0,115$ tem duas bandas, uma com DNA relaxado e outra com DNA altamente supertorcido. Proponha uma razão para a presença de DNA relaxado nessas (e em outras) canaletas.
**(d)** O DNA nativo (mais à esquerda nos dois géis) é o mesmo DNA circular isolado das bactérias e que não recebeu tratamento. Qual é, aproximadamente, a densidade de super-hélice desse DNA nativo?

**16. Nucleossomos** O genoma humano compreende um pouco mais de 3,1 bilhões de pares de bases. Supondo que ele contém nucleossomos que estão espaçados como descrito neste capítulo, quantas moléculas de histona H2A estão presentes em uma célula humana somática? (Ignore as reduções no H2A devido à sua substituição em algumas regiões por variantes do H2A.) Como o número mudaria após a replicação do DNA, mas antes da divisão celular?

**17. Topoisomerase IV de DNA bacteriano** O gene que codifica a topoisomerase IV em *E. coli* é essencial, embora outra topoisomerase tipo II (topoisomerase II ou girase) esteja presente. Sugira uma razão para a necessidade de topoisomerase IV.

**18. Topologia dos cromossomos** Os cromossomos eucarióticos são moléculas lineares de DNA, mas o DNA de um cromossomo retém um alto nível de subenrolamento (supertorção) em todo o seu comprimento. Como a organização do DNA cromossômico em laços chamados de TAD contribui para a manutenção da supertorção?

## QUESTÃO DE ANÁLISE DE DADOS

**19. Definição dos elementos funcionais dos cromossomos de levedura** A Figura 24-7 mostra os elementos estruturais principais de um cromossomo de levedura do pão (*Saccharomyces cerevisiae*). As propriedades de alguns desses elementos foram determinadas por Heiter, Mann, Snyder e Davis (1985). Eles basearam seu estudo no achado de que, em células de levedura, os plasmídeos (que têm genes e origem de replicação próprios) agem, durante a mitose, de forma diferente dos cromossomos (que têm esses elementos, além de centrômeros e telômeros). Os plasmídeos não são manipulados pela maquinaria da mitose e se segregam e aleatoriamente entre as células-filhas. Sem um marcador seletivo que force a célula hospedeira a retê-los (ver Fig. 9-4), esses plasmídeos são perdidos rapidamente. Em contrapartida, os cromossomos, mesmo sem marcador seletivo, são manipulados pela maquinaria da mitose e são perdidos a uma taxa muito baixa (cerca de $10^{-5}$ por divisão celular).

Heiter e colaboradores usaram como estratégia para determinar os componentes importantes dos cromossomos de levedura a construção de plasmídeos com várias partes dos cromossomos, observando, então, se esses "cromossomos sintéticos" eram adequadamente segregados durante a mitose. Para medir a taxa de diferentes tipos de falha na segregação dos cromossomos, os pesquisadores precisaram de um ensaio rápido para determinar o número de cópias de cromossomos sintéticos presente em diferentes células. Esse ensaio se aproveitou do fato de que as colônias de levedura da cepa selvagem são brancas, ao passo que certos mutantes que precisam de adenina (ade⁻) produzem colônias vermelhas no meio de cultura; células $ade2^-$ não têm AIR-carboxilase funcional (a enzima da etapa ⑥a na Fig. 22-35) e acumulam AIR (5-aminoimidazol-ribonucleotídeo) no citoplasma, e o excesso de AIR é convertido em um pigmento vermelho. A outra parte do ensaio envolve o gene *SUP11*, que codifica um supressor ocre (um tipo de supressor sem sentido em que um códon de terminação especifica um aminoácido), que suprime o fenótipo de alguns mutantes $ade2^-$.

Heiter e colaboradores começaram com uma cepa de levedura diploide e homozigota para $ade2^-$; essas células são vermelhas. Quando células mutantes contêm uma cópia de *SUP11*, o defeito metabólico é parcialmente suprimido, e as células são rosadas. Quando as células contêm duas ou mais cópias de *SUP11*, o defeito é completamente suprimido, e as células são brancas.

Os pesquisadores inseriram uma cópia de *SUP11* em cromossomos sintéticos com vários elementos que acreditavam ser importantes para a função dos cromossomos e observaram o quanto esses cromossomos passavam de uma geração a outra. As células rosadas foram plaqueadas em meio não seletivo, e o comportamento dos cromossomos sintéticos foi observado. Heiter e colaboradores procuraram colônias nas quais os cromossomos sintéticos eram inadequadamente segregados na primeira divisão celular após o plaqueamento, dando início a colônias com metade de um genótipo e metade de outro. Uma vez que as células de levedura não se movimentam, essas colônias eram setorizadas: metade da colônia era de uma cor, e metade, de outra.

**(a)** Uma das formas que o processo mitótico pode falhar é a *não disjunção*: os cromossomos replicam-se, mas as cromátides-irmãs não se separam, de modo que ambas as cópias do cromossomo terminam na mesma célula-filha. Explique como a não disjunção dos cromossomos sintéticos originaria colônias que são metade vermelhas e metade brancas.

**(b)** Outra maneira que o processo da mitose pode falhar é a *perda de cromossomos*: os cromossomos não entram no núcleo das células-filhas ou não se replicam. Explique como a perda de cromossomos sintéticos dá origem a colônias metade vermelhas e metade rosadas.

Calculando a frequência dos diferentes tipos de colônia, Heiter e colaboradores puderam estimar a frequência desses eventos mitóticos aberrantes com os diferentes tipos de cromossomos sintéticos. Inicialmente, eles investigaram a necessidade de sequências centroméricas, construindo cromossomos sintéticos com fragmentos de DNA de diferentes tamanhos contendo um centrômero conhecido. Os resultados são mostrados a seguir.

| Cromossomo sintético | Tamanho do fragmento que contém o centrômero (kpb) | Perda de cromossomos (%) | Não disjunção (%) |
|---|---|---|---|
| 1 | Nenhum | — | > 50 |
| 2 | 0,63 | 1,6 | 1,1 |
| 3 | 1,6 | 1,9 | 0,4 |
| 4 | 3,0 | 1,7 | 0,35 |
| 5 | 6,0 | 1,6 | 0,35 |

**(c)** Com base nesses dados, o que você pode concluir sobre o tamanho que o centrômero deve ter para uma segregação mitótica normal? Explique seu raciocínio.

**(d)** Todos os cromossomos sintéticos criados nesses experimentos eram circulares e sem telômeros. Explique como eles conseguiram se replicar mais ou menos adequadamente.

A seguir, Heiter e colaboradores construíram uma série de cromossomos sintéticos lineares que incluíam sequências funcionais de centrômeros e telômeros e, então, mediram a taxa total de erro mitótico (% de perda + % de não disjunção) em função do tamanho.

| Cromossomo sintético | Tamanho (kpb) | Taxa total de erro (%) |
|---|---|---|
| 6 | 15 | 11,0 |
| 7 | 55 | 1,5 |
| 8 | 95 | 0,44 |
| 9 | 137 | 0,14 |

**(e)** Com base nesses dados, o que se pode concluir sobre o tamanho que um cromossomo deve ter para uma segregação mitótica normal? Explique seu raciocínio.

**(f)** Os cromossomos normais de levedura são lineares, com comprimento variando de 250 a 2.000 kpb, e têm, como observado, taxa de erro mitótico de cerca de $10^{-5}$ por divisão celular. Extrapolando os resultados de (e), as sequências de telômeros e centrômeros usadas nesses experimentos explicam a estabilidade mitótica de cromossomos normais de levedura ou deve haver o envolvimento de outros elementos? Explique seu raciocínio. (Dica: um gráfico do log da taxa de erro vs. comprimento será útil.)

### Referência

**Heiter, P., C. Mann, M. Snyder, e R.W. Davis. 1985.** Mitotic stability of yeast chromosomes: A colony color assay that measures nondisjunction and chromosome loss. *Cell* 40:381–392.

# Capítulo 25

# METABOLISMO DO DNA

**25.1 Replicação do DNA** 915
**25.2 Reparo do DNA** 930
**25.3 Recombinação do DNA** 940

Como o repositório da informação genética, o DNA ocupa uma posição singular e central entre as macromoléculas biológicas. As sequências de nucleotídeos de DNA codificam as estruturas primárias de todos os RNA e proteínas celulares e, por meio de enzimas, afetam indiretamente a síntese de todos os outros constituintes celulares. Essa passagem de informação do DNA para RNA e proteínas orienta o tamanho, a forma e o funcionamento de todos os seres vivos.

O DNA é um excelente dispositivo para o armazenamento estável da informação genética. A expressão "armazenamento estável", entretanto, transmite uma imagem estática e enganosa. Ela não consegue transmitir a complexidade dos processos por meio dos quais a informação genética é preservada em um estado não corrompido e, então, transmitida de uma geração de células para a seguinte. O metabolismo do DNA compreende tanto o processo que dá origem a cópias fiéis de moléculas de DNA (replicação) como os processos que afetam a estrutura inerente da informação (reparo e recombinação). Juntas, essas atividades são o foco deste capítulo e a base para vários princípios orientadores:

**P1** **Junto com a catálise, a informação biológica é um dos dois pré-requisitos críticos para a vida.** A transmissão e a manutenção fiel da informação genética de uma geração para outra garantem a continuidade dentro de cada espécie.

**P2** **A informação tem um custo alto.** A química da junção de um nucleotídeo com o seguinte na replicação do DNA é elegante e aparentemente simples. No entanto, o compromisso enzimático e termodinâmico de ligar um nucleotídeo a outro no DNA excede em muito o que seria normalmente necessário para formar com sucesso uma ligação fosfodiéster. Não é suficiente sintetizar uma ligação fosfodiéster; essa ligação deve ligar com precisão dois nucleotídeos *específicos*.

**P3** **A fidelidade da manutenção e da transmissão do genoma não é perfeita.** Danos no DNA acontecem, geralmente por processos espontâneos. A replicação e o reparo do DNA lidam com a grande maioria das lesões de DNA, proporcionando um alto grau de fidelidade e estabilidade genética. Os poucos eventos de danos ao DNA que escapam sem correção alimentam a evolução.

**P4** **Embora considerados separadamente, os processos de replicação, reparo e recombinação do DNA não são distintos.** Esses processos são altamente integrados nas células e são necessários para a manutenção adequada do genoma.

Damos ênfase especial às *enzimas* do metabolismo do DNA neste capítulo. Essas enzimas não são apenas intrinsecamente importantes na biologia, mas também na medicina e nas tecnologias bioquímicas. Muitas das descobertas importantes no metabolismo do DNA foram feitas com a *Escherichia coli*, por isso suas enzimas bem conhecidas são geralmente utilizadas para ilustrar as regras básicas.

**CONVENÇÃO** Antes de analisar mais de perto a replicação, é interessante discutir o uso de abreviaturas para a identificação de genes e proteínas – muitas delas serão encontradas neste capítulo e nos capítulos posteriores. Genes bacterianos, em geral, são identificados utilizando-se três letras minúsculas em itálico, as quais, muitas vezes, refletem a função aparente de um gene. Por exemplo, os genes *dna*, *uvr* e *rec* afetam a replicação do *DNA*, a resistência aos efeitos nocivos da radiação *UV* e a *rec*ombinação, respectivamente. Quando vários genes afetam o mesmo processo, as letras *A*, *B*, *C* e assim por diante são adicionadas – como em *dnaA*, *dnaB*, *dnaQ*, por exemplo –, geralmente refletindo a sua ordem de descoberta, e não a sua ordem em uma sequência de reação. Os genes eucarióticos também são identificados por convenções semelhantes, embora a forma exata das abreviações possa variar de acordo com as espécies e nenhuma convenção única se aplique a todos os sistemas eucarióticos. Por exemplo, na levedura *Saccharomyces cerevisiae*, os nomes de genes são geralmente três letras maiúsculas seguidas por um número, todos em itálico (p. ex., o gene *COX1* codifica uma subunidade da *c*itocromo-*ox*idase). Os nomes de genes que antecedem as convenções atuais podem ter um formato diferente.

O uso de abreviaturas para a designação de proteínas é menos direto. Durante pesquisas genéticas, o produto proteico de cada gene é geralmente isolado e caracterizado. Muitos genes bacterianos foram identificados e nomeados antes que os papéis de seus produtos proteicos fossem compreendidos em detalhes. Em alguns casos, descobriu-se que o produto gênico era uma proteína isolada previamente, e ocorreram renomeações. Com frequência, no entanto, o produto acabou sendo uma proteína ainda desconhecida, com uma atividade não descrita facilmente por um simples nome de enzima.

Proteínas bacterianas muitas vezes mantêm o nome de seus genes. Ao se referir ao produto proteico de um gene de *E. coli*, não utiliza-se itálico e a primeira letra é maiúscula: por exemplo, os produtos dos genes *dnaA* e *recA* são as proteínas DnaA e RecA, respectivamente. Novamente, as convenções para proteínas eucarióticas são complexas. Para leveduras, algumas proteínas têm nomes comuns longos (como a citocromo-oxidase). Outras têm o mesmo nome que o gene e, nesse caso, o nome da proteína tem uma letra maiúscula e duas letras minúsculas, seguidas por um número e a letra "p", sem o uso de itálico (como Rad51p). O "p" serve para enfatizar que essa é uma proteína e evitar confusão com convenções de nomenclatura para outros organismos. ■

## 25.1 Replicação do DNA

▶P1◀ Muito antes de a estrutura do DNA ser conhecida, os cientistas se perguntavam sobre a origem da capacidade dos organismos de criar cópias fiéis de si mesmos e, posteriormente, da capacidade das células de produzirem cópias idênticas de macromoléculas grandes e complexas. A especulação sobre esses problemas se concentrou em torno do conceito de **molde**, uma estrutura que permitiria que as moléculas se alinhassem em uma ordem específica e se ligassem, criando uma macromolécula com sequência e função específicas. A década de 1940 trouxe a revelação de que o DNA era a molécula genética, mas foi só depois que James Watson e Francis Crick deduziram sua estrutura que realmente se tornou claro o mecanismo pelo qual o DNA atuava como um molde para a replicação e a transmissão da informação genética: *uma fita é o complemento da outra*. As regras estritas do pareamento de bases indicam que cada fita fornece um molde para uma nova fita com uma sequência previsível e complementar (ver Figs. 8-14 e 8-15). Foi provado que as propriedades fundamentais do processo de replicação do DNA e os mecanismos utilizados pelas enzimas que o catalisam são, em essência, idênticos em todas as espécies.

### A replicação do DNA segue um conjunto de regras fundamentais

A pesquisa inicial da replicação do DNA bacteriano e de suas enzimas ajudou a estabelecer várias propriedades básicas que se mostraram aplicáveis à síntese do DNA em todos os organismos.

**A replicação do DNA é semiconservativa** ▶P1◀ Cada fita de DNA funciona como molde para a síntese de uma nova fita, produzindo duas novas moléculas de DNA, cada qual com uma fita nova e uma fita antiga. Essa é a **replicação semiconservativa**. A natureza semiconservativa da replicação foi estabelecida por Matthew Meselson e Frank Stahl em 1957.

**A replicação começa em uma origem e, em geral, segue bidirecionalmente** Após a confirmação de um mecanismo de replicação semiconservativo, várias questões surgiram. As fitas de DNA parental são completamente desenroladas antes que cada uma seja replicada? A replicação se inicia em locais aleatórios ou em um único ponto? Após a iniciação em qualquer ponto do DNA, a replicação segue em uma direção ou em ambas?

Imagens fotográficas de DNA bacteriano marcado com trítio ($^3$H) feitas por John Cairns revelaram que o cromossomo intacto de *E. coli* é um único círculo enorme, com 1,7 mm de comprimento. O DNA radioativo isolado das células durante a replicação mostrou uma alça adicional (**Fig. 25-1**). Cairns concluiu que a alça era resultado da formação de duas fitas-filhas radioativas, cada uma delas complementar a uma fita parental. Uma ou ambas as extremidades da alça são pontos dinâmicos, denominados **forquilhas de replicação**, onde o DNA parental está sendo desenrolado e as

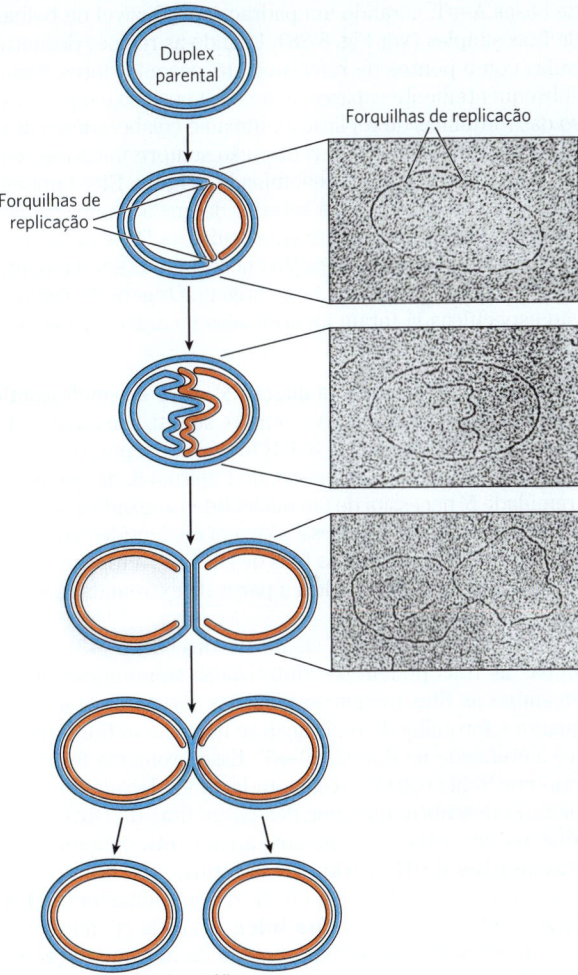

**FIGURA 25-1 Visualização da replicação do DNA.** Os estágios na replicação das moléculas de DNA circular foram visualizados à microscopia eletrônica. A replicação de um cromossomo circular produz uma estrutura que lembra a letra grega theta, $\theta$, uma vez que ambas as fitas são replicadas simultaneamente (fitas novas mostradas em vermelho). As micrografias eletrônicas mostram imagens do plasmídeo de DNA sendo replicado a partir de uma única origem de replicação. [Micrografias eletrônicas: Cairns, J. (1963), The Chromosome of *Escherichia coli*, *Cold Spring Harbor Symp Quant Biol*, 28, 43–46. © Cold Spring Harbor Laboratory Press.]

fitas separadas são rapidamente replicadas. Os resultados de Cairns demonstraram que ambas as fitas de DNA são replicadas simultaneamente, e variações no seu experimento indicaram que a replicação de cromossomos bacterianos é bidirecional: ambas as extremidades da alça possuem forquilhas de replicação ativas.

Para determinar se as voltas de replicação se originam em um único ponto no DNA, eram necessárias marcações ao longo da molécula de DNA. Essas marcações foram fornecidas por uma técnica chamada **mapeamento de desnaturação**, desenvolvida por Ross Inman e colaboradores. Utilizando o cromossomo de 48.502 pb do bacteriófago λ, Inman demonstrou que o DNA poderia ser seletivamente desnaturado em sequências extraordinariamente ricas em pares de bases A=T, gerando um padrão reprodutível de bolhas de fitas simples (ver Fig. 8-28). Usando as regiões desnaturadas como pontos de referência, os pesquisadores foram subsequentemente capazes de medir a posição e o progresso das forquilhas de replicação. Inman e colaboradores descobriram que as alças de replicação sempre iniciavam em um ponto único, que era denominado **origem**. Eles também confirmaram a observação anterior de que a replicação geralmente é bidirecional. Para moléculas de DNA circulares, as duas forquilhas de replicação encontram-se em um ponto do lado do círculo oposto ao de origem. Origens de replicação específicas já foram identificadas e caracterizadas em bactérias e eucariotos.

**A síntese de DNA segue na direção 5′→3′ e é semidescontínua** Uma nova fita de DNA é sempre sintetizada na direção 5′→3′, com a extremidade 3′-OH livre como o ponto no qual o DNA é alongado. (Lembre-se, do Capítulo 8, de que a extremidade 5′ necessita de um nucleotídeo anexado à posição 5′, e a extremidade 3′ necessita de um nucleotídeo anexado à posição 3′.) Como as duas fitas de DNA são antiparalelas, a fita que serve de molde é lida a partir da extremidade 3′ em direção à extremidade 5′.

Se a síntese sempre segue na direção 5′→3′, como ambas as fitas podem ser sintetizadas simultaneamente? Se ambas as fitas fossem sintetizadas *continuamente* enquanto a forquilha de replicação se move, uma fita teria de ser sintetizada na direção 3′→5′. Esse problema foi resolvido por Reiji Okazaki e colaboradores na década de 1960. Okazaki descobriu que uma das novas fitas de DNA é sintetizada em pedaços pequenos, atualmente denominados **fragmentos de Okazaki**. Dessa forma, uma fita é sintetizada continuamente, e a outra, descontinuamente (**Fig. 25-2**). A fita contínua, ou **fita líder**, é aquela em que a síntese 5′→3′ segue na *mesma* direção da movimentação da forquilha de replicação. A fita descontínua, ou **fita lenta**, é aquela em que a síntese 5′→3′ segue na direção *oposta* ao movimento da forquilha. Os fragmentos de Okazaki têm geralmente 150 a 200 nucleotídeos de comprimento em eucariotos e 1.000 a 2.000 nucleotídeos de comprimento em bactérias. Como será visto adiante, as sínteses da fita líder e da fita lenta são fortemente coordenadas.

## O DNA é degradado por nucleases

Para explicar a enzimologia da replicação do DNA, serão apresentadas inicialmente as enzimas que degradam o DNA, em vez de sintetizá-lo. Essas enzimas são conhecidas como **nucleases** (ou **DNases**, se forem específicas para o DNA, e não para o RNA). Cada célula contém várias nucleases diferentes, que pertencem a duas classes amplas: exonucleases e endonucleases. As **exonucleases** degradam os ácidos nucleicos de uma extremidade da molécula. Muitas atuam apenas na direção 5′→3′ ou na direção 3′→5′, removendo nucleotídeos apenas a partir da extremidade 5′ ou 3′, respectivamente, de uma fita de um ácido nucleico de fita dupla ou de um DNA de fita simples. As **endonucleases** podem iniciar a degradação em sítios internos específicos em uma fita ou molécula de ácido nucleico, reduzindo-a a fragmentos cada vez menores. Algumas exonucleases e endonucleases degradam apenas DNA de fita simples. Outras poucas classes importantes de endonucleases clivam apenas em sequências específicas de nucleotídeos (como as endonucleases de restrição, muito importantes em biotecnologia; ver Capítulo 9, Fig. 9-2). Muitos tipos de nucleases serão encontrados neste capítulo e nos capítulos subsequentes.

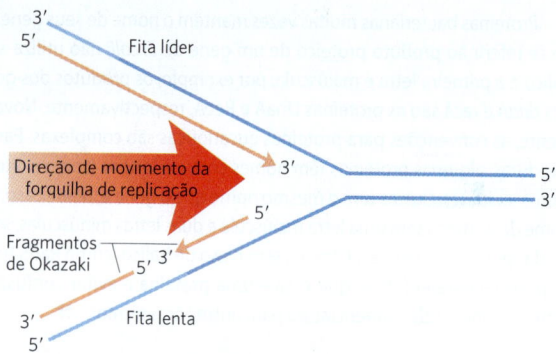

**FIGURA 25-2 Definindo as fitas de DNA na forquilha de replicação.** Uma nova fita de DNA (em vermelho-claro) é sempre sintetizada na direção 5′→3′. O molde é lido na direção oposta, 3′→5′. A fita líder é sintetizada continuamente na direção adotada pela forquilha de replicação. A outra fita, a fita lenta, é sintetizada descontinuamente em pequenos pedaços (fragmentos de Okazaki) em uma direção oposta àquela em que a forquilha de replicação se move. Os fragmentos de Okazaki são ligados pela DNA-ligase. Em bactérias, esses fragmentos têm aproximadamente 1.000 a 2.000 nucleotídeos de comprimento. Nas células de eucariotos, eles têm de 150 a 200 nucleotídeos de comprimento.

## O DNA é sintetizado por DNA-polimerases

Arthur Kornberg, 1918-2007
[World History Archive/Alamy.]

A busca por uma enzima que poderia sintetizar o DNA começou em 1955. O trabalho de Arthur Kornberg e colaboradores levou à purificação e à caracterização de uma **DNA-polimerase** de células de *E. coli*, uma enzima de um único polipeptídeo que atualmente é denominada **DNA-polimerase I** ($M_r$ 103.000; codificada pelo gene *polA*). Muito mais tarde, pesquisadores descobriram que a *E. coli* contém pelo menos quatro outras DNA-polimerases distintas, descritas a seguir.

Estudos detalhados da DNA-polimerase I revelaram características do processo de síntese do DNA que sabemos hoje serem comuns a todas as DNA-polimerases. A reação fundamental é a transferência do grupo fosforila. O nucleófilo é o grupo 3'-hidroxila do nucleotídeo na extremidade 3' da fita em crescimento. O ataque nucleofílico ocorre no fósforo α do desoxinucleosídeo-5'-trifosfato (**Fig. 25-3**). O pirofosfato inorgânico é liberado na reação. A reação geral é

$$(dNMP)_n + dNTP \longrightarrow (dNMP)_{n+1} + PP_i \quad (25\text{-}1)$$
$$\text{DNA} \qquad\qquad\qquad \text{DNA alongado}$$

em que dNMP e dNTP são desoxinucleosídeos-5'-monofosfato e 5'-trifosfato, respectivamente. A catálise por praticamente todas as DNA-polimerases envolve principalmente dois íons $Mg^{2+}$ no sítio ativo. Um deles auxilia a retirada do próton do grupo 3'-hidroxila, tornando-o um nucleófilo mais eficaz. O outro se liga ao dNTP de entrada e facilita a sua saída do pirofosfato.

▶**P2** A reação parece prosseguir com apenas uma alteração mínima na energia livre, uma vez que uma ligação fosfodiéster é formada à custa de um anidrido-fosfato um pouco menos estável. Entretanto, o empilhamento de bases não covalentes e as interações de pareamento de bases fornecem estabilidade adicional ao produto do DNA alongado

em relação ao nucleotídeo livre. Além disso, a formação de produtos é facilitada na célula pelos 19 kJ/mol gerados na hidrólise posterior do produto pirofosfato pela enzima pirofosfatase (p. 485).

Trabalhos iniciais com a DNA-polimerase I levaram à definição de duas exigências centrais para a polimerização do DNA (**Fig. 25-4**). Primeiro, todas as DNA-polimerases necessitam de um molde. A reação de polimerização é guiada por uma fita-molde de DNA, de acordo com as regras de pareamento de bases previstas por Watson e Crick: onde uma guanina está presente em um molde, um desoxinucleotídeo da citosina é adicionado à nova fita, e assim por diante.

▶**P1** Essa foi uma descoberta particularmente importante, não apenas porque forneceu uma base química para a replicação do DNA semiconservativa precisa, mas também porque representou o primeiro exemplo da utilização de um molde como guia para uma reação biossintética.

Segundo, as polimerases precisam de um **primer** (**iniciador**). Um *primer* é um segmento de fita (complementar ao molde) com um grupo 3'-hidroxila livre ao qual um nucleotídeo pode ser adicionado; a extremidade 3' livre do *primer* é chamada de **terminal do *primer*** (Fig. 25-4a). Em outras palavras, parte dessa nova fita já deve estar posicionada: as DNA-polimerases só podem adicionar nucleotídeos a uma fita preexistente. Muitos *primers* são oligonucleotídeos de RNA, em vez de DNA, e enzimas especializadas sintetizam *primers* quando e onde são necessários.

O sítio ativo de uma DNA-polimerase tem duas partes (Figura 25-4a). O nucleotídeo que chega é inicialmente posicionado no **sítio de inserção**. Uma vez que a ligação fosfodiéster é formada, a polimerase desliza para a frente no DNA, e o novo par de bases é posicionado no **sítio de pós-inserção**. Esses sítios estão localizados em um bolso que se assemelha à palma de uma mão (Fig. 25-4b,c).

Após a adição de um nucleotídeo em uma fita de DNA em crescimento, uma DNA-polimerase pode se dissociar ou se mover ao longo do molde e adicionar outro nucleotídeo. A dissociação e a reassociação da polimerase podem limitar a velocidade global da polimerização – o processo é geralmente mais rápido quando uma polimerase adiciona mais nucleotídeos sem se dissociar do molde. O número médio de nucleotídeos adicionados antes da dissociação de uma polimerase define sua **processividade**. DNA-polimerases variam muito em relação à processividade; algumas adicionam apenas alguns poucos nucleotídeos antes de sua dissociação, outras adicionam milhares.

### A replicação tem alto grau de precisão

A replicação prossegue com um extraordinário grau de fidelidade. Em *E. coli*, um erro ocorre apenas a cada $10^9$ a $10^{10}$ nucleotídeos adicionados. Para o cromossomo de *E. coli* de aproximadamente $4{,}6 \times 10^6$ pb, isso significa que um erro ocorre apenas 1 vez a cada 1.000 a 10.000 replicações. Durante a polimerização, a diferenciação entre nucleotídeos corretos e incorretos depende não apenas das ligações de hidrogênio que especificam o pareamento correto entre bases complementares, mas também da geometria comum dos pares de bases padrão A=T e G≡C (**Fig. 25-5**). O sítio ativo da DNA-polimerase I acomoda apenas pares de bases com essa geometria.

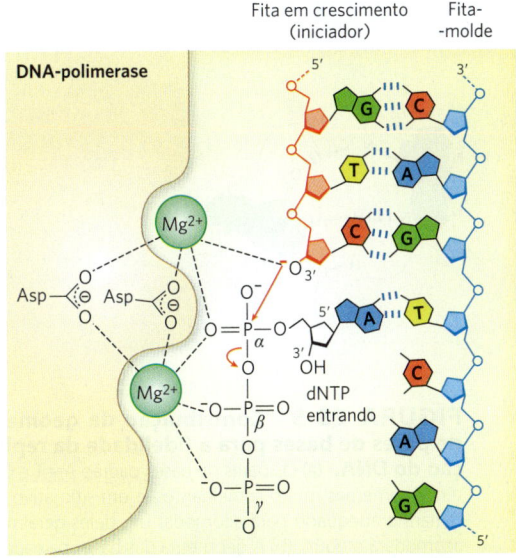

**MECANISMO – FIGURA 25-3** **Reação da DNA-polimerase.** O mecanismo catalítico para a adição de um novo nucleotídeo pela DNA-polimerase envolve dois íons $Mg^{2+}$, coordenados com os grupos fosfato do nucleotídeo-trifosfato que chega, o grupo 3'-hidroxila que atuará como nucleófilo e três resíduos de Asp, dois dos quais são altamente conservados em todas as DNA-polimerases. O íon $Mg^{2+}$ representado na parte superior ataca o grupo 3'-hidroxila do *primer* no fosfato α do nucleotídeo-trifosfato; o outro íon $Mg^{2+}$ facilita o deslocamento do pirofosfato. Ambos os íons estabilizam a estrutura do estado de transição pentacovalente. RNA-polimerases usam um mecanismo semelhante.

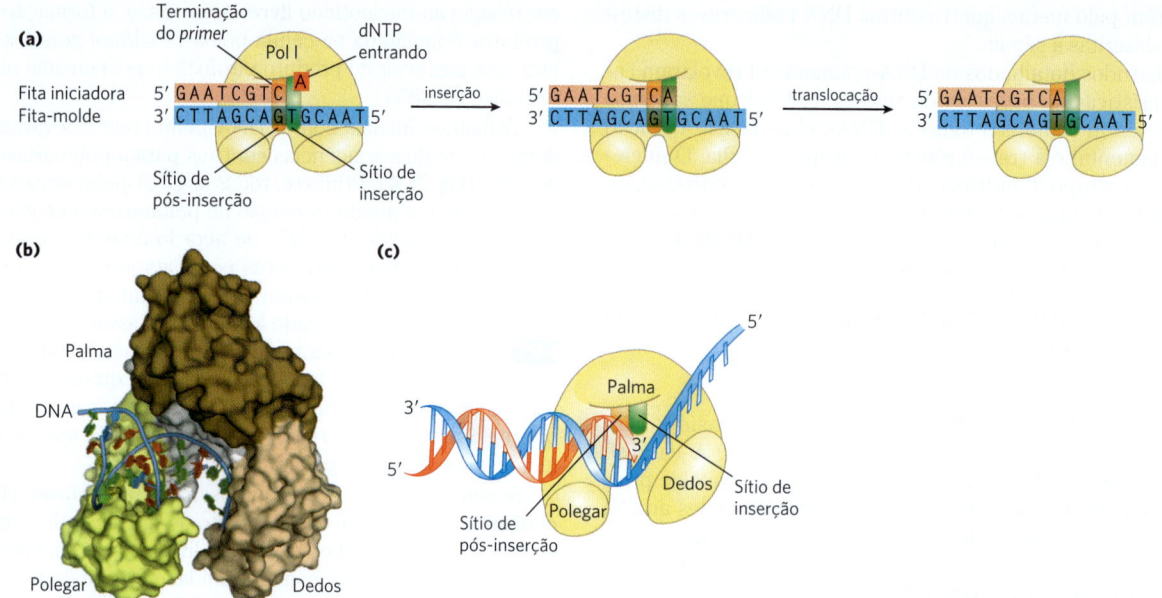

**FIGURA 25-4 Alongamento da cadeia de DNA.** (a) A atividade da DNA-polimerase I também precisa de uma fita simples não pareada para atuar como molde e uma fita iniciadora para fornecer o grupo hidroxila livre na extremidade 3', à qual a nova unidade de nucleotídeo é adicionada. Cada nucleotídeo complementar que chega é ligado seletivamente, em parte pelo pareamento de bases ao nucleotídeo apropriado na fita-molde. O produto da reação tem uma nova 3'-hidroxila livre, permitindo a adição de outro nucleotídeo. O par de bases recém-formado migra para deixar o sítio ativo disponível para o próximo par a ser formado. (b) O núcleo da maioria das DNA-polimerases tem um formato semelhante ao de uma mão humana que envolve o sítio ativo. A estrutura mostrada aqui é a DNA-polimerase I de *Thermus aquaticus*, ligada ao DNA. (c) Um desenho mostra o local de inserção, onde ocorre a adição de nucleotídeos, e o local de pós-inserção, para o qual o par de bases recém-formado se transloca. [(b) Dados de PDB ID 4KTQ, Y. Li et al., *EMBO J.* 17:7514, 1998.]

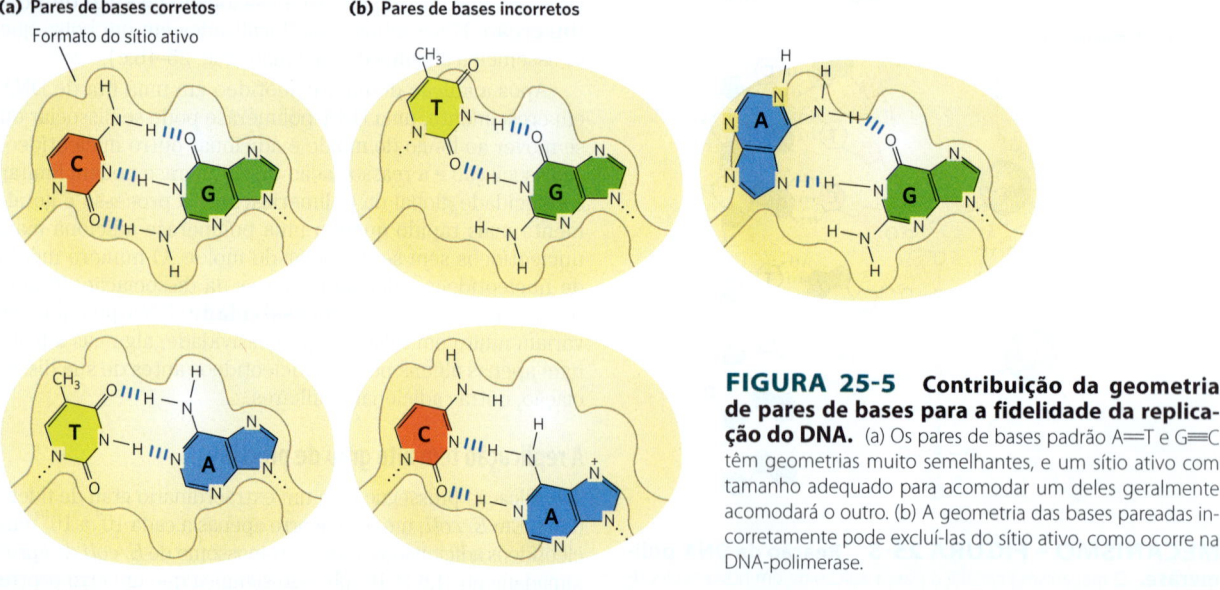

**FIGURA 25-5 Contribuição da geometria de pares de bases para a fidelidade da replicação do DNA.** (a) Os pares de bases padrão A=T e G≡C têm geometrias muito semelhantes, e um sítio ativo com tamanho adequado para acomodar um deles geralmente acomodará o outro. (b) A geometria das bases pareadas incorretamente pode excluí-las do sítio ativo, como ocorre na DNA-polimerase.

Um nucleotídeo incorreto pode ser capaz de fazer uma ligação de hidrogênio com uma base no molde, mas ele geralmente não se encaixará no sítio ativo. Bases incorretas podem ser rejeitadas antes que a ligação fosfodiéster seja formada.

A precisão da reação de polimerização em si, no entanto, é insuficiente para explicar o alto grau de fidelidade na replicação. Medições cuidadosas *in vitro* mostraram que as DNA-polimerases inserem 1 nucleotídeo incorreto para cada $10^4$ a $10^5$ inserções corretas. Esses erros algumas vezes ocorrem porque uma base encontra-se brevemente em uma forma tautomérica incomum (ver Fig. 8-9), permitindo que se ligue por ligação de hidrogênio a um parceiro incorreto. *In vivo*, a taxa de erro é reduzida por outros mecanismos enzimáticos.

Um mecanismo intrínseco a muitas DNA-polimerases é uma atividade separada de exonuclease 3'→5' que verifica cada nucleotídeo após sua adição. Essa atividade nucleásica permite que a enzima remova um nucleotídeo adicionado recentemente, sendo altamente específica para pares de bases malpareados (**Fig. 25-6**). Se a polimerase adicionou o nucleotídeo errado, a translocação da enzima para a posição em que o próximo nucleotídeo seria adicionado é inibida. Essa pausa cinética é uma oportunidade para a correção. A atividade de exonuclease 3'→5' cliva a ligação fosfodiéster adicionada mais recentemente e remove o nucleotídeo malpareado; a polimerase, então, adiciona outro nucleotídeo para começar a síntese ativa novamente. Essa atividade, conhecida como **revisão**, não é simplesmente o reverso da reação de polimerização (Equação 25-1). **P2** Em vez disso, a substituição do nucleotídeo incorreto requer o gasto de três ligações de alta energia. As atividades de polimerização e revisão de uma DNA-polimerase podem ser medidas separadamente. A revisão aperfeiçoa a precisão inerente da reação de polimerização em $10^2$ a $10^3$ vezes. Na DNA-polimerase I monomérica, as atividades de polimerização e revisão possuem sítios ativos separados no interior do mesmo polipeptídeo.

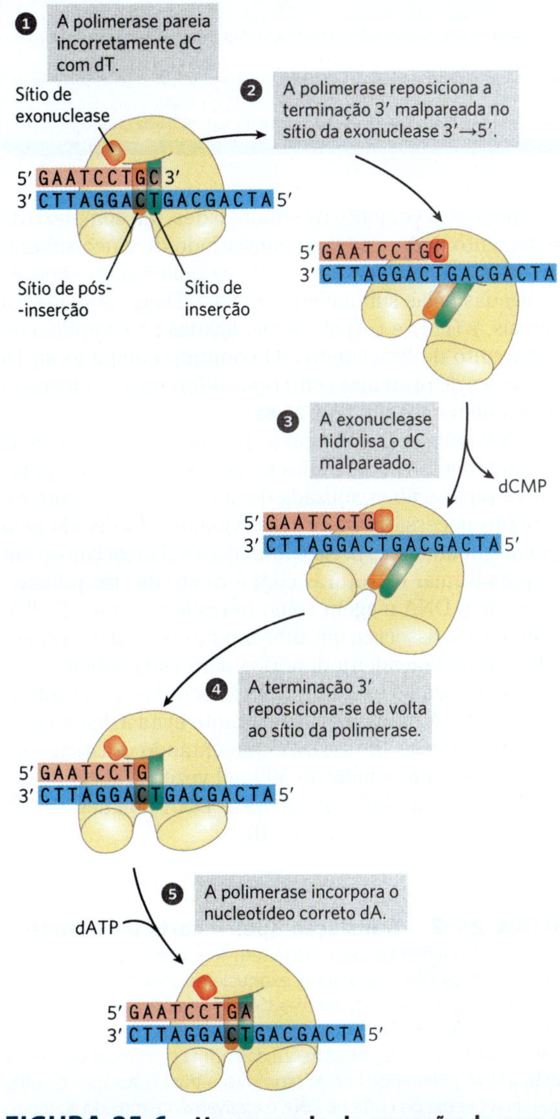

**P3** Quando a seleção de bases e a revisão são combinadas, a DNA-polimerase deixa um saldo de 1 erro para cada $10^6$ a $10^8$ bases adicionadas. No entanto, a precisão da replicação medida em *E. coli* é ainda maior. A maior precisão é fornecida por um sistema enzimático separado que repara as bases malpareadas que permaneceram após a replicação. Esse reparo de malpareamento é descrito, junto com outros processos de reparo do DNA, na Seção 25.2.

## A *E. coli* tem pelo menos cinco DNA-polimerases

Mais de 90% da atividade de DNA-polimerase observada em extratos de *E. coli* pode ser atribuída à DNA-polimerase I. Entretanto, logo após o isolamento dessa enzima, em 1955, foram acumuladas evidências de que ela não era adequada para a replicação do cromossomo longo de *E. coli*. Primeiro, a velocidade em que ela adiciona nucleotídeos (600 nucleotídeos/min) é muito lenta (por um fator de 100 ou mais) para explicar a velocidade em que a forquilha de replicação se move na célula bacteriana. Segundo, a DNA-polimerase I tem uma processividade relativamente baixa. Terceiro, estudos genéticos demonstraram que muitos genes e, portanto, muitas proteínas estão envolvidos na replicação: a DNA-polimerase I claramente não age sozinha. Em quarto lugar, e o mais importante, em 1969, John Cairns isolou uma cepa bacteriana com um gene alterado para a DNA-polimerase I que produziu uma enzima inativa. Embora essa cepa fosse anormalmente sensível a agentes que danificam o DNA, ela ainda era viável.

Uma busca por outras DNA-polimerases levou à descoberta da **DNA-polimerase II** e da **DNA-polimerase III** de *E. coli* no início da década de 1970. A DNA-polimerase II é uma enzima envolvida em um tipo de reparo do DNA (Seção 25.3). A DNA-polimerase III é a principal enzima de replicação em *E. coli*. As DNA-polimerases IV e V, identificadas em 1999, estão envolvidas em uma forma incomum de reparo do DNA (Seção 25.2). As propriedades dessas cinco DNA-polimerases são comparadas na **Tabela 25-1**.

A DNA-polimerase I, portanto, não é a enzima principal da replicação; em vez disso, ela executa funções de limpeza durante a replicação, a recombinação e o reparo. As funções especiais das polimerases são potencializadas pela sua atividade exonucleásica 5'→3'. Essa atividade, diferentemente da atividade nucleásica de revisão 3'→5' (Fig. 25-6), está localizada no domínio estrutural, que pode ser separado do restante da enzima por um tratamento leve com protease. Quando o domínio de exonuclease 5'→3' é removido, o fragmento remanescente ($M_r$ 68.000), o **fragmento grande** ou **fragmento de Klenow**, mantém as atividades de polimerização e de revisão. A atividade de exonuclease 5'→3' da DNA-polimerase I intacta pode substituir um segmento de DNA (ou RNA) pareado com a fita-molde, em um processo

**FIGURA 25-6 Um exemplo de correção de erro pela atividade exonucleásica 3'→5' da DNA-polimerase I.** A análise estrutural localizou a atividade de exonuclease atrás da atividade de polimerase, uma vez que a enzima é orientada em seu movimento ao longo do DNA. Uma base malpareada (aqui, um malpareamento C-T) impede a translocação da DNA-polimerase I (Pol I) para o próximo sítio.

## TABELA 25-1 Comparação das cinco DNA-polimerases de *E. coli*

| | DNA-polimerase | | | | |
|---|---|---|---|---|---|
| | I | II[a] | III | IV[a] | V[a] |
| Gene estrutural[b] | *polA* | *polB* | *polC (dnaE)* | *dinB* | *umuC* |
| Subunidades (número de tipos diferentes) | 1 | 7 | 9 | 1 | 3 |
| $M_r$ | 103.000 | 88.000[c] | 1.065.400 | 39.100 | 110.000 |
| Exonuclease 3'→5' (revisão) | Sim | Sim | Sim | Não | Não |
| Exonuclease 5'→3' | Sim | Não | Não | Não | Não |
| Taxa de polimerização (nucleotídeos/s) | 10-20 | 40 | 250-1.000 | 2-3 | 1 |
| Processividade (nucleotídeos adicionados antes que a polimerase se dissocie) | 3-200 | 1.500 | ≥ 500.000 | 1 | 6-8 |

[a]DNA-polimerases translesão (mutagênicas). Para a DNA-polimerase IV, a processividade é aumentada substancialmente pela associação com uma braçadeira β. Essas polimerases são mais lentas quando uma lesão de DNA está presente na fita-molde de DNA.
[b]Para enzimas com mais de uma subunidade, o gene listado aqui codifica a subunidade com atividade de polimerização. Observe que *dnaE* é uma designação anterior para o gene agora referido como *polC*.
[c]Somente a subunidade de polimerização. A DNA-polimerase II compartilha várias subunidades com a DNA-polimerase III, incluindo as subunidades β, δ, δ', χ e ψ (ver Tabela 25-2).

conhecido como translação após o corte (do inglês *nick translation*) (**Fig. 25-7**). A maioria das outras DNA-polimerases não tem a atividade de exonuclease 5'→3'.

A DNA-polimerase III é muito mais complexa do que a DNA-polimerase I, com nove tipos diferentes de subunidades (**Tabela 25-2**). Suas atividades de polimerização e revisão estão nas subunidades α e ε, respectivamente. A subunidade θ associa-se a α e a ε para formar uma polimerase central, a qual pode polimerizar DNA, mas com processividade limitada. Até três polimerases centrais podem ser ligadas por outro conjunto de subunidades, um complexo de carregamento de braçadeiras consistindo de cinco subunidades de três tipos diferentes, $\tau_2\delta\delta'$. As polimerases centrais estão ligadas pelas subunidades τ (tau). Duas subunidades adicionais, χ (chi) e ψ (psi), estão ligadas ao complexo de carregamento de braçadeiras. O conjunto completo de 16 subunidades de proteínas (oito tipos diferentes) é chamado de DNA-polimerase III* (**Fig. 25-8a**).

A DNA-polimerase III* pode polimerizar o DNA, mas com uma processividade muito menor do que seria esperado para a replicação organizada de um cromossomo inteiro. O aumento necessário na processividade é fornecido pela adição de subunidades β. As subunidades β associam-se em pares para formar estruturas com formato de "rosquinhas" que cercam o DNA e agem como braçadeiras (Fig. 25-8b). Cada dímero se associa a um subconjunto central da polimerase III* (uma braçadeira dimérica para cada subconjunto central) e desliza ao longo do DNA à medida que a replicação prossegue. A braçadeira β deslizante evita a dissociação da DNA-polimerase III do DNA, aumentando drasticamente a processividade – mais de 500 mil vezes (Tabela 25-1). A adição de subunidades β converte DNA-polimerase III* em holoenzima DNA-polimerase III.

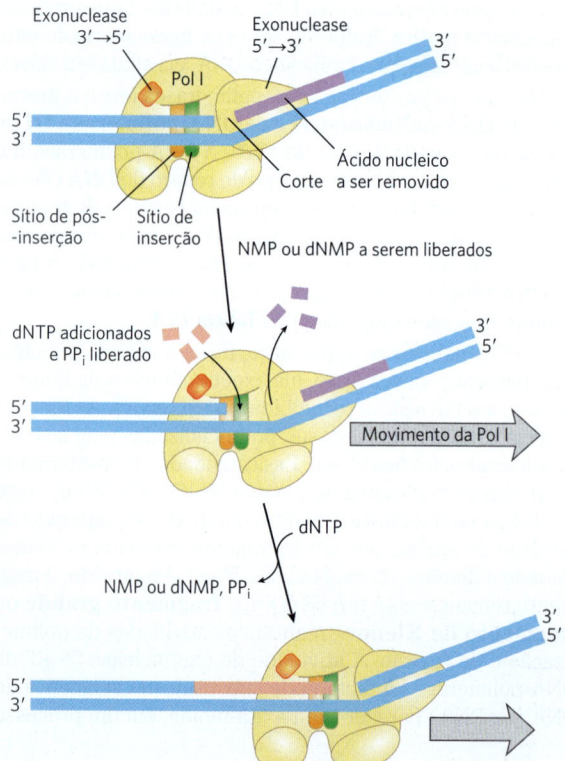

**FIGURA 25-7 Translação após o corte (*nick translation*).** A DNA-polimerase bacteriana tem três domínios, catalisando suas atividades de DNA-polimerase, exonuclease 5'→3' e exonuclease 3'→5'. O domínio de exonuclease 5'→3' está na frente da enzima à medida que ela se desloca ao longo do DNA, e não é mostrado na Figura 25-4. Ao degradar a fita de DNA à frente da enzima e sintetizar uma nova fita atrás, a DNA-polimerase I pode promover a translação após o corte, em que uma quebra ou corte no DNA é efetivamente movido ao longo da molécula junto com a enzima. Esse processo tem um papel no reparo do DNA e na remoção dos *primers* de RNA durante a replicação (ambos descritos posteriormente neste capítulo). A fita de ácido nucleico a ser removida (seja DNA ou RNA) é mostrada em roxo, a fita de substituição, em vermelho. A síntese de DNA inicia-se em um corte (uma ligação fosfodiéster quebrada, deixando uma 3'-hidroxila livre e um 5'-fosfato livre). Um corte permanece onde a DNA-polimerase I, por fim, dissocia-se, sendo selado posteriormente por outra enzima.

## TABELA 25-2 Subunidades da DNA-polimerase III de *E. coli*

| Subunidade | Número de subunidades por holoenzima | $M_r$ da subunidade | Gene | Função da subunidade | |
|---|---|---|---|---|---|
| α | 3 | 129.900 | *polC (dnaE)* | Atividade de polimerização | Núcleo da polimerase |
| ε | 3 | 27.500 | *dnaQ (mutD)* | Exonuclease de revisão 3'→5' | |
| θ | 3 | 8.600 | *holE* | Estabilização da subunidade ε | |
| τ | 3 | 71.100 | *dnaX* | Ligação ao molde estável; dimerização do núcleo enzimático | Complexo carreador de braçadeiras (γ) que carrega as subunidades β na fita lenta de cada fragmento de Okazaki[a] |
| δ | 1 | 38.700 | *holA* | Abridor de braçadeira | |
| δ' | 1 | 36.900 | *holB* | Carregador de braçadeira | |
| χ | 1 | 16.600 | *holC* | Interação com SSB | |
| ψ | 1 | 15.200 | *holD* | Interação com τ e χ | |
| β | 6 | 40.600 | *dnaN* | Braçadeira de DNA necessária para processividade ótima | |

[a] A subunidade γ é codificada por uma porção do gene para a subunidade τ (*dnaX*), de forma que 66% da porção aminoterminal da subunidade τ tem a mesma sequência de aminoácidos da subunidade γ. A subunidade γ é produzida por um mecanismo de tradução por mudança de fase de leitura (p. 1013) que leva à terminação prematura da tradução. A subunidade γ compartilha as funções de carregador de braçadeira de τ, mas não tem os segmentos de proteína que interagem com a polimerase central ou com a helicase DnaB. Os complexos de carregadores de braçadeira incorporando subunidades γ podem operar independentemente da holoenzima DNA-polimerase III, promovendo a descarga de braçadeiras β descartadas na fita lenta à medida que a forquilha de replicação progride. Eles também podem promover o carregamento de braçadeiras β para alguns processos de reparo de DNA que precisam de síntese de DNA longe da forquilha de replicação.

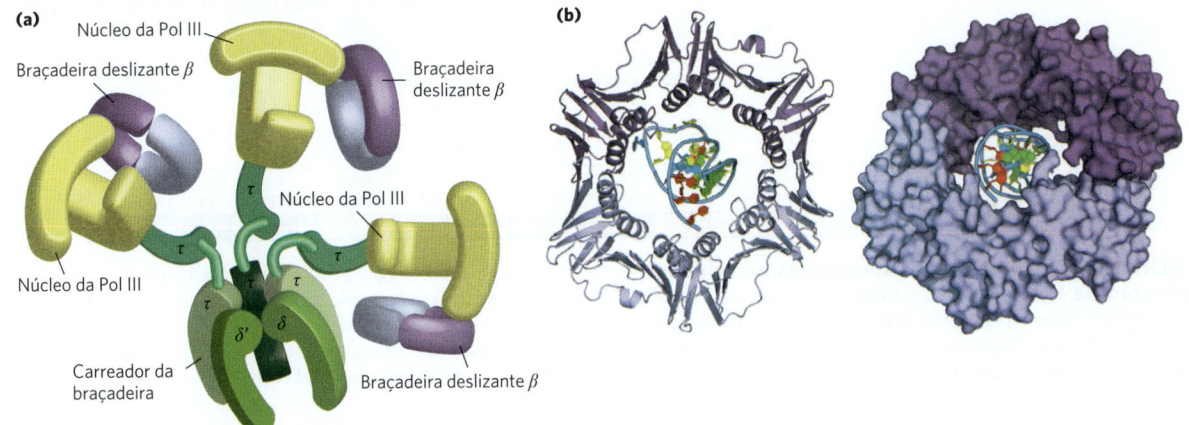

**FIGURA 25-8 DNA-polimerase III.** (a) Arquitetura da DNA-polimerase III bacteriana (Pol III). Três domínios principais, compostos de subunidades α, ε e θ, estão ligados por um complexo de carregamento de braçadeiras de cinco subunidades, com a composição $\tau_3\delta\delta'$. As subunidades centrais e o complexo de carregamento de braçadeiras constituem a DNA-polimerase III*. As outras duas subunidades da DNA-polimerase III*, χ e ψ (não mostradas), também se ligam ao complexo de carregamento de braçadeira. Três braçadeiras β interagem com os três subconjuntos centrais, cada braçadeira sendo um dímero da subunidade β. O complexo interage com a helicase DnaB (descrita mais adiante neste capítulo) através das subunidades τ. (b) As duas subunidades β da polimerase III da *E. coli* formam uma braçadeira circular que envolve o DNA. A braçadeira desliza ao longo da molécula de DNA, aumentando a processividade da holoenzima da polimerase III para mais de 500 mil nucleotídeos ao impedir a sua dissociação do DNA. As duas subunidades β são mostradas em dois tons de roxo como estruturas em fita (à esquerda) e imagens de contorno de superfície (à direita), envolvendo o DNA.
[(a) Informações de N. Yao e M. O'Donnell, *Mol. Biosyst.* 4:1075, 2008. (B) Dados de PDB ID 2POL, X.-P. Kong et al., *Cell* 69:425, 1992.]

## A replicação do DNA requer muitas enzimas e fatores proteicos

A replicação em *E. coli* não requer apenas uma DNA-polimerase, mas sim 20 ou mais enzimas e proteínas diferentes, cada uma realizando uma tarefa específica. O complexo inteiro foi denominado **sistema de DNA-replicase** ou **replissomo**. A complexidade enzimática da replicação reflete as limitações impostas pela estrutura do DNA e pelas necessidades de precisão. As principais classes de enzimas de replicação são consideradas aqui em relação aos problemas por elas superados.

O DNA deve ser separado em duas fitas, cada uma delas atuando como um molde. Isso geralmente é feito pelas

**helicases**, enzimas que se deslocam ao longo do DNA e separam suas fitas, utilizando energia química a partir do ATP. A separação das fitas cria um estresse topológico na estrutura helicoidal do DNA (ver Fig. 24-11), que é aliviado pela ação de **topoisomerases**. As fitas separadas são estabilizadas por **proteínas de ligação de DNA**. Como observado anteriormente, antes de as DNA-polimerases poderem começar a sintetizar o DNA, *primers* devem estar presentes no molde – geralmente, pequenos segmentos de RNA sintetizados por enzimas conhecidas como **primases**. Em última análise, os *primers* de RNA são removidos e substituídos por DNA; em *E. coli*, essa é uma das muitas funções da DNA-polimerase I. Uma nuclease especializada que degrada o RNA em híbridos de RNA-DNA, chamada de RNase H1, também remove alguns *primers* de RNA. Depois que um *primer* de RNA é removido e o intervalo é preenchido com DNA, um corte (*nick*) permanece no esqueleto do DNA na forma de uma ligação fosfodiéster rompida. Esses cortes são selados por **DNA-ligases**. Todos esses processos necessitam de coordenação e regulação, uma ação combinada melhor caracterizada no sistema de *E. coli*.

## A replicação do cromossomo de *E. coli* prossegue em estágios

A síntese de uma molécula de DNA pode ser dividida em três estágios: iniciação, alongamento e terminação, diferenciando-se tanto pelas reações que ocorrem como pelas enzimas necessárias. Como será visto neste capítulo e nos dois capítulos seguintes, a síntese dos principais polímeros biológicos que contêm informação – DNA, RNA e proteínas – pode ser compreendida com base nesses mesmos três estágios, com os estágios de cada via apresentando características peculiares. Os eventos descritos a seguir refletem a informação decorrente principalmente de experimentos *in vitro* utilizando proteínas purificadas de *E. coli*, embora os princípios sejam altamente conservados em todos os sistemas de replicação.

**Iniciação** A origem de replicação da *E. coli*, *oriC*, consiste em 245 pb e contém elementos de sequências de DNA que são altamente conservados entre origens de replicação bacteriana. O arranjo geral das sequências conservadas é ilustrado na **Figura 25-9**. Dois tipos de sequências são de especial interesse: cinco repetições de uma sequência de 9 pb (sítios R) que funcionam como sítios de ligação para a proteína iniciadora chave, DnaA, e uma região rica em pares de bases A=T chamada **elemento de desenrolamento de DNA** (**DUE**, do inglês *DNA unwinding element*). Há outros três sítios de ligação de DnaA (sítios I) e sítios de ligação para proteínas IHF (fator de integração do hospedeiro) e FIS (fator para estimulação de inversão). Essas duas proteínas foram descobertas como componentes necessários em algumas reações de recombinação descritas adiante neste capítulo, e seus nomes refletem esses papéis.

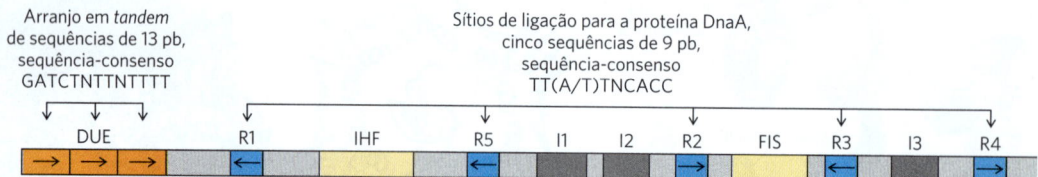

**FIGURA 25-9 Arranjo das sequências na origem de replicação de *E. coli*, *oriC*.** São mostradas sequências-consenso para elementos-chave repetitivos. N representa qualquer um dos quatro nucleotídeos. As setas horizontais indicam as orientações das sequências nucleotídicas (a seta da esquerda para a direita indica uma sequência na fita superior; da direita para a esquerda, na fita inferior). O FIS e o IHF são sítios de ligação para proteínas descritas no texto. Os sítios R são ligados pela DnaA. Os sítios I são sítios adicionais de ligação pela DnaA (com diferentes sequências, denominadas I1, I2 e I3), ligados pela DnaA apenas quando a proteína está complexada com ATP.

| TABELA 25-3 | Proteínas necessárias para iniciar a replicação na origem de *E. coli* | | | |
|---|---|---|---|---|
| Proteína | $M_r$ | Número de subunidades | | Função |
| Proteína DnaA | 52.000 | 1 | | Reconhece a sequência *oriC*; abre o duplex em sítios específicos na origem |
| Proteína DnaB (helicase) | 300.000 | 6[a] | | Desenrola o DNA |
| Proteína DnaC | 174.000 | 6[a] | | Necessária para a ligação da DnaB na origem |
| HU | 19.000 | 2 | | Proteína semelhante à histona; proteína de ligação ao DNA; estimula a iniciação |
| FIS | 22.500 | 2[a] | | Proteína de ligação ao DNA; estimula a iniciação |
| IHF | 22.000 | 2 | | Proteína de ligação ao DNA; estimula a iniciação |
| Primase (proteína DnaG) | 60.000 | 1 | | Sintetiza *primers* de RNA |
| Proteína de ligação ao DNA de fita simples (SSB) | 75.600 | 4[a] | | Liga-se ao DNA de fita simples |
| DNA-girase (DNA-topoisomerase II) | 400.000 | 4 | | Alivia a tensão de torção gerada pelo desenrolamento do DNA |
| Dam-metilase | 32.000 | 1 | | Metila as sequências (5')GATC em *oriC* |

[a]As subunidades nesses casos são idênticas.

Outra proteína de ligação de DNA, a HU (proteína bacteriana semelhante à histona, originalmente denominada fator U), também participa, mas não tem um sítio de ligação específico.

Pelo menos 10 enzimas ou proteínas diferentes (resumidas na **Tabela 25-3**) participam da fase de iniciação da replicação. Elas abrem a hélice de DNA na origem e estabelecem um complexo de pré-iniciação para reações subsequentes. O componente crucial no processo de iniciação é a proteína DnaA, um membro da família de proteínas **AAA+ ATPase** (ATPases *a*ssociadas a diversas *a*tividades celulares). Muitas AAA+ ATPases, incluindo a DnaA, formam oligômeros e hidrolisam ATP de forma relativamente lenta. Essa hidrólise de ATP atua como um interruptor, mediando a interconversão da proteína entre dois estados. No caso da DnaA, a forma ligada ao ATP é ativa, e a forma ligada ao ADP, inativa.

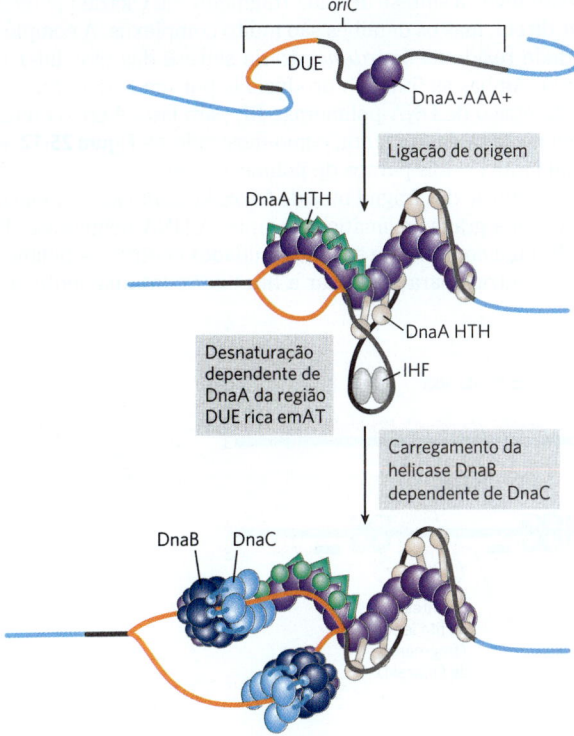

**FIGURA 25-10 Modelo para iniciação da replicação na origem de *E. coli*, *oriC*.** As moléculas da proteína DnaA ligam-se inicialmente aos cinco sítios R específicos. Após a ligação do ATP, moléculas de DnaA adicionais se ligam aos sítios I na origem, formando um complexo helicoidal orientado para a direita e atraindo mais moléculas de DnaA que continuam a hélice na região DUE (ver Fig. 25-9). O DNA está enrolado ao redor desse complexo. As moléculas de DnaA ligadas aos sítios R e I ligam-se ao DNA com um domínio HTH (referindo-se a um motivo de ligação ao DNA denominado hélice-volta-hélice). A região de DUE rica em A=T é desnaturada como resultado da tensão conferida pela ligação à DnaA. Dentro do DUE, o DNA de fita simples é ligado pelo domínio ATPase do DnaA, em vez do HTH. A formação do complexo helicoidal de DnaA é facilitada pelas proteínas HU, IHF e FIS. Os papéis estruturais detalhados dessas proteínas não são conhecidos, mas a IHF pode estabilizar um laço de DNA transitório, como mostrado aqui. Hexâmeros da proteína DnaB se ligam a cada fita, com o auxílio da proteína DnaC. A atividade da helicase da DnaB desenrola o DNA na preparação para a síntese do *primer* e do DNA. [Informações de J. P. Erzberger et al., *Nat. Struct. Mol. Biol.* 13:676, 2006.]

Oito moléculas da proteína DnaA, todas no estado ligado ao ATP, reúnem-se para formar um complexo helicoidal abrangendo os sítios R e I no *oriC* (**Fig. 25-10**). A DnaA tem maior afinidade pelos sítios R do que pelos sítios I e se liga aos sítios R com igual facilidade tanto na forma ligada ao ATP quanto na forma ligada ao ADP. Os sítios I, os quais se ligam apenas à DnaA ligada ao ATP, permitem a diferenciação entre as formas ativas e inativas de DnaA. O enrolamento estreito do DNA para a direita em volta desse complexo introduz uma supertorção positiva (ver Capítulo 24). A tensão associada no DNA vizinho, combinada com a ligação de proteína DnaA adicional à região DUE, leva à desnaturação na região rica em A=T da DUE. O complexo formado na origem de replicação também inclui várias proteínas de ligação de DNA – HU, IHF e FIS – que facilitam o enovelamento do DNA.

A proteína DnaC, outra AAA+ ATPase, carrega, então, a proteína DnaB para as fitas de DNA separadas na região desnaturada. Um hexâmero de DnaC, cada subunidade ligada ao ATP, forma um complexo rígido com a helicase DnaB hexamérica em formato de anel. Essa interação DnaC-DnaB abre o anel da DnaB, em um processo auxiliado por uma interação adicional entre a DnaB e a DnaA. Dois hexâmeros de DnaB em formato de anel são carregados no DUE, cada um em uma fita de DNA. O ATP ligado à DnaC é hidrolisado, liberando-a e deixando a DnaB ligada ao DNA.

O carregamento da helicase DnaB é a etapa-chave na iniciação da replicação. Como uma helicase replicativa, a DnaB migra ao longo da fita simples de DNA na direção 5′→3′, desenrolando o DNA ao longo do caminho. As helicases DnaB carregadas nas duas fitas de DNA viajam em direções opostas, criando duas forquilhas de replicação potenciais. Todas as outras proteínas na forquilha de replicação são ligadas direta ou indiretamente à DnaB. A holoenzima DNA-polimerase III está ligada por meio de suas subunidades τ; interações adicionais de DnaB estão descritas a seguir. À medida que a replicação começa e as fitas de DNA são separadas na forquilha, muitas moléculas de proteínas de ligação de DNA de fita simples (SSB) se ligam e estabilizam as fitas separadas, e a DNA-girase (DNA-topoisomerase II) alivia o estresse topológico induzido à frente da forquilha pela reação de desenrolamento.

A iniciação é a única fase da replicação do DNA que é conhecida por ser regulada, e ela é regulada de modo que a replicação ocorra apenas uma vez em cada ciclo celular. O mecanismo de regulação ainda não é completamente compreendido, mas estudos genéticos e bioquímicos forneceram informações sobre vários mecanismos regulatórios distintos.

Uma vez que a DNA-polimerase III tenha sido carregada na direção do DNA com as subunidades β (sinalizando a finalização da fase de iniciação), a proteína Hda liga-se às subunidades β e interage com a DnaA para estimular a hidrólise de seu ATP ligado. A Hda é ainda outra AAA+ ATPase intimamente relacionada com DnaA (seu nome é derivado de *h*omólogo à *DnaA*). Essa hidrólise do ATP leva ao desmonte do complexo de DnaA na origem. A liberação lenta do ADP pela DnaA e a religação do ATP faz a proteína circular entre suas formas inativa (ligada a ADP) e ativa (ligada a ATP) em uma escala de tempo de 20 a 40 minutos.

O tempo de iniciação da replicação é afetado pela metilação do DNA e pelas interações com a membrana plasmática bacteriana. O DNA *oriC* é metilado pela Dam-metilase

(Tabela 25-3), a qual metila a posição $N^6$ da adenina no interior da sequência palindrômica (5′)GATC. (*Dam* significa metilação da adenina do DNA; do inglês *DNA adenine methylation*). A região *oriC* de *E. coli* é muito rica em sequências GATC – ela possui 11 em seus 245 pb, ao passo que a frequência média de GATC no cromossomo de *E. coli*, como um todo, é de 1 em cada 256 pb.

Imediatamente após a replicação, o DNA é hemimetilado: as fitas parentais têm sequências *oriC* metiladas, mas as fitas recém-sintetizadas, não. As sequências *oriC* hemimetiladas são agora sequestradas pela interação com a membrana plasmática (o mecanismo é desconhecido) e pela ligação da proteína SeqA. Após um tempo, a *oriC* é liberada da membrana plasmática, dissocia-se de SeqA, e o DNA deve estar totalmente metilado pela Dam-metilase antes que ele possa se ligar novamente à DnaA e iniciar um novo ciclo de replicação.

**Alongamento** A fase de alongamento da replicação inclui duas operações distintas, porém relacionadas: a síntese da fita líder e a síntese da fita lenta. Várias enzimas na forquilha de replicação são importantes para a síntese de ambas as fitas. O DNA parental é inicialmente desenrolado pelas DNA-helicases, e o estresse topológico resultante é aliviado pelas topoisomerases. Cada fita separada é, então, estabilizada pela SSB. A partir desse ponto, a síntese das fitas líder e lenta é completamente diferente.

A síntese da fita líder, a mais direta das duas, começa com a síntese pela primase (proteína DnaG) de um *primer* curto de RNA (10 a 60 nucleotídeos) na origem de replicação. A DnaG interage com a helicase DnaB para realizar essa reação, e o *primer* é sintetizado na direção oposta àquela em que a helicase DnaB está se movendo. Na verdade, a helicase DnaB move-se ao longo da fita que se torna a fita lenta na síntese do DNA; entretanto, o primeiro *primer* formado na primeira interação DnaG-DnaB funciona como iniciador da síntese da fita líder de DNA na direção oposta. Desoxirribonucleotídeos são adicionados a esse *primer* por um complexo DNA-polimerase III ligado à helicase DnaB presa à fita de DNA oposta. Assim, a síntese da fita líder prossegue continuamente, acompanhando o desenrolamento do DNA na forquilha de replicação.

A síntese da fita lenta, como observado, é realizada em fragmentos curtos de Okazaki (**Fig. 25-11a**). Inicialmente, um *primer* de RNA é sintetizado pela primase e, como na síntese da fita líder, a DNA-polimerase III liga-se ao *primer* de RNA e adiciona desoxirribonucleotídeos (Fig. 25-11b). Nesse nível, a síntese de cada fragmento de Okazaki parece ser direta, mas os detalhes são muito complexos. A complexidade reside na *coordenação* da síntese das fitas líder e lenta. Ambas as fitas são produzidas por um *único* dímero assimétrico de DNA-polimerase III; para isso, é criada uma alça no DNA da fita lenta, como mostrado na **Figura 25-12**, a qual junta os dois pontos de polimerização.

A síntese dos fragmentos de Okazaki na fita lenta implica uma coreografia enzimática elegante. A DNA-polimerase III utiliza um conjunto de suas subunidades centrais (a polimerase central) para sintetizar a fita líder continuamente, ao

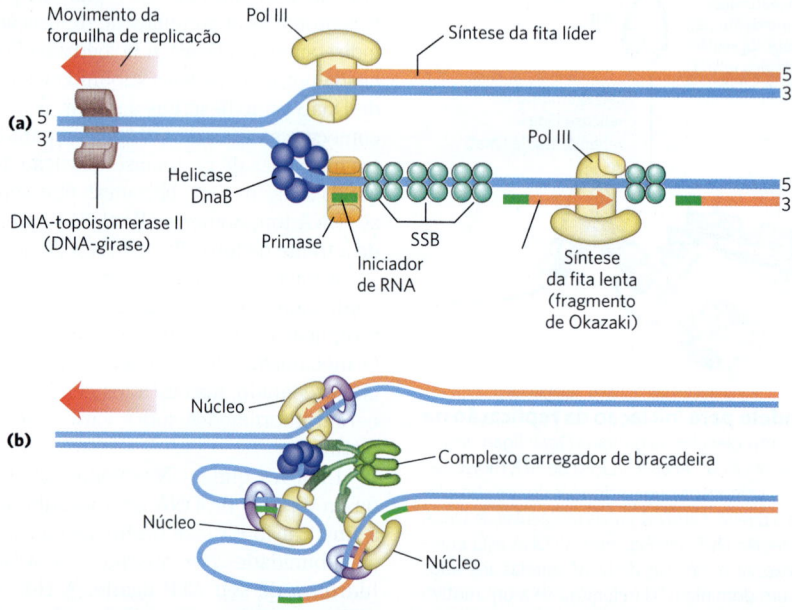

**FIGURA 25-11 Síntese dos fragmentos de Okazaki.**
(a) A primase sintetiza, em intervalos, um *primer* de RNA para um novo fragmento de Okazaki. Observe que, ao se considerar as duas fitas-molde dispostas lado a lado, a síntese da fita lenta formalmente prossegue na direção oposta do movimento da forquilha. (b) Cada *primer* é estendido pela DNA-polimerase III. A síntese de DNA continua até que o fragmento se estenda até o *primer* do fragmento de Okazaki previamente adicionado. Um novo *primer* é sintetizado próximo à forquilha de replicação para começar o processo novamente. (b) No complexo replissomo, a síntese de DNA nas fitas líder e lenta é fortemente coordenada. Cada holoenzima da DNA-polimerase III tem três conjuntos de subunidades centrais (em amarelo), ligadas por um único complexo de carregamento de braçadeiras, de modo que um ou dois fragmentos de Okazaki podem ser sintetizados simultaneamente com a fita líder.

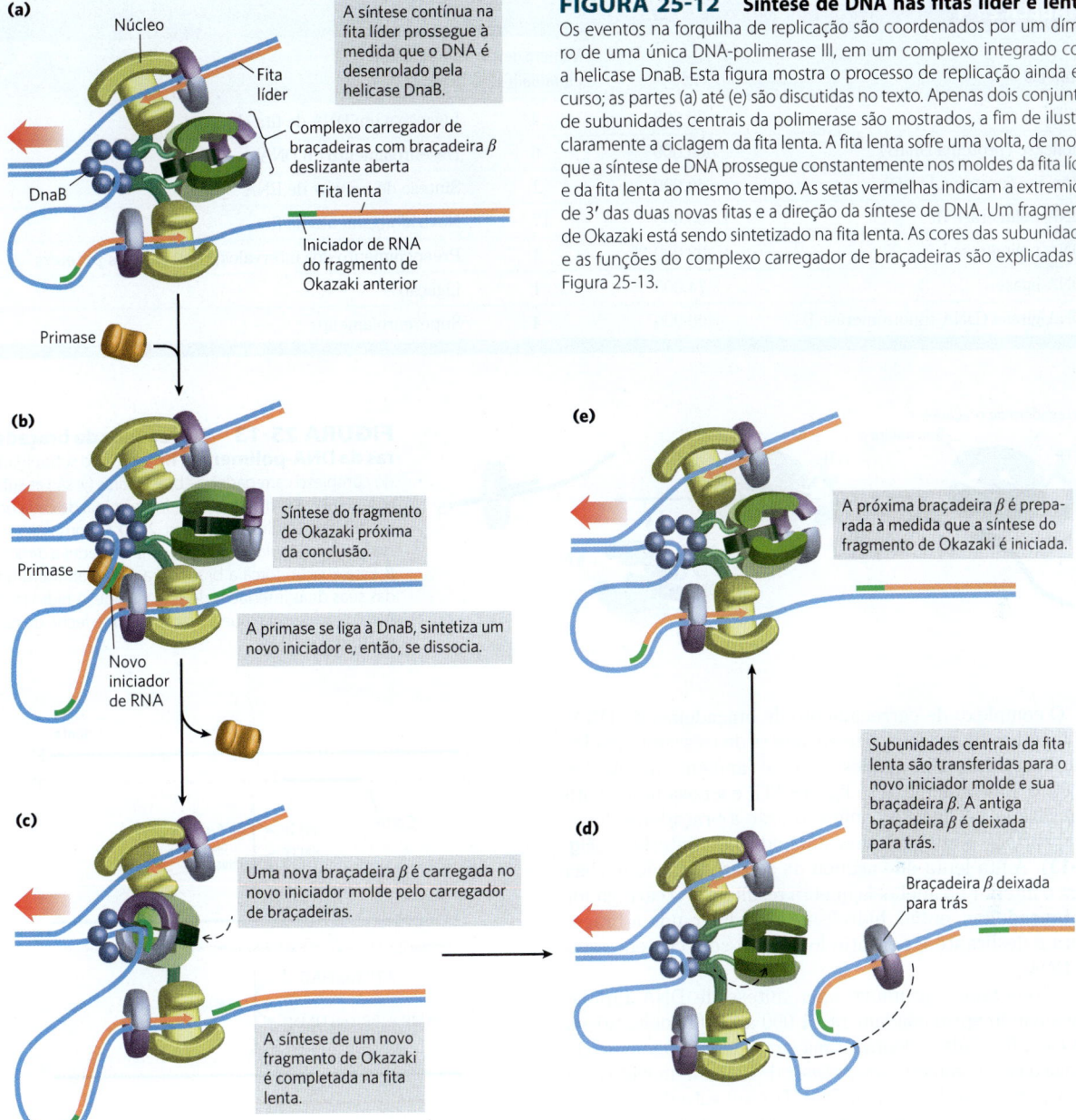

**FIGURA 25-12 Síntese de DNA nas fitas líder e lenta.**
Os eventos na forquilha de replicação são coordenados por um dímero de uma única DNA-polimerase III, em um complexo integrado com a helicase DnaB. Esta figura mostra o processo de replicação ainda em curso; as partes (a) até (e) são discutidas no texto. Apenas dois conjuntos de subunidades centrais da polimerase são mostrados, a fim de ilustrar claramente a ciclagem da fita lenta. A fita lenta sofre uma volta, de modo que a síntese de DNA prossegue constantemente nos moldes da fita líder e da fita lenta ao mesmo tempo. As setas vermelhas indicam a extremidade 3′ das duas novas fitas e a direção da síntese de DNA. Um fragmento de Okazaki está sendo sintetizado na fita lenta. As cores das subunidades e as funções do complexo carregador de braçadeiras são explicadas na Figura 25-13.

passo que os outros dois conjuntos de subunidades centrais realizam o ciclo de um fragmento de Okazaki para o próximo na fita lenta em alça. *In vitro*, uma holoenzima DNA-polimerase III com apenas dois conjuntos de subunidades centrais pode sintetizar as fitas líder e lenta. No entanto, um terceiro conjunto de subunidades centrais aumenta a eficiência da síntese da fita lenta, bem como a processividade global do replissomo.

A helicase DnaB, ligada à frente da DNA-polimerase III, desenrola o DNA na forquilha de replicação (Fig. 25-12a) à medida que ele viaja ao longo do molde da fita lenta na direção 5′→3′. A primase DnaG ocasionalmente se associa à helicase DnaB e sintetiza um *primer* de RNA curto (Fig. 25-12b). Uma nova braçadeira β deslizante é, então, posicionada no *primer* pelo complexo de carregamento de braçadeiras da DNA-polimerase III (Fig. 25-12c). Quando a síntese de um fragmento de Okazaki se completa, a replicação cessa, e as subunidades centrais de DNA-polimerase III se dissociam de sua braçadeira β deslizante (e do fragmento de Okazaki completo) e se associam à nova braçadeira (Fig. 25-12d,e). Isso inicia a síntese de um novo fragmento de Okazaki. Dois conjuntos de subunidades centrais podem estar envolvidos na síntese de dois fragmentos de Okazaki diferentes ao mesmo tempo. As proteínas que atuam na forquilha de replicação estão resumidas na **Tabela 25-4**.

| TABELA 25-4 | Proteínas do replissomo de *E. coli* | | |
|---|---|---|---|
| Proteína | $M_r$ | Número de subunidades | Função |
| SSB | 75.600 | 4 | Ligação a um DNA de fita simples |
| Helicase (proteína DnaB) | 300.000 | 6 | Desenrolamento do DNA |
| Primase (proteína DnaG) | 60.000 | 1 | Síntese de *primer* de RNA |
| DNA-polimerase III | 1.065.400 | 17 | Novo alongamento da fita |
| DNA-polimerase I | 103.000 | 1 | Preenchimento dos intervalos; remoção dos *primers* |
| DNA-ligase | 74.000 | 1 | Ligação |
| DNA-girase (DNA-topoisomerase II) | 400.000 | 4 | Superenrolamento |

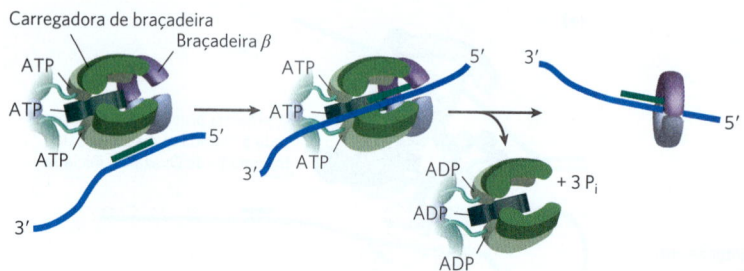

**FIGURA 25-13 Carregador de braçadeiras da DNA-polimerase III.** As cinco subunidades do complexo carregador de braçadeiras ($\gamma$) são as subunidades $\delta$ e $\delta'$ e o domínio aminoterminal de cada uma das três subunidades $\tau$ (ver Fig. 25-8). O complexo liga-se a três moléculas de ATP e a uma braçadeira dimérica $\beta$. Essa ligação força a braçadeira $\beta$ a se abrir em uma das suas duas interfaces de subunidade. A hidrólise do ATP ligado permite que a braçadeira $\beta$ se feche de novo em torno do DNA.

O complexo de carregamento de braçadeiras da DNA-polimerase III, que consiste em partes de três subunidades $\tau$ ao longo das subunidades $\delta$ e $\delta'$, é também uma AAA+ ATPase. Esse complexo se liga ao ATP e à nova braçadeira $\beta$ deslizante. A ligação confere tensão à braçadeira dimérica, abrindo o anel em uma subunidade da interface (**Fig. 25-13**). A fita lenta que acabou de sofrer iniciação desliza para o interior do anel pela quebra resultante. O carregador de braçadeiras, então, hidrolisa o ATP, liberando a braçadeira $\beta$ deslizante e permitindo que ela se feche em volta do DNA.

O replissomo promove uma síntese de DNA rápida, adicionando aproximadamente 1.000 a 2.000 nucleotídeos em cada fita (líder e lenta). Uma vez que um fragmento de Okazaki está completo, seu *primer* de RNA é removido pela DNA-polimerase I ou pela RNase H1 e substituído por DNA pela polimerase; o corte remanescente é selado pela DNA-ligase (**Fig. 25-14**).

A DNA-ligase catalisa a formação de uma ligação fosfodiéster entre uma hidroxila no final de uma fita de DNA e um fosfato no final de outra fita. O fosfato deve ser ativado por adenilação. DNA-ligases isoladas de vírus e eucariotos usam ATP para esse propósito. As DNA-ligases de bactérias são incomuns, uma vez que muitas usam $NAD^+$ – um cofator que geralmente funciona em reações de transferência de hidretos (ver Fig. 13-24) – como a fonte do grupo de ativação de AMP (**Fig. 25-15**). A DNA-ligase é outra enzima do metabolismo do DNA que se tornou um importante reagente em experimentos de DNA recombinante (ver Fig. 9-1).

**Terminação** Por fim, as duas forquilhas de replicação do cromossomo circular de *E. coli* se encontram em uma região

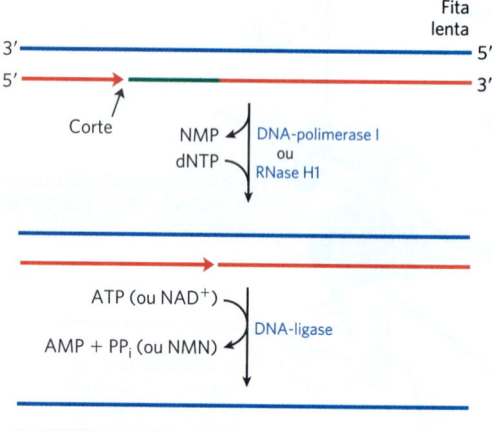

**FIGURA 25-14 Etapas finais na síntese dos segmentos da fita lenta.** Os *primers* de RNA na fita lenta são removidos pela atividade exonucleásica 5'→3' da DNA-polimerase I ou RNase H1 e, então, substituídos por DNA pela DNA-polimerase I. O corte remanescente é selado pela DNA-ligase. O papel do ATP ou $NAD^+$ é mostrado na Figura 25-15.

terminal que contém múltiplas cópias de uma sequência de 20 pb denominada Ter (**Fig. 25-16**). As sequências Ter estão organizadas no cromossomo de forma a criar uma armadilha na qual a forquilha de replicação pode entrar, mas não sair. As sequências Ter funcionam como sítios de ligação para a proteína Tus (substância de utilização de término). O complexo Ter-Tus pode sequestrar uma forquilha de replicação a partir de apenas uma direção. Apenas um complexo

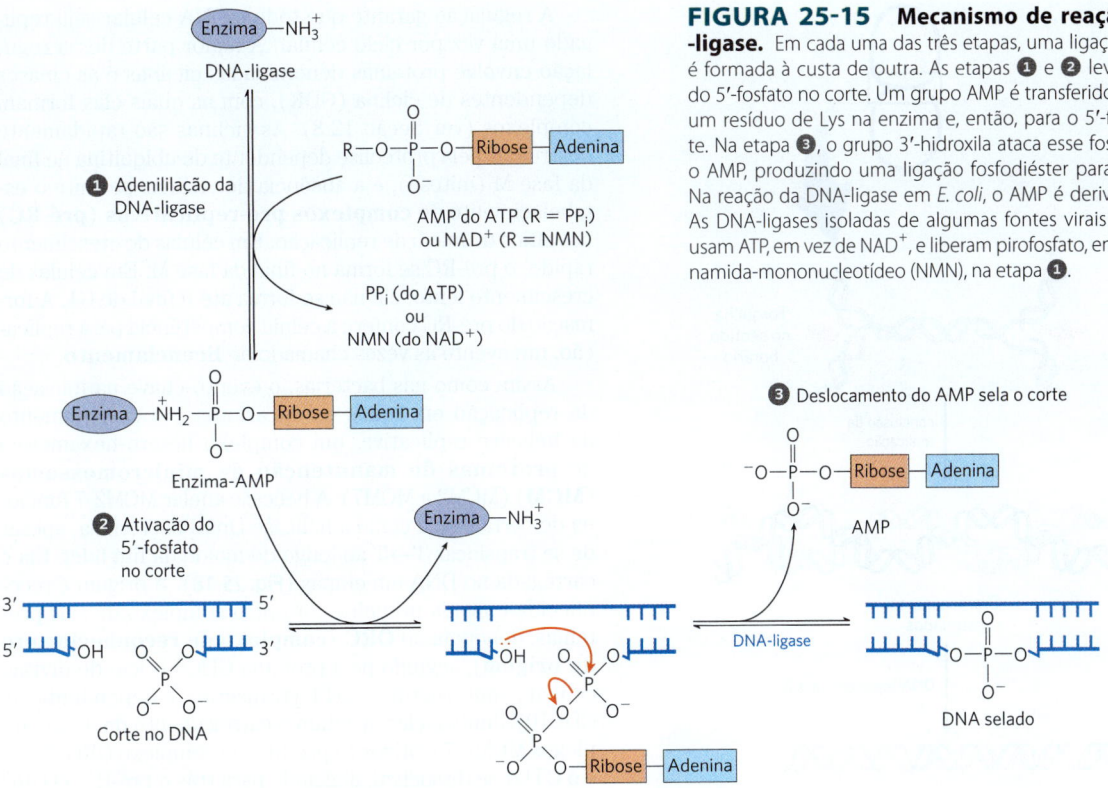

**FIGURA 25-15 Mecanismo de reação da DNA-ligase.** Em cada uma das três etapas, uma ligação fosfodiéster é formada à custa de outra. As etapas ❶ e ❷ levam à ativação do 5'-fosfato no corte. Um grupo AMP é transferido primeiro para um resíduo de Lys na enzima e, então, para o 5'-fosfato no corte. Na etapa ❸, o grupo 3'-hidroxila ataca esse fosfato e desloca o AMP, produzindo uma ligação fosfodiéster para selar o corte. Na reação da DNA-ligase em *E. coli*, o AMP é derivado do $NAD^+$. As DNA-ligases isoladas de algumas fontes virais e eucarióticas usam ATP, em vez de $NAD^+$, e liberam pirofosfato, em vez de nicotinamida-mononucleotídeo (NMN), na etapa ❶.

Ter-Tus funciona por ciclo de replicação – o primeiro complexo encontrado por qualquer forquilha de replicação. Uma vez que as forquilhas de replicação opostas geralmente param quando colidem, as sequências Ter não parecem ser essenciais, mas elas podem evitar o excesso de replicação por uma forquilha caso a outra esteja atrasada ou seja interrompida por um encontro com um dano no DNA ou algum outro obstáculo.

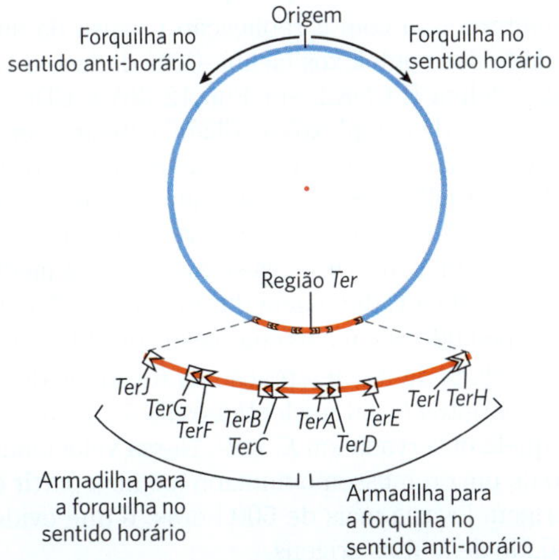

Portanto, quando uma das forquilhas de replicação encontra um complexo Ter-Tus funcional, ela para; a outra forquilha para quando encontra a primeira forquilha (que foi presa). As poucas centenas de pares de bases finais de DNA entre esses grandes complexos de proteínas são, então, replicados (por um mecanismo ainda desconhecido), completando dois cromossomos circulares topologicamente interligados (catenados) (**Fig. 25-17**). Os círculos de DNA ligados dessa forma são conhecidos como **catenanos**. A separação dos círculos catenados em *E. coli* requer topoisomerase IV (uma topoisomerase tipo II). Os cromossomos separados, então, segregam-se em células-filhas na divisão celular. A fase terminal de replicação de outros cromossomos circulares, incluindo muitos dos vírus de DNA que infectam células eucarióticas, é semelhante.

## A replicação em células eucarióticas é semelhante, porém mais complexa

As moléculas de DNA nas células de eucariotos são consideravelmente maiores do que aquelas nas bactérias e são organizadas em estruturas de nucleoproteínas complexas (cromatina; p. 898). As características essenciais da replicação do DNA são as mesmas em eucariotos e bactérias, e muitos dos complexos proteicos são conservados funcional

**FIGURA 25-16 Terminação da replicação de cromossomos em *E. coli*.** As sequências Ter (*TerA* a *TerJ*) são posicionadas no cromossomo em dois grupos com orientações opostas. A região geral *Ter* abrange cerca de 9% do cromossomo circular.

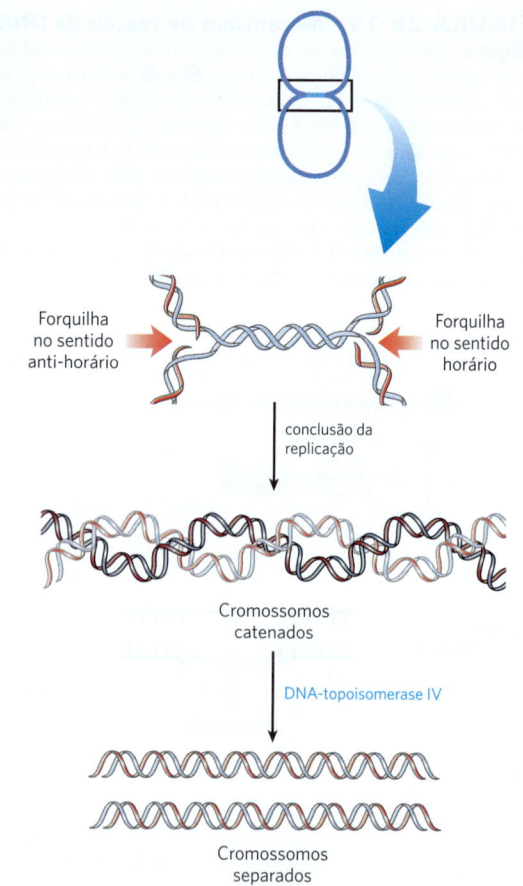

**FIGURA 25-17 Papel das topoisomerases na terminação da replicação.** A replicação do DNA separando forquilhas de replicação opostas deixa os cromossomos concluídos unidos como catenanos, ou como círculos topologicamente interligados. Os círculos não são ligados covalentemente, porém, como estão entrelaçados e cada um está fechado covalentemente, eles não podem ser separados – exceto pela ação das topoisomerases. Em *E. coli*, uma topoisomerase tipo II, conhecida como DNA-topoisomerase IV, desempenha o papel principal na separação dos cromossomos catenados, quebrando transitoriamente ambas as fitas de DNA de um cromossomo e permitindo que o outro cromossomo passe pela quebra.

e estruturalmente. Todavia, a replicação eucariótica é regulada e coordenada com o ciclo celular e deve funcionar de acordo com as complexidades da estrutura da cromatina.

As origens de replicação têm uma estrutura bem caracterizada em alguns eucariotos inferiores, mas são muito menos conhecidas em eucariotos superiores. Em ambos os casos, a replicação começa em curtas regiões livres de nucleossomos. A levedura (*S. cerevisiae*) tem cerca de 400 origens de replicação definidas, chamadas de sequências de replicação autônoma (ARS) ou **replicadores**. Os replicadores de leveduras estendem-se por aproximadamente 150 pb e contêm várias sequências conservadas e essenciais. Existem cerca de 30.000 a 50.000 origens de replicação nos cromossomos humanos. As origens de replicação dos vertebrados, em geral, podem ser definidas por algum aspecto da estrutura secundária do DNA, ainda desconhecido.

A regulação garante que todo o DNA celular seja replicado uma vez por ciclo celular. A maior parte dessa regulação envolve proteínas denominadas ciclinas e as cinases dependentes de ciclina (CDK), com as quais elas formam complexos (ver Seção 12.8). As ciclinas são rapidamente destruídas pela proteólise dependente de ubiquitina no final da fase M (mitose), e a ausência de ciclinas permite o estabelecimento de **complexos pré-replicativos (pré-RC)** nos sítios de início de replicação. Em células de crescimento rápido, o pré-RC se forma no final da fase M. Em células de crescimento lento, ele não se forma até o final de G1. A formação do pré-RC confere à célula competência para replicação, um evento às vezes chamado de **licenciamento**.

Assim como nas bactérias, o evento-chave na iniciação da replicação em todos os eucariotos é o carregamento da helicase replicativa, um complexo hetero-hexamérico de **proteínas de manutenção de minicromossomos (MCM)** (MCM2 a MCM7). A helicase anelar MCM2-7 funciona de certa forma como a helicase DnaB bacteriana, apesar de se translocar $3'\rightarrow 5'$ ao longo do molde da fita líder. Ela é carregada no DNA em etapas (**Fig. 25-18**). A origem é reconhecida e ligada primeiro por outro complexo de seis proteínas, denominado **ORC (complexo de reconhecimento de origem)**, seguido pela proteína CDC6 (ciclo de divisão celular), que recruta CDT1 (transcrito 1 dependente de CDC10). Juntos, eles facilitam o carregamento de dois complexos MCM2-7 inativos (o pré-RC). O complexo ORC-CDC6 e o CTD1 se dissociam, deixando para trás o pré-RC. O ORC tem cinco domínios entre suas subunidades e é funcionalmente análogo à DnaA bacteriana. A levedura CDC6 é outra AAA+ ATPase que forma um complexo com as subunidades ORC. Após a formação do pré-RC, outro conjunto de proteínas, CDC45 e GINS, se ligam e ativam a helicase MCM2-7, desencadeando a desnaturação do DNA. (GINS refere-se às primeiras letras dos números 5-1-2-3 em japonês, *go-ichi-ni-san*, fornecendo um código explicativo para as quatro subunidades de proteína do complexo: SLD5, PSF1, PSF2 e PSF3.) As proteínas de replicação, então, se ligam para formar um replissomo, e a replicação bidirecional começa.

O compromisso com a replicação precisa da síntese e da atividade dos complexos ciclina-CDK da fase S (como o complexo ciclina E-CDK2; ver Fig. 12-36) e CDC7-DBF4. Ambos os tipos de complexos auxiliam a ativar a replicação, ligando-se a várias proteínas e fosforilando-as no pré-RC. Outras ciclinas e CDK funcionam para inibir a formação de mais complexos pré-RC, uma vez que a replicação tenha se iniciado. Por exemplo, o CDK2 liga-se à ciclina A à medida que os níveis de ciclina E diminuem durante a fase S, inibindo o CDK2 e impedindo que novos complexos pré-RC se iniciem.

A velocidade de movimentação da forquilha de replicação em eucariotos (~ 50 nucleotídeos/s) é apenas um vigésimo daquela observada em *E. coli*. Nessa velocidade, a replicação de um cromossomo humano médio a partir de uma única origem levaria mais de 500 horas, o que evidencia a necessidade de muitas origens.

Assim como as bactérias, os eucariotos têm vários tipos de DNA-polimerases. Algumas foram associadas a funções específicas, como a replicação do DNA mitocondrial. A replicação dos cromossomos nucleares envolve principalmente

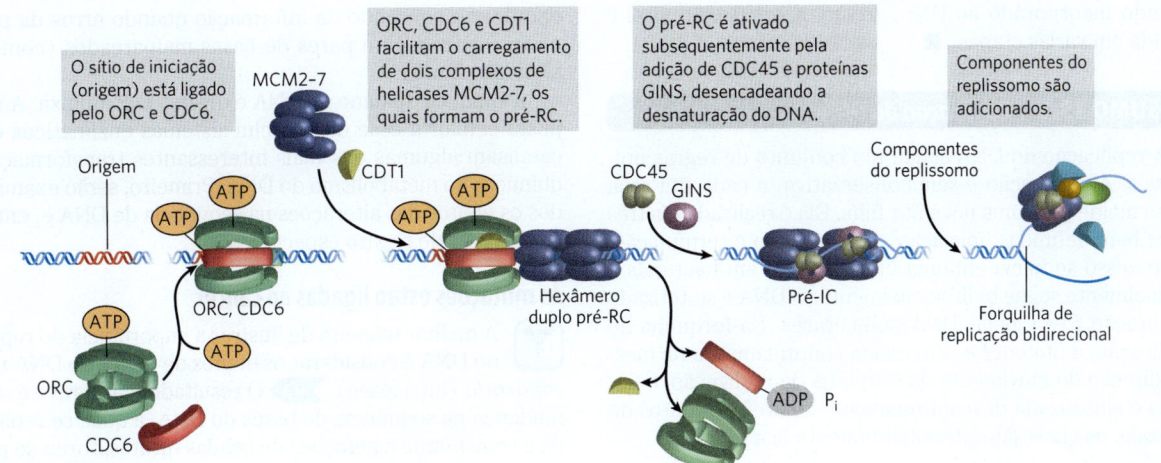

**FIGURA 25-18 Montagem de um complexo pré-replicativo em uma origem de replicação eucariótica.** O sítio de iniciação (origem) é ligado por ORC, CDC6 e CDT1. Essas proteínas, muitas delas AAA+ ATPases, promovem o carregamento de dois complexos de helicases MCM2-7 em uma reação análoga ao carregamento da helicase DnaB bacteriana pela proteína DnaC. Os dois complexos MCM2-7 carregados, mas inativos, compreendem o complexo pré-replicativo, ou pré-RC. O pré-RC é subsequentemente ativado pela adição de CDC45 e das proteínas GINS, seguido pela adição dos componentes do replissomo. [Informações de M. W. Parker et al., *Crit. Rev. Biochem. Mol. Biol.* 52:107, 2017.]

três DNA-polimerases com várias subunidades. A **DNA-polimerase ε** altamente processiva sintetiza a fita líder, e a **DNA-polimerase δ** sintetiza a fita lenta. Ambas as enzimas têm atividades exonucleásicas 3'→5' de revisão. A **DNA-polimerase α**, uma DNA-polimerase/primase, sintetiza *primers* de RNA e os estende em cerca de 10 nucleotídeos de DNA para iniciar a síntese de cada fragmento de Okazaki na fita lenta. Uma subunidade de DNA-polimerase α tem uma atividade primase, e a maior subunidade ($M_r \sim$ 180.000) contém a atividade de polimerização. No entanto, essa polimerase não possui atividade exonucleásica 3'→5' de revisão, tornando-a inadequada para a replicação de DNA de alta fidelidade.

As DNA-polimerases ε e δ estão associadas ao antígeno nuclear de proliferação celular (PCNA; $M_r$ 29.000) e são estimuladas por ele, que é uma proteína encontrada em grandes quantidades nos núcleos de células em proliferação. A estrutura tridimensional do PCNA é muito semelhante àquela da subunidade β da DNA-polimerase III de *E. coli* (Fig. 25-8b), embora a homologia da sequência primária não seja evidente. O PCNA tem uma função análoga àquela da subunidade β, formando uma braçadeira circular que aumenta a processividade das duas polimerases.

Dois outros complexos proteicos também funcionam na replicação do DNA eucariótico. A RPA (proteína de replicação A) é uma proteína de ligação de DNA de fita simples de eucariotos, equivalente em função à proteína SSB de *E. coli*. O RFC (fator de replicação C) é um carregador de braçadeiras para PCNA e facilita a montagem dos complexos de replicação ativos. As subunidades do complexo RFC apresentam uma semelhança de sequência significativa com as subunidades do complexo de carregamento de braçadeira (complexo γ) bacteriano.

O término da replicação em cromossomos eucarióticos lineares ocorre quando bifurcações de replicação operando em origens próximas convergem. Como nas bactérias, existem etapas sucessivas de replicação final, dissociação de replissomo e decatenação dos produtos de DNA. Todas as etapas são mediadas por complexos adicionais de proteínas, sendo que algumas partes do processo ainda estão indefinidas.

### DNA-polimerases virais fornecem alvos para a terapia antiviral

Muitos vírus de DNA codificam suas próprias DNA-polimerases, e algumas delas são alvos de medicamentos. Por exemplo, a DNA-polimerase do vírus herpes simples é inibida pelo aciclovir, um composto desenvolvido por Gertrude Elion e George Hitchings (p. 836). O aciclovir consiste em uma guanina presa a um anel de ribose incompleto.

Ele é fosforilado por uma timidina-cinase codificada pelo vírus; o aciclovir liga-se a essa enzima viral com uma afinidade 200 vezes maior que sua ligação à timidina-cinase da célula hospedeira. Isso garante que a fosforilação ocorra principalmente nas células infectadas por vírus. As cinases celulares convertem o aciclo-GMP resultante em aciclo-GTP, que é tanto inibidor quanto substrato das DNA-polimerases. O aciclo-GTP inibe competitivamente a DNA-polimerase do vírus do herpes mais fortemente que as DNA-polimerases celulares. Como não possui uma 3'-hidroxila, o aciclo-GTP também atua como terminador de cadeia quando incorporado ao DNA. Assim, a replicação viral é inibida em várias etapas. ■

### RESUMO 25.1 Replicação do DNA

■ A replicação do DNA segue um conjunto de regras universais. A replicação é semiconservativa, e cada fita atua como molde para uma nova fita-filha. Ela é realizada em três fases bem definidas: iniciação, alongamento e terminação. O processo se inicia em uma única origem em bactérias e normalmente segue bidirecionalmente. O DNA é sintetizado na direção 5'→3' pelas DNA-polimerases. Na forquilha de replicação, a fita líder é sintetizada continuamente na mesma direção do movimento da forquilha de replicação; a fita lenta é sintetizada descontinuamente como fragmentos de Okazaki, os quais são subsequentemente ligados.

■ Nucleases são enzimas que degradam o DNA. As endonucleases clivam dentro de um polímero de DNA; as exonucleases degradam o DNA do final de uma fita (5'→3' ou 3'→5').

■ As DNA-polimerases são enzimas complexas que sintetizam DNA e frequentemente possuem atividades adicionais, incluindo funções de exonuclease.

■ O DNA é replicado com alta fidelidade. A precisão é mantida por (1) seleção de bases pela polimerase, (2) uma atividade de exonuclease 3'→5' de revisão que faz parte de muitas DNA-polimerases e (3) sistemas de reparo específicos para malpareamentos deixados para trás após a replicação.

■ A maioria das células tem várias DNA-polimerases. Em *E. coli*, a DNA-polimerase III é a enzima de replicação principal. A DNA-polimerase I é responsável por funções especiais durante a replicação, a recombinação e o reparo.

■ A replicação requer uma série de enzimas e fatores proteicos além das DNA-polimerases. Muitas dessas proteínas pertencem à família AAA+ ATPase.

■ O início da replicação ocorre quando as helicases replicativas são carregadas nas origens de replicação de maneira gradual. O alongamento é obtido por um replissomo ativo – um complexo supramolecular de ácidos nucleicos e muitas proteínas, incluindo polimerases. A terminação ocorre quando os replissomos, que procedem em direções opostas, convergem; ela requer a decatenação dos produtos de replicação quando a replicação é concluída.

■ As principais DNA-polimerases replicativas em eucariotos são as DNA-polimerases ε e δ. A DNA-polimerase α sintetiza os *primers*.

■ A replicação do DNA viral é um alvo de medicamentos.

## 25.2 Reparo do DNA

A maioria das células tem apenas dois conjuntos de DNA genômico. **P1** Proteínas e moléculas de RNA danificadas podem ser rapidamente substituídas utilizando-se a informação codificada no DNA, mas as próprias moléculas de DNA são insubstituíveis. Manter a integridade da informação no DNA é imperativo para a célula, o que é apoiado por um conjunto elaborado de sistemas de reparo de DNA. O DNA pode ser danificado por vários processos, alguns espontâneos, outros catalisados por agentes ambientais (Capítulo 8). A própria replicação pode, muito ocasionalmente, danificar o conteúdo da informação quando erros da polimerase introduzem pares de bases malpareados (como G pareado com T).

A química do dano do DNA é diversa e complexa. A resposta celular a esse dano inclui sistemas enzimáticos que catalisam algumas das mais interessantes transformações químicas no metabolismo do DNA. Primeiro, serão examinados os efeitos das alterações na sequência de DNA e, então, os sistemas de reparo específicos.

### As mutações estão ligadas ao câncer

A melhor maneira de ilustrar a importância do reparo do DNA é considerar os efeitos de danos no DNA *não reparado* (uma lesão). **P3** O resultado mais grave é uma mudança na sequência de bases do DNA, a qual, se replicada e transmitida a gerações de células futuras, torna-se permanente. Uma alteração permanente na sequência de nucleotídeos de DNA é chamada de **mutação**. As mutações podem envolver a substituição de um par de bases por outro (mutação de substituição) ou a adição ou deleção de um ou mais pares de bases (mutações de inserção ou de deleção). Se a mutação afetar um DNA não essencial ou se ela tiver um efeito desprezível na função de um gene, ela é conhecida como **mutação silenciosa**. **P1** **P3** Em raras ocasiões, uma mutação confere alguma vantagem biológica. A maioria das mutações não silenciosas, entretanto, é neutra ou deletéria.

Em mamíferos, há uma forte correlação entre o acúmulo de mutações e o câncer. Um teste simples, desenvolvido por Bruce Ames na década de 1970, mede o potencial de um determinado composto químico de promover algumas mutações facilmente detectadas em uma linhagem bacteriana especializada (**Fig. 25-19**). Poucas substâncias químicas encontradas no cotidiano pontuam como mutagênicos nesse teste. Entretanto, dos compostos conhecidos por serem carcinogênicos a partir de longos ensaios em animais, mais de 90% foram considerados mutagênicos no teste de Ames. Devido a essa forte correlação entre mutagênese e carcinogênese, o teste de Ames para agentes mutagênicos bacterianos é amplamente utilizado como triagem rápida e barata para potenciais carcinógenos humanos.

O DNA genômico em uma típica célula de mamífero acumula muitos milhares de lesões durante um período de 24 horas. Entretanto, como resultado do reparo do DNA, menos de 1 em 1.000 se torna uma mutação. O DNA é uma molécula relativamente estável, porém, na ausência dos sistemas de reparo, o efeito cumulativo das muitas reações pouco frequentes, mas danosas, tornaria a vida impossível. ■

### Todas as células têm múltiplos sistemas de reparo de DNA

O número e a diversidade dos sistemas de reparo refletem a importância do reparo do DNA para a sobrevivência celular, além da variedade de fontes de dano ao DNA (**Tabela 25-5**). Alguns tipos comuns de lesões, como os dímeros de pirimidina (ver Fig. 8-30), podem ser reparados por vários sistemas distintos. Quase 200 genes no genoma humano codificam proteínas dedicadas ao reparo do DNA. Em muitos casos, a perda de função de uma dessas proteínas resulta em instabilidade genômica e no aumento da ocorrência de oncogênese (**Quadro 25-1**).

## 25.2 REPARO DO DNA

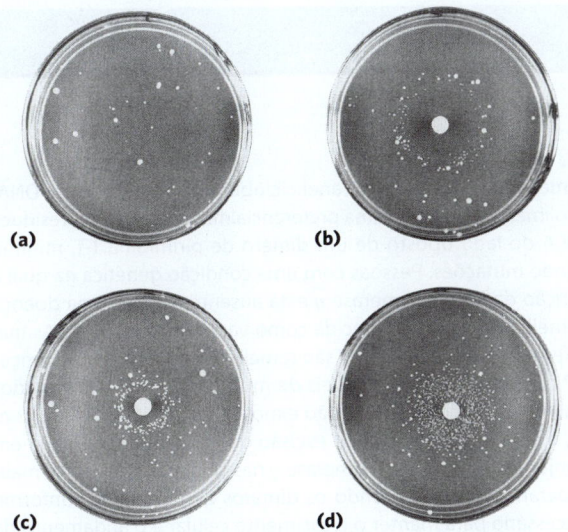

**FIGURA 25-19 Teste de Ames para substâncias carcinogênicas, com base na sua mutagenicidade.** Uma cepa de *Salmonella typhimurium* que está tendo uma mutação que inativa uma enzima da via biossintética da histidina é colocada em um meio sem histidina. Poucas células crescem. (a) As poucas pequenas colônias de *S. typhimurium* que crescem em meio livre de histidina carregam mutações espontâneas, que permitem o funcionamento da via biossintética da histidina. Três placas de nutrientes idênticas, (b), (c) e (d), foram inoculadas com um número igual de células. Cada placa recebe, então, um disco ou papel de filtro contendo concentrações progressivamente inferiores de um agente mutagênico. Esse agente aumenta muito a taxa de mutação reversa e, portanto, o número de colônias. As áreas vazias em torno do papel de filtro indicam onde a concentração do agente mutagênico é tão alta que é letal para as células. À medida que essa substância se difunde para longe do papel de filtro, ela é diluída para concentrações subletais que promovem a mutação reversa. Os agentes mutagênicos podem ser comparados com base no seu efeito sobre a taxa de mutação. Como muitos compostos passam por uma variedade de transformações químicas após entrar nas células, eles às vezes são testados para mutagenicidade depois de serem inicialmente incubados com um extrato de fígado. Algumas substâncias se revelaram mutagênicas apenas após esse tratamento. [Bruce N. Ames, University of California, Berkeley, Department of Biochemistry and Molecular Biology.]

**P2** Muitos processos de reparo do DNA também parecem ser extraordinariamente ineficientes energeticamente – uma exceção ao padrão observado na grande maioria das vias metabólicas, em que cada ATP costuma ser levado em consideração e apresenta uma utilização otimizada. Quando a integridade da informação genética está em risco, a quantidade de energia química investida em um processo de reparo parece quase irrelevante.

O reparo do DNA é possível, em grande parte, porque a molécula de DNA consiste em duas fitas complementares. O DNA danificado em uma fita pode ser removido e substituído, sem introduzir mutações, usando-se a fita complementar não danificada como modelo. Aqui, serão considerados os principais tipos de sistemas de reparo, começando com aqueles que reparam os raros malpareamentos de nucleotídeos que restaram após a replicação.

**Reparo de malpareamento** A correção dos raros malpareamentos deixados após a replicação em *E. coli* melhora a

**TABELA 25-5 Tipos de sistemas de reparo do DNA em *E. coli***

| Enzimas/proteínas | Tipo de dano |
|---|---|
| **Reparo de malpareamento** | |
| Dam-metilase<br>Proteínas MutH, MutL, MutS<br>DNA-helicase II<br>SSB<br>DNA-polimerase III<br>Exonuclease I<br>Exonuclease VII<br>Nuclease RecJ<br>Exonuclease X<br>DNA-ligase | Malpareamentos |
| **Reparo por excisão de base** | |
| DNA-glicosilases<br>AP-endonucleases<br>DNA-polimerase I<br>DNA-ligase | Bases anormais (uracila, hipoxantina, xantina); bases alquiladas; em alguns outros organismos, dímeros de pirimidina |
| **Reparo por excisão de nucleotídeo** | |
| Excinuclease ABC<br>DNA-polimerase I<br>DNA-ligase | Lesões de DNA que causam grandes mudanças estruturais (p. ex., dímeros de pirimidina) |
| **Reparo direto** | |
| DNA-fotoliases | Dímeros de pirimidina |
| $O^6$-Metilguanina-DNA-metiltransferase | $O^6$-Metilguanina |
| Proteína AlkB | 1-Metilguanina; 3-metilcitosina |

fidelidade geral da replicação em cerca de $10^2$ a $10^3$ vezes. Os malpareamentos são quase sempre corrigidos para refletir as informações na fita antiga (molde), que o sistema de reparo pode distinguir da cadeia recém-sintetizada pela presença de etiquetas de grupo metila no DNA-molde. O sistema de reparo de malpareamento de *E. coli* inclui pelo menos 10 componentes proteicos (Tabela 25-5) que funcionam na diferenciação da fita ou no próprio processo de reparo. As funções de muitos deles foram inicialmente elucidadas por Paul Modrich e colaboradores na década de 1980.

O mecanismo de diferenciação da fita não foi determinado para a maioria de bactérias e eucariotos, mas é bem conhecido para *E. coli* e algumas espécies bacterianas relacionadas. Nessas bactérias, a diferenciação da fita se baseia na ação da Dam-metilase, que, como já discutido, metila o DNA na posição $N^6$ de todas as adeninas no interior das sequências (5′)GATC. Imediatamente após a passagem da forquilha de replicação, há um curto período (poucos segundos ou minutos) durante o qual a fita-molde é metilada, mas a fita recém-sintetizada, não (**Fig. 25-20**). O estado transitório não metilado de sequências GATC na fita recém-sintetizada permite que a nova fita seja diferenciada da fita-molde. Malpareamentos de replicação nas proximidades de uma sequência GATC hemimetilada são, então, reparados de acordo com a informação

## QUADRO 25-1  MEDICINA

### Reparo do DNA e câncer

Os cânceres em seres humanos desenvolvem-se quando genes que regulam a divisão celular normal (oncogenes e genes supressores de tumor; ver Capítulo 12) não funcionam, são ativados no momento errado ou são alterados. Como consequência, as células podem crescer sem controle e formar um tumor. Os genes que controlam a divisão celular podem ser danificados por mutação espontânea ou substituídos pela invasão de um vírus tumoral (Capítulo 26). Não é surpreendente que alterações nos genes de reparo do DNA que resultam em uma taxa aumentada de mutação elevem enormemente a suscetibilidade de um indivíduo ao câncer. Defeitos nos genes que codificam as proteínas envolvidas no reparo por excisão de nucleotídeo, no reparo de malpareamento, no reparo por recombinação e na síntese de DNA translesão propensa a erro estão todos ligados a cânceres em seres humanos. Assim, é evidente que o reparo do DNA pode ser uma questão de vida e morte.

O reparo por excisão de nucleotídeo necessita de um número maior de proteínas em seres humanos do que em bactérias, embora as vias gerais sejam bastante semelhantes. Os defeitos genéticos que inativam o reparo por excisão de nucleotídeos foram associados a várias doenças genéticas; a mais bem estudada é o xeroderma pigmentoso (XP). Como o reparo por excisão de nucleotídeo é a única via de reparo para dímeros de pirimidina em seres humanos, pessoas com XP são extremamente sensíveis à luz e rapidamente desenvolvem cânceres de pele induzidos pela luz solar. A maior parte das pessoas com XP também apresenta anormalidades neurológicas, presumivelmente devido à sua inabilidade de reparar algumas lesões causadas por uma alta taxa de metabolismo oxidativo em neurônios. Defeitos nos genes que codificam qualquer um de pelo menos sete componentes proteicos diferentes do sistema de reparo por excisão de nucleotídeo podem resultar em XP, levando ao surgimento de sete grupos genéticos diferentes, denominados de XPA até XPG. Observe que XPC e XPE são partes de complexos que reconhecem DNA danificado, ao passo que XPA, XPB, XPD, XPF e XPG são todos componentes de um complexo multissubunidades muito maior que representa a excinuclease humana mostrada na Figura 25-24. Essas proteínas estão envolvidas na realização de incisões no DNA e na remoção do segmento de DNA de 29mer.

A maioria dos microrganismos tem vias redundantes para o reparo de dímeros de pirimidina no anel ciclobutano – fazendo uso de DNA-fotoliases e, algumas vezes, do reparo por excisão de base como alternativas ao reparo por excisão de nucleotídeo –, mas os seres humanos e outros mamíferos placentários, não. Essa ausência de um *backup* para o reparo por excisão de nucleotídeo para remover dímeros de pirimidina levou à especulação de que a evolução inicial dos mamíferos envolveu pequenos animais noturnos e peludos com pouca necessidade de reparo de danos UV. Entretanto, os mamíferos têm uma via para evitar translesões de dímeros de pirimidina no anel ciclobutano, que envolve a DNA-polimerase $\eta$. Essa enzima preferencialmente insere dois resíduos de A do lado oposto de um dímero de pirimidina T-T, minimizando mutações. Pessoas com uma condição genética na qual a função da DNA-polimerase $\eta$ está ausente exibem uma doença semelhante ao XP, conhecida como variante XP ou XP-V. As manifestações clínicas de XP-V são semelhantes àquelas das doenças XP clássicas, embora os níveis de mutação sejam mais elevados na XP-V quando as células são expostas à luz UV. Aparentemente, o sistema de reparo por excisão de nucleotídeo trabalha em conjunto com a DNA-polimerase $\eta$ nas células humanas normais, reparando e/ou ignorando os dímeros de pirimidina conforme necessário para manter o crescimento celular e o andamento da replicação do DNA. A exposição à luz UV introduz uma alta carga de dímeros de pirimidina, e alguns devem ser ignorados pela síntese translesão para manter a replicação em curso. Quando um sistema está ausente, ele é parcialmente compensado pelo outro. A perda da atividade de DNA-polimerase $\eta$ leva à parada das forquilhas de replicação e ao desvio das lesões UV pelas polimerases de síntese translesão (TLS) diferentes e mais mutagênicas. Como ocorre quando outros sistemas de reparo de DNA estão ausentes, o resultado do aumento do número de mutações com frequência leva ao câncer.

Uma das síndromes hereditárias mais comuns de suscetibilidade ao câncer é o câncer de cólon hereditário não poliposo (HNPCC). Essa síndrome foi associada a defeitos de reparo de malpareamento. Células humanas e de outros eucariotos têm várias proteínas análogas às proteínas bacterianas MutL e MutS (ver Fig. 25-21). Defeitos em pelo menos cinco genes de reparo de malpareamento podem levar ao HNPCC. Os mais prevalentes são defeitos nos genes *hMLH1* (homólogo 1 do MutL humano) e *hMSH2* (homólogo 2 do MutS humano). Em indivíduos com HNPCC, o câncer geralmente se desenvolve em idade precoce, sendo os cânceres de cólon os mais comuns.

A maioria dos cânceres de mama humanos ocorre em mulheres sem qualquer predisposição conhecida. No entanto, cerca de 10% dos casos são associados a defeitos hereditários em dois genes, *BRCA1* e *BRCA2*. As BRCA1 e BRCA2 humanas são proteínas grandes (1.834 e 3.418 resíduos de aminoácidos, respectivamente) que interagem com várias outras proteínas envolvidas na transcrição, na manutenção de cromossomos, no reparo do DNA e no controle do ciclo celular. A BRCA2 foi associada ao reparo de DNA por recombinação de quebras da dupla-fita. Um dos papéis-chave da BRCA2 é carregar o homólogo RecA humano, denominado Rad51, para o DNA em sítios de quebras de dupla-fita. A BRCA1 tem papéis ainda pouco definidos no reparo de quebras de dupla-fita, transcrição e alguns outros processos do metabolismo do DNA. Mulheres com defeitos nos genes *BRCA1* ou *BRCA2* têm uma probabilidade alta (cerca de 70%) de desenvolver câncer de mama.

na fita metilada (molde) parental. Se ambas as fitas forem metiladas em uma sequência GATC, poucos malpareamentos são reparados; se nenhuma das fitas estiver metilada, o reparo ocorre, mas não favorece nenhuma das fitas. O sistema de reparo de malpareamento direcionado por metilação em *E. coli* repara de maneira eficiente os malpareamentos de até 1.000 pb de uma sequência GATC hemimetilada.

Como o processo de correção de malpareamento é dirigido por sequências GATC relativamente distantes? A **Figura 25-21** ilustra um mecanismo. MutS faz a varredura do DNA e forma um complexo semelhante a uma braçadeira ao encontrar uma lesão. O complexo se liga a todos os pares de bases incompatíveis (exceto C-C). A proteína MutL forma um complexo com a proteína MutS, e o complexo MutSL desliza ao longo do DNA para encontrar uma sequência GATC hemimetilada. MutH se liga à MutL, e o complexo MutSLH se move em qualquer direção aleatoriamente ao longo do DNA. A MutH tem uma atividade de endonuclease sítio-específica que é inativa até que o complexo encontre uma sequência GATC hemimetilada. Nesse sítio, a MutH catalisa a clivagem da fita não metilada no lado 5' da G na GATC, o que marca a fita para reparo. Etapas adicionais na via dependem da localização do malpareamento em relação a esse sítio de clivagem (**Fig. 25-22**).

Quando o malpareamento é do lado 5' do sítio de clivagem (Fig. 25-22, à direita), a fita não metilada é desenrolada e degradada na direção 3'→5' a partir do sítio de clivagem por malpareamento, e esse segmento é substituído por um

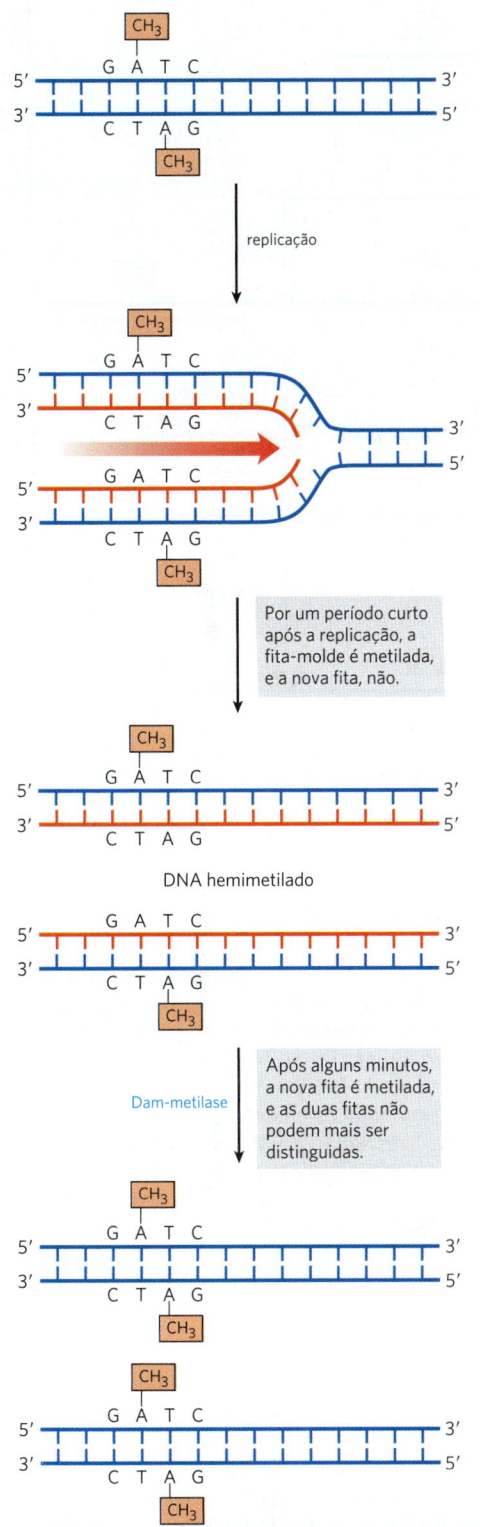

**FIGURA 25-20 Metilação e o reparo de malpareamento.** A metilação das fitas de DNA pode servir para distinguir as fitas parentais (molde) das fitas recém-sintetizadas no DNA de *E. coli*, uma função crucial para o reparo de malpareamento. A metilação ocorre na $N^6$ das adeninas nas sequências (5')GATC. Essa sequência é um palíndromo, presente em orientações opostas nas duas fitas.

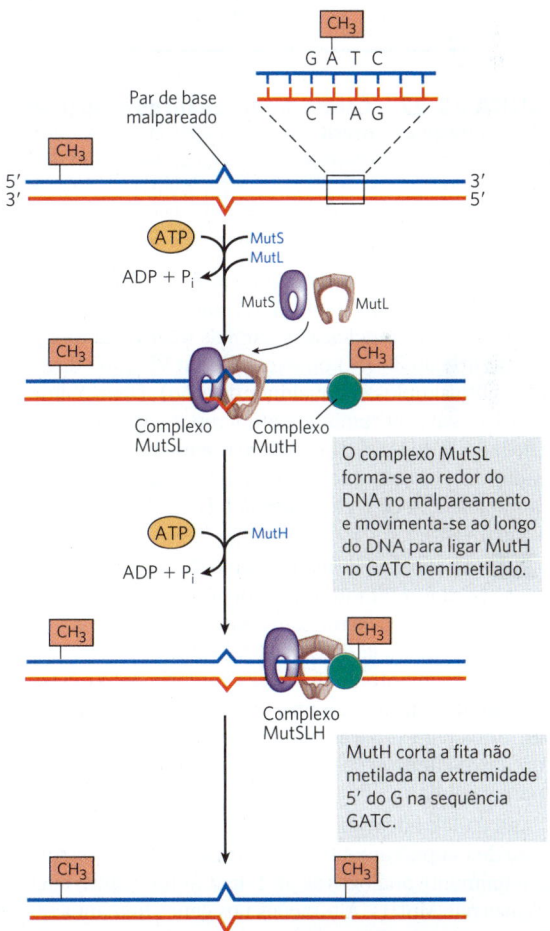

**FIGURA 25-21 Modelo para as etapas iniciais do reparo de malpareamento direcionado por metilação.** O reconhecimento da sequência (5')GATC e do malpareamento é uma função especializada das proteínas MutH e MutS, respectivamente.

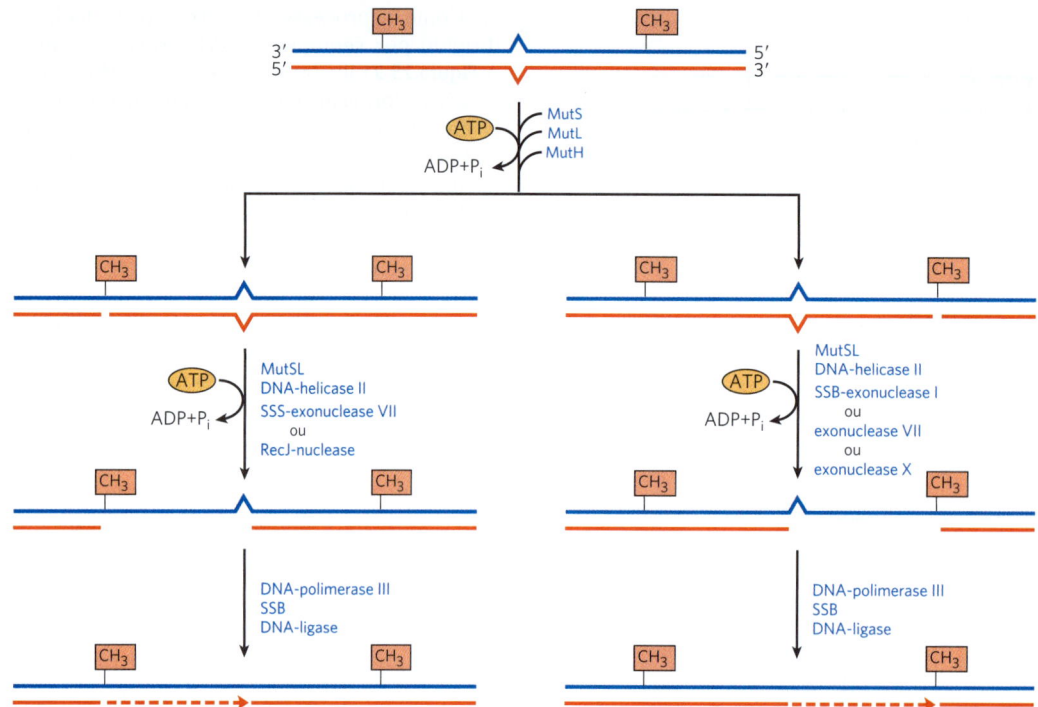

**FIGURA 25-22 Conclusão do reparo de malpareamento direcionado por metila.** A ação combinada de DNA-helicase II, SSB e de uma de quatro diferentes exonucleases remove um segmento da nova fita entre o sítio de clivagem MutH e um ponto logo adiante do malpareamento. A exonuclease específica depende da localização do local de clivagem em relação ao malpareamento, como mostrado pelas vias alternativas aqui. O intervalo resultante é preenchido (linha tracejada) pela DNA-polimerase III, e o corte é selado pela DNA-ligase (não mostrada).

DNA novo. Esse processo requer a ação combinada de DNA-helicase II (também chamada de helicase UvrD), SSB, exonuclease I ou exonuclease X (ambas degradam as fitas de DNA na direção 3'→5') ou exonuclease VII (que degrada o DNA de fita simples em qualquer direção), DNA-polimerase III e DNA-ligase. O caminho para o reparo de malpareamentos no lado 3' do local de clivagem é semelhante (Fig. 25-22, à esquerda), exceto que a exonuclease é a exonuclease VII ou a nuclease RecJ (que degrada o DNA de fita simples na direção 5'→3').

**P2** O reparo de malpareamento é particularmente oneroso para *E. coli* em termos de gasto de energia. O malpareamento pode ocorrer com 1.000 ou mais pares de bases a partir da sequência do GATC. A degradação e a substituição de um segmento de fita desse comprimento exigem um investimento enorme em precursores de desoxinucleotídeos ativados para reparar *uma única* base malpareada. Isso reforça mais uma vez a importância da integridade genômica para a célula.

As células eucarióticas também possuem sistemas de reparo de malpareamento, com várias proteínas estrutural e funcionalmente análogas às proteínas MutS e MutL bacterianas (mas não MutH). Alterações nos genes humanos que codificam proteínas desse tipo produzem algumas das síndromes hereditárias de suscetibilidade ao câncer mais comuns (ver Quadro 25-1), o que demonstra ainda mais o valor para o organismo dos sistemas de reparo do DNA. Os principais homólogos de MutS na maior parte dos eucariotos, de leveduras a seres humanos, são a MSH2 (homóloga de MutS), a MSH3 e a MSH6. Heterodímeros de MSH2 e MSH6 geralmente se ligam a malpareamentos de um único par de bases e se ligam com mais dificuldade a alças malpareadas um pouco mais longas. Em vez disso, em muitos organismos, os malpareamentos mais longos (2 a 6 pb) podem estar ligados a um heterodímero de MSH2 e MSH3 ou estar ligados por ambos os tipos de heterodímeros em *tandem*. Homólogos de MutL, predominantemente um heterodímero de MLH1 (homólogo 1 de MutL) e PMS1 (segregação pós-meiótica), ligam-se a e estabilizam os complexos MSH. Muitos detalhes dos eventos subsequentes no reparo de malpareamento em eucariotos ainda precisam ser decifrados. Em particular, não sabemos como as fitas de DNA recém-sintetizadas são identificadas, embora pesquisas revelem que esse processo não envolve sequências GATC.

**Reparo por excisão de base** As células têm uma classe de enzimas denominadas **DNA-glicosilases** que reconhecem lesões particularmente comuns no DNA (como os produtos da desaminação da citosina e da adenina; ver Fig. 8-29a) e removem a base afetada por meio da clivagem da ligação *N*-glicosídica. A via de reparo é chamada de **reparo por excisão de base**, pois a primeira etapa envolve apenas a remoção da base em vez do nucleotídeo inteiro. Essa clivagem cria um sítio apurínico ou apirimidínico no DNA, comumente denominado **sítio AP** ou **sítio abásico**. Cada DNA-glicosilase é geralmente específica para um tipo de lesão.

As uracila-DNA-glicosilases, por exemplo, encontradas na maioria das células, removem especificamente do DNA a uracila que é resultado da desaminação espontânea da citosina. As células mutantes que não possuem essa enzima apresentam uma alta taxa de mutações em G≡C a A=T. Essa glicosilase não remove resíduos de uracila do RNA ou resíduos de timina do DNA. A capacidade para distinguir a timina da uracila, o produto da desaminação da citosina – necessária para o reparo seletivo da última – pode ser uma razão pela qual o DNA evoluiu para conter timina, em vez de uracila (p. 280).

A maioria das bactérias tem apenas um tipo de uracila-DNA-glicosilase, ao passo que os seres humanos possuem pelo menos quatro tipos, com especificidades diferentes – um indicador da importância da remoção da uracila do DNA. A uracila-glicosilase mais abundante, a UNG, está associada ao replissomo humano, onde elimina o resíduo de U ocasional inserido no lugar de um T durante a replicação. A desaminação de resíduos de C é 100 vezes mais rápida no DNA de fita simples do que no DNA de fita dupla, e os seres humanos têm uma enzima, a hSMUG1, que remove quaisquer resíduos de U que ocorram no DNA de fita simples durante a replicação ou a transcrição. Duas outras DNA-glicosilases humanas, TDG e MBD4, removem tanto resíduos de U quanto de T pareados com G, produzidos pela desaminação de citosina ou de 5-metilcitosina, respectivamente.

Outras DNA-glicosilases reconhecem e removem várias bases danificadas, incluindo a formamidopirimidina e a 8-hidroxiguanina (ambas derivadas da oxidação da purina), hipoxantina (derivada da desaminação da adenina) e bases alquiladas, como a 3-metiladenina e a 7-metilguanina. Glicosilases que reconhecem outras lesões, incluindo os dímeros de pirimidina, também foram identificadas em algumas classes de organismos. Lembre-se de que os sítios AP também surgem da hidrólise lenta e espontânea das ligações $N$-glicosídicas no DNA (ver Fig. 8-29b).

Uma vez que o sítio AP tenha se formado por uma DNA-glicosilase, outro tipo de enzima deve repará-lo. O reparo *não* é realizado pela simples inserção de uma nova base e a reformação da ligação $N$-glicosídica. Em vez disso, a desoxirribose-5′-fosfato deixada para trás é removida e substituída por um novo nucleotídeo. Esse processo começa com uma das **AP-endonucleases**, enzimas que cortam a fita de DNA que contém o sítio AP. A posição da incisão relativa ao sítio AP (5′ ou 3′ em relação ao sítio) depende do tipo da AP-endonuclease. Um segmento de DNA incluindo o sítio AP é, então, removido, a DNA-polimerase I substitui o DNA, e a DNA-ligase fecha o corte remanescente (**Fig. 25-23**). Em eucariotos, a substituição do nucleotídeo é realizada por polimerases específicas, como descrito a seguir.

**Reparo por excisão de nucleotídeo** Lesões no DNA que provocam grandes distorções na estrutura helicoidal do DNA geralmente são reparadas pelo sistema de excisão de nucleotídeos, uma via de reparo fundamental para a sobrevivência de todos os organismos de vida livre. No reparo por excisão de nucleotídeo (**Fig. 25-24**), uma enzima formada por várias subunidades (excinuclease) hidrolisa duas ligações fosfodiésteres, uma de cada lado da distorção provocada pela lesão. Em *E. coli* e outras bactérias, o sistema enzimático hidrolisa a quinta ligação fosfodiéster no lado 3′ e a oitava ligação fosfodiéster no lado 5′ para gerar um fragmento de 12 a 13 nucleotídeos (dependendo de se a lesão envolve uma ou duas bases). Em seres humanos e outros eucariotos, o sistema enzimático hidrolisa a sexta ligação fosfodiéster no

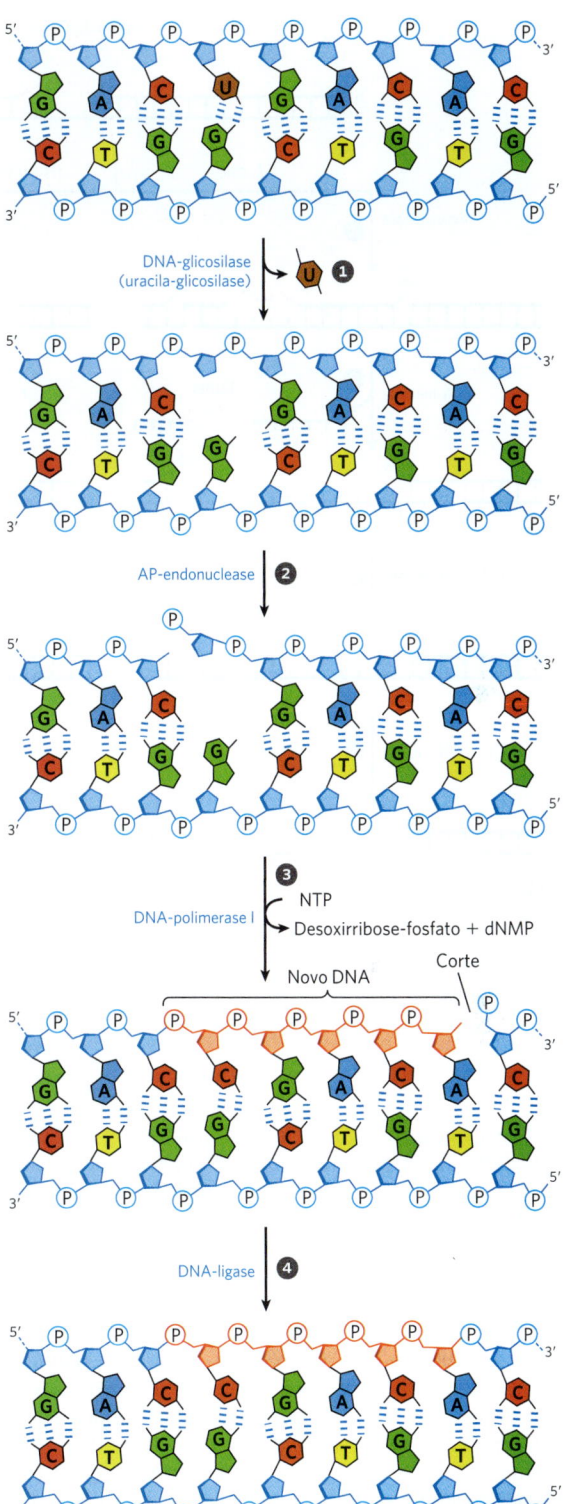

**FIGURA 25-23 Reparo do DNA pela via do reparo por excisão de base.** ❶ Uma DNA-glicosilase reconhece uma base danificada (nesse caso, uma uracila) e cliva entre a base e a desoxirribose no esqueleto do DNA. ❷ Uma AP-endonuclease cliva o esqueleto de fosfodiéster próximo ao sítio AP. ❸ A DNA-polimerase I inicia a síntese de reparo a partir da 3′-hidroxila no corte, removendo (com sua atividade de exonuclease 5′→3′) e substituindo uma porção da fita danificada. ❹ O corte remanescente depois que a DNA-polimerase I se dissociou é selado pela DNA-ligase.

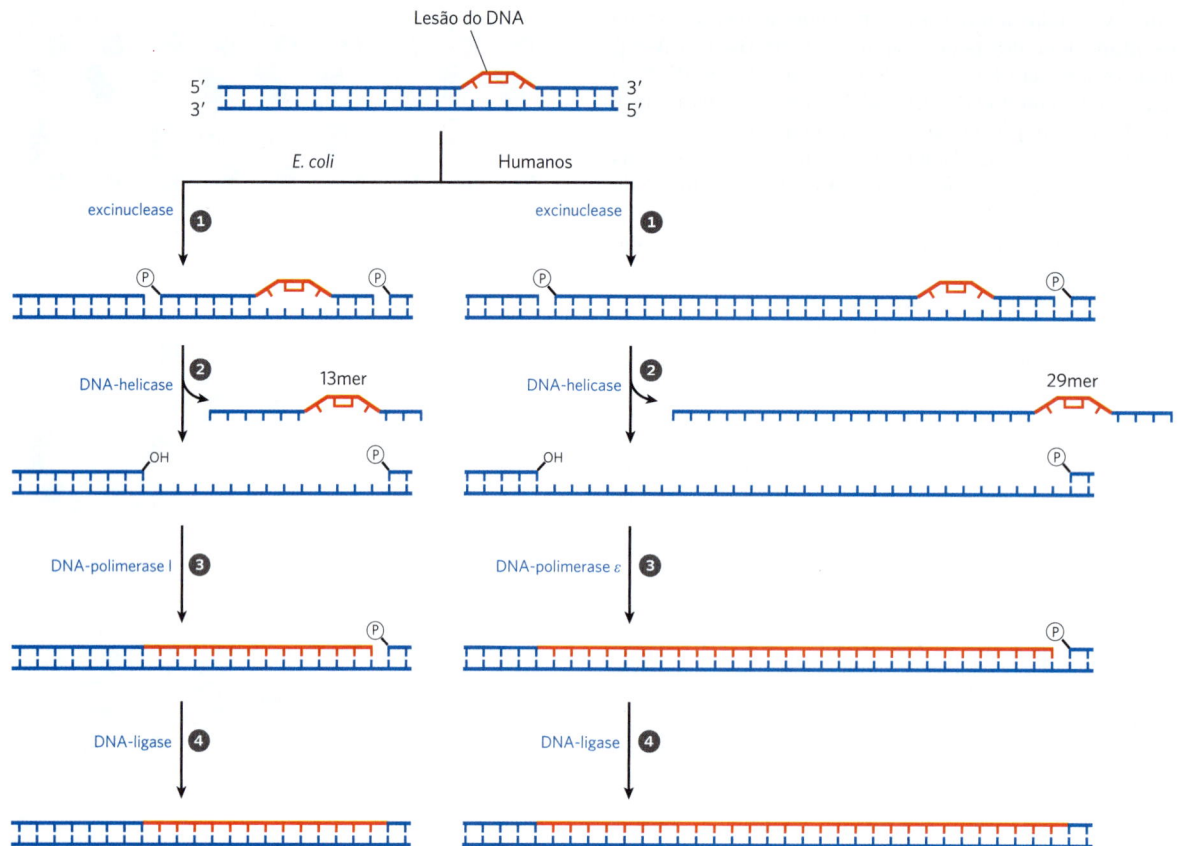

**FIGURA 25-24 Reparo por excisão de nucleotídeo em *E. coli* e seres humanos.** A via geral do reparo por excisão de nucleotídeo é semelhante em todos os organismos. ❶ Uma excinuclease se liga ao DNA no local de uma lesão extensa e cliva a fita do DNA lesionado de cada lado da lesão. ❷ O segmento de DNA – de 13 nucleotídeos (13mer) ou 29 nucleotídeos (29mer) – é removido com o auxílio de uma helicase. ❸ O intervalo é preenchido pela DNA-polimerase, e ❹ o corte remanescente é selado com a DNA-ligase. [Informações de uma figura fornecida por Aziz Sancar.]

lado 3' e a vigésima segunda ligação fosfodiéster no lado 5', produzindo um fragmento de 27 a 29 nucleotídeos. Após a incisão dupla, os oligonucleotídeos retirados são liberados do duplex, e o espaço resultante é preenchido – pela DNA-polimerase I em *E. coli* e pela DNA-polimerase ε em seres humanos. A DNA-ligase fecha o corte.

Em *E. coli*, o complexo enzimático chave é a excinuclease ABC, que possui três subunidades, UvrA ($M_r$ 104.000), UvrB ($M_r$ 78.000) e UvrC ($M_r$ 68.000). O termo "excinuclease" é utilizado para descrever a capacidade única desse complexo enzimático de catalisar duas clivagens endonucleotídicas específicas, diferenciando essa atividade daquela de endonucleases padrão. Uma proteína UvrA dimérica (uma ATPase) examina o DNA e se liga ao local da lesão. Uma proteína UvrB pode se ligar a UvrA antes ou depois do encontro com a lesão. Na lesão, o dímero UvrA se dissocia, deixando um complexo UvrB-DNA compacto. A proteína UvrC, então, liga-se à UvrB, e esta faz uma incisão na quinta ligação fosfodiéster, no lado 3' da lesão. Segue-se uma incisão mediada por UvrC na oitava ligação fosfodiéster no lado 5'. O fragmento resultante de 12 a 13 nucleotídeos é removido pela helicase UvrD. O pequeno intervalo criado desse modo é preenchido pela DNA-polimerase I e pela DNA-ligase. Essa via (Fig. 25-24, à esquerda) é a principal rota de reparo para muitos tipos de lesões, incluindo os dímeros de ciclobutano pirimidina, fotoprodutos 6-4 (ver Fig. 8-30) e vários outros tipos de adutos de bases, incluindo a benzopireno-guanina, que é formada no DNA pela exposição à fumaça de cigarro. A atividade nucleolítica da excinuclease ABC é nova no sentido em que dois cortes são feitos no DNA.

O mecanismo das excinucleases de eucariotos é muito semelhante àquele da enzima bacteriana, embora sejam necessários pelo menos 16 polipeptídeos sem qualquer semelhança com as subunidades excinuclease de *E. coli* para a incisão dupla. Alguns dos reparos por excisão de nucleotídeo e reparo por excisão de base em eucariotos estão intimamente ligados à transcrição (ver Capítulo 26). As deficiências genéticas no reparo por excisão de nucleotídeo em seres humanos levam a várias doenças graves (ver Quadro 25-1).

**Reparo direto** Vários tipos de danos são reparados sem a remoção de uma base ou nucleotídeo. O exemplo mais bem caracterizado é a fotorreativação direta dos dímeros de pirimidina no anel ciclobutano, reação promovida pelas **DNA-fotoliases**. Os dímeros de pirimidina resultam de uma reação induzida por UV. Por meio de um mecanismo elucidado por Aziz Sancar e colaboradores, as fotoliases usam energia derivada da luz absorvida para reverter danos (**Fig. 25-25**). As fotoliases geralmente contêm dois cofatores que servem como agentes absorvedores de luz, ou cromóforos: em todos os organismos, um é $FADH_2$; em *E. coli* e leveduras, o outro é um folato. O mecanismo de reação implica a geração de radicais livres. As DNA-fotoliases não são encontradas em seres humanos e outros mamíferos placentários.

Outros exemplos são vistos no reparo de nucleotídeos com dano de alquilação. O nucleotídeo modificado $O^6$-metilguanina se forma na presença de agentes alquilantes e é uma lesão comum e altamente mutagênica. Ele tende a parear com timina em vez de citosina durante a replicação e, portanto, causa mutações G≡C para A=T (**Fig. 25-26**). O reparo direto de $O^6$-metilguanina é realizado por $O^6$-metilguanina-DNA-metiltransferase, proteína que catalisa a transferência do grupo metila da $O^6$-metilguanina para um de seus próprios resíduos Cys. Essa metiltransferase não é estritamente uma enzima, visto que um único evento de transferência de metila determina a metilação permanente da proteína, inativando-a nessa via. ▶P2▶ O consumo de

**MECANISMO – FIGURA 25-25 Reparo de dímeros de pirimidina com fotoliase.** A energia derivada da luz absorvida é usada para reverter a fotorreação que causou a lesão. Os dois cromóforos na fotoliase da *E. coli* ($M_r$ 54.000), $N^5,N^{10}$-metenil-tetra-hidrofolilpoliglutamato (MTHFpoliGlu) e $FADH^-$, realizam funções complementares. O MTHFpoliGlu funciona como uma fotoantena para absorver fótons de luz azul. A energia de excitação passa para o $FADH^-$, e a flavina excitada (*$FADH^-$) doa um elétron para o dímero de pirimidina, resultando no rearranjo mostrado.

**938** CAPÍTULO 25 • METABOLISMO DO DNA

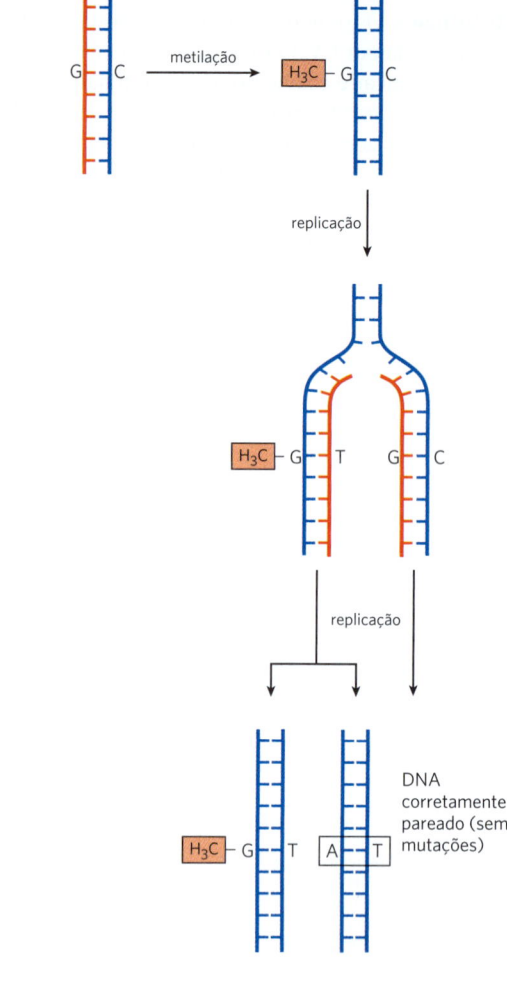

**FIGURA 25-26 Exemplo de como a lesão do DNA resulta em mutações.** (a) O produto de metilação $O^6$-metilguanina pareia com timina, em vez de parear com resíduos de citosina. (b) Se não for reparado, isso leva à mutação de G≡C para A=T após a replicação.

uma molécula inteira de proteína para corrigir uma única base danificada é outra ilustração vívida da prioridade dada à manutenção da integridade do DNA celular.

Um mecanismo muito diferente, mas igualmente direto, é utilizado para reparar 1-metiladenina e 3-metilcitosina. Os grupos amino dos resíduos de A e C algumas vezes são metilados quando o DNA é uma fita simples, e a metilação afeta diretamente o pareamento de bases adequado. Em *E. coli*, a desmetilação oxidativa desses nucleotídeos alquilados é mediada pela proteína AlkB, um membro da superfamília dioxigenase dependente de α-cetoglutarato-$Fe^{2+}$ (**Fig. 25-27**). (Ver Quadro 4-2 para uma descrição da hidroxilação da prolina, catalisada por outro membro dessa família de enzimas.)

## A interação das forquilhas de replicação com o dano ao DNA pode levar à síntese de DNA translesão propensa a erro

As vias de reparo consideradas até agora geralmente trabalham apenas em lesões no DNA de fita dupla, com a fita não danificada fornecendo a informação genética correta para restaurar a fita danificada ao seu estado original. Todavia, em alguns tipos de lesões, como as quebras na fita dupla, ligações cruzadas na fita dupla ou lesões em um DNA de fita simples, a própria fita complementar está danificada ou ausente.

**P3** Quebras na fita dupla e lesões no DNA de fita simples surgem mais frequentemente quando uma forquilha de replicação encontra uma lesão não reparada no DNA (**Fig. 25-28**). Essas lesões e as ligações cruzadas de DNA também podem resultar de radiação ionizante e reações oxidativas.

Em bactérias, no caso de uma forquilha de replicação parada, há dois caminhos para reparo. Na ausência de uma segunda fita, a informação necessária para um reparo preciso deve vir de um cromossomo homólogo separado. O sistema de reparo envolve, portanto, recombinação genética homóloga. Esse reparo de DNA por recombinação é descrito em detalhes na Seção 25.3. Em algumas condições, uma segunda via de reparo, a **síntese de DNA translesão propensa a erro** (frequentemente abreviada como TLS), torna-se disponível. Quando essa via está ativa, o reparo do DNA torna-se significativamente menos preciso e pode resultar em uma alta taxa de mutação. Em bactérias, a síntese de DNA translesão propensa a erro é parte de uma resposta de estresse celular a extenso dano ao DNA, conhecida, muito apropriadamente, como **resposta SOS**. Algumas das 40 ou mais proteínas SOS, como as proteínas UvrA e UvrB envolvidas no reparo por excisão de nucleotídeo livre de erros, descrito anteriormente, estão normalmente presentes na célula, mas são induzidas a níveis mais elevados como parte da resposta SOS. Outras proteínas SOS participam da via de reparo de

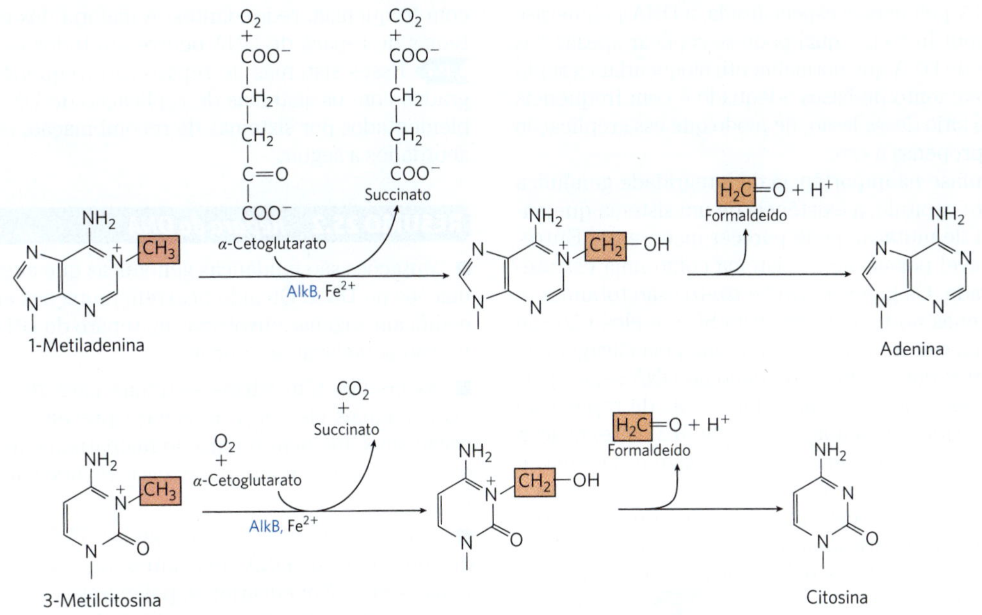

## 25.2 REPARO DO DNA

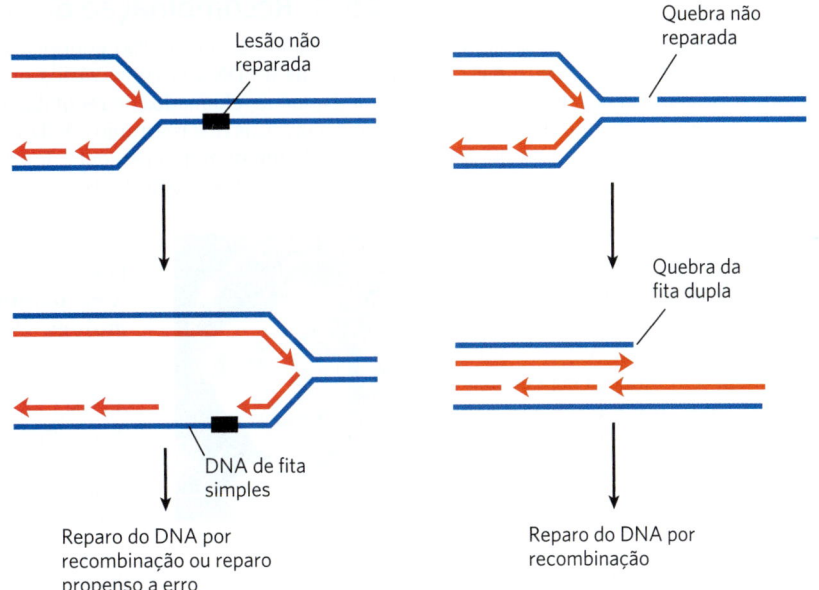

**FIGURA 25-27 Reparo direto das bases alquiladas por AlkB.** A proteína AlkB é uma hidroxilase dependente de α-cetoglutarato-$Fe^{2+}$ (ver Quadro 4-2). Ela catalisa a desmetilação oxidativa de resíduos de 1-metiladenina e 3-metilcitosina.

**FIGURA 25-28 Lesão do DNA e seu efeito na replicação do DNA.** Se a forquilha de replicação encontra uma lesão não reparada ou uma quebra na fita, a DNA-polimerase às vezes se solta e reinicia pela via. A lesão permanece em um intervalo de fita única não replicado que é deixado para trás pela forquilha de replicação (à esquerda). Em outros casos, uma forquilha de replicação pode encontrar uma lesão que está passando por reparo ativamente, de modo que uma quebra temporária está presente em uma das fitas do molde. Quando a forquilha de replicação a encontra, a quebra de fita simples se torna uma quebra de fita dupla (à direita). Em cada caso, o dano a uma fita não pode ser reparado pelos mecanismos descritos anteriormente neste capítulo, pois a fita complementar necessária para orientar o reparo preciso está lesionada ou ausente. Há dois possíveis caminhos para o reparo: reparo do DNA por recombinação ou, quando as lesões são anormalmente numerosas, reparo propenso a erro. O último mecanismo envolve DNA-polimerases de translesão, como a DNA-polimerase V, codificada pelos genes *umuC* e *umuD* e ativada pela proteína RecA, que pode se replicar, embora de forma imprecisa, em muitos tipos de lesões. O mecanismo de reparo é "propenso a erro" porque frequentemente ocorrem mutações.

propensão ao erro; elas incluem as proteínas UmuC e UmuD (do inglês *unmutable*, imutável; a falta do gene *umu* elimina o reparo de propensão ao erro). A proteína UmuD é clivada em um processo regulado por SOS para uma forma mais curta chamada UmuD', que forma um complexo com UmuC e uma proteína chamada RecA (descrita na Seção 25.3) para criar uma DNA-polimerase especializada, a DNA-polimerase V (UmuD'$_2$UmuCRecA), a qual pode se replicar apesar das muitas lesões de DNA que normalmente bloqueariam a replicação. O pareamento de bases adequado é com frequência impossível no sítio dessa lesão, de modo que essa replicação translesão é propensa a erro.

Dada a ênfase na importância da integridade genômica ao longo deste capítulo, a existência de um sistema que aumenta a taxa de mutação pode parecer incoerente. Entretanto, é possível pensar nesse sistema como uma estratégia desesperada. Os genes *umuC* e *umuD* são totalmente induzidos apenas no final da resposta SOS, e eles não são ativados para a síntese translesão iniciada pela clivagem da UmuD, a menos que os níveis de dano ao DNA sejam particularmente elevados e todas as forquilhas de replicação estejam bloqueadas. As mutações resultantes da replicação mediada pela DNA-polimerase V matam algumas células e criam mutações deletérias em outras, porém esse é o preço metabólico que uma espécie paga para superar o que, de outro modo, seria uma barreira intransponível para a replicação, uma vez que ela permite pelo menos a sobrevivência de algumas poucas células-filhas mutantes. **P3** As mutações resultantes contribuem para a evolução.

Ainda outra DNA-polimerase, a DNA-polimerase IV, também é induzida durante a resposta SOS. A replicação pela DNA-polimerase IV, um produto do gene *dinB*, é também altamente propensa a erro. As DNA-polimerases IV e V bacterianas (Tabela 25-1) são parte da família de polimerases TLS encontradas em todos os organismos. Essas enzimas não apresentam exonuclease de revisão e têm um sítio ativo mais aberto do que outras DNA-polimerases, um que acomoda nucleotídeos-molde danificados. Com essas enzimas, a fidelidade da seleção de base durante a replicação pode ser reduzida por um fator de $10^2$, diminuindo a fidelidade total da replicação para 1 erro em aproximadamente 1.000 nucleotídeos.

**P4** Os mamíferos têm muitas DNA-polimerases de baixa fidelidade da família de polimerases TLS. Entretanto, a presença dessas enzimas não se traduz, necessariamente, em um inaceitável fardo mutacional, uma vez que a maior parte dessas enzimas também tem funções especializadas no reparo do DNA. A DNA-polimerase η (eta), por exemplo, encontrada em todos os eucariotos, promove a síntese translesão principalmente por meio de dímeros T-T no anel ciclobutano. Algumas mutações resultam nesse caso, visto que a enzima insere preferencialmente dois resíduos de A a partir dos resíduos de T ligados. Várias outras polimerases de baixa fidelidade, incluindo DNA-polimerases β, ι (iota) e λ, têm funções especializadas no reparo por excisão de base de eucariotos. Cada uma dessas enzimas tem uma atividade de 5'-desoxirribose-fosfato-liase, além de sua atividade de polimerase. Após a remoção de base por uma glicosilase e a clivagem do esqueleto por uma AP-endonuclease, essas polimerases removem o sítio abásico (uma 5'-desoxirribose-fosfato) e preenchem o curto espaço. A frequência de mutação devido à atividade da DNA-polimerase η é minimizada pelos comprimentos muito curtos (frequentemente 1 nucleotídeo) de DNA sintetizado.

O que surge a partir de pesquisas dos sistemas de reparo de DNA celular é o cenário de um metabolismo do DNA que mantém a integridade genômica com sistemas múltiplos e, com frequência, redundantes. A maioria dos principais sistemas de reparo de DNA ocorre em todos os organismos. **P4** Esses sistemas de reparo são frequentemente integrados com os sistemas de replicação do DNA e são complementados por sistemas de recombinação, os quais serão abordados a seguir.

### RESUMO 25.2 Reparo do DNA

■ Mutações são mudanças genômicas que alteram as informações no DNA. Quando ocorrem mutações em genes que codificam enzimas envolvidas no reparo do DNA, a perda da função pode levar ao câncer.

■ As células têm vários sistemas para reparo do DNA. Os principais sistemas de reparo presentes em todos os organismos incluem reparo de malpareamento, reparo por excisão de base, reparo por excisão de nucleotídeo e reparo direto.

■ Em bactérias, as DNA-polimerases TLS respondem a danos profundos no DNA com síntese de DNA translesão propensa a erro. Em eucariotos, polimerases semelhantes têm funções especializadas no reparo do DNA que minimizam a introdução de mutações.

## 25.3 Recombinação do DNA

O rearranjo da informação genética no interior e entre as moléculas de DNA envolve vários processos, os quais são coletivamente chamados de recombinação genética. As aplicações práticas dos rearranjos de DNA na alteração dos genomas de um número crescente de organismos estão agora sendo exploradas (Capítulo 9).

Barbara McClintock, 1902-1992 [AP Photo.]

Os eventos de recombinação genética se encaixam em pelo menos três grandes classes. A **recombinação genética homóloga** (também chamada recombinação geral) envolve trocas genéticas entre duas moléculas de DNA quaisquer (ou segmentos da mesma molécula) que compartilham uma região estendida de sequência praticamente idêntica. A sequência real de bases é irrelevante, desde que seja semelhante nos dois DNA. Na **recombinação sítio-específica**, as trocas ocorrem apenas em uma sequência *específica* do DNA. A **transposição de DNA** é diferente das outras duas classes, uma vez que geralmente envolve um segmento curto de DNA com a capacidade surpreendente de se mover de uma localização no cromossomo para outra. Esses "genes saltadores" (*jumping genes*) foram inicialmente observados no milho, na década de 1940, por Barbara McClintock. Também existe uma ampla gama de rearranjos genéticos incomuns para os quais ainda não foi proposto nenhum mecanismo ou propósito. Aqui, a discussão se concentrará nas três classes gerais.

A recombinação genética homóloga é uma via amplamente usada para reparar quebras de fita dupla no DNA.

Um processo alternativo para o reparo de quebra de fita dupla, denominado **união de extremidades não homólogas** (**NHEJ**, do inglês *nonhomologous end joining*), também está descrito aqui. Os sistemas de recombinação genética têm funções tão variadas quanto seus mecanismos. Essas funções incluem papéis em sistemas de reparo de DNA especializados, atividades especializadas na replicação do DNA, regulação da expressão de certos genes, facilitação da segregação adequada de cromossomos durante a divisão celular eucariótica, manutenção da diversidade genética e implementação de rearranjos genéticos programados durante o desenvolvimento embrionário. Na maior parte dos casos, a recombinação genética está intimamente integrada a outros processos no metabolismo do DNA, e isso se torna um tema da presente discussão.

## A recombinação homóloga bacteriana é uma função de reparo do DNA

▶P4 Em bactérias, a recombinação genética homóloga é principalmente um processo de reparo do DNA e, nesse contexto (como observado na Seção 25.2), é denominada **reparo do DNA por recombinação**. Esse reparo é geralmente direcionado para a reconstrução das forquilhas de replicação que pararam ou colapsaram no local do dano do DNA. A recombinação genética homóloga também pode ocorrer durante a conjugação (*mating*), quando o DNA cromossômico é transferido de uma célula bacteriana (doadora) para outra (receptora). A recombinação durante a conjugação, embora rara em populações bacterianas selvagens, contribui para a diversidade genética.

▶P4 Quando uma forquilha de replicação encontra danos no DNA, muitos caminhos podem resolver o conflito. Uma característica comum das vias de reparo do DNA, ilustradas nas Figuras 25-21 a 25-24, é que elas introduzem uma quebra transitória em uma das fitas de DNA. Se uma forquilha de replicação encontrar um local danificado em reparo próximo a uma quebra em uma das fitas-molde, um braço da forquilha de replicação se desconecta por uma quebra de fita dupla, e a forquilha desmorona (**Fig. 25-29**).

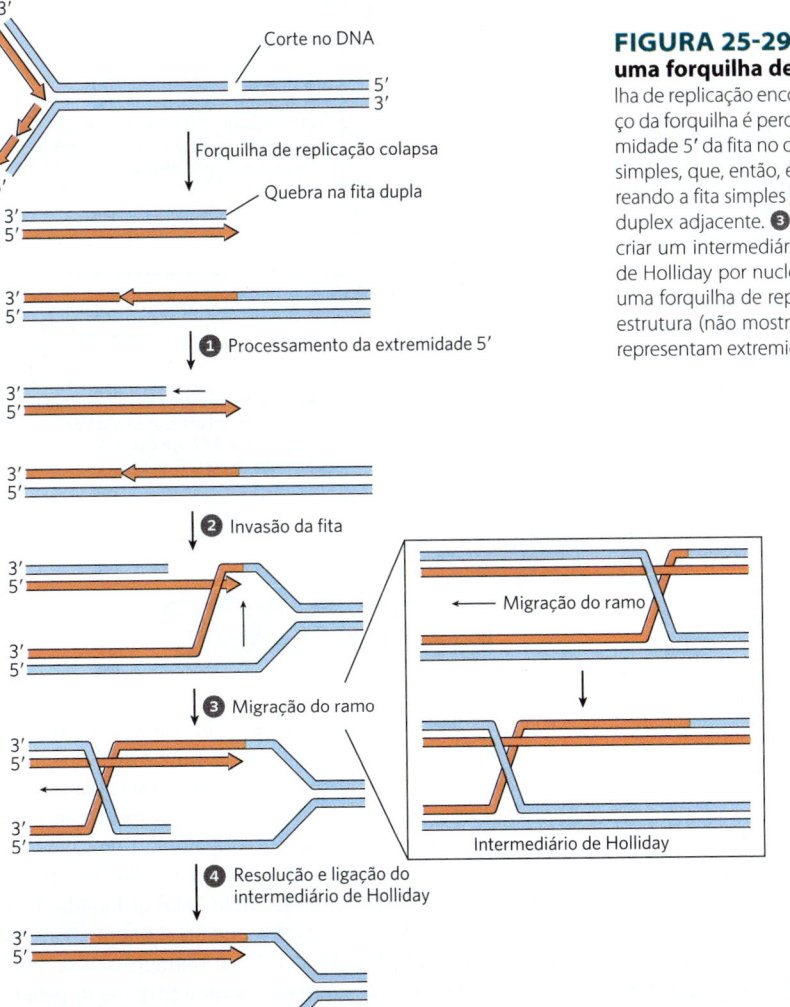

**FIGURA 25-29** **Reparo de DNA por recombinação em uma forquilha de replicação colapsada.** Quando uma forquilha de replicação encontra uma quebra em uma das fitas-molde, um braço da forquilha é perdido, e a forquilha de replicação colapsa. ❶ A extremidade 5′ da fita no corte é degradada para criar uma extensão 3′ de fita simples, que, então, é usada em ❷ um processo de invasão da fita, pareando a fita simples invasora com sua fita complementar no interior do duplex adjacente. ❸ A migração do ramo (mostrado no quadro) pode criar um intermediário de Holliday. ❹ A clivagem desse intermediário de Holliday por nucleases especializadas, seguida por ligação, restaura uma forquilha de replicação viável. O replissomo é recarregado na sua estrutura (não mostrado), e a replicação continua. As pontas das setas representam extremidades 3′.

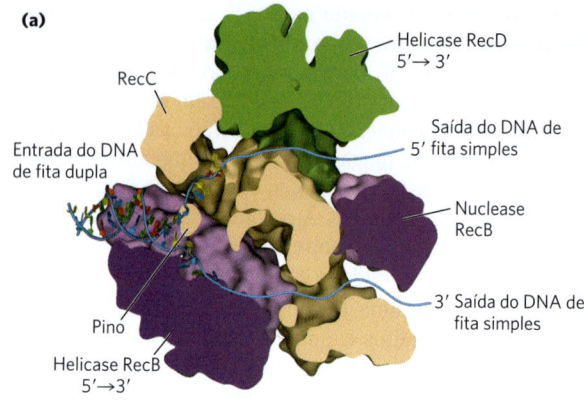

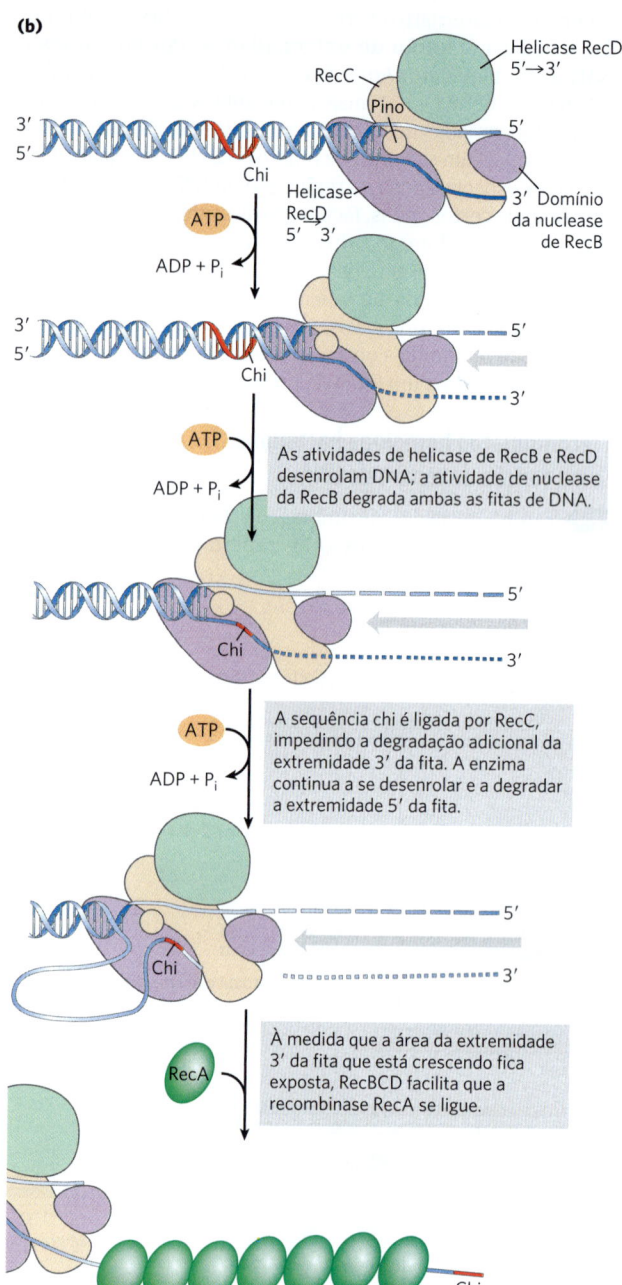

**FIGURA 25-30 A helicase/nuclease RecBCD.** (a) Vista em corte da estrutura da enzima RecBCD enquanto ela está ligada ao DNA. As subunidades estão representadas em cores diferentes; o DNA está entrando pelo lado esquerdo, e as fitas de DNA desenroladas (que não são parte da estrutura resolvida) estão mostradas saindo pelo lado direito. Uma estrutura proteica bulbosa, chamada de pino, parte da subunidade RecC, facilita a separação das fitas. (b) Atividades da enzima RecBCD em uma extremidade de DNA. [(a) Dados de PDB ID 1W36, M. R. Singleton et al., *Nature* 432:187, 2004.]

A extremidade dessa quebra é processada pela degradação da extremidade 5' da fita. A extensão 3' da fita simples resultante é ligada por uma recombinase que a utiliza para promover a invasão da fita: a extremidade 3' invade o DNA duplex intacto conectado ao outro braço da forquilha e faz pareamento com a sua sequência complementar. Isso cria uma estrutura de DNA ramificada (um ponto onde três segmentos de DNA se juntam). O ramo de DNA pode ser movido em um processo denominado **migração do ramo** para criar uma estrutura cruzada semelhante a um X conhecida como **intermediário de Holliday**, em homenagem ao pesquisador Robin Holliday, que primeiro postulou sua existência. O intermediário de Holliday é clivado, ou "solucionado," por uma classe especial de nucleases. O processo todo reconstrói a forquilha de replicação.

Em *E. coli*, o processo de terminação do DNA é promovido pela nuclease/helicase RecBCD. A enzima RecBCD liga-se ao DNA linear em uma extremidade livre (quebrada) e se move para dentro ao longo da dupla-hélice, desenrolando e degradando o DNA em uma reação acoplada à hidrólise do ATP (**Fig. 25-30**). As subunidades RecB e RecD são motores da helicase, com RecB se movendo na direção 3'→5' ao longo de uma fita e RecD se movendo na direção 5'→3' ao longo da outra fita. A atividade da enzima é alterada quando ela interage com uma sequência denominada **chi**, (5')GCTGGTGG, que se liga fortemente a um sítio na subunidade RecC. A partir desse ponto, a degradação da fita com a terminação 3' é muito reduzida, mas a degradação da fita 5' terminal aumenta. Esse processo cria um DNA de fita simples com uma extremidade 3', que é utilizado durante as etapas subsequentes na recombinação. As 1.009 sequências chi espalhadas por todo o genoma de *E. coli* potencializam a frequência de recombinação em cerca de 5 a 10 vezes dentro de 1.000 pb de cada sítio chi. A potencialização diminui com o aumento da distância do sítio chi. Sequências que potencializam a frequência de recombinação também foram identificadas em vários outros organismos.

A recombinase bacteriana é a proteína RecA. Ela é incomum entre as proteínas de metabolismo do DNA porque sua forma ativa é um filamento helicoidal ordenado de até vários milhares de subunidades que se reúnem cooperativamente no DNA (**Fig. 25-31**). Esse filamento geralmente forma um DNA de fita simples, como o produzido pela enzima RecBCD. Sua formação não é tão direta como mostrado na Figura 25-31, uma vez que a proteína ligadora da

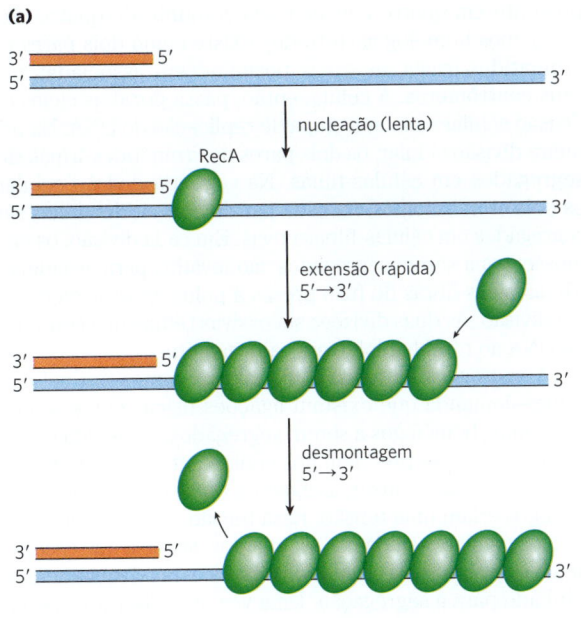

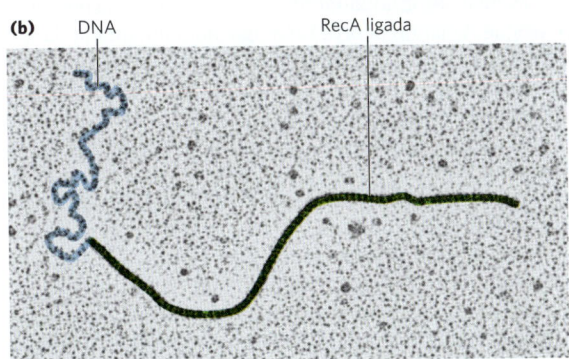

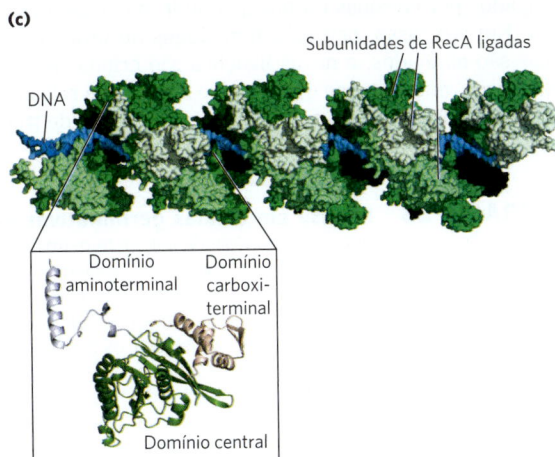

fita simples de DNA (SSB) está normalmente presente e impede especificamente a ligação das primeiras poucas subunidades ao DNA (nucleação do filamento). A enzima RecBCD age diretamente como uma carregadora de RecA, facilitando a nucleação de um filamento de RecA na fita simples de DNA revestida por SSB. Os filamentos se

**FIGURA 25-31 Filamentos da proteína RecA.** A RecA e outras recombinases nessa classe funcionam como filamentos de nucleoproteína. (a) A formação do filamento prossegue nas etapas separadas de nucleação e extensão. A nucleação é a adição das poucas primeiras subunidades de RecA. A extensão ocorre pela adição de subunidades de RecA, de forma que o filamento cresce na direção 5'→3'. Quando ocorre a desmontagem, as subunidades são retiradas da extremidade traseira. (b) Micrografia eletrônica colorizada de um filamento de RecA ligado ao DNA. (c) Segmento do filamento de RecA com quatro voltas em hélice (24 subunidades de RecA). Observe o DNA dupla-fita ligado no centro. O domínio central da RecA é estruturalmente relacionado com os domínios das helicases. [(b) Com permissão do Patrimônio de Ross Inman. Agradecimentos especiais para Kim Voss. (c) Dados de PDB ID 3CMX, Z. Chen et al., *Nature* 453:489, 2008.]

organizam e se desmontam predominantemente na direção 5'→3'. Muitas outras proteínas bacterianas regulam a formação e desmontagem de filamentos RecA, incluindo um conjunto alternativo de proteínas de carga RecA chamadas RecF, RecO e RecR. A proteína RecA promove as etapas centrais da recombinação homóloga, incluindo a etapa de invasão da fita de DNA da Figura 25-29, assim como outras reações de troca de fitas que ocorrem *in vitro*. Uma vez que um intermediário de Holliday tenha sido criado, ele pode ser clivado por nucleases especializadas, como a proteína bacteriana denominada RuvC (**Fig. 25-32**), e os cortes são selados pela DNA-ligase. Uma estrutura de forquilha de replicação viável é, então, reconstruída, como descrito na Figura 25-29.

Depois que as etapas de recombinação estão completas, as forquilhas de replicação se reconstroem em um processo denominado **reinício da replicação independente de origem**. Diferentes combinações de quatro proteínas (PriA, PriB, PriC e DnaT) agem com DnaC em várias vias para carregar helicase DnaB na forquilha de replicação reconstruída. A primase DnaG, então, sintetiza um *primer* de RNA, e a DNA-polimerase III se reagrupa com a DnaB para reiniciar a síntese do DNA. Complexos que incluem uma combinação de PriA, PriB, PriC e DnaT, bem como as proteínas DnaB, DnaC e DnaG, são denominados **primossomos de reinício da replicação**. Desse modo, o processo de recombinação está fortemente interligado à replicação. Um processo do metabolismo do DNA apoia o outro.

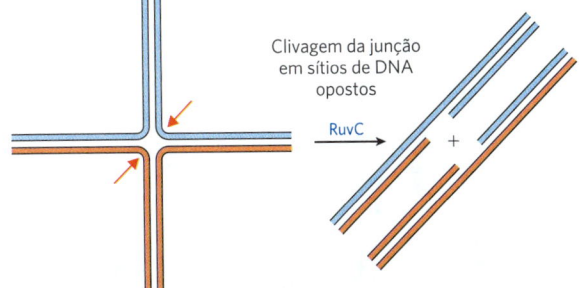

**FIGURA 25-32 Resolução de um intermediário de Holliday pela proteína RuvC.** A RuvC é uma nuclease especializada que se liga ao complexo RuvAB e cliva o intermediário de Holliday nos lados opostos da junção (setas vermelhas), de modo que dois braços contíguos de DNA permanecem em cada produto.

## A recombinação homóloga eucariótica é necessária para a segregação adequada de cromossomos durante a meiose

Em eucariotos, a recombinação genética homóloga pode ter várias funções na replicação e na divisão celular, incluindo o reparo das forquilhas de replicação paradas. A recombinação ocorre com a mais alta frequência durante a **meiose**, o processo pelo qual as células germinativas diploides com dois conjuntos de cromossomos se dividem para produzir gametas haploides (espermatozoides ou óvulos) em animais (esporos haploides em plantas) – cada gameta possuindo apenas um membro de cada par de cromossomos (**Fig. 25-33**).

A meiose começa com a replicação do DNA nas células germinativas, de modo que cada molécula de DNA esteja presente em quatro cópias. Cada conjunto de quatro cromossomos homólogos (tétrade) existe como dois pares de cromátides-irmãs, as quais permanecem associadas nos seus centrômeros. A célula, então, passa por dois ciclos de divisão celular sem uma etapa de replicação do DNA. Na primeira divisão celular, os dois pares de cromátides-irmãs são segregados em células-filhas. Na segunda divisão celular, os dois cromossomos em cada par de cromátides-filhas são segregados em células-filhas novas. Em cada divisão, os cromossomos a serem segregados são levados para as células-filhas pelas fibras do fuso presas a polos opostos da célula em divisão. As duas divisões sucessivas reduzem o conteúdo do DNA ao nível haploide em cada gameta.

A segregação adequada de cromossomos em células-filhas demanda que existam ligações físicas entre os cromossomos homólogos a serem segregados. À medida que as fibras do fuso se prendem aos centrômeros dos cromossomos e começam a puxar, as ligações entre cromossomos homólogos criam uma tensão. Essa tensão, sentida por mecanismos celulares ainda não elucidados, sinaliza que esse par de cromossomos ou cromátides-irmãs está adequadamente alinhado para a segregação. Uma vez que a tensão é percebida, as ligações gradualmente se dissolvem, e a segregação prossegue. Quando ocorre uma ligação inadequada da fibra ao fuso (p. ex., se os centrômeros de um par de cromossomos estão ligados ao mesmo polo celular), uma cinase celular percebe a ausência de tensão e ativa um sistema que remove as ligações do fuso, permitindo que a célula tente novamente.

Durante a segunda divisão meiótica, as ligações centroméricas entre as cromátides-irmãs, ampliadas por coesinas depositadas durante a replicação (ver Fig. 24-33), fornecem as ligações físicas necessárias para guiar a segregação. Entretanto, durante a primeira divisão celular meiótica, os dois pares de cromátides-irmãs que serão segregados não estão relacionados com um evento de replicação recente e não são ligados por coesinas ou por qualquer outra associação física. Em vez disso, os pares homólogos de cromátides-irmãs são alinhados, e novas ligações são criadas por recombinação, um processo que envolve a quebra e religação do DNA (**Fig. 25-34**). Essa troca, também chamada de troca

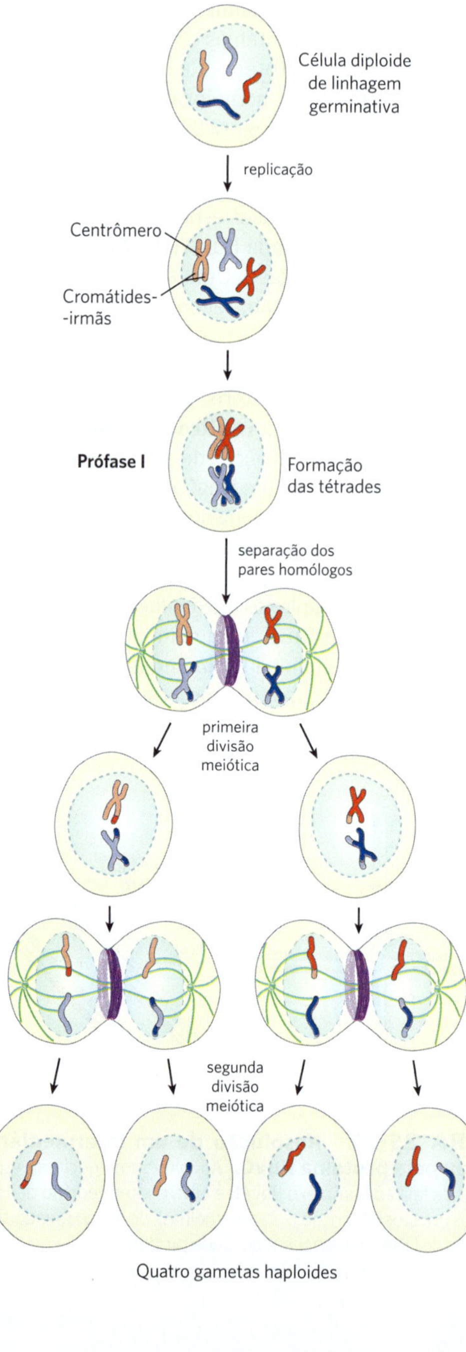

**FIGURA 25-33 Meiose em células germinativas de animais.** Os cromossomos de uma célula de linhagem germinativa diploide hipotética (quatro cromossomos; dois pares homólogos) replicam-se e são mantidos juntos pelos seus centrômeros. Cada molécula de DNA de fita dupla replicada é chamada de cromátide (cromátide-irmã). Na prófase I, logo antes da primeira divisão meiótica, os dois conjuntos homólogos de cromátides se alinham para formar tétrades, mantidas juntas por ligações covalentes nas junções homólogas (quiasmas). As trocas cruzadas ocorrem no interior dos quiasmas (ver Fig. 25-34). Essas associações transitórias entre homólogos garantem que dois cromossomos presos se separem adequadamente na próxima etapa, quando as fibras do fuso presas os puxam para polos opostos da célula em divisão na primeira divisão meiótica. Os produtos dessa divisão são duas células-filhas, cada uma com dois pares de cromátides-irmãs diferentes. Os pares agora se alinham ao longo do equador da célula em preparação para a separação das cromátides (agora chamadas de cromossomos). A segunda divisão meiótica produz quatro células-filhas haploides que podem servir como gametas. Cada uma tem dois cromossomos, metade do número da célula diploide germinativa. Os cromossomos foram reorganizados e recombinados.

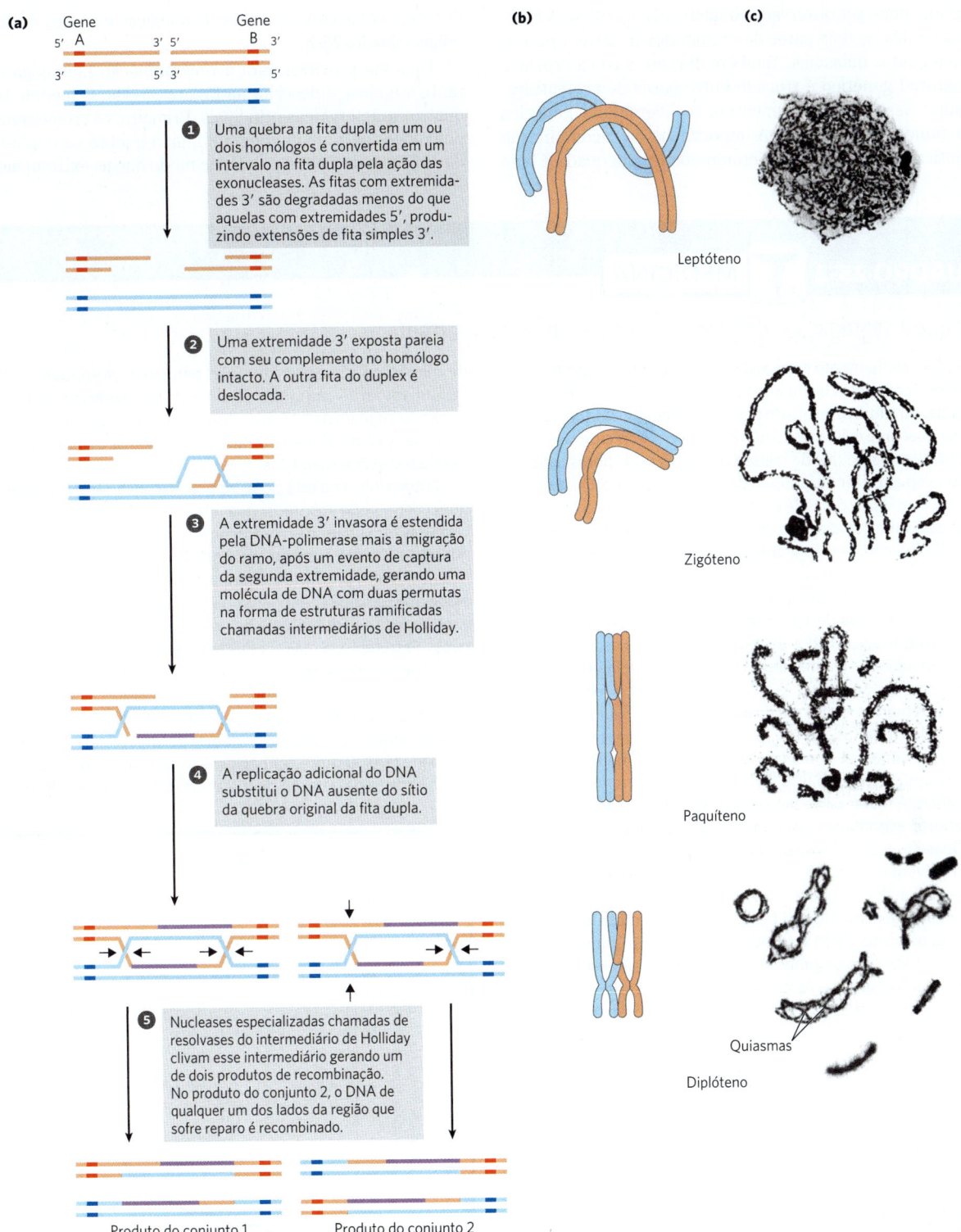

**FIGURA 25-34 Recombinação durante a prófase I na meiose.** (a) Modelo do reparo de quebra de fita dupla por recombinação genética homóloga. Os dois cromossomos homólogos (um mostrado em vermelho, e o outro, em azul) envolvidos nesse evento de recombinação têm sequências idênticas ou quase idênticas. Cada um dos dois genes mostrados tem diferentes alelos nos dois cromossomos. As várias etapas estão descritas no texto. (b) A troca cruzada ocorre durante a prófase da meiose I. Os vários estágios da prófase I estão alinhados com o processo de recombinação mostrado em (a). As quebras de fita dupla são introduzidas e processadas no estágio de leptóteno. A invasão da fita e a conclusão da troca cruzada ocorrem mais tarde. À medida que as sequências homólogas nos dois pares de cromátides-irmãs são alinhadas no estágio de zigóteno, formam-se os complexos sinaptonemais, e ocorre a invasão da fita. Os cromossomos homólogos são fortemente alinhados no estágio de paquíteno. (c) Cromossomos homólogos de um gafanhoto, vistos em sucessivos estágios da prófase I meiótica. Os quiasmas tornam-se visíveis no estágio de diplóteno. [(c) B. John, *Meiosis*, Figs 2.1a, 2.2a, 2.2b, 2.3a, Cambridge University Press, 1990. Reimpressa com permissão de Cambridge University Press.]

cruzada, pode ser observada ao microscópio óptico. A troca cruzada liga os dois pares de cromátides-irmãs em pontos denominados quiasmas. Também durante a troca cruzada, o material genético é trocado entre pares de cromátides-irmãs. Essas trocas aumentam a diversidade genética nos gametas resultantes. A importância da recombinação meiótica para a segregação cromossômica adequada é bem ilustrada pelas consequências fisiológicas e sociais de suas falhas (**Quadro 25-2**).

Uma via provável para a recombinação homóloga durante a meiose é descrita na Figura 25-34a. O modelo tem quatro características principais. Primeiro, os cromossomos homólogos se alinham. Segundo, uma quebra na dupla-fita da molécula de DNA é criada, de modo que as extremidades

---

### QUADRO 25-2  MEDICINA

## Por que a segregação adequada de cromossomos é importante

Quando o alinhamento cromossômico e a recombinação não são corretos e completos na meiose I, a segregação dos cromossomos pode dar errado. Um resultado pode ser a aneuploidia, uma condição na qual uma célula tem o número incorreto de cromossomos. Os produtos haploides da meiose (gametas ou esporos) podem não ter cópias ou ter duas cópias de um cromossomo. Quando um gameta com duas cópias de um cromossomo se junta com um gameta com uma cópia de um cromossomo durante a fecundação, as células no embrião resultante têm três cópias daquele cromossomo (elas são trissômicas).

Em *S. cerevisiae*, a aneuploidia resultante de erros na meiose ocorre em uma taxa de 1 em cada 10.000 eventos meióticos. Nas moscas-das-frutas, a taxa é de cerca de 1 em poucos milhares. Taxas de aneuploidia em mamíferos são consideravelmente mais altas. Em camundongos, a taxa é de 1 em cada 100, e é maior ainda em outros mamíferos. A taxa de aneuploidia em óvulos humanos fecundados foi estimada em 10 a 30%; essa é quase certamente uma subestimativa. A maioria dessas células aneuploides são monossomias (elas têm uma única cópia de um cromossomo) ou trissomias. A maior parte das trissomias é letal, e várias resultam em aborto espontâneo bem antes que a gravidez seja detectada. Quase todas as monossomias são fatais no estágio inicial do desenvolvimento fetal. A aneuploidia é a principal causa de perda gestacional. Os poucos fetos trissômicos que sobrevivem ao nascimento geralmente têm três cópias dos cromossomos 13, 18 ou 21 (a trissomia do 21 é a síndrome de Down). Complementos anormais dos cromossomos sexuais também são encontrados na população humana. As consequências sociais da aneuploidia em seres humanos são consideráveis. A aneuploidia é a principal causa genética de deficiências intelectual e de desenvolvimento. No centro dessas taxas elevadas, está uma característica da meiose em fêmeas de mamíferos que tem um significado especial para os seres humanos.

Em seres humanos do sexo masculino, as células germinativas iniciam a meiose na puberdade, e cada evento meiótico necessita de um tempo relativamente curto. Por outro lado, a meiose nas células germinativas das mulheres é um processo muito prolongado. A produção de um óvulo começa antes do nascimento da menina, com o início da meiose no feto, com 12 a 13 semanas de gestação. A meiose inicia-se em todas as células germinativas em desenvolvimento em um período de poucas semanas. As células prosseguem por grande parte da meiose I. Os cromossomos alinham-se e geram trocas cruzadas, continuando um pouco além da fase de paquíteno (ver Fig. 25-34) – e, então, o processo cessa. Os cromossomos entram em uma fase estacionária, chamada de estágio dictiático, com trocas cruzadas posicionadas, uma espécie de animação suspensa em que eles permanecem enquanto a mulher amadurece – portanto, geralmente permanecem nessa fase por aproximadamente 13 a 50 anos. Na maturidade sexual, células germinativas individuais continuam a produzir óvulos por meio das duas divisões meióticas.

Entre o início do estágio dictiático e a conclusão da meiose, alguma coisa pode acontecer que interrompe ou danifica as trocas cruzadas que ligam os cromossomos homólogos às células germinativas. Com o aumento da idade da mulher, a taxa de trissomia nos óvulos produzidos aumenta consideravelmente quando ela se aproxima da menopausa (Fig. 1). Há muitas hipóteses para explicar isso, e vários fatores diferentes podem desempenhar um papel. Entretanto, a maioria das hipóteses está centrada nas trocas por recombinação na meiose I e sua estabilidade durante o estágio dictiático prolongado.

Ainda não está claro quais procedimentos médicos poderiam ser adotados para reduzir a incidência de aneuploidias em fêmeas em idade fértil. O que é conhecido é a importância inerente da recombinação e da geração de trocas cruzadas na meiose humana.

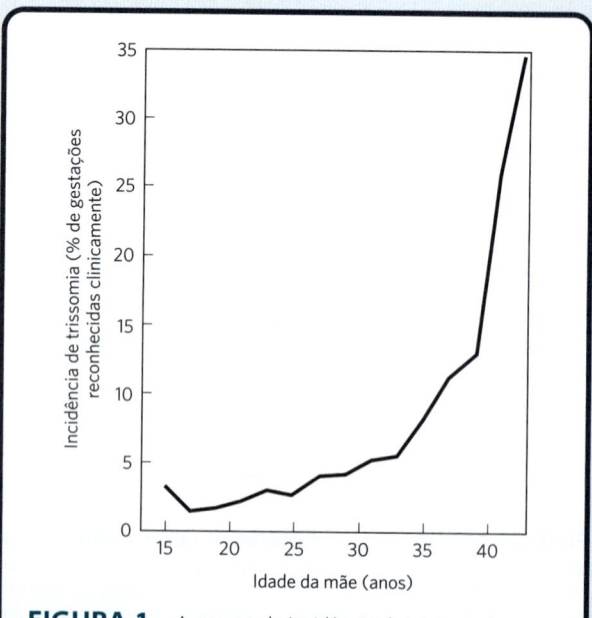

**FIGURA 1** Aumento da incidência da trissomia humana com o aumento da idade da mãe. [Dados de T. Hassold e P. Hunt, *Nature Rev. Genet.* 2:280, 2001, Fig. 6.]

expostas são processadas por uma exonuclease, deixando uma extensão de fita simples com um grupo 3′-hidroxila livre na extremidade quebrada (etapa ❶). Terceiro, as extremidades 3′ expostas invadem o DNA duplex intacto do homólogo, o que é seguido pela migração de ramo e/ou pela replicação para criar um par de intermediários de Holliday (etapas ❷ a ❹). Quarto, a clivagem de duas trocas cruzadas cria um dos dois pares de produtos recombinantes completos (etapa ❺). Observe a semelhança dessas etapas em relação aos processos bacterianos de reparo por recombinação delineados na Figura 25-29. A invasão da fita de DNA em eucariotos é catalisada por recombinases semelhantes a RecA chamadas Rad51 e Dmc1. O carregamento de Rad51 no DNA é promovido pela proteína de carregamento BRCA2 de Rad51 (análoga às proteínas RecF, RecO e RecR bacterianas).

Nesse **modelo de reparo da quebra da fita dupla** por recombinação, as extremidades 3′ são utilizadas para iniciar a troca genética. Uma vez pareada com a fita complementar no homólogo intacto, é criada uma região do DNA híbrido que contém fitas complementares de dois DNA parentais diferentes (o produto da etapa ❷ na Fig. 25-34a). Cada uma das extremidades 3′ pode, então, agir como um iniciador para a replicação do DNA. A recombinação homóloga meiótica pode variar em muitos detalhes de uma espécie para outra, mas a maior parte das etapas destacadas antes está geralmente presente em alguma forma. Há dois modos para clivar ou "resolver" o intermediário de Holliday com uma nuclease semelhante à RuvC de modo que os dois produtos contenham genes na mesma ordem linear que nos substratos – os cromossomos originais e não recombinados (etapa ❺). Se clivado de uma forma, o DNA flanqueador à região que contém o DNA híbrido não é recombinado; se clivado do outro modo, o DNA flanqueador é recombinado. Ambos os resultados são observados *in vivo*.

A recombinação homóloga ilustrada na Figura 25-34 é um processo muito elaborado, essencial para a segregação precisa dos cromossomos. As suas consequências moleculares para a geração de diversidade genética são sutis. Para compreender como esse processo contribui para a diversidade, deve-se ter em mente que os dois cromossomos homólogos que sofrem recombinação não são necessariamente *idênticos*. O arranjo linear dos genes pode ser o mesmo, mas as sequências de bases em alguns dos genes podem ser um pouco diferentes (em alelos diferentes). Em um ser humano, por exemplo, um cromossomo pode conter o alelo para hemoglobina A (hemoglobina normal), ao passo que o outro contém o alelo para a hemoglobina S (a mutação da anemia falciforme). A diferença pode consistir em não mais do que um par de bases em milhões.

A troca cruzada não é um processo totalmente aleatório, e "*hot spots*" foram identificados em muitos cromossomos eucarióticos. Entretanto, a suposição de que a troca cruzada pode ocorrer com a mesma probabilidade em quase todos os pontos ao longo do comprimento de dois cromossomos homólogos continua a ser uma aproximação razoável em muitos casos, e é essa suposição que permite o mapeamento genético dos genes em um cromossomo específico. A frequência de recombinações homólogas em qualquer região que separa dois pontos em um cromossomo é, grosso modo, proporcional à distância entre dois pontos, o que permite a determinação das posições relativas e das distâncias entre genes diferentes. A distribuição independente dos genes não ligados em cromossomos diferentes (**Fig. 25-35**) faz outra importante contribuição para a diversidade genética dos gametas. Essas realidades genéticas orientam muitas das

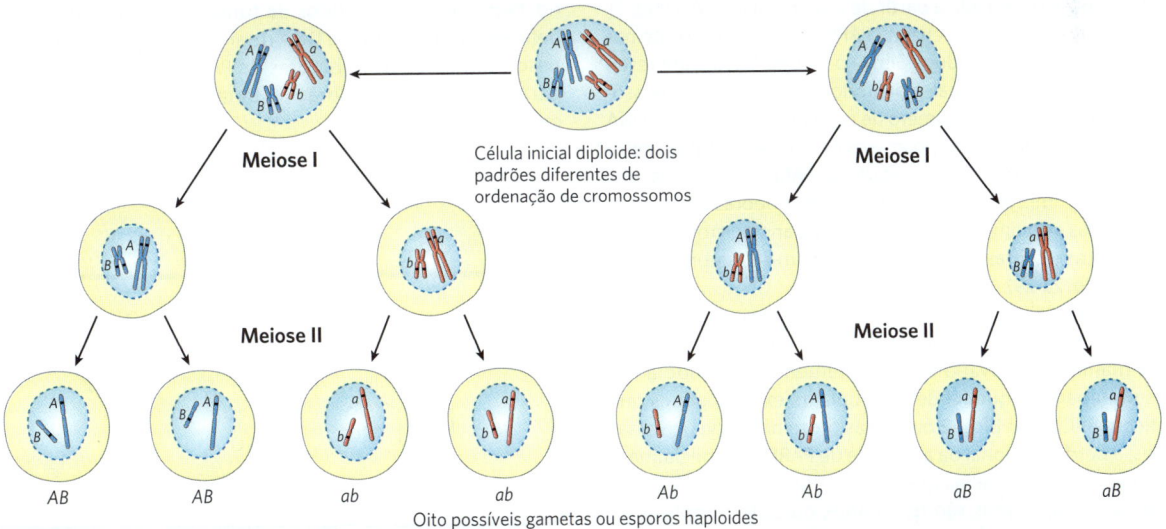

**FIGURA 25-35 Contribuição do arranjo independente para a diversidade genética.** Nesse exemplo, os dois cromossomos já foram replicados para criar dois pares de cromátides-irmãs. Azul e vermelho distinguem as cromátides-irmãs de cada par. Um gene em cada cromossomo está em destaque, com diferentes alelos (A ou a, B ou b) nos homólogos. A ordenação independente pode levar a gametas com qualquer combinação de alelos presente nos dois cromossomos diferentes. A troca cruzada (não mostrada aqui; ver Fig. 25-34) também contribuiria para a diversidade genética em uma típica sequência meiótica.

modernas aplicações da genômica, como a definição de haplótipos (ver Fig. 9-26) ou a pesquisa de genes de doenças no genoma humano (ver Fig. 9-30).

Como nas bactérias, esse processo de recombinação é usado para reparar quebras de fita dupla que surgem em qualquer parte do genoma. Nos eucariotos, esses sistemas operam no contexto da cromatina, aumentando a complexidade para seus mecanismos de regulação e detecção de danos (**Quadro 25-3**). P3 A recombinação homóloga tem, portanto, pelo menos três funções identificáveis em eucariotos: (1) contribui para o reparo de vários tipos de dano ao DNA; (2) fornece, nas células eucarióticas, uma ligação física transitória entre cromátides que promovem a segregação ordenada de cromossomos na primeira divisão celular meiótica; e (3) potencializa a diversidade genética em uma população.

## Algumas quebras de fita dupla são reparadas por união de extremidades não homólogas

Quebras de fita dupla muitas vezes ocorrem quando o reparo de DNA por recombinação não é viável, assim como durante fases do ciclo celular quando não está ocorrendo replicação e não há cromátides-irmãs presentes. Nesses momentos, outro caminho é necessário para evitar a morte da célula resultante de um cromossomo quebrado. Essa alternativa é fornecida pela **união de extremidades não homólogas** (**NHEJ**). As extremidades do cromossomo quebrado são simplesmente processadas e religadas.

A NHEJ é uma via importante para o reparo de quebra de fita dupla em todos os eucariotos e foi detectada em algumas bactérias. A importância da NHEJ aumenta com a complexidade genômica, e o processo predomina na maioria

---

## QUADRO 25-3 MEDICINA

### Como uma quebra de fita de DNA chama a atenção

Cada cromossomo humano contém muitos milhões de pares de bases de DNA, todos ligados em uma elaborada estrutura de cromatina (Capítulo 24). Se uma quebra de fita ocorre em algum lugar do DNA, como as muitas proteínas necessárias para seu reparo a encontram? A resposta está, pelo menos em parte, em uma proteína chamada poli-ADP-ribose-polimerase 1, ou PARP1. A PARP1 é a primeira a responder, escaneando o DNA em busca de danos no DNA e, em especial, de quebras de fita simples. Quando encontra esses locais, ela se liga e sintetiza um elaborado polímero de poli-ADP-ribose ramificado a partir de um precursor NAD (Fig. 1). Os polímeros são ligados à enzima PARP1 e a algumas proteínas próximas por meio de resíduos Glu, Asp ou Lys. A estrutura resultante é uma espécie de sinal, marcando a localização cromossômica do dano. Um grande número de proteínas de reparo de DNA se liga e é recrutado para os polímeros de poli-ADP-ribose, efetuando o reparo de DNA. Se a atividade da PARP1 estiver ausente, o reparo fica comprometido, e o número de quebras de fita simples em todos os cromossomos aumenta. Quando o cromossomo é replicado, as quebras de fita simples tornam-se quebras de fita dupla (ver Fig. 25-29).

Como visto no Quadro 25-1, muitos tumores malignos têm um defeito em uma via de reparo do DNA. Por exemplo, o câncer de mama ou de ovário é frequentemente associado a defeitos no reparo de quebra de fita dupla (p. ex., nos genes que codificam BRCA1 ou BRCA2 ou outras proteínas na via). Nessas células, a perda adicional da atividade de PARP1 é especialmente tóxica, à medida que as quebras de fita simples se acumulam e os cromossomos são quebrados durante a replicação. Isso levou ao desenvolvimento de inibidores de PARP1 como um tratamento para tumores nos quais o reparo de quebra de fita dupla é defeituoso. O primeiro agente farmacêutico desse tipo, o olaparibe, foi aprovado para uso nos Estados Unidos em 2014. Muitos outros inibidores de PARP1 já foram aprovados ou estão em testes clínicos. Os efeitos costumam ser impactantes. Para mulheres com tumores de mama ou ovário que apresentam deficiências em BRCA1 ou BRCA2 e responderam a terapias mais tradicionais, o tratamento de manutenção subsequente com inibidores de PARP1 levou ao aumento de quatro vezes da sobrevida sem progressão. Os inibidores de PARP1 também são promissores para uso com outros tumores de mama e ovário, bem como outros tipos de tumores, sendo a maioria com deficiências de reparo de DNA de algum tipo. Com o avanço das pesquisas, o uso de inibidores de PARP está se tornando uma parte importante do padrão de tratamento para uma lista crescente de cânceres.

Olaparibe

dos reparos de quebras de fita dupla fora da meiose em mamíferos. Em leveduras, a maioria das quebras de fita dupla é reparada por recombinação, e somente algumas por NHEJ. A NHEJ é um processo mutagênico, e um genoma menor, como o de leveduras, tem relativamente pouca tolerância para a perda de informação. Alterações genômicas pequenas podem ser toleradas em células somáticas em mamíferos, uma vez que elas estão balanceadas por informações não danificadas no homólogo em cada célula diploide, e, nessas células não germinativas, as mutações não são hereditárias. Em vertebrados, a perda dos genes que codificam a função de NHEJ pode produzir predisposição ao câncer.

Ao contrário do reparo por recombinação homóloga, a NHEJ não conserva a sequência de DNA original. A via metabólica em eucariotos está ilustrada na **Figura 25-36**. A reação inicia-se nas extremidades rompidas de quebras de fita dupla pela ligação de um heterodímero que consiste em proteínas Ku70 e Ku80 ("KU" são as iniciais do indivíduo com escleroderma cujos autoanticorpos séricos foram usados para identificar esse complexo proteico; os números referem-se ao peso molecular aproximado das subunidades). As proteínas Ku são conservadas em quase todos os eucariotos e agem como um tipo de esqueleto molecular para montagem de outros componentes proteicos. Ku70-Ku80 interage com outro complexo proteico contendo uma proteína-cinase denominada DNA-PKcs e uma nuclease conhecida como Artemis. Uma vez que o complexo é montado, as extremidades dos dois DNA quebrados são mantidas juntas. DNA-PKcs se autofosforila em vários locais e fosforila a Artemis. Esta, quando fosforilada, adquire uma função de endonuclease que pode remover extensões 5' ou 3' de fita simples ou grampos que podem estar presentes nas extremidades. As extremidades de DNA são, então, separadas com o auxílio de uma helicase, e as fitas das duas extremidades diferentes são aneladas em locais onde pequenas regiões de complementariedade são encontradas. Artemis

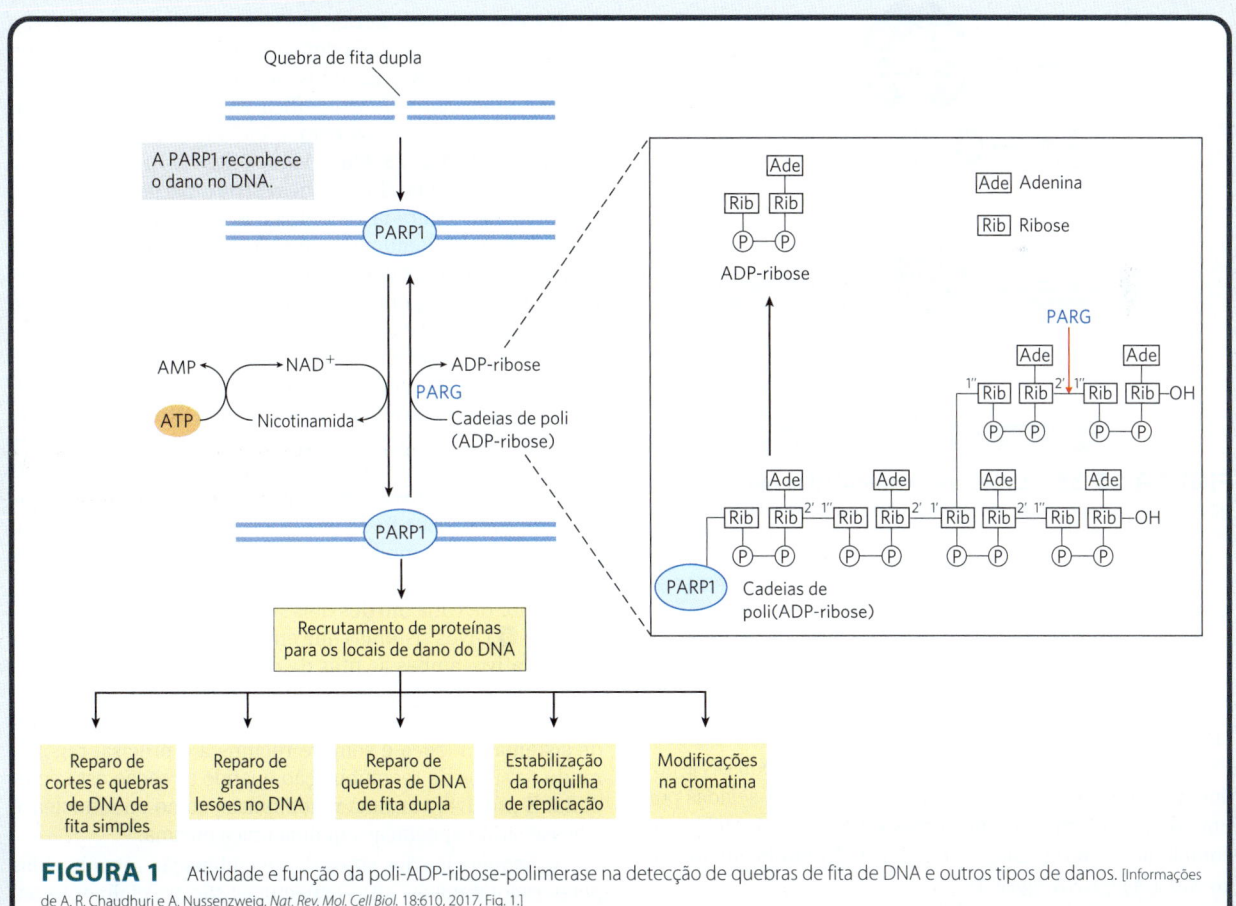

**FIGURA 1** Atividade e função da poli-ADP-ribose-polimerase na detecção de quebras de fita de DNA e outros tipos de danos. [Informações de A. R. Chaudhuri e A. Nussenzweig, *Nat. Rev. Mol. Cell Biol.* 18:610, 2017, Fig. 1.]

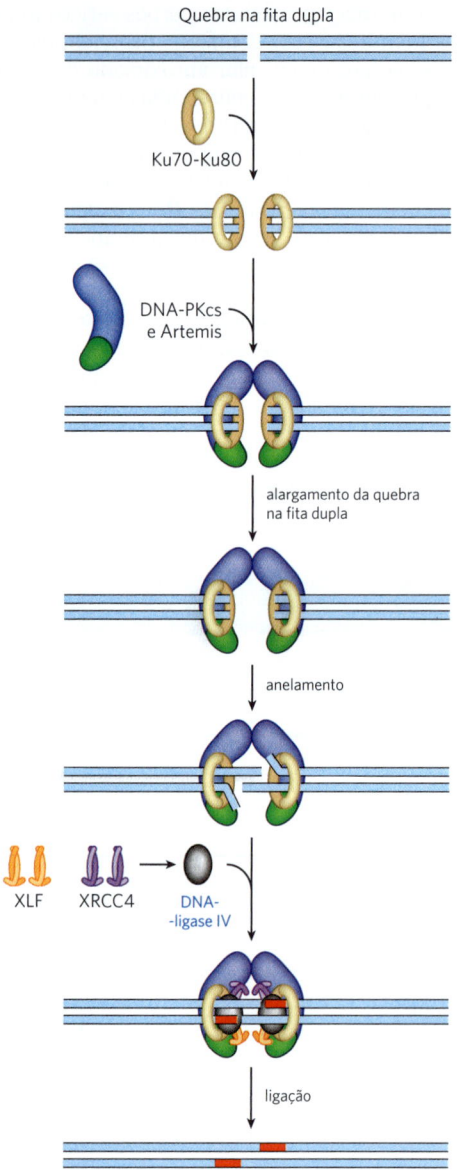

**FIGURA 25-36 União de extremidades não homólogas.** O complexo Ku70-Ku80 é o primeiro a se ligar às extremidades do DNA, seguido pelo complexo incluindo DNA-PKcs e a nuclease Artemis. Essas proteínas, então, recrutam um complexo que consiste em XRCC4, XLF e DNA-ligase IV. Uma das duas DNA-polimerases, Pol $\mu$ ou Pol $\lambda$ (não mostradas), subsequentemente estende as fitas de DNA aneladas, conforme necessário, antes da ligação. [Informações de J. M. Sekiguchi e D. O. Ferguson, *Cell* 124:260, 2006, Fig. 1.]

cliva quaisquer segmentos de DNA não pareado criados. Pequenos intervalos no DNA são preenchidos por DNA-polimerase, Pol $\mu$ ou Pol $\lambda$. Por fim, as quebras são seladas por um complexo proteico que consiste em XRCC4 (grupo de complementação cruzada de raio X), XLF (fator semelhante ao XRCC4) e DNA-ligase IV.

Extremidades de DNA não são unidas aleatoriamente pela NHEJ. Em vez disso, quando ocorre uma quebra de fita dupla, as extremidades ficam geralmente restritas pela estrutura da cromatina e, então, permanecem muito próximas. Eventos muito raros unindo sequências terminais que estão normalmente distantes no cromossomo, ou em cromossomos diferentes, podem ser responsáveis por ocasionais rearranjos genômicos drásticos e geralmente deletérios.

## A recombinação sítio-específica resulta em rearranjos de DNA precisos

A recombinação genética homóloga pode envolver quaisquer duas sequências homólogas. O segundo tipo geral de recombinação, a recombinação sítio-específica, é um tipo de processo muito diferente: a recombinação é limitada a sequências específicas. Reações de recombinação desse tipo ocorrem praticamente em toda célula, ocupando funções especializadas que variam muito de uma espécie para outra. Os exemplos incluem a regulação da expressão de alguns genes e a promoção de rearranjos de DNA programados no desenvolvimento embrionário ou nos ciclos de replicação de alguns DNA virais e de plasmídeos. Cada sistema de recombinação sítio-específica consiste em uma enzima, denominada recombinase, e em uma sequência de DNA única e curta (20 a 200 pb), onde a recombinase age (o sítio de recombinação). Uma ou mais proteínas auxiliares podem regular o tempo ou o resultado da reação.

Há duas classes gerais de sistemas de recombinação sítio-específicos, as quais dependem de resíduos de Tyr ou de Ser no sítio ativo. Estudos *in vitro* de muitos sistemas de recombinação sítio-específica na classe tirosina elucidaram alguns princípios gerais, incluindo a via da reação fundamental (**Fig. 25-37a**). Várias dessas enzimas foram cristalizadas, revelando detalhes estruturais da reação. Uma recombinase separada reconhece e liga-se a cada um dos dois sítios de recombinação em duas moléculas diferentes de DNA ou no mesmo DNA. Uma fita de DNA de cada sítio é clivada em um ponto específico no interior do sítio, e a recombinase liga-se covalentemente ao DNA no sítio de clivagem por meio de uma ligação de fosfotirosina (etapa ❶). A ligação transitória proteína-DNA preserva a ligação fosfodiéster que é perdida na clivagem do DNA, de modo que cofatores de alta energia, como o ATP, são desnecessários nas etapas seguintes. As fitas de DNA clivadas são religadas a novos parceiros para formar um intermediário de Holliday, com novas ligações fosfodiéster criadas à custa da ligação proteína-DNA (etapa ❷). Então, uma isomerização ocorre (etapa ❸), e o processo é repetido em um segundo ponto no interior de cada um dos dois sítios de recombinação (etapas ❹ e ❺). Nos sistemas que empregam um resíduo de Ser no sítio ativo, ambas as fitas de cada sítio de recombinação são cortadas concomitantemente e religadas aos novos parceiros sem o intermediário de Holliday. Em ambos os tipos de sistemas, a troca é sempre recíproca e precisa, regenerando os sítios de recombinação quando a reação está completa. É possível ver uma recombinase como endonuclease e ligase sítio-específicas em uma única enzima.

As sequências dos sítios de recombinação reconhecidas pelas recombinases sítio-específicas são parcialmente assimétricas (não palindrômicas), e os dois sítios de recombinação alinham-se na mesma direção durante a reação da

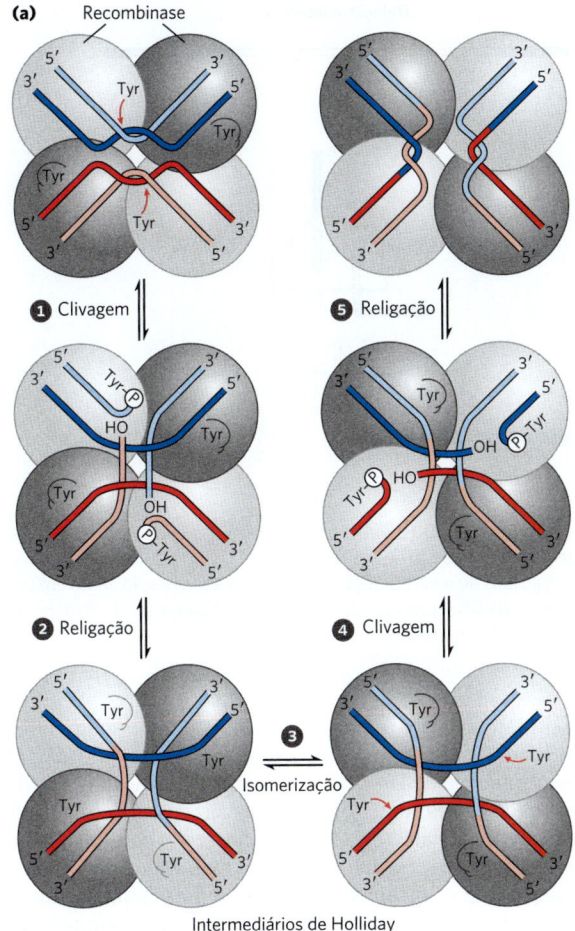

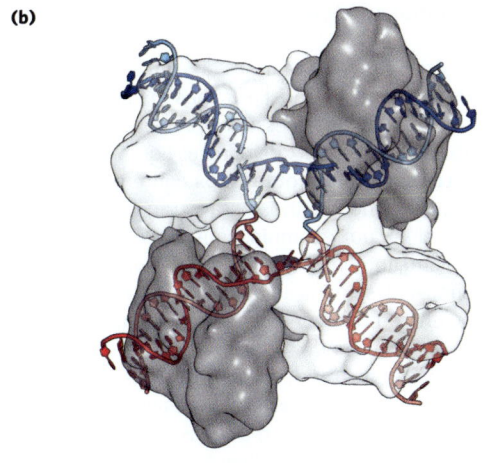

**FIGURA 25-37 Uma reação de recombinação sítio--específica.** (a) A reação mostrada aqui é para uma classe comum de recombinases sítio-específicas, chamadas de recombinases da classe das integrases (nomeadas a partir da integrase do bacteriófago λ, a primeira recombinase caracterizada). Essas enzimas usam resíduos de Tyr como nucleófilos no sítio ativo. A reação é realizada no interior de um tetrâmero de subunidades idênticas. As subunidades de recombinase ligam-se a uma sequência específica, o sítio de recombinação. Dois complexos diméricos, cada um ligado a um único sítio no DNA, unem-se para formar o complexo tetramérico mostrado aqui. ❶ Uma fita em cada DNA é clivada em pontos específicos na sequência. O nucleófilo é o grupo —OH do resíduo de Tyr do sítio ativo, e o produto da reunião ❷ é uma ligação de fosfotirosina covalente entre proteína e DNA. Depois da isomerização ❸, as fitas clivadas ligam-se a novos parceiros, produzindo um intermediário de Holliday. As etapas ❹ e ❺ completam a reação por um processo semelhante às primeiras duas etapas. A sequência original do sítio de recombinação é regenerada depois de recombinar o DNA que flanqueia o sítio. Essas etapas ocorrem no interior de um complexo de múltiplas subunidades de recombinase que, algumas vezes, incluem outras proteínas não mostradas aqui. (b) Modelo de contorno de superfície de uma recombinase da classe da integrase de quatro subunidades chamada FLP recombinase, ligada a um intermediário de Holliday (mostrado com fitas helicoidais em azul-claro e azul-escuro). A proteína está representada de forma transparente para que o DNA ligado seja visível. Um outro grupo de recombinases, denominadas família resolvase/invertase, usa um resíduo de Ser como nucleófilo no sítio ativo. [(b) Dados de PDB ID 1P4E, P. A. Rice and Y. Chen, *J. Biol. Chem.* 278:24.800, 2003.]

recombinase. O resultado depende da orientação e da localização dos sítios de recombinação (**Fig. 25-38**). Se os dois sítios estiverem na mesma molécula de DNA, a reação inverte ou exclui o DNA interveniente, o que é determinado pelo fato de os sítios de recombinação apresentarem direção oposta ou a mesma direção, respectivamente. Se os sítios estiverem em DNA diferentes, a recombinação é intermolecular; se um ou ambos os DNA forem circulares, o resultado é uma inserção. Alguns sistemas de recombinases são altamente específicos para um desses tipos de reações e agem apenas nos sítios com orientações específicas.

A replicação cromossômica completa pode necessitar da replicação sítio-específica. O reparo do DNA recombinante de um cromossomo bacteriano circular, embora essencial, algumas vezes gera subprodutos deletérios. A resolução de um intermediário de Holliday em uma forquilha de replicação por uma nuclease, como a RuvC, seguida pelo encerramento da replicação pode dar origem a um de dois produtos: os dois cromossomos monoméricos normais ou um cromossomo dimérico contíguo (**Fig. 25-39**). No último caso, os cromossomos ligados covalentemente não podem ser segregados para células-filhas na divisão celular, e as células divididas ficam "emperradas". Um sistema de recombinação sítio-específico especializado em *E. coli*, o sistema XerCD, converte os cromossomos diméricos em cromossomos monoméricos, de modo que a divisão celular pode prosseguir. A reação é uma deleção sítio-específica (Fig. 25-38b). ▶P4 Esse é outro exemplo da coordenação próxima entre os processos de recombinação do DNA e outros aspectos do metabolismo do DNA.

### Elementos genéticos de transposição movem-se de um local para outro

Agora, será abordado o terceiro tipo geral de sistema de recombinação: a recombinação que permite o movimento de elementos de transposição, ou **transposons**. Esses segmentos do DNA, encontrados praticamente em todas as células, movem-se ou "saltam" de um local no cromossomo

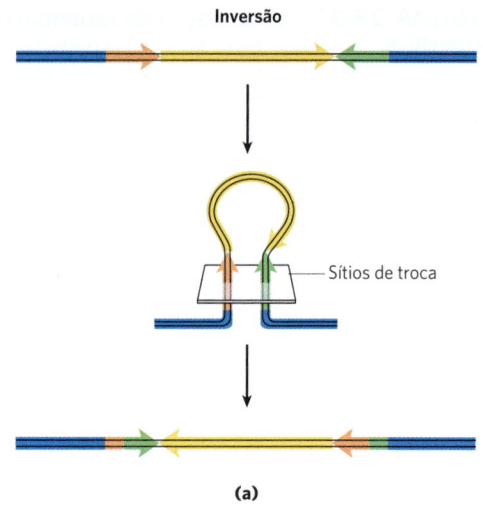
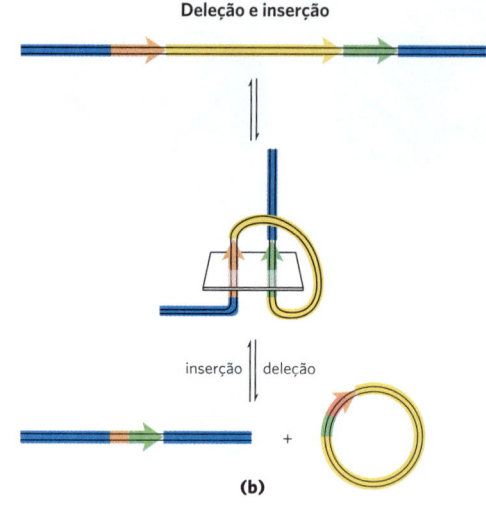

**FIGURA 25-38 Efeitos da recombinação sítio-específica.** O resultado da recombinação sítio-específica depende da localização e da orientação dos sítios de recombinação (em vermelho e verde) em uma molécula de de DNA de fita dupla. A orientação (mostrada pelas pontas de seta) se refere à ordem dos nucleotídeos no sítio de recombinação, e *não* à direção 5'→3'. (a) Sítios de recombinação com orientação oposta na mesma molécula de DNA. O resultado é uma inversão. (b) Sítios de recombinação com a mesma orientação, tanto em uma molécula de DNA, produzindo uma deleção, quanto em duas moléculas de DNA, produzindo uma inserção.

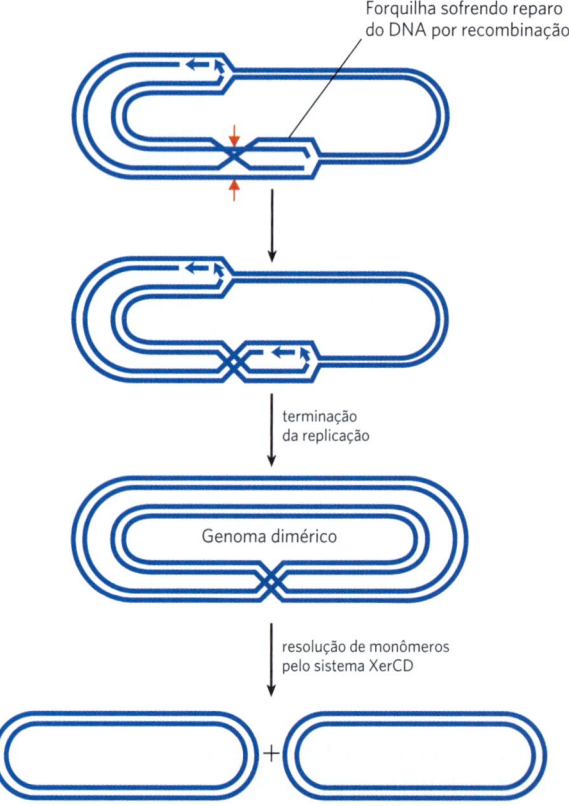

**FIGURA 25-39 Deleção do DNA para desfazer um efeito deletério do reparo de DNA por recombinação.** A resolução de um intermediário de Holliday durante o reparo de DNA por recombinação (se cortado nos pontos indicados pelas setas vermelhas) pode gerar um cromossomo dimérico contíguo. Uma recombinase sítio-específica especializada em *E. coli*, XerCD, converte o dímero em monômeros, permitindo o prosseguimento da segregação de cromossomos e da divisão celular.

(o sítio doador) para outro no mesmo cromossomo ou em um cromossomo diferente (o sítio-alvo). Não é necessária uma sequência de DNA homóloga para esse movimento, denominado **transposição**; a nova localização é determinada mais ou menos aleatoriamente. A inserção de um transposon em um gene essencial poderia matar a célula, assim a transposição é fortemente regulada e normalmente muito infrequente. Os transposons são, talvez, o mais simples dos parasitas moleculares, adaptados para replicar passivamente dentro de cromossomos de células hospedeiras. Em alguns casos, eles transportam genes úteis para a célula hospedeira e, portanto, existem em um tipo de simbiose com o hospedeiro.

As bactérias têm duas classes de transposons. As **sequências de inserção** (transposons simples) contêm apenas as sequências necessárias para a transposição e os genes para as proteínas (transposases) que promovem o processo. Os **transposons complexos** contêm um ou mais genes além daqueles necessários para a transposição. Esses genes extras podem, por exemplo, conferir resistência a antibióticos e, assim, aumentar as chances de sobrevida da célula hospedeira. A disseminação de elementos de resistência a antibióticos entre populações bacterianas causadoras de doenças, que está tornando alguns antibióticos ineficazes (p. 887), é mediada em grande parte pela transposição. ■

Os transposons bacterianos variam em estrutura, mas a maioria tem sequências curtas repetidas em cada extremidade que servem como locais de ligação para a transposase. Quando ocorre a transposição, uma sequência curta no local-alvo (5 a 10 pb) é duplicada para formar uma sequência curta repetida adicional que flanqueia cada extremidade do transposon inserido (**Fig. 25-40**). Esses segmentos duplicados resultam do mecanismo de corte usado para inserir um transposon no DNA em um novo local.

Há duas vias gerais para a transposição em bactérias. Na transposição direta (ou simples) (**Fig. 25-41**, à esquerda),

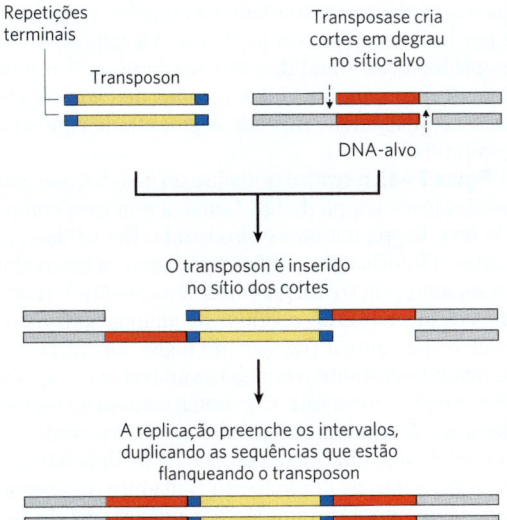

**FIGURA 25-40 Duplicação da sequência de DNA em um sítio-alvo quando um transposon é inserido.** As sequências duplicadas após a inserção do transposon estão em vermelho. Essas sequências geralmente têm apenas alguns pares de bases, de modo que seu tamanho em relação ao de um transposon típico está muito exagerado neste desenho.

cortes de cada lado do transposon o removem, e ele, então, move-se para uma nova localização. Isso deixa uma quebra na fita dupla do DNA doador que deve ser reparada. No sítio-alvo, é feito um corte em degrau (como na Fig. 25-40), o transposon é inserido na quebra, e a replicação do DNA preenche os espaços para duplicar a sequência do sítio-alvo. Na transposição replicativa (Fig. 25-41, à direita), o transposon inteiro é replicado, deixando uma cópia para trás no local doador. Um **cointegrado** é um intermediário nesse processo, consistindo em uma região doadora covalentemente ligada ao DNA no sítio-alvo. Duas cópias completas do transposon estão presentes no cointegrado, ambas com a mesma orientação em relação ao DNA. Em alguns transposons bem caracterizados, o cointegrado intermediário é convertido em produtos pela recombinação sítio-específica, na qual recombinases especializadas promovem a reação de deleção necessária.

Os eucariotos também têm transposons, estruturalmente semelhantes aos transposons bacterianos, e alguns utilizam mecanismos de transposição semelhantes. Em outros casos, entretanto, o mecanismo de transposição parece envolver um intermediário de RNA. A evolução desses transposons é interligada à evolução de algumas classes de vírus de RNA. Ambas estão descritas no próximo capítulo. Como ilustrado na Figura 9-25, quase metade do genoma humano é formado por vários tipos de elementos de transposição.

## Os genes de imunoglobulinas se reúnem por recombinação

Alguns rearranjos de DNA são uma parte programada do desenvolvimento em organismos de eucariotos. Um exemplo importante é a geração de genes completos de imunoglobulinas a partir de segmentos de genes separados em genomas de vertebrados. Um ser humano (assim como outros

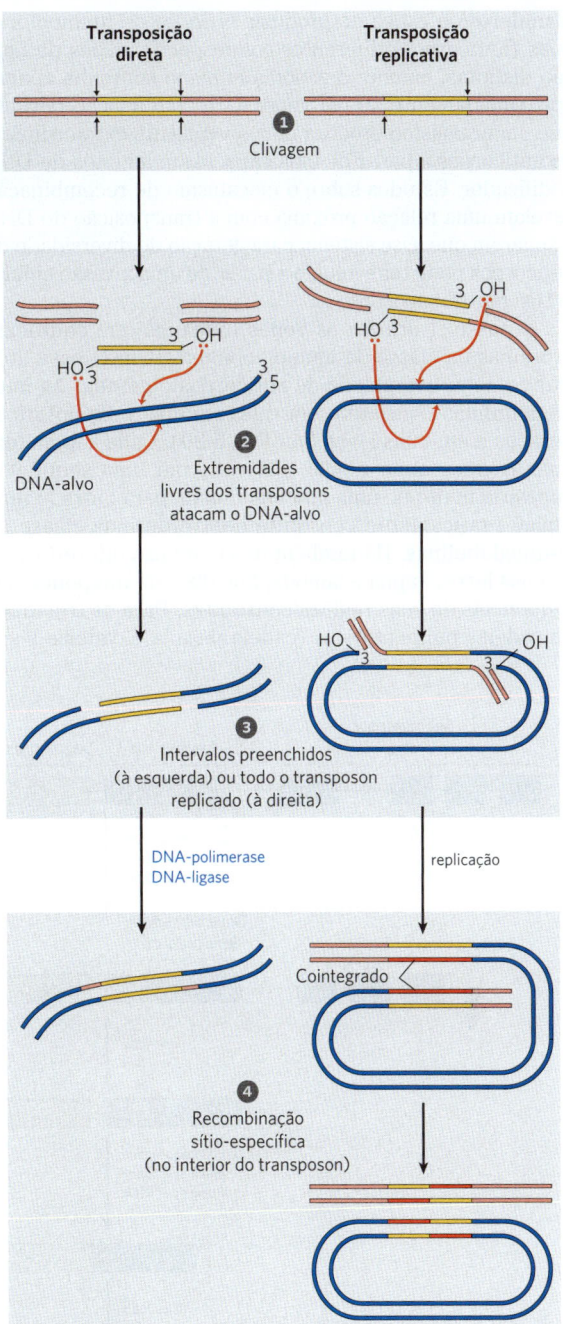

**FIGURA 25-41 Duas vias gerais para a transposição: direta (simples) e replicativa.** ❶ O DNA é primeiro clivado de cada lado do transposon, nos sítios indicados pelas setas. ❷ Os grupos 3'-hidroxila liberados nas extremidades do transposon atuam como nucleófilos em um ataque direto sobre as ligações fosfodiéster no DNA-alvo. As ligações fosfodiéster alvo são escalonadas (não diretamente uma em frente da outra) nas duas fitas de DNA. ❸ O transposon é agora ligado ao DNA-alvo. Na transposição direta (à esquerda), a replicação preenche os intervalos em cada extremidade para completar o processo. Na transposição replicativa (à direita), todo o transposon é replicado para criar um intermediário cointegrado. ❹ O cointegrado é frequentemente resolvido posteriormente, com o auxílio de um sistema de recombinação sítio-específica separado. O DNA hospedeiro clivado deixado para trás após a transposição direta é reparado pela união de extremidades do DNA ou degradado (não mostrado); o último resultado pode ser letal para um organismo.

mamíferos) é capaz de produzir *milhões* de imunoglobulinas (anticorpos) diferentes com especificidades de ligação distintas, embora o genoma humano contenha apenas aproximadamente 20 mil genes. A recombinação permite que um organismo produza uma diversidade extraordinária de anticorpos a partir de uma capacidade limitada de DNA codificador. Estudos sobre o mecanismo de recombinação revelam uma relação próxima com a transposição do DNA e sugerem que esse sistema para geração de diversidade de anticorpos pode ter evoluído a partir de uma invasão celular antiga por transposons.

É possível utilizar os genes humanos que codificam proteínas da classe da imunoglobulina G (IgG) para ilustrar como a diversidade de anticorpos é gerada. As imunoglobulinas consistem em duas cadeias polipeptídicas pesadas e em duas leves (ver Fig. 5-20). Cada cadeia tem duas regiões, uma região variável, com uma sequência que varia muito de uma imunoglobulina para outra, e uma região praticamente constante dentro de uma classe de imunoglobulinas. Há também duas famílias diferentes de cadeias leves, kappa e lambda, que diferem um pouco nas sequências de suas regiões constantes. Para os três tipos de cadeias polipeptídicas (cadeia pesada e cadeias leves kappa e lambda), a diversidade nas regiões variáveis é gerada por um mecanismo semelhante. Os genes para esses polipeptídeos são divididos em segmentos, e o genoma contém grupos com múltiplas versões de cada segmento. A união de uma versão de cada segmento de gene cria um gene completo.

A **Figura 25-42** retrata a organização do DNA que codifica as cadeias leves kappa da IgG humana e mostra como uma cadeia leve kappa madura é produzida. Em células indiferenciadas, a informação codificadora dessa cadeia polipeptídica é separada em três segmentos. O segmento V (variável) codifica os primeiros 95 resíduos de aminoácidos da região variável, o segmento J (ligação, do inglês *joining*) codifica os 12 resíduos restantes da região variável, e o segmento C codifica a região constante. O genoma contém 40 segmentos V diferentes, 5 segmentos J diferentes e 1 segmento C.

À medida que uma célula-tronco na medula óssea se diferencia para formar um linfócito B maduro, um segmento V e um segmento J são unidos por um sistema de recombinação especializado (Fig. 25-42). Durante essa deleção programada do DNA, o DNA interveniente é descartado. Existem cerca de $40 \times 5 = 200$ combinações V-J possíveis. O processo de recombinação não é tão preciso quanto a

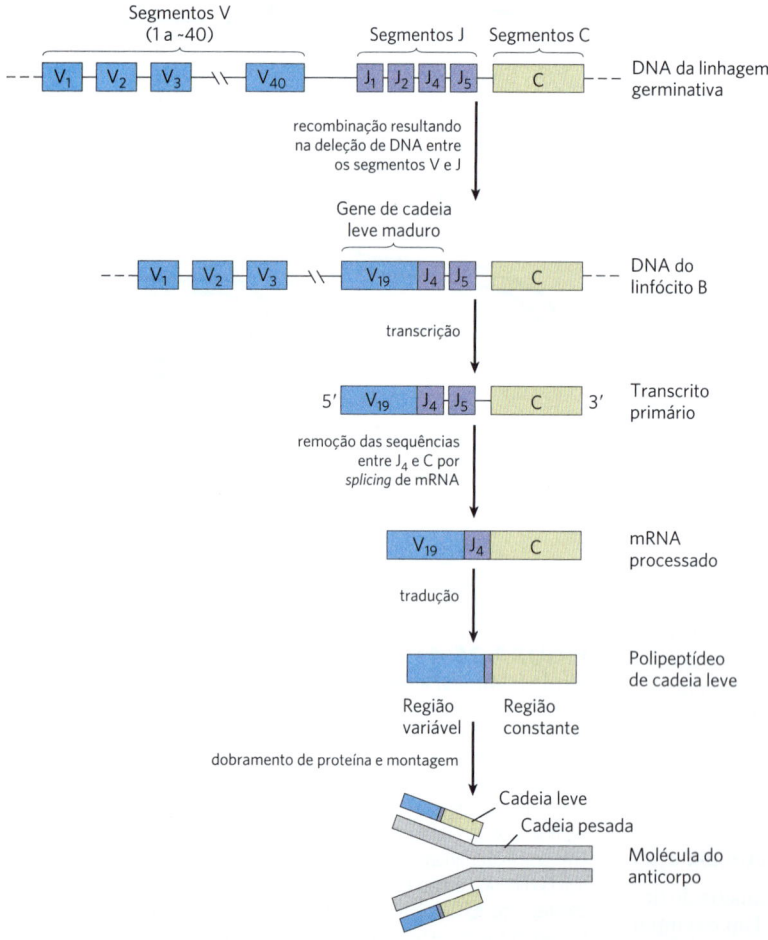

**FIGURA 25-42 Recombinação dos segmentos V e J do gene da cadeia leve kappa da IgG humana.** Na parte superior, é mostrada a disposição das sequências codificadoras de IgG em uma célula-tronco da medula óssea. A recombinação exclui o DNA entre um segmento V específico e um segmento J. A transcrição e o *splicing* de RNA, conforme descrito no Capítulo 26, produzem o polipeptídeo de cadeia leve. A cadeia leve pode se combinar com qualquer uma das 5 mil cadeias pesadas possíveis para produzir uma molécula de anticorpo.

recombinação sítio-específica descrita anteriormente, portanto uma variação adicional ocorre na sequência na junção V-J. Isso aumenta a variação geral por um fator de pelo menos 2,5, de modo que as células podem gerar cerca de 2,5 × 200 = 500 combinações V-J diferentes. A junção final da combinação V-J à região C é realizada por uma reação de RNA-*splicing* após a transcrição, processo descrito no Capítulo 26.

O mecanismo de recombinação para a junção dos segmentos V e J é ilustrado na **Figura 25-43**. Um pouco além de cada segmento V e imediatamente antes de cada segmento J se situam as sequências de sinalização de recombinação (RSS). Elas estão ligadas por proteínas denominadas RAG1 e RAG2 (produtos do gene ativador de recombinação). As proteínas RAG catalisam a formação de uma quebra da dupla-fita entre as sequências de sinalização e os segmentos V (ou J) a serem unidos. Os segmentos V e J são, então, unidos com o auxílio de um segundo complexo de proteínas.

Os genes para as cadeias pesadas e as cadeias leves lambda são formados por um processo semelhante. As cadeias pesadas possuem mais segmentos de genes que as cadeias leves, com mais de 5.000 combinações possíveis.

Como qualquer cadeia pesada pode se combinar com qualquer cadeia leve para gerar uma imunoglobulina, cada ser humano tem pelo menos 500 × 5.000 = 2,5 × $10^6$ IgG possíveis. Mais diversidade é gerada por altas taxas de mutação (de mecanismo desconhecido) nas sequências V durante a diferenciação de linfócitos B. Cada linfócito B maduro produz apenas um tipo de anticorpo, mas a gama de anticorpos produzidos pelos linfócitos B de um organismo individual é nitidamente enorme.

Terá o sistema imune evoluído, em parte, de transposons antigos? O mecanismo de geração de quebras de dupla-fita por RAG1 e RAG2, de fato, espelha várias etapas de reação na transposição (Fig. 25-43). Além disso, o DNA excluído, com seu RSS terminal, tem uma estrutura de sequência encontrada na maioria dos transposons. Em testes em tubos de ensaio, RAG1 e RAG2 podem se associar a esse DNA deletado e inseri-lo, de modo semelhante a um transposon, em outras moléculas de DNA (provavelmente uma reação rara em linfócitos B). Embora não se saiba com certeza, as propriedades do sistema de rearranjo de genes de imunoglobulina sugerem uma origem intrigante, na qual a distinção entre o hospedeiro e o parasita tornou-se turva pela evolução.

### RESUMO 25.3 *Recombinação do DNA*

■ As sequências de DNA são rearranjadas em reações de recombinação, geralmente em processos fortemente coordenados com a replicação ou o reparo do DNA.

■ A recombinação genética homóloga pode ocorrer entre duas moléculas de DNA quaisquer que partilhem uma sequência homóloga. Em bactérias, a recombinação funciona principalmente como um processo de reparo do DNA, centrado em reativar forquilhas de replicação paradas ou colapsadas ou no reparo geral de quebras da fita dupla.

■ Em eucariotos, a recombinação é essencial para assegurar a segregação cromossômica precisa durante a primeira divisão celular meiótica. Ela também ajuda a criar diversidade genética nos gametas resultantes.

■ A união de extremidades não homólogas fornece um mecanismo alternativo para o reparo de quebras de dupla-fita, sobretudo em células eucarióticas.

■ A recombinação sítio-específica ocorre apenas em sequências-alvo específicas, e esse processo também pode envolver um intermediário de Holliday. As recombinases clivam o DNA em pontos específicos e ligam as fitas a novos parceiros. Esse tipo de recombinação é encontrado em praticamente todas as células, e suas muitas funções incluem a integração do DNA e a regulação da expressão gênica.

■ Em praticamente todas as células, os transposons utilizam a recombinação para se moverem dentro ou entre os cromossomos.

■ Em vertebrados, uma reação de recombinação programada relacionada com a transposição une segmentos de genes de imunoglobulinas para formar genes de imunoglobulinas durante a diferenciação dos linfócitos B.

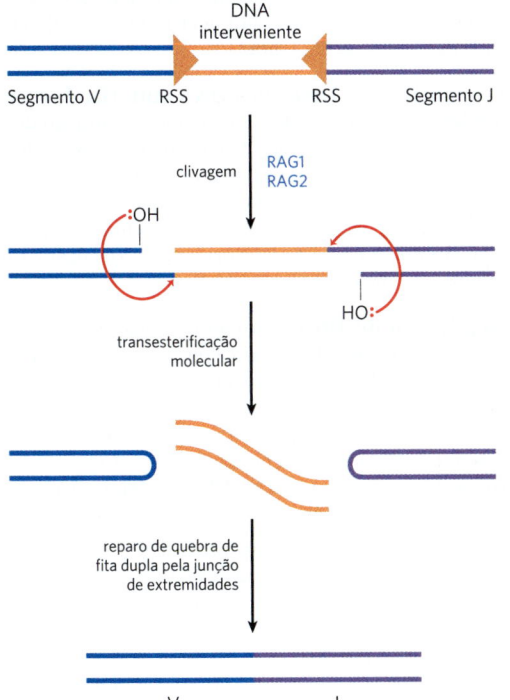

**FIGURA 25-43 Mecanismo de rearranjo do gene da imunoglobulina.** As proteínas RAG1 e RAG2 ligam-se às sequências de sinalização de recombinação (RSS) e clivam uma fita de DNA entre os segmentos RSS e V (ou J) a serem ligados. A 3′-hidroxila liberada atua, então, como nucleófilo, atacando uma ligação fosfodiéster na outra fita para criar uma quebra de dupla-fita. As curvas de grampos resultantes nos segmentos V e J são clivadas, e as extremidades são covalentemente ligadas por um complexo de proteínas especializadas para o reparo por união de extremidades de quebras de dupla-fita.

## TERMOS-CHAVE

*Os termos em negrito estão definidos no glossário.*

molde 915
replicação semiconservativa 915
**forquilha de replicação** 915
**origem** 916
fragmento de Okazaki 916
**fita líder** 916
**fita lenta** 916
**nucleases** 916
**exonucleases** 916
**endonucleases** 916
**DNA-polimerases** 916
DNA-polimerase I 916
**iniciador (primer)** 917
**terminal do iniciador (primer)** 917
**processividade** 917
**revisão** 919
DNA-polimerase III 919
**replissomo** 921
**helicases** 922
**topoisomerases** 922
**primases** 922
**DNA-ligases** 922
elemento de desenrolamento de DNA (DUE) 922
**AAA+ ATPases** 923
**catenano** 927
complexo pré-replicativo (pré-RC) 928
licenciamento 928
proteínas de manutenção de minicromossomos (MCM) 928
ORC (complexo de reconhecimento de origem) 928
DNA-polimerase $\varepsilon$ 929
DNA-polimerase $\delta$ 929
DNA-polimerase $\alpha$ 929
**mutação** 930
DNA-glicosilases 934
reparo por excisão de base 934
sítio AP 934
sítio abásico 934
AP-endonucleases 935
DNA-fotoliases 937
síntese de DNA translesão propensa a erro 938
**resposta SOS** 938
**recombinação genética homóloga** 940
**recombinação sítio-específica** 940
transposição de DNA 940
**reparo do DNA por recombinação** 941
**migração do ramo** 942
**intermediário de Holliday** 942
primossomo de reinício de replicação 943
**meiose** 944
modelo de reparo de quebra da fita dupla 947
**união de extremidades não homólogas (NHEJ)** 948
**transposon** 951
**transposição** 952
**sequência de inserção** 952

## QUESTÕES

**1. Replicação do DNA** Um pesquisador adicionou holoenzima de DNA-polimerase III, DNA-primase (DnaG), proteína de ligação a DNA de fita simples (SSB), uma DNA-ligase dependente de ATP e a helicase replicativa (DnaB) a cada um dos substratos de DNA mostrados a seguir, com ATP e todos os quatro dNTP. O comprimento do DNA no círculo na estrutura **1** é de 10.000 pb. A parte linear (não ramificada) da estrutura **2** tem 20.000 pb de comprimento.

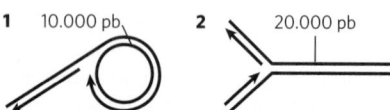

**(a)** Se as concentrações do precursor (dNTP) não forem limitantes, os fragmentos de Okazaki tiverem 2.000 nucleotídeos de comprimento e a replicação prosseguir a 1.000 nucleotídeos/s por 30 segundos, qual substrato de DNA gerará um produto de replicação mais longo? **(b)** Para a estrutura **1**, desenhe o produto dessa replicação de 30 segundos. **(c)** Desenhe o produto esperado se DnaG fosse deixado de fora da reação. **(d)** Desenhe o produto esperado se a DNA-ligase fosse deixada de fora da reação.

**2. Análise de isótopos pesados de replicação de DNA** Um pesquisador trocou uma cultura de *E. coli* crescendo em um meio contendo $^{15}NH_4Cl$ para um meio contendo $^{14}NH_4Cl$ por três gerações (um aumento de oito vezes na população). Qual é a razão molar entre o DNA híbrido ($^{15}N$-$^{14}N$) e o DNA leve ($^{14}N$-$^{14}N$) nesse ponto?

**3. Replicação do cromossomo de *E. coli*** O cromossomo de *E. coli* contém 4.641.652 pb.

**(a)** Quantas voltas da dupla-hélice devem ser desenroladas durante a replicação do cromossomo de *E. coli*?
**(b)** A partir dos dados deste capítulo, quanto tempo levaria para replicar o cromossomo de *E. coli* a 37 °C se duas forquilhas de replicação prosseguissem a partir da origem? Suponha que a replicação ocorre a uma taxa de 1.000 pb/s. Sob algumas condições, as células de *E. coli* podem se dividir a cada 20 min. Como isso seria possível?
**(c)** Na replicação do cromossomo de *E. coli*, aproximadamente quantos fragmentos de Okazaki poderiam ser formados? Que fatores são necessários para ligar fragmentos de Okazaki recém-sintetizados na fita lenta?

**4. Composição de bases dos DNA sintetizados a partir de moldes de fitas simples** Preveja a composição de bases do DNA total sintetizado por DNA-polimerase nos moldes fornecidos por uma mistura equimolar de duas fitas complementares do DNA do bacteriófago $\phi X174$ (uma molécula de DNA circular). A composição de bases de uma fita é A, 24,7%; G, 24,1%; C, 18,5%; e T, 32,7%. Que pressuposto é necessário para responder essa questão?

**5. Replicação do DNA** Kornberg e colaboradores incubaram extratos solúveis de *E. coli* com uma mistura de dATP, dTTP, dGTP e dCTP, todos marcados com $^{32}P$ no grupo fosfato $\alpha$. Após um período, a mistura da incubação foi tratada com ácido tricloroacético, que precipita o DNA, mas não os precursores de nucleotídeos. O precipitado foi coletado, e o grau de incorporação dos precursores no DNA foi determinado a partir da quantidade de radioatividade presente no precipitado.

**(a)** Se qualquer um dos quatro precursores de nucleotídeos fosse omitido da mistura de incubação, poderia ser encontrada radioatividade no precipitado? Explique.
**(b)** O $^{32}P$ poderia ser incorporado no DNA se apenas o dTTP fosse marcado? Explique.
**(c)** A radioatividade poderia ser encontrada no precipitado se $^{32}P$ marcasse o fosfato $\beta$ ou $\gamma$, em vez do fosfato $\alpha$ dos desoxirribonucleotídeos? Explique.

**6. A química da replicação do DNA** Todas as DNA-polimerases sintetizam novas fitas de DNA na direção 5'→3'. Em alguns aspectos, a replicação das fitas antiparalelas do duplex de DNA poderia ser mais simples se houvesse também um segundo tipo de polimerase, uma que sintetizasse o DNA na direção 3'→5'. Os dois tipos de polimerases poderiam, em princípio, coordenar a síntese do DNA sem os mecanismos complicados necessários para a replicação da fita lenta. Entretanto, não foi encontrada tal enzima de síntese na direção 3'→5'. Sugira dois mecanismos possíveis para a síntese do DNA na direção 3'→5'. O pirofosfato deve ser um produto de ambas as reações propostas. Um ou ambos os mecanismos poderiam ter suporte em uma célula? Por quê? (Dica: é possível sugerir o uso de precursores do DNA que estão ausentes nas células.)

**7. Atividades das DNA-polimerases** Você está caracterizando uma nova DNA-polimerase. Quando a enzima é incubada com DNA marcado com $^{32}$P e sem dNTP, pode-se observar a liberação de [$^{32}$P]dNMP. A adição de dNTP não marcados previne essa liberação. Explique as reações que provavelmente mais contribuem para essas observações. O que você esperaria observar se adicionasse pirofosfato, em vez de dNTP?

**8. Fitas líder e lenta** Prepare uma tabela que liste os nomes e compare as funções dos precursores, das enzimas e de outras proteínas necessárias para construir a fita líder *versus* a fita lenta durante a replicação do DNA em *E. coli*.

**9. Função da DNA-ligase** Alguns mutantes de *E. coli* contêm DNA-ligase defeituosa. Quando esses mutantes são expostos à timina marcada com $^3$H e o DNA produzido é sedimentado em um gradiente de densidade de sacarose alcalina, duas bandas radioativas aparecem. Uma corresponde à fração de alto peso molecular, a outra, à fração de baixo peso molecular. Como isso pode ser explicado?

**10. Fidelidade da replicação do DNA** Que fatores promovem a fidelidade da replicação durante a síntese da fita líder do DNA? Seria esperado que a fita lenta fosse feita com a mesma fidelidade? Explique suas respostas.

**11. Importância das DNA-topoisomerases na replicação do DNA** O desenrolamento do DNA, como ocorre na replicação, afeta a densidade de super-hélice do DNA. Na ausência de topoisomerases, o DNA à frente de uma forquilha de replicação se tornaria superenrolado enquanto o DNA atrás dela seria desenrolado. Uma forquilha de replicação bacteriana irá parar quando a densidade de super-hélice do DNA à frente da forquilha atingir +0,14 (ver Capítulo 24).

Um pesquisador inicia a replicação bidirecional na origem de um plasmídeo de 6.000 pb *in vitro*, na ausência de topoisomerases. O plasmídeo inicialmente tem um $\sigma$ de $-0,06$. Quantos pares de bases serão desenrolados e replicados por cada forquilha de replicação antes que a forquilha pare? Suponha que ambas as forquilhas se movimentam na mesma velocidade e que cada uma inclui todos os componentes necessários para o alongamento, exceto a topoisomerase.

**12. Teste de Ames** Em um meio nutritivo que não tem histidina, uma fina camada de ágar contendo aproximadamente $10^9$ células de *Salmonella typhimurium* auxotróficas para histidina (células mutantes que necessitam de histidina para sobreviver) produz aproximadamente 13 colônias em um período de 2 dias de incubação a 37 °C (ver Fig. 25-19). Como essas colônias surgem na ausência de histidina? Quando os pesquisadores repetem o experimento na presença de 0,4 µg de 2-aminoantraceno, o número de colônias produzidas em 2 dias excede 10.000. O que isso informa a respeito do 2-aminoantraceno? O que você pode prever a respeito de sua carcinogenicidade?

**13. Mecanismos de reparo do DNA** As células de vertebrados e plantas frequentemente metilam citosina no DNA para formar 5-metilcitosina (ver Fig. 8-5a). Nessas mesmas células, um sistema de reparo especializado reconhece malpareamentos G-T e os repara para pares de bases G≡C. Como esse sistema de reparo poderia ser vantajoso para a célula? (Explique em termos da presença de 5-metilcitosina no DNA.)

**14. O custo energético do reparo de malpareamento** Em uma célula de *E. coli*, a DNA-polimerase III produz um erro raro e insere uma G do lado oposto a um resíduo de A em uma posição a 650 pb da sequência GATC mais próxima. O sistema de reparo de malpareamento repara o malpareamento com precisão. Quantas ligações fosfodiéster derivadas de desoxinucleotídeos (dNTP) são gastas nesse reparo? Esse processo também usa moléculas de ATP. Qual(is) enzima(s) consome(m) o ATP?

**15. Reparo do DNA em pessoas com xeroderma pigmentoso** A doença conhecida como xeroderma pigmentoso (XP) é causada por mutações em pelo menos sete diferentes genes humanos (ver Quadro 25-1). Em geral, as deficiências são em genes que codificam enzimas envolvidas em alguma parte da via de reparo por excisão de nucleotídeo em seres humanos. Os vários tipos de XP são denominados de A até G (XPA, XPB, etc.), com algumas poucas variantes adicionais conhecidas sob a denominação XPV.

Culturas de fibroblastos de indivíduos saudáveis e de pacientes com XPG foram irradiadas com luz ultravioleta. Depois de isolar e desnaturar o DNA, os pesquisadores caracterizam o DNA de fita simples resultante por ultracentrifugação analítica.

**(a)** Amostras de fibroblastos normais mostram uma redução significativa no peso molecular médio das fitas simples de DNA após a irradiação, mas as amostras de fibroblastos XPG não mostram tal redução. Como isso pode ocorrer?

**(b)** Se você considerar que o sistema de reparo por excisão de nucleotídeo está operante nos fibroblastos, qual etapa poderá estar defeituosa nas células de pacientes com XPG? Como isso pode ser explicado?

**16. Reparo do DNA e câncer** Muitos produtos farmacêuticos usados para quimioterapia tumoral são agentes que danificam o DNA. Qual é a justificativa para danificar ativamente o DNA para tratar tumores? Por que esses tratamentos costumam ter um efeito maior no tumor do que no tecido saudável?

**17. Reparo direto** A lesão $O^6$-meG é normalmente reparada por transferência direta do grupo metila para a proteína $O^6$-metilguanina-DNA-metiltransferase. Para a sequência nucleotídica AAC($O^6$-meG)TGCAC, com um resíduo G danificado (metilado), qual seria a sequência de ambas as fitas do DNA de fita dupla resultante da replicação nas seguintes situações?

**(a)** A replicação ocorre antes do reparo.
**(b)** A replicação ocorre após o reparo.
**(c)** Duas rodadas de replicação ocorrem, seguidas de reparo.

**18. Invasão da fita na recombinação** Uma etapa-chave em muitas reações de recombinação homóloga é a invasão da fita (ver etapa ❷ na Fig. 25-29). Em quase todos os casos, a invasão da fita prossegue com uma fita simples que tem uma extremidade 3' livre, em vez de uma extremidade 5'. Qual vantagem metabólica do DNA é inerente ao uso de uma extremidade 3' livre para a invasão da fita?

**19. Intermediários de Holliday** Como a formação de intermediários de Holliday na recombinação genética homóloga difere de sua formação na recombinação sítio-específica?

**20. Clivagem dos intermediários de Holliday** Um intermediário de Holliday é formado entre dois cromossomos homólogos, em um ponto entre os genes *A* e *B*, como mostrado a seguir. Os cromossomos têm alelos diferentes dos dois genes

($A$ e $a$, $B$ e $b$). Onde os intermediários de Holliday poderiam ser clivados (pontos X e/ou Y) para gerar um cromossomo que poderia transportar **(a)** um genótipo $Ab$ ou **(b)** um genótipo $ab$?

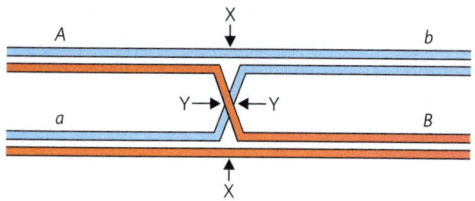

**21. Conexão entre replicação e recombinação sítio-específica** A maioria das cepas selvagens de *S. cerevisiae* tem cópias múltiplas do plasmídeo de DNA circular $2\mu$ (assim denominado por seu perímetro de cerca de $2\,\mu m$), o qual tem aproximadamente 6.300 pb. Para a sua replicação, o plasmídeo utiliza o sistema de replicação do hospedeiro, sob o mesmo controle restrito usado para os cromossomos da célula do hospedeiro, replicando-se apenas uma vez a cada ciclo celular. A replicação do plasmídeo é bidirecional, com ambas as forquilhas de replicação iniciando em uma única origem bem definida. Entretanto, um ciclo de replicação do plasmídeo $2\mu$ pode resultar em mais de duas cópias, permitindo a amplificação do seu número de cópias (número de cópias de plasmídeos por célula) sempre que a segregação do plasmídeo durante a divisão celular deixa uma célula-filha com menos plasmídeos do que o complemento normal de cópias desse plasmídeo. A amplificação requer um sistema de recombinação sítio-específico codificado pelo plasmídeo, o qual serve para inverter uma parte do plasmídeo em relação à outra. Explique como um evento de inversão sítio-específica pode resultar na amplificação do número de cópias do plasmídeo. (Dica: considere a situação quando as forquilhas de replicação tenham duplicado um sítio de recombinação, mas não o outro.)

### QUESTÃO DE ANÁLISE DE DADOS

**22. Mutagênese em *Escherichia coli*** Muitos compostos mutagênicos atuam por meio da alquilação de bases no DNA. O agente alquilante R7000 (7-metóxi-2-nitronafto[2,1-$b$]furano) é um agente mutagênico extremamente potente.

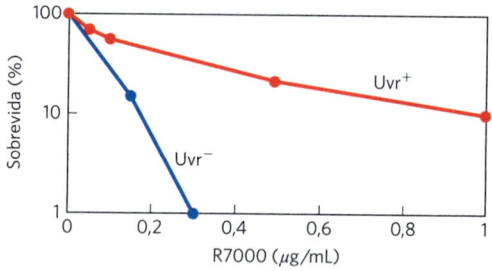

*In vivo*, o R7000 é ativado pela enzima nitrorredutase, e essa forma mais reativa se liga covalentemente ao DNA – principalmente, mas não de forma exclusiva, a pares de bases $G\equiv C$.

Em um estudo de 1996, Quillardet, Touati e Hofnung investigaram os mecanismos pelos quais o R7000 causa mutações em *E. coli*. Eles compararam a atividade genotóxica do R7000 em duas cepas de *E. coli*: a selvagem (Uvr$^+$) e mutantes deficientes da atividade *uvrA* (Uvr$^-$). Eles primeiro mediram as taxas de mutagênese. A rifampicina é um inibidor da RNA-polimerase. Na sua presença, as células não crescem, a não ser que ocorram algumas mutações no gene que codifica a RNA-polimerase. Assim, o aparecimento de colônias resistentes à rifampicina fornece uma medida útil das taxas de mutagênese.

Os pesquisadores determinaram os efeitos de diferentes concentrações de R7000. Os resultados são mostrados no gráfico a seguir:

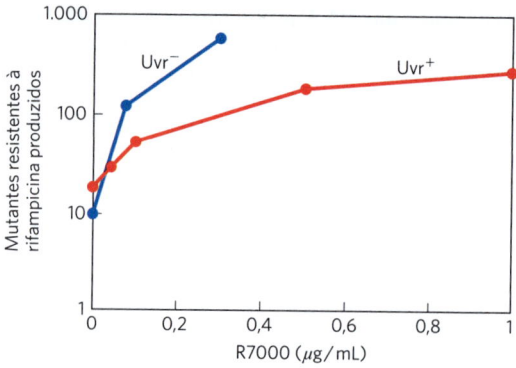

**(a)** Por que alguns mutantes são produzidos mesmo quando não há R7000 presente?

Quillardet e colaboradores também mediram a taxa de sobrevida de bactérias tratadas com diferentes concentrações de R7000, obtendo os seguintes resultados:

**(b)** Explique como o tratamento com R7000 é letal para as células.

**(c)** Explique as diferenças nas curvas de mutagênese e nas curvas de sobrevivência para os dois tipos de bactérias, Uvr$^+$ e Uvr$^-$, como mostrado nos gráficos.

Os pesquisadores mediram, então, a quantidade de R7000 ligado covalentemente ao DNA nas cepas Uvr$^+$ e Uvr$^-$ de *E. coli*. Eles incubaram as bactérias com [$^3$H]R7000 por 10 ou 70 minutos, extraíram o DNA e mediram seu conteúdo de $^3$H em contagens por minuto (cpm) por micrograma de DNA.

| Tempo (min) | $^3$H no DNA (cpm/$\mu$g) | |
|---|---|---|
| | Uvr$^+$ | Uvr$^-$ |
| 10 | 76 | 159 |
| 70 | 69 | 228 |

**(d)** Explique por que a quantidade de $^3$H diminui com o tempo na cepa Uvr$^+$ e aumenta com o tempo na cepa Uvr$^-$.

Quillardet e colaboradores, então, examinaram as mudanças nas sequências de DNA específicas causadas pelo R7000 nas bactérias Uvr$^+$ e Uvr$^-$. Para tanto, eles utilizaram seis cepas diferentes de *E. coli*, cada uma com uma mutação pontual diferente no gene *lacZ*, que codifica a $\beta$-galactosidase. Células com qualquer uma dessas mutações têm uma $\beta$-galactosidase não funcional e são incapazes de metabolizar lactose (i.e., um fenótipo Lac$^-$). Cada tipo de mutação pontual precisou de uma mutação revertida específica para restaurar a função do gene *lacZ* e o fenótipo Lac$^+$. Ao se cultivar células em um meio de cultura contendo lactose como única fonte de carbono, foi possível selecionar aquelas com mutação revertida, ou seja, células Lac$^+$. Pela contagem do número de células Lac$^+$ após a mutagênese de uma determinada cepa, os pesquisadores puderam medir as frequências de cada tipo de mutação.

Primeiro, eles olharam o espectro de mutação nas células Uvr$^-$. A tabela a seguir mostra os resultados para as seis linhagens, CC101 a CC106 (com a mutação pontual necessária para produzir células Lac$^+$ indicada entre parênteses).

| R7000 (μg/mL) | Número de células Lac$^+$ (média ± DP) | | | | | |
|---|---|---|---|---|---|---|
| | CC101 (A=T para C≡G) | CC102 (G≡C para A=T) | CC103 (G≡C para C≡G) | CC104 (G≡C para T=A) | CC105 (A=T para T=A) | CC106 (A=T para G≡C) |
| 0 | 6 ± 3 | 11 ± 9 | 2 ± 1 | 5 ± 3 | 2 ± 1 | 1 ± 1 |
| 0,075 | 24 ± 19 | 34 ± 3 | 8 ± 4 | 82 ± 23 | 40 ± 14 | 4 ± 2 |
| 0,15 | 24 ± 4 | 26 ± 2 | 9 ± 5 | 180 ± 71 | 130 ± 50 | 3 ± 2 |

**(e)** Quais tipos de mutações mostram aumentos significativos acima da taxa basal de mutação em função do tratamento com R7000? Forneça uma explicação plausível para o fato de algumas apresentarem frequência maior do que outras.

**(f)** Todas as mutações que você listou em (e) poderiam ser explicadas como resultado de uma ligação covalente do R7000 a um par de bases G≡C? Explique seu raciocínio.

**(g)** A Figura 25-26b mostra como a metilação de resíduos de guanina pode levar a uma mutação de G≡C para A=T. Usando um caminho semelhante, mostre como um aduto R7000-G poderia levar às mutações G≡C para A=T ou T=A mostradas anteriormente. Qual base pareia com o aduto R7000-G?

Os resultados para a bactéria Uvr$^+$ são mostrados na tabela a seguir.

| R7000 (μg/mL) | Número de células Lac$^+$ (média ± DP) | | | | | |
|---|---|---|---|---|---|---|
| | CC101 (A=T para C≡G) | CC102 (G≡C para A=T) | CC103 (G≡C para C≡G) | CC104 (G≡C para T=A) | CC105 (A=T para T=A) | CC106 (A=T para G≡C) |
| 0 | 2 ± 2 | 10 ± 9 | 3 ± 3 | 4 ± 2 | 6 ± 1 | 0,5 ± 1 |
| 1 | 7 ± 6 | 21 ± 9 | 8 ± 3 | 23 ± 15 | 13 ± 1 | 1 ± 1 |
| 5 | 4 ± 3 | 15 ± 7 | 22 ± 2 | 68 ± 25 | 67 ± 14 | 1 ± 1 |

**(h)** Esses resultados mostram que todos os tipos de mutações são reparados com igual fidelidade? Forneça uma explicação plausível para a sua resposta.

### Referência

**Quillardet, P., E. Touati, e M. Hofnung. 1996.** Influence of the *uvr*-dependent nucleotide-excision repair on DNA adducts formation and mutagenic spectrum of a potent genotoxic agent: 7-methoxy-2-nitronaphtho[2,1-*b*]furan (R7000). *Mutat. Res.* 358:113–122.

# Capítulo 26

# METABOLISMO DO RNA

- **26.1** Síntese de RNA dependente de DNA  961
- **26.2** Processamento do RNA  972
- **26.3** Síntese de RNA e DNA dependente de RNA  988
- **26.4** RNA catalíticos e a hipótese de um mundo de RNA  995

A expressão da informação em um gene geralmente envolve a produção de uma molécula de RNA transcrita a partir de um molde de DNA. À primeira vista, fitas de RNA e DNA podem ser muito semelhantes, diferindo apenas pelo fato de o RNA ter um grupo hidroxila na posição 2′ da aldopentose e de ter uracila, em vez de timina. No entanto, diferentemente do DNA, a maioria dos RNA desempenha suas funções como fitas simples, que se dobram sobre si mesmas e têm potencial para uma diversidade estrutural muito maior do que o DNA (Capítulo 8). O RNA é, portanto, adequado para uma variedade de funções celulares.

O RNA é a única macromolécula conhecida que tem um papel tanto no armazenamento da informação quanto na catálise, o que levou a muita especulação a respeito do seu possível papel como intermediário químico no desenvolvimento da vida na Terra. A descoberta de RNA catalisadores, ou **ribozimas**, alterou a própria definição de enzima, estendendo-a para além do domínio das proteínas. As proteínas, no entanto, permanecem essenciais para o RNA e suas funções. Na biosfera atual, todos os ácidos nucleicos, incluindo os RNA, formam complexos com proteínas. No caso do RNA, esses complexos são chamados de **ribonucleoproteínas** (**RNP**). Alguns desses complexos são bastante elaborados, e o RNA pode assumir papéis tanto estruturais como catalíticos no interior de máquinas bioquímicas complicadas.

Todas as moléculas de RNA, exceto os genomas de RNA de certos vírus, são derivadas de informação permanentemente armazenada no DNA. Durante a **transcrição**, um sistema de enzimas converte a informação genética de um segmento de fita dupla de DNA em uma fita de RNA com uma sequência de bases complementar a uma das fitas de DNA. São produzidos quatro tipos principais de RNA. Os **RNA mensageiros** (**mRNA**) codificam a sequência de aminoácidos de um ou mais polipeptídeos especificados por um gene ou conjunto de genes. Os **RNA transportadores** (**tRNA**) leem a informação codificada no mRNA e transferem o aminoácido adequado para uma cadeia polipeptídica em crescimento durante a síntese proteica. Os **RNA ribossômicos** (**rRNA**) são componentes dos ribossomos, as máquinas celulares intrincadas que sintetizam proteínas. Os **RNA não codificadores** (**ncRNA**) têm uma variedade de funções catalíticas, estruturais e regulatórias.

Durante a replicação, o cromossomo inteiro costuma ser copiado, porém a transcrição é mais seletiva. Apenas genes ou grupos de genes particulares são transcritos em dado momento, e algumas porções do genoma de DNA nunca são transcritas. A célula restringe a expressão da informação genética à formação dos produtos gênicos necessários em um momento particular. A soma de todas as moléculas de RNA produzidas em uma célula sob um determinado conjunto de condições é chamada de **transcriptoma** celular. Dada a fração relativamente pequena do genoma humano dedicada aos genes codificadores de proteínas (cerca de 2%), pode-se esperar que apenas uma pequena parte do genoma humano seja transcrita. Esse não é o caso. Análises do transcriptoma revelaram que aproximadamente 76% do genoma humano é transcrito em RNA. Os produtos são predominantemente não mRNA, mas sim ncRNA. Muitos ncRNA estão envolvidos na regulação da expressão gênica pela interação com outros RNA, DNA genômico ou proteínas. No entanto, o ritmo acelerado de sua descoberta nos forçou a perceber que ainda não sabemos a função da maioria de nossos transcritos de ncRNA genômico.

Neste capítulo, serão examinados a síntese de RNA a partir de um molde de DNA e o processamento, a localização e a renovação de moléculas de RNA pós-síntese. Assim, serão abordadas muitas das funções especializadas do RNA, incluindo funções catalíticas. Também serão descritos sistemas em que o RNA é o molde, e o DNA, o produto, em vez de o contrário. Portanto, as vias de informação formam um círculo completo e revelam que a síntese de ácidos nucleicos dependente de molde apresenta regras gerais, independentemente da natureza do molde ou do produto (RNA ou DNA). Esse exame da interconversão biológica de DNA e RNA como transportadores de informação leva a uma discussão a respeito da origem evolutiva da informação biológica. Os quatro princípios a seguir servirão de guia para a discussão.

▶ **P1** **O RNA é sintetizado por RNA-polimerases usando moldes de DNA e ribonucleosídeos-5′-trifosfato.** O RNA é sintetizado na direção 5′→3′ e é complementar à fita molde de DNA. A transcrição é altamente regulada e inicia-se pelo recrutamento da maquinaria de transcrição para os promotores dos genes. Embora as polimerases bacterianas e eucarióticas compartilhem muitas características conservadas, a maquinaria transcricional e sua regulação são muito mais complexas em eucariotos.

▶ **P2** **Muitos RNA devem ser modificados e processados para se tornarem funcionais.** Os RNA podem ser modificados por nucleases, por remoção de certos segmentos de RNA e/ou por modificação química dos nucleotídeos de RNA. Em seres humanos, quase todos os mRNA são ligados ao 5′ cap, têm os éxons unidos (*splicing*) e são poliadenilados antes de serem exportados do núcleo para tradução no citoplasma.

▶ **P3** **O RNA pode ser usado como molde para a síntese de DNA por transcriptases reversas.** O RNA carrega informações genéticas que podem ser transcritas reversamente em DNA. Retrovírus, como o HIV ou aqueles responsáveis por alguns tipos de câncer, devem converter seus genomas de RNA em DNA por transcrição reversa. A transcrição reversa pela telomerase também é responsável pela produção dos telômeros que protegem o DNA encontrado nas extremidades dos cromossomos eucarióticos.

▶ **P4** **O RNA pode atuar como catalisador e como transportador de informações genéticas.** As ribozimas podem catalisar transformações químicas usando muitas das mesmas estratégias das enzimas baseadas em proteínas. A capacidade dupla do RNA como transportador de informação genética e como catalisador é o suporte para a hipótese do mundo do RNA da evolução da vida na Terra.

## 26.1 Síntese de RNA dependente de DNA

A discussão da síntese de RNA começa com uma comparação entre a transcrição e a replicação do DNA (Capítulo 25). A transcrição se parece com a replicação no seu mecanismo químico fundamental, na sua polaridade (direção da síntese) e no uso de um molde. E, assim como a replicação, a transcrição tem fases de iniciação, alongamento e terminação. A transcrição difere da replicação por não requerer um *primer* e, em geral, envolver apenas segmentos limitados de uma molécula de DNA. Além disso, apenas uma fita de DNA serve de molde para uma molécula de RNA em particular.

### O RNA é sintetizado pelas RNA-polimerases

A descoberta da DNA-polimerase e sua dependência de um molde de DNA estimulou uma busca por uma enzima que sintetize RNA complementar a um filamento de DNA. Em 1960, quatro grupos de pesquisa detectaram de modo independente em extratos celulares uma enzima que podia formar um polímero de RNA a partir de ribonucleosídeos-5′-trifosfato. Trabalhos posteriores com RNA-polimerase purificada de *Escherichia coli* ajudaram a definir as propriedades fundamentais da transcrição (**Fig. 26-1**).

▶ **P1** A **RNA-polimerase dependente de DNA** precisa, além de um molde de DNA, de todos os quatro ribonucleosídeos-5′-trifosfato (ATP, GTP, UTP e CTP) como precursores das unidades de nucleotídeos do RNA, bem como de $Mg^{2+}$. A química e o mecanismo da síntese de RNA se assemelham fortemente àqueles usados pelas DNA-polimerases (ver Fig. 25-3). A RNA-polimerase alonga uma fita de RNA ao adicionar unidades de ribonucleotídeos à extremidade 3′-hidroxila, construindo o RNA na direção 5′→3′. O grupo 3′-hidroxila atua como um nucleófilo, atacando o fosfato α do ribonucleosídeo-trifosfato que chega (Fig. 26-1a) e liberando o pirofosfato. A reação total é

$$(NMP)_n + NTP \longrightarrow (NMP)_{n+1} + PP_i$$
$$\text{RNA} \qquad\qquad\qquad \text{RNA alongado}$$

A RNA-polimerase requer DNA para sua atividade e é mais ativa quando ligada a um DNA de fita dupla. Como observado anteriormente, apenas uma das duas fitas de DNA serve de molde. A fita-molde de DNA é copiada na direção 3′→5′ (antiparalela à nova fita de RNA), exatamente como na replicação do DNA. Cada nucleotídeo no RNA recém-formado é selecionado pelas interações de pareamento de bases de Watson-Crick: resíduos U são inseridos no RNA para parear com resíduos A no molde de DNA, resíduos G são inseridos para parear com resíduos C, e assim por diante. A geometria dos pares de bases (ver Fig. 25-5) também pode desempenhar um papel na seleção de bases.

Ao contrário da DNA-polimerase, a RNA-polimerase não precisa de um *primer* para iniciar a síntese. A iniciação ocorre quando a RNA-polimerase se liga a sequências de DNA específicas, chamadas de promotores (descritas a seguir). O grupo 5′-trifosfato do primeiro resíduo em uma molécula de RNA nascente (recém-formada) não é clivado para a liberação de $PP_i$, mas permanece intacto e funciona em eucariotos como um substrato para a maquinaria de capeamento de RNA (ver Fig. 26-13). Durante a fase de alongamento da transcrição, as bases da extremidade em crescimento da nova cadeia de RNA pareiam temporariamente com o molde de DNA para formar uma dupla-hélice híbrida de RNA-DNA, com cerca de 8 pb de comprimento (Fig. 26-1b). O RNA nesse duplex híbrido "descasca" logo após a sua formação, e o duplex de DNA volta a se formar.

Para que a RNA-polimerase possa sintetizar uma fita de RNA complementar a uma das fitas de DNA, o duplex de DNA deve se desenrolar em uma curta distância, formando uma "bolha" de transcrição. Durante a transcrição, a RNA-polimerase da *E. coli* geralmente mantém 17 pb desenrolados. Os híbridos de RNA-DNA de 8 pb ocorrem nessa região desenrolada. O alongamento de um transcrito pela RNA-polimerase da *E. coli* continua a uma taxa de 50 a 90 nucleotídeos/s. Como o DNA é uma hélice, o movimento de uma bolha de transcrição precisa de uma considerável rotação da fita das moléculas de ácido nucleico. A rotação da fita de DNA é restrita na maioria dos DNA por proteínas que se ligam ao DNA e outras barreiras estruturais. Como resultado, uma RNA-polimerase em movimento gera ondas de

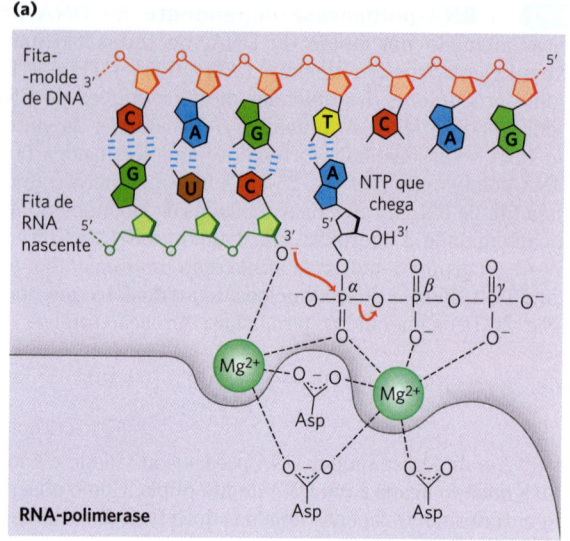
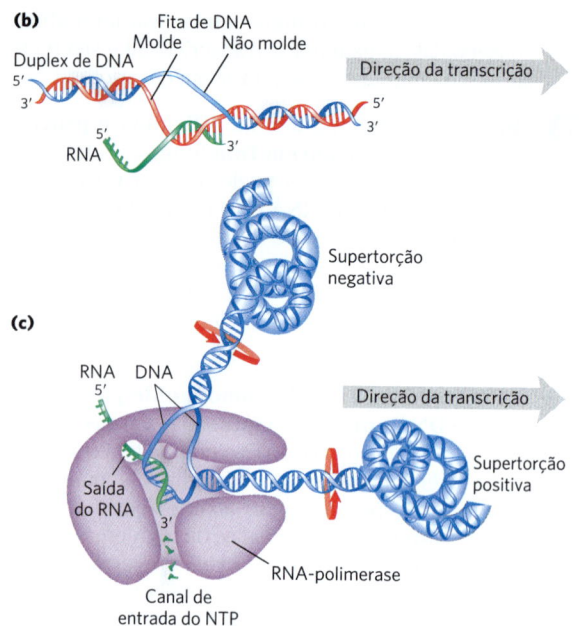

**FIGURA 26-1 Transcrição pela RNA-polimerase em E. coli.** Para a síntese de uma fita de RNA complementar a uma das duas fitas de DNA em uma dupla-hélice, o DNA é desenrolado transitoriamente. (a) Mecanismo catalítico da síntese de RNA pela RNA-polimerase. Observe que esse é essencialmente o mesmo mecanismo usado pelas DNA-polimerases. A reação envolve dois íons $Mg^{2+}$, coordenados para os grupos fosfato dos nucleosídeos-trifosfato (NTP) que chegam e para três resíduos Asp, que são altamente conservados nas RNA-polimerases de todas as espécies. Um íon $Mg^{2+}$ facilita o ataque pelo grupo hidroxila 3' no fosfato $\alpha$ do NTP; o outro íon $Mg^{2+}$ facilita o deslocamento do pirofosfato. Ambos os íons metálicos estabilizam o estado de transição pentacovalente. (b) Cerca de 17 pb de DNA são desenrolados a cada momento. A RNA-polimerase e a bolha de transcrição se movem da esquerda para a direita ao longo do DNA, como mostrado, facilitando a síntese de RNA. O DNA é desenrolado à frente e enrolado novamente conforme o RNA é transcrito. À medida que o DNA é enrolado novamente, o híbrido de RNA-DNA é deslocado, e a fita de RNA é expulsa. (c) O movimento de uma RNA-polimerase ao longo do DNA tende a criar supertorções positivas (DNA supertorcido) à frente da bolha de transcrição e supertorções negativas (DNA subenrolado) antes dela. A RNA-polimerase está em contato próximo com o DNA à frente da bolha de transcrição, bem como com as fitas separadas de DNA e RNA no interior e imediatamente antes da bolha. Um canal nas proteínas canaliza novos NTP para o sítio ativo da polimerase. O *footprint* da polimerase envolve cerca de 35 pb de DNA durante o alongamento.

supertorção positiva para a frente da bolha de transcrição e supertorção negativa para trás (Fig. 26-1c). Isso foi observado tanto *in vitro* quanto *in vivo* (em bactérias). Na célula, os problemas topológicos causados pela transcrição são aliviados pela ação das topoisomerases (Capítulo 24).

**CONVENÇÃO** As duas fitas complementares de DNA têm papéis diferentes na transcrição. A fita que serve como molde para a síntese de RNA é chamada de **fita-molde**. A fita de DNA complementar ao molde, a **fita não molde** ou **fita codificadora**, é idêntica na sequência de bases ao RNA transcrito a partir do gene, com o U no RNA no lugar do T no DNA (**Fig. 26-2**). A fita codificadora de um gene específico pode estar situada em qualquer uma das fitas de um determinado cromossomo (como mostrado na **Fig. 26-3** para um vírus). Por convenção, as sequências regulatórias que controlam a transcrição (descritas posteriormente neste capítulo) são designadas pelas sequências na fita codificadora. ■

A RNA-polimerase dependente de DNA de *E. coli* é um grande complexo enzimático com cinco subunidades centrais ($\alpha_2\beta\beta'\omega$; $M_r$ 390.000) e uma sexta subunidade de um grupo denominado $\sigma$, com variantes designadas pelo tamanho (massa molecular). A subunidade $\sigma$ se liga transitoriamente ao centro e direciona a enzima para sítios de

(5') CGCTATAGCGTTT (3') Fita não molde de DNA (codificadora)
(3') GCGATATCGCAAA (5') Fita-molde de DNA
(5') CGCUAUAGCGUUU (3') Transcrito de RNA

**FIGURA 26-2 Fita-molde e fita não molde (codificadora) de DNA.** As duas fitam complementares de DNA são definidas por sua função na transcrição. O transcrito de RNA é sintetizado na fita-molde e é idêntico em sequência (com U no lugar de T) à fita não molde, ou fita codificadora.

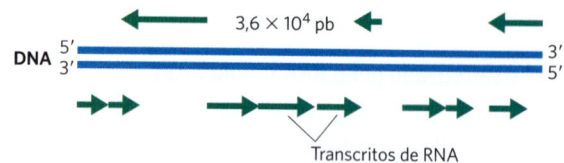

**FIGURA 26-3 Organização da informação codificadora no genoma do adenovírus.** A informação genética do genoma do adenovírus é codificada por uma molécula de DNA dupla-fita de 36.000 pb, cujas duas fitas codificam proteínas. A informação para a maioria das proteínas é codificada (i.e., idêntica) pela fita de cima – por convenção, a fita é orientada de 5' para 3', da esquerda para a direita. A fita de baixo atua como molde para esses transcritos. Entretanto, algumas poucas proteínas são codificadas pela fita de baixo, transcrita na direção oposta (e usam a fita de cima como molde).

ligação específicos no DNA (descritos a seguir). Essas seis subunidades constituem a holoenzima da RNA-polimerase (**Fig. 26-4**). A holoenzima da RNA-polimerase da *E. coli* existe, portanto, em várias formas, dependendo do tipo da subunidade σ. A subunidade mais comum é a $\sigma^{70}$ ($M_r$ 70.000), e a discussão a seguir tem como foco a holoenzima da RNA-polimerase correspondente.

As RNA-polimerases não apresentam um sítio ativo de exonuclease de revisão 3′→5′ separado (como aquele de várias DNA-polimerases), e a taxa de erro na transcrição é mais alta do que aquela na replicação do DNA cromossômico – aproximadamente 1 erro a cada $10^4$ a $10^5$ ribonucleotídeos incorporados ao RNA. Como muitas cópias de um RNA geralmente são produzidas a partir de um único gene, e quase todos os RNA acabam sendo degradados e substituídos, um erro em uma molécula de RNA tem menos consequências para a célula do que um erro na informação permanente armazenada no DNA. Muitas RNA-polimerases, incluindo a RNA-polimerase bacteriana e a RNA-polimerase II eucariótica (discutida abaixo), fazem uma pausa quando uma base malpareada é adicionada durante a transcrição e podem remover nucleotídeos incompatíveis do final de um transcrito por reversão direta da reação da polimerase. No entanto, não se sabe ainda se essa atividade é uma verdadeira função de revisão e em que grau ela pode contribuir para a fidelidade da transcrição.

## A síntese de RNA começa nos promotores

A iniciação da síntese de RNA em pontos aleatórios da molécula de DNA seria um processo de desperdício extraordinário. ▶**P1**◀ Em vez disso, uma RNA-polimerase se liga a sequências específicas no DNA, chamadas de **promotores**, que dirigem a transcrição de segmentos adjacentes de DNA (genes). As sequências em que as RNA-polimerases se ligam são variáveis, e muitas pesquisas têm se concentrado em identificar as sequências específicas que são cruciais para a função do promotor.

Em *E. coli*, a ligação da RNA-polimerase ocorre no interior de uma região que se estende desde cerca de 70 pb antes do sítio de início da transcrição até cerca de 30 pb além dele. Por convenção, os pares de bases de DNA que correspondem ao início de uma molécula de RNA recebem números positivos, e aqueles que precedem o sítio do início do RNA recebem números negativos. A região promotora se estende, portanto, entre as posições –70 e +30. Análises e comparações da classe mais comum de promotores bacterianos (aqueles reconhecidos por uma holoenzima de RNA-polimerase contendo $\sigma^{70}$) revelaram semelhanças em duas sequências curtas centradas em torno das posições –10 e –35 (**Fig. 26-5a**). Embora as sequências não sejam idênticas em todos os promotores bacterianos nessa classe, certos nucleotídeos particularmente comuns em cada posição formam uma **sequência-consenso**. A sequência-consenso na região –10 é (5′)TATAAT(3′); na região –35, é (5′)TTGACA(3′). Um terceiro elemento de reconhecimento rico em AT, chamado de elemento UP (promotor a montante, do inglês *upstream promoter*), ocorre entre as posições –40 e –60 nos promotores de certos genes altamente expressos. O elemento UP está ligado pela subunidade α da RNA-polimerase. A eficiência com que uma RNA-polimerase contendo $\sigma^{70}$ se liga a um promotor e inicia a transcrição é determinada, em grande parte, por essas sequências, pelo espaçamento entre elas e pela distância do sítio de início de transcrição. Uma alteração em apenas um par de bases pode diminuir a taxa de ligação em várias ordens de magnitude. A sequência do promotor, portanto, estabelece um nível basal de expressão que pode variar enormemente de um gene de *E. coli* para o seguinte. A estrutura elucidada por raios X da holoenzima da RNA-polimerase $\sigma^{70}$ ligada ao seu promotor mostra como o fator σ reconhece tanto a RNA-polimerase quanto as regiões –10 e –35, introduzindo uma grande curvatura no DNA (Fig. 26-5b). As informações sobre essas interações também podem ser obtidas por meio do uso do método ilustrado no **Quadro 26-1**.

A via de iniciação da transcrição e o destino da subunidade σ estão mostrados na **Figura 26-6**. A via consiste em duas partes principais, ligação e iniciação, cada uma com várias etapas. Primeiro, a polimerase, dirigida por seu fator de ligação σ, liga-se ao promotor. Um **complexo fechado** (em que o DNA ligado permanece dupla-fita) e um **complexo aberto** (em que o DNA ligado está parcialmente desenrolado próximo à sequência –10) se formam sucessivamente. Segundo, a transcrição é iniciada no interior do complexo, levando a uma mudança conformacional que converte o complexo na forma de alongamento, seguida

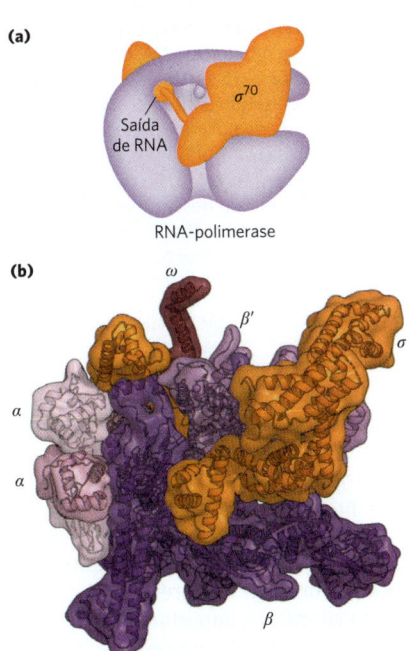

**FIGURA 26-4 Estrutura da holoenzima $\sigma^{70}$ RNA-polimerase da *E. coli*.** (a) As várias subunidades da RNA-polimerase bacteriana dão à enzima a forma de uma garra de caranguejo (em roxo). A subunidade $\sigma^{70}$ fica no topo da garra do caranguejo e passa pelo canal de saída do RNA. (b) Nessa estrutura cristalizada da holoenzima da RNA-polimerase, cada uma das seis subunidades ($\alpha_2\beta\beta'\omega$ e $\sigma^{70}$) pode ser identificada. As pinças da garra do caranguejo são formadas pelas subunidades β e β′. [Dados de PDB ID 4MEY, D. Degen et al., *eLife* 3: e02451, 2014.]

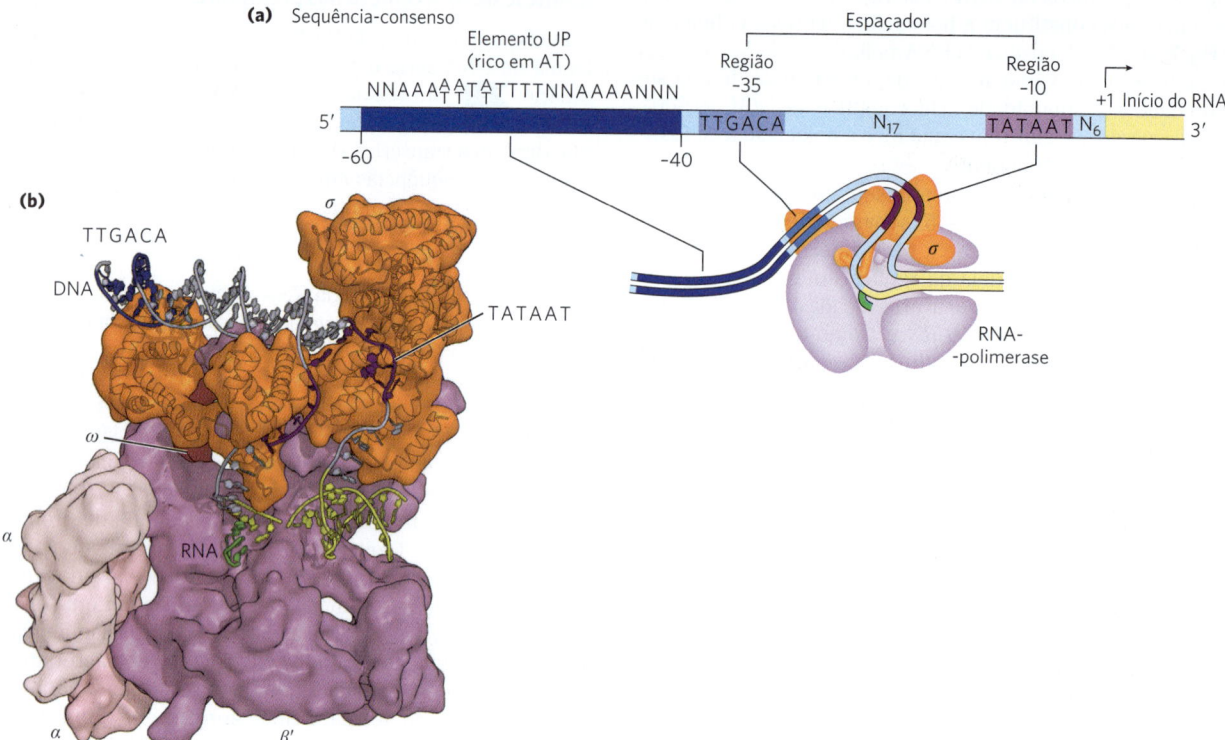

**FIGURA 26-5 Reconhecimento do promotor por holoenzimas RNA-polimerase contendo $\sigma^{70}$.** (a) A fita não molde da sequência-consenso para os promotores de *E. coli* reconhecida por $\sigma^{70}$ é mostrada, lida na direção 5'→3', assim como a convenção para representações desse tipo. As sequências diferem de um promotor para o seguinte, mas comparações de vários promotores revelam semelhanças, especialmente nas regiões −10 e −35. O elemento de sequência UP, não presente em todos os promotores de *E. coli*, geralmente ocorre na região entre −40 e −60 e estimula fortemente a transcrição nos promotores que os contêm. Regiões espaçadoras contêm números ligeiramente variáveis de nucleotídeos (N). É mostrado apenas o primeiro nucleotídeo codificando o transcrito de RNA (na posição +1). (b) Essa estrutura cristalográfica de raios X da holoenzima de *E. coli* ligada a um promotor mostra que a subunidade $\sigma^{70}$ introduz uma curva acentuada no molde de DNA, o que o permite contatar simultaneamente as regiões −35 e −10, bem como o núcleo da RNA-polimerase. Nessa visão, a subunidade $\beta$ foi omitida para permitir que o caminho do DNA através da polimerase fosse mais facilmente visto. Devido à baixa resolução da estrutura (5,5 Å), nem todo o esqueleto do DNA pôde ser modelado, e as regiões não modeladas estão ausentes do DNA mostrado na figura. Um desenho esquemático da estrutura também é mostrado abaixo (a), alinhado com os elementos promotores de consenso. [Dados de PDB ID 4YLN, Y. Zuo e T. A. Steitz, *Mol. Cell* 58:534, 2015.]

pelo movimento do complexo de transcrição para longe do promotor (distanciamento do promotor). Qualquer uma dessas etapas pode ser afetada pela composição específica das sequências promotoras. A subunidade σ se dissocia de modo aleatório à medida que a polimerase entra na fase de alongamento da transcrição. A proteína NusA ($M_r$ 54.430) se liga à RNA-polimerase em alongamento, de modo competitivo com a subunidade σ. Uma vez que a transcrição esteja completa, a NusA se dissocia da enzima, a RNA-polimerase se dissocia do DNA, e um fator σ ($\sigma^{70}$ ou outro) pode novamente se ligar à enzima para iniciar a transcrição.

A *E. coli* tem outras classes de promotores ligados por holoenzimas de RNA-polimerase com diferentes subunidades σ, como os promotores dos genes de choque térmico. Os produtos desse conjunto de genes são produzidos em níveis superiores quando a célula é exposta a um estresse ambiental, como um aumento repentino de temperatura. A RNA-polimerase se liga aos promotores desses genes apenas quando $\sigma^{70}$ é substituído pela subunidade $\sigma^{32}$ ($M_r$ 32.000), específica para os promotores de choque térmico (ver Fig. 28-3). Ao empregar diferentes subunidades σ, a célula pode coordenar a expressão de conjuntos de genes, permitindo alterações importantes na fisiologia celular. Quais conjuntos de genes são expressos é determinado pela disponibilidade das várias subunidades, a qual, por sua vez, é determinada por vários fatores: taxas reguladas de síntese e degradação, modificações pós-traducionais que alternam subunidades individuais entre formas ativas e inativas e uma classe especializada de proteínas anti-σ, cada tipo se ligando e sequestrando uma subunidade específica, tornando-a indisponível para o início da transcrição.

## QUADRO 26-1 MÉTODOS

### A RNA-polimerase deixa sua marca em um promotor

*Footprinting*, uma técnica derivada dos princípios usados no sequenciamento de DNA, identifica as sequências de DNA ligadas por uma proteína específica. Os pesquisadores isolam um fragmento de DNA que supõem conter sequências reconhecidas por uma proteína ligadora de DNA e marcam radioativamente a extremidade de uma das fitas (Fig. 1). Eles empregam, então, reagentes químicos ou enzimáticos para introduzir quebras aleatórias no fragmento de DNA (em média uma por molécula). A separação dos produtos clivados marcados (fragmentos quebrados de vários comprimentos) por eletroforese de alta resolução produz uma escada de bandas radioativas. Em um tubo separado, o procedimento de clivagem é repetido em cópias do mesmo fragmento de DNA na presença da proteína ligadora de DNA. Os pesquisadores, então, submetem os dois conjuntos de produtos de clivagem à eletroforese e os comparam lado a lado. Um intervalo ("*footprint*") na série de bandas radioativas derivado da amostra de DNA-proteína, atribuível à proteção do DNA pela proteína ligadora, identifica as sequências que a proteína liga.

A localização precisa do sítio da proteína ligadora pode ser determinada por sequenciamento direto (ver Fig. 8-35) de cópias do mesmo fragmento de DNA, incluindo as canaletas de sequenciamento (não mostradas aqui) no mesmo gel com o *footprint*. A Figura 2 mostra os resultados do *footprinting* para a ligação da RNA-polimerase a um fragmento de DNA contendo um promotor. A polimerase abrange 60 a 80 pb; a proteção pela enzima ligada inclui as regiões −10 e −35.

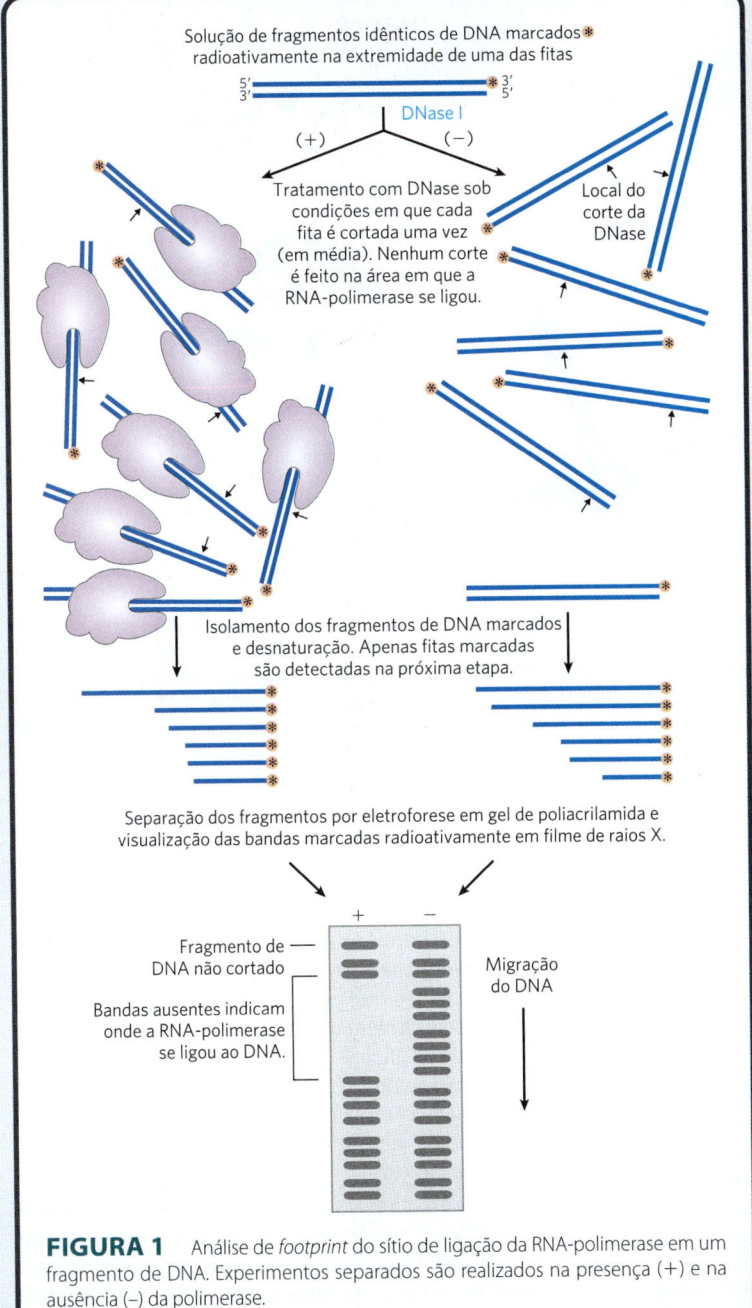

**FIGURA 1** Análise de *footprint* do sítio de ligação da RNA-polimerase em um fragmento de DNA. Experimentos separados são realizados na presença (+) e na ausência (−) da polimerase.

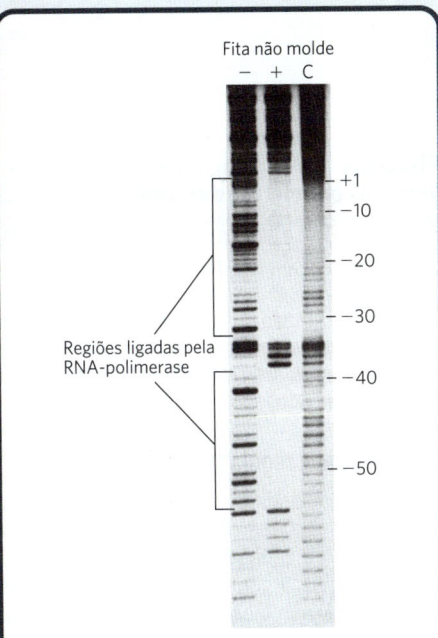

**FIGURA 2** Resultados do *footprinting* da ligação da RNA-polimerase ao promotor *lac*. Nesse experimento, a extremidade 5' da fita não molde foi marcada radioativamente. A canaleta C é um controle em que os fragmentos de DNA marcados foram clivados com um reagente químico que produz um padrão de bandeamento mais uniforme. [© Cortesia de Carol Gross Laboratory.]

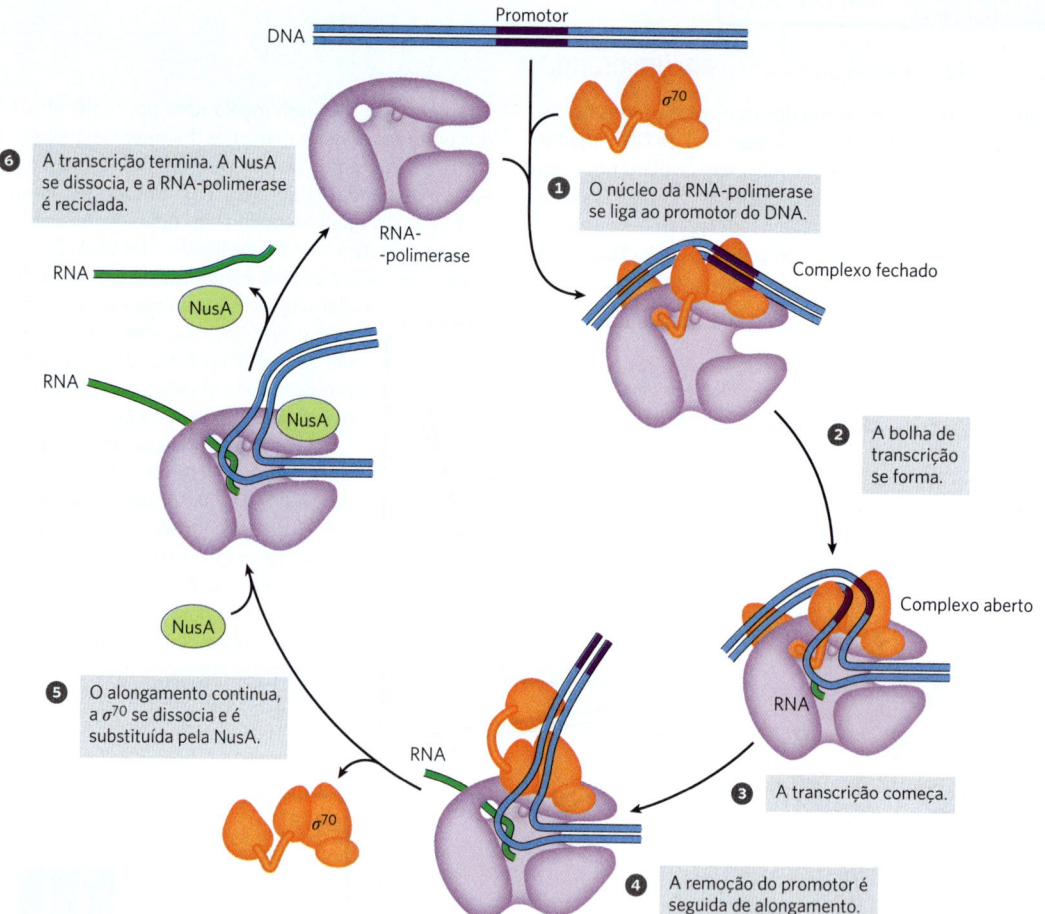

**FIGURA 26-6 Início da transcrição e alongamento pela RNA-polimerase da *E. coli*.** O início da transcrição precisa de várias etapas, geralmente divididas em duas fases: ligação e início. Na fase de ligação, a interação inicial da RNA-polimerase com o promotor leva à formação de um complexo fechado, no qual o DNA promotor é ligado de maneira estável, mas não desenrolado. Uma região de 12 a 15 pb de DNA – do interior da região −10 à posição +2 ou +3 – é, então, desenrolado para formar um complexo aberto. Intermediários adicionais (não mostrados) foram detectados nas vias que levam aos complexos fechados e abertos, junto com várias mudanças na conformação proteica. A fase de iniciação envolve o início da transcrição e a remoção do promotor (etapas ❶ a ❹ aqui). Uma vez que o alongamento começa, a subunidade σ é liberada e substituída pela proteína NusA. A polimerase deixa o promotor e fica comprometida com o alongamento do RNA (etapa ❺). Quando a transcrição está completa, o RNA é liberado, a proteína NusA se dissocia, e a RNA-polimerase se dissocia do DNA (etapa ❻). Outra subunidade σ se liga à RNA-polimerase e o processo reinicia.

## A transcrição é regulada em vários níveis

As necessidades de qualquer produto gênico variam com as condições celulares ou o estágio de desenvolvimento, e a transcrição de cada gene é regulada cuidadosamente para formar produtos gênicos apenas nas proporções necessárias. ▶P1 A regulação pode ocorrer em qualquer etapa na transcrição, incluindo o alongamento e a terminação. Entretanto, boa parte da regulação é direcionada para as etapas de ligação da polimerase e iniciação da transcrição, descritas na Figura 26-6. Diferenças nas sequências de promotores são apenas um dos vários níveis de controle.

A ligação de proteínas a sequências próximas e distantes do promotor também pode afetar os níveis de expressão gênica. A ligação de proteínas pode *ativar* a transcrição ao facilitar tanto a ligação da RNA-polimerase como as etapas mais adiante no processo de iniciação, ou ela pode *reprimir* a transcrição ao bloquear a atividade da polimerase. Em *E. coli*, uma proteína que ativa a transcrição é a **proteína receptora de AMPc** (**CRP**), que aumenta a transcrição de genes que codificam enzimas que metabolizam outros açúcares além da glicose quando as células crescem na ausência da glicose. **Repressores** são proteínas que bloqueiam a síntese do RNA em genes específicos. No caso do repressor Lac, a transcrição dos genes para as enzimas do metabolismo da lactose é bloqueada quando não há disponibilidade de lactose.

Como descrito em mais detalhes no Capítulo 27, a transcrição de mRNA e sua tradução estão fortemente acopladas nas bactérias. Quando um gene codificador de proteína está sendo transcrito, os ribossomos se ligam rapidamente e começam a traduzir o mRNA antes que sua síntese esteja completa. Outra proteína, a NusG, liga-se diretamente ao ribossomo e à RNA-polimerase, conectando os dois complexos. A velocidade de tradução afeta diretamente a velocidade de transcrição. Por outro lado, os eucariotos realizam a transcrição no núcleo e a tradução no citoplasma, tornando impossível que essas duas etapas sejam fisicamente acopladas.

### Sequências específicas sinalizam a terminação da síntese de RNA

A síntese de RNA é progressiva; isto é, a RNA-polimerase introduz um grande número de nucleotídeos em uma molécula de RNA crescente antes de se dissociar (p. 917). Isso é necessário, pois, se a polimerase liberasse um transcrito de RNA prematuramente, não poderia retomar a síntese do mesmo RNA e teria de recomeçar a partir do início do gene. Entretanto, um encontro com certas sequências de DNA resulta em uma pausa na síntese de RNA, e, em algumas dessas sequências, a transcrição é terminada. O foco aqui são, mais uma vez, os sistemas bem estudados de bactérias. A *E. coli* tem pelo menos duas classes de sinais de terminação: uma classe se baseia em um fator proteico chamado $\rho$ (rho), e a outra é independente de $\rho$.

A maioria dos terminadores independentes de $\rho$ tem duas características diferenciais. A primeira é uma região que produz um transcrito de RNA com sequências autocomplementares, permitindo a formação de uma estrutura em grampo (ver Fig. 8-19a) com 15 a 20 nucleotídeos no centro antes da extremidade projetada da fita de RNA. A segunda característica é um filamento altamente conservado de três resíduos A na fita-molde que são transcritos em resíduos U próximo à extremidade 3' do grampo. Quando uma polimerase chega a um sítio de terminação com essa estrutura, ela pausa (**Fig. 26-7a**). A formação da estrutura em grampo no RNA interrompe vários pares de bases A=U no segmento híbrido de RNA-DNA e pode interromper interações importantes entre o RNA e a RNA-polimerase, facilitando a dissociação do transcrito.

Os terminadores dependentes de $\rho$ não têm a sequência de resíduos repetidos de A na fita-molde, mas, em geral, incluem uma sequência rica em CA, chamada de elemento *rut* (*u*tilização de *r*ho). A proteína $\rho$ se associa ao RNA em locais de ligação específicos e migra na direção 5'→3' até alcançar o complexo de transcrição, que é pausado em um local de terminação (Fig. 26-7b). Aqui, ela contribui para liberar o transcrito de RNA. A proteína $\rho$ tem uma atividade de helicase de RNA-DNA dependente de ATP que promove a translocação da proteína ao longo do RNA, sendo o ATP hidrolisado pela proteína $\rho$ durante o processo de terminação. O mecanismo detalhado pelo qual a proteína promove a liberação do transcrito de RNA não é conhecido.

### As células eucarióticas têm três tipos de RNA-polimerases nucleares

O maquinário da transcrição no núcleo de uma célula eucariótica é muito mais complexo do que em bactérias. Os eucariotos têm três RNA-polimerases, designadas I, II e III, que são complexos distintos, porém apresentam certas subunidades em comum. Cada polimerase tem uma função específica (**Tabela 26-1**) e é recrutada para uma sequência promotora também específica. Além disso, mitocôndrias e cloroplastos

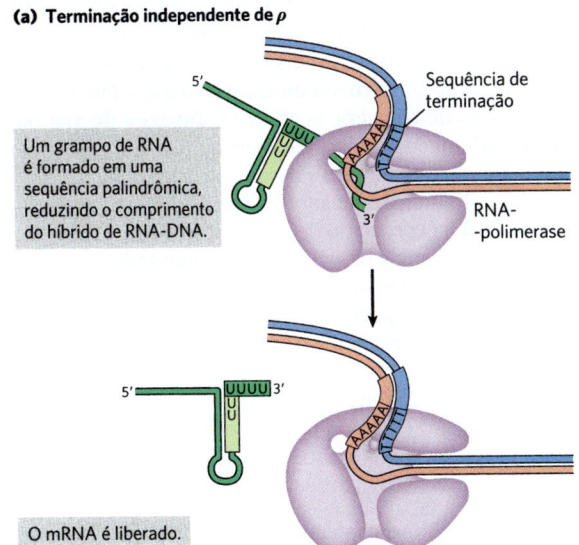

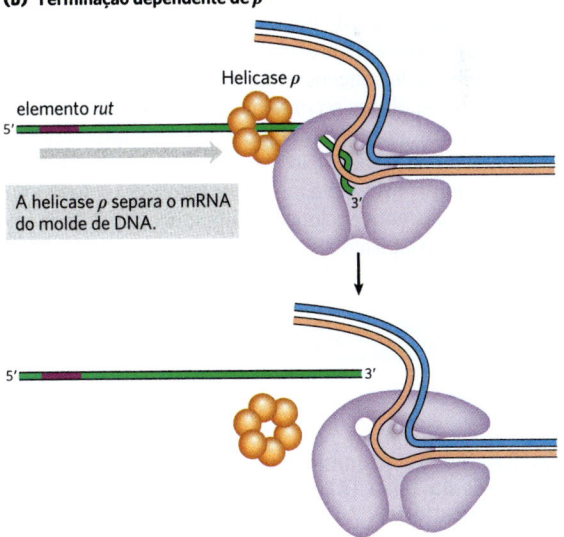

**FIGURA 26-7 Terminação da transcrição em *E. coli*.** (a) Terminação independente de $\rho$. A RNA-polimerase pausa a transcrição em várias sequências de DNA, algumas das quais são terminadoras. Assim, um de dois resultados é possível: a polimerase evita o sítio e continua no seu caminho, ou o complexo sofre uma mudança conformacional (isomerização). Neste último caso, o pareamento intramolecular de sequências complementares no transcrito de RNA recém-formado pode formar um grampo que rompe o híbrido de RNA-DNA, as interações entre o RNA e a polimerase ou ambos. Uma região híbrida A=U na extremidade 3' do novo transcrito é relativamente instável, e o RNA se dissocia do complexo completamente, levando à terminação. Em outros sítios de pausa, o complexo pode escapar após a etapa de isomerização para continuar a síntese de RNA. (b) Terminação dependente de $\rho$. Os RNA que incluem um sítio rut recrutam a helicase $\rho$. A helicase $\rho$ migra ao longo do mRNA na direção 5'→3' e o separa da polimerase.

| TABELA 26-1 | RNA-polimerases nucleares eucarióticas |
|---|---|
| RNA-polimerase | Tipos de RNA sintetizados |
| I | Pré-RNA ribossômico |
| II | mRNA<br>ncRNA |
| III | tRNA<br>rRNA 5S<br>ncRNA |

eucarióticos têm suas próprias RNA-polimerases para a transcrição de genes codificados em seu próprio DNA (ver Fig. 19-40). As RNA-polimerases nessas organelas são semelhantes às RNA-polimerases bacterianas e menos elaboradas do que a maquinaria de transcrição nuclear discutida a seguir.

A RNA-polimerase I (Pol I) é responsável pela síntese de apenas um tipo de RNA, um transcrito denominado pré-RNA ribossômico (ou pré-rRNA), que contém o precursor dos rRNA 18S, 5,8S e 28S. A principal função da RNA-polimerase II (Pol II) é a síntese de mRNA e de muitos ncRNA. Essa enzima pode reconhecer milhares de promotores com ampla variação em suas sequências. Alguns promotores da Pol II apresentam algumas sequências em comum, incluindo uma caixa TATA (sequência-consenso de eucariotos TATA(A/T)A(A/T)(A/G)) próxima do par de bases −30 e uma sequência Inr (iniciadora) próxima do sítio de início do RNA em +1 (**Fig. 26-8**). No entanto, esses promotores são a minoria, e interações elaboradas com proteínas reguladoras guiam a função de Pol II em muitos promotores que não possuem essas características.

A RNA-polimerase III (Pol III) produz tRNA, o rRNA 5S e outros pequenos ncRNA especializados, incluindo o componente U6 RNA do spliceossoma, que será discutido na Seção 26.2. Os promotores reconhecidos pela Pol III estão bem caracterizados. Algumas das sequências necessárias para o início regulado da transcrição pela Pol III estão localizadas no interior do próprio gene, ao passo que outras estão em localizações mais convencionais a montante do sítio de iniciação do RNA (Capítulo 28).

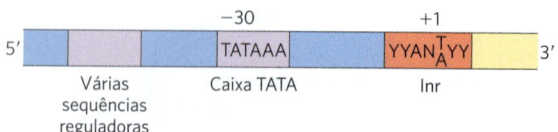

**FIGURA 26-8 Algumas características comuns dos promotores da caixa TATA reconhecidas pela RNA-polimerase II eucariótica.** A caixa TATA é o principal ponto de reunião para as proteínas dos complexos de pré-iniciação de Pol II. O DNA é desenrolado na sequência iniciadora (Inr), e o sítio de início de transcrição está geralmente no interior dessa sequência ou muito próximo dela. Na sequência-consenso Inr mostrada aqui, N representa qualquer nucleotídeo, e Y, um nucleotídeo de pirimidina. Sequências adicionais em torno da caixa TATA e a jusante (à direita, conforme o desenho) do Inr podem ser reconhecidas por um ou mais fatores de transcrição. Os elementos de sequência dos promotores de Pol II resumidos aqui são muito mais variáveis e complexos em comparação com os promotores de *E. coli* (ver Fig. 26-5).

## A RNA-polimerase II precisa de muitos outros fatores proteicos para a sua atividade

A RNA-polimerase II é central para a expressão gênica de eucariotos e foi extensamente estudada. **P1** Embora essa polimerase seja surpreendentemente mais complexa do que a sua contraparte bacteriana, a complexidade mascara uma impressionante conservação na estrutura, na função e no mecanismo. A Pol II isolada a partir de células de levedura ou de células humanas é uma enzima de 12 subunidades com uma massa molecular agregada de mais de 510 mil. A maior subunidade (RBP1) apresenta um alto grau de homologia com a subunidade β′ da RNA-polimerase bacteriana. Outra subunidade (RBP2) é estruturalmente semelhante à subunidade β bacteriana, e duas outras (RBP3 e RBP11) mostram alguma homologia estrutural com duas subunidades α bacterianas. A Pol II deve funcionar com genomas mais complexos e com moléculas de DNA mais elaboradamente acondicionadas do que nas bactérias. A necessidade de contatos proteína-proteína com os outros inúmeros fatores proteicos necessários para navegar por esse labirinto é responsável em grande medida pela complexidade adicional da polimerase de eucariotos.

A subunidade maior de Pol II (RBP1) também tem uma característica incomum, uma longa cauda carboxiterminal, consistindo em várias repetições de uma sequência-consenso de sete aminoácidos –YSPTSPS–. Há 26 repetições na enzima de levedura (19 exatamente correspondentes ao consenso) e 52 (21 exatas) nas enzimas de camundongos e de seres humanos. Esse **domínio carboxiterminal** (**CTD**, do inglês *carboxyl-terminal domain*) é separado do corpo principal da enzima por uma sequência ligadora inerentemente não estruturada. O CTD tem vários papéis importantes na função da Pol II, como destacado a seguir.

A RNA-polimerase II requer uma série de outras proteínas, chamadas de **fatores de transcrição**, a fim de formar o complexo de transcrição ativo. Os **fatores de transcrição gerais** necessários a cada promotor da Pol II (fatores geralmente designados TFII com um identificador adicional) são altamente conservados em todos os eucariotos (**Tabela 26-2**). O processo de transcrição pela Pol II pode ser descrito em termos de várias fases – montagem, iniciação, alongamento, terminação –, cada uma associada a proteínas características (**Fig. 26-9**). A via descrita passo a passo a seguir leva à transcrição ativa *in vitro*. Na célula, várias das proteínas podem estar presentes em complexos maiores pré-montados, simplificando as vias para a montagem de promotores. Ao longo da leitura sobre esse processo, consulte a Figura 26-9 e a Tabela 26-2 para ajudar a acompanhar os muitos participantes.

**Montagem da RNA-polimerase e fatores de transcrição em um promotor** A formação de um complexo fechado começa quando a proteína de ligação ao TATA (TBP) se liga à caixa TATA (Fig. 26-9a, etapa ❶). Nos promotores que não possuem caixa TATA, a TBP chega como parte de um complexo grande, denominado TFIID. A TBP é ligada, por sua vez, pelo fator de transcrição TFIIB. O TFIIA, então, se liga e, juntamente com o TFIIB, ajuda a estabilizar o complexo TBP-DNA. O complexo TFIIB-TBP é em seguida ligado por outro complexo constituído por TFIIF e Pol II. O TFIIF ajuda a

### TABELA 26-2 Proteínas necessárias para a iniciação da transcrição nos promotores da RNA-polimerase II (Pol II) de eucariotos

| Proteína de transcrição | Número de subunidades diferentes | $M_r$ das subunidades[a] | Função(ões) |
|---|---|---|---|
| **Iniciação** | | | |
| Pol II | 12 | 7.000-220.000 | Catalisa a síntese de RNA |
| TBP (proteína ligadora de TATA) | 1 | 38.000 | Reconhece especificamente a caixa TATA |
| TFIIA | 2 | 13.000, 42.000 | Estabiliza a ligação de TFIIB e TBP ao promotor |
| TFIIB | 1 | 35.000 | Liga-se ao TBP; recruta o complexo Pol II-TFIIF |
| TFIID[b] | 13-14 | 14.000-213.000 | Necessária para a iniciação em promotores sem caixa TATA |
| TFIIE | 2 | 33.000, 50.000 | Recruta o TFIIH; tem atividades de ATPase e helicase |
| TFIIF | 2-3 | 29.000-58.000 | Liga-se fortemente à Pol II; se liga à TFIIB e impede a ligação da Pol II às sequências de DNA inespecíficas |
| TFIIH | 10 | 35.000-89.000 | Desenrola o DNA no promotor (atividade de helicase); fosforila o CTD da Pol II; recruta proteínas de reparo por excisão de nucleotídeo |
| **Alongamento**[c] | | | |
| ELL[d] | 1 | 80.000 | |
| pTEFb | 2 | 43.000, 124.000 | Fosforila o CTD da Pol II |
| SII (TFIIS) | 1 | 38.000 | |
| Elonguina (SIII) | 3 | 15.000, 18.000, 110.000 | |

[a]$M_r$ reflete as subunidades presentes nos complexos de células humanas.
[b]A presença de várias cópias de algumas subunidades de TFIID eleva a composição total da subunidade do complexo para 21-22.
[c]A função de todos os fatores de alongamento é a de suprimir a pausa ou a interrupção da transcrição pelo complexo Pol II-TFIIF.
[d]Nome derivado de leucemia rica em lisina 11-19 (do inglês *eleven-nineteen lysine-rich leukemia*). O gene para ELL é o sítio dos eventos de recombinação cromossômica frequentemente associado à leucemia mieloide aguda.

ligar a Pol II aos seus promotores, tanto pela interação com o TFIIB quanto ao reduzir a ligação da polimerase a sítios inespecíficos no DNA. Finalmente, o TFIIE e o TFIIH se ligam para criar o **complexo de pré-iniciação** (**PIC**) fechado.

Uma função principal do TFIID no PIC é posicionar a TBP no promotor, que, por sua vez, dita a localização do carregamento de Pol II e o início da transcrição. Como a maioria dos promotores humanos (aproximadamente 80%) não tem uma caixa TATA, o processo de posicionamento correto de TBP e Pol II pelo TFIID em relação ao local de início da transcrição não era bem compreendido até que suas estruturas foram determinadas por crio-ME (Fig. 26-9b). Essas estruturas mostraram que o TFIID se liga ao DNA promotor em um complexo alongado que é ancorado por interações TBP-DNA em uma extremidade e se estende linearmente por 70 pares de bases. A **sequência Inr** é posicionada aproximadamente no meio, montada em ambas as extremidades por subunidades TFIID. O TFIID, portanto, atua como um suporte para a ligação direta de Pol II e outros componentes PIC e usa sua estrutura e interações com TBP para ajudar a definir o local de início da transcrição.

A TFIIH tem várias subunidades e inclui uma atividade de helicase de DNA que promove o desenrolamento do DNA próximo do sítio de início do RNA (um processo que requer a hidrólise de ATP), criando, assim, um complexo de iniciação aberto (Fig. 26-9a, etapa ❷). Contando todas as subunidades dos vários fatores (incluindo TFIIA e as subunidades de TFIID), esse complexo de iniciação ativo pode ter mais de 50 polipeptídeos.

**Iniciação da fita de RNA e liberação do promotor** A TFIIH tem outra função durante a fase de iniciação. A atividade de cinase em uma de suas subunidades fosforila a Pol II em muitos locais no CTD (Fig. 26-9a, etapa ❸). Várias outras proteínas-cinases, incluindo a CDK9 (cinase 9 dependente de ciclina), que é parte do complexo pTEFb (fator positivo b de alongamento de transcrição), também fosforilam o CTD, principalmente nos resíduos de Ser da sequência de repetição do CTD. A fosforilação de CTD causa uma mudança conformacional no complexo geral, iniciando a transcrição. Durante a fase de alongamento subsequente da transcrição, o estado de fosforilação do CTD muda, afetando quais componentes de processamento de RNA estão ligados aos complexos de transcrição (**Fig. 26-10**).

Durante a síntese dos 60 a 70 nucleotídeos iniciais do RNA, primeiro o TFIIE é liberado, seguido pelo TFIIH, e por fim, Pol II entra na fase de alongamento da transcrição (Fig. 26-9a, etapa ❹).

**Alongamento, terminação e liberação** TFIIF permanece associado à Pol II durante o alongamento. Durante esse estágio, a atividade da polimerase é bastante estimulada por proteínas chamadas de fatores de alongamento (Tabela 26-2).

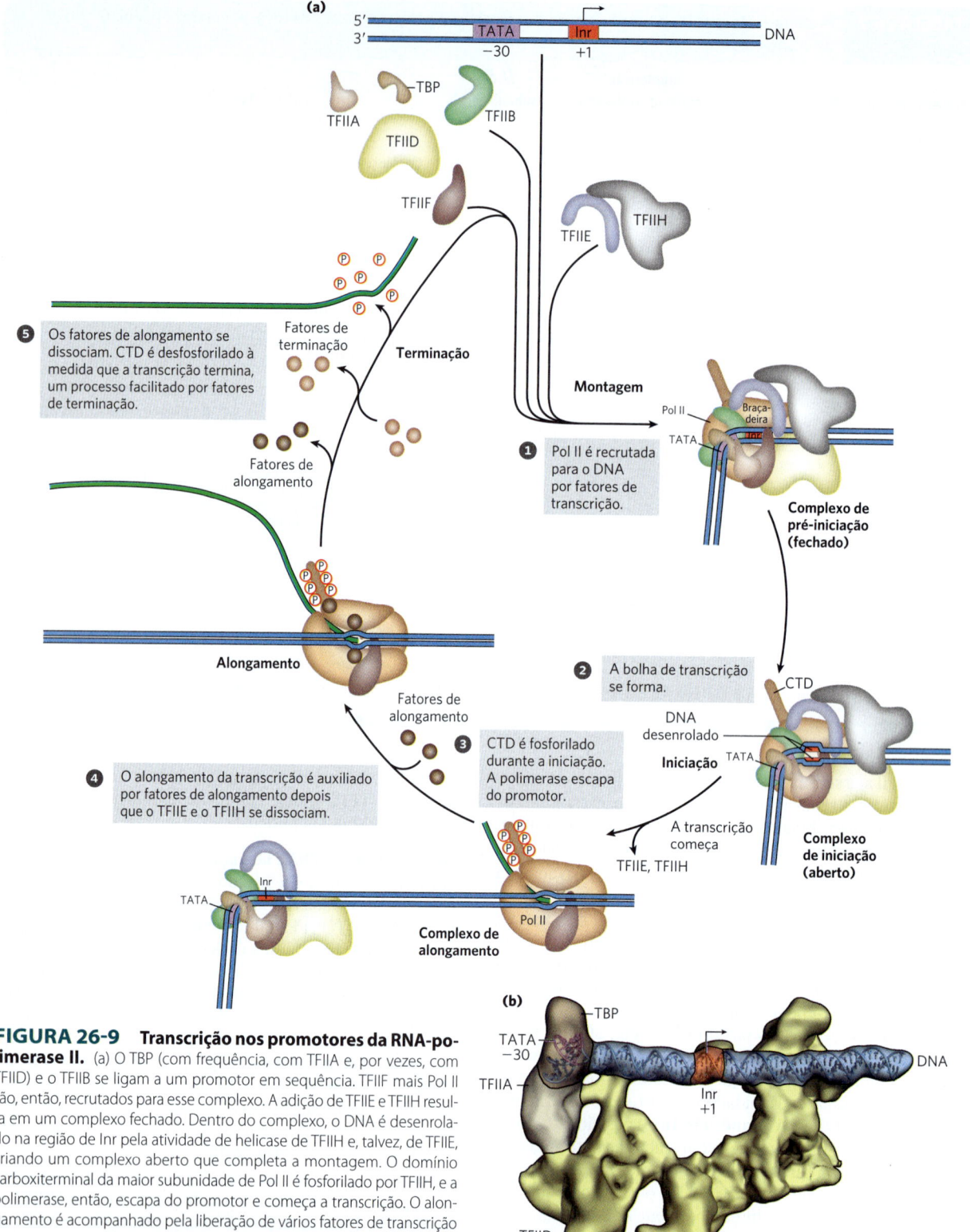

**FIGURA 26-9 Transcrição nos promotores da RNA-polimerase II.** (a) O TBP (com frequência, com TFIIA e, por vezes, com TFIID) e o TFIIB se ligam a um promotor em sequência. TFIIF mais Pol II são, então, recrutados para esse complexo. A adição de TFIIE e TFIIH resulta em um complexo fechado. Dentro do complexo, o DNA é desenrolado na região de Inr pela atividade de helicase de TFIIH e, talvez, de TFIIE, criando um complexo aberto que completa a montagem. O domínio carboxiterminal da maior subunidade de Pol II é fosforilado por TFIIH, e a polimerase, então, escapa do promotor e começa a transcrição. O alongamento é acompanhado pela liberação de vários fatores de transcrição e estimulado por fatores de alongamento (ver Tabela 26-2). Após o término, a Pol II é liberada, desfosforilada e reciclada. (b) Estrutura do complexo TFIIA/TFIID/TBP humano ligado ao DNA do promotor, determinado por crio-ME. O DNA é alongado linearmente em 70 pares de bases, com a sequência Inr posicionada aproximadamente no meio de TFIID, ancorada por interações TBP/caixa TATA no final. [(a) Informações de E. Nogales et al., *Curr. Opin. Struct. Biol.* 47:60, 2017, Fig. 4. (b) Dados de PDB ID 5FUR, R. K. Louder et al., *Nature* 531:604, 2016.]

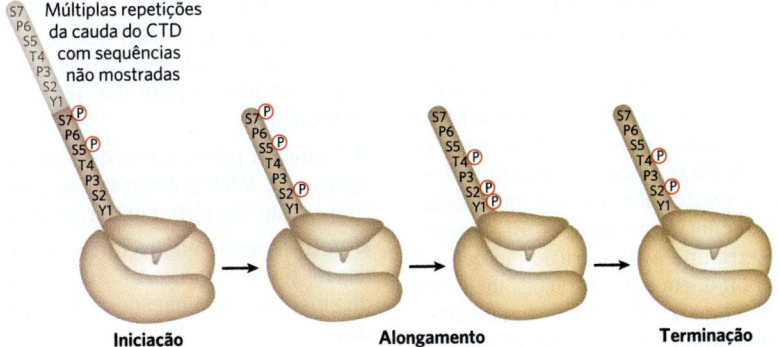

**FIGURA 26-10 Fosforilação do domínio carboxiterminal (CTD) da RNA-polimerase II.** O padrão de fosforilação do CTD muda durante as diferentes fases da transcrição, devido à ação de cinases e fosforilases associadas à maquinaria de transcrição. Múltiplas repetições da cauda do CTD são fosforiladas com os padrões mostrados aqui durante cada estágio; no entanto, eles não estão mostrados para maior clareza. Compreender os padrões e a heterogeneidade da fosforilação da cauda do CTD em diferentes estágios de transcrição e em diferentes genes é uma área ativa da pesquisa de transcrição.

Os fatores de alongamento, alguns ligados ao CTD fosforilado, impedem a pausa durante a transcrição e coordenam as interações entre complexos de proteínas envolvidos no processamento pós-transcricional de mRNA. Uma vez que o transcrito de RNA esteja completo, a transcrição é encerrada (Fig. 26-9a, etapa ❺). O CTD Pol II é desfosforilado, e a maquinaria de transcrição, reciclada, estando pronta para iniciar outra transcrição.

A regulação da transcrição em promotores Pol II é um processo elaborado. Ela envolve a interação de uma grande variedade de outras proteínas com o PIC. Algumas dessas proteínas regulatórias interagem com fatores de transcrição, outras interagem com a própria Pol II. A regulação da transcrição eucariótica é descrita em mais detalhes no Capítulo 28.

## RNA-polimerases são alvos de fármacos

As RNA-polimerases bacterianas e eucarióticas são alvos de um grande número de inibidores químicos. Algumas dessas moléculas inibem a transcrição de ambos os tipos de RNA-polimerases; outras inibem seletivamente apenas certos tipos de polimerase.

O alongamento das fitas de RNA pela RNA-polimerase em bactérias e eucariotos é inibido pelo antibiótico **actinomicina D**. A porção plana dessa molécula se insere (de forma intercalada) no DNA dupla-fita entre pares de bases G≡C sucessivos, deformando o duplex de DNA. Isso impede o movimento da polimerase ao longo do DNA durante a transcrição. Como a actinomicina D inibe o alongamento de RNA em células intactas, bem como em extratos celulares, ela é usada para identificar processos celulares que dependem da síntese de RNA.

A **rifampicina** (Fig. 26-11a) inibe a síntese de RNA bacteriano ao impedir a etapa de eliminação do promotor da transcrição. A rifampicina é um importante antibiótico para o tratamento da tuberculose (TB), a qual é causada pela bactéria *Mycobacterium tuberculosis* e mata cerca de 1,8 milhão de pessoas a cada ano. O antibiótico se liga próximo ao sítio ativo da RNA-polimerase e impede o alongamento do produto de RNA além de 2 a 3 nucleotídeos. Infelizmente, *M. tuberculosis* pode desenvolver resistência

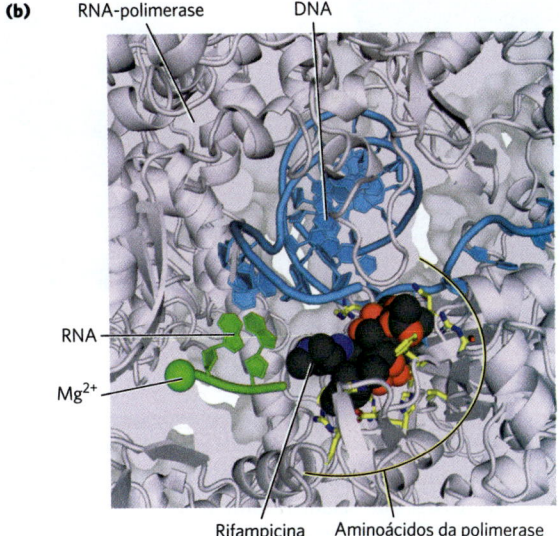

**FIGURA 26-11 Inibição da RNA-polimerase pela rifampicina.** (a) Estrutura química da rifampicina. (b) Estrutura cristalográfica de raios X da rifampicina ligada ao sítio ativo da RNA-polimerase do *M. tuberculosis*. Nessa imagem, grande parte da polimerase circundante foi removida para que os detalhes do sítio ativo, incluindo um dos íons $Mg^{2+}$ essenciais, fossem destacados. A rifampicina (mostrada no centro) se liga ao sítio ativo e bloqueia a extensão do transcrito do RNA. Muitos aminoácidos da RNA-polimerase entram em contato direto com a rifampicina, e mutações desses aminoácidos podem resultar em RNA-polimerase resistente à rifampicina e infecção por TB. [(b) Dados de PDB ID 5UH6 e informações de W. Lin et al., *Mol. Cell* 66:169, 2017.]

à rifampicina; mais de 600 mil casos de TB resistente à rifampicina são relatados a cada ano. Em muitos casos, a resistência se deve à mutação no local de ligação da rifampicina (Fig. 26-11b), particularmente em $Asp^{516}$, $His^{526}$ e $Ser^{531}$ da subunidade $\beta$. Novos medicamentos que inibem a RNA-polimerase do *M. tuberculosis* são necessários urgentemente para o tratamento da TB resistente a medicamentos.

O cogumelo *Amanita phalloides* tem um mecanismo de defesa muito eficiente contra predadores. Ele produz **α-amanitina**, a qual interrompe a transcrição em células animais, bloqueando a Pol II e, em concentrações mais elevadas, a Pol III. Nem a Pol I nem a RNA-polimerase bacteriana são sensíveis à α-amanitina – nem a RNA-polimerase II do próprio *A. phalloides*. Como a α-amanitina é seletiva para inibir a função de apenas certas RNA-polimerases, ela se mostrou útil para identificar as funções de diferentes polimerases na célula. As RNA-polimerases mitocondriais e bacterianas compartilham semelhanças significativas, incluindo resistência à α-amanitina. Ao expor células eucarióticas à α-amanitina, é possível detectar mRNA recém-sintetizados que surgem apenas da transcrição mitocondrial, e não da nuclear. Os pesquisadores que usam α-amanitina precisam ter muito cuidado, pois ela é altamente tóxica para seres humanos. Uma quantidade de α-amanitina do tamanho de um grão de arroz contém uma dose letal. ■

O cogumelo *Amanita phalloides,* conhecido como cicuta-verde
[Wolstenholme Images/Alamy Stock Photo.]

### RESUMO 26.1 Síntese de RNA dependente de DNA

■ A transcrição é catalisada por RNA-polimerases dependentes de DNA, que usam ribonucleosídeos-5′-trifosfato para sintetizar RNA na direção 5′→3′, complementar à fita-molde do duplex de DNA. A transcrição ocorre em várias fases: ligação da RNA-polimerase a um sítio de DNA, chamado de promotor, iniciação da síntese do transcrito, alongamento e terminação.

■ As RNA-polimerases ligam regiões de DNA chamadas de promotores para iniciar a transcrição de genes próximos. As sequências promotoras ajudam a estabelecer o nível de expressão gênica e, em *E. coli*, são reconhecidas por subunidades variáveis de RNA-polimerase chamadas fatores $\sigma$. A iniciação da transcrição envolve a formação dos complexos fechados e abertos. O DNA é desenovelado no complexo aberto para que possa servir como modelo de transcrição.

■ Como as primeiras etapas envolvidas na transcrição, a ligação da RNA-polimerase ao promotor e a iniciação da transcrição são fortemente reguladas.

■ A transcrição em bactérias cessa em sequências chamadas de terminadores. A *E. coli* normalmente usa dois tipos de sinais de terminação: dependente de $\rho$ e independente de $\rho$.

■ As células eucarióticas têm três tipos de RNA-polimerases nucleares. A grande maioria dos mRNA e ncRNA celulares é sintetizada pela Pol II.

■ A ligação de Pol II a seus promotores requer uma série de proteínas denominadas fatores de transcrição. Por fim, um grande complexo molecular denominado complexo de pré-iniciação, PIC, se forma no promotor. Os fatores de alongamento participam na fase de alongamento da transcrição. O estado de fosforilação do domínio longo do domínio carboxiterminal da maior subunidade da Pol II muda nas fases de iniciação e alongamento e determina quais componentes são parte dos complexos de iniciação e alongamento.

■ As RNA-polimerases podem ser inibidas por uma série de fármacos, alguns dos quais são específicos para polimerases bacterianas ou eucarióticas. Os medicamentos que inibem a RNA-polimerase bacteriana são comumente usados para tratar infecções como a tuberculose.

## 26.2 Processamento do RNA

**P2** Muitas das moléculas de RNA em bactérias e praticamente todas as moléculas de RNA em eucariotos são processadas em algum grau após a síntese. O processamento pode incluir adição ou deleção de sequências de nucleotídeos, bem como modificação química de nucleotídeos de RNA. Todos esses eventos podem ser usados para controlar o destino pós-transcricional do RNA na célula. Como resultado, muitos RNA maduros não são cópias exatas dos genes de DNA dos quais foram transcritos. Alguns dos eventos moleculares mais interessantes no metabolismo do RNA ocorrem durante o processamento pós-transcricional. Curiosamente, várias das enzimas que catalisam essas reações têm sítios ativos compostos de RNA, em vez de proteína. A descoberta desses RNA catalíticos, ou **ribozimas**, levou a uma revolução no pensamento a respeito da função do RNA e da origem da vida, como será discutido na Seção 26.4.

Uma molécula de RNA recém-sintetizada é chamada de **transcrito primário** ou **precursor**. Talvez o processamento mais abrangente de transcritos primários ocorra em mRNA precursores eucarióticos (pré-mRNA) e em tRNA de bactérias e eucariotos. No entanto, muitos ncRNA também são processados.

O transcrito primário para um mRNA eucariótico geralmente contém sequências envolvendo um gene, embora as sequências que codificam o polipeptídeo possam não ser contíguas. Os trechos não codificadores que interrompem a região codificadora do transcrito são chamados de **íntrons**, ao passo que os segmentos codificadores são chamados de **éxons** (ver discussão de íntrons e éxons no DNA no Capítulo 24). ▶P2 Em um processo chamado ***splicing de RNA***, os íntrons são removidos do pré-mRNA, e os éxons são ligados para formar uma sequência contínua que especifica um polipeptídeo funcional. Praticamente todos os genes humanos contêm íntrons, em média oito íntrons por gene. Os mRNA de eucariotos também são modificados em cada extremidade. Uma estrutura de nucleotídeo modificada, chamada de 5' cap, é adicionada à extremidade de 5'. A extremidade 3' é clivada, e 80 a 250 resíduos de A são adicionados para criar uma "cauda" poli(A). Os complexos proteicos, algumas vezes elaborados, que executam as reações de processamento de mRNA de capeamento 5', *splicing* e poliadenilação 3' não operam de modo independente. Eles parecem ser organizados em associação uns com os outros e com o CTD fosforilado da Pol II; cada complexo afeta a função dos outros, conforme representado na **Figura 26-12**.

As proteínas envolvidas no transporte de mRNA para o citoplasma também são associadas ao mRNA no núcleo, e o processamento do transcrito é acoplado ao seu transporte. De fato, à medida que é sintetizado, um mRNA eucariótico é abrigado em um **complexo ribonucleoproteico mensageiro (mRNP)** supramolecular elaborado e dinâmico que compreende dezenas de proteínas. A composição do complexo mRNP varia à medida que o transcrito primário é processado, transportado para o citoplasma e entregue ao ribossomo para tradução. As proteínas associadas podem modular profundamente a localização celular, a função e o destino de um mRNA.

Além do *splicing* e das modificações nas extremidades 5' e 3', nucleotídeos de purina e pirimidina individuais dentro dos transcritos primários podem sofrer modificação química. Muitos mRNA eucarióticos contêm nucleotídeos modificados que afetam suas interações com proteínas de ligação a RNA e regulam a expressão gênica; no entanto, a modificação de RNA foi mais bem caracterizada no processamento do transcrito de tRNA primário. Muitas bases e açúcares em tRNA são modificados em bactérias e em

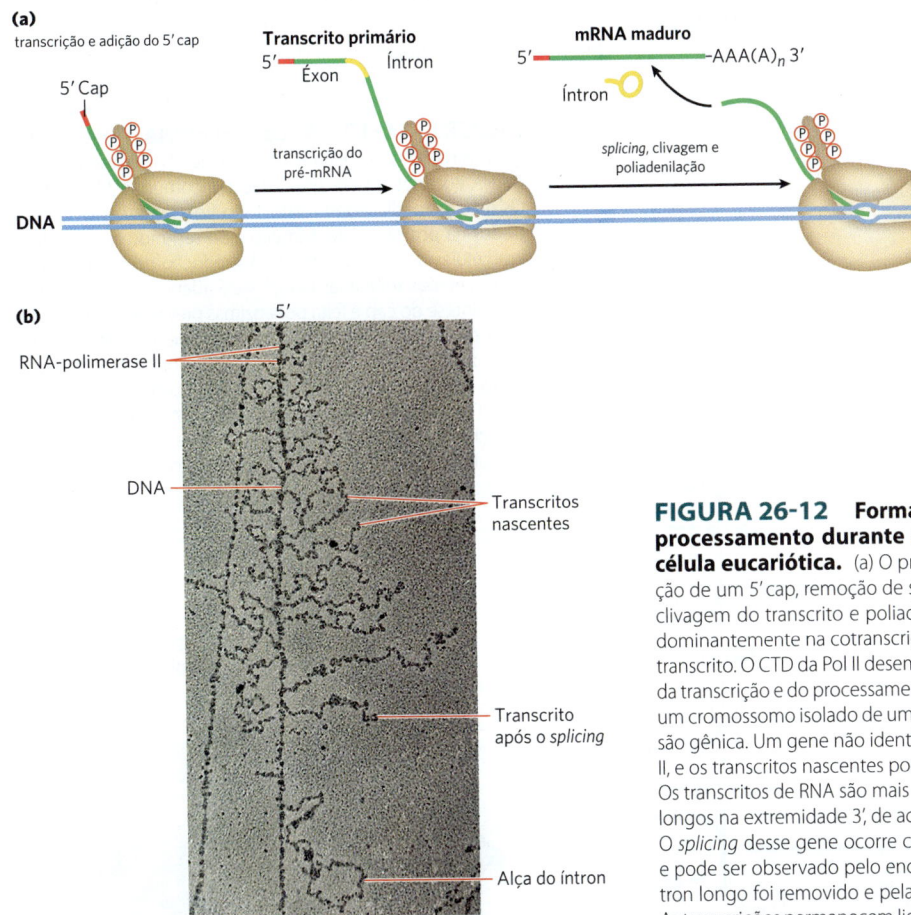

**FIGURA 26-12 Formação do transcrito primário e seu processamento durante a maturação do mRNA em uma célula eucariótica.** (a) O processamento de RNA nuclear inclui adição de um 5' cap, remoção de sequências de íntrons não codificadoras, clivagem do transcrito e poliadenilação. Esses processos ocorrem predominantemente na cotranscrição e são acoplados ao alongamento do transcrito. O CTD da Pol II desempenha um papel crítico na coordenação da transcrição e do processamento. (b) Esta micrografia eletrônica mostra um cromossomo isolado de um embrião de *Drosophila* durante a expressão gênica. Um gene não identificado está sendo transcrito por RNA-Pol II, e os transcritos nascentes podem ser observados emergindo do DNA. Os transcritos de RNA são mais curtos na extremidade 5' do gene e mais longos na extremidade 3', de acordo com a direção 3'→5' da transcrição. O *splicing* desse gene ocorre cotranscricionalmente pelo spliceossoma e pode ser observado pelo encurtamento do RNA, uma vez que um íntron longo foi removido e pela presença de íntrons em forma de laços. As transcrições permanecem ligadas ao DNA até que ocorra a clivagem 3' na conclusão da transcrição. [Cortesia de Ann L. Beyer.]

eucariotos, inclusive com bases incomuns não encontradas em outros ácidos nucleicos (ver Fig. 26-22). Muitos ncRNA também passam por um processamento elaborado, muitas vezes envolvendo a remoção de segmentos de uma ou ambas as extremidades.

O destino final de qualquer RNA é a degradação completa e regulada. A velocidade de reposição dos RNA desempenha um papel fundamental na determinação dos seus níveis estacionários e da velocidade em que as células podem interromper a expressão de um gene cujo produto não é mais necessário. Durante o desenvolvimento de organismos multicelulares, por exemplo, certas proteínas devem ser expressas apenas em um estágio, e o mRNA que codifica tal proteína deve ser produzido e destruído nos intervalos de tempo adequados.

## Os mRNA de eucariotos recebem um cap na extremidade 5′

A maioria dos mRNA de eucariotos tem um **5′ cap**, um resíduo de 7-metilguanosina ligado ao resíduo 5′-terminal do mRNA por meio de uma ligação incomum 5′,5′-trifosfato (**Fig. 26-13**). O 5′ cap ajuda a proteger o mRNA das ribonucleases. Ele também se liga a um complexo específico de proteínas ligadoras de cap e participa da ligação do mRNA ao ribossomo para iniciar a tradução (Capítulo 27).

O 5′ cap é formado pela condensação de uma molécula de GTP com o trifosfato na extremidade 5′ do transcrito. Em seguida, a guanina é metilada no N-7, e grupos metila adicionais são frequentemente adicionados às hidroxilas 2′ do primeiro e segundo nucleotídeos adjacentes ao cap (Fig. 26-13a). Os grupos metila são derivados da S-adenosilmetionina. Todas essas reações (Fig. 26-12b) ocorrem muito precocemente na transcrição, após os primeiros 20 a 30 nucleotídeos do transcrito terem sido adicionados. Todas as quatro enzimas no complexo sintetizador de cap e, por meio delas, a extremidade 5′ do próprio transcrito são associadas ao CTD da RNA-polimerase II até que o cap seja sintetizado. A extremidade adicionada do 5′ cap é então liberada do complexo de síntese de cap e ligada pelo complexo de ligação de cap nuclear, o que facilita o *splicing* e a exportação nuclear do RNA.

O 5′ cap não oferece proteção completa do transcrito. Os eucariotos também contêm enzimas de remoção de cap celular, que são importantes para a regulação do RNA. A remoção do cap permite que os RNA sejam degradados por exonucleases que hidrolisam o RNA na direção 5′→3′. Alguns vírus também desenvolveram mecanismos elaborados para remover o cap dos mRNA do hospedeiro. O vírus influenza não necessita de enzimas especializadas para a síntese de caps em seus RNA virais; em vez disso, ele toma emprestadas essas estruturas dos transcritos de células hospedeiras em um processo denominado "captura de cap".

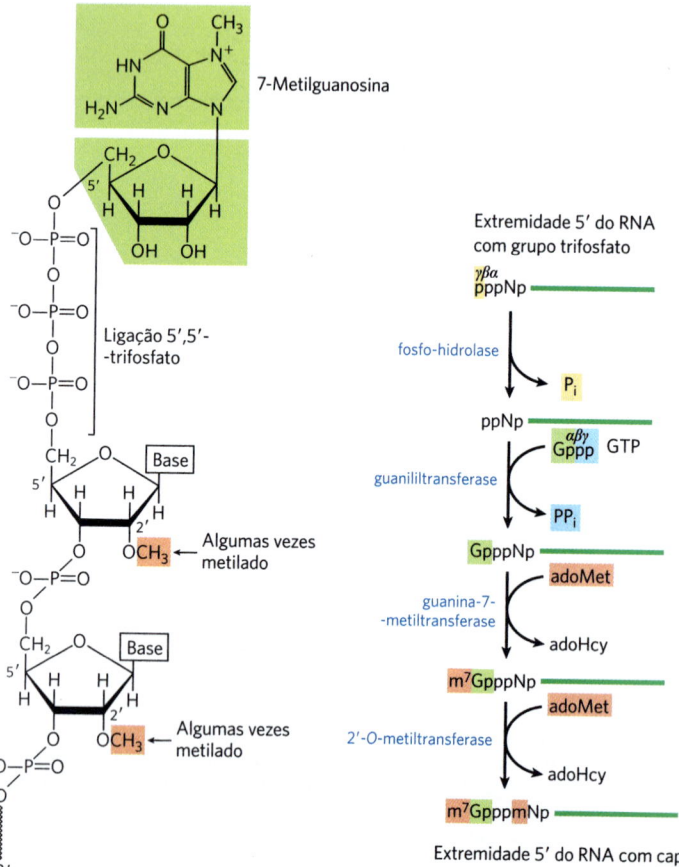

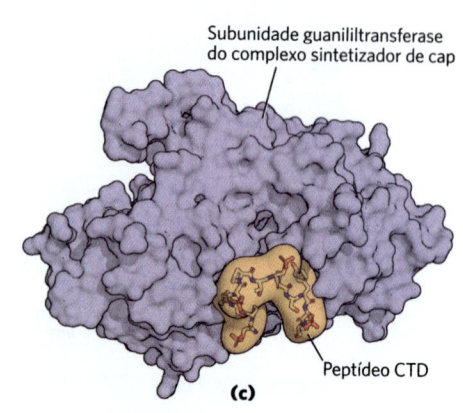

**FIGURA 26-13 5′ Cap do mRNA.** (a) A 7-metilguanosina ($m^7G$) é ligada à extremidade 5′ de quase todos os mRNA eucarióticos em uma ligação incomum 5′,5′-trifosfato. Os grupos metila (sombreados) são frequentemente encontrados na posição 2′ do primeiro e do segundo nucleotídeos em células de vertebrados. (b) A produção do 5′ cap requer quatro etapas separadas (adoHcy é S-adenosil-homocisteína). (c) A síntese do cap é feita por enzimas presas ao CTD da Pol II. Aqui, é mostrada a estrutura da subunidade guanililtransferase da enzima de adição do cap de camundongo em um complexo com um peptídeo que imita a sequência de repetição do CTD da Pol II (YSPTSPS). A guanililtransferase reconhece especificamente o primeiro resíduo (Tyr) e a forma fosforilada do quinto resíduo (Ser). [(c) Dados de PDB ID 3RTX, A. Ghosh et al., *Mol. Cell* 43:299, 2011.]

Um transcrito do hospedeiro com o cap é ligado pela RNA-polimerase viral e clivado por uma endonuclease. A RNA-polimerase de influenza pode, então, usar o oligonucleotídeo ligado ao cap resultante para iniciar a síntese de RNA viral.

### Tanto íntrons como éxons são transcritos de DNA para RNA

Em bactérias, o mRNA usado para tradução é geralmente uma cópia direta da sequência do gene do DNA, continuando ao longo do molde do DNA sem interrupção até que a informação necessária para especificar o polipeptídeo esteja completa. Entretanto, a noção de que *todos* os genes são contínuos foi desmentida em 1977, quando Phillip Sharp e Richard Roberts descobriram de forma independente que muitos genes para polipeptídeos em eucariotos são interrompidos por sequências não codificadoras (íntrons).

**P2** A grande maioria dos genes em vertebrados contém íntrons; entre as poucas exceções estão aqueles que codificam histonas. A ocorrência de íntrons em outros eucariotos varia. Muitos genes da levedura *Saccharomyces cerevisiae* não têm íntrons, mas íntrons são mais comuns em algumas outras espécies de leveduras. Os íntrons também são encontrados em alguns poucos genes de bactérias e de arqueobactérias. Os íntrons no DNA são transcritos junto com o restante do gene pelas RNA-polimerases. Os íntrons no transcrito primário de RNA sofrem *splicing*, e os éxons são, então, ligados para formar um RNA maduro funcional. Em mRNA de eucariotos, a maioria dos éxons tem menos de 1.000 nucleotídeos de comprimento, com vários na faixa de tamanho de 100 a 200 nucleotídeos, codificando trechos de 30 a 60 aminoácidos no interior de um polipeptídeo mais longo. Os íntrons variam em tamanho de 50 a mais de 700.000 nucleotídeos, com comprimento médio de cerca de 1.800. Os genes dos eucariotos superiores, incluindo os seres humanos, geralmente têm muito mais DNA destinado a íntrons do que a éxons. Por exemplo, o gene da distrofina humana codifica um pré-mRNA com mais de 2 milhões de nucleotídeos de comprimento. No entanto, o mRNA final tem 14 mil nucleotídeos de comprimento, indicando que mais de 99% do RNA transcrito está localizado nos íntrons, sendo removido por *splicing*. Deficiências na expressão da distrofina podem levar a distrofias musculares. Os aproximadamente 20 mil genes do genoma humano incluem mais de 200 mil íntrons.

### O RNA catalisa o *splicing* de íntrons

Há quatro classes de íntrons (**Tabela 26-3**). As duas primeiras, os íntrons do grupo I e do grupo II, diferem em detalhes dos seus mecanismos de *splicing*, mas compartilham uma característica surpreendente: eles sofrem *auto-splicing* – nenhuma enzima proteica está envolvida. Os íntrons encontrados nos genes nucleares de eucariotos compreendem a terceira classe. Esses íntrons pré-mRNA são removidos por uma grande RNP chamada spliceossoma. Embora o spliceossoma necessite de dezenas de proteínas para sua função, seu sítio ativo inclui RNA. A classe final de íntrons requer enzimas proteicas para sua remoção. Esses íntrons são encontrados em alguns tRNA, bem como em certos mRNA, como naquele que codifica a proteína 1 de ligação do Xbox, Xbp1. O *splicing* mediado por proteína do transcrito XBP1 regula a resposta celular a proteínas não enoveladas que ocorre sob condições de estresse do retículo endoplasmático em células humanas. Os mecanismos de *splicing* do tRNA e mRNA de XBP1 são semelhantes.

Os íntrons do grupo I são encontrados em alguns genes nucleares, mitocondriais e de cloroplastos que codificam rRNA, mRNA e tRNA. Os íntrons do grupo II são geralmente encontrados em transcritos primários de mRNA mitocondriais ou de cloroplastos em fungos, algas e plantas. Os íntrons dos grupos I e II também são encontrados entre os raros exemplos de íntrons em bactérias. Os mecanismos de *splicing* em ambos os grupos envolvem duas etapas de reações de transesterificação (**Fig. 26-14**), em que um grupo ribose 2′ ou 3′-hidroxila desencadeia um ataque nucleofílico em um fósforo, e uma nova ligação fosfodiéster é formada à custa da antiga, mantendo o balanço energético. Essas reações são muito semelhantes às reações de quebra e religação do DNA promovidas pelas topoisomerases (ver Fig. 24-18) e recombinases sítio-específicas (ver Fig. 25-37).

A reação de *splicing* do grupo I precisa de um nucleosídeo de guanina ou de um cofator nucleotídico, porém o cofator não é usado como uma fonte de energia; em vez disso, o grupo 3′-hidroxila da guanosina é usado como um nucleófilo na primeira etapa da via do *splicing*. Nas reações

| TABELA 26-3 | Mecanismos de *splicing* de RNA | | |
|---|---|---|---|
| **Mecanismo** | **Componentes** | **Recursos** | **Localização celular** |
| Íntron do grupo I | RNA catalítico | Auto-*splicing* usando um cofator derivado de guanina | Encontrado em genes nucleares, mitocondriais e de cloroplasto que codificam mRNA, rRNA ou tRNA. Pode ser encontrado em bactérias. |
| Íntron do grupo II | RNA catalítico; proteínas maturase e transcriptase reversa | Auto-*splicing* usando um nucleófilo dentro do íntron para formar um laço | Principalmente encontrado em genes mitocondriais e de cloroplasto de fungos, algas e plantas. Pode ser encontrado em bactérias. |
| Spliceossoma | snRNA catalíticos; dezenas de fatores de *splicing* de proteínas | Requer um grande RNP para processamento usando um nucleófilo dentro do íntron para formar um laço | Encontrado em genes nucleares de eucariotos. Capaz de fazer o *splicing* alternativo para criar vários produtos a partir de um determinado transcrito. |
| Catalisado por proteína | Enzimas proteicas | Usa uma endonuclease de *splicing* e ligase | Encontrado em tRNA e em alguns mRNA. |

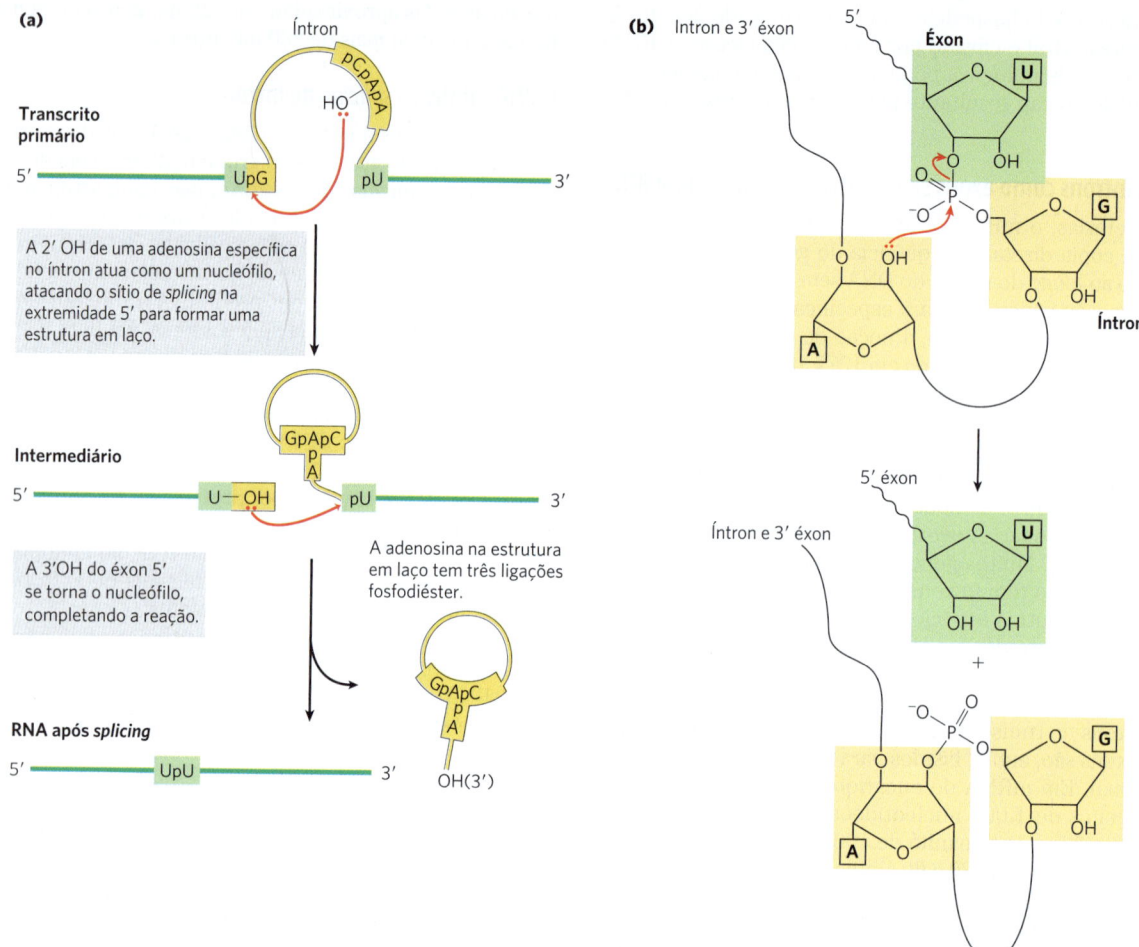

**FIGURA 26-14 Mecanismo de *splicing* dos íntrons do grupo II.** (a) Na primeira etapa, o 2'OH de um resíduo A interno (denominado ponto de ramificação) ataca a ligação fosfodiéster na extremidade 5' do sítio de junção, resultando na clivagem da extremidade 5' do sítio de junção e na formação de laços. Na segunda etapa, o 3'OH livre do éxon da extremidade 5' ataca a ligação fosfodiéster no sítio de junção, resultando na ligação do éxon e na liberação do laço do íntron. O spliceossoma usa a mesma química para a remoção do íntron, embora diferentes sequências de RNA marquem os limites do íntron e a localização do ponto de ramificação. (b) Na reação de transesterificação que ocorre durante a formação do laço, uma ligação fosfodiéster é quebrada quando uma segunda é criada. Isso forma uma estrutura semelhante a um laço, em que uma ramificação é uma ligação 2',5'-fosfodiéster (a ligação entre o ponto de ramificação A do íntron e os nucleotídeos G do íntron).

de *splicing* do grupo II, o nucleófilo é o grupo 2'-hidroxila de um resíduo A dentro do íntron (Fig. 26-14a). Uma estrutura em laço ramificada é formada como um intermediário (Fig. 26-14b). Tanto nos íntrons do grupo I quanto nos íntrons do grupo II, a hidroxila do éxon que é deslocada na primeira etapa atua como um nucleófilo em uma reação semelhante no final do íntron. O resultado é a remoção precisa do íntron e a ligação dos éxons.

Os íntrons que sofrem auto-*splicing* foram descobertos pela primeira vez, em 1982, em estudos do mecanismo de *splicing* do íntron do grupo I do rRNA do protozoário ciliado *Tetrahymena thermophila*, realizados por Thomas Cech e colaboradores. Esses pesquisadores transcreveram o DNA isolado de *Tetrahymena* (incluindo o íntron) *in vitro*, usando a RNA-polimerase bacteriana purificada. O RNA resultante sofreu auto-*splicing* de modo preciso sem quaisquer proteínas enzimáticas da *Tetrahymena*. A descoberta de que os RNA poderiam ter funções catalíticas foi um marco para a compreensão dos sistemas biológicos e um grande avanço no entendimento de como a vida provavelmente evoluiu. Os RNA catalíticos, como os íntrons do grupo I e do grupo II, compartilham muitas características com enzimas baseadas em proteínas, incluindo o dobramento em estruturas secundárias e terciárias bem definidas (**Fig. 26-15**). Os RNA catalíticos e seu significado na evolução são descritos em mais detalhes na Seção 26.4.

Thomas Cech [Fotografia por Glenn Asakawa/University of Colorado.]

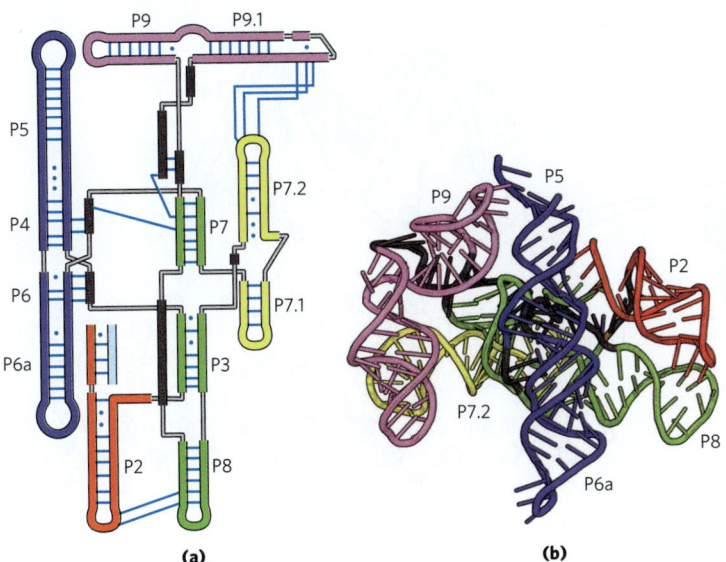

**FIGURA 26-15 Estrutura de um íntron do grupo I.** (a) Estrutura secundária da ribozima do íntron do grupo I do fago Twort, um fago de micobactéria nomeado em homenagem a Frederick Twort, o médico que o descobriu em 1915. Como a maioria dos RNA catalíticos, esse íntron adota uma estrutura secundária bem definida. É composto de vários duplexes de RNA (P2-P9, cada um com cores diferentes) com estrutura de grampo nas extremidades. (b) A estrutura terciária do íntron ligado a um produto de RNA após o *splicing*, obtido por cristalografia de raios X, mostra que os duplexes de RNA se compactam fortemente para produzir uma ribozima compacta. Os duplexes de RNA estão coloridos e denominados como em (a). [Dados de PDB ID 1Y0Q, B. Golden et al., *Nat. Struct. Biol.* 12:82, 2005.]

## Em eucariotos, o spliceossoma realiza o *splicing* de pré-mRNA nuclear

Em eucariotos, a maioria dos íntrons é submetida ao *splicing* pelo mesmo mecanismo de formação de laço que os íntrons do grupo II. ▶ P2 No entanto, o *splicing* do íntron ocorre dentro de um **spliceossoma**, um grande complexo composto de múltiplos complexos de RNP especializados, chamados de ribonucleoproteínas nucleares pequenas (snRNPs), e dezenas de proteínas não snRNP. Cada snRNP contém uma classe de RNA eucarióticos, 100 a 200 nucleotídeos de comprimento, conhecida como **RNA nucleares pequenos** (**snRNA**). Cinco snRNA (U1, U2, U4, U5 e U6) envolvidos nas reações de *splicing* são geralmente encontrados em abundância nos núcleos de eucariotos. A snRNP U3 também é encontrada no núcleo, mas está envolvida na montagem do ribossomo e não faz parte do spliceossoma.

O papel das snRNP na reação de *splicing* foi descoberto por Joan Steitz em um exemplo notável de ciência em que os resultados de pesquisas em laboratório são derivados diretamente de amostras de pacientes (em inglês, *bed-side-to-bench science*). Usando anticorpos isolados de pacientes com doenças autoimunes, membros do laboratório Steitz foram capazes de purificar os componentes snRNP do spliceossoma e identificar os snRNA associados. Com base na complementaridade entre o final do snRNA U1 e o sítio de *splicing* dos íntrons do pré-mRNA nuclear (**Fig. 26-16**), Steitz propôs que as snRNP participam da reação de *splicing*. Posteriormente, foi descoberto que pacientes que sofrem da doença autoimune lúpus podem gerar anticorpos contra componentes proteicos de seus próprios spliceossomas.

Joan Steitz [Fotografia por Robert A. Lisak, cortesia de Yale School of Medicine.]

Em leveduras, as várias snRNP incluem cerca de 80 proteínas diferentes, a maioria das quais possui homólogos próximos em todos os outros eucariotos. Em seres humanos, esses componentes proteicos conservados são aumentados por mais de 200 proteínas adicionais, que participam principalmente na regulação da reação de *splicing*. Os spliceossomas estão, portanto, entre as máquinas macromoleculares mais complexas em qualquer célula eucariótica. Os componentes de RNA de um spliceossoma são os catalisadores das várias etapas de *splicing*. O complexo global pode ser considerado uma enzima ribonucleoproteica altamente flexível que pode se adaptar à grande diversidade em tamanho e sequência de pré-mRNA nucleares.

Os íntrons dos spliceossomas geralmente têm a sequência dinucleotídica GU na extremidade 5′ e AG na extemidade 3′, marcando os locais onde ocorre o *splicing*. O snRNA U1 contém uma sequência complementar ao sítio de *splicing* (Fig. 26-16b), e a snRNP U1 se liga a essa região, formando um duplex de RNA com o pré-mRNA. Uma snRNP U2 se liga à extremidade 3′, também por pareamento de bases, e identifica o resíduo A que se torna o nucleófilo usado durante a primeira reação de transesterificação (Fig. 26-14). A adição de um complexo de snRNP U4, U5 e U6, denominado tri-snRNP, leva à formação do spliceossoma (Fig. 26-16c).

Partes cruciais do sítio ativo de *splicing* encontradas no snRNA U6 são inicialmente sequestradas por pareamento de bases para partes do snRNA U4 para evitar a clivagem aberrante de ligações fosfodiéster não alvo. Em um processo chamado ativação, os snRNA U6 e U4 devem ser desenrolados e separados para expor o sítio ativo necessário para a primeira etapa do *splicing*. O desenrolamento de U4 e U6, bem como muitas outras etapas do *splicing*, necessitam da hidrólise do ATP por um conjunto de oito ATPases diferentes que fazem parte da máquina de *splicing*.

Os spliceossomas são enzimas de renovação única, o que significa que cada spliceossoma pode remover apenas um íntron de um único transcrito. Como resultado, os spliceossomas passam por um ciclo complexo de montagem,

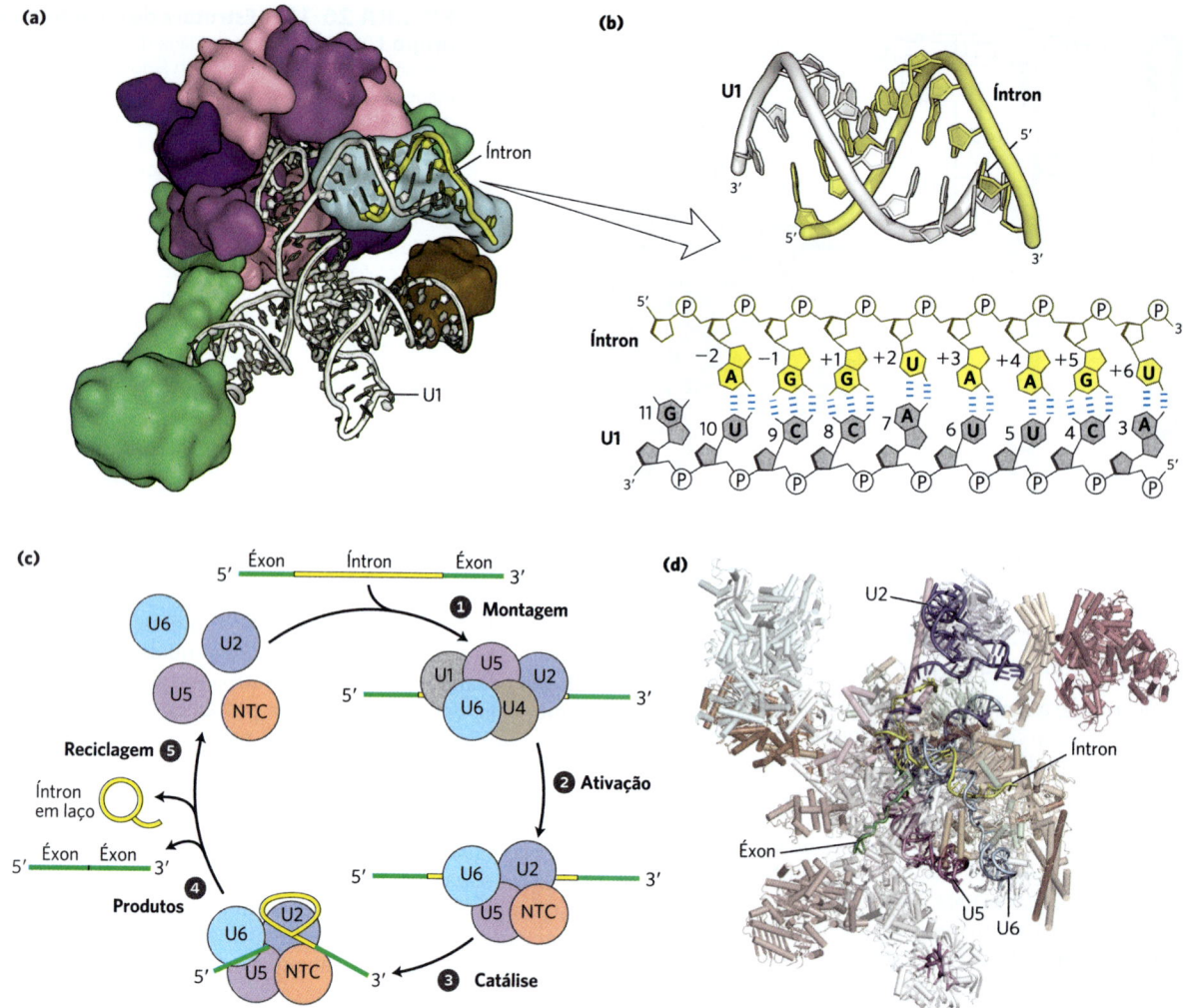

**FIGURA 26-16 Processamento de transcritos primários de pré-mRNA pelo spliceossoma.** (a) RNP nucleares pequenas, como a snRNP U1 humana mostrada aqui, contêm snRNA associados a uma série de proteínas. A snRNP U1 humana contém uma única cópia do snRNA U1 e 10 polipeptídeos associados. (b) A snRNP U1 reconhece o sítio de *splicing* por pareamento de bases entre o snRNA U1 e as sequências de RNA conservadas dentro do íntron que marcam a fronteira éxon/íntron. As sequências e estrutura mostradas foram obtidas a partir da estrutura de cristal de raios X mostrada em (a). O snRNA U1 humano normalmente contém pseudouridinas nas posições 5 e 6; no entanto, um RNA não modificado foi usado para determinar essa estrutura. (c) Os spliceossomas são montados nos íntrons das snRNPs e passam por estágios de montagem, ativação, catálise de remoção do íntron, liberação dos produtos de RNA e reciclagem dos fatores de *splicing*. Além das snRNPs U discutidas no texto, um grande complexo supramolecular apenas de proteína, denominado complexo contendo Prp19 (também conhecido como Complexo NineTeen, ou NTC), é necessário para o *splicing* e junta-se ao spliceossoma durante a etapa de ativação. (d) Estrutura do spliceossoma humano, determinada por crio-ME. O *splicing* nuclear do pré-mRNA requer essa grande máquina molecular composta de dezenas de proteínas e cinco snRNAs para remover muitos íntrons diferentes. Em comparação, usando uma química semelhante, os íntrons do grupo II podem catalisar sua própria remoção. Para destacar o núcleo catalítico do RNA do spliceossoma e os snRNAs U2, U5 e U6, alguns fatores de *splicing* de proteínas não são mostrados nesta visualização. O RNA parece descontínuo onde a estrutura não pôde ser resolvida. [Dados de (a, b) PDB ID 4PJO, Y. Kondo et al., *eLife* 4:e04986, 2015; (d) PDB ID 6QDV, S. Fica et al., *Science* 363:710, 2019.]

ativação, catálise, liberação de produto e reciclagem dos componentes snRNP cada vez que um íntron é removido (Fig. 26-16c, etapas ❶ a ❺).

Os eventos químicos de *splicing* – clivagem do sítio de *splicing* 5′ pela formação de um laço de íntron, seguida por ligação de éxon – são idênticos em mecanismo aos dos íntrons do grupo II, apesar de o primeiro exigir dezenas de proteínas para a atividade e o último ser uma ribozima que sofreu auto-*splicing*. As semelhanças na química, bem como na conservação, entre os componentes essenciais do RNA de cada enzima sugerem que os íntrons e spliceossomas do grupo II estão relacionados evolutivamente um com o outro. A comparação de estruturas em cristais de raios X de íntrons do grupo II com estruturas crio-ME de spliceossomas corrobora fortemente essa hipótese. Apesar de estar rodeado por uma grande estrutura proteica, o centro catalítico do spliceossoma é composto de RNA e organizado de maneira quase idêntica à dos íntrons do grupo II (**Fig. 26-17**). Assim, o spliceossoma usa um núcleo de ribozima para realizar o *splicing* do pré-mRNA. Como será visto, alguns íntrons do grupo II também contêm domínios que são traduzidos como mRNA e codificam proteínas que apresentam semelhanças impressionantes com aquelas do spliceossoma, fortalecendo essa conexão evolutiva.

Cerca de 1% dos íntrons humanos são processados por um tipo menos comum de spliceossoma, denominado spliceossoma secundário, no qual as snRNP U1, U2, U4 e U6 são substituídas pelas snRNP U11, U12, U4atac e U6atac. Enquanto os spliceossomas contendo U1 e U2 removem os íntrons com sequências terminais (5')GU e AG(3'), os spliceossomas secundários removem uma classe rara de íntrons que têm sequências terminais (5')AU e AC(3') para marcar os sítios de *splicing*. Os íntrons removidos tanto pelo spliceossoma principal quanto pelo secundário na maioria das vezes permanecem no núcleo e são degradados.

Alguns componentes do aparato de *splicing* são amarrados ao CTD da RNA-polimerase II, indicando que

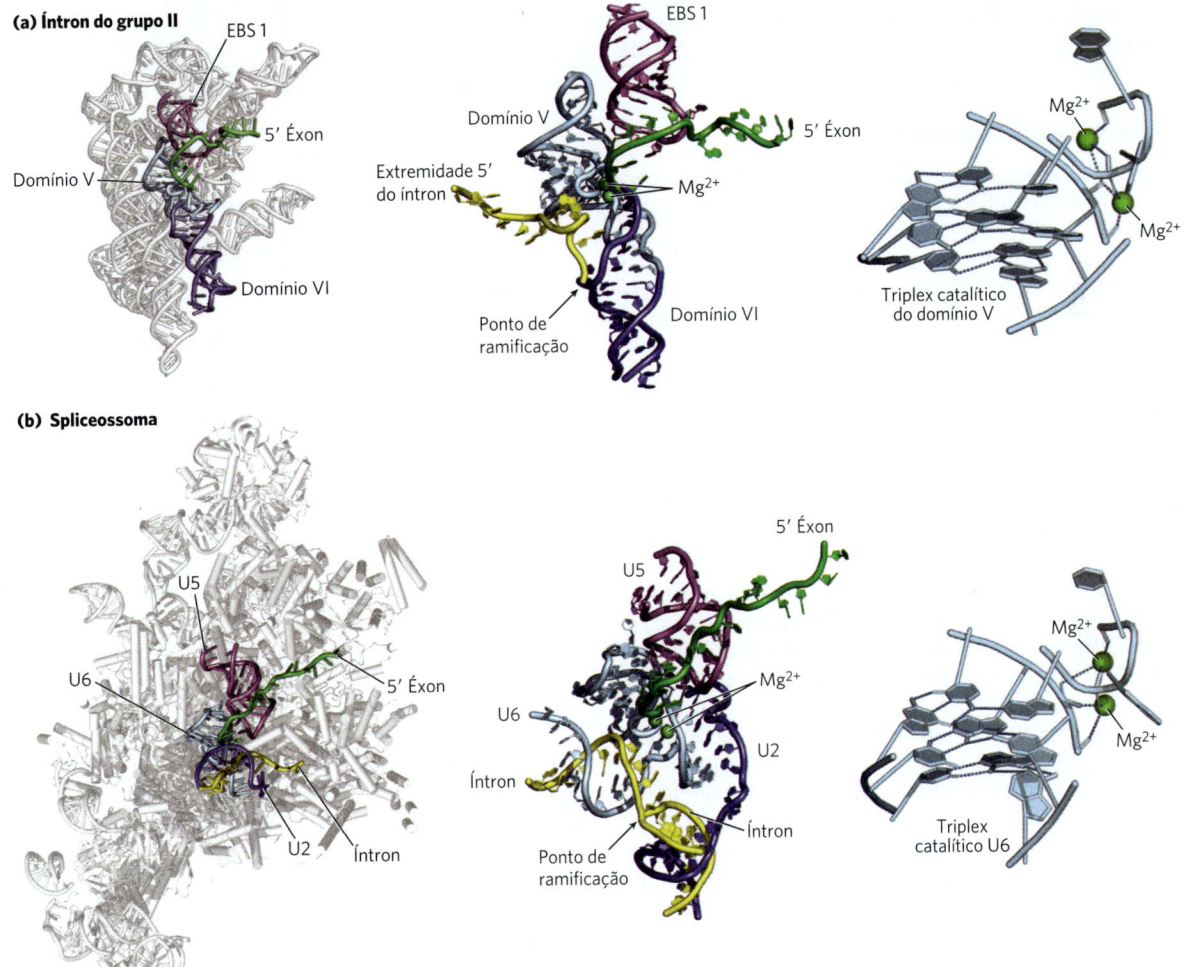

**FIGURA 26-17 Conservação do sítio ativo de RNA entre os íntrons do grupo II e o spliceossoma.** Um exame detalhado dos sítios ativos (a) do íntron do grupo II de *Pylaiella littoralis* e (b) do spliceossoma de *S. cerevisiae* revela um arranjo semelhante de RNA catalíticos. Em ambos os casos, um RNA catalítico (domínio V do íntron do grupo II ou snRNA U6 do spliceossoma) promove uma reação de transesterificação ao orientar a ligação fosfodiéster localizada no sítio de *splicing* 5'/junção íntron para ataque nucleofílico e ao coordenar os íons $Mg^{2+}$ essenciais. Além das semelhanças entre o domínio V dos íntrons do grupo II e o snRNA U6, o domínio do íntron VI do grupo II e o sítio de ligação do éxon 1 (EBS 1) desempenham papéis funcionais semelhantes aos dos snRNA U2 e U5 no spliceossoma. Um exame atento mostra que os sítios ativos do íntron do grupo II e do spliceossoma são quase idênticos, formados por um arranjo complexo de nucleotídeos, chamado de triplex catalítico. O triplex é responsável pela ligação de íons $Mg^{2+}$ essenciais para a catálise, bem como pela orientação dos substratos para a reação de *splicing*. A conservação da sequência, da química e da estrutura tridimensional sugere que o spliceossoma evoluiu de uma ribozima semelhante ao íntron do grupo II. [Dados de (a) à esquerda e no centro PDB ID 4R0D, A. R. Robart et al., *Nature* 514:193, 2014; à direita PDB ID 6QDV, S. M. Fica et al., *Science* 363:710, 2019; (b) à esquerda PDB ID 5LJ3, W. P. Galej et al., *Nature* 537:197, 2016; centro PDB ID 5MQ0, S. M. Fica et al., *Nature* 542:377, 2017; à direita PDB ID 6ME0, D. B. Haack et al., *Cell* 178:612, 2019. Informações de W. Galej et al., *Chem. Rev.* 118:4156, 2018.]

o *splicing*, como outras reações de processamento de RNA, é fortemente coordenado com a transcrição. A maior parte do *splicing* em seres humanos ocorre cotranscricionalmente, o que significa que o *splicing* ocorre enquanto Pol II ainda está transcrevendo o gene. Para que isso ocorra corretamente, as taxas de transcrição, adição do 5′ cap, *splicing* e formação de extremidades 3′ devem ser cuidadosamente reguladas. O *splicing* de um pré-mRNA no núcleo também pode ter efeitos profundos na função do mRNA no citoplasma. Lynne Maquat e Melissa Moore descobriram que o spliceossoma humano deixa para trás um conjunto de proteínas em cada mRNA após o *splicing* próximo à junção entre dois éxons. Esse complexo de junção de éxons é retido no mRNA à medida que é exportado para o citoplasma, onde pode regular até que ponto um mRNA pode ser traduzido ao longo de sua vida antes da degradação.

### Proteínas catalisam o *splicing* de tRNA

Uma quarta e última classe de íntrons, encontrada em certos tRNA e alguns mRNA, como XBP1, é diferenciada de outros tipos de íntrons porque a reação de *splicing* requer endonucleases e ligases feitas de proteína e não envolve RNA catalíticos. A endonuclease de *splicing* cliva as ligações fosfodiéster em ambas as extremidades do íntron, e os dois éxons são ligados por um mecanismo semelhante à reação da DNA-ligase (ver Fig. 25-15).

### Os mRNA de eucariotos têm uma estrutura característica da extremidade 3′

**▶P2** Na extremidade 3′, a maioria dos mRNA eucarióticos submetidos à tradução no citoplasma da célula possui uma cadeia de resíduos de A, com cerca de 30 resíduos em levedura e 50 a 100 em animais, denominada **cauda poli(A)**. Essa cauda serve como um sítio de ligação para uma ou mais proteínas específicas. A cauda poli(A) e as suas proteínas associadas têm uma variedade de papéis na coordenação da transcrição e da tradução e podem ajudar a proteger o mRNA da destruição enzimática. Muitos mRNA bacterianos também adquirem caudas poli(A), porém essas caudas estimulam a destruição do mRNA, em vez de protegê-lo da degradação.

A cauda poli(A) é adicionada em um processo de várias etapas. O transcrito se estende além do local em que a cauda poli(A) deve ser adicionada, é clivado no local de adição de poli(A) por um componente de endonuclease de um grande complexo enzimático e é novamente associado ao CTD da RNA-polimerase II (**Fig. 26-18**). O sítio do mRNA em que a clivagem ocorre é marcado por dois elementos de sequência: a sequência altamente conservada (5′)AAUAAA(3′), de 10 a 30 nucleotídeos no lado 5′ (a montante) do sítio de clivagem, e uma sequência menos bem definida, rica em resíduos de G e U, de 20 a 40 nucleotídeos a jusante do local da clivagem. A clivagem gera o grupo 3′-hidroxila livre que define a extremidade do mRNA, à qual os resíduos de A são imediatamente adicionados pela **poliadenilato-polimerase**, que catalisa a reação

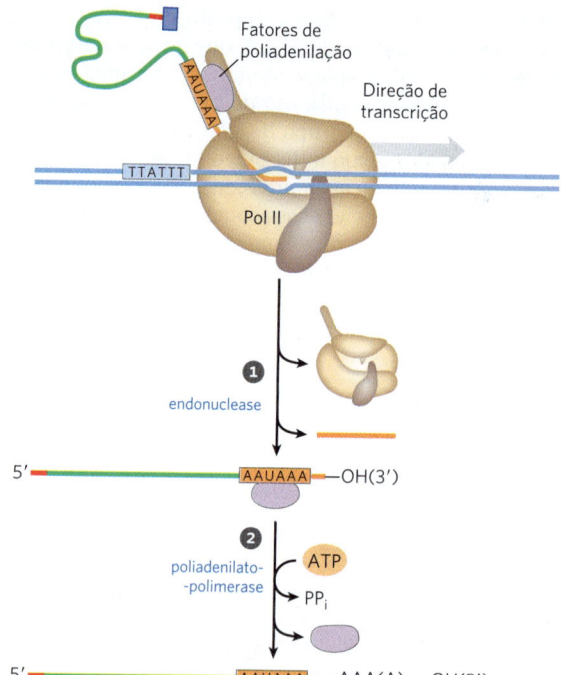

**FIGURA 26-18 Adição da cauda de poli(A) ao transcrito primário do RNA de eucariotos.** A Pol II sintetiza RNA para além do segmento do transcrito que contém as sequências de sinalização de clivagem, incluindo a sequência a montante (5′)AAUAAA altamente conservada. Essa sequência de sinalização de clivagem está ligada por um complexo enzimático que inclui uma endonuclease, uma poliadenilato-polimerase e várias outras proteínas multissubunidades envolvidas no reconhecimento de sequências, na estimulação da clivagem e na regulação do comprimento da cauda de poli(A); todas essas proteínas são ligadas ao CTD. ❶ O RNA é clivado pela endonuclease em um ponto 10 a 30 nucleotídeos na direção 3′ (a jusante) da sequência AAUAAA. ❷ A poliadenilato-polimerase sintetiza uma cauda poli(A) de 80 a 250 nucleotídeos de comprimento, começando no sítio de clivagem.

$$\text{RNA} + n\text{ATP} \rightarrow \text{RNA—(AMP)}n + n\text{PP}_i$$

em que $n = 80$ a $250$. Essa enzima não precisa de um molde, mas exige o mRNA clivado como um *primer*. Essas caudas poli(A) mais longas são adicionadas ao núcleo e, depois, encurtadas significativamente após o transporte do mRNA para o citoplasma.

O processamento global de um mRNA eucariótico típico está resumido na **Figura 26-19**. Em alguns casos, a região codificadora de polipeptídeos do mRNA também é modificada pela "edição" do RNA (mais detalhes na Seção 27.1). Essa edição inclui processos que adicionam ou eliminam bases nas regiões de codificação de transcritos primários ou que alteram a sequência (como por desaminação enzimática de um resíduo C para criar um resíduo U). Um exemplo particularmente drástico ocorre em tripanossomas, que são protozoários parasitas: grandes regiões de um mRNA são sintetizadas sem qualquer uridilato, e os resíduos U são inseridos posteriormente por edição do RNA.

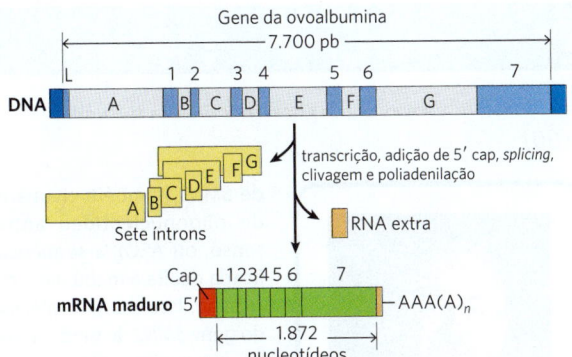

**FIGURA 26-19 Visão geral do processamento de um mRNA eucariótico.** O gene da ovoalbumina, mostrado aqui, tem íntrons A a G e éxons 1 a 7 e L (o L codifica uma sequência do peptídeo sinalizador, que tem como alvo a proteína de exportação da célula; ver Fig. 27-38). Cerca de três quartos do RNA é removido durante o processamento. A Pol II estende o transcrito primário bem além do sítio de clivagem e poliadenilação ("RNA extra") antes de terminar a transcrição.

## Um gene pode dar origem a vários produtos por meio do processamento diferencial do RNA

Um dos paradoxos da genômica moderna é que a complexidade aparente dos organismos não se correlaciona com o número de genes codificadores de proteínas, ou mesmo com a quantidade de DNA genômico. Alguns transcritos de mRNA eucarióticos podem ser processados de diversas formas para produzir *diferentes* mRNA e, assim, diferentes polipeptídeos. Grande parte da variabilidade no processamento é o resultado de ***splicing* alternativo**, no qual um éxon específico pode ou não ser incorporado ao transcrito de mRNA maduro. O *splicing* alternativo ocorre em um número relativamente pequeno de genes em levedura, porém em mais de 95% dos genes humanos. Mudanças no *splicing* alternativo podem ter profundo impacto no desenvolvimento de um organismo (**Quadro 26-2**). O *splicing* alternativo de um único fator de transcrição nos grãos de quinoa diferencia as variedades doces palatáveis daquelas muito amargas para ingerir sem processamento. Em *Drosophila*, o sexo é determinado por *splicing* alternativo do transcrito *letal sexual* (*Sxl*) com base no número de cromossomos X presentes na célula.

A **Figura 26-20a** ilustra como padrões de *splicing* alternativo podem produzir mais de uma proteína a partir de um pré-mRNA comum. O pré-mRNA contém sinais moleculares para todas as vias de processamento alternativo, e a via favorecida em uma determinada célula ou situação metabólica é determinada por fatores de processamento, proteínas ligadoras de RNA que promovem uma via específica. Por exemplo, proteínas reguladoras de *splicing* ou proteínas ribonucleares heterogêneas (hnRNP) podem se ligar a esses sinais e promover ou inibir a montagem de spliceossomas naquele sítio. Existem muitos outros padrões de *splicing* alternativo.

Transcritos complexos também podem ter mais de um sítio onde caudas poli(A) podem se formar (Fig. 26-20b). Se houver dois ou mais sítios para clivagem e poliadenilação, o uso do mais próximo do final removerá uma parte maior da sequência do transcrito primário. Esse mecanismo, chamado de **escolha do sítio de poli(A)**, produz diversidade nos domínios variáveis das cadeias pesadas de imunoglobulina (ver Fig. 25-42).

Tanto o *splicing* alternativo como a escolha do sítio de poli(A) participam da expressão de muitos genes. Por exemplo, um único transcrito de RNA é processado utilizando-se ambos os mecanismos para produzir dois hormônios diferentes: o hormônio regulador de cálcio calcitonina na

---

## QUADRO 26-2 MEDICINA

### *Splicing* alternativo e atrofia muscular espinal

O *splicing* alternativo é uma das etapas menos compreendidas da regulação gênica humana, em parte porque um produto do gene pode sofrer *splicing* de várias maneiras: éxons inteiros podem ser deixados de fora do mRNA (pulados) ou mantidos por *splicing* (retidos). Também podem ocorrer mudanças mais sutis, nas quais são usados sítios alternativos 5' ou 3' de *splicing* que diferem de suas posições canônicas por apenas alguns nucleotídeos. A isoforma usada no *splicing* que é gerada é determinada por interações entre o spliceossoma, um grande número de fatores reguladores que se associam ao transcrito do pré-mRNA, e outras máquinas celulares, incluindo o complexo de transcrição.

Apesar dessa complexidade, os cientistas estão aprendendo como controlar o *splicing* alternativo para tratar doenças genéticas, como a atrofia muscular espinal (AME). A AME é uma doença neurodegenerativa progressiva e, na sua forma mais grave, é sempre fatal. É a causa genética de morte mais comum em bebês. A AME é causada por um defeito no gene *SMN1* (sobrevivência do neurônio motor 1). O *SMN1* codifica uma proteína essencial para a montagem de snRNP celulares, incluindo aqueles que compõem o spliceossoma.

Os humanos têm dois genes *SMN*: *SMN1* e *SMN2*. No entanto, apenas *SMN1* é capaz de ser processado corretamente para produzir uma proteína funcional (Fig. 1). O *SMN2* codifica uma sequência de RNA chamada silenciador, que faz o éxon 7 ser excluído do mRNA. Como resultado, o *SMN2* não pode produzir uma proteína funcional. Indivíduos saudáveis são capazes de obter toda a proteína SMN necessária para a montagem do snRNP a partir do gene *SMN1*. Contudo, aqueles com uma mutação no *SMN1* não produzem proteína SMN suficiente para montar um número adequado de snRNP, o que leva à degeneração neuromuscular, que costuma ser fatal.

Uma solução possível para o tratamento da AME seria encontrar uma maneira de alterar o padrão de *splicing* alternativo do gene *SMN2*, de modo que o éxon 7 fosse incluído, em vez de pulado. Isso produziria proteína SMN funcional. Essa é exatamente a estratégia que Adrian Krainer usou para corrigir os fenótipos de AME em camundongos. Cientistas no laboratório de Krainer descobriram que, se injetassem em camundongos um oligonucleotídeo sintético complementar à sequência silenciadora do éxon 7

*(Continua na próxima página)*

## QUADRO 26-2 MEDICINA
### *Splicing* alternativo e atrofia muscular espinal (*continuação*)

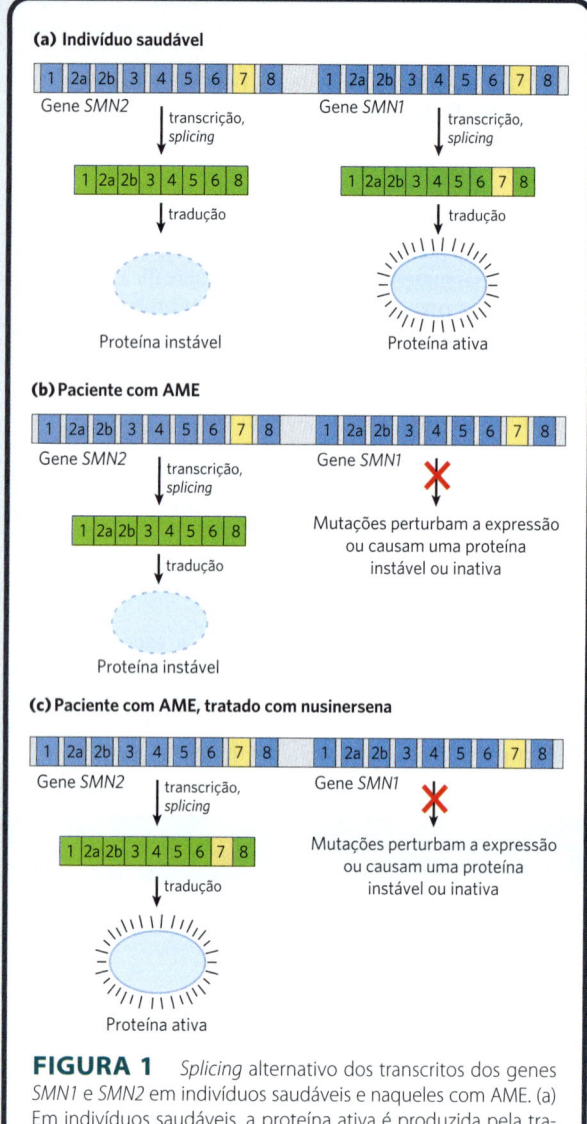

**FIGURA 1** *Splicing* alternativo dos transcritos dos genes *SMN1* e *SMN2* em indivíduos saudáveis e naqueles com AME. (a) Em indivíduos saudáveis, a proteína ativa é produzida pela tradução de mRNA que incluem o éxon 7 do gene *SMN1*. O *splicing* alternativo do transcrito *SMN2* pula o éxon 7, resultando em um mRNA que não pode produzir proteína funcional. (b) Em pacientes com AME, uma mutação no gene *SMN1* impede que uma proteína funcional seja produzida a partir de *SMN1* ou *SMN2*. (c) Após o tratamento com nusinersena, o *splicing* alternativo de *SMN2* resulta em um mRNA que inclui o éxon 7 e produz proteína funcional. Isso pode impedir a degeneração neuromuscular. [Informações de D. R. Corey, *Nat. Neurosci.* 20:497, 2017, Fig. 1.]

Adrian Krainer [Cortesia de Adrian Krainer.]

de *SMN2* (também chamado de oligonucleotídeo antissenso, ou ASO), a sequência ficaria oculta à maquinaria do *splicing*. Isso muda o *splicing* do gene *SMN2* de modo que o éxon 7 seja incluído e o gene *SMN2* seja capaz de produzir uma proteína SMN funcional e impedir a neurodegeneração (Fig. 1).

Um medicamento chamado de nusinersena foi desenvolvido com base na pesquisa de Krainer e se tornou o primeiro tratamento aprovado para AME. Em pacientes com AME, a injeção de nusinersena no sistema nervoso central pode corrigir o *splicing* do produto do gene *SMN2* humano, restaurar a produção de proteína SMN e interromper a neurodegeneração. A maioria dos produtos farmacêuticos são moléculas orgânicas pequenas, mas a nusinersena é um oligonucleotídeo de 18-mer. Para transformar um oligonucleotídeo em um medicamento, os pesquisadores tiveram de incorporar modificações químicas ao esqueleto de fosfato e ao açúcar ribose (Fig. 2). Essas modificações evitam que o oligonucleotídeo seja destruído por nucleases celulares e melhoram a ligação a alvos de RNA. Até hoje, poucos medicamentos à base de ácido nucleico foram aprovados para uso médico, mas sua importância na medicina provavelmente continuará a aumentar.

**FIGURA 2** Os nucleotídeos modificados em nusinersena usam uma estrutura de fosforotioato, em vez de fosfodiésteres, e os grupos 2'-hidroxila são substituídos por grupos 2'-O-metoxietila.

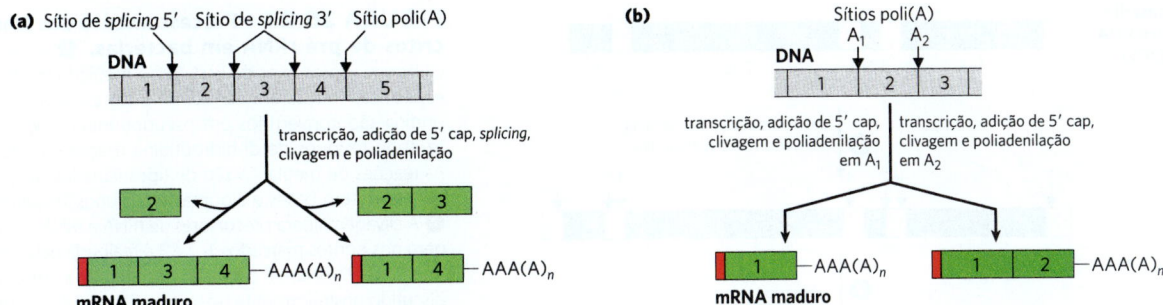

**FIGURA 26-20 Produção de transcritos alternativos em eucariotos.** (a) Padrões de *splicing* alternativo. Dois sítios de *splicing* na extremidade 3' são mostrados. Os mRNA maduros diferentes são produzidos a partir do mesmo transcrito primário. (b) Dois sítios alternativos de clivagem e poliadenilação, $A_1$ e $A_2$.

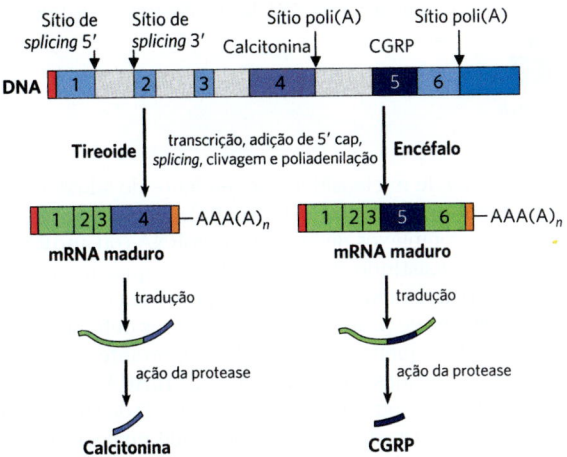

**FIGURA 26-21 Processamento alternativo do transcrito do gene da calcitonina em ratos.** O gene da calcitonina codifica um transcrito primário com dois sítios poli(A); um predomina no encéfalo, e o outro, na tireoide. No encéfalo, o *splicing* elimina um éxon da calcitonina (éxon 4); na tireoide, esse éxon é mantido. Os peptídeos resultantes são processados posteriormente para produzir os produtos hormonais finais: calcitonina na tireoide e peptídeo relacionado com o gene da calcitonina (CGRP) no encéfalo.

tireoide de ratos e o peptídeo relacionado com o gene da calcitonina (CGRP) no encéfalo de ratos (**Fig. 26-21**). Juntos, o *splicing* alternativo e a escolha do sítio de poli(A) aumentam muito a variedade de proteínas geradas a partir dos genomas de eucariotos superiores.

### Os rRNA e os tRNA também sofrem processamento

O processamento pós-transcricional não é limitado ao mRNA. Os rRNA de bactérias, arqueobactérias e células eucarióticas são feitos de precursores maiores, chamados **pré-RNA ribossômicos**, ou pré-rRNA. Os tRNA são, do mesmo modo, derivados de precursores maiores. Esses RNA também podem conter vários nucleosídeos modificados; alguns exemplos são mostrados na **Figura 26-22**.

**RNA ribossômicos** Em bactérias, rRNA 16S, 23S e 5S (e alguns tRNA, embora a maioria deles seja codificada em outro lugar) surgem a partir de um único precursor de RNA 30S de cerca de 6.500 nucleotídeos. Os RNA de ambas as extremidades do precursor 30S e os segmentos entre os rRNA são removidos durante o processamento (**Fig. 26-23**). Os rRNA 16S e 23S contêm nucleosídeos modificados. Em *E. coli*, as 11 modificações no rRNA 16S incluem uma pseudouridina e 10 nucleosídeos metilados na base, no grupo 2'-hidroxila ou em ambos.

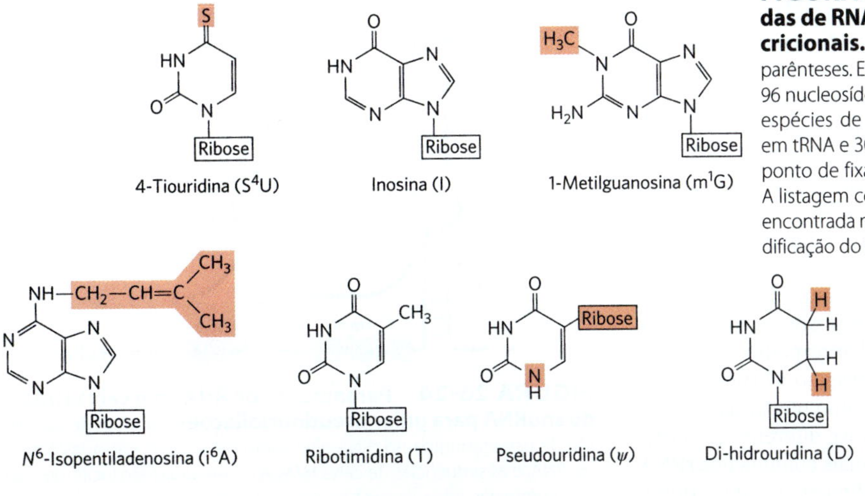

**FIGURA 26-22 Algumas bases modificadas de RNA produzidas em reações pós-transcricionais.** Os símbolos padrão são mostrados entre parênteses. Essa é apenas uma pequena amostragem dos 96 nucleosídeos modificados que ocorrem em diferentes espécies de RNA, com 81 tipos diferentes conhecidos em tRNA e 30 observados até agora em rRNA. Observe o ponto de fixação incomum da ribose na pseudouridina. A listagem completa dessas bases modificadas pode ser encontrada no banco de dados Modomics de vias de modificação do RNA (http://iimcb.genesilico.pl/modomics/).

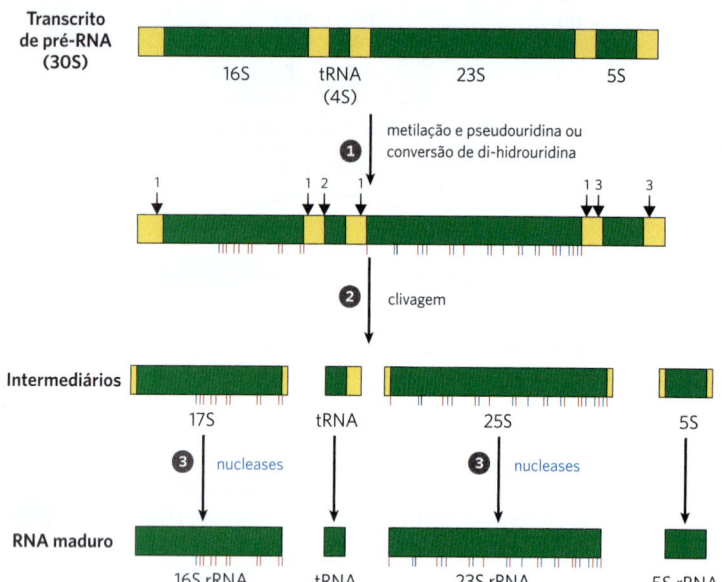

**FIGURA 26-23 Processamento dos transcritos de pré-rRNA em bactérias.** ❶ Antes da clivagem, o precursor do RNA 30S é metilado em bases específicas (traços em vermelho) e alguns resíduos de uridina são convertidos em pseudouridina (traços em azul) ou resíduos de di-hidrouridina (traços em preto). As reações de metilação são de tipos variados, algumas ocorrendo em bases e algumas em grupos 2'-hidroxila. ❷ A clivagem libera precursores de rRNA e tRNA. A clivagem nos pontos marcados 1, 2 e 3 é realizada pelas enzimas RNase III, RNase P e RNase E, respectivamente. Como discutido posteriormente no texto, a RNase P é uma ribozima. ❸ Os produtos finais rRNA 16S, rRNA 23S e rRNA 5S resultam da ação de uma variedade de nucleases específicas. As sete cópias do gene pré-rRNA no cromossomo de *E. coli* diferem em número, localização e identidade dos tRNA incluídos no transcrito primário. Algumas cópias do gene têm segmentos de genes de tRNA adicionais entre os segmentos de rRNA 16S e 23S e na extremidade 3' do transcrito primário.

O rRNA 23S tem 10 pseudouridinas, 1 di-hidrouridina e 12 nucleosídeos metilados. Em bactérias, cada modificação é geralmente catalisada por uma enzima diferente. As reações de metilação usam a *S*-adenosilmetionina como cofator. Nenhum cofator é necessário para a formação de pseudouridina.

O genoma da *E. coli* codifica sete moléculas de pré-rRNA. Todos esses genes têm regiões codificadoras de rRNA essencialmente idênticas, mas eles diferem nos segmentos entre essas regiões. O segmento entre os genes de rRNA 16S e 23S geralmente codifica um ou dois tRNA, com diferentes tRNA produzidos a partir de diferentes transcritos de pré-rRNA. As sequências codificadoras para tRNA também são encontradas no lado 3' do rRNA 5S em alguns transcritos precursores.

A situação nos eucariotos é ainda mais complicada (ver Fig. 27-17). O processo inteiro é iniciado no nucléolo, em grandes complexos que se reúnem no precursor de rRNA à medida que é sintetizado pela Pol I. Há uma forte ligação entre a transcrição de rRNA, a maturação de rRNA e a montagem do ribossomo no nucléolo. Todos os complexos incluem as ribonucleases que clivam o precursor de rRNA, as enzimas que modificam bases específicas, um grande número de ncRNA denominados **RNA nucleolares pequenos (snoRNA)**, que guiam a modificação de nucleosídeos e algumas reações de clivagem, e proteínas ribossômicas. Em leveduras, o processo inteiro envolve o pré-rRNA, mais de 170 proteínas não ribossômicas, snoRNA para cada modificação de nucleosídeos (cerca de 70 no total, uma vez que alguns snoRNA guiam dois tipos de modificações) e as 78 proteínas ribossômicas. Os seres humanos têm um número ainda maior de nucleosídeos modificados, cerca de 200, e um número maior de snoRNA associados. A composição dos complexos pode mudar à medida que os ribossomos são montados, e vários dos complexos intermediários podem competir em complexidade com o próprio ribossomo. O rRNA 5S da maioria dos eucariotos é produzido como um transcrito inteiramente separado por uma polimerase diferente (Pol III).

As modificações de nucleosídeos mais comuns nos rRNA de eucariotos são a conversão de uridina em pseudouridina e a metilação de nucleosídeos dependente de adoMet (frequentemente em grupos 2'-hidroxila). Essas reações dependem de complexos de proteínas snoRNA (ou **snoRNP**), cada uma consistindo em um snoRNA e quatro ou cinco proteínas, o que inclui a enzima que provoca a modificação. Há duas classes de proteínas snoRNP, ambas definidas pelos elementos de sequência conservados importantes, referidos por caixas nomeadas com letras. A caixa H/ACA do snoRNP funciona na pseudouridililação, e a caixa C/D do snoRNP, na 2'-O-metilação. Os snoRNA têm 60 a 300 nucleotídeos de comprimento. Cada snoRNA inclui uma sequência de 10 a 21 nucleotídeos que é perfeitamente complementar a algum sítio em um rRNA e serve para identificar o local de modificação (**Fig. 26-24**). Os elementos de sequência conservados no restante do snoRNA se dobram em estruturas que são ligadas pelas proteínas snoRNP.

**RNA transportadores** A maioria das células tem de 40 a 50 tRNA diferentes, e as células eucarióticas têm muitas cópias de vários genes de tRNA. Os tRNA são derivados de

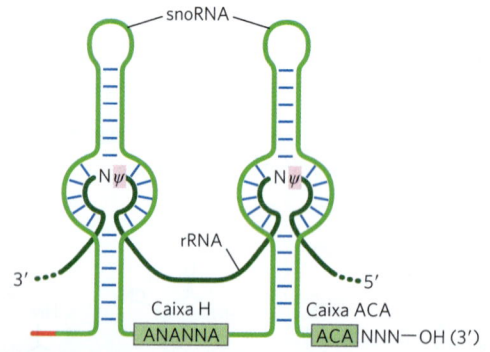

**FIGURA 26-24 Pareamento de RNA com caixa H/ACA do snoRNA para guiar pseudouridilações.** Os sítios de conversão de pseudouridina no rRNA-alvo estão nas regiões pareadas com o snoRNA, e as sequências de caixa H/ACA conservadas são locais de ligação a proteínas. [Informações de T. Kiss, *Cell* 109:145, 2002.]

precursores de RNA mais longos pela remoção enzimática de nucleotídeos das extremidades 5' e 3' (**Fig. 26-25**). Em eucariotos, os íntrons estão presentes em alguns transcritos de tRNA e devem ser retirados. Quando dois ou mais tRNA diferentes estão contidos em um único transcrito primário, eles são separados por clivagem enzimática. A endonuclease RNase P, encontrada em todos os organismos, remove o RNA na extremidade 5' dos tRNA. Essa enzima contém tanto proteína quanto RNA. O componente de RNA é essencial para a sua atividade e, em células bacterianas, pode desempenhar sua função de processamento com precisão mesmo sem o componente proteico. A RNase P é, portanto, outro exemplo de RNA catalítico, como descrito em mais detalhes a seguir. A extremidade 3' dos tRNA é processada por uma ou mais nucleases, incluindo a exonuclease RNase D.

Os precursores do tRNA podem sofrer processamento pós-transcricional adicional. O trinucleotídeo CCA(3') 3'-terminal, ao qual um aminoácido é ligado durante a síntese proteica (Capítulo 27), está ausente de alguns precursores de tRNA bacterianos e de todos os de eucariotos, sendo adicionado durante o processamento (Fig. 26-25). Essa adição é feita pela nucleotidiltransferase do tRNA, uma enzima incomum que liga os três precursores de ribonucleosídeos-trifosfato em sítios ativos separados e catalisa a formação de ligações fosfodiéster para produzir a sequência CCA(3'). A criação dessa sequência definida de nucleotídeos, portanto, não é dependente de um molde de DNA ou RNA – o molde é o sítio de ligação da enzima.

O último tipo de processamento de tRNA é a modificação de algumas bases por metilação, desaminação ou redução (Fig. 26-22). Essas modificações podem mudar a forma como o tRNA interage com as proteínas celulares e até mesmo como o tRNA é usado pelo ribossomo durante a tradução. No caso da pseudouridina, a base (uracila) é removida e religada ao açúcar por meio do C-5. Algumas dessas bases modificadas ocorrem em posições características em todos os tRNA (Fig. 26-25).

## Os RNA com função especial sofrem vários tipos de processamento

O número de classes conhecidas de RNA não codificadores (ncRNA) de função especial está se expandindo rapidamente, assim como a variedade de funções associadas a eles conhecidas. Muitos desses ncRNA também sofrem processamento.

Os snRNA e snoRNA não apenas facilitam as reações de processamento do RNA, mas também são eles mesmos sintetizados como precursores maiores e, então, processados. Muitos snoRNA são codificados no interior dos íntrons de outros genes. À medida que os íntrons sofrem *splicing* a partir do pré-mRNA, as proteínas se ligam às sequências de snoRNA, e as ribonucleases removem o RNA extra nas extremidades 5' e 3' para formar o snoRNP. Os snRNA destinados aos spliceossomas são sintetizados como pré-snRNA, e as ribonucleases removem o RNA extra em cada extremidade. Nucleosídeos específicos nos snRNA também estão sujeitos a 11 tipos de modificações, com o predomínio da 2'-O-metilação e da conversão de uridina em pseudouridina.

Os **micro-RNA** (**miRNA**) são uma classe especial de RNA envolvidos na regulação gênica. Os miRNA têm cerca de 22 nucleotídeos de comprimento, sendo complementares em sequência a regiões específicas de mRNA. Encontrados em plantas e animais, de vermes a mamíferos, eles promovem a degradação do mRNA e suprimem a tradução para refinar a expressão gênica. Cerca de 1.500 genes humanos

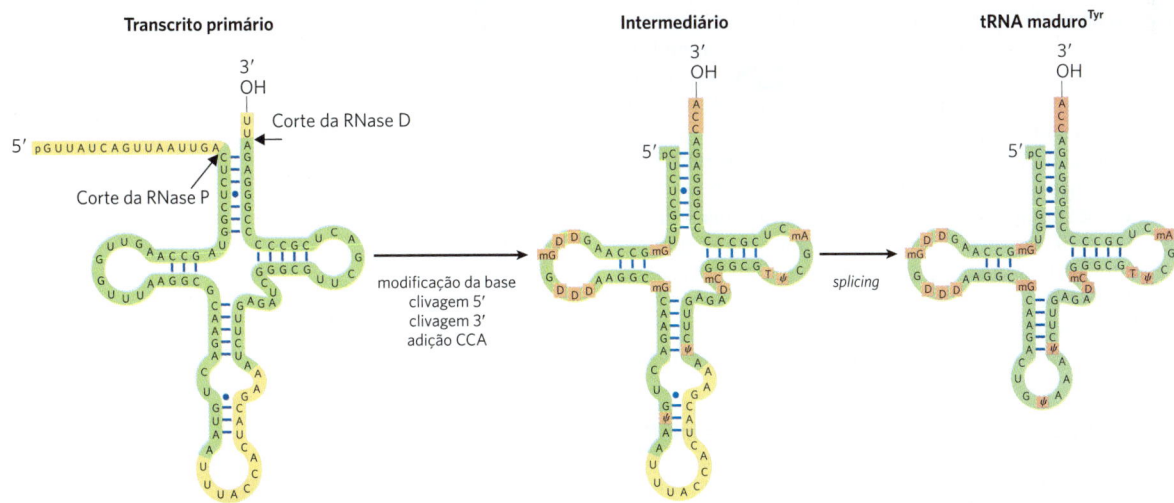

**FIGURA 26-25 Processamentos dos tRNA em bactérias e eucariotos.** O tRNA^Tyr (o tRNA específico para a ligação da tirosina; ver Capítulo 27) de levedura é usado para ilustrar as etapas importantes. Linhas azuis curtas representam pareamento normal de bases; pontos azuis indicam pares de bases G-U. As sequências de nucleotídeos mostradas em amarelo são removidas do transcrito primário. As extremidades são processadas primeiro, a extremidade 5' antes da extremidade 3'. O trinucleotídeo CCA é, então, adicionado à extremidade 3', etapa necessária no processamento dos tRNA de eucariotos e daqueles tRNA bacterianos que não apresentam essa sequência no transcrito primário. Enquanto as extremidades estão sendo processadas, bases específicas no restante do transcrito são modificadas (ver Fig. 26-22). Para o tRNA de eucariotos mostrado aqui, a etapa final é o *splicing* do íntron de 14 nucleotídeos por uma enzima proteica. Os íntrons são encontrados em alguns tRNA de eucariotos, mas não em tRNA bacterianos.

codificam miRNA, e um ou mais desses miRNA afetam a expressão da maioria dos genes codificadores de proteínas.

Os miRNA são sintetizados a partir de precursores muito maiores, em várias etapas (**Fig. 26-26**). Os transcritos primários para miRNA (pri-miRNA) variam muito de tamanho; alguns deles são codificados nos íntrons de outros genes e são coexpressos com esses genes hospedeiros. O processamento de pri-miRNA é mediado por duas endorribonucleases da família RNase III, Drosha e Dicer. Primeiro, no núcleo, o pri-miRNA é reduzido a um precursor de miRNA (pré-miRNA) de 70 a 80 nucleotídeos por um complexo proteico que inclui a Drosha e outra proteína, a DGCR8. O pré-miRNA é, então, exportado para o citoplasma em um complexo com duas proteínas, exportina-5 e Ran GTPase (ver Fig. 27-42). No citoplasma, a Ran hidrolisa o GTP, e a proteína exportina-5 e o pré-miRNA são liberados. O pré-miRNA é acionado pela Dicer para produzir o quase maduro miRNA pareado com um pequeno complemento de RNA. O complemento é removido por uma RNA-helicase, e o miRNA maduro é incorporado em complexos proteicos, como o complexo de silenciamento induzido pelo RNA (RISC), que, então, se liga a um mRNA-alvo. Se a complementariedade entre o miRNA e seu alvo for quase totalmente perfeita, o mRNA-alvo é clivado. Se a complementariedade for apenas parcial, o complexo bloqueia a tradução do mRNA-alvo. Os papéis dos miRNA e RISC na regulação gênica são detalhados no Capítulo 28.

## Os mRNA celulares são degradados em velocidades diferentes

A expressão dos genes é regulada em vários níveis. Um fator crucial que direciona a expressão de um gene é a concentração celular do seu mRNA associado. A concentração de qualquer molécula depende de dois fatores: sua velocidade de síntese e sua velocidade de degradação. Quando a síntese e a degradação de um mRNA estão equilibradas, a concentração do mRNA permanece em um estado estacionário. Uma mudança em qualquer uma das velocidades resultará no acúmulo ou no esgotamento do mRNA. **P2** Vias de degradação garantem que os mRNA não se acumulem na célula, dirigindo a síntese de proteínas desnecessárias.

As velocidades de degradação variam muito nos mRNA de diferentes genes de eucariotos. Para um produto de um gene que é necessário apenas temporariamente, a meia-vida do seu mRNA pode ser de apenas alguns minutos ou segundos. Os produtos gênicos necessários constantemente pela célula podem ter mRNA que são estáveis por várias gerações celulares. A meia-vida média dos mRNA de uma célula de vertebrado é de cerca de 3 horas, com o conjunto de cada tipo de mRNA

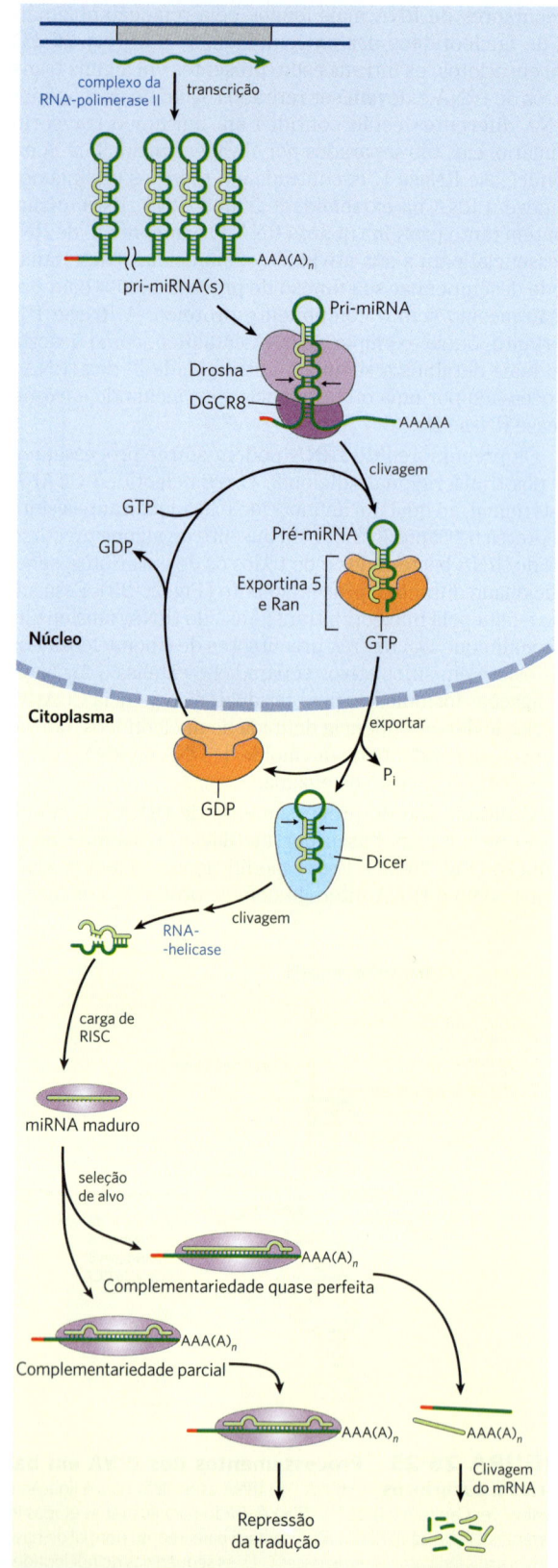

**FIGURA 26-26  Síntese e processamento dos miRNA.**
O transcrito primário de miRNA é um RNA grande e de comprimento variável, denominado pri-miRNA. O pri-miRNA passa por uma série de eventos de processamento tanto no núcleo quanto no citoplasma para formar um miRNA maduro. Uma vez que o miRNA tenha sido carregado em um complexo de proteínas chamado RISC, ele pode hibridizar com mRNA e reprimir sua tradução ou desencadear sua clivagem e destruição. [Informações de E. Wienholds e R. H. A. Plasterk, *FEBS Lett*. 579:5911, 2005; V. N. Kim et al., *Nat. Rev. Mol. Cell Biol.* 10:126, 2009, Figs. 2-4.]

sendo reposto cerca de 10 vezes por geração celular. A meia-vida dos mRNA bacterianos é muito menor, apenas cerca de 1,5 minuto, talvez devido às necessidades de regulação.

O mRNA é degradado pelas ribonucleases presentes em todas as células. Em *E. coli*, os mRNA contêm geralmente 5'-trifosfatos remanescentes do início da transcrição. Esses grupos protegem o mRNA da degradação 5'. Como resultado, a degradação do mRNA começa com um ou vários cortes por uma endorribonuclease, seguidos pela degradação 3'→5' por exorribonucleases (**Fig. 26-27**). O corte inicial pela endonuclease gera um fragmento de RNA com extremidade 5'-monofosfato, que serve para amarrar a endonuclease ao transcrito e garantir a sua rápida degradação. Algumas bactérias (p. ex., *Bacillus subtilis*) têm exonucleases que também reconhecem a extremidade 5'-monofosfato e podem degradar fragmentos de RNA na direção 5'→3'.

A **polinucleotídeo-fosforilase** (PNPase) é uma exorribonuclease 3'→5' comum responsável pela degradação de muitos mRNA em bactérias, cloroplastos e mitocôndrias. Essa enzima catalisa a fosforólise reversível (em vez da hidrólise) da cadeia de mRNA usando ortofosfato como nucleófilo. A reação da PNPase é facilmente reversível, e a enzima também pode adicionar nucleotídeos às extremidades 3' dos mRNA bacterianos. A degradação de mRNA contendo estruturas de extremidade 3' complexas, como os grampos responsáveis pela terminação da transcrição independente de ρ (ver Fig. 26-7), pode envolver várias rodadas de alongamento e encurtamento do mRNA pela PNPase até que seja finalmente consumido. Essa atividade incomum de polimerização de RNA independente de molde da PNPase se provou crítica para a produção de polímeros de mRNA usados para decifrar o código genético (Capítulo 27).

Como discutido anteriormente em relação à transcrição e ao processamento do RNA, os processos análogos para a degradação do RNA em eucariotos são muito mais complexos do que suas contrapartes bacterianas. Os eucariotos têm várias vias para a degradação do mRNA, e a via usada pode depender da localização do mRNA, sua estrutura, sua associação com ribossomos e outros fatores. No entanto, na maioria dos casos, remover o cap da extremidade 5' e encurtar a cauda poli(A) 3' são etapas críticas para permitir que as exonucleases acessem o mRNA.

Todos os eucariotos também possuem grandes exorribonucleases 3'→5' chamadas **exossomas**, que são responsáveis pela degradação de quase todos os tipos de RNA. Os exossomas são complexos de várias subunidades contendo cerca de 10 proteínas. Exossomas especializados são encontrados no núcleo, no citoplasma e no nucléolo. O núcleo do exossoma é uma estrutura em forma de barril através da qual o RNA é inserido (**Fig. 26-28**). Embora esse núcleo seja estruturalmente semelhante à PNPase bacteriana, o RNA

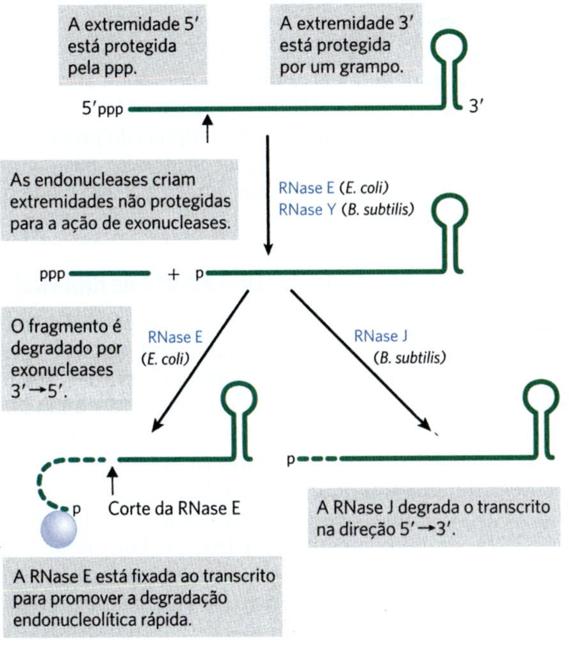

**FIGURA 26-27 Degradação do RNA em bactérias.**
Em bactérias, a degradação do mRNA geralmente começa por clivagem endonucleolítica, porque as extremidades 5' e 3' do mRNA são frequentemente protegidas por uma estrutura trifosfato e em grampo, respectivamente. Em *E. coli*, a endonuclease RNase E realiza essa clivagem, enquanto em *B. subtilis* a clivagem é realizada pela endonuclease RNase Y. A atividade da endonuclease produz fragmentos de RNA que servem como substratos para exonucleases 3'→5' ou 5'→3'. Todas as bactérias contêm exonucleases 3'→5' como PNPase, RNase R ou RNase II. Algumas espécies, como *B. subtilis*, também contêm uma exonuclease chamada RNase J. O fosfato 5' produzido pela endonuclease após a primeira clivagem também pode servir como uma amarração para ligar a endonuclease RNase E diretamente ao mRNA, garantindo sua rápida destruição.
[Informações de M. Hui et al. *Annu Rev. Genet.* 48:537, 2014.]

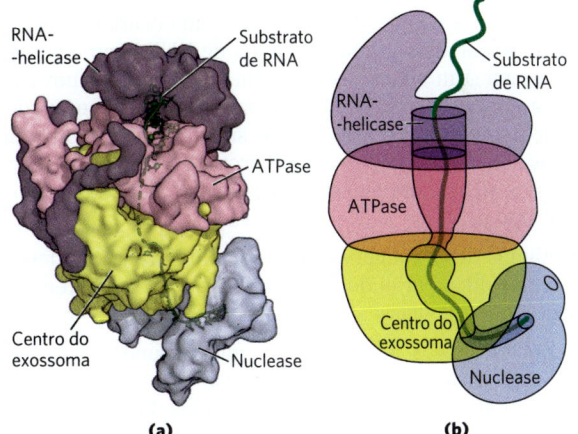

**FIGURA 26-28 Papel essencial do exossoma na degradação do RNA eucariótico.** (a) Os exossomas são enzimas multisubunidades nas quais o RNA é inserido em um cilindro central e alimentado em uma nuclease. Nessa estrutura, o centro do exossoma é coberto por módulos de ATPase e RNA-helicase que ajudam a desenrolar estruturas secundárias de RNA para que o RNA de fita simples possa passar para o núcleo. Abaixo do centro está uma nuclease responsável pela clivagem do RNA. (b) Neste desenho esquemático, a passagem do substrato de RNA através do exossoma semelhante a um barril e para a nuclease está destacada. [Dados de PDB ID 4IFD, D. L. Makino et al., *Nature* 495:70, 2013; PDB ID 4OO1, E. V. Wasmuth et al., *Nature* 511:435, 2014. Informações de K. Januszyk e C. D. Lima, *Curr. Opin. Struct. Biol.* 24:132, 2014.]

não é degradado dentro do barril. Em vez disso, o barril serve como um adaptador que canaliza de forma eficiente o RNA para as enzimas associadas à atividade de exonuclease e endonuclease 3'→5'.

### RESUMO 26.2 Processamento do RNA

■ Muitos transcritos primários produzidos em bactérias e eucariotos devem ser processados em uma forma madura para serem funcionais. O processamento pode incluir modificações nas extremidades 5' e 3' do RNA, remoção de sequências de RNA internas por *splicing* e modificações dos nucleotídeos de RNA.

■ Os mRNA eucarióticos têm um cap constituído por um resíduo de 7-metilguanosina invertido em sua extremidade 5'. O cap ajuda a proteger o RNA da degradação e interage com proteínas importantes para o transporte celular e a tradução.

■ Muitos organismos contêm genes nos quais a informação de codificação é interrompida por íntrons. O *splicing* remove esses íntrons e une os éxons flanqueadores. Quase todos os genes humanos contêm vários íntrons, que podem variar amplamente em tamanho.

■ Existem quatro classes de íntrons: grupo I, grupo II, íntrons processados por spliceossomas e íntrons processados por proteínas. Os íntrons dos grupos I e II realizam auto-*splicing* com RNA capazes de realizar a catálise independente de enzimas proteicas. Os RNA catalíticos compartilham características em comum com as enzimas baseadas em proteínas.

■ Os íntrons codificados por núcleo em eucariotos são removidos por uma grande máquina de RNP chamada spliceossoma. Um spliceossoma é uma enzima de renovação única contendo snRNA e proteína que reconhece íntrons por pareamento de bases com os snRNA. Embora um spliceossoma contenha dezenas de proteínas, ele usa um sítio ativo de RNA e um mecanismo semelhante ao dos íntrons do grupo II.

■ Alguns tRNA e alguns mRNA contêm íntrons que devem ser removidos por endonucleases baseadas em proteínas e enzimas do tipo ligase.

■ Em eucariotos, a transcrição termina quando uma endonuclease cliva o RNA nascente, liberando-o de Pol II. Uma cauda poli(A) é, então, adicionada ao final do RNA por uma poliadenilato-polimerase.

■ O *splicing* alternativo e a escolha do sítio poli(A) alternativo em eucariotos permitem que muitos transcritos diferentes sejam produzidos a partir de um único gene.

■ Os transcritos primários de tRNA, rRNA e miRNA também sofrem processamento extenso, incluindo clivagem endonucleolítica e modificação química. A colocação correta dessas modificações é frequentemente guiada por snoRNA que fazem pareamento com o RNA-alvo.

■ O tempo de vida celular dos RNA pode ser altamente variável, e a degradação do RNA é altamente regulada.

Em bactérias, as endonucleases geram fragmentos de mRNA para degradação por exonucleases. Em eucariotos, os mRNA normalmente devem ser submetidos à remoção do cap e ao encurtamento da cauda poli(A) antes da degradação. O exossoma é um complexo supramolecular de exonucleases e endonucleases 3'→5' envolvidas em muitas etapas da degradação do RNA eucariótico.

## 26.3 Síntese de RNA e DNA dependente de RNA

Na discussão sobre a síntese de DNA e RNA até agora, o papel da fita-molde foi reservado ao DNA. Entretanto, algumas enzimas usam um molde de RNA para a síntese de ácido nucleico. Com a exceção muito importante dos vírus com um genoma de RNA, essas enzimas desempenham apenas um papel de suporte nas vias de informação. Os vírus de RNA são a fonte da maioria das polimerases dependentes de RNA caracterizadas, embora alguns eucariotos também usem essas enzimas para amplificar RNA de fita dupla usados em RNA de interferência.

A existência de replicação de RNA requer uma elaboração do dogma central – a noção de que a informação genética flui apenas do DNA para o RNA e para as proteínas. As polimerases dependentes de RNA permitem que a informação genética armazenada no RNA seja replicada e transcrita de modo reverso em DNA. As enzimas do processo de replicação do RNA têm implicações profundas nas investigações da natureza das moléculas autorreplicantes que podem ter existido em tempos prebióticos.

### A transcriptase reversa produz DNA a partir de RNA viral

▶P3◀ Certos vírus de RNA que infectam as células animais transportam, no interior da partícula viral, uma DNA-polimerase dependente de RNA chamada de **transcriptase reversa**. Na infecção, o genoma viral de RNA de fita simples (cerca de 10.000 nucleotídeos) e a enzima entram na célula hospedeira. Primeiro, a transcriptase reversa catalisa a síntese de uma fita de DNA complementar ao RNA viral (**Fig. 26-29**) e, então, degrada a fita de RNA do híbrido de RNA-DNA viral e o substitui por DNA. O DNA de fita dupla resultante frequentemente fica incorporado ao genoma da célula hospedeira eucariótica. Os genes virais integrados (e dormentes) podem ser ativados e transcritos, e os produtos gênicos – proteínas virais e o próprio genoma de RNA – são acondicionados como novos vírus. Os vírus de RNA que contêm transcriptases reversas são conhecidos como **retrovírus** (*retro* é um prefixo em latim que significa "para trás").

A existência de transcriptases reversas em vírus de RNA foi prevista por Howard Temin em 1962, e as enzimas foram, por fim, detectadas por Temin e, de forma independente, por David Baltimore em 1970. ▶P3◀ Essa descoberta atraiu muita atenção como uma prova de que a informação genética pode fluir "para trás" do RNA para o DNA, abalando o dogma da passagem da informação apenas do DNA para o RNA.

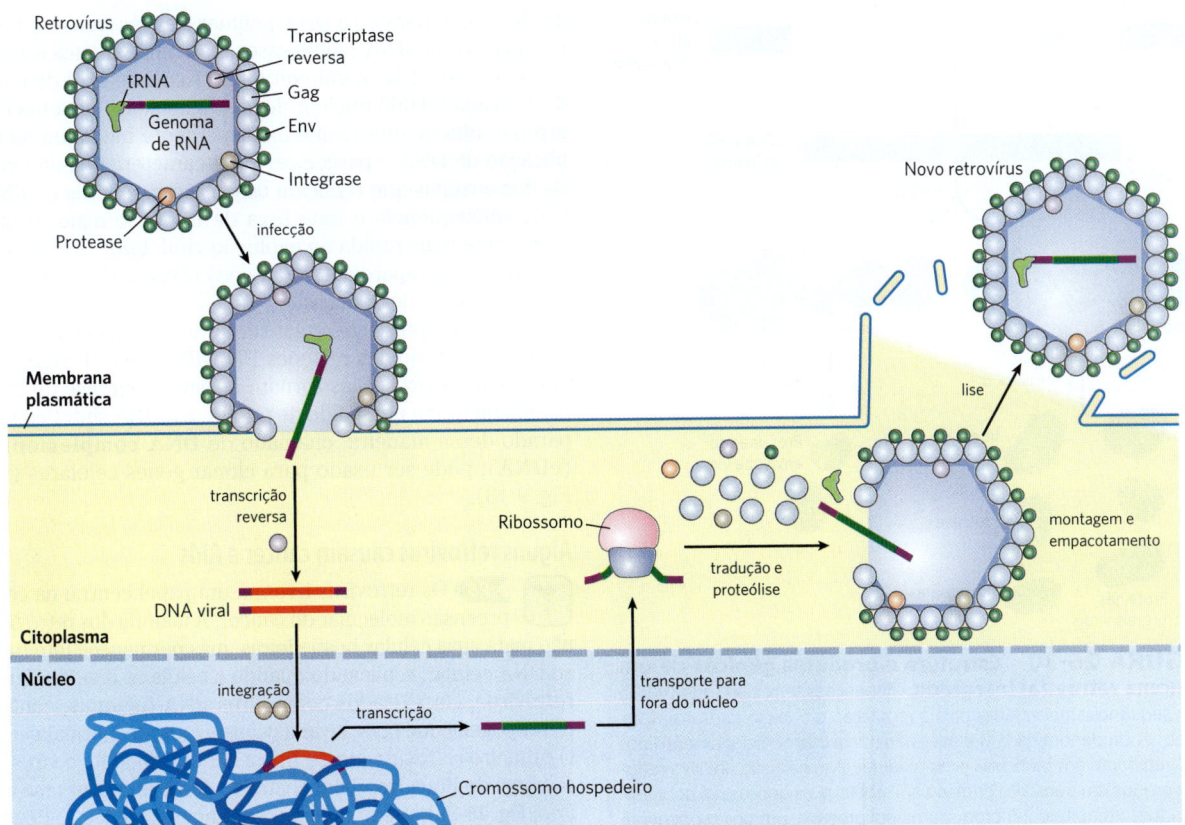

**FIGURA 26-29 Infecção por retrovírus de uma célula de mamífero e integração do retrovírus no cromossomo do hospedeiro.** Partículas virais que entram na célula hospedeira carregam a transcriptase reversa viral e um tRNA celular (captado de uma célula hospedeira anterior) já pareado com o RNA viral. Os segmentos roxos representam as longas repetições terminais no RNA viral. O tRNA facilita a conversão imediata do RNA viral no DNA dupla-fita pela ação da transcriptase reversa. O DNA dupla-fita entra no núcleo e é integrado ao genoma do hospedeiro. A integração é catalisada por uma integrase codificada pelo vírus. A integração do DNA viral ao DNA do hospedeiro é semelhante mecanisticamente à inserção de transposons em cromossomos bacterianos (ver Fig. 25-41). Por exemplo, alguns poucos pares de bases do DNA do hospedeiro se tornam duplicados no sítio de integração, formando repetições curtas de 4 a 6 pb em cada extremidade do DNA retroviral inserido (não mostrado). Na transcrição e na tradução do DNA viral integrado, novos vírus são formados e liberados pela lise celular (à direita). Nos vírus, o RNA viral está envolvido por proteínas do capsídeo, chamadas de Gag, e por proteínas do envoltório externo, chamadas de Env. Outras proteínas virais (transcriptase reversa, integrase e uma protease viral necessária para o processamento pós-traducional das proteínas virais) estão acondicionadas no interior de uma partícula de vírus com o RNA.

Howard Temin, 1934-1994 [Bettmann/Getty Images.]  David Baltimore [AP Images.]

Os retrovírus têm geralmente três genes: *gag* (um nome derivado da designação histórica "antígeno associado ao grupo"), *pol* e *env* (**Fig. 26-30**). O transcrito que contém *gag* e *pol* é traduzido em uma longa "poliproteína", um único polipeptídeo grande clivado em seis proteínas com funções distintas. As proteínas derivadas do gene *gag* constituem o núcleo interno da partícula viral. O gene *pol* codifica a protease que cliva o polipeptídeo longo, uma integrase que insere o DNA viral nos cromossomos do hospedeiro e a transcriptase reversa. Muitas transcriptases reversas têm duas subunidades, $\alpha$ e $\beta$. O gene *pol* especifica a subunidade $\beta$ ($M_r$ 90.000), e a subunidade $\alpha$ ($M_r$ 65.000) é simplesmente um fragmento proteolítico da subunidade $\beta$. O gene *env* codifica as proteínas do envelope viral. Em cada extremidade do genoma de RNA linear encontram-se longas sequências de repetições terminais (LTR) de algumas centenas de nucleotídeos. Transcritas no DNA dupla-fita, essas sequências facilitam a integração do cromossomo viral ao DNA do hospedeiro e contêm promotores para a expressão gênica viral.

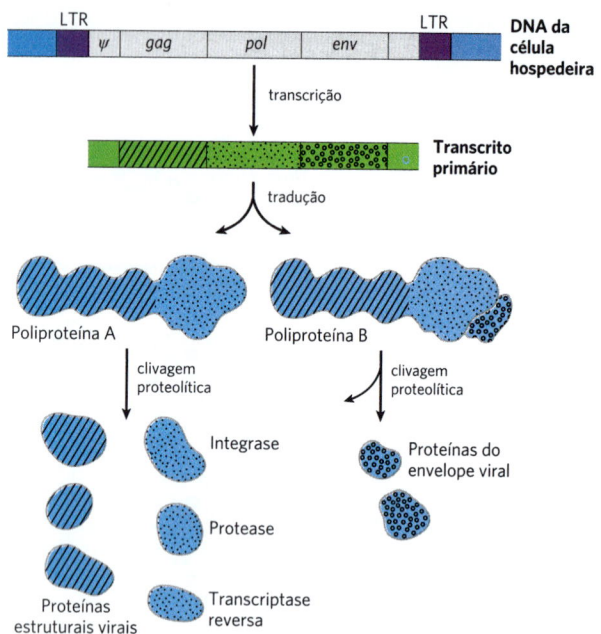

**FIGURA 26-30 Estrutura e produtos gênicos de um genoma retroviral integrado.** Repetições terminais longas (LTR) têm sequências necessárias para a regulação e o início da transcrição. A sequência denominada ψ é necessária para o acondicionamento dos RNA retrovirais em partículas virais maduras. A transcrição do DNA retroviral produz um transcrito primário que abrange os genes *gag*, *pol* e *env*. A tradução (Capítulo 27) produz uma poliproteína, um único polipeptídeo longo derivado dos genes *gag* e *pol*, que é clivada em seis proteínas distintas. O *splicing* do transcrito primário produz um mRNA derivado, em grande parte, do gene *env*, que também é traduzido em uma poliproteína, clivada, então, para gerar proteínas do envelope viral.

As transcriptases reversas catalisam três reações diferentes: (1) síntese de DNA dependente de RNA, (2) degradação de RNA e (3) síntese de DNA dependente de DNA. Cada transcriptase é mais ativa com o RNA do seu próprio vírus, mas todas podem ser usadas experimentalmente para construir DNA complementar a uma variedade de RNA. As atividades de síntese de DNA e RNA e a degradação do RNA empregam sítios ativos separados na proteína. Para que a síntese de DNA se inicie, a transcriptase reversa precisa de um *primer*, um tRNA celular obtido durante uma infecção anterior e transportado na partícula viral. Esse tRNA faz pareamento de bases pela sua extremidade 3' com uma sequência complementar do RNA viral. A nova fita de DNA é sintetizada na direção 5'→3', como em todas as reações das RNA-polimerases e DNA-polimerases. As transcriptases reversas, como RNA-polimerases, não têm exonucleases de revisão 3'→5'. Elas geralmente têm taxas de erro de cerca de 1 a cada 20.000 nucleotídeos adicionados. Uma taxa de erro tão alta quanto essa é extremamente incomum na replicação de DNA e parece ser uma característica da maioria das enzimas que replicam os genomas de vírus de RNA. Uma consequência é uma taxa de mutação maior e uma velocidade mais rápida na evolução viral, fator responsável pelo frequente aparecimento de novas variantes de retrovírus causadores de doenças.

As transcriptases reversas tornaram-se importantes reagentes no estudo das relações DNA-RNA e nas técnicas de clonagem do DNA. Elas tornam possível a síntese de DNA complementar a um molde de mRNA, e o DNA sintético preparado dessa maneira, chamado de **DNA complementar (cDNA)**, pode ser usado para clonar genes celulares (ver Fig. 9-13).

### Alguns retrovírus causam câncer e Aids

Os retrovírus tiveram um papel central na compreensão molecular do câncer. A maioria dos retrovírus não mata suas células hospedeiras, mas permanece integrada ao DNA celular, replicando quando a célula se divide. Alguns retrovírus, classificados como vírus RNA-tumorais, contêm um oncogene que pode levar a célula a crescer anormalmente. O primeiro retrovírus desse tipo a ser estudado foi o vírus do sarcoma de Rous (também chamado de vírus do sarcoma aviário; **Fig. 26-31**), assim nomeado em homenagem a F. Peyton Rous, que estudou tumores de frangos que hoje se sabe que foram causados por esse vírus. Desde a descoberta inicial dos oncogenes por Harold Varmus e Michael Bishop, várias dúzias de genes como esses foram encontrados em retrovírus.

O vírus da imunodeficiência humana (HIV), que causa a síndrome da imunodeficiência adquirida (Aids), é um retrovírus. Identificado em 1983, o HIV tem um genoma de RNA com genes retrovirais padrão junto com vários outros genes incomuns (**Fig. 26-32**). Ao contrário de vários outros vírus, o HIV mata muitas das células que ele infecta (principalmente linfócitos T), em vez de provocar a formação de tumores. Isso leva gradualmente à supressão do sistema imune do hospedeiro. A transcriptase reversa do HIV é ainda mais propensa a erros do que outras transcriptases reversas conhecidas – 10 vezes mais –, resultando em altas taxas de mutação nesse vírus. Um ou mais erros ocorrem geralmente a cada vez que o genoma viral é replicado, e duas moléculas virais quaisquer provavelmente serão diferentes.

Muitas vacinas modernas para infecções virais consistem em uma ou mais proteínas de revestimento do vírus,

**FIGURA 26-31 Genoma do vírus do sarcoma de Rous.** O gene *src* codifica uma tirosina-cinase pertencente a uma classe de enzimas que funciona em sistemas que afetam a divisão celular, as interações célula-célula e a comunicação intercelular (ver Seção 12.4). O mesmo gene é encontrado no DNA de frangos (o hospedeiro comum para esse vírus) e nos genomas de muitos outros eucariotos, incluindo os seres humanos. Quando associado ao vírus do sarcoma de Rous, esse oncogene é frequentemente expresso em níveis anormalmente elevados, contribuindo para a divisão celular descontrolada e o câncer.

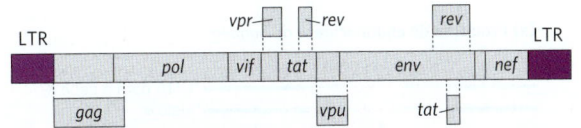

**FIGURA 26-32 Genoma do HIV, o vírus que causa a Aids.** Além dos genes retrovirais típicos, o HIV contém vários pequenos genes com diversas funções (não identificadas aqui e nem todas conhecidas). Alguns desses genes se sobrepõem. Mecanismos de *splicing* alternativo produzem muitas proteínas diferentes a partir desse pequeno genoma ($9,7 \times 10^3$ nucleotídeos).

produzidas pelos métodos descritos no Capítulo 9. Essas proteínas não são infecciosas, porém estimulam o sistema imune a reconhecer e a resistir a invasões virais subsequentes (Capítulo 5). Devido à alta taxa de erro da transcriptase reversa do HIV, o gene *env* nesse vírus (bem como o restante do genoma) sofre mutação muito rápida, o que dificulta o desenvolvimento de uma vacina efetiva. Entretanto, são necessários ciclos repetidos de invasão celular e replicação para propagar uma infecção de HIV, de modo que a inibição de enzimas virais oferece a terapia mais eficiente disponível atualmente. A protease do HIV é o alvo de uma classe de fármacos chamada de inibidores de protease (ver Fig. 6-29). A transcriptase reversa é o alvo de alguns outros fármacos amplamente usados para tratar indivíduos infectados pelo HIV (**Quadro 26-3**). ■

## Muitos transposons, retrovírus e íntrons podem ter uma origem evolutiva comum

Alguns transposons bem conhecidos de DNA eucariótico, de fontes tão diversas quanto leveduras e moscas-das-frutas, têm uma estrutura muito semelhante àquela dos retrovírus; eles são eventualmente chamados de retrotransposons (**Fig. 26-33**). Os retrotransposons codificam uma enzima

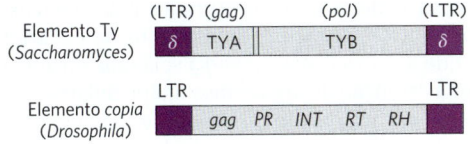

**FIGURA 26-33 Transposons de eucariotos.** O elemento Ty da levedura *Saccharomyces* e o elemento *copia* da mosca-das-frutas *Drosophila* servem como exemplos de retrotransposons de eucariotos, os quais frequentemente têm uma estrutura semelhante à dos retrovírus, mas não têm o gene *env*. As sequências δ do elemento Ty são funcionalmente equivalentes às LTR retrovirais. No elemento *copia*, *INT* e *RT* são homólogos aos segmentos da integrase e da transcriptase reversa do gene *pol*, respectivamente.

## QUADRO 26-3 MEDICINA

### Combatendo a Aids com inibidores da transcriptase reversa do HIV

Pesquisas da química da biossíntese de ácidos nucleicos dependente de molde, combinadas com técnicas modernas de biologia molecular, elucidaram o ciclo de vida e a estrutura do vírus da imunodeficiência humana (HIV), o retrovírus que causa a Aids. Poucos anos após o isolamento do HIV, essa pesquisa resultou no desenvolvimento de fármacos capazes de prolongar as vidas de pessoas infectadas pelo HIV.

O primeiro fármaco aprovado para uso clínico foi a azidotimidina (AZT), um análogo estrutural da desoxitimidina. A AZT foi sintetizada pela primeira vez em 1964 por Jerome P. Horwitz. Ela não obteve sucesso como um fármaco anticâncer (o propósito para o qual foi fabricada), porém em 1985 foi descoberta a sua eficácia no tratamento da Aids. A AZT é absorvida pelos linfócitos T, células do sistema imune que são particularmente vulneráveis à infecção pelo HIV, e é convertida em AZT-trifosfato. (O AZT-trifosfato ingerido diretamente seria ineficaz, pois não pode atravessar a membrana plasmática.) A transcriptase reversa do HIV tem uma afinidade maior pelo AZT-trifosfato do que por desoxitimidina-trifosfato (dTTP), e a ligação de AZT-trifosfato a essa enzima inibe competitivamente a ligação ao dTTP. Quando a AZT é adicionada à extremidade 3' da fita de DNA em crescimento, a ausência de uma hidroxila 3' indica que a fita de DNA é terminada prematuramente, e a síntese do DNA viral sofre uma parada.

O AZT-trifosfato não é igualmente tóxico aos próprios linfócitos T, uma vez que as DNA-polimerases *celulares* têm uma afinidade menor por esse composto do que pelo dTTP. Em concentrações de 1 a 5 $\mu$M, a AZT afeta a transcrição reversa, mas não a maior parte da replicação do DNA celular. Infelizmente, a AZT parece ser tóxica para as células da medula óssea que são as progenitoras dos eritrócitos, e muitos indivíduos em uso de AZT desenvolvem anemia. A AZT pode aumentar o tempo de sobrevida de pessoas com Aids avançada em cerca de 1 ano e retarda o desenvolvimento dos sintomas da Aids naqueles que ainda estão nos estágios iniciais da infecção pelo HIV. Alguns outros compostos para o tratamento da Aids, como a didesoxinosina (DDI), têm um mecanismo de ação semelhante. Novos fármacos têm a protease do HIV como alvo, inativando-a. Devido à alta taxa de erro da transcriptase reversa do HIV e à rápida evolução desse vírus, os tratamentos mais eficazes da infecção pelo HIV usam uma combinação de compostos direcionada tanto para a protease quanto para a transcriptase reversa.

homóloga à transcriptase reversa retroviral, e suas regiões codificadoras são ladeadas por sequências LTR. Eles se transpõem de uma posição para outra no genoma celular por meio de um intermediário de RNA, usando a transcriptase reversa para fazer uma cópia de DNA do RNA, seguida da integração do DNA ao novo local. A maioria dos transposons em eucariotos usa esse mecanismo para transposição, distinguindo-os dos transposons bacterianos, que se movem como DNA diretamente de uma localização para outra no cromossomo (ver Fig. 25-41).

Os retrotransposons não têm um gene *env* e, portanto, não podem formar partículas virais. Eles podem ser considerados vírus defeituosos capturados pelas células. Comparações entre retrovírus e transposons de eucariotos sugerem que a transcriptase reversa seja uma enzima antiga, anterior à evolução de organismos multicelulares.

Muitos íntrons dos grupos I e II são também elementos genéticos móveis. Além de suas atividades de auto-*splicing*, eles codificam endonucleases de DNA que promovem o seu movimento. Durante trocas genéticas entre células da mesma espécie, ou quando o DNA é introduzido em uma célula por parasitas ou por outros meios, essas endonucleases promovem a inserção do íntron em um local idêntico de outra cópia de DNA de um gene homólogo que não contenha o íntron, em um processo denominado **homing** (**Fig. 26-34**). Enquanto o *homing* do íntron do grupo I se baseia no DNA, o *homing* do íntron do grupo II ocorre por um intermediário de RNA. As endonucleases dos íntrons do grupo II têm uma atividade associada de transcriptase reversa. As proteínas podem formar complexos com os próprios íntrons de RNA depois que os íntrons sofrem *splicing* dos transcritos primários. Como o processo de *homing* envolve a inserção do íntron de RNA no DNA e a transcrição reversa do íntron, o movimento desses íntrons foi chamado de *retrohoming*. Ao longo do tempo, todas as cópias de um

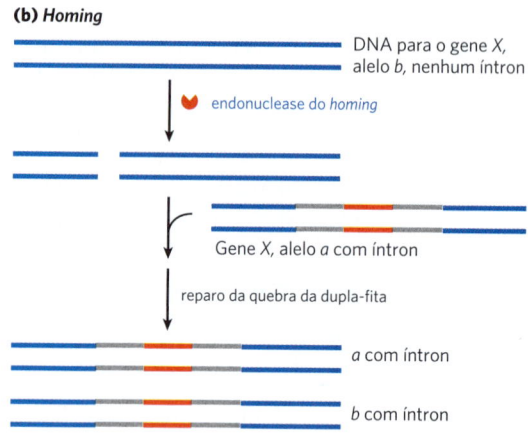

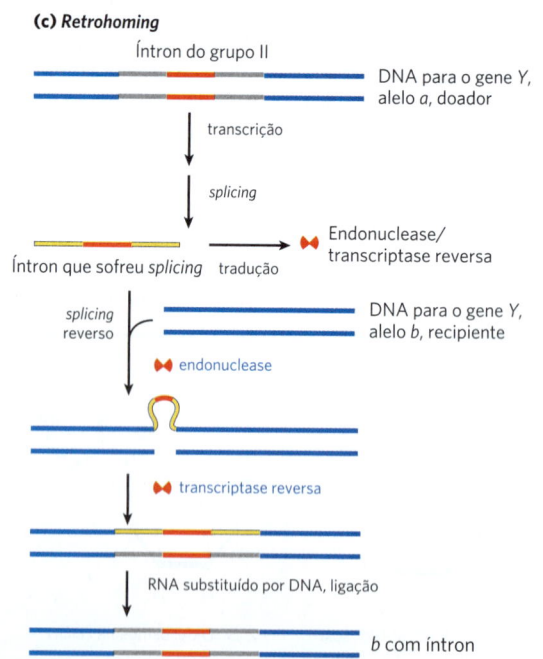

**FIGURA 26-34  Íntrons que se movem: *homing* e *retrohoming*.** Certos íntrons incluem um gene (mostrado em vermelho) para enzimas que promovem *homing* (certos íntrons do grupo I) ou *retrohoming* (certos íntrons do grupo II). (a) O gene no íntron que sofreu *splicing* é ligado por um ribossomo e traduzido. Os íntrons do grupo I que sofrem *homing* especificam uma endonuclease sítio-específica, chamada de endonuclease *homing*. Os íntrons do grupo II que sofrem *retrohoming* especificam uma proteína com atividades de endonuclease e de transcriptase reversa (não mostrado aqui). (b) *Homing*. O alelo *a* de um gene *X* contendo um íntron do grupo I que sofre *homing* está presente em uma célula contendo o alelo *b* do mesmo gene, que não possui o íntron. A endonuclease *homing* produzida por *a* cliva *b* na posição que corresponde ao íntron em *a*, e o reparo da quebra da fita dupla (recombinação com o alelo *a*; ver Fig. 25-34) cria, então, uma nova cópia do íntron em *b*. (c) *Retrohoming*. O alelo *a* do gene *Y* contém um íntron do grupo II que sofre *retrohoming*; o alelo *b* não tem o íntron. O íntron que sofre *splicing* insere a si mesmo na fita codificadora de *b* em uma reação que é o inverso do *splicing* que retirou o íntron do transcrito primário (ver Fig. 26-14), exceto que, aqui, a inserção é no DNA, em vez de no RNA. A fita de DNA não codificadora de *b* é, então, clivada pela endonuclease/transcriptase reversa codificada no íntron. Essa mesma enzima usa o RNA inserido como um molde para sintetizar uma fita de DNA complementar. Desse modo, o RNA é degradado pelas ribonucleases celulares e substituído por DNA.

gene em particular em uma população podem adquirir o íntron. Muito mais raramente, o íntron pode inserir a si mesmo em uma nova localização em um gene não relacionado. Se esse evento não matar a célula hospedeira, ele pode levar à evolução e à distribuição de um íntron em uma nova localização. As estruturas e os mecanismos usados por íntrons móveis apoiam a ideia de que pelo menos alguns íntrons se originaram como parasitas moleculares, cujo passado evolutivo pode ser traçado aos retrovírus e transposons.

### A telomerase é uma transcriptase reversa especializada

Os telômeros, as estruturas nas extremidades dos cromossomos lineares de eucariotos (ver Fig. 24-7), geralmente consistem em várias cópias em *tandem* de uma sequência curta de oligonucleotídeos. Essa sequência geralmente tem a forma $T_xG_y$ em uma fita e $C_yA_x$ na fita complementar, em que $x$ e $y$ estão geralmente na faixa de 1 a 4 (p. 890). Os telômeros variam em comprimento de algumas dezenas de pares de bases em alguns protozoários ciliados a dezenas de milhares de pares de bases em mamíferos. A fita TG é mais longa do que o seu complemento, deixando uma região de DNA de fita simples de até algumas centenas de nucleotídeos na extremidade 3'.

As extremidades de um cromossomo linear não são prontamente replicadas pelas DNA-polimerases celulares. A replicação do DNA precisa de um molde e de um *primer*, e, além da extremidade de uma molécula de DNA linear, nenhum molde está disponível para o pareamento de um *primer* de RNA. Sem um mecanismo especial para duplicar as extremidades, os cromossomos ficariam um pouco menores a cada geração celular. A enzima **telomerase**, descoberta por Carol Greider e Elizabeth Blackburn, soluciona esse problema ao adicionar telômeros às extremidades do cromossomo.

Carol Greider [Cortesia de Carol Greider.]

Elizabeth Blackburn [Micheline Pelletier/Getty Images.]

A descoberta e a purificação dessa enzima permitiram evidenciar um mecanismo de reação impressionante e sem precedentes. A telomerase, como algumas outras enzimas descritas neste capítulo, é uma RNP que contém tanto componentes proteicos como RNA. O componente de RNA tem cerca de 150 nucleotídeos de comprimento e cerca de 1,5 cópia da repetição $C_yA_x$ adequada do telômero. Essa região do RNA atua como um molde para a síntese da fita $T_xG_y$ do telômero. ▶P3 A telomerase atua, portanto, como uma transcriptase reversa celular que fornece o sítio ativo para a síntese de DNA dependente de RNA. Diferentemente das transcriptases reversas retrovirais, a telomerase copia apenas um pequeno fragmento de RNA que ela transporta no seu interior. A síntese de telômeros requer a extremidade 3' de um cromossomo como *primer* e prossegue na direção usual 5'→3'. Tendo sintetizado uma cópia da repetição, a enzima reposiciona-se para retomar a extensão do telômero (**Fig. 26-35a**).

Após a extensão da fita $T_xG_y$ pela telomerase, a fita complementar $C_yA_x$ é sintetizada pelas DNA-polimerases celulares, começando com um *primer* de RNA (ver Fig. 25-11). A região de fita simples é protegida por proteínas de ligação específicas em vários eucariotos inferiores, principalmente naquelas espécies com telômeros de menos que algumas centenas de pares de bases. Em eucariotos superiores (incluindo mamíferos) com telômeros de muitos milhares de pares de bases de comprimento, a extremidade de fita simples é sequestrada em uma estrutura especializada, chamada de **alça T** (Fig. 26-35b). A extremidade de fita simples é dobrada para trás e pareada com o seu complemento na porção de fita dupla do telômero. A formação de uma alça T envolve a invasão da extremidade 3' da fita simples do telômero, formando um DNA de fita dupla, talvez por um mecanismo semelhante à iniciação da recombinação genética homóloga (ver Fig. 25-34). Em mamíferos, o DNA em alça é ligado por duas proteínas, TRF1 e TRF2, com a última proteína envolvida na formação da alça T. As alças T protegem as extremidades 3' dos cromossomos, tornando-os inacessíveis às nucleases e às enzimas que reparam as quebras da fita dupla.

Em protozoários (como *Tetrahymena*), a perda de atividade da telomerase resulta em encurtamento gradual dos telômeros a cada divisão celular, levando, por fim, à morte da linhagem celular. Uma ligação semelhante entre o comprimento do telômero e a senescência celular (interrupção da divisão celular) foi observada em seres humanos. Em células germinativas, que contêm atividade de telomerase, os comprimentos dos telômeros são mantidos; em células somáticas, que não apresentam telomerase, eles não o são. Há uma relação linear e inversa entre o comprimento dos telômeros de fibroblastos em cultura e a idade dos indivíduos dos quais os fibroblastos foram retirados: os telômeros em células somáticas humanas encurtam gradualmente à medida que um indivíduo envelhece. Se a transcriptase reversa da telomerase é introduzida em células somáticas humanas *in vitro*, a atividade de telomerase é restaurada, e a duração da vida celular aumenta acentuadamente.

Seria o encurtamento gradual dos telômeros a chave para o processo de envelhecimento? Será que a duração do nosso ciclo de vida natural é determinada pelo comprimento dos telômeros com os quais os seres humanos nascem? Pesquisas adicionais nessa área devem fornecer algumas informações fascinantes.

### Alguns RNA são replicados por RNA-polimerases dependentes de RNA

Além dos retrovírus, os vírus de RNA incluem alguns bacteriófagos de *E. coli*, bem como vírus eucarióticos, como

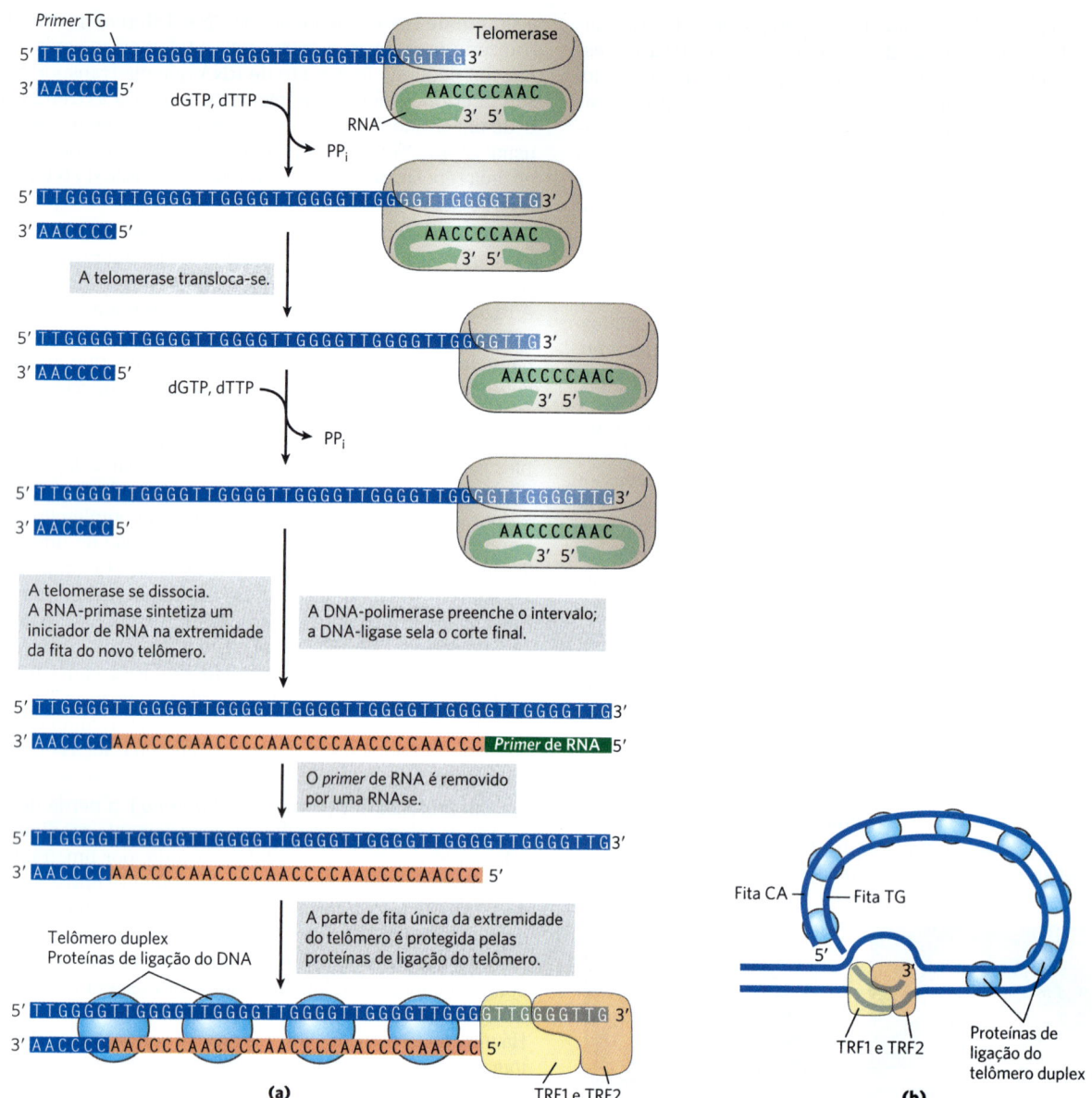

**FIGURA 26-35 Síntese e estrutura do telômero.** (a) O molde interno de RNA da telomerase liga-se a e pareia com o *primer* TG ($T_xG_y$) de DNA. A telomerase adiciona mais resíduos de T e G ao *primer* TG e, então, reposiciona o molde interno de RNA, a fim de permitir a adição de mais resíduos de T e G, os quais geram a fita TG do telômero. A fita complementar é sintetizada pelas DNA-polimerases celulares após a síntese do *primer* pela RNA-primase. (b) Estrutura proposta de alças T em telômeros. A cauda de fita simples sintetizada pela telomerase é dobrada para trás e pareada com seu complemento na porção duplex do telômero. O telômero é ligado a várias proteínas ligadoras de telômero, incluindo TRF1 e TRF2 (fatores de ligação a repetições teloméricas).

o vírus da influenza e o coronavírus, que causam síndrome respiratória aguda grave (SRAG) ou Covid-19. Os cromossomos de RNA de fita simples desses vírus também funcionam como mRNA para a síntese de proteínas virais. Eles são replicados na célula hospedeira por uma **RNA-polimerase dependente de RNA** (**RNA-replicase**). Todos os vírus de RNA – com exceção dos retrovírus – devem codificar uma proteína com atividade de RNA-polimerase dependente de RNA, seja porque as células hospedeiras não possuem essa enzima, seja porque a estrutura do genoma de RNA de um vírus impõe requisitos enzimáticos especializados.

A RNA-replicase isolada das células de *E. coli* infectadas pelo bacteriófago Qβ catalisa a formação de um RNA complementar ao RNA viral, em uma reação equivalente àquela catalisada por RNA-polimerases dependentes de DNA. A síntese de nova fita de RNA prossegue na direção 5'→3' por um mecanismo químico idêntico ao usado em todas as outras reações de síntese de ácidos nucleicos que precisam de um molde. A RNA-replicase precisa de RNA como seu molde e não funcionará com DNA. Ela não tem uma atividade de endonuclease de revisão separada e tem uma taxa de erro semelhante à da RNA-polimerase. Ao contrário das

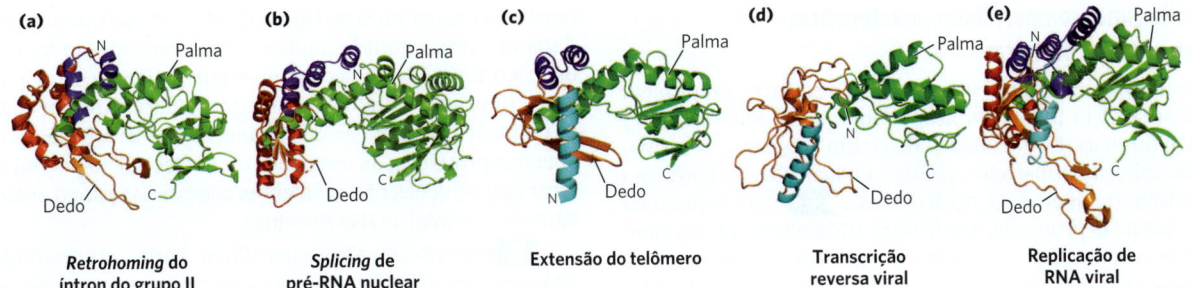

**FIGURA 26-36 Semelhanças estruturais entre polimerases dependentes de RNA.** As polimerases dependentes de RNA usam uma arquitetura de sítio ativo comum em que o substrato na forma de duplex fica em um enovelamento proteico em forma de mão com os domínios da palma e do dedo. Esse enovelamento da proteína pode ser encontrado em fatores proteicos envolvidos em (a) *retrohoming* de íntron do grupo II, (b) *splicing* de pré-mRNA catalisado por spliceossoma, (c) síntese de telômeros, (d) transcrição reversa de HIV e (e) replicação do genoma da hepatite C viral. A transcriptase reversa *retrohoming* dos íntrons do grupo II está mais estruturalmente relacionada com a transcriptase reversa presente no spliceossoma, apoiando sua estreita relação evolutiva. [Informações de C. Zhao e A. M. Pyle, *Nat. Struct. Mol. Biol.* 23:558, 2016, Fig. 2. Dados de (a) PDB ID 5HHJ, C. Zhao e A. M. Pyle, *Nat. Struct. Mol. Biol.* 23:558, 2016; (b) PDB ID 4I43, W. P. Galej et al., *Nature* 493:638, 2013; (c) PDB ID 3DU6, A. J. Gillis et al., *Nature* 455:633, 2008; (d) PDB ID 2HMI, J. Ding et al., *J. Mol. Biol.* 284:1095, 1998; (e) PDB ID 1C2P, C. A. Lesburg et al., *Nat. Struct. Biol.* 6:937, 1999.]

DNA-polimerases e RNA-polimerases, as RNA-replicases são específicas para o RNA de seu próprio vírus; os RNA da célula hospedeira geralmente não são replicados. Isso explica como os vírus de RNA são preferencialmente replicados na célula hospedeira, que contém muitos outros tipos de RNA.

As RNA-polimerases dependentes de RNA não estão limitadas a vírus. Enzimas desse tipo são encontradas em plantas, protistas, fungos e alguns animais mais simples, mas não em insetos ou mamíferos. As encontradas nos genomas de eucariotos geralmente desempenham um papel no metabolismo de outra classe de pequenos RNA, chamados de RNA de interferência pequenos (siRNA), que participam da regulação gênica (Capítulo 28).

### As RNA-polimerases dependentes de RNA compartilham uma dobra estrutural comum

Embora a transcrição reversa e a replicação do RNA, o *retrohoming* e a síntese de telômeros represccentem um conjunto diversificado de processos biológicos, as polimerases envolvidas em cada via apresentam semelhanças estruturais notáveis (**Fig. 26-36**). Em todos os casos, os domínios da palma e do dedo são usados para segurar o molde na forma de fita dupla e os ácidos nucleicos do *primer* dentro do sítio ativo. De modo surpreendente, a transcriptase reversa de *retrohoming* do íntron do grupo II está estruturalmente mais intimamente relacionada com um componente proteico do spliceossoma que ajuda a estruturar seu sítio ativo de RNA. Além da química de *splicing* e das características do sítio ativo idênticas (ver Fig. 26-17), isso fornece mais evidências de que o spliceossoma evoluiu de um ancestral semelhante ao íntron do grupo II.

### RESUMO 26.3 Síntese de RNA e DNA dependente de RNA

- As DNA-polimerases dependentes de RNA, também chamadas de transcriptases reversas, foram descobertas primeiro em retrovírus, que devem converter seus genomas de RNA em DNA dupla-fita como parte do seu ciclo vital. Essas enzimas transcrevem o RNA viral em DNA, um processo que pode ser usado experimentalmente para formar cDNA.

- Os retrovírus podem causar doenças humanas, incluindo Aids e câncer. Alguns desses vírus contêm oncogenes, que fazem as células infectadas crescerem de forma anormal.

- Muitos transposons de eucariotos são relacionados com retrovírus, e seu mecanismo de transposição inclui um intermediário de RNA. Um intermediário de RNA também está presente no *retrohoming* do íntron do grupo II, no qual o íntron do RNA é inserido em um gene de DNA, seguido pela produção de uma cópia de DNA por uma transcriptase reversa.

- A telomerase, a enzima que sintetiza as extremidades dos telômeros dos cromossomos lineares, é uma transcriptase reversa especializada que contém um molde interno de RNA.

- As RNA-polimerases dependentes de RNA, como as replicases de bacteriófagos de RNA, são específicas para o RNA viral. Essas enzimas compartilham homologia estrutural com transcriptases reversas envolvidas na replicação retroviral, na produção de telômeros e no *retrohoming*.

## 26.4 RNA catalíticos e a hipótese de um mundo de RNA

O estudo do processamento pós-transcricional de moléculas de RNA levou a uma das descobertas mais interessantes da bioquímica – a existência de enzimas de RNA ou ribozimas. As ribozimas mais bem caracterizadas são os íntrons do grupo I que sofrem auto-*splicing*, a RNase P e a ribozima cabeça-de-martelo (discutida a seguir). A maior parte das atividades dessas ribozimas se baseia em duas reações fundamentais: transesterificação (Fig. 26-14) e hidrólise (clivagem) da ligação fosfodiéster. O substrato para as ribozimas é frequentemente uma molécula de RNA, e pode até mesmo ser parte da própria ribozima. Quando o seu substrato é o RNA, o catalisador de RNA pode fazer uso de interações de pares de bases para alinhar o substrato para a reação.

## As ribozimas compartilham características com enzimas proteicas

Como as enzimas proteicas, as ribozimas variam muito em tamanho. Um íntron do grupo I que sofre auto-*splicing* pode ter mais de 400 nucleotídeos. Em comparação, a ribozima cabeça-de-martelo consiste em duas fitas de RNA com um total de apenas 41 nucleotídeos. **P4** Também como nas enzimas proteicas, a estrutura tridimensional das ribozimas é importante para a sua função. Além disso, as ribozimas, como as enzimas proteicas, também são inativadas por aquecimento acima de sua temperatura de fusão ou pela adição de agentes desnaturantes ou oligonucleotídeos complementares, que interrompem os padrões normais de pareamento de bases. As ribozimas também podem ser inativadas se nucleotídeos essenciais forem alterados. A estrutura secundária de um íntron do grupo I que sofre auto-*splicing* a partir do precursor do rRNA 26S da *Tetrahymena* está mostrada em detalhes na **Figura 26-37**. Essa estrutura secundária destaca o grande número de pareamento de bases e outras interações não covalentes que devem ocorrer para que a ribozima adote uma estrutura catalítica. Assim como as mutações de aminoácidos podem alterar as atividades de enzimas proteicas, as mutações de nucleotídeos podem alterar as interações não covalentes necessárias para o enovelamento e a catálise das ribozimas.

**P4** As ribozimas compartilham várias propriedades com enzimas além de acelerar a velocidade de reação, incluindo o comportamento cinético e a especificidade. A ligação do cofator de guanosina ao íntron de rRNA do grupo I de *Tetrahymena* é saturável ($K_m < 30\ \mu M$) e pode ser inibida competitivamente por 3′-desoxiguanosina. O íntron é muito preciso na sua reação de excisão, em grande parte devido a um segmento chamado de **sequência-guia interna**, que pode se parear com sequências de éxons próximas

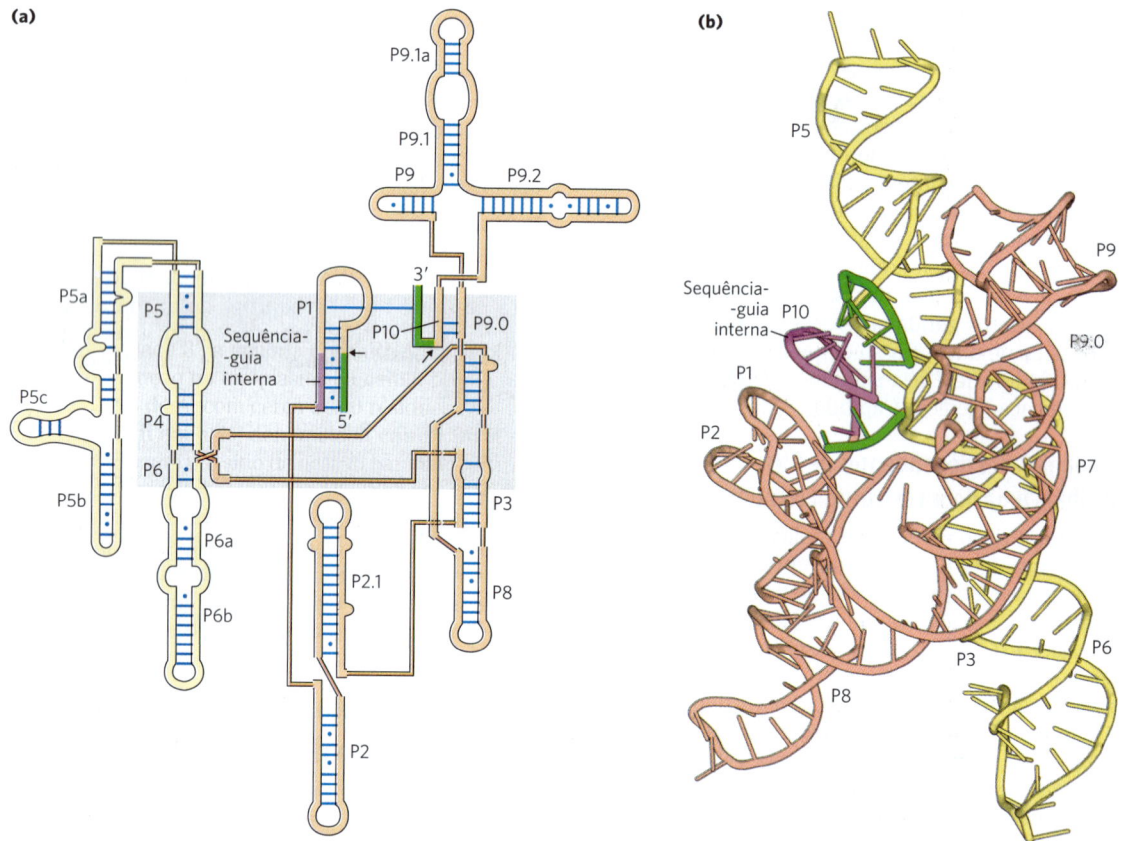

**FIGURA 26-37 Estrutura secundária do íntron de rRNA que sofre auto-*splicing* de *Tetrahymena*.** (a) Representação bidimensional da estrutura secundária imediatamente antes do início da reação. As sequências de íntrons estão sombreadas em amarelo e vermelho-claro; as sequências flanqueadoras do éxon estão em verde; as sequências-guia internas que ajudam a alinhar os segmentos reagentes no sítio ativo estão em roxo. Cada linha fina em vermelho representa uma ligação entre nucleotídeos vizinhos em uma sequência contínua (um dispositivo necessário para mostrar essa molécula complexa em duas dimensões). Linhas curtas azuis representam pareamento normal de bases; pontos azuis indicam pares de bases G-U. Todos os nucleotídeos estão mostrados. O núcleo catalítico da atividade de auto-*splicing* está sombreado em cinza. Algumas regiões de pareamento de bases estão marcadas (P1, P3, P2.1, P5a, e assim por diante) de acordo com uma convenção estabelecida para essa molécula de RNA. A região **P1**, que contém a sequência-guia interna (em roxo), é a localização do sítio de *splicing* 5′ (seta preta). Parte da sequência-guia interna estabelece pareamento com a extremidade 3′ do éxon, colocando os sítios de *splicing* 5′ e 3′ (setas pretas) bem próximos. (b) Estrutura tridimensional de um intermediário de reação do mesmo íntron após a clivagem mediada por guanosina (Fig. 26-14) e antes da ligação do éxon. Os segmentos estão coloridos como em (a). [Dados de (a) PDB ID 1GID, J. H. Cate et al., *Science* 273:1678, 1996. (b) PDB ID 1U6B, P. L. Adams et al., *Nature* 430:45, 2004.]

do sítio de *splicing* 5' (Fig. 26-37). Esse pareamento promove o alinhamento de ligações específicas a serem clivadas e religadas.

Como o próprio íntron é quimicamente alterado durante a reação de *splicing* – suas extremidades são clivadas –, ele parece não ter uma propriedade enzimática essencial: a capacidade de catalisar reações múltiplas. Uma observação mais minuciosa demonstrou que, após a excisão, o íntron de 414 nucleotídeos do rRNA da *Tetrahymena* pode, *in vitro*, atuar como uma verdadeira enzima (porém, *in vivo*, ele é rapidamente degradado). Uma série de ciclizações intramoleculares e reações de clivagem no íntron removido leva à perda de 19 nucleotídeos de sua extremidade 5'. O RNA linear remanescente de 395 nucleotídeos – chamado de L-19 IVS (sequência interveniente) – promove reações de transferência de nucleotidila, nas quais alguns oligonucleotídeos são alongados à custa de outros (**Fig. 26-38**). Os melhores substratos são oligonucleotídeos, como um oligômero $(C)_5$ sintético, que pode se parear com a mesma sequência-guia interna rica em guanilato, a qual mantém o éxon 5' no lugar para auto-*splicing*.

A atividade enzimática da ribozima L-19 IVS resulta de um ciclo de reações de transesterificação semelhantes mecanicamente ao auto-*splicing*. Cada molécula de ribozima pode processar cerca de 100 moléculas de substrato por hora sem ser alterada na reação; portanto, o íntron atua como um catalisador. Ele segue a cinética de Michaelis-Menten, é específico para os substratos de oligonucleotídeos do RNA e pode ser inibido competitivamente. A $k_{cat}/K_m$ (constante de especificidade) é de $10^3$ $M^{-1}s^{-1}$, mais baixa do que muitas enzimas, mas a ribozima acelera a hidrólise por um fator de $10^{10}$ em relação à reação não catalisada. ▶P4
Ela faz uso das estratégias de orientação do substrato, catálise covalente e catálise do íon metálico, todas empregadas pelas proteínas enzimáticas.

## As ribozimas participam de uma variedade de processos biológicos

A RNase P de *E. coli* tem um componente de RNA (o RNA M1, com 377 nucleotídeos) e um componente proteico ($M_r$ 17.500). Em 1983, Sidney Altman e Norman Pace e colaboradores descobriram que, sob determinadas condições, o RNA M1 sozinho é capaz de realizar catálise, clivando os precursores de tRNA na posição correta. O componente proteico aparentemente serve para estabilizar o RNA ou facilitar sua função *in vivo*. A ribozima RNase P reconhece a forma tridimensional do seu substrato pré-tRNA, com a sequência CCA, e, portanto, pode clivar as sequências-líder 5' de diversos tRNA (Fig. 26-25).

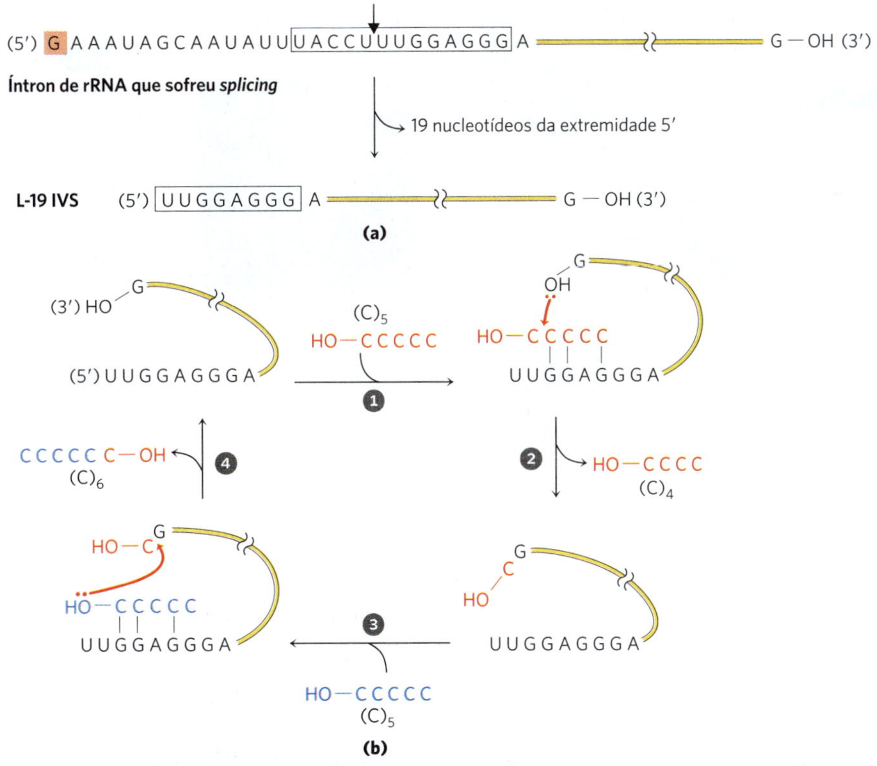

**FIGURA 26-38** **Atividade catalítica *in vitro* da IVS L-19.**
(a) A IVS (sequência interveniente, o termo uma vez usado para íntron) L-19 é gerada pela remoção autocatalítica de 19 nucleotídeos da extremidade 5' do íntron que sofreu *splicing* da *Tetrahymena*. O sítio de clivagem é indicado pela seta na sequência-guia interna (dentro da caixa). O resíduo G (sombreado) adicionado na primeira etapa da reação de *splicing* é parte da sequência removida. Uma porção da sequência-guia interna permanece na extremidade 5' da IVS L-19. (b) A IVS L-19 alonga alguns oligonucleotídeos de RNA à custa de outros em um ciclo de reações de transesterificação (etapas ❶ a ❹). O 3'OH do resíduo G na extremidade 3' da IVS L-19 desempenha um papel fundamental nesse ciclo (observe que esse não é o resíduo G adicionado na reação de *splicing*). $(C)_5$ é um dos melhores substratos da ribozima, pois pode parear com a sequência-guia que permanece no íntron.

O repertório de ribozimas catalíticas conhecidas continua a se expandir. Alguns virusoides, pequenos RNA associados a vírus de RNA de plantas, incluem a estrutura que promove uma reação de autoclivagem; a ribozima cabeça-de-martelo, ilustrada na **Figura 26-39**, está nessa classe, catalisando a hidrólise de uma ligação fosfodiéster interna. Existem pelo menos nove classes estruturais de ribozimas que se envolvem em autoclivagem; todas usam catálise geral acidobásica (Fig. 6-8) para promover o ataque de um grupo 2'-hidroxila em uma ligação fosfodiéster adjacente. Apesar de estar cercada por proteínas, a reação de *splicing* que ocorre em um spliceossoma depende de um centro catalítico formado pelos snRNA U2, U5 e U6 e pelo íntron (ver Figs. 26-16 e 26-17). Como será visto no Capítulo 27, um componente de RNA dos ribossomos catalisa a síntese proteica. A investigação de RNA catalíticos forneceu novos entendimentos sobre a função catalítica em geral e tem implicações importantes para nossa compreensão da origem e da evolução da vida neste planeta.

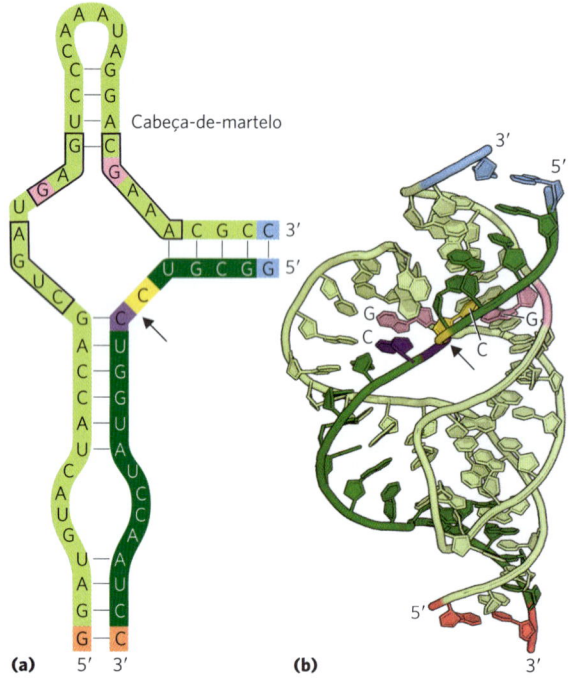

**FIGURA 26-39  Ribozima cabeça-de-martelo.** Alguns RNA de virusoides incluem pequenos segmentos que promovem reações de clivagem de RNA sítio-específicas associadas à replicação. Esses segmentos são chamados de ribozimas cabeça-de-martelo, pois suas estruturas secundárias têm a forma da cabeça de um martelo. (a) Sequências mínimas necessárias para a catálise pela ribozima. Os nucleotídeos dentro das caixas são altamente conservados e são necessários para a função catalítica. Os nucleotídeos de guanina sombreados em cor-de-rosa fazem parte do sítio ativo. A seta indica o sítio de autoclivagem. (b) Estrutura tridimendional da ribozima cabeça-de-martelo (ver Fig. 8-25b para visualizar outra ribozima cabeça-de-martelo). As fitas são coloridas como em (a). A ribozima cabeça-de-martelo é uma metaloenzima; íons $Mg^{2+}$ são necessários para a atividade *in vivo*. A ligação fosfodiéster no sítio de autoclivagem é indicada por uma seta. [Dados de PDB ID 3ZD5, M. Martick e W. G. Scott, Cell 126:309, 2006.]

## As ribozimas fornecem pistas da origem da vida em um mundo de RNA

A complexidade e a ordem extraordinárias que distinguem os sistemas vivos dos inanimados são manifestações essenciais de processos vitais fundamentais. A manutenção do estado vivo requer que transformações químicas *selecionadas* ocorram muito rapidamente – principalmente aquelas que usam fontes de energia do meio e sintetizam macromoléculas celulares elaboradas ou especializadas. A vida depende de catalisadores poderosos e seletivos – enzimas – e de sistemas de informação capazes tanto de armazenar de modo seguro o modelo dessas enzimas quanto de reproduzir acuradamente esse modelo geração após geração. Os cromossomos codificam o molde não para a célula, mas para as enzimas que constroem e mantêm a célula. As demandas paralelas por informação e catálise apresentam um enigma clássico: o que veio primeiro, a informação necessária para especificar a estrutura ou as enzimas necessárias para manter e transmitir a informação?

Como pode ter surgido um polímero autorreplicador? Como ele poderia ter mantido a si mesmo em um meio em que os precursores para a síntese de polímero são escassos? Como poderia a evolução progredir de tal polímero para o mundo moderno de DNA-proteína? Essas perguntas difíceis podem ser abordadas por meio de experimentação cuidadosa, fornecendo pistas a respeito de como a vida na Terra começou e evoluiu.

Carl Woese, 1928-2012
[Seteve Kagan.]

**P4** A revelação da complexidade estrutural e funcional do RNA levou Carl Woese, Francis Crick e Leslie Orgel a proporem, na década de 1960, que essa molécula poderia servir como transportadora de informação e catalisadora. Desde aquela época, pelo menos seis linhas de evidência deram subsídios crescentes à **hipótese do mundo de RNA**.

**1. Experimentos de química prebiótica** A origem provável das bases de purina e pirimidina é sugerida por experimentos projetados para testar hipóteses acerca da química prebiótica (p. 31-32). A partir de moléculas simples que se supõe estarem presentes na atmosfera inicial ($CH_4$, $NH_3$, $H_2O$, $H_2$), descargas elétricas como relâmpagos geraram, inicialmente, moléculas mais reativas, como o HCN e aldeídos, e, então, um conjunto de aminoácidos e ácidos orgânicos (ver Fig. 1-33). Quando moléculas como o HCN se tornam abundantes, as bases purina e pirimidina são sintetizadas em quantidades detectáveis. Notavelmente, uma solução concentrada de cianeto de amônio, quando submetida a refluxo por alguns dias, gera adenina em rendimentos de até 0,5% (**Fig. 26-40**). A adenina pode muito bem ter sido o primeiro e mais abundante constituinte de nucleotídeo a aparecer na Terra. Curiosamente, a maioria dos cofatores enzimáticos contém adenosina como parte da sua estrutura, embora ela não desempenhe um papel direto na função do

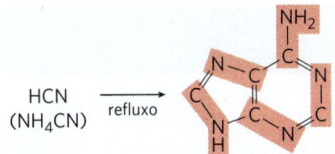

**FIGURA 26-40** **Experimentos que corroboram a síntese prebiótica de adenina a partir de cianeto de amônio.** A adenina é derivada de cinco moléculas de cianeto, indicadas pelo sombreamento.

cofator (ver Fig. 8-41). Talvez isso sugira uma relação evolutiva. Com base na síntese simples de adenina a partir de cianeto, a adenina pode simplesmente ter sido abundante e disponível.

**2. A existência de RNA catalíticos** ▶P4 Em um "mundo de RNA", os RNA, e não as proteínas, atuam como catalisadores. Talvez mais do que qualquer outra coisa, a descoberta de RNA catalíticos (ribozimas) no início dos anos 80 deu vida à hipótese do mundo de RNA e levou à especulação generalizada de que um mundo de RNA poderia ter sido importante na transição da química prebiótica para a vida (ver Fig. 1-35). O progenitor de toda a vida neste planeta, no sentido de que ele poderia reproduzir a si mesmo ao longo das gerações da origem da vida ao momento atual, pode ter sido uma molécula de RNA autorreplicadora ou um polímero com características químicas equivalentes.

**3. O repertório catalítico em expansão das ribozimas** Um polímero autorreplicador usaria rapidamente os suprimentos disponíveis de precursores fornecidos pelos processos relativamente lentos da química prebiótica. Portanto, desde um estágio inicial da evolução, seriam necessárias vias metabólicas para gerar precursores de maneira eficiente, com a síntese de precursores presumivelmente catalisada por ribozimas. As ribozimas encontradas na natureza têm um repertório limitado de funções catalíticas, e não há qualquer vestígio das ribozimas que podem ter um dia existido. A fim de explorar a hipótese do mundo de RNA mais profundamente, é preciso saber se o RNA tem o potencial de catalisar as várias reações diferentes necessárias em um sistema primitivo de vias metabólicas.

A busca por RNA com novas funções catalíticas foi auxiliada pelo desenvolvimento de um método que pesquisa rapidamente conjuntos de polímeros aleatórios de RNA e extrai aqueles com atividades específicas. Conhecido como **SELEX**, esse método não é nada menos que uma evolução acelerada em um tubo de ensaio (**Quadro 26-4**). Ele foi utilizado para gerar moléculas de RNA que se ligam a aminoácidos, corantes orgânicos, nucleotídeos, cianocobalamina e outras moléculas. Os pesquisadores isolaram ribozimas que catalisam a formação de ligações éster e amida, reações $S_N2$, metalação (adição de íons metálicos) de porfirinas e formação de ligações carbono-carbono. A evolução de cofatores enzimáticos com "alças" de nucleotídeos que facilitam sua ligação às ribozimas pode ter expandido ainda mais o repertório de processos químicos disponíveis para sistemas metabólicos primitivos.

**4. A estrutura do ribossomo** Como será visto no Capítulo 27, algumas moléculas de RNA naturais, componentes dos ribossomos, catalisam a formação de ligações peptídicas, oferecendo um vislumbre de como o mundo de RNA pode ter sido transformado pelo maior potencial catalítico das proteínas. A evolução de uma capacidade de sintetizar proteínas teria sido um evento importante no mundo de RNA, permitindo a geração de polímeros que poderiam estabilizar significativamente estruturas complexas de RNA. No entanto, o início da síntese de peptídeos também teria acelerado o fim do mundo do RNA. As proteínas simplesmente têm mais potencial catalítico. O papel do RNA como transportador de informações pode ter passado para o DNA, já que o DNA é quimicamente mais estável. A RNA-replicase e a transcriptase reversa podem ser versões modernas de enzimas que um dia desempenharam papéis importantes na transição para o sistema moderno baseado em DNA.

**5. Vestígios de um mundo de RNA** As funções conhecidas do RNA continuam a se multiplicar a cada década. Os retrovírus, outros vírus de RNA e os retrotransposons habitam um universo semi-independente, mantendo uma existência parasitária dentro da biosfera. Para os biólogos evolucionistas, essas entidades quase vivas fornecem uma janela às principais etapas da evolução da vida. Os transposons podem ter sido uma inovação inicial em um mundo de RNA. Com o surgimento dos primeiros autorreplicadores ineficientes, a transposição pode ter sido uma alternativa potencialmente importante à replicação como uma estratégia para a reprodução bem-sucedida e a sobrevivência. Os RNA dos parasitas em épocas precoces iriam simplesmente se transformar em uma molécula autorreplicadora por meio de transesterificação catalisada e, então, sofrer replicação passivamente. A seleção natural teria levado a transposição a ser sítio-específica, tendo como alvo sequências que não interfeririam nas atividades catalíticas do RNA hospedeiro. Os replicadores e os transposons de RNA podem ter existido em uma relação simbiótica primitiva, um contribuindo para a evolução do outro. Os íntrons modernos, os retrovírus e os transposons podem todos ser vestígios de uma estratégia de "sobreposição" seguida por RNA dos parasitas precoces. Esses elementos continuam a fazer importantes contribuições para a evolução dos seus hospedeiros.

**6. Progresso na busca por um replicador de RNA** A hipótese do mundo de RNA precisa de um polímero de nucleotídeos para reproduzir a si mesmo. Poderia uma ribozima acarretar a sua própria síntese a partir de um molde? Os pesquisadores estão próximos de encontrar essa ribozima ou sistema de ribozimas. Por exemplo, em 2009, Gerald Joyce e colaboradores relataram o primeiro conjunto de duas ribozimas que poderiam fazer a catálise cruzada da formação de cada uma (**Fig. 26-41**). Uma ribozima, E, catalisa a ligação de dois oligonucleotídeos (A' e B') para formar uma segunda molécula complementar da ribozima, chamada E'. E' poderia, então, catalisar a ligação de outros dois oligonucleotídeos (A e B) para formar outra molécula de E.

## QUADRO 26-4 MEDICINA

### O método SELEX para gerar polímeros de RNA com novas funções

O **SELEX** (evolução sistemática de ligantes por enriquecimento exponencial) é usado para gerar **aptâmeros**, oligonucleotídeos selecionados para se ligar firmemente a um alvo molecular específico. O processo é geralmente automatizado para permitir a identificação rápida de um ou mais aptâmeros com a especificidade de ligação desejada.

A Figura 1 ilustra como o SELEX é usado para selecionar uma espécie de RNA que se liga firmemente ao ATP. Na etapa ❶, uma mistura aleatória de polímeros de RNA é submetida à "seleção não natural", sendo passada por uma resina à qual o ATP está ligado. O limite prático para a complexidade de uma mistura de RNA é de cerca de $10^{15}$ sequências diferentes, o que permite a randomização completa de 25 nucleotídeos ($4^{25} = 10^{15}$). Para RNA maiores, o conjunto de RNA usado para iniciar a busca não inclui todas as sequências possíveis. Os polímeros de RNA que passam através da coluna são descartados (etapa ❷); aqueles que se ligam ao ATP são lavados da coluna com solução salina e coletados (etapa ❸). Na etapa ❹, os polímeros de RNA coletados são amplificados pela transcriptase reversa para construir muitos complementos de DNA para os RNA selecionados; então, uma RNA-polimerase faz muitos complementos de RNA a partir das moléculas de DNA resultantes. Finalmente, na etapa ❺, esse novo conjunto de RNA é submetido ao mesmo procedimento de seleção, e o ciclo é repetido uma dúzia de vezes ou mais. Ao final, apenas alguns aptâmeros – nesse caso, as sequências de RNA com afinidade considerável por ATP – permanecem.

Características de sequência crítica de um aptâmero de RNA que se liga a ATP são mostradas na Figura 2; moléculas com essa estrutura geral se ligam ao ATP (e outros nucleotídeos de adenosina) com $K_d < 50 \mu M$. A Figura 3 apresenta a estrutura tridimensional de um aptâmero de RNA de 36 nucleotídeos (mostrado como um complexo com AMP) gerado por SELEX. Esse RNA tem a estrutura básica mostrada na Figura 2.

Além do seu uso na exploração da funcionalidade potencial do RNA, o SELEX tem um lado prático importante ao definir os RNA pequenos com uso farmacêutico. Encontrar um aptâmero que se ligue especificamente a cada alvo potencialmente terapêutico pode ser impossível, mas a capacidade do SELEX de selecionar rapidamente e amplificar uma sequência de oligonucleotídeos específicos a partir de um conjunto altamente complexo de sequências o torna uma abordagem promissora para a produção de novas terapias. Por exemplo, seria possível selecionar um RNA que se liga fortemente a uma proteína receptora proeminente na membrana plasmática de células em um tumor canceroso específico. Ao bloquear a atividade do receptor ou direcionar uma toxina para as células tumorais ao ligá-la ao aptâmero, as células seriam mortas. O SELEX também já foi usado para selecionar aptâmeros de DNA que detectam esporos do antraz. Muitas outras aplicações promissoras estão sendo desenvolvidas. ■

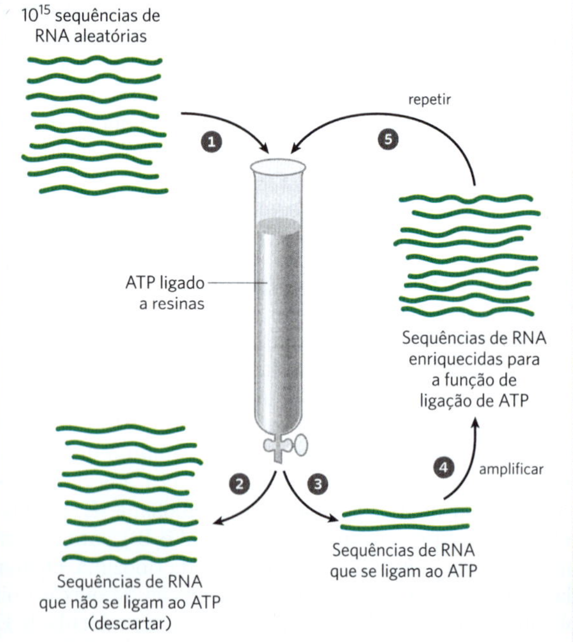

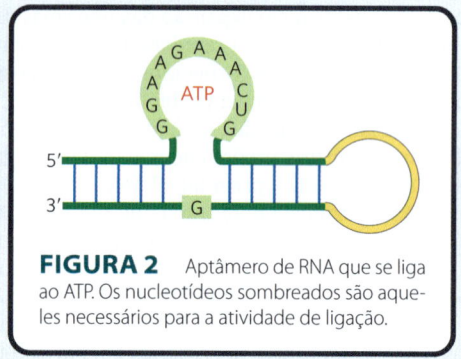

**FIGURA 2** Aptâmero de RNA que se liga ao ATP. Os nucleotídeos sombreados são aqueles necessários para a atividade de ligação.

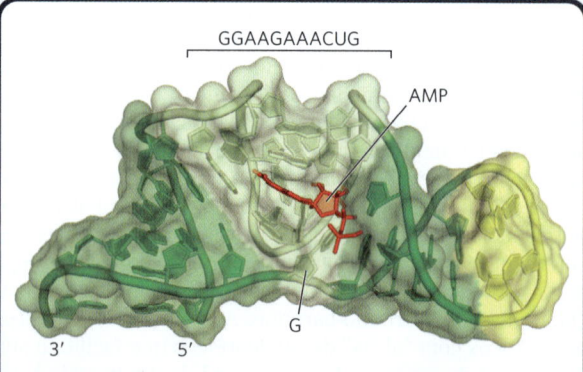

**FIGURA 3** Aptâmero de RNA ligado ao AMP. As bases dos nucleotídeos conservados (que formam o bolsão de ligação) estão em verde-claro; o AMP ligado está em vermelho. [Dados de PDB ID 1RAW, T. Dieckmann et al., *RNA* 2:628, 1996.]

**FIGURA 1** O procedimento SELEX.

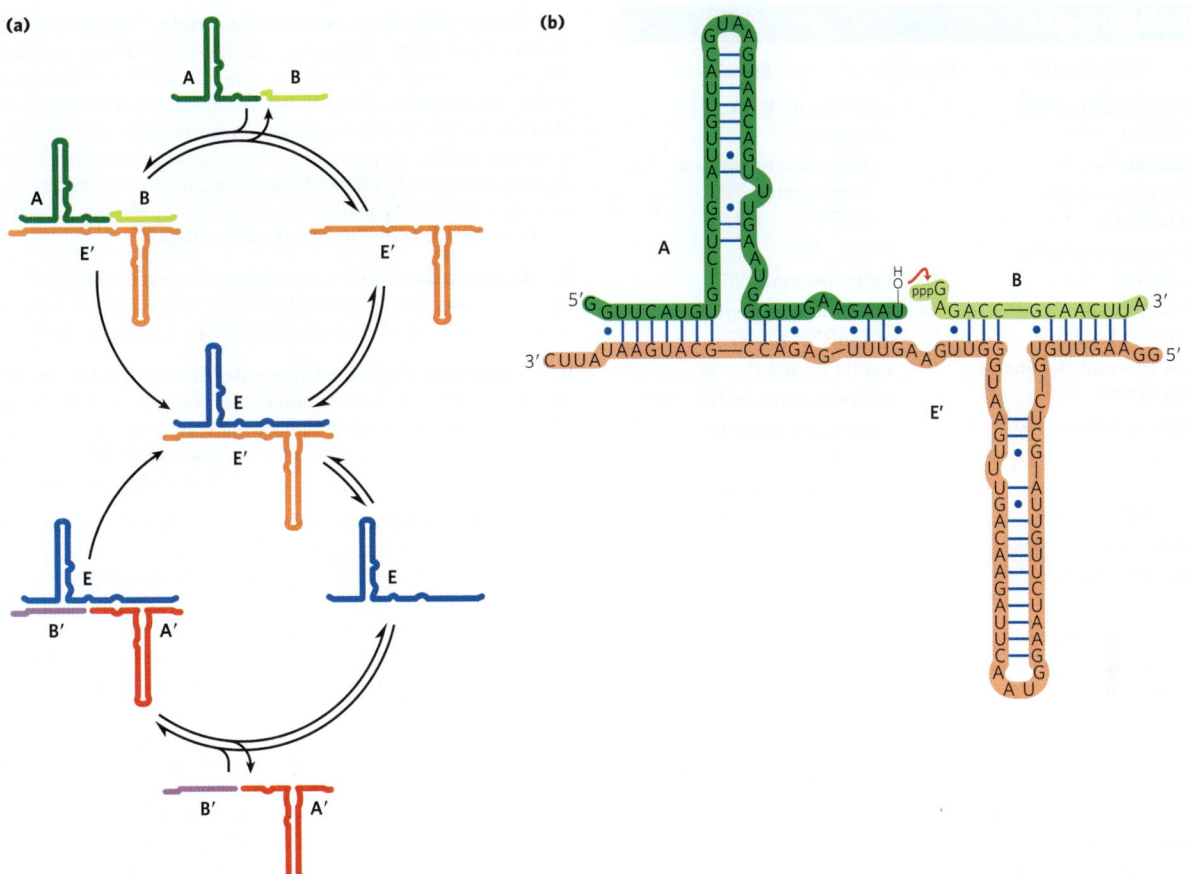

**FIGURA 26-41 Replicação autossustentada de uma enzima de RNA.** Esse sistema tem muitas propriedades de um sistema vivo. As moléculas de RNA incorporam funções informacionais e catalíticas, e as reações produzem um aumento exponencial nos RNA produzidos. Quando variantes dos substratos de RNA são introduzidas, o sistema sofre seleção natural, de modo que os melhores replicadores acabam dominando a população. (a) Possível esquema de reação. Os oligorribonucleotídeos A e B hibridizam com a ribozima E' e são ligados cataliticamente para formar a ribozima E. A união dos oligorribonucleotídeos A' e B' é catalisada de modo semelhante pela ribozima E. Os níveis de E e E' crescem exponencialmente, com um tempo de duplicação de cerca de 1 hora a 42 °C, desde que haja um suprimento de precursores A, B, A' e B'. (b) A reação de ligação envolve o ataque da extremidade 3'OH de um oligorribonucleotídeo no fosfato α do 5'-trifosfato do outro oligorribonucleotídeo. O pirofosfato é liberado. O pareamento de bases dos substratos com a ribozima desempenha um papel fundamental em alinhar os substratos para a reação. [Informações de T. A. Lincoln e G. F. Joyce, Science 323:1229, 2009.]

Nesse sistema, a formação de E e E' foi baseada em molde, e as quantidades cresceram exponencialmente desde que substratos estivessem disponíveis e proteínas estivessem ausentes. O sistema evoluiu, de modo que enzimas mais eficientes apareceram na população. Em 2011, Philipp Holliger e colaboradores descobriram uma ribozima mais geral semelhante à RNA-polimerase.

Embora o mundo de RNA permaneça uma hipótese, com muitas lacunas ainda a serem explicadas, evidências experimentais dão apoio a uma lista crescente de seus principais elementos. Experimentos adicionais devem aumentar nosso entendimento. Pistas importantes para o quebra-cabeça serão encontradas nos trabalhos da química fundamental, em células vivas ou, talvez, em outros planetas.

### RESUMO 26.4 RNA catalíticos e a hipótese de um mundo de RNA

■ Ribozimas e enzimas baseadas em proteínas compartilham características comuns, incluindo estruturas tridimensionais enoveladas, inativação por desnaturação, aceleração das velocidades de reação, cinética saturável e especificidade da reação.

■ Ribozimas e catalisadores baseados em RNA estão presentes em organismos atuais e estão envolvidos em uma ampla gama de atividades, incluindo processamento de tRNA, processamento de pré-mRNA nuclear e tradução.

■ A evolução da vida na Terra pode ter incluído um mundo de RNA, no qual o RNA era o transportador central de informações e o catalisador, antes que as proteínas e o DNA surgissem como atores principais. A existência de ribozimas fornece uma evidência poderosa em apoio a essa hipótese.

## TERMOS-CHAVE

*Os termos em negrito estão definidos no glossário.*

**ribonucleoproteína (RNP)** 960
**transcrição** 960
**RNA mensageiro (mRNA)** 960
**RNA transportador (tRNA)** 960
**RNA ribossômico (rRNA)** 960
**RNA não codificador (ncRNA)** 960
**transcriptoma** 960
RNA-polimerase dependente de DNA 961
**fita-molde** 962
**fita não molde** 962
**fita codificadora** 962
**promotor** 963
**sequência-consenso** 963
*footprinting* 965
**proteína receptora de AMPc (CRP)** 966
**repressor** 966
**domínio carboxiterminal (CTD)** 968
**fator de transcrição** 968
**fatores de transcrição gerais** 968
**complexo de pré-iniciação (PIC)** 969
**ribozimas** 972
**transcrito primário** 972
transcrito precursor 972
**íntron** 973
**éxon** 973
*splicing* **de RNA** 973
**complexo ribonucleoproteico mensageiro (mRNP)** 973
5' cap 974
**spliceossoma** 977
**RNA nuclear pequeno (snRNA)** 977
**cauda poli(A)** 980
*splicing* **alternativo** 981
**escolha do sítio de poli(A)** 981
**RNA nucleolar pequeno (snoRNA)** 984
complexo de proteínas snoRNA (snoRNP) 984
**micro-RNA (miRNA)** 985
polinucleotídeo-fosforilase 987
**exossoma** 987
**transcriptase reversa** 988
**retrovírus** 988
**DNA complementar (cDNA)** 990
*homing* 992
**telomerase** 993
alça T 993
RNA-polimerase dependente de RNA (RNA-replicase) 994
sequência-guia interna 996
**hipótese do mundo de RNA** 998
**SELEX** 1000
**aptâmero** 1000

## QUESTÕES

1. **RNA-polimerase** (a) Quanto tempo a RNA-polimerase da *E. coli* demoraria para sintetizar o transcrito primário dos genes de *E. coli* que codificam as enzimas para o metabolismo da lactose, o operon *lac* de 5.300 pb? (b) Quanto se moveria a "bolha" de transcrição formada pela RNA-polimerase ao longo do DNA em 10 segundos? (c) Supondo que a Pol II humana transcreva a uma velocidade semelhante, quanto tempo levaria para transcrever o gene da distrofina de 2.000.000 pb?

2. **Correção de erros por RNA-polimerases** As DNA-polimerases são capazes de edição e correção de erros, ao passo que a capacidade de correção de erros nas RNA-polimerases parece ser bastante limitada. Uma vez que um erro de uma única base na replicação ou na transcrição pode levar a um erro na síntese proteica, sugira uma explicação biológica possível para essa diferença.

3. **Processamento do RNA pós-transcricional** Preveja os prováveis efeitos de uma mutação na sequência (5')AAUAAA no transcrito de um mRNA de eucariotos.

4. **Fita codificadora *versus* fita-molde** O genoma de RNA do fago Qβ é a fita não molde, ou fita codificadora, e, quando introduzido na célula, funciona como um mRNA. Suponha que a RNA-replicase do fago Qβ tenha sintetizado principalmente uma fita-molde de RNA e incorporado somente ela, em vez de fitas não molde, às partículas virais. Qual seria o destino das fitas-molde quando elas entrassem em uma nova célula? Qual enzima teria de ser incluída nas partículas virais para uma invasão bem-sucedida de uma célula hospedeira?

5. **Transcrição** O gene que codifica a enzima enolase da *E. coli* inicia com a sequência ATGTCCAAAATCGTA. Qual é a sequência do transcrito de RNA especificado por essa parte do gene?

6. **A química da biossíntese de ácidos nucleicos** Descreva três propriedades comuns às reações catalisadas por DNA-polimerase, RNA-polimerase, transcriptase reversa e RNA-replicase. Como a enzima polinucleotídeo-fosforilase é semelhante e diferente de cada uma dessas quatro enzimas?

7. **Processamento de RNA I** Enquanto estudava a transcrição humana na década de 1960, James Darnell realizou um experimento que se tornou um clássico em bioquímica, mas, na época, era incrivelmente desconcertante. Darnell e colaboradores usaram isótopos radioativos, como fosfato marcado com [$^{32}$P], para isolar e quantificar o RNA de uma linhagem celular de células cancerosas humanas (HeLa). Com essa abordagem, eles foram capazes de identificar aqueles RNA presentes no núcleo e aqueles presentes no citoplasma. Os resultados foram intrigantes, uma vez que era óbvio que uma grande quantidade de transcrição estava ocorrendo no núcleo, mas comparativamente pouco mRNA radioativo foi isolado do citoplasma. Além disso, os RNA isolados do núcleo eram muito mais longos do que os isolados do citoplasma. Proponha uma explicação para essas observações.

8. **Transcriptoma** Se o genoma de uma célula for completamente conhecido, seria possível determinar o transcriptoma da célula – a sequência de todos os RNA sendo produzidos pela célula – sem informações adicionais? Explique.

9. ***Splicing* de RNA** Qual é o número mínimo de reações de transesterificação necessárias para realizar *splicing* de um íntron a partir de um transcrito de mRNA? Explique.

10. **Processamento de RNA II** O bloqueio do *splicing* de um pré-mRNA específico em uma célula de vertebrado também bloqueia uma reação de modificação de nucleotídeos que ocorre no rRNA. Sugira uma razão para isso.

11. **Modificação de RNA I** Os pesquisadores Brenda Bass e Harold Weintraub descobriram adenosina-desaminases específicas para o RNA de fita dupla (ADAR) em 1987. Essas enzimas reconhecem regiões de fita dupla do mRNA e convertem as bases de adenosina em inosina nessas regiões.

Adenosina → Inosina ($H_2O$, $NH_3$)

(a) Quando a ADAR encontra um substrato de RNA de fita dupla na água que também contém $H_2[^{18}O]$, o oxigênio radioativo incorpora-se ao RNA. Proponha um mecanismo de reação para ADAR que explique essa observação.
(b) Depois que a ADAR reage com um RNA de fita dupla, o duplex de RNA às vezes se desenrola espontaneamente para formar fitas simples. Por que isso pode ocorrer?
(c) Qual é uma possível consequência da conversão de adenosina em inosina na sequência de codificação de um mRNA?

**12. Organização do processamento do RNA** Em eucariotos, o *splicing* do pré-mRNA pelo spliceossoma ocorre apenas no núcleo, e a tradução dos mRNA ocorre apenas no citosol. Por que a separação dessas duas atividades em diferentes compartimentos celulares poderia ser importante?

**13. Modificação de RNA II** Além de rRNA e tRNA, muitos mRNA humanos também contêm nucleotídeos modificados, em particular $N^6$-metiladenosina.
(a) Como a incorporação de $N^6$-metiladenosina pode impactar o processamento do RNA?
(b) A incorporação de $N^6$-metiladenosina na região 3' não traduzida (UTR; ver Fig. 9-24) do transcrito MAT2A, que codifica uma metionina-adenosiltransferase, regula o metabolismo do cofator *S*-adenosilmetionina. Por que o metabolismo da *S*-adenosilmetionina estaria ligado à formação da $N^6$-metiladenosina?

**14. Genomas de RNA** Os vírus de RNA têm genomas relativamente pequenos. Por exemplo, os RNA de fita simples de retrovírus têm cerca de 10 mil nucleotídeos, e o RNA de Q$\beta$ tem apenas 4.220 nucleotídeos de comprimento. Como as propriedades da transcriptase reversa e da RNA-replicase poderiam ter contribuído para o tamanho pequeno desses genomas virais?

**15. Rastreamento de RNA pelo SELEX** O limite prático para o número de diferentes sequências de RNA que podem ser rastreadas em um experimento SELEX é de $10^{15}$. **(a)** Suponha que você está trabalhando com oligonucleotídeos de 36 nucleotídeos de comprimento. Quantas sequências existem em um conjunto aleatório contando toda sequência possível? **(b)** Qual é a porcentagem das sequências que podem ser rastreadas por um experimento SELEX? **(c)** Suponha que você deseja selecionar uma molécula de RNA que catalisa a hidrólise de um éster em particular. A partir do que você sabe sobre catálise, proponha uma estratégia SELEX que possa lhe permitir selecionar o catalisador apropriado.

**16. Morte lenta** O cogumelo cicuta-verde (*Amanita phalloides*) contém várias substâncias perigosas, incluindo a letal α-amanitina. Essa toxina bloqueia o alongamento do RNA nos consumidores do cogumelo ligando-se à RNA-polimerase II eucariótica com afinidade muito alta; ela é mortal em concentrações muito baixas, de até $10^{-8}$ M. A reação inicial à ingestão do cogumelo é um desconforto gastrintestinal (causado por algumas das outras toxinas). Esses sintomas desaparecem, mas o indivíduo que ingeriu o cogumelo morre cerca de 48 horas depois, geralmente por disfunção hepática. Discorra sobre por que demora tanto tempo para a α-amanitina matar uma pessoa.

**17. Detecção de cepas resistentes à rifampicina na tuberculose** A rifampicina é um importante antibiótico usado para tratar a tuberculose e outras doenças micobacterianas. Algumas cepas de *Mycobacterium tuberculosis*, o agente causador da tuberculose, são resistentes à rifampicina. Essas cepas se tornam resistentes por meio de mutações que alteram o gene *rpoB*, que codifica a subunidade β da RNA-polimerase (ver Fig. 26-10). A rifampicina não pode se ligar à RNA-polimerase mutante e, assim, não é capaz de bloquear a iniciação da transcrição. As sequências de DNA de um grande número de cepas de *M. tuberculosis* resistentes à rifampicina apresentaram mutações em uma região específica de 69 pb do *rpoB*. Uma cepa resistente à rifampicina bem caracterizada tem alteração de um único par de bases no *rpoB*, que resulta na substituição de um resíduo de His por um resíduo de Asp na subunidade β.

(a) Com base em seu conhecimento de química de proteínas, que técnica você utilizaria para detectar se uma determinada cepa produz a proteína mutante *rpoB* His → Asp?
(b) Com base em seu conhecimento da química dos ácidos nucleicos, que técnica você também poderia usar para identificar as formas mutantes de *rpoB*?

### BIOQUÍMICA *ONLINE*

**18. O gene da ribonuclease** A ribonuclease pancreática humana tem 128 resíduos de aminoácidos.

(a) Qual é o número mínimo de pares de nucleotídeos necessários para codificar essa proteína?
(b) O mRNA expresso em células pancreáticas humanas foi copiado com a transcriptase reversa para criar uma "biblioteca" de DNA humano. A sequência do mRNA que codifica a ribonuclease pancreática humana foi determinada pelo sequenciamento do DNA complementar (cDNA) a partir dessa biblioteca, que incluiu uma fase de leitura aberta para essa proteína. Use o banco de dados de nucleotídeos do NCBI (www.ncbi.nlm.nih.gov/nucleotide) para encontrar a sequência publicada desse mRNA. (Busque pelo número de acesso D26129.) Qual é o comprimento desse mRNA?
(c) Como é possível explicar a discrepância entre o tamanho calculado em (a) e o tamanho real do mRNA?

### QUESTÃO DE ANÁLISE DE DADOS

**19. RNA amputados com próteses nas caudas** O laboratório de Wickens estuda os efeitos drásticos causados pelo processamento do RNA sobre como uma célula utiliza mRNA, como o proto-oncogene c-*mos* (sarcoma celular de camundongo), que controla a meiose e os ciclos de células embrionárias em vertebrados. Em rãs (*Xenopus*), a expressão da proteína de c-*mos* é essencial para a maturação dos oócitos após a exposição à progesterona e a formação do embrião.

RNA específicos podem ser clivados (amputados) em ovócitos de *Xenopus* por injeção de oligonucleotídeos de DNA antissenso que hibridizarão com o mRNA. A formação de um duplex de RNA/DNA desencadeia a clivagem da fita de RNA pela RNase H celular. A figura a seguir mostra os resultados da amputação do mRNA de c-*mos* após a injeção de oligonucleotídeo. Nesse caso, o oligonucleotídeo direcionou a região –883 do mRNA de c-*mos*. Essa região está a jusante da fase aberta de leitura de c-*mos* (representada pelos códons de início de AUG e de parada de UAA) dentro da região não traduzida 3' (3'UTR).

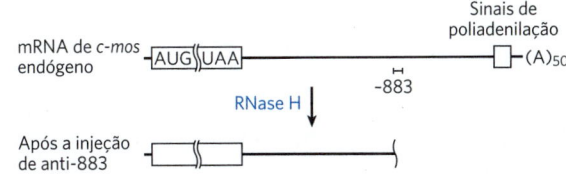

Após a injeção de um oligonucleotídeo senso, a porcentagem de maturação do oócito permaneceu quase inalterada. No entanto, quando um oligonucleotídeo antissenso foi injetado, a porcentagem de maturação foi reduzida em cerca de 60%. O mRNA de c-*mos* foi isolado de oócitos que amadureceram ou que não amadurecerem após a injeção do oligonucleotídeo antissenso. Os mRNA foram analisados por eletroforese em gel seguida por *Northern blotting*, como mostrado a seguir. Em um *Northern blot*, os RNA são separados por eletroforese em gel de acordo com seu tamanho, transferidos para uma membrana e, em seguida, detectados por hibridização com sondas de DNA complementares radioativas ou fluorescentes.

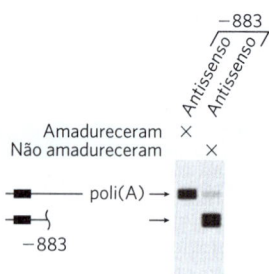

**(a)** O que é possível concluir sobre a importância da cauda poli(A) do mRNA de c-*mos* na maturação do oócito?

**(b)** Por que um oligonucleotídeo senso foi usado em alguns experimentos?

Os membros do laboratório de Wickens decidiram, então, injetar uma prótese de RNA após a amputação do mRNA do c-*mos*. A prótese de RNA continha a 3'UTR do mRNA do c-*mos*, bem como uma região complementar ao mRNA amputado do c-*mos*. Suas observações são mostradas a seguir. Nesses experimentos, a maturação do oócito foi medida pela porcentagem de células nas quais foi observada a degradação da vesícula germinativa (% DVG). A DVG ocorre quando o núcleo do oócito (chamado de vesícula germinativa) se dissolve e a célula retoma a meiose.

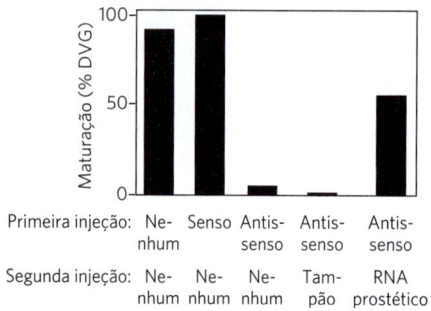

**(c)** Como você explica esses resultados?

Os cientistas do laboratório de Wickens, então, tentaram anexar a 3'UTR do mRNA do c-*mos* a uma enzima-repórter não relacionada. Nesse caso, eles usaram a luciferase, cuja atividade enzimática pode ser facilmente medida por luminescência (ver Quadro 13-2). A atividade total da luciferase também é proporcional à quantidade de proteína luciferase produzida pela célula. Eles tentaram anexar a 3'UTR do mRNA de c-*mos* inteira (mRNA1), a 3'UTR amputada (mRNA2) ou uma combinação da 3'UTR amputada com a prótese da cauda de poli(A) ligada à luciferase. A alta atividade da luciferase foi observada apenas quando a 3'UTR do mRNA de c-*mos* inteira foi usada ou quando a prótese da cauda de poli(A) foi incluída com a 3'UTR amputada.

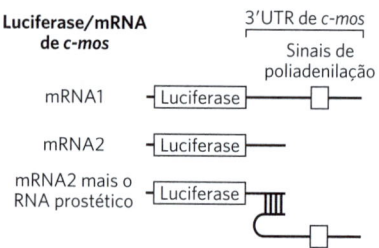

**(d)** O que esse experimento informa sobre a função provável da 3'UTR e da cauda de poli(A) para o mRNA de c-*mos* e a maturação do oócito?

**(e)** Como esses resultados podem ser úteis para controlar a expressão gênica celular?

### Referência

**Sheets, M.D., M. Wu, e M. Wickens.** 1995. Polyadenylation of c-*mos* mRNA as a control point in *Xenopus* meiotic maturation. *Nature* 374:511–516.

# Capítulo 27

# METABOLISMO DAS PROTEÍNAS

**27.1** O código genético  1006
**27.2** Síntese proteica  1015
**27.3** Endereçamento e degradação das proteínas  1041

Quase todos os processos biológicos requerem uma ou mais proteínas. Uma célula comum precisa de milhares de proteínas diferentes a todo momento. Essas proteínas devem ser sintetizadas em resposta às necessidades atuais da célula, modificadas para alterar sua atividade ou destino, transportadas (direcionadas) para suas localizações celulares apropriadas e degradadas quando não forem mais necessárias. Dezenas de processos separados contribuem para a **proteostase** celular, o complemento de proteínas em estado estacionário que permite a vida de uma célula em qualquer momento.

Muitos dos componentes e dos mecanismos básicos utilizados pela maquinaria de síntese proteica são notavelmente bem conservados em todas as formas de vida, desde bactérias até eucariotos, o que indica que esses componentes e mecanismos já estavam presentes no último ancestral comum universal (LUCA, do inglês *last universal common ancestor*) de todos os organismos existentes. Embora este capítulo se concentre na biossíntese de proteínas, todos os aspectos da proteostase são considerados. Os princípios que norteiam nossa abordagem estão inter-relacionados, refletindo todas essas realidades e muito mais.

**P1** **A informação tem um custo alto.** Esse princípio, observado nos capítulos anteriores, é particularmente bem ilustrado pela síntese de proteínas. A síntese de proteínas consome mais recursos celulares do que qualquer outro processo na maioria das células. São 15 mil ribossomos, 100 mil moléculas de enzimas e fatores proteicos envolvidos na síntese proteica e 200 mil moléculas de tRNA em uma célula bacteriana típica, o que corresponde a mais de 35% da massa seca da célula. Ao todo, quase 300 macromoléculas *diferentes* cooperam para a síntese de polipeptídeos. A síntese proteica chega a consumir 90% da energia química que uma célula utiliza para todas as reações biossintéticas. Por quê? A síntese enzimática de uma ligação amida deve exigir um fornecimento pequeno de energia. No entanto, a sequência de aminoácidos em uma proteína é uma forma de informação biológica.

A síntese de cada ligação amida (peptídeo) entre dois aminoácidos *específicos* é garantida pelo investimento de mais de quatro nucleosídeos-trifosfato (NTP).

**P2** **O código genético é quase universal e surgiu no início da evolução.** Essa é uma das muitas características dos sistemas vivos que conectam todos eles a um ancestral comum. Mesmo as raras exceções à universalidade do código reforçam essa regra.

**P3** **O código genético funciona por meio de moléculas de ligação.** Os tRNA são os adaptadores cruciais, combinando aminoácidos com códons de DNA.

**P4** **As proteínas são sintetizadas por RNA.** O estudo da síntese de proteínas oferece outra recompensa importante: um olhar para um mundo de catalisadores de RNA que podem ter existido em um mundo de RNA antes de surgir a vida "como a conhecemos". As proteínas são sintetizadas por uma enzima de RNA gigantesca.

**P5** **O metabolismo proteico é regulado em vários níveis.** O investimento de recursos na síntese de proteínas garante que muitas camadas de regulação trabalhem juntas para determinar quais proteínas são sintetizadas em um determinado momento. No entanto, as proteínas geralmente funcionam apenas em locais celulares específicos e em momentos específicos. Os mecanismos de regulação espacial e temporal – direcionamento, ativação e degradação final de proteínas – exibem complexidades que podem se aproximar dos processos biossintéticos.

Vários avanços importantes prepararam o terreno para nosso conhecimento atual da biossíntese de proteínas (**Fig. 27-1**). Primeiro, no início da década de 1950, Paul Zamecnik e Elizabeth Keller descobriram as partículas de ribonucleoproteína nas quais ocorre a síntese de proteínas. Essas partículas, visíveis em tecidos animais por microscopia eletrônica, foram posteriormente denominadas ribossomos. Logo depois, Francis Crick considerou como a informação genética codificada na linguagem de 4 letras dos ácidos nucleicos poderia ser traduzida para a linguagem de 20 letras das proteínas. Em 1955, Crick postulou que um pequeno ácido nucleico poderia servir como um adaptador, com uma parte da molécula adaptadora ligando-se a um aminoácido específico e outra parte reconhecendo a sequência de nucleotídeos que codifica esse aminoácido em um mRNA

# CAPÍTULO 27 • METABOLISMO DAS PROTEÍNAS

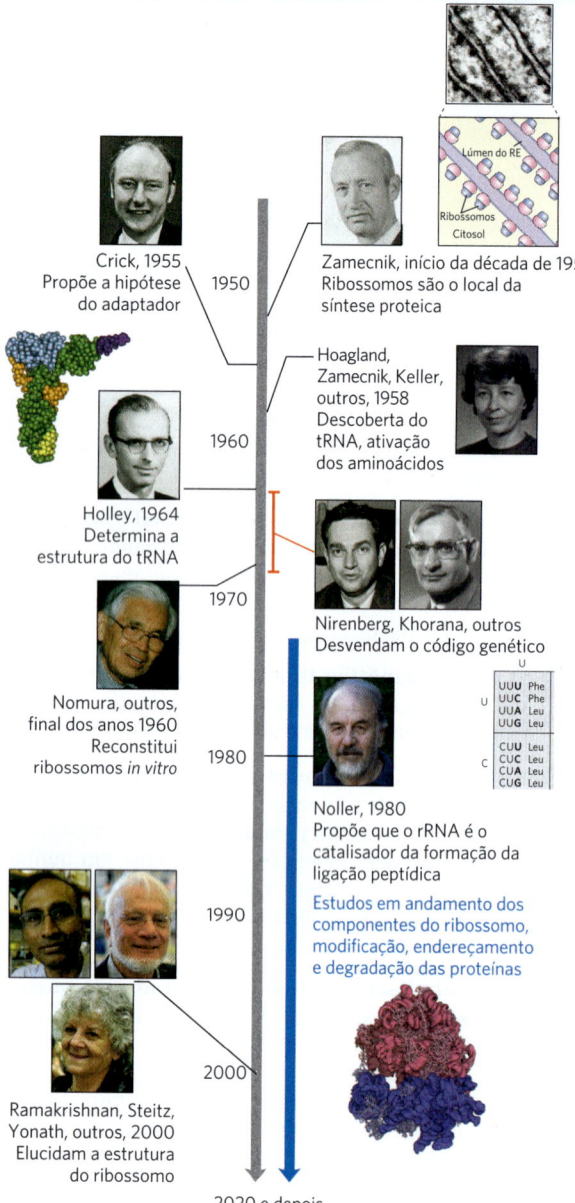

**FIGURA 27-1** **Linha do tempo da elucidação das vias biossintéticas de proteínas.** Algumas contribuições importantes estão em destaque. No entanto, nosso conhecimento atual do código genético e das vias biossintéticas de proteínas é o resultado de esforços internacionais envolvendo centenas de laboratórios. [Da parte superior esquerda para a parte inferior esquerda: Bettmann/Getty Images; dados de PDB ID 4TRA, E. Westhof et al., *Acta Crystallogr. A* 44:112, 1988; Bettmann/Getty Images; cortesia de Archives, University of Wisconsin, Madison; Alastair Grant/AP Images; Lucas Jackson/Reuters/Newscom; Xinhua/ZUMA-PRESS.com. Da parte superior direita para a parte inferior direita: Joseph F. Gennaro Jr./Science Source; Archives and Special Collections, Massachusetts General Hospital; Cornell University Media Services PhotoSection records, #21-37-2227, Division of Rare and Manuscript Collections, Cornell University Library; Bob Schutz/AP Images; cortesia de Archives, University of Wisconsin, Madison; cortesia de Harry Noller; dados de PDB ID 4V7R, A. Ben-Shem et al., *Science* 330:1203, 2010.]

(**Fig. 27-2**). A hipótese do adaptador de Crick foi logo verificada quando Mahlon Hoagland e Zamecnik descobriram o tRNA. A estrutura do alanil-tRNA foi relatada por Robert

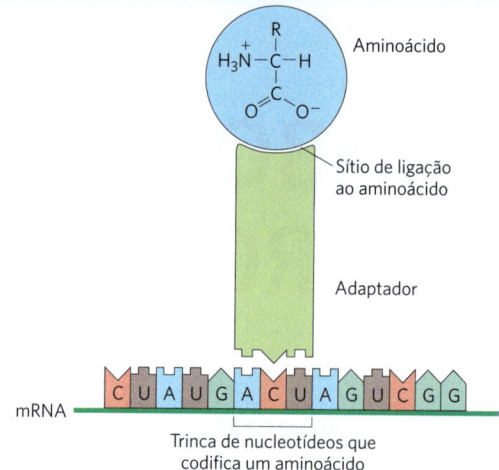

**FIGURA 27-2** **Hipótese de um adaptador proposta por Crick.** Francis Crick propôs que uma extremidade de um pequeno adaptador de nucleotídeo poderia se ligar a um aminoácido específico, ao passo que a outra extremidade poderia reconhecer uma sequência de nucleotídeos no mRNA. Hoje, sabe-se que o aminoácido está ligado covalentemente à extremidade 3' de uma molécula de tRNA e que uma trinca de nucleotídeos específica em outra parte do tRNA interage com um códon de trinca específico do mRNA por meio de ligações de hidrogênio entre bases complementares.

Holley em 1964. O adaptador de tRNA "traduz" a sequência de nucleotídeos de um mRNA na sequência de aminoácidos de um polipeptídeo. O processo geral da síntese proteica dirigida por mRNA é com frequência chamado simplesmente de **tradução**. Hoagland, Zamecnik e Elizabeth Keller também descobriram que os aminoácidos eram "ativados" para a síntese de proteínas quando incubados com ATP e a fração citosólica das células do fígado. Os aminoácidos se ligaram a um RNA solúvel termoestável – o tRNA – para formar **aminoacil-tRNA**. As enzimas que catalisam esse processo são as **aminoacil-tRNA-sintetases**.

Esses avanços logo levaram à identificação das três etapas principais da síntese proteica e, finalmente, à elucidação do código genético que especifica cada aminoácido. Nas décadas subsequentes, os ribossomos foram purificados e suas proteínas e seus componentes de rRNA foram dissecados. A elucidação das estruturas tridimensionais dos ribossomos foi alcançada em 2000, confirmando uma hipótese apresentada pela primeira vez por Harry Noller duas décadas antes: são os rRNA, e não as proteínas ribossômicas, que catalisam a formação de ligações peptídicas.

## 27.1 O código genético

Por volta da década de 1960, já era evidente que pelo menos três resíduos de nucleotídeos do DNA eram necessários para codificar cada aminoácido. As quatro letras de código do DNA (A, T, G e C) em grupos de dois podem produzir apenas $4^2 = 16$ combinações diferentes, insuficientes para codificar 20 aminoácidos. Grupos de três, no entanto, geram $4^3 = 64$ combinações diferentes. Decifrar o código genético rapidamente se tornou o objetivo principal.

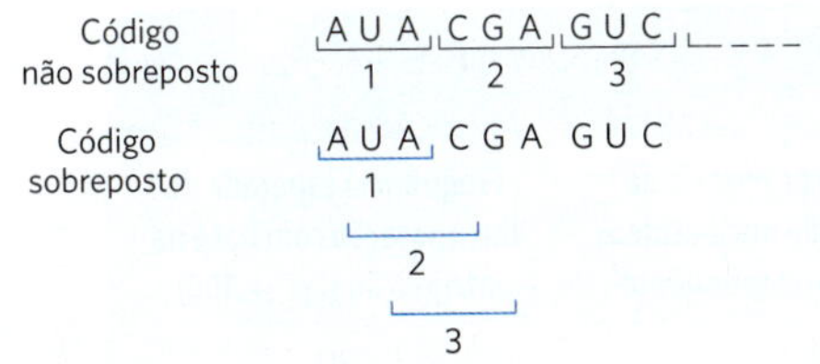

Código
não sobreposto

A U A  C G A  G U C
  1     2     3

Código
sobreposto

A U A  C G A  G U C
  1
    2
      3

**FIGURA 27-3 Códigos genéticos com e sem sobreposição.** Em um código sem sobreposição, os códons (enumerados consecutivamente) não compartilham nucleotídeos. Em um código com sobreposição, alguns nucleotídeos no mRNA são compartilhados por diferentes códons. Em um código de trinca com sobreposição máxima, muitos nucleotídeos, como o terceiro nucleotídeo da esquerda para a direita (A), são compartilhados por três códons. Um código sem sobreposição permite muito mais flexibilidade para as sequências de trincas dos códons vizinhos e, portanto, para as possíveis sequências de aminoácidos designadas pelo código.

## O código genético foi decifrado utilizando-se moldes artificiais de mRNA

Várias propriedades principais do código genético foram estabelecidas nos primeiros estudos genéticos. Um **códon** é uma trinca de nucleotídeos que codifica um aminoácido específico. Em todos os sistemas vivos, a tradução ocorre de tal forma que essas trincas são lidas de forma sucessiva e não sobreposta (**Figs. 27-3** e **27-4**). Um primeiro códon específico na sequência estabelece a **fase de leitura**, na qual um novo códon inicia a cada três resíduos de nucleotídeos. Não há interrupção entre os códons para os resíduos de aminoácidos sucessivos. A sequência de aminoácidos de uma proteína é definida por uma sequência linear de trincas contíguas. A princípio, qualquer sequência de DNA de fita simples ou mRNA tem três fases de leitura possíveis. Cada fase de leitura apresenta uma sequência diferente de códons (**Fig. 27-5**), mas provavelmente apenas uma codifica uma dada proteína. Ainda restava uma questão-chave: quais seriam os códigos de três letras que codificam cada aminoácido?

Em 1961, Marshall Nirenberg e Heinrich Matthaei relataram a primeira grande descoberta nesse sentido. Eles incubaram poliuridilato sintético, poli(U), com um extrato de *Escherichia coli*, GTP, ATP e uma mistura dos 20 aminoácidos em 20 tubos diferentes, com cada tubo contendo um dos aminoácidos marcado radioativamente. Como o mRNA do poli(U) é constituído por muitas trincas UUU sucessivas, ele deveria codificar a síntese de um polipeptídeo contendo apenas o aminoácido codificado por UUU. De fato, um polipeptídeo radioativo foi formado em apenas um dos 20 tubos, aquele que continha fenilalanina radioativa. Assim, Nirenberg e Matthaei concluíram que o códon UUU codifica a fenilalanina. A mesma abordagem logo mostrou que policitidilato,

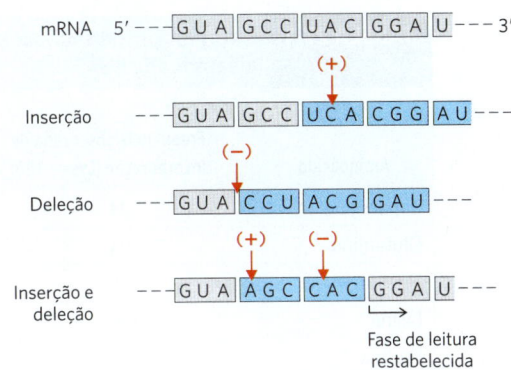

**FIGURA 27-4 Código de trinca sem sobreposição.** As evidências para a natureza geral do código genético vieram de muitos tipos de experimentos, incluindo experimentos genéticos sobre os efeitos de mutações por deleção e por inserção. Inserir ou deletar um par de bases (mostrados aqui no transcrito de mRNA) altera a sequência de trincas em um código sem sobreposição; todos os aminoácidos codificados pelo mRNA após a mudança são afetados. A combinação de mutações por inserção e por deleção afeta alguns aminoácidos, mas pode, por fim, restabelecer a sequência correta de aminoácidos. A adição ou remoção de três nucleotídeos (não mostrados) mantém as demais trincas intactas, evidenciando que o códon é constituído por três, e não quatro ou cinco, nucleotídeos. Os códons de trincas sombreados em cinza são aqueles traduzidos a partir do gene original; os códons mostrados em azul são códons novos, resultantes de mutações por inserção ou deleção.

poli(C), codifica um polipeptídeo contendo apenas prolina (poliprolina), e que poliadenilato, poli(A), codifica polilisina. O poliguanilato não deu origem a qualquer polipeptídeo nesse experimento, pois forma, espontaneamente, tétrades (ver Fig. 8-20d) que não podem ser ligadas por ribossomos.

Os polinucleotídeos sintéticos utilizados nesse experimento foram preparados usando polinucleotídeo-fosforilase (p. 987), que catalisa a formação de polímeros de RNA a partir de ADP, UDP, CDP e GDP. Essa enzima, descoberta pelo físico/bioquímico Severo Ochoa, não necessita de molde e forma polímeros com uma composição de bases que reflete diretamente as concentrações relativas dos precursores, os nucleosídeos-5'-difosfato presentes no meio. Se a polinucleotídeo-fosforilase for colocada em meio contendo apenas UDP, ela formará apenas poli(U). Se estiver presente uma mistura contendo cinco partes de ADP e uma parte de CDP, ela formará um polímero no qual cerca de cinco sextos dos resíduos são adenilato e um sexto é citidilato. Esse polímero aleatório provavelmente terá muitas trincas com a sequência AAA, números menores de trincas AAC, ACA e CAA, relativamente menos trincas ACC, CCA e CAC e muito poucas trincas CCC (**Tabela 27-1**). Utilizando uma grande variedade de mRNA artificiais sintetizados pela polinucleotídeo-fosforilase a partir de

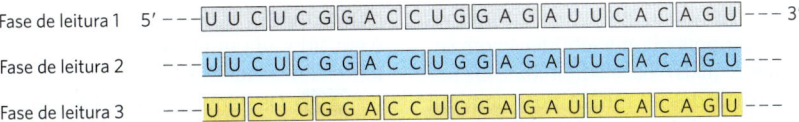

**FIGURA 27-5 Quadros de leitura no código genético.** Em um código de trincas sem sobreposição, todos os mRNA têm três fases de leitura possíveis, mostradas aqui em cores diferentes. As trincas e, consequentemente, os aminoácidos codificados são diferentes em cada fase de leitura.

| TABELA 27-1 | Incorporação de aminoácidos em polipeptídeos em resposta a polímeros aleatórios de RNA | | |
|---|---|---|---|
| Aminoácido | Frequência observada de incorporação (Lys = 100) | Atribuição provisória da composição de nucleotídeos do códon correspondente[a] | Frequência esperada de incorporação com base na atribuição (Lys = 100) |
| Asparagina | 24 | $A_2C$ | 20 |
| Glutamina | 24 | $A_2C$ | 20 |
| Histidina | 6 | $AC_2$ | 4 |
| Lisina | 100 | AAA | 100 |
| Prolina | 7 | $AC_2$, CCC | 4,8 |
| Treonina | 26 | $A_2C$, $AC_2$ | 24 |

Nota: Aqui, é apresentado um resumo dos dados de um dos primeiros experimentos planejados para elucidar o código genético. Um RNA sintético contendo apenas resíduos A e C em uma proporção de 5:1 direcionou a síntese de polipeptídeos, e tanto a identidade como a quantidade de aminoácidos incorporados foram determinadas. Com base nas abundâncias relativas de resíduos A e C no RNA sintético, e atribuindo-se ao códon AAA (o códon mais provável) uma frequência de 100, deveria haver três códons diferentes com a composição $A_2C$, cada qual com frequência relativa de 20; três com a composição $AC_2$, cada qual com frequência relativa de 4; e CCC com frequência relativa de 0,8. A atribuição de CCC foi baseada em informações obtidas em estudos prévios com poli(C). Onde duas atribuições experimentais são feitas, é proposto que ambas codificam o mesmo aminoácido.
[a]Essas atribuições da composição de nucleotídeos não contêm informações sobre a sequência nucleotídica (exceto, claro, AAA e CCC).

diferentes misturas de ADP, GDP, UDP e CDP, os grupos de Nirenberg e de Ochoa logo identificaram as composições de bases das trincas que codificam quase todos os aminoácidos. Apesar desses experimentos revelarem a composição de bases das trincas codificadoras, eles não foram capazes de revelar a sequência das bases.

**CONVENÇÃO** Grande parte da discussão a seguir aborda os tRNA. O aminoácido especificado por um tRNA é indicado por um sobrescrito, como tRNA[Ala], e o tRNA aminoacilado é indicado por um nome com hífen: alanil-tRNA[Ala] ou Ala-tRNA[Ala]. ■

Em 1964, Nirenberg e Philip Leder chegaram a outra grande descoberta experimental. Ribossomos isolados de *E. coli* se ligam a um aminoacil-tRNA específico na presença do polinucleotídeo mensageiro sintético correspondente. Por exemplo, os ribossomos incubados com poli(U) e fenilalanil-tRNA[Phe] (Phe-tRNA[Phe]) se ligam a ambos os RNA, mas, se forem incubados com poli(U) e algum outro aminoacil-tRNA, o aminoacil-tRNA não é ligado, uma vez que não reconhece as trincas UUU do poli(U) (**Tabela 27-2**). Mesmo trinucleotídeos eram capazes de promover a ligação específica de tRNA apropriados; portanto, esses experimentos podiam ser realizados com pequenos oligonucleotídeos sintetizados artificialmente. Com essa técnica, os pesquisadores determinaram quais aminoacil-tRNA se ligavam a 54 dos 64 códons possíveis. Para alguns códons, nenhum aminoacil-tRNA ou mais de um poderia se ligar. Outro método foi necessário para completar e confirmar todo o código genético.

Por volta dessa época, uma abordagem complementar foi fornecida por H. Gobind Khorana, que desenvolveu métodos químicos para sintetizar polirribonucleotídeos com sequências repetidas de duas a quatro bases definidas. Os polipeptídeos produzidos a partir desses mRNA possuíam um ou poucos aminoácidos em padrões repetidos. Esses padrões, quando combinados com as informações obtidas a partir dos polímeros aleatórios utilizados por Nirenberg e colaboradores, permitiram determinar os códons sem ambiguidades. O copolímero $(AC)_n$, por exemplo, tem códons

| TABELA 27-2 | Trinucleotídeos que induzem a ligação específica de aminoacil-tRNA aos ribossomos | | |
|---|---|---|---|
| | Aumento relativo da ligação ao ribossomo de aminoacil-tRNA marcado com $^{14}C$[a] | | |
| Trinucleotídeo | Phe-tRNA[Phe] | Lys-tRNA[Lys] | Pro-tRNA[Pro] |
| UUU | 4,6 | 0 | 0 |
| AAA | 0 | 7,7 | 0 |
| CCC | 0 | 0 | 3,1 |

Informações de M. Nirenberg e P. Leder, *Science* 145:1399, 1964.
[a]Cada número representa o fator de aumento da quantidade de $^{14}C$ ligado quando o trinucleotídeo indicado estava presente, em relação ao controle sem trinucleotídeo.

ACA e CAC alternados: ACACACACACACA. O polipeptídeo sintetizado a partir desse mensageiro continha quantidades iguais de treonina e histidina. Considerando-se que um códon de histidina tem um A e dois C (Tabela 27-1), CAC deve codificar histidina, e ACA, treonina.

A consolidação dos resultados de muitos experimentos permitiu decifrar 61 dos 64 códons possíveis. Os outros três códons foram identificados como códons de terminação, em parte porque eles interrompem os padrões de codificação de aminoácidos quando apareciam em um polímero sintético de RNA (**Fig. 27-6**). Em 1966, já haviam sido estabelecidos os significados de todas as trincas de códons (organizados no quadro da **Fig. 27-7**), as quais foram verificadas de muitas maneiras diferentes. A decifração do código genético é considerada uma das descobertas científicas mais importantes do século XX.

▶P2 Os códons são a chave para a tradução da informação genética, direcionando a síntese de proteínas específicas. A fase de leitura é estabelecida quando a tradução de uma molécula de mRNA é iniciada e é mantida à medida que a maquinaria de síntese vai lendo a mensagem sequencialmente, de uma trinca a outra. Se a fase de leitura inicial

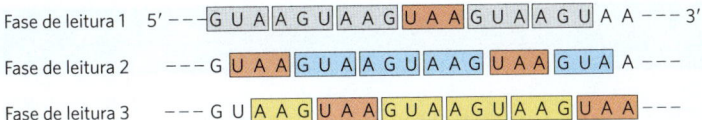

**FIGURA 27-6 Efeito de um códon de terminação em um tetranucleotídeo repetitivo.** Códons de terminação (em vermelho) são encontrados a cada quarto códon em três fases de leitura diferentes (mostradas em cores diferentes). Dipeptídeos ou tripeptídeos são sintetizados, dependendo de onde o ribossomo se liga inicialmente.

| | U | C | A | G |
|---|---|---|---|---|
| **U** | UUU Phe / UUC Phe / UUA Leu / UUG Leu | UCU Ser / UCC Ser / UCA Ser / UCG Ser | UAU Tyr / UAC Tyr / UAA Terminação / UAG Terminação | UGU Cys / UGC Cys / UGA Terminação / UGG Trp |
| **C** | CUU Leu / CUC Leu / CUA Leu / CUG Leu | CCU Pro / CCC Pro / CCA Pro / CCG Pro | CAU His / CAC His / CAA Gln / CAG Gln | CGU Arg / CGC Arg / CGA Arg / CGG Arg |
| **A** | AUU Ile / AUC Ile / AUA Ile / AUG Met | ACU Thr / ACC Thr / ACA Thr / ACG Thr | AAU Asn / AAC Asn / AAA Lys / AAG Lys | AGU Ser / AGC Ser / AGA Arg / AGG Arg |
| **G** | GUU Val / GUC Val / GUA Val / GUG Val | GCU Ala / GCC Ala / GCA Ala / GCG Ala | GAU Asp / GAC Asp / GAA Glu / GAG Glu | GGU Gly / GGC Gly / GGA Gly / GGG Gly |

**FIGURA 27-7 "Dicionário" das palavras que codificam aminoácidos no mRNA.** Os códons estão escritos na direção 5'→3'. A terceira base de cada códon (em negrito) desempenha um papel menor na especificação do aminoácido em relação às duas primeiras. Os três códons de terminação estão sombreados em vermelho, e o códon de iniciação AUG está em verde. Todos os aminoácidos, com exceção da metionina e do triptofano, têm mais de um códon. Na maioria dos casos, os códons que especificam o mesmo aminoácido diferem apenas na terceira base.

estiver com uma ou duas bases desalinhadas, ou se a tradução, de alguma forma, pular um nucleotídeo no mRNA, todos os códons subsequentes ficarão fora de registro; o resultado, geralmente, é uma proteína "errada" com uma sequência de aminoácidos truncada.

Vários códons apresentam funções especiais (Fig. 27-7). O **códon de iniciação** AUG é o sinal mais comum para o início de um polipeptídeo em todas as células, além de codificar resíduos de Met nas posições internas dos polipeptídeos. Os **códons de terminação** (UAA, UAG e UGA), também denominados códons de parada ou códons sem sentido, geralmente sinalizam o fim da síntese de polipeptídeos e não codificam qualquer aminoácido conhecido.

Como será descrito na Seção 27.2, o início da síntese proteica na célula é um processo elaborado que depende dos códons de iniciação e de outros sinais no mRNA. Em retrospectiva, os experimentos realizados por Nirenberg, Khorana e outros pesquisadores para identificar a função dos códons não deveriam ter funcionado, pois não havia códons de iniciação. Casualmente, as condições experimentais permitiram que a síntese ocorresse sem que essas exigências normais de iniciação estivessem totalmente cumpridas. A diligência e o acaso juntos levaram a uma grande descoberta – uma ocorrência bastante comum na história da bioquímica.

Em uma sequência aleatória de nucleotídeos, em média 1 em cada 20 códons em cada fase de leitura é um códon de terminação. Em geral, uma fase de leitura que não apresenta um códon de terminação entre 50 ou mais códons consecutivos é considerada uma **fase de leitura aberta** (**ORF**, do inglês *open reading frame*). As ORF longas geralmente correspondem a genes que codificam proteínas. Na análise de bancos de dados de sequências, programas sofisticados são utilizados para procurar por ORF, a fim de encontrar genes em meio a um imenso mar de DNA não gênico. Um gene ininterrupto que codifica uma proteína típica de massa molecular de 60.000 precisaria de uma ORF com 500 códons ou mais.

Uma característica intrigante do código genético é que um aminoácido pode ser codificado por mais de um códon, de modo que o código é considerado **degenerado**. Isso *não* significa que o código tenha falhas: apesar de um aminoácido ter um ou mais códons, cada códon codifica apenas um aminoácido. A degeneração do código não é uniforme. Enquanto os aminoácidos metionina e triptofano possuem apenas um códon, três aminoácidos (Arg, Leu, Ser) têm seis códons cada, cinco aminoácidos têm quatro, a isoleucina tem três e nove aminoácidos têm dois códons (**Tabela 27-3**).

O código genético é quase universal. Com a exceção curiosa de algumas pequenas variações nas mitocôndrias, algumas bactérias e alguns eucariotos unicelulares, os códons dos aminoácidos são idênticos em todas as espécies estudadas até agora. Os seres humanos, a *E. coli*, a planta do tabaco, anfíbios e vírus compartilham do mesmo código genético. Isso sugere que todas as formas de vida têm um ancestral evolutivo comum cujo código genético foi preservado ao longo da evolução biológica. Até mesmo as variações (**Quadro 27-1**) reforçam esse tema.

**TABELA 27-3 Degeneração do código genético**

| Aminoácido | Número de códons | Aminoácido | Número de códons |
|---|---|---|---|
| Met | 1 | Tyr | 2 |
| Trp | 1 | Ile | 3 |
| Asn | 2 | Ala | 4 |
| Asp | 2 | Gly | 4 |
| Cys | 2 | Pro | 4 |
| Gln | 2 | Thr | 4 |
| Glu | 2 | Val | 4 |
| His | 2 | Arg | 6 |
| Lys | 2 | Leu | 6 |
| Phe | 2 | Ser | 6 |

## QUADRO 27-1

### Exceções que comprovam a regra: variações naturais no código genético

Em bioquímica, bem como em outras disciplinas, as exceções a regras gerais podem ser problemáticas para os professores e frustrantes para os alunos. Ao mesmo tempo, no entanto, elas ensinam que a vida é complexa e nos inspiram na busca por novas surpresas. Entender as exceções pode até mesmo reforçar a regra original de maneiras surpreendentes.

Seria de esperar que o código genético tivesse poucas variações. Mesmo a substituição de um único aminoácido pode ter efeitos danosos profundos na estrutura de uma proteína. Ainda assim, ocorrem variações no código em alguns organismos, e elas são interessantes e instrutivas. Os tipos de variações e o fato de que elas são muito raras fornecem fortes evidências de uma origem evolutiva comum para todos os seres vivos.

Para alterar o código, as mudanças devem ocorrer no(s) gene(s) que codifica(m) um ou mais tRNA, sendo o anticódon o alvo mais óbvio para a alteração. Essa mudança levaria a uma inserção sistemática de um aminoácido em um códon que, de acordo com o código-padrão (ver Fig. 27-7), não é específico para aquele aminoácido. O código genético, na verdade, é definido por dois elementos: (1) os anticódons nos tRNA, que determinam onde um aminoácido é inserido em uma cadeia polipeptídica em crescimento; e (2) a especificidade das enzimas – as aminoacil-tRNA-sintetases – que carregam os tRNA, o que determina a identidade do aminoácido ligado a um dado tRNA.

A maioria das mudanças repentinas no código teria efeitos catastróficos nas proteínas celulares; portanto, é mais provável que alterações no código persistiam onde relativamente poucas proteínas seriam afetadas, como genomas pequenos que codificam poucas proteínas. As consequências biológicas de uma mudança no código poderiam também ser reduzidas caso as mudanças acontecessem nos três códons de terminação, que geralmente não ocorrem *dentro* de genes. Esse padrão é, de fato, observado.

Das pouquíssimas variações conhecidas do código genético, a maioria ocorre no DNA mitocondrial (mtDNA), o qual codifica apenas de 10 a 20 proteínas. As mitocôndrias têm seus próprios tRNA; portanto, as variações no seu código não afetam o genoma celular, que é muito maior. As mudanças mais comuns nas mitocôndrias envolvem códons de terminação. Essas mudanças afetam a terminação dos produtos de apenas um grupo de genes, e, às vezes, os efeitos são mínimos, pois os genes têm códons de terminação múltiplos (redundantes).

Os mtDNA de vertebrados têm genes que codificam 13 proteínas, 2 rRNA e 22 tRNA (ver Fig. 19-40). Dado o pequeno número de alterações nos códons, aliado a um número incomum de regras variáveis (p. 1012), os 22 tRNA são suficientes para decodificar os genes que codificam para as proteínas, ao contrário dos 32 tRNA necessários para o código-padrão. Nas mitocôndrias, essas mudanças podem ser vistas como uma otimização genômica, pois um genoma menor confere uma vantagem na replicação para a organela. Quatro famílias de códons (nas quais o aminoácido é determinado em sua totalidade pelos dois primeiros nucleotídeos) são decodificadas por um único tRNA com um resíduo U na primeira posição (oscilante) no anticódon. Ou o U pareia, de alguma forma, com qualquer uma das quatro possíveis bases na terceira posição do códon, ou um mecanismo do tipo "dois de três" é utilizado – ou seja, não é necessário haver pareamento de bases na terceira posição. Outros tRNA reconhecem códons com A ou G na terceira posição, e outros ainda reconhecem U ou C, de modo que praticamente todos os tRNA reconhecem dois ou quatro códons.

No código-padrão, apenas dois aminoácidos são especificados por um único códon: metionina e triptofano (ver Tabela 27-3). Se todos os tRNA mitocondriais reconhecessem dois códons, seriam esperados códons adicionais para Met e Trp nas mitocôndrias. Foi verificado que a variação de códon mais comum é do códon UGA, normalmente um códon de terminação, que codifica o triptofano. O tRNA$^{Trp}$ reconhece e insere um resíduo de Trp para o códon UGA ou para o códon normal do Trp, UGG. A segunda variação mais comum é a conversão de AUA, de um códon que codifica Ile para um códon que codifica Met; o códon normal para Met é AUG, e um único tRNA reconhece ambos os códons. As variações de código conhecidas nas mitocôndrias estão resumidas na Tabela 1.

Considerando as mudanças bem mais raras que ocorrem nos códigos de genomas celulares (para diferenciar dos genomas mitocondriais), constatou-se que a única variação em uma bactéria é, novamente, o uso de UGA para codificar resíduos de Trp, o que ocorre no organismo unicelular de vida livre mais simples, o *Mycoplasma capricolum*. Entre os eucariotos, raras mudanças de códons extramitocondriais são observadas em algumas espécies de protistas ciliados, em que ambos os códons de terminação UAA e UAG podem especificar a glutamina. Também existem casos raros e interessantes nos quais códons de terminação foram adaptados para codificar aminoácidos que não estão entre os 20 aminoácidos-padrão, como detalhado no Quadro 27-2.

As mudanças no código não precisam ser absolutas; um códon nem sempre codifica um mesmo aminoácido. Por exemplo, em muitas bactérias – incluindo *E. coli* –, GUG (Val) é às vezes utilizado como códon de iniciação que especifica Met. Isso ocorre apenas nos genes em que a sequência GUG está apropriadamente localizada em relação a sequências específicas de mRNA que afetam o início da tradução (como discutido na Seção 27.2).

A alteração mais surpreendente do código genético ocorre em algumas espécies de fungos do gênero *Candida*, como descoberto originalmente em *Candida albicans*. *C. albicans* é um

### A oscilação possibilita que alguns tRNA reconheçam mais de um códon

Quando vários códons diferentes especificam um mesmo aminoácido, a diferença entre eles geralmente se dá na terceira base (na extremidade 3'). Por exemplo, a alanina é codificada pelas trincas GCU, GCC, GCA e GCG. Os códons para a maioria dos aminoácidos podem ser simbolizados por $XY_G^A$ ou $XY_C^U$. As duas primeiras letras de cada códon são os determinantes primários da especificidade, uma característica que apresenta algumas consequências interessantes.

| TABELA 1 | Variações conhecidas nas atribuições de códons nas mitocôndrias | | | | |
|---|---|---|---|---|---|
| | Códons[a] | | | | |
| | UGA | AUA | AGA AGG | CUN | CGG |
| Atribuição de código normal (celular) | Terminação | Ile | Arg | Leu | Arg |
| Animais<br>　Vertebrados<br>　*Drosophila* | Trp<br>Trp | Met<br>Met | Terminação<br>Ser | +<br>+ | +<br>+ |
| Leveduras<br>　*Saccharomyces cerevisiae*<br>　*Torulopsis glabrata*<br>　*Schizosaccharomyces pombe* | Trp<br>Trp<br>Trp | Met<br>Met<br>+ | +<br>+<br>+ | Thr<br>Thr<br>+ | +<br>?<br>+ |
| Fungos filamentosos | Trp | + | + | + | + |
| Tripanossomas | Trp | + | + | + | + |
| Plantas superiores | + | + | + | + | Trp |
| *Chlamydomonas reinhardtii* | ? | + | + | + | ? |

[a]N indica qualquer um dos nucleotídeos; +, indica que o códon tem o mesmo significado que no códon regular; ?, indica que o códon não é observado nesse genoma mitocondrial.

organismo com alta complexidade genômica; ainda assim, o seu código genético sofreu uma mudança significativa: o códon CUG, que normalmente codifica Leu, codifica Ser nesse organismo. A pressão da seleção natural para essa mudança é completamente desconhecida. Além disso, as estruturas químicas de Ser e Leu são bem diferentes. Entretanto, até mesmo essa mudança pode ser compreendida com base nas propriedades de um código universal. Quando vários códons codificam um mesmo aminoácido e usam vários tRNA, nem todos os códons são utilizados com a mesma frequência. Em um fenômeno denominado **viés de códon**, alguns códons que codificam um determinado aminoácido são utilizados mais frequentemente (às vezes com uma frequência muito maior) do que outros códons. Os tRNA para os códons mais utilizados geralmente estão presentes em maior concentração do que os tRNA para códons menos usados. A degeneração do código leva à existência de seis códons para Leu. Em bactérias, CUG geralmente codifica Leu. No entanto, em fungos de gêneros muito próximos a *Candida*, mas que não têm alterações no código, o CUG é usado raramente para codificar Leu e, em geral, está ausente em proteínas que são altamente expressas. Uma mudança de código no CUG teria, assim, um efeito muito menor no metabolismo celular de fungos do que se todos os códons fossem usados com a mesma frequência. A mudança no código pode ter ocorrido a partir de uma perda gradual dos códons CUG em genes e do tRNA que reconhece CUG como um códon de Leu, seguido por um evento de captura – uma mutação no anticódon de um tRNA$^{Ser}$ que permitiu que ele reconhecesse CUG. De outra forma, pode ter havido um estágio intermediário, no qual CUG seria reconhecido como códon codificador tanto de Leu como de Ser, talvez com sinais específicos nos mRNA que ajudassem um ou outro tRNA a reconhecer códons CUG específicos (ver Quadro 27-2). A análise filogenética indica que a reatribuição de CUG como um códon de Ser ocorreu nos ancestrais de *Candida* há cerca de 150 a 170 milhões de anos.

Essas variações mostram que o código não é tão universal como outrora se pensava, mas que sua flexibilidade é rigorosamente restrita. As variações são, obviamente, derivadas do código celular, e nunca se encontrou um exemplo sequer de um código totalmente diferente. O escopo limitado de variações no código fortalece o princípio de que todas as formas de vida neste planeta evoluíram com base em um código genético único (e levemente flexível).

**P3** Os tRNA pareiam com códons do mRNA em uma sequência de três bases no tRNA denominada **anticódon**. A primeira base do códon no mRNA (lido na direção 5′→3′) pareia com a terceira base do anticódon (**Fig. 27-8a**). Se a trinca do anticódon de um tRNA reconhecesse apenas uma trinca de códon no pareamento de bases de Watson-Crick em todas as três posições, as células teriam um tRNA diferente para cada códon de aminoácido. Entretanto, esse não é o caso, pois os anticódons de alguns tRNA incluem o nucleotídeo inosinato (abreviado como I), que contém uma base incomum, a hipoxantina (ver Fig. 8-5b). O inosinato pode formar ligações de hidrogênio com três nucleotídeos diferentes – A, U e C (Fig. 27-8b) –, embora esses pares sejam muito mais fracos do que as ligações de hidrogênio dos pares de bases de Watson-Crick G≡C e A=U. Na levedura, um tRNA$^{Arg}$ tem o anticódon (5')ICG, que reconhece três códons de arginina: (5')CGA, (5')CGU e (5')CGC. As duas primeiras bases são idênticas (CG) e formam pares de bases de Watson-Crick fortes com as bases correspondentes do anticódon, mas a terceira base (A, U ou C) forma ligações de hidrogênio mais fracas com o resíduo I na primeira posição do anticódon.

A análise desse e de outros pareamentos códon-anticódon levou Crick a concluir que a terceira base da maioria dos códons pareia de maneira mais frouxa com a base correspondente do anticódon; em outras palavras, a terceira base desses códons (e a primeira base dos seus anticódons correspondentes) "oscila". Crick propôs uma série de quatro relações, chamada de **hipótese da oscilação**:

1. As duas primeiras bases de um códon no mRNA sempre estabelecem fortes pareamentos de bases do tipo Watson-Crick com as bases correspondentes no anticódon do tRNA e conferem a maior parte da especificidade do código.

2. A primeira base do anticódon (lida na direção 5'→3'; essa base pareia com a terceira base do códon) determina o número de códons reconhecidos pelo tRNA. Quando a primeira base do anticódon é C ou A, o pareamento de bases é específico, e apenas um códon é reconhecido por aquele tRNA. Quando a primeira base é U ou G, a ligação é menos específica, e dois códons diferentes podem ser lidos. Quando inosina (I) é o primeiro nucleotídeo (oscilante) de um anticódon, três códons diferentes podem ser reconhecidos – o número máximo para qualquer tRNA. Essas relações estão resumidas na **Tabela 27-4**.

3. Quando um aminoácido é especificado por diversos códons diferentes, os códons que diferem em uma das duas primeiras bases necessitam de tRNA diferentes.

4. Um mínimo de 32 tRNA são necessários para traduzir todos os 61 códons (31 para codificar os aminoácidos e 1 para o início da tradução).

A base oscilante (ou terceira base) do códon contribui para a especificidade, porém, como ela pareia de forma frouxa com a base correspondente no anticódon, ela permite uma dissociação rápida entre o tRNA e o códon durante a síntese proteica. Se todas as três bases de um códon se envolvessem em fortes pareamentos de Watson e Crick com as três bases do anticódon, os tRNA se dissociariam muito lentamente, o que limitaria a velocidade da síntese proteica. As interações códon-anticódon permitem um equilíbrio entre precisão e velocidade.

▶P3 Embora apenas 32 tRNAs sejam necessários para traduzir todos os códons, a maioria das células tem mais do que isso. A bactéria *E. coli* possui 47 genes de tRNA diferentes. Muitos deles estão presentes em várias cópias, de modo que há um total de 86 genes de tRNA no genoma de *E. coli*.

### O código genético é resistente a mutações

O código genético exerce um papel interessante na proteção da integridade genômica de todo organismo vivo. A evolução não produziu um código no qual a especificidade de cada códon tivesse surgido ao acaso. Em vez disso, o código é extremamente resistente aos efeitos danosos dos tipos mais comuns de mutações – as **mutações de troca de sentido** ou "*missense*", nas quais um simples par de bases

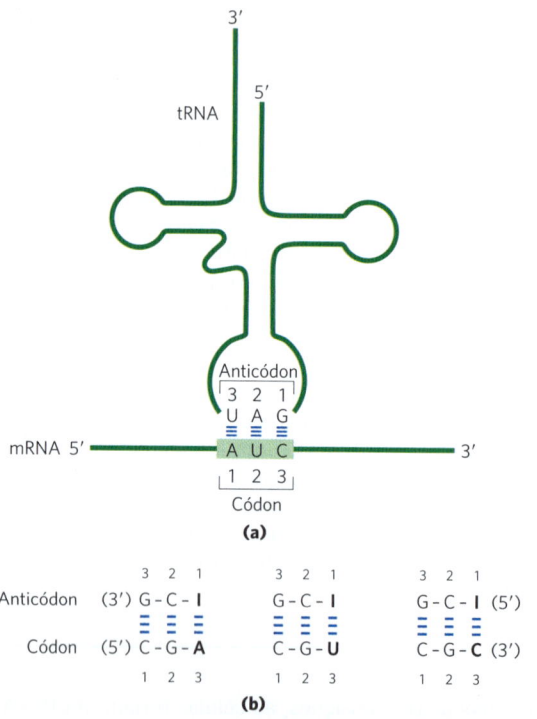

**FIGURA 27-8 Pareamento entre códon e anticódon.** (a) O alinhamento entre os dois RNA é antiparalelo. O tRNA está mostrado na configuração tradicional de folha de trevo. (b) Quando o anticódon do tRNA contém inosinato, são possíveis três pareamentos diferentes com o códon.

| TABELA 27-4 | Como a base oscilante do anticódon determina o número de códons que um tRNA pode reconhecer | |
|---|---|---|
| 1. Um códon reconhecido: | | |
| Anticódon | (3') X —Y —**C** (5') | (3') X —Y —**A** (5') |
| Códon | (5') X'—Y'—**G** (3') | (5') X'—Y'—**U** (3') |
| 2. Dois códons reconhecidos: | | |
| Anticódon | (3') X —Y —**U** (5') | (3') X —Y —**G** (5') |
| Códon | (5') X'—Y'—$^A_G$ (3') | (5') X'—Y'—$^C_U$ (3') |
| 3. Três códons reconhecidos: | | |
| Anticódon | (3') X —Y —**I** (5') | |
| Códon | (5') X'—Y'—$^A_{C}^{U}$ (3') | |

Nota: X e Y indicam bases complementares e capazes de forte pareamento de Watson-Crick com X' e Y', respectivamente. As bases oscilantes – na posição 3' dos códons e na posição 5' dos anticódons – estão sombreadas.

substitui outro. Na terceira posição do códon, que é a base oscilante, substituições de uma única base causam uma mudança no aminoácido codificado em apenas 25% dos casos. Portanto, a maioria dessas alterações são **mutações silenciosas**, nas quais o nucleotídeo é diferente, mas o aminoácido codificado permanece o mesmo.

Devido aos tipos de danos espontâneos no DNA que afetam os genomas (ver Capítulo 8), a mutação de troca de sentido mais frequente é a **mutação de transição**, na qual uma purina é substituída por outra purina ou uma pirimidina é substituída por outra pirimidina (p. ex., G≡C é trocado para A=T). Todas as três posições de um códon evoluíram de forma que existe certa resistência a mutações de transição. Uma mutação na primeira posição do códon normalmente produz uma mudança no aminoácido que é codificado, mas essa mudança geralmente leva à troca por um aminoácido com propriedades químicas semelhantes. Isso ocorre principalmente nos aminoácidos hidrofóbicos, que predominam na primeira coluna do código mostrado na Figura 27-7. Considere o códon GUU para Val. Uma alteração para AUU substituiria Val por Ile. Uma alteração para CUU substituiria Val por Leu. As mudanças resultantes na estrutura e/ou na função da proteína codificada por aquele gene seriam geralmente (mas nem sempre) pequenas.

**P2** Estudos computacionais mostraram que códigos genéticos alternativos, delineados ao acaso, são quase sempre menos resistentes a mutações do que o código genético existente. Os resultados indicam que o código sofreu um processo significativo de otimização antes do aparecimento de LUCA, a célula ancestral.

O código genético nos mostra como a informação das sequências de proteínas é armazenada nos ácidos nucleicos e fornece algumas pistas de como essa informação é traduzida em proteínas.

### Mudanças na fase de leitura da tradução afetam a forma como o código é lido

Uma vez estabelecido o quadro de leitura durante a síntese proteica, os códons são traduzidos sem haver sobreposição ou parada até que o complexo ribossômico encontre um códon de terminação. As outras duas estruturas de leitura possíveis geralmente não contêm nenhuma informação genética útil. A sobreposição entre dois genes limitaria necessariamente as possíveis sequências de aminoácidos codificadas por um ou ambos os genes na região de sobreposição. No entanto, para fazer uso máximo de informações genéticas limitadas (e caras), alguns genes são estruturados de forma que os ribossomos "tropeçam" em um determinado ponto da tradução de seus mRNA, mudando o quadro de leitura a partir desse ponto. Isso permite que duas ou mais proteínas relacionadas, mas distintas, sejam produzidas a partir de um único transcrito.

Um dos exemplos mais bem documentados de **mudança de fase de tradução** ocorre durante a tradução do mRNA dos genes sobrepostos *gag* e *pol* do vírus do sarcoma de Rous, um retrovírus (ver Fig. 26-31). A fase de leitura para *pol* é deslocada para a esquerda em um par de bases (fase de leitura –1) em relação à fase de leitura para *gag* (**Fig. 27-9**).

O produto do gene retroviral *pol* (a transcriptase reversa) é traduzido como uma polipoteína grande, a partir do mesmo mRNA que é usado para a proteína Gag sozinha (ver Fig. 26-30). A polipoteína, ou proteína Gag-Pol, é, então, clivada por digestão proteolítica para originar a transcriptase reversa madura. A produção da polipoteína requer uma mudança de quadro de leitura durante a tradução na região de sobreposição para permitir que o ribossomo contorne o códon de terminação UAG no final do gene *gag* (sombreado em vermelho-claro na Fig. 27-9).

Mudanças de fase de leitura ocorrem em cerca de 5% das traduções desse mRNA, de modo que a polipoteína Gag-Pol (e, por fim, a transcriptase reversa) é sintetizada com uma frequência que corresponde a cerca de um vigésimo daquela da proteína Gag, nível suficiente para que o vírus se reproduza com eficiência. Um mecanismo semelhante está envolvido na produção das subunidades $\tau$ e $\gamma$ da DNA-polimerase III de *E. coli* a partir de um único transcrito do gene *dnaX* (ver nota de rodapé da Tabela 25-2).

### Alguns mRNA são editados antes da tradução

A **edição de RNA** pode envolver adição, deleção ou alteração de nucleotídeos no RNA, de modo a afetar o significado do transcrito quando ele é traduzido. A adição ou a deleção de nucleotídeos é mais comumente observada em RNA provenientes dos genomas de mitocôndrias e cloroplastos. Os transcritos iniciais dos genes que codificam a subunidade II da citocromo-oxidase nas mitocôndrias de alguns protistas fornecem um exemplo de edição por inserção. Esses transcritos não correspondem precisamente às sequências necessárias na extremidade carboxila do produto proteico. Um processo de edição pós-transcricional insere quatro resíduos U que alteram a fase de leitura do transcrito. As inserções requerem uma classe especial de **RNA-guia** (**gRNA**; **Fig. 27-10**) que atuam como modelos para o processo de edição. Os resíduos U adicionados estão todos localizados em uma pequena parte do transcrito. Observe que o pareamento de bases entre o transcrito inicial e o RNA-guia inclui vários pares de base G=U (pontos azuis), os quais são comuns em moléculas de RNA.

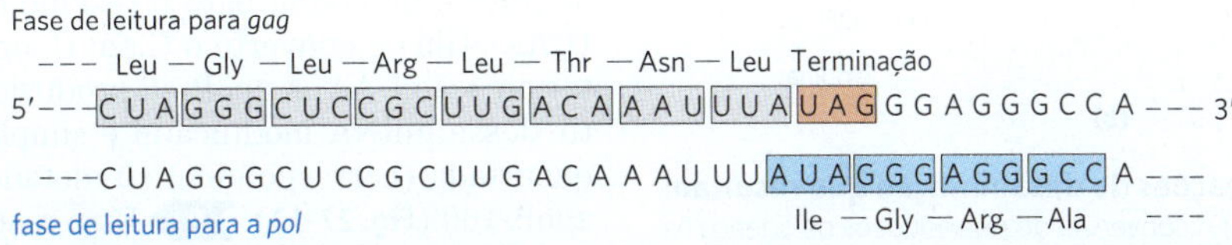

Fase de leitura para *gag*

--- Leu — Gly —Leu —Arg— Leu — Thr — Asn — Leu  Terminação
5'--- CUA GGC CUC CGC UUG ACA AAU UUA UAG GGA GGC CA --- 3'

---CUA GGG CUC CGC UUG ACA AAU UU AUA GGG AGG CC A---
fase de leitura para a *pol*                      Ile — Gly — Arg — Ala  ---

**FIGURA 27-9** **Mudança de fase de leitura da tradução em um transcrito de retrovírus.** A figura mostra a região de sobreposição *gag-pol* no RNA do vírus do sarcoma de Rous.

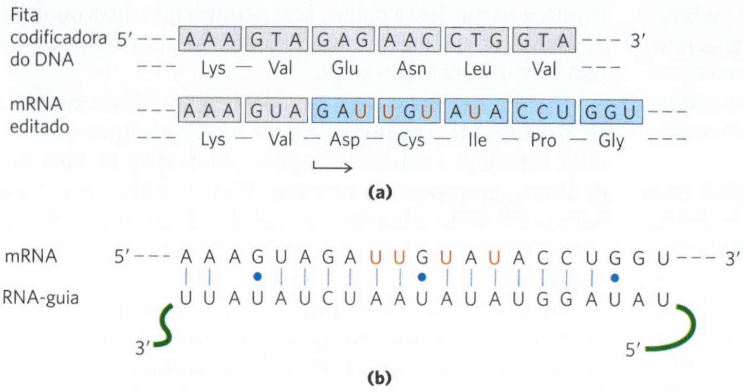

**FIGURA 27-10 Edição do RNA do transcrito do gene da subunidade II da citocromo-oxidase das mitocôndrias de *Trypanosoma brucei*.** (a) A inserção de quatro resíduos U (em vermelho) produz uma fase de leitura revisada. (b) Uma classe especial de RNA-guias, complementares ao produto editado, age como molde para o processo de edição. Observe a presença de três pares de base G=U, marcados por pontos azuis para indicar pareamento de Watson-Crick.

A edição de RNA por alteração de nucleotídeos envolve, na maioria das vezes, a desaminação enzimática de resíduos de adenosina ou de citidina, formando inosina ou uridina, respectivamente (**Fig. 27-11**), mas outras alterações de base também foram descritas. A inosina é interpretada como um resíduo G durante a tradução. As reações de desaminação da adenosina são realizadas por adenosina-desaminases que agem sobre o RNA (**ADAR**). As desaminações da citidina são realizadas pela família de enzimas dos peptídeos catalíticos de edição do mRNA da apoB (**APOBEC**), a qual inclui enzimas desaminases induzidas por ativação (**AID**). Ambos os grupos ADAR e APOBEC de enzimas desaminases possuem um domínio catalítico coordenado por zinco homólogo.

A edição de A para I realizada por ADAR nos transcritos de RNA é especialmente comum nos primatas. A maior parte da edição ocorre nos elementos Alu, um subconjunto de elementos intercalados pequenos (SINE), transposons de eucariotos que são muito comuns nos genomas de mamíferos. O DNA humano contém mais de 1 milhão de elementos Alu de 300 pb, perfazendo até 10% do genoma. Esses elementos estão concentrados próximo a genes que codificam proteínas, geralmente em íntrons e regiões que não são traduzidas nas extremidades 3' e 5' dos transcritos. Logo que são sintetizados (antes do processamento), os mRNA humanos possuem *em média* de 10 a 20 elementos Alu. Certos micro-RNA (miRNA) também são alvos de ADAR. Alterações no miRNA geralmente reduzem a expressão e/ou a função.

As enzimas ADAR se ligam e realizam a edição de A para I apenas em regiões dupla-fita do RNA. A abundância de elementos Alu possibilita muitas oportunidades para pareamentos de bases intramoleculares nos transcritos, fornecendo as dupla-fitas necessárias para as ADAR. Algumas edições afetam as sequências codificadoras dos genes. Defeitos na função de ADAR foram associados a várias condições neurológicas em seres humanos, incluindo esclerose lateral amiotrófica (ELA), epilepsia e depressão maior.

Existem seis classes gerais de citidina-desaminases APOBEC: APOBEC1-5 e AID. As proteínas AID agem aumentando a diversidade de anticorpos durante a maturação do gene da imunoglobulina (ver Figs. 25-43 e 25-44). A APOBEC1 e algumas proteínas APOBEC3 (o genoma humano codifica sete parálogos de APOBEC) fazem edição de mRNA. Um exemplo bem estudado de edição de RNA por desaminação mediada por APOBEC1 ocorre no gene para o componente apolipoproteína B da lipoproteína de baixa densidade em vertebrados. Uma forma de apolipoproteína B, apoB-100 ($M_r$ 513.000), é sintetizada no fígado; uma segunda forma, apoB-48 ($M_r$ 250.000), é sintetizada no intestino. Ambas são codificadas por um mRNA produzido a partir do gene da apoB-100. Uma citidina-desaminase APOBEC encontrada apenas no intestino liga-se ao mRNA no códon para o resíduo de aminoácido 2.153 (CAA=Gln) e converte o C em U, originando o códon de terminação UAA. A apoB-48 produzida no intestino a partir desse mRNA modificado é simplesmente uma forma encurtada (correspondente à metade aminoterminal) da apoB-100 (**Fig. 27-12**). ▶**P1** Essa reação permite a síntese tecido-específica de duas proteínas diferentes a partir de um único gene.

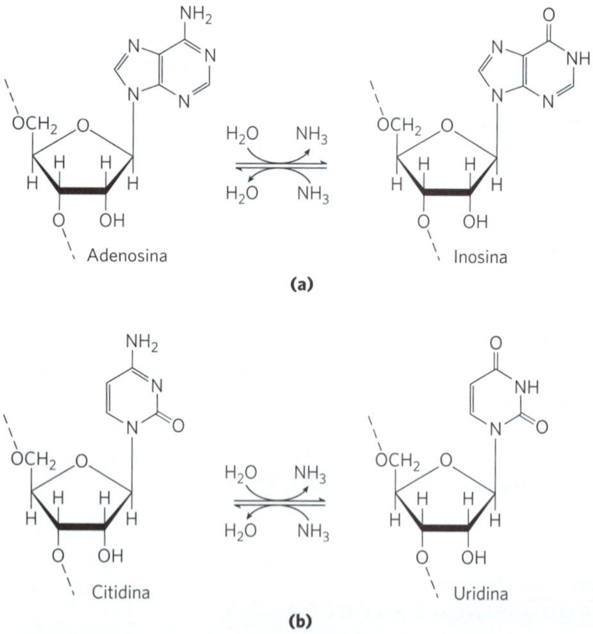

**FIGURA 27-11 Reações de desaminação que resultam em edição do RNA.** (a) A conversão de nucleotídeos de adenosina em nucleotídeos de inosina é catalisada por enzimas ADAR. (b) A conversão de citidina em uridina é catalisada pelas enzimas da família APOBEC.

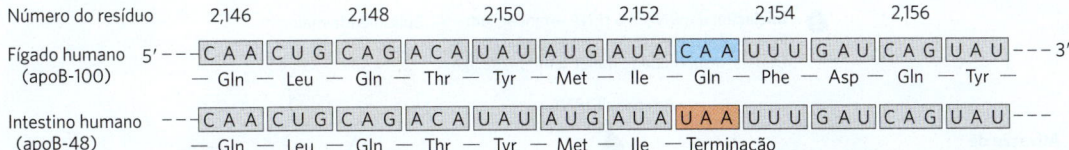

**FIGURA 27-12 Edição do RNA do transcrito do gene do componente apoB-100 da LDL.** A desaminação, que ocorre apenas no intestino, converte uma citidina específica em uridina, trocando um códon de Gln por um códon de terminação, produzindo uma proteína truncada.

APOBEC2, 4 e 5 atuam no DNA em vez de no RNA, e suas funções ainda não são compreendidas. Entretanto, sua capacidade de causar mutações no genoma pode torná-las um risco para a célula. Uma ou mais enzimas APOBEC são frequentemente superexpressas em células tumorais, e sua capacidade mutagênica pode contribuir para a formação de tumores. Elas também fornecem um mecanismo para a introdução de mutações múltiplas em segmentos-alvo do cromossomo, levando a uma evolução seletiva e mais rápida dessas regiões do DNA.

### RESUMO 27.1 O código genético

- A sequência específica de aminoácidos de uma proteína é construída ao longo da tradução da informação contida no mRNA. Esse processo é realizado pelos ribossomos. Os aminoácidos são especificados pelos códons do mRNA, que consistem em trincas de nucleotídeos. A tradução requer moléculas adaptadoras, os tRNA, que reconhecem os códons e inserem os aminoácidos segundo uma sequência específica no polipeptídeo.

- As sequências das bases dos códons foram deduzidas a partir de experimentos empregando mRNA sintéticos de composição e sequência conhecidas. O códon AUG sinaliza o início da tradução. As trincas UAA, UAG e UGA sinalizam a terminação. O código genético é degenerado: ele tem vários códons para a maioria dos aminoácidos. O código genético padrão é universal em todas as espécies, apresentando apenas pequenas alterações nas mitocôndrias e em alguns organismos unicelulares. As variações ocorrem em padrões que reforçam o conceito de um código universal.

- A terceira posição em cada códon é bem menos específica do que a primeira e a segunda e é chamada de oscilante. A oscilação permite que alguns tRNA reconheçam mais de um códon.

- O código genético é resistente aos efeitos das mutações de troca de sentido. O código evoluiu de forma que muitas alterações de nucleotídeos em um códon de DNA não alteram o aminoácido codificado ou resultam em uma alteração muito conservadora.

- A mudança de fase de leitura da tradução e a edição do RNA afetam a maneira como o código genético é lido durante a tradução.

- A edição de RNA pelas ADAR (adenosina-desaminases) e APOBEC (citidina-desaminases) também altera a sequência codificada por alguns mRNA. Muitas enzimas APOBEC têm o DNA como alvo, onde elas agem facilitando a diversidade dos anticorpos e a supressão de retrovírus e retrotransposons.

## 27.2 Síntese proteica

Como visto para o DNA e o RNA (Capítulos 25 e 26), a síntese de biomoléculas poliméricas pode ser considerada como consistindo nos estágios de iniciação, alongamento e terminação. Em geral, esses processos fundamentais são acompanhados de mais dois estágios: a ativação de precursores, anterior à síntese, e o processamento pós-sintético do polímero completo. A síntese proteica segue o mesmo padrão. A ativação dos aminoácidos antes de sua incorporação nos polipeptídeos e o processamento pós-traducional do polipeptídeo completo desempenham papéis particularmente importantes para garantir tanto a fidelidade da síntese quanto a função adequada do produto proteico. O processo está esquematizado na **Figura 27-13**. ▶P1 Os elementos celulares que participam dos cinco estágios da síntese proteica em *E. coli* e em outras bactérias estão listados na **Tabela 27-5**; as necessidades das células eucarióticas são semelhantes, embora geralmente o número de elementos seja maior. Antes de se considerar detalhadamente esses cinco estágios, é preciso examinar dois componentes-chave na biossíntese de proteínas: os ribossomos e os tRNA.

### O ribossomo é uma máquina supramolecular complexa

▶P1 Cada célula de *E. coli* contém 15 mil ribossomos ou mais, o que compreende quase um quarto da massa seca da célula. Os ribossomos das bactérias contêm cerca de 65% de rRNA e 35% de proteína; eles têm um diâmetro de aproximadamente 18 nm e são compostos de duas subunidades diferentes, com coeficientes de sedimentação de 30S e 50S e um coeficiente de sedimentação combinado de 70S. Ambas as subunidades contêm dezenas de proteínas ribossômicas (proteínas r) e ao menos um grande rRNA (**Tabela 27-6**).

Uma vez que ficou claro que os ribossomos são os complexos responsáveis pela síntese de proteínas e houve a elucidação do código genético, o estudo dos ribossomos acelerou. No final da década de 1960, Masayasu Nomura e colaboradores demonstraram que as duas subunidades ribossômicas podem ser separadas em RNA e proteínas que as compõem e, depois, reconstituídas *in vitro*. As subunidades dos ribossomos estão identificadas pelos respectivos valores em S (unidade Svedberg), coeficientes de sedimentação relacionados com a velocidade de sedimentação em uma centrífuga. Sob condições experimentais apropriadas, o RNA e as proteínas reorganizam-se espontaneamente para formar as subunidades 30S ou 50S, quase idênticas em estrutura e atividade às subunidades nativas. Essa descoberta importante incentivou décadas de pesquisa acerca da estrutura e da função das proteínas e dos RNA ribossômicos. Ao mesmo tempo, métodos estruturais cada vez mais sofisticados revelaram mais e mais detalhes da estrutura dos ribossomos.

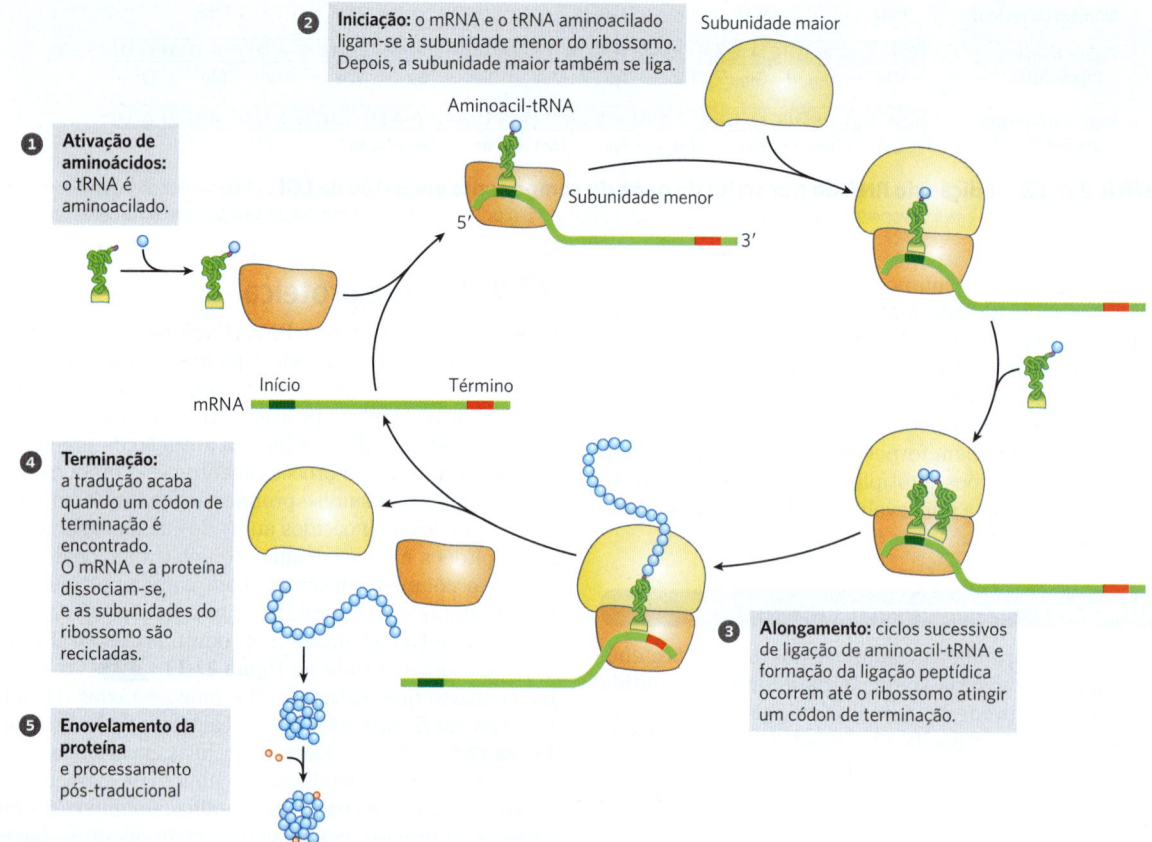

**FIGURA 27-13** Visão geral dos cinco estágios da síntese proteica.

| TABELA 27-5 | Componentes necessários para os cinco principais estágios da síntese proteica em *E. coli* | |
|---|---|---|
| **Estágio** | **Componentes essenciais** | |
| 1. Ativação de aminoácidos | 20 aminoácidos<br>20 aminoacil-tRNA-sintases<br>32 ou mais tRNA | ATP<br>$Mg^{2+}$ |
| 2. Iniciação | mRNA<br>N-Formilmetionil-tRNA$^{fMet}$<br>Códon de iniciação no mRNA (AUG)<br>Subunidade ribossômica 30S | Subunidade ribossômica 50S<br>Fatores de iniciação (IF1, IF2, IF3)<br>GTP<br>$Mg^{2+}$ |
| 3. Alongamento | Ribossomo 70S funcional (complexo de iniciação)<br>Aminoacil-tRNA especificados pelos códons | Fatores de alongamento (EF-Tu, EF-Ts, EF-G)<br>GTP<br>$Mg^{2+}$ |
| 4. Terminação e reciclagem dos ribossomos | Códon de terminação no mRNA<br>Fatores de liberação (RF1, RF2, RF3, RRF) | EF-G<br>IF3 |
| 5. Enovelamento e processamento pós-traducional | Chaperonas e enzimas envolvidas no enovelamento de proteínas (PPI, PDI); enzimas específicas, cofatores e outros componentes para a remoção de resíduos de iniciação e sequências-sinal, processamento proteolítico adicional, modificação de resíduos terminais e ligação de grupos acetila, fosforila, metila, carboxila, carboidratos ou grupos prostéticos. | |

Com a chegada do novo milênio, foram obtidas as primeiras estruturas em alta resolução de subunidades de ribossomos de bactéria, por Venkatraman Ramakrishnan, Thomas Steitz, Ada Yonath, Harry Noller e outros. Esse trabalho proporcionou várias surpresas (**Fig. 27-14a**). Em primeiro lugar, mudou o foco tradicional que dava maior importância às proteínas que compõem os ribossomos. As subunidades ribossômicas são moléculas de RNA

| TABELA 27-6 | RNA e proteínas que compõem os ribossomos de *E. coli* | | | |
|---|---|---|---|---|
| Subunidade | Número de proteínas diferentes | Número total de proteínas | Denominação das proteínas | Número e tipos de rRNA |
| 30S | 21 | 21 | S1-S21 | 1 (rRNA 16S) |
| 50S | 33 | 36 | L1-L36[a] | 2 (rRNA 5S e 23S) |

[a] As denominações L1 a L36 não correspondem a 36 proteínas diferentes. A proteína originalmente chamada de L7 é, na verdade, uma forma modificada da L12, e L8 é um complexo formado por três outras proteínas. Além disso, constatou-se que L26 é a mesma proteína que S20 (e não parte da subunidade 50S). Dessa forma, a subunidade maior é constituída por 33 proteínas diferentes. Existem quatro cópias da proteína L7/L12, perfazendo 36 proteínas no total.

imensas. Na subunidade 50S, os rRNA 5S e 23S formam o cerne da estrutura. As proteínas são elementos secundários no complexo, compondo a superfície. Em segundo lugar, e mais importante, não existe proteína no espaço de 18 Å do sítio ativo onde há a formação da ligação peptídica. Assim, a estrutura em alta resolução confirmou o que Harry Noller havia predito anos antes: o ribossomo é uma ribozima. Além do conhecimento que as estruturas detalhadas dos ribossomos e de suas subunidades fornecem sobre o mecanismo da síntese proteica (descrito a seguir), esses achados estimularam uma nova visão sobre a evolução da vida (Seção 26.4). Os ribossomos das células eucarióticas também foram, por fim, submetidos à análise estrutural (Fig. 27-14b).

O ribossomo bacteriano é complexo, com peso molecular combinado de aproximadamente 2,7 milhões. As duas subunidades dos ribossomos, com formatos irregulares, encaixam-se de modo a formar uma fenda, pela qual o mRNA passa à medida que o ribossomo se desloca ao longo dele durante a tradução (Fig. 27-14a). As 57 proteínas nos ribossomos bacterianos variam significativamente em tamanho e estrutura. Os pesos moleculares variam de cerca de 6.000 a 75.000. A maioria das proteínas tem domínios globulares organizados na superfície do ribossomo. Algumas também têm extensões alongadas que se projetam para dentro do cerne de rRNA do ribossomo, estabilizando sua estrutura. As funções de algumas dessas proteínas ainda não foram elucidadas em detalhes, mas parece evidente que muitas delas têm papel estrutural.

As sequências dos rRNA de muitos milhares de organismos são agora conhecidas devido ao sequenciamento genômico. Cada um dos três rRNA de fita simples de *E. coli* tem uma conformação tridimensional específica que apresenta longos pareamentos de bases intramoleculares. Os padrões de enovelamento dos rRNA são altamente conservados em todos os organismos, principalmente as regiões envolvidas em funções importantes (**Fig. 27-15**). As estruturas secundárias propostas para os rRNA foram confirmadas, em grande parte, com base em métodos de análise estrutural, mas falham em transmitir as extensas redes de interações terciárias que parecem existir na estrutura completa.

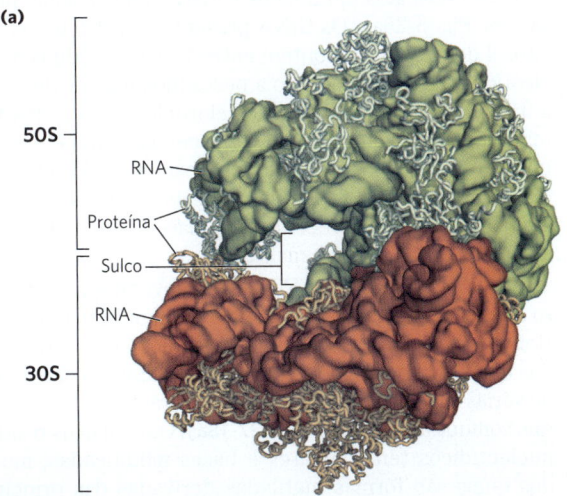
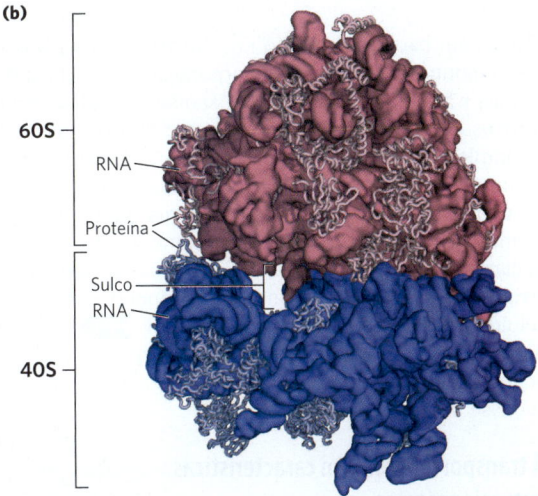
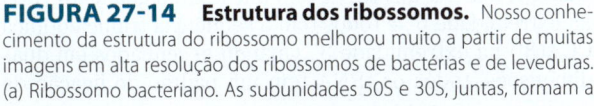

**FIGURA 27-14 Estrutura dos ribossomos.** Nosso conhecimento da estrutura do ribossomo melhorou muito a partir de muitas imagens em alta resolução dos ribossomos de bactérias e de leveduras. (a) Ribossomo bacteriano. As subunidades 50S e 30S, juntas, formam a unidade ribossômica 70S. A fenda entre as duas subunidades é o local onde ocorre a síntese proteica. (b) O ribossomo de levedura tem uma estrutura semelhante, porém mais complexa. [Dados de (a) PDB ID 4V4I, A. Korostelev et al., *Cell* 126:1065, 2006; (b) PDB ID 4V7R, A. Ben-Shem et al., *Science* 330:1203, 2010.]

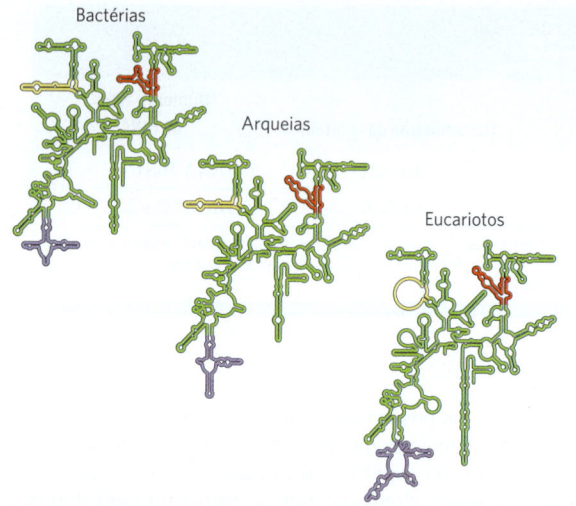

**FIGURA 27-15 Conservação da estrutura secundária no rRNA da subunidade menor nos três domínios da vida.** Vermelho, amarelo e lilás indicam as regiões em que as estruturas dos rRNA de bactérias, arqueias e eucariotos divergem. As regiões conservadas estão mostradas em verde. [Informação originalmente de Comparative RNA Web, University of Texas.]

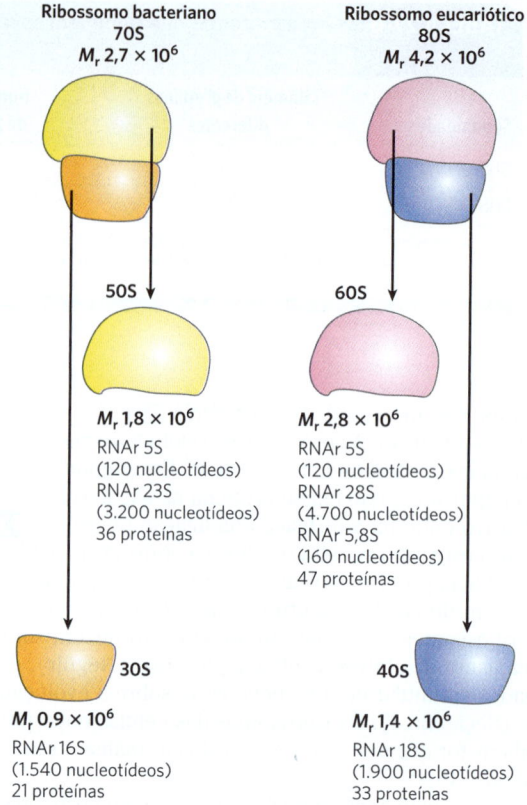

**FIGURA 27-16 Resumo da composição e da massa dos ribossomos de bactérias e de eucariotos.** Os valores S não são aditivos quando as subunidades são combinadas, pois são proporcionais a aproximadamente dois terços do peso molecular e são levemente afetados pela forma da partícula.

Os ribossomos das células eucarióticas (exceto os ribossomos das mitocôndrias e dos cloroplastos) são maiores e mais complexos do que os ribossomos bacterianos (**Fig. 27-16**; comparar com a Fig. 27-14b), com diâmetro de cerca de 23 nm e coeficiente de sedimentação de cerca de 80S. Eles também têm duas subunidades, que variam em tamanho entre as espécies, mas têm, em média, 60S e 40S. Ao todo, um ribossomo da levedura *Saccharomyces cerevisiae* contém 79 proteínas diferentes e 4 RNA ribossômicos. Os ribossomos de mitocôndrias e cloroplastos são um pouco menores e mais simples do que os ribossomos das bactérias. Ainda assim, a estrutura e a função dos ribossomos são surpreendentemente semelhantes em todos os organismos e organelas.

Tanto em bactérias quanto nos eucariotos, os ribossomos são montados a partir da incorporação hierárquica das proteínas r à medida que os rRNA são sintetizados. Muito do processamento dos pré-rRNA ocorre dentro dos grandes complexos de ribonucleoproteína. A composição desses complexos muda à medida que novas proteínas r são adicionadas, os rRNA adquirem sua forma final e algumas proteínas necessárias para o processamento do rRNA se dissociam. Em eucariotos, os estágios iniciais de montagem ocorrem no nucléolo, com a maturação final do ribossomo concluída após a exportação para o citosol. ▶**P1** Dezenas de fatores de montagem, tanto proteínas quanto algumas pequenas moléculas de RNA (snoRNA; Fig. 26-24), participam desse processo (**Fig. 27-17**).

## RNA transportadores têm características estruturais próprias

Para entender como os tRNA podem servir como adaptadores na tradução da linguagem dos ácidos nucleicos para a linguagem das proteínas, é preciso, primeiramente, examinar suas estruturas com mais detalhes. Os tRNA são relativamente pequenos e são formados por uma única fita de RNA enovelada em uma estrutura tridimensional precisa (ver Fig. 8-25a). Os tRNA presentes nas bactérias e no citosol de eucariotos contêm entre 73 e 93 resíduos de nucleotídeos, correspondendo a pesos moleculares de 24.000 a 31.000. As mitocôndrias e os cloroplastos têm tRNA diferentes e um pouco menores. As células têm pelo menos um tipo de tRNA para cada aminoácido; pelo menos 32 tRNA são necessários para reconhecer todos os códons de aminoácidos (alguns reconhecem mais de um códon), mas algumas células utilizam mais de 32.

O tRNA de alanina (tRNA$^{Ala}$) de levedura foi o primeiro ácido nucleico a ser totalmente sequenciado, por Robert Holley, em 1965. Ele contém 76 resíduos nucleotídicos, 10 dos quais têm bases modificadas. Comparações entre tRNA de várias espécies revelaram muitas características estruturais comuns a todos eles (**Fig. 27-18a**). Oito ou mais resíduos nucleotídicos têm açúcares e bases modificadas, muitos dos quais são formas metiladas derivadas das principais bases. A maioria dos tRNA tem um resíduo guanilato (pG) na extremidade 5′, e todos têm a sequência trinucleotídica CCA(3′) na extremidade 3′. Quando desenhados em duas dimensões, todos os tRNA têm um padrão de ligação de

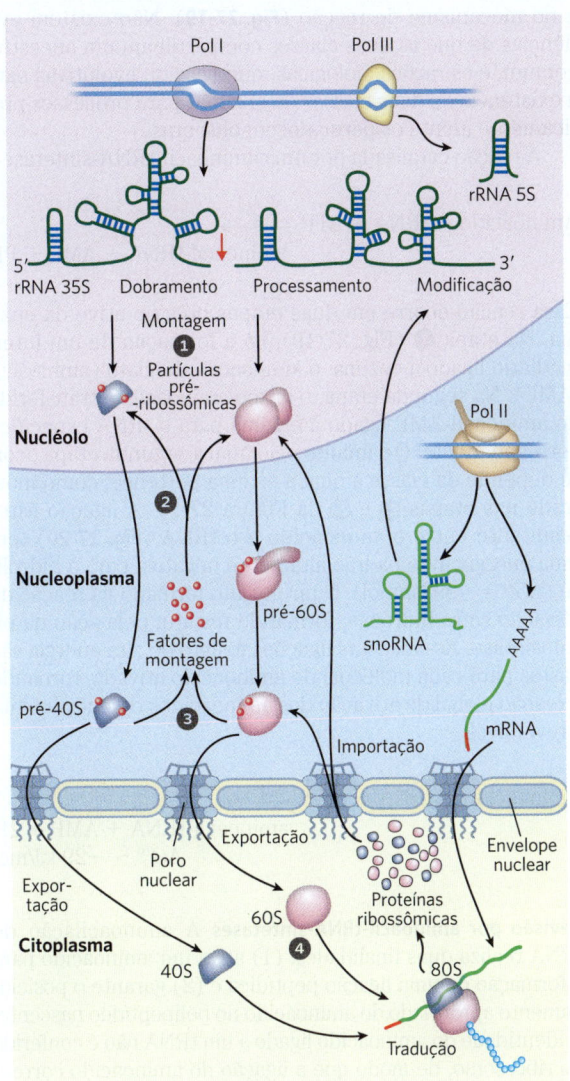

**FIGURA 27-17 Montagem de ribossomos em eucariotos.** ❶ A maioria das etapas iniciais da montagem do ribossomo ocorre no nucléolo, uma organela dentro do núcleo. Ribonucleases e RNA especializados, incluindo alguns snoRNA, processam o transcrito inicial de rRNA. ❷ Grandes partículas pré-ribossômicas são formadas, e o processamento adicional do grande complexo ocorre com a ajuda de proteínas chamadas fatores de montagem. Os complexos pré-40S e pré-60S movem-se para o nucleoplasma. ❸ As subunidades 40S e 60S são exportadas para o citoplasma, com a ejeção dos fatores de montagem. ❹ A maturação final do ribossomo ocorre no citoplasma.

hidrogênio que forma uma estrutura em folha de trevo com quatro braços, conforme proposto pela primeira vez por Elizabeth Keller. Os tRNA mais longos têm um quinto braço curto, ou braço extra. Em três dimensões, o tRNA tem a forma de um L torcido (Fig. 27-18b).

**P3** Dois dos braços do tRNA são cruciais para a função adaptadora. O **braço do aminoácido** pode carregar um aminoácido específico, esterificado pelo seu grupo carboxila ao grupo 2′ ou 3′-hidroxila do resíduo A presente na extremidade 3′ do tRNA. O **braço do anticódon** contém

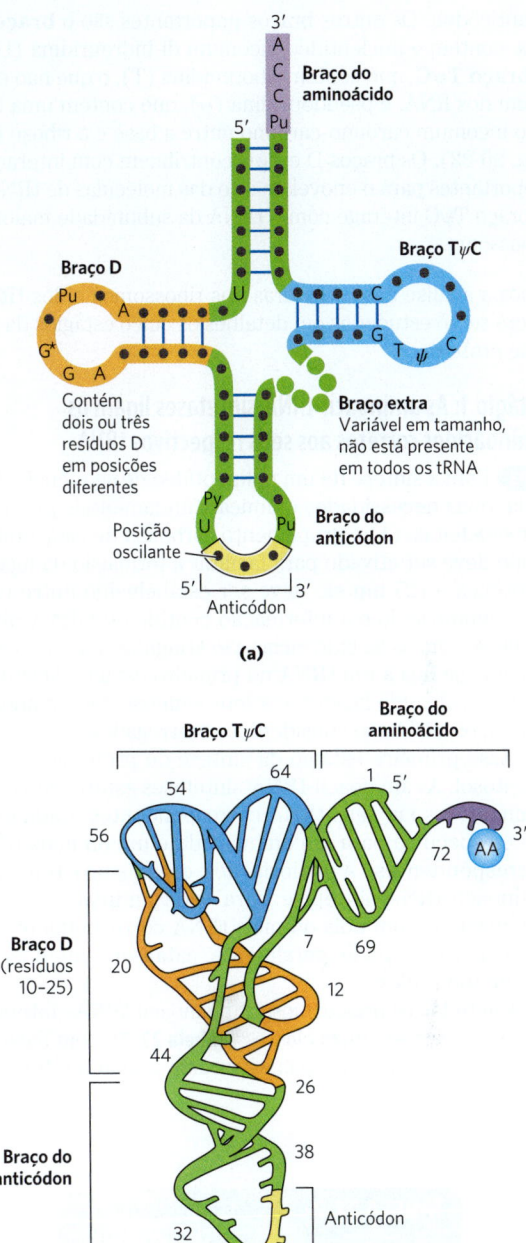

**FIGURA 27-18 Estrutura geral dos tRNA.** (a) Estrutura da folha de trevo. Os pontos grandes ao longo do esqueleto representam resíduos nucleotídicos; as linhas azuis representam pares de bases. Os resíduos característicos e/ou invariáveis comuns a todos os tRNA estão especificados. Os tRNA variam em comprimento de 73 a 93 nucleotídeos. Os nucleotídeos extras ocorrem no braço extra ou no braço D. No final do braço do anticódon, está a alça do anticódon, que sempre contém sete nucleotídeos não pareados. O braço D contém dois ou três resíduos D (5,6-di-hidrouridina), dependendo do tRNA. Em alguns tRNA, o braço D tem apenas três pares de bases ligados por ligações de hidrogênio. Pu representa um nucleotídeo de purina; Py, um nucleotídeo de pirimidina; ψ, pseudouridilato; G*, guanilato ou 2′-O-metilguanilato. (b) Diagrama esquemático do tRNA enovelado, que se assemelha a um L torcido.

o anticódon. Os outros braços importantes são o **braço D**, que contém o nucleotídeo incomum di-hidrouridina (D), e o **braço TψC**, que contém ribotimidina (T), o que não é comum nos RNA, e pseudouridina (ψ), que contém uma ligação incomum carbono-carbono entre a base e a ribose (ver Fig. 26-22). Os braços D e TψC contribuem com interações importantes para o enovelamento das moléculas de tRNA, e o braço TψC interage com o rRNA da subunidade maior do ribossomo.

Após a análise das estruturas dos ribossomos e dos tRNA, agora serão estudados em detalhes os cinco estágios da síntese proteica.

### Estágio 1: As aminoacil-tRNA-sintetases ligam os aminoácidos corretos aos seus respectivos tRNA

**P3** Para a síntese de um polipeptídeo de sequência definida, duas necessidades químicas fundamentais precisam ser satisfeitas: (1) o grupamento carboxila de cada aminoácido deve ser ativado para facilitar a formação da ligação peptídica e (2) um elo deve ser estabelecido entre cada novo aminoácido e a informação contida no mRNA que o codifica. Ambas as exigências são atingidas quando o aminoácido se liga a um tRNA no primeiro estágio da síntese proteica. Quando ligados aos seus aminoácidos (aminoacilados), os tRNA são considerados "carregados".

Esse primeiro estágio da síntese de proteínas ocorre no citosol. As aminoacil-tRNA-sintetases esterificam os 20 aminoácidos em seus tRNA correspondentes. Cada enzima é específica para um aminoácido e um ou mais tRNA correspondentes. A maioria dos organismos tem uma aminoacil-tRNA-sintetase para cada aminoácido. Para aminoácidos com dois ou mais tRNA correspondentes, a mesma enzima pode, geralmente, catalisar a aminoacilação de todos eles.

Em todos os organismos, as aminoacil-tRNA-sintetases se enquadram em duas classes (**Tabela 27-7**), com base em diferenças substanciais nas estruturas primária e terciária e no mecanismo de reação (**Fig. 27-19**). Não existem evidências de que as duas classes compartilham um ancestral comum, e as razões biológicas, químicas ou evolutivas para a existência de duas classes de enzimas para processos praticamente idênticos permanecem obscuras.

A reação catalisada por uma aminoacil-tRNA-sintetase é

$$\text{Aminoácido} + \text{tRNA} + \text{ATP} \xrightarrow{Mg^{2+}} \text{aminoacil-tRNA} + \text{AMP} + \text{PP}_i$$

Essa reação ocorre em duas etapas no sítio ativo da enzima. Na etapa ❶ (Fig. 27-19), há a formação de um intermediário ligado à enzima, o aminoacil-adenilato (aminoacil-AMP). Na segunda etapa, o grupo aminoacila é transferido do aminoacil-AMP ligado à enzima para o tRNA específico correspondente. O caminho pelo qual a segunda etapa ocorre depende da classe à qual a enzima pertence, como mostrado nas etapas ❷ₐ e ❷ᵦ da Figura 27-19. A ligação éster resultante entre o aminoácido e o tRNA (**Fig. 27-20**) tem uma energia livre padrão altamente negativa para a hidrólise ($\Delta G'^\circ = -29$ kJ/mol). O pirofosfato formado na reação de ativação sofre hidrólise, formando fosfato, pela ação da pirofosfatase. Assim, *duas* ligações fosfato de alta energia são gastas para cada molécula de aminoácido ativada, tornando a reação global de ativação dos aminoácidos essencialmente irreversível:

$$\text{Aminoácido} + \text{tRNA} + \text{ATP} \xrightarrow{Mg^{2+}} \text{aminoacil-tRNA} + \text{AMP} + 2\text{P}_i$$
$$\Delta G'^\circ \sim -29 \text{ kJ/mol}$$

**Revisão por aminoacil-tRNA-sintetases** A aminoacilação do tRNA realiza duas finalidades: (1) ativa um aminoácido para a formação de uma ligação peptídica e (2) garante o posicionamento apropriado do aminoácido no polipeptídeo nascente. A identidade do aminoácido ligado a um tRNA não é conferida no ribossomo, de modo que a ligação do aminoácido correto ao tRNA é essencial para a fidelidade da síntese proteica.

Como visto no Capítulo 6, a especificidade de uma enzima é limitada pela energia de ligação disponível das interações enzima-substrato. A diferenciação entre dois substratos (aminoácidos) semelhantes foi estudada em detalhes no caso da Ile-tRNA-sintetase, que distingue entre valina e isoleucina, aminoácidos que diferem em apenas um grupo metileno (—CH₂—):

Valina / Isoleucina

A Ile-tRNA-sintetase favorece a ativação da isoleucina (para formar Ile-AMP) em relação à valina por um fator de 200 vezes – como seria de esperar, considerando o quanto um

**TABELA 27-7 As duas classes de aminoacil-tRNA-sintetases**

| Classe I | | Classe II | |
|---|---|---|---|
| Arg | Leu | Ala | Lys |
| Cys | Met | Asn | Phe |
| Gln | Trp | Asp | Pro |
| Glu | Tyr | Gly | Ser |
| Ile | Val | His | Thr |

Nota: Arg representa a arginil-tRNA-sintetase, e assim por diante. A classificação se aplica a todos os organismos cujas aminoacil-tRNA-sintetases já foram analisadas e tem base nas diferenças estruturais da proteína e nas diferenças dos mecanismos de ação esquematizados na Figura 27-19.

**MECANISMO – FIGURA 27-19 Aminoacilação do tRNA pelas aminoacil-tRNA-sintetases.** A etapa ① é a formação de um aminoacil-adenilato, que permanece ligado ao sítio ativo. Na segunda etapa, o grupo aminoacil é transferido ao tRNA. O mecanismo dessa etapa é um pouco diferente para cada uma das duas classes de aminoacil-tRNA-sintetases. Para as enzimas da classe I, ②a o grupo aminoacil é inicialmente transferido para o grupo 2'-hidroxila do resíduo A 3'-terminal e, então, ③a para o grupo 3'-hidroxila por meio de uma reação de transesterificação. Para as enzimas da classe II, ②b o grupo aminoacil é transferido diretamente para o grupo 3'-hidroxila do adenilato terminal.

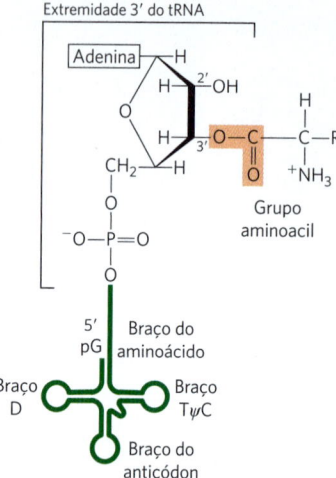

**FIGURA 27-20 Estrutura geral de um aminoacil-tRNA.**
O grupo aminoacil é esterificado na posição 3' do resíduo A terminal. A ligação éster que ativa o aminoácido e o une ao tRNA aparece sombreada em vermelho na figura.

grupo metileno (na Ile) pode intensificar a ligação de um substrato. Ainda assim, a valina é erroneamente incorporada a proteínas em posições normalmente ocupadas por um resíduo de Ile com uma frequência de apenas cerca de 1 em cada 3.000. Como ocorre esse aumento de mais de 10 vezes na precisão? A Ile-tRNA-sintetase, como outras aminoacil-tRNA-sintetases, tem uma atividade de revisão.

Convém lembrar de um princípio geral apresentado na discussão da revisão realizada pelas DNA-polimerases (ver Fig. 25-6): se as interações de ligação disponíveis não fornecerem discriminação suficiente entre dois substratos, a especificidade necessária poderá ser obtida pela ligação específica do substrato em *duas etapas sucessivas*. Forçar o sistema por meio de dois filtros sucessivos tem um efeito multiplicativo. No caso da Ile-tRNA-sintetase, o primeiro filtro é a ligação inicial do aminoácido à enzima e a sua ativação a aminoacil-AMP. O segundo é a ligação de qualquer produto aminoacil-AMP *incorreto* em um sítio ativo separado na enzima; o substrato que se ligar nesse segundo sítio ativo é hidrolisado. O grupo R da valina é um pouco menor do que o da isoleucina, de modo que Val-AMP cabe no sítio hidrolítico (de revisão) da Ile-tRNA-sintetase, mas Ile-AMP, não. **P1** Assim, Val-AMP é hidrolisado a valina e AMP no sítio ativo de revisão, e o tRNA ligado à sintetase não é aminoacilado ao aminoácido incorreto.

Além da revisão após a formação do aminoacil-AMP intermediário, a maioria das aminoacil-tRNA-sintetases é capaz de hidrolisar a ligação éster entre aminoácidos e tRNA nos aminoacil-tRNA. Essa hidrólise é bastante acelerada em tRNA carregados incorretamente, fornecendo um terceiro filtro para melhorar a fidelidade do processo. As poucas aminoacil-tRNA-sintetases que ativam aminoácidos sem parentesco estrutural próximo (p. ex., Cys-tRNA-sintetase) apresentam pouca ou nenhuma atividade de revisão; nesses casos, o sítio ativo para aminoacilação é capaz de discriminar entre o substrato adequado e qualquer outro aminoácido incorreto.

A taxa de erro global da síntese proteica (cerca de 1 erro para cada $10^4$ aminoácidos incorporados) não chega perto daquela da replicação do DNA, que é bem mais baixa. Como os defeitos nas proteínas são eliminados quando as proteínas são degradadas e não são passados adiante para as gerações seguintes, esses erros têm uma importância biológica menor. O grau de fidelidade da síntese proteica é suficiente para garantir que a maioria das proteínas não contenha erros e que a grande quantidade de energia necessária para sintetizar uma proteína não seja desperdiçada. A presença de uma molécula de proteína com defeito geralmente não é importante quando muitas cópias corretas dessa mesma proteína estão presentes.

**Um "segundo código genético"** **P3** Uma aminoacil-tRNA-sintetase individual deve ser específica não apenas para um único aminoácido, mas também para certos tRNA. Para a fidelidade da biossíntese de proteínas, discriminar entre dezenas de tRNA é tão importante quanto distinguir entre os diferentes aminoácidos. A interação entre as aminoacil-tRNA-sintetases e os tRNA foi tratada como um "segundo código genético", refletindo o papel crucial que ela tem para manter a precisão da síntese proteica. As regras de "codificação" parecem ser ainda mais complexas do que aquelas do "primeiro" código.

A **Figura 27-21** resume o conhecimento atual sobre os nucleotídeos envolvidos no reconhecimento dos tRNA por algumas aminoacil-tRNA-sintetases. Alguns nucleotídeos são conservados em todos os tRNA e, portanto, não podem ser utilizados para diferenciação. As posições dos nucleotídeos necessários para a diferenciação pelas aminoacil-tRNA-sintetases parecem estar concentradas no braço do aminoácido e no braço do anticódon, incluindo os nucleotídeos do próprio anticódon. Alguns estão localizados em outras partes da molécula de tRNA. A determinação das estruturas cristalográficas de complexos entre aminoacil-tRNA-sintetases e os respectivos tRNA e ATP colaborou muito para que se conhecesse essas interações (**Fig. 27-22**).

Dez ou mais nucleotídeos específicos podem estar envolvidos no reconhecimento de um tRNA pela sua respectiva aminoacil-tRNA-sintetase. Em alguns casos, contudo, o mecanismo de reconhecimento é bastante simples. Ao longo das diversas classes de organismos – de bactérias aos seres humanos –, o principal determinante para o reconhecimento do tRNA pela Ala-tRNA-sintetase é um único par de bases G=U no braço do aminoácido do tRNA$^{Ala}$ (**Fig. 27-23a**). Um RNA sintético curto, com apenas 7 pb organizados em uma mini-hélice formando um grampo, é aminoacilado pela Ala-tRNA-sintetase de maneira eficiente, desde que o RNA contenha o G=U fundamental (Fig. 27-23b). Esse sistema relativamente simples da alanina pode ser uma relíquia evolutiva de um período no qual os oligonucleotídeos de RNA, ancestrais dos tRNA, eram aminoacilados por meio de um sistema primitivo para a síntese proteica.

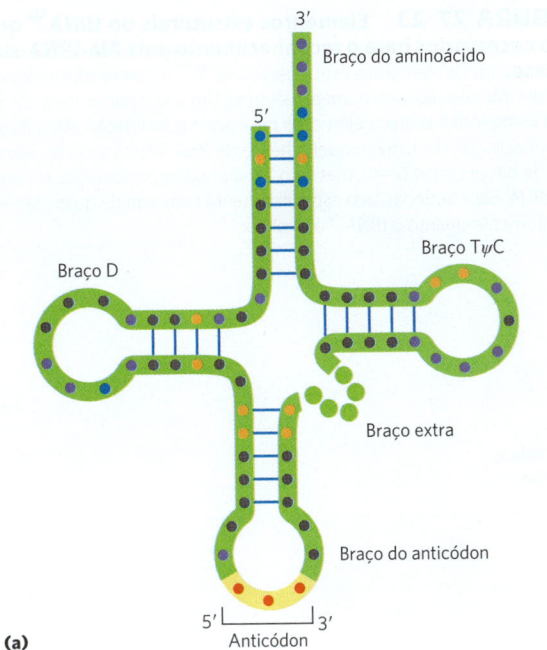
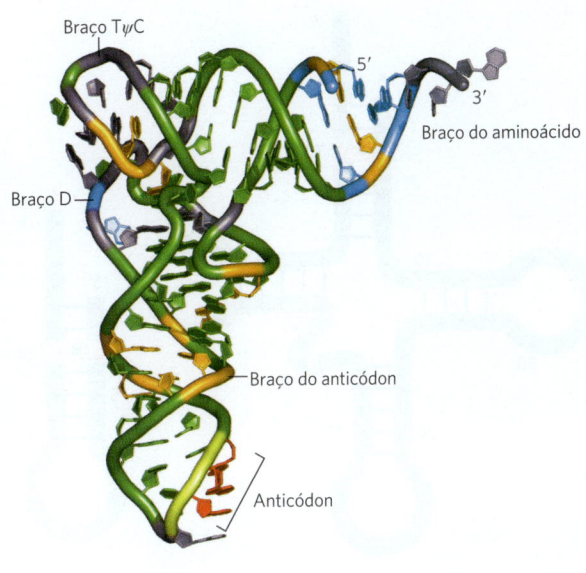

**FIGURA 27-21 Posições nos tRNA dos nucleotídeos reconhecidos pelas aminoacil-tRNA-sintetases.** (a) Algumas posições (pontos em roxo) são as mesmas em todos os tRNA e, portanto, não podem ser utilizadas para discriminar um tRNA de outro. Outras posições são pontos conhecidos de reconhecimento por uma aminoacil-tRNA-sintetase (em cor de laranja) ou mais de uma (em azul). Outras características estruturais além da sequência são importantes para o reconhecimento por algumas sintetases. (b) As mesmas características estruturais estão mostradas em três dimensões, novamente com os resíduos em cor de laranja e em azul representando as posições reconhecidas por uma ou mais aminoacil-tRNA-sintetases, respectivamente. [(b) Dados de PDB ID 1EHZ, H. Shi e P. B. Moore, *RNA* 6:1091, 2000.]

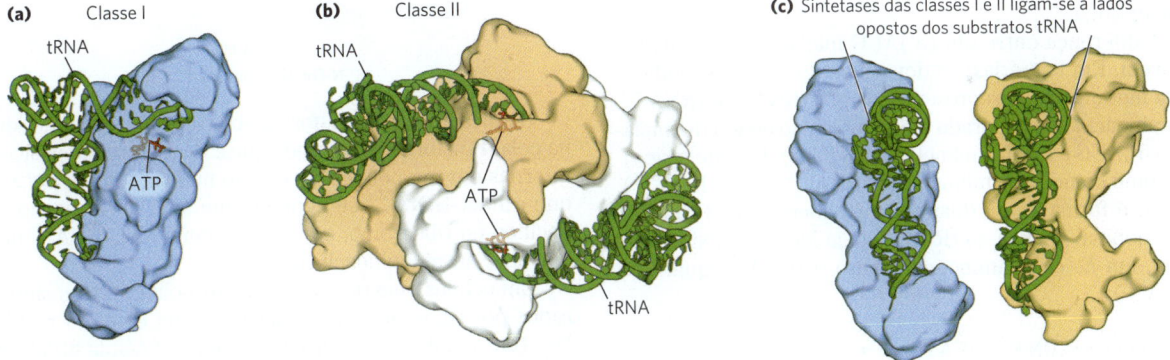

**FIGURA 27-22 Aminoacil-tRNA-sintetases.** As sintetases são complexadas com seus tRNA cognatos (em verde). O ATP ligado (em vermelho) identifica o local ativo próximo ao final do braço aminoacil. (a) Gln-tRNA-sintetase de *E. coli*, uma típica sintetase monomérica de classe I. (b) Asp-tRNA-sintetase de levedura, uma sintetase dimérica típica de classe II. (c) As duas classes de aminoacil-tRNA-sintetases reconhecem diferentes faces de seus substratos de tRNA. [Dados de (a, c, à esquerda) PDB ID 1QRT, J. G. Arnez and T. A. Steitz, *Biochemistry* 35:14,725, 1996; (b, c, à direita) PDB ID 1ASZ, J. Cavarelli et al., *EMBO J.* 13:327, 1994.]

A interação das aminoacil-tRNA-sintetases com seus respectivos tRNA é crucial para a leitura precisa do código genético. Qualquer expansão do código para incluir novos aminoácidos teria necessariamente de incluir um novo par aminoacil-tRNA-sintetase/tRNA. Uma expansão limitada do código genético já foi observada na natureza; uma expansão maior foi obtida em laboratório (**Quadro 27-2**).

## Estágio 2: Um aminoácido específico inicia a síntese proteica

A síntese proteica inicia-se na extremidade aminoterminal e prossegue com a adição passo a passo de aminoácidos em direção à extremidade carboxiterminal do polipeptídeo nascente. O códon de iniciação AUG, dessa maneira,

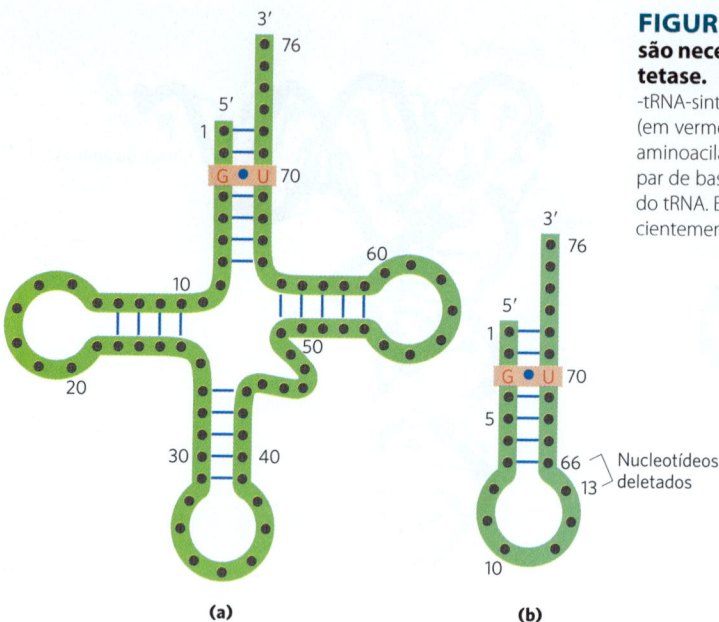

**FIGURA 27-23 Elementos estruturais do tRNA^Ala que são necessários para o reconhecimento pela Ala-tRNA-sintetase.** (a) Os elementos estruturais da tRNA^Ala reconhecidos pela Ala-tRNA-sintetase são incomumente simples. Um único par de bases G≡U (em vermelho) é o único elemento necessário para ligação específica e aminoacilação. (b) Uma pequena hélice de RNA sintético curto, com o par de bases crítico G≡U, mas sem a maior parte da estrutura restante do tRNA. Ela é aminoacilada especificamente com alanina quase tão eficientemente quanto o tRNA^Ala completo.

especifica um resíduo de metionina *aminoterminal*. Embora a metionina possua apenas um códon, (5′)AUG, todos os organismos têm dois tRNA para metionina. Um deles é utilizado exclusivamente quando (5′)AUG é o códon de iniciação para a síntese proteica. O outro é utilizado para codificar resíduos de Met em uma posição interna no polipeptídeo.

A diferença entre um (5′)AUG iniciador e um interno é direta. Em bactérias, os dois tipos de tRNA específicos para metionina são representados por tRNA^Met e tRNA^fMet. O aminoácido incorporado em resposta ao códon de iniciação (5′)AUG é a *N*-formilmetionina (fMet). Ele chega ao ribossomo como *N*-formilmetionil-tRNA^fMet (fMet-tRNA^fMet), o qual é formado em duas reações sucessivas. Primeiro, a metionina é ligada ao tRNA^fMet pela Met-tRNA-sintetase (que, em *E. coli*, aminoacila tanto o tRNA^fMet quanto o tRNA^Met):

Metionina + tRNA^fMet + ATP ⟶
   Met-tRNA^fMet + AMP + PP_i

Em seguida, uma transformilase transfere um grupo formila do $N^{10}$-formil-tetra-hidrofolato para o grupo amino do resíduo Met:

$N^{10}$-formil-tetra-hidrofolato + tRNA^{fMet + AtTP} ⟶
   Met-tRNA^fMet + tetra-hidrofolato + fMet-tRNA^fMet

A transformilase é mais seletiva do que a Met-tRNA-sintetase; ela é específica para resíduos de Met ligados ao tRNA^fMet, presumivelmente reconhecendo alguma característica estrutural única daquele tRNA. Por outro lado, Met-tRNA^Met insere metionina em posições internas nos polipeptídeos.

*N*-Formilmetionina

A adição do grupo *N*-formil ao grupo amino da metionina pela transformilase impede que a fMet entre em posições internas em um polipeptídeo e, ao mesmo tempo, permite que o fMet-tRNA^fMet se ligue em um sítio de iniciação específico no ribossomo, o qual não aceita Met-tRNA^Met nem qualquer outro aminoacil-tRNA.

Em células eucarióticas, todos os polipeptídeos sintetizados por ribossomos citosólicos iniciam com um resíduo Met (em vez de fMet), mas, novamente, a célula utiliza um tRNA iniciador especializado, que é diferente do tRNA^Met utilizado em códons (5′)AUG em posições internas no mRNA. Os polipeptídeos sintetizados pelos ribossomos das mitocôndrias e dos cloroplastos, entretanto, iniciam com *N*-formilmetionina. Esse fato corrobora a ideia de que as mitocôndrias e os cloroplastos se originaram de bactérias ancestrais que foram simbioticamente incorporadas em células eucarióticas precursoras em um estágio primordial da evolução (ver Fig. 1-37).

Como pode um único códon (5′)AUG determinar se será inserida uma *N*-formilmetionina inicial (ou metionina, em eucariotos) ou um resíduo de Met interno? Os detalhes do processo de iniciação fornecem a resposta para essa pergunta.

**As três etapas da iniciação** A **iniciação** da síntese de um polipeptídeo em bactérias requer (1) a subunidade 30S do

## QUADRO 27-2

### Expansão natural e artificial do código genético

Como visto, os 20 aminoácidos padrão encontrados nas proteínas oferecem funcionalidade química limitada. Os sistemas vivos geralmente superam essas limitações utilizando cofatores enzimáticos ou modificando alguns aminoácidos após terem sido incorporados nas proteínas. A princípio, a expansão do código genético para introduzir novos aminoácidos nas proteínas oferece outro caminho para novas funcionalidades, porém é um caminho muito difícil de ser seguido. Essa mudança pode facilmente resultar na inativação de milhares de proteínas celulares.

Expandir o código genético para incluir um novo aminoácido requer várias mudanças celulares. Em geral, uma nova aminoacil-tRNA-sintetase deve estar presente, bem como o tRNA correspondente. Esses dois novos componentes devem ser altamente específicos, interagindo apenas entre si e com o novo aminoácido. O novo aminoácido deve estar presente em concentrações significativas na célula, o que envolve a evolução de novas vias metabólicas. Como mostrado no Quadro 27-1, o anticódon presente nesse novo tRNA faria, provavelmente, um pareamento com um códon que normalmente especifica terminação. Realizar todo esse trabalho em uma célula parece improvável, mas já ocorreu tanto na natureza quanto no laboratório.

Na verdade, existem 22, em vez de 20, aminoácidos especificados pelo código genético. Os dois aminoácidos extras são a selenocisteína e a pirrolisina, as quais são encontradas em poucas proteínas, mas oferecem uma noção da complexidade da evolução do código genético.

Em todas as células, algumas proteínas (como a formato-desidrogenase nas bactérias e a glutationa-peroxidase nos mamíferos) requerem selenocisteína para sua atividade. Em *E. coli*, a selenocisteína é introduzida na enzima formato-desidrogenase durante a tradução, em resposta a um códon UGA presente na fase de leitura. Um tipo especial de Ser-tRNA, presente em níveis mais baixos do que outros Ser-tRNA, reconhece UGA e nenhum outro códon. Esse tRNA é carregado com serina pela serina-aminoacil-tRNA-sintetase normal, e a serina é convertida enzimaticamente em selenocisteína por uma outra enzima antes de ser usada pelo ribossomo. O tRNA carregado não reconhece um códon UGA qualquer; algum sinal no contexto do mRNA, que ainda está por ser identificado, garante que esse tRNA reconheça apenas os poucos códons UGA presentes dentro de alguns genes que especificam selenocisteína. De fato, UGA possui duas funções: codificar a terminação e (muito raramente) incorporar selenocisteína. Essa expansão do código específica tem um tRNA dedicado, como descrito anteriormente, mas não tem uma aminoacil-tRNA-sintetase específica. O processo funciona para selenocisteína, mas pode-se considerar que seja uma etapa intermediária na evolução de uma definição de códon completamente nova.

A pirrolisina é encontrada em um grupo de arqueobactérias anaeróbias denominadas metanogênicas (ver Quadro 22-1). Esses organismos produzem metano como parte de seu metabolismo, sendo que a família Methanosarcinaceae pode utilizar metilaminas como substratos para a metanogênese. Para produzir metano a partir de monometilamina, é necessária a presença da enzima monometilamina-metiltransferase. O gene que codifica essa enzima tem um códon de terminação UAG na fase de leitura. A estrutura da metiltransferase foi elucidada em 2002, revelando a presença do novo aminoácido pirrolisina na posição especificada pelo códon UAG. Experimentos subsequentes demonstraram que, ao contrário da selenocisteína, a pirrolisina era ligada diretamente a um tRNA específico por uma pirrolisil-tRNA-sintetase específica. Esses metanogênicos produzem pirrolisina por meio de uma via metabólica que ainda precisa ser elucidada. Todo o sistema apresenta as características típicas de um código genético já estabelecido, mas só funciona para códons UAG presentes nesse gene em particular. Como no caso da selenocisteína, provavelmente existem sinais contextuais que direcionam esse tRNA para o códon UAG correto.

Será que os cientistas conseguem competir com tal proeza evolutiva? Modificações de proteínas com vários grupos funcionais podem fornecer pistas importantes da atividade e/ou da estrutura das proteínas. No entanto, modificar proteínas é muito trabalhoso. Por exemplo, um pesquisador que deseja ligar um novo grupo a um resíduo de Cys específico deverá, de alguma maneira, bloquear os demais resíduos de Cys que, porventura, estejam presentes na mesma proteína. Se, em vez disso, ele pudesse adaptar o código genético de forma a permitir que a célula inserisse um aminoácido modificado em um local específico na proteína, o processo seria muito mais conveniente. Peter Schultz e colaboradores fizeram exatamente isso.

Para desenvolver uma nova especificação para um códon, são necessários, como visto, uma nova aminoacil-tRNA-sintetase e um novo tRNA correspondente, ambos adaptados para funcionar com apenas o novo aminoácido. As tentativas para criar uma expansão "artificial" do código genético foram centradas, inicialmente, em *E. coli*. O códon UAG foi escolhido como o melhor alvo para codificar um novo aminoácido. Dos três códons de terminação, UAG é o menos utilizado, e linhagens com tRNA selecionados

*(Continua na próxima página)*

## QUADRO 27-2

### Expansão natural e artificial do código genético (continuação)

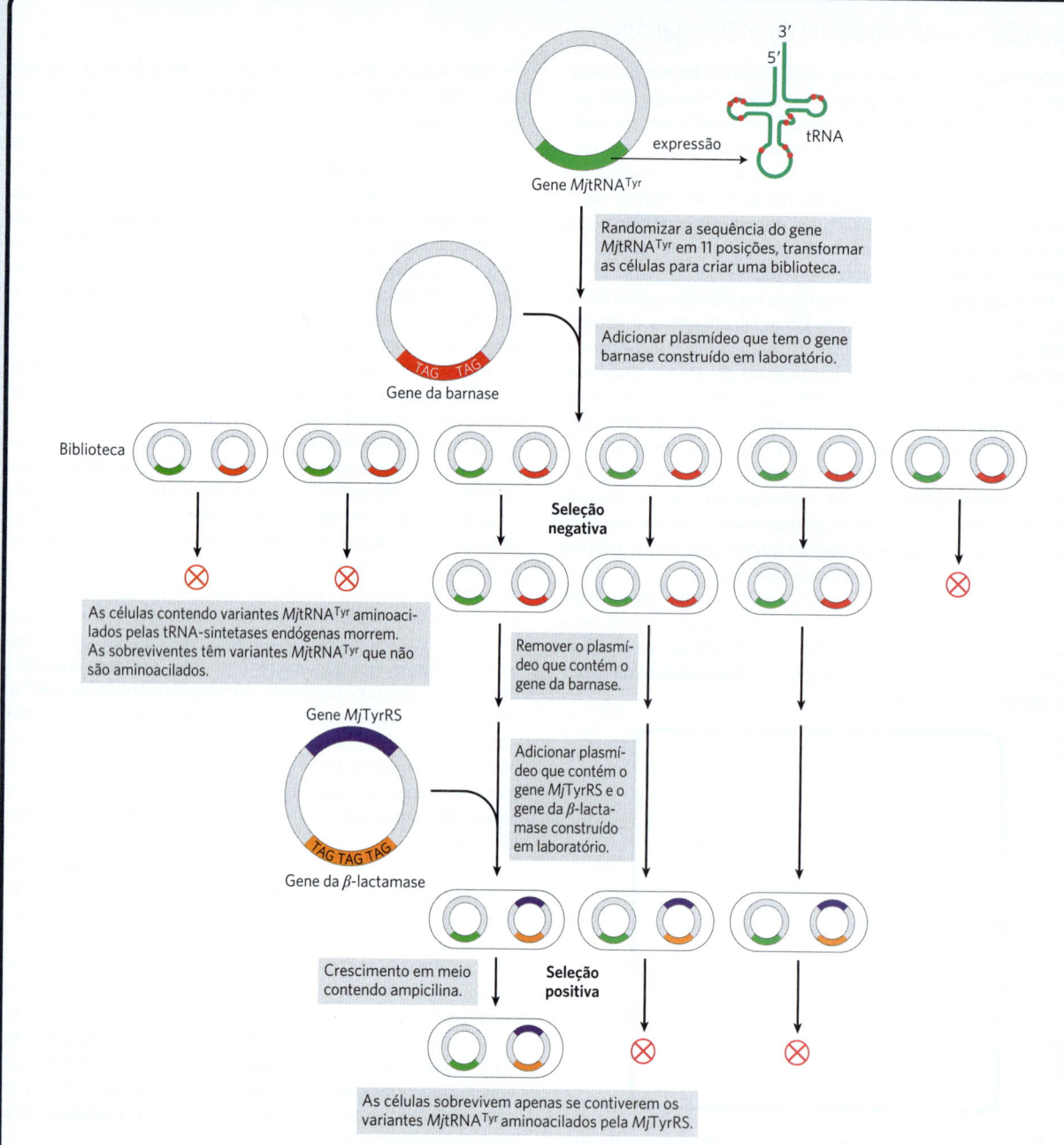

**FIGURA 1** Selecionando variantes *Mj*tRNA$^{Tyr}$ que funcionam apenas com a tirosil-tRNA-sintetase *Mj*TyrRS. A sequência do gene que codifica a *Mj*tRNA$^{Tyr}$, presente em um plasmídeo, é randomizada em 11 posições que não interagem com a *Mj*TyrRS (pontos vermelhos). Os plasmídeos mutantes são introduzidos em células de *E. coli* para criar uma biblioteca de milhões de variantes *Mj*tRNA$^{Tyr}$, representadas pelas seis células mostradas aqui. O gene tóxico da barnase, construído em laboratório para conter a sequência TAG, de forma que o seu transcrito possua códons UAG, é introduzido em um plasmídeo separado, fornecendo uma seleção negativa. As células morrem caso esse gene seja expresso. A sua expressão só pode ocorrer se a variante *Mj*tRNA$^{Tyr}$ expressa por essa célula for aminoacilada pela aminoacil-tRNA-sintetase endógena (de *E. coli*), inserindo um aminoácido, em vez de terminar a tradução. Outro gene, que codifica a β-lactamase e que também foi modificado em laboratório para conter a sequência TAG a fim de produzir códons de terminação UAG, é inserido em outro plasmídeo, o qual também expressa o gene que codifica a *Mj*TyrRS. Isso funciona como uma forma de seleção positiva para as demais variantes de *Mj*tRNA$^{Tyr}$. Aquelas variantes que forem aminoaciladas pela *Mj*TyrRS permitem a expressão do gene da β-lactamase, o qual, por sua vez, permite que as células cresçam na presença de ampicilina. Múltiplas rodadas de seleção negativa e positiva produzem as melhores variantes que são aminoaciladas exclusivamente por *Mj*TyrRS e usadas de forma eficiente na tradução.

para reconhecer UAG não apresentam defeitos no crescimento das bactérias. Para criar um novo tRNA e uma nova tRNA-sintetase, os genes da tRNA$^{Tyr}$ e a correspondente tirosil-tRNA-sintetase foram obtidos de *Methanococcus jannaschii* (*Mj*tRNA$^{Tyr}$ e *Mj*TyrRS, respectivamente). A *Mj*TyrRS não se liga à alça do anticódon do *Mj*tRNA$^{Tyr}$, permitindo que a alça do anticódon seja modificada para CUA (complementar a UAG) sem afetar a interação. Devido ao fato de que os sistemas de bactérias e de arqueias são ortólogos, os componentes modificados das arqueias puderam ser transferidos para *E. coli* sem romper o sistema de tradução intrínseco da célula bacteriana.

Primeiro, o gene que codifica o *Mj*tRNA$^{Tyr}$ teve de ser modificado para gerar um produto de tRNA ideal – que não fosse reconhecido por qualquer aminoacil-tRNA-sintetase endógena de *E. coli*, mas que fosse aminoacilado pela *Mj*TyrRS. Vários ciclos de seleção negativa e de seleção positiva foram planejados e realizados para que fosse possível encontrar de maneira eficiente essa variante em meio a outras variantes do gene do tRNA (Fig. 1). Partes da sequência do *Mj*tRNA$^{Tyr}$ foram trocadas aleatoriamente, permitindo a criação de uma biblioteca de células, em que cada uma expressava uma versão diferente do tRNA. Um gene codificando barnase (uma ribonuclease tóxica para *E. coli*) foi modificado de forma que o seu transcrito (mRNA) contivesse vários códons UAG, e esse gene também foi introduzido nas células por um plasmídeo. Se a variante de *Mj*tRNA$^{Tyr}$ expressa em uma determinada célula da biblioteca fosse aminoacilada por uma tRNA-sintetase endógena, ela passaria a expressar o gene da barnase, e essa célula morreria (seleção negativa). As células sobreviventes conteriam as variantes de *Mj*tRNA$^{Tyr}$ que não foram aminoaciladas pelas tRNA-sintetases endógenas, mas com potencial de serem aminoaciladas pela *Mj*TyrRS. Uma seleção positiva (Fig. 1) foi, então, obtida por meio da modificação do gene da β-lactamase (que confere resistência ao antibiótico ampicilina) para que seu transcrito contivesse vários códons UAG e da introdução desse gene nas células junto com o gene que codifica a *Mj*TyrRS. As variantes de *Mj*tRNA$^{Tyr}$ que fossem aminoaciladas pela *Mj*TyrRS permitiriam o crescimento das células em meio contendo ampicilina somente quando a *Mj*TyrRS também fosse expressa nessa mesma célula. Vários ciclos desse esquema de seleção negativa e de seleção positiva permitiram a identificação de uma nova variante de *Mj*tRNA$^{Tyr}$ que não era afetada por enzimas endógenas, que era aminoacilada pela *Mj*TyrRS e que funcionava bem na tradução.

A seguir, a *Mj*TyrRS teve de ser modificada para reconhecer o novo aminoácido. O gene que codifica a *Mj*TyrRS dessa vez foi mutado para criar uma grande biblioteca de variantes. As variantes que iriam aminoacilar a nova variante com aminoácidos endógenos foram eliminadas usando a seleção do gene da barnase. Uma segunda seleção positiva (semelhante à seleção com ampicilina descrita anteriormente) foi realizada, de forma que as células sobrevivessem somente se a variante de *Mj*tRNA$^{Tyr}$ fosse aminoacilada apenas na presença do aminoácido artificial. Vários ciclos de seleção negativa e de seleção positiva geraram um par tRNA-sintetase/tRNA capaz de reconhecer apenas o aminoácido artificial.

Utilizando essa abordagem, os pesquisadores construíram muitas cepas de *E. coli*, cada uma delas capaz de incorporar um determinado aminoácido artificial na proteína em resposta à presença do códon UAG. A mesma abordagem foi utilizada para expandir artificialmente o código genético de leveduras e até mesmo de células de mamíferos. Mais de 30 aminoácidos diferentes (Fig. 2) podem ser introduzidos com eficiência em sítios específicos em proteínas clonadas dessa maneira. Como resultado, tem-se uma ferramenta cada vez mais útil e flexível para avançar nos estudos da estrutura e da função das proteínas.

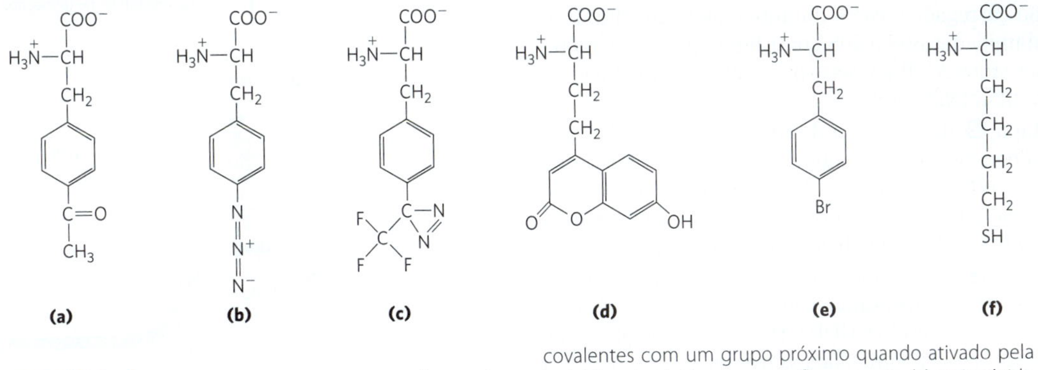

**FIGURA 2** Uma amostra dos aminoácidos artificiais que já foram adicionados ao código genético. Esses aminoácidos contribuem com grupos com reatividades químicas únicas, como (a) cetona, (b) azida, (c) ligação fotoativada (grupo funcional planejado para formar ligações covalentes com um grupo próximo quando ativado pela luz), (d) aminoácido altamente fluorescente, (e) aminoácido com átomo pesado (Br) para uso em cristalografia e (f) um análogo de cisteína de cadeia longa, com capacidade de formar ligações dissulfeto. [Informações de J. Xie e P. G. Schultz, *Nat. Rev. Mol. Cell Biol.* 7:775, 2006.]

ribossomo, (2) o mRNA que codifica o polipeptídeo a ser produzido, (3) o fMet-tRNA^fMet iniciador, (4) um conjunto de três proteínas, denominadas fatores de iniciação (IF1, IF2 e IF3), (5) GTP, (6) a subunidade 50S do ribossomo e (7) $Mg^{2+}$. A formação do complexo de iniciação se dá em três etapas (**Fig. 27-24**).

Na etapa ❶, a subunidade 30S do ribossomo se liga a dois fatores de iniciação, IF1 e IF3. O fator IF3 impede que as subunidades 30S e 50S se combinem prematuramente. O mRNA se liga, então, à subunidade 30S. O (5')AUG iniciador é guiado até a sua posição correta pela **sequência de Shine-Dalgarno** (assim denominada em virtude dos pesquisadores australianos que a identificaram, John Shine e Lynn Dalgarno), presente no mRNA. Essa sequência-consenso é um sinal de iniciação que contém 4 a 9 resíduos de purina, 8 a 13 pb no lado 5' do códon de iniciação (**Fig. 27-25a**). A sequência realiza um pareamento de bases com uma sequência complementar rica em pirimidina próxima à extremidade 3' do rRNA 16S da subunidade 30S do ribossomo (Fig. 27-25b). Essa interação mRNA-rRNA coloca a sequência iniciadora (5')AUG do mRNA em uma posição precisa da subunidade 30S, onde ela é necessária para o início da tradução. O (5') AUG específico ao qual o fMet-tRNA^fMet deve se ligar é diferenciado de outros códons de metionina pela sua proximidade com a sequência de Shine-Dalgarno no mRNA.

Os ribossomos bacterianos têm três sítios que ligam tRNA, o **sítio aminoacil** (**A**), o **sítio peptidil** (**P**) e o **sítio de saída** (**E**, do inglês *exit*). Os sítios A e P se ligam a um aminoacil-tRNA, ao passo que o sítio E se liga apenas a tRNA não carregados, que já completaram sua tarefa no ribossomo. O fator IF1 se liga ao sítio A e impede a ligação do tRNA nesse sítio durante a iniciação. O (5')AUG iniciador é posicionado no sítio P, o único sítio ao qual o fMet-tRNA^fMet consegue se ligar (Fig. 27-24). O fMet-tRNA^fMet é o único aminoacil-tRNA que se liga primeiro ao sítio P; durante o estágio seguinte, o estágio de alongamento, todos os outros aminoacil-tRNA que chegam (incluindo o Met-tRNA^fMet, que se liga a códons AUG internos) ligam-se primeiro ao sítio A e só depois aos sítios P e E. O sítio E é o sítio pelo qual os tRNA "não carregados" saem durante o alongamento. Ambas as subunidades 30S e 50S contribuem para as características dos sítios A e P, ao passo que o sítio E é amplamente restrito à subunidade 50S.

Na etapa ❷ do processo de iniciação (Fig. 27-24), o complexo constituído pela subunidade 30S do ribossomo, do IF3 e do mRNA se junta ao IF2 ligado a GTP e ao fMet--tRNA^fMet iniciador. O anticódon desse tRNA agora pareia corretamente com o códon de iniciação do mRNA.

Na etapa ❸, esse grande complexo se combina com a subunidade 50S do ribossomo; simultaneamente, o GTP ligado ao IF2 é hidrolisado a GDP e $P_i$, os quais são liberados do complexo. Nesse ponto, todos os três fatores de iniciação se dissociam do ribossomo.

▶P1 O término das etapas mostradas na Figura 27-24 produz um ribossomo 70S funcional, chamado de **complexo de iniciação**, que contém o mRNA e o fMet-tRNA^fMet iniciador. A ligação correta do fMet-tRNA^fMet no sítio P no complexo de iniciação 70S é garantida por pelo menos três

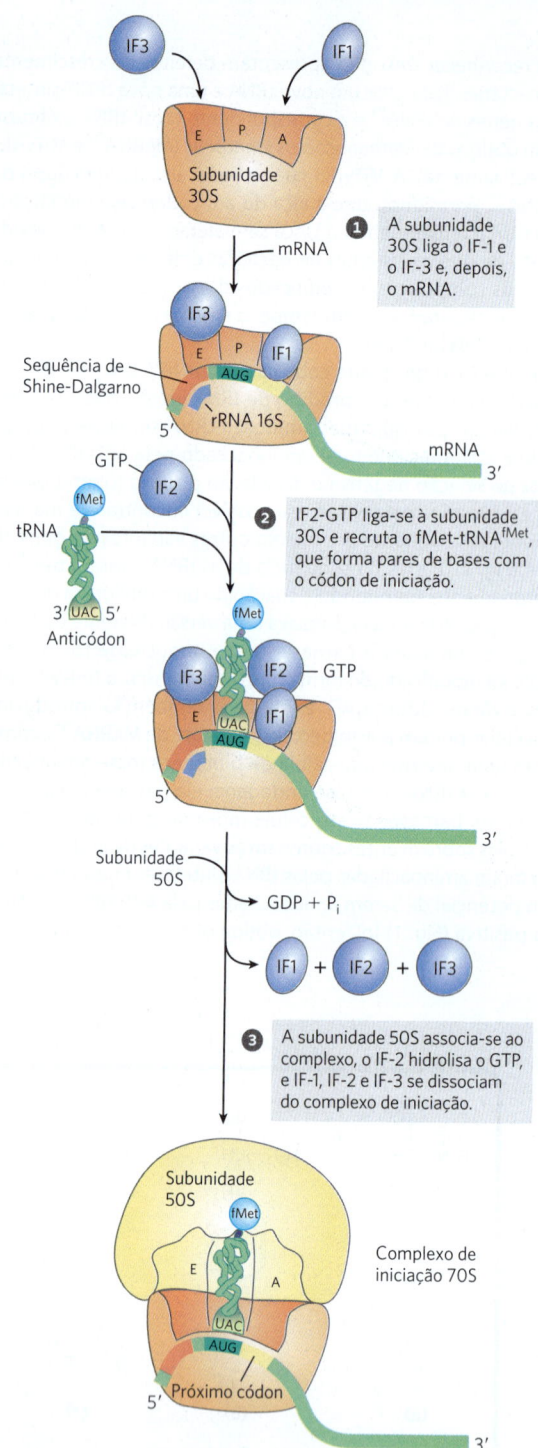

**FIGURA 27-24 Formação do complexo de iniciação em bactérias.** O complexo é formado em três etapas (descritas no texto) à custa da hidrólise de GTP, gerando GDP e $P_i$. IF1, IF2 e IF3 são os fatores de iniciação. E designa o sítio de saída, P, o sítio peptidil, e A, o sítio aminoacil. Aqui, o anticódon do tRNA está orientado no sentido de 3' para 5', da esquerda para a direita, como na Figura 27-8, mas oposto à orientação mostrada nas Figuras 27-21 e 27-23.

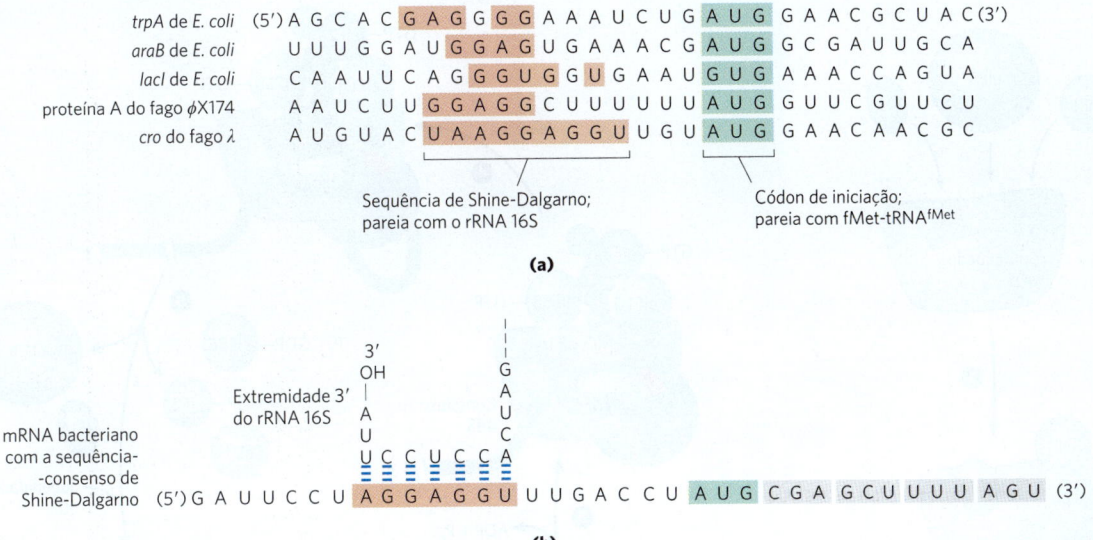

**FIGURA 27-25 Sequências do mRNA que servem como sinais para iniciar a síntese proteica em bactérias.** (a) O alinhamento do AUG iniciador (sombreado em verde) na sua posição correta na subunidade 30S do ribossomo depende, em parte, das sequências de Shine-Dalgarno situadas a montante (em vermelho). As porções do transcrito de mRNA de cinco genes bacterianos estão mostradas. Observe esse exemplo incomum da proteína LacI de *E. coli*, que inicia com o códon GUG (Val). Em *E. coli*, AUG é o códon de iniciação em cerca de 91% dos genes, com GUG (7%) e UUG (2%) assumindo essa função mais raramente. (b) A sequência de Shine-Dalgarno do mRNA pareia com uma sequência próxima da extremidade 3' do rRNA 16S.

pontos de reconhecimento e de ligação: a interação códon-anticódon envolvendo o AUG iniciador posicionado no sítio P; a interação entre a sequência de Shine-Dalgarno do mRNA e o rRNA 16S; e as interações de ligação entre o sítio P do ribossomo e o fMet-tRNA$^{fMet}$. O complexo de iniciação agora está pronto para o alongamento.

**Iniciação em células eucarióticas** De modo geral, a tradução é semelhante em células eucarióticas e em células bacterianas; a maioria das diferenças significativas estão no número de componentes e nos detalhes dos mecanismos. O processo de iniciação em eucariotos está esquematizado na **Figura 27-26**. Os mRNA de eucariotos se ligam ao ribossomo, formando um complexo com várias proteínas ligantes específicas. As células eucarióticas têm pelo menos 12 fatores de iniciação. Os fatores de iniciação eIF1A e eIF3 são homólogos funcionais do IF1 e do IF3 bacterianos, ligando-se à subunidade 40S na etapa ❶ e bloqueando a ligação do tRNA ao sítio A e o acoplamento prematuro da subunidade maior com a subunidade menor do ribossomo, respectivamente. O fator eIF1 liga-se ao sítio E. O tRNA iniciador carregado se liga ao eIF2, o qual também tem uma molécula GTP ligada. Na etapa ❷, esse complexo ternário se liga à subunidade ribossômica 40S, junto com outras duas proteínas envolvidas em etapas posteriores, eIF5 (não mostrada na Fig. 27-26) e eIF5B. Esses componentes formam o complexo de pré-iniciação 43S. O mRNA se liga ao complexo eIF4F, o qual, na etapa ❸, é o intermediário da associação com o complexo de pré-iniciação 43S. O complexo eIF4F é formado por eIF4E (ligando o 5' cap), eIF4A (com atividade ATPase e RNA-helicase) e eIF4G (uma proteína ligadora). A proteína eIF4G se liga ao eIF3 e ao eIF4E, estabelecendo a primeira ligação entre o complexo de pré-iniciação 43S e o mRNA. O eIF4G também se liga à proteína ligante da cauda poli(A) (PABP) na extremidade 3' do mRNA, circularizando o mRNA (**Fig. 27-27**) e facilitando a regulação da expressão gênica, como descrito no Capítulo 28.

A adição do mRNA e seus fatores associados forma o complexo 48S. Esse complexo escaneia o mRNA, iniciando no 5' cap até que seja encontrado um códon AUG. O processo de varredura (etapa ❹ na Fig. 27-26) pode ser facilitado pela RNA-helicase de eIF4A, que desenrola estruturas secundárias de RNA enquanto se encontra em um complexo transitório com outro fator, o eIF4B (não mostrado na Fig. 27-26).

Uma vez que sítio AUG é encontrado, a subunidade 60S do ribossomo associa-se ao complexo na etapa ❺, o que leva à liberação de muitos dos fatores de iniciação. Isso requer a atividade de eIF5 e de eIF5B. A proteína eIF5 induz a atividade de GTPase do eIF2, produzindo um complexo eIF2-GDP com afinidade reduzida pelo tRNA iniciador. A proteína eIF5B é homóloga à IF2 de bactérias. Essa proteína hidrolisa o GTP que está ligado a ela e dispara a dissociação do eIF2-GDP e outros fatores de iniciação; em seguida, ocorre a associação da subunidade 60S. Assim se completa a formação do complexo de iniciação.

Os papéis dos vários fatores de iniciação de bactérias e de eucariotos no processo como um todo estão resumidos na **Tabela 27-8**. O mecanismo pelo qual essas proteínas agem constitui uma importante área de pesquisa.

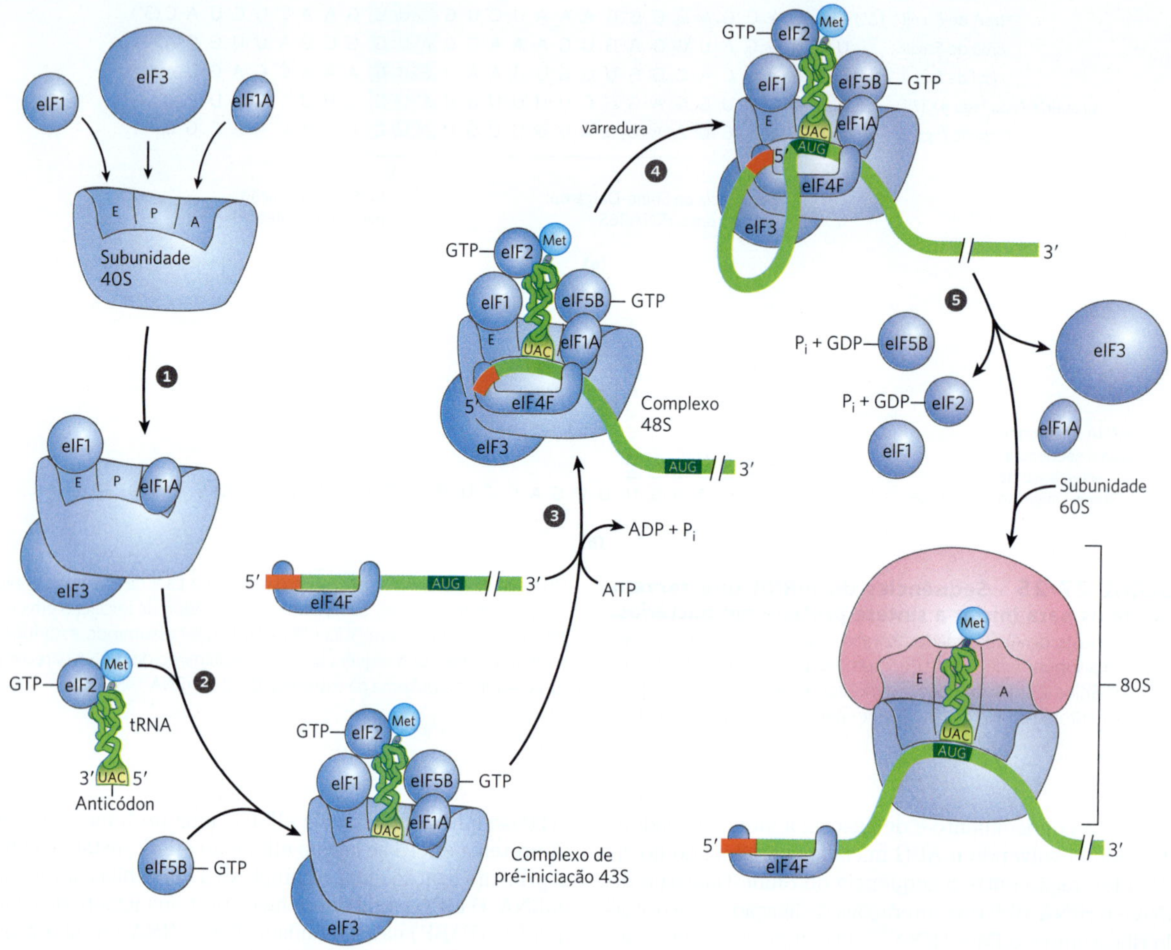

**FIGURA 27-26 Iniciação da síntese proteica em eucariotos.** As cinco etapas estão descritas no texto. Os fatores de iniciação dos organismos eucarióticos medeiam a associação primeiro do tRNA iniciador carregado para formar um complexo 43S e, depois, do mRNA (com o 5′ cap mostrado em vermelho) para formar um complexo 48S. O complexo de iniciação 80S final é formado pela associação da subunidade 60S, acoplada à liberação da maioria dos fatores de iniciação.

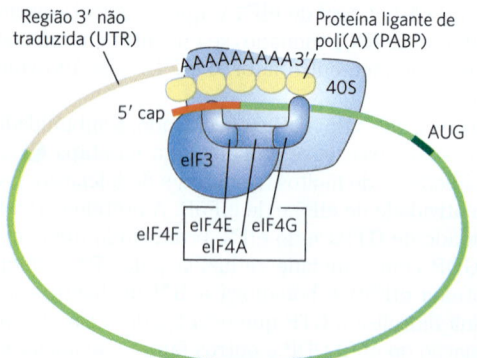

**FIGURA 27-27 Circularização do mRNA no complexo de iniciação em eucariotos.** As extremidades 3′ e 5′ dos mRNA dos organismos eucarióticos são unidas pelo complexo proteico eIF4F. A subunidade eIF4E liga-se ao 5′ cap, e a proteína eIF4G liga-se à proteína ligante da cauda poli(A) (PABP) na extremidade 3′ do mRNA. A proteína eIF4G também se liga ao eIF3, unindo o mRNA circularizado à subunidade 40S do ribossomo.

## Estágio 3: As ligações peptídicas são formadas no estágio de alongamento

O terceiro estágio da síntese proteica é o **alongamento**. Novamente, as células bacterianas serão analisadas primeiro. O alongamento requer (1) o complexo de iniciação descrito anteriormente, (2) aminoacil-tRNA, (3) um conjunto de três proteínas citosólicas solúveis chamadas de **fatores de alongamento** (EF-Tu, EF-Ts e EF-G nas bactérias) e (4) GTP. As células realizam três etapas para adicionar cada resíduo de aminoácido, e essas etapas são repetidas enquanto houver resíduos a serem adicionados.

**Etapa 1 do alongamento: ligação de um aminoacil-tRNA de entrada** Na primeira etapa do ciclo de alongamento (**Fig. 27-28**), o aminoacil-tRNA apropriado de entrada se liga a um complexo de EF-Tu ligado a GTP. O complexo aminoacil-tRNA/EF-Tu/GTP resultante se liga ao sítio A do complexo de iniciação 70S. O GTP é hidrolisado, e um complexo EF-Tu/GDP é liberado do ribossomo 70S. O GDP ligado é liberado quando o complexo EF-Tu/GDP se liga ao EF-Ts, e

## 27.2 SÍNTESE PROTEICA

**TABELA 27-8** Fatores proteicos necessários para a iniciação da tradução em células bacterianas e eucarióticas

| Fator | Função |
|---|---|
| **Bactérias** | |
| IF1 | Impede a ligação prematura do tRNA no sítio A |
| IF2 | Facilita a ligação do fMet-tRNA$^{fMet}$ à subunidade 30S do ribossomo |
| IF3 | Liga-se à subunidade 30S; impede a associação prematura da subunidade 50S; aumenta a especificidade do sítio P pelo fMet-tRNA$^{fMet}$ |
| **Eucariotos** | |
| eIF1 | Liga-se ao sítio E da subunidade 40S; facilita a interação entre o complexo ternário eIF2-tRNA-GTP e a subunidade 40S |
| eIF1A | Homólogo ao IF1 de bactérias; impede a ligação prematura do tRNA no sítio A |
| eIF2 | GTPase; facilita a ligação do Met-tRNA$^{Met}$ iniciador à subunidade ribossômica 40S |
| eIF2Ba, eIF3 | Primeiros fatores a se ligarem à subunidade 40S; facilitam as etapas seguintes |
| eIF4F | Complexo que consiste em eIF4E, eIF4A e eIF4G |
| eIF4A | Atividade de RNA-helicase; remove estruturas secundárias do mRNA para permitir a ligação à subunidade 40S; faz parte do complexo eIF4F |
| eIF4B | Liga-se ao mRNA; facilita a varredura do mRNA para localizar o primeiro AUG |
| eIF4E | Liga-se ao 5′ cap do mRNA; faz parte do complexo eIF4F |
| eIF4G | Liga-se ao eIF4E e à proteína ligante de poli(A) (PABP); faz parte do complexo eIF4F |
| eIF5[a] | Promove a dissociação de vários outros fatores de iniciação da subunidade 40S antes que ocorra a associação da subunidade 60S para formar o complexo de iniciação 80S |
| eIF5b | GTPase homóloga à IF2 bacteriana; responsável pela dissociação dos fatores de iniciação antes que o ribossomo se forme |

[a]Não mostrado na Figura 27-26.

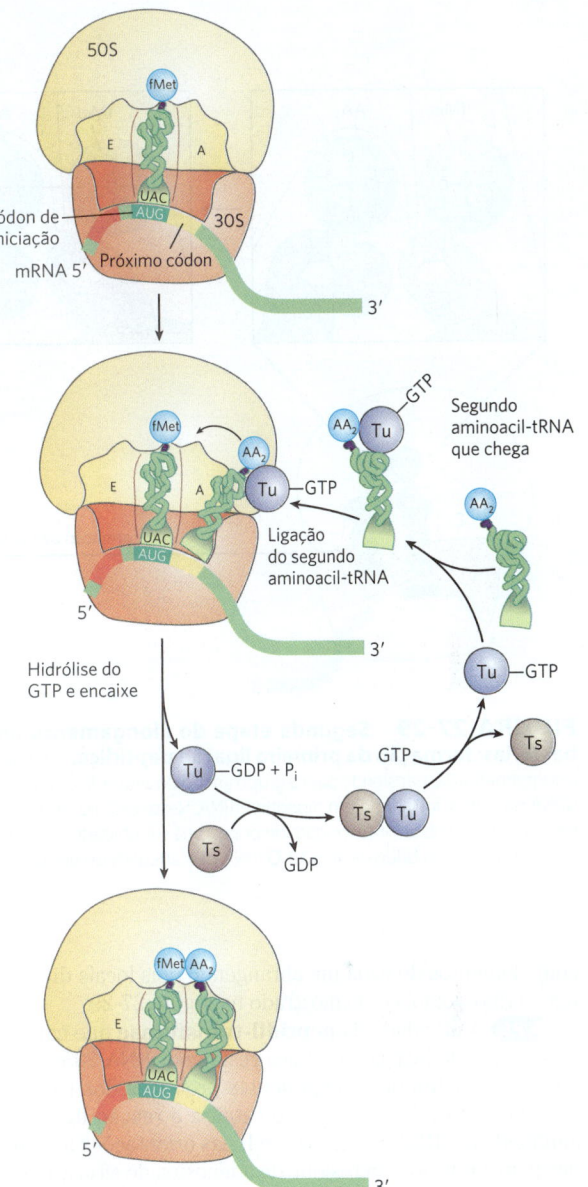

**FIGURA 27-28 Primeira etapa do alongamento em bactérias: ligação do segundo aminoacil-tRNA.** O segundo aminoacil-tRNA (AA$_2$) entra no sítio A do ribossomo ligado a EF-Tu (mostrado aqui como Tu), que está ligado a GTP. A ligação do segundo aminoacil-tRNA ao sítio A é acompanhada pela hidrólise de GTP a GDP e P$_i$ e pela liberação do complexo EF-Tu/GDP do ribossomo. O complexo EF-Tu/GTP é regenerado durante um processo envolvendo EF-Ts e GTP. A "acomodação" envolve mudanças na conformação do segundo tRNA que puxa a sua extremidade aminoacil para o sítio da peptidil-transferase.

o EF-Ts depois é liberado quando outra molécula de GTP se liga a EF-Tu, regenerando-o.

**Etapa 2 do alongamento: formação de ligação peptídica** Agora, uma ligação peptídica é formada entre os dois aminoácidos ligados por seus tRNA aos sítios A e P no ribossomo. Isso ocorre por meio da transferência do grupo *N*-formilmetionil do tRNA iniciador para o grupo amino do segundo aminoácido, agora no sítio A (**Fig. 27-29**). O grupo α-amino do aminoácido no sítio A age como um nucleófilo, deslocando o tRNA do sítio P para formar a ligação peptídica. A estrutura restrita da cadeia lateral da prolina interfere no alinhamento necessário para que as ligações peptídicas se formem

adequadamente. Um sistema especial se liga ao ribossomo para facilitar as ligações peptídicas entre dois resíduos de prolina sempre que necessário (**Quadro 27-3**). A reação produz um dipeptidil-tRNA no sítio A, e o tRNA$^{fMet}$ agora "descarregado" (desacilado) permanece ligado ao sítio P. Os tRNA, então, mudam para um estado de ligação híbrido,

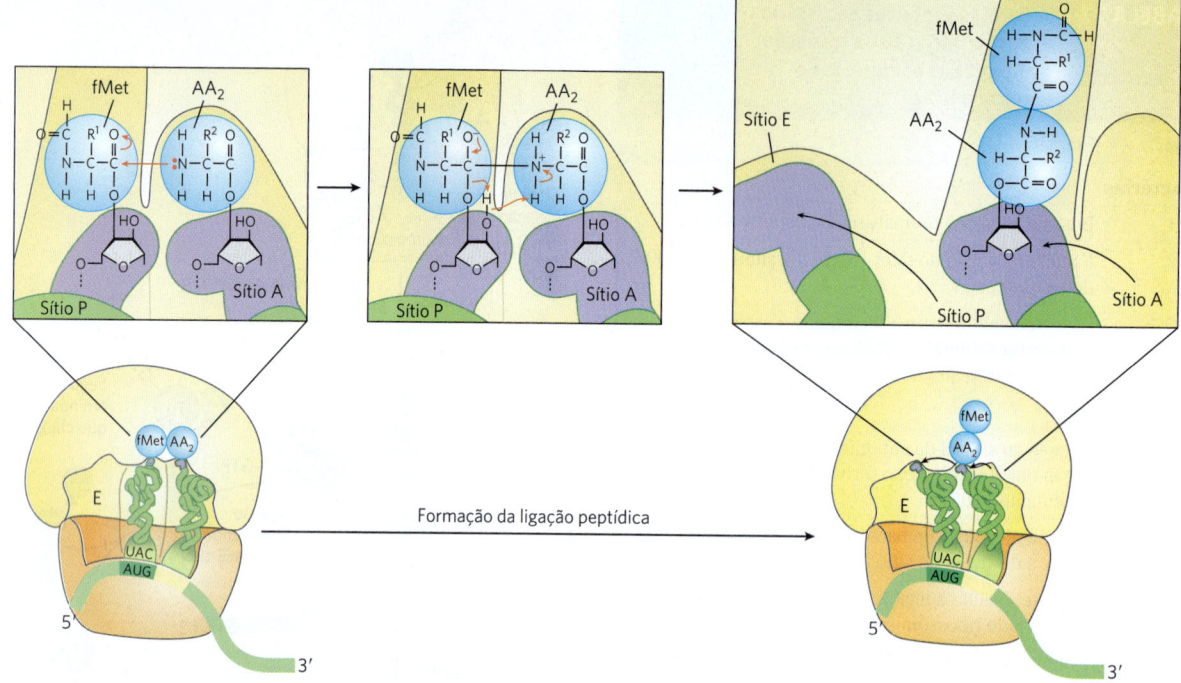

**FIGURA 27-29** **Segunda etapa do alongamento em bactérias: formação da primeira ligação peptídica.** O grupo *N*-formilmetionil é transferido para o grupo amino do segundo aminoacil--tRNA no sítio A, formando um dipeptidil-tRNA. Nesse estágio, ambos os tRNA ligados ao ribossomo mudam de posição na subunidade 50S, adotando um estado híbrido de ligação. O tRNA descarregado se desloca de modo que suas extremidades 3' e 5' fiquem no sítio E. Da mesma forma, as extremidades 3' e 5' do peptidil-tRNA mudam para o sítio P. Os anti-códons permanecem nos sítios P e A. Observe o envolvimento do grupo 2'-hidroxila da adenosina 3'-terminal como um catalisador acidobásico geral nessa reação.

com elementos de cada um abrangendo dois locais diferentes no ribossomo, como mostrado na Figura 27-29.

**P5** A atividade da **peptidil-transferase** que catalisa a formação da ligação peptídica reside no rRNA 23S, e não em qualquer um dos componentes proteicos dos ribossomos. O rRNA 23S ribossômico catalisa a reação ligando e alinhando os tRNA nos sítios A e P nas orientações adequadas para a reação. Um resíduo de adenosina do sítio ativo altamente conservado no rRNA 23S (A2451 em *E. coli*) pode facilitar a reação por catálise de base geral e estabilização de estado de transição utilizando N-3 no anel de purina e/ou no grupo 2'-hidroxila. Essa adição ao repertório catalítico conhecido de ribozimas tem implicações interessantes para a evolução da vida (ver Seção 26.4).

**Etapa 3 do alongamento: translocação** Na etapa final do ciclo de alongamento, a **translocação**, o ribossomo move um códon em direção à extremidade 3' do mRNA (**Fig. 27-30a**). Esse movimento move o anticódon do dipeptidil-tRNA, o qual ainda está preso ao segundo códon do mRNA, do sítio A para o sítio P, e move o tRNA desacilado do sítio P para o sítio E, a partir do qual o tRNA é liberado para o citosol. O terceiro códon do mRNA se encontra agora no sítio A, e o segundo códon, no sítio P. O movimento do ribossomo ao longo do mRNA requer o fator EF-G (também conhecido como translocase) e a energia fornecida pela hidrólise de outra molécula de GTP. Como a estrutura do EF-G se assemelha à estrutura do complexo EF-Tu/tRNA (Fig. 27-30b), o EF-G é capaz de se ligar ao sítio A e, supostamente, deslocar o peptidil-tRNA.

Após a translocação, o ribossomo, com o dipeptidil--tRNA e o mRNA ligados, está pronto para um novo ciclo de alongamento e para a ligação de um terceiro resíduo de aminoácido. Esse processo ocorre da mesma forma que a adição do segundo resíduo (como mostrado nas Figs. 27-28, 27-29 e 27-30). Para cada resíduo de aminoácido corretamente adicionado ao polipeptídeo crescente, dois GTP são hidrolisados a GDP e $P_i$ à medida que o ribossomo se move códon a códon ao longo do mRNA em direção à extremidade 3'.

O polipeptídeo permanece ligado ao tRNA do último (mais recente) aminoácido inserido. Essa associação mantém a conexão funcional entre a informação contida no mRNA e a produção do polipeptídeo decodificado. Ao mesmo tempo, a ligação éster entre esse tRNA e a extremidade carboxila do polipeptídeo crescente ativa o grupo carbo-xiterminal para o ataque nucleofílico pelo aminoácido que chega para formar uma nova ligação peptídica (Fig. 27-29). À medida que a ligação éster existente entre o polipeptídeo e o tRNA é quebrada durante a formação da ligação peptídica, a ligação entre o polipeptídeo e a informação contida

## QUADRO 27-3

### Pausa, terminação e resgate de ribossomos

Os ribossomos podem parar durante a biossíntese de proteínas, especialmente durante a tradução de um mRNA que está danificado ou incompleto. Se a tradução não puder prosseguir até o final do gene, os fatores de terminação não podem agir, e o ribossomo pode ficar "preso" e, portanto, inativado.

A tradução pode sofrer uma variedade de eventos paralisantes. Um problema bem documentado envolve a adição de prolina à cadeia crescente, particularmente quando duas prolinas devem ser adicionadas sequencialmente. Ao contrário dos outros aminoácidos, a prolina é uma amina secundária e não é um nucleófilo tão bom na etapa de formação da ligação peptídica (Fig. 27-29). A geometria restrita da cadeia lateral da prolina também pode afetar o alinhamento de grupos para reação no ribossomo, uma questão particularmente aguda quando a ligação peptídica deve ser entre duas prolinas. As bactérias têm um fator de alongamento P (EFP) que se liga entre os sítios E e P no ribossomo próximo ao peptidil-tRNA. A ligação de EFP afeta o posicionamento de tRNA ligados e adjacentes e facilita um alinhamento ideal para a formação de ligações peptídicas com prolina. Ribossomos em células sem EFP param regularmente em locais onde dois ou mais códons de prolina devem ser lidos consecutivamente. Em eucariotos, um fator intimamente relacionado com EFP, o eIF5A, desempenha essa mesma função.

Quando o ribossomo chega no final de um mRNA antes de encontrar um códon de terminação, a etapa de translocação leva à formação de um **complexo de não terminação** estável, no qual o sítio A não tem mRNA para interagir com um novo tRNA carregado. O complexo de não terminação não pode ser reciclado pelos fatores de terminação normais. Em vez disso, o ribossomo é resgatado por *trans*-tradução (Fig. 1). Em praticamente todas as bactérias, o sistema de resgate consiste em **RNA mensageiro transportador (tmRNA) e proteína B pequena (SmpB)**. Eles se ligam ao complexo paralisado, de forma que o tmRNA fica posicionado no sítio A vazio, e, assim, o ribossomo pode continuar a tradução até encontrar o códon de terminação que está embutido no tmRNA. O ribossomo é, portanto, reciclado, e tanto o mRNA defeituoso quanto o peptídeo traduzido a partir dele são degradados. Nos organismos eucarióticos, existem sistemas semelhantes a esse.

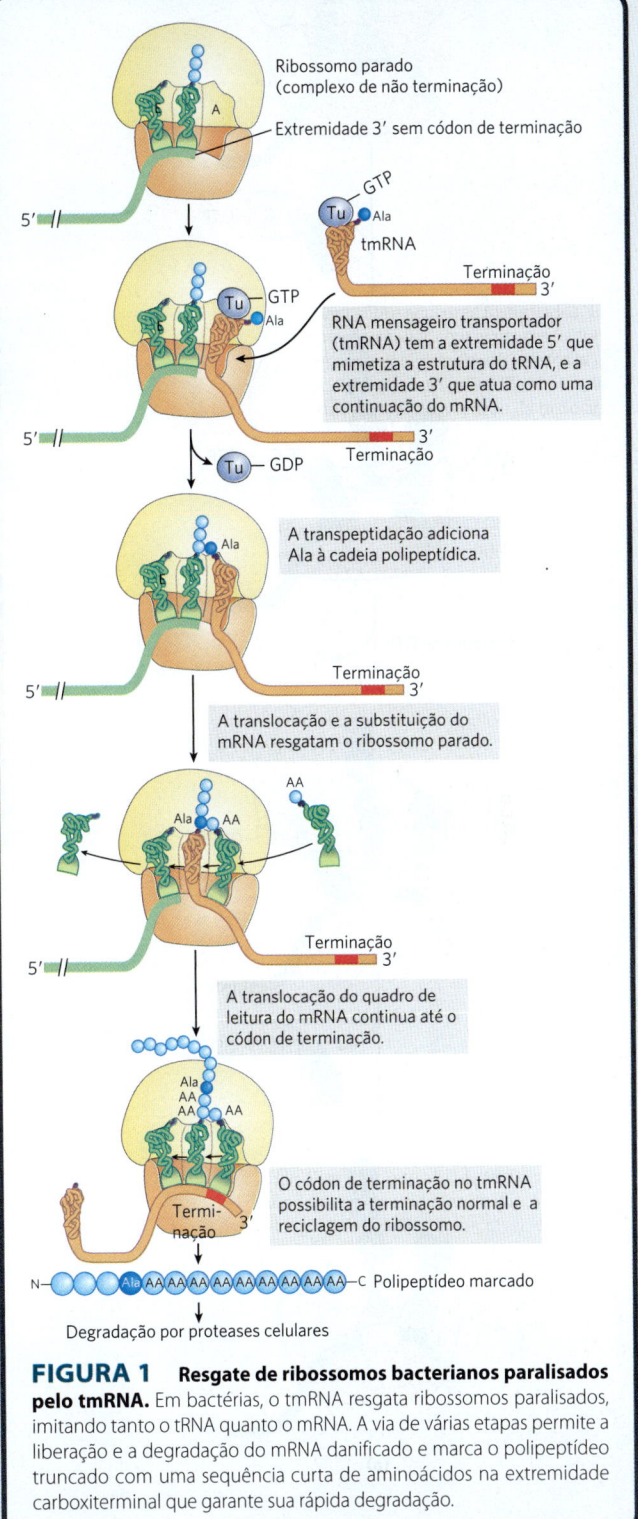

**FIGURA 1** **Resgate de ribossomos bacterianos paralisados pelo tmRNA.** Em bactérias, o tmRNA resgata ribossomos paralisados, imitando tanto o tRNA quanto o mRNA. A via de várias etapas permite a liberação e a degradação do mRNA danificado e marca o polipeptídeo truncado com uma sequência curta de aminoácidos na extremidade carboxiterminal que garante sua rápida degradação.

no mRNA persiste, pois cada novo aminoácido adicionado permanece preso ao seu tRNA.

O ciclo de alongamento nos organismos eucarióticos é semelhante ao ciclo nas bactérias. Três fatores de alongamento eucarióticos (eEF1α, eEF1βγ e eEF2) têm funções análogas àquelas dos fatores de alongamento bacterianos (EF-Tu, EF-Ts e EF-G, respectivamente). Quando um novo aminoacil-tRNA se liga ao sítio A, uma interação alostérica faz a expulsão do tRNA não carregado do sítio E.

**Revisão no ribossomo** A atividade GTPásica do EF-Tu durante a primeira etapa do alongamento em células bacterianas (Fig. 27-28) contribui de maneira importante para a velocidade e a fidelidade de todo o processo biossintético. Tanto o complexo EF-Tu/GTP como o EF-Tu/GDP existem por poucos milissegundos antes de se dissociarem. Esses períodos constituem oportunidades para que ocorra uma leitura para revisão das interações códon-anticódon. Os aminoacil-tRNA incorretos normalmente se dissociam do sítio A em um desses momentos. Se o análogo de GTP guanosina-5'-O-(3-tiotrifosfato) (GTPγS) for utilizado no lugar do GTP, a hidrólise se torna mais lenta, melhorando a

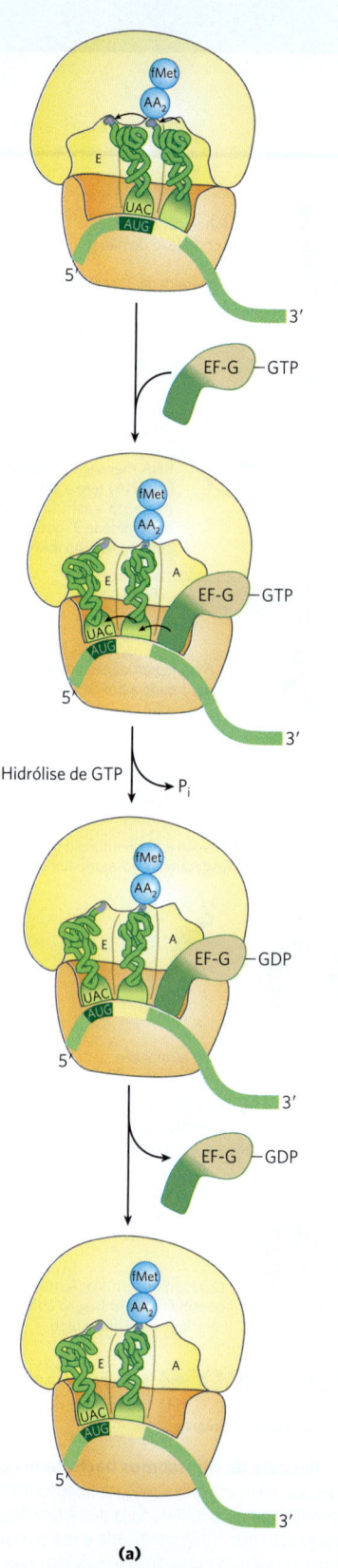

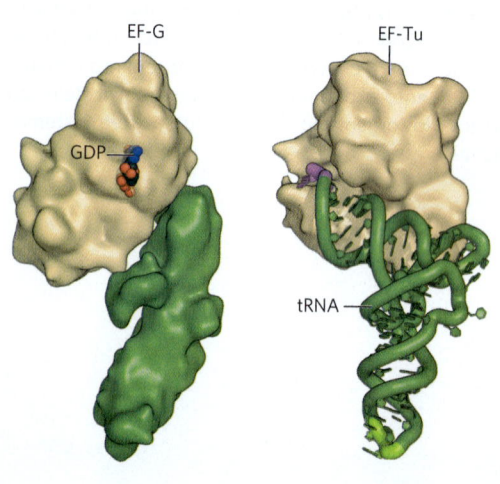

**FIGURA 27-30 Terceira etapa do alongamento em bactérias: translocação.** (a) O ribossomo desloca um códon em direção à extremidade 3' do mRNA, utilizando a energia proveniente da hidrólise do GTP ligado ao fator EF-G (translocase). O dipeptidil-tRNA está agora completamente no sítio P, deixando o sítio A aberto para a entrada do próximo (terceiro) aminoacil-tRNA. Depois, o tRNA não carregado se dissocia do sítio E, e o ciclo de alongamento inicia novamente. (b) A estrutura do EF-G (à esquerda) se assemelha à estrutura do EF-Tu complexado com tRNA (à direita). A região carboxiterminal do EF-G é semelhante à alça do anticódon do tRNA, tanto em forma como em distribuição de cargas. [(b) Dados de (à esquerda) PDB ID 1DAR, S. al-Karadaghi et al., *Structure* 4:555, 1996; (à direita) PDB ID 1B23, P. Nissen et al., *Structure* 7:143, 1999.]

fidelidade (aumentando os intervalos de revisão), mas reduzindo a velocidade da síntese proteica.

Guanosina-5'-O-(3-tiotrifosfato) (GTPγS)

O processo de síntese proteica (incluindo as características do pareamento códon-anticódon já descritas) foi claramente otimizado ao longo da evolução, de forma a equilibrar as exigências de rapidez e fidelidade. Uma maior fidelidade pode diminuir a velocidade, ao passo que aumentos na velocidade possivelmente comprometeriam a fidelidade. Lembre-se de que o mecanismo de revisão no ribossomo estabelece apenas que ocorreu pareamento apropriado entre códon e anticódon; ou seja, ele não verifica se o aminoácido correto está ligado ao tRNA. Se um tRNA for aminoacilado com sucesso com um aminoácido errado (o que se pode fazer experimentalmente), o aminoácido incorreto é efetivamente incorporado à proteína em resposta ao códon reconhecido normalmente por aquele tRNA.

### Estágio 4: A terminação da síntese de polipeptídeos necessita de um sinal especial

O alongamento continua até que o ribossomo adicione o último aminoácido codificado pelo mRNA. A **terminação**, quarta etapa da síntese de polipeptídeos, é sinalizada pela presença de um dos três códons de terminação no mRNA (UAA, UAG, UGA), imediatamente após o último aminoácido codificado. Mutações no anticódon do tRNA que permitem que um aminoácido seja inserido em um códon de terminação são geralmente deletérias para a célula. Em bactérias, uma vez que um códon de terminação tenha ocupado o sítio A do ribossomo, três **fatores de terminação** ou **fatores de liberação** – as proteínas RF1, RF2 e RF3 – contribuem para: (1) hidrólise da ligação peptidil-tRNA terminal; (2) liberação do polipeptídeo e do último tRNA, agora não carregado, do sítio P; e (3) dissociação do ribossomo 70S em suas subunidades 30S e 50S, prontas para começar um novo ciclo de síntese de polipeptídeo (**Fig. 27-31**). O RF1 reconhece os códons de terminação UAG e UAA, e o RF2 reconhece UGA e UAA. O RF1 ou o RF2 (dependendo do códon presente) se liga a um códon de terminação e induz a peptidil-transferase a transferir o polipeptídeo crescente para uma molécula de água, em vez de para outro aminoácido. Os fatores de liberação têm domínios que parecem se assemelhar à estrutura do tRNA, como mostrado para o fator de alongamento EF-G na Figura 27-30b. A função específica do RF3 ainda não foi definitivamente estabelecida, mas acredita-se que ele libera a subunidade ribossômica. Em eucariotos, um único fator de liberação, o eRF, reconhece todos os três códons de terminação.

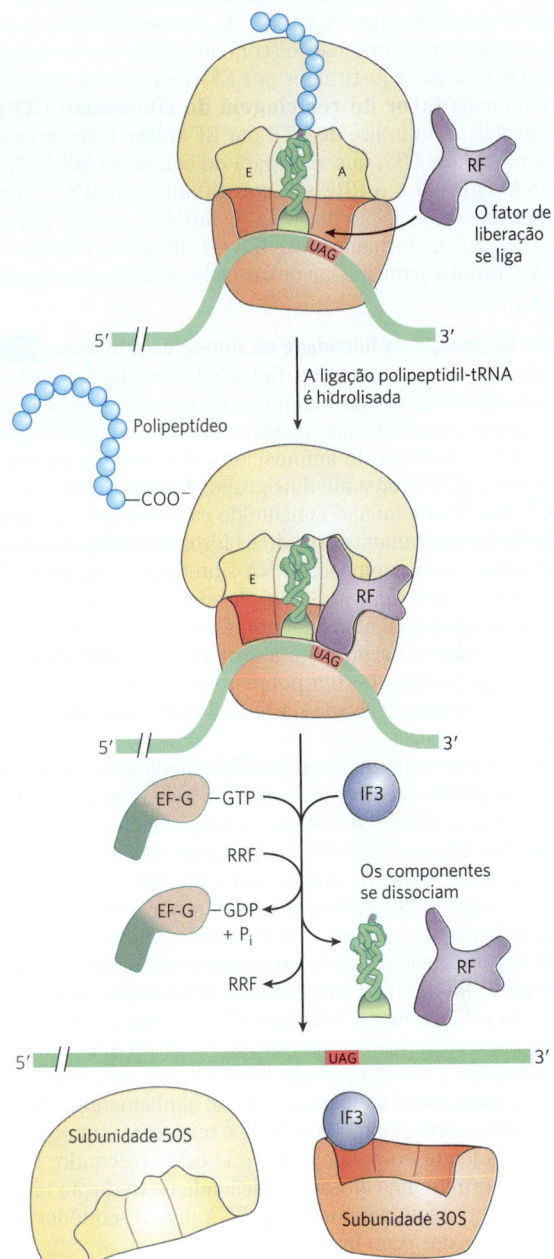

**FIGURA 27-31 Terminação da síntese de proteínas em bactérias.** A síntese é terminada em resposta a um códon de terminação no sítio A. Primeiro, um fator de liberação, RF (RF1 ou RF2, dependendo de qual códon de terminação está presente), se liga ao sítio A. Isso leva à hidrólise da ligação éster entre o polipeptídeo nascente e o tRNA no sítio P e à liberação do polipeptídeo completo. Finalmente, o mRNA, o tRNA desacilado e o fator de liberação deixam o ribossomo, que se dissocia em suas subunidades 30S e 50S, auxiliado pelo fator de reciclagem de ribossomo (RRF), pelo IF3 e pela energia fornecida pela hidrólise de GTP mediada por EF-G. O complexo de subunidades 30S com IF3 está pronto para começar outro ciclo de tradução.

A dissociação dos componentes de tradução leva à reciclagem do ribossomo. Os fatores de liberação se dissociam do complexo pós-terminação (com um tRNA não carregado no sítio P) e são substituídos por EF-G e por uma proteína denominada **fator de reciclagem do ribossomo** (**RRF**; $M_r$ 20.300). A hidrólise de GTP por EF-G leva à dissociação da subunidade 50S, que se separa do complexo 30S/tRNA/mRNA. O EF-G e o RRF são substituídos por IF3, o qual promove a dissociação do tRNA. O mRNA é, então, liberado. O complexo formado entre IF3 e a subunidade 30S está, então, pronto para iniciar outro ciclo de síntese proteica (Fig. 27-24).

### Custo de energia da fidelidade na síntese de proteínas P1

A síntese de uma proteína fiel à informação especificada em seu mRNA requer muito mais energia do que seria necessário para sintetizar ligações peptídicas ligando uma sequência aleatória de aminoácidos. A formação de cada aminoacil-tRNA consome dois grupos fosfato de alta energia. Um ATP adicional é consumido cada vez que um aminoácido incorretamente ativado é hidrolisado pela atividade de desacilase das aminoacil-tRNA-sintetases como parte da atividade de revisão. Um GTP é clivado a GDP e $P_i$ durante a primeira etapa de alongamento, e outro, durante a etapa de translocação. Assim, para a formação de cada uma das ligações peptídicas de um polipeptídeo, é necessária, em média, a energia derivada da hidrólise de mais de quatro NTP gerando NDP.

Isso representa um "empurrão" termodinâmico excessivamente grande na direção da síntese: pelo menos $4 \times 30{,}5$ kJ/mol = 122 kJ/mol de energia da ligação fosfodiéster para gerar uma ligação peptídica, a qual tem uma energia livre padrão de hidrólise de apenas aproximadamente $-21$ kJ/mol. A variação de energia livre durante a síntese de uma ligação peptídica, portanto, tem valor líquido de $-101$ kJ/mol. As proteínas são polímeros que contêm informação. O objetivo bioquímico não é apenas a formação de uma ligação peptídica, mas a formação de uma ligação peptídica entre dois aminoácidos *específicos*. Cada um dos compostos fosfatados de alta energia gastos nesse processo tem papel fundamental na manutenção do alinhamento correto entre cada novo códon no mRNA e o respectivo aminoácido na extremidade do polipeptídeo que está crescendo. Essa energia permite uma altíssima fidelidade na tradução biológica da mensagem genética do mRNA para a sequência de aminoácidos das proteínas.

### Tradução rápida de uma única mensagem por polissomos

Grandes conjuntos de 10 a 100 ribossomos muito ativos na síntese proteica podem ser isolados de células eucarióticas e bacterianas. Micrografias eletrônicas mostram a presença de uma fibra entre ribossomos adjacentes em um conjunto, chamada de **polissomo** (**Fig. 27-32a**). A fita conectora é uma única molécula de mRNA que está sendo traduzida simultaneamente por ribossomos muito próximos uns dos outros, permitindo um uso altamente eficiente do mRNA.

Em bactérias, a transcrição e a tradução são processos estreitamente acoplados. Os mRNA são sintetizados e traduzidos na mesma direção, 5'→3'. Assim que a extremidade 5' do mRNA aparece, os ribossomos e a RNA-polimerase formam um complexo, o **expressoma**, iniciando a tradução

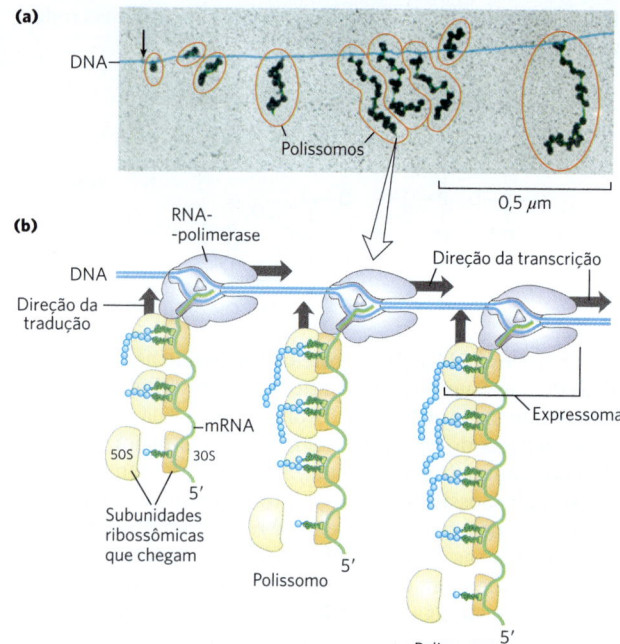

**FIGURA 27-32 Acoplamento da transcrição e da tradução em bactérias.** (a) Micrografia eletrônica de polissomos formados durante a transcrição de um segmento do DNA de *E. coli*. Cada molécula de mRNA está sendo traduzida por muitos ribossomos simultaneamente. As cadeias polipeptídicas nascentes são difíceis de visualizar sob as condições usadas na preparação das amostras mostradas aqui. A seta aponta o local aproximado do início do gene que está sendo transcrito. (b) Cada mRNA é traduzido pelos ribossomos enquanto ainda está sendo transcrito do DNA pela RNA-polimerase. Isso é possível porque, em bactérias, o mRNA não precisa ser transportado do núcleo para o citoplasma para que encontre os ribossomos. Nesse diagrama, os ribossomos estão mostrados em tamanho menor do que a RNA-polimerase. Na realidade, os ribossomos ($M_r$ $2{,}7 \times 10^6$) são uma ordem de grandeza maior do que a RNA-polimerase ($M_r$ $3{,}9 \times 10^5$). [(a) O. L. Miller, Jr., et al. *Science* 169:392, 1970, Fig. 3. © 1970 American Association for the Advancement of Science.]

muito antes de a transcrição estar completa (Fig. 27-32b). Quando a extremidade 5' do mRNA sai de um ribossomo, ribossomos adicionais são carregados em sucessão para formar um polissomo. A situação é bem diferente nas células eucarióticas, onde os mRNA recém-transcritos devem deixar o núcleo antes de serem traduzidos (ver Fig. 27-17).

Em geral, os mRNA bacterianos existem por apenas alguns minutos (p. 986) antes de serem degradados por nucleases. Para manter altas taxas de síntese proteica, o mRNA para uma dada proteína ou grupo de proteínas precisa ser sintetizado continuamente e traduzido com eficiência máxima. O curto tempo de vida dos mRNA nas bactérias permite a parada rápida da síntese quando a proteína não é mais necessária.

### Estágio 5: As cadeias polipeptídicas recém-sintetizadas passam por enovelamento e processamento

Na etapa final da síntese proteica, a cadeia polipeptídica nascente é enovelada e processada, adquirindo a forma biologicamente ativa. Durante ou após sua síntese, o polipeptídeo assume progressivamente sua conformação nativa. Conforme apresentado no Capítulo 4, chaperonas de proteínas, chaperoninas e enzimas específicas (p. ex., proteína dissulfeto-isomerase e peptídeo prolil-*cis-trans*--isomerase) desempenham um papel importante no dobramento correto de muitas proteínas em todas as células. Chaperonas e chaperoninas, exemplificadas por GroEL/GroES em bactérias (**Fig. 27-33**) e Hsp60 em eucariotos, auxiliam o enovelamento, em parte restringindo a formação de agregados improdutivos e limitando o espaço conformacional que um polipeptídeo pode explorar à medida que se enovela. ▶P4 O ATP é hidrolisado como parte desse processo. O sistema GroEL/GroES é necessário para o enovelamento de cerca de 10 a 15% das proteínas em *E. coli*.

Algumas proteínas recém-sintetizadas, sejam elas de bactérias, de arqueias ou de eucariotos, não adquirem a conformação final biologicamente ativa até que sejam alteradas por uma ou mais **modificações pós-traducionais**. Modificações de proteínas de um tipo ou de outro foram descritas em quase todos os capítulos deste livro, e alguns exemplos proeminentes são resumidos aqui.

**Modificações aminoterminais e carboxiterminais** O primeiro resíduo inserido em todos os polipeptídeos é a *N*-formilmetionina (em bactérias) ou metionina (em eucariotos). Entretanto, o grupo formil, o resíduo Met aminoterminal e, frequentemente, mais resíduos da região aminoterminal (e, em alguns casos, da carboxiterminal) podem ser removidos enzimaticamente para a formação da proteína funcional final. Em até 50% das proteínas eucarióticas, o grupamento amino do resíduo aminoterminal é *N*-acetilado após a tradução. Às vezes, resíduos carboxiterminais são também modificados.

**Perda das sequências-sinal** Como será visto na Seção 27.3, 15 a 30 resíduos da extremidade aminoterminal de algumas proteínas têm papel no endereçamento da proteína para seu destino final na célula. Essas **sequências-sinal** são removidas no final por peptidases específicas.

**Modificação de resíduos individuais de aminoácidos** Os grupos hidroxila de certos resíduos de Ser, Thr e Tyr de algumas proteínas são fosforilados enzimaticamente por ATP (**Fig. 27-34a**); os grupos fosfato adicionam cargas negativas

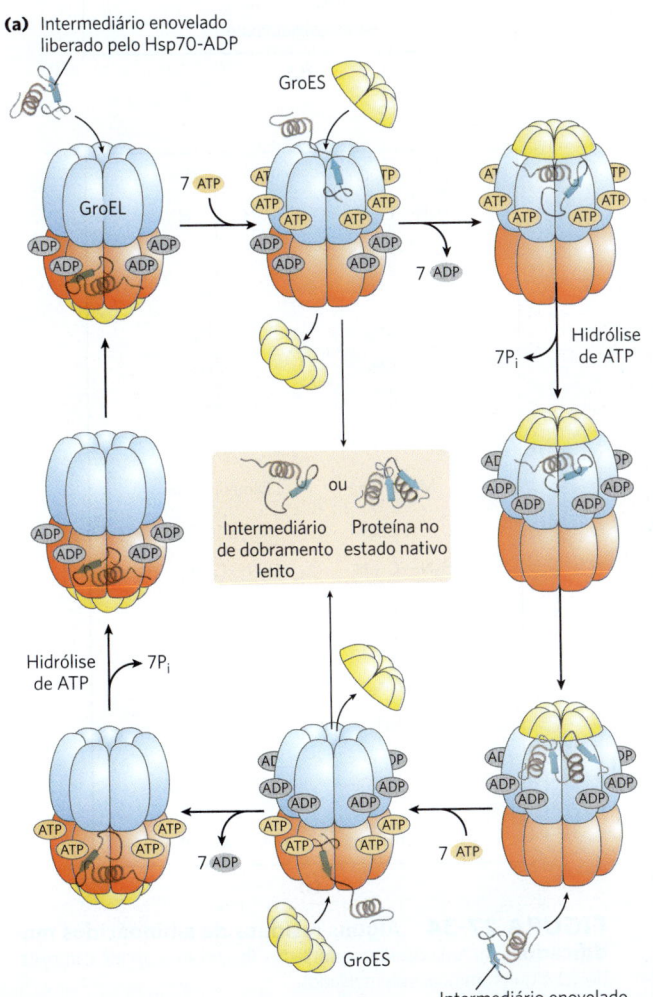

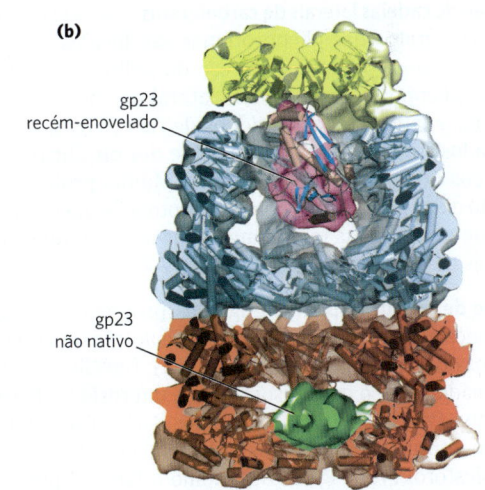

**FIGURA 27-33 Chaperoninas no enovelamento de proteínas.** (a) Via proposta para a ação das chaperoninas GroEL (membro da família de proteínas Hsp60) e GroES de *E. coli*. Cada complexo GroEL consiste em duas grandes câmaras formadas por dois anéis heptaméricos (cada subunidade tem $M_r$ 57.000). GroES, também um heptâmero (subunidades de $M_r$ 10.000), bloqueia uma das câmaras GroEL depois que uma proteína não enovelada é ligada ao seu interior. A câmara com a proteína desenovelada é designada *cis*, e a câmara oposta é denominada *trans*. O enovelamento ocorre no interior da câmara *cis*, durante o tempo que leva para hidrolisar os 7 ATP ligados às subunidades do anel heptamérico. As moléculas de GroES e de ADP então se dissociam, e a proteína é liberada. As duas câmaras do sistema GroEL/Hsp60 se alternam na ligação e facilitam o enovelamento das proteínas-alvo. (b) Imagem de um corte do complexo GroEL/GroES. As estruturas secundárias da α-hélice estão representadas na forma de cilindros com a estrutura da superfície transparente. Vista de uma proteína (gp23) enovelada dentro do grande espaço interior da câmara superior e versão desenovelada da gp23 na câmara inferior. [(a) Informações de F. U. Hartl et al., *Nature* 475:324, 2011, Fig. 3. (b) Dados de EMDB-1548, D. K. Clare et al., *Nature* 457:107, 2009; PDB ID 2CGT, D. K. Clare et al., *J. Mol. Biol.* 358:905, 2006; PDB ID 1YUE, A. Fokine et al., *Proc. Natl. Acad. Sci.* USA 102:7163, 2005.]

a esses polipeptídeos. A importância funcional dessa modificação varia de uma proteína para outra. Por exemplo, a proteína caseína do leite tem muitos grupos de fosfosserina que ligam $Ca^{2+}$. Cálcio, fosfato e aminoácidos são elementos valiosos para lactentes, e a caseína fornece, assim, três nutrientes essenciais. E, como foi visto em vários exemplos, os ciclos de fosforilação-desfosforilação regulam a atividade de muitas enzimas e proteínas regulatórias.

Grupos carboxila extras podem ser adicionados a resíduos de Glu de algumas proteínas. Por exemplo, a protrombina, uma proteína da coagulação do sangue, contém resíduos de γ-carboxiglutamato (Fig. 27-34b) na região aminoterminal; os grupos γ-carboxila são introduzidos por uma enzima que necessita de vitamina K. Esses grupos carboxila ligam $Ca^{2+}$, o qual é necessário para iniciar o mecanismo de coagulação.

Resíduos de monometil-lisina e dimetil-lisina (Fig. 27-34c) ocorrem em algumas proteínas musculares e no citocromo c. A calmodulina da maioria dos organismos contém um resíduo de trimetil-lisina em uma posição específica. Em outras proteínas, os grupos carboxila de alguns resíduos de Glu sofrem metilação, o que remove suas cargas negativas.

**Ligação de cadeias laterais de carboidratos** As cadeias laterais de carboidratos das glicoproteínas são ligadas covalentemente durante ou após a síntese do polipeptídeo. Em algumas glicoproteínas, a cadeia lateral de carboidrato é ligada enzimaticamente a resíduos de Asn (oligossacarídeos N-ligados); em outras, a resíduos de Ser ou Thr (oligossacarídeos O-ligados; ver Fig. 7-27). Muitas proteínas com função extracelular, bem como os proteoglicanos lubrificantes que revestem as membranas mucosas, contêm cadeias laterais de oligossacarídeos (ver Fig. 7-25).

**Adição de grupos isoprenila** Algumas proteínas de organismos eucarióticos são modificadas pela adição de grupos derivados do isopreno (grupos isoprenila). Uma ligação tioéter é formada entre o grupo isoprenila e um resíduo de Cys da proteína (ver Fig. 11-16). Os grupos isoprenila são derivados de intermediários pirofosforilados da via de biossíntese do colesterol (ver Fig. 21-36), como o farnesil-pirofosfato (**Fig. 27-35**). Proteínas modificadas dessa forma incluem as proteínas Ras (pequenas proteínas G), que são produtos de proto-oncogenes e oncogenes *ras*, as proteínas G triméricas (ambas discutidas no Capítulo 12), bem como as lâminas, proteínas encontradas na matriz nuclear. O grupo isoprenila ajuda a ancorar a proteína na membrana. A atividade transformadora (carcinogênica) do oncogene *ras* é perdida quando a isoprenilação da proteína Ras é bloqueada, uma descoberta que estimulou interesse na identificação de inibidores dessa via de modificação pós-traducional para o uso na quimioterapia do câncer.

**Adição de grupos prostéticos** Muitas proteínas necessitam da ligação de grupos prostéticos para sua atividade. Dois exemplos são a molécula de biotina da acetil-CoA-carboxilase e o grupo heme da hemoglobina ou do citocromo c.

**Processamento proteolítico** Muitas proteínas são sintetizadas inicialmente como polipeptídeos precursores longos e

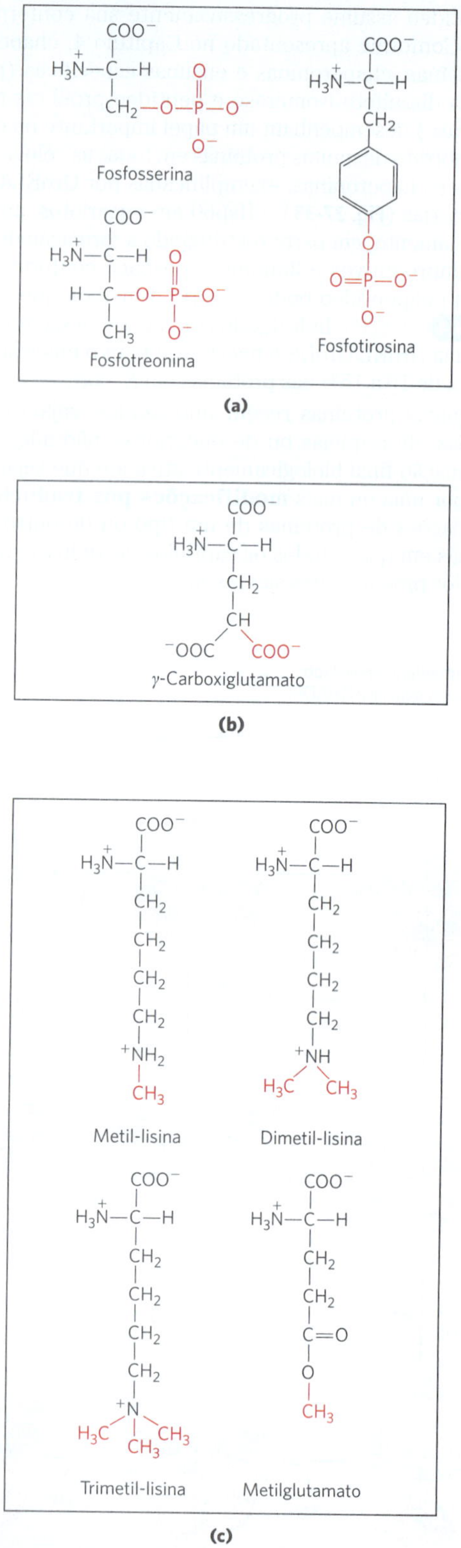

**FIGURA 27-34 Alguns resíduos de aminoácidos modificados.** (a) Aminoácidos fosforilados. (b) Um aminoácido carboxilado. (c) Alguns aminoácidos metilados.

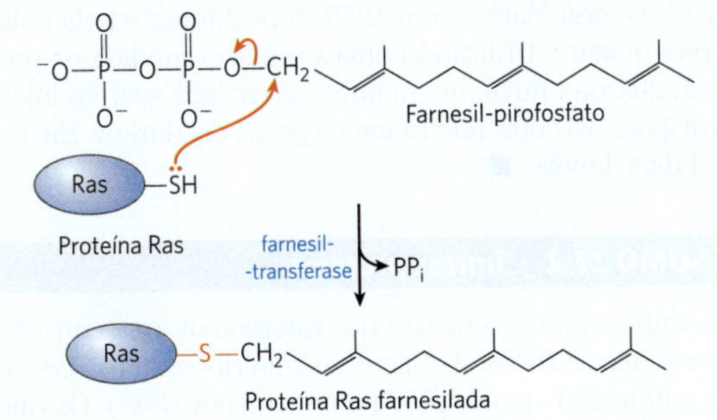

## 27.2 SÍNTESE PROTEICA

**FIGURA 27-35 Farnesilação de um resíduo de Cys.** A ligação tioéter é mostrada em vermelho. A proteína Ras é o produto do oncogene *ras*.

inativos, os quais são clivados proteoliticamente para dar origem às formas menores e ativas das proteínas. Os exemplos incluem a proinsulina (Fig. 23-4), algumas proteínas virais (Fig. 26-30) e proteases, como o quimotripsinogênio e o tripsinogênio (Fig. 6-42).

**Formação de ligações dissulfeto cruzadas** Após se enovelarem em suas conformações nativas, algumas proteínas formam ligações dissulfeto entre resíduos de Cys presentes em uma mesma cadeia ou em cadeias diferentes. Nos eucariotos, as ligações dissulfeto são comuns em proteínas secretadas das células. As ligações cruzadas assim formadas ajudam a proteger a conformação nativa da molécula proteica da desnaturação no meio extracelular, que é geralmente oxidante e cujas condições podem ser bem diferentes daquelas do meio intracelular.

### A síntese proteica é inibida por muitos antibióticos e toxinas

A síntese proteica é uma função central na fisiologia celular e é o alvo principal de muitos antibióticos e toxinas naturais. Exceto quando indicado outro mecanismo, esses antibióticos inibem a síntese proteica em bactérias. As diferenças entre a síntese proteica em bactérias e em eucariotos, apesar de muito tênues em alguns casos, são suficientes para que a maioria dos compostos discutidos a seguir seja relativamente inofensiva para células eucarióticas. A seleção natural favoreceu a evolução de compostos que fazem uso de diferenças mínimas para afetar seletivamente os sistemas das bactérias, de forma que essas armas bioquímicas são sintetizadas por alguns microrganismos, sendo extremamente tóxicas para outros. Uma vez que quase todas as etapas da síntese proteica podem ser inibidas por um ou outro antibiótico, esses compostos se tornaram ferramentas valiosas para o estudo da biossíntese de proteínas.

A **puromicina**, produzida pelo fungo *Streptomyces alboniger*, é um dos antibióticos mais estudados que inibem a síntese proteica. A sua estrutura é bastante semelhante à extremidade 3′ de um aminoacil-tRNA, permitindo que ele se ligue ao sítio A do ribossomo e participe da formação da ligação peptídica, produzindo peptidil-puromicina (**Fig. 27-36**). No entanto, em virtude de se assemelhar apenas à extremidade 3′ do tRNA, a puromicina não participa

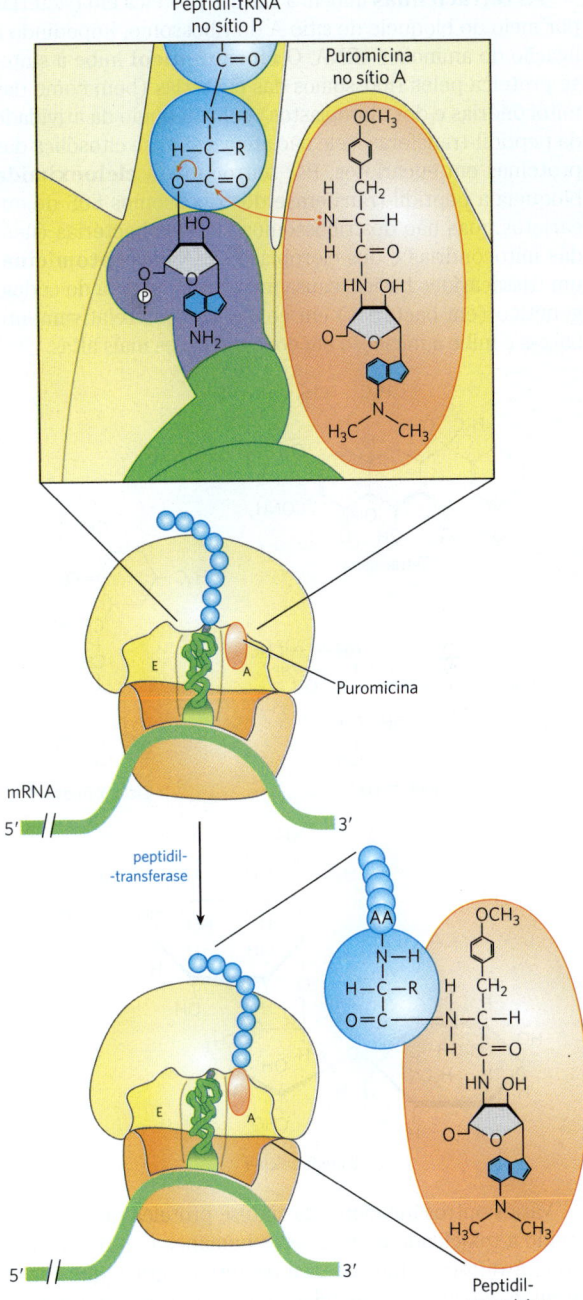

**FIGURA 27-36 Perturbação da formação da ligação peptídica pela puromicina.** O antibiótico puromicina é similar à extremidade aminoacil de um tRNA carregado, sendo capaz de se ligar ao sítio A do ribossomo e participar da formação da ligação peptídica. O produto dessa reação, peptidil-puromicina, não é translocado para o sítio P. Em vez disso, ele se dissocia do ribossomo, causando a terminação prematura da cadeia.

da translocação e se dissocia do ribossomo logo após se ligar à extremidade carboxila do peptídeo. Isso causa o término prematuro da síntese do polipeptídeo.

As **tetraciclinas** inibem a síntese proteica em bactérias por meio do bloqueio do sítio A do ribossomo, impedindo a ligação do aminoacil-tRNA. O **cloranfenicol** inibe a síntese proteica pelos ribossomos das bactérias (bem como das mitocôndrias e dos cloroplastos) pelo bloqueio da atividade da peptidil-transferase; ele não afeta a síntese citosólica das proteínas em eucariotos. Por outro lado, a **cicloeximida** bloqueia a peptidil-transferase dos ribossomos 80S de eucariotos, mas não dos ribossomos 70S das bactérias (nem das mitocôndrias e dos cloroplastos). A **estreptomicina**, um trissacarídeo básico, causa uma leitura errada do código genético (em bactérias) em concentrações relativamente baixas e inibe a iniciação em concentrações mais altas.

Vários outros inibidores da síntese proteica são notáveis devido à toxicidade para os seres humanos e outros mamíferos. A difteria é uma doença bacteriana grave que causa faringite, edema das glândulas, dificuldades respiratórias e, muitas vezes, morte. Embora tenha sido amplamente erradicada no mundo desenvolvido, alguns milhares de casos ainda ocorrem a cada ano em países onde a vacinação é limitada. A bactéria *Corynebacterium diphtheriae* libera a **toxina diftérica** ($M_r$ 58.330), a qual catalisa a ADP-ribosilação de um resíduo de diftamida (uma histidina modificada) do fator de alongamento eEF2, inativando-o. As células mortas resultantes formam uma membrana espessa e cinza que cobre a garganta e as amígdalas, criando um odor pútrido, marca registrada da doença. A **ricina** ($M_r$ 29.895), uma proteína extremamente tóxica da mamona, inativa a subunidade 60S dos ribossomos eucarióticos pela despurinação de uma adenosina específica no rRNA 28S. A ricina foi utilizada no infame caso do assassinato do dissidente búlgaro e jornalista da BBC Georgi Markov, em 1978, supostamente pela polícia secreta búlgara. Utilizando uma seringa escondida na ponta de um guarda-chuva, um membro da polícia secreta injetou um dispositivo contendo ricina na perna de Markov. Ele morreu 4 dias depois. ■

## RESUMO 27.2  Síntese proteica

■ A síntese proteica ocorre nos ribossomos, que consistem em proteínas e rRNA. As bactérias têm ribossomos 70S, com uma subunidade maior (50S) e uma menor (30S). Os ribossomos dos organismos eucarióticos são significativamente maiores (80S) e contêm mais proteínas. O crescimento da cadeia polipeptídica nos ribossomos inicia com o aminoácido aminoterminal e ocorre por adições sucessivas de novos resíduos à extremidade carboxila.

■ Os tRNA contêm entre 73 e 93 resíduos de nucleotídeos, alguns dos quais têm bases modificadas. Cada tRNA tem um braço do aminoácido com a sequência terminal CCA(3′), à qual um aminoácido é esterificado, um braço do anticódon, um braço TψC e um braço D; alguns tRNA têm um quinto braço. O anticódon é responsável pela especificidade da interação entre o aminoacil-tRNA e o códon complementar do mRNA.

■ No estágio 1 dos cinco estágios da síntese proteica, os aminoácidos são ativados por aminoacil-tRNA-sintetases específicas no citosol. Essas enzimas catalisam a formação de aminoacil-tRNA, com a clivagem simultânea de ATP, gerando AMP e PP$_i$. A fidelidade da síntese proteica depende da precisão dessa reação, e algumas dessas enzimas realizam etapas de revisão em sítios ativos separados.

■ O estágio 2 é a iniciação. Em bactérias, o aminoacil-tRNA iniciador em todas as proteínas é *N*-formilmetionil-tRNA$^{fMet}$. A iniciação da síntese proteica envolve a formação de um complexo entre subunidade ribossômica 30S, mRNA, GTP, fMet-tRNA$^{fMet}$, três fatores de iniciação e subunidade 50S. O GTP é hidrolisado a GDP e P$_i$.

■ O estágio 3 é o alongamento. Nos estágios de alongamento, GTP e fatores de alongamento são necessários para a ligação do novo aminoacil-tRNA que chega ao sítio A do ribossomo. Na primeira reação de transferência peptídica, o resíduo fMet é transferido para o grupo amino do novo aminoacil-tRNA. O movimento do ribossomo ao longo do mRNA transloca, então, o dipeptidil-tRNA do sítio A para o sítio P, um processo que requer hidrólise de GTP. O tRNA desacilado se dissocia do sítio E do ribossomo.

■ O estágio 4 é a terminação. Após muitos ciclos de alongamento, a síntese do polipeptídeo é finalizada com o auxílio dos fatores de liberação. Pelo menos quatro equivalentes fosfatados de alta energia (do ATP ou do GTP) são necessários para a formação de cada ligação peptídica, um investimento energético necessário para garantir a fidelidade da tradução.

■ O estágio 5 é o processamento proteico. Os polipeptídeos se enovelam nas suas respectivas formas tridimensionais ativas. Muitas proteínas são processadas também por reações de modificação pós-traducional.

■ Muitos antibióticos e toxinas bem estudados inibem alguns aspectos da síntese proteica.

## 27.3 Endereçamento e degradação das proteínas

A célula eucariótica é composta de muitas estruturas, organelas e compartimentos, cada qual com funções específicas que necessitam de conjuntos distintos de proteínas e enzimas. Considerando que essas proteínas (com exceção das produzidas nas mitocôndrias e nos plastídios) são sintetizadas nos ribossomos do citosol, como elas são direcionadas para os seus respectivos destinos finais na célula?

Atualmente, esse complexo e fascinante processo está começando a ser compreendido. As proteínas destinadas a secreção, integração na membrana plasmática ou inclusão nos lisossomos geralmente compartilham as primeiras etapas de uma via que inicia no retículo endoplasmático (RE). As proteínas destinadas às mitocôndrias, aos cloroplastos ou ao núcleo utilizam três mecanismos separados. As proteínas destinadas ao citosol simplesmente permanecem no local onde são sintetizadas. ▶P1 O custo termodinâmico da síntese proteica é ampliado pelos processos usados pelas células para transportar proteínas para suas localizações celulares corretas.

O elemento mais importante em muitas dessas vias de endereçamento é uma sequência curta de aminoácidos, denominada **sequência-sinal** ou peptídeo sinalizador, cuja função foi postulada inicialmente por Günter Blobel e colaboradores em 1970. A sequência-sinal direciona a proteína para o local apropriado na célula, e, em muitas proteínas, ela é removida durante o transporte ou depois que a proteína tenha alcançado o seu destino final. Nas proteínas que devem ser transportadas para mitocôndrias, cloroplastos ou RE, a sequência-sinal está localizada na porção aminoterminal do polipeptídeo recém-sintetizado. Em muitos casos, a capacidade de endereçamento de certas sequências-sinal foi confirmada por meio da fusão da sequência-sinal de uma proteína com outra, mostrando que o sinal direciona a segunda proteína para o local onde a primeira proteína geralmente é encontrada. A degradação seletiva das proteínas que não são mais necessárias para a célula também se baseia, em grande parte, em um conjunto de sinais moleculares incrustados na estrutura de cada proteína.

Nesta seção final, serão examinados o endereçamento e a degradação das proteínas, com ênfase nos sinais subjacentes e na regulação molecular, que são fundamentais para o metabolismo celular. Exceto quando citado, o foco agora será nas células eucarióticas.

### As modificações pós-traducionais de muitas proteínas eucarióticas começam no retículo endoplasmático

Talvez o sistema de endereçamento mais bem caracterizado tenha início no RE. A maioria das proteínas lisossômicas, das proteínas de membrana e das proteínas secretadas tem uma sequência-sinal aminoterminal (**Fig. 27-37**) que as marca para o transporte para dentro do lúmen do RE; centenas dessas sequências-sinal já foram determinadas. A extremidade carboxiterminal de uma sequência-sinal é definida por um sítio de clivagem, no qual uma protease atua removendo a sequência depois que a proteína tenha sido importada para o RE. As sequências-sinal têm um comprimento que varia de 13 a 36 resíduos de aminoácidos, mas todas têm as seguintes características: (1) cerca de 10 a 15 resíduos de aminoácidos hidrofóbicos; (2) um ou mais resíduos carregados positivamente, geralmente próximos à extremidade amino que precede a sequência hidrofóbica; e (3) uma sequência curta na extremidade carboxila (próxima do sítio de clivagem) que é relativamente polar, tendo geralmente resíduos de aminoácidos com cadeias laterais curtas (principalmente Ala) nas posições mais próximas ao sítio de clivagem.

Como demonstrado originalmente pelo biólogo celular George Palade, as proteínas contendo sequências-sinal são sintetizadas em ribossomos aderidos ao RE. A própria sequência-sinal ajuda a direcionar o ribossomo para o RE, como ilustrado na **Figura 27-38**. A via de endereçamento começa com a iniciação da síntese proteica nos ribossomos livres (etapa ❶). A sequência-sinal aparece logo no início do processo de síntese (etapa ❷), pois está na extremidade aminoterminal, a qual, como foi visto, é sintetizada primeiro. À medida que emerge do ribossomo (etapa ❸), a sequência-sinal – e o próprio ribossomo – é ligada pela grande **partícula de reconhecimento de sinal** (**SRP**). A SRP é um complexo em forma de bastonete formado por um RNA de 300 nucleotídeos (7SL-RNA) e seis proteínas diferentes ($M_r$ combinada de 325.000). A SRP, então, se liga ao GTP e interrompe o alongamento do polipeptídeo quando ele tiver cerca de 70 aminoácidos de comprimento e a sequência-sinal tiver emergido completamente do ribossomo. Na etapa ❹, a SRP com GTP ligado direciona o ribossomo (ainda ligado ao

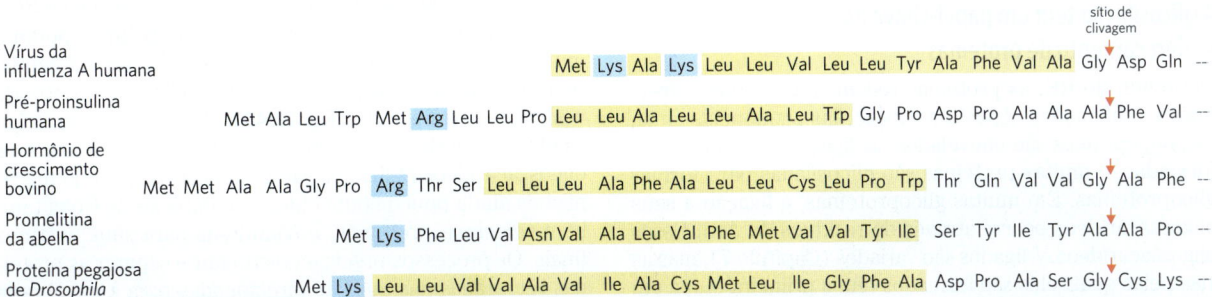

**FIGURA 27-37** Sequências-sinal aminoterminais de algumas proteínas eucarióticas que direcionam o seu transporte para dentro do RE. O núcleo hidrofóbico (em amarelo) é precedido por um ou mais resíduos básicos (em azul). Os resíduos polares e de cadeia lateral curta precedem imediatamente (à esquerda, como mostrado aqui) os locais de clivagem (indicados por setas vermelhas).

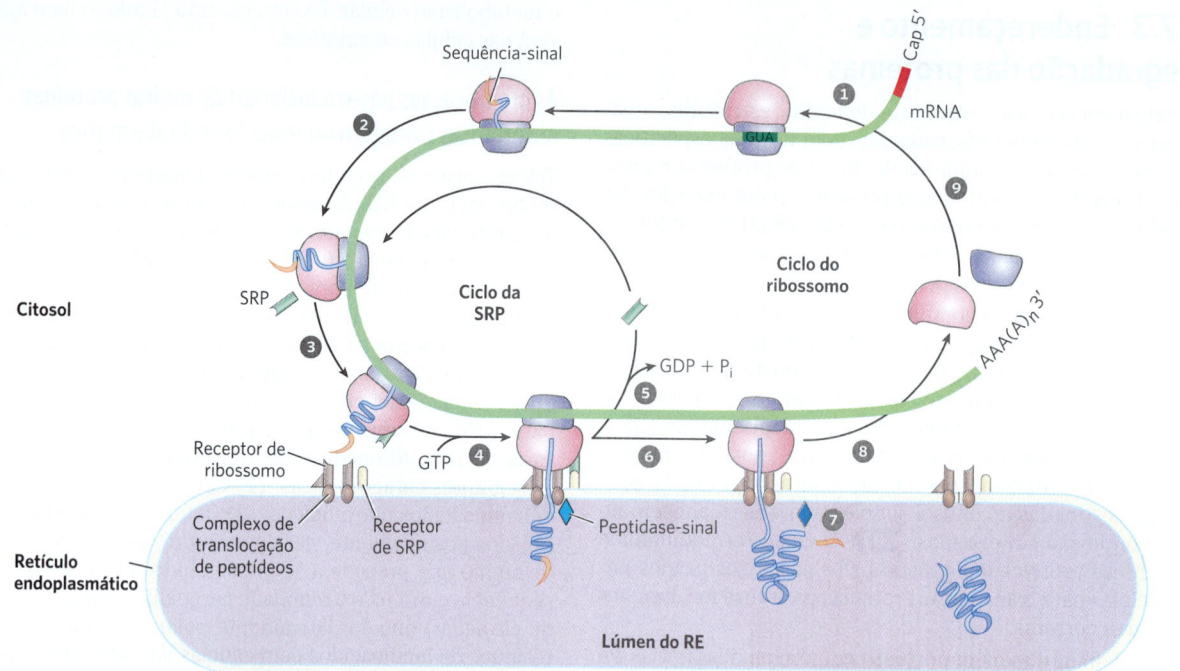

**FIGURA 27-38 Endereçamento das proteínas eucarióticas com os sinais apropriados para o retículo endoplasmático.** Esse processo envolve o ciclo da SRP, bem como o transporte e a clivagem do polipeptídeo nascente. Uma das subunidades proteicas da SRP liga-se diretamente à sequência-sinal, obstruindo o alongamento por meio do bloqueio espacial da entrada de aminoacil-tRNA e da inibição da peptidil-transferase. Outra subunidade da proteína se liga ao GTP, hidrolisando-o.

mRNA) e o polipeptídeo incompleto ao receptor de SRP com GTP ligado no lado citosólico do RE; o polipeptídeo nascente é entregue ao **complexo de translocação de peptídeos** no RE, que interage diretamente com o ribossomo. Na etapa ❺, ocorre a dissociação da SRP do ribossomo, acompanhada da hidrólise de GTP tanto na SRP como no receptor de SRP. O receptor da SRP é um heterodímero de subunidades α ($M_r$ 69.000) e β ($M_r$ 30.000), ambas as quais se ligam e hidrolisam várias moléculas de GTP durante o processo.

Agora, o alongamento do polipeptídeo é retomado (etapa ❻), com o complexo de translocação direcionado por ATP levando o polipeptídeo crescente para dentro do lúmen do RE até que a proteína completa tenha sido sintetizada. Na etapa ❼, a sequência-sinal é removida por uma peptidase-sinal presente no lúmen do RE. O ribossomo se dissocia (etapa ❽) e é reciclado (etapa ❾).

### A glicosilação tem um papel-chave no endereçamento de proteínas

No lúmen do RE, as proteínas recém-sintetizadas sofrem mais modificações. Após a remoção das sequências-sinal, os polipeptídeos são enovelados, as ligações dissulfeto são formadas, e muitas proteínas são glicosiladas para formar glicoproteínas. Em muitas glicoproteínas, a ligação a seus oligossacarídeos ocorre através de resíduos de Asn. Esses oligossacarídeos *N*-ligados são variados (Capítulo 7), mas as vias pelas quais eles são formados têm a primeira etapa em comum. Um oligossacarídeo central de 14 resíduos é construído gradativamente, primeiro na face citosólica da membrana e, em seguida, na face luminal. Depois de concluído, ele é transferido de uma molécula doadora de dolicolfosfato para certos resíduos de Asn na proteína (**Fig. 27-39**). A transferase fica na face luminal do RE e, portanto, não é capaz de catalisar a glicosilação de proteínas citosólicas. Após a transferência, o oligossacarídeo central sofre clivagens e ajustes, que variam nas diferentes proteínas, mas todos os oligossacarídeos *N*-ligados mantêm como cerne um pentassacarídeo derivado do oligossacarídeo original de 14 resíduos.

Vários antibióticos agem interferindo em uma ou mais etapas desse processo e ajudaram a elucidar as etapas da glicosilação de proteínas. O mais bem caracterizado é a **tunicamicina**, que imita a estrutura da UDP-*N*-acetilglicosamina e bloqueia a primeira etapa do processo (Fig. 27-39, etapa ❶). Algumas proteínas são *O*-glicosiladas no RE, mas a maioria das *O*-glicosilações ocorre no complexo de Golgi ou no citosol (no caso das proteínas que não entram no RE).

As proteínas adequadamente modificadas podem, então, ser transportadas para vários destinos na célula. As proteínas vão do RE para o complexo de Golgi dentro de vesículas de transporte (**Fig. 27-40**). No complexo de Golgi, os oligossacarídeos são *O*-ligados a algumas proteínas, e os oligossacarídeos *N*-ligados são modificados. Usando mecanismos ainda pouco conhecidos, o complexo de Golgi também seleciona proteínas, enviando-as para seus destinos finais. Os processos precisam distinguir e separar as proteínas secretadas das que são direcionadas para a membrana plasmática ou para os lisossomos com base em características estruturais que não sejam as sequências-sinal, que foram removidas no lúmen do RE.

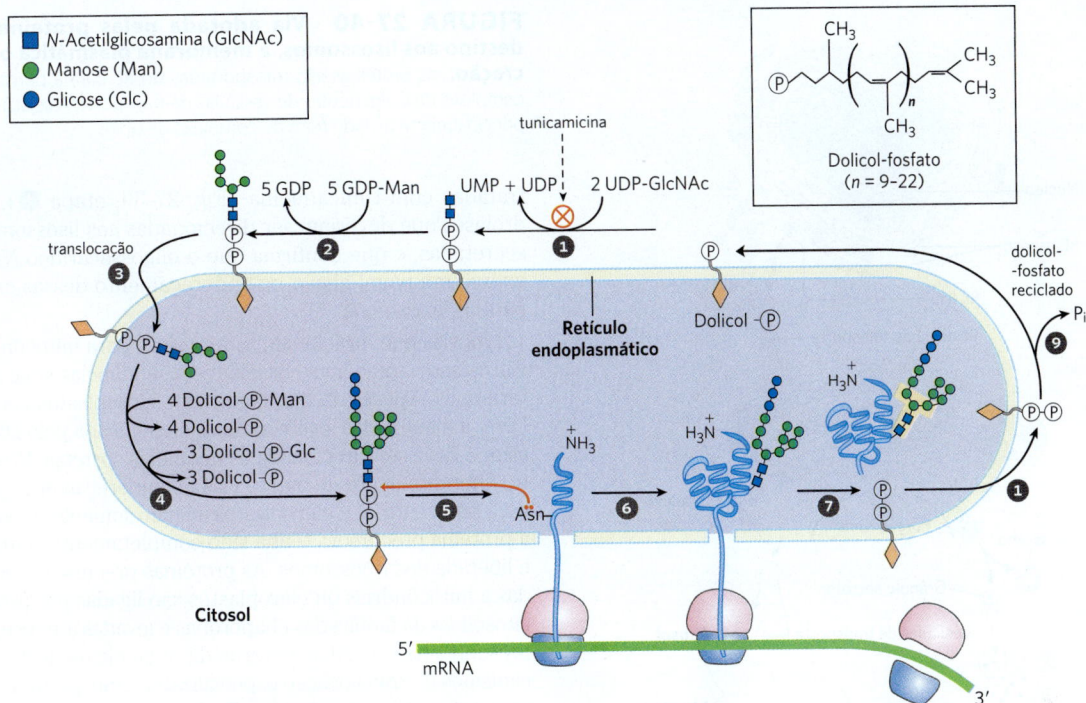

**FIGURA 27-39 Síntese do oligossacarídeo central das glicoproteínas.** O oligossacarídeo central é formado pela adição sucessiva de unidades de monossacarídeos. ❶, ❷ As primeiras etapas ocorrem na face citosólica do RE. ❸ A translocação move o oligossacarídeo ainda incompleto através da membrana (mecanismo não mostrado), e ❹ a formação do oligossacarídeo central completo ocorre dentro do lúmen do RE. Os precursores que fornecem mais resíduos de manose e de glicose ao oligossacarídeo em formação no lúmen são derivados do dolicol-fosfato. ❺ Na primeira etapa da síntese da porção de oligossacarídeo N-ligado de uma glicoproteína, o oligossacarídeo central é transferido do dolicol-fosfato para um resíduo de Asn da proteína, e ❻ a síntese proteica continua. O oligossacarídeo central é novamente modificado no RE e no complexo de Golgi, por meio de vias que variam para diferentes proteínas. Os cinco resíduos de açúcar mostrados por uma marcação em bege (após a etapa ❼) são mantidos na estrutura final de todos os oligossacarídeos N-ligados. ❽ O dolicol-pirofosfato liberado é novamente translocado, de forma que o pirofosfato fica no lado citosólico do RE, e, então, ❾ um fosfato é removido hidroliticamente para regenerar o dolicol-fosfato.

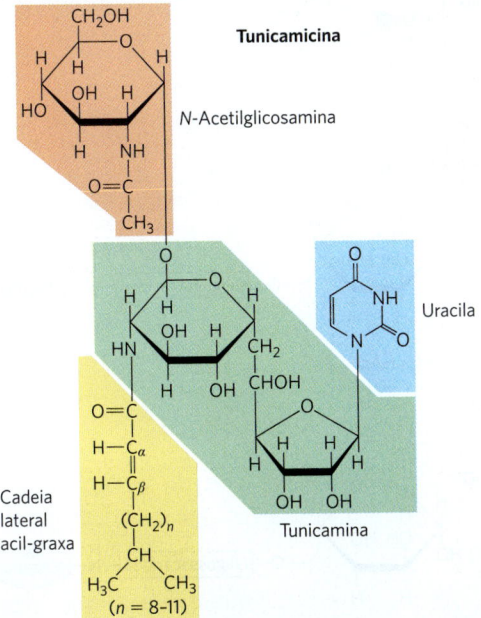

Esse processo de seleção é mais bem compreendido no caso das hidrolases, cujo destino é serem transportadas aos lisossomos. Quando uma hidrolase (que é uma glicoproteína) chega ao complexo de Golgi, uma característica que ainda não se conhece (às vezes chamada de fragmento-sinal) da estrutura tridimensional da hidrolase é reconhecida por uma fosfotransferase, a qual fosforila certos resíduos de manose do oligossacarídeo (**Fig. 27-41**). A presença de um ou mais resíduos de manose-6-fosfato no oligossacarídeo N--ligado é o sinal estrutural que direciona uma proteína para os lisossomos. Uma proteína receptora na membrana do complexo de Golgi reconhece o sinal de manose-6-fosfato e liga-se à hidrolase assim marcada. As vesículas contendo esses complexos de receptor-hidrolase brotam da porção *trans* do complexo de Golgi e vão até vesículas de seleção. Nessas vesículas de seleção, o complexo receptor-hidrolase se dissocia por meio de um processo que é facilitado pelo pH mais baixo da vesícula e pela remoção, catalisada por uma fosfatase, dos grupos fosfato dos resíduos de manose-6-fosfato. O receptor é, então, reciclado para o complexo de Golgi, e as vesículas contendo as hidrolases brotam das vesículas de seleção e se dirigem aos lisossomos. Em células

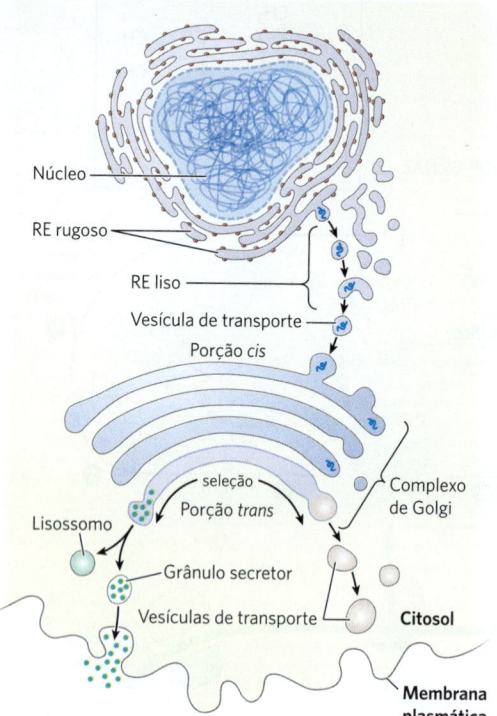

**FIGURA 27-40 Via adotada pelas proteínas com destino aos lisossomos, à membrana plasmática ou à secreção.** As proteínas são transportadas do RE para a porção *cis* do complexo de Golgi dentro de vesículas de transporte. A seleção ocorre principalmente no lado *trans* do complexo de Golgi.

tratadas com tunicamicina (Fig. 27-39, etapa ①), as hidrolases que deveriam ser direcionadas aos lisossomos são secretadas, o que confirma que o oligossacarídeo *N*-ligado exerce um papel-chave no endereçamento dessas enzimas para os lisossomos.

As vias que direcionam as proteínas para mitocôndrias e cloroplastos também se baseiam em sequências-sinal aminoterminais. Apesar de mitocôndrias e cloroplastos conterem DNA, a maioria das suas proteínas é codificada pelo DNA nuclear e deve ser direcionada às organelas corretas. No entanto, diferentemente de outras vias de endereçamento, as vias para mitocôndrias e cloroplastos iniciam somente *depois* que a proteína precursora tenha sido completamente sintetizada e liberada dos ribossomos. As proteínas precursoras destinadas a mitocôndrias ou cloroplastos são ligadas por proteínas citosólicas da família das chaperonas e levadas até receptores presentes na superfície externa da organela de destino. Mecanismos de translocação especializados transportam, então, a proteína até o seu destino final na organela, e, após essa etapa, a sequência-sinal é removida.

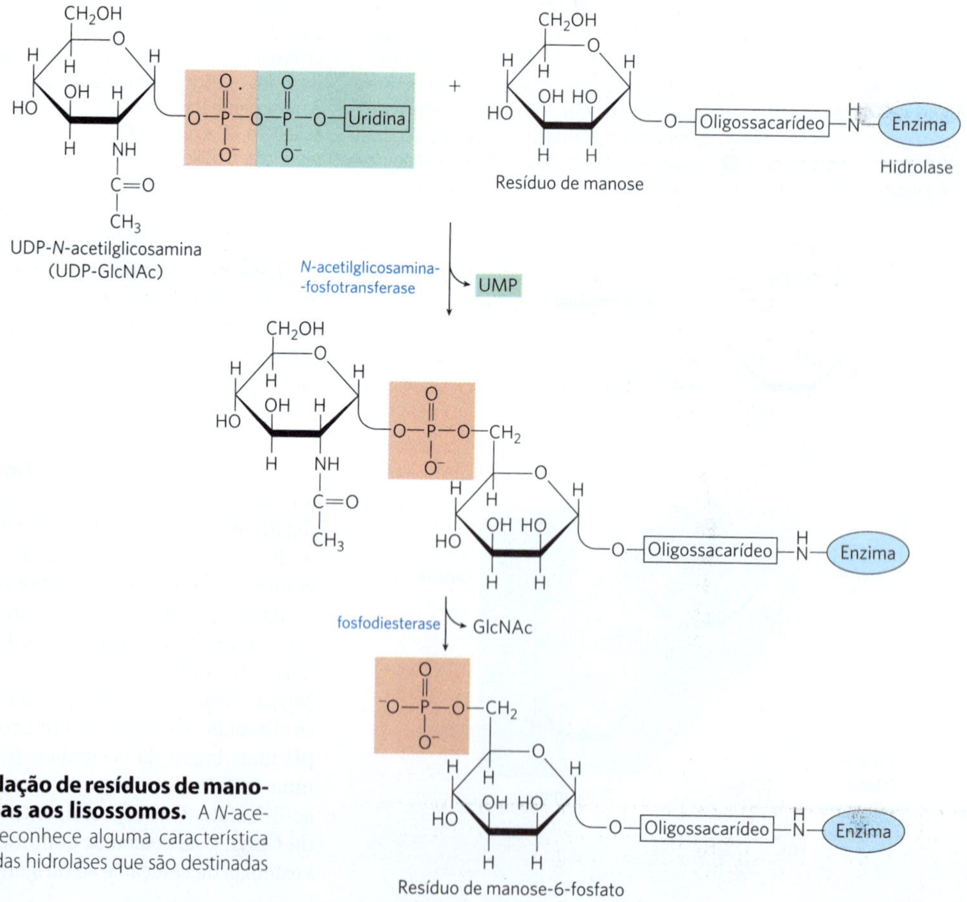

**FIGURA 27-41 Fosforilação de resíduos de manose nas enzimas direcionadas aos lisossomos.** A *N*-acetilglicosamina-fosfotransferase reconhece alguma característica estrutural (ainda desconhecida) das hidrolases que são destinadas aos lisossomos.

## As sequências-sinal para o transporte nuclear não são clivadas

A comunicação molecular entre o núcleo e o citosol necessita do movimento de macromoléculas através de poros na membrana nuclear. As moléculas de RNA sintetizadas no núcleo são exportadas para o citosol. As proteínas ribossômicas sintetizadas em ribossomos citosólicos são importadas para o núcleo e montadas para formar as subunidades 60S e 40S dos ribossomos no nucléolo; as subunidades completas são, então, exportadas de volta para o citosol (Fig. 27-17). Diversas proteínas nucleares (RNA e DNA-polimerases, histonas, topoisomerases, proteínas que regulam a expressão gênica e assim por diante) são sintetizadas no citosol e importadas para o núcleo. Esse tráfego é modulado por um complexo sistema que envolve sinais moleculares e proteínas de transporte, o qual vem sendo elucidado aos poucos.

Na maioria dos eucariotos multicelulares, o envelope nuclear é rompido a cada divisão celular; quando a divisão termina e o envelope é restabelecido, as proteínas nucleares que haviam se dispersado precisam ser novamente importadas para o núcleo. Para possibilitar que essa importação seja repetida várias vezes, a sequência-sinal que direciona uma proteína para o núcleo – a **sequência de localização nuclear (NLS)** – não é removida depois que a proteína atinge seu destino. Uma NLS, ao contrário de outras sequências-sinal, pode estar localizada praticamente em qualquer região da sequência primária da proteína. As NLS podem variar consideravelmente, mas muitas são formadas por uma sequência de 4 a 8 resíduos de aminoácidos que incluem vários resíduos básicos (Arg ou Lys) consecutivos.

A importação pelo núcleo é mediada por várias proteínas que fazem um ciclo entre o citosol e o núcleo (**Fig. 27-42**), incluindo α e β-importina e uma GTPase pequena, denominada Ran (proteína nuclear relacionada com Ras). Um heterodímero de α e β-importinas age como um receptor solúvel das proteínas direcionadas para o núcleo, sendo que a subunidade α se liga a proteínas contendo NLS no citosol. O complexo da importina com a proteína que

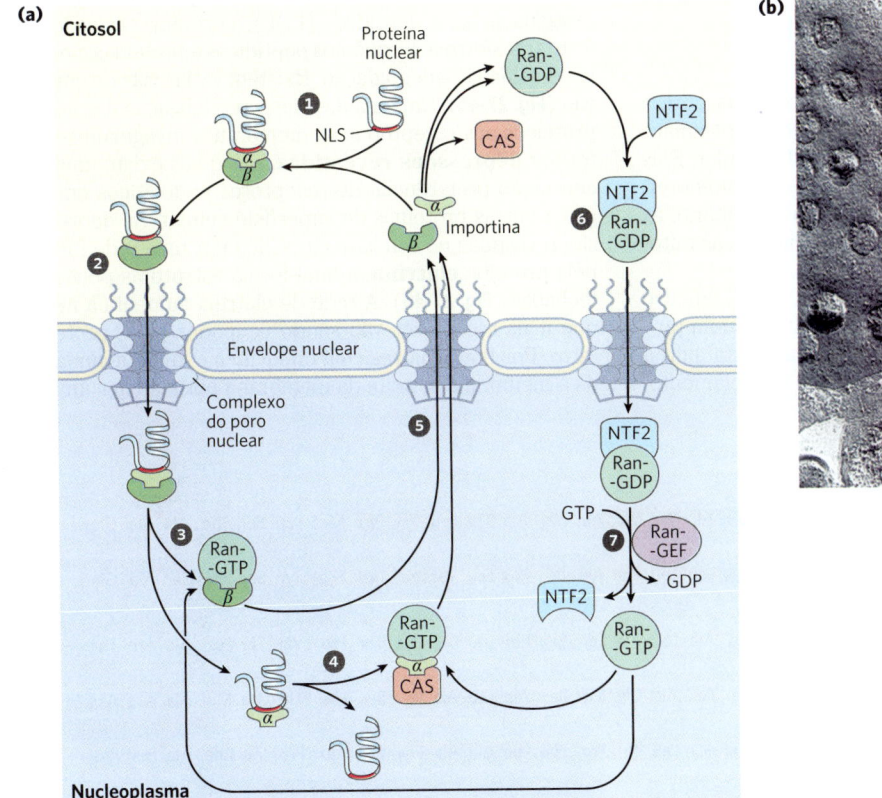
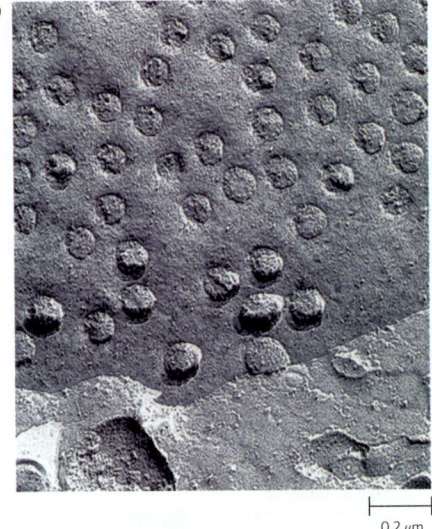

**FIGURA 27-42 Endereçamento de proteínas nucleares.** (a) ❶ Uma proteína com um sinal de localização nuclear (NLS) apropriado é ligada por um complexo de α e β-importinas. ❷ O complexo resultante se liga a um poro nuclear e é translocado. ❸ Dentro do núcleo, a dissociação de β-importina é promovida pela ligação de Ran-GTP. ❹ A α-importina liga-se a Ran-GTP e CAS (proteína de susceptibilidade à apoptose celular), liberando a proteína nuclear. ❺ As α e β-importinas e CAS são transportadas para fora do núcleo e recicladas. Elas são liberadas no citosol quando a proteína Ran hidrolisa o GTP que tem ligado. ❻ A Ran-GDP se liga ao NFT2 e é transportada de volta para o núcleo. ❼ A Ran-GEF promove a troca de GDP por GTP no núcleo, e a Ran-GTP fica pronta para processar outro complexo proteína-importina portador de NLS. (b) Micrografia eletrônica de transmissão de um núcleo processado pela técnica de fratura por congelamento, mostrando vários poros nucleares. O complexo do poro nuclear é um dos maiores agregados moleculares da célula ($M_r \sim 5 \times 10^7$). Ele é formado por muitas cópias de mais de 30 proteínas diferentes [(a) Informações de C. Strambio-De-Castillia et al., Nature Rev. Mol. Cell Biol. 11:490, 2010, Fig. 1. (b) Don W. Fawcett/Science Source.]

tem NLS associa-se a um poro nuclear e é transportado através dele por um mecanismo dependente de energia. No núcleo, a β-importina liga-se à Ran-GTPase, liberando a β-importina da proteína importada. A β-importina está ligada à Ran e à CAS (proteína celular de suscetibilidade à apoptose) e é separada da proteína que tem NLS. As α e β-importinas, quando formam complexos com Ran e CAS, são, então, exportadas para fora do núcleo. A Ran hidrolisa GTP no citosol para liberar as importinas, as quais ficam livres para iniciar um novo ciclo de importação. A própria Ran é reciclada de volta para o núcleo pela ligação da Ran-GDP ao fator 2 de transporte nuclear (NTF2). Dentro do núcleo, o GDP ligado à Ran é substituído por GTP pela ação do fator de troca Ran-nucleotídeo de guanosina (Ran-GEF).

Durante a mitose, quando o envelope nuclear é temporariamente rompido, a Ran-GTPase e as importinas desempenham outros papéis. O complexo Ran-GTPase/β-importina ajuda a posicionar o fuso de microtúbulos no perímetro da célula para facilitar a segregação dos cromossomos na divisão celular, e esse complexo também regula a interação dos microtúbulos com outras estruturas celulares.

### As bactérias também usam sequências-sinal para o endereçamento de proteínas

As bactérias são capazes de direcionar proteínas para a membrana interna ou externa, para o espaço periplasmático entre essas membranas e para o meio extracelular. Elas usam sequências-sinal presentes na extremidade aminoterminal das proteínas (**Fig. 27-43**), de maneira semelhante às proteínas eucarióticas que são direcionadas ao RE, às mitocôndrias e aos cloroplastos.

A maioria das proteínas exportadas de *E. coli* fazem uso da via mostrada na **Figura 27-44**. Após a tradução, uma proteína a ser exportada se enovela de forma mais lenta, pois a sequência-sinal aminoterminal impede o seu enovelamento.

A proteína chaperona solúvel SecB se liga à sequência-sinal da proteína ou a outras partes da sua estrutura na proteína ainda parcialmente enovelada. A proteína ligada é, então, levada à SecA, uma proteína associada à superfície interna da membrana plasmática. A SecA atua tanto como receptor quanto como ATPase de transporte. Quando liberada da SecB e ligada à SecA, a proteína é levada para um complexo de transporte da membrana, constituído de SecY, E e G, e é transportada, em etapas, através da membrana no complexo SecYEG em segmentos de cerca de 20 resíduos de aminoácidos. Cada etapa necessita da hidrólise de ATP, que é catalisada pela SecA.

Apesar de a maioria das proteínas bacterianas exportadas utilizar essa via, algumas seguem uma via alternativa que utiliza o reconhecimento de sinais e proteínas receptoras homólogas aos componentes da SRP e do receptor de SRP eucarióticos (ver Fig. 27-38).

### As células importam proteínas por meio de endocitose mediada por receptor

Algumas proteínas são importadas do meio externo para dentro das células eucarióticas; os exemplos incluem a lipoproteína de baixa densidade (LDL), a proteína carreadora de ferro transferrina, hormônios peptídicos e proteínas circulantes destinadas à degradação. Existem várias vias de importação (**Fig. 27-45**). Em uma das vias, após a ligação dos ligantes proteicos aos receptores, as membranas invaginam-se para formar **depressões revestidas**, nas quais existe uma concentração preferencial de receptores endocíticos em relação a outras proteínas de superfície celular. As depressões são revestidas no seu lado citosólico por uma rede formada pela proteína **clatrina**, a qual forma estruturas poliédricas fechadas (**Fig. 27-46**). A rede de clatrina aumenta à medida que mais receptores vão sendo ocupados pelas proteínas-alvo. Por fim, uma vesícula endocítica completa ainda ligada à membrana se solta da membrana plasmática com ajuda

**FIGURA 27-43 Sequências-sinal que direcionam as proteínas para diferentes locais nas bactérias.** Os aminoácidos básicos próximos à extremidade aminoterminal estão marcados em azul, e os núcleos de aminoácidos hidrofóbicos, em amarelo. Os sítios de clivagem que marcam o final das sequências-sinal estão indicados por setas vermelhas. Observe que a membrana interna da célula bacteriana é onde as proteínas do revestimento do fago fd e o DNA são montados em partículas de fago. A OmpA é a proteína A da membrana externa; a LamB é uma proteína da superfície celular receptora do fago λ.

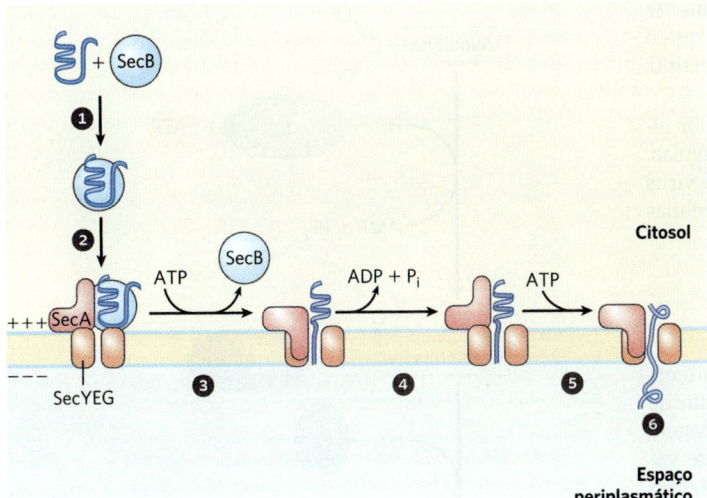

**FIGURA 27-44 Modelo para a exportação de proteínas em bactérias.** ❶ Um polipeptídeo recém-traduzido se liga à proteína chaperona citosólica SecB, a qual ❷ o leva até a SecA, uma proteína associada ao complexo de transporte (SecYEG) na membrana celular da bactéria. ❸ A SecB é liberada, e a SecA se insere na membrana, forçando a passagem de um segmento de cerca de 20 resíduos de aminoácidos da proteína a ser exportada por meio do complexo de transporte. ❹ A hidrólise de um ATP pela SecA fornece a energia para que ocorra uma mudança conformacional, a qual faz a SecA se soltar da membrana, liberando o polipeptídeo. ❺ A SecA liga outro ATP, e o próximo segmento de 20 resíduos de aminoácidos é empurrado através do complexo de transporte presente na membrana. As etapas ❹ e ❺ são repetidas até que toda a proteína tenha passado através da membrana, sendo liberada no periplasma. O potencial eletroquímico através da membrana (indicado como + e −) também fornece parte da energia necessária para o transporte das proteínas.

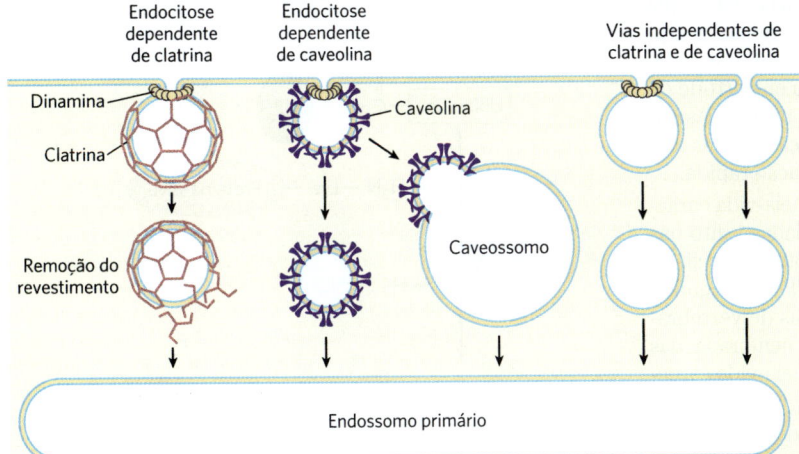

**FIGURA 27-45 Resumo das vias endocíticas em células eucarióticas.** As vias dependentes de clatrina e de caveolina fazem uso da dinamina GTPase para desprender vesículas da membrana plasmática. Algumas vias não utilizam clatrina nem caveolina; algumas delas fazem uso da dinamina, outras não.

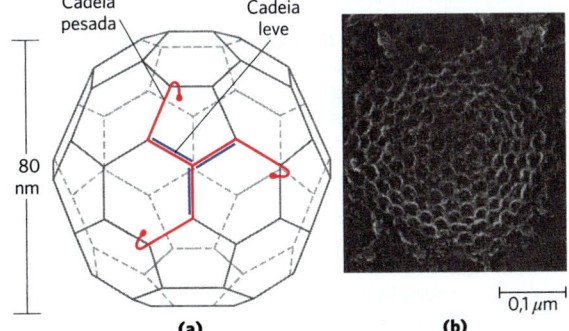

**FIGURA 27-46 Clatrina.** (a) A proteína tem três cadeias leves (L) ($M_r$ 35.000) e três cadeias pesadas (H) ($M_r$ 180.000) da unidade de clatrina $(HL)_3$, organizadas em uma estrutura de três pernas, chamada de trísceles. Os trísceles tendem a se agrupar, formando redes poliédricas. (b) Micrografia eletrônica de uma depressão revestida presente na face citosólica da membrana plasmática de um fibroblasto. [(a) Informações de S. Mayor e R. E. Pagano, *Nat. Rev. Mol. Cell Biol.* 8:603, 2007. (b) ©1980 Heuser. The Rockefeller University Press. J. Heuser, *J. Cell Biol.* 84:560, 1980.]

da **dinamina**, uma GTPase grande, e entra no citoplasma. A clatrina é rapidamente removida por enzimas removedoras do revestimento, e a vesícula funde-se com um endossomo. A atividade ATPásica nas membranas reduz o pH interno do endossomo, facilitando a dissociação dos receptores de suas proteínas-alvo. Em uma via relacionada, a caveolina causa a invaginação de segmentos da membrana contendo balsas lipídicas associadas a certos tipos de receptores (ver Fig. 11-23). Essas vesículas endocíticas, então, se fundem com estruturas internas contendo caveolina, chamadas de caveossomos, nos quais as moléculas internalizadas são selecionadas e redirecionadas para outras partes da célula, e as caveolinas são preparadas para serem recicladas para a superfície da membrana. Também existem vias independentes de clatrina e de caveolina; algumas fazem uso da dinamina, outras não.

As proteínas e os receptores importados seguem, então, caminhos separados, e seus destinos variam conforme o tipo de célula e de proteína. A transferrina e seu receptor acabam sendo reciclados. Alguns hormônios, fatores de crescimento e complexos do sistema imune, após induzirem a resposta celular apropriada, são degradados juntamente com os seus receptores. A LDL é degradada depois que o colesterol associado a ela tenha sido levado até seu destino, mas o receptor de LDL é reciclado (ver Fig. 21-42).

A endocitose mediada por receptor é utilizada por algumas toxinas e por alguns vírus para entrarem em células. O vírus influenza, a toxina diftérica, o Sars-CoV-2 (o vírus que causa Covid-19) e a toxina do cólera entram nas células dessa maneira.

### A degradação de proteínas é mediada por sistemas especializados em todas as células

A degradação de proteínas é fundamental para a proteostase global das células, uma vez que evita o acúmulo de proteínas anormais ou indesejadas e permite a reciclagem dos aminoácidos. A meia-vida das proteínas eucarióticas varia de 30 segundos até muitos dias. A maioria das proteínas apresenta uma taxa de renovação rápida, se for considerado o tempo de vida de uma célula, embora algumas (como a hemoglobina) possam durar por toda a vida da célula (cerca de 110 dias, no caso de um eritrócito). As proteínas degradadas rapidamente incluem aquelas que são defeituosas devido à inserção de aminoácidos incorretos ou em virtude de danos acumulados durante o funcionamento normal. As enzimas que atuam em pontos-chave da regulação de vias metabólicas geralmente apresentam uma renovação rápida.

As proteínas defeituosas e aquelas com meia-vida caracteristicamente curta geralmente são degradadas tanto nas células bacterianas como nas células eucarióticas por sistemas citosólicos seletivos dependentes de ATP. Um segundo sistema, que opera nos lisossomos das células de vertebrados, recicla os aminoácidos das proteínas de membrana, das proteínas extracelulares e das proteínas de meia-vida caracteristicamente longa.

Em *E. coli*, muitas proteínas são degradadas por um dos vários sistemas proteolíticos que possuem AAA+ ATPases (ver Capítulo 25), incluindo Lon (o nome se refere à "forma longa" das proteínas, observada apenas quando essa protease está ausente), ClpXP, ClpAP, ClpCP, ClpYQ e FtsH. Cada sistema tem como alvo determinadas proteínas, as quais são reconhecidas pela sua estrutura, localização subcelular ou ambas. Em geral, a hidrólise de ATP é utilizada para manipular a proteína-alvo através de um poro para dentro da câmara proteolítica, e a proteína é desnaturada no decorrer desse processo. As proteínas são clivadas dentro da câmara. Uma vez que a proteína tenha sido reduzida a peptídeos pequenos e inativos, outras proteases independentes de ATP completam a degradação.

A via dependente de ATP em células eucarióticas é um tanto diferente, envolvendo a proteína **ubiquitina**, a qual, como o nome sugere, está presente em todos os reinos eucarióticos. Uma das proteínas conhecidas mais conservadas, a ubiquitina (76 resíduos de aminoácidos) é praticamente idêntica em organismos tão diferentes como a levedura e o ser humano e é fundamental tanto para a proteostase (ver Figs. 4-23 e 13-29) como para a regulação do ciclo celular (ver Fig. 12-38). A ubiquitina é ligada covalentemente a proteínas cujo destino é a destruição por meio da via dependente de ATP, que inclui três enzimas diferentes: a enzima ativadora E1, a enzima conjugadora E2 e a ligase E3 (**Fig. 27-47**).

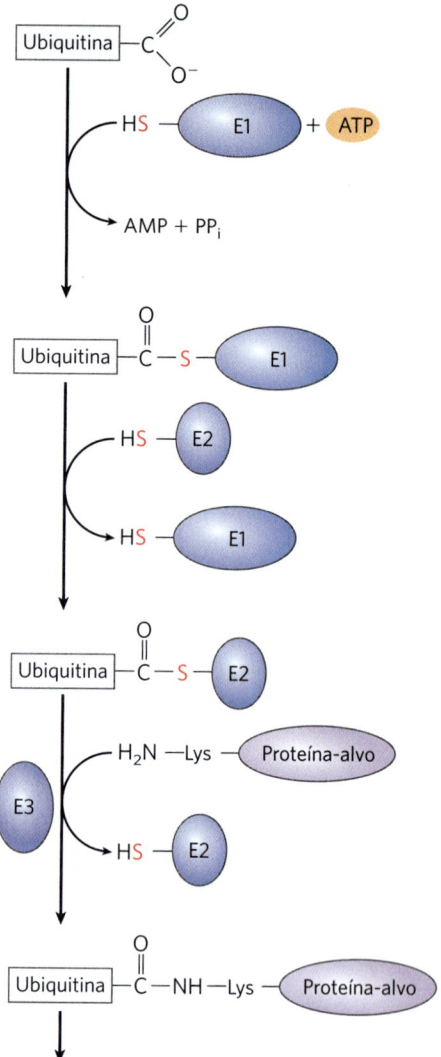

**FIGURA 27-47 Via de três etapas da ligação de ubiquitina a proteínas.** A via inclui dois intermediários enzima-ubiquitina diferentes. Primeiro, o grupo carboxila livre do resíduo de Gly da extremidade carboxiterminal da ubiquitina é ligado por meio de um tioéster a uma enzima ativadora da classe E1. A ubiquitina é, então, transferida para a enzima conjugadora E2. Por fim, a ligase E3 catalisa a transferência da ubiquitina da E2 para a proteína-alvo, ligando a ubiquitina por meio de uma ligação amida (isopeptídeo) a um grupo ε-amino de um resíduo de Lys da proteína-alvo. Ciclos adicionais produzem poliubiquitina, um polímero covalente composto de subunidades de ubiquitina que direcionam a proteína ligada para que ela seja destruída em eucariotos. Várias vias desse tipo, com diferentes proteínas-alvo, estão presentes na maioria das células eucarióticas.

As proteínas ubiquitinadas são degradadas por um grande complexo conhecido como **proteassomo 26S** ($M_r$ $2,5 \times 10^6$) (**Fig. 27-48**). O proteassomo das células eucarióticas é formado por duas cópias com pelo menos 32 subunidades diferentes, sendo a maioria delas altamente conservadas desde leveduras até os seres humanos. O proteassomo contém dois tipos principais de subcomplexos, uma

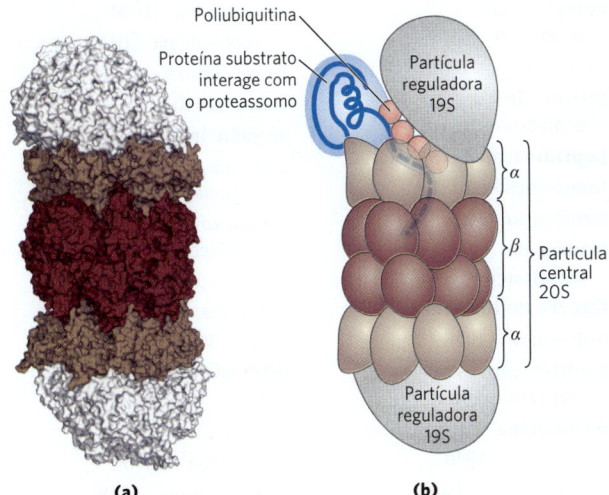

**FIGURA 27-48 Estrutura tridimensional do proteassomo eucariótico.** A partícula central 20S e a partícula reguladora 19S, ou cap, são mostradas em (a) como uma estrutura molecular e em (b) de forma esquemática. A partícula central é formada por quatro anéis organizados na forma de uma estrutura tipo barril. Os anéis externos são formados por sete subunidades $\alpha$, e os anéis internos, por sete subunidades $\beta$. Três das subunidades $\beta$ têm atividades de protease, cada uma com especificidade de substrato diferente. Uma partícula reguladora forma um cap em cada extremidade da partícula central. A partícula reguladora liga-se a proteínas ubiquitinadas, desdobra-as e transloca-as para o interior da partícula central, onde elas são degradadas a peptídeos de 3 a 25 resíduos de aminoácidos. [(a) Dados de PDB ID 3L5Q, K. Sadre-Bazzaz et al., *Mol. Cell* 37:728, 2010.]

**TABELA 27-9 Relação entre a meia-vida da proteína e o resíduo de aminoácido da extremidade aminoterminal**

| Resíduo aminoterminal | Meia-vida[a] |
|---|---|
| **Estabilizadores** | |
| Ala, Gly, Met, Ser, Thr, Val | > 20 h |
| **Desestabilizadores** | |
| Gln, Ile | ~ 30 min |
| Glu, Tyr | ~ 10 min |
| Pro | ~ 7 min |
| Asp, Leu, Lys, Phe | ~ 3 min |
| Arg | ~ 2 min |

Informações de A. Bachmair et al., *Science* 234:179, 1986.
[a]As meias-vidas foram medidas em leveduras para a proteína $\beta$-galactosidase, que foi modificada de forma a possuir um resíduo aminoterminal diferente em cada experimento. As meias-vidas variam para diferentes proteínas e em diferentes organismos, mas esse padrão geral parece se manter em todos os organismos.

partícula central em forma de barril e partículas regulatórias em cada extremidade do barril. A partícula reguladora 19S de cada extremidade da partícula central contém aproximadamente 18 subunidades, incluindo algumas que reconhecem e se ligam a proteínas ubiquitinadas. Seis dessas subunidades são AAA+ ATPases que possivelmente funcionam desenovelando as proteínas ubiquitinadas e translocando os polipeptídeos desenovelados para a partícula central em que eles são degradados. A partícula 19S também desubiquitina as proteínas à medida que elas são degradadas no proteassomo. A maioria das células tem, ainda, outros complexos de regulação que podem substituir a partícula 19S. Esses reguladores alternativos não hidrolisam ATP e não ligam ubiquitina, mas são importantes para a degradação de proteínas celulares específicas. O proteassomo 26S pode ser efetivamente "acessorizado" por complexos de regulação que mudam conforme as alterações nas condições na célula.

Embora ainda não estejam bem compreendidos todos os sinais que acionam a ubiquitinação, um sinal simples foi encontrado. Para muitas proteínas, a identidade do primeiro resíduo que permanece após a remoção do resíduo Met aminoterminal, e qualquer outro processamento proteolítico pós-tradução da extremidade aminoterminal, tem uma profunda influência na meia-vida (**Tabela 27-9**). Esses sinais aminoterminais permaneceram conservados ao longo dos bilhões de anos de evolução e são os mesmos tanto nos sistemas de degradação de proteínas em bactérias quanto na via de ubiquitinação dos seres humanos. Sinais mais complexos, como a sequência para a destruição discutida no Capítulo 12 (ver Fig. 12-38), também estão sendo identificados.

A proteólise dependente de ubiquitina é importante tanto para a regulação de processos celulares como para a eliminação de proteínas defeituosas. Muitas proteínas necessárias em apenas um estágio do ciclo de uma célula eucariótica são rapidamente degradadas pela via dependente de ubiquitina após completarem as suas funções. A destruição da ciclina por um sistema dependente de ubiquitina é fundamental para a regulação do ciclo celular. Os componentes E1, E2 e E3 da via de ubiquitinação (Fig. 27-47) são grandes famílias de proteínas. Enzimas E1, E2 e E3 diferentes apresentam especificidades diferentes para proteínas-alvo e, portanto, regulam processos celulares diferentes. As concentrações de algumas dessas enzimas são maiores em determinados compartimentos celulares, e isso reflete suas funções especializadas.

Não é de surpreender que defeitos na via de ubiquitinação estejam envolvidos em uma ampla gama de estados patológicos. A incapacidade de degradar algumas proteínas que ativam a divisão celular (os produtos dos oncogenes) pode levar à formação de tumores, ao passo que o mesmo efeito pode ser causado por uma degradação muito rápida de proteínas que atuam como supressores tumorais. A degradação ineficaz ou excessivamente rápida de proteínas celulares também parece desempenhar um papel em uma variedade de outras condições, incluindo doenças renais, asma e distúrbios neurodegenerativos, como as doenças de Alzheimer e de Parkinson, que estão associadas à formação de estruturas proteicas características nos neurônios. A fibrose cística é causada, em alguns casos, por uma degradação muito rápida de um canal de íon cloreto, com perda de função resultante (ver Quadro 11-2). A síndrome de Liddle, na qual um canal de sódio no rim não é degradado, leva a absorção excessiva de $Na^+$ e hipertensão de início precoce. Fármacos desenvolvidos para inibir a função do proteassomo estão sendo utilizados como tratamentos potenciais para algumas dessas condições. Muitos patógenos bacterianos encontraram maneiras de sequestrar o sistema de ubiquitinação eucariótica, desenvolvendo enzimas que ubiquitinam e, assim, eliminam as proteínas do hospedeiro, conforme necessário, para facilitar a infecção. Em um ambiente metabólico que sofre constantes mudanças, a degradação de proteínas é tão importante para a sobrevivência de uma célula quanto a síntese proteica, e resta muito ainda a ser descoberto a respeito dessas vias. ∎

### RESUMO 27.3 Endereçamento e degradação das proteínas

■ Após a síntese, muitas proteínas são direcionadas para locais específicos na célula, um processo mediado por sequências-sinal incorporadas à cadeia polipeptídica. Nas células eucarióticas, um grupo de sequências-sinal é reconhecido pela partícula de reconhecimento de sinal (SRP), a qual se liga à sequência-sinal logo que ela aparece no ribossomo e transfere todo o ribossomo e o polipeptídeo incompleto para o RE. Os polipeptídeos com essas sequências-sinal são movidos para o lúmen do RE à medida que são sintetizados.

■ Uma vez no lúmen do RE, muitas proteínas são glicosiladas. Assim modificadas, elas são movidas para o complexo de Golgi, sendo, então, classificadas e enviadas para os lisossomos, a membrana plasmática ou vesículas de transporte.

■ As proteínas direcionadas para o núcleo têm uma sequência-sinal interna que, diferentemente de outras sequências-sinal, não é clivada após o endereçamento adequado da proteína.

■ As proteínas direcionadas para mitocôndrias e cloroplastos nas células eucarióticas e aquelas destinadas para exportação nas bactérias também fazem uso de uma sequência-sinal aminoterminal.

■ Algumas células eucarióticas importam proteínas por meio de endocitose mediada por receptor.

■ No final, todas as células degradam proteínas utilizando sistemas proteolíticos especializados. As proteínas defeituosas e aquelas destinadas a uma rápida renovação são geralmente degradadas por um sistema dependente de ATP. Nas células eucarióticas, as proteínas são inicialmente marcadas pela ligação à ubiquitina, uma proteína altamente conservada. A proteólise dependente de ubiquitina, crucial para a regulação de muitos processos celulares, é realizada pelos proteassomos, que também são altamente conservados.

### TERMOS-CHAVE

*Os termos em negrito estão definidos no glossário.*

**proteostase** 1005
**tradução** 1006
**aminoacil-tRNA** 1006
**aminoacil-tRNA-sintetases** 1006
**códon** 1007
**fase de leitura** 1007
**códon de iniciação** 1009
**códons de terminação** 1009
**fase de leitura aberta (ORF)** 1009
**código degenerado** 1009
**anticódon** 1011
**oscilação** 1012
**mudança de fase de tradução** 1013
**edição de RNA** 1013
iniciação 1024
**sequência de Shine-Dalgarno** 1028
sítio aminoacil (A) 1028
sítio peptidil (P) 1028
sítio de saída (E) 1028
**complexo de iniciação** 1028
alongamento 1030
**fatores de alongamento** 1030
**peptidil-transferase** 1032
translocação 1032
terminação 1035
**fatores de terminação** 1035
**fatores de liberação** 1035
**polissomo** 1036
**modificação pós-traducional** 1037
**puromicina** 1039
tetraciclina 1040
cloranfenicol 1040
cicloeximida 1040
estreptomicina 1040
toxina diftérica 1040
ricina 1040
**sequência-sinal** 1041
partícula de reconhecimento de sinal (SRP) 1041
complexo de translocação de peptídeos 1042
tunicamicina 1042
sequência de localização nuclear (NLS) 1045
depressões revestidas 1046
clatrina 1046
dinamina 1047
**ubiquitina** 1048
**proteassomo** 1048

### QUESTÕES

**1. Tradução do mRNA** Preveja as sequências de aminoácidos dos peptídos formados pelos ribossomos em resposta às seguintes sequências de mRNA, considerando que a fase de leitura inicia com as três primeiras bases em cada sequência.

(a) GGUCAGUCGCUCCUGAUU
(b) UUGGAUGCGCCAUAAUUUGCU
(c) CAUGAUGCCUGUUGCUAC
(d) AUGGACGAA

**2. Quantas sequências diferentes de mRNA podem especificar uma sequência de aminoácido?** Escreva todas as sequências possíveis de mRNA que podem codificar o segmento tripeptídico Leu-Met-Tyr. A resposta dará uma ideia do número de possíveis mRNA capazes de codificar um polipeptídeo.

**3. A sequência de bases de um mRNA pode ser predita a partir da sequência de aminoácidos do polipeptídeo produzido a partir desse mRNA?** Uma dada sequência de bases em um mRNA codificará uma – e apenas uma – sequência de aminoácidos em um polipeptídeo se a fase de leitura for especificada. A partir de uma determinada sequência de resíduos de aminoácidos em uma proteína como o citocromo *c*, é possível prever uma sequência única de bases do mRNA codificador? Justifique sua resposta.

**4. Codificação de um polipeptídeo a partir de DNA de fita dupla** A fita-molde de um segmento de DNA dupla-hélice contém a sequência

(5′)CTTAACACCCCTGACTTCGCGCCGTCG(3′)

(a) Qual é a sequência de bases do mRNA que pode ser transcrita a partir dessa fita?
(b) Que sequência de aminoácidos poderia ser codificada pelo mRNA em (a), iniciando na extremidade 5′?
(c) Se a fita complementar (não molde) desse DNA fosse transcrita e traduzida, a sequência de aminoácidos resultante seria a mesma que em (b)? Explique a importância biológica da sua resposta.

**5. Código genético e mutação** Ocasionalmente, surge uma mutação que converte um códon que especifica um aminoácido em um códon de terminação ou sem sentido. Quando isso ocorre no meio de um gene, a proteína resultante fica truncada e, com frequência, inativa. Se a proteína for essencial, pode ocorrer a morte celular. Qual dessas mutações secundárias pode restaurar algumas ou todas as funções da proteína para que a célula possa sobreviver? (Pode haver mais de uma resposta correta.)

**(a)** Uma mutação que restaura o códon para um que codifica o aminoácido original
**(b)** Uma mutação que altera o códon sem sentido para um que codifica um aminoácido diferente, mas com similaridades com o aminoácido original
**(c)** Uma mutação no anticódon de um tRNA de modo que o tRNA agora reconhece o códon sem sentido
**(d)** Uma mutação na qual um nucleotídeo adicional insere-se logo a montante do códon sem sentido, mudando o quadro de leitura para que o códon sem sentido não seja mais lido como "terminação"

**6. Direção da síntese proteica** Em 1961, Howard Dintzis estabeleceu que a síntese de proteínas nos ribossomos começa na extremidade aminoterminal e prossegue em direção à extremidade carboxiterminal. Ele usou reticulócitos que ainda estavam sintetizando hemoglobina. Ele adicionou leucina marcada radioativamente (escolhida porque ocorre frequentemente nas subunidades α e β) por períodos de tempo variados, isolou rapidamente apenas as subunidades α inteiras (completas) e, em seguida, determinou onde estavam localizados os aminoácidos marcados no peptídeo. Depois que a leucina marcada e o extrato foram incubados juntos por uma hora, a proteína foi rotulada uniformemente ao longo de seu comprimento. No entanto, após tempos de incubação muito mais curtos, os aminoácidos marcados foram agrupados em uma extremidade. Em qual extremidade, amino ou carboxiterminal, Dintzis encontrou os resíduos marcados após a curta exposição à leucina marcada?

**7. A metionina tem apenas um códon** A metionina é um dos dois aminoácidos com apenas um códon. Como o único códon que codifica a metionina especifica tanto o resíduo inicial como os resíduos de Met internos dos polipeptídeos sintetizados pela *E. coli*?

**8. O código genético em ação** Traduza o mRNA mostrado a seguir, começando no primeiro nucleotídeo 5' e considerando que a tradução ocorre em uma célula de *E. coli*. Se todos os tRNA aproveitarem ao máximo as regras de oscilação, mas não conterem inosina, quantos tRNA diferentes seriam necessários para traduzir esse RNA?

(5')AUGGGUCGUGAGUCAUCGUUAAUUGUAGCUGGAGGGGAGGAAUGA(3')

**9. mRNA sintéticos** O código genético foi elucidado utilizando-se polirribonucleotídeos sintetizados de forma enzimática ou química em laboratório. Considerando-se o atual conhecimento sobre o código genético, como é possível fazer um polirribonucleotídeo que possa servir como um mRNA codificando predominantemente muitos resíduos de Phe e um pequeno número de resíduos de Leu e Ser? Qual ou quais outros aminoácidos seriam codificados por esse polirribonucleotídeo, mas em quantidades menores?

**10. Custo energético da biossíntese proteica** Determine o mínimo de energia necessário, em termos de equivalentes de ATP utilizados, para a biossíntese da cadeia de β-globina da hemoglobina (146 resíduos), tendo como componentes de partida todos os aminoácidos necessários, ATP e GTP. Compare sua resposta com a quantidade de energia gasta para a biossíntese de uma cadeia linear de glicogênio de 146 resíduos de glicose unidos por ligações (α1→4), a partir de um conjunto de precursores incluindo glicose, UTP e ATP. Com base nos seus dados, qual é o custo *extra* de energia para se produzir uma proteína na qual todos os resíduos estão ordenados em uma sequência específica, quando comparado com o custo de se produzir um polissacarídeo com o mesmo número de resíduos, mas sem o conteúdo de informação da proteína?

Além do custo direto de energia para a síntese de uma proteína, existem gastos indiretos de energia – aqueles necessários para que a célula produza as enzimas específicas para a síntese proteica. Compare a magnitude dos custos indiretos para que uma célula eucariótica realize a biossíntese de cadeias de glicogênio lineares (α1→4) com a biossíntese de polipeptídeos, em termos de maquinarias enzimáticas envolvidas.

**11. Pressupondo anticódons a partir de códons** A maioria dos aminoácidos tem mais de um códon e se liga a mais de um tRNA, cada qual com um anticódon diferente. Escreva todos os anticódons possíveis para os quatro códons de glicina: (5')GGU, GGC, GGA e GGG.

**(a)** Com base na sua resposta, quais posições nos anticódons são os principais determinantes para a especificidade dos seus códons no caso da glicina?
**(b)** Qual(is) pareamento(s) códon-anticódon possui(em) um par de bases oscilante?
**(c)** Em qual dos pareamentos códon-anticódon todas as três posições apresentam fortes ligações de hidrogênio de Watson-Crick?

**12. Efeito das mudanças em uma única base para a sequência de aminoácidos** Muitas evidências importantes que confirmam o código genético surgiram analisando-se as mudanças nas sequências de aminoácidos de proteínas mutantes após a alteração de uma única base no gene que codifica a proteína. Quais das seguintes substituições de aminoácidos seriam consistentes com o código genético no caso de as alterações terem sido causadas pela mudança de uma única base? Quais não podem resultar de uma única mudança de base? Por quê?

**(a)** Phe→Leu
**(b)** Lys→Ala
**(c)** Ala→Thr
**(d)** Phe→Lys
**(e)** Ile→Leu
**(f)** His→Glu
**(g)** Pro→Ser

**13. Resistência do código genético a mutações** A sequência de RNA a seguir representa o início de uma fase de leitura aberta. Quais alterações podem ocorrer em cada posição sem que haja mudança no aminoácido codificado?

(5')AUGAUAUUGCUAUCUUGGACU

**14. Princípio da mutação das células falciformes** A hemoglobina das células falciformes tem um resíduo de Val na posição 6 da cadeia da β-globina, em vez do resíduo de Glu encontrado na hemoglobina A normal. Você seria capaz de sugerir qual mudança ocorreu no códon de DNA para glutamato que causou a substituição do resíduo de Glu pelo de Val?

**15. Revisão pelas aminoacil-tRNA-sintetases** A isoleucil-tRNA-sintetase apresenta uma atividade de revisão que garante a fidelidade da reação de aminoacilação, mas a histidil-tRNA-sintetase não tem essa atividade. Explique.

**16. Importância de um "segundo código genético"** Algumas aminoacil-tRNA-sintetases não reconhecem e não se ligam ao anticódon de seus tRNA correspondentes, mas usam outras características estruturais dos tRNA para conferir a especificidade de ligação. Os tRNA para alanina aparentemente se encaixam nessa categoria.

**(a)** Quais características do tRNA$^{Ala}$ são reconhecidas pela Ala-tRNA-sintetase?
**(b)** Descreva as consequências de uma mutação C→G na terceira posição do anticódon do tRNA$^{Ala}$.
**(c)** Que outros tipos de mutação podem ter efeitos semelhantes?
**(d)** Mutações desses tipos nunca são encontradas em populações naturais de organismos. Por quê? (Dica: considere o que poderia ocorrer tanto em proteínas individuais como no organismo como um todo.)

**17. Velocidade da síntese proteica** Um ribossomo de bactéria pode sintetizar cerca de 20 ligações peptídicas por minuto. Caso as proteínas de bactérias tenham um comprimento médio de 260 resíduos de aminoácidos, quantas proteínas os ribossomos de *E. coli* poderiam sintetizar em 20 minutos caso todos os ribossomos funcionassem em capacidade máxima?

**18. Papel dos fatores de tradução** Um pesquisador isolou variantes mutantes dos fatores de transcrição bacterianos IF2, EF-Tu e EF-G. Em cada caso, a mutação permite o enovelamento apropriado da proteína e a ligação de GTP, mas não permite a hidrólise do GTP. Em qual etapa a tradução seria bloqueada por cada proteína mutante?

**19. Mantendo a fidelidade da síntese proteica** Os mecanismos químicos utilizados para evitar erros na síntese proteica são diferentes daqueles utilizados durante a replicação do DNA. As DNA-polimerases fazem uso da atividade de revisão exonucleásica 3'→5' para remover nucleotídeos pareados incorretamente inseridos em uma fita de DNA crescente. Não existe função de revisão análoga nos ribossomos, e, de fato, a identidade de um aminoácido em um tRNA que chega no ribossomo e que é ligado ao polipeptídeo crescente nunca é conferida. Uma etapa de revisão que hidrolisasse a ligação peptídica previamente formada no polipeptídeo crescente com um aminoácido incorreto (de maneira semelhante à etapa de revisão da DNA-polimerase) seria inviável. Por quê? (Dica: considere como a ligação entre o polipeptídeo crescente e o mRNA é mantida durante o alongamento; ver Figs. 27-28 e 27-29.)

**20. Exportação de proteínas bacterianas** As bactérias usam principalmente o sistema mostrado na Fig. 27-44 para exportar proteínas para fora da célula. SecB, uma das chaperonas encontradas apenas em bactérias Gram-negativas, fornece um polipeptídeo recém-traduzido para a ATPase de SecA no lado interno da membrana. SecA empurra a proteína exportada através de um poro de membrana formado pelo complexo SecYEG. O complexo SecYEG é homólogo ao complexo Sec61 em eucariotos. Qual componente desse sistema de exportação de proteína bacteriana seria o alvo mais atraente para o desenvolvimento de antibióticos? Explique.

**21. Deduzindo a localização celular de uma proteína** O gene para um polipeptídeo eucariótico de 300 resíduos de aminoácidos é alterado, de forma que ele passa a ter uma sequência-sinal reconhecida pela SRP na extremidade aminoterminal do polipeptídeo e um sinal de localização nuclear (NLS) na região interna, iniciando no resíduo 150. Em que local da célula essa proteína é provavelmente encontrada?

**22. Necessidades para o transporte de proteínas através da membrana** A proteína OmpA secretada por bactérias tem um precursor, ProOmpA, que tem a sequência-sinal aminoterminal necessária para a secreção. Se ProOmpA purificada for desnaturada com ureia 8 M e a ureia for posteriormente removida (p. ex., passando-se rapidamente a solução de proteína por uma coluna de gel-filtração), a proteína pode ser transportada, *in vitro*, através de membranas bacterianas internas isoladas. No entanto, o transporte torna-se impossível se a ProOmpA for primeiro incubada por algumas horas na ausência de ureia. Além disso, a capacidade de transporte é mantida por um período mais longo se a ProOmpA for antes incubada na presença de outra proteína bacteriana, denominada fator de desencadeamento. Descreva a provável função desse fator de desencadeamento.

**23. Capacidade de codificação de proteínas de um DNA viral** O genoma de 5.386 pb do bacteriófago ϕX174 inclui genes para 10 proteínas, denominadas de A a K (excluindo "I"), cujos tamanhos estão apresentados na tabela a seguir. Quanto DNA seria necessário para codificar essas 10 proteínas? Como você conciliaria o tamanho do genoma do ϕX174 com a sua capacidade de codificar proteínas?

| Proteína | Número de resíduos de aminoácidos | Proteína | Número de resíduos de aminoácidos |
|---|---|---|---|
| A | 455 | F | 427 |
| B | 120 | G | 175 |
| C | 86 | H | 328 |
| D | 152 | J | 38 |
| E | 91 | K | 56 |

### QUESTÃO DE ANÁLISE DE DADOS

**24. Planejando proteínas usando genes gerados ao acaso** Estudos acerca das sequências de aminoácidos e das correspondentes estruturas tridimensionais de proteínas nativas e mutantes levaram a elucidações significativas dos princípios que governam o enovelamento das proteínas. Uma maneira importante para testar essas ideias seria *planejar* uma proteína com base nesses princípios e verificar se ela se enovela conforme esperado.

Kamtekar e colaboradores (1993) se basearam em aspectos do código genético para gerar sequências aleatórias de proteínas, com padrões definidos de resíduos hidrofílicos e hidrofóbicos. A abordagem elegante que eles empregaram combinava o conhecimento acerca da estrutura das proteínas, das propriedades dos aminoácidos e do código genético para investigar fatores que influenciam a estrutura das proteínas.

Os pesquisadores organizam o sistema para gerar proteínas com as estruturas de feixes de quatro hélices mostradas a seguir, com α-hélices (mostradas por cilindros) ligadas por segmentos aleatórios (em vermelho).

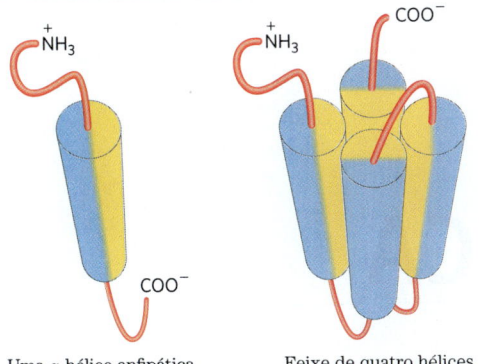

Uma α-hélice anfipática    Feixe de quatro hélices

Todas as α-hélices são anfipáticas – os grupos R de um lado da hélice são exclusivamente hidrofóbicos (em amarelo), e os do outro lado, exclusivamente hidrofílicos (em azul). Seria de esperar que uma proteína formada por quatro dessas hélices, separadas por segmentos curtos de alças aleatórias, se enovelasse de forma que os lados hidrofílicos das hélices ficassem voltados para o solvente.

**(a)** Que forças ou interações mantêm as quatro α-hélices unidas nessa estrutura?

A Figura 4-3a mostra um segmento de α-hélice formado por 10 resíduos de aminoácidos. Com o bastão central cinza atuando como um divisor, quatro dos grupos R (esferas em roxo) se estendem a partir do lado esquerdo da hélice, e seis, a partir do lado direito.

**(b)** Numere os grupos R na Figura 4-3a, da parte superior (aminoterminal; 1) para a parte inferior (carboxiterminal; 10). Quais grupos R se estendem a partir do lado esquerdo e quais a partir do lado direito?

**(c)** Suponha que se deseje planejar modificações nesse segmento de 10 aminoácidos para obter uma hélice anfipática, com o lado esquerdo hidrofílico e o lado direito hidrofóbico. Forneça uma sequência de 10 aminoácidos que potencialmente se enovelaria formando uma estrutura assim. Muitas respostas corretas são possíveis.

**(d)** Forneça uma sequência de DNA de fita dupla que poderia codificar a sequência de aminoácidos escolhida em (c). (Como é a região interna de uma proteína, não é necessário incluir códons de iniciação nem de terminação.)

Em vez de planejar proteínas com sequências específicas, Kamtekar e colaboradores planejaram proteínas com sequências parcialmente aleatórias, com resíduos de aminoácidos hidrofílicos e hidrofóbicos posicionados segundo um padrão controlado. Para isso, eles utilizaram algumas características interessantes do código genético para construir uma biblioteca de moléculas de DNA sintético com sequências parcialmente aleatórias, organizadas seguindo um padrão específico.

Para planejar uma sequência de DNA que codificasse sequências aleatórias de aminoácidos hidrofóbicos, os pesquisadores iniciaram pelo códon degenerado NTN, no qual N pode ser A, G, C ou T. Eles preencheram cada posição N incluindo uma mistura equimolar de A, G, C e T na reação de síntese de DNA para gerar uma mistura de moléculas de DNA com diferentes nucleotídeos nessa posição (ver Fig. 8-32). De forma semelhante, para codificar sequências aleatórias de aminoácidos polares, eles partiram do códon degenerado NAN e usaram uma mistura equimolar de A, G e C (mas, nesse caso, sem o T) para preencher as posições N.

**(e)** Quais aminoácidos podem ser codificados pela trinca NTN? Nesse grupo, todos os aminoácidos são hidrofóbicos? O grupo inclui *todos* os aminoácidos hidrofóbicos?

**(f)** Quais aminoácidos podem ser codificados pela trinca NAN? Todos esses aminoácidos são polares? O grupo inclui *todos* os aminoácidos polares?

**(g)** Por que, ao criar os códons NAN, foi necessário deixar T fora da mistura de reação?

Kamtekar e colaboradores clonaram essa biblioteca de sequências aleatórias de DNA em plasmídeos, selecionaram 48 que produziam o padrão correto de aminoácidos hidrofóbicos e hidrofílicos e os expressaram em *E. coli*. O próximo desafio foi determinar se as proteínas se enovelavam conforme o esperado. Seria muito demorado expressar cada uma das proteínas, cristalizá-las e determinar a estrutura tridimensional completa de cada uma. Em vez disso, os pesquisadores utilizaram a maquinaria de processamento proteico de *E. coli* para excluir as sequências que levavam à produção de proteínas muito defeituosas. Nessa fase seletiva inicial, eles mantiveram apenas aqueles clones que resultaram em uma banda de proteínas com o peso molecular esperado, quando analisado por eletroforese em gel de poliacrilamida contendo SDS (ver Fig. 3-18).

**(h)** Por que uma proteína grosseiramente mal enovelada não formaria uma banda com o peso molecular esperado quando analisada por eletroforese?

Várias proteínas passaram nesse teste inicial, e análises mais aprofundadas mostraram que elas apresentavam, de fato, a estrutura prevista de quatro hélices.

**(i)** Por que nem todas as proteínas com sequências aleatórias que passaram no primeiro teste seletivo produziram estruturas de quatro hélices?

### Referência

**Kamtekar, S., J.M. Schiffer, H. Xiong, J.M. Babik, e M.H. Hecht. 1993.** Protein design by binary patterning of polar and nonpolar amino acids. *Science* 262:1680–1685.

# Capítulo 28

# REGULAÇÃO DA EXPRESSÃO GÊNICA

- **28.1** As proteínas e os RNA da regulação gênica  1055
- **28.2** Regulação da expressão gênica em bactérias  1065
- **28.3** Regulação da expressão gênica em eucariotos  1075

A informação biológica tem um custo alto. Nos capítulos anteriores, foi discutido o extraordinário custo energético da replicação, da transcrição e da tradução. As necessidades de ATP para converter informações de um gene em um cromossomo para proteína tornam fundamental a efetividade do processo, o que explica a regulação difusa e muitas vezes complexa da expressão de cada gene.

Dos aproximadamente 4 mil genes existentes em um genoma bacteriano típico, ou dos 20 mil genes no genoma humano, apenas uma fração é expressa em determinada célula em dado momento. Alguns produtos gênicos estão presentes em grandes quantidades: os fatores de alongamento necessários à síntese de proteínas, por exemplo, estão entre as proteínas mais abundantes em bactérias, e a ribulose-1,5--bisfosfato-carboxilase/oxigenase (rubisco) de plantas e bactérias fotossintetizantes é uma das enzimas mais abundantes na biosfera. Outros produtos gênicos ocorrem em quantidades muito menores; por exemplo, uma célula pode conter apenas poucas moléculas de enzimas que reparam lesões raras do DNA. As necessidades de certos produtos gênicos mudam ao longo do tempo. A necessidade de enzimas em certas vias metabólicas aumenta ou diminui à medida que as fontes de alimentos mudam ou se esgotam. Durante o desenvolvimento de um organismo pluricelular, algumas proteínas que influenciam a diferenciação celular estão presentes apenas por um breve período em apenas poucas células. A especialização da função celular afeta drasticamente a necessidade de vários produtos gênicos; um exemplo é a concentração excepcionalmente elevada de uma única proteína – a hemoglobina – em eritrócitos. Fica claro, a partir desses exemplos, que o aparecimento de produtos gênicos deve ser regulado. A discussão sobre a regulação da expressão gênica é mais uma vez guiada por vários princípios:

**P1** **A concentração celular de uma proteína é determinada pelo equilíbrio delicado entre pelo menos sete processos, cada um com vários pontos potenciais de regulação.** Esses processos incluem síntese do transcrito primário de RNA (transcrição); modificação pós-transcricional de mRNA; degradação do mRNA; síntese de proteínas (tradução); modificação pós-traducional de proteínas; direcionamento e transporte de proteínas; e degradação de proteínas.

**P2** **A regulação é obtida por proteínas e RNA especializados.** As proteínas são geralmente proteínas de ligação ao ligante sem outra função. Elas se ligam a sequências específicas no DNA ou no RNA e respondem a sinais moleculares que podem ser qualquer tipo de molécula biológica. Os RNA interagem com outros RNA ou servem como cofatores de proteínas.

**P3** **A expressão gênica regulada pode ocasionar aumentos ou diminuições na quantidade de um produto gênico.** Produtos gênicos que aumentam de concentração sob circunstâncias moleculares específicas são chamados de **induzíveis**; o processo de aumentar sua expressão é denominado **indução**. Por outro lado, produtos gênicos cujas concentrações diminuem em resposta a um sinal molecular são denominados **reprimíveis**, e o processo é chamado de **repressão**.

**P4** **O estado transcricional padrão de um gene, ligado ou desligado, é ditado em parte pelo tamanho e pela complexidade do genoma.** Em bactérias, em que os genomas são relativamente pequenos e o DNA é facilmente acessível, o estado padrão dos genes é geralmente "ligado". A transcrição de cada gene ou grupo de genes é geralmente limitada por um repressor proteico específico. Em eucariotos, em que os genomas são maiores e os genes são encapsulados na cromatina, o estado padrão da maioria dos genes é "desligado". A transcrição do gene requer modificação da cromatina seguida pela ação de ativadores de transcrição.

**P5** **A regulação tem um custo alto.** Para muitos genes, especialmente em eucariotos, os processos regulatórios podem necessitar de um investimento considerável de energia química. Esse gasto, no entanto, é pequeno quando comparado com o custo da síntese de RNA e de proteínas quando o gene é expresso.

**P1** As etapas necessárias para gerar e, em seguida, remover uma proteína ativa ou RNA, todos os quais podem ser regulados, estão resumidas na **Figura 28-1**. Foram examinados vários dos mecanismos regulatórios relevantes nos capítulos anteriores. A modificação pós-transcricional de mRNA, por processos como padrões de *splicing* alternativo (ver Fig. 26-20) ou edição de RNA (ver Figs. 27-10 e 27-12), pode afetar quais proteínas são produzidas a partir de um transcrito de mRNA e em que quantidades. Uma grande variedade de sequências de nucleotídeos em um mRNA pode afetar a velocidade da sua degradação (p. 986). Muitos fatores afetam a velocidade em que um mRNA é traduzido em uma proteína, bem como a modificação pós-traducional, o direcionamento e, por fim, a degradação dessa proteína (Capítulo 27).

Dos processos regulatórios ilustrados na Figura 28-1, aqueles que operam no nível da iniciação da transcrição foram especialmente bem-documentados. Esses processos são o principal foco deste capítulo, embora outros mecanismos também sejam abordados. Nos capítulos anteriores, foi mostrado que a complexidade de um organismo não se reflete no número dos genes codificadores de proteínas. Em vez disso, à medida que a complexidade aumenta desde as bactérias até os mamíferos, os mecanismos de regulação dos genes tornam-se mais elaborados, e as regulações pós-transcricional e traducional desempenham papéis mais importantes.

O controle da iniciação da transcrição permite a regulação sincronizada de vários genes que codificam produtos com atividades interdependentes. Por exemplo, quando o DNA bacteriano está muito danificado, as células bacterianas precisam de um aumento coordenado nos níveis de muitas enzimas de reparo de DNA. E talvez a forma mais sofisticada de coordenação ocorra nos circuitos regulatórios complexos que direcionam o desenvolvimento dos organismos eucarióticos multicelulares e envolvem muitos tipos de mecanismos regulatórios.

Primeiro, serão examinadas as interações entre proteínas e DNA que são a chave da regulação da transcrição. Em seguida, serão abordadas as proteínas específicas que influenciam a expressão de genes específicos, primeiro em células bacterianas e, então, em células eucarióticas. Quando for relevante, serão incluídas informações sobre a regulação pós-transcricional e a regulação de tradução, com o objetivo de fornecer uma visão geral mais completa da rica complexidade dos mecanismos regulatórios.

## 28.1 As proteínas e os RNA da regulação gênica

A transcrição é mediada e regulada por interações proteína-DNA, principalmente aquelas envolvendo os componentes proteicos da RNA-polimerase (Capítulo 26). Primeiro, será considerado como a atividade da RNA-polimerase é regulada. A seguir, será apresentada uma descrição geral das proteínas que participam dessa regulação. Depois, será examinada a base molecular para o reconhecimento de sequências de DNA específicas por proteínas de ligação ao DNA. Os RNA reguladores são encontrados com mais frequência na regulação da tradução do mRNA em eucariotos, mas também desempenham um papel na vida de alguns mRNA bacterianos. Eles serão considerados brevemente nesta seção e em mais detalhes na Seção 28.3.

### A RNA-polimerase se liga ao DNA nos promotores

A RNA-polimerase se liga ao DNA e inicia a transcrição nos promotores (ver Fig. 26-5), sítios geralmente encontrados no molde de DNA próximo aos pontos de início da síntese de RNA. A regulação da iniciação da transcrição geralmente envolve alterações em como a RNA-polimerase interage com um promotor.

As sequências de nucleotídeos de promotores variam consideravelmente, afetando a afinidade de ligação das RNA-polimerases e, portanto, a frequência de iniciação da transcrição. Alguns genes de *Escherichia coli* são transcritos uma vez por segundo, outros, menos de uma vez por geração celular. Muito dessa variação deve-se a diferenças entre as sequências dos promotores. Na ausência de proteínas regulatórias, diferenças na sequência dos promotores

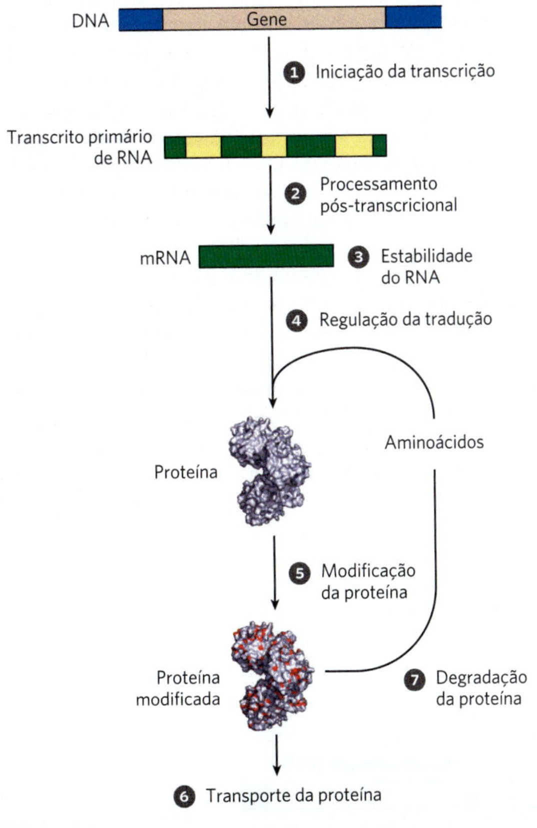

**FIGURA 28-1** Sete processos que afetam a concentração do estado estacionário de uma proteína. Cada processo tem vários pontos potenciais de regulação.

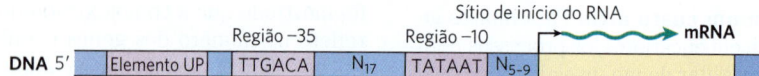

**FIGURA 28-2 Sequência-consenso de vários promotores de *E. coli*.** A maioria das substituições de bases nas regiões −10 e −35 tem efeitos negativos na função dos promotores. Alguns promotores também incluem o elemento UP (promotor a montante).

podem afetar a frequência de iniciação da transcrição em 1.000 vezes ou mais. A maioria dos promotores de *E. coli* tem uma sequência que chega perto de um consenso (**Fig. 28-2**). Mutações que levam a um desvio da sequência-consenso geralmente diminuem a função de promotores bacterianos, ao passo que mutações na direção da sequência-consenso geralmente aumentam a função do promotor.

**CONVENÇÃO** Por convenção, as sequências de DNA são apresentadas conforme existem na fita não molde, com a extremidade 5′ escrita à esquerda. Os nucleotídeos são numerados a partir do sítio de iniciação da transcrição, com números positivos à direita (na direção da transcrição) e números negativos à esquerda. N indica qualquer nucleotídeo. ■

Genes de produtos que são necessários o tempo todo, como os das enzimas das vias metabólicas centrais, são expressos em níveis mais ou menos constantes em praticamente todas as células de uma espécie ou de um organismo. Muitas vezes, esses genes são chamados de **genes constitutivos**. A expressão de um gene em níveis aproximadamente constantes é chamada de **expressão gênica constitutiva**. Embora os genes constitutivos sejam expressos constitutivamente, as concentrações celulares das proteínas que eles codificam variam amplamente. Para esses genes, a interação RNA-polimerase/promotor influencia fortemente a taxa de iniciação da transcrição. As diferenças na sequência do promotor podem ser o único nível de regulação para um gene constitutivo, permitindo que a célula sintetize o nível apropriado de cada produto do gene constitutivo.

A taxa basal de iniciação da transcrição nos promotores dos genes constitutivos também é determinada pela sequência dos promotores, mas a expressão desses genes é modulada adicionalmente por proteínas regulatórias. Muitas dessas proteínas operam estimulando ou interferindo na interação entre a RNA-polimerase e o promotor.

As sequências dos promotores de organismos eucarióticos são muito mais variáveis do que as sequências correspondentes em bactérias. As três RNA-polimerases de eucariotos geralmente necessitam de um conjunto de fatores de transcrição para que possam se ligar a um promotor, de modo que esses fatores podem ter grande influência sobre a velocidade basal da transcrição. Ainda assim, como na expressão gênica bacteriana, o nível basal de transcrição é, em parte, determinado pelo efeito das sequências promotoras no funcionamento da RNA-polimerase e seus fatores de transcrição associados.

### A iniciação da transcrição é regulada por proteínas e por RNA

**P2** Pelo menos três tipos de proteínas regulatórias regulam a iniciação da transcrição pela RNA-polimerase: os **fatores de especificidade** alteram a especificidade da RNA-polimerase para um determinado promotor ou conjunto de promotores, os **repressores** impedem o acesso da RNA-polimerase ao promotor e os **ativadores** estimulam a interação entre RNA-polimerase e promotor.

À medida que nossa compreensão das funções das proteínas regulatórias amadurece, muitas novas funções para a regulação gênica por **RNA não codificadores** (**ncRNA**) também estão começando a surgir. Entre eles, destacam-se os **RNA não codificadores longos** (**lncRNA**), geralmente definidos como RNA com mais de 200 nucleotídeos de comprimento que não possuem uma fase de leitura aberta que codifique uma proteína – o que os diferencia dos ncRNA funcionais pequenos (miRNA, snoRNA, snRNA, etc.) descritos no Capítulo 26. Os lncRNA são encontrados em todos os tipos de organismos, e dezenas de milhares deles são expressos nas células de mamíferos. Entre as funções conhecidas dos lncRNA, pode-se incluir a regulação do posicionamento do nucleossomo e da estrutura da cromatina, o controle da metilação do DNA e a modificação pós-transcricional das histonas, o silenciamento da transcrição de genes, vários papéis na ativação e repressão da transcrição, entre outros.

Os fatores de especificidade bacterianos foram introduzidos no Capítulo 26, embora não tenham sido referidos por esse nome. A subunidade $\sigma$ da holoenzima da RNA-polimerase de *E. coli* é um fator de especificidade que controla o reconhecimento e a ligação ao promotor. A maioria dos promotores de *E. coli* é reconhecida por uma única subunidade $\sigma$ ($M_r$ 70.000), $\sigma^{70}$ (ver Fig. 26-5). Sob certas condições, algumas das subunidades $\sigma^{70}$ são substituídas por um de seis outros fatores de especificidade. Um caso notável surge quando bactérias são submetidas a estresse térmico, levando à substituição de $\sigma^{70}$ por $\sigma^{32}$ ($M_r$ 32.000). Quando ligada a $\sigma^{32}$, a RNA-polimerase é direcionada a um conjunto especializado de promotores com uma sequência-consenso diferente (**Fig. 28-3**). Esses promotores controlam a expressão de um conjunto de genes que codificam proteínas,

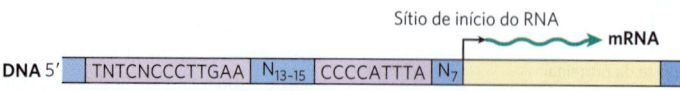

**FIGURA 28-3 Sequência-consenso para promotores que regulam a expressão de genes de choque térmico de *E. coli*.** Esse sistema responde a aumentos de temperatura, bem como a outros estresses ambientais, levando à indução de um conjunto de proteínas. A ligação da RNA-polimerase a promotores de choque térmico é mediada por uma subunidade $\sigma$ especializada da polimerase, $\sigma^{32}$, que substitui $\sigma^{70}$ no complexo de iniciação da RNA-polimerase.

incluindo algumas chaperonas proteicas (p. 132), que são parte de um sistema induzido por estresse, chamado de resposta de choque térmico. Portanto, por meio de mudanças na afinidade de ligação com a polimerase que a dirigem para diferentes promotores, um conjunto de genes envolvido em processos relacionados entre si é regulado de forma coordenada. Em células eucarióticas, alguns dos fatores de transcrição gerais, em particular a proteína de ligação ao TATA (TBP; ver Fig. 26-9), podem ser considerados como fatores de especificidade.

Os repressores se ligam a sítios específicos no DNA. Em células bacterianas, esses sítios de ligação, chamados de **operadores**, estão geralmente próximos de um promotor. A ligação da RNA-polimerase, ou seu movimento ao longo do DNA após ter se ligado, é bloqueada quando o repressor está presente. ▶P3 A regulação por meio de uma proteína repressora que bloqueia a transcrição é chamada de **regulação negativa**. A ligação do repressor ao DNA é regulada por um sinal molecular, ou **efetor**, geralmente uma molécula pequena ou uma proteína que se liga ao repressor e provoca uma mudança conformacional. A interação entre repressor e molécula sinalizadora aumenta ou diminui a transcrição. Em alguns casos, a mudança conformacional resulta na dissociação de um repressor que esteja ligado ao DNA no operador (**Fig. 28-4a**). A iniciação da transcrição pode, então, ocorrer sem obstáculos. Em outros casos, a interação entre um repressor inativo e a molécula sinalizadora leva o repressor a se ligar ao operador (Fig. 28-4b). ▶P4 Nas células eucarióticas, a regulação de genes por repressores é menos comum. Quando ocorre (com frequência, em eucariotos inferiores, como leveduras), o sítio de ligação a um repressor pode estar situado a alguma distância do promotor. A ligação desses repressores aos seus respectivos sítios de ligação tem o mesmo efeito que em células bacterianas: inibir a montagem ou a atividade de um complexo de transcrição no promotor.

▶P3 Os ativadores fornecem um contraponto molecular aos repressores; eles se ligam ao DNA e *estimulam* a atividade da RNA-polimerase em um promotor; trata-se da **regulação positiva**. Em bactérias, muitas vezes, os sítios de ligação de ativadores estão adjacentes aos promotores e ligados fracamente ou não ligados à RNA-polimerase isolada, de forma que ocorre pouca transcrição na ausência do ativador. Alguns ativadores são geralmente ligados ao DNA, estimulando a transcrição até que a dissociação do ativador seja disparada pela ligação de uma molécula sinalizadora (Fig. 28-4c). Em outros casos, o ativador se liga ao DNA apenas após a interação com uma molécula sinalizadora (Fig. 28-4d). As moléculas sinalizadoras podem, portanto, aumentar ou diminuir a transcrição, dependendo de como elas afetam o ativador.

▶P4 A regulação positiva por ativadores é especialmente comum em eucariotos. Muitos ativadores eucarióticos se ligam a sítios do DNA, denominados potencializadores, que estão distantes do promotor, afetando a velocidade da transcrição em um promotor que pode estar a uma distância de milhares de pares de bases.

A distância entre um promotor e o sítio de ligação de um ativador ou repressor é encurtada pela formação de uma alça no DNA entre esses dois sítios (**Fig. 28-5**). Em alguns casos, a formação da alça é facilitada por proteínas denominadas **reguladores arquitetônicos** que ligam os sítios

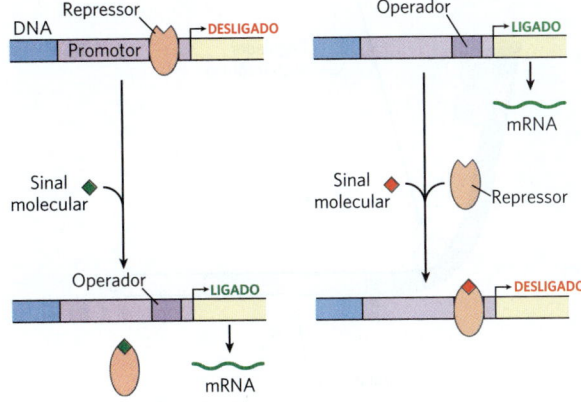

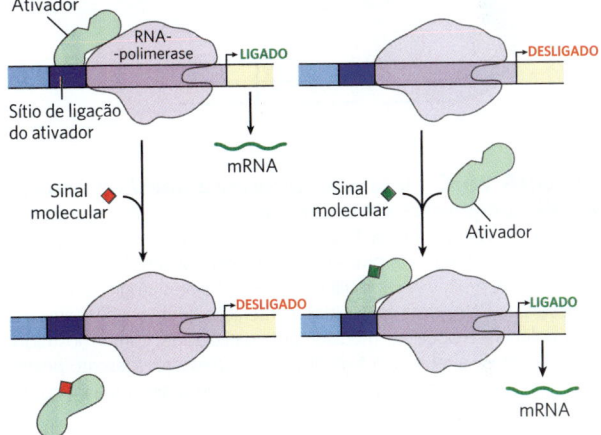

**FIGURA 28-4 Padrões comuns de regulação da iniciação da transcrição.** Estão ilustrados dois tipos de regulação negativa. (a) O repressor se liga ao operador na ausência do sinal molecular; o sinal externo provoca a dissociação do repressor, possibilitando a transcrição. (b) O repressor se liga na presença do sinal; o repressor se dissocia, e a transcrição ocorre quando o sinal é removido. A regulação positiva é mediada pelos ativadores do gene. Novamente, estão mostrados dois tipos. (c) O ativador se liga na ausência do sinal molecular, e a transcrição prossegue; quando o sinal é adicionado, o ativador se dissocia, e a transcrição é inibida. (d) O ativador se liga na presença do sinal; ele se dissocia apenas quando o sinal é removido. Observe que as regulações "positiva" e "negativa" se referem ao tipo de proteína regulatória envolvida: a proteína ligada facilita ou inibe a transcrição. Em qualquer um dos casos, a adição de um sinal molecular pode aumentar ou diminuir a transcrição, dependendo do seu efeito na proteína regulatória.

participantes. As interações entre os ativadores e a RNA-polimerase no promotor são geralmente mediadas por proteínas intermediárias, denominadas coativadores. Em alguns casos, repressores proteicos podem tomar o lugar de coativadores, ligando-se aos ativadores e impedindo uma interação ativadora.

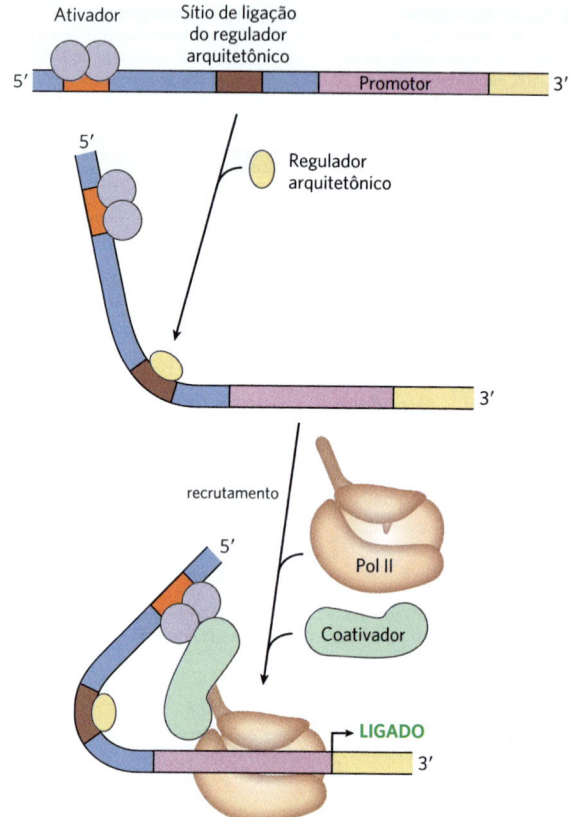

**FIGURA 28-5 Interação entre ativadores/repressores e a RNA-polimerase em eucariotos.** Os ativadores e repressores de eucariotos geralmente se ligam a locais do DNA situados milhares de pares de bases longe dos promotores que eles regulam. A formação de alça de DNA, muitas vezes facilitada por reguladores arquitetônicos da molécula de DNA, junta esses sítios. A interação entre os ativadores e a RNA-polimerase pode ser mediada por coativadores, como mostrado. Algumas vezes, a repressão é mediada por repressores (descrito posteriormente) que se ligam a ativadores, impedindo, assim, uma interação de ativação com a RNA-polimerase.

## Muitos genes bacterianos são agrupados e regulados em operons

As bactérias têm um mecanismo geral simples para coordenar a regulação de vários genes: esses genes são agrupados nos cromossomos e transcritos em conjunto. Muitos mRNA bacterianos são policistrônicos – vários genes em um único transcrito –, e o único promotor que inicia a transcrição do grupo de genes é o local de regulação para a expressão de todos os genes do grupo. O grupo de genes e o promotor, acrescido de sequências adicionais que funcionam juntas na regulação, constituem um **operon** (**Fig. 28-6**). Operons que incluem 2 a 6 genes transcritos como uma unidade são comuns; alguns operons contêm 20 ou mais genes. A identidade e a ordem dos genes presentes em um operon não são aleatórias. Em muitos casos, genes de um mesmo operon codificam subunidades de complexos proteicos grandes, e a cotradução permite diretamente a montagem do complexo. Alguns operons organizam genes envolvidos em processos relacionados que necessitam de uma regulação coordenada.

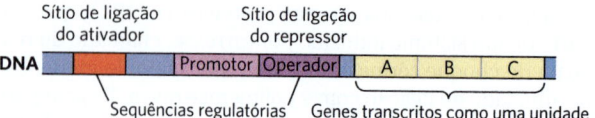

**FIGURA 28-6 Operon representativo de bactérias.** Os genes A, B e C são transcritos em um mRNA policistrônico. Sequências regulatórias típicas incluem sítios de ligação para proteínas que ativam ou reprimem a transcrição a partir do promotor.

Em outros casos, os genes podem parecer não relacionados, porém codificam produtos necessários para a célula em condições semelhantes.

Muitos dos princípios da expressão dos genes bacterianos foram definidos pela primeira vez em estudos do metabolismo da lactose em *E. coli*, que pode usar lactose como única fonte de carbono. Em 1960, François Jacob e Jacques Monod publicaram um breve artigo no periódico *Comptes rendus de l'Académie des Sciences* (Anais da Academia Francesa de Ciências), descrevendo como dois genes adjacentes envolvidos no metabolismo da lactose eram regulados de forma coordenada por um elemento genético localizado em uma extremidade do grupo de genes. Os genes eram os da β-galactosidase, a qual quebra a lactose em galactose e glicose, e os da galactosídeo-permease, a qual transporta lactose para dentro da célula (**Fig. 28-7**). Os termos "operon" e "operador" foram introduzidos pela primeira vez nesse artigo. Com o modelo do operon, a regulação gênica pôde, pela primeira vez, ser considerada em termos moleculares.

### O operon *lac* está sujeito à regulação negativa

O operon da lactose (*lac*) (**Fig. 28-8a**) inclui os genes para β-galactosidase (*Z*), galactosídeo-permease (*Y*) e tiogalactosídeo-transacetilase (*A*). A última dessas enzimas parece modificar os galactosídeos tóxicos para facilitar a sua remoção da célula. Cada um dos três genes é precedido por um sítio de ligação a ribossomos (não mostrado na Fig. 28-8) que direciona de modo independente a tradução daquele gene (Capítulo 27). A regulação do operon *lac* pela proteína repressora do *lac* (Lac) segue o padrão mostrado na Figura 28-4a.

O estudo de mutantes do operon *lac* revelou alguns detalhes das atividades do sistema regulatório do operon. Na ausência de lactose, os genes do operon *lac* são reprimidos. Mutações no operador ou em outro gene, o gene *I*, resultam na síntese constitutiva de produtos gênicos. Quando o gene *I* está defeituoso, a repressão pode ser restaurada introduzindo-se um gene *I* funcional na célula em outra molécula de DNA, o que demonstra que o gene *I* codifica uma molécula difusível que provoca a repressão gênica. Foi demonstrado que essa molécula é uma proteína, agora chamada de repressor Lac, um tetrâmero de monômeros idênticos. O operador ao qual ela se liga mais fortemente ($O_1$) é adjacente ao sítio de início da transcrição (Fig. 28-8a). O gene *I* é transcrito a partir de um promotor próprio ($P_I$), que é independente dos genes do operon *lac*. O operon *lac* tem dois locais de ligação secundários para o repressor Lac: $O_2$ e $O_3$. O $O_2$ está centrado próximo à posição +410, dentro do gene que codifica a β-galactosidase (*Z*); $O_3$ está próximo

## 28.1 AS PROTEÍNAS E OS RNA DA REGULAÇÃO GÊNICA

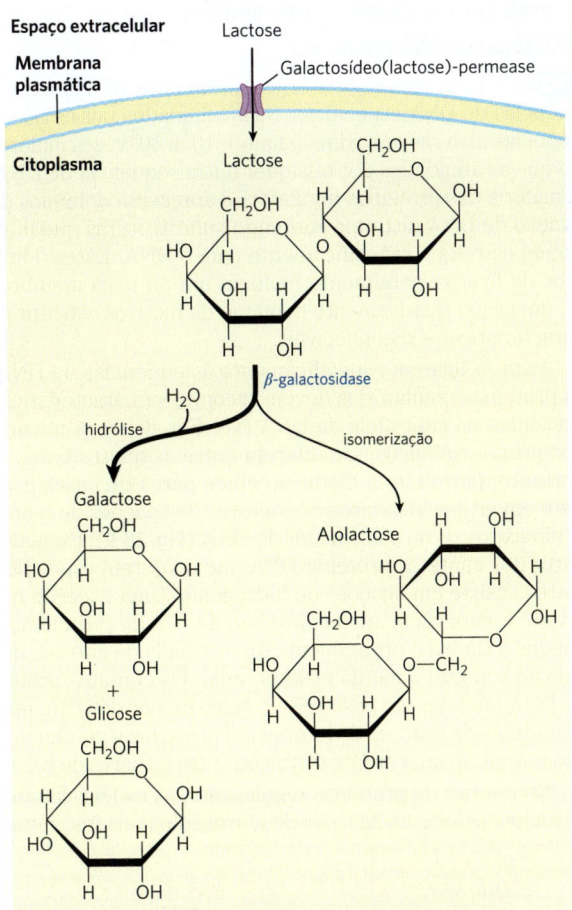

**FIGURA 28-7 Metabolismo da lactose em E. coli.** A captação e o metabolismo de lactose precisam das atividades da galactosídeo (lactose)-permease e da β-galactosidase. A conversão da lactose em alolactose por transglicosilação é uma reação secundária também catalisada pela β-galactosidase.

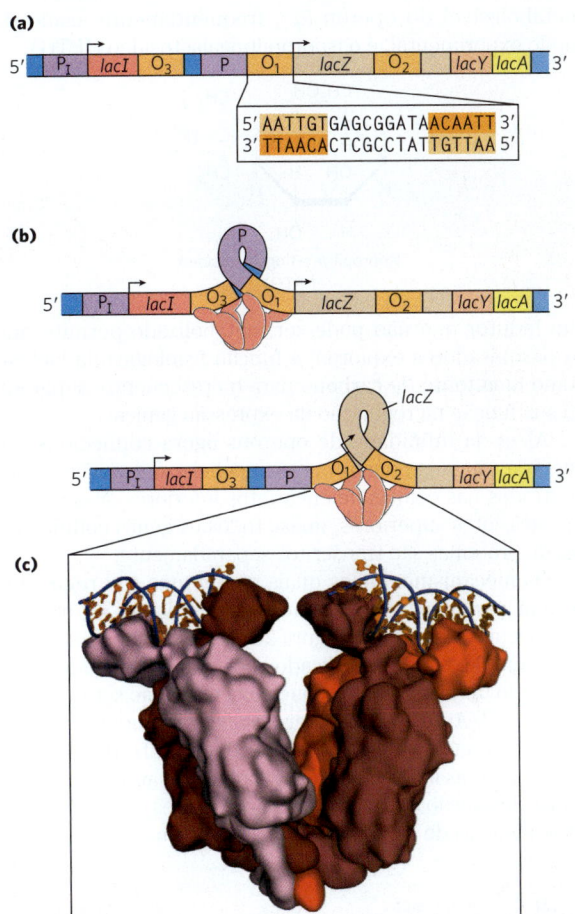

**FIGURA 28-8 Operon *lac*.** (a) No operon *lac*, o gene *lacI* codifica o repressor Lac. Os genes *lac Z, Y* e *A* codificam a β-galactosidase, a galactosídeo-permease e a tiogalactosídeo-transacetilase, respectivamente. P é o promotor dos genes *lac*, e PI é o promotor do gene *I*. $O_1$ é o principal operador no operon *lac*; $O_2$ e $O_3$ são operadores secundários com menor afinidade pelo repressor Lac. A repetição invertida, na qual o repressor Lac se liga no $O_1$, está mostrada. (b) O repressor Lac se liga ao operador principal e ao $O_2$ ou ao $O_3$ e parece fazer uma alça no DNA. (c) O repressor Lac (tons de vermelho) está mostrado ligado a um segmento pequeno e descontínuo de DNA (em azul e laranja). [(c) Dados de PDB ID 2PE5, R. Daber et al., *J. Mol. Biol.* 370:609, 2007.]

à posição −90, dentro do gene *I*. Para reprimir o operon, o repressor Lac parece ligar-se ao operador principal e a um dos dois sítios secundários, com o DNA interveniente em alça para fora (Fig. 28-8b,c). Qualquer uma das duas ligações bloqueia a iniciação da transcrição.

Apesar desse elaborado complexo de ligação, a repressão não é absoluta. A ligação do repressor Lac reduz a velocidade de iniciação da transcrição em $10^3$ vezes. Se os sítios $O_2$ e $O_3$ forem eliminados por deleção ou mutação, apenas a ligação do repressor a $O_1$ reduz a transcrição em cerca de $10^2$ vezes. Mesmo no estado reprimido, cada célula tem poucas moléculas de β-galactosidase e de galactosídeo-permease, supostamente sintetizadas nas raras ocasiões em que o repressor se dissocia dos operadores. Esse nível basal de transcrição é essencial para a regulação do operon.

Quando as células têm suprimento de lactose, o operon *lac* é induzido. Uma molécula indutora (sinalizadora) liga-se a um sítio específico no repressor Lac, provocando uma alteração conformacional que resulta na dissociação do repressor do operador. O indutor no sistema do operon *lac* não é a própria lactose, mas a alolactose, um isômero da lactose (Fig. 28-7). Depois de entrar na célula de *E. coli* (por meio das poucas moléculas de lactose-permeases existentes), a lactose é convertida em alolactose por uma das poucas moléculas existentes de β-galactosidase. A liberação do operador pelo repressor Lac, disparada à medida que o repressor se liga à alolactose, permitindo a expressão dos genes do operon *lac* e levando a um aumento de $10^3$ vezes na concentração de β-galactosidase.

Vários β-galactosídeos com estrutura semelhante à da alolactose induzem o operon *lac*, mas não são substratos para a β-galactosidase; outros são substratos, mas não são indutores. Um indutor particularmente eficaz e não metabolizável do operon *lac*, frequentemente usado de modo experimental, é o isopropiltiogalactosídeo (IPTG).

Isopropil-β-D-tiogalactosídeo (IPTG)

Um indutor que não pode ser metabolizado permite que os pesquisadores explorem a função fisiológica da lactose como uma fonte de carbono para o crescimento, separada da sua função na regulação da expressão gênica.

Além da infinidade de operons agora conhecidos em bactérias, alguns poucos operons policistrônicos foram encontrados nas células de eucariotos inferiores. Nas células de eucariotos superiores, quase todos os genes codificadores de proteínas são transcritos separadamente.

Os mecanismos pelos quais os operons são regulados podem variar significativamente em relação ao modelo simples apresentado na Figura 28-8. Mesmo o operon *lac* é mais complexo do que indicado aqui, com um ativador contribuindo também para o esquema geral, como será visto na Seção 28.2. Antes de qualquer discussão adicional sobre os níveis de regulação da expressão gênica, entretanto, serão examinadas as interações moleculares cruciais entre as proteínas de ligação do DNA (como repressores e ativadores) e as sequências de DNA às quais elas se ligam.

## As proteínas regulatórias têm domínios de ligação de DNA separados

▶**P2** As proteínas regulatórias geralmente se ligam a sequências de DNA específicas. Suas afinidades por essas sequências-alvo são aproximadamente $10^4$ a $10^6$ vezes maiores do que as afinidades por qualquer outra sequência de DNA. A maioria das proteínas regulatórias apresenta domínios de ligação de DNA distintos contendo subestruturas que interagem estreita e especificamente com o DNA. Esses domínios de ligação geralmente incluem um ou mais membros de um grupo relativamente pequeno de motivos estruturais característicos e reconhecíveis.

Para se ligarem especificamente a sequências de DNA, as proteínas regulatórias devem reconhecer características presentes na superfície do DNA (ver Fig. 8-13). A maioria dos grupos químicos que diferem entre as quatro bases e, portanto, permitem a distinção entre pares de bases consiste em grupos doadores e aceptores de ligações de hidrogênio expostos no sulco maior do DNA (**Fig. 28-9**), e a maior parte dos contatos proteína-DNA que conferem especificidade consiste em ligações de hidrogênio. Uma exceção notável é a superfície apolar próxima do C-5 de pirimidinas, em que a timina é prontamente diferenciada da citosina devido ao seu grupo metila protuberante. Os contatos proteína-DNA também são possíveis no sulco menor do DNA, mas os padrões de ligações de hidrogênio nesse local geralmente não permitem uma pronta distinção entre os pares de bases.

No interior de proteínas regulatórias, as cadeias laterais de aminoácidos com ligações de hidrogênio mais frequentes

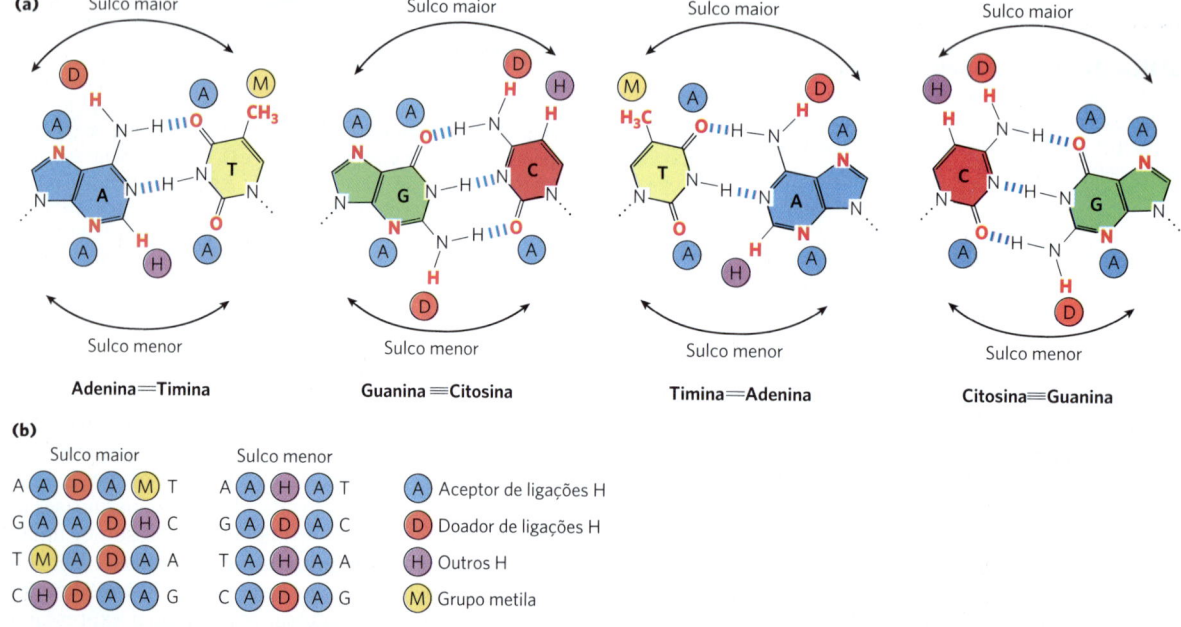

**FIGURA 28-9 Grupos no DNA disponíveis para ligação com proteínas.** (a) Estão mostrados grupos funcionais em todos os quatro pares de bases exibidos nos sulcos maior e menor do DNA. Átomos aceptores (A) e doadores (D) de ligações de hidrogênio estão marcados por discos azuis e vermelhos, respectivamente. Outros átomos de hidrogênio (H) estão marcados com discos roxos, e grupos metila (M) com discos amarelos. (b) Padrões de reconhecimento para cada par de bases (da esquerda para a direita). A variação muito maior de padrões para o sulco maior dá a ele um poder diferenciador muito maior em relação ao sulco menor. [Informações de J. L. Huret, *Atlas Genet. Cytogenet. Oncol. Haematol.* 2006, http://atlasgeneticsoncology.org/Educ/DNAEnglD30001ES.html.]

com as bases no DNA são aquelas de resíduos de Asn, Gln, Glu, Lys e Arg. Existe um código de reconhecimento simples em que um aminoácido específico sempre pareie com uma base específica? As duas ligações de hidrogênio que podem se formar entre Gln ou Asn e as posições $N^6$ e N-7 da adenina não podem se formar com nenhuma outra base. Um resíduo de Arg pode formar duas ligações de hidrogênio com N-7 e $O^6$ de guanina (**Fig. 28-10**). O exame da estrutura de muitas proteínas de ligação do DNA, entretanto, mostrou que uma proteína pode reconhecer cada par de bases de mais de uma maneira, levando à conclusão de que não há um código simples de aminoácidos e bases. Para algumas proteínas, a interação Gln-adenina pode especificar pares de bases A═T, porém, em outras, uma bolsa de van der Waals para o grupo metila da timina pode reconhecer pares de bases A═T. Os pesquisadores ainda não conseguem examinar a estrutura de uma proteína de ligação ao DNA e inferir a sequência de DNA à qual ela se liga.

Para interagir com as bases no sulco maior do DNA, uma proteína precisa de uma subestrutura relativamente pequena que possa formar uma protuberância de modo estável a partir da superfície da proteína. Os domínios de ligação de DNA das proteínas regulatórias tendem a ser pequenos (60 a 90 resíduos de aminoácidos), e os motivos estruturais no interior desses domínios que estão efetivamente em contato com o DNA são ainda menores. Muitas proteínas pequenas são instáveis devido à capacidade limitada que têm de formar camadas de estrutura para ocultar os grupos hidrofóbicos. Os motivos de ligação ao DNA fornecem uma estrutura estável muito compacta ou uma maneira de permitir que um segmento de proteína se projete a partir da superfície da proteína.

**P2** Os sítios de ligação do DNA para proteínas regulatórias são frequentemente repetições invertidas de uma pequena sequência de DNA (um palíndromo) em que múltiplas (geralmente duas) subunidades de uma proteína regulatória se ligam cooperativamente. O repressor Lac é incomum pelo fato de funcionar como tetrâmero, com dois dímeros presos juntos à extremidade distante dos sítios de ligação do DNA (Fig. 28-8b). Uma célula de *E. coli* em geral contém cerca de 20 tetrâmeros do repressor Lac. Cada um dos dímeros unidos liga-se separadamente a uma sequência do operador palindrômica, em contato com 17 pb de uma região de 22 pb no operon *lac*. Cada um dos dímeros unidos pode se ligar independentemente a uma sequência do operador, sendo que um geralmente se liga a $O_1$, e o outro, a $O_2$ ou $O_3$ (como na Fig. 28-8b). A simetria da sequência do operador $O_1$ corresponde ao eixo duplo de simetria das duas subunidades do repressor Lac pareadas. O repressor Lac tetramérico liga-se às suas sequências operadoras *in vivo* com uma constante de dissociação estimada de $10^{-10}$ M. O repressor discrimina entre os operadores e outras sequências por um fator de cerca de $10^6$, portanto a ligação a esses poucos pares de bases entre os 4,6 milhões ou mais do cromossomo de *E. coli* é altamente específica.

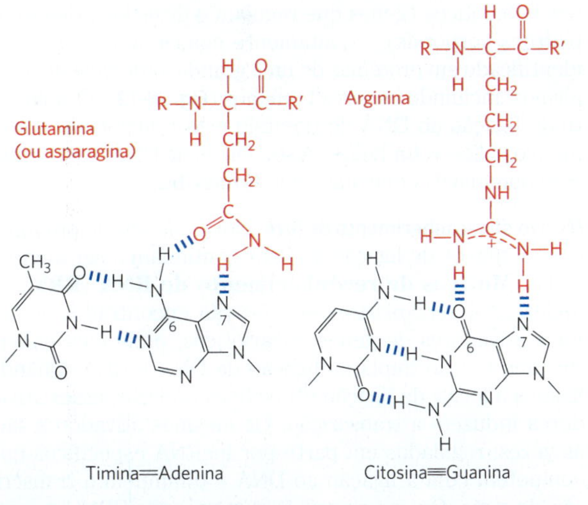

Vários motivos de ligação ao DNA foram descritos, porém a discussão se concentrará em dois que desempenham papéis importantes na ligação de proteínas regulatórias ao DNA em todos os domínios da vida: a hélice-volta-hélice e o dedo de zinco. Também serão considerados outros dois motivos desse tipo: o homeodomínio e o motivo de reconhecimento de RNA, o qual, como o nome indica, também liga RNA; esses dois motivos desempenham papéis importantes em algumas proteínas regulatórias eucarióticas.

**Hélice-volta-hélice** O motivo **hélice-volta-hélice** é fundamental para a interação de muitas proteínas regulatórias com o DNA em bactérias, e motivos semelhantes ocorrem em algumas proteínas regulatórias de eucariotos. A hélice-volta-hélice compreende cerca de 20 resíduos de aminoácidos em dois pequenos segmentos de α-hélice, cada um com comprimento de 7 a 9 resíduos, separados por uma volta β (**Fig. 28-11**). Essa estrutura geralmente não é estável por si só; ela é simplesmente a parte interativa de um domínio de ligação ao DNA um pouco maior. Um dos dois segmentos de α-hélice é chamado de hélice de reconhecimento, pois geralmente contém muitos dos aminoácidos que interagem com o DNA por meio de uma sequência específica. Essa α-hélice é empilhada em outros segmentos da estrutura proteica, de modo a se projetar para fora da superfície da proteína. Quando ligada ao DNA, a hélice de reconhecimento é posicionada no sulco maior ou próximo a ele. O repressor Lac tem um motivo de ligação ao DNA.

**Dedo de zinco** Em um **dedo de zinco**, cerca de 30 resíduos de aminoácidos formam uma alça alongada unida na base por um único íon $Zn^{2+}$, coordenado com quatro resíduos (4 Cys, ou 2 resíduos de Cys e 2 de His). O próprio zinco não interage com o DNA, mas a coordenação do zinco com os resíduos de aminoácidos estabiliza esse pequeno motivo estrutural. Várias cadeias laterais hidrofóbicas no núcleo da estrutura também contribuem para a estabilidade. A **Figura 28-12** mostra a interação entre o DNA e os três dedos de zinco de um único polipeptídeo da proteína regulatória do camundongo Zif268.

Muitas proteínas de ligação ao DNA de eucariotos contêm dedos de zinco. Em geral, a interação de um único dedo de zinco com o DNA é fraca, e muitas proteínas de ligação

**FIGURA 28-10 Interações específicas entre resíduos de aminoácidos e pares de bases.** Os dois exemplos mostrados foram observados na ligação proteína-DNA.

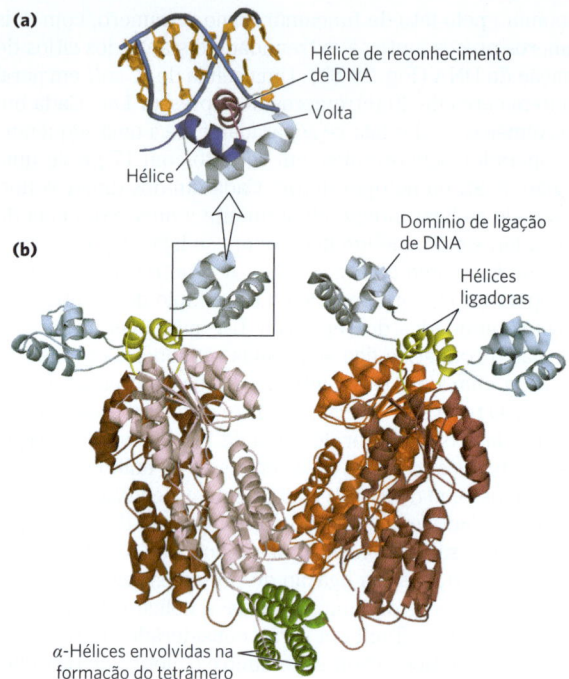

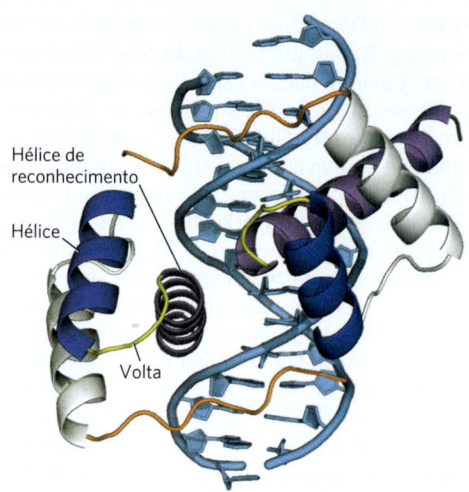

**FIGURA 28-11 Hélice-volta-hélice.** (a) Domínio de ligação ao DNA do repressor Lac ligado ao DNA. (b) Repressor Lac inteiro. Os domínios de ligação ao DNA e as α-hélices envolvidas na formação do tetrâmero estão marcados. O restante da proteína possui os locais de ligação para a alolactose. Os domínios de ligação à alolactose estão ligados aos domínios de ligação ao DNA por meio de hélices ligadoras. [Dados de PDB ID 2PE5, R. Daber et al., *J. Mol. Biol.* 370:609, 2007.]

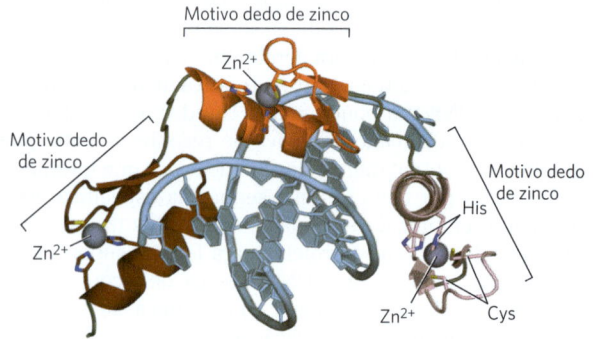

**FIGURA 28-12 Dedos de zinco.** Três dedos de zinco da proteína regulatória Zif268, formando um complexo com o DNA. Cada $Zn^{2+}$ está coordenado com dois resíduos de His e dois resíduos de Cys. [Dados de PDB ID 1ZAA, N. P. Pavletich e C. O. Pabo, *Science* 252:809, 1991.]

**FIGURA 28-13 Homeodomínios.** Estão mostrados dois homeodomínios ligados ao DNA. Em cada homeodomínio, a hélice de reconhecimento, acomodada sobre duas outras, pode ser vista protraindo-se em direção ao sulco maior. Essa é apenas uma pequena parte de uma proteína regulatória maior de uma classe chamada de Pax, que participa na regulação do desenvolvimento em moscas-da-fruta (ver Seção 28.3). [Dados de PDB ID 1FJL, D. S. Wilson et al., *Cell* 82:709, 1995.]

ao DNA, como a Zif268, apresentam vários dedos de zinco que reforçam substancialmente a ligação por interagirem com o DNA de forma simultânea. Uma proteína de ligação ao DNA da rã *Xenopus* tem 37 dedos de zinco. Há poucos exemplos conhecidos do motivo dedo de zinco em proteínas bacterianas.

O modo preciso pelo qual proteínas com dedos de zinco se ligam ao DNA difere de uma proteína para outra. Alguns dedos de zinco contêm resíduos de aminoácidos importantes para a diferenciação de sequências, ao passo que outros parecem se ligar ao DNA de modo não específico (os aminoácidos necessários para a especificidade estão localizados em outra parte da proteína). Os dedos de zinco também funcionam como motivos de ligação ao RNA, como ocorre em determinadas proteínas que ligam mRNA de eucariotos e agem como repressores da tradução. Esse papel será discutido posteriormente (Seção 28.3).

**Homeodomínio** Outro tipo de domínio de ligação ao DNA foi identificado em algumas proteínas que agem como reguladores de transcrição, sobretudo durante o desenvolvimento de eucariotos. Esse domínio de 60 resíduos de aminoácidos – chamado de **homeodomínio**, pois foi descoberto em genes homeóticos (genes que regulam o desenvolvimento de padrões corporais) – é altamente conservado e agora foi identificado em proteínas de uma grande variedade de organismos, incluindo os seres humanos (**Fig. 28-13**). O segmento de ligação ao DNA do domínio está relacionado com o motivo hélice-volta-hélice. A sequência de DNA que codifica esse domínio é conhecida como **homeobox**.

**Motivo de reconhecimento de RNA** Novas classes de proteínas com domínios de ligação ao RNA continuam a ser identificadas. **Motivos de reconhecimento de RNA** (**RRM**, do inglês *RNA recognition motifs*) são encontrados em alguns ativadores de genes eucarióticos, onde eles podem ter uma função dupla na ligação de DNA e RNA. Quando ligados a locais de ligação específicos no DNA, esses ativadores induzem a transcrição. Os mesmos ativadores são, às vezes, regulados em parte por lncRNA específicos que competem com a ligação ao DNA e diminuem a transcrição do gene. Outras proteínas com motivos RRM ligam-se a mRNA, rRNA ou a qualquer um de uma gama de outros RNA não codificadores menores. O RRM é formado por

90 a 100 resíduos de aminoácidos, organizados em quatro fitas de folhas β antiparalelas no meio de duas α-hélices com topologia $\beta_1$-$\alpha_1$-$\beta_2$-$\beta_3$-$\alpha_2$-$\beta_4$ (**Fig. 28-14a**). Esse motivo pode estar presente como parte de uma proteína regulatória que liga DNA e tem outros motivos para ligação ao DNA ou pode ocorrer em proteínas que se ligam apenas ao RNA. O RRM é apenas um dos diversos motivos proteicos conhecidos que interagem com o RNA (Fig. 28-14b).

### Proteínas regulatórias também têm domínios de interação proteína-proteína

Proteínas regulatórias contêm domínios não apenas para a ligação do DNA, mas também para interações proteína--proteína – com a RNA-polimerase, com outras proteínas regulatórias ou com outras subunidades da mesma proteína regulatória. Entre os exemplos, incluem-se muitos fatores de transcrição de eucariotos que funcionam como ativadores de genes, geralmente ligados como dímeros ao DNA por meio de domínios de ligação ao DNA que contêm dedos de zinco. Alguns domínios estruturais são dedicados às interações necessárias para a formação de dímeros, geralmente um pré-requisito para a ligação ao DNA. Assim como os motivos de ligação ao DNA, os motivos estruturais que controlam as interações proteína-proteína tendem a se enquadrar em algumas categorias comuns. Dois exemplos importantes são o zíper de leucina e o hélice-alça-hélice básico. Motivos estruturais como esses são a base para classificar algumas proteínas regulatórias em famílias estruturais.

**Zíper de leucina** O **zíper de leucina** é uma α-hélice anfipática com uma série de resíduos de aminoácidos hidrofóbicos concentrados em um dos lados (**Fig. 28-15**), sendo que superfície hidrofóbica forma a área de contato entre os dois polipeptídeos de um dímero. Uma característica marcante dessas α-hélices é a ocorrência de resíduos de Leu a cada sétima posição, formando uma linha reta ao longo da superfície hidrofóbica. Embora os cientistas inicialmente pensassem que os resíduos de Leu interdigitavam (daí o nome "zíper"), agora se sabe que eles se alinham lado a

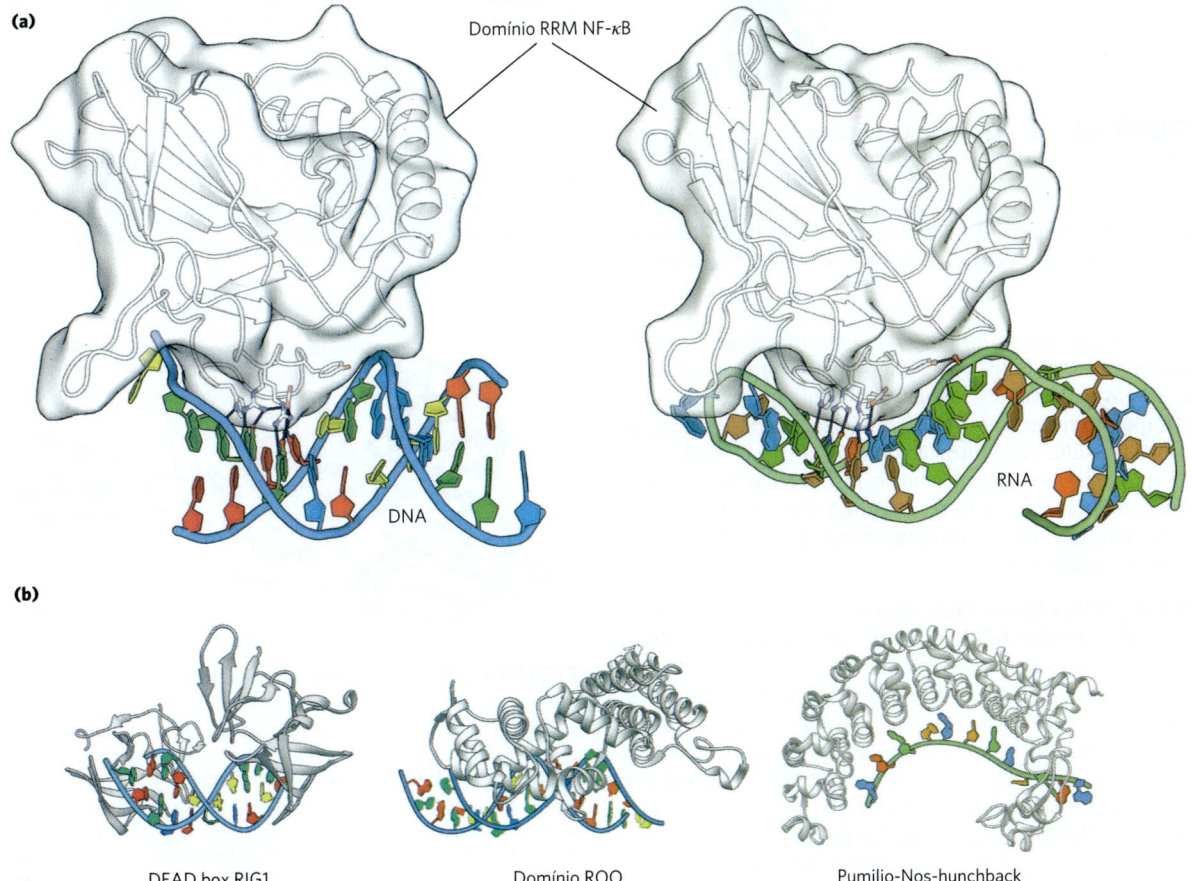

**FIGURA 28-14 Motivos de reconhecimento de RNA (RRM).** (a) Um RRM da subunidade p50 da proteína regulatória NF-κB, ligado ao DNA (à esquerda) e ao RNA (à direita). As linhas pretas indicam as interações de ligações de hidrogênio entre resíduos de aminoácidos específicos e bases no DNA ou no RNA. NF-κB é o nome de uma família de fatores de transcrição eucarióticos relacionados estruturalmente que regulam processos que variam de respostas imunológicas e inflamatórias ao crescimento celular e à apoptose. (b) Outros três motivos RRM de famílias de proteínas de ligação ao RNA amplamente difundidas. [(a) Dados de (à esquerda) PDB ID 1OOA, D. B. Huang et al., *Proc. Natl. Acad. Sci. USA* 100:9268, 2003; (à direita) PDB ID 1VKX, F. E. Chen et al., *Nature* 391:410, 1998. (b) DEAD box RIG1: PDB ID 3LRR, C. Lu et al., *Structure* 18:1032, 2010; domínio ROQ: PDB ID 4QIK, D. Tan et al., *Nat. Struct. Mol. Biol.* 21:679, 2014; Pumilio-Nos-hunchback: PDB ID 5KL1, C. A. Weidmann et al., *eLife* 5, 2016.]

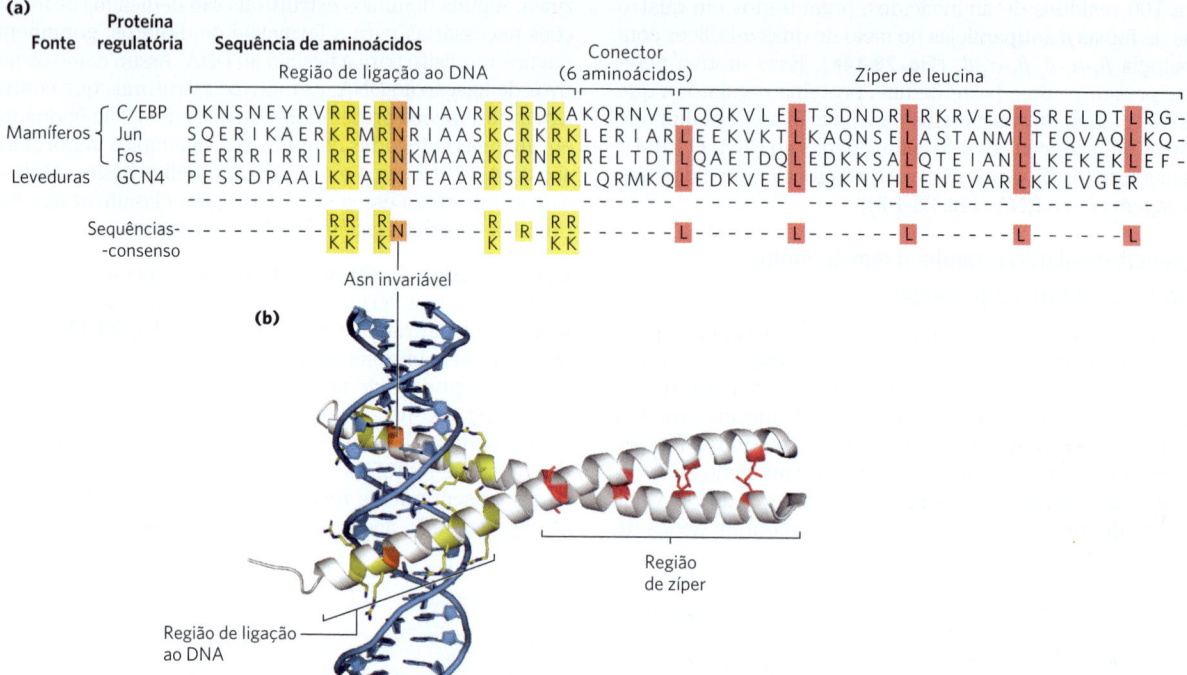

**FIGURA 28-15 Zíperes de leucina.** (a) Comparação de sequências de aminoácidos de várias proteínas zíper de leucina. Observe a presença de resíduos de Leu (L) (sombreado) a cada sétima posição na região do zíper e o número de resíduos de Lys (K) e Arg (R) na região de ligação ao DNA. (b) Zíper de leucina da proteína ativadora GCN4 de levedura. Apenas as α-hélices "fechadas", derivadas de diferentes subunidades da proteína dimérica, estão mostradas. As duas hélices enrolam-se uma ao redor da outra em uma leve espiral. As cadeias laterais de Leu e os resíduos conservados na região de ligação ao DNA estão coloridos para corresponderem à sequência mostrada em (a). [(a) Informações de S. L. McKnight, *Sci. Am.* 264 (April):54, 1991. (b) Dados de PDB ID 1YSA, T. E. Ellenberger et al., *Cell* 71:1223, 1992.]

lado à medida que as α-hélices que interagem se enrolam uma em torno da outra (formando uma espiral espiralada; Fig. 28-15b). Proteínas regulatórias com zíperes de leucina frequentemente têm um domínio separado de ligação ao DNA com alta concentração de resíduos básicos (Lys ou Arg) que podem interagir com os fosfatos carregados negativamente do esqueleto do DNA. Zíperes de leucina são encontrados em muitas proteínas eucarióticas e em algumas proteínas bacterianas.

**Hélice-alça-hélice básico** Outro motivo estrutural comum, o **hélice-alça-hélice básico**, ocorre em algumas proteínas regulatórias de eucariotos envolvidas no controle da expressão gênica durante o desenvolvimento de organismos multicelulares. Essas proteínas têm em comum uma região conservada de cerca de 50 resíduos de aminoácidos, a qual é importante tanto para a ligação ao DNA quanto para a dimerização de proteínas. Essa região pode formar duas α-hélices anfipáticas curtas ligadas por uma alça de comprimento variável, a hélice-alça-hélice (distinta do motivo hélice-volta-hélice associado à ligação ao DNA). Os motivos hélice-alça-hélice de dois polipeptídeos interagem para formar dímeros (**Fig. 28-16**). Nessas proteínas, a ligação ao DNA é mediada por uma sequência adjacente curta de aminoácidos rica em resíduos básicos, semelhante à região de ligação ao DNA separada que ocorre nas proteínas que contêm zíperes de leucina.

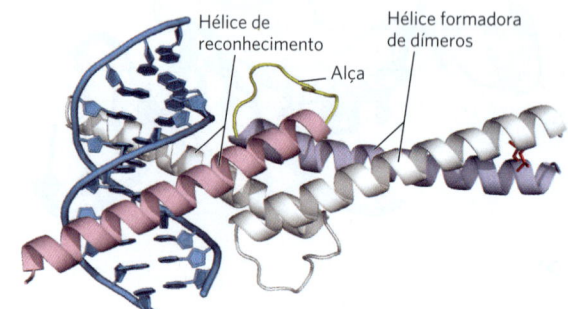

**FIGURA 28-16 Hélice-alça-hélice.** O fator de transcrição Max humano, ligado ao seu sítio-alvo no DNA. A proteína é dimérica; uma subunidade está colorida. A hélice de reconhecimento é ligada pela alça à hélice formadora de dímeros, que se funde à extremidade carboxiterminal da subunidade. A interação das hélices carboxiterminais das duas subunidades apresenta uma espiral muito semelhante àquela de um zíper de leucina (ver Fig. 28-15b), mas, nesse exemplo, com apenas um par de resíduos de Leu que interagem (cadeias laterais à direita). A estrutura geral é algumas vezes chamada de motivo hélice-alça-hélice/zíper de leucina. [Dados de PDB ID 1HLO, P. Brownlie et al., *Structure* 5:509, 1997.]

**Interações proteína-proteína em proteínas regulatórias de eucariotos** Em eucariotos, a maioria dos genes é regulada por ativadores e a maioria dos genes é monocistrônica. Se um ativador diferente fosse necessário para cada gene, o número de ativadores (e de genes que os codificam) teria de ser equivalente ao número de genes regulados. Entretanto, em leveduras, cerca de 300 fatores de transcrição (muitos deles ativadores) são responsáveis pela regulação dos muitos milhares de genes de leveduras. Muitos dos fatores de transcrição regulam a indução de vários genes, mas a maioria dos genes está sujeita à regulação por vários fatores de transcrição. **P4** A regulação apropriada de genes diferentes é feita utilizando-se combinações diferentes de um repertório limitado de fatores de transcrição em cada gene, um mecanismo chamado de **controle combinatório**.

O controle combinatório é alcançado, em parte, pela combinação de diferentes variantes dentro de uma família de proteínas regulatórias para formar uma série de dímeros proteicos ativos diferentes. Várias famílias de fatores de transcrição eucarióticos foram definidas com base no grau de semelhanças entre as estruturas. Dentro de cada família, os dímeros podem às vezes ser formados entre duas proteínas idênticas (um homodímero) ou entre dois membros diferentes da família (um heterodímero). Portanto, uma família hipotética de quatro proteínas zíper de leucina diferentes poderia formar até 10 espécies diméricas diferentes. Em muitos casos, as diferentes combinações têm propriedades regulatórias e funcionais diferentes e regulam genes diferentes. Como será visto, várias proteínas regulatórias desse tipo funcionam na regulação da maioria dos genes de eucariotos, também contribuindo para o controle combinatório.

Além de terem domínios estruturais dedicados à ligação com o DNA e à dimerização da proteína, direcionando, assim, determinado dímero de proteína para um gene específico, muitas proteínas regulatórias possuem domínios que interagem com RNA-polimerases, RNA regulatórios, outras proteínas regulatórias ou com alguma combinação entre os três. Pelo menos três outros tipos de domínios para a interação proteína-proteína foram caracterizados (principalmente em eucariotos): domínios ricos em glutamina, domínios ricos em prolina e domínios ácidos; esses nomes refletem os resíduos de aminoácidos especialmente abundantes nesses domínios.

As interações proteína-DNA e proteína-RNA são as bases para circuitos regulatórios intrincados que são fundamentais para a função gênica. Esses esquemas regulatórios serão agora examinados detalhadamente, primeiro em bactérias e, depois, em eucariotos.

### RESUMO 28.1  *As proteínas e os RNA da regulação gênica*

■ A transcrição é iniciada quando uma RNA-polimerase interage com um local chamado de promotor. Em bactérias, a frequência de início da transcrição é ditada, em parte, por mudanças de sequência dentro do promotor. Para produtos gênicos necessários o tempo todo em um nível definido – os produtos de genes constitutivos –, a sequência do promotor pode ser o único elemento de regulação. Para genes que codificam produtos nem sempre necessários, a regulação é imposta por outras proteínas e RNA.

■ A regulação da transcrição gênica é imposta principalmente por três tipos de proteínas: fatores de especificidade, repressores e ativadores. Os RNA regulatórios também desempenham um papel importante na regulação da expressão de muitos genes.

■ Em bactérias, os genes que codificam produtos com funções interdependentes são frequentemente agrupados em um operon, uma unidade única de transcrição. A transcrição dos genes geralmente é bloqueada pela ligação de uma proteína repressora específica em um sítio de DNA chamado de operador. A dissociação do repressor a partir do operador é mediada por uma molécula específica pequena, um indutor.

■ Muitos princípios de regulação gênica em bactérias foram elucidados pela primeira vez em estudos do operon da lactose (*lac*). O repressor Lac se dissocia do operador *lac* quando o repressor se liga ao seu indutor, a alolactose.

■ As proteínas regulatórias são proteínas que se ligam ao DNA e reconhecem sequências de DNA específicas; a maioria tem domínios distintos de ligação ao DNA. Entre esses domínios, motivos estruturais comuns que ligam DNA (e/ou RNA) são hélice-volta-hélice, dedo de zinco, homeodomínios e motivo de reconhecimento de RNA.

■ As proteínas regulatórias também contêm domínios como o zíper de leucina e a hélice-alça-hélice, necessários para a dimerização e outras interações proteína-proteína, e outros motivos necessários para a ativação da transcrição. A combinação de diferentes variantes de famílias de proteínas em fatores de transcrição diméricos fornece uma regulação da resposta mais eficiente por meio do controle combinatório.

## 28.2 Regulação da expressão gênica em bactérias

Como em muitas outras áreas de pesquisa bioquímica, o estudo da regulação da expressão gênica avançou mais cedo e mais rapidamente em bactérias do que em outros organismos experimentais. Os exemplos de regulação gênica em bactérias aqui apresentados foram escolhidos considerando-se os sistemas bem estudados, parcialmente devido ao seu significado histórico, mas principalmente porque fornecem uma boa visão geral da amplitude dos mecanismos regulatórios em bactérias. Muitos dos princípios da regulação gênica bacteriana também são relevantes para compreender a expressão gênica em células eucarióticas.

Primeiro, serão examinados os operons da lactose e do triptofano; ambos os sistemas têm proteínas regulatórias, porém os mecanismos gerais de regulação são muito diferentes. Depois, será feita uma pequena discussão da resposta SOS em *E. coli*, ilustrando como os genes espalhados por todo o genoma podem ser regulados de forma coordenada. Então, serão descritos dois sistemas bacterianos de tipos muito diferentes, a fim de ilustrar a diversidade dos mecanismos regulatórios dos genes: a regulação da síntese proteica ribossômica no nível da tradução, com muitas das proteínas regulatórias se ligando ao RNA (em vez de ao DNA), e a regulação do processo de "variação de fase" em *Salmonella*, que resulta da recombinação gênica. Por fim, serão examinados mais alguns exemplos de regulação pós-transcricional em que o RNA modula a sua própria função.

## O operon *lac* sofre regulação positiva

As interações operador-repressor-indutor descritas anteriormente para o operon *lac* (Fig. 28-8) fornecem um modelo suficientemente intuitivo para o liga/desliga que ocorre na regulação da expressão gênica, mas a regulação do operon raramente é simples assim. O ambiente de uma bactéria é complexo demais para que seus genes sejam controlados por apenas um sinal. Outros fatores além da lactose, como a disponibilidade de glicose, afetam a expressão dos genes *lac*. A glicose, metabolizada diretamente pela glicólise, é a fonte de energia preferida em *E. coli*. Outros açúcares podem servir como o único nutriente ou o nutriente principal, mas etapas enzimáticas extras são necessárias para prepará-los para entrar na glicólise, o que exige a síntese de enzimas adicionais. Claramente, expressar os genes que codificam proteínas que metabolizam açúcares como lactose ou arabinose é um desperdício quando a disponibilidade de glicose for abundante.

O que acontece com a expressão do operon *lac* quando tanto glicose como lactose estão presentes? Um mecanismo regulatório conhecido como **repressão de catabólitos** restringe a expressão dos genes necessários para o catabolismo de lactose, arabinose e outros açúcares na presença de glicose, mesmo quando esses açúcares secundários também estão presentes. O efeito da glicose é mediado pelo AMPc, como um coativador, e uma proteína ativadora conhecida como **proteína receptora de AMPc** ou **CRP** (a proteína às vezes é chamada de CAP, isto é, proteína ativadora de genes para catabólitos). A CRP é um homodímero (subunidade $M_r$ 22.000) com sítios de ligação para o DNA e para o AMPc. A ligação é mediada por um motivo hélice-volta-hélice no domínio de ligação ao DNA presente na proteína (**Fig. 28-17**). Quando a glicose está ausente, a CRP-AMPc liga-se a um sítio próximo do promotor *lac* (**Fig. 28-18**) e

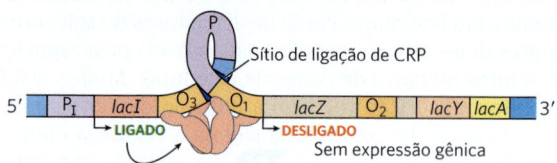
(a) Glicose alta, AMPc baixo, lactose ausente

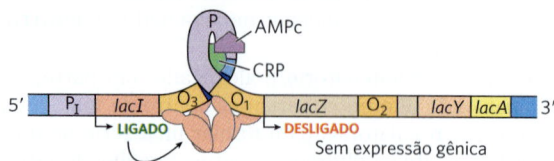
(b) Glicose baixa, AMPc alto, lactose ausente

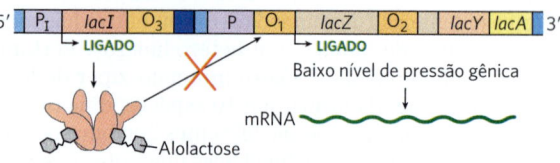
(c) Glicose alta, AMPc baixo, lactose presente

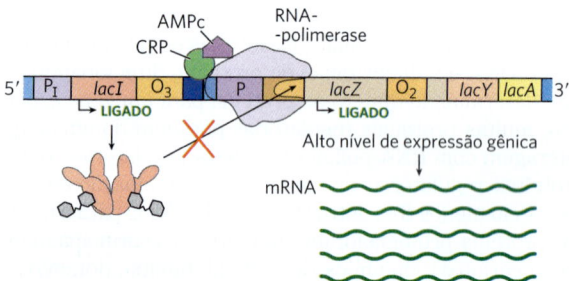
(d) Glicose baixa, AMPc alto, lactose presente

**FIGURA 28-18  Regulação positiva do operon *lac* por CRP.** O sítio de ligação para a CRP-AMPc está próximo do promotor. Estão mostrados os efeitos combinados da disponibilidade de glicose e de lactose na expressão do operon *lac*. Quando a lactose está ausente, o repressor se liga ao operador e impede a transcrição dos genes *lac*. Não importa se a glicose está (a) presente ou (b) ausente. (c) Se a lactose estiver presente, o repressor se dissocia do operador. Entretanto, se a glicose também estiver disponível, níveis baixos de AMPc previnem a formação de CRP-AMPc e a ligação com o DNA. A RNA-polimerase pode ocasionalmente se ligar e iniciar a transcrição, resultando em um nível muito baixo de transcrição dos genes *lac*. (d) Quando a lactose estiver presente e os níveis de glicose estiverem baixos, haverá aumento dos níveis de AMPc. O complexo CRP-AMPc se forma e facilita uma ligação robusta entre a RNA-polimerase e o promotor *lac* e altos níveis de transcrição.

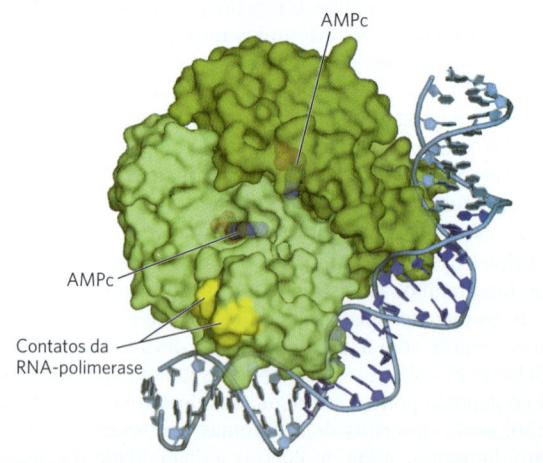

**FIGURA 28-17  Homodímero CRP com AMPc ligado.** Observe a torção do DNA ao redor da proteína. A região que interage com a RNA-polimerase está marcada. [Dados de PDB ID 1RUN, G. Parkinson et al., *Nat. Struct. Biol.* 3:837, 1996.]

estimula a transcrição de RNA em 50 vezes. O promotor *lac* de tipo selvagem é um promotor relativamente fraco, divergindo do consenso mostrado na Figura 28-2. O complexo aberto de RNA-polimerase e promotor (ver Fig. 26-6) não se forma prontamente a menos que CRP-AMPc esteja presente e ligada (Fig. 28-18a,c). A CRP-AMPc é, portanto, um elemento regulatório positivo que responde aos níveis de glicose, ao passo que o repressor Lac é um elemento regulatório negativo que responde à lactose. Ambos atuam em conjunto. A CRP-AMPc tem pouco efeito no operon *lac* quando o repressor Lac está bloqueando a transcrição, e a dissociação do repressor do operador *lac* tem pouco efeito na transcrição do operon *lac*, a menos que a CRP-AMPc esteja presente para facilitar a transcrição. A CRP interage diretamente com a RNA-polimerase (na região mostrada na Fig. 28-17) através da subunidade α da polimerase. Assim, a expressão ótima do operon *lac* requer a dissociação do repressor Lac (indicando que a lactose está disponível) e a ligação de CRP-AMPc (indicando que a glicose não está disponível).

O efeito da glicose na CRP é mediado pela interação com o AMPc (Fig. 28-18). A CRP se liga ao DNA mais avidamente quando as concentrações de AMPc estão altas. Na presença de glicose, a síntese de AMPc é inibida, e o efluxo de AMPc da célula é estimulado. À medida que a [AMPc] diminui, a ligação da CRP ao DNA diminui, de modo que a expressão do operon *lac* é reduzida.

A CRP e o AMPc estão envolvidos na regulação coordenada de muitos operons, principalmente daqueles que codificam enzimas para o metabolismo de açúcares secundários, como lactose e arabinose. Uma rede de operons com um regulador comum é chamada de **regulon**. Esse arranjo, que permite mudanças coordenadas em funções celulares que precisam da ação de centenas de genes, é um tema central na expressão regulada de redes dispersas de genes em eucariotos. Outros regulons bacterianos incluem o sistema de genes de choque térmico que responde a mudanças de temperatura e os genes induzidos em *E. coli* como parte do sistema de resposta SOS ao dano do DNA, descrito mais adiante.

## Muitos genes que codificam as enzimas da biossíntese de aminoácidos são regulados por atenuação da transcrição

Os 20 aminoácidos mais comuns são necessários em grandes quantidades para a síntese proteica, e a *E. coli* pode sintetizar todos eles. Os genes para as enzimas necessárias para sintetizar um determinado aminoácido estão geralmente agrupados em um operon e são expressos sempre que as reservas existentes desse determinado aminoácido forem insuficientes para as necessidades celulares. Quando o aminoácido existe em abundância, as enzimas de biossíntese não são necessárias, e o operon é reprimido.

O operon do triptofano (*trp*) de *E. coli* (**Fig. 28-19**) inclui cinco genes para as enzimas necessárias para converter corismato em triptofano (ver Fig. 22-19). Observe que duas das enzimas catalisam mais de uma etapa da via. O mRNA do operon *trp* tem meia-vida de apenas cerca de 3 minutos, permitindo que a célula responda rapidamente às variações de necessidade desse aminoácido. O repressor Trp é um homodímero. Quando o triptofano for abundante, ele se liga ao repressor Trp, provocando uma mudança conformacional que permite ao repressor se ligar ao operador *trp* e inibir a expressão do operon *trp*. O sítio do operador *trp* se sobrepõe ao promotor, de modo que a ligação do repressor bloqueia a ligação da RNA-polimerase.

Uma vez mais, esse circuito liga/desliga simples mediado por um repressor não conta toda a história da regulação. Concentrações celulares diferentes de triptofano podem

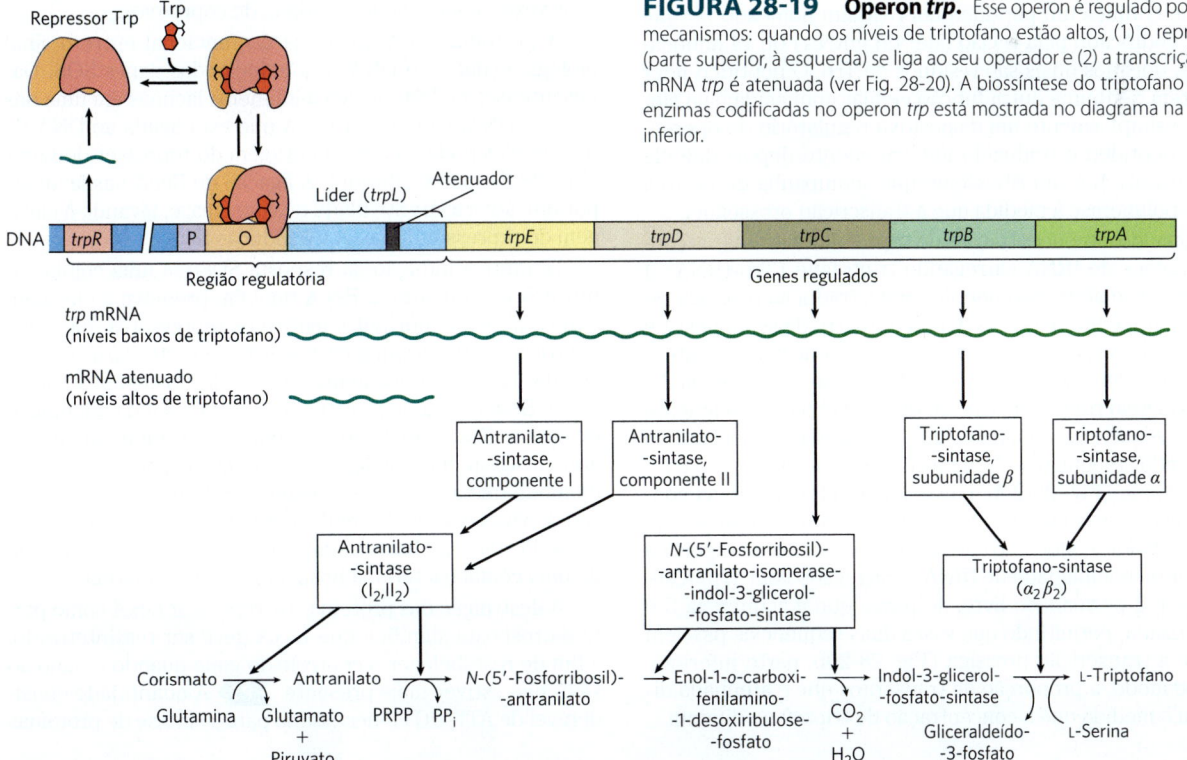

**FIGURA 28-19 Operon *trp*.** Esse operon é regulado por dois mecanismos: quando os níveis de triptofano estão altos, (1) o repressor (parte superior, à esquerda) se liga ao seu operador e (2) a transcrição do mRNA *trp* é atenuada (ver Fig. 28-20). A biossíntese do triptofano pelas enzimas codificadas no operon *trp* está mostrada no diagrama na parte inferior.

modificar a velocidade de síntese das enzimas da biossíntese desse aminoácido em até 700 vezes. ▶P1 Uma vez que a repressão seja suspensa e a transcrição se inicie, a velocidade de transcrição é ajustada às necessidades celulares de triptofano por um segundo processo regulatório, chamado de **atenuação da transcrição**, em que a transcrição é iniciada normalmente, mas é abruptamente interrompida *antes* que os genes do operon sejam transcritos. A frequência da atenuação da transcrição é regulada pela disponibilidade de triptofano e depende da associação muito estreita entre transcrição e tradução nas bactérias.

O mecanismo de atenuação do operon *trp* emprega sinais codificados em quatro sequências no interior de uma região **líder** de 162 nucleotídeos na extremidade 5' do mRNA, antecedendo o códon de iniciação do primeiro gene (**Fig. 28-20a**). A sequência-líder contém uma região denominada **atenuador**, a qual é formada pelas sequências 3 e 4. Essas sequências pareiam para formar uma estrutura em grampo rica em G≡C seguida de perto por uma série de resíduos de U. A estrutura do atenuador atua como terminador da transcrição (Fig. 28-20b; ver também Fig. 26-7a). A sequência 2 é um complemento alternativo para a sequência 3 (Fig. 28-20c). Se as sequências 2 e 3 pareiem, a estrutura atenuadora não pode se formar, e a transcrição segue transcrevendo os genes biossintéticos *trp*; o grampo formado pelas sequências pareadoras 2 e 3 não obstrui a transcrição.

A sequência regulatória 1 é crucial para um mecanismo sensível ao triptofano que determina se a sequência 3 pareia com a sequência 2 (permitindo que a transcrição continue) ou com a sequência 4 (atenuando a transcrição). A formação da estrutura atenuadora em grampo depende de eventos que ocorrem durante a *tradução* da sequência regulatória 1, que codifica um peptídeo-líder (assim nomeado porque ele é codificado pela região líder do mRNA) de 14 aminoácidos, dois dos quais são resíduos de Trp. O peptídeo-líder não tem nenhuma outra função celular conhecida; sua síntese é simplesmente um dispositivo regulatório do operon. Esse peptídeo é traduzido imediatamente depois que ele é transcrito por um ribossomo que acompanha de perto a RNA-polimerase à medida que a transcrição prossegue.

Quando as concentrações de triptofano são altas, as concentrações de tRNA carregando triptofano (Trp-tRNA$^{Trp}$) também são altas. Isso permite que a tradução prossiga rapidamente e ultrapasse os dois códons Trp da sequência 1 e passe para a sequência 2 antes de a sequência 3 ser sintetizada pela RNA-polimerase. Nessa situação, a sequência 2 é coberta pelo ribossomo e fica indisponível para pareamento com a sequência 3 quando ela é sintetizada; a estrutura do atenuador (sequência 3 e 4) forma-se, e a transcrição é interrompida (Fig. 28-20b, parte superior). Quando as concentrações de triptofano são baixas, no entanto, o ribossomo para nos dois códons Trp presentes na sequência 1, pois há menor disponibilidade de tRNA$^{Trp}$ carregado com Trp. A sequência 2 permanece livre, ao passo que a sequência 3 é sintetizada, permitindo que essas duas sequências pareiem e que a transcrição prossiga (Fig. 28-20b, parte inferior). Desse modo, a proporção de transcritos que é atenuada diminui à medida que a concentração de triptofano diminui.

Muitos outros operons da biossíntese de aminoácidos usam uma estratégia de atenuação semelhante para ajustar as enzimas da via de biossíntese para atender às necessidades celulares. O peptídeo-líder de 15 aminoácidos produzido pelo operon *phe* contém sete resíduos de Phe. O peptídeo-líder do operon *leu* tem quatro resíduos contíguos de Leu. O peptídeo-líder para o operon *his* contém sete resíduos contíguos de His. De fato, no caso do operon *his* e de vários outros, a atenuação é suficientemente sensível para ser o *único* mecanismo regulatório.

## A indução da resposta SOS requer a destruição das proteínas repressoras

Danos extensos no DNA do cromossomo bacteriano desencadeiam a indução de quase 60 genes espalhados pelo cromossomo. ▶P3 Os genes envolvidos na resposta induzível coordenada, chamada de resposta SOS (p. 939), constituem o regulon SOS. Muitos dos genes induzidos estão envolvidos no reparo do DNA. As proteínas regulatórias principais são a proteína RecA e o repressor LexA.

O repressor LexA ($M_r$ 22.700) inibe a transcrição de todos os genes SOS (**Fig. 28-21**), e a indução da resposta SOS requer a remoção de LexA. Essa não é uma simples dissociação do DNA em resposta à ligação de uma pequena molécula, como na regulação do operon *lac* descrita anteriormente. Em vez disso, o repressor LexA é inativado quando ele catalisa a sua própria clivagem em uma ligação peptídica específica Ala-Gly, produzindo dois fragmentos proteicos aproximadamente iguais. Em pH fisiológico, essa reação de autoclivagem requer a proteína RecA. Ela não é uma protease no sentido clássico, mas sua interação com LexA facilita a reação de autoclivagem do repressor. Essa função da RecA é, às vezes, chamada de atividade de coprotease.

A proteína RecA faz a ligação funcional entre o sinal biológico (dano do DNA) e a indução dos genes SOS. Danos intensos no DNA levam a inúmeras lacunas em uma das fitas do DNA, e apenas a RecA que está ligada ao DNA de fita simples pode facilitar a clivagem do repressor de LexA (Fig. 28-21, parte inferior). A ligação de RecA nas lacunas, por fim, ativa a sua atividade de coprotease, levando à clivagem do repressor de LexA e à indução SOS.

Durante a indução da resposta SOS em uma célula danificada gravemente, a RecA também promove a clivagem autocatalítica e, portanto, inativa os repressores que, caso contrário, permitiriam a propagação de certos vírus em um estado lisogênico dormente dentro do hospedeiro bacteriano. Essa é uma demonstração excepcional da adaptação evolutiva. Esses repressores, como LexA, também sofrem autoclivagem em uma ligação peptídica específica Ala-Gly, de modo que a indução da resposta SOS permite a replicação do vírus e a lise da célula, liberando novas partículas de vírus. Portanto, o bacteriófago pode fazer uma saída rápida de uma célula bacteriana hospedeira comprometida.

A destruição das proteínas do repressor LexA como parte da resposta significa que LexA deve ser ressintetizado, a fim de restabelecer o controle do gene quando o dano ao DNA não estiver mais presente. ▶P5 A quantidade considerável de ATP e GTP necessária para a síntese de proteínas

## 28.2 REGULAÇÃO DA EXPRESSÃO GÊNICA EM BACTÉRIAS

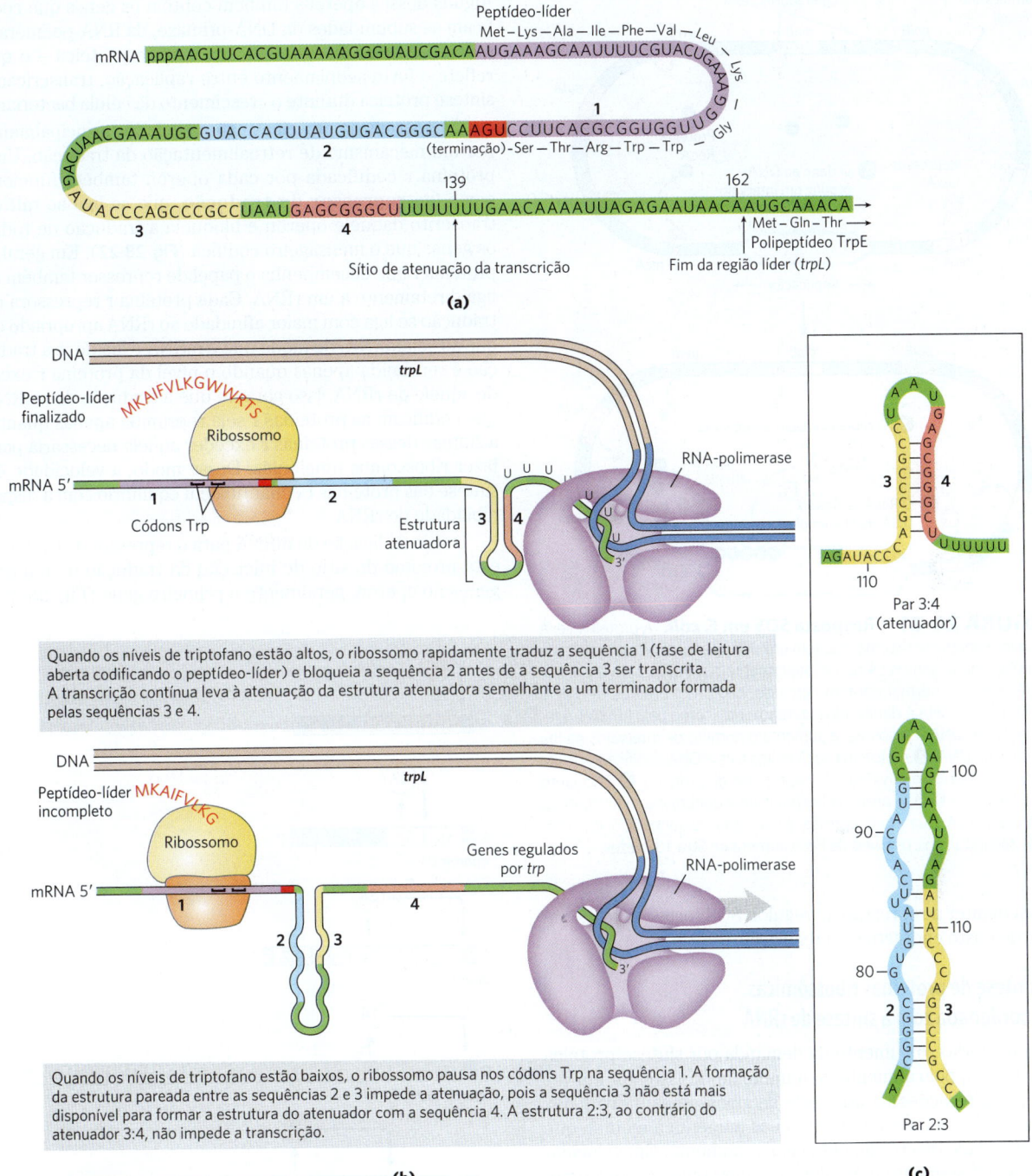

**FIGURA 28-20 Atenuação da transcrição no operon *trp*.** A transcrição é iniciada no começo do mRNA-líder de 162 nucleotídeos codificado na região do DNA denominada *trpL* (ver Fig. 28-19). Um mecanismo regulatório determina se a transcrição é atenuada no final do líder ou continua para os genes estruturais. (a) mRNA-líder do *trp* (*trpL*). O mecanismo de atenuação do operon *trp* envolve as sequências 1 a 4 (em destaque). (b) A sequência 1 codifica um pequeno peptídeo, o peptídeo-líder, contendo dois resíduos de Trp (W); esse peptídeo é traduzido imediatamente após o início da transcrição. As sequências 2 e 3 são complementares, bem como as sequências 3 e 4. A estrutura do atenuador se forma pelo pareamento das sequências 3 e 4 (parte superior). Sua estrutura e função são semelhantes àquelas de um terminador de transcrição. O pareamento das sequências 2 e 3 (parte inferior) impede a formação da estrutura do atenuador. Observe que o peptídeo-líder não tem outra função na célula. A tradução da fase de leitura aberta do líder tem um papel puramente regulatório que determina quais sequências complementares (2 e 3 ou 3 e 4) serão pareadas. (c) Esquemas de pareamento de bases para as regiões complementares do mRNA-líder do *trp*.

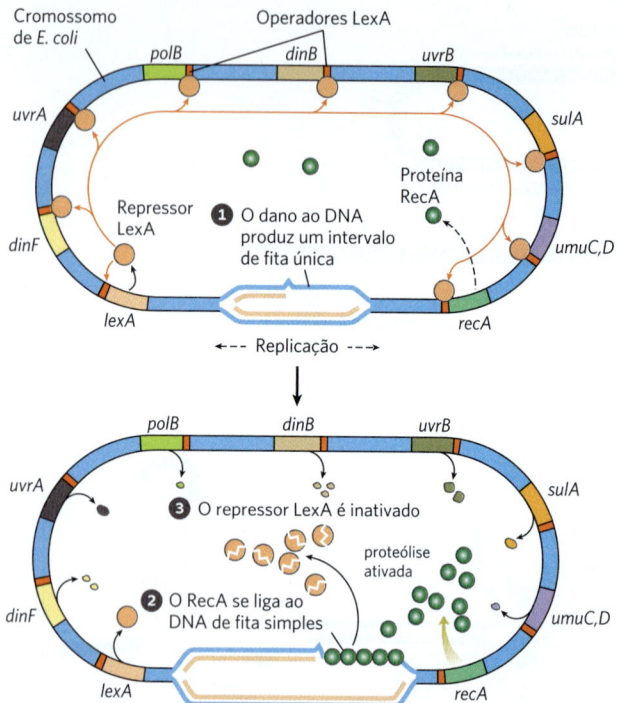

**FIGURA 28-21 Resposta SOS em *E. coli*.** A proteína LexA é o repressor nesse sistema, que tem um sítio operador próximo de cada gene. Como o gene *recA* não é inteiramente reprimido pelo repressor LexA, a célula normal contém cerca de 1.000 monômeros de RecA. ❶ Quando o DNA é danificado extensamente (como pela luz UV), a replicação do DNA é suspensa, e aumenta o número de intervalos na fita simples do DNA. ❷ A proteína RecA se liga a esse DNA danificado de fita simples, ativando a atividade de coprotease da proteína. ❸ Enquanto está ligada ao DNA, a proteína RecA facilita a quebra e a inativação do repressor LexA. Quando o repressor é inativado, os genes SOS, inclusive *recA*, são induzidos; os níveis de RecA aumentam 50 a 100 vezes.

para manter a repressão do regulon SOS fornece um exemplo do custo energético da regulação.

### A síntese de proteínas ribossômicas é coordenada com a síntese de rRNA

Em bactérias, o aumento da demanda por síntese proteica é satisfeito pelo aumento do número de ribossomos, em vez de por alterações na atividade de ribossomos individuais. Em geral, o número de ribossomos aumenta à medida que a velocidade de crescimento celular aumenta. Em velocidades de crescimento mais altas, os ribossomos representam 45% da massa seca da célula. A proporção dos recursos celulares destinados a fabricar os ribossomos é tão grande, e a função dos ribossomos é tão importante, que as células devem coordenar a síntese dos componentes ribossômicos: as proteínas ribossômicas (proteínas r) e os RNA ribossômicos (rRNA). ▶P1◀ Essa regulação é distinta dos mecanismos descritos até agora, uma vez que ela ocorre em grande parte no nível da *tradução*.

Os 52 genes que codificam as proteínas r estão distribuídos em pelo menos 20 operons, cada um com 1 a 11 genes. Alguns desses operons também contêm os genes que codificam as subunidades da DNA-primase, da RNA-polimerase e de fatores de alongamento da síntese proteica – o que reflete o forte acoplamento entre replicação, transcrição e síntese proteica durante o crescimento da célula bacteriana.

Os operons de proteínas r são regulados principalmente por um mecanismo de retroalimentação da tradução. Uma proteína r codificada por cada operon também funciona como um **repressor de tradução**, que se liga ao mRNA transcrito daquele operon e bloqueia a tradução de todos os genes que o mensageiro codifica (**Fig. 28-22**). Em geral, a proteína r que desempenha o papel de repressor também se liga diretamente a um rRNA. Cada proteína r repressora da tradução se liga com maior afinidade ao rRNA apropriado do que ao seu mRNA, de modo que o mRNA é ligado, e a tradução é reprimida apenas quando o nível da proteína r excede aquele do rRNA. Isso garante que a tradução dos mRNA que codificam as proteínas r seja reprimida apenas quando a síntese dessas proteínas r exceder aquela necessária para fazer ribossomos funcionais. Desse modo, a velocidade da síntese das proteínas r é mantida em equilíbrio com a disponibilidade de rRNA.

O sítio de ligação do mRNA para o repressor da tradução está próximo do sítio de iniciação da tradução de um dos genes no operon, geralmente o primeiro gene (Fig. 28-22).

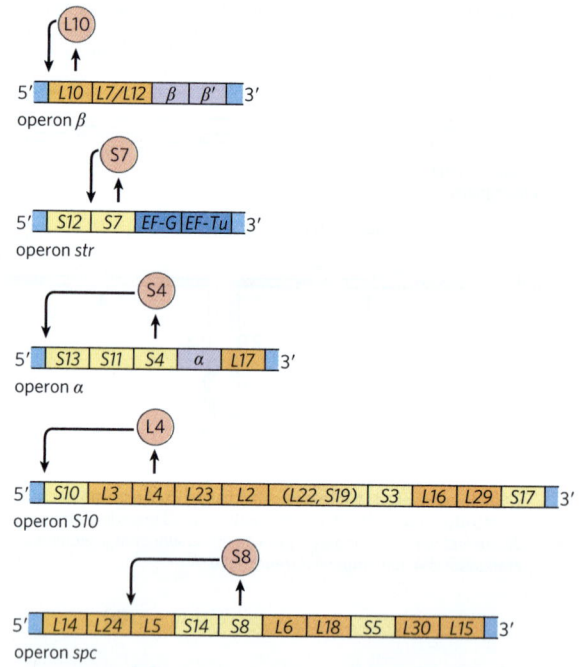

**FIGURA 28-22 Retroalimentação da tradução em alguns operons de proteínas ribossômicas.** As proteínas r que atuam como repressores de tradução estão mostradas (círculos em vermelho). Cada repressor de tradução bloqueia a tradução de todos os genes naquele operon ao se ligar ao sítio indicador no mRNA. Os operons incluem os genes que codificam as subunidades α, β e β′ da RNA-polimerase e os fatores de alongamento EF-G e EF-Tu (marcados). As proteínas r da subunidade ribossômica maior (50S) são designadas L1 a L34; aquelas da subunidade menor (30S), S1 a S21.

Em outros operons, isso afetaria apenas aquele gene, uma vez que, nos mRNA policistrônicos bacterianos, a maioria dos genes tem sinais de tradução independentes. Nos operons das proteínas r, no entanto, a tradução de um gene depende da tradução de todos os outros. A tradução de múltiplos genes parece ser bloqueada pelo enovelamento do mRNA em uma elaborada estrutura tridimensional que é estabilizada tanto por pareamento de bases interno quanto pela ligação da proteína repressora da tradução. Quando o repressor da tradução está ausente, a ligação de ribossomos e a tradução de um ou mais genes desfazem a estrutura enovelada do mRNA, permitindo que todos os genes sejam traduzidos.

Uma vez que a síntese de proteínas r é coordenada pela disponibilidade de rRNA, a regulação da produção do ribossomo reflete a regulação da síntese de rRNA. Em *E. coli*, a síntese de rRNA a partir de sete operons de rRNA responde à velocidade de crescimento celular e a alterações na disponibilidade de nutrientes cruciais, particularmente aminoácidos. A regulação coordenada pelas concentrações de aminoácidos é conhecida como **resposta estringente** (**Fig. 28-23**). Quando as concentrações de aminoácidos são baixas, a síntese de rRNA é interrompida. A falta de aminoácidos leva à ligação de tRNA não carregados com aminoácidos ao sítio ribossômico A; isso dispara uma sequência de eventos que se inicia com a ligação de uma enzima, chamada de **fator estringente** (proteína RelA), ao ribossomo. Quando ligado ao ribossomo, o fator estringente catalisa a formação de um nucleotídeo incomum, a guanosina-tetrafosfato (ppGpp); ela adiciona pirofosfato na posição 3' do GTP, na reação

$$GTP + ATP \rightarrow pppGpp + AMP$$

A seguir, uma fosfo-hidrolase cliva um dos fosfatos, convertendo um pouco do pppGpp em ppGpp. O aumento abrupto dos níveis de pppGpp e ppGpp em resposta à falta de aminoácidos resulta em uma grande redução na síntese de rRNA, mediada, pelo menos em parte, pela ligação de ppGpp à RNA-polimerase.

Os nucleotídeos pppGpp e ppGpp, juntamente com AMPc, pertencem a uma classe de nucleotídeos modificados que agem como segundos mensageiros nas células. Em *E. coli*, esses dois nucleotídeos servem como sinais de inanição; eles provocam grandes alterações no metabolismo celular, aumentando ou diminuindo a transcrição de centenas de genes. Em células eucarióticas, segundos mensageiros nucleotídicos semelhantes têm também funções regulatórias múltiplas. A coordenação do metabolismo celular com o crescimento da célula é altamente complexa e, sem dúvida, ainda restam mecanismos regulatórios a serem descobertos.

## O funcionamento de alguns mRNA é regulado por RNA pequenos em *cis* ou em *trans*

Como descrito ao longo deste capítulo, as proteínas desempenham um papel importante e bem-documentado na regulação da expressão gênica. O RNA, porém, também tem um papel crucial – papel este que está sendo cada vez mais reconhecido com as descobertas de novos exemplos de RNA

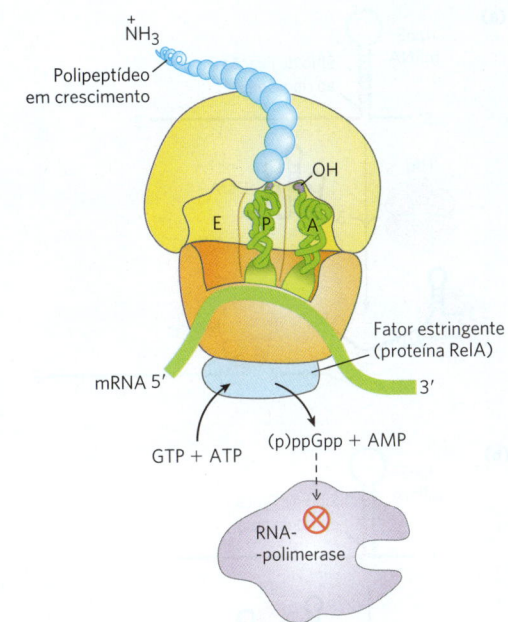

**FIGURA 28-23 Resposta estringente em *E. coli*.** Essa resposta à falta de aminoácidos é disparada pela ligação de um tRNA não carregado com um aminoácido ao sítio A do ribossomo. Uma proteína chamada de fator estringente se liga ao ribossomo e catalisa a síntese de pppGpp, que é convertida por uma fosfo-hidrolase em ppGpp. O sinal ppGpp reduz a transcrição de alguns genes e aumenta a transcrição de outros, em parte por se ligar à subunidade $\beta$ da RNA-polimerase e alterar a especificidade do promotor da enzima. A síntese de rRNA é reduzida quando os níveis de ppGpp aumentam.

regulatórios. Uma vez que um mRNA é sintetizado, as suas funções podem ser controladas por proteínas de ligação ao DNA, como visto para os operons de proteínas r recém-descritos, ou por um RNA. Uma molécula de RNA isolada pode se ligar ao mRNA "em *trans*" e afetar sua atividade. De outra forma, uma porção do próprio mRNA pode regular seu próprio funcionamento. Quando parte de uma molécula afeta o funcionamento de outra parte da mesma molécula, diz-se que ela atua "em *cis*".

Um exemplo bem-caracterizado de regulação por RNA em *trans* é a regulação do gene *rpoS* (fator sigma da RNA-polimerase), que codifica $\sigma^S$ (anteriormente conhecida com $\sigma^{38}$), um dos sete fatores sigma de *E. coli*. A célula usa esse fator de especificidade em certas situações de estresse, como quando entra em fase estacionária (estado de ausência de crescimento, fomentado pela ausência de nutrientes) e $\sigma^S$ é necessário para transcrever vários genes de resposta ao estresse. O mRNA de $\sigma^S$ está presente em níveis baixos na maioria das condições, mas não é traduzido, uma vez que uma grande estrutura em grampo anterior à região codificadora inibe a ligação ao ribossomo (**Fig. 28-24**). ▶P2▶ Sob certas condições de estresse, um ou dois ncRNA pequenos, DsrA (a jusante da região A) e RprA (regulador *rpoS* do RNA A), são induzidos. Ambos podem parear com uma fita do grampo no mRNA de $\sigma^S$, desfazendo o grampo e, assim, permitindo a tradução do gene *rpoS*.

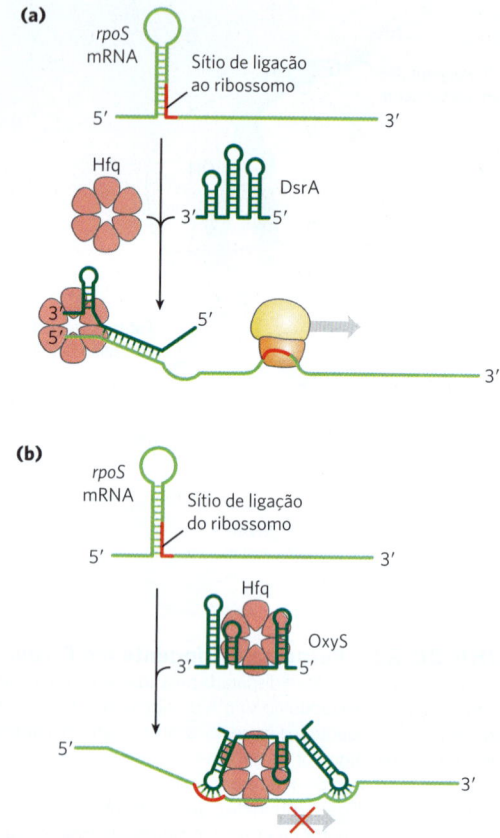

**FIGURA 28-24 Regulação do funcionamento do mRNA bacteriano em *trans* pelos sRNA.** Vários sRNA (RNA pequenos) – DsrA, RprA e OxyS – participam na regulação do gene *rpoS*. Todos precisam da proteína Hfq, uma chaperona de RNA que facilita o pareamento RNA-RNA. A Hfq tem uma estrutura toroidal, com um poro no centro. (a) A DsrA promove a tradução ao parear com uma fita de uma estrutura em grampo que, de outra forma, bloquearia o sítio de ligação ao ribossomo. A RprA (não mostrada) atua de modo semelhante. (b) A OxyS bloqueia a tradução ao parear com o sítio de ligação ao ribossomo. [Informações de M. Szymański e J. Barciszewski, *Genome Biol.* 3:reviews0005.1, 2002.]

para compreender os padrões presentes nos exemplos mais complexos e numerosos de regulação mediada por RNA em eucariotos.

A regulação em *cis* envolve uma classe de estruturas de RNA conhecidas como **ribocomutadores**. Como descrito no Quadro 26-4, aptâmeros são moléculas de RNA, geradas *in vitro*, capazes de ligação específica a um tipo particular de ligante. Como se pode esperar, os domínios de RNA que ligam ligantes também estão presentes na natureza – em ribocomutadores – em um número significativo de mRNA bacterianos (e mesmo em alguns mRNA eucarióticos). Esses aptâmeros naturais são domínios estruturados encontrados em regiões não traduzidas nas extremidades 5' de certos mRNA bacterianos. Alguns ribocomutadores também regulam a transcrição de certos RNA não codificadores. A ligação do ribocomutador de mRNA ao seu ligante apropriado produz uma mudança conformacional no mRNA, e a transcrição é inibida pela estabilização de uma estrutura prematura de terminação da transcrição, ou a tradução é inibida (em *cis*) pela oclusão do sítio de ligação de ribossomos (**Fig. 28-25**). Na maioria dos casos, o ribocomutador

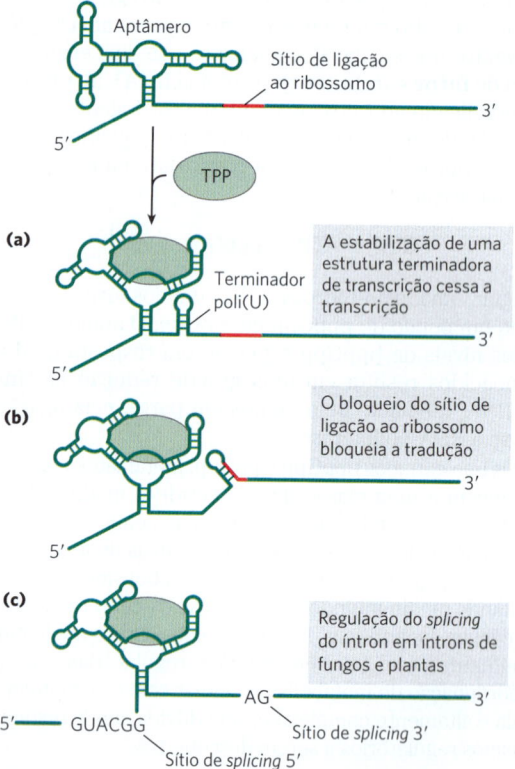

**FIGURA 28-25 Regulação do funcionamento do mRNA bacteriano em *cis* por ribocomutadores.** Os modos de ação conhecidos são ilustrados por vários ribocomutadores diferentes, com base em um aptâmero natural muito difundido que se liga à tiamina-pirofosfato. A ligação de TPP ao aptâmero leva a uma mudança conformacional, que produz os resultados variáveis ilustrados nas partes (a), (b) e (c) nos diferentes sistemas em que o aptâmero é utilizado. [Informações de W. C. Winkler e R. R. Breaker, *Annu. Rev. Microbiol.* 59:487, 2005.]

Outro RNA pequeno, OxyS (gene S de estresse oxidativo), é induzido sob condições de estresse oxidativo e inibe a tradução do *rpoS*, provavelmente ao parear com e bloquear o sítio de ligação de ribossomos no mRNA. O OxyS é expresso como parte de um sistema que responde a um tipo diferente de estresse (dano oxidativo) do que o RNA *rpoS* e tem o papel de impedir a expressão de vias de reparo desnecessárias. DsrA, RprA e OxyS são moléculas de RNA bacteriano relativamente pequenas (menos de 300 nucleotídeos), designadas sRNA (s de *small*, ou "pequeno"; existem, é claro, outros RNA "pequenos" com outras designações em eucariotos). Para funcionarem, todos os sRNA precisam de uma proteína chamada de Hfq, uma chaperona de RNA que facilita o pareamento RNA-RNA. Em uma espécie bacteriana típica, são poucos os genes que são regulados dessa maneira, apenas poucas dezenas. No entanto, esses exemplos são bons sistemas-modelo atua em um tipo de alça de retroalimentação. A maioria dos genes regulados desse modo está envolvida na síntese ou no transporte do ligante que é ligado pelo ribocomutador; assim, quando o ligante está presente em altas concentrações, o ribocomutador inibe a expressão dos genes necessários para reabastecer esse ligante.

Cada ribocomutador se liga a apenas um ligante. Foram detectados ribocomutadores diferentes que respondem a mais de uma dúzia de ligantes distintos, incluindo tiamina-pirofosfato (TPP, vitamina $B_1$), cobalamina (vitamina $B_{12}$), mononucleotídeo de flavina, lisina, *S*-adenosilmetionina (adoMet), purinas, *N*-acetilglicosamina-6-fosfato, glicina e alguns cátions metálicos, como $Mn^{2+}$. É provável que muitos outros ainda sejam descobertos. O ribocomutador que responde ao TPP parece ser o mais difundido; ele é encontrado em muitas bactérias, fungos e em algumas plantas. O ribocomutador do TPP bacteriano inibe a tradução em algumas espécies e induz a terminação prematura da transcrição em outras (Fig. 28-25). O ribocomutador de TPP eucariótico é encontrado nos íntrons de certos genes e modula o seu *splicing* alternativo. Ainda não está claro se os ribocomutadores são comuns. Todavia, estimativas sugerem que mais de 4% dos genes de *Bacillus subtilis* sejam regulados por ribocomutadores.

A maioria dos ribocomutadores descritos até o momento, incluindo aquele que responde à adoMet, foi encontrada apenas em bactérias. Um fármaco que se ligasse e ativasse o ribocomutador adoMet desligaria os genes que codificam enzimas que sintetizam e transportam adoMet, privando as células bacterianas desse cofator essencial. Fármacos desse tipo estão sendo prospectados para serem usados como uma nova classe de antibióticos. ■

O ritmo de descoberta de RNA funcionais não mostra sinais de diminuir e continua a reforçar a hipótese de que o RNA desempenhou um papel especial na evolução da vida (Capítulo 26). Os sRNA e os ribocomutadores, como as ribozimas e os ribossomos, podem ser vestígios de um mundo de RNA obscurecido pelo tempo, mas que persiste em um rico conjunto de dispositivos biológicos ainda em funcionamento na biosfera atual. A seleção em laboratório de aptâmeros e ribozimas com novas funções enzimáticas e como ligantes indica que as atividades baseadas em RNA necessárias para um mundo de RNA são possíveis. A descoberta de várias das mesmas funções do RNA em muitos organismos vivos mostra que, de fato, existem componentes essenciais do metabolismo que têm como base o RNA. Por exemplo, os aptâmeros naturais dos ribocomutadores podem ser derivados de RNA que, bilhões de anos atrás, ligaram-se aos cofatores necessários para promover os processos enzimáticos utilizados para o metabolismo em um mundo de RNA.

### Alguns genes são regulados por recombinação genética

Agora, será abordado outro modo de regulação gênica bacteriana, no nível de rearranjo-recombinação de DNA. A *Salmonella typhimurium*, que habita o intestino de mamíferos, move-se ao girar os flagelos na sua superfície celular (Fig. 28-26). As várias cópias da proteína flagelina

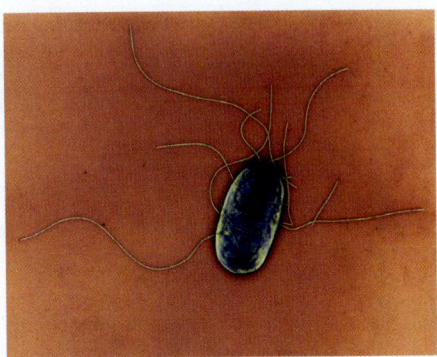

**FIGURA 28-26** *Salmonella typhimurium.* Os apêndices que saem da superfície da célula são flagelos. [Eye of Science/Science Source.]

($M_r$ 53.000) que compõem o flagelo são alvos proeminentes dos sistemas imunes de mamíferos. Contudo, as células de *Salmonella* têm um mecanismo que evita a resposta imune: elas alternam entre duas proteínas flagelinas distintas (FljB e FliC) aproximadamente 1 vez a cada 1.000 gerações, usando um processo chamado de **variação de fase**.

A troca é realizada pela inversão periódica de um segmento de DNA contendo o promotor para um gene da flagelina. A inversão é uma reação de recombinação sítio-específica (ver Fig. 25-37) mediada pela recombinase Hin em sequências específicas de 14 pb (sequências *hix*) em cada extremidade do segmento de DNA. Quando o segmento de DNA está em uma orientação, o gene para a flagelina FljB e o gene que codifica um repressor (FljA) são expressos (**Fig. 28-27a**); esse repressor desliga a expressão do gene que codifica a flagelina FliC. Quando o segmento de DNA é invertido (Fig. 28-26b), os genes *fljA* e *fljB* não são mais transcritos, e o gene *fliC* é induzido à medida que o repressor começa a se esgotar. A recombinase Hin, codificada pelo gene *hin* no segmento de DNA que sofre inversão, é expressa quando o segmento de DNA está em qualquer orientação, de modo que a célula pode sempre alternar de um estado para outro.

Esse tipo de mecanismo regulatório tem a vantagem de ser absoluto: a expressão gênica é impossível quando o gene está fisicamente separado do seu promotor (observe a posição do promotor *fljB* na Fig. 28-27b). Um interruptor ligado/desligado absoluto pode ser importante nesse sistema (embora ele afete apenas um dos dois genes de flagelinas), uma vez que um flagelo com apenas uma cópia da flagelina errada pode ser vulnerável a anticorpos contra essa proteína. O sistema da *Salmonella* não é, de forma alguma, único. Sistemas regulatórios semelhantes ocorrem em outras bactérias e em alguns bacteriófagos, e sistemas de recombinação com funções semelhantes foram encontrados em eucariotos (**Tabela 28-1**). A regulação gênica por rearranjos de DNA que movem genes e promotores é especialmente comum em patógenos que se beneficiam alternando entre hospedeiros ou trocando as suas proteínas de superfície, ficando um passo à frente dos sistemas de defesa imune dos hospedeiros.

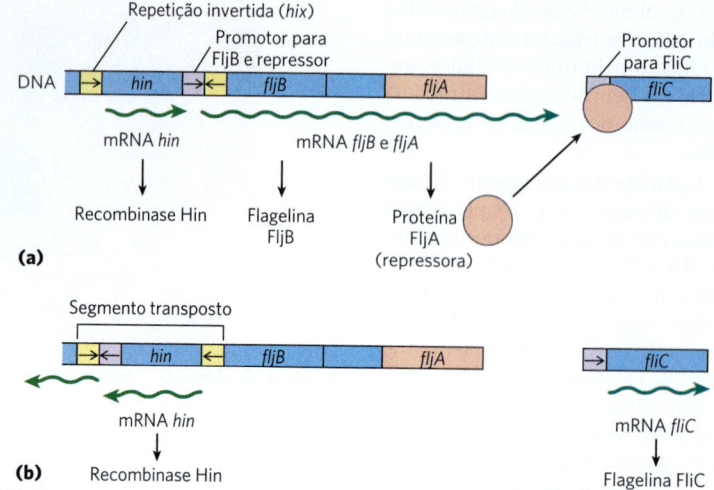

**FIGURA 28-27 Regulação dos genes de flagelina em *Salmonella*: variação de fase.** Os produtos dos genes *fliC* e *fljB* são flagelinas diferentes. O gene *hin* codifica a recombinase que catalisa a inversão do segmento de DNA contendo o promotor *fljB* e o gene *hin*. Os sítios de recombinação (repetições invertidas) são chamados de *hix*. (a) Em uma das orientações, *fljB* é expresso com uma proteína repressora (produto de um gene *fljA*) que reprime a transcrição do gene *fliC*. (b) Na orientação oposta, apenas o gene *fliC* é expresso; os genes *fljA* e *fljB* não podem ser transcritos. A interconversão entre esses dois estados, conhecida como variação de fase, também necessita de duas outras proteínas de ligação ao DNA inespecíficas (não mostradas), HU e FIS.

| TABELA 28-1 | Exemplos de regulação gênica por recombinação | | |
|---|---|---|---|
| **Sistema** | **Recombinase/sítio de recombinação** | **Tipo de recombinação** | **Função** |
| Variação de fase (*Salmonella*) | Hin/*hix* | Sítio-específica | A expressão alternativa de dois genes de flagelina permite a evasão da resposta imune do hospedeiro. |
| Gama de hospedeiros (bacteriófago μ) | Gin/*gix* | Sítio-específica | A expressão alternativa de dois conjuntos de genes de fibras caudais afeta a gama de hospedeiros. |
| Troca do tipo de acasalamento (levedura) | HO-endonuclease, proteína RAD52, outras proteínas/*MAT* | Conversão gênica não recíproca[a] | A expressão alternativa de dois tipos de acasalamento de leveduras, a e α, cria células que podem se unir e sofrer meiose. |
| Variação antigênica (tripanossomas)[b] | Varia | Conversão gênica não recíproca[a] | A expressão sucessiva de diferentes genes codificando glicoproteínas variáveis de superfície (VSG) permite a evasão da resposta imune do hospedeiro. |

[a]Na conversão gênica não recíproca (uma classe de eventos de recombinação não discutida no Capítulo 25), a informação genética é movida de uma parte do genoma (onde é silenciosa) para outra (onde é expressa). A reação é semelhante à transposição replicativa (ver Fig. 25-41).
[b]Os tripanossomas provocam a doença do sono africana e outras doenças (ver Quadro 6-1). A superfície externa de um tripanossoma é composta por várias cópias de um único VSG, o antígeno principal de superfície. Uma célula pode mudar os antígenos de superfície em mais de 100 formas diferentes, impedindo que o sistema imune do hospedeiro faça uma defesa eficaz.

## RESUMO 28.2 Regulação da expressão gênica em bactérias

■ Além da repressão pelo repressor Lac, o operon *lac* de *E. coli* sofre regulação positiva pela proteína receptora de AMPc (CRP). Quando a [glicose] é baixa, a [AMPc] é alta, e a CRP-AMPc se liga a um sítio específico no DNA, estimulando a transcrição do operon *lac* e a produção de enzimas metabolizadoras de lactose. A presença de glicose reduz a [AMPc], diminuindo a expressão do *lac* e de outros genes envolvidos no metabolismo de açúcares secundários. Um grupo de operons regulados de forma coordenada é chamado de regulon.

■ Operons que produzem as enzimas da síntese de aminoácidos têm um circuito regulatório chamado de atenuação, que usa um sítio de terminação de transcrição – o atenuador – no mRNA. A formação do atenuador é modulada por um mecanismo que acopla transcrição e tradução e responde a pequenas alterações na concentração de aminoácidos.

■ No sistema SOS, vários genes não ligados são reprimidos por um único repressor e induzidos simultaneamente quando o dano no DNA dispara a proteólise autocatalítica do repressor, facilitada pela proteína RecA.

■ Na síntese de proteínas ribossômicas, uma proteína em cada operon de proteína r atua como repressor da tradução.

O mRNA é ligado pelo repressor, e a tradução é bloqueada apenas quando a proteína r está presente em excesso ao rRNA disponível.

- A regulação pós-transcricional de alguns mRNA é mediada por pequenos RNA que atuam em *trans* ou por ribocomutadores, parte da própria estrutura do mRNA, que atuam em *cis*.

- Alguns genes são regulados por processos de recombinação genética que movem os promotores em relação aos genes que estão sendo regulados. A regulação também pode ocorrer no nível da tradução.

## 28.3 Regulação da expressão gênica em eucariotos

A iniciação da transcrição é um ponto de regulação crucial para a expressão gênica em todos os organismos. Embora os eucariotos e as bactérias usem alguns dos mesmos mecanismos regulatórios, a regulação da transcrição nos dois sistemas é fundamentalmente diferente.

▶ P4 ◀ Pode-se definir o estado basal de transcrição como a atividade inerente de promotores e da maquinaria de transcrição *in vivo* na ausência de sequências regulatórias. Em bactérias, a RNA-polimerase geralmente tem acesso a todos os promotores e pode se ligar a cada um deles e iniciar a transcrição com algum nível de eficiência mesmo na ausência de ativadores ou repressores. Em eucariotos, no entanto, promotores fortes geralmente são inativos *in vivo* na ausência de proteínas regulatórias. Essa diferença fundamental evidencia ao menos cinco características importantes que diferenciam a regulação da expressão gênica nos promotores de organismos eucarióticos em relação às bactérias.

Primeiro, o acesso a promotores eucarióticos é restrito pela estrutura da cromatina, e a ativação da transcrição está associada a várias mudanças na estrutura da cromatina na região transcrita. Segundo, embora as células eucarióticas possuam mecanismos regulatórios positivos e negativos, os mecanismos positivos prevalecem. Praticamente todo gene eucariótico necessita de ativação para ser transcrito. Terceiro, mecanismos regulatórios envolvendo lncRNA são mais comuns na regulação da transcrição em eucariotos. Quarto, as células eucarióticas têm proteínas regulatórias multiméricas maiores e mais complexas do que as bactérias. Por fim, a transcrição, que ocorre no núcleo eucariótico, é separada no tempo e no espaço da tradução, que ocorre no citoplasma.

A complexidade dos circuitos regulatórios das células eucarióticas é extraordinária e ficará evidente com a discussão a seguir. Esta seção termina com a ilustração da descrição de um dos circuitos mais elaborados: a cascata regulatória que controla o desenvolvimento das moscas-da-fruta.

### A cromatina ativa na transcrição é estruturalmente distinta da cromatina inativa

Os efeitos da estrutura do cromossomo na regulação gênica em eucariotos não possuem um paralelo claro em bactérias. No ciclo celular eucariótico, os cromossomos na interfase parecem, à primeira vista, dispersos e amorfos (ver Fig. 24-22). No entanto, várias formas de cromatina podem ser encontradas ao longo desses cromossomos. Cerca de 10% da cromatina em uma típica célula eucariótica está em forma mais condensada do que o resto da cromatina. Essa forma, a **heterocromatina**, é transcricionalmente inativa. A heterocromatina é geralmente associada a estruturas cromossômicas particulares – os centrômeros, por exemplo. A cromatina restante, menos condensada, é chamada de **eucromatina**.

A transcrição de um gene de eucariotos é fortemente reprimida quando o DNA está condensado no interior da heterocromatina. Parte da eucromatina, mas não toda ela, é ativa na transcrição. As regiões dos cromossomos transcricionalmente ativas são diferentes da heterocromatina em pelo menos três modos: o posicionamento dos nucleossomos, a presença de variantes de histonas e a modificação covalente dos nucleossomos. Essas mudanças estruturais na cromatina associadas à transcrição são coletivamente chamadas de **remodelação da cromatina**. Essa remodelação utiliza um conjunto de enzimas que promove essas mudanças (**Tabela 28-2**).

Quatro famílias conhecidas de complexos de remodelação da cromatina, que se diferenciam pelas suas características estruturais, atuam diretamente para modificar a composição do nucleossomo nas regiões transcritas. Eles podem desenrolar, translocar, remover ou trocar nucleossomos no DNA, hidrolisando ATP durante o processo (Tabela 28-2; ver nota de rodapé da tabela para uma explicação da abreviação dos nomes dos complexos enzimáticos que são descritos a seguir). Em alguns casos, as enzimas catalisam a troca de pares de histonas dentro dos nucleossomos para alterar a composição do nucleossomo. Os vários complexos diferentes são especializados para funcionarem em determinados genes ou regiões do cromossomo. Existem dois complexos relacionados na família **SWI/SNF** em todas as células eucarióticas, ambos os quais remodelam a cromatina de modo que os nucleossomos sejam ejetados do DNA próximo aos locais de início da transcrição. Eles parecem estar envolvidos em um ciclo dinâmico para permitir a substituição dos nucleossomos por fatores de transcrição (**Fig. 28-28**). Em geral, esses dois complexos distintos funcionam em conjuntos diferentes de genes. A maioria dos complexos da família **ISWI** otimiza o espaçamento dos nucleossomos para permitir a organização da cromatina e o silenciamento da transcrição. Em geral, existem de 9 a 10 complexos diferentes da família **CHD** nas células eucarióticas, divididos em três subfamílias. Os diferentes membros de cada família possuem papéis especializados, expondo nucleossomos para ativar a transcrição ou compactando a cromatina para reprimir a transcrição. Os complexos da família **INO80** têm vários papéis na remodelação da cromatina para a ativação da transcrição e o reparo de DNA. Um membro da família, SWR1, promove a troca de subunidades nos nucleossomos para introdução de variantes de histonas como a H2AZ (ver Quadro 24-1), encontrada nas regiões de transcrição ativa.

A modificação covalente de histonas é alterada drasticamente no interior da cromatina transcricionalmente ativa. O núcleo de histonas das partículas dos nucleossomos (H2A, H2B, H3, H4; ver Fig. 24-24) é modificado por metilação de resíduos de Lys ou Arg, fosforilação de resíduos

## TABELA 28-2 Alguns complexos enzimáticos que catalisam mudanças estruturais na cromatina associadas à transcrição

| Complexo enzimático[a] | Estrutura oligomérica (nº de polipeptídeos) | Fonte | Atividades |
|---|---|---|---|
| **Movimento, substituição e edição de histonas que necessitam de ATP** | | | |
| Família SWI/SNF | 8-17, $M_r > 10^8$ | Eucariotos | Remodelação de nucleossomos; ativação da transcrição |
| Família ISWI | 2-4 | Eucariotos | Remodelação de nucleossomos; repressão da transcrição; ativação da transcrição em alguns casos |
| Família CHD | 1-10 | Eucariotos | Remodelação de nucleossomos; ejeção de nucleossomos para ativação da transcrição; alguns têm papel como repressores |
| Família INO80 | $> 10$ | Eucariotos | Remodelação de nucleossomos; ativação da transcrição; membro da família SWR1 participa da substituição de H2A-H2B por H2AZ-H2B |
| **Modificação de histonas** | | | |
| GCN5-ADA2-ADA3 | 3 | Leveduras | GCN5 tem atividade de HAT tipo A |
| SAGA/PCAF | $> 20$ | Eucariotos | Inclui GCN5-ADA2-ADA3; acetila resíduos em H3, H2B e H2AZ |
| NuA4 | $\geq 12$ | Eucariotos | Componente Esa1 tem atividade HAT; acetila H4, H2A e H2AZ |
| **Chaperonas de histonas que não necessitam de ATP** | | | |
| HIRA | 1 | Eucariotos | Deposição de H3.3 durante a transcrição |

[a]As abreviações dos genes e das proteínas de eucariotos geralmente são mais confusas ou obscuras do que as abreviações usadas para bactérias. A SWI (do inglês *switching*, que significa "troca") foi descoberta como uma proteína necessária para a expressão de certos genes envolvidos na troca do tipo de acasalamento em leveduras, e a SNF (do inglês *sucrose nonfermenting*, que significa "sacarose não fermentadora"), como um fator de expressão do gene de leveduras para sacarose. Estudos posteriores revelaram várias proteínas SWI e SNF que atuam em um complexo. O complexo SWI/SNF tem papel na expressão de um amplo número de genes e foi encontrado em muitos eucariotos, inclusive em seres humanos. ISWI significa "*imitação de SWI*". CHD, cromodomínio, *helicase*, ligação ao *DNA*; INO80, requer *inositol 80*; e SWR1, *SWI2/Snf2* relacionado com a ATPase 1. O complexo de proteínas GCN5 (controle geral não desrepressível) e ADA (alteração/ativação da deficiência) foi descoberto durante a investigação da regulação dos genes do metabolismo do nitrogênio em leveduras. Essas proteínas podem fazer parte do complexo maior SAGA (SPF, ADA2,3, GCN5, *acetiltransferase*) em leveduras. O equivalente do SAGA nos seres humanos é o PCAF (fator associado a p300/BP). NuA4, nucleossomo acetiltransferase de H4; ESA1, acetiltransferase relacionada com SAS2 essencial; HIRA, regulador da histona A.

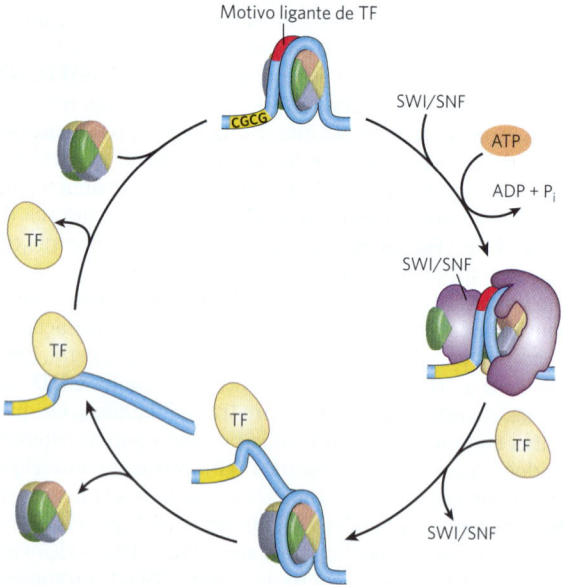

**FIGURA 28-28 Ejeção do nucleossomo por um remodelador SWI/SNF.** A enzima SWI/SNF envolve o nucleossomo, interagindo com sequências CGCG curtas próximas. Com o auxílio da hidrólise do ATP, o DNA é parcialmente separado do nucleossomo, expondo um local para a ligação do fator de transcrição (TF). Depois que o fator de transcrição é ligado, o nucleossomo é ejetado. Quando a transcrição não é mais necessária, o nucleossomo pode substituir novamente o fator ou fatores de transcrição, completando o ciclo. [Informações de S. Brahma e S. Henikoff, *Trends Biochem. Sci.* 45:13, 2020.]

de Ser ou Thr, acetilação (ver a seguir), ubiquitinação (ver Fig. 27-47) ou SUMOilação (SUMO são modificadores pequenos semelhantes à ubiquitina). Cada uma das histonas do núcleo dos nucleossomos apresenta dois domínios estruturais distintos. Um domínio central está envolvido na interação histona-histona e no enrolamento do DNA em torno do nucleossomo. Um domínio aminoterminal rico em lisina está geralmente posicionado próximo ao exterior da partícula do nucleossomo montado; as modificações covalentes ocorrem em resíduos específicos concentrados nesse domínio aminoterminal. Os padrões de modificação levaram alguns pesquisadores a proporem a existência de um código para as histonas, no qual padrões de modificação são reconhecidos por enzimas que alteram a estrutura da cromatina. De fato, algumas das modificações são essenciais para interações com proteínas que desempenham papéis-chave na transcrição.

A acetilação e a metilação de histonas têm papel proeminente nos processos que ativam a cromatina para a transcrição. Durante a transcrição, a histona H3 nos nucleossomos é metilada (por histona-metilases específicas) em Lys$^4$ próximo à extremidade 5' da região de codificação e em Lys$^{36}$ no interior da região de codificação. Essas metilações permitem a ligação das **histonas-acetiltransferases** (**HAT**), enzimas que acetilam resíduos específicos de Lys. As HAT citosólicas (tipo B) acetilam histonas recém-sintetizadas antes que elas sejam transferidas para o núcleo. A posterior montagem de histonas na cromatina após a replicação é facilitada pelas chaperonas de histonas: CAF1 para H3 e H4, (ver Quadro 24-1) e NAP1 para H2A e H2B.

Onde a cromatina está sendo ativada para transcrição, as histonas nucleossômicas são ainda mais acetiladas por HAT nucleares (tipo A). A acetilação de vários resíduos de Lys nos domínios aminoterminais das histonas H3 e H4 pode reduzir a afinidade de todo o nucleossomo ao DNA. A acetilação de resíduos de Lys específicos é crucial para a interação de nucleossomos com outras proteínas.

Quando a transcrição de um gene não é mais necessária, a extensão da metilação e da acetilação dos nucleossomos nos arredores é reduzida como parte de um processo geral de silenciamento de genes que restaura a cromatina a um estado transcricionalmente inativo. Existem duas classes conhecidas de desmetilases. Uma classe, chamada LSD (lisina-desmetilases de histonas específicas), primeiro converte a ligação $CH_3$—N em uma ligação de imina ($CH_2$=N), seguida por hidrólise para gerar o formaldeído e a lisina desmetilada. A outra classe de desmetilases contém domínios JmjC (Jumonji-C), primeiro hidroxilando o grupo metila, que é novamente removido como formaldeído. Mais de 20 desmetilases de histonas contendo o domínio JmjC são codificadas por genomas de mamíferos. Elas fazem parte da mesma família de enzimas hidroxilases dependentes de $\alpha$-cetoglutarato que inclui a enzima que hidroxila os resíduos de prolina no colágeno (ver Quadro 4-2). Essas enzimas são fortemente inibidas pelo 2-hidroxiglutarato, um metabólito incomum produzido em abundância por uma forma mutada da isocitrato-desidrogenase que é comum em cânceres humanos (ver Fig. 16-20). Dentro dos tumores, os altos níveis de 2-hidroxiglutarato produzem mudanças globais na expressão gênica. ∎

A acetilação das histonas é reduzida pela ação das **histonas-desacetilases** (**HDAC**). As desacetilases incluem SIRT1, SIRT2, SIRT6 e SIRT7, que são enzimas dependentes de $NAD^+$ da família das sirtuínas (SIRT1-7 em mamíferos). Estas enzimas desacetilam resíduos de Lys específicos em histonas e outros alvos citoplasmáticos. Além da remoção de certos grupos acetila, novas modificações covalentes de histonas marcam a cromatina para ficar transcricionalmente inativa. Por exemplo, na heterocromatina, a $Lys^9$ da histona H3 é geralmente metilada.

O efeito final da remodelação da cromatina no contexto da transcrição é o de tornar um segmento de cromossomo mais acessível e "marcá-lo" (modificá-lo quimicamente) para facilitar a ligação e a atividade dos fatores de transcrição que regulam a expressão do gene ou dos genes daquela região.

### A maioria dos promotores eucarióticos é regulada positivamente

Como observado, as RNA-polimerases eucarióticas têm pouca ou nenhuma afinidade intrínseca pelos seus promotores. **P4** O estado padrão dos genes eucarióticos é "desligado", e o início da transcrição quase sempre depende da ação de várias proteínas ativadoras. Uma razão importante para esse evidente predomínio da regulação positiva parece óbvia: o armazenamento do DNA no interior da cromatina efetivamente torna a maioria dos promotores inacessíveis, de modo que os genes permanecem silenciosos na ausência de outra regulação. A estrutura da cromatina afeta mais o acesso a alguns promotores do que outros, mas os repressores que se ligam ao DNA de modo a impedir o acesso da RNA-polimerase (regulação negativa) seriam, na maioria das vezes, simplesmente redundantes. Outros fatores devem estar em jogo no uso da regulação positiva e, em geral, as especulações sobre isso se centram em torno de dois pontos: o tamanho grande dos genomas eucarióticos e a maior eficiência da regulação positiva.

Primeiro, a ligação inespecífica de DNA das proteínas regulatórias passa a ser um problema importante nos genomas dos eucariotos superiores, que são muito maiores. Além do mais, a chance de que uma única sequência de ligação específica ocorra aleatoriamente em um local inadequado também aumenta com o tamanho do genoma. O controle combinatório, portanto, passa a ter grande importância em genomas grandes (**Fig. 28-29**). A especificidade pela ativação da transcrição pode ser melhorada se cada uma de várias proteínas regulatórias positivas ligar sequências de DNA específicas para ativar um gene. O número médio de sítios regulatórios para um gene em um organismo pluricelular é seis, e são comuns genes regulados por uma dúzia desses sítios. A necessidade de ligação de várias proteínas regulatórias positivas a sequências específicas de DNA reduz enormemente a probabilidade de ocorrência aleatória de uma justaposição funcional de todos os sítios de ligação necessários. Esse requisito também reduz o número de proteínas regulatórias que devem ser codificadas por um genoma para regular todos os seus genes (Fig. 28-28). Portanto, não é necessário um novo regulador para cada gene, embora a regulação seja suficientemente complexa em eucariotos superiores para que as proteínas regulatórias representem 5 a 10% de todos os genes que codificam proteínas.

A princípio, uma estratégia combinatória semelhante poderia ser usada por vários elementos regulatórios negativos, mas isso nos leva à segunda razão para o uso da regulação positiva: ela é simplesmente mais eficiente. Se os aproximadamente 20 mil genes presentes no genoma humano fossem regulados negativamente, cada célula teria de sintetizar, em todos os momentos, todos os diferentes repressores em concentrações suficientes para permitir a ligação específica a cada gene "indesejado". Em uma regulação positiva, a maioria dos genes é geralmente inativa (i.e., as RNA-polimerases não se ligam aos promotores), e a célula sintetiza apenas as proteínas ativadoras necessárias para promover a transcrição de um subconjunto de genes necessário na célula naquele momento.

Apesar desses argumentos, há exemplos de regulação negativa em eucariotos, desde leveduras até seres humanos, como será visto. Algumas dessas regulações negativas envolvem lncRNA, cuja síntese é mais econômica do que a síntese de proteínas repressoras.

### Ativadores e coativadores de ligação ao DNA facilitam a montagem dos fatores de transcrição basais

Continuando o estudo da regulação da expressão gênica em eucariotos, serão abordadas as interações entre os promotores e a RNA-polimerase II (Pol II), enzima responsável pela síntese de mRNA em eucariotos. Embora muitos (mas não todos) promotores Pol II incluam caixa TATA e sequências Inr (iniciadoras), com seu espaçamento padrão (ver Fig. 26-8), eles variam enormemente tanto no número quanto na localização de sequências adicionais necessárias para a regulação da transcrição.

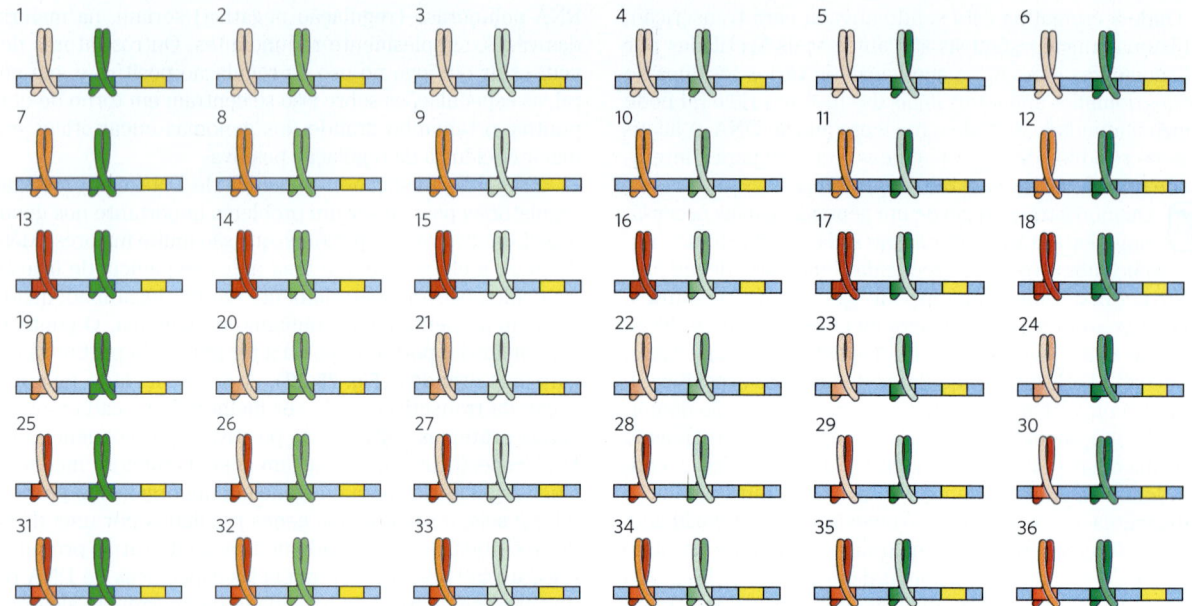

**FIGURA 28-29 Vantagens do controle combinatório.**
O controle combinatório permite a regulação específica de vários genes, usando um repertório limitado de proteínas regulatórias. Considere as possibilidades inerentes à regulação por duas famílias diferentes de proteínas zíper de leucina (em vermelho e em verde). Se cada família de genes regulatórios tivesse três membros (como mostrados aqui, em tons escuro, intermediário e claro, cada um ligando-se a uma sequência diferente de DNA) que podem formar tanto homodímeros quanto heterodímeros, existiriam seis espécies diméricas possíveis em cada família, e cada dímero poderia reconhecer uma sequência de DNA regulatória bipartida diferente. Se um gene tivesse um sítio regulatório para cada família de proteína, seriam possíveis 36 combinações regulatórias diferentes, usando-se apenas seis proteínas dessas duas famílias. Com seis ou mais sítios usados na regulação de um gene eucariótico típico, o número de variantes possíveis é muito maior do que esse exemplo sugere.

Sequências regulatórias adicionais, geralmente ligadas por ativadores de transcrição, são geralmente chamadas de **potencializadores** (*enhancers*) em eucariotos superiores e **sequências ativadoras a montante** (**UAS**, do inglês *usptream activator sequences*) em leveduras. Um típico potencializador pode ser encontrado a centenas ou mesmo milhares de pares de bases a montante do início do sítio de transcrição, ou até mesmo a jusante dele, dentro do próprio gene. Quando ligado pelas proteínas regulatórias apropriadas, um potencializador aumenta a transcrição nos promotores vizinhos independentemente de sua orientação no DNA. As UAS de leveduras funcionam de modo semelhante, embora geralmente devam estar posicionadas a montante e a uma distância inferior a algumas centenas de pares de bases do sítio de iniciação da transcrição.

A ligação bem-sucedida da holoenzima Pol II em um de seus promotores geralmente requer a ação combinada de proteínas de cinco tipos: (1) **ativadores de transcrição**, que se ligam a intensificadores ou UAS e facilitam a transcrição; (2) **reguladores arquitetônicos**, que facilitam a formação da alça de DNA; (3) **proteínas de modificação da cromatina e de remodelação**, descritas anteriormente; (4) **coativadores**; e (5) **fatores de transcrição basais**, também chamados de fatores de transcrição gerais (ver Fig. 26-9, Tabela 26-2), necessários na maioria dos promotores de Pol II (**Fig. 28-30**). Os coativadores são necessários para a comunicação essencial entre os ativadores e o complexo formado entre a Pol II e os fatores de transcrição basais. Os coativadores também desempenham um papel direto na montagem do **complexo de pré-iniciação** (**PIC**). Além disso, várias proteínas repressoras podem interferir na comunicação entre Pol II e ativadores, resultando na repressão da transcrição (Fig. 28-30b). Agora, o foco será nos complexos de proteínas mostrados na Figura 28-30 e em como eles interagem para ativar a transcrição.

**Ativadores da transcrição** As necessidades de ativadores variam enormemente de um promotor para o outro. Uns ativam a transcrição de centenas de promotores, ao passo que outros são específicos para poucos promotores. Muitos ativadores são sensíveis à ligação de moléculas sinalizadoras, propiciando a capacidade de ativar ou desativar a transcrição em resposta a um ambiente celular em mudança. Alguns potencializadores ligados por ativadores estão muito distantes da caixa TATA do promotor. Potencializadores múltiplos (com frequência, seis ou mais) são ligados por um número semelhante de ativadores para um gene típico, fornecendo controle combinatório e resposta a múltiplos sinais.

Alguns ativadores da transcrição podem se ligar tanto a DNA quando a RNA, e as suas funções são afetadas por um ou mais lncRNA. A proteína NF-κB, por exemplo (Fig. 28-14), ativa a transcrição de muitos genes envolvidos na resposta imune e na produção de citocinas. Ela pode se ligar a um sítio potencializador no DNA ou, de forma alternativa, a um

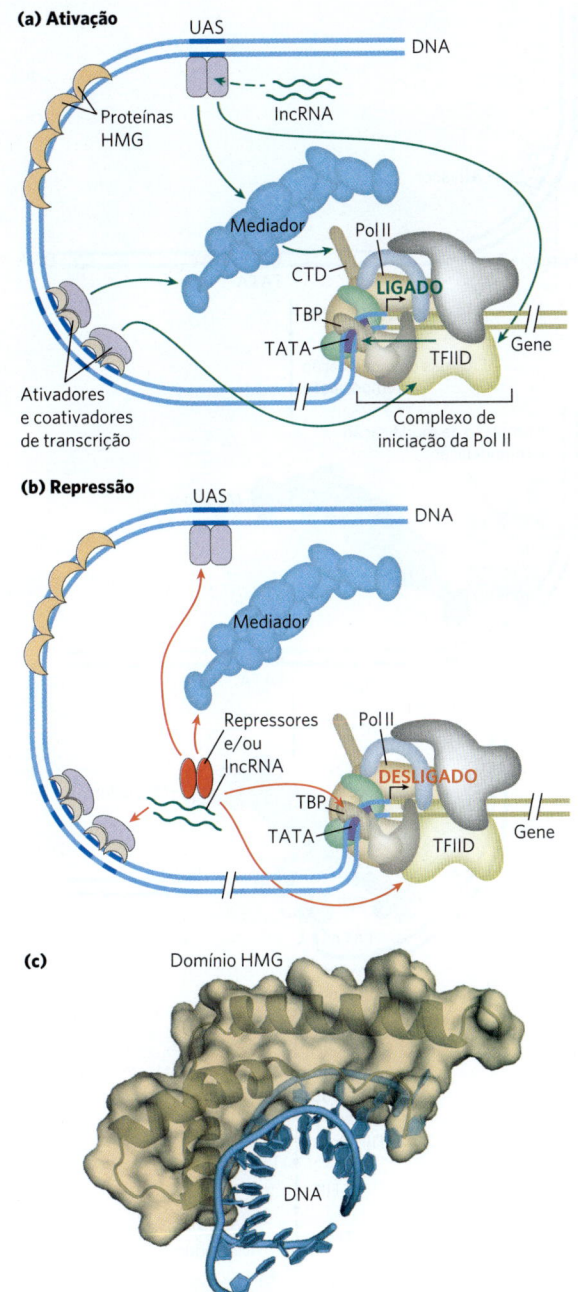

**FIGURA 28-30 Promotores eucarióticos e proteínas regulatórias.** A RNA-polimerase II e seus respectivos fatores de transcrição basais (gerais) formam um complexo de pré-iniciação na caixa TATA e no sítio Inr dos promotores cognatos, um processo facilitado pelos ativadores de transcrição, atuando por meio de coativadores (Mediador, TFIID ou ambos). (a) Um promotor composto de elementos de sequência típicos e complexos proteicos, encontrado tanto em leveduras quanto em eucariotos superiores. O domínio carboxiterminal (CTD) da Pol II (ver Fig. 26-9) é um importante ponto de interação com o Mediador e outros complexos proteicos. Enzimas de modificação de histonas (não mostradas) catalisam a metilação e a acetilação; enzimas de remodelação alteram o conteúdo e a localização dos nucleossomos. Os ativadores da transcrição têm domínios de ligação de DNA e domínios de ativação distintos. Em alguns casos, as suas funções são afetadas pela interação com lncRNA. As setas indicam modos de interação comuns que geralmente são necessários para a ativação da transcrição. As proteínas HMG são um tipo comum de regulador arquitetônico (ver Fig. 28-5), facilitando a formação das alças de DNA necessárias para juntar componentes do sistema ligados em sítios de ligação distantes. (b) Os repressores da transcrição em organismos eucarióticos funcionam por meio de vários mecanismos. Alguns se ligam diretamente ao DNA, deslocando o complexo proteico necessário para a ativação (não mostrado); muitos outros interagem com várias partes dos complexos proteicos para impedir a ativação. Os pontos possíveis de interação estão indicados com setas. (c) A estrutura de um complexo proteico HMG com DNA mostra como as proteínas HMG facilitam a formação de alças no DNA. A ligação é relativamente inespecífica, embora preferências de sequência de DNA tenham sido identificadas para várias proteínas HMG. A figura mostra o domínio HMG da proteína HMG-D de *Drosophila* ligado ao DNA. [(c) Dados de PDB ID 1QRV, F. V. Murphy IV et al., *EMBO J.* 18:6610, 1999.]

cromatina e se ligam ao DNA com especificidade limitada. Com maior destaque, as proteínas do **grupo de alta mobilidade** (**HMG**) (Fig. 28-29c; "alta mobilidade" refere-se à mobilidade eletroforética em géis de poliacrilamida) desempenham um papel estrutural importante na remodelação da cromatina e na ativação da transcrição.

**Complexos proteicos coativadores** A maior parte da transcrição necessita da presença de complexos proteicos adicionais. Alguns dos principais complexos proteicos de proteínas regulatórias que interagem com a Pol II foram definidos tanto genética quanto bioquimicamente. Esses complexos coativadores atuam como intermediários entre os ativadores da transcrição e o complexo da Pol II.

O **Mediador**, um complexo que consiste em 25 (levedura) a 30 (humanos) polipeptídeos, é um importante coativador eucariótico (Fig. 28-30). Muitos dos 25 polipeptídeos nucleares são altamente conservados desde fungos até seres humanos. Um subcomplexo de quatro subunidades tem um papel de cinase, interagindo transitoriamente com o restante do complexo Mediador, e pode se dissociar antes do início da transcrição. O Mediador se liga fortemente ao domínio carboxiterminal (CTD) da maior subunidade de Pol II. O complexo Mediador é necessário tanto para a transcrição basal quanto para a regulada em vários dos promotores usados pela Pol II e estimula a fosforilação de CTD pelo TFIIH (um fator de transcrição basal). Os ativadores da transcrição interagem com um ou mais componentes do complexo Mediador, com os sítios de interação precisos diferindo de

lncRNA chamado de *lethe* (assim denominado em função do rio do esquecimento da mitologia grega). O lncRNA reduz a transcrição de genes controlados por NF-κB.

**Reguladores arquitetônicos** Como os ativadores funcionam a distância? Na maioria dos casos, a resposta parece ser que, como indicado anteriormente, o DNA interveniente faz uma alça, de modo que vários complexos de proteínas podem interagir diretamente. A formação da alça é estimulada por reguladores arquitetônicos que são abundantes na

um ativador para outro. Complexos coativadores funcionam na caixa TATA do promotor ou próximo a ela.

Coativadores adicionais, que funcionam com um ou poucos genes, também foram descritos. Alguns deles operam em conjunto com o Mediador, ao passo que outros podem atuar em sistemas que não empregam o Mediador.

**Proteínas de ligação ao TATA e fatores de transcrição basais**
O primeiro componente a se ligar na montagem de um complexo de pré-iniciação (PIC) na caixa TATA de um promotor Pol II típico é a **proteína de ligação ao TATA** (**TBP**). Nos promotores que não têm caixa TATA, a TBP geralmente é disponibilizada como parte de um complexo maior (13 a 14 subunidades), denominado TFIID. O complexo todo também inclui os fatores de transcrição basais TFIIB, TFIIE, TFIIF, TFIIH, Pol II e, talvez, TFIIA. O PIC mínimo, no entanto, geralmente é insuficiente para a iniciação da transcrição e não se forma caso o promotor esteja escondido no interior da cromatina. A regulação positiva, que leva à transcrição, é imposta pelos ativadores e coativadores. O Mediador interage diretamente com TFIIH e TFIIE e os faz serem recrutados para o PIC.

**Coreografia da ativação da transcrição** Agora, pode-se juntar as peças da sequência de eventos da ativação da transcrição em um promotor Pol II típico (**Fig. 28-31**). A ordem exata de ligação de alguns componentes pode variar, mas o modelo na Figura 28-31 ilustra os princípios de ativação, bem como uma via comum. Muitos ativadores de transcrição têm uma afinidade significativa por seus sítios de ligação, mesmo quando os sítios estão dentro da cromatina condensada. Em geral, a ligação dos ativadores é um evento que dispara a ativação subsequente do promotor. A ligação de um ativador pode permitir a ligação de outros, deslocando gradualmente alguns nucleossomos.

Então, ocorre uma remodelação crucial da cromatina em estágios, facilitada por interações entre ativadores e HAT ou complexos enzimáticos, como SWI/SNF (ou ambos). Desse modo, a ligação de um ativador pode envolver outros componentes necessários para a remodelação adicional da cromatina e permitir a transcrição de genes específicos. Os ativadores ligados interagem com o grande complexo Mediador. O Mediador, por sua vez, fornece uma superfície de montagem para a ligação da TBP (ou TFIID) inicialmente, seguida pela TFIIB e, então, por outros componentes do PIC, incluindo a Pol II. O Mediador estabiliza a ligação da Pol II e dos seus fatores de transcrição associados e facilita muito a formação do PIC. A complexidade nesses circuitos regulatórios é a regra, e não a exceção, com vários ativadores ligados ao DNA promovendo a transcrição.

O roteiro pode mudar de um promotor para outro. Por exemplo, muitos promotores têm um conjunto diferente de sequências de reconhecimento e podem não ter uma caixa TATA; em eucariotos pluricelulares, a composição de subunidades de fatores como o TFIID pode variar de um tecido para outro. Entretanto, parece que a maioria dos promotores necessita de um conjunto precisamente ordenado de componentes para iniciar a transcrição. O processo de montagem nem sempre é rápido. Para alguns genes, pode levar minutos; para certos genes de eucariotos superiores, podem ser dias.

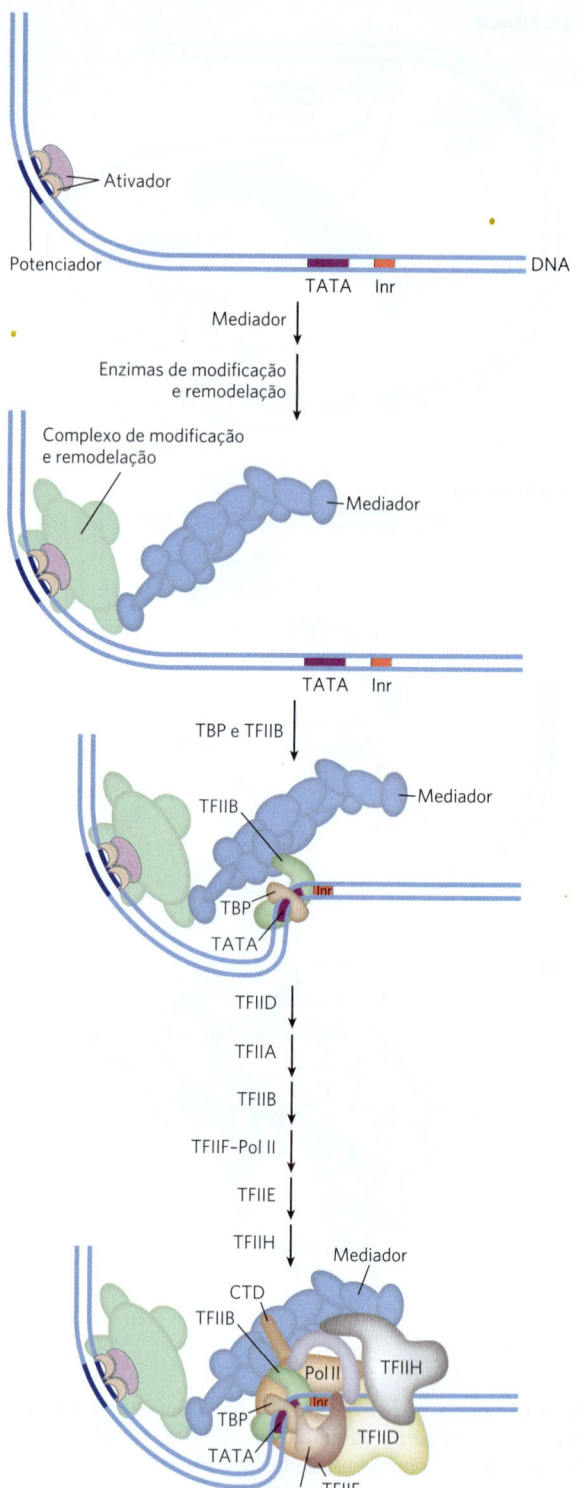

**FIGURA 28-31 Componentes de ativação da transcrição.** Os ativadores primeiro se ligam ao DNA. Eles recrutam complexos de modificação de histonas/remodelação de nucleossomos e coativadores, como o Mediador. O Mediador facilita a ligação de TBP (ou TFIID) e TFIIB; então, outros fatores de transcrição basais e a Pol II se ligam. A fosforilação do CTD da Pol II leva à iniciação da transcrição (não mostrado).

[Informações de J. A. D'Alessio et al., *Mol. Cell* 36:924, 2009.]

## Os genes do metabolismo da galactose em leveduras estão sujeitos a regulação positiva e regulação negativa

Alguns dos princípios gerais descritos anteriormente podem ser ilustrados por um circuito regulatório eucariótico bem estudado (**Fig. 28-32**). As enzimas necessárias para a importação e o metabolismo de galactose em leveduras são codificadas por genes espalhados por vários cromossomos (**Tabela 28-3**). Cada um dos genes *GAL* é transcrito separadamente, e as células de leveduras não têm operons como aqueles de bactérias. Entretanto, todos os genes *GAL* apresentam promotores semelhantes e são regulados de forma coordenada por um conjunto comum de proteínas. Os promotores dos genes *GAL* são constituídos pela caixa TATA e pelas sequências Inr, bem como por uma sequência ativadora a montante ($UAS_G$) reconhecida pela proteína ativadora da transcrição Gal4 (Gal4p). A regulação da expressão gênica pela galactose envolve uma ação recíproca entre a Gal4p e duas outras proteínas, Gal80p e Gal3p. A Gal80p forma um complexo com a Gal4p, impedindo a Gal4p de funcionar como um ativador dos promotores *GAL*. Quando a galactose está presente, ela se liga à Gal3p, que, então, interage com o complexo Gal80p-Gal4p e permite que Gal4p funcione como um ativador dos promotores *GAL*. À medida que os vários genes da galactose são induzidos e os seus produtos são formados, a Gal3p pode ser substituída pela Gal1p (uma galactocinase necessária para o metabolismo da galactose que também age como regulador) para manter a ativação do circuito regulatório.

Outros complexos proteicos também desempenham papéis na ativação da transcrição dos genes *GAL*. Entre eles, inclui-se o complexo SAGA, para a acetilação de histonas e a remodelação da cromatina; o complexo SWI/SNF, para a remodelação da cromatina; e o Mediador. A proteína Gal4 é responsável pelo recrutamento dos outros fatores necessários para a ativação da transcrição. O SAGA pode ser o primeiro e principal alvo de recrutamento para Gal4p.

A glicose é a fonte de carbono preferida por leveduras, assim como por bactérias. Na presença de glicose, a maioria dos genes *GAL* estão reprimidos – com galactose presente ou não. O sistema regulatório *GAL* descrito é efetivamente substituído por um complexo sistema de repressão de catabólitos que inclui várias proteínas (não mostrado na Fig. 28-32).

## Os ativadores da transcrição têm uma estrutura modular

Em geral, os ativadores da transcrição têm um domínio estrutural diferente para a ligação específica do DNA e um ou mais domínios para a ativação da transcrição ou para a interação com outras proteínas regulatórias. A interação de duas proteínas regulatórias geralmente é mediada por domínios contendo zíperes de leucina (Fig. 28-15) ou motivos hélice-alça-hélice (Fig. 28-16). Agora, serão vistos três tipos diferentes de domínios estruturais usados na ativação pelos fatores de transcrição Gal4p, Sp1 e CTF1 (**Fig. 28-33a**).

A Gal4p contém, no domínio de ligação a DNA, uma estrutura semelhante a um dedo de zinco próxima à extremidade aminoterminal; esse domínio tem seis resíduos de Cys que coordenam dois $Zn^{2+}$. A proteína funciona como homodímero (com a dimerização mediada pelas interações

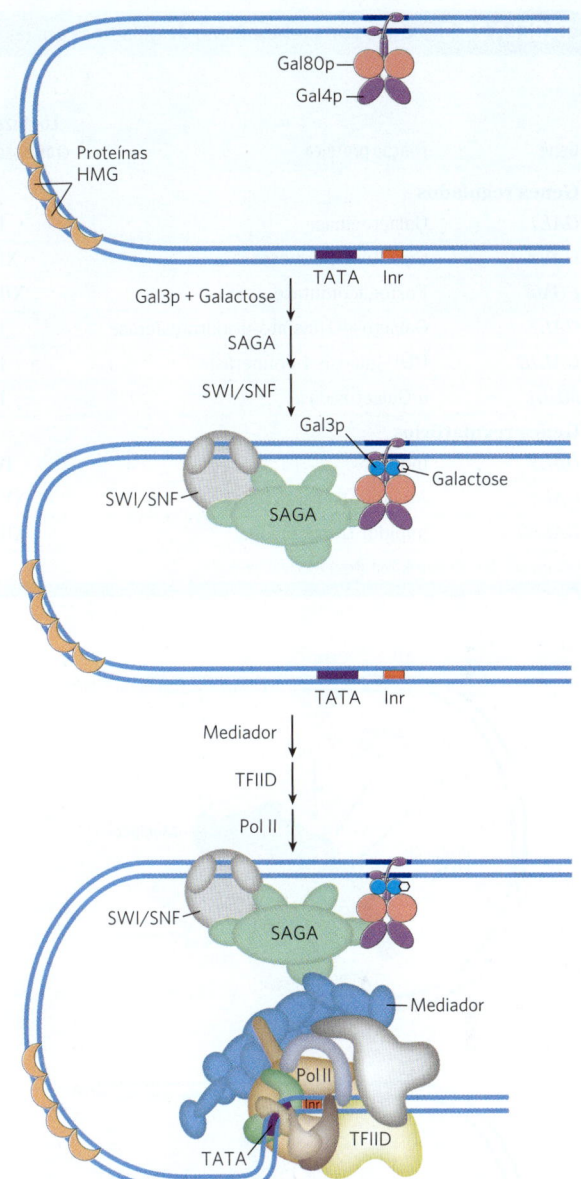

**FIGURA 28-32 Regulação da transcrição de genes *GAL* em leveduras.** A galactose importada para dentro da célula de levedura é convertida em glicose-6-fosfato por uma via que envolve seis enzimas, cujos genes estão espalhados por três cromossomos (ver Tabela 28-3). A transcrição desses genes é regulada pelas ações combinadas das proteínas Gal4p, Gal80p e Gal3p, com Gal4p desempenhando o papel central de ativador da transcrição. O complexo Gal4p-Gal80p é inativo. A ligação da galactose à Gal3p leva à interação da Gal3p com o complexo Gal80p-Gal4p e ativa a Gal4p. A seguir, a Gal4p recruta SAGA, Mediador e TFIID para os promotores de galactose, levando ao recrutamento da RNA-polimerase II e à iniciação da transcrição. A remodelação da cromatina para permitir a transcrição também necessita do complexo SWI/SNF.

entre duas espirais espiraladas) e se liga à $UAS_G$, uma sequência palindrômica de DNA de cerca de 17 pb de comprimento. A Gal4p tem um domínio de ativação separado com muitos resíduos de aminoácidos ácidos. Experimentos que

| TABELA 28-3 | Genes do metabolismo da galactose em leveduras | | | | | |
|---|---|---|---|---|---|---|
| | | | | Expressão relativa de proteínas em diferentes fontes de carbono | | |
| Gene | Função proteica | Localização cromossômica | Tamanho da proteína (número de resíduos) | Glicose | Glicerol | Galactose |
| **Genes regulados** | | | | | | |
| *GAL1* | Galactocinase | II | 528 | – | – | +++ |
| *GAL2* | Galactose-permease | XII | 574 | – | – | +++ |
| *PGM2* | Fosfoglicomutase | XIII | 569 | + | + | ++ |
| *GAL7* | Galactose-1-fosfato-uridiltransferase | II | 365 | – | – | +++ |
| *GAL10* | UDP-glicose-4-epimerase | II | 699 | – | – | +++ |
| *MEL1* | α-Galactosidase | II | 453 | – | + | ++ |
| **Genes regulatórios** | | | | | | |
| *GAL3* | Indutor | IV | 520 | – | + | ++ |
| *GAL4* | Ativador transcricional | XVI | 881 | +/– | + | + |
| *GAL80* | Inibidor transcricional | XIII | 435 | + | + | ++ |

Informações de R. Reece e A. Platt, *Bioessays* 9:1001, 1997.

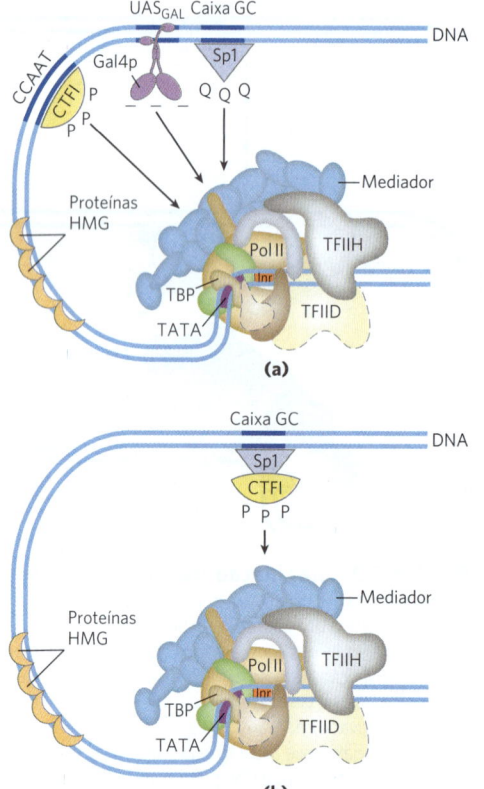

**FIGURA 28-33 Ativadores de transcrição.** (a) Ativadores típicos, como CTF1, Gal4p e Sp1, têm um domínio de ligação ao DNA e um domínio de ativação. A natureza do domínio de ativação está indicada por símbolos: – – –, ácido; Q Q Q, rico em glutamina; P P P, rico em prolina. Essas proteínas geralmente ativam a transcrição ao interagirem com complexos coativadores, como o Mediador. Observe que os sítios de ligação ilustrados nesta figura geralmente não são encontrados juntos próximo a um único gene. (b) Uma proteína quimérica contendo o domínio de ligação ao DNA de Sp1 e o domínio de ativação de CTF1 ativa a transcrição se uma caixa GC estiver presente.

substituem uma variedade de diferentes sequências peptídicas pelo **domínio de ativação ácido** da Gal4p sugerem que a natureza ácida desse domínio seja fundamental para seu funcionamento, embora a sequência precisa de aminoácidos possa variar consideravelmente.

O Sp1 ($M_r$ 80.000) é um ativador da transcrição de muitos genes em eucariotos superiores. Seu sítio de ligação ao DNA, a caixa GC (sequência-consenso GGGCGG), está geralmente muito próximo à caixa TATA. O domínio de ligação de DNA da proteína Sp1 está próximo à extremidade carboxiterminal e contém três dedos de zinco. Dois outros domínios na Sp1 funcionam na ativação e são notáveis pelo fato de que 25% dos resíduos de aminoácidos são Gln. Um grande número de outras proteínas ativadoras também apresenta esses **domínios ricos em glutamina**.

O CTF1 (fator de transcrição 1 ligado a CCAAT) pertence a uma família de ativadores de transcrição que se liga a uma sequência chamada de sítio CCAAT (sua sequência-consenso é TGGN$_6$GCCAA, em que N é um nucleotídeo qualquer). O domínio de ligação de DNA do CTF1 contém muitos resíduos de aminoácidos básicos, e a região de ligação é provavelmente disposta como uma α-hélice. Essa proteína não apresenta um motivo hélice-volta-hélice nem um motivo dedo de zinco; o seu mecanismo de ligação ao DNA ainda não está claro. O CTF1 tem um **domínio de ativação rico em prolina**, com Pro perfazendo mais de 20% dos resíduos de aminoácidos.

A ativação e os domínios de ligação ao DNA diferentes das proteínas regulatórias muitas vezes atuam de modo completamente independente, como foi demonstrado em experimentos de "troca de domínios". Técnicas de engenharia genética (Capítulo 9) podem unir o domínio de ativação rico em prolina do CTF1 ao domínio de ligação ao DNA do Sp1 para criar uma proteína que, como o Sp1 intacto, liga-se a caixas GC no DNA e ativa a transcrição em um promotor que esteja próximo (como na Fig. 28-33b). O domínio de ligação ao DNA da Gal4p foi, de forma similar, substituído experimentalmente pelo domínio de ligação de DNA do repressor LexA de *E. coli* (da resposta SOS; Fig. 28-21). Essa proteína quimérica não se liga no UAS$_G$ nem ativa os genes *GAL* de leveduras (como faria a Gal4p intacta) a menos que a sequência UAS$_G$ no DNA seja substituída pelo sítio de reconhecimento de LexA.

## A expressão gênica eucariótica pode ser regulada por sinais intercelulares e intracelulares

Os efeitos de hormônios esteroides (e dos hormônios da tireoide e retinoides, que têm modo de ação semelhante) são outros exemplos bem conhecidos da modulação de proteínas regulatórias eucarióticas pela interação direta com sinais moleculares (ver Fig. 12-34). Ao contrário de outros tipos de hormônios, os hormônios esteroides não precisam se ligar a receptores de membrana plasmática. Em vez disso, eles reagem com receptores intracelulares que são ativadores de transcrição. Hormônios esteroides que são hidrofóbicos demais para se dissolverem facilmente no sangue (p. ex., estrogênio, progesterona e cortisol) são transportados por proteínas carreadoras específicas, que os levam desde o local de onde são liberados até seus tecidos-alvo. Neles, o hormônio passa através da membrana plasmática por difusão simples. Uma vez no interior da célula, os hormônios interagem com um dos dois tipos de receptores nucleares de ligação de esteroides (**Fig. 28-34**). Em ambos os casos, o complexo hormônio-receptor atua ligando-se a sequências de DNA altamente específicas chamadas de **elementos de resposta a hormônios (HRE)**, modificando, desse modo, a expressão gênica. Nesses sítios, os receptores agem como ativadores de transcrição, recrutando coativadores e a Pol II (mais os seus fatores de transcrição associados) para disparar a transcrição do gene.

As sequências de DNA (HRE) às quais os complexos dos receptores de hormônios se ligam são semelhantes em tamanho e organização para os vários hormônios esteroides, mas possuem sequências diferentes. Cada receptor tem uma sequência-consenso de HRE (**Tabela 28-4**) à qual o complexo hormônio-receptor tem boa ligação, sendo que cada consenso consiste em duas sequências de seis nucleotídeos, contíguos ou separados por três nucleotídeos, em *tandem* ou em arranjo de palíndromo. Os receptores de hormônios têm um domínio de ligação ao DNA altamente conservado com dois dedos de zinco (**Fig. 28-35**). O complexo hormônio-receptor se liga ao DNA como um dímero, com os domínios dedo de zinco de cada monômero reconhecendo uma das sequências

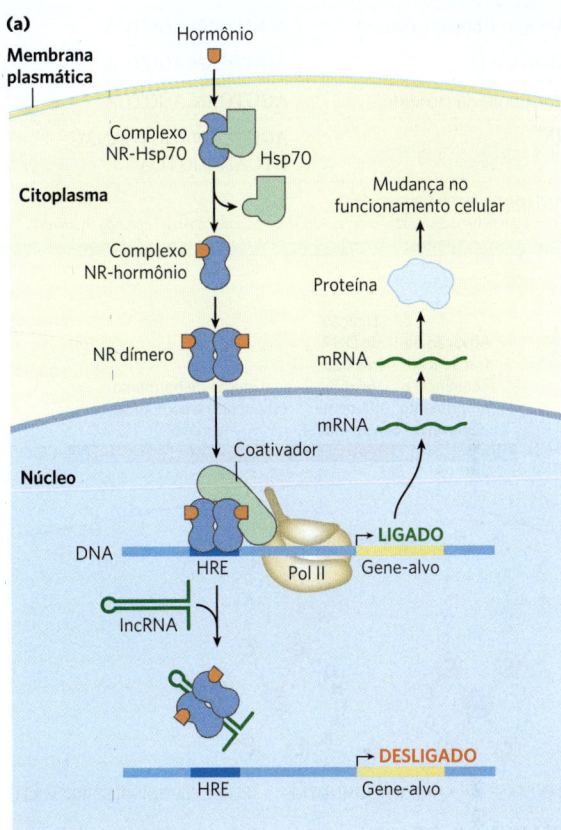

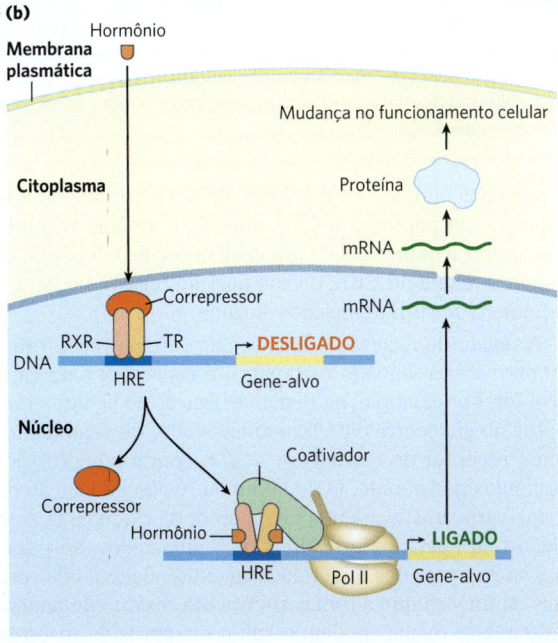

**FIGURA 28-34 Mecanismos de funcionamento dos receptores de hormônios esteroides.** Há dois tipos de receptores nucleares ligantes de esteroides. (a) Os receptores monoméricos tipo I (NR) são encontrados no citoplasma, formando um complexo com a proteína de choque térmico Hsp70. Receptores para estrogênio, progesterona, androgênios e glicocorticoides são desse tipo. Quando o hormônio esteroide se liga, a Hsp70 se dissocia e o receptor dimeriza-se, expondo um sinal de localização nuclear. O receptor dimérico, com o hormônio ligado, migra para o núcleo, onde se liga a um elemento de resposta hormonal (HRE) e atua como ativador de transcrição. A atividade do receptor pode ser reprimida pela ligação com um lncRNA (como GAS5) que compete diretamente com a ligação a HRE. (b) Receptores tipo II, em contrapartida, estão sempre no núcleo, ligados a um HRE no DNA e a um correpressor que os torna inativos. O receptor do hormônio da tireoide (TR) é desse tipo. O hormônio migra pelo citoplasma e se difunde através da membrana nuclear. No núcleo, ele se liga a um heterodímero, constituído pelo receptor do hormônio da tireoide e pelo receptor X de retinoides (RXR). Uma mudança na conformação leva à dissociação do correpressor, e o receptor, então, funciona como ativador de transcrição.

| TABELA 28-4 | Elementos de resposta hormonal (HRE) ligados por receptores de hormônios do tipo esteroide |
|---|---|
| Receptor | Sequência-consenso de HRE ligada[a] |
| Andrógenio | GG(A/T)ACAN$_2$TGTTCT |
| Glicocorticoide | GGTACAN$_3$TGTTCT |
| Ácido retinoico (alguns) | AGGTCAN$_5$AGGTCA |
| Vitamina D | AGGTCAN$_3$AGGTCA |
| Hormônio da tireoide | AGGTCAN$_3$AGGTCA |
| RX[b] | AGGTCANAGGTCANAG GTCANAGGTCA |

[a]N representa qualquer nucleotídeo.
[b]Forma um dímero com o receptor do ácido retinoico ou com o receptor da vitamina D.

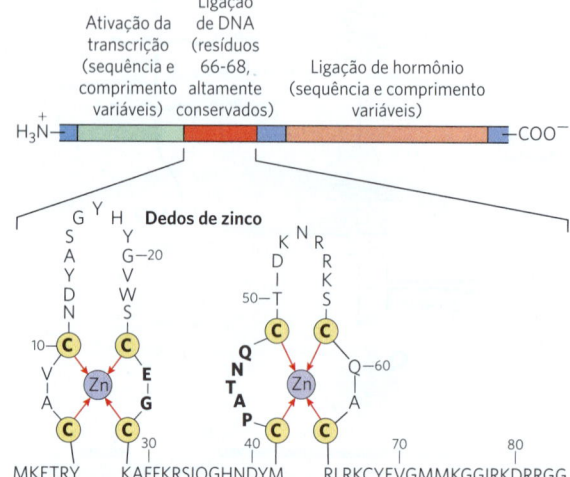

**FIGURA 28-35 Receptores típicos de hormônios esteroides.** Essas proteínas receptoras têm um sítio de ligação para o hormônio, um domínio de ligação ao DNA e uma região que ativa a transcrição do gene regulado. O domínio altamente conservado de ligação ao DNA tem dois dedos de zinco. A sequência mostrada é a do receptor de estrogênio, mas os resíduos em negrito são comuns a todos os receptores de hormônios esteroides.

de seis nucleotídeos. A capacidade de um determinado hormônio de agir por meio de um complexo hormônio-receptor para alterar a expressão de um gene específico depende da sequência exata do HRE, da sua posição relativa no gene e do número de HRE associados ao gene.

A região de ligação ao ligante da proteína receptora – sempre na extremidade carboxila – é específica para cada receptor. Por exemplo, na região de ligação ao ligante, o receptor de glicocorticoide tem apenas 30% de semelhança com o receptor de estrogênio, e 17% com o receptor dos hormônios da tireoide. O tamanho da região de ligação do ligante varia drasticamente; no receptor da vitamina D, essa região tem apenas 25 resíduos de aminoácidos, ao passo que, no receptor dos mineralocorticoides, ela tem 603 resíduos. Mutações que alteram apenas um resíduo de aminoácido nessas regiões podem resultar em perda da resposta a um hormônio específico. Algumas pessoas que não respondem a cortisol, testosterona, vitamina D ou tiroxina têm mutações desse tipo.

**P2** Os lncRNA adicionam outra dimensão à regulação pelos receptores de hormônios. Um lncRNA denominado GAS5 (parada de crescimento específico 5) inibe a ativação da transcrição pelos receptores de glicocorticoides por competição direta com o DNA pela ligação ao receptor. O GAS5 também inibe a atividade dos receptores de androgênio, da progesterona e dos mineralocorticoides, os quais estão intimamente relacionados. Além disso, o GAS5 interage com sequências no miRNA, denominadas miR-21, que interagem e inibem a atividade de algumas proteínas regulatórias que agem como supressores de tumor. A expressão de GAS5 é suprimida em uma ampla gama de tumores, levando a aumento da expressão de hormônios esteroides, níveis mais elevados de miR-21 ativa e taxa elevada de crescimento tumoral. Baixos níveis de GAS5, portanto, estão correlacionados com piora na evolução dos pacientes com câncer, tornando esse lncRNa um forte alvo de pesquisas.

Alguns receptores de hormônios, incluindo o receptor de progesterona humano, ativam a transcrição com a ajuda de um lncRNA diferente de aproximadamente 700 nucleotídeos que age como coativador – **ativador de RNA receptor de esteroide** (**SRA**). O SRA atua como parte de um complexo ribonucleoproteico, porém é o componente de RNA que é necessário para a coativação da transcrição. O conjunto detalhado das interações entre o SRA e outros componentes dos sistemas regulatórios para esses genes ainda precisa ser elucidado.

### A regulação pode resultar da fosforilação de fatores de transcrição nuclear

Como observado no Capítulo 12, os efeitos da insulina na expressão gênica são mediados por uma série de etapas, levando, por fim, à ativação de uma proteína-cinase no núcleo que fosforila proteínas de ligação de DNA específicas, alterando suas capacidades de atuarem como fatores de transcrição (ver Fig. 12-22). Esse mecanismo geral controla os efeitos de vários hormônios não esteroides. Por exemplo, a via β-adrenérgica que leva a níveis elevados de AMPc no citosol, agindo como um segundo mensageiro tanto em organismos eucarióticos como em bactérias (Fig. 28-18), também afeta a transcrição de um conjunto de genes, sendo que cada um deles está localizado próximo a uma sequência específica de DNA denominada **elemento de resposta ao AMPc** (**CRE**). A subunidade catalítica da proteína-cinase A, liberada quando os níveis de AMPc aumentam (ver Fig. 12-6), entra no núcleo e fosforila uma proteína nuclear, a **proteína de ligação ao CRE** (**CREB**). Quando fosforilada, a CREB se liga aos CRE próximo de certos genes e atua como um fator de transcrição, ligando a expressão desses genes.

### Muitos mRNA de eucariotos estão sujeitos à repressão da tradução

**P1** A regulação no nível da tradução assume um papel muito mais proeminente em organismos eucarióticos do que nas bactérias e ocorre em uma série de situações celulares.

Em contrapartida à forte associação entre transcrição e tradução existente nas bactérias, os transcritos gerados em um núcleo eucariótico devem ser processados e transportados ao citoplasma antes da tradução. Isso pode levar a uma demora significativa no aparecimento de uma proteína. Quando é necessário um aumento rápido da produção de proteínas, um mRNA com tradução reprimida já presente no citoplasma pode ser ativado para a tradução sem demora. A regulação da tradução pode desempenhar um papel especialmente importante na regulação de determinados genes muito longos de eucariotos (alguns são medidos em milhões de pares de bases), para os quais a transcrição e o processamento do mRNA podem durar muitas horas. Alguns genes são regulados tanto nos estágios de transcrição como nos de tradução, com os últimos desempenhando um papel de otimização nos níveis de proteínas celulares. Em algumas células anucleadas, como reticulócitos (eritrócitos imaturos), o controle da transcrição está inteiramente ausente, e o controle da tradução dos mRNA armazenados torna-se essencial. Como descrito a seguir, os controles na tradução podem também ter um significado espacial durante o desenvolvimento, quando a tradução regulada de mRNA pré-posicionados cria um gradiente local do produto proteico.

Os eucariotos têm pelo menos quatro mecanismos principais de regulação da tradução:

1. Fatores de iniciação da tradução estão sujeitos à fosforilação por proteínas-cinases. Em geral, as formas fosforiladas são menos ativas e provocam uma diminuição geral da tradução na célula.

2. Algumas proteínas se ligam diretamente ao mRNA e atuam como repressores da tradução, muitas se ligando a sítios específicos na região 3' não traduzida (3'UTR). Posicionadas dessa forma, essas proteínas interagem com outros fatores de iniciação de transcrição ligados ao mRNA ou com a subunidade ribossômica 40S para impedir a iniciação da tradução (**Fig. 28-36**).

3. Proteínas de ligação, presentes em eucariotos desde leveduras até mamíferos, interrompem a interação entre eIF4E e eIF4G (ver Fig. 27-27). As versões dos mamíferos são conhecidas como 4E-BP (proteínas de ligação de eIF4E). Quando o crescimento celular é lento, essas proteínas limitam a tradução ao se ligarem ao local em eIF4E, que normalmente interage com eIF4G. Quando o crescimento celular é retomado ou aumenta em resposta aos fatores de crescimento ou a outros estímulos, as proteínas de ligação são inativadas por fosforilação dependente de proteínas-cinases.

4. A regulação da expressão gênica mediada por RNA geralmente ocorre no nível da repressão traducional, com frequência pela ligação de ncRNA a mRNA.

O grande número de mecanismos de regulação da tradução fornece flexibilidade, permitindo que a repressão se concentre em alguns poucos mRNA ou na regulação global de toda a tradução celular.

A regulação da tradução foi muito bem estudada em reticulócitos. Um dos mecanismos nessas células envolve eIF2, o fator de iniciação que se liga ao tRNA iniciador e o transporta até o ribossomo; quando Met-tRNA se liga ao sítio P, o fator eIF2B se liga ao eIF2, reciclando-o com a ajuda da ligação e a hidrólise de GTP. A maturação dos reticulócitos inclui a destruição do núcleo celular, resultando em uma membrana plasmática que carrega hemoglobina. Os mRNA depositados no citoplasma antes da perda do núcleo permitem a reposição de hemoglobina. Quando os reticulócitos ficam deficientes em ferro ou grupos heme, a tradução do mRNA da globina é reprimida. Uma proteína-cinase chamada de **repressor controlado por hemina** (**HCR**, do inglês *hemin-controlled repressor*) é, então, ativada, catalisando a fosforilação do eIF2. Quando fosforilado, o eIF2 forma um complexo estável com o eIF2B, que sequestra o eIF2, deixando-o indisponível para participar da tradução. Desse modo, o reticulócito coordena a síntese de globina com a disponibilidade de grupos heme.

### O silenciamento gênico pós-transcricional é mediado por RNA de interferência

Em eucariotos superiores, incluindo nematódeos, moscas-da-fruta e mamíferos, os micro-RNA (miRNA) mediam o silenciamento de muitos genes. Os RNA funcionam pela interação com mRNA, geralmente na extremidade 3'UTR, levando à degradação do mRNA ou à inibição da tradução, fenômeno descrito pela primeira vez por Craig Mello e Andrew Fire. Em qualquer um dos casos, o mRNA e, portanto, o gene que o produz são silenciados. Essa forma de regulação gênica controla o momento do desenvolvimento em pelo menos alguns organismos. Ela também é usada como um mecanismo de proteção contra vírus de RNA invasores (particularmente importante em plantas, que não possuem sistema imune) e para controlar a atividade de transposons. Além disso, moléculas pequenas de RNA desempenham um papel fundamental (ainda indefinido) na formação da heterocromatina.

Muitos miRNA estão presentes apenas transitoriamente durante o desenvolvimento, sendo, às vezes, chamados de **pequenos RNA temporais** (**stRNA**). Milhares de miRNA diferentes foram identificados em eucariotos superiores, e eles podem afetar a regulação de um terço dos genes de mamíferos. Eles são transcritos como RNA precursores de aproximadamente 70 nucleotídeos de comprimento, com

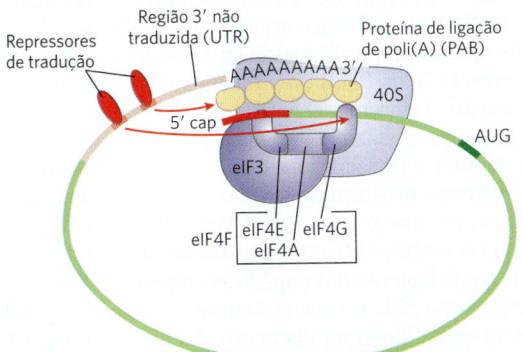

**FIGURA 28-36 Regulação da tradução do mRNA eucariótico.** Um dos mecanismos mais importantes para a regulação da tradução em eucariotos envolve a ligação de repressores da tradução (proteínas de ligação ao RNA) a sítios específicos na região 3' não traduzida (3'UTR) do mRNA. Essas proteínas interagem com os fatores de iniciação eucarióticos ou com o ribossomo para impedir ou tornar mais lenta a tradução.

sequências complementares internas que formam estruturas em grampo. Detalhes da via de processamento de miRNA foram descritos no Capítulo 26 (ver Fig. 26-26). Os precursores são clivados por endonucleases, como Drosha e Dicer, para formar duplexes pequenos de 20 a 25 nucleotídeos. Uma das fitas do miRNA processado é transferida para o mRNA-alvo (ou para o RNA de um vírus ou transposon), levando à inibição da tradução ou à degradação do mRNA (**Fig. 28-37a**). Alguns miRNA se ligam a um único mRNA, afetando, assim, a expressão de apenas um único gene. Outros interagem com muitos mRNA, formando, assim, o núcleo mecânico dos regulons que coordenam a expressão de muitos genes.

O mecanismo de regulação gênica tem um lado prático interessante e muito útil. Se um pesquisador introduzir em um organismo uma molécula de RNA de fita dupla com uma sequência correspondendo a praticamente qualquer mRNA, a enzima Dicer cliva o duplex em segmentos pequenos, denominados **pequenos RNA de interferência (siRNA)**. Esses RNA pequenos se ligam ao mRNA, silenciando-o (Fig. 28-37b). O processo é conhecido como **interferência de RNA (RNAi)**. Em plantas, praticamente qualquer gene pode ser desligado dessa maneira. Nematódeos ingerem facilmente RNA funcionais inteiros, e a simples introdução de RNA de fita dupla à dieta do verme produz uma supressão muito eficiente do gene-alvo. Essa técnica é uma ferramenta importante nos esforços que estão em andamento para estudar funções de genes, pois ela pode interromper a função do gene sem criar um organismo mutante. Esse procedimento também pode ser aplicado a seres humanos.

Os siRNA produzidos em laboratório foram usados para bloquear infecções por HIV e poliovírus em culturas de células humanas por períodos de cerca de uma semana por vez. O uso amplo de fármacos baseados em RNAi foi inicialmente retardado pelas dificuldades inerentes ao desenvolvimento de moléculas de RNAi apropriadas aos respectivos alvos, devido ao fato de que os tecidos humanos têm muitas nucleases que degradam RNA. Com os avanços recentes nos métodos de disponibilização, existem, hoje, mais de uma dúzia de fármacos de RNAi em ensaios clínicos avançados para o tratamento de várias doenças, desde polineuropatia amiloidótica familiar até infecções virais e câncer.

### A regulação da expressão gênica mediada por RNA se dá por várias formas nos eucariotos

Todos os RNA (independentemente de seu comprimento) que não codificam proteínas, incluindo rRNA e tRNA, recebem a designação geral de ncRNA. Os genomas de mamíferos codificam mais ncRNA do que mRNA codificadores. Os ncRNA em eucariotos incluem: os miRNA, descritos anteriormente; os snRNA, envolvidos no *splicing* de RNA (ver Fig. 26-16); os snoRNA, envolvidos na modificação de rRNA (ver Fig. 26-24); e os lncRNA, encontrados anteriormente neste capítulo. Não surpreende que outras classes funcionais de ncRNA ainda estejam sendo descobertas. A seguir, serão apresentados mais alguns exemplos de ncRNA que participam na regulação gênica, os quais são denominados lncRNA quando o seu comprimento for maior que 200 nucleotídeos.

O fator de choque térmico 1 (HSF1) é uma proteína ativadora que, em células não estressadas, existe em forma de monômero ligado à chaperona Hsp90. Sob condições de estresse, o HSF1 é liberado da Hsp90 e forma um trímero. O trímero de HSF1 se liga ao DNA e ativa a transcrição de genes que codificam produtos que são necessários para lidar com o estresse. Um lncRNA denominado HSR1 (RNA de choque térmico 1; cerca de 600 nucleotídeos) estimula a trimerização de HSF1 e a ligação ao DNA. O HSR1 não atua sozinho; ele funciona em um complexo com o fator de alongamento da tradução eEF1A.

Outros RNA afetam a transcrição de várias maneiras. Um lncRNA de 331 nucleotídeos, chamado de 7SK, abundante em mamíferos, liga-se ao fator de alongamento pTEFb da transcrição da Pol II (ver Tabela 26-2) e reprime o alongamento do transcrito. O ncRNA B2 (cerca de 178 nucleotídeos) se liga diretamente à Pol II durante um choque térmico e reprime a transcrição. A Pol II ligada ao B2 se reúne em PIC estáveis, mas a transcrição é bloqueada. O mecanismo que permite que genes responsivos ao HSF1 sejam expressos na presença de B2 ainda precisa ser descoberto.

O conhecimento dos papéis desempenhados por ncRNA na expressão gênica e em muitos outros processos celulares está se expandindo rapidamente. Ao mesmo tempo, o estudo da bioquímica da regulação gênica está ficando muito menos centrado nas proteínas.

### O desenvolvimento é controlado por cascatas de proteínas regulatórias

Em virtude de sua enorme complexidade e coordenação intricada, os padrões de regulação gênica que levam ao

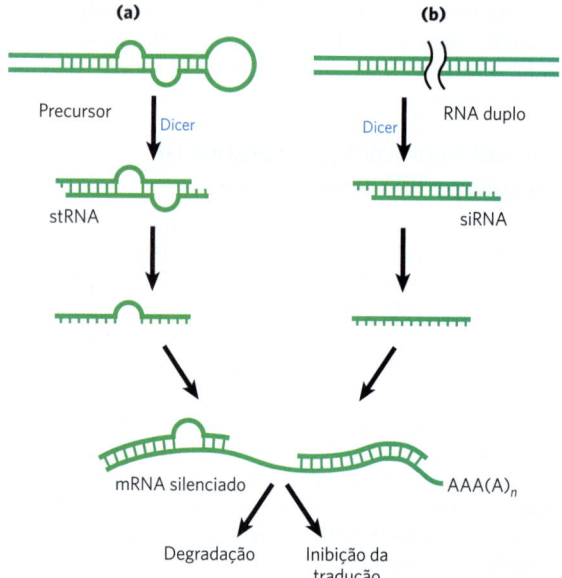

**FIGURA 28-37 Silenciamento gênico por interferência de RNA.** (a) Os pequenos RNA temporais (stRNA, uma das classes de miRNA) são gerados pela clivagem por Dicer a partir de precursores longos que se dobram, criando regiões de fita dupla. Os stRNA, então, ligam-se aos mRNA, levando à degradação de mRNA ou à inibição da tradução. (b) RNA de fita dupla projetados para interagir com um alvo específico e funcionar como substratos de Dicer podem ser construídos e introduzidos em uma célula. Dicer processa RNA de fita dupla em pequenos RNA de interferência (siRNA), que interagem com o mRNA-alvo. Mais uma vez, o mRNA é degradado ou a tradução é inibida.

desenvolvimento de um zigoto em animais ou plantas multicelulares não apresentam paralelo. O desenvolvimento precisa de transições na morfologia e na composição de proteínas que dependem de alterações fortemente coordenadas na expressão do genoma. Mais genes são expressos durante o desenvolvimento inicial do que em qualquer outra fase do ciclo de vida. Por exemplo, no ouriço-do-mar, um ovócito tem cerca de 18.500 mRNA *diferentes*, comparados com os cerca de 6.000 mRNA diferentes nas células de um tecido diferenciado típico. Os mRNA no ovócito dão origem a uma cascata de eventos que regulam a expressão de muitos genes ao longo do tempo e do espaço.

Vários organismos servem como sistemas-modelo importantes para o estudo do desenvolvimento, uma vez que são fáceis de serem mantidos em laboratório e têm tempos de geração relativamente curtos. Eles incluem nematódeos, moscas-da-fruta, peixe-zebra, camundongos e a planta *Arabidopsis*. Aqui, é fornecida uma breve discussão sobre o desenvolvimento da mosca-da-fruta. Nossa compreensão dos eventos moleculares durante o desenvolvimento de *Drosophila melanogaster* está bem avançada e pode ser usada para ilustrar padrões e princípios de significado geral.

O ciclo de vida da mosca-da-fruta inclui a metamorfose completa durante sua progressão de embrião para adulto (**Fig. 28-38**). Entre as características mais importantes do embrião, estão a sua **polaridade** (as partes anteriores e posteriores do animal são prontamente diferenciadas, bem como as partes dorsal e ventral) e a sua **metameria** (o corpo do embrião é composto de segmentos repetidos em série, cada um deles com traços característicos). Durante o desenvolvimento, esses segmentos se organizam em cabeça, tórax e abdome. Cada segmento do tórax do adulto tem um conjunto diferente de apêndices. O desenvolvimento desse padrão complexo está sob controle genético, e foram descobertos vários genes reguladores de padrões que afetam drasticamente a organização do corpo.

O ovo de *Drosophila*, juntamente com 15 células protetoras, é circundado por uma camada de células foliculares (**Fig. 28-39**). À medida que a célula-ovo se forma (antes da fecundação), os mRNA e as proteínas que se originam das células protetoras e foliculares são depositados no interior da célula-ovo, onde alguns deles desempenham um papel crucial para o desenvolvimento. Assim que um óvulo fecundado é posto, o núcleo se divide, e os núcleos descendentes continuam a se dividir em sincronia a cada 6 a 10 minutos. Membranas plasmáticas não se formam em torno dos núcleos, que são distribuídos no interior do citoplasma do ovo, formando um sincício. Entre a oitava e a nona rodadas da divisão nuclear, os núcleos migram para a camada externa do ovo, formando uma monocamada de núcleos envolvendo o citoplasma comum, rico em vitelo; trata-se de uma blastoderme sincicial. Após mais algumas divisões, as invaginações de membrana envolvem os núcleos para criar uma camada de células, que forma uma blastoderme celular. Nesse estágio, os ciclos mitóticos das várias células perdem a sincronia. O destino do desenvolvimento das células é determinado pelos mRNA e pelas proteínas originalmente depositados no ovo pelas células protetoras e foliculares.

As proteínas que, por meio de alterações na concentração local ou na atividade, fazem o tecido circundante adotar um formato ou uma estrutura particular, são algumas vezes chamadas de **morfógenos**; elas são os produtos de genes reguladores de padrões. Como definido por Christiane Nüsslein-Volhard, Edward B. Lewis e Eric F. Wieschaus, três classes principais de genes reguladores de padrões – genes maternos, de segmentação e homeóticos – funcionam em estágios sucessivos do desenvolvimento para especificar as características básicas do corpo do embrião de *Drosophila*. Os **genes maternos** são expressos no óvulo não fecundado, e os **mRNA maternos** resultantes permanecem dormentes até a fecundação. Eles fornecem a maioria das proteínas que são necessárias logo no início do desenvolvimento, até que a blastoderme celular esteja formada. Algumas das proteínas

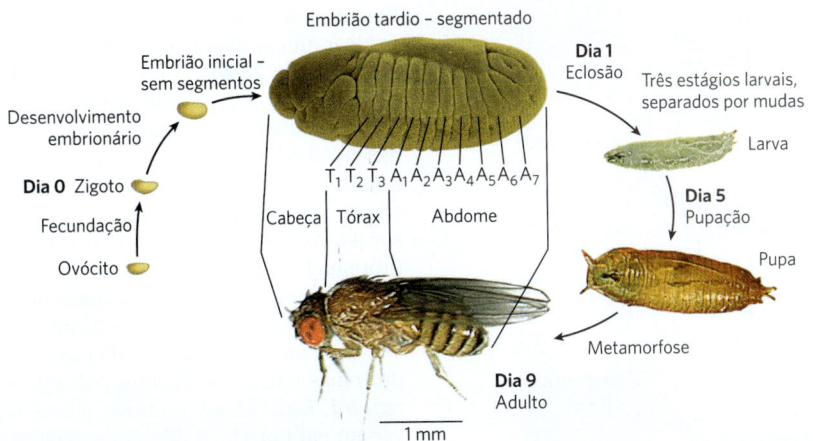

**FIGURA 28-38 Ciclo de vida da mosca-da-fruta *Drosophila melanogaster*.** A *Drosophila* passa por metamorfose completa, ou seja, a forma do inseto adulto é radicalmente diferente daquela dos seus estágios imaturos, uma transformação que precisa de grandes alterações durante o desenvolvimento. Ao final do estágio embrionário, os segmentos se formaram, e cada um deles possui estruturas especializadas a partir das quais se desenvolverão os vários apêndices e outras características da mosca adulta. [Embrião adulto: Cortesia de F. R. Turner, Department of Biology, University of Indiana, Bloomington. Outras fotos: Cortesia de Prof. Dr. Christian Klambt, Westfälische Wilhelms-Universität Münster, Institut für Neuro-und Verhaltensbiologie.]

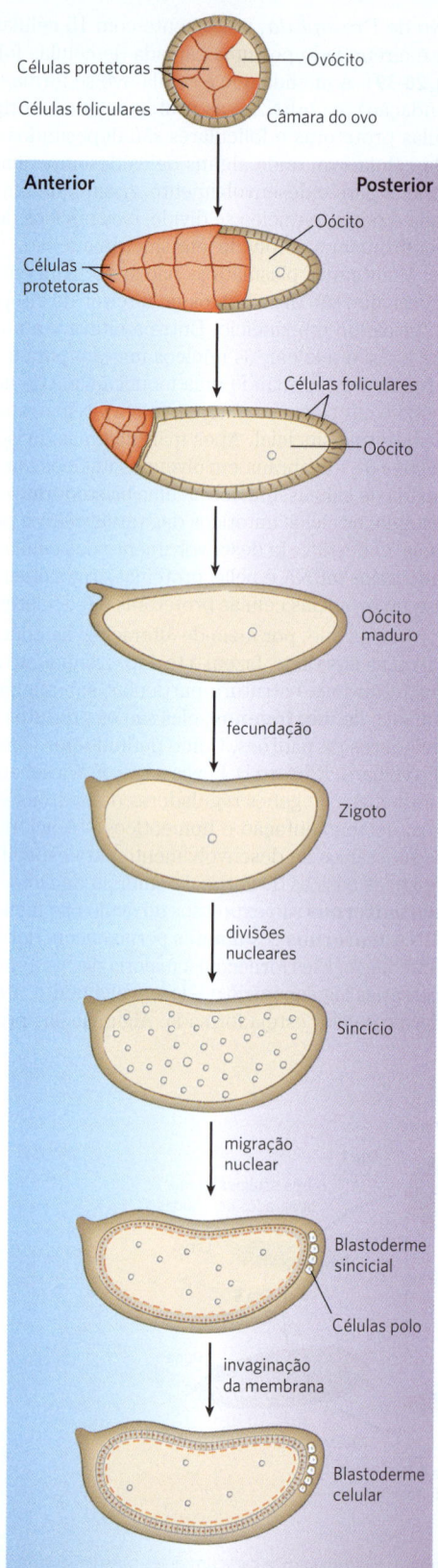

**FIGURA 28-39  Desenvolvimento inicial em *Drosophila*.** Durante o desenvolvimento do ovo, os mRNA e as proteínas maternos são depositados no ovócito em desenvolvimento (óvulo não fecundado) pelas células protetoras e pelas células foliculares. Após a fecundação, os dois núcleos do ovo fecundado dividem-se em sincronia no interior do citoplasma comum (sincício), migrando, então, para a periferia. As invaginações de membrana envolvem os núcleos para criar uma monocamada de células na periferia; esse é o estágio de blastoderme celular. Durante as divisões nucleares iniciais, vários núcleos na extremidade posterior se tornam células polo, que, mais tarde, tornam-se células da linhagem germinativa.

codificadas por mRNA maternos direcionam a organização espacial do embrião nos estágios iniciais do desenvolvimento, estabelecendo sua polaridade. Os **genes de segmentação**, transcritos após a fecundação, orientam a formação do número adequado de segmentos corporais. Pelo menos três subclasses de genes de segmentação atuam em estágios sucessivos: os **genes *gap*** dividem o embrião em desenvolvimento em várias regiões amplas; **genes *pair-rule***, bem como **genes de polaridade de segmento**, definem 14 listras que se tornam os 14 segmentos de um embrião normal. Os **genes homeóticos** são expressos ainda mais tarde; eles especificam quais órgãos e apêndices irão se desenvolver em segmentos corporais específicos.

Se todas as células se dividissem para produzir duas células-filhas idênticas, os organismos pluricelulares nunca seriam mais do que uma bola de células idênticas. Um evento-chave no desenvolvimento inicial é o estabelecimento de gradientes de RNA e proteínas ao longo dos eixos corporais, produzindo divisões celulares assimétricas e destinos celulares diferentes. Alguns mRNA maternos têm produtos proteicos que se difundem através do citoplasma para criar uma distribuição assimétrica no ovo. Portanto, diferentes células na blastoderme celular herdam diferentes quantidades dessas proteínas, colocando as células em diferentes vias de desenvolvimento. Um exemplo é o gene *bicoid*. O produto do gene *bicoid* é um morfógeno anterior importante. O mRNA do gene *bicoid* é sintetizado pelas células protetoras e depositado no ovo não fecundado próximo ao polo anterior. Traduzida logo após a fecundação, a proteína Bicoid se difunde pela célula para criar, até a sétima divisão nuclear, um gradiente de concentração que irradia do polo anterior (**Fig. 28-40**). A proteína Bicoid contém um homeodomínio (p. 1062), codificado por um motivo de sequência gênica chamado homeobox e encontrado em muitas proteínas envolvidas na regulação do desenvolvimento. A Bicoid é multifuncional – um fator de transcrição que ativa a expressão de vários genes de segmentação e também um repressor da tradução que inativa certos mRNA. A quantidade de proteína Bicoid em várias partes do embrião aumenta ou diminui a expressão de outros genes de uma maneira dependente de limiar. Como sua concentração varia ao longo de seu gradiente, as interações do produto do gene *bicoid* com proteínas e RNA codificados pelos genes *nanos*, *pumilio*, *caudal*, *hunchback* e outros genes reguladores também variam para produzir diferentes efeitos ao longo do eixo do organismo em desenvolvimento. Isso resulta em diferentes destinos de desenvolvimento das células na blastoderme, dependendo da sua localização.

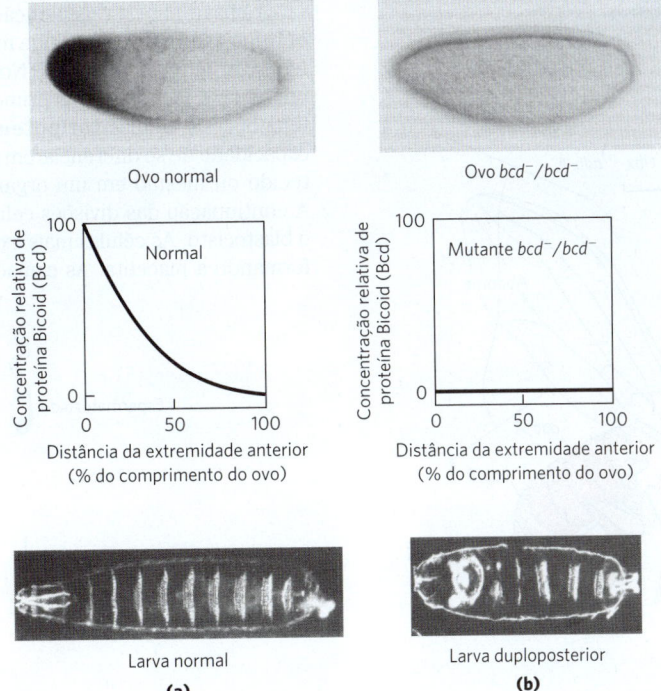

**FIGURA 28-40 Distribuição de um produto do gene materno em um ovo de *Drosophila*.** (a) Micrografia de um ovo corado imunologicamente (parte superior), mostrando a distribuição do produto do gene *bicoid* (*bcd*). O gráfico mostra a intensidade da coloração ao longo do comprimento do ovo. Essa distribuição é essencial para o desenvolvimento normal das estruturas anteriores da larva (parte inferior). (b) Se o gene *bcd* não for expresso pela mãe (mutante *bcd⁻*/*bcd⁻*) e, portanto, não houver depósito de mRNA de *bicoid* no ovo, a larva resultante terá dois posteriores (e morrerá em seguida). [Republicado com autorização de Elsevier, de "The bicoid protein determines position in the Drosophila embryo in a concentration-dependent manner" por Wolfgang Driever e Christiane Nüsslein-Volhard, *Cell* 54:83-93, julho 1, 1988; permissão intermediada por Copyright Clearance Center, Inc.]

Os seres humanos não se parecem com as moscas-da-fruta, mas os genes e mecanismos envolvidos no desenvolvimento são altamente conservados. Isso pode ser visto nos agrupamentos de genes que codificam os genes homeóticos ou **genes Hox**, sendo o último termo derivado de homeobox. A *Drosophila* possui um desses agrupamentos, e os humanos têm quatro (**Fig. 28-41**), com genes dentro dos agrupamentos muito semelhantes, desde nematódeos até os seres humanos.

Os vários genes regulatórios nessas três classes orientam o desenvolvimento de uma mosca adulta, com cabeça, tórax e abdome, com o número adequado de segmentos e com os apêndices corretos em cada segmento. Embora a embriogênese leve cerca de 1 dia para se completar, todos esses genes são ativados durante as primeiras 4 horas. Alguns mRNA e proteínas estão presentes por apenas alguns minutos em pontos específicos durante esse período. Alguns dos genes codificam fatores de transcrição que afetam a expressão de outros genes em um tipo de cascata de desenvolvimento. Também ocorre regulação no nível da tradução, e muitos dos genes reguladores codificam repressores de tradução, a maioria dos quais se liga à 3′-UTR do mRNA (Fig. 28-36). ▶P1 Como muitos mRNA são depositados no ovo muito antes de sua tradução ser necessária, a repressão da tradução fornece uma avenida especialmente importante para a regulação em vias de desenvolvimento.

Muitos dos princípios de desenvolvimento destacados anteriormente se aplicam a outros eucariotos, desde nematódeos até os seres humanos. Algumas das proteínas reguladoras são conservadas. Por exemplo, os produtos dos genes que contêm homeobox *HOXA7* em camundongos e *antennapedia* em moscas-da-fruta diferem em apenas um resíduo de aminoácido. É evidente que, embora os mecanismos regulatórios moleculares possam ser semelhantes, muitos dos eventos finais do desenvolvimento não são conservados (os seres humanos não têm asas ou antenas). A diferença nos resultados deve-se a diferenças nos genes-alvo a jusante controlados pelos genes *Hox*. A descoberta de determinantes estruturais com funções moleculares identificáveis é a primeira etapa para compreender os eventos moleculares básicos do desenvolvimento. À medida que mais genes e seus produtos proteicos forem descobertos, o aspecto bioquímico desse grande quebra-cabeça será elucidado com maior riqueza de detalhes.

### Células-tronco têm um potencial de desenvolvimento que pode ser controlado

Se conseguirmos compreender o desenvolvimento e os mecanismos da regulação gênica por trás dele, é possível controlá-lo. Um ser humano adulto tem muitos tipos de tecidos diferentes. Muitas células se diferenciam definitivamente

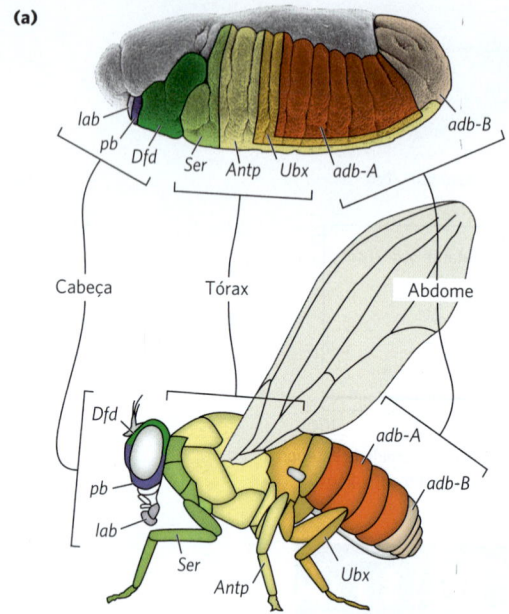

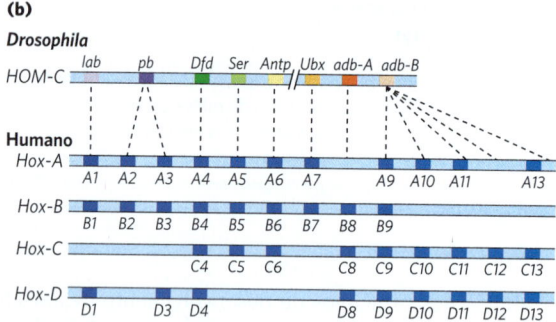

**FIGURA 28-41 Grupos de genes *Hox* e seus efeitos no desenvolvimento.** (a) Cada gene *Hox* na mosca-da-fruta é responsável pelo desenvolvimento de estruturas em uma parte definida do corpo e é expresso em regiões definidas do embrião, como mostrado. (b) *Drosophila* tem um grupo de genes *Hox*, e o genoma humano tem quatro. Muitos desses genes são altamente conservados em animais multicelulares. Relações evolutivas, indicadas por alinhamento de sequência, entre o grupo de genes *Hox* da mosca-da-fruta e os grupos de genes *Hox* em mamíferos são mostradas por linhas tracejadas. Relações semelhantes entre quatro conjuntos de genes *Hox* de mamíferos estão indicadas por alinhamento vertical. [(a) Informações de F. R. Turner, University of Indiana, Department of Biology.]

e não se dividem mais. Caso um órgão não funcione direito devido a uma doença ou um membro seja perdido em um acidente, os tecidos não são repostos imediatamente. A maioria das células não é reprogramada com facilidade, devido aos processos regulatórios que ocorrem ou mesmo devido à perda de uma parte ou de todo o DNA genômico. A medicina possibilitou a realização de transplantes, mas os doadores de órgãos são uma fonte limitada, e a rejeição de órgãos continua sendo um problema médico de grande importância. Se os seres humanos pudessem regenerar os seus órgãos, membros ou tecido nervoso, a rejeição deixaria de ser um problema. A cura da insuficiência renal ou de doenças neurodegenerativas poderia vir a ser uma realidade.

A chave para a regeneração de tecidos se encontra nas **células-tronco** – células que mantêm a capacidade de se diferenciar em vários tecidos. Nos seres humanos, depois que um óvulo é fecundado, as primeiras divisões celulares criam uma bola de células **totipotentes** (a mórula), células com capacidade de se diferenciarem individualmente em qualquer tecido ou mesmo em um organismo completo (**Fig. 28-42**). A continuação das divisões celulares forma uma esfera oca, o blastocisto. As células mais externas do blastocisto acabam formando a placenta. As camadas mais internas formam as

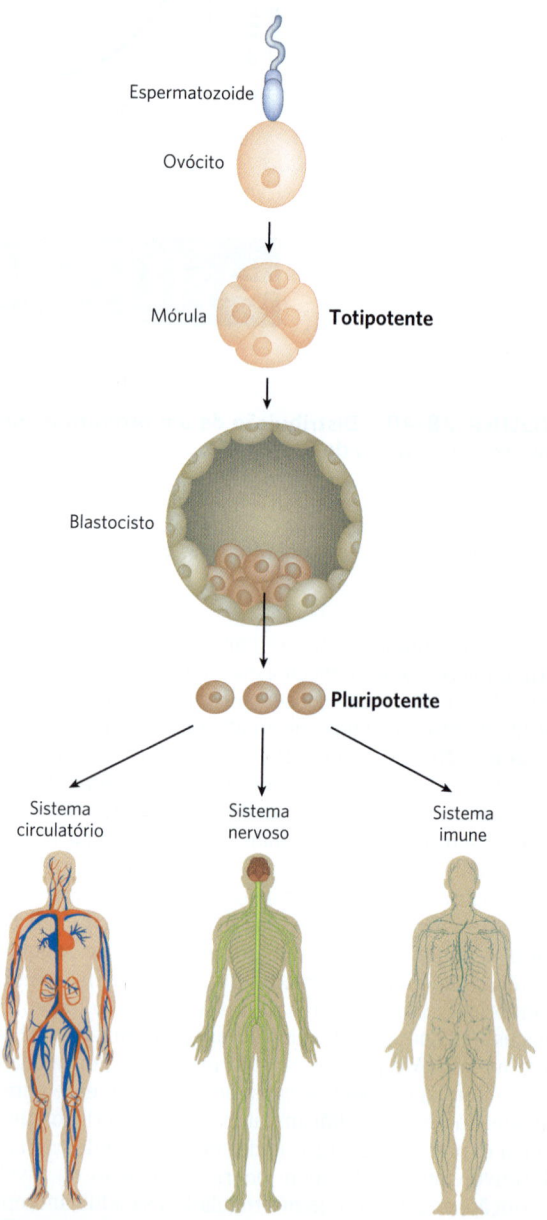

**FIGURA 28-42 Células-tronco totipotentes e pluripotentes.** As células do estágio de mórula são totipotentes e têm a capacidade de se diferenciar em um organismo completo. A fonte de células-tronco embrionárias pluripotentes é a totalidade das células internas do blastocisto. As células pluripotentes dão origem a vários tipos de tecidos, mas não formam organismos completos.

camadas germinativas do feto em desenvolvimento – ectoderma, mesoderma e endoderma. Essas células são **pluripotentes**: originam células de todas as três camadas germinativas e se diferenciam em muitos tipos de tecidos. No entanto, elas não se diferenciam em um organismo completo. Algumas dessas células são **unipotentes**: desenvolvem-se em apenas um tipo de célula e/ou tecido. São as células pluripotentes do blastocisto, as **células-tronco embrionárias**, que são usadas atualmente na pesquisa de células-tronco embrionárias.

As células-tronco têm duas funções: repor a si mesmas e, ao mesmo tempo, fornecer células que podem se diferenciar. Essas tarefas são realizadas de muitas maneiras (**Fig. 28-43a**).

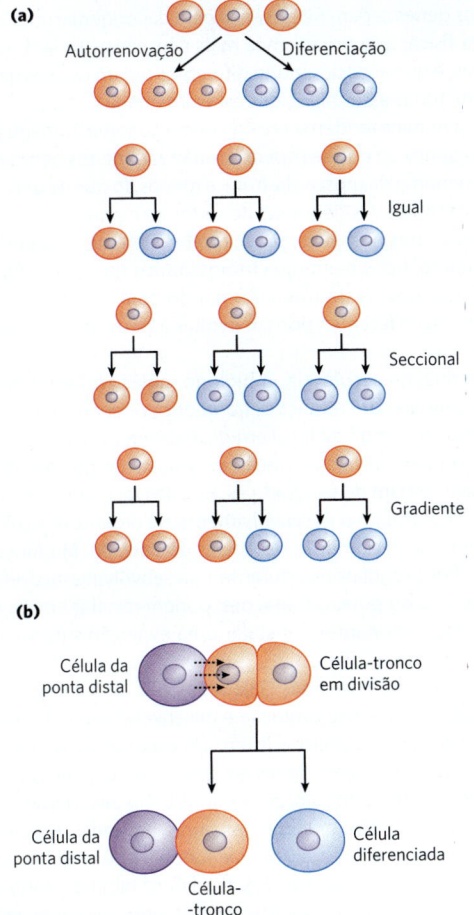

**FIGURA 28-43 Proliferação de células-tronco *versus* diferenciação e desenvolvimento.** As células-tronco devem encontrar um equilíbrio entre autorrenovação e diferenciação. (a) Alguns padrões possíveis de divisão celular que permitem o reabastecimento de células-tronco e a produção de algumas células diferenciadas. Cada célula pode produzir uma célula-tronco e uma célula diferenciada, duas células diferenciadas ou duas células-tronco em partes específicas do tecido ou da cultura. Ou pode ser estabelecido um gradiente de condições de crescimento, com os destinos das células diferindo de uma extremidade do gradiente para a outra. (b) Estabelecimento de um nicho de desenvolvimento pelo contato de células-tronco com uma célula ou grupo de células. Sinais moleculares fornecidos pelas células de nicho (nesse caso, para plantas, uma célula da extremidade distal) ajudam a orientar o fuso mitótico para a divisão das células-tronco e asseguram que uma célula-filha retenha as propriedades de célula-tronco.

Parte ou toda a célula-tronco embrionária pode, em princípio, ter envolvimento na reposição ou na diferenciação, ou mesmo em ambas.

Outros tipos de células-tronco têm o potencial de uso médico. No organismo adulto, as **células-tronco adultas**, como produtos de diferenciação adicional, têm um potencial mais limitado de novo desenvolvimento do que as células-tronco embrionárias. Por exemplo, as células-tronco hematopoiéticas da medula óssea podem dar origem a muitos tipos de células sanguíneas e a células com a capacidade de regenerar ossos. Elas são chamadas de **multipotentes**. Entretanto, essas células não podem se diferenciar em fígado, rim ou neurônio. Em geral, diz-se que as células-tronco adultas têm um **nicho**, um microambiente que promove a manutenção da célula-tronco ao mesmo tempo que permite a diferenciação de algumas células-filhas como substitutas das células no tecido em que atuam (Fig. 28-43b). As células-tronco hematopoiéticas na medula óssea ocupam um nicho em que a sinalização de células vizinhas e outros fatores mantêm a linhagem de células-tronco. Ao mesmo tempo, algumas células-filhas se diferenciam para fornecer as células sanguíneas necessárias. Compreender o nicho em que as células-tronco operam e os sinais que ele dá é essencial nos esforços para aproveitar o potencial das células-tronco para regenerar tecidos. A identificação e a manutenção em cultura de células-tronco pluripotentes de blastocistos humanos foram relatadas por James Thomson e colaboradores em 1998. Esse avanço levou à disponibilidade em longo prazo de linhagens celulares estabelecidas para pesquisa.

Todas as células-tronco apresentam problemas para a aplicação em medicina humana. As células-tronco adultas têm uma capacidade limitada de regenerar tecidos, estão presentes geralmente em número pequeno e são difíceis de ser isoladas de uma pessoa adulta. As células-tronco embrionárias têm um potencial de diferenciação muito maior e podem ser cultivadas em grande número, porém o seu uso envolve preocupações éticas relacionadas com a necessidade de destruição de embriões humanos. A identificação de uma fonte de células-tronco abundante e clinicamente útil, que não suscite preocupações, permanece um objetivo central da pesquisa médica.

A capacidade de manter células-tronco em cultura (i.e., mantê-las em estado indiferenciado) e manipulá-las para que cresçam e se diferenciem em tecidos específicos resulta, em grande parte, da compreensão da biologia do desenvolvimento.

Até agora, células-tronco embrionárias humanas e murinas foram usadas para a maior parte das pesquisas. Embora ambos os tipos de células-tronco sejam pluripotentes, elas precisam de condições de cultura muito diferentes, otimizadas para permitir a divisão celular indefinidamente sem que haja diferenciação. As células-tronco embrionárias de camundongos crescem em uma camada de gelatina e precisam da presença de um fator de inibição de leucemia (LIF). Já as células-tronco embrionárias humanas crescem em uma camada de alimentação de fibroblastos embrionários de camundongo e precisam do fator de crescimento básico de fibroblastos (bFGF ou FGF2). O uso de uma camada de alimentação implica que as células de camundongo estão fornecendo um produto difusível ou algum sinal de superfície, ainda desconhecido, que é necessário para a divisão celular ou para impedir a diferenciação de células-tronco humanas.

## QUADRO 28-1

### Sobre barbatanas, asas, bicos e outras coisas

A América do Sul tem várias espécies de tentilhões que se alimentam de sementes, comumente chamados de tizius (e, em algumas regiões, de tizirro, alfaiate, papa-arroz, saltador ou veludinho). Há cerca de 3 milhões de anos, um pequeno grupo de tentilhões de uma única espécie alçou voo da costa continental do Pacífico. Talvez levados por uma tempestade, eles perderam de vista a terra e viajaram aproximadamente 1.000 km mar adentro. Pequenos pássaros como esses poderiam ter morrido facilmente nessa jornada, mas uma chance ínfima levou o grupo a uma ilha vulcânica recentemente formada em um arquipélago que mais tarde seria conhecido como as Ilhas Galápagos. Era uma paisagem intocada, com plantas e insetos inexplorados como fontes de alimento, e os tentilhões recém-chegados sobreviveram. Ao longo dos anos, novas ilhas foram formadas e colonizadas por novas plantas e insetos – e pelos tentilhões. Os pássaros exploraram os novos recursos das ilhas, e grupos de pássaros gradualmente se especializaram e divergiram em novas espécies. Quando Charles Darwin pisou nas ilhas, em 1835, havia muitas espécies diferentes de tentilhões nas várias ilhas do arquipélago, alimentando-se de sementes, frutos, insetos, pólen ou mesmo de sangue.

A diversidade de criaturas vivas sempre foi uma fonte de admiração para o homem muito antes de os cientistas procurarem entender suas origens. A perspectiva extraordinária fornecida por Darwin, inspirada em parte por seu encontro com os tentilhões das Ilhas Galápagos, providenciou uma explicação abrangente para a existência de organismos com uma vasta diversidade de aparências e características. Ela também deu origem a muitas questões acerca dos mecanismos subjacentes à evolução. Respostas a essas questões começaram a aparecer, primeiro pelo estudo dos genomas e do metabolismo de ácidos nucleicos na última metade do século XX e, mais recentemente, por meio de uma nova área do conhecimento, apelidada de evo-devo – uma mistura da biologia evolutiva e da biologia do desenvolvimento.

Na sua síntese moderna, a teoria da evolução apresenta dois elementos principais: mutações em uma população geram diversidade genética; a seleção natural, então, atua nessa diversidade para favorecer os indivíduos com ferramentas genômicas mais úteis e desfavorecer outros. As mutações ocorrem com frequências significativas no genoma de cada ser vivo, em cada célula (ver Seção 8.3). Mutações vantajosas em organismos unicelulares ou na linhagem germinativa de organismos multicelulares podem ser herdadas, e é mais provável que elas sejam herdadas (i.e., passadas para um número maior da sua prole) se elas conferirem alguma vantagem. É um esquema bastante simples. Muitos se perguntaram, porém, se ele é suficiente para explicar, por exemplo, os muitos tipos de bicos diferentes dos tentilhões das Ilhas Galápagos, ou a diversidade de tamanho e forma entre os mamíferos. Até poucas décadas atrás, havia várias hipóteses amplamente difundidas a respeito do processo evolutivo: que muitas mutações e novos genes seriam necessários para dar origem a uma nova estrutura física; que organismos mais complexos teriam genomas maiores; e que espécies muito diferentes teriam poucos genes em comum. Todas essas hipóteses estavam erradas.

A genômica moderna revelou que o genoma humano contém menos genes do que se esperava – não são muitos genes mais do que o genoma da mosca-da-fruta, e menos do que os genomas de alguns anfíbios. Os genomas de todos os mamíferos, de camundongos a seres humanos, são surpreendentemente semelhantes em número, tipos e arranjo cromossômico dos genes. Enquanto isso, a evo-devo está nos informando como criaturas complexas e muito diferentes podem evoluir a partir dessas realidades genômicas.

No final do século XIX, o biólogo inglês William Bateson estudou animais com mutações homeóticas – criaturas com partes do corpo crescendo no local errado. Bateson usou as informações que tinha para desafiar a noção darwinista de que as alterações evolutivas teriam de ser graduais. Estudos recentes acerca de genes que controlam o desenvolvimento de organismos colocaram um ponto de exclamação nas ideias de Bateson. Mudanças sutis nos padrões regulatórios durante o desenvolvimento, refletindo apenas uma ou poucas mutações, podem resultar em mudanças físicas impressionantes e instalar uma evolução surpreendentemente rápida.

Os tentilhões das Ilhas Galápagos são um exemplo maravilhoso da ligação entre evolução e desenvolvimento. Há pelo menos 14 (alguns especialistas listam 15) espécies de tentilhões nas Ilhas Galápagos, diferenciadas em grande parte pela estrutura do bico. Os tentilhões do solo, por exemplo, têm bicos largos e fortes, adaptados para triturar sementes duras e grandes. Os tentilhões dos cactos têm bicos mais finos e longos, ideais para acessar os frutos e as flores dos cactos (Fig. 1). Clifford Tabin e colaboradores investigaram cuidadosamente um conjunto de genes expresso

Um avanço significativo, relatado em 2007, foi a reversão da diferenciação bem-sucedida. De fato, células da pele – primeiro de camundongos, depois de seres humanos – foram reprogramadas para assumir as características de células-tronco pluripotentes. A reprogramação envolve manipulações para que as células expressem pelo menos quatro fatores de transcrição (Oct4, Sox2, Nanog e Lin28), todos conhecidos por ajudarem a manter o estado de célula-tronco. Avanços graduais nessa tecnologia podem tornar desnecessário o cultivo de células-tronco embrionárias e fornecer uma fonte de células-tronco geneticamente adequada a um paciente prospectivo.

A discussão acerca da regulação do desenvolvimento e das células-tronco fechou um ciclo que volta ao início da bioquímica. Apropriadamente, a evolução fornece as primeiras e as últimas palavras deste livro. Para que a evolução leve à geração de mudanças no organismo que o transformem em uma outra espécie, é a programação do desenvolvimento que deve ser alterada. Os processos de desenvolvimento e evolutivos estão intimamente associados, um fornecendo informações ao outro (**Quadro 28-1**). O estudo contínuo da bioquímica tem tudo a ver com engrandecer o futuro da humanidade e compreender nossas origens.

durante o desenvolvimento craniofacial de aves. Eles identificaram um único gene, *Bmp4*, cujo nível de expressão se correlacionava com a formação dos bicos mais robustos dos tentilhões de solo. Bicos mais robustos também se formaram em embriões de galinhas quando altos níveis de Bmp4 foram artificialmente expressos nos tecidos apropriados, confirmando a importância de *Bmp4*. Em um estudo semelhante, a formação de bicos longos e finos estava ligada à expressão de calmodulina (ver Fig. 12-17) em tecidos específicos em estágios de desenvolvimento apropriados. Assim, mudanças importantes na forma e na função do bico podem ser produzidas por alterações sutis na expressão de apenas dois genes envolvidos na regulação do desenvolvimento. Poucas mutações são necessárias, e as que ocorrem afetam a regulação. Novos genes *não* são necessários.

O sistema de genes regulatórios que guia o desenvolvimento é surpreendentemente conservado em todos os vertebrados. A expressão elevada de *Bmp4* no tecido adequado e no período certo leva ao desenvolvimento de partes da mandíbula mais robustas no peixe-zebra. O mesmo gene desempenha um papel essencial no desenvolvimento dos dentes de mamíferos. O desenvolvimento dos olhos é desencadeado pela expressão de um único gene, *Pax6*, em moscas-da-fruta e em mamíferos. O gene *Pax6* de camundongos desencadeia o desenvolvimento de olhos de mosca-da-fruta na mosca-da-fruta, e o gene *Pax6* da mosca-da-fruta desencadeia o desenvolvimento de olhos de camundongo no camundongo. Em cada organismo, esses genes são parte de uma cascata regulatória muito maior, que, em última análise, cria as estruturas corretas nos locais corretos em cada organismo. A cascata é antiga; por exemplo, os genes *Hox* (descritos no texto) são parte *do* programa de desenvolvimento de eucariotos pluricelulares há mais de 500 milhões de anos. Mudanças sutis nessa cascata podem ter grandes efeitos no desenvolvimento e, portanto, na aparência final do organismo. Essas mesmas mudanças sutis podem alimentar uma evolução surpreendentemente rápida. Por exemplo, as 400 a 500 espécies descritas de ciclídeos (peixes com nadadeiras com espinhos) no Lago Malawi e no Lago Vitória, no continente africano, são todas derivadas de uma ou algumas poucas populações que colonizaram cada um dos lagos nos últimos 100.000 a 200.000 anos. Os tentilhões das Ilhas Galápagos simplesmente seguiram o caminho de evolução e mudança que os seres vivos têm trilhado há bilhões de anos.

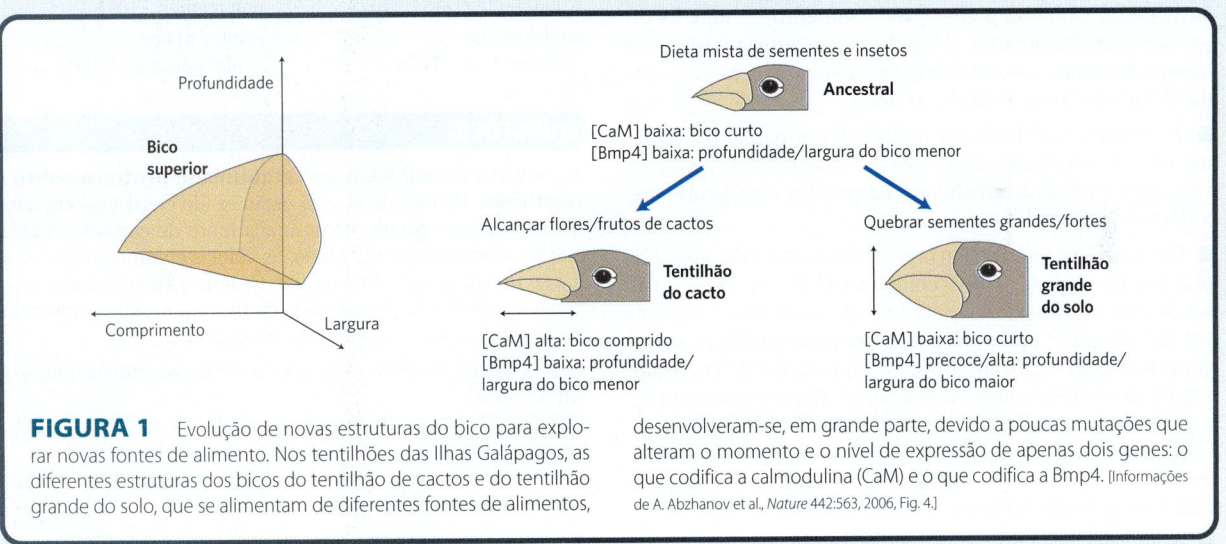

**FIGURA 1** Evolução de novas estruturas do bico para explorar novas fontes de alimento. Nos tentilhões das Ilhas Galápagos, as diferentes estruturas dos bicos do tentilhão de cactos e do tentilhão grande do solo, que se alimentam de diferentes fontes de alimentos, desenvolveram-se, em grande parte, devido a poucas mutações que alteram o momento e o nível de expressão de apenas dois genes: o que codifica a calmodulina (CaM) e o que codifica a Bmp4. [Informações de A. Abzhanov et al., *Nature* 442:563, 2006, Fig. 4.]

---

### RESUMO 28.3 Regulação da expressão gênica em eucariotos

■ Em eucariotos, grandes mudanças na estrutura da cromatina acompanham a expressão de um gene. A heterocromatina transcricionalmente inativa é aberta por proteínas que remodelam a cromatina. Elas ejetam, substituem ou modificam os nucleossomos para permitir que outras proteínas, principalmente componentes e reguladores da RNA-polimerase, acessem os locais necessários para iniciar a transcrição.

■ Em eucariotos, a regulação positiva é mais comum do que a negativa.

■ Em geral, promotores para a Pol II têm uma caixa TATA e sequência Inr, bem como múltiplos sítios de ligação para ativadores de transcrição. Estes últimos, algumas vezes localizados centenas ou milhares de pares de bases distantes da caixa TATA, são chamados de sequências ativadoras a montante em leveduras e de potencializadores em eucariotos superiores. A regulação da atividade transcricional geralmente requer grandes complexos de proteínas. Esses complexos incluem fatores de transcrição basais, ativadores, coativadores, reguladores arquitetônicos e as enzimas que modificam e remodelam a cromatina. Os efeitos dos ativadores de transcrição na Pol II são mediados pelos complexos de proteínas coativadoras, como o Mediador.

■ Os genes de levedura envolvidos no metabolismo da galactose, que foram bem estudados, fornecem exemplos de regulação positiva e negativa em um organismo eucarioto.

■ As estruturas modulares dos ativadores têm ativação e domínios de ligação ao DNA distintos.

■ Os hormônios afetam a regulação da expressão gênica em uma de duas maneiras. Os hormônios esteroides interagem diretamente com receptores intracelulares que são proteínas regulatórias que se ligam ao DNA; a ligação do hormônio pode ter efeitos positivos ou negativos sobre a transcrição dos genes-alvo.

■ Os hormônios não esteroides se ligam a receptores na superfície das células, disparando uma via de sinalização que pode levar à fosforilação de uma proteína regulatória, afetando a sua atividade.

■ A regulação da tradução é particularmente importante em eucariotos. A modulação da tradução de um mRNA armazenado no citoplasma proporciona uma resposta mais rápida aos desafios celulares do que a montagem de novo de complexos de transcrição e a síntese de mRNA.

■ Micro-RNAs (miRNA) estão envolvidos no silenciamento de genes durante o desenvolvimento e como uma defesa antiviral. O caminho para o processamento de miRNA de precursores maiores foi utilizado por pesquisadores para desenvolver a tecnologia de silenciamento de genes chamada de interferência de RNA, ou RNAi.

■ A regulação mediada por ncRNA desempenha um papel importante na expressão de genes eucarióticos, com mecanismos conhecidos incluindo interações com proteínas, mRNA e outros ncRNA.

■ O desenvolvimento de um organismo multicelular apresenta o desafio regulatório mais complexo. O destino das células no embrião em estágios iniciais é determinado pelos gradientes das proteínas anteroposterior e dorsoventral que atuam como ativadores de transcrição ou repressores de tradução, regulando os genes necessários para o desenvolvimento de estruturas apropriadas a uma parte específica do organismo. Conjuntos de genes regulatórios operam em sucessão temporal e espacial, transformando determinadas áreas de uma célula-ovo em estruturas previsíveis no organismo adulto.

■ A diferenciação de células-tronco em tecidos funcionais pode ser controlada por sinais e condições extracelulares.

### TERMOS-CHAVE

*Os termos em negrito estão definidos no glossário.*

**indução** 1054
**repressão** 1054
**genes constitutivos** 1056
fator de especificidade 1056
**repressor** 1056
**ativador** 1056
**RNA não codificador (ncRNA)** 1056
**RNA não codificador longo (lncRNA)** 1056
**operador** 1057
regulação negativa 1057
regulação positiva 1057
regulador arquitetônico 1057
**operon** 1058
hélice-volta-hélice 1061
**dedo de zinco** 1061
**homeodomínio** 1062
**homeobox** 1062
**motivo de reconhecimento de RNA (RRM)** 1062
**zíper de leucina** 1063
hélice-alça-hélice básico 1064
**controle combinatório** 1065
**proteína receptora de AMPc (CRP)** 1066
**regulon** 1067
atenuação de transcrição 1068
**repressor de tradução** 1070
resposta estringente 1071
**ribocomutador** 1072
variação de fase 1073
remodelação da cromatina 1075
SWI/SNF 1075
histonas-acetiltransferases (HAT) 1076
**potencializadores** 1078
sequências ativadoras a montante (UAS) 1078
ativadores de transcrição 1078
coativadores 1078
fatores de transcrição basais 1078
**complexo de pré-iniciação (PIC)** 1078
grupo de alta mobilidade (HMG) 1079
**Mediador** 1079
proteína de ligação ao TATA (TBP) 1080
**elemento de resposta a hormônios (HRE)** 1083
interferência de RNA (RNAi) 1086
**polaridade** 1087
**metameria** 1087
genes maternos 1087
mRNA maternos 1087
genes de segmentação 1088
genes *gap* 1088
genes *pair-rule* 1088
genes de polaridade de segmento 1088
**genes homeóticos** 1088
totipotentes 1090
pluripotentes 1091
unipotentes 1091
células-tronco embrionárias 1091

### QUESTÕES

**1. Efeito do mRNA e da estabilidade proteica sobre a regulação** Células de *E. coli* estão sendo cultivadas em meio de cultura com glicose como única fonte de carbono. Após a adição repentina de triptofano, as células continuam a crescer e a se dividir a cada 30 minutos. Descreva (qualitativamente) como a quantidade de atividade da triptofano-sintase nas células muda com o tempo em cada condição:

**(a)** O mRNA *trp* é estável (degradado lentamente ao longo de várias horas).
**(b)** O mRNA *trp* é degradado rapidamente, mas a triptofano--sintase é estável.
**(c)** O mRNA *trp* e a triptofano-sintase são ambos degradados rapidamente.

**2. Operon da lactose** Uma pesquisadora constrói um operon *lac* em um plasmídeo, mas inativa todas as partes do operador *lac* (*lacO*) e do promotor *lac*, substituindo-os pelo sítio de ligação para o repressor LexA (que atua na resposta SOS) e um promotor regulado por LexA. O plasmídeo é introduzido nas células de *E. coli* que têm um operon *lac* com um gene *lacZ* inativo. Em quais condições as células transformadas produzirão β-galactosidase?

**3. Regulação negativa** Descreva os prováveis efeitos na expressão gênica no operon *lac* de cada mutação:

**(a)** Mutação no operador *lac* que exclui a maior parte de $O_1$
**(b)** Mutação no gene *lacI* que elimina a ligação do repressor ao operador
**(c)** Mutação no promotor próximo à posição −10 que aumenta sua similaridade com a sequência-consenso de *E. coli*

(d) Mutação no gene *lacI* que elimina a ligação do repressor à lactose
(e) Mutação no promotor próximo à posição −10 que diminui sua similaridade com a sequência-consenso de *E. coli*

**4. Ligação específica do DNA por proteínas regulatórias** Uma típica proteína repressora bacteriana é capaz de diferenciar entre o seu sítio de ligação específico (operador) e o DNA inespecífico por um fator de $10^4$ a $10^6$. Cerca de 10 moléculas de repressor por célula são suficientes para garantir um alto nível de repressão. Suponha que um repressor muito semelhante existisse em uma célula humana, com especificidade por seu sítio de ligação. Quantas cópias do repressor seriam necessárias para provocar um nível de repressão semelhante àquele na célula bacteriana? (Dica: o genoma de *E. coli* contém cerca de 4,6 milhões de pb, e o genoma haploide humano, cerca de 3,2 bilhões de pb.)

**5. Concentração do repressor em *E. coli*** A constante de dissociação para um complexo operador-repressor específico é muito baixa, de cerca de $10^{-13}$ M. Uma célula de *E. coli* (volume $2 \times 10^{-12}$ mL) contém 10 cópias do repressor. Calcule a concentração celular da proteína repressora. Como esse valor se compara à constante de dissociação do complexo repressor-operador? Qual é o significado dessa resposta?

**6. Repressão por catabólitos** Células de *E. coli* estão crescendo em um meio contendo lactose, mas não glicose. Indique se cada uma das seguintes alterações ou condições aumentaria, diminuiria ou não alteraria a expressão do operon *lac*. Pode ser útil desenhar um modelo representando o que está acontecendo em cada situação.
(a) Adição de alta concentração de glicose
(b) Mutação que impede a dissociação do repressor Lac a partir do operador
(c) Mutação que inativa completamente a β-galactosidase
(d) Mutação que inativa completamente a galactosídeo-permease
(e) Mutação que impede a ligação do CRP ao seu sítio de ligação próximo ao promotor *lac*

**7. Atenuação da transcrição** Como cada manipulação da região líder do mRNA *trp* afetaria a transcrição do operon *trp* de *E. coli*?
(a) Aumento da distância (número de bases) entre o gene do peptídeo-líder e a sequência 2
(b) Aumento da distância entre as sequências 2 e 3
(c) Remoção da sequência 4
(d) Alteração dos dois códons Trp no gene do peptídeo-líder para códons His
(e) Eliminação do sítio de ligação do ribossomo para o gene que codifica o peptídeo-líder
(f) Alteração de vários nucleotídeos na sequência 3, de modo que ela possa se parear com a sequência 4, mas não com a sequência 2

**8. Repressores e repressão** Como a resposta SOS em *E. coli* seria afetada por uma mutação no gene *lexA* que impede a clivagem autocatalítica da proteína LexA?

**9. Regulação por recombinação** No sistema de variação de fase da *Salmonella*, o que aconteceria à célula se a recombinase Hin se tornasse mais ativa e promovesse a recombinação (inversão de DNA) várias vezes em cada geração celular?

**10. Iniciação da transcrição em eucariotos** Uma nova atividade da RNA-polimerase é descoberta em extratos brutos de células derivadas de um fungo exótico. A RNA-polimerase inicia a transcrição apenas a partir de um único promotor altamente especializado. À medida que a polimerase é purificada, sua atividade diminui, e a enzima purificada é completamente inativa, a menos que extrato bruto seja adicionado à mistura de reação. Proponha uma explicação para essas observações.

**11. Domínios funcionais em proteínas regulatórias** Um bioquímico substituiu o domínio de ligação de DNA da proteína Gal4 de levedura pelo domínio de ligação de DNA do repressor Lac e descobriu que a proteína fabricada não regula mais a transcrição dos genes *GAL* em leveduras. Desenhe um diagrama dos diferentes domínios funcionais que se esperaria encontrar na proteína Gal4 e na proteína fabricada. Por que a proteína fabricada não regula mais a transcrição dos genes *GAL*? O que poderia ser feito ao sítio de ligação do DNA reconhecido por essa proteína quimérica para torná-la funcional na ativação da transcrição dos genes *GAL*?

**12. Modificação do nucleossomo durante a ativação da transcrição** A fim de preparar regiões do genoma para a transcrição, certas histonas nos nucleossomos residentes são acetiladas e metiladas em locais específicos. Uma vez que a transcrição não é mais necessária, as células precisam reverter essas modificações. Em mamíferos, as peptidilarginina-desiminases (PADI) revertem a metilação dos resíduos de Arg nas histonas. A reação catalisada por essas enzimas não produz uma arginina não metilada. Em vez disso, ela produz resíduos de citrulina na histona. Qual é o outro produto da reação? Sugira um mecanismo para essa reação.

**13. Repressão gênica em eucariotos** Explique por que a repressão de um gene de organismo eucariótico por RNA pode ser muito mais eficiente do que por um repressor proteico.

**14. Mecanismos de herança no desenvolvimento** Um ovo de *Drosophila* que seja $bcd^-/bcd^-$ pode se desenvolver normalmente, mas a mosca-da-fruta adulta é incapaz de produzir uma prole viável. Como isso pode ser explicado?

## QUESTÃO DE ANÁLISE DE DADOS

**15. Fabricando um interruptor genético alternado em *E. coli*** A regulação gênica é frequentemente descrita como um fenômeno "ligado ou desligado": um gene é totalmente expresso ou absolutamente não expresso. Na verdade, a repressão e a ativação de um gene envolvem reações de ligação de ligantes, de modo que os genes podem apresentar níveis intermediários de expressão quando níveis intermediários de moléculas regulatórias estão presentes. Por exemplo, para o operon *lac* de *E. coli*, considere o equilíbrio de ligação do repressor Lac, do operador de DNA e do indutor (ver Fig. 28-8). Embora esse seja um processo complexo e cooperativo, ele pode ser aproximadamente modelado pela reação a seguir (R é o repressor; IPTG é o indutor isopropil-β-D-tiogalactosídeo):

$$R + IPTG \xrightleftharpoons{K_d = 10^{-4} M} R \cdot IPTG$$

O repressor livre, R, liga-se ao operador e impede a transcrição do operon *lac*; o complexo R · IPTG não se liga ao operador, e, portanto, a transcrição do operon *lac* pode prosseguir.

(a) Usando a Equação 5-8, pode-se calcular o nível de expressão relativa de proteínas do operon *lac* como uma função da [IPTG]. Use esse cálculo para determinar em que faixa de [IPTG] o nível de expressão variaria de 10 a 90%.
(b) Descreva qualitativamente o nível de proteínas do operon *lac* presente em uma célula de *E. coli* antes, durante e depois

da indução por IPTG. Não é necessário fornecer as quantidades nos tempos exatos – apenas indicar as tendências gerais.

Gardner, Cantor e Collins (2000) se propuseram a construir um "interruptor genético alternado" (*genetic toggle switch*), ou seja, um sistema regulatório de genes com as duas características essenciais, A e B, de um interruptor de luz. (A) *Esse interruptor tem apenas dois estados*: ou está totalmente ligado ou totalmente desligado, pois não permite graduação. Em termos bioquímicos, o gene-alvo ou o sistema de genes (operon) é expresso totalmente ou não expresso de maneira alguma; não se expressa em nível intermediário. (B) *Os dois estados são estáveis*: embora seja necessário usar um dedo para mudar o interruptor de luz de um estado para outro, uma vez que o dedo é retirado, o interruptor permanece naquele estado. Isso seria, em termos bioquímicos, a exposição a um indutor ou a algum outro sinal altera o estado de expressão do gene ou operon, e ele permanece naquele estado depois que o sinal for removido.

**(c)** Explique como o operon *lac* não apresenta nenhuma das características A e B.

Para construir seu "interruptor alternado", Gardner e colaboradores construíram um plasmídeo a partir dos seguintes componentes:

| | |
|---|---|
| ori | Uma origem de replicação |
| $amp^R$ | Um gene que confere resistência ao antibiótico ampicilina |
| $OP_{lac}$ | A região operador-promotor do operon *lac* de *E. coli* |
| $OP_\lambda$ | A região operador-promotor do fago $\lambda$ |
| lacI | O gene que codifica a proteína repressora do *lac*, LacI. Na ausência de IPTG, essa proteína reprime fortemente o $OP_{lac}$; na presença de IPTG, ela permite a expressão total de $OP_{lac}$. |
| $rep^{ts}$ | O gene codifica uma proteína repressora $\lambda$ mutante que é sensível à temperatura, $rep^{ts}$. A 37 °C, essa proteína reprime fortemente $OP_\lambda$; a 42 °C, ela permite a expressão total a partir do $OP_\lambda$. |
| GFP | O gene para a proteína fluorescente verde (GFP), uma proteína repórter altamente fluorescente (ver Fig. 9-16). |
| T | Terminador de transcrição |

Os pesquisadores organizaram todos esses componentes, conforme mostrado na figura a seguir, de modo que os dois promotores se reprimiram reciprocamente: $OP_{lac}$ controlou a expressão de $rep^{ts}$, e $OP_\lambda$ controlou a expressão de *lacI*. O estado desse sistema foi relatado pelo nível de expressão de *GFP*, que também estava sob o controle de $OP_{lac}$.

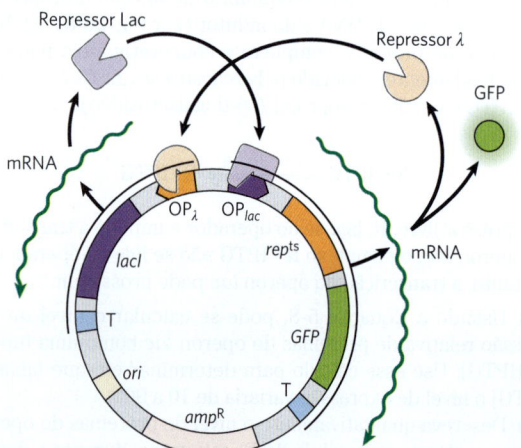

**(d)** O sistema construído tem dois estados: GFP-ligado (alto nível de expressão) e GFP-desligado (baixo nível de expressão). Para cada estado, descreva quais proteínas estão presentes e quais promotores estão sendo expressos.

**(e)** Espera-se que o tratamento com IPTG alterne o sistema de um estado a outro. De qual estado para qual estado? Explique seu raciocínio.

**(f)** Seria de esperar que o tratamento com calor (42 °C) mudaria o sistema de um estado para outro. De qual estado para qual estado? Explique seu raciocínio.

**(g)** Por que se espera que esse plasmídeo tenha as características A e B descritas anteriormente?

Para confirmar que essa construção exibe, de fato, essas características, Gardner e colaboradores demonstraram primeiro que, uma vez ligado, o nível de expressão do GFP (alto ou baixo) era estável por longos períodos de tempo (característica B). Em seguida, eles mediram o nível de GFP em diferentes concentrações do indutor IPTG, com os seguintes resultados.

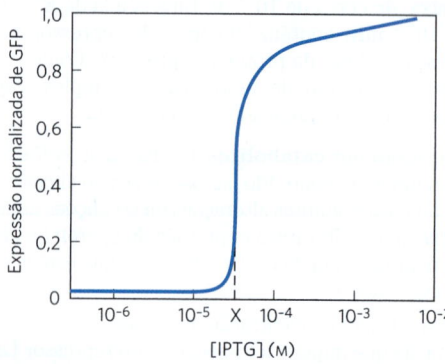

Eles notaram que o nível médio de expressão do GFP foi intermediário na concentração X de IPTG. Contudo, ao medirem o nível de expressão de GFP *em células individuais* com [IPTG] = X, eles descobriram um alto ou baixo nível de GFP e nenhuma célula apresentou níveis intermediários.

**(h)** Explique como essa descoberta demonstra que o sistema tem um A característico. O que está acontecendo para provocar uma distribuição bimodal dos níveis de expressão em [IPTG] = X?

### Referência

**Gardner, T.S., C.R. Cantor, e J.J. Collins. 2000.** Construction of a genetic toggle switch in *Escherichia coli. Nature* 403:339–342.

As respostas das questões numéricas estão expressas com a quantidade correta de algarismos significativos.

# Capítulo 1

**1. (a)** Diâmetro da célula ampliada = 500 mm. **(b)** 36.000 mitocôndrias. **(c)** $3,9 \times 10^{10}$ moléculas de glicose.

**2. (a)** 10% **(b)** 5% **(c)** 1,6 mm; 800 vezes mais comprido do que a célula; o DNA deve estar altamente enovelado.

**3.** Coletar o sobrenadante da centrifugação em alta velocidade e centrifugar em uma velocidade muito alta (150.000 g) por 3 h. Os ribossomos ficarão no precipitado.

**4. (a)** A velocidade do metabolismo é limitada pela difusão, a qual, por sua vez, é limitada pela área de superfície. **(b)** 12 $\mu m^{-1}$ para a bactéria. **(c)** A relação entre a superfície e o volume é 300 vezes maior na bactéria.

**5.** $2 \times 10^6$ s (cerca de 23 dias)

**6.** As moléculas da vitamina das duas origens são idênticas; o organismo não é capaz de distinguir a origem; apenas as impurezas associadas podem variar com a origem.

**7. (a)** $COO^-$, carboxila; $NH_3$, amino; OH, hidroxila; $CH_3$, metila.
**(b)** D-Treonina **(c)** 2

**8.** Os dois enantiômeros fazem interações diferentes com um "receptor" (proteína) biológico quiral.

**9. (a)** Os ácidos graxos são mais apolares do que os aminoácidos, e isso possibilita sua separação com base na solubilidade. O tamanho maior e formato mais alongado dos ácidos graxos permitem que eles sejam separados por alguns tipos de cromatografia. **(b)** A carga dos grupos fosfato dos nucleotídeos pode ser usada para separá-los da glicose. O tamanho maior e o formato permitem que sejam separados por alguns tipos de cromatografia.

**10.** Os átomos de carbono formam cadeias lineares, cadeias ramificadas e estruturas cíclicas. É improvável que o silício possa servir como elemento central de organização da vida, especialmente em atmosferas contendo $O_2$, como a da Terra. As cadeias longas dos átomos de silício não são sintetizadas facilmente; as macromoléculas poliméricas necessárias para funções mais complexas não seriam formadas facilmente. O oxigênio rompe ligações entre átomos de silício, e as ligações silício-oxigênio são extremamente estáveis e difíceis de romper, o que impede a formação e a quebra de ligações, processos essenciais à vida.

**11. (a)** Enantiômero (R): A é $COO^-$; B é H; C é $CH_3$. Enantiômero (S): A é $CH_3$; B é H; C é $COO^-$. **(b)** Não é necessário disponibilizar (S)-ibuprofeno enantiomericamente puro porque a isomerase converte o enantiômero menos efetivo no mais efetivo, mas não catalisa a reação inversa.

**12. (a)** 3 grupos ácidos fosfóricos; α-D-ribose; guanina. **(b)** Tirosina; 2 glicinas; fenilalanina; metionina. **(c)** Colina; ácido fosfórico; glicerol; ácido oleico; ácido palmítico.

**13. (a)** $CH_2O$; $C_3H_6O_3$

**(b)**

**(c)** X possui um centro quiral; elimina todas as estruturas, menos **6** e **8**. **(d)** A substância X contém um grupo funcional ácido; elimina **8**; a estrutura **6** é consistente com todos os dados. **(e)** Estrutura **6**; não é possível diferenciar entre os dois enantiômeros possíveis.

**14. (a)** O carbono ao qual o grupo hidroxila está ligado é o carbono quiral. **(b)** A estrutura mostra o isômero (R) do propranolol. **(c)** A estrutura do (S)-propranolol é a seguinte:

**15. (a)** Os átomos de carbono quirais estão indicados com asteriscos. **(b)** A estrutura mostrada é a do isômero (S,S) do metilfenidato. **(c)** A estrutura do (R,R)-metilfenidato é a seguinte:

**16.** Os esporos estão vivos porque eles podem passar de um estado metabolicamente inerte quando estão em condições ambientais desfavoráveis para um estado de crescimento ativo quando as condições melhoram. Durante essa transição, os esporos absorvem água, que é essencial para muitas reações bioquímicas. A germinação parece não depender de ATP.

**17. (a)** A $\Delta G°$ é negativa e relativamente grande. **(b)** Não há energia térmica suficiente para a lenha atingir a energia de ativação. **(c)** Um fósforo fornece a energia térmica para superar a barreira da energia de ativação. **(d)** A enzima diminui a energia de ativação o suficiente para que a reação ocorra à temperatura ambiente.

**18.** Caso essa mutação ocorra na sequência que codifica um aminoácido, ela pode determinar a substituição de um aminoácido por outro durante a síntese proteica. As consequências para a célula podem ser benéficas, neutras ou prejudiciais.

**19.** A proteína resultante pode se enovelar incorretamente e não adquirir a sua conformação nativa. De outra forma, o formato da região de ligação a uma outra molécula pode se alterar, impedindo o ajuste por complementariedade. Uma mutação que leve a um sítio ativo malformado pode abolir a atividade catalítica da enzima.

**20. (a)** A cópia já possui domínios formados que têm atividade biológica; assim, a evolução não começa do zero. A cópia do gene pode sofrer mutações que não sejam prejudicais para a célula, já que o gene original codifica o produto original. De outra forma, a cópia pode sofrer mutações que levem a um produto letal, mesmo que o gene original continue intacto. As novas funções adquiridas pelas células-filhas podem ser benéficas ou danosas. **(b)** Cada vez que um gene duplicado sofre mutação, há uma oportunidade para que a célula adquira uma nova característica benéfica sem correr o risco de perder a função fornecida pelo gene original, que pode permanecer sem modificações.

**21.** Sim, quando as condições do ambiente melhoram, como a temperatura regulada e a disponibilidade de água, o animal pode se reidratar e se recuperar. Isto é, existem mecanismos bioquímicos para restabelecer o estado normal.

**22.** Mutações podem tornar o reparo do DNA mais eficiente. Células resistentes podem ter desenvolvido ou aumentado a capacidade de sintetizar um composto que destrói radicais livres. A duplicação de genes pode ter proporcionado uma reserva de segurança para genes danificados por radiação.

**23. (a)** A enzima que catalisa a reação é uma enzima ligada à membrana, pois a preparação que contém apenas membranas tinha a maior quantidade do produto marcado. **(b)** A enzima gerou a maior quantidade do produto em pH 7. **(c)** A atividade da enzima é levemente maior em pH 8 do que em pH 6. **(d)** O magnésio ($Mg^{2+}$) é eficaz em ativar o sistema dentro de uma gama de concentrações. Em concentrações baixas, o manganês ($Mn^{2+}$) é efetivo em ativar o sistema, mas pode inibir a reação em concentrações maiores. O sistema mostra uma resposta mínima a íons cálcio ($Ca^{2+}$). **(e)** A reação necessita de CTP, e não de GTP, UTP ou ATP. Entretanto, a adição de ATP pode aumentar a velocidade da síntese de lecitina. Possivelmente, o ATP do lote 116 estava contaminado com CTP. **(f)** Fosfocolina + enzima ligada à membrana + $Mg^{2+}$ + CTP $\rightleftharpoons$ lecitina.

## Capítulo 2

**1.** Mais fraca; a força de atração iônica é proporcional ao *inverso* da constante dielétrica, e um "solvente" hidrofóbico como o ambiente no interior das proteínas tem uma constante dielétrica menor do que a dos solventes polares, como a água.

**2.** As interações biomoleculares geralmente precisam ser reversíveis; interações fracas possibilitam reversibilidade.

**3.** O etanol é polar; o etano não o é. O grupo —OH do etanol pode formar uma ligação de hidrogênio com a água.

**4. (a)** 4,76 **(b)** 9,19 **(c)** 4,0 **(d)** 4,82

**5. (a)** $1{,}51 \times 10^{-4}$ M **(b)** $3{,}02 \times 10^{-7}$ M **(c)** $7{,}76 \times 10^{-12}$ M

**6.** 1,1

**7. (a)** HCl $\rightleftharpoons$ H$^+$ + Cl$^-$ **(b)** 3,3 **(c)** NaOH $\rightleftharpoons$ Na$^+$ + OH$^-$ **(d)** 9,8

**8.** 1,1

**9.** 1,7 nmol de acetilcolina

**10.** 0,1 M de ácido fluorídrico

**11. (a)** forte **(b)** fraco **(c)** forte **(d)** forte **(e)** fraco **(f)** fraco

**12.** 3,3 mL

**13. (a)** $H_2PO_4^-$ **(b)** $HCO_3^-$ **(c)** $CH_3COO^-$ **(d)** $CH_3NH_2$

**14. (a)** 5,06 **(b)** 4,28 **(c)** 5,46 **(d)** 4,76 **(e)** 3,76

**15.** íon quinolina: HCl 0,1 M; *m*-cresol: NaOH 0,1 M; íon 2-(metiltio)piridina: HCl 0,1 M

**16. (d)** Bicarbonato, uma base fraca, titula —OH em —O$^-$, tornando o composto mais polar e mais hidrossolúvel.

**17.** Estômago; a forma neutra do ácido acetilsalicílico em pH baixo é menos polar e passa facilmente através da membrana.

**18.** 8,8

**19.** 7,4

**20. (a)** pH 8,6 a 10,6 **(b)** 4/5 **(c)** 10 mL **(d)** pH = $pK_a - 2$

**21.** 8,9

**22.** 2,4

**23.** 6,9

**24.** 1,4

**25.** $NaH_2PO_4 \cdot H_2O$, 5,8 g/L; $Na_2HPO_4$, 8,2 g/L

**26.** [A$^-$]/[HA] = 0,10

**27.** Misturar 150 mL de acetato de sódio 0,10 M e 850 mL de ácido acético 0,10 M.

**28. (a)** pH 3 **(b)** pH 5 **(c)** pH 9 **(d)** pH 9 **(e)** pH 3 **(f)** pH 5. A região total de tamponamento abrange aproximadamente entre 1 unidade de pH acima e 1 unidade abaixo do valor de $pK_a$.

**29. (a)** 4,6 **(b)** 0,1 unidade de pH **(c)** 4 unidades de pH

**30.** 4,3

**31.** Acetato 0,13 M e ácido acético 0,07 M

**32.** 1,8

**33.** 7

**34. (a)** totalmente protonada **(b)** zwitteriônica **(c)** zwitteriônica **(d)** zwitteriônica **(e)** totalmente desprotonada. Quando o pH for menor do que ambos os valores de $pK_a$, tanto o grupo α-amino quanto o grupo α-carboxila estão protonados. Quando o pH for maior do que ambos os valores de $pK_a$, nem o grupo α-amino nem o grupo α-carboxila estão protonados. Quando o pH está entre os dois valores de $pK_a$, o grupo α-amino está protonado, e o grupo α-carboxila está desprotonado.

**35. (a)** O pH do sangue é controlado pelo sistema tampão dióxido de carbono-bicarbonato, $CO_2 + H_2O \rightleftharpoons H^+ + HCO_3^-$. Durante a *hipoventilação*, há aumento da $pCO_2$ no espaço aéreo dos pulmões e do sangue arterial, deslocando o equilíbrio para a direita, aumentando a [H$^+$] e diminuindo o pH do sangue. **(d)** Durante a *hiperventilação*, a [$CO_2$] diminui nos pulmões e no sangue arterial, reduzindo a [H$^+$] e aumentado o pH para além do valor normal de 7,4. **(c)** O lactato é um ácido moderadamente forte que dissocia-se completamente em condições fisiológicas e, assim, diminui o pH do sangue e do tecido muscular. A hiperventilação remove H$^+$, elevando o pH do sangue e dos tecidos em antecipação ao acúmulo de ácidos.

**36.** 7,4

**37.** A dissolução de mais $CO_2$ no sangue aumenta a [H$^+$] no sangue e nos líquidos extracelulares, diminuindo o pH: $CO_2(aq) + H_2O \rightleftharpoons H_2CO_3 \rightleftharpoons H^+ + HCO_3^-$

**38. (a)** $CH_3$—OH < $CH_3$—$CH_2$—OH < HO-$CH_2CH_2$—OH < HO—$CH_2$-$CH_2$-$CH_2$—OH **(b)** número de ligações de hidrogênio que um composto pode formar e comprimento da cadeia de carbonos

**39.** A duração média da ligação diminui.

**40. (a)** $H_2S$ forma ligações de hidrogênio com $H_2O$, mas não consigo mesmo. **(b)** $H_2S$ tem um ponto de ebulição menor do que o da $H_2O$. **(c)** Não, $H_2S$ é um solvente menos polar do que $H_2O$.

**41.** acetato de sódio > propionato de sódio > glicina > L-fenilalanina > octanoato de sódio

**42.** $CH_3$—(CHOH)—$CH_2$—CHOH—$CH_2$—OH > $CH_3$—$(CH_2)_5$—OH > $CH_3$—$(CH_2)_{10}$—OH

**43. (a)** HOOC—$(CH_2)_4$—COOH, −2; $CH_3$—$(CH_2)_4$—COOH, −1; HOOC—$(CH_2)_2$—COOH, −2

**(b)** HOOC—$(CH_2)_2$—COOH > HOOC—$(CH_2)_4$—COOH > $CH_3$—$(CH_2)_4$—COOH

**44. (a)** Não, porque um efluente com pH 1 seria prejudicial para as trutas e outras formas de vida do riacho. **(b)** A escala de pH vai de muito ácido para muito alcalino com o ponto de neutralidade (que é o melhor para os seres vivos, inclusive trutas) no meio do caminho entre 0 e 14. A proposta dele é como pular da panela direto para o fogo!

**45.** pH = 7,6; osmolaridade = 0,313 osm/L

**46.**

(a) Adenina ···· Timina

(b) Guanina ···· Citosina

**47. (a)** Usar a substância na sua forma surfactante para emulsionar o óleo derramado, coletar o óleo emulsificado e, então, mudar para a forma não surfactante. O óleo e a água vão se separar, e o óleo pode ser coletado para uso futuro. **(b)** O equilíbrio fica fortemente deslocado para a direita. O ácido mais forte (p$K_a$ menor), $H_2CO_3$, doa um próton para a base conjugada do ácido mais fraco (p$K_a$ maior), amidina. **(c)** A potência de um surfactante depende da hidrofilicidade dos seus grupos da cabeça: quanto mais hidrofílico o surfactante for, mais poderoso ele será. A forma amidínio do s-surf é muito mais hidrofílica que a forma amidina, de modo que é um surfactante mais potente. **(d)** *Ponto A*: amidínio; o $CO_2$ teve tempo mais do que suficiente para reagir com a amidina para produzir a forma amidínio. **(f)** A condutividade diminui à medida que Ar remove $CO_2$, deslocando o equilíbrio para a forma não carregada (amidina). **(g)** Tratar o s-surf com $CO_2$ para produzir a forma amidínio do surfactante e usar ela para emulsificar o derramamento. Tratar a emulsão com Ar para remover o $CO_2$ e produzir a forma não surfactante (amidina). O óleo vai se separar da água e poderá ser recuperado.

# Capítulo 3

**1.** Os constituintes são Glu, Cys e Gly. O resíduo de Glu liga-se ao resíduo de Cys via grupo γ-carboxila.

**2.** É a L-ornitina, pois o grupo amino ocupa a mesma posição relativa que o grupo hidroxila no L-gliceraldeído.

**3. (a)** II **(b)** IV **(c)** I **(d)** III **(e)** II **(f)** II **(g)** IV **(h)** III **(i)** V **(j)** III **(k)** II e IV

**4. (a)** pI > p$K_a$ do grupo α-carboxila e pI < p$K_a$ do grupo α-amino, então os dois grupos estão carregados (ionizados). **(b)** 1 em 2,19 × $10^7$. O pI da alanina é 6,01. Com base nos dados da Tabela 3-1 e da equação de Henderson-Hasselbalch, 1 em cada 4.680 grupos carboxílicos e 1 em cada 4.680 grupos amino não tem carga. A proporção de moléculas de alanina com os dois grupos não carregados é de 1 em $4.680^2$.

**5. (a)**

1: p$K_1$ = 1,82
2: p$K_R$ = 6,0
3: p$K_2$ = 9,17
4

**(b), (c)**

| pH | Estrutura identificada em (a) | Carga líquida | Migra para |
|---|---|---|---|
| 1 | 1 | +2 | Cátodo |
| 4 | 2 | +1 | Cátodo |
| 8 | 3 | 0 | Não migra |
| 12 | 4 | −1 | Ânodo |

**6. (a)** Glutamato **(b)** Metionina **(c)** Aspartato **(c)** Glicina **(e)** Serina

**7. (a)** 2 **(b)** 4

**(c)**

**8. (a)** Estrutura em pH 7:

p$K_2$ = 8,03    p$K_1$ = 3,39

**(b)** A interação eletrostática entre o ânion carboxilato e o grupo amino protonado do zwitterion da alanina afeta favoravelmente a ionização do grupo carboxila. Essa interação eletrostática favorável diminui à medida que o comprimento da poli(Ala) aumenta, levando ao aumento do p$K_1$. **(c)** A ionização do grupo amino protonado destrói a interação eletrostática favorável observada em (b). Com o aumento da distância entre os grupos carregados, a remoção do próton do grupo amino na poli(Ala) fica mais fácil, e, portanto, o p$K_2$ é menor. Os efeitos intramoleculares das ligações amida (ligação peptídica) mantêm os valores de p$K_a$ menores do que seriam caso estivessem em uma amina de uma alquila com uma amina substituída.

**9.** Um H vem do grupo α-amino de um aminoácido, e um OH é removido do grupo α-carboxila do aminoácido que foi ligado ao primeiro aminoácido.

**10.** 75.000

**11. (a)** 10.300. Há perda dos elementos da água quando a ligação peptídica é formada, portanto o peso molecular de um resíduo de Cys não é o mesmo da cisteína livre. **(b)** 21

**12.** A proteína tem quatro subunidades, com massas moleculares de 160, 90, 90 e 60 kDa. As duas subunidades de 90 kDa (possivelmente idênticas) estão ligadas uma à outra por meio de uma ou mais ligações dissulfeto.

**13. (a)** em pH 3, +2; em pH 8, 0; em pH 11, −1 **(b)** pI = 7,8

**14.** Lys, His, Arg; os grupos fosfato com cargas negativas do DNA interagem com cadeias laterais com cargas positivas das histonas.

**15. (a)** $(Glu)_{20}$ **(b)** $(Lys-Val)_3$ **(c)** $(Asn-Ser-His)_5$ **(d)** $(Asn-Ser-His)_5$

**16. (a)** A atividade específica após a etapa 1 é 6,8 unidades/mg; etapa 2, 13 unidades/mg; etapa 3, 14 unidades/mg; etapa 4, 700 unidades/mg; etapa 5, 3.500 unidades/mg; etapa 6, 5.000 unidades por mg. **(b)** Etapa 4 **(c)** Etapa 3 **(d)** Sim. A atividade específica aumenta muito pouco na etapa 6; eletroforese em gel de poliacrilamida SDS.

**17. (a)** [NaCl] = 0,5 mM **(b)** [NaCl] = 8 μm

**18.** B elui primeiro, A em segundo lugar e C por último.

**19.** A proteína quimotripsina possui três cadeias polipeptídicas diferentes ligadas por ligações dissulfeto. Elas se movem em géis como espécies separadas porque as ligações dissulfeto foram previamente quebradas e liberaram os três peptídeos da canaleta 2.

**20. (a)** Aminoterminal **(b)** Tyr-Gly-Gly-Phe-Leu

**21.** A fosforilação da serina levaria a uma alteração na massa em 80.

**22.**

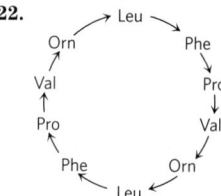

As flechas correspondem à orientação das ligações peptídicas, —CO → NH—.

**23.** 75%, 93%. Caso a eficiência na adição de cada aminoácido seja $x$, então a porcentagem de peptídeos completos com toda a sequência correta após a adição de sete aminoácidos será $x^7$ porque existem *sete* ligações peptídicas.

**24. (a)** Y (Tyr) na posição 1, F (Phe) na posição 7 e R (Arg) na posição 9 **(b)** Posições 4 e 9; K (Lys) é mais comum na 4, R (Arg) está sempre na posição 9. **(c)** Posições 5 e 10; E (Glu) é mais comum em ambas as posições. **(d)** Posição 2, S (Ser).

**25. (a)** Cromatografia de troca de ânions: peptídeo 2; cromatografia de troca de cátions: peptídeo 1; cromatografia de exclusão pelo tamanho: peptídeo 2 **(b)** peptídeo 3

**26. (a)** Toda cadeia polipeptídica linear tem apenas dois tipos de grupos amino livres: um único grupo α-amino na extremidade aminoterminal e um grupo ε-amino em cada resíduo de Lys. Esses grupos amino reagem com FDNB, formando derivados DNP-aminoácidos. A insulina produziu dois derivados DNP-α-amino diferentes, o que sugere que ela tem dois grupos aminoterminais e, portanto, duas cadeias polipeptídicas – uma com Gly aminoterminal e outra com Phe aminoterminal. Uma vez que a DNP-Lys produzida é ε-DNP-lisina, o resíduo aminoterminal não é Lys. **(b)** Sim. A cadeia A tem Gly como aminoterminal, a cadeia B tem Phe como aminoterminal, e o resíduo 29 (não terminal) da cadeia B é Lys. **(c)** Phe–Val–Asp–Glu–. O peptídeo B1 mostra que o resíduo aminoterminal é Phe. O peptídeo B2 também inclui Val, mas, como não há formação de DNP-Val, Val não está na posição aminoterminal; o resíduo N-terminal deve ser carboxiterminal de Phe. Assim, a sequência de B2 é DNP-Phe-Val. De maneira semelhante, a sequência de B3 deve ser DNP-Phe-Val-Asp, e a sequência da cadeia A deve começar com Phe-Val-Asp-Glu–. **(d)** Não. A sequência aminoterminal conhecida da cadeia A é Phe-Val-Asn-Gln–. Na análise de Sanger, Asn e Gln aparecem como Asp e Glu porque a hidrólise vigorosa da etapa 7 hidrolisa as ligações amida da Asn e da Gln (assim como as ligações peptídicas), formando Asp e Glu. Sanger e colaboradores não puderam diferenciar Asp de Asn e Glu de Gln a essa altura da análise. **(e)** A sequência coincide exatamente com aquela da Fig. 3-24. Cada peptídeo da tabela fornece informações específicas sobre quais resíduos Asx são Asn ou Asp e quais resíduos Glx são Glu ou Gln.

*Ac1*: resíduos 20-21. Essa é a única sequência Cys–Asx na cadeia A; há ~1 grupo amido nesse peptídeo, então deve ser Cys-Asn:

N–Gly–Ile–Val–Glx–Glx–Cys–Cys–Ala–Ser–Val–
 1           5             10
Cys–Ser–Leu–Tyr–Glx–Leu–Glx–Asx–Tyr–Cys–**Asn**–C
       15                       20

*Ap15*: resíduos 14–15–16. Essa é a única sequência Tyr–Glx–Leu na cadeia A; há ~1 grupo amido nesse peptídeo, então deve ser Tyr–Gln–Leu:

N–Gly–Ile–Val–Glx–Glx–Cys–Cys–Ala–Ser–Val–
 1           5             10
Cys–Ser–Leu–Tyr–**Gln**–Leu–Glx–Asx–Tyr–Cys–Asn–C
       15                       20

*Ap14*: resíduos 14–15–16–17. Há ~1 grupo amido, e já sabemos que o resíduo 15 é Gln, então o resíduo 17 deve ser Glu:

N–Gly–Ile–Val–Glx–Glx–Cys–Cys–Ala–Ser–Val–
 1           5             10
Cys–Ser–Leu–Tyr–Gln–Leu–**Glu**–Asx–Tyr–Cys–Asn–C
       15                       20

*Ap3*: resíduos 18–19–20–21. Há ~2 grupos amido, e já sabemos que o resíduo 21 é Asn, então o resíduo 18 deve ser Asn:

N–Gly–Ile–Val–Glx–Glx–Cys–Cys–Ala–Ser–Val–
 1           5             10
Cys–Ser–Leu–Tyr–Gln–Leu–Glu–**Asn**–Tyr–Cys–Asn–C
       15                       20

*Ap1*: resíduos 17–18–19–20–21, o que é coerente com os resíduos 18 e 21 serem Asn.

*Ap5pa1*: resíduos 1–2–3–4. Há ~0 grupos amido, portanto o resíduo 4 deve ser Glu:

N–Gly–Ile–Val–**Glu**–Glx–Cys–Cys–Ala–Ser–Val–
 1           5             10
Cys–Ser–Leu–Tyr–Gln–Leu–Glu–Asn–Tyr–Cys–Asn–C
       15                       20

*Ap5*: resíduos de 1 a 13. Há ~1 grupo amido, e já sabemos que o resíduo 4 é Glu, então o resíduo 5 deve ser Gln:

N–Gly–Ile–Val–Glu–**Gln**–Cys–Cys–Ala–Ser–Val–
 1           5             10
Cys–Ser–Leu–Tyr–Gln–Leu–Glu–Asn–Tyr–Cys–Asn–C
       15                       20

# Capítulo 4

**1. (a)** Ligações curtas têm estado de ligação maior (são múltiplas em vez de simples) e são mais fortes. A ligação peptídica C—N é mais forte do que uma ligação simples e está a meio caminho entre uma ligação simples e uma ligação dupla. **(b)** A rotação ao redor da ligação peptídica é difícil nas temperaturas fisiológicas devido ao seu caráter de ligação dupla parcial.

**2. (a)** As principais unidades estruturais nos polipeptídeos de fibra da lã (α-queratina) são voltas da α-hélice a intervalos de 5,4 Å; espirais espiraladas produzem um espaçamento de 5,2 Å. Ferver e esticar a fibra gera uma cadeia polipeptídica estendida em conformação β, com uma distância entre grupos R adjacentes de cerca de 7,0 Å. Assim que o polipeptídeo retorna para a estrutura em α-hélice, a fibra encurta. **(b)** A lã encolhe na presença de calor e umidade à medida que as cadeias polipeptídicas passam da conformação estendida β para a conformação nativa em α-hélice. A estrutura da seda – em folhas β, com cadeias laterais de aminoácidos pequenas e altamente compactadas – é mais estável do que a da lã.

**3.** ~42 ligações peptídicas por segundo

**4.** Em pH > 6, os grupos carboxílicos do poli(Glu) estão desprotonados; a repulsão entre os grupos carboxilato carregados negativamente leva ao desenovelamento. De maneira semelhante, em pH 7, os grupos amino da poli(Lys) estão protonados; a repulsão entre esses grupos carregados positivamente também leva ao desenovelamento.

**5. (a)** A ligação dissulfeto é uma ligação covalente, então ela é muito mais forte do que as interações não covalentes que estabilizam a maioria das proteínas. Ela faz ligações cruzadas entre cadeias proteicas, aumentando a rigidez, a força mecânica e a resistência da proteína. **(b)** Resíduos de cistina (ligação dissulfeto) impedem o desenovelamento completo da proteína.

**6.** $\phi = $ (f) e $\psi = $ (e)

**7. (a)** Curvas são mais prováveis nos resíduos 7 e 19; resíduos de Pro na configuração *cis* também acomodam voltas. **(b)** Os resíduos de Cys nas posições 13 e 24 podem formar uma ligação dissulfeto. **(c)** Superfície externa: resíduos polares e carregados (Asp, Gln, Lys); interior: resíduos apolares e alifáticos (Ala, Ile); Thr, embora polar, tem um índice de hidropatia próximo do zero e, assim, pode ser encontrada tanto na superfície externa como no interior das proteínas.

**8. (a)** Em pH 6,0, os resíduos de aminoácidos estão no estado de protonação correto para formar um par iônico. Em pH 2,0, tanto Asp como His estão predominantemente protonados e, em pH 10,0, ambos estão predominantemente desprotonados. **(b)** Um resíduo de aminoácido carregado soterrado no interior da proteína desestabiliza a proteína e desvia a curva de desnaturação térmica para temperaturas mais baixas. **(c)** Diminuiria. Em pH 10,0, uma grande parte da cadeia lateral de Lys estará desprotonada e sem carga, facilitando que seja soterrada em um ambiente hidrofóbico.

**9.** 30 resíduos de aminoácidos; 0,87

**10.** No caso de muitas proteínas, a sequência de aminoácidos determina a formação da estrutura enovelada singular da proteína. Entretanto, o inverso não é verdadeiro. Muitas sequências diferentes de aminoácidos podem levar a estruturas com enovelamento semelhante. Por exemplo, a orientação relativa de resíduos de aminoácidos carregados em um par iônico pode ser invertida, e ainda assim a localização geral da interação fica preservada.

**11.** A proteína (a), um barril β, é descrita pelo gráfico de Ramachandran (c), que mostra as conformações mais permitidas no quadrante superior esquerdo, em que os ângulos de ligação característicos da conformação β estão concentrados. A proteína (b), uma série de α-hélices, é descrita pelo gráfico (d), em que a maioria das conformações permitidas estão no quadrante inferior esquerdo.

**12. (a)** O número de mols de DNP-valina formados por mol de proteína é igual ao número de aminoterminais e, portanto, ao número de cadeias polipeptídicas. **(b)** 4. **(c)** Cadeias diferentes provavelmente poderiam correr como bandas discretas em um gel de poliacrilamida SDS.

**13. (a)** Resíduos aromáticos parecem ter um papel importante na estabilização das fibrilas amiloides. Assim, moléculas com substituintes aromáticos podem inibir a formação amiloide ao interferir na compactação ou na associação das cadeias laterais aromáticas. **(b)** Amiloides formam-se no pâncreas em associação ao diabetes tipo 2 e no cérebro na doença de Alzheimer. Embora nessas doenças as fibrilas amiloides envolvem proteínas diferentes, a estrutura fundamental do amiloide é semelhante, assim como a sua estabilização, então essas proteínas são alvos potenciais para medicamentos similares desenvolvidos para romper essa estrutura.

**14.** Embora uma proteína possa ter apenas uma única estrutura enovelada, podem existir muitas estruturas desenoveladas diferentes. Devido às diferentes vias e estruturas de enovelamento usadas pelos produtos de outros alelos de CFTR envolvidos na doença, o lumacaftor pode não corrigir o problema.

**15. (a)** cristalografia de raios X **(b)** crio-ME **(c)** RMN **(d)** RMN ou CD

**16. (a)** 2QYC é B; 2BNH é C; 2Q5R é E ou M; 1XU9 é H; 3H7X é I; 1OU5 é E ou M; 2WCD é O. **(b)** dímero, α/β; monômero, α/β, dímero, α/β, tetrâmero α/β; trímero, todo α, dímero α/β; 24-mer ou duplo dodecâmero (12-mer), todo α. **(c)** BIOCHEM

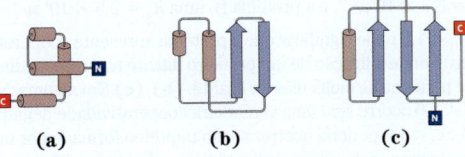

(a)   (b)   (c)

**17. (a)** Fator de transcrição NFκB, também chamado de fator de transformação RelA. **(b)** Não. Seriam obtidos resultados semelhantes, mas com mais proteínas relacionadas. **(c)** A proteína tem duas subunidades. Existem muitas variantes das subunidades, sendo que as mais bem caracterizadas têm 50, 52 ou 65 kDa. Elas combinam-se umas com as outras e formam um grande número de homodímeros e heterodímeros. As estruturas de várias variantes diferentes podem ser encontradas no PDB. **(d)** O fator de transcrição NFκB é uma proteína dimérica que liga sequências específicas do DNA, aumentando a transcrição de genes próximos. Um deles é o gene da cadeia leve da imunoglobulina κ (kapa), que deu nome ao fator de transcrição.

**18. (a)** Aba é uma substituição adequada porque Aba e Cys têm cadeias laterais com aproximadamente o mesmo tamanho e com hidrofobicidades semelhantes. Entretanto, como Aba não pode formar ligação dissulfeto, ele não pode servir como substituto quando essa ligação é necessária. **(b)** Existem muitas diferenças importantes entre a proteína sintetizada e a protease do HIV produzida por células humanas, e qualquer uma delas poderia resultar em uma enzima sintética inativa. (1) Embora Aba e Cys tenham tamanho e hidrofobicidade semelhantes, Aba pode não ser similar o suficiente para que a proteína se enovele adequadamente. (2) A protease do HIV pode necessitar de ligações dissulfeto para funcionar adequadamente. (3) Muitas proteínas sintetizadas nos ribossomos enovelam-se enquanto estão sendo produzidas; a proteína desse estudo se enovelou somente após a cadeia estar completa. (4) Proteínas sintetizadas nos ribossomos podem interagir com os ribossomos durante o enovelamento; isso não é possível para a proteína do estudo. (5) O citosol é uma solução muito mais complexa do que o tampão usado no estudo; para se enovelarem, algumas proteínas podem precisar de proteínas específicas e ainda desconhecidas. (6) Proteínas sintetizadas em células geralmente precisam de chaperonas para se enovelarem adequadamente; o tampão usado no estudo não contém chaperonas. (7) Nas células, a protease do HIV é sintetizada como parte de uma cadeia maior que, então, é processada por proteólise; a proteína do estudo foi sintetizada como uma única molécula. **(c)** Ligações dissulfeto não desempenham um papel importante na estrutura da protease do HIV porque a enzima *tem* atividade quando Aba substitui Cys. **(d)** *Modelo 1*: Ela se enovelaria da mesma maneira que a protease L. *A favor*: A estrutura covalente é a mesma (exceto pela quiralidade) e ela se enovela como a protease L. *Contra*: A quiralidade não é um detalhe desprezível, pois a forma tridimensional é um dos elementos críticos das moléculas biológicas. A enzima sintética não se enovelaria da mesma forma que a protease L. *Modelo 2*: Ela se enovelaria como a imagem especular da protease L. *A favor*: Ela se enovelaria como a imagem especular porque os componentes que a formam são imagens especulares dos componentes das proteínas naturais. *Contra*: As interações envolvidas no enovelamento são muito complexas e é mais provável que a proteína se enovele em alguma outra forma. *Modelo 3*: Ela enovelaria-se em alguma outra forma. *A favor*: As interações envolvidas no enovelamento proteico são muito complexas e é mais factível que a proteína sintética se enovele em qualquer outra forma. *Contra*: Uma vez que os componentes que formam a proteína são imagens especulares dos componentes da proteína natural, ela se enovelaria como imagem especular. **(e)** *Modelo 2*. A enzima é ativa, mas sob uma forma enantiomérica do substrato biológico, e é inibida por uma forma enantiomérica do inibidor biológico. Isso é consistente com o fato de que estrutura da protease D é a imagem especular da protease L. **(f)** O azul de Evans não é quiral; ele se liga a ambas as formas da enzima. **(g)** Não. Como as proteases contêm apenas L-aminoácidos e reconhecem apenas L-peptídeos, a quimotripsina não digere a protease D. **(h)** Não necessariamente. Dependendo da enzima, qualquer um dos problemas listados em (b) poderia levar a uma enzima inativa.

## Capítulo 5

**1.** A proteína B tem maior afinidade pelo ligante X; sua $K_d$ menor indica que a proteína estará saturada pela metade em uma concentração muito mais baixa de X do que estaria a proteína A. A proteína A tem uma $K_a = 3,3 \times 10^6 \text{ M}^{-1}$, e a proteína B, uma $K_a = 2,5 \times 10^7 \text{ M}^{-1}$.

**2. (a)** $n_H < 1,0$ pode significar que a proteína apresenta cooperatividade negativa, onde a ligação de um primeiro ligante na proteína diminui a afinidade para outras moléculas de ligante. **(b), (c)** Em algumas situações, $n_H < 1,0$ ocorre sem uma verdadeira cooperatividade negativa. Por exemplo, $n_H < 1,0$ poderia ocorrer se um peptídeo formado por uma só cadeia contivesse vários sítios de ligação com afinidades diferentes para o ligante. Se a preparação da proteína contiver uma mistura heterogênea da proteína com algumas moléculas parcialmente desnaturadas, a diminuição observada na afinidade de ligação seria artificial, resultando em $n_H < 1,0$. **(d)** Caso a proteína tenha vários sítios de ligação e todos eles possuam a mesma afinidade de ligação e um não afete o outro, nenhuma cooperatividade, positiva ou negativa, será observada.

**3.** $K_d = 8,9 \times 10^{-5} \text{ s}^{-1}$

**4. (a)** 33 nM, **(b)** 0,15 μM, **(c)** 1,9 μM

**5. (a)** $K_d = 4,0$ nM (atalho: a $K_d$ equivale à concentração do ligante na qual $Y = 0,5$). **(b)** O receptor do rato tem a maior afinidade, já que tem a menor $K_d$.

**6.** A ligação forte do CO a alguns sítios de ligação no tetrâmero da hemoglobina tende a forçar toda a proteína para o estado R. Ainda é possível que $O_2$ se ligue aos sítios não ocupados, mas ele ficará ligado muito fortemente e não será liberado nos tecidos.

**7.** O comportamento de cooperatividade da hemoglobina se origina das interações entre as subunidades.

**8. (a)** Deslocam a curva para a direita. **(b)** Deslocam a curva para a direita. **(c)** Deslocam a curva para a direita. Todas essas condições levariam à diminuição da hemoglobina por $O_2$.

**9. (a)** A observação de que a HbA (materna) está cerca de 60% saturada quando a p$O_2$ for de 4 kPa, ao passo que a HbF (fetal) está mais de 90% saturada nas mesmas condições fisiológicas, indica que a HbF tem maior afinidade por $O_2$ do que a HbA. **(b)** A forte afinidade do $O_2$ pela HbF garante que o oxigênio flua do sangue da mãe para o sangue do feto na placenta. O sangue fetal pode ficar quase totalmente saturado quando a afinidade do $O_2$ pela HbA ainda é baixa. **(c)** A observação de que, com a ligação a BPG, a curva de saturação da HbA por $O_2$ sofre uma mudança maior do que a da HbF sugere que a HbA liga BPG mais firmemente do que a HbF. A ligação diferencial do BPG entre as duas hemoglobinas pode determinar a diferença entre suas afinidades por $O_2$.

**10. (a)** Hb Memphis **(b)** HbS, Hb, Milwaukee, Hb Providence e possivelmente Hb Cowtown **(c)** Hb Providence

**11.** Mais forte. A incapacidade de formar tetrâmeros limitaria a cooperatividade dessas variantes, e as curvas de ligação tornariam-se mais hiperbólicas. Além disso, o sítio de ligação a BPG poderia estar perturbado. A ligação com oxigênio provavelmente seria mais forte, uma vez que o estado padrão sem BPG ligado é o estado R, de ligação forte.

**12. (a)** $3,3 \times 10^{-8}$ M **(b)** $5 \times 10^{-8}$ M **(c)** $2 \times 10^{-7}$ M **(d)** $4,5 \times 10^{-7}$ M. Observe que o rearranjo da Equação 5-8 dá [L] = $YK_d/(1 - Y)$.

O epítopo é provavelmente uma estrutura que fica encoberta quando a actina G polimeriza para formar actina F.

**14. (a)** O sistema imune humano leva vários dias para montar uma resposta aos antígenos da superfície de um patógeno. Os tripanossomas e o HIV escapam do sistema imune ao alterarem as proteínas de superfície às quais os componentes do sistema imune geralmente se ligam. Assim, o organismo hospedeiro periodicamente encontra novos antígenos e precisa de tempo para montar uma resposta imune para cada um deles, disponibilizando tempo ao patógeno para se multiplicar e se espalhar. O HIV também escapa do sistema imune ao infectar e destruir ativamente células do sistema imune, especificamente células T auxiliares (células $T_H$).

**15.** A ligação de ATP à miosina desencadeia a dissociação da miosina do filamento fino de actina. Na ausência de ATP, a actina e a miosina ligam-se uma à outra.

**16. (a)** 2 **(b)** 3 **(c)** 1 **(d)** 4

**17. (a)** A cadeia L é a cadeia leve e a cadeia H é a cadeia pesada do fragmento Fab. A cadeia Y é a lisozima. **(b)** Estruturas em conformação β predominam nas regiões variável e constante do fragmento. **(c)** Cadeia pesada do fragmento Fab: 218 resíduos de aminoácidos; cadeia leve do fragmento: 214; lisozima: 129. Menos de 15% da molécula de lisozima entra em contato com o fragmento Fab. **(d)** Os resíduos que parecem entrar em contato com a lisozima incluem, na cadeia H: Gly$^{31}$, Tyr$^{32}$, Arg$^{99}$, Asp$^{100}$ e Thr$^{101}$; na cadeia L: Tyr$^{32}$, Tyr$^{49}$, Tyr$^{50}$ e Trp$^{92}$. Na lisozima, os resíduos Asn$^{19}$, Gly$^{22}$, Tyr$^{23}$, Ser$^{24}$, Lys$^{116}$, Gly$^{117}$, Thr$^{118}$, Asp$^{119}$, Gln$^{121}$ e Arg$^{125}$ parecem se situar na interface antígeno-anticorpo. Observe que todos esses resíduos estão adjacentes na estrutura primária. O enovelamento do polipeptídeo em níveis superiores de estrutura faz os resíduos não consecutivos ficarem próximos para formar o sítio de ligação ao antígeno.

**18. (a)** 2 **(b)** Instantaneamente. Anticorpos aptos quase sempre estão presentes antes de qualquer desafio por um vírus. **(c)** > 100.000.000

**(d)**

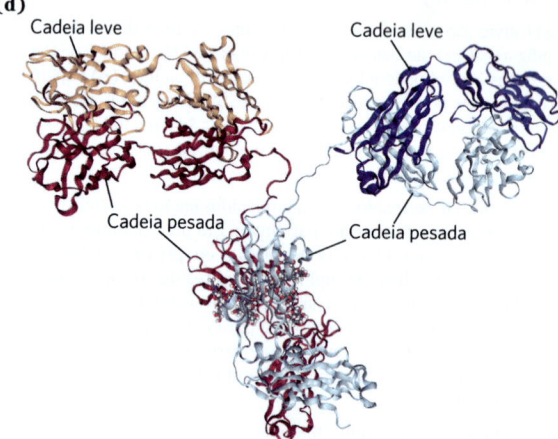

**19. (a)**

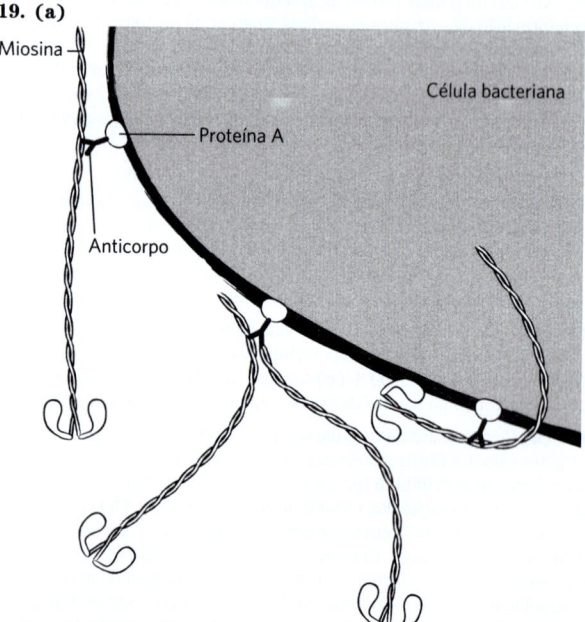

O desenho não está em escala; qualquer uma das células teria muito mais moléculas de miosina na sua superfície. **(b)** O ATP é necessário para fornecer a energia química para impulsionar o movimento (ver Capítulo 13). **(c)** Um anticorpo que tenha se ligado à cauda da miosina, o sítio de ligação à actina, bloquearia a ligação com a actina e impossibilitaria o movimento. Um anticorpo que tenha se ligado à actina também impediria a interação actina-miosina e, portanto, o movimento. **(d)** Existem duas explicações possíveis: (1) a tripsina cliva apenas resíduos de Lys e Arg (ver Tabela 3-6), então ela não clivaria a proteína em muitos locais. (2) Nem todos os resíduos de Arg ou Lys estão igualmente acessíveis à tripsina; os sítios mais expostos seriam clivados primeiro. **(e)** Modelo S1. O modelo da dobradiça prediz que complexos esferas-anticorpos-HMM (com a dobradiça) se moveriam, mas complexos esfera-anticorpos-SHMM (sem a dobradiça) não se moveriam. O modelo S1 prediz que ambos os complexos se movem porque eles incluem S1. O achado de que as esferas se movem com SHMM (sem dobradiça) é consistente apenas com o modelo S1. **(f)** Com menos moléculas de miosina ligadas, as esferas poderiam temporariamente deixar a actina quando a miosina se afasta. As esferas, então, se movem mais lentamente devido ao tempo necessário para a ligação de uma segunda molécula de miosina. Em altas densidades de miosina, logo que uma miosina sai, outra rapidamente se liga, levando a um movimento rápido. **(g)** Acima de certa densidade, o que limita a velocidade do movimento é a velocidade intrínseca pela qual as moléculas de miosina movem as esferas. As moléculas de miosina se movem com o máximo de velocidade, e a adição de mais miosina não aumentaria a velocidade.

## Capítulo 6

**1.** A atividade da enzima que converte açúcar em amido foi destruída por desnaturação pelo calor.

**2.** $2,4 \times 10^{-6}$ M

**3.** $9,5 \times 10^8$ anos

**4.** O complexo enzima-substrato é mais estável do que a enzima isolada.

**5.** A velocidade da reação pode ser medida acompanhando-se a diminuição da absorção pelo NADH (em 340 nm) conforme a reação prossegue. Determine o valor de $K_m$ usando concentrações de substrato bem acima de $K_m$, meça a velocidade inicial (velocidade do desaparecimento de NADH com o tempo, usando espectrofotometria) em várias concentrações conhecidas da enzima, e faça um gráfico com os dados da velocidade inicial *versus* a concentração da enzima. O gráfico deve ser linear, com uma curva que forneça o valor da concentração de LDH.

**6.** (a), (c), (e)

**7. (a)** $1,7 \times 10^{-3}$ M **(b)** 0,33, 0,67, 0,91 **(c)** A curva em vermelho corresponde à enzima B (para essa enzima, $[X] > K_m$); a curva em preto corresponde à enzima A.

**8. (a)** $0,2 \; \mu M \; s^{-1}$ **(b)** $0,6 \; \mu M \; s^{-1}$ **(c)** $0,9 \; \mu M \; s^{-1}$

**9. (a)** $2.000 \; s^{-1}$ **(b)** Valor de $V_{máx} = 1 \; \mu M \; s^{-1}$; $K_m = 2 \; \mu M$

**10. (a)** $400 \; s^{-1}$ **(b)** $10 \; \mu M$ **(c)** $\alpha = 2, \alpha' = 3$ **(d)** Inibidor misto

**11. (a)** 24 nM **(b)** 4 $\mu M$ ($V_0$ é exatamente metade da $V_{máx}$, assim $[X] = K_m$) **(c)** 40 $\mu M$ ($V_0$ é exatamente metade da $V_{máx}$, assim $[X] = 10$ vezes o valor de $K_m$ na presença do inibidor) **(d)** Não. $k_{cat}/K_m = (0,33 \; s^{-1})/(4 \times 10^{-6} \; M) = 8,25 \times 10^4 \; M^{-1} \; s^{-1}$, bem abaixo do limite determinado pela difusão.

**12.** $V_{máx} \sim 140 \; \mu M/min$; $K_m \sim 1 \times 10^{-5}$ M

**13. (a)** $V_{máx} = 51,5 \; mM/min$; $K_m = 0,59 \; mM$ **(b)** Inibição competitiva

**14.** $V_{máx} = 0,50 \; \mu mol/min$; $K_m = 2,2 \; mM$

**15. (a)** A **(b)** B

**16.** $2,0 \times 10^7 \; min^{-1}$

**17. (a)** P **(b)** Q **(c)** E **(d)** B **(e)** A **(f)** F

**18. (a)** Aumenta **(b)** Diminui **(c)** Não muda **(d)** Não muda

**19.** A premissa básica da equação de Michaelis-Menten ainda se mantém. A reação está no estado estacionário, e a velocidade é determinada por $V_0 = k_2[ES]$. As equações a serem resolvidas para $[ES]$ são

$$[E_t] = [E] + [ES] + [EI] \quad \text{e} \quad [EI] = \frac{[E][I]}{K_I}$$

[E] pode ser obtido rearranjando-se a Equação 6-19. O resto segue o padrão da derivação da equação de Michaelis-Menten apresentada no texto.

**20.** 29.000. O cálculo supõe que só existe um resíduo de Cys essencial por molécula de enzima.

**21.** A atividade da enzima da próstata é igual ao total da atividade de fosfatase presente no sangue menos a atividade de fosfatase na presença de uma quantidade de tartarato suficiente par inibir completamente a enzima da próstata.

**22.** A inibição é mista. Como parece não haver alteração apreciável na $K_m$, esse poderia ser o caso especial de inibição mista chamada de não competitiva.

**23.** $K_m$ aparente = $\alpha K_m/\alpha'$. A [S] na qual $V_0 = V_{máx}/2\alpha'$ é obtida quando todos os termos, exceto $V_{máx}$ do lado direito da Equação 6-30 – isto é, $[S]/(\alpha K_m + \alpha'[S])$ –, são iguais a $\alpha'/2$. Comece com $[S]/(\alpha K_m + \alpha'[S]) = \alpha'/2$ e resolva [S].

**24.** Um aminoácido com carga positiva na cadeia lateral, como Lys, His, ou Arg, poderia afastar a densidade eletrônica para longe da Tyr.

**25.** Em pH 5,2, o $Glu^{35}$ está protonado e neutro, ao passo que o $Asp^{52}$ está desprotonado e com carga negativa. A atividade ótima ocorre quando o $Glu^{35}$ está protonado e o $Asp^{52}$ está desprotonando. A atividade diminui com a diminuição do pH, pois $Asp^{52}$ vai ficando protonado, e, com o aumento do pH, $Glu^{35}$ vai ficando desprotonado.

**26. (a)** O grupo sulfidrila, embora possa ser ionizado, é relativamente apolar (ver Capítulo 3). O ácido aminobutírico tem uma cadeia lateral apolar com tamanho similar ao da cadeia lateral da Cys. **(b)** É improvável que tenha a mesma forma, uma vez que o peptídeo é formado por D-aminoácidos. Uma forma que seja a imagem especular é possível porque os D-aminoácidos são imagens especulares dos estereoisômeros L. Antes de qualquer teste, é pelo menos plausível supor que a forma seja inativa. **(c)** Os resultados suportam fortemente a hipótese de que seja uma imagem especular. É excepcional que substratos e inibidores formados por D-aminoácidos tenham atividade. **(d)** Não. O sítio ativo da quimotripsina é configurado para agir sobre peptídeos formados por L-aminoácidos. **(e)** Não. O processo de enovelamento é complexo, e às vezes necessita da ajuda de chaperonas e enzimas especializadas. Algumas enzimas e proteínas podem se enovelar espontaneamente na forma ativa, outras não.

## Capítulo 7

**1.** Com a redução do oxigênio da carbonila a um grupo hidroxila, funções químicas em C-1 e C-3 tornam-se iguais; a molécula do glicerol não é quiral.

**2.** Epímeros diferem-se pela configuração ao redor de apenas *um* carbono.

**(a)** D-altrose (C-2), D-glicose (C-3), D-gulose (C-4)

**(b)** D-idose (C-2), D-galactose (C-3), D-alose (C-4)

**(c)** D-arabinose (C-2), D-xilose (C-3)

**3.** Para converter $\alpha$-D-glicose em $\beta$-D-glicose, a ligação entre C-1 e a hidroxila em C-5 (como na Fig. 7-6) deve ser rompida; para converter D-glicose em D-manose, a ligação —H ou —OH em C-2 deve ser rompida. A conversão entre conformações em cadeira não requer clivagem de ligações; essa é a distinção crítica entre configuração e conformação.

**4. (a)** Ambos são polímeros de D-glicose, mas diferem na ligação glicosídica: ($\beta 1 \rightarrow 4$) para a celulose, ($\alpha 1 \rightarrow 4$) para o glicogênio. **(b)** Ambos são hexoses, mas a glicose é uma aldo-hexose, e a frutose, uma ceto-hexose. **(c)** Ambos são dissacarídeos, mas a maltose tem duas unidades de D-glicose unidas por meio de ligação ($\alpha 1 \rightarrow 4$), ao passo que a sacarose tem uma unidade de D-glicose e uma de D-frutose unidas por meio de uma ligação ($\alpha 1 \leftrightarrow 2\beta$).

**5.**

$\alpha$-D-Manose    $\beta$-L-Galactose

**6.** [estrutura de dissacarídeo com açúcar redutor]

**7.** Em um indivíduo com uma condição que aumenta a taxa de destruição e a renovação de eritrócitos, seria esperado que apresentasse menor glicação da hemoglobina (valor menor de HbA1c), em função do menor tempo de exposição da hemoglobina à glicose.

**8.** Um hemiacetal forma-se quando uma aldose ou uma cetose se condensa com um álcool; um glicosídeo forma-se quando um hemiacetal se condensa com um álcool (ver Fig. 7-5).

**9.** A frutose cicla, formando uma estrutura do tipo piranose ou furanose. O aumento da temperatura desloca o equilíbrio no sentido da formação da furanose, a forma menos doce.

**10.** Na 6-fosfogliconolactona, C-1 é um éster de ácido carboxílico; na glicose, C-1 é um hemiacetal.

**11.** A fervura de uma solução de sacarose em água hidrolisa parte das moléculas de sacarose, formando açúcar invertido. A hidrólise é acelerada e ocorre em temperaturas mais baixas quando se adiciona uma pequena quantidade de ácido (p. ex., suco de limão ou creme tártaro).

**12.** Prepare uma pasta de sacarose e água para o centro; adicione uma pequena quantidade de sacarase (invertase); envolva a pasta imediatamente em chocolate.

**13.** A sacarose não tem um carbono anomérico livre para sofrer mutarrotação.

**14.** [estrutura de dissacarídeo]

Sim; sim

**15.** A $N$-acetil-$\beta$-D-glicosamina é um açúcar redutor; seu C-1 pode ser oxidado (p. 237). O D-gliconato não é um açúcar redutor; seu C-1 já está no estado de oxidação de um ácido carboxílico. GlcN($\alpha$1↔1$\alpha$)Glc não é um açúcar redutor; os carbonos anoméricos de ambos os monossacarídeos estão envolvidos na ligação glicosídica.

**16.** A celulose nativa consiste em unidades de glicose unidas por ligações glicosídicas ($\beta$1→4), que forçam a cadeia do polímero a assumir uma conformação estendida. Séries paralelas dessas cadeias estendidas formam ligações de hidrogênio intermoleculares, que as agregam em fibras longas, rígidas e insolúveis. O glicogênio consiste em unidades de glicose unidas por ligações glicosídicas ($\alpha$1→4), que causam dobras na cadeia e impedem a formação de fibras longas. Além disso, o glicogênio é altamente ramificado e, como muitos de seus grupos hidroxila estão expostos à água, é altamente hidratado e dispersa-se na água.

A celulose é um material estrutural nas plantas, consistente com sua agregação lado a lado em fibras insolúveis. O glicogênio é um combustível de reserva para os animais. Grânulos de glicogênio altamente hidratados com suas muitas extremidades não redutoras podem ser rapidamente hidrolisados pela glicogênio-fosforilase, liberando glicose-1-fosfato.

**17.** A celulose é diversas vezes mais longa; ela assume uma conformação estendida, enquanto a amilose tem uma estrutura helicoidal.

**18.** $7 \times 10^3$ resíduos/s

**19.** Glicoproteínas: b, c, f; proteoglicanos: a, d, e

**20.** Os modelos de bola e bastão dos dissacarídeos na Fig. 7-16 não mostram interações estéricas, mas os modelos de preenchimento de espaço, mostrando os átomos com seus tamanhos relativos corretos, mostrariam vários fortes impedimentos estéricos no confôrmero de alta energia, que não estão presentes no confôrmero estendido.

**21.** As cargas negativas no sulfato de condroitina se repelem mutuamente e forçam a molécula a adotar uma conformação estendida. A molécula polar atrai muitas moléculas de água, aumentando o volume molecular. No sólido desidratado, cada carga negativa é contrabalançada por um íon positivo, e a molécula se condensa.

**22.** Resíduos de aminoácidos com cargas positivas se ligariam aos muitos grupos carregados com cargas negativas na heparina. De fato, resíduos de Lys da antitrombina III interagem com a heparina.

**23.** A ordem das hexoses (ABC, ACB, etc.), a estereoquímica em cada um dos dois carbonos anoméricos ($\alpha$ ou $\beta$) e os átomos de carbono envolvidos em cada ligação glicosídica ((1→4), (1→6), (3→4), etc.)

**24.**

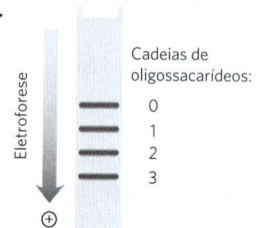

**25.** Oligossacarídeos; suas subunidades podem se combinar de formas mais variadas que os aminoácidos que funcionam como blocos fundamentais dos oligopeptídeos. Todo grupo hidroxila pode participar de ligações glicosídicas, e a configuração de cada ligação glicosídica pode ser $\alpha$ ou $\beta$. O polímero pode ser linear ou ramificado.

**26.** Administre um oligossacarídeo com a mesma estrutura que aquela reconhecida pela ricina, ou altas concentrações da própria $N$-acetilgalactosamina. A ricina se ligará ao oligossacarídeo livre ou à acetilgalactosamina, em vez de à superfície celular, que seria seu alvo, impedindo a entrada da toxina.

**27. (a)** Resíduos no ponto de ramificação geram 2,3-di-$O$-metilglicose; resíduos não ramificados geram 2,3,6-tri-$O$-metilglicose. **(b)** 3,75%

**28. (a)** Os testes envolvem a tentativa de dissolver apenas parte da amostra em uma variedade de solventes para, então, analisar materiais dissolvidos e não dissolvidos para verificar se suas composições diferem. **(b)** Para uma substância pura, todas as moléculas são iguais e qualquer fração dissolvida terá a mesma composição que qualquer fração não dissolvida. Uma substância impura é uma mistura de mais de um composto. Quando a amostra é tratada com um determinado solvente, uma fração maior de um componente pode se dissolver, deixando uma fração maior do(s) outro(s) componente(s) para trás. Como resultado, as frações dissolvida e não dissolvida terão composições distintas. **(c)** Um ensaio quantitativo permite que os pesquisadores estejam seguros de que não houve perda de atividade por degradação. Quando a estrutura de uma molécula está sendo determinada, é importante que a amostra sob análise consista apenas em moléculas intactas (não degradadas). Se a amostra estiver contaminada com material degradado, os resultados estruturais serão confusos e talvez não haja possibilidade de interpretação. Um ensaio qualitativo detectaria a presença de atividade, mesmo se a amostra estivesse significativamente degradada. **(d)** Resultados 1 e 2. O resultado 1 é consistente com a estrutura conhecida, pois o antígeno tipo B tem três moléculas de galactose; os tipos A e O têm apenas dois. O resultado 2 também é consistente, pois o tipo A tem dois aminoaçúcares ($N$-acetilgalactosamina e $N$-acetilglicosamina); os tipos B e O têm apenas um ($N$-acetilglicosamina). O resultado 3 *não* é consistente com a estrutura conhecida: para o tipo A, a razão glicosamina:galactosamina é 1:1; para o tipo B, é 1:0. **(e)** As amostras eram provavelmente impuras e/ou estavam parcialmente degradadas. Os primeiros dois resultados estavam corretos, provavelmente porque o método era apenas grosseiramente quantitativo, de modo que não era sensível a uma baixa exatidão nas medidas. O terceiro resultado é mais quantitativo, de modo que mais provavelmente diferirá dos valores previstos em função de impurezas ou degradação das amostras. **(f)** Uma exoglicosidase. Se fosse uma endoglicosidase, um dos produtos de sua ação sobre o antígeno O incluiria galactose, *N*-acetilglicosamina ou *N*-acetilgalactosamina, e pelo menos um desses açúcares seria capaz de inibir a degradação. Uma vez que a enzima não é inibida por qualquer um desses açúcares, deve ser uma exoglicosidase, removendo apenas o açúcar terminal da cadeia. O açúcar terminal do antígeno O é a fucose, de modo que ela seria o único açúcar capaz de inibir a degradação do antígeno O. **(g)** A exoglicosidase remove *N*-acetilgalactosamina do antígeno A e galactose do antígeno B. Uma vez que a fucose não é produto de qualquer uma das reações, ela não prevenirá a remoção de quaisquer desses açúcares, e as substâncias resultantes não mais seriam ativas como antígenos A ou B. Todavia, os produtos devem ser ativos como antígeno O, pois a degradação cessa na fucose. **(h)** Todos os resultados são consistentes com a Fig. 10-13. (1) D-Fucose e L-galactose, que protegeriam contra a degradação, não estão presentes em qualquer dos antígenos. (2) O açúcar terminal do antígeno A é a *N*-acetilgalactosamina, que protege esse antígeno da degradação. (3) O açúcar terminal do antígeno B é a galactose, que é o único açúcar capaz de proteger esse antígeno.

## Capítulo 8

**1.** N-3 e N-7

**2.** (5′)GCGCAATATTTTGAGAAATATTGCGC(3′); ela contém um palíndromo. As fitas simples podem formar estruturas em grampo; as duas fitas podem formar um cruciforme.

**3.** $9,4 \times 10^{17}$

**4. (a)** Desoxiadenilato, desóxi-$O^6$-metilguanilato, um sítio apurínico (ou sítio AP ou sítio abásico), desoxiuridilato **(b)** extremidade 5′ no canto superior esquerdo e extremidade 3′no canto inferior direito **(c)** O tetranucleotídeo é o DNA, pois é composto de desoxinucleotídeos. Isso é verdade apesar da presença de uma base de uracila.

**5.** As hélices em grampos de RNA assumem uma conformação A; hélices em grampos de DNA geralmente assumem uma conformação B.

**6.** No DNA eucariótico, cerca de 5% dos resíduos C são metilados. 5-Metilcitosina pode desaminar espontaneamente para formar timina; o par G-T resultante é uma das incompatibilidades mais comuns em células eucarióticas.

**7.** Superior.

**8.** Sem a base, o anel de ribose pode ser aberto para gerar a forma de aldeído acíclico. Isso e a perda de interações de empilhamento de base podem contribuir com flexibilidade significativa para a estrutura do DNA.

**9.** CGCGCGTGCGCGCGCG

**10.** Os nucleotídeos do RNA têm um grupo 2′-hidroxila no anel da pentose, e as bases pirimidínicas comuns para os nucleotídeos do RNA são a uracila e a citosina.

**11.** O empilhamento de bases em ácidos nucleicos tende a reduzir a absorção de luz UV. A desnaturação envolve a perda de empilhamento de base e aumenta a absorção UV.

**12.**

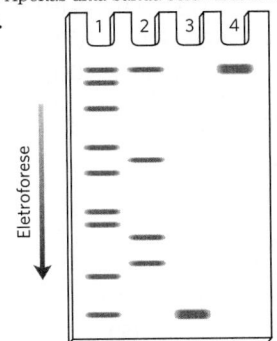

Solubilidades: fosfato > desoxirribose > guanina. Os grupos fosfato altamente polares e as porções de açúcar estão do lado de fora da dupla-hélice, expostos à água; as bases hidrofóbicas estão no interior da hélice.

**13.** *Primer* 1: CCTCGAGTCAATCGATGCTG

*Primer* 2: CGCGCACATCAGACGAACCA

Lembre-se de que todas as sequências de DNA são escritas na direção 5′→3′, da esquerda para a direita; que a DNA-polimerase sintetiza DNA na direção 5′→3′; que as duas fitas de uma molécula de DNA são antiparalelas; e que ambos os *primers* de PCR devem ter como alvo as sequências finais, de modo que suas extremidades 3′ sejam orientadas para o segmento a ser amplificado.

**14. (a)** B **(b)** C **(c)** A

**15.** Os *primers* podem ser usados para hibridizar bibliotecas contendo clones genômicos longos para identificar extremidades *contig* que ficam próximas umas das outras. Se os *contigs* que flanqueiam a lacuna estiverem próximos o suficiente, os *primers* podem ser usados em PCR para amplificar diretamente o DNA intermediário que separa os *contigs*, que podem, então, ser clonados e sequenciados.

**16.** O 3′-H impediria a adição de quaisquer nucleotídeos subsequentes, de modo que a sequência para cada *cluster* terminaria após a primeira adição de nucleotídeos.

**17.** Se dCTP for omitido, quando o primeiro resíduo G for encontrado no modelo, ddCTP será adicionado, e a polimerização será interrompida. Apenas uma banda será visualizada no gel de sequenciamento.

**18.**

**19.** Os produtos são:

(5′)GCGCCAUUGC(3′)—OH
(5′)GCGCCAUUG(3′)—OH
(5′)GCGCCAUU(3′)—OH
(5′)GCGCCAU(3′)—OH
(5′)GCGCCA(3′)—OH
(5′)GCGCC(3′)—OH
(5′)GCGC(3′)—OH
(5′)GCG(3′)—OH
(5′)GC(3′)—OH

e os nucleosídeos-5′-fosfato

**20. (a)** A água participa da maioria das reações biológicas, incluindo aquelas que causam mutações. O baixo teor de água nos endosporos reduz a atividade de enzimas causadoras de mutação e retarda a taxa de reações de despurinação não enzimática, que são reações de hidrólise. **(b)** A luz UV induz a formação de dímeros de pirimidina de ciclobutano. Como *B. subtilis* é um organismo do solo, os esporos podem ser elevados ao topo do solo ou ao ar, onde podem estar sujeitos a uma exposição prolongada aos raios UV.

**21.** DMT é um grupo bloqueador que impede a reação da base que está sendo adicionada com ela mesma.

**22. (a)** Voltada para a direita. A base em uma extremidade 5′ é a adenina; na outra extremidade 5′, é a citosina. **(b)** Voltada para a esquerda. **(c)** Se você não consegue ver as estruturas em estéreo, use um mecanismo de busca para encontrar dicas *online*.

**23. (a)** Não seria fácil! Os dados para amostras diferentes do mesmo organismo mostram uma variação significativa, e a recuperação nunca é 100%. Os números para C e T mostram muito mais consistência do que para A e G, então é muito mais fácil argumentar que amostras do mesmo organismo têm a mesma composição. Contudo, mesmo com os valores menos consistentes para A e G, (1) a faixa de valores para diferentes tecidos se sobrepõe substancialmente; (2) a diferença entre preparações diferentes do mesmo tecido é aproximadamente a mesma que a diferença entre amostras de tecidos diferentes; e, (3) em amostras para as quais a recuperação é alta, os números são mais consistentes. **(b)** Essa técnica não seria sensível o suficiente para detectar uma diferença entre células normais e cancerígenas. O câncer é causado por mutações, mas essas mudanças no DNA – alguns pares de bases de vários bilhões – seriam pequenas demais para serem detectadas com essas técnicas. **(c)** As razões de A:G e T:C variam amplamente entre as diferentes espécies. Por exemplo, na bactéria *Serratia marcescens*, ambas as razões são 0,4, o que indica que o DNA contém principalmente G e C. Na *Haemophilus influenzae*, por outro lado, as razões são 1,74 e 1,54, o que indica que a maioria do DNA é composta de A e T. **(d)** A conclusão 4 tem três requisitos. (1) A = T: a tabela mostra uma relação A:T muito próxima de 1 em todos os casos. Certamente, a variação nessa proporção é substancialmente menor que a variação nas razões A:G e T:C. (2) G = C: novamente, a relação G:C é muito próxima 1, e as outras razões variam muito. (3) A + G = T + C: essa é a relação purina:pirimidina, que também é muito próxima de 1.

## Capítulo 9

**1. (a)** (5′) - - - G(3′)      e      (5′)AATTC - - - (3′)
           (3′) - - - CTTAA(5′)         (3′)       G - - - (5′)

**(b)** (5′) - - - GAATT(3′)    e      (5′)AATTC - - - (3′)
        (3′) - - - CTTAA(5′)           (3′)TTAAG - - - (5′)

**(c)** (5′) - - - GAATTAATTC - - - (3′)
        (3′) - - - CTTAATTAAG - - - (5′)

**(d)** (5′) - - - G(3′)        e      (5′)C - - - (3′)
        (3′) - - - C(5′)               (3′)G - - - (5′)

**(e)** (5′) - - - GAATTC - - - (3′)
        (3′) - - - CTTAAG - - - (5′)

**(f)** (5′) - - - CAG(3′)      e      (5′)CTG - - - (3′)
        (3′) - - - GTC(5′)             (3′)GAC - - - (5′)

**(g)** (5′) - - - CAGAATTC - - - (3′)
        (3′) - - - GTCTTAAG - - - (5′)

**(h)** Método 1: corte o DNA com EcoRI como em **(a)**, trate o DNA como em (b) ou (d) e, então, ligue um fragmento de DNA sintético à sequência de reconhecimento BamHI entre as duas extremidades cegas resultantes. Método 2 (mais eficiente): sintetize um fragmento de DNA com a estrutura

(5′)AATTGGATCC(3′)
(5′)CCTAGGTTAA(3′)

Isso ligaria eficientemente às extremidades coesivas geradas pela clivagem EcoRI e introduziria um sítio BamHI, mas não regeneraria o sítio EcoRI.

**(i)** Os quatro fragmentos (com N = qualquer nucleotídeo), em ordem de discussão na questão, são

(5′)AATTCNNNNCTGCA(3′)
(3′)GNNNNG(5′)

(5′)AATTCNNNNGTGCA(3′)
(3′)GNNNNC(5′)

(5′)AATTGNNNNCTGCA(3′)
(3′)CNNNNG(5′)

(5′)AATTGNNNNGTGCA(3′)
(3′)CNNNNC(5′)

**2.** Os cromossomos artificiais de levedura (YAC) não são estáveis em uma célula, a menos que tenham duas extremidades contendo telômeros e um grande segmento de DNA clonado no cromossomo. YAC com menos de 10.000 pb de comprimento são logo perdidos durante a mitose e a divisão celular continuada.

**3. (a)** Plasmídeos nos quais o pBR322 original foi regenerado sem inserção de um fragmento de DNA exógeno; eles manteriam a resistência à ampicilina. Além disso, duas ou mais moléculas de pBR322 podem ser ligadas entre si com ou sem inserção de DNA exógeno.

**(b)** Os clones nas canaletas 1 e 2 têm, cada um, um fragmento de DNA inserido em diferentes orientações. O clone na canaleta 3 tem dois fragmentos de DNA, ligados de tal modo que as extremidades proximais EcoRI estão unidas.

**4.**      (5′)GAAAGTCCGCGTTATAGGCATG(3′)
            (3′)ACGTCTTTCAGGCGCAATATCCGTACTTAA(5′)

**5.** Seu teste exigiria *primers* de DNA, uma DNA-polimerase estável ao calor, desoxinucleosídeos-trifosfato e uma máquina de PCR (termociclador). Os *primers* seriam desenhados para amplificar um segmento de DNA que engloba a repetição CAG. A fita de DNA mostrada é a fita codificadora, orientada 5′→3′, da esquerda para a direita. O *primer* direcionado ao DNA à esquerda da repetição seria idêntico a qualquer sequência de 25 nucleotídeos mostrada na região à esquerda da repetição CAG. O *primer* do lado direito deve ser complementar e antiparalelo a uma sequência de 25 nucleotídeos à direita da repetição CAG. Usando os *primers*, o DNA, incluindo a repetição CAG, seria amplificado por PCR, e seu tamanho seria determinado por comparação com marcadores de tamanho após a eletroforese. O comprimento do DNA refletiria o comprimento da repetição CAG, fornecendo um teste simples para a doença.

**6.** Desenhe *primers* de PCR que sejam complementares ao DNA no segmento deletado, mas direcionem a síntese de DNA em direções opostas. Nenhum produto de PCR é produzido, a não ser que as extremidades do segmento excluído sejam unidas para criar um círculo.

**7.** É provável que as duas proteínas colocalizam sob privação de nutrientes e, possivelmente, formam um complexo proteico.

**8.**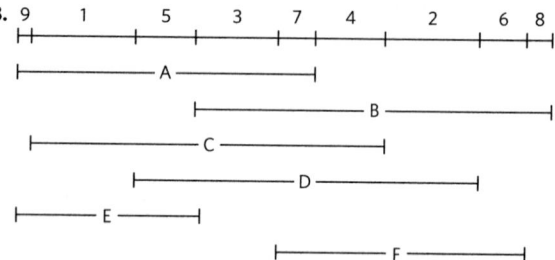

**9.** A produção de anticorpos marcados é difícil e dispendiosa, e a marcação de cada anticorpo para cada proteína-alvo seria impraticável. Uma preparação de anticorpo marcado para ligação a todos os anticorpos de uma classe específica pode ser utilizada em muitos diferentes experimentos de imunofluorescência.

**10.** Expresse a proteína na cepa de levedura 1 como uma proteína de fusão com um dos domínios de Gal4p – digamos, o domínio de ligação ao DNA. Utilizando a cepa de levedura 2, faça uma biblioteca em que essencialmente todas as proteínas do fungo são expressas como uma proteína de fusão com o domínio de interação de Gal4p. Faça o cruzamento da cepa 1 com a biblioteca da cepa 2 e procure colônias que são coloridas devido à expressão do gene-repórter. Essas colônias geralmente surgem de células acopladas que contêm uma proteína de fusão que interage com a proteína-alvo.

**11.** A transcriptase reversa é usada para converter o RNA de fita simples em DNA de fita dupla em uma das etapas iniciais do RNA-Seq.

**12.** O RNA-Seq detecta RNA não codificadores. Eles têm funções especiais e não possuem sequências codificadoras de proteínas. Muitos RNA codificados por genomas eucarióticos não são RNA mensageiros. Em vez disso, eles são RNA não codificadores com uma variedade de funções. Eles não precisam possuir um quadro de leitura aberto como parte de sua sequência.

**13.** ATSAAGWDE**W**EGGK**V**LIHL**DG**KLQNRGALLELDIGAV

**14.** O padrão de haplótipos nas populações aleutas e inuítes sugere que a migração de seus ancestrais para as regiões árticas da América ocorreu separadamente das migrações que acabaram povoando o restante da América do Norte e a América do Sul.

**15.** O cruzamento entre denisovanos e *Homo sapiens* deve ter ocorrido na Ásia, em algum momento nos muitos milênios durante os quais os seres humanos migraram da África para a Ásia e, depois, para a Austrália e a Melanésia.

**16.** A mesma condição de doença pode ser causada por defeitos em dois ou mais genes que estão em cromossomos diferentes.

**17. (b)** atuaria como um par de *primer* adequado para esse transcrito; **(a)** formaria dímeros de *primers* devido ao elevado número de bases complementares nos *primers*; **(c)** também exibe autocomplementaridade significativa e teria um ponto de fusão muito alto devido aos pares C–G; **(d)** também exibe autocomplementaridade e formaria laços de haste.

**18. (a)** As soluções de DNA são altamente viscosas porque as moléculas muito longas estão emaranhadas em solução. Moléculas mais curtas tendem a se emaranhar menos e formam uma solução menos viscosa; portanto, a viscosidade diminuída corresponde ao encurtamento dos polímeros – como o causado pela atividade de nuclease. **(b)** Uma endonuclease. Uma exonuclease remove nucleotídeos da extremidade 5' ou 3' e produz nucleotídeos marcados com $^{32}P$ solúveis em TCA. Uma endonuclease corta o DNA em fragmentos de oligonucleotídeos e produz pouco ou nenhum material marcado com $^{32}P$ solúvel em TCA. **(c)** A extremidade 5'. Se o fosfato fosse mantido na extremidade 3', a cinase incorporaria uma quantidade significativa de $^{32}P$ à medida que adicionasse fosfato à extremidade 5'; o tratamento com a fosfatase não teria efeito sobre isso. Nesse caso, as amostras A e B incorporariam quantidades significativas de $^{32}P$. Quando o fosfato é mantido na extremidade 5', a cinase não incorpora nenhum $^{32}P$: ela não pode adicionar um fosfato quando já existe fosfato presente. O tratamento com a fosfatase remove o fosfato da extremidade 5', e a cinase incorpora quantidades significativas de $^{32}P$. A amostra A terá pouco ou nenhum $^{32}P$, e a B mostrará incorporação substancial de $^{32}P$ – como foi observado. **(d)** Quebras aleatórias produziriam uma distribuição de fragmentos de tamanhos aleatórios. A produção de fragmentos específicos indica que a enzima é sítio-específica. **(e)** Clivagem no sítio de reconhecimento. Isso produz uma sequência específica na extremidade 5' dos fragmentos. Se a clivagem ocorresse próximo, mas não dentro, do sítio de reconhecimento, as sequências nas extremidades 5' dos fragmentos seriam aleatórias. **(f)** Os resultados são consistentes com duas sequências de reconhecimento, como mostrado a seguir, clivadas conforme indicado pelas setas:

```
        ↓
(5') --- GTT AAC --- (3')
(3') --- CAA TTG --- (5')
                ↑
```

que produz os fragmentos (5')pApApC e (3')TpTp; e

```
        ↓
(5') --- GTC GAC --- (3')
(3') --- CAG CTG --- (5')
                ↑
```

que produz os fragmentos (5')pGpApC e (3')CpTp.

## Capítulo 10

**1.** O termo "lipídeo" não especifica uma estrutura química em especial. Compostos são categorizados como lipídeos em função de terem maiores solubilidades em solventes orgânicos do que na água.

**2.**

20:6($\Delta^{4,7,10,13,16,19}$) Ácido docosaexaenoico (DHA)

**3. (a)** O número de ligações duplas *cis*. Cada ligação dupla *cis* causa uma dobra na cadeia hidrocarbonada, diminuindo a temperatura de fusão. **(b)** Podem ser construídos seis diferentes triacilgliceróis, em ordem de pontos de fusão crescentes:

OOO < OOP = OPO < PPO = POP < PPP

**(c)** em que O = ácido oleico e P = ácido palmítico. Quanto maior for o conteúdo de ácidos graxos saturados, maior será o ponto de fusão. **(d)** Ácidos graxos de cadeia ramificada aumentam a fluidez das membranas, pois diminuem o grau de empacotamento lipídico.

**4.** Por meio da redução número de ligações duplas, o que aumenta o ponto de fusão dos lipídeos contendo ácidos graxos.

**5.** Cadeias acila longas e saturadas, quase sólidas à temperatura ambiente, formam uma camada hidrofóbica, na qual um composto polar como a $H_2O$ não pode se dissolver ou se difundir.

**6.** Hortelã é ($R$)-carvona; cominho é ($S$)-carvona.

**7.** A marcação com $^{18}O$ aparece nos sais dos ácidos graxos.

**8.** *Unidades hidrofóbicas*: **(a)** 2 ácidos graxos **(b)**, **(c)** e **(d)** 1 ácido graxo e a cadeia hidrocarbonada da esfingosina **(e)** o núcleo esteroide e a cadeia acila lateral. *Unidades hidrofílicas*: **(a)** fosfoetanolamina **(b)** fosfocolina **(c)** D-galactose **(d)** diversas moléculas de açúcares **(e)** grupo álcool (—OH)

**9.** Serina

**10.**

Fosfatidilserina

**11.** A parte dos lipídeos de membrana que determina o tipo sanguíneo é o oligossacarídeo na cabeça polar dos esfingolipídeos de membrana (ver Fig. 10-13). Esse mesmo oligossacarídeo está ligado a certas glicoproteínas de membrana, que também servem como pontos de reconhecimento por anticorpos que distinguem os grupos sanguíneos.

**12. (a)** O grupo —OH livre em C-2 e o grupo fosfocolina na cabeça polar em C-3 são hidrofílicos; o ácido graxo em C-1 da lisolecitina é hidrofóbico. **(b)** Certos esteroides, como a prednisona, inibem a ação da fosfolipase $A_2$, inibindo a liberação de ácido araquidônico do C-2. O ácido araquidônico é convertido em uma variedade de eicosanoides, alguns dos quais causam inflamação e dor. **(c)** A fosfolipase $A_2$ libera ácido araquidônico, um precursor de outros eicosanoides com funções protetoras vitais no organismo; ela também degrada glicerofosfolipídeos da dieta.

**13.** O diacilglicerol é hidrofóbico e permanece na membrana. O inositol-1,4,5-trisfosfato é altamente polar, muito solúvel em água e com difusão mais fácil no citosol. Ambos são segundos mensageiros.

**14.**

Geraniol

Farnesol

Esqualeno

**15. (a)** Glicerol e sais sódicos dos ácidos palmítico e esteárico **(b)** D-Glicerol-3-fosfocolina e os sais sódicos dos ácidos palmítico e oleico

**16.** Solubilidade em água: monoacilglicerol > diacilglicerol > triacilglicerol

**17.** Do primeiro ao último eluído: palmitato de colesterila e triacilglicerol; colesterol e n-tetradecanol; fosfatidilcolina e fosfatidiletanolamina; esfingomielina; fosfatidilserina e palmitato. Os lipídeos eluem da coluna de sílica-gel na ordem de polaridade. O lipídeo menos polar será o primeiro a eluir, e o lipídeo mais polar eluirá por último.

**18. (a)** Submetendo-se hidrolisados ácidos de cada composto à separação cromatográfica (cromatografia gasosa ou cromatografia de camada delgada em sílica-gel) e comparando-se o resultado com padrões conhecidos. *Hidrolisado de esfingomielina*: esfingosina, ácidos graxos, fosfocolina, colina e fosfato; *hidrolisado de cerebrosídeo*: esfingosina, ácidos graxos, açúcares, mas não fosfato. **(b)** A hidrólise da esfingomielina em condições alcalinas fortes produz esfingosina; a fosfatidilcolina produz glicerol. Detectar componentes no hidrolisado por cromatografia em camada delgada, comparando-os com padrões ou suas diferentes reações com FDNB (1-flúor-2,4-dinitrobenzeno; apenas a esfingosina reage, com a formação de um produto corado). O tratamento com fosfolipase $A_1$ ou $A_2$ libera ácidos graxos livres a partir de fosfatidilcolina, mas não a partir de esfingomielina.

**19. (a)** Esfingosina (4,78); ácido linoleico (5,88); ácido esteárico (6,33); colesterol (7,68) **(b)** Log $P$ descreve a lipofilicidade da substância, crucial para determinar como formular o fármaco para transporte em compartimentos aquosos do organismo, como intestino e corrente sanguínea. Log $P$ também determina a probabilidade de um fármaco ser absorvido por gorduras e tecidos ricos em gorduras, o que pode alterar a efetividade, a meia-vida e o potencial toxicidade do fármaco.

**20. (a)** Barril $\beta$ **(b)** Phe, Trp, Tyr, Leu. Todos são hidrofóbicos ou têm grupos R apolares. **(c)** O grupo na cabeça polar pode formar ligações de hidrogênio com a água; a cauda hidrocarbonada, não. Porções hidrofóbicas dos resíduos que revestem o sítio de ligação protegem a cauda do contato com a água enquanto a partícula se move na corrente sanguínea.

**21. (a)** GM1 e globosídeo. Tanto glicose quanto galactose são hexoses, de modo que "hexose" na razão molar refere-se a glicose + galactose. As proporções para os quatro gangliosídeos são GM1, 1:3:1:1; GM2, 1:2:1:1; GM3, 1:2:0:1; globosídeo, 1:3:1:0. **(b)** Sim. A razão corresponde a GM2, o gangliosídeo que se espera aumentar na doença de Tay-Sachs (ver Quadro 10-1, Fig. 1). **(c)** Essa análise é similar àquela usada por Sanger para determinar a sequência de aminoácidos para a insulina. A análise de cada fragmento revela apenas sua *composição*, não sua *sequência*; contudo, como cada fragmento é formado pela remoção sequencial de um açúcar, pode-se tirar conclusões acerca da sequência. A estrutura do assialogangliosídeo normal é ceramida–glicose–galactose–galactosamina–galactose, consistente com o Quadro 10-1 (excluindo-se Neu5Ac, removido antes da hidrólise). **(d)** O assialogangliosídeo em Tay-Sachs é ceramida–glicose–galactose–galactosamina, consistente com o Quadro 10-1. **(e)** A estrutura do assialogangliosídeo normal, GM1, é *ceramida–glicose* [2 —OH envolvida em ligações glicosídicas; 1 —OH envolvida na estrutura do anel; 3 —OH (2, 3, 6) livres para metilação]–*galactose* [2 —OH em ligações; 1 —OH no anel; 3 —OH (2, 4, 6) livres para metilação]–*galactosamina* [2 —OH em ligações; 1 –OH no anel; 1 —NH$_2$ ou —OH; 2 —OH (4, 6) livres para metilação]–*galactose* [1 —OH em ligação; 1 —OH no anel; 4 —OH (2, 3, 4, 6) livres para metilação]. **(f)** Duas informações cruciais estão faltando: quais são as ligações entre os açúcares? Onde está ligado o Neu5Ac?

## Capítulo 11

**1.** A área de cada molécula pode ser calculada a partir da quantidade (número de moléculas) de lipídeos utilizados e da área ocupada pela monocamada quando ela começa a oferecer resistência à compressão (quando a força necessária aumenta drasticamente, como mostrado no gráfico de força *versus* área.

**2. (a)** Os lipídeos que formam bicamadas são moléculas anfipáticas: eles contêm uma região hidrofílica e uma região hidrofóbica. Para minimizar a área hidrofóbica que fica exposta à superfície da água, esses lipídeos formam folhas bidimensionais, com as regiões hidrofílicas expostas para a água e as regiões hidrofóbicas embutidas no interior das folhas. Além disso, para evitar deixar que as extremidades hidrofóbicas das folhas fiquem expostas à água, as bicamadas lipídicas se fecham em si mesmas. **(b)** Essas folhas formam membranas fechadas que envelopam as células e os compartimentos internos das células (organelas).

**3.** 2 nm. Duas moléculas de palmitato colocadas em fileira se estendem por cerca de 4 nm, o que corresponde aproximadamente à espessura de uma membrana típica.

**4.** As proteínas integrais estão firmemente embutidas na bicamada lipídica e podem ser liberadas apenas tratando-se a membrana com detergentes ou solventes apolares. As proteínas periféricas de membrana são liberadas com mais facilidade por mudanças no pH, concentrações de íons metálicos ou agentes desnaturantes de proteínas, como a ureia. As proteínas anfitrópicas da membrana estão associadas à membrana de maneira mais frouxa e reversível e transitam entre a membrana e o citosol como parte das suas funções.

**5.** A extração com sais indica uma localização periférica, e a inacessibilidade das células intactas às proteases indica uma localização interna. É bem possível que a proteína X seja uma proteína periférica da face citosólica da membrana.

**6.** Construa um gráfico de hidropatia: a existência de regiões hidrofóbicas com 20 ou mais resíduos de aminoácidos sugere segmentos transmembrana. Determine se uma proteína em eritrócitos intactos reage com reagentes para aminas primárias aos quais a membrana seja impermeável. Caso reaja, o aminoterminal do transportador está do lado de fora da célula.

**7.** ~4%; estimativa feita calculando-se a área da superfície da célula e de 10.000 moléculas de transportador.

**8.** ~22. Para estimar a proporção da superfície da membrana coberta por fosfolipídeos, deve-se conhecer (ou estimar) a área média da secção transversal de uma molécula de fosfolipídeo em uma bicamada (p. ex., a partir de experimentos como aquele descrito na Questão 1 deste capítulo) e a área média da secção transversal de uma proteína de 50 kDa.

**9.** A velocidade de difusão será reduzida. O movimento de cada molécula de lipídeo nas bicamadas é muito mais rápido a 37 °C, quando os lipídeos estão em uma fase "fluida", do que a 10 °C, quando eles estão em uma fase "sólida". Esse efeito é mais pronunciado do que a diminuição normal que ocorre com o movimento browniano devido à diminuição da temperatura.

**10.** As interações entre os lipídeos de membrana devem-se ao efeito hidrofóbico, não covalente e reversível, e isso faz as membranas se fecharem novamente de modo espontâneo.

**11.** A temperatura dos tecidos corporais nas extremidades é menor do que a dos tecidos situados mais no centro do corpo. Para que os lipídeos se mantenham fluidos nessa temperatura menor, eles devem conter uma proporção maior de ácidos graxos insaturados; esses ácidos diminuem o ponto de fusão de uma mistura de lipídeos.

**12.** A barreira energética para uma cabeça polar de um lipídeo de membrana atravessar a região hidrofóbica é muito grande. Temperaturas mais altas podem facilitar que isso ocorra, assim como a presença de catalisadores, como flipases, flopases e escramblases.

**13.** O custo energético para que os grupos altamente polares, e algumas vezes com carga, das cabeças polares dos lipídeos atravessem o interior hidrofóbico da bicamada é impeditivo.

**14.** Escramblases catalisam o transporte de lipídeos de membrana de um folheto da membrana a outro. Essa reação não depende de ATP, pois ela é impulsionada pelo gradiente de lipídeos transbicamada. As escramblases não criam uma distribuição assimétrica de lipídeos entre os dois lados da bicamada. As flipases catalisam o transporte dependente de ATP dos aminofosfolipídeos (fosfatidilserina e fosfatidiletanolamina) do folheto extracelular (ou do folheto voltado para o lúmen) para o folheto da membrana voltado para o citosol.

**15.** Em pH 7, o triptofano carrega uma carga positiva e uma carga negativa, mas o indol fica sem carga. A passagem do indol menos polar através do núcleo hidrofóbico da bicamada é energeticamente mais favorável.

**16.** O transportador tem uma $K_t$ maior que 0,2 mM e é um cotransportador, um simportador com $Na^+$.

**17.**

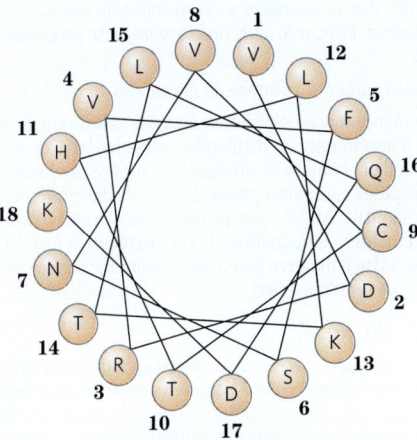

Os aminoácidos com os maiores índices de hidropatia (V, L, F e C) ficam agrupados em um dos lados da hélice. É provável que essa hélice anfipática mergulhe na bicamada lipídica ao longo da sua superfície hidrofóbica enquanto mantém a outra superfície voltada para a fase aquosa. Em contrapartida, várias hélices podem se agrupar com as respectivas superfícies polares mantendo contato umas com as outras, com as suas superfícies hidrofóbicas voltadas para a bicamada lipídica.

**18.** 0,60 mol

**19.** A valinomicina é um ionóforo que carrega $K^+$ através da membrana plasmática, dissipando o potencial de membrana que normalmente é formado pelo bombeamento desigual de $Na^+$ e $K^+$ pela $Na^+,K^+$-ATPase.

**20.** 13 kJ/mol

**21.** A maior parte do $O_2$ consumido por um tecido é para a fosforilação oxidativa, a fonte da maior parte do ATP. Assim, cerca de dois terços do ATP sintetizado pelo rim é usado para bombear $K^+$ e $Na^+$.

**22.** Sob condições normais, o trocador $Na^+$-$Ca^{2+}$ bombeia $Ca^{2+}$ para fora à medida que permite a entrada de $Na^+$. O excesso de $Na^+$ do lado de fora é criado por ação da $Na^+K^+$-ATPase. Quando essa enzima é bloqueada por digoxina, o gradiente de $Na^+$ dissipa-se, e, com isso, a força motriz para a passagem de $Ca^{2+}$ desaparece. Assim, ocorre fluxo de $Ca^{2+}$ a favor do seu gradiente, entrando na célula. O aumento da concentração de $Ca^{2+}$ geralmente é letal para a célula.

**23.** Não. O simportador pode carregar mais do que um equivalente de $Na^+$ para cada mol de glicose transportada.

**24.** Trate uma suspensão de células com NEM não marcada na presença de excesso de lactose, remova a lactose e, então, adicione NEM marcada com radioatividade. Use eletroforese em gel de poliacrilamida-SDS (SDS-PAGE) para determinar a $M_r$ da banda radioativa (o transportador).

**25.** A dependência de ATP indica transporte ativo; a não dependência de [$Na^+$] sugere transporte primário.

**26.** O transportador de leucina é específico para o isômero L, mas o sítio de ligação pode acomodar L-leucina ou L-valina. A redução da $V_{máx}$ na ausência de $Na^+$ indica que a leucina (ou valina) é transportada por simporte com $Na^+$. Ao dissipar o gradiente de $Na^+$, a ouabaína inibe a captação de L-leucina.

**27.** O canal de $K^+$ tem um "poro" que permite que $K^+$ se difunda através do canal, estabilizado pela sua interação com os oxigênios das carbonilas dos aminoácidos que revestem o poro. $Na^+$ é menor que $K^+$ e, portanto, não há impedimento estérico para que passe através do poro, mas o $Na^+$ é *pequeno demais* para interagir com os oxigênios das carbonilas e, portanto, não é estabilizado por essas interações.

**28.** $V_{máx}$ aumenta; $K_t$ não é afetada.

**29. (a)** Glicoforina A: 1 segmento transmembrana; mioglobina: não possui segmentos compridos o suficiente para cruzar a membrana (não é proteína de membrana); aquaporina: 6 segmentos transmembrana (pode ser um canal de membrana ou uma proteína receptora) **(b)** A janela de 15 resíduos fornece uma relação sinal-ruído melhor. **(c)** Uma janela menor reduz o impacto do "efeito das extremidades" que ocorre quando as sequências transmembrana ficam localizadas próximo a uma das extremidades da proteína.

**30. (a)** A cada resíduo de aminoácido, uma α-hélice (Capítulo 4) aumenta em cerca de 1,5 Å = 0,15 nm. Para atravessar uma bicamada de 4 nm, uma α-hélice deve conter cerca de 27 resíduos; assim, para atravessar sete vezes, são necessários 190 resíduos. Uma proteína de $M_r$ 64.000 possui cerca de 580 resíduos. **(b)** Usa-se um gráfico de hidropatia para identificar regiões transmembrana. **(c)** Como cerca da metade dessa parte do receptor é formada por resíduos carregados, é provável que ela seja uma alça intracelular que conecta duas regiões adjacentes da proteína que atravessam a membrana. **(d)** Uma vez que essa hélice é formada majoritariamente por resíduos hidrofóbicos, essa parte do receptor provavelmente é uma das regiões da proteína que atravessa a membrana.

**31. (a)** *Modelo A*: é coerente. As duas linhas escuras podem ser tanto camadas da proteína como cabeças de fosfolipídeos, e o espaço claro pode ser a bicamada ou o núcleo hidrofóbico, respectivamente. *Modelo B*: não é coerente. Esse modelo necessita de uma banda com coloração mais ou menos uniforme envolvendo a célula. *Modelo C*: é coerente, com uma ressalva. As duas linhas escuras são cabeças de fosfolipídeos; a zona clara corresponde às caudas. Isso pressupõe que as proteínas de membrana não são visíveis, porque elas não se coram com ósmio ou aconteceu de não estarem nas secções que foram examinadas. **(b)** *Modelo A*: é coerente. Uma bicamada "nua" de proteínas (4,5 nm) + duas camadas de proteína (2 nm) somam 6,5 nm, o que está dentro da faixa observada para a espessura da membrana. *Modelo B*: nem um, nem outro. Esse modelo não faz predições da espessura da membrana. *Modelo C*: incerto. É difícil cotejar os dados com esse modelo que prediz que a membrana é tão espessa quanto uma bicamada "nua" ou levemente mais espessa que ela (devido ao fato de as extremidades das proteínas embutidas na membrana se projetarem para fora). Essa observação só é coerente com o modelo se os menores valores de espessura da membrana estiverem corretos ou se uma quantidade substancial de proteína se projetar para fora da bicamada. **(c)** *Modelo A*: incerto. É difícil cotejar os dados com esse modelo. Se as proteínas estiverem ligadas à membrana por interações iônicas, o modelo prediz que elas devem ter uma grande proporção de aminoácidos carregados, ao contrário do observado. Além disso, como a camada proteica deve ser muito fina (ver (b)), não haveria muito espaço para um núcleo proteico hidrofóbico, de modo que resíduos hidrofóbicos estariam expostos ao solvente. *Modelo B*: é coerente. As proteínas são formadas por uma mistura de resíduos hidrofóbicos (que interagem com os lipídeos) e resíduos carregados (que interagem com a água). *Modelo C*: é coerente. As proteínas são formadas por uma mistura de resíduos hidrofóbicos (que estão ancorados na membrana) e resíduos carregados (que interagem com a água). **(d)** *Modelo A*: incerto. É difícil cotejar o resultado com esse modelo, que prediz uma relação de exatamente 2,0; isso seria difícil de acontecer nas pressões fisiológicas relevantes. *Modelo B*: nem um, nem outro. Esse modelo não faz predições da quantidade de lipídeos na membrana. *Modelo C*: é coerente. Uma parte da área de superfície da membrana é ocupada por proteínas, de modo que a relação pode ser menor do que 2,0, como foi observado sob condições fisiológicas mais relevantes. **(e)** *Modelo A*: incerto. O modelo prediz que as proteínas estão em conformações estendidas, e não globulares, portanto é coerente apenas com o pressuposto de que as proteínas que estão em camadas na superfície incluem segmentos em hélice. *Modelo B*: é coerente. O modelo prediz uma maioria de proteínas globulares (contendo alguns segmentos helicoidais). *Modelo C*: é coerente. O modelo prediz uma maioria de proteínas globulares. **(f)** *Modelo A*: incerto. Os grupos das cabeças de fosforilamina estão protegidos pela camada de proteínas, mas apenas se as proteínas estiverem cobrindo completamente a superfície é que os fosfolipídeos ficarão protegidos completamente da fosfolipase. *Modelo B*: é coerente. A maioria dos grupos das cabeças fica acessível à fosfolipase. *Modelo C*: é coerente. Todos os grupos das cabeças estão acessíveis à fosfolipase. **(g)** *Modelo*

*A*: não é coerente. As proteínas estão inteiramente acessíveis para a digestão com tripsina, e praticamente todas elas sofrerão muitas clivagens sem que haja segmentos hidrofóbicos protegidos. *Modelo B*: não é coerente. Praticamente todas as proteínas estão na bicamada e ficam inacessíveis à tripsina. *Modelo C*: é coerente. Os segmentos de proteínas que penetram ou atravessam a bicamada ficam protegidos da tripsina, ao passo que os segmentos que ficam expostos na superfície são clivados. As porções resistentes à tripsina têm uma grande proporção de resíduos hidrofóbicos.

## Capítulo 12

**1.** X é AMPc; sua produção é estimulada por adrenalina.

**(a)** A centrifugação sedimenta a adenilato-ciclase (que catalisa a formação de AMPc) na fração particulada. **(b)** A adição de AMPc estimula a glicogênio-fosforilase. **(c)** AMPc é termoestável; ele pode ser preparado tratando-se ATP com hidróxido de bário.

**2.** Diferentemente do AMPc, dibutiril-AMPc atravessa facilmente a membrana plasmática.

**3. (a)** Ela aumenta a [AMPc]. **(b)** O AMPc regula a permeabilidade a $Na^+$. **(c)** Repor os fluidos e eletrólitos corporais perdidos.

**4. (a)** A mutação torna R incapaz de ligar e inibir C, assim C permanece constantemente ativa. **(b)** A mutação impede que AMPc ligue-se a R, assim C fica inibida por permanecer ligada a R.

**5.** O salbutamol aumenta a [AMPc], levando ao relaxamento e à dilatação dos brônquios e bronquíolos. Esse fármaco produz efeitos colaterais indesejáveis, pois os receptores β-adrenérgicos controlam muitos outros processos. Para minimizar esses efeitos, deve-se encontrar um agonista específico para o subtipo de receptor β-adrenérgico presente no músculo liso dos brônquios.

**6.** Degradação do hormônio; hidrólise do GTP ligado à proteína G; degradação, metabolização ou sequestro do segundo mensageiro; dessensibilização do receptor; remoção do receptor da superfície celular.

**7.** Fundir CFP com β-arrestina e fundir YFP ao domínio citoplasmático do receptor β-adrenérgico, ou vice-versa. Nos dois casos, iluminar com luz de 433 nm e observar a fluorescência tanto em 476 nm como em 527 nm. Se houver interação, a intensidade da luz emitida em 476 nm diminuirá, e a intensidade da luz emitida em 527 nm aumentará depois da adição de adrenalina às células que expressam as proteínas de fusão. Caso não haja interação, o comprimento de onda da luz emitida permanecerá em 476 nm. Algumas possíveis causas de falha: as proteínas de fusão (1) são inativas e incapazes de interagirem entre si, (2) não são translocadas para a localização subcelular normal ou (3) são degradas por proteases.

**8.** A vasopressina age aumentando a $[Ca^{2+}]$ citosólica para $10^{-6}$ M, ativando a proteína-cinase C. A injeção de EGTA bloqueia a ação da vasopressina, mas não deve afetar a resposta ao glucagon, que usa AMPc, e *não* $Ca^{2+}$, como segundo mensageiro.

**9.** Amplificação: (a), (b), (e), (f). Terminação: (c), (d), (f). (f) pode contribuir para ambos.

**10.** IRS1, Grb2, Sos, Ras, Raf, MEK, ERK

**11.** Uma mutação em *ras* que inative a atividade de GTPase de Ras criaria uma proteína que, uma vez ativada pela ligação com GTP, continuaria, por meio de Raf, a emitir o sinal de resposta à insulina.

**12.** *Propriedades em comum*: ambas ligam GDP ou GTP; ambas são ativadas por GTP; ambas, quando ativas, ativam uma enzima seguinte na cascata; ambas possuem uma atividade GTPásica intrínseca que termina após um curto período de ativação. *Diferenças*: Ras é uma proteína pequena e monomérica; $G_s$ é heterotrimérica. *Diferenças funcionais entre $G_s$ e $G_i$*: $G_s$ ativa a adenilato-ciclase, ao passo que $G_i$ a inibe.

**13.** *Cinase (fator entre parênteses)*: PKA (AMPc); PKG (GMPc); PKC ($Ca^{2+}$, DAG); $Ca^{2+}$/CaM-cinase ($Ca^{2+}$, CaM); cinase dependente de ciclina (ciclina); receptor Tyr-cinase (ligantes para o receptor, como a insulina); MAPK (Raf); Raf (Ras); glicogênio-fosforilase-cinase (PKA).

**14.** $G_s$ permanece na forma ativa quando um análogo não hidrolisável está ligado. Dessa forma, o efeito da adrenalina sobre a célula que recebeu a injeção é prolongado pelo análogo.

**15.** Pessoas com a doença de Oguchi podem ter uma rodopsina-cinase ou uma arrestina defeituosa.

**16.** Os bastonetes não mostrariam mais mudanças no potencial de ação em resposta à luz. Esse experimento já foi feito. A iluminação ativou a PDE, mas a enzima não reduziu significativamente os níveis de 8-Br-GMPc, que permaneceram bem acima do necessário para abrir os canais iônicos. Portanto, a luz não teve impacto no potencial de membrana.

**17.** A insulina aumenta a síntese de glicogênio.

**18.** Praticamente todos os componentes das vias de sinalização dos receptores β-adrenérgicos e de insulina passam o sinal de ativação por meio de uma IDR. As alças de ativação das proteínas-cinase são IDR, e as extremidades carboxiterminais da maioria das proteínas-cinases dessas vias são IDR. AKAP e outras proteínas estruturais servem de âncora para manter componentes da via próximos. A fosforilação/desfosforilação de IDR serve como um comutador para a capacidade de associação com proteínas-alvo.

**19.** (b), (c), (e), (d), (a)

**20. (a)** Quando expostos ao calor, os canais TRVP1 abrem-se, provocando um influxo de $Na^+$ e $Ca^{2+}$ no nervo sensorial. Isso despolariza o neurônio, desencadeando um potencial de ação. Quando o potencial de ação atinge o terminal do axônio, o neurotransmissor é liberado, sinalizando ao sistema nervoso que foi sentido calor. **(b)** A capsaicina simula o efeito do calor ao abrir os canais de TRVP1 em baixa temperatura, levando a uma falsa sensação de calor. A $EC_{50}$ extremamente baixa indica que mesmo pequenas quantidades de capsaicina produzem efeitos sensoriais intensos. **(c)** Em baixos níveis, o mentol pode abrir o canal TRMP8, levando à sensação de frescor; em níveis altos, o mentol abre os canais RRMP8 e os canais TRPV3, levando a uma sensação mista de calor e frescor, como o efeito de balas fortes de menta.

**21. (a)** Essas mutações podem levar à ativação permanente do receptor de $PGE_2$, desencadeando desregulação na divisão celular e câncer. **(b)** O gene do vírus pode codificar uma forma do receptor permanentemente ativa, levando a um sinal permanente para divisão celular e, consequentemente, à formação de tumor. **(c)** A proteína E1A pode se ligar à pRb e impedir a ligação de E2F. Desse modo, E2F permanece constantemente ativa, e a célula divide-se de modo descontrolado. **(d)** Células do pulmão normalmente não respondem à $PGE_2$, uma vez que não expressam o receptor de $PGE_2$. Então, mutações que levam a um receptor de $PGE_2$ constantemente ativo não afetarão as células pulmonares.

**22.** Um gene supressor de tumor normal codifica uma proteína que impede a divisão celular. Uma forma mutante da proteína não conseguirá impedir a divisão celular, mas, se um dos dois alelos de uma pessoa codificar uma proteína normal, o funcionamento será normal. Um oncogene normal codifica uma proteína regulatória que dispara a divisão celular, mas apenas na presença de um sinal apropriado (fator de crescimento). A versão mutante do produto do oncogene envia constantemente sinal para divisão, tanto na presença quanto na ausência de fatores de crescimento.

**23.** Em uma criança que desenvolve tumores múltiplos nos dois olhos, todas as células da retina têm uma cópia defeituosa do gene *Rb* ao nascimento. Logo no início da vida da criança, várias células, de forma independente, sofreram uma segunda mutação que prejudicou o único alelo *Rb* bom, produzindo um tumor. Uma criança que desenvolve um tumor único tem, ao nascimento, duas cópias boas do gene *Rb* em todas as células; a mutação em ambos os alelos *Rb* em uma célula (extremamente raro) causou um tumor único.

**24.** Duas células que expressam o mesmo receptor de superfície podem ter acesso a diferentes complementos de proteínas-alvo para a fosforilação de proteínas e ter respostas diferentes a um mesmo sinal.

**25. (a)** Os dados corroboram o modelo baseado em células, que prediz a existência de receptores diferentes em células diferentes. **(b)** Esse experimento aborda a questão da independência entre diferentes sensações de sabores. Mesmo na ausência de receptores para doce e/ou umami, as outras sensações gustativas são normais nos animais; assim, as sensações do que é agradável e desagradável são independentes. **(c)** Sim. A perda da subunidade T1R1 ou da T1R3 abole o sabor umami. **(d)** Os dois modelos. Com qualquer um dos modelos, a remoção de um receptor impede aquela sensação gustativa. **(e)** Sim. A perda da subunidade T1R2 ou da T1R3 impede quase completamente o sabor doce; a eliminação completa do sabor doce requer a deleção das duas subunidades. **(f)** Em concentrações muito altas de sacarose, o receptor T1R2 e, em menor extensão, o receptor T1R3 são homodímeros e podem detectar o sabor doce. **(g)** Os resultados são consistentes com os dois modelos de codificação do sabor, porém reforçam as conclusões dos pesquisadores. A ligação do ligante pode ser completamente separada do paladar. Se o ligante do receptor nas "células de sabor doce" ligar uma molécula, o camundongo preferirá essa molécula como um sabor doce.

## Capítulo 13

**1.** Considere o embrião em desenvolvimento como o sistema; os nutrientes, a casca do ovo e o mundo no exterior são os arredores (o meio). A transformação de uma única célula em um pinto diminui drasticamente a entropia do sistema. Inicialmente, as partes do ovo fora do embrião (os arredores) contêm moléculas combustíveis complexas (uma condição de baixa entropia). Durante a incubação, algumas dessas moléculas complexas são convertidas em um grande número de moléculas de $CO_2$ e $H_2O$ (entropia alta). Esse aumento na entropia dos arredores é maior do que a diminuição da entropia do embrião (o sistema).

**2. (a)** $-4{,}8$ kJ/mol **(b)** $7{,}56$ kJ/mol **(c)** $-13{,}7$ kJ/mol

**3. (a)** 262 **(b)** 608 **(c)** 0,30

**4.** $K'_{eq} = 21$; $\Delta G'^o = -7{,}6$ kJ/mol

**5.** $-31$ kJ/mol

**6. (a)** $-1{,}68$ kJ/mol **(b)** $-4{,}4$ kJ/mol **(c)** Em uma dada temperatura, o valor de $\Delta G'^o$ para qualquer reação é fixo e definido pelas condições padrão (aqui, tanto a frutose-6-fosfato como a glicose-6-fosfato estão em 1 M). Por outro lado, $\Delta G$ é uma variável que pode ser calculada para qualquer conjunto de concentrações de reagentes e de produtos.

**7.** $K'_{eq} \approx 1$; $\Delta G'^o \approx 0$

**8.** Menor. A equação global da hidrólise de ATP pode ser resumida aproximadamente como

$$ATP^{4-} + H_2O \rightarrow ADP^{3-} + HPO_4^{2-} + H^+$$

(Essa é apenas uma aproximação, visto que as espécies ionizadas mostradas aqui constituem as espécies presentes em maior número, mas não são as únicas). Sob condições padrão ([ATP] = [ADP] = [$P_i$] = 1 M), a concentração de água é de 55 M, e ela não se altera durante a reação. Como na reação há produção de $H^+$, em uma concentração de $H^+$ mais alta (pH 5), o equilíbrio se desloca para a esquerda, de modo que menos energia livre seria liberada.

**9.** 10

**10.**

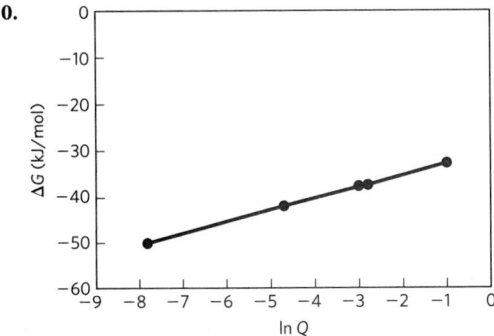

A $\Delta G$ para a hidrólise de ATP é menor quando [ATP]/[ADP] é baixa ($\ll 1$) do que quando [ATP]/[ADP] é alta. Menos energia fica disponível para a célula a partir de uma dada [ATP] quando a relação [ATP]/[ADP] cai, e mais energia fica disponível quando ela aumenta.

**11. (a)** $4{,}74 \times 10^{-3}$ M; [glicose-6-fosfato] = $1{,}1 \times 10^{-7}$ M. Não. A [glicose-6-fosfato] celular é bem maior do que isso, favorecendo a reação inversa. **(b)** 11 M. Não. A solubilidade máxima da glicose é menor do que 1 M. **(c)** 651 ($\Delta G'^o = -16{,}7$ kJ/mol); [glicose] = $1{,}5 \times 10^{-7}$ M. Sim.

Esse caminho da reação pode ocorrer com uma concentração na qual a glicose é altamente solúvel e não produz uma grande força osmótica. **(d)** Não. Para isso, seria necessário uma [$P_i$] tão alta que os sais de fosfato com cátions divalentes precipitariam. **(e)** Ao transferir diretamente grupos fosforila do ATP para a glicose, o potencial ("tendência" ou "pressão") de transferência de grupo do ATP é utilizado sem gerar altas concentrações de intermediários. A parte essencial dessa transferência é, claramente, a catálise enzimática.

**12. (a)** $-12{,}5$ kJ/mol **(b)** $-14{,}6$ kJ/mol

**13. (a)** $3{,}16 \times 10^{-4}$ **(b)** $68{,}7$ **(c)** $7{,}39 \times 10^4$

**14.** $-13$ kJ/mol

**15.** 46,7 kJ/mol

**16.** A isomerização transfere um grupo carbonila de C-1 para C-2, fazendo a ligação carbono-carbono quebrar entre C-3 e C-4. Sem a isomerização, a clivagem ocorreria entre C-2 e C-3, gerando um composto de dois carbonos e um composto de quatro carbonos.

**17.** O mecanismo é o mesmo da reação da álcool-desidrogenase (ver Fig. 14-12).

**18.** A primeira etapa é o inverso de uma condensação aldólica (ver mecanismo da aldolase, Fig. 14-5); a segunda etapa é uma condensação aldólica (ver Fig. 13-4).

**19. (a)** Oxidação-redução, desidrogenase com NAD como cofator; também há produção de NADH + $H^+$; **(b)** Isomerização, isomerase **(c)** Rearranjo interno, isomerase **(d)** Transferência de grupo fosforila, cinase e ATP; há produção de ADP **(e)** Hidrólise, protease ou peptidase e $H_2O$ **(f)** Oxidação-redução, desidrogenase com NAD como cofator; também há produção de NADH + $H^+$ **(g)** Oxidação-redução, desidrogenase com NAD como cofator e $H_2O$; também há produção de NADH + $H^+$

**20.** ATP; os produtos da hidrólise da fosfoarginina são estabilizados pelas formas de ressonância que não estão disponíveis na molécula intacta.

**21.** Sim. A variação de energia livre real seria negativa caso [ADP] e [polifosfato] fossem mantidas altas e [ATP] fosse baixa.

**22. (a)** 46 kJ/mol **(b)** 46 kg; 67% **(c)** ATP é sintetizado à medida que é necessário e, então, degradado a ADP e $P_i$; a sua concentração é mantida em um estado estacionário.

**23.** O sistema do ATP está em estado estacionário dinâmico; a [ATP] permanece constante porque a velocidade do consumo de ATP é igual à velocidade de síntese do ATP. O consumo de ATP envolve a liberação do grupo fosforila terminal ($\gamma$); a síntese de ATP a partir de ADP envolve a reposição desse grupo. Desse modo, a fosforila terminal sofre uma alta taxa de renovação. Em contrapartida, a taxa de renovação da fosforila central ($\beta$) é relativamente baixa.

**24. (a)** 1,7 kJ/mol **(b)** A pirofosfatase catalisa a hidrólise de pirofosfato e impulsiona a reação total na direção da síntese de acetil-CoA.

**25.** Embora todas as opções, em princípio, sejam possíveis, a produção de AMP e $PP_i$ na reação nos diz que AMP é o grupo ativador.

**26.** 36 kJ/mol

**27.** (d) (a) (c) (b)

**28. (a)** $NAD^+$/NADH **(b)** Piruvato/lactato **(c)** Formação de lactato **(d)** $-26{,}1$ kJ/mol **(e)** $3{,}63 \times 10^4$

**29. (a)** Inicialmente, os elétrons são doados pelo lactato (o qual é convertido em piruvato) e fluem para o fumarato, o qual é convertido em succinato. **(b)** $-42$ kJ/mol. **(c)** Os quatro reagentes atingiram as respectivas concentrações de equilíbrio; $\Delta G = 0$.

**30. (a)** 1,14 V **(b)** $-220$ kJ/mol **(c)** ~4

**31. (a)** $-0{,}35$ V **(b)** $-0{,}32$ V **(c)** $-0{,}29$ V

**32.** Em ordem de tendência crescente: (a), (d), (b), (c).

**33.** (c) e (d)

**34. (a)** 0,0293 **(b)** 308 **(c)** $Q$ é muito menor do que $K'_{eq}$, indicando que nas células a reação da PFK-1 está longe do equilíbrio; essa reação é mais lenta do que as reações seguintes da glicólise. O fluxo pela via glicolítica é amplamente determinado pela atividade da PFK-1.

**35.** **(a)** $1,4 \times 10^{-9}$ M **(b)** A concentração fisiológica (0,023 mM) é 16.000 vezes maior do que a concentração no equilíbrio; essa reação não atinge o equilíbrio nas células. Muitas das reações que ocorrem nas células não atingem o equilíbrio.

**36.** A malato-sintase está saturada com o substrato acetil-CoA; sua concentração é quase $10^2$ vezes maior do que a $K_m$ para acetil-CoA. Contudo, não foi dada a concentração ou a $K_m$ do outro substrato (glioxilato). Caso a [glioxilato] for menor do que a $K_m$ para o glioxilato, a velocidade da reação será limitada pela [glioxilato], e a malato-sintase não operará na $V_{máx}$.

**37.** **(a)** O estado de menor energia e maior entropia ocorre quando a concentração do corante for a mesma em ambas as células. Caso uma junção tipo fenda ("armadilha para peixe") permitisse o transporte unidirecional, isso resultaria em mais corante no oligodendrócito e menos no astrócito. Seria um estado de maior energia e menor entropia do que o estado inicial, o que violaria a segunda lei da termodinâmica. O modelo proposto por Robinson e colaboradores pressupõe uma mudança espontânea impossível de um estado de menor energia para um estado de maior energia sem um fornecimento de energia – novamente, impossível em termos termodinâmicos. **(b)** As moléculas, diferentemente dos peixes, não apresentam um *comportamento direcionado*; elas se movimentam aleatoriamente por movimento browniano. A difusão leva a um deslocamento *líquido* das moléculas de uma região de alta concentração para uma região de baixa concentração, simplesmente porque é mais provável que uma molécula do lado de maior concentração entre no canal de ligação. A extremidade mais estreita, do mesmo modo que a etapa limitante da velocidade nas vias metabólicas, limita a velocidade com a qual as moléculas atravessam o canal; o movimento aleatório dificulta o movimento das moléculas pela extremidade mais estreita. A extremidade larga do canal *não* age como um funil para as moléculas porque a extremidade estreita limita a velocidade do movimento igualmente em ambas as direções. Quando as concentrações em ambos os lados são iguais, as velocidades de movimento nas duas direções se igualam, e não há mudança na concentração. **(c)** Os peixes apresentam *comportamento não aleatório*. O comportamento dos peixes favorece o movimento para a frente e evita lugares estreitos e congestionados. Os peixes que entram na abertura mais larga do canal tendem a se mover para a frente, o que, depois, dificulta a sua entrada na abertura estreita, devido às preferências de comportamento. **(d)** Aqui estão duas de muitas explicações possíveis: (1) *o corante poderia se ligar a uma molécula nos oligodendrócitos*; a ligação faz o corante ser efetivamente removido do seio do solvente, mas ele continua a ser visível na microscopia por fluorescência. (2) *O corante poderia ser sequestrado em uma organela subcelular do oligodendrócito*, sendo ativamente bombeado à custa de ATP ou levado para o oligodendrócito devido à atração por outras moléculas da organela.

## Capítulo 14

**1.** No equilíbrio,

$$K_{eq} = 7,8 \times 10^2 = [ADP][glicose\text{-}6\text{-}fosfato]/[ATP][glicose]$$

Em células vivas, [ADP][glicose-6-fosfato]/[ATP][glicose] = (0,5 mM)(1 mM)/(5 mM)(2 mM) = 0,05. A reação está, portanto, *longe* do equilíbrio: as concentrações celulares dos produtos (glicose-6-fosfato e ADP) são bem mais baixas do que o esperado no equilíbrio, e aquelas dos reagentes são muito maiores. Assim, a reação tende fortemente para a direita.

**2.** Equação líquida: glicose + 2 ATP → 2 gliceraldeído-3-fosfato + 2 ADP; $\Delta G'^o$ = 2,1 kJ/mol

**3.** Equação líquida: 2 Gliceraldeído-3-fosfato + 4ADP + 2P$_i$ → 2 lactato + 4ATP + 2H$_2$O; $\Delta G'^o$ = −114 kJ/mol

**4.** −8,6 kJ/mol

**5.** C-1. Esse experimento demonstra a reversibilidade da reação da aldolase. O C-1 do gliceraldeído-3-fosfato é equivalente ao C-4 da frutose-1,6-bisfosfato (ver Fig. 14-6). O gliceraldeído-3-fosfato inicial deve ter sido marcado em C-1. O C-3 da di-hidroxiacetona-fosfato torna-se marcado pela reação da triose-fosfato-isomerase, originando a frutose-1,6-bisfosfato marcada em C-3.

**6.** Não. Não haveria produção anaeróbica de ATP; a produção aeróbica de ATP seria apenas ligeiramente diminuída.

**7.** Não. A lactato-desidrogenase é necessária para reciclar o NAD$^+$ a partir do NADH formado durante a oxidação do gliceraldeído-3-fosfato.

**8.** A transformação de glicose em lactato ocorre quando os miócitos estão com pouco oxigênio, fornecendo um meio de gerar ATP em condições de deficiência de O$_2$. Como o lactato pode ser oxidado a piruvato, a glicose não é desperdiçada; o piruvato é oxidado em reações aeróbicas quando houver O$_2$ em quantidade suficiente. Essa flexibilidade metabólica confere ao organismo uma maior capacidade de se adaptar ao ambiente.

**9.** A célula remove rapidamente o 1,3-bisfosfoglicerato em uma etapa subsequente favorável, catalisada pela fosfoglicerato-cinase.

**10.** **(a)** 3-Fosfoglicerato seria o produto. **(b)** Na presença de arsenato, não há síntese líquida de ATP em condições anaeróbicas.

**11.** **(a)** A fermentação do etanol requer 2 mols de P$_i$ por mol de glicose. **(b)** O etanol é o produto reduzido formado durante a reoxidação do NADH a NAD$^+$, e o CO$_2$ é o subproduto da conversão de piruvato em etanol. Sim. O piruvato deve ser convertido em etanol para produzir um suprimento contínuo de NAD$^+$ para a oxidação do gliceraldeído-3-fosfato. A frutose-1,6-bisfosfato acumula-se; ela é formada como um intermediário na glicólise. **(c)** O arsenato substitui o P$_i$ na reação da gliceraldeído-3-fosfato-desidrogenase, produzindo um acil-arsenato, que se hidrolisa espontaneamente. Isso impede a formação de ATP, mas o 3-fosfoglicerato continua pela via.

**12.** A niacina da dieta é usada para sintetizar NAD$^+$. Oxidações realizadas pelo NAD$^+$ são parte de processos cíclicos, com o NAD$^+$ como transportador de elétrons (agente redutor); uma molécula de NAD$^+$ pode oxidar milhares de moléculas de glicose, de modo que são relativamente pequenas as necessidades da vitamina precursora (niacina) na dieta.

**13.** Di-hidroxiacetona-fosfato + NADH + H$^+$ → glicerol-3-fosfato + NAD$^+$ (catalisada por uma desidrogenase)

**14.** *Deficiência de galactocinase*: galactose (menos tóxica); *deficiência de transferase*: galactose-1-fosfato (mais tóxica)

**15.** O consumo de álcool força a competição por NAD$^+$ entre o metabolismo do etanol e a gliconeogênese. O problema é agravado por exercícios extenuantes e falta de alimento, pois, nessas condições, o nível de glicose no sangue já está baixo.

**16.** **(a)** O rápido aumento da glicólise; o aumento do piruvato e do NADH resulta no aumento do lactato. **(b)** O lactato é transformado em glicose via piruvato. Esse é um processo mais lento, pois a formação de piruvato é limitada pela disponibilidade de NAD$^+$, o equilíbrio da reação da lactato-desidrogenase favorece o lactato e a conversão de piruvato em glicose necessita de energia. **(c)** O equilíbrio da reação da lactato-desidrogenase favorece a formação de lactato.

**17.** O lactato é transformado em glicose no fígado pela gliconeogênese (ver Fig. 14-16). Um defeito na FBPase-1 impediria a entrada de lactato na via gliconeogênica nos hepatócitos, causando acúmulo de lactato no sangue.

**18.** Na ausência de O$_2$, as necessidades de ATP são supridas pelo metabolismo anaeróbico da glicose (fermentação a lactato). Como a oxidação aeróbica de glicose produz bem mais ATP do que a fermentação, menos glicose é necessária para produzir a mesma quantidade de ATP.

**19.** **(a)** Há dois sítios de ligação para o ATP: um sítio catalítico e um sítio regulatório. A ligação do ATP a um sítio regulatório inibe a PFK-1, reduzindo a $V_{máx}$ ou aumentando o $K_m$ para o ATP no sítio catalítico. **(b)** O fluxo pela via glicolítica é reduzido quando o ATP está amplamente disponível. **(c)** O gráfico indica que o aumento na [ADP] suprime a inibição por ATP. Uma vez que o reservatório de nucleotídeos de adenina é razoavelmente constante, o consumo de ATP leva ao aumento da [ADP]. Os dados mostram que a atividade da PFK-1 pode ser regulada pela razão [ATP]/[ADP].

**20.** O grupo fosfato da glicose-6-fosfato está completamente ionizado em pH 7, conferindo à molécula uma carga global negativa. Uma vez que as membranas são geralmente impermeáveis a moléculas eletricamente carregadas, a glicose-6-fosfato não pode passar da corrente sanguínea para as células e, portanto não pode entrar na via glicolítica e gerar ATP. (Essa é a razão pela qual a glicose, uma vez fosforilada, não pode escapar da célula.)

**21.** $CH_3CHO + NADH + H^+ \rightleftharpoons CH_3CH_2OH + NAD^+$  $K'_{eq} = 1{,}45 \times 10^4$

**22. (a)** $^{14}CH_3CH_2OH$ **(b)** [3-$^{14}$C]glicose ou [4-$^{14}$C]glicose

Quando a aldolase cliva a glicose em duas trioses-fosfato, C-3 e C-4 da glicose tornam-se C-1 do gliceraldeído-3-fosfato, que segue pela via glicolítica.

**23.** A fermentação libera energia, parte dela conservada na forma de ATP, mas boa parte dissipada como calor. A não ser que o conteúdo no fermentador seja resfriado, a temperatura se tornaria alta o suficiente para matar os microrganismos.

**24.** Soja e trigo contêm amido, um polímero de glicose. Os microrganismos hidrolisam o amido a glicose, a glicose em piruvato via glicólise e – uma vez que o processo é realizado na ausência de $O_2$ (i.e., é uma fermentação) – o piruvato em lactato e etanol. Se o $O_2$ estivesse presente, o piruvato seria oxidado a acetil-CoA e, em seguida, a $CO_2$ e $H_2O$. Parte da acetil-CoA, contudo, seria hidrolisada a ácido acético (vinagre) na presença de oxigênio.

**25. (a)**, **(b)** e **(d)** são glicogênicos; **(c)** e **(e)** não o são.

**26. (a)** Na reação da piruvato-carboxilase, $^{14}CO_2$ é adicionado ao piruvato, mas a PEP-carboxicinase remove o *mesmo* $CO_2$ na etapa seguinte. Assim, $^{14}C$ não é (inicialmente) incorporado à glicose.

**(b)** [estruturas químicas mostrando 1-$^{14}$C-Piruvato → Oxalacetato → Fosfoenolpiruvato → 2-Fosfoglicerato → 3-Fosfoglicerato → 1,3-Bisfosfoglicerato → Gliceraldeído-3-fosfato ⇌ Di-hidroxiacetona-fosfato → Frutose-1,6-bisfosfato → → 3,4-$^{14}$C-Glicose]

**27.** 4 equivalentes de ATP por molécula de glicose

**28.** A gliconeogênese seria altamente endergônica, e seria impossível regular separadamente a gliconeogênese e a glicólise.

**29.** A célula "gasta" 1 ATP e 1 GTP na conversão de piruvato em PEP.

**30.** As proteínas são degradadas a aminoácidos, que são usados na gliconeogênese.

**31.** O succinato é transformado em oxalacetato, que passa para o citosol e é convertido em PEP pela PEP-carboxicinase. Dois mols de PEP são, então, necessários para produzir um mol de glicose pela rota delineada na Fig. 14-16.

**32.** Se as vias catabólica e anabólica do metabolismo da glicose estiverem operando simultaneamente, ocorre um ciclo não produtivo entre ADP e ATP, com consumo extra de $O_2$.

**33.** O acúmulo de ribose-5-fosfato, no mínimo, tenderia a forçar essa reação no sentido reverso pela lei de ação das massas (ver Equação 13-4). Esse acúmulo também poderia afetar outras reações metabólicas que envolvem a ribose-5-fosfato como substrato ou produto – tais como as vias de síntese de nucleotídeos.

**34. (a)** A tolerância ao etanol provavelmente envolve muito mais genes e, assim, a engenharia seria um projeto muito mais abrangente. **(b)** A L-arabinose-isomerase (a enzima *araA*) converte uma aldose em uma cetose, movendo a carbonila de um açúcar não fosforilado de C-1 para C-2. Não foi discutida qualquer enzima análoga neste capítulo; todas as enzimas aqui descritas atuam sobre açúcares fosforilados. Uma enzima que realiza uma transformação similar com açúcares fosforilados é a fosfo-hexose-isomerase. A L-ribulocinase (*araB*) fosforila um açúcar em C-5 pela transferência de um fosfato γ do ATP. Muitas dessas reações são descritas neste capítulo, incluindo a reação da hexocinase. A L-ribulose-5-fosfato-epimerase (*araD*) troca os grupos —H e —OH em um carbono quiral de um açúcar. Não há uma reação análoga descrita neste capítulo, mas há uma descrita no Capítulo 20 (ver Fig. 20-31). **(c)** As três enzimas *ara* converteriam arabinose em xilulose-5-fosfato por meio da seguinte via: Arabinose $\xrightarrow{\text{L-arabinose-isomerase}}$ L-ribulose $\xrightarrow{\text{L-ribulocinase}}$ ribulose-5-fosfato $\xrightarrow{\text{epimerase}}$ xilulose-5-fosfato. **(d)** A arabinose é convertida em xilulose-5-fosfato como em **(c)**, e esta última entra na via da Fig. 14-31a; o produto glicose-6-fosfato é, então, fermentado a etanol e $CO_2$. **(e)** 6 moléculas de arabinose + 6 moléculas de ATP são convertidas em 6 moléculas de xilulose-5-fosfato, que ingressam na via da Fig. 14-31a para produzir 5 moléculas de glicose-6-fosfato, cada uma das quais é fermentada para produzir 3 ATP (elas entram na via como glicose-6-fosfato, e não como glicose) – 15 ATP no total. No conjunto, seria esperado um rendimento de 15 ATP – 6 ATP = 9 ATP a partir de 6 moléculas de arabinose. Os outros produtos são 10 moléculas de etanol e 10 moléculas de $CO_2$. **(f)** Dado o baixo rendimento de ATP, para uma quantidade de crescimento (i.e., de ATP disponível) equivalente para crescer sem os genes adicionados, o *Z. mobilis* produzido deve fermentar mais arabinose e, assim, produzir mais etanol. **(g)** Uma maneira de permitir o uso de xilose seria adicionar os genes para duas enzimas: uma análoga à enzima *araD*, que converte xilose em ribose pela troca de –H e –OH em C-3, e uma análoga à enzima *araB*, que fosforila a ribose em C-5. A ribose-5-fosfato resultante entraria na via existente.

## Capítulo 15

**1.** 11 s

**2. (a)** *No músculo*: a degradação do glicogênio supre energia (ATP) via glicólise. A glicogênio-fosforilase catalisa a conversão do glicogênio armazenado em glicose-1-fosfato, que é convertido em glicose-6-fosfato, um intermediário na glicólise. Durante atividade física intensa, o músculo esquelético requer grandes quantidades de glicose-6-fosfato. *No fígado*: a degradação do glicogênio mantém um nível estável de glicose no sangue entre as refeições (a glicose-6-fosfato é convertida em glicose livre). **(b)** No músculo em atividade, há necessidade de um alto fluxo de ATP, e a glicose-1-fosfato deve ser produzida rapidamente, o que requer uma alta $V_{máx}$.

**3. (a)** 3,5/1 **(b)**, **(c)** O valor dessa razão na célula (> 100:1) indica que a [glicose-1-fosfato] está bem abaixo do valor de equilíbrio. A velocidade na qual a glicose-1-fosfato é removida (quando entra na glicólise) é maior que sua velocidade de produção (pela reação da glicogênio-fosforilase), de modo que o fluxo de metabólitos vai do glicogênio para a glicose-1-fosfato. A reação da glicogênio-fosforilase é provavelmente a etapa reguladora na degradação do glicogênio.

**4. (a)** Aumenta **(b)** Diminui **(c)** Aumenta

**5.** *Em repouso*: [ATP] alta; [AMP] baixa; [acetil-CoA] e [citrato] intermediárias. *Durante a corrida*: [ATP] intermediária; [AMP] alta; [acetil-CoA] e [citrato] baixas. O fluxo de glicose via glicólise aumenta durante a corrida anaeróbica porque (1) a inibição pelo ATP da glicogênio-fosforilase e da PFK-1 é parcialmente atenuada, (2) o AMP estimula ambas as enzimas e (3) níveis baixos de citrato e acetil-CoA causam a redução do efeito inibitório desses compostos sobre a PFK-1 e a piruvato-cinase, respectivamente.

**6.** Aves migratórias dependem de uma oxidação aeróbica altamente eficiente de gorduras, e não do metabolismo anaeróbico da glicose que é utilizado por um coelho que precisa fugir rapidamente. As aves reservam seu glicogênio muscular para curtos picos de energia durante emergências.

**7.** *Caso A*: (f), (3); *Caso B*: (c), (3); *Caso C*: (h), (4); *Caso D*: (d), (6)

**8. (a)** (1) Tecido adiposo: síntese de ácidos graxos mais lenta. (2) Músculo: glicólise, síntese de ácidos graxos e síntese de glicogênio mais lentas. (3) Fígado: glicólise acelerada; gliconeogênese, síntese de glicogênio e síntese de ácidos graxos mais lentas; via das pentoses-fosfato não muda. **(b)** (1) Tecido adiposo e (3) fígado: síntese de ácidos graxos mais lenta, pois a ausência de insulina resulta na inibição da acetil-CoA-carboxilase, a primeira enzima da síntese dos ácidos graxos. A síntese de glicogênio é inibida por fosforilação dependente de AMPc da glicogênio-sintase. (2) Músculo: a glicólise tem sua velocidade diminuída, pois o GLUT4 está inativo, de modo que a captação de glicose é inibida. (3) Fígado: a glicólise tem sua velocidade reduzida porque a enzima bifuncional PFK-2/FBPase-2 é convertida na forma ativa da FBPase-2, diminuindo a [frutose-2,6-bisfosfato], que alostericamente ativa a fosfofrutocinase e inibe a FBPase-1; isso também explica a estimulação da gliconeogênese.

**9. (a)** Elevados **(b)** Elevados **(c)** Elevados

**10. (a)** A PKA não pode ser ativada em resposta ao glucagon ou à adrenalina, e a glicogênio-fosforilase não é ativada. **(b)** A PP1 permanece ativa, o que permite a desfosforilação da glicogênio-sintase (ativando-a) e da glicogênio-fosforilase (inibindo-a). **(c)** A fosforilase permanece fosforilada (ativa), aumentando a degradação do glicogênio. **(d)** A gliconeogênese não pode ser estimulada quando a glicose sanguínea estiver baixa, levando a níveis perigosamente baixos de glicose no sangue durante períodos de jejum.

**11.** A queda na glicose sanguínea dispara a liberação de glucagon pelo pâncreas. No fígado, o glucagon ativa a glicogênio-fosforilase ao estimular a sua fosforilação dependente de AMPc e estimula a gliconeogênese ao diminuir a [frutose-2,6-bisfosfato], assim estimulando a FBPase-1.

**12. (a)** Capacidade diminuída de mobilizar o glicogênio; redução da glicemia entre as refeições **(b)** Redução da capacidade de diminuir a glicemia após uma refeição rica em carboidratos; aumento da glicemia **(c)** Diminuição da concentração de frutose-2,6-bisfosfato (F26BP) no fígado, resultando em estimulação da glicólise e inibição da gliconeogênese **(d)** [F26BP] diminuída, estimulando a gliconeogênese e inibindo a glicólise **(e)** Captação aumentada de ácidos graxos e glicose; aumento da oxidação de ambos **(f)** Aumento da conversão de piruvato em acetil-CoA; síntese aumentada de ácidos graxos

**13. (a)** Uma vez que cada partícula contém cerca de 55.000 resíduos de glicose, a concentração de glicose livre equivalente seria de 55.000 × 0,01 μM = 550 mM ou 0,55 M. Essa concentração seria um grande desafio osmótico para a célula! (Os líquidos corporais têm uma osmolaridade substancialmente menor.) **(b)** Quanto menor for o número de ramificações, menor será o número de extremidades livres disponíveis para a atividade da glicogênio-fosforilase e menor será a velocidade de liberação de glicose. Se não houver ramificações, haverá apenas um sítio para a fosforilase atuar. **(c)** A porção mais externa da partícula estaria lotada de resíduos de glicose, impedindo a enzima de ter acesso para a clivagem de ligações e a liberação de glicose. **(d)** O número de cadeias dobra a cada camada subsequente: a camada 1 tem uma cadeia ($2^0$), a camada 2 tem duas ($2^1$), a camada 3 tem quatro ($2^2$), e assim por diante. Desse modo, para $t$ camadas, o número de cadeias na camada mais externa, $C_A$, é $2^{t-1}$. **(e)** O número total de cadeias é $2^0 + 2^1 + 2^2 + [...] 2^{t-1} = 2^t - 1$. Cada cadeia contém $g_c$ moléculas de glicose, de modo que o número total de moléculas de glicose, $G_T$, é $g_c$ ($2^t - 1$). **(f)** A glicogênio-fosforilase pode liberar todos menos quatro resíduos de glicose em uma cadeia de comprimento $g_c$. Portanto, de cada cadeia na camada externa, ela pode liberar ($g_c - 4$) moléculas de glicose. Uma vez que há $2^{t-1}$ cadeias na camada externa, o número de moléculas de glicose que a enzima pode liberar, $G_{PT}$, é ($g_c - 4$) ($2^{t-1}$). **(g)** O volume de uma esfera é $4/3\pi r^3$. Nesse caso, $r$ é a espessura de uma camada vezes o número de camadas ou $(0,12 g_c + 0,35)t$ nm. Assim, $V_s = 4/3\pi r^3 (0,12 g_c + 0,35)^3$ nm$^3$. **(h)** Pela álgebra, você pode demonstrar que o valor de $g_c$ que maximiza $f$ é independente de $t$. Escolhendo $t = 7$:

| $g_c$ | $C_A$ | $G_T$ | $G_{PT}$ | $V_S$ | $f$ |
|---|---|---|---|---|---|
| 5 | 64 | 635 | 64 | 1.232 | 2.111 |
| 6 | 64 | 762 | 128 | 1.760 | 3.547 |
| 7 | 64 | 889 | 192 | 2.421 | 4.512 |
| 8 | 64 | 1.016 | 256 | 3.230 | 5.154 |
| 9 | 64 | 1.143 | 320 | 4.201 | 5.572 |
| 10 | 64 | 1.270 | 384 | 5.350 | 5.834 |
| 11 | 64 | 1.397 | 448 | 6.692 | 5.986 |
| 12 | 64 | 1.524 | 512 | 8.240 | 6.060 |
| 13 | 64 | 1.651 | 576 | 10.011 | 6.079 |
| 14 | 64 | 1.778 | 640 | 12.019 | 6.059 |
| 15 | 64 | 1.905 | 704 | 14.279 | 6.011 |
| 16 | 64 | 2.032 | 768 | 16.806 | 5.943 |

Nota: O valor ideal de $g_c$ (i.e., com $f$ máximo) é 13. Na natureza, $g_c$ varia de 12 a 14, o que corresponde a valores de $f$ muito próximos ao ideal. Se você escolher outro valor para $t$, os números serão diferentes, mas o $g_c$ ideal ainda será 13.

# Capítulo 16

**1. (a)**

❶ *Citrato-sintase*:
Acetil-CoA + oxalacetato + H$_2$O → citrato + CoA

❷ *Aconitase*: Citrato → isocitrato

❸ *Isocitrato-desidrogenase*:
Isocitrato + NAD$^+$ → α-cetoglutarato + CO$_2$ + NADH

❹ *α-Cetoglutarato-desidrogenase*:
α-Cetoglutarato + NAD$^+$ + CoA → succinil-CoA + CO$_2$ + NADH

❺ *Succinil-CoA-sintetase*:
Succinil-CoA + P$_i$ + GDP → succinato + CoA + GTP

❻ *Succinato-desidrogenase*:
Succinato + FAD → fumarato + FADH$_2$

❼ *Fumarase*:
Fumarato + H$_2$O → malato

❽ *Malato-desidrogenase*:
Malato + NAD$^+$ → oxalacetato + NADH + H$^+$

**(b), (c)** ❶ CoA, condensação; ❷ nenhum, isomerização; ❸ NAD$^+$, descarboxilação oxidativa; ❹ NAD$^+$, CoA e pirofosfato de tiamina, descarboxilação oxidativa; ❺ CoA, fosforilação no nível do substrato; ❻ FAD, oxidação; ❼ nenhum, hidratação; ❽ NAD$^+$, oxidação

**(d)** Acetil-CoA + 3 NAD$^+$ + FAD + GDP + P$_i$ + 2H$_2$O →
2CO$_2$ + CoA + 3NADH + FADH$_2$ + GTP + 2H$^+$

**2.** Glicose + 4ADP + 4P$_i$ + 10NAD$^+$ + 2FAD →
4ATP + 10NADH + 2FADH$_2$ + 6CO$_2$

**3. (a)** Oxidação; metanol → formaldeído + [H—H]

**(b)** Oxidação; formaldeído + H$_2$O → formato + [H—H]

**(c)** Redução; CO$_2$ + [H—H] → formato + H$^+$

**(d)** Redução; glicerato + H$^+$ + [H—H] → gliceraldeído + H$_2$O

(e) Oxidação; glicerol → di-hidroxiacetona-fosfato + [H–H]

(f) Oxidação; $2H_2O$ + tolueno → benzoato + $H^+$ + 3[H–H]

(g) Oxidação; succinato → fumarato + [H–H]

(h) Oxidação; piruvato + $H_2O$ → acetato + $CO_2$ + [H–H]

**4.** A partir das fórmulas estruturais, pode-se observar que a razão H/C (H ligado a carbono/átomo de C) do hexanoato (11/6) é maior do que a da glicose. O hexanoato é mais reduzido e produz mais energia na combustão completa a $CO_2$ e $H_2O$.

**5.** (a) Oxidado; etanol + $NAD^+$ → acetaldeído + NADH + $H^+$

(b) Reduzido; 1,3-bisfosfoglicerato + NADH + $H^+$ → gliceraldeído-3-fosfato + $NAD^+$ + $HPO_4^{2-}$

(c) Sem mudança; piruvato + $H^+$ → acetaldeído + $CO_2$

(d) Oxidado; piruvato + $NAD^+$ → acetato + $CO_2$ + NADH + $H^+$

(e) Reduzido; oxalacetato + NADH + $H^+$ → malato + $NAD^+$

(f) Sem mudança; acetoacetato + $H^+$ → acetona + $CO_2$

**6.** *TPP*: o anel tiazólico é adicionado ao carbono α do piruvato, e o carbânion resultante é estabilizado, atuando como um escoadouro de elétrons. *Ácido lipoico*: oxida o piruvato a acetato (acetil-CoA) e ativa o acetato na forma de um tioéster. *CoA-SH*: ativa o acetato como um tioéster. *FAD*: oxida o ácido lipoico; $NAD^+$: oxida o $FADH_2$.

**7.** A falta de TPP, causada pela deficiência de tiamina, inibe a piruvato-desidrogenase; há acúmulo de piruvato.

**8.** Descarboxilação oxidativa; $NAD^+$ ou $NADP^+$; reação da α-cetoglutarato-desidrogenase

**9.** O consumo de oxigênio é uma medida da atividade dos dois primeiros estágios da respiração celular: glicólise e ciclo do ácido cítrico. A adição de oxalacetato ou malato estimula o ciclo do ácido cítrico e, assim, estimula a respiração. O oxalacetato ou o malato adicionado tem um papel catalítico: ele é regenerado na última parte do ciclo do ácido cítrico.

**10.** (a) $5,6 \times 10^{-6}$ (b) $1,1 \times 10^{-8}$ M (c) 28 moléculas

**11.** ADP (ou GDP), $P_i$, CoA-SH, TPP, $NAD^+$; o ácido lipoico *não*, pois liga-se covalentemente às enzimas isoladas que o utilizam.

**12.** Os nucleotídeos da flavina, FMN e FAD, não seriam sintetizados. Como o FAD é necessário para o ciclo do ácido cítrico, a deficiência de flavina inibiria fortemente o ciclo.

**13.** O oxalacetato pode ser removido para a síntese de aspartato ou para a gliconeogênese. O oxalacetato é reposto por reações anapleróticas catalisadas pela PEP-carboxicinase, pela PEP-carboxilase, pela enzima málica ou pela piruvato-carboxilase (ver Fig. 16-15).

**14.** O grupo fosforila terminal do GTP pode ser transferido ao ADP em uma reação catalisada pela nucleotídeo-difosfato-cinase, que apresenta uma constante de equilíbrio de 1,0: GTP + ADP → GDP + ATP.

**15.** (a) Succinato ($^-OOC-CH_2-CH_2-COO^-$). (b) O malonato é um inibidor competitivo da succinato-desidrogenase. (c) Um bloqueio no ciclo do ácido cítrico cessa a formação de NADH, cessando a transferência de elétrons e, consequentemente, a respiração. (d) Um grande excesso de succinato (substrato) supera a inibição competitiva.

**16.** (a) Adicionar [$^{14}$C]glicose uniformemente marcada e verificar a liberação de $^{14}CO_2$. (b) Igualmente distribuído em C-2 e C-3 do oxalacetato; um número infinito de rodadas

**17.** (a) C-1 (b) C-3 (c) C-3 (d) C-2 (grupo metila) (e) C-4 (f) C-4 (g) Igualmente distribuído em C-2 e C-3

**18.** A tiamina é necessária para a síntese de TPP, um grupo prostético dos complexos da piruvato-desidrogenase e da α-cetoglutarato-desidrogenase. Uma deficiência de tiamina reduz a atividade desses complexos enzimáticos e causa o acúmulo observado de precursores.

**19.** Não. Para cada dois carbonos que entram como acetato, dois deixam o ciclo como $CO_2$; desse modo, não há síntese líquida de oxalacetato. A síntese líquida de oxalacetato ocorre pela carboxilação do piruvato, uma reação anaplerótica.

**20.** Sim. O ciclo do ácido cítrico seria inibido. O oxalacetato está presente em concentrações relativamente baixas na mitocôndria, e sua remoção para a gliconeogênese tenderia a deslocar o equilíbrio na reação da citrato-sintase no sentido do oxalacetato.

**21.** (a) Inibição da aconitase. (b) Fluorcitrato; compete com o citrato; um grande excesso de citrato. (c) Citrato e fluorcitrato são inibidores da PFK-1. (d) Todos os processos catabólicos necessários para a produção de ATP são cessados.

**22.** *Glicólise*:
Glicose + $2P_i$ + 2ADP + $2NAD^+$ →
2 piruvato + 2ATP + 2NADH + $2H^+$ + $2H_2O$

*Reação da piruvato-carboxilase*:
2 Piruvato + $2CO_2$ + 2ATP + $2H_2O$ →
2 oxalacetato + 2ADP + $2P_i$ + $4H^+$

*Reação da malato-desidrogenase*:
2 Oxalacetato + 2NADH + $2H^+$ → 2 L-malato + $2NAD^+$

Essa sequência recicla coenzimas da nicotinamida sob condições anaeróbicas. A reação global é glicose + $2CO_2$ → 2 L-malato + $4H^+$. Quatro $H^+$ são produzidos por glicose, aumentando a acidez do vinho.

**23.** Piruvato + ATP + $CO_2$ + $H_2O$ → oxalacetato + ADP + $P_i$ + $H^+$
Piruvato + CoA + $NAD^+$ → acetil-CoA + $CO_2$ + NADH + $H^+$
Oxalacetato + acetil-CoA → citrato + CoA
Citrato → isocitrato
Isocitrato + $NAD^+$ → α-cetoglutarato + $CO_2$ + NADH + $H^+$
Reação líquida: 2 Piruvato + ATP + $2NAD^+$ + $H_2O$ →
α-cetoglutarato + $CO_2$ + ADP + $P_i$ + 2NADH + $3H^+$

**24.** O ciclo participa de processos catabólicos e anabólicos. Por exemplo, ele gera ATP pela oxidação de substratos, mas também fornece precursores para a síntese de aminoácidos (ver Fig. 16-15).

**25.** (a) Diminui (b) Aumenta (c) Diminui

**26.** (a) O citrato é produzido pela ação da citrato-sintase sobre oxalacetato e acetil-CoA. A citrato-sintase pode ser usada para a síntese líquida de citrato quando (1) há influxo contínuo de novas moléculas de oxalacetato e acetil-CoA e (2) a síntese de isocitrato está restringida, como em um meio de cultura com baixo conteúdo de $Fe^{3+}$. A aconitase requer $Fe^{3+}$, de modo que um meio de cultura restrito nesse íon restringiria a síntese de aconitase.

(b) Sacarose + $H_2O$ → glicose + frutose
Glicose + $2P_i$ + 2ADP + $2NAD^+$ →
2 piruvato + 2ATP + 2NADH + $2H^+$ + $2H_2O$
Frutose + $2P_i$ + 2ADP + $2NAD^+$ →
2 piruvato + 2ATP + 2NADH + $2H^+$ + $2H_2O$
2 Piruvato + $2NAD^+$ + 2CoA →
2 acetil-CoA + 2NADH + $2H^+$ + $2CO_2$
2 Piruvato + $2CO_2$ + 2ATP + $2H_2O$ →
2 oxalacetato + 2ADP + $2P_i$ + $4H^+$
2 Acetil-CoA + 2 oxalacetato + $2H_2O$ → 2 citrato + 2CoA
A reação global é
Sacarose + $H_2O$ + $2P_i$ + 2ADP + $6NAD^+$ →
2 citrato + 2ATP + 6NADH + $10H^+$

(c) A reação global consome $NAD^+$. Uma vez que o reservatório celular dessa coenzima oxidada é limitado, ela deve ser regenerada a partir do NADH pela cadeia transportadora de elétrons, com consumo de $O_2$. Em consequência, a conversão global de sacarose em ácido cítrico é um processo que requer oxigênio molecular.

**27.** Succinil-CoA é um intermediário do ciclo do ácido cítrico; o seu acúmulo sinaliza um fluxo reduzido no ciclo, de modo que é necessária a diminuição da entrada de acetil-CoA no ciclo. A citrato-sintase, ao regular a entrada na via oxidativa primária da célula, regula o suprimento de NADH e, assim, o fluxo de elétrons do NADH ao $O_2$.

**28.** O catabolismo dos ácidos graxos aumenta a [acetil-CoA], que estimula a piruvato-carboxilase. O aumento resultante da [oxalacetato] estimula o consumo de acetil-CoA pelo ciclo do ácido cítrico, e a [citrato] aumenta, inibindo a glicólise no nível da PFK-1. Além disso, o aumento da [acetil-CoA] inibe o complexo da piruvato-desidrogenase, reduzindo a utilização de piruvato obtido na glicólise.

**29.** O oxigênio é necessário para reciclar NAD$^+$ a partir do NADH produzido pelas reações oxidativas do ciclo do ácido cítrico. A reoxidação do NADH ocorre durante a fosforilação oxidativa mitocondrial.

**30.** O aumento da razão [NADH]/[NAD$^+$] inibe o ciclo do ácido cítrico pela ação das massas nas três etapas em que ocorre redução de NAD$^+$; a [NADH] alta desloca o equilíbrio no sentido de produção de NAD$^+$.

**31.** No sentido do citrato; a $\Delta G$ para a reação da citrato-sintase nessas condições é de cerca de $-8$ kJ/mol.

**32.** As etapas ❹ e ❺ são essenciais na reoxidação do cofator lipoamida reduzido para a ação da enzima.

**33.** Muitas respostas são possíveis. Um defeito genético em *MPC1* ou *MPC2* muda o catabolismo do piruvato da via oxidativa (com acetil-CoA e o ciclo do ácido cítrico) para a redução anaeróbica do piruvato a lactato, com utilização muito aumentada de glicose para a produção glicolítica de ATP. O aumento da concentração citosólica de lactato acidificaria parte da célula. A atividade do ciclo do ácido cítrico diminuiria ou utilizaria outros substratos distintos do piruvato glicolítico, como ácidos graxos obtidos do tecido adiposo. Os níveis sanguíneos de piruvato e de lactato aumentariam, e o pH sanguíneo cairia, produzindo acidose. O músculo entraria facilmente em fadiga.

**34.** O ciclo do ácido cítrico é tão central para o metabolismo que um defeito grave em qualquer uma das enzimas do ciclo seria provavelmente letal para o embrião.

**35. (a)** O único processo no tecido muscular que consome quantidades significativas de oxigênio é a respiração celular, de modo que o consumo de O$_2$ é uma boa avaliação da respiração. **(b)** Preparações de tecido muscular fresco contêm certa quantidade de glicose residual; o consumo de O$_2$ deve-se à oxidação dessa glicose. **(c)** Sim. Como a quantidade de O$_2$ consumido aumenta quando citrato ou 1-fosfoglicerol são adicionados, ambos podem servir como substratos para a respiração celular nesse sistema. **(d)** *Experimento I*: o citrato está causando consumo de O$_2$ bem maior que aquele esperado para a sua completa oxidação. Cada molécula de citrato parece estar atuando como se fosse mais de uma molécula. A única explicação possível é que cada molécula de citrato funciona mais de uma vez na reação – que é como funciona um catalisador. *Experimento II*: a solução é calcular o excesso de O$_2$ consumido pelas diferentes amostras em comparação com o controle (amostra 1).

| Amostra | Substrato(s) adicionado(s) | O$_2$ absorvido ($\mu$L) | Excesso de O$_2$ consumido ($\mu$L) |
|---|---|---|---|
| 1 | Sem adições extras | 342 | 0 |
| 2 | 0,3 mL 1-fosfoglicerol 0,2 M | 757 | 415 |
| 3 | 0,15 mL citrato 0,02 M | 431 | 89 |
| 4 | 0,3 mL 1-fosfoglicerol 0,2 M + 0,15 mL citrato 0,02 M | 1.385 | 1.043 |

Se tanto citrato como 1-fosfoglicerol fossem simplesmente substratos para a reação, seria esperado que o consumo em excesso de O$_2$ na amostra 4 fosse a soma dos consumos em excesso individualmente observados nas amostras 2 e 3 (415 $\mu$L + 89 $\mu$L = 504 $\mu$L). Contudo, o consumo em excesso quando ambos os substratos estão presentes é cerca do dobro dessa quantidade (1.043 $\mu$L). Assim, o citrato aumenta a capacidade do tecido de metabolizar o 1-fosfoglicerol. Esse comportamento é típico de um catalisador. Ambos os experimentos (I e II) são necessários para tornar convincentes as conclusões. Com base apenas no experimento I, observa-se que o citrato está de alguma forma acelerando a reação, mas não está claro se ele atua ajudando no metabolismo do substrato ou por algum outro mecanismo. Com base apenas no experimento II, não está claro qual molécula é o catalisador, o citrato ou o 1-fosfoglicerol. Juntos, os experimentos mostram que o citrato está atuando como um "catalisador" para a oxidação do 1-fosfoglicerol.

**(e)** Uma vez que a via pode consumir citrato (ver amostra 3), se o citrato atuar como catalisador, ele deve ser regenerado. Se o conjunto de reações inicialmente consome citrato para depois regenerá-lo, a via deve ser circular, e não linear. **(f)** Quando a via é bloqueada na reação da $\alpha$-cetoglutarato-desidrogenase, o citrato é convertido em $\alpha$-cetoglutarato, mas o fluxo não segue adiante. Oxigênio é consumido pela reoxidação do NADH produzido pela isocitrato-desidrogenase.

**(g)**

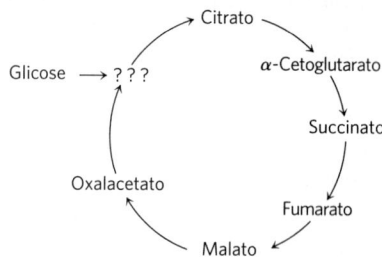

Isso difere da Fig. 16-7 por não incluir *cis*-aconitato e isocitrato (entre citrato e $\alpha$-cetoglutarato) ou succinil-CoA ou acetil-CoA. **(h)** O estabelecimento de uma conversão quantitativa foi essencial para descartar uma via ramificada ou outra via mais complexa.

# Capítulo 17

**1.** A porção ácido graxo; os carbonos nos ácidos graxos são mais reduzidos que aqueles do glicerol.

**2.** A resposta ao glucagon ou à adrenalina seria mais prolongada, mobilizando mais ácidos graxos nos adipócitos.

**3.** Grupos acila graxa condensados com CoA no citosol são inicialmente transferidos à carnitina, liberando CoA, e, em seguida, são transportados para dentro da mitocôndria, onde são novamente condensados com a CoA. Os reservatórios de CoA citosólico e mitocondrial são mantidos separados, e a CoA radioativa do reservatório citosólico não penetra na mitocôndria.

**4.** A malonil-CoA não mais inibiria a entrada de ácidos graxos na mitocôndria para a $\beta$-oxidação, de modo que um ciclo fútil poderia ocorrer, com a síntese de ácidos graxos no citosol e a degradação desses compostos na mitocôndria ocorrendo simultaneamente.

**5. (a)** A entrada de ácidos graxos na mitocôndria mediada pela carnitina é a etapa limitante da velocidade na oxidação de ácidos graxos. A deficiência de carnitina reduz a oxidação de ácidos graxos; a adição de carnitina aumenta a velocidade dessa via. **(b)** Todas essas situações aumentam a necessidade metabólica da oxidação de ácidos graxos. **(c)** A deficiência de carnitina pode resultar de uma deficiência de precursores de carnitina (como a lisina) ou de um defeito em uma das enzimas da via de biossíntese da carnitina.

**6. (a)** $4,0 \times 10^5$ kJ ($9,6 \times 10^4$ kcal) **(b)** 48 dias **(c)** 0,218 kg/dia

**7.** A primeira etapa na oxidação dos ácidos graxos é análoga à conversão de succinato em fumarato; a segunda etapa, à conversão de fumarato em malato; a terceira etapa, à conversão de malato em oxalacetato.

**8.** 8 ciclos; o último libera 2 acetil-CoA

**9. (a)** R—COO$^-$ + ATP → acil-AMP + PP$_i$
Acil-AMP + CoA → acil-CoA + AMP

**(b)** A hidrólise irreversível do PP$_i$ a 2P$_i$ pela pirofosfatase celular

**10.** *cis*-$\Delta^3$-Dodecanoil-CoA; é convertido em *cis*-$\Delta^2$-dodecanoil-CoA e, depois, em $\beta$-hidroxidodecanoil-CoA.

**11.** 4 acetil-CoA e 1 propionil-CoA

**12.** Sim. Parte do trício é removida do palmitato durante as reações de desidrogenação da $\beta$-oxidação. O trício removido aparece como água triciada.

**13. (a)** No pombo, predomina a β-oxidação; no faisão, predomina a glicólise anaeróbica do glicogênio. **(b)** O músculo do pombo consumiria mais $O_2$. **(c)** Gorduras contêm mais energia por grama em comparação com o glicogênio. Além disso, a degradação anaeróbica do glicogênio é limitada pela tolerância do tecido ao aumento do lactato. Desse modo, o pombo, que usa o catabolismo oxidativo de lipídeos, é capaz de voos de longa distância. **(d)** As enzimas listadas na tabela são enzimas reguladoras de suas respectivas vias, de modo que limitam a taxa de produção de ATP; todavia, a triose-fosfato-isomerase e a malato-desidrogenase não são enzimas reguladoras de suas respectivas vias.

**14.** A oxidação de gorduras libera água metabólica; 1,5 L de água por kg de tripalmitoilglicerol (ignorando a pequena contribuição do glicerol para a massa).

**15. (a)** $M_r$ 136; ácido fenilacético **(b)** Par; a remoção de dois carbonos por vez a partir de cadeias com número ímpar produziria fenilpropionato.

**16.** Uma vez que o reservatório de moléculas de CoA mitocondrial é pequeno, a CoA deve ser reciclada a partir de acetil-CoA, via formação de corpos cetônicos. Isso possibilita a operação da via da β-oxidação, necessária para a produção de energia.

**17. (a)** A glicose produz piruvato via glicólise, e o piruvato é a principal fonte de oxalacetato. Sem glicose na dieta, a [oxalacetato] diminui, e o ciclo do ácido cítrico tem sua velocidade reduzida. **(b)** Ímpar; a conversão de propionato em succinil-CoA fornece intermediários para o ciclo do ácido cítrico e precursores de quatro carbonos para a gliconeogênese.

**18.** Para o ácido heptanoico, de número ímpar de carbonos, a β-oxidação produz propionil-CoA, que pode ser convertida, por meio de várias etapas, em oxalacetato, uma matéria-prima para a gliconeogênese. Ácidos graxos de número par de carbonos não podem fornecer substratos para a gliconeogênese, pois são inteiramente oxidados a acetil-CoA.

**19.** A β-oxidação de ω-flúor-oleato produz fluoracetil-CoA, que entra no ciclo do ácido cítrico e produz fluorcitrato, um poderoso inibidor da aconitase. A inibição da aconitase bloqueia o ciclo do ácido cítrico. Sem os equivalentes redutores produzidos pelo ciclo do ácido cítrico, a fosforilação oxidativa (síntese de ATP) é reduzida de modo fatal.

**20.** Ser para Ala: a cadeia lateral da Ala na ACC não pode ser fosforilada (e, portanto, inativada). A malonil-CoA continua a ser produzida, o que inibe a carnitina-aciltransferase 1. A β-oxidação mitocondrial é bloqueada. Ser para Asp: a ACC tem uma carga negativa em que a Ser seria normalmente fosforilada, de modo que ela permanece inativa. A síntese de ácidos graxos é bloqueada, e sua β-oxidação é estimulada (desreprimida).

**21.** Enz-FAD, tendo um potencial de redução padrão mais positivo, é um melhor aceptor de elétrons que o $NAD^+$, e a reação tende a ir no sentido da oxidação da acil-CoA graxa. Esse equilíbrio mais favorável é obtido à custa de 1 ATP; ocorre produção de apenas 1,5 ATP por $FADH_2$ oxidado na cadeia respiratória (vs. 2,5 por NADH).

**22.** 9 voltas; ácido araquídico, um ácido graxo saturado de 20 carbonos, produz 10 moléculas de acetil-CoA, as duas últimas formadas na nona volta.

**23.** Ver Fig. 17-12. É produzida [3-$^{14}$C]succinil-CoA, que origina oxalacetato marcado em C-2 e C-3.

**24.** Ácido fitânico → ácido pristânico → propionil-CoA →→→ succinil-CoA → succinato → fumarato → malato. Todos os carbonos do malato estariam marcados, mas C-1 e C-4 teriam apenas metade da marcação quando comparados com C-2 e C-3.

**25.** A hidrólise de ATP nas reações que requerem energia em uma célula consome água na reação $ATP + H_2O \rightarrow ADP + P_i$; assim, no estado estacionário, *não* há produção líquida de $H_2O$.

**26.** A digestão de propionato requer metil-malonil-CoA-mutase, que, por sua vez, requer o cofator que contém cobalto, produzido a partir da vitamina $B_{12}$.

**27.** A massa perdida por dia é de cerca de 0,66 kg, ou cerca de 140 kg em 7 meses. A cetose poderia ser evitada pela degradação de proteínas teciduais não essenciais, para suprir cadeias carbonadas dos aminoácidos para a gliconeogênese.

**28. (a)** Ácidos graxos são convertidos em seus derivados CoA por enzimas no citoplasma; as acil-CoA são, então, importadas para a mitocôndria para oxidação. Uma vez que os pesquisadores estavam utilizando mitocôndrias isoladas, eles precisavam usar derivados ligados à CoA. **(b)** Estearoil-CoA foi rapidamente convertido em 9 acetil-CoA pela via da β-oxidação. Todos os intermediários reagiram rapidamente, e nenhum foi detectável em níveis significativos. **(c)** Duas voltas. Cada volta remove dois átomos de carbono, de modo que duas voltas convertem um ácido graxo de 18 carbonos em um ácido graxo de 14 carbonos e 2 acetil-CoA. **(d)** O $K_m$ é mais alto para o isômero *trans* do que para o *cis*, de modo que uma concentração mais alta do isômero *trans* é necessária para a mesma velocidade de degradação. Grosso modo, o isômero *trans* liga-se menos eficientemente que o *cis*, provavelmente porque diferenças no formato, embora não no sítio-alvo para a enzima, afetam a ligação do substrato à enzima. **(e)** Substratos para LCAD/VLCAD acumulam-se de modo diferente, dependendo do substrato específico; isso é esperado para a etapa limitante da velocidade em uma via. **(f)** Os parâmetros cinéticos mostram que o isômero *trans* é um substrato mais pobre que o *cis* para a LCAD, mas há pouca diferença no caso da VLCAD. Em virtude de ser um substrato mais pobre, o isômero *trans* acumula-se, atingindo níveis mais altos que o *cis*. **(g)** Uma possível via é mostrada a seguir (indicando "dentro" e "fora" da mitocôndria).

Elaidoil-CoA $\xrightarrow{\text{carnitina-aciltransferase 1}}$ elaidoil-carnitina $\xrightarrow{\text{transporte}}$
(fora) (fora)

elaidoil-carnitina $\xrightarrow{\text{carnitina-aciltransferase 2}}$ elaidoil-CoA $\xrightarrow{\text{2 voltas da β-oxidação}}$
(dentro) (dentro)

5-*trans*-tetradecenoil-CoA $\xrightarrow{\text{tioesterase}}$ ácido 5-*trans*-tetradecanoico $\xrightarrow{\text{difusão}}$
(dentro) (dentro)

ácido 5-*trans*-tetradecanoico
(fora)

**(h)** É correto na medida que gorduras *trans* são quebradas menos eficientemente que gorduras *cis*, de modo que gorduras *trans* podem "vazar" para fora da mitocôndria. É incorreto dizer que gorduras *trans* não são degradadas pelas células; elas são, porém em uma velocidade mais lenta que as gorduras *cis*.

# Capítulo 18

**1.**

(a) $^-OOC-CH_2-\underset{\underset{O}{\|}}{C}-COO^-$    Oxalacetato

(b) $^-OOC-CH_2-CH_2-\underset{\underset{O}{\|}}{C}-COO^-$    α-Cetoglutarato

(c) $CH_3-\underset{\underset{O}{\|}}{C}-COO^-$    Piruvato

(d) $C_6H_5-CH_2-\underset{\underset{O}{\|}}{C}-COO^-$    Fenilpiruvato

**2.** Esse é um ensaio com uma reação acoplada. O produto da transaminação lenta (piruvato) é rapidamente consumido na "reação indicadora" subsequente, catalisada pela lactato-desidrogenase, que consome NADH. Desse modo, a velocidade de desaparecimento do NADH é uma medida da velocidade da reação da aminotransferase. Essa reação indicadora é monitorada pela observação do decréscimo na absorção do NADH a 340 nm usando um espectrofotômetro.

**3.** Alanina e glutamina desempenham papéis especiais no transporte de grupos amino a partir do músculo e de outros tecidos não hepáticos, respectivamente, até o fígado.

**4.** GTP é um produto do ciclo do ácido cítrico, produzido na segunda etapa após a formação do $\alpha$-cetoglutarato. A eliminação da inibição da glutamato-desidrogenase pelo GTP leva à produção descontrolada de $\alpha$-cetoglutarato, que é oxidado para produzir níveis elevados de ATP. Isso, por sua vez, leva à secreção de insulina.

**5.** Não. O nitrogênio na alanina pode ser transferido ao oxalacetato via transaminação, formando aspartato.

**6.** 15 mols de ATP por mol de lactato; 13 mols de ATP por mol de alanina, quando se inclui a remoção do nitrogênio.

**7. (a)** O jejum resulta em redução da glicose sanguínea; a administração subsequente da dieta experimental levou ao rápido catabolismo de aminoácidos glicogênicos. **(b)** A desaminação oxidativa causou aumento nos níveis de $NH_3$; a ausência de arginina (um intermediário do ciclo da ureia) impediu a conversão de $NH_3$ em ureia; a arginina não é sintetizada em quantidades suficientes para atender às necessidades impostas pelo estresse do experimento no gato. Isso sugere que a arginina é um aminoácido essencial na dieta do gato. **(c)** A ornitina é convertida em arginina pelo ciclo da ureia.

**8.** $H_2O$ + glutamato + $NAD^+ \rightarrow \alpha$-cetoglutarato + $NH_4^+$ + NADH + $H^+$
$NH_4^+$ + 2ATP + $H_2O$ + $CO_2 \rightarrow$ carbamoil-fosfato + 2ADP + $P_i$ + $3H^+$
Carbamoil-fosfato + ornitina $\rightarrow$ citrulina + $P_i$ + $H^+$
Citrulina + aspartato + ATP $\rightarrow$ argininossuccinato + AMP + $PP_i$ + $H^+$
Argininossuccinato $\rightarrow$ arginina + fumarato
Fumarato + $H_2O \rightarrow$ malato
Malato + $NAD^+ \rightarrow$ oxalacetato + NADH + $H^+$
Oxalacetato + glutamato $\rightarrow$ aspartato + $\alpha$-cetoglutarato
Arginina + $H_2O \rightarrow$ ureia + ornitina

2 Glutamato + $CO_2$ + $4H_2O$ + $2NAD^+$ + 3ATP $\rightarrow$
2 $\alpha$-cetoglutarato + 2NADH + $7H^+$ + ureia + 2ADP + AMP + $PP_i$ + $2P_i$  (1)

Outras reações que precisam ser consideradas:

AMP + ATP $\rightarrow$ 2ATP  (2)
$O_2$ + $8H^+$ + 2NADH + 6ADP + $6P_i \rightarrow 2NAD^+$ + 6ATP + $8H_2O$  (3)
$H_2O$ + $PP_i \rightarrow 2P_i$ + $H^+$  (4)

A soma das equações de (1) a (4) nos dá

2 Glutamato + $CO_2$ + $O_2$ + 2ADP + $2P_i \rightarrow$
2 $\alpha$-cetoglutarato + ureia + $3H_2O$ + 2ATP

**9.** O segundo grupo amino introduzido na ureia é transferido do aspartato, que é produzido durante a transaminação de glutamato para oxalacetato, uma reação catalisada pela aspartato-aminotransferase. Aproximadamente metade de todos os grupos amino excretados como ureia deve passar pela reação da aspartato-aminotransferase, o que torna essa enzima a aminotransferase mais ativa.

**10. (a)** Uma pessoa com uma dieta que consiste apenas em proteínas deve utilizar aminoácidos como a principal fonte de combustível metabólico. Uma vez que o catabolismo dos aminoácidos requer a remoção do nitrogênio como ureia, o processo consome quantidades anormalmente altas de água para diluir e excretar a ureia na urina. Além disso, eletrólitos na "proteína líquida" devem ser diluídos com água e excretados. Se a perda diária de água pelos rins não for equilibrada por uma ingestão suficiente de água, isso resultará em perda líquida de água pelo organismo. **(b)** Quando se considera os benefícios nutricionais das proteínas, deve-se ter em mente a quantidade total de aminoácidos necessária para a síntese proteica e a distribuição dos aminoácidos nas proteínas da dieta. A gelatina contém uma distribuição nutricionalmente não equilibrada de aminoácidos. À medida que grandes quantidades de gelatina são ingeridas e o excesso de aminoácidos é catabolizado, a capacidade do ciclo da ureia pode ser excedida, levando à toxicidade pela amônia. Isso torna-se ainda mais complicado pela desidratação, que pode resultar da excreção de grandes quantidades de ureia. Uma combinação desses dois fatores pode desencadear coma e morte.

**11.** Lisina e leucina

**12. (a)** Fenilalanina-hidroxilase; uma dieta com baixo conteúdo de fenilalanina **(b)** A rota normal do metabolismo da fenilalanina via hidroxilação produzindo tirosina está bloqueada, e a fenilalanina se acumula. **(c)** A fenilalanina é transformada em fenilpiruvato por transaminação e, então, em fenil-lactato por redução. A reação de transaminação tem uma constante de equilíbrio de 1,0, e o fenilpiruvato é formado em quantidades significativas quando a fenilalanina se acumula. **(d)** A deficiência na produção de tirosina, que é precursora da melanina, o pigmento normalmente presente nos cabelos, leva a regiões de cabelos sem pigmentação.

**13.** Nem todos os aminoácidos são afetados. O catabolismo das cadeias carbonadas da valina, da metionina e da isoleucina é prejudicado porque uma metilmalonil-CoA-mutase funcional (a enzima que utiliza a coenzima $B_{12}$) não está presente. Os efeitos fisiológicos da perda dessa enzima estão descritos na Tabela 18-2 e no Quadro 18-2.

**14.** A dieta vegana é deficiente em vitamina $B_{12}$, levando ao aumento dos níveis de homocisteína e metilmalonato (refletindo as deficiências nas atividades da metionina-sintase e da metilmalonato-mutase, respectivamente) em indivíduos que utilizam essa dieta por vários anos. Laticínios fornecem certa quantidade de vitamina $B_{12}$ em dietas lactovegetarianas.

**15.** As formas genéticas da anemia perniciosa geralmente aparecem como resultado de defeitos na via que medeia a absorção da vitamina $B_{12}$ da dieta (ver Quadro 17-2). Uma vez que os suplementos dietéticos não são absorvidos no intestino, essas condições são tratadas pela injeção de suplementos de $B_{12}$ diretamente na corrente sanguínea.

**16.** O mecanismo é idêntico àquele da serina-desidratase (ver Fig. 18-20a), exceto que o grupo metila extra da treonina é retido, gerando $\alpha$-cetobutirato, em vez de piruvato.

**17. (a)** $^{15}NH_2$—CO—$^{15}NH_2$

**(b)** $^-OO^{14}C$—$CH_2$—$CH_2$—$^{14}COO^-$

**(c)** R—NH—C(=$^{15}NH$)—$^{15}NH_2$

**(d)** R—NH—C(=O)—$^{15}NH_2$

**(e)** Sem marcação

**(f)** $^-OO^{14}C$—C($^{15}NH_2$)(H)—$CH_2$—$^{14}COO^-$

**18. (a)** Isoleucina $\xrightarrow{①}$ II $\xrightarrow{②}$ IV $\xrightarrow{③}$ I $\xrightarrow{④}$ V $\xrightarrow{⑤}$ III $\xrightarrow{⑥}$ acetil-CoA + propionil-CoA **(b)** Etapa ① transaminação, não há reação análoga, PLP; ② descarboxilação oxidativa, análoga à reação da piruvato-desidrogenase, $NAD^+$, TPP, lipoato, FAD; ③ oxidação, análoga à reação da succinato-desidrogenase, FAD; ④ hidratação, análoga à reação da fumarase, sem cofator; ⑤ oxidação, análoga à reação da malato-desidrogenase, $NAD^+$; ⑥ tiólise (condensação aldólica reversa), análoga à reação da tiolase, CoA

**19.** Um mecanismo provável é

[Mecanismo químico mostrando Serina + PLP reagindo através de intermediários com resíduo Enz-Lys, produzindo formaldeído (HCHO) e eventualmente Glicina ligada ao PLP]

O formaldeído (HCHO) produzido na segunda etapa reage rapidamente com o tetra-hidrofolato no sítio ativo da enzima, produzindo $N^5,N^{10}$-metileno-tetra-hidrofolato (ver Fig. 18-17).

**20. (a)** Transaminação; sem analogias; PLP **(b)** Descarboxilação oxidativa; análoga à descarboxilação oxidativa do piruvato a acetil-CoA antes de sua entrada no ciclo do ácido cítrico e do α-cetoglutarato a succinil-CoA no ciclo do ácido cítrico; $NAD^+$, FAD, lipoato e TPP **(c)** Desidrogenação (oxidação); análoga à desidrogenação do succinato a fumarato no ciclo do ácido cítrico e de acil-CoA graxa a enoil-CoA na β-oxidação; FAD **(d)** Carboxilação; sem analogias no ciclo do ácido cítrico ou na β-oxidação; ATP e biotina **(e)** Hidratação; análoga à hidratação do fumarato a malato no ciclo do ácido cítrico e da enoil-CoA a 3-hidroxiacil-CoA na β-oxidação; sem cofatores **(f)** Reação aldólica reversa; análoga à reação reversa da citrato-sintase no ciclo do ácido cítrico; sem cofatores

**21.** A maior parte do catabolismo dos aminoácidos ocorre no fígado, incluindo as etapas-chave que são bloqueadas na doença do xarope de bordo. Um transplante de fígado a partir de um doador compatível com um complexo da desidrogenase dos α-cetoácidos de cadeia ramificada com função normal poderia aliviar os sintomas da doença.

**22. (a)** Leucina; valina; isoleucina **(b)** Cisteína (derivada da cistina). Se a cisteína sofresse descarboxilação, como mostrado na Fig. 18-6, ela produziria $H_2N-CH_2-CH_2-SH$, que poderia ser oxidada a taurina. **(c)** A amostra de sangue coletada em janeiro de 1957 mostra níveis significativamente elevados de isoleucina, leucina, metionina e valina; a urina desse mesmo período apresenta níveis significativamente elevados de isoleucina, leucina, taurina e valina. **(d)** Todos os pacientes apresentaram níveis altos de isoleucina, leucina e valina tanto no sangue quanto na urina, sugerindo um defeito na degradação desses aminoácidos. Uma vez que a urina também contém níveis altos dos cetoácidos correspondentes a esses três aminoácidos, o bloqueio na via deve ocorrer após a desaminação, mas antes da desidrogenação (como mostrado na Fig. 18-28). **(e)** O modelo não explica os níveis altos de metionina no sangue e de taurina na urina. Os níveis altos de taurina devem ser causados pela morte de células encefálicas durante os estágios finais da doença. As razões para os níveis altos de metionina no sangue, contudo, não são claras; a via para a degradação da metionina não está ligada à degradação dos aminoácidos de cadeia ramificada. A metionina aumentada poderia ser um efeito secundário do aumento de outros aminoácidos. É importante ter em mente que as amostras de janeiro de 1957 eram de um indivíduo que estava morrendo, de modo que a comparação dos resultados das análises de seu sangue e sua urina com aqueles de indivíduos saudáveis pode não ser apropriada. **(f)** As seguintes informações são necessárias (e foram no final obtidas por outros pesquisadores): (1) a atividade da desidrogenase está significativamente reduzida ou ausente em indivíduos com a doença do xarope de bordo; (2) a doença é herdada como um defeito em um único gene; (3) o defeito ocorre em um gene que codifica toda ou parte da desidrogenase; (4) o defeito genético leva à produção da enzima inativa.

# Capítulo 19

**1.** *Reação 1*: (a), (d) NADH; (b), (e) E-FMN; (c) $NAD^+$/NADH e E-FMN/FMNH$_2$

*Reação 2*: (a), (d) E-FMNH$_2$; (b), (e) $Fe^{3+}$; (c) E-FMN/FMNH$_2$ e $Fe^{3+}/Fe^{2+}$

*Reação 3*: (a), (d) $Fe^{2+}$; (b), (e) Q; (c) $Fe^{3+}/Fe^{2+}$ e Q/QH$_2$

**2.** A cadeia lateral torna a ubiquinona lipossolúvel, permitindo que ela se difunda na membrana semifluida.

**3.** Por meio da diferença no potencial de redução padrão ($\Delta E'^°$) para cada par de semirreações, pode-se calcular a $\Delta G'^°$. A oxidação do succinato pelo FAD é favorecida pela variação negativa de energia livre padrão ($\Delta G'^° = -3,7$ kJ/mol). A oxidação pelo $NAD^+$ implicaria em uma variação de energia livre padrão grande e positiva ($\Delta G'^° = 68$ kJ/mol).

**4. (a)** Todos os transportadores reduzidos; $CN^-$ bloqueia a redução de $O_2$ catalisada pela citocromo-oxidase. **(b)** Todos os transportadores reduzidos; na ausência de $O_2$, os transportadores reduzidos não são reoxidados. **(c)** Todos os transportadores oxidados. **(d)** Transportadores no início da cadeia mais reduzidos; transportadores finais mais oxidados.

**5. (a)** A inibição da NADH-desidrogenase pela rotenona diminui a velocidade de fluxo de elétrons pela cadeia respiratória, o que, por sua vez, diminui a velocidade de produção de ATP. Se essa velocidade reduzida não for suficiente para satisfazer às necessidades do organismo por ATP, o organismo morre. **(b)** Antimicina A inibe fortemente a oxidação de Q na cadeia respiratória, reduzindo a velocidade de transferência de elétrons e levando às consequências descritas em (a). **(c)** Como a antimicina A bloqueia *todo* o fluxo de elétrons para o oxigênio, ela é um veneno mais potente do que a rotenona, que bloqueia o fluxo de elétrons a partir do NADH, mas não do FADH$_2$.

**6. (a)** A velocidade do transporte de elétrons necessária para satisfazer às necessidades por ATP aumenta, e a razão P/O diminui. **(b)** Altas concentrações de desacoplador produzem razões P/O próximo a zero. A razão P/O diminui, e mais combustível deve ser oxidado para produzir a mesma quantidade de ATP. O calor extra liberado por essa oxidação aumenta a temperatura corporal. **(c)** O aumento da atividade da cadeia respiratória na presença de um desacoplador requer a degradação de mais combustível. Oxidando mais combustível (incluindo as reservas de gordura) para produzir a mesma quantidade de ATP, o corpo perde massa. Quando a razão P/O se aproxima de zero, a ausência de ATP resulta na morte.

**7.** A valinomicina atua como um desacoplador. Ela se combina com $K^+$, formando um complexo que atravessa a membrana mitocondrial interna, dissipando o potencial de membrana. A síntese de ATP diminui, causando aumento na velocidade de transporte de elétrons. Isso resulta em aumento no gradiente de $H^+$, no consumo de $O_2$ e na quantidade de calor liberado.

**8.** A concentração de $P_i$ na célula no estado estacionário é muito maior que aquela de ADP. O $P_i$ liberado pela hidrólise de ATP muda muito pouco a $[P_i]$ total.

**9.** A superóxido-dismutase catalisa a redução de superóxido a peróxido de hidrogênio. O peróxido de hidrogênio pode ser eliminado pela glutationa-peroxidase. Essa é uma importante via de eliminação do superóxido gerado durante a respiração, ajudando a atenuar os efeitos danosos das espécies reativas de oxigênio.

**10. (a)** Meio externo: $4,0 \times 10^{-8}$ M; matriz: $2,0 \times 10^{-8}$ M **(b)** O gradiente da $[H^+]$ contribui com 1,7 kJ/mol para a síntese de ATP. **(c)** 21 **(d)** Não **(e)** Do potencial transmembrana geral

**11. (a)** 0,91 $\mu$mol/s · g **(b)** 5,5 s; para fornecer um nível constante de ATP, a regulação da produção de ATP deve ser bem ajustada e rápida.

**12.** 53 $\mu$mol/s · g. Com uma [ATP] de 7,0 $\mu$mol/g no estado estacionário, equivalente a 10 renovações do reservatório de ATP por segundo; a reserva duraria cerca de 0,13 s.

**13.** O ciclo do ácido cítrico é interrompido pela falta de um aceptor dos elétrons do NADH. O piruvato produzido pela glicólise não pode entrar no ciclo como acetil-CoA; o piruvato acumulado é transaminado a alanina e exportado ao fígado.

**14.** A malato-desidrogenase citosólica desempenha um papel importante no transporte de equivalentes redutores através da membrana mitocondrial interna via lançadeira de malato-aspartato.

**15.** A membrana mitocondrial interna é impermeável ao NADH, mas os equivalentes redutores do NADH são transferidos (lançados) indiretamente através da membrana: eles são transferidos ao oxalacetato no citosol, e o malato resultante é transportado para a matriz, de modo que o $NAD^+$ mitocondrial é reduzido a NADH.

**16.** A piruvato-desidrogenase está localizada na mitocôndria; a gliceraldeído-3-fosfato-desidrogenase, no citosol. Os reservatórios de NAD estão separados pela membrana mitocondrial interna.

**17. (a)** A glicólise torna-se anaeróbica. **(b)** O consumo de oxigênio cessa. **(c)** A formação de lactato aumenta. **(d)** A síntese de ATP diminui para 2 ATP/glicose.

**18.** A resposta a **(a)**, [ADP] aumentada, é mais rápida, pois a resposta a **(b)**, $pO_2$ reduzida, requer síntese proteica.

**19. (a)** O NADH é reoxidado via cadeia de transferência de elétrons, e não via fermentação a ácido láctico. **(b)** A fosforilação oxidativa é mais eficiente. **(c)** A alta razão de ação das massas do sistema do ATP inibe a fosfofrutocinase-1.

**20.** O efeito Pasteur não é observado porque o ciclo do ácido cítrico e a cadeia respiratória estão inativos. A fermentação a etanol poderia ser realizada na presença de $O_2$, o que representa uma vantagem, pois condições anaeróbicas estritas são difíceis de serem mantidas.

**21.** Espécies reativas de oxigênio reagem com macromoléculas, incluindo DNA. Se um defeito mitocondrial leva à produção aumentada de ERO, proto-oncogenes nos cromossomos nucleares podem ser danificados, produzindo oncogenes, o que leva à divisão celular descontrolada e ao câncer (ver Seção 12.9).

**22.** Extensões diferentes de heteroplasmia para o gene defeituoso produzem diferentes graus de defeitos na função mitocondrial.

**23.** A ausência completa da glicocinase (dois alelos defeituosos) torna impossível executar a glicólise em velocidade suficiente para aumentar a [ATP] no nível necessário para a secreção de insulina.

**24.** Defeitos no Complexo II resultam em produção aumentada de ERO, danos ao DNA e mutações que levam à divisão celular descontrolada (câncer; ver Seção 12.9). Não está claro porque o câncer tende a ocorrer no intestino médio.

**25. (a)** Ácidos graxos insaturados aumentam a fluidez da membrana. **(b)** As células não podem sobreviver se suas membranas contiverem menos que 15% de ácidos graxos insaturados. **(c)** O oxigênio é necessário para a respiração. Se o crescimento celular é afetado pela fluidez da membrana apenas na presença de oxigênio, então logicamente as taxas de respiração devem ser afetadas pela fluidez da membrana. **(d)** A primeira observação indica que algo que migra na membrana é um fator limitante para a taxa respiratória. A segunda observação sugere que a respiração é inibida quando o conteúdo de ácidos graxos insaturados é baixo. Isso poderia ocorrer se a viscosidade da membrana de algum modo afetasse a função de enzimas embebidas nas membranas, a permeação passiva do oxigênio ou a velocidade de difusão de algum fator importante na própria membrana. **(e)** A conclusão geral é de que a difusão da ubiquinona através da membrana limita a taxa de respiração.

## Capítulo 20

**1.** Para a máxima taxa fotossintética, PSI (que absorve luz de 700 nm) e PSII (que absorve luz de 680 nm) devem operar simultaneamente.

**2.** Da água consumida na reação global.

**3.** $H_2S$ é o doador de hidrogênio na fotossíntese. Não há liberação de $O_2$, pois a $H_2O$ não é clivada; o fotossistema único não possui o cofator para a clivagem da água.

**4. (a)** Cessa **(b)** Diminui; certa quantidade de elétrons continua fluindo pela via cíclica.

**5.** Durante a iluminação, um gradiente de prótons é estabelecido. Quando ADP e $P_i$ são adicionados, a síntese de ATP é impulsionada pelo gradiente, que se torna exaurido na ausência de luz.

**6.** DCMU bloqueia a transferência de elétrons entre PSII e o primeiro sítio de produção de ATP.

**7.** A venturicidina bloqueia o movimento de prótons através do complexo $CF_oCF_1$; o fluxo de elétrons (com liberação de $O_2$) continua apenas até que o custo da energia livre para bombear prótons contra o gradiente crescente de prótons se iguale à energia livre disponível em um fóton. DNP, ao dissipar o gradiente de prótons, restaura o fluxo de elétrons e a liberação de $O_2$.

**8.** Por meio da diferença nos potenciais de redução, pode-se calcular $\Delta G'^o = 15$ kJ/mol para a reação redox. A Fig. 20-4 mostra que a energia dos fótons em qualquer dada região do espectro visível é mais que suficiente para promover essa reação endergônica. Mesmo fótons na região do infravermelho do espectro podem prover energia suficiente.

**9.** $1,35 \times 10^{-77}$; a reação é altamente desfavorável! Nos cloroplastos, a energia luminosa propicia uma maneira de superar essa barreira.

**10.** $-968$ kJ/mol

**11.** Não. Os elétrons fluem da $H_2O$ para o aceptor artificial de elétrons $Fe^{3+}$, não para o $NADP^+$.

**12.** Cerca de uma vez a cada 0,1 s; 1 molécula em $10^8$ está excitada

**13.** A luz de 700 nm excita PSI, mas não PSII; os elétrons fluem de P700 para o $NADP^+$, mas nenhum elétron flui de P680 para substituí-los. Quando a luz de 680 nm excita PSII, os elétrons tendem a fluir para PSI, mas transportadores de elétrons entre os dois fotossistemas rapidamente tornam-se completamente reduzidos.

**14.** Não. O elétron excitado em P700 retorna para preencher o "buraco" eletrônico criado pela iluminação. PSII não é necessário para suprir elétrons, e não há liberação de $O_2$ a partir da $H_2O$. NADPH não é formado, pois o elétron excitado retorna ao P700. A fotofosforilação cíclica produz ATP, e não NADPH.

**15.** ATP e NADPH são produzidos na luz e são essenciais para a fixação de $CO_2$; a conversão cessa à medida que o suprimento de ATP e NADPH torna-se exaurido. Algumas enzimas são inibidas no escuro.

**16.** X é o 3-fosfoglicerato; Y é a ribulose-1,5-bisfosfato.

**17.** Ribulose-5-fosfato-cinase, frutose-1,6-bisfosfatase, sedoeptulose-1,7-bisfosfatase e gliceraldeído-3-fosfato-desidrogenase; todas são ativadas pela redução de uma ligação dissulfeto crítica com dois grupos sulfidrila, os quais são bloqueados irreversivelmente pelo iodoacetato.

**18.** A via redutora das pentoses-fosfato regenera ribulose-1,5-bisfosfato a partir de trioses-fosfato produzidas durante a fotossíntese. A via oxidativa das pentoses-fosfato fornece NADPH para a biossíntese redutora e ribose-5-fosfato para a síntese de nucleotídeos.

**19.** Ambos os tipos de "respiração" ocorrem nas plantas, consomem $O_2$ e produzem $CO_2$. (A respiração mitocondrial também ocorre nos animais.) A respiração mitocondrial ocorre continuamente, embora principalmente à noite ou em dias nublados; os elétrons obtidos de vários combustíveis passam por uma cadeia de transportadores na membrana mitocondrial interna até chegarem ao $O_2$. A fotorrespiração ocorre nos cloroplastos, nos peroxissomos e na mitocôndria, durante o período diurno, quando a fixação fotossintética de carbono está acontecendo. O transporte de elétrons na fotorrespiração é mostrado na Fig. 20-43; o transporte de elétrons na respiração mitocondrial, na Fig. 19-19.

**20.** No milho, a via $C_4$ fixa $CO_2$. A fosfoenolpiruvato (PEP)-carboxilase carboxila o PEP, formando oxalacetato. Parte desse oxalacetato sofre transaminação a aspartato, mas a maior parte sofre redução a malato nas células do mesófilo. Apenas após a descarboxilação subsequente o $CO_2$ entra no ciclo de Calvin.

**21.** Medir a quantidade de $^{14}CO_2$ fixado nas folhas durante uma hora de escuro e uma hora de iluminação intensa. Plantas CAM captarão muito mais $CO_2$ à noite. De modo alternativo medir a concentração de ácidos orgânicos nos vacúolos pela titulação de extratos das folhas. No escuro, as plantas $C_4$ terão menor nível de acidez nessa titulação.

**22.** Reação da isocitrato-desidrogenase.

**23.** As taxas da fotorrespiração, a qual ocorre quando a rubisco usa $O_2$ em vez de $CO_2$ como substrato, estão aumentadas em intensidades luminosas maiores e temperaturas mais altas das folhas. Plantas $C_4$ evoluíram mecanismos para minimizar a fotorrespiração, resultando em maior capacidade de realizar a fotossíntese nessas condições. Uma vez que a PEP-carboxilase tem afinidade mais alta pelo $CO_2$ quando comparada com a rubisco, plantas $C_4$ captam mais $CO_2$ em condições de baixa [$CO_2$]. Assim, a espécie 1 é uma planta $C_4$, e a espécie 2, uma planta $C_3$.

**24.** [$PP_i$] é alta no citosol, pois o citosol não tem a pirofosfatase.

**25. (a)** Baixa [$P_i$] no citosol e alta [triose-fosfato] no cloroplasto **(b)** Alta [$P_i$] e [triose-fosfato] no citosol

**26.** O 3-fosfoglicerato é o produto primário da fotossíntese; [$P_i$] aumenta quando diminui a síntese de ATP a partir de ADP e $P_i$ propiciada pela luz.

**27. (a)** Sacarose + (glicose)$_n$ → (glicose)$_{n+1}$ + frutose **(b)** A frutose gerada na síntese de dextrana é prontamente importada e metabolizada pela bactéria.

**28.** A primeira enzima de cada via está sob regulação alostérica recíproca. A inibição de uma via desvia o isocitrato para outra via.

**29. (a)** (1) A presença de $Mg^{2+}$ dá suporte à hipótese de que a clorofila está diretamente envolvida na catálise da reação de fosforilação, $ADP + P_i \rightarrow ATP$. (2) Muitas enzimas (ou outras proteínas) que contêm $Mg^{2+}$ não são enzimas que catalisam fosforilação, de modo que a presença de $Mg^{2+}$ na clorofila não prova seu papel em reações de fosforilação. (3) A presença de $Mg^{2+}$ é essencial para as propriedades fotoquímicas da clorofila: absorção de luz e transporte de elétrons. **(b)** (1) Enzimas catalisam reações reversíveis, de modo que uma enzima isolada que pode, sob certas condições em laboratório, catalisar a remoção de um grupo fosforila provavelmente poderia, em condições diferentes (como no interior das células), catalisar a adição de um grupo fosforila. Desse modo, a clorofila poderia estar envolvida na fosforilação do ADP. (2) Há duas explicações possíveis: a proteína clorofila é apenas uma fosfatase e não catalisa a fosforilação do ADP em condições celulares, ou a preparação bruta contém uma atividade contaminante de uma fosfatase não relacionada com as reações fotossintéticas. (3) A preparação foi provavelmente contaminada com uma atividade fosfatásica não fotossintética. **(c)** (1) Essa inibição pela luz seria esperada se a proteína clorofila catalisasse a reação $ADP + P_i +$ luz → ATP. Na ausência de luz, a reação reversa, uma desfosforilação, seria favorecida. Na presença de luz, energia é fornecida, e o equilíbrio se deslocaria para a direita, diminuindo a atividade de fosfatase. (2) Essa inibição deve ser um artefato do procedimento de isolamento ou dos métodos de medida. (3) Os métodos para a preparação bruta utilizados na época provavelmente não preservavam membranas intactas de cloroplastos, de modo que a inibição deve ser um artefato. **(d)** Na presença de luz, (1) ATP é sintetizado e outros intermediários fosforilados são consumidos; (2) glicose é produzida e metabolizada pela respiração celular para produzir ATP, com mudanças nos níveis dos intermediários fosforilados; (3) ATP é produzido e outros intermediários fosforilados são consumidos. **(e)** A energia luminosa é utilizada para produzir ATP (como no modelo de Emerson) *e* é usada para produzir poder redutor (como no modelo de Rabinowitch). **(f)** A estequiometria aproximada para a fotofosforilação é que 8 fótons produzem 2 NADPH e cerca de 3 ATP. A redução de um $CO_2$ requer 2 NADPH e 3 ATP. Assim, um mínimo de 8 fótons é necessário por molécula de $CO_2$ reduzida, em acordo com o valor de Rabinowitch. **(g)** Uma vez que a energia da luz é utilizada para produzir *tanto* ATP *quanto* NADPH, cada fóton absorvido contribui com mais do que apenas 1 ATP para a fotossíntese. O processo de extração de energia luminosa é mais eficiente do que Rabinowitch supunha, e muita energia pode ser utilizada nesse processo – mesmo com luz vermelha.

# Capítulo 21

**1. (a)** Os 16 carbonos do palmitato originam-se de 8 grupos acetila de 8 moléculas de acetil-CoA. A acetil-CoA marcada com $^{14}C$ origina malonil-CoA marcada em C-1 e C-2. **(b)** O reservatório metabólico de malonil-CoA, a fonte de todos os carbonos do palmitato, com exceção de C-16 e C-15, não se torna marcado com pequenas quantidades de acetil-CoA marcada com $^{14}C$. Portanto, apenas é formado [15,16-$^{14}C$] palmitato.

**2.** Tanto glicose quanto frutose são degradadas a piruvato na glicólise. O piruvato é convertido em acetil-CoA pelo complexo da piruvato-desidrogenase. Parte dessa acetil-CoA entra no ciclo do ácido cítrico, que produz equivalentes redutores, o NADH e o NADPH. O transporte mitocondrial de elétrons ao $O_2$ produz ATP.

**3.** 8 Acetil-CoA + 15ATP + 14NADPH + 9$H_2O$ →
palmitato + 8CoA + 15ADP + 15$P_i$ + 14NADP$^+$ + 2H$^+$

**4. (a)** 3 deutérios por palmitato; todos localizados em C-16; todas as outras unidades de dois carbonos provêm de malonil-CoA não marcada. **(b)** 7 deutérios por palmitato; localizados em todos os carbonos de número *par*, exceto C-16

**5.** Pela utilização da unidade de três carbonos malonil-CoA, a forma ativada da acetil-CoA (lembre-se de que a síntese de malonil-CoA requer ATP), o metabolismo é "empurrado" no sentido da síntese de ácidos graxos pela liberação exergônica de $CO_2$.

**6. (a)** A etapa limitante da velocidade na síntese de ácidos graxos é a carboxilação da acetil-CoA, catalisada pela acetil-CoA-carboxilase. Alta [citrato] e [isocitrato] indicam que as condições são favoráveis para a síntese de ácidos graxos: um ciclo do ácido cítrico ativo está fornecendo amplo suprimento de ATP, nucleotídeos reduzidos e acetil-CoA. O citrato estimula (aumentando a $V_{máx}$) a acetil-CoA-carboxilase. **(b)** Uma vez que o citrato liga-se mais firmemente à forma filamentosa (ativa) da enzima, a [citrato] alta impulsiona o equilíbrio protômero ⇌ filamento no sentido da forma ativa. Em contrapartida, palmitoil-CoA (o produto final da síntese dos ácidos graxos) desloca o equilíbrio no sentido da forma inativa (protômero). Desse modo, quando o produto final da síntese dos ácidos graxos se acumula, a via biossintética tem sua velocidade reduzida.

**7. (a)** Acetil-CoA$_{(mit)}$ + ATP + CoA$_{(cit)}$ →
acetil-CoA$_{(cit)}$ + ADP + P$_i$ + CoA$_{(mit)}$

**(b)** 1 ATP por grupo acetila **(c)** Sim

**8.** Não. A ligação dupla no palmitoleato é introduzida por uma oxidação catalisada pela acil-CoA graxa-dessaturase, uma oxidase de função mista que requer $O_2$ como cossubstrato.

**9.** 3 Palmitato + glicerol + 7ATP + 4$H_2O$ → tripalmitina + 7ADP + 7P$_i$ + 7H$^+$

**10.** Em ratos adultos, os triacilgliceróis armazenados são mantidos em um nível estacionário por meio do equilíbrio entre as velocidades de biossíntese e degradação. Assim, os triacilgliceróis do tecido adiposo estão sendo constantemente renovados, o que explica a incorporação da marcação com $^{14}C$ originária da glicose da dieta.

**11.** Reação líquida:

Di-hidroxiacetona-fosfato + NADH + palmitato + oleato + 3ATP + CTP + colina + 4$H_2O$ →
fosfatidilcolina + NAD$^+$ + 2AMP + ADP + H$^+$ + CMP + 5P$_i$
7 ATP por molécula de fosfatidilcolina

**12.** A deficiência de metionina reduz os níveis de adoMet, que é necessária para a síntese *de novo* de fosfatidilcolina. A via de salvação não emprega adoMet, pois utiliza a colina disponível. Assim, a fosfatidilcolina pode ser sintetizada mesmo quando a dieta é deficiente em metionina, desde que colina esteja disponível.

**13.** Durante a biossíntese de colesterol, as duas condensações de Claisen envolvendo acetil-CoA que levam à produção de HMG-CoA são termodinamicamente desfavoráveis. Contudo, o produto, HMG-CoA, é rapidamente usado pelas reações subsequentes termodinamicamente mais favoráveis. Na síntese de ácidos graxos, todas as condensações envolvendo cada malonil-CoA recém-produzida são idênticas. Se fosse utilizada a acetil-CoA, em vez da malonil-CoA, todas seriam termodinamicamente desfavoráveis. Como as etapas de redução subsequentes que gastam NADPH em cada ciclo de 4 etapas também são termodinamicamente desfavoráveis, não há processos a jusante capazes de equilibrar a termodinâmica e favorecer a sequência no sentido da síntese. A síntese de ácidos graxos de cadeia longa não seria quimicamente possível sem o uso da malonil-CoA e o "empurrão" termodinâmico promovido pela descarboxilação.

**14.** A marcação com $^{14}C$ aparece em três lugares no isopreno ativado:

$^{14}$CH$_2$
  \
   C—$^{14}$CH$_2$—CH$_2$—(P)—(P)
  /
$^{14}$CH$_3$

**15. (a)** ATP **(b)** UDP-glicose **(c)** CDP-etanolamina
**(d)** UDP-galactose **(e)** Acil-CoA graxa **(f)** S-Adenosilmetionina

**(g)** Malonil-CoA **(h)** Δ$^3$-Isopentenil-pirofosfato

**16.** O linoleato é necessário para a síntese de prostaglandinas. Animais não podem transformar oleato em linoleato, de modo que o linoleato é um ácido graxo essencial. Plantas podem converter oleato em linoleato, fornecendo aos animais o linoleato necessário (ver Fig. 21-12).

**17.** A etapa limitante da velocidade na biossíntese do colesterol é a síntese de mevalonato, catalisada pela HMG-CoA-redutase. Essa enzima é alostericamente regulada pelo mevalonato e pelo colesterol, que são produzidos subsequentemente na via. Alta [colesterol] intracelular também reduz a transcrição do gene que codifica a HMG-CoA-redutase.

**18.** Quando os níveis de colesterol diminuem devido ao tratamento com uma estatina, as células tentam compensar essa redução pelo aumento da expressão do gene que codifica a HMG-CoA-redutase; todavia, as estatinas são bons inibidores competitivos da atividade da HMG-CoA-redutase e causam a diminuição da produção global de colesterol.

**19.** Nota: na falta de conhecimento detalhado da literatura acerca dessa enzima, os estudantes podem propor diversas alternativas plausíveis. *Reação da tiolase*: inicia-se com o ataque nucleofílico de um resíduo de Cys no sítio ativo sobre a primeira acetil-CoA que funciona como substrato, deslocando —S-CoA e formando uma ligação tioéster covalente entre a Cys e o grupo acetila. Uma base na enzima extrai um próton do grupo metila da segunda acetil-CoA, deixando um carbânion, que ataca o carbono da carbonila do tioéster formado na primeira etapa. A sulfidrila do resíduo de Cys é deslocada, criando o produto acetoacetil-CoA. *Reação da HMG-CoA-sintase*: inicia-se da mesma maneira, com a formação de uma ligação covalente tioéster entre o resíduo de Cys da enzima e o grupo acetila da acetil-CoA, com o deslocamento da —S-CoA. O grupo —S-CoA se dissocia como CoA-SH, e a acetoacetil-CoA liga-se à enzima. Um próton é abstraído do grupo metila da acetila ligada à enzima, formando um carbânion, que ataca a carbonila cetônica do substrato acetoacetil-CoA. A carbonila é convertida em um íon hidroxila nessa reação, o qual é protonado para produzir —OH. A ligação tioéster com a enzima é então clivada hidroliticamente, gerando o produto HMG-CoA. *Reação da HMG-CoA-redutase*: dois íons hidreto sucessivos, obtidos do NADPH, inicialmente deslocam a —S-CoA e, então, reduzem o aldeído, formando um grupo hidroxila.

**20.** As estatinas inibem a HMG-CoA redutase, uma enzima da via de síntese de isoprenos ativados, os quais são precursores do colesterol e de uma ampla variedade de isoprenoides, incluindo a coenzima Q (ubiquinona). Assim, as estatinas poderiam reduzir os níveis de coenzima Q disponível para a respiração mitocondrial. A ubiquinona é obtida da dieta, assim como por biossíntese direta, mas ainda não está bem estabelecido quanto é necessário e quão bem as fontes dietéticas podem substituir a diminuição na síntese. Diminuições nos níveis de determinados isoprenoides podem ser responsáveis por alguns dos efeitos colaterais das estatinas.

**21. (a)**

Astaxantina

**(b)** Cabeça-cabeça. Há duas formas de considerar isso. Primeiro, a "cauda" do geranil-geranil-pirofosfato tem uma estrutura ramificada dimetila, assim como ambas as extremidades do fitoeno. Segundo, não há formação de —OH livre pela liberação de PP$_i$, indicando que duas "cabeças" —O—(P)—(P) são unidas para formar o fitoeno. **(c)** Quatro voltas de desidrogenação convertem quatro ligações simples em ligações duplas. **(d)** Não. A contagem de ligações simples e duplas na reação a seguir mostra que, nos carbonos envolvidos, uma ligação dupla é substituída por duas ligações simples, de modo que não há oxidação ou redução líquida:

Licopeno (C-40)

↓ as extremidades se dobram para a ciclização

↓ ciclização

β-Caroteno (C-40)

**(e)** Etapas ❶ a ❸. A enzima pode converter IPP e DMAP em geranil-geranil-pirofosfato, mas ela não catalisa reações posteriores na via, como confirmado por resultados com os outros substratos. **(f)** As cepas 1 a 4 não têm *crtE* e apresentam produção de astaxantina muito mais baixa que as cepas 5 a 8, as quais superexpressam *crtE*. Assim, a superexpressão de crtE leva ao aumento substancial da produção de astaxantina. A *E. coli* do tipo selvagem apresenta certo grau de atividade na etapa ❸, mas essa conversão de farnesil-pirofosfato em geranil-geranil-pirofosfato é bastante limitadora da velocidade. **(g)** IPP-isomerase. A comparação das cepas 5 e 6 mostra que a adição de *ispA*, que catalisa as etapas ❶ e ❷, tem pouco efeito na produção de astaxantina, de modo que essas etapas não são limitadoras da velocidade. No entanto, a comparação das cepas 5 e 7 mostra que a adição de *idi* aumenta substancialmente a produção de astaxantina, de modo que a IPP-isomerase deve ser uma etapa limitadora da velocidade quando *crtE* é superexpressa.

## Capítulo 22

**1.** Em sua relação simbiótica com a planta, as bactérias fornecem íon amônio ao reduzir o nitrogênio atmosférico, um processo que requer grandes quantidades de ATP devido à alta energia de ativação da produção de amônia a partir do $N_2$.

**2.** O nitrogênio fixado é limitante na maioria dos ambientes, incluindo ecossistemas marinhos. Grandes aumentos no nitrogênio fixado ajudam a alimentar a proliferação de algas, com um aumento concomitante na respiração aeróbica, que esgota o oxigênio nas águas afetadas.

**3.** Uma ligação é formada entre o PLP ligado à enzima e o substrato da fosfo-homosserina, com rearranjo para gerar a cetimina no carbono α do substrato. Isso ativa a abstração de prótons no carbono β, levando a deslocamento do fosfato e formação de uma ligação dupla entre os carbonos β e γ. Um rearranjo (começando pela abstração de prótons no carbono piridoxal adjacente ao nitrogênio amina do substrato) move a ligação dupla α-β e converte a cetimina à forma aldimina do PLP. O ataque da água no carbono β é, então, facilitado pelo piridoxal ligado, seguido pela hidrólise da ligação imina entre PLP e o produto, gerando treonina.

**4.** Na rota de mamíferos, os íons amônio tóxicos são transformados em glutamina, reduzindo os efeitos tóxicos no cérebro.

**5.** Glicose + $2CO_2$ + $2NH_3$ → 2 aspartato + $2H^+$ + $2H_2O$

**6.** O domínio aminoterminal da glutaminase é semelhante em *todas* as glutamina-amidotransferases. Um fármaco que tem o sítio ativo como alvo provavelmente inibiria muitas enzimas e, assim, produziria muito mais efeitos colaterais do que um inibidor mais específico que atingisse a porção carboxiterminal única do sítio ativo da sintetase.

**7.** Se a fenilalanina-hidroxilase estiver defeituosa, a rota de biossíntese da tirosina é bloqueada, e a tirosina deve ser obtida a partir da dieta.

**8.** A via biossintética requer a redução do grupo γ-carboxila do glutamato a uma carbonila. A acetilação anterior do grupo α-amino evita uma reação de ciclização espontânea que leva não à arginina, mas à prolina.

**9.** Na síntese de adoMet, trifosfato é liberado a partir do ATP. A hidrólise do trifosfato torna a reação termodinamicamente mais favorável.

**10.** Se a inibição da glutamina-sintase não for revertida, a histidina em concentrações saturantes parará a enzima e interromperá a produção de glutamina, que a bactéria precisa para sintetizar outros produtos.

**11.** O ácido fólico é um precursor de tetra-hidrofolato (ver Fig. 18-16), necessário na biossíntese de glicina (ver Fig. 22-14), um precursor das porfirinas. Portanto, a deficiência de ácido fólico prejudica a síntese de hemoglobina.

**12.** Essa é uma descarboxilação catalisada por PLP.

**13.** *Auxotróficos em glicina*: adenina e guanina; *auxotróficos em glutamina*: adenina, guanina e citosina; *auxotróficos em aspartato*: adenina, guanina, citosina e uridina

**14.** Ver Fig. 18-6, etapa ❷, para o mecanismo da reação de racemização de aminoácidos. O átomo F da fluralanina é um excelente grupo de saída. A fluoroalanina causa inibição irreversível (covalente) da racemase da alanina. Um mecanismo plausível (onde Nuc denota qualquer cadeia lateral de aminoácido nucleofílico no sítio ativo da enzima) é

**15.** **(a)** Como mostrado na Figura 18-16, *p*-aminobenzoato é um componente do tetra-hidrofolato ($H_4$ folato), o cofator envolvido na transferência de unidades de 1 carbono. **(b)** Na presença da sulfanilamida, um análogo estrutural do *p*-aminobenzoato, as bactérias não sintetizam tetra-hidrofolato, um cofator necessário para converter AICAR em FAICAR; portanto, AICAR acumula-se. **(c)** A inibição competitiva pela sulfanilamida da enzima envolvida na biossíntese de tetra-hidrofolato é revertida pela adição de excesso de substrato (*p*-aminobenzoato).

**16. (b)** e **(d)**

**17.** O $^{14}$C-orotato provém da seguinte via (as três primeiras etapas fazem parte do ciclo do ácido cítrico):

$$^-OO^{14}C-{}^{14}CH_2-{}^{14}CH_2-{}^{14}COO^-$$
Succinato

↓

Fumarato ($^-OO^{14}C-{}^{14}C={}^{14}C-{}^{14}COO^-$, com H)

↓

Malato ($^-OO^{14}C-{}^{14}C(OH)H-{}^{14}CH_2-{}^{14}COO^-$)

↓

Oxalacetato ($^-OO^{14}C-{}^{14}C(=O)-{}^{14}CH_2-{}^{14}COO^-$)

↓ transaminação

Aspartato ($^-OO^{14}C-{}^{14}CH(\overset{+}{N}H_3)-{}^{14}CH_2-{}^{14}COO^-$)

↓

(intermediário de anel — di-hidroorotato precursor)

↓

Di-hidroorotato

↓

Orotato

**18.** Os organismos não armazenam nucleotídeos para serem usados como combustível e não os degradam completamente, mas os hidrolisam para liberar as bases, que podem ser recuperadas em vias de salvação. A baixa proporção C:N dos nucleotídeos faz deles fontes pobres em energia.

**19.** O tratamento com alopurinol tem duas consequências. (1) Inibe a conversão de hipoxantina em ácido úrico, causando acúmulo de hipoxantina, a qual é mais solúvel e mais facilmente excretada; isso alivia os problemas clínicos associados à degradação de AMP. (2) Inibe a conversão de guanina em ácido úrico, causando acúmulo de xantina, a qual é menos solúvel do que ácido úrico; essa é a fonte de cálculos de xantina. Como a quantidade de degradação de GMP é baixa em relação à degradação de AMP, os danos nos rins causados pelos cálculos de xantina são menores que os danos causados pela gota não tratada.

**20.** O tetra-hidrofolato é utilizado na síntese do timidilato e na síntese da glicina a partir da serina.

**21. (a)** O grupo $\alpha$-carboxila é removido, e uma –OH é adicionada ao carbono $\gamma$. **(b)** BtrI tem homologia de sequência com proteínas carreadoras de acilas. O peso molecular de BtrI aumenta quando incubado sob condições nas quais a CoA possa ser adicionada à proteína. Adicionar CoA ao resíduo de Ser desloca uma —OH, peso molecular (PM) 17, com um grupo 4′-fosfopanteteína (ver Fig. 21-5; fórmula $C_{11}H_{21}N_2O_7PS$), PM 356. Dessa forma, $11.182 - 17 + 356 = 12.151$, o qual é muito próximo ao $M_r$ observado de 12.153. **(c)** O tioéster poderia se formar com o grupo $\alpha$-carboxila. **(d)** Na reação mais comum de remoção do grupo $\alpha$-carboxila de um aminoácido (ver Fig. 18-6, reação ❸), o grupo carboxila deve estar livre. Além disso, é difícil imaginar uma reação de descarboxilação que comece com o grupo carboxila na sua forma tioéster. **(e)** $12.240 - 12.281 = 41$, perto do $M_r$ do $CO_2$ (44). Considerando-se que BtrK é provavelmente uma descarboxilase, a estrutura mais provável seria a forma descarboxilada:

$$H_3\overset{+}{N}-CH_2CH_2CH_2-C(=O)-S-BtrI$$

**(f)** $12.370 - 12.240 = 130$. Ácido glutâmico ($C_5H_9NO_4$; $M_r$ 147) menos o —OH (PM 17) removido na reação de glutamilação, deixa um grupo glutamil de PM 130; então, adicionar esse grupo por uma reação de $\gamma$-glutamilação à molécula mostrada acima adicionaria 130 à sua $M_r$. BtrJ é capaz de fazer a $\gamma$-glutamilação de outros substratos, então pode fazer o mesmo com essa molécula. O sítio mais provável para isso é o grupo amino livre, que gera a seguinte estrutura:

$$^-OOC-CH(\overset{+}{N}H_3)-CH_2CH_2-C(=O)-NH-CH_2CH_2CH_2-C(=O)-S-BtrI$$

**(g)**

Glutamato + BtrI $\xrightarrow[ADP]{BtrJ, ATP}$ γ-glutamil-S-BtrI $\xrightarrow[BtrK]{CO_2}$ H$_3\overset{+}{N}$-CH$_2$CH$_2$CH$_2$-C(=O)-S-BtrI $\xrightarrow[BtrJ, ATP/ADP]{Glutamato}$ produto γ-glutamilado

## Capítulo 23

**1.** Eles são reconhecidos por dois receptores diferentes, normalmente encontrados em diferentes tipos de células, e estão acoplados a diferentes efetores a jusante.

**2.** A amônia é altamente tóxica para o tecido nervoso, especialmente o encéfalo. Em indivíduos saudáveis, o excesso de $NH_3$ é removido pela transformação do glutamato em glutamina, que chega até o fígado e é posteriormente transformada em ureia. A glutamina adicional surge da conversão de glicose em $\alpha$-cetoglutarato, da transaminação de $\alpha$-cetoglutarato em glutamato e da conversão de glutamato em glutamina.

**3.** Os aminoácidos glicogênicos são usados para produzir glicose para o cérebro; os outros são desaminados e, depois, oxidados nas mitocôndrias através do ciclo do ácido cítrico.

**4.** Da glicose, pela seguinte rota: Glicose → di-hidroxiacetona-fosfato (na glicólise); di-hidroxiacetona-fosfato + NADH + $H^+$ → glicerol 3-fosfato + $NAD^+$ (reação da glicerol-3-fosfato-desidrogenase)

**5.** **(a)** O aumento da atividade muscular aumenta a demanda por ATP, que é atendida pelo aumento do consumo de $O_2$. **(b)** Após a corrida, o lactato produzido pela glicólise anaeróbica é convertido em glicose e glicogênio, o que requer ATP e, portanto, $O_2$.

**6.** A glicose é o principal combustível para o encéfalo. A descarboxilação oxidativa dependente de TPP do piruvato para acetil-CoA é essencial para completar o metabolismo da glicose. A síntese de TPP requer a vitamina tiamina.

**7.** $5,5 \times 10^7$ L. Para efeito de comparação, uma piscina olímpica com 50 m de comprimento, 25 m de largura e 2 m de profundidade tem $2,5 \times 10^6$ L.

**8.** **(a)** A inativação fornece um meio rápido para alterar a concentração do hormônio ativo e, assim, cessar seus efeitos. **(b)** Mudanças na taxa de liberação dos estoques, na taxa de conversão de pró-hormônio em hormônio ativo e na taxa de inativação podem alterar rapidamente o nível de um hormônio peptídico circulante.

**9.** Os hormônios hidrossolúveis se ligam a receptores na superfície externa da célula, desencadeando a formação de um segundo mensageiro (p. ex., AMPc) dentro da célula. Os hormônios lipossolúveis podem passar através da membrana plasmática para atuar diretamente nas moléculas-alvo ou nos receptores.

**10.** **(a)** O músculo esquelético não expressa glicose-6-fosfatase. Qualquer glicose-6-fosfato produzida entra na via glicolítica e, na falta de $O_2$, é convertida em lactato via piruvato. **(b)** Em uma situação de "luta ou fuga", a concentração de precursores glicolíticos deve ser alta em preparação para a atividade muscular. Os intermediários fosforilados não podem escapar da célula, porque a membrana não é permeável a espécies carregadas, e a glicose 6-fosfato não é exportada pelo transportador de glicose. No fígado, a glicose é formada a partir da glicose-6--fosfato e entra na corrente sanguínea para manter a glicose sanguínea em níveis homeostásicos.

**11.** **(a)** Captação e uso excessivo de glicose no sangue pelo fígado, levando à hipoglicemia; paralisação do catabolismo de aminoácidos e ácidos graxos. **(b)** Há pouca disponibilidade de combustível circulante para as necessidades de ATP. Os danos encefálicos ocorrem porque a glicose é a principal fonte de combustível para o encéfalo.

**12.** Como desacoplador da fosforilação oxidativa, a tiroxina diminuiria a eficiência do processo (diminuiria a relação P/O), forçando o tecido a aumentar a respiração para atender às demandas normais de ATP. Essa respiração menos eficiente dissiparia como calor uma proporção maior da energia potencialmente disponível para fazer ATP. A termogênese também poderia resultar do aumento da taxa de uso de ATP pelo tecido estimulado pela tireoide. Nesse caso, a eficiência da fosforilação oxidativa (a razão P/O) permaneceria inalterada. Contudo, como alguma energia é sempre dissipada como calor no processo, o aumento da produção de ATP exigido pelo tecido estimulado produziria mais calor no geral.

**13.** Como os pró-hormônios são inativos, eles podem ser armazenados em grandes quantidades em grânulos de secreção. A ativação rápida é obtida por clivagem enzimática em resposta a um sinal apropriado.

**14.** Em animais, a glicose pode ser sintetizada a partir de muitos precursores (ver Fig. 14-15). Nos seres humanos, os principais precursores são o glicerol dos TAG, os aminoácidos glicogênicos obtidos da degradação de proteínas e o oxalacetato formado pela piruvato-carboxilase.

**15.** O camundongo *ob/ob*, o qual é inicialmente obeso, perderá peso. O camundongo *OB/OB* manterá seu peso normal.

**16.** IMC = 39,3. Para um IMC de 25, o peso deve ser de 75 kg; ele deve perder 43 kg.

**17.** Secreção de insulina reduzida. A valinomicina tem o mesmo efeito que a abertura do canal de $K^+$, permitindo a saída do íon e a consequente hiperpolarização.

**18.** O fígado não recebe a mensagem da insulina e, portanto, continua a manter níveis altos de glicose-6-fosfatase e da gliconeogênese, aumentando a glicemia tanto durante o jejum quanto após uma refeição contendo glicose. A glicose sanguínea elevada desencadeia a liberação de insulina pelas células $\beta$ pancreáticas, levando aos níveis elevados de insulina no sangue.

**19.** Alguns pontos a se considerar: o que os dados apontam sobre a frequência de infartos do miocárdio que podem ser atribuídos ao fármaco entre seus usuários? Como essa frequência se compara com os dados de indivíduos poupados das consequências de longo prazo do diabetes tipo 2? Existem outras opções de tratamento igualmente eficazes com menos efeitos adversos?

**20.** Sem a atividade da glicosidase intestinal, a absorção de glicose do glicogênio e do amido da dieta está reduzida, o que atenua o aumento usual da glicose no sangue após uma refeição. Os oligossacarídeos não digeridos são fermentados por bactérias intestinais, e os gases liberados causam desconforto intestinal.

**21.** **(a)** Aumento; o fechamento do canal de $K^+$ controlado por ATP despolarizaria a membrana, aumentando a liberação de insulina. **(b)** O diabetes tipo 2 resulta da diminuição da sensibilidade à insulina, e não de um déficit na produção de insulina; o aumento dos níveis circulantes de insulina reduzirá os sintomas associados à doença. **(c)** Indivíduos com diabetes tipo 1 têm células $\beta$ pancreáticas deficientes, portanto a gliburida não terá efeito benéfico. **(d)** O iodo, como o cloro (o átomo que ele substitui na gliburida marcada), é um halogênio, mas é um átomo maior e possui propriedades químicas ligeiramente diferentes. A gliburida iodada pode não se ligar à SUR. Se ela se ligasse a outra molécula, a experiência resultaria na clonagem do gene para essa outra proteína incorreta. (e) Embora uma proteína tenha sido "purificada", a preparação "purificada" poderia ser uma mistura de várias proteínas que copurificam sob essas condições experimentais. Nesse caso, a sequência de aminoácidos pode ser a de uma proteína que copurifica com a SUR. A utilização da ligação de anticorpos para mostrar que as sequências peptídicas estão presentes em SUR exclui essa possibilidade. (f) Embora o gene clonado codifique a sequência de 25 aminoácidos encontrada na SUR, pode ser um gene que, por coincidência, codifica a mesma sequência em outra proteína. Nesse caso, esse outro gene seria muito provavelmente expresso em células diferentes do gene *SUR*. Os resultados da hibridização do mRNA são consistentes com o suposto cDNA do gene *SUR* que codifica a proteína SUR. (g) O excesso de gliburida não marcada compete com a gliburida marcada pelo sítio de ligação em SUR. Como resultado, há significativamente menos ligação da gliburida marcada, portanto pouca ou nenhuma radioatividade é detectada na proteína de 140 kDa. (h) Na ausência de excesso de gliburida não marcada, a proteína de 140 kDa marcada é encontrada apenas na presença do suposto cDNA do SUR. O excesso de gliburida não marcada compete com a gliburida marcada, e não é detectada nenhuma proteína de 140 kDa marcada com $^{125}$I. Isso demonstra que o cDNA produz uma proteína que se liga à gliburida de mesmo peso molecular que a proteína SUR – evidência forte de que o gene clonado codifica a proteína SUR. (i) Várias etapas adicionais são possíveis, como as seguintes: (1) expressar o pressuposto cDNA de *SUR* em células CHO (ovário de *hamster* chinês) e mostrar que as células transformadas apresentam atividade de canal de K$^+$ dependente de ATP; (2) mostrar que as células HIT com mutações no gene *SUR* pressuposto não apresentam atividade de canal de K$^+$ dependente de ATP; (3) mostrar que seres humanos ou animais experimentais com mutações no gene *SUR* pressuposto não secretam insulina.

## Capítulo 24

**1.** $6,1 \times 10^4$ nm; 290 vezes maior que a cabeça do fago T2

**2.** Como o número de resíduos de A não é igual ao número de resíduos de T e o número de resíduos de G não é igual ao número de resíduos de C, esse DNA não é uma dupla-hélice com bases pareadas. O DNA do M13 é de fita simples.

**3.** $M_r = 3,8 \times 10^8$; comprimento = 200 μm; $Lk_0 = 55.200$; $Lk = 51.900$

**4.** Os éxons contêm 3 pb/aminoácido × 192 aminoácidos = 576 pb. Os 864 pb restantes são íntrons, possivelmente em uma sequência líder ou de sinal e/ou outro DNA não codificante.

**5.** 5.000 pb. (a) Não muda; o $Lk$ não se altera a menos que haja quebra e reformação do esqueleto do DNA. (b) É indefinido; um DNA circular com quebra em uma das cadeias, por definição, não tem $Lk$. (c) Diminui: na presença de ATP, a girase desenrola o DNA. (d) Não muda; isso pressupõe que nenhuma das duas cadeias do DNA se quebra no processo de aquecimento.

**6.** Para que o $Lk$ se mantenha inalterado, a topoisomerase deve introduzir o mesmo número de supertorções positivas e de supertorções negativas.

**7.** $\sigma = -0,067$; probabilidade maior que 70%.

**8.** (a) Indefinido; as fitas de um DNA quebrado podem ser separadas, de modo que elas não têm $Lk$. (b) 476. (c) O DNA já está relaxado, motivo pelo qual a topoisomerase não pode provocar uma mudança efetiva; $Lk = 476$. (d) 460; a girase mais o ATP reduzem o $Lk$ em incrementos de 2. (e) 464; em eucariotos, topoisomerases do tipo I aumentam o $Lk$ do DNA desenrolado ou supertorcido negativamente em incrementos de 1. (f) 460; a associação em nucleossomos não quebra nenhuma das cadeias do DNA e, portanto, não modifica o $Lk$.

**9.** Uma unidade fundamental estrutural da cromatina repete-se a cada 200 pb; o DNA está acessível à nuclease apenas em intervalos de 200 pb. O tratamento breve não foi suficiente para clivar o DNA nos pontos acessíveis, assim uma sequência de bandas de DNA é formada, sendo que os fragmentos de DNA têm um tamanho múltiplo de 200 pb. As espessuras das bandas de DNA sugerem que as distâncias entre os sítios de clivagem variam um pouco. Por exemplo, nem todos os fragmentos da banda menor têm exatamente 200 pb.

**10.** Uma hélice voltada para a direita tem o $Lk$ positivo, ao passo que uma hélice voltada para a esquerda (como o Z-DNA) tem o $Lk$ negativo. Diminuir o $Lk$ de um B-DNA circular por desenrolamento facilita a formação de regiões de Z-DNA dentro de certas sequências. (Ver Capítulo 8, p. 273, para uma descrição das sequências que permitem a formação de Z-DNA.)

**11.** (a) Ambas as cadeias devem estar fechadas covalentemente, e a molécula deve ser circular ou forçada em ambas as extremidades. (b) Favorecimento de formação de cruciformes, Z-DNA voltado para a esquerda, supertorção plectonêmica ou solenoide e desenrolamento do DNA. (c) DNA-topoisomerase II ou DNA-girase de *E. coli* (d) Ela liga o DNA em um ponto onde ele se cruza, corta os dois filamentos de um dos segmentos cruzados, passa o outro segmento pela quebra e, em seguida, fecha novamente o ponto de quebra. O resultado é uma alteração no $Lk$ de −2.

**12.** Centrômero, telômeros e uma sequência autônoma de replicação ou origem de replicação

**13.** O nucleoide bacteriano está organizado em domínios com tamanho aproximado de 10.000 pb. A clivagem por enzimas de restrição relaxa o DNA dentro do domínio, mas não fora dele. Qualquer gene presente no domínio clivado cuja expressão seja afetada pela topologia do DNA será afetado pela clivagem; os genes fora do domínio não serão afetados.

**14.** (a) A banda inferior, de migração mais rápida, corresponde ao DNA plasmidial supertorcido negativamente. A banda superior corresponde ao DNA cortado relaxado. (b) A DNA-topoisomerase I relaxaria o DNA supertorcido. A banda inferior desapareceria, e todo o DNA se localiza na banda superior. (c) A DNA-ligase produz pequenas mudanças no padrão. Algumas bandas adicionais menores podem aparecer próximo à banda superior, devido ao aprisionamento de topoisomerases não totalmente relaxadas pela reação de ligação. (d) A banda superior desapareceria, e todo o DNA estariaria na banda inferior. O DNA supertorcido na banda inferior pode se tornar ainda mais torcido e migrar um pouco mais rápido.

**15.** (a) Quando as extremidades dos DNA são seladas para criar um círculo fechado relaxado, algumas espécies de DNA ficam completamente relaxadas, mas outras estão fechadas em estados levemente desenrolados ou superenrolados. Isso origina uma distribuição de topoisômeros centrada nas espécies mais relaxadas. (b) Supertorcido positivamente (c) O DNA é relaxado mesmo que a adição de corante ocorra no DNA com quebra em uma ou nas duas cadeias. Inevitavelmente, os procedimentos de isolamento de DNA introduzem um pequeno número de quebras nas cadeias de moléculas circulares. (d) −0,05. Isso é determinado pela simples comparação do DNA nativo com amostras de σ conhecido. Em ambos os géis, o DNA nativo migra para mais perto de amostras com $\sigma = -0,049$.

**16.** 62 milhões (o genoma se refere ao conteúdo genético haploide da célula; na verdade, a célula é diploide, de forma que o número de nucleossomos está duplicado). O número é obtido dividindo-se 3,1 bilhões de pares de bases por 200 pb/nucleossomo (originando 15,5 milhões de nucleossomos), multiplicado por duas cópias de H2A por nucleossomo e multiplicado de novo por 2 para levar em consideração o estado diploide da célula. Os 62 milhões podem dobrar na replicação.

**17.** A DNA-topoisomerase IV é necessária para decatenar os dois produtos cromossômicos circulares da replicação do DNA antes da divisão celular.

**18.** Um TAD, ou domínio de associação topológica, é uma alça de DNA que é ligada e restrita em sua base. O superenrolamento dentro do TAD é mantido em parte pela restrição à rotação livre do DNA imposta pela ligação da proteína na base da alça.

**19.** (a) Na não disjunção, uma das células-filhas e todas as suas descendentes pegam duas cópias do cromossomo sintético e são brancas; a outra célula-filha e todas as suas descendentes não pegam cópia do cromossomo sintético e são vermelhas. Isso origina uma colônia metade branca e metade vermelha. (b) Na perda dos cromossomos, uma das células-filhas e todas as suas descendentes pegam uma cópia do cromossomo sintético e são rosadas; a outra célula-filha e todas as suas descendentes não pegam cópias do cromossomo sintético e são vermelhas. Isso origina uma colônia metade rosada e metade vermelha. **(c)** O tamanho mínimo de um centrômero funcional deve ser menor que 0,63 kpb, uma vez que todos os fragmentos desse tamanho ou de tamanho maior conferem uma relativa estabilidade mitótica. **(d)** São necessários telômeros para a replicação completa apenas de DNA linear; uma molécula circular pode replicar sem telômeros. **(e)** Quanto maior for o cromossomo, maior será a fidelidade de segregação. Os resultados não mostram o tamanho mínimo abaixo do qual um cromossomo sintético é completamente instável e nem o tamanho máximo acima do qual a estabilidade não se altera mais.

**(f)**

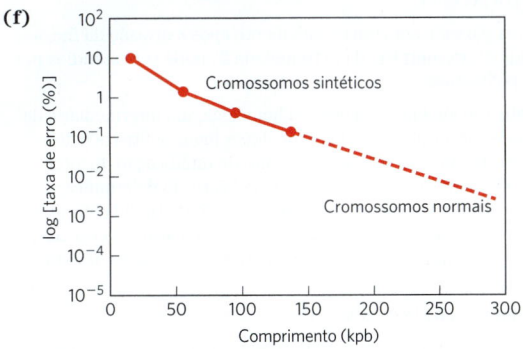

Como mostrado no gráfico, mesmo se os cromossomos sintéticos fossem tão longos como os cromossomos normais de levedura, eles não seriam tão estáveis. Isso sugere que outros elementos, ainda desconhecidos, são necessários para a estabilidade.

## Capítulo 25

**1. (a)** Estrutura **1**

**(b)**

**(c)**

**(d)**

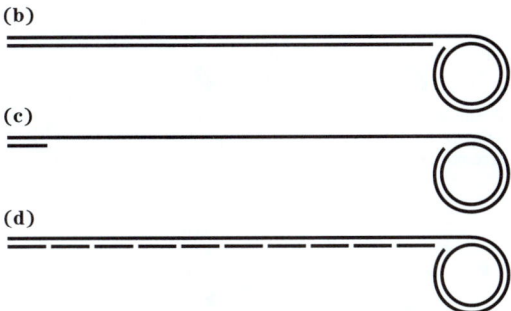

**2.** Essa é uma extensão do experimento clássico de Meselson-Stahl. Após três gerações, a razão molar de $^{15}N-^{14}N$ DNA para $^{14}N-^{14}N$ DNA é de $2/6 = 0{,}33$.

**3. (a)** $4{,}42 \times 10^5$ voltas **(b)** 40 min. Nas células que se dividem a cada 20 min, um ciclo replicativo é iniciado a cada 20 min, e cada ciclo começa antes da finalização do ciclo anterior. **(c)** 2.000 a 5.000 fragmentos de Okazaki. Os fragmentos têm de 1.000 a 2.000 nucleotídeos. A ligação dos fragmentos de Okazaki não ocorre de forma aleatória. Cada fragmento é unido de forma estável com bases pareadas à fita lenta antes da ligação ao seu vizinho, preservando a ordem correta dos fragmentos.

**4.** A, 28,7%; G, 21,3%; C, 21,3%; T, 28,7%. A fita de DNA produzida a partir da fita-molde: A, 32,7%; G, 18,5%; C, 24,1%; T, 24,7%; a fita de DNA produzida a partir da fita-molde complementar: A, 24,7%; G, 24,1%; C, 18,5%; T, 32,7%. Isso pressupõe que as duas fitas-molde são replicadas completamente.

**5. (a)** Não. A incorporação de $^{32}P$ no DNA resulta da síntese de novo DNA, que requer a presença de *todos os quatro* precursores dos nucleotídeos. **(b)** Sim. Embora todos os quatro precursores dos nucleotídeos devam estar presentes para a síntese de DNA, apenas um deles deve ser radioativo para que a radioatividade apareça no novo DNA. **(c)** Não. A radioatividade só é incorporada se a marcação $^{32}P$ estiver no fosfato $\alpha$; a DNA-polimerase cliva o pirofosfato, isto é, os grupos fosfato $\beta$ e $\gamma$.

**6.** *Mecanismo 1*: o grupo 3'-OH de um dNTP que está entrando ataca o fosfato $\alpha$ do trifosfato na extremidade 5' da fita de DNA em crescimento, deslocando o pirofosfato. Esse mecanismo usa dNTP normais, e a extremidade crescente do DNA sempre tem um trifosfato na extremidade 5'.

*Mecanismo 2*: esse mecanismo usa um novo tipo de precursor, o nucleotídeo-3'-trifosfato. A extremidade em crescimento da fita de DNA possui um grupo 5'-OH, que ataca o fostato $\alpha$ de um desoxinucleosídeo-3'-trifosfato que está entrando, deslocando o pirofosfato. Observe que esse mecanismo exigiria a evolução de novas vias metabólicas para fornecer os desoxinucleosídeos-3'-trifosfato necessários.

**7.** A DNA-polimerase contém uma atividade de exonuclease 3'→5' que degrada o DNA para produzir [$^{32}$P]dNMP. A atividade não é uma exonuclease 5'→3', porque a adição de dNTP não marcados inibe a produção de [$^{32}$P]dNMP (a atividade de polimerização suprimiria uma exonuclease de revisão, mas não uma exonuclease atuando a jusante da polimerase). A adição de pirofosfato geraria [$^{32}$P]dNTP pela reversão da reação da polimerase.

**8.** *Fita líder.* Precursores: dATP, dGTP, dCTP, dTTP (também necessita de uma fita-molde de DNA e de um iniciador de DNA); enzimas e outras proteínas: DNA-girase, helicase, proteína de ligação ao DNA de fita simples, DNA-polimerase III, topoisomerases e pirofosfatase. *Fita lenta.* Precursores: ATP, GTP, CTP, UTP, dATP, dGTP, dCTP, dTTP (também precisa de um iniciador de RNA); enzimas e outras proteínas: DNA-girase, helicase, proteína de ligação ao DNA de fita simples, primase, DNA-polimerase III, DNA-polimerase I, DNA-ligase, topoisomerases e pirofosfatase. NAD$^+$ é também necessário como cofator para a DNA-ligase.

**9.** Mutantes com DNA-ligase defeituosa produzem um duplex de DNA no qual um dos filamentos permanece em pedaços (como fragmentos de Okazaki). Quando esse duplex é desnaturado, a sedimentação resulta em uma fração contendo a fita simples intacta (a banda de alto peso molecular) e uma fração contendo os fragmentos não processados (a banda de baixo peso molecular).

**10.** Pareamento de bases de Watson-Crick entre a fita-molde e a fita líder; revisão e remoção de nucleotídeos inseridos erroneamente pela atividade 3'-exonucleásica da DNA-polimerase III. Sim, talvez. Uma vez que os fatores que garantem a fidelidade da replicação operam tanto na fita líder quanto na fita lenta, a fita lenta provavelmente seria feita com a mesma fidelidade. No entanto, o maior número de operações químicas distintas envolvidas na produção da fita lenta pode fornecer uma oportunidade maior para que surjam erros.

**11.** ~ 1.200 pb (600 em cada direção)

**12.** Uma pequena fracção (13 das 10$^9$ células) dos mutantes que requerem histidina sofre reversão da mutação espontaneamente e recupera a sua capacidade de sintetizar histidina. O 2-aminoantraceno aumenta a taxa de reversão de mutações em cerca de 1.800 vezes, sendo, portanto, mutagênico. Como a maioria dos carcinogênicos é mutagênica, o 2-aminoantraceno é provavelmente carcinogênico.

**13.** A desaminação espontânea da 5-metilcitosina (ver Fig. 8-29a) produz timina e, portanto, um malpareamento com G–T. Esse é um dos malpareamentos mais comuns no DNA dos eucariotos. O sistema de reparo especializado restaura o par G≡C.

**14.** ~ 1.950 (650 no DNA degradado entre o malpareamento e GATC, mais 650 na síntese de DNA para preencher a lacuna resultante, mais 650 na degradação dos produtos pirofosfato para fosfato inorgânico). O ATP é hidrolisado pelo complexo MutSL e pela helicase UvrD.

**15. (a)** A irradiação UV produz dímeros de pirimidina; em fibroblastos normais, eles são removidos por clivagem da cadeia danificada por uma excinuclease específica. Assim, o DNA de fita simples desnaturado contém os muitos fragmentos criados pela clivagem, e o peso molecular médio é menor. Esses fragmentos de DNA de cadeia simples estão ausentes das amostras de XPG, como indicado pelo peso molecular médio inalterado. **(b)** A ausência de fragmentos no DNA de fita simples das células XPG após a irradiação sugere que a excinuclease específica está com defeito ou ausente.

**16.** A maioria dos tumores cancerosos consiste em células deficientes em algum aspecto do reparo do DNA em relação ao tecido circundante normal. Portanto, eles podem ser mais sensíveis ao agente que danifica o DNA. As células tumorais também tendem a se dividir ativamente, um estado em que as células são mais sensíveis a danos no DNA que podem ser encontrados por forquilhas de replicação.

**17.** Usando G* para representar $O^6$-meG:

**(a)** (5')AACG*TGCAC
TTG T ACGTG

(5')AACGTGCAC
TTGCACGTG

**(b)** (5')AACGTGCAC
TTGCACGTG

(5')AACGTGCAC
TTGCACGTG

**(c)** (5')AACG*TGCAC
TTG T ACGTG

(5')AACATGCAC
TTGTACGTG

2× (5')AACGTGCAC
TTGCACGTG

**18.** Uma vez pareado com um complemento após a invasão da fita, a extremidade 3', ao contrário da extremidade 5', pode ser estendida por uma DNA-polimerase.

**19.** Durante a recombinação genética homóloga, um intermediário de Holliday pode ser formado em quase qualquer lugar dentro dos dois cromossomos homólogos pareados; o ponto de ramificação do intermediário pode se mover extensamente pela migração de ramificação. Na recombinação sítio-específica, o intermediário de Holliday forma-se entre dois sítios específicos, e a migração da ramificação é geralmente restrita a sequências heterólogas em qualquer um dos lados dos sítios de recombinação.

**20. (a)** Pontos Y **(b)** Pontos X

**21.** Uma vez que a replicação tenha prosseguido da origem até um ponto onde um sítio de recombinação tenha sido replicado, mas o outro não, a recombinação sítio-específica não apenas inverte o DNA entre os sítios de recombinação, mas altera também a direção de uma forquilha de replicação em relação à outra. As forquilhas vão de encontro uma à outra ao redor do círculo de DNA, gerando muitas cópias do plasmídeo. O círculo multimérico pode ser dividido em monômeros por eventos adicionais de recombinação sítio-específica.

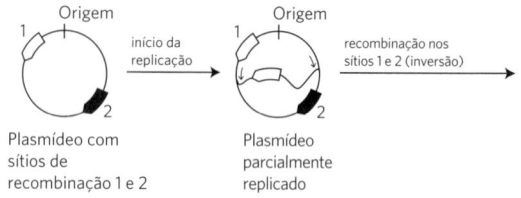

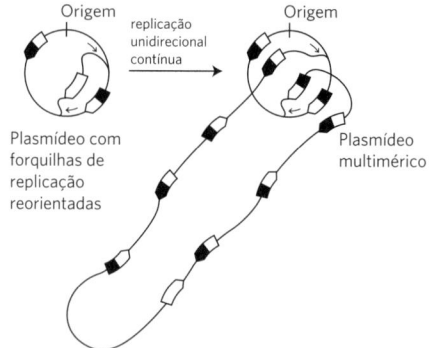

**22. (a)** Mesmo na ausência de um mutagênico adicional, ocorrem mutações basais, devido à radiação, a reações químicas celulares, e assim por diante. **(b)** Se o DNA estiver suficientemente danificado, uma fração substancial de produtos gênicos não é funcional, e a célula é inviável. **(c)** Células com capacidade reduzida de reparo do DNA são mais sensíveis a agentes mutagênicos. Como as bactérias Uvr$^-$ reparam as lesões causadas pelo R7000 de maneira menos eficiente, elas têm uma taxa de mutação aumentada e maior chance de efeitos letais. **(d)** Na cepa Uvr$^+$, o sistema de reparação de excisão remove as bases de DNA ligadas ao [$^3$H]R7000, diminuindo a quantidade de $^3$H nessas células ao longo do tempo. Na cepa Uvr$^-$, o DNA não é reparado, e o nível de ³H aumenta à medida que o [³H]R7000 continua reagindo com o DNA. **(e)** Todas as mutações listadas na tabela, exceto A=T para G≡C, mostram aumentos significativos em relação ao basal. Cada tipo de mutação é o resultado de um tipo diferente de interação entre o R7000 e o DNA. Como tipos diferentes de interações não são igualmente prováveis (devido a diferenças de reatividade, restrições estéricas, etc.), as mutações resultantes ocorrem com frequências diferentes. **(f)** Não. Somente aqueles que iniciam com o par de bases G≡C são explicados por esse modelo. Assim, A=T para C≡G e A=T para T=A devem se dever à ligação do R7000 a uma A ou uma T. **(g)** R7000-G pareia com A. Primeiro, o R7000 se acopla a G≡C, gerando R7000—G≡C. (Compare isso com o que ocorre com o CH₃—G na Figura 25-27b.) Se isso não for reparado, uma fita é replicada como R7000—G=A, a qual é reparada para T=A. A outra fita é a selvagem. Se a replicação produz R7000—G=T, uma via semelhante leva a um par de base A=T. **(h)** Não. Compare os dados nas duas tabelas e tenha em mente que diferentes mutações ocorrem com frequências diferentes.

A=T para C≡G: moderada em ambas as fitas, mas mais bem reparada na cepa Uvr⁺

G≡C para A=T: moderada em ambas; sem diferença real

G≡C para C≡G: maior em Uvr⁺; certamente menos reparo

G≡C para T=A: alta em ambas; sem diferença real

A=T para T=A: alta em ambas; sem diferença real

A=T para G≡C: baixa em ambas; sem diferença real

Determinados adutos podem ser reconhecidos mais facilmente do que outros pela maquinaria de reparo, sendo reparados mais rapidamente e originando menos mutações.

## Capítulo 26

**1. (a)** 60 a 100 s **(b)** 500 a 900 nucleotídeos **(c)** 6 a 11 h

**2.** Um erro de base única na replicação do DNA, se não corrigido, faria uma das duas células-filhas e toda a sua progênie terem um cromossomo mutado. Um erro de base única na transcrição de RNA não afetaria o cromossomo; ele levaria à formação de algumas cópias defeituosas de uma proteína, mas, como os mRNA se transformam rapidamente, a maioria das cópias da proteína não seria defeituosa. A progênie dessa célula seria normal.

**3.** O processamento pós-transcricional normal na extremidade 3′ (clivagem e poliadenilação) seria inibido ou bloqueado.

**4.** Uma vez que o RNA fita-molde não codifica as enzimas necessárias para o início da infecção viral, ele provavelmente seria inerte ou simplesmente degradado pelas ribonucleases celulares. A replicação do RNA fita-molde e a propagação do vírus poderiam ocorrer apenas se a RNA-replicase intacta (RNA-polimerase dependente de RNA) fosse introduzida na célula com a fita-molde.

**5.** AUGUCCAAAAUCGUA

**6.** (1) Uso de uma fita-molde de ácidos nucleicos; (2) síntese no sentido 5′→3′; (3) uso de substratos nucleosídeos-trifosfato, com formação de uma ligação fosfodiéster e deslocamento de PP$_i$. A polinucleotídeo-fosforilase forma ligações fosfodiéster, mas difere em todas as outras propriedades listadas.

**7.** A maior parte do RNA transcrito no núcleo era intrônico e foi removido dos mRNA.

**8.** Não, no momento não é possível determinar o transcriptoma de uma célula com base apenas no genoma. Diferentes células têm transcriptomas distintos com base em quais promotores estão sendo usados e em como os transcritos são processados por fatores presentes na célula.

**9.** Geralmente dois: um para clivar a ligação fosfodiéster em uma junção íntron-éxon e outro para ligar a extremidade do éxon livre resultante ao éxon na outra extremidade do íntron. Se o nucleófilo na primeira etapa fosse água, essa etapa seria uma hidrólise, e apenas uma etapa de transesterificação seria necessária para completar o processo de *splicing*.

**10.** Muitos snoRNA, necessários para as reações de modificação de rRNA, são codificados em íntrons. Se não ocorrer o *splicing*, os snoRNA não são produzidos.

**11. (a)** A água ataca a posição C-6 da adenina, formando um intermediário tetraédrico, que elimina a amônia para formar inosina. **(b)** A inosina não pode mais se parear corretamente com resíduos U encontrados na fita de RNA oposta antes da atividade ADAR. Isso resulta na interrupção do duplex de RNA. **(c)** A inosina não tem as mesmas propriedades de pareamento que a adenina e poderia potencialmente recodificar esse códon específico de modo que um aminoácido diferente seja incorporado na proteína.

**12.** A separação física dos processos impede a tradução de transcritos primários ou precursores que ainda não foram processados pela célula. Também evita que o processamento de RNA e a maquinaria de tradução compitam entre si por mRNA.

**13. (a)** Isso poderia mudar a forma como as proteínas ou outros RNA reconhecem uma sequência de RNA específica e interferem com *splicing*, formação de poli(A), modificação de RNA ou outras etapas nas quais o reconhecimento de RNA específico de sequência é importante. **(b)** *S*-adenosilmetionina serve como doador de metila na síntese de $N^6$-metiladenosina.

**14.** Essas enzimas não têm atividade exonucleásica de revisão 3′→5′ e têm alta taxa de erro; a probabilidade de um erro na replicação que inative o vírus é muito menor em genomas pequenos do que em grandes.

**15. (a)** $4^{36} = 4{,}7 \times 10^{21}$ **(b)** 0,00002% **(c)** Para a etapa de "seleção não natural", usar resina cromatográfica com uma molécula ligada que é um análogo do estado de transição do éster da reação de hidrólise.

**16.** Embora a síntese de RNA seja rapidamente interrompida pela toxina α-amanitina, leva vários dias para que os mRNA e as proteínas no fígado se degradem, causando disfunção hepática e morte.

**17. (a)** Após a lise das células e a purificação parcial do conteúdo, um ensaio baseado em anticorpos poderia detectar a subunidade β. A subunidade β poderia, então, ser submetida à espectrometria de massa em *tandem*, a qual poderia detectar a diferença nos resíduos de aminoácidos entre a subunidade β normal e a forma mutada. **(b)** Sequenciamento direto de DNA (pelo método de Sanger)

**18. (a)** 384 **(b)** 1.620 pares de nucleotídeos **(c)** A maioria dos nucleotídeos está nas regiões não traduzidas nas extremidades 3′ e 5′ do mRNA. Além disso, a maioria dos RNA codifica uma sequência-sinal (Capítulo 27) nos seus produtos proteicos, que, por fim, é removida para produzir a proteína funcional madura.

**19. (a)** A injeção do oligo antissenso cliva o RNA de *c-mos* e remove a sua cauda poli(A). Isso se correlaciona com uma perda na maturação do oócito. A cauda poli(A) não codificadora do mRNA de *c-mos* deve ser importante para a sua função na maturação. **(b)** O controle de oligo senso mostra que esses resultados dependem da complementaridade com o mRNA de *c-mos*. **(c)** O RNA prostético provavelmente pareou as bases com o mRNA de *c-mos* amputado e restaurou a sua função. Portanto, caudas de poli(A) podem funcionar "em *trans*" – elas não precisam ser conectadas covalentemente aos mRNA que regulam. **(d)** A cauda de poli(A) estimula a expressão da proteína no repórter. Provavelmente, isso também está ocorrendo com *c-mos*, e a expressão dessa proteína é importante para a maturação do oócito. **(e)** Esses resultados sugerem que a expressão de genes pode ser controlada artificialmente ao cortar suas caudas poli(a) ou anexar caudas sintéticas derivadas de outros genes. Isso pode ser útil para o ajuste fino da expressão gênica em células modificadas por bioengenharia ou para ativar ou desativar a expressão.

## Capítulo 27

**1. (a)** Gly–Gln–Ser–Leu–Leu–Ile **(b)** Leu–Asp–Ala–Pro **(c)** His–Asp–Ala–Cys–Cys–Tyr **(d)** Met–Asp–Glu nos eucariotos; fMet–Asp–Glu em bactérias

**2.** UUAAUGUAU, UUGAGUGUAU, CUUAUGUAU, CUCAUGUAU, CUAAUGUAU, CUGAUGUAU, UUAAUGUAC, UUGAUGUAC, CUUAUGUAC, CUCAUGUAC, CUAAUGUAC, CUGAUGUAC

**3.** Não. Uma vez que praticamente todos os aminoácidos têm mais do que um códon (p. ex., Leu tem seis), qualquer polipeptídeo pode ser codificado por várias sequências diferentes de bases. Entretanto, alguns aminoácidos são codificados por apenas um códon, e os aminoácidos com mais de um códon geralmente compartilham o mesmo nucleotídeo em duas das três posições, de modo que *certas partes* da sequência de mRNA que codifica uma proteína cuja sequência de aminoácidos é conhecida podem ser preditas com alto grau de certeza.

**4. (a)** (5′)CGACGGCGCGAAGUCAGGGGUGUUAAG(3′). **(b)** Arg–Arg–Arg–Glu–Val–Arg–Gly–Val–Lys **(c)** Não. As fitas antiparalelas complementares no DNA de fita dupla não têm a mesma sequência de bases na direção 5′→3′. O RNA é transcrito especificamente a partir de uma das fitas do DNA de fita dupla. Portanto, a RNA-polimerase deve reconhecer e se ligar à fita correta.

**5.** (a), (b) e (c) estão corretos. **(a)** Esse resultado restauraria o gene original e permitiria a produção da proteína nativa. **(b)** Alterar o gene para inserir um aminoácido diferente nessa posição permitiria gerar uma proteína completa. Alguma atividade pode estar presente, especialmente se o novo aminoácido representou uma alteração conservadora (como a substituição de Ile por Val). **(c)** Esse resultado seria semelhante a (c), inserindo um aminoácido (provavelmente um diferente) na posição afetada e permitindo a síntese de uma proteína completa e, talvez, ativa. Esse resultado é chamado de supressão sem sentido. Funciona porque a maioria das células tem várias cópias de tRNA específicos, alguns dos quais são expressos em níveis baixos. Se um tRNA pouco expresso for alterado, o código genético não é interrompido, pois as outras cópias do tRNA fornecem função normal. **(d)** Esse resultado raramente funcionaria, uma vez que tenderia a introduzir muitas mudanças de aminoácidos na proteína.

**6.** Os aminoácidos marcados foram encontrados na extremidade carboxila. Dintzis isolou apenas subunidades completas. Com tempos de incubação curtos, os aminoácidos marcados só apareceriam na parte do polipeptídeo que foi sintetizada por último. Os aminoácidos marcados introduzidos na extremidade amino não seriam vistos, porque esses polipeptídeos não teriam sido completados antes do isolamento da proteína.

**7.** Existem dois tRNA para a metionina: tRNA$^{fMet}$, que é o tRNA de iniciação, e tRNA$^{Met}$, que pode inserir um resíduo de Met em posições internas em um polipeptídeo. Apenas fMet-tRNA$^{fMet}$ é reconhecido pelo fator de iniciação IF2 e está alinhado com o AUG inicial posicionado no sítio P ribossômico no complexo de iniciação. Nos códons AUG no interior do mRNA podem se ligar e incorporar apenas Met-tRNA$^{Met}$.

**8.** (5′)AUG-GGU-CGU-GAG-UCA-UCG-UUA-AUU-GUA-GCU-GGA--GGG-GAG-GAA-UGA(3′) é traduzido em Met–Gly–Arg–Glu–Ser–Ser–Leu–Ile–Val–Ala–Gly–Gly–Glu–Glu. O comprimento do peptídeo é de 14 aminoácidos, e não de 15. São necessários 10 tRNA, um para cada tipo de aminoácido.

**9.** Permite que a polinucleotídeo-fosforilase atue sobre uma mistura de UDP e CDP na qual a concentração de UDP está cinco vezes maior do que a concentração de CDP. O resultado seria um polímero sintético de RNA com muitas trincas UUU (codificando Phe), um número menor de trincas UUC (Phe), UCU (Ser) e CUU (Leu), um número muito menor de UCC (Ser), CUC (Leu) e CCU (Pro) e um número ainda menor de CCC (Pro).

**10.** Um mínimo de 583 equivalentes de ATP (baseado em 4 por resíduo de aminoácido adicionado, exceto que são apenas 145 etapas de translocação). A correção de cada erro requer dois equivalentes de ATP. Para a síntese de glicogênio, são necessários 292 equivalentes de ATP. O custo extra de energia para a síntese da β-globina reflete o custo da informação que está contida na proteína. Pelo menos 20 enzimas ativadoras, 70 proteínas ribossômicas, 4 rRNA, 32 ou mais tRNA, um mRNA e 10 ou mais enzimas auxiliares devem ser produzidos pelas células eucarióticas para sintetizar uma proteína a partir de aminoácidos. A síntese de uma cadeia (α1→4) de glicogênio a partir da glicose necessita de 4 ou 5 enzimas (Capítulo 15).

**11.**

| Códons da glicina | Anticódons |
|---|---|
| (5′)GGU | (5′)ACC, GCC, ICC |
| (5′)GGC | (5′)GCC, ICC |
| (5′)GGA | (5′)UCC, ICC |
| (5′)GGG | (5′)CCC, UCC |

**(a)** A posição 3′ e a do meio **(b)** Pareamentos com os anticódons (5′) GCC, ICC e UCC **(c)** Pareamentos com os anticódons (5′)ACC e CCC

**12.** Somente (a), (c), (e) e (g); (b), (d) e (f) não podem ser resultantes de uma mutação de uma única base, porque (b) e (f) necessitariam de substituições de duas bases e, para (d), seria necessário substituir todas as três bases.

**13.** (5′)AUGAUAUUGCUAUCUUGGACU
Alterações:  CC  AU  U    C    C
              U       C    A    A
                      G    G    G

Das 63 alterações possíveis de uma base, 14 teriam como resultado um código inalterado.

**14.** Os dois códons de DNA para Glu são GAA e GAG, e os quatro códons de DNA para Val são GTT, GTC, GTA e GTG. A troca de uma única base em GAA para formar GTA ou em GAG para formar GTG poderia ser responsável pela substituição Glu → Val na hemoglobina falciforme. Muito menos provável seria a troca de duas bases, de GAA para GTG, GTT ou GTC, e de GAG para GTA, GTT ou GTC.

**15.** A isoleucina é similar em estrutura a vários outros aminoácidos, especialmente a valina. A distinção entre valina e isoleucina no processo de aminoacilação necessita de um segundo filtro – uma atividade de revisão. A histidina tem uma estrutura bem diferente da de qualquer outro aminoácido, possibilitando uma especificidade de ligação adequada para garantir a aminoacilação correta no seu respectivo tRNA.

**16. (a)** A Ala-tRNA-sintetase reconhece o par de bases G$^3$-U$^{70}$ no braço do aminoácido do tRNA$^{Ala}$. **(b)** O tRNA$^{Ala}$ mutante poderia inserir resíduos de Ala nos códons que codificam Pro. **(c)** Uma mutação que pode levar a efeitos semelhantes é uma alteração do tRNA$^{Pro}$ que permita que ele seja reconhecido e aminoacilado pela Ala-tRNA-sintetase. **(d)** A maioria das proteínas de uma célula poderia ser inativada, então essas mutações seriam letais e, consequentemente, nunca observadas. Isso representa uma pressão seletiva muito forte para manter o código genético.

**17.** Os 15.000 ribossomos de uma célula de *E. coli* podem sintetizar mais de 23.000 proteínas em 20 minutos.

**18.** *IF2*: o ribossomo 70S poderia se formar, mas os fatores de iniciação não seriam liberados e, então, a fase de alongamento não poderia começar. *EF-Tu*: o segundo aminoacil-tRNA se ligaria ao sítio A de um ribossomo, mas não haveria formação de uma ligação peptídica. *EF-G*: a primeira ligação peptídica se formaria, mas o ribossomo não se deslocaria ao longo do mRNA para liberar o sítio A para se ligar a um novo EF-Tu-tRNA.

**19.** O último aminoácido adicionado à cadeia polipeptídica nascente é o único que está ligado covalentemente a um tRNA e, portanto, é a única ligação entre o polipeptídeo e o mRNA que o codifica. A atividade de revisão poderia separar essa ligação, interrompendo a síntese do polipeptídeo e liberando-o do mRNA.

**20.** SecA; os medicamentos que inibem a capacidade de SecA de se ligar a proteínas bacterianas ou hidrolisar ATP podem interromper significativamente a exportação de proteínas bacterianas. SecB não é essencial, pois as bactérias possuem inúmeras outras proteínas chaperonas. Os antibióticos que têm como alvo o complexo SecYEG, que é homólogo ao seu homólogo eucariótico (Sec61), poderiam causar efeitos adversos significativos em seres humanos.

**21.** A proteína seria direcionada ao RE, e o direcionamento dali para o local-alvo dependeria de sinais adicionais. O SRP liga-se ao sinal aminoterminal logo no início da síntese de proteínas e direciona o polipeptídeo nascente e o ribossomo para os receptores no RE. Uma vez que a proteína é translocada para o lúmen do RE à medida que ela é sintetizada, o NLS nunca fica acessível para as proteínas destinadas ao núcleo.

**22.** O fator de desencadeamento é uma chaperona molecular que estabiliza uma conformação não enovelada e passível de translocação de ProOmpA.

**23.** Um DNA com no mínimo 5.784 pb; algumas das sequências codificadoras podem estar agrupadas ou sobrepostas.

**24. (a)** As hélices se associam por meio do efeito hidrofóbico e de interações de van der Waals. **(b)** Os grupos R 3, 6, 7 e 10 se estendem para a esquerda, e os grupos 1, 2, 4, 5, 8 e 9 se estendem para a direita. **(c)** Uma das sequências possíveis é

```
  1   2   3   4   5   6   7   8   9   10
N–Phe–Ile–Glu–Val–Met–Asn–Ser–Ala–Phe–Gln–C
```

**(d)** Um sequenciamento de DNA possível para a sequência de aminoácidos em (c) é

Fita não molde

(5′)TTTATTGAAGTAATGAATAGTGCATTCC AG(3′)
    | | | | | | | | | | | | | | | | | | | | | | | | | | | | |
(3′)AAATAACTTCATTACTTATCACGTAAGGTC(5′)

Fita-molde

**(e)** Phe, Leu, Ile, Met e Val. Todos são hidrofóbicos, mas esse grupo não inclui *todos* os aminoácidos hidrofóbicos; estão faltando Trp, Pro e Ala. **(f)** Tyr, His, Gln, Asn, Lys, Asp e Glu. Todos são hidrofílicos, embora Tyr seja menos hidrofílico que os demais. O grupo não inclui *todos* os aminoácidos hidrofílicos; Ser, Thr e Arg estão faltando. **(g)** Deixar T fora da mistura exclui códons que começam ou terminam com T, portanto Tyr, que não é muito hidrofílica, fica excluída e, o mais importante, exclui os dois códons de terminação possíveis (TAA e TAG). Nenhum outro aminoácido do conjunto NAN é excluído pela falta de T. **(h)** Proteínas mal enoveladas geralmente são degradas pelas células. Por isso, se um gene sintético produziu uma proteína que pode ser vista em um gel SDS, é provável que essa proteína tenha o enovelamento correto. **(i)** O enovelamento das proteínas não depende apenas do efeito hidrofóbico e das interações de van der Waals. Existem muitas razões pelas quais uma proteína sintetizada com uma sequência aleatória não se enovela em uma estrutura de quatro hélices. Por exemplo, as ligações de hidrogênio entre cadeias laterais hidrofílicas podem romper a estrutura. Além disso, nem todas as sequências têm igual tendência a formar uma α-hélice.

## Capítulo 28

**1. (a)** Os níveis da triptofano-sintase permanecem altos mesmo na presença de triptofano. **(b)** Novamente, os níveis permanecem altos. **(c)** Os níveis diminuem rapidamente, evitando desperdício na síntese de triptofano.

**2.** As células de *E. coli* produzirão β-galactosidase quando são submetidas a altos níveis de agentes que lesam o DNA, como a luz UV. Nessas condições, RecA liga-se a um DNA cromossômico de fita simples e facilita a clivagem autocatalítica do repressor LexA, liberando LexA do seu sítio de ligação, permitindo, assim, a transcrição de genes a jusante.

**3. (a)** Expressão constitutiva de baixo nível do operon; a maioria das mutações no operador pode fazer o repressor ter menor possibilidade de se ligar. **(b)** Expressão constitutiva; a mutação impede a regulação negativa do operon. **(c)** Expressão aumentada; sob condições em que o operon é induzido, a mutação aumenta o recrutamento de RNA-polimerase. **(d)** Repressão constante; a mutação permite que o repressor se ligue prontamente ao operador. **(e)** Expressão diminuída; sob condições em que o operon é induzido, a mutação diminui o recrutamento de RNA-polimerase.

**4.** 7.000 cópias

**5.** $8 \times 10^{-9}$ M, cerca de $10^5$ vezes mais do que a constante de dissociação. Com 10 cópias do repressor ativo por célula, o sítio do operador sempre terá uma molécula de repressor ligada.

**6. (a)** até **(e)**. Em cada uma das situações, a expressão de genes do operon *lac* diminui.

**7. (a)** Atenuação menor. O ribossomo, ao completar a tradução da sequência 1, não mais se sobreporia para bloquear a sequência 2; a sequência 2 ficaria sempre disponível para parear com a sequência 3, prevenindo a formação da estrutura de atenuação. **(b)** Atenuação maior. A sequência 2 parearia menos efetivamente com a sequência 3; a estrutura do atenuador seria formada com mais frequência, mesmo que a sequência 2 não estivesse bloqueada por um ribossomo. **(c)** Sem atenuação. A regulação seria conferida unicamente pelo repressor Trp. **(d)** A atenuação perderia a afinidade para o tRNA do Trp. Ela poderia ficar sensível ao tRNA da His. **(e)** A atenuação, se ocorresse, seria rara. As sequências 2 e 3 sempre bloqueiam a formação do atenuador. **(f)** Atenuação permanente. Sempre haverá atenuação, indiferentemente da disponibilidade de triptofano.

**8.** Poderia não haver indução da resposta SOS, tornando a célula menos sensível a altos níveis de dano ao DNA.

**9.** Cada célula de *Salmonella* teria um flagelo formado por dois tipos de proteínas, e a célula ficaria vulnerável a anticorpos gerados em resposta a qualquer uma das proteínas.

**10.** Um fator dissociável indispensável para a atividade (p. ex., um fator de especificidade semelhante à subunidade σ da enzima de *E. coli*) pode ter sido perdido durante a purificação da polimerase.

**11.**

**Proteína Gal4**

| Domínio de ligação ao DNA de Gal4p | Domínio ativador de Gal4p |

**Proteína modificada geneticamente**

| Domínio de ligação ao DNA do repressor Lac | Domínio ativador de Gal4p |

A proteína modificada geneticamente não pode se ligar ao sítio de ligação de Gal4p no gene *GAL* porque não possui o domínio de ligação de DNA de Gal4p. Modifique o sítio de ligação de Gal4p ao DNA para que ele tenha a sequência de nucleotídeos à qual o repressor Lac normalmente se liga (usando os métodos descritos no Capítulo 9).

**12.** Metilamina. A reação ocorre pelo ataque da água ao carbono guanidínio da arginina modificada.

**13.** A síntese de proteínas precisa, inicialmente, da síntese de um mRNA longo o suficiente para codificar a proteína e para incluir as sequências de regulação necessárias, com o consumo de um nucleosídeo-trifosfato para cada resíduo de nucleotídeo incorporado no mRNA. Então, o mRNA deve ser traduzido – um dos processos celulares que mais consomem energia (Capítulo 27). Para manter a repressão, a proteína repressora precisaria ser sintetizada repetidamente. Com o uso de RNA como repressor, o RNA pode ser mais curto do que o mRNA que codifica a proteína repressora, e a etapa de tradução não será necessária.

**14.** O mRNA de *bcd* necessário para o desenvolvimento é fornecido ao ovo pela mãe. O ovo fecundado se desenvolve normalmente se o genótipo for $bcd^-/bcd^-$, desde que a mãe tenha um gene *bcd* normal e o alelo $bcd^-$ seja recessivo. Entretanto, a fêmea adulta $bcd^-/bcd^-$ será estéril, porque ela não tem um mRNA de *bcd* normal para fornecer aos seus ovos.

**15. (a)** Para uma expressão de 10% (90% de repressão), 10% do repressor está ligado ao indutor, e 90% está livre e disponível para se ligar ao operador. Esse cálculo utiliza a Equação 5-8 (p. 151), com $Y = 0,1$ e $K_d = 10^{-4}$ M:

$$Y = \frac{[\text{IPTG}]}{[\text{IPTG}] + K_d} = \frac{[\text{IPTG}]}{[\text{IPTG}] + 10^{-4}\,\text{M}}$$

$$0,1 = \frac{[\text{IPTG}]}{[\text{IPTG}] + 10^{-4}\,\text{M}}$$

$$0,9[\text{IPTG}] = 10^{-5} \quad \text{ou} \quad [\text{IPTG}] = 1,1 \times 10^{-5}\,\text{M}$$

Para expressão de 90%, 90% do repressor está ligado ao indutor, então $Y = 0,9$. Colocando os valores de $Y$ e $K_d$ na Equação 5-8, tem-se [IPTG] $= 9 \times 10^{-4}$ M. Assim, a expressão do gene varia 10 vezes em função de uma variação de 10 vezes na [IPTG]. **(b)** Seria de esperar que os níveis da proteína fossem baixos antes da indução, aumentassem durante a indução e diminuíssem assim que a síntese fosse interrompida e as proteínas fossem degradadas. **(c)** Como mostrado em (a), o operon *lac* tem mais níveis de expressão do que apenas ligado e desligado; assim, ele não tem a característica A. Como mostrado em (b), a expressão do operon *lac* diminui com a remoção do indutor; assim, ele não tem a caraterística B. **(d)** *GFP-ligado*: $rep^{ts}$ (a proteína produto do gene $rep^{ts}$) e GFP são expressos em altos níveis; $rep^{ts}$ reprime $OP_\lambda$, então LacI não é produzido. *GFP-desligado*: LacI é expresso em altos níveis; LacI reprime $OP_{lac}$, e, assim, não há produção de $rep^{ts}$ e GFP. **(e)** O tratamento com IPTG muda o sistema de GFP-desligado para GFP-ligado. IPTG tem efeito apenas quando LacI estiver presente, de modo que afeta apenas o estado GFP-desligado. A adição de IPTG alivia a repressão de $OP_{lac}$, permitindo altos níveis de expressão de $rep^{ts}$, que, por sua vez, desliga a expressão de LacI, desencadeando altos níveis de expressão de GFP.

**(f)** O tratamento com calor muda o sistema de GFP-ligado para GFP-desligado. O calor tem efeito apenas quando $rep^{ts}$ estiver presente e, assim, afeta apenas o estado GFP-ligado. O calor inativa $rep^{ts}$ e alivia a repressão de $OP_\lambda$, possibilitando que LacI seja expresso em altos níveis. LacI, então, age em $OP_{lac}$ para reprimir a síntese de $rep_{ts}$ e GFP. **(g)** *Característica A*: o sistema não é estável no estado intermediário. Em algum ponto, um repressor agirá mais fortemente do que o outro, devido a flutuações aleatórias na expressão; isso impede a expressão do outro repressor e bloqueia o sistema em um dos estados. *Característica B*: uma vez que um repressor é expresso, ele impede a síntese do outro; assim, o sistema permanece em um dos estados mesmo depois que o estímulo para mudança tenha sido removido. **(h)** Em nenhum momento uma célula expressará níveis intermediários de GFP – uma confirmação da característica A. Em concentrações intermediárias (X) do indutor, algumas células terão mudado para GFP-ligado, e outras ainda não terão feito a mudança e permanecerão no estado GFP-desligado; nenhuma célula ficará no meio do caminho. A distribuição bimodal dos níveis de expressão em [IPTG] = X deve-se ao fato de haver uma população mista: células com GFP-ligado e células com GFP-desligado.

# Glossário

## a

**absorção** Transporte dos produtos da digestão do trato intestinal para o sangue.

**aceptor de elétrons** Substância que recebe elétrons em uma reação de oxidação-redução.

**aceptor de prótons** Composto aniônico capaz de aceitar um próton de um doador; isto é, uma base.

**ácido desoxirribonucleico** *Ver* DNA.

**ácido graxo** Ácido carboxílico com uma longa cadeia alifática encontrado em gorduras e óleos naturais; é também um componente de fosfolipídeos e glicolipídeos de membrana.

**ácido graxo insaturado** Ácido graxo que contém uma ou mais ligações duplas.

**ácido graxo poli-insaturado (AGPI)** Um ácido graxo com mais de uma ligação dupla, as quais geralmente não são conjugadas.

**ácido graxo saturado** Ácido graxo cuja cadeia alquila está totalmente saturada.

**ácido hialurônico** Polissacarídeo ácido de alto peso molecular composto normalmente pelo dissacarídeo alternante GlcUA($\beta$1→3) GlcNAc; um dos principais componentes da matriz extracelular, pois forma complexos maiores (proteoglicanos) com proteínas ou com outros polissacarídeos ácidos. Também chamado hialuronano.

**ácido ribonucleico** *Ver* RNA.

**ácidos biliares** Derivados polares do colesterol, secretados pelo fígado no intestino, que servem para emulsionar as gorduras da dieta, facilitando a ação da lipase.

**ácidos graxos essenciais** O grupo de ácidos graxos poli-insaturados produzidos pelas plantas, mas não pelos seres humanos; necessários na dieta humana.

**ácidos nucleicos** Polinucleotídeos de ocorrência biológica nos quais os resíduos nucleotídicos estão unidos por ligações fosfodiéster em uma sequência específica; DNA e RNA.

**acidose** Condição metabólica na qual a capacidade do corpo de tamponar o $H^+$ está diminuída; é acompanhada geralmente por redução do pH sanguíneo. *Comparar com* alcalose.

**acil-fosfato** Qualquer molécula com a forma química geral R—C(=O)—O—$OPO_3^{2-}$; um anidrido ácido entre um ácido carboxílico e um ácido fosfórico.

**acoplamento quimiosmótico** Acoplamento da síntese de ATP com o transporte de elétrons por uma diferença transmembrana na carga elétrica e no pH.

**actina** Proteína que forma os filamentos finos do músculo; é também um importante componente do citoesqueleto de muitas células eucarióticas.

**açúcar nucleosídeo-difosfato** Um carreador de uma molécula de açúcar que funciona de modo semelhante a uma coenzima na síntese enzimática de polissacarídeos e derivados de açúcares.

**açúcar redutor** Açúcar cujo carbono da carbonila (anomérico) não está envolvido em ligação glicosídica e, portanto, pode sofrer oxidação.

**adenilato-cinase** A enzima que catalisa a reação reversível AMP + ATP → 2ADP. Quando atividades anabólicas esgotam o suprimento de ATP, essa enzima produz mais ATP a partir de ADP. Também chamada miocinase. *Comparar com* nucleosídeo-monofosfato-cinase.

**adenosina-3′-5′-monofosfato cíclico** *Ver* AMP cíclico.

**adenosina-difosfato** *Ver* ADP.

**adenosina-trifosfato** *Ver* ATP.

**adipócito** Célula animal especializada no armazenamento de gordura (triacilgliceróis).

**adoMet** *Ver* S-adenosilmetionina.

**ADP (adenosina-difosfato)** Um ribonucleosídeo-5′-difosfato que serve como aceptor de grupo fosfato no ciclo energético da célula.

**aeróbico** Que requer ou que ocorre na presença de oxigênio.

**aeróbio** Um organismo que vive exposto ao ar e usa oxigênio como aceptor final de elétrons na respiração.

**agente de oxidação (oxidante)** O aceptor dos elétrons em uma reação de oxidação-redução.

**agente de redução (redutor)** O doador de elétrons em uma reação de oxidação-redução.

**agonista** Um composto, geralmente um hormônio ou neurotransmissor, que provoca uma resposta fisiológica quando se liga ao seu receptor específico.

**AGPI** *Ver* ácido graxo poli-insaturado.

**AKAP (proteínas de ancoragem da cinase A)** Uma família de proteínas que apresentam em comum um domínio que liga a subunidade R da proteína-cinase A (PKA). Cada uma delas também tem um domínio com afinidade para uma entre diversas proteínas, de modo que cada AKAP ancora a PKA em uma localização específica ou a uma proteína específica.

**alcalose** Condição metabólica na qual a capacidade do corpo de tamponar $OH^-$ está diminuída; geralmente acompanhada por um aumento no pH do sangue. *Comparar com* acidose.

**aldose** Açúcar simples no qual o átomo de carbono da carbonila é um aldeído; isto é, o carbono da carbonila está em uma extremidade da cadeia de carbonos.

**$\alpha$-hélice** Conformação helicoidal de uma cadeia polipeptídica, geralmente orientada para a direita, com máxima formação de ligações de hidrogênio intracadeia; uma das estruturas secundárias mais comuns das proteínas.

**$\alpha$-oxidação** Via alternativa de oxidação dos ácidos graxos com uma $\beta$-metila nos peroxissomos; distinta da $\beta$-oxidação e da $\omega$-oxidação.

**alvo mecanístico do complexo 1 da rapamicina** *Ver* mTORC1.

**amiloidoses** Uma variedade de doenças progressivas caracterizadas por depósitos anormais de proteínas mal enoveladas em um ou mais órgãos ou tecidos.

**aminoácidos** Ácidos carboxílicos $\alpha$-amino substituídos, as unidades formadoras das proteínas.

**aminoácidos essenciais** Aminoácidos que não podem ser sintetizados pelos seres humanos e devem ser obtidos da dieta.

**aminoácidos não essenciais** Aminoácidos que podem ser produzidos pelos seres humanos a partir de precursores mais simples e são, portanto, desnecessários na dieta.

**aminoacil-tRNA** Um éster aminoacil de um tRNA.

**aminoacil-tRNA-sintetases** Enzimas que catalisam a síntese de um aminoacil-tRNA à custa da energia do ATP.

**aminotransferases** Enzimas que catalisam a transferência de grupos amino de $\alpha$-aminoácidos para $\alpha$-cetoácidos; também chamadas transaminases.

**amoniotélico** Que excreta o excesso de nitrogênio $\alpha$-amínico na forma de amônia.

**AMP cíclico (AMPc; 3′-5′-adenosina-monofosfato cíclico)** Um segundo mensageiro; sua formação em uma célula a partir do ATP pela adenilato-ciclase é estimulada por certos hormônios ou por outros sinais moleculares.

**AMPc** *Ver* AMP cíclico.

**AMPK** *Ver* proteína-cinase ativada por AMP.

**anabolismo** A fase do metabolismo intermediário relacionada com a biossíntese dependente de energia dos componentes celulares a partir de precursores menores; geralmente um processo redutor.

**anaeróbico** Processo que ocorre na ausência de ar ou oxigênio.

**anaeróbio** Organismo que vive sem oxigênio. Os anaeróbios obrigatórios morrem quando expostos ao oxigênio.

**analito** Uma molécula a ser analisada por espectrometria de massas.

**análogo do estado de transição** Molécula estável que se assemelha ao estado de transição de uma determinada reação e, por isso, liga-se mais fortemente à enzima que catalisa a reação do que o substrato no complexo ES.

**anamox** Oxidação anaeróbica da amônia a $N_2$, usando nitrito como aceptor de elétrons; realizada por bactérias quimiolitotróficas especializadas.

**anemia falciforme** Doença de seres humanos caracterizada por moléculas de hemoglobina defeituosas nos indivíduos homozigotos para um alelo mutante que codifica a cadeia $\beta$ da hemoglobina.

**anfipático** Que contém domínios polares e apolares.

**anfotérico** Que pode doar e aceitar prótons, sendo, assim, capaz de atuar como ácido ou como base.

**anfótero** Substância que pode atuar como base ou como ácido.

**ângstrom (Å)** Uma unidade de comprimento ($10^{-8}$ cm) usada para indicar dimensões moleculares. 10 Å = 1 nm.

**anidrido** O produto da condensação de dois grupos carboxila ou fosfato em que são eliminados os elementos da água, com formação de um composto com a estrutura geral R—X—O—X—R, em que X é carbono ou fósforo.

**anômeros** Dois estereoisômeros de um dado açúcar que diferem somente na configuração do átomo de carbono da carbonila (anomérico).

**anorexigênico** Que tende a diminuir o apetite e o consumo de alimento. *Comparar com* orexigênico.

**anotação genômica** O processo de atribuir funções reais ou prováveis a genes descobertos durante projetos de sequenciamento do DNA genômico.

**antagonista** Composto que interfere na ação fisiológica de outra substância (o agonista), geralmente em um receptor de hormônio ou de neurotransmissor.

**antibiótico** Um de muitos compostos orgânicos diferentes que são formados e secretados por várias espécies de microrganismos e plantas, são tóxicos para outras espécies e supostamente têm função de defesa.

**anticódon** Sequência específica de três nucleotídeos no tRNA, complementar a um códon para um aminoácido no mRNA.

**anticorpo** Proteína de defesa sintetizada pelo sistema imune dos vertebrados e que circula no sangue. *Ver também* imunoglobulina.

**anticorpos monoclonais** Anticorpos produzidos por células de um hibridoma clonado, os quais são, dessa forma, idênticos e direcionados contra o mesmo epítopo do antígeno.

**anticorpos policlonais** Conjunto heterogêneo de anticorpos produzidos em um animal por diferentes linfócitos B em resposta a um antígeno. Anticorpos diferentes nesse conjunto reconhecem diferentes partes do antígeno.

**antígeno** Molécula capaz de provocar a síntese de um anticorpo específico nos vertebrados.

**antiparalelo** Descreve dois polímeros lineares opostos em polaridade ou orientação.

**antiporte** Cotransporte de dois solutos em sentidos opostos através de uma membrana.

**apoenzima** A porção proteica de uma enzima, sem quaisquer cofatores orgânicos ou inorgânicos ou grupos prostéticos que poderiam ser necessários para a atividade catalítica.

**apolar** Hidrofóbico; descreve moléculas ou grupos com baixa solubilidade em água.

**apolipoproteína** O componente proteico de uma lipoproteína.

**apoproteína** A porção proteica de uma proteína, sem quaisquer cofatores orgânicos ou inorgânicos ou grupos prostéticos que poderiam ser necessários para a atividade.

**apoptose** Processo no qual uma célula em um organismo realiza sua própria morte e lise, em resposta a um sinal do meio externo ou programado em seus genes, por degradação sistemática de suas próprias macromoléculas para reutilização pelo organismo.

**aptâmero** Oligonucleotídeo que se liga especificamente a um alvo molecular, em geral selecionado por um ciclo repetido de enriquecimento com base em afinidade (SELEX).

**aquaporinas (AQP)** Uma família de proteínas integrais de membrana responsáveis por mediar o fluxo de água através das membranas.

**Archaea** Um dos três domínios de organismos vivos; inclui muitas espécies que vivem em ambientes extremos de alta força iônica, temperatura alta ou pH baixo.

**assimilação de $CO_2$** Sequência de reações pelas quais o $CO_2$ atmosférico é convertido em compostos orgânicos.

**atenuador** Sequência de RNA envolvida na regulação da expressão de determinados genes; funciona como um terminador de transcrição.

**ativação de aminoácido** Esterificação enzimática dependente de ATP do grupo carboxila de um aminoácido com o grupo 3'-hidroxila do seu tRNA correspondente.

**ativador** (1) Proteína que se liga ao DNA e regula positivamente a expressão de um ou mais genes; isto é, as taxas de transcrição aumentam quando o ativador está ligado ao DNA. (2) Modulador positivo de uma enzima alostérica.

**atividade** A atividade termodinâmica real ou potencial de uma substância, que é diferente de sua concentração molar.

**atividade específica** O número de micromols ($\mu$mol) de um substrato transformado por uma preparação enzimática por minuto por miligrama de proteína a 25 °C; uma medida da pureza da enzima.

**atividade óptica** A capacidade de uma substância de girar o plano da luz polarizada.

**átomo de carbono assimétrico** Átomo de carbono ligado covalentemente a quatro grupos diferentes e que, portanto, pode existir em duas configurações tetraédricas diferentes.

**ATP (adenosina-trifosfato)** Um ribonucleosídeo-5'-trifosfato que serve como doador de grupo fosfato no ciclo energético da célula; carrega energia química entre as vias metabólicas, servindo como intermediário compartilhado que acopla reações endergônicas e exergônicas.

**ATPase** Enzima que hidrolisa ATP e gera ADP e fosfato, reação geralmente acoplada a um processo que requer energia.

**ATP-sintase** Complexo enzimático que forma ATP a partir de ADP e fosfato durante a fosforilação oxidativa na membrana mitocondrial interna ou na membrana plasmática bacteriana e durante a fotofosforilação nos cloroplastos.

**autofagia** Degradação catabólica lisossômica de proteínas celulares e outros componentes.

**autofosforilação** Estritamente, é a fosforilação de um resíduo de aminoácido em uma proteína em uma reação catalisada pela mesma molécula proteica; com frequência, o termo é ampliado para incluir a fosforilação de uma subunidade de um homodímero pela outra subunidade.

**autotrófico** Organismo que pode sintetizar suas próprias moléculas complexas a partir de fontes de carbono e nitrogênio muito simples, como dióxido de carbono e amônia.

**auxina** Um hormônio de crescimento vegetal.

# b

**Bacteria** Um dos três domínios dos organismos vivos; as bactérias apresentam uma membrana plasmática, mas não possuem organelas internas ou núcleo.

**bacteriófago** Vírus capaz de se replicar em uma célula bacteriana; também denominado fago.

**baculovírus** Membro de um grupo de vírus com DNA de fita dupla que infecta invertebrados, sobretudo insetos; amplamente usado para expressão proteica em biotecnologia.

**β-oxidação** Degradação oxidativa dos ácidos graxos em acetil-CoA por oxidações sucessivas do átomo de carbono β; distinta da α-oxidação e da ω-oxidação.

**biblioteca de cDNA** Conjunto de fragmentos de DNA clonados derivados unicamente do complemento do mRNA expresso em um organismo ou tipo celular específico sob um conjunto definido de condições.

**biblioteca de DNA** Conjunto de fragmentos de DNA clonados.

**biblioteca genômica** Biblioteca de DNA que contém segmentos de DNA que representam todas as sequências do genoma de um organismo (ou a maioria delas).

**bicamada** Camada dupla de moléculas lipídicas anfipáticas orientadas, formando a estrutura básica das membranas biológicas. As caudas hidrocarbonadas estão voltadas para dentro e formam uma fase apolar contínua.

**bioensaio** Método para dosagem da quantidade de uma substância biologicamente ativa (como um hormônio) em uma amostra pela quantificação da resposta biológica a alíquotas dessa amostra.

**bioinformática** Análise computadorizada de dados biológicos, com o uso de métodos derivados de estatística, linguística, matemática, química, bioquímica e física. Os dados frequentemente são sequências de ácidos nucleicos ou proteínas, ou dados estruturais.

**biologia de sistemas** O estudo de sistemas bioquímicos complexos, integrando informações da genômica, da proteômica e da metabolômica.

**bioquímica** Descrição molecular de estruturas, mecanismos e processos químicos dos organismos vivos em todas as suas diversas formas.

**biosfera** Todos os lugares sobre ou dentro da terra, dos mares e da atmosfera ocupados por matéria viva.

**biotina** Uma vitamina; cofator enzimático em reações de carboxilação.

## C

**cadeia respiratória** A cadeia de transferência de elétrons; sequência de proteínas transportadoras de elétrons que os transferem dos substratos para o oxigênio molecular nas células aeróbicas.

**caloria** A quantidade de calor necessária para elevar a temperatura de 1 g de água de 14,5 para 15,5 °C. Uma caloria (cal) equivale a 4,18 joules (J). A caloria nutricional, Cal, equivale a 1.000 calorias, ou 1 kcal.

**canais iônicos** Proteínas integrais que propiciam o transporte regulado de um íon específico (ou mais de um) através de uma membrana.

**canalização do substrato** Movimento dos intermediários químicos em uma série de reações catalisadas por enzimas do sítio ativo de uma enzima para o da próxima na via, sem deixar a superfície do complexo proteico que inclui ambas as enzimas.

**CAP** *Ver* proteína receptora de AMPc.

**capsídeo** A cobertura proteica de um vírus ou de uma partícula viral.

**carbânion** Átomo de carbono carregado negativamente.

**carbocátion** Átomo de carbono carregado positivamente; também chamado íon carbônio.

**carboidrato** Aldeído ou cetona poli-hidroxilados ou uma substância que os produz por hidrólise. Muitos carboidratos têm a fórmula empírica $(CH_2O)_n$; alguns também contêm nitrogênio, fósforo ou enxofre.

**carbono anomérico** O átomo de carbono em um açúcar no novo centro quiral formado quando um açúcar cicliza para formar um hemiacetal. Esse é o carbono da carbonila dos aldeídos e das cetonas.

**cardiolipina** Fosfolipídeo de membrana no qual dois ácidos fosfatídicos compartilham um único grupo polar glicerol.

**carotenoides** Pigmentos fotossintéticos lipossolúveis formados por unidades de isopreno.

**cascata** *Ver* cascata enzimática; cascata de regulação.

**cascata de regulação** Via de regulação com múltiplas etapas na qual um sinal leva à ativação de uma série de proteínas em sequência, e cada proteína na sequência ativa cataliticamente a seguinte, de forma que o sinal original é amplificado de modo exponencial. *Ver também* cascata enzimática.

**cascata enzimática** Série de reações, frequentemente envolvidas em eventos de regulação, na qual uma enzima ativa outra (em geral por fosforilação), que ativa uma terceira, e assim por diante. O efeito de um catalisador ativando outro catalisador é uma grande amplificação do sinal que iniciou a cascata. *Ver também* cascata de regulação.

**catábase** Remissão da inflamação.

**catabolismo** A fase do metabolismo intermediário relacionada com a degradação das moléculas de nutrientes com geração de energia; geralmente, um processo oxidativo.

**catálise ácido-base específica** Catálise ácida ou básica que envolve os constituintes da água (íons hidróxido ou hidrônio).

**catálise geral ácido-base** Catálise envolvendo transferência de próton(s) para uma molécula ou de uma molécula que não seja a água.

**catecolaminas** Hormônios, como a adrenalina (epinefrina), que são derivados aminados do catecol.

**catenano** Duas ou mais moléculas poliméricas circulares interligadas por uma ou mais ligações topológicas não covalentes, semelhantes aos elos de uma cadeia.

**cauda poli(A)** Uma sequência de resíduos de nucleotídeos contendo adenosina adicionada na extremidade 3' de muitos mRNA em eucariotos (e, às vezes, em bactérias).

**cDNA** *Ver* DNA complementar (cDNA).

**célula B** *Ver* linfócito B.

**célula epitelial** Qualquer célula que faz parte da cobertura externa de um órgão ou organismo.

**célula germinativa** Tipo de célula animal que se forma no início da embriogênese e pode se multiplicar por mitose ou produz, por meiose, células que se desenvolvem em gametas (óvulos ou espermatozoides).

**célula T** *Ver* linfócito T.

**células somáticas** Todas as células do corpo, exceto as células germinativas.

**células-tronco** As células autorregenerativas que originam células diferenciadas; por exemplo, células na medula óssea que originam as células sanguíneas diferenciadas, como os eritrócitos e os linfócitos.

**centrifugação diferencial** Separação de organelas celulares ou de outras partículas de tamanhos diferentes por suas diferentes velocidades de sedimentação em um campo centrífugo.

**centro de liberação de oxigênio** Nas plantas verdes, a região do fotossistema II com o cofator $Mn_4O_4Ca$, na qual $H_2O$ é oxidada a $O_2$. Também chamado de quebra da água.

**centro de reação fotoquímica** A parte do complexo fotossintético em que a energia de um fóton absorvido causa a separação de carga, iniciando a transferência eletrônica.

**centro quiral** Átomo com substituintes organizados de forma que a molécula não pode ser sobreposta à sua imagem especular.

**centrômero** Região especializada nos cromossomos, a qual serve de ponto de ligação ao fuso mitótico ou meiótico.

**cerebrosídeo** Esfingolipídeo que contém um resíduo de açúcar como grupo polar.

**cetoacidose** Condição patológica algumas vezes experimentada por indivíduos com diabetes *mellitus* não tratado, em que as concentrações dos corpos cetônicos acetoacetato e D-$\beta$-hidroxibutirato alcançam níveis extraordinários nos tecidos, na urina e no sangue (cetose), o que diminui o pH sanguíneo (acidose).

**cetogênico** Que produz acetil-CoA, um precursor da formação de corpos cetônicos, como produto de degradação.

**cetose** (1) Monossacarídeo simples no qual o grupo carbonila é uma cetona. (2) Condição na qual a concentração de corpos cetônicos no sangue, nos tecidos e na urina é anormalmente alta.

**chaperona** Qualquer uma de várias classes de proteínas ou complexos proteicos que catalisam o enovelamento correto de proteínas em todas as células.

**chaperonina** Uma de duas classes principais de chaperonas encontradas em praticamente todos os organismos; um complexo de proteínas que atua no enovelamento proteico: GroES/GroEL nas bactérias e Hsp60 nos eucariotos.

*chip* **de DNA** Designação informal de um microarranjo de DNA que se refere ao tamanho pequeno dos microarranjos típicos.

**ciclina** Membro de uma família de proteínas que ativam as proteínas-cinases dependentes de ciclinas, regulando, dessa forma, o ciclo celular.

**ciclo da ureia** Via metabólica cíclica no fígado dos vertebrados que sintetiza ureia a partir de grupos amino e dióxido de carbono.

**ciclo de Calvin** Via cíclica em plantas que fixa o dióxido de carbono e produz trioses-fosfato.

**ciclo de Krebs** *Ver* ciclo do ácido cítrico.

**ciclo de Lands** O processo de remodelamento do conteúdo de acilas graxas da fosfatidilcolina.

**ciclo de substrato** Ciclo de reações catalisadas por enzimas que resulta na liberação de energia térmica pela hidrólise de ATP; também chamado de ciclo fútil.

**ciclo do ácido cítrico** Via cíclica de oxidação de resíduos acetila a dióxido de carbono, na qual a primeira etapa é a formação de citrato; também conhecido como ciclo de Krebs ou ciclo do ácido tricarboxílico.

**ciclo do ácido tricarboxílico (CAT)** *Ver* ciclo do ácido cítrico.

**ciclo do glioxilato** Variação do ciclo do ácido cítrico para a conversão líquida de acetato em succinato, produzindo, no final, um novo carboidrato; ocorre em bactérias e em algumas células de plantas.

**ciclo fútil** *Ver* ciclo de substrato.

**cinases** Enzimas que catalisam a fosforilação de certas moléculas pelo ATP.

**cinases receptoras acopladas à proteína G (GRK)** Família de proteínas-cinases que fosforilam resíduos de Ser e Thr próximo à extremidade carboxila dos receptores acoplados à proteína G, iniciando sua internalização.

**cinética** O estudo das velocidades das reações.

**cinética de Michaelis-Menten** Padrão cinético no qual a velocidade inicial de uma reação catalisada por enzima exibe uma dependência hiperbólica da concentração do substrato.

**cístron** Uma unidade de DNA ou RNA que corresponde a um gene.

**citocina** Membro de uma família de proteínas pequenas secretadas (como interleucinas ou interferonas), que ativam a divisão celular ou a diferenciação pela ligação a receptores de membrana nas células-alvo.

**citocinese** A separação final das células-filhas na mitose.

**citocromo P-450** Uma família de enzimas que contém heme, com banda de absorção característica em 450 nm e que participa de hidroxilações biológicas usando $O_2$.

**citocromos** Proteínas com grupo heme que servem como transportadores de elétrons na respiração, na fotossíntese e em outras reações de oxidação-redução.

**citoesqueleto** Rede filamentosa que garante ao citoplasma estrutura e organização; inclui filamentos de actina, microtúbulos e filamentos intermediários.

**citoplasma** A porção do conteúdo celular que está fora do núcleo, mas envolta pela membrana plasmática; inclui organelas, como as mitocôndrias.

**citosol** A fase aquosa contínua do citoplasma, com seus solutos dissolvidos; exclui organelas, como as mitocôndrias.

**clonagem** A produção de grandes quantidades de moléculas de DNA, células ou organismos idênticos a partir de uma única molécula de DNA, célula ou organismo ancestral.

**clones** Os descendentes de uma única célula.

**clorofilas** Uma família de pigmentos verdes que funcionam como receptores de energia luminosa na fotossíntese; complexos de porfirinas com magnésio.

**cloroplasto** Organela fotossintética que contém clorofila em algumas células eucarióticas.

**cobalamina** *Ver* coenzima $B_{12}$.

**código degenerado** Código no qual um único elemento de uma linguagem é especificado por mais de um elemento em uma segunda linguagem.

**código genético** Conjunto de palavras em código de três letras no DNA (ou no mRNA) que codificam a sequência de aminoácidos das proteínas.

**códon** Sequência de três nucleotídeos adjacentes em um ácido nucleico que codifica um aminoácido específico.

**códon de iniciação** AUG (às vezes GUG ou, mais raramente, UUG em bactérias e arqueias); codifica o primeiro aminoácido de uma sequência polipeptídica: N-formilmetionina em bactérias; metionina em arqueias e eucariotos.

**códon sem sentido** Códon que não especifica um aminoácido, mas sinaliza a terminação da cadeia polipeptídica.

**códons de parada** *Ver* códons de terminação.

**códons de terminação** UAA, UAG e UGA; na síntese proteica, esses códons sinalizam o término de uma cadeia polipeptídica. Também chamados códons de parada.

**coeficiente de Hill** Medida da interação cooperativa entre subunidades proteicas.

**coeficiente de partição** Uma constante que expressa a razão em que um dado soluto será distribuído entre dois determinados líquidos imiscíveis no equilíbrio.

**coeficiente de sedimentação** Constante física que especifica a velocidade de sedimentação de uma partícula em um campo centrífugo sob condições específicas.

**coenzima** Cofator orgânico necessário para a ação de determinadas enzimas; geralmente sintetizada a partir de uma vitamina.

**coenzima A** Coenzima com grupo sulfidrila que serve tanto como transportador de grupos acila quanto como cofator redox.

**coenzima $B_{12}$** Cofator enzimático derivado da vitamina cobalamina, envolvido em determinados tipos de rearranjos de esqueletos carbonados.

**cofator** Íon inorgânico ou coenzima necessário para a atividade enzimática.

**cognato** Descreve duas biomoléculas que normalmente interagem; por exemplo, uma enzima e seu substrato comum, ou um receptor e seu ligante comum.

**cointegrado** Intermediário na migração de determinados transposons de DNA, no qual o DNA doador e o DNA-alvo estão ligados covalentemente.

**complementar** Ter uma superfície molecular com grupos químicos organizados para interagir especificamente com grupos químicos em outra molécula.

**complexo da nitrogenase** Sistema de enzimas capaz de reduzir o nitrogênio atmosférico a amônia na presença de ATP.

**complexo de Golgi** Organela membranosa complexa das células eucarióticas; atua na modificação pós-traducional de proteínas e na sua secreção da célula ou incorporação na membrana plasmática ou nas membranas das organelas.

**complexo de iniciação** Complexo formado por um ribossomo, um mRNA e o iniciador Met-tRNA$^{Met}$ ou fMet-tRNA$^{fMet}$, pronto para as etapas de alongamento.

**complexo de pré-iniciação (PIC)** Conjunto de proteínas necessárias ao posicionamento da RNA-polimerase nos sítios de início da transcrição nos eucariotos. Para a RNA-polimerase II, esse complexo pode incluir quase 100 fatores, incluindo a polimerase, fatores de transcrição gerais e o complexo Mediador.

**Complexo I** Complexo da cadeia respiratória que catalisa a transferência para a ubiquinona de um íon hidreto recebido do NADH e de um próton removido da matriz mitocondrial, acoplada à transferência de quatro prótons da matriz para o espaço intermembranas. O Complexo I é composto por 45 diferentes cadeias polipeptídicas, incluindo uma flavoproteína contendo FMN e pelo menos 8 centros ferro-enxofre. É também chamado NADH:ubiquinona-oxidorredutase e NADH-desidrogenase.

**Complexo II** Complexo ligado à membrana que participa da cadeia respiratória e do ciclo do ácido cítrico; acopla a oxidação do succinato à redução da ubiquinona. O Complexo II apresenta quatro subunidades proteicas diferentes, um grupo heme, três centros contendo 2Fe-2S, um FAD ligado e sítios de ligação para o succinato e para a ubiquinona. Também chamado succinato-desidrogenase.

**Complexo III** Complexo da cadeia respiratória que acopla a transferência de elétrons do ubiquinol ao citocromo $c$ com o transporte vetorial de prótons da matriz para o espaço intermembranas (no caso de bactérias, do citosol para o espaço periplasmático). O Complexo III funciona como um homodímero; cada monômero consiste em três proteínas: o citocromo $b$, o citocromo $c_1$ e a proteína ferro-enxofre de Rieske. Também chamado complexo citocromo $bc_1$ e ubiquinona:citocromo $c$-oxidorredutase.

**Complexo IV** Complexo da cadeia respiratória que transporta elétrons do citocromo $c$ para o oxigênio molecular, reduzindo-o a $H_2O$. Também chamado citocromo-oxidase.

**complexo ribonucleoproteico mensageiro (mRNP)** Complexo supramolecular de RNA mensageiro e proteínas associadas. Também chamado complexo mRNP.

**composto quiral** Composto que contém um centro assimétrico (átomo quiral ou centro quiral) e, portanto, existe em duas formas que são imagens especulares uma da outra e que não se sobrepõem (enantiômeros).

**condensação** Tipo de reação em que dois componentes são unidos com eliminação de água.

**configuração** A organização espacial de uma molécula orgânica que é dada pela presença de (1) ligações duplas, em volta das quais não há livre rotação, ou (2) centros quirais, em volta dos quais os grupos substituintes estão organizados em uma sequência específica. Os isômeros de configuração só podem ser interconvertidos com a quebra de uma ou mais ligações covalentes.

**configuração absoluta** A configuração de quatro grupos substituintes diferentes ao redor de um átomo de carbono assimétrico, em relação ao D e ao L-gliceraldeído.

**conformação** Organização espacial de grupos substituintes que estão livres para assumir diferentes posições no espaço sem romper nenhuma ligação, em virtude da liberdade de rotação da ligação.

**conformação nativa** A conformação biologicamente ativa de uma macromolécula.

**conformação β** Arranjo estendido em zigue-zague de uma cadeia polipeptídica; uma estrutura secundária comum nas proteínas.

**constante de dissociação ($K_d$)** Constante de equilíbrio da dissociação de um complexo de duas ou mais biomoléculas em seus componentes; por exemplo, a dissociação de um substrato de sua enzima.

**constante de dissociação ácida** A constante de dissociação ($K_a$) de um ácido, que descreve sua dissociação em sua base conjugada e um próton.

**constante de equilíbrio ($K_{eq}$)** Uma constante característica de cada reação química que relaciona as concentrações específicas de todos os reagentes e produtos no equilíbrio em uma dada temperatura e pressão.

**constante de Michaelis ($K_m$)** A concentração do substrato na qual uma reação catalisada por enzima alcança a metade da sua velocidade máxima.

**constante de transporte ($K_t$; $K_{transporte}$)** Um parâmetro cinético para um transportador de membrana, análogo à constante de Michaelis, $K_m$, de uma reação enzimática. Quando a concentração do substrato for igual à $K_t$, a velocidade de captação do substrato é a metade da máxima.

**constante de velocidade** A constante de proporcionalidade que relaciona a velocidade de uma reação química à concentração do(s) reagente(s).

*contig* Série de clones sobrepostos ou uma sequência que define uma seção contínua de um cromossomo.

**controle combinatório** Uso de combinações de um repertório limitado de proteínas reguladoras para prover regulação gene-específica de muitos genes individuais.

**controle da tradução** Regulação da síntese de uma proteína pela regulação da velocidade de sua tradução no ribossomo.

**controle metabólico** O mecanismo pelo qual o fluxo por uma via metabólica se altera, refletindo condições celulares alteradas.

**controle pelo aceptor** Regulação da taxa de respiração pela disponibilidade de ADP como aceptor de grupo fosfato.

**controle transcricional** Regulação da síntese de uma proteína pela regulação da formação de seu mRNA.

**cooperatividade** A característica de uma enzima ou de outra proteína na qual a interação com a primeira molécula do ligante altera a afinidade pela segunda molécula. Na cooperatividade positiva, a afinidade pelo segundo ligante aumenta, ao passo que, na cooperatividade negativa, diminui.

**cooperatividade negativa** Propriedade de algumas proteínas ou enzimas com múltiplas subunidades, em que a interação de um ligante ou do substrato com uma das subunidades prejudica a interação com outra subunidade.

**cooperatividade positiva** Propriedade de algumas enzimas ou proteínas multiméricas, na qual a interação do substrato ou de um ligante com uma subunidade facilita a ligação à outra subunidade.

**corpos cetônicos** Acetoacetato, D-β-hidroxibutirato e acetona; combustíveis hidrossolúveis normalmente exportados pelo fígado, mas que podem ser produzidos em excesso durante o jejum e no diabetes *mellitus* não tratado.

**corpúsculo de Barr** Forma condensada e inativa do cromossomo X encontrada nas células de fêmeas em mamíferos.

**cotransporte** O transporte simultâneo de dois solutos através de uma membrana feito por um único transportador. *Ver também* antiporte; simporte; uniporte.

**criomicroscopia eletrônica (crio-ME)** Uma técnica para a determinação de estruturas de proteínas ou de complexos proteicos; as moléculas são rapidamente congeladas em uma grade em orientação randômica e visualizadas por microscopia eletrônica. Imagens de moléculas individuais são alinhadas por meios computacionais e combinadas, produzindo um mapa tridimensional no qual uma estrutura pode ser modelada.

**CRISPR RNA de ativação em *trans* (tracrRNA)** RNA codificado por bactérias, necessário para a ativação e a função do sistema relativamente simples CRISPR/Cas no patógeno humano *Streptococcus pyogenes*.

**CRISPR/Cas** Sistemas bacterianos que evoluíram para fornecer uma defesa contra infecções por bacteriófagos. CRISPR significa curtas repetições palindrômicas agrupadas e regularmente interespaçadas (do inglês *clustered, regularly interspaced short palindromic repeats*). Cas significa associado a CRISP (do inglês *CRISPR-associated*). Sistemas CRISPR/Cas produzidos por engenharia genética são utilizados para a edição eficiente de genomas-alvo em um amplo espectro de organismos.

**cristalografia de raios X** A análise de padrões de difração de raios X de um composto cristalino, usada para determinar a estrutura tridimensional de moléculas.

**cristas** Dobras da membrana mitocondrial interna.

**cromatina** Complexo filamentoso de DNA, histonas e outras proteínas, o qual constitui o cromossomo eucariótico.

**cromatóforo** Composto ou porção (natural ou sintético) que absorve a luz visível ou ultravioleta.

**cromatografia** Processo no qual misturas complexas de moléculas são separadas por muitas partições repetidas entre uma fase que flui (móvel) e uma fase estacionária.

**cromatografia de exclusão por tamanho** Procedimento para a separação de moléculas por tamanho, com base na capacidade de polímeros porosos de excluir solutos acima de determinado tamanho; também chamada de filtração em gel.

**cromatografia de troca iônica** Processo de separação de misturas complexas de compostos iônicos por muitas divisões repetidas entre uma fase móvel e uma fase estacionária, que consiste em uma resina polimérica que contém grupos carregados fixados a ela.

**cromatografia líquida de alto desempenho (HPLC)** Procedimento cromatográfico com frequência conduzido sob pressões relativamente altas, com o uso de equipamento automático, que produz perfis refinados e altamente reprodutíveis.

**cromossomo** Uma única molécula de DNA grande e suas proteínas associadas e, com frequência, RNA estrutural ou regulador associado; contém muitos genes; armazena e transmite informação genética.

**CRP** *Ver* proteína receptora de AMPc.

**cruciforme** Uma estrutura secundária do DNA ou RNA de fita dupla na qual a dupla-hélice é desnaturada em sequências palindrômicas repetidas em ambas as fitas, e cada fita separada pareia internamente, formando estruturas em grampo opostas. *Ver também* grampo.

**cultura de tecidos** Método pelo qual as células derivadas de organismos multicelulares são cultivadas em meio líquido.

**curva de titulação** Gráfico do pH *versus* os equivalentes de base adicionados durante a titulação de um ácido.

# d

**dálton** Unidade de massa molecular ou atômica; 1 dálton (Da) corresponde à massa de um átomo de hidrogênio ($1,66 \times 10^{-24}$ g).

**dedo de zinco** Motivo proteico especializado em algumas proteínas que ligam DNA, envolvido no reconhecimento do DNA; caracteriza-se por apresentar um único átomo de zinco coordenado com quatro resíduos de Cys ou dois resíduos de His e dois de Cys.

**ΔG** *Ver* variação de energia livre.

**ΔG'°** *Ver* variação de energia livre padrão bioquímica.

**ΔG‡** *Ver* energia de ativação.

**ΔG$_B$** *Ver* energia de ligação.

**ΔG°** *Ver* variação de energia livre padrão.

**ΔG$_P$** *Ver* potencial de fosforilação.

**densidade de super-hélice (σ)** Em uma molécula helicoidal como o DNA, é o número de supertorções (voltas super-helicoidais) em relação ao número de voltas na molécula relaxada.

**desaminação** A remoção enzimática de grupos amino das biomoléculas, como os aminoácidos ou nucleotídeos.

**desidrogenases** Enzimas que catalisam a remoção de pares de átomos de hidrogênio dos substratos; frequentemente usam o NAD⁺ como coenzima.

**desidrogenases ligadas à flavina** Desidrogenases que requerem uma das coenzimas de riboflavina, FMN ou FAD.

**deslocamento do padrão de leitura** Uma mutação causada por inserção ou deleção de um ou mais pares de nucleotídeos, mudando o padrão de leitura dos códons durante a síntese proteica; o polipeptídeo produzido tem uma sequência truncada de aminoácidos que se inicia no códon mutado.

**desnaturação** Desenovelamento parcial ou total da conformação nativa específica de uma cadeia polipeptídica, uma proteína ou um ácido nucleico com a consequente perda da função da molécula.

**desoxirribonucleotídeos** Nucleotídeos com a 2-desóxi-D-ribose como o componente pentose.

**dessaturases** Enzimas que catalisam a introdução de ligações duplas na cadeia hidrocarbonada dos ácidos graxos.

**dessensibilização** Processo universal pelo qual mecanismos sensoriais param de responder após exposição prolongada ao estímulo específico detectado por eles.

**dessolvatação** A liberação da água ligada ao redor do soluto em uma solução aquosa.

**diabetes *mellitus*** Grupo de doenças metabólicas cujos sintomas resultam de uma deficiência na produção da insulina ou na resposta a ela; caracterizado por uma deficiência no transporte da glicose do sangue para as células em concentrações normais desse açúcar.

**diabetes *mellitus* tipo 2** Uma doença metabólica caracterizada por resistência à insulina e regulação deficiente dos níveis de glicose no sangue; também chamado diabetes com início no adulto ou diabetes não insulinodependente.

**diagrama de topologia** Representação estrutural em que as conexões entre os elementos da estrutura secundária são mostradas em duas dimensões.

**diálise** Remoção de moléculas pequenas de uma solução contendo macromoléculas por meio de sua difusão através de uma membrana semipermeável em uma solução tampão adequada.

**diferenciação** Especialização estrutural e funcional das células durante o crescimento e o desenvolvimento.

**diferenciação celular** Processo no qual uma célula precursora se especializa para desempenhar uma função específica, pela aquisição de um novo conjunto de proteínas e RNA.

**difusão** O movimento efetivo de moléculas no sentido da concentração mais baixa.

**difusão simples** O movimento de moléculas do soluto através de uma membrana para uma região de concentração mais baixa, sem auxílio de transportador proteico.

**digestão** Hidrólise enzimática dos nutrientes principais no sistema gastrintestinal, produzindo seus componentes mais simples.

**dímero de pirimidina** Dímero de dois resíduos de pirimidina adjacentes no DNA, unidos covalentemente; sua formação é induzida pela absorção da luz UV; derivado mais comumente de duas timinas adjacentes (dímero de timina).

**dímero de timina** *Ver* dímero de pirimidina.

**diploide** Que tem dois conjuntos de informação genética; descreve uma célula com dois cromossomos de cada tipo. *Comparar com* haploide.

**dissacarídeo** Carboidrato formado por duas unidades monossacarídicas unidas por ligação covalente.

**DNA (ácido desoxirribonucleico)** Polinucleotídeo com uma sequência específica de unidades desoxirribonucleotídicas unidas covalentemente por ligações 3′-5′-fosfodiéster; serve como o portador da informação genética.

**DNA complementar (cDNA)** Um DNA complementar a um RNA específico, geralmente gerado utilizando a transcriptase reversa.

**DNA de sequência simples** Segmentos de DNA altamente repetidos e não traduzidos nos cromossomos eucarióticos; com mais frequência associados às regiões centroméricas. Sua função é desconhecida. Também chamado DNA satélite.

**DNA recombinante** DNA formado pela junção de genes em novas combinações.

**DNA relaxado** Qualquer DNA que exista em sua estrutura mais estável e não tensionada, normalmente a forma B sob a maioria das condições celulares.

**DNA satélite** *Ver* DNA de sequência simples.

**DNA supertorcido** DNA que se torce sobre si mesmo por estar sub ou superenrolado (e, por isso, tensionado) em relação ao DNA na forma B.

**DNA-ligases** Enzimas que criam uma ligação fosfodiéster entre a extremidade 3′ de um segmento de DNA e a extremidade 5′ de outro.

**DNA-polimerases** Enzimas que catalisam a síntese de DNA dependente de molde a partir de precursores, os desoxirribonucleosídeos-5′-trifosfato. A bactéria *Escherichia coli* tem cinco DNA-polimerases, numeradas de I a V; os eucariotos têm um número maior dessas enzimas.

**doador de elétrons** Substância que doa elétrons em uma reação de oxidação-redução.

**doador de prótons** O doador de um próton em uma reação acidobásica; isto é, um ácido.

**dogma central** Um princípio organizador da biologia molecular que hoje é aceito como fato e não como dogma: a informação genética flui entre ácidos nucleicos e desses ácidos para proteínas, mas não de proteínas para ácidos nucleicos ou de proteínas para proteínas.

**domínio** Unidade estrutural distinta de um polipeptídeo; os domínios podem ter funções separadas e podem dobrar-se como unidades compactas independentes.

**domínio carboxiterminal** O domínio carboxiterminal da RNA-polimerase II eucariótica, contendo muitas sequências repetidas do heptapeptídeo YSPTSPS. A fosforilação desse domínio muda durante a transcrição. Muitos fatores celulares interagem com ele para regular a expressão gênica.

**domínio SH2** Domínio proteico que se liga firmemente a um resíduo de fosfotirosina em determinadas proteínas, como os receptores Tyr-cinases, iniciando a formação de um complexo multiproteico que atua em uma via de sinalização.

**domínios topologicamente associados (TAD)** Grandes alças de DNA dentro dos cromossomos que apresentam maior tensão na base e englobam 800 mil ou mais pares de base no DNA; encontrados tanto em regiões cromossômicas com atividade transcricional quanto em regiões inativas.

**dupla-hélice** A conformação normal espiralada de duas cadeias de DNA antiparalelas e complementares.

# e

$E°$ Potencial de redução padrão transformado. *Ver* potencial de redução padrão.

**edição de RNA** Modificação pós-transcricional de um mRNA que pode alterar o significado de um ou mais códons durante a tradução.

**efeito hidrofóbico** A agregação de moléculas apolares em solução aquosa, com exclusão das moléculas de água; causado principalmente por um efeito entrópico relacionado com a estrutura com ligações de hidrogênio da água ao redor.

**efeito hipercrômico** O grande aumento da absorção de luz a 260 nm que ocorre quando uma dupla-hélice de DNA se desenrola (desnatura).

**eicosanoide** Qualquer uma de diversas classes de moléculas sinalizadoras hidrofóbicas derivadas do lipídeo araquidonato, incluindo prostaglandinas, tromboxanos e leucotrienos, que regulam respostas fisiológicas em humanos, tais como inflamação, pressão arterial e febre.

**elemento de resposta** Região do DNA próximo a um gene (a montante dele), que pode ser ligada por proteínas específicas que influenciam a taxa de transcrição do gene.

**elemento de resposta a hormônios (HRE)** Sequência curta de DNA (12 a 20 pares de bases) à qual se ligam receptores para hormônios esteroides, retinoides, da tireoide e da vitamina D, alterando a expressão dos genes contíguos. Cada hormônio tem uma sequência-consenso que é preferida pelo respectivo cognato.

**elemento-traço** Elemento químico necessário a um organismo apenas em quantidades-traço.

**eletrófilo** Um grupo deficiente em elétrons com forte tendência de aceitar elétrons de um grupo rico em elétrons (nucleófilo).

**eletroforese** Movimento de solutos com carga elétrica em resposta a um campo elétrico; utilizada com frequência para separar misturas de íons, proteínas ou ácidos nucleicos.

**eletrogênico** Que contribui para um potencial elétrico através de uma membrana.

**ELISA** Ver ensaio de imunoadsorção ligado à enzima.

**eluato** O efluente de uma coluna cromatográfica.

**enantiômeros** Estereoisômeros que são imagens especulares não sobreponíveis um ao outro.

**encaixe induzido** Alteração na conformação de uma enzima como resposta à ligação do substrato que a torna cataliticamente ativa; também usado para designar alterações na conformação de qualquer macromolécula em resposta à interação com ligantes, de modo a tornar o sítio de ligação da macromolécula mais ajustado à forma do ligante.

**endereçamento proteico** O processo pelo qual proteínas recém-sintetizadas são selecionadas e transportadas até seus sítios de ação apropriados na célula.

**endocanabinoides** Substâncias endógenas capazes de ligar-se a receptores canabinoides, ativando-os funcionalmente.

**endocitose** A captação de material extracelular por sua inclusão em vesículas (endossomos) formadas pela invaginação da membrana plasmática.

**endócrina** Refere-se a secreções celulares que entram na corrente sanguínea e exercem seus efeitos em tecidos distantes.

**endonucleases** Enzimas que hidrolisam as ligações fosfodiéster internas de um ácido nucleico; isto é, atuam sobre ligações que não sejam das extremidades.

**endonucleases de restrição** Endonucleases sítio-específicas, que clivam ambas as fitas do DNA em pontos próximos aos sítios específicos reconhecidos pela enzima ou dentro deles; são ferramentas importantes na engenharia genética.

**energia da ligação ($\Delta G_B$)** A energia derivada de interações não covalentes entre enzima e substrato ou receptor e ligante.

**energia de ativação ($\Delta G^\ddagger$)** A quantidade de energia (em joules) necessária para converter todas as moléculas de 1 mol de uma substância reagente do estado mais estável para o estado de transição.

**energia de ativação ($\Delta G^\ddagger$)** Ver energia de ativação.

**energia de ligação** A energia necessária para romper uma ligação.

**energia livre ($G$)** O componente da energia total do sistema que pode realizar trabalho a temperatura e pressão constantes.

**engenharia genética** Qualquer processo pelo qual o material genético, particularmente o DNA, é alterado por um biólogo molecular.

**enovelamento** Ver motivo.

**ensaio de imunoadsorção ligado à enzima (ELISA)** Um imunoensaio de alta sensibilidade que utiliza uma enzima ligada a um anticorpo ou a um antígeno para detectar uma determinada proteína.

**entalpia ($H$)** O conteúdo de calor de um sistema.

**entropia ($S$)** O grau de desordem de um sistema.

**enzima** Uma biomolécula, seja proteína ou RNA, que catalisa uma reação química específica. Ela não afeta o equilíbrio da reação catalisada; ela aumenta a velocidade da reação ao proporcionar uma via de reação com energia de ativação mais baixa.

**enzima alostérica** Uma enzima regulatória com atividade catalítica modulada pela ligação não covalente de um metabólito específico a um sítio que não o sítio ativo.

**enzima heterotrópica** Enzima alostérica que requer um modulador diferente de seu substrato.

**enzima homotrópica** Enzima alostérica que usa seu substrato como modulador.

**enzima regulatória** Enzima com função de regulação, a qual pode ter sua atividade catalítica alterada por mecanismos alostéricos ou por modificação covalente.

**enzima reprimível** Em bactérias, uma enzima cuja síntese é inibida quando o produto de sua reação está facilmente disponível para a célula.

**enzimas constitutivas** Enzimas sempre necessárias para a célula e presentes em um nível constante; por exemplo, muitas enzimas das vias metabólicas centrais.

**enzimas plurifuncionais** Enzimas que executam diferentes funções; pelo menos uma delas é catalítica, e a outra pode ser catalítica, regulatória ou estrutural.

**$E°$** Ver potencial de redução padrão.

**epigenética** Descreve qualquer característica relacionada com o material genético de um organismo vivo adquirida por um meio que não envolva a sequência nucleotídica dos cromossomos parentais; por exemplo, modificações covalentes de histonas.

**epimerases** Enzimas que catalisam a interconversão reversível de dois epímeros.

**epímeros** Dois estereoisômeros que diferem na configuração de um dos centros assimétricos de um composto que tem dois ou mais centros assimétricos.

**epítopo** Determinante antigênico; grupo ou grupos químicos específicos em uma macromolécula (antígeno) aos quais um dado anticorpo se liga.

**equação de Henderson-Hasselbalch** Equação que relaciona pH, $pK_a$ e a razão entre as concentrações de espécies aceptoras ($A^-$) e doadoras (HA) de prótons em uma solução:
$$pH = pK_a + \log\frac{[A^-]}{[HA]}.$$

**equação de Lineweaver-Burk** Transformação algébrica da equação de Michaelis-Menten, permitindo a determinação de $V_{máx}$ e $K_m$ por extrapolação da [S] para o infinito:
$$\frac{1}{V_0} = \frac{K_m}{V_{máx}[S]} + \frac{1}{V_{máx}}.$$

**equação de Michaelis-Menten** Equação que descreve a dependência hiperbólica da velocidade inicial da reação, $V_o$, em relação à concentração de substrato, [S], em muitas reações catalisadas por enzimas:
$$V_0 = \frac{V_{máx}[S]}{K_m + [S]}.$$

**equilíbrio** O estado de um sistema no qual não ocorre nenhuma mudança líquida efetiva; a energia livre está no seu mínimo.

**equivalente redutor** Termo geral para um elétron ou o equivalente de elétron na forma de um átomo de hidrogênio ou íon hidreto.

**eritrócito** Célula que contém grandes quantidades de hemoglobina e é especializada no transporte de oxigênio, mas sem núcleo ou mitocôndria; glóbulo vermelho ou célula vermelha do sangue.

**ERO** Ver espécies reativas de oxigênio (ERO).

**escolha do sítio de poli(A)** A clivagem da fita com adição de uma sequência poli(A) em locais alternados dentro de um transcrito de mRNA, gerando mRNA maduros diferentes.

**escramblases** Proteínas de membrana que catalisam o movimento dos fosfolipídeos através da bicamada lipídica, levando à distribuição uniforme de um lipídeo entre os dois folhetos (monocamadas).

**esfingolipídeo** Lipídeo anfipático com um esqueleto de esfingosina, ao qual estão ligados um ácido graxo de cadeia longa e um álcool polar.

**espécies reativas de oxigênio (ERO)** Produtos altamente reativos, originados da redução parcial do $O_2$, incluindo peróxido de hidrogênio ($H_2O_2$), superóxido ($\bullet O_2^-$) e radical livre hidroxila ($\bullet OH$); subprodutos secundários da fosforilação oxidativa.

**especificidade** A capacidade de uma enzima ou de um receptor de diferenciar entre substratos ou ligantes competindo entre si.

**espectro de ação** Gráfico da eficiência da luz em promover um processo dependente de luz, como a fotossíntese, como uma função do comprimento de onda.

**espectrometria de massas** Conjunto de métodos para a avaliação acurada da massa molecular de moléculas individuais ou misturas de moléculas. Após as amostras serem introduzidas no vácuo e ionizadas, a massa é determinada pelo comportamento molecular em sucessivos campos elétricos e magnéticos, separando os íons em um espectro.

**espectroscopia de dicroísmo circular (CD)** Método usado para caracterizar o grau de enovelamento de uma proteína, com base nas diferenças de absorção da luz circularmente polarizada, seja para a direita, seja para a esquerda.

**espectroscopia por ressonância magnética nuclear (RMN)** Técnica que utiliza determinadas propriedades da mecânica quântica dos núcleos atômicos no estudo da estrutura e da dinâmica das moléculas das quais fazem parte.

**esquema Z** A trajetória dos elétrons na fotossíntese oxigênica, a partir da água, passando pelo fotossistema II e pelo complexo de citocromos $b_6f$ até o fotossistema I e, por fim, o NADPH. Quando a sequência de carreadores de elétrons é colocada em um gráfico contra seus potenciais de redução, a trajetória dos elétrons se assemelha a um Z.

**estado basal** A forma estável normal de um átomo ou molécula; oposto ao estado excitado.

**estado de transição** A forma ativada de uma molécula quando ela sofreu uma reação química parcial; o ponto mais alto na coordenada da reação.

**estado estacionário** Estado de não equilíbrio de um sistema pelo qual a matéria está fluindo e no qual todos os componentes permanecem em concentração constante.

**estado excitado** Estado rico em energia de um átomo ou molécula, produzido pela absorção de energia da luz; oposto ao estado basal.

**estado pré-estacionário** Em uma reação enzimática, o período que precede o estabelecimento do estado estacionário, muitas vezes englobando apenas a primeira renovação (regeneração) enzimática.

**estatina** Membro de uma classe de fármacos usados para reduzir o colesterol sanguíneo em seres humanos; atua na inibição da enzima HMG-CoA-redutase, uma etapa inicial na síntese do esterol.

**estereoisômeros** Compostos que têm a mesma composição e a mesma ordem de conexões atômicas, mas organização molecular diferente.

**esterol** Grupo de lipídeos esteroides nos quais a posição 3 do anel A do núcleo esteroide foi modificada, apresentando uma hidroxila.

**estroma** O espaço e a solução aquosa circundados pela membrana interna de um cloroplasto, não incluindo o conteúdo nas membranas tilacoides.

**estrutura primária** Uma descrição do esqueleto covalente de um polímero (macromolécula), incluindo a sequência das subunidades monoméricas e todas as ligações covalentes intra e intercadeia.

**estrutura quaternária** A estrutura tridimensional de uma proteína multimérica, particularmente a maneira pela qual as subunidades se encaixam.

**estrutura secundária** O arranjo espacial local dos átomos da cadeia principal em um segmento de polímero (polipeptídeo ou polinucleotídeo).

**estrutura supersecundária** *Ver* motivo.

**estrutura terciária** A conformação tridimensional de um polímero no seu estado de enovelamento nativo.

**etapa limitante da velocidade** (1) Em geral, a etapa de uma reação enzimática com a maior energia de ativação ou o estado de transição com a energia livre mais alta. (2) A etapa mais lenta de uma via metabólica.

**eucariotos** Membros de Eukarya, um dos três domínios em que se dividem os organismos vivos; organismos unicelulares ou multicelulares cujas células apresentam um núcleo delimitado por membrana, múltiplos cromossomos e organelas internas.

**eucromatina** Regiões dos cromossomos na interfase que estão mais abertas (menos condensadas), cujos genes estão sendo ativamente expressos. *Comparar com* heterocromatina.

**exocitose** A fusão de uma vesícula intracelular com a membrana plasmática, com a liberação do seu conteúdo no espaço extracelular.

**éxon** O segmento de um gene eucariótico que codifica uma parte do produto final do gene; um segmento de RNA que permanece após o processamento pós-transcricional e é traduzido em uma proteína ou incorporado na estrutura de um RNA. *Ver também* íntron.

**exonucleases** Enzimas que hidrolisam somente as ligações fosfodiéster que estão nas extremidades dos ácidos nucleicos.

**exossoma** Nos eucariotos, um grande complexo proteico envolvido na degradação de RNA que é composto de uma reunião de proteínas em uma estrutura semelhante a um barril, através da qual o RNA é direcionado a uma nuclease.

**expressão gênica** Transcrição e, no caso de proteínas, tradução, com a geração do produto de um gene; um gene se expressa quando seu produto biológico está presente e ativo.

**extra-hepático** Descreve todos os tecidos externos ao fígado; implica uma função central do fígado no metabolismo.

**extremidade 3'** A extremidade de um ácido nucleico em que não existe um nucleotídeo ligado à posição 3' do resíduo terminal.

**extremidade 5'** A extremidade de um ácido nucleico que não contém um nucleotídeo ligado à posição 5' do resíduo terminal.

**extremidade redutora** Extremidade de um polissacarídeo que possui um açúcar terminal com carbono anomérico livre; o resíduo terminal pode atuar como um açúcar redutor.

**extremidades coesivas** Duas extremidades de DNA na mesma molécula de DNA ou em moléculas diferentes, com segmentos de fita simples mais longos em cada fita que são complementares um ao outro, facilitando a ligação das extremidades; também chamadas extremidades adesivas.

# f

**$F_1$-ATPase** Subunidade com múltiplas proteínas da ATP-sintase, onde estão localizados os sítios catalíticos para a síntese de ATP. Interage com a subunidade $F_o$ da ATP-sintase, acoplando o movimento dos prótons à síntese de ATP.

**FAD (flavina-adenina-dinucleotídeo)** A coenzima de algumas enzimas de oxidação-redução; contém riboflavina.

**fago** *Ver* bacteriófago.

**fase de leitura** Conjunto contíguo e não sobreposto de códons de três nucleotídeos no DNA ou RNA.

**fase de leitura aberta (ORF)** Grupo de códons de nucleotídeos contíguos não sobreponíveis em uma molécula de DNA ou RNA que não inclui um códon de terminação.

**fator de transcrição** Proteína que afeta a regulação e o início da transcrição de um gene pela ligação a uma sequência regulatória próximo ou dentro do gene e pela interação com a RNA-polimerase e/ou outros fatores de transcrição.

**fatores de alongamento** (1) Proteínas que atuam na fase de alongamento da transcrição eucariótica. (2) Proteínas específicas necessárias para o alongamento das cadeias polipeptídicas pelos ribossomos.

**fatores de crescimento** Proteínas ou outras moléculas que representam sinais de fora da célula e estimulam o crescimento e a divisão.

**fatores de liberação** *Ver* fatores de terminação.

**fatores de terminação** Fatores proteicos encontrados no citosol necessários para a liberação de uma cadeia polipeptídica completa a partir do ribossomo; também chamados fatores de liberação.

**fatores de transcrição gerais** Fatores proteicos necessários para a transcrição pela RNA-polimerase II em eucariotos.

**fatores de troca** Enzimas que catalisam a troca de variantes de histonas dentro dos nucleossomos eucarióticos.

**fatores de troca de nucleotídeos de guanosina (GEF)** Proteínas regulatórias que se ligam às proteínas G e as ativam pela estimulação da troca do GDP por GTP.

**fenótipo** As características observáveis de um organismo.

**fermentação** Degradação anaeróbica geradora de energia de um nutriente, como glicose, sem oxidação líquida; produz lactato, etanol e alguns outros produtos simples.

**fermentação alcoólica** A conversão anaeróbica da glicose em etanol via glicólise; também chamada fermentação etanólica. *Ver também* fermentação.

**ferredoxina** Membro de uma família de pequenas proteínas Fe-S solúveis que servem como transportadores de um elétron entre o PSI e o NADH nos organismos fotossintetizantes.

**fibrina** Fator proteico que forma as fibras de ligação cruzada nos coágulos sanguíneos.

**fibrinogênio** O precursor proteico inativo da fibrina.

**fibroblasto** Célula do tecido conectivo que secreta proteínas como o colágeno.

**filtração em gel** *Ver* cromatografia de exclusão por tamanho.

**fita codificadora** Na transcrição do DNA, a fita de DNA idêntica em sequência de bases ao RNA que está sendo transcrito, com U no RNA no lugar de T no DNA; diferente da fita-molde. Também chamada de fita não molde.

**fita lenta** A fita de DNA que, durante a replicação, é sintetizada no sentido oposto àquele em que a forquilha de replicação se desloca.

**fita líder** A fita de DNA que, durante a replicação, é sintetizada no mesmo sentido em que a forquilha de replicação se desloca.

**fita não molde** *Ver* fita codificadora.

**fita-molde** Fita de ácido nucleico usada por uma polimerase como molde para a síntese da fita complementar; diferente da fita codificadora.

**fixação de carbono** *Ver* fixação de $CO_2$.

**fixação de $CO_2$** A reação, catalisada pela rubisco durante a fotossíntese ou por outras carboxilases, na qual o $CO_2$ atmosférico é inicialmente incorporado (fixado) a um composto orgânico.

**fixação do nitrogênio** Conversão do nitrogênio atmosférico ($N_2$) em uma forma reduzida biologicamente disponível por organismos fixadores de nitrogênio.

**flagelo** Apêndice celular usado para propulsão. Os flagelos bacterianos têm uma estrutura muito mais simples do que os flagelos eucarióticos, que são semelhantes aos cílios.

**flavina-adenina-dinucleotídeo** *Ver* FAD.

**flavina-mononucleotídeo** *Ver* FMN.

**flavoproteína** Enzima que contém um nucleotídeo de flavina como grupo prostético firmemente ligado.

**flavoproteína de transferência de elétrons (FTE)** Flavoproteína que transfere elétrons da $\beta$-oxidação dos ácidos graxos para a cadeia de transporte de elétrons mitocondrial.

**flipases** Proteínas de membrana da família de transportadores ABC que catalisam o movimento de fosfolipídeos do folheto (monocamada) extracelular para o folheto citosólico de uma bicamada da membrana.

**flopases** Proteínas de membrana da família dos transportadores ABC que catalisam o deslocamento de fosfolipídeos do folheto (monocamada) citosólico para o folheto extracelular de uma bicamada da membrana.

**fluorescência** Emissão de luz por moléculas excitadas quando retornam ao estado basal.

**FMN (flavina-mononucleotídeo)** Riboflavina-fosfato, uma coenzima para certas enzimas de oxidação-redução.

**focalização isoelétrica** Método eletroforético de separação de macromoléculas com base no pH isoelétrico.

**folha $\beta$** A disposição lado a lado de cadeias polipeptídicas unidas por ligações de hidrogênio na conformação estendida $\beta$.

**footprinting** Uma técnica de identificação da sequência de um ácido nucleico que interage com uma proteína de ligação a RNA ou DNA.

**força próton-motriz** O potencial eletroquímico inerente a um gradiente de concentração de $H^+$ transmembrana; usada na fosforilação oxidativa e na fotofosforilação para impulsionar a síntese de ATP.

**forma replicativa** Qualquer uma das formas estruturais inteiras de um cromossomo viral que servem como intermediários de replicação diferentes.

**fórmulas de projeção de Fischer** Método de representação de moléculas para mostrar a configuração de grupos ao redor de centros quirais; também conhecidas como fórmulas de projeção.

**fórmulas em perspectiva de Haworth** Método para representar estruturas químicas cíclicas, de modo a definir a configuração de cada grupo substituinte; comumente usadas na representação de açúcares.

**forquilha de replicação** A estrutura em formato de Y geralmente encontrada no ponto no qual o DNA está sendo sintetizado.

**fosfatases** Enzimas que clivam ésteres de fosfato por hidrólise, a adição dos elementos da água.

**fosfolipídeo** Lipídeo contendo um ou mais grupos fosfato.

**fosfoproteínas-fosfatases** *Ver* proteínas-fosfatases.

**fosforilação** Formação de um derivado fosfatado de uma biomolécula, geralmente por transferência enzimática de um grupo fosforila do ATP.

**fosforilação fotossintética** *Ver* fotofosforilação.

**fosforilação ligada à respiração** Formação de ATP a partir de ADP e $P_i$, propiciada pela transferência de elétrons através de uma série de transportadores ligados à membrana, com um gradiente de prótons como a fonte direta de energia que gera a catálise rotacional pela ATP-sintase.

**fosforilação no nível do substrato** Fosforilação do ADP e de alguns outros nucleosídeos-5'-difosfato, acoplada à desidrogenação de um substrato orgânico; independente da cadeia de transferência de elétrons.

**fosforilação oxidativa** A fosforilação enzimática do ADP a ATP acoplada à transferência de elétrons de um substrato para o oxigênio molecular.

**fosforilases** Enzimas que catalisam a fosforólise.

**fosforólise** Rompimento de um composto com o fosfato como grupo de ataque; análogo à hidrólise.

**fotofosforilação** A formação enzimática de ATP a partir de ADP acoplada à transferência fotodependente de elétrons nas células fotossintéticas.

**fotofosforilação cíclica** Síntese de ATP conduzida pelo fluxo cíclico de elétrons pelo citocromo $b_6 f$ e pelo fotossistema I.

**fóton** A unidade básica (um *quantum*) de energia luminosa.

**fotorredução** A redução induzida pela luz de um aceptor de elétrons nas células fotossintéticas.

**fotorrespiração** Consumo de oxigênio nas plantas de zona temperada iluminadas, em grande parte em virtude da oxidação do fosfoglicolato.

**fotossíntese** O uso da energia luminosa na produção de carboidratos a partir de dióxido de carbono e um agente redutor, como a água. *Comparar com* fotossíntese oxigênica.

**fotossíntese oxigênica** Síntese de ATP e NADPH usando energia luminosa nos organismos que usam água como fonte de elétrons, produzindo $O_2$. *Comparar com* fotossíntese.

**fotossistema** Nas células fotossintéticas, um conjunto funcional de pigmentos que absorvem a luz e seu centro de reação, no qual a energia de um fóton absorvido é transduzida em uma separação de cargas elétricas.

**fotótrofo** Organismo que pode usar a energia da luz na síntese de seus próprios combustíveis a partir de moléculas simples, como dióxido de carbono, oxigênio e água; oposto ao quimiotrofo.

**fração** Porção de uma amostra biológica que foi sujeita a um procedimento com a intenção de separar macromoléculas com base em propriedades como solubilidade, carga líquida, massa molecular ou função.

**fracionamento** O processo de separação de proteínas ou outros componentes de uma mistura molecular complexa em frações com base em propriedades como solubilidade, carga líquida, massa molecular ou função.

**fragmento de restrição** Segmento de DNA dupla-fita produzido pela ação de uma endonuclease de restrição em um DNA maior.

**FRAP (recuperação da fluorescência após fotodescoloração)** Técnica usada para quantificar a difusão de componentes de membrana (lipídeos ou proteínas) no plano da bicamada.

**FRET (transferência de energia por ressonância de fluorescência)** Técnica para estimar a distância entre duas proteínas ou dois domínios de uma proteína medindo-se a transferência não radiativa de energia entre cromóforos repórteres quando uma proteína ou um domínio é excitado e a fluorescência emitida pelo outro é quantificada.

**FTE** *Ver* flavoproteína transferidora de elétrons.

**furanose** Açúcar simples contendo um anel furano de cinco membros.

**fusão de genes** A ligação enzimática de um gene, ou parte de um gene, a outro.

# g

**gametas** Células reprodutivas com um conteúdo haploide de genes; espermatozoides ou óvulos.

**gangliosídeo** Esfingolipídeo que contém oligossacarídeos complexos como cabeça polar; particularmente comum no tecido nervoso.

**GAP** *Ver* proteínas ativadoras de GTPase.

**GEF** *Ver* fatores de troca de nucleotídeos de guanosina.

**gene** Segmento cromossômico que codifica uma única cadeia polipeptídica funcional ou uma molécula de RNA.

**gene estrutural** Gene que codifica uma molécula de proteína ou de RNA; diferente de um gene regulador.

**gene regulatório** Gene que dá origem a um produto envolvido na regulação da expressão de outro gene; por exemplo, um gene que codifica uma proteína repressora.

**gene supressor de tumores** Membro de uma classe de genes que codificam proteínas que normalmente regulam o ciclo celular pela supressão da divisão celular. A mutação de uma cópia do gene normalmente não tem efeito; porém, quando ambas as cópias estão defeituosas, a célula continua a se dividir sem limitação, produzindo um tumor.

**genes constitutivos** Genes que codificam produtos (como as enzimas das vias centrais produtoras de energia) necessários a todo o momento pelas células. Também chamados genes *housekeeping*.

**genes homeóticos** Genes que regulam o desenvolvimento de padrões de segmentação no plano corporal da *Drosophila*; genes similares são encontrados na maioria dos vertebrados.

**genoma** Toda a informação genética codificada em uma célula ou vírus.

**genômica** Ciência dedicada ao estudo amplo dos genomas celulares e dos organismos.

**genômica comparativa** Disciplina na qual a informação genômica é comparada dentro de um organismo ou entre duas espécies ou muitas espécies. As comparações podem concentrar-se em sequências gênicas, ordem dos genes em um cromossomo, sequências regulatórias, modificações gênicas ou evolução gênica, mas não se limitam a esses aspectos.

**genótipo** A constituição genética de um organismo; diferente das características físicas, ou fenótipo.

**GFP** *Ver* proteína verde fluorescente.

**$G_i$** *Ver* proteína G inibitória.

**glicano** Polímero de unidades monossacarídicas unidas por ligações glicosídicas; polissacarídeo.

**glicerofosfolipídeo** Lipídeo anfipático com um esqueleto de glicerol; os ácidos graxos estão ligados por ligações éster ao C-1 e ao C-2 do glicerol, e um álcool polar está unido por uma ligação fosfodiéster ao C-3.

**gliceroneogênese** Nos adipócitos, a síntese, do glicerol-3-fosfato a partir do piruvato para ser usado na síntese de triacilglicerol.

**glicoconjugado** Composto que contém um componente carboidrato ligado covalentemente a uma proteína ou lipídeo, formando uma glicoproteína ou um glicolipídeo.

**glicoesfingolipídeo** Lipídeo anfipático com um esqueleto de esfingosina, ao qual estão ligados um ácido graxo de cadeia longa e um álcool polar.

**glicogênese** O processo de conversão de glicose em glicogênio.

**glicogênico** Capaz de ser convertido em glicose ou glicogênio pelo processo de gliconeogênese.

**glicogenina** A proteína que inicia a síntese de novas cadeias de glicogênio e catalisa a polimerização dos primeiros poucos resíduos de açúcar de cada cadeia até que a glicogênio-sintase continue com o alongamento da cadeia.

**glicogenólise** A degradação enzimática do glicogênio armazenado (não proveniente da dieta).

**glicolipídeo** Lipídeo que contém um grupo carboidrato.

**glicólise** A via catabólica pela qual uma molécula de glicose é quebrada em duas moléculas de piruvato. *Comparar com* glicólise aeróbica.

**glicólise aeróbica** Via de quebra da glicose com geração de energia celular, produzindo piruvato, sem considerar sua oxidação subsequente, embora oxigênio esteja disponível. *Ver* glicólise.

**glicoma** O complemento completo de carboidratos e moléculas que contenham carboidratos em uma célula ou tecido sob um conjunto particular de condições.

**glicômica** A caracterização sistemática do glicoma.

**gliconeogênese** A biossíntese de carboidratos a partir de precursores mais simples não glicídicos, como oxalacetato ou piruvato.

**glicoproteína** Proteína que contém um grupo carboidrato, geralmente um oligossacarídeo complexo.

**glicosaminoglicano** Um heteropolissacarídeo com duas unidades que se alternam: uma é *N*-acetilglicosamina ou a *N*-acetilgalactosamina; a outra é um ácido urônico (em geral, ácido glicurônico). Anteriormente chamado mucopolissacarídeo.

**glioxissomo** Peroxissomo especializado que contém as enzimas do ciclo do glioxilato; encontrado nas células das sementes em germinação.

**glipicano** Um proteoglicano do tipo sulfato de heparana ancorado a uma membrana por meio de um glicosilfosfatidilinositol (GPI).

**GLUT** Designação para uma família de proteínas de membrana que transportam glicose.

**GPCR** *Ver* receptores acoplados à proteína G.

**gradiente eletroquímico** A resultante dos gradientes de concentração e de carga elétrica de um íon através de uma membrana; a força que impulsiona a fosforilação oxidativa e a fotofosforilação.

**gráfico duplo-recíproco** Um gráfico de $1/V_o$ vs. $1/[S]$, o qual permite uma determinação mais acurada de $V_{máx}$ e $K_m$ que um gráfico de $V_o$ vs. $[S]$; também chamado gráfico de Lineweaver-Burk.

**grampo** Estrutura secundária em RNA ou DNA de fita simples, na qual partes complementares de uma repetição palindrômica dobram-se sobre si mesmas e pareiam, formando uma hélice dupla antiparalela fechada em uma extremidade. *Ver também* cruciforme.

*grana* Tilacoides, discos ou sacos membranosos achatados, empilhados nos cloroplastos.

**GRK** *Ver* cinases de receptoras acopladas à proteína G.

**gRNA** *Ver* RNA-guia.

**grupo de partida** Grupo molecular que se separa ou é deslocado em uma reação de eliminação unimolecular ou de substituição bimolecular.

**grupo funcional** Átomo ou grupo de átomos específico que confere uma propriedade química particular a uma biomolécula.

**grupo prostético** Íon metálico ou um composto orgânico (que não seja aminoácido) ligado covalentemente a uma proteína e essencial para sua atividade.

**grupo R** (1) Formalmente, abreviatura que designa qualquer grupo alquila. (2) Ocasionalmente, utilizada em sentido mais geral para denotar praticamente qualquer substituinte orgânico (p. ex., os grupos R dos aminoácidos).

**$G_s$** *Ver* proteína G estimulatória.

# h

**haploide** Que possui um único conjunto de informação genética; descreve uma célula com um cromossomo de cada tipo. *Comparar com* diploide.

**haplótipo** Uma combinação de alelos de genes diferentes que tendem a ser herdados juntos por estarem localizados suficientemente próximos em um cromossomo.

**hapteno** Molécula pequena que induz uma resposta imune quando ligada a uma molécula maior.

**helicases** Enzimas que catalisam a separação das fitas no DNA ou no RNA de fita dupla. As helicases são necessárias para a replicação e a expressão gênicas.

**heme** O grupo prostético ferro-porfirina das hemeproteínas.

**hemeproteína** Proteína que contém um heme como grupo prostético.

**hemoglobina** Hemeproteína nos eritrócitos; atua no transporte de oxigênio.

**hepatócito** O principal tipo celular do tecido do fígado.

**heterocromatina** Regiões condensadas dos cromossomos nas quais a expressão gênica geralmente está suprimida. *Comparar com* eucromatina.

**heteropolissacarídeo** Polissacarídeo que contém mais de um tipo de açúcar.

**heterotrófico** Organismo que requer moléculas de nutrientes complexos, como a glicose, como fonte de carbono e energia.

**heterotrópico** Descreve um modulador alostérico distinto do ligante normal.

**hexose** Açúcar simples com um esqueleto de seis átomos de carbono.

**hibridoma** Linhagens celulares estáveis produtoras de anticorpos com bom crescimento em culturas de tecidos; essas linhagens são criadas pela fusão de linfócitos B produtores de anticorpos com células de um mieloma.

**hidrofílico** Polar ou com carga elétrica; descreve moléculas que se associam com a água (ou que se dissolvem nela facilmente).

**hidrofóbico** Apolar; descreve moléculas ou grupos insolúveis em água.

**hidrolases** Enzimas (p. ex., proteases, lipases, fosfatases, nucleases) que catalisam reações de hidrólise.

**hidrólise** Quebra de uma ligação (p. ex., ligação do tipo anidrido ou peptídica) pela adição dos elementos da água, resultando em dois ou mais produtos.

**hipótese do mundo de RNA** Hipótese de que a vida na Terra originou-se de moléculas semelhantes ao RNA, capazes de armazenar e replicar a informação genética, além de catalisar reações bioquímicas.

**hipóxia** Condição metabólica na qual o suprimento de oxigênio é gravemente limitado.

**histonas** Família de proteínas básicas que se associam firmemente ao DNA nos cromossomos de todas as células eucarióticas.

**holoenzima** Enzima cataliticamente ativa que contém todas as subunidades, grupos prostéticos e cofatores necessários.

**homeobox** Uma sequência conservada de DNA de 180 pares de bases que codifica um domínio proteico encontrado em muitas proteínas com papel regulador no desenvolvimento.

**homeodomínio** O domínio proteico codificado pela homeobox; uma unidade de regulação que determina a segmentação do plano corporal.

**homeostase** A manutenção de um estado estacionário dinâmico por mecanismos de regulação que compensam alterações nas condições externas.

**homólogos** Genes ou proteínas que possuem uma relação clara de sequência e função entre eles.

**homopolissacarídeo** Um polissacarídeo constituído por um único tipo de unidade monossacarídica.

**homotrópico** Descreve um modulador alostérico idêntico ao ligante normal.

**hormônio** Substância química sintetizada em pequena quantidade por um tecido endócrino, a qual é transportada pelo sangue para outro tecido (ou difunde-se para células próximas), no qual atua como um mensageiro na regulação da função do tecido ou do órgão-alvo.

**hormônio trófico (trofina)** Hormônio peptídico que estimula uma glândula-alvo específica a secretar seu hormônio; por exemplo, a tireotrofina produzida pela hipófise estimula a secreção de tiroxina pela tireoide.

**HPLC** *Ver* cromatografia líquida de alto desempenho (HPLC).

**HRE** *Ver* elemento de resposta a hormônios (HRE).

## i

**Ig** *Ver* imunoglobulina.

*imunoblot* Técnica que utiliza anticorpos para detectar a presença de uma proteína em uma amostra biológica após as proteínas da amostra serem separadas por eletroforese em gel, transferidas para uma membrana e imobilizadas; também chamada *Western blot*.

**imunoglobulina (Ig)** Anticorpo proteico gerado contra um antígeno e capaz de se ligar especificamente a ele.

*in silico* Em ou por meio de uma simulação computacional.

*in situ* "Em posição", isto é, em sua posição ou localização natural.

*in vitro* "No vidro", isto é, no tubo de ensaio.

*in vivo* "Na vida", isto é, na célula ou no organismo vivo.

**inativador suicida** Molécula relativamente inerte que é transformada por uma enzima, no seu sítio ativo, em uma substância reativa que inativa irreversivelmente a enzima.

**índice de hidropatia** Uma escala que expressa as tendências relativas de hidrofobicidade e hidrofilicidade de um grupo químico.

**índice de massa corporal (IMC)** Uma medida de obesidade, calculada como a massa em quilogramas dividida pela (altura em metros)$^2$. Um IMC maior que 27,5 é considerado sobrepeso; quando maior que 30, obesidade.

**indução** Aumento da expressão de um gene em resposta a uma alteração na atividade de uma proteína de regulação.

**indutor** Molécula sinalizadora que, quando ligada a uma proteína de regulação, causa o aumento da expressão de um dado gene.

**inibição competitiva** Tipo de inibição enzimática revertida pelo aumento da concentração do substrato; um inibidor competitivo geralmente compete com o substrato normal ou com o ligante por um sítio de ligação na proteína.

**inibição incompetitiva** O padrão de inibição reversível que resulta da ligação de uma molécula do inibidor ao complexo enzima-substrato, mas não à enzima livre.

**inibição mista** Padrão de inibição reversível que resulta quando uma molécula do inibidor pode se ligar tanto à enzima livre como ao complexo enzima-substrato (não necessariamente com a mesma afinidade).

**inibição pelo produto final** *Ver* inibição por retroalimentação.

**inibição por retroalimentação** Inibição de uma enzima alostérica no início de uma sequência metabólica pelo produto final da sequência; também conhecida como inibição pelo produto final.

**inibição reversível** Inibição por uma molécula que se liga reversivelmente à enzima, de modo que a atividade da enzima é recuperada quando o inibidor não estiver mais presente.

**iniciador (*primer*)** Pequeno oligômero (p. ex., de açúcares ou nucleotídeos) ao qual uma enzima acrescenta subunidades monoméricas adicionais.

**integrina** Membro de uma grande família de proteínas transmembrana heterodiméricas que mediam a adesão entre células ou das células à matriz extracelular.

**interações de van der Waals** Forças intermoleculares fracas entre moléculas como resultado da indução de polarização de uma pela outra.

**intercalação** Inserção entre anéis aromáticos ou planares empilhados; por exemplo, inserção de uma molécula planar entre duas bases sucessivas em um ácido nucleico.

**intermediário da reação** Qualquer espécie química em uma via de reação que tem uma vida química finita.

**intermediário de Holliday** Um intermediário na recombinação genética no qual duas moléculas de DNA de fita dupla são unidas por ligações cruzadas recíprocas envolvendo uma fita de cada molécula.

**íntron** Sequência de nucleotídeos em um gene que é transcrito, mas removido do transcrito de RNA antes da tradução; também chamada sequência interveniente. *Ver também* éxon.

**íon carbônio** *Ver* carbocátion.

**íon hidrônio** O íon hidrogênio hidratado ($H_3O^+$).

**ionóforo** Composto que liga um ou mais íons metálicos e é capaz de se difundir através de uma membrana, transportando o íon.

**ionotrópico** Descreve um receptor de membrana que atua como um canal iônico ativado por ligante. *Comparar com* metabotrópico.

**isoenzimas** Formas múltiplas de uma enzima que catalisam a mesma reação, mas diferem na sequência de aminoácidos, na afinidade pelo substrato, na $V_{máx}$ e/ou em propriedades de regulação; também chamadas de isozimas.

**isomerases** Enzimas que catalisam a transformação de compostos nos seus isômeros de posição.

**isômeros**  Duas moléculas quaisquer com a mesma fórmula molecular, mas com diferente organização de grupos moleculares.

**isômeros cis-trans**  Ver isômeros geométricos.

**isômeros geométricos**  Isômeros relacionados pela disposição de grupos em torno de uma ligação dupla; também chamados de isômeros cis e trans.

**isopreno**  O hidrocarboneto 2-metil-1,3-butadieno, unidade estrutural recorrente dos terpenoides.

**isoprenoide**  Componente de um grande número de produtos naturais sintetizados por polimerização enzimática de duas ou mais unidades de isopreno; também chamado de terpenoide.

**isótopo radioativo**  Forma isotópica de um elemento com um núcleo instável que se estabiliza pela emissão de radiação ionizante.

**isozimas**  Ver isoenzimas.

# k

$K_a$  Ver constante de dissociação ácida.
$K_d$  Ver constante de dissociação.
$K_{eq}$  Ver constante de equilíbrio.
$K_m$  Ver constante de Michaelis.
$K_t$ ($K_{transporte}$)  Ver constante de transporte.
$K_w$  Ver produto iônico da água.

# l

**laçada de DNA**  Interação de proteínas ligadas em sítios da molécula de DNA distantes uns dos outros, de modo que o DNA interveniente forma uma alça.

**lançadeira da carnitina**  Um mecanismo para transportar ácidos graxos do citosol para a matriz mitocondrial como ésteres graxos da carnitina.

**lectina**  Proteína que liga um carboidrato, geralmente um oligossacarídeo, com altas afinidade e especificidade, mediando interações célula-célula.

**lei de ação das massas**  Lei que diz que a velocidade de uma dada reação química é proporcional ao produto das atividades (ou concentrações) dos reagentes.

**leucócito**  Glóbulo branco ou célula branca do sangue; envolvido na resposta imune dos mamíferos.

**leucotrieno (LT)**  Membro de uma classe de lipídeos de sinalização eicosanoides não cíclicos com três ligações duplas conjugadas; medeiam respostas inflamatórias, incluindo a atividade da musculatura lisa.

**liases**  Enzimas que catalisam a remoção de um grupo de uma molécula para formar uma ligação dupla ou a adição de um grupo a uma ligação dupla.

**líder**  Uma sequência curta próximo à extremidade amino de uma proteína ou à extremidade 5' de um RNA que tem uma função especializada no endereçamento daquela molécula ou na regulação.

**ligação covalente**  Uma ligação química que envolve o compartilhamento dos pares de elétrons.

**ligação de hidrogênio**  Atração eletrostática fraca entre um átomo eletronegativo (como oxigênio ou nitrogênio) e um átomo de hidrogênio ligado covalentemente a um segundo átomo eletronegativo.

**ligação dissulfeto**  Ligação covalente resultante da união oxidativa de dois resíduos de Cys de uma mesma cadeia polipeptídica ou de duas diferentes, com a formação de um resíduo de cistina.

**ligação fosfodiéster**  Grupos químicos contendo dois álcoois esterificados a uma molécula de ácido fosfórico, que serve como uma ponte entre eles.

**ligação peptídica**  Ligação amida substituída entre um grupo α-amino de um aminoácido e o grupo α-carboxila de outro, com eliminação dos elementos da água.

**ligações glicosídicas**  Ver ligações O-glicosídicas.

**ligações O-glicosídicas**  Ligações entre um açúcar e outra molécula (geralmente álcool, purina, pirimidina ou açúcar) por meio de um oxigênio. Também chamadas de ligações glicosídicas.

**ligante**  Pequena molécula que interage especificamente com uma maior; por exemplo, um hormônio é um ligante de seu receptor proteico específico.

**ligases**  Enzimas que catalisam reações de condensação nas quais dois átomos são unidos usando a energia do ATP ou de outro composto rico em energia.

**linfócito B (célula B)**  Um tipo dentro de uma classe de células sanguíneas (linfócitos); responsável pela produção de anticorpos circulantes.

**linfócito T (célula T)**  Membro de uma classe de células sanguíneas (linfócitos) de origem tímica envolvidas nas reações imunes mediadas por células.

**linfócitos**  Subclasse de leucócitos envolvidos na resposta imune. Ver também linfócitos B; linfócitos T.

**lipases**  Enzimas que catalisam a hidrólise de triacilgliceróis.

**lipídeo**  Biomolécula pequena insolúvel em água que geralmente contém ácidos graxos, esteróis ou compostos isoprenoides.

**lipidoma**  O conjunto total de moléculas que contêm lipídeos de uma célula, órgão ou tecido sob um conjunto específico de condições.

**lipidômica**  A caracterização sistemática do lipidoma.

**lipoato (ácido lipoico)**  Vitamina para alguns organismos; um transportador intermediário de átomos de hidrogênio e de grupos acila nas α-cetoácido-desidrogenases.

**lipoproteína**  Agregado de lipídeos e proteínas que serve para transportar lipídeos insolúveis em água no sangue. O componente proteico é uma apolipoproteína.

**lipossomo**  Vesícula esférica pequena composta de uma bicamada fosfolipídica, que se forma espontaneamente quando os fosfolipídeos são suspensos em um tampão aquoso.

**lipoxina (LX)**  Membro de uma classe de derivados lineares hidroxilados do araquidonato que atuam como potentes agentes anti-inflamatórios.

**lise**  Destruição de uma membrana plasmática ou (no caso de bactérias) da parede celular, com liberação do conteúdo celular e morte da célula.

**lisofosfatidilcolina-aciltransferases**  Enzimas que adicionam ácidos graxos poli-insaturados de vários tipos ao C-2 da lisofosfatidilcolina.

**lisossomo**  Uma organela de células eucarióticas; contém muitas enzimas hidrolíticas e serve como centro de degradação e reciclagem para compostos celulares não necessários.

**LT**  Ver leucotrieno.
**LX**  Ver lipoxina.

# m

**macromolécula**  Molécula que tem massa molecular na faixa de alguns milhares a muitos milhões.

**macromoléculas informacionais**  Biomoléculas que contêm informação na forma de sequências específicas de diferentes monômeros; por exemplo, muitas proteínas, lipídeos, polissacarídeos e ácidos nucleicos.

**malpareamento**  Erro de pareamento em um ácido nucleico que impossibilita a formação de um par de bases normal de Watson-Crick.

**mapa genético**  Diagrama que mostra a sequência relativa e a posição de genes específicos ao longo de um cromossomo.

**MAPK**  Proteínas-cinases ativadas por mitógenos (do inglês mitogen-activated protein kinases) que fosforilam substratos proteicos em resíduos de Ser, Thr ou Tyr. Essas enzimas atuam em cascatas de fosforilação de proteínas conectando receptores de superfície, como o receptor de insulina, à expressão de genes específicos no núcleo.

**marcador (tag)**  Um segmento extra que é fundido a uma proteína de interesse pela modificação de seu gene, em geral para propósito de purificação.

**marcador de epítopo**  Sequência ou domínio proteico ligado a um anticorpo bem caracterizado.

**matriz**  O espaço delimitado pela membrana interna da mitocôndria.

**matriz extracelular (MEC)**  Combinação entrelaçada de glicosaminoglicanos, proteoglicanos e proteínas, do lado de fora da membrana plasmática, que proporciona ancoragem celular, reconhecimento posicional e tração durante a migração celular.

**MCS**  Ver sítio de clonagem múltipla.
**MEC**  Ver matriz extracelular.

**Mediador**  Complexo coativador eucariótico altamente conservado com múltiplas subunidades, necessário para a transcrição pela RNA-polimerase II a partir de muitos promotores.

**mediador especializado na pró-resolução (SPM)** Um dos diversos eicosanoides derivados de ácidos graxos essenciais que promove a fase de resolução da resposta inflamatória.

**meia-vida** O tempo necessário para o desaparecimento ou decréscimo de metade de um dado componente em um sistema.

**meiose** Tipo de divisão celular no qual células diploides originam células haploides destinadas a se tornarem gametas ou esporos.

**membrana plasmática** A membrana externa que envolve o citoplasma de uma célula.

**metabolismo** O conjunto completo de transformações catalisadas por enzimas das moléculas orgânicas nas células vivas; a soma de anabolismo e catabolismo.

**metabolismo intermediário** Nas células, as reações catalisadas por enzimas que extraem a energia química das moléculas dos nutrientes e a usam na síntese e na montagem de componentes celulares.

**metabolismo secundário** Vias que levam a produtos especializados que não são encontrados em todas as células vivas.

**metabolismo vetorial** Transformações metabólicas em que a localização (e não a composição química) de um substrato muda em relação à membrana plasmática ou à membrana de uma organela; por exemplo, a ação dos transportadores e das bombas de prótons na fosforilação oxidativa e na fotofosforilação.

**metabólito** Intermediário químico nas reações catalisadas por enzimas do metabolismo.

**metaboloma** O conjunto completo de metabólitos moleculares pequenos (intermediários metabólicos, sinalizadores, metabólitos secundários) presentes em uma dada célula ou tecido sob condições específicas.

**metabolômica** A caracterização sistemática do metaboloma de uma célula ou tecido.

**metabolon** Agregado supramolecular de enzimas metabólicas sequenciais.

**metabotrópico** Descreve um receptor de membrana que atua por meio de um segundo mensageiro. *Comparar com* ionotrópico.

**metaloproteína** Proteína com um íon metálico como seu grupo prostético.

**metameria** Divisão do corpo em segmentos, como nos insetos.

**micelas** Agregados de moléculas anfipáticas em água, com as porções apolares no interior e as porções polares na superfície externa, expostas à água.

**microarranjo de DNA** Conjunto de sequências de DNA imobilizadas em uma superfície sólida, com as sequências individuais distribuídas em arranjos padronizados que podem ser sondados por hibridização.

**micro-RNA (miRNA)** Classe de moléculas pequenas de RNA (20 a 25 nucleotídeos depois do processamento completo) envolvidas no silenciamento de genes pela inibição da tradução e/ou pela promoção da degradação de determinados mRNA.

**microssomos** Vesículas membranosas formadas pela fragmentação do retículo endoplasmático das células eucarióticas; obtidos por centrifugação diferencial.

**migração do ramo** Movimento de um ponto de ramificação em um DNA ramificado formado a partir de duas moléculas de DNA com sequências idênticas. *Ver também* intermediário de Holliday.

**miocinase** *Ver* adenilato-cinase.

**miócito** Célula muscular.

**miofibrila** Unidade de filamentos grossos e finos das fibras musculares.

**miosina** Proteína contrátil; o componente principal dos filamentos grossos do músculo e de outros sistemas actina-miosina.

**miRNA** *Ver* micro-RNA.

**mistura racêmica (racemato)** Mistura equimolar dos estereoisômeros D e L de um composto opticamente ativo.

**mitocôndria** Organela das células eucarióticas; contém os sistemas enzimáticos necessários para ciclo do ácido cítrico, oxidação dos ácidos graxos, transferência respiratória de elétrons e fosforilação oxidativa.

**mitose** Nas células eucarióticas, é o processo com múltiplas etapas que resulta na replicação dos cromossomos e na divisão celular.

**modelo do mosaico fluido** Modelo que descreve as membranas biológicas como uma bicamada lipídica fluida com proteínas embebidas; a bicamada exibe assimetria estrutural e funcional.

**modificação pós-traducional** Processamento enzimático de uma cadeia polipeptídica após sua tradução a partir do mRNA.

**modulador** Metabólito que, quando ligado ao sítio alostérico de uma enzima, altera suas características cinéticas.

**mol** Quantidade de moléculas que resulta em uma massa em gramas numericamente igual à massa molecular daquele composto. *Ver também* número de Avogadro.

**molde** Padrão ou modelo macromolecular para a síntese de uma macromolécula informacional.

**molécula pró-quiral** Molécula simétrica que pode reagir assimetricamente com uma enzima que tenha um sítio ativo assimétrico, com a geração de um produto quiral.

**monossacarídeo** Carboidrato que consiste em uma única unidade de açúcar.

**motivo** Qualquer padrão de enovelamento distinto para elementos da estrutura secundária, observado em uma ou mais proteínas. Um motivo pode ser simples ou complexo e pode representar toda ou apenas uma parte da cadeia polipeptídica. Também chamado de dobra ou estrutura supersecundária.

**motivo de reconhecimento de RNA (RRM)** Um motivo de ligação a ácido nucleico de fita simples que consiste em uma folha $\beta$ com quatro fitas antiparalelas e duas $\alpha$-hélices em uma face.

**mRNA** *Ver* RNA mensageiro.

**mRNA monocistrônico** Um mRNA que pode ser traduzido em apenas uma proteína.

**mRNA policistrônico** mRNA contíguo com mais de dois genes que podem ser traduzidos em proteínas.

**mTORC1 (alvo mecanístico do complexo 1 da rapamicina)** Um complexo multiproteico de mTOR (alvo mecanístico da rapamicina) e diversas subunidades reguladoras, que, juntos, atuam como uma proteína-cinase Ser/Thr; estimulado por nutrientes e condições de suficiência energética, dispara crescimento e proliferação celular.

**mucopolissacarídeo** *Ver* glicosaminoglicano.

**mudança de fase de tradução** Alteração programada no módulo de leitura durante a tradução de um mRNA em um ribossomo, que pode ocorrer por diversos mecanismos.

**mutação** Mudança hereditária na sequência nucleotídica de um cromossomo.

**mutação letal** Mutação que inativa uma função biológica essencial para a vida da célula ou do organismo.

**mutação por deleção** Mutação que resulta da deleção de um ou mais nucleotídeos de um gene ou de um cromossomo.

**mutação por inserção** Mutação causada pela inserção de uma ou mais bases extras, ou um mutagênico, entre bases sucessivas no DNA.

**mutação por substituição** Mutação causada pela substituição de uma base por outra.

**mutação sem sentido** Mutação que resulta na terminação prematura de uma cadeia polipeptídica.

**mutação silenciosa** Mutação gênica que não causa alteração detectável nas características biológicas do produto do gene.

**mutação supressora** Mutação em um sítio distinto de uma mutação primária que restaura total ou parcialmente uma função que foi perdida pela mutação primária.

**mutagênese sítio-dirigida** Conjunto de métodos usado para criar alterações específicas na sequência de um gene.

**mutante auxotrófico (auxótrofo)** Organismo mutante com um defeito na síntese de uma determinada biomolécula, a qual deve, então, ser fornecida para o crescimento do organismo.

**mutante parcial** Um gene mutante que origina um produto com nível detectável de atividade biológica.

**mutarrotação** Mudança na rotação específica observada para uma solução de um açúcar na forma de piranose ou furanose ou de um glicosídeo que acompanha o equilíbrio de suas formas anoméricas $\alpha$ e $\beta$.

**mutases** Enzimas que catalisam a transposição de grupos funcionais.

## n

**N** Número de Avogadro; o número de moléculas em um mol de qualquer composto ($6,02 \times 10^{23}$).

**Na$^+$K$^+$-ATPase** Transportador ativo eletrogênico na membrana plasmática da maioria das células animais que usa energia do ATP para bombear três Na$^+$ para o espaço extracelular para cada dois K$^+$ que são transportados para o interior da célula.

**NAD, NADP (nicotinamida-adenina-dinucleotídeo, nicotinamida-adenina-dinucleotídeo-fosfato)** Coenzimas contendo nicotinamida que funcionam como transportadores de átomos de hidrogênio e elétrons em algumas reações de oxidação-redução.

**NADH-desidrogenase** *Ver* Complexo I.

**ncRNA** *Ver* RNA não codificador.

**neurônio** Célula do tecido nervoso especializada na transmissão do impulso nervoso.

**neurotransmissor** Composto de baixa massa molecular (geralmente contendo nitrogênio) secretado pelo terminal axônico de um neurônio que se liga a um receptor específico no próximo neurônio ou em um miócito; envolvido na transmissão do impulso nervoso.

**NHEJ** *Ver* união de extremidades não homólogas (NHEJ).

**nomenclatura de Cleland** Notação abreviada desenvolvida por W. W. Cleland para descrever o progresso de reações enzimáticas com múltiplos substratos e produtos.

**nucleases** Enzimas que hidrolisam as ligações internucleotídicas (fosfodiéster) dos ácidos nucleicos.

**núcleo** Nos eucariotos, uma organela que contém os cromossomos.

**núcleo arqueado** Grupo de neurônios no hipotálamo que atuam na regulação da fome e do comportamento alimentar.

**nucleófilo** Grupo rico em elétrons com forte tendência a doá-los para um grupo deficiente em elétrons (eletrófilo); o reagente que entra em uma reação bimolecular de substituição.

**nucleoide** Nas bactérias, a zona nuclear que contém o cromossomo, mas não é circundada por membrana.

**nucléolo** Nas células eucarióticas, estrutura densamente corada no núcleo; envolvido na síntese de rRNA e na formação dos ribossomos.

**nucleoplasma** A fração do conteúdo celular eucariótico envolta pela membrana nuclear.

**nucleosídeo** Composto que consiste em uma base de purina ou pirimidina unida covalentemente a uma pentose.

**nucleosídeo-difosfato-cinase** Enzima que catalisa a transferência reversível do fosfato terminal de um nucleosídeo-5'-trifosfato a um nucleosídeo-5'-difosfato.

**nucleosídeo-monofosfato-cinase** Enzima que catalisa a transferência do fosfato terminal do ATP para um nucleosídeo-5'-monofosfato. *Comparar com* adenilato-cinase.

**nucleossomo** Nos eucariotos, unidade estrutural de empacotamento de cromatina; consiste em uma fita de DNA enrolada ao redor de um núcleo de histonas.

**nucleotídeo** Nucleosídeo fosforilado em um dos grupos hidroxila de sua pentose.

**nucleotídeo de piridina** Coenzima nucleotídica que contém o derivado de piridina, nicotinamida; NAD ou NADP.

**nucleotídeos de flavina** Coenzimas nucleotídicas contendo riboflavina (FMN ou FAD).

**número de Avogadro ($N$)** O número de moléculas em um mol de qualquer composto ($6,02 \times 10^{23}$).

**número de ligação** O número de vezes que uma fita de DNA circular fechada é enrolada sobre outra; o número de conexões topológicas que mantêm os círculos unidos.

**número de renovação** Número de moléculas de substrato transformadas por uma molécula de enzima por unidade de tempo, sob condições que proporcionam atividade máxima em concentração saturante de substrato.

## o

**oligômero** Polímero curto, geralmente contendo unidades de aminoácidos, açúcares ou nucleotídeos; a definição de "curto" é um tanto arbitrária, mas geralmente menos de 50 unidades.

**oligonucleotídeo** Polímero curto de nucleotídeos (geralmente menos de 50).

**oligopeptídeo** Polímero curto de aminoácidos unidos por ligações peptídicas.

**oligossacarídeo** Vários grupos de monossacarídeos unidos por ligações glicosídicas.

**ω-oxidação** Modo alternativo de oxidação de ácidos graxos, no qual a oxidação inicial ocorre no carbono mais distante do grupo carboxila; diferente de α-oxidação e β-oxidação.

**oncogene** Gene causador de câncer; qualquer um dos vários genes mutantes que provocam proliferação rápida e descontrolada das células. *Ver também* proto-oncogene.

**operador** Região do DNA que interage com uma proteína repressora para o controle da expressão de um gene ou de um grupo de genes.

**operon** Unidade de expressão gênica que consiste em um ou mais genes relacionados e as sequências do promotor e do operador que regulam a sua transcrição.

**opsina** A porção proteica do pigmento visual que, com a adição do cromóforo retinal, torna-se rodopsina.

**orexigênico** Que tende a aumentar o apetite e o consumo de alimentos. *Comparar com* anorexigênico.

**ORF** *Ver* fase de leitura aberta.

**organelas** Estruturas delimitadas por membranas encontradas nas células eucarióticas; contêm enzimas e outros componentes necessários para as funções especializadas da célula.

**origem** O sítio ou a sequência nucleotídica no DNA em que se inicia a replicação.

**ortólogos** Genes ou proteínas de espécies diferentes que têm uma relação clara de sequência e de função entre si.

**oscilação** O pareamento de bases relativamente frouxo entre a base da extremidade 3' de um códon e a base complementar na extremidade 5' do anticódon.

**osmose** Grande fluxo de água através de uma membrana semipermeável para outro compartimento aquoso que contém soluto em uma concentração mais alta.

**oxidação** A perda de elétrons por um composto.

**oxidases** Enzimas que catalisam reações de oxidação nas quais o oxigênio molecular serve como aceptor de elétrons, mas nenhum dos átomos de oxigênio é incorporado no produto. *Comparar com* oxigenases.

**oxidases de função mista** Enzimas que catalisam reações nas quais dois substratos diferentes são oxidados simultaneamente pelo oxigênio molecular, mas os átomos do oxigênio não aparecem no produto oxidado.

**oxigenases** Enzimas que catalisam reações nas quais os átomos de oxigênio são diretamente incorporados ao produto, formando um grupo hidroxila ou carboxila. Na reação de uma monoxigenase, apenas um átomo de oxigênio é incorporado; o outro é reduzido a $H_2O$. Nas reações catalisadas por dioxigenases, ambos os átomos de oxigênio são incorporados ao produto. *Comparar com* oxidases.

**oxigenases de função mista** Enzimas (p. ex., monoxigenases) que catalisam reações nas quais dois redutores – em geral, um deles é o NADPH, e o outro, o substrato da enzima – são oxidados pelo oxigênio molecular, com um átomo de oxigênio incorporado no produto e o outro reduzido a $H_2O$.

## p

**palíndromo** Segmento de DNA duplex no qual as sequências de bases das duas fitas exibem simetria rotacional dupla sobre um eixo.

**par conjugado ácido-base** Um doador de próton e sua espécie desprotonada correspondente; por exemplo, o ácido acético (doador) e o acetato (aceptor).

**par conjugado redox** Doador de elétrons e sua forma aceptora de elétrons correspondente; por exemplo, $Cu^+$ (doador) e $Cu^{2+}$ (aceptor), ou NADH (doador) e NAD$^+$ (aceptor).

**par de bases** Dois nucleotídeos nas cadeias de ácidos nucleicos que pareiam por ligações de hidrogênio de suas bases; por exemplo, A com T ou U, e G com C.

**par redox** Um doador de elétrons e sua forma oxidada correspondente; por exemplo, NADH e NAD$^+$.

**paradigma** Em bioquímica, um modelo ou exemplo experimental.

**parálogos** Genes ou proteínas presentes em uma mesma espécie que possuem uma relação clara de sequência e função entre eles.

**patogênico** Causador de doenças.

**PCR** *Ver* reação em cadeia da polimerase.

**PCR em tempo real** *Ver* PCR quantitativa.

**PCR quantitativa (qPCR)** Um procedimento usando PCR que permite a determinação de quanto de um molde amplificado estava na amostra original; também chamada de PCR em tempo real.

**PDB (Protein Data Bank; banco de dados de proteínas)** Banco de dados internacional (www.rcsb.org) que arquiva dados que descrevem a estrutura tridimensional de quase todas as macromoléculas cujas estruturas foram publicadas.

**pentose** Açúcar simples que contém um esqueleto com cinco átomos de carbono.

**peptidases** Enzimas que hidrolisam ligações peptídicas.

**peptídeo** Dois ou mais aminoácidos unidos covalentemente por ligações peptídicas.

**peptideoglicano** Um componente importante da parede celular bacteriana; geralmente consiste em heteropolissacarídeos paralelos unidos transversalmente por peptídeos curtos.

**peptidil-transferase** A atividade enzimática que sintetiza as ligações peptídicas das proteínas; uma ribozima, parte do rRNA da subunidade ribossômica grande.

**perfil ribossômico** Uma técnica que emprega sequenciamento de DNA de última geração para os fragmentos de cDNA derivados do RNA ligado a ribossomos celulares para determinar quais mRNA estão sendo traduzidos em um dado momento.

**permeases** *Ver* transportadores.

**peroxissomo** Organela das células eucarióticas; contém enzimas de formação e degradação de peróxidos.

**peso molecular em gramas** Para um composto, a massa em gramas que é numericamente igual à sua massa molecular; a massa de um mol.

**PG** *Ver* prostaglandina.

**pH** O antilogaritmo da concentração dos íons hidrogênio em uma solução aquosa.

**pH isoelétrico (ponto isoelétrico, pI)** O pH no qual o soluto não tem carga elétrica efetiva, de modo que não se move quando em um campo elétrico.

**pH ótimo** O pH característico no qual uma enzima tem atividade catalítica máxima.

**pI** *Ver* pH isoelétrico.

**PIC** *Ver* complexo de pré-iniciação.

**pigmentos acessórios** Pigmentos que absorvem a luz visível (carotenoides, xantofilas e ficobilinas) em plantas e bactérias fotossintetizantes que complementam as clorofilas na captura da energia da luz solar.

**piranose** Um açúcar simples, contendo o anel pirano de seis membros.

**piridoxal-fosfato (PLP)** Coenzima contendo a vitamina piridoxina (vitamina $B_6$); funciona em reações de transferência de grupos amino.

**pirimidina** Base nitrogenada heterocíclica encontrada em nucleotídeos e ácidos nucleicos.

**pirofosfatase** Enzima que hidrolisa uma molécula de pirofosfato inorgânico com a formação de duas moléculas de (orto)fosfato; também conhecida como pirofosfatase.

**pirossequenciamento** Tecnologia de sequenciamento de DNA na qual a adição de cada nucleotídeo pela DNA-polimerase dispara uma série de reações que terminam em uma emissão de luz gerada pela luciferase.

**$pK_a$** O antilogaritmo de uma constante de equilíbrio.

**PKA** *Ver* proteína-cinase dependente de AMPc.

**plantas $C_3$** Plantas nas quais o primeiro produto da fixação do $CO_2$ é o composto de três carbonos 3-fosfoglicerato. *Comparar com* plantas $C_4$.

**plantas $C_4$** Plantas (geralmente tropicais) nas quais o $CO_2$ é inicialmente fixado em um composto de quatro carbonos (oxalacetato ou malato) antes de ingressar no ciclo de Calvin através da reação da rubisco. *Comparar com* plantas $C_3$.

**plantas CAM** Plantas suculentas de clima quente e seco nas quais o $CO_2$ é fixado, produzindo oxalacetato no escuro, sendo, então, fixado pela rubisco na presença da luz quando os estômatos se fecham para excluir o $O_2$.

**plaquetas** Células pequenas e anucleadas que iniciam a coagulação sanguínea; originam-se de células da medula óssea denominadas megacariócitos. Também chamadas trombócitos.

**plasmalogênio** Fosfolipídeo com substituinte alquenila-éter no C-1 do glicerol.

**plasmídeo** Pequena molécula de DNA circular extracromossômica com replicação independente; frequentemente utilizada em engenharia genética.

**plastídio** Em plantas, uma organela autorreplicativa; pode se diferenciar em um cloroplasto ou amiloplasto.

**plastocianina** Pequeno e solúvel transportador de elétrons contendo cobre presente no lúmen do tilacoide. Transfere um elétron por vez entre o citocromo $b_6f$ e o centro de reação P700, alternando entre suas formas $Cu^+$ e $Cu^{2+}$.

**plectonêmica** A estrutura de um polímero molecular que tem um entrelaçamento de fitas umas sobre as outras de uma maneira regular e simples.

**PLP** *Ver* piridoxal-fosfato.

**polar** Hidrofílico ou "que gosta de água"; descreve moléculas ou grupos que são hidrossolúveis.

**polaridade** (1) Em química, a distribuição não uniforme dos elétrons em uma molécula; as moléculas polares geralmente são hidrossolúveis. (2) Em biologia molecular, a distinção entre as extremidades 3' e 5' dos ácidos nucleicos.

**polimórfica** Descreve uma proteína para a qual existem sequências variantes de aminoácidos em uma população de organismos, mas as variações não destroem a função de proteína.

**polimorfismo de nucleotídeo único (SNP)** Mudança genômica de um par de bases que ajuda a diferenciar uma espécie de outra ou um subgrupo de indivíduos em uma população.

**polimorfismos de sequência** Qualquer alteração na sequência genômica (mudanças de pares de bases, inserções, deleções, rearranjos) que ajuda a diferenciar subgrupos de indivíduos em uma população ou entre espécies.

**polinucleotídeo** Sequência de nucleotídeos unidos covalentemente, na qual a hidroxila 3' da pentose de um resíduo de nucleotídeo é unida por uma ligação fosfodiéster à hidroxila 5' da pentose do resíduo seguinte.

**polipeptídeo** Cadeia longa de aminoácidos unidos por ligações peptídicas; a massa molecular é geralmente menor do que 10.000.

**polirribossomo** *Ver* polissomo.

**polissacarídeo** Polímero linear ou ramificado de unidades monossacarídicas unidas por ligações glicosídicas.

**polissomo** Complexo formado por uma molécula de mRNA e dois ou mais ribossomos; também chamado de polirribossomo.

**porfiria** Doença hereditária resultante da ausência de uma ou mais enzimas necessárias à síntese das porfirinas.

**porfirina** Composto nitrogenado complexo que contém quatro pirróis substituídos unidos covalentemente, formando um anel; com frequência, complexados com um átomo metálico central.

**potencial de fosforilação ($\Delta G_p$)** A variação de energia livre real da hidrólise do ATP sob as condições não padrão que prevalecem na célula.

**potencial de membrana ($V_m$)** Diferença no potencial elétrico através de uma membrana biológica, comumente medida inserindo-se um microeletrodo; valores típicos variam de $-25$ mV (por convenção, o sinal negativo indica que o lado de dentro é negativo em relação ao lado de fora) a mais de $-100$ mV através de algumas membranas de vacúolos vegetais.

**potencial de redução padrão ($E°$)** Força eletromotriz apresentada em um eletrodo em concentrações de 1 M de um agente redutor e sua forma oxidada a 25 °C; uma medida da tendência relativa do agente redutor de perder elétrons. $E'°$ representa o potencial de redução padrão transformado em pH 7,0 e 55,5 M de água, usado pelos bioquímicos.

**potencial de transferência de grupo** Medida da capacidade de um composto de doar um grupo ativado (como grupo acila ou fosfato); geralmente expresso como energia livre padrão de hidrólise.

**potencial eletroquímico** A energia necessária para manter uma separação de carga e de concentração através de uma membrana.

**potencializadores** Sequências de DNA que facilitam a expressão de um dado gene; podem estar localizados algumas centenas ou mesmo milhares de pares de bases distantes do gene.

**PPAR (receptor ativado por proliferador de peroxissomos)** Família de fatores de transcrição nucleares ativados por ligantes lipídicos que alteram a expressão de genes específicos, incluindo aqueles que codificam enzimas da síntese e da degradação de lipídeos.

**prebiótico** Ingrediente alimentício não digerível, fermentado seletivamente, que favorece o crescimento de bactérias relacionadas com um estado saudável.

**preparação** (1) Na fosforilação de proteínas, a fosforilação de um resíduo de aminoácido que se torna sítio de ligação e ponto de referência para a fosforilação de outros resíduos na mesma proteína. (2) Na replicação do DNA, a síntese de um oligonucleotídeo curto ao qual DNA-polimerases podem acrescentar nucleotídeos adicionais.

**pressão osmótica** Pressão gerada pelo fluxo osmótico da água através de uma membrana semipermeável para um compartimento aquoso que contém soluto em concentração mais alta.

**primases** Enzimas que catalisam a formação de oligonucleotídeos de RNA usados como iniciadores pelas DNA-polimerases.

**primeira lei da termodinâmica** A lei que diz que, em todos os processos, a energia total do universo permanece constante.

*primer* Ver iniciador

**primossomo** Complexo enzimático que sintetiza os iniciadores necessários para a síntese da fita lenta do DNA.

**probiótico** Microrganismo vivo que, quando ingerido em quantidades adequadas, confere um benefício para a saúde do hospedeiro.

**procarioto** Termo usado historicamente para se referir a qualquer espécie dos domínios Bacteria e Archaea. As diferenças entre as bactérias (antigamente designadas "eubactérias") e as arqueias são grandes, de modo que esse termo tem utilidade limitada. É comum, mas enganosa, a tendência de usar "procarioto" ao se referir somente às bactérias; "procarioto" também implica um relacionamento ancestral com os eucariotos, o que é incorreto. Neste livro, não utilizamos "procarioto" e "procariótico".

**processamento pós-transcricional** O processamento enzimático do transcrito primário do RNA para a produção de RNA funcionais, incluindo mRNA, tRNA, rRNA e muitas outras classes de RNA.

**processividade** Em qualquer enzima que catalisa a síntese de um polímero biológico, a propriedade de adicionar múltiplas subunidades ao polímero sem se dissociar do substrato.

**produto iônico da água ($K_w$)** O produto das concentrações de $H^+$ e $OH^-$ na água pura; $K_w = [H^+][OH^-] = 1 \times 10^{-14}$ a 25 °C.

**profundidade do sequenciamento** O número médio de vezes em que um dado nucleotídeo no genoma é incluído em segmentos sequenciados de DNA.

**promotor** Sequência de DNA à qual a RNA-polimerase pode se ligar, levando ao início da transcrição.

**propriedades coligativas** Propriedades de uma solução que dependem do número de partículas de soluto por unidade de volume; por exemplo, diminuição do ponto de congelamento.

**prostaglandina (PG)** Membro de uma classe de lipídeos eicosanoides cíclicos poli-insaturados que atuam como hormônios parácrinos.

**proteases** Enzimas que catalisam a clivagem hidrolítica de ligações peptídicas nas proteínas.

**proteassomo** Conjunto supramolecular de complexos enzimáticos que atuam na degradação de proteínas celulares desnecessárias ou danificadas.

**Protein Data Bank (banco de dados de proteínas)** Ver PDB.

**proteína** Macromolécula composta de uma ou mais cadeias polipeptídicas, cada qual com uma sequência característica de aminoácidos unidos por ligações peptídicas.

**proteína alostérica** Uma proteína (geralmente com várias subunidades) com múltiplos sítios de interação com ligantes, de modo que a interação com o ligante em um sítio afeta a sua interação em outro.

**proteína ancorada por GPI** Proteína ligada à monocamada externa da membrana plasmática por ligação covalente através de uma curta cadeia oligossacarídica a uma molécula de fosfatidilinositol na membrana.

**proteína ativadora de genes catabólicos (CAP)** Ver proteína receptora de AMPc.

**proteína conjugada** Proteína que contém um ou mais grupos prostéticos.

**proteína de fusão** (1) Componente de uma família de proteínas que facilita a fusão de membranas. (2) O produto proteico de um gene criado pela fusão de dois genes distintos ou de partes de genes.

**proteína de transferência de lipídeos** Uma família de proteínas que transferem lipídeos de membrana entre partes do sistema de endomembranas em determinados pontos de contato.

**proteína desacopladora 1 (UCP1)** Proteína da membrana mitocondrial interna do tecido adiposo marrom e do tecido adiposo bege que permite o movimento de prótons transmembrana, causando um curto-circuito no uso normal dos prótons para impulsionar a síntese de ATP e dissipando como calor a energia da oxidação dos substratos. Também chamada de termogenina.

**proteína desnaturada** Proteína que perdeu parte de sua conformação nativa por exposição a um agente desestabilizador, como o calor ou um detergente, o suficiente para perder sua função.

**proteína ferro-enxofre de Rieske** Tipo de proteína ferro-enxofre em que dois dos ligantes ao íon ferro central são cadeias laterais de His; atua em muitas sequências de transferência de elétrons, incluindo fosforilação oxidativa e fotofosforilação.

**proteína ferro-enxofre** Membro de uma grande família de proteínas de transferência de elétrons, na qual o transportador de elétrons é um ou mais íons de ferro associados a dois ou mais átomos de enxofre de resíduos de Cys ou de sulfeto inorgânico.

**proteína G estimulatória ($G_s$)** Proteína trimérica reguladora que liga GTP e que, quando ativada por um receptor de membrana plasmática associado, estimula uma enzima vizinha na membrana, como a adenilato-ciclase; os seus efeitos se opõem aos da $G_i$. *Comparar com* proteína G inibitória.

**proteína G inibitória ($G_i$)** Proteína trimérica de ligação a GTP que, quando ativada por um receptor associado à membrana plasmática, inibe uma enzima de membrana próxima, como a adenilato-ciclase. *Comparar com* proteína G estimulatória ($G_s$).

**proteína oligomérica** Proteína com múltiplas subunidades e duas ou mais cadeias polipeptídicas.

**proteína receptora de AMPc (CRP)** Proteína reguladora específica das bactérias que controla a iniciação da transcrição dos genes que produzem as enzimas necessárias para que a célula possa usar outros nutrientes quando falta glicose; também chamada de proteína ativadora de genes catabólicos (CAP).

**proteína regulatória** Proteína cuja função é regular a atividade de outra proteína ou enzima ligando-se a ela.

**proteína simples** Proteína que, quando hidrolisada, produz somente aminoácidos.

**proteína verde fluorescente (GFP)** Pequena proteína de um organismo marinho que produz uma fluorescência brilhante na região verde do espectro visível. A fusão de proteínas com GFP é comumente usada para a determinação da localização subcelular da proteína fusionada por microscopia de fluorescência.

**proteína-cinase A (PKA)** Ver proteína-cinase dependente de AMPc.

**proteína-cinase ativada por AMP (AMPK)** Uma proteína-cinase ativada por 5'-adenosina-monofosfato (AMP) e inibida por ATP. A atividade da AMPK geralmente muda o metabolismo de anabólico para produção de energia (catabólico).

**proteína-cinase dependente de AMPc (proteína-cinase A; PKA)** Uma proteína-cinase que fosforila resíduos de Ser ou Thr quando ligada por seu ativador alostérico, o AMPc.

**proteínas adaptadoras** proteínas sinalizadoras, geralmente desprovidas de atividade enzimática, com sítios de ligação para dois ou mais componentes celulares e que servem para aproximar esses componentes.

**proteínas anfitrópicas** Proteínas que se associam reversivelmente à membrana e, portanto, podem ser encontradas no citosol, na membrana ou em ambos.

**proteínas ativadoras de GTPase (GAP)** Proteínas de regulação que se ligam a proteínas G ativadas e estimulam sua atividade GTPásica intrínseca, acelerando sua autoinativação.

**proteínas contendo ferro não heme** Proteínas que contêm ferro, mas não grupos porfirina; geralmente atuam em reações de oxidação-redução.

**proteínas de ligação a nucleotídeos de guanosina** *Ver* proteínas G.

**proteínas estruturais (arcabouço proteico)** Referindo-se a complexos multienzimáticos, são proteínas não catalíticas que formam o núcleo para o estabelecimento desses complexos, fornecendo dois ou mais sítios de ligação específicos para essas proteínas.

**proteínas fibrosas** Proteínas insolúveis que têm um papel protetor ou estrutural; contêm cadeias polipeptídicas que, em geral, compartilham uma estrutura secundária comum.

**proteínas G** Grande família de proteínas de ligação a GTP que atuam nas vias de sinalização intracelular e no tráfego de membranas. São ativas quando ligadas ao GTP e se autoinativam, convertendo GTP em GDP. Também chamadas de proteínas de ligação a nucleotídeos de guanosina.

**proteínas G pequenas** *Ver* superfamília Ras das proteínas G.

**proteínas G triméricas** Membros da família de proteínas G que contêm três subunidades; atuam em várias vias de sinalização. São inativas quando ligadas ao GDP e ativadas por receptores aos quais estão associadas quando o GDP é deslocado pelo GTP, sendo, a seguir, novamente inativadas por sua atividade GTPásica intrínseca.

**proteínas globulares** Proteínas solúveis com forma globular (um pouco arredondada).

**proteínas homólogas** Proteínas com sequências similares que atuam em diferentes espécies; por exemplo, as hemoglobinas.

**proteínas integrais** Proteínas ligadas firmemente a uma membrana por interações hidrofóbicas; opostas às proteínas periféricas.

**proteínas intrinsecamente desorganizadas** Proteínas, ou segmentos de proteínas, desprovidas de uma estrutura tridimensional definida em solução. Em alguns casos, o enovelamento pode ser ditado por moléculas ligantes.

**proteínas periféricas de membrana** Proteínas fracamente associadas à membrana por ligações de hidrogênio ou forças eletrostáticas; geralmente hidrossolúveis uma vez liberadas da membrana. *Comparar com* proteínas integrais.

**proteínas plasmáticas** As proteínas presentes no plasma sanguíneo.

**proteínas-cinases** Enzimas que transferem o grupo fosforila terminal do ATP ou de outro nucleosídeo-trifosfato para a cadeia lateral de resíduos de Ser, Thr, Tyr, Asp ou His em uma proteína-alvo, regulando, assim, a atividade ou outras propriedades da proteína.

**proteínas-cinases ativadas por mitógeno** *Ver* MAPK.

**proteínas-fosfatases** Enzimas que hidrolisam uma ligação éster ou anidrido de fosfato em uma proteína, liberando fosfato inorgânico, $P_i$. Também chamadas de fosfoproteínas-fosfatases.

**proteoglicano** Macromolécula híbrida que consiste em um heteropolissacarídeo unido a um polipeptídeo; o polissacarídeo é o principal componente.

**proteoma** O conjunto completo das proteínas expressas em uma dada célula ou o conjunto completo das proteínas que podem ser expressas por um dado genoma.

**proteômica** Em sentido amplo, o estudo do conjunto de proteínas de uma célula ou de um organismo.

**proteostase** A manutenção em estado estacionário celular do conjunto de proteínas celulares necessárias para as funções celulares sob um dado conjunto de condições.

**protômero** Termo geral que descreve qualquer unidade repetida de uma ou mais subunidades proteicas estavelmente associadas em uma estrutura proteica maior. Se o protômero tiver múltiplas subunidades, elas podem ser iguais ou diferentes.

**proto-oncogene** Gene celular que geralmente codifica uma proteína de regulação; pode ser convertido, por mutação, em um oncogene.

**purina** Uma base nitrogenada heterocíclica, componente dos nucleotídeos e dos ácidos nucleicos; contém anéis pirimidina e imidazol fusionados.

**puromicina** Antibiótico que inibe a síntese polipeptídica, uma vez que se incorpora a uma cadeia polipeptídica em crescimento, causando a sua terminação prematura.

# q

**Q** *Ver* razão de ação das massas.

**quantum** A unidade fundamental de energia.

**quilomícron** Lipoproteína plasmática que consiste em uma grande gotícula de triacilgliceróis estabilizada por um revestimento de proteínas e fosfolipídeos; transporta lipídeos do intestino para outros tecidos.

**quimera de DNA** DNA contendo informação genética derivada de duas espécies diferentes.

**quimiotaxia** Percepção e movimento de uma célula em direção a um agente químico específico ou distanciando-se dele.

**quimiotrofo** Organismo que obtém energia metabolizando compostos orgânicos derivados de outros organismos.

# r

**radiação ionizante** Tipo de radiação, como os raios X, que causa perda de elétrons de algumas moléculas orgânicas, tornando-as mais reativas.

**radiação ultravioleta (UV)** Radiação eletromagnética na região entre 200 e 400 nm.

**radical** Átomo ou grupo de átomos com um elétron não pareado; também chamado de radical livre.

**radioimunoensaio (RIE)** Método quantitativo sensível para a detecção de quantidades-traço de uma biomolécula, com base na sua capacidade de deslocar uma forma radioativa da molécula da sua combinação com o seu anticorpo específico.

**razão de ação das massas (Q)** Para a reação $aA + bB \rightleftharpoons cC + dD$, a razão $[C]^c[D]^d/[A]^a[B]^b$.

**razão P/O** O número de mols de ATP formados na fosforilação oxidativa por ½$O_2$ reduzido (portanto, por par de elétrons que passam ao $O_2$). Os valores experimentais usados neste texto são 2,5 para a passagem de elétrons do NADH para o $O_2$ e 1,5 para a passagem de elétrons do $FADH_2$ para o $O_2$.

**reação anaplerótica** Uma reação enzimática que pode repor o suprimento de intermediários no ciclo do ácido cítrico.

**reação de Hill** A liberação de oxigênio e a fotorredução de um aceptor artificial de elétrons por uma preparação de cloroplastos na ausência de dióxido de carbono.

**reação de oxidação-redução** Reação na qual os elétrons são transferidos de uma molécula doadora para uma aceptora; também chamada de reação redox.

**reação em cadeia da polimerase (PCR)** Procedimento laboratorial repetitivo que resulta na amplificação geométrica de uma sequência específica de DNA.

**reação endergônica** Reação química que consome energia (i.e., que tem uma $\Delta G$ positiva).

**reação endotérmica** Uma reação química que consome calor (i.e., apresenta $\Delta H$ positiva).

**reação exergônica** Reação química que ocorre com liberação de energia livre (i.e., cuja $\Delta G$ é negativa).

**reação exotérmica** Reação química que libera calor (i.e., cuja $\Delta H$ é negativa).

**reação redox** *Ver* reação de oxidação-redução.

**reações acopladas** Duas reações químicas que têm um intermediário comum e, portanto, uma maneira de transferir energia uma para a outra.

**reações de assimilação de carbono** Anteriormente chamadas de reações do escuro. Ver assimilação de $CO_2$.

**reações do escuro** Ver reações de assimilação de carbono.

**reações fotodependentes** As reações da fotossíntese que necessitam da luz e não ocorrem no escuro; também chamadas reações da luz.

**receptor ativado por proliferador de peroxissomos** Ver PPAR.

**receptor hormonal** Uma proteína no interior ou na superfície de células-alvo que se liga a um hormônio específico e inicia a resposta celular.

**receptor tirosina-cinase (RTK)** Grande família de proteínas de membrana plasmática com sítios de interação com ligantes no domínio extracelular, uma única hélice transmembrana e um domínio citoplasmático com atividade de tirosina-cinase controlada pelo ligante extracelular.

**receptores acoplados à proteína G (GPCR)** Uma grande família de proteínas que funcionam como receptores de membrana com sete segmentos helicoidais transmembrana, frequentemente associadas a proteínas G para transduzir um sinal extracelular em uma alteração no metabolismo celular.

**recombinação** Qualquer processo enzimático pelo qual o arranjo linear da sequência de unidades nos ácidos nucleicos em um cromossomo é alterado por clivagem e religação.

**recombinação genética homóloga** Recombinação entre duas moléculas de DNA de sequências similares que ocorre em todas as células; ocorre nos eucariotos durante a mitose e a meiose.

**recombinação sítio-específica** Tipo de recombinação genética que ocorre somente em sequências específicas.

**recuperação de fluorescência após fotodescoloração** Ver FRAP.

**redução** O ganho de elétrons por um composto ou íon.

**regra do positivo para dentro** Observação geral de que a maioria das proteínas da membrana plasmática está orientada de forma que a maioria dos resíduos positivamente carregados (Lys e Arg) se localize na face citosólica.

**regulação metabólica** Os mecanismos pelos quais as células resistem a alterações na concentração de metabólitos individuais que, caso contrário, poderiam ocorrer quando os mecanismos de controle metabólico alteram o fluxo por uma via.

**regulador da sinalização da proteína G (RGS)** Domínio estrutural proteico que estimula a atividade GTPásica das proteínas G heterotriméricas.

**regulon** Grupo de genes ou operons regulados de forma coordenada mesmo que alguns, ou todos, estejam espacialmente separados no cromossomo ou no genoma.

**renaturação** Redobramento de uma proteína globular desdobrada (desnaturada), de modo a restabelecer sua estrutura e função nativas.

**reparo de malpareamento** Sistema enzimático para reparação de malpareamento de bases no DNA.

**reparo do DNA por recombinação** Processo de recombinação direcionado para o reparo de quebras de fitas ou ligações transversais do DNA, principalmente em forquilhas de replicação inativadas.

**repetições curtas em *tandem* (STR)** Curta sequência de DNA (em geral, 3 a 6 pares de bases) repetida muitas vezes em *tandem* em determinada localização em um cromossomo.

**replicação** Síntese de moléculas-filhas de ácidos nucleicos idênticas ao ácido nucleico parental.

**replissomo** O complexo multiproteico que promove a síntese do DNA na forquilha de replicação.

**repressão** Redução na expressão de um gene em resposta a uma mudança na atividade de uma proteína de regulação.

**repressor** A proteína que se liga à sequência regulatória ou ao operador de um gene, bloqueando sua transcrição.

**repressor de tradução** Repressor que se liga a um mRNA, bloqueando a tradução.

**resíduo** Unidade individual de um polímero; por exemplo, um aminoácido em uma cadeia polipeptídica. O termo reflete o fato de que os açúcares, os nucleotídeos e os aminoácidos perdem alguns átomos (geralmente os elementos da água) quando incorporados aos seus respectivos polímeros.

**resíduo aminoterminal** O único resíduo de aminoácido em uma cadeia polipeptídica que tem um grupo $\alpha$-amino livre; define a extremidade amino do polipeptídeo.

**resíduo carboxiterminal** O único resíduo de aminoácido em uma cadeia polipeptídica que tem um grupo $\alpha$-carboxila livre; define a extremidade carboxila (ou C) do polipeptídeo.

**resina de troca de ânions** Resina polimérica com grupos catiônicos fixados, usada na separação cromatográfica de ânions.

**resina de troca de cátions** Polímero insolúvel com cargas negativas fixadas, usado na separação cromatográfica de substâncias catiônicas.

**respiração** Qualquer processo metabólico que conduz à captação de oxigênio e à liberação de $CO_2$.

**respirassomo** Um supercomplexo formado pelos Complexos I, III e IV de transferência de elétrons na membrana interna da mitocôndria.

**resposta imune** A capacidade de um vertebrado de gerar anticorpos contra um antígeno, uma macromolécula estranha ao organismo.

**resposta SOS** Nas bactérias, uma indução coordenada de uma grande variedade de genes em resposta a altos níveis de danos ao DNA.

**retículo endoplasmático** Amplo sistema de membranas duplas no citoplasma de células eucarióticas; inclui canais de secreção e, com frequência, está guarnecido com ribossomos (retículo endoplasmático rugoso).

**retinal** Aldeído isoprenoide com 20 carbonos derivado do caroteno, que serve como componente fotossensível no pigmento visual rodopsina. A iluminação converte 11-*cis*-retinal em todo-*trans*-retinal.

**retroalimentação negativa** Regulação de uma via bioquímica na qual o produto da via inibe uma etapa anterior na via.

**retrovírus** Vírus de RNA que contém transcriptase reversa.

**revisão** A correção de erros na síntese de um biopolímero que contenha informação pela remoção de subunidades monoméricas incorretas após terem sido adicionadas covalentemente ao polímero em crescimento.

**RGS** Ver regulador da sinalização da proteína G.

**ribocomutador** Um segmento estruturado de um mRNA que se liga a um ligante específico e afeta a tradução ou o processamento do mRNA.

**ribonuclease** Nuclease que catalisa a hidrólise de determinadas ligações internucleotídicas no RNA.

**ribonucleoproteína (RNP)** Biomoléculas com subunidades de RNA e de proteínas. Exemplos incluem telomerase, spliceossomas e ribossomos.

**ribonucleotídeo** Nucleotídeo que contém D-ribose como seu componente de pentose.

**ribossomo** Complexo supramolecular de rRNA e proteínas, com diâmetro aproximado de 18 a 22 nm; o local da síntese proteica.

**ribozimas** Moléculas de RNA com atividade catalítica; enzimas de RNA.

**ribulose-1,5-bisfosfato-carboxilase/oxigenase (rubisco)** A enzima que fixa $CO_2$ em forma de compostos orgânicos (3-fosfoglicerato) nos organismos (plantas e alguns microrganismos) capazes de fixação de $CO_2$.

**RIE** Ver radioimunoensaio.

**RMN** Ver ressonância magnética nuclear (RMN).

**RNA (ácido ribonucleico)** Polirribonucleotídeo com sequência específica unido por ligações 3'-5'-fosfodiéster sucessivas.

**RNA mensageiro (mRNA)** Uma classe de moléculas de RNA traduzidas pelos ribossomos para produzir proteínas.

**RNA não codificador (ncRNA)** Qualquer RNA que não codifica instruções para um produto proteico.

**RNA não codificador longo (lncRNA)** Classe funcional de RNA, com mais de 200 nucleotídeos, que não codifica uma proteína, mas pode ter papéis na estrutura e na função do cromossomo.

**RNA nuclear pequeno (snRNA)** Uma classe de RNA curtos, geralmente contendo 100 a 200 nucleotídeos de comprimento, presentes no núcleo; envolvido no processo de *splicing* do mRNA eucariótico.

**RNA nucleolar pequeno (snoRNA)** Classe de RNA pequenos, com 60 a 300 nucleotídeos de comprimento, que controlam a modificação dos rRNA no nucléolo.

**RNA ribossômico (rRNA)** Uma classe de moléculas de RNA que atuam como componentes dos ribossomos.

**RNA transportador (tRNA)** Uma classe de moléculas de RNA ($M_r$ 25.000 a 30.000) em que cada uma delas combina-se covalentemente com um aminoácido específico na primeira etapa da síntese proteica.

**RNA-guia (gRNA)** RNA encontrado em sistemas CRISPR que tem sequências complementares às de um DNA-alvo, como o DNA de um fago.

**RNA-guia simples (sgRNA)** Uma combinação de gRNA e tracrRNA que permite que um único RNA ative Cas-nucleases (sobretudo Cas9) e direcione o sistema a determinada sequência de DNA. Partes do RNA podem ser desenhadas por engenharia genética para direcionar o sistema para qualquer sequência de DNA desejada.

**RNA-polimerase** Enzima que catalisa a formação de RNA a partir de ribonucleosídeos-5′-trifosfato, usando uma fita de DNA ou de RNA como molde.

**RNA-Seq** Método para determinar os níveis de expressão relativa de todos ou de grupos selecionados de genes dentro de um genoma.

**RNA-Seq para células isoladas (sc-RNA-seq)** Adaptação do procedimento de RNA-seq que considera os níveis globais de expressão gênica dentro de uma única célula.

**RNP** *Ver* ribonucleoproteína.

**rodopsina** O pigmento visual composto pela proteína opsina e pelo cromóforo retinal.

**rotação específica** A rotação, em graus, do plano da luz polarizada (linha D do sódio) por um composto opticamente ativo a 25 °C, com trajetória da luz e concentração específicas.

**RRM** *Ver* motivo de reconhecimento de RNA.

**rRNA** *Ver* RNA ribossômico.

**RTK** *Ver* receptor tirosina-cinase (RTK).

**RT-PCR** *Ver* transcrição reversa seguida de PCR.

**rubisco** *Ver* ribulose-1,5-bisfosfato-carboxilase/oxigenase.

## S

**S-adenosilmetionina (adoMet)** Um cofator enzimático envolvido na transferência de grupos metila.

**sais biliares** Derivados esteroides anfipáticos com propriedades detergentes que participam da digestão e da absorção dos lipídeos.

**sarcômero** Unidade estrutural e funcional do sistema contrátil do músculo.

**scRNA-seq** *Ver* RNA-Seq para células isoladas.

**segunda lei da termodinâmica** A lei que diz que, em qualquer processo físico ou químico, a entropia do universo tende a aumentar.

**segundo mensageiro** Molécula efetora sintetizada na célula em resposta a um sinal externo (primeiro mensageiro), como um hormônio.

**selectinas** Uma grande família de proteínas de membrana que se ligam fortemente e de modo específico a oligossacarídeos em outras células e levam sinais através da membrana plasmática.

**SELEX** Método de identificação experimental rápida de sequências de ácidos nucleicos (geralmente RNA) com propriedades especiais de catálise ou de interação com ligantes.

**septinas** Uma família de proteínas ligadoras de GTP altamente conservadas que atuam em processos que envolvem dobramento da membrana, como citocinese, exocitose, fagocitose e apoptose.

**sequência de inserção** Sequência específica de bases na extremidade de um segmento de transposição do DNA.

**sequência de Shine-Dalgarno** Sequência em um mRNA importante para a ligação dos ribossomos bacterianos.

**sequência de terminação** Sequência de DNA, na extremidade de uma unidade de transcrição, que sinaliza o final da transcrição.

**sequência regulatória** Sequência de DNA envolvida na regulação da expressão de um gene; por exemplo, um promotor ou operador.

**sequência-consenso** Sequência de DNA ou de aminoácidos que consiste em resíduos que ocorrem mais comumente em cada posição em um grupo de sequências similares.

**sequenciamento de Sanger** Método de sequenciamento de DNA baseado na utilização de didesoxinucleosídeos-trifosfato, desenvolvido por Frederick Sanger; também chamado de sequenciamento didesóxi.

**sequenciamento de terminação reversível** Tecnologia de sequenciamento de DNA na qual adições de nucleotídeos são detectadas e monitoradas pela fluorescência emitida quando é adicionado um nucleotídeo marcado com uma sequência de terminação removível.

**sequenciamento didesóxi** *Ver* sequenciamento de Sanger.

**sequenciamento em tempo real de molécula única (SMRT)** Tecnologia de sequenciamento de DNA na qual as adições de nucleotídeos são detectadas como emissão de luz colorida fluorescente, com sensibilidade aumentada, de modo que moléculas longas de DNA (até 15.000 nucleotídeos) possam ser sequenciadas e os resultados sejam mostrados em tempo real.

**sequenciamento SMRT** *Ver* sequenciamento de molécula única em tempo real.

**sequência-sinal** Uma sequência de aminoácidos, frequentemente na extremidade amino, que sinaliza o destino na célula ou a localização de uma proteína recém-sintetizada.

**serinas-proteases** Uma das quatro principais classes de proteases, tendo um mecanismo de reação no qual um resíduo de Ser no sítio ativo atua como um catalisador covalente.

**sgRNA** *Ver* RNA-guia simples.

**σ** (1) Uma subunidade da RNA-polimerase bacteriana que confere especificidade para certos promotores; normalmente designada por um sobrescrito que indica o seu tamanho (p. ex., $\sigma^{70}$ tem massa molecular de 70.000). (2) *Ver* densidade de super-hélice.

**simbiontes** Dois ou mais organismos mutuamente interdependentes; em geral, vivem em associação física.

**simporte** Cotransporte de solutos, no mesmo sentido, através de uma membrana.

**sindecano** Proteoglicano com um único domínio transmembrana e um domínio extracelular que liga entre 3 e 5 cadeias de sulfato de heparana e, em alguns casos, sulfato de condroitina.

**síndrome metabólica** Uma combinação de condições médicas que, em conjunto, predispõem o indivíduo a doenças cardiovasculares e diabetes tipo 2; inclui hipertensão arterial, altas concentrações de LDL e triacilgliceróis no sangue, glicemia em jejum ligeiramente elevada e obesidade.

**sintases** Enzimas que catalisam reações de condensação e que não requerem nucleosídeo-trifosfato como fonte de energia.

**sintenia** Ordem gênica conservada entre os cromossomos de espécies diferentes.

**sintetases** Enzimas que catalisam reações de condensação e usam ATP ou outro nucleosídeo-trifosfato como fonte de energia.

**sistema** Conjunto isolado de matéria; toda matéria no universo que não faz parte do sistema é chamada de ambiente ou arredores.

**sistema aberto** Sistema que troca matéria e energia com o meio. *Ver também* sistema.

**sistema de restrição-modificação** Sistema enzimático pareado, geralmente nas bactérias, que cliva (restringe) DNA viral invasor em determinada sequência ou metila (modifica) um ou mais nucleotídeos dentro da mesma sequência em que ela ocorre no cromossomo do hospedeiro, de forma a evitar clivagem cromossômica.

**sistema fechado** Sistema que não troca nem matéria nem energia com o ambiente. *Ver também* sistema.

**sistema multienzimático** Grupo de enzimas relacionadas que participam de uma dada via metabólica.

**sítio alostérico** Sítio específico na superfície de uma proteína alostérica ao qual se liga a molécula do modulador ou efetor.

**sítio ativo** Região da superfície da enzima que se liga à molécula do substrato e o transforma cataliticamente; também conhecido como sítio catalítico.

**sítio catalítico** *Ver* sítio ativo.

**sítio de clonagem múltipla (MCS)** Sequência de DNA planejada que inclui sequências de reconhecimento para múltiplas endonucleases de restrição em sítios próximos.

**sítio de ligação** Fenda ou sulco na superfície de uma proteína com a qual o ligante interage.

**snoRNA** *Ver* RNA nucleolar pequeno.

**SNP** *Ver* polimorfismo de nucleotídeo único.

**snRNA** *Ver* RNA nuclear pequeno.

**solução molar** Um mol de soluto dissolvido em água, dando um volume final total de 1.000 mL.

***Southern* blot** Procedimento de hibridização de DNA no qual um ou mais fragmentos específicos de DNA são detectados em uma população maior por hibridização com uma sonda de ácido nucleico complementar marcada.

**spliceossoma** Um complexo de RNA e proteínas envolvido no *splicing* de mRNA nas células eucarióticas.

***splicing* alternativo** Processo no qual éxons são seletivamente cortados do transcrito primário e unidos de maneiras alternativas, de modo a gerar diferentes mRNA maduros. Também chamado corte-junção alternativo.

***splicing* de RNA** Remoção de íntrons e junção de éxons em um transcrito primário. Também chamado corte-junção de RNA.

**SPM** *Ver* mediador especializado na pró-resolução.

**STR** *Ver* repetições curtas em *tandem*.

**substituição conservativa** Substituição de um resíduo de aminoácido em um polipeptídeo por outro resíduo com propriedades semelhantes; por exemplo, substituição de Glu por Asp.

**substrato** O composto específico sobre o qual uma enzima age.

**sulfato de condroitina** Um membro de uma família de glicosaminoglicanos sulfatados; um importante componente da matriz extracelular.

**sulfato de heparana** Polímero sulfatado de *N*-acetilglicosamina e um ácido urônico (ácido glicurônico ou ácido idurônico) alternados; normalmente encontrado na matriz extracelular.

**sulfonilureias** Grupo de medicamentos usados por via oral no tratamento do diabetes tipo 2; atuam fechando canais de K$^+$ nas células $\beta$ pancreáticas, estimulando a secreção de insulina.

**superfamília Ras das proteínas G** Pequenas proteínas monoméricas ($M_r$ ~ 20.000) que ligam nucleotídeos da guanosina; regulam vias de sinalização e de tráfego em membranas; são inativas quando ligadas ao GDP e ativadas pelo deslocamento do GDP pelo GTP; inativadas por sua atividade GTPásica intrínseca. Também chamadas de proteínas G pequenas.

**supertorção** A torção de uma molécula helicoidal (espiralada) sobre si mesma; uma espiral enrolada.

**supertorção do DNA** O enrolamento do DNA sobre si mesmo, geralmente como resultado de dobras, subenrolamentos ou superenrolamentos da hélice de DNA.

**supressor sem sentido** Mutação, geralmente no gene para um tRNA, que faz um aminoácido ser inserido em um polipeptídeo em resposta a um códon de terminação (códon sem sentido).

**Svedberg (S)** Unidade de medida da velocidade de sedimentação de uma partícula em um campo centrífugo.

## t

**TAD** *Ver* domínios topologicamente associados.

**TAM** *Ver* tecido adiposo marrom.

**tampão** Um sistema capaz de resistir a variações de pH, consistindo em um par conjugado ácido-base no qual a razão do aceptor de prótons para o doador de prótons é próxima da unidade.

**tautômeros** Isômeros que se interconvertem rapidamente, de modo a existirem em equilíbrio.

**taxa metabólica basal** Taxa de consumo de oxigênio de um animal em repouso completo, muito tempo depois de uma refeição.

**tecido adiposo** Tecido conectivo especializado no armazenamento de triacilgliceróis. *Ver também* tecido adiposo bege; tecido adiposo marrom; tecido adiposo branco.

**tecido adiposo bege** Tecido adiposo termogênico ativado pela diminuição da temperatura do indivíduo; expressa quantidades altas da proteína desacopladora UCP1 (termogenina). *Comparar com* tecido adiposo marrom; tecido adiposo branco.

**tecido adiposo branco (TAB)** Tecido adiposo não termogênico rico em triacilgliceróis, armazenados e mobilizados em resposta a sinais hormonais. A transferência de elétrons na cadeia respiratória das mitocôndrias do TAB está fortemente acoplada à síntese de ATP. *Comparar com* tecido adiposo bege; tecido adiposo marrom.

**tecido adiposo marrom (TAM)** Tecido adiposo termogênico rico em mitocôndrias que contém a proteína desacopladora termogenina (UCP1), a qual desacopla a transferência de elétrons pela cadeia respiratória da síntese de ATP. *Comparar com* tecido adiposo bege; tecido adiposo branco.

**telomerase** Complexo supramolecular de ribonucleoproteínas responsável pela adição do telômero (repetições no DNA) à extremidade dos cromossomos nos eucariotos.

**telômero** Estrutura especializada dos ácidos nucleicos nas extremidades de cromossomos eucarióticos lineares.

**teoria quimiosmótica** A teoria de que a energia derivada das reações de transferência de elétrons é temporariamente armazenada como uma diferença transmembrana de carga e de pH, a qual subsequentemente impulsiona a formação de ATP na fosforilação oxidativa e na fotofosforilação.

**terminal do iniciador (*primer*)** A extremidade do iniciador à qual as subunidades monoméricas são adicionadas.

**termogênese** A geração biológica de calor pela atividade muscular (tremor), pela fosforilação oxidativa desacoplada ou pela ação de ciclos de substrato (ciclos fúteis).

**termogenina** *Ver* proteína desacopladora 1.

**território cromossômico** Uma região do núcleo preferencialmente ocupada por um determinado cromossomo.

**teste de Ames** Um teste bacteriano simples de carcinogenicidade, com base no pressuposto de que os carcinógenos são mutagênicos.

**tetra-hidrobiopterina** A forma de coenzima reduzida da biopterina.

**tetra-hidrofolato** A forma de coenzima ativa reduzida da vitamina folato.

**tiamina-pirofosfato (TPP)** A forma de coenzima ativa da vitamina B$_1$; envolvida nas reações de transferência de aldeídos.

**tiazolidinedionas** Uma classe de medicamentos utilizados no tratamento do diabetes tipo 2; atuam reduzindo o nível de ácidos graxos circulantes e aumentando a sensibilidade à insulina. Também chamados glitazonas.

**tilacoide** Um sistema fechado e contínuo de discos achatados, formados pelas membranas internas dos cloroplastos contendo pigmentos.

**tioéster** Um éster de um ácido carboxílico com um tiol ou mercaptana.

**tiorredoxina** Proteína pequena e ubíqua contendo um par de resíduos de Cys que participam em reações redox, alternando entre suas formas —SH e —S—S—. Um de seus papéis é manter os resíduos sulfidrila de proteínas-chave em seu estado reduzido.

**tipo selvagem** O genótipo ou o fenótipo normal (não mutado).

**tocoferol** Qualquer uma das diversas formas da vitamina E.

**topoisomerases** Enzimas que introduzem supertorções positivas ou negativas em DNA duplexes circulares fechados.

**topoisômeros** Formas diferentes de uma molécula de DNA circular fechado covalentemente que diferem apenas no seu número de ligação.

**topologia** O estudo das propriedades de um objeto que não se alteram sob deformação contínua, como torção ou flexão.

**TPP** *Ver* tiamina-pirofosfato.

**tradução** O processo no qual a informação genética presente em uma molécula de mRNA especifica a sequência de aminoácidos durante a síntese proteica.

**transaminação** Transferência enzimática de um grupo amino de um α-aminoácido para um α-cetoácido.

**transaminases** *Ver* aminotransferases.

**transcrição** O processo enzimático pelo qual a informação genética contida em uma fita de DNA é usada para especificar a sequência complementar de bases em uma cadeia de mRNA.

**transcrição reversa seguida de PCR (RT-PCR)** Procedimento de PCR no qual a transcriptase reversa é usada para converter RNA em cDNA nas primeiras etapas. O cDNA é, então, amplificado por PCR padrão ou qPCR. Quando acoplado à qPCR, o método pode fornecer uma medida da abundância de RNA.

**transcriptase reversa** Uma DNA-polimerase dependente de RNA nos retrovírus; capaz de fazer um DNA complementar a um RNA.

**transcriptoma** O conjunto completo de transcritos de RNA presentes em uma dada célula ou tecido sob condições específicas.

**transcriptômica** Disciplina que estuda a expressão gênica em escala genômica, frequentemente analisando aumentos ou diminuições na transcrição de vários genes sob condições distintas.

**transcrito precursor** O RNA que é o produto imediato da transcrição, antes de qualquer reação de processamento pós-transcricional. Também chamado transcrito primário.

**transcrito primário** *Ver* transcrito precursor.

**transdução** (1) Em geral, a conversão da energia ou da informação de uma forma em outra. (2) A transferência da informação genética de uma célula a outra através de um vetor viral.

**transdução de energia** A conversão de energia de uma forma para outra.

**transdução de sinal** O processo pelo qual um sinal extracelular (químico, mecânico ou elétrico) é amplificado e convertido em uma resposta celular.

**transferase terminal** Enzima que catalisa a adição de resíduos de nucleotídeos de um único tipo na extremidade 3' da cadeia de DNA.

**transferência cíclica de elétrons** Nos cloroplastos, o fluxo de elétrons induzido pela luz origina-se no fotossistema I e retorna a ele.

**transferência de elétrons** Movimento dos elétrons do doador para o aceptor de elétrons; principalmente dos substratos ao oxigênio por meio dos transportadores da cadeia respiratória (de transporte de elétrons).

**transferência de energia por ressonância de fluorescência** *Ver* FRET.

**transferência linear de elétrons** Transferência de elétrons induzida pela luz, da água para o $NADP^+$ na fotossíntese com produção de oxigênio; envolve os fotossistemas I e II.

**transformação** Introdução de um DNA exógeno em uma célula, fazendo a célula adquirir um novo fenótipo.

**transgênico** Descreve um organismo que tem genes de outro organismo incorporados ao seu genoma como resultado do uso de DNA recombinante.

**translocase** Uma enzima que causa movimento, como o movimento de um ribossomo ao longo de um mRNA.

**transpiração** Passagem da água das raízes da planta para a atmosfera pelo sistema vascular e pelos estômatos das folhas.

**transportador ativo** Proteína de membrana que move um soluto através da membrana contra um gradiente químico ou eletroquímico em uma reação que requer energia.

**transportador de elétrons** Uma proteína, como uma flavoproteína ou um citocromo, que pode ganhar e perder elétrons reversivelmente; funciona na transferência de elétrons dos nutrientes orgânicos para o oxigênio ou algum outro aceptor terminal.

**transportador passivo** Uma proteína de membrana que aumenta a taxa de movimento de um soluto através da membrana a favor de seu gradiente eletroquímico, sem necessidade de adição de energia.

**transportadores** Proteínas que se estendem, atravessando a membrana, e transportam com especificidade nutrientes, metabólitos, íons ou proteínas através dela; às vezes chamados de permeases.

**transportadores ABC** Proteínas da membrana plasmática com sequências que formam cassetes de ligação ao ATP (ABC, do inglês *ATP-binding cassetes*); servem para transportar para fora da célula uma grande variedade de substratos, incluindo íons inorgânicos, lipídeos e fármacos apolares, usando o ATP como fonte de energia.

**transportadores de múltiplos fármacos** Membros da família ABC de transportadores na membrana plasmática que exportam da célula diversos fármacos antitumorais comumente utilizados, interferindo, assim, na terapia antitumoral.

**transporte através da membrana** Movimento de um soluto polar através de uma membrana por meio de uma proteína específica de membrana (um transportador).

**transposição de DNA** *Ver* transposição.

**transposição** O movimento de um gene ou de um conjunto de genes de um local para outro no genoma. Também chamado transposição de DNA.

**transposon (elemento de transposição)** Segmento de DNA que pode se mover no genoma de uma posição para outra.

**triacilglicerol** Éster de glicerol com três moléculas de ácidos graxos; também chamado triglicerídeo ou gordura neutra.

**triose** Açúcar simples com um esqueleto contendo três átomos de carbono.

**tRNA** *Ver* RNA transportador.

**trombócitos** *Ver* plaquetas.

**tromboxano (TX)** Membro de uma classe de lipídeos eicosanoides com um anel de seis membros contendo um éter; envolvido na agregação plaquetária durante a coagulação sanguínea.

**t-SNARE** Receptores proteicos em uma membrana-alvo (geralmente a membrana plasmática) que se ligam a v-SNARE na membrana de uma vesícula secretora e medeiam a fusão da vesícula com a membrana-alvo.

**TX** *Ver* tromboxano.

## u

**ubiquitina** Pequena proteína de eucariotos, altamente conservada, que conduz proteínas intracelulares aos proteassomos para degradação. Várias moléculas de ubiquitina em *tandem* se unem covalentemente a um resíduo de Lys da proteína-alvo por ação de uma enzima de ubiquitinação.

**união de extremidades não homólogas (NHEJ)** Processo no qual uma quebra na fita dupla em um cromossomo é reparada por processamento e ligação da extremidade, com frequência criando mutações no sítio de ligação.

**uniporte** Sistema de transporte que transporta somente um soluto; oposto ao cotransporte.

**ureotélico** Que excreta o excesso de nitrogênio amínico na forma de ureia.

**uricotélico** Que excreta o excesso de nitrogênio na forma de urato (ácido úrico).

## v

**variação de energia livre (ΔG)** Quantidade de energia livre liberada ($\Delta G$ negativa) ou absorvida ($\Delta G$ positiva) em uma reação a temperatura e pressão constantes.

**variação de energia livre padrão (ΔG°)** Variação da energia livre para uma reação que ocorre sob um conjunto de condições-padrão: temperatura de 298 K; pressão de 1 atm (101,3 kPa); e todos os solutos em uma concentração de 1 M. $\Delta G'^\circ$ representa a variação de energia livre padrão transformada para pH 7,0 em 55,5 M de água, usada por bioquímicos.

**variação de energia livre padrão bioquímica (ΔG'°)** A variação de energia livre para uma reação que ocorre em determinadas condições padrão: temperatura, 298 K; pressão, 1 atm (101,3 kPa); concentrações de todos os solutos em 1 M; em pH 7,0 e em 55,5 M de água. Também chamada variação de energia livre padrão transformada. *Comparar com* variação de energia livre padrão ($\Delta G^\circ$).

**variação de entalpia (ΔH)** Para uma reação, é aproximadamente igual à diferença entre a energia usada para romper as ligações e a energia ganha pela formação de novas ligações.

**vesícula** Partícula esférica pequena envolta por membrana com um compartimento interno aquoso que contém componentes, como hormônios ou neurotransmissores, para serem transportados para diferentes sítios dentro da célula ou para fora dela.

**vetor** Molécula de DNA que se replica de forma autônoma em uma célula hospedeira e à qual se pode juntar um segmento de DNA, de modo que este possa ser replicado na célula; por exemplo, um plasmídeo ou um cromossomo artificial.

**vetor de expressão** Um vetor que incorpora sequências que permitem a transcrição e a tradução de um gene clonado. *Ver* vetor.

**vetor de transferência** Vetor de DNA recombinante que pode ser replicado em duas ou mais espécies hospedeiras diferentes. *Ver também* vetor.

**vetor viral** Um DNA viral alterado de forma a atuar como vetor de DNA recombinante.

**vetorial** Descreve uma reação enzimática ou um processo de transporte no qual a proteína tem uma orientação específica em uma membrana biológica tal que o substrato é deslocado de um lado da membrana para o outro à medida que é convertido em produto.

**via anfibólica** Via metabólica usada tanto no anabolismo como no catabolismo.

**via $C_4$** Via metabólica na qual uma molécula de $CO_2$ é adicionada inicialmente ao fosfoenolpiruvato pela enzima PEP-carboxilase, produzindo um composto de quatro carbonos dentro das células do mesófilo, que, posteriormente, será transportado para células da bainha do feixe vascular, onde o $CO_2$ é liberado para uso no ciclo de Calvin.

**via das hexoses-monofosfato** *Ver* via das pentoses-fosfato.

**via das pentoses-fosfato** Via presente na maioria dos organismos que serve para interconverter hexoses e pentoses, sendo uma fonte de equivalentes de redução (NADPH) e de pentoses para processos biossintéticos; inicia-se com a glicose-6-fosfato e inclui o 6-fosfogliconato como um intermediário. Também chamada de via do fosfogliconato e via das hexoses-monofosfato.

**via *de novo*** Via de síntese de uma biomolécula, como um nucleotídeo, a partir dos precursores simples; diferente da via de salvação.

**via de salvação** Via para a síntese de uma biomolécula, como um nucleotídeo, a partir de intermediários na via de degradação daquela molécula; uma via de reciclagem, em oposição a uma via *de novo*.

**via do fosfogliconato** *Ver* via das pentoses-fosfato.

**via do glicolato** A via metabólica dos organismos fotossintetizantes que converte o glicolato, produzido durante a fotorrespiração, em 3-fosfoglicerato.

**vírion** Uma partícula de vírus.

**vírus** Complexo proteína-ácido nucleico autorreplicativo e infeccioso que necessita de uma célula hospedeira intacta para sua replicação; seu genoma é DNA ou RNA.

**vitamina** Substância orgânica necessária em pequenas quantidades na dieta de algumas espécies; geralmente atua como componente de uma coenzima.

**$V_m$** *Ver* potencial de membrana.

**$V_{máx}$** A velocidade máxima de uma reação enzimática quando o sítio de ligação está saturado com o substrato.

**$V_o$** Velocidade inicial de uma reação.

**volta $\beta$** Tipo de estrutura secundária nas proteínas que consiste em quatro resíduos de aminoácidos arranjados em uma volta apertada, de modo que a cadeia polipeptídica dobra-se sobre si mesma.

**v-SNARE** Receptores proteicos na membrana de uma vesícula secretora que se ligam a t-SNARE em uma membrana-alvo (geralmente a membrana plasmática) e mediam a fusão da vesícula com a membrana.

# W

**Western blot** *Ver imunoblot.*

# Z

**zimogênio** Precursor inativo de uma enzima; por exemplo, o pepsinogênio, o precursor da pepsina.

**zíper de leucina** Motivo estrutural proteico envolvido em interações proteína-proteína em muitas proteínas de regulação eucarióticas; consiste na interação de duas $\alpha$-hélices, na qual os resíduos de Leu a cada sétima posição são características proeminentes nas superfícies que interagem.

**zwitteríon** Íon bipolar com cargas positivas e negativas separadas espacialmente.

# Índice

Legenda: q = conteúdo em quadro; f = figuras; e = fórmulas estruturais; t = tabelas; **negrito** = termos destacados em negrito

## A

A. *Ver* absorbância
A. *Ver* adenina
AAA+ ATPase, **922**, 923
AAT. *Ver* aspartato-aminotransferase
*Abl*, gene, 452q-453q
absorbância (*A*), **75q**
absorção, de gorduras da dieta, 602-603, 602f
ACAT. *Ver* acil-CoA-colesterol-aciltransferase
ACC. *Ver* acetil-CoA-carboxilase
aceptores universais de elétrons, encaminhamento de elétrons da cadeia mitocondrial, 661-662, 662t
acetais, **234**
acetaldeído, oxidação, 490f
acetato, 588q
acetilação, 216, 217f
   de histonas, 1075-1077, 1076t
acetil-CoA. *Ver* acetilcoenzima A
acetil-CoA-acetiltransferase, **773**, 773f
acetil-CoA-carboxilase (ACC), **744**
   formação de malonil-CoA por, 744-745, 745f
   na regulação da oxidação de ácidos graxos, 613, 616, 616f
   regulação, 752-753, 752f
acetilcoenzima A (acetil-CoA), 13f, 13e, 745e
   corpos cetônicos da, 619-621, 619f, 620f
   degradação de aminoácidos a, 640f, 647-648, 647f, 648f
   energia livre da hidrólise de, 481t, 482, 482f
   formação de malonil-CoA por, 744-745, 745f
   na síntese de ácidos graxos, 747, 748-750, 748f, 750f
      lançamento de, 751-752, 752f
   na síntese de colesterol, 772-775, 773f, 775f, 776f
   no ciclo do ácido cítrico, 587f, 609-611
   no ciclo do glioxilato, 735-736, 736f
   no fígado, 849, 850, 851f
   oxidação de ácidos graxos a. *Ver* oxidação de ácidos graxos
   oxidação do piruvato a, 545f, 574
      canalização de substratos no complexo da PDH, 577-578, 578f
      coenzimas do complexo da PDH, 576, 576f, 577f
      enzimas do complexo da PDH, 576-577, 577f
      reação de descarboxilação oxidativa, 575, 576f
      regulação alostérica e covalente, 593-594, 593f
   oxidação. *Ver* ciclo do ácido cítrico
   regulação da piruvato-cinase por, 544, 544f
acetilcolina, na sinalização neuronal, 443-444, 444f
acetileno, oxidação, 490f

acetoacetato, **619**, 619e
   formação e uso, 619-621, 619f, 620f
   no diabetes *mellitus*, 877
acetoacetato-descarboxilase, 619f, **621**
acetoacetil-ACP, **748**, 749f
acetona, **619**, 619e
   formação e uso, 619-621, 619f, 620f
   no diabetes *mellitus*, 877
   oxidação, 490f
aciclovir, 929, 929e
acidemia arginosuccinícica, 646t
acidemia metilmalônica (MMA), 646t, 650-651, 653q
ácido acético, oxidação, 490f
ácido acetilsalicílico, **222**
   como anticoagulante, 222
   estímulo da síntese de lipoxina por, 356
   inibição da síntese de prostaglandina por, 758f, 355-356, 355f, 758
ácido araquídico, estrutura e propriedades, 342t
ácido araquidônico
   eicosanoides derivados do, 355, 355f
   estrutura e propriedades, 342t
ácido ascórbico. *Ver* vitamina C
ácido carbônico, como tampão. *Ver* sistema tampão do bicarbonato
ácido clavulânico, 211, 213f
ácido desoxirribonucleico (DNA), 13, **28**, **263**
   absorção de luz UV pelo, 279
   amplificação de
      com vetores de clonagem, 304-309, 306f, 307f, 308f
      PCR, 283-286, 285f, 288q-289q, 314-315, 315f
   bases nitrogenadas do. *Ver* bases nitrogenadas
   circular fechado, 892
   clonagem de. *Ver* clonagem de DNA
   cloroplastos, 887
   complementar, 316, 316f, 318f, 320f, 990
   continuidade genética e, 28
   cruciforme, 895, 895f
   danificado. *Ver* reparo do DNA; mutações
   de *E. coli*, 28f
   degradação do, 916
   desnaturação e anelamento, 278-280, 279f, 280f
   empacotamento cromossômico do. *Ver* cromossomos
   estrutura, 28-29, 29f
      desenrolamento, 916, 916f
      dupla-hélice, 270-272, 271f, 272f
      efeitos da base nucleotídica na, 268, 269f
      incomum, 273-274, 273f, 274f, 275f
      variação na, 272-273, 272f, 273f
   estudo do. *Ver* genômica
   fita não molde do, 962, 962f
   *footprinting* de, 965q
   ligação da RNA-polimerase ao, 1055-1056, 1055f
   ligações fosfodiéster no, 267-268, 267f

   mapeamento por desnaturação, 916
   metilação, 283
   mitocondrial, 887, 889f
   mutação do. *Ver* mutações
   não codificante, 328
   nas bactérias, 887, 888f, 888t, 909-910, 910f
   nos eucariotos, 887-890, 888t, 889f
   nos vírus, 885f, 886-887, 887t, 929-930
   ponto de fusão do, 278-280, 280f
   proteínas codificadas por, 29-30, 29f
   quebra da fita dupla no, 940-948, 941f
   reação em cadeia da polimerase (PCR), 917f
   recombinação sítio-específica, 940
   recombinante. *Ver* DNA recombinante
   relaxado, 891, 893f
   replicação do, 272f
   rotação da fita de, 962
   satélite, 890
   sequência linear de, 29-30, 29f
   sequenciamento do
      método de Sanger para, 287-290, 287f, 290f
      tecnologias para o, 290-293, 292f, 293f
   síntese química de, 283, 284f
   subenrolamento do, 892-893, 893f
      número de ligações medindo, 893-895, 894f
      topoisomerases alterando o, 895-898, 895f, 896f, 897f, 897t, 906q
   supertorção do, 891, 891f, 892f
      número de ligações descrevendo, 893-895, 894f
      plectonêmica e solenoide, 898, 898f
      replicação e transcrição e, 891, 892f
      subenrolamento do, 892-895, 893f, 894f, 895f
      topoisomerases alterando a, 895-898, 895f, 896f, 897f, 897t, 906q
   transcrição de éxons a partir de, 973
   transcrição de íntrons a partir de, 973
   transcrição do. *Ver* transcrição
   transformações não enzimáticas do, 280-283, 281f, 282f
   uracila no, 833
ácido docosaexaenoico (DHA), 343, **754**
   síntese, 754, 754f
ácido eicopentaenoico (EPA), 343, 355, **754**
   síntese de, 754
ácido esteárico, estrutura e propriedades, 342t
ácido fitânico, 617, 618f
   oxidação do, 618, 618f
ácido fórmico, oxidação, 490f
ácido fosfatídico, **760**
   glicerofosfolipídeos como derivados do, 346-348, 347f, 348f
   síntese de, 760, 761f, 764-765, 764f
ácido fosfatídico-fosfatase, **760**, 761f
ácido galacturônico, 237
ácido glicônico, 237
ácido graxo-sintase (FAS), **745**, 746f, 747f
   estrutura, 745, 746f

localização celular da, 750-751, 751f
múltiplos sítios ativos de, 747, 747f
reações repetidas de, 745-747, 746f, 747f, 748-750, 749f, 750f
transferência de grupo acetila e malonila para, 747-748, 749f
ácido hexacoisanoico, 617
ácido láurico, estrutura e propriedades, 342t, 343
ácido lignocérico, estrutura e propriedades, 342t
ácido linoleico, estrutura e propriedades, 342t
ácido manurônico, 237
ácido mirístico, estrutura e propriedades, 342t
ácido *N*-acetilmurâmico, 244
ácido *N*-acetilneuramínico (Neu5Ac), 236f, 237, 254, 256f, 351
ácido nalidíxico, 906q
ácido nicotínico. *Ver* niacina
ácido nitroso, dano ao DNA causado por, 282, 282f
ácido oleico, estrutura e propriedades, 342t
ácido palmítico, estrutura e propriedades, 342t
ácido palmitoleico, estrutura e propriedades, 342t
ácido pristânico, 617
ácido retinoico (RA), 357, 358f
ácido ribonucleico (RNA), 13, 29f, **263**
alongamento do, 969-971
bases nitrogenadas. *Ver* bases nitrogenadas
degradação dos, 974
desnaturação do, 278-280, 279f, 280f
estrutura
de fita simples, 276, 276f
efeitos da base nucleotídica na, 268, 269f
mRNA, 274-275, 276f, 278f
rRNA, 276-277, 278f, 1015-1018, 1018f
tRNA, 276-277, 276f, 278f, 1018-1020, 1019f
fonte de, 960-961
função especial, 961
hidrólise de, 267, 267f, 268f
ligações fosfodiéster no, 267-268, 267f
lncRNA, 1056, 1084, 1086
mensageiro. *Ver* RNA mensageiros
miRNA, 1085-1086, 1086f
na evolução, 31-33, 33f
não codificante, 1086
nucleares pequenos, 977
processamento de. *Ver* processamento de RNA
regulação do início da transcrição por, 1056-1057, 1057f, 1058f
regulação gênica por, 1084-1086, 1086f
ribossômico. *Ver* RNA ribossômicos
síntese de. *Ver* transcrição
siRNA, 1086, 1086f
*splicing* de íntrons por, 975-976, 976f, 977f, 978f
sRNA, 1071-1073, 1072f

tipos de, 263
transportador. *Ver* RNA transportadores
velocidade de renovação de, 974
ácido taurocólico, 352e
ácido úrico
a partir da degradação de purinas, 833-836, 834f, 835f
catabolismo de nucleotídeos produzindo, 833-836, 834f, 835f
ácido urônico, **237**
ácido α-linolênico (ALA)
ácidos graxos ômega-3 sintetizados a partir de, 343
estrutura e propriedades, 342t
ácido γ-aminobutírico (GABA), **821**
biossíntese, 821-822, 823f
receptores de, 444
ácidos
aminoácidos como, 76-79, 78f, 79f, 80f
como tampões, 59-64, 60f, 61f, 62f
ionização
água pura, 54, 54f
constantes de dissociação ácida e, 57, 57f
constantes de equilíbrio e, 54-55
curvas de titulação, 58-59, 58f, 59f
escala de pH e, 55-56, 55t, 56f
ácidos aldônicos, **237**
ácidos biliares, **352**, 602, 602f, **776**
síntese de, 776-777, 777f
ácidos carboxílicos, 877
ácidos fracos
como tampões, 59-63, 60f, 62f
ionização
água pura, 54, 54f
constantes de dissociação ácida e, 57, 57f
constantes de equilíbrio e, 54-55
curvas de titulação, 58-59, 58f, 59f
escala de pH e, 55-56, 55t, 56f
p$K_a$, 58-59, 58f, 59f
ácidos graxos, **341**
ativação de, 603-606, 605f, 606f
como lipídeos armazenados, 347f
ceras, 345-346, 346f
como derivados do carbono, 341-344, 342t, 343f
triacilgliceróis, 344-345, 344f
corpos cetônicos dos, 619-621, 619f, 620f
digestão de, 602-603, 602f
essenciais, 754
estrutura e propriedades, 342t, 343, 343f
gliconeogênese e, 538
hidrogenação parcial dos, 345, 345f
ligações duplas dos, 341-343
ligados a éter, 349, 349f, 768, 771f
mobilização dos, 603, 604f, 605f
no fígado, 850-851, 851f
nomenclatura, 342, 342t, 343
nos glicerofosfolipídeos, 346-348
regulação da piruvato-cinase por, 544, 544f
transporte, 603-606, 605f, 606f
ácidos graxos essenciais, **754**

ácidos graxos insaturados
estrutura e propriedades, 342t, 343, 343f
hidrogenação parcial do, 345
ligações duplas da, 342-343
oxidação dos, 611-612, 612f
PUFAs. *Ver* ácidos graxos poli-insaturados
síntese de, 754, 754f, 755f, 756q-757q
ácidos graxos livres (AGL), **603**
ácidos graxos monoinsaturados
ligações duplas nos, 342
oxidação do, 611, 612f
ácidos graxos ômega-3 (ω-3), **343**
na doença cardiovascular, 343
síntese de, 754-755, 754f, 755f
síntese de eicosanoides a partir de, 755, 758-759, 758f
ácidos graxos ômega-6 (ω-6), **343**
na doença cardiovascular, 343
síntese de, 754-755, 754f, 755f
síntese de eicosanoides a partir de, 755, 758-759, 758f
ácidos graxos poli-insaturados (PUFA), **343**
ligações duplas da, 342-343
na doença cardiovascular, 343
nomenclatura, 343
oxidação dos, 611-612, 612f
síntese de, 754, 754f, 755, 755f, 756q-757q, 758-759
síntese de eicosanoides a partir de, 755, 758-759, 758f
ácidos graxos saturados
estrutura e propriedades, 342t, 343, 343f, 345f
oxidação β
hibernação alimentada pela, 610q
oxidação de acetil-CoA no ciclo do ácido cítrico, 609-611, 611t
quatro etapas básicas da, 607-608, 607f, 608f
repetição de etapas para gerar acetil-CoA e ATP, 608-609, 610q
síntese de
de cadeia longa, 753, 754f
dessaturação após, 754-755, 755f, 756q-757q
formação de malonil-CoA para, 744-745, 745f
lançadeira de grupo acetila para, 751-752, 752f
no citosol, 750-751, 751f
nos cloroplastos, 750-751, 751f
palmitato, 747f, 748-750, 750f
reações da ácido graxo-sintase na, 745-747, 746f, 747f, 748-750, 749f, 750f
regulação, 752-753, 753f
sequência de reação repetida usada na, 745-747, 746f, 747f, 748-750, 749f, 750f
sítios ativos da ácido graxo-sintase para, 747, 747f
ácidos graxos *trans*, 342
efeitos danosos à saúde do, 345

ácidos nucleicos, **13**
  bases de, 264-267, 264f, 265t, 266f
    pareamento de. *Ver* pares de bases
  estrutura tridimensional dos, 269-277
    dupla-hélice de DNA, 270-272, 271f, 272f
    efeitos da base nucleotídica na, 268, 269f
    estruturas incomuns adotadas pelas sequências de DNA, 273-274, 273f, 274f, 275f
    mRNA, 274-275, 276f
    rRNA, 276-277, 278f, 1018-1020, 1018f
    tRNA, 276-277, 276f, 278f, 1018-1020, 1019f
    variação do DNA na, 272-273, 272f, 273f
  informações biológicas nos, 263
  ligações fosfodiéster no, 267-268, 267f
  nomenclatura, 265, 265t
  pentoses nos, 230f, 264-267, 264f, 265t
  química dos
    amplificação do DNA, 283-286, 285f, 288q-289q
    desnaturação, 278-280, 279f, 280f
    metilação do DNA, 283
    sequenciamento do DNA, 287-293, 287f, 290f, 292f, 293f
    síntese química do DNA, 283, 284f
    transformações não enzimáticas, 280-283, 281f, 282f
  tipos de, 263
ácidos siálicos, 236f, 237. *Ver também ácido N*-acetilneuramínico
acidose, **56**, **621**, **877**
  corpos cetônicos causando, 620-621, 877
  efeitos, 64
  metabólica, 631-632
  no diabetes *mellitus*, 63-64, 63f, 620-621, 877
acidose metabólica, metabolismo da glutamina e, 631-632
acilação, no mecanismo da quimotripsina, 204-208, 204f, 205f, 206f-207f
acil-carnitina graxa, 605
acil-CoA graxas, **604**
  formação, 485, 603-604, 605f
  na síntese de triacilglicerol e glicerofosfolipídeo, 760, 761f
  transporte, 605-606, 606f
  β-oxidação das, 609f
acil-CoA-acetiltransferase, **608**
  na formação de corpos cetônicos, 619f, 620
  na oxidação de ácidos graxos, 607f, 608
acil-CoA-colesterol-aciltransferase (ACAT), **776**, 777f
acil-CoA-desidrogenase, **607**, 607f, **671**
  defeitos genéticos, 616-617
  transferência de elétrons por, 671, 672f
acil-CoA-desidrogenase de cadeia curta (SCAD), 608
acil-CoA-desidrogenase de cadeia média (MCAD), 608, **616**
  defeitos genéticos, 616-617

acil-CoA-desidrogenase de cadeia muito longa (VLCAD), 608
acil-CoA-desidrogenase graxa, 607f
  defeitos genéticos, 616-617
acil-CoA-dessaturase graxa, **754**, 755f
acil-CoA-sintetase graxa, **603**
acil-CoA-sintetases, **760**
  na síntese de triacilglicerol e glicerofosfolipídeo, 760, 761f
acil-fosfato, **518**
aconitase, **581**
  no ciclo do ácido cítrico, 579f, 581-582, 583f, 584q-585q
aconitato-hidratase, **581**
  no ciclo do ácido cítrico, 579f, 581-582, 583f, 584q-585q
acoplamento energético, 22-23, 24f
  oxidação e fosforilação, 675-677, 675f, 676f, 677f
    estequiometria não integral do consumo de O$_2$ e da síntese de ATP na, 682-683
ACP. *Ver* proteína carreadora de acila
ACTH. *Ver* hormônio adrenocorticotrófico
actina, 6, 8f, **169**, 170f
  fosforilação por CDK de, 450
  interações de filamentos espessos de miosina com, 170-172, 172f
actina F, 169, 170f
actina G, 169, 170f
actinomicina D, **971**
açúcares, 9f, 18, 229
  dissacarídeos. *Ver* dissacarídeos
  estereoisomerismo dos, 232, 232f
  glicose. *Ver* glicose
  metabolismo hepático dos, 849-850, 849f
  monossacarídeos. *Ver* anticorpos monoclonais
  nucleotídeo, 733
  redutores, 237-241
  sabor doce dos, 231q
açúcares redutores, **237**-241, 238q-239q
açúcares simples. *Ver* monossacarídeos
açúcar-nucleotídeo, 733
ADA. *Ver* adenosina-desaminase
adaptadores de nucleotídeos, 1006f
ADAR. *Ver* adenosina-desaminases que atuam no RNA
adenilato (AMP), 265t, 486
  biossíntese, 825-827, 826f, 827f
  degradação, 833-836, 834f, 835f
  na regulação metabólica, 502-503, 503t
  regulação de PFK-1 e FBPase-1 por, 541-542, 541f, 542f
adenilato-ciclase, **413**
  na mobilização de triacilglicerol, 603, 604f
  na sinalização do GPCR
    outras moléculas reguladoras usando, 420, 420t, 421f, 425
    sistema β-adrenérgico, 413, 414f, 415f, 416, 418f
adenilato-cinase, **487**, **503**, **829**
adenililação, 217f, **485**
  nas reações do ATP, 484-485, 485f, 486q
adenililtirosina, 77e

adenilil-transferase, **803**, 804f
adenina (A), **264**, 264e, 265t
  biossíntese, 825, 826f, 827f
  degradação, 833-836, 834f, 835f
  desaminação, 280, 281f
  metilação, 283
  origem, 998-999, 999f
  pareamento de bases, 269f
adeno-hipófise, 846f, 847f
adenosina, 266e
  nos cofatores enzimáticos, 294-295, 295f
adenosina-3′,5′-monofosfato cíclico (AMP cíclico, AMPc), **296**
  como mensageiro secundário
    comunicação cruzada de Ca$^{2+}$ com, 428
    na mobilização de triacilglicerol, 603, 604f
    outras moléculas regulatórias usando, 416q-417q, 420, 420t, 421f
    para receptores β-adrenérgicos, 413-416, 414f, 415f, 418f, 421f
    remoção de, 415f, 417
  como molécula regulatória, 295f, 296
  estudos FRET de, 416q-417q
  na ação da adrenalina e do glucagon, 566f
adenosina-desaminase (ADA), **833**, 834f
  deficiência de, **834**, 835
adenosina-desaminases que atuam no RNA (ADAR), **1014**, 1014f
adenosina-difosfato (ADP)
  como molécula sinalizadora, 296
  na regulação coordenada das vias de respiração celular, 688-689, 689f
  na regulação metabólica, 502-503, 503t
  na via glicolítica, 513f, 521
  regulação da fosforilação oxidativa por, 686-687, 688-689, 689f
  regulação de PFK-1 e FBPase-1 por, 541-542, 541f, 542f
  síntese de ATP de, 487-488
adenosina-fosforribosiltransferase, **835**
adenosina-monofosfato, 267e
adenosina-trifosfato (ATP)
  biossíntese de histidina de, 814, 815f
  como carreador de energia química, 294, 294f
  como molécula sinalizadora, 296
  da oxidação de ácidos graxos, 608-609, 610q, 611t
  energia da, 21, 21f
  hidrólise
    energia livre de, 479-481, 479f, 480t
    inibição induzida por hipóxia da, 687, 687f
  metabolismo, papel no, 26f
  na fixação de nitrogênio, 800
  na iniciação da replicação, 923
  na reação da succinil-CoA-sintetase, 579f, 584-586, 586f
  na regulação coordenada das vias de respiração celular, 688-689, 689f
  na regulação do colesterol, 782, 782f
  na regulação metabólica, 502-503, 503t
  na síntese de ácidos graxos, 750-751

na via glicolítica
    acoplamento de, 513-514
    fase de pagamento, 512f, 513, 513f, 518-521, 520f, 525f
    fase preparatória, 511-513, 512f, 513f, 514-517, 515f, 517f, 519f
    ganho líquido de, 521
nas contrações do músculo esquelético, 170-171, 172f
no cérebro, 855-856, 855f
no ciclo de Calvin
    fonte de, 719, 726f
    necessidades de, 722-724
no metabolismo celular, 26f, 27
por fosforilação oxidativa, 659-660, 660f, 674-675
    acoplamento da oxidação e da fosforilação na, 675-677, 675f, 676f
    catálise rotacional na, 680-682, 680f, 681f
    conformações da unidade $\beta$ da ATP-sintase na, 678-680, 679f
    domínios $F_o$ e $F_1$ da ATP-sintase na, 677, 678f
    estabilização de ATP na, 677-678, 678f
    estequiometria não integral do consumo de $O_2$ e da síntese de ATP na, 682-683
    fluxo de prótons produzindo movimentos rotacionais na, 681-683, 681f
    gradiente de prótons impulsionando a liberação de ATP na, 678, 678f
    sistemas de lançadeiras para o NADH na, 683-684, 684f, 686f
    transporte ativo energizado por força próton-motriz na, 683, 683f
produção pela oxidação de glicose, 589t, 686-687, 686t
regulação da biossíntese de pirimidina, 829, 829f
regulação da piruvato-cinase, 544, 544f
regulação de PFK-1 e FBPase-1, 541-542, 541f, 542f
regulação do complexo da PDH, 593-594, 593f
síntese de, por fotofosforilação, 716, 716f
spliceossoma e, 977
transferências de grupo fosforila e
    energia fornecida por, 482-484, 483f
    energias livres de hidrólise grandes, 481-482, 481f, 481t, 482f
    na contração muscular, 483, 487
    na montagem de macromoléculas informacionais, 485-487
    nas transfosforilações entre nucleotídeos, 487-488, 487f
    reações envolvidas nas, 484-485, 484f, 486q
    variação da energia livre para hidrólise de ATP, 479-481, 479f, 480t
uso de músculo no, 852-855, 854f, 855f, 856q-857q
uso pelo ciclo de ureia de, 638
adesão a superfícies, proteínas integrais da membrana envolvidas na, 383-384

ADH. Ver hormônio antidiurético
adipocinas, **846**, **867**
    produção de tecido adiposo pelas, 867-868, 867f, 868f
adipócitos, 602, **851**
    beges, 852
    brancos, 851-852, 851f
    marrons, 689-690, 690f, 851f, 852, 853f
    mobilização de triacilglicerol a partir de, 603, 604f, 605f
    triacilgliceróis no, 344-345, 344f
adipócitos beges, **852**
adipócitos, triacilgliceróis nos, 344-345, 344f
adipogênese, influência de micróbios intestinais na, 874-875, 875f
adiponectina, **846**, **869**
    ações na sensibilidade à insulina, 869, 870f
    regulação do comportamento alimentar por, 847t
adoçantes artificiais, 231q
adoMet. Ver S-adenosilmetionina
ADP. Ver adenosina-difosfato
ADP-glicose, 733
ADP-glicose-pirofosforilase, 735f, **735**
ADP-ribosilação, 216, 217f, 424-425, 424f
adrenalina, 413e, **821**, 842
    amplificação da sinalização pelo, 843
    biossíntese, 821, 823f
    células que respondem à, 411
    comunicação cruzada com insulina da, 438, 438f
    mobilização do triacilglicerol pela, 603, 604f
    na regulação global do metabolismo de carboidratos, 568-570, 569f, 570f
    regulação da glicogênio-fosforilase, 565f, 566, 566f
    regulação da síntese de triacilglicerol, 762
    regulação do metabolismo de combustíveis, 864-865, 866t
    resposta do receptor $\beta$-adrenérgico à AMPc como segundo mensageiro na, 412-413, 414f, 415f, 418f, 420, 421f
    dessensibilização da, 418-419, 419f
    término da resposta, 416-418
adrenoleucodistrofia ligada ao X (XALD), **617**
Adriamicina. Ver doxorrubicina
afamelanotida, 819q
afinidade, de transdução de sinais, 409, 410f
afinidade por elétrons, potenciais de redução como medidas de, 490-492, 491f, 491t
agarose, 247t
AGE. Ver produtos finais de glicação avançada
agentes alquilantes, 282-283, 282f
agentes redutores
    dissacarídeos como, 240
    monossacarídeos como, 237, 238q-239q
AGL. Ver ácidos graxos livres
agonistas, **412**
    de receptores $\beta$-adrenérgicos, 412, 414f, 419

agrecanas, 250, 252f
agregados de proteoglicanos, **250**, 252f
água
    como doador de elétrons, 701-702
    como solvente. Ver soluções aquosas
    complexo de evolução do oxigênio e, 714-715, 715f
    compostos apolares na, 47-49, 48f, 49f, 50t
    estrutura, 44-45, 44f
    gases apolares na, 47, 47t
    interações de van der Waals na, 49, 49t, 50t
    ionização
        água pura, 54, 54f
        constantes de dissociação ácida e, 57, 57f
        constantes de equilíbrio e, 54-55
        curvas de titulação, 58-59, 58f, 59f
        escala de pH e, 55-56, 55t, 56f
    ligação com o hidrogênio de, 44-45, 44f, 45f, 46f
    solutos polares e, 45, 45f, 46f, 50, 50t
    macromoléculas na, 49-51, 50f, 50t, 51f
    na fotossíntese, 702-703
    ponto de fusão, ponto de ebulição e calor de vaporização da, 44-45
    propriedades coligativas, 51-53, 51f
    solutos com carga na, interações eletrostáticas, 46, 46t, 47f, 50t
    substâncias cristalinas na, entropia da dissolução de, 47, 47f
    transporte defeituoso da, 400
    transporte, pela aquaporina, 400-401, 400t
água metabólica, a partir da oxidação de ácidos graxos, 609
AID. Ver desaminases induzidas por ativação
Aids. Ver síndrome da imunodeficiência adquirida
AINE. Ver anti-inflamatórios não esteroides
AIR-carboxilase, 825, 826f
AKAP. Ver proteínas de ancoragem da cinase A
Akt. Ver proteína-cinase B
ALA. Ver ácido $\alpha$-linolênico
alanilglutamilglicilisina, 81e
alanina, 72f, **74**, 74e, **644**, **809**
    biossíntese de, 809-810
    catabolismo da, 640f, 644-647, 644f, 646t
    gliconeogênese a partir da, 533f, 538, 538t
    metabolismo, 626-627, 627f
        transporte de amônia do músculo ao fígado, 632-633, 632f
    propriedades e convenções associadas à, 73t
alanina-aminotransferase (ALT), **632**, 632f
    ensaios de dano tecidual usando, 637q
alantoína, **834**, 834f
Ala-tRNA-sintetase, 1024f
Alberts, Alfred, 786q-787q
albinismo, 646t
albumina, 603, 604f

albumina sérica, **603**, 604f
alça P, **421**, 421f, 424f
  das proteínas G, 423
alça β-α-β, **123**, 123f, 124, 125f
alcalose, **56**, 64
alcaptonúria, 646t, **650**
alças T, **993**
  nos telômeros, 993, 994
álcoois graxos ligados ao éter, na síntese de plasminogênio, 768, 771f
álcool, consumo de
  deficiência de niacina e, 495
  deficiência de tiamina e, 551, 578
álcool-desidrogenase, 127f, **530**
  inibição competitiva de, 198
  na fermentação do etanol, 530, 530f
aldeído, 265e
aldolase de classe I, 513f, 516, 517f
aldolases, **516**
  inibição de, 203f
  na via glicolítica, 513f, 516, 517f
  no ciclo de Calvin, 721, 723f, 724
aldoses, **230**-231, 230f
  centros assimétricos de, 232, 232f
aldosterona, como derivado do colesterol, 356, 356f
aldotriose, 230
algas, heteropolissacarídeos nas paredes celulares de, 244
alongamento, **1030**
  na síntese de proteínas, 1015, 1016f, 1016t, 1030-1035
    formação de ligações peptídicas, 1031-1032, 1032f
    ligação aminoacil-tRNA, 1030-1031, 1031f
    revisão durante, 1034-1035
    translocação, 1032-1034, 1034f
alopurinol, **835**
  para doença do sono africana, 838
  para gota, 835-836, 835f
alose, 233e
Alper, Tikvah, 134q
ALT. *Ver* alanina-aminotransferase
Altman, Sidney, 997
altrose, 233e
alvo, proteínas
  de proteínas nucleares, 1045-1046, 1045f
  endocitose mediada por receptor na, 1046-1048, 1047f
  glicosilação na, 1042-1045, 1043f, 1044f
  modificação pós-traducional no retículo endoplasmático, 1041-1042, 1041f, 1042f
  nas bactérias, 1045-1046, 1047f
*Amanita phalloides*, 972
α-amanitina, **972**
ambientes aeróbicos, **3**
  respiração em, 574. *Ver também* respiração celular
ambientes anaeróbicos, **3**
  bactérias e arqueias em, anamox por, 795, 795f, 798q-799q
  fermentação em, 514
    alimentos e substâncias químicas industriais produzidas por, 530-532

etanol, 514, 525f, 530, 530f, 531-532
láctica, 514, 525f, 526, 529q
tiamina-pirofosfato na, 530, 531f, 532t
amido, **242**
  armazenamento de combustíveis no, 242, 242f
  biossíntese, 733, 735f
  enovelamento, 243-244, 244f
  estruturas e funções, 247t
  nas vias alimentadoras da glicólise
    fosforólise, 522, 522f
    hidrólise, 522f, 523-525
  nos amiloplastos, 701f
  produção, pelos cloroplastos, 722
amido-fosforilase, **522**, 522f
amido-sintase, **733**
α-amilases, **523**
amilo (1→4) a (1→6) transglicosilase, 563f
amiloide, **133**, 133f, 134-135
  na doença de Alzheimer, mutações gênicas afetando, 333
amiloidoses, **133**, 133f, 134
amilopectina, 242, 242f, 733. *Ver também* amido
amilose, 242, 242f
  estrutura, 243-244, 244f
  ligação glicosídica na, 244f
aminas biológicas, descarboxilação de aminoácidos produzindo, 821-822, 823f, 824f
aminoácidos, 14e, 70. *Ver também aminoácidos específicos*
  abreviações, 71, 73t
  ativação, 1015, 1016f, 1016t
    aminoacil-tRNA-sintetases na, 1020-1023, 1020t, 1021f, 1023f, 1025q-1027q
  biossíntese, 805-816, 805f
  características estruturais, 71-72, 71f, 72f, 73t
  carga elétrica, 79
  cetogênicos, 640
  classificação, 73-76, 74f, 75q, 75f, 77f
  códons que codificam, 886, 886f, 1007, 1007f
    determinação, 1007-1009, 1007f, 1008t, 1009f, 1010q-1011q, 1012t
  como tampões, 61, 61f, 79
  curvas de titulação, 78-79, 78f, 79f, 80f
  degradação, 590
  degradação de proteínas alimentares a, 627-628, 628f
  designações do átomo de carbono, 71-72
  essenciais, 638, 638t, 805
  glicogênicos, 538, 538t, 640
  incomuns, 76, 77f
  iniciação da síntese de proteínas por, 1023-1030, 1023f, 1028f, 1030f, 1031t
  modificações pós-traducionais, 1036-1039, 1038f
  moléculas derivadas de
    aminas biológicas, 821-822, 823f, 824f
    creatina e glutationa, 819-820, 821f
    NO, 822, 824f

porfirinas, 817-821, 817f, 819q, 820f
substâncias vegetais, 820-821, 822f
na catálise geral ácido-base, 186-187, 187f
não essenciais, 805
nas proteínas, 9f, 13, 14f, 72, 80-83, 82t, 83t
no ciclo do glioxilato, 735, 736f
no código genético, 1025q-1027q
no fígado, 850, 850f
nos peptídeos, 81, 81f
p$K_a$ e índice de hidropatia dos, 73t
propriedades acidobásicas, 76-79, 78f, 79f, 80f
uso de D-aminoácidos pelas bactérias, 820
aminoácidos aromáticos, 820-821
aminoácidos cetogênicos, **640**
aminoácidos de cadeia ramificada, degradação dos, 640f, 651-653, 654f
aminoácidos essenciais, **638**, 805
aminoácidos glicogênicos, **538**, 538t, **640**
aminoácidos não essenciais, 805
aminoacil-adenilato (aminoacil-AMP), 1020, 1021f
aminoacil-AMP. *Ver* aminoacil-adenilato
aminoacil-tRNAs, **1006**
  códons que se ligam a, 1008, 1008t
  estrutura, 1020, 1022f
  expansão do código genético e, 1025q-1027q
  no alongamento, 1030-1031, 1031f
  síntese, 1020-1023, 1020t, 1021f, 1023f
aminoacil-tRNA-sintetases, 1006, 1020, 1020t, 1021f, 1023f
  edição pelas, 1020-1022
  expansão do código genético e, 1025q-1027q
  interações do tRNA com, 1022-1023, 1023f
δ-aminolevulinato, 817, 817f, 818f
aminopterina, **836**-837, 836f
aminotransferases, **628**
  na transferência de grupos α-amino para α-cetoglutarato, 628-630, 629f, 630f
amital, 666-667, 667t
amônia
  assimilação de, por glutamato e glutamina, 802-803
  assimilação do nitrato produzindo, 795, 795f
  fixação do nitrogênio a, 795
  liberação de grupos amino do glutamato como, 630-631, 632f
  oxidação, por anaeróbios obrigatórios, 795, 795f, 798q-799q
  produção de ureia a partir de, etapas enzimáticas, 633-636, 634f-635f
  toxicidade, 633
  transporte
    por alanina, 632-633, 632f
    por glutamina, 631-632, 632f
amoxicilina, 211, 212f
AMP cíclico. *Ver* adenosina-3',5'-monofosfato cíclico
AMP. *Ver* adenilato

AMPc. *Ver* adenosina-3′,5′-monofosfato cíclico
AMPK. *Ver* proteína-cinase ativada por AMP
amplificação, **409**
  DNA
    com vetores de clonagem, 304-309, 306f, 307f, 308f
    PCR, 283-286, 285f, 288q-289q, 314-315, 315f
  na ação da adrenalina e do glucagon, 566, 566f
  na sinalização da visão, 429, 429f
  na sinalização de GPCR, 416, 418f
  na sinalização de RTK, 433f, 434-435, 434f
  na sinalização hormonal, 843, 845-846
  na transdução de sinais, 409, 410f
  produção de proteínas
    genes e proteínas alterados, 312-313, 312f
    marcadores para purificação de, 313-314, 313t, 314f
    sistemas bacterianos usados para, 310, 310f
    sistemas de células de mamíferos usados para, 312
    sistemas de insetos e de vírus de insetos usados para, 311-312, 311f
    sistemas de leveduras usados para, 310-311
    vetores de expressão para, 309, 310f
  proteínas adaptadoras multivalentes envolvidas na, 440, 441f
amplificação de sinal, 843
anabolismo, **26**, **462**, 463f
  coordenação com AMPK, 869-871, 870f
anaeróbios facultativos, 3
anaeróbios obrigatórios, 3
análise de controle metabólico, **731q**
análise de duplo-híbrido em leveduras, 321-**322**, 322f
análise de ligação, **331**
  localização de genes de doenças usando, 331-333, 332f
analitos, **94**
análogos do estado de transição, **200**, 202, 203f
  inibidores da protease como, 209, 209f
  vanadato como, 392
anamox, 795f, **796**, 798q-799q
anamoxosomo, **799q**
androgênios, **786**
  síntese, 785-787, 788f
anel c, **680**, 681f, 682f
anel de porfirina, **148**, 148f, 149f
anelamento, **279**
  DNA, 278-280, 279f, 280f
anemia falciforme, hemoglobina na, 162-164, 163f
anemia megaloblástica, **643**
anemia perniciosa, **615q**, **643**
anemia. *Ver também* anemia falciforme
  deficiência de folato causando, 643
  deficiência de vitamina $B_{12}$ causando, 615q, 643
aneuploidia, 946q
ANF. *Ver* fator natriurético atrial

Anfinsen, Christian, 130
anfólitos, **77**
anfotericina B, 361f
angina de peito, **423q**
angiogênese, papel do VEGFR na, no câncer, 452q-453q
ângulos diedros, da estrutura secundária de proteínas, 114-116, 115f
anidrase carbônica, **160**
Anitschkov, N. N., 786q
anômeros, **234**
anotação genômica, **317**
antagonistas, **412**
  de receptores β-adrenérgicos, 412, 414f
antagonistas da vitamina K, 222
antibacterianos, lisozima, 210-211, 244
antibióticos, 906q
  biossíntese de nucleotídeos como alvo dos, 838
  fermentação e, 532
  inibição da síntese de proteínas por, 1039-1040, 1039f
  inibidores da racemização de aminoácidos, 820
  mecanismos enzimáticos no desenvolvimento de, 210-211, 212f, 213f
  perturbação do direcionamento de proteínas por, 1042, 1043f
  perturbadores de gradiente iônico, 399, 400f
  policetídeos, 360, 361f
  resistência aos, 211, 213f, 396, 887
  ribocomutadores como alvo dos, 1073
  sulfa, 548q
antibióticos β-lactâmicos, 211, 212f, 213f
anticoagulação, abordagens medicamentosas, 222, 360
anticódons, **1010**, 1019f
  pareamento de códons com, 1010-1012, 1012f, 1012t
  variações nos, 1010q-1011q
anticorpos, **165**
  ligação a antígenos
    afinidade e especificidade, 167, 168f
    procedimentos analíticos baseados em, 167-168, 168f
    sítios de, 165-167, 166f
  recombinação e, 954
anticorpos monoclonais, **167**
  inibidores da proteína-cinase, 452q-453q
anticorpos policlonais, **167**
antifúngicos, policetídeos, 360, 361f
antígeno, ligação do anticorpo ao
  afinidade e especificidade, 167, 168f
  procedimentos analíticos baseados em, 167-168, 168f
  sítios de, 165-167, 166f
antígeno nuclear de proliferação celular (PCNA), 929
antígenos, **165**
anti-inflamatórios não esteroides (AINE), inibição da síntese de prostaglandinas por, 355-356, 355f, 758, 758f
antimicina A, 667t
antioxidantes, cofatores lipídicos, 359-360, 359f
antiporte, **391**, 391f, 399

α1-antiproteinase, 220
antitrombina III (ATIII), **222**
antitrombina, sulfato de heparana e, 249-250, 249f
Apaf-1. *Ver* fator de ativação de protease da apoptose 1
*APC*, mutações no gene, 455
AP-endonucleases, **935**
APOBEC. *Ver* peptídeo catalítico de edição do mRNA da *apoB*
apoE, 778-779
apoenzima, **179**
apolipoproteínas, **603**, **777**
  nas lipoproteínas plasmáticas, 777, 778f, 779f, 779t
apolipoproteínas B-48 (apoB-48), **603**
apolipoproteínas C-II (aspC-II), **603**
apoproteína, **179**
apoptose, 355, **455**, **691**
  disparo pela fosfatidilserina, 378
  disparo pela mitocôndria, 691, 692f
  regulação, 455-456, 456f
apoptossoma, **691**, 692f
App(NH)p, 680, 680e
aptâmeros, **1000q**
aquaporinas (AQP), 374f, **400**
  passagem de água por, 400-401, 400t
aquecimento global, 730q-731q
*Arabidopsis thaliana*, síntese de celulose na, 701, 737f
arabinose, 232, 233e
araquidonato, **754**
  eicosanoides derivados do, 755, 758-759, 758f
  síntese, 754, 754f
arcabouços cromossômicos, 902, 902f
Archaea, **3**, 4f, 5-6, 5f
ARF6, 424
arginase, **634**
  no ciclo da ureia, 634f-635f, 636
arginina, 74e, **76**, **650**, **806**
  biossíntese, 806, 807f
  catabolismo, 640f, 650, 651f
  na catálise geral ácido-base, 187f
  no ciclo da ureia, 634f-635f, 635, 636
  para defeitos no ciclo da ureia, 639
  propriedades e convenções associadas à, 73t
  síntese de NO a partir de, 822, 824f
argininemia, 646t
argininosuccinase, **634**
  no ciclo da ureia, 634f-635f, 635
argininosuccinato, 636
  no ciclo da ureia, 634f-635f, 635
argininosuccinato-sintetase, **634**
  no ciclo da ureia, 634f-635f, 635, 636
βARK. *Ver* cinase receptora β-adrenérgica
armazenamento
  de energia
    nas ceras, 345-346, 346f
    nos homopolissacarídeos, 241-242, 242f
    nos triacilgliceróis, 344-345, 344f
  de informações genéticas, na dupla-hélice do DNA, 270-272, 271f, 272f
  lipídeos armazenados, ácidos graxos como, 347f
    ceras, 345-346, 346f

como derivados do carbono, 341-344, 342t, 343f
    triacilgliceróis, 344-345, 344f
arqueias
    anaeróbios obrigatórios, anamox por, 795, 795f, 798q-799q
    células das, 5-6, 5f
    fixação do nitrogênio pelas, 797-802, 797f, 800f, 801f
    sinalização nas, 447f
β-arrestina (βarr), **418**, 419, 419f
arrestina 1, **431**
arrestina 2, 418-419, 419f
arroz dourado, 358, 358f
arroz, suplementação com -caroteno, 358, 358f
ARS. *Ver* sequências de replicação autônoma
Artemis, 949-950, 950f
artrite reumatoide, 356
árvore da vida, 100, 100f
árvore filogenética humana, 329, 330f
árvores evolutivas, a partir de sequências de aminoácidos, 100, 100f
ASF1. *Ver* fator antissilenciamento 1
asma, 356
asparagina, 74e, **76**, **653**, **809**
    catabolismo, 653-654, 654f
    propriedades e convenções associadas à, 73t
asparaginase, **653**, 654f
    para leucemia linfoblástica aguda, 810
aspartame, 82e, 231q, 650
aspartato, 74e, **76**, **653**, **809**
    biossíntese, 809, 816f
    gliconeogênese a partir de, 533f
    metabolismo, 627, 627f
        degradação do esqueleto de carbono, 653-654, 654f
            no ciclo da ureia, 634f-635f, 635, 636-637
        na biossíntese da pirimidina, 827-829, 828f, 829f
        na biossíntese da purina, 825, 825f
        na catálise geral ácido-base, 187f
        na via $C_4$, 730
        no ciclo do ácido cítrico, 590
        propriedades e convenções associadas ao, 73t
aspartato-aminotransferase (AAT), 637
    ensaios de dano tecidual usando, 637q
aspartato-argininosuccinato, desvio, **636**, 636f
aspartato-transcarbamoilase (ATCase), 214-215, 215f, 216f, **828**, 828f, 829, 829f
aspartil-protease, 208
assimetria molecular, 16f
assimilação de dióxido de carbono ($CO_2$), **719**
    ativação luminosa na, 720f, 725-726, 726f
    conversão de 3-fosfoglicerato a gliceraldeído 3-fosfato, 720f, 721-722
    em biomassa, 720, 720f
    estágios da, 719-722, 720f
    estequiometria da, 724f
    fixação de $CO_2$ em 3-fosfoglicerato, 720-721, 724f, 728f

nas plantas $C_3$, 729-732
nas plantas $C_4$, 729-732, 729f
nas plantas CAM, 732
necessidades de NADPH e ATP, 722-724, 724f
regeneração de ribulose-1,5-bisfosfato, 720f, 722, 724f, 728f
sistema de transporte, 720f, 724-725, 725f
assimilação do nitrato, **796**, 796f
ATCase. *Ver* aspartato-transcarbamoilase
atenuação da transcrição, **1068**
    de genes para enzimas biossintéticas de aminoácido, 1067-1068, 1067f, 1069f
atenuador, **1068**, 1069f
aterosclerose, **784**, 784f
    estatinas e, 785, 786q-787q
    transporte reverso do colesterol pela HDL opondo-se à, 785
ATIII. *Ver* antitrombina III
ativação da transcrição, 1080, 1080f
ativador de RNA do receptor esteroide (SRA), **1084**
ativadores, **1056**, 1057, 1058f
    estrutura modular, 1081-1083, 1082f
    ligação ao DNA, na montagem do fator de transcrição, 1077-1080, 1079f, 1080f
ativadores da ligação ao DNA, na montagem do fator de transcrição, 1077-1080, 1079f, 1080f
ativadores da transcrição, **1078**
    estrutura modular, 1081-1083, 1082f
    ligação ao DNA, na montagem do fator de transcrição, 1078-1079, 1079f, 1080f
atividade, **90**
    de enzimas, 89-90, 90f
        regulação, 498-501, 499f, 499t, 500f, 500t, 501f
atividade da exonuclease 3′→5′, nas DNA-polimerases, 917-919
atividade da exonuclease 5′→3′, nas DNA-polimerases, 920, 920f
atividade enzimática. *Ver* atividade
atividade específica, **90**
    de enzimas, 89-90, 90f
atividade óptica, **16**, 17q, **71**
    de aminoácidos, 71
ATM, 447, 450, 455
*ATM*, mutações no gene, 454
átomos de hidrogênio, transferência de elétrons por, 489
ATP. *Ver* adenosina-trifosfato
*ATP6*, gene, 695
ATPase $F_1$, **677**
ATPases
    AAA+, 922-923
    $Na^+K^+$
        energia de ATP para, 487
        estrutura e mecanismo, 392-394, 393f, 394f
        na sinalização elétrica, 442-443, 443f
    tipo F, 394-395, 395f, 677
    tipo P, 392-394, 393f, 394f
    tipo V, 394-395, 395f
ATPases do tipo F, **395**, 395f, 677
ATPases do tipo P, **392**
    fosforilação, 392-394, 393f, 394f
ATPases do tipo V, **394**-395, 395f

ATP-sintase, **395**, **677**
    catálise rotacional por, 680-682, 680f, 681f
        acionamento pelo fluxo de prótons, 681-683, 681f
    como ATPase tipo F, 394-395, 395f, 677
    conformações de unidade, 678-680, 679f
    domínio $F_1$ da, 677-678, 678f, 679f
    domínio $F_o$ da, 677-678, 679f, 680-682, 681f
    dos cloroplastos, 716, 717-718
    estrutura e mecanismo, 717-718
    inibição, 667t
    inibição induzida por hipóxia da, 687, 687f
    liberação de ATP a partir da, 678, 678f
    no centro da reação Fe-S, 708
    no centro de reação feofitina-quinona, 708, 708f
    orientação, 717f
ATP-sintassomo, **683**, 683f
ATR, 447, 450, 455
atractilosídeo, 667t
atrofia muscular espinal (AME), 981q-982q
aurovertina, 667t
autoexperimentação, 56q
autofosforilação, **434**
    de RTK, 433f, 434
*Autographa californica*, nucleopoliedrovírus multicapsídeo (AcMNPV), expressão proteica recombinante usando, 311
automontagem, por organismos vivos, 1
autorreplicação, por organismos vivos, 1
auto-*splicing* de íntrons, 975-976, 975t
    estrutura secundária, 996, 996f
    propriedades enzimáticas, 996f, 997-998
autótrofos, 4f, **5**, **461**
    reciclagem de carbono, oxigênio e água por, 461-462, 462f
    reciclagem de nitrogênio por, 462, 462f
auxina, **821**, 821f, 822f
Avery, Oswald T., 270
azeite de oliva, composição de ácidos graxos, 345f
*Azotobacter vinelandii*, 800-801
AZT, 991q
azul de Coomassie, 87f, 88

# B

BAC. *Ver* cromossomos artificiais bacterianos
bacmídeos, **311**, 312
Bacteria, **3**, 4f, 5-6, 5f
bactérias endossimbióticas, evolução dos cloroplastos a partir das, 717-718, 718f
bactérias Gram-negativas, 5f, 6
bactérias Gram-positivas, 5f, 6
bactérias litotróficas, 798q
bactérias púrpuras, centro de reação da feofitina-quinona das, 708-709, 708f
bactérias verdes sulfurosas, 708
    centro de reação, 708, 708f
    Fe-S, 708f, 709
bactérias. *Ver também Escherichia coli*
    acoplamento de transcrição e tradução nas, 1036, 1036f

alongamento nas, 1030-1035, 1031f, 1032f, 1034f
anaeróbios obrigatórios, anamox por, 795, 795f, 798q-799q
células das, 5-6, 5f
cromossomos de
    artificiais, 307, 308f
    elementos, 887, 888f, 888t
    estrutura, 908-909, 908f
D-aminoácidos nas, 820
evolução, 717-718, 718f
evolução da mitocôndria a partir de, 34, 35f, 692-693, 693f
evolução dos cloroplastos a partir de, 717-718, 718f
expressão de proteínas recombinantes nas, 310, 310f
fixação do nitrogênio pelas, 797-802, 797f, 800f, 801f
fotossintetizantes, centros de reação das, 707-708
glutamina-sintetase, 802, 803f
início nas, 1023-1030, 1023f, 1028f, 1030f
íntrons nas, 975
lectinas das, 255, 256f
lipopolissacarídeos das, 253, 253f
operons nas, 1058-1060, 1058f, 1059f
organização do DNA nas, 909-910, 910f
processamento de rRNA nas, 983-984, 983f
proteínas como alvo nas, 1045-1046, 1046f
recombinação genética homóloga em, 941-943, 941f, 942f, 943f
regulação gênica nas
    atenuação da transcrição de genes de enzimas da biossíntese de aminoácidos, 1067-1068, 1067f, 1069f
    coordenação da síntese de rRNA e de proteínas r na, 1070-1071, 1070f, 1071f
    indução da resposta SOS, 1068-1070, 1070f
    recombinação genética, 1073, 1074f, 1074t
    regulação dos mRNA pelo sRNA, 1071-1073, 1071f, 1072f
    regulação positiva do operon *lac*, 1066-1067, 1066f
reparo do DNA nas, 931t. *Ver também* reparo do DNA
replicação do DNA nas. *Ver* replicação do DNA
ribossomos das, 1015-1018, 1018f
sinalização nas, 447f
síntese de ácidos graxos nas, 745, 753
síntese de celulose nas, 736-738, 737f
síntese de fosfolipídeos nas, 766f, 767
síntese de glicogênio, 733
transcrição nas
    cauda poli(A) e, 980
    rifampicina e, 971f
    RNA-polimerase na, 961-963, 962f, 963f
transposição nas, 951-953, 953f
variações do código genético nas, 1010q-1011q

bacteriófagos
    DNA dos, 885f
    na tecnologia de DNA recombinante, 303t
    RNA, 993
bacteriorrodopsina, 372-373, 373f, 375f
baculovírus, **311**
    expressão de proteínas recombinantes nos, 311-312, 311f
bainha de mielina, composição, 367
Baker, David, 138q
Ballard, John, 762
balsas, **380**
    de membrana
        esfingolipídeos e colesterol nas, 380-382, 380f, 381f
        segregação de proteínas de sinalização por, 442
Baltimore, David, 988, 989
bandas A, **170**, 171f
bandas I, **170**, 171f
Bando de dados de Proteínas (Protein Data Bank, PDB), **122q**, 125, 127f, 363
Banting, Frederick G., 876q
barbitúricos, metabolismo da enzima P-450 dos, 757q
barreira hematencefálica, transporte de glicose através da, 389t
barril $\alpha/\beta$, **124**, 125f
barril $\beta$, **123**, 123f, **374**
    nas proteínas de membrana, 374-375, 375f
bases
    aminoácidos como, 76-79, 78f, 79f, 80f
    como tampões, 59-63, 60f, 62f
    ionização de
        água pura, 54, 54f
        constantes de dissociação ácida e, 57, 57f
        constantes de equilíbrio e, 54-55
        curvas de titulação e, 58-59, 58f, 59f
        escala de pH e, 55-56, 55t, 56f
    nucleotídeos. *Ver* bases nitrogenadas
bases de pirimidina, **264**, 264f, 264e, 265t, 266f
    biossíntese de
        regulação da, 829, 829f
        vias *de novo*, 827-829, 828f
        vias de salvação, 835
    conformações, no DNA, 272-273, 272f, 273f
    degradação de, ureia produzida pela, 833-835, 834f, 835f
    estrutura de ácidos nucleicos e, 268, 269f
    grupos funcionais, 268
    metilação, 283
    origem, 998, 999f
    pareamento de Hoogsteen das, 274, 275f
    transformações não enzimáticas das, 280-283, 281f, 282f
bases de purina, **264**, 264f, 264e, 265t, 266f
    biossíntese de
        regulação de, 826f, 827
        vias *de novo*, 825-827, 825f, 826f
        vias de salvação, 835

conformações, no DNA, 272-273, 272f, 273f
degradação de, ácido úrico produzido pela, 833-836, 834f, 835f
estrutura de ácidos nucleicos e, 268, 269f
grupos funcionais, 268
metilação, 283
origem, 998, 999f
pareamento de Hoogsteen das, 274, 275f
transformações não enzimáticas das, 280-283, 281f, 282f
bases fracas
    como tampões, 59-63, 60f, 62f
    ionização
        água pura, 54, 54f
        constantes de dissociação ácida e, 57, 57f
        constantes de equilíbrio e, 54-55
        curvas de titulação, 58-59, 58f, 59f
        escala de pH e, 55-56, 55t, 56f
bases nitrogenadas, 264-267, 264f, 265t
    alquiladas, 938, 939f
    biossíntese de
        pirimidinas, 828f, 829, 829f, 835
        purinas, 825-827, 825f, 826f, 835
    conformações, no DNA, 272-273, 272f, 273f
    degradação de
        pirimidinas, 833-835, 834f, 835f
        purinas, 833-836, 834f, 835f
    estrutura de ácidos nucleicos e, 268, 269f
    metilação, 283
    na replicação, 918f
    origem, 999f
    pareamento, 267, 269f
        determinação da estrutura do DNA e, 270-271, 271f
        estabilidade do DNA e, 280
        Hoogsteen, 274, 275f
        na replicação de DNA, 918f, 919f
        na transcrição, 963
        no reconhecimento de códons e anticódons, 1010-1012, 1012f, 1012t
    transformações não enzimáticas do, 280-283, 281f, 282f
bases nitrogenadas alquiladas, 938, 939f
basófilos, na resposta alérgica, 167
Bassham, James A., 719
bastonetes, sinalização de GPCR na, 429, 429f
Bateson, William, 1092q
BCRP. *Ver* proteína de resistência ao câncer de mama
Beadle, George, 886
Benson, Andrew, 719
benzeno, extração de lipídeos usando, 361
benzoato, para defeitos no ciclo da ureia, 638, 639f
Berg, Paul, 301, 304
beri béri, 551, 578
Bernard, Claude, 556
Best, Charles, 876q
betabloqueadores, 412
bevacizumabe, 453q
BFP. *Ver* proteína fluorescente azul

biblioteca combinatória de genes, **316**
biblioteca de cDNA, **316**, 316f, 320f
biblioteca de DNA, **315**-316
    estudo da função de proteínas usando, 315-316, 316f, 320f
biblioteca de genes, **316**
bibliotecas de DNA, 315-316, 316f, 320f
bicamada, **368**, 368f. *Ver também* bicamada lipídica
bicamada lipídica, das membranas, 367-369, 369f, 370f, 372-374
    adesão covalente de proteínas à, 375-377, 376f
    balsas de esfingolipídeo e colesterol na, 380-382, 380f, 381f
    catálise de movimentos lipídico através da, 378-379, 378f
    curvatura e fusão, 382-383, 383f, 384f
    difusão lateral na, 378f, 379-380, 379f, 380f
    lipídeos na. *Ver* lipídeos de membrana
    ordenamento de grupos acila, 377-378, 377f
    proteínas integrais da membrana através da, 372, 373f, 375f, 376f
    proteínas na. *Ver* proteínas de membrana
bicarbonato
    formação de malonil-CoA por, 744-745, 745f
    para acidose, 64
    troca de ânions pelo, 389-392, 391f
bicicleta de Krebs, 636-637, 636f
biguanidas, 879t
bilirrubina, **817**, 818, 820f
biliverdina, 817, 818, 820f
biocombustíveis, fermentação alcoólica produzindo, 531-532
bioenergética, 22
    da gliconeogênese e da glicólise, 534, 535t, 537, 537t
    das transferências de ATP por grupos fosforila
        compostos fosforilados e tioésteres com energia livre de hidrólise alta, 481-482, 481f, 481t, 482f
        energia fornecida por, 482-484, 483f
        na contração muscular, 483, 487
        na montagem de macromoléculas informacionais, 485-487
        nas transfosforilações entre nucleotídeos, 487-488, 487f
        reações envolvidas na, 484-485, 484f, 486q
        variação da energia livre para hidrólise de ATP, 479-481, 479f, 480t
    termodinâmica e
        efeitos da concentração de produto e reagente nas variações de energia livre reais, 470-471
        fontes de energia livre das células, 467
        natureza aditiva das variações de energia livre, 471
        primeira e segunda lei, 466-467, 467t
        relação entre variação de energia livre padrão e constante de equilíbrio, 182, 182t, 468-470, 468t, 469t

bioinformática, **96**
biologia de sistemas, **27**, **301**
biologia molecular, 884
bioluminescência, 486q
biomassa, etanol derivado de, 730q-731q
biomoléculas, **1**
    celulares pequenas, 11-12
    configuração e conformação, 14-18, 18f
    estereoisomerismo de, 72
    estrutura do carbono e grupos funcionais, 10-11, 11f, 12f, 13f
    estrutura tridimensional, 14-18, 15f, 16f, 18f, 19f
    evolução, 30-31, 32f
    hierarquia estrutural, 9f
    interações entre, 18
    interações estereoespecíficas, 15, 18, 19f
    macromoléculas. *Ver* macromoléculas
    modelos de, 15, 15f
    produção abiótica de, 32f
bioquímica computacional, 138q-139q
bioquímica, fundamentos de, **2**, 2f
    celulares, 2-10, 2f, 3f, 4f, 5f, 7f, 8f, 9f
    evolutivos, 30-36, 31f, 32f, 33f, 35f
    físicos, 19-27, 20f, 21f, 22q-23q, 24f, 26f
    genéticos, 27-30, 28f, 29f
    modelos de, 15f
    químicos, 10-19, 10f, 11f, 12f, 13q, 13f, 14f, 14t, 15f, 16f, 17q, 18f, 19f
biossinalização. *Ver* sinalização
biossíntese de aminoácidos, 804-805, 804f, 806t
    atenuação da transcrição de genes para, 1067-1068, 1067f, 1069f
    classes especiais de reações na, 804-805, 804f
    regulação alostérica da, 814-816, 816f
    regulação da, 816f
    via da ribose-5-fosfato, 812-814, 815f
    vias do 3-fosfoglicerato, 806
    vias do corismato, 811-812, 812f, 814f
    vias do oxalacetato e do piruvato, 809-811, 811f
    vias do α-cetoglutarato, 806, 807f
biossíntese de lipídeos
    ácidos graxos. *Ver* ácido graxo, síntese de
    colesterol
        destinos alternativos dos intermediários de, 787-788, 788f
        quatro estágios do, 772-775, 773f, 774f, 775f, 776f
        regulação dos, 782-784, 782f, 783f, 784f, 786q-787q
        unidades de isopreno dos, 773f, 774
    eicosanoides, 755, 758-759, 758f
    hormônios esteroides, 785-787, 788f
    lipídeos de membrana
        CDP-diacilglicerol no, 765-767, 766f, 768f
        esfingolipídeos, 770, 772f
        plasmalogênio, 768, 771f
        precursores para o, 760, 761f
        transporte para as membranas celulares após, 770

    vias eucarióticas para fosfatidilserina, fosfatidiletanolamina e fosfatidilcolina, 767-768
    triacilgliceróis
        gliceroneogênese, 762-763, 762f, 763f
        precursores para o, 760, 761f
        regulação hormonal, 760-762, 761f
biossíntese de nucleotídeos, 823-824
    classes especiais de reações, 804-805, 804f
    como alvo de agentes terapêuticos, 836-838, 836f
    conversão de nucleosídeos-monofosfato a nucleosídeos-trifosfato, 829
    pirimidina, síntese de
        regulação da, 829, 829f
        vias *de novo*, 827, 828f, 829f
        vias de recuperação, 835
    purina, síntese de
        regulação da, 826f, 827
        vias *de novo*, 825-827, 825f, 826f
        vias de recuperação, 835
    síntese de desoxirribonucleotídeo a partir de ribonucleotídeos, 829-832, 830f, 831f, 832f
    timidilato, síntese de, 833, 833f
biossíntese. *Ver* anabolismo
biotina, **534**, **590**
1,3-bisfosfoglicerato
    energia livre da hidrólise de, 481, 481t, 482f
    na via glicolítica, 512f, 513, 513f, 525f
2,3-bisfosfoglicerato (BPG), regulação da ligação hemoglobina-oxigênio pelo, 161-162, 162f
    na degradação de aminoácidos, 641, 641f
    na reação da piruvato-carboxilase, 534, 535f, 590-591, 592f
    na reação de acetil-CoA-carboxilase, 744-745, 745f
2,3-bisfosfoglicerato (BPG), **161**, 162
1,3-bisfosfoglicerato, 481, 482f, **518**
Bishop, Michael, 990
bissulfeto, dano ao DNA causado por, 282
Blackburn, Elizabeth, 993
Blobel, Günter, 1041
Bloch, Konrad, 775
*Bmp4*, gene, 1092q-1093q
Bohr, Christian, 160
bomba de ATPase de $Ca^{2+}$ do retículo sarcoplasmático/endoplasmático (bomba SERCA), **393**
    estrutura e mecanismo, 393, 393f, 394f
bomba SERCA. *Ver* bomba de ATPase de $Ca^{2+}$ do retículo sarcoplasmático/endoplasmático
bombas de prótons
    ATPases do tipo V e do tipo F, 394-395, 395f
    complexos de evolução do oxigênio como, 714-715, 715f
bombas. *Ver* transportadores ativos
bonobo, comparações com o genoma humano, 329-331, 330f
Botox. *Ver* toxina botulínica
Boyer, Herbert, 301
Boyer, Paul, 680

BPG. *Ver* 2,3-bisfosfoglicerato
braçadeira deslizante, 920, 925, 926f
braço D, 1019f, **1020**
braço do aminoácido, **1019**, 1019f
braço do anticódon, 1019f, **1020**
braço TC, 183f, **1020**
brassinolídeo, 356, 356f
brazeína, 231q
*BRCA1*, mutações nos genes, 454
*BRCA1/2*, 948q
Briggs, G. E., 190
3-bromopiruvato, para tratamento do câncer, 527q-528q
Brown, Michael, 781-782, 786q
Bruce, Ames, 930
Buchanan, John M., 825
Buchner, Eduard, 178, 511
butirato, 874
butiril-ACP, **748**, 749f

## C

C. *Ver* citosina
C. *Ver* coeficiente de controle de fluxo
$Ca^{2+}$. *Ver* íon cálcio
$Ca^{2+}$-ATPase, 393, 393f
cabelo, estrutura do, 117-118, 117f
cadeia respiratória, **661**. *Ver também* cadeia respiratória mitocondrial
cadeia respiratória mitocondrial, 672f
  afunilamento de elétrons para aceptores universais de elétrons, 660-662, 662t
  anatomia mitocondrial e, 660, 661f
  complexos multienzimáticos de carreadores de elétrons envolvidos no
    Complexo I, 665-667, 665f, 666f
    Complexo II, 665t, 666f, 667-668, 667f
    Complexo III, 665t, 666f, 668-669, 668f, 669f
    Complexo IV, 665t, 666f, 669-671, 670f, 688, 688f
  componentes proteicos da, 665t
  doação de elétrons via ubiquinona, 671, 672f
  genes codificando proteínas de, 692, 692t, 693f
  geração de ERO por, 668, 673-674, 674f
  gradiente de prótons no, 672, 673f
  oxidação de NADH em mitocôndrias vegetais, 685q
  passagem de elétrons através de carreadores ligados à membrana, 662-665, 663f, 664f, 664t, 665f
  respirassomos no, 671, 671f
cadeias leves
  imunoglobulina, 165-166, 166f, 167f
    recombinação da, 953-955, 954f
  miosina, 169, 169f
cadeias leves kappa, 953-955, 954f
cadeias pesadas
  imunoglobulina, 165-166, 166f, 167f
    recombinação da, 953-955, 954f
  miosina, 169, 169f
caderinas, **384**
CAF1. *ver* fator de montagem da cromatina 1
Cairns, John, 915, 919

caixa C/D, snoRNP, 984, 984f
caixa H/ACA, snoRNP, 984, 984f
caixa TATA, 968, 968f, 1078, 1079f, 1080f
calcitonina, gene da, 983f
cálculos renais, 646
calmodulina (CaM), **426**
  ligação ao $Ca^{2+}$, 426-427, 427f, 427t
calor
  produção mitocondrial de, 689, 690f
  produção, pelas plantas, 685q
  produção, pelo tecido adiposo marrom, 689-890, 690f, 851f, 852, 853f
calor da vaporização da água, 44-45
Calvin, Melvin, 719
CaM. *Ver* calmodulina
camada de solvatação, **108**
  estabilidade de proteínas e, 108
CaM-cinases. *Ver* proteínas-cinases dependentes de $Ca^{2+}$/calmodulina
camptotecina, 906q
canabinoides, regulação da massa corporal pelos, 872-874, 874f
canais de $Ca^{2+}$ dependentes de voltagem, 443-444, 444f
canais de $Ca^{2+}$ dependentes de voltagem, potenciais de ação produzidos por, 443-444, 444f
canais de $K^+$
  dependentes de ATP, 861-862, 862f
  dependentes de voltagem, 402-403
    potenciais de ação produzidos por, 443-444, 444f
  estrutura e especificidade, 402-403, 402f
canais de $K^+$ dependentes de ATP, **860**, 862, 862f
  na secreção de insulina, 861-862, 862f
canais de $K^+$ dependentes de voltagem, 402-403
  potenciais de ação produzidos por, 443-444, 444f
canais de $Na^+$
  dependentes de voltagem, potenciais de ação produzidos por, 443-444, 444f
  estrutura e especificidade, 402
  na função neuronal, 402
canais de $Na^+$ dependentes de voltagem, 443-444, 444f
canais iônicos, **386**. *Ver também* canais iônicos regulados
  CFTR, 396, 397q-398q
  como alvo de toxinas, 444-445
  de $K^+$. *Ver* canais de $K^+$
  defeituosos, 397q-398q
  estrutura e mecanismo, 386-387, 387f
  medição elétrica dos, 401, 401f
  movimento de íons pelos, 401
canais iônicos controlados, 386, 387f, 401
  canais de $K^+$, 402-403
  como receptores de sinais, 411, 411f
    como alvo de toxinas, 444-445
    neurotransmissores interagindo com, 444
    potenciais de ação neuronais produzidos por, 443-444, 444f
    sinalização elétrica por, 442-443, 443f
  nos neurônios, 443-444, 444f
  sinalização elétrica por, 442-443, 443f

canais iônicos controlados por voltagem, **401**, **442**
  potenciais de ação neuronais produzidos por, 443-444, 444f
canais iônicos dependentes de voltagem, **401**
canais iônicos seletivos, **401**-402
canal de $Ca^{2+}$ controlado por $IP_3$, **425**
canalização de substratos, **577**
  no ciclo da ureia, 636
  no ciclo do ácido cítrico, 595, 595f, 596f
  no complexo da PDH, 577-578, 578f
câncer, 948q. *Ver também* tumores
  como alvo de fármacos de base hormonal, 445
  inibidores da proteína-cinase para, 452q-453q
  mutações nos, 930, 931f, 932q
  reparo de DNA e, 932q
  retrovírus que causam, 990-991, 990f, 991q
  união de extremidades não homólogas e, 948-950, 950f
câncer colorretal, mutações no, 454f, 455
câncer de mama, 948q
  como alvo de fármacos de base hormonal, 445
  inibidores da proteína-cinase para, 452q-453q
câncer de ovário, 948q
câncer de pele, 932q
câncer de pulmão, inibidores da proteína-cinase para, 452q-453q
câncer de pulmão não de células pequenas (CPNCP), 453q
*Candida albicans*, variações do código genético, 1011q
cantaxantina, 360f
5' cap, **974**
  de mRNA eucarióticos, 974, 974f
carbamoil-fosfato, 827-829
  na biossíntese da pirimidina, 827-829, 828f, 829f
  no ciclo da ureia, 634f-635f, 635
carbamoil-fosfato-sintetase I, **634**
  deficiência, 646t
  no ciclo da ureia, 634f-635f, 635
  regulação, 637-638, 638f
carbamoil-fosfato-sintetase II, **828**, 828f
carbamoil-glutamato, para defeitos no ciclo da ureia, 639, 639e
carbânions, **473**, 551f
  na produção ou quebra de ligações carbono-carbono, 473-474, 474f, 475f
carbocátions, **473**
  na produção ou quebra de ligações carbono-carbono, 473-474, 474f, 475f
carboidratos, 9f, 18, **229**
  análise de, 258-260, 259f
  classes de, 229
  informações carreadas por, 247
    centros assimétricos de, 232, 232f
    como agentes redutores, 237, 238q-239q
    derivados da hexose em organismos vivos, 236-237, 236f
    duas famílias de, 230-231, 230f

estruturas cíclicas, 232f, 233-235, 234f, 236f
interações lectina-carboidratos, 256-257, 257f, 258f
leitura pela lectina, 254-257, 255f, 256f
monossacarídeos, 229
símbolos e abreviaturas de, 240t
nos glicoconjugados. *Ver* glicoconjugados
oligossacarídeos, 229
   análise de, 258-260, 259f
   informações carregadas por, 247, 254-257, 255f, 256f, 257f, 258f
   ligação glicosídica na, 240, 240t
   nas glicoproteínas, 251, 252f
   nas vias alimentadoras da glicólise, 522f, 523-525
   nomenclatura, 240, 240t
polissacarídeos. *Ver* polissacarídeos
síntese de, 533f
carbonilcianeto-*p*-trifluormetoxifenil-hidrazona (FCCP), desacoplamento da fosforilação oxidativa por, 676, 676f
carbono, 10-11
níveis de oxidação, 476f
carbono anomérico, **234**
carbono, em biomoléculas, 10-11, 11f, 12f, 13f, 14f
2-carboxiarabinitol-bisfosfato, 721f
γ-carboxiglutamato, **76**, 77e
carboxipeptidase, 123t
carboxipeptidases A e B, **628**
carcinógenos, 451
carcinoma de células renais, 453q
cardiolipina, 347, 348f, **765**
curvatura da membrana e, 382
no sistema de endomembranas, 370, 370f
síntese de, 766f, 767, 768f, 769f
carga elétrica
de aminoácidos, 79
na clorofila, 707, 707f
carnitina, **605**
carnitina, lançadeira, **603**, 605-606, 605f, 606f, 613
carnitina-aciltransferase 1, **605**, 606f
regulação da, 613, 616f
carnitina-aciltransferase 2, **605**, 606f
carnitina-palmitoiltransferase 1 (CPT1), **605**, 606f
regulação, 616f
carnitina-palmitoiltransferase 2 (CPT2), **605**, 606f
caroteno, 360
β-caroteno, **705**
absorção de luz pelo, 704f, 705
como precursor de hormônios, 357, 358f
estrutura, 704f
carotenoides, **357**, **705**
absorção de luz pelos, 705
estrutura, 704f
carreador mitocondrial do piruvato (MPC), **575**, 594
carreadores de elétrons
coenzimas e proteínas servindo como, 492-494

na cadeia respiratória mitocondrial, 662-665, 663f, 664f, 664t, 665f
   Complexo I, 665-667, 665t, 666f
   Complexo II, 665t, 666f, 667-668, 667f
   Complexo III, 665t, 666f, 668-669, 668f, 669f
   Complexo IV, 665t, 666f, 669-671, 670f, 688
   nos respirassomos, 671, 671f
NADH e NADPH como, 493-494, 493f
para oxidação de glicose celular, 492
carreadores de elétrons ligados à membrana, na cadeia respiratória mitocondrial, 662-665, 663f, 664f, 664t, 665f
Caruthers, Marvin, 283
CAS. *Ver* proteína de suscetibilidade à apoptose celular
cascata de coagulação, 220-223, 220f, 221f
vitamina K na, 360
cascata regulatória, **220**
na coagulação sanguínea, 220-223, 220f
cascatas enzimáticas, **409**, **566**
disparo de leptina por, 869
na ação da adrenalina e do glucagon, 566, 566f
na sinalização de RTK, 433f, 434-435, 434f
na sinalização hormonal, 843
na sinalização por GPCR, 416, 418f
na transdução de sinais, 409, 410f
proteínas adaptadoras multivalentes envolvidas em, 440, 441f
cascatas hormonais, 843, 845-846, 847f
caseína-cinase II (CKII), **567**
regulação da glicogênio-sintase por, 567, 567f, 568f
caspase 8, na apoptose, 455, 456f
caspase 9, na apoptose, 455, 456f, 691, 692f
caspases, **691**
na apoptose, 455, 456f, 691, 692f
catábase, **759**
catabolismo, **26**, **462**, 463, 463f
coordenação com AMPK, 869-871, 870f
síntese de compostos de fosfato de alta energia, 484
catabolismo de aminoácidos, 625, 626f
destinos metabólicos de grupos amino, 626-627, 627f
   degradação enzimática das proteínas alimentares, 627-628, 628f
   liberação da amônia via glutamato, 630-631, 632f
   toxicidade da amônia e, 633
   transferência de grupos α-amino para α-cetoglutarato, 628-630, 629f, 630f
   transporte da amônia via alanina, 632-633, 632f
   transporte da amônia via glutamina, 631-632, 632f
excreção de nitrogênio pelo ciclo da ureia, 633
   defeitos na, 638-639
   etapas enzimáticas da, 633-636, 634f-635f
   interconexões de vias reduzindo o custo energético da, 638

   ligação do ciclo do ácido cítrico à, 636-637, 636f
   reações alimentadoras de grupos amino na, 634f-635f
   regulação, 637-638, 638f
vias do esqueleto de carbono, 639-640
   cofatores enzimáticos envolvidos no, 641-644, 641f, 642f, 643f
   conversão a glicose ou corpos cetônicas, 640-641, 640f
   conversão a succinil-CoA, 640f, 650-651, 652f, 653q
   conversão a α-cetoglutarato, 640f, 650, 651f
   defeitos no, 646, 646t, 648-653, 649f, 653q, 654f
   degradação a acetil-CoA, 640f, 647-648, 647f, 648f
   degradação a oxalacetato, 640f, 653-654, 654f
   degradação a piruvato, 640f, 644-647, 644f, 645f, 646t
   degradação dos aminoácidos de cadeia ramificada, 640f, 651-653, 654f
catalase, 283, **617**
catálise
enzimática, 25-27, 26f, 177, 179-188, 188f
   ácido-base, 186-187, 187f
   cinética da. *Ver* cinética enzimática
   covalente, 187
   energia de ligação na, 183-186, 183f, 184f, 185f, 186f
   especificidade, 182-183, 185, 186f
   íon metálico, 187-188
   no sítio ativo, 180, 180f
   papel do estado de transição na, 183-186, 183f, 184f, 185f
   princípios, 182-183
   regulação, 498-501, 499f, 499t, 500f, 500t, 501f
   termodinâmica, 182, 182t, 470-471
   velocidade de reação e efeitos no equilíbrio durante, 180-182, 180f, 181f
por RNA, 31-33, 33f
   ribozimas, 277, 278f, 999-1001, 1000q, 1001f, 1017
catálise ácido-base
enzimática, 186-187, 187f
quimotripsina, 205, 205f
catálise ácido-base específica, **187**
catálise covalente, **187**
catálise de íons metálicos
enolase, 210, 211f
enzimática, 187-188
catálise geral ácido-base, **187**
enzimática, 186-187, 187f
quimotripsina, 205, 205f
catálise rotacional, **680**
da síntese de ATP, 680-682, 680f, 681f
   acionamento pelo fluxo de prótons do, 681-683, 681f
catecolaminas, descarboxilação de aminoácidos produzindo, 821, 823f
catenanos, **896**, **927**, 927f, 928f
cauda poli(A), **980**, 980f

cavéolas, **381**, 381f
  segregação de proteínas de sinalização por, 442
caveolina, **381**, 381f, 1047, 1047f
CD, espectroscopia por. *Ver* espectroscopia por discroísmo circular
CDK. *Ver* proteína-cinase dependente de ciclina
cDNA. *Ver* DNA complementares
CDP. *Ver* citidina-difosfato
CDP-diacilglicerol, **765**
  na síntese de fosfolipídeos, 765-767, 766f, 768f
Cech, Thomas, 976
cegueira, deficiência de vitamina A causando, 358f, 358
cegueira noturna, defeitos da proteína G na, 424
celacantos, fermentação láctica por, 529q
celecoxibe, 758
células, 2-3, 2f, 9, 9f
  características, 2-3, 2f
  concentração de ATP nas, 481
  concentrações de proteínas, 1054, 1055f
  de bactérias e arqueias, 5-6, 5f
  diferenciação, 1091f
  dimensões, 3, 3f
  estruturas supramoleculares, 8-9, 9f
  estudos *in vitro*, 9, 9f
  eucarióticas, 6, 7f, 8f
  evolução, 33-35, 35f
  fontes de aminoácidos das, 625
  fontes de energia e precursores biossintéticos, 3-5, 4f
  fontes de energia livre das, 467
  fontes de gordura das, 602
  importação de proteínas para dentro das, 1046-1048, 1047f
  localização de proteínas dentro das, 318-320, 318f, 319f, 320f
  macromoléculas, 8-9, 9f, 12-14, 14t, 15t
  manutenção do estado de equilíbrio dinâmico, 497-498
  membranas circundantes. *Ver* membranas
  na resposta imune, 164-165
  pequenas moléculas, 11-12
  primitivas, 33-34, 35f
  superfície das, 3f
  tampões nas, 61-63, 61f, 62f, 63f
células animais, estrutura, 6, 7f
células B, **165**, 166
células B de memória, 166
células da bainha vascular, 729-731, 729f
células de mamíferos, expressão de proteínas recombinantes nas, 312
células de memória, **165**
células do tipo selvagem, **30**
células espumosas, 784f, **785**
células eucarióticas, 6, 7f
  evolução, 34-35, 35f
células excitáveis, sinalização elétrica nas, 442-443, 443f
células T, **165**
células T auxiliares ($T_H$), **165**
células T citotóxicas ($T_C$), **165**
células T *killer*. *Ver* células T citotóxicas

células $T_C$. *Ver* células T citotóxicas
células TH. *Ver* células T auxiliares
células vegetais
  estrutura, 6, 7f
  oxidação de NADH nas mitocôndrias de, 685q
células α pancreáticas, 860, 861f
células β pancreáticas
  mitocôndrias defeituosas nas, 695-696, 696f
  secreção de insulina por, 860-862, 861f, 862f
células β. *Ver* células β pancreáticas
células δ pancreáticas, 860, 861f
celulase, **523**
células-tronco, **1090**, 1090f
  controle, 1091f
células-tronco do adulto, **1091**
células-tronco embrionárias, **1091**
células-tronco pluripotentes, 1090f, **1091**, 1092
células-tronco totipotentes, **1090**, 1090f
células-tronco unipotentes, **1091**
celulose, 229, **243**
  enovelamento da, 243-244, 243f, 244f
  estrutura, 736, 737f
  estruturas e funções, 247t
  ligação glicosídica na, 244f
  papel estrutural, 243, 243f
  síntese de, 736-738, 737f
celulose-sintase, **737**
CENPA, 904q
centro de ferro-enxofre, **582**
  da aconitase, 582, 583f, 584q-585q
centro de reação feofitina-quinona, 708-710
  estrutura, 708f
  modelo funcional, 708f, 709
  transferências de elétrons, 708, 708f
centro de reação fotoquímica, **705**, 706f
  complexo de evolução do oxigênio na, 714-715, 715f
  complexo do citocromo $b_6f$, 712-713, 712f
  determinação de, 708
  feofitina-quinona, 708-710, 708f
  Fe-S, 708f, 711
  fluxo cíclico de elétrons no, 713
  fotossistema I, 710-712, 711f
  fotossistema II, 710, 710f, 712f
  nas plantas, 708-712, 709f
  tipos de, 707-708
  transições de estado e distribuição dos, 713, 714f
centro de reação fotoquímica Fe-S, 708f, 711
  no fotossistema I, 711, 711f, 712f
centro de reação P680
  complexo de evolução do oxigênio e, 714-715, 715f
  descoberta da, 709
  no fluxo de elétrons, 710, 712
  no fotossistema II, 709f, 710
centro de reação P700
  descoberta da, 709
  fluxo cíclico de elétrons cíclico com, 713

no fluxo de elétrons, 711, 712f
  no fotossistema I, 709f, 711
centro de reação P870
  conversão interna e, 708
  descoberta de, 707-708
  no centro de reação feofitina-quinona, 708, 708f
  no centro de reação Fe-S, 708, 708f
centrômero, **890**, 890f
centros de reação
  nas bactérias fotossintetizantes, 707-708
  nas plantas vasculares, 708-712, 709f
centros quirais, **16**-17, 16f, 17q, **71**
  nos aminoácidos, 71, 72, 72f
  nos monossacarídeos, 232, 232f
cera de abelha, 346, 346f
ceramidas, **350**, 350f
  como sinal intracelular, 355
ceras, como reservatórios de energia e repelentes de água, 345-346, 346f
cérebro
  amônia no, 633
  durante jejum ou inanição, 863-864, 864t, 865f, 866f
  funções metabólicas, 848f, 855-857, 855f
  necessidades de glicose do, 533, 557, 855-856, 855f
  uso de corpos cetônicos pelo, 619
cerebrosídeos, **350**, **770**
  síntese de, 770, 772f
ceruloplasmina, papel da lectina na destruição de, 254
cerveja, fermentação alcoólica na fabricação de, 530, 530f, 531-532, 532f
cetais, **234**
cetoacidose, **621**, **877**
cetoacidúria de cadeia ramificada. *Ver* xarope de bordo
β-cetoacil-ACP-redutase (KR), **748**, 749f
β-cetoacil-ACP-sintase (KS), **747**, 749f
β-cetoacil-CoA, **607**, 607f
β-cetoacil-CoA-transferase, **620**, 620f
β-cetoglutarato, **582**, 588q
  biossíntese de aminoácidos a partir do, 806, 807f
  como precursor biossintético, 590
  conversão de aminoácidos a, 640f, 650, 651f
  formação, pelo ciclo do ácido cítrico, 587f
  oxidação do isocitrato a, 579f, 582, 583f
  oxidação, pelo ciclo do ácido cítrico, 579f, 582-584, 583f
  transferência de grupos amino, 628-630, 629f, 630f
ceto-hexoses, 234
cetose, **621**, **877**
cetoses, **230**-231, 230f
  centros assimétricos de, 232, 232f
cetotriose, 230
cetuximabe, 453q
CFTR. *Ver* proteína reguladora da condutância transmembrana da fibrose cística
CG. *Ver* cromatografia gasosa
Chalfie, Martin, 319-320

Changeux, Jean-Pierre, 158
chaperonas, **132**, 132f
chaperonas de histona, **901**, 904q
chaperoninas, 132f, **133**, 1037, 1037f
Chargaff, Erwin, 270
Chase, Martha, 270
chi, **942**
chimpanzés, comparações com o genoma humano, 329-330, 330f
ChIP. *Ver* imunoprecipitação da cromatina
ChREBP. *Ver* proteína de ligação do elemento de resposta ao carboidrato
cianeto, 667t
cianobactérias, 6
    centro de reação das, 707
    fosforilação/fotofosforilação nas, 718, 718f
    membranas fotossintéticas das, 718f
cianocobalamina, **614q**
ciclina, **447**
    degradação controlada de, 447-449, 449f
    regulação de CDK por, 447, 448f, 449f
    regulação do fator de crescimento pela, 448, 449f
ciclo autotrófico e heterotrófico do oxigênio, 461-462, 462f
ciclo celular
    alterações cromossômicas durante o, 898, 899f
    quatro estágios do, 446-447, 447f
ciclo da água, 461-462, 462f
ciclo da glicose-alanina, **632**, 632f
ciclo da redução fotossintética de carbono, 720f. *Ver também* ciclo de Calvin
ciclo da ureia, **633**
    ciclo do ácido cítrico ligado ao, 636-637, 636f
    defeitos no, 638-639, 638t, 639f
    etapas enzimáticas do, 633-636, 634f-635f
    interconexões de vias reduzindo o custo energético do, 638
    reações alimentadoras de grupos amino no, 634f-635f
    regulação, 637-638, 638f
ciclo de Calvin, **719**
    ativação pela luz no 720f, 725-726, 727f
    conversão de 3-fosfoglicerato a gliceraldeído 3-fosfato, 720f, 721-722
    fixação de $CO_2$ em 3-fosfoglicerato, 720-721, 724f, 728f
    nas plantas $C_4$, 729-732, 729f
    nas plantas CAM, 732
    necessidades de NADPH e ATP, 722-724, 724f
    regeneração de ribulose-1,5-bisfosfato, 720f, 722, 724f, 728f
    rubisco no, 719-722, 724f, 728f
    sistema de transporte para, 720f, 724-725, 725f, 726
ciclo de Cori, 529q, 533, 561q-562q
    no músculo, 854, 855f
ciclo de Krebs, **574**. *Ver também* ciclo do ácido cítrico
ciclo de Lands, **767**, 770f

ciclo do ácido cítrico, **574**
    biotina como carreador de grupo de $CO_2$ no, 590-591, 592f
    como estágio da respiração celular, 574, 575f
    como via metabólica cíclica, 579f
    conservação de energia das oxidações no, 587-589, 589t
    gliconeogênese de intermediários do, 533f, 538, 538t
    intermediários biossintéticos a partir de, 590, 591f, 591t
    ligação ao ciclo da ureia, 636-637, 636f
    mutações causadoras de câncer no, 594-595, 595f
    no fígado, 849, 850f
    oito etapas do, 580-587
        conversão de succinil-CoA a succinato, 579f, 584-586, 586f
        formação de citrato, 579f, 581, 581f, 582f, 587f
        formação de isocitrato via *cis*-aconitato, 579f, 581-582, 583f, 584q-585q
        hidratação de fumarato a malato, 579f, 587
        oxidação de isocitrato a $\alpha$-cetoglutarato e $CO_2$, 579f, 582, 583f
        oxidação de malato a oxalacetato, 579f, 587
        oxidação de succinato a fumarato, 579f, 586
        oxidação de $\alpha$-cetoglutarato a succinil-CoA e $CO_2$, 579f, 582-584, 583f
    processos catabólicos e anabólicos, 590
    produção de acetil-CoA para o, 574
        a partir da oxidação de ácidos graxos, 606, 607f, 609-611, 611t
        canalização de substratos no complexo da PDH, 577-578, 578f
        coenzimas do complexo da PDH, 576, 576f, 577f
        descarboxilação oxidativa do piruvato, 575, 576f
        enzimas do complexo da PDH, 576-577, 577f
        regulação alostérica e covalente, 593-594, 593f
    produtos do, 587f
    reações anapleróticas na reposição de intermediários do, 590, 591f, 591t
    reações ao, 578-580
    regulação do
        defeitos na, 594-595, 595f
        direcionamento do substrato, 595, 595f, 596f
        em etapas exergônicas, 594
        regulação alostérica e covalente do complexo da PDH, 593-594, 593f
    sentido químico da sequência de reações usada no, 579f, 580
ciclo do ácido tricarboxílico (TCA), **574**. *Ver também* ciclo do ácido cítrico
ciclo do carbono, 461-462, 462f
ciclo do glioxilato, **590**, **735**
    nas plantas, 735-736, 736f

ciclo do nitrogênio, 462, 462f
    nitrogênio biologicamente disponível no, 795-796, 795f, 796f, 798q-799q
ciclo do oxigênio, 461-462, 462f
ciclo do TCA. *Ver* ciclo do ácido tricarboxílico
ciclo do triacilglicerol, 761f, **762**, 762f
ciclo Q, **668**, 669f, 712
cicloeximida, **1040**, 1040e
cicloserina, **820**
cicloxigenase (COX), **755**
    na síntese de prostaglandina e tromboxano, 755, 758-759, 758f
cicloxigenase 1 (COX-1), 758
cicloxigenase 2 (COX-2), inibição da, 355-356, 355f, 758, 758f
cimetidina, **822**
cinamato, 822f
cinase receptora $\beta$-adrenérgica ($\beta$ARK, GRK2), **418**, 419, 419f
cinases, **476**, **477q**. *Ver também* proteínas-cinases
cinases receptoras acopladas à proteína G (GRK), **419**
cinética, 24
    do transporte de glicose, 387f, 388
    enzimática. *Ver* cinética enzimática
cinética de Michaelis-Menten, 191, **192**
cinética do estado estacionário, **188**
cinética do estado pré-estacionário, 188f, 196-197, 196f, 197f
    da quimotripsina, 204, 204f
cinética enzimática, **188**
    efeitos do pH na, 195-196, 196f
    enzimas alostéricas, 215, 216f
    equação de Michaelis-Menten, 191, 191f
    nas reações bissubstrato, 194-195, 194f
    para inibidores competitivos, 197-198
    para inibidores incompetitivos, 198
    para inibidores mistos, 198
    estado pré-estacionário, 196-197, 196f, 197f
    inibição irreversível, 200-203, 200f, 201q-202q, 203f
    inibição reversível, 197-200, 200t
    $k_{cat}$, 192, 193f
    $K_m$, 191, 191f
        comparações entre enzimas usando, 193-194, 193t
        determinação, 194
        efeitos inibitórios reversíveis na, 198-199, 200t
        interpretação, 192-193, 192t, 193t
        regulação metabólica e, 499f, 500f
    para reações com dois ou mais substratos, 194-195, 194f, 195f
    relação entre concentração de substratos e velocidade de reação, 188-190, 189f
    quantificação, 191-192, 191f
    $V_0$, 188-190, 189f, 191f
    $V_{máx}$, 189-191, 189f, 191f
        determinação, 191
        efeitos inibitórios reversíveis na, 198-199, 200t

**1168** ÍNDICE

enzimas alostéricas, 215, 216f
  interpretação, 192-193, 192t, 193t
ciprofloxacino, 906q
circulação êntero-hepática, 779f, **781**
cirurgia bariátrica, 878-879, 879f
cirurgia de *bypass* gástrico, 878-879, 879t
*cis*-aconitato, **581**
  no ciclo do ácido cítrico, 579f, 581-582, 583f, 584q-585q
cistationina-β-sintase, **808**
cistationina-γ-liase, **808**
cisteína, 74e, **76**, 76f, **644**, **808**
  biossíntese, 806-809, 809f
  catabolismo da, 640f, 644-647, 644f, 646t
  na catálise geral ácido-base, 187f
  propriedades e convenções associadas à, 73t
cistina, **76**
citidilato (CMP), 265t, 486
  biossíntese, 827, 828f
  degradação, 833-835, 834f, 835f
citidilato-sintetase, 828f, **829**
citidina, 266e
citidina-difosfato (CDP), na síntese de fosfolipídeos, 764f, 765
citidina-trifosfato (CTP)
  como carreador de energia química, 294
  regulação da biossíntese de pirimidina por, 829, 829f
citocinas, 165
  regulação do ciclo celular por, 448, 449f
citocromo *c*
  composição do, 82, 82t, 83t
  na cadeia respiratória mitocondrial, transferência de elétrons do Complexo II ao, 665t, 666f, 667-668, 668f, 669, 669f
  no disparo da apoptose pela mitocôndria, 691, 692f
  resíduos, 123t
citocromo $c_6$, funções duplas do, 718, 718f
citocromo *f*, cadeia hídrica no, 51, 51f
citocromo P-450, família do, **690**, **756q**
  monoxigenases, 756q-757q
  oxigenases no retículo endoplasmático, 690-691
  síntese de esteroides por, 690-691, 690f, 691f, 757q
citocromo-oxidase, 665t, 666f, **669**, 670-671, 670f
citocromos, **663**
  na cadeia respiratória mitocondrial, 663-664, 663f, 664t
citoesqueleto, **6**-8, 7f, 8f
  das células eucarióticas, 6-8, 8f
citoglobina, função da, 149
citoplasma, **2**, 2f, 6-8
  organização do citoesqueleto do, 6-8, 8f
citosina (C), **264**, 264e, 265t
  biossíntese, 827, 828f
  degradação, 833-835, 834f, 835f
  desaminação, 280, 281f
  metilação, 283
  pareamento de bases, 269f

citosol, **2**, 371f
  lançadeira do acetato para o, 751-752, 752f
  síntese de ácidos graxos nos, 750-751, 751f
  síntese de sacarose no, 733-734, 733f
citrato, **581**
  formação de, no ciclo do ácido cítrico, 579f, 581, 581f, 582f, 587f
  lançadeira do acetato como, 751-752, 752f
  na regulação da síntese de ácidos graxos, 752-753, 753f
  reações assimétricas do, 588q
  regulação de PFK-1, 689
  regulação de PFK-1 e FBPase-1 por, 541f, 542, 542f
citrato-liase, **751**, 752f
citrato-sintase, 477q, **581**, **751**, 752f
  estrutura, 581, 581f
  no ciclo do ácido cítrico, 579f, 581, 581f, 582f, 596f
  regulação da, 593f, 594
citrulina, **76**, 77e
  no ciclo da ureia, 634f-635f, 635, 636
CKII. *Ver* caseína-cinase II
Cl⁻. *Ver* íon cloreto
clatratos, **48**
clatrina, **1046**, 1047f
Claude, Albert, 6
Clausius, Rudolf, 22q
Cleland, W. W., 195
clivagem heterolítica, **472**, 472f
clivagem homolítica, **472**, 472f
clivagem proteolítica, **214**
  de precursores de enzimas reguladoras, 220, 220f
  na coagulação sanguínea, 220-223, 220f
clonagem de DNA, **302**
  adaptações da PCR para, 314-315, 315f
  endonuclease de restrição e DNA-ligase na, 302-304, 303f, 303t, 304t, 305f
  etapas, 302
  isolamento de genes pela, 302
  produção de proteínas usando
    genes e proteínas alterados, 312-313, 312f
    marcadores para purificação de, 313-314, 313t, 314f
    sistemas bacterianos usados para, 310, 310f
    sistemas de células de mamíferos usados para, 312
    sistemas de insetos e de vírus de insetos usados para, 311-312, 311f
    sistemas de leveduras usados para, 310-311
    vetores de expressão para, 309, 310f
  vetores, 302
    BAC, 307, 308f
    expressão, 309, 310f
    plasmídeos, 305-306, 306f, 307f
    YAC, 307-309
clonagem. *Ver* clonagem de DNA
clone, **167**, 302
clopidogrel, 296

cloranfenicol, **1040**, 1040e
clorofila *a*, 704f
  em LHCII, 705, 706, 706f
  espectro de absorção da, 705, 705f
  estrutura, 704f
  no fotossistema I, 709
  no fotossistema II, 709
  no P680, 709
  no P700, 711
  no P870, 708
clorofila *b*, 704f
  em LHCII, 705, 706f
  espectro de absorção da, 705, 705f
  estrutura, 704f
  no fotossistema I, 709
  no fotossistema II, 709
  no P680, 709
  no P700, 709
clorofilas, **704**
  absorção de luz pelas, 704-705, 704f
  estrutura, 704-705, 704f
  transferência de éxcitons, 705-707, 706f, 707f
clorofilas-antena, 706f
clorofórmio, extração de lipídeos usando, 361, 362f
cloroplastos, **6**, 7f, **701**
  absorção de luz por, 703f, 704-705
  ATP-sintase dos, 716
  estrutura, 701-702, 702f
  evolução dos, 34, 35f, 717-718, 718f
  fluxo de elétrons e, 701-704
  fotossíntese, 701-704
  galactolipídeos e sulfolipídeos nos, 349, 349f
  genoma dos, 301
  gliconeogênese nos, 735-736, 736f
  íntrons nos, 975
  mecanismos quimiosmóticos nos, 702f
  no sistema de endomembranas, 370
  produção de amido nos, 722, 733
  síntese de ácidos graxos nos, 750-751, 751f
  sistema de antiporte de $P_i$-triose-fosfato nos, 724-725, 725f, 726f
  sistemas de reação fotoquímica nos, 709, 709f
*Clostridium acetobutyricum*, 532
*Clostridium botulinum*, toxina, 383
*Clostridium tetani*, toxina, 383
CMP. *Ver* citidilato
CO. *Ver* monóxido de carbono
$CO_2$. *Ver* dióxido de carbono
CoA. *Ver* coenzima A
coagulação sanguínea
  cascata de zimogênio na, 220-223, 220f, 221f
  controle medicamentoso da, 222
  vitamina K na, 360
coativadores, 1079-1080
  ligação ao DNA, na montagem do fator de transcrição, 1077-1080, 1079f, 1080f
cobalamina. *Ver* vitamina $B_{12}$
cobrotoxina, 444
código de açúcar, 254-257
  interações de lectina-carboidrato na, 256-257, 257f, 258f

leitura pela lectina, 254-256, 255f, 256f
código genético
    decifrando o, 1006-1007, 1007f
        moldes artificiais de mRNA usados para, 1007-1009, 1007f, 1008t, 1009f, 1010q-1011q, 1012t
    degeneração do, 1009t
    expansão do, 1025q-1027q
    leitura do, fase de leitura na tradução e edição de DNA no, 1013, 1013f, 1014f, 1015f
    oscilação no, 1010-1012, 1012f, 1012t
    resistência a mutações, 1012-1013
    segundo, 1022-1023
    variações naturais, 1010q-1011q
códon de iniciação (5′)AUG, início da síntese de proteínas pelo, 1023-1030, 1028f, 1029f, 1030f, 1031t
códons, 886, 886f, **1007**, 1007f
    de iniciação, 1009
        início da síntese de proteínas por, 1023-1030, 1023f, 1028f, 1030f, 1031t
    de terminação, 1009
    determinação, 1007-1009, 1007f, 1008t, 1009f, 1010q-1011q, 1012t
    expansão do código genético e, 1025q-1027q
    pareamento de anticódons com, 1010-1012, 1012f, 1012t
    variações nos, 1010q-1011q
códons de iniciação, **1009**, 1009f
    iniciação da síntese de proteínas por, 1023-1030, 1028f, 1029f, 1030f, 1031t
códons de parada. *Ver* códons de terminação
códons de terminação, **1009**, 1009f
    término da síntese de proteínas por, 1035-1036, 1035f
    variações nos, 1010q-1011q
códons degenerados, **1009**, 1012t
códons sem sentido. *Ver* códons de terminação
coeficiente de Hill ($n_H$), **157**
    na regulação metabólica, 500, 500t
coenzima A (CoA), 294-295, 295f, 576e, 606
    no complexo da PDH, 576, 576f, 577f
coenzima $B_{12}$, **613**, 613f, 614q-615q
coenzima Q. *Ver* ubiquinona
coenzimas, **2**, **178**. *Ver também coenzimas específicas*
    adenosina nas, 294-295, 295f
    como carreadores de elétrons, 492-494
    exemplos, 178t, 179t
coesinas, **908**, 908f, 909f, 944
cofator FeMo, 797f, **800**
cofatores, **178**, 478. *Ver também cofatores específicos*
    adenosina nos, 294-295, 295f
    íons inorgânicos servindo como, 178, 178t
    lipídeos como
        dolicóis, 359f, 360
        quinonas lipídicas, 359-360
        vitaminas E e K, 359-360

na degradação de aminoácidos, 628-630, 629f, 630f, 641-644, 641f, 642f, 643f
para *splicing* de íntrons, 975, 976f
Cohen, Stanley N., 301
cointegrados, **953**
colágeno, **118**
    estrutura e função, 118-120, 119q, 119f, 120f
colecalciferol, **357**
    como precursor hormonal, 357f
colecistocinina, **628**
cólera, interações de gangliosídeos no, 351
colesterol, **352**
    anéis fundidos de carbono do, 352, 352f
    átomos de carbono, origens dos, 773f
    biossíntese de, 773f
    como lipídeos de membrana, 352, 352f
        balsas de, 380-382, 380f, 381f
        fluidez da bicamada lipídica e, 378
    destinos metabólicos, 775-777, 777f
    efeitos dos ácidos graxos *trans* no, 345, 345f
    endocitose mediada por receptores do, 781-782, 781f
    hormônios derivados do, 354
    hormônios esteroides derivados do, 356, 356f, 776, 777f, 785, 788f
    síntese de
        destinos alternativos dos intermediários da, 787-788, 788f
        quatro estágios da, 772-775, 773f, 775f, 776f
        regulação da, 782-784, 782f, 783f, 784f, 786q-787q
        unidades de isopreno da, 773f, 774
    transporte de
        por endocitose mediada por receptores, 781-782, 781f
        por HDL, 778f, 778t, 779f, 779t, 780-781, 780f, 785, 785f
        por lipoproteínas plasmáticas, 777-780, 778f, 778t, 779f, 779t
        regulação do, 782-784, 782f, 783f, 785f, 786q-787q
colesterol biliar, 777
colestiramina, 786q
Collins, Kathleen, 141, 142
Collip, J. B., 876q
Combined DNA Index System (CODIS), 289q, 289t
combustíveis inorgânicos, 33-34
combustível, armazenamento nos homopolissacarídeos, 241-242, 242f
compactina, 786q-787q
compartilhamento de genes, **584q**
compensação da dosagem de genes, 907q
complementariedade das fitas do DNA, 28-29, 29f, 271, 271f
complexo aberto, **964**
complexo da desidrogenase dos α-cetoácidos de cadeia ramificada, **651**, 652, 654f
complexo da glicina-descarboxilase, **728**, 728f, 729
complexo da nitrogenase, **797**
    fixação do nitrogênio pelas, 797-802, 797f, 800f, 801f

complexo da piruvato-desidrogenase (PDH), **575**
    canalização de substratos do, 577-578, 578f
    coenzimas do, 576, 576f, 577f
    enzimas do, 576-577, 577f
    reação de descarboxilação oxidativa do, 575, 576f
    regulação alostérica e covalente, 593-594, 593f
complexo da α-cetoglutarato-desidrogenase, **582**
    no ciclo do ácido cítrico, 579f, 582-584, 583f
    regulação do, 593f, 594
complexo de evolução do oxigênio, **715**
    atividade de quebra da água do, 714-715, 715f
    estrutura, 715, 715f
complexo de Golgi, modificação de membranas no, 369-371, 370f, 371f, 770
complexo de iniciação, **1028**-1029, 1028f, 1030f
complexo de pré-iniciação (PIC), **969**, **1080**, 1080f
complexo de proteínas RISC, 986f
complexo de quebra da água, 714-715, 715f
complexo de reconhecimento de origem (ORC), **928**, 929f
complexo de translocação de peptídeos, **1042**, 1042f
complexo do citocromo $b_6 f$, **709**, 709f, 710, 714f, 718f
    funções duplas do, 718, 718f
    ligação de PSI e PSII com, 712-713
    transferência cíclica de elétrons com o, 713
complexo do citocromo $bc_1$, 666f, **668**, 668f, 669, 669f
    de bactérias púrpuras, 707, 708f
    nas cianobactérias, 718, 718f
complexo do poro de transição de permeabilidade (PTPC), **691**, 692f
complexo enzima-substrato (ES), 188f
    efeitos da velocidade, 188-190, 189f
    quantificação, 191-192, 191f
    entropia do, 49, 49f
    interações fracas no
        energia de ligação do, 183
        especificidade do, 185, 186f
        otimização do estado de transição, 183-184, 183f, 184f, 185f
    $K_d$ do, 192
    sítio ativo no, 180, 180f
complexo ES. *Ver* complexo enzima-substrato
complexo fechado, **964**
Complexo I, **665**, 665t, 666-667, 666f, 672f
Complexo II, 665t, 666f, 667-668, **667**, 667f, 672f
Complexo III, 665t, 666f, 668f, **668**-669, 669f, 672f
Complexo IV, 665t, 666f, **669**, 670-671, 670f, 672f
    em condições hipóxicas, 688
Complexo V. *Ver* ATP-sintase

complexo ternário, 194-195, 194f, 195f
complexos de captura de luz (LHC), **705**
complexos de Golgi, **6**, 7f
complexos multienzimáticos. *Ver também complexos específicos*
  na cadeia respiratória mitocondrial
    Complexo I, 665-667, 665t, 666f
    Complexo II, 665t, 666f, 667-668, 667f
    Complexo III, 665t, 666f, 668-669, 668f, 669f
    Complexo IV, 665t, 666f, 669-671, 670f, 688, 688f
    nos respirassomos, 671, 671f
  no ciclo da ureia, 636
  no ciclo do ácido cítrico, 595, 595f, 596f
complexos pré-replicativos (pré-RC), **928**
complexos snoRNA-proteína (snoRNP), **984**, 985f
comportamento alimentar, regulação hormonal do, 846-847, 847t. *Ver também regulação da massa corporal*
compostos de fosfato de alta energia, 483f, 484
compostos fosforilados
  de alta energia, 483f, 484
    energia livre da hidrólise dos, 481-482, 481f, 481t, 482f
compostos isoprenoides, 359f
compostos orgânicos, 14f
comunicação cruzada, interações entre sistemas de sinalização, 438, 438f
comutador I, **421**, 424f
  das proteínas G, 421
comutador II, **421**, 424f
  das proteínas G, 421
concentração de produtos, determinação de variação de energia livre real a partir da, 470-471
condensação, **81**
condensação aldólica, **473**, 474f
condensação de Claisen, **473**-474, 474f, 608
  como primeira etapa da síntese de ácidos graxos, 748, 749f
  como primeira etapa do ciclo do ácido cítrico, 579f, 581f, 582f
condensinas, **908**, 908f, 909f
condições hipóxicas, fermentação do piruvato em, 525
  ácido láctico, 525, 525f, 526, 529q
  alimentos e substâncias químicas industriais produzidas por, 530-532
  etanol, 525, 525f, 530, 530f, 531-532
  pirofosfato de tiamina em, 530, 531f, 532t
cones (células), sinalização via GPCR nos, 429f, 430q, 430f
conferência, **919**
  nos ribossomos, 1034-1035
  por aminoacil-tRNA-sintetases, 1020-1022
configuração, 14-18, **15**, 15f, 16f
  de biomoléculas, 14-18
configuração absoluta, **72**, 72f
conformação nativa, **29**, **107**

conformação $\beta$, 111, 112t, **114**, 114f, 117t, 123t, 124
conformações, **18**, 18f, 108
  alterações impulsionadas por ATP na, 483
  alterações por encaixe induzido nas, 186
  da hemoglobina, 153, 155f, 156f, 157, 160f
  de biomoléculas, 14-18, 18f
  de enzimas alostéricas, 214-215, 214f, 215f
  de GLUT1, 388, 389f
  de proteínas, 29
    interações fracas estabilizando, 107-108
  de unidades $\beta$ da ATP-sintase, 678-680, 679f
  do anel de piranose, 235, 236f
  do DNA, 272-273, 272f, 273f
  nos homopolissacarídeos, 243-244, 243f, 244f
conservação de energia, 466
constante de associação ($K_a$), **150**, 150f
constante de Boltzmann (**k**), 182, 467t
constante de dissociação ($K_d$), **150**-151, 150f, 151t, 152, **192**, 197f
  do complexo ES, 192
  para mioglobina e oxigênio, 150f, 152
constante de equilíbrio ($K_{eq}$), 23-25, **54**, **182**
  de enzimas metabólicas, 502t
  definição da termodinâmica da, 182t
  denotação, 150
  $K_a$, 150, 150f
  $K_d$, 150-152, 150f, 151t
  natureza multiplicativa da, 471
  para ionização da água, 54-55
  relação da variação de energia livre com a, 182, 182t, 468-470, 468t, 469t
constante de equilíbrio padrão ($K'_{eq}$), 468
  natureza multiplicativa da, 471
  relação da variação de energia livre padrão com a, 182, 182t, 468-470, 468t, 469t
constante de especificidade, **193**, 193t
constante de Faraday, 467t
constante de Michaelis ($K_m$), **190**-191, 191f
  comparações entre enzimas usando, 193-194, 193t
  determinação de, 191, 194
  efeitos inibitórios reversíveis na, 198-199, 200t
  interpretação, 192-194, 192t, 193t
  regulação metabólica e, 499f, 500f
constante de Planck, 182
constante gasosa, 467t
constantes da termodinâmica, 24
constantes de dissociação ácida ($K_a$), **57**, 57f
constantes de ionização, **57**
constantes de velocidade, **182**
  denotação, 150
  $k_{cat}$. *Ver $k_{cat}$*

  relação da energia de ativação com a, 182
constantes transformadas padrão, **468**
conteúdo de energia livre ($G$), 467
  fontes celulares de, 467
  nos sistemas biológicos, 466-467
*contig*, **293**
continuidade genética, 28
contração
  energia de ATP para, 483, 487
  metabolismo muscular para, 852-855, 854f, 855f, 856q-857q
  proteínas motoras envolvidas na interações de, 170-172, 172f
  miosina e actina, 169, 170f
  proteínas organizando filamentos finos e grossos, 169-172, 171f
  regulação da, 171, 172f, 427
contração muscular
  energia de ATP para, 483, 487
  glicólise e, 560
  metabolismo muscular para, 852-855, 854f, 855f, 856q-857q
  produção de lactato, 526
  proteínas motoras envolvidas nas interações de, 170-172, 172f
  miosina e actina, 169-170, 170f
  proteínas organizando filamentos finos e grossos, 169-172, 171f
  regulação de, 171, 172f, 427
contraceptivos, mifepristona, 445
controle combinatório, **1065**, 1077, 1078f
controle metabólico, **501**
controle pelo aceptor, **687**
cooperatividade, da transdução de sinais, 409, 410f
coordenação de glicólise e gliconeogênese, 27
coração
  efeitos do NO, 423q
  plasmalogênios no, 348
  tecido muscular do. *Ver músculo cardíaco*
Corey, Robert, 109, 111-116
Cori, Carl F., 529q, 561q-562q, 565
Cori, Gerty T., 529q, 561q-562q, 565
corismato, na biossíntese de aminoácidos, 811-812, 811f, 812f, 814f
Cornforth, John, 775
Coronary Primary Prevention Trial, 786q
corpos cetônicos, **619**, 850, 851f
  conversão de aminoácidos a, 640-641, 640f
  degradação de ácidos graxos a, 619-621, 619f, 620f
  na inanição, 620-621, 620f
  no diabetes *mellitus*, 620-621, 620f, 877
corpos de inclusão, **310**
corpos de Lewy, 135
corpúsculo de Barr, **907q**
corrida, fermentação de ácido láctico durante, 526, 529q
corrina, sistema do anel de, **614q**
corticotrofina. *Ver hormônio adrenocorticotrófico*
cortisol, 845-846, **865**
  como derivado do colesterol, 356, 356f

regulação da fosfoenolpiruvato-carboxi-
    cinase por, 763, 763f
  sinalização de estresse por, 865-866
cotransportador 1 de Na$^+$-K$^+$-2Cl$^-$
    (NKCC1), **633**
cotransportador acil-carnitina/carnitina,
    **605**, 606, 606f
cotransportadores dirigidos por prótons,
    transportador ABC e, 396
cotransporte, sistemas de, **391**
  gradientes iônicos fornecendo energia
    para, 398-399, 400f
  Na$^+$K$^+$-ATPase como, 392-394, 393f,
    394f
  trocador de cloreto-bicarbonato,
    389-392, 391f
COX. *Ver* cicloxigenase
COX-1. *Ver* cicloxigenase 1
COX-2. *Ver* cicloxigenase 2
COX4-1, 688
COX4-2, 688
cpDNA. *Ver* DNA dos cloroplastos
CPT1. *Ver* carnitina-palmitoiltransferase 1
CPT2. *Ver* carnitina-palmitoiltransferase 2
Crassulaceae, fotossíntese nas, 732
CRE. *Ver* elemento de resposta ao AMPc
creatina, **819**
  biossíntese, 819-820, 821f
  no músculo, 854, 854f, 856q-857q
creatina-cinase, **487**, **637q**
  ensaios de dano tecidual usando, 637q
  no músculo, 854, 854f, 856q-857q
creatina-fosfato. *Ver* fosfocreatina
creatinina, 856q-857q
CREB. *Ver* proteína de ligação do elemento de resposta ao AMPc
crescimento, regulação pela via mTORC1,
    871, 871f
Crick, Francis, 91, 117, 883, 1005, 1006f
  estrutura do DNA de, 268-272, 271f,
    272f, 915
  hipótese da oscilação de, 1010-1012,
    1012f, 1012t
  hipótese do mundo de RNA proposta
    por, 998
criomicroscopia eletrônica, 139-142, **140**,
    141f
cristalografia de raios X, **136**, 137f
cristas, **660**
crocodilos, fermentação láctica pelos,
    529q
cromátides-irmãs, 944-946, 945f, 947f
cromatina, **899**
  conteúdo da, 898-899, 899f
  nucleossomos como unidades funda-
    mentais da, 900-902, 901f, 904q-905q
  transcricionalmente ativa vs. inativa,
    1075-1077, 1076t
cromatografia
  análise de carboidratos usando, 259
  de lipídeos, 361-362, 362f
  de proteínas, 84, 84f, 85f, 86
  marcadores de, 313-314, 313t, 314f
cromatografia de afinidade, **86**
  de proteínas, 84, 85f
  marcadores de, 313-314, 313t, 314f

cromatografia de camada fina (TLC), de
    lipídeos, 362, 362f
cromatografia de coluna, **84**
  de lipídeos, 362, 362f
  de proteínas, 84, 84f, 85f, 86
cromatografia de exclusão por tamanho,
    **86**
  de proteínas, 84, 85f
cromatografia de troca de cátions, **86**
  de proteínas, 85f, 86
cromatografia de troca iônica, **84**
  de proteínas, 84, 85f, 86
cromatografia gasosa (CG), de lipídeos,
    362, 362f
cromatografia líquida (CL), 95
cromatografia líquida de alto desempenho
    (HPLC), **86**
cromossomos, 301, **885**
  aneuploidia, 946q
  artificiais
    bacterianos, 307, 308f
    humanos, 890
    leveduras, 307-309, 890
  bacterianos
    artificiais, 307, 308f
    elementos, 887, 888f, 888t
    estrutura, 908-909, 908f
  complexidade dos, 889-890, 889f, 890t
  elementos, 885-890
  estrutura dos, 898-910
    alterações do ciclo celular, 898, 899f
    cromatina, 898-899, 899f, 901f,
      904q-905q, 1075-1077, 1076t
    estruturas altamente condensadas,
      902-905, 902f
    histonas, 899-900, 899f, 900f, 900t,
      901f, 904q-905q, 1075-1077, 1076t
    nas bactérias, 908-909, 908f
    nucleossomos, 899f, 900-902, 900f,
      901f, 902f, 904q-905q
    proteínas SMC, 908, 908f, 909f
  eucarióticos, 887-890, 888t
  genes dos, 886, 886f. *Ver também* genes
  localização de genes de doença nos,
    331-3+33, 332f
  mitocondriais, 692, 692t, 693f
  movimento dos, 169
  organização dos, 903f
  replicação completa dos, 950-951, 952f
  segregação dos, 946q
  supertorção dos, 891, 891f, 892f
    número de ligações descrevendo,
      893-895, 894f
    plectonêmico e solenoide, 898, 898f
    replicação e transcrição e, 891, 892f
    subenrolamento de, 892-895, 893f,
      894f, 895f
    topoisomerases alterando, 895-898,
      895f, 896f, 897f, 897t, 906q
  virais, 885f, 886-887, 887t
cromossomos artificiais
  bacterianos, 307, 308f
  humanos, 890
  leveduras, 307-309, 890
cromossomos artificiais bacterianos
    (BAC), **307**
  como vetores de clonagem, 307, 308f

cromossomos artificiais de levedura
    (YAC), **307**, 891
  como vetores de clonagem, 307-309
cromossomos artificiais humanos (HAC),
    891
cromossomos X, 907q
cromossomos Y, 907q
CRP. *Ver* proteína receptora de AMPc
cruciforme, **273**
  no DNA, 274f
CTD. *Ver* domínio carboxiterminal
CTF1, 1081-1083, 1082f
CTP. *Ver* citidina-trifosfato
cumarinas, 906q
cumermicina A1, 906q
curva de ligação sigmoide, de oxigênio,
    156f, 157
curva de saturação sigmoide, de enzimas
    alostéricas, 215, 216f
curvas de titulação, **58**, 58f, 59f
  de aminoácidos, 78-79, 78f, 79f, 80f
curvatura das membranas, processos biológicos usando, 382-383, 383f, 384f

# D

dálton, 13q
Dalton, John, 430q
daltonismo, 430q
D-aminoácido-oxidase, 646
D-aminoácidos, uso pelas bactérias, 820
Dam-metilase, 923t, 924
  no reparo de malpareamento, 931
Darwin, Charles, 30, 1092q
David, Jacques Louis, 465
Davies, H. W., 56q
Dayhoff, Margaret Oakley, 71
DBRP. *Ver* proteína de reconhecimento de
    caixas de destruição
*DCC*, mutações no gene, 455
DCCD. *Ver* diciclo-hexilcarbodiimida
dCDP. *Ver* desoxicitidina-difosfato
DDI. *Ver* didesoxinosina
ddNTP. *Ver* didesoxinucleosídeo-trifos-
  fatos
dedo de zinco, **1061**-1062, 1062f
deficiência de HDL familiar, **785**, 785f
deformações ósseas, 251q
degradação de aminoácidos, **590**
degradação de Edman, **92**
Δ$^3$,Δ$^2$-enoil-CoA-isomerase, **611**, 612f
Δ$G$. *Ver* variação de energia livre
Δ$G^‡$. *Ver* energia de ativação
Δ$G_B$. *Ver* energia de ligação
Δ$G°$. *Ver* variação de energia livre padrão
Δ$G'°$. *Ver* variação de energia livre padrão
  bioquímica
Δ$G_p$. *Ver* potencial de fosforilação
demência frontotemporal, envelamento
  incorreto de proteínas na, 135
dendrotoxina, 444
denisovanos, 333, 336f
densidade da super-hélice ($\sigma$), **894**
depressões revestidas, **1046**, 1047f
derivados da esfingosina, como sinais intracelulares, 354-355

derivados de hidrocarboneto, ácidos graxos como, 341-344, 342t, 343f
desaminação, de nucleotídeos, 280-283, 281f, 282f
desaminação oxidativa, **631**
   do glutamato, 630-631, 632f
desaminases induzidas por ativação (AID), **1014**
descarboxilação oxidativa, **575**
   do piruvato no complexo da PDH, 575, 576f
   mecanismo enzimático conservado para, 582, 583f
descarboxilações, 473, 474f
desenvolvimento
   cascatas de proteínas regulatórias, 1087-1089, 1087f, 1088f, 1089f, 1090f
   ligação da evolução ao, 1092q-1093q
desfosforilação, 477q, 586f
   da glicogênio-sintase, 567, 567f, 568f
   na regulação metabólica, 501, 501f
desidratação
   do 2-fosfoglicerato, 13f, 520-521
   na síntese de ácidos graxos, 748, 749f
desidrogenação, **489**
   nas oxidações biológicas, 477f, 489-490
   nas reações de oxidação-redução, 476
desidrogenases, **477q**, **489**
   ações da NADH e da NADPH com, 493-494, 493f
   na cadeia respiratória mitocondrial, 660-662, 662t
   nas reações de oxidação-redução, 476
desidrogenases ligadas a nucleotídeos de nicotinamida, **661**
desidro-hidroxilisinonorleucina, 120e
deslocamento nucleofílico, 475-476, 475f
   nas reações do ATP, 484-485, 485f, 486q
   uso, pela lisozima, 210-213
deslocamentos nucleofílicos $S_N2$, 475-476, 475f
   nas reações de ATP, 484-485, 486q
desmosina, **76**, 77e
desnaturação, **129**
   de proteínas, 128-136, 129f
      perda de função com, 129-130, 129f
      renaturação após, 130, 130f
   dos ácidos nucleicos, 278-280, 279f, 280f
desnitrificação, **795**, 795f
desoxiadenilato, 265t
5′-desoxiadenosilcobalamina, **613**, **614q**, 615q
desoxiadenosina, 266e
desoxicitidilato, 265t
desoxicitidina, 266e
desoxicitidina-difosfato (dCDP), síntese de timidilato a partir de, 833, 833f
2-desóxi-D-ribose, 230e
2′-desóxi-D-ribose, no DNA, 264-265
2-desoxiglicose, para tratamento do câncer, 527q-528q
desoxiguanilato, 265t
desoxiguanosina, 266e
desoxi-hemoglobina, **155**, 155f
   estrutura, 128f
   ligação de BPG à, 161, 162f

desoxirribonucleotídeos, **29**, **265**, 266e
   biossíntese de, 829-832, 830f, 831f, 832f
desoxitimidilato, 265t
desoxitimidina, 266e
desoxiuridina-monofosfato (dUMP), síntese de timidilato a partir de, 833, 833f, 837f
despolarização, de neurônios, 443-444, 444f
despurinação, de nucleotídeos, 281, 281f
dessaturação, de ácidos graxos saturados, 754-755, 755f, 756q-757q
dessensibilização, **409**
   de receptores β-adrenérgicos, 418-419, 419f
   na transdução de sinais, 409, 410f
dessolvatação, **186**
   por enzimas, 186
dessorção a *laser* assistida por matriz/ionização, espectroscopia de massas por, (MALDI MS), **94**
determinante antigênico, **165**
dexametasona, regulação da fosfoenolpiruvato-carboxicinase, 763, 763f
dextranas, 246
   estruturas e funções, 247t
   ligação glicosídica nas, 244f
dextrinas, nas vias alimentadoras da glicólise, **523**
dextrinases, **523**
dextrose, 229
DFMO. *Ver* difluormetilornitina
DGDG. *Ver* digalactosildiacilgliceróis
DH. *Ver* β-hidroxiacil-ACP-desidratase
DHA. *Ver* ácido docosaexaenoico
DHAP. *Ver* di-hidroxiacetona-fosfato
diabetes *mellitus*, **875**
   acidose no, 63-64, 63f, 620-621, 877
   defeitos insulínicos causando, 875-877
   defeitos mitocondriais causando, 695-696, 696f
   dosagens da glicemia no, 238q-239q
   enovelamento incorreto de proteínas no, 133
   insulinoterapia, 876q
   metabolismo de combustíveis no DM não controlado, 863-864, 864t, 865f, 866f
   neonatal, 862
   produção de corpos cetônicos no, 620-621, 620f, 877
   síntese de triacilglicerol no, 760, 761f
   tipo 1. *Ver* diabetes *mellitus* tipo 1
   tipo 2. *Ver* diabetes *mellitus* tipo 2
diabetes *mellitus* insulinodependente. *Ver* diabetes *mellitus* tipo 1
diabetes *mellitus* não insulinodependente. *Ver* diabetes *mellitus* tipo 2
diabetes *mellitus* neonatal, 862
diabetes *mellitus* tipo 1, **875**
   defeitos da insulina no, 875-877
   transporte defeituoso da glicose no, 390q
diabetes *mellitus* tipo 2, **875**, **877**
   defeitos da insulina no, 875-877
   obesidade associada ao, 877, 878f
   papel do SCD no, 754

   resistência à insulina no, 877, 878f
   tratamento
      biguanidas, 879t
      cirurgia, 878-879, 879t
      dieta e exercício, 878-879, 879t
      gliflozinas, 399
      sulfonilureias, 861-862, 879t
      tiazolidinedionas, 763-764, 879t
diacilglicerol, **425**
   como segundo mensageiro, 425, 425t, 427f
   como sinal intracelular, 354
diacilglicerol-3-fosfato, 348f, **760**
   glicerofosfolipídeos como derivados do, 348f
   síntese, 760, 761f
diagrama da coordenada de reação, **24**, 180, 180f, 181f
   para ATP-sintase, 678-680, 678f
diagrama de topologia, **125**, 127f
diagrama em perspectiva, 15, 15f
diálise, **84**
diastereoisômeros, **16**, 16f
diazotróficos, fixação do nitrogênio pelos, 797-802, 797f, 800f, 801f
Dicer, 986, 986f
diciclo-hexilcarbodiimida (DCCD), 667t
dicloroacetato, inibição da piruvato-desidrogenase-cinase pelo, 594
2,6-diclorofenolindofenol, 702-703, 703e
dicromatas com ausência do verde, **430q**, 430q
dicromatas com ausência do vermelho, **430q**
didesoxinosina (DDI), 991q
didesoxinucleosídeo-trifosfatos (ddNTP), no sequenciamento de DNA, 286, 287f, 290, 290f
Diels-Alderase, 138q-139q
2,4-dienoil-CoA-redutase, **612**, 612f
dienos lipídicos conjugados, 360
dieta
   controle do diabetes *mellitus* tipo 2 pela, 878-879, 879t
   regulação da massa corporal pela, 871-872, 871f, 872f
diferença de ligação específica, **894**
diferenciação celular, 1091f
difluormetilornitina (DFMO), 201q-202q
DIFP. *Ver* di-isopropilfluorfosfato
difração de raios X, 136-137
   determinação da estrutura de proteínas, 136-137, 137f
   do DNA, 270, 271f
difusão, 3
   de solutos através de membranas, 385f, 386, 386f
   dimensões celulares e, 3, 3f
   dos lipídeos de membrana
      *flip-flop*, 378-379, 378f
      lateral, 378f, 379-380, 379f, 380f
      por salto, 379, 379f
difusão facilitada, **386**
difusão *flip-flop*, dos lipídeos de membrana, 378-379, 378f
difusão lateral, dos lipídeos de membrana, 378f, 379-380, 379f, 380f

difusão por salto, dos lipídeos de membrana, 379, 379f
difusão simples, **385**, 385f
digalactosildiacilgliceróis (DGDG), 349f
digestão
　de gorduras, 602-603, 602f
　de proteínas, 627-628, 628f
digestão parcial, 309
di-hidrobiopterina-redutase, **649**, 649f
di-hidrofolato-redutase, 183f, **833**
　inibição da, 836, 836f, 838
　na síntese de timidilato, 833, 833f
di-hidrolipoil-desidrogenase, **576**, 577f
　canalização de substratos da, 578, 578f
di-hidrolipoil-transacetilase, **576**, 577f
　canalização de substratos da, 578, 578f
di-hidro-orotase, **828**, 828f
di-hidro-orotato-desidrogenase, **671**
　transferência de elétrons por, 671, 672f
di-hidrouridina, 983f
di-hidroxiacetona, 230, 230e, 233e
di-hidroxiacetona-fosfato (DHAP), **516**
　na síntese de sacarose, 733, 734f
　na síntese de triacilglicerol e glicerofosfolipídeo, 760, 761f
　na via glicolítica, 512f, 513, 513f, 516, 517f, 519f
　no ciclo de Calvin, 721, 723f, 724f
　　sistema de antiporte $P_i$-triose-fosfato e, 724-725, 725f, 726f
di-isopropilfluorfosfato (DIFP), 200f
dímeros de pirimidina, 281, 282f
　reparo da fotoliase dos, 937-938, 937f
dímeros, pirimidina, 281, 282f
dimetilalil-pirofosfato, **774**
　na síntese de colesterol, 774, 774f
dimetilisina, 1038f
dimetilsulfato, 282, 282f
dinamina, 1047f, **1047**
2,4-dinitrofenol (DNP), desacoplamento de fosforilação oxidativa pelo, 667t, 676, 676f
dinitrogenase, **797**-802, 797f, 800f
dinitrogenase-redutase, 216, 797-802, **797**, 797f, 800f
dióxido de carbono ($CO_2$)
　biotina como carreador de, 590-591, 592f
　como tampão. Ver sistema tampão do bicarbonato
　mudança climática e, 730q-731q
　nas reações de oxidação, 476f
　oxidação da glicose a. Ver oxidação da glicose
　oxidação de isocitrato a, 579f, 582, 583f
　oxidação de α-cetoglutarato a, 579f, 582-584, 583f
　oxidação do, 490f
　transporte de, pela hemoglobina, 160-161, 161f
dioxigenases, **477q**, **756q**
dipolo, da hélice, 113, 113f
disco Z, **170**-171, 171f
disenteria, 256
disfunção erétil, inibidores da PDE para, 423q

dissacarídeos, **229**
　conformações energéticas dos, 244f
　formação, 237f
　ligação glicosídica nos, 237-238, 240f, 240t
　nas vias alimentadoras da glicólise, 522f, 523-525
　nomenclatura dos, 239-240, 240f, 240t
dissulfeto, formação pós-traducional de ligações cruzadas de, 1039
divicina, 548q
DNA circulares fechados, **892**, 894
DNA complementares (cDNA), **316**, 316f, 320f, **990**
DNA cruciforme, 895, 895f
DNA de sequência simples, **890**
DNA do cloroplasto (cpDNA), 887
DNA mitocondrial (mtDNA), 887, 889f
　variações do código genético nas, 1010q
DNA não codificante, no genoma humano, 328
DNA recombinante, **302**
　adaptações da PCR para, 314-315, 315f
　endonucleases de restrição e DNA-ligases gerando, 302-304, 303f, 303t, 304t, 305f
　produção de proteínas usando
　　genes e proteínas alterados, 312-313, 312f
　　marcadores para purificação de, 313-314, 313t, 314f
　　sistemas bacterianos usados para, 310, 310f
　　sistemas de células de mamíferos usados para, 312
　　sistemas de insetos e de vírus de insetos usados para, 311-312, 311f
　　sistemas de leveduras usados para, 310-311
　　vetores de expressão para, 309, 310f
　vetores de clonagem para
　　BAC, 307, 308f
　　expressão, 309, 310f
　　plasmídeos, 305-306, 306f, 307f
　　YAC, 307-309
DNA relaxado, **891**, 893f
DNA satélite, **890**
DNA subenrolado, **891**
DNA. Ver ácido desoxirribonucleico
DnaB-helicase, 943
　no alongamento da replicação, 924, 924f, 925f, 926f, 926t
　no início da replicação, 923, 923f, 923t
DNA-fotoliases, 931t, **937**, 937f
DNA-girase, 923t, 926t
DNA-glicosilases, **934**
DNA-helicase II, 934
DNA-ligases, **303**, 494, **922**, 926t
　DNA recombinante a partir de, 302-304, 303f, 303t, 304t, 305f
　mecanismos de reação das, 927f
　no reparo do malpareamento, 934
DNA-PKcs, 949, 950f
DNA-polimerase I, **916**
　descoberta da, 916
　fragmento grande (de Klenow), 920

funções, 919, 926t
　na translação após o corte, 920, 920f
DNA-polimerase II, **919**, 920t
DNA-polimerase III, **919**, 920, 920t
　funções, 926t
　no alongamento, 924, 926f
　no reparo do malpareamento, 934
　subunidades, 921f, 921t
DNA-polimerase IV, 920t, 940
DNA-polimerase η, 940
DNA-polimerase V, 920t, 940
DNA-polimerase α, **929**
DNA-polimerase β, 940
DNA-polimerase δ, **929**
DNA-polimerase ε, **929**
DNA-polimerase λ, 940
DNA-polimerase τ, 940
DNA-polimerases, **283**, **916**
　atividade de exonuclease 3'→5', 917-919
　atividade de exonuclease 5'→3', 920, 920f
　dependentes de RNA. Ver transcriptases reversas
　dissociação e reassociação, 920
　edição pelas, 917-919
　funções, 919-921, 926t
　mecanismos de reação das, 918f
　molde para, 917, 918f
　na PCR, 283-286, 285f
　na replicação. Ver também replicação do DNA
　　nas bactérias, 915-930
　　nos eucariotos, 929
　na tecnologia de DNA recombinante, 303t
　na translação após o corte, 920, 920f
　no reparo por excisão de bases, 940
　no sequenciamento de DNA, 287-290, 287f, 290f
　primer nas, 917, 918f
　processividade das, 919
　propriedades, 920t
　tipos de, 919-921, 920t, 921t
　virais, 929-930
DNA-polimerases dependentes de RNA. Ver transcriptases reversas
DNA-primases, **922**, 923t, 924, 924f, 926t
DNases, **916**
DNP. Ver 2,4-dinitrofenol
doação mitocondrial, 695
dobra de ligação ao nucleotídeo, **295**
dobras, **123**
　de proteínas globulares, 122-124, 123f, 124f, 125f
dodecil sulfato de sódio (SDS), 87f, **88**, 88f, 89f
doença cardiovascular
　desregulação do metabolismo do colesterol no, 784-785, 784f, 786q-787q
　papel do ácido graxo trans na, 345, 345f
　papel do PUFA na, 343
doença da vaca louca. Ver encefalopatia espongiforme bovina
doença de Addison, 866

doença de Alzheimer
  dobramento incorreto de proteínas na, 133, 133f, 134-135
  genes envolvidos na, 331-333, 332f
doença de Chagas, 256
doença de Creutzfeldt-Jakob, 134q-135q
doença de Cushing, 866
doença de Huntington, enovelamento incorreto de proteínas na, 133, 135
doença de Niemann-Pick, 353q
doença de Niemann-Pick tipo C (NPC), **782**
doença de Parkinson, enovelamento incorreto de proteínas na, 133, 135
doença de Refsum, **618**
doença de Tangier, **785**, 785f
doença de Tay-Sachs, 353q
doença do sono africana, 201q-202q, 256, 838
doença do xarope de bordo, 646t, **652**-653, 654f
doença genética
  acúmulos anormais de lipídeos de membranas, 353q
  anemia falciforme, 162-164, 163f
  anemia perniciosa, 615q
  canais iônicos defeituosos, 397q-398q
  defeitos na acil-CoA-desidrogenase graxa, 616-617
  defeitos na transcetolase, 551
  defeitos na ubiquitinação, 1049
  defeitos no ciclo da ureia, 638-639, 638t, 639f
  defeitos no metabolismo do aminoácido, 646, 646t, 648-653, 649f, 653q, 654f
  defeitos no peroxissomo, 617
  deficiência de ADA, 834-835
  deficiência de G6PD, 548q
  doença de Refsum, 618
  doenças do depósito do glicogênio, 561q-562q
  enovelamento incorreto de proteínas, 133-135, 133f
  hemofilias, 222-223, 223f
  localização de genes envolvidos em, 331-333, 332f
  mutações do canal de K$^+$ dependente de ATP, 862
  mutações no ciclo do ácido cítrico, 594-595, 595f
  mutações nos genes mitocondriais, 693-696, 694f, 695f, 696f
  porfirias, 817, 819q
  síndrome de Lesch-Nyhan, 835
  transportadores ABC defeituosos, 396, 397q-398q
  transporte hídrico defeituoso, 400
doenças do depósito do glicogênio, 561q-562q
doenças do depósito lisossômico, 353q
doenças priônicas, enovelamento incorreto de proteínas nas, 134q-135q
dogma central da biologia molecular, 884
dolicóis, 359f, **360**
domínio carboxiterminal (CTD), **968**, 971f
domínio da homologia de Src (SH2), 433, 440
  na PI3K, 435, 436f
  no Grb2, 434f, 435
domínio de ativação ácida, **1082**, 1082f
domínio de ativação rico em prolina, **1082**, 1082f
domínio de homologia à plecstrina (PH), 440
domínio de ligação ao carboidrato (CBD), 257
domínio de ligação ao nucleotídeo (NBD), dos transportadores ABC, 395, 396f, 397q
domínio $F_1$
  da ATP-sintase, 677
    estabilização do ATP por, 677-678, 678f
    estrutura e conformações, 678-680, 679f
domínio $F_o$,
  da ATP-sintase, 677
    estrutura e conformações, 678-680, 679f
    fluxo de prótons através de, movimento de rotação produzido por, 680-682, 681f
domínio PH. Ver domínio de homologia à plecstrina
domínio rico em glutamina, **1082**, 1082f
domínio SH2, **435**. Ver também domínio de homologia Src
domínio SH3, 440
domínios, 3, 4f, **123**
  de ativadores da transcrição, 1081-1083, 1082f
  de ligação ao DNA, 1060-1063, 1060f, 1061f, 1062f, 1063f
  de organismos vivos, 3, 4f
  de proteínas globulares, 123-124, 123f, 124f, 125f
  interação proteína-proteína, 1063-1065, 1064f
domínios BAR, **382**
  curvatura da membrana e, 382, 383f
domínios de interação entre proteínas, de proteínas regulatórias, 1063-1065, 1064f
domínios de ligação à fosfotirosina (domínios PTB), 439, 439f
domínios de ligação ao DNA, de proteínas regulatórias, 1060-1063, 1060f, 1061f, 1062f, 1063f
domínios PTB, **439**, 439f. Ver domínios de ligação à fosfotirosina
domínios topologicamente associados (TAD), **903**, 903f
dopamina, **821**, 823f
dor, tratamentos, 758
doxorrubicina, 906q
  resistência do tumor à, 396
Drosha, 986, 986f
*Drosophila melanogaster*, regulação do desenvolvimento na, 1087-1089, 1087f, 1088f, 1089f, 1090f
DUE. Ver elemento de desenrolamento do DNA
dulaglutida, 879t
dUMP. Ver desoxiuridina-monofosfato
dupla-hélice
  do DNA, 270-272, 271f, 272f
    desenrolamento, 916, 916f
    desnaturação e anelamento, 278-280, 279f, 280f
  RNA-DNA, 961, 962f
dupla-hélice de RNA-DNA, 961, 962f

Duve, Christian de, 6, 562q
D-$\beta$-hidroxibutirato, **619**, 619e
  formação e uso, 619-621, 619f, 620f
  no diabetes *mellitus*, 877
D-$\beta$-hidroxibutirato-desidrogenase, 619f, 620

# E

E. Ver potencial de redução
E°. Ver potencial de redução padrão
E2F, na regulação do ciclo celular, 448, 449f, 450
Edelman, Gerald, 165
edição de RNA, **1013**
  antes da tradução, 1013-1015, 1013f, 1014f, 1015f
Edman, Pehr, 92
EEB. Ver encefalopatia espongiforme bovina
efeito de Bohr, **160**
efeito estufa, 730q-731q
efeito hidrofóbico, **48**-49, 50, **108**
  dobra de homopolissacarídeos e, 243-244, 244f
  estabilidade de proteínas e, 108
  na adesão de proteínas integrais de membrana, 374, 374f, 375f
  na formação de membranas, 368f, 369
  nas interações de lectina-carboidrato, 256-257, 257f
  no processo de enovelamento de proteínas, 131
efeito hipocrômico, **279**
efeito termodinâmico, das concentrações de ATP, 503
efeitos estéricos, dobra de homopolissacarídeos e, 243-244, 244f
efetores, **1057**
efetores alostéricos, **213**
  na regulação metabólica, 499f, 500, 500t
EFT:ubiquinona-oxidorredutase, **607**
EGFR. Ver receptor do fator de crescimento epidérmico
eicosanoides, **355**-356
  formação de, 755, 758-759
  papel de sinalização dos, 355-356, 355f
  síntese de, 755, 758-759, 758f, 759f
eicosatetraenoato. Ver araquidonato
elemento de desenrolamento do DNA (DUE), **922**
elemento de resposta ao AMPc (CRE), **1084**
elementos de resposta, **498**
  na regulação metabólica, 498, 499f
elementos de resposta a hormônios (HRE), **445**, **1083**, 1083f, 1084, 1084f, 1084t
elementos de resposta ao ferro (IRE), **585q**
elementos intercalados pequenos (SINE), 1014
elementos químicos, 10, 10f
eletrófilos, 207f, **473**
  biológicos, 473, 473f
eletroforese, **87**
  de campo pulsado, 309
  de proteínas, 87-89, 87f, 89f

eletroforese bidimensional, **89**, 89f
eletroforese em gel de campo pulsado, **309**
eletroforese em gel. *Ver* eletroforese
elétrons, produção pelo ciclo do ácido cítrico, 587-589, 589t
eletroporação, **306**
elexacaftor, 398q
eliminação de água, variação da energia livre padrão na, 469t
Elion, Gertrude, 836, 838, 929
ELISA. *Ver* ensaio imunoadsorvente ligado à enzima
Elk1, na sinalização do INSR, 434f, 435
elipticina, 906q
elongina (SIII), 969t, 970f
Elvehjem, Conrad, 494
embrião, regulação do desenvolvimento, 1087-1089, 1087f, 1088f, 1089f, 1090f
EMDataResource, 141
enantiômeros, **16**, 16f, 17, 17q, **71**, **232**
  aminoácidos como, 71, 72f
  monossacarídeos como, 232, 232f
encaixe induzido, **147**, **186**
  da hexocinase, 209-210, 210f
encefalomiopatias mitocondriais, 695
encefalopatia espongiforme bovina (EEB), 134q-135q
encefalopatias espongiformes, 134q-135q
Endo, Akira, 786q-787q
endocanabinoides, **873**-874, 874f
endocitose, **8**
  de ésteres de colesterila, 781-782, 781f
  de proteínas, 1046-1048, 1047f
endocitose mediada por receptor, **781**
  de ésteres de colesterila, 781-782, 781f
  de proteínas, 1046-1048, 1047f
endonucleases, **916**
  AP, 935
  no reparo de malpareamento, 932-933
endonucleases de restrição, **302**-303
  DNA recombinante a partir de, 302-304, 303f, 303t, 304t, 305f
  tipo II, 303t, 304t
endonucleases de restrição tipo II, **303**, 303t, 304t
endonucleases *homing*, 325q
endorribonuclease, 987
endossimbiose, **34**-35, 35f
  evolução dos eucariotos por, 34, 35f, 692-693, 693f
endotoxina, 253
energia
  adenosina-trifosfato e, 21, 21f
  alterações de reações químicas na, 24-25, 26f, 180-181, 180f, 181f, 185, 185f
  em sistemas biológicos. *Ver* bioenergética
  armazenamento
    nas ceras, 345-346, 346f
    nos homopolissacarídeos, 241-242, 242f
    nos triacilgliceróis, 344-345, 344f
  conservação da, 466
  do fluxo de elétrons, 21
  fontes, 3-5, 4f
  nos fótons, 703

nucleotídeos como carreadores de, 294, 294f
  para criar e manter a ordem, 21, 21f, 22q-23q
  para transporte ativo vs. gradiente de concentração ou eletroquímico, 391-392
  solar, 700, 701f
  transformações, por organismos vivos, 20-21, 20f
energia de ativação ($\Delta G^{\ddagger}$), **25**-26, **181**
  de passagem transmembrana, 386, 386f
  nas reações enzimáticas, 180-181, 181f
  energia de ligação e, 185, 185f
  relação entre constante de velocidade e, 182
energia de dissociação da ligação, **44**
energia de ligação ($\Delta G_B$), **183**
  de ATP e ADP com ATP-sintase, 677-678, 678f
  na catálise enzimática
    contribuições de, 185-186, 186f
    interações fracas criando, 183-186, 183f, 184f, 185f
  na glicólise, 514
energia livre ($G$), **20**
energia livre de Gibbs ($G$), 24, **467**. *Ver também* energia livre ($G$)
  fontes celulares de, 467
  nos sistemas biológicos, 467
energia química
  energia luminosa da, 486q
  interações de proteínas moduladas por
    deslizamento de filamentos, 170-172, 172f
    miosina e actina, 169, 170f
    organização de filamentos finos e grossos, 169-172, 171f
  nucleotídeos como carreadores de, 294, 294f
energia solar, 700, 701f
Engelmann, T. W., 706f
engenharia genética, **302**. *Ver também* clonagem do DNA; DNA recombinante
enoil-ACP-redutase (ER), **748**, 749f
enoil-CoA-hidratase, **607**, 608, 608f
enolase, **520**
  mecanismo da, 210, 211f
  na via glicolítica, 513f, 520
enovelamento
  de homopolissacarídeos, 243-244, 243f, 244f
  de proteínas, 128-136, 129f
    assistido, 132-133, 132f
    como etapa final da síntese, 1015, 1016f, 1016t, 1036-1039, 1037f
    defeitos no, 133-135, 133f, 134q-135q
    função das sequências de aminoácidos no, 130, 130f
    processo em etapas, 131-132, 131f, 132f
  de ribossomos, 1017
enovelamento assistido de proteínas, 132-133, 132f
ensaio imunoadsorvente ligado à enzima (ELISA), 168f
ensaio *imunoblot*, **167**, 168f

entalpia ($H$), **20**, **467**
  nos sistemas biológicos, 466-467
*Entamoeba histolytica*, 256
enteropeptidase, **628**
entropia ($S$), **20**, 22q-23q, **467**
  de substâncias cristalinas dissolvidas, 47, 47f
  do complexo enzima-substrato, 49, 49f
  nos sistemas biológicos, 466-467
  segunda lei da termodinâmica e, 466-467
*env*, gene, 989, 989f, 991, 992
envelhecimento
  papel das mitocôndrias no, 694
  papel dos telômeros no, 993
envelope celular, **5**, 5f, 6
enzima de clivagem da glicina, **644**, 644f, 645f, **808**
enzima málica, **730**, **751**
  geração de NADPH por, 751-752, 751f
  na via $C_4$, 729f, 730
enzima ramificadora do glicogênio, **563**, 563f
enzimas, **25**, **147**, **178**. *Ver também enzimas específicas*
  catálise por
    ácido-base, 186-187, 187f
    cinética da. *Ver* cinética enzimática
    covalente, 187
    energia de ligação na, 183-186, 183f, 184f, 185f, 186f
    especificidade, 182-183, 185, 186f
    íons metálicos, 187-188
    no sítio ativo, 180, 180f
    papel do estado de transição no, 183-186, 183f, 184f, 185f
    princípios, 182-183
    regulação, 498-501, 499f, 499t, 500f, 500t, 501f
    termodinâmica, 182, 182t, 470-471
    velocidade de reação e efeitos no equilíbrio durante, 180-182, 180f, 181f
  classificação, 179, 179t
  coenzimas, 2, 178-179
    adenosina nas, 294-295, 295f
    como carreadores de elétrons, 492-494
    exemplos, 178t, 179t
  cofatores, 178, 478
    adenosina nos, 294-295, 295f
    íons inorgânicos como, 178, 178t
    lipídeos como, 359-360
    na degradação de aminoácidos, 628-630, 629f, 630f, 641-644, 641f, 642f, 643f
  como proteínas, 178-179
  estudo histórico da, 178
  inibição, 197, 197f
    irreversível, 200-203, 200f, 201q-202q, 203f
    por antibióticos, 210-211, 212f, 213f
    por inibidores da protease, 208-209, 208f, 209f
    reversível, 197-200, 200t
  mecanismos
    antibióticos baseados nos, 210-211, 212f, 213f

enolase, 210, 211f
hexocinase, 209-210, 210f
inibidores da protease baseados nos, 208-209, 208f, 209f
lisozima, 210-213
quimotripsina, 204-208, 204f, 205f, 206f-207f
representação, 207f
na clonagem de DNA e criação de DNA recombinante, 302-304, 303f, 303t, 304t, 305f
na replicação do DNA, 921-922
nomenclatura, 179, 179t, 477q, 586f
pH ótimo, 63, 63f
plurifuncionais, 584q-585q
quantificação, 89-90, 90f
receptor. *Ver* enzimas receptoras
regulação, 498-501, 499f, 499t, 500f, 500t, 501f
regulatórias. *Ver* enzimas regulatórias
RNA. *Ver* ribozimas
visão geral, 177-179
enzimas alostéricas, **213**
estrutura, 214, 214f
mudanças conformacionais, 214-215, 214f, 215f
propriedades cinéticas, 215, 216f
enzimas alostéricas heterotrópicas, **214**-215, 216f
enzimas alostéricas homotrópicas, **214**-215, 216f
enzimas de desramificação, **559**
degradação do glicogênio por, 558, 558f, 559f
enzimas hepáticas, ensaios de danos ao tecido usando, 637q
enzimas plurifuncionais, **584q**
aconitase como, 584q-585q
enzimas receptoras, 411, 411f
enzimas regulatórias, **213**
alostéricas, 213
mudanças conformacionais, 214-215, 214f, 215f
propriedades cinéticas, 215, 216f
fosforilação de, 216-220, 217f, 218f, 219f, 219t
modificação covalente de, 216-217, 217f
na regulação metabólica, 500, 501f
múltiplos mecanismos usados por, 223
zimogênios, 220, 220f
na coagulação sanguínea, 220-223, 220f
EPA. *Ver* ácido eicosapentaenoico
epímeros, **232**, 232f
epinefrina. *Ver* adrenalina
epítopo, **165**
epítopo, marcadores, **320**
para imunoprecipitação, 320-321, 321f
equação de Henderson-Hasselbalch, **60**
equação de Hill, **157**
equação de Lineweaver-Burk, **191**-192, 191f, 197f, 198f, 199f
equação de Michaelis-Menten, **190**, 191-192, 191f
nas reações bissubstrato, 194-195, 194f
para inibidores competitivos, 197-198
para inibidores incompetitivos, 198
para inibidores mistos, 198

equação de Nernst, 491
equação de velocidade, **182**, **190**
Michaelis-Menten, 191
equações químicas, comparação com equações bioquímicas, 478
equilíbrio, 19-20, **22**
definição da termodinâmica do, 182, 182t
efeitos da enzima no, efeitos da velocidade de reação comparados com, 180-182, 180f, 181f
regulação metabólica e, 501-502, 502t
equivalente redutor, **490**, **662**
ErbB, 452q-453q
ergosterol, 352
síntese, 775, 776f
eritrócitos, 71f, **858**, 858f
anidrase carbônica nos, 160
aquaporinas nos, 400
BPG nos, 161
coagulação sanguínea, 221f
hemoglobina nos, 153
na anemia falciforme, 162-164, 163f
papel da lectina na degradação dos, 254
transportadores de glicose, 387-389, 387f, 388f, 389f, 389t
trocadores de ânion, 389-392, 391f
eritromicina, 361f
eritrose, 233e
eritrose-4-fosfato
biossíntese de aminoácidos a partir de, 811, 811f, 814f
na via das pentoses-fosfato, 549, 549f, 550f
no ciclo de Calvin, 723f
eritrulose, 233e
ERK, na sinalização do INSR, 434f, 435, 437f
erlotinibe, 453q
ERO. *Ver* espécies reativas de oxigênio
*Escherichia coli*, 5
ações reguladoras do sRNA na, 1071-1073, 1071f, 1072f
clonagem de DNA na, 302
complexo da PDH da, 577f
componentes moleculares da, 12, 14t
coordenação da síntese de rRNA e de proteínas r na, 1070-1071, 1070f, 1071f
cromossomo da, 886, 888f, 888t, 909-910, 909f
DNA da, 28, 28f, 909-910, 910f
enovelamento de proteínas, 133
estrutura, 5-6, 5f
expansão do código genético da, 1025q-1027q
expressão de proteínas recombinantes na, 310, 310f
genes da, 36
glutamina-sintetase, 802, 803f
grupos polares dos fosfolipídeos, 769f
lipopolissacarídeos da, 253
mapa genético da, 915
metaboloma da, 500f
origem da replicação (ori), 922f
processamento do rRNA na, 983-984, 983f
promotores da, 963-964, 966f, 969t, 1055-1056, 1055f

proteínas como alvo na, 1045-1046
regulação do metabolismo da lactose na, 1058-1060, 1058f, 1059f, 1066-1067, 1066f
regulação do triptofano na, 1067-1068, 1067f, 1069f
replicação do DNA na, 919-929
resposta SOS na, 1068-1070, 1070f
ribonucleotídeo-redutase na, 830-832, 830f, 831f, 832f
ribossomos da, 1015
RNA-polimerase da, 961, 962f
sequências terminais na, 967, 967f
sinalização na, 447f
síntese de fosfolipídeos na, 766f
síntese de proteínas na, 1016t
topoisomerases da, 895, 895f
transcrição na, 961-962, 962f
transportador ABC da, 396
vetores de expressão, 309, 310f
vetores plasmídeos, 306, 306f, 307f
escorbuto, 118q-119q
escramblases, 378, 378f, **379**
esfinganina, **768**, 772f
esfingomielina, 351f, **770**
como sinal intracelular, 355
síntese, 770, 772f
esfingomielinas, **350**, 350f
esfingomielinase, defeitos na, 353q
esfingosina, esfingolipídeos como derivados de, 350-351, 350f
ESI MS. *Ver* espectrometria de massas por ionização por eletroaspersão
esingolipídeos, **350**
como lipídeos de membrana, 371f
acúmulos anormais de, 353q
balsas de, 380-382, 380f, 381f
como derivados da esfingosina, 350-351, 350f
como sítios de reconhecimento biológico, 351
degradação dos lisossomos pelos, 35, 353q
movimento transbicamada do, 378, 378f
como sinal intracelular, 355
síntese de, 768-770, 772f
espécies amoniotélicas, **626**
espécies invasoras, 325q
espécies reativas de oxigênio (ERO), 667f, **668**
dano de DNA por, 283
dano mitocondrial causado por, 688, 693-696
geração, pela fosforilação oxidativa, 668, 673-674, 674f
hipóxia levando a, respostas adaptativas para, 687-688, 688f
espécies ureotélicas, **626**
espécies uricotélicas, **626**
especificidade, **185**, **409**
da transdução de sinais, 409, 410f
de canais iônicos, 402-403, 402f
de enzimas, 182-183
contribuição da energia de ligação para a, 185-186, 186f
de interações lectina-carboidrato, 256-257, 257f, 258f

especificidade dos substratos, 831
espectrina, 380
espectro de ação, **705**, 706f
espectrometria de massa por ionização por eletroaspersão (ESI MS), **94**, 94f
espectrometria de massas (MS), **93**-95
    análise de carboidratos usando, 259
    análise de lipídeos usando, 362f, 363, 363f
    função das proteínas e, 317t, 319
    sequenciamento de aminoácidos com, 93-95, 94f, 95f
espectroscopia por discroísmo circular (CD), **116**, 116f
espectroscopia por ressonância magnética nuclear (RMN), **137**
    análise de carboidratos usando, 259
    determinação da estrutura de proteínas, 137-139, 140f
espermidina, **822**, 824f
espermina, **822**, 824f
esqualeno, **774**
    condensação de isopreno na formação de, 774, 775f
    núcleo esteroide de quatro anéis do, 774-775, 776f
esqualeno-monoxigenase, **774**, 776f
esquema Z, **709**, 709f, 710
estabilidade, **107**
    da hélice, 113-114
    de proteínas, 107-108
estado basal, **180**, **704**
    de reações químicas, 180, 180f
estado bem alimentado
    metabolismo de combustíveis no, 859-860, 859t, 860f
    metabolismo global de carboidratos durante, 568-570, 569f, 570f
estado de equilíbrio, **188**, 188f
    das reações de bissubstrato, 195f
    de organismos vivos, 19-20, 497-498
    manutenção do, 497-498
estado de transição, **25**, 26, 26f, **180**, 180f
    nas reações enzimáticas, 180, 181f
    otimização da interação fraca, 183-186, 183f, 184f, 185f
estado estacionário dinâmico
    de organismos vivos, 19-20, 497-498
    manutenção do, 497-498
estado excitado, **703**
estado líquido desordenado ($L_d$), **378**
    de bicamadas lipídicas, 377-378, 377f
estado líquido ordenado ($L_o$), **377**
    de bicamadas lipídicas, 377-378, 377f
estado pré-estacionário, **188**
estado R, **155**, 155f, 156f, 157
    efeitos da BPG na, 161-162, 162f
    modelos dos mecanismos de, 158-160, 160f
estado T, **155**, 155f, 156f, 157
    efeitos da BPG na, 161-162, 162f
    modelos dos mecanismos de, 158-160, 160f
estatinas, **785**, 786q-787q
estearato, 604f
    síntese, 753, 754f
estearoil-ACP-dessaturase (SCD), **754**, 755f, 756q

estercobilina, 818, 820f
estereoisômeros, 14-18, **15**, 17q, 17f, 19f
    açúcares como, 232, 232f
    aminoácidos como, 71, 72-73, 72f
estereoquímica, 17, 18
estereospecificidade, **15**, 18
    de interações com biomoléculas, 18, 19f
ésteres de colesterila, **776**, 777f
    endocitose dos, 781-782, 781f
ésteres de fosfato, 294f
ésteres de oxigênio, 483f
esteroides, 356, 356f
esteróis, **346**, **352**. Ver também colesterol
    como lipídeos de membrana, 368
        anéis fundidos de carbono dos, 352, 352f
        balsas de, 380-382, 380f, 381f
        fluidez da bicamada lipídica e, 378
        movimento transbicamada dos, 378-379
esteviosídeo, 231q
estigmasterol, 352
    síntese, 775, 776f
estradiol, como derivado do colesterol, 356f
estreptomicina, **1040**, 1040e
estresse
    coordenação metabólica da AMPK durante, 870f, 871
    sinalização do cortisol, 865-866
estresse oxidativo
    dano de DNA por, 283
    dano mitocondrial causado por, 688, 693-696
    geração, pela fosforilação oxidativa, 668, 673-674, 674f
    hipóxia levando a, respostas adaptativas para, 687-688, 688f
    na deficiência de G6PD, 548q
estrogênio, **786**
    síntese de, 785-787, 788f
estroma, **701**
estroma dos tilacoides, **702**
estrutura primária, **90**
    de proteínas, 90-91, 91f
        espectrometria de massas para sequenciamento de aminoácidos, 93-95, 94f, 95f
        informações bioquímicas a partir das sequências de aminoácidos, 96, 98q
        informações históricas a partir de sequências de aminoácidos, 96-100, 99f, 100f
        métodos clássicos para sequenciamento de aminoácidos, 92-93, 92f, 92t, 93f
        papel das sequências de aminoácidos na função proteica, 91-92
        proteínas com sequências de aminoácidos determinadas, 91-92, 92f
        síntese química de proteínas, 95-96, 97f
estrutura quaternária, **90**, **116**
    da hemoglobina, 153-155, 154f
    de proteínas, 90, 91f
    variação, 126-128, 128f

estrutura secundária, **90**, **111**-116
    de proteínas, 90, 91f, 108
        α-hélice, 111-114, 112f, 112t, 113q, 374-375
        ângulos diedros da, 114-116, 115f
        conformação β, 112t, 114, 114f
        espectroscopia CD de, 116, 116f
        integral de membrana, 374-375
        volta β, 112t, 114, 115f
estrutura terciária, **90**, **116**
    de proteínas, 90, 91f, 108, 136-142
        classificação baseada em, 125-126, 127f
        fibrosa, 116-120, 117f, 117t, 119q, 119f, 120f, 121f
        globular, 120-124, 121f, 122f, 123f, 124f, 125f
        intrinsicamente desordenadas, 125, 126f
    sequências de aminoácidos e, 130-131, 130f
estrutura tridimensional
    de ácidos nucleicos
        dupla-hélice de DNA, 270-272, 271f, 272f
        efeitos da base nucleotídica sobre o, 268, 269f
        estruturas incomuns adotadas pelas sequências de DNA, 273-274, 273f, 274f, 275f
        mRNA, 274-275, 276f, 278f
        rRNA, 276-277, 278f, 1018-1020, 1018f
        tRNA, 276-277, 276f, 278f, 1018-1020, 1019f
        variação do DNA na, 272-273, 272f, 273f
    de biomoléculas, 14-18, 15f, 16f, 18f, 19f
    de proteínas, 29-30, 29f, 107, 107f
        determinação, 136-142
    de proteínas integrais da membrana, 374
estruturas supramoleculares, 8-9
    de células, 8-9, 9f
    ribossomos como, 1015-1018, 1018f
estudos *in vitro* de células, 9, 9f
etano, oxidação, 490f
etanol
    a partir de biomassa, 730q-731q
    como combustível, 532
    extração de lipídeos usando, 361
    metabolismo da enzima P-450 do, 757q
    oxidação, 490f
    para intoxicação com metanol, 198
etanol, fermentação, 514, **525**, 525f, 530, 530f, 531-532
etanolamina, 767f
eteno, oxidação, 490f
éter etílico, extração de lipídeos usando, 361
ETF. Ver flavoproteína de transferência de elétrons
ETF:ubiquinona-oxirredutase, 608f, **671**
    transferência de elétrons por, 671, 672f
etoposídeo, 906q

eucariotos, **2**
  células dos, 6-8, 7f, 8f
  cromossomos dos, 887-890, 888t, 889f
    complexidade dos, 889-890, 889f, 890t
  evolução dos, 34, 35f, 692-693, 693f
  início na, 1029-1030, 1031t
  interações entre proteínas nas proteínas regulatórias dos, 1064-1065
  meiose na, 944-948, 944f, 945f
  processamento de rRNA nos, 983-984, 984f, 985f
  proteínas como alvo na, 1041-1042, 1041f, 1042f
  recombinação do DNA nos, 944-948, 944f, 945f
  regulação gênica nos, 1075
    ativadores e coativadores da ligação de DNA na montagem de fatores de transcrição basais, 1077-1080, 1079f, 1080f
    controle do desenvolvimento via cascatas de proteínas regulatórias, 1087-1089, 1087f, 1088f, 1089f, 1090f
    estrutura da cromatina transcricionalmente ativa, 1075-1077, 1076f
    estrutura modular dos ativadores de transcrição, 1081-1083, 1082f
    formas de regulação mediada por RNA, 1086
    fosforilação dos fatores de transcrição nuclear, 1084
    potencial de desenvolvimento das células-tronco, 1091f
    regulação positiva dos promotores, 1077, 1078f
    regulação positiva e negativa dos genes do metabolismo da galactose na levedura, 1081, 1081f, 1082t
    repressão traducional dos mRNA, 1084-1085, 1085f
    silenciamento de gene pós-transcricional por interferência do RNA, 1085-1086, 1086f
    sinais intercelulares e intracelulares, 1083-1084, 1083f, 1084f, 1084t
  replicação do DNA nos, 927-929, 929f
  ribossomos dos, 1018, 1018f
  transcrição nos
    extremidade 3' dos mRNA, 980-981, 980f
    extremidade 5' dos mRNA, 974, 974f
    RNA-polimerase no, 967-968, 967f
  transposição nos, 953
  transposons dos, 953
eucromatina, **904q**, **1075**
Eukarya, **3**, 4f
evolução
  acelerada, 331f
  da fotossíntese, 34, 717-718, 718f
  da rubisco, 720
  da regulação metabólica, 498
  da timina no DNA, 280
  das células eucarióticas, 34-35, 35f
  das mitocôndrias, 34, 35f, 692-693, 693f
  das primeiras células, 33-34, 35f
  de biomoléculas, 30-31, 32f
  de cloroplastos, 34, 35f, 717-718, 718f
  de organismos vivos, 2
    informações das sequências de aminoácido sobre, 96-100, 99f, 100f
  de RTK, 437
  de transposons, retrovírus e íntrons, 990f, 991-993, 991f
  desenvolvimento ligado à, 1092q-1093q
  divergente, 584
  do genoma humano
    comparações com os parentes biológicos mais próximos, 329-331, 330f
    história da, 333-335, 334q-335q, 336f
  dos GPCR, 431-432, 431t, 432f
  etapas iniciais da, 33
  linha do tempo da, 33, 33f
  marcos na, 33f
  motivos estruturais proteicos e, 128
  mundo de RNA na, 31-33, 33f
    ribocomutadores como vestígio do, 1073
    síntese dependente de RNA como indício do, 998-1001, 999f, 1000q, 1001f
    papel da regulação gênica na, 1092, 1092q-1093q
    processo da, 30, 31f
    relações baseadas na, 35
evolução divergente, **584**
evolução química, 30-31, 32f
evolução sistemática de ligantes por enriquecimento exponencial (SELEX), **999**, 1000q
excinuclease ABC, 936
excinucleases, 936
éxciton, **704**
excreção de nitrogênio, ciclo da ureia e, 633
  ciclo do ácido cítrico ligado a, 636-637, 636f
  defeitos no, 638-639, 638t, 639f
  etapas enzimáticas da, 633-636, 634f-635f
  interconexões de vias reduzindo o custo energético da, 638
  reações alimentadoras de grupos amino na, 634f-635f
  regulação, 637-638, 638f
exenatida, 879t
exercício, controle do diabetes *mellitus* tipo 2 com, 878-879, 879t
exocitose, **8**
exoglicosidases, análise de carboidratos usando, 258
éxons, **327**, **889**, 889f, **973**
  no genoma humano, 327, 327f
  no processamento de RNA, 973
  transcrição de éxons, 973
exonucleases, 303t, **916**
  no reparo de malpareamento, 934, 936f
exorribonuclease, 987
exossoma, **987**, 987f
experimento de Meselson-Stahl, 915-916
exportina-5, 986f
expressão do equilíbrio, **150**
  para ligação reversível proteína-ligante, 150-152, 150f, 151t
expressão gênica
  constitutiva, 1056
  disparo de leptina por, 869
  genes clonados
    sistemas bacterianos usados para, 310, 310f
    sistemas de células de mamíferos usados para, 312
    sistemas de insetos e de vírus de insetos usados para, 311-312, 311f
    sistemas de leveduras usados para, 310-311
    vetores para, 309, 310f
  microarranjos de DNA mostrando, 322f
  na regulação metabólica, 498-499, 499f
  regulação da insulina pela, 434f, 435
  regulação da. *Ver* regulação gênica
  regulação de glicólise e gliconeogênese por, 545-546, 545t, 546f
  regulação do colesterol pela, 782f, 783, 783f
  regulação, pela dieta, 871-872, 871f
  regulada, 1055
  RNA-polimerase II na, 967-968
expressão gênica constitutiva, **1056**
expressão gênica regulada, 1054
expressão. *Ver* expressão gênica
expressoma, **1036**
extração de lipídeos, 361, 362f
extrato cru, **84**
extremidade 3', **267**, 267f
  dos mRNA, 980-981, 980f
extremidade 5', **267**, 267f
extremidade redutora, **237**
extremidades adesivas, **304**, 305f
extremidades cegas, 304, 305f
ezetimiba, 785

# F

F26qP. *ver* frutose-2,6-bisfosfato
FAD. *ver* flavina-adenina-dinucleotídeo
fagocitose, de anticorpos ligados, 167, 167f
família CHD, **1075**
família ISWI, **1075**
família *Shaker*, canais de K$^+$ dependentes de voltagem, 402-403
famílias de proteínas, 125
famílias de proteínas, **125**
fármacos antitumorais, resistência do tumor a, 396
fármacos, metabolismo da enzima P-450 na, 691, 756q-757q
fármacos quimioterápicos
  alvos baseados na glicólise, 527q-528q
  biossíntese de nucleotídeos como alvos de, 836-838, 836f
  inibidores da proteína-cinase, 452q-453q
  inibidores da topoisomerase, 906q
  resistência tumoral aos, 396
farnesilação pós-traducional, 1039f
FAS. *Ver* ácido graxo-sintase
fase de leitura aberta (ORF), **1009**
fase de pagamento, glicólise, 512f, 513, 518-521
  conversão de 3-fosfoglicerato a 2-fosfoglicerato, 513f, 520, 520f

desidratação de 2-fosfoglicerato a fosfoenolpiruvato, 513f, 520-521
oxidação de gliceraldeído-3-fosfato a
  1,3-bisfosfoglicerato, 513f, 518, 525f
transferência de fosforila de 1,3-bisfos-
  foglicerato a ADP, 513f, 521
transferência de grupo fosforila de fosfoenolpiruvato a ADP, 513f, 514-515
fase G0, 446, 447f
fase G1, 446, 447f
fase G2, 446, 447f
fase M, 446, 447f
fase preparatória, da glicólise, 511-513,
  512f
  clivagem da frutose-1,6-bisfosfato, 513f,
    516, 517f
  conversão de glicose-6-fosfato a fruto-
    se-6-fosfato, 513f, 515-516, 515f
  fosforilação da frutose-6-fosfato a fru-
    tose-1,6-bisfosfato, 513f, 516
  fosforilação da glicose, 513f, 514-515
  interconversão de trioses-fosfato, 513f,
    516-518, 518f
fase S, 446, 447f
fator 1 de montagem da cromatina
  (CAF1), 901, 904q
fator antissilenciamento 1 (ASF1), 901
fator ativador de plaquetas, **349**, 349f, **768**
  síntese, 768, 771f
fator de ativação de protease da apoptose
  (Apaf-1), **691**, 692f
fator de crescimento dos fibroblastos
  (FGF), ligação do sulfato de heparana
  ao, 249
fator de necrose tumoral (TNF), na apoptose, 455, 456f
fator de reciclagem de ribossomos (RRF),
  **1036**
fator de replicação C (RFC), 929
fator de transcrição induzível por hipóxia
  (HIF-1), **527q**, 688, 688f
fator de troca do nucleotídeo (NEF), 132f
fator estringente, **1071**, 1071f
fator inibitório da leucemia (LIF), 1091
fator intrínseco, **615q**
fator IX, 221f, **222**
fator IXa, 221f, **222**
fator natriurético atrial (ANF), **422q**
fator tecidual (TF), **222**
fator VII, 221f, **222**
fator VIIa, 221f, **222**
fator VIII, deficiência de, 222
fator VIIIa, 221f, **222**
fator X, 221f, **222**
fator Xa, 221f, **222**
fator XI, 221f, **222**
fator XIIIa, **221**, 221f
fatores da transcrição, **498**, **968**
  ativadores e coativadores da ligação
    de DNA na montagem de, 1077-1080,
    1079f, 1080f
  fosforilação, 1084
  na regulação da glicólise e da glicogêne-
    se, 545-546, 545t, 546f
  na regulação metabólica, 498, 499f
  na transcrição da RNA-polimerase II,
    970f, 971f

fatores de alongamento, 969-970, **1030**,
  1031f, 1032-1034, 1034f
fatores de crescimento, **448**
  ações da insulina como, 434f, 435
  regulação do ciclo celular por, 448, 449f
fatores de especificidade, **1056**
fatores de liberação, **1035**, 1035f, 1036
fatores de terminação, **1035**, 1035f
fatores de transcrição basais, **1078**
  ativadores e coativadores da ligação
    de DNA na montagem de, 1077-1080,
    1079f, 1080f
fatores de transcrição gerais, **968**
  ativadores e coativadores da ligação
    de DNA na montagem de, 1077-1080,
    1079f, 1080f
fatores de troca da histona, **902**
fatores de troca do nucleotídeo de guanosina (GEF), **413**, **422**
fatores iniciação (IF)
  bacterianos, 1028-1029, 1028f, 1031t
  eucarióticos, 1029-1030, 1031t
fatores proteicos
  para a RNA-polimerase II, 968-971,
    969t, 970f
  para replicação do DNA, 921-922
favismo, 548q
FBPase-1. *Ver* frutose-1,6-bisfosfatase
FBPase-2. *Ver* frutose-2,6-bisfosfatase
FC. *Ver* fibrose cística
FCCP. *Ver* carbonilcianeto-*p*-trifluorme-
  tóxi
FdG. *Ver* 2-flúor-2-desoxiglicose
fem. *Ver* força eletromotriz
fenilalanina, 74e, **75**, 75f, **647**, **812**
  biossíntese, 811-812, 814f
  catabolismo, 640, 640f, 647-648, 647f,
    648f, 649f
    defeitos, 646t, 647-648, 649f
  propriedades e convenções associadas
    à, 73t
  substâncias vegetais derivadas da,
    820-821, 822f
fenilalanina-hidroxilase, **649**, 649f, **812**
fenilbutirato, para defeitos no ciclo da
  ureia, 638, 639f
fenilcetonúria (PKU), 646t, **649**-650, 649f
fenilpiruvato, **649**, 649f
fenótipo, **886**
feofitina, **708**
fermentação, 511, **525**, **526**, **530**
  de piruvato, 525
    alimentos e substâncias químicas in-
      dustriais produzidas por, 530-532
    etanólica, 514, 525f, 530, 530f,
      531-532
    láctica, 514, 525f, 526, 529q
    pirofosfato de tiamina na, 530, 531f,
      532t
  microbiana, 532
fermentação láctica, **525**, 525f
  piruvato como aceptor terminal de elé-
    trons, 526, 529q
ferredoxina, **708**, 708f, 709f, 714f, **800**
  transferência cíclica de elétrons com
    a, 713
ferredoxina:NAD⁺-redutase, **708**, 708f,
  709f

ferredoxina:NADP⁺-oxidorredutase, 714f
ferredoxina:NADP⁺-redutase, **712**
ferredoxina-tiorredoxina-redutase, 723f,
  **725**
ferritina, **584q**, 585q
ferro, 584q-585q
  no heme, 148-149, 148f, 149f
ferroquelatase, 817
FGF. *Ver* fator de crescimento dos fibroblastos
FGFR. *Ver* receptor do fator de crescimento dos fibroblastos
fibras musculares, **170**, 171f
fibrilas de colágeno, 120, 120f
fibrina, **221**
  na coagulação sanguínea, 220f, 221,
    221f
fibrinogênio, **221**
  na coagulação sanguínea, 220f, 221,
    221f
fibroína da seda, estrutura e função da,
  120, 121f
fibroína, estrutura e função, 120, 121f
fibronectina, **250**
fibrose cística (FC), 1049
  canal iônico defeituoso na, 397q-398q
  enovelamento incorreto de proteínas
    na, 135
ficobilinas
  absorção de luz por, 704f
  estrutura, 704f
ficoeritrobilina, 704f
fidelidade, na síntese de proteínas, 1036
fígado
  efeitos da adrenalina, 864-865, 866t
  efeitos da insulina no, 859-860, 859t,
    860f
  efeitos do glucagon, 862-863, 863f, 863t
  formação de corpos cetônicos no,
    618-621, 619f, 620f
  funções metabólicas, 848-851, 848f
    metabolismo do açúcar, 849-850, 849f
    metabolismo dos aminoácidos, 850,
      850f
    metabolismo lipídico, 850-851, 851f
  glicogênio no, 558
  isozimas hexocinases do, 539-541, 539f,
    540q
  liberação de grupo amino pelo glutama-
    to, 630-631, 632f
  no estado alimentado, 859-860, 859t,
    860f
  no estado de inanição, 863-864, 864t,
    865f, 866f
  no estado de jejum, 862-863, 863f, 863t
  regulação dos carboidratos no, 568-570,
    569f, 570f
  transportadores de glicose do, 389
  transporte de amônia para, 632-633,
    632f
  transporte de colesterol para, 778-779,
    779f
filamento intermediário (IF), proteínas de,
  6, 8f, 117
filamentos de actina, 8f
filamentos finos, **169**, 170-172, 170f
  interações de filamentos espessos de
    miosina com, 170-172, 172f

organização de, 169-172, 171f
filamentos grossos, **169**, 170-172, 170f
   interações do filamento fino de actina com, 170-172, 172f
   organização de, 169-172, 171f
filoquinona (QK), **711**, 711f
filtração em gel. *Ver* cromatografia de exclusão por tamanho
*fingerprinting* de DNA, 288q-289q
Fire, Andrew, 1085
Fischer, Emil, 72, 183
fita codificadora, **962**
fita lenta, **916**, 916f
   síntese, 924, 924f
fita líder, **916**, 916f
   síntese, 924, 924f
fita não molde, **962**, 962f
fita $\beta$, 124f
fita-molde, 915, **962**
   para replicação do DNA, 915, 917, 918f
   para transcrição, 962, 962f
fitas antiparalelas, **271**, 271f, 275f
fitas complementares, **271**
fitas paralelas, **271**, 271f, 275f
fixação
   de carbono, 719
   nitrogênio, 795-802, 795f, 797f, 800f, 801f
fixação de dióxido de carbono ($CO_2$), **719**
   em 3-fosfoglicerato, 720-721, 724f, 728f
fixação do carbono, **719**
fixação do nitrogênio, **795**-802, 795f, 797f, 800f, 801f
flagelos, 5f
   movimento dos, 169
   rotação dos, 693, 693f
flavina-adenina-dinucleotídeo (FAD), 295f, 295e, 495-496, 495f
   complexo da PDH, 576
   na cadeia respiratória mitocondrial, 660-662
flavina-mononucleotídeo (FMN), 495-496, 495f
   na cadeia respiratória mitocondrial, 660-662, 664t
flavoproteína de transferência de elétrons (ETF), **607**, 608f
   transferência de elétrons por, 671, 672f
flavoproteínas, 83t, **495**, 495f, 496, **662**
   na cadeia respiratória mitocondrial, 662
Fleming, Alexander, 210-211
flipases, **378**, 378f
flopases, **378**-379, 378f
2-flúor-2-desoxiglicose (FdG), diagnóstico de tumores usando, 528q
fluorescência, **704**
fluoróforos, 319f, 320
fluoroquinolonas, 906q
fluoruracila, **836**, 836f, 837f
fluxo ($J$), **498**
fluxo de carbono, antropogênico, 730q
fluxo de elétrons
   cíclico, 713
   gradiente de prótons e, 716, 716f
   na cadeia respiratória, 672f
   na fotossíntese, 701-704, 702f, 703f
   não cíclico, 713

nas clorofilas, 706f, 707f
   termodinâmica do, 709
no centro de reação feofitina-quinona, 708, 708f
no centro de reação Fe-S, 711
no fotossistema I, 711, 712f
no fotossistema II, 710, 712f
nos cloroplastos, 701-704
pelo complexo do citocromo $b_{6f}$, 712-713, 712f
fMet. *Ver* N-formilmetionina
FMN. *Ver* flavina-mononucleotídeo
foco isoelétrico, **88**, 89f
folato, deficiência de, 643, 833
folha $\beta$, **114**, 114f, 124f
fontes de energia
   de organismos vivos, 3-5, 4f
   solar, 700, 701f
fontes hidrotermais, 32f
*footprinting*, **965q**
força eletromotriz (fem), **488**
força próton-motriz, **673**, 673f, 674
   rotação de flagelos bacterianos por, 693, 693f
   síntese de ATP dirigida por, 675-677, 675f, 676f, 677f
   transporte ativo energizado por, 683, 683f
forças de London. *Ver* interações de van der Waals
*forkhead box other* (FOXO1), 546f
forma A do DNA, **272**, 273, 273f
forma A do RNA, 276, 276f
forma B do DNA, **272**, 273, 273f
forma Z do DNA, **272**, 273, 273f
formaldeído, oxidação, 490f
formas replicativas, **887**
fórmulas de projeção de Fischer, **232**
   fórmula em perspectiva de Haworth, conversão, 235
   para monossacarídeos, 232, 232f
fórmulas em perspectiva de Haworth, 234f, **235**
   conversão da fórmula de projeção de Fischer a, 235
forquilha de replicação, **916**, 916f, 924, 939f
   nas bactérias, 916, 916f, 924, 924f
   nos eucariotos, 928-929
   reparo do, 941-943, 941f
Fos, na regulação do ciclo celular, 448, 449f
fosfagênios, **488**
fosfatase alcalina, 303t
fosfatidilcolina, 348f, 351f, 369f, 370, **765**
   curvatura da membrana e, 382
   movimento transbicamada da, 378
   síntese de, 767-768, 767f, 770f
fosfatidiletanolamina, 348f, 371f, **765**
   movimento transbicamada da, 378
   síntese de, 766f, 767-768
fosfatidilglicerol, 348f, 370f, **765**
   síntese de, 765, 766f, 767, 768f, 769f
fosfatidilinositóis, como sinais intracelulares, 354-355, 354f
fosfatidilinositol, síntese de, **765**, 768f

fosfatidilinositol-3,4,5-trisfosfato ($PIP_3$), 370f, 421f
   função de sinalização do, 354-355
   na sinalização do INSR, 435-437, 436f
fosfatidilinositol-4,5-bisfosfato ($PIP_2$), 348f
   como sinal intracelular, 354, 354f
   de membranas, ligação de proteínas ao, 375
fosfatidilinositol-cinases, **765**, 768f
fosfatidilserina, 348f, 370f, 371f, **765**
   movimento transbicamada do, 378
   síntese de, 765, 766f, 767-768, 767f, 769f
fosfato de piridoxal (PLP), **629**
   na reação da glicogênio-fosforilase, 558f
   na transferência de grupos $\alpha$-amino para $\alpha$-cetoglutarato, 628-630, 629f, 630f
   no metabolismo da glicina e da serina, 644, 645f
fosfato, sistema de antiporte $P_i$-triose-fosfato e, 724-725, 724f
fosfato-translocase, **683**, 683f
fosfocreatina (PCr), 487, **819**
   biossíntese, 819, 821f
   energia livre da hidrólise de, 481, 481t, 482f
   no músculo, 854, 854f, 856q-857q
fosfodiesterase (PDE), 423q
   na sinalização da visão, 429f, 430-431, 430q, 430f
fosfodiesterase de GMP cíclico (PDE de GMPc), 423q
   na sinalização da visão, 429-431, 429f, 430q, 430f
fosfodiesterase de nucleotídeo cíclico, **417**
   hidrólise de AMPc por, 415f, 417
fosfoenolpiruvato (PEP), **520**
   biossíntese de aminoácidos a partir de, 811, 811f, 814f
   conversão do piruvato a, 534-537, 535f, 536f
   regulação, 544-545
   energia livre da hidrólise de, 481, 481f, 481t
   hidrólise, 481f
   na glicólise, 512f, 513f, 520-521
   na gliconeogênese, 534-537, 535f, 536f
   no ciclo do glioxilato, 736, 736f
fosfoenolpiruvato (PEP)-carboxilase, **535**, **730**
   na gliceroneogênese, 762, 762f, 763f
   na gliconeogênese, 535, 535f
   na via $C_4$, 729f, 730
   oxalacetato produzido por, 590, 591f
fosfofrutocinase-1 (PFK-1), **516**
   na via glicolítica, 513f, 516
   regulação do
      pelo citrato, 689
      por frutose-2,6-bisfosfato, 542, 543f
      recíproco, 541-542, 541f, 542f
fosfofrutocinase-2 (PFK-2), **542**, 543f, 734, 734f
2-fosfoglicerato (2-PGA)
   desidratação, pela enolase, 210, 211f
   na via glicolítica, 513f, 520-521, 520f
3-fosfoglicerato, **519**, **719**
   biossíntese de aminoácidos a partir de, 806-809, 807f, 808f

conversão a gliceraldeído-3-fosfato, 720f, 721-722
fixação de $CO_2$ no, 720-721, 724f, 728f
na síntese de amido, 734, 735f
na síntese de sacarose, 734f
na via do glicolato, 727-729, 728f
na via glicolítica, 513f, 520, 520f
no ciclo de Calvin, 720f, 721-722
sistema de antiporte $P_i$-triose-fosfato e, 724-725, 725f, 726f
fosfoglicerato-cinase, **518**-519, 726f
na via glicolítica, 513f, 521
3-fosfoglicerato-cinase, 721
fosfoglicerato-mutase, **520**
na via glicolítica, 513f, 520, 520f
fosfoglicerídeos. *Ver* glicerofosfolipídeos
2-fosfoglicolato, **727**
na via do glicolato, 727-729, 728f
fosfoglicol-hidroxamato, 203f
fosfoglicomutase, **522**, **559**, 559f
6-fosfogliconato-desidrogenase, **548**
na via das pentoses-fosfato, 547f, 548
fosfoglicose-isomerase, **515**
na via glicolítica, 513f, 515-516, 515f
fosfo-hexose-isomerase, **515**
na gliconeogênese, 515f
na via glicolítica, 513f, 515-516, 515f
fosfoinositídeo-3-cinase (PI3K), 435, 436f, 437f
fosfolipase C (PLC), **425**
análise de membranas usando, 373f
na sinalização de GPCR, 425, 427f
fosfolipases, 352, 352f
fosfolipídeos, **346**, 347f
bicamada de membranas dos, 367-368, 369f, 370f
biossíntese de, 764-770
das proteínas de membrana, 374, 375f
degradação dos lisossomos pelos, 352, 353q
esfingolipídeos. *Ver* esfingolipídeos
glicerofosfolipídeos. *Ver* glicerofosfolipídeos
ligações fosfodiéster dos, 765f
movimento transbicamada dos, 378-379, 378f
síntese de
CDP-diacilglicerol no, 765-767, 766f, 768f
esfingolipídeos, 770, 772f
ligação dos grupos polares fosfolipídicos, 764-765, 764f
plasmalogênio, 768, 771f
precursores para o, 760, 761f
transporte para as membranas celulares após, 770
vias eucarióticas para a fosfatidilserina, fosfatidiletanolamina e fosfatidilcolina, 767-768
fosfolipídeos de inositol, 371f
fosfomanose-isomerase, 522f
4'-fosfopanteteína, **747**
fosfopentose-isomerase, **548**
na via das pentoses-fosfato, 547f, 549
fosfoproteína-fosfatase 1 (PP1), **418**, **567**
como regulador central no metabolismo do glicogênio, 568, 569f

regulação da glicogênio-fosforilase por, 217-218, 218f
regulação da glicogênio-sintase por, 567, 567f, 568f
fosfoproteína-fosfatase 2A (PP2A), 545, 546
fosfoproteínas, 83t
fosfoproteínas-fosfatases, **217**, 220
no término da sinalização β-adrenérgica, 417-418
fosforilação, 586f. *Ver também* fotofosforilação
acoplamento da oxidação a. *Ver* fosforilação oxidativa
da acetil-CoA-carboxilase, 753, 753f
da frutose-6-fosfato, 516
da glicogênio-sintase, 565-567, 567f, 568f
da glicose, 513f, 514-515
da HMG-CoA-redutase, 782, 782f
das ATPases do tipo P, 392-394
das enzimas reguladoras, 216-220, 217f, 218f
múltipla, 218, 219f, 219t
desacoplamento de, 667t
dessensibilização dos receptores -adrenérgicos por, 418-419, 419f
do complexo da PDH, 593-594, 593f
dos fatores de transcrição nucleares, 1084
dos monossacarídeos, 237
dos resíduos de manose, 1044f
fluxo de elétrons e, 716, 716f
iniciação, pela RTK, 433f, 434-435, 434f
ligada à respiração, 520
na regulação metabólica, 501, 501f
na replicação do DNA, 918f
na sinalização de bactérias, 447f
na síntese de sacarose, 733f, 734
nas cianobactérias, 718, 718f
no nível do substrato, 520
pela PKA
em outra sinalização por GPCR, 416q-417q, 420, 420t, 421f
na sinalização -adrenérgica, 413-416, 415f, 418f
pela PKC, 425, 427f
pela PKG, 422q-423q
por CDK, 449-450, 450f
pós-traducional, 1036-1039, 1038f
regulação de CDK por, 447, 448f, 449f
síntese de nucleosídeo-trifosfato via, 829
fosforilação ligada à respiração, **520**
fosforilação no nível do substrato, **520**
fosforilação oxidativa
agentes interferindo com, 667t
cadeia respiratória mitocondrial na
anatomia mitocondrial e, 660, 661f
Complexo I, 665-667, 665t, 666f
Complexo II, 665t, 666f, 667-668, 667f
Complexo III, 665t, 666f, 668-669, 668f, 669f
Complexo IV, 665t, 666f, 669-671, 670f, 688, 688f
doação de elétrons via ubiquinona, 671, 672f

encaminhamento de elétrons para aceptores universais de elétrons, 661-662, 662t
genes codificando proteínas de, 692, 692t, 693f
geração de ROS por, 668, 673-674, 674f
gradiente de prótons no, 672, 673f
oxidação de NADH em mitocôndrias vegetais, 685q
passagem de elétrons através de carreadores ligados à membrana, 662-665, 663f, 664f, 664t, 665f
respirassomos no, 671, 671f
desacoplamento de, 667t, 676, 676f
ganho de ATP, 686-687, 686t
mecanismo, 659-660, 660f
regulação do
inibição induzida por hipóxia da hidrólise de ATP, 687, 688f
por necessidades de energia celular, 687
regulação coordenada de vias produtoras de ATP, 688-689, 689f
respostas adaptativas reduzindo a produção de ROS na hipoxia, 687-688, 688f
síntese de ATP na, 659-660, 660f, 674-675
acoplamento da oxidação e fosforilação na, 675-677, 675f, 676f, 677f
catálise rotacional na, 680-682, 680f, 681f
conformações da unidade β da ATP-sintase na, 678-680, 679f
domínios $F_o$ e $F_1$ da ATP-sintase na, 677, 678f
estabilização de ATP na, 677-678, 678f
estequiometria não integral do consumo de $O_2$ e da síntese de ATP na, 682-683
fluxo de prótons produzindo movimentos rotacionais na, 681-683, 681f
gradiente de prótons impulsionando a liberação de ATP na, 678, 678f
sistemas de lançadeiras para o NADH na, 683-684, 684f, 686f
transporte ativo energizado por força próton-motriz na, 683, 683f
fosforilase *b*-cinase, 427, **566**
ativação da glicogênio-fosforilase pela, 565, 565f, 566f
fosforilase-cinase, regulação da glicogênio-fosforilase por, 218, 218f
fosforilases, **477q**
fosforólise, 558-559, 586f
de glicogênio e amido, para a glicólise, 520, 522, 522f
5-fosforribosil-1-pirofosfato (PRPP), **806**, 806e
biossíntese de histidina de, 814, 815f
biossíntese de pirimidina a partir de, 827-829, 828f
biossíntese de purinas a partir de, 825-827, 825f, 826f
5-fosforribosilamina, **825**, 826f
fosfosserina, 77e, 1038f

de GTP, 424f
de polissacarídeos e dissacarídeos, para glicólise, 522f, 523-525
de RNA, 268f
determinação da estrutura lipídica usando, 363
término da sinalização de AMPc, 415f, 417-418
variação de energia livre de
de compostos fosforilados e tioésteres, 481-482, 481f, 481t, 482f
para ATP, 479-481, 479f, 480t
variação de energia livre padrão, 469t
hidrólise da ligação fosfodiéster, 995
hidrólise específica, de lipídeos, 363
β-hidroxiacil-ACP-desidratase (DH), **748**, 749f
β-hidroxiacil-CoA (3-hidroxiacil-CoA), **607**, 607f
β-hidroxiacil-CoA-desidrogenase, **607**, 607f
na regulação da oxidação de ácidos graxos, 613, 616, 616f
2-hidroxiglutarato, 595, 595f
hidroxilases, 756q
5-hidroximetilcitidina, 266e
4-hidroxiprolina, **76**, 77e
no colágeno, 118, 119q
β-hidróxi-β-metilglutaril-CoA (HMG-CoA), **620**, **773**
na formação de corpos de cetona, 619f, 620
na síntese de colesterol, 773, 773f
HIF-1. *Ver* fator de transcrição induzido por hipóxia
Hill, Archibald, 157
Hill, Robert, 702
hiperamonemia, 638
hipercolesterolemia familiar (HF), **782**, 785
hiperglicinemia não cetótica, 646
hiperinsulinemia congênita, 862
hiperinsulinismo da infância, 862
hipertensão, defeitos da proteína G na, 424
hiperventilação, 63
hipotálamo, **845**, 846f
AMPK no, 870, 871
regulação da massa corporal pelo, 867, 868f
sinalização de baixo para cima do, 846-847, 847f
sinalização de cima para baixo do, 845-846, 846f, 847f
hipótese da oscilação, **1012**, 1012f, 1012t
hipótese da toxicidade lipídica, 877, 878f
hipótese de um gene-um polipeptídeo, **886**
hipótese de um gene-uma enzima, **886**
hipótese do adaptador, 1006f
hipótese do mundo de RNA, 31-33, 33f, **998**
ribocomutadores como vestígio do, 1073
síntese dependente de RNA como pista do, 998-1001, 999f, 1000q, 1001f
hipoxantina, 833, 834f, 835-836, 835f
hipoxantina-guanina-fosforribosiltransferase, **835**

hipóxia, **162**, **525**
fermentação de ácido láctico durante, 525
inibição da ATP-sintase durante, 687, 687f
produção de ROS durante, respostas adaptativas para, 687-688, 688f
HIRA, 904q
His distal, **152**, 153
*his*, operon, 1068
His proximal, **149**
histamina, **822**, 823f
histidina, 74e, **76**, **650**, **812**
biossíntese, 812-814, 815f
catabolismo, 640f, 650, 651f
como tampão, 61, 61f
curva de titulação, 80, 80f
na catálise geral ácido-base, 187f
propriedades e convenções associadas a, 73t
síntese de histamina a partir de, 822, 823f
histidina-cinase receptora, na sinalização bacteriana, 447f
histona, modificações, 899, 904q-905q, 1075-1077, 1076t
histonas, **899**
nos nucleossomos, 899-900, 899f, 900f, 901f
variantes, 904q-905q, 1075-1077, 1076t
tipos e propriedades, 899, 900t
histonas-acetiltransferases (HAT), 1076, 1080
histonas-desacetilases (HDAC), **1077**
histonas-desmetilases, inibição pelo 2-hidroxiglutarato, 595, 595f
Hitchings, George, 836, 838, 929
HIV. *Ver* vírus da imunodeficiência humana
HMG. *Ver* grupo de alta mobilidade
HMG-CoA. *Ver* β-hidroxi-β-metilglutaril-CoA
HMG-CoA-redutase, **773**
inibidores, 785, 786q-787q
na síntese de colesterol, 773, 773f
regulação da, 782, 782f, 783f
HMG-CoA-sintase, **773**
na formação de corpos de cetona, 619f, 620
na síntese de colesterol, 773, 773f
HO. *Ver* heme-oxigenase
Hoagland, Mahlon, 1006
Hodgkin, Dorothy Crowfoot, 614q-615q
Holley, Robert, 1006, 1018
Holliday, resolvases dos intermediários de, 945f
holoenzima, **179**
homeobox, **1062**
homeodomínios, **1062**, 1062f
homeostase, **498**
*homing*, 991f, **992**
*Homo neanderthalensis*, sequenciamento do genoma do, 333-335, 334q-335q, 336f
*Homo sapiens*, 333
homocisteína, 643, 809f
homocistinúria, 646t

homogentisato-dioxigenase, 648f, **650**
homólogos, **35**, **99**
homoplasmia, **694**
homopolissacarídeos, **241**, 241f, 242
enovelamento, 243-244, 243f, 244f
formas de armazenamento de combustíveis, 241-242, 242f
papéis estruturais dos, 243, 243f, 244f
Hoogsteen, Karst, 274
Hoogsteen, pareamento, **274**, 275f
Hoogsteen, posições, **274**
hormônio adrenocorticotrófico (ACTH, corticotrofina), 845-846
sinalização do AMPc por, 420
hormônio antidiurético (ADH), regulação hídrica pelo, 400
hormônio estimulador dos α-melanócitos (α-MSH), **868**, 869f
hormônio liberador da tirotrofina (TRH), 844e
células que respondem a, 409
estrutura, 844f
hormônio liberador de corticotrofina, 845, 846f
hormônio luteinizante, reconhecimento pela lectina, 254
hormônios, **842**. *Ver também hormônios específicos*
classes quimicamente diferentes de, 843-845, 844t
NO, 843
como derivados do colesterol, 354
diversidade química de, 843-845
hierarquia de cima para baixo da sinalização por, 845-846, 846f, 847f
liberação de, 845-846, 846f, 847f
lipídeos como, 354
eicosanoides, 355-356, 355f
esteroides, 356, 356f
vitaminas A e D, 356-358, 357f, 358f
mecanismos gerais de ação, 843f
mobilização do triacilglicerol por, 603, 604f, 605f
no sistema neuroendócrino, 842, 842f
papel de sinalização da, 354
receptores celulares de, 842-843, 843f
receptores celulares de alta afinidade, 842-843
reconhecimento, pela lectina, 254
regulação por. *Ver* regulação hormonal
sinalização a guanilato-ciclase por
sinalização de baixo para cima por, 846-847, 847f
sinalização de GPCR por, 411, 411f
AMPc como segundo mensageiro, 416q-417q, 420, 420t, 421f. *Ver também* receptores β-adrenérgicos
$Ca^{2+}$, como segundo mensageiro, 425, 425t, 427f, 427t
características universais, 431-432, 431t, 432f
defeitos no, 412
diacilglicerol e $IP_3$ como segundos mensageiros de, 425, 425t, 427f
sinalização de RTK por, 434
INSR, 433-438, 433f, 434f, 436f, 438f

sinalização do receptor nuclear pelo, 445, 446f
transporte, pelo sangue, 857-859, 858f
hormônios autócrinos, **844**
hormônios da tireoide, 843f
   sinalização do receptor nuclear pelo, 445, 446f
hormônios endócrinos, **843**
hormônios esteroides, 843f. *Ver também hormônios específicos*
   como derivados do colesterol, 356, 356f, 776, 777f, 785, 788f
   papel de sinalização do, 356, 356f
   regulação da fosfoenolpiruvato-carboxicinase por, 763, 763f
   regulação de genes eucarióticos por, 1083-1084, 1083f, 1084f, 1084t
   sinalização do receptor nuclear pelo, 445, 446f
   síntese de, 785-787, 788f
   síntese de, pelo citocromo P-450, 690-691, 690f, 756q-757q
hormônios parácrinos, **843**
hormônios peptídicos, 843f, **844**. *Ver também hormônios específicos*
   reconhecimento, pela lectina, 254
   regulação do comportamento alimentar por, 847t
hormônios peptídicos anorexigênicos, estimulação pela leptina, 868-869, 869f
hormônios retinoides, sinalização do receptor nuclear por, 445, 446f
hormônios sexuais
   como derivados do colesterol, 356, 356f
   síntese de, 785-787, 788f
hormônios tróficos (trofinas), 847f
Houssay, Bernardo, 561q
*Hox*, genes, **1089**, 1090f, 1093q
HPLC. *Ver* cromatografia líquida de alto desempenho
HRE. *Ver* elementos de resposta a hormônios
Hsp60, família, 132f, 133
Hsp70, família, **132**, 132f
HSR1. *Ver* RNA 1 de choque térmico
HU, proteína, 922, 923f, 923t

# I

IAPP. *Ver* polipeptídeo amiloide da ilhota
ibuprofeno, inibição da síntese de prostaglandinas pelo, 355-356, 355f, 758, 758f
icterícia, 818-819
idose, 233e
IF. *Ver* fatores de iniciação
IF$_1$, inibição da ATP-sintase por, 687, 687f
Ig. *Ver* imunoglobulinas
IgA. *Ver* imunoglobulina A
IgD. *Ver* imunoglobulina D
IgE. *Ver* imunoglobulina E
IgG. *Ver* imunoglobulina G
IgM. *Ver* imunoglobulina M
ilhotas de Langerhans, 860, 861f
IMC. *Ver* índice de massa corporal
IMP. *Ver* inosinato
importinas, 1045f, 1046

imunofluorescência, **320**
   localização de proteínas com, 319-320, 320f
imunoglobulina A (IgA), **166**
imunoglobulina D (IgD), **166**
imunoglobulina, dobras da, **165**
imunoglobulina E (IgE), **166**, 167
   na resposta alérgica, 167
imunoglobulina G (IgG), **165**, 168f
   estrutura, 165, 166f
   fagocitose da, 167, 167f
   ligação de anticorpos pela, 165-166, 166f
imunoglobulina M (IgM), **166**, 167f
imunoglobulinas (Ig), **165**
   cadeias leves, 165-166, 166f, 167f
      recombinação, 953-955, 954f
   cadeias pesadas, 165-166, 166f, 167f
      recombinação, 953-955, 954f
   como glicoproteína, 252
   recombinação de genes das, 953-955, 954f, 955f
   sítios de ligação a antígenos das, 165-167, 166f
imunoprecipitação, **320**, 321f
   cromatina, 904q-905q
imunoprecipitação da cromatina (ChIP), **904q-905q**
inanição
   metabolismo dos combustíveis durante, 863-864, 864t, 865f, 866f
   produção de corpos de cetona durante, 620-621, 620f
   reciclagem de triacilgliceróis durante, 760, 761f, 762
inativadores baseados no mecanismo, **200**, 201q-202q
inativadores suicidas, **200**, 201q-202q
incretinas, **846**, 847t
índice de hidropatia, **374**
   de aminoácidos, 73t
   de sequências de proteínas de membrana, 374, 375f
índice de massa corporal (IMC), **867**
indinavir, 209f
indirrubina, 453q
indução, **1054**
indutores, do operon *lac*, 1059
infarto do miocárdio
   ensaios de enzimas hepáticas para, 637q
   isozimas LDH como marcadores de, 540q
infarto do miocárdio
   ensaios de enzimas hepáticas para, 637q
   isozimas LDH como marcadores de, 540q
infecção, papel da selectina na, 254-256, 255f, 256f
informação epigenética, **904q**
   nas variantes da histona, 904q-905q
informações genéticas, 884-885
   armazenamento, no DNA, 270-272, 271f, 272f
inibição, 197, 197f
   irreversível, 200-203, 200f, 201q-202q, 203f
   por antibióticos, 210-211, 212f, 213f
   reversível, 197-200, 200t

tratamento do HIV baseado em, 208-209, 208f, 209f
inibição do *feedback* sequencial, **816**, **827**
inibição não competitiva, **199**
inibição orquestrada, **814**
inibição por *feedback*, **27**
   na biossíntese da pirimidina, 829, 829f
   na biossíntese de aminoácidos, 814, 816
   na biossíntese de purinas, 826f, 827
   na sinalização hormonal, 846
inibição reversível, **197**, 198-200, 200t
inibidor competitivo, **197**, 197f, 198
inibidor da proteína do fator tecidual (TFPI), **222**
inibidor da tripsina pancreática, 220, **628**
inibidor misto, **199**, 199f
inibidor não competitivo, **198**, 198f
inibidores da protease, para HIV, 208-209, 208f, 209f
inibidores da transcriptase reversa, 991q
inibidores irreversíveis, **200**, 200f, 201-203, 201q-202q, 203f
iniciação, **1028**
   da síntese de proteínas, 1016f, 1016t, 1023-1030, 1029f
      nas células eucarióticas, 1029-1030, 1031t
      três etapas da, 1028-1029, 1028f, 1030f
   transcrição, regulação da. *Ver* regulação gênica
iniciador (Inr), 1078, 1079f, 1080f
iniciativa ENCODE, 328
INO80, família, **1075**
inosina, 266e, 983f
inosinato (IMP), **825**
   na biossíntese de nucleotídeos, 825-827, 826f
Inositol-1,4,5-trisfosfato (IP$_3$), **425**, 425e
   como segundo mensageiro, 425, 425t, 427f
   como sinal intracelular, 354-355, 354f
Inr, sequência, **969**
Inr. *Ver* iniciador
insetos
   expressão de proteínas recombinantes nos, 311-312, 311f
   gene drives e, 325q
Insig. *Ver* proteína do gene induzida pela insulina
INSR. *Ver* receptor de insulina
insulina, **844**
   comunicação cruzada da adrenalina com, 438, 438f
   concentrações sanguíneas relativas ao horário das refeições, 873f
   descoberta de, 876q
   diabetes *mellitus* surgindo de defeitos na, 875-877
   fosforilações, 437f
   glicemia sanguínea alta e, 859-860, 859t, 860f
   mediação por GSK3 do, 567-568, 568f
   mitocôndrias defeituosas impedindo a liberação de, 695-696, 696f
   na regulação da massa corporal, 869
   na regulação do colesterol, 782, 782f

na regulação global do metabolismo de carboidratos, 568-570, 569f, 570f
regulação da síntese de triacilglicerol pela, 760, 761f
regulação de glicólise e gliconeogênese por, 545-546, 545t, 546f
regulação do comportamento alimentar por, 847t
regulação do metabolismo de combustíveis, 859-860, 859t, 860f
resposta de GLUT4 ao, 389, 390q
secreção, pelas células pancreáticas, 860-862, 861f, 862f
sensibilidade a, efeitos da adiponectina, 869, 870f
sequências de aminoácidos da, 91, 92f
síntese de, 845f
insulina, resistência à
no diabetes *mellitus* tipo 2, 877, 878f
papel do SCD na, 754
integração, **409**
na sinalização de GPCR, 420
na sinalização neuronal, 444
na transdução de sinais, 410f, 411
integrinas, **250**, 252f, **383**
interações de van der Waals, **49**
dobra de homopolissacarídeos e, 243-244, 244f
estabilidade de proteínas e, 109
na água, 49, 49t, 50t
interações eletrostáticas
de solutos carregados, 46, 46t, 47f, 50t
dobramento de homopolissacarídeos e, 243-244, 244f
estabilidade de proteínas e, 108-109
na ligação de proteínas de membrana, 372
interações fracas
dobra de homopolissacarídeos e, 243-244, 244f
estabilidade de proteínas e, 107-108
na especificidade da transdução de sinais, 409
nas soluções aquosas, 43-53
aumentos na entropia, 47, 47f
compostos apolares, 47-49, 48f, 49f, 50t
função e estrutura macromolecular e, 49-51, 50f, 50t, 51f
gases apolares, 47, 47t
interações de van der Waals, 49, 49t, 50t
ligação ao hidrogênio, 44-45, 44f, 45f, 46f
propriedades coligativas e, 51-53, 51f
solutos com carga, 46, 46t, 47f, 50, 50t
solutos polares, 45, 45f, 46f, 49f, 50, 50t
no complexo de enzima-substrato
energia de ligação do, 183
especificidade do, 185, 186f
otimização do estado de transição, 183-186, 183f, 184f, 185f
interações hidrofóbicas, 48, 48f, 50, 50t, **368**

interações iônicas
de solutos com carga, 46, 46t, 47f, 50, 50t
dobra de homopolissacarídeos e, 243-244, 244f
estabilidade de proteínas e, 108-109
na adesão de proteínas de membrana, 375-376
interações proteína-ligante
ajuste induzido da, 147
complementar
ligação de anticorpos a antígenos, 165-168, 166f, 168f
procedimentos analíticos baseados em, 167-168, 168f
proteínas e células de resposta imune, 164-165
moduladas por energia química
deslizamento de filamentos, 170-172, 172f
miosina e actina, 170-171, 170f
organização de filamentos finos e grossos, 169-172, 171f
princípios, 147
representação gráfica de, 150, 150f
reversível
cooperativa, 155-160, 156f, 160f
descrição quantitativa de, 150-152, 150f, 151t, 156-157, 160f
estrutura das subunidades de hemoglobina, 153-155, 153f, 154f
família de globinas das proteínas de ligação ao oxigênio, 149
hemoglobina na anemia falciforme, 162-164, 163f
influência da estrutura de proteínas sobre o, 152-153, 153f
ligação do monóxido de carbono à hemoglobina, 158q-159q
ligação do oxigênio à hemoglobina, 155-156, 155f, 156f, 160f, 161-162, 162f
ligação do oxigênio à mioglobina, 149, 149f
ligação do oxigênio ao heme, 148-149, 148f, 149f
modelos de mecanismos para, 158-160, 160f
regulação, 161-162, 162f
transporte de dióxido de carbono pela hemoglobina, 160-161, 160f
transporte de íons hidrogênio pela hemoglobina, 160-161, 160f
transporte de oxigênio pela hemoglobina, 153
sítios de, 147
interações proteína-ligante complementares, no sistema imune
ligação de anticorpos a antígenos, 165-168, 166f, 168f
procedimentos analíticos baseados em, 167-168, 168f
proteínas e células de resposta imune, 164-165
interações receptor-ligante
balsas de membrana envolvidas nos, 442
de canais iônicos controlados, 411, 411f
como alvo de toxinas, 444-445

neurotransmissores interagindo com, 444
potenciais de ação neuronais produzidos por, 443-444, 444f
sinalização elétrica por, 442-443, 443f
de receptores nucleares, 411, 411f
de hormônios, 842-843, 843f
regulação da transcrição por, 445, 446f
especificidade, 409, 410f
GPCR. *Ver* receptores acoplados à proteína G
guanilato-ciclase, 422q-423q
hormonal. *Ver* hormônios
na regulação do ciclo celular, 446-447
apoptose, 455-456, 456f
fosforilação de proteínas na, 449-450, 450f
genes de supressão tumoral no, 454f, 455
níveis oscilantes de CDK no, 447, 447f, 448f, 449f, 450f
oncogenes na, 451, 452q-453q, 454
nos microrganismos e plantas, 447f
proteínas adaptadoras multivalentes envolvidas nas, 439-442, 439f, 441f
RTK. *Ver* receptores tirosinas-cinases
sensibilidade, 409, 410f
tipos de receptores envolvidos na, 411, 411f
tipos de sinais envolvidos nas, 410t, 411, 411t
interferência de RNA (RNAi), **1086**
silenciamento gênico pós-transcricional por, 1085-1086, 1086f
interleucinas, 165
intermediário de Holliday, **942**
na meiose, 945f, 947
na recombinação genética homóloga, 942, 943f
na recombinação sítio-específica, 950, 951f
resolução de, 950-951, 952f
intermediários da reação, **181**, 181f
intermediários, reação, 181, 181f
intestino, absorção de gorduras no, 602-603, 602f
intestino delgado, absorção de gorduras no, 602-603, 602f, 848f
intoxicação
metanol, 198
monóxido de carbono, 158q-159q
por toxinas que atuam em canais iônicos, 444-445
ricina, 1040
toxina botulínica, 383
toxina diftérica, 1040
toxina do cólera, 424, 494
toxina tetânica, 383
íntrons, 278f, **327**, **889**, 889f, **973**
auto-*splicing*, 975-976, 975t
classes de, 975
do spliceossoma, 977
nas bactérias, 975
nas mitocôndrias, 975
no genoma humano, 327, 327f
no processamento de RNA, 973
nos cloroplastos, 975

similaridades dos retrovírus aos, 990f, 991-993, 991f
*splicing* do, 975-976, 976f, 977f, 978f
transcrição de éxons, 973
íntrons do spliceossoma, 977, 979f
mecanismos, 975t, 977, 978f
necessidades, 977
iogurte, 530
íon cálcio ($Ca^{2+}$)
  como segundo mensageiro, 425, 425t, 427f
    localização no espaço e tempo, 425-428, 427f, 427t
    movimento da bomba SERCA, 393, 393f, 394f
    na contração muscular, 171, 172f, 427
    oscilações, 428f
íon cloreto ($Cl^-$), transporte pela proteína CFTR, 397q-398q
íon magnésio ($Mg^{2+}$)
  ligação de ATP a, 479, 480f
  na clorofila, 704f, 705
  necessidade hexocinase para, 515
  no ciclo de Calvin, 721, 725
  rubisco e, 721, 721f
ionização
  de água, ácidos fracos e bases fracas
    água pura, 54, 54f
    constantes de dissociação ácida e, 57, 57f
    constantes de equilíbrio e, 54-55
    curvas de titulação, 58-59, 58f, 59f
    escala de pH e, 55-56, 55t, 56f
  de peptídeos, 81-82, 81f
ionóforos, **399**
íons hidreto, transferências de elétrons por, 490
íons hidrogênio, transporte de hemoglobina, 160-161, 160f
íons hidrônio, **54**, 54f
$IP_3$. *Ver* Inositol-1,4,5-trisfosfato
IPTG. *Ver* isopropiltiogalactosídeo
IRE. *Ver* elementos de resposta ao ferro
irinotecano, 906q
irisina, **847**, 847t, **879**
IRP1. *Ver* proteínas reguladoras do ferro
IRP2. *Ver* proteínas reguladoras do ferro
IRS-1. *Ver* substrato 1 do receptor de insulina
isocitrato, **581**
  formação, pelo ciclo do ácido cítrico, 579f, 581-582, 583f, 584q-585q, 587f
  oxidação, pelo ciclo do ácido cítrico, 579f, 582, 583f
isocitrato-desidrogenase, **582**
  mutações na, 595, 595f
  no ciclo do ácido cítrico, 579f, 582, 583f
  regulação de, 593f, 594
isocitrato-liase, **735**
isolamento, fornecimento pelos triacilgliceróis, 344-345, 344f
isoleucina, **74**, 74e, **647**, **650**, **810**, 1020e
  biossíntese de, 811f, 816f
  catabolismo, 640, 640f, 647-648, 647f, 650-651, 652f, 653f, 654f
  propriedades e convenções associadas a, 73t
isomerases, 179t, **522**

isômeros, 15f, 17-18, 17q, 17f
isômeros *cis-trans*, **15**, 15f
isômeros geométricos, **15**, 15f
$\Delta^3$-isopentenil-pirofosfato, **774**, 787
  na síntese de colesterol, 774, 774f
isoprenilação, pós-traducional, 1038
isopreno, **772**
  como precursor a uma ampla gama de biomoléculas, 787-788, 788f
  na síntese de colesterol, 773f, 774, 774f, 775f
isopropiltiogalactosídeo (IPTG), 1060, 1060e
isoproterenol, 413e
isozimas, **515**
  hexocinase, 539-541, 539f, 540q
  LDH, 540q
ivacaftor, para fibrose cística, 398q

## J

*J. Ver* fluxo
jacarés, fermentação láctica por, 529q
Jacob, François, 274, 1058
jasmonato, 356, 759
jejum, estado de
  combustível para o cérebro durante, 863-864, 864t, 865f, 866f
  metabolismo dos combustíveis no, 863-864, 863f, 863t, 864t, 865f, 866f
  metabolismo global de carboidratos durante, 568-570, 569f, 570f
Jencks, William P., 183
Jun, na regulação do ciclo celular, 448, 449f

## K

$k$. *Ver* constante de Boltzmann
$K_a$. *Ver* constantes de dissociação ácida; constante de associação
Kaiser, Dale, 304
Karplus, Martin, 138q
$k_{cat}$, **192**, 193t
  comparações entre enzimas usando, 192, 193t
$K_d$. *Ver* constante de dissociação
Keller, Elizabeth, 1005, 1006, 1019
Kendrew, John, 121, 127, 128, 137
Kennedy, Eugene, 580, 603, 660, 765
$K_{eq}$. *Ver* constante de equilíbrio
$K'_{eq}$. *Ver* constante de equilíbrio padrão
Khorana, H. Gobind, 283, 1008
Kilby, B. A., 204
King, C. G., 119q
Kinosita, Kazuhiko, Jr., 681
$K_m$. *Ver* constante de Michaelis
Kornberg, Arthur, 561q, 916
Koshland, Daniel, 159, 186
KR. *Ver* $\beta$-cetoacil-ACP-redutase
Krainer, Adrian, 982q
Krebs, Edwin, 562q
Krebs, Hans, 574, 633
KS. *Ver* -cetoacil-ACP-sintase
KSR, 440, 441f
$K_t$ ($K_{transporte}$), **388**
  para glicose, 387f, 388
Ku70, proteína, 949, 950f

Ku80, proteína, 949, 950f
Kühne, Frederick W., 178

## L

L, estereoisômeros de aminoácidos, 72
L-19 IVS, 997f
$\beta$-lactamases, **211**, 213f
lactase, 240, 523
lactase, persistência, **523**
lactato, **526**, 874
  redução de piruvato a, 526, 529q
  síntese de glicose a partir de, 533, 534f, 536, 536f
lactato-desidrogenase (LDH), **526**
  isozimas, 540q
*Lactobacillus bulgaricus*, 530
lactonas, 236f, 237
lactonase, **548**
  na via da pentose-fosfato, 547f, 548
lactose, 240, 240f
  digestão da, 523
  metabolismo da *E. coli*, regulação do, 1058-1060, 1058f, 1059f, 1066-1067, 1066f
  sabor doce da, 231q
lactose, intolerância, **523**
lactosilceramida, 350f
*lacZ*, gene, como marcador rastreável, 307, 308f
laderanos, **799q**
lamina, **449**
  fosforilação, por CDK, 449-450
lanosterol, **774**, 776f
Lardy, Henry, 675
Lavoisier, Antoine, 465
LCAT. *Ver* lecitina-colesterol-aciltransferase
$L_d$, estado. *Ver* estado líquido desordenado
LDH. *Ver* lactato-desidrogenase
LDL. *Ver* lipoproteína de densidade baixa
lecitina-colesterol-aciltransferase (LCAT), **780**, 780f
lectinas, **254**, 255-256, 255f, 256f
  interações de carboidratos, 256-257, 257f, 258f
Leder, Philip, 1008
leg-hemoglobina, **801**
Lehninger, Albert, 580, 603, 660
lei de Lambert-Beer, 75q
Leloir, Luis, 560, 562q
Leopold, Prince, 223
leptina, **846**, **867**, 868f
  estimulação de hormônios peptídicos anorexigênicos por, 868-869, 869f
  expressão gênica disparada pela, 869
  regulação do comportamento alimentar por, 847t
Letsinger, Robert, 283
leucemia
  inibidores da asparaginase, 810
  inibidores da proteína-cinase para, 452q-453q
leucemia linfoblástica aguda (LLA), 810
leucemia mieloide aguda, 452q-453q
leucemia mieloide crônica, 453q
leucina, **74**, 74e, **647**, **811**
  biossíntese da, 811f

catabolismo, 640, 640f, 647-648, 647f, 651-653, 654f
  propriedades e convenções associadas à, 73t
leucócitos, **164**, **858**, 858f
  papel da lectina no movimento dos, 255, 255f
leucotrienos (LT), **355**, 355f, 356, **759**
  síntese, 759, 759f
levedura
  complexo da PDH da, 577f
  expressão de proteína recombinante, 310-311
  fermentação alcoólica por, 530f, 531-532
  regulação do metabolismo da galactose no, 1081, 1081f, 1082t
  replicadores no, 928
  síntese de fosfolipídeos na, 767-768
  UAS na, 1078, 1079f
levedura de padeiro, fermentação alcoólica, 530, 530f
Levinthal, Cyrus, 131
Levitt, Michael, 138q
Lewis, Edward B., 1087
L-fluoralanina, **820**
L-glutamato-desidrogenase, **631**, 631f, 802
  desaminação oxidativa do glutamato pela, 630-631, 632f
LHC. *Ver* complexos de captura de luz
LHCII, 705, 706f
  absorção de éxcitons por, 713
  estado de transição e, 713, 714f
liases, 179t
licenciamento, **928**
líder, **1068**, 1069f
ligação
  heterotrópica, 157
  homotrópica, 157
  ligante de proteínas. *Ver* interações proteína-ligante
  resposta de enzimas alostéricas a, 214-215, 214f, 215f
ligação cooperativa
  descrição quantitativa da, 156-157, 160f
  hemoglobina e monóxido de carbono, 158q-159q
  hemoglobina e oxigênio, 155-156, 156f
  modelos dos mecanismos de, 158-160, 160f
  mudanças conformacionais na, 155-156, 156f, 160f
ligação glicosídica
  nos dissacarídeos, 239-240, 240f, 240t
  nos homopolissacarídeos, 243, 244f
ligação heterotrópica, **157**
ligação homotrópica, **157**
ligação *O*-glicosídica, **237**
ligação peptídica, **81**
  clivagem da quimotripsina, pela protease, 204-208, 204f, 205f, 206f-207f
  formação de, 81, 81f, 884
    de, 1036
      durante o alongamento, 1031-1032, 1032f
    natureza rígida e plana da, 109-110, 110f
ligação reversível, interações proteína-ligante

cooperativa, 155-160, 156f, 160f
descrição quantitativa de, 150-152, 150f, 151t, 156-157, 160f
estrutura das subunidades de hemoglobina, 153-155, 153f, 154f
família de globina das proteínas de ligação ao oxigênio, 149
hemoglobina na anemia falciforme, 162-164, 162f, 163f
influência da estrutura das proteínas sobre o, 152-153, 153f
ligação do monóxido de carbono à hemoglobina, 158q-159q
ligação do oxigênio à hemoglobina, 155-156, 155f, 156f, 160f, 161-162, 162f
ligação do oxigênio à mioglobina, 149, 149f
ligação do oxigênio ao heme, 148-149, 148f, 149f
modelos dos mecanismos para, 158-160, 160f
transporte de dióxido de carbono pela hemoglobina, 160-161, 160f
transporte de íons hidrogênio pela hemoglobina, 160-161, 160f
transporte de oxigênio pela hemoglobina, 153
regulação, 161-162, 162f
ligações carbono-carbono, reações bioquímicas que produzem ou quebram, 473-474, 474f, 475f
ligações de carbono, 10-11, 11f
ligações de fosfoanidrido, 294f
ligações de hidrogênio, **44**
  da água, 44-45, 44f, 45f, 46f
    solutos polares e, 45, 45f, 46f, 50, 50t
  enovelamento de homopolissacarídeos e, 243-244, 244f, 245f
  estabilidade de proteínas e, 108-109
  estrutura de ácidos nucleicos e, 268, 269f
  na conformação $\beta$, 114, 114f
  na $\alpha$-hélice, 112
  nas interações lectina-carboidrato, 257, 257f
  no DNA
    dupla-hélice, 271
    triplex de DNA, 274, 275f
ligações duplas, nos ácidos graxos, 341-343
ligadores, **304**, 305f
ligantes, **147**, 148
  interações das proteínas com. *Ver* interações ligante-proteína
  interações dos receptores com. *Ver* interações receptor-ligante
ligases, 179t, **477q**
ligninas, **820**
limoneno, 356
Lind, James, 118q
linfócitos, 3f, **164**, **858**, 858f
  recombinação de, 954-955
linfócitos B, **165**, 166
linfócitos T, **165**
língua negra, 494, 495f
linha M, **170**, 171f
linoleato
  $\beta$-oxidação do, 612, 612f

síntese de, 754-755, 754f, 755f
$\alpha$-linoleato, 754-755, 754f, 755f
lipases, **345**
  análise de carboidratos usando, 258-259
LIPID MAPS Lipidomics Gateway, 363
lipídeos, **13**-14
  ácidos graxos. *Ver* ácidos graxos
  análise de, 361-362, 362f
    categorização, 363-364, 364t
    extração, 361, 362f
    identificação, 362f, 363, 363f
    separação, 361-362, 362f
  armazenamento. *Ver* lipídeos de armazenamento
  ativação da, 603-606, 605f, 606f
  classificação, 363-364, 364t
  como cofatores
    dolicóis, 359f, 360
    quinonas lipídicas, 359-360
    vitaminas E e K, 359-360
  como metabólitos secundários biologicamente ativos, 360, 361f
  como pigmentos, 360, 360f
  como sinais
    compostos voláteis de plantas vasculares, 356
    derivados de fosfatidilinositol e esfingosina, 354-355, 354f
    eicosanoides, 355-356, 355f
    hormônios, 354
    hormônios esteroides, 356, 356f
    vitaminas A e D, 356-358, 357f, 358f
  digestão da, 602-603, 602f
  estruturais, 346f, 347f
    esfingolipídeos como, 350-351, 350f, 353q
    esteróis, 352, 352f
    galactolipídeos e sulfolipídeos, 349, 349f
    glicerofosfolipídeos, 346-348, 347f, 348f, 349f, 352, 353q
  mobilização dos, 603, 604f, 605f
  nas membranas. *Ver* lipídeos de membrana
  oxidação. *Ver* oxidação de ácidos graxos
  transporte, 603-606, 605f, 606f
lipídeos anulares, 375f
lipídeos da membrana, 346, 347f
  características, 367, 369f
  difusão lateral dos, 378f, 379-380, 379f, 380f
  esfingolipídeos
    acúmulos anormais de, 353q
    balsas de, 380-382, 380f, 381f
    como derivados da esfingosina, 350-351, 350f
    como sítios de reconhecimento biológico, 351
    degradação dos lisossomos pelos, 352, 353q
    movimento transbicamada do, 378, 378f
  estados ordenados dos, 377-378, 377f
  esteróis, 352
    balsas de de, 380-382, 380f, 381f
    fluidez da bicamada lipídica e, 378
    movimento transbicamada dos, 378-379

galactolipídeos e sulfolipídeos, 349, 349f
glicerofosfolipídeos
  ácidos graxos com ligação éter, 349, 349f
  como derivados do ácido fosfatídico, 346-348, 347f, 348f
  degradação dos lisossomos pelos, 352, 353q
movimento transbicamada, 378-379, 378f
síntese de
  CDP-diacilglicerol na, 765-767, 766f, 768f
  esfingolipídeos, 770, 772f
  ligação de grupos polares fosfolipídicos, 764-765, 764f
  plasmalogênio, 768, 771f
  precursores para a, 760, 761f
  transporte para as membranas celulares após, 770
  vias eucarióticas para fosfatidilserina, fosfatiletanolamina e fosfatidilcolina, 767-768
lipídeos de éter, **348**, 349f
  síntese, 768, 771f
lipídeos estruturais, 346, 347f
  esfingolipídeos como
    acúmulos anormais de, 353q
    como derivados da esfingosina, 350-351, 350f
    como sítios de reconhecimento biológico, 351
    degradação dos lisossomos pelos, 352, 353q
  esteróis, 352, 352f
  galactolipídeos e sulfolipídeos, 349, 349f
  glicerofosfolipídeos
    ácidos graxos com ligação éter, 349, 349f
    como derivados do ácido fosfatídico, 346-348, 347f, 348f
    degradação dos lisossomos pelos, 352, 353q
lipídeos tetraéter de arqueias, **346**
lipidoma, **14**, **364**
lipidômica, 363-364, 364t
lipoato, **576**, 577f
  no complexo da PDH, 576, 576f, 577f
lipopolissacarídeos, **253**, 253f
lipoproteína de alta densidade (HDL), **603**, **780**
  efeitos do ácido graxo *trans* no, 345
  na aterosclerose, 784-785, 784f, 786q-787q
  transporte de colesterol como, 778f, 778t, 779f, 779t, 780-781, 780f, 785, 785f
lipoproteína de baixa densidade (LDL), **780**
  captação celular de, 781-782, 781f
  efeitos do ácido graxo *trans* no, 345
  na aterosclerose, 784-785, 784f, 786q-787q
  transporte de colesterol como, 778f, 778t, 779f, 779t, 780
lipoproteína-lipase, 602f, **603**
lipoproteínas, **83**, 83t. *Ver também* lipoproteínas plasmáticas

lipoproteínas de densidade muito baixa (VLDL), 603, **780**
  transporte de colesterol como, 778f, 778t, 779f, 779t, 780
lipoproteínas, partículas, **603**
lipoproteínas plasmáticas, **777**
  transporte de colesterol como, 777-780, 778f, 778t, 779f, 779t
lipossomo, 369-370
lipoxinas (LX), **355**, 355f, **759**
lisases, **477q**
lisina, 74e, **76**, **647**, **810**
  biossíntese da, 811f
  catabolismo da, 640, 640f, 647-648, 647f
  na catálise geral ácido-base, 187f
  propriedades e convenções associadas à, 73t
lisofosfatidilcolina-aciltransferases (LP-CAT), **767**-768, 770f
lisofosfolipase, 352
lisossomos, **6**, 7f
  degradação de fosfolipídeos e esfingolipídeos por, 352, 353q
  proteínas como alvo dos, 1043-1044, 1044f
lisozima, 123t, 244
  mecanismos da, 210-213
lixose, 233e
LLA. *Ver* leucemia linfoblástica aguda
L-malato-desidrogenase, 579f, **587**
lncRNA. *Ver* RNA longos não codificadores
L₀, estado. *Ver* estado líquido ordenado
Lobban, Peter, 304
localização de resposta, **409**
  na transdução de sinais, 410f, 411
Loeb, Jacques, 511
logos de sequência, 98q, 98f
lonidamina, para tratamento do câncer, 527q-528q
lopinavir, 209f
lovastatina, 361f, 786q-787q
LT. *Ver* leucotrienos
luciferase, 71f, 486q
luciferina, 486q
luteína
  absorção de luz por, 704f, 705
  estrutura, 704f
luz
  absorção de luz, 701, 701f
    por clorofilas, 704-705, 704f
    por cloroplastos, 701-704, 702f, 703f
    por fotopigmentos, 705f
    por pigmentos acessórios, 704f, 705
    transferência de éxciton, 705-707, 706f, 707f
  detecção, sinalização de GPCR na, 429-431, 429f, 430q, 430f
  produção, pelos vagalumes, 486q
  visível, 703, 703f
luz ultravioleta
  absorção de aminoácidos do, 75, 75q, 75f
  absorção, pelo nucleotídeo, 268, 269f, 279
  dano ao DNA causado por, 281, 282f
luz visível, 703, 703f
LX. *Ver* lipoxinas

LXR. *Ver* receptor X hepático
Lynen, Feodor, 775

# M

MacLeod, Colin, 270
MacLeod, J. J. R., 876q
macrócitos, **643**
macrófagos, **164**
  fagocitose de anticorpos ligados por, 167, 167f
macromoléculas, 9f, **12**-14, 18f
  de células, 8-9, 9f, 12-14, 14t, 15t
  na água, estrutura e função e, 49-51, 50f, 50t, 51f
macromoléculas informacionais, **14**
  energia de ATP para montagem de, 485-487
Magellan, Ferdinand, 118q
malária, 256
  deficiência de G6PD e, 548q
  hemoglobina S e, 163
malato, **587**, 587f
  a partir do ciclo da ureia, 634f-635f, 635, 636
  hidratação de fumarato a, 579f, 587
  na gliconeogênese, 535, 535f
  no ciclo do ácido cítrico, 596f
  oxidação, 579f, 587
  reações anapleróticas fornecendo, 590, 591f
malato-desidrogenase, **535**
  na gliconeogênese, 535, 535f
  na via C₄, 729f, 731
malato-sintase, **735**
MALDI MS. *Ver* dessorção a *laser* assistida por matriz/ionização em espectroscopia de massas
malformações congênitas, deficiência de vitamina A causando, 357-358
malonato, inibição da succinato-desidrogenase por, 587
malonil/acetil-CoA-ACP-transferase (MAT), **747**, 749f
malonil-CoA, 613, **744**, 745e
  na regulação da oxidação de ácidos graxos, 613, 616, 616f
  na síntese de ácidos graxos
    formação de, 744-745, 745f
    sequência de reações repetidas usando, 745-747, 746f, 747f, 748-750, 749f, 750f
maltose, 238-239
  formação, 237f
  nas vias alimentadoras da glicólise, 523
maltotriose, nas vias alimentadoras da glicólise, 523
manosamina, 236, 236f
manose, 232, 232f, 233e, 1044f
  nas vias alimentadoras da glicólise, 522f, 524-525
manose-6-fosfato, interações da lectina com, 257, 257f
manteiga, composição de ácidos graxos, 345f
mapas de densidade de elétrons, 136-137
MAP-cinase-cinase-cinases (MAPKKK), 435

MAP-cinase-cinases (MAPKK), 435
mapeamento, desnaturação, 916
mapeamento por desnaturação, **916**
MAPK (proteínas-cinases ativadas por mitógeno), **435**, 437f
MAPK, cascatas, 434f, **435**
   proteínas adaptadoras multivalentes envolvidas em, 440, 441f
MAPK. *Ver* proteínas-cinases ativadas por mitógeno
MAPKK. *Ver* MAP-cinase-cinases
MAPKKK. *Ver* MAP-cinase-cinase-cinases
Maquat, Lynne, 980
marcador rastreável, **306**, 307, 308f
marcador selecionável, **306**, 307-309, 307f, 308f
marcadores (*tags*), **313**
   epítopo, 320
      para imunoprecipitação, 320-321, 321f
   terminal, 313, 313t, 314f
marcadores de purificação por afinidade em *tandem* (TAP), **321**, 321f
marcadores terminais, para purificação de proteínas, 313-314, 313t, 314f
MARCKS, adesão à membrana, 375-376
maresinas, 759
Margulis, Lynn, 34
massa corporal, regulação da
   efeitos da adiponectina na, 869, 870f
   efeitos da dieta na, 871-872, 871f
   efeitos da grelina, do $PYY_{3-36}$ e dos canabinoides na, 872-874, 874f
   efeitos da insulina, 869
   efeitos da leptina, 869, 869f
   efeitos de micróbios intestinais, 874-875, 875f
   funções endócrinas do tecido adiposo, 867-868, 867f, 868f
   papel da AMPK na, 869-871, 870f
   via da mTORC1 na, 871, 871f
massa molecular, 13q
mastócitos, na resposta alérgica, 167
MAT. *Ver* malonil/acetil-CoA-ACP-transferase
matéria, transformação, por organismos vivos, 20-21, 20f, 21f
matriz extracelular (MEC), **244**-246
   glicosaminoglicanos na, 244-246, 246f
   proteoglicanos na, 247f, 248-251, 248f, 249f, 252f
Matthaei, Heinrich, 1007
Maxam, Allan, 286
MCAD. *Ver* acil-CoA-desidrogenase de cadeia média
McCarty, Maclyn, 270
McClintock, Barbara, 328, 940-941
McElroy, George, 653q
McElroy, William, 486q
MDR1. *Ver* transportador de múltiplos fármacos
ME. *Ver* microscopia eletrônica
MEC. *Ver* matriz extracelular
mecanismo de duplo deslocamento, 194-195, 194f, 195f
mecanismo de pingue-pongue, 194-195, 194f, 195f

meclofenamato, inibição da síntese de prostaglandinas pelo, 355
mediador, **1079**, 1080f
mediadores especializados pró-resolução (SPM), **759**
medição elétrica, da função dos canais iônicos, 401, 401f
medicina, comparações genômicas na, 36
medicina forense, uso de PCR na, 286, 288q-289q
megaloblastos, **643**
meia-vida, de proteínas, 499t, 1049, 1049t
meiose, **944**
   fetal, erros na, 946q
   processo da, 944, 944f
   recombinação genética homóloga durante, 944-948, 944f, 945f
      início da quebra da fita dupla para, 947-948
   troca cruzada na, 945f, 946, 946q
MEK, na sinalização do INSR, 434f, 435
melanina, 648
Mello, Craig, 1085
membranas
   balsas nas
      esfingolipídeos e colesterol nas, 380-382, 380f, 381f
      segregação de proteínas de sinalização por, 442
   composição e arquitetura
      bicamada lipídica, 367-368, 369f, 370f
      propriedades fundamentais, 369, 369f
      proteínas anfitrópicas, 372, 373f, 376
      proteínas e lipídeos característicos, 367, 369f
      proteínas integrais da membrana, 372, 373f, 374f, 375f, 376f
      proteínas periféricas da membrana, 372, 373f, 375-377, 376f
   das mitocôndrias, 660, 661f
   dinâmica do
      adesão à superfície, sinalização e outros processos das proteínas integrais, 383-384
      agrupamento de esfingolipídeos e colesterol em balsas, 380-382, 380f, 381f
      catálise dos movimentos transbicamada lipídica, 378-379, 378f
      curvatura da membrana e processos de fusão, 382-383, 383f, 384f
      difusão lateral de lipídeos e proteínas na bicamada, 379-380, 379f, 380f
      ordenamento de grupos acila na bicamada, 377-378, 377f
   dos cloroplastos, 702f, 704
   funções, 367
   lipídeos estruturais nas, 346-354
   transporte de solutos através de
      estruturas de canais iônicos e transportadores e mecanismos para, 386-387, 387f
      gradientes iônicos orientando a, 398-399, 400f
      na regulação metabólica, 499f
      pelo trocador de cloreto-bicarbonato, 389-392, 391f
      por aquaporinas, 400-401, 400t

      por ATPases do tipo P, 392-394, 393f, 394f
      por ATPases dos tipos V e F, 394-395, 395f
      por canais de $K^+$, 402-403, 402f
      por canais iônicos, 397q-398q, 401-402, 401f, 402f
      por cotransporte, 389-392, 398-399
      por GLUT1, 387-389, 387f, 388f, 389f, 389t
      por transportadores ABC, 395-396, 396f, 396t, 397q-398q
      por transporte ativo secundário, 398-399
      por transporte ativo. *Ver* transporte ativo
      por transporte passivo. *Ver* transporte passivo
      tipos de, 385-386, 385f
membranas do tilacoide, 709
   fotossistemas nas, 706f, 709f, 714f
   galactolipídeos nas, 349, 349f
   localização de PSI e PSII na, 713, 714f
   transporte através das, induzido por luz, 720f, 725
membranas mitocondriais, composição de, 367, 369f
membranas plasmáticas, **2**, 2f
   balsas nas
      esfingolipídeos e colesterol nas, 380-382, 380f, 381f
      segregação de proteínas de sinalização por, 440
   camada de carboidratos sobre as, 247
   composição e arquitetura, 370f, 371f
      bicamada lipídica, 367-368, 369f, 370f
      propriedades fundamentais, 369, 369f
      proteínas anfitrópicas, 372, 373f, 376
      proteínas e lipídeos característicos, 367, 369f
      proteínas integrais da membrana, 372, 373f, 374f, 375f, 376f
      proteínas periféricas da membrana, 372, 373f, 375-377, 376f
   dinâmica do
      adesão à superfície, sinalização e outros processos das proteínas integrais, 383-384
      agrupamento de esfingolipídeos e colesterol em balsas, 380-382, 380f, 381f
      catálise dos movimentos transbicamada lipídica, 378-379, 378f
      curvatura da membrana e processos de fusão, 382-383, 383f, 384f
      difusão lateral de lipídeos e proteínas na bicamada, 379-380, 379f, 380f
      ordenamento de grupos acila na bicamada, 377-378, 377f
   funções, 367
   glicoforina nas, 374, 375f
   glicolipídeos nas, 253, 253f
   glicoproteínas na, 253
   lectinas na, 254-256, 255f, 256f
   lipídeos na. *Ver* lipídeos de membrana
   lipopolissacarídeos nas, 253, 253f
   modelo do mosaico fluido, 369, 369f

movimentos de água através das, 51f, 52-53, 52f
proteínas na. *Ver* proteínas de membrana
proteoglicanos na, 247f, 248-251, 248f, 249f, 252f
transporte de solutos através da
　estruturas de canais iônicos e transportadores e mecanismos para, 386-387, 387f
　gradientes iônicos orientando a, 398-399, 400f
　na regulação metabólica, 499f
　pelo trocador de cloreto-bicarbonato, 389-392, 391f
　por aquaporinas, 400-401, 400t
　por ATPases do tipo P, 392-394, 393f, 394f
　por ATPases dos tipos V e F, 394-395, 395f
　por canais de $K^+$, 402-403, 402f
　por canais iônicos, 397q-398q, 401-402, 401f, 402f
　por cotransporte, 389-392, 391f, 398-399
　por GLUT1, 387-389, 387f, 388f, 389f, 389t
　por transportadores ABC, 395-396, 396f, 396t, 397q-398q
　por transporte ativo secundário, 398-399
　por transporte ativo. *Ver* transporte ativo
　por transporte passivo. *Ver* transporte passivo
　tipos de, 385-386, 385f
Menten, Maud, 189-190
mentol, 356
Mering, Josef von, 876q
MERRF. *Ver* síndrome da epilepsia mioclônica com fibras vermelhas rotas
Merrifield, R. Bruce, 96
Meselson, Matthew, 915
mesilato de imatinibe, 453q, 528q
mesófilos, células, 729-731, 729f
metabolismo, **27, 462**
　ATP, papel no, 26f
　como rede multidimensional de vias, 497f
　de autótrofos e heterótrofos, 461-462, 462f
　de tecido específico, 848, 848f
　　cérebro, 855-857, 855f
　　fígado, 848-851, 850f, 851f
　　músculo, 852-855, 854f, 855f, 856q-857q
　　sangue, 857-859, 858f
　　tecidos adiposos, 851-852, 851f, 853f
　regulação de, 27. *Ver também* regulação metabólica
　vias de, 26-27, 461-464, 463f. *Ver também vias específicas*
　　coordenação com AMPK, 869-871, 870f
　　fluxo através da. *Ver* fluxo
　　rede multidimensional de, 497f
metabolismo de lipídeos
　biossíntese. *Ver* biossíntese de lipídeos

digestão de gorduras, 602-603
formação de corpos de cetona, 619-621, 619f, 620f
integração do metabolismo de carboidratos com, 570
localização subcelular de, 750-751, 751f
mobilização de gorduras, 603, 604f, 605f
no fígado, 850-851, 851f
oxidação. *Ver* oxidação de ácidos graxos
transporte de gorduras, 603-606, 605f, 606f
xilulose-5-fosfato como regulador-chave do, 543-544
metabolismo do DNA. *Ver também* recombinação do DNA; reparo do DNA; replicação do DNA
　nomenclatura, 915-916
　visão geral, 915-916, 915f
metabolismo do nitrogênio, 795
　assimilação da amônia em glutamato e glutamina, 802-803
　biossíntese de aminoácidos. *Ver* biossíntese de aminoácidos
　biossíntese de nucleotídeos. *Ver* biossíntese de nucleotídeos
　catabolismo de aminoácidos. *Ver* catabolismo de aminoácidos
　catabolismo de nucleotídeos
　　ácido úrico produzido por, 833-836, 834f, 835f
　　ureia produzida por, 833-835, 834f, 835f
　　vias de reciclagem, 835
　ciclo do nitrogênio e, 462, 462f
　nitrogênio biologicamente disponível no, 795-796, 795f, 796f, 798q-799q
　derivados de aminoácidos
　　aminas biológicas, 821-822, 823f, 824f
　　creatina e glutationa, 819-820, 821f
　　NO, 822, 824f
　　porfirinas, 817-821, 817f, 819q, 820f
　　substâncias vegetais, 820-821, 822f
　fixação do nitrogênio, 795-802, 795f, 797f, 800f, 801f
　glutamina-sintetase na regulação de, 803-804, 803f, 804f
metabolismo do RNA, síntese dependente de RNA. *Ver* síntese dependente de RNA
metabolismo dos carboidratos
　coordenação da glicogenólise e da glicogênese no
　　fosforilação e desfosforilação da glicogênio-sintase, 565-567, 567f, 568f
　　mediação da insulina por GSK3, 567-568, 568f
　　papel da PP1 na, 568, 569f
　　regulação hormonal e alostérica da glicogênio-fosforilase, 565-567, 565f, 566f
　　sinais hormonais e alostéricos no metabolismo global dos carboidratos, 568-570, 569f, 570f
　coordenação da glicólise e da gliconeogênese no, 539
　　ATP na inibição alostérica da piruvato-cinase, 544, 544f
　　conversão de piruvato a fosfoenolpiruvato, 544-545, 544f

frutose-2,6-bisfosfato na regulação alostérica de PFK-1 e FBPase-1, 542, 543f
regulação recíproca da fosfofrutocinase-1 e da frutose-1,6-bisfosfatase, 541-542, 541f, 542f
regulação transcricional do número de moléculas enzimáticas, 545-546, 545t, 546f
respostas da isozima hexocinase à glicose-6-fosfato, 539-541, 539f, 540q
xilulose-5-fosfato como regulador-chave no, 543-544
equilíbrios da reação e, 501-502, 502t
integração do metabolismo de lipídeos com o, 570
manutenção do estado de equilíbrio em células e organismos, 498
no fígado, 849-850, 849f
nucleotídeos de adenina no, 502-503, 503t
regulação enzimática no, 498-501, 499f, 499t, 500f, 500t, 501f
regulação global do, 568-570, 569f, 570f
xilulose-5-fosfato como regulador-chave do, 543-544
metabolismo dos combustíveis, regulação hormonal dos, 859
　diabetes *mellitus* e, 875-877
　durante jejum e inanição, 863-864, 864t, 865f, 866f
　efeitos da adrenalina no, 864-865, 866t
　efeitos da insulina, 859-860, 859t, 860f
　efeitos do cortisol no, 865-866
　efeitos do glucagon, 862-863, 863f, 863t
　secreção de insulina pelas células β pancreáticas no, 860-862, 861f, 862f
metabolismo intermediário, **462**, 590-591
metabólitos, **2, 462**
　celular comum, 11-12
　transporte, pelo sangue, 857-859, 858f
metabólitos secundários, **12, 360**
　lipídeos biologicamente ativos, 360, 361f
metaboloma, **12, 499**, 500f
metabolômica, **12**
metabólons, **595**
　no ciclo da ureia, 636
metaloproteases, 208
metaloproteínas, **83**, 83t
metamerismo, **1087**
metano, oxidação do, 490f, 580
metanogênicos, 798q, 1025q-1027q
metanol
　extração de lipídeos usando, 361, 362f
　intoxicação por, 198
metformina, 879t
metilação, 216, 217f
　análise de carboidratos usando, 258-259
　da guanina, 283
　de histonas, 1075-1077, 1076t
　de mRNA, 984, 984f
　do DNA, 283
　dos tRNA, 985, 985f
　no reparo de malpareamento, 932-933, 933f, 934f
1-metiladenina, 937-938, 939f
5-metilcitidina, 266e
3-metilcitosina, 937-938, 939f

metilglioxal, **646**, 646e
metilglutamato, 1038f
7-metilguanosina, 266e
1-metilguanosina, 983f
metilisina, 1038f
metilmalonil-CoA, **612**, 613, 613f
metilmalonil-CoA-epimerase, **613**, 613f
metilmalonil-CoA-mutase, **613**, 613f
    5′-desoxiadenosilcobalamina como cofator de, 614q-615q
metionina, **74**, 74e, 641-642, 643f, **650**, **810**
    biossíntese do, 811f
    catabolismo do, 640f, 650-651, 652f, 653q
    iniciação da síntese de proteínas por, 1023-1030, 1028f, 1029f, 1030f, 1031t
    propriedades e convenções associadas a, 73t
metionina-adenosiltransferase, **641**, 643f
metionina-sintase, 643, 643f
método fosforamidita, síntese de DNA usando, 283, 284f
metotrexato, **836**, 836f
Met-tRNA-sintetase, 1024
Mevacor. *Ver* lovastatina
mevalonato, **773**
    na síntese de colesterol, 773-774, 773f
MFA. *Ver* microscopia de força atômica
MFP. *Ver* proteína multifuncional
MFS. *Ver* família principal de facilitadores
$Mg^{2+}$. *Ver* íon magnésio
MGDG. *Ver* monogalactosildiacilgliceróis
micelas, **48**, 48f, **368**, 368f
Michaelis, Leonor, 189-190
micoplasma, 3
microarranjos de DNA, 322f
micróbios intestinais, regulação da massa corporal por, 874-875, 875f
microdomínios, **380**
    colesterol-enfingolipídeo, 380, 380f, 381f
microrganismos eucarióticos, sinalização nos, 447f
microrganismso, sinalização dos, 447f
micro-RNA (miRNA), **985**, 986, 986f
    regulação gênica por, 1085-1086, 1086f
    síntese e processamento, 986f
microtúbulos, 6, 8f, 169
Miescher, Friedrich, 270
mifepristona (RU486), **445**, 445e
migração de ramo, **942**
mineralocorticoides, **785**
    síntese de, 785-787, 788f
Minkowski, Oskar, 876q
miócitos, **852**
    captação de glicose por, 390q
miofibrilas, **170**, 171f
mioglobina, 82t
    cristalografia de raios X do, 137
    estrutura, 121-123, 122f, 137
        efeitos da ligação de, 152-153, 153f
    função do, 149
    heme nas, 148-149, 148f
    ligação de oxigênio por, 149, 149f
        gráfico de Hill para, 157, 160f
        quantificação de, 150f, 152
    resíduos, 123t
    similaridades da subunidade de hemoglobina à, 153-155, 153f, 154f
miosina, **169**
    estrutura, 169, 169f
    fosforilação por CDK de, 450
    interações do filamento fino de actina com, 170-172, 172f
    na contração muscular, 487
miristoilação, 217f
miRNA. *Ver* micro-RNA
mistura racêmica, **17**
Mitchell, Peter, 659, 668, 675
mitocôndrias, **6**, 7f
    anatomia, 660, 661f
    dano às, 688, 693-696
    diabetes *mellitus* causado por defeitos nas, 695-696, 696f
    disparo da apoptose, 691, 692f
    evolução de, 34, 35f, 692-693, 693f
    fosforilação oxidativa nas. *Ver* fosforilação oxidativa
    genes das
        mutações nas, 693-696, 694f, 695f, 696f
        origem, 692-693, 693f
    genoma dos, 301, 692, 692t, 693f
    íntrons nas, 975
    lançadeira de acetato para fora das, 751-752, 752f
    lançadeira de NADH para o interior das, 636f, 637, 683-684, 684f, 686f
    mecanismos quimiosmóticos nas, 702f
    no músculo cardíaco, 855, 855f
    no sistema de endomembranas, 370, 370f
    oxidação de acetil-CoA nas. *Ver* ciclo do ácido cítrico
    oxidação de ácidos graxos nas. *Ver* oxidação de ácidos graxos
    oxidação de piruvato nas, 575, 576f, 577f, 578f
    plantas, oxidação de NADH nas, 685q
    produção de calor pelas, 689-690, 690f
    síntese de esteroides nas, 690-691, 690f
    transportes de ácido graxo para o interior das, 603-606, 605f, 606f
mitofagia, **660**
mixotiazol, 667t
MMA. *Ver* acidemia metilmalônica
modelo concertado, **158**, 160f
modelo de reparos de quebras da fita dupla, **947**, 948
modelo de troca de ligação, **680**
    para ATP-sintase, 680-682, 680f, 681f
modelo do mosaico fluido **369**, 369f
modelo MWC, **158**, 160f
modelo quimiosmótico, **675**
modelo sequencial, **159**, 160, 160f
modelos de bolas e bastões, 15, 15f
modelos de preenchimento de espaço, 15, 15f
modificação covalente, **214**
    da acetil-CoA-carboxilase, 753, 753f
    da glutamina-sintetase, 803-804, 804f
    da HMG-CoA-redutase, 782, 782f
    das histonas, 904q-905q, 1075-1077, 1076t
    de enzimas regulatórias, 216-217, 217f
    na regulação metabólica, 500, 501f
    do complexo da PDH, 593-594, 593f
modificações aminoterminais pós-traducionais, 1037
modificações carboxiterminais pós-traducionais, 1037
modificações pós-traducionais
    de proteínas, 1015, 1016f, 1016t, 1036-1039
    nas proteínas como alvo, 1041-1042, 1041f, 1042f
modificações pós-traducionais, **1037**
    de proteínas, 1038f
Modrich, Paul, 931
moduladores, **157**
    de enzimas alostéricas, 214-215, 214f, 215f
moduladores alostéricos, **213**
    de enzimas alostéricas, 214-215
modularidade, na transdução de sinais, 409, 410f
MODY. *Ver* diabetes de início na maturidade dos jovens
molde, **915**
moldes artificiais de mRNA, uso para decifrar o código genético, 1007-1009, 1007f, 1008t, 1009f, 1010q-1011q, 1012t
moléculas aquirais, 16f
moléculas hidrofílicas, **46**
moléculas hidrofóbicas, **46**
moléculas, interações entre, 9
moléculas pró-quirais, **588q**
moléculas quirais, 16f
moléculas-antena, **705**
    no fotossistema I, 710, 710f
    no fotossistema II, 709
monensina, 399
Monod, Jacques, 10, 158, 274, 1058
monogalactosildiacilgliceróis (MGDG), 349f
monômeros, 556
monossacarídeos, **229**
    centros assimétricos de, 232, 232f
    como agentes redutores, 237, 238q-239q
    derivados da hexose em organismos vivos, 236-237, 236f
    duas famílias de, 230-231, 230f
    estruturas cíclicas, 232f, 233-235, 234f, 236f
    símbolos e abreviaturas, 240t
monóxido de carbono (CO)
    funções regulatórias ou de sinalização do, 818
    interferência na fosforilação oxidativa, 667t
    ligação com a hemoglobina, 158q-159q
    oxidação, 490f
monoxigenases, **477q**, **756q**
    P-450, 756q-757q
    síntese de esteroides por, 690-691, 690f, 756q
Moore, Melissa, 980
morfogênios, **1087**
morte celular programada, **455**, **691**. *Ver também* apoptose

moscas-da-fruta, regulação do desenvolvimento nas, 1087-1089, 1087f, 1088f, 1089f, 1090f
motivos, **123**
　classificação baseada em, 125-126, 127f
　de ligação ao DNA, 1060-1063, 1060f, 1062f, 1063f
　de proteínas globulares, 123-124, 123f, 124f, 125f
motivos de reconhecimento de RNA (RRM), **1062**, 1063f
motores moleculares. *Ver* proteínas motoras
movimento
　energia de ATP para, 483, 487
　metabolismo muscular para, 852-855, 854f, 855f, 856q-857q
　proteínas motoras efetuando interações de, 170-172, 172f
　miosina e actina, 169-170, 170f
　proteínas organizando filamentos finos e grossos, 169-172, 171f
MPC. *Ver* carreador mitocondrial do piruvato
mRNA maternos, **1087**
mRNA monocistrônico, **275**, 276f
mRNA policistrônico, **275**, 276f
mRNA. *Ver* RNA mensageiros
MS em *tandem* (MS/MS), **94**, 95, 95f
MS. *Ver* espectrometria de massas
MS/MS. *Ver* MS em *tandem*
α-MSH. *Ver* hormônio estimulador dos -melanócitos
mtDNA. *Ver* DNA mitocondrial
mTOR, **871**
mTORC1, **871**
　regulação do crescimento por, 871, 871f, 872f
mucinas, **251**
mucopolissacarídeos. *Ver* glicosaminoglicanos
mucopolissacaridoses, 251q
mudança climática, 730q-731q
Mullis, Kary, 283
multímero, **127**
multiplicidade da infecção (MOI), 326f
multiplicidade de enzimas, **814**
músculo
　efeitos da insulina sobre o, 859-860, 859t, 860f
　funções metabólicas do, 852-855, 854f, 855f, 856q-857q
　glicogênio na, 557, 558
　isozimas hexocinases do, 539-541, 539f, 540q
　regulação dos carboidratos no, 568-570, 569f, 570f
　transporte de amônia a partir do, 632-633, 632f
músculo cardíaco
　captação da glicose por, 389, 390q
　creatina-cinase no, 857q
　efeitos do NO no, 423q
　funções metabólicas, 848f, 855, 855f
músculo de contração lenta, **853**
músculo de contração rápida, **853**, 854
músculo esquelético
　captação da glicose por, 389, 390q

funções metabólicas, 848f, 852-855, 854f, 855f, 856q-857q
　isozimas hexocinases do, 539-541, 539f, 540q
proteínas motoras no
　interações de, 170-172, 172f
　miosina e actina, 169, 171f
　proteínas organizando filamentos finos e grossos, 169-172, 171f
regulação de carboidratos na, 568-570, 569f, 570f
transporte de amônia a partir do, 632-633, 632f
mutação de deleção, 930, 952f
mutação de transição, **1013**
mutação genética, evolução através de, 30, 31f
mutações, 30, 31f, **280**, **886**, **930**
　causadoras de câncer, 930, 931f, 932q
　com junção de extremidades não homólogas, 948-950, 950f
　de deleção, 930, 952f
　de inserção, 930
　do HIV, 990
　doença causada por. *Ver* doença genética
　em oncogenes, 451, 452q-453q, 454
　em promotores, 963
　evolução por meio de, 30, 31f
　mecanismo, 939f
　na síntese de DNA translesão propensa a erro, 932q, 938-940, 939f
　nos genes mitocondriais, 693-696, 694f, 695f, 696f
　nos genes supressores tumorais, 454f, 455
　resistência do código genético a, 1012-1013
　silenciosos, 930
　SNP, 328
　　no genoma humano, 328
　substituição, 930
　transformações não enzimáticas, 280-283, 281f, 282f
mutações de inserção, 930
mutações de substituição, 930
mutações de troca de sentido, **1013**
mutações determinantes, **455**
mutações silenciosas, **930**, **1013**
mutagênese direcionada a oligonucleotídeos, 312f, **313**
mutagênese sítio-dirigida, **312**, 312f
mutarrotação, **235**
mutases, **522**
MutH, proteína, no reparo de malpareamento, 932, 934, 934f
MutL, proteína, no reparo de malpareamento, 932, 934, 934f
MutS, proteína, no reparo de malpareamento, 933-934, 934f

# N

$N^{10}$-formil-tetra-hidrofolato, na biossíntese de purinas, 825, 825f
$N^2$-metilguanosina, 266e
$N^6$-metiladenosina, 266e

$Na^+K^+$-ATPase, **394**
　energia de ATP para, 487
　estrutura e mecanismo, 392-394, 393f, 394f
　na sinalização elétrica, 442-443, 443f
*N*-acetilglicosamina, 243, 243f, 244
*N*-acetilglutamato, **637**, 638, 638f
*N*-acetilglutamato-sintase, **637**, 638, 638f, 639f
*N*-acetilneuramina-fosfotransferase, 1044f
*N*-acilesfinganina, **768**, 772f
*N*-acilesfingosina, **770**, 772f
NAD. *Ver* nicotinamida-adenina-dinucleotídeo
NADH:ubiquinona-oxidorredutase, **665**, 665t, 666-667, 666f
NADH-desidrogenase, **607**, 607f, 608f, 609, 665t, **666**, 666f, 667
NADP. *Ver* nicotinamida-adenina-dinucleotídeo-fosfato
*nanos*, gene, 1088
naproxeno, 758f
NBD. *Ver* domínio de ligação ao nucleotídeo
ncRNA. *Ver* RNA não codificadores
neandertais, sequenciamento do genoma dos, 333-335, 334q-335q, 336f
néfron, aquaporinas no, 400
nelfinavir, 209f
Neu5Ac. *Ver* ácido *N*-acetilneuramínico
neuroglobina, função da, 149
neuro-hipófise, 846f, 847f
neurônios
　canais iônicos controlados nos como alvo de toxinas, 444-445
　potenciais de ação produzidos por, 443-444, 444f
　neurotransmissores nos, 443-444, 444f
　suprimento de energia ao, 855-857, 855f
neurônios anorexígenicos, **868**, 869f
neurônios orexigênicos, **868**, 869f
neuropatia óptica hereditária de Leber (NOHL), **695**
neuropeptídeo Y (NPY), **847**, 847t, **868**, 869f
neurotransmissores
　biossíntese, 821-822, 823f
　na sinalização neuronal, 443-444, 444f
neutrófilo, elastase, 220
*NF1*, gene, no câncer, 423
*N*-formilmetionina (fMet), 1024, 1028-1029
*N*-glicosil, ligação, **251**
$n_H$. *Ver* coeficiente de Hill
NHEJ. *Ver* união de extremidades não homólogas
niacina (ácido nicotínico), 495e
　deficiência de, 494, 495f
nicho, **1091**
nicotinamida-adenina-dinucleotídeo (NAD, $NAD^+$, NADH), 295f, 295e
　como carreador de elétrons solúveis, 493-494, 493f
　como substrato enzimático, 494
　complexo da PDH, 576
　deficiência de, 494, 495f
　lançadeira de glicerol-3-fosfato a, 684, 686f

**1198**   ÍNDICE

lançadeira de malato-aspartato para, 636f, 637, 684, 684f
  na cadeia respiratória mitocondrial, 660-662, 662t, 664t
  na gliconeogênese, conversão de piruvato a fosfoenolpiruvato, 534-537, 535f, 536f
  na via glicolítica, 512f, 513, 513f, 518-521, 520f, 525f
    acoplamento de, 513-514
  oxidação vegetal de, 685q
  regeneração, por fermentação, 525
nicotinamida-adenina-dinucleotídeo-fosfato (NADP, NADP⁺, NADPH)
  como carreador de elétrons solúveis, 493-494, 493f
  deficiência de, 494, 495f
  na cadeia respiratória mitocondrial, 660-662, 662t, 664t
  na fotossíntese, 709
    esquema Z, 709
  na síntese de ácidos graxos, 745, 746f, 749f, 750-751, 751f
  na via das pentoses-fosfato, 547-548, 547f, 548q
    compartilhamento da glicose-6-fosfato entre a glicólise e, 551, 551f
    no ciclo de Calvin, 720f, 721
      fonte de, 719, 726f
      necessidades de, 722-724, 724f
Nirenberg, Marshall, 1007, 1008
nitrato-redutase, **796**, 796f
nitrificação, **795**, 795f
nitrito-redutase, **796**, 796f
nitrogênio, 626
nitroglicerina, para angina de peito, 423q
nitrovasodilatadores, para angina de peito, 423q
NKCC1. *Ver* cotransportador de Na⁺-K⁺-2Cl⁻ 1
NLS. *Ver* sequência de localização nuclear
ω-*N*-metilarginina, 77e
6-*N*-metilisina, 77e
NO. *Ver* óxido nítrico
nódulos radiculares, bactérias fixadoras de nitrogênio nos, 797, 801, 801f
Nogales, Eva, 141, 142
NOHL. *Ver* neuropatia óptica hereditária de Leber
Noller, Harry, 1006, 1017
nomenclatura de Cleland, 194f, **195**
Nomura, Masayasu, 1015
noradrenalina, 428f, **821**, 823f, 842, 864
norepinefrina. *Ver* noradrenalina
NO-sintase, **423q**
novobiocina, 906q
NPC, doença de. *Ver* doença de Niemann-Pick tipo C
NPY. *Ver* neuropeptídeo Y
nucleases, **916**
núcleo, **2**
  como alvo de proteínas, 1045, 1045f
  no sistema de endomembranas, 370
núcleo arqueado, **868**
  ações da insulina no, 869
  receptores de leptina no, 868, 868f

núcleo esteroide
  de esteróis, 352, 352f
  síntese de, 774-775, 776f
nucleófilos, 207f, **473**
  biológicos, 473, 473f
nucleoide, **909**, 909f
nucleoides, **2**, 2f, 5f, 910f
nucleosídeo-cinase-difosfato, **487**, **586**
  mecanismo, 487-488, 487f
nucleosídeo-difosfato-cinases, **829**
nucleosídeo-monofosfato-cinases, **829**
nucleosídeo-monofosfatos, síntese de nucleosídeos-trifosfato a partir de, 829
nucleosídeos, **264**
nucleosídeo-trifosfatos
  como carreadores de energia química, 294, 294f
  conversão de nucleosídeo monofosfato a, 829
  no metabolismo celular, 263
nucleossomas, **899**
  como unidades fundamentais da cromatina, 900-902, 900f, 901f, 904q-905q
  empacotamento de, 902-905, 902f
  histonas nos, 899-900, 899f, 900f, 901f
    variantes, 904q-905q, 1075-1077, 1076f, 1076t
5'-nucleotidase, **833**, 834f
nucleotídeos, **264**, 264e. *Ver também nucleotídeos específicos*
  absorção de luz UV por, 268, 269f, 279
  açúcar, na glicogênese, 560-563, 563f
  bases de. *Ver* bases nitrogenadas
  como carreadores de energia química, 294, 294f
  como sinais e moléculas regulatórias, 296, 296f
  degradação de
    ácido úrico produzido por, 833-836, 834f, 835f
    ureia produzida por, 833-835, 834f, 835f
    vias de recuperação, 835
  estrutura, 264f
  flavina, 495-496, 495f
  nomenclatura, 265, 265t
  nos ácidos nucleicos. *Ver* ácidos nucleicos
  nos cofatores enzimáticos, 294-295, 295f
  pentoses de, 264-267, 264f, 265t
  piridina, 494
    NAD. *Ver* nicotinamida-adenina-dinucleotídeo
    NADP. *Ver* nicotinamida-adenina-dinucleotídeo-fosfato
  transformações não enzimáticas do, 280-283, 281f, 282f
  transfosforilações entre, energia de ATP para, 487-488, 487f
  trincas de códons, 886, 886f, 1007, 1007f
  determinação, 1007-1009, 1007f, 1008f, 1009f, 1010q-1011q, 1012f
nucleotídeos de açúcar, **560**, **733**
  na glicogênese, 560-563, 563f
nucleotídeos de flavina, **495**, 495f, 496

nucleotídeos de piridina, **493**. *Ver também* nicotinamida-adenina-dinucleotídeo; nicotinamida-adenina-dinucleotídeo-fosfato
nucleotídeos regulatórios, 296, 296f
número de ligação, **893**, 893f
  das supertorções de DNA, 893-895, 894f
  topoisomerases alterando, 895-898, 895f, 896f, 897f, 897t, 906q
número de renovação, **193**, 193t
número E.C. *Ver* número na Comissão de Enzimas
número na Comissão de Enzimas (número E.C.), 179
NusA, proteína, 964
NusGm proteína, 967
nusinerseno, 982q
Nüsslein-Volhard, Christiane, 1087

# O

O₂. *Ver* oxigênio
O⁶-metilguanina-DNA metiltransferase na, 938f, 939f
obesidade, **867**
  controle, 878-879, 879t
  diabetes tipo 2 associado a, 877, 878f
  leptina e, 869
  papel do SCD na, 754
  regulação hormonal da. *Ver* regulação da massa corporal
Ochoa, Severo, 561q, 1007-1008
odores, detecção, sinalização de GPCR na, 431
Ogston, Alexander, 588q
OGT. *Ver* O-GlcNAc transferase
oleato, oxidação, 611, 612f
óleos de cozinha, hidrogenação parcial dos, 345, 345f
olfato, sinalização de GPCR no, 431
olhos, sinalização por GPCR nos, 429-431, 429f, 430q, 430f
oligo (1→6) a (1→4) glicantransferase, 559, 559f
oligômero, **12**, **127**
oligomicina, 667t
  inibição da fosforilação oxidativa por, 676, 676f
oligonucleotídeo, **268**
  auto-*splicing* de íntrons com, 996, 996f, 997f
oligopeptídeo, **81**
oligossacarídeos, **229**
  análise de, 258-260, 259f
  informações carreadas pelas, 247, 254
    interações lectina-carboidratos, 256-257, 257f, 258f
    leitura pela lectina, 254-256, 255f, 256f
  ligação glicosídica na, 240, 240f
  nas glicoproteínas, 251-253, 252f
  nas vias alimentadoras da glicólise, 522f, 523-525
  nomenclatura, 240, 240t
  síntese de, 1043f
oncogenes, **451**, 452q-453q, 454
  fontes virais de, 451, 990, 990f
oncometabólitos, **594**

operadores, **1057**, 1058f
operon *lac*
  regulação negativa, 1058-1060, 1059f
  regulação positiva, 1066-1067, 1066f
operon *leu*, 1068
operon *phe*, 1068
operons, **1058**, 1058f
  *his*, 1068
  *lac*
    regulação negativa, 1058-1060, 1059f
    regulação positiva, 1066-1067, 1066f
  *leu*, 1068
  *phe*, 1068
  proteína r, 1070-1071, 1070f, 1071f
  *trp*, 1067-1068, 1067f, 1069f
opioides, ações pela sinalização da proteína G, 419
opsinas, **429**
  na sinalização da visão, 429-431, 429f, 430q, 430f
Orbitrap, **94**
ORC. *Ver* complexo de reconhecimento de origem
ORF. *Ver* fase de leitura aberta
organelas
  de células eucarióticas, 6, 7f
  força osmótica, 53
  membranas, composição das, 367, 369f
  movimento dos, 169
  no sistema de endomembranas, 370, 370f
organelas membranosas, das células eucarióticas, 6, 7f
organismos vivos
  acoplamento de energia no, 22-23, 24f
  características, 1-2, 2f
  células dos, 2-3, 2f, 3f
  derivados da hexose no, 236-237, 236f
  domínios de, 3, 4f
  elementos químicos essenciais do, 10, 10f
  energia do fluxo de elétrons no, 21
  estado de equilíbrio dinâmico do, 19-20
    manutenção do, 497-498
  evolução, 30-36
  evolução, informações nas sequências de aminoácidos, 96-100, 99f, 100f
  fontes de energia e precursores biossintéticos, 3-5, 4f
  interações estereoespecíficas, 15, 18, 19f
  transformação de energia e matéria do, 20-21, 20f, 21f
Orgel, Leslie, 998
ori. *Ver* origem da replicação
origem da replicação (ori), **306**, **916**, 922f
  nas bactérias, 916, 916f
  nos eucariotos, 928
origem da replicação do DNA, **916**
  nas bactérias, 916, 916f
ornitina, **76**, 77e
  no ciclo da ureia, 634f-635f, 635, 636
  síntese de prolina a partir de, 806, 807f
ornitina-D-aminotransferase, 807f
ornitina-descarboxilase, **822**
  inibição, 201q-202q, 822
ornitina-transcarbamoilase, **634**
  no ciclo da ureia, 634f-635f, 635

ornitina-δ-aminotransferase, **806**, 808f
orotato, **824**
  síntese do anel de pirimidina como, 824, 828, 828f
ortofosfato inorgânico ($P_i$), 475-476
  na hidrólise de ATP, variação de energia livre para, 479-481, 479f, 480t
ortólogos, **99**, **317**
oseltamivir, 255, 256f
osmolaridade, 51f, **52**-53, 52f
osmose, 51-53, 51f, **52**
osteogênese imperfeita, 120
oxalacetato, **581**, 587f
  biossíntese de aminoácidos a partir de, 809-811, 811f
  degradação de aminoácidos a, 640f, 653-654, 654f
  na gliconeogênese, 533f, 534-537, 535f, 536f, 544
  na via $C_4$, 729f, 730
  no ciclo do ácido cítrico, 580
    como precursor biossintético, 590
    condensação de acetil-CoA com, 579f, 581, 581f, 582f
    oxidação do malato a, 579f, 587
    reações anapleróticas fornecendo, 590, 591f
  no ciclo do glioxilato, 736, 736f
oxidação
  de acetil-CoA. *Ver* ciclo do ácido cítrico
  de ácidos graxos. *Ver* oxidação de ácidos graxos
  de aminoácidos, 630-631, 632f
  de gliceraldeído-3-fosfato, como sexta etapa na via glicolítica, 513f, 518, 525f
  de glicose
    ATP gerado a partir da, 589t, 686-687, 686t
    carreadores de elétrons para, 492
    pela glicólise. *Ver* glicólise
    pela via da pentose-fosfato. *Ver* via da glicose-fosfato
  do metano, 580
  do piruvato, na mitocôndria, 575, 576f, 577f, 578f
  variação de energia livre padrão, 469t
β-oxidação, **601**
  como o primeiro estágio da oxidação de ácidos graxos, 606, 607f
  de ácidos graxos de número ímpar, 612-613, 613f, 614q-615q
  de ácidos graxos insaturados, 611-612, 612f
  de ácidos graxos saturados
    hibernação alimentada pela, 610q
    oxidação de acetil-CoA no ciclo do ácido cítrico, 609-611, 611t
    quatro etapas básicas da, 607-608, 607f, 608f
    repetição de etapas para gerar acetil-CoA e ATP, 608-609, 610q
  de acil-CoA graxas, 609f
  nos peroxissomos, 617-618, 617f, 618f
  visão geral, 616f
α-oxidação, **618**, 618f
oxidação da glicose
  ATP gerado a partir da, 589t, 686-687, 686t

carreadores de elétrons para, 492
pela glicólise. *Ver* glicólise
pela via das pentoses-fosfato. *Ver* via da glicose-fosfato
oxidação de ácidos graxos, 341, 344-345
  α-oxidação, 618, 618f
  β-oxidação, 601
    de ácidos graxos de número ímpar, 612-613, 613f, 614q-615q
    de ácidos graxos insaturados, 611-612, 612f
    de ácidos graxos saturados, 607-611, 607f, 608f, 611t
    nos peroxissomos, 617-618, 617f, 618f
  defeitos na, 617-618
  regulação do, 613, 616, 616f
    fatores de transcrição regulando proteínas para catabolismo lipídico, 616
  estágios da, 606-607, 607f
oxidases, **477q**, **756q**
oxidases de função mista, **477q**, **754**, **756q**
  dessaturação de ácidos graxos por, 754-755, 755f, 756q-757q
óxido nítrico (NO), **423q**
  arginina na biossíntese de, 822, 824f
  funções hormonais do, 843
oxidorredutases, 179t, **494**
oxigenases, **477q**, **756q**
oxigenases de função mista, **649**, **756q**
oxigênio ($O_2$)
  combinação com, transferência de elétrons por, 489
  na cadeia respiratória mitocondrial, Complexo IV, transferência de elétrons para, 665t, 666f, 669, 670-671, 670f, 688, 688f
  nos cloroplastos, 701
    esquema Z, 709
  transporte, pelo sangue, 857-859, 858f
oxipurinol, 835f, 836
oxitiamina, para tratamento do câncer, 528q

# P

P, agrupamento, **797**, 797f, 800
p21, proteína
  mutações na, 451
  regulação do ciclo celular por, 450, 450f
p27, proteína, 125
p53, proteína, 125, 126f
  nos tumores, 454, 455, 527q
  regulação do ciclo celular por, 450, 450f
Pace, Norman, 997
Paganini, Niccolò, 120
paladar, sinalização GPCR no, 431
Palade, George, 6, 1041
palíndromo, **273**
  DNA, 273-274, 274f
palmitato
  síntese de, 747f, 748-750, 750f
  síntese de ácidos graxos de cadeia longa a partir de, 753, 754f
palmitoil-CoA
  β-oxidação, 607-611, 607f, 608f, 610q, 611t

na regulação da síntese de ácidos graxos, 752-753, 753f
pâncreas, 848f
pancreatite aguda, **628**
pancreatite aguda, 628
par conjugado ácido-base, **57**, 57f
  como tampão, 59-63, 60f, 62f
par conjugado redox, **489**
paradoxo de Levinthal, 131
paraganglioma, 667-668
paraganglioma hereditário, 667-668
parálogos, **99**, **317**
parasitas, lectinas dos, 256
parede celular, 7f
paredes celulares bacterianas, heteropolissacarídeos nas, 244
paredes celulares de bactérias e algas, heteropolissarídeos nas, 244
pares de base, **268**, 269f
  determinação da estrutura do DNA e, 270-271, 271f
  estabilidade do DNA e, 280
  Hoogsteen, 274, 275f
  na replicação de DNA, 918f, 919f
  na transcrição, 963
  no reconhecimento de códons e anticódons, 1010-1012, 1012f, 1012t
  RNA, 276-277, 276f, 278f
parkinsonismo, envelopamento incorreto de proteínas no, 135
partícula de reconhecimento de sinais (SRP), **1042**, 1042f
Pasteur, Louis, 16, 17q, 178, 525
Pauling, Linus, 98, 109, 111-116, 117, 183, 202
Paulze, Marie Anne, 465
*Pax6*, gene, 1093q
pBR322, 306, 306f, 307f
PCNA. *Ver* antígeno nuclear de célula proliferativa
PCR em tempo real, **314**-315, 315f
PCR quantitativa (qPCR), **314**-315, 315f
PCr. *Ver* fosfocreatina
PCR. *Ver* reação em cadeia da polimerase
PDB. *Ver* Banco de Dados de Proteínas
PDE do GMPc. *Ver* fosfodiesterase do GMP cíclico
PDE. *Ver* fosfodiesterase
PDGFR. *Ver* receptor do fator de crescimento derivado das plaquetas
PDH. *Ver* piruvato-desidrogenase
PDH-cinase, **594**, 594f
PDH-fosfatase, **594**, 594f
PDI. *Ver* proteína dissulfeto-isomerase
pelagra, 494-495, 495f
penicilina, 210-211, 212f, 213f
pentoses, 230f, 231
  nos nucleotídeos e ácidos nucleicos, 264-267, 264f, 265t
pentoses-fosfato, movimento das, 738-739, 738f
PEP. *Ver* fosfoenolpiruvato
pepsina, 627-628, 628f
pepsinogênio, **627**, 628f
peptídeo catalítico de edição do mRNA da *apoB* (APOBEC), **1014**, 1014f, 1015, 1015f

peptídeo prolil-*cis-trans*-isomerase (PPI), **133**
peptídeo semelhante ao glucagon 1 (GLP-1), 847t
  moduladores, 879t
peptídeo YY (PYY$_{3-36}$), **847**, 847t, **873**
  regulação da massa corporal por, 872-874, 874f
peptideoglicano
  estrutura, 244
  estruturas e funções, 247t
  interferência da penicilina com, 211
  reação da lisozima com, 210-213
peptídeos, **80**
  aminoácidos na, 81, 81f
  comportamento de ionização dos, 81-82, 81f
  síntese química de, 95-96, 97f
  tamanhos e composições, 82-83, 82t, 83t
peptidiltransferase, **1032**, 1032f
pequenos RNA de interferência (siRNA), **1086**, 1086f
perfil, DNA, 288q-289q
perilipinas, **603**
permeabilidade, de membranas, 369, 369f
peróxido de hidrogênio, produção pela cadeia respiratória mitocondrial, 668
peroxissomos, **6**, 7f, **617**, 768
  oxidação nos, 617-618, 617f, 618f
  oxidação nos, 618, 618f
perturbação de genes, 324, 324f, 326f
Perutz, Max, 127, 128, 155
peso molecular, 13
  de polissacarídeos, 241
  de proteínas, estimativa, 88, 88f
PET. *Ver* tomografia por emissão de pósitrons
PFK-1. *Ver* fosfofrutocinase 1
PFK-2. *Ver* fosfofrutocinase 2
PG. *Ver* prostaglandinas
2-PGA. *Ver* 2-fosfoglicerato
PGE$_2$. *Ver* prostaglandina E$_2$
pH, **55**, **60**
  cinética enzimática e, 195-196, 196f
  do sangue, 56q
  efeitos da ligação ao oxigênio, 160-161, 161f
  isoelétrica, 79
  neutra, 55
  redução da fermentação por, 532
  resposta da quimotripsina ao, 205, 205f
  tamponamento, 59
    equação de Henderson-Hasselbalch para, 60
    nas células e tecidos, 60f, 61-63, 62f, 63f
    pares conjugados ácido-base, 59-63, 60f, 62f
pH, escala de, 55-56, **55**, 55t, 56f
pH isoelétrico, **79**
pH neutro, **55**
pH ótimo, **63**, 63f
P$_i$. *Ver* ortofosfato inorgânico
pI. *Ver* ponto isoelétrico
PI3K. *Ver* fosfoinositídeo-3-cinase
PIC. *Ver* complexo de pré-iniciação
piericidina A, 666-667, 667t

pigmentos acessórios, **705**, 705f, 706f
pigmentos, lipídeos como, 360, 360f
*pili*, 5f
β-pineno, 356
pioglitazona, 879t
PIP$_2$. *Ver* fosfatidilinositol-4,5-bisfosfato
PIP$_3$. *Ver* fosfatidilinositol 3
piranoses, **234**, 234f, 235
  conformações, 235, 236f
piridoxina. *Ver* vitamina B$_6$
pirofosfatase, **485**, 734
pirofosfato de farnesila, **774**
  na síntese de colesterol, 774, 775f
pirofosfato inorgânico (PP$_i$), 734
pirossequenciamento, 292f
pirrolisina, **76**, 77e
  no código genético, 1025q
piruvato, **521**
  a partir da glicólise, 510-511, 510f, 512f
  destinos da, 525-533, 525f
  energia remanescente na, 514
  por transferência de grupo fosforila do fosfoenolpiruvato ao ADP, 513f, 521
  acetil-CoA a partir da oxidação de, 574
  canalização de substratos no complexo PDH, 577-578, 578f
  coenzimas do complexo PDH, 576, 576f, 577f
  enzimas do complexo PDH, 576-577, 577f
  reação de descarboxilação oxidativa, 575, 576f
  regulação alostérica e covalente, 593-594, 593f
  biossíntese de aminoácidos a partir de, 809-811, 811f
  degradação de aminoácidos a, 640f, 644-647, 644f, 645f, 646t
  fermentação de, 525
    ácido láctico, 514, 525f, 526, 529q
    alimentos e substâncias químicas industriais produzidas por, 530-532
    etanol, 514, 525f, 529q, 530f, 532
    pirofosfato de tiamina em, 530, 531f, 532t
  na gliconeogênese, 545f
  oxidação, 545f
  PEP produzido a partir do, 481f, 534-537, 535f, 536f
  regulação, 544-545
  síntese de glicose a partir de, 533, 534-537, 534f, 535f, 536f
piruvato-carboxilase, **534**, **590**
  biotina na, 590-591, 592f
  na gliceroneogênese, 762, 762f
  na gliconeogênese, 534-537, 535f, 536f
  oxalacetato produzido por, 590, 591f
piruvato-cinase, **521**
  inibição, pelo ATP, 544, 544f
  na via glicolítica, 513f, 521
piruvato-descarboxilase, **530**
  tiamina-pirofosfato nas reações de, 530, 531f, 532t
piruvato-desidrogenase (PDH), **576**, 577f
  canalização do substrato, 577-578, 578f
  nas condições hipóxicas, 687-688, 688f
  no fígado, 849, 850f

piruvato-desidrogenase-cinase, 593-594
piruvato-fosfato-dicinase, 729f, **730-731**
Pitágoras, 548q
$P_i$-triose-fosfato, sistema de antiporte, 724-725, 725f, 726f
p$K_a$, **57**, 57f
   de ácidos fracos, 58-59, 58f, 59f
   de aminoácidos, 73t, 78-79, 78f, 79f, 80f
   na equação de Henderson-Hasselbalch, 60
PKA. *Ver* proteína-cinase A
PKB. *Ver* proteína-cinase B
PKC. *Ver* proteína-cinase C
PKG. *Ver* proteína-cinase G
PKU. *Ver* fenilcetonúria
placas ateroscleróticas, 784, 784f
   estatinas e, 785, 786q-787q
   transporte reverso do colesterol pelo HDL neutralizando a, 785, 785f
planctomicetos, 798q-799q
planejamento racional de medicamentos, inativadores suicidas no, 200, 201q-202q
plantas
   assimilação de $CO_2$ na, 719, 720f
      ativação pela luz no, 720f, 725-726, 727f
      conversão de 3-fosfoglicerato a gliceraldeído 3-fosfato, 720f, 721-722
      estágios do, 719-722, 720f
      fixação de $CO_2$, 720-721, 724f, 728f
      necessidades de NADPH e ATP, 722-724, 724f
      regeneração de ribulose-1,5-bisfosfato, 720f, 722, 724f, 728f
      sistema de transporte do, 720f, 724-725, 725f
   bactérias simbiontes fixadoras de nitrogênio da, 797, 801, 801f
   $C_3$, 720, 732t
   $C_4$, 729-732, 732t
   CAM, 732, 732t
   centro de reação fotoquímica na, 708-712, 709f
   derivados de aminoácidos nas, 820-821, 822f
   dessaturases na, 754, 755f
   fotorrespiração na. *Ver* fotorrespiração
   fotossíntese na. *Ver* fotossíntese
   fotossistema I, 710-712, 712f
   fotossistema II, 710, 710f, 712f
   geneticamente modificados, 729, 730q-731q
   gliconeogênese na, 733f, 735-736, 736f
   pressão osmótica na, 52
   reservatórios de metabólitos nas, 738-739, 738f
   respiração mitocondrial na, 727
   síntese de ácidos graxos na, 745, 750-751, 751f, 754-755, 755f
   síntese de celulose nas, 736-738, 737f
   síntese de eicosanoides na, 759
   via do glicolato na, 721-722, 725f, 727-729, 728f
   sinalização nas, 447f
   plantas $C_3$, **720**, 732t
      fotossíntese nas, 729-732, 729f
   plantas $C_4$, **729**, 732t
      fotossíntese nas, 729-732, 729f

plantas CAM, **732**, 732t
plantas leguminosas, bactérias simbiontes fixadoras de nitrogênio, 797, 801, 801f
plantas vasculares
   centros de reação do, 708-712, 709f
   sinais lipídicos voláteis dos, 356
plaquetas, **221**, **858**, 858f
   na coagulação sanguínea, 220f, 221
plasma sanguíneo, **858**, 858f
plasmalogênios, **348**, 349f, **768**
   síntese, 768, 771f
plasmídeos, **6**, **305**, **887**, 888f
   como vetores de clonagem, 305-306, 306f, 307f
plasmodesmo, 7f
plasmodesmos, 729f, 730
*Plasmodium falciparum*, 256
plastocianina, 709, **711**
plastoquinona ($PQ_A$), 359f, 360, 709f, **710**
PLC. *Ver* fosfolipase C
PLP. *Ver* fosfato de piridoxal
*pol*, gene, 989, 989f
Pol I. *Ver* RNA-polimerase I
Pol II. *Ver* RNA-polimerase II
Pol III. *Ver* RNA-polimerase III
Polanyi, Michael, 183
polaridade, **73-74**, **1087**
   de aminoácidos, 73-74
poliadenilato-polimerase, **980**
poli-ADP ribose polimerase 1 (PARP1), 948q-949q
policetídeos, **360**, 361f
polimorfismos de nucleotídeo único (SNP), **328**
   no genoma humano, 328, 329f
polimorfismos de sequência, **288q**
   na genotipagem de DNA, 288q-289q
polinucleotídeo, **268**
polinucleotídeo-cinase, 303t
polinucleotídeo-fosforilase, **987**, 1007
polinucleotídeos, 12-14
poliP. *Ver* polifosfato inorgânico
polipeptídeo inibitório gástrico, 847t
polipeptídeo insulinotrópico dependente de glicose (GIP), 847t
polipeptídeos, **81**
   codificação do mRNA para, 274-275, 276f
   processo de enovelamento dos, 131-132, 131f, 132f
   sequenciamento dos, 91, 92f
      métodos clássicos para, 92-93, 92f, 92t, 93f
      métodos de espectroscopia de massas, 93-95, 94f, 95f
   tamanhos e composições, 82-83, 82t, 83t
polissacarídeos, **13**, **229**, 241-246
   análise de, 258-260, 259f
   estruturas e funções, 247t
   hetero, 241, 241f
      glicosaminoglicanas na MEC, 244-246, 246f
      nas paredes celulares de algas e bactérias, 244
   homo, 241, 241f, 242
      enovelamento, 243-244, 244f

   funções de armazenamento de combustível dos, 242, 242f
   papéis estruturais do, 243, 243f, 244f
   informações carreadas pelas, 247, 254
   interações lectina-carboidratos, 256-257, 257f, 258f
   leitura pela lectina, 254-256, 255f, 256f
   nas vias alimentadoras da glicólise
      fosforólise, 522, 522f
      hidrólise, 522f, 523-525
   nomenclatura, 240, 240t
   pesos moleculares, 241
polissomos, **1036**, 1036f
poliúria, 400
POMC. *Ver* pró-opiomelanocortina
ponte de tetrassacarídeos, da proteoglicanos, 248, 248f
ponte salina, estrutura da proteína e, 109
pontes dissulfeto, 76f, 93f
pontes glicosídicas, 229, 237f
ponto de ajuste, massa corporal, 867, 867f
ponto de ebulição, água, 44-45
ponto de fusão
   da água, 44-45
   do DNA, 278-280, 280f
   dos ácidos graxos, 342t, 343, 345f
ponto isoelétrico (pI), **79**
   de aminoácidos, 79, 80f
   de proteínas, determinação de, 88, 89f
Popják, George, 775
porfiria aguda intermitente, 819q
porfirias, **817**, 819q
porfirinas, **817**
   degradação, 817-819, 820f
   glicina na biossíntese de, 817-819, 817f, 819q
porfobilinogênio, **817**, 818f
porinas, **374**
poros nucleares, 1045, 1045f
Porter, Rodney, 165
potenciais de ação, canais iônicos controlados por voltagem produzindo, 443-444, 444f
potencial de ação, **443**, **857**
potencial de fosforilação (), **479**
   cálculo do, 480
potencial de membrana ($V_m$), **385**
   movimento de solutos e, 385, 385f
   na sinalização elétrica, 442-443, 443f
   na sinalização neuronal, 443-444, 444f
potencial de receptor, **431**
potencial de redução ($E$), 490-492, 491f
   cálculo da variação de energia livre a partir da, 491t, 492
   de carreadores de elétrons na cadeia respiratória mitocondrial, 664-665, 664t
   de hemirreações biologicamente importantes, 491t
potencial de redução padrão ($E°$), **490**, 491f, 492, 709f
   cálculo da variação de energia livre a partir da, 491t, 492
   de carreadores de elétrons na cadeia respiratória mitocondrial, 664-665, 664t

de hemirreações biologicamente importantes, 491t
potencial eletroquímico, **385**, 385f
potencializadores, **1078**, 1079f
PP1. *Ver* fosfoproteína-fosfatase 1
PP2A. *Ver* fosfoproteína-fosfatase 2A
PPAR (receptores ativados pelo proliferador de peroxissomos), **616**
  na regulação da oxidação de ácidos graxos, 616
PPAR. *Ver* receptores ativados pelo proliferador de peroxissomos
PPARα, 616, **872**, 872f, 873f
PPARβ, 872f, 873f
PPARγ, **871**-872, 872f, 873f
PPARδ, **872**, 872f, 873f
ppGpp, como moléculas reguladoras, 296
PPI. *Ver* peptídeo prolil-*cis-trans*-isomerase
PP$_i$. *Ver* pirofosfato inorgânico
PPK-1. *Ver* polifosfato-cinase 1
PPK-2. *Ver* polifosfato-cinase 2
PQ$_A$, **710**
PQ$_B$, 710
PQ$_B$H$_2$, 710
pravastatina, 786q-787q
pRb. *Ver* retinoblastoma, proteína
prebióticos, **874**
precursores biossintéticos, 3-5, 4f
prednisona, como esteroide, 356, 356f
prenilação, 788
preparação, **567**, 568f
pré-proinsulina, 845f
pré-RC. *Ver* complexos pré-replicativos
pré-RNA ribossômicos (pré-rRNA), **983**
presenilina-1, gene codificador, 331-333, 332f
pressão osmótica, 51-53, 51f
pressão parcial, **62**
pressuposto de estado estacionário, **190**
PriA, proteína, 943
PriB, proteína, 943
PriC, proteína, 943
primaquina, 548q
primase, **922**, 923t, 924, 924f, 926t
primatas, comparações do genoma humano com, 329-331, 330f
primeira lei da termodinâmica, 20
  bioenergética e, 466-467, 467t
*primers*, **283**, **917**
  na PCR, 285f, 286
  na replicação do DNA, 917, 918f, 922
pri-miRNA, 986f
primossoma, reinício da replicação, 943
probióticos, **874**
procarboxipeptidases A e B, 628
procariotos, **3**
  células dos, 5-6, 5f
processamento de RNA, 972-973, 973f
  de mRNA
    extremidade 3' do, 980-981, 980f
    extremidade 5' do, 973, 974f
    velocidade de degradação do, 986-988, 987f
  de tRNA, 985, 985f
  do rRNA
    nas bactérias, 983-984, 983f
    nos eucariotos, 983-984, 984f, 985f

polinucleotídeo-fosforilase, 987
ribozimas, 996f, 997-998, 998f
RNA de função especial, 985-986, 986f
*splicing* alternativo, 981-983, 983f
*splicing* de íntrons, 975-976, 976f, 977f, 978f
  mecanismos de, 975t
transcrição de éxons, 973
transcrição de íntrons, 973
transcritos primários, 972-973, 973f
processamento proteolítico, pós-traducional, 1038
processividade, de DNA-polimerases, **917**
processos fotossintéticos, **34**
produção abiótica, 32f
produção de calor, tremores, 855
produto iônico da água, **55**
produtos finais de glicação avançada (AGE), 239q
proenzimas, **220**
prófase I na meiose, 944f, 945f
profundidade do sequenciamento, **291**
progesterona, **786**, 786e
  síntese de, 785-787, 788f
proinsulina, 845f
Projeto Genoma Humano, 290, 332
prolil-4-hidroxilase, 119q
prolina, **74**, 74e, **650**, **806**
  biossíntese, 806, 807f, 808f
  catabolismo, 640f, 650, 651f
  propriedades e convenções associadas a, 73t
promotor a montante (UP), 963
promotor de T7, expressão de proteínas recombinantes usando, 310, 310f
promotor Lac, expressão de proteínas recombinantes usando, 310
promotores, **963**, 1056f
  de *Escherichia coli*, 963-964, 966f, 969t
  de Pol II, 1077-1080, 1079f, 1080f
  eucarióticos, regulação positiva de, 1077, 1078f
  ligação da RNA-polimerase ao DNA nos, 1055-1056, 1055f
  na transcrição, 963-964, 964f, 966f
  RNA-polimerase II e, 968, 968f
    transcrição com, 970f, 971
  RNA-polimerase III e, 968
pró-opiomelanocortina (POMC), **845**, 845f
propionato, **612**, 874
  oxidação do, 612-613
*Propionibacterium freudenreichii*, 531
propionil-CoA, **612**
  oxidação do, 612-613, 613f
propionil-CoA-carboxilase, **612**, 613, 613f
propranolol, 413e
propriedades coligativas, **51**
  de soluções aquosas, 51-53, 51f
proproteínas, **220**
prostaglandina E$_2$ (PGE$_2$), sinalização de AMPc por, 420
prostaglandina H$_2$-sintase, **755**
  inibição da, 355, 355f, 758
  na síntese de prostaglandina e tromboxano, 755, 758-759, 758f
prostaglandinas (PG), **355**, 355f, **755**
  síntese de, 755, 758-759, 758f

proteases, 92t, **93**, **204**
  mecanismos
    quimotripsina, 204-208, 204f, 205f, 206f-207f
    tratamentos baseados na, 208-209, 208f, 209f
  zimogênios dos, 220, 220f
proteassomo 26e, **1048**
  na degradação de proteínas, 1048-1049, 1049f
proteassomos, **2**, **448**
  na degradação da ciclina, 448, 449f
  na degradação de proteínas, 1048-1049, 1049f, 1049t
protectinas, 759
proteína 2 ligada ao receptor do fator de crescimento (Grb2), 434, 434f, 435
proteína alimentar, degradação enzimática da, 627-628, 628f
proteína AlkB, 938, 939f
proteína alostérica, **157**
proteína ativadora da clivagem da SREBP (SCAP), **783**, 783f
proteína B pequena (SmpB), **1033q**, 1036f
proteína C, **222**
proteína carreadora de acila (ACP), **747**, 747f
  transferência de grupo acetila e malonila, 747-748, 748f
proteína Caudal, 1088
proteína de desacoplamento 1 (UCP1), 667t, **690**, **852**
  estimulação da leptina por, 868
  na produção de calor mitocondrial, 690, 690f
  no tecido adiposo marrom, 690, 690f, 852
proteína de ligação ao DNA de fita simples (SSB), 923, 923t, 926t
proteína de ligação ao nucleotídeo de guanosina, **412**
proteína de ligação ao TATA (TBP), 968-969, 970f, **1080**, 1080f
proteína de ligação do elemento de resposta ao AMPc (CREB), **420**, **1084**
proteína de ligação do elemento de resposta ao carboidrato (ChREBP), **545**, 546, 546f
proteína de príon (PrP), **134q**
proteína de reconhecimento de caixas de destruição (DBRP), 448, 449f
proteína de replicação A (RPA), 929
proteína de resistência ao câncer de mama (BCRP), 396
proteína de suscetibilidade à apoptose celular (CAS), 1045f, 1046
proteína dissulfeto-isomerase (PDI), **133**
proteína DnaA, 922, 923f, 923t
proteína DnaC, 943
  no início da replicação, 923f, 923t
proteína DnaG. *Ver* primase
proteína DnaT, 943
proteína do gene induzida por insulina (Insig), 782f, **783**
proteína ELL, 969t, 970f
proteína fluorescente amarela (YFP), 416q-417q

proteína fluorescente azul (BFP), 416q-417q
proteína fluorescente verde (GFP), **319**, **416q**
　estudos da via de sinalização usando, 416q-417q
　localização de proteínas usando, 319-320, 319f, 320f
proteína G estimulatória (G$_s$), **413**
　na sinalização -adrenérgica, 413, 415f, 416, 421
　　término da, 417
　outros sinais reguladores usando, 420
proteína G inibitória (G$_i$), **420**
proteína HA. *Ver* proteína hemaglutinina
proteína Hunchback, 1088
proteína receptora de AMPc (CRP), **966**, **1066**, 1066f, 1067
proteína reguladora da condutância transmembrana da fibrose cística (CFTR), 135, 396, 397q-398q
proteína retinoblastoma (pRb), **450**
　mutações na, 454
　regulação do ciclo celular por, 450, 450f
proteína S, **222**
proteína SII, 969t, 970f
proteína SIII, 969t, 970f
proteína TFIIS, 969t, 970f
proteína tirosinas-fosfatases (PTP), 440, 442
proteína trifuncional (TFP), **608**
　defeitos genéticos, 616-617
proteína-cinase A (PKA), **413**
　estudos FRET de, 416q-417q
　na mobilização de triacilglicerol, 603, 604f
　na sinalização do GPCR
　　outras moléculas reguladoras usando, 416q-417q, 420, 420t, 421f
　　sistema $\beta$-adrenérgico, 413-416, 415f, 418f
proteína-cinase ativada por AMP (AMPK), **503**, **869**
　ações da adiponectina por, 869, 870f
　coordenação de catabolismo e anabolismo por, 869-871, 870f
　estimulação da leptina por, 869
　estrutura, 870f
　na regulação da oxidação de ácidos graxos, 616, 616f
　na regulação metabólica, 503
　na sinalização hormonal, 847f
　na sinalização hormonal, 847f
proteína-cinase B (PKB), 435, 436f
proteína-cinase C (PKC), **425**, 437f
　na sinalização de GPCR, 425, 427f
proteína-cinase dependente de AMPc, **413**
　estudos FRET de, 416q-417q
　na sinalização por GPCR
　　outras moléculas reguladoras usando, 416q-417q
　　outras moléculas reguladoras usando, 420, 420t, 421f
　　sistema $\beta$-adrenérgico, 413-416, 414f, 415f
　　sistema $\beta$-adrenérgico, 418f

proteína-cinase dependente de ciclina (CDK), **447**
　inibição da, 450
　　para tratamento do câncer, 452q-453q
　regulação do ciclo celular pela fosforilação de proteínas na, 449-450, 450f
　níveis oscilantes de CDK na, 447, 447f, 448f, 449f
　regulação do fator de crescimento pela, 448, 449f
proteína-cinase dependente de GMPc, 123q, **422q**
proteína-cinase G (PKG), **422q**, 440
proteínas, 9f, **13**, 18, **80**
　adaptadoras, 420
　　multivalentes, 439-442, 439f, 441f
　alostéricas, 157
　alteradas, 312-313, 312f
　aminoácidos nas, 9f, 13, 72, 80-83, 82t, 83t
　caracterização, 87-89, 87f, 88f, 89f
　codificação do mRNA para, 274-275, 276f
　codificação, pelo DNA, 29-30, 29f
　como carreadores de elétrons, 492-494
　concentração celular de, 1054, 1055f
　convenções para os nomes de, 914-915
　de ligação ao oxigênio. *Ver* proteínas de ligação ao oxigênio
　de suporte, 409, 439-442, 439f, 440f, 441f
　degradação de
　　na regulação metabólica, 499f, 499t
　　no fígado, 850-851, 850f
　　oxidação e produção de ureia. *Ver* catabolismo de aminoácidos
　　sistema especializados mediando, 1048-1049, 1048f, 1049t
　desnaturação das, 128-136, 129f
　　perda de função com, 129-130, 129f
　　renaturação após, 130, 130f
　digestão da, 627-628, 628f
　enovelamento, 128-136, 129f
　　assistido, 132-133, 132f
　　como etapa final da síntese, 1015, 1016f, 1016t, 1036-1039, 1037f
　　defeitos no, 133-135, 133f, 134q-135q
　　função das sequências de aminoácidos no, 130, 130f
　　processo em etapas, 131-132, 131f, 132f
　　química computacional e, 138q-139q
　enzimas como, 178-179. *Ver também* enzimas
　estimativa do peso molecular de, 88, 88f
　estrutura
　　camadas, 90-91, 91f
　　comparações, 316f, 317-318
　　determinação, 136-137
　　efeitos da ligação peptídica, 109-110, 110f
　　interação com o ligante e, 152-153, 153f
　　interações fracas estabilizando, 107-108
　　primária. *Ver* estrutura primária

quaternária. *Ver* estrutura quaternária
secundária. *Ver* estrutura secundária
terciária. *Ver* estrutura terciária
tridimensional, 29-30, 29f, 107-111, 107f, 136-142
fusão, 313
　localização de proteínas com, 319-320, 319f, 320f
　para a análise de duplo-híbrido de leveduras, 321-322, 322f
　para imunoprecipitação, 320-321, 321f
glicosilação, 252-253, 252f
grupos químicos no, 83, 83t
homólogos, 99
localização de, 318-320, 318f, 319f, 320f
meia-vida, 499t, 1049, 1049t
modulares, 409
motoras. *Ver* proteínas motoras
na resposta imune, 164-165
não descobertas, 324-325
nas membranas. *Ver* proteínas de membrana
pI das, determinação, 88, 89f
produção amplificada de
　alteradas, 312-313, 312f
　marcadores para purificação de, 313-314, 313t, 314f
　sistemas bacterianos usados para, 310, 310f
　sistemas de células de mamíferos usados para, 312
　sistemas de insetos e de vírus de insetos usados para, 311-312, 311f
　sistemas de leveduras usados para, 310-311
　vetores de expressão para, 309, 310f
purificação de, 84-87, 84f, 85f, 87t
　imunoprecipitação, 320-321, 321f
　marcadores para, 313-314, 313t, 314f
quantificação, 89-90, 90f
regulação da transcrição por, 966-967
regulação do início da transcrição por, 1056-1057, 1057f, 1058f
regulatórias, 214
　domínios de interações entre proteínas das, 1063-1065, 1064f
　domínios de ligação ao DNA das, 1060-1063, 1060f, 1061f, 1062f, 1063f
　no desenvolvimento, 1087-1089, 1087f, 1088f, 1089f, 1090f
ribossômicas, 1070-1071, 1070f, 1071f
separação das
　cromatografia de colunas, 84-87, 84f, 85f, 87t
　diálise, 84
　eletroforese, 87-89, 87f, 88f, 89f
sequenciamento das, 91, 92f
　métodos clássicos para, 92-93, 92f, 92t, 93f
　métodos de espectroscopia de massas, 93-95, 94f, 95f
sinalização
　adaptadoras multivalentes, 439-442, 439f, 441f

GPCR. *Ver* receptores acoplados à proteína G
guanilato-ciclases, 422q-423q
nomenclatura do, 411-412
RTK. *Ver* receptores tirosinas-cinases
segregação, 442
tipos de, 411, 411f
síntese química de, 95-96, 97f
*splicing* alternativo e, 981-983, 983f
tamanhos e composições, 82-83, 82t, 83t
proteínas adaptadoras, **420**
multivalentes, 439-442, 439f, 441f
proteínas adaptadoras multivalentes, 439-442, 439f, 441f
proteínas ancoradas por GPI, **376**
nas balsas de colesterol-esfingolipídeo, 380-382
proteínas anfitrópicas, **372**, 373f
associações reversíveis de, 376
proteínas ativadoras de GTPase (GAPs), **417**, **422**, 432
na sinalização β-adrenérgica, 417
proteínas como alvos
de proteínas nucleares, 1045, 1045f
endocitose mediada por receptor na, 1046-1048, 1047f
glicosilação na, 1042-1045, 1043f, 1044f
modificação pós-traducional no retículo endoplasmático na, 1041-1042, 1041f, 1042f
nas bactérias, 1045-1046, 1046f
proteínas conjugadas, **83**, 83t
proteínas de ancoragem da cinase A (AKAPs), **420**, 421f
proteínas de ferro-enxofre, **664**
na cadeia respiratória mitocondrial, 664, 664f
proteínas de ferro-enxofre de Rieske, **664**
proteínas de fusão, **313**, **383**
localização de proteínas com, 319-320, 319f, 320f
para a análise de duplo-híbridos de leveduras, 321-322, 322f
para imunoprecipitação, 320-321, 321f
proteínas de ligação ao DNA, **922**, 923f
proteínas de ligação ao oxigênio
descrição quantitativa da ligação por, 150-152, 150f, 151t, 156-157, 160f
estrutura das subunidades de hemoglobina, 153-155, 153f, 154f
globinas, família de, 149
hemoglobina na anemia falciforme, 162-164, 163f
influências estruturais sobre a ligação, 152-153, 153f
ligação cooperativa por, 155-156, 156f, 160f, 161f
ligação do monóxido de carbono à hemoglobina, 158q-159q
ligação do oxigênio à hemoglobina, 155-156, 155f, 156f, 160f, 161-162, 162f
ligação do oxigênio à mioglobina, 149, 149f
ligação do oxigênio ao heme, 148-149, 148f, 149f
modelos de mecanismo de, 158-160, 161f

regulação, 161-162, 162f
transporte de $CO_2$ pela hemoglobina, 160-161, 161f
transporte de íons hidrogênio pela hemoglobina, 160-161, 161f
transporte de oxigênio pela hemoglobina, 153
proteínas de ligação aos elementos reguladores de esterol (SREBP), **782**-783, 783f
proteínas de manutenção dos minicromossomos (MCM), **928**
proteínas de membrana, **117**
anfitrópicas, 372, 373f
associações reversíveis, 376
características, 367, 369f
bicamada lipídica, 372-374
como enzimas, 371-372
como receptores, 371-372
como transportadores, 371-372
difusão lateral das, 380, 380f
integrais, 372-375, 373f
adesão a superfícies, sinalização e outros processos de, 383-384
caveolinas, 381, 381f
regiões hidrofóbicas das, 374, 374f, 375f
sequências de aminoácidos das, 374-375, 375f, 376f
topologia, 374-375, 374f, 375f, 376f
nas balsas de colesterol-esfingolipídeo, 380-382, 380f, 381f
orientação, 369, 369f
periféricas, 372, 373f
adesão covalente, 375-377, 376f
transportadoras. *Ver* transportadores
proteínas de membrana bitópicas, **372**
proteínas de modificação e remodelação da cromatina, **1078**
proteínas de transferência de fosfatidilinositol, 378, **379**
proteínas de transferência de lipídeos (LTP), 370f, **371**, 371f
proteínas de várias subunidades, **82**
proteínas estruturais (arcabouço proteico), **409**, 439-442, 439f, 440f, 441f
proteínas fibrosas, **116**
estrutura, 116, 117t
colágeno, 118-120, 119q, 119f, 120f
fibroína da seda, 120, 121f
α-queratina, 117-118, 117f
proteínas flagelina, 1073, 1074f, 1074t
proteínas G
como comutadores biológicos, 413, 414f, 417, 420-425, 432
defeitos nas, 412, 423-424
$G_i$, 420
$G_{olf}$, 431
$G_q$, 425
$G_s$, 413, 414f, 415f, 416, 417, 421
gustaducina, 431
Ras
na sinalização do INSR, 434-435, 434f
no câncer, 423
oncogenes codificando, 451, 452q-453q, 455
transducina, 429f, 430-431, 430q, 430f
proteínas G heterotriméricas, **413**
proteínas G pequenas, 435

proteínas G triméricas, 413
proteínas globulares, **116**-117
estrutura, 120-121, 121f
classificação baseada em, 125-126, 127f
mioglobina, 121-123, 122f, 137
motivos e domínios, 123-124, 123f, 124f, 125f
proteínas homólogas, **99**
proteínas IF. *Ver* proteínas de filamento intermediário
proteínas integrais da membrana, **372**, 373-375, 373f
adesão a superfícies, sinalização e outros processos de, 383-384
caveolinas, 381, 381f
regiões hidrofóbicas das, 374, 374f, 375f
topologia, 374-375, 374f
predição, pela sequência de aminoácidos, 374-375, 375f, 376f
proteínas integrais da membrana monotópicas, **372**, 373f
proteínas integrais da membrana politópicas, **372**, 373f
proteínas intrinsecamente desordenadas, **117**, 125, 126f
proteínas MCM. *Ver* minicromossomos, manutenção de
proteínas modulares, **409**
proteínas motoras, no músculo
interações de, 170-172, 172f
miosina e actina, 169-170, 169f
proteínas organizando filamentos finos e grossos, 169-172, 171f
proteínas oligoméricas, **82**
proteínas periféricas da membrana, **372**, 373f
adesão covalente, 375-377, 376f
proteínas plasmáticas, **858**, 858f
proteínas polimórficas, **91**
proteínas projetadas, 138q-139q
proteínas r. *Ver* proteínas ribossômicas
proteínas reguladoras do ferro (IRP1, IRP2), **585q**
proteínas regulatórias, **214**
domínios de interação entre proteínas do, 1063-1065, 1064f
domínios de ligação ao DNA das, 1060-1063, 1060f, 1061f, 1062f, 1063f
no desenvolvimento, 1087-1089, 1087f, 1088f, 1089f, 1090f
proteínas ribonucleares heterogêneas (hnRNP), 981
proteínas ribossômicas (proteínas r), síntese de, coordenação da síntese de rRNA com, 1070-1071, 1070f, 1071f
proteínas SMC, **908**, 908f, 909f
proteínas-cinases, **217**, 219f, 219t
ativação alostérica de, 413, 415f
inibição, para tratamento do câncer, 452q-453q
nas plantas, 446-447
oncogenes codificando, 451, 452q-453q
regulação do ciclo celular por, 446-447
estágios da, 446-447
fosforilação de proteínas na, 449-450, 450f

níveis de CDK oscilantes na, 447, 447f, 448f, 449f, 450f
sequências-consenso, 219, 219t
Tyr. *Ver* receptores tirosinas-cinases
proteínas-cinases dependentes de Ca$^{2+}$/calmodulina (CaM-cinases), **426**
proteínas-fosfatases, **217**
proteoglicanos, **248**
    doenças humanas envolvendo, 251q
    estrutura e função, 247-253, 247f, 248f, 249f, 252f
proteoma, **13**, **94**, **317**, **499**
proteomas celulares, 319
proteômica, **13**, **317**
proteostase, **129**, 129f, **1005**
protômeros, **82**, **127**
prótons, transferência, catálise enzimática da, 186, 187f
proto-oncogenes, **451**
protoporfirina, **148**, 148f, **817**, 818f
protrombina, 359
PrP. *Ver* proteína de príon
PRPP. *Ver* 5-fosforibosil-1-pirofosfato
Prusiner, Stanley, 134q-135q
PS1, gene, localização do, 331-333, 332f
pseudouridina, 266e, 983f
PSI. *Ver* fotossistema I
psicose, 233e
PSII. *Ver* fotossistema II
pTEFb, proteína, 969, 969t, 970f
PTEN, 437
PTP. *Ver* proteínas tirosinas-fosfatases
PTPC. *Ver* complexo do poro de transição de permeabilidade
PUFA. *Ver* ácidos graxos poli-insaturados
Pumilio, proteína, 1088
purificação
    de proteínas, 84-87, 84f, 85f, 87t
        imunoprecipitação, 320-321, 321f
        marcadores para, 313-314, 313t, 314f
puromicina, **1039**, 1039f
PYY$_{3\text{-}36}$. *Ver* peptídeo YY

## Q

Q. *Ver* razão de ação das massas
Q. *Ver* ubiquinona
QK. *Ver* filoquinona
qPCR. *Ver* PCR quantitativa
Q-SNARE, 383, 384f
quadros de leitura, **1007**, 1007f
    local do, 1009
    mudanças nos, 1013, 1013f, 1014f, 1015f
quantificação, de proteínas, 89-90, 91f
*quantum*, **703**
queratina, 71f
α-queratina, estrutura e função da, 117-118, 117f, 117t
quilomícrons, 602f, **603**, **777**
    transporte de colesterol como, 777-778, 778f, 778t, 779f, 779t
quimiotaxia, nas bactérias, 447f
quimiotróficos, 4f, **5**
quimotripsina, 107f, **628**
    estrutura, 204f
    inibição da, 200f
    mecanismo da, 204-208, 204f, 205f, 206f-207f
    resíduos, 123t
    zimogênios da, 220, 220f
quimotripsinogênio, 220, 220f, 628
    composição do, 82, 82t, 83t
quinolonas, antibióticos, 906q
quinonas
    lipídicas, como cofatores de oxidação-redução, 359-360
    no centro de reação, 708f, 709
quitina, **243**
    estruturas e funções, 247t
    papel estrutural, 243, 243f

## R

R. *Ver* coeficiente de resposta
RA. *Ver* ácido retinoico
Racker, Efraim, 677
radiação eletromagnética, 703, 703f
radiação ionizante, dano ao DNA causado por, 281
radicais, **472**, 472f. *Ver também* reações de radical livre
    dano de DNA por, 283
    no centro de reação feofitina-quinona, 708f, 710
radicais hidroxila
    dano de DNA por, 283
    produção, pela cadeia respiratória mitocondrial, 673-674, 674f
radical superóxido, **668**
    produção, cadeia respiratória mitocondrial, 668, 673-674, 674f
Raf-1, na sinalização do INSR, 434f, 435
RAG1, proteína, 955
RAG2, proteína, 955
Rainha Vitória, 223
raio de van der Waals, **49**, 49t, 50t
Ramachandran, G. N., 115
Ramakrishnan, Venkatraman, 1017
Ran, 986f
Ran-GDP, 986f, 1046
Ran-GEF, 1045f, 1046
Ran-GTP, 1045f
Ransome, Joseph, 430q
raquitismo, 357, 357f
Ras, **421**, 423
    como protótipo de proteína G, 421f
    hidrólise de GTP e, 424f
    isoprenilação pós-traducional de, 1038
    na sinalização do INSR, 434-435, 434f
    no câncer, 423
    oncogenes codificando, 451, 452q-453q, 455
rastreamento de partículas únicas, estudos de difusão lipídica usando, 379, 379f
rastreamento genético, 324-325, 324f, 326f
razão de ação das massas (Q), **24**, **470**, **501**, **687**
    na regulação metabólica, 502t
razão do controle pelo aceptor, **687**
razão P/2e$^-$, **682**
razão P/O, **682**
RBP1, 968
RBP11, 968
RBP2, 968
RBP3, 968
RE. *Ver* retículo endoplasmático; enoil-ACPredutase
reação de condensação. *Ver também* condensação de Claisen
    formação de ligações peptídicas pela, 81, 81f
reação de Fehling, 238q-239q
reação de Hill, 702
reação de primeira ordem, 150, 182
reação de segunda ordem, 150, 182
reação em cadeia da polimerase (PCR), **283**
    adaptações, por clonagem, 314-315, 315f
    amplificação do DNA usando, 283-286, 285f, 288q-289q
reação transesterificação, 975, 976f, 997, 997f
reação vetorial, **666**
reações anapleróticas, **590**
    intermediários do ciclo do ácido cítrico, 591t, 590, 591f
reações bioquímicas
    equações para, 478
    padrões repetidos de, 472-478
    princípios básicos, 472, 472f
    reações de oxidação-redução, 476-478, 477f, 488
        carreadores de elétrons nas, 492-494, 493f
        deficiência de niacina e, 494, 495f
        desidrogenases envolvidas, 493-494, 493f
        desidrogenização, 477f, 489-490
        funções da NAD$^+$ fora das, 494-495
        hemirreações descrevendo, 489
        NADH e NADPH nas, 493-495, 493f, 495f
        nucleotídeos de flavina nas, 495-496, 495f
        oxidação de glicose a CO$_2$, 492
        potenciais de redução para, 490-492, 491f, 491t
        trabalho fornecido por fluxo de elétrons, 488-489
        variação de energia livre das, 491t, 492
    reações de radical livre, 475, 475f
    reações de transferência de grupos, 475-476, 476f
        grupo fosforila. *Ver* transferências de grupo fosforila
    reações que produzem ou quebram ligações carbono-carbono, 473-474, 474f, 475f
    rearranjos internos, isomerizações e eliminações, 474, 475f
    variações de energia nas. *Ver* bioenergética
reações de assimilação do carbono, 701f, 727
reações de eliminação, 474, 475f
    variação de energia livre padrão das, 469t
reações de fixação do carbono, 701f
reações de isomerização, 474, 475f

reações de oxidação-redução (redox), **20**, 490f
  biológicas, 476-478, 477f, 488
    alteração de energia livre da, 491t, 492
    carbono e, 476f
    carreadores de elétrons na, 493-494, 493f
    deficiência de niacina e, 494, 495f
    desidrogenases envolvidas, 493-494, 493f
    desidrogenização, 477f, 489-490
    funções da $NAD^+$ fora da, 494-495
    hemirreações descrevendo, 489
    NADH e NADPH na, 493-495, 493f, 495f
    nucleotídeos de flavina na, 495-496, 495f
    oxidação de glicose a $CO_2$, 492
    potenciais de redução para, 490-492, 491f, 491t
    trabalho fornecido por fluxo de elétrons, 488-489
  cofatores lipídicos envolvidos no, 359-360
  com moléculas de clorofila, 707, 707f
reações de radical livre, 475, 475f
reações de transaminação, **628**
  no metabolismo dos aminoácidos, 628-630, 629f, 630f
reações de transferência de grupos, 475-476, 476f
  energia fornecida por, 482-484
  grupo fosforila. *Ver* transferências de grupo fosforila
reações dependentes de luz, **700**, 701f
reações endergônicas, **20**, **467**
reações endotérmicas, **467**
reações exergônicas, **20**, **467**
reações exotérmicas, **467**
reações químicas
  acoplamento de energia, 22-23, 24f
  biológicas. *Ver* reações bioquímicas
  catálise enzimática, 25-27, 26f, 177
    ácido-base, 186-187, 187f
    cinética da. *Ver* cinética enzimática
    covalente, 187
    energia de ligação na, 183-186, 183f, 184f, 185f, 186f
    especificidade, 182-183, 185, 186f
    íon metálico, 187-188
    no sítio ativo, 180, 180f
    papel do estado de transição no, 183-186, 183f, 184f, 185f
    princípios, 182-183
    regulação, 498-501, 499f, 499t, 500f, 500t, 501f
    termodinâmica, 182, 182t, 470-471
    velocidade de reação e efeitos no equilíbrio durante, 180-182, 180f, 181f
  de ácidos nucleicos
    amplificação do DNA, 283-286, 285f, 288q-289q
    desnaturação, 278-280, 279f, 280f
    metilação do DNA, 283
    sequenciamento do DNA, 287-293, 287f, 290f, 292f, 293f

    síntese química do DNA, 283, 284f
    transformações não enzimáticas, 280-283, 281f, 282f
  de células primitivas, 33-34, 35f
  energia de ativação, 25-26, 181, 181f, 182, 185, 185f
  estado basal das, 180, 180f
  estado de transição, 25-26, 26f, 180f, 181, 181f
  etapa limitante da velocidade, 181
  intermediários das, 181, 181f
  $K_{eq}$ e $\Delta G°$ de, 23-25
  prebióticas, 998-999, 999f
  regulação celular das, 27
  termodinâmica. *Ver* termodinâmica
  variações de energia durante, 24-27, 26f, 180-181, 180f, 181f, 185, 185f
    em sistemas biológicos. *Ver* bioenergética
  velocidade das. *Ver* velocidades das reações
reações químicas prebióticas, 998-999, 999f
reações redox. *Ver* reações de oxidação-redução
reações. *Ver* reações químicas
reagente de Hill, 702-703
reagentes analíticos, anticorpos como, 167-168, 168f
reagentes, concentração de, determinando variação de energia livre real a partir da, 470-471
rearranjos, 474, 475f
  variação de energia livre padrão das, 469t
RecA, proteína, 942-943, 942f, 943f
  na indução da resposta SOS, 1068-1070, 1070f
RecBCD, enzima, 942-943, 942f, 943f
receptor de insulina (INSR), 437f
  cascata de fosforilação iniciada por, 433f, 434-435, 434f
  comunicação cruzada na sinalização por, 438, 438f
  função de $PIP_3$ na sinalização por, 435-437, 436f, 438f
receptor de leptina, **867-868**, 868f
receptor do fator de crescimento derivado das plaquetas (PDGFR), 437, 438f
receptor do fator de crescimento dos fibroblastos (FGFR), 438f
receptor do fator de crescimento endotelial vascular (VEGFR), 438f, **452q**
  inibição, para tratamento do câncer, 452q-453q
receptor do fator de crescimento epidérmico (EGFR), 437, 438f
  oncogenes que codificam o, 452q-453q
receptor do fator de crescimento neural de alta afinidade (TrkA), 438f
receptor X farnesoide (FXR), **784**
receptor X hepático (LXR), **783**, 783f
  ativação do, 785
receptores acoplados à proteína G (GPCR), 411, 411f, **412**
  AMPc como segundo mensageiro de outras moléculas regulatórias usando, 416q-417q, 420, 420t, 421

    para receptores $\beta$-adrenérgicos, 412-413, 414f, 415f, 418f, 421
  $Ca^{2+}$ como segundo mensageiro de, 425, 425t, 427f
    localização no espaço e tempo, 425-428, 427f, 427t
  características universais, 431-432, 431t, 432f
  defeitos nos, 412
  diacilglicerol e $IP_3$ como segundos mensageiros de, 425, 425t, 427f
  e alvos de fármacos, 412
  estrutura, 432, 432f
  na visão, 429-431, 429f, 430q, 430f
  no paladar e olfato, 431
  receptores $\beta$-adrenérgicos
    AMPc como segundo mensageiro de, 412-413, 414f, 415f, 418f, 421
    comunicação cruzada na sinalização por, 438, 438f
    dessensibilização de, 418-419, 419f
    e alvos de fármacos, 412
    término da resposta por, 416-418
receptores adrenérgicos, **412**
receptores ativados pelo proliferador de peroxissomos (PPAR), **871**
  regulação da massa corporal por, 871-872, 871f, 872f, 873f
receptores de acetilcolina, 380, 444
receptores de célula T, **165**
receptores de LDL, **780**
  captação de colesterol mediada por, 781-782, 781f
receptores de superfície celular, para hormônios, 842-843, 843f
receptores do fator de crescimento
  oncogenes codificando, 451, 452q-453q
  sinalização de RTK por, 437, 438f
receptores ionotrópicos, **444**, **843**, 843f
receptores metabotrópicos, **444**, **843**, 843f
receptores nucleares, 411, 411f, 843f
  de hormônios, 842-843, 843f
receptores tirosinas-cinases (RTK), **433**
  inibição, para tratamento do câncer, 452q-453q
  INSR
    cascata de fosforilação iniciada por, 433f, 434-435, 434f
    comunicação cruzada na sinalização por, 438, 438f
    papel da $PIP_3$ na sinalização por, 435-437, 436f
receptores X retinoides (RXRs), **783**, 783f
receptores $\beta$-adrenérgicos, **413**
  AMPc como segundo mensageiro de, 412-413, 414f, 415f, 418f, 421
  comunicação cruzada na sinalização por, 438, 438f
  dessensibilização de, 418-419, 419f
  e alvos de fármacos, 412
  término da resposta por, 416-418
reciclagem de ribossomos, 1035f
recombinação do DNA
  funções, 940-941
  genética homóloga, 940-948
    bacteriana, 941-943, 941f, 942f, 943f
    durante a meiose, 944-948, 944f, 945f
    funções, 940-941, 947

início da quebra de fita dupla, 947-948
migração ramificada na, 942, 942f, 943f
modelo de reparo de quebra de fita dupla na, 947-948
nas bactérias, 941-943, 941f, 942f, 943f
no reparo do DNA, 941-943, 941f
nos eucariotos, 944-948, 944f, 945f
sítio-específica, 940, 950-951, 951f, 952f
transposição, 940
união de extremidades não homólogas, 948-950, 950f
recombinação genética homóloga, **940**. *Ver também* recombinação do DNA
durante a meiose, 944-948, 944f, 945f
início da quebra da fita dupla para, 947-948
funções, 941-943, 947
sítio-específica, 940, 950-951, 951f, 952f
recombinação genética. *Ver também* recombinação do DNA
funções, 941-943
homóloga, 940-948
regulação gênica por, 1073, 1074f, 1074t
sítio-específica, 940, 950-951, 951f, 952f
recombinação, regulação gênica por, 1073, 1074f, 1074t
recombinação sítio-específica, **940**, 950-951, 951f, 952f. *Ver também* recombinação do DNA
recombinase, 950
recombinase Hin, 1073, 1074f, 1074t
recuperação da fluorescência após fotodegradação (FRAP), **379**
estudos de difusão lipídica usando, 379-380, 379f
redução da entropia, **185**-186
por enzimas, 185-186, 186f
redução, de ligações duplas para a síntese de ácidos graxos, 748, 749f
região de tamponamento, **60**
regiões intrinsecamente desordenadas (IDR), 439
regra do positivo dentro, **375**
regra dos pares, genes, **1088**
regulação alostérica
da biossíntese de aminoácidos, 814-816, 816f
da biossíntese de pirimidinas, 829, 829f
da glicogênio-fosforilase, 565-567, 565f, 566f
da glicólise, 526
da glutamina-sintetase, 803, 803f
da piruvato-cinase, 544, 544f
da ribonucleotídeo-redutase, 832, 832f
de acetil-CoA-carboxilase, 752-753, 752f
de carbamoil-fosfato-sintetase I, 637-638, 638f
de PFK-1 e FBPase-1
por ATP, ADP, AMP e citrato, 541-542, 541f, 542f
por frutose-2,6-bisfosfato, 542, 543f
de proteínas-cinases, 413, 414f
do complexo da PDH, 593-594, 593f
do metabolismo global de carboidratos, 568-570, 569f, 570f
integração do metabolismo de carboidratos e lipídeos por, 570

na regulação metabólica, 498, 499f, 500, 500t
regulação do ciclo celular
apoptose, 455-456, 456f
perda da
papel do gene supressor tumoral na, 454f, 455
papel do oncogene na, 451, 452q-453q, 454
por proteínas-cinases, 446-447
fosforilação de proteínas na, 449-450, 450f
níveis oscilantes de CDK na, 447, 447f, 448f, 449f, 450f
regulação gênica, 1054, 1055f
na evolução, 1092, 1092q-1093q
na evolução humana, 331
nas bactérias
atenuação da transcrição de genes de enzimas da biossíntese de aminoácidos, 1067-1068, 1067f, 1069f
coordenação da síntese de rRNA e de proteínas r na, 1070-1071, 1070f, 1071f
indução da resposta SOS, 1068-1070, 1070f
recombinação genética, 1073, 1074f, 1074t
regulação dos mRNA pelo sRNA, 1071-1073, 1072f
regulação positiva do operon *lac*, 1066-1067, 1066f
nos eucariotos, 1075
ativadores e coativadores da ligação de DNA na montagem de fatores de transcrição basais, 1077-1080, 1079f, 1080f
controle do desenvolvimento via cascatas de proteínas regulatórias, 1087-1089, 1087f, 1088f, 1089f, 1090f
estrutura da cromatina transcricionalmente ativa, 1075-1077, 1076t
estrutura modular dos ativadores de transcrição, 1081-1083, 1082f
formas de regulação mediada por RNA, 1086
fosforilação dos fatores de transcrição nuclear, 1084
potencial de desenvolvimento das células-tronco, 1091f
regulação positiva dos promotores, 1077, 1078f
regulação positiva e negativa dos genes do metabolismo da galactose na levedura, 1081, 1081f, 1082t
repressão traducional dos mRNA, 1084-1085, 1085f
silenciamento de gene pós-transcricional por interferência do RNA, 1085-1086, 1086f
sinais intercelulares e intracelulares, 1083-1084, 1083f, 1084f, 1084t
por receptores de hormônios nucleares, 445, 446f

princípios da
domínios da interação proteína-proteína das proteínas regulatórias, 1063-1065, 1064f
domínios de ligação ao DNA das proteínas reguladoras, 1060-1063, 1060f, 1061f, 1062f, 1063f
operons, 1058-1060, 1059f
promotores, 1055-1056, 1055f
regulação do início transcrição, 1056-1057, 1057f, 1058f
regulação hormonal
da glicogenólise e glicogênese, 565-567, 565f, 566f
da glicólise e glicogênese, 545-546, 545t, 546f
da massa corporal
efeitos da adiponectina, 869, 870f
efeitos da dieta na, 871-872, 871f
efeitos da grelina, do PYY$_{3-36}$ e dos canabinoides, 872-874, 874f
efeitos da insulina, 869
efeitos da leptina, 869, 869f
efeitos de micróbios intestinais, 874-875, 875f
funções endócrinas do tecido adiposo, 867-868, 867f, 868f
papel da AMPK na, 869-871, 870f
via mTORC1 na, 871, 871f, 872f
da síntese de triacilglicerol, 760-762, 761f
do comportamento de alimentação, 846-847, 847t
do metabolismo dos combustíveis, 859
adrenalina na, 864-865, 866t
cortisol na, 865-866
diabetes *mellitus* e, 875-877
durante jejum e inanição, 863-864, 864t, 865f, 866f
efeitos da insulina, 859-860, 859t, 860f
efeitos do glucagon, 862-863, 863f, 863t
secreção de insulina pelas células $\beta$ pancreáticas na, 860-862, 861f, 862f
do metabolismo global de carboidratos, 568-570, 569f, 570f
integração do metabolismo de carboidratos e lipídeos por, 570
metabolismo de tecido específico e, 848, 848f
cérebro, 855-857, 855f
fígado, 848-851, 849f, 851f
músculo, 852-855, 854f, 855f, 856q-857q
sangue, 857-859, 858f
tecidos adiposos, 851-852, 851f, 853f
no diabetes *mellitus* tipo 2
controle, 878-879, 879t
resistência à insulina na, 877-878, 878f
regulação metabólica, 463-464, 496-497, 497f, **501**
biossíntese de nucleotídeos, 826f, 827-829, 829f

coordenação da glicogênese e da glicogenólise
   fosforilação e desfosforilação da glicogênio-sintase, 565-567, 567f, 568f
   mediação da insulina por GSK3, 567-568, 568f
   papel da PP1 na, 568, 569f
   regulação hormonal e alostérica da glicogênio-fosforilase, 565-567, 565f, 566f
   sinais hormonais e alostéricos no metabolismo global dos carboidratos, 568-570, 569f, 570f
coordenação de glicólise e gliconeogênese, 539
   ATP na inibição alostérica da piruvato-cinase, 544, 544f
   conversão de piruvato a fosfoenolpiruvato, 544-545, 544f
   frutose-2,6-bisfosfato na regulação alostérica de PFK-1 e FBPase-1, 542, 543f
   regulação recíproca da fosfofrutocinase-1 e da frutose-1,6-bisfosfato, 541-542, 541f, 542f
   regulação transcricional do número de moléculas enzimáticas, 545-546, 545t, 546f
   respostas da isozima hexocinase à glicose-6-fosfato, 539-541, 539f, 540q
   xilulose-5-fosfato como regulador-chave no, 543-544
coordenação do catabolismo e anabolismo pela AMPK, 869-871, 870f
da biossíntese de aminoácidos, 814-816, 816f
da fosforilação oxidativa
   inibição induzida por hipoxia da hidrólise de ATP, 687, 688f
   por necessidades de energia celular, 687
   regulação coordenada de vias produtoras de ATP, 688-689, 689f
   respostas adaptativas reduzindo a produção de ROS na hipoxia, 687-688, 688f
da oxidação de ácidos graxos, 613, 616, 616f
   fatores de transcrição regulando proteínas para catabolismo lipídico, 616
da síntese de ácidos graxos, 752-753, 753f
das vias de respiração celular, 688-689, 689f
do ciclo da ureia, 637-638, 638f
do ciclo do ácido cítrico
   como etapas exergônicas, 594
   defeitos no, 594-595, 595f
   direcionamento do substrato, 595, 595f, 596f
   regulação alostérica e covalente do complexo da PDH, 593-594, 593f
do metabolismo dos combustíveis, 859
   adrenalina na, 864-865, 866t
   cortisol na, 865-866
   diabetes *mellitus* e, 875-877
   durante jejum e inanição, 863-864, 864t, 865f, 866f
   efeitos da insulina, 859-860, 859t, 860f
   efeitos do glucagon, 862-863, 863f, 863t
   secreção de insulina pelas células $\beta$ pancreáticas na, 860-862, 861f, 862f
estudos de. *Ver* análise de controle metabólico
função do sistema neuroendócrino na, 842, 842f
hormonal. *Ver* regulação hormonal
integração do metabolismo de lipídeos e carboidratos, 570
manutenção do estado de equilíbrio nas células e organismos, 497-498
nucleotídeos de adenina no, 502-503, 503t
reação de equilíbrio e, 501-502, 502t
regulação, 26
regulação enzimática no, 498-501, 499f, 499t, 500f, 500t, 501f
regulação global do metabolismo dos carboidratos, 568-570, 569f, 570f
regulação negativa, **1057**, 1058f
   do operon *lac*, 1058-1060, 1059f
   dos genes do metabolismo da galactose nas leveduras, 1081, 1081f, 1082t
regulação positiva, **1057**, 1058f
   do operon *lac*, 1066-1067, 1066f
   dos genes do metabolismo da galactose nas leveduras, 1081, 1081f, 1082t
   dos promotores eucarióticos, 1077, 1078f
regulação transcricional
   da glicólise e da gliconeogênese, variação geral da, 545-546, 545t, 546f
   da HMG-CoA-redutase, 782f, 783, 783f
   da oxidação de ácidos graxos, 616
regulador de resposta, na sinalização bacteriana, 447f
reguladores arquitetônicos, **1057**, **1078**, 1079, 1079f
reguladores da sinalização de proteína G (RGS), **422**
regulon, **1067**
reinício da replicação independente da origem, **943**
remodelação da cromatina, **1075**, 1076t, 1077, **1078**, 1079f
renaturação, **130**
   DNA, 278-280, 279f, 280f
   proteínas, 130-131, 130f
renovação, **499**
   na regulação metabólica, 499f, 499t
reparo de DNA por recombinação, **941**, 941f, 942, 952f
reparo de malpareamento, 931-934, 931t, 933f, 934f, 935f
reparo do DNA, 29, 29f
reparo do DNA, 29, 29f, 930-940
   câncer e, 932q
   direta, 937-938
   DNA-fotoliases no, 931t, 937-938, 937f
   início do, 948q-949q
   malpareamento, 917-919, 931-934, 931t, 933f, 934f, 935f
   nas bactérias, 931t
   $O^6$-metilguanina-DNA-metiltransferase no, 938f, 939f
   por excisão de base, 931t, 934-935
   por excisão de nucleotídeos, 931t, 932q, 935-937, 936f
   recombinação no, 941-943, 941f
   recombinatório, 941, 952f
   resposta SOS no, 939
   revisão no, 917-919
   translação após o corte, 920, 920f
reparo por excisão de bases, 931t, **934**-935, 935f
reparo por excisão de nucleotídeo, 931t, 932q
   nas bactérias, 931t, 935-937, 936f
repelentes hídricos, ceras como, 345-346, 346f
repetições curtas em *tandem* (STR), **288q**, **328**
   na genotipagem de DNA, 288q-289q
   no genoma humano, 328
repetições de imagem especular, no DNA, **273**, 274f
repetições de sequências simples (SSR), **328**, **890**
   no genoma humano, 328
repetições invertidas, **273**
   no DNA, 273-274, 273f
replicação, **884**
   DNA, 28-29, 29f
   supertorção do DNA e, 891, 892f
replicação de DNA semiconservativa, **915**
replicação do DNA, 28-29, 29f
   acurácia da, 917-919, 919f
   alongamento, 924-926
   alongamento de cadeia na, 918f, 924, 924f-926f, 927
   ataque nucleofílico na, 917, 918f
   dano no DNA e, 939f
   direcionalidade da
      nas bactérias, 916, 916f
      nos eucariotos, 929
   empilhamento de bases na, 917, 918f
   enzimologia da, 918f. *Ver também* DNA-polimerases
   erros na, 917-919
   fatores enzimáticos e proteicos, 921-922
   fita lenta na, 916, 916f
      síntese de, 924, 924f, 925, 925f, 926f
   fita líder na, 916, 916f
      síntese de, 924, 924f, 925, 925f
   forquilha de replicação na, 916, 916f, 924
      nas bactérias, 916, 916f, 924, 924f, 925f
      nos eucariotos, 928-929
      reparo das, 941-943, 941f
   fosforilação na, 918f
   fragmentos de Okazaki na, 916, 916f
      síntese de, 924-925, 924f, 926f
   helicases na, 921-922, 923f, 923t
   início da, 922-924, 923f, 923t
   molde para a, 915, 917, 918f
   nas bactérias, 915-930
   nos eucariotos, 927-929, 929f
   nos genes de imunoglobulinas, 953-955, 954f, 955f
   pareamento de bases na, 917, 918f, 919f

*primer* na, 917, 918f, 922
proteínas de ligação ao DNA na, 922, 923t
regras, 915-916, 916f
reinício independente de origem na, 943
replissomos na, 920, 925
revisão na, 917-919
semiconservativa, 915
sequência Ter na, 927, 927f
sequência Tus-Ter na, 927, 927f
síntese das fitas na, 916, 916f
supertorção na, 891, 892f
terminação da, 926-927, 927f, 928f
topoisomerases na, 922
transcrição comparada com a, 961
translação após o corte, 920, 920f
translesão propensa a erro, 932q, 938-940, 939f
transposição na, 951-953, 953f
troca cruzada na, 945f, 946
visão geral, 915-916
visualização da, 915f
replicadores, **928**
replissoma, **921**, 926t
repolarização, de neurônios, 443-444, 444f
repressão, **1054**
    catabólito, 1066-1067, 1066f
    traducional, 1084-1085, 1085f
repressão de catabólitos, **1066**, 1066f
repressão traducional, de mRNA, 1084-1085, 1085f
repressor controlado por hemina (HCR), **1085**
repressor LexA, na indução da resposta SOS, 1068-1070, 1070f
repressor traducional, **1070**, 1070f
repressores, **966**, **1056**, 1057, 1058f
    do operon *lac*, 1058
    na indução da resposta SOS, 1068-1070, 1070f
    traducional, 1070, 1070f
reservatórios de metabólitos, **738**, 738f, 739
resgate de ribossomos, 1033q, 1036f
Reshef, Lea, 762
resíduo aminoterminal (*N*-terminal), **81**
resíduo carboxiterminal (*C*-terminal), **81**
resíduo *C*-terminal. *Ver* resíduo carboxiterminal
resíduo *N*-terminal. *Ver* resíduo aminoterminal
resíduos de aminoácidos, **70**
    modificados, 1037-1038, 1038f
resíduos de γ-carboxiglutamato (Gla), **222**, 1038f
resolvinas, 759
respiração, 575f. *Ver também* respiração celular
    visões iniciais da, 465
respiração celular, **574**
    estágios da, 574, 575f
    fosforilação oxidativa. *Ver* fosforilação oxidativa
    ganho de ATP, 686-687, 686t
    oxidação da acetil-CoA. *Ver* ciclo do ácido cítrico

    produção de acetil-CoA, 574
        canalização de substratos no complexo da PDH, 577-578, 578f
        coenzimas do complexo da PDH, 576, 576f, 577f
        enzimas do complexo da PDH, 576-577, 577f
        reação de descarboxilação oxidativa, 575, 576f
    regulação coordenada de vias produtoras de ATP na, 688-689, 689f
respiração mitocondrial, **727**
respirassomos, **671**, 671f
resposta alérgica, papel da IgE na, 167
resposta estringente, **1071**, 1071f
resposta imune, **164**
    células e proteínas envolvidas na, 164-165
    *Salmonella typhimurium*, escape da, 1073, 1074f, 1074t
resposta inflamatória
    função dos ácidos graxos *trans* na, 345
    função dos eicosanoides na, 759
    selectinas na, 255, 255f
resposta SOS, **939**
    indução da, 1068-1070, 1070f
respostas da isozima hexocinase à glicose-6-fosfato, 539-541
respostas de luta ou fuga
    metabolismo de combustíveis durante, 864-865, 866t
    metabolismo global de carboidratos durante, 568-570, 569f, 570f
retardo do crescimento, deficiência de vitamina A causando, 357-358
retículo endoplasmático (RE), **6**, 7f, 371f
    enzimas P-450 do, 690-691
    modificação pós-traducional no, 1041-1042, 1041f, 1042f
    no sistema de endomembranas, 370f
    ribossomos no, 1007f
    síntese de membrana no, 369-370, 370f, 770
retículo sarcoplasmático, **170**, 171f
retinal, 357, 358f
*retrohoming*, 991f, 992, 995f
retrotransposons, 328, 990f, 991-993, 999
retrovírus, **208**, **988**, 999
    câncer e Aids causados por, 990-991, 990f, 991q
    similaridades entre transposon e íntron e, 990f, 991-993, 991f
    transcriptases reversas no, 988-990, 989f
RFC. *Ver* fator de replicação C
RGS. *Ver* reguladores da sinalização da proteína G
rhamnose, 236f, 237
Rheb, **871**, 872f
*Rhodobacter sphaeroides*, 737f, 738
*Rhodospirillum rubrum*, 721f
RIA. *Ver* radioimunoensaio
ribocomutadores, **1072**, 1072f, 1074f
ribofuranose, 265f
ribonuclease A, desnaturação e renaturação, 130-131, 130f
ribonucleases
    degradação do mRNA, 986-988, 987f

    extremidade 5' e, 973, 974f
    no processamento de rRNA, 984, 984f, 985f
    resíduos, 123t
ribonucleoproteco mensageiro (mRNP), complexo, **973**
ribonucleoproteínas (RNP), **960**
ribonucleoproteínas nucleares pequenas (snRNP), 977
ribonucleosídeo-2',3'-monofosfato cíclicos, **265**, 268e
ribonucleosídeo-3'-monofosfato, **265**, 268e
ribonucleotídeo-redutase, **829**, 830-832, 830f, 831f, 832f
ribonucleotídeos, **265**, 265t, 266e
    síntese de desoxirribonucleotídeos a partir de, 829-832, 830f, 831f, 832f
ribose, 230e, 231, 233e
    conformações da, 265f
    no RNA, 264-265, 265f
ribose-5-fosfato
    a partir da via das pentoses-fosfato, 547-548, 547f, 548q
    biossíntese de histidina a partir da, 812-814, 815f
    no ciclo de Calvin, 719, 724f
ribose-fosfato-pirofosfocinase, **806**
ribossomos, **2**, 5f, 7f
    catálise por, 999, 1017
    conferência, 1034-1035
    descoberta de, 1006, 1007f
    estrutura, 276-277, 276f, 278f, 999, 1015-1018, 1017f, 1018f
    mitocondrial, 692
    pausa, parada e resgate, 1033q
    RNA componentes de proteínas, 1017t
    síntese de, coordenação da síntese de proteínas ribossômicas com, 1070-1071, 1070f, 1072f
    síntese de proteínas por. *Ver* síntese de proteínas
    sítios de ligação ao tRNA no, 1028-1029, 1028f
ribotimidina, 983f
ribozima cabeça-de-martelo, 996, 998f
ribozimas, 276, 277, 278f, **960**, **972**, 1000q. *Ver também* auto-*splicing* de íntrons
    cabeça-de-martelo, 996, 998f
    descoberta de, 972, 995
    propriedades de, 996-997
    replicação autossustentada de, 999-1001, 1001f
    ribossomos como, 999, 1017
ribulose, 233e
ribulose-1,5-bisfosfato, **719**, 720
    incorporação de oxigênio na, 724f, 727
    no ciclo de Calvin, 719-722, 721f, 724f
    regeneração a partir das triose-fosfatos, 722, 723f, 724, 724f, 728f
ribulose-1,5-bisfosfato carboxilase/oxigenase (rubisco), **720**. *Ver também* rubisco
    ativação de, 720, 723f
    atividade da carboxilase, 722f, 727
    atividade da oxigenase dos, 728f
    catálise por
        com substrato de $CO_2$, 720, 724f
        com substrato de $O_2$, 724f, 727

estrutura, 720, 721f
evolução, 720-721
geneticamente modificados, 729, 731q
magnésio no, 721, 724f
na fotorrespiração, 724f, 727
nas plantas $C_3$, 720
nas plantas $C_4$, 729-732, 729f
nas plantas CAM, 732
ribulose-5-fosfato
na via das pentoses-fosfato, 547f, 548
no ciclo de Calvin, 719, 723f, 728f
ribulose-5-fosfato-cinase, 723f
ativação do, pela luz, 725, 727f
Richardson, Jane, 123
ricina, **1040**
rifampicina, **971**
Rinaldo, Piero, 653q
rins, aquaporinas nos, 400
RK. *Ver* rodopsina-cinase
RMN, espectroscopia. *Ver* espectroscopia por ressonância magnética nuclear
RNA (ácido ribonucleico), **31**
RNA 1 de choque térmico (HSR1), 1086
RNA CRISPR de ativação em *trans*, **323**, 323f
RNA longos não codificadores (lncRNA), **903**, 903f, 907q, **1056**, 1084, 1086
RNA M1, 997
RNA mensageiro transportador (tmRNA), **1033q**, 1036f
RNA mensageiros (mRNA), **264**, **960**
codificação, pelos polipeptídeos, 274-275, 276f
códons nos. *Ver* códons
edição dos, 1013, 1013f, 1014f, 1015f
estrutura, 274-275, 276f
extremidade 3' do, 980-981, 980f
extremidade 5' dos, 973, 974f
maternos, 1087
moldes artificiais de, uso para decifrar o código genético, 1007-1009, 1007f, 1008t, 1009f, 1010q-1011q, 1012t
na regulação metabólica, 499f
nos microarranjos de DNA, 322f
processamento, 981f
regulação, pelo sRNA, 1071-1073, 1072f
repressão traducional do, 1084-1085, 1085f
sequência de Shine-Dalgarno na, 1028-1029, 1028f, 1030f
síntese, pela RNA-polimerase II, 967-968
*splicing* alternativo, 981-983, 983f
transcrito primário para, 972-973, 973f
velocidade de degradação dos, 986-988, 987f
RNA não codificadores (ncRNA), **264**, 331f, **960**, 985, **1056**
RNA nucleares pequenos (snRNA), **977**, 985, 986
RNA nucleolares pequenos (snoRNA), **984**, 985, 985f, 986
RNA pequeno (sRNA), regulação do mRNA por, 1071-1073, 1072f
RNA ribossômicos (rRNA), **264**, **960**
estrutura, 276-277, 278f
estrutura secundária, 996f

processamento, 983-984, 983f, 984f, 985f
nas bactérias, 983-984, 983f
nos eucariotos, 983-984, 984f, 985f
síntese, 983, 983f
RNA temporais pequenos (stRNA), **1085**
RNA transportadores (tRNA), **264**, **960**
adesão de aminoácidos ao, 1020-1023, 1020t, 1021f, 1023f, 1025q-1027q
interações da aminoacil-tRNA sintetase com, 1022-1023, 1023f, 1029f
anticódons no. *Ver* anticódons
ativação de aminoácidos, 1015
descoberta de, 1006, 1007f
estrutura, 276-277, 276f, 278f, 1018-1020, 1019f
expansão do código genético e, 1025q-1027q
ligação de códons a, 1008, 1008t
processamento, 985, 985f
reconhecimento de códons por, 1010-1012, 1012f, 1012t
síntese de, 983-985, 983f
síntese de RNA-polimerase III, 968
sítios de ligação ribossômicos para, 1028-1029, 1028f
transcrito primário de, 973
RNA. *Ver* ácido ribonucleico
RNA-guia (gRNA), **323**, **1013**
RNA-guia simples (sgRNA), **323**, 323f, 324-325
RNAi. *Ver* interferência de RNA
RNA-polimerase, 82t
como alvos de fármacos, 971-972
conferência por, 963
dependente de DNA, 961, 962f
estrutura, 963, 963f
*footprinting* de, 965q
holoenzima, 963, 963f
na transcrição
iniciação da, 961-962, 966f
nas bactérias, 961-963, 962f, 963f, 966f
nos eucariotos, 967-968, 967f
promotores e, 963
regulação, 966-967, 966f
por promotores, 1055-1056, 1055f
por proteínas e RNA, 1056-1057, 1057f, 1058f
RNA-polimerase dependente de DNA, **961**, 962, 962f
RNA-polimerase I (Pol I), 967-968
RNA-polimerase II (Pol II), 967-968, 971f
extremidade 5' e, 973
fatores de proteínas para, 968-971, 969t, 970f
função do, 968
íntrons do spliceossoma e, 978f, 980
promotores do, 1077-1080, 1079f, 1080f
promotores e, 968, 968f
regulação, 971
subunidades de, 968
transcrição por, 968-971, 970f
RNA-polimerase III (Pol III), 967-968
RNA-polimerases dependentes de RNA (RNA-replicase), **994**
RNA-replicase. *Ver* RNApolimerases dependentes de RNA

RNase D, 985, 985f
RNase E, 987f
RNase P, 277f, 985, 985f
RNase Y, 987f
RNA-Seq, **318**-319, 318f
RNA-Seq de célula simples, **318**
Roberts, Richard, 975
rodopsina, 357, **429**
na sinalização da visão, 429-431, 429f, 430q, 430f
rodopsina-cinase (RK), 429f, **431**
rofecoxibe, 758
roscovatina, 453q
rosetas, na celulose, 737f, 738
rosiglitazona, 879t
Ross, Inman, 916
rotenona, 666-667, 667t
Rous, F. Peyton, 990
Roux, César, 879
RPA. *Ver* proteína de replicação A
rpoS, gene, 1071-1073, 1071f
RRM. *Ver* motivos de reconhecimento de RNA
rRNA. *Ver* RNA ribossômicos
R-SNARE, 383, 384f
RSS. *Ver* sequências-sinal de recombinação
RTK. *Ver* receptores tirosinas-cinases
RT-PCR. *Ver* transcrição reversa seguida de PCR
RTT106, 901
RU486. *Ver* mifepristona
rubisco, **720**, 721f. *Ver também* ribulose-1,5-bisfosfato carboxilase/oxigenase
rubisco-ativase, **721**, 723f
rut. *Ver* utilização de rho
RuvAB, 943, 943f
RuvC, 943, 943f
RXRs. *Ver* receptores X retinoides
RYGBP. *Ver* cirurgia de *bypass* gástrico

# S

*S. Ver* entropia
SAA. *Ver* amiloide A sérico
sabor
detecção de, sinalização de GPCR na, 431
doce, 231q
sabor doce, dos açúcares, 231q
sacarose, 229, 240, 240f, 733e
ciclo de Calvin e, 722
movimento de, 739f
na fotossíntese, 733-734, 733f
nas sementes em germinação, 735-736, 736f
sabor doce da, 231q
síntese de, 725, 733-734, 733f, 734f, 735f
sacarose-6-fosfato, 733, 733f
sacarose-6-fosfato-fosfatase, 733, 733f
sacarose-6-fosfato-sintase, **733**, 733f, 734, 735f
*Saccharomyces cerevisiae*, 307
expressão de proteína recombinante, 310-311
fermentação alcoólica por, 530, 530f
íntrons nas, 975

S-adenosil-homocisteína, **641**-642, 643f
S-adenosilmetionina (adoMet), **641**
   como agente alquilante, 282f, 283
   na degradação de aminoácidos, 641-642, 641f, 643f
Sagan, Dorion, 34
*Salmonella typhimurium*
   lipopolissacarídeos das, 253, 253f
   regulação por recombinação genética na, 1073, 1074f, 1074t
salto de prótons, na água, 54, 54f
Sancar, Aziz, 937
Sanger, Frederick, 91, 92f, 286
sangue
   composição, 857-859, 858f
   funções metabólicas, 857-859, 858f
   tamponamento do, 62-63, 62f
   transporte de amônia no, 631-632, 632f
   transporte de oxigênio no, 153
saquinavir, 209f
sarcômero, **170**, 171f
SCAP. *Ver* proteína ativadora de clivagem SREBP
SCD. *Ver* estearoil-ACP-dessaturase
Schultz, Peter, 1025q
SCK, teste de, 637q
scRNA-Seq, **318**
SDS. *Ver* dodecilsulfato de sódio
SecA, 1046, 1047f
SecB, 1045-1046, 1047f
secretina, **628**
SecYEG, 1046, 1047f
sedoeptulose-1,7-bisfosfatase, 723f, 725, 727f, 731q
sedoeptulose-7-fosfato
   na via da pentose-fosfato, 549, 549f, 550f
   no ciclo de Calvin, 723f
segmentos C, 954, 954f
segmentos J, 954-955, 954f
segmentos V, 954-955, 954f
segunda lei da termodinâmica, 21, 22q
   bioenergética e, 466-467, 467t
segundos mensageiros, **296**, **412**
   AMPc
      comunicação cruzada de $Ca^{2+}$ com, 428
      na mobilização de triacilglicerol, 603, 604f
      outras moléculas reguladoras usando, 416q-417q, 420, 420t, 421f
      para receptores $\beta$-adrenérgicos, 412-413, 414f, 415f, 418f, 421
      remoção de, 415f, 417
   $Ca^{2+}$, 425, 425t, 427f
      localização no espaço e tempo, 425-428, 427f, 427t
   diacilglicerol, 425, 425t, 427f
   $IP_3$, 425, 425t, 427f
   na regulação metabólica, 498
   nucleotídeos como, 296
seleção clonal, **165**
seleção natural, 30
selectinas, **255**, 255f, 256, 256f, **384**
selenocisteína, **76**, 77e
   no código genético, 1025q
SELEX. *Ver* evolução sistemática de ligantes por enriquecimento exponencial

senescência celular, papel dos telômeros na, 993
senescência, papel dos telômeros na, 993
sensibilidade, **409**
separação
   de lipídeos
      cromatografia gasosa, 362, 362f
      cromatografia por adsorção, 361-362, 362f
   de proteínas
      cromatografia de colunas, 84-87, 84f, 85f, 87t
      diálise, 84
      eletroforese, 87-89, 87f, 88f, 89f
septinas, **382**
sequência de inserção, **952**
sequência de localização nuclear (NLS), **1045**, 1045f
sequência de Shine-Dalgarno, **1028**, 1028f, 1029, 1029f, 1030f
sequência GATC, no reparo do malpareamento, 932, 933f, 934f
sequenciamento
   de genomas completos, 35, 326-327, 327f
   DNA
      método de Sanger para, 287-290, 287f, 290f
      tecnologias para o, 290-293, 292f, 293f
   do genoma humano, aprendizado da história evolutiva a partir do, 333-335, 334q-335q, 336f
   genoma humano
      comparações com os parentes biológicos mais próximos, 329-331, 330f
      história da, 326-327, 327f
      localização dos genes de doenças no, 331-333, 332f
      tipos de sequências vistas nos, 327-329, 327f
   proteína, 91, 92f
      métodos clássicos para, 92-93, 92f, 92t, 93f
      métodos de espectroscopia de massas, 93-95, 94f, 95f
sequenciamento 454, 292f
sequenciamento de DNA automatizado, 287, 290, 290f
sequenciamento de nova geração, 290-293, 292f, 293f
sequenciamento de Sanger, **286**, 287-290, 287f, 290f
sequenciamento de terminação reversível, **290**, 291, 293f
sequenciamento didesóxi da terminação de cadeia. *Ver* sequenciamento de Sanger
sequenciamento direto de proteínas, 92, 92f
sequenciamento em tempo real de molécula única (SMRT), **290**, 291, 293f
sequenciamento profundo, **291**
sequenciamento SMRT. *Ver* sequenciamento em tempo real de molécula única
sequências altamente repetitivas, **890**
sequências ativadoras a montante (UAS), **1078**, 1079f
sequências CpG, metilação de, 283

sequências de aminoácidos
   comparações de, 317-318, 318f
   correlação de sequências codificadoras de nucleotídeo com, 886, 886f
   da $\alpha$-hélice, 113-114
   de hemoglobina e mioglobina, 153, 154f
   de proteínas integrais de membrana, predições topológicas baseadas em, 374-375, 375f, 376f
   determinação de, 91
      espectrometria de massas, 93-95, 94f, 95f
      métodos clássicos, 92-93, 92f, 92t, 93f
   estrutura terciária e, 130-131, 130f
   função das proteínas e, 91-92
   informações bioquímicas das, 96, 98q
   informações históricas, 96-100, 99f, 100f
   mutagênese direcionada, 312-313, 312f
   relação com sequências de nucleotídeos, 263
sequências de nucleotídeos
   correlação das sequências de aminoácidos com as, 886, 886f
   relação das sequências de aminoácidos às, 263
sequências de replicação autônoma (ARS), 928
sequências intervenientes, 889
sequências regulatórias, **886**
sequências terminais, 967, 967f
sequências-assinatura, **100**, 100f
sequências-consenso, **96**, 98q, 98f, **414-415**, **963**
   de substratos de proteínas PKA, 414-415
   de substratos de proteínas PKC, 425
   na transcrição, 963, 964f
   para promotores de *E. coli*, 1056f
   para proteínas-cinases, 219, 219t
sequências-guia internas, **996**
sequências-sinal, **1037**, **1041**, 1041f, 1042, 1042f
   bacteriana, 1045-1046, 1046f
   para transporte nuclear, 1045-1046, 1045f
   remoção de, 1037
sequências-sinal de recombinação (RSS), 954-955, 955f
serilgliciltirosilalanileucina, 81e
serina, 74e, **76**, **644**, **806**
   acilação e desacilação da quimotripsina, 204-208, 204f, 205f, 206f-207f
   biossíntese, 806-809, 807f
   catabolismo da, 640f, 644-647, 644f, 645f, 646t
   na catálise geral ácido-base, 187f
   na via do glicolato, 727-728, 728f
   propriedades e convenções associadas a, 73t
serina-hidroximetiltransferase, **644**, 644f, 645f, **808**
serinas-proteases, **205**
serotonina, **822**
   biossíntese, 822, 823f
   como neurotransmissor, 444
   receptores de, 444
sete-transmembrana (7mt), **413**
*sex lethal (Sxl)*, transcrito, 981

SGOT, teste de, 637q
SGPT, teste de, 637q
sgRNA. *Ver* RNA-guia simples
Shafrir, Eleazar, 762
Sharp, Phillip, 975
Shimomura, Osamu, 319-320
Shoemaker, James, 653q
sildenafila, 423q, 423e
silenciamento de genes, por interferência de RNA, 1085-1086, 1086f
silenciamento gênico pós-transcricional, por RNA de interferência, 1085-1086, 1086f
simbiontes, **797**
   bactérias fixadoras de nitrogênio, 797, 801, 801f
   micróbios intestinais na, 874-875, 875f
simportador de Na$^+$-glicose, **398**, 399, 399f
simporte, **391**, 391f
   gradientes iônicos fornecendo energia para, 398-399, 400f
sinais extracelulares, 428f
sinais intercelulares, regulação de genes eucarióticos por, 1083-1084, 1083f, 1084f, 1084t
sinais intracelulares
   derivados de fosfatidilinositol e esfingosina, 354-355
   regulação de genes eucarióticos por, 1083-1084, 1083f, 1084f, 1084t
sinalização
   balsas de membrana envolvidas na, 442
   canais iônicos controlados envolvidos na, 411, 411f
      como alvo de toxinas, 444-445
      neurotransmissores interagindo com, 444
      potenciais de ação neuronais produzidos por, 443-444, 444f
      sinalização elétrica por, 442-443, 443f
   funções dos nucleotídeos nas, 296
   GPCR. *Ver* receptores acoplados à proteína G
   guanilato-ciclase, 422q-423q
   hormonal. *Ver* hormônios
   lipídeos envolvidos na
      compostos voláteis de plantas vasculares, 356
      derivados de fosfatidilinositol e esfingosina, 354-355, 354f
      eicosanoides, 355-356, 355f
      hormônios, 354
      hormônios esteroides, 356, 356f
      vitaminas A e D, 356-358, 357f, 358f
   na regulação do ciclo celular, 446
      apoptose, 455-456, 456f
      fosforilação de proteínas na, 449-450, 450f
      genes de supressão tumoral na, 454f, 455
      níveis de CDK oscilantes no, 447, 447f, 448f, 449f, 450f
      oncogenes na, 451, 452q-453q, 454
   na regulação metabólica, 498, 499f
   nos microrganismos e plantas, 447f
   papel do CO na, 818
   por receptores nucleares, 411, 411f
      de hormônios, 842-843, 843f

      regulação da transcrição por, 445, 446f
   proteínas adaptadoras multivalentes envolvidas na, 439-442, 439f, 441f
   proteínas integrais de membrana envolvidas na, 383-384
   regulação de genes eucarióticos por, 1083-1084, 1083f, 1084f, 1084t
   RTK. *Ver* receptores tirosinas-cinases
   transdução de sinais
      características da, 409-410, 410f
      tipos de receptores envolvidos na, 411, 411f
      tipos de sinais envolvidos na, 410t, 411, 411t
sinalização de cima para baixo, hormonal, 845-846, 846f, 847f
sinalização elétrica, por canais iônicos controlados, 442-443, 443f
sinalização hormonal de baixo para cima, 846-847, 847f
sinapses, fusão de membranas na, 383, 384f
sindecanas, **248**, 248f, 249
síndrome da epilepsia mioclônica com fibras vermelhas rotas (MERRF), **695**, 695f
síndrome da imunodeficiência adquirida (Aids)
   células T$_H$, 165
   inibidores da protease para, 208-209, 208f, 209f
   inibidores da transcriptase reversa para, 991q
   retrovírus como causa de, 990-991, 991f
síndrome de câncer de Li-Fraumeni, 454
síndrome de Down, 946q
síndrome de Ehlers-Danlos, 120, 251q
síndrome de Guillain-Barré, gangliosídeos na, 351
síndrome de hiperinsulinismo-hiperamonemia, 631
síndrome de Hurler, 251q
síndrome de Lesch-Nyhan, **835**
síndrome de Liddle, 1049
síndrome de Prader-Willi, 873
síndrome de Scheie, 251q
síndrome de Wernicke-Korsakoff, 551
síndrome de Zellweger, **617**
síndrome do choque tóxico, 253
síndrome metabólica, **877**, 878f
   controle, 878-879, 879t
SINE. *Ver* elementos intercalados pequenos
sintases, **477q**
sintenia, **318**, 318f
síntese de ácidos graxos
   de cadeia longa, 753, 754f
   dessaturação após, 754-755, 755f, 756q-757q
   formação de malonil-CoA para, 744-745, 745f
   lançadeira de grupo acetila para, 751-752, 753f
   no citosol, 750-751, 751f
   nos cloroplastos, 750-751, 751f
   palmitato, 747f, 748-750, 750f
   reações da ácido graxo-sintase na, 745, 746f, 747, 747f, 748-750, 749f, 750f

   regulação, 752-753, 753f
   sequência de reação repetida usada na, 745-747, 746f, 747f, 748-750, 749f, 750f
   sítios ativos da ácido graxo-sintase para, 747, 747f
   visão geral, 616f
síntese de carboidratos
   processos integrados na, 738-739, 739f
   síntese de amido, 733, 735f
   síntese de celulose, 736-738, 737f
   síntese de glicogênio, 733
   síntese de glicose, 733
   síntese de sacarose, 733, 733f
   via C$_4$ na, 729-732, 729f
   via das pentoses-fosfato na, 719
   via do glicolato na, 720-721, 725f, 728f
síntese de DNA automatizada, 283, 284f
síntese de DNA dependente de RNA, 987, 1090f
   por transcriptases reversas, 988-990, 989f
   retrovírus no câncer e na Aids, 990-991, 990f, 991q
   similaridades de transposons e íntrons a retrovírus, 990f, 991-993, 991f
   telomerase como transcriptase reversa especializada, 993, 994
síntese de DNA translesão propensa a erros, 932q, 938-940, **939**, 939f
síntese de proteínas, 1005, 1006f
   acoplamento da transcrição com, 1036, 1036f
   cinco estágios da
      alongamento, 1015, 1016f, 1016t, 1030-1035, 1031f, 1032f, 1034f
      ativação de aminoácidos, 1015, 1016f, 1016t, 1020-1023, 1020t, 1021f, 1023f, 1025q-1027q, 1029f
      envelamento e processamento pós-traducional, 1015, 1016f, 1016t, 1036-1039, 1038f
      iniciação, 1015, 1016f, 1016t, 1028-1030, 1028f, 1029f, 1030f, 1031t
      terminação e reciclagem de ribossomos, 1015, 1016f, 1016t, 1035-1036, 1035f, 1036f
   código genético para
      decodificação de, 1007-1009, 1007f, 1008t, 1009f, 1010q-1011q, 1012t
      expansão do, 1025q-1027q
      leitura, 1013, 1013f, 1014f, 1015f
      oscilação no, 1010-1012, 1012f, 1012t
      resistência a mutações, 1012-1013
      segundo, 1022-1023, 1029f
      variações naturais, 1010q-1011q
   fidelidade na, 1036
   função e estrutura ribossômica no, 1015-1018, 1018f
   inibição, 1039-1040, 1039f
   no fígado, 850, 850f
   por polissomos, 1036, 1036f
   tradução, 1033q
   função e estrutura do tRNA na, 1018-1020, 1019f
síntese de ramo, 564f
síntese de RNA dependente de RNA, 990, 993-995, 995f, 1090f

síntese dependente de RNA
  como indício do mundo de RNA, 998-1001, 999f, 1000q, 1001f
  DNA, 990, 1090f
    por transcriptases reversas, 988-990, 989f
    retrovírus no câncer e na Aids, 990-991, 990f, 991q
    similaridades de transposons e íntrons a retrovírus, 990f, 991-993, 991f
    telomerase como transcriptase reversa especializada, 993, 994
  RNA, 990, 993-995, 995f, 1090f
síntese química
  análise de carboidratos usando, 259-260
  de proteínas e peptídeos, 95-96, 97f
  do DNA, 283, 284f
síntese química. *Ver* síntese química
sintetases, **477q**
α-sinucleína, 135
sinvastatina (Zocor), 786q-787q
sirtuínas, 494
sistema, **20**
sistema aberto, **20**
sistema da DNA-replicase, **921**
sistema da ubiquitina-proteassoma, 129f
sistema de dois componentes, de sinalização bacteriana, 447f
sistema de endomembranas, **7**, 369-371, 370f
sistema de modificação de restrição, **303**
sistema de tampão do bicarbonato, 62-63, 62f
sistema D-L, **72**, 72f
  na nomenclatura dos monossacarídeos, 232, 232f
sistema endócrino, 842, 842f. *Ver também* hormônios
  principais glândulas do, 845, 846f
  sinalização de baixo para cima no, 846-847, 847f
  sinalização de cima para baixo no, 845-846, 846f, 847f
sistema fechado, **20**
sistema GroEL/GroES, 133, 141f
sistema hipotálamo-hipófise, 846f
sistema imune
  celular, 165
  humoral, 165
  interações proteína-ligante do
    ligação de anticorpos a antígenos, 165-168, 166f, 168f
    procedimentos analíticos baseados em, 167-168, 168f
    proteínas e células de resposta imune, 164-165
sistema imune celular, **165**
sistema imune humoral, **164**
sistema isolado, **20**
sistema linfático, 848f
sistema nervoso, sinalização no, 443-444, 444f
sistema neuroendócrino, **842**, 842f. *Ver também* hormônios
  principais glândulas do, 845, 846f
  sinalização de baixo para cima no, 846-847, 847f
  sinalização de cima para baixo no, 845-846, 846f, 847f
sistema RS, **72**
sistema tampão ácido acético-acetato, 58-60, 60f
sistema tampão do fosfato, 61-62
sistemas CRISPR/Cas, 317t, 322-324, 323f, 325, 325q, 326f
sistemas de alongamento de ácidos graxos, **753**, 754f
sistemas proteolíticos, degradação de proteínas pelos, 1048-1049, 1048f, 1049t
sitagliptina, 879t
sítio A. *Ver* sítio aminoacil
sítio abásico, 280, 281f, **935**
sítio aminoacil (A), **1028**, 1028f
sítio AP, 281f, **935**
sítio ativo, **179**, 979f
  catálise enzimática, 180, 180f
  de ribossomos, 1017, 1018f
sítio de clonagem múltipla (MCS), **304**
sítio de inserção, **917**
sítio de ligação, **147**
  anticorpo, 165-167, 166f
  de proteínas, 147
  mioglobina, 149, 149f
sítio de saída (E), **1028**, 1028f
sítio E. *Ver* sítio de saída
sítio P. *Ver* sítio peptidil
sítio peptidil (P), **1028**, 1028f
sítio poli(A), escolha do, **982**, 983f
sítio pós-inserção, **917**
Sly, William, 653q
*SMN*, genes, 981q-982q
SmpB. *Ver* proteína B pequena
SNAP25, na fusão vesicular, 383, 384f
SNAREs, na fusão vesicular, 383, 384f
snoRNA. *Ver* RNA nucleolares pequenos
snoRNP, **984**. *Ver também* complexos snoRNA-proteína
SNP. *Ver* polimorfismos de nucleotídeo único
snRNA. *Ver* RNA nucleares pequenos
snRNP. *Ver* ribonucleoproteínas nucleares pequenas
solubilidade, de ácidos graxos, 342t, 343
soluções
  aquosas. *Ver* soluções aquosas
  osmolaridade do, 51-53, 51f
soluções aquosas
  interações fracas nas, 43-53
    compostos apolares, 47-49, 48f, 49f, 50t
    eletrostáticas, 46, 46t, 47f, 50t
    entropia, 47, 47f
    função e estrutura macromolecular e, 49-51, 50f, 50t, 51f
    gases apolares, 47, 47t
    interações de van der Waals, 49, 49t, 50t
    ligação ao hidrogênio, 44-45, 44f, 45f, 46f, 50, 50t
    propriedades coligativas e, 51-53, 51f
    solutos polares, 45, 45f, 46f, 50, 50t
  ionização nas
    água pura, 54, 54f
    constantes de dissociação ácida e, 57, 57f
    constantes de equilíbrio e, 54-55
    curvas de titulação, 58-59, 58f, 59f
    escala de pH e, 55-56, 55t, 56f
  tamponamento, 59
    equação de Henderson-Hasselbalch para, 60
    nas células e tecidos, 61-63, 61f, 62f, 63f
    pares conjugados ácido-base, 59-63, 60f, 62f
soluções hipertônicas, 51f, **52**
soluções hipotônicas, 51f, **52**
soluções isotônicas, 51f, **52**
solutos
  anfipáticos
    efeitos na estrutura da água, 48, 48f
    exemplos, 46t
  apolares
    efeitos da estrutura da água, 47-49, 48f, 49f, 50t
    exemplos, 46t
    gases, 47, 47t
  com carga, interações eletrostáticas dos, 46, 46t, 47f, 50t
  osmolaridade dos, 51-53, 51f
  polares
    exemplos, 46t
    ligação de hidrogênios no, 45, 45f, 46f, 50, 50t
  propriedades coligativas e, 51-53, 51f
  transporte de membranas dos
    estruturas de canais iônicos e transportadores e mecanismos para, 386-387, 387f
    gradientes iônicos orientando a, 398-399, 400f
    na regulação metabólica, 499f
    pelo trocador de cloreto-bicarbonato, 389-392, 391f
    por aquaporinas, 400-401, 400t
    por ATPases do tipo P, 392-394, 393f, 394f
    por ATPases dos tipos V e F, 394-395, 395f
    por canais de $K^+$, 402-403, 402f
    por canais iônicos, 397f-398q, 401-402, 401f, 402f
    por cotransporte, 389-392, 391f, 398-399
    por GLUT1, 387-389, 387f, 388f, 389f, 389t
    por transportadores ABC, 395-396, 396f, 396t, 397q-398q
    por transporte ativo secundário, 398-399
    por transporte ativo. *Ver* transporte ativo
    por transporte passivo. *Ver* transporte passivo
    tipos de, 385-386, 385f
solutos anfipáticos, **46**
  efeitos na estrutura da água, 48, 48f
  exemplos, 46t
solutos apolares
  efeitos da estrutura da água, 47-49, 48f, 49f, 50t
  exemplos, 46t
  gases, 47, 47t

solutos com cargas, interações eletrostáticas, 46, 46t, 47f, 50t
solutos polares
  exemplos, 46t
    ligação, pelo hidrogênio, 45, 45f, 46f, 50, 50t
solvente, água como. *Ver* soluções aquosas
solventes
  para extração de lipídeos, 361, 362f
  propriedades coligativas, 51-53, 51f
somatostatina
  secreção pancreática de, 860, 861f
  sinalização do AMPc por, 420
sondas fluorescentes
  estudos da via de sinalização usando, 416q-417q
  estudos de lipídeos usando, 379-380, 379f
  localização de proteínas usando, 319-320, 319f, 320f
sorafenibe, 453q
sorbose, 233e
Sos, 434f, 435, 437f
Sp1, 1081-1083, 1082f
spliceossoma, **977**, 978-980, 979f
  mecanismo da, 977, 978f
*splicing* alternativo, **981**, 981q-982q, 982, 983f
*splicing* de RNA, **973**
SPM. *Ver* mediadores especializados pró-resolução
SRA. *Ver* ativador de RNA do receptor de esteroide
Src, autoinibição do, 440, 440f
SREBP. *Ver* proteínas de ligação aos elementos reguladores de esterol
sRNA. *Ver* RNA pequeno
SRP. *Ver* partícula de reconhecimento de sinais
SSB. *Ver* proteína de ligação ao DNA de fita simples
SSRs. *Ver* repetições de sequência simples
Stahl, Franklin, 915
Stallings, Patricia, 653q
STAT. *Ver* transdutores de sinais e ativadores da transcrição
Steitz, Joan, 977
Steitz, Thomas A., 1017
STR. *Ver* repetições curtas em *tandem*
*Streptomyces lividans*, canais de K⁺ da, 402, 402f
stRNA. *Ver* RNA temporais pequenos
Strong, Frank, 494
subenrolamento, **891**
  DNA, 892-893, 893f
    número de ligações medindo, 893-895, 894f
      topoisomerases alterando, 895-898, 895f, 896f, 897f, 897t, 906q
substância básica. *Ver* matriz extracelular
substâncias anfotéricas, **77**
substâncias cristalinas, entropia da dissolução de, 47, 47f
substrato 1 do receptor de insulina (IRS-1), 434f, **434**-435, 435-437, 436f, 437f

substratos, **180**
  de enzimas, 180. *Ver também* complexo enzima-substrato
    efeitos, da concentração, 188-190, 189f, 191f, 215, 216f, 499f, 500f, 500t
    reações com dois ou mais, 194-195, 194f, 195f
subunidades c, 682f
succinato, **584**
  como oncometabólito, 595
  conversão de succinil-CoA a, 579f, 584-586, 586f
  no ciclo do glioxilato, 736, 736f
  oxidação, 579f, 586
succinato-desidrogenase, **586**, **667**
  mutações na, 595
  na cadeia respiratória mitocondrial, 665t, 666f, 667-668, 667f
  no ciclo do ácido cítrico, 579f, 586
succinil-CoA, **582**
  biossíntese de porfirina a partir de, 817f
  como precursor biossintético, 590
  conversão a succinato, 579f, 584-586, 586f
  conversão de aminoácidos a, 640f, 650-651, 652f, 653q
  oxidação de α-cetoglutarato a, 579f, 582-584, 583f, 587f
succinil-CoA-sintetase, **584**
  no ciclo do ácido cítrico, 579f, 584-586, 586f
sulco maior, **271**
sulco menor, **271**
sulfato de condroitina, **245**, 246f, 248f, 250
  nos agregados de proteoglicano, 250, 252f
sulfato de dermatana, **245**
sulfato de heparana, **246**, 246f, 248, 248f, 249f
  ligação da trombina e, 249-250, 249f
sulfatos de queratana, **246**, 246f
  nos agregados de proteoglicano, 250, 252f
sulfolipídeos, 349, 349f
sulfonilureias, **861-862**, 879t
Sumner, James, 178
sunitinibe, 453q
superestrutura secundária, de proteínas globulares, 123f
superfamílias, **126**
superfície celular
  esfingolipídeos na, como sítios de reconhecimento biológico, 351
  glicoproteínas na, 253
  lectinas na, 254-256, 255f, 256f
  proteoglicanos na, 247-253, 247f, 248f, 249f, 252f
superóxido-dismutase, 283, **674**
supertorção, **891**
  DNA, 891, 891f, 892f
    número de ligações descrevendo, 893-895, 894f
    plectonêmico e solenoide, 898, 898f
    replicação e transcrição e, 891, 892f
    subenrolamento de, 892-895, 893f, 894f, 895f
    topoisomerases alterando, 895-898, 895f, 896f, 897f, 897t, 906q

supertorção negativa, 894, 894f
supertorção plectonêmica, **897**, 898f
supertorção positiva, 894, 894f
supertorção solenoide, **898**, 898f
suplementos de óleo de peixe, 343
Sutherland, Jr., Earl W., 562q, 565-566
SWI/SNF, família, **1075**, 1076f
*Synechococcus elongatus*, 710f, 711f
Szent-Györgyi, Albert, 119q

# T

T. *Ver* timina
$T_3$. *Ver* tri-iodotironina
$T_4$. *Ver* tiroxina
TAB. *Ver* tecido adiposo branco
tadalafila, 423q, 423e
tagatose, 233e
talose, 233e
TAM. *Ver* tecido adiposo marrom
tamoxifeno, **445**, 445e
tampões, **59**
  aminoácidos como, 61, 61f, 79
  composição de, 58, 59-60, 60f
  equação de Henderson-Hasselbalch para, 60
  nas células e tecidos, 61-63, 61f, 62f, 63f
TAP, marcadores. *Ver* marcadores de purificação por afinidade em *tandem*
*Taq* polimerase, 285, 285f
Tarceva. *Ver* erlotinibe
TATAAT, sequência, 963, 964f
Tatum, Edward, 886
tau, proteína, 135
tautomerização, 481f
tautômeros, **268**
taxa de filtração glomerular (TFG), **857q**
taxa inicial (velocidade inicial, $V_0$), **189**
  de reações catalisadas por enzimas, 188-190, 189f, 191f
    enzimas alostéricas, 215, 216f
  do transporte de glicose, 387f, 388
taxa limitante da velocidade, **181**
TBP, proteína, 969, 969t, 970f
TBP. *Ver* proteína de ligação ao TATA
tecido adiposo
  bege, 852
  branco, 851-852, 851f
  captação da glicose por, 389, 390q
  efeitos da adrenalina, 864-865, 866t
  efeitos da insulina, 859-860, 859t, 860f
  efeitos do cortisol, 865-866
  efeitos do glucagon, 862-863, 863f, 863t
  funções endócrinas, 867-868, 867f, 868f
  funções metabólicas, 848f, 851-852, 851f, 853f
  gliceroneogênese na, 762-763, 762f, 763f
  marrom, 610q, 689-690, 690f, 851f, 852, 853f
  no estado de jejum, 863-864, 864t, 865f, 866f
  reciclagem de triacilgliceróis, 761f, 762
tecido adiposo branco (TAB), **851**, 851f, 852
tecido adiposo marrom (TAM), **610q**, **690**, 690f, 851f, **852**, 853f

tecidos
    danos aos, ensaios de enzimas hepáticas para, 637q
    fracionamento de, 8f
    funções metabólicas específicas de, 848, 848f
        cérebro, 855-857, 855f
        fígado, 848-851, 849f, 850f, 851f
        músculo, 852-855, 854f, 855f, 856q-857q
        sangue, 857-859, 858f
        tecidos adiposos, 851-852, 851f, 853f
    tampões nos, 60f, 61-63, 62f, 63f
tecnologia de DNA recombinante, **302**.
    *Ver também* clonagem de DNA
tecnologias de sequenciamento do DNA, 290-293
    avanço nas, 290-293, 292f, 293f
    *footprinting*, 965q
telomerase, **993**
    como transcriptase reversa especializada, 993, 994
telômeros, **890**, 890f, 890t, 891, 993, 994
Temin, Howard, 988, 989
temperatura
    unidades de, 467t
    variação da composição da bicamada lipídica com, 377f, 378
tentilhões, Galápagos, 1092q-1093q
teoria quimiosmótica, **659**
    da fosforilação oxidativa, 659-660, 660f
        acoplamento da oxidação e da fosforilação na, 675-677, 675f, 676f
        estequiometria não integral do consumo de $O_2$ e da síntese de ATP na, 682-683
        para ATP-sintase nos cloroplastos e mitocôndrias, 702f
teozimas, 138q
Ter, sequência, 927, 927f
terapia antiviral, 929-930
terminação, **1035**
    da replicação do DNA, 926-927, 927f
    da sinalização de receptores -adrenérgicos, 416-418
    da síntese de proteínas, 1015, 1016f, 1016t, 1035-1036, 1035f
        resgate de ribossomos e, 1033q, 1036f
    da transcrição dependente de DNA, 967, 967f
terminadores, da *E. coli*, 967, 967f
terminadores dependentes de ρ, 967, 967f
terminadores independentes de ρ, 967, 967f
terminal do *primer*, **917**
termodinâmica, 19-27, 20f, 22q-23q
    bioenergética e
        efeitos da concentração de produto e reagente nas variações de energia livre reais, 470-471
        fontes de energia livre das células, 467
        natureza aditiva das mudanças de energia livre, 471
        primeira e segunda lei da termodinâmica, 466-467, 467t

relação entre variação de energia livre padrão e constante de equilíbrio, 182, 182t, 468-470, 468t, 469t
    constantes físicas e unidades usadas na, 467t
    da catálise de enzimas, 181-182, 470-471
    do enovelamento de proteínas, 131-132, 132f
    primeira lei de, 20
    segunda lei da, 21, 22q
termogênese, **852**
    calafrios, 855
    mitocondrial, 689, 690f
    no tecido adiposo marrom, 690, 690f, 851f, 852, 853f
    planta, 685q
termogênese com calafrio, **856**
termogenina. *Ver* proteína de desacoplamento 1
teromerase, 141f
território cromossômico, **904**, 908f
territórios cromossômicos, 908f
teste da tolerância à glicose, 390q
teste de Ames, 930, 931f
teste de tolerância à glicose, **877**
testosterona, como derivado do colesterol, 356f
tetania, 56q
tétano, 383
téteres biológicos, 593f
tetraciclinas, **1040**, 1040e
tetra-hidrobiopterina, **644**
    no catabolismo da fenilalanina, 649f, 650
tetra-hidrobiopterina, 649f
tetra-hidrofolato ($H_4$-folato), **641**
    na degradação de aminoácidos, 641-644, 641f, 642f
    na síntese de timidilato, 833, 833f
    no metabolismo da glicina e da serina, 644, 645f
*Tetrahymena thermophila*, 976, 996, 996f, 997f
tetraidrocanabinol (THC), 874f
tetraplex G, **274**, 275f
tetrodotoxina, 444
tetrose-eritrose-4-fosfato, 549
tetroses, 231
tezacaftor, 398q
TF. *Ver* fator tecidual
TFG. *Ver* taxa de filtração glomerular
TFIIA, proteína, 969, 969t, 970f
TFIIB, proteína, 969, 969t, 970f
TFIID, proteína, 969, 969t, 970f
TFIIE, proteína, 969, 969t, 970f
TFIIF, proteína, 969, 969t, 970f
TFIIH, proteína, 969, 969t, 970f
TFP. *Ver* proteína trifuncional
TFPI. *Ver* inibidor da proteína do fator tecidual
THC. *Ver* tetraidrocanabinol
*Thermosynechococcus vulcanus*, 710f
Thomson, James, 1091
Thudichum, Johann, 351
tiamina. *Ver* vitamina $B_1$
tiamina-pirofosfato (TPP), **530**
    complexo da PDH, 576

na reação de transcetolase, 549, 550f
nas reações de fermentação, 530, 531f, 532t
tiazolidinedionas, **763**-764, 879t
    efeitos da gliceroneogênese, 763-764
tilacoides, 7f, **701**
tilacoides dos *grana*, **701**
*time of flight* (TOF), **94**
timidilato (TMP), 265t, 837f
    biossíntese, 833, 833f
    degradação, 833-835, 834f, 835f
timidilato-sintase, **833**, 833f, 837f
    inibição, 836, 836f
timina (T), **264**, 264e, 265t
    degradação, 833-835, 834f, 835f
    metilação, 283
    no DNA, razões evolutivas para, 280
    pareamento de bases, 269f
tioesterase, **750**
tioésteres, **482**, **575**
    energia livre da hidrólise de, 481-482, 481f, 481t, 482f, 483f
tioforase. *Ver* β-cetoacil-CoA-transferase
tióis, como ativadores grupos de saída, 476
tiolase, **608**
    na formação de corpos de cetona, 619-620, 619f
    na oxidação de ácidos graxos, 607f, 608
tiólise, 607f, 608
tiorredoxina, 723f, **725**, 727f, **829**
    na síntese de desoxirribonucleotídeo, 830, 830f
tiorredoxina-redutase, **830**, 830f
4-tiouridina, 266e, 983f
tirosina, 74e, **75**, 75f, **647**, **812**
    biossíntese, 811-812, 814f
    catabolismo, 640, 640f, 647-648, 647f, 648f
    na catálise geral ácido-base, 187f
    nas proteínas de membrana, 376f
    propriedades e convenções associadas à, 73t
    síntese do neurotransmissor a partir de, 821, 823f
    substâncias vegetais derivadas do, 820-821, 822f
tirotrofina, reconhecimento pela lectina, 254
titina, 82, 82t
TLC. *Ver* cromatografia de camada fina
TLS polimerases, 940
TMP. *Ver* timidilato
tmRNA. *Ver* RNA mensageiro transportador
TNF. *Ver* fator de necrose tumoral
tocoferóis, **359**
    como cofator de oxidação-redução, 359-360
todo-*trans*-retinol, **357**
    como precursor de hormônios, 357, 358f
tolbutamida, 862f
tomografia por emissão de pósitrons (PET), diagnóstico de tumores usando, 528q
topoisomerases, **895**, **922**
    DNA, 895-898, 895f, 896f, 897f, 897t, 906q
    inibição de, 906q

na cromatina, 901
na replicação do DNA, 922-923, 923t
no término da replicação, 928f
topoisomerases tipo I, **895**, 895f, 896, 896f, 897t
topoisomerases tipo II, **895**, 896, 897f, 897t
topoisomeros, **894**
topologia, **891**
  das proteínas integrais de membrana, 374-375, 374f
    predição das sequências de aminoácidos da, 374, 375f, 376f
    de GLUT1, 388f
  do DNA supertorcido, 891
topotecana, 906q
torpor, 610q
toxina botulínica (Botox), 383
toxina diftérica, **1040**
toxina do cólera, **424**, 424f, 494
toxina tetânica, 383
toxinas
  amônia, 633
  botulínica, 383
  canais iônicos como alvo de, 444-445
  cólera, 424, 494
  inibição da síntese de proteínas por, 1039-1040, 1039f
  tétano, 383
trabalho
  mecânico, produção muscular de, 852-855, 854f, 855f, 856q-857q
  pelo fluxo de elétrons, 488-489
trabalho mecânico, produção muscular de, 852-855, 854f, 855f, 856q-857q
tracrRNA, **323**, 323f
TRADD, na apoptose, 455, 456f
tradução, 884, **1006**. *Ver também* síntese de proteínas
tráfego pela membrana, 370-371, 370f, 770
transaldolase, **549**
  na vai da pentose-fosfato, 549-551, 549f, 550f, 551f
transaminases, **628**
  na transferência de grupos α-amina para α-cetoglutarato, 628-630, 629f, 630f
transcetolase, **549**
  defeitos no, 551
  na via das pentoses-fosfato, 549-551, 549f, 550f, 551f
  no ciclo de Calvin, 723f
transcrição, **275**, 884, **960**
  acoplamento da tradução com, 1036, 1036f
  alongamento de, 964, 966f
  dependente de DNA
    fatores de proteínas para, 968-971, 969t, 970f
    inibição seletiva na, 971f
    promotores na, 963-964, 964f, 966f
    regulação, 966-967, 966f
    RNA-polimerases na, 961-963, 962f, 963f
    RNA-polimerases nucleares na, 967-968, 968t
    término de, 967, 967f
  fita-molde para, 962, 962f
  iniciação da, 963-964, 966f

  por RNA-polimerase II, 968-971, 970f
  regulação da. *Ver* regulação gênica
  replicação do DNA comparada com, 961
  sequências regulatórias para, 962, 962f
  supertorção do DNA e, 891, 892f
  taxa de erro, 963
  transcrito primário, 972
transcrição reversa seguida de PCR (RT-PCR), **314**
transcriptases reversas, **988**, 989f
  do HIV, 990, 991q
  na tecnologia de DNA recombinante, 303t
  telomerases como, 993, 994
transcrito precursor, **972**
transcrito primário, **972**
  adição de cauda poli(A) a, 980, 980f
  de miRNA, 986f
  formação e processamento, 972-973, 973f
transcritoma, **317**, **499**, **960**
transcritômica, **317**, 318-319
transdesaminação, **631**
transdução de sinais, **408**
  características da, 409-410, 410f
  tipos de receptores envolvidos na, 411, 411f
  tipos de sinais envolvidos na, 410t, 411, 411t
transdução de sinais. *Ver* transdução de sinais
transducina, na sinalização da visão, 429f, 430-431, 430q, 430f
transduções energéticas, **466**
transdutores de sinal e ativadores da transcrição (STAT), 869
transfecção, **312**
transferase terminal, 303t
transferases, 179t
transferência cíclica de elétrons, **708**, 709f, 713
transferência de elétrons
  energia a partir de, 21
  inibição, 667t
  na fixação do nitrogênio, 800, 800f
  na fosforilação oxidativa, 659-660, 660f
    pela cadeia respiratória mitocondrial. *Ver* cadeia respiratória mitocondrial
    síntese de ATP acoplada a, 675-677, 675f, 676f, 677f
  nas reações de oxidação-redução, 488
  nas reações de oxidação-redução biológicas, 477f, 478, 488
    carreadores de elétrons na, 493-494, 493f
    deficiência de niacina e, 494, 495f
    desidrogenases envolvidas, 493-494, 493f
    desidrogenização, 477f, 489-490
    funções da NAD⁺ fora da, 494-495
    hemirreações descrevendo, 489
    NADH e NADPH na, 493-495, 493f, 495f
    nucleotídeos de flavina na, 495-496, 495f
    oxidação de glicose a $CO_2$, 492
    potenciais de redução para, 490-492, 491f, 491t

  trabalho fornecido por fluxo de elétrons na, 488-489
  variação de energia livre da, 491t, 492
  no fotossistema II, 710f
transferência de energia de ressonância por fluorescência (FRET), **416q**
  estudos da via de sinalização usando, 416q-417q
transferência de éxcitons, **704**
  na clorofila, 705-707, 707f
  no centro de reação feofitina-quinona, 708, 708f
  no centro de reação Fe-S, 711
  no fotossistema II, 710, 710f
transferência horizontal de genes, 99
transferência horizontal de genes, **99**
transferência linear de elétrons, **708**, 709f
transferências de grupos fosforila, 475-476, 476f
  ATP e
    compostos fosforilados e tioésteres com grande energia livre de hidrólise, 481-482, 481f, 481t, 482f
    energia fornecida por, 482-484, 483f
    na contração muscular, 483, 487
    na montagem de macromoléculas informacionais, 485-487
    nas transfosforilações entre nucleotídeos, 487-488, 487f
    reações envolvidas, 484-485, 484f, 486q
    variação da energia livre para hidrólise de ATP, 479-481, 479f, 480t
  de 1,3-bisfosfoglicerato a ADP, 513f, 518-520
  de fosfoenolpiruvato a ADP, como última etapa na glicólise, 513f, 521
transferrina, **584q**
transferrina, receptor, **584q**
transformação, **306**
transformilase, 1024
transfosforilações, entre nucleotídeos, energia de ATP para, 487-488, 487f
transição de estado, **713**
translação após o corte (*nick translation*), 920, 920f
translocação, **1032**, 1034, 1034f
translocase, 179t, 1032
translocase de nucleotídeo de adenina, **683**, 683f
transpeptidase, inibição de antibióticos de, 211, 212f, 213f
transportador da glicose 2 (GLUT2), 389, 389t, 399f, 539
transportador da glicose 3 (GLUT3), nos tumores, 527q-528q
transportador da glicose 4 (GLUT4), 389, 389t, 390q, 570
  regulação, pela insulina, 435-437, 436f
transportador de citrato, **751**, 752f
transportador de glicose 1 (GLUT1)
  defeitos no, 389
  nos tumores, 527q-528q
  transporte passivo mediado por, 387-389, 387f, 388f, 389f, 389t
transportador de malato-α-cetoglutarato, **751**-752

transportador de múltiplos fármacos (MDR1), **396**
transportador T1, 560, 560f
transportadoras. *Ver também transportadores específicos*
   ativos, 386
      ATPases do tipo P, 392-394, 393f, 394f
      ATPases do tipo V e do tipo F, 394-395, 395f
      transportadores ABC, 395-396, 396f, 396t, 397q-398q
      estrutura e mecanismo, 386-387, 387f
      na regulação metabólica, 499f
   passiva, 385
      GLUT1, 387-389, 387f, 388f, 389f, 389t
      trocador de cloreto-bicarbonato, 389-392, 391f
transportadores ABC. *Ver* transportadores do cassete de ligação ao ATP
transportadores ativos, **386**
   ATPases do tipo P, 392-394, 393f, 394f
   ATPases do tipo V e do tipo F, 394-395, 395f
   transportadores ABC, 395-396, 396f, 396t, 397q-398q
transportadores ativos secundários, **386**
transportadores do cassete de ligação ao ATP (ABC), **395**-396
   defeitos nos, 396, 397q-398q
   uso de ATP por, 395-396, 396f, 396t
transportadores passivos, **385**
   GLUT1, 387-389, 387f, 388f, 389f, 389t
   trocador de cloreto-bicarbonato, 389-392, 391f
transportadores primários ativos, **386**
transporte
   ativo, 385f, 386
      força próton-motriz orientando a, 683, 683f
      gradientes iônicos fornecendo energia para, 398-399, 400f
      vs. gradiente de concentração ou eletroquímico, 391-392, 391f
   da amônia
      por alanina, 632-633, 632f
      por glutamina, 631-632, 632f
   de ácidos graxos para o interior da mitocôndria, 603-606, 605f, 606f
   de $CO_2$, 160-161, 160f
   de proteínas
      endocitose mediada por receptor na, 1046-1048, 1047f
      glicosilação para, 1042-1045, 1043f, 1044f
      modificação pós-traducional do retículo endoplasmático, 1041-1042, 1041f, 1042f
      nas bactérias, 1045-1046, 1047f
      para o núcleo, 1045-1046, 1045f
   de solutos através de membranas
      estruturas de canais iônicos e transportadores e mecanismos para, 386-387, 387f
      gradientes iônicos orientando a, 398-399, 400f
      na regulação metabólica, 499f

      pelo trocador de cloreto-bicarbonato, 389-392, 391f
      por aquaporinas, 400-401, 400t
      por ATPases do tipo P, 392-394, 393f, 394f
      por ATPases dos tipos V e F, 394-395, 395f
      por canais de $K^+$, 402-403, 402f
      por canais iônicos, 397q-398q, 401-402, 401f, 402f
      por cotransporte, 389-392, 391f, 398-399
      por GLUT1, 387-389, 387f, 388f, 389f, 389t
      por transportadores ABC, 395-396, 396f, 396t, 397q-398q
      por transporte ativo secundário, 398-399
      por transporte ativo. *Ver* transporte ativo
      por transporte passivo. *Ver* transporte passivo
      tipos de, 385-386, 385f
   do colesterol
      por endocitose mediada por receptores, 781-782, 781f
      por HDL, 778f, 778t, 779f, 779t, 780-781, 780f, 785, 785f
      por lipoproteínas plasmáticas, 777-780, 778f, 778t, 779f, 779t
      regulação dos, 782-784, 782f, 783f, 785f, 786q-787q
   íon hidrogênio, 160-161, 160f
   oxigênio, 153
   passivo, 385, 385f
transporte ativo, 385f, **386**
   força próton-motriz impulsionando o, 683, 683f
   gradientes iônicos fornecendo energia para, 398-399, 400f
   *versus* gradiente eletroquímico ou de concentração, 391-392, 391f
transporte ativo secundário, **391**, 391f
   gradientes iônicos fornecendo energia para, 398-399, 400f
transporte de colesterol reverso, **781**
   por HDL, 780-781, 780f, 785, 785f
transporte de solutos através da
   por transporte ativo. *Ver* transporte ativo
   por transporte passivo. *Ver* transporte passivo
transporte eletrogênico, 394
transporte passivo, **385**, 385f
transporte primário ativo, **391**, 391f
transposição, **940**, **952**
   direta, 952-953, 953f
   nas bactérias, 951-953, 953f
   nos eucariotos, 953
   replicativa, 953, 953f
   simples, 952, 953f
transposição direta, 952-953, 953f
transposição do DNA, **940**
transposição replicativa, 953, 953f
transposição simples, 952, 953f
transposons, 325q, **328**, **951**
   a partir do mundo de RNA, 999
   bacterianos, 952

   complexo, 952
   eucariótico, 953
   no genoma humano, 328
   recombinação de, 951-953, 953f
   similaridades dos retrovírus aos, 990f, 991-993, 991f
transposons bacterianos, 952
transposons complexos, **952**
*trans*-tradução, **1033q**
*trans*-Δ2-butenoil-ACP, **748**, 749f
*trans*-$Δ^2$-enoil-CoA, **607**, 612f
trastuzumabe, 453q
tratamento de resíduos, bactérias anamox no, 798q-799q
trealose, 240f, 241
treonina, 74e, **76**, **646**, **647**, **650**-651, **810**
   biossíntese do, 811f
   catabolismo do, 640, 640f, 644-647, 644f, 646t, 647f, 650-651, 652f, 653q
   propriedades e convenções associadas a, 73t
treose, 233e
tretinoína, 357
TRH. *Ver* hormônio liberador de tireotrofina
triacilgliceróis, **344**, 602
   ácidos graxos na. *Ver* ácidos graxos
   ativação da, 603-606, 605f, 606f
   biossíntese de, 760-764
   como lipídeos de armazenamento
      armazenamento de energia e insolamento fornecida por, 344-345, 344f
      como ésteres de ácidos graxos do glicerol, 344, 344f
      hidrogenação parcial do, 345
   digestão, absorção no intestino delgado, 602-603, 602f
   mobilização dos, 603, 604f, 605f
   no tecido adiposo, 851-852, 851f
   oxidação. *Ver* oxidação de ácidos graxos
   sementes em germinação e, 735
   síntese de
      gliceroneogênese, 762-763, 762f, 763f
      precursores para o, 760, 761f
      regulação hormonal, 760-762, 761f
   transporte, 603-606, 605f, 606f
triacontanoilpalmitato, 346f
tríade catalítica, **205**
tricomatas com anomalia para o verde, **430q**
tricomatas com anomalia para o vermelho, **430q**
triglicerídeos. *Ver* triacilgliceróis
trimetilisina, 1038f
trimetoprima, 836f, **838**
triose-cinase, **524**
triose-fosfato-isomerase, 185, **517**
   na via glicolítica, 513f, 518f, 524
trioses, 230, 230f
trioses-fosfato
   conversão a sacarose e amido, 733f, 734-735, 735f
   movimento de, 738-739, 738f
   na via glicolítica, 512f, 513f, 514, 516-518, 517f
      interconversão de, 513f, 516-518, 518f

no ciclo de Calvin, 721-724, 725f
   sistema de antiporte da P$_i$-triose-fosfato, 724-725, 725f, 726f
   regeneração de ribulose-1,5-bisfosfato a partir de, 722, 723f, 728f
tripanossomas, 980
triplex de DNA, **274**, 275f
tripsina, 93, 179, **628**
   zimogênios dos, 220, 220f
tripsinogênio, 220, 220f, 628
triptofano, 74e, **75**, 75q, 75f, **644**, **647**, **811**
   biossíntese, 811-812, 813f
   catabolismo, 640, 640f, 644-647, 644f, 646t, 647f, 648f
   nas proteínas de membrana, 376f
   propriedades e convenções associadas ao, 73t
   regulação da *E. coli*, 1067-1068, 1067f, 1069f
   síntese do neurotransmissor a partir de, 821, 823f
   substâncias vegetais derivadas do, 820-821, 822f
triptofano-2,3-dioxigenase, 756q
triptofano-sintase, **812**, 813f
trissomia, 946q
TrkA. *Ver* receptor do fator de crescimento de nervos de alta afinidade
tRNA. *Ver* RNA transportadores
tRNA-nucleotidiltransferase, 985
troca cruzada, 945f, 946
   erros na, 946q
troca eletroneutra, **391**
   pelo trocador de cloreto-bicarbonato, 389-392, 391f
trocador de cloreto-bicarbonato
   ancoramento de membranas, 380, 380f
   cotransporte de ânion eletroneutro por, 389-392, 391f
trocadores de ânions, **86**
   trocador de cloreto-bicarbonato, 389-392, 391f
trocadores de cátions, **86**
trofinas. *Ver* hormônios tróficos
trombina, **221**
   na coagulação sanguínea, 221
   sulfato de heparana e, 249-250, 249f
trombomodulina, **222**
tromboxanos (TX), **221**, **355**, 355f, 356, **758**
   síntese de, 755, 758-759, 758f
tromboxano-sintase, **758**, 758f
tropomiosina, **171**, 172f
troponina, **171**, 172f, 426
troponina C, 123f
*trp*, operon, 1067-1068, 1067f, 1069f
*Trypanosoma brucei gambiense*, 201q-202q
Tsien, Roger, 320
Tsix, 907q
t-SNARE, **383**, 384f
TTGACA, sequência, 963, 964f
tumores
   defeitos de ubiquitinação no, 1049
   diagnóstico, 528q
   gangliosídeos no, 351
   glicólise nos, 526, 527q-528q

   mutações do ciclo do ácido cítrico nos, 595, 595f
   mutações do Complexo II nos, 667-668
   mutações do Ras nos, 423
   papel do MDR1 nos, 396
   papel do PTEN nos, 437
   perda da regulação do ciclo celular nos
     papel do gene supressor tumoral na, 454f, 455
     papel do oncogene na, 451, 452q-453q, 454
   proteína p27 nos, 125
   tratamento. *Ver* quimioterápicos
tumores de células gliais, 595
tumores do estroma gastrintestinal, 453q
tunicamicina, **1042**, 1043, 1043f, 1044
Tus-Ter, sequência, 927, 927f
TX. *Ver* tromboxanos

## U

U. *Ver* uracila
U1 snRNP, 977, 978f
U11 snRNP, 979
U12 snRNP, 979
U2 snRNP, 977, 978f
U4 snRNP, 977, 978f
U5 snRNP, 977, 978f
U6 snRNP, 977, 978f
UAS. *Ver* sequências ativadoras a montante
ubiquinona (Q), 359f, 360, **662**
   na cadeia respiratória mitocondrial, 662-663, 663f, 664t
     doação de elétrons via, 671, 672f
     transferência de elétrons do Complexo I para, 665-667, 665t, 666f
     transferência de elétrons do Complexo II para, 665t, 666f, 667f, 668
ubiquinona:citocromo *c*-oxidorredutase, 665t, 666f, **668**, 668f, 669, 669f
ubiquitina, **448**, **1048**
   na degradação da ciclina, 448, 449f
   na degradação de proteínas, 1048-1049, 1048f, 1049t
ubiquitinação, 216, 217f
   defeitos na, 1049
UCP1. *Ver* proteína de desacoplamento 1
UDP. *Ver* uridina-difosfato
UDP-glicose, 733, 733f, 733e
   na glicogênese, 560-563, 563f
   na síntese de celulose, 736-738, 737f
   na síntese de sacarose, 733-734, 733f
UDP-glicose-pirofosforilase, **562**, 563f
UMP. *Ver* uridilato
UmuC, proteína, 939f, 940
UmuD, proteína, 939f, 940
união de extremidades não homólogas (NHEJ), 322, **941**, **948**, 949, 950f
unidade de massa atômica, 13q
unidade de vida, **27**
uniporte, **391**, 391f
universo, **20**
UP. *Ver* promotor a montante
UPR. *Ver* resposta da proteína não enovelada

uracila (U), **264**, 264e, 265t
   a partir da desaminação da citosina, 280, 281f
   biossíntese, 827, 828f
   degradação de, 834f
   formas tautoméricas do, 268, 268f
   no DNA, 833
uracila DNA-glicosilases, 934-935
urato-oxidase, **834**, 834f
urease, isolamento e cristalização, 179
ureia, **634**
   a partir da degradação de pirimidinas, 833-835, 834f, 835f
   catabolismo de nucleotídeos produzindo, 833-835, 834f, 835f
uridilato (UMP), 265t, 486
   biossíntese, 827, 828f, 829f
uridilato-transferase, **803**, 804f
uridina, 266e
uridina-difosfato (UDP), 523, 524f
uridina-trifosfato (UTP), como carreador de energia química, 294
urobilinogênio, 818, 820f
urso-pardo, oxidação de ácidos graxos no, 610q
utilização de rho (rut), 967
UTP. *Ver* uridina-trifosfato
UvrA, 936
UvrB, 936
UvrC, 936
UvrD, 936

## V

$V_0$. *Ver* velocidade inicial
vacúolos, **6**, 7f
Vaga-lumes, produção de luz pelos, 486q
Vagelos, P. Roy, 786q-787q
valdecoxibe, 758
valina, **74**, 74e, **650**, **810**, 1020e
   biossíntese do, 811f
   catabolismo, 640f, 650-651, 652f, 653q, 654f
   propriedades e convenções associadas a, 73t
valinomicina, 399, 400f, 667t
vanadato, **392**
varfarina, **222**, 359f, 360
variação de energia livre ($\Delta G$), **20**, **22**, 24-25
   da formação de acil-CoA graxa, 485
   da formação de ligações peptídicas, 1036
   da gliconeogênese e glicólise, 534, 535t
   da síntese de ATP na superfície da ATP-sintase, 677-678, 678f
   da transferência de elétrons na cadeia respiratória mitocondrial, 672
   das reações de oxidação-redução, 491t, 492
   de enzimas metabólicas, 502t
   de passagem transmembrana, 386, 386f
   do bombeamento por simportadores, 399
   efeitos da concentração de produto e reagentes na, 470-471

hidrólise
    compostos fosforilados e tioésteres, 481-482, 481f, 481t, 482f
    de ATP, 479-481, 479f, 480t
nas reações enzimáticas, 180-181, 180f, 181f, 185, 185f
natureza aditiva do, 471
nos sistemas biológicos, 466-467
para transporte ativo vs. gradiente de concentração ou eletroquímico, 391-392
relação com a constante de equilíbrio, 182, 182t, 468-470, 468t, 469t
variação de energia livre padrão ($\Delta G^{o}$), 24-25, **180**, **468**
    da formação de acil-CoA graxo, 485
    da gliconeogênese e glicólise, 534, 535t
    da síntese de ATP na superfície da ATP-sintase, 677-678, 678f
    da transferência de elétrons na cadeia respiratória mitocondrial, 672
    das reações de oxidação-redução, 491t, 492
    de enzimas metabólicas, 502t
    hidrólise
        compostos fosforilados e tioésteres, 481-482, 481f, 481t, 482f
        de ATP, 479-481, 479f, 480t
    nas reações enzimáticas, 180, 180f
    natureza aditiva do, 471
    relação com a constante de equilíbrio padrão, 182, 182t, 468-470, 468t, 469t
variação de energia livre padrão bioquímica ($\Delta G^{\prime o}$), **180**
    da síntese de ATP na superfície da ATP-sintase, 677-678, 678f
    relação com a constante de equilíbrio padrão, 182, 182t, 468-470, 468t, 469t
variação de fase, **1073**
    na *Salmonella typhimurium*, 1073, 1074f, 1074t
Varmus, Harold, 990
vasopressina, regulação da água por, 400
VEGFR. *Ver* receptor do fator de crescimento endotelial vascular
veia porta, 848f
velocidade de reação. *Ver* velocidades de reação
velocidade máxima ($V_{máx}$), **189**
    de reações catalisadas por enzimas, 189-191, 189f, 191f
        determinação de, 191
        efeitos inibitórios reversíveis sobre a, 198-199, 200t
        enzimas alostéricas, 215, 216f
        interpretação, 192-193, 192t, 193t
    do transporte de glicose, 387f, 388
velocidades de reação
    constantes de velocidade para, 182
        denotação, 150
            relação da energia de ativação com a, 182
    definição da termodinâmica do, 182, 182t
    efeitos enzimáticos sobre o
        efeitos no equilíbrio comparados com, 180-182, 180f, 181f
        estudo do. *Ver* cinética enzimática

redução da entropia e, 185-186, 186f
venturicidina, 667t
    inibição da fosforilação oxidativa por, 676, 676f
vesículas, 368f, **368**, 370f
    composição de, 371f
    fusão de, 382-383, 383f, 384f
vetores, clonagem. *Ver* vetores de clonagem
vetores de clonagem, **302**
    BAC, 307, 308f
    expressão, 309, 310f
    plasmídeos, 305-306, 306f, 307f
    YAC, 307-309
vetores de expressão, **309**, 310f
vetores de transferência, **309**
via anfibólica, **590**
    ciclo do ácido cítrico como, 590, 591f, 591t
via $C_4$, **729**
via da hexoses-monofosfato, **546**. *Ver também* via das pentoses-fosfato
via das pentoses-fosfato, 510-511, 510f, **546**, 547f
    compartilhamento de glicose-6-fosfato entre a glicólise e, 551, 551f
    defeitos na, 548q, 551
    fase não oxidativa da, 549-551, 549f, 550f, 719
    fase oxidativa da, 547-548, 547f, 551, 726
    no fígado, 849
    redutiva, 722
via das pentoses-fosfato redutora, 549-551, 549f, **550**, 550f, **719**, 722
via do fosfogliconato, **546**. *Ver também* via das pentoses-fosfato
via do glicolato na, **727**
via endógena, **780**
    do transporte de colesterol, 779f, 780
via exógena, **780**
    do transporte de colesterol, 779f, 780
via extrínseca, **222**
    na coagulação sanguínea, 221f, 222
via intrínseca, **222**
    na coagulação sanguínea, 221f, 222
via oxidativa das pentoses-fosfato, 547-548, **549**
vias, 26
    metabólicas, **26**-27
vias de informação, 884-885
vias *de novo*, **823**
    da biossíntese de nucleotídeos, 823-824
    pirimidinas, 827, 828f, 829f
    purinas, 825-827, 825f, 826f
vias de salvação, **823**
    reciclagem de bases de purina e pirimidina via, 835
vias de sinalização divergentes, **409**
vias metabólicas, 26-27, 462, 463-464, 463f. *Ver também vias específicas*
    coordenação com AMPK, 869-871, 870f
    fluxo através da. *Ver* fluxo
    rede multidimensional de, 497f
    regulação, 496-503, 497f
        enzimas e, 498-501
        estado de equilíbrio dinâmico, 497-498

vias metabólicas convergentes, 463
vias metabólicas divergentes, 463
*Vibrio cholerae*, 424
*videogames*, 138q-139q
viés de códon, **1011q**
vimblastina, resistência do tumor a, 396
vírus
    DNA dos, 885f, 886-887, 887t, 930
    DNA-polimerases dos, 90
    expressão de proteínas recombinantes usando, 311-312, 311f
    genoma da, 301
    informações codificadas nos, 962, 962f
    oncogenes nos, 451, 990, 990f
    RNA, 993. *Ver também* retrovírus
    selectinas do, 255, 256f
vírus da imunodeficiência humana (HIV), 990, 991f
    células $T_H$, 165
    inibidores da protease para, 208-209, 208f, 209f
    inibidores da transcriptase reversa para, 991q
vírus da influenza
    selectinas do, 255, 256f
vírus de DNA, 929-930
vírus do sarcoma de Rous, 990, 990f
vírus tumorais, 990, 990f
vírus tumorais de RNA, 990, 990f
virusoides, 998
visão em cores, 430q, 430f
visão, sinalização de GPCR na, 429-431, 429f, 430q, 430f
vitamina A, como precursor hormonal, 356-358, 358f
vitamina $A_1$, **357**
vitamina $B_1$
    deficiência de, 551, 578
    tiamina-pirofosfato a partir de, 531f
vitamina $B_{12}$, 613, 614q-615q
    deficiência de, 615q, 643
vitamina $B_6$, 629
vitamina $B_9$, 643, 833
vitamina C, deficiência de, 118q-119q
vitamina $D_2$, 357
vitamina $D_3$, **357**
    como precursor hormonal, 356-358, 357f
vitamina E, **359**
    como cofator de oxidação-redução, 359-360, 359f
vitamina K, **359**
    como cofator de oxidação-redução, 359-360, 359f
vitaminas, **356**
VLCAD. *Ver* acil-CoA desidrogenase de cadeia muito longa
VLDLs. *Ver* lipoproteínas de densidade muito baixa
$V_m$. *Ver* potencial de membrana
$V_{máx}$. *Ver* velocidade máxima
voltas $\beta$, 112t, **114**, 115f
v-SNARE, **383**, 384f

# W

Walker, John E., 678-680
Warburg, Otto, 526

Warshel, Arieh, 138q
Watson, James D., 91, 883
　estrutura do DNA de, 268-272, 271f, 272f, 915
Waugh, W. A., 119q
Weizmann, Chaim, 532
*Western blot*, **167**
Wieschaus, Eric F., 1087
Wilkins, Maurice, 270
Winkler, Hans, 301
Woese, Carl, 3, 98, 998
Woolley, D. Wayne, 494
Wurtz, Charles-Adolphe, 189
Wyman, Jeffries, 158

# X

XALD. *Ver* adrenoleucodistrofia ligada ao X

xantinoxidase, **833**, 834f, 835-836
　inibição da, 835f, 836
xenobióticos, **691**, **850**
　metabolismo pela enzima P-450, 691, 756q-757q
xeroderma pigmentoso (XP), 454, 932q
xilose, 233e
xilulose, 233e
xilulose-5-fosfato
　como regulador-chave do metabolismo de gorduras e carboidrato, 543-544
　na via das pentoses-fosfato, 549, 549f, 550f
　no ciclo de Calvin, 723f
Xist (transcrito específico inativo de X), 907q
*XP*, genes, 454
XP. *Ver* xeroderma pigmentoso

# Y

YAC. *Ver* cromossomos artificiais da levedura
Yonath, Ada E., 1017
Yoshida, Masasuke, 681
Young, William, 514

# Z

Zamecnik, Paul, 1005, 1006
zanamivir, 255, 256f
zeaxantina, 360f
zimogênios, **220**, 220f
　na coagulação sanguínea, 220-223, 220f
zíper de leucina, **1063**-1064, 1064f
Zuckerkandl, Emile, 98
zwitteríons, **77**
　aminoácidos como, 77, 78f

### Abreviatura dos aminoácidos

| | | | | | | |
|---|---|---|---|---|---|---|
| A | Ala | Alanina | N | Asn | Asparagina |
| B | Asx | Asparagina ou aspartato | P | Pro | Prolina |
| | | | Q | Gln | Glutamina |
| C | Cys | Cisteína | R | Arg | Arginina |
| D | Asp | Aspartato | S | Ser | Serina |
| E | Glu | Glutamato | T | Thr | Treonina |
| F | Phe | Fenilalanina | V | Val | Valina |
| G | Gly | Glicina | W | Trp | Triptofano |
| H | His | Histidina | X | — | Aminoácido desconhecido ou não padrão |
| I | Ile | Isoleucina | | | |
| K | Lys | Lisina | Y | Tyr | Tirosina |
| L | Leu | Leucina | Z | Glx | Glutamina ou glutamato |
| M | Met | Metionina | | | |

Asx e Glx são usados na descrição de resultados de técnicas de análise de aminoácidos nas quais não é possível distinguir Asp e Glu das correspondentes formas aminadas, Asn e Gln.

### Código genético padrão

| | | | | | | | |
|---|---|---|---|---|---|---|---|
| UUU | Phe | UCU | Ser | UAU | Tyr | UGU | Cys |
| UUC | Phe | UCC | Ser | UAC | Tyr | UGC | Cys |
| UUA | Leu | UCA | Ser | UAA | Terminação | UGA | Terminação |
| UUG | Leu | UCG | Ser | UAG | Terminação | UGG | Trp |
| CUU | Leu | CCU | Pro | CAU | His | CGU | Arg |
| CUC | Leu | CCC | Pro | CAC | His | CGC | Arg |
| CUA | Leu | CCA | Pro | CAA | Gln | CGA | Arg |
| CUG | Leu | CCG | Pro | CAG | Gln | CGG | Arg |
| AUU | Ile | ACU | Thr | AAU | Asn | AGU | Ser |
| AUC | Ile | ACC | Thr | AAC | Asn | AGC | Ser |
| AUA | Ile | ACA | Thr | AAA | Lys | AGA | Arg |
| AUG | Met* | ACG | Thr | AAG | Lys | AGG | Arg |
| GUU | Val | GCU | Ala | GAU | Asp | GGU | Gly |
| GUC | Val | GCC | Ala | GAC | Asp | GGC | Gly |
| GUA | Val | GCA | Ala | GAA | Glu | GGA | Gly |
| GUG | Val | GCG | Ala | GAG | Glu | GGG | Gly |

*AUG também serve como códon de iniciação na síntese de proteínas.

| 1<br>H<br>1,008 | | | | | | | | | | | | | | | | | 2<br>He<br>4,003 |
|---|---|---|---|---|---|---|---|---|---|---|---|---|---|---|---|---|---|
| 3<br>Li<br>6,94 | 4<br>Be<br>9,01 | | | | | | | | | | | 5<br>B<br>10,81 | 6<br>C<br>12,011 | 7<br>N<br>14,01 | 8<br>O<br>16,00 | 9<br>F<br>19,00 | 10<br>Ne<br>20,18 |
| 11<br>Na<br>22,99 | 12<br>Mg<br>24,31 | | | | | | | | | | | 13<br>Al<br>26,98 | 14<br>Si<br>28,09 | 15<br>P<br>30,97 | 16<br>S<br>32,06 | 17<br>Cl<br>35,45 | 18<br>Ar<br>39,95 |
| 19<br>K<br>39,10 | 20<br>Ca<br>40,08 | 21<br>Sc<br>44,96 | 22<br>Ti<br>47,90 | 23<br>V<br>50,94 | 24<br>Cr<br>52,00 | 25<br>Mn<br>54,94 | 26<br>Fe<br>55,85 | 27<br>Co<br>58,93 | 28<br>Ni<br>58,71 | 29<br>Cu<br>63,55 | 30<br>Zn<br>65,37 | 31<br>Ga<br>69,72 | 32<br>Ge<br>72,59 | 33<br>As<br>74,92 | 34<br>Se<br>78,96 | 35<br>Br<br>79,90 | 36<br>Kr<br>83,30 |
| 37<br>Rb<br>85,47 | 38<br>Sr<br>87,62 | 39<br>Y<br>88,91 | 40<br>Zr<br>91,22 | 41<br>Nb<br>92,91 | 42<br>Mo<br>95,94 | 43<br>Tc<br>98,91 | 44<br>Ru<br>101,07 | 45<br>Rh<br>102,91 | 46<br>Pd<br>106,4 | 47<br>Ag<br>107,87 | 48<br>Cd<br>112,40 | 49<br>In<br>114,82 | 50<br>Sn<br>118,69 | 51<br>Sb<br>121,75 | 52<br>Te<br>126,70 | 53<br>I<br>126,90 | 54<br>Xe<br>131,30 |
| 55<br>Cs<br>132,91 | 56<br>Ba<br>137,34 | 57–70<br>* | 71<br>Lu<br>174,97 | 72<br>Hf<br>178,49 | 73<br>Ta<br>180,95 | 74<br>W<br>183,85 | 75<br>Re<br>186,2 | 76<br>Os<br>190,2 | 77<br>Ir<br>192,2 | 78<br>Pt<br>195,09 | 79<br>Au<br>196,97 | 80<br>Hg<br>200,59 | 81<br>Tl<br>204,37 | 82<br>Pb<br>207,19 | 83<br>Bi<br>208,98 | 84<br>Po<br>(209) | 85<br>At<br>(210) | 86<br>Rn<br>(222) |
| 87<br>Fr<br>(223) | 88<br>Ra<br>226,03 | 89–102<br>** | 103<br>Lr<br>262,11 | 104<br>Rf<br>261,11 | 105<br>Db<br>262,11 | 106<br>Sg<br>263,12 | 107<br>Bh<br>264,12 | 108<br>Hs<br>265,13 | 109<br>Mt<br>268 | 110<br>Ds<br>281 | 111<br>Rg<br>281 | 112<br>Cn<br>285 | 113<br>Nh<br>286 | 114<br>Fl<br>289 | 115<br>Mc<br>289 | 116<br>Lv<br>293 | 117<br>Ts<br>293 | 118<br>Og<br>294 |

| | 57<br>La<br>138,91 | 58<br>Ce<br>140,12 | 59<br>Pr<br>140,91 | 60<br>Nd<br>144,24 | 61<br>Pm<br>144,91 | 62<br>Sm<br>150,36 | 63<br>Eu<br>151,96 | 64<br>Gd<br>157,25 | 65<br>Tb<br>158,93 | 66<br>Dy<br>162,50 | 67<br>Ho<br>164,93 | 68<br>Er<br>167,26 | 69<br>Tm<br>168,93 | 70<br>Yb<br>173,04 |
|---|---|---|---|---|---|---|---|---|---|---|---|---|---|---|
| *Lantanídeos | | | | | | | | | | | | | | |
| **Actinídeos | 89<br>Ac<br>227,03 | 90<br>Th<br>232,04 | 91<br>Pa<br>231,04 | 92<br>U<br>238,03 | 93<br>Np<br>237,05 | 94<br>Pu<br>244,06 | 95<br>Am<br>243,06 | 96<br>Cm<br>247,07 | 97<br>Bk<br>247,07 | 98<br>Cf<br>251,08 | 99<br>Es<br>252,08 | 100<br>Fm<br>257,10 | 101<br>Md<br>258,10 | 102<br>No<br>259,10 |

### Bases de dados de bioinformática

| | |
|---|---|
| National Center for Biotechnology Information (NCBI) | www.ncbi.nlm.nih.gov |
| UniProt | www.uniprot.org |
| ExPASy Bioinformatics Resource Portal | www.expasy.org |
| GenomeNet | www.genome.jp |

### Bases de dados e bancos de dados de estruturas

| | |
|---|---|
| Protein Data Bank (PDB) | www.pdb.org |
| EMDataBank Unified Resource for 3DEM | www.emdatabank.org |
| National Center for Biomedical Glycomics | http://glycomics.ccrc.uga.edu |
| LIPIDMAPS Lipidomics Gateway | www.lipidmaps.org |
| Nucleic Acid Database (NDB) | http://ndbserver.rutgers.edu |
| Modomics database of RNA modification pathways | http://modomics.genesilico.pl |

### Outros recursos e ferramentas

| | |
|---|---|
| Structural Classification of Proteins database (SCOP2) | http://scop2.mrc-lmb.cam.ac.uk |
| PROSITE Sequence logo | http://prosite.expasy.org/sequence_logo.html |
| ProtScale hydrophobicity and other profiles of amino acids | http://web.expasy.org/protscale |
| Predictor of Natural Disordered Regions (PONDR) | www.pondr.com |
| Enzyme nomenclature | www.chem.qmul.ac.uk/iubmb/enzyme |
| Ensembl genome databases | www.ensembl.org |
| PANTHER (Protein ANalysis THrough Evolutionary Relationships) Classification System | www.pantherdb.org |
| Basic Local Alignment Search Tool (BLAST) | https://blast.ncbi.nlm.nih.gov/Blast.cgi |
| Kyoto Encyclopedia of Genes and Genomes (KEGG) | www.genome.jp/kegg |
| KEGG pathway maps | www.genome.ad.jp/kegg/pathway/map/map01100.html |
| Biochemical nomenclature | www.chem.qmul.ac.uk/iubmb/nomenclature |
| Online Mendelian Inheritance in Man | www.omim.org |